Benseler

Griechisch-deutsches Schulwörterbuch

Bearbeitet von

Adolf Kaegi

Neubearbeitet von

A. Clausing, F. Eckstein, H. Haas

H. Schroff, L. Wohleb

Mit einem alphabetischen Verzeichnis
zur Bestimmung seltener und unregelmäßiger Verbformen

15. Auflage
Unveränderter Neudruck

B. G. Teubner Stuttgart und Leipzig 1994

Die Deutsche Bibliothek – CIP-Einheitsaufnahme

Benseler, Gustav Eduard:
Griechisch-deutsches Schulwörterbuch: mit einem alphabetischen Verzeichnis zur Bestimmung seltener und unregelmäßiger Verbformen / Benseler. Bearb. von Adolf Kaegi. – 15. Aufl., Unveränd. Neudr. [der Ausg.] 1931 / neubearb. von A. Clausing ... – Stuttgart; Leipzig: Teubner, 1994
ISBN 3-519-07571-7
NE: Kaegi, Adolf [Bearb.]; HST

Printed in Germany
Druck und Bindung: Röck, Weinsberg

Vorwort zur 15. Auflage.

Es war kein leichter Entschluß für den Verlag, eine Neubearbeitung des „Benseler“ in einer Zeit herauszubringen, die im Zeichen wirtschaftlicher Not und des Zwanges zu sparen gerade auch auf dem Gebiet der Schule und der Bildung überhaupt steht. Zumal ein griechisches Schulwörterbuch wird gleichzeitig auch betroffen von all den Schwierigkeiten, mit denen der humanistische Bildungsgedanke heute zu kämpfen hat. Wenn gleichwohl der Entschluß zur Neubearbeitung gefaßt wurde und durch die verständnisvolle und hingebende Arbeit der badischen Schulmänner, die sie übernommen, das Werk trotz der Ungunst der Zeiten neu durchgearbeitet vorgelegt werden kann, so möge diese Tatsache auch gewertet werden als ein Beweis der Lebenskraft der humanistischen Idee und ihrer Auswirkung im humanistischen Gymnasium.

Leipzig, März 1931.

Der Verlag.

Mit der Neubearbeitung war eine doppelte Aufgabe gestellt. Einmal mußte sachlich das Wörterbuch den Grundsätzen angepaßt werden, die heute für die Methode des griechischen Unterrichts und besonders der griechischen Lektüre gelten. Praktisch aber mußte dabei der bisherige Preis beibehalten oder womöglich noch ermäßigt werden. Gerade im Hinblick auf die sachliche Seite der Aufgabe kam ein unveränderter Abdruck nicht in Frage, obwohl damit vielleicht die praktische Forderung hätte erfüllt werden können.

Die sachliche Aufgabe legte die Frage nahe, ob das gebotene Stichwortmaterial zu erweitern sei. Das erwies sich aber bei näherer Prüfung als unnötig. Denn schon die letzten Auflagen berücksichtigten alle auch heute nach der Erweiterung des Schriftstellerkreises für die Schule in Betracht kommenden Autoren und Chrestomathien. Zudem war das Material vor allem dank der unermüdlichen fünfundzwanzigjährigen Arbeit Adolf Kaegis in einer bewundernswerten Fülle und Genauigkeit vorgelegt worden.

Die praktische Aufgabe ließ uns genau nachprüfen, wie der Umfang nach Möglichkeit herabgesetzt werden könne. Im Stichwortbestand zu streichen, konnten wir uns nicht wohl entschließen. Denn bei der eigenartigen Schichtung des griechischen Wortbestandes innerhalb der einzelnen literarischen Genera besteht dabei immer die Gefahr, daß gerade auch mit Rücksicht auf die neu in den Kreis der Schullektüre aufgenommenen Autoren und Schriftwerke die Hilfe des Lexikons gerade dann aussetzt, wenn man sie am nötigsten braucht. Ebensowenig konnten wir uns entschließen, etwa die gesamten Eigennamen zu streichen. Abgesehen davon, daß auch dieses Mittel nicht zu dem gewünschten Ergebnis geführt hätte, bleibt die Tatsache bestehen, daß gerade heute, wo die Mythologie auf der Schule eine geringere Pflege erfährt, der Schüler bei der späteren Lektüre im Lexikon mit Recht Aufklärung auch über die wichtigsten Personenbeziehungen in Sage und Geschichte sucht.

Sachlich erwies sich jedoch notwendig, die einzelnen Artikel neu durchzuarbeiten, da sie in der bisherigen Form zu wenig auf den methodischen Grundsatz des Übersetzens als „selbständiger sprachschöpferischer Leistung“ eingestellt und manchmal recht unübersichtlich angelegt waren; sie ließen es zum Teil an einer übersichtlichen Anordnung der Wortgeschichte wie auch einer den praktischen Bedürfnissen entsprechenden Gliederung fehlen und häuften vielerorts synonyme Bedeutungen und Anwendungen in verwirrender Fülle. Demnach ergab sich als Hauptgrundsatz der einer zweckentsprechenden und sachdienlichen Kürzung, der gleichzeitig auch der rein praktischen Aufgabe, den Umfang möglichst einzuschränken, aufs erwünschteste entsprach. Durch die größere Straffheit der jetzt durchgeführten Disponierung, die klarere Scheidung zwischen eigentlicher Bedeutung und bloßer Anwendung hat die Übersichtlichkeit gerade der großen und größten Artikel sachlich und praktisch außerordentlich gewonnen.

Die große Masse der kürzesten und kürzeren Artikel wurde zu einem wesentlichen Teil auch neu aufgebaut, konnte aber im übrigen bis auf sachlich und sprachlich unbedingt gebotene Korrekturen ziemlich unverändert bleiben.

Insgesamt wurden alle aus vergangenen Jahrzehnten überkommenen zahlreichen sprachlichen Altertümlichkeiten, Weitschweifigkeiten des Ausdrucks sowie nicht mehr gebräuchlichen grammatischen Bezeichnungen beseitigt. Die Bearbeiter ließen sich zugleich angelegen sein, alle die Fremdwörter zu entfernen, für die ein bereits eingebürgerter deutscher Ausdruck vorhanden ist. Insbesondere wurde das für jeden Artikel verarbeitete Material erneut nachgeprüft, im einzelnen vielfach richtiggestellt und erweitert.

Die Nachprüfung sämtlicher Etymologien lag der Einheitlichkeit wegen in einer Hand. Der Bearbeiter, Prof. Dr. Clausing, Heidelberg, hat sich einer noch etwas größeren Zurückhaltung befleißigt, als sie bisher hier schon üblich gewesen war. Das Hauptgewicht wurde auf eine auch für den Schüler verständliche Darstellung gelegt in Anerkennung der Grundsätze, die sich aus der Erörterung der Frage *Schule und Sprachwissenschaft* ergeben haben. Es sollte nur das beigebracht werden, was für den Benutzer wirklich eine Aufklärung bedeutet, und das wegbleiben, was nur eine neue Unbekannte darstellen würde. So wurden durchweg die Beziehungen herausgestellt, die zur lateinischen und deutschen Sprache bestehen. Mehr als auf die äußere Etymologie wurde Gewicht gelegt auf die Auswertung der Bedeutungsforschung des letzten Jahrzehnts und ihre wertvollen Ergebnisse, die zugänglich zu machen ein außergewöhnliches Verdienst der *Glotta* ist. Wenn nicht alles Neueste Aufnahme gefunden hat, so geschah das aus der oben bezeichneten, bereits von Kaegi geübten Zurückhaltung heraus, die in einem Schulwörterbuch ihre Berechtigung hat. Es konnte sich keinesfalls darum handeln, die etymologischen Fachwerke entbehrlich zu machen, deren Heranziehung wir für den Studenten und Schulmann als selbstverständlich betrachten. Im Sinne der Aufgaben eines Schulwörterbuchs sind besonders Lehn- und Kulturwörter herausgehoben, die oft treffliche Aufschlüsse kulturgeschichtlicher Art ergeben.

Eine Neuerung, die, wie wir hoffen, sich auch zum Nutzen des gesamten griechischen Unterrichts im Sinne der Selbsttätigkeit und seines heute meist ganz auf die Lektüre eingestellten Betriebes bewähren wird, ist das am Schlusse des Werkes beigegebene Verzeichnis zur Bestimmung seltener und unregelmäßiger Verbalformen. Es wird die mechanische Handarbeit des Nachblätterns in sinnvolle, das Sprachkönnen selbst fördernde geistige Betätigung umsetzen, die Benutzung des Lexikons unterstützen und veredeln. Das ganze Verzeichnis beruht auf dem Formenmaterial, das den einzelnen Verbartikeln vorangestellt ist. Alle diese Formen wurden sorgfältig verzettelt, von Prof. Dr. Clausing bearbeitet und zu dem Verzeichnis zusammengestellt.

In die Neubearbeitung der umfangreicheren Artikel haben sich Prof. Dr. Eckstein, Freiburg, Prof. Dr. Haas, Wertheim, und Direktor Wohleb, Donaueschingen, geteilt, in die der übrigen Prof. Dr. Clausing, Heidelberg, und Dr. Schroff, Heidelberg.

Bei der Bearbeitung hat sich uns auf jeder Seite und bei jeder Einzelnachprüfung gezeigt, welche Fülle wertvollster interpretatorischer Arbeit in dem Werke beschlossen liegt, und es wäre undankbar zu verkennen, wieviel wir den Leistungen aller derer verdanken, die vor uns das Benselersche Lexikon betreut haben. Doch glauben wir, auch an unserem Teil das Erbe wohl behütet und recht verwaltet zu haben. Es wäre für uns der schönste Lohn zu wissen, daß auch unsere Bemühungen dazu beigetragen haben, das altbewährte Hilfsmittel auch für weitere Benutzergenerationen brauchbar erhalten zu haben.

Besonderen Dank haben wir abzustatten Herrn Direktor Dr. Ostern, Durlach, für das freundliche Interesse, das er dem Unternehmen von der ersten Planung ab entgegengebracht hat. Nach Abschluß der ganzen Arbeit müssen wir unumwunden bekennen, daß sie unmöglich hätte gelingen können, wenn nicht der Verleger und der wissenschaftliche Leiter dieser Abteilung mit ihrem außerordentlichen Wissen und Können uns bei der Durchführung des Unternehmens geführt und gefördert hätten.

Donaueschingen, Freiburg, Heidelberg, Wertheim, im März 1931.

Die Bearbeiter.

Vorrede des Wörterbuchs zur Einweisung in seinen Gebrauch.

Du hast gut daran getan, mich in deine Handbücherei einzureihen. Abgesehen davon, daß du einen Wunsch deines Lehrers erfüllt hast, und daß ich auch äußerlich mich in deiner Bücherei schmuck ausnehme, hast du dir selbst einen großen Dienst erwiesen. Ich habe nur den einen Wunsch, dir nützlich zu sein; jedoch mußt du mit mir umzugehen verstehen. Zwar bin ich kein Buch mit sieben Siegeln, aber ich habe doch einige Eigentümlichkeiten an mir, die ich mir nicht abgewöhnen kann, weil sie zu meinem Wesen gehören. Ich will sie dir in aller Offenheit darlegen; wir werden dann um so bessere Freunde sein.

I.

1. Zunächst muß ich dich darauf aufmerksam machen, daß wir nur zusammenarbeiten können, wenn du in der Reihenfolge der Buchstaben des griechischen Alphabets sicher bist. Ich nehme z. B. an, du suchst nach μαθητής. Beiläufig: schlage dabei nicht Seite für Seite um, sondern ein Päckchen auf einmal und achte auf die Stichwörter oben am Rand. Dann suche in meinem mit M überschriebenen Kasten das Fach μα-, dann schlage nach μαζ- das Fächlein μαθ- auf; gleich wirst du μαθη- entdecken, und schon siehst du nach μαθησ- auch μαθητ-; nun ist's noch eine Kleinigkeit, hinter μαθητε- zu finden, was du suchst, eben μαθητής. Ich wette, dieser Kunstgriff wird dir schnell zur Selbstverständlichkeit werden.

2. Ich weiß aber wohl, daß du nicht nur so einfache Fragen an mich stellst. Hab keine Sorge, ich helfe dir auch bei schwierigeren Rätseln. Nur um eines muß ich dich bitten: Ich habe die unausrottbare Gewohnheit, daß ich in meinen Fächern mit wenigen Ausnahmen alle **Substantive** durchweg im **Nominativ Singular** und alle **Verben** in der **ersten Person Singular des Präsens** aufbewahre.

a) Du kannst also die Kasus ἀνθρώπους, πολιτῶν, θῆρες, παίδων, ἀνδράσιν nicht bei mir erwarten, sondern mußt die Kasusendungen, die du ja kennst, absetzen und den **Nominativ Singular** zu bilden versuchen. Dabei wird dir, um bei den angeführten Beispielen zu bleiben, ἄνθρωπο-ς und θήρ sofort einfallen. Dagegen kannst du, wenn du ganz Anfänger bist oder, was mir schmerzlich wäre, im Anfangsunterricht nicht bei der Sache warst, bei πολιτῶν, παίδων und ἀνδράσιν Schwierigkeiten haben. Du erkennst wohl πολιτ-ῶν und παίδ-ων als Genetive des Plurals, ἀνδρά-σιν als Dativ des Plurals, rätst aber — horribile dictu — auf πολιτός und παῖδος als Nominativ Singular und weißt mit ἀνδρα- gar nichts anzufangen. Alle drei Formen wirst du bei mir vergeblich suchen und daraus schließen, daß du falsch geraten hast. Nun nimm mutig die Schuld deiner Nachlässigkeit im Anfangsunterricht auf dich und suche oben zunächst unter dem Stamm πολιτ-, bis du den richtigen Nominativ Singular πολίτης entdeckst; unter παιδ- stößt du zuerst auf Zusammensetzungen, hinter denen in Klammern das Stammwort παῖς angegeben ist, und du erinnerst dich an die Nominativbildung der dritten Deklination mit ς, vor dem der t-Laut ausfällt; so fange auch mit ἀνδρ-αγαθέω an, bis du das Stammwort ἀνήρ angegeben findest und nun unter dem Nominativ Singular ἀνήρ — natürlich nach ἀνε-, ἀνη-, ἀνηβ-, . . . ἀνήνωρ — bestätigt findest, daß der Dativ Plural ἀνδράσιν heißt.

b) Bei Verbalformen verfahre, bitte, nach folgendem Rezept: Du hast da z. B. nacheinander: νομίζετε, ἐδούλευσας, περιπέπτωκα, ἀναπέφασται, καταλυθῆναι. Erstens löse die bekannten Teile am Ende ab, also Endung, Moduszeichen, Bindevokal und Tempuszeichen, und es bleiben: νομιζ-, ἐδουλευ-, περιπεπτω-, ἀναπεφασ-, καταλυ-. Zweitens trenne am Anfang der Formen ab, was dir geläufig ist, also Augment, Reduplikation und die Zusammensetzung bei Komposita; dann bleibt: νομιζ-, -δουλευ-, -πτω-, -φασ-, -λυ-. Jetzt findest du bei mir ohne weiteres νομίζω, δουλεύω, λύω. Da du aber mit -πτω- und -φασ- immer noch nichts anzufangen weißt, habe ich mir ein Verzeichnis zur Bestimmung solcher Formen beigelegt, das du am hinteren Buchdeckel angeheftet findest. Das hilft dir unter πτω und φασ sicher auf den Sprung: πίπτω und φαίνω sind die Verben, vor die du nun noch die Präpositionen περι- und ἀνα- setzen mußt, um den richtigen Artikel zu finden. Außerdem findest du im Verzeichnis auch Tabellen, nach denen du seltenere Personalendungen und schwierige Komposita als solche erkennen und auflösen kannst.

3. Nun gebe ich zu, die epische Kunstsprache, die herodoteische Mundart und manche Formen in den Chorliedern der Dramen werden dir noch einige Nüsse zu knacken geben. Indessen wird dich da dein Lehrer in die Besonderheiten einführen, und, wenn du soweit vorgeschritten bist, daß du dich zu Hause vorbereiten kannst, wirst du auch dabei in mir deinen Helfer haben. Vergiß nur nie, mein Bestimmungsverzeichnis bei der Arbeit richtig zu benutzen.

II.

Nachdem du jetzt glücklich das Wort, das du suchst, gefunden hast, fange ich an, dir mein Wissen auszubreiten. Nun merke dir: nicht alles, was ich dir unter einem fett gedruckten Wort angebe, ist für dich im Augenblick bemerkenswert.

1. Du liest unter allen Umständen ein etwa dem gesuchten Wort in Klammern beigesetztes Wort; es ist ein verwandtes Wort, gewöhnlich das, von dem das gesuchte abzuleiten ist. Auch die der griechischen Form entsprechende lateinische und deutsche findest du in Klammern beigegeben. Du lernst so spielend die etymologischen Zusammenhänge.

2. Dann überzeuge dich bei unregelmäßigen Formen, ob die von dir gesuchte wirklich aufgeführt ist, ob du also richtig aufgeschlagen hast.

3. Und nun heißt es denken! Bei der Lebensgeschichte eines Wortes, die ich dir jeweils kurz vorführe, ist für dich das Wichtigste, die Grundbedeutung, die ich als erste angebe, zu erfassen. Die schreibst du dir in dein Wörterheft.

4. Nur wenn diese Grundbedeutung sich nicht in den Zusammenhang deines Textes einfügen will, lies weiter, was ich dir sage. Ich gebe dir nämlich nach der Grundbedeutung nicht nur meist eine kleine Auswahl sinnverwandter Bedeutungen, sondern vor allem auch aus der Grundbedeutung abgeleitete Bedeutungen. Besonders häufig sind es ins Geistige übertragene Anwendungen; bildl. oder ütr. füge ich dann bei. Und nun schreibe in dein Wörterheft die Bedeutung, die im Zusammenhang deines Textes paßt.

5. Bitte, lies übrigens nicht über meine Abkürzungen weg. Sie sind ein Notbehelf, damit ich dich nicht durch meinen Umfang abschrecke. Die meisten Abkürzungen verstehst du ohne weiteres. Im Zweifelsfalle laß dich aber ja die kleine Mühe nicht verdrießen, in dem Verzeichnis auf S. 7/8 nachzusehen. Denn auch ich will dich das Wichtigste lehren fürs Leben, im Kleinen getreu zu sein.

6. Schließlich noch einmal: **Übersetze so wörtlich als möglich, so frei als unbedingt nötig.** Zumal, wenn du eine Dichtung vor dir hast, wirst du staunen, wie greifbar bildhaft so manche Stelle herauskommt, wenn du nicht verschwommen umschreibst, sondern, wenn es irgend verständliches Deutsch ergibt, die Grundbedeutung einsetzest. Auch die Wortstellung des Originals behalte bei, so gut du kannst. Freilich, und das ist meiner Weisheit letzter Schluß, lebendiges, ungekünsteltes Deutsch muß deine Übersetzung sein.

W.

Abkürzungsverzeichnis.

1. Autoren und Schriftwerke.

Aesch.	Aeschylus.
Ag.	Agamemnon.
Cho.	Choëphoren.
Eum.	Eumeniden.
Pers.	Perser.
Prom.	Prometheus.
Ar.	Aristophanes.
Eq.	Equites.
Nub.	Nubes.
Ran.	Ranae.
Arist.	Aristoteles.
Arr.	Arrian.
Batr.	Batrachomyomachie.
Dem.	Demosthenes.
Eur.	Euripides.
Alc.	Alkestis.
Bach.	Bakchen.
Her.	Herakliden.
Hipp.	Hippolytos.
I. A.	Iphigenie in Aulis.
I. T.	Iphigenie auf Tauris.
Med.	Medea.
Phoen.	Phoenissen.
Her., Hdt.	Herodot.
Hes.	Hesiod.
Hom.	Homer.
Isocr.	Isokrates.
Luc.	Lukian.
Lyr.	Lyriker.
Lys.	Lysias.
N. T.	Novum Testamentum.
Pl., Plat.	Plato.
Ap.	Apologie.
Gorg.	Gorgias.
Prot.	Protagoras.
Symp.	Symposion.
Plut.	Plutarch.
Mor.	Moralia.
Soph.	Sophokles.
Ai.	Aias.
Ant.	Antigone.
El.	Elektra.
OC.	Oedipus auf Kolonus.
OR., OT.	Oedipus Rex.
Phil.	Philoktet.
Tr(ach.).	Trachinierinnen.
Thuc.	Thukydides.
Theocr.	Theokrit.
Xen.	Xenophon.
An.	Anabasis.
Cyr.	Kyropaedie.
Hell.	Hellenika.
Mem.	Memorabilien.

2. Literaturkreise.

ar. = aristotelisch: bei Aristoteles belegt, bei ihm zuerst in nichtionischer Prosa vorkommend.

buk = bukolisch: bei den bukolischen Dichtern (Theokrit, Bion, Moschos) belegt, die auch viele ep. und poet. Wörter aufweisen.

ep. = episch: bei Epikern, d. h. in Ilias, Odysee, Hesiod, den homer. Hymnen, der Batrachomyomachie und Quintus Smyrnaeus vorkommend.

ion. = ionisch: bei Herodot (und Heraklit, Demokrit, Hippokrates u. a.) vorkommend.

poet. = poetisch: bei Lyrikern, Dramatikern und in der Anthologie vorkommend.

sp. = spätgriechisch: bei Aristoteles und Schriftstellern nach 320 v. Chr. belegt.

sp. ep. = spätepisch: ist einzelnen Wörtern der Batrachomyomachie und des Quintus Smyrnaeus beigefügt.

3. Weitere Abkürzungen.

a., and.	andere.
ä., ähnl.	ähnliche.
Abl.	Ableitung.
abs(ol).	absolut.
A. c. I.	Accusativus cum Infinitivo
a. E.	am Ende.
ags.	angelsächsisch.
ahd.	althochdeutsch.
allg(em).	allgemein.
äol.	äolisch.
apostr.	apostrophiert.
aram.	aramäisch.
Bed.; bed.	Bedeutung; bedeutet.
Bein.	Beiname.
Beiw.	Beiwort.
ben.	benannt.
ber.	berühmt.
bes.	besonders.
Bew.	Bewohner.
Bez.	Bezeichnung; Beziehung.
bildl.	bildlich.
bisw.	bisweilen.
bl.	bloß.
bzw.	beziehungsweise.
c., C.	vergleiche k., K.
cf.	confer.
comm.	communis generis.
dah.	daher.
das.	daselbst.
dass.	dasselbe.
Dat.	Dativ.
dav.	davon.
def.	defektiv.
Dekl.	Deklination
dekl.	dekliniert.
Demin.	Deminutiv.
Dep.	Deponens.
dergl., dgl.	dergleichen.
desid.	desiderativ.
Dial.	Dialekt.
dial(ekt).	dialektisch.
Dig.	Digamma.
dor.	dorisch.
eig., eigtl.	eigentlich.
Eigenn.	Eigenname.
Einw.	Einwohner.
engl.	englisch.
erg.	ergänze.
Erkl.	Erklärung.
etym(ol).	etymologisch.
euphem.	euphemistisch.
F.	Form(en).
f.	für; filius.
Fem.	Femininum.
ff., fg.	folgende.
Fl.	Fluß.
flekt.	flektiert.
freq(uent).	frequentativ.
frz.	französisch.
Fut.	Futurum.
g. E.	gegen Ende.
gebr.	gebräuchlich.
Gem.	Gemahl(in).
Gen.	Genetiv.
gen.	genannt.
gew.	gewöhnlich.
Ggs.	Gegensatz.
got.	gotisch.
haupts.	hauptsächlich.
Hdschr.	Handschrift.
hebr.	hebräisch.
idg.	indogermanisch
im bes.	im besonderen.
Imper.	Imperativ.
Impf.	Imperfekt.
Ind.	Indikativ.
Inf.	Infinitiv.
insbes.	insbesondere.
intr.	intransitiv.
iter.	iterativ.
j.	jetzt.
Jhdt.	Jahrhundert.
K.	König(in).
Kompar.	Komparativ.
Konj. (conj.)	Konjektur; Konjunktion; Konjunktiv.
La., LA.	Lesart.
lesb.	lesbisch.
M.	Mutter.
Med. (med.)	Medium.
metaphor.	metaphorisch.
metapl.	metaplastisch.
meton.	metonymisch.
mhd.	mittelhochdeutsch.
myth.	myth(olog)isch.
N.	Name. Nord.
Nbf.	Nebenform.
Nbfl.	Nebenfluß.
nhd.	neuhochdeutsch.
Neutr.	Neutrum.
Nom.	Nominativ.
Nomin.	Nomina.
N. pr.	Nomen proprium.
o.	oben; oft.
ö.	öfter; östlich.
od.	oder.
Opt.	Optativ.
osk.	oskisch.
Part.	Partizipium.
Pass.	Passiv.
patron.	patronymisch.
Perf.	Perfekt.
pers.	persisch.
personif.	personifiziert.
Plqpf.	Plusquamperfekt.
Pl(ur.)	Plural.
Praep.	Praeposition.
Praes.	Praesens.
Pron.	Pronomen.
pros.	prosaisch.
prov.	provenzalisch.
Redupl.	Reduplikation.
reg.	regiert(e). regelmäßig.
S.	Sohn; Süd.
s.	siehe; südlich. (auch: sein, sich).
s. d.	siehe dort.
Sing., Sg. (sing.)	Singular.
Superl.	Superlativ.
sc(il).	scilicet.
Schw.	Schwester.
skr.	Sanskrit.
St.	Stadt; Stamm.
st.	statt.
s. v.	sub voce.
s. v. a.	so viel als.
syr.	syrisch.
T.	Tochter.
trans.	transitiv.
t. t.	terminus technicus.
u.	und; unten. unter.
üb(er)h.	überhaupt.
üb(er)tr.	übertragen.
umbr.	umbrisch.
ungebr.	ungebräuchlich.
unpers.	unpersönlich.
unreg.	unregelmäßig.
u. s.	und sonst.
u. zw.	und zwar
V.	Vater; Vers.
Var.	Variante.
Vbdg.	Verbindung.
vergl., vgl.	vergleiche.
Verm.	Vermutung.
verm.	vermutet.
verst.	verstanden; verstärkt.
viell.	vielleicht.
W.	Wort; West.
W(zl).	Wurzel.
wahrsch.	wahrscheinlich.
weitergeb.	weitergebildet.
w. m. s.	wo man sehe.
w. s.	wo siehe.
zerd.	zerdehnt.
zsgz.	zusammengezogen.
zus.	zusammen.
zw.	zweifelhaft; zwischen.

A.

A, erster Buchstabe des griech. Alphabets, als Zahlzeichen = 1.

ἀ-[ᾰ] in der Zusammensetzung ist entweder • **1) privativum,** *στερητικόν*, vor Vokalen *ἀν-*, eine Verneinung bezeichnend wie lat. *in-*, deutsch *un-* (verw. *ἄνευ*, ahd. *âne*), z. B. *ἄ-τιμος*; *ἀν-αίτιος*; *ἄ-οινος* d. i. *ἄ-Ϝοινος*. od. • **2) copulativum,** *ἀθροιστικόν*, ein 'mit-, zugleich-, zusammen-' bezeichnend, eig. *ἀ-* (*sm̥** Schwundstufe von *sem** u. *som** zu *ὁμοῦ*, verw. mit *ἅμα* u. *εἷς*, lat. *simul*, *semel*), dann *ἀ-*; z. B *ἀ-πλόος*; *ἅ-πας*, vgl. *σύμ-πας*; *ἀ-κόλουθος* zugleich den Weg machend, *ἀ-κοίτης* (*ἄκοιτις*) zusammenlagernd • Damit ist das sog. *ἀ* **intensivum,** *ἐπιτατικόν*, identisch, das verstärkende *ἀ* z. B. in *ἄ-ξυλος*; *ἀ-τενής*, *ἀ-χανής*, vgl. *Un-masse, -summe*. od. • **3) protheticum,** *εὐφωνικόν*, formativum, rein lautlicher Vorschlag (vgl. frz. *établir* u. prov. *establir* mit lat. *stabilire*) z. B in *ἀ-λείφω* neben *λίπος*, *ἀ-μέλγω* neben *mulgeo*, *ἀ-στήρ* neben *stella*, *Stern*, in *ἄ-Ϝημι* neben *wehen* u. a.

ἁ, dor. st. *ἡ*, Art.; ***ἅ,*** dor. st. *ἥ*, Pron. rel.

ᾶ, Ausruf des Schmerzes, Mitleids, Unwillens, bisweilen verdoppelt, ***ἆᾶ,*** ach! o!

ἀ-άατος, 2. [⏑_⏓⏑] (*ἀάω*), unheilbringend, verderblich, unheilvoll (nach and.: unverletzlich od. untrüglich).

ἀ-ᾱγής, *έος*, 2. (*ἄγνυμι*), ep. unzerbrechlich, stark.

ἀάζω, Nbf. zu *ἀάω*, **s. d.**

ἄ-απτος, 2. (*ἅπτομαι*), ep. unberührbar, unnahbar.

ἀάσπετος, 2. u. ***αάσχετος,*** 2. ep. für *ἄσπετος*, *ἄσχετος*, w. m. s.

ἄ-ατος, ep. [⏑⏑⏑] kontr. *ἆτος*, unersättlich, *τινός*.

ἀάω [⏓⏓_] u. ***ἀάζω,*** ep., Aor. 1. *ἄασα*, zsgz. *ἆσα*, u. Aor. med. *ἀάσατο*, im Pass. nur Aor. 1 *ἀάσθην*, **1)** Akt. **a)** verletzen, in Unheil bringen, Pass. Schaden haben. **b)** gew. vom Verstande: betören, mit u. ohne *φρένας*, Pass. betört werden, irren, fehlen, mit u. ohne *θυμῷ* od. *φρεσί*. **2)** Med. **a)** sich betören od. verblenden lassen, *θυμῷ* töricht handeln. **b)** *τινά* jmdn. betören, in Irrtum führen.

ἅβα, dor. st. *ἥβη*.

Ἆβαι (*Ἄβαί*), *αἱ*, St. im nordöstl. Phokis, j. *Modi*, berühmt durch den Tempel u. das alte Orakel des Apollon *Ἀβαῖος*.

ἀβᾰκέω, ep., unkundig sein, nichts ahnen, nicht [erkennen.

ἀβακής, 2. poet. sprachlos; ruhig, **sanft.**

ἀβάκιον, *τό* (Demin. v. *ἄβαξ*), Rechen-, Zeichenbrett.

ἀβακίσκος, *ὁ*, sp. Brettchen; Mosaikplättchen.

ἀ-βάκχευτος, 2. poet. u. sp. nicht (in die bakchischen Mysterien) eingeweiht.

Ἄβαντες, *οἱ*, alter Volksstamm auf Euböa.

Ἀβαντίς, *ίδος* (*γῆ*, *νῆσος*), *ἡ*, Euböa.

ἄβαξ, *ακος*, *ὁ*, Tisch, Brett, Spielbrett, Spieltisch.

ἀ-βᾰρής, *οῦς*, 2. (*βάρος*), sp. u. N. T. nicht schwer, dah. **a)** unbelastet, leicht. **b)** nicht beschwerlich, nicht lästig.

ἀ-βασανίστως (*βασανίζω*), Adv. ohne Prüfung, ununtersucht.

ἀ-βᾰσίλευτος, 2 ohne Oberherrn, unabhängig.

ἄ-βᾰτος, 2. (*βαίνω*), **1)** unbetreten. **2)** unpassierbar, unzugänglich; Subst. ***ἄβατα, τά,*** das Geweihte, der geweihte Ort.

ἀββᾶ, als Vok. Anrede an Gott: „Vater". N. T.

Ἄβδηρα, *τά*, St. in Thrakien am Nestos, urspr. phönik., dann griech. Pflanzstadt der Klazomenier, j. Ruinen bei *Polystylo*. Die Ew., ***οἱ Ἀβδηρῖται*** galten als (Schildbürger) einfältig. — Adj. ***Ἀβδηριτικός,*** abderitisch, töricht.

ἀ-βέβαιος, 2. unbeständig, ***ἐξ ἀβεβαίου*** von einem unsichern Standpunkte aus, auf unsicherm Boden.

ἀ-βέβηλος, 2. sp. unbetretbar, heilig.

ἀβελτερία (u. sp. *ἀβελτηρία*), *ἡ*, das Verfehlen des Bessern, Einfalt, Torheit, plumpes Benehmen. Von

ἀ-βέλτερος, 3. Superl. *-ώτατος*, einfältig, dumm.

ἀ-βίαστος, 2. Adv. **-ως** (*βιάζομαι*), ungezwungen, freiwillig.

Ἀβιληνή, *ἡ*, Gebiet von Abila, in Kölesyrien.

Ἄβιοι, *οἱ*, skythischer Volksstamm, bei Hom. im europ. Thrakien; bei Arr. in Asien.

ἄ-βιος, 2. **1)** = dem folg. **2)** sp. ohne Lebensmittel, unbemittelt.

ἀ-βίωτος, 2. Adv. ***-ώτως,*** nicht lebenswert, unerträglich, elend. *ἀβιώτως διατεθῆναι*, die Lust am Leben verloren haben, *ἀ. ἔχειν*, auf Genesung verzichten.

ἀβλάβεια, *ἡ*, sp. **1)** Unversehrtheit; *ἐπ' ἀβλαβείᾳ* in Ungestraftheit. **2)** Unschädlichkeit, Unschuld. Von

ἀ-βλᾰβής, 2. (*βλάβη*), **1) akt. nicht verletzend, unschädlich, ohne Gefahr;** poet. **Schaden abwehrend. 2) pass. unversehrt, unverletzt.**

ἀβλαβίη, *ἡ*, ep. = *ἀβλάβεια*, Unschuld.

ἀ-βλής, *ῆτος*, *ὁ*, *ἡ* (*βάλλω*), ep. nicht geworfen, nicht abgeschossen, ganz neu.

ἄ-βλητος, 2. (*βάλλω*), ep. nicht getroffen.

ἀ-βληχρός, 3. (*ἀ* proth. u. *βληχρός*, zu *βλάξ*, *μαλακός*), ep. schwach, zart; *θάνατος* sanft, *νόσος* schleichend.

ἀ-βοήθητος, 2. sp. hilflos.
Ἀβοριγῖνες, ων, οἱ, sp. Stammvolk der Latiner, *Aborigines*.
ἁβός, 3. dor. st. ἡβός, reif.
ἀ-βουκόλητος, 2. poet. nicht beaufsichtigt, unbeachtet.
ἀβουλέω (βούλομαι), nicht wollen.
ἀ-βούλητος, 2. nicht gewollt, **a)** unfreiwillig. **b)** unwillkürlich, zufällig. **c)** sp. unerwünscht, unerfreulich.
ἀβουλία, ἡ, Mangel an gutem Rate (im Plur. **Mangel an guten Ratschlägen), Ratlosigkeit, überh. Unüberlegtheit. Von**
ἄ-βουλος, 2., Adv. **ἀβούλως** (βουλή), übelberaten, unbedachtsam, unüberlegt, *τινί* unbekümmert um jmdn.
ἅβρα, ἡ, sp. Lieblingszofe.
Ἀβραδάτας, ου u. ᾱ, ὁ König der Susier, Zeitgen. des Kyros und Krösus.
ἀ-βρῑθής, 2. poet. unschwer, ohne Wucht.
ἀβρίξ, Adv. schlaflos (Konj.).
ἁβρο-βάτης, ου, ὁ, poet. üppig einhergehend.
ἁβρό-βιος, 2. poet. u. sp. weichlich lebend.
ἁβρό-γοος, 2. poet. zärtlich klagend.
ἁβρο-δίαιτος, 2. weichlich lebend, τὸ -τον, die verzärtelte Lebensweise.
ἁβρο-κόμης, ου, ὁ, poet. üppig behaart, belaubt.
ἄ-βρομος, 2. (βρέμω), ep. brausend, lärmend.
ἁβρο-πενθής, 2. poet. zärtlich klagend.
ἁβρό-πηνος, 2. poet. von feinem Gewebe.
ἁβρό-πλουτος, 2. poet. üppig reich.
ἁβρός, 3. von Frauen: zart, von Männern: weichlich, verzärtelt, von Sachen: fein, zum feinen Genuß, zur Behaglichkeit gehörig. οἱ ἁβροί, die **Stutzer. — ἁβρὰ παθεῖν lustig leben. Adv. ἁβρῶς,** **poet. zierlich. Dav.**
ἁβροσύνη, ἡ, poet. Üppigkeit, Eleganz.
ἀβροτάζω (zu ἤμβροτον, ἁμαρτάνω), ep., nur Konj. aor. 1. act. ἀβροτάξομεν [ᾰ], einen (τινός) verfehlen.
ἁβρότης, ητος, ἡ (ἁβρός), Üppigkeit, Feinheit, Eleganz, Weichlichkeit.
ἁβρό-τῑμος, 2. poet. zart u. prachtvoll (var.)
ἄ-βροτος, 3. u. 2. = ἄμβροτος, ep. u. poet., **1)** unsterblich, göttlich, heilig. **2)** poet. menschenleer.
ἁβρο-χίτων, ωνος, ὁ, ἡ, poet. mit weichen Decken.
ἄ-βροχος, 2. poet. u. sp. unbenetzt, unbewässert.
ἁβρύνω [ῠ] (ἁβρός), **1)** Akt. mit weichlicher Üppigkeit behandeln. **2)** Med. **a)** fein fühlen. **b) großtun, sich brüsten.**
ἄ-βρωτος, 2. sp. nicht zu essen, ungenießbar.
Ἄβῡδος, ἡ, St. in Troas, Sestos gegenüber, j. *Avido*.
Ew. **Ἀβυδηνοί,** Adv. **Ἀβῡδόθεν,** von Ab. her; **Ἀβῡδόθι,** Adv. in Ab.
ἄ-βυσσος, 2. ion. poet. u. sp. grundlos, unergründlich. Subst. ἡ ἄβυσσος, N. T. u. sp. Abgrund, auch des Hades u. der Hölle; übertr. etwas Unergründliches, Unmögliches; die Unendlichkeit.
ἄγα, dor. = ἄγη.
ἀγάζω, poet. staunend prüfen, unwillig aufnehmen, zürnen, τί über etw. Med., s. ἄγαμαι.
Ἀγάθαρχος, ὁ, **1)** syrakus. Nauarch 413 v. Chr. **2)** Maler aus Samos, Zeitgen. des Perikles u. Alkibiades.
Ἀγάθη, ἡ, sp. Stadt in Südgallien, h. *Agde*.
ἀγαθο-ειδής, 2. anscheinend gut.
ἀγαθοεργέω, N. T., soviel als ἀγαθοποιέω.
ἀγαθοεργίη, ἡ, ion. verdienstliche Tat. Von
ἀγαθο-εργοί, οἱ, ion. die verdienstvollen Männer des Staats; bei den Spartanern die 5 Ältesten vom Ritterstande, welche zu Gesandtschaften gebraucht wurden.
Ἀγαθοκλῆς, έους, ὁ, häufiger Mannesname, bes. **1)** Sophist u. Musiker, Lehrer des Damon, des Lehrers von Perikles u. Sokrates. **2)** Tyrann von Syrakus von 317—289, vielfach mit den Karthagern kämpfend. **3)** Schmeichler Philipps von Makedonien, V. des Lysimachos. **4)** sonst Eigenn.
ἀγαθο-ποιέω, sp. u. N. T. wohltun, **Gutes tun.**
ἀγαθοποιΐα, ἡ, das Rechthandeln, N. T.
ἀγαθο-ποιός, ὁ, sp. u. N. T. der Rechthandelnde.
ἀγᾰθός, 3. [ᾰ ᾰ], durch Krasis mit dem Art. ἀγαθός [ᾱ ᾰ], ἀγαθοί, τἀγαθόν, τἀγαθοῦ usf. 1) von Personen: **trefflich, edel, wacker, tapfer** *βοὴν ἀγαθός* **trefflich im Schlachtruf Hom.; stark** Hom.; **moralisch gut, edel;** von vornehmer Geburt: *καλοὶ κἀγαθοί* **Ehrenmänner, Aristokraten;** *ὦ 'γαθέ* **mein Lieber, Bester. 2)** von Sachen: **zweckmäßig, nützlich, heilsam • Subst.** *ἀγαθόν* **Gut, Vorteil,** *ἀγαθά* **Vorzüge, Schätze, Lebensmittel.** *ἐπ' ἀγαθῷ* **in guter Absicht;** *τὸ κοινὸν ἀγαθόν* ***salus publica;*** *ἀγαθὸν διδόναι* **Gefälligkeit erweisen N. T.**
ἀγαθουργέω, N. T. dass. wie ἀγαθοποιέω.
Ἀγάθυρσοι, οἱ, skythisches Volk im europ. Sarmatien (in Siebenbürgen u. östl. Ungarn).
Ἀγάθων, ωνος, ὁ, **1)** tragischer Dichter in Athen, Zeitgenosse des Sophokles, Euripides, Sokrates. **2)** sonst Eigenn.
ἀγαθωσύνη, ἡ, N. T. die Rechtschaffenheit, Güte.
ἀγαίομαι [ᾰ], ep. u. ion. Nbf. v. ἀγάομαι, ἄγαμαι (nur im Pr.), **1)** *τί* entrüstet sein über etwas. **2)** *τινί* einem übel wollen.
ἀγα-κλεής, 2., Gen. έος, ep. u. poet., **ἀγα-κλειτός,** 3. ep. u. poet., u. **ἀγα-κλῡτός,** 3. ep. hochberühmt, hochgepriesen, herrlich.
ἀ-γάλακτος, 2. (ἀ copulat.) poet. an gleicher Mutter**brust herangewachsen, blutsverwandt (nach andern: des Säugens, der Milch entwöhnt, ἀ priv.).**
ἀγαλλίασις, ἡ, Jubel, Wonne. N. T. Von
ἀγαλλιάω u. Med., mit med. u. pass. Aor. (-άθην u. -άσθην), jauchzen, sich freuen, mit *ἔν τινι, ἐπί τινι,* mit *ἵνα* daß, od. Part., N. T. Von
ἀγάλλω, Fut. ἀγαλῶ, Aor. 1. ἀγῆλαι, glänzend machen, **1)** Akt. poet. schmücken, verherrlichen, glänzend machen. Häufiger **2)** im Med. (nur Pr. u. Impf.) **a)** prunken, stolz sein, sich viel wissen, sich freuen, *τινί* u. *ἐπί τινι* mit, auf, über etwas, auch mit Partiz. od. mit Gen. absol. **b)** bei Eur. = Akt. mit dem Akk. einen verherrlichen. Davon
ἄγαλμα, τό, eig. woran man sich freut, Prachtstück, Schmuck, Kleinod, Bild, u. bes. (woran der Gott sich freut) Götterbild, Götterstatue (ἀνδριάς fast immer Bildsäule eines Menschen). Demin. davon
ἀγαλμάτιον, τό, sp. **kleine Bildsäule, Statuette.**
ἀγαλματο-ποιός, ὁ, Bildhauer.

ἄγαμαι [ᾰ ᾰ], (μγα, μέγα, ἄγᾱν; ἄγη), ἄγασαι usw., att. Impf. ἠγάμην, Aor. ἠγάσθην, ep. F. ἀγάσσομαι, Aor. ἠ- od. ἀγασσάμην. Dep. **staunen**, sich wundern. **1)** in gutem Sinne: **bewundern,** verehren, hochschätzen; preisen, τί τινος etw. an einem, auch τινά τινος od. ἔν τινι; ἄγαμαί τινος od. τινι von Bewunderung über jmd. od. etw. ergriffen sein. **2)** in schlimmem Sinne: **a) beneiden,** τινι; τινί τι einem etw. mißgönnen, **b) sich entrüsten,** unwillig sein über etw.; τινί τι jmd. wegen etw. zürnen; κότῳ in Zorn ausbrechen.

Ἀγᾰ-μέμνων, ὁ, S. des Atreus, Enkel des Pelops, K. von Mykenä, oberster Heerführer der Griechen vor Troja, nach seiner Heimkehr von Aigisthos, dem Buhlen seiner Gattin Klytaimestra, ermordet. Adj. dav. ep. **Ἀγαμεμνόνεος,** έη, εον, att. **Ἀγαμεμνόνειος,** und **Ἀγαμεμνόνιος,** 3. dem Ag. gehörig, Patron. **Ἀγαμεμνονίδης,** ὁ, u. Ἀγαμεμνονίδας, παῖς = Orestes, dessen Schwestern Chrysothemis, Laodike od. Elektra, u. Iphianassa od. Iphigeneia.

ἀγᾰμένως, Adv. (ἄγαμαι), bewundernd, beifällig.

ἀγαμίου δίκη, ἡ, sp. Klage gegen Junggesellen.

ἄ-γᾰμος, 2. **1)** unverheiratet, unverehlicht. **2)** unglücklich verheiratet, poet. ἄγ. γάμος Unglücksehe.

ἄγᾱν [ᾰ], (μγα, μέγα s. d.) in tadelndem Sinne: Adv. **1)** gar sehr, noch so sehr, allzusehr. **2)** ganz, gänzlich, gewaltig; ὑπὲρ ἄγαν allzu heftig. Auch wie unser „allzu" bei Adjj. u. Advv., u. bei Substt. mit dem Artikel: ἡ ἄγαν σιγή das gänzliche Schweigen, od. selbst als Subst. τὸ ἄγαν die gewaltige Anstrengung wonach, oder das Zuviel, das Übermaß. ἄγαν γε nur zu sehr; μηδὲν ἄγαν *ne quid nimis.*

ἀγᾰνακτέω, 1) Akt. unwillig, außer sich, sehr aufgeregt sein. — Davon

ἀγᾰνάκτησις, εως, ἡ, Unwille, ἀγανάκτησιν ἔχειν τινί jmdm. Grund zum Ärger geben.

ἀγανακτητικός, 3. zum Unmut geneigt, reizbar, ärgerlich.

ἀγᾰνακτητός, 3. Unmut erregend.

ἀγανακτικός, 3. sp. = ἀγανακτητικός.

ἀγά-ννῐφος, 2. ([σ]νείφω), ep. sehr beschneit, schneebedeckt.

ἀγᾱνόρειος, 3. poet. = ἀγήνωρ.

ἀγᾰνός, 3. ep. u. poet. (ἄγαμαι), erfreuend, wohlgefällig, freundlich, mild, sanft.

ἀγᾰνοφροσύνη, ἡ, ep. freundliches Wesen, zärtliche Liebe. Von

ἀγᾰνό-φρων, 2. (φρήν), ep. mildgesinnt.

ἀγάομαι, ep. Nbf. von ἄγαμαι, **1)** τινά anstaunen. **2)** τινί beneiden, mißgönnen.

ἀγᾰπάζω, gew. Med. **ἀγαπάζομαι,** nur Pr u. Imperf., ep. u. poet., τινά einen liebreich aufnehmen, für ihn sorgen, begrüßen, liebkosen.

ἀγᾰπάω [ᾰ], **1)** mit Liebe willkommen heißen, liebkosen, lieben. τὶ ἀντί τινος etwas vorziehen. **2)** zufrieden sein, sich begnügen mit etwas τί od. τινί, m. Part., Inf. oder Nebensätzen: froh sein, daß, gern etwas tun.

ἀγάπη, ἡ, sp. u. N. T. die Liebe, bes. die christliche Liebe u. Pietät, Liebe Gottes u. Christi zu den Menschen, dienende demütige Liebe; αἱ ἀγ., die Liebesmahle der Christen.

ἀγαπ-ήνωρ, ορος, ὁ, ep. Mannhaftigkeit liebend, mannhaft.

ἀγάπησις, εως, ἡ (ἀγαπάω), sp. das Lieben, die Liebe.

ἀγαπητικός, 3. sp. zur Liebe geneigt.

ἀγαπητός, 3. (ἀγαπάω), **1)** geliebt, teuer, bes. vom einzigen Kinde, auch beliebt, z. B. ἤθη, befriedigend, angenehm. N. T. ἀγαπητοὶ θεοῦ, ἐν κυρίῳ u. die Christen gegenseitig: Geliebte. **2)** ἀγαπητόν (ἐστίν τινι), εἰ, ἐάν man kann zufrieden sein, es ist genügend (für einen), wenn; er (man) ist zufrieden, kann zufrieden sein; auch ἀγαπητὸν ἦν τινι μεταλαβεῖν er mußte froh sein zu erhalten. Dazu Adv. **ἀγαπητῶς,** auf genügende Art, in zufriedenstellender Weise, doch auch kaum, *aegre,* d. h. auf eine Art, wo man zufrieden sein muß, daß es noch so wurde.

ἀγά-ρροος, 2. (ἀγα u. ῥέω), ep. stark strömend.

ἀγασός, lakon. = ἀγαθός, Acc. pl. ἀγασώς.

ἀγά-στονος, 2. (ἀγα-στένω), ep. u. poet. laut tosend.

ἀγᾱτός, 3. dor. st. ἀγητός.

Ἀγαύη (auch Ἀγαυή), ἡ, T. des Kadmos, Gem. des Echion, M. des Pentheus.

ἀγαυός, 3. ep. u. poet. erlaucht, erhaben, edel, stolz, hochgemut.

ἀγαυρός (γαῦρος), ep. u. ion., Adv. **ἀγαυρῶς,** stolz. Superl. **ἀγαυρότατα** im größten Prunke.

ἀγά-φθεγκτος, 2. poet. helltönend.

Ἀγβάτανα, τὰ, 1) (sp. Ἐκβάτανα), altpers. *Hagmatāna,* Hauptst. Mediens, Sommerresidenz der pers. Könige, j. *Hamadân.* **2)** Städtchen am Karmel in Syrien, Her. 3, 62. 64.

ἀγγαρεύω, jmdn. zum Botendienst zwingen, dann übhpt. drängen, nötigen, τινά τι, jmdn. zu etw. N. T.

ἀγγάρήιον, τὸ, ion. die Einrichtung der ἄγγαροι, das Postreiten. Von

ἄγγᾰρος, ion. **ἀγγάρήιος, ὁ** (pers. Wort verw. mit ἄγγελος), reitender Eilbote; poet. als Adj. 2. mit πῦρ Signalfeuer.

ἀγγεῖον, τὸ, ion. **ἀγγήιον, τὸ,** s. ἄγγος.

Ἀγγελῆ, ἡ, Demos der pandionischen Phyle in Attika; Ἀγγελῆθεν aus A.

ἀγγελία, ἡ, ep. u. ion. **-ίη,** Botschaft, Nachricht, überbrachter Befehl.

ἀγγελιαφόρος, ὁ, sp. = **ἀγγελιηφόρος.**

ἀγγελίης, ὁ, ep. Nbf. von ἄγγελος, Botschafter, Gesandter.

ἀγγελιη-φόρος, ὁ, ion. Botschaftsbringer, Anmelder, Bote, königl. Kammerdiener.

ἀγγελιώτης, ου, ὁ, ep. u. poet. = ἄγγελος.

ἀγγέλλω [ἄγγελος], att. Fut. **ἀγγελῶ,** Aor. ἤγγειλα, Perf. ἤγγελκα usf., ep. u. ion. Fut. **ἀγγελέω,** ion. poet. u. sp. auch Aor. 2. act. **ἤγγελον,** poet. u. sp. auch Aor. 2. pass. ἠγγέλην, ion Plqpf. pass. **ἄγγελτο,** teils abs. Botschaft, Nachricht, Kunde bringen od. geben, melden, teils **περί τινος,** teils **τί,** ep. auch **τινά** von jmdm., mit A. c. I., Part., ὅτι u. ὡς. Med ἀγγέλλομαι εἶναι φίλος ich erkläre, daß ich usw. Dav.

ἄγγελμα, τό, Meldung, Nachricht.

ἄγγελος, ὁ, ἡ, 1) Bote, Gesandter, Dolmetscher, Anmelder, überh. Verkündiger, auch von weiblichen Wesen (Botin), oder von Schiffen, Vögeln usw., welche eine Botschaft oder Nachricht bringen.

2) sp. Nachricht. — 3) Im N. T. u. sp. a) der Engel, d. h. Gottesbote. b) Schutzengel der einzelnen und der Kirchengemeinde. c) die Glaubens- od. Sendboten 1. Tim. 3, 16. d) abgefallene Engel, Dämonen.

ἀγγήιον, τό, s. ἄγγος.

Ἀγγίτης, ου, ὁ [ῑ], Nbfl. des unt. Strymon.

ἄγγος, εος, ους, τό, Gefäß, Behältnis; auch Totenurne.

Ἄγγρος, ὁ, Fl. in Illyrien, j. Drino.

ἄγε, ἄγετε, wohlan! s. ἄγω 6.

ἀγείρω [ᾰ] (vgl. ἀγύρτης, ἄγυρις, lat. *gregis*) att. Aor. act. ἤγειρα, pass. ἠγέρθην, episch Aor. med. ἀγείρατο und ἀγέροντο, inf. ἀγέρεσθαι (-έσθαι), und ἤγρετο, part. ἀγρόμενος, Aor. pass. ἀγέρθη, 3 pl. ἤγερθεν u. ἄγερθεν st. -θησαν, Plqpf. 3. pl. ἀγηγέρατο. 1) Akt. zusammenbringen, **versammeln, sammeln,** erbetteln. 2) Med. u Pass. **sich versammeln,** zusammenkommen Hom. οἱ ἀγρόμενοι die Versammelten, die Versammlung; bei Tieren: die Herde; übertr. ἐς φρένα θυμὸς ἀγέρθη die Besinnung od. der Mut kehrte wieder zurück; vgl. Il. 4, 152. (Für ἤγειρα s. auch ἐγείρω.)

ἀ-γείτων, 1. poet. u. sp. nachbarlos, einsam.

ἀγελαιοκομική, ἡ (s. κομέω II), sc. τέχνη, Viehzucht.

ἀγελαῖος, 3. (ἀγέλη), zur Herde gehörig, eine Herde oder große Schar bildend, in Herden lebend; ζῷον Herdentier; οἱ ἰχθύες οἱ ἀγ. die Zugfische.

ἀγελαιοτροφία, ἡ, Verpflegung einer Herde, u.

ἀγελαιοτροφική, ἡ, Kunst der Wartung des Viehs.

ἀγελαστί, ohne Lachen, Adv. von

ἀ-γέλαστος, 2. (γελάω), poet. u. sp. 1) nicht lachend, finster. 2) unbelacht, traurig.

ἀγε-λείη, ἡ (ἄγω), ep. die Beutezuführerin, Beutespendende, Bein. der Athene.

ἀγέλη, ἡ (ἄγω), m. ep. Dat. ἀγέληφι, eigentl. Herde von getriebenem Vieh, dann überh. Herde, Haufen, Schar.

ἀγεληδόν, Adv. ep. ion. buk. u. sp. herdenweise, scharenweise.

ἀγεμών, ἀγεμονεύω, dor. st. ἡγεμ.

ἀ-γενεᾱλόγητος, 2. ohne Stammbaum, von unmittelbar göttlichem Ursprung.

ἀ-γένειος, 2. unbärtig.

ἀ-γενής, 2. N. T. τὰ ἀγενῆ τοῦ κόσμου die in der Welt nichts gelten. Ggs. zu εὐγενής.

ἀ-γένητος, 2. (γίγνομαι). ungeschehen, nicht geworden.

ἀγένvεια, ἡ, sp. Unmännlichkeit, Feigheit. Von

ἀ-γεννής, 2. (γέννα), von unedlem Stamm oder Geschlecht, unadlig, unedel, unmännlich, gemein, τὴν ψυχήν von unedler Gesinnung; bei Tieren: von schlechter Rasse; bei Sachen u. Handlungen: untauglich, unwürdig, Adv. ἀγεννῶς, unmännlich, οὐκ ἀγ. zuversichtlich.

ἀ-γέννητος, 2. (γεννάω), poet. u. sp. 1) ungezeugt, 2) ungeboren, noch nicht geboren. 3) von unedler Abkunft, unedel.

ἀγέομαι, ion. Nbf. zu ἀγάομαι, eifersüchtig sein, τινί.

ἀ-γέραστος, 2, ep. poet. u. sp. ohne Ehrengeschenk, ungeehrt.

ἀγερμός, ὁ, u. **ἄγερσις,** ιος, ἡ (ἀγείρω), ion. das Versammeln, das Sammeln, insbes. die Zusammenziehung.

ἀγέρωχος, 2. ep. poet. sp. a) hochgemut, stolz. b) mutvoll, wild.

ἄ-γευστος, 2. a) nicht gekostet habend, τινός von etw., dah. übertr. unerfahren in etw., unbekannt mit etw. b) sp. nicht gegessen.

ἄγη, ἡ, dor. ἄγα (zu ἄγαμαι), ep. ion. u. poet. a) Staunen, Verwunderung. b) Neid.

ἀγή, ἡ (ἄγνυμι, ᾱ), poet. 1) das Zerbrechen, Zerschellen. 2) das Zerbrochene, Bruchstück.

ἄγη, ep. st. ἐάγη v. ἄγνυμι.

ἀγηγέρατο, Plqpf. pass. 3. pl. v. ἀγείρω.

ἀγηλᾰτέω, Soph., od. **ἀγηλᾰτέω,** ion. (ἄγος, ἐλαύνω), eig. einen Greuel, dann τινά einen als Fluchbeladenen forttreiben, verbannen.

ἄγημα, τό, dor. st. ἥγημα, Garde, Leibgarde, der auserlesene Teil Reiterei u. Fußvolk des makedonischen Heeres.

Ἀγηνορίδαι, ἄν, οἱ, poet, die Thebaner.

ἀγηνορίη, ἡ (ἀγήνωρ), ep. 1) Mannhaftigkeit, Mut. 2) Übermut, Trotz, Plur. stolze Gedanken.

Ἀγηνόριον, τό, ein dem **Ἀγήνωρ,** dem Gründer von Tyrus, geweihter Tempel.

ἀγ-ήνωρ, ορος, ὁ, ἡ (ἄγαν, ἀνήρ), ep. und poet. 1) sehr mannhaft. 2) sehr mutig, daher oft: trotzig, übermütig.

ἀγήραντος, 2. spätpoet. f. ἀγήρατος, s. das folg.

ἀ-γήραος, 2. ep. u. poet., **ἀγήρᾱτος,** 2. u. **ἀγήρως,** 2. (Gen. ω, Akk. ων u. sp. ω) (γῆρας), nicht alternd, ewig jung, unvergänglich, unveränderlich.

Ἀγησίλαος, ου, dor. Ἀγησίλας, ᾱ, ὁ, Npr. mehrerer Spartaner aus königl. Geschlecht; bes. bekannt ist der lahme S. des Archidamos, der 20. Proklide, auch der Große genannt, geb. ca. 444, K. von Sparta von 401—360.

ἀγησίχορος, 2. [ᾰ] poet. dor. = ἡγησίχ. chorführend.

ἀγητήρ, ῆρος, ὁ, u. **ἀγήτωρ,** ορος, ὁ, dor. st. ἡγ.

ἀγητός, 3. (Adv. verb. v. ἀγάομαι), ep. u. poet. bewundert, bewundernswert, wundervoll.

ἁγιάζω, weihen, äußerl. u. innerl. heiligen, sp. u. N. T.

ἁγιασμός, ὁ, Heiligung, sp. u. N. T.

Ἀγιᾶτις, ιδος, ἡ, sp. Gattin des spartan. Königs Agis.

ἁγίζω (s. ἅγιος), poet. weihen.

ἀγῑνέω (Intensivum zu ἄγω), ep. u. ion., ep. Inf. praes. ἀγινέμεναι, Impf. ἠγίνεον (dreisilbig) od. ἠγίνευν, Impf. iterat. ἀγίνεσκον (ohne Perf. u. Aor.), führen, geleiten; treiben, herbeibringen. Med. ion. τινὰ ἔς τι sich jmdn. zuführen lassen.

ἅγιος, 3. [ᾰ] (ἅγ-ιος), 1) **ehrwürdig, heilig,** geweiht, mit d. Gen. d. Gottheit; auch geheiligt, rein. 2) N. T. τὰ ἅγια = ἅγια ἁγίων das Allerheiligste d. Tempels. 3) N. T. u. sp. Bez. für die Mitglieder (und Proselyten) der christl. Gemeinde, heilig, ἅ. τῷ κυρίῳ, τοῦ θεοῦ gottgeweiht. Dav.

ἁγιότης, ἡ, N. T. die Heiligkeit.

Ἆγις, ιδος, ὁ, Name mehrerer spart. Könige, insbes. 1) S. des Eurysthenes, Stammvater der Agiaden. 2) Agis I., S. des Prokliden Archidamos, Br. des Agesilaos, reg. v. 426—397. 3) Agis II., S. des Archidamos, K. v. 338—331. 4) Agis III., S. des Eudamidas II., K. v. 245—241.

ἁγιστεία, ἡ. sp. die Weihe, Heilighaltung.

ἁγιστεύω, (s. ἁγίζω), 1) keusch, rein sein. 2) sp. weihen, heilig halten.

ἁγιωσύνη, ἡ, sp. u. N. T. Heiligkeit; πνεῦμα ἁγιωσ. Geist der Heiligung.

ἀγ-κ . . ., ep. poet. buk. u. sp. st. ἀνα-κ . . .

ἀγκάζομαι (ἀγκάς), Dep. med., ep. auf die Arme nehmen, in den Armen emporheben.

ἄγκαθεν, (ἀγκάς), Adv., poet. a) auf den Ellbogen gestützt. b) in die Arme fassend.

ἀγκάλη, ἡ (ἀγκάς), meist poet. gew. im Plur., a) der gekrümmte Arm, Ellenbogen; ἐν, ἐπ' ἀγκ. περιφέρειν od. φέρειν jem. od. etw. auf od. unter den Armen, unser „auf den Händen" tragen, d. h. ihn sehr lieb haben. b) übertr. auf alles Umfassende, wie den Bug der Felsen, die Meeresbuchten. Dav.

ἀγκαλίζομαι, Dep. med., poet. = ἀγκάζομαι.

ἀγκαλίς, ίδος, ἡ (ἀγκάλη), 1) ep. poet. Ellenbogen, Arm. 2) sp. Armvoll, Bündel.

ἄγκαλος, ὁ, ep. (ἀγκάλη), Armvoll, Bündel.

ἀγκάς (vgl. ἀγκών), Adv., ep. in od. auf die Arme.

ἀγκίστριον, τό, buk. kleine Angel, von

ἄγκιστρον, τό (ἄγκος), Haken, a) der Angelhaken, die Angel. b) Haken an der Spindel. c) Haken, Arm am Anker. Dav.

ἀγκιστρόω, sp. angelförmig machen.

ἀγκλαύσας, poet., s. ἀνακλαίω.

ἀγκοίνη, ἡ, ep. u. poet. plur. Arme.

ἀγκονίωαι, lakon. = ἀνακονίουσαι, part. von ἀνακονίω, den Staub aufwirbeln.

ἄγκος, εος, ους, τὸ (Wurz. ἀγκ, s. ἀγκών), Bug, d. h. Bergschlucht, Felsental.

ἀγκρ-, poet. buk. u. sp. Abkürzung statt ἀνακρ- in ἀγκρεμάσασα, ἄγκρισις, ἀγκροτέω, ἀγκρούομαι, ἄγκρουσις.

ἀγκύλη [ῠ], ἡ (ἀγκύλος), das Gebogene, Gewundene, dah. a) Riemen, Schlinge am Wurfspieß, womit dieser am Arm getragen und geschleudert wurde. b) übhpt. Riemen, Seil. c) poet. Bogensehne. d) poet. Spieß. e) poet. Ruder-Öse. f) poet. Schiffstau.

ἀγκῠλητός, 3. (ἀγκυλέομαι, ἀγκύλη), poet. mit der Wurfschlinge geschleudert.

ἀγκῠλο-μήτης, εω, ὁ (vgl. μῆτις), ep. Krummes sinnend, hinterlistig, Bein. des Kronos, weil er seinen Vater Uranos überlistete.

ἀγκῠλό-πους, 2. sp. krummbeinig, δίφρος, Übers. des lat. *sella curulis.*

ἀγκύλος, 3. ep. poet. u. sp. (St. ἀγκ. s. ἀγκάς), 1) gebogen, gekrümmt, krumm; Subst. τὰ ἀγκύλα, verst. τόξα. 2) übertr. verwickelt.

ἀγκῠλό-τοξος, 2. ep. u. poet. mit krummem Bogen.

ἀγκῠλο-χείλης, ου, ὁ (χεῖλος), ep. krummschnäbelig; unrichtige Schreibung für

ἀγκυλο-χήλης, 2. (χηλή), ep. krummklauig.

ἀγκῠλωτός, 3. var. f. ἀγκυλητός Eur. Bacch. 1205.

ἄγκῡρα, ἡ (ἀγκ-ών), Anker, ἐπ' ἀγκυρῶν vor Anker. Als Eigenn. Ἄγκυρα Hauptst. der röm. Prov. Galatien, zu Alexanders Zeit zu Großphrygien gehörig, j. *Angora.* Dav. das Dem.

ἀγκύριον, τό, sp. das Ankerchen.

ἀγκυρουχίαι, αἱ, poet. das vor Anker Liegen.

ἀγκών, ῶνος, ὁ (St. ἀγκ, ὄγκος, lat. *uncus*), Bug, Krümmung, dah. 1) der Armbug, das Armgelenk, der Ellbogen, Arm. 2) eckiger Vorsprung einer Mauer. 3) Vorgebirge, Bucht, Bergschlucht.

ἀγλα-έθειρος, 2. ep. mit glänzendem Haar.

ἀγλᾰΐα, ἡ, ion. -ΐη, ep. Dat. ἀγλαΐηφι (s. ἀγλαός), ep. poet. u. sp., selten att. pros. Prunk, Glanz, Herrlichkeit, insbes. äußere Schönheit, Verherrlichung, im Plur. Hoffart.

ἀγλαΐζω, poet. u. sp. (ἀγλαός) schmücken; und

ἀγλᾰΐζομαι, ep. poet. sp. Pass. u. Med., Fut. ἀγλαϊεῖσθαι glänzen, prangen, insbes. seine Freude an etwas haben, sich ergötzen (ἔν τινι).

ἀγλᾰ́ισμα, τὸ, poet. die Zier.

ἀγλᾰό-δωρος, 2. ep. herrliche Gaben spendend.

ἀγλαό-θρονος, 2. poet. auf herrlichem Thron.

ἀγλᾰό-καρπος, 2. ep. u. poet. mit herrlichen Früchten, fruchtprangend.

ἀγλαό-κουρος, 2. poet. mit herrlichen Jünglingen.

ἀγλαό-κωμος, 2. poet. das Fest verherrlichend.

ἀγλᾰός, 3. (ἀγλαϝος, γλαυκός), poet. auch 2., ep. u. poet. 1) glänzend, blinkend. 2) herrlich, stattlich prangend, trefflich od. prunkend, κέραι mit dem Bogen.

ἀγλαο-τριαίνᾱς, ου, ὁ, poet. mit dem Dreizack prangend, Bein. Poseidons.

Ἄγλαυρος, ἡ, T. des Kekrops, bes. auf der Burg von Athen verehrt.

ἀγλᾰ-ώψ, ῶπος, ὁ, ἡ, poet. strahlenden Blicks, überh. strahlend.

ἄ-γλωσσος, 2. poet. mit keiner, d. h. mit unverständlicher Sprache, welsch.

ἄγμα, τὸ (ἄγνυμι), sp. Bruchstück.

ἀγμός, ὁ (ἄγνυμι), Bruch; poet. Kluft.

ἄ-γναμπτος, 2. poet. u. sp. unbeugsam.

ἄγναπτος, 2. sp., u. **ἄ-γνᾰφος,** 2. N. T., noch ungewalkt, neu.

ἁγνεία, ἡ (ἁγνός), 1) fromme Reinheit. 2) ion. Reinigung, Sühnung, Weihe.

ἅγνευμα, τό, poet. Keuschheit. Von

ἁγνεύω, 1) rein sein; mit Inf. ion. seine Reinheit darein setzen, etwas nicht zu tun. 2) reinigen.

ἁγνίζω, Adj. verb. ἁγνιστέον (ἁγνός), poet. sp. 1) reinigen, sühnen (θανόντα, den Toten durch Bestattung versöhnen). 2) weihen, durch Weihen ehren, heiligen. Dav.

ἅγνισμα, τό, poet. u. **ἁγνισμός,** ὁ, sp. u. N. T. Reinigung, Sühnung.

ἀγνοέω, Hom. **ἀγνοιέω,** mit Aor. 1. iterat. ἀγνώσασκε, zsgz aus ἀγνοήσασκε, Fut. med. ἀγνοήσομαι in pass. Bdtg. • 1) abs. • a) **nicht wissen,** ἀγνοοῦντες aus Unkenntnis; **zweifeln,** ungewiß sein • b) aus Unkenntnis fehlen N.T. • 2) mit Akk der Sache, τὰς συμφορὰς die Ursachen des Unglücks nicht kennen, od der Person, ἡμᾶς καὶ ἑαυτούς unsere und ihre Stärke, auch spez. verkennen, nicht erkennen, οὐκ. ἀ. wohl, gut kennen. Im Pass. ἀγνοοῦμαι man weiß von mir nicht, ich werde nicht gekannt, ἀγνοήσομαι ich werde verborgen od. unbekannt bleiben; τὰ ἠγνοημένα unbekannte Gegenden; ἀγνοοῦντες ἀλλήλων ὅ τι λέγομεν wir wissen von einander nicht, was wir meinen; mit ὅτι, ὡς, εἰ u. Part.:

οὐκ ἀγνοεῖται τερατευόμενος man kennt ihn als einen Gaukler Ar. Dav.

ἀγνόημα, τό, sp. u. N. T. ein aus Unkenntnis begangener Fehler, Versehen, Irrtum.

ἄγνοια, ἡ, bei Soph. auch **ἀγνοίᾱ,** ion. **ἀγνοίη,** **1)** Unwissenheit, Unverstand, Unkenntnis, Mangel an Einsicht u. Urteil, κατ' ἄγνοιαν u. ὑπ' ἀγνοίας gew. aus Unkenntnis (Soph. Trach. 419 ἣν ὑπ' ἀγνοίας ὁρᾷς die du mit (verstellter) Unkenntnis ansiehst), ἄγνοιά μ' ἔχει d. h. ich kann's nicht verstehen. **2)** Versehen, Schuld, auch im Plur. **3)** pass. Unkenntlichkeit, Soph. Phil. 129.

ἀγνο-ρῦτος, 2. poet. rein fließend.

ἄγνος, ἡ u. ὁ, weidenartiger Baum, Keuschlamm, Mönchspfeffer, heute als Zierstrauch gepflanzt.

ἁγνός, 3. (ἅγιος) **a)** heilig, ehrwürdig, von Göttern. **b)** geweiht, heilig, von Festen, Opfern, Örtern; so χῶρος οὐχ ἁγνὸς πατεῖν ein Ort, den zu betreten gottlos ist. **c)** entsühnt, rein, ἐπί τινα hinsichtlich jmds. **d)** entsühnend, reinigend, λουτρόν das Weihebad. Adv. **ἁγνῶς,** unbefleckt, rein. Dav.

ἁγνότης, ἡ, N. T. Reinheit.

Ἁγνούσιος, ὁ, Hagnusier, aus dem att. Demos Ἁγνοῦς, Phyle Akamantis.

ἄγνῡμι [ϝᾰγ], Hom. u. Hdt., att. **κατ-άγνῡμι** • **I) Akt.** trans., Fut. ἄξω, Aor. ἔαξα (ᾰ), ep. Aor. auch ἦξα, **brechen,** zerbrechen, zerknicken, zertrümmern, **zerschmettern,** ἄξαιτ', d. i. ἄξαντε, bei ἵπποι, nachdem sie zerbrochen hatten Hom.

II) Pass., intr. **ἄγνῠμαι,** Aor. 2. ἐάγην, Perf. 2. ἔᾱγα (sp. ἔαγμαι), ep Aor. auch ἄγη, 3 pl. ἄγεν st. -ησαν, **zerbrochen werden, brechen,** abbrechen, **bersten, zerspringen;** πάλιν sich rückwärts biegen, **krümmen** Hdt.

ἀγνωμονέω (ἀγνώμων), **1)** unverständig, unbillig sein. **2)** unbillig, schlecht handeln, Dav.

ἀγνωμοσύνη, ἡ, Unbesonnenheit, Unverstand (Plur. Mißverständnisse), eigensinniger Trotz, Hartnäckigkeit, Unerkenntlichkeit, **Rücksichtslosigkeit.**

ἀ-γνώμων, 2. (γνώμη), unverständig, unüberlegt, hartnäckig, unerkenntlich, rücksichtslos. Subst. τὸ ἄγνωμον, ion. Rauheit, Härte, Eigensinn. — Adv. **ἀγνωμόνως,** unverständig, unbillig.

Ἅγνων, ωνος, ὁ, Athener, S. des Nikias, V. des Theramenes, Gründer v. Amphipolis. Dav. Adj. **Ἁγνώνειος.**

ἀ-γνώς, ῶτος, ὁ, ἡ (γνῶναι), **1)** pass. ungekannt, unbekannt, unerkannt, τινί, poet. ἀγν. δόκησις λόγων ein ungewisses Gerücht, leerer Verdacht. **2)** akt. nicht kennend, unkundig, τινός, z. B. ἀλλήλων einander unbekannt, σοῦ τυχὼν ἀγνῶτος = in dir einen mich verkennenden findend, d. i. von dir verkannt.

ἀγνωσία, ἡ (ἀγνώς), **1)** das Nichtkennen, Unkenntnis, Unbekanntschaft. **2)** pass. Ungekanntheit, Unberühmtheit.

ἄ-γνωστος 2., u. poet. **ἄ-γνωτος,** 2. **1)** unerkannt, unbekannt. **2)** unerkennbar, unkenntlich, unverständlich.

ἀγ-ξηραίνω, s. ἀναξηραίνω.

ἀγονία, ἡ, sp. Kinderlosigkeit, Unfruchtbarkeit. Von

ἄ-γονος, 2. **1)** pass. ep. u. poet. ungeboren. **2)** akt. nicht gebärend, unfruchtbar, τινός an etwas.

ἀ-γοήτευτος, 2. sp. nicht zu bezaubern; Adv. -ως ohne Schmeichelei.

ἄ-γοος, 2. poet. unbeklagt.

ἀγορά, ᾶς [ᾰ], ἡ, ep. u. ion. **ἀγορή,** poet. auch (gew. im Plur.) **ἄγορος,** ὁ (ἀγείρω) • **1)** die **Versammlung,** bes. die Bürger-, **Gemeinde**versammlung (Xen. An. 5, 7, 3), bei Hom. im Ggens. zur βουλή, dem Fürstenrate, daher ἀγορὴν ποιεῖσθαι, τίθεσθαι eine Versammlung, καθίζειν eine Sitzung veranstalten; im Plur. ἀγοραὶ Πυλάτιδες die Tagsatzung (Pyläa) der Amphiktyonen • **2) Verhandlung,** Vortrag, Rede; ἔχειν τινὰ ἀγοράων jmd. vom Reden zurückhalten, εἰδὼς ἀγορέων der Beratschlagung od Rede kundig, Hom., ἀγοραὶ ἐγένοντο es wurden Verhandlungen gepflogen • **3)** Versammlungsplatz, **Markt,** ἀγορῆς πληθώρῃ od. πληθ(ν)ούσης bei vollem Markte, d. h. in den Morgenstunden von 10—12, vor Mittag; ähnl. ἀγορῆς διάλυσις d. h. die Zeit gegen Mittag; dagegen ἐν ἀγορᾷ πληθούσῃ bei Plat. auf vollem Markte; ἀγορὰς ἵστασθαι Markt abhalten (pass. Hdt. 6, 58), τὰς ἀγορὰς καρποῦσθαι Einkünfte von den Märkten beziehen, οἱ ἐκ τῆς ἀγορᾶς die Handelsleute • **4)** käufliche Waren, bes **Lebensmittel,** ἀγορὰν ἄγειν, παρέχειν τινί, Lebensmittel zum Verkauf anbieten, ἀγορᾷ δέχεσθαί τινα einem den Markt öffnen, ἀγοραὶ ἀφίκοντο es kamen Zufuhren, Lebensmittel an • **5)** überh. der **Handel,** Verkehr, εἰς τὴν ἀγορὰν πλάττειν für den Markt fabrizieren • **6)** Gerichtsplatz Hom. • **7)** Straße N. T.

Ἀγορά, ion. **-ρή,** ἡ, alte Stadt im thrakischen Chersones, das spätere Lysimachia.

ἀγοράζω (ἀγορά), **1)** auf dem Markte verweilen, verkehren. **2)** vom Markte kaufen, einkaufen.

ἀγοραῖος, 2. (ἀγορά), **1)** zur Volksversammlung gehörig, in Volksversammlungen herrschend od. für sie geeignet, Ζεύς Beschützer der Volksversammlungen, und θεοί Beschützer des Verkehrs; ἀγοραῖοι, verst. ἡμέραι, Gerichtstage N. T. **2)** zum Markt gehörig, ἀγορ. mit u. ohne ἄνθρωποι Marktleute, Krämer, gewöhnliche. d. h. ungebildete **Menschen, N. T. Marktgesindel.** Adv. **ἀγοραίως,** für die Volksversammlung geeignet, advokatenmäßig.

ἀγορᾱνομέω, (-μος), sp. Ädil sein.

ἀγορανομία, ἡ, sp. Ädilität.

ἀγορᾱνομικός, 3. sp. zum Ädil gehörig. Von

ἀγορᾱ-νόμος, ὁ (νέμω), **1)** Marktmeister, Aufsichtsbehörde über die Marktwaren und Richter in den geringfügigen Händeln zwischen Käufern u. Verkäufern, in Athen zehn ausgeloste Männer. **2)** sp. die römischen Ädilen.

ἀγοράομαι, ep. ion. u. poet. Dep. med., **1)** in der Versammlung sein, sich beraten. **2)** in der Versammlung oder öffentlich reden, überhaupt reden, aussprechen.

ἀγοράσματα, τά, die Waren.

ἀγοραστής, οῦ, ὁ (ἀγοράζω), der Einkäufer, der den Einkauf für die Küche besorgende Sklave.

ἀγορεύω (ἀγορεύς, ἀγορά), att. pros. (das Simpl. selten) nur Präs. u. Impf., Fut. u. Perf. Aor. ἀγορεύσω, ἠγόρευσα u. ἠγόρευκα, ep. poet. u. sp., gew. Fut. **ἐρῶ,** Aor. **εἶπον,** Pf. act. **εἴρηκα,** med.-pass.

εἴρημαι, Aor. pass. ἐρρήθην — **1)** Akt. in der Versammlung od. öffentlich reden, ἀγορὰς ἀγορεύειν Reden in der Versammlung halten; überh. laut sprechen, deutlich od ausdrücklich bestimmen od. angeben, melden, verkünden, ep. φόβονδε zur Flucht raten. **2)** Med. ion. verkündigen lassen.

ἀγορῆθεν, ep. Adv. aus der Versammlung.

ἀγορήνδε, ep. Adv. zur Versammlung.

ἀγορητής, οῦ, ὁ (ἀγοράομαι) ep. Redner, Sprecher.

ἀγορητύς, ύος, ἡ (ἀγοράομαι), ep. Redegabe, Beredsamkeit.

ἀγορῆφι, ep. in der Versammlung.

ἄγορος, ὁ, poet. = ἀγορά, w. s.

ἀγός, οῦ, ὁ (ἄγω, ᾰ). ep. u. poet. Anführer.

ἄγος, εος, ους, τὸ, Frevel, Sünde, Schuld, Greuel, Blutschuld, die der Sühne bedarf, mit Gen. obi. **Frevel gegen jem.,** τὸ ἄγος, τὰ ἄγη ἐλαύνειν **die Befleckung durch die Greuel und deshalb den Frevler oder die Frevler forttreiben, eine schwere Schuld sühnen,** ὡς ἄγος αὐτοῖς ὄν **daß es wie ein Frevel an ihnen hafte,** Thuk. 1, 134; poet. auch vom Frevler selbst.

ἅγος, ους, τὸ (ἅγιος), Verehrung, fromme, heilige Scheu; Weihe, Sühne; ὡς (ὅσον) ἅγος wie zur Sühne, wieviel zur Sühne nötig ist, Soph. Ant. 755.

ἀγοστός, ὁ, ep. die hohle Hand.

ἄγρα, ion. ἄγρη, ἡ, **1) a)** Fang, Jagd, auch übertr. wie unser „einen Fang tun". **b)** Fangart, Jagdweise. **2)** das Erjagte, Jagdbeute.

Ἄγρα, ἡ, att. Demos am Ilissos mit Heiligtum der Artemis.

Ἀγραῖοι, οἱ, Volk in Nordätolien; Adj. **Ἀγραϊκός,** 3. Ihr Gebiet ἡ **Ἀγρᾶΐς,** ίδος.

ἀ-γράμμᾰτος, 2. nicht schreiben könnend, ungelehrt, ungebildet.

ἄ-γραπτος, 2. ungeschrieben, poet. νόμιμα das innere Sittengesetz.

ἀγραυλέω, unter freiem Himmel leben. Von

ἄγρ-αυλος, ὁ ἡ (ἀγρός, αὐλή), ep. u. poet. auf freiem Felde wohnend, lagernd oder übernachtend, ländlich, im ländlichen Hofe lebend.

Ἄγραυλος, ἡ, poet. = Ἄγλαυρος, durch Metathese.

ἀγραφίου γραφή, ἡ, Klage wegen unrichtiger Tilgung eines Staatsschuldners aus den Listen, bevor er bezahlt hat.

ἄ-γρᾰφος, 2. **1)** ungeschrieben, unaufgeschrieben, ἄγρ. νόμιμα das Naturgesetz; μνήμη ohne Aufzeichnung. **2)** uneingeschrieben (πόλεις) in dem Bündnisse, also neutral.

ἀγρεσία, ἡ, spätpoet. die Jagd.

ἄγρευμα, τό (ἀγρεύω), **1)** Jagdbeute, Fang, auch im übertr. Sinne, wie bei uns „ein guter Fang". **2)** poet. das Jagdnetz, Fangnetz.

ἀγρεύς, έως, ὁ, poet. **ἀγρευτήρ,** ῆρος, ὁ, buk., u. **ἀγρευτής,** οῦ, ὁ, poet. Jäger, Fänger, Beiw. des Pan, Apollon, Poseidon, davon

ἀγρεύω, ion. poet. sp. u. N. T., u. **ἀγρέω,** poet. (ἄγρα), fangen, erjagen, τί. Übertr. αἷμα auf blutigen Mord ausgehen. Med. sich (*sibi*) erjagen. Von ἀγρέω Imper. als Adv. **ἄγρει,** im Plur. **ἀγρεῖτε,** faß an! wohlauf! frisch dran!

ἀγριαίνω (ἄγριος), wild werden, böse werden.

Ἀγριᾶνες, οἱ, päonische Völkerschaft am Rhodopegebirge und den Quellen des Strymon.

Ἀγριάνης, ὁ, Fl. in Thrakien, j. *Tzerna.*

ἀγρίδιον, τό, sp. Demin. zu ἀγρός.

ἀγρι-έλαιος, 2. von wildem Olivenholz; subst. ἡ, wilder Ölbaum, buk. u. N. T. (Geg. καλλιέλαιος).

ἀγριοποιός, 2. poet. wildmachend.

ἄγριος, 3. u. 2. (◡◡◡, Il. 22. 313 ῑ) (ἀγρός), **1)** *agrestis,* in der Wildnis seiend oder wachsend, wild, ungepflegt, **von Menschen, Tieren und Pflanzen,** im Gegens. zu kultiviert, zahm, τὰ ἄγρια das Wild. **2)** übertr. von Menschen u. Zuständen: wild, roh, heftig, bösartig, grausam, ἄγρια εἰδέναι, ep. grausam sein; *subst.* τὸ ἄγριον die Wildheit, ἐς τὸ ἀγριώτερον zu größerer Wut. Adv. **ἀγρίως,** wild, ungestüm. Dav.

ἀγριότης, ητος, ἡ, **1)** die Wildheit. **2)** übertr. Roheit, Leidenschaftlichkeit.

ἀγριό-φωνος, 2. ep. rauh sprechend, roher Barbar.

ἀγριόω (ἄγριος), wild machen, gew. im Med. u. Pass., wild, böse, zornig, erbittert werden.

Ἀγρίππας, ᾱ u. ου, ὁ, Agrippa, **1)** M. Vipsanius Agr., Vertrauter des Augustus, in dritter Ehe Gatte der Julia. **2)** Herodes Agr. I, Enkel des großen Herodes (s. Ἡρῴδης, 3), Act. 12. **3)** Herodes Agr. II, dessen Sohn (s. Ἡρῴδης, 3), Act. 25.

ἀγρι-ωπός, ὁ u. ἡ, poet. u. sp. wild blickend, wild.

ἀγρο-βότης, ου, ὁ (βόσκω), poet. triftenbeweidend.

ἀγρο-γείτων, ονος, ὁ, sp. Gutsnachbar.

ἀγρόθεν, Adv. ep. u. poet. vom Lande, vom Felde her.

ἀγροικία, ἡ (ἄγροικος), **1)** bäurisches Wesen, Ungewandtheit, Plumpheit. **2)** Landaufenthalt. **3)** Landsitz, Landgut.

ἀγροικίζομαι, sich bäurisch betragen. Von

ἄγρ-οικος oder **ἀγροῖκος,** 2. (ἀγρός, οἶκος), **1)** auf dem Lande wohnend, ländlich, ἀνήρ Landmann. **2)** übertr. bäurisch, grob, ungesittet, ungebildet, roh; vom Boden: unbebaut.

ἀγροιώτης, ου, ὁ, ep. u. fem. sp. poet. -ῶτις, ιδος, = ἀγρότης, w. s.

ἀγρόνδε, Adv., ep. *rus.* aufs Feld, aufs Land.

ἀγρο-νόμος, 2. (νέμω), ep. u. poet. Feld od. Triften bewohnend, ländlich.

ἀγρό-νομος, 2. auf dem Felde liegend, ländlich.

ἀγρός, οῦ, ὁ (ἄγω „treibe", Trift, lat. ager, dt. Acker oder zu ἄγρα: „Boden, von dem man Besitz ergriffen hat."), **Acker,** Feld, Plur.: Felder, Ländereien, ἀγρῷ ep. u. ἐπ' ἀγροῦ an einem Orte, wo Feld ist, nicht Stadt, ἐπὶ τῶν ἀγρῶν auf dem Lande, οἱ ἐξ ἀγρῶν die Landleute; Landgut, ἐν ἀγρῷ.

ἀγρότειρα, s. ἀγροτήρ.

ἀγρότερος, 3. (poet. = ἄγριος), **1)** ep. auf dem Felde lebend, wild. **2)** flurliebend, Ἀγροτέρα, Beiw. der Artemis.

ἀγροτήρ, ὁ, poet. u. ἀγρότειρα, ἡ, poet. Adj. ländlich.

ἀγρότης, ου, (ἀγρός), ep. u. poet., landbewohnend; subst. der Landbewohner.

ἀγρυπνέω (ἄγρυπνος), schlaflos sein, keine Ruhe haben, wachen, πρό τινος = προαγρυπνέω τινός, w. s. Dav.

ἀγρυπνία, ἡ, Schlaflosigkeit, Plur. durchwachte Nächte.

ἄγρυπνος, 2. schlaflos; wachsam, unermüdlich. Subst. τὸ ἄγρυπνον, ion. die Wachsamkeit, Regsamkeit.

ἀγρώσσω, ep. Nbf. zu ἀγρεύω, fangen, erjagen.

ἀγρώστης, ὁ, poet. 1) = ἀγρότης, Landmann. 2) Jäger.
ἄγρωστις, ep. ιος, sp. εως, ἡ (ἀγρός u. ἐδ-*essen*), ep. u. sp. Ackerfutter, Feldgras (eigentl. *cynodon dactylon* Hundszahngras).
ἀγρώτης, 2. (ἀγρός) poet. Adj. wild; Subst. ὁ, buk. der Landmann.
ἄγυια, ἡ (ἄγω), ep. u. poet. Straße, Weg, Pfad, im Plur. übertr. die Gegend. Dav.
ἀγυιάτης, ου, poet. u. **ἀγυιεύς,** έως, ὁ, Beschützer der Straßen, Bein. des Apollon, dessen Bildsäule vor den Haustüren aufgestellt war. Dav.
ἀγυιάτιδες θεραπεῖαι, αἱ, Verehrung d. Ap. ἀγυιεύς.
Ἀγυλλαῖοι, οἱ, Einw. v. Agylla, St. in Etrurien, dem späteren Cäre.
ἀ-γύμναστος, 2. 1) ungeübt, unerfahren, τινός in etwas. 2) nicht geplagt, gequält, τινί von etwas.
ἄγῠρις, ιος, ἡ, Dat. ἀγύρει (ἀγείρω), ep. u. poet. die Versammlung u. zwar die zufällige, gemischte, während ἀγορά die förmliche, veranstaltete ist, dah. überh. Menge, ἐν νηῶν ἀγύρει im Schiffslager.
ἀγυρτάζω, ep. einsammeln, zusammenbetteln. Von
ἀγύρτης, ὁ (ἀγείρω), Bettler, Gaukler, Marktschreier, Bettelpriester. Dazu
ἀγυρτικός, 3. sp. gauklerisch.
ἀγύρτρια, ἡ (Fem. zu ἀγυρτήρ = ἀγύρτης), poet. Landstreicherin, Bettlerin.
ἀγχέ-μᾰχος, 2. (ἄγχι, μάχομαι), aus der Nähe kämpfend, ὅπλα Waffen zum Handgemenge.
ἄγχῐ, Adv., ep. u. poet. (verw. mit ἄγχω, *eng*), eng dabei, nahe. Kompar. **ἆσσον, ἀσσοτέρω,** und Superl. **ἄγχιστος,** s. unter ἆσσον u. ἄγχιστος besonders.
ἀγχί-αλος, 2. (ἅλς), ep. u. poet. 1) nah am Meere gelegen. 2) meerumspült, von Inseln.
ἀγχι-βᾰθής, 2. nahe tief, d. h. gleich an der Küste tief, unmittelbar tief, ufertief.
ἀγχι-γείτων, 2. poet. ganz benachbart.
ἀγχί-θεος, 2. ep. den Göttern nah, götterverwandt.
ἀγχί-θῠρος, poet. u. buk. nahe.
ἀγχι-μᾰχητής, οῦ, ὁ, ep. = ἀγχέμαχος.
ἀγχί-μολον, ep. nur im Neutr. (μολεῖν), eigentl. nahe kommend, ἐξ ἀγχιμόλοιο aus der Nähe. Gew. das Neutr. als Adv., nahe, ἀγχίμολον μετ' αὐτόν dicht hinter ihm.
ἀγχίνοια, ἡ, Geistesgegenwart, Schlagfertigkeit, Witz, Scharfsinn, Einsicht. Von
ἀγχί-νοος, zsgz. **-νους,** 2. der den Geist immer nahe oder bei der Hand hat, schnellen Verstands, schnell auffassend, scharfsinnig.
ἀγχί-πλους, 2. poet. nahe schiffend, πόρος unferne Seefahrt.
ἀγχί-πολις u. **ἀγχί-πτολις,** εως ὁ, ἡ, poet. nahe heimisch, nachbarlich.
Ἀγχίσης [ῑ], ου, ep. αο, ὁ, 1) S. des Kapys u. der Nymphe Themis, Herrscher in Dardanos am Ida; Aphrodite gebar ihm den Äneas, daher heißt Äneas ὁ **Ἀγχισιάδης.** 2) Vater des Echepōlos aus Sikyon, der deshalb Il. 23, 296 Ἀγχισιάδης heißt.
ἀγχί-σπορος, 2. poet. stammverwandt.
ἄγχιστα, s. ἄγχιστος.
ἀγχιστεία, ἡ, 1) nächste Verwandtschaft. 2) Erbfolgerecht.
ἀγχιστεῖα, τά, poet. nahe Verwandtschaft.
ἀγχιστεύς, έως, ὁ (ἄγχιστος), ion. u. sp. der Nächstverwandte, deshalb Erbberechtigte (während die συγγενεῖς sowohl als die οἰκεῖοι, die durch Heirat Verwandten, nicht gleiche Berechtigung haben). Dav.
ἀγχιστεύω, nahe verwandt, benachbart sein.
ἀγχιστήρ, ῆρος, ὁ, poet. Miturheber, Mitschuldiger.
ἀγχιστῖνος, 3. ep. nahe-, dicht beieinander. Von
ἄγχιστος, 3. Superl. zu ἄγχι, als Adj. poet. der nächste, bald dem Ort, bald der Verwandtschaft nach. Neutr. sing. u. plur. **ἄγχιστον** u. **ἄγχιστα** als Adv., sehr nahe, nahe angehend, ἐοικέναι gänzlich gleichen, οἱ ἄγχιστα die nächsten Verwandten; mit dem Gen. nahe bei etwas; auch abs. beinahe, fast.
ἀγχί-στροφος, 2. (στρέφω), rasch wechselnd; ἀγχίστροφα βουλεύεσθαι seine Ansicht schnell ändern.
ἀγχι-τέρμων, 2. poet. nahe angrenzend.
ἀγχόθεν, Adv., ion. u. sp. aus der Nähe.
ἀγχόθι, Adv., ep. u. buk. in der Nähe, mit d. Gen.
ἀγχόνη, ἡ (ἄγχω), 1) das Drosseln, Erwürgen, βραχίονος mit dem Arm. 2) der Strick zum Erhängen, Erwürgen; κρείσσονα ἀγχόνης dem Strang überlegenes, mehr als Henkens wert. Dav.
ἀγχόνιος, 2. poet. zum Erhängen dienend.
ἀγχότατα u. **ἀγχοτάτω,** ep. u. ion. Adv. v. poet. ἀγχότατος, sehr nahe, vom Ort, von der Verwandtschaft, von der Ähnlichkeit (nahe kommend, ganz ähnlich wie), abs. u. mit Gen. Superl. von
ἀγχοῦ, ep. poet. u. ion. Adv. (= ἄγχι), nahe, abs. u. mit dem Gen. Kompar. **ἀγχότερος,** 3. ion. näher mit Gen.
ἄγχω (lat. *ango, angustus,* ahd. *angi*), zuschnüren, würgen, erdrosseln, ängstigen.
ἀγχ-ώμᾰλος, 2. (ὁμαλός), ziemlich gleich; vom Kampfe, Siege: unentschieden, ἀγχώμαλα ναυμαχεῖν.
ἄγω (ᾰ, St. ἀγ, lat. *ago*), ep. Praes. inf. ἀγέμεν, Impf. ἄγον u. ἀγόμην, Aor. 1. act. ἦξα (auch ep.) u. med. ἄξασθε u. ἄξαντο, Aor. mixt. act. imper ἄξετε, inf. ἀξέμεν(αι), med. ἄξεσθε u. ἄξοντο, dor. Fut. ἀξοῦμαι, Perf. auch ἀγήοχα. **führen** • 1) nur von Personen: • a) **geleiten,** βεβλημένον, κῆρυξ ἦλθεν ἄγων ἀοιδόν mit dem Sänger, u. so oft; das Part. auch pleonast., Τηλέμαχον εἶσαν ἄγοντες; ἀπήνη ἄγει Λάϊον fahren, mit u. ohne ὁδόν; im Med zu sich führen, dah. γυναῖκα heimführen, auch von Vater und Bruder: die Braut zuführen • b) vom Heerführer: **anführen,** oft ohne στρατόν, wie *duco*, marschieren, ziehen • c) von göttl. Fügung: **treiben,** τὸν δ' ἄγε Μοῖρα κακή, ἄγει ὁ θεὸς οὕτως, aber auch erziehen, anleiten • 2) von Personen u. Sachen: **gewaltsam fortführen,** ἐπὶ θανάτῳ, εἰς τὴν δίκην, εἰς ἀγῶνα; ἐξόρους τινάς verbannen; fortschleppen, ἄγειν καὶ φέρειν gew. rauben und plündern; doch auch selten im guten Sinn: herbeibringen • 3) von Sachen: herbeiführen, **holen,** fortschaffen, κλέος verbreiten, Med. in Redensarten wie διὰ στόμα τι etw. im Munde führen, ἐς χεῖρας in seine Hände nehmen, übernehmen, τὴν τελετήν sich einweihen lassen. Auch ziehen, leiten, τεῖχος, τάφρον, ὕδωρ, ἄγεται κόλπος es zieht sich ein Busen hin. Mit σταθμόν od. dem Akk. des Gewichts verbunden: eig. die Waagschale ziehen,

d. h. ein Gewicht haben, wiegen, *ποσαν ἄγει;* wieviel wiegt es? Dem Sinn nach schließt sich an • 4) eine Person od. Sache **schätzen, achten,** wie *ducere*, auch im Med., *τίμιον, ἐν τιμῇ, περὶ πλείονος, δυσφόρως* übel achten • 5) hinbringen, **verleben,** *εἰρήνην, σχολήν* halten, haben, *ἀσχολίαν* Abhaltung haben, *γέλωτα* Gespött treiben, *ἑορτήν* feiern; im N. T. auch scheinbar unpersönl., *ἄγει* sc. *χρόνος* • 6) Der Imper. *ἄγε, ἄγετε* bringe(t) (mit *ὅπως* mache daß) wie lat. *age, agedum* wohlan! auf! *ἀλλ' ἄγετε* auf denn! Über *εἰ δ' ἄγε* s. *εἰ.* Abs. od. vor Verben, wobei *ἄγε* oft = *ἄγετε* auch vor Pluralen.

ἀγωγεύς, *έως, ὁ,* ion. der an der Zugarbeit Angestellte, der fortführt; fortschaffend.

ἀγωγή, *ἡ* (*ἄγω*), **1)** die Führung, u. zwar **a)** das Herbeiführen, Vorführen (*ἔς τινα*). **b)** das Hinwegführen, die Fuhre, der Transport. **c)** die Abfahrt, der Marsch. **d)** sp. Takt, Tempo. **2)** übertr. die Führung, Erziehung, bes. v. d. **spartanischen Zucht, auch im Plur. die Grundsätze** d. Erziehung. **3)** sp. u. N. T. **Lebensführung, Charakter,** Wandel. Dav.

ἀγώγιμος, 2. **1)** leicht fortschaffbar, *τὰ ἀγώγιμα,* die Frachtwaren. **2)** sp. leicht lenkbar, lenksam, *πρός τι.* **3)** leicht vor Gericht, in Haft od. Sklaverei zu ziehen, vogelfrei; *ἀγώγ. ἐγίγνοντο* konnten zu Sklaven gemacht werden.

ἀγώγιον, *τό* (*ἀγωγή*), das Herbeigeschaffte, die Ware, Last.

ἀγωγός, 2. (*ἄγω*), leitend, veranlassend, *εἴς τι,* übertr. anziehend. Subst. *ὁ ἀγωγός,* der Führer, Wegweiser.

ἀγών, *ῶνος, ὁ* [ᾰ] (*ἄγω*), urspr. **der Ort, der die Leute zusammenführt,** dah. • **1) der Versammlungsplatz,** *θεῖος* der Götter, Hom. der Festplatz, **Kampfplatz** auch inklus. Zuschauer Hom. Thuk., *ἀγῶνα ἵζανεν* er hieß das Volk zum Zuschauen der Kämpfe sich setzen Hom.; **auch** *ἀγ. νεῶν* das Schiffslager • **2) die Versammlung** Hdt. • **3)** das, was auf dem Platze vorgenommen wird • **a)** das Kampfspiel, der **Wettkampf,** mit seinen verschiedenen Arten (s. unter *ἀγωνία*), *ἀγῶνα τιθέναι, προτιθέναι* einen Wettkampf, im Plur. Kampfspiele anstellen, veranstalten, feiern. *ἐπιτελέειν τινί* jmdm. zu Ehren, *ἀγῶνας ἀναιρέεσθαι* Siege aus den Wettkämpfen davontragen. **Kampf jeder Art** *μάχης, δίκης* im Prozeß • **b) Parteikampf,** Gerichtskampf, **Prozeß** *actio, ἀγῶνα ἐπιφέρειν* einen Prozeß anhängen • **c) Kampfaufgabe** *ὁ δ' ἀγὼν μέγας ὑμῖν* Thuk.; **Aufgabe,** Mühe (N. T.) **Anstrengung** *ἐμοὶ ἀγὼν μέγιστος* es ist mein eifrigstes Bemühen; Gefahr Hdt., Trag. (*ἐν τῷ δ' ἀγὼν μέγιστος*).

ἀγων-άρχης, *ὁ,* poet. = *ἀγωνοθέτης,* w. s.

ἀγωνία, *ἡ,* (*ἀγών*), **1)** die Kampfesart od. -kunst, die *ἀγῶνες γυμνικοί, ἱππικοί, μουσικοί* umfassend; insbes. Leibesübung, turnerische Ausbildung. **2)** der Kampf überh., als edlerer Ausdruck für *ἀγών.* **3)** Rechtsstreit. **4)** Anstrengung, Angst, Todesangst, Aufregung. Dav.

ἀγωνιάω, **1)** wetteifern (*πρὸς ἀλλήλους*). **2)** zum Kämpfen aufgelegt sein, kämpfen wollen, gereizt sein. **3)** in innerer Unruhe sein, sich ängstigen.

ἀγωνίζομαι, Dep. med., att. *ἀγωνιοῦμαι, ἠγωνισάμην, ἠγώνισμαι* (act. u. pass.) *ἠγωνίσθην, ἀγωνιστέον,* ion Perf. 3. pl. pass. *ἀγωνίδαται* (*ἀγών*) **kämpfen** • **1) wettkämpfen** (seine Kunst zeigen) *τινί, δράματι* im Schauspiel, gew. m. Akk. *στάδιον* im Wettlauf, od. *'Ολύμπια;* Hdt. • **2) kämpfen** streiten, in der Schlacht, vor Gericht, *ἀγῶνα, μάχην, δίκην, κρίσιν, λόγον, ἐπ' ἀγορᾶς, ἀπὸ τοῦ βήματος,* daher eine Sache, einen Prozeß führen, *ξενίας,* d. h. wegen Usurpation des Bürgerrechts einen Prozeß haben; *φόνον* einen M. zu verantworten haben; *ἠγωνισμένον* vor Gericht erstritten, abgemacht Dem. • **3) öffentlich sprechen** od. disputieren, *ἐν πλήθει* vor dem Volke • **4) sich anstrengen.**

ἀγώνιος, 2. (*ἀγών*), meist poet. zum Wettkampf od. Kampf gehörig, Bein. des Hermes u. Zeus, als Kampfeshort, *σχολή* Kampfesrast.

ἀγώνισις, *εως, ἡ* (*ἀγωνίζομαι*), das Wettkämpfen, der Wettkampf.

ἀγώνισμα, *τό* (*ἀγωνίζομαι*), **1)** das Wettkämpfen, der Kampf, in der Schlacht oder vor Gericht, die Prozeßführung. **2)** der Gegenstand des Kampfes, das Prachtstück, Preisstück, Kampfpreis, Preis. **3)** die Waffentat, Heldentat.

ἀγωνισμός, *ὁ* (*ἀγωνίζομαι*), **der Wetteifer.**

ἀγωνιστής, *ὁ* (*ἀγωνίζομαι*), der Wettkämpfer, in den Kampfspielen, in Reden, auch zum Wagenrennen bestimmte Rosse, dann überh. der Kämpfer, Streiter im Krieg, u. vor Gericht der Anwalt, Sprecher. Dazu

ἀγωνιστικός, 3. zum Kämpfen, Streiten, z. B. vor Gericht, geeignet, geneigt. Adv. *-κῶς,* sp., z. B. *ἔχειν* Lust zum Streiten haben.

ἀγωνοθεσία, *ἡ,* sp. Amt des Kampfrichters. Von

ἀγωνοθετέω, einen Kampf anordnen oder anstellen, veranstalten. Von

ἀγωνο-θέτης, *ὁ* (*ἀγών, τίθημι*), der Kampfordner, Kampfrichter, der die Preise in den Kampfspielen u. Wettkämpfen u. so auch im Theater austeilt u. auf die herkömmliche Ordnung bei den Spielen sieht, überh. Richter.

ἀδαγμός, *ὁ* (statt *ὀδαγμός* durch Assimilation des *ο* an folg. *α* vgl. *ὀδάξ*), poet. Biß, Stich, *ὀστέων ἀντίσπαστος* bis auf die Knochen durchzuckend.

ἀ-δᾰημονίη, *ἡ,* ep. Unkunde, Unerfahrenheit. Von

ἀ-δᾰήμων, 2. ep. u. ion., u. **ἀ-δαής,** 2. (*δαῆναι*), unkundig, unerfahren.

ἀ-δάητος, 2. (*δαῆναι*), ep. unbekannt.

ἄ-δαιτος, 2. (*δαίνυμαι*), poet. nicht zu verzehren.

ἄ-δακρυς, 2., Gen. *νος,* u. **ἀδάκρῡτος,** 2., beides poet. u. sp., **1)** akt. tränenlos, nicht weinend. **2)** pass. poet. u. sp. keine Tränen kostend; poet. prolept. *ἀδάκρυτος* unbeweint. Adv. **ἀδακρῡτί,** tränenlos.

ἀδᾰμάντῐνος, 3., Adv. *-ίνως,* stählern, fest, hart.

ἀδαμαντό-δετος, 2. poet. mit Stahl befestigt.

ἀ-δάμᾱς, *αντος* (*δαμάω*), unbezwinglich, unerweichlich; dann Subst. *ὁ,* Stahl, später Diamant.

ἀ-δάμαστος, 2. (*δαμάζω*), **1)** ungebändigt. **2)** ep. unbezwingbar, unerbittlich.

ἀδάμᾰτος, 2. poet. 1) unbezwinglich. 2) unbezwungen, freiwillig. 3) unvermählt, jungfräulich.

ἀ-δάπᾰνος, 2. u. Adv. -άνως, poet. u. sp. keinen Aufwand machend; unentgeltlich.

ἄ-δαστος, 2. poet. unverteilt.

ἀδδεής, 2. ep. = ἀδεής.

ἄδδην = ἄδην, **ἀδδηκότες** u. **ἀδδήσειεν** äol. für ἀδηκότες, ἀδήσειεν.

ἄδε, s. ἁνδάνω. **ἀδέα,** dor. st. ἡδεῖα.

ἀ-δεής, 2., ep. **ἀδειής** u. **ἀδδεής** od. **ἀδεής** (aus ἀδϝεής, v. δέος), 1) a) furchtlos, ohne Besorgnis. b) keck, schamlos, unverschämt. 2) pass. ungefürchtet, δέος nicht zu hegen. Adv. **ἀδεῶς,** furchtlos, zuversichtlich, unbedenklich. Komp. ἀδεέστερον. Dav.

ἄδεια, ἡ, 1) Furchtlosigkeit, Sicherheit. 2) Straflosigkeit, Amnestie, m. d. Gen. γῆς, poet. ein sicherer Aufenthalt, σωμάτων persönl. Sicherheit, ἀπό τινος vor etwas od. vor jmdm., u. mit Inf. (mit u. ohne Artikel) Freiheit, Möglichkeit etwas zu tun. ποιεῖν, διδόναι sie gewähren, ποιεῖσθαι sich dieselbe auswirken, οὐκ ἐν ἀδείᾳ ποιεῖσθαί τι etwas nicht für gefahrlos halten, μετ' ἀδείας unter dem Schutze der Amnestie, ἐπ' ἀδείας nach Belieben.

ἀδειής, ep. st. ἀδεής.

ἀ-δείμαντος, 2. u. Adv. -τως, poet. unerschrocken, furchtlos, τινός unbesorgt um, für jemdn.

Ἀδείμαντος, ὁ, 1) korinth. Führer bei Salamis. 2) athen. Archont Ol. 75, 4 = 476 v. Chr. 3) athen. Feldherr bei Aigospotamoi. 4) Bruder des Plato, u. and.

ἄ-δειπνος, 2. der das δεῖπνον, die Hauptmahlzeit, noch nicht eingenommen hat.

ἀδεισιβόας, ᾱ, poet. furchtlos, unerschrocken.

ἀ-δέκαστος, 2. Adv. -ως, sp. unbestochen; unbestechlich.

ἀδελφεά, poet., **ἀδελφεή,** ion. = ἀδελφή.

ἀδελφειός, ep. u. **ἀδελφεός,** ep. u. ion. = ἀδελφός.

ἀδελφεο-κτόνος, ὁ, ion. Brudermörder.

ἀδελφή, ἡ (s. ἀδελφός), 1) Schwester, *soror.* 2) im N. T. Schwester im Glauben, Glaubensgenossin. Dav.

ἀδελφιδέος, ion., u. att. zsgez. **ἀδελφιδοῦς,** οῦ, ὁ, Neffe, Bruders- od. Schwestersohn.

ἀδελφιδῆ, ἡ, Nichte, Bruders- od. Schwestertochter.

ἀδελφίζω, zum Bruder annehmen, Bruder nennen.

ἀ-δελφός, 3. (ἀ cop. u. δελφύς Mutterschoß, also: des gleichen Mutterschoßes), verschwistert, brüderlich, d. h. des Bruders, übertr. ähnlich, nah verwandt, τινός von etwas, u. τινί mit etwas. — Subst. ὁ **ἀδελφός,** 1) der Bruder, oft für sein Bruder; οἱ ἀδελφοί die Geschwister, Bruder u. Schwester. Übertr. paarweise. 2) N. T. Nebenmensch, Glaubensbruder.

ἀδελφότης, ητος, ἡ, Brüderschaft = die Glaubensbrüder, N. T. u. sp.

ἄ-δενδρος, sp. baumlos.

ἀ-δέξιος, 2. sp. linkisch, ungeschickt.

ἄ-δερκτος, 2. (δέρκομαι), poet. blind, nicht sehend. Adv. poet. **ἀδέρκτως,** gesenkten Blickes, ohne hinzusehen.

ἄ-δεσμος, 2. ohne Fessel, φυλακή freie, milde Haft, wo der Gefangene nicht gefesselt ist.

ἀ-δέσποτος, 2. (δεσπότης), herrenlos, bei Schriften; ohne (bekannten) Verfasser, anonym; τὸ ἀδ. herrenloses Gut.

ἄ-δετος, 2. ungebunden.

ἀδευκής, 2. ep. unhold, schmählich, schmähend.

ἀ-δέψητος, 2. ep. ungegerbt.

ἀδηκότες, Pf. u. **ἀδήσειε,** Aor. [ᾰ], (Wz. *sa*, vgl. ἄδην), ep. übersatt an etwas (τινός), wegen etwas τινί), (für α 134 vgl. ἀηδέω).

ἄ-δηκτος, 2. Adv. ἀδήκτως (δάκνω), 1) ep. nicht gebissen. 2) sp. ungeschmäht, ungekränkt, unangefochten.

ἀδηλέω, poet. im Dunkeln, in Ungewißheit sein, über etwas τί (Soph. OC. 35 ὧν = τούτων ἅ). Von

ἄ-δηλος, 2. unklar, unbekannt, ungesehen, auch prolept. verschwindend, verborgen, geheim; unverbürgt, unsicher (unsichern Erfolges); subst. τὸ ἄδηλον Unsicherheit, Ungewißheit, ungewisser Ausgang. Adv. **ἀδήλως,** verborgen, im geheimen, ohne etwas zu verraten; Superl. ἀδηλότατα. Dav.

ἀδηλότης, ἡ, sp. N. T. Unsicherheit.

ἀδημονέω [ᾰ], sich unheimlich fühlen, verdrießlich sein, τινί über etwas, mit τὴν ψυχήν von Grausen erfaßt werden; sich unglücklich fühlen.

ἄδην od. ἅδην [ᾰ], eigentl. Akk. e. Subst. ἄδη od. ἅδη (σα-, s. ἄμεναι, *sa-tis*), att. **ἄδην,** ep. auch **ἄδδην,** Adv. bis zur Sättigung, zur Genüge, reichlich, mit Gen. od. auch Part genug.

ἀ-δῆος, 2. poet. unangefeindet.

ἀ-δήρῑτος, 2. ep. poet. u. sp. 1) ungestritten, ungekämpft. 2) sp. unbestritten. 3) poet. unbezwinglich. Adv. **ἀδηρίτως,** sp. unbestritten.

Ἅιδης, ᾅδης, ου u. dor. ᾱ, mit der alten u. poet. Nebenf. **Ἀ(ϝ)ίδης** (◡◡–, b. Trag. auch –◡–), Gen. Ἀίδαο u. Ἀίδεω (dreisilbig), ferner der Gen. **Ἄϊδος,** Dat. **Ἄϊδι,** vom ungebr. **Ἄϊς,** ὁ, dav. **Ἄϊδος εἴσω** (wo ᾱ), u. verl. **Ἀϊδωνεύς,** ῆος (bei Soph. OC. 1560 dreisilbig). 1) **Hades,** Gott der Unterwelt, ἐν, εἰς, ἐξ **Ἅιδου** zu erg. δόμοις usw. 2) **Unterwelt** εἰς ὅ κεν **Ἄϊδι** κεύθωμαι bis ich mich im Hades berge Hom. 3) **Grab,** Tod, πόντιος im Meere, πιστὸν ᾅδαν als sichere Todeszeichen. 4) N. T. das Totenreich, der tiefste Ort.

ἀδηφαγία, ἡ, sp. die Gefräßigkeit. Von

ἀδη-φάγος, 2. (ἄδην, φαγεῖν), gefräßig, nagend, zehrend; kostspielig.

ἀ-δῄωτος, 2. nicht verwüstet.

ἀ-διάβατος, 2. nicht zu durchschreiten.

ἀ-διάβλητος, 2. (διαβάλλω), unbescholten, für Verleumdung nicht zugänglich.

ἀ-διάθετος, 2. sp. ohne ein Testament gemacht zu haben.

ἀ-διάκρῐτος, 2. unentschieden; N. T. nicht schwankend, entschlossen, entschieden.

ἀ-διάλειπτος, 2., Adv. -είπτως, sp. ununterbrochen.

ἀ-διάλλακτος, 2. unversöhnlich.

ἀ-διάλῠτος, 2. unauflöslich.

ἀ-διανόητος, 2. unbegreiflich, undenkbar. Adv. unbesonnen, unüberlegt.

ἀδίαντον, τό, buk. Frauenhaar, eine Pflanze.

ἀ-δίαντος, 2. u. 3. poet. (διαίνω), unbenetzt.

ἀ-διάπλαστος, 2. unausgebildet.

ἀ-διάπτωτος, 2. ohne Fehler; unfehlbar, fehlerfrei, tadellos.

ἀ-διάρθρωτος, 2. ungegliedert, unartikuliert.

ἀ-διάσπαστος, 2. unzerrissen.

ἀ-διάστατος, 2. sp. ohne Ausdehnung.
ἀ-διάφθαρτος, 2. unverdorben.
ἀδιαφθορία, ἡ, N. T. Unverfälschtheit. Von
ἀ-διάφθορος, 2. unverderblich, unvergänglich, unbestechlich.
ἀ-διαφορία, ἡ, sp. Gleichgültigkeit. Von
ἀ-διάφορος, 2. nicht verschieden. **2)** weder gut noch böse, (sittlich) gleichgültig. [Breite.
ἀ-διάχυτος, 2. sp. nicht ausgegossen; übertr. ohne
ἀ-διάψευστος, 2. sp. untrüglich. [angeboren.
ἀ-δίδακτος, 2. nicht unterrichtet, nicht angelernt,
ἀ-διεξέργαστος τόπος, ein schriftstellerisch nicht ausgebeuteter Gegenstand.
ἀ-διέξοδος, 2. ohne Durchgang.
ἀ-διέργαστος, 2. unbearbeitet.
ἀ-διερεύνητος, 2. **1)** unerforscht. **2)** unerforschlich. **3)** undurchsucht, ohne durchsucht zu werden.
ἀ-διήγητος, 2. unbeschreiblich.
ἀ-δικαίαρχοι, οἱ, sp. ungerechte Behörden, im Wortspiel bei Cic. ad Att. 2, 12 mit Anspielung auf dessen tüchtigen Freund Dikaearchus.
ἀ-δίκαστος, 2. nicht gerichtet, unentschieden.

ἀδικέω, m. Augment ἠδ., Adj. verb. ἀδικητέον. **1)** Akt. **a)** abs. ein **ἄδικος sein,** wo Präs. = Präter., sich vergehen (den Göttern die Ehrfurcht versagen Hom.) straffällig sein; εἰ μὴ ἀδικῶ irren Plat. **b)** trans. **τινά** jmdn. ungerecht behandeln, beeinträchtigen, **verletzen,** Part. Beleidiger, γῆν verwüsten Thuk. **c)** insbes. gesetzwidrig verausgaben (vgl. **ἀδίκιον,** 2). **2)** Pass. m. Fut. ἀδικήσομαι, beeinträchtigt, gekränkt werden, ἀδίκημα ein Unrecht erleiden. Dav.
ἀδίκημα, τό, 1) das (getane) Unrecht, Übeltat, Vergehen; Kränkung, Beleidigung. **2)** unrechtmäßiges Gut.
ἀδικία, ἡ, die Ungerechtigkeit, die Verschuldung, Kränkung, Benachteiligung.
ἀδίκιον, τό, 1) ion. = ἀδικία. **2)** als t. t. unrechtmäßige, gesetzwidrige Ausgabe, „Haushaltsüberschreitung".
ἀδικοπρᾱγέω, ein ἀδικοπρᾱγής (ἄδικος, πράττω) sein, ungerecht handeln.
ἄ-δικος, 2. (δίκη), **1)** ungerecht, unrechtmäßig, von Personen und Sachen, χεῖρες ἄδ. Tätlichkeiten, σοφιστὴς ἄδ. das Unrecht lehrend. **2)** das Seine nicht leistend, z. B. unbrauchbares Gesinde, ἐλευθερία eine Scheinfreiheit, ἵπποι nicht eingefahrene Pferde. **3)** ἡμέρα *dies nefastus*, gerichtsfrei. **4)** N. T. = ungläubig. Adv. **ἀδίκως,** wider Recht, mit Unrecht, kränkend, auch theoretisch, auf unrichtige Art.
ἀδῑνός od. **ἀδινός,** 3. ep. bezeichnet die Häufigkeit bewegter Erscheinungen. **1)** dicht gedrängt, sich drängend. **2)** laut, stark. **3)** poet. reichlich, derb, tief. Adverbial stehen das Neutr. sing. u. plur. auch im Kompar. ἀδινώτερον u. **ἀδινῶς, ἀδινῶς,** schwer, laut, kräftig; kläglich.
ἀ-διοίκητος, 2. unangeordnet.
ἀ-διόρθωτος, 2. **1)** ungeregelt. **2)** sp. unverbessert.
ἄ-διψος, 2. (δίψα), poet. ohne Durst.

ἀ-δμής, ῆτος, ὁ, ἡ, u. **ἄ-δμητος,** 3., beide ep. u. poet. (δαμάω), noch nicht eingejocht; unvermählt. Als Eigenn.
Ἄδμητος, ὁ, **1)** Sohn des Pheres, Herrscher zu Pherä in Thessalien, Argonaut, Gem. der Alkestis, V. des Eumelos. **2)** K. der Molosser um 470 v. Chr., Gastfreund des Themistokles. **3)** sonst Eigenn.
ᾁδο-βᾰ́της, ου, ὁ, poet. in die Unterwelt hinabsteigend.
ἀ-δόκητος, 2., Adv. **-ήτως** (poet. -τα), unerwartet, wider Erwarten, τὸ ἀδόκητον das Unerwartete, der unerwartete Angriff; ἀπὸ τοῦ ἀδοκήτου, ἐξ ἀδοκήτου unerwartet.
ἀ-δοκίμαστος, 2. ungeprüft, **a)** nicht mündig; auch der in die Reiterei Eintretende bedurfte in Athen einer δοκιμασία. **b)** verwerflich, untüchtig.
ἀ-δόκῐμος, 2. **1)** unansehnlich, ungültig. **2)** ausgemustert, ausrangiert. **3)** N. T. nicht probehaltig, nicht echt; ungeschickt, untauglich, πρός τι.
ἀδολεσχέω [ᾰ], leeres Geschwätz treiben. Von
ἀδολέσχης, ὁ, gen. pl. ἀδολέσχων (ἄδην u. λέσχη), der Schwätzer, verächtl. für Philosoph. Superl. ἀδολεσχότατος. Dav.
ἀδολεσχία, ἡ, **1)** Geschwätzigkeit, Plauderei, Possen, *nugae*. **2)** ausführliche Erörterung, forschende Untersuchung, philosophische Spekulation.
ἀδόλεσχος, 2. sp. sehr geschwätzig; s. ἀδολέσχης.
ἄ-δολος, 2., Adv. **-όλως,** ohne Trug, ehrlich, echt.
ἅδομαι, s. ἥδομαι.
ἁδονά, dor. st. ἡδονή.
ἀδονίς, ἡ, buk. = ἀηδονίς, Nachtigall.
ἀ-δόξαστος, 2. nicht bloß vermutet = gewiß.
ἀδοξέω, (ἄδοξος), **1)** in üblem Ruf stehen. **2)** sp. trans. für unrühmlich halten. Dav.
ἀδοξία, ἡ, **1)** übler Ruf, Schande. **2)** sp. Ruhmlosigkeit, Verzicht auf Ruhm, ruhmloses Leben.
ἀδοξοποίητος, 2. sp. nicht von einer δόξα, einer Hypothese geschaffen, geleitet.
ἄ-δοξος, 2., Adv. **-όξως,** ruhmlos, unberühmt, unangesehen.
ἀ-δορῠφόρητος, 2. sp. ohne Leibwache.
ἄδος (ᾶδος), εος, τό (vgl. ἄδην), ep. Sättigung, Überdruß (an der Arbeit), nur Il. 11, 88.
ἄ-δουλος, 2. poet. ohne Sklaven, arm.
Ἀδραμύττειον u. -τηνός, s. Ἀτραμύττειον.
ἀ-δρᾰνής, 2. (δραίνω), sp. träge, kraftlos, spröde.
Ἀδράστεια, ἡ, **1)** Stadt in Mysien. **2)** troisch-phrygische Berggöttin jungfräulichen Charakters, zuweilen mit Nemesis identifiziert.
ἄ-δραστος (διδράσκω), 2. unentrinnbar, unvermeidlich; vgl. ἄδρηστος.
Ἄδραστος, ion. **Ἄδρηστος,** ὁ, **1)** S. des Talāos, früher König von Argos, von wo er durch Amphiarāos vertrieben nach Sikyon zu seinem Großvater Polўbos flüchtete und nach dessen Tode herrschte. Später nach Argos zurückgekehrt, vermählte er seine Tochter Argeia mit Polyneikes; nach dem unglücklichen Zug der Sieben floh er zu Theseus; wurde z. B. in Sikyon als Heros verehrt. **2)** Phryger, S. des Gordios.
ἄ-δρεπτος, 2. poet. nicht zu pflücken.
Ἀδρήστεια, ἡ, Stadt an der Propontis.

Ἀδρηστίνη [ῑ], ἡ, Tochter des Adrastos, Aigialeia, Gattin des Diomedes.
ἄ-δρηστος, ου, ὁ, ἡ (διδράσκω), ion. zum Entlaufen nicht geneigt, nicht entlaufend. [n Chr.
Ἀδριανός, ὁ, sp. der röm. Kaiser Hadrian 117—138
Ἀδρίας, ου, ion. **-ίης,** ὁ, das Adriatische Meer. Dav. Ἀδριηνός u. Ἀδριατικός.
ἄ-δρῑμυς, υ, nicht herb.
ἀδρός, 3. **1)** voll, ausgewachsen, erwachsen, reif. **2)** dicht, stark.
ἀδροτής, ῆτος, ἡ (a. LA. statt ἀνδροτής), ep. die volle Reife, Manneskraft.
ἀδρότης, ητος, ἡ, Fülle, reiche Gabe, N. T.
ἀδρόω, reif machen =
ἀδρύνω, (ἀδρός) zur Reife bringen, Pass. reif werden.
ἀδυ- dor. = ἡδυ-.
ἀ-δυναμία (δύναμις) u. **ἀδυνασία,** ion. **-ίη,** ἡ, Unvermögen, Kraft- oder Machtlosigkeit.
ἀδυνατέω, unvermögend sein, auch mit folg. Inf. ἀδυνατεῖ es ist unmöglich, N. T. Von
ἀ-δῠνᾰτος, 2. **1)** akt. unvermögend, schwach, unwirksam; ohne Triebkraft; mit folg. Inf., oder mit Akk. τὰ μακρὰ ταῦτα in bezug auf diese langen Reden, gew. mit Dat. τῷ σώματι am Körper, invalide, gebrechlich, τοῖς χρήμασι am Gelde, d. i. arm; dah. in Athen arme Leute, Gebrechliche, die aus Staatsmitteln unterstützt wurden; subst. τὸ ἀδύνατον das Unvermögen. **2)** pass. unmöglich, mit Inf. od. ὥστε u. Inf.; subst. ἀδύνατον u. ἀδύνατα eine Unmöglichkeit. Adv. **ἀδυνάτως,** unwirksam, schwach.
ἀδύ-πνοος, 2. poet. lieblich duftend; s. ἡδύπν.
ἀδύ-πολις, 2. poet. der Stadt angenehm; s. ἡδύπ.
ἄδυς, ἄδεα, ἆδυ äol., u. **ἀδύς, ἀδέα** u. **εῖα, ἀδύ** dor. = ἡδύς, 3.
Ἀδυρμαχίδαι, ῶν, οἱ, libysches Volk.
ἄδῠτον, τό, u. selten ep. ὁ ἄδυτος (δύω), eigentl. nicht betretbar, **1)** das Allerheiligste, näml. das innere Heiligtum (ναός, μέγαρον) des Tempels; insbes. b. Eurip. der Erdschlund (χάσμα γῆς) in Delphi als die Orakelstätte, über welcher der Dreifuß stand. **2)** überh. Tempel. **3)** Vorratskammer.
ᾄδω, zsgz. aus ἀείδω, w. s.
ἀδών, όνος, ἡ [ᾰ], buk. = ἀηδών.
Ἄδων, ωνος, ὁ [ᾰ] buk. = Ἄδωνις.
ἀδωνιάζω, buk. τὰ **Ἀδώνια,** das Adonisfest zur Feier des Todes des Adonis begehen. Von
Ἄδωνις, ιδος, ιν, ὁ (aus Ἄδωνις), **1)** Adonis, S. des Kinўras u. der Myrrha, Liebling der Aphrodite, ein schöner Jüngling, dessen Tod Ende Juni gefeiert wurde; Ἀδώνιδος κῆποι, Adonisgärtchen, Topf mit künstlich gezogenen Blumen für das Adonisfest, Symbol des rasch Verblühenden, Hinwelkenden. **2)** ein Fluß Phöniziens.
ἀ-δώρητος, 2. poet. unbeschenkt.
ἀ-δωροδόκητος, 2. unbestechlich. Adv. **-ήτως,** ohne Bestechung.
ἄ-δωρος, 2. **1)** ohne Geschenk, **a)** die Gabe versagend, ἄδ. δυσμενείας Verhinderer des Übelwollens, Dank versagend, pass. unbelohnt, ἐλαφᾱβολίαι. **b)** das Geschenk od. Geld nicht empfangend od. annehmend, χρημάτων unbestechlich. **2)** poet. übelgeschenkt, δῶρα Unglücksgeschenke.
ἀ-δώτης, ου, ep. nicht gebend; Nichtgeber.
ἀεθλ . . . (ep. u. ion.) s. unter ἀθλ . . .
ἀέθλιον, τό, ep. (vgl. (ἄθλιος, ἆθλος), **1)** Kampfpreis. **2)** Kampfgeräte. **3)** Wettkampf.
ἀεί u. **αἰεί** (⏑–, aus αἰϝεσί, Lok. eines Subst. αἰϝεσ-, vw. got. *aiws*, lat. *aevum* u. αἰών), ep. u. att., lak. αἰές, dor. ἀές, und ep. αἰέν, äol, αἶ(ν), ἄϊ, Adv. immer, beständig, jedesmal, ἡ ἀεὶ μελέτη die beständige Übung, τὸν ἀεὶ χρόνον für alle Zeit, οἱ ἀεὶ ἔχοντες die jedesmaligen Besitzer, ἀεί ποτε von jeher, immerdar, ἐς ἀεί für immer.
ἀει-γενέτης, ᾱο, ὁ, ep. u. **ἀει-γενής,** 2. in Ewigkeit geboren, ewig.
ἀ-ειδής u. **ἀιδής,** 2. (ϝιδεῖν), unsichtbar.
ἀείδω, ep. ion. u. poet., aus ἀϝείδω ⏑–––, att. **ᾄδω,** ᾄσομαι (ᾄσω), ᾖσα, ᾖσται, ᾔσθη, ᾀσθῆναι, ep. ion. buk. Fut. ἀείσομαι, Aor. ἄεισα u. ἤεισα, buk. Praes. ind. ἀείδες, -δοντι, inf. -δεν, part. -δοισα, Fut. ᾀσῶ u. ᾀσεῦμαι (ᾠδή), **1)** singen, von Vögeln: zwitschern, krähen, von der Bogensehne: schwirren; mit dem Akkus. des Gegenstandes, παιήονα, auch χρησμούς, daher auch so viel als feierlich verkünden. **2)** vortragen, Gedichte u. dgl. **3)** besingen, preisen.
ἀεί-ζῳος, ον, poet. u. **ἀεί-ζως,** ων, poet. u. **ἀει-ζώων,** οντος, poet. immer lebend, ewig lebend, ewig.
ἀει-θαλής, 2. sp. immer grünend, ewig frisch.
ἀεικείη, ἡ, ep. u. ion., att. αἴκεια, s. d.
ἀ-εικέλιος, 3. auch 2., ep. poet. u. sp., ferner **ἀεικής,** 2. (εἰκός), (nicht in att. Prosa), att. zsgz. u. poet. **αἰκέλιος, αἰκής,** Adv. **ἀεικελίως,** ep. **ἀεικές, ἀεικέα** und **ἀϊκῶς,** Soph. **αἰκῶς,** unziemlich, schmählich, unwürdig, häßlich, ἀεικὴς μισθός (Hom.) knapper, geringer Lohn, οὐκ ἀεικές = εἰκός natürlich.
ἀεικίζω (ἀεικής), ep. u. poet., att. zsgz. **αἰκίζω,** Fut. -ιῶ, **1)** Akt. u. Pass. mißhandeln, bes. mit Schlägen, martern, quälen, plagen, verunstalten, ὀλέθριον αἰκίζειν mißhandeln bis zur Vernichtung. **2)** Med. (Aor. 1. ep. ἀεικισσαίμεθα) sich plagen, quälen, oder wie das Akt. τινά, τὰ ἔσχατα auf das äußerste.
ἀει-κίνητος, 2. stets bewegt.
ἀεί-λαλος, 2. sp. poet. stets schwatzend.
ἀειλογία, ἡ, stete Bereitwilligkeit Rechenschaft abzulegen.
ἀεί-μνηστος, 2. (μιμνήσκομαι), **1)** pass. in stetem Angedenken, ewig denkwürdig. **2)** akt stets [eingedenk.
ἀεί-ναος, 2. ion. = ἀέναος.
ἀεί-ρῠτος, 2. (ῥέω) poet. stets fließend.
ἀείρω, ep. ion. u. poet., s. αἴρω.
ἄεισμα, τό, ion., s. ᾆσμα.
ἀεί-φρουρος, 2. poet. stets gefangen haltend.
ἀειφυγία, ἡ, lebenslängliche Verbannung.
ἀεκαζόμενος, ep. Part., wider Willen.
ἀέκᾱτι, poet. dor. = ἀέκητι.
ἀεκήλιος, 2. ep. (ἕκηλος), unerwünscht, ἀεκήλια παθεῖν arges Weh erdulden.
ἀέκητι, Adv., ep. wider Willen, zu
ἀεκούσιος, 3., ion. u. sp. = att. ἀκούσιος, *invitus*, gezwungen.

ἀ-έκων, ουσα, ον (s. ἑκών), ep. poet. ion. = pros. ἄκων, w. s., ep. Du. ἀέκοντε, ἄκοντε, widerwillig, absichtslos.

ἀέλικτος, 2. (ἑλίττω) nicht gewunden, geringelt, ὄφις.

ἀέλιος, ὁ [ᾰ], dor. = ἥλιος.

ἄελλα, s. ἀέλλη.

ἀελλαῖος, 3. poet., u. als bes. Femin. **ἀελλάς,** άδος, ἡ, poet. sturmgleich, sturmschnell. Von

ἀέλλη, später **ἄελλα, ης,** ἡ [ᾰ] (ἄημι, ἀήρ), ep. u. poet. **1)** Wind, Sturmwind, Wirbelwind, meist im Plur.; ἄελλαι παντοίων ἀνέμων Stöße von allerlei Winden; auch Staubwirbel. **2)** übertr. rascher Umschwung.

ἀ-ελλής, 2. (ἀ cop. u. εἴλω W. Ϝελ), ep. dicht gedrängt, dicht, κονίσαλος, Staubwirbel.

ἀελλό-πος, ὁ, ἡ, Gen. ποδος (ἄελλα, πούς), ep. u. poet. sturmfüßig, windschnell.

ἀ-ελπής, 2. ep. = ἄελπτος.

ἀ-ελπτέω, ep. u. ion. verzweifeln (ep. ἀελπτέοντες viersilbig). Von

ἄ-ελπτος, 2., Adv. **ἀέλπτως** (poet. -τα), (ἔλπομαι), ep. ion. u. poet. unverhofft, unerwartet, *insperatus*, für unmöglich zu halten, *desperatus*; **ἐξ** ἀέλπτου u. **ἐξ** **ἀέλπτων** unverhofft, *insperato*.

ἀέ-ναος, 2. [ᾰ], u. ep. **ἀενάων** od. **αἰενάων, ουσα,** ον (= ἀεινάων) (von νάειν), stets fließend, nicht versiegend; übertr. immerdauernd, ewig.

ἀεξί-φυλλος, 2. (ἀέξω, φύλλον), poet. Blätter nährend, laubreich.

ἀεξίφυτος, 2. spätpoet. Pflanzen nährend.

ἀέξω, s. αὐξάνω.

ἄ-επτος, ον (ἕπομαι), poet. zu schwach um zu folgen.

ἀεργείη, ἀεργία, -ίη, ἡ, **ἀεργός,** 2., s. unter ἀργία, ἀργός.

ἀέρδην, Adv. poet. erhoben. Von

ἀείρω, dav. **ἄερθεν** u. **ἀερθείς,** s. αἴρω.

ἀέριος, 2. u. 3. (ἀήρ s. ἠέριος), in der Luft, hoch; dunstig, ἀερία ἡ, verst. γῆ, poet. das Nebelland, d. h. Ägypten.

ἄ-ερκτος, 2. (ἕργω, εἴργω), uneingezäunt, offen.

ἀεροβατέω (ἀήρ, βαίνω), luftwandeln; übertr. spintisieren.

ἀεροδρομέω, die Luft durchlaufen.

ἀεροειδής, ές, luftartig.

ἀερο-κόραξ, ακος (L.A. -κόρδαξ), ὁ, Luftrabe (Lufttänzer), Scherzwort Lukians.

ἀερο-κώνωψ, ωπος, ὁ, Luftmücke.

ἀερο-μαχία, ἡ, Luftkampf.

ἀερο-μετρέω, die Luft messen, haarspalten.

ἀερο-νηχής, ές, die Luft durchschwimmend.

Ἀερόπη, ἡ, Gem. des Atreus, M. des Agamemnon u. Menelaos.

ἀερο-πόρος, 2. u. **ἀερό-φοιτος,** 2. luftdurchwandelnd.

ἀέρρω, äol. poet. = ἀείρω, s. αἴρω.

ἀερσί-πους, ποδος, ὁ, ἡ (ἀείρω), ep. die Füße hebend, scharftrabend.

ἀερώδης, -ῶδες, poet. luftartig, luftig (var.).

ἄεσα, ἀέσαμεν, ἄεσαν, ἀέσαι [ᾰ], kontr. ἄσαμεν Od. 16, 367, ep. def. Aor. sich aufhalten, verweilen, mit und ohne **νύκτα,** übernachten.

ἀεσιφροσύνη, ep. Unbesonnenheit, Dat. plur. in meinen törichten Gedanken, in meiner Unbedachtsamkeit. Von

ἀεσί-φρων, ονος, 2. ep. = ἀασίφρων von ἀάω u. φρήν [ᾰ], geschädigt am Verstande, dah. unbedacht, verblendet.

Ἀέτιος, ὁ, sp. der röm. Feldherr Aëtius, unter Valentinian III (425—455), Besieger des Attila 451

ἀετός, οῦ, ὁ, ion. u. poet. **αἰετός** (αἰϜετός aus ἀϜιετός, vw. *avis*, ᾰ), der Adler, Bote des Zeus u. prophetischer Vogel; zugl. Beiname von Herrschern u. das Feldzeichen bei Persern und Römern. N. T. im Sprichwort sind Aasgeier, περκνόπτεροι, oder Goldgeier gemeint. Davon

ἀετο-φόρος, ὁ, sp. das lat. *aquilifer*.

ἀετώδης, 2., sp. adlerartig, ἀετῶδες βλέπειν scharf wie ein Adler sehen.

ἄζα, ης, ἡ, ep. sp. (ἄζω), **1)** Trockenheit, Hitze, Glut. **2)** Rost, Schimmel, Schmutz. Dav.

ἀζαλέος, 3. ep. poet. sp. **1)** pass. ausgetrocknet, trocken, dürr, βῶς Schild von trockner Rindshaut, also rindsledern, ὄρος ein Berg mit dürrem Gehölze. **2)** akt. ausdörrend, verzehrend.

Ἀζάν, ᾶνος, ὁ, Azanier, s. Ἀζήν.

ἀζάνω, [ᾱᾰ] ep. austrocknen; Pass. vertrocknen.

Ἀζεΐδης, ᾱο, ὁ, S. des Ἀζεύς, Aktor.

ἀζηλία, ἡ, sp. Einfachheit. Von

ἄ-ζηλος, 2. ohne Neid, d. h. **1)** neidlos. **2)** unbeneidet. **3)** leidig, elend. **4)** poet. = ἄδηλος (var.).

ἀζηλοτύπητος, 2. sp. unbeneidet.

ἀζηλότυπος, 2. sp. ohne Eifersucht.

ἀ-ζήλωτος, 2. nicht beneidenswert.

ἀ-ζήμιος, 2. verlustlos, straflos, im bes. **a)** nicht strafend. Thuk. **b)** untadelig, Soph.

Ἀζήν, ῆνος, ὁ, ion. st. Ἀζάν, Bew. von Azania im nördlichen Arkadien.

ἀ-ζηχής, 2. ep. anhaltend, unablässig. Das Neutr. als Adverb.

Ἄζῖρις, ἡ, Ort in Marmarika in Libyen, j. *Temineh*.

ἄ-ζῡμος, 2. (ζύμη Sauerteig), **1)** ungesäuert, süß, N. T. auch bildl. rein vom Sauerteig der Sünde; τὰ ἄζυμα hebr. *mazzôth*, **a)** die ungesäuerten Brote. **b)** das Fest der ungesäuerten Brote. **2)** übertr. ungemischt, rein.

ἄ-ζυξ, υγος, ὁ, ἡ (ζεύγνυμι) poet. unverbunden, unverehelicht, unvermählt, ungesellig.

ἄζω, nur Praes. pass., ep. vertrocknen, verdorren.

ἄζω (St. ἀγ, ἄγος, ἁγ-νός), poet. scheuen, verehren, gew. Med. ep. u. poet. (im Präs. u. Impf.), τινά, od. sich scheuen.

ἄ-ζωστος, 2. (ζώννυμι) ungegürtet.

Ἄζωτος, ἡ, im A. T. Aschdōd, j. *Esdud*, eine der fünf Bundesstädte der Philister in Palästina.

ἀηδέω (ἀηδής, ἡδύς), ep. Unlust (ἀηδία) empfinden, ἀηδῆσαι U. bekommen, τινί woran, dessen überdrüssig werden (α 134).

ἀ-ηδής, 2. (ἦδος), unangenehm, widrig. Adv. **ἀηδῶς,** ohne Genuß, ohne Vergnügen, ungern, **ἀηδ. διακεῖσθαί τινι** od. **ἔχειν πρός τινα** Widerwillen gegen einen od. etwas hegen; **οὐκ ἀηδῶς** sehr gern. Kompar. **ἀηδέστερον** mit weniger Annehmlichkeit. Dav.

ἀηδία, ἡ, Widrigkeit; auch Widerwillen. Dav.

ἀηδίζομαι, sp. etwas (τί) unangenehm empfinden; ungehalten sein.

ἀηδονιδεύς, ὁ, buk. Nachtigallenjunges.

ἀηδόνιος, 2. poet. von der Nachtigall.

ἀηδονίς, ἴδος, ἡ, poet. buk. Nachtigall.

ἀηδώ, οῦς, ἡ u. ἀηδών, όνος, ἡ u. ὁ, die Nachtigall. Ἀηδών, ἡ, Tochter des Pandareos, Gem. des Zethos, Mutter des Itўlos, den sie aus Irrtum tötete und dann laut beklagte.

ἀήθεια, u. poet. u. ion. ἀηθίη, ἡ (ἀήθης), Ungewohntheit.

ἀηθέσσω, ep. ungewohnt sein, τινός. Von

ἀ-ήθης, 2. (ἦθος), ungewohnt, a) von Personen: nicht an etwas (τινός) gewöhnt, in ungewohnter Verfassung, erklärt durch ein folg. Partiz., Soph. Trach. 860. b) von Zuständen u. Begebenheiten: ungewöhnlich. Adv. ἀήθως, wider die Gewohnheit.

ἄημα, τό, poet. das Wehen, der Wind. Von

ἄημι (ἄϝημι, ᾰ), ἄησι, ητον, Inf. ἀῆναι u. ep. ἀήμεναι, Part. ἀέντες, Impf. ἄη, Med. u. Pass. ἄημαι, Part. ἀήμενος, Impf. ἄητο (vgl. ἀήρ, lat. ve-ntus, got. wajan, deutsch wehen), wehen, stürmen, dah. Pass. vom Wind durchgepeitscht werden. Übertr. δίχα σφιν θυμὸς ἄητο nach zwei Seiten hin stürmte, wogte ihr Sinn.

ἀήρ, έρος, ἡ (b. Hom.) u. ὁ (seit Hdt.) zu ἄημι, od. ἀείρω, ep. u. ion. ἠέρος usf., 1) bei Homer die untere Luftschicht, der Dunstkreis, im Gegens. v. αἰθήρ, der reinen, obern Luft; dah. Nebel, Gewölk, Dunkel. 2) Bei den Spät. überh. die Luft; ἰσόμοιρος, näml. γῆς, gleichen Anteils, näml. $^1/_3$ der Welt. Im Plur. allerlei Luft. N. T. sprichw. εἰς ἀέρα λαλεῖν in den Wind reden, u. ἀέρα δέρειν die Luft schlagen, d. i. nichts ausrichten.

ἄησις, ἡ, poet. = ἄημα.

ἀήσσητος, 2. = ἀήττητος.

ἀήσυλος, 2. ep. = αἴσυλος.

ἀήσυρος, 2. poet. luftig; schnell beweglich, wimmelnd.

ἀήτη, ης, ἡ (ἄημι), ep. das Wehen.

ἀήτης, ου, ὁ (ἄημι, ᾰ), ep. der Wehe·, mit Gen. ἀνέμοιο der wehende Wind; buk. der Wind.

ἄητος [ᾰ], 2. ep. u. poet. (auch 3.), αἴητος, 2. ep. (ἄημι); θάρρος ἄητον, schnaubender, tobender Übermut; πέλωρ αἴητον, schnaubendes Ungetüm.

ἀήττητος, 2. (ἡττάομαι), unbesiegt, unbesiegbar.

ἀθάλασσος, 2. sp. ohne (Zusatz von) Meerwasser.

ἀ-θαλλής, 2. sp. nicht grünend.

Ἀθαμαντίς, ἴδος, ἡ, poet. Tochter des Athamas = Helle, von

Ἀθάμας, αντος, ὁ, S. des Aiolos, K. v. Orchomenos, Gem. der Nephele, Vater des Phrixos und der Helle, heiratete später in Thessalien die Ino, s. d.

ἀ-θαμβής, 2. (θάμβος) poet. sp. furchtlos, τινός vor jmdm.

ἀθαμβία, ἡ, sp. Unerschrockenheit; = ἀθαυμαστία Unerschüttertheit d. h. Freiheit von Leidenschaften.

Ἀθάνα, s. Ἀθηνᾶ.

ἀθανασία, ἡ (ἀθάνατος), Unsterblichkeit, sp. auch für ἀμβροσία.

ἀθανατίζω (ἀθάνατος), 1) ion. u. sp. sich für unsterblich halten, erklären. 2) sich unsterblich machen (Aristot.). 3) sp. unsterblich machen, verewigen; pass. stets fortdauern. Dav.

ἀθανατισμός, ὁ, sp. die Verewigung.

ἀ-θάνατος, 2., bei Hom. 3. (‒ ⏑⏑⏑, att. auch ⏑⏑⏑⏑). — 1) unsterblich, ewig, im Gegens. zu θνητός u. βροτός Hom. Hdt.; ἀθ. ἀρετή göttliche Herrlichkeit; im philos Sprachgebrauch: vom Tod ausgeschlossen. 2) οἱ ἀ. die 10000 Hdt.; ἀ. ἀνήρ einer dieser Elitetruppe, der schon zu Lebzeiten seine Nachfolger hat Hdt. 7, 83. 3) Von Sachen und Zuständen: unvergänglich, immerwährend, langwierig κακόν Hom.

ἄ-θαπτος, 2. ep. u. poet. unbegraben.

ἀ-θαρσής, 2., Adv. -ῶς, sp. ohne Kühnheit, verzagt.

ἀ-θεάτος, 2. 1) akt. nicht sehend, nicht gesehen habend, τινός, von etw. 2) pass. sp. unsichtbar, was man nicht sehen darf.

ἀ-θεεί, Adv. (eigtl. Lokativ v. ἄθεος), ep. nur einmal: οὐκ ἀθ. nicht ohne göttliche Fügung, = σὺν θεῷ.

ἀ-θείαστος, 2. sp. nur οὐκ ἀθ. = von Gott eingegeben.

ἀ-θέλεος, 2. poet. nicht wollend.

ἄ-θελκτος, 2. poet. unbeugsam.

ἄθεμις, ιτος, poet. ungerecht.

ἀ-θεμίστιος, 2. ep., ἀθέμιστος, 2. u. ἀθέμιτος, 2. 1) von Handlungen, Zuständen usw.: gesetzlos, ungerecht, frevelhaft. 2) von Personen: gesetzverachtend, ohne Recht und Gesetz lebend, roh.

ἄθεος, 2. ohne Gott, d. i. 1) gottlos, gottvergessen, insbes. ungläubig; subst. ὁ ἄθ. der Gottverächter. 2) poet. gottverlassen, ohne göttliche Hilfe.

ἀθεότης, ἡ, 1) die Gottlosigkeit. 2) das Fehlen einer Gottheit, Nichtsein der Gottheit.

ἀθεραπευσία, ἡ, die Vernachlässigung. Von

ἀ-θεράπευτος, 2. 1) ungepflegt, unbesorgt. 2) sp. vernachlässigt, unheilbar.

ἀθερής, 2. poet. unverständig, gottlos.

ἀθερίζω, ep. gering achten, verachten, verschmähen, stets mit Neg.

ἀ-θέρμαντος, 2. poet. unerwärmt.

ἄ-θερμος, 2. ohne Wärme.

ἄ-θεσμος, 2. sp. u. N. T. gesetzlos.

ἀθέσφατος, 2. ep. eigentl. nicht von den Göttern verkündigt, durch Götterworte nicht geweissagt, nicht vorhergesehen, unerwartet groß, — viel, — lang.

ἀθετέω, sp. u. N. T. eigtl. zum ἄ-θετον, nicht Angenommenen (τίθημι), machen, also ungültig machen, abstellen, aufheben, verwerfen, verachten, abweisen. Dav.

ἀθέτησις, ἡ, sp. Abschaffung, Aufhebung, Verwerfung.

ἄ-θετος, 2. poet. sp. ungeeignet, unpassend, verwerflich; Adv. -ως ungesetzlich, freventlich.

ἀ-θεώρητος, 2. sp. 1) nicht sichtbar, unerforschlich. 2) nicht auf Theorie od. wissenschaftlicher Kenntnis beruhend.

Ἀθηνᾶ, ᾶς, ἡ, zsgz. aus Ἀθηνάα, poet. u. altatt. Ἀθηναία, ep. Ἀθηναίη, ion. Ἀθήνη, dor. Ἀθάνα u. -αία, 1) die Göttin Athene, Minerva, Tochter des Zeus, nach späterer Sage aus dessen Haupte entsprossen, Symbol der mit Kraft vereinten Klugheit: dah. Schutzgöttin der Städte im Frieden und Beschützerin der Künste, bes. der weibl. Kunstfertigkeiten, doch auch Schirmerin der Städte im Kriege gegen äußere Feinde und so Göttin des

Kriegs und Beschirmerin der Helden; insbes. die Schutzgöttin Athens; s. auch *γλαυκῶπις* u. *Παλλάς*. 2) *Ἀθήνη*, b. Hom. Od. 7, 80 = *Ἀθῆναι*, die Stadt.

Ἀθῆναι, *ῶν*, *αἱ*, **1)** Athen, die Hauptstadt von Attika; dazu die lokalen Termini **Ἀθήναζε, -ησιν, -ηθεν.** 2) auch = *Ἀττική*.

Ἀθηναῖος, 3. athenisch, *ὁ Ἀθ.* der Athener, fem. *Ἀτθίς* u. *Ἀττική*, *τὸ Ἀθήναιον* der Athenetempel. Davon durch den Akzent unterschieden

Ἀθήναιος, *ὁ*, Eigenn., insbes. des Sophisten aus Naukratis, der zwischen 193 u. 197 n. Chr. die Deipnosophisten verfaßte.

ἀθηνιάω, sp. sich nach Athen sehnen.

ἀθήρ, *έρος*, *ὁ*, poet. u. sp. **1)** Hachel; Spitze. **2)** Schneide des Dolches. **3)** Spreu.

ἀ-θήρευτος, 2. ungejagt.

ἀθηρη-λοιγός (*ἀθήρ*), *ὁ*, ep. der Hachelverderber, Orakelausdruck für Worfschaufel (weil durch das Worfeln des Getreides die Spitzen d. Ähren leicht [abbrechen.)

ἄ-θηρος, 2. ohne Wild.

ἄ-θικτος, 2. (*θιγγάνω*), **1)** poet. u. sp. unberührt, unversehrt, mit Gen.: *ἄθ. ἡγητῆρος* ohne Führer. **2)** poet. nicht zu berühren, heilig.

ἀθλεύω u. **ἀθλέω,** ep. u. ion. auch **ἀεθλεύω** u. **ἀεθλέω** (*ἆθλος*), **1)** wettkämpfen, od. überh. kämpfen. **2)** übertr. sich mühen, sich anstrengen, Mühsal erdulden, *τί* etwas bestehen, dulden. Dav.

ἄθλημα, *τό*, **1)** Kampf, Arbeit. **2)** Arbeitsgerät. **3)** Kampfpreis.

ἄθλησις, *ἡ*, sp. Athletenübung.

ἀθλητήρ (*ἀθλέω*), *ῆρος*, ep. u. **ἀθλητής,** *οῦ*, *ὁ*, Athlet, Wettkämpfer der öffentlichen Spiele; übertr. Meister, geübt, geschult, *ἀγῶνός τινος* in einem Fach, bes. in körperlicher Kraft u. Geschicklichkeit; auch als Beiw. der zu Kampfspielen geeigneten Pferde. Davon

ἀθλητικός, 3. sp. athletisch.

ἄθλιος, 3. auch 2., Adv. **ἀθλίως** (*ἆθλος*), mühselig, unglücklich, elend, erbärmlich; subst. **ἀέθλιον,** *τό*, ep. s. dort. [Unglücklichsein.

ἀθλιότης, *ητος*, *ἡ*, Mühsal, Unglück, Elend; das

ἀθλο-θέτης, *ου*, *ὁ* (*τίθημι*), Kampfordner, Kampfrichter, ein Ehrenamt (*-θετία*, *-θεσία*), dessen Inhaber durch ein Purpurkleid ausgezeichnet waren.

ἆθλον, *τό*, auch **ἄεθλον** (**ἀϜεθλον** vielleicht verw. mit lat. *vas vadis*, got. *vadi* Pfand, dt. *Wette*), **1)** Kampfpreis; überh. Belohnung, Geschenk. **2)** Kampfgeräte, *τ* 572. **3)** im Plur. = *ἆθλος*, Wettkampf, auch *ἄεθλ' ἀγώνων*, *ἆθλ. πόνων* Preis der Mühen, poet. das Bestehen, die Pein der Not.

ἆθλος, *ὁ*, ep. u. ion. auch **ἄεθλος,** **1)** Wettkampf, Kampf. **2)** übertr. Mühe, Mühsal.

ἀθλο-φόρος, 2. ep., ep. poet. u. ion. auch **ἀεθλοφόρος,** den Kampfpreis davontragend, sieggekrönt.

ἄ-θολος, 2. sp. u. **ἀ-θόλωτος,** 2. ep. u. sp. ohne Schmutz.

ἀ-θόρυβος, 2. Adv. **-ύβως,** ohne Lärm, leidenschaftslos, ruhig.

Ἀθόως, s. *Ἄθως*.

ἄ-θραυστος, 2. poet. u. sp. **1)** unzerbrochen, unverletzt. **2)** unzerbrechlich, undurchdringlich, uneinnehmbar.

ἀθρέω, Adj. verb. *ἀθρητέον*, **1)** achtsam, anhaltend u. genau betrachten, schauen, beschauen. **2)** zusehen, erwägen, *ἄθρει vide*.

Ἀθριβίτης, *νομός*, *ὁ*, ägypt. Gau im östl. Teile von Unterägypten, St. *Ἄθριβις*.

ἀθροίζω, att. **ἁθροίζω** (*ἀθρόος*) **1)** sammeln; zusammenziehen. **2)** aufhäufen. **3)** Pass. *φόβος ἤθροισταί τινι* jmd. schöpft Furcht; übertr. vom Geiste mit u. ohne *εἰς ἑαυτόν*, sich sammeln, zu sich kommen. Dav.

ἄθροισις, *εως*, *ἡ*, das Sammeln, die Anhäufung.

ἄθροισμα, *τό*, **a)** Versammlung. **b)** Masse = Aggregat, Körper.

ἀθρόος, 3. auch 2., zsgz. sp. **ἄθρους,** ep. u. att. **ἁθρόος** geschr., in éine Masse vereinigt, **1)** beisammen, zusammengezogen, enggeschart, dichtgedrängt, von Kriegern: in geschlossenen Gliedern. **2)** zugleich, auf einmal, ununterbrochen. **3)** zahlreich, reichlich. — *ἄθρους ὤφθη* mit seinem ganzen Heer wurde er gesehen, *τὸ ἀθρόον* die Gesamtmacht, die Hauptmacht. Adv. auch **ἀθρόον,** auf einmal.

ἀ-θρυπτος, 2. (*θρύπτω*), sp. **1)** unverweichlicht, *εἰς γέλωτα* nie in Lachen ausbrechend, nicht zum Lachen zu bewegen. **2)** unzerbrechlich, unzerbrochen.

Ἄθρυς, *υος*, *ὁ*, Nebenfluß des Istros, j. *Jantra*.

ἀθῡμέω, m. Augm. *ἠθ.*, mutlos, verzagt, feig, traurig, verdrossen, unwillig sein od. werden, ferner mit dem Akk. od. Inf.: mit Angst oder Besorgnis an etwas denken. Dav.

ἀθῡμία, *ἡ*, Mutlosigkeit, Niedergeschlagenheit, Verdrossenheit, *ἀθυμίαν παρέχειν τινί* jmdn. mutlos machen.

ἄ-θῡμος, 2. mutlos, verzagt, bestürzt, mißmutig, niedergeschlagen, verdrossen, gleichgültig. *ἀθύμως ἔχειν* u. ähnl. *πρός τι* keine Lust zu etwas haben.

Ἄθυρ od. **Ἀθύρ,** *ὁ*, indekl., ägypt. Monat, dem att. Pyanepsion (Okt.-Nov.) entsprechend.

ἄθυρμα (*ἀθύρω*, *ᾰ*), *τό*, ep. Spiel, Spielerei, Tand.

ἀθυρμάτιον, *τό*, sp. Demin. von *ἄθυρμα*, s. d.

ἀ-θυρό-γλωττος, 2. poet. zügellos schwatzend.

ἀθῠροστομέω, poet. (Konjekt.) zügellos reden. Von

ἀ-θῠρό-στομος, 2. (*στόμα*), poet. keine Tür (kein Schloß) vor dem Munde habend, unaufhörlich schwatzend, geschwätzig.

ἄ-θυρσος, 2. poet. ohne Thyrsosstab.

ἀθύρω [◡‿‿], ep. u. poet. spielen, (be)singen, sich vergnügen.

ἀθύρωτος, 2. (*θύρα*), poet. ohne Tür oder Verschluß; übertr. zügellos.

ἄθυστος, 2. La. für

ἄ-θῦτος, 2. **1)** akt. einer, der nicht opfert od. geopfert hat **2)** pass. ohne Opfer, ungeopfert, insbes. **a)** vernachlässigt, unterlassen. **b)** unglücklich, ungünstig. **c)** nicht durch Opfer geweiht, *σπέρματα* illegitime Kinder.

ἀ-θῷος, 2. (*θωή*). **a)** straflos, verschont, sicher. **b)** unschuldig, *ἀπό τινος*. N.T.

ἀ-θώπευτος, 2. poet. ungeschmeichelt.

ἀ-θωράκιστος, 2. ungepanzert.

Ἄθως, *ω*, *ὁ*, ep. **Ἀθόως,** *όω*, Acc. *Ἄθω*, ion. u.

altatt. auch Ἄθων, der Berg Athos auf der maked. Halbinsel Chalkidike; Adj. **Ἀθῷος**, 3.
αἰ, dor. äol. u. ep. = εἰ, **1)** wenn, ob, *si*, bei Hom. stets αἴ κε, wenn etwa, ob etwa, mit dem Konj., u. in der Orat. obl. mit dem Optat. **2)** im Wunsche: αἲ γάρ, αἲ γὰρ δή, wenn doch, *utinam*, meist mit dem Opt., selten mit dem Inf., wo der Inf. absolut zu fassen ist.
αἶ, oft verdoppelt **αἶ αἶ** od. **αἰαῖ**, Ausruf des Schmerzes, meist poet. wehe; weh! weh!
αἶα, ep. u. poet. (Etym. unsicher), Erde, Land. Als Eigenn. **Αἶα** ältester Name von Kolchis. Dav. **Αἰαίη**, ἡ, ep. **1)** Bein. der Kirke, die manchmal als Kolcherin gilt. **2)** νῆσος, ihr Wohnsitz.
αἴαγμα, τό, poet. das Ächzen, Wehklagen. Von
αἰάζω, Fut. αἰάξω, poet. u. sp., αἶ sagen, d. i. ächzen, jammern. mit dem Akk. bejammern.
αἰαῖ, s. αἶ.
Αἰάκης, εος, ὁ, Samier, **a)** V. des Polykrates u. Sylōson. **b)** S. des Syloson.
Αἰακίδης, ὁ, Sohn des **Αἰακός** (dieser Sohn des Zeus u. der Ägina und König der Insel Ägina, später einer der Richter in der Unterwelt), d. i. Peleus, od. auch Enkel des Aiakos, d. i. Achilleus, u. so οἱ **Αἰακίδαι** Aiakos mit seinen Nachkommen, Peleus, Telamon, Achilleus u. Aias, die auf Ägina verehrt wurden. Das von den Ägineten dem Aiakos dort errichtete Denkmal τὸ **Αἰάκειον**.
αἰακτός, 3. (αἰάζω), poet. **1)** bejammernswert. **2)** klagend, jammernd.
I. **αἰᾱνής**, 2. (aus σαιϝᾱνής, v. St. lat. *saevo*, u. ἠνο- in ἀπηνής, s. d.), eig. von grausem Antlitz, grausig, finster, dunkel, düster, Νυκτὸς κύκλος, τέκνα Eumeniden; schmerzlich, trauerbringend, leidig.
II. **αἰᾱνής**, 2., Adv. αἰανῶς, poet. (αἰεί), ewig.
αἰᾱνός, 3. = αἰανής.
Αἰαντίς, ίδος, ἡ, verst. φυλή, die neunte attische Phyle; ihre Angehörigen οἱ **Αἰαντίδαι**.
Αἴας (ΑἴϜας), αντος, Vokat. Αἴας u. **Αἶαν**, ὁ, **1)** ὁ Ὀιλῆος oder Λοκρός, Sohn des Oïleus, Anführer der Lokrer, guter Lanzenschwinger und Renner. **2)** ὁ Τελαμώνιος, Sohn des Telamon, Königs von Salamis, Bruder des Teukros, der größte (μέγας) und nach Achilleus der tapferste griech. Held vor Troja, der aber vergebens nach des Achilleus Tode Anspruch auf dessen Waffen machte und deshalb nach späterer Sage in Raserei verfiel und sich selbst tötete. Adj. **Αἰάντειος**, 3.
αἰβοῖ, poet. Interj. des Unwillens: pfui.
Αἰγαί, ῶν, αἱ, **1)** Stadt in Achaja, an der Nordküste des Peloponnes, mit berühmtem Tempel des Poseidon, Il. 8, 203. **2)** Felseninsel zwischen Chios u. Tenos (?), Hom. **3)** = Αἰγαῖαι, w. s., Plut. **4)** auch Αἰγή, St. im maked. Emathia, nördl. von Pelte, Begräbnisort der maked. Könige.
Αἰγαῖαι, αἱ, St. in Mysien, unweit Kyme, zum äolischen Bunde gehörig.
Αἰγαῖος, 3. ägäisch, πόντος, πέλαγος usw., das Ägäische Meer. auch τὸ **Αἰγαῖον** genannt.
Αἰγαίων, ωνος, ὁ, vgl. **Βριάρεως**.
Αἰγάλεως, -εω, ὁ, b. Thuk. τὸ **Αἰγάλεων ὄρος**, Höhenzug zw. Athen u. Eleusis, j. *Skarmagna*.
αἰγᾰνέη, ἡ, ep. Wurfspieß od. Pfeil.
Αἰγείδης, ου, pl. Αἰγεῖδαι, οἱ, **1)** Bez. der Athener, s. Αἰγεύς, 1. **2)** Familie in Sparta.
αἴγειος, 3., s. αἴγεος.
Αἴγειρα, ἡ, Stadt in Achaja, j. *Paläo Kastro*.
αἴγειρος, ἡ, ep. Schwarzpappel, Espe, Baum der Unterwelt.
αἰγελάτης, ὁ (αἴξ, ἐλαύνω), sp. Ziegentreiber.
αἴγεος, 3., auch **αἴγειος**, 3. (αἴξ), von Ziegen, τυρός Ziegenkäse, im bes. ziegenledern. Subst. ion. ἡ αἰγέη, verst. δορά, Ziegenfell, u. τὸ αἴγειον, Ziegenfleisch.
Αἰγεύς, έως, ὁ, **1)** S. des Pandion u. der Äthra, K. von Athen, V. des Theseus, der daher ὁ **Αἰγείδης** heißt, wie die Athener Αἰγεῖδαι. **2)** Nachk. des Kadmos, in Theben verehrt.
Αἰγή, ἡ, = Αἰγαί 4.
Αἰγηΐς, ίδος (auch Αἰγῄς, ῇδος), ἡ, mit u. ohne φυλή, attische Phyle, nach dem K. Aigeus benannt.
Αἰγιαλά, τά, u. **Αἰγιαλία**, ἡ, s. Αἰγιλία, ἡ.
αἰγιάλειος, 2, sp. = αἰγιαλίτης, s. d.
Αἰγιαλεύς, έως, ὁ, S. des Adrastos, einer der Epigonen, Heros einer Phyle in Sikyon, der **Αἰγιαλέες** („Küstenbewohner"; vgl. Αἰγιαλός 1).
αἰγιαλίτης, ου, u. fem. **αἰγιαλῖτις**, ιδος, sp. an der Küste, am Strande befindlich. sich aufhaltend. Von
αἰγιαλός, ὁ (αἶγες Springwellen) Strand. Dav.
Αἰγιαλός, ὁ, **1)** früherer Name der Küstengegend von Achaja, deren Bew. Αἰγιαλέες hießen (s. Αἰγιαλεύς). **2)** St. und Gebiet der Heneter in Paphlagonien, Il. 2, 855.
αἰγι-βάτης, ου, ὁ (αἴξ, βαίνω), poet. ziegenbespringend.
αἰγί-βοτος, 2. (αἴξ, βόσκω), ep. u. poet. ziegennährend, ziegenreich; subst. fem. Ziegenweide.
Αἰγικορεῖς, οἱ, eine der vier alten Phylen von Attika, nach Αἰγικόρης, dem S. des Ion, oder von αἰγικορεύς, Ziegenhirt, benannt.
Αἰγιλά, τά, s. Αἰγιλία, ἡ.
Αἰγίλεια, ἡ, Insel bei Euböa.
Αἰγιλία, ἡ, Insel zwischen Kreta und dem Peloponnes, j. *Cerigotto*.
Αἰγίλια (-λεα), τά, Ort bei Eretria auf Euböa.
αἰγίλιψ, ῖπος, ὁ, ἡ, ep. u. poet. hoch, steil, jäh (and.: glatt). Dav.
Αἰγίλιψ, ἡ, Gau auf Ithaka.
αἰγῖλος, ὁ, buk. Ziegenkraut, e. Pflanze.
Αἴγιλος, Gen. sing. dor. -ω, ὁ, **1)** Heros eines att. Demos. **2)** dieser Demos (sonst Αἰγιλιά), durch seine Feigen berühmt.
Αἰγιμιός, ὁ, Sohn des Doros, Vater des Pamphylos, König am Pindus u. Heros der Dorer.
Αἴγῑνα, ης, ἡ, **1)** Tochter des Flußgottes Asōpos, M. des Aiakos; nach ihr benannt ist **2)** die bekannte Insel des Saronischen Meerbusens. Der Einw. ὁ **Αἰγῑνήτης**. Adj. **Αἰγῑνεῖος**, 3. u. Αἰγινητικός, 3.
Αἴγιον, τὸ, St. in Achaja, j. *Vostizza*; Ew. οἱ Αἰγιεῖς.
αἰγί-οχος (αἰγίς, ἔχω), ep. die Ägis führend, tragend, Bein. des Zeus u. der Athene.
αἰγι-πόδης, ep., u. **αἰγί-πους**, ποδος, ὁ, ion. ziegenfüßig.
αἰγί-πῡρος, ὁ, buk. Mannstreue, eine Pflanze.
αἰγίς, ίδος, ἡ, **I)** (αἴξ) poet. das Ziegenfell, u. ion. Harnisch von Ziegenfell.
II) (ἄιξ, ἀίσσω) poet. **1)** der Sturm (Äsch. ὁ).

2) ep. u. poet. der mit Nacht, Donner, Blitz schreckende metallene Sturmschild d. Zeus oder der Athene, dessen sich auch bisw. Apollo bedient.
Αἴγισθος, ου, ὁ, S. des Thyestes, Verführer der Klytaimestra, Mörder des Agamemnon, von Orestes nachher getötet.
Αἰγίτιον, τό, St. im südöstl. Ätolien.
αἰγλάεις, dor., u. poet. **αἰγλάς**, ἄντος, = αἰγλήεις.
Αἰγλείη, ἡ, var. zu *Αἰγίλεια*, s. d.
αἴγλη, ἡ, ep. u. poet. Glanz, Schimmer, bes. Sonnenglanz, Tageshelle. Im Plur. Fackeln. Dav.
αἰγλήεις, εσσα, εν, ep. u. poet. glänzend, strahlend.
αἰγο-κέρως, ωτος u. ω, ων, ὁ, sp. Steinbock.
αἰγο-πρόσωπος, 2. ion. mit Ziegenangesicht.
Αἰγὸς ποταμοί, οἱ, St. u. Flüßchen auf der thrak. Chersones, j. *Galata*.
αἰγυπιός, ὁ (γύψ), ep. ion. u. poet. Geier.
Αἰγύπτιος, 3. (im Epos bei langer letzter Silbe meist dreisilbig zu lesen) ägytisch, ἡ **Αἰγυπτίη** (χώρα) Ägypten, ὁ **Αἰγύπτιος** der Ägyptier; auch Eigenn.
Αἰγυπτιστί, Adv., auf ägyptische Art, d. h. **a)** ion. in ägyptischer Sprache. **b)** buk. schelmisch, schlau.
Αἰγυπτογενής, 2. poet. aus Ägypten stammend.
Αἴγυπτόνδε, ep. zum Ägyptos-(Nil)strome.
Αἴγυπτος, **1)** ἡ, Ägypten. **2)** ὁ, der Nilstrom. **3)** ὁ, K. v. Ägypten, Sohn des Belos, Br. des Danaos, dessen Töchter des Ägyptus Söhne heiraten und dann ermorden.
Ἀΐδας, ᾱ u. ου, ὁ, s. Ἅιδης
αἰδέομαι (αἰδεσ, s. αἰδώς), ep. u. poet. im Präs. u. Impf. auch **αἰδεῦμαι** u. **αἴδομαι**, att. Dep. pass. **αἰδοῦμαι**, **αἰδέσομαι**, **ᾐδέσθην** (ᾐδεσάμην u. ᾔδεσμαι s. unter 3), ep. Präs. Imper. αἰδεῖο aus -δέεο, Fut. auch αἰδέσσομαι, Aor. ᾐδέσατο u. αἰδέσσατο (Konj. -έσεται u. -έσσεται) u. αἰδέσθην, 3. pl. αἴδεσθεν, poet. u. sp. Aor. neben ᾐδέσθην auch ᾐδεσάμην, **sich scheuen**, sich schämen, sich fürchten, von sittlicher Scheu, Gegensatz δέδια physische Furcht Hom. • **1)** abs. αἰδούμενος schamhaft, αἰδεσθείς aus rücksichtsvoller Scheu, u. τὸ αἰδεῖσθαι die Bescheidenheit • **2)** trans. **sich scheuen vor** τινά, — **zu** Inf. u. Part.; in Ehren halten, respektieren • **3)** in der Rechtssprache: zum Mitleid bewegen, sich (*sibi*) versöhnen, αἰδέσασθαί τινα Dem. 23, 72; ᾐδεσμένος versöhnt Dem. 23, 77.
αἰδέσιμος, 2. sp. ehrwürdig.
αἴδεσις, εως, ἡ, Verzeihung, Begnadigung.
αἰδεστός, 3. sp. ehrwürdig.
ἀίδηλος, 2. (von ἀ priv. u. ϝιδεῖν), ep. u. poet. **1)** mit Adv. kausativ, eigentl. unsichtbar machend, vernichtend, verderblich. **2)** pass. **a)** nicht anzusehen, verhaßt, abscheulich. **b)** unsichtbar, unbekannt, dunkel, heimlich. **c)** vernichtet, zerstört.
αἰδήμων, 2. (αἰδέομαι), verschämt, schamhaft, bescheiden.
Ἀΐδης. s. Ἅιδης. **ἀιδής**, 2., s. ἀειδής.
ἀίδιος, 2. (ἀεί, ᾰ), immerwährend, ewig dauernd, ewig, ἐς ἀίδιον für immer. Subst. τὸ ἀίδιον, sp. die Ewigkeit.
αἰδοῖα, τά, die Scham, Schamteile. Von
αἰδοῖος, 3. (αἰδώς), ep. u. poet. **1)** akt. verschämt, rücksichtsvoll. **2)** pass. vor dem man Scheu hat, ehrwürdig, ehrsam, Rücksicht verdienend (wie Bettler, Schutzflehende; so auch als Subst.).
αἴδομαι, s. αἰδέομαι.
Ἄϊδος, **Ἄϊδι**, s. Ἅιδης.
Ἄϊδόσδε, ep. zum Hades hin; auch **Ἀϊδόσδε**.
αἰδό-φρων, 2. (αἰδώς, φρήν), poet. mild gesinnt, bes. gegen Fremde.
ἀιδρείη, ἡ, ep., **ἀιδρηίη**, ἡ, ion., u. **ἀιδρίη**, poet. Unkunde, Unwissenheit, auch im Plur. Von
ἄ-ιδρις, 2., Gen. ιος u. εος [⏑⏒⏑], (ϝιδ, οἶδα), ep. u. poet. unkundig, unerfahren, ahnungslos. Dazu
ἀιδρο-δίκης, ου, ὁ, poet. kein Recht kennend, gesetzlos.
Ἀϊδωνεύς, ῆος, ὁ, s. Ἅιδης.
αἰδώς, όος, ἡ, **1) a)** sittliche Scheu, Schamgefühl, Ehrgefühl. **b)** Scheu, Achtung, Ehrfurcht, Rücksicht, Verzeihung. **2)** ep. was Scham einflößt, dah. **a)** Schande, Schimpf. **b)** Schamglied. — Personif. als Göttin des Erbarmens, poet. Ζηνὶ σύνθακος.
αἰεί, s. ἀεί. **αἰει-γενέτης**, ᾱο, 2., s. ἀειγενής.
αἰέλ-ουρος (aus ἀϝισελ-, vwdt. *wiesel*, ?), ὁ = αἴλουρος ion. die Katze.
αἰέν (dor. αἰές), s. ἀεί.
αἰε-νάων, s. ἀέναος.
αἰέν-υπνος, poet. ewiger Schlaf, Tod.
αἰετός, ὁ, = ἀετός, w. s.
ἀίζηλος, 2. unsichtbar (? alte var. Il. *B* 318).
αἰζήιος, 2. u. **αἰζηός**, 2., beide ep., kräftig, rüstig; subst. der kräftige, junge Mann, Mann.
αἰηνής, 2. ion. poet. = I. αἰᾱνής, s. d.
Αἰήτης, ου, ep. Gen. sing. -ᾱο, ὁ, **1)** S. des Helios u. der Perse, K. v. Kolchis, Br. der Kirke, V. der Medea. **2)** stehender Name kolchischer Fürsten.
αἴητος, = ἄητος, w. s.
αἰητός, ὁ, dor. poet. = ἀετός, s. d.
Αἰθαιεύς, έως, ὁ, Bew. v. Αἴθαια in Lakonika.
αἰθάλη, ἡ, sp. = ὁ αἴθαλος, s. d.
αἰθαλίων, ωνος (αἴθαλος), buk. schwarzbraun.
αἰθαλόεις, εσσα, εν, ep. **1)** rußig, räucherig, schwarz. **2)** poet. auch feurig. Von
αἴθαλος, ὁ (αἴθω), poet. u. sp. Ruß. **Dav.**
αἰθαλόω, poet. verbrennen.
αἴθε, dor. u. ep. st. εἴθε, daß doch, *utinam*.
αἰθέριος, 3. (in Prosa 2.), (αἰθήρ), poet. u. sp. in der Luft, in der Höhe, ätherisch, himmlisch; hoch.
αἰθερο-φανής, 2. poet. in der Luft erscheinend, leuchtend.
Αἴθη, ἡ, Name einer Stute.
αἰθήρ, έρος, ἡ, (so stets bei Hom.), gew. ὁ (b. Eur. ὁ u. ἡ) (αἴθω), **1)** Äther, die reine, obere, glänzende Luft, der Himmel, im Gegens. zu ἀήρ, und, weil der Olympos bis in den Äther reicht, **2)** der Wohnsitz der Götter, wie denn auch Zeus den Sturm αἰθέρος ἐκ δίης heranführt. **3)** poet. u. sp. übhpt. Luft, Licht, Helle. **4)** Atem; Qualm.
Αἴθικες, οἱ, thessalisches Volk am Pindos.
Αἰθιοπία, ion. -ίη, ἡ, oder auch ἡ Αἰθιοπίη χώρη, Äthiopien, Land im östl. Afrika, j. Nubien u. Teile des Sudan. Dazu
Αἰθιοπεύς, έως, ὁ u.
Αἰθίοψ, οπος, ὁ, Fem. **Αἰθιοπίς**, ίδος, seltener ἡ

Αἰθίοψ (αἴθω, ὤψ), eigtl. sonnverbrannt, dann 1) äthiopisch. 2) der Äthioper. 3) *Αἰθίοψ* auch ein Fluß in Afrika.

Αἰθιοπικός, 3. äthiopisch, *λίθος* äthiopischer Stein, d. h. Feuerstein, O b s i d i a n.

αἶθος, ὁ u. τό (αἴθω), poet. Brand.

αἰθός, 3. poet. verbrannt, brandfarbig, feuerfarbig.

αἴθουσα, ἡ, verst. στοά (αἴθω), ep. G a l e r i e, S ä u l e n h a l l e, d. i. oben bedeckte, nach vorn offene Vorhalle am Vorderhause und an der innern Hofmauer herum (dah. auch im Plur.). Sie diente besonders dazu, sich zu sonnen (daher der Name); auch schliefen unter ihr die Fremden.

αἶθ-οψ, οπος, ὁ, ἡ, (αἴθω, ὤψ), **1)** f u n k e l n d, u. vom Rauche: rötlich schimmernd. **2)** hitzig glühend (v. l.).

Αἴθρα, ας, ἡ, T. des Pittheus, Gem. des Ägeus, M. des Theseus.

αἴθρεια, ἡ, Nbf. zu αἰθρία, =

αἴθρη, ἡ, ion., pros. att. Form **αἰθρία** (_◡_), ion. auch **αἰθρίη,** ἡ (αἴθω), **1)** heiterer Himmel, h e i t e r e s W e t t e r, reine, heitre Luft, *αἰθρίας* bei heiterem Himmel. **2)** freier Himmel, freie Luft, *ὑπὸ τῆς αἰθρίας* unter freiem Himmel. Dav.

αἰθρη-γενέτης, ου, ep. u. **αἰθρη-γενής,** 2. ep., im Äther geboren, od. heiteren Himmel erzeugend, Beiname des Boreas.

αἰθρία, ἡ, s. αἴθρη.

αἰθριο-κοιτέω, (αἰθρία u. κοίτη), buk., unter freiem Himmel schlafen, von

αἴθριος, 2. (αἴθρη), hell, heiter, kalt; *τὸ αἴθριον* großer, freier Platz; vgl. ἡ αἰθρία u. αἴθρη.

αἶθρος, ὁ (αἰθήρ), ep. Morgenkälte, Reif.

αἴθυια, ἡ, ein Wasservogel, eine Art Taucher.

αἰθύσσω, poet. intrans. flimmern, flackern; trans. heftig bewegen, aufrütteln.

αἴθω (verw. lat. *aedes* Feuerstätte, u. *aes-tas, aes-tus*), nur Präs. u. Impf. **1)** trans. a n z ü n d e n, in Brand stecken. **2)** intr. lodern, b r e n n e n, leuchten. Dav.

αἴθων, ωνος, poet. auch ονος, ὁ, ἡ, **1)** brennend. **2)** von der Farbe: feurig, f u n k e l n d, g l ä n z e n d. **3)** feurig, hitzig.

Αἴθων, ωνος, ὁ, Name **1)** den Odysseus sich gibt, Od. 19, 183. **2)** von Pferden.

αἴκ' u. **αἴκα** buk. = αἴκε, = ἐάν.

αἰκάλλω, meist poet. schmeicheln, τινά.

αἴκεια, ἡ, ep. u. ion. **ἀεικείη,** sp. *αἰκία* (ῑ), (ἀεικής), unziemliche Behandlung, Mißhandlung, S c h m a c h.

αἰκέλιος, poet. = ἀεικέλιος.

ἀϊκή, ἡ (ἀΐσσω [ᾰ ῑ]), ep. der heftige Andrang.

αἰκής, 2. u. **αἰκῶς,** poet. st. ἀεικής, ῶς, s. ἀεικέλιος.

αἰκία, ἡ [ῑ], s. αἴκεια.

αἰκίζω, s. ἀεικίζω. Dav.

αἴκισμα, τό, u. **αἰκισμός,** ὁ, die Mißhandlung.

Αἶκοι, οἱ, sp. die Aequer in Latium.

ἄ-ικτος, 2. (ἱκνέομαι), ep. unzugänglich.

Αἰλιανός, ὁ, sp. der röm. Name Aelianus, bez. insbes. **1)** den Verf. eines Lehrbuchs der Kriegswissenschaft (*τακτικά*) um 100 n. Chr. **2)** den Sophisten Claudius Aelianus aus Präneste um 200 n. Chr., Verf. einer Tiergeschichte (*περὶ ζῴων*) u. einer Anekdotensammlung (*ποικίλη ἱστορία*).

αἴλινος, ὁ, poet. **1)** Klaggesang. **2)** Adj. poet. klagend.

αἴλ-ουρος, ου, ὁ, ἡ (s. αἰέλ.), Kater, Katze.

αἷμα, τό, (verw. dt. *seim* in „Honig*seim*") • **1) Blut,** flüssiges, im Plur. Blutströme, *ὑπὸ τοῦ αἵματος ἐκλιπεῖν* am Blutverlust sterben • **2) Leben,** K r a f t, dah. *αἷμα ἐκπίνειν ψυχῆς* das Leben aus der Seele aussaugen • **3)** vergossenes Blut, **Blutvergießen,** Mord (auch im Plur.), *τοὔμφυλον αἷμα* die Blutschuld an Verwandten, *αἷμα φυσᾶν* Blutgier schnauben, *ἀγρεύειν* dem Morde nachjagen; *ἐφ' αἵματι φεύγειν* wegen Mordes flüchtig sein Dem. • **4)** G e b l ü t, **Geschlecht,** auch *θεῶν*; *ὁ πρὸς αἵματος* Blutsverwandter Trag.; *αἷμα ἐμφύλιον* Blut desselben Stammes Trag. • **5)** Im N. T. insbes. • **a)** vom Blute Christi, d. h. für die Person Christi; od. • **b)** der Mensch überh.

αἱμακουρία, ἡ (αἷμα, κορέννυμι), poet. u. sp. Blutspende, Blutvergießen, Blutopfer zur Sühne auf dem Grabe.

αἱμακτός, 3. (αἱμάσσω), poet. blutbefleckt, blutig.

αἱμάς, άδος, ἡ, poet. Bluterguß.

αἱμᾰσιά, ᾶς, ἡ (aus αἱπ-μ., verw. lat. *saepes*), **1)** ep. D o r n e n, *αἱμασιὰς λέγειν* Dornhecken sammeln, um Zäune daraus zu machen; Umfriedigung, Z a u n; dann überh. **2)** ein D a m m od. eine (meist regellos aufgeschichtete) M a u e r, gew. mit Gestrüpp bewachsen.

αἱμάσσω, -ττω, mit fut. dor. αἱμαξεῖ, Perf. pass. ᾕμαγμαι, Aor. 1. pass. αἱμάχθην, poet. u. sp., u. **αἱματόω** (αἷμα), blutig machen, mit B l u t b e s p r i t z e n, vermischen, *αἱμάσσειν βωμοὺς ξείνων ἄταν* die Altäre mit dem Blut unglücklicher Fremden röten; überh. v e r w u n d e n, t ö t e n, τινά.

αἱματ-εκχυσία, ἡ (χέω), N. T. das Blutvergießen.

αἱματηρός, 3. auch 2. (αἷμα), poet. b l u t i g, d. h. **a)** b l u t e n d, mit Blut bespritzt. **b)** aus Blut bestehend, von Blut herrührend; so *φλόξ* die Opferflamme, die aus Blut auflodert, *δρόσος* Opferwasser, Weihwasser, *στόνος* Klage über die blutige Wunde, *αἱματηρὸν ἐξανθεῖν* blutig aufblühen.

αἱμάτη-φόρος, 2. poet. Blut oder Mord bringend.

αἱματίζω, poet. mit Blut beflecken.

αἱματόεις, εσσα, εν (αἷμα), ep. u. poet. b l u t i g, **a)** blutbespritzt, -befleckt (Soph. Ant. 528 vom Zerkratzen der Wange bei der Totenklage), blutunterlaufen. **b)** blutvergießend.

αἱματο-λοιχός, 2. (λείχω), poet. blutleckend.

αἱματο-πότης, od. **-πώτης,** ου, ὁ, poet. Bluttrinker.

αἱματο-ρρόφος, 2. [ῥοφέω] poet. Blut schlürfend.

αἱματό-ρρυτος, 2. [ῥέω] poet. =

αἱματο- u. **αἱμο-στᾰγής,** 2. (στάζω), poet. b l u t t r i e f e n d.

αἱματο-σφαγής, 2. (σφάζω), poet. mit Blut der Gemordeten befleckt.

αἱματόω u. **αἱμάττω,** s. αἱμάσσω.

αἱματ-ώδης, 2. blutartig, blutig.

αἱματ-ωπός, 2. (ὤψ), poet. blutig aussehend, mordgierig, blutig.

αἱμο-βᾰφής, 2. (βάπτω), poet. in Blut getaucht.

αἱμο-βόρος, 2. (βορά), buk. Blut fressend, blutgierig.

αἱμό-διψος, 2. (διψάω), sp. blutdürstig.

αἱμο-κουρία, ἡ, s. αἱμακουρία.

Αἱμονίδης, ου, ὁ, Hämons Sohn, d. i. **1)** Mäon, Il. 4, 394. **2)** (v. l. *Αἱμονίδης*) Laerkes, Il. 17, 467.
αἱμο-ρρᾰγής, 2. (*ῥήγνυμι*), poet. von Blut fließend, *φλέψ* Blutader.
αἱμό-ρραντος, 2. (*ῥαίνω*), poet. bluttriefend.
αἱμορροέω, N. T. am Blutfluß leiden.
Αἷμος, ὁ, Gebirg im Norden von Thrakien, Makedonien u. Illyrien, j. der *Balkan*.
αἱμο-σταγής, 2. = *αἱματο-σταγής*, s. d.
αἱμο-φόρυκτος, 2. ep. blutbesudelt, roh, *κρέα*.
αἱμό-φυρτος, 2. (*φύρω*), sp. **blutbesudelt,** *μέλη*.
αἱμυλία, ἡ, sp. einnehmendes Betragen. Von
αἱμύλιος, 2. ep. u. **αἱμῠ́λος,** 3., meist poet. u. sp. eindringlich, schmeichelnd; klug, listig.
αἱμυλο-μήτης, ου, ὁ (vgl. *μῆτις*), ep. **listig, einschmeichelnd.**
I. **αἵμων,** ονος, ὁ, ep. k u n d i g, *θήρης* der Jagd.
II. **αἵμων** (*αἷμα*), poet. blutig.
Αἵμων, ονος, ὁ, **1)** Held vor Troja. **2)** Sohn des Kreon, Geliebter der Antigone. **3)** Bach in Böotien.
αἰν-αρέτης, ου, ο, Vok. *-αρέτη*, ep. Unglücksheld (andere: **schrecklich tapfer**).
Αἴνεια, ἡ, St. auf Chalkidike am Thermaischen Meerbusen.
Αἰνείας, Gen. ep. *ᾱο* und *εἰω*, ὁ, S. des Anchises u. der Aphrodite, Heerführer der Dardaner.
αἴνεσις, ἡ, N. T. = *αἴνη*, Lob.
αἰνέω, meist ep. u. poet., auch ion., **während die** att. Prosa die Komposita gebraucht (s. *ἐπ-αινέω*): *αἰνέσω, ᾔνεσα* u. *αἴνεσα, ᾐνέθην*, ep. u. poet. *αἰνήσω* u. *ᾔνησα*, nebst der ep. Nbf. im Präs. med. **αἰνίζομαι** (*αἶνος*), e r w ä h n e n, bes. rühmlich, dah. l o b e n, p r e i s e n; *ᾔνεσα* (ep. *ᾔνησα*) ich will es gelobt haben; auch angeloben, r a t e n, befehlen.
αἴνη, ἡ, ion. = *αἶνος*, L o b, Ruhm, *laus*.
Αἰνησίδημος, ὁ, S. des **Pataikos, V. des Theron,** Tyrann von Agrigent.
Αἰνιᾶνες, οἱ (Sg. *Αἰνιάν*, ion. **Αἰνιῆνες**), Volk im südwestl. Thessalien. Adj. **Αἰνιᾱνικός,** 3.
αἴνιγμα, τό, R ä t s e l, dunkle **Rede.** Davon
αἰνιγματίας, ου, ὁ, sp. **in Rätseln redend und**
αἰνιγματώδης, ὁ, ἡ, mit Adv. *-δῶς*, rätselhaft.
αἰνιγμός, ὁ, poet. = *αἴνιγμα*.
αἰνίζομαι, s. *αἰνέω*.
αἰνικτηρίως, Adv. poet. rätselhaft, wie
αἰνικτός, 3. poet. rätselhaft, von
αἰνίσσομαι u. (att.) **αἰνίττομαι,** Dep. med. (*αἰνίξομαι* usf., *ᾐνίχθω* u. *αἰνιχθέντα* pass.), abs. in Rätseln od. dunkel sprechen, mit *τί* etwas dunkel andeuten, auch mit *ὅτι*, mit *πρός τινα* od. *τι* auf einen od. etwas anspielen.
αἰνο-βίης, ου, ὁ (*βία*), poet. schrecklich stark.
αἰνό-γᾰμος, 2. poet. = *αἰνόλεκτρος*.
αἰνόθεν, ep. Adv. v. *αἰνός*, eigentl. vom Entsetzlichen aus, *αἰνόθεν αἰνῶς* ganz g r a u e n h a f t.
αἰνό-θρυπτος, 2. buk. schrecklich verweichlicht.
αἰνο-λαμπής, 2. (*λάμπω*), poet. schrecklich glänzend.
αἰνό-λεκτρος, 2. poet. zum Unheil vermählt.
αἰνο-λέων, οντος, ὁ, buk. Schreckenslöwe.
αἰνό-μορος, 2. ep. u. poet. unheilvollen Geschicks.
αἰνο-πᾰθής, 2. (*παθεῖν*), ep. Schreckliches duldend.
Αἰνό-πᾰρις, ὁ, poet. Unglücks-Paris. [Vater.
αἰνο-πάτηρ, ὁ, Vok. *αἰνόπατερ*, poet. unglücklicher
αἶνος, ὁ, ep. ion. poet. u. sp. **inhaltsschwere,** bedeutsame R e d e, insbes. L o b r e d e, L o b; Spruch; auch Tierfabel.
Αἶνος, ἡ, St. in Thrakien an der Hebrosmündung, j. *Enos*; Einw. ὁ *Αἴνιος*. Adv. **Αἰνόθεν, aus Ainos.**
αἰνός, 3. ep. ion. u. poet. s c h r e c k l i c h, **entsetzlich, schauerlich, gräßlich, gewaltig. Adv. auch** sehr, verb. mit *αἰνόθεν*, w. s.
αἰνο-τόκεια, ἡ, buk. Unglücksmutter.
αἴνυμαι, ep. Dep. med., nur Präs. u. Impf. ohne Augm., w e g n e h m e n, nehmen, fassen, **ergreifen.**
αἴξ od. **αἶξ,** *αἰγός*, Dat. plur. ep. *αἴγεσιν*, ἡ, Z i e g e, ὁ, Z i e g e n b o c k, *ἄγριος* wilder Bock.
ἀίξασκε, s. *ἀίσσω*.
Αἰξωνεύς, έως, ὁ, Einw. des att. Demos **Αἰξωνή,** wegen ihrer bösen Zungen berüchtigt.
Αἰολεῖς, ion. *έες*, οἱ, einer der vier Hauptstämme der Hellenen. Adj. **Αἰολικός,** 3. u. die bes. Fem. **Αἰολη̈ΐς,** poet., u. **Αἰολίς,** ίδος, ἡ (dies auch als Subst.). **1)** alter Name von Thessalien. **2)** die Städte Kalydon uud Pleuron nebst ihrem Gebiete. **3)** eine Landschaft Mysiens. **4)** der äol. Dialekt.
Αἰολίδης, ου, ὁ, **1)** subst., s. *Αἴολος*. **2)** adj. = *Αἰολικός*, 3., s. **Αἰολεῖς.**
αἰολίζω, sp. äolisch reden.
αἰολικός, 3. buk. bunt. — *Αἰολικός* s. u. *Αἰολεῖς*.
αἰόλλω (*αἰόλος*), ep. s c h n e l l hin u. her b e w e g e n, wenden u. drehen.
αἰολο-θώρηξ, ηκος, ὁ, ep. mit schillerndem Panzer.
αἰολό-μητις, ιος, ὁ, ἡ, poet. listvoll, verschlagen.
αἰολο-μίτρης, ου, ὁ, ep. mit schillerndem Leibgurt.
αἰολό-πωλος, 2. ep. **Rosse tummelnd oder mit schnellen Rossen.**
Αἴολος, ὁ, (*versicolor*), Gen. ep. auch *Αἰόλοο* od. *Αἰόλου*, **1)** S. des Hellen u. der Nymphe Orseïs, Vater des Sisy̆phos u. Kretheus (dah. **Αἰολίδης**), Bruder des Xuthos, König von Thessalien u. Stammvater der Äolier. **2)** S. des Hippotes und der Melanippe, Beherrscher der Äolischen Insel, ἡ **Αἰολίη** *νῆσος* u. *Αἰόλου νῆσοι*, d. i. der Liparischen Inseln, **Beherrscher der Winde.**
αἰόλος, 3. ep. u. poet. **1)** s c h n e l l b e w e g l i c h, **sich schnell drehend u. wendend, gewandt,** *σφῆκες μέσον αἰόλοι* **Wespen mit beweglichem Hinterleib,** *σάρξ*, **Aas. 2)** s c h i l l e r n d d. h. **die Farbe blitzschnell wechselnd, bes. von Waffen: bunt, verziert; glänzend,** *νύξ* **sternhell. Dav.**
αἰολό-στομος, 2. poet. vieldeutig redend.
Αἴπεια, ἡ, St. in Messenien am Meere.
αἰπεινός, 3. (aus *αἰπεσνός*, zu *αἶπος*), ep. u. poet. **1)** s t e i l; hochgelegen (vgl. *αἰπύς*). **2)** übertr. **a)** hochtrabend, vermessen, *λόγοι*. **b)** tief, *σοφία*.
αἰπήεις, εσσα, εν (*αἶπος*), ep. höhenreich, bergig.
αἰπολέω, (*αἰπόλος*), poet. **(Schafe, Ziegen) weiden.**
αἰπόλια, τά, ep. ion. poet. u. sp. eigentl. Stücke von Ziegenvieh, dann Z i e g e n h e r d e, auch durch *αἰπ. αἰγῶν* bezeichnet. Von
αἰ-πόλος, ὁ, (*ἀϝι*, got. *avis* = lat. *ovis*, *πολ* = *colere*), ep. Schafe weidend, *ἀνήρ*. Subst. der Schafhirt, Hirt, gew. mit hinzugef. *αἰγῶν*.
αἰπός, 3. ep. = *αἰπύς*, s. d. [Berg.
αἶπος, εος, τό, poet. die steile, schroffe Höhe, der

Αἰπύ od. ***Αἶπυ,*** *τό*, Stadt Nestors, 'Steilburg'.
αἰπυ-μήτης, *ου*, poet. hochgesinnt, u.
αἰπύ-νωτος, 2. poet. auf hohem Bergrücken, von
αἰπύς, *εῖα, ύ*, (O 71 *αἰπύν* als fem., var.), ep. u. poet. jäh, d. h. schroff aufsteigend u. schroff sich senkend, dah. **a)** hoch, steil (steilzinnig), jäh, steil abfallend, abschüssig, *βρόχος αἰπύς* ein hoch herabhängender Strick. **b)** von Zuständen, in die man jählings gerät, jäh hereinbrechend, plötzlich, od., weil steil, mühvoll, schwer.
Αἴπυτος, S. des Elatos, König zu Phäsäna in Arkadien; dav. Adj. *Αἰπύτιος τύμβος*, am Kyllenegebirge.
αἱρέσιμος, 2. (*αἱρέω*), einnehmbar.
αἵρεσις, *εως, ἡ*, **1)** (*αἱρέω*) das Wegnehmen, die **Einnahme,** Eroberung. **2)** (*αἱρέομαι*) **a)** die **Wahl,** *α)* im allgem. *πρὸς αἵρεσιν* nach freier Wahl; *β)* die Bestimmung zu einem Amte, insbes. *γ)* die Neigung, **Geneigtheit, zu etwas;** ***αἵρεσις καὶ φυγή*** Neigung u. **Abneigung, Streben u. Meiden. b) das Erwählte, Vorsatz, Grundsatz, Anschauung, die Denkweise, dah. die politische od. religiöse Partei, die (philos.) Sekte, N. T. relig. Sekte.**
αἱρετίζω (*αἱρετός*), sp. u. N. T. auserwählen.
αἱρετικός, 3. sp. u. N. T. Parteiungen **anstiftend,** ketzerisch.
αἱρετός, 3. **1)** (Adj. verb. v. *αἱρέω*) **a)** zu nehmen, zu erobern, zu bezwingen. **b)** zu fassen, zu begreifen. **2)** (von *αἱρέομαι*) **a)** für sich zu nehmen, vorzuziehen, wünschenswert. **b)** erwählt, vorgezogen, gewünscht. **c)** gewählt, *οἱ αἱρετοί* der Ausschuß, *αἱρ. βασιλεῖς* Wahlkönige.
αἱρέω (ohne *Ϝ*), episch Impf. *ᾕρεον*, Aor. auch ***ἕλον*** u. ***ἑλόμην*** nebst iter. ***ἕλεσκον***, ion. Impf. *αἵρεον* u. *-εόμην*, Perf. *ἀραίρηκα* u. *ἀραίρημαι*, u. spät u. N. T. Fut. ***ἑλῶ***, Aor. ***εἷλα*** u. ***εἱλάμην***, **nehmen.**

I) Akt. u. Pass. • 1) fassen, **greifen,** *χερσί, ἐν χερσίν, εἵματα χροΐ* anziehen, mit Gen. jmdn. ergreifen, im Laufe einholen, *κατὰ πόδας* auf dem Fuße folgend ihn einholen, mit dopp. Akk.: ihn als etwas antreffen, oder *τινὰ ἐπὶ μάστακα χερσίν* jmdm. den Mund zuhalten; *τινὰ χειρός* jmdn. bei der Hand fassen, *τινὰ προτὶ οἷ* jmdn. an sich ziehen, auch bloß mit dem Akk.: umarmen. Übertr. *τύχη, χόλος, ὕπνος* usw. *αἱρεῖ με* d. h. ergreift, trifft mich, oder auch *ὁ λόγος, ἡ γνώμη* der Gedanke ergreift, lehrt mich; *ὁ λόγος αἱρεῖ* die Vernunft fordert zwingend, *ὡς ἐμὴ γνώμη αἱρέει* meines Erachtens, auch *τὰ βουλεύματα αἱρεῖν* Plänen zuvorkommen, abs. *ἔνθεν ἑλών* von da angreifend d. i. anhebend • **2) wegnehmen • a)** wegheben, *τὶ ἀπ' ἀπήνης*, übertr. *ἀγὼν ᾑρέθη* der Sieg wurde davongetragen • **b)** mit Gewalt wegnehmen, rauben, *τὸν βίον προδότου* das Leben preisgeben, oder mit Acc. partis: *τὸν ἄτη φρένας εἷλε* ihm raubte Betörung den Verstand, und so auch einen Ort, Schiffe usw. mit Gewalt nehmen, erobern, oft mit Zusätzen, wie *βίᾳ, κατὰ κράτος* od. *αἰχμῇ παρά τινος*, und von Personen: sie ertappen, fangen, stürzen, *ἔγχει*; einen verwunden, töten; von Angeklagten: jmdn. in Verurteilung bringen, mit dem Gen., *παρανοίας* der Verrücktheit überführen; *τὴν γραφὴν αἱρεῖν* die Klage gewinnen. Im guten Sinne jmdn. einnehmen, gewinnen.

II) Med. u. Pass. für sich, von sich aus nehmen • **1) etwas für sich** od. **das Seine nehmen,** *τόξα ἀπὸ πασσάλου* seinen Bogen vom Haken herabnehmen • **2) an sich nehmen • a)** annehmen, erlangen, mit dem dopp. Akk.: einen als etwas erlangen, oder mit *σῖτον, δεῖπνον* einnehmen • **b)** übertr. *ὕπνου δῶρον* das Geschenk des Schlafes genießen, *ἦτορ* Mut fassen, *φιλότητα* die Freundschaft erfassen, Freund werden, *πεῖραρ* das Ziel erreichen, *ὅρκον τινός* und *τινί* jmdm. einen Eid abnehmen • **3) wählen,** oft mit dopp. Akk., auch einmal mit *ὡς* u. mit *ἐπί τινι* u. einmal auch *ἐπί τινος* zu etwas, od. mit folg. Inf.; dann überh. sich etwas erwählen, dah. *ἑλόμενος* aus freier Wahl, od. mit A. c. I. wünschen, vorziehen, *τὴν Ἑλλάδα εἶναι ἐλευθέρην*, u. mit Partiz. *φεύγοντες αἱροῦνται* sie pflegen dahin zu fliehen; doch folgt auch der Inf. Auch jmds. Partei ergreifen, z. B. *τὰ σφέτερα* ihre Partei; mit od. ohne *μᾶλλον, μᾶλλον ἤ, ἀντί, πρό τινος* es vorziehen • **4)** für sich wegnehmen, **einem entreißen.**
Ἄ-ϊρος, ***ὁ***, Un-Iros, Unglücks-Iros.
αἴρω (aus *Ϝαρjω*), attisch, pros. wie poet., u. ep., Fut. ***ἀρῶ*** u. ***ἀροῦμαι***, poet. auch *-έομαι* [ᾰ], Aor. *ἦρα* u. *ἠράμην* (K. *ἄρω, ἄρωμαι*, O. *ἄραιμι, ἀραίμην* usf., [ᾱ]), Perf. *ἦρκα* u. *ἦρμαι*, Pass. Aor. *ἤρθην*, und ***ἀείρω*** (aus **ἀ-Ϝερjω*, St. *Ϝερ*), ep., ion. u. poet., Impf. *ἤειρον* u. *ἄειρ.*, *ἠειρόμην* u. *ἀειρ.*, Aor. *ἤειρα* u. *ἄειρα, ἠειράμην* u. *ἀειράμην*, Pass. Perf. *ἤερμαι*, Aor. *ἠέρθην* u. *ἀέρθην*, u. Plqpf. ep. *ἄωρτο* [stets ᾰ] • **1) in die Höhe heben,** ziehen, bringen • **a)** *σημεῖον* Fahne erheben Thuk.; *ἔγχος, μάστιγας* schwingen Hom.; *τεῖχος* errichten Thuk.; *χεῖρα* abstimmen; *ἀειράμενος* sich emporschwingend Hom. • **b)** übertr. zu Macht und Ehre bringen, *δύναμις ἤρετο* Thuk.; *νόμους* achten, preisen; *ἐπαίνῳ* loben Eur.; pass. *ἤρθη μέγας* Dem.; Med. Pass. sich erheben, aufblähen *κέαρ* Hom.; *εὐτυχίαις* Plut. • **c)** *ἆθλον ἆραι* den Kampf aufnehmen; Med. auf sich nehmen, **sich aufladen** *πόνον*; *πόλεμον* Plat. Thuk.; *φυγήν* die Flucht ergreifen • **d)** *ναῦς ἄραντες* abfahren Thuk. abs.: aufbrechen *τῷ στρατῷ* Thuk.; aufgehen *ἥλιος* Soph.; *αἴρειν ἐς κόρακας* sich zum Teufel scheren • **2)** emporheben und zugleich irgendwohin bringen • **a) tragen,** herbeitragen *οἶνον* Hom. • **b)** weg-, fortbringen, -schleppen *μῆλα* Hom., davontragen *ἆθλον* Soph.; bes. Med., für sich davontragen, erwerben *ἀέθλια, κῦδος* Hom.; *ἕλκος* davontragen Hom. • **c)** entfernen, beseitigen, töten, *ἆρον, ἆρον* N. T.
Ἀϊς, *ιδος, ὁ*, s. *Ἅιδης*.
αἶσα, *ἡ* (**αἰτ-ια* osk. *aeteis — partis*) Hom., Trag. **1) a)** der gebührende Anteil, ***ἔτι ἐλπίδος αἶσα*** noch ist ein Teil Hoffnung vergönnt, *ἐν καρὸς αἴσῃ = ἐν οὐδενὸς μέρει* als nichts Hom. **b)** das rechte Maß, Gebühr, ***κατ' αἶσαν*** nach G. Hom. **c)** Lebensanteil, -los, **Schicksal,** ***θα-***

νάτοιο Todeslos, *Διὸς ἀ.* Hom.; *αἰσά μοί ἐστιν* ist bestimmt Hom.; *πεπρωμένος αἴσῃ* verfallen Hom. **2)** ***Αἶσα, ἡ,*** wie *Μοῖρα*, die Schicksalsgöttin.

Αἴσηπος, ὁ, Fl. in Kleinmysien, j. *Tschaltaldere.*

αἰσθάνομαι, (zu *ἀίω* aus **ἀϝισω*, lat. *audio*), Dep. med. *αἰσθήσομαι, ᾐσθόμην, ᾔσθημαι,* Nebenf. ***αἴσθομαι*** **empfinden,** mit den Sinnen (*ταῖς αἰσθήσεσιν*) **wahrnehmen,** inne werden, meist mit dem Gehör (mit oder ohne *ἀκοῇ*), **erfahren,** doch auch riechen (*τῇ ὀσμῇ*), sehen und fühlen. Übertr. bemerken, **beobachten,** sich erinnern Xen. Kyrop.; *αἰσθανόμενος* als Adj., urteilsfähig, einsichtig Thuk. m. Akk. u. Gen. meist m. Part., auch *εἰ, ὅτε, ὅτι, ὡς* Xen.

αἴσθημα, τό, poet. Wahrnehmung, u.

αἴσθησις, *εως, ἡ,* **1)** die Empfindung, Wahrnehmung, durch die Sinne, bes. durch das Gefühl, das Bemerken, die Kenntnis von etwas, und so von einem Dahingeschiedenen, das Vermissen, *αἰσθήσεις τῶν θεῶν* sinnliches od. leibhaftes Anschauen der Götter, *αἴσθησιν ἔχειν τινί* für jmdn. sich fühlbar machen, *προστιθέναι* es jmdm. fühlbar machen, ***αἴσθησιν παρέχειν*** **in die Sinne fallen,** verraten. **2)** Sinn, Sinneswerkzeug, bes. im Pl. die Sinne.

αἰσθητήριον, τό, Sinneswerkzeug; im N. T. Sinn, Verstand, Urteilskraft.

αἰσθητικός, 3. die Wahrnehmung, Empfindung betreffend; wahrnehmbar, für die Sinne faßbar; empfindbar.

αἴσθομαι, s. *αἰσθάνομαι.*

ἀίσθω (W. *ἀϝ*, *ἄημι*) ep. aushauchen.

αἰσιμίαι, *αἱ, πλούτου,* poet. das dem Reichtum Gebührende, die Glückseligkeit. Von

αἴσιμος, 2. auch 3. (*αἶσα*), ep. **1)** vom Schicksal bestimmt, unvermeidlich, *αἴσ. ἦμαρ* der Tag des Verhängnisses, der Sterbetag, *αἴσιμόν ἐστι*, gew. mit folg. Inf., es ist des Schicksals Wille. **2)** entsprechend, schicklich, angemessen, geziemend, *αἴσιμος φρένας* bei gesundem Verstande, *αἴσιμα εἰπεῖν ταῦτα* das richtig bezeichnen, *αἴσιμα πίνειν* geziemend oder mäßig trinken, *ἀμείνω δ' αἴσιμα πάντα* Maß ist in allem das beste.

αἴσιος, 2. poet. auch 3. (*αἶσα*), Adv. poet. u. sp. *αἰσίως*, **1)** gebührend, gehörig. **2)** glückverheißend, günstig. **3)** zur guten Stunde kommend.

Αἰσκυλῖνος λόφος, sp. *Esquilinus mons.*

Αἰσονίδης, *ὁ,* Iason als Sohn des Aison, s. d.

ἀίσσω, (aus **ϝαι- ϝικ-jω*, vgl. *ἀϊκή impetus*) Hom. u. Hdt. bei den Trag. ***ᾄσσω,*** (selten) att. pros. ***ᾄττω*** (von *ἀϊκ-ή*, dah. bei Hom. immer *ᾰ ῑ* außer Il. 16, 126, bei Trag. *ᾰ ῐ*), ep. u. poet. Fut. *ἀΐξω*, Aor. act. *ἤιξα ἀῖξαι* (*ἀίξαι*) nebst iterat. *ἀίξασκον*, med. *ἀΐξασθαι*, pass. *ἠίχθην, ἀιχθῆναι*, poet. u. pros. *ᾄξω, ᾖξα, ᾄξας.* **1)** intr. sich schnell bewegen, **eilen,** fortstürzen *ἤιξε πέτεσθαι* Hom.; mit Ungestüm auf jem. losgehen *ἔγχει, φασγάνῳ* Hom.; sich erheben, aufsteigen *κάπνος* Hom., *μόχθος* entsteht Eur., *γάμος* bestürmt Soph. **2)** trans. schwingen, *χέρα* die Hand Soph.; *αὔραν* fächeln Soph.; Pass. *κόμη ἀίσσεται* das Haar flattert.

ἄ-ιστος, 2. (*ἄ-ϝιστος, ἰδεῖν*) ep. u. poet. (zsgz. poet. einmal *αἶστος*), **1)** nicht mehr gesehen, ungesehen, ungekannt, unbedeutend (Äsch. Ag. 450), und proleptisch, so daß mich niemand mehr gesehen hätte (Il. 14, 258); verschwunden, vernichtet. **2)** poet. unkundig. Dav.

ἀιστόω, Aor. *ἠίστ.* u. *ᾔστωσα*, vernichten, verwüsten. Pass. Aor. *ἀιστώθην*, verschwinden, zugrunde gehen.

ἀ-ίστωρ, *ορος, ὁ, ἡ,* unkundig.

αἰσυλο-εργός, 2. ep. frevelübend, frevlerisch (var.).

αἴσυλος, 2. ep u. ***ἀήσυλος,*** 2. ep. ungebührlich, frevelhaft.

Αἰσύμηθεν, aus *Αἰσύμη*, Stadt in Thrake.

αἰσυμνάω (*αἶσα*), poet. Recht sprechen, dah. herrschen, *τινός.* Dav.

αἰσυμνητήρ, *ῆρος,* ep. u. ***αἰσυμνήτης,*** *ου, ὁ,* ep. buk. u. sp. (= *αἰσο-μνήτης, aequitatis memor*), Kampfordner, Kampfrichter; überh. Herrscher, *κοῦρος αἰσ.* fürstlicher Jüngling.

Αἰσχίνης, **1)** treuer Schüler des Sokrates, angebl. Verf. von Dialogen. **2)** S. des Atromētos in Athen, geb. 389, berühmter Redner, Gegner des Demosthenes, klagt als solcher 336 gegen Ktesiphon (s. d), stirbt im Exil auf Rhodos 314. **3)** sonst Eigenn.

αἶσχος, *εος, ους, τό* (aus *αἰχ-σκος*, verw. lat. *aeger*), Schande, Schmach, Schimpf; vom Äußerlichen: Häßlichkeit. Im Plur. Schandfleck, Schandreden.

αἰσχροκέρδεια, *ἡ,* schmutzige Gewinnsucht, Habgier. Von

αἰσχρο-κερδής, 2. (Adv. N. T. *-ῶς*), voll schmutziger Gewinnsucht, habgierig.

αἰσχρολογέω, schändliche Reden führen. Davon

αἰσχρολογία, *ἡ,* unflätige Reden.

αἰσχρό-μητις, *ιος, ὁ, ἡ,* poet. schändliche Ratschläge erteilend.

αἰσχρο-ποιός, 2. poet. schändlich handelnd.

αἰσχρός (*αἶσχος*), Kompar. *αἰσχίων, αἴσχιον* (sp. auch *αἰσχρότερος*), Superl. *αἴσχιστος*, 3. (*αἶσχος*). **1) häßlich** Gegens. *καλός*; entstellt, entstellend Hom. **2)** übertr. auf Denken und Handeln: **schändlich,** lasterhaft, *ᾄσματα* unzüchtig Dem.; **schimpflich;** *αἰσχρόν — καλόν turpe — honestum* Laster — Tugend Plato. Xen. **3) untauglich** Xen. Adv. ***αἰσχρῶς,*** Kompar. *αἴσχιον*, Superl. ***αἴσχιστα, αἴσχιστα ὁμιλεῖν*** **in schmählichstem Verkehr leben.** Dav.

αἰσχρότης, *ητος, ἡ,* Häßlichkeit.

αἰσχρουργία, *ἡ* (St. *ἐργ.*), Verrichtung unanständiger, unsittlicher Handlungen, Unzucht.

Αἰσχύλος, *ὁ,* S. des Euphorion aus Athen, der erste der drei **großen Tragiker,** 525—456 v. Chr.

αἰσχύνη, *ἡ* (*αἶσχος*). **1) Scham** vor einer schimpflich. Handlung Soph. Isokr. wie *αἰδώς.* **2) Schande,** Schmach durch eigene oder fremde Handlung, *ἐς ἀ. φέρει* bringt Schimpf Hdt., *ἀ. περιάπτειν* zuziehen Plat. **3)** *ἀ. γυναικῶν* **Schändung.**

αἰσχυντηλός, 3. schüchtern, bescheiden.

αἰσχυντήρ, *ῆρος, ὁ,* poet. Schänder, Ehebrecher.

αἰσχυντηρός, 3. verschämt.

αἰσχύνω (*αἶσχος*). **1)** Akt. F. *αἰσχυνῶ*, Aor. *ᾔσχυνα*, häßlich machen, **a) entstellen,** verunstalten, *ᾐσχυμμένος*, ep., entstellt, *αἰσχυνόμενος* entehrt, **b)** übertr. **beschimpfen,** schänden, lästern. **2)** Medial-Pass.: ***αἰσχύνομαι,*** Aor. *ᾐσχύνθην*, Perf. pass. *ᾔσχυμμαι*, **sich schämen,** scheuen, abs., doch gew. *τινά, τί*, sich vor jmd., etw., sonst Dat. m. entspr. Praepp.; *ἐν τοῖς ἔργοις* in den Kämpfen von Ehrgefühl geleitet werden.

Αἴσων, *ωνος* u. *ονος*, *ὁ*, **1)** S. des Kretheus und der Tyro, V. des Iason, König in Iolkos. **2)** sonst Eigenn.

Αἴσωπος, *ὁ*, der sagenhafte Begründer der prosaischen Fabeldichtung der Griechen, Sklave auf Samos um 550 vor Chr.; davon ***Αἰσώπειος,*** 3.

ἀΐτᾱς, dorisch = *ἀΐτης*, s. d.

αἴ τε, dor. f. *εἴτε*.

αἰτέω **1)** fordern, verlangen *τινά τι* Xen., **bitten,** betteln *φῶτα ἕκαστον* Hom., *ἀρχήν* sich bewerben, *ὁδόν* um Reiseerlaubnis Hom. **2)** Med. sich ausbitten, **sich leihen lassen,** borgen Thuk. (*ᾐτημένος* geborgt); oft = Akt. Dav.

αἴτημα, *τό*, u. ***αἴτησις,*** *εως*, *ἡ*, **1)** die Forderung, Bitte. **2)** sp. das Postulat (t. t. d. Philos.).

ἀΐτης, *ου* u. *εω*, *ὁ*, Vok. äol. *ἄιτα*, poet. der Geliebte.

αἰτία (*αἴτιος*), *ἡ*, Ursache. **1) Schuld,** Beschuldigung; *αἰτίαν ἔχειν* angeklagt sein Hdt., *ἐν αἰτίᾳ ἔχειν, ἄγειν, βάλλειν, ποιεῖσθαι, τιθέναι* beschuldigen, *α. λαμβάνειν, φέρειν, ὑπέχειν τινός* beschuldigt werden. **2)** = *causa* Klagesache, -punkt. **3)** Schuld in neutralem oder gutem Sinne, **Ursache** *αἰτία ἀγαθοῦ* Isokr.; *κοινοῦ τινος ἀγαθοῦ αἰτίᾳ* = *causa* wegen Thuk. Stoff zum Gedicht Pind. **4)** Plur. Naturkräfte. Konstr. wie oben 1), oder mit *ὡς* u. ähnl. Nebenss.

αἰτιάασθαι u. ***αἰτιάζομαι,*** s. *αἰτιάομαι*.

αἰτίᾱμα, *τό*, Beschuldigung, Anklage. Von

αἰτιάομαι (*αἰτία*) Dep. med. *αἰτιάσομαι, ᾐτιᾱσάμην, ᾐτίᾱμαι* (med. u. pass.), *ᾐτιάθην*, Adj. verb. *αἰτιᾱτέον*, ion. *αἰτιήσομαι* usf, ep. *αἰτιάονται, -όωνται*, Opt. *άοιο, -όῳο* u. *-άοιτο, -όῳτο*, Inf. *-άεσθαι, -άασθαι*, Impf. *ᾐτιάεσθε, -άασθε* u. *-άοντο, -όωντο*. **1) beschuldigen,** anklagen, Vorwürfe machen Thuk. (Pass. dazu *αἰτίαν ἔχω*, auch ***αἰτιάζομαι*** Xen.), abs. od. *τινά, τινά τι, τινός τι* Inf., *ὅτι, ὡς, εἰ*; in gutem Sinne: *σὲ τίς αἰτιᾶται νομοθέτην* Plat. **2)** als **Grund** angeben, vorgeben, zum Vorwand nehmen.

αἰτιατική, *ἡ* (sc. *πτῶσις*), sp. als gramm. t. t. der Akkusativ.

αἰτίζω, ep. betteln, anbetteln (nur Präs.).

αἴτιον, *τό*, eigentl. das Neutr. vom folg., **1)** Ursache, Grund, Grundursache, *τὸ αἴτιον πόσις σός*; *αἴτιον δέ* die Ursache aber ist, war. **2)** die Schuld, N. T.

αἴτιος, 3. mit Komp. u. Sup. schuldig an etw., Ursache, Urheber von etwas (*τινός*), auch von etwas Gutem (*πολλῶν κἀγαθῶν*), und zwar *τινί* für jmdn. Oft mit Inf. od. abhängigem Satz mit *εἰ, ὅτι* usw.

αἰτίωμα, *τό*, im N. T. = *αἰτίαμα*, Beschuldigung.

Αἰτναῖος, 3. zum (Berg od. zur Stadt) ***Αἴτνη,*** d. i. Ätna, in Sizilien gehörig, *ἵππος, πῶλος* ein sizilisches, d. h. schnelles Roß.

Αἰτωλία, *ἡ*, Landschaft in Hellas; d. Einw. ***ὁ Αἰτωλός,*** Adj. ep. ***Αἰτώλιος,*** 3. und ***Αἰτωλικός,*** 3. Als bes. Fem. ***Αἰτωλίς,*** *ίδος*, *ἡ*.

αἴφνης, Adv. poet. plötzlich. Dazu

αἰφνίδιος, 2. jählings, unvorhergesehen, plötzlich, *τὸ αἰφνίδιον* die Überraschung. Adv. ***-ίως,*** poet. auch ***-ίδια*** u. sp. *ἐκ τοῦ αἰφνιδίου*, plötzlich.

αἰχμά, -άεις, -άτας u. a., dor. f. *αἰχμή* usf.

αἰχμάζω, Fut. *άσω*, ep. *άσσω* (*αἰχμή*), ep. u. poet. (die Lanze) schwingen, mit hinzugef. *αἰχμάς*, od. *χέρα πρός τινι* die Hand gegen jmdn schwingen, od. allgem. mit *τάδε* erkämpfen.

αἰχμαλωσία, *ἡ* (*αἰχμάλωτος*), sp. eigentl. Kriegsgefangenschaft, dann überh. **1)** Gefangenschaft, auch von leblosen Gegenständen, Zurückbehaltung in Feindes Lande, Erbeutung. **2)** sp. u. N. T. die Gefangenen.

αἰχμαλωτεύω (*αἰχμάλωτος*), gefangen nehmen, gefangen führen, sp. u. N. T.

αἰχμαλωτίζω (*αἰχμάλωτος*), sp. **1)** zum Kriegsgefangenen machen, gefangen nehmen, *τινά*, auch N. T. **2)** übertr. jem. unter seine Gewalt bringen, unterwerfen. [gehörig.

αἰχμαλωτικός, 3. poet. für Kriegsgefangene, ihnen

αἰχμαλωτίς, *ίδος*, *ἡ*, poet. u. sp. die Kriegsgefangene; auch Adj. *τὰς χέρας αἰχμ.*, Fem. zu:

αἰχμ-άλωτος, 2. (*αἰχμή, ἁλίσκομαι, ᾰ*), **1)** speer-d. i. kriegsgefangen, *αἰχμάλωτον λαμβάνειν* gefangen nehmen, *ὁ, ἡ αἰχμ.* der, die Kriegsgefangene, die Sklavin, *τὰ αἰχμ.* das Gefangengenommene, bes. *τὰ ἀνδράποδα*, *ἡ αἰχμ. δουλοσύνη* die Sklaverei der Gefangenen. **2)** erbeutet, von Tieren u. Sachen. **3)** N. T. in der Knechtschaft sich befindend.

αἰχμή, *ἡ*, selten in Prosa, **1)** die eherne Lanzenspitze, dann die Lanze, der Speer selbst. **2)** übertr. **a)** Krieg, *αἰχμῇ* = *κατὰ πόλεμον*. **b)** Kriegsvolk. **c)** Kriegsgewalt, Herrschaft. **d)** Schärfe, *βέλεος* von der Wut u. Sinnesverwirrung. Dav.

αἰχμήεις, *εσσα, εν*, **poet. speerversehen, kriegerisch.**

αἰχμητά, ep. u. ***αἰχμητής,*** *οῦ, ὁ*, **ep. poet. spätpros.,** der Lanzenschwinger, Kriegsheld. Als Adj. lanzenschwingend, kriegerisch; speergleich, scharf. [Leibwachen.

αἰχμο-φόρος, *ὁ*, ion. u. sp. Lanzenträger, bes. von

αἶψα, Adv. ep. u. poet., eigentl. jählings, also schnell, plötzlich, sogleich, in allg. Sätzen auch *αἶψά τε*. Dav.

αἰψηρός, 3. **schnell zur Stelle,** baldig, *λῦσεν ἀγορὴν αἰψηρήν* er entließ die rasche (prolept. rasch auseinandergehende) Versammlung.

I. ***ἀΐω*** [⏓⏑–] (aus *ἀϜίσω*, vgl. *αἰσθάνομαι*), ep. u. poet., nur im Präs. u. Impf. (ohne Augm.), vgl. *ἐπαΐω*, wahrnehmen, vernehmen, merken, meist: hören, erhören; dann auch: fühlen (*πληγῆς*), sehen, wissen, abs. od. mit Gen. (bei pers. Obj.) od. Akk.

II. ***ἄΐω*** (= *ἄισθω, ᾰ*), ep. hauchen, aushauchen, Impf. de conatu *ἄιον* war daran auszuh., *ἦτορ*.

ἀιών, *όνος*, *ἡ* [*ᾰ*], dor. f. *ἠιών*, s. d.

αἰών, *ῶνος* (vgl. *αἰεί*, lat. *aevum*, dt. *ewig* zu got. *aiws* „Zeit"), Akk. selten *αἰῶ* Trag., *ὁ*, ep. u. poet. auch *ἡ*, **Zeit,** Zeitdauer, insbes. • **1) Lebenszeit,** Lebenslos, überh. Leben *ψυχὴ καὶ αἰ.* Hom. • **2)** lange Zeit, **Ewigkeit,** *πάντα τὸν αἰ-*

ῶνα stets, δι' αἰῶνος immerfort Trag., ἀπ' αἰῶνος seit alters Hes. N. T. Insbes. • 3) im N. T. εἰς αἰῶνας αἰώνων in die Zeiten der Zeiten, ὁ αἰὼν τῶν αἰώνων der Raum der Zeiten; αἰῶνες die Welt der Vergänglichkeit; οὗτος, ἐνεστώς, ὁ νῦν die Zeit bis Christi Wiederkunft; ὁ μέλλων, ἐρχόμενος die Zeit der Herrlichkeit nach derselben; συντέλεια τοῦ αἰῶνος Ende der W.; die irdisch gesinnten Menschen; der Gott dieser Welt = Satan • 4) Lebenssitz, Rückenmark Hom.

αἰώνιος, 2. u. 3. (αἰών), ewig.

αἰώρα, ἡ (ἀείρω), Schwebe, Schaukel. Dav.

αἰωρέω, Aor. Pass. ἠωρήθην, 1) *tollo,* in die Höhe heben, erheben, umhängen. Pass. *pendeo,* schweben, hangen, αἰωρ. ἔν τινι von einem abhängig sein, von Schiffen: hin u. her geschaukelt od. getrieben werden (*iactari*), von Menschen: umherschweifen. 2) geistig: *animi pendeo,* ungewiß, gespannt sein. Dav.

αἰώρημα, τό, poet. das Schweben (mit φόνιον die Todesschlinge), u.

αἰώρησις, ἡ, das Schweben.

Ἀκαδημαϊκός, 3. u. sp. **Ἀκαδημικός,** 3. akademisch, bes. die Philosophenschule Platons, welche ἡ Ἀκαδήμεια hieß, vom Gymnasion **Ἀκαδήμεια** (Ἀκαδημία) am Kephissos, 6 Stadien von Athen, wo Platon lehrte. τὸ Ἀκαδημαϊκὸν ἐπεπόνθει wie die Akademiker verzweifelte er daran, das Rechte zu finden. Subst. ὁ Ἀκ. der Anhänger dieser Schule.

ἀκαθαρσία, ἡ, Unreinigkeit, Unlauterkeit, Lasterhaftigkeit. [Apoc. 17, 4.

ἀκαθάρτης, ητος, ἡ, besser τὰ ἀκάθαρτα τῆς N. T.

ἀ-κάθαρτος, 2. (καθαίρω), 1) unrein, a) ungereinigt. b) verunreinigend. c) sittlich unrein; τὰ ἀκ. die Unreinheit, Unsauberkeit, 2) ungesühnt.

ἀ-κάθεκτος, 2. sp. unaufhaltsam.

ἀκαιρέομαι, im N. T. keine Gelegenheit haben. Zu

ἀκαιρία, ἡ (ἄκαιρος), 1) ungelegene Zeit, Verlegenheit, ungünstige Lage. 2) Unzeitigkeit, Taktlosigkeit.

ἀκαίριμος, 3. sp = ἄκαιρος, s. d.

ἄ-καιρος, 2. unzeitig, ungelegen, unzweckmäßig, zur Unzeit versucht, ungültig, ἐς ἄκαιρα *incassum,* lästig, γνώμα ἄκαιρος ὄλβου ein Sinn maßlos in bezug auf Reichtum (Gegens. ἐς μέσον ἥκει ist maßvoll).

ἀ-κάκας, ου, ὁ, dor. = **ἀκάκης,** poet. = ἄκακος.

ἀκάκητα, ep. st. ἀκακήτης, ὁ (zu ἀκέομαι, ἄκος) Helfer, Heiland, Beiw. des Hermes u. Prometheus.

ἀ-κακία, ἡ, Harmlosigkeit, Unschuld. Von

ἄ-κακος, 2. nicht böse, unschuldig, arglos.

ἀκαλα-ρρείτης, ου, ὁ (ἀκαλός, d. i. ruhig, ῥέω), ep. ruhig-, sanftfließend.

ἀ-καλλής, 2. sp. unschön. [Vorzeichen.

ἀ-καλλιέρητος, 2. ἱερὰ Opfer mit ungünstigen

ἀ-καλλώπιστος, 2. sp. ungeschmückt.

ἀ-κάλυπτος, 2. poet. u. sp., u. **ἀ-καλυφής,** 2. unverhüllt; überh. unbedeckt.

Ἀκαμαντίς, ίδος, ἡ [ᾰ], verst. φυλή, die fünfte attische Phyle, v. Theseus' Sohn Akamas, s. d.

ἀκαμαντό-πους, πουν, ποδος, poet. unermüdlichen Fußes.

ἀ-κάμας, αντος, ὁ, ἡ, ep. u. poet., u. **ἀκάματος,** [‿◡◡◡], 2. u. 3., ep. poet. u. sp. (κάμνω), unermüdet, frisch, unermüdlich, unerschöpflich.

Ἀκάμας, αντος, ὁ, 1) N. mehrerer Helden vor Troja. 2) S. des Theseus u. der Phädra, in der nachhomer. Sage Führer der Athener nach Troja.

ἀκαμής, 2. sp. = ἀκάμας, αντος.

ἀ-καμπής, έος, 2. sp. u. **ἄκαμπτος,** 2. (κάμπτω), unbeugsam, steif. Übertr. πρός τι unerbittlich, unerweichlich.

ἄκανθα, ἡ [ᾰ] (ἀκή, Spitze, acŭo), 1) Dorn, Distel, Dornstrauch. 2) ein ägyptischer u. indischer Baum, eine Akazienart, *Akazia Katechu.* 3) spitz zulaufender Knochen am Rückgrat, dah. das Rückgrat selbst. 4) Borste. 5) Spitzfindigkeit.

ἀκάνθινος, 3. poet. ion. u. sp. aus Akazienholz.

ἀκανθίς, ίδος, ἡ, Distelfink.

ἄκανθος, ὁ, buk. Bärenklau.

Ἄκανθος, ἡ, St. auf der Chalkidike am Strymonischen Busen, Gründung der Andrier; Einw. **Ἀκάνθιος.**

ἀκανθ-ώδης, ῶδες (ἄκανθα), ion. u. sp. 1) dornig, voll Dornen, Stacheln, Gräten. 2) spitzfindig.

ἀ-κάρδιος, 2. sp. ohne Herz.

ἀ-καρής, 2. (von κείρω, unscherbar, weil zu kurz, vom Haar) [◡◡], ἐν ἀκαρεῖ in kurzem, μηδ' ἀκαρῆ nicht ein bißchen, παρ' ἀκαρῆ um ein Haar. Dav.

ἀκαριαῖος, 2. sp. winzig, gering.

Ἀκαρνάν, ᾶνος, ὁ Stammvater der

Ἀκαρνᾶνες, οἱ [ᾰ], Einwohner der Landschaft **Ἀκαρνανία,** in Mittelgriechenland. Adj. dav. **Ἀκαρνανικός,** 3.

Ἀκαρνήν, ῆνος, ὁ, ion. Nbf. zu Ἀκαρνάν, s. d. vor.

ἀ-καρπία, ἡ, poet. u. sp. Unfruchtbarkeit.

ἀ-κάρπιστος, 2. poet. = ἀκάρπωτος.

ἄ-καρπος, 2. mit poet. Adv. **ἀ-κάρπως,** ohne Frucht, 1) unfruchtbar. 2) unfruchtbar machend.

ἀ-κάρπωτος, 2. poet. fruchtlos, νίκας ἀκ. χάρις eine Siegesgunst ohne Frucht, d. h. ohne Dankopfer.

ἀκασκαῖος [ᾰ], (von ἧκα), 3. poet. sanft, ruhig.

Ἄκαστος, ὁ, 1) Sohn u. Nachf. des Pelias in Iolkos, Br. der Alkestis. 2) sagenhafter König v. Athen.

ἀ-κατάγνωστος, 2. N. T. untadelhaft, unsträflich.

ἀ-κατακάλυπτος, 2. sp. N. T. unverhüllt.

ἀ-κατάκρῖτος, 2. N. T. ohne gerichtliche Untersuchung, nicht verurteilt.

ἀ-κατάληπτος, 2. sp. nicht erkennbar, der Erkenntnis unzugänglich, unbegreiflich.

ἀ-καταληψία, ἡ, sp. Unfähigkeit der Wesenserkenntnis (t. t. d. Philos.). [ungleichmäßig.

ἀ-κατάλληλος, 2. sp. nicht zusammenpassend,

ἀ-κατάλῠτος, 2. sp. N. T. unvergänglich.

ἀ-κατανόητος, 2. sp. unbegreiflich. [2, 14).

ἀ-κατάπαστος (πέπασμαι), unersättlich (var. 2. Petr.

ἀ-κατάπαυστος, 2. sp. nicht zu Ende gebracht, nicht zu dämpfen, unaufhörlich, unersättlich, ruhelos, τὸ ἀκατάπαυστον Unabsetzbarkeit; ἁμαρτίας fortwährend sündigend.

ἀ-κατάσκευος, 2. Adv. -σκεύως, ohne Zurüstung, ungemacht, unkonstruiert; einfach, schmucklos.

ἀ-καταστασία, ἡ, sp. N. T. Unbeständigkeit, Unruhe, Aufruhr.

ἀ-κατάστᾰτος, 2. unstät, unruhig.
ἀ-κατάσχετος, 2. sp. nicht zu bändigen.
ἀ-καταφρόνητος, 2. nicht zu verachten, ansehnlich, hochgeehrt, gefürchtet.
ἀ-κατάψευστος, 2. ion. nicht erdichtet.
ἀκάτειος, 2. zu den ἀκάτια gehörig; so ἀκ. ἱστός (s. d.), auch τὰ ἀκάτεια (ἀκάτια), sc. ἱστία, die kleinern, am Nebenmast befindlichen Nebensegel (im Gegensatz zu den μεγάλα ἱστία am Hauptmast).
ἄκατος, ον, ἡ, u. ion. ὁ, [ᾰ ᾰ] mit der poet. Nbf. **ἀκάτη** [ᾰ ᾰ], ἡ, u. d. Demin. **ἀκάτιον**, τό (v. St. ἀκ, also eigentl. Adj. spitzig), **1)** leichtes Fahrzeug, Nachen, auch Seeräuberschiff. **2)** sp. τὰ ἀκάτια, Segel, vgl. ἀκάτειος.
ἄ-καυστος, 2. (καίω), nicht niedergebrannt.
ἀκᾰχίζω, Redupl. Intensivum zum alten Aor. ἀκαχεῖν, ἤκαχον (vgl. ἄχος „Leid" u. ἀχεύων, ἀχέω, ἄχομαι) neben ἀκάχησα; Fut. ἀκαχήσω von *ἀκαχεω (vgl. καναχέω u. καναχίζω). **1)** betrüben, **kränken** Hom. **2)** Med. trauern, klagen, μή τι θανὼν ἀκαχίζεο klage nicht, daß Hom. **3)** Perf. Med. ἀκάχημαι (oder von ἀκάχημι?), ἀκαχήμενος (Akzent!), 3. pl. ἀκήχηνται u. ἀκηχέδαται, Plusqpf. ἀκαχείατο = ἀκάχηντο betrübt sein. ἦτορ, θυμῷ, -ον im Herzen **4)** ἀκαχών unwillig Hes.
ἀκαχμένος, 3. [ᾰ], ep. Part. perf. pass. (Wz. ἐγχ, ἔγχος), besteckt ἀ. ὀξέι χαλκῷ mit scharfem Erze besteckt; daraus: zugespitzt, geschärft.
ἀκείομαι, s. ἀκέομαι.
Ἀκελδαμά, Ἀκελδαμάχ = aram. *chaqal dĕmā* Blutacker, N. T.
ἀ-κέλευστος, 2. unbefohlen, freiwillig.
ἀ-κενόδοξος, 2. sp. ohne eitle Ruhmsucht, ohne Dünkel, τὸ ἀκ. die Freiheit von Dünkel.
ἀ-κενόσπουδος, 2. sp. ohne eitles Streben.
ἀ-κέντητος, 2. (κεντέω), poet. ungestachelt, ungespornt.
ἄ-κεντρος, 2. ohne Stachel.
ἀκέομαι, ep. **ἀκείομαι** [ᾰ] (St. ἀκεσ v. τὸ ἄκος), Dep. med., Fut. ἀκέσομαι (u. ἀκεῖται), Aor. ἠκεσάμην, Adj. verb. ἀκεστός, ep. u. poet. Aor. auch mit σσ, ion. Imper. Präs. ἀκέο st. ἀκέεο, Fut. ἀκεῦνται, st. -έσονται, eigtl. beruhigen, dann heilen, τί u. τινά, stillen, z. B. den Durst, od. übertr. wieder herstellen, ausbessern, z. B. νῆας, überh. wieder gut machen.
ἀ-κέραιος, 2. Adv. -αίως (κεράννυμαι), eigentl. unvermischt, *integer* ungeschminkt, unverfälscht, rein; übtr. (N. T. ohne Falsch), ganz, unversehrt (abs. u. τινός von etwas), frisch, unverwüstet, unzerstört, auch proleptisch: daß es unversehrt, unverwüstet bleibe (Dem. 1, 28). Subst. τὰ ἀκέραια, verst. χωρία, vom Feinde unberührt gebliebene Gegenden.
ἀ-κέραστος, 2. ungemischt mit, frei von
ἀ-κέρατος, 2. ungehörnt.
ἀ-κέρδεια, ἡ, poet. Gewinnlosigkeit.
ἀ-κερδής, έος, 2. gewinnlos, d. i. **1)** keinen Gewinn bringend, nutzlos; poet. mit χάρις, unlieb, unheilvoll. **2)** keinen Gewinn suchend, uneigennützig.
ἀ-κερσε-κόμης, ου, ὁ (κείρω), ep. ungeschornen Haupthaars, langgelockt, Zeichen der Jugend, v. Apollon.
ἀκέρως, ων, ntr. pl. ἄκερα, ungehörnt.
Ἀκεσίνης [ᾰ ῑ], ου, ὁ, **1)** Fl. in Indien, j. *Chenab.* **2)** Küstenfl. in Sizilien.
ἄκεσις, εως, ἡ (ἀκέομαι), ion. u. sp. Heilung.
ἄκεσμα (u. ἄκημα), τό (ἀκέομαι), ep. u. poet., nur im Plur. Heilmittel. S. ἄκος.
ἀκεστήρ, ῆρος, ὁ (ἀκέομαι), poet. heilend; übertr. wutheilend, sänftigend.
ἀκεστής, οῦ, ὁ (ἀκέομαι), Heiler; Flicker.
ἀκεστική, sc. τέχνη, ἡ, die Flick-, Schneiderkunst.
ἀκεστός, 3. (ἀκέομαι), ep. u. sp. heilbar, übertr. der Heilung fähig, φρένες umzustimmen.
ἄκεστρα, ἡ (vgl. ἀκεστής), sp. Schneidernadel, Nähnadel.
ἀκέστρια, ἡ, sp. die Flickerin, Näherin.
ἀκέστωρ, ορος, ὁ, poet. Heiland, Bein. des Apollon.
ἀκεσ-φόρος, 2. poet. mit Gen. heilbringend.
ἀ-κέφαλος, 2. kopflos, στίχος Hexameter mit kurzer erster Silbe; unvollendet. οἱ ἀκέφαλοι die Kopflosen, fabelhafte Geschöpfe in Libyen.
ἀκέων [ᾰ], ep., eigentl. Partiz. mit Fem. ἀκέουσα, Acc. masc. ἀκέοντα u. dual. ἀκέοντε, aber auch indeklin.; dazu ep. Adv. **ἀκήν** lautlos, schweigend, stumm, still, ruhig, ἀ. ἐγένοντο sie verstummten.
ἀκήδεια u. **ἀκηδία**, ἡ (ἀκηδής), sp. Sorglosigkeit, Unbekümmertheit, Nachlässigkeit, Gleichgültigkeit.
ἀ-κήδεστος, 2. ep. (κήδω), **ἀ-κήδευτος**, 2. sp. (κηδεύω) u. **ἀ-κηδής**, Gen. έος, 2. ep. u. sp. (κῆδος), **1)** pass. unbesorgt, vernachlässigt, bes. unbeerdigt. **2)** akt. (ἀκηδής) sich nicht kümmernd, τινός um etwas, unbesorgt, sorglos.
ἀκηδέω, Aor. 1. ἀκήδεσα u. ἀκηδῆσαι (ἀκηδής), ep. u. poet. vernachlässigen, τινός.
ἀκηδής, 2., s. ἀκήδεστος.
ἀ-κήλητος, 2. unbezaubert, nicht zu bezaubern, übertr. unbiegsam.
ἄκημα, τό, = ἄκεσμα, s. d.
ἀκήν, Akk., *silentium*; s. ἀκέων.
ἀκηράσιος, 2. ep. **1) unvermischt, lauter. 2)** unversehrt, noch nicht abgeweidet. Von
ἀ-κήρᾰτος, 2. **1)** (κεράννυμι) unvermischt, lauter, rein. **2)** (κήρ) unversehrt, unberührt, unbeschädigt, unausgebeutet (von einem Handelsplatz).
ἀκήριος, 2. ep. **1)** (κήρ) unverletzt. **2)** (κῆρ) **a)** entseelt. **b)** feig, von der Furcht selbst gesagt.
ἀ-κήρυκτος, 2. nicht vom Herold verkündet, πόλεμος, **a)** unverkündigt, ungekannt, ruhmlos. **b)** nicht angekündigt, plötzlich, vom Krieg. **c)** ein Krieg, in welchem kein κῆρυξ mit Friedensanträgen angenommen wird, ein unversöhnlicher Krieg, ähnlich ἔχθρα. Im allgem. ἀκ. μένει er bleibt, ohne Nachricht von sich zu geben. Adv. auch **ἀκηρυκτεί, -τί** ohne Heroldsgeleite.
ἀ-κήρωτος, 2. sp. nicht mit Wachs überzogen.
ἀ-κίβδηλος, 2. unverfälscht; übertr. ohne Falsch, aufrichtig, ehrlich. Adv. **-δήλως**, rein.
ἀκιδνός [ᾰ], 3. ep. schwach, gar winzig, elend; Hom. nur Komp. ἀκιδνότερος.
ἀ-κίθαρις [ῐ], 2. poet. ohne Saitenspiel.
ἄ-κῑκυς, υος, ὁ, ἡ, ep. u. poet. kraftlos, schwach.
ἀκινάκης, ου, ὁ [⏑–⏑–], b. Her. auch εος, εα, pers. Wort, kleiner, krummer Säbel.

ἀ-κίνδῡνος, 2. gefahrlos, sicher, mit dem Gen.: vor etwas. Subst. τὸ ἀκ. die Sicherheit, ἐκ τοῦ ἀκ. ohne Gefahr, **τὸ οὐκ ἀκίνδυνον der Umstand, daß er Gefahren nicht scheue. Adv. auch mit Substt.** verbunden: **τὴν ἀκ. δουλείαν** die sichere, unfehlbare Sklaverei.

ἀ-κίνητος [ῑ], 2. **1)** unbewegt, unberührt, unerschüttert, dah. feststehend, unbeweglich, unangetastet, u. so τἀκίνητα διὰ φρενῶν was bisher fest im Busen verschlossen gewesen ist. **2)** nicht aus seiner Lage zu bringen, unveränderlich, unantastbar, halsstarrig, nicht zu berühren, dah. auch = ἀπόρρητος, oder = heilig, od. unbekehrbar.

ἄκιρος od. **ἀκιρός** [◡◡], 3. buk. albern, träge, gen. fem. εἰς ἀκίρας (δόμον).

ἀκίς [ᾰ], ίδος, ὁ, poet. sp. Spitze, Pfeil (St. ἀκ, ăcuo).

Ἄκις, ιδος, ὁ, Fluß in Sizilien.

ἀ-κίχητος, 2. (κιχάνω), ep., poet. u. sp. unerreichbar, unzugänglich.

ἀκκίζομαι, Dep. med. (von ἀκκώ, ein eitles Weib), sich zieren, verstellen, spröde tun.

ἀ-κλαγγής, 2. stumm; v. l. ἀκραγεῖς.

ἄ-κλαυστος, 2. poet. u. sp., u. **ἄκλαυτος,** 2. ep. u. poet. (κλαίω, ᾰ), tränenlos, **1)** pass. unbeweint, bes. ohne Totenklage, φίλων von Freunden. **2)** akt. ohne zu weinen, ungestraft.

ἀ-κλεής, έος, ὁ, ἡ, Akk. εᾶ, ion. εῆ, ep. έα, st. εέα, Plur. auch **ἀκληεῖς,** ruhmlos, unberühmt, unrühmlich. Adv. **ἀκλεῶς,** ep. **ἀκλειῶς** (f. ἀκλείως, ἀκλεέως) u. **ἀκλεές,** ruhmlos, schimpflich.

ἄκλειστος, 2., altatt. ἄκληστος (κλείω), nicht verschlossen.

ἀκλειῶς u. **ἀκληεῖς,** s. ἀκλεής.

ἄ-κληρος, 2. **1)** ohne Anteil, Erbteil, dah. arm, dürftig, τινός an etw.; **ἄκληρον ποιεῖν τινος** keinen Erbteil geben woran. **2)** poet. unverlost.

ἀ-κληρωτί, Adv., ohne zu losen.

ἄκληστος, s. ἄκλειστος.

ἄ-κλητος, 2. (καλέω), ungerufen, ungeladen.

ἀ-κλῐνής, 2. (κλίνω), ohne sich zu neigen, fest.

ἄ-κλῐτος, 2. **(κλίνω), sp. gramm. unflektierbar.**

ἄ-κλυστος, 2. auch 3., poet. u. sp. unbespült, ohne Wellenschlag, nicht überflutet.

ἀκμάζω (ἀκμή), blühen, in voller Kraft, in vollem Gange sein oder stehen; vom Getreide, wenn es seine volle Ausbildung (Ende Mai oder Anfang Juni) erreicht hat. Übertr. von Krankheiten usw., auf dem Höhepunkt stehen; μᾶλλον ἑαυτῶν **sich selbst übertreffen; mit Dat.: wohl versehen sein mit etw., mit Inf. od. ἔς τι, wohl versehen sein zu etw., die Kraft zu etw. haben; mit Partiz.: τὰ πάντα ἀκμάζει ἐπιμελείας δεόμενα es bedarf der Vorsicht im höchsten Grade; unpers. ἀκμάζει es ist hohe, rechte Zeit, m. Inf.**

ἀκμαῖος, 3. poet. u. sp., u. **ἀκμηνός,** 3. ep. (ἀκμή), **1)** in voller Blüte, ausgewachsen, erwachsen, kräftig; übertr. noch nicht ermüdet. Subst. τὸ ἀκμαῖον **τοῦ χειμῶνος der Höhepunkt des Winters;** τὸ ἀκμαιότατον die volle Wucht. **2)** poet. zu rechter Zeit, ἀκμαῖος μόλοι ἄν wie gelegen käm' er doch. Adv. sp. **ἀκμαίως ἔχειν** in frischer Kraft stehn.

ἄ-κμᾰτος, 2. poet. st. ἀκάματος, w. s., zw. LA.

ἀκμή, ἡ (ἀκ, ἀκόνη, ἄκρος, vgl. ἀκίς, lat. *acus*) • **1) Spitze,** z. B. an den Flammen, Fingern, den Füßen (Soph. OR. 1243. 1034), **Schärfe,** z. B. der Augen; sprichw. ἐπὶ ξυροῦ ἀκμῆς ἵστασθαι auf der **Schneide** des Schermessers, d. h. auf dem Punkte der Entscheidung stehen • **2)** übertr. **Kulminationspunkt,** höchster Grad • **a)** die Blüte, Reife, Zeit der **Vollkraft** des Mannes Trag., Plat.; die (beste) Mannschaft; ὀλίγη ἀκμή minderwertige Mannschaft Thuk; von Zuständen aller Art: der Höhepunkt, ἀ. θέρους Hochsommer • **b)** der rechte oder eigentliche Zeitpunkt, mit od. ohne καιροῦ, ἀκμή (ἐστί) τινος es ist Zeit, οὐχ ἕδρας ἀκμή nicht gilt's zu rasten; ἐς ἀκμήν zu rechter Zeit; mit folg. Inf.: es ist der Moment zu etwas • Der Akk. **ἀκμήν** als Adv. • **1)** im Augenblick, eben Xen. • **2)** noch immer, noch N. T.

ἀκμηνός, 3. ep. u. sp. voll ausgewachsen.

ἄκμηνος, 2. ep. u. sp. nüchtern, σίτοιο ungestärkt von Speise.

ἀ-κμής, ῆτος, ὁ, ἡ (κάμνω), ep. u. sp. unermüdlich, frisch.

ἀκμό-θετον, τό (τίθημι), ep. Amboßblock. Von

ἄκμων, ονος, ὁ, **1)** Subst. ep. poet. u. ion. Amboß. **2) (κάμνω), Adj. poet. unermüdlich, λόγχης im Speerkampf.**

ἀκνάμπετος u. **ἄκναμπτος,** var. zu **ἄγναμπτος.**

ἄκνηστις, ιος, ἡ, ep. Rückgrat.

ἀ-κνίσωτος, 2. (κνῑσόω, κνίση), ohne Fettdampf.

ἀκοή, ἡ, ep. **ἀκουή (ἀκούω),** Wahrnehmung und Wahrgenommenes durch das Ohr • **1)** das **Hören,** ἔκαθεν γίγνετ' ἀκουή man hört es schon aus der Ferne Hom.; ἐξ ἀκοῆς vom Hörensagen; ἀκοῇ εἰδέναι, λέγειν, u. ähnl., es vom Hörensagen wissen, nach Tradition erzählen; μετὰ πατρὸς ἀκουήν um vom Vater zu hören Hom.; ἀκοαὶ λόγων Hören von Sagen, d. h. gehörte Sagen, u. αἱ ἀκ. τῶν προγεγενημένων Traditionen über frühere Ereignisse • **2)** das Ohr διεφθαρμένος τὴν ἀ. taub Hdt.; zus. mit ὄψις Plat.; ὦτα μὲν — ἀκοαὶ δ' οὐ Plat. bes. Plur.; ἐπιρρόμβεισι δ' ἀκουαί Sapph. • **3)** auch **Kunde,** Gerücht, Erzählung, der Ruf, ἀκοῆς κρείσσων mächtiger als sein Ruf • **4)** im N. T. die gehörte Predigt, Predigt vom Evangelium; πίστεως Glaubenspredigt.

ἀ-κοίμητος, 2. (κοιμάω) poet. u. sp. schlaflos, rastlos, ruhelos; nie erlöschend, ewig.

ἀκοινωνησία, ἡ, das Nichtgemeinsamsein. Von

ἀ-κοινώνητος, 2. poet. u. sp. **1)** nicht gemeinsam, nicht zum Gemeingut gehörig. **2) a)** von Personen: keine Gemeinschaft habend, ohne Sinn und Interesse für Gemeinschaft und Gesellschaft, **ungesellig, unfreundlich. b)** von Sachen: **der Gemeinschaft zuwider, schädlich.**

ἀ-κοίτης, dor. ας, ου, ὁ, Fem. **ἄκοιτις,** ιος, Acc. plur. ῑς, ἡ (ἀ copul. u. κοίτη), ep. u. poet. Lagergenosse, -genossin, Gatte, Gattin.

ἀ-κολᾰκευτος, 2. Adv. sp. **-ως,** ungeschmeichelt, ohne Schmeichelei, durch keine Schmeicheleien verdorben.

ἀκολᾰσία, ἡ (κόλασις), Ungebundenheit, Zügellosigkeit, ausschweifender Luxus; im Plur. Ausschweifungen.

ἀκολασταίνω, ausschweifend leben.

ἀκολάστημα, τό, sp. Ausschweifung.

ἀ-κόλαστος, 2. ungestraft, ungezügelt; zügellos, ausschweifend, frech.

ἄκολος, ου, ἡ, ep. ein Bissen, Brocken.

ἀκολουθέω (ἀκόλουθος), **1)** jmdm. folgen, nachkommen, nachfolgen, z. B. ἐπὶ τὸ μνῆμα von Leichenbegleitern; auch mit hinzugef. ὄπισθεν, ὕστερον. **2)** übertr. jmdm. es nachtun, Folge leisten, sich anpassen, sich anschließen, sich anbequemen, τοῖς πράγμασιν od. τῇ γνώμῃ mit der Einsicht hintennachfolgen, τῷ λόγῳ verstehen. **3)** N. T. Schüler od. Anhänger sein.

ἀκολουθητικός, 3. geneigt zu folgen, leicht gehorchend.

ἀκολουθία, ἡ (ἀκόλουθος), das Folgen: **a)** das Gefolge. **b)** Reihenfolge, Fortgang. **c)** die Folgerung. **d)** der Gehorsam.

ἀ-κόλουθος, 2. (ἀ copul. u. κέλευθος), eines Wegs mit jmdm., dah. **1)** begleitend, nachgehend, und als Subst. ὁ u. ἡ ἀκόλουθος Begleiter, Diener, die Dienerin, οἱ ἀκ. das Gefolge, der Troß. **2)** übertr. folgend aus, τινός, zusammengehörig, angemessen, entsprechend, ähnlich, τινί, doch auch τινός; τὸ ἀκόλουθον die Folgerung, τὰ ἀκόλουθα die Folge; ἀκολούθως τινί in Übereinstimmung mit etw., infolge von etw.

ἀ-κόλυμβος, 2. sp. ep. der nicht schwimmen kann.

ἀκομιστίη, ἡ, (κομίζω), ep. Mangel an Pflege.

ἀ-κόμπαστος, 2. poet. u. **ἄ-κομπος,** 2. poet. prunklos.

ἄ-κομψος, 2. **1)** prunklos, schmucklos, schlicht. **2)** ungeschickt, unberedt.

ἀκονάω, wetzen, schärfen; auch im Med.

ἀ-κόνδῦλος, 2. ohne Faustschläge.

ἀκόνη, ἡ (St. ἀκ, s. ἀκίς), Wetzstein.

ἀ-κονῑτί (-τεί), Adv. (verw. mit διά-κονος u. ἐγκονεῖν), ohne Anstrengung, mühelos.

ἀκόνῑτον, τό, sp. Eisenhut, eine Giftpflanze.

ἀκοντί, sp. Adv., s. ἄκων II., ungern.

ἀκοντίζω, Aor. 1. ἠκόντισα, ep. auch ἀκόντισσα (ἄκων I.), **1)** (den Wurfspieß) werfen oder schleudern, abs. u. δουρί, δοῦρα u. ähnl.; τινός nach jmdn., auch treffen, verwunden, ὑπέρ τινος über einen hinweg. Pass. getroffen werden. **2)** poet. auch intr.: eindringen, strahlen.

ἀκόντιον, τό (ἄκων I.), Wurfspieß, eine 5—6 Fuß lange, mit eiserner Spitze versehene Lanze, die mittels eines in der Mitte des Schaftes angebundenen ledernen Riemens (ἀγκύλη) nach dem Feinde geworfen wurde; ἀκοντίου βολή, φορά Schußweite.

ἀκόντῐσις, εως, ἡ, u. **ἀκοντισμός,** ὁ, sp. (ἀκοντίζω), das Wurfspießwerfen, der Speerkampf.

ἀκόντισμα, τό, **1)** der Wurf, Schuß, ἐντὸς ἀ-τος in Wurfweite. **2)** sp. der geschleuderte Wurfspieß. **3)** sp. Schußwunde, u. Plur. = ἀκοντισταί.

ἀκοντιστήρ, ῆρος, ὁ, poet. u. **ἀκοντιστής,** οῦ, ὁ, der mit dem Wurfspieß Bewaffnete, Wurfschütze. Sie bildeten mit den Schleuderern u. Bogenschützen das leichte Fußvolk. Auch als Adj. lanzenschwingend.

ἀκοντιστικός, 3. zum Speerwerfen geschickt.

ἀκοντιστύς, ύος, ἡ, ep. Speerkampf.

ἀκοντοδόκος, 2. (δέχομαι), poet. den Speer aufnehmend, vom Speer getroffen.

ἀκόντως, Adv. v. II. ἄκων, ungern.

ἀκοπία, ἡ, Vermeiden von Ermüdung, Stärkung.

ἄ-κοπος, 2. nicht ermüdend.

ἀ-κόπριστος, 2. ungedüngt.

ἀ-κόρεστος, 2., **ἀ-κόρετος,** 2. poet., u. **ἄκορος,** 2. poet. (κορέννυμι), **1)** pass. ungesättigt, unersättlich, unermüdlich, τινός, z. B. αἰχμῆς im Speerkampfe, dah. von Zuständen: unaufhörlich, unerschöpflich. **2)** akt. nicht befriedigend, dessen man nicht satt wird. Dazu

ἀ-κορής, 2. poet. u. sp. unersättlich, anmaßend.

ἀ-κόρητος, 2. **1)** ep. = ἀκόρεστος. **2)** (κορέω), poet. ungefegt, unrein, schmutzig.

ἄκος, εος, τό (ἧκα), Beruhigungs- oder Gegenmittel (ἄκεσμα Heilmittel), τινός gegen etwas; überh. Mittel, zu u. gegen etwas, τινός, Abhilfe, z. B. κακῶν, τῶν ἡμαρτημένων. Sprichw. κακὸν κακῷ διδόναι ἄκος ein Übel durch ein anderes heilen.

ἀκοσμέω (ἄκοσμος), wider die Ordnung verstoßen, ungebührlich handeln, ungehorsam sein. Dav.

ἀκόσμητος, 2. **1)** ungeordnet. **2)** unausgestattet, unbegabt. **3)** einfach.

ἀκοσμία, ἡ, **1)** Unordnung. **2)** Unordentlichkeit, Ungebührlichkeit. **3)** Widerspenstigkeit.

ἄ-κοσμος, 2. poet. u. sp. ordnungslos, bes. unanständig, ungehorsam.

ἀκοστάω od. **ἀκοστέω** (ἀκοστή [ᾰ] Gerste), ep., nur ἵππος ἀκοστήσας ἐπὶ φάτνῃ ein Pferd, das sich reichlich mit Gerste genährt an der Krippe.

ἀκουάζω, u. gew. Med. ep. Präs. hören, lauschen, δαιτός vom Mahle hören, d. i. eingeladen werden.

ἄκουαι, αἱ, äol. die Ohren.

ἀκουή, ep. f. ἀκοή, s. d.

ἄκουκα, dor. statt ἀκήκοα v. ἀκούω.

Ἀκουμενός, οῦ, ὁ, dem Sokrates befreundeter Arzt [in Athen.

ἄ-κουρος, 2. ep. ohne Sohn, ohne männliche Erben.

Ἀκουσίλαος, att. **-λεως,** ὁ, aus Argos, Logograph und Genealog im 5. Jhdt. v. Chr.

ἀκούσιος, 3. u. 2. (ἄκων II.), ungern, unvorsätzlich, unfreiwillig, gezwungen; unlieb.

ἄκουσμα, τό (ἀκούω), das Gehörte, **1)** ἥδιστον ἄκ. der süßeste Ohrenschmaus. **2)** die gehörte Lehre, Vorlesung, Erzählung.

ἀκουστός, 3. hörbar, οὐδ' ἀκ. nicht anzuhören, unerhört. Adj. verb. von

ἀκούω [ᾰ] (*ἀκουσjω, got *hausjan, hoeren*) ἀκούσομαι, ἤκουσα, ἀκήκοα, ἠκηκόειν, (ἀκηκόειν), ἤκουσμαι, ἠκούσθην, ἀκουσθήσομαι, ἀκουστός u. -στέος, spät. Fut. auch ἀκούσω, Perf. act. dor. ἄκουκα u. ἀκηκούσθω als var. zu ἀκηκοέτω • **1) hören,** abs. πρὸς χάριν mit Vergnügen, ἀλλοτριώτερον mit Abneigung, πρὸς ἡδονήν was einem behagt. Von Richtern: einen **vernehmen.** Die Person, durch die man etwas vernimmt, steht im Gen., häufig mit hinzugef. Part., doch auch παρά, ἀπό, ἔκ τινος. Die Quelle der Empfindung steht im Gen. φωνῆς, βοῆς, στοναχῆς Hom., die Sache gewöhnl. im Akk., auch Genet. oder Relativsatz. Über eine Person: Gen. c. Part. (Tatsachen), Akk. c. Part. (Gerücht), ὅτι u. ὡς. Häufig heißt ἀκούω **ich habe gehört,** weiß. **2)** • **a)** auf jmdn. hören, Gehör geben, ihn **erhören,** od. ihm gehorchen, teils abs., teils τινός, auch τί τινος, z. B. μῦθον ἄλλον auf das Wort eines andern hören, selten τινί, wo einmal das Part. im Gen. dabeisteht, Il. 16, 531; Soph. El. 226 τίνι πρόσφορον ἀκούσαιμ' ἔπος von wem hör' ich ein dienliches Wort? • **b)** Beifall geben, N. T. • **3)** nachhomerisch: sich nennen hören, für etw. gelten, **im Rufe stehen,** heißen als Passiv zu λέγω; ἤκουον πρῶτοι εἶναι es hieß daß Hdt., ἀκούω κακός, κόλαξ, ich höre mich schlecht, Schmeichler nennen; εὖ, καλά, κακῶς usw. wie *male audire* περί τινος wegen etwas in gutem, üblem Rufe stehen, u. ὑπό τινος von einem gelobt, geschmäht werden, auch πρός τινος • **4)** Med. = Aktiv 2a Il. 4, 331.

ἄκρᾱ, ἡ, ion. **ἄκρη,** ep. auch **ἄκρις,** ιος, ἡ (ἄκρος), das äußerste Ende, bes. nach oben zu, also Spitze, Gipfel, Höhe, Vorsprung, Vorgebirge, Burg; κατ' ἄκρης, attisch κατ' ἄκρας, über den Kopf herab, von oben (bis unten), *a vertice*, d. h. von Grund **aus, gänzlich.**

ἀ-κράαντος, 2. ep. = ἄκραντος, s. d.

Ἀκράγας, αντος, ὁ (sp. ἡ), Agrigentum, St. u. Fluß in Sizilien, j. *Girgenti*. Dav. Einw. **Ἀκραγαντῖνος.**

ἀκρ-ᾱγής, 2. (ἄκρος, ἄγη) poet. überaus neidisch, zornig (nach and ἀ-κραγής stumm), var. ἀ-κλαγγής.

ἀκρ-ᾱής, έος, 2. **(ἄκρος, ἄημι),** ep. u. sp. scharf wehend, kräftig; günstig wehend.

Ἄκραι, ῶν, αἱ, St. im S. von Sizilien, 35 km westl. v. Syrakus, j. *Palazzuolo*. Dag.

Ἀκραῖον λέπας, Fels unweit Syrakus, u.

Ἀκραία, ἡ, Bein. der Hera u. der Aphrodite, als der auf der Höhe, auf der Burg (verschiedener Städte) verehrten. Von

ἀκραῖος, 3. spätpoet. = ἄκρος, spitz, scharf.

Ἀκραιφίη, πόλις, ἡ, St. in Böotien am Kopaïssee, j. *Karditza*.

ἀκραιφνής, -ές, lauter, rein; frisch, kräftig, unversehrt.

ἄ-κραντος, 2. poet. (κραίνω), **1)** unvollendet, erfolglos, eitel; Adv. ἄκραντα. **2)** unendlich, endlos.

ἀκρᾰσία, ἀκρᾰτεια u. **ἀκρᾰτία,** ἡ, Unenthaltsamkeit, Unmäßigkeit, τοῦ βίου im Lebensgenusse, Ausschweifung (auch im Plur.), Gegens. ἐγκράτεια.

ἀ-κρᾰτής, 2., Adv. -ῶς (κράτος), ohne Kraft, schwach, ἑαυτοῦ über sich, also unenthaltsam, unmäßig, ausschweifend, absol. u. τινός in einer Sache, ὀργῆς des Zornes nicht mächtig, ἀφροδισίων ausschweifend.

ἀκράτισμα, τό, u. **ἀκρατισμός,** ὁ, buk. u. sp. das Frühstück.

ἀκράτιστος, 2. **buk. einer, der gefrühstückt hat; zw. LA.**

ἀκρᾱτοποσία, sp., u. ion. **ἀκρητοποσίη,** ἡ, Trinken ungemischten Weins.

ἀκρᾱτοπότης, ion. **ἀκρητοπότης,** besser **-πώτης, ου,** ὁ, ungemischten Wein trinkend.

ἄ-κρᾱτος, 2., ion. **ἄκρητος** (κεράννυμι), Komp. ἀκρατέστερος u. sp. -τότερος, **1)** *merus*, ungemischt, rein, bes. vom Weine, ohne Wasser, ὁ ἄκρατος auch ohne οἶνος der ungemischte Wein, *merum*, u. so ἄκρ. σπονδαί Weihegüsse lauteren Weines; auch vom Blut, übertr. stark von einem Getränk. **2)** übertr. lauter, rein, in voller Kraft, ungeschwächt, stark, heftig, unmäßig; τὸ ἄκρατον die Maßlosigkeit, Absolutheit.

ἀ-κράτωρ, ορος, [ᾰ ᾰ], ὁ, poet. kraftlos; nicht imstande, mit Inf.

ἀκρά-χλοος, 2. buk. sehr blaß (s. ἀκροχλ.)

ἀκρᾱχολία, ἡ, Jähzorn.

ἀκρά-χολος, 2. [ᾰ ᾰ] heftig zürnend, heftig.

ἀκρεμών, όνος, ὁ, poet. Ast, Zweig.

ἀκρ-έσπερον, Adv., buk. spät am Abend.

ἄκρ-ηβος, 2. buk. in voller Jugendkraft.

ἀκρητο-ποσίη, -πότης, -πώτης, s. ἀκρατοπ.

ἄκρητος, s. ἄκρᾱτος.

ἀκρίβεια, ἡ [ῑ], **1)** subjekt. Genauigkeit, Sorgfalt, Gründlichkeit; Sparsamkeit; Strenge, Zucht; im Plur. **αἱ ἀκρ. τῶν νόμων die genauen Bestimmungen** der Gesetze, εἰς τὴν ἀκρ. φιλοσοφεῖν es auf das genaueste nehmen, es aufs äußerste treiben mit der Philosophie, ἡ ἀκρ. τῶν κινδύνων das Dringende der Gefahr, τῆς διώξεως scharfe, heftige Verfolgung. **2)** objekt. der genaue Sachverhalt, die genaue Wahrheit. Von

ἀκρῑβής, 2. **genau, sorgfältig, gewissenhaft, fleißig, sparsam; genau passend od. anliegend, knapp, genau bestimmt, richtig, vollkommen,** rein, **unvermischt; ὁ ἀκριβέστατος τῶν λόγων der schlagendste Grund, εἰς (τὸ) ἀκριβές genau passend = ἀκριβῶς. — Subst. τὸ ἀκριβές die Strenge, das strenge Recht, die peinliche Genauigkeit, τὸ ἀκρ. ἔς τινα das aufmerksame, sorgfältige Benehmen gegen jmdn. — ἀκριβῶς καὶ μόλις mit knapper Not.**

ἀκρῑβολογέομαι, Dep. med. (ἀκριβο-λόγος genau redend), sorgfältig prüfen, abs. und περί τινος.

ἀκρῑβόω (ἀκρῑβής), in etwas genau sein, also **1)** genau kennen, z. B. τὰς τάξεις den Platz in Reih und Glied, ordentlich verstehen. **2)** genau ausführen, das Seinige ordentlich leisten; ἠκριβῶσθαι genau eingerichtet sein, voll entsprechen, πρός τι. **3)** genau forschen, erfragen, N. T.

ἀκρῐδο-θήρα, ἡ (ἀκρίς), buk. Heuschreckenfalle, eine Art Netz (var. -θήκα, -kästchen).

ἀκρίς, ίδος, ἡ, ep., sp. u. N. T. die Heuschrecke.

ἄκρις, ιος, s. ἄκρα.

ἀ-κρῐσία, ἡ, **1)** Mangel an Urteil, Urteilslosigkeit. **2)** Verwirrung, Unordnung, Verkehrtheit.

Ἀκρίσιος [ῐ], ὁ, Sohn des Abas, Urenkel des Danaos, K. v. Argos. Dah.

Ἀκρῐσιώνη, ἡ, des Akrisios Tochter = Danaë.

ἀκρῐτό-μῡθος, 2. ep. urteilslos, d. i. **verworren u. maßlos schwatzend; ὄνειροι ohne klaren Inhalt, sinnlos, eitel.**

ἄ-κρῐτος, 2. (κρίνω), **1) a) ungesondert,** verworren, **durcheinander,** wüst, ἄκρ. τύμβος Massengrab, ἄκρ. μῦθοι verworrene Reden, Geschwätz. **b) unentschieden,** dah. **α)** ungeschlichtet, ἔτι ὄντων ἀκρίτων so lange die Entscheidung noch nicht eingetreten ist Thuk. **β)** nicht zu richten, souverän. **γ)** unendlich, und als Zahlbegriff unzählig, zahllos. **δ)** ohne Urteil und Recht. **ε)** keinem Urteil unterworfen. **2)** = οὐ κρίνων keinen Unterschied machend, **willkürlich.** • Adv. **ἄκριτον** πενθήμεναι in einem fort, endlos Hom., u. ἀκρίτως: διὰ τὸ ἀκρίτως ξυνεχὲς τῆς ἁμίλλης wegen der entscheidungslosen Fortdauer des Kampfes Thuk.

ἀκριτό-φυλλος, 2. ep. dicht belaubt.

ἀκριτό-φυρτος, 2. (φύρω), poet. verworren, durcheinander gemischt.

ἀκρόᾱμα, τό, das Gehörte, Gegenstand des Hörens, Vorlesung, Ohrenschmaus bei musikalischen Veranstaltungen.

ἀκροᾱματικός, 3. sp. zum Anhören bestimmt, mündlich.

ἀκροάομαι, Dep. med. (aus ἀκρ-ουσ-άομαι), Fut. ἀκροάσομαι, Aor. ἠκροᾱσάμην, **1)** scharf zuhören, aufmerksam hören, hören; τινός τι v. jmdm. etwas; **2) achten auf etwas τινός, daher gehorchen τινός.**

ἀκρόᾱσις, εως, ἡ, **1)** das Anhören, Zuhören. **2)** Folgsamkeit, τινός gegen einen. **3)** sp. auch Vortrag.

ἀκροᾱτήριον, τό, sp. **1)** Hörsaal. **2)** der Gerichtssaal, N. T.

ἀκροᾱτής, οῦ ὁ, **1)** Hörer, Zuhörer, *auditor*. **2)** sp. Leser, **3)** Kenner, N. T.

ἀκροβατέω (wie v. ἀκρο-βάτης), sp. auf den Zehen gehen.

ἀκροβολίζομαι (ἀκρο-βόλος = ἀκροβολιστής), Dep. med., Aor. ἠκροβολισάμην, eigentl. von fern werfen, dann plänkeln, τινί mit jmdm., und πρὸς ἀλλήλους unter einander; übertr. ἔπεσι. Dav.

ἀκροβόλισις, εως, ἡ, u. **ἀκροβολισμός, ὁ,** Plänkelei, Scharmützel.

ἀκροβολιστής, οῦ, ὁ, der aus der Ferne schießt, Plänkler, zur leichten Truppengattung gehörig.

ἀκρό-βολος, ὁ, poet. von oben getroffen.

ἀκροβυστία, ἡ, N. T. alexandr. aus ἀκροποσθία, **1)** die Vorhaut, der Zustand des Unbeschnittenseins, ὁ ἐν ἀκρ. ὤν der Heide. **2)** übertr. der Heide; die Heidenwelt.

ἀκρογωνιαῖος, ὁ, mit u. ohne λίθος, N. T. der Eckstein.

ἀκρό-δρυα, τά (δρῦς), Fruchtbäume; Früchte mit harter Schale, Nüsse, Kastanien.

ἀκροθινιάζομαι, poet. sich (*sibi*) oben etw. wegnehmen, auswählen. Von

ἀκρο-θίνιον [ῑν], τὸ, gewöhnl. im Plur., (θίς), **1)** das Oberste vom Haufen, insbes. von der Kriegsbeute, das Erstlingsopfer, Weihegabe. **2)** Beute, N. T.

Ἀκρό-θῳον, τό, u. **Ἀκρόθῳοι** (θωον, -θωοι), οἱ, St. auf dem Athos b. Vorgeb. Akrathos.

ἀκρο-κελαινιάων, -όων, ep. Part., auf der Oberfläche sich schwärzend, mit dunklem Rücken, vom Skamandros.

ἀκρο-κνεφές, τό, Anfang der Dämmerung.

ἀκρό-κομος, 2. **a)** ep. schopftragend, Beiw. der Thraker, weil sie die Haare auf dem Scheitel banden. **b)** poet. u. sp. von Bäumen: oben belaubt.

Ἀκρο-κόρινθος, ὁ, Burg von Korinth.

ἀκρο-κῡματόω auf den Wellenkämmen schweben.

ἀκρό-λοφος, ὁ, Berggipfel.

ἀκρό-μαλλος, 2. (μαλλός) sp. langflockig.

ἀκρο-μανής, έος, ion. stark rasend, ein Tollkopf.

ἀκρο-πενθής, 2. poet. äußerst traurig.

ἀκρο-ποδητί, Adv. (πούς), sp. auf den Fußspitzen.

ἀκρό-πολις, εως, ἡ, Oberstadt, Burg, bes. von Athen (154 Meter hoch).

ἀκρο-πόλος, 2. (πέλομαι), ep. hochragend, hoch.

ἀκρο-πόρος, 2. (πείρω), ep. das Letzte durchbohrend, durch und durch stechend.

ἀκρό-πτολις, ἡ, poet. = ἀκρόπολις.

ἄκρος [ᾰ], 3. (ἀκ, s. ἀκίς), **1) • a)** oberst, höchst, **spitz** = *summus*, ἄκρῳ Ὀλύμπῳ auf der höchsten Spitze des O., **äußerster:** ἄκρον πεδίον Rand der Ebene Soph.; ἄκροισι κρασπέδοις mit den äußersten Segelrändern = m. äußerster Fahrt Eur., ὦμος oberer Teil der Schulter Hom. **• b)** von der Zeit **spät,** ἄκρας νυκτός Mitternacht Soph. **• c)** innerster: μυελός Eur. **• 2)** übertr. das in seiner Art **Höchste,** Trefflichste, μάντις mit ἀρετήν an Güte, doch auch mit ὀργήν heftig von Charakter u. ψυχὴν οὐκ ἄκρος nicht stark am Mute Hdt., ἄκρον γίγνεσθαι sich wacker hervortun • Subst. οἱ ἄκροι die Vornehmen, τὸ ἄκρον das Äußerste, die Spitze, Höhe, das Extrem, der Gipfel, das Vorgebirge, der Saum, der Rand, das Ende; Plur. φέρεσθαι den Preis davontragen; τὰ ἄκρα τῆς φάλαγγος der äußere Flügel der Phalanx; **κατ' ἄκρον** auf dem äußersten Punkt des feindlichen Flügels; **τὸ ἀκρότατον** der höchste Punkt; **κατ' ἄκρας** (ἄκρης), s. ἄκρα • Adv. **ἄκρον** u. **ἄκρως** aufs äußerste.

ἀκρο-στιχίς, ίδος, ἡ, sp. Versanfang; insbes. ein Gedicht, in dem die ersten Buchstaben jedes Verses ein Wort oder einen ganzen Satz bilden.

ἀκρο-στόλιον, τό, sp. das hohe Ende des Schiffsbugs mit Verzierungen.

ἀκρο-σφαλής, 2. (σφάλλω), zum Fallen, Wechseln, dann übh. geneigt.

ἀκρο-τελεύτιον, τό, äußerstes Ende, Endreim.

ἀκρότης, ἡ, sp. = **τὸ ἄκρον,** s. **ἄκρος.**

ἀκροτομέω, (ἀκρο-τόμος, v. ἄκρος u. **τέμνω**), **oben abschneiden.**

ἀκρ-ουρανία (vgl. ἀκρό-πολις), ἡ, **Himmelsburg.**

ἀκρο-φύσιον, τό, (φῦσα), **die Blasebalgröhre.**

ἀκρο-χειρίζομαι, mit den (Fingerspitzen) Händen packen (beim Ringen).

ἀκρό-χλοος, 2. (χλόη, χλωρός), buk. sehr blaß.

ἀκρό-χολος = ἀκράχολος, heftig zürnend.

ἀκρο-χορδών, όνος, ἡ (χορδή), sp. eigtl. Warze mit dünnem Stiel, überh. Warze.

ἄ-κρυπτος, 2. poet. unverdeckt.

ἀ-κρύσταλλος, 2. ion. ohne Eis, unbeeist.

ἀκρωμία, ἡ (ὦμος), Bug, Schulterblatt; Widerrist.

ἀκρωνία, ἡ, poet. die Verstümmelung (zw.)

ἀκρωνυχία, ἡ, (ὄνυξ), Nagelspitze, ὄρους die Bergspitze. Von

ἀκρ-ώνυχος, 2. mit den Zehenspitzen berührend.

ἀκρ-ώρεια, ἡ, Bergspitze, Berggipfel; Gipfelgebiet. Davon

Ἀκρώρειοι, οἱ, Stadt u. Landschaft im triphylischen Elis, deren Bewohner ebenfalls Ἀκρώρειοι hießen.

ἀκρωτηριάζω u. Dep. med. **-άζομαι,** das Äußerste abschneiden oder abhauen, bei Schiffen das Vorderteil mit seinen Verzierungen, bei Bildsäulen das Gesicht; überh. verstümmeln, zugrunde richten. Von

ἀκρωτήριον, τό (ἄκρος), der äußerste, vorragende Teil, also Vorgebirge, Bergspitze (auch mit οὔρεος), Giebelvorsprung, Schiffsschnabel (auch mit νεώς), beim Körper die Extremitäten.

ἀκρώτης, ου, ὁ, poet. Führer, (var.)

ἀκταινόω, fest aufrichten, ἑαυτόν.

ἀκταίνω, poet. aufrichten, *βάσιν* aufrecht gehen.
ἀκταῖος, 3. (I. *ἀκτή*), am Ufer gelegen, dah. *ἀκταῖαι πόλεις* Bezeichnung einiger kleinen Städte in Ionien.
Ἀκταίων, spätere Form f. *Ἀκτέων*, s. d.
ἀ-κτένιστος, 2. (*κτενίζω*), poet. ungekämmt.
ἀ-κτέριστος, 2. poet. nicht feierlich bestattet, unbeerdigt; übertr. ohne Grabesehren (*κτερίσματα*), weihelos, ungeweiht.
Ἀκτέων, *ωνος, ὁ*, Enkel des Kadmos, theban. Held u. von Chiron gebildeter Jäger, der von der erzürnten Artemis in einen Hirsch verwandelt und von seinen eigenen Hunden zerrissen wurde.
I. **ἀκτή,** *ἡ* (zu *ἀκ, ἀκίς*), **1)** Hohes **Ufer,** Gestade, schroffe **Küste,** Steil-, Felsküste, *τραχεῖα, ὑψηλή* Hom. Abgrund des Acheron, Unterwelt Soph. **2) Landzunge:** *προβλῆτες ἀ.* Hom.; Vorgebirge Hom. **3)** Erhöhung, Rand allgem. *ἀ. χώματος* Aesch. *παραβώμιος* Soph. (*ἀχά* Nauk.).
II. **ἀκτή,** *ἡ* ep. (*ἄγνυμι*), Frucht, geschrotetes Korn; *Δημήτερος ἀκτή* oder mit *ἀλφίτου* Gerstenmehl od. daraus bereitete Speise.
Ἀκτή, *ἡ*, **1)** die östl. der drei Landzungen der Chalkidike, im Berg Athos endigend (Thuk.). **2)** Stadt an der Nordküste v. Sizilien, gew. *Καλὴ Ἀκτή*, Kalakta (Her.). **3)** die südl. des großen Piräushafens blattförmig sich ausbreitende, nach Westen vorspringende, den Zea- wie den Piräushafen beherrschende Halbinsel (Aristot. Lyk.). **4)** die Ostküste der Landschaft Argolis zwischen Trözen u. Epidauros (Plut). **5)** Insel im Pontus Euxinus, *Λευκὴ Ἀκτή* (Eur.). **6)** alter Name von Attika (Eur. Hel. 1673).
ἀ-κτήμων, *ονος, ὁ, ἡ* (*κτῆμα*), ep. u. sp. besitzlos, arm, mit dem Gen.: an etwas.
ἄ-κτητος, 2. nicht zu erwerben.
ἀκτῖνηδόν, Adv. (*ἀκτίς*), sp. strahlenförmig.
ἀκτῖνο-βολία, *ἡ*, sp. das Strahlenwerfen.
Ἄκτιον, *τό*, St. u. Vorgeb. in Akarnanien, j. *Azio*; Adj. *Ἀκτῐακός*; *τὰ Ἄκτια* Spiele daselbst zu Ehren Apollons.
ἄκτιος, 2. (I. *ἀκτή*), an der Küste; Beiname Pans als Küstenbeschützers.
ἀκτίς, *ῖνος, ἡ*, Dat. plur. *ἀκτίνεσσιν* u. *ἀκτῖσιν*, Strahl, bes. der Sonne, doch auch des Feuers, *ἀνὰ μέσσαν ἀκτῖνα* vom Mittagsstrahle her; auch Licht, Abglanz und *Διὸς ἀ.* Blitzstrahl.
ἄ-κτῐτος, 2. ep. unbebaut.
Ἀκτορίων, *ωνος, ὁ*, Dual. *Ἀκτορίωνε* die Zwillingssöhne des Aktor, Eurўtos u. Kteătos.
ἄκτωρ, *ορος, ὁ* (*ἄγω*), poet. der Führer.
ἀ-κῠβέρνητος, 2. sp. ohne Steuermann, ungesteuert.
ἀ-κύθηρος, 2. (*Κυθήρη*), sp. ohne Liebreiz, invenustus.
Ἀκυιτανία, *ἡ*, sp. Aquitania im Südwesten Galliens. Davon
Ἀκυιτανοί, *οἱ*, sp. das Volk der Aquitani.
Ἀκύλας (gräzis. aus Aquilas), ein Jude aus Pontus, bekehrt u. Gehilfe des Ap. Paulus.
ἄκῠλος, *ἡ*, ep. die eßbare Eichel, Frucht der Steineiche.
ἀκύμαντος, 2. u. **ἄ-κυμος,** 2. (*κῦμα*), poet. u. sp. nicht von Wogen bespült, ruhig, windstill.
I. **ἀκύμων,** *ονος, ὁ, ἡ*, poet. u. sp. = *ἀκύμαντος*.
II. **ἀκύμων,** *ον* (*κυέω*), poet. unfruchtbar.
ἄ-κῡρος, 2. **1)** nicht rechtskräftig, ungültig, *ἄκυρον ποιεῖν τι* etwas umstoßen, abschaffen, auch bloß schwächen. **2)** keine Gewalt über etwas habend, nicht endgültig entscheidend. **3)** sp. (v. Wörtern) uneigentlich. Dav.
ἀ-κῡρόω, sp. u. N. T. ungültig machen, abschaffen.
ἀ-κύρωτος, 2. poet. unbestätigt, ungültig, unsicher.
ἀκωκή, *ἡ*, (St. *ἀκ*, vgl. *ἀκίς, ᾰ*), ep. u. sp. Spitze, Schärfe.
ἀ-κώλῡτος, 2. Adv. -*ως*, unbehindert, frei.
I. **ἄκων,** *οντος, ὁ*, (St. *ἀκ*, vgl. *ἀκίς* u. *ἀκωκή, ᾰ*), Wurfspieß, kleiner u. leichter als *ἔγχος*.
II. **ἄκων** [ᾱ], *ουσα, ἆκον*, Trag. u. Att., zsgz. aus **ἀ(ϝ)έκων,** Gen. *οντος, ούσης, οντος* ep. u. ion. **unfreiwillig, 1)** wider Willen, unwillig, unlieb, *ἀέκοντος ἐμεῖο* gegen meinen Willen Hom., *σὲ βίῃ ἀέκοντος ἀπηύρα* Hom.; *οὐδὲ αὐτῷ ἄκοντι ἦν*, mit folg. Inf, es war ihm selbst nicht unlieb. **2)** unfreiwillig begangen, **unabsichtlich,** *κακά* u. *ἔργα* Soph. Subst. *τὸ ἀκούσιον τῆς γνώμης ἔς τι* die Abneigung gegen etwas. • Adv. **ἀκόντως, ἀκουσίως,** ep. *ἀέκητι* (gew. mit *τινός*) u. sp. *ἀκοντί*, ungern, unwillkommen.
Ἀλάβανδα, *τά* (karisch = *Ἱππόνικος*, von *ala* Sieg, u. *banda*, Pferd), St. in Karien, j. *Arabhissar*; vgl. *Ἀλάβαστρα*.
ἀλάβαστος, *ὁ*, s. *ἀλάβαστρος*.
Ἀλάβαστρα, *τά*, St. in Phrygien (var. -*βανδα*).
ἀλαβαστ(ρ)οθήκη, *ἡ*, das Behältnis für Salbenbüchschen. Von
ἀλάβαστ(ρ)ον, *τό*, buk. u. N. T., od. gew.
ἀλάβαστρος [ᾰλᾰ], auch **ἀλάβαστος,** *ὁ*, wahrscheinl. Fremdwort, eine Art Onyx, dann eine daraus gearbeitete Büchse, bes. Salbenbüchslein, mit Gen. *μύρου*.
ἅλαδε [ᾰ ᾰ] (*ἅλς*), Adv., ep. zum Meere hin, auch *εἰς ἅλαδε*.
ἀλαζονεία, *ἡ*, Aufschneiderei, Großtuerei, Prahlerei, Schwindel.
ἀλαζονεύομαι, Dep. med., großtun, prahlen, *τί* mit etw.
ἀλαζονικός, 3. Adv. -*κῶς*, prahlerisch, stutzerhaft.
ἀλαζών, *όνος, ὁ, ἡ* (*ἀλάομαι, ᾰ*), eigtl. Herumzieher, Marktschreier, dann Adj. aufschneidend, prahlerisch, lügenhaft. Subst. Windbeutel, Großsprecher, Prahler, Stutzer.
Ἀλαζῶνες, *οἱ*, skythisches Volk in der Gegend, wo Dniepr und Bug sich am meisten nähern.
ἀλᾱθέως u. ähnl., dor. st. *ἀληθέως*.
Ἁλαί, *ῶν, αἱ*, att. Demen mit Salzwerken, u. zwar **a)** *Ἀαρφνίδες* an der Ostküste (Eur.). **b)** *Αἰξωνίδες* an der Westküste (Hell.).
ἀλαίνω [ᾰ], poet. = *ἀλάομαι*, umherschweifen.
ἀλαλά [⏑⏑–], *ᾶς, ἡ*, poet., **ἀλαλαγά** [⏑⏑⏑–], *ἡ*, poet., **ἀλάλαγμα,** *τό*, sp., **ἀλαλαγμός,** *ὁ*, ion. poet. u. sp., **1)** Kriegsgeschrei, dann überh. Geschrei, Siegesgeschrei, Jubel. **2)** Angstgeschrei.
ἀλαλάζω [⏑⏑––], Fut. *ἀλαλάξομαι*, Aor. *ἠλάλαξα*, **1)** den Kriegsruf *ἀλαλά* od. das Kriegsgeschrei beim Anrücken gegen den Feind nach Absingen des Päan erheben, abs. od. *τινί* zu einem (Gotte), überh. aufschreien (im N. T. tönen), mit *νίκην* Sieg jubeln. Med. = Aktiv. **2)** ein Angst-, Todesgeschrei erheben.
ἀλαλᾱτός, dor., u. **ἀλαλητός,** ep. poet. = *ἀλαλά*.
ἀ-λάλητος, 2. N. T. unaussprechlich.
Ἀλαλίη, *ἡ*, spät. Aleria, St. auf Korsika.

Ἀλαλκομενηΐς, ίδος, ἡ, ep. Bein. der Athene, so benannt nach der Stadt Alalkomenä in Böotien, wo sie einen Tempel hatte (mit Anspielung auf ἀλαλκεῖν abwehren, beistehen).
Ἀλαλκομένιος, ὁ, böotischer Monat, dem att. Maimakterion, unserm November entsprechend.
ἄ-λᾰλος, 2. im N. T. **a)** stumm. **b)** stumm machend.
ἀλαλύκτημαι (eigentl. Perf. von ἀλυκτέω = ἀλυκτάζω, ἀλᾰ), ep. voll Angst und Schrecken sein.
ἀ-λάμπετος, 2. poet. und **ἀ-λαμπής,** 2. poet. u. sp. (λάμπω), glanzlos, ἀλαμπὴς ἡλίου nicht von der Sonne beleuchtet; übertr. πρὸς δόξαν.
ἀλάομαι (ἄλη), Dep. pass., Präs. ep. ἀλάονται u. -όωνται, Imp. ἀλάου (-άευ) u. ἀλόω, Impf. ἠλώμην, -ᾶτο, ep. 3. pl. ἀλάοντο, -όωντο, Aor. ἠλήθην (poet. ἀλήθην), Perf. **ἀλάλημαι** mit Präs.-Bdtg., dah. auch ἀλάλησθαι, ἀλαλήμενος betont, Plqpf. ἀλάλητο. **1) umherirren,** sich umhertreiben, bes. von Bettlern, ἐπὶ πόντον, ὑπεὶρ ἅλα übers Meer, κατὰ δῶμα im Hause, auch mit dem bloßen Akk.: ἀλᾶσθαι γῆν ein Land durchschweifen Soph., ἔκ τινος von einem verjagt sein, und so abs. auch: in der Verbannung leben Soph. Thuk. **2)** poet. **a)** in seiner Ansicht hin und her **schwanken** Soph. **b)** etwas (τινός) entbehren.
ἀλαός [ᾰ ᾰ], 2. ep. u. poet. nicht sehend, blind, ἀλαὸν ἕλκος, die Blindheit verursachende Wunde.
ἀλαο-σκοπίη, od. **-ιή,** ἡ, blinde, d. i. unachtsame Wacht.
ἀλαόω, Aor. 1. ἀλάωσα [ᾰ ᾰ] (ἀλαός), ep. blenden, τινὰ ὀφθαλμοῦ einen des Auges berauben, einem das Auge blenden.
ἀλᾰπαδνός, 3. ep. leicht zu erschöpfen oder zu bezwingen, darum kraftlos, schwach. Von
ἀλαπάζω, Fut. -άξω, Aor. ἀλάπαξα, fast nur ep., nehmen, ausleeren, erschöpfen, zerstören, überwältigen, τινά jmdm. den Garaus machen, oder auch ihn ins Elend bringen, heimsuchen.
Ἀλάριχος, ὁ, der Westgotenkönig Alarich († 410 n. Chr.).
ἅλας, ατος, τό, im N. T. = ἅλς, übertr. Weisheit.
ἀλαστέω (ἄλαστος), ep. etwas nicht verwinden können, zürnen.
ἀλάστορος, 2. poet. = ἀλάστωρ, s. d.
ἄλαστος, 2. (λαθέσθαι), ep. u. poet. nicht zu verwinden, unerträglich, unablässig; dem nicht vergessen werden kann: abscheulich, verrucht; entsetzlich. Dav.
ἀλάστωρ, ορος, ὁ, **1)** poet. der die Schuld Rächende, bes. von der Gottheit, der Rachegeist, Quälgeist, und Adj. ἀλάστορος dem Rachegeist ähnlich. **2)** Übeltäter.
ἀλάτας u. ähnl., dor. st. ἀλήτης u. ä.
Ἀλάτας, ᾱ, ὁ, K. von Korinth, = Ἀλήτης.
ἀλαωτύς, ύος, ἡ (ἀλαόω), ep. Blendung.
Ἀλβανοί, οἱ, Bewohner v. Ἀλβανία, dem östl. Nachbarland von Iberien (h. *Georgien*) im Kaukasus, dem heutigen *Schirwan* u. *Daghestan.*
ἀλγεινός, 3. u. ep. **ἀλεγεινός,** 3., Kompar. ἀλγεινότερος u. poet. **ἀλγίων,** Superl. ἀλγεινότατος und ἄλγιστος (ἄλγος), **1)** schmerzhaft, kränkend, kummervoll, drückend, lästig, leidig, mit folg. Inf. Subst. τὰ ἀλγεινά Leiden, Ungemach, τὸ ἀλγεινότατον der empfindlichste Ort; Soph. OC. 1774 *cuius sermones omnium aegerrime feram.* Ep. mit folg. Inf. schwer, u. das Neutr. ἄλγιον, ep. um so schlimmer. **2)** Schmerz empfindend, leidend, Soph. OC. 1664. Adv. **-νῶς,** poet. schmerzhaft, ἀλγ. φέρω es tut mir leid.
ἀλγέω (ἄλγος), **1)** körperlich: Schmerzen empfinden od. leiden, krank sein. **2)** geistig: bekümmert sein, sich grämen, ärgern; τὴν ψυχήν im Innern; τὸ ἀλγοῦν der Schmerz.
ἀλγηδών, όνος, ἡ, **ἄλγημα,** τό, u. poet. **ἄλγησις,** ἡ (ἀλγέω), meist im Plur. u. meist körperlich: Leid, Qual; Gegenstand des Schmerzes oder Kummers, ἀλγηδὼν ὀφθαλμῶν d. i. Blendung.
ἀλγινόεις, εσσα, εν, schmerzvoll; mühevoll.
ἄλγιστος, ἀλγίων, s. ἀλγεινός.
ἄλγος, εος, ους, τό, Schmerz, Leid, Mühsal, Gram, Trauer, Quelle des Schmerzes.
ἀλγύνω (vgl. ἀλγέω), Fut. ὑνῶ, poet. u. sp. **1)** Akt. in Schmerz versetzen, wehe tun, betrüben, τινά, auch mit dopp. Akk.: τούτῳ οὐδέν μ' ἀλγυνεῖς damit tust du mir nicht weh. **2)** Med.-Pass. **ἀλγύνομαι,** ἀλγυνοῦμαι, ἠλγύνθην, Schmerzen empfinden, gekränkt werden, auch von Strafen.
ἀλδαίνω (verw. mit ἄλθομαι, lat. *alo,* dt. *alt*), Aor. 2. ἤλδανον, ep. u. poet. wachsen lassen, steigern, stattlicher machen.
ἀλδήσκω (ἀλδαίνω), **1)** intr. ep. wachsen, gedeihen. **2)** trans. buk. pflegen.
I. **ἀλέα,** ἡ, ion. **ἀλέη** (verw. mit εἵλη und εἵλησις, ἥλιος dt. *schwelen*), ep. u. sp. **1)** Wärme, Sonnenwärme. **2)** ein von der Sonne erwärmter Ort.
II. **ἀλέα** [ᾰ], ep. u. ion. **-έη,** ἡ (ἀλέομαι), **1)** Vermeiden, Entrinnen. **2)** Schutz, τινός gegen etw.
Ἀλέα, ion. -έη, ἡ, Beiname der Athene, unter welchem sie zu Tegea u. Mantinea verehrt wurde.
ἀλεαίνω (ἀλέα), sp. **1)** trans. erwärmen, warm halten. **2)** intr. sich wärmen, warm halten.
ἀλεγεινός, 3., s. ἀλγεινός.
ἀλέγω, ep. u. poet., doch nur im Präs., **ἀλεγίζω,** ep. u. nur im Präs. u. Imperf., u. **ἀλεγύνω,** ep., achtsam sein, achten auf, Ehrfurcht haben vor jmdm. τινός, mit Negation: mißachten τί od. τινός; οὐκ ἀλέγουσαι pflichtvergessene; sich um etwas kümmern, z. B. δαῖτα ἀλεγύνειν ein Mahl aufsuchen; beachten, besorgen, ἄτης μετόπισθε κιοῦσαι eifrig hinter d. A. einhergehen (abbittend).
ἀλεεινός, 3. (ἀλέα, ᾰ), **1)** erwärmend. **2)** warm.
ἀλεείνω, s. ἀλέομαι.
ἀλεεύς, ὁ, N. T. = ἁλιεύς, Fischer.
ἀλέη u. **Ἀλέη,** ἡ, s. ἀλέα u. Ἀλέα.
ἀλεής, 2., ὕπνος, angebl. = ὑπὸ τὴν ἀλέαν τοῦ ἡλίου in der Mittagsglut; andere ἀδεὴς ὕπνος ἐσθλός (Soph. Ph. 859).
ἀλείατα, τά, s. ἄλευρα.
ἄλειμμα, τό (ἀλείφω), **1)** Salböl, Salbe. **2)** sp. [Salbung.
ἀλείπτης, ου, ὁ (ἀλείφω), sp. der Einsalber, bes. Lehrer der Athleten, welcher die Diät zu bestimmen u. die Einölung zu verrichten hatte.
ἀλείς, s. εἴλω.
Ἀλείσιον, Ort in Elis; Ἀλεισίου κολώνη, Hügel [von Al.
ἄλεισον [ᾰ], τό, ep. großes Trinkgeschirr aus Metall mit erhabener Arbeit, Pokal.

ἀλείτης, ου, ὁ (ἀλιτεῖν, ᾰ), ep. Frevler.
ἀ-λειτούργητος, 2. frei von Staatslasten.
ἄλειφα, τό, poet. u. **ἄλειφαρ,** ατος, τό, ep. u. ion. [ᾰ] **1)** Salbe, Salböl, bes. zum Bestreichen der Toten vor der Verbrennung. **2)** überh. Öl, auch zum Polieren verwendet (γ 408 vielleicht ein besonderer Kalkputz). **3)** buk. auch Pech. Von
ἀλείφω [ᾰ], (λίπα, lat. *lippus*) Perf. act. ἀλήλιφα, pass. ἀλήλιμμαι (sp. -λειμμαι), Aor. pass. ἠλείφθην, **1)** Akt. einölen, salben, bes. nach dem Bade, bei Hom. gew. mit λίπ' ἐλαίῳ mit Olivenöl, auch bloß mit λίπα, überh. streichen, bestreichen, bildl. von der Palästra entlehnt: ἑαυτὸν ἐπί τι sich zu etw. einüben. **2)** Med. sich salben, χρόα seinen Körper salben, teils mit λίπα, teils μύροις; παρά τινι jmds. Ringschule besuchen, sich im Ringen üben.
ἄλειψις, εως, ἡ, ion. das Salben.
ΑΛΕΚ (ἀλκή, vgl. ἀλέξω), bes. ep. u. poet., **1)** Akt. abwehren, Aor. 1. opt. ἀλέξαιμι, Aor. 2. red. ἄλαλκον, inf. -κέμεναι, -κέμεν u. -κεῖν. **2)** Med. sich wehren, von sich abwehren, τινά od. τί, Fut. ἀλέξομαι, Aor. mit ἀλεξάμεσθα, inf. ἀλέξασθαι.
ἀλεκτορίς, ἴδος, ἡ, Fem. zu ἀλέκτωρ, ion. u. sp. Huhn, Henne.
ἀλεκτορο-φωνία, ἡ, N. T. der Hahnenschrei.
ἄ-λεκτρος, 2. **1)** unvermählt. **2)** mißverheiratet (= δύσλεκτρος), γάμων ἁμιλλήματα unselige Begier nach Verehelichung. Als Adv. ἄλεκτρα unvermählt.
ἀλεκτρυών, όνος, ὁ, Fem. -ύαινα, ἡ, u. poet. u. sp.
ἀλέκτωρ, ορος, ὁ (ἀλέξω, also „Kämpfer"), Hahn.
ἀλέματος, 2. [ᾰ], dor. für ἠλέματος.
Ἀλεξάνδρεια, ἡ, **1)** St. in Ägypten, j. *Skanderik.* **2)** St. am Paropamisos. **3)** St. am Tanaïs, u. v. a. Einw. **Ἀλεξανδρεύς.** Adj. **Ἀλεξανδρινός.**
Ἀλεξανδριστής, οῦ, ὁ, sp. ein Anhänger Alexanders.
ἀλέξ-ανδρος, 3. (ἀλέξω, ἀνήρ), Männer abwehrend; Ehrenname des Paris. Später ist
Ἀλέξανδρος häufiger Eigenname, bes. von thessalischen, makedonischen und epirotischen Fürsten.
ἀλεξανδρώδης, ῶδες, poet. alexanderartig.
ἀλεξ-άνεμος, 2. ep. windabwehrend.
ἀλέξημα, τό, Abwehr, Schutz-, Heilmittel.
ἀλέξησις, εως, ἡ, ion. u. sp. Abwehr, Hilfe.
ἀλεξητήρ, ῆρος, ep. u. **ἀλεξήτωρ,** ορος, ὁ, poet. Verteidiger, Helfer, Hort. Dav. [Heilmittel.
ἀλεξητήριος, 2. verteidigend, schützend; τὸ ἀ.
ἀλεξι-βέλεμνος, 2. poet. pfeilabwehrend.
ἀλεξί-κᾰκος, [ῐ], 2. ep. u. sp. Unheil abwehrend.
ἀλεξί-μορος, 2. poet. Tod abwehrend.
ἀλεξι-φάρμακον, τό, Gegenmittel.
ἀλέξω [ᾰ], bes. ep. u. ion. (ἀλκ-ή, vgl. die Formen unter *ΑΛΕΚ*), Präs. inf. ἀλεξέμεναι u. ἔμεν, Fut. ἀλεξήσω u. ἀλεξήσομαι, Aor. act. opt. ἀλεξήσαιμι, -σειε, **1)** Akt. abwehren, τί und τινί τι einem etwas, einen gegen etwas verteidigen, doch auch τινός τι von einem etwas, u. bloß τινί einen verteidigen; auch abs.: helfen. **2)** Med. **a)** ἀλέξεσθαί τινα jmdn. von sich abwehren, sich gegen einen verteidigen, auch wohl einem Gleiches mit Gleichem vergelten, u. so auch τί etwas von sich abwenden, u. τινί einem beistehen od. etwas beschützen. **b)** abs.: sich verteidigen.

ἀλέομαι, ἀλεύομαι u. **ἀλεείνω,** ep. u. poet., Impf. ἀλέοντο, Aor. 1. ἠλεύατο und ἀλεύατο, coni. ἀλέηται und ἀλεύεται (st. ἀλεύηται), opt. ἀλέαιτο, imper. ἄλευαι, ἀλέασθε, inf. ἀλέασθαι u. ἀλεύασθαι (ἄλη, ᾰ), ausweichen, entfliehen, entgehen, meiden, τί, selten τινά, z. B. θεούς dem Zorne der Götter ausweichen, d. h. sie scheuen, mit dem Inf. meiden, d. h. sich scheuen, unterlassen.
ἀλέτης, ου, ὁ (ἀλέω), mahlend, ὄνος der obere
ἀλετρεύω, s. ἀλέω. [Mühlstein.
ἀλετρίς, ίδος, ἡ (ἀλέω), ep. mahlend, γυνή die das Getreide mahlende Sklavin.
Ἀλευάδαι, ῶν, οἱ, die Aleuaden, eins der vornehmsten Geschlechter Thessaliens, nach dem Herakliden Aleuas benannt.
ἄλευρον, τό, sp. u. N. T. gew. pl. **ἄλευρα,** τά, u. ep. **ἀλείατα,** τά (ἀλέω), das Mehl, bes. Weizenmehl. Vgl. ἄλφιτον.
ἀλεύω, Fut. ἀλεύσω, Aor. imp. ἄλευσον, fernhalten, entfernen. Med. s. ἀλέομαι.
ἀλέω [ᾰ], nur Aor. 1. ἤλεσα, ep. ἄλεσσα, und Perf. pass. ἀληλεμένος u. -εσμένος, ep. Nebenf. **ἀλετρεύω,** mahlen. [gegen etwas.
ἀλεωρή, ἡ (ἀλέομαι, ᾰ), **1)** ep. das Ausweichen, die Flucht **2)** ep. u. ion. Abwehr, Schutz, τινός
ἄλη [ᾰ], ἡ, *error,* **1)** das Umherschweifen, Umherirren, ἄλῃ ἐξέπεμψε d. i. in irrem Schwärmen, sowohl äußerlich (πλάνῃ), als innerlich (μανίᾳ). **2)** ἄλαι βροτῶν, poet. das (durch die Winde bewirkte) Irreführen. **3)** die Unruhe des Geistes, Angst, Wahnsinn.
ἀλήθεια, ἡ, ep. u. ion. **ἀληθείη** (ἀληθής), Wahrheit, **1)** wahres Sein: Wirklichkeit, Richtigkeit. **2)** wahres Tun: rechte Weise, wahre Art. **3)** wahres Reden: Wahrhaftigkeit, Aufrichtigkeit. Wendgn.: μετ' ἀληθείας u. ä. wahrheitsgemäß; τῇ ἀλ. κατ' ἀλήθειαν in Wahrheit; τῆς ἀληθείας ἡττᾶσθαι gegen d. W. nicht aufkommen.
ἀληθευτικός, 3. der Wahrheit beflissen, wahrhaftig.
ἀληθεύω u. ion. **ἀληθίζομαι, 1)** wahrhaft sein, die Wahrheit sagen, mit Akk.: etwas der Wahrheit gemäß angeben od. verkünden, od. Wort halten. Pass. ἐπὶ τούτοις ἀληθευομένοις unter der Bedingung, daß dies wahr sei. **2)** sp. auch wahr machen. Von
ἀ-ληθής (ἀ + *λῆθος zu dor. λᾶθος, τό, λαθεῖν) dor. ἀλᾱθής, έος, 2. • **1)** subjektiv: nicht verhehlend, aufrichtig, **ehrlich,** zuverlässig (κριτής Thuk.), **wahr,** echt, τὸ ἀληθές die Wahrheitsliebe • **2)** objektiv: unverhohlen, wahr, sicher, zuverlässig (Soph. El. 1040), τὸ ἀληθές die Wahrheit, Wirklichkeit Hdt., dah. τῇ ἀπὸ τοῦ ἀληθοῦς δυνάμει durch unsere wirkliche Macht, ἀληθεῖ λόγῳ u. τὸ ἀληθές in Wahrheit, Wirklichkeit, ἐς τὸ ἀληθές so daß die Wahrheit an den Tag kam. Als ironische Frage mit zurückgezogenem Akzent, ἄληθες; **wirklich?**; als Antwort ἀληθές od. ἀληθῆ **richtig** • Adv. **ἀληθῶς** u. ion. **ἀληθέως,** auch Neutr. adj. **ἀληθές,** Kompar. ἀληθέστερον, Superl. ἀληθέστατα, wahrhaft, wirklich, in der Tat, bei Att. meist ὡς ἀληθῶς = τῇ ἀληθείᾳ, auch mit Subst.: ὁ ἀληθῶς οὐρανός Plat.
ἀληθίζομαι, s. ἀληθεύω.

ἀληθινός, 3., wahrhaftig, der Wirklichkeit entsprechend; echt, richtig, στράτευμα ἀλ. ein Heer von echten Soldaten; wirklich.
ἀληθό-μαντις, εως, ὁ, poet. wahrer Prophet.
ἀληθοσύνη, ἡ, poet. = ἀλήθεια, s. d.
ἀλήθω, sp. = ἀλέω, mahlen.
Ἀλήιον πεδίον, τό, fruchtbare Ebene in Ost-Kilikien.
ἀ-λήιος, 2. (λήιον), ep. ohne Feld, unbegütert.
ἄ-ληκτος = ἄλληκτος.
ἄλημα, τό (ἀλέω), eig. Mehl, poet. übertr. ein durch- [triebener Mann.
ἀλήμων, ονος, ὁ (ἀλάομαι, ᾰ) ep. sich herumtreibend; [Landstreicher.
ἀλῆναι, s. εἴλω.
ἀληνής, 2. poet. überaus begierig, τινός nach etwas.
Ἄληξ, ηκος, ὁ, Fl. in Bruttien, j. *Alece.*
ἄ-ληπτος, 2. (λαμβάνω), nicht zu fassen, unerreichbar, unbegreifbar. Kompar. weniger erreichbar.
ἀλής, έος, έες, έσι, έας [ᾰ], ion. in ein Ganzes vereinigt, in Masse, auf einmal, = ἀθρόος.
ἀλητεία, ἡ, das Herumreisen. Von
ἀλητεύω, Fut. εύσω, ep. u. poet. = ἀλάομαι, umherschweifen.
ἀλήτης, ου, ὁ, ἡ (ἀλάομαι, ᾰ), *vagus,* umherirrend, -schweifend, sich herumtreibend, unstät, z. B. βίος. Subst. *erro* der Flüchtling, Fremdling, Bettler, Landstreicher; poet. ἀλήτης πόνων Irrender in Mühen = nach mühseliger Irrfahrt. Dav.
ἀλητικός, 3. sp. bettlerhaft, nach Art eines Bettlers.
Ἀλθαία, ἡ, ion. Ἀλθαίη, T. des Thestios, Gem. des Oineus, M. des Meleagros.
ἄλθομαι, ep. Pass. mit Fut. med. ἀλθήσομαι, heil [werden.
ἀλία, dor., u. **ἀλίη,** ion. ἡ, (ᾰ, vgl. ἀλής), Versammlung, bes. des Volks.
ἀλιάδης, ου, ὁ (ἅλς), poet. Seemann.
ἀλι-άής, 2. (ἄημι), ep. meerwärts wehend, vom Lande her.
Ἁλιάκμων, ονος, ὁ, Hauptfl. Makedoniens, jetzt [*Wistritza.*
Ἁλίαρτος, ὁ, St. in Böotien, j. *Mazi.* Der Einw. ὁ **Ἁλιάρτιος.**
ἁλιάς, άδος, ἡ (ἅλς), sp., verst. κύμβα, Fischerkahn.
Ἁλιάς, άδος, ἡ, Gebiet der Stadt **Ἁλιαί** in Argolis. Einw. οἱ **Ἁλιεῖς** (vgl. ἁλιεύς).
ἀ-λίαστος [ῐ], 2. (λιάζομαι), ep. u. poet. unbeugsam, hartnäckig, unaufhörlich. Neutr. als Adv.
ἀ-λίβας, αντος, [ῐ], ὁ, saftlos, erstorben, tot.
ἀλίβατος, 2. [ᾰ] dor. st. ἠλίβατος. [(var.).
ἁλι-βαφής, 2. (βάπτω), poet. in die Wogen getaucht
ἀλίγκιος, 2. ep. u. poet. gleich, ähnlich.
ἁλί-δονος, 2. (δονέω), poet. auf dem Meere herum- [getrieben.
ἁλιεία, ἡ, sp. der Fischfang.
ἁλι-ερκής, 2. (ἕρκος), poet. meerumgürtet.
ἁλιεύς, έως, ῶς, ion. ῆος, ὁ (ἅλς), Adj. Seemann, ἐρέται Ruderer zur See. Subst. **a)** Seemann, Schiffer. **b)** Fischer; bei Arr. 6, 23 heißen die indischen Ichthyophagen so; ebenso die Einw. v. Ἁλιαί in Argolis, s. Ἁλιάς. Dav.
ἁλιευτικός, 3. (ἁλιεύς), Fischern gehörig, πλοῖον Fischerkahn.
ἁλιεύω, sp. u. N. T. fischen.
I. **ἁλίζω** [ᾰ], Aor. act. ἥλισα, pass. ἡλίσθην, Perf. pass. ion. ἅλισμαι, ἁλίσθαι (ἀλής), versammeln, zusammenbringen, Pass. versammelt werden, sich versammeln.
II. **ἁλίζω** (ἅλς), N. T. salzen.

Ἁλιζῶνες u. **Ἁλίζωνοι,** οἱ, Volk am Pontos in Bi- [thynien.
ἁλι-ήρης, 2. poet. meerdurchrudernd.
ἁλίθιος, 3. [ᾰ], dor. f. ἠλίθιος
ἄ-λιθος, 2. steinlos, nicht steinig.
Ἁλικαρνασσός, od. **-νᾱσός,** ion. **-νησός,** ἡ, Hauptst. in Karien, j. *Budrun.* Der Einw. ὁ **Ἁλικαρνασσεύς,** od. **-νᾱσεύς,** ion. **-νησεύς.**
ἁλικία, dor. für ἡλικία.
ἁλί-κλυστος [ᾰ ῐ], 2. poet. vom Meere bespült.
ἅλικος, dor. f. ἡλίκος.
ἁλί-κτῡπος, 2. (κτυπέω), poet. **1)** meergepeitscht. **2)** auf dem Meere tobend.
Ἁλικυαῖοι, οἱ, Einw. von Alikyä, St. in Sizilien.
Ἀλιλάτ, ἡ, arab. Name der Ἀφροδίτη Οὐρανία.
ἀ-λίμενος [ῐ], 2. **1)** hafenlos; τὸ ἀλίμενον das Fehlen der Häfen. **2)** überh. zufluchtslos. Davon
ἀλιμενότης, ητος, ἡ, Mangel an Häfen.
ἄ-λῑμος, hungerbannend.
Ἁλιμοῦς, οῦντος, ὁ, Demos der leontischen Phyle in Attika; Einw. **Ἁλιμούσιος.**
ἁλι-μῡρήεις, ήεσσα, ῆεν, ep. ins Meer rieselnd oder [rauschend.
ἀλινδέω u. **ἀλίνδω,** wälzen; ἠλινδημένος einer, der sich herumgetrieben, verweilt hat, ἔν τινι.
ἀλινδήθρα, ἡ, poet. Wälzplatz (für Pferde); übertr. Tummelplatz, ἐπῶν.
ἅλινος, 3. (ἅλς, ᾰ ῐ), ion. aus Salz bestehend.
ἅλιξ, ἁλιο-, ἅλιος u. ähnl., dor. f. ἧλιξ, ἡλιο-, ἥλιος.
I. **ἅλιος,** 3. u. 2. (ἅλς, ᾰ ῐ), zum Meere gehörig, das Meer bewohnend, γέρων der Meergreis (Nereus), θεαί die Meergöttinnen, Nereïden, νύμφαι, auch ἀθάναται ἅλιαι u. ἅλιαι allein; od. πλάτα εὐήρετμος: im Wellenschlag geschwungen; ähnl. Soph. Aj. 357.
II. **ἅλιος** [ᾰ ῐ], 3. ep. u. poet., Adv. ἅλιον u. **ἁλίως,** fruchtlos, vergeblich.
ἁλιο-τρεφής, έως, 2. ep im Meere genährt oder [lebend.
ἁλιόω (II ἅλιος), ep. u. poet. vereiteln, vernichten, βέλος vergeblich abschießen, τοὔπος die Drohung eitel, d. h. unerfüllt lassen.
ἀ-λῑπᾰρής, 2. poet. schmucklos, schlicht.
ἁλί-πεδον, τό, Ebene am Meer, bes. die am Piräus.
ἁλί-πλαγκτος, 2. (πλάζω), poet. über das Meer kommend.
ἁλί-πλᾱκτος, 2. dor. st. ἁλίπληκτος (πλήσσω), poet. vom Meere gepeitscht, in der Meeresbrandung.
ἁλί-πλοος, 2. (ἅλς, πλόος), ep. im Meere befindlich.
ἁλι-πόρφῠρος, 2. ep. meerpurpurn, mit echtem Purpur gefärbt.
Ἁλιρρόθιος, ὁ, Sohn des Poseidon u. der Euryte.
ἁλί-ρροθος, 2. poet. meerrauschend.
ἁλί-ρρυτος, 2. poet. meerbespült, meerumflossen, ἄλσος das Meer selbst.
ἅλις [◡◡], Adv., **1)** ep. haufenweise, zahlreich, in Menge. **2)** hinlänglich, genug, z. T. als reines Prädikat, so ἅλις πόνος Plage genug, näml. οὐπὶ νηὸς πόνος, u. so bei εἶναι usw., oft mit weggelassener Kopula, ἅλις u. damit basta! ἅλις δέ οἱ sc. ἔστω; mit Gen. od. Partiz. ἅλ. νοσοῦσ' ἐγώ genug daß ich kranke; mit folg. ὡς, ὅτι, auch im Gegens. von ἄγαν, gemäßigt, Eur. Med. 630.
Ἆλις, ιδος, ἡ, dor. f. Ἦλις.
Ἀλίσαρνα, ἡ, St. in Mysien.
ἀλίσγημα, τό, N. T. die Verunreinigung.

ἁλίσκομαι (ᾰ, nur Il. 5, 487 ᾱ), Dep., Fut. ἁλώσομαι, Aor. ἑάλων (m. doppeltem Augm.) u. ἥλων, Perf. ἑάλωκα u. ἥλωκα, Adj. verb. ἁλωτός, ep. Aor. conj. ἁλώω u. ἁλώῃ st. ἁλῶ u. ἁλῷ, opt. ἁλοίην, inf. ἁλώμεναι neben ἁλῶναι, Perf. dor. ἁλώκαντι = ἑαλώκασι • 1) gefangen, **ein-, weggenommen,** ergriffen, eingeholt werden, ἁλ. **πρός τινα** gefangen zu jmdm. geführt werden • **2)** übertr. • **a)** mit und ohne *θανάτῳ* getötet werden; überh. **berückt** (ὑπ' ἔρωτος Plat.) be-, gezwungen, eingenommen, **gewonnen werden** (χρήμασιν Soph.) • **b)** ertappt, überführt, schuldig erkannt, ἀδικέων Hdt., φονεὺς ἁλώσομαι als M. Soph., ἀσεβείας Plat., ἁλοῦσα δίκη Verurteilung Plat. leg. 937 d.

ἁλί-στονος, 2. poet. vom Meer erdröhnend, meerumrauscht.

ἄ-λιστος, 2. (λίσσομαι), ep. unangefleht, unverehrt.

ἁλιστός, 3. (ἁλίζω), sp. gesalzen, eingesalzen.

ἀλῑταίνω, Aor. ἤλιτον, ep. u. poet. frevelnd verletzen, gew. Med. Aor. ἀλιτόμην = Akt., mit *τινά* u. *τί* sich an jmdm. od. etwas versündigen, freveln, äol. Part. praes. *ἀλιτήμενος*: fehlend, sündigend, *θεοῖς* in den Augen der Götter.

ἁλι-τενής, 2. (τείνω), sich am Meere hinstreckend, dah. flach, seicht, sp. in der Ebene, ambulatio. Cic.

ἀλιτήμων, ονος (ἀλιταίνω), ep., **ἀλιτήριος,** 2. att., **ἀλιτηρός,** 2. poet. **1)** frevelnd, sündhaft, *τινί, τινός* gegen. **2)** der Verführer, Frevler, Pest, Verderben, auch bloß Schelm, Schalk. Davon

ἀλιτηρι-ώδης, ῶδες, verderblich.

ἀλιτραίνω, ep. = ἀλιταίνω.

ἀλιτρία, ἡ (ἀλιταίνω), poet. Frevel.

ἀλιτρός, 2. ep. ἀλιτήμων, s. d.

ἁλί-τρυτος, 2. buk. vom Meere ermüdet.

ἁλί-τυπος, 2. poet. pass. vom Meere geschlagen. Subst. poet. akt. der Schiffer.

ἀλκάεις, εντος, u. **ἀλκᾶς,** ᾶντος, 3. dor. = ἀλκήεις.

ἀλκαῖος, 3. (ἀλκή), poet. kräftig.

Ἀλκαῖος, 1) Bein. des Herakles. **2)** berühmter Lyriker auf Lesbos (ca. 612 v. Chr.), Adj. -αϊκός.

Ἀλκαμένης, ους, ὁ, **1)** berühmter Bildhauer u. Erzgießer, Zeitgenosse u. Schüler des Phidias, blüht von 440—430 v. Chr. **2)** sonst Eigenn.

ἄλκαρ, τό, ep. Schutzwehr, gegen *τινός*.

Ἀλκεΐδης, ου, ὁ, Bein. des Herakles.

ἀλκή (ἀλκ, s. *ΑΛΕΚ*), Dat. **ἀλκῇ**, ep. **ἀλκί, 1)** kräftige Wehr, Abwehr, Kraft, Mut. **2)** kräftige Hilfe, Truppenmacht. **3)** Kampf, Schlacht. Wendungen: ἀλκὴν **ποιεῖσθαι** u. **ἐς ἀλκὴν τρέπεσθαι** sich zur Wehr setzen; ἀλκήν τινος ποιεῖσθαι jemdm. helfen; **ἀλκήν τινος τιθέναι** gegen jem. Hilfe schaffen. Personif. als Göttin auf der Ägis abgebildet. Dav.

ἀλκήεις, εσσα, εν, εντος, ep. u. poet. abwehrend, wehrhaft, tapfer.

Ἄλκηστις, ιδος, ἡ, T. des Pelias, Gem. des Admetos.

ἀλκί, s. ἀλκή.

Ἀλκιβιάδης, ου, ὁ, der bekannte Athener, S. des Kleinias, geb. 452, mit Perikles verwandt, Schüler des Sokrates, hochbegabt u. ehrgeizig, aber charakterschwach, gest. 404.

ἄλκῐμος, 2. auch 3. (ἀλκή), wehrhaft, streitbar.

Ἀλκί-νοος, ὁ, König der Phäaken in Scheria.

ἀλκί-φρων, 2. poet. wehrhaft gesinnt, wehrhaft.

Ἀλκί-φρων, ονος, ὁ, Eigenn., insbes. des Verf. einer fingierten Briefsammlung im 3. Jhdt. n. Chr.

Ἀλκ-μαίων, Ἀλκμαιωνίδαι, spätere Schreibg. für

Ἀλκμέων, ωνος, ὁ, **1)** S. des Amphiarāos und der Eriphȳle, Anführer der Epigonen vor Theben. **2)** Urenkel Nestors, Stammvater der berühmten athenischen Familie der **Ἀλκμεωνίδαι,** unter ihnen *Ἀλκμέων*, **a)** letzter lebenslänglicher Archon, a. 752, u. **b)** der Sohn des Megakles, a. 612.

Ἀλκμάν, ᾶνος, ὁ, griech. Lyriker, aus Sardes gebürtig, lebte um 660 v. Chr. in Sparta, Begründer der Chorpoesie.

Ἀλκμανίδαι, poet., dor. = Ἀλκμεωνίδαι.

Ἀλκμήνη, ἡ, Gem. des Amphitryon, M. des Herakles.

ἀλκτήρ, ῆρος, ὁ (St. ἀλκ, s. ἀλέξω), ep. u. poet. Abwehrer, Rächer, Schutzwehr, *κυνῶν* gegen Hunde.

Ἀλκυόνη, ἡ, Bein. von Meleagros Gattin Kleopatra, von

ἀλκυών, όνος, ἡ, (att. ἁλκ. Anlehnung an ἅλς), ep. u. poet. Weibchen des Meereisvogels, das vom Männchen getrennt unablässig wehmütige Klagetöne von sich **gibt.**

ἀλλά, Konj. (proklitisches ἄλλα von ἄλλος, eigentl. anders als das Erwähnte, *alia, ceterum*) • **1)** Scharf korrigierend nach Negat. **sondern,** *sed:* **οὐ μόνον** ἅπαξ **ἀλλὰ πολλάκις** Plat.; **οὐ πρὶν ἀλλ' ὁπότε** nicht eher **als** Il. 16, 62 • **2)** vielmehr *immo* • **3)** bestätigend: **ἀλλὰ δέχομαι** ich aber Xen. • **4)** *at* **aber,** jedoch • **5)** wenigstens, doch **ἀλλὰ νῦν γε (εἰ μὴ πρότερον)** • **6)** Frisch anhebend: aber, indessen • **7)** auffordernd: doch, wohlan Hom., vgl. komm' doch! **ἀλλ' ἴθι!** • **8)** bei Entgegnungen: ei ja! gut, nein • **9)** in Fragen, Ausrufen: wie? • **10)** Verbindungen: **ἀλλὰ μήν** nun aber; **οὐ μὴν ἀλλά** u. **οὐ μέντοι ἀλλά** trotzdem, indessen; **ἀλλὰ γὰρ** aber ja, — freilich; **οὐ μόνον** od. **οὐχ ὅτι (μὴ ὅτι) — ἀ. καί** nicht nur — sondern auch; **οὐχ ὅπως — ἀ. καί** weit entfernt — vielmehr.

ἀλλᾰγή, ἡ (ἀλλάσσω), Wechsel, Tausch.

ἀλλάλαιν, ἀλλαλᾶν u ähnl., dor. = ἀλλήλων, s. d.

ἀλλαντο-πώλης, ου, ὁ, poet. Wursthändler. Von

ἀλλᾶς, ᾶντος, ὁ (*allium,* Knoblauch?), Wurst.

ἀλλάσσω u. **ἀλλάττω,** (ἀλλακ, ἄλλος), Fut. ἀλλάξω u. ἀλλάξομαι (auch pass.), Aor. ἤλλαξα u. ἠλλαξάμην, Perf. act. ἤλλαχα, pass. ἤλλαγμαι, Fut. 3. (ἀπ-)ηλλάξομαι, Pass. Aor. ἠλλάχθην, Fut. ἀλλαχθήσομαι, in Prosa häufiger Aor. 2. ἠλλάγην u. Fut. 2. ἀλλαγήσομαι, Adj. verb. ἀλλακτός u. -τέος, anders machen • **1)** Akt. wechseln, **vertauschen,** *τινί* mit jmdm.; überh. verlassen; ἐξ ἕδρας von seiner Bahn abweichen • **2)** Med. für sich vertauschen, **austauschen,** eintauschen, von dem Seinigen vertauschen, *τί τινι* etwas mit jmdm., *ἔς τι* sich in etwas verwandeln; übertr. *τὶ ἀντί τινος* etwas mit etwas vertauschen, *τινός* um etwas; *ἐν αὐλαῖς* vertauschen mit, verlassen Soph.; überh. **verwechseln** • **3)** Pass. **loskommen;** ἀλλαχθῆναι u. ἀλλαγῆναι, sich trennen, losmachen.

ἀλλαχᾷ, dor. = **ἀλλαχῇ,** Adv., anderswo, anderswohin.

ἀλλαχόθεν, sp. N. T. anderswoher.

ἀλλαχόθι, sp. = ἀλλαχῇ.
ἀλλαχόσε = ἄλλοσε, anderswohin.
ἀλλαχοῦ, Adv. = ἀλλαχῇ, s. d.
ἄλλῃ, Adv., eigentl. Dat. fem. von ἄλλος, **1)** örtlich: **a)** anderswo, auch τῇ ἄλλῃ (verst. ὁδῷ) auf einem andern Wege, (verst. χώρᾳ) an einem andern Orte. **b)** anderswohin, ἔρχεταί τι es geht hin, geht verloren. **2)** modal: anderswie.
ἀλληγορέω (ἄλλος, ἀγορεύω), sp. u. N. T. etwas anders d. h. bildlich bezeichnen, bildlich reden.
ἀλληγορία, ἡ, sp. bildlicher Ausdruck, Allegorie; bildliche Darstellungsweise, allegorische Erklärung.
ἄλληκτος, 2. ep. u. poet. st. ἄ-ληκτος (λήγω), unaufhörlich. Neutr. als Adv.
ἀλληλούια, hebr. = lobt den Herrn! Halleluja. N.T.
ἀλληλοφᾰγίη, ἡ (φαγεῖν), ion. das gegenseitige Auffressen.
ἀλληλοφθορία, ἡ (φθείρω), gegenseitige Aufreibung.
ἀλληλο-φόνος, 2. poet. Wechselmord übend.
ἀλλήλους, Pronomen reciprocum (aus Verdoppelung von ἄλλος entstanden, wobei das erste ἄλλος als Subjekt zu fassen ist, weswegen das Ganze nur in den cas. obl. vorkommen kann), einer des, dem, den andern, einander, wechselseitig, gegenseitig.
ἄλλην, Adv., verst. ὁδόν, anderswohin, s. ἄλλος, 2.
Ἀλλόβριγες, οἱ, sp. ein gallisches Volk in d. j. Dauphiné und Savoyen, die *Allobroges.*
ἀλλο-γενής, 2. sp. N. T. von anderem Volke.
ἀλλό-γλωσσος, 2. ion. von anderer Sprache.
ἀλλογνοέω (ἄλλος, νόος), ion., Part. aor. ἀλλογνώσας st. ἀλλογνοήσας, für einen andern halten, verkennen.
ἀλλό-γνωτος, 2. ep. andern bekannt, daher uns fremd. [Fremde.
ἀλλοδᾱμία, ἡ (δῆμος), poet. dor. das Ausland, die
ἀλλοδᾰπός, 3. (aus ἄλλοδ + Suff. -απός = lat.-*inquus* vgl. *propinquus*), von anderswoher, ausländisch, fremd; subst. der Fremde.
ἀλλο-ειδής, 2. od. **ἀλλο-ϊδής,** 2. (ϝιδεῖν), ep. anders aussehend.
ἄλλοθεν, Adv., anderswoher.
ἄλλοθι, Adv., **1)** anderswo, an einer andern Stelle, auch: in der Fremde, und mit dem Gen. **ἄλλοθι** πάτρης fern vom Vaterlande, γαίης an einem andern Punkte der Erde. **2)** auf andere Art, in einem andern Falle, ἄλλοθί πῃ irgend anders.
ἀλλό-θροος, 2., zsgz. **ἀλλόθρους,** ep. ion. poet. u. sp. anders d. h. fremd redend, überh. fremd, z. B.
ἀλλο-ιδής, 2. s. ἀλλοειδής. [γνώμη.
ἀλλοῖος, 3. andersartig, anders beschaffen, verschieden, ἄλλοτε ἀλλοῖος bald so bald anders; sp. auch geradezu: schlimm. Übertr. m. τὰς γνώμας entfremdet. Adv. **ἀλλοίως,** Kompar. ἀλλοιότερον etwas anders. Dav.
ἀλλοιόω, akt. verändern; Pass. sich ändern und zwar sich verschlechtern; part. vereitelt, τὴν γνώμην umgestimmt werden. Dav.
ἀλλοίωσις, εως, ἡ, Veränderung, das Anderswerden.
ἄλλοκα, dor. st. ἄλλοτε.
ἀλλόκοτος, 2., anders beschaffen, **a)** verändert, **τῶν πάρος. b)** ungewöhnlich, sonderbar, verkehrt, unerhört, widernatürlich.

ἄλλομαι (W. ἀλ, ἄλ-jo-μαι, lat. *salio*), Dep. med., Fut. ἁλοῦμαι, Aor. 1. ἡλάμην, ἅλασθαι [ᾰ] u. Aor. 2. ἡλόμην, ἅληται, ἅλοιτο, ἁλέσθαι, ἁλόμενος [ᾰ], ferner ep. Aor. ind. ἅλσο, ἅλτο, (ἇλσο, ἇλτο), conj. ἅλεται, part. ἅλμενος, buk. Fut. ἁλεῦμαι, **1)** springen, vom Pfeile: fliegen, hüpfen, tanzen; übertr. εἴς τινα u. ἐπί τινι (plötzlich) auf einen eindringen. **2)** Im N. T. vom Wasser: sprudeln.
ἀλλο-πρόσ-αλλος, ὁ, ep. von einem zum andern sich wendend, unbeständig.
ἄλλος, η, ο (aus ἀλ-jος, lat. *alius*) Gen. plur. fem. bei Hdt. ἀλλέων • **1)** ein anderer, teils Adj., teils Subst., ἄλλος Ἀχαιῶν • **2)** = *alter,* der andere, von zweien, wo es meist wiederholt wird, ἄλλος μέν, ἄλλος δέ u. ä. der eine, der andere; ἄλλος καὶ ἄλλος einer nach dem a., ἄλλος ἄλλον τρόπον der eine so, der andere so; ἄλλῃ καὶ ἄλλῃ ἐπωνυμίᾳ mit verschiedenen, mehreren Namen; auch ὁ ἕτερος — ὁ ἄλλος, bei Zahlen χίλιοι καὶ ἄλλοι d. h. andere tausend; ferner ein zweiter, auch der folgende, **τῇ ἄλλῃ** (verst. ἡμέρᾳ) am folgenden Tage, **ἄλλην** (verst. ὁδόν) ep. anders wohin • **3) ὁ ἄλλος der übrige,** οἱ ἄλλοι (mit Krasis bei Hdt. ὦλλοι), bei Hom. auch bloß ἄλλοι die übrigen, auch ἄλλοι οἱ πλεῦνες (als substantiv. Ausdruck) die meisten übrigen, τὰ ἄλλα, τἆλλα od. τἄλλα, τὸ ἄλλο der übrige Teil • **4)** = ἀλλότριος: ἄλλος ὁδίτης ein fremder W. Hom. • **5)** ἀλλοῖος: ἀ. γέγονεν Plat. verschieden von Rechten, unrecht: ἄλλον τινὸς ἡττῆσθαι Dem. • **6)** verschieden: ἄλλα δικαίων = ἄλλα ἢ δίκαια Xen. • **7)** bei Aufzählungen (Gegensatz) außerdem, **sonst:** μήτηρ ἠδὲ πατὴρ ἠδ' ἄλλοι πάντες ἑταῖροι und außerdem alle G. Hom.; χόρτος οὐδὲ ἄλλο δένδρον οὐδέν Xen • Adverbial steht es außer in ἄλλῃ, ἄλλην, ἄλλως auch in ἄλλο, τοῦτ' ἄλλο, οὐδὲν ἄλλο, τἆλλα, im übrigen, übrigens, ähnl. ἐς τὰ ἄλλα, κατ' ἄλλο οὐδέν, τά τε ἄλλα — καί sowohl aus andern Gründen als insbesondere, nicht nur, sondern auch; **ἄλλο τί** (verst. ἐστί) mit u. ohne **ἤ** nicht wahr? ἄλλο γε ἢ (näml. ὅτι) ἀφροσύνη πρόσεστι ist es etwas anders als?, τί ἄλλο ἤ was sonst als? —, wo überall ein Verbum, ποιεῖν, πάσχειν usf. zu ergänzen ist • Adv. **ἄλλως,** anders • **1)** auf andere Art u. Weise, aus anderm Grunde, in anderer Absicht, sonst • **2)** anders als es sein soll, besser, schlimmer, vergeblich, aufs Geratewohl, **zwecklos,** umsonst; sorglos, nur so hin, nur so sonst, bloß, bes. bei Subst. ἄλλ. μῦθος bloß Sage; ebenso τὴν ἄλλως vergebens • **3) übrigens,** sonst; Il. 20. 99: auch sonst • **4)** abgesehen von, τούτων ἁπάντων Hdt. 8, 142. Mit **τέ**: übrigens, sowohl anders als so; ἄλλως τε καί sowohl aus andern Gründen als, besonders, hauptsächlich Thuk.; vorzüglich, zumal; ἄλλως τε ἐπειδή zumal da ja.
ἀλλός, 3. äol. = ἠλεός, töricht; vgl. ἀλοσύνα.
ἄλλοσε, Adv., anderswohin.
ἀλλοσύνη, ἡ, äol. = ἀλοσύνη.
ἄλλοτα, äol. = ἄλλοτε.
ἄλλοτε, Adv., ein andermal, zu einer andern Zeit, sonst, ἄλλοτε μὲν — ἄλλοτε δέ u. ähnl.: bald — bald,

jetzt — dann, ähnl. τότε μὲν — ἄλλοτε δέ usw., ἄλλοτε καὶ ἄλλοτε dann und wann, von Zeit zu Zeit, ἄλλοτ' ἐπ' ἄλλον bald auf diesen, bald auf einen andern.

ἀλλοτριο-επίσκοπος, ὁ, N. T. der sich in fremde Angelegenheit mischt.

ἀλλοτριο-νομέω, Fremdartiges zuteilen, beilegen.

ἀλλότριοπραγμοσύνη, ἡ, unberufene Geschäftigkeit.

ἀλλότριος, 3., Adv. -ίως (für ἀλλοτέριος, von ἀλλότερος, ἄλλος) **fremd. 1) anderen gehörig,** Gegens. ἴδιος, τοῖς σώμασιν ἀλλοτριωτάτοις χρῶνται sie gebrauchen ihre Körper als ihnen völlig fremde Thuk., ἀλλοτρίοις γναθμοῖς γελᾶν mit entstelltem, grinsendem Gesicht lachen; ἀλλότριον γίγνεταί τι es geht etwas in fremde Hände über; κρατουμένων πάντα ἀλλότρια den Besiegten gehört nichts; τὰ ἀλλότρια fremdes Eigentum, fremde Interessen, **2) ausländisch,** Gegens. οἰκεῖος, dah. auch feindlich, ἡ ἀλλοτρία, verst. χώρα, Feindesland; **fremd,** und dah. überh. entfremdet, abgeneigt, τινός, **3) fremdartig,** unpassend, τινός für einen. Dav.

ἀλλοτριότης, ητος, ἡ, Entfremdung.

ἀλλοτριόω (ἀλλότριος), **1)** Akt. entfremden, τί τινι u. τί τινος, wie τῶν σωμάτων τὴν πόλιν die Stadt von ihren Bürgern entblößen: ἀπό τινος loskaufen. **2)** Pass. entfremdet werden, d. h. **a)** in fremde Hände kommen, **b)** abgeneigt werden.

ἀλλοτρίωσις, εως, ἡ, Entäußerung, d. i. Zurückweisung.

ἄλλοφος, 2. ep. st. ἄ-λοφος, ohne Helmbusch.

ἀλλοφρονέω (ἀλλό-φρων anders gesinnt), ep. u. ion. **a)** an etwas anderes denken, in Gedanken sein oder es anders im Sinne haben. **b)** geistesabwesend sein.

ἀλλό-φῦλος, 2. **a)** von anderem Stamme oder Volke, fremd, ausländisch. **b)** sp. übh. anders geartet.

ἀλλοχόθι = ἀλλαχοῦ sp.

ἀλλό-χρους, 2. poet. von veränderter Farbe.

ἀλλό-χρως, ων, ωτος, poet u. sp. fremd aussehend.

ἄλλῠδις, ep. Adv., anderswohin, gew. mit ἄλλος, *alius alio* der eine hierhin, der andere dorthin, ἄλλ. ἄλλῃ bald (dahin) so, bald (dorthin) so.

ἄλλως, s. ἄλλος.

ἅλμα, τό (ἅλλομαι), der Sprung, das Springen.

ἅλμη, ἡ (ἅλς), **1)** Salz-, Meerwasser, auch Schmutz von trocken gewordenem Meerwasser; poet. Salzfläche, Meer. **2)** Salzwasser, Salzigkeit, Schärfe, *salsugo*. Dav.

ἁλμήεις, poet. salzig; Meer-.

ἁλμῠρίς, ίδος, ἡ, meist sp. Salzigkeit, salzige Speise; Plur. Gegend am Piräus.

ἁλμῠρός, 3. (ἅλμη), **1)** salzig, ὕδωρ Meerwasser. **2)** bitter, herb, ἁλμυρὰ κλαίειν bitterlich weinen.

Ἄλμωπες, οἱ, Bewohner der **Ἀλμωπία,** einer Landschaft in Makedonien.

ἀλοάω, ep. **ἀλοιάω** [ᾰ] (ἀλωή), mit den Füßen austreten, dreschen, zertreten, schlagen.

ἄ-λοβος, 2. ohne Lappen, von den Lebern der Opfertiere, als ungünstiges Vorzeichen.

ἀ-λογέω (ἄλογος), ep. ion. u. sp. **1)** keine Rücksicht nehmen, nicht beachten, verachten, abs. u. τινός, sp. auch τί. **2)** sp. von Sinnen sein.

ἀλογεύομαι, sp. unverständig sein.

ἀλογία, ion. -ίη (ἀλογέω), **1)** ion. Nichtbeachtung, Verachtung, ἐν ἀλογίῃ ἔχειν, ποιεῖσθαί τι, ἀλογίην ἔχειν τινός etwas nicht beachten, auch ἐν ἀλογίῃσιν ἔχειν τινός eigentl. sich in Nichtbeachtung einer Sache befinden. **2)** att. Mangel an Überlegung, Unüberlegtheit, Unvernunft, Folgewidrigkeit.

ἀλογιστία, ἡ, sp. Unbedachtsamkeit. Von

ἀ-λόγιστος, 2., Adv. **-ίστως** (λογίζομαι), **1)** abs. unüberlegt, vernunftwidrig, unbesonnen, τὸ ἀλόγιστον Unbesonnenheit, Unvernunft. **2)** τινός etw. nicht überlegend, nicht in Berechnung ziehend. **3)** poet. **a)** unergründlich. **b)** nicht zu rechnen, schlecht.

ἄ-λογος, 2., Adv. **ἀλόγως, 1)** vernunftlos, unvernünftig, grundlos. **2)** vernunftwidrig, widersinnig. **3)** unerwartet, nicht zu erwarten. **4)** unbeschreiblich, sprachlos, stumm.

ἀλόη, ἡ, die Aloe, aber im N. T. ein orient. Baum, dessen wohlriechender Saft zum Einbalsamieren verwendet wurde.

ἁλόθεν, ep. Adv. (ἅλς), vom Meere her, ἐξ ἁλόθεν aus dem Meere.

ἀλοιάω, s. ἀλοάω.

ἀ-λοιδόρητος, 2. **1)** ungeschmäht. **2)** = d. flgd.

ἀ-λοίδορος, 2. poet. nicht schmähend.

ἀλοιφή, ἡ (ἀλείφω), **1)** Schmiere, Fett, bes. Schweinefett, sowohl am Fleisch, als ausgeschmolzen. **2)** Salbe, Salböl. **3)** das Salben, Salbung.

Ἀλόννησος, ἡ, Insel u. St. im Ägäischen Meer, östl. von Peparethos.

(ἄλοξ), οκος, ἡ (Nom. Sg. ungebr., vgl. αὖλαξ), poet., **1)** Furche; übertr. πατρῷαι ἄλοκες des Vaters Ehebett; **τέκνων ἄλοκα σπείρειν** Kindersaat streuen. **2)** überh. Schmarre.

Ἀλόπη [ᾰ], ἡ **1)** St. des Achilleus in Phthiotis, Hom. **2)** St. im opuntischen Lokris, Thuk.

Ἄλος od. **Ἅλος,** ἡ, St. in Phthiotis.

ἁλοσύνη, ἡ [ᾰ], buk. Einfalt, Torheit; vgl. ἄλλος.

ἁλοσ-ύδνη, ἡ [ᾰ], ep. (-υδνη = *unda*, Meereswoge), Meerestochter, Bein. der Amphitrite (Od.) und der Thetis.

ἁλ-ουργής, 2. u **ἁλ-ουργός,** 3. (ἐργ, ᾰ), eigtl. meergearbeitet, mit Meerpurpur gefärbt, echt purpurn, purpurrot, τὰ ἁλουργῆ Purpurteppiche, Purpurkleider.

ἁλουργίς, ίδος, ἡ, poet. u. sp. Purpurkleid.

ἀλουσία, ion. -ίη, ἡ, ion., poet. u. sp. Entbehrung des Bades, Schmutz (im Plur.). Von

ἄ-λουτος, 2. ion. poet. sp. ungewaschen, ungebadet.

ἄ-λοχος, ἡ (ἀ copul. u. λέχος), meist ep. u. poet., Lagergenossin, Gattin, Beischläferin.

ἀλόω, Imp. praes., s. ἀλάομαι.

Ἀλπεινός, 3. sp zu den Alpen gehörig. Von

Ἄλπεις, εων, αἱ, die Alpen.

Ἀλπηνός, ἡ, u. **Ἀλπηνοί,** οἱ, St. der epiknemid. Lokrer bei den Thermopylen.

Ἄλπις, ιος, ὁ, ion. der *Inn*.

ἄλπνος, 3. poet. Superl. ἄλπνιστος, erwünscht, lieblich, angenehm.

ἅλς, ἁλός (lat. *sal*, ᾰ), **1)** ὁ, Salz, eigtl. Salzkorn,

οὐδ' ἅλα δοίης, d. h. nicht das geringste; gew. im Plur. **2)** ἡ (meist poet.), Salzflut, Meer.
ἄλσος, εος, ους, τό, heiliger Hain, überh. Hain, Wäldchen, dann aber auch = τέμενος, geweihte Stätte; so heißt die Inachos-Ebene, der Io-Hain, und so die Gegend von Theben; poet. πόντιον ἄλσος die Meeresfläche. Dav.
ἀλσώδης, 2. poet. hainartig.
ἁλτῆρες, ων, οἱ (ἅλλομαι), Sprunggewichte, Hanteln.
ἁλτικός, 3. (ἅλλομαι), zum Springen behend.
Ἄλτις, ιος u. **εως, ὁ** (viell. verw. mit got. *alhs*) der heil. 'Tempelbezirk' des Zeus in Olympia.
Ἀλυάττης, ου, ion. εω, Name mehrerer lydischer Könige, wie des Vaters von Krösus um 590 v. Chr.
Ἀλύβᾱς, αντος, ἡ, St. von unbekannter Lage.
Ἀλύβη, ης, ἡ (◡◡–), St. an der Südküste des Schwarzen Meeres mit Silberbergwerk.
Ἀλύζεια (Ἀλυζία), ἡ, St. in Westakarnanien, j. *Porto Candello.*
ἁλυκίς, ίδος, ἡ (ἅλς), sp. Salzquelle, Salzlache.
ἁλῠκός, 3. salzig.
ἀλυκτάζω, s. ἀλύω.
ἁλυκωτός, 3. mit Salz gemischt, salzig.
ἄλυξις, εως, ἡ (ἀλύσκω), poet. das Entfliehen.
ἀλύπητος, 2. poet. u. **ἄλῡπος,** 2., Adv. **-ύπως,** Superl. -πότατα. **1)** kummerlos, schmerzlos, unbetrübt κακῶν von Unheil, ἄτης ohne Leid u. Unheil, τὸ ἄλυπον = ἡ ἀλυπία Kummerlosigkeit, heitere Laune. **2)** nicht belästigend oder betrübend.
ἄλῠρος, 2. poet. sp. ohne Leier, ohne Sang; traurig.
ἄλυς, υος, ὁ, (ἀλύω), sp. müßiges Umhertreiben, Müßiggang.
Ἅλυς, υος, ὁ, Hauptfl. Kleinasiens, j. *Kizil-Irmak,* an dem am 28. Mai 585 die Schlacht zwischen Kyaxares von Medien und Alyattes von Lydien geschlagen wurde.
ἁλυσιδωτός, 3, (ἅλυσις), sp. kettenartig gearbeitet; θώραξ Kettenpanzer.
ἅλῠσις, εως, ion. ιος, Dat. ῑ, ἡ, Kette.
ἀ-λῡσῑτελής, 2. unnütz, schädlich. Adv. **-λῶς,** ohne Vorteil, zum Schaden.
ἀλυσκάζω, ep. u. poet., u. **ἀλυσκανω,** ep., Nbf. zu **ἀλύσκω,** ep. u. poet., Fut. ἀλύξω, Aor. ἤλυξα, ἀλύξαι (ἀλεύομαι, ᾰ), zu entkommen suchen, ausweichen, vermeiden, entkommen, abs. u. mit Akk.: ἤλυξα ἑταίρους ich entzog mich den Gefährten, doch auch mit dem Gen.: sich von etwas losmachen, etwas entgehen, οὐκ ἀλύξεις du wirst büßen.
ἀλύσσω, s. ἀλύω.
ἄ-λῠτος, 2. unauflöslich, fest; übertr. ohne Erlösung, unendlich.
ἄ-λυχνος, 2. ohne Leuchte.
ἀλύω (ῠ, doch Od. 9, 398 u. att. ῡ), ep. poet. u. sp. nur Präs. u. Impf., mit der ep. Nebenf. **ἀλύσσω** u. d. ion. **ἀλυκτάζω** (ἄλη, ᾰ), hin und her fahren, heftig erregt sein. **1)** mit dem Körper: ziellos umherschweifen, herumlungern. **2)** mit dem Gefühl: **a)** vor Freude außer sich sein, berauscht sein. **b)** vor Schmerz außer sich sein, betrübt sein. **3)** mit dem Denken: in Verlegenheit sein, irren, keinen Rat wissen; περὶ θυμῷ wie berauscht sein vor Gier.
ἄλφα, τό, das Alpha, Name des ersten Buchstabens.
ἀλφάνω (ἀλφή „Gewinn"), ep. u. poet., Aor. ἦλφον Opt. 3. pl. ἄλφοιν st. ἄλφοιεν, erwerben; eintragen, einbringen.
Ἀλφειός u. poet. **Ἀλφεός, ὁ, 1)** Alpheios, Fl. in Arkadien u. Elis, j. *Alfeo.* **2)** der Flußgott Alpheios.
ἀλφεσί-βοιος, 3, (ἀλφάνω, βοῦς), ep. u. poet. Rinder einbringend; παρθένοι Jungfrauen, die den Eltern durch die Brautgeschenke der Freier viele Rinder einbringen, dah. übertr.: viel umworben.
ἀλφηστής, ὁ, entweder von ἀλφάνω: erwerbstätig, betriebsam, oder von ἄλφι u. ἔδω, brotessend.
ἄλφι, τό, ep., u. **ἄλφιτον, τό, 1) a)** im Sing. Gerste; gew. **b)** im Plur. Gerstengraupen, Gerstenmehl; überh. grobes Mehl und daraus bereitete Speise (s. ἀκτή II.), auch Gerstenbrei. **2)** überh. Brot, Speise; Lebensunterhalt; poet. πατρῷα ἄλφιτα väterliches Vermögen.
ἀλφιτοποιία, ἡ, Gerstenmehlbereitung.
ἀλφῐτοσῑτέω, Gerstengraupen od. Gerstenbrot essen.
ἀλῷα, τά, das Tennen- od. Erntefest der Demeter.
Ἀλωεύς, έως, ep. ῆος, S. des Poseidon, V. der götterfeindlichen Aloïden Otos u. Ephialtes.
ἀλωή od. **ἀλφή** [ᾰ], ἡ, **1)** fruchtbare Niederung, fruchtbares, bebautes Land, Fruchtland, Nutzland, Saatfeld; Garten, buk. auch Plur. **2)** Tenne. Dav.
Ἀλῳάς, ἡ, buk. die Tennenbeschützerin (Demeter).
ἅλων, ωνος, ἡ, sp. u. N. T. = ἅλως, s. d.
ἀλωπεκέη, ἡ, ion., att. zsgz. **-κῆ,** verst. δορά, Fuchsbalg.
Ἀλωπεκῆθεν, Adv., aus, u. **Ἀλωπεκῆσι,** Adv., in Alopekai, einem att. Demos.
ἀλωπεκίας, ὁ, sp. fuchsartig; mit dem Zeichen des Fuchses gebrandmarkt.
ἀλωπεκίζω, poet. ein Fuchs, d. i. hinterlistig und verschlagen sein, sich als Fuchs benehmen, betrügen, τινί od. τινά (var.).
ἀλωπεκίς, ίδος, ἡ, Fuchsbalg, eine Kopfbedeckung der Thraker aus Fuchsfell.
Ἀλωπεκόννησος, ἡ, St. auf d. thrak. Chersones.
ἀλώπηξ, εκος, ἡ, der Fuchs.
ἅλως, ω u. **ωος, ἡ** (ἀλωή), poet. **1)** Tenne. **2) Rundung des Schildes, Schildrand. 3) Getreide, N. T. 4) Hof (um Sonne und Mond).**
ἁλώσιμος, 2. (ἁλίσκομαι), **1)** einnehmbar; *expugnabilis;* übertr. **a)** zu gewinnen. **b)** faßlich, ἐμᾷ φροντίδι. **2)** ῥάξις ἁλ. poet. = ῥάξις ἁλώσεως, Kunde von der Einnahme.
ἅλωσις, εως, ἡ (ἁλίσκομαι), Einnahme, Wegnahme, Gefangennahme, **Gefangenschaft.**
ἁλωτός, 3., selten in Prosa 2., Adj. verb. von ἁλίσκομαι, **1)** einnehmbar, bezwinglich. **2)** zu entdecken, auffindbar.
ἀ-λώφητος, 2. sp. ohne Pause, ununterbrochen.
ἀλώω, s. ἁλίσκομαι.
ἄμ, ep. u. poet. aus ἀνά, vor β, μ, π, φ, ψ.
ἅμα, dor. poet. auch ἁμᾷ (*σαμα, ὁμοῦ, ahd. *samo,* samt, zusammen) • **1)** als Adv. • **a)** zu gleicher Zeit, um dieselbe Zeit wo, oft ἅμα τε — καί und zugleich, und dabei auch; σέ θ' ἅμα κλαίω καὶ ἐμέ Hom., ἅμα μὲν — ἅμα δέ teils — teils, nicht nur — sondern auch; ἅμα — καὶ ἅμα obgleich — dennoch, καὶ ἅμα und überdies, att. auch ἅμα τε καὶ ἅμα. Mit Part. u. Gen. abs. **wäh-**

rend, sobald als, **zugleich** mit, *ἅμα πορευόμενοι* während des Marsches • **b)** gemeinschaftlich, *ἅμα γενόμενοι* als sie beisammen waren, *ἅμα τρίτος* selbdritt Hom. • **c) auf gleiche Art** • **2)** als Praep. beim Dat. **zugleich mit** • **a)** von der Zeit, *ἅμα* (*τῇ*) *ἡμέρᾳ* mit Tagesanbruch, *ἅμα κήδεϊ* sobald die Trauer eingetreten ist • **b)** *ἅμα Θόαντι* zugleich mit Thoas, *οἱ ἅμα τινί* jmds. Umgebung • **c) gleichmäßig,** *ἅμα πνοιῇ ἀνέμοιο* gleich dem Wehen des Sturmes Hom.

Ἀμάδοκος, *ὁ*, Odryserfürst, **a)** Am. I, am Ende des 5. Jhdts. durch Seuthes II verdrängt. **b)** dessen Sohn Am. II, von 359—351, Nebenherrscher des Kersobleptes.

ἀμαδρυάς, *άδος*, *ἡ*, poet. *νύμφη*, Baumnymphe, die mit dem Baume lebt und stirbt.

Ἀμαζόνες [ᾰ], *αἱ*, mit d. ion. Nebenf. **Ἀμαζονίδες** (Sg. *ἡ Ἀμαζών*), die Amazonen, ein mythisches streitbares Frauenvolk am Thermodon in Pontos, später auch am untern Tanais u. in Libyen; Beiw. der ephesischen Artemis.

ἀμαθαίνω (*μαθεῖν*), unwissend sein.

ἀμάθεια, *ἡ*, ältere Schreibung st. *ἀμαθία*, s. d.

ἀ-μᾰθής, 2. (*μαθεῖν*), **1)** ununterrichtet und unwissend; auch von Sachen, z. B. *δόξαι* unsinnig, roh. Konstr. mit *τινός* u. *τί* in etwas. **2)** poet. ungekannt. Adv. **-θῶς,** Kompar. *ἀμαθέστερον*, **a)** unberechenbar. **b)** ungelehrt. Dav.

ἀμᾰθία, *ἡ*, **1)** Unwissenheit, Mangel an Bildung, Unbedachtsamkeit. **2) Unbekanntschaft,** *τινός* Unkenntnis von etw.

ἄμαθος [ᾰ ᾰ], *ἡ* (älter *ἄμαθος* aus *samdhos*, d. *sand*), ep. Sand, Staub; insb. Düne. Dav.

Ἀμαθοῦς, *οῦντος*, *ἡ*, St. an der Südküste v. Kypros mit einem Tempel der Aphrodite, j. *Limisso*. Der Einw. *ὁ* **Ἀμαθούσιος.**

ἀμαθύνω (*ἄμαθος*), ep. u. poet. eigentl. zu Staub machen, also vernichten.

ἀμαιμάκετος, 3. ep. u. poet. u. **ἀμαίμακος,** 2. poet. sehr lang, ungeheuer.

ἄμαλα, *τήν*, = *τὴν ναῦν*, Konj. Aesch. Suppl. 842.

ἀμαλδύνω [ᾰ], ep. u. poet. **1)** zerstören. **2)** unkenntlich machen, entstellen.

Ἀμάλθεια, *ἡ*, sp. Nymphe od. Jungfrau mit einem Stierhorn, aus welchem Nektar und Ambrosia geflossen sein soll; dah. sprichw. *κέρας Ἀμαλθείας* von großem Überflusse. Dav.

Ἀμαλθεῖον, *τό*, sp. Name des Landguts des Attikus.

ἀμαλλο-δετήρ, *ῆρος*, *ὁ*. ep., und *ἀμαλλοδέτης*, *ου*, *ὁ*, buk. (*ἄμαλλα*, die Garbe, u. *δέω*), Garbenbinder.

ἀμᾰλός, 3. ep. u. poet. schwach, zart.

Ἀμᾱνός, *ὁ*, Gebirge zwischen Kilikien u. Syrien, j. *Almaday*. Dav. *αἱ* **Ἀμανικαὶ** *πύλαι*, Gebirgspaß, am Taurus, j. Paß *Demir Kapu*.

ἅμαξα u. ep. **ἄμαξα,** *ἡ*, **1)** (vierrädriger) Wagen, bes. Lastwagen, bei Hom. (*ἅρμα*, zweirädriger Streitwagen) mit dem Gen. der Last; Sprichw. *ὥσπερ ἐξ ἁμάξης* Worte wie vom Karren, weil man bei Erntefesten in Athen die Leute vom Wagen herab verhöhnte; *ἡ ἅμαξα τὸν βοῦν* der Wagen zieht den Ochsen, d. i. die verkehrte Welt. **2)** ep. als Sternbild: Heerwagen, der große Bär.

ἁμαξεύς, *έως*, *ὁ*, *βοῦς* Gespannochse. Dav.

ἁμαξεύω, ion. u. sp. Frachtfuhrmann sein, fahren, *τινί* mit etwas, z. B. *ζεύγει βοῶν*. Pass. befahren werden, fahrbar sein.

ἁμαξ-ήρης, *ῆρες* (*ἀραρίσκω*), poet. an den Wagen gefügt, *θρόνος* Wagensitz; *τρίβος* Fahrstraße.

ἁμαξιαῖος, 3. einen Frachtwagen füllend, groß.

ἁμαξίς, *ίδος*, *ἡ*, ion. Demin. von *ἅμαξα*.

ἁμαξ-ιτός u. ep. **ἀμαξιτός,** 2. (*εἶμι*), befahrbar, dah. mit u. ohne *ὁδός*, *ἡ ἀμ.* Fahrstraße, Wagenbreite, *ἐν τριπλαῖς ἀμ.* auf der Kreuzung der Straße. Als Eigenn.

Ἀμαξιτός, *ἡ*, St. an der Westküste von Troas.

ἁμαξο-πηγός, *ὁ* (*πήγνυμι*), sp. Wagenbauer, Stellmacher.

ἁμαξο-πληθής, poet. = *ἁμαξιαῖος*.

ἆμαρ, dor. st. *ἦμαρ*.

ἀ-μάραντος, 2. u. **ἀμαράντινος,** 2. (*μαραίνω*), sp. u. N. T. unverwelklich, dauernd.

ἀμάρη [ᾰ ᾰ], *ἡ*, ep. Kanal, Graben.

ἁμαρτάνω, (*μερ*, *μέρος* u. *ἀ* priv., vgl. *ἄμοιρος*, wahrscheinlicher: skr. *mrsa* umsonst) *ἁμαρτήσομαι*, *ἥμαρτον*, *ἡμάρτηκα*, Pass. *ἡμάρτηται*, *ἡμαρτήθη*, Adj. verb. *ἀν-αμάρτητος*; ep. Aor. 2. auch *ἤμβροτον*, u. spät. Fut. *ἁμαρτήσω*, Aor. *ἡμάρτησα*, eig. unteilhaft sein, nicht erreichen • **1) verfehlen,** (das Ziel) nicht treffen, *τινός* • **2)** übertr. • **a) abirren,** *τινός*, z. B. *μύθων* abschweifen Hom., *χρησμοῦ* den richtigen Sinn des Orakels verfehlen Hdt., *πληγῆς καιρίας* keine tödliche Wunde beibringen • **b)** abs. vom Ziel abkommen, **sich irren,** fehlen, **sündigen,** od. mit *ἁμαρτίαν*, *ἁμαρτήματα* u. Neutr. adj., z. B. *ἀνθρώπινα* menschliche Fehler begehen, auch *ἔπη* (verst. *λέγων*); in etwas *τινί*, *ἔν τινι*. Pass. *ἡμαρτήθη ὁ ἐς Σικελίαν πλοῦς* wurde fehlerhafter Weise unternommen Thuk. • **c) verlieren,** einbüßen, *τινός*. • **d)** etwas (*τί*) **nicht erlangen,** von jmdm. *τινός*, bei jmdm. eine Fehlbitte um etw. tun • **3)** Hom. es fehlen lassen, *δώρων* an Geschenken. Davon

ἁμαρτάς, *άδος*, *ἡ*, ion. **ἁμάρτημα,** *τό*, **ἁμαρτία,** *ἡ*, u. **ἀμάρτιον,** *τό*, poet. Fehler, Irrtum, Versehen, Sünde, Vergehen.

ἁμαρτέω, alte ep. Nbf. zu *ὁμαρτέω*, s. d.

ἁμ-αρτῇ od. **ἁμαρτῇ** (St. *ἀρ*, *ἀραρίσκω*), ep. zugleich, gleichzeitig.

ἁμαρτί-νοος, 2. poet. irrsinnig.

ἁμαρτο-(ϝ)επής, 2. (*ἔπος*), ep. irrig, unangemessen, Eitles redend.

ἀμαρτύρητος, 2. poet., und

ἀ-μάρτῠρος, 2. ohne Zeugnis, unbezeugt.

ἁμαρτωλή, poet. = *ἁμάρτημα*.

ἁμαρτωλός, 2. poet. sp. u. N. T. sündhaft; Sünder, grober Sünder.

ἀμαρυγή, *ἡ*, [ῠ], ep. poet. das Schimmern, Funkeln.

ἀμάρυγμα [ᾰ ᾰ], *τό*, ep. u. poet. das Flimmern, Schimmern, Zucken. Von

ἀμαρύσσω, poet. funkeln, schimmern lassen.

Ἄμᾱσις, *ιος* u. *ιδος*, *ι*, *ιν*, **1)** König von Ägypten von 569—ca. 525 vor Chr. **2)** persischer Feldherr um 517 vor Chr.

ἁματροχάω, nur Part. ep. *-χάων*, *-όων* (*τρέχω*), mitlaufen (andere: *ἅμα τροχῶν*, Od. 15, 451).

ἁματροχιή, *ἡ*, ep. Zustammenstoßen der Räder.

ἀ-μάτωρ, dor. st. *ἀμήτωρ*.

ἀμαυρίσκω, poet. = ἀμαυρόω.
ἀ-μαυρός, 3., Komp Adv. **-ρότερον** (= ἀμαϝός, v. μαρ in μαρμαίρω), ep. poet. u. sp. **1)** nicht glänzend, dunkel, düster, undeutlich, schwach, unbedeutend. Daher **2)** nicht sehend, blind, κῶλον der blinde Fuß, d. h. der Fuß des Blinden. Dav.
ἀμαυρόω (μαυρόω), Aor. 1. pass. ion. **ἀμαυρώθη,** ion. poet. u. sp. verdunkeln, schwächen, in Schatten stellen. Dav.
ἀ-μαύρωμα, τό, sp. u. **ἀμαύρωσις,** ἡ, sp. die Verdunkelung.
ἀμᾰχανία u. **ἀμάχανος,** dor. st. ἀμηχανία, ἀμήχανος.
ἀμαχεί u. **ἀμαχητί,** Adv. zu ἄμαχος u. ἀμάχητος.
ἀμάχετος, 2. poet. unbezwinglich.
ἀ-μάχητος, 2. u. **ἄ-μᾰχος,** 2. (μάχομαι u. μάχη), **1)** pass. nicht bekämpft od. bezwungen, unbezwinglich, unwiderstehlich, πρός τι für. in bezug auf etw. Adv. **ἀμᾰχεί** u. **ἀμαχητί,** ohne Kampf, ohne Schwertstreich. **2)** akt. **a)** teilnahmslos am Kampfe, nicht gestritten habend. **b)** ohne Streitsucht, N. T.
ἀμάω (ᾰ, verw. ahd. *mâjan*, nhd. *mähen*, lat. *meto*), ep. ion. u. poet. **1)** Akt. mähen, übertr. abschneiden, niedermähen (Soph. Ant. 602), u. mit καλῶς ernten. **2)** Med. ep. für sich ernten, zusammenfassen, γάλα die geronnene Milch mit den Händen zu Käsen ballen. Vgl. ἀπαμάω.
ἀμβ-, dor., ep. u. poet. Verkürzung (von der sich auch in ion. u. att. Prosa Spuren finden) von ἀναβ-, dah. **ἀμβαίνω, ἀμβάλλω, ἄμβασις, ἀμβάτης, ἀμβατός,** st. ἀναβαίνω usw., w. s.
ἀμβᾰτός, 2. dor., ep. u. poet. st. ἀναβ. (ἀναβαίνω), ersteigbar.
ἄμβῑκος, ὁ, sp. Schale mit ausgebogenem Rand; spitzzulaufender Becher.
ἀμβλήδην, ep. u. ion. Adv. st. ἀναβλήδην, ἀναβολάδην (ἀναβάλλομαι), anhebend, aufwallend, ausbrechend, γοάουσα, -όωσα in Wehklagen.
ἀμβλίσκω, **1)** eine Fehlgeburt tun. **2)** die Leibesfrucht abtreiben, töten.
ἀμβλύζω, sp., poet. = ἀναβλύζω, s. d.
ἀμβλύνω, **1)** abstumpfen; übertr. schwächen, abschwächen; entmutigen, entkräften, mit folg. Inf. etwas zu tun. **2)** besänftigen. **3)** vernichten. Pass. seine Kraft verlieren, mutlos werden. Von
ἀμβλύς, εῖα, ύ (vgl. ἀμαλός), kraftlos, schwach, ermattet, stumpf, übertr. abgestumpft, unempfindlich, kalt, lau, schwach, schlaff; τὴν φύσιν an Fähigkeiten, ἀμβλύτερος εὐνοίᾳ lauer an Wohlwollen, ἀμβλὺ ὁρᾶν nicht scharf sehen, blöde Augen haben; τινί schlaffer, schwächer gegen einen, doch auch πρός u. εἴς τι zu etwas. Dav.
ἀμβλύτης, ἡ, Stumpfheit, Stumpfsinn; Verzagtheit.
ἀμβλυωπία, ἡ, Stumpf-, Blödsichtigkeit.
ἀμβλυωπός, 3. ion. stumpfsichtig, trüb erscheinend.
ἀμβλυώττω, schwachsichtig sein.
ἀμβλωπός, poet. stumpfsichtig (δακρύων vor Tr.).
ἀμβλώψ, ῶπος, ὁ, ἡ, poet. blödsichtig.
ἀμ-βόᾱμα, τό, poet. Aufschreien, lautes Geschrei.
ἀμβολάδην, ep. ion. poet. aufbrodelnd.
ἀμ-βολάς, άδος, ἡ, γῆ, aufgeworfene Erde.
ἀμ-βολή, ἡ, poet. = ἀναβολή, Eingang eines Gesanges, Präludium.
ἀμβολι-εργός, 2. poet. die Arbeit aufschiebend, saumselig.
Ἀμβρακία u. ähnl., ἡ, s. Ἀμπρακία.
ἀμβροσία, ep. u. ion. **-ίη,** ἡ, **a)** Ambrosia, eig. Unsterblichkeit, dah. die Speise der Götter und ihrer Rosse. **b)** das Salböl, die Salbe der Götter. Übertr. Labsal, Erquickung. Von
ἀμβρόσιος, 3. u. poet. auch 2., **ἄ-μβροτος,** 2. ep. u. poet. (βροτός u. ἀ priv.), **1)** unsterblicher Natur, übermenschlich, den Göttern eigen oder gehörig, ἔλαιον Ambrosia; göttlich, herrlich. **2)** von der Gottheit ausgehend, göttlich, heilig, so νύξ, ὕπνος.
ἀμβροτό-πωλος, 2. poet. mit göttlichen Rossen.
ἀμβροτεῖν, s. ἁμαρτάνω
Ἄμβρωνες, οἱ, sp. keltischer Völkerstamm in Gallien.
ἄμβων, ωνος, ὁ, sp. *umbo*, bauchige Wand, Bauch, Schildbuckel.
ἀμβώσας, s. ἀναβοάω.
ἀμέ, dor. = ἡμᾶς.
ἀ-μέγαρτος, 2. ep. u. poet. (μεγαίρω), von Personen, Sachen und Zuständen. **1)** akt. nicht mißgönnend, also freigebig, auch allzufreigebig, frei schaltend. **2)** pass. **a)** nicht mißgönnt, also reichlich gewährt, stark, gewaltig. **b)** nicht zu mißgönnen, also unerwünscht, traurig, unheilvoll, unselig.
ἀμεγέθης, 2. (μέγεθος), sp. nicht groß, übertr. ohne Erhabenheit.
ἀ-μέθυστος (μεθύω), **1)** unberauscht. **2)** nicht trunken machend; daher Subst. ἡ ἀμέθυστος der Edelstein Amethyst, benannt nach der hellvioletten Farbe des so stark verdünnten Rotweins, daß er nicht mehr trunken machen kann.
ἀμείβω (ᾰ, verw. lat. *mīg-rare*), Fut. ἀμείψω u. ἀμείψομαι (poet. auch in pass. Bdtg.), Aor. ἤμειψα u. ἠμειψάμην, pass. ἠμείφθην, **abwechseln** • **1)** intr. οἱ ἀμείβοντες die kreuzweise in einander greifenden Dachsparren Il. 23, 712 • **2)** trans. • **a)** aus-, ver-, eintauschen ἔντεα Hom.; τεύχεα πρὸς Τυδεΐδην mit dem T. Hom.; πέπλους ἀ. ἀντὶ στολῆς Eur.; ὀλίγον γόνυ γουνός nur wenig Knie um Knie = mit kurzen Schritten Hom. • **b)** Ort wechseln, **heraus- und hineingehen** (vgl. das Wild wechselt), **passieren,** θύρας Hdt., στέγας δώματα Soph.; auch Med. ψυχὴ ἀ. ἕρκος ὀδόντων hinausgehen, **entweichen** über Hom.; φάρμακα durch-, hineingelangen; βίοτον durchleben Trag.; πήματα durchkosten Trag. • **c)** χάριν vergelten Aesch., öfters Med. • **d)** Med. **unter sich** —, miteinander **wechseln;** ἀοιδόν abwechseln Hom.; θρώσκων ἀ. abwechselnd springen; δώροισι schöne Gegengeschenke machen; bes. ἀ. μύθῳ τινα jmd. antworten; ταῦτα ἠμείψατο Hdt.; ταῦτα τοὺς φίλους ἡ. Hom.
ἀ-μείδητος, 2. sp. poet. nicht lachend.
ἄμεικτος, 2. (μείγνυμι), sich nicht vermischend **a)** von Personen und Ländern: ungesellig, wild, unwirtlich. **b)** von Sachen: unvereinbar. τὸ ἄμεικτον das ungesellige Wesen, die Rücksichtslosigkeit.
ἀ-μείλικτος, 2. ep. u. **ἀ-μείλῐχος,** 2. (μειλίσσω) ep. poet. u. sp. unerweichlich, unversöhnlich, erbarmungslos; hart, barsch.
Ἀμεινίας, ου, ὁ, **1)** jüngerer Bruder des Aischylos. **2)** sonst Eigenname.
ἀμείνων [ᾰ], ονος, 2, Adv. **ἄμεινον,** besser, tüch-

tiger, tapferer, vorzüglicher, angesehener, *optimates*; tauglicher, vorteilhafter; ἀμείνω δ' αἴσιμα πάντα.

ἀμειξία (ἀμιξία), ἡ (ἄμεικτος), Mangel an Verkehr, ἀλλήλων an gegenseitigem, χρημάτων an Geldverkehr, an Kredit.

ἄμειψις, εως, ἡ (ἀμείβω), poet. u. sp. **1)** Vertauschung, Veränderung. **2)** Antwort, Entgegnung.

ἀμέλγω [ᾰ] (St. ἀμελγ, lat. *mulgeo,* dt. *melken*), melken, auspressen, saugen, schlürfen.

ἀμέλει, eigentl. Imper. von ἀμελέω, sei unbesorgt, dann Adv. in der Tat, wirklich, ja; sicherlich, ganz gewiß; übrigens; oft iron.

ἀμέλεια, ἡ (ἀμελής), u. poet. **ἀμελία,** ἡ, **a)** *neglegentia,* Sorglosigkeit, Fahrlässigkeit, Gleichgültigkeit. **b)** pass. *neglectio*, Vernachlässigung, τινός Mangel an Aufmerksamkeit auf einen, ἐν ἀμελείᾳ τιθέναι τινά einem keine Fürsorge widmen.

ἀμελετησία, ἡ, die Vernachlässigung. Von

ἀ-μελέτητος, 2., Adv. **-τήτως,** ungeübt, unvorbereitet, (περί) τινος unbewandert in etwas.

ἀμελέω (μέλει), unbekümmert sein, vernachlässigen, τινός (selten τί, ἐπί τινι), versäumen, unterlassen, mit Inf. mit u. ohne τοῦ; ἀμελῶν ἐρωτᾶν anstatt zu fragen, ἀμ. τοῦ ὀργίζεσθαι nicht zürnen; auch abs. fahrlässig sein, u. im Pass. ἠμελημένος unbeachtet, unangesehen, wenig besucht. Sehr häufig, u. bei Hom. stets, mit Negat.: wohl beachten, nicht aus den Augen verlieren. Von

ἀ-μελής, 2. (μέλω), Adv. **-ῶς, 1)** akt. sorglos, fahrlässig, nachlässig, unbekümmert, τινός um etwas, ἀμελῶς ἔχειν (περί) τινος od. τι nachlässig, sorglos, unbekümmert (in od. um etw.) sein. **2)** pass. vernachlässigt. [welt.

Ἀμέλης, ητος, ὁ, „Kummerlos" e. Fl. in der Unter-

ἀμεληΤί, Adv. sp. sorglos. Von

ἀμέλητος, 2. poet. worum man sich nicht kümmern soll, was einen nichts angeht.

ἀ-μέλλητος, 2. (μέλλω), sp. unaufschiebbar, unver-

ἄμελξις, εως, ἡ, poet. das Melken. [züglich.

ἄ-μεμπτος, 2. (μέμφομαι), **1)** pass. tadellos, makellos, τὴν ἰδέαν τοῦ σώματος an Körpergestalt. **2)** akt. **a)** ohne Tadel für etwas, τινός, nicht tadelnd, χρόνου die Verzögerung. **b)** zufrieden, ποιεῖν u. ποιεῖσθαί τινα. Adv. **ἀμέμπτως, a)** vorwurfsfrei, ruhmvoll. **b)** richtig, gefahrlos.

ἀμεμφής, 2. **1)** poet. tadellos. **2)** sp. nicht tadelnd.

ἀμεμφία, ἡ, poet. Unbescholtenheit.

ἀμεμψίμοιρος, 2. sp. das Geschick nicht tadelnd, zufrieden.

ἄμεναι [ᾰ], ep. Inf., nebst Inf. fut. ἄσειν, med. ἄσεσθαι, Aor. 1. act. ἆσα, opt. ἄσαιμι, inf. ἆσαι, med. ἄσασθαι, Adj. verb. ἄ-ατος, ἆτος (Wz. *sa*, lat. *sa-tur, satis* vgl. ἄδην) *satiare.* **Akt.** sättigen, τινά, τινός mit etwas; sich sättigen mit oder an, τινός. [durchströmt.

Ἀμένας, ᾱ, ὁ, Fluß, der die sizil. Stadt Aetna

ἀ-μενηνός, 2. u. 3. ep kraft- u. bewußtlos, κάρηνα matte Häupter, ὀνείρων wesenlos, mit ζώς lebendig tot. Poet. u. sp. auch (wie von μένω) flatternd, unstät.

Ἀμένθης, ου, ὁ, ägypt. Ort der Abgeschiedenen.

ἀμενηνόω, ep. verschwinden- oder unwirksam machen.

ἀ-μενής, 2. (μένος), poet. = ἀμενηνός.

ἀμέρα, ἡ, u. ähnl., dor. st. ἡμέρα u. ä.

ἀμέργω [ᾰ], (vwdt. ὀμόργνυμι), poet. pflücken.

I. **ἀμέρδω** (ᾰ priv. u. μέρος), Aor. act. ἄμερσα, pass. conj. ἀμερθῇς, ep. u. poet. jmdn. (τινά) des ihm Gebührenden (τινός) berauben, um sein Recht bringen; überh. berauben. Pass. einer Sache verlustig gehen, δαιτός beim Mahle zu kurz kommen.

II. **ἀμέρδω** (von μαρ, μαρμαίρω) durch Glanz blenden; entstellen, ἔντεα.

ἀ-μερής, 2. (μέρος), ungeteilt, unteilbar.

ἀ-μέριμνος, 2. (μέριμνα), **1)** sorgenfrei, unbekümmert. **2)** poet. unbeachtet.

ἀμέριος u. ἅμερος, dor. f. ἡμέριος, ἥμερος.

ἀμερό-κοιτος, 2. poet. st. ἡμ., bei Tage schlafend.

ἀμές, dor. st. ἡμεῖς, s. ἐγώ.

ἄ-μεσος, 2. sp. unvermittelt. [änderlich.

ἀ-μετάβλητος, 2. u. **ἀ-μετάβολος,** 2. sp. unver-

ἀ-μετά-θετος, 2. sp. u. N. T. unveränderlich.

ἀ-μετα-κίνητος, 2. Adv. -νήτως, unbeweglich.

ἀ-μετα-μέλητος, 2. nicht zu bereuen; N. T. unbußfertig, verstockt. [fertig.

ἀ-μετα-νόητος, 2. **1)** sp. unbereut. **2)** N. T. unbuß-

ἀ-μετά-πειστος, 2. nicht umzustimmen.

ἀ-μετά-πτωτος, 2. unwandelbar, unentwegt, zuverlässig.

ἀ-μετά-στατος, 2., **a)** unverändert, unversetzbar, unentwegt. **b)** sp. unveränderlich, unausrottbar.

ἀ-μετα-στρεπτί (στρέφω), Adv., unverwandt, ohne sich umzuwenden.

ἀ-μετά-στροφος, 2. unabänderlich.

ἀ-μετά-τρεπτος, 2. sp. nicht abzubringen: unbeweglich, unveränderlich.

ἀμέτερος, dor. st. ἡμέτερος.

ἀμέτρητος, s. ἄμετρος.

ἀμετρία, ἡ (ἄμετρος), Maßlosigkeit. **a)** Mißverhältnis. **b)** Unzahl. **c)** Übertreibung. [Schwätzer.

ἀμετρο-(ϝ)επής, 2. ep. endlos redend, endloser

ἄ-μετρος, 2. Adv. **-έτρως** (μέτρον). u. ep. u. poet.

ἀ-μέτρητος, 2. (μετρέω), **1)** unermeßlich, unendlich viel. **2)** maßlos, ungemessen, unmäßig. **3)** ohne Versmaß, in Prosa.

ἀμεύομαι, dor. poet. = ἀμείβομαι, übertreffen.

ἄμη, ἡ (verw. mit ἀμάω, ᾰ), Schaufel; Eimer.

ἀμῇ [ᾰ], Adv. (vom veralteten ἀμός = τίς), mit γέ πη, auch ἀμηγέπη geschr., **1)** gewissermaßen. **2)** auf irgend eine Weise.

ἀμήν N. T. ist hebr. *'āmēn,* fest, treu. **2)** ὁ ἀμήν das Amen, d. i. die Bestätigung. **2)** Adv. = griech. μήν, **a)** fürwahr. **b)** es geschehe also.

ἀ-μήνῑτος, 2. u. Adv. **-ίτως** (μηνίω), ion. poet. u. sp. nicht zürnend, ohne Zorn, οὐκ ἀμήνιτος θεῶν nicht ohne den Zorn der Götter veranlaßt.

ἄμης, ητος, ὁ, sp. der Milchkuchen.

ἀμητήρ, ῆρος, ὁ (ἀμάω, ᾱ), ep. Mäher, Schnitter.

ἄμητος, ὁ (ἀμάω, ᾱ), ep. ion. u. sp. Ernte, Ernteertrag.

ἀμητός, όν **1)** gemäht, geerntet. **2)** zu ernten.

ἀ-μήτωρ, Gen. ορος, 2. (μήτηρ), **1)** ohne Mutter, mutterlos. **2)** poet. von einer nicht ebenbürtigen Mutter erzeugt. **3)** poet. unmütterlich.

ἀμηχᾰνέω (ἀμήχανος), kein Mittel wissen, rat- und hilflos sein, τινί durch, in Verlegenheit sein, τί, πρός τι u. (περί) τινος wegen etwas; auch mit indir. Fragesätzen oder dem Inf.: keinen Rat wissen, verlegen, nicht imstande sein; in dürftiger Lage sein. Dav.

ἀμηχανής, 2. poet. = ἀμήχανος.

ἀμηχᾰνία, ion. **-ίη,** dor. ἀμᾱχανία, ἡ, Ratlosigkeit, Hilflosigkeit, Bedrängnis, Mangel. Bei Herod. als Gottheit neben *Πενία*.

ἀ-μήχᾰνος, 2. (μηχανή) • **1)** Akt. der nichts zu machen weiß, **ratlos,** in Not, in Verlegenheit, mit εἴς u. πρός τι od. Inf. **untauglich,** unfähig, außer stande • **2)** Pass. mit dem nichts zu machen ist • **a) schwierig,** unmöglich, unerreichbar, **unerklärlich** (ὄνειρος Hom.), ἀμ. ἔργα nicht wieder gut zu machende Taten, νόσος u. ä. rettungslos, mit folg. Inf. ὁδὸς ἀμ. **εἰσελθεῖν** ein Weg, auf dem es unmöglich ist einzudringen Xen., und so ἀμήχανόν ἐστι mit folg. Inf. **es ist unmöglich,** μὴ ἐγγένηταί σφι daß dies bei ihnen vorkommt; als Subst. **ἀμήχανα** Unmögliches; ἀμήχανος ὅσος **unbeschreiblich groß,** ἀμήχανόν τι οἷον mit unbeschreiblichem Blick Plat. • **b)** unbezwinglich, unbiegsam (unbeugsam Achill), **unwiderstehlich,** κάλλος; **unermüdlich** (Nestor), unendlich, τὸ πλῆθος der Menge nach; **πιθέσθαι** du lässest dich nicht überzeugen • Adv. -άνως.

ἀ-μίαντος, 2. (μιαίνω, ῐ), unbefleckt, rein; ἡ ἀμ. poet. das heilige Meer.

ἀ-μῖγής, 2. (μῖγ, μείγνυμι), sich nicht vermischend, **τινός** mit etw., unvermischt, rein.

ἀμιθρέω, buk. = ἀριθμέω.

ἄμικτος, richtig ἄμεικτος, s. d.

Ἀμίλκας, ᾱ, ὁ, Hamilkar, **1)** S. des Hanno (od. Mago), karthag. Fürst, von Gelo bei Himera 480 geschlagen. **2)** Barkas, V. des Hannibal.

ἅμιλλα, ἡ (ἅμα, ᾰ, lat. *similis, simultas*), **1)** Wettstreit, Wettkampf: überh. Kampf, **ποιεῖν** bestehen, **τινός** Wetteifer in, **χαρίτων** in Liebreizen, od. mit Adj. βακχία ἅμ. der bacchische Wetteifer (der Füße, d. i. der Tanz). **2)** überh. wetteifernde Bemühung, *contentio* **a)** eifriges Streben, **φιλόπλουτος** Reichtum erstrebender Eifer, ähnl. **πολύτεκνος. b)** Forschen (nach höheren Dingen); auch mit **ὅπως.** Dav.

ἁμιλλάομαι, gew. Dep. pass., ἁμιλλήσομαι, ἡμιλλήθην, ἡμίλλημαι, **1)** wettkämpfen, wetteifern, **τινί** oder **πρός τινα** mit einem, ihm den Rang streitig machen; überh. sich in Streit einlassen; doch heißt **τινί** auch in oder durch etwas, z. B. **τοῖς ἵπποις** im Reiten, **λόγοις** durch Reden. **2)** überh. sich eifrig bemühen, u. bes. auch eilen z. B. **εἰς Ἄργος, πρὸς Κλεομένη, ἐπί τι** nachjagen.

ἁμίλλημα, τό, poet. eifriges Bestreben; ἁμιλλήματα γάμων Ehebegierde.

ἁμιλλητήρ, ῆρος, ὁ, poet. wettrennend, **τρόχους τελεῖν** rasche Umläufe vollenden.

ἀ-μίμητος [ῑ], 2. unnachahmlich.

ἀμῖν u. **ἀμίν,** auch **ἄμιν,** dor. = ἡμῖν.

ἀμιξία, richtig ἀμειξία, s. d.

ἄμ-ιππος, 2. **1)** poet. pferdschnell. **2)** ἅμιπποι, οἱ, Beiläufer, d. i. Leichtbewaffnete, die, den Reitern beigestellt, bald hinten aufsaßen, bald zum Fechten herabsprangen.

ἀμίς u. **ἀμίς,** ίδος, ἡ, **1)** [ᾰ] Nachttopf. **2)** [ᾱ] poet. Schiff.

ἄ-μισθος, 2. ohne Lohn, unbesoldet. Adv. **ἀμισθί (-σθεί),** ohne Lohn, χρημάτων umsonst.

ἀμιτρο-χίτωνες, οἱ, ep. in gurtlosem Leibrock, Beiw. der Lykier.

ἀμιχθαλόεις, εσσα, εν, ep. Beiwort von Lemnos, (ὀμίχλη), dampfend, als vulkan. Insel.

ἀμμ-, poet. st. ἀναμ- usw.

ἅμμα, ατος, τό (ἅπτω), **1)** Schlinge, Knoten, Band, Spange. **2)** beim Ringen, im Plur.: das Umschlingen der Arme.

ἄμμε, ἄμμες, ἀμμέων, ἄμμι, äol., dor. u. ep. st. ἡμᾶς, ἡμεῖς, ἡμῶν, ἡμῖν, s. ἐγώ.

ἀμ-μένω, s. ἀναμένω.

ἀμμέτερος, äol. poet. = ἡμέτερος.

ἄμμι, εως, τό, sp. Kümmel.

ἄμ-μιγα, ἀμμίξ u. **ἀμμίξας,** st. ἀνάμιγα, ἀναμίξ u. -μείξας.

ἀμμορίη, ἡ, ep. st. ἀμορία, als Gegensatz von μοῖρα, Unglück. Von

ἄμ-μορος, 2. (μόρος), ep. u. poet., u. **ἄ-μορος,** 2. poet. **1)** unteilhaftig, τινός. **2)** unglücklich.

ἄμμος, ἡ (Kombination von ἄμαθος u. ψάμμος), **1)** Sand, bes. der des Feldes, Staub. **2)** eine mit Sand bedeckte Fläche, Reitbahn.

Ἀμμοῦς, ὁ, u. **Ἄμμων,** ωνος, ὁ, Ammon, uspr. Lokalgott von Theben in Oberägypten, erst im neuen Reich nationaler u. oberster Gott (und darum von den Griechen mit Zeus gleichgesetzt, dessen Orakel Alexander den Großen als dessen Sohn anerkannte, zuw. mit Widderkopf abgebildet; dah.

Ἀμμωνία, ἡ, Landsch. Libyens; **-ώνιοι** deren Ew.,

Ἀμμωνιάς, άδος, ἡ, und **Ἀμμωνίς,** ίδος, ἡ, **1)** libysch. **2)** siehe u. Ἀμμοῦς.

ἀμνάς, άδος, ἡ, sp. (fem. zu ἀμνός), Lämmchen, junges Mädchen.

ἀμναστέω, dor. st. ἀμνηστέω.

ἀμνεῖος, buk. *agninus,* vom Lamme.

ἀ-μνημόνευτος, 2. poet. u. sp. ungedacht, unerwähnt, φόνος vergessen.

ἀμνημονέω, 1) uneingedenk sein, abs. vergeben, sonst τινός u. τί, auch mit folg. ὅτι. **2)** unerwähnt lassen.

ἀμνημοσύνη, ἡ, poet. Vergessenheit.

ἀμνήμων, 2. uneingedenk, vergeßlich.

ἀμνηστέω (ἄ-μνηστος), uneingedenk sein, vergeben; ἀμνηστούμενος in Vergessenheit geraten. Dav.

ἀμνηστία, ἡ, sp. das Vergessen, bes. des begangenen Unrechts, dah. Nichtahndung, Amnestie, auch im Plur.

ἄ-μνηστος, 2. (μιμνήσκομαι), buk. vergessen.

ἀμνίον, τό (aus σαμβνίον, zu lat. *sanguin-*), ep. die Schale, mit der das Opferblut aufgefangen ward, Opferschale.

Ἀμνισός, ἡ, Hafen od. Ankerplatz von Knosos, an der Nordküste von Kreta.

ἀμνίς, ίδος, ἡ, buk. Lämmchen. Demin. von

ἀμνός, ὁ u. ἡ (aus ἀβ-νός, lat. *āgnus*), Lamm.

ἀ-μογητί, ep. Adv., mühelos, leicht.

ἀμοθεί (ἁμ.), lak. Adv. (ἅμα), einhellig.

ἀμόθεν u. att. **ἁμόθεν,** Adv. (ἀμός = τὶς, ᾰ), von irgend wo her, von irgend wo an, mit (γέ) ποθεν von woher es auch nur immer sei.

ἀμοιβᾰδίς, Adv. buk. = ἀμοιβηδίς, s. d.

ἀμοιβαῖος, 3. u. 2. mit ep. Fem. **ἀμοιβάς,** άδος,

zum Wechseln bestimmt, abwechselnd, βιβλία Antwortbriefe; **ἐμπορία** Tauschhandel.

ἀμοιβή, ἡ (ἀμείβω, ᾰ), Erwiderung, d. i. **1)** Vergeltung, Ersatz, Gegengabe, τινός für etw., auch im Plur. **2)** ion. Antwort. **3)** poet. u. sp. auch Wechsel, Umtausch, od. das Eingetauschte.

ἀμοιβηδίς, ep. Adv., abwechselnd, wechselweise.

ἀμοιβός [ᾰ], ὁ, **1)** ep. Stellvertreter, ἀμοιβοί Krieger zum Ablösen. **2)** poet. Adj.: zum Entgelt.

ἀμοιρέω, sp. unteilhaftig sein, τινός.

ἄ-μοιρος, 2. (μοῖρα), *expers,* **1)** ohne Anteil an etwas Gutem oder Schlimmem, unteilhaftig, ausgeschlossen od. -geschieden, τῶν κάτωθεν θεῶν den untern Göttern vorenthalten; unbegabt, frei von etw., τινός. **2)** arm, unglücklich.

ἀμολγεύς, έως, ὁ, buk. u. Demin. **ἀμόλγιον,** τό, buk. Melkeimer.

ἀμολγός, ὁ, ep. u. poet. νυκτός Dunkel.

ἄ-μομφος, 2. poet. **a)** tadellos. **b)** nicht tadelnd.

ἄ-μορος, 2., poet., s. ἄμμορος.

ἀμορφία, ἡ, poet. u. sp. Mißgestalt, Häßlichkeit.

ἄ-μορφος, 2. ungestalt; mißgestaltet, unansehnlich; schimpflich. Superl. ion. auch ἀμορφέστατος.

ἄμος, dor. = ἦμος als, da.

ἀμός u. **ἁμός** (ᾰ), dor. = τίς, buk. (var.).

ἀμός u. **ἁμός** [ᾰ], 3. äol., dor. u. ep. st. ἡμέτερος (s. ἄμμες), unser, unserig, auch: mein.

ἄμοτον [ᾰ], ep. Adv., unaufhörlich, fort und fort.

ἀμοῦ, Adv. zu ἀμός = τὶς, mit γέ που irgendwo, vgl. ἀμῇ.

ἀμουσία, ἡ, Mangel an Bildung. Von

ἄ-μουσος, 2. den Musen fremd, unkünstlerisch, ungebildet, roh, περί τι.

ἄ-μοχθος, 2. mühelos. Adv. **ἀμοχθεί** od. **ἀμοχθί,** poet. ohne Anstrengung.

ἀμπ-, poet., buk. u. ion. Abkürzung st. **ἀναπ-** in ἀμπάλλομαι, -παυμα, -παυσις, -πειρα, -πείρω, -πετάσας u. ähnl.

ἀμπελεών, ῶνος, ὁ, buk. der Weinberg.

ἀμπέλινος, 3. (ἄμπελος), vom Weinstocke, οἶνος Traubenwein, καρπός Frucht des Weinstocks.

ἀμπελόεις, εσσα, εν, auch einmal 2 End., ep. rebenreich. Von

ἄμπελος, ἡ, Weinstock, Weinrebe, oft kollektiv; ἀμπέλου ῥοή Rebensaft. Als Eigenn. ὁ **Ἄμπελος,** Vorgebirge auf der makedon. Halbinsel Sithonia, j. *Kartoli.*

ἀμπελουργέω (ἐργ), Reben ziehen.

ἀμπελουργία, ἡ, die Weinbergarbeit.

ἀμπελουργική, ἡ, sc. τέχνη, die Winzerei.

ἀμπελουργός, ὁ, der Winzer.

ἀμπελών, ῶνος, ὁ, sp. der Weinberg.

ἀμπεπαλών, s. ἀναπάλλω.

ἀμπερές, ep. in tmesi, s. διαμπερές.

ἀμπετ- st. ἀναπετ.

ἀμπεχόνη, ἡ, u. buk. **ἀμπέχονον,** τό, Bekleidung, bes. feines Obergewand. Von

ἀμπ-έχω, ep. Impf. ἄμπεχον st. ἀμπεῖχον, med. ἠμπειχόμην, u. **ἀμπ-ίσχω,** Impf. (nicht Aor.) ἤμπισχον, **1)** Akt. umgeben, umfassen, bekleiden, τινί mit etwas, **πρόσωπά νιν** ihm das Haupt umschließen. **2)** Med. anhaben, angekleidet, bekleidet sein, τί mit etwas.

Ἄμπη, ἡ, St. an der Mündung des Tigris am persischen Meerbusen.

ἀμ-πηδήσας, s. ἀναπηδάω.

ἀμπ-ίσχω, s. ἀμπέχω.

ἀμπλάκημα (ἀπλάκημα), τό, poet. u. sp., u. **ἀμπλακία,** ἡ, poet. Vergehen.

ἀμπλᾰκητός, 2. poet. verschuldet, τινί einem. Von **(ἀμπλακίσκω),** Aor. 2. **ἤμπλᾰκον,** (auch ἀπλακεῖν u. ähnl. geschr.), Perf. ἠμπλάκηται, poet. fehlen, τάδε darin, mit Gen. etwas verfehlen, verlieren, nicht teilen μόρου, nicht erreichen, **πατρός** den Vater nicht verwunden können, ἀμπλακοῦσα abs. die nichts erreichte.

Ἀμπλίας = Ἀμπλίατος, N. T. ein christlicher Römer.

ἀμ-πνέω, ἄμ-πνευμα, ἀμπνεῦσαι, ἄμπνῡε, ἀμπνύνθη, ἄμπνῡτο, s. ἀναπνέω.

ἀμ-πνοή, s. ἀναπνοή.

Ἀμπρᾰκία, ἡ, Stadt in Epeiros, jetzt *Arta,* später **Ἀμβρακία,** Einw. **Ἀμπρακιώτης** u. **Ἀμπρακιήτης,** Fem. **Ἀμβρακιῶτις,** ιδος, Adj. **Ἀμπρακικός,** 3.

ἄμπτᾱ poet. = ἀνέπτη.

ἀμπτυχή s. ἀναπτυχή.

ἀμπυκτήριος, 3. (ἀμπυκτήρ Pferdezaum), **κατ' ἀμπυκτήρια** στομίων mit verhängtem Zügel; Soph. OC. 1069, zw. St.

ἄμπυξ, ῠκος, ὁ od. ἡ, ep. u. poet. Reif, **1)** das Stirnband d. Frauen. **2)** poet. das Rad.

ἄμπωτις, εως, ion. ιος, ἡ (aus ἀνάπωτις von ἀναπίνω), ion. u. sp. Meeres-Ebbe.

ἀμυγδάλινος, 3. aus der Mandel, ἀμυγδάλη, bereitet, χρῖμα Mandelöl.

ἀμυγδάλη, ἡ, **ἀμύγδαλον,** τό, u. **-ος,** ἡ, Mandel

ἄμυγμα, τό (ἀμύσσω, ᾰ), poet. das Zerraufen.

ἀμυγμός, ὁ, poet. das Zerfleischen.

ἄμῠδις, ep. Adv. äol. von ἅμα, ᾰ) **a)** von der Zeit: zugleich; sogleich. **b)** vom Orte: in einer Masse, zuhauf.

ἀμυδρός [ᾰ] (vgl. ἀμαυρός), dunkel, schwer zu erkennen, unleserlich, schwach; ἀμυδρὸν βλέπειν kurzsichtig sein.

ἀ-μύητος, 2. **1)** (μυέω) uneingeweiht in die Mysterien. **2)** (μύω) was sich nicht schließt, klaffend.

ἀ-μύθητος, 2. unsäglich viel.

Ἀμύκλαι, ῶν, αἱ, alte Hauptstadt Lakoniens, südöstl. v. Sparta, b. jetzigen *Slavochori.* Einw. -κλαιεῖς und -κλαῖοι; τὸ **Ἀμυκλαῖον,** der Apollotempel daselbst. Dav. auch

ἀμύκλαι, αἱ, buk. eine Art Schuhe.

ἀμυκλᾱΐζω wie die Amykläer, d. i. lakonisch sprechen.

ἄμυλος [◡◡◡] ὁ, buk., u. τὸ **ἄμυλον,** sp. **1)** ein Kuchen vom feinsten Mehl. **2)** Mehlbrei.

ἀ-μύμων, ονος, 2. (μῦμαρ = αἶσχος, neben μῶμαρ = μῶμος), ep. untadelig, edel, trefflich, schön.

ἄμῡνα, ἡ, sp. (ἀμύνω), Abwehr, Vergeltung, Rache.

ἀμῡναθεῖν, ἀμυντέον, s. ἀμύνω.

ἀμυνίας, ου, ὁ, (ἀμύνω), poet. wehrhaft.

Ἀμύντας, ου, ion. **Ἀμύντης,** εω, ὁ, Name mehrerer makedon. Fürsten u. Heerführer, von denen **1)** Amyntas I., S. des Alketas, von 540—498 regierte; **2)** Amyntas II. um 390, und **3)** Amyntas III. (II.), S. des Arrhidaios, Vater Philipps II., von ca. 389—369.

ἀμυντήριος, 3. u. **ἀμυντικός,** 3. zur Abwehr geeignet, subst. τὸ ἀμυντήριον Schutzmittel.

ἀμύντωρ, ορος, ὁ, ep. u. poet. Abwehrer, Hort.

ἀμύνω, (μύνη) Fut. ἀμῠνῶ u. ἀμῠνοῦμαι, Aor. ἤμῡνα u. ἠμυνάμην, Adj. verb. ἀμυντέον, Hdt. Fut. ἀμυνέω usf., part. -εῦντες, u. Aor. 2 **ἠμύναθον** Hom. • 1) Akt. **abwehren,** abwenden, fern halten, • a) **τινί τι** einem etwas, **τί** vertreiben, **τινί** für jmdn., ihm **helfen** • b) **τί τινος** etwas von jmdm., θυμοῦ βέλη ψυχῆς des Zornes Pfeile von der Seele abhalten; **τινός,** z. B. νεῶν die Schiffe verteidigen, od. περί τινος für jmdn. abwehren, ihn rächen; vergelten • c) **τί** od. **τινί** einem Übel abhelfen, mit Inf. behilflich wozu sein; τὰ ἀμύνοντα die Mittel sich zu schützen • 2) Med. **von sich abwehren** od. abwenden, sich wehren, sich Hilfe schaffen; **sich rächen,** vergelten, u. zwar **τί** etwas, von etwas, **τινά** an einem, gegen einen, **τινός** für etwas, **τινί** mit etwas, τοῖς ὁμοίοις Gleiches mit Gleichem vergelten Thuk.; abs.: sich verteidigen, kämpfen, Ἐρινῦς τάδε d. h. die Erinyen so von sich abwehren; mit Partiz. λέγων durch die Rede.

Ἀμύργιοι, οἱ (pers. *Humavarka*), skyth. Stamm der Saken, östlich vom Aralsee.

ἀμύσσω [ᾰ], att. **-ττω** (verw. *mucro*), ep. ion. u. sp., Fut. ἀμύξω, Aor. ἤμυξα, zerkratzen, zerfleischen, übertr. verwunden, kränken.

ἀμυστί, Adv. poet. sp. ohne die Lippen zu schließen (μύω), in einem Zuge.

ἀμυστίζω [ᾰ], poet. kräftig trinken, zechen.

ἄμυστις, ἡ, poet. 1) ein langer Zug, großer Schluck beim Trinken. 2) das Zechen.

ἀμῠχή, ἡ, u. buk. **ἀμυχμός** [ᾰ], ὁ (ἀμύσσω), Schramme, Biß, Wunde, Einschnitt.

ἀμφ-, poet. Abkürzung st. ἀναφ-.

ἀμφ-αγαπάζω, ἀμφαγαπάζομαι u. **ἀμφ-αγαπάω,** ep. rings mit Liebe umgeben, a) gemeinsam liebkosen. b) gastlich aufnehmen.

ἀμφ-αγείρομαι, nur ep. Aor. ἀμφαγέροντο, u. ep. verst. **ἀμφ-ηγερέθομαι** (in tmesi), **τί** sich um etwas versammeln. Dav.

ἀμφαγέρομαι, buk. auch im Präs.

ἀμφάδην, Adv. poet. = ἀμφαδίην.

ἀμφάδιος, 3. ep. st. des ungebr. ἀναφάδιος (ἀναφαίνω), offenbar, kund, wirklich. Ep. Advv. **ἀμφαδίην** u. **ἀμφᾰδά** u. **ἀμφᾰδόν** (Neutra v. ἀμφαδός = ἀμφάδιος), öffentlich, offenkundigerweise, ruchbar, unverhohlen, im offenen Kampfe.

ἀμ-φαίνω, s. ἀναφ-.

ἀμφ-αΐσσομαι, ep nur in tmesi, rings herbeistürzen, ὤμοις beiderseits am Bug flattern.

ἀμφ-άκης, s. ἀμφήκης.

ἀμφ-ᾰλείφω, ep. in tmesi, ringsherum salben.

ἀμφ-ᾰρᾰβέω, ep. ringsumher rasseln od. klirren.

ἀμ-φᾰσίη, ἡ, ep. st. ἀναφασίη, ἡ, ἐπέων Sprachlosigkeit; daher (buk.) Bestürzung, Leugnen.

ἀμφ-ᾰϋτέω, ep. in tmesi, ringsher ertönen.

ἀμφ-ᾰφάω u. Med. **ἀμφαφάομαι,** um u. um betasten, befühlen, τόξον handhaben.

Ἄμφεια, ἡ, Stadt in Messenien.

Ἀμφεῖον, τό, Hügel od. Platz nördlich der Kadmea (Denkmal oder Heiligtum des Amphion?) bei Theben.

ἀμφελικτός, 2. poet. in einen Kreis geschlungen.

ἀμφ-ελίσσω, poet. umschlingen.

ἀμφ-έπω = ἀμφιέπω, w. s.

ἀμφ-έρχομαι, nur im Aor. ἀμφήλυθον, ep. rings umgeben; umtönen, umwehen.

ἀμ-φέρω, s. ἀναφ-.

ἀμφ-έχω, sp. ep. u. poet. f. ἀμπέχω, s. d.

ἀμφ-ηγερέθομαι, s. ἀμφαγείρομαι.

ἀμφ-ήκης, 2., dor. **ἀμφ-άκης,** εος, ους (St. ἀκ, ἀκ-ίς), ep. u. poet. an beiden Seiten scharf, zweischneidig.

ἄμφ-ημαι, ep. in tmesi, ringsherum sitzen.

ἀμφ-ηρεφής, 2. (ἐρέφω), ep. rings bedeckt, verschlossen.

ἀμφ-ήρης, 2. poet. ringsum gefugt od. eingefügt.

ἀμφ-ηρικός, 3. (ἐρέσσω), mit Doppelrudern, ἀκάτειον Seeräubernachen.

ἀμφ-ήριστος, 2. (ἐρίζω), ep. u. sp. von zwei Seiten bestritten.

ἀμφί (lat. *amb- am- an-*, germ. *umbi, um*), zu beiden Seiten herum.

I) **Adv. herum,** umher, **rings,** auf beiden Seiten, ἀ. δὲ κῦμα ἴαχε Hom.; mit περί: ἀ. περί ringsum Hom.

II) **Praep.** (steht poet. auch hinter ihrem Kasus ohne Anastr.), **um** • 1) beim **Gen.** • a) örtl. um, ἀ. ταύτης τῆς πόλιος Hdt. • b) übertr. **über, von** ἀ. Ἄρεος φιλότητος Hom.; **um,** ἀ. πίδακος Hom.; ἀ. κρίσιος betreffs der Wahl Hdt.; pleon. ἀ. οὕνεκα Soph. • 2) beim **Dat.** (nicht in att. Prosa) • a) örtl. um, an der Seite, an, neben, ἤριπεν ἀμφ' αὐτῷ er stürzte über ihn hin, ἀμφὶ μέσσῃ προσκείμενος an ihre Mitte hingeschmiegt, ἀμφ' ὀβελοῖσι πείρειν an die Bratspieße stecken, so daß das Fleisch darum ist, ähnl. bei βάλλειν, στῆσαι, τιθέναι usw.; ἀμφ' ἑνὶ δούρατι βαῖνε er setzte sich rittlings auf einen Balken • b) übertr. wie b. Gen. von, über, um, μάχεσθαι ἀ. Ἑλένῃ, γοώμενος, φοβεῖσθαι usw. • 3) beim **Akk.** • a) örtl. **um, an etwas hin,** bei, ἀμφὶ ῥέεθρα an dem Strome hin, ἀμφὶ ψάμαθον auf den Sand hin Soph.; ἀ. ἄστυ in der St. umher Hom.; bei οἱ ἀ. τινα unterscheide: οἱ ἀμφ' Ἀτρείωνα der Atride und seine Begleiter; οἱ ἀμφὶ Δημοσθένην Leute wie Dem., d. h. die Parteihäupter wie er; οἱ ἀμφὶ Σιμίαν = Σιμίας. Ähnl. im Neutr. τὰ ἀμφί τι das eine Sache Angehende, dazu Gehörige, und so oft bloß Umschreibung des Gen. Ähnl. τὰ ἀμφί τινα. Dah. sagte man auch ἔχειν (mit und ohne σχολήν), εἶναι, διατρίβειν ἀμφί τι **mit etwas beschäftigt sein** • b) zeitlich: **gegen,** ἀμφὶ δείλην, ἀγορὰν πλήθουσαν Xen. • c) übertr. bei Zahlangaben: **gegen** Xen. ἀ. τοὺς δισχιλίους um die zweihundert.

ἀμφιάζω, N. T. = ἀμφιέννυμι (Bildg. nach ἀντι-άζω).

ἀμφί-ᾰλος, 2. meerumgeben, zwischen zwei Meeren.

Ἀμφιάρᾱος, άου od. **-άρηος,** att. **άρεως,** ω, ὁ (zu ἱαρεύς 'Erzpriester'), berühmter Seher u. König in Argos, dessen ältestes Orakel in Theben, das bekannteste in Oropus an der attisch-böot. Grenze war.

ἀμφίασμα, τό, sp. (ἀμφιάζω), Anzug.

ἀμφι-αχυῖα (ἰάχω) ep. Part. Perf. ringsumtönend, umjammernd.

ἀμφι-βαίνω, ep. u. poet. 1) umschreiten, umwandeln, **τί** etwas, ἠέλιος μέσον οὐρανὸν ἀμφιβεβήκει die Sonne stand inmitten des Himmels, d. i. im Meridian; Perf. bes. schützend über etwas stehen. **2)** überh. umgeben, umzingeln, umfangen, τινά u. τινί.

ἀμφι-βάλλω, ep. u. poet., Fut. med. ion. ἀμφιβαλεῦμαι. **1)** umwerfen, umtun, **anlegen,** τινά τι (in tmesi). Waffen und Kleider, Med. sich anlegen; vorhalten, σάκος τινί zum Schutze für jmdn.; übertr. ὕπνον τινί einen in Schlaf wiegen, κρατερὸν μένος ἀ. ausgerüstet mit Hom. **2) umschlingen,** umfliegen, **umgeben,** umfassen, τινί an etwas, z. B. γούνασι umspannen, τινὰ χερσίν einen umarmen; packen, **umgarnen;** N. T. (die Netze) auswerfen. **3)** poet. umsiedeln, sich wohin (εἰς αὐλάν Eur.) **begeben. 4)** übertr. Arist. im Ungewissen sein, **bezweifeln,** zweifeln, schwanken.

ἀμφίβᾰσις, ιος, ἡ (ἀμφιβαίνω), ep. Τρώων Gen. subi. Schirm der Troer = Verteidigung durch die Tr.

ἀμφί-βιος, 2. doppellebig, auf dem Lande und im Wasser; überh. zweifach.

ἀμφί-βλημα, τό, poet. der Umwurf, die Umgebung.

ἀμφίβληστρος, 2. (ἀμφιβάλλω), umgebend, τὸ -ρον das Zugnetz; das umstrickende Gewand, bisw. m. ὑφαντόν; Gürtel. Plur. bildl. Fesseln, Hindernisse.

ἀμφιβολία, ion. **-ίη,** ἡ, ion. u. sp. **1)** zweifelhafte Lage, Zweifel. **2)** Streitigkeit, Zwist. **3)** Zweideutigkeit, Doppelsinn. Von

ἀμφί-βολος, 2., Adv. -όλως (ἀμφιβάλλω), **1)** rings beschossen od. angegriffen, ἐν ἀμφιβόλῳ γίγνεσθαι rings im Schußbereich sein. **2)** was sich zweifach wenden läßt, zweideutig, unzuverlässig, ungewiß. **3) wer etwas nach zwei Seiten auffassen kann, zweifelhaft, unschlüssig, ratlos. 4)** poet. **umgeworfen; Neutr. subst. das Gewand.**

ἀμφί-βουλος, 2. poet. zweifelhaft.

ἀμφί-βροτος, 3. ep. den Mann rings deckend.

ἀμφι-βώμιος, 2. poet. den Altar umgebend.

ἀμφι-γνοέω, Impf. ἠμφεγνόουν u. ἠμφιγνόουν (νοέω, aus γνοέω), unsicher, zweifelhaft sein, ἐπί τινος bei etwas; sp. τινά im Ungewissen sein über jem.; ihn nicht genau erkennen; vgl. ἀμφινοέω.

ἀμφι-γυήεις, ὁ (γυῖον), ep. Beiw. des Hephästos, nach den Alten: doppelt gelähmt; vielmehr *ambidexter,* beidseitig geschickt, gliedergewandt, Werkmeister.

ἀμφί-γυος, 2. (γυῖον), **1)** ep. doppelgliedrig, vom Speer (mit Spitze oben u. unten). **2)** poet. beiderseits gliederstark.

ἀμφι-δαίω, ep. Perf. ἀμφιδέδηα ringsum entbrannt sein.

ἀμφι-δάκνω, sp. poet. umnagen; sich in etw. (τί) [festbeißen.

ἀμφι-δάκρῡτος, 2. poet. sehr beweint.

ἀμφί-δᾰσυς, εια, υ, poet. beiderseits haarig; ep. rings betroddelt.

ἀμφι-δέαι, αἱ (δέω), ion. das Band, Spange.

ἀμφι-δέξιος, 2. ion. u. poet. **1)** eigentl. auf beiden Seiten rechts, *ambidexter*, sehr gewandt; zweischneidig, zweideutig; überh. beiderseitig, beide.

ἀμφι-δηριάομαι, poet. Dep. med., um etwas (τινί) streiten.

ἀμφι-δήρῑτος, 2. bestritten, zweifelhaft.

ἀμφι-δῑνέω, ep. rundherum drehen, κολεὸν ἀμφιδεδίνηται eine Scheide ist darum gefügt.

Ἀμφίδολοι, οἱ, St. im triphylischen Elis; ebenso heißen deren Bewohner.

ἀμφι-δονέω, buk. im Wirbel drehen.

ἀμφιδοξέω, unschlüssig, zweifelhaft sein; keine entschiedene Meinung haben. Von

αμφί-δοξος, 2. sp. unentschieden.

ἀμφί-δρομος, 2. poet. herumlaufend, einschließend; dav. τὰ **ἀμφιδρόμια,** Namensfest, bei welchem das 5—7 Tage alte Kind um den Hausaltar getragen und seinen Namen bekam.

ἀμφι-δρυφής, έος, 2. ep. u. **ἀμφί-δρῠφος,** 2. ep. (δρύπτω), rings zerkratzt, ἄλοχος die Gattin, die vor Trauer sich beide Wangen zerkratzt hat.

ἀμφί-δῠμος, 2. (δύομαι), ep. λιμήν in den man von zwei Seiten einlaufen kann, doppelt geöffnet.

ἀμφι-δύομαι, Med., poet. anlegen, **anziehen.**

ἀμφι-έζω, sp., = ἀμφιέννυμι.

ἀμφι-έλισσα, ep. Fem. des Adj. ἀμφιέλιξ (ἑλίσσω) doppelt geschweift, vorne u. hinten.

ἀμφι-έννῡμι u. **ἀμφι-εννύω,** att. Fut. ἀμφιῶ, Aor. ἠμφίεσα, ep. Fut. ἀμφιέσω, Aor. ep. u. poet. ἀμφίεσα, auch in tmesi ἀμφὶ — ἕσσα, *induere*, anziehen, anlegen, **anhängen.**

ἀμφι-έπω u. **ἀμφέπω,** ep. u. poet. *curare*, **1)** Akt. **a)** τινά, τί, um — beschäftigt sein, στίχας die Schlachtreihen ordnen; κρέα zurichten, βοῦν opfern, δόμους σκῆπτρά τε als Herr im Hause walten, Ἰταλίαν beschirmen. **b)** von leblosen Subjekten: um etwas sein, doch stets mit Wirksamkeit, so vom Feuer: etwas umlodern. **2)** Med. (in tmesi), τινά sich an einen machen.

ἀμφίεσμα, τό (ἀμφιέννυμι), Anzug.

ἀμφι-εύω, ep. in tmesi, rings absengen.

ἀμφ-ιζάνω, ep. an etwas (τινί) sitzen oder haften.

ἀμφί-ζευκτος, 2. poet. von beiden Seiten, d. h. durch eine Brücke verbunden.

ἀμφι-θαλής, Gen. έος, 2. (θάλλω), ep. poet. u. sp. **1)** beiderseits sprossend, d. i. beide Eltern noch habend, *patrimi et matrimi*. **2)** rings umblüht, reich, auch κακοῖς an Leiden.

ἀμφι-θέᾱτρον, τό, das Amphitheater.

ἀμφί-θετος, 2. (τίθημι), ep. auf beiden Seiten hinzusetzen, von einem Trinkgefäß, dessen Fuß gleichfalls als Trinkschale benutzt werden kann, oder „mit Doppelhenkel".

ἀμφι-θέω, ep. τινά um jmdn. herumlaufen.

ἀμφί-θηκτος, 2. (θήγω) poet. zweischneidig.

ἀμφί-θρεπτος, 2. (τρέφω), poet. rings geronnen.

ἀμφί-θῠρος, 2. zweitürig, durchgängig nach vorn und nach hinten.

ἀμφι-κᾰλύπτω, ep. umhüllen, verbergen, umschließen, bergen, beherbergen. τινί τι einem etwas umlegen, ihn womit bedecken, βλέφαρα verst. ὄμμασι die Augenlider niederziehen, νύκτα μάχῃ Nacht über die Schlacht decken, ὄρος πόλει ein Gebirg um die Stadt türmen.

ἀμφι-κεάζω, ep. Part. aor. ἀμφικεάσσας, rings spalten.

ἀμφί-κειμαι, poet. darum herumliegen, ἐπ' ἀλλήλοισιν sich einander umschlungen halten, μόρος

μοι Mord lagert sich um mich, ἐπ' ὀλέθρῳ zum Verderben.
ἀμφι-κίων, [ῐ], ονος, 2. poet. rings mit Säulen umgeben, säulenprangend.
ἀμφι-κλάω, Aor. ἀμφέκλᾰσε, sp. ep. rings zerbrechen.
ἀμφί-κλυστος, 2. (κλύζω), poet. rings umspült, umflutet. [dicht belaubt.
ἀμφί-κομος, 2. (κόμη), ep. rings behaart, übertr.
ἀμφί-κρᾶνος, 2. poet. zweiköpfig.
ἀμφί-κρημνος, 2. poet. rings abschüssig.
ἀμφι-κτίονες, [ῐ], οἱ (κτίζω), ion. Umwohner, Grenznachbarn.
Ἀμφικτύων, ονος, S. des Deukalion u. der Pyrrha, ein Heros eponymos der
Ἀμφικτύονες, οἱ (eigtl. Ἀμφι-κτίονες, dann auf den myth. Amphiktyon zurückgeführt). **1)** • **a)** die 12 verbundenen Staaten od. deren Abgeordnete, welche die pyläische Amphiktyonie bildeten und sich jährlich zweimal, je im Frühjahr und im Herbst, sowohl zu Delphi zum Kultus des Apollo, als zu Anthele bei den Thermopylen zum Kultus der Demeter versammelten • **b)** die delische Amphiktyonie, deren Mittelpunkt der Apollotempel zu Delos war. Dav. • **2)** **Ἀμφικτυονίς** ἴδος, ἡ, Beiname der in Anthele verehrten Demeter • **3)** **ἀμφικτυονία,** ἡ, der Amphiktyonenbund • **4)** **ἀμφικτυονικός,** 3. den Amphiktyonenbund oder die Amphiktyonen betreffend, z. B. **συνέδριον,** od. **δίκαι** die von ihnen entschiedenen Rechtshändel, **προφάσεις** Klagepunkte der Amphiktyonen Dem.
ἀμφι-κύπελλος, 2. ep., **δέπας** ein doppelhenkliger Becher.
ἀμφί-κυρτος, 2. sp. doppelt gebogen, auf beiden Seiten gerundet, wie der Mond.
ἀμφι-λαφής, 2. Adv. **-ῶς,** (λαβεῖν), weitgreifend, umfangreich, groß, gewaltig, reichlich. Dav.
ἀμφιλαφία, ἡ, sp. Umfang, Fülle, Reichtum.
ἀμφι-λᾰχαίνω, ep. umgraben, umhacken.
ἀμφι-λέγω, nach beiden Seiten hin reden, streiten, τί einen Wortwechsel haben; bestreiten, m. Inf. u. μή. Dav. Adj. verb. **ἀμφίλεκτος,** s. ἀμφίλογος.
ἀμφιλογέομαι, sp. (ἀμφίλογος) = ἀμφιλέγω.
ἀμφιλογία, ἡ, Streit, ἀμφιλογίαν od. -ας ἔχειν sich bestreiten lassen. Von
ἀμφί-λογος, 2., Adv. **ἀμφιλόγως** u. **ἀμφίλεκτος,** 2. poet. u. sp. (ἀμφιλέγω), **1)** pass. bestritten, streitig; zweifelhaft, unsicher, bedenklich; *ἐς ἀμφίλογον ἰέναι* dem Zweifel unterworfen sein, *τὰ ἀμφίλογα* streitige Punkte, Streitigkeiten, *περί τινος*. **2)** akt. streitend, hadernd, *τινί* um etwas.
ἀμφί-λοξος, 2. sp. ganz schräg, dunkel.
ἀμφί-λοφος, 2. poet. den Nacken umgebend, Soph. Ant. 351 (versch. LA.); oder mähnig.
Ἀμφιλοχία, ἡ, Landschaft in Akarnanien, deren Bewohner **Ἀμφίλοχοι** hießen, deren Hauptstadt Ἄργος τὸ Ἀμφιλοχικόν war, gegründet von **Ἀμφίλοχος,** ὁ, dem Sohne des Amphiarāos aus Argos, der mit Mopsos die Stadt Mallos gründete und in einem Zweikampfe mit diesem seinen Tod fand.
ἀμφι-λύκη, ἡ (Wurz. λυκ, lat. *lūceo*), νύξ ep. Zwielicht, Dämmerung, *diluculum.*

(ἀμφι-μαίομαι), ep. nur Imper. aor. ἀμφιμάσασθε, ringsum abwischen.
ἀμφι-μάτορες, οἱ, dor. st. ἀμφιμήτορες, poet. von zwei Müttern, Stiefgeschwister.
ἀμφι-μᾰχομαι, Fut. -μαχοῦμαι, Dep. med., ep. um etwas (einen Ort) kämpfen, und zwar **a)** mit Akk. etwas belagern, bestürmen. **b)** mit Gen. für od. zum Schutz von etw. kämpfen.
ἀμφι-μέλας, -αινα, -αν, ep. ringsum finster od. schwarz, φρένες dunkelumhüllt, entweder in bezug auf die Lage des Zwerchfells in der Tiefe des Leibes, oder infolge des Grimmes.
ἀμφι-μῡκάομαι, ep. Dep. med., Aor. ἀμφέμῡκον, Perf. ἀμφιμέμῡκα, oft auch in tmesi, ringsum brüllen, tosen, erdröhnen, hallen.
ἀμφι-νεικής (νεῖκος), 2. poet. u. **ἀμφι-νείκητος,** 2. poet. (νεικέω), umstritten, umworben.
ἀμφι-νέμομαι, Med., **1)** ep. ringsherum bewohnen, *τί*. **2)** poet. weiden, *τί* um etw. her.
ἀμφι-νοέω, poet. zwiespältigen Sinnes oder unschlüssig sein, *ἐς τέρας* der Wundererscheinung gegenüber. (Vgl. ἀμφιγνοέω).
ἀμφι-ξέω, Aor. ἀμφέξεσα, ep. rings behauen, glätten.
ἀμφι-πέλομαι, ep. Dep. (nur Präs. u. Impf.), *τινί* um jmdn. sein.
ἀμφι-πένομαι, Dep. (nur Präs. u. Impf.), ep. **a)** *τινά* um jmdn. beschäftigt sein, in seiner Umgebung sein, ihn pflegen, warten; in bösem Sinne: sich über jmdn. hermachen. **b)** *τί* etwas besorgen.
ἀμφι-περικτίονες, ων, οἱ poet. die ringsherum wohnenden.
ἀμφι-περιστέφω, ep. Pass. *τινί* rings umgeben.
ἀμφι-περιστρωφάω, ep. nach allen Seiten tummeln. [dorren.
ἀμφι-περιφθινύθω, ep. ringsherum vergehen, ver-
ἀμφι-πίπτω, ep. u. poet., Aor. 2. ἀμφέπεσον, *τινά* über jmdn. herfallen od. hinfallen, *πόσιν* (nämlich aus Schmerz), *στόμασιν* auf ihr Antlitz hinstürzen, näml. um zu küssen. [küssend.
ἀμφι-πίτνω, poet. (fallend) umfassen, *γόνυ στόμασιν*
ἀμφί-πλεκτος, 2. poet. ringsumfassend, s. κλῖμαξ.
ἀμφί-πληκτος, 2. poet. rings geschlagen, rings gebrochen.
ἀμφι-πλήξ, ῆγος, ὁ, ἡ (πλήσσω), poet. von beiden Seiten schlagend, d. i. treffend, zweischneidig; ἀρά ein von beiden Eltern treffender Fluch.
ἀμφι-πολεύω, ep. u. ion., trans. *τί* um etw. beschäftigt sein, etwas besorgen, warten; Od. 20, 78 zu erg. αὐτάς, um sie zu sein und sie nach ihrer Weise zu behandeln.
ἀμφι-πολέω (ἀμφίπολος) poet., meist Präs., augm. ἀμφεπ., eigentl. ringsherum sein, sich bewegen, dah. **1)** trans. umfangen, umgeben, schützend umwandeln; besorgen, pflegen, *τινά, τί.* **2)** intr. verkehren, umherschweifen, *τινί* mit jem. [Flüssen.
ἀμφίπολις, ἡ, Stadt zwischen zwei Meeren oder
Ἀμφίπολις, ἡ, athen. Kolonie am Strymon in dem früher zu Thrakien gerechneten Teile Makedoniens, j. *Emboli.* Die Einw. οἱ **Ἀμφιπολῖται.**
ἀμφί-πολος, 2. (πέλομαι, vgl. lat. *anculus* [aus *ambicolus*], wovon *ancilla*) (nicht in att. Pr.), **1)** um jmdn. beschäftigt, dienend. **2)** poet. häufig umwandelt, viel besucht. — Subst. z. B. ἡ, die Die-

nerin, Zofe (niederer Art waren die δμωαί Mägde). Es hießen aber auch Priesterinnen so u. bei Soph. *Κύπρις* als die Vermittlerin des Götterwillens.

ἀμφι-πονέομαι, ep. Dep. med., um jmdn. (τινά) od. etw. (τί) bemüht sein, etwas besorgen, auch mit Part.

ἀμφι-ποτάομαι, ep. Dep. med., umflattern, τί.

ἀμφί-πτολις, ὁ, ἡ, poet. doppelstädtig, ἀνάγκη der Zwang, den jmd. duldet, weil er eine doppelte **Stadt hat (andere: der durch die Belagerung hervorgerufen ist).**

ἀμφι-πτῠχή, ἡ, poet. die Umarmung.

ἀμφί-πῠλος, 2. poet. zweitorig, doppeltorig, von den zwei Flügeln des Palasttores.

ἀμφί-πῠρος, 2. poet. rings umlodert, umflammt, von der Artemis, weil sie in beiden Händen Fackeln trägt.

ἀμφί-ρρῠτος, 2. ion., **ἀμφί-ρυτος,** 2. u. 3. ep. u. poet. (ῥέω) rings umströmt, umflossen.

ἀμφίς (ἀμφί), hom. • **I) Adv.** • **1)** zu beiden Seiten, **ringsum,** umher, ἀμφὶς εἶναι ringsum sein, d. i. wohnen, doch Il. 7, 342 umgeben; ἔχειν umgeben, auch umfangen • **2)** von, auf, zu beiden Seiten • **3)** auseinander, dah. ἔχειν (γαῖαν καὶ οὐρανόν Hom.) trennen, ἀ. ἀγῆναι entzwei brechen, u. so ἀ. εἶναι, μένειν **getrennt,** entfernt, fern bleiben od. sein, τιμὴν ἀ. ἄγοντες ἕκαστος, d. h. jeder für sich, φράζεσθαι, φρονεῖν für sich, d. i. **verschieden** denken oder gesinnt sein, εἴρεσθαι ἀ. ἕκαστα jedes für sich, d. i. eins nach dem andern, ἀ. Ἀχαιοῖς ἄλλ' ἀποδάσσασθαι die Hälfte den Ach. zuteilen, wie ἄνδιχα.

II) Praep., meist hinter dem Kasus • **1)** beim **Gen.** • **a)** ringsum, von allen Seiten • **b)** entfernt, außerhalb, seitwärts • **2)** b. **Dat.** nur ἄξονι ἀμφίς rings um die Achse • **3)** b. **Akk.** um.

ἀμφίσ-βαινα, ἡ (βαίνω), poet. eine Schlangenart, die vor- und rückwärts gehen kann.

ἀμφισβασίη, ἡ, ion. = ἀμφισβήτησις, Streit.

ἀμφισβατέω (wie von ἀμφίσβατος, βαίνω), ion., att.

ἀμφισβητέω (ἀμφίς u. βητέω zu βαίνω), augment. u. redupl. ἠμφισβ. oder ἠμφεσβ., Aor. p. ἠμφισβητήθη, Fut. med. als Passiv. **1)** in Meinung und Behauptung auseinandergehen, **disputieren,** τινί u. πρός τινα; widersprechen τῷ πρότερον λεχθέντι Hdt., τὰ ἀμφισβητούμενα = ἀμφισβητήματα; οἱ ἀμφισβητοῦντες Prozeßgegner Arist. **2)** dagegen behaupten εἶναί τι oder Nebens. mit ὡς, ὅτι, **a) bestreiten,** bezweifeln, τί, etwas, pass. ἀμφισβητεῖται μὴ εἶναί τι die Existenz wird bestritten, **b) beanspruchen,** τινός u. περί τινος od. περί τι.

ἀμφισβήτημα, τό, der Streitpunkt.

ἀμφισβητήσιμος, 2. streitig, zweifelhaft, unentschieden, ἐν ἀμφισβητησίμῳ εἶναι zweifelhaft sein.

ἀμφισβήτησις, εως, ἡ, Meinungsverschiedenheit, Streit, Zweifel, Zwistigkeit. Dav.

ἀμφισβητητικός, 3. im Disputieren gewandt.

ἀμφισβήτητος, 2. bestritten, streitig.

Ἄμφισσα, ἡ, St. im ozolischen Lokris, b. jetzigen *Solona*; die Bew. οἱ **Ἀμφισσῆς.**

ἀμφ-ίσταμαι, mit Aor. 2. ἀμφέστην, 3. plur. auch ἀμφέσταν st. -έστησαν, ep. u. poet., abs. herumstehen (hier auch in tmesi),, und übertr. vom Donner: rings ertönen, Soph. OC. 1497, oder τινί **um etwas, τινά jmdn. umstehen.**

ἀμφι-στέλλω, ep. in tmesi, umkleiden, -binden, τινί um etwas; buk. Med. sich anziehen, τί etwas.

ἀμφίστομος, 2. (nicht in att. Pr.), mit doppelter Mündung oder Öffnung; λαβαί beide Henkel; φάλαγξ die nach zwei entgegengesetzten Seiten hin Front macht.

ἀμφι-στρατάομαι, ep. Impf. 3. pl. άοντο, -όωντο, Dep. med., mit Heeresmacht umlagern, τί.

ἀμφι-στρεφής, έος, 2. ep. sich windend.

ἀμφί-στροφος, 2. poet. schwankend.

ἀμφι-τάμνω, ion. st. ἀμφιτέμνω, ep. in tmesi, rings abschneiden, τί.

ἀμφι-τείνω, poet. rings umschlingen.

ἀμφί-τειχής, 2. poet. die Mauern einschließend.

ἀμφι-τίθημι, ep. **1)** Akt. herumsetzen, od. -legen, τινί τι jmdm. etwas anlegen, etw. umgeben, setzen auf etwas (oft in tmesi). **2)** Med. sich umlegen, ξίφος das Schwert umhängen.

ἀμφί-τομος, 2. (τέμνω), poet. zweischneidig.

ἀμφί-τορνος, 2. poet. rings gerundet.

ἀμφι-τρέμω, ep. (in tmesi), rings zittern.

ἀμφι-τρέχω, Perf. -δέδρομεν mit Präsensbed. poet. umlaufen, umgeben.

ἀμφι-τρής, ῆτος, ὁ, ἡ, doch auch bei Neutr. (St. τερ v. τετραίνω), poet. mit Doppelöffnung.

Ἀμφιτρίτη [ῑ], ἡ, Nereïde, Personif. der rauschenden Meeresflut, Gattin Poseidons; auch meton. st. Meer.

ἀμφι-τρομέω, ep. sehr in Sorgen sein, τινός um [jmdn.

Ἀμφιτροπαιεύς, ὁ, aus dem Demos Amphitrope im südlichen Attika, auch durch **ὁ Ἀμφιτροπῆθεν** bezeichnet.

Ἀμφιτρύων, ωνος, ὁ, S. des **Alkaios,** Gem. der Alkmene, V. des Herakles, Kön. von Tiryns, später von Theben. Dav.

Ἀμφιτρυωνιάδης, ου, ὁ, poet. = Herakles.

ἀμφί-τυπος, 2. sp. ep. zweischneidig.

ἀμφί-φᾰλος, 2. ep. mit doppeltem Bügel, doppel-[kämmig.

ἀμφι-φᾰνής, 2. poet. rings sichtbar.

ἀμφι-φοβέομαι, nur ep. (Il. 16, 290), 3. Plur. aor. **pass. ἀμφεφόβηθεν st. -ήθησαν, ringsum flüchten,** τινά um jmdn.

ἀμφι-φορεύς, ῆος, ὁ, ep., u. daraus abgek. **ἀμφορεύς,** έως, ὁ (ἄμφω, φέρω, vgl. Zuber aus *zwobar*, Ggs. *eim-ber*), **1)** ep. zweihenkeliger konischer sehr großer Krug. **2)** (ἀμφορεύς) bestimmtes **Maß** für Flüssigkeiten, einen Kubikfuß Wasser enthaltend, od. für trockne Dinge, z. B. Getreide, wo es **die Hälfte eines μέδιμνος ist, Tonne, Eimer,** *amphora.*

ἀμφι-φράζομαι, ep. Dep. med., nach allen Seiten, d. h. wohl erwägen (in tmesi). [gähnen, τινά.

ἀμφι-χάσκω, Aor. 2. ep. u. poet. ἀμφέχᾰνον, um-

ἀμφι-χέω (s. χέω), ep. Aor. act. ἀμφέχευα, med. ἀμφέχῠτο, pass. ἀμφεχύθην, *circumfundo.* **1)** Akt. ringsum verbreiten od. legen, τινί um einen od. etwas (auch in tmesi). **2)** Med.-Pass., ep. mit aor. med. ἀμφέχυντο u. pass. -χυθείς, *circumfundi*, sich herum verbreiten, ergießen, τινά um einen, über einen, so Il. 23, 764: ehe der Staub ihn einhüllen konnte, so nahe war er nämlich; oder von Personen: umarmen; abs. u. τινά.

ἀμφί-χρῡσος, 2. poet. rings vergoldet.

ἀμφί-χῠτος, 2. ep. rings aufgeschüttet, aufgeworfen.

Ἀμφίων [ῐ], ονος, ὁ, **1)** S. des Zeus u. der Antiŏpe, Br. des Zēthos, Meister im Gesang u. Saitenspiel u. Erbauer von Theben. **2)** sonst Eigenname.

ἀμφόδιον, τό, sp. u. **ἄμφ-οδον,** τό, die Straße.

ἀμφορεύς, έως, ὁ, s. ἀμφιφορεύς.

ἀμφορίσκος, ὁ, Demin. v. vorigen.

ἀμφοτερό-γλωσσος, 2. poet. doppelzüngig.

ἀμφότερος, 3. (ἄμφω) *ambo*, **beidseitig,** doch auch **beide,** wenn nur von zweien die Rede ist; auch Dual ἀμφοτέρω u ἀμφοτέροιιν. Ἀμφ. σκέλεα Vor- der- und Hinterbeine, ἀμφοτέρῃ (Hdt.) u. κατ' ἀμφότερα auf beiden Seiten, gew. zu Wasser und zu Lande, auch: aus zweierlei Ursachen, ἀπ' ἀμφοτέρων von —, auf beiden Seiten Hdt., ἐπ' ἀμφότερα nach beiden Seiten, dafür u. dawider; κατ' ἀμφοτέρους (verst. γονέας) auf seiten beider Eltern, δι' ἀμφοτέρων durch beide Hände, ähnl. ἀμφοτέρῃσιν, verst. χερσίν, mit beiden Händen Hom. • Adv. **ἀμφότερον** beides zugleich (mit folg. τε — τε, τε — καί, καί — καί od. bloß καί), ähnl. ἀμφότερα beides, auf beiderlei Art, zu Wasser und zu Lande • Adv. außer **ἀμφοτέρῃ** u. **ἀμφότερα, -ον** (s. oben).

ἀμφοτέρωθεν, von beiden Seiten, mit Gen.: von beiden Seiten derselben, *utrimque*.

ἀμφοτέρωθι, auf beiden Seiten, *in utraque parte*.

ἀμφοτέρως, auf beiderlei Art, *utroque modo*.

ἀμφοτέρωσε, ep. nach beiden Seiten hin, *ad utrumque latus*.

ἀμφ-ουδίς, (οὖδας), ep. beiderseits am Boden, d. h. an beiden Füßen (aufhebend).

ἄμφω (*ambo*), Gen. u. Dat. für alle 3 Genera -οῖν, beide zugleich (dageg. ἑκάτερος, *uterque*, jeder für sich), μίαν ἄμφω τὼ ἡμέρα λογίζεσθαι beide Tage für einen rechnen. Von einzelnen Personen und Gegenständen wie von zwei Parteien, u. so ἐξ ἀμφοῖν beiderseitig st. gegenseitig, Soph. OC. 1425. Oft mit dem Verb im Plur.

ἀμφ-ώβολος, ὁ, poet. eine Art Wurfspieß, wahrsch. mit doppelter Spitze.

ἀμφ-ώης, buk. (οὖς) = ἄμφωτος.

ἄμφ-ωτος, 2. (οὖς), ep. zweiöhrig, zweihenklig.

ἀ-μώμητος, 2. Adv. **-ήτως,** ep. ion. poet. sp., u.

ἄ-μωμος, 2. ion. u. poet. untadelig, tadellos.

ἄμωμον, τό, sp. u. N. T. indische Gewürzpflanze.

ἀμῶς, (ἀμῶς), Adv. von ἀμός = τὶς, mit γέ πως auf irgend eine Weise; auch ἀμωσγέπως (ἀμ.) geschrieben. (Vgl. ἀμῇ, ἀμοῦ).

I. ἄν • **I)** urspr. **Adv. etwa, wohl, Reste** bei Hom. **II)** gew. **Modaladverb,** eine gemilderte Behauptung ausdrückend, und zeigt **an** • **1)** beim Ind. • **a)** der Präterita (bei dem der Hauptzeiten kann es nicht stehen) *α)* d. irreale Verhältnis: εἶχετ' ἄν ihr würdet haben, *β)* d. iterative: ἔπαισεν ἄν da schlug er ihn wohl (vorkommendenfalls), *γ)* d. potentiale der Vergangenheit: εἶδες ἄν da hätte man sehen können • **b)** des vermutenden Fut. in lyrischen Stellen der Trag., ganz selten in Prosa: αὐτὸν ἂν πύματόν με κύνες ἐρύουσι mich werden wohl zuletzt (je nach den Umständen) die Hunde umherzerren • **2)** beim Opt. das potentiale Verhältnis der Gegenw., wo wir können, dürfen, mögen gebrauchen, oft die Behauptung aus Höflichkeit mildernd • **3)** beim Konj. in der ganzen Gräzität • **a)** im Vordersatz bestimmter Bedingungssätze • **b)** in Zeitbestimmungssätzen mit ὅτε, ἕως, ἔστε, πρίν, ἐπεί, ἐπειδή • **c)** in Finalsätzen mit ὡς u. ὅπως und • **d)** in Relativsätzen (hier oft verallgemeinernd), das erwartete Eintreten des betreffenden Ereignisses. Dagegen ist der epischen Sprache eigentümlich der Konj. mit (oder ohne) ἄν im Sinne eines Indik. Fut. • **4)** beim Inf. u. Part. das potentiale oder irreale Verhältnis.

II. **ἄν** [ᾱ], st. ἐάν, mit Krasis κἄν = καὶ ἐάν.

III. **ἄν, 1)** ep. u. poet. apokopiert st. ἀνά, vor ν, δ, θ, στ, σχ u. τ. **2)** poet. st. ἄνα, s. d.

ἀν-, negative Vorsilbe, die gewöhnl. Form des ἀ-*privativum* (s. d.), wie lat. *in-*, deutsch *un-*, vor Vokalen: ἀν-αίτιος, *unschuldig*, verw. mit ἄνευ, *âne*, *ohne*, auch νη-.

ἄν, durch Krasis st. ἃ ἄν.

ἀνά [ᾰ α], apokopiert ἄν (lat. *an* in *anhēlo*, got. *ana* auf).

I) Adv., darauf, daran, ἀ. βότρυες ἦσαν Hom.

II) Praep. (steht poet. auch hinter ihrem Kasus ohne Anastrophe), **von unten bis oben, über — hin,** im Gegens. zu κατά • **1)** beim **Gen.,** nur in ἀ. νηὸς βαίνειν das Schiff besteigen Hom. • **2)** beim **Dat.** auf, obenan, z. B. ἀ. σκήπτρῳ oben an dem Szepter Hom.; ἀνὰ ναυσίν Eurip.; ἂμ βωμοῖσι τιθέναι auf das Gestell setzen • **3)** beim **Akk.** • **a)** örtlich: *α)* **nach oben,** ἀ. τὸν ποταμόν stromaufwärts Hdt., *β)* **über — hin, entlang,** ἀ. δῶμα durch's Haus hin, im H. Hom.; ἀ. τὴν Ἑλλάδα in G. Hom.; ἀνὰ στρατόν, ὅμιλον Hom. ἀ. μέσσαν ἀκτῖνα im Süden Soph. OC. 1247 • **b)** zeitlich: während ἀ. νύκτα die N. hindurch Hom., ἀ. τὸν πόλεμον Hdt., ἀ. πᾶσαν ἡμέραν T. für T. Hdt. • **c)** übertr.: *α)* ἀ. κράτος mit aller Kraft Xen.; ἀνὰ (τὸν αὐτὸν) λόγον verhältnismäßig Plat.; ἀ. μέρος abwechselnd N.T., *β)* bei Zahlangaben distributiv: ἀ. πέντε παρασάγγας zu je 5 P. Xen.; ἀ. ἑκατόν bis zu Xen.; ἔλαβον ἀ. δηνάριον einen D. pro Kopf N. T.

ἄνα, 1) ep. u. poet. für Imper. ἀνάστηθι steh auf! auf denn! (es erleidet dann keine Elision). **2)** Vok. von ἄναξ, w. s.

ἀνάβᾱ st. ἀνάβηθι, s. ἀναβαίνω.

ἀνα-βαθμός, ὁ, ion. u. sp. Stufe, Steige, ἀναβαθμῶν τρόπον treppenförmig in Absätzen.

ἀναβαίνω, dor. u. ep. ἀμ-βαίνω • **I) hinaufsteigen** mit Akk.: οὐρανόν zum H., ὑπερῷϊα Hom.; übertr. φάτις ἀ. ἀνθρώπους verbreitet sich unter Hom.; mit Dat.: νεκροῖς über die Leichen hinschreiten. Im besond. • **1) besteigen** ἀνὰ νηός sich einschiffen, ἐς Τροίην • **a)** ans Land steigen • **b)** landeinwärts ziehen Hdt. Xen. • **c)** auf die Höhe des Meeres fahren, absegeln

• d) mit u. ohne ἐπὶ τὸν ἵππον das Pferd besteigen; hier auch Pass. • e) vom Redner: **auftreten,** εἰς τὸ πλῆθος vor der Versammlung, ἐπὶ τὸ βῆμα die Rednerbühne besteigen, ἐπί, εἰς τὸ δικαστήριον vor Gericht, und vom Schauspieler: ἐπὶ τὸν ὀκρίβαντα auf der Bühne, ferner vom Zeugen: als solcher auftreten, τινί für jmdn.; ἀνέβη εἰς Ἄρειον πάγον er trat die Ratsstelle im A. an • 2) abs. auftreten, **sich erheben** von Gebäuden; vom Flusse: anschwellen, ἐπὶ ἑκκαίδεκα πήχεας; von der Phalanx: weiter vorrücken • 3) spez. • a) von der Herrschaft: ἔς τινα auf einen **übergehen** • b) von Begebenheiten: **ablaufen,** ihren Verlauf nehmen, ὡς ἑτέρως einen unerwarteten, schlechten.

II) **faktitiv,** Aor. act. ἀνέβησα **hinaufführen,** besteigen lassen (näml. das Schiff Hom.), oder ἐπὶ καμήλους τινά Hdt., und Aor. med. νὼ ἀναβησάμενοι nachdem sie uns hatten einsteigen lassen Hom.

ἀνα-βακχεύω, 1) poet. aufjubeln. 2) poet. u. sp. auch trans. einen aufregen.

ἀνα-βάλλω, dor. u. ep. ***ἀμβάλλω.*** 1) **aufwerfen,** χοῦν ἐξ ὀρύγματος Thuk., τάφρος ἀναβεβλημένη Xen., τινὰ ἐπὶ ἵππον einen auf das Pferd heben. 2) **zurückwerfen,** übertr. **hinhalten,** aufschieben, z. B. ἄεθλον Hom., od. ὑμᾶς sie hemmen euch in euren Entschlüssen; auch Med. ἔργον Hom.; ἐς τρίτην ἡμέρην Hdt.; Pass. ἀνεβλήθη ἐκκλησία sie wurde aufgeschoben Thuk. 3) Med. **auf sich nehmen,** umhängen (mit u. ohne ἱμάτιον, τήβεννον u. ä.), **sich** (das Gewand) **umwerfen,** in Falten werfen; übertr. **übernehmen,** μάχας sich in Kämpfe einlassen. Mit Inf. anheben, anfangen.

ἀνα-βαπτίζω, sp. wiederholt untertauchen.

ἀνά-βασις, poet. ***ἄμβασις,*** εως, ἡ, 1) das Aufsteigen, τινός, εἴς, ἐπί τι; auf ein Pferd, dah. abstr. pro concr. ἄμβασις πωλικά die ganze Ritterschaft; im bes. der Zug, Marsch ins Oberland, τῶν Ἐπιπολῶν der Aufgang nach Epipolä; bes. der Feldzug des jüngern Kyros gegen seinen Bruder Artaxerxes Mnemon, u. Xenophons Beschreibung davon, auch Titel von Arrians Schrift über Alexanders Feldzug. 2) Aufstieg, Aufgang, Stiege, Treppe.

ἀνα-βασσαρέω, poet. in tmesi, laut aufjubeln.

ἀνα-βαστάζω, sp. aufnehmen.

ἀνα-βάτης u. ***ἀμβάτης,*** ου, ὁ, Aufsteiger, bes. Reiter, auch Lenker von Elefanten; zu Wagen nächst dem ἡνίοχος noch zwei ἀμβάται (od. παραβάται), Kämpfer. Dav.

ἀναβατικός, 3. zum Aufsteigen geschickt, behend aufsitzend, ἐπὶ τοὺς ἵππους.

ἀνα-βέβρῠχεν, ep. Perf. mit Präsensbdtg. (zu βρῡχάομαι, Zenodot las ἀναβέβροχεν), es sprudelt empor.

ἀνα-βῐβάζω, Fut. -βιβῶ, -ᾷς. Aor. -εβίβασα, Adj. verb. -βιβαστέον.

I) **Akt.** • 1) ersteigen lassen, **hinaufführen,** ἐπὶ πυρήν auf den Scheiterhaufen Hdt., κατὰ τὸ ἀκρότατον Xen.; im bes. • a) aufs Schiff, ἐπὶ τὰς ναῦς, **einschiffen** • b) einen Wagen, ein Pferd (ἐπὶ ἵππον) besteigen lassen, auch einem aufs Pferd helfen • 2) übertr. die Töne richtig hinauf- oder herabstimmen.

II) **Med.,** Fut. ἀνα-βιβῶμαι, -ᾶται Aor. -εβιβασάμην • 1) zu sich hinaufsteigen lassen, ἐπὶ τὸ ἅρμα auf seinen Wagen heben; an Bord nehmen Thuk. • 2) insbes. für sich, in seiner Sache **vor Gericht auftreten lassen,** mit zur Stelle bringen, bes. auch den Gegner vor Gericht **aufstehen heißen,** zur Rede stellen • 3) übertr. sich erheben, εἰς τὴν ἄκραν τιμήν Plut.

ἀνα-βιόω, 1) Akt, intr. Aor. ἀνεβίων, Perf. ἀναβεβίωκα, wieder aufleben, bisw mit πάλιν. 2) Med. trans., Aor. ἀναβιώσασθαι, wieder zu sich ins Leben rufen. Vgl. das folg.

ἀνα-βιώσκομαι, Präs. u. Imperf., gew. 1) intr. wieder aufleben, wieder erwachen. 2) selten trans. wieder zu sich ins Leben rufen, wieder beleben, Plat Crit. 48, c.

ἀνα-βλαστάνω, Fut. -στήσω, Aor. -έβλαστον, ion. wieder aufblühen, neu entstehen, ἔκ τινος, auch vom Unheil.

ἀνα-βλέπω, aufblicken, a) abs. die Augen aufschlagen, wieder sehen können. b) εἴς, πρός τινα od. auch bloß τινί auf einen od etwas hinblicken, als Stütze, Schutz, od. aus Achtung, auch bloß: einem nachblicken, und geistig: πρὸς τὸ πᾶν; poet. auch: wieder erblicken. Dav.

ἀνάβλεψις, ἡ, im N. T. die Wiedererlangung des Gesichts.

ἀνάβλησις, ιος, ἡ (-βάλλω), ep. Aufschub, Verzögerung.

ἀνα-βλύζω u. ***ἀνα-βλύω,*** sp. 1) hervorquellen, -sprudeln, -sprühen. 2) poet. aufsprudeln lassen.

ἀνα-βοάω, ion. auch ***ἀμβοάω,*** Aor. 1. ion. u. poet. ἀνέβωσα st. ἀνεβόησα, 1) *eiulare,* aufschreien vor Freude, Verwunderung oder Schmerz, hell, laut (μέγα) ausrufen, schreien, ertönen, laut zurufen, vom Hahne: laut krähen. 2) mit Akk. etw. laut schreien od. verkünden, ξυμφοράν, od mit Inf. laut zu etwas auffordern.

ἀνα-βολεύς, έως, ὁ, sp. der jmdn. aufs Pferd hebt, Steigbügelhalter (Knecht oder Vasall).

ἀνα-βολή, ἡ (poet. auch ἀμβολή), 1) der Erdaufwurf, Wall. 2) Umwurf, kurzer Mantel der Spartaner (auch die Art ihn zu tragen). 3) Verzögerung, Aufschub, ἀναβολὴν ποιεῖν einen Aufschub bewirken, ποιεῖσθαί τινος etwas hinausschieben, ἐς ἀναβολὰς ποιεῖσθαί, πράττειν τι etwas in die Länge schieben, verschieben. 4) sp. das Aufquellen, der Sprudel, ὑδάτων.

ἀνα-βρᾰχεῖν, ep. def. Aor. 1., Opt. ἀνέβραχε, laut klirren, krachend aufspringen.

ἀνα-βρόξαι, ep. def. Aor. 1., Opt. ἀναβρόξειε, u. Aor. 2. pass. part. ἀναβροχέν, wieder einschlucken, zurückschlürfen, ὕδωρ ἀπολέσκετ' ἀναβροχέν das Wasser verschwand, indem es zurückgeschlürft wurde.

ἀνα-βρυάζω, poet. aufjubeln, aufschreien.

ἀνα-βρῡχάομαι, aufbrüllen, in ein Klagegeschrei ausbrechen.

ἀναβῶσαι, s ἀναβοάω.

ἀνά-γαιον, τό, N. T. (Speise)zimmer im Obergeschoß.

ἀν-αγγέλλω, eigtl. zurückmelden, nach Hause melden, überh. berichten, τινί τι od. περί τινος, auch mit dem Part. ἀνηγγέλθη τεθνεὼς Τολμίδης.

ἀνα-γελάω (s. γελάω), auflachen, ein lautes Gelächter erheben, abs. u. ἐπί τινι über jmdn.
ἀνα-γεννάω, sp. u. N. T. wieder erzeugen, neu schaffen; Pass. N. T. wieder geboren werden.
ἀν-αγής, 2. (τὸ ἄγος), poet. schuldlos.
ἀνα-γιγνώσκω, ion. u. sp. ἀναγινώσκω **1) a)** *cognosco,* **genau, sicher erkennen, inne werden, b)** wieder erkennen, anerkennen, *agnosco.* **2)** *lego, recito,* lesen, vorlesen, τί, auch, wiewohl selten, τινός d. h. von einem etwas lesen, oft abs.; ἀνάγνωθι Aufforderung an den Gerichtsschreiber, dem das Vorlesen der Akten oblag. **3)** bei Hdt. im Aor. 1. ἀνέγνωσα, bereden, bestimmen und so im Pass. ἀνεγνώσθη und ἀνεγνωσμένοι ἦσαν.
ἀναγκάζω (ἀνάγκη), *cogere,* **nötigen, zwingen, drängen; erzwingen, erheischen, veranlassen, überreden; für nötig erachten, als notwendig nachweisen, τινά jmdn., mit folg. Inf. od. Akk. mit Inf., doch auch τινά τι einen zu etwas (z. B. τοῦτο hinzu, πολλά), u. ἔς τι od. bloß τί etwas erzwingen, u. Soph. OC. 589 ohne Obj. mit bloßem Inf.; ἀναγκάζων durch Zwang;** ἠναγκασμένος erzwungen; ἐς τοῦτο ἠναγκάσμεθα, ὥστε die Not hat es dazu gebracht.
ἀναγκαίη, ἡ, Fem. von ἀναγκαῖος, die Not.
ἀναγκαῖος, 3. u. 2. (ἀνάγκη) • **1)** von Sachen u. Zuständen: **zwingend,** zwangvoll, dringend, **unvermeidlich,** unumgänglich **nötig;** ἦμαρ T. der Bezwingung, μῦθος Machtwort Hom., τύχη Sklavenlos Soph. Ai. 485, aber in Soph. El. 48 gewaltsamer Tod; πειθώ zwingend Plut.; ὕψος die unbedingt nötige Höhe Thuk. Oft mit folg. Inf., wie ἀναγκαῖόν (ἐστι); und εἰσὶν ἔνιαι τῶν ἀποκρίσεων ἀναγκαῖαι διὰ μακρῶν τοὺς λόγους ποιεῖσθαι einige Antworten wollen notwendig durch lange Reden erteilt sein Plat. Gorg. 449b. • Subst. τὸ ἀναγκαῖον die Notwendigkeit, der Zwang, ἀναγκαῖον ein dringender Umstand, τἀναγκαῖα u. τὰ ἀναγκαιότατα die notwendigsten Lebensbedürfnisse, die Notdurft Hom., ἐξ ἀναγκαίου unter dem Zwang der Verhältnisse Thuk. • **2)** von Personen: • **a)** durch die Natur dargeboten: die natürlichen Freunde, die **Verwandten** • **b)** πολεμισταί Kämpfer aus Not, δμῶες leibeigene Knechte, im Gegens. zu θῆτες freie Lohnarbeiter Hom. • **c)** διαλλακτής eindringlich Thuk. • Adv. **ἀναγκαίως,** notwendigerweise, notgedrungen, ἀν. ἔχει τινί mit folgendem Inf.: es ist notwendig für einen, od. mit folg. A. c. I.: es ist notwendig, daß Hdt.
ἀναγκαιότης, ητος, ἡ, Blutsverwandtschaft.
ἀναγκαστός, 3., Adj. verb. von ἀναγκάζω, gezwungen, **oft bei Part. ἀναγκαστοὶ ἐκβάντες.**
ἀνάγκη u. ep. u. ion. **ἀναγκαίη,** ἡ • **1) Zwang,** physischer und moralischer Druck, **Notwendigkeit,** κρατερὴ ἀνάγκη; ἀνάγκη, ὑπ' ἀνάγκης Hom.; πᾶσα ἀ. ἐστὶν ὕσαι Hdt., (πολλὴ) ἀ. ἐστίν mit Inf. oder A. c. I. es ist **notwendig,** natürlich • **2)** Naturzwang, -gesetz, Schicksal, φύσεως ἀ. (Liebe usw.), **Naturtriebe** Arist., ἀ. ἔμφυτος Plat.; Plur. Verwandtschaften; αἱ ἐκ θεῶν ἀ. Fatum Eur. • **3) Zwangsmaßnahmen,** ἐς ἀ. ἄγεσθαι zur Folter geführt werden Hdt., προάγειν τινὶ τὰς ἀ. Thuk., δολοποιὸς ἀ. tückischer Zauber Soph. • **4) Notlage,** Zwangslage, Elend, **Schmerz,** ἀκούσιοι ἀ. Zwang der Verhältnisse Thuk., ὑπ', ἐξ, δι', μετ' ἀνάγκης aus Zwang, Not; ὑπ' ἀνάγκας βοᾶν vor Schmerz Soph.
ἀναγκο-τροφέω, sp. aus Zwang, nach diätetischer Vorschrift essen.
ἀνα-γνάμπτω, ep. zurückbiegen, δεσμόν die Fessel auflösen. Pass. ἀνεγνάμφθη sich zurück-, sich umbiegen.
ἄν-αγνος, 2. unrein, schuldbefleckt.
ἀνα-γνωρίζω, wiederkennen. Dav.
ἀναγνώρισις, ἡ, u. **-γνωρισμός,** ὁ, das Wiedererkennen, die Wiedererkennung.
ἀνά-γνωσις, εως, ion. ιος, ἡ, **1)** ion. das Wiedererkennen. **2)** das Vorlesen, Lesen.
ἀνά-γνωσμα, τό, sp. das Gelesene, die Lektüre.
ἀνα-γνώστης, ου, ὁ, sp. Vorleser.
ἀναγόρευσις, εως, ἡ, **a)** öffentliche Kundmachung, τοῦ στεφάνου wegen des Ehrenkranzes. **b)** sp. auch Wahl durch öffentlichen Ausruf. Von
ἀν-αγορεύω, (s. ἀγορεύω), Fut. -ερῶ, Aor. -εἶπον, Perf. -είρηκα usw. öffentlich ausrufen, bekannt machen, bes. v. Herold; νικῶν ἀνηγορεύετο **er wurde als Sieger ausgerufen; bes. a)** βασιλέα, ὕπατον **öffentlich als König, Konsul ausrufen (auch vom öffentl. Wahlvorschlag). b) sich öffentlich** als etwas erklären. **c)** τὰς φυλάς die Tribus zur Abstimmung aufrufen, od. πάντα τὰ χαλεπὰ ἀνειπεῖν τινι einem öffentlich die härteste Strafe androhen, auch m. Inf., Akk. u. Inf. od. ὅτι.
ἀνά-γραπτος, 2. aufgeschrieben.
ἀνα-γραφεύς, έως, ὁ, *scriba publicus,* der Staatssekretär. So hieß z. B. Nikomachos, als Wiederhersteller der Solonischen Gesetze.
ἀνα-γραφή, ἡ, **die Niederschrift, Aufzeichnung,** Plur.: Staatsurkunden; ἡ περὶ τοὺς βίους die Abfassung von Biographien. Von
ἀνα-γράφω, aufschreiben. 1) öffentlich niederschreiben, in die Staatsurkunden und Denkmäler eintragen, ἐν στήλῃ λιθίνῃ, ἐς τὸν τρίποδα, **doch brachylog. auch** στήλας, εὐσέβειαν ἀναγράφειν **auf Denksäulen niederschreiben, auf Erhaltung der Frömmigkeit bei der Niederschrift (der Gesetze) bedacht sein, abs.** τέτταρα ἔτη ἀνέγραψεν **er hat vier Jahre mit dem Aufzeichnen (der Gesetze) zugebracht. 2) öffentlich von Staats wegen verzeichnen,** vom Schriftsteller: in einer Schrift angeben; im Pass. angeschrieben sein, παρά τινι εὐεργέτης usw. **als Wohltäter, Feind** usw. **3)** zeichnen, **konstruieren,** eine Figur beschreiben (auch Med.).
Ἀναγυράσιος, ὁ, aus der att. Gemeinde **Ἀναγυροῦς,** zur Phyle Erechtheïs gehörig.
ἀν-άγω • **I) Akt** • **1) hinaufführen,** hinaufbringen oder -geleiten, ἐς Ὄλυμπον Eur., ἱερὸν ξόανον Eur.; übertr. τὴν ἀρχὴν τοῦ γένους εἰς Τύλλον **zurückführen auf;** insb. • **a) auf die hohe See** στρατὸν ἐπὶ τὴν Ἑλλάδα Hdt.; ναῦν ἀ. das Sch. in See stechen lassen, auch absol. ἀνάγειν in See stechen Hdt.; τινά zu Schiff entführen Hom. • **b)** ins Binnenland ἀνάγω ζωούς Hom., ἀνάγειν ὡς βασιλέα Hdt. • **c)** an die Oberwelt εἰς φῶς Plat. • **d)** ἀ. εἰς τὴν βουλήν vor den Areiopag ziehen, εἰς Ἀθήνας nach A. zur Verantwortung zitieren • **e)** Gebäude, Wälle, aufführen

Plut. • f) χόρον aufführen Eur.; θυσίαν opfern Hdt.; παιᾶνα anstimmen Soph. • g) εἰς τιμήν zu Ehren kommen lassen Plut.; τίμιόν σε ἀ. ehren Eur. • 2) allg. **bringen** = ἄγειν, ἐς μέσσον vorstellen N. T. • 3) **zurückführen,** heimführen, das Heer aus der Schlacht, auch abs. sich zurückziehen, u. zwar ἐπὶ πόδα das Gesicht dem Feinde zugekehrt, rücklings.

II) **Pass.** u. **Med.** • 1) Pass. hinaufgetragen werden, z. B. in die Oberstadt, auch bloß hingebracht, hingeschleppt werden als Gefangener, πρός, ἐπί, παρά τινα • 2) (Aor. pass. u. med.) aus dem Hafen in die hohe See fahren, (ταῖς ναυσίν) in See stechen, **absegeln,** im Gegens. zu κατάγεσθαι • 3) übertr. von Sprechenden mit εἰς τοὺς παρόντας sich zu den Anwesenden wenden, ὡς λέξων um zu sprechen, und so überh. sich anschicken, ὡς ἐρῶν. Dav.

ἀναγωγή, ἡ, das Auf-hohe-See-fahren der Schiffe, die Abfahrt.

ἀν-άγωγος, 2. (ἀγωγή), ohne Leitung, ungezogen, von Tieren: nicht abgerichtet.

ἀν-αγώνιστος, 2. sich auf keinen Wettkampf einlassend.

I. **ἀνα-δαίω,** poet. ἀνδαίω, anzünden.

II. **ἀνα-δαίω,** Fut. -δάσομαι, von neuem teilen. Med. unter sich verteilen. Dav. [gleiche Teile.

ἀναδασμός, ὁ, Verteilung, (γῆς) Landverteilung in

ἀνάδαστος, 2 (II. ἀναδαίω), von neuem geteilt; ἀνάδαστον ποιεῖν aufteilen.

ἀνα-δέδρομα, s. ἀνατρέχω.

ἀνα-δείκνῡμι, ion. Aor. 1. act. ἀνέδεξα, pass ἀνεδέχθη, **erhoben zeigen,** *ostendere,* zeigen, πύλας weit aufschließen; übertr. ins Licht setzen, verherrlichen, offenbaren (ὑμᾶς ἐν ἀνθρώποις), εἰκόνας **αὐτῶν ihnen Statuen weihen, ἐχθρόν τινα** jmdn. **öffentlich als Feind erklären;** auch *se praestare,* **ἑαυτὸν ὕπατον sich als Konsul zeigen. Dav.**

ἀνάδειξις, εως, ἡ, sp. das Vorzeigen, die feierliche Ernennung zum Amte.

ἀνα-δέκομαι, s. ἀναδέχομαι.

ἀν-άδελφος, 2. geschwisterlos.

ἀνα-δενδράς, άδος, ἡ (sc. ἄμπελος), ein an Bäumen aufgezogener Weinstock.

ἀνα-δέρκομαι, m. Aor. 2. ἀνέδρακον, ep. **aufblicken.**

ἀνά-δεσις, ἡ, sp. das Aufbinden.

ἀνα-δέσμη, ἡ, ep. u. poet. u. **ἀνάδεσμος,** ὁ, poet. Hauptbinde, Haarband der Frauen.

ἀνα-δέχομαι, ion. **ἀνα-δέκομαι,** Dep. med., ep. Aor. ἀνεδέγμην, 1) auf sich nehmen, aufnehmen, auffangen (εἴς τι), ertragen, annehmen, σατράπην. 2) *suscipere,* über sich nehmen, versprechen, Gewähr leisten, τινί mit folg. Inf. fut., τὴν πίστιν und ὑπέρ τινος, πρός τινα. 3) *recipere,* an sich nehmen, übernehmen, in Empfang nehmen, παρά τινος.

ἀνα-δέω. 1) Akt. (-δήσω, -έδησα, -δέδεκα; Part. praes. auch -δῶν), a) **an-, umbinden,** umkränzen, einen bekränzen; im Pass.: χρυσῷ ἀναδεδεμένος τοὺς πλοκάμους, b) übertr. ἔς τι an etwas **anknüpfen,** ἀ. τὴν πατρίην (ἑαυτόν) ableiten von Hdt. 2) Med. (praes. auch -δοῦνται, -δούμενος), a) sich umbinden, κρωβύλον τῶν τριχῶν einen Haarwulst über der Stirn, b) an sich d. h. an seine Schiffe **anbinden,** ins Schlepptau nehmen; νίκην einen Sieg an seine Fahnen heften; δόξαν, κλέος sich erwerben, c) auch bloß: umbinden. Dav.

ἀνάδημα, τό, poet. auch ἄνδημα, das Stirnband.

ἀνα-διδάσκω, 1) neu belehren, d. h. eines Bessern belehren. 2) deutlich, gründlich belehren.

ἀνα-δίδωμι, 1) trans. a) heraufgeben, *edere,* emporsteigen-, emporwachsen-, aufsprudeln lassen, erzeugen, von sich geben od. verbreiten, anordnen, τί. b) hinreichen, N. T. überreichen, τινί τι verteilen, τῷ δήμῳ ψῆφον das Volk abstimmen lassen. 2) intr. ion. u. sp. aufsprudeln, hervorquellen.

ἀνά-δικος, 2. aufs neue (z. B. nachdem Berufung eingelegt wurde) vor Gericht gebracht, dah. auch

ἀνα-διπλόω, verdoppeln. [ungültig, *irritus,* nichtig.

ἀνά-δοσις, εως, ἡ, sp. 1) das Hervorwachsen, 2) der innere Trieb.

ἀνά-δοτος, 2. zurückzugeben.

ἀναδοχή, ἡ (ἀναδέχομαι), poet. das Übernehmen, das Ertragen, z. B. πόνων.

ἀνάδοχος, ὁ (ἀναδέχομαι), sp. der Bürge.

ἀνα-δρᾰμεῖν, s. ἀνατρέχω.

ἀναδρομή, ἡ, Emporkommen, Verbesserung.

ἀνα-δύνω, ep. =

ἀνα-δύομαι, ep. u. dor. auch **ἀνδύομαι,** Med., ep. Opt. Aor. ἀναδυίη u. -δύη, und med. Aor. mixtus ἀνεδύσετο, 1) **herauftauchen, hervorkommen, τινός aus etwas; doch κῦμα über die Woge. Ἀναδυομένη, die dem Meere Entstiegene, Aphrodite. 2) sich zurückziehen,** zurücktreten, zaudern, **sich ducken, sich** verkriechen, **abs. u. mit ἔς τι,** od. mit **πόλεμον** sich dem Kampfe entziehen, **sich gegen ihn sträuben (ihn vermeiden).**

ἀνά-δυσις, ἡ (ἀναδύομαι), das Auftauchen von Inseln, der Sonne aus dem Meere; Σπαρτῶν, besser ἀνάδοσις.

ἀν-άεδνος, 2. (aus ἀν- priv. u. ϝέδνα mit ἀ proth.), ep. ohne Freiergaben.

ἀν-ᾰείρω, ep. Aor. 1 ἀνάειρα, 1) emporheben, χεῖρας ἀθανάτοισι zu d. U.; heraufziehen, z. B. die Leitern in das Schiff, nachdem alle eingestiegen; insbes. auch von Ringern, welche sich gegenseitig emporzuheben und zu Boden zu werfen suchen. 2) davontragen, als Kampfpreis.

ἀν-άελπτος, 2. (aus ἀν- priv. u. ϝέλπω mit ἀ proth.), ep. unverhofft, unerwartet. [Wiedergeburt.

ἀνα-ζάω, N. T. wieder aufleben, übertr. von der

ἀνα-ζεύγνῡμι u. **-νύω,** 1) trans., ion., eigentl. wieder anspannen, dann übertr. wieder in Bewegung setzen, aufbrechen lassen, τινά. 2) intr. aufbrechen, weiter-, bes. heimziehen. Dav.

ἀνάζευξις, ἡ, sp. **der Aufbruch.** [wimmeln.

ἀνα-ζέω, poet. u. sp. intrans. aufsieden, aufsprudeln,

ἀνα-ζητέω, aufsuchen, ausforschen, untersuchen.

ἀνα-ζῠγή, ἡ, sp. = ἀνάζευξις.

ἀνα-ζώννυμαι, Med., N. T. sich umgürten, übertr. abs. sich fertig machen, anschicken.

ἀνα-ζωπῠρέω, 1) trans. wieder auffrischen, neu beleben. 2) intr. sp. sich erholen, wieder aufleben.

ἀνα-θάλλω, N. T. Aor. 2. ἀνέθαλον, hervorsprossen lassen, übertr. = erneuern.

ἀνα-θάλπω, spätpoet. wieder erwärmen.

ἀνα-θαρρέω u. **ἀνα-θαρσέω,** wieder Mut fassen.
ἀνα-θαρρύνω, wieder ermutigen.
ἀνά-θεμα, τό, N. T. urspr. = ἀνάθημα, dann die Verfluchung, Verwünschung, u. übertr. ein Verwünschter, Verbannter, Verfluchter. Dav.
ἀναθεματίζω, N. T. sich verfluchen, — verschwören.
ἀνα-θερμαίνω, sp. 1) wieder erwärmen. 2) übertr. anfeuern.
ἀνά-θεσις, ἡ, das Aufstellen.
ἀνα-θέω, sp. hinaufeilen, πρός τι.
ἀνα-θεωρέω, sp. N. T. aufs neue erforschen. Dav.
ἀνα-θεώρησις, εως, ἡ, sp. Betrachtung, Forschung.
ἀνα-θηλέω (ἀναθάλλω), ep. wieder aufgrünen.
ἀνάθημα, τό (ἀνατίθημι), das Aufgestellte, bes. 1) Weihegeschenk (Gefäße, Waffen, Kleider, Statuen, Kostbarkeiten mancher Art). 2) das geweihte Gebäude, sp. überh. ein öffentl. Gebäude. 3) überh. Schmuck, Zierde.
ἀνα-θλίβω, sp. poet. hinaufpressen, in die Höhe [drücken.
ἄν-αθλος, 2. sp. nicht streitbar, zum Kampf un- [geschickt.
ἀνα-θολόω, sp. trüben.
ἀνα-θορυβέω, auflärmen, Beifall zurufen, abs. od. mit folg. ὡς εὖ λέγοι od. ὡς εὖ εἰπόντος.
ἀνά-θρεμμα, τό, buk. (τρέφω), Aufgezogenes, Zög- [ling.
ἀν-αθρέω, genau besehen, prüfen, ἔκ τινος nach etwas.
ἀνα-θρῴσκω, ep. poet. u. sp., Aor. 2 ἀνέθορον, aufspringen.
ἀνα-θυμίασις, ἡ, sp. das Aufdampfen.
Ἄναια, τά, St. an der ionischen Küste, Samos gegenüber. Ew. **Ἀναιίτης;** Ad. fem. Ἀναιῖτις.
ἀναίδεια, ion. **-είη, ἡ,** Unverschämtheit, Frechheit, ἀναιδείην ἐπιειμένος ein Unverschämter, ἐπιβῆναι ἀναιδείης den Weg der Frechheit einschlagen. Von
ἀν-αιδής, έος, οῦς, 2. (αἰδώς), Adv. **-ῶς,** 1) schamlos, unverschämt, frech, keck. 2) von Sachen u. Handlungen: schmählich, schonungslos, rücksichtslos, dreist, tückisch, εἰς ἀνειδὲς δός μοι σεαυτόν stell' dich mir zur Verfügung zu schmählicher Tat.
ἀναιδία, ἡ, sp. N. T. f. ἀναίδεια.
ἀναιδο-μάχας, α, poet. unverschämt, schonungslos kämpfend.
ἀν-αιθύσσω, poet. anfachen.
ἀν-αίθω, poet. anzünden, entflammen; intr. auflodern.
ἀν-αίμακτος, 2. poet. u. sp. nicht mit Blut befleckt.
ἀν-αίματος, 2. poet., **ἄν-αιμος,** 2., u. ep. **ἀν-αίμων,** 2., blutlos. Dav.
ἀναιμό-σαρκος, 2. sp. poet. mit blutlosem Fleisch.
ἀναιμωτί, Adv. ep. u. sp. ohne Blut, ohne Schwertstreich.
ἀναίνομαι, Dep. med., Impf. ἠναινόμην, Aor. ἠνηνάμην, ep. ἀνήνατο, verwerfen, leugnen, verleugnen, versagen, sich weigern, abs., od. mit Inf. od. Part.: ὁρῶν es verdrießt mich zu sehen, νικώμενος οὐκ ἀναίνομαι ich schäme mich nicht besiegt zu werden.
ἀναίρεσις, εως, ἡ (ἀναιρέω), 1) das Aufheben u. Sammeln, die Bergung der Verwundeten u. bes. der Gestorbenen u. deren Bestattung. 2) das Wegnehmen, Aufheben von Gesetzen u. Einrichtungen. 3) die Vernichtung, Ermordung.
ἀναιρετικός, 3. vernichtend, zerstörend.

ἀν-αιρέω (s. αἱρέω), ep. Aor. 2. med. auch ἀνελόμην, ion. Perf. act. ἀναραίρηκα, pass. 3. pl. ἀναραιρέατο.
I) **Akt.** u. **Pass.** • 1) **aufheben,** ἀπὸ χθονός von der Erde • a) die Gebeine aus der Erde ausgraben, die Verwundeten aufheben, Tote **beerdigen** • b) die Lose aufheben und deuten, ein Orakel geben, **weissagen,** absol. u. (A. c.) I. • 2) **wegheben,** herausziehen, weg-, **davontragen,** ἀγῶνας ἀναραιρηκώς od. ἀνῃρηκώς Sieger in manchen Wettkämpfen • 3) wegnehmen, aus dem Wege räumen, **umbringen,** töten, vernichten, zugrunde richten, **zerstören,** auch im Pass. Übertr. τὰς χάριτας absehen vom Danke.
II) **Med.** • 1) zu sich, für eigenen Gebrauch **emporheben,** den Arm (Il. 16, 8) in die Hand nehmen, ἔγχος, τὰ ἀέθλια das Waffengerät **handhaben;** im bes. die Toten bestatten; spez. im N. T. an Kindes Statt annehmen • 2) mit sich **weg-, fortnehmen,** entführen (Od. 20, 66), an sich reißen (τὰ πράγματα) • 3) für sich, zu seinem Gebrauche nehmen, z. B. **Speise zu sich nehmen,** ein Kind empfangen Hdt., schwanger, **trächtig werden;** τινά jmdn. in Dienst nehmen, übertr. ἐπιφροσύνας Vernunft annehmen, ähnl. γνώμην, φιλοψυχίην Hdt. • 4) das Seinige aufheben, ergreifen, **davontragen,** z. B. den Sieg, Kampfpreis, auch Schande, Feindschaft, Strafe • 5) auf sich nehmen, z. B. Krieg unternehmen, πόνους, ἔχθραν, ἔργον.
ἀν-αίρω, poet. erheben.
ἀναισθησία, ἡ, Unempfindlichkeit, Empfindungslosigkeit, Gleichgültigkeit, Mangel an Verständnis, Stumpfsinn. Von
ἀναισθητέω, empfindungslos, stumpfsinnig sein, nichts empfinden, von
ἀν-αίσθητος, 2., Adv. **-ήτως,** 1) akt. unempfindlich, gefühllos, gleichgültig, τινός gegen, stumpfsinnig, kurzsichtig, achtlos, zerstreut; τὸ ἀναίσθητον Achtlosigkeit. 2) pass. nicht wahrnehmbar, nicht empfindbar, schmerzlos, nicht bemerkbar, κρᾶσις der man die Teile nicht anmerkt.
ἀν-αισιμόω (αἴσιμος), ion. Wort. ohne Simpl., augm. nicht außer im Perf. ἀνῃσίμωκα bei Xen., verwenden, verbrauchen, verzehren, ἔς τι zu etwas, mit ἵνα od. mit Partiz.: τὸν χοῦν ἀναισίμον (Impf. ohne Augm.) παραχέουσα sie verwandte die Erde dazu, um aufzuwerfen. Dav.
ἀναισίμωμα, τό, ion. das Verwendete, Unterhaltungskosten, τῇ στρατιῇ.
ἀν-αΐσσω, att. **ἀνᾴσσω** oder **-ττω,** Aor. ἀνήιξα, att. ἀνῇξα, ep. poet. u. sp. auffahren, aufspringen, ἅρμα auf den Wagen, sich erheben; ὀρθαί gerade aufspringen; aufsprudeln.
ἀναισχυντέω (-ντος), unverschämt, frech sein; διαλεγόμενος so frech sein Reden zu führen. Dav.
ἀναισχυντία, ἡ, Unverschämtheit.
ἀν-αίσχυντος, 2., Adv. **-ύντως,** unverschämt, schamlos, πρός τι zu etwas, ἐς ἀναισχύντους θήκας ἐτράποντο sie ließen sich zu schamlosen Begräbnissen hinreißen, insofern sie fremde Scheiterhaufen benutzten.
ἀν-αίτιος, 2. seltener 3., außer Schuld, unschuldig,

schuldlos, frei zu sprechen, τινός an od. von etwas, παρά τινι in jmds. Augen.

ἀν-αιωρέω, buk. in die Höhe heben u. schwebend halten.

ἀνα-καγχάζω, laut auflachen.

ἀνα-καθαίρω, 1) Akt. wieder reinigen, aufräumen, χώραν ein Land säubern von Feinden, **wegräumen.** 2) Pass. sp. sich aufhellen.

ἀνα-καθίζω u. Med. **-ομαι,** sich aufrecht hinsetzen, εἰς (ἐπὶ) κλίνην.

ἀνα-καινίζω, Part. pf. p. ἀνακεκαινισμένος, auffrischen, erneuern.

ἀνα-καινόω, N. T. erneuern. Dav.

ἀνακαίνωσις, ἡ, N. T. die Erneuerung.

ἀνα-καίω u. **-κάω,** Fut. -καύσω usf., ep. ion. u. sp., 1) Akt. u. Pass. anzünden, übertr. im Pass. im Zorn erglühen. 2) Med. für sich anzünden.

ἀνα-κᾰλέω, poet. ἀγκαλέω (auch in tmesi, s. καλέω), 1) Akt. a) aufrufen, ὀνομαστί mit Namen, anrufen, berufen, rufen, bes. die Götter; ausrufen: laut, allgemein nennen, wie Soph. Phil. 800. b) zurückrufen, mit u. ohne πάλιν. 2) Med. a) zu sich, zu Hilfe rufen, bes. die Götter. b) von sich aus berufen, aufrufen. c) anfeuern. d) vor Gericht fordern. e) zurückrufen, bes. zum Rückzug blasen lassen.

ἀνα-κᾰλύπτω, aufdecken, enthüllen. Med. sich entschleiern.

ἀνακαλυπτήριον, τό, sp. Geschenk bei der feierlichen Enthüllung der Braut.

ἀνα-κάμπτω, 1) trans. umbiegen, krümmen. 2) intr. sich umbiegen, eine Biegung machen.

ἀν-άκανθος, 2. ion. ohne Gräten, ohne Rückgrat.

ἀνα-κάπτω, ion. poet. aufschnappen, verschlucken.

ἀνα-καρύττω, dor. st. ἀνακηρύττω.

ἀνά-κειμαι, 3. Plur. ion. ἀνα-κέαται, Dep. med., = ἀνατέθειμαι, 1) aufgestellt, gewidmet sein, bes. von Weihgeschenken. 2) übertr. a) ἀνάκειταί τινι ἡ ἡγεμονία einem zugesprochen sein, ihm gebühren. b) einem (τινί) gewidmet, ganz ergeben sein, sich hingeben. c) ἔς τι für etwas bestimmt, geweiht **sein, auf etw. beruhen. 3) zu Tische liegen, N. T.**

ἀνάκειον, τό, Schuldgefängnis (var. Xen. Hell. 5, 4. 8).

Ἀνακεῖον od. Ἀνάκειον, richtig Ἀνάκιον, s. d.

ἀνα-κέλᾰδος, ὁ, poet. das Auflärmen.

ἀνα-κέλομαι, anrufen.

ἀνα-κεράννῡμι (ep. u. bei Eur. in tmesi), Aor. ep. ἀνὰ — κέρασσεν, eigtl. hinaufmischen (d. h. Wein auf Wasser), dann durchmischen, anmischen, κρητῆρα **οἴνου, τί τινι vermischen.**

Ἄνακες, „Herren", Name der Dioskuren, s. Ἀνάκιον.

ἀνα-κεφᾰλαιόω u. Med., N. T. die Hauptpunkte, überh. kurz zusammenfassen.

ἀνα-κηκίω, [ῑ] hervordringen, hervorquellen.

ἀνα-κηρύσσω, att. **-ττω,** durch den Herold ausrufen, bes. einen als Sieger ausrufen.

ἀνα-κινδῡνεύω, ion. sich von neuem in Gefahr stürzen, einen neuen Versuch machen, mit Dat. u. Inf. od. Part.: mit etwas.

ἀνα-κῑνέω, 1) in die Höhe heben od. schwingen. 2) wieder aufregen, aufwärmen, überh. aufregen. Davon

ἀνακίνησις, εως, ἡ, poet. Aufregung; Vorspiel zum Kampf.

Ἀνάκιον (Ἀνάκειον, Ἀνακεῖον), τό, Dioskurentempel, von Ἄνακες „Herren", dem heiligen Namen der Dioskuren.

ἀνάκιον, τό, Obergemach, Speicher (var. Xen. An. 5, 4, 29; s. ἀνώγαιον).

ἀνα-κίρνημι, poet. = ἀνακεράννυμι.

ἀνα-κλάζω, Fut. -κλάγξω, Aor. 1. ἀνέκλαγξα, Aor. 2. ἀνέκλᾰγον, eigentl. aufschreien, vom Hunde: anschlagen.

ἀνα-κλαίω u. **ἀνακλαίομαι,** Fut. -κλαύσομαι, Aor. part. poet. ἀγκλαύσασα, in Tränen ausbrechen, **weinen, klagen, τινί** vor jmdm.

ἀνά-κλᾰσις, εως, ἡ, sp. 1) das Zurückbiegen, Umbiegen. 2) Die Rückstrahlung, Brechung. Von

ἀνα-κλάω, Perf. pass. -κέκλασμαι, 1) in die Höhe biegen od. ziehen. 2) zurückbiegen, brechen (v. Licht).

ἀνα-κληρόω, sp. wiederum, neuerdings losen.

ἀνάκλησις, εως, ἡ (ἀνακαλέω), 1) das Anrufen. 2) das Zurückrufen, (τῇ σάλπιγγι) σημαίνειν ἀνάκλησιν zum Rückzug blasen lassen.

ἀνακλητικός, 3. auffordernd, zurückrufend.

ἀνα-κλίνω [ῐ], (s. κλίνω), Part. aor. ep. ἀγκλίνας st. ἀνακλίνας, 1) Akt. a) ep. anlehnen, zurücklehnen, πρός τι u. πρός τινι; αὐγήν aufleuchten lassen. b) ep. ion. u. sp. zurücklehnen, nämlich etwas Angelehntes, dah. θύρην öffnen, νέφος ein Gewölk zurückschieben, λόχον Versteck öffnen (Gegens. ἐπιτίθημι). c) sp. u. N. T. die Plätze am Tische einnehmen lassen. 2) Pass. a) sich zurücklehnen. b) zu Tische sitzen.

ἀνα-κλώθω, sp. wieder abspinnen, d. h. ungeschehen machen.

ἀνα-κογχυλιάζω (κόγχη), gurgeln.

ἀνα-κοινόω, 1) Akt. mitteilen, τινί τι od. περί τινος, zur Entscheidung anheimstellen; jmdn. um Rat fragen. 2) Med. a) sich od. seine Gedanken mitteilen, τινί τι oder περί τινος; τῷ Ἴστρῳ τὸ ὕδωρ sich mit dem Ister vereinigen. b) sich mit jmdm. beraten.

ἀνακολουθία, ἡ, u. **τὸ ἀνακόλουθον** Zusammenhangslosigkeit, t. t. d. Gramm.: Anakoluth. Von

ἀν-ακόλουθος, 2. ohne Folge, zusammenhangslos.

ἀνα-κομάω, wieder Laub bekommen.

ἀνακομῐδή, ἡ, Wiedererlangung; sp. Rückkehr. Von

ἀνα-κομίζω, inf. aor. poet. ἀγκομίσσαι, 1) Akt. a) hinausschaffen, dah. auch stroman, überh. hinschaffen. b) zurückbringen. 2) Med. a) das Seine, seine Beute, seine Bedürfnisse hinausschaffen, überh. fortschaffen. b) das Seinige sich wieder verschaffen. 3) Pass. zurückgebracht werden, sich zurückziehen, zurückkehren, oft mit ἐπ' οἶκον sich retten.

ἀνα-κονίω, den Staub aufwirbeln.

ἀν-ακοντίζω, ep. u. ion. aufsprudeln, in die Höhe spritzen.

ἀνακοπή, ἡ, sp. a) zurückgestautes, d. h. zurückgebliebenes Wasser. b) das Anbranden. Von

ἀνα-κόπτω, ep. u. sp. zurückschlagen, zurückstoßen, auch zurückhalten, hemmen, u. Pass. in der Rede stocken.

ἀνα-κουφίζω, 1) emporheben, erheben, κάρα βυθῶν das Haupt aus der Tiefe. 2) Pass. a) sich erleichtert fühlen. b) wieder Hoffnung fassen. Dav.

ἀνακούφισις, εως, ἡ, poet. Erleichterung, **κακῶν.**

ἀνα-κράζω, meist ion., Aor. ἀνέκραγον, N. T. ἀνέκραξε, 1) abs. aufschreien, den Mund aufreißen. 2) ausrufen, mit ὡς, ὅτι, auch mit Antizipation,

τοῦτον ἀνέκραγον, ὡς παίσειε, od. mit dem Inf.; μέγα laut, od. πολεμικόν d. h. eine kriegerische Äußerung tun.
ἀνάκρᾱσις, εως, ἡ (ἀνακεράννυμι) sp. Vermischung.
ἀνα-κρεμάννῡμι, Aor. dor. u. ep. Part. ἀγκρεμάσας, pass. poet. ἀγκρεμασθῇ, **aufhängen.**
Ἀνακρέων (-κρείων), οντος, ὁ, lyr. Dichter (Τήϊος) aus Teos in Ionien, am Hofe des Polykrates und der Pisistratiden; spätere Nachahmungen desselben sind die erotischen Ἀνακρεόντεια.
ἀνα-κρίνω [ῑ], 1) Akt. ausfragen, befragen, zur Rede stellen, zur Verantwortung ziehen, verhören, τινά od. τί, περί τινος u. εἰ. 2) Med. (πρὸς ἑαυτούς) miteinander rechten, hadern, zanken. Dav.
ἀνάκρῐσις, εως, ἡ, ion. 1) Befragung; gerichtliche Voruntersuchung; αἱ ἀνακρίσεις die Untersuchungsakten. 2) Einrede, Widerspruch.
ἀνα-κροτέω, Beifall zuklatschen.
ἀνάκρουσις, εως, ἡ, 1) das Zurückstoßen, νεώς das Zurückrudern. 2) die Hemmung. 3) sp. in der Musik: das Anstimmen, Vorspiel; in der Metrik: der Aufschlag, Auftakt.
ἀνα-κρούω, 1) Akt. zurückstoßen, mit Gewalt anhalten, überh. hemmen, mit u. ohne ὀπίσω. 2) Med. a) πρύμναν das Schiff langsam rückwärts führen, so daß der Schnabel dem Feinde entgegengekehrt bleibt, auch [ἐπὶ] πρύμναν (*in puppim remigo*), überh. sich allmählich zurückziehen, πρὸς τὴν πόλιν, τί etwas hemmen, ἁρμονίαν sie durch seine Bemühungen umstimmen. b) auf-, anschlagen, anstimmen.
ἀνα-κτάομαι, Med. sich wieder erwerben, wieder erlangen, wieder gewinnen, mit u. ohne ὀπίσω; überh. sich gewinnen, τινὰ φίλον einen zum Freund; ἑαυτόν sich wieder erholen, wieder zu sich kommen.
Ἀνακτόριον, τό, Vorgeb. u. St. am Ambrak. Meerbusen in Akarnanien. **Ἀνακτορία,** ἡ, das Gebiet davon, **-ριος,** ὁ, der Einw.
ἀνακτόριος, 3 (ἀνάκτωρ), sp. herrschaftlich, dem Herrn gehörig.
ἀνάκτορον, τό, ion. poet. u. sp. Götterwohnung, das Heiligste im Tempel, auch Plur. Von
ἀνάκτωρ, ορος, ὁ (ἀνάσσω), poet. Herrscher.
ἀνα-κυκλέω, poet. u. sp., u. **-κυκλόω,** sp. poet. im Kreise herumdrehen, *revolvo*, wiederholen, πρὸς ἑαυτόν bei sich; δέμας den K. wieder herstellen.
ἀνακύκλησις u. **-κύκλωσις,** ἡ, der Umlauf, Kreislauf.
ἀνα-κυλίω, Perf. pass. -κεκύλισμαι, sp. u. N. T. (var.) empor-, zurückwälzen; wegwälzen.
ἀνα-κυμβᾰλιάζω, ep. (wie ein κύμβαλον) rasselnd und klirrend umschlagen.
ἀνα-κύπτω, 1) aufducken, a) den Kopf aufrichten, emporschauen, aufschauen. b) emportauchen: sich empor-, herausarbeiten. 2) N. T. sich erheben.
ἀνα-κωκύω, poet. aufwimmern, laut jammern, auch trans. ὄρνιθος φθόγγον im Ton des Vogels.
ἀνά-κωλος, 2. sp. gestutzt, kurz.
ἀνακῶς. Adv., achtsam, ἔχειν τινός achtsam sein auf etwas.
ἀνακωχεύω, ion. (att. ἀνοκωχεύω, s. ἀνοκωχή), augm. ἀνεκώχ., 1) trans. anhalten, hemmen; auf hohem Meer vor Anker legen (τὰς νέας), auch vom Wagen; τὸν τόνον τῶν ὅπλων die Spannung der Taue erhalten. 2) intr. (ion.) von Menschen: anhalten, nicht weiter gehen, von Schiffen: vor Anker liegen. Von
ἀνακωχή, att. ἀνοκωχή, s. d.
ἀνα-λάζομαι, buk. wieder annehmen.
ἀν-ᾰλᾰλάζω, Geschrei, bes. Kriegsgeschrei erheben.
ἀνα-λαμβάνω, Fut. -λήψομαι, Aor. -έλαβον, Perf pass. -είλημμαι, Adj. verb. -ληπτέον, aufnehmen • 1) Akt. • a) **in die Höhe nehmen,** in die Hand nehmen, bes. ὅπλα zu den Waffen greifen Hdt., oder auch Kleider anlegen • b) zu sich, **in Obhut, Dienst nehmen;** speziell von Truppen Hdt. Thuk., τοὺς ἄνδρας ἀναλαβὼν ἡγήσομαι = mit Xen. • c) **übernehmen,** ein Amt, Geschäft, Rolle, τιμωρίαν die Bestrafung • d) vornehmen, eine Schrift u. dgl. • e) **wiedernehmen, wiederbekommen,** wieder annehmen, **wieder aufnehmen,** τὴν ἀρχήν sich der Herrschaft wieder bemächtigen Hdt. Xen.; (τὸν λόγον) wiederholen; (μνήμῃ) sich erinnern (auswendig lernen) • f) wieder in die Höhe bringen, wieder herstellen, wieder einbringen, verbessern, (ἑαυτόν) **sich erholen** • g) zurücknehmen, einen Fehler wiedergutmachen • h) (Platz) einnehmen, beanspruchen • 2) Med. u. Pass. (Aor. im N. T. auch -ελήμφθη) • a) τί **sich unterziehen,** einer Gefahr, einem Prozesse usw. • b) wieder bekommen • c) sich erholen • d) πρός τι mit ihm verbunden werden.
ἀνα-λάμπω, 1) aufleuchten, aufflammen, auflodern. 2) wieder entbrennen. 3) wieder zu sich kommen, sich erholen. 4) trans. wieder aufleuchten lassen. Dav.
ἀνά-λαμψις, εως, ἡ, sp. das Aufleuchten, Auflodern.
ἀν-αλγής, 2. sp. = ἀνάλγητος.
ἀναλγησία, ἡ, Gefühllosigkeit, Stumpfsinn. Von
ἀν-άλγητος, 2., Adv. **-ήτως** (poet.), 1) unempfindlich, erbarmungslos, unbarmherzig. 2) von Sachen: schmerzlos.
ἀν-αλδής, 2. (ἀλδαίνω), ion. nicht gedeihend, kraftlos.
ἀνα-λέγω, ep. **ἀλλέγω,** Aor. inf. ἀλλέξαι (auch in tmesi), (ep.) auflesen, sammeln. Med. eine Schrift lesen, ἀναλεγόμενος überliefert, erzählt.
ἀνα-λείχω, ion. auflecken.
ἀν-αλήθης, 2. sp. unwahr, unaufrichtig, falsch.
ἀνάλημψις, sp. u. als var. des folg.
ἀνάληψις, εως, ἡ (ἀναλαμβάνω), 1) die Anerkennung eines Kindes. 2) die Aufnahme, Aneignung, Erlernung. 3) Wiederherstellung, Wiedergutmachung. 4) Wiederaufnahme, in den Himmel; Rückkehr zum Vater, v. d. Himmelfahrt Christi, N. T.
ἀν-αλθής, 2. buk. (ἄλθομαι), nicht heilsam.
ἀν-άλιος, dor. st. ἀνήλιος.
ἀν-άλιπος, 2. (buk.) dor. für ἀν-ήλιπος, unbeschuht.
ἀν-ᾱλίσκω u. **ἀνᾱλόω,** sp. (u. in alten Ausg. von Attikern) auch ohne Augm. ἀνάλωσα usw., 1) aufwenden, verbrauchen, verschwenden, χρόνον, λόγον, abs. Aufwand machen, überh. aufzehren. 2) verbrauchen, d. i. aufreiben, töten. Med. vom Selbstmord.
ἀναλκείη, ἡ, Plur. ep. Kraftlosigkeit, Feigheit. Von
ἀν-αλκής, 2. (ἀλκή), ion. kraftlos, schwach.
ἄν-αλκις, ῐδος, ὁ, ἡ (ἀλκή), Akk. ἀνάλκιδα und ἄναλκιν ohne Kraft, schwach, feig, ὁ πάντ' ἄναλκις vollständiger Feigling.

ἀν-αλλοίωτος, 2. sp. unveränderlich.
ἀν-άλλομαι, Dep. med., Aor. buk. ἀνάλατο, aufspringen.
ἀναλογία, ἡ (ἀνάλογος), **1)** entsprechendes Verhältnis, Übereinstimmung. **2)** Verhältnis, (mathemat.) Proportion, geometr. Reihe. **3)** sp. als gramm. t. t. Regelmäßigkeit, Analogie.
ἀνα-λογίζομαι, Dep. med., bei sich zusammenrechnen, überlegen, nochmals erwägen, einsehen. Dav.
ἀναλογισμός, ὁ, Erwägung, Betrachtung, Einsicht.
ἀνά-λογος, 2. dem λόγος entsprechend, verhältnismäßig, entsprechend, angemessen, τινί. Adv. sp. **ἀνάλογον** u. **ἀναλόγως,** im gleichen Verhältnis.
ἄν-αλος, 2. sp. u. N. T. nicht salzend; ungesalzen.
ἀν-αλόω, s. ἀναλίσκω.
ἄν-αλτος, 2. (ἀλθαίνω), ep. unersättlich.
ἀνα-λύζω, sp. (λύζω schluchzen) aufschluchzen.
ἀνάλῠσις, εως, ἡ, Auflösung, κακῶν Lösung, Ende der Leiden, im N. T. der Tod.
ἀναλῠτήρ, ῆρος, ὁ, poet. Erlöser. Von
ἀνα-λύω, ep. ἀλλύω (ῠ, doch ῡ vor σ und in ἀλλύουσα, sowie dem ep. Iterativ des Impf. ἀλλύεσκε) (auch in tmesi), **I)** Akt. **1)** trans. auflösen, auftrennen, losknüpfen, befreien, ἔκ τινος von etwas. **2)** intr. sp. u. N. T. **a)** aufbrechen. **b)** zurückkehren. **c)** abscheiden, sterben. **II)** Med. (von sich aus) wieder gut machen, τί etwas.
ἀνᾶλωμα, τό (ἀναλίσκω), das Aufgewendete, u.
ἀνᾶλωσις, εως, ἡ, das Aufwenden, Aufwand, Ausgabe.
ἀναλωτής, οῦ, ὁ, der Verschwender.
ἀναλωτικός, 3. verschwenderisch.
ἀν-ᾰλωτος, 2. (ἁλίσκομαι), nicht erobert, unbezwinglich, übertr. ὑπὸ χρημάτων unbestechlich.
ἀνα-μαιμάω, ep. durchwüten, durchtoben, τί.
ἀνα-μανθάνω, ion. erkunden, ausfindig machen.
ἀν-αμάξευτος, 2. ion. mit Lastwagen nicht befahrbar.
ἀν-ᾰμάρτητος, 2., Adv. **-ήτως, 1)** akt. sich nicht verfehlend, fehlerlos, schuldlos, τινός an etwas, u. τινί gegen einen; nicht wankend, unentwegt; τὸ ἀναμάρτητον, das Freibleiben von Fehlern, die Schuldlosigkeit. **2)** pass. nicht verfehlt.
ἀνα-μᾱρυκάομαι, sp. st. ἀναμηρυκάομαι = **ἀναμᾰσάομαι,** wiederkäuen.
ἀνα-μάσσω, ep. ion. u. sp. **1)** sp. nachbilden (in Ton od. Wachs), einen Abklatsch machen, gestalten. **2)** wischen; abwischen, *luere*, büßen.
ἀνα-μᾰχομαι, Dep. med., Aor. inf. -χέσασθαι, wieder kämpfen, den Kampf erneuern, ἧτταν wieder gut machen; λόγον wieder beginnen; auch: bekämpfen.
ἀν-άμβᾰτος, 2. (ἀναβαίνω), vom Pferde: nicht bestiegen, ohne Reiter.
ἀνα-μέλπω, buk. anstimmen.
ἀνα-μείγνῡμι (-μίγνυμι), u. **ἀνα-μίσγω,** dor. u. ep. Part. aor. ἀμμείξας (auch in tmesi) (früher alle Formen mit ι geschr.), **1)** Akt. *admisceo*, darunter od. dazu mischen. **2)** Pass. sich untereinander mischen, sich mischen, sich vermengen, Part. ἀναμεμειγμένοι ohne Unterschied.
ἀνάμειξις (-μιξις), εως, ἡ, Vermischung, Verkehr.
ἀνα-μένω, poet. **ἀμμένω, 1)** trans. abwarten, τινά auf einen warten, τὸ πορίζεσθαι verschieben, νύκτα eine Nacht aushalten. **2)** intr. verharren, gew. mit ἕως ἄν, od. mit dem Acc. c. inf.
ἀνά-μεσος, 2. ion. in der Mitte, mitten im Lande.
ἀνα-μετρέω, 1) Akt. **a)** ep. u. poet. zurückmessen, noch einmal zurücklegen, Χάρυβδιν durch die Ch. zurückschwimmen. **b)** überh. anmessen, abmessen. **2)** Med. poet. **a)** Vergangenes sich vergegenwärtigen. **b)** das Seine zu etwas hinzumessen, zollen; δάκρυ seine Träne, εἴς τι. Dav.
ἀναμέτρησις, ἡ, sp. die Würdigung.
ἀνα-μηρῡκάομαι, sp. Dep. med. wiederkäuen.
ἀνά-μιγδα, s. ἀναμίξ.
ἀνα-μίγνυμι, richtig ἀναμείγνυμι, s. d.
ἀνα-μιμνήσκω, 1) Akt., erinnern, τινά τι und τινά τινος od. mit folg Inf.; auch bloß τινά (bes. in Antworten), u. τί erwähnen, auch abs. **2)** Pass. **ἀνα-μιμνήσκωμαι** sich erinnern, τί od. τινός, περί τινος u. mit Nebens. (ὡς, ὅτι) od. mit Part.
ἀνα-μίμνω, ep. st. ἀναμένω.
ἀναμίξ, ἀνάμιγδα, poet. u. **ἄμμιγα,** poet. (ἀναμείγνυμι), Adv., vermischt, durcheinander, dazwischen.
ἀνάμιξις, ἡ, s. ἀνάμειξις.
ἀναμίσγω (nur Präs. u. Impf.), s. ἀναμείγνυμι.
ἀνάμνησις, εως, ἡ (ἀναμιμνήσκω), Erinnerung, N. T. ἁμαρτιῶν Bekenntnis. Dazu
ἀναμνηστικός, 3. sich leicht erinnernd.
ἀναμνηστός, 3. erinnerlich.
ἀνα-μολεῖν poet. Aor. 2., in tmesi, durchdringen.
ἀνα-μορμύρω [ῡ], ep. mit Iterativf. des Impf. ἀναμορμύρεσκε, aufbrausen, aufschäumen.
ἀνα-μοχθίζομαι, poet. aufstöhnen.
ἀνα-μοχλεύω, poet. u. sp. mit dem Hebel emporheben, aufbrechen.
ἀν-αμπέχονος, 2. poet. ohne ἀμπεχόνη, Obergewand.
ἀν-αμπλάκητος, u. **ἀν-απλάκητος, 2.** poet. nicht irrend, des Zieles nicht verfehlend, sicher ereilend.
ἀνα-μυχθίζομαι, poet. aufseufzen (-μοχθίζομαι).
ἀν-αμφίλεκτος, 2., Adv. -ως, sp. unbestritten.
ἀν-αμφίλογος, 2., Adv. **-ογα** u. **-όγως,** unbestritten, fest bestimmbar, ohne Zweifel od. ohne Bedenken.
ἀν-αμφισβήτητος, 2., Adv., **-ήτως,** dasselbe.
ἀν-ανάγκαστος, 2. sp. ungezwungen, nicht erzwungen, freiwillig.
ἀν-ανδρείη, ἡ, ion., u. **ἀνανδρία,** ἡ, Unmännlichkeit, Feigheit. Von
ἄν-ανδρος, 2. **1)** poet. u. sp. ohne Ehemann, gattenlos, auch prolept ἄνανδρος κοίτα daß sie des Gatten entbehre. **2)** poet. männerarm, menschenleer. **3)** dem Mannesalter nicht angemessen. **4)** des Mannes Charakter nicht angemessen, unmännlich, feig, weibisch, mit dem Zus. τὰ εἰς τὸν πόλεμον. Subst. τὸ ἄνανδρον die Feigheit. Adv. **ἀν-άνδρως,** διακεῖσθαι od. ἔχειν, unmännlich, feig sein.
ἀν-άνδρωτος, 2., poet. des Mannes bar, gattenlos.
ἀνα-νέμομαι, Dep. med., Fut. ion. -νεμέομαι, aufzählen. Buk. auch: herlesen.
ἀνα-νέομαι, Dep. med., ep. **ἀννέομαι,** 3. sg. ἀννεῖται, wiederkehren, aufgehen (v. d. Sonne).
ἀνα-νεόω, 1) Akt. erneuern, verjüngen, erfrischen. **2)** Med., Aor. poet. ἀννεώσασθαι, **a)** erneuern. **b)** poet. im Gedächtnis auffrischen. **c)** im N. T. sich erneuern.
ἀνα-νευστικός, 3. Adv. -κῶς, sp. verneinend. Von

ἀνα-νεύω, Fut. -νεύσομαι, sp. -σω (auch in tmesi), eigentl. den Kopf in die Höhe heben u. zurückbewegen, wodurch der Grieche, wie noch jetzt der Italiener, das Zeichen der Verneinung gab; dah. verneinen, abschlagen, versagen, τινί τι oder mit dem Inf.; auch abs. eine abschlägige Antwort geben, und καρήατι od. ὀφρύσι τινί durch Winken einem wehren. [übertr. sich erholen.
ἀνα-νέω, Aor. -ένευσα, sp. poet. emporschwimmen,
ἀνα-νέωσις, εως, ἡ, Erneuerung.
ἀνα-νήφω, sp. wieder nüchtern machen u. werden.
ἀν-ανθής, 2. blütenlos, kraftlos; verblüht.
ἄν-αντα, Adv. (ἀνάντης), bergauf.
ἀν-ανταγώνιστος, 2. **1)** ohne Gegner, ohne Widerstand zu erfahren, durch keinen Wetteifer gestört. **2)** sp. der keinen Widerstand leisten kann.
ἀν-άντης, ἄναντες, ep. (ἄντα), **1)** aufwärts, bergauf, steil, auch πρὸς τὸ ἄναντες, Gegens. κατάντης. **2)** schwierig.
ἀν-αντίλεκτος, 2. und **ἀν-αντίρρητος,** 2., Adv. -ήτως, sp. unwidersprechlich, nicht abzuweisen.
ἀν-αντιφωνησία, ἡ, sp. das Nichtantworten.
ἀν-αντιφώνητος, 2. sp. unbeantwortet.
ἀν-άνυτος, 2. buk. = ἀνήνυτος, unausführbar.
ἄναξ, ἄνακτος, Dat. plur. ep. ἀνάκτεσιν (Ϝάναξ), der Oberste, Herr, Gebieter, **1)** von Göttern, bes. Apollo, wie Il. 1, 390. Vokat. ὦ ἄνα, poet. u. ion. mit Krasis ὦναξ. **2)** von Menschen: **a)** Herrscher, Befehlshaber, Heerführer, Lenker; poet. zuw. mit βασιλεύς verbunden. **b)** plur. Landesherrschaft, auch von einem, z. B. Theseus, Soph. OC. 295; Fürsten und Vornehme, z. B. Teiresias. **c)** Herr, d. i. Besitzer.
Ἀναξαγόρας, ου, ὁ, Philosoph aus Klazomenä, mit dem um 450 Philosophie und Naturwissenschaft aus Ionien nach Athen kam, Freund des Perikles, Lehrer des Euripides u. Thukydides, als ἄθεος aus Athen verbannt, starb 428 in Lampsakos, ungefähr 70 J. alt.
ἀνα-ξαίνω, sp. aufkratzen, wieder aufreißen, wieder anfachen
Ἀναξανδρίδας. ου, ion. **-ης,** εω, ὁ, Name spartan. Könige, **a)** Agiade, Sohn des Leon, Zeitgen. des Kroisos, V. des Leonidas. **b)** Eurypontide, S. des Theopomp, V. des Archidamos II.
Ἀνάξαρχος, ὁ, Philosoph aus Abdera, Begleiter Alexanders des Großen. [auftrocknen.
ἀνα-ξηραίνω, ep. u. ion., Aor. 1. coni. ἀγξηράνῃ.
ἀναξία, ἡ (eigentl. Fem. v. ἀνάξιος), der Unwert, d. h. die Unverhältnismäßigkeit, Ungleichheit des Wertes.
Ἀναξίβιος, ου, ὁ, spartan. Nauarch bei Byzanz um 400, später (389) Harmost in Abydos.
ἀναξι-βρόντας, ου, poet. donnerbeherrschend.
Ἀναξίλαος, ion. -λεως, dor. -λᾶς, ὁ, **1)** Tyrann von Rhegion von ca. 500—476. **2)** sonst Eigenn
Ἀναξιμένης, ους, ὁ, ion. Geschichtschreiber und Philosoph aus Milet im 6. Jhdt.
ἀναξιο-παθέω, sp. sich über eine unwürdige Behandlung entrüsten.
ἀν-άξιος, 2. u. att. auch 3., unwürdig, und zwar **a)** abs. unwürdig, nichtswürdig, wertlos, wie eine Sklavin, Soph. El. 189. **b)** mit Gen. od. mit Inf. unwürdig und unwert einer Sache, etwas nicht verdienend, oder minderwertig, weniger wert, als τινός. **c)** unverdient, πάθος.
ἀνα-ξυνόω, dor., var., = ἀνακοινόω, Hell. 1, 1, 30.
ἀναξυρίς, ίδος, ἡ, gew. im Plur. **ἀναξυρίδες,** αἱ, lange, weite Beinkleider, wie Perser u. andere barbarische Völker sie trugen.
ἀνα-ξύω, wegkratzen, polieren. [v. ἀνοίγω.
ἀνα-οίγεσκον, ep. Impf. iter., pflegten zu öffnen,
ἀνά-παιστος, 2. (παίω) zurückgeschlagen, ὁ ἀνά παιστος, sc. πούς, der Anapäst, ein Versfuß (◡◡–); τὰ ἀνάπαιστα, sp. in Anapästen abgefaßte Spottgedichte.
ἀνά-πᾰλιν, Adv., **1)** in umgekehrter Ordnung, umgekehrt. **2)** zum zweiten Male.
ἀνα-πάλλω, ep. poet. u. sp., **1)** Akt., Part. aor. 2., ep. redupl. ἀμπεπαλών st. ἀναπεπαλών, aufschwingen; ἔγχος ἀμπεπαλών die Lanze zum Wurf zückend; übertr. in Bewegung setzen, antreiben. **2)** Pass. ep. u. poet. mit dem ep. Aor. med. 3. sg. ἀνέπαλτο, in die Höhe springen, aufschnellen, sich emporbäumen.
ἀν-απάντητος, 2. (ἀπαντάω) sp. *iter* ein Weg, auf dem man keinem begegnet (Cic.).
ἀνάπαυλα, poet. ἄμπαυλα, ἡ, u. **ἀνάπαυσις,** poet. ἄμπαυσις, εως, ἡ, Ruhe, Rast, Erholung, Pause, κατ' ἀναπαύλας rastweise in Pausen, sich ablösend.
ἀναπαυστήριος u. **ἀναπαυτήριος,** 2., ion. **ἀμπαυστήριος,** zum Ausruhen geeignet, θῶκος Ruhesitz. Subst. τὸ -ον alles Ruhe Gewährende, Ruhezeit. Von
ἀνα-παύω, ion. ἀμπαύω. **1)** Akt. wie παύω bes. **a)** hindern an ἀνθρώπους ἔργων Hom., τοὺς λειτουργοῦντας τῶν ἀναλωμάτων befreien von Dem., πόλεμον unterbrechen, **b)** mit Akk. ausruhen lassen, ἑαυτόν **sich erholen** Pol., τὸ στράτευμα von Zeit zu Zeit haltmachen lassen Xen., βοήν den Schrei verhalten Soph.; auch töten. **2)** Med. **ἀναπαύομαι, a)** sich ausruhen, sich erholen, ἀπό u. ἔκ τινος von etw., abs. **schlafen** Hdt. **b)** Ruhe haben, nicht bestraft werden Xen., τῆς διανοίας abstehen von Xen.; mit Part. unausgesetzt, πνεῦμα ἐφ' ὑμᾶς ruht über N. T.
ἀνα-πείθω, umstimmen; bereden, verleiten, auch durch Geschenke, mit dem Inf. mit u. ohne ὥστε, auch mit ὡς u. Konj. u. Opt., seltener ὑπέρ τινος.
ἀνάπειρα (u. **ἄμπειρα**), ἡ, sp. Versuch, Probe.
ἀνα-πειράομαι, Dep. med., einen Versuch machen, Proben anstellen, ausproben, Probefahrten machen.
ἀνα-πείρω, ep. ion. u. dor., ep. Aor. part. act. ἀμπείρας, anspießen.
ἀνα-πεμπάζω, sp., gew. Med. **ἀνα-πεμπάζομαι,** bei sich noch einmal überdenken.
ἀνα-πέμπω, 1) hinaufschicken, **a)** aufsteigen lassen, z. B. Töne. **b)** nach einem höheren Orte, von der Küste ins Innere oder nach der Hauptstadt, oder an ein höheres Gericht. **2)** sp. zurückschicken.
ἀνα-πέταμαι, sp. poet. = ἀναπέτομαι.
ἀνα-πετάννυμι u. **-νύω,** u. sp. **-τάω** (s. πετάννυμι), ep. Aor. ἀνεπέτασσα, imp. ἀμπέτασον, Perf. pass. 3. plur. ion. ἀναπεπτέαται, 3. sg. sp. ἀναπεπέτασται, **1)** ep. u. poet. ausbreiten, entfalten, auch bildl. τὴν ἐμπορίαν. **2)** öffnen, eröffnen, zugänglich machen. Bes. im Part. perf. pass. geöffnet, offen,

zugänglich, frei, δίαιτα das Leben in freier Luft, dag. ὄμματα ἀναπεπταμένα weit aufgerissene d. i. freche Augen.

ἀνα-πέτομαι, Fut. ἀναπτήσομαι, Aor. ἀνεπτόμην, -επτάμην, -έπτην, part. poet. **ἀμπτάμενος,** auffliegen, αἰθερία in die Luft, davonfliegen, übertr. auffahren, in die Höhe hüpfen, vor Freude oder Schrecken; entkommen.

ἀνα-πήγνυμι, anheften, anspießen, Part. perf. 2. -πεπηγυῖα intr. aufgesteckt, ὑπέρ τινος an etwas.

ἀνα-πηδάω, Aor. ep. u. dor. ἀμπηδήσας, aufspringen, **a)** vom Sitze, bes. zum Sprechen. **b)** auf das Pferd springen, mit u. ohne ἐπὶ τὸν ἵππον, wie Xen. An. 7, 2, 20; πρὸς τὸν πάππον am Großvater hinaufspringen.

ἀναπηρία, ἡ, Verstümmelung, Gebrechlichkeit, Krüppelhaftigkeit. Von

ἀνά-πηρος, 2. verstümmelt, gebrechlich.

ἀνα-πιδύω, sp. hervorquellen lassen.

ἀνα-πιέζω, ion. sp. aufwärts, zurückdrücken.

ἀνα-πιεσμός, ὁ, sp. das Emportreiben, Aufwärtstreiben.

ἀνα-πιλέω, ep. hinaufdrücken, zusammenpressen.

ἀνα-πίμπλημι, Fut. -πλήσω usf., **1)** ep. u. ion. bis oben anfüllen, erfüllen, μοῖραν sein Geschick erfüllen, d. i. wirklich erleiden, ähnl. κακά, πλέω usw. **2)** anfüllen, bes. anstecken, τινά τινος, wie z. B. αἰτιῶν ἀναπλῆσαι in die eigene Schuld mit verwickeln.

ἀνα-πίνω, Fut. -πίομαι, poet. auch in tmesi, aufschlürfen, verschlingen.

ἀνα-πίπτω u. poet. **ἀμπίπτω,** Aor. 2. ἀνέπεσον, N. T. auch ἀνέπεσα (u. med.), **1)** zurückfallen, fallen, übertr. **a)** (Thuk.) zurückweichen. **b)** mit u. ohne ταῖς γνώμαις, *animo cadere,* den Mut sinken lassen. **2)** sich zu Tische legen, N. T. u. sp. **3)** im Perf.: darnieder liegen, lässig betrieben werden.

ἀνα-πίτνημι, Inf. -πιτνάμεν, dor. poet. f. ἀναπετάννυμι.

ἀναπλάκητος, s. ἀναμπλάκητος.

ἀνα-πλάσσω, att. -πλάττω, **1)** Akt. umbilden; überh. gestalten, erdichten. **2)** Med. ion. wieder herstellen, neu bauen, τί.

ἀνα-πλέκω, poet. sp. aufflechten, verflechten.

ἀνα-πλέω, Fut. -πλεύσομαι usf., u. ion. **ἀνα-πλώω,** **1)** stroman fahren. **2)** auf die hohe See fahren, ἐς Τροίην. **3)** auf dem offenen Meere fahren, kreuzen, ὀπίσω zurücksegeln.

ἀνά-πλεως, Gen. ω, 2. (Fem. auch ἀναπλέα), **1)** angefüllt, τινός von etwas. **2)** verunreinigt, befleckt, bedeckt, τινός mit etwas.

ἀνα-πληρόω, **1)** ausfüllen, erfüllen, wieder voll machen, ergänzen, τινός u. τινί mit od. durch etwas. Pass. ἀνεπληρώθη ὁ ἥλιος die Sonnenscheibe ward wieder voll. **2)** wieder gut machen. **3)** N. T. τόπον τινός jmds. Stelle einnehmen; das Maß voll machen; beobachten, bestätigen. Dav.

ἀναπλήρωσις, εως, ἡ, die Ergänzung, Vervollständigung.

ἀνά-πλοος, ὁ, zsgz. **ἀνάπλους,** **1)** die Hinauffahrt, stroman. **2)** sp. die Rückfahrt. **3)** Kai.

ἀν-απλόω, sp. poet. entfalten, ausbreiten, öffnen.

ἀνα-πλώω, s. ἀναπλέω.

ἀνά-πνευμα, dor. poet. u. sp. ἄμπνευμα, und

ἀνάπνευσις, εως, ἡ, das Aufatmen, d. h. **1)** das Verschnaufen, die Erholung, πολέμοιο Rast vom Kampfe. **2)** die Ruhestätte. Von

ἀνα-πνέω, Inf. aor. dor. u. ep. ἀμπνεῦσαι st. ἀναπνεῦσαι, Aor. 2. imp. ἄμπνυε, sp. auch ind. ῠ; Aor. 1. pass. ἀμπνύνθη, u. Aor. med. ἄμπνυτο, beide im aktiven Sinn, **1)** aufatmen, Atem holen, einziehen (Gegensatz ἐκπνεῖν); übertr. sich aufblähen. **2)** wieder zu Atem kommen, sich erholen, sich wieder aufrichten, abs. u. τινός oder ἔκ τινος von etwas; ἐκ σέθεν durch dich, mit Part., τειρόμενοι von der Bedrängnis. **3)** ausatmen, ausdünsten, τί. Davon

ἀναπνοή, ἡ, poet. auch **ἀμπνοή,** **1)** das Aufatmen, Einatmen, ἀμπνοὰς ἔχειν (poet.) leben. **2)** das Wiederaufatmen, Verschnaufen, Erholung, τινός von etwas. **3)** sp. auch: das Luftloch.

ἀν-απόδεικτος, 2. unbewiesen, unerweislich.

ἀνα-ποδίζω (ἀνά, πούς) **1)** ion. trans. zurückgehen machen, zurückbewegen, κατά τι wieder auf etwas zurückbringen, ἑωυτόν widerrufen. **2)** sp. intr. zurücktreten; sich zurückziehen.

ἀν-απόδραστος, ον, sp. unentrinnbar.

ἀν-άποινος, 2. ep. ohne Lösegeld, umsonst.

ἀν-απόλαυστος, ον, ungenießbar.

ἀνα-πολέω, wieder umwenden; poet. wiederholen; sp. immer wieder betrachten, überlegen.

ἀν-απολόγητος, 2. sp. unentschuldbar; N. T. unfähig sich zu verteidigen.

ἀνα-πομπή, ῆς, ἡ, Heraufbefördern, θησαυρῶν Schatzgräberei.

ἀνα-πόμπιμος, 2. zurückgeschickt, zur höheren Instanz.

ἀνα-πομπός, ὁ, poet. der Heraufsender.

Ἄνᾱπος, ὁ, **1)** Fluß b. Syrakus, j. *Anapo.* **2)** Nebenfl. des Achelōos in Akarnanien.

ἀν-απότμητος, 2. sp. nicht abzuschneiden.

ἀνα-πράσσω, att. **-ττω,** eintreiben, einfordern, τὶ παρά τινος, ὑπόσχεσιν das Versprochene, τὰ παρὰ σοῦ das, was du schuldest.

ἀνα-πρήθω (πρήθω), ep. eigentl. heraufblasen, zerdrücken, δάκρυ.

ἀνα-πτερόω, (neu) beschwingen, übertr. beben machen, aufregen, ἐθείρας ὀρθίους emporsträuben; γυναῖκα entführen.

ἀνα-πτοέομαι, sp. aufgeregt werden, von

ἀνα-πτοιέω, buk. aufscheuchen.

ἀνα-πτύζω, späte Nbf. zu ἀναπτύω, s. d.

ἀνά-πτυξις, ἡ, sp. Entwicklung, Entfaltung. Von

ἀνα-πτύσσω, **1)** entfalten, σύγγραμμα ein Buch; übertr. enthüllen, τὶ πρὸς φῶς. **2)** militär.: τὸ κέρας um den Flügel schwenken, Kehrt machen u. um den stehen bleibenden Flügelmann einen Aufmarsch in Frontstellung (im Winkel von 90°) ausführen; ähnl. τὴν φάλαγγα, wo die beiden Flügel, der eine rechtsum, der andere links um, schwenken u. dann mit dem stehen bleibenden Teile folgende Figur bilden: 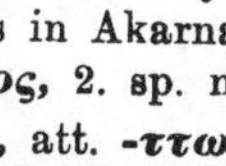 ; dagegen τὸ κέρας ἐς φάλαγγα den langen Zug, die Kolonne zu einer breiten Front entwickeln. Dav.

ἀνα-πτυχή, poet. ἀμπτυχή, ἡ, Enthüllung; ὄμμα ἀμπτυχαί τε Aufschlagen der Augen.

ἀνα-πτύω, Fut. pass. -πτυσθήσεται, poet. u. sp. ausspucken, emporsprühen, in die Höhe spritzen.

ἀν-άπτω (ἅπτω), anbinden, **1) a)** anheften, **anknüpfen,** ἔκ τινος, an etwas, z. B. Od. 12, 51. 179 αὐτοῦ sc. ἱστοῦ; auch Med. ναῦς ins Schlepptau nehmen, ἐκ τοῦδε ἀ. πρυμνήτην κάλων = er soll unser Retter sein Eur., ἀγάλματα aufhängen Hom., **b)** übertr. μῶμόν τινι Schandfleck anhängen Hom., αἷμα anrechnen Eur., αἰτίαν zuschieben Lyk., auch Med.: χάριτας zuteil werden lassen Eur., κῆδος Verwandtschaft anknüpfen Eur. **2) anstecken,** an-, entzünden.

ἀνα-πυνθάνομαι, Dep. med., ausforschen; τὶ πραττόμενον erfahren, daß etwas beabsichtigt wird; τινά sich nach einem erkundigen. Dav.

ἀνάπυστος, 2. ep u. ion. kundbar, allbekannt.

ἀνα-πωμάζω, (πῶμα), sp. den Deckel wegheben, aufdecken.

ἄν-αρθρος, 2. **1)** ungegliedert; unartikuliert. **2)** poet. gelenkgebrochen, äußerst entkräftet.

ἀν-ᾰρίθμητος u. poet. **ἀν-άριθμος,** 2. **1)** unzählbar, unermeßlich, maßlos, τινός an, in etwas, θρήνων endlos in Wehklagen. **2)** poet. nicht gezählt, nicht geachtet. **3)** poet. ἀνάριθμός τινος sehr reich woran (so daß man es nicht zählen kann).

ἀν-άριστος (ἄριστον, ᾰ) 2. ohne Frühstück, nüchtern.

ἄν-αρκτος (ἄρχω), 2. unbeherrscht, unabhängig.

ἀναρμοστέω (-στός), nicht stimmen, τινί u. πρός τι zu etw ; verstimmt sein. Dav.

ἀναρμοστία, ἡ, Mangel an Einklang, Mißklang.

ἀν-άρμοστος, 2. unpassend, unangemessen, ungeeignet, bes. ohne Einklang, unharmonisch, τινί u. πρός τι.

ἀνα-ροιβδέω, s. ἀναρροιβδέω.

ἀν-αρπαγή, ἡ, Plur. poet. Entführung.

ἀν-αρπάζω, Aor. ἀνήρπασα u. poet. auch ἀναρπάξας, pass. sp. ἀνηρπάγη, **1)** Akt. **a)** in die Höhe reißen, hinauf entführen, herausreißen, μάχης ἄπο aus dem Schlachtgewühl, τὰ ὅπλα. **b)** fortschleppen, hinwegraffen, entreißen, entrücken, hinwegtilgen, ausplündern, τινά τι. **2)** Med. (fut.) rasch mit sich fortreißen, vertilgen. Dav.

ἀναρπάξ-ανδρος, poet. männerentraffend.

ἀν-άρπαστος, 2. (auch ἀναρπαστός, poet. Fem. ἀναρπαστά) *abreptus*, entrafft, πρός τινος von einem.

ἀνα-ρρήγνῡμι, 1) trans. **a)** aufreißen, -brechen, klaffen machen. **b)** durchreißen, zerreißen, zertrümmern. **2)** intr. hervorbrechen; nur Soph. OR. 1075, sonst Pass., z. B. εἴς τι zu etwas, sich dazu verleiten lassen.

ἀνά-ρρησις, εως, ἡ, öffentlicher Ausruf.

ἀνα-ρρῑπίζω, sp. wieder anfachen.

ἀνα-ρρῑπτέω (nur Präs. u. Impf.) u. **ἀνα-ρρίπτω,** in die Höhe werfen, aufwerfen, auch ἐς τὸ ἄνω. ἅλα (πηδῷ) **das Meer (mit dem Ruder) aufwühlen.** Im bes. τὸν κύβον den Würfel (aus dem Becher) aufwerfen, περί τινος, ἀνερρίφθω κύβος *iacta esto alea*; κίνδυνον, μάχην wagen; ἀναρρ. ἐς ἅπαν τὸ ὑπάρχον einen Wurf auf das ganze Vermögen, alles auf einen Wurf setzen.

ἀνα-ρρῑχάομαι, mit Händen u. Füßen erklimmen.

ἀνά-ρροια, ας, ἡ (ῥέω), die Ebbe.

ἀνα-ρροιβδέω u. **ἀνα-ροιβδέω,** ep. wieder einschlürfen.

ἀνα-ρροφάω (-έω), zurückschlürfen.

ἀνα-ρρώννυμι, neu stärken, wieder ermutigen, Pass. wieder zu Kräften kommen, ἐκ τῆς νόσου genesen.

ἀν-άρσιος, 2. u. 3. (ἀραρίσκω), ep. ion. u. poet. **a)** widerstrebend, feindselig, feindlich; ἀνάρσιον ἐποιέετο er hielt es für eine offene Feindseligkeit; Subst. ἀναρσίων ἐπέμολε es kam von Feinden. **b)** unpassend, unangenehm, widrig, abscheulich.

ἀν-αρτάω, 1) Akt. aufhängen, Pass. ἀνηρτῆσθαι ἔκ τινος von etwas abhängig sein, εἴς oder πρός τινα an einem hangen; auch: sich hinhalten lassen. **2)** Med. **a)** mit Akk.: einen von sich abhängig machen, sich seine Gunst aneignen. **b)** ion. mit Inf. sich anschicken zu etwas. **c)** sp. = Akt.

ἀν-άρτιος, 2. ungerade.

ἀν-αρχία, ἡ, **a)** Mangel an Oberherren oder Feldherren, Herrenlosigkeit. **b)** gesetzloser Zustand des Staats, wo kein Oberhaupt anerkannt wird, Zügellosigkeit, Anarchie; ἀναρχίαν ποιεῖν keinen Archonten wählen. (In Athen **hieß** so das „archontenlose" Jahr Ol. 94, 1 = 404.) Von

ἄν-αρχος (ἀρχή), 2. ohne Anführer.

ἀνα-σαλεύω, sp. aufrütteln.

ἀνα-σειράζω, poet. mit dem Seil zurückziehen, vom rechten Weg abziehen.

ἀνα-σείω, 1) aufschütteln, in die Höhe schwenken, z. B. τὰς χεῖρας, od. κόμην wild in die Höhe fliegen lassen. **2)** sp. emporziehen, emporheben. **3)** übertr. im N. T. aufwiegeln.

ἀνα-σεύομαι, ep., Aor. med. ἀνέσσυτο schoß empor.

ἀνά-σιλλος, ὁ, sp., struppiges Haupthaar, adj. mit str. Haar.

ἀνα-σκάπτω, sp. ausgraben, aufgraben, Gräben aufwerfen, πόλιν in einer St.

ἀνα-σκεδάννυμι, sp. zurückscheuchen, zerstreuen.

(ἀνα-σκέπτομαι), gibt Fut. u. Aor zu ἀνασκοπέω.

ἀνα-σκευάζω, 1) Akt. u. Pass. **a)** aufpacken u. fortschaffen (ἀγορὰν εἴσω), aufräumen (τέμενος). **b)** aufheben, zerstören, beseitigen; τράπεζαν den Wechseltisch umstoßen, bankrott machen; ἀνεσκευάσμεθα wir sind zugrunde gerichtet. **2)** Med. seine Habe fortschaffen, flüchten, ἔς τι wohin; überh. fortziehen.

ἀν-άσκητος, 2. ungeübt.

ἀνα-σκινδυλεύω, sp. aufspießen, kreuzigen.

ἀνα-σκιρτάω, sp. aufhüpfen, sich bäumen.

ἀνα-σκολοπίζω, Fut. ἀνασκολοπιεῖσθαι pass., ion. u. sp. aufpfählen, an einen Pfahl schlagen

ἀνα-σκοπέω, zurückblickend erwägen, genau erforschen.

ἀνα-σοβέω, aufscheuchen; Pass. sich sträuben.

ἀνα-σπᾰράσσω, poet. in die Höhe od. herausreißen.

ἀνάσπαστος, 2., auch ἀνασπαστός, **a)** poet. weggezogen, πύλης prolept. so daß sie aufging. **b)** ion. u. sp. aus der Heimat vertrieben, verpflanzt. Von

ἀνα-σπάω (s. σπάω), **1)** in die Höhe od. heraufziehen, z. B. Schiffe ans Land; einsaugen, einschlürfen; (χεροῖν) herausreißen den Kithairon, d. h. ihn aus seinen Grundfesten heben, ähnlich von Pflanzen; übertr. λόγους hervorbringen, τινί gegen einen; Gerüche einatmen, ὡς πλεῖστον τῆς ἡδονῆς möglichst großen Genuß. **2)** abbrechen, σκηνήν. **3)** aufbrechen, τύμβους Gräber. **4)** Med. ep. ἔγχος seinen Speer wieder herausziehen.

ἄνασσα, ἡ, ep. u. poet. Fem. zu ἄναξ, Herrin, auch Anrede an Göttinnen.

ἀν-άσσατος, 2. buk. u. dor. st. ἀήσσητος, unbesiegt.

ἀνάσσω (*Fανακjω, ἄναξ), Fut. -ξω, Aor. med. ἀνάξασθαι **Herr, Gebieter, Besitzer** sein, regieren gew. mit Dat. Hom. u. Trag., auch Gen.: Τρώεσσι τιμῆς im Besitz des Ehrenamtes sein unter den T. Hom.; einmal Med.: τρὶς ἀ. γένεα regierte drei Menschenalter Hom.; Pass.: παρ' ὅτῳ σκῆπτρον ἀνάσσεται in dessen Händen die Regierung liegt Soph.

ἀν-ᾴσσω, s. ἀναΐσσω.

ἀνάστᾱ, bei Spätern: Imper. = ἀνάστηθι.

ἀναστᾰδόν, ep. Adv. (ἀνίστημι), aufrecht stehend, sich erhebend.

ἀνα-σταλύζω, poet. aufweinen, aufschluchzen.

ἀνάστᾰσις, εως, ion. ιος, ἡ, **1)** (ἀνιστάναι) das Aufstehenlassen, Aufstellen, und zwar **a)** die Verödung, Entfernung der Bewohner aus ihrem Wohnsitze, Vertreibung, Verpflanzung, τῆς Ἰωνίης, u. von Örtern auch Zerstörung, Ruin. **b)** die Errichtung, Aufstellung. **2)** (ἀναστῆναι) das Aufstehen, u. zwar **a)** vom Lager, von einem Orte weg, der Aufbruch, Abzug. **b)** poet. sp. u. N. T. die Auferweckung, das Erwachen; N. T. u. sp. die Auferstehung.

ἀνα-στᾰτήρ, ῆρος, ὁ, poet. u.

ἀνα-στάτης, ου, ὁ, poet. Zerstörer.

ἀνάστᾰτος, 2. (ἀνίστημι), aufgescheucht, vertrieben, aus der Ordnung gebracht, zum Aufstande bereit Herod. 1, 106; ἀνάστατον ποιεῖν verjagen, verheeren, zugrunde richten; Her. 1, 177 unterwürfig machen. ἀν. γίγνεσθαι ὑπό τινος zerstört, vernichtet werden von jem. Dav.

ἀναστᾰτόω, aufwiegeln, irreleiten, N. T.

ἀνα-σταυρόω, auf einen Pfahl stecken, ans Kreuz schlagen.

ἀνα-στέλλω, **1)** Akt. **a)** sp. in die Höhe schlagen. **b)** zurückschlagen, zurückdrängen, m. Pass. **c)** sp. aufhalten, hemmen. **2)** Med. poet. u. sp. sein Kleid aufschürzen.

ἀνα-στενάζω, bes. ion. poet. u. sp., ***ἀναστεναχίζω,*** ep. ***ἀναστενάχω*** u. Med. ***ἀναστενάχομαι,*** ep., sowie poet. ***ἀναστένω,*** **1)** abs. aufstöhnen, laut seufzen. **2)** τοῖα ἀνεστέναζες solches war dein Stöhnen; τί bejammern, laut beklagen, auch γόοις.

ἀνα-στέφω, poet. u. sp. bekränzen; pass. sich bekränzen.

ἀνα-στολή, ἡ, sp. das Zurückwerfen.

ἀνα-στομόω, mit einer Mündung versehen, öffnen; τὸν ποταμόν dem Flusse Luft machen.

ἀνα-στρέφω • **I) Akt.** • **1)** trans. • **a) umwerfen,** umstürzen, τὴν καρδίαν den Magen umkehren, Erbrechen verursachen Thuk., Pass. ὄρος ἀνέστραπται ein Berg ist umgestülpt worden; übertr. **umgestalten,** ändern • **b) zurückwenden,** zurückführen, ἐς ᾅδον, ἐς μάχην; χέρας die H. emporheben (um sie zu fesseln); δίκην, werde die Strafe an dir wiederholen Eur. • **2)** intr. umkehren, sich umwenden Xen., sich wieder gegen den Feind kehren.

II) Med. u. Pass. • **1)** sich umwenden, **fliehen,** wieder Front machen, zurückkehren; auch von Sachen: τοῦτο ἀνέστραπται das ist jetzt umgekehrt Xen. • **2) sich herumtreiben,** verweilen, **verkehren,** γαῖαν in einem Lande Hom. • **3) sich umtun,** ἔν τινι sich beschäftigen mit Xen. • **4)** einen Wandel führen, leben, **sich benehmen.** Dav.

ἀναστροφή, ἡ, **1)** trans. das Umlenken (Umstürzen). **2)** intr. **a)** Umkehr, Schwenkung. **b)** poet. sp. Aufenthaltsort, Aufenthalt. **c)** sp. u. N. T. Lebenswandel, Leben; Benehmen, Betragen.

ἀνα-στρωφάω, ep. poet. Intens. von ἀναστρέφω, wiederholt wenden, πάντῃ nach allen Seiten.

ἀνα-σύρομαι, Med., ion. sp. seine Kleider heraufziehen, sich aufdecken.

ἀνα-σφάλλω, sich wieder aufrichten, (ἐκ) νόσου von e. Kr. wieder aufstehen, genesen.

ἀνα-σχετός, 2. u. ***ἀνσχετός,*** s. ἀνεκτός.

ἀνα-σχίζω, ion. poet. u. sp. aufschlitzen, öffnen.

ἀνα-σχινδῠλεύω, aufpfählen, kreuzigen (ἀνασκινδ.).

ἀνα-σῴζω (s. σῴζω), wieder erretten, wieder bekommen, zurückrufen, τὸν μῦθον πρὸς τὴν ἀλήθειαν d. i. auf den wirklichen Tatbestand. Her. 6, 65 (etwas Vergessenes) wieder in Erinnerung bringen.

ἀνα-τᾰράσσω, aufstören, verwirren.

ἀνάτᾰσις, εως, ἡ (ἀνατείνω), sp. **1)** das Anspannen, die Steigung. **2)** Emporstreckung; φρονήματος hochfahrendes Wesen.

ἀνα-τάσσομαι, N. T. der Reihe nach durchgehen, entwickeln.

ἀνα-τατικός, 3. (ἀνατείνω), sp. sich spreizend, hochfahrend.

ἀν-ατεί, s. ἄνατος.

ἀνα-τείνω, **1)** trans. **a)** in die Höhe strecken, **emporhalten,** τὴν χεῖρα Xen., ὀφρῦς die Brauen emporziehen, auch ψυχήν erheben; Pass. ὠτός am O. gezupft werden Plut.; übertr. ἑαυτὸν ἐπί τινι sich erheben, groß machen mit etwas, bes. drohend erheben: χεῖρας, μάχαιραν zücken; auch Med.; dieses auch: drohen Pol. **b)** ausstrecken, ἀετὸς ἀνατεταμένος mit ausgebreiteten Flügeln Xen., ausdehnen τὸ κέρας Xen. **2)** intr. πεδίλα ἐς γόνυ reichen bis Hdt., ebenso ὄρος dehnt sich aus ἐς Οἴτην Hdt.

ἀνα-τειχίζω, die Mauern neu aufbauen. Dav.

ἀνατειχισμός, ὁ, Wiederaufbau der Mauern.

ἀνατέλλω, **1)** ep. poet. u. sp. trans. aufgehen od. aufsprossen lassen; überh. hervorbringen, ἀπό τινος aus etwas. **2)** intr. *oriri,* hervorgehen, aufgehen, entspringen, aufsprießen, ἔκ τινος.

ἀνα-τέμνω, aufschneiden, sezieren.

ἀν-ᾱτί, s. ἄνατος.

ἀνα-τίθημι • **I) Akt.** poet. Aor. act. 3. pl. ἀνέθεν • **1)** hinaufstellen, **aufstellen, -legen,** σκεῦος aufladen Xen., ἐπὶ τὰ ὑποζύγια Xen., ἐλεγχείην aufladen Hom.; ἄχθος aufbürden; μεγάλα χρήματα, πυραμίδα ποιήσασθαι zuschreiben Hdt., ebenso Thuk. 2, 64, 2; πράγματα anvertrauen Thuk. • **2)** spez. seit Hdt. (vgl. ἀνάθημα) als Weihgeschenk aufstellen Ἀπόλλωνι Hdt., νεών errichten • **3) entfernen** von, τοῦ κατθανεῖν Soph. Ai. 476.

II) Med. • **1)** die Steine auf dem Brettspiel umstellen Plut., die Meinung, Ansicht ändern Xen., ὅ τι δοκεῖς Plat., οὐκ ἀ. μὴ οὐ ich

nehme es nicht zurück, daß Plat. • 2) verschieben Pol. • 3) auseinandersetzen, erzählen N. T.
ἀνα-τῑμάω, ion. den Preis steigern.
ἀνα-τῑνάσσω (auch in tmesi), poet. aufschütteln, aufschleudern.
ἀνα-τλῆναι, ἀνα-τλάς, Inf. u. Part. des Aor. ἀνέτλην (τλῆναι), *tolerare,* **erdulden, ertragen.**
ἀνατολή, ἡ (ἀνατέλλω), dor. u. ep. auch **ἀντολή,** gew. im Plur., Aufgang, bes. der Sonne, Osten, sp. auch das Morgenland. *Ortus, oriens.*
ἀνατομή, ἡ (τέμνω), sp. das Auseinanderschneiden; der Einschnitt.
ἄν-ᾱτος, 2. (ἄτη), Adv. **ἀνᾱτεί, -τί, 1)** poet. unverletzt, ungestraft, Λοξίου κότῳ durch den Zorn des Apollo, κακῶν unverletzt vom Unheil (welches den Thebanern von Athen aus droht). **2)** poet. unschädlich.
ἀνατρεπτικός, 3. umkehrend, zerstörend. Von
ἀνα-τρέπω, poet. auch **ἀντρέπω,** Perf. -τέτροφα u. -τέτραφα, **1)** umwenden, **a)** auf den Kopf stellen, zu Boden werfen, τράπεζαν Bankerott machen. **b)** umstürzen, ἔμπαλιν; zerstören; übertr. χαράν die Lust des Lebens, τὴν τύχην, τὴν ἐλευθερίαν, auch mit προρρίζους von Grund aus; zugrunde richten. **c)** widerlegen. **d)** umwerfen, zum Kentern bringen. **2)** umwenden machen, zurückführen. **3)** poet. aufstören, was schlummerte. **4)** Pass. u. Med. (Aor. ἀνετράπετο), umschlagen, rückwärts umfallen, zugrunde gehen, auf den Kopf gestellt, auch: geschlagen werden.
ἀνα-τρέφω, Fut. -θρέψω usf., **1)** auffüttern, aufziehen, Pass. aufwachsen; übertr. τὸ φρόνημα den Mut wieder beleben, φιλοτιμίαν Ehrgeiz nähren. **2)** wieder ernähren, nachdem einer jmdn. ernährt hat.
ἀνα-τρέχω (s. τρέχω), Perf. ep. **ἀναδέδρομα** (auch in tmesi), **1)** emporlaufen, emporstürmen, ersteigen, πρός τι und τί; aufspringen; aufsprießen, emporspritzen, sich erheben; übertr. schnell emporkommen. **2)** ep. u. sp. mit ὀπίσω, αὖτις, zurückeilen, schnell zurückweichen, zurückgehen. **3)** sp. verbessern, wieder gut machen.
ἀνάτρησις, εως, ἡ (τιτράω), sp. das Aufbohren, bes. der Schädelknochen, die Trepanation.
ἀνα-τρῑ́βω, öfters reiben, πρός τινι an; inbes. **a)** einreiben. **b)** streicheln.
ἀνατροπεύς, έως, ὁ, Zerstörer, Verderber, Vernichter.
ἀνα-τροπή, ἡ, Umsturz, Zerstörung.
ἀνα-τροφή, ἡ, sp. Ernährung, Erziehung.
ἀνα-τῠλίττω, sp. auf und zu rollen; λόγους πρὸς ἑαυτόν *animo volvere.*
ἀνα-τυπόω, sp. Med. sich (*sibi*) vorstellen.
ἀν-αύγητος, 2. (αὐγέω, αὐγή), poet. unerleuchtet, dunkel, finster.
ἀν-αύδᾱτος, 2. dor. poet., **ἀν-αύδητος,** 2. poet. (αὐδάω), u. **ἄν-αυδος,** 2. ep. poet. u. sp. (αὐδή), **1)** sprachlos, schweigend, auch: heimlich in der Stille. **2)** unerhört.
ἄν-αυλος, 2. ohne Flötenspiel, **a)** poet. freudlos. **b)** sp. des Flötenspiels unkundig.
ἀν-αυξής, 2. sp. nicht gedeihlich.
Ἄναυρος, ὁ, Fluß in Thessalien; später als Appell.
ἄναυρος, ὁ, poet. Gießbach, Strom.

ἄ-ναυς, poet. in ἄνᾱες νᾶες Schiffe, die keine Schiffe mehr sind, Schiffstrümmer.
ἀν-αΰω, buk. im Aor. ἀνάϋσαν, laut aufschreien.
ἀνα-φαίνω • 1) Akt. trans. (-φανῶ, -έφηνα, -πέφαγκα) erscheinen lassen • **a)** aufleuchten lassen z. B. ἄστρα, abs. das Feuer hell schüren, Od. 18, 310 • **b)** gew. übertr. ὄφιας hervorbringen (χώρη) Hdt.; **offenbaren, kundtun,** ἐπεσβολίας dreistes Geschwätz zutage fördern Hom., θεοπροπίας kundtun; Ὀδυσῆα als O. verraten Hom., βοάν schreien Aesch., βασιλέα ausrufen als; mit Part. (πολίτας ἀγαθοὺς ὄντας **Plat.**) u. A. c. I. • **2)** Med. intr. u. **Pass. ἀναφαίνομαι** nebst Perf. 2. -πέφηνα, zum Vorschein kommen, **sichtbar werden,** sich zeigen; mit Part. es ist deutlich, daß; ἀνεφάνη μούναρχος ἐών er zeigte sich plötzlich als Alleinherrscher Hdt. • **3)** ἀναφανέντες erblickend, τί, N. T.
ἀν-αφαίρετος, 2. sp. unentreißbar.
ἀνα-φᾰλαντίας, ου, ὁ (vgl. φαλ-ακρός), sp. dessen Vorderhaupt kahl wird, mit Glatze, kahlköpfig.
ἀναφανδά, ep., u. **ἀναφανδόν** (φαν, φαίνω), Adv. sichtbar, vor aller Augen.
ἀνα-φέρω, Fut. ἀνοίσω, Aor. act. ἀνήνεγκον usf., Aor. act. ion. ἀνένεικα, inf. ion. (ἀνῷσαι), **ἀνοῖσαι** st. ἀνενεγκεῖν, pass. ἀνηνείχθην, Adj. verb. **ἀνοιστέος,** mit der ion. Nebenf. **ἀναφορέω.**
I) Akt. u. **Pass. trans. • 1) in die Höhe, hinauf, herauftragen,** Κέρβερον ἐξ Ἀΐδαο Hom., εἰς Ὄλυμπον Hom., τὰς κώπας in die Höhe heben Thuk.; ins Binnenland bringen, ἐς Σοῦσα Hdt. (Med., seine Habe mit sich nehmen Hdt. 8, 32); τάλαντα εἰς ἀκρόπολιν, εἰς Πειραιᾶ Xen.; αἷμα auswerfen; στεναγμούς ausstoßen; Med. ἀνενείκατο holte Atem Hom., ἀνενεικάμενον seufzend Hdt.; übertr. ἐκ πονηρῶν τῶν πραγμάτων brachte empor, gab neue Kräfte Thuk. 8, 97, 2; Pass. ἀνενειχθεὶς εἶπε nachdem er sich gesammelt hatte Hdt. • **2)** aufnehmen, **auf sich nehmen,** κινδύνους Thuk., auch διαβολάς, πόνον usw., ἄχθος Aesch. • **3) zurückbringen** *referre;* πόδα εἰς τοὔπισθεν Eur.; bes. übertr. wie *referre,* παρά τινα berichten Hdt.; ἀ. τοὺς λόγους εἰς δῆμον brachten vor Thuk.; βουλεύματα ἐς τὸ κοινόν vor die Gemeinde bringen Hdt., ἁμαρτίαν zuschreiben Eur; αἰτίαν zuschreiben Lys.; τὸ γένος εἰς Περσέα herleiten von Plat.; ποῖ δίκην ἀνοίσομεν Urteil überlassen Eur.; λόγον τῆς ἀρχῆς Rechenschaft ablegen Lys.; ἐς λογισμὸν ἀ. zum Bewußtsein bringen.
II) Akt. u. **Pass. intr. • 1)** sich erheben, ἐκ πολλῆς δυνάμεως πρὸς τὸν πόλεμον, überh. sich erholen, ἔκ τινος • **2)** sich berufen, ἐπί τι u. τινί auf etwas od. einen • **3)** hinaufführen, ἁμαξιτὸς εἰς Πειραιᾶ Xen.
ἀνα- u. poet. **ἀμ-φεύγω,** hinauffliehen, ἐπί τι; *effugio,* freigesprochen werden.
ἀν-ᾰφής, 2. (ἅπτω), unberührbar, unkörperlich; weich.
ἀνα-φθέγγομαι, Dep. med., sp. laut ausrufen, laut aussprechen.
ἀνα-φλέγω, poet. u. sp. **a)** anzünden, ἀνεφλέγη verbrannte. **b)** übertr. ἔρωτα die Neigung anfeuern, Pass. ἀνεφλέχθη εἴς, πρός τι.
ἀνάφλεξις, ἡ, sp. Entzündung.

Ἀναφλύστιος, ὁ, einer vom Demos *Ἀνάφλυστος* (Phyle Antiochis) im südöstl. Attika, j. *Anawyso.*
ἀνα-φλύω (in tmesi), ep. aufwallen.
ἀνα-φορά, ἡ, **1)** Erhebung, Tilgung, Erholung. **2)** Beziehung, εἴς, ἐπί, πρός τι, Berufung, das Zuschieben einer Schuld, ἔχειν bezogen, zugeschrieben werden; Entschädigungsanspruch gegen jemd. εἴς τινα, περί τινος; Bericht πρός, ἐπί τινα, An- [heimstellung.
ἀνα-φορέω, s. ἀναφέρω.
ἀνα-φράζομαι, ep. Dep. med., Opt. aor. ἀμφράσσαιτο, wieder erkennen.
ἀν-ἀφρόδῑτος, 2. (Ἀφροδίτη), sp. **1)** unglücklich in der Liebe (εἰς τὰ ἐρωτικά). **2)** ohne Liebreiz, ohne Liebe.
ἀνα-φρονέω, wieder zu Verstande kommen.
ἀνα-φροντίζω, poet. sp. genau überdenken, überlegen. [zug.
ἀνα-φῠγή, ἡ, poet. u. sp. das Entrinnen; der Rück-
ἀνα-φῡ́ρω, ion. poet. u. sp. darunter mengen, ἀναπεφυρμένος αἵματι mit Blut befleckt.
ἀνα-φῡσάω, emporblasen, herausschleudern, übertr. aufblähen; pass. aufgeblasen werden.
ἀναφύσημα, τό, das Ausatmen.
ἀνα-φύω, 1) Akt. trans. (-φῡ́σω, -έφῡσα, sp. auch -πέφυκα), aufschießen lassen; auch übertr. wie πλῆθος συκοφαντῶν. **2)** Med. intr. ἀνα-φύομαι (-φῡ́σομαι, -έφῡν), **a)** hervorsprießen, herauswachsen, aufschießen. **b)** ion. wieder wachsen.
ἀνα-φωνέω, sp. ausrufen, laut hersagen, οἱ ἀναπεφωνηκότες die früheren öffentlichen Ausrufer.
ἀναφώνημα, τό, sp. Ausruf, Zuruf.
ἀναφώνησις, ἡ, sp. das Ausrufen; der Trinkspruch.
ἀνα-χάζω u. Dep. med. ἀναχάζομαι, Part. aor. ep. ἀναχασσάμενος, sich zurückziehen, gew. mit ὀπίσω, ἐξοπίσω, ἄψ, πάλιν od. mit ἐπὶ πόδα das Gesicht dem Feinde zugewendet. [aufsperren.
ἀνα-χαίνω, Aor. ἀνέχανον, sp. *hiare*, den Rachen
ἀνα-χαιτίζω (χαίτη), **1)** emporsträuben: **a)** Haare. **b)** (den Reiter) abwerfen. **c)** übertr. umstürzen. **2)** sp. sich sträuben, sich auflehnen. **3)** sp. hindern; versperren, verlegen, τινί τι.
Ἀνάχαρσις, ιος, od. εως, ὁ, Skythe aus königlichem Geschlecht, der zu Solons Zeit nach Athen kam u. später zu den sieben Weisen gerechnet wurde.
ἀνα-χάσκω, s. ἀναχαίνω.
ἀνα-χέω (s. χέω), **1)** Akt. ep. (in tmesi) hinzugießen. **2)** Pass. ep. sich ergießen, **a)** einmünden, εἴς τι. **b)** zerfließen, εἰς εὖρος. **c)** von Wolken: sich entladen, entleeren.
ἀνα-χοή, ἡ, der Ausguß; Ausbruch eines Vulkans.
ἀνα-χορεύω, poet. im Chor tanzen, **a)** τί aufführen. **b)** τινά im Chortanz feiern. [machen.
ἀνα-χόω, aufschütten, durch Aufschütten höher
ἀνα-χράομαι, Dep. med., **1)** verwenden. **2)** abtun, töten.
ἀνα-χρέμπτομαι, Dep. med., sich räuspern.
ἀνα-χρώννυμι, sp. einreiben, färben (mit Farbe) bestreichen. [Ausgelassenheit, N. T.
ἀνά-χυσις, ἡ, sp. das Ergießen, Ausbreiten; die
ἀνα-χωρέω, 1) zurückgehen, sich zurückziehen, entweichen, ὑπό τινος vor einem, ἐπὶ πόδα = pedem referre Schritt für Schritt zurückgehen mit dem Gesichte gegen den Feind; zurücktreten, sich entfernen, ausweichen, zurückschaudern. **2)** übergehen an jemanden. Dav.
ἀναχώρησις, εως, ion. ιος, ἡ, **1)** sowohl freiwilliger Rückzug, als βιαιοτέρα erzwungener Abzug, oft mit πάλιν; das Zurückweichen; Zurückgezogenheit; τὴν ἀναχ. ποιεῖσθαι den Rückzug antreten, ἀναχ. σημαίνειν zum Rückzug blasen, σπένδεσθαι freien Abzug gewähren. **2)** Stätte der Zurückgezogenheit, Zufluchtsort.
ἀνα-χωρίζω, zurücktreten lassen.
ἀνα-ψηφίζω, nochmals abstimmen lassen.
ἀνάψυξις, ἡ (ἀναψύχω), N. T. Abkühlung, Erholung.
ἀνα-ψῡχή, ἡ, poet. u. sp. Abkühlung, Erfrischung, Erholung. Von
ἀνα-ψῡ́χω, 1) trans. abkühlen, erfrischen, τὰς ναῦς die Schiffe aufs Trockne legen, τὰς αὐλαίας die Vorhänge trocknen. Übertr. erholen, erlaben. **2)** intr. u. pass. erquickt werden, sich erholen, τινός wovon.
ἀν-δαίω, poet. st. I. ἀνα-δαίω, anzünden.
Ἄνδακα, ων, τά, indische Stadt jenseits des Ganges.
ἁνδάνω (St. σϜαδ, ν-Erwtrg. im St. ἡδύς), Impf. ἥνδανον, ep. ἑάνδανον u. ἑήνδανον, ion. ἑάνδανον, Fut. (ion.) ἁδήσω, Aor. ἕαδον, ep. εὔαδον (d. i. ἔϜαδον) u. ἅδον, Perf 2. ep. ἕαδα, nicht in att. Pr., gefallen, behagen, angenehm sein, einen zufrieden stellen. ἑαδὼς μῦθος eine gefällige, angenehme Rede.
ἄν-δημα, τό, poet. st. ἀνάδημα, Stirnband.
ἄνδηρα, τά, buk. Rabatte, Beet, Graben.
ἀν-διδοῖ, poet. = ἀναδίδωσι.
ἄν-δῐχα, Adv. (ἀνά, δίχα), ep. entzwei.
Ἀνδοκίδης, ου, S. des Leogoras, attischer Redner und Politiker, geb. um 440, gest. um 390.
ἀνδρᾰγᾰθέω, sp. ein guter, tapferer Mann sein, sich brav halten; τὸ ἠνδραγαθημένον, sp. tapfere Tat.
ἀνδραγάθημα, τό, sp., dass. wie
ἀνδρᾰγᾰθία, ἡ (-θέω), Mannhaftigkeit, Tapferkeit, ἐς πολέμους ὑπὲρ τῆς πατρίδος oder περὶ μάχας, überh. Tüchtigkeit, Biederkeit, Tugend. Plur. tapfere Taten.
ἀνδραγαθίζομαι, (-θέω), Dep. med., **1)** den Biedermann spielen, auch mit Akk. τόδε etwas als die Pflicht eines Biedermanns zur Schau tragen. **2)** sp. sich als wackern Mann zeigen.
ἀνδρ-άγρια, ων, τά, ep. die Waffenbeute.
ἀνδρᾰκάς, Adv. (ἀνήρ), ep. u. poet. Mann für Mann, jeder für sich = κατ' ἄνδρας.
ἀνδραπόδεσσι, s. ἀνδράποδον
ἀνδρᾰποδίζω (-ποδον), **1)** Akt. einen in Knechtschaft versetzen, als Sklaven verkaufen. **2)** Med. zum Sklaven oder Gefangenen machen, sich (*sibi*) unterwerfen, unterjochen, Menschenraub treiben. Dav.
ἀνδραπόδισις, ἡ, Knechtung, Menschenraub, und
ἀνδραποδισμός, ὁ, Versetzung in den Sklavenstand, Knechtung, Unterjochung.
ἀνδραποδιστής, ου, ὁ (-ίζω), Seelenverkäufer, wer Sklaven oder auch Freie raubt, um sie wieder zu verkaufen; übertr. ἀνδρ. ἑαυτοῦ Verkäufer der eigenen Freiheit.
ἀνδραποδο-κάπηλος, ὁ, sp. Sklavenhändler.
ἀνδράποδον, τό, ep. metapl. Dat. ἀνδραπόδεσσι (ἀνήρ, πούς gebildet nach Analogie von τετράποδα),

1) eigtl. der mit menschlichen Füßen versehene Teil der Beute, also der im Krieg erbeutete Sklave, dann überh. Sklave. 2) Sklavenseele, gemeiner, ungebildeter Mensch, z. B. Thuk. 8, 28.

ἀνδραποδώδης, ῶδες, sklavenmäßig, knechtisch gesinnt od. handelnd. Adv. **-δῶς,** in knechtischem Zustande.

ἀνδρ-αχθής, έος, 2. (ἄχθος), ep. mannbeschwerend.

ἀνδράχνη, ἡ, sp. Portulak, eine Blume.

ἀνδρεία, ἀνδρία, ion. **ἀνδρηίη,** ἡ (ἀνδρεῖος), Mannhaftigkeit, Mut, Tapferkeit, Festigkeit; νόμων — τρόπων anbefohlene — innewohnende; auch von Tieren. [Fleischfarbe.

ἀνδρ-είκελος, 2. einem Menschen ähnlich; Neutr.

ἀνδρεῖος, 3. Adv. **-είως,** u. ion. **ἀνδρήιος,** 3. (ἀνήρ), männlich, a) einem Manne gehörig, τὸ ἀνδρεῖον das männliche Glied. b) mannhaft, mutig, tapfer, kühn, standhaft, brav, tüchtig, τὸ ἀνδρεῖον Mannhaftigkeit, Manneskraft, *virtus*; Plur. Männermahle. c) übertr. αὐλός Baßflöte. Dav.

ἀνδρειότης, ἡ, = ἀνδρεία.

ἀνδρεϊ-φόντης od. **ἀνδρει-φόντης,** ὁ (W. φεν, ἔπεφνον), ep. männermordend.

ἄνδρεσσι, s. ἀνήρ.

ἀνδρεύμενος, ion. st. ἀνδρούμενος.

ἀνδρεών, ion. st. ἀνδρών, w. s.

ἀνδρηίη, ἡ, u. **-ήιος,** 3. ion. st. ἀνδρεία, -εῖος, w. s.

ἀνδρηλᾰτέω, vertreiben, ächten. Von

ἀνδρηλάτης, ου, ὁ (ἐλαύνω), poet. der Verbannende.

ἀνδρία, Nbf. zu ἀνδρεία, s. d. [Bildsäulchen.

ἀνδριαντίσκος, ὁ, Demin. von ἀνδριάς, sp. kleines

ἀνδριαντο-ποιέω (-ποιός) Bildsäulen machen.

ἀνδριαντο-ποιία, ἡ (-ποιέω), Bildhauerkunst.

ἀνδριαντο-ποιός, ὁ, Bildhauer.

ἀνδριάς, άντος, ὁ (ἀνήρ), Menschenbild, Bildsäule, Standbild, Statue; übertr. liebkosend καλὸς ἀ. Zierpuppe, bei Demosth. ironisch.

ἀνδρίζω (ἀνήρ), zum Mann erziehen; Med. mit Adj. verb. ἀνδριστέον, sich als Mann zeigen.

ἀνδρικός, 3. männlich, mutig, tapfer, Adv. **-κῶς,** [auch: gut.

ἀνδρίον, τό, poet. Männlein.

ἀνδριστί, poet. nach Männerart.

ἀνδρό-βουλος, 2. (βουλή), poet. männlich ernst.

ἀνδρο-βρώς, ὁ, ἡ, poet. menschenfressend.

Ἀνδρόγεως, ω, ὁ, Sohn des Minos.

ἀνδρό-γῠνος, 2. (γυνή), mannweiblich, 1) zwitterhaft. Subst. ὁ, der Zwitter. 2) ion. Verschnittener, Schwächling. 3) entnervt; ὁ der Wollüstling.

ἀνδρο-δάϊκτος, 2. poet. (δαΐζω), männermordend.

ἀνδρο-θνής, ῆτος, ὁ, ἡ (θνήσκω), poet. menschenvertilgend.

ἀνδρο-κμής, ὁ, ἡ, poet. männeraufreibend.

ἀνδρό-κμητος, 2. (κάμνω), ep. von Menschen gearbeitet, künstlich.

Ἀνδρο-κράτης, ους, ὁ, ein Heros der Platäer.

ἀνδρο-κτᾰσία, ep. **-ίη,** ἡ (κτείνω), ep. u. poet. Männermord, -vertilgung (meist im Plur.).

ἀνδροκτονέω, poet. den Gatten morden. Von

ἀνδρο-κτόνος (κτείνω), ion. u. poet. Mann oder Gatten oder Männer mordend.

ἀνδρ-ολέτειρα, ἡ, poet. Männervertilgerin.

ἀνδρο-ληψία, ἡ, **ἀνδρολήψιον,** τό, Menschenfang.

ἀνδρο-λογέω, Männer werben, zum Krieg.

ἀνδρο-μανής, 2. sp. mannstoll.

Ἀνδρομάχη, ἡ, Tochter des Eetion, des Königs im hypoplakischen Theben, Gem. des Hektor, M. des Astyanax.

Ἀνδρομέδα, ion. **-δη,** ης, ἡ, 1) T. des Kepheus, Königs der Äthiopen, sollte zur Sühnung von Poseidons Zorn einem von diesem gesendeten Meerungeheuer vorgeworfen werden; die an einen Felsen Gefesselte wurde von Perseus gerettet. 2) eine Nebenbuhlerin der Sappho. 3) sonst Eigenn.

ἀνδρόμεος, 3. (ἀνήρ), ep. *humanus*, αἷμα, κρέας, χρώς; ψωμοί Stücke Menschenfleisch, ὅμιλος ein Menschengedränge.

ἀνδρο-μήκης, 2. mannslang, mannshoch.

ἀνδρό-παις, ὁ, ein männlich gesinnter Jüngling.

ἀνδρο-πλήθεια, ἡ, poet. die Menschenmenge.

Ἄνδρος, ἡ, eine der Kykladischen Inseln, j. *Andro*. Adj. Ἄνδριος, 3. Einw. **οἱ Ἄνδριοι.**

ἀνδρό-σφιγξ, ιγγος, ὁ, ion. männlicher Sphinx, bei den Ägyptern, bestehend aus einem Löwenleibe mit dem Haupte eines Mannes, unterschieden von der weiblichen der Hellenen.

ἀνδροτής, ῆτος, ἡ, ep. mit kurzer Anfangssilbe! Manneskraft = ἀνδρία (zw. LA.): s. ἀδροτής.

Ἀνδροτίων, ωνος, ὁ, S. des Politikers Andron, Schüler des Isokrates, als Politiker von Demosthenes wiederholt bekämpft, Verf. einer im Jahre 330 vor Chr. herausgegebenen attischen Geschichte.

ἀνδρο-τῠχής, 2. poet. einen Mann erlangend.

ἀνδροφαγέω, ion. = ἀνθρωποφαγέω.

ἀνδρο-φάγος, 2. (φαγεῖν, ᾰ) ep. menschenfressend. Als Eigenn. **Ἀνδροφάγοι,** Völkerschaft nördl. von den Skythen. [derbend.

ἀνδρο-φθόρος, 2. (φθείρω), poet. menschenver-

ἀνδρό-φθορος, 2. getötet; αἷμα Blut eines gemordeten Menschen.

ἀνδροφονία, ἡ, der (Menschen-)Mord. Von

ἀνδρο-φόνος, 2. (W. φεν, ἔπεφνον) männermordend, -tötend; subst. ὁ, der Mörder.

ἀνδρο-φόντης, ου, ὁ (wie eben), poet. der Mörder.

ἀνδρόω, 1) Akt. zum Manne heranziehen, heranreifen lassen. 2) Pass., mit Part. praes. ion. ἀνδρεύμενος, Aor. ἠνδρώθην, conj. ion. ἀνδρωθέωσι, ein Mann werden (τὴν ἡλικίαν); männlich handeln.

ἀνδρώδης, ῶδες, Adv. -δῶς u. Superl. -δέστατα, sp. mannartig, mannhaft, mutig.

ἀνδρών, ῶνος, ὁ, u. **ἀνδρεών,** ὁ, und

ἀνδρωνῖτις, ιδος, ἡ, Männergemach.

Ἄνδρων, ωνος, ὁ, sophistisch gebildeter Politiker in Athen, Ankläger des Antiphon 411, später als Staatsschuldner lange gefangen.

ἀν-δύεται, dor. u. ep. st. ἀναδύεται.

ἀν-έγγῠος, 2. unverbürgt, dah. 1) unsicher. 2) von Jungfrauen: unverlobt, von Frauen: nicht rechtsbeständig verehelicht. 3) von Kindern: unehelich.

ἀν-εγείρω, 1) Akt. aufwecken; übertr. ermuntern, ermutigen. 2) Med.-Pass. mit Aor. ἀνήγρετο u. ἀν-ηγέρθη, aufwachen, wach werden. Dav.

ἀνέγερτος, 2. sp. nicht aufgeweckt; ὕπνος ein Schlaf, aus dem es kein Erwachen gibt.

ἀν-έγκλητος, 2. (ἐγκαλέω), vorwurfsfrei, untadelhaft, διαγίγνομαι sich von Vorwürfen frei erhalten, z. B. ταῖς διαίταις. Adv. **-κλητί.**

ἀν-έγκλῖτος, 2. sp. ohne Wanken, ohne Abweichung, nicht nachgebend, unveränderlich.
ἀν-εγκωμίαστος, 2. nicht gepriesen.
ἀν-έδην, Adv. (ἀνίημι), **1)** losgelassen, lässig, ungehindert, ohne weiteres, schlechthin, geradezu. **2)** ausgelassen, vollauf.
ἀν-έεδνος, s. ἀνάεδνος.
ἀν-εθέλητος, 2. ion. unerwünscht, unangenehm.
ἀν-είκαστος, 2. (εἰκάζω), sp. unvergleichbar, beispiellos.
ἀν-ειλείθυια, ἡ, poet. die noch nicht geboren hat.
ἀν-ειλέω u. **ἀν-είλλω,** zurückdrängen. Med. sich in sich zusammenziehen.
ἀνειμένως (Part. perf. pass. von ἀνίημι, vgl. d.), zügellos, maßlos; lässig; auch im besseren Sinne: ungebunden.
ἄν-ειμι, Impf. ep. ἀνήιον (εἶμι), **1)** aufgehen, von der Sonne; hinaufsteigen, vom Ufer in die Stadt, von der Küste nach dem Binnenlande; ausbrechen, entquellen, χρωτὶ ὕδωρ. **2)** zurückkehren, heimkehren. **3)** ep. angehen, ἔς τινα sich an einen wenden.
ἀν-είμων, 2., Gen. -ονος (εἷμα), ep. kleiderlos.
ἀν-ειπεῖν, Aor. act. zu ἀναγορεύω, **1)** öffentlich ausrufen, s. ἀναγορεύω. **2)** zurufen, τινί τι. **3)** (zur Hilfe) anrufen, θεούς.
ἀν-είργω, ep. **ἀν-εέργω,** ion. Impf. ἀνέεργον, zurückdrängen, abhalten, abwehren, wehren, mit folg. μή u. Inf.
ἀν-είρομαι, im Präs. und Impf. nur ep. und ion., Fut. ἀνερήσομαι, Aor. ἀνηρόμην (Inf. ep. auch ἀνέρεσθαι betont), fragen, jmdn. τινά, nach etwas τί.
ἀν-ειρύω, s. ἀνερύω.
ἀν-είρω, ion. anknüpfen, anhängen, περί τι.
ἀν-εῖσα, ep. def. Aor. 1. (εἷσα, zu W, ἑδ, σεδ, ἕζω ungebr., lat. *sedeo*), Opt. ἀνέσαιμι, Part. ἀνέσαντες, hinaufsetzen, hinaufbringen, ἔς τι.
ἀν-είσοδος, 2. sp. unzugänglich.
ἀνεισφορία, ἡ, sp. Befreiung von der Kriegssteuer; übh. Befreiung von jeder Steuer.
ἀν-έκαθεν, Adv. (ἄνω, ἑκάς), ion. poet. u. sp. von oben her; dann: von alters her, bes. in Beziehung auf Geschlechtsabkunft, oft mit τό oder τά.
ἀν-εκάς, poet. u. sp. fern, aufwärts, hoch empor.
ἀν-έκβᾰτος, 2. (ἐκβαίνω), ohne Ausgang.
ἀν-εκδιήγητος, 2. N. T. unaussprechlich.
ἀν-έκδοτος, 2. (ἐκδίδωμι), **a)** nicht verheiratet. **b)** sp. nicht herausgegeben, nicht bekannt gemacht.
ἀν-εκλάλητος, 2. N. T. unaussprechlich.
ἀν-έκλειπτος, 2. N. T. unerschöpflich (θησαυρός).
ἀν-εκπίμπλημι, wieder anfüllen.
ἀν-έκπληκτος, 2. Adv. **-ως** (ἐκπλήσσω), unerschrocken; Sup. τὸ -ότατον höchste Unerschrockenheit.
ἀνεκπληξία, ἡ, Unerschrockenheit.
ἀν-έκπλυτος, 2. nicht auszuwaschen, unauslöschlich, unvertilgbar.
ἀνεκτέος, 3. (ἀνέχομαι), auszuhalten, zu ertragen.
ἀνεκτός, 3. selten 2., u. **ἀνασχετός,** ep. poet. **ἀνσχετός,** 2., Adj. verb. von ἀνέχομαι, Adv. **ἀνεκτῶς,** auszuhalten, zum Aushalten, erträglich, auszustehen, zuzugeben, meist mit der Negat. οὐκ ἀνασχετόν unerträglich, unausstehlich, ποιεῖσθαι es für unerträglich halten.
ἀν-έκφραστος, 2. unaussprechlich.
ἀν-έλεγκτος, 2., Adv., **-έγκτως, 1)** ununtersucht, ungeprüft, unwiderlegt. **2)** unwiderleglich, unfehlbar.
ἀν-ελέγχω, poet. von neuem überführen.
ἀν-ελεήμων, 2. unbarmherzig.
ἀν-ελέητος, 2. unbemitleidet.
ἀν-έλεος, ον, N. T. unbarmherzig.
ἀν-ελευθερία, ἡ, **a)** niedrige Gesinnung, Gemeinheit, auch Vorwurf unfreier Gesinnung. **b)** unfreie Beschäftigung, Knauserei. Von
ἀν-ελεύθερος, 2. unfrei, eines freien Mannes unwürdig, gemein, niedrig; knauserig, geizig.
ἀν-ελίττω, aufrollen, aufschlagen.
ἀν-έλκω od. **-κύω,** Fut. ἀνελκύσω, **1)** in die Höhe, hinauf-, aufziehen, bes. ναῦς, die Schiffe ans Land, νευρήν, den Bogen spannen. **2)** Med., ep. sich (*sibi*) herausziehen, ausreißen.
ἀν-έλλην, ὁ, ἡ, poet. ungriechisch.
ἀνελληνό-στολος, 2. poet. in ungriechischer, barbarischer Kleidung.
ἄν-ελπις, ιδος, ὁ, ἡ, poet. ohne Hoffnung.
ἀν-έλπιστος, 2. **1)** pass. **a)** unerwartet, unverhofft. Subst. τὸ ἀνέλπιστον ein unerwartetes Ereignis, unerwartete Erscheinung. **b)** nicht zu hoffen, ἀνέλπιστον καταστῆσαί τινι, ὡς einem alle Hoffnung nehmen, daß usw. Subst. τὸ ἀνέλπιστον τοῦ βεβαίου die nicht mehr zu hoffende Zuverlässigkeit, τὸ ἀν. auch: die Verzweiflung. **2)** akt. nicht erwartend, unbesorgt, hoffnungslos, aussichtslos, keinen Erfolg versprechend, verzweifelnd, mit Inf., oder εἴς τινα ohne Hoffnung gegen einen, näml. bestehen zu können. Adv. **ἀνελπίστως,** wider Erwarten.
ἀν-έμβᾰτος, 2. sp. unzugänglich.
ἀ-νεμέσητος, 2. vorwurfsfrei, nicht verargt, unanstößig, nicht zu tadeln.
ἀ-νέμητος, 2. **1)** ungeteilt, unverteilt. **2)** ohne Anteil.
ἀνεμίζω, sp. und N. T. durch den Wind bewegen.
Ἀνεμό-δρομοι, οἱ, sp. Windläufer, Scherzwort Lukians.
ἀνεμόεις [ᾰ], εσσα, εν, ep. ion. **ἠνεμόεις** (ἄνεμος), *ventosus*, **1)** von Winden umweht, luftig, zugreich, αὔρα γένοιτο wenn doch ein Lufthauch günstigen Windes zum Hause wehte! **2)** windschnell, Soph. Ant. 352.
ἄνεμος [ᾰ], ὁ (Wurz. ἀνε, vgl. lat. *anima* u. *animus*), **1) Wind, die Windsbraut. Oft mit Synonymen verbunden: ἀνέμοιο und ἀνέμων θύελλαι, ἀήτης, ἀυτμή, ἄελλα Wirbelwind, πνοιαί, αὔρα Hauch des Windes.** Übertr. wie unser Sturm. **2)** Im N. T. die vier Windrichtungen. **3)** übertr. die Unbeständigkeit, N. T.
ἀνεμο-σκεπής, έος, 2. (σκέπας), ep. windabwehrend.
ἀνεμό-στροφος, 2. poet. mit Wirbelwind.
ἀνεμο-τρεφής, έος, 2. (τρέφω), ep. windgenährt, ἔγχος Speer, aus dem Holz eines Baums, der den Stürmen ausgesetzt gewesen u. dadurch gehärtet ist.
ἀνεμο-φόρητος, 2. sp. vom Wind entführt, weggeblasen.
ἀνεμόω, aufblähen; pass. vom Winde aufgebläht werden, flattern.
ἀν-έμπληκτος, 2. sp. unerschüttert.
ἀνεμπόδιστος, 2. u. Adv. -ίστως, ungehindert, frei.

ἀνεμώδης, ὦδες, poet. u. sp. windumweht, windig.
ἀνεμ-ώκης, 2. poet. windschnell.
ἀνεμώλιος, 2. ep. poet. sp. eig. windig, dah. eitel, unnütz, vergeblich, nichts ausrichtend. Als Adv. ἀνεμώλιον.
ἀνεμώνη, ης, ἡ, Windrose.
Ἀνεμ-ώρεια, ἡ, St. in Phokis b. Delphi.
ἀν-ενδεής, 2. sp. **1)** nicht dürftig, reichlich. **2)** nicht bedürfend, τινός etwas.
ἀν-ένδεκτος, 2. N. T. unzulässig.
ἀν-ενδοίαστος, 2. sp. unbezweifelt.
ἀν-εξάλειπτος, 2. untilgbar.
ἀν-εξέλεγκτος, 2. **1)** nicht genau zu ermitteln, weder zu erweisen noch zu widerlegen. **2)** nicht untersucht. **3)** tadellos, makellos.
ἀν-εξέργαστος, 2. sp. unvollendet.
ἀν-εξερεύνητος, 2. sp. u. N. T. unerforschlich.
ἀν-εξέταστος, 2. ununtersucht, βίος ein Leben ohne Prüfung; οὐδὲν ἀνεξέταστον ἠμέληται nichts ist versäumt, so daß es unerörtert geblieben wäre.
ἀν-εξεύρετος, 2. nicht zu ermitteln.
ἀνεξία, ἡ (ἀνέχομαι), sp. Duldsamkeit.
ἀνεξι-κᾰκία, ἡ, sp. Langmut, von
ἀνεξί-κακος, 2. sp. N. T. langmütig.
ἀν-εξιχνίαστος, 2. N. T. u. sp. unaufspürbar, unausforschlich, unergründlich, unbegreiflich.
ἀν-έξοδος, 2. sp. ohne Ausgang.
ἀν-έορτος, 2. poet. u. sp. nicht festlich, ἱερῶν ausgeschlossen von festlichen Opfern.
ἀν-επάγγελτος, 2. sp. nicht herbeigerufen, ungeladen.
ἀν-επαίσθητος, 2. sp. nicht wahrnehmbar.
ἀν-επαίσχυντος, 2. N. T. der nicht nötig hat, sich zu schämen.
ἀν-έπαφος, 2. **a)** unberührt, unverletzt, unversehrt, τινός von etw. **b)** unantastbar, τινός für jmdn.
ἀν-επαχθής, 2. nicht belästigend, unanstößig, gew. Adv. **-ῶς,** ohne Belästigung, ohne Zwang, auf unanstößige Art. Superl. ὡς ἀνεπαχθέστατα auf möglichst wenig anstößige Weise.
ἀν-επιβούλευτος, 2. ohne Nachstellung. Subst. τὸ ἀνεπιβούλευτον, Arglosigkeit.
ἀν-επιδεής, 2. nicht bedürftig, τινός.
ἀν-επίδικος, 2. unbestritten; Fem. unbestrittene Erbtochter.
ἀν-επιείκεια, ἡ, Unbilligkeit, Härte. Von
ἀν-επιεικής, 2. unnachgiebig, unfreundlich, unbillig, ungebührlich. Adv. **-ῶς,** unziemlich.
ἀν-επίκλητος, 2., Adv. **-ήτως,** tadelfrei, vorwurfslos.
ἀν-επίληπτος, 2., Adv. **-ήπτως,** unantastbar, τινί; tadellos, sicher.
ἀν-επίξεστος, 2. ep. nicht überglättet, unvollendet.
ἀν-επίρρεκτος, 2. (ἐπιρρέζω), ep. nicht (zu Opfern) gebraucht, noch ungebraucht.
ἀν-επίσκεπτος, 2. (ἐπισκοπέω), **1)** pass. unberücksichtigt. **2)** im Adv. **-έπτως,** akt. ion. ohne Bedacht.
ἀν-επίστατος, 2. Adv. **-στάτως,** sp. **1)** unachtsam, ohne Einsicht u. Wissen.
ἀνεπιστημοσύνη, ἡ, Unkunde. Von
ἀν-επιστήμων, 2. unkundig, unwissend, ungeschickt, ungeübt.
ἀν-επίσχετος, 2., Adv. -έτως, sp. unaufhaltsam.
ἀν-επίτακτος, 2. zwanglos.
ἀν-επιτήδειος, 2., ion. **-τήδεος,** 3. ungeeignet, unbequem, unliebsam, widerwärtig, auch mit folg. Inf. Adv. **-είως,** im Gegens. zu εὖ, wie in unserm „wohl oder übel“.
ἀν-επιτηδειότης, ητος, ἡ, sp. Ungeschicklichkeit, Untauglichkeit.
ἀν-επιτήδευτος, 2. sp. **a)** ungekünstelt. **b)** nicht durch Kunst herzustellen.
ἀν-επιτίμητος, 2. ungerügt.
ἀν-επίφθονος, 2., Adv., **-όνως,** vorwurfsfrei, ungehässig, unverargt, τινί für einen, mit folg. Inf.
ἀν-επίφραστος, 2. poet. **1)** unbemerkt. **2)** unerwartet.
ἀν-επιχείρητος, 2. sp. unangreifbar.
ἀν-έραμαι, Aor. ἀνηράσθην, neue Liebe fassen.
ἀν-έραστος, 2. sp. **1)** nicht verliebt, lieblos. **2)** nicht geliebt, unerwünscht; unliebenswürdig.
ἀν-έργαστος, 2. sp. unbebaut.
ἄν-εργος, 2. poet. unausgeführt.
ἀν-ερεθίζω, aufreizen.
ἀν-ερείπομαι, Dep. med., Aor. ἀνηρ., ep. emporführen, hinwegraffen.
ἀν-ερεύγομαι, sp. sich ergießen.
ἀν-ερευνάω, aufspüren.
ἀν-ερεύνητος, 2. (ἐρευνάω), unerforscht.
ἀν-έρομαι, s. ἀν-είρομαι.
ἀν-ερμάτιστος, 2. (ἕρμα, I. 2, b), sp. ohne Ballast.
ἀν-ερπύζω u. **ἀν-έρπω,** augm. ἀνειρπ., poet. u. sp hinaufkriechen, -klettern, κατά τινος an etwas.
ἀν-ερυθριάω, anfangen zu erröten.
ἀν-ερύω, ep. in tmesi, u. ion. **ἀν-ειρύω,** hinaufziehen, aufhissen. (Vgl. αὐερύω).
ἀν-έρχομαι (s. ἔρχομαι), Aor. ep. ἀνήλυθον, **1)** hinaufgehen, emporsteigen, hinaufkommen, gelangen, ἄστυδε in die Stadt; übertr. emporwachsen, aufflammen. **2)** zurückkehren, wiederkommen.
ἀν-ερωτάω, ausfragen, befragen.
ἄνεσις, εως, ion. ιος, ἡ (ἀνίημι), **1)** das Nachlassen, τῶν κακῶν des Unheils. **2)** Erholung (auch im Plur.); im N. T. freiere Haft; Abspannung. **3)** das Sichgehenlassen, Lockerheit, Zügellosigkeit.
ἀν-έστιος, 2. ep. poet. u. sp. ohne Herd, heimatlos.
ἀν-ετάζω, N. T. inquirieren, ausforschen.
ἀν-ετέον (ἀνίημι), man muß nachlassen.
ἀν-έτοιμος, 2. poet. u. sp. nicht bereit.
ἄν-ετος, 2. sp. nachgelassen, aufgelöst (vom Haar); frech.
ἄνευ (vom negat. ἀν, böot. ἄνις, ahd. *ano*, ohne), Präp. mit dem Gen., **ohne, sonder,** ***sine.*** **Im bes. 1)** **ohne Mitwirkung, ohne Zutun, ohne Befehl, Geheiß 2) entfernt, fern, frei von etwas.**
ἀν-ευάζω, Aor. inf. ἀνευάσαι (εὐοῖ), sp bacchantisch zujubeln, τὸν θεόν dem Gotte.
ἄνευθε(ν) (ἄνευ), ep. u. poet. **1)** Adv. getrennt, fern ab, mit κιών weggehend, mit λιπών bei Seite lassend. **2)** Präp. m. Gen. = ἄνευ.
ἀν-εύθετος, 2. N. T. unbequem gelegen.
ἀν-εύθῡνος, 2. nicht rechenschaftspflichtig, unverantwortlich, τινός für etwas; von Sachen: wofür keine Rechenschaft zu geben ist.
ἄν-ευκτος, 2. poet. nicht wünschend, unerwünscht.
ἀνεύρεσις, εως, ἡ, poet. u. sp. das Auffinden. Von
ἀν-ευρίσκω (s. εὑρίσκω), Aor. act. 3. pl. N. T. ἀνεῦραν, pass. -ευρέθην, Adj. verb. -ρετέον, **1)** ausfindig machen, erfinden, oft mit folg. Part. **2)** wieder auffinden.
ἀν-ευρύνω, sp. erweitern.

ἀν-ευφημέω, laut rufen: εὐφήμει! (gleichs. Gott steh' uns bei!) dah. vor Trauer od. Schmerz laut aufschreien.

ἀν-εύχομαι, eine Bitte zurücknehmen.

ἀ-νέφελος [ᾰ b. Epik.], 2. ep. poet. u. sp. unbewölkt, heiter, übertr. unverhüllt.

ἀν-έφικτος, 2. (ἐφικνέομαι), sp. unerreichbar.

ἀν-εχέγγυος, 2. unverbürgt; γνώμη Zaghaftigkeit.

ἀν-έχω • **I) Akt.** Impf. ἀνεῖχον, Fut. ἀνασχήσω u. ἀνέξω, Aor. ἀνέσχον, ep. Präs. 3. sing. conj. ἀνέχῃσι, Aor. inf. ἀνασχέμεν, u. ep. u. poet. Aor. ἀνέσχεθον, inf. ἀνσχεθέειν, mit d. Nbf. ἀνίσχω (auch in tmesi und nur Präs. u. Impf.) • **1)** trans. • **a)** in die Höhe, **emporhalten,** emporheben, χεῖρας zu Kampf oder Gebet Hom., σκῆπτρον zum Schwur Hom., εὐχάς mit erhobenen Händen beten Soph., φλόγα Fackel hochhalten Eur., τὸ σημεῖον τοῦ πυρός Feuersignal aufpflanzen Thuk.; daher: ἄνεχε, πάρεχε, leuchte! Trag., μαζόν sie zeigte ihm beschwörend die Brust Hom.; übertr. hoch, aufrechterhalten, εὐδικίας Gerechtigkeit handhaben Hom.; πόλεμον die Mittel zum K. geben Thuk.; erheben, **ehren,** κισσόν, λέχος hochhalten, verehren Soph. • **b)** zurückhalten, ἵππους Hom., Σικελίαν μὴ εἶναι davor bewahren, daß Thuk. • **2)** intrans. • **a)** ὑπὸ κύματος ὁρμῆς emportauchen Hom., vom Taucher Hdt. 8, 8; σκόπελοι ragen empor Hdt; ἡ ἄκρα erhebt sich Thuk.; τάδε ἐξ αὐτῶν ἀ. wird entstehen Hdt.; ἥλιος ἀνίσχει geht auf Hdt. Trag.; καμάτων ἀ. γυναῖκες überstehen die Wehen Soph. OT. 174 • **b)** anhalten, innehalten, nachlassen, zögern, sich aufhalten, mit Part. schwanken in etwas.

II) Med. ἀνέχομαι, Impf. ἠνειχόμην, Fut. ἀνέξομαι (ἀνασχήσομαι), Aor ἠνεσχόμην, Perf. ἠνέσχημαι, Adj. verb. ἀνεκτός, -τέος u. ἀνασχετός, ep. Fut. inf. ἀνσχήσεσθαι, Aor. ἀνεσχόμην (poet. ἠνσχόμην), imper. ἀνάσχεο und ἄνσχεο, Adj. verb. ἀνσχετός • **1)** emporhalten, erheben, von Dingen, die dem Subjekt angehören: ἔγχος seine L., σκῆπτρον sein S. Hom., gew. ἀνασχόμενος ausholend, sich streckend, zum Kampf, σχίζῃ mit dem Scheit, oder als Zeichen des Jubels • **2)** sich (aufrecht) halten, **standhalten,** ausharren (auch das Part.); gelassen bleiben, ξυμφοραῖς wegen meiner (unglücklichen) Lage, ἀνάσχεο harre aus! Hom. • **3)** gastlich aufnehmen ξείνους Hom., κήδεα, κακά aushalten Hom. • **4)** sehr oft mit Part. zulassen, **ertragen,** daß etwas geschieht; ἀνέξομαι κλύουσα ich werde ruhig anhören; selten mit Inf. οὐκ ἀνέχομαι κινδυνεύειν ich wage nicht zu kämpfen.

ἀνεψιά, ᾶς, ἡ, Geschwistertochter, Nichte, Base.

ἀνεψιαδοῦς, οῦ, ὁ, Andergeschwisterkind.

ἀνεψιός [Il. 15, 554 ῐ], ὁ, (aus ἀ-νεπτιός, ἀ copul. u. νεπ, *nept-is nepos, neffe*), Neffe, überh. Vetter.

ἀνεψιότης, ητος, ἡ, Vetterschaft.

ἄνεῳ, ἄνεω (vgl. αὔω II. schreien), ep. mit dem Plur. von γίγνομαι und εἶναι, einmal ἧστο: lautlos, schweigend, *silens*.

ἀνέῳγα, Perf. sp. = ἀνέῳγμαι, bin geöffnet; **ἀνέῳγον, ἀνέῳξα** u. ä. von ἀνοίγνυμι, s. d.

ἄνη, ἡ (ἀνύω), poet. Vollendung.

ἀν-ηβάω, wieder jung werden; überh. jung werden.

ἀνηβητήριος, 2. poet. wieder verjüngend.

ἄν-ηβος, 2. (ἥβη), unerwachsen, unmündig.

ἀν-ηγεμόνευτος, 2. sp. ohne Anführer, unbeherrscht.

ἀν-ηγέομαι, Dep. med., ion. aufzählen.

ἀνηγέρθη, ἀνήγρετο, s. ἀνεγείρω.

ἀν-ήδυντος u. **-υστος,** 2. (ἡδύνω), sp. ohne Würze, unangenehm.

ἀνήθινος [ᾰ ῐ], 3. buk., von ἄνηθον gemacht.

ἄνηθον, τό (buk. u. N. T.), Anis, Dille.

ἀν-ηθοποίητος, 2. sp. ohne genaue Charakterzeichnung, nicht genau charakterisiert.

ἀν-ήκεστος, 2. (ἀκεστός, ἀκέομαι), *insanabilis*, unheilbar, heillos, *irreparabilis*, nicht wieder gut zu machen, nicht zu versöhnen, unerbittlich; nicht zu verwinden, unverzeihlich, nicht zu tilgen, nicht zu dämpfen; ἀν. παθεῖν ein schlimmes Unheil erleiden. Adv. unerbittlich, hart, grausam.

ἀν-ήκοος, 2. (ἀκοή), nicht hörend od. nicht gehört habend, τινός von etwas, ununterrichtet in etwas.

ἀνηκουστέω, nicht hören, abs. u. τινός, ion. auch (wie ἀπειθέω) τινί auf einen, nicht gehorchen, ungehorsam sein.

ἀν-ήκουστος, 2. (ἀκούω), nicht zu hören, schrecklich, gräßlich.

ἀν-ήκω, 1) hinaufgekommen, -gestiegen sein, hinaufreichen, **gelangen; πρόσω ἀρετῆς zu einem hohen Grade von Tugend; 2) sich erstrecken,** sich beziehen auf etwas, **εἴς τι auf etwas beruhen. 3)** sp. u. N. T. = προσήκειν geziemen, τὸ ἀνῆκον Pflicht, τὸ οὐκ ἀνῆκον Ungebühr.

ἀν-ηλεγής (ἀλέγω), ep. sorglos, rücksichtslos, θάνατος (Neuere statt τανηλεγής).

ἀν-ηλεήμων u. **ἀν-ηλεής,** ές, Adv. **-λεῶς** unbarmherzig.

ἀν-ηλέητος, 2. nicht zu bedauern.

ἀν-ήλιος, 2. poet. u. sp. unbesonnt; τὸ ἀνήλιον, sp. der Mangel an Sonnenschein.

ἀν-ήλιπος, 2. buk. unbeschuht (var.).

ἀν-ήμελκτος, 2. (ἀμέλγω), ep. ungemolken.

ἀν-ήμερος, 2. poet. sp. unkultiviert, roh, wild.

ἀν-ήνεμος, 2. (ἄνεμος), poet. windstill, χειμώνων von Stürmen unerschüttert.

ἀν-ήνοθε, ep. Perf. 2. u. Plqpf. von ἀνέθω (ἄνθος), aufwallen, emporquellen.

ἀν-ήνυστος, ep. u. **ἀνήνῠτος,** 2. (ἀνύω), unausführbar, endlos, erfolglos, vergeblich.

ἀν-ήνωρ, ορος, ὁ (ἀνήρ), ep. feig; entmannt.

ἀν-ηπύω [ῡ], buk. aufschreien.

ἀνήρ, ὁ, (hom. ἠνορέη u. ἀγ-ήνωρ, St. νερ, sabin. *nero*), Gen. ἀνδρός, ep. u. poet. ἀνέρος, Vok. ἄνερ, Dat. plur. ἀνδράσι, ep. ἄνδρεσσι • **1)** *vir*, der **Mann,** Gatte, wohl auch Buhle, im Gegens. zu πόσις • **2)** der reife, erwachsene, **waffenfähige Mann,** Krieger; οἱ ἀ. Mannschaft Xen.; Xen. Kyr. 1, 4, 20: Infanterist • **3)** der **Mann,** als ehrende Bezeichnung: mutiger Mann, Held, πολλοὶ μὲν ἄνθρωποι ὀλίγοι δὲ ἄ. Hdt. • **4)** der **Mensch,** im Gegens. zur Gottheit, doch hier meist im Plur. und nur bei Dichtern im Sing. • **5)** bes. Verbindungen: ἀ. μάντις Seher Hdt.; in der Anrede: ἀ. ἔφοροι Hdt., ὦ ἀ. Ἀθηναῖοι; ἀ. ὅδε = ἐγώ Soph., auch = τὶς einer. (Das ἀ zuweilen metrisch gedehnt, immer lang in der Krasis ἁνήρ = Hdt. ὡνήρ.)

ἀν-ήριθμος, 2. poet. st. ἀνάριθμος.

ἀν-ήροτος, 2. (ἀρόω), ep. poet. u. sp. ungepflügt, unbeackert.

ἄνησον, auch ἄννησον, τό, ion. = buk. ἄνηθον, Dille, *anisum*, Anis.

ἀν-ήσσητος, buk. -ήσσατος, (ἡττάομαι), unbesiegt.

ἀνήτῖνος, 3. buk. = ἀνήθινος, vgl. ἄνησον u.

ἄνητον, τό, Gen. äol. ἀνήτω, poet. = ἄνηθον, s. d.

ἀν-ήφαιστος, 2. poet. nicht entzündet, kalt.

ἀνθ-αιρέομαι, Dep. med., Aor. ἀνθειλόμην, **1)** einen anstatt eines andern wählen. **2)** poet. einem etw. streitig machen

ἀνθ-ἁλίσκομαι, Pass., Opt. aor. ἀνθαλοῖεν, poet. dagegen gefangen werden.

ἀνθ-αμιλλάομαι, wetteifern, ἐς τὴν γῆν wetteifernd das Land zu gewinnen suchen.

ἀνθ-άμιλλος, ὁ, poet. Nebenbuhler.

ἀνθ-άπτομαι, ion. **ἀντάπτομαι,** Dep. med., τινός, **1)** gegenseitig od. ebenfalls Hand anlegen. **2)** übertr. **a)** in die Hand nehmen, sich womit befassen, auch überh. etwas erfassen, erreichen. **b)** im schlimmen Sinne: anpacken, tadeln, ergreifen, z. B. von Krankheiten, einem (τινός) heftig zusetzen, od. auch sonst einem (τινός) entgegentreten, περί τινος.

ἀνθεινός, 3. = ἀνθινός.

ἀνθ-έλκω, Fut. -ξω, **1)** Akt. **a)** dawider d. i. nach einer andern Seite hin ziehen. **b)** abziehen. **2)** Med. sich sträuben.

ἄνθεμα, τό, poet. = ἀνάθεμα, s. d.

ἀνθεμίζομαι, poet. eine Blüte pflücken.

ἀνθέμιον, τό, Blume (ἄνθος, vgl. ἀνήνοθε), ἐστιγμένος ἀνθέμια mit Blumen tätowiert. Dav.

ἀνθεμόεις, εσσα, εν, ep. poet. blumig, blumenreich; mit reichen Blumenverzierungen in getriebener Arbeit.

ἄνθεμον, τό, poet. Blume, Blüte.

ἀνθεμό-ρρῦτος, 2. (ῥέω), poet. aus Blumen quellend.

ἀνθεμουργός, ἡ, poet. die Blumenarbeiterin, d. i. die Biene.

ἀνθεμοῦς = ἀνθεμόεις.

Ἀνθεμούσιος, 3. anthemusisch; ὁ, Bew. von **Ἀνθεμοῦς,** οῦντος, einer Stadt in Makedonien.

ἀνθεμώδης, ῶδες, poet. blumenreich, blumig.

ἀνθερεών, ῶνος, ὁ, ep. u. sp. das Kinn, bes. das Unterkinn, χειρὶ ὑπ' ἀνθερεῶνος ἑλεῖν mit der Hand an das Kinn fassen, als Zeichen des Flehens.

ἀνθέρῖκος, ὁ, buk. sp. Halm, Stengel.

ἀνθέριξ, ῖκος, ὁ (vgl. ἀθήρ, ἔρος), ep. u. ion. die Hachel an der Ähre, dann die Ähre selbst, überh. der Halm, Stengel, z. B. des Asphodelos, Her. 4, 190.

ἀνθεστήρια, τά, dreitägiges Blumenfest, Frühlingsfeier im 8. att. Monat, dem

ἀνθεστηριών, ῶνος, ὁ, der achte Monat des att. Kalenders = Februar/März.

ἀνθεσ-φόρος, 2. (φέρω), poet. blumentragend, *florifer*, dah. ἀνθεσφόρια, τά, Fest zu Ehren Persephones.

ἀνθέω (ἄνθος). **1)** bei Hom. hervorsprießen, keimen. **2)** blühen; φοινικίσι von Purpurkleidern glänzen Xen. Insbes. wie *floreo* übertr. ἐν ὥρᾳ ἀνθεῖν in der Jugendblüte stehen Plat., τὰ κράτιστα ἀνθεῖν auf dem höchsten Gipfel der Macht stehn Thuk.; von einer Seuche: wüten Soph. Trach. 1089.

ἄνθη, ἡ (ἄνθος), die Blüte, das Blühen.

Ἀνθηδών, όνος, ἡ, St. Böotiens am Euripos.

ἀνθ-ήλιος, 2., Var. für ἀντήλιος, w. s.

ἀνθηρογραφέω, sp. einen blumenreichen Stil schreiben. Von

ἀνθηρός, 3. (ἀνθέω), *floridus*, übertr. frisch, neu, von Farben: bunt, von der Musik: heiter, lieblich.

ἀνθ-ησσάομαι, Pass., einem (τινί) sich wieder fügen.

ἀνθίζω, ion. u. poet. (ἄνθος), bunt machen, färben.

ἀνθινός, 3. (ἄνθη, die Blüte), ep. u. sp. von Blumen, vegetabilisch, εἶδαρ Pflanzenkost.

ἀνθ-ίστημι, ion. **ἀντίστημι, 1)** Trans. entgegenstellen. **2)** Intrans. **ἀνθ-ίσταμαι,** sich entgegenstellen, sich widersetzen, Widerstand leisten. Von Sachen abs. es ging schief, fand Widerspruch.

ἀνθοβάφεια, ἡ, das Buntfärben, von

ἀνθοβαφής, 2. sp. bunt, schöngefärbt.

ἀνθοβολέω (βάλλω), sp. mit Blumen werfen oder bestreuen.

ἀνθο-δόκος, 2. buk. Blumen aufnehmend.

ἀνθο-κρατέω, Blumen beherrschen.

ἀνθό-κροκος, 2. (κρέκω), poet. bunt durchwirkt.

ἀνθολογέω, sp. Blumen sammeln; sammeln.

ἀνθολογία, ἡ, sp. das Blumensammeln.

ἀνθ-ομολογέομαι, sp. **1)** sich gegenseitig zugestehen; offen aussprechen, anerkennen. **2)** N. T. τινί preisen, danken.

ἀνθομολόγησις, ἡ, sp. gegenseitiges Versprechen, Übereinkommen.

ἀνθονομέω, poet. Blumen abweiden, v.

ἀνθο-νόμος, 2. poet. Blumen abweidend, blumenreich.

ἀνθ-οπλίζομαι, Med. sich dagegen rüsten.

ἀνθ-ορμέω, gegenüber vor Anker liegen.

ἄνθος, εος, ους, τό, Blüte, Blume, τῆς πόλεως die kräftigste Mannschaft einer Stadt, *robur*. überh. das Köstlichste, Vortrefflichste einer Sache, μανίας der Wutanfall. sp. die Farbe.

ἀνθοσμίας, ου, ὁ (ὀσμή), blumenduftend, bes. οἶνος ein alter, edler Wein, der Blume hat.

ἀνθοσύνη, ἡ, poet. Blüte.

ἀνθρᾱκιά, ion. **-ιή,** ἡ (ἄνθραξ), ep. poet. u. N. T. Glutkohlenhaufen, glühende Kohlen.

ἀνθρᾱκίας, ου, ὁ, sp. ein Kohlschwarzer, mit ἰδεῖν.

ἀνθρακίζω, poet., u. **ἀνθρᾰκόω,** poet. zu Kohlen verbrennen, auf Kohlen rösten. Von

ἄνθραξ, ᾰκος, ὁ, die Glutkohle.

ἀνθρωπ-άρεσκος, 2. N. T. der Menschen zu gefallen sucht.

ἀνθρωπάριον, τό, sp. Demin. zu ἄνθρωπος, Menschlein.

ἀνθρώπειος, ion. **ἀνθρωπήιος,** 3., **ἀνθρώπινος,** 3. u. **ἀνθρωπικός,** 3. den Menschen betreffend, Gegensatz θεῖος, menschlich, irdisch, ἔργον Menschenwerk; im N. T. ἀ-ινον λέγω ich rede nach Menschenweise = κατ' ἄνθρωπον Gal. 3, 15; ἀδύνατον καὶ οὐκ ἀ. für Menschen nicht erreichbar Plat. • Subst. ἡ ἀθρωπηίη (δορά) die Menschenhaut, τὸ ἀνθρώπειον, τὰ ἀνθρώπεια, τὸ ἀνθρώπινον, τὰ ἀνθρώπινα Menschlichkeiten, menschliche Schicksale, Menschenkünste. • Adv. ἀνθρωπείως, ἀνθρωπίνως, sp. auch ἀνθρωπικῶς, human, demütig, nach Menschenart, in menschlichen Tönen. Kompar. ἀνθρωπινώτερον, einem Menschen angemessener.

ἀνθρώπιον, τό (ἄνθρωπος), das Menschenkind, der Wicht, im verächtlichen oder mitleidigen Sinne,

ἀνθρωπίσκος, ὁ, Menschlein. [*homuncio.*

ἀνθρωπο-δαίμων, 2. poet. vergötterter Mensch.

ἀνθρωπο-ειδής, 2. (εἶδος), poet. ion. u. sp. menschenähnlich, in Menschengestalt.

ἀνθρωπο-κτόνος, ὁ (κτείνω), poet. u. N. T. Menschenmörder, *homicida.* Aber

ἀνθρωπό-κτονος, 2. poet. von Menschen gemordet.

ἀνθρωπο-λόγος, 2. von Menschen redend.

ἀνθρωπό-μορφος, 2. sp. Menschengestalt habend, menschenähnlich.

ἀνθρωπο-ποιΐα, ἡ, sp. Menschenbildnerei.

ἄνθρωπος, ὁ • 1) **der Mensch,** im bes. **der Mann,** vom Geschlecht im Gegensatz zur Frau, im N. T. auch der Ehemann; **οἱ ἄνθρωποι** die Menschheit, die Welt, **τἀνθρώπων** das Menschenleben, die Welt, auch **τὰ ἐν ἀνθρώποις** in der Welt, **ἐξ ἀνθρώπων** aus der Welt, **αἱ ἐξ ἀνθρώπων** alle erdenklichen, πρὸς ἀνθρώπους λέγειν es unter die Leute bringen, οἱ ἔπειτα ἄνθρ. die Nachwelt. Im bes. die **Völker,** ἠοῖοι des Orients; die **Bemannung,** Leute, dah. bei ὑπογραμματεῖς Schreibersleute, ὁδίτης Wandersmann; auch Sklave, **τῆς ἁμαρτίας** N. T., **ὦ ἄνθρωπε** Mensch (vorwurfsvoll u. verächtlich); οὕτως ἡμᾶς λογιζέσθω ἀ. jedermann N. T.; bei Superl., wie bei ἄριστος, auch mit πάντων ἀνθρώπων als der allerbeste • 2) ἡ, das **Weib** insbes. das Frauenzimmer, Hetäre, Sklavin. Die Krasis im Plur. ist ion. ὤνθρωποι, im Vok. ὤνθρωπε.

ἀνθρωποσφᾰγέω, poet. Menschen schlachten.

ἀνθρωποφαγέω, ion. Menschen od. Menschenfleisch fressen.

ἀνθρωποφαγία, ἡ, sp. die Menschenfresserei. Von

ἀνθρωπο-φᾰγος, ὁ (φαγεῖν), sp. der Menschenfresser.

ἀνθρωπο-φυής, έος, 2. ion. menschenartig.

ἀνθρῴσκω, s. ἀναθρῴσκω. [mißhandeln.

ἀνθ-υβρίζω, poet. u. sp. zur Vergeltung wieder

ἀνθ-υπάγω, zur Vergeltung wieder verklagen.

ἀνθ-υπᾰτεύω, sp. Prokonsul sein, τινός über. Von

ἀνθ-ύπᾰτος, ὁ, sp. Prokonsul.

ἀνθ-υπείκω, sp. gegenseitig nachgeben, τινί. Dav.

ἀνθύπειξις, ἡ, sp. gegenseitiges Sichunterwerfen.

ἀνθ-υπ-όμνυμαι, dagegen schwören.

ἀνθ-υποπτεύομαι, Pass., für etwas beargwohnt werden, mit folg. Inf. fut.

ἀνθ-υπουργέω, ion. **ἀντ-υπ.,** poet. sp. einen Gegendienst leisten, zum Entgelt erweisen, τινί τι.

ἀνθ-υφίσταμαι, an eines andern Stelle auftreten.

ἀνία, τά [ᾰ ῑ], dor. f. ἡνία, s. d.

ἀνία [ᾰ ῑ], ion. **ἀνίη,** ἡ, alles, was Unlust, Betrübnis erregt, Plage, Last, Qual, Schmerz. Dav.

ἀνιάζω, ep., nur Präs. u. Impf. ἀνίαζον (ῐ), 1) tr. betrüben, mißmutig machen. 2) intr. mißmutig sein; θυμῷ sich härmen, κτεάτεσσιν durch die Sorge um seine Habe beunruhigt sein, vgl. ἀνιάω.

ἀν-ῑάομαι, 3. Plur. praes. ion. ἀνιεῦνται, ion. Dep. med., wieder heilen.

ἀνιαρός [⏑⏓–⏑], 3., ion. u. ep. **ἀνιηρός** (ἀνιάω), 1) akt. a) betrübend, kränkend, unangenehm, τινί. b) lästig, peinlich, schrecklich. 2) pass. betrübt. Kompar. ep. auch ἀνιηρέστερος, Superl. ἀνιαρώτατος. Adv. **ἀνιαρῶς,** 1) auf eine kränkende, unangenehme Weise, ἀν. φέρειν es schmerzhaft empfinden. 2) ungern, mit Unlust.

ἀν-ίατος [ῑ ᾱ], 2., Adv. **-άτως,** unheilbar, übertr. unverbesserlich.

ἀν-ιάχω, poet. aufschreien; übertr. laut preisen.

ἀνῑάω, Fut. ion. -ήσω usf. 1) Akt., Unlust machen, kränken, belästigen, τινά, auch mit dopp. Akk.; Pass. werde belästigt, σοὶ παρεόντι durch deine Gegenw., τί ταῦτ' ἀνιᾷ (Med.) με; wozu diese Kränkung für mich? Ähnlich πλείω τινά; abs. lästig werden. 2) Med., Aor. ἠνιάθην, Perf. ἠνίαμαι ion. -η-, ep. Präs. opt. 3. pl. ἀνιῴατο ich werde unmutig, kränke mich, τινί oder ἐπί τινι, od. **τοῦτο** das drückt mich, und Part. es ist mir unangenehm; ἀνιηθείς, ἀνιαθείς und ἀνιώμενος voll Unmut, ungern.

ἀνῑδρῑτί, adv. ohne Schweiß, ohne Anstrengung.

ἀν-ίδρῡτος, 2. rastlos, unstät, menschenscheu.

ἀν-ίδρωτος [ῑ], 2. poet. nicht in Schweiß gesetzt. Adv. **ἀνῑδρωτί,** ohne Schweiß, ohne Anstrengung, dah. langsam, träge.

ἀν-ίερος [ῐ̄], 2. unheilig, ruchlos, *impius.*

ἀν-ίημι [ῑ], Impf. ἀνίην u. ἀνίειν [ῑ], εις, ει, Fut. ἀνήσω, Inf. dor. ἀνησεῖν, Aor. ἀνῆκα, -εῖμεν, Perf. ἀνεῖκα usw., ep. Präs. part. ἀντέμενος, Fut. ἀνέσει Od. 18, 265? (dafür ἀνέῃ zu lesen), Aor. act. 3. pl. ἄνεσαν, conj. ἀνήῃ u. ἀνέῃ, ion. Perf. pass. ἀνέωμαι neben ἀνεῖμαι, im N. T. Aor. pass. ἀνέθην.

I) Akt. trans. • 1) **heraufsenden,** ὕδωρ ἀ. wirft empor Hom., ἄροτον Korn wachsen lassen Soph., φλόγα ließ auflodern Thuk. • 2) **loslassen,** δεσμόν Hom., ἐμὲ ὕπνος verließ Hom., ἀ. ἵππον die Zügel frei geben Soph., ἐμὲ θυμὸν ὀδύνη ἀ. ließ mein Gemüt nicht los Hom., πύλας öffnen Hom.; insbes. • a) **nach einem Ziel loslassen, antreiben,** σοὶ δ' ἐπὶ τοῦτο ἀ. θεά ließ auf dich los Hom., mit Inf. ἀ. ἀείδειν veranlaßte zu singen Hom. • b) **freilassen,** entkommen lassen, ἀνήσομεν ἄνδρα in Freiheit setzen Xen.; mit Inf. zulassen, **erlauben,** αὐτοὺς ὅτι βούλονται ποιεῖν Plat., ἀ. τρίχας αὔξεσθαι die Haare wachsen lassen Hdt. • c) **überlassen,** hingeben, τέμενος ἀ. ἅπαν weihte Thuk., ἀνειμένος εἰς, πρός τι ergeben, ἐς πόλεμον bestimmt für Hdt. • d) eine Saite loslassen, die Spannung schlaffer werden lassen, τόξον entspannen Hdt., φυλακήν aufgeben; Pass. ἀνεθήσεται τὰ πράγματα werden vernachlässigt Thuk.; ἄνες λόγον sprich milder Eur., ἀνειμένος lässig, ungebunden Thuk., ἡ πολιτεία ἀνίεται entartet Plat. • 3) **zurückkehren lassen,** heimsenden (Od. 18, 265).

II) Akt. intr. schlaff werden, nachlassen, τινός in etwas aufhören, oft mit Part. etwas zu tun Hdt. Trag. Plat.

III) Med. das Seinige oder etwas zu seinem Gebrauch, für sich lösen; κόλπον seinen Busen enthüllen; αἶγας die Ziegen für sich abziehen (um sie zu essen) Hom.

ἀνιηρέστερον u. **ἀνιηρός,** s. ἀνιαρός.

ἀνίκα, dor. st. ἡνίκα.

ἀν-ῐκέτευτος, 2. poet. nicht flehend.

ἀ-νίκητος [ῑ], dor. **ἀνίκατος,** 2. 1) unbesiegbar,

unbesiegt, μάχαν im Kampfe. 2) übertr. unheilbar, κακόν, dann überh. stark, *invictus*.

ἀν-ίλαστος, 2. sp. unversöhnlich. [ἀνέλεος.

ἀν-ίλεως [ῐ], N. T. unbarmherzig, nur Jac. 2, 13; s.

ἀν-ῑμάω, in die Höhe ziehen, bes. an Riemen.

ἄνιος, 2. poet. = ἀνιαρός.

ἀν-ιππεύω, poet. mit Rossen auffahren.

ἄν-ιππος, 2. ion. u. poet. 1) unberitten. 2) für Reiterei untauglich.

ἀν-ίπτομαι, sp. = ἀναπέτομαι, w. s.

ἀνιπτό-πους, ποδος, ὁ, ἡ, ep. mit ungewaschenen Füßen (beim Opferdienst für die Γαῖα, alter asketischer Brauch), Beiw. der Σελλοί. Von

ἄ-νιπτος, 2. ep. poet. u. sp. 1) **ungewaschen.** 2) poet. nicht wegzuwaschen, nicht zu tilgen.

ἄν-ισος, 2. (ῑ ion., ῐ att.), Adv. -ίσως, ungleich, übertr. unbillig; bei Aristot.: bevorrechtet, überlegen; τὰ ἄνισα die Vorrechte, Privilegien. Dav.

ἀν-ισότης, ητος, ἡ, Ungleichheit.

ἀν-ισόω (ἀνά, ἰσόω), **gleich machen,** Pass. ion. gleichkommen.

ἀν-ίστημι • **I) trans.** Fut. ἀναστήσω, Aor. ἀνέστησα, ep. Fut. ἀνστήσω, Aor. imper. ἄνστησον, part. ἀνστήσασα, und LXX Perf. act. ἀνέστᾰκα • **1) aufstellen,** aufstehen machen, — lassen, — heißen, τινὰ χειρός einen bei der Hand Hom., oft mit ἐξ ἕδρας Soph. Insbes. • **a)** aus dem Schlaf **aufwecken** Hom., einen Toten auferwecken Hom. Trag. • **b)** milit.: auf die Beine bringen, **zum Feldzug aufbieten** Thuk. • **c)** von Einwohnern: auswandern lassen Hom. Hdt. Thuk., vertreiben, ἀναστῆναι vertrieben werden; Ἑλλὰς οὐκέτι ἀνισταμένη von Wanderungen heimgesucht Thuk. 1, 12, 3; von Wild: aufjagen; von Versammlungen: auflösen Xen. • **d)** von Dingen: στήλας **errichten** Hdt., erbauen; Med. πόλιν ἀναστήσασθαι aus eigenen Mitteln erbauen Hdt.; τείχη wieder aufbauen Dem. • **e)** zum Kampfe anfeuern Hom.; τούτῳ πρόμον ἄλλον ἀ. gegen diesen aufbieten Hom. • **f)** προφήτην ὑμῖν ἀναστήσει wird erwecken Act. Apost.

II) intr. Präs. **ἀνίσταμαι,** Fut. ἀναστήσομαι, Aor 2. ἀνέστην u. Perf. ἀνέστηκα, ep. Aor. du. ἀνστήτην, 3. pl. ἀνέσταν, Inf. ἀνστήμεναι, Part. ἀνστάς, poet. Imper. ἀνίστω st. ἀνίστασο • **1) aufstehen, auch** vom Schlaf, in Aufruhr geraten, sich erheben, εἴς τι **auf** etwas (auf einen Platz) treten, ἐπί τι um etw. vorzunehmen. Im bes. • **a) auftreten** als Prophet, Führer usf.; aufstehen (um zu reden), meist mit Part., selten mit Inf. τισί unter einigen • **b)** sich zum Kampfe erheben, auch mit wiederholtem ἄν (ἀνά) und τινί gegen einen • **c)** genesen, **sich erholen,** ἐκ τῆς νόσου, abs. auferstehen • **d)** von Truppen: aufbrechen, abziehen • **2)** emporsteigen, **sich erheben,** ἀνεστηκώς erhaben, hoch.

ἀν-ιστορέω, poet. nachfragen, τινά τι, ausforschen.

ἀν-ιστορησία, ἡ, sp. Unkenntnis in der Geschichte.

ἀν-ιστόρητος, unerwähnt, unbekannt.

ἀν-ίσχω, s. ἀνέχω.

ἀνίσωσις, εως, ἡ (ἀνισόω), das Erhalten im Gleichgewicht.

ἀνίχ' = ἄνικα, dor. = ἡνίκα.

ἀν-ιχνεύω, ep. u. sp. aufspüren, erspähen.

Ἀνίων, ωνος, ὁ, Anio, Nbfl. des Tiber, heute *Teverone*.

ἀν-νέφελος, 2. ep. = ἀ-νέφελος, s. d.

ἀν-νεώσασθαι, poet. f. ἀνα-νεῶσ.

ἄννησον, s. ἄνησον.

Ἀννίβας, α, ὁ, Hannibal.

ἀνοδία, ἡ, unwegsame Gegend, v.

I. **ἄν-οδος** (ἀ privat.), 2. unwegsam, *invius*.

II. **ἄν-οδος,** ἡ (ἀνά, ὁδ.), 1) der Aufweg d. i. der zu einer Anhöhe führende Weg, **Anstieg. 2) Reise** od. Hinaufzug od. Gang **auf einen Berg, auf die Burg** usw., bes. **der Zug der 10000 Griechen nach Mesopotamien.**

ἀν-οδύρομαι, Dep. med., in Klagen ausbrechen.

ἀ-νοήμων, 2. ep. unverständig, sinnlos.

ἀ-νόητος, 2. Adv. **-ήτως, 1)** akt. *amens*, unverständig, unvernünftig, **unsinnig,** ταῖς ψυχαῖς; τὸ ἀνόητον, sp. der Unverstand, die Unvernunft. 2) pass. undenkbar, mit dem **Denken** nicht erfaßbar.

ἄνοια, poet. ἀνοίᾱ, ion. **-ίη,** ἡ (ἄνους), *amentia*, Unverstand, Unbesonnenheit, Torheit; N. T. Bosheit.

ἀν-οίγνυμι u. ἀνοίγω, Impf. ἀνέῳγον, Fut. ἀνοίξω, Aor. ἀνέῳξα, ἀνοῖξαι, **Perf.** act. ἀνέῳχα, **pass.** ἀνέῳγμαι. Aor. pass. ἀνεῴχθην, ἀνοιχθῆναι, 3. Fut. ἀνεῴξεται, Verbaladj. ἀνοικτέον ep. Impf. auch ἀνῷγον u. Iter. ἀναοίγεσκον, poet. Aor. ἀνῷξα, dazu Plut. u. N. T. Perf. ἀνέῳγα in der Bed. v. ἀνέῳγμαι, u. ἤνοικται u. im N. T. im Pass. ἠνοίγην, ἀνοιγήσομαι u. ἠνεῴχθην, Inf. ἀνεῳχθῆναι **öffnen,** auf-, erschließen, κλῇδα den Riegel zurückschieben, auch übertr. φρενῶν sich aufrichtig hingeben Eur., πῶμα ἀπὸ χηλοῦ den **Deckel vom Kasten** heben, διαθήκας ein Testament eröffnen; τὸ στόμα, im N.T., reden. Übertr. poet. **enthüllen.** Auch: klar machen, zum Gefecht aus- oder einlaufen Xen. Hell.

ἀν-οιδέω, aufschwellen, anschwellen.

ἀν-οίδησις, ἡ, sp. das Aufschwellen, Aufwogen.

ἀν-οίκειος, 2. sp. unpassend, unangemessen für; nicht übereinstimmend, τινός u. τινί mit etwas.

ἀν-οίκητος, 2. ion. unbewohnt.

ἀν-οικίζομαι, 1) Pass. weiter hinauf, d. i. landeinwärts liegen. 2) Med. sich weiter hinauf (ἔς τι) ansiedeln.

ἀν-οικοδομέω, 1) Akt. **a)** ion. aufbauen. **b)** wiederaufbauen, wiederherstellen. 2) Med. sp. wieder aufbauen lassen.

ἀν-οικοδόμησις, εως, ἡ, der Wiederaufbau.

ἀν-οικονόμητος, 2. sp. nicht gut angeordnet, eingerichtet; nicht in den Zusammenhang gehörig.

ἄν-οικος, 2. ion. = ἄοικος.

ἀνοικτός u. **ἀνοικτέον,** Adj. verb. z. ἀνοίγω, poet.

ἀν-οίκτως, poet. Adv. vom poet. ἄν-οικτος erbarmungslos, Soph. OR. 181: unbeklagt.

ἀν-οιμώζω, bes. poet. u. sp. aufseufzen, in Klagen ausbrechen, abs. u. ἐπί τινι über einen.

ἀνοιμωκτί, poet. Adv. vom poet. ἀν-οίμωκτος unbeseufzt, ungestraft.

ἄνοιξις, εως, ἡ (ἀνοίγνυμι), das Öffnen; mit τοῦ στόματος, im N. T., die Rede.

ἀνοιστέος, 3. zu berichten, s. ἀναφέρω.

ἀνοιστός od. **ἄνοιστος,** 3., Verbaladj. zu ἀναφέρω, ion. berichtet, hinterbracht, anhängig **gemacht.**

ἀν-οιστρέω, poet. aufstacheln, in bacchische Wut setzen, *ἐπί τινα*.

ἀνοκωχεύω (*ἀνοκωχή*) poet. anhalten, beilegen; ion. *ἀνακωχεύω*, s. d.

ἀν-οκωχή, *ἡ* (von *ἀν-έχω*, Redupl. des *o* Ablautstammes, auch *ἀνακωχή* geschr.), **das Anhalten**, die Hemmung, Rast, *κακῶν* von Leiden; bes. **Waffenstillstand.**

ἀν-ολβίη, *ἡ*, poet. Unglück. Von

ἀν-όλβιος, 2. ion., u. **ἄν-ολβος,** 2. poet. **a)** unglücklich, elend, *ἦμαρ* Unglückstag. **b)** unglückselig, von Besonnenheit od. Einsicht verlassen.

ἀν-όλεθρος, 2. ep. nicht vernichtet, dem Verderben entronnen. [ans Land).

ἀνολκή, *ἡ* (*ἀνέλκω*), das Hinaufziehen (der Schiffe

ἀν-ολολύζω, poet. u. sp. **1)** intr. *ululo*, *eiulo*, laut aufschreien, schreiend in ein Gebet ausbrechen, teils freudig: aufjubeln, teils klagend: laut heulend aufschreien, u. zwar *τὸν νεανίαν* über den jungen Mann, *οἷα λαγχάνει*. **2)** trans. mit Jubel erfüllen, aufjubeln machen, *τινά*.

ἀν-ολοφύρομαι [ῡ], Dep. med., **1)** abs. laut wehklagen. **2)** trans. laut beklagen, *τινά*.

ἄν-ομβρος, 2. ion. u. poet. ohne Regen.

ἀνομέω (*ἄνομος*), gesetzwidrig handeln.

ἀνομία, *ἡ* (*ἄνομος*), **1)** Gesetzlosigkeit, Gesetzwidrigkeit, **2)** Sünde, N. T.

ἀν-ομίλητος, 2. sp. **a)** ungesellig, inhuman, *οὐκ ἀν.* der die Umgangsformen wohl kennt. **b)** unbekannt mit, *τινός*. [fenden.

ἀν-όμμᾰτος, 2. poet. augenlos, von einem Schla-

ἀν-όμοιος, 2., Ad. **-οίως,** unähnlich, ungleich, nicht ebenso gut, *τινί*. [gleichheit.

ἀν-ομοιότης, *ητος*, *ἡ* (-*μοιος*), Unähnlichkeit, Un-

ἀνομοιόω, unähnlich machen. Pass. es werden.

ἀν-ομολογέω, gew. Med. -έομαι (*ἀνά*!), **a) sich verständigen, übereinkommen, *πρός τινα* mit einem;** mit Inf. übereinstimmend erklären, daß. **b)** sich nochmals verständigen, *τί* über etwas.

ἀν-ομολογούμενος, 3. **1)** unentschieden. **2)** widersprechend.

ἀνομολογία, *ἡ*, sp. der Widerspruch.

ἄ-νομος, 2., Sup. -*ώτατος*, Adv. **-όμως, 1)** ohne Gesetz, gesetzlos, -widrig, zuchtlos, unrecht, verbrecherisch, grausam. **2)** poet. ohne Melodie; *νόμος* Unglücksgesang.

ἀν-όνητος, dor. *ἀνόνᾱτος*, 2. **1)** nichts helfend, vergeblich, unnütz. **2) keinen Genuß habend.**

ἄ-νοος, 2., zsgz. **ἄνους,** *ουν*, unverständig, sinnlos, erinnerungslos.

Ἀνόπαια, *τά*, Fußpfad über das Ötagebirge.

ἀν-οπαῖα, Ntr. plur. ep. nach der Dachluke hinauf, in die Höhe (Od. 1, 320, Erkl. zw.).

ἄν-οπλος, 2., s. *ἄοπλος*.

ἀν-όργᾰνος, 2. ohne Organe, ohne Werkzeuge.

ἀν-όρεκτος, 2. appetitlos, nicht appetitlich.

ἀν-ορθόω (Impf *ἀνώρθουν*), **1)** emporrichten, aufrecht erhalten. **2)** wieder aufrichten, wieder herstellen, mit u. ohne *αὖθις*, und zwar *ἀσφαλείᾳ* zu festem Stand.

ἄν-ορμος, 2. ohne Hafen; *ὑμέναιος* (d. i. *γάμος*, anstatt *ὅρμος*) *δόμοις ἄνορμος* ein Eheport, der für das Haus kein Port ist (sondern Untergang).

ἀν-όρνυμαι, ep. Med. = Pass. mit Aor. *ἀνῶρτο*, sich erheben (in tmesi).

ἀν-ορούω, ep. **auffahren, aufspringen, rasch auf-**

ἀν-όροφος, 2. poet. dachlos. **[treten.**

ἀν-ορύττω, sp aufgraben, ausgraben, ausscharren.

ἀν-ορχέομαι, poet. vor Freude aufhüpfen.

ἀν-όσιος, 2. (poet. auch 3.), Adv. **-ίως, unheilig,** *impius*, gottlos, ruchlos, heillos, greuelhaft, verbrecherisch. Subst. *ὁ ἀν.* der Sündengreuel, *τὰ ἀνόσια* Greuel; **ungeweiht,** *νέκυς* ein Leichnam, dem die Bestattungsehren nicht zu teil geworden sind, *ὀσμή* Geruch des Greuels d. h. von einem solchen Leichnam. Dav.

ἀνοσιότης, *ητος*, *ἡ*, Ruchlosigkeit, Gottlosigkeit.

ἀν-οσιουργέω, gottlos handeln.

ἀν-οσιουργία, *ἡ*, die Freveltat.

ἀν-οσμία, *ἡ* (*ὀσμή*), sp. Geruchlosigkeit.

ἄ-νοσος, ion. **ἄνουσος,** 2. **1)** ohne Krankheit, gesund, *ἔτος ἄνοσον ἐς τὰς ἄλλας ἀσθενείας* ein Jahr frei von andern Krankheiten. **2)** poet. unschädlich.

ἀ-νόστῐμος u. **ἄ-νοστος,** 2. ep. u. poet. ohne Rückkehr, nicht zurückkehrend, *ἀνόστιμον τιθέναι* die Rückkehr versagen.

ἀν-οτοτύζω, poet. aufjammern, wehklagen.

ἀν-ούᾰτος, 2. (*οὔατα*, *οὖς*), poet. ohne Ohren.

Ἄνουβις, *ιδος*, *ὁ*, Akk. *ιν*, Anubis, eine ägyptische Gottheit mit einem Hunds- od. richtiger Schakalskopf, Sohn der Nephthis und des Osiris. **Ἀνουβίδειον,** *τό*, **das Heiligtum des Anubis.**

ἀνουθέτητος, 2. **a)** ungewarnt. **b)** sich nicht warnen lassend, unverbesserlich.

ἄ-νους, s. *ἄνοος*. **ἄ-νουσος,** s. *ἄνοσος*.

ἀν-ούτατος, 2. ep. poet. unverwundet, ohne Hieb od. Stich. Adv. **ἀνουτητί,** ohne zu verwunden.

ἀνοχή, *ἡ* (*ἀνέχω*), das **Aufhalten: 1)** im Plur. Waffenstillstand **2)** im Sing. N. T. Geduld.

ἀν-οχμάζω, sp. poet. emporhalten.

ἄν-οψος, 2. (*ὄψον*), sp. ohne Zukost, ohne Fische.

ἄνπερ = *ἤνπερ*, *ἐάνπερ*.

ἀν-στρέψειαν, st. *ἀναστρέψειαν*.

ἀν-σχεθέειν u. ähnl., s. *ἀνέχω*.

ἄν-σχεο, ἀν-σχήσεσθαι von *ἀνέχομαι*, s. *ἀνέχω* II.

ἀν-σχετός, ep. u. poet. f. *ἀνασχετός* 3. (*ἀνέχομαι*), auszuhalten, erträglich.

ἄντα (verw. mit *ἀντί*, *ἄντην*), ep. u. poet. **I) Adv. 1)** gegenüber, ins Angesicht, *στῆ δ' ἄντα σχομένη* sie blieb vor ihm stehen, *ἄ. θεοῖς ἐῴκει* er glich den Göttern ins Angesicht = vollkommen, od. *ἄ. ἰδεῖν* gerade anschauen, *ἄ. τιτύσκεσθαι* gerade hinzielen. **2)** entgegen, gegen, *ἄ. ἀνασχομένω* gegeneinander ausholend.

II) Praep. beim Gen. **1)** örtl. *ante*. **2)** *contra*.

ἀντ-ᾰγοράζω, dagegen einkaufen.

ἀντ-ᾰγωνίζομαι, Dep. med., Fut. *ιοῦμαι*, ion. *ιεῦμαι*, Aor. -*ίσασθαι*, **a)** entgegenkämpfen, *τινί* gegen einen im Kampfe stehen (im Kriege od. vor Gericht), *τί* in etwas. **b)** wetteifern, *ἔν τινι* in etwas, ähnl. mit Part. *ὑποκρινόμενος* in einer Rolle, od. mit Inf.: wetteifernd mit einem dahin streben, daß usw. Dav.

ἀντᾰγωνιστής, *οῦ*, *ὁ*, Gegner, **Nebenbuhler.**

ἀντ-αδικέω, wieder Unrecht tun, Unrecht mit Unrecht vergelten.

ἀντ-ᾴδω, sp. im Gesange wetteifern.
ἀντ-άείρω = ἀνταίρω.
ἀντ-αιδέομαι, gegenseitig od. wieder achten.
ἀνταῖος, 3. (ἄντα), poet. entgegen, ἀνταίαν μ' ἔπαισεν (πληγήν), vorn traf er mich. Als Eigenn. ὁ **Ἀνταῖος,** ein 60 Ellen hoher Riese, S. des Poseidon u. der Gaia, libyscher König, von Herakles im Ringen besiegt.
ἀντ-αίρω, ion. **ἀνταείρω,** Aor. ἀντῆρα, 1) Akt. dagegen erheben, a) gew. ellipt. u. scheinbar intr., τινί u. πρός τινα einem Widerstand leisten. b) gegenüber sich erheben, liegen, τινί. 2) Med. χεῖράς τινι seine Hände gegen einen aufheben (feindlich), ὅπλα u. ebenso auch πόλεμον; auch abs. τινί u. πρός τι sich einem entgegenstellen.
ἀντ-αιτέω, dagegen fordern.
ἀντακαῖος, ὁ, ion. eine Art Stör.
ἀντ-ακολουθέω, sp. gegenseitig folgen, τινί.
ἀντ-ἄκούω, Fut. -ούσομαι, dagegen vernehmen.
ἀντ-ἄλᾰλάζω, poet. u. sp. ebenfalls ein Kriegsgeschrei erheben, widerhallen lassen.
Ἀνταλκίδας, ου, ὁ, ein Spartaner, welcher 387 v. Chr einen für Griechenland schimpflichen Frieden mit dem Perserkönig abschloß.
ἀντ-αλλαγή, ἡ, sp. Wechsel; Loskauf, Erlösung.
ἀντ-άλλαγμα, τό, poet. u. sp. das Umgetauschte; das Lösegeld. Von
ἀντ-αλλάσσω, 1) Akt. τί, etwas vertauschen, entgegensetzen. Pass. ἀντηλλαγμένος τοῦ τρόπου der sonstigen Art entgegengesetzt. 2) Med. a) τί sich etw. umtauschen, d. i. etw. hingeben, τινός für etw. b) sp. τινός τι etwas gegen etwas eintauschen (im Gen. steht, was hingegeben wird).
ἀντ-ἄμείβομαι, ion. u. poet. Dep. med., Impf. ἀνταμείβετο, 1) dagegen erwidern, antworten, τινά τι einem etwas, od. τινί od. τὶ πρός τινα einem gegenüber etw. 2) vergelten, τινί od. τινά τινι (einem) etw.
ἀντ-ἄμῡνομαι, Med., Vergeltung üben, τινά τινι einem mit etwas vergelten.
ἀντ-αναβῐβάζω, dagegen hinaufstellen, hinaufsteigen lassen.
ἀντ-ανᾰ́γω, 1) Akt. a) trans. dagegen hinaufführen, bes. Schiffe auf die hohe See dem Feinde entgegenführen. b) intr. entgegenfahren, τινί einem, ναυσί mit Schiffen. 2) Med. mit Aor. pass. u. med. ἀνταναχθείς u. ἀντεναγαγόμενος, τινί einem entgegenrückend (zur See).
ἀντ-αναιρέω, gegeneinander aufheben, τί in der Rechnung.
ἀντ-αναλίσκω, poet. wieder aufreiben d. i. umbringen.
ἀντ-αναμένω, seinerseits abwarten.
ἀντ-αναπίμπλημι, seinerseits füllen.
ἀντ-αναπληρόω, dagegen einfüllen, τοὺς ἀπορωτάτους πρὸς τὸν εὐπορώτατον die Ärmsten zum Reichsten in eine Zahl aufnehmen, um ein Gleichgewicht herzustellen.
ἄντ-ανδρος, 2. sp. stellvertretend, Ersatzmann, *suffectus*. Als Eigenn. **Ἄντανδρος,** ἡ, St. Mysiens am Adramyttischen Meerbusen, j. *Antandro*. Einw. ὁ **Ἀντάνδριος.**
ἀντ-άνειμι, gegenüber emporsteigen, τινί.
ἀντ-ανίσταμαι, intr. Med., poet. u. sp. dagegen auftreten, widerstreben, τινὶ ἐς χεῖρας so daß er handgemein wird
ἀντ-ανοίγω, sp. dagegen, entgegen öffnen; τὰ ὄμματά τινι gerade in etw. hineinsehen.
ἀντ-ά̆ξιος, 3. buk. auch 2., andrerseits aufwiegend τινός, gleich viel wert, gleichwertig.
ἀντ-αξιόω, dagegen verlangen.
ἀντ-απαιτέω, dagegen zurückfordern, τὴν δωρεάν die Gegengefälligkeit verlangen.
ἀντ-απαμείβομαι, poet. = ἀπαμείβομαι.
ἀντ-αποδείκνυμι, dagegen beweisen.
ἀντ-αποδίδωμι, 1) trans. wieder, gegenseitig zurückgeben, wieder vergelten, erwidern, τὸ ὅμοιον od. ἴσον Gleiches mit Gleichem vergelten, oder gegenteilig von sich geben, bewirken, gestatten, entsprechen lassen, τί τινα. 2) intr. gegenseitig entsprechen. Dav.
ἀνταπόδομα, τό, Vergeltung, N. T. und
ἀνταπόδοσις, εως, ἡ, 1) die Wiederherausgabe, Zurückerstattung. 2) Wiedervergeltung, Ersatz. 3) im N. T.: Vergeltung.
ἀντ-άποινα, τά, poet. Entschädigung.
ἀντ-αποκρίνομαι, N. T. dagegen reden, rechten.
ἀντ-αποκτείνω, wieder seinerseits oder zur Vergeltung töten.
ἀντ-απολαμβάνω, dagegen, zum Entgelt bekommen.
ἀντ-απόλλῡμι, 1) Akt. wieder oder zur Vergeltung umbringen. 2) Med. u. Perf. 2., ion. u. poet., dagegen umkommen, u. zwar ὑπέρ τινος als Rache für einen.
ἀντ-αποφαίνω, zum Gegenbeweis anführen.
ἀντ-άπτομαι, s. ἀνθάπτομαι.
ἀντ-αρκέω, Fut. -έσω, sp. gegen etwas hinreichen, τινί u. πρός τι einem gewachsen sein.
ἀντ-αρκτικός, 3. (ἄρκτος), dem großen Bären, dem Norden gegenüber liegend, antarktisch.
ἀντ-ασπάζομαι, Dep. med., seinerseits umarmen, wieder gut aufnehmen, wieder grüßen.
ἀντ-ατῑμάζω, (Konjekt.), poet. den Schimpf vergelten.
ἀνταύγεια, ἡ, Widerschein u. dadurch bewirkte Blendung.
ἀντ-αυγέω, poet. widerstrahlen.
ἀντ-αυδάω, poet. anreden.
ἀντ-αφίημι, poet. dagegen vergießen, δάκρυ.
ἀντ-αχέω, s. ἀντηχέω.
ἀντάω (ἄντα, ἀντίος), ep. ion. u. poet., mit ion. Impf. ἤντεον; **ἀντιάω,** ep. (zerdehnt) auch **ἀντιόω,** Fut. ἀντιάσω, **ἀντιάζω,** ion. poet. u. sp.; und **ἄντομαι,** ep. u. poet. nur im Präs. u. Impf. 1) τινί begegnen Hom. Trag.; zusammentreffen mit. 2) τινός antreffen Hom.; σπέρμα ἄντασ' Ἐρεχθειδᾶν an Abstammung reichte er bis Soph. Ant. 982; bei Sachen: teilhaftig werden, μάχης am K. teilnehmen; ebenso διαίτης; ὀπωπῆς sehen Hom.; τῶν ὑπὸ Κύρου ἤντησε was ihm widerfuhr Hdt.; Med. γάμου Hom. 3) τινά begegnen Eur.
ἀντ-εγγράφω, jmdn. statt eines andern einschreiben.
ἀντ-εικάζω, dagegen vergleichen.
ἀν-τείνω, poet. f. ἀνα-τείνω.
ἀντ-είρομαι, s. ἀντερέσθαι.
ἀντεισάγω, 1) dafür einführen od. einschleppen, mit ἀντί τινος. 2) sp. gegenseitig einführen (in Ämter). Dav.
ἀντ-είσακτος, 2. sp. als Einwand entgegengestellt.
ἀντ-εισφέρω, dagegen in Vorschlag bringen.

ἀντ-εκθέω, sp. dagegen einen Ausfall machen.
ἀντ-εκκλέπτω, dagegen wegstehlen.
ἀντ-εκκόπτω, dagegen ausschlagen.
ἀντ-εκπέμπω, dagegen ausschicken.
ἀντ-εκπλέω, *τινὶ ἐς τὴν εὐρυχωρίαν* einem entgegensegeln in die offene See.
ἀντ-εκτείνω, poet. dagegen ausstrecken, *αὐτόν τι* jmdm. gleichzukommen suchen.
ἀντ-εκτίθημι, sp. dagegen erlassen, nämlich ein Edikt gegen das des Konsuls.
ἀντ-εκτρέχω, einen Gegenausfall machen.
ἀντ-εκφέρω, sp. dagegen setzen.
ἀντ-ελαύνω, sp. entgegen fahren.
ἀν-τέλλω, poet. st. *ἀνατέλλω*.
ἀντ-ελπίζω, *ἄλλα* anderes dafür hoffen.
ἀντ-εμβάλλω, dagegen einfallen, angreifen, gegenseitig angreifen.
ἀντ-εμβῐβάζω, an jmds. Stelle an Bord nehmen, *τινά*, auch ohne Akk. die Bemannung wechseln.
ἀντ-εμπίμπλημι, Fut. *ἀντεμπλήσω*, 1) dafür d. h. zur Belohnung anfüllen, *τί τινος* etwas mit etwas. 2) dagegen besetzen, *τὴν ὁδόν*.
ἀντ-εμπίμπρημι, ion. dafür in Brand stecken.
ἀντ-εξαιτέω, sp. auch seinerseits die Auslieferung jmds. verlangen.
ἀντ-έξειμι, dagegen ausrücken.
ἀντ-εξελαύνω, sp. dagegen in Bewegung setzen, sc. *ναῦν, ἵππον* dagegen segeln, reiten.
ἀντ-εξέρχομαι = *ἀντέξειμι*.
ἀντ-εξετάζω, 1) Akt. dagegen untersuchen, prüfend vergleichen, *τινί* u. *πρός* oder *παρά τι* mit etwas. 2) Med. sich mit einem messen (*τινί*), *ἐπὶ τοῖς ὅπλοις* jmdm. die Waffen streitig machen.
ἀντ-εξιππεύω, sp. gegen einen ansprengen.
ἀντ-εξόρμησις, *εως, ἡ*, **der Anlauf.**
ἀντ-επάγω, **1) trans. seinerseits feindlich zum Angriff führen. 2) intrans. Akt. u. Med. entgegenrücken.**
ἀντ-επαινέω, wieder loben.
ἀντ-επανάγομαι, zum Angriff auslaufen.
ἀντ-έπειμι (*εἶμι*), abs. entgegenrücken, *τινί* od. *πρός τινα* einem, auf etwas losgehen, *κατὰ τὰ ὄρη* an den Bergen hin.
ἀντ-επεξάγω, die Linie gleichfalls ausdehnen.
ἀντ-επέξειμι (*εἶμι*), entgegenziehen, *πρός τινα*; *οὐδὲ καθ' ἕτερα* weder zu Wasser noch zu **Lande.**
ἀντ-επεξελαύνω = *ἀντεπέξειμι*.
ἀντ-επεξέρχομαι = *ἀντεπέξειμι*.
ἀντ-επιβουλεύω, *ἐκ τοῦ ἴσου* Hinterlist mit Hinterlist vergelten, überh. wieder **angreifen.**
ἀντ-επιγράφω, etwas anderes darauf schreiben.
ἀντ-επιδείκνυμαι, Med., sp. dagegen etwas von sich (*πρός τι*) aufweisen, sich **dagegen aufspielen.**
ἀντ-επιθῡμέω, wieder seinerseits verlangen. Im Pass. *ἀντεπιθυμοῦμαι τῆς ξυνουσίας* man sehnt sich auch wieder nach meinem Umgang.
ἀντ-επικουρέω, seinerseits auch wieder beistehen.
ἀντ-επιλαμβάνομαι, gleichfalls anpacken.
ἀντ-επιμελέομαι u. **-επιμέλομαι,** Dep. pass., Gegenanstalten treffen, mit folg. *ὡς, ὅπως*.
ἀντ-επιπλέω, (ebenfalls) entgegensegeln (var.).
ἀντ-επιστέλλω, sp. wieder schreiben, schriftlich antworten, *τινί*.
ἀντ-επιστρᾰτεύω, auch seinerseits zu Felde ziehen, *τινί* gegen einen.
ἀντ-επιτάσσω, eine Gegenforderung stellen, *τινί* an jmdn, mit folg. Inf.
ἀντ-επιτειχίζομαι, Med., sich ebenfalls Festungen anlegen, *ἐκείνοις* gegen sie.
ἀντ-επιτίθημι, dagegen aufgeben, *ἐπιστολὴν διαπέμψαι* ein Antwortschreiben zu befördern.
ἀντ-επιχειρέω, sp. **entgegenwirken.**
ἀντ-επιχείρησις, *ἡ*, sp. der Gegenangriff.
ἀντ-εραστής, *οῦ, ὁ*, Gegenliebhaber, Nebenbuhler.
ἀντ-εράω, poet. u. sp. 1) wieder lieben. 2) Nebenbuhler in der Liebe sein.
ἀντ-ερείδω, 1) trans. dagegen stützen, stemmen, *βάσιν* d. i. auftreten. 2) intr. sich entgegenstemmen. Dav.
ἀντέρεισις, *ἡ*, der Widerstand.
ἀντ-ερέσθαι, Inf. von *ἀντ-ηρόμην*, Aor. des ion. Präs. **ἀντ-είρομαι,** Impf. *ἀντειρόμην*, dagegen oder wieder fragen; wegen einer Äußerung fragen.
ἀντ-ερύομαι, poet. dagegen aufziehen auf der **Waage; übertr. gleich hoch schätzen.**
ἀντ-έρως, *ωτος, ὁ*, Gegenliebe.
ἀντ-ερωτάω, dagegen, wieder fragen (vgl. *ἀντερέσθαι*).
ἀντ-ευεργετέω, eine Wohltat vergelten, wieder wohltun, *τινά*.
ἀντ-ευεργετικός, 3. geneigt, Wohltaten zu vergelten, *τινός* mit etw.
ἀντ-ευνοέω, wieder wohltuend sein, *τινί* gegen einen.
ἀντευποιέω (auch *ἀντ' εὖ ποιέω* geschr.) = *ἀντευεργετέω*.
ἀντ-εφορμέω, sp. dem Feinde gegenüber vor Anker liegen.
ἀντ-έχω, Fut. *ἀνθέξω*, Aor. **ἀντέσχον** usf., Adj. verb. *ἀνθεκτέον* u. *-τέα*, mit der Nbf. **ἀντ-ίσχω.**

I) Akt. • **1) trans. entgegenhalten,** *ὀμμάτων χεῖρ' ἐπίσκιον κρατός* vor die Augen die Hand zur Beschattung halten Soph. OC. 1651; dageg. *ὄμμασιν αἴγλαν* von den Augen den Sonnenglanz fernhalten Soph. Ph. 830 • 2) intr. • **a) standhalten, widerstehen,** *Ἁρπάγῳ* Hdt., *ταλαιπωρίᾳ* Thuk., *πρὸς καμάτους* Hdt., *ἀ. τὰ τοῦ πολέμου* ausharren in der Führung des Krieges Thuk.; abs. standhalten, den Platz behaupten Hdt. Trag. Attik.; *ἀ. περί τινος* bestehen auf Xen. • **b)** vorhalten, **ausreichen** *οὐκ ἀ. τότε τῇ στρατιᾷ τὸ ῥέεθρον* Hdt. 7, 58, vgl. 196, *ὁ ποταμὸς οὐ ἀ. τὸ ὕδωρ παρέχων* lieferte nicht genug Wasser Hdt. 7, 108; *σῖτος ἀ.* reicht aus Thuk., *ἐς ὅσον ἡ ἐπιστήμη ἀ.* soweit die Kriegskunst reichte.

II) Med. • 1) Hom. *τί τινος*: *ἀντίσχεσθε τραπέζας ἰῶν* haltet eure Tische vor gegen die Pfeile. **2)** • **a)** *τινός* **sich an** oder **zu etwas halten,** u. zwar etwas **festhalten,** sich an etwas festhalten, *τῶν ὄχθων* sich an Abhänge halten, sie aufsuchen Hdt.; übertr. **sich** unablässig worum (*τινός*) **bemühen,** kümmern, *χρημάτων* u. ähnl., *τοῦ πολέμου* nicht vom Kriege ablassen, *τῆς θαλάσσης* sich auf das Seewesen legen Thuk. • **b) im** N. T. **pflegen, unterstützen.**
ἀντέω, ion. f. *ἀντάω*, s. d.
ἄντη, *ἡ* (*ἄντομαι*), poet. das Flehen (im Plur.).
ἀντ-ήλιος, 2. poet. 1) östlich. 2) besonnt, *θεοί*

die vor dem Palaste aufgestellten Götterstatuen. **3)** poet. sonnengleich.

ἄντην, ep. Adv. (ἄντα), gegenüber, **a)** entgegen, βάλλεσθαι vorn getroffen werden; κατακτείνω im offenen Zweikampf. **b)** ins Gesicht, vor Augen, sichtbar, offenbar, unverhohlen. **c)** bei Bezeichnung der Ähnlichkeit: dagegen gehalten, Aug in Aug.

ἀντ-ήνωρ, ορος, ὁ, ἡ (ἀνήρ), poet. statt eines Menschen.

Ἀντήνωρ, ορος, ὁ, angesehener redegewandter Troer, Gatte der Athenepriesterin Theano, mit der er elf tapfere Söhne zeugte: οἱ ***Ἀντηνορίδαι***.

ἀντ-ηρέτης, ου, ὁ, poet. Gegenruderer, Widersacher.

ἀντ-ήρης, 2. poet. gegenüber, entgegen gerichtet, **a)** πληγαί entgegentönend (sc. τοῖς θρήνοις), von dem die Klagen begleitenden Schlagen der Brust. **b)** feindlich.

ἀντ-ηρίς, ***ίδος***, ἡ (ἐρείδω), **1)** Widerlager, Pfeiler zur Unterstützung der Sturmbalken. **2)** Fenster. **3)** poet. Nüstern der Pferde.

ἄντηστις, ἡ (ἀντάω), ep. Begegnung, κατ' ἄντηστιν gerade gegenüber.

ἀντ-ηχέω, dor. ***ἀντ-αχέω***, **1)** intr. widerhallen. **2)** trans. poet. dagegen rufen, anstimmen, τί τινι.

ἀντί (skt. *anti*, gegenüber, lat. *ante*, ahd. *ant-*, nhd. *ent-*), Praep. beim Gen. (steht poet. auch hinter ihrem Kasus ohne Anastrophe), Grundbdtg.: **gegen**, doch selten in örtl. Beziehung, wo man ἄντα od. ἀντία sagte (nur Xen. Anab. **4**, **7**, **6** ἀνθ' ὧν hinter welchen) • **1) anstatt**, an Stelle πόλεμος ἀντ' εἰρήνης Thuk., ἀντὶ ἄρχεσθαι ὑπ' ἄλλων Hdt.; ἀντὶ πολλῶν λαῶν so gut wie jeder Hom., vgl. ἀντὶ κασιγνήτου; ἀνθ' ὧν, ὅτου dafür, daß • **2) zum Ersatz für** τῶνδ' ἀντὶ χάριν Hom., χάριν ἀ. χάριτος immer wieder neue Gnade N. T. • **3) um . . . willen** ἀντὶ παίδων τῶνδε Soph. OC. 1326 • **4)** dagegen gehalten, gleich ἓν ἀνθ' ἑνός Plat. • **5)** oft soviel als **wegen**, ἀντὶ τοῦ, ἀνθ' οὗ wofür, weswegen. Daher nach Kompar. = ἤ.

ἀντία, Neutr. plur. von ἀντίος, w. s.

ἀντιάζω, Fut. dor. ἀντιάξω, sonst Fut. u. Aor. wie ἀντιάω. **1)** τινί wie ἀντάω. **2)** τινά begegnen Hdt. Trag.; δώροισι bittend angehen Hdt.; Ἄρεα anflehen Soph.

ἀντι-άνειρα, ἡ (ἀνήρ), ep. männergleich, Beiw. der Amazonen.

ἀντιάω, bei Hom. meist zerdehnt ἀντιόω, Fut. ἀντιῶ (aus *ἀντιασω), bei Hom. ἀντιόω. **1)** τινί wie ἀντάω. **2)** τινός sich messen mit Il. 7, 231; παιδὸς τεθνηότος nahm teil an der Leichenfeier Od. 24, 56; von Sachen: πόνοιο finden, ὀνήσιος Segen haben; ταύρων . . . ἑκατόμβης empfangen Hom. **3)** τί: λέχος Lager teilen Il. 1, 31.

ἀντι-αχέω, dor. u. buk. = ἀντηχέω.

ἀντι-βαίνω, **1)** gegen od. auf etwas (τινί) treten. **2)** entgegentreten, sich widersetzen, τινὶ πρός τι einem in etwas.

ἀντι-βάλλω, **1)** dagegen-, entgegenwerfen. **2)** λόγους Reden wechseln, πρός τινα mit jmdm. N. T.

ἀντίβᾰσις, εως, ἡ (ἀντιβαίνω), sp. das Widerstreben.

ἀντιβᾰτικός, 3. sp. widerstrebend.

ἀντί-βιος, 3. (βία), ep. Gewalt dagegen gebrauchend, feindselig. Adv. ***ἀντιβίην***, ep. wider, entgegen im Kampfe, ἔρχεσθαι zum Kampfe schreiten, πειρηθῆναί τινι sich mit jmdm. im Kampfe versuchen.

ἀντι-βλέπω, entgegensehen, gerade ansehen.

ἀντίβλεψις, ἡ, das Geradeansehen, Anblicken.

ἀντι-βοάω, buk. entgegenschreien.

ἀντι-βοηθέω, **a)** dafür wieder beistehen. **b)** andern dagegen beistehen.

ἀντιβολέω, Impf. ἠντι- u. ἠντεβόλει, Aor. ep. ἀντεβόλησα (ἀντίβολος), **1)** ep. entgegengehen, τινός, z. B. μάχης d. i. teilnehmen, dazukommen; übertr. ἐπητύος Milde finden; mit sachl. Subj.: γάμος die Hochzeit wird kommen. **2)** ep. τινί zufällig begegnen, auf jmdn. od. etwas stoßen od. treffen; φόνῳ bei der Ermordung zugegen sein; auch abs. **3)** att. τινά einen angehen, flehen, bitten, auch mit folg. Inf. Dav. [flehentliche Bitten.

ἀντιβόλησις, εως, und ***ἀντιβολία***, ἡ, das Flehen,

ἀντι-βροντάω, sp. entgegen donnern.

ἀντι-γενεηλογέω, Aor. ἀντεγενεηλόγησαν, ion. einen andern Stammbaum aufstellen.

ἀντιγνωμονέω (ἀντι-γνώμων, anderer Ansicht), der entgegengesetzten Ansicht sein, mit folg. Inf.

Ἀντιγόνη, ἡ, T. des Ödipus u. der Iokaste, Schwester des Eteokles, Polyneikes u. der Ismene, Braut des Haimon.

ἀντιγονίς, ὁ, sp. Benennung eines Trinkgeschirres.

Ἀντιγονίς, ***ίδος***, ἡ, Name **1)** einer heiligen att. Triere. **2)** sp. einer att. Phyle.

Ἀντίγονος, ὁ, **1)** Name mehrerer Fürsten und Feldherren der makedon. Zeit; insbes. **a)** Feldherr und Nachfolger Alexanders, stirbt 301. **b)** dessen Enkel, Sohn des Demetrios Poliorketes, nach s. Geburtsort (Γόννοι) Γονατᾶς genannt, geb. 310, gest. 239. **c)** Δώσων od. Ἐπίτροπος, Herrscher v. Makedonien seit 230, stirbt um 220. **2)** sonst Eigenn.

ἀντι-γραφεύς, ***έως***, ὁ **1)** im Rate zu Athen: Ratschreiber, Sekretär. **2)** überh. Gegenschreiber, Aufsichtsbeamter, der Staatseinnehmer.

ἀντι-γρᾰφή, ἡ, **1)** sp. Gegenschrift, πρός τινα περί τινος. **2)** Klageschrift vor Gericht, *libellus*. **3)** im bes. Einrede gegen die Zulässigkeit der Klage.

ἀντί-γρᾰφος, 2. gleichgeschrieben, von einer Abschrift, Kopie, dah. ***ἀντίγραφον***, ***τό***, die Abschrift.

ἀντι-γρᾰ́φω, **1)** abs. wieder schreiben, ***λόγον***. **2)** Med. **a)** eine ἀντιγραφή, d. h. eine Einrede gegen die Zulässigkeit der Klage einreichen. Diese Einreichung hieß ἀντίγραψις. **b)** Erbansprüche einreichen, m. Akk. u. Inf. **c)** gegenzeichnen (zur Überwachung).

ἀντι-δάκνω, ion. wieder beißen.

ἀντί-δειπνος, 2. sp. Stellvertreter beim Mahle.

ἀντι-δεξιόομαι, Dep. med., gegenseitig die Rechte reichen, bewillkommnen, τινά.

ἀντι-δέομαι, dagegen bitten, seinerseits bitten, τί τινος, etwas von einem.

ἀντι-δέρκομαι, poet. gerade ansehen.

ἀντι-δέχομαι, poet. dagegen oder gegenseitig aufnehmen und bekommen. [gunst werben.

ἀντι-δημᾰγωγέω, einem entgegen um die Volks-

ἀντι-διαπλέκω, πρός τι auf etwas verdrehend einwenden.

ἀντι-διατίθεμαι, N. T. sich entgegenstellen.

ἀντι-διδάσκω, poet. dagegen lehren.

ἀντι-δίδωμι, dagegen od. dafür geben, *δῶρον* ein **Gegengeschenk machen, 1)** überh. zurückgeben, *ἀμοιβόν τινος* für etwas, und so *τινός τι* etwas für etwas geben, *χάριτας* geleistete Dienste erwidern, *τιμωρίαν, δίκην ἀντ.* Strafe abbüßen für etwas, auch *τοὺς αὐτοὺς λόγους* dieselbe Versicherung wiedergeben, **ἔλεον** Milde üben. **2)** Im bes. einen Vermögenstausch anbieten, was zu Athen dann geschah, wenn ein Bürger, dem eine öffentliche Leistung zugemutet war, glaubte, daß diese einem reicheren Bürger habe zugewiesen werden müssen. Dieser hatte dann die Wahl zwischen Tausch od. [Leistung.

ἀντι-διέξειμι, dagegen schildern.

ἀντιδικέω, (Impf. *ἠντιδ.* u. *ἠντεδ.*), gegen jmd. vor Gericht gehen, *περί τινος*; sich gegen etwas, *πρός τι*, verteidigen. Von

ἀντί-δικος, ὁ (*δίκη*), der Widersacher vor Gericht, *οἱ ἀντίδικοι* die streitenden Parteien, auch überh. Gegner.

ἀντιδοξάζω, entgegengesetzter Meinung sein. Von

ἀντίδοξος, 2. entgegengesetzter Meinung.

ἀντί-δοσις, *εως, ἡ,* Umtausch, gegenseitige Verwilligung, bes. der Vermögenstausch und das Anerbieten zu demselben, s. unter *ἀντιδίδωμι. ποιεῖν* u. *ποιεῖσθαι ἀντιδόσεις τινί* gestatten, daß jmd. die ihm übertragenen Leistungen einem andern zumute.

ἀντι-δουλεύω, poet. wieder dienen, *τινί.*

ἀντίδουλος, 2. poet. eines Dieners Stelle vertretend.

ἀντί-δουπος, 2. poet. widerhallend.

ἀντι-δράω, durch die Tat vergelten, *ἀντί τινος* für etwas, *πρὸς τὰς πράξεις* Tat gegen Tat setzen, *τινὶ κακῶς* einem das Böse vergelten, eigentl. zur Vergeltung Böses antun.

ἀντιδρομέω, sp. entgegenlaufen.

ἀντι-δωρέομαι, Dep. med., wieder beschenken.

ἀντι-ζητέω, dagegen suchen.

ἀντί-θεος, 3. ep. poet. götterähnlich, ausgezeichnet.

ἀντι-θερἄπεύω, wieder ehren.

ἀντίθεσις, *εως, ἡ* (*ἀντιτίθημι*), der Gegensatz, bes. als rhetor. Figur, eine Verbindung entgegengesetzter Ausdrücke.

ἀντί-θετος, 2. sp. entgegengestellt, -gesetzt.

ἀντι-θέω, Fut. *-θεύσομαι*, ion. im Laufen wetteifern mit einem, *τινί.*

ἀντί-θῠρον, *τό,* ep. u. poet. im Plur. Vorgemach, *vestibulum*, aber *κατ' ἀντίθυρον*, ep. im Raum gegenüber der Türe.

ἀντι-κάθημαι, ion. **ἀντι-κάτημαι,** gegenübersitzen, sich feindselig gegenüber stehen od. lagern, von Parteien od. Heeren. [*κάθημαι.*

ἀντι-καθίζομαι, ion. *ἀντι-κατίζομαι* = *ἀντι-*

ἀντι-καθίστημι, ion. **ἀντικατίστημι,** Fut. *ἀντικαταστήσω*, **1)** Akt. trans. **a)** etwas anderes wieder hinstellen, ersetzen, umstimmen, ermutigen. *Restituo* **b)** entgegenstellen, *πρός τινα* gegenüber aufstellen, wieder zurückführen, *ἐπί τι.* **2)** Med. intr. **a)** an jmds. Stelle eintreten oder eingesetzt werden. **b)** sich gegenüber aufstellen, entgegentreten, entgegenstehen. [handeln. *τινά.*

ἀντι-κἄκουργέω, wieder Schaden zufügen oder miß-

ἀντι-κἄλέω, N. T. dagegen d. i. wiederum einladen.

ἀντι-καταθνήσκω, poet. Aor. *ἀντικατθανεῖν*, wieder sterben.

ἀντι-καταλείπω, dafür zurücklassen, an seiner Stelle einen andern hinterlassen.

ἀντι-καταλλάσσομαι, att. **-ττομαι,** Med. vertauschen, etwas gegen etwas (*τί τινος* u. *τὶ ὑπέρ τινος*) eintauschen, etwas zum Ersatz bieten für etwas (*τὶ πρός τι*); auch pass.

ἀντι-κατατείνω, entgegensetzen.

ἀντι-κατηγορέω, gegenseitig verklagen.

ἀντι-κάτημαι u. **ἀντι-κατίζομαι,** s. *ἀντικαθ.*

ἀντι-κατίστημι, s. *ἀντικαθίστημι.*

ἀντί-κειμαι, gegenüberliegen, entgegengesetzt sein; N. T. streiten um; *ὁ ἀντικείμενος* Widersacher.

ἀντι-κελεύω, dagegen auffordern.

ἀντί-κεντρος, 2., poet. Stacheln gleich, wie Stacheln stechend (von Schmerz und Schmach).

ἀντι-κηδεύω, *τινὰ πατρός*, poet. einen wie einen Vater ehren.

ἀντι-κηρύσσω, poet. Gegenbefehl erteilen.

ἀντι-κλάζω, Aor. *ἀντέκλαγξεν*, poet. **1)** entgegentönen lassen, *τί τινι.* **2)** intr. entgegentönen.

ἀντι-κλαίω, Impf. *ἀντέκλαιον*, ion. seinerseits auch weinen.

Ἀντίκλεια (-κλέεια), *ας, ἡ,* **1)** T. des Autolykos, Gattin des Laertes, M. des Odysseus. **2)** T. des [Aristoteles.

ἀντι-κνήμιον, *τό,* Schienbein.

ἀντι-κολᾰκεύω, sp. wieder schmeicheln, *τινά.*

ἀντι-κομίζω, sp. auch seinerseits bringen.

ἀντι-κομπάζω, sp. dagegen prahlen.

ἀντι-κόπτω, entgegenstoßen; sich entgegenstellen, sich heftig widersetzen. [reden.

ἀντί-κρουσις, *εως, ἡ,* **1)** Widerstand. **2)** Wechsel-

ἀντι-κρούω, eigentl. entgegenstoßen, dah. überh. entgegen sein, widerwärtig, hinderlich sein.

ἀντικρύ (*ῠ*) u. **ἄντικρυς** (*ἀντί* u. Basis von *κέρας*). **1)** (*ἀντικρύ*) **a)** ep. u. N. T. wie *ἄντην*, **gerade gegenüber, entgegen, ins Gesicht, auch mit Gen. b) gerad, geradewegs, gerade hindurch, gerade vorbei. 2)** (*ἄντικρυς*), **örtlich: geradeaus, geradewegs, meist übertr., geradezu, durchaus, durch u. durch, gänzlich, schlechthin, unverhohlen, gerade heraus, mit dem Art. als Adj. offen, offenbar, entschieden, wirklich;** *εἰς τὸ ἄντικρυς* = *ἀντικρύ* **geradewegs.**

ἀντι-κτόνος, 2. poet. gegenseitig tötend.

Ἀντίκῠρα, *ἡ,* ion. **Ἀντικύρη, 1)** Stadt der Malier am Spercheios nahe der thessalisch-griech. Grenze (Her.). **2)** St. in Süd-Lokris (Liv. 26 u. 28). **3)** Hafenstadt im südl. Phokis, j. *Aspra Spitia* (Liv. 32). Einw. *ὁ* **Ἀντικυρεύς.**

ἀντι-κύρω, Aor. *ἀντέκυρσα*, poet. auf etwas treffen, begegnen, *τινί*, vom Kriege: einen betreffen, ihn hinwegraffen, mit Part. *ἀντέκυρσα ὁρμισθείς* es traf sich, daß usw.

ἀντιλαβή, *ἡ* (*ἀντιλαμβάνω*), Widerhalt, übertr. Einwendung, Handhabe zu Angriffen, Blöße.

ἀντι-λαγχάνω, *τὴν μὴ οὖσαν* (*δίκην*), eine Nichtigkeitsklage gegen eine nichtig d. i. vorschriftswidrig gefällte Entscheidung erheben, *τὴν δίαιταν* eine Nichtigkeitsklage gegen ein schiedsrichterliches Erkenntnis, *τὴν ἔρημον* eine Exzeptionsklage wegen Ausbleibens der Gegenpartei erheben.

ἀντι-λάζομαι u. **-λάζυμαι,** poet. Nbf. zu *ἀντιλαμβάνω.*

ἀντι-λαμβάνω, Adj. verb. ἀντιληπτέον mit poet. Nbf. ἀντιλάζομαι. 1) Akt. a) **dafür nehmen,** dafür zum Entgelt bekommen, b) festhalten, Pass. hängen bleiben. 2) Med. sich daran oder dazu halten, dah. a) **ergreifen,** anpacken, sich halten an, τινός, b) zugreifen, anpacken, angreifen, πραγμάτων Xen., παιδείας Plat., sich annehmen, teilnehmen an; τοῦ λόγου einwenden Plat., c) erreichen τοῦ ἀσφαλοῦς, φιλίου χωρίου Thuk., d) anpacken, **tadeln** Plat., e) mitanpacken, helfen προθύμως ἀντιλαβέσθαι Thuk., ἀ. τῶν ἀσθενούντων (N. T.) sich annehmen, f) von sächl. Subj.: die Sache, Rede usw. fesselt mich, μου Plat.

ἀντι-λάμπω, entgegenleuchten, auch: ein Feuersignal erwidern.

ἀντίλαμψις, εως, ἡ, sp. Widerschein.

ἀντι-λέγω, Fut. ἀντερῶ, Aor. **ἀντ-ειπεῖν,** selten ἀντιλέξαι, Perf. ἀντείρηκα, Fut. pass. ἀντειρήσομαι, Adj. verb. -λεκτέον, u. poet. **ἀντιλογέω.** 1) sich dagegen erklären, a) **widersprechen,** τινί einem, τινί oder πρός τι einer Sache, περί τινος über etwas in Streit sein, aber ὑπέρ τινος für, zum Besten von etwas oder zu jmds. Vorteil od. Gunsten; überh. b) dagegen protestieren, **leugnen,** sich widersetzen, c) **beanspruchen;** im Pass. ἀντιλεγόμενον etwas, worauf jmd. Anspruch erhebt. 2) **dagegen sagen** od. behaupten, ἴσα od. τί τινι, od. mit folg. Inf. (oft mit μή bzw. μὴ οὐ), auch ὡς, ὅτι.

ἀντί-λεκτος, 2. streitig, bestritten, zweifelhaft.

ἀντίλημψις, -λήμψομαι, sp. Nbf. zu -ληψις, -λήψομαι.

ἀντι-ληπτέον, s. ἀντιλαμβάνω.

ἀντί-ληψις, εως, ἡ, 1) (ἀντιλαμβάνω) das Dagegenempfangen. 2) (ἀντιλαμβάνομαι) a) Gelegenheit zum Anhalten, Anhalten, Anhalt. b) Hemmnis; Einwand, Widerspruch. c) das Beanspruchen. d) das Befallensein, die Affektion eines Körperteils von einer Krankheit. 3) Hilfe, Beistand, N. T.

ἀντιλογέω (ἀντίλογος), s. ἀντιλέγω. Dav.

ἀντιλογία, ἡ, 1) Rede, Gegenrede, gegenseitige **Verhandlung.** 2) **Widerspruch, Einrede,** dah. auch gerichtliche Verteidigung. [bringen.

ἀντι-λογίζομαι, dagegen erwägen, in Anschlag

ἀντι-λογικός, 3. zum Widerlegen geschickt oder geneigt, λόγος Streitrede. Subst. οἱ ἀντιλογικοί Streitkünstler. Von

ἀντί-λογος, 2. poet. widersprechend.

ἀντι-λοιδορέω u. Med., dagegen schmähen.

Ἀντίλοχος, ὁ, Sohn Nestors.

ἀντι-λυπέω, sp. wieder kränken. Dav.

ἀντι-λύπησις, η, sp. Gegenkränkung.

ἀντί-λυρος, 2. poet. der Lyra ähnlich (Töne).

ἀντί-λυτρον, τό, N. T. Lösegeld.

ἀντι-μαρτῠρέω, dagegen zeugen. Dav.

ἀντι-μαρτύρησις, ἡ, sp. Gegenzeugnis.

ἀντι-μαρτύρομαι, λέγων, ich beteure also.

ἀντι-μάχομαι, im Kampfe gegenüberstehen.

Ἀντίμᾰχος, ὁ, 1) Troer. 2) Kolophonier, angesehener Dichter um 400 v. Chr. 3) sonst Eigenn.

ἀντι-μεθέλκω, poet ziehe wieder auf die andere Seite.

ἀντι-μεθίσταμαι, sich um- u. entgegenstellen.

ἀντι-μειρᾰκιεύομαι, sp. πρός τινα sich gegen einen wieder bübisch, frech betragen.

ἀντι-μέλλω, Fut. -μελλήσω, τὶ ἐκ τοῦ ὁμοίου ebensogut zuwarten.

ἀντι-μέμφομαι, dagegen tadeln.

ἀντι-μέτειμι, sp. sich gegenseitig wetteifernd um etwas bewerben, rivalisieren. [vergelten.

ἀντι-μετρέω, sp. ausgleichen; N. T. dagegen messen,

ἀντι-μέτωπος, 2. mit entgegengekehrter Stirn oder Front.

ἀντι-μηχᾰνάομαι, Dep. med, Gegenanstalten, πρός τι, treffen, τί etwas als Gegenmittel anwenden, σβεστήρια κωλύματα Gegenvorkehrungen zum Löschen treffen. [suchte Nachahmung.

ἀντι-μίμησις [ῑ], εως, ἡ, die von den Gegnern ver-

ἀντιμισθία, ἡ, die Vergeltung, N. T.

ἀντί-μισθος, 2. poet. für etwas belohnend.

ἀντί-μοιρος, 2. (μοῖρα), poet. gleichen Anteil habend, gleichwertig.

ἀντί-μολπος, 2. (μολπή), poet. entgegentönend, τινός jmdm., ἄκος ὕπνου den Schlaf scheuchendes Heilmittel.

ἀντί-μορφος, 2. sp. nachgebildet.

ἀντι-μυκτηρίζω, sp. dagegen verhöhnen.

ἀντι-ναυπηγέω, 1) Schiffe ebenso bauen. 2) Gegenmittel im Schiffsbau anwenden, πρός τι.

ἀντι-νῑκάω, poet. wieder besiegen.

ἀντινομία, ἡ (νόμος), sp. Widerspruch des Gesetzes mit sich selbst, ἐν ἀντινομίᾳ γίγνομαι zwei widersprechende Gesetze kommen bei mir zur Anwendung.

Ἀντίνοος, 1) Freier der Penelope. 2) Liebling des Kaisers Hadrian.

ἀντί-ξοος, 2. (ξέω), ion., u. sp. **-ξους, ουν,** eigentl. entgegengehobelt, dah. a) feindlich entgegen, widerstreitend. b) τινί ebenbürtig, gewachsen.

ἀντιόομαι, Med.-Pass. mit Fut. ἀντιώσομαι u. Aor. ἠντιώθην, ion. u. poet. sich entgegenstellen, entgegentreten.

Ἀντιόπη, ης, ἡ, 1) T. des **Asopos,** M. des Amphīon u. Zēthos. 2) Gattin des Theseus.

ἀντίος, 3. (ἀντί). 1) **entgegen, gegenüber,** entgegenstehend, vom Gesicht, ἔσσῃ du wirst ihm gegenüber treten, ἔστη er trat vor ihn, konstr. mit τινός u. τινί, auch ἐκ τῆς ἀντίης Hdt., ἐκ τοῦ ἀντίου von der entgegengesetzten Seite, ἀντία οἴσω ich werde das Widerspiel halten. 2) übertr. **entgegengesetzt, widerstrebend,** λόγοι ἀντίοι ἢ οὓς ἐγὼ ἤκουον ganz verschieden von denen, welche ich hörte Xen. 3) als Adv. ἀντίον u. ἀντία, **gegenüber,** im Angesicht, vor, entgegen, gegen, wider, τινός, u. ἀντίον αὐδᾶν τινα einem entgegnen Hom., dag. σέθεν ἀντίον εἰπεῖν dir widersprechen Hom.

ἀντιοστᾰτέω, poet. widerstehen.

Ἀντιόχεια, ἡ, Name vieler Städte (nach e. Ἀντίοχος ben.), deren wichtigste am Orontes in Syrien lag. Einw. Ἀντιοχεύς.

Ἀντιοχίς, ίδος, ἡ, die zehnte der alt-attischen Phylen.

Ἀντίοχος, N. vieler Griechen u. bes. von syrischen Königen, vom Sohn des Seleukos Nikator 280 v. Chr. bis auf A. XIII., 68 n. Chr., gen. Ἀσιατικός, am bekanntesten A. III., der Große, von 242—187, und dessen Sohn A. IV. Ἐπιφανής, gest. 163 (Krieg mit den Juden 167—164) v. Chr.

ἀντιόω, s. ἀντάω u. -ιόομαι.

ἀντι-πᾰθής, 2. poet. u. sp. eigtl. von entgegengesetzter Neigung, entgegenwirkend, entgegengesetzt.

ἀντί-παις, αιδος, ὁ, ἡ, poet. u. sp. 1) aus den Kinderjahren herausgetreten, erwachsen. 2) poet. kindisch.

ἀντί-πᾰλος, 2., Adv. **-λον** und **-άλως** (πάλη), entgegenringend; dah. • 1) entgegenkämpfend, widerstreitend. Subst. Gegner, **Nebenbuhler;** Vertreter im Kampf; ἐχθρός der Feind in Waffen • 2) **entsprechend,** angemessen, **gewachsen,** gleich stark; vom Kampfe: unentschieden, δέος auf Machtgleichheit beruhende Furcht Thuk., τριήρης ein gleich großes Kriegsschiff Thuk.; τὸ ἀντίπαλον die Nebenbuhlerschaft, der Gegensatz, das Gewachsensein, die Gegenwehr, ἀντίπαλόν τι τῆς ναυμαχίας ein unentschiedener Punkt der Schlacht Thuk., ἀντίπαλα ναυμαχεῖν unentschieden kämpfen, ἀντίπαλα oder εἰς ἀντίπαλον καθιστάναι τι das Gleichgewicht herstellen in etwas Thuk., ἐς ἀντίπαλα καθεστάναι nicht mehr überlegen sein, ἐπὶ τἀντίπαλον ἐλθεῖν zu gleicher Bedeutung gelangen.

ἀντι-παραβάλλω, gegeneinander halten, vergleichen.

ἀντιπαραγγελία, ἡ, sp. die Mitbewerbung um ein Amt. Von

ἀντι-παραγγέλλω, seinerseits einen Befehl geben; sp. Mitbewerber sein, τινί von einem.

ἀντι-παράγω (στρατόν), einem gegenüber längs seiner Linie hinrücken, τῷ στόλῳ neben der Flotte hinziehen. Dav.

ἀντιπαρᾰγωγή, ἡ, sp. das Ausrücken jmdm. gegenüber u. an etwas entlang, auch eine taktische Maßnahme.

ἀντι-παραθέω, dem Feinde gegenüber längs der eigenen Front laufen.

ἀντι-παρακᾰλέω, Aor. pass. -κληθείς, dagegen aufrufen, anfeuern.

ἀντι-παρακελεύομαι, Dep., dagegen auffordern, τινί, u. mit Inf.

ἀντι-παραλῡπέω, wieder Schaden tun.

ἀντι-παραπλέω, gegenüber längs der Küste hinsegeln.

ἀντι-παρασκευάζομαι, Gegenrüstungen treffen.

ἀντι-παρασκευή, ἡ, eine gerüstete feindliche Macht.

ἀντι-παρατάσσομαι u. **-ττομαι,** 1) Med. sich gegenüber in Schlachtordnung aufstellen, τινί und πρός τινα, dann überh. sich entgegenstellen, entgegentreten. 2) Pass. ἀντιπαρατεταγμένος gegenüber in Schlachtlinie aufgestellt, und ἀπὸ τοῦ ἀντιπαραταχθέντος in offener Gegenüberstellung, in Schlachtlinie.

ἀντι-παρατίθημι, gegenüberstellen, τινί.

ἀντι-πάρειμι, gegenüber, am Ufer, auf gleicher Höhe vorrücken.

ἀντι-παρεξάγω, 1) trans. sp. einem entgegen (ἀντί) seine Truppen in gleicher Richtung (παρά) ausrücken lassen; πρός τι ins Feld führen gegen, in Vergleich setzen zu; ἵππον τινί losreiten auf jmdn. 2) intr. einem entgegen längs einer Linie hin (παρά) aus der früheren Stellung (ἐξ) ausrücken, überh. gegen einen zu Felde ziehen.

ἀντι-παρέξειμι, sp. gegenseitig ausweichen.

ἀντι-παρέρχομαι, N. T. (gegenüber) vorbeigehen.

ἀντι-παρέχω, dagegen darbieten; wieder verursachen.

ἀντι-παριππεύω, sp. jmdm. an etwas entlang oder vorbei entgegenreiten.

ἀντι-παρρησιάζομαι, freimütig gegeneinander reden.

ἀντι-πάσχω, Fut. ἀντι-πείσομαι usf. (auch in tmesi), wieder erleiden.

ἀντι-πᾰτᾰγέω, übertönen, τινί etwas.

Ἀντίπατρος, ὁ, 1) Reichsverweser Alexanders während seines Zuges nach Asien u. einer der Diadochen. 2) sonst Eigenn.

ἀντι-πέμπω, 1) entgegensenden. 2) zurückschicken, wiederschicken; wieder sagen lassen; die Stimme zurückprallen lassen, ἐς ἀλλήλας gegenseitig widerhallen. 3) an eines Statt od. zum Ersatz für etwas schicken. Dav.

ἀντίπεμψις, εως, ἡ, sp. der Widerhall.

ἀντι-πενθής, 2. poet. wieder Trauer verursachend.

ἀντίπερα, Adv. gegenüber τινός. N. T.

ἀντι-περαῖα (-πέραια), τά, ep. die gegenüberliegende Küste.

ἀντι-πέρᾱν (ion. **-ην**), u. **ἀντι-πέρας,** Adv. gegenüber; mit Art. gegenüber gelegen, τινός. Subst. τὸ ἀντιπέρας das gegenüberliegende Land, die gegenüberliegende Küste.

ἀντι-περιίσταμαι, 1) intr. sich entgegengesetzt aufstellen; übergehen in etwas. 2) sp. pass. abwechselnd gegeneinander abgewogen werden.

ἀντι-περιλαμβάνω, wieder, gegenseitig umarmen.

ἀντι-περίστασις, εως, ἡ, wechselseitiges Eintreten.

ἀντι-περιχωρέω, sp. dem streifenden Feind beobachtend folgend.

ἀντί-πετρος, 2. felsenähnlich; vgl. αὐτό-πετρος.

ἀντί-πηξ, ηγος, ἡ, poet. ein zusammengefügter Kasten, Korb.

ἀντι-πίπτω, sp. ungünstig ausfallen, entgegen sein.

ἀντι-πλέω, entgegen segeln.

ἀντι-πλήξ, ῆγος, ὁ, ἡ (πλήσσω), poet. flutgepeitscht.

ἀντι-πληρόω, a) ergänzen. b) τὰς ναῦς seinerseits oder gegen den Feind bemannen.

ἀντι-πνέω, Fut. -πνεύσομαι entgegenwehen.

ἀντίπνοια, ἡ, widriger Wind, Gegenwind, Gegenströmung.

ἀντίπνοος,-πνους, 2. poet. entgegenwehend, widrig.

ἀντι-ποθέω, ebenfalls ersehnen.

ἀντι-ποιέω (auch in tmesi), 1) Akt. wieder antun, ἀντ' εὖ ποιεῖν wieder Gutes erweisen. 2) Med. einem gegenüber (τινί) Ansprüche machen, τινός auf etw., zugleich mit einem sich bewerben, jmdm. etwas streitig machen; beanspruchen, nach etw. streben; wetteifern; sich entgegenstellen, Widerstand leisten.

ἀντί-ποινος, 2. (ποινή), poet. zur Wiedervergeltung dienend, ἀντίποινά τινος πάσχειν Vergeltungsleid für jmdn. erfahren, λαμβάνειν Rache für jmdn. nehmen.

ἀντι-πολεμέω, a) auch die Waffen ergreifen.

b) gegenseitig sich bekämpfen. c) τινί es mit einem im Kriege aufnehmen. [Feind.
ἀντι-πολέμιος, ion., u. **ἀντι-πόλεμος,** ion. altatt.
ἀντι-πολιορκέω, auch seinerseits belagern.
Ἀντίπολις, εως, ἡ, sp. Stadt im südlichen Gallien, heute *Antibes.*
ἀντιπολῑτεία, ἡ, sp. Gegenpolitik, Gegenpartei, πρός τινα. Von
ἀντι-πολῑτεύομαι, sp. τινί jmds politischer Gegner sein, ihm entgegenwirken im Staate; der Gegenpartei angehören. [aufbrechen.
ἀντι-πορεύομαι, Pass. mit Fut. med., ebenfalls
ἀντι-πορθέω, poet. seinerseits zerstören.
ἀντί-πορθμος, 2. poet. an der Meerenge gegenüber gelegen. [τινί u. τινός.
ἀντί-πορος, 2. entgegengesetzt, gegenüber gelegen,
ἀντίπους, ποδος, ὁ, sp. mit entgegengekehrten Füßen, Gegenfüßler.
ἀντι-πρᾱκτικός, 3. sp. entgegenhandelnd, entgegenarbeitend.
ἀντίπρᾱξις, ἡ, sp. das Zuwiderhandeln, Widerstreben.
ἀντι-πράττω, ion. **ἀντιπρήσσω,** entgegenhandeln, Widerstand leisten, τινί od. abs., τὰ μέγιστα, οὐδέν, in der Hauptsache, in nichts. [schicken.
ἀντι-πρεσβεύομαι, Dep. med., ebenfalls Gesandte
ἀντι-προβάλλομαι, einen Gegenvorschlag (-προβολή) machen.
ἀντι-πρόειμι, ebenfalls entgegengehen, überh. entgegenrücken, τινί gegen jmdn. ausrücken.
ἀντί-προικα (προΐξ), *gratis,* so gut wie umsonst.
ἀντι-προσαγορεύω, sp. den Gruß erwidern, ἐξ ὀνόματος mit Namensnennung.
ἀντι-πρόσειμι, dagegen heranziehen.
ἀντι-προσκαλέομαι, eine Widerklage stellen.
ἀντι-προσφέρω, ebenfalls herbeibringen, τί τινι.
ἀντι-πρόσωπος, 2. gerade entgegenblickend, gerade entgegenstehend, τινί.
ἀντι-προτείνω, dagegen ausstrecken.
ἀντί-πρῳρος od. **ἀντί-πρωρος,** 2. den Schiffsschnabel dem Feinde od. dem Meere zugekehrt (habend), *proram advertens,* dah. ναῦς ἀντιπρῴρους ἔχειν τινί seine Flotte einem gegenüber stehen haben, und καταστῆσαι gerade gegenüber stellen, γίγνεσθαί τινι ἀντίπρῳρον in Frontstellung sein gegen jmd., ἀντιπρῴρους ἐμβάλλειν, προσπίπτειν von vorn angreifen; ἀντίπρῳρον (Acc. masc.) ξυγκροῦσαι Bug an Bug zusammenstoßen, ταῖς ναυσὶν ἀντιπρῴροις χρῆσθαι Bug mit Bug angreifen; übertr. überh. entgegengekehrt, τάδ' ἀντίπρῳρα βλέπειν das leibhaftig von Angesicht erblicken.
ἀντί-πυλοι ἀλλήλησι αὐλαί, ion. Höfe mit einander zugewandten Portalen (weil sechs Höfe in einer Reihe lagen). [türmend.
ἀντί-πῠργος, 2. poet. πέτρα gegenüber sich auf-
ἀντι-πυργόω, poet. dagegen auftürmen.
ἀντι-ρρέπω, poet. das Gleichgewicht, die Waage halten. Dav.
ἀντίρροπος, 2., Adv. **-όπως,** 1) gleichwiegend, τινί, aufwiegend, τινός etwas, λύπης ἀντίρροπον ἄχθος die Gegenlast der Trauer, auch abs. ἀντίρροπα Gegengewicht, Gegenwert. 2) übertr. gleich, einem gewachsen.

ἀντι-σηκόω (σηκόω wägen), poet. sp. 1) aufwiegen. 2) dagegen abwägen. Dav.
ἀντισήκωσις, ιος, ἡ, ion. Herstellung des Gleichgewichts, Ausgleichung.
Ἀντισθένης, ους, ὁ, häufiger Name, z. B. 1) spartan. Feldherr 411 v. Chr. 2) reicher Zeitgen. des Sokrates, der mehrere Siege mit Chören davontrug. 3) Schüler des Sokrates, Stifter der kynischen Philosophenschule und Lehrer des Diogenes v. Sinope.
ἀντι-σκευάζω, entgegengesetzt einrichten.
ἀντι-σκώπτω, sp. wieder verspotten.
ἀντ-ῐσόομαι, Pass. sich auf gleichen Fuß stellen, πρὸς τὸ πλεῖον gegenüber der Mehrzahl,
ἀντίσπαστος, 2. poet. bis auf die entgegengesetzte Seite zuckend, ὀστέων bis auf die Knochen dringend. Subst. als Versfuß ⏑––⏑. Von
ἀντι-σπάω, 1) auf die andere Seite ziehen, dah. zurückhalten. 2) Med. sp. von andern ab auf seine Seite ziehen.
Ἄντισσα, ἡ, St. auf Lesbos. Einw. ὁ **Ἀντισσαῖος.**
ἀντί-σταθμος, aufwiegend, ersetzend, übertr. τοῦ θηρός Ersatz für.
ἀντι-στᾰσιάζω, eine Gegenpartei bilden, rivalisieren, τινί mit einem. οἱ ἀντιστασιάζοντες die Gegenpartei.
ἀντί-στᾰσις, ἡ, 1) Gegenpartei. 2) Widerstand; ἴση ἀ. Gleichgewicht. [Widersacher.
ἀντι-στᾰσιώτης, ου, ὁ, Mitglied einer Gegenpartei,
ἀντιστᾰτέω, entgegenstehen, widerspenstig sein. Von
ἀντι-στάτης, ὁ, poet. entgegenstehend, ἀνήρ Gegner. Von
ἀντ-ίστημι, ion, s. ἀνθίστημι.
ἀντι-στοιχέω, in geordneter Reihe gegenüberstehen, wie beim Chortanze. Von
ἀντί-στοιχος, 2. poet. nebenhergehend, begleitend.
ἀντι-στρᾰτεύομαι, 1) τινί gegen einen zu Felde ziehen. 2) übertr. im N. T. widerstreiten.
ἀντι-στρᾰτηγέω, sp. τινί einem gegenüber den Oberbefehl führen, Feldherr sein.
ἀντι-στράτηγος, ὁ, 1) feindlicher Feldherr. 2) Stellvertreter des Feldherrn, bei den Römern *propraetor.*
ἀντι-στρᾰτοπεδεύομαι, Med., abs. oder τινί (einem) gegenüber sich lagern, gegenüber im Felde stehen, ναυσί mit der Flotte. Bei Spät. auch im Akt.
ἀντι-στρέφω, eine entgegengesetzte Richtung annehmen, eine Seitenwendung machen. Dav.
ἀντιστροφή, ἡ, eigentl. das Umkehren, im bes. die Gegenwendung des Chors beim Tanze, welche der vorausgegangenen στροφή genau entsprach, dann die dabei gesungenen Worte, die Gegenstrophe.
ἀντί-στροφος, 2. (ἀντιστρέφω) gegenüberstehend, τινί, entsprechend.
ἀντι-σύγκλητος, ἡ, sp. Gegensenat.
ἀντι-συμποσιάζω, sp. τινί, einem zum Trutz ein Symposion schreiben, abfassen.
ἀντι-σφαιρίζω, Gegner beim Ballspiel sein.
ἀντ-ισχῡρίζομαι, Dep. eine Gegenversicherung aussprechen, περί τινος über etwas.
ἀντ-ίσχω s. ἀντέχω.
ἀντί-ταγμα, τό, sp. Gegenmacht, τινί gegen einen, πρός τινα Gegengewicht gegen jem.
ἀντί-ταξις, εως, ἡ, 1) Gegenaufstellung des Heeres od. der Schiffe. 2) sp. die Entgegenstellung, der Gegensatz.

ἀντι-τάσσω, att. -τάττω, Perf. pass. 3. pl. ἀντιτετάχαται = ἀντιτεταγμένοι εἰσίν, entgegen aufstellen, entgegenstellen, ἀντιταττόμενος der Gegner, πρός τι gegen d. i. von etwas, u. ὑπέρ τινος für einen, sein Verteidiger, ἀντι-ταχθείς wohl auch: der sich entgegengestellt hat = ἀντιταξάμενος. Med. auch etwas Eigenes entgegenstellen, z. B. τὸ τολμηρότερον seinen Mut.

ἀντι-τείνω (s. τείνω), 1) *contra tendo*, widerstreben, sich dagegen sperren, entgegensetzen, z. B. Torheit mit Torheit vergelten, πολλὰ ἀντιτείνασα nach vielem Sträuben, λόγῳ mit Worten. 2) sp. sich gegenüber erstrecken, τινί von etwas.

ἀντι-τείχισμα, τό, die Gegenbefestigung.

ἀντι-τέμνω, poet. dagegen schneiden, φάρμακα Gegenmittel bereiten.

ἀντι-τεχνάομαι, Dep. med., ion. u. sp. Gegenkunstgriffe anwenden, dagegen anwenden, τάδε folgendes. Dav. [gegen einen.

ἀντιτέχνησις, εως, ἡ, wetteifernde Kunst oder List

ἀντί-τεχνος, ὁ (τέχνη), Nebenbuhler jmds. in einer Kunst.

ἀντι-τίθημι, 1) gegenüberstellen, insbes. vergleichend, abwägend, τί τινος u. τινί τι; dah. absol. erwägen, abwägen. 2) setzen oder stellen, τινός gegen etwas, *compenso*, auch mit folg. Inf. einwenden. 3) setzen oder geben, τινός für etwas.

ἀντι-τῑμάω, 1) Akt. u. Pass. wieder ehren, wieder auszeichnen. 2) Med. a) für sich eine Gegenschätzung machen, sich eine andere Strafe zuerkennen. b) gleichhoch schätzen, etwas mit etw. (τί τινος) gleichwertig halten. [an jmdm.

ἀντι-τῑμωρέομαι, Med., sich wieder rächen, τινά

ἀντι-τίνω, poet., Fut. -τείσω usf. (s. τίνω), 1) Akt. dafür büßen. 2) Med. a) sich etwas (τί) für etwas (τινός) bezahlen lassen, d. h. sich durch etwas für etwas rächen. b) τινὰ ἀντιτείσασθαι δίκην τινός einen büßen lassen für etwas.

ἀντι-τολμάω, dagegen wagen, kühn handeln.

ἀντί-τολμος, 2. poet. dagegen unternehmend.

ἀντί-τομος, 2. poet. dagegen geschnitten; τὸ ἀντίτομον (φάρμακον) Gegenmittel.

ἀντι-τοξεύω, wieder mit dem Bogen schießen, dagegen schießen.

ἀντι-τορῆσαι, def. Aor. 1 (vgl. τορέω), ep. 1) durch und durch bohren, τινός etwas. 2) durchdringen, erbrechen, τί.

ἄν-τῐτος, 2. ep. (f. ἀντί-τιτος, v. ἀντιτίνω), wieder bezahlt, vergolten, ἄντιτα ἔργα Taten der Vergeltung, παιδός für den Sohn.

ἀντι-τρέφω, wieder ernähren.

ἀντι-τυγχάνω, dagegen erlangen.

ἀντιτῠπέω, einen Gegenstoß verursachen. Von

ἀντί-τῠπος, 2. u. 3. (τύπτω), 1) akt. zurückschlagend, einen Gegenstoß verursachend, τί etwas zurückprallend, mit τύπος verbunden vom Hammer u. Amboß, Gegenschlag; von Stoffen hart, von Lauten widerhallend, dröhnend, γῇ, von Farben grell, 2) pass. dagegen od. von vorn getroffen, so daß man zurücktaumelt, Sop. Ant. 134 (v. LA.). 3) übertr. widerspenstig, spröde, feindselig, τὰ ἀντίτυπα Widerwärtigkeiten. 4) τὸ ἀντίτυπον, N. T. das Abbild, Vorbild, von τύπος.

ἀντι-τύπτω, wieder schlagen.

Ἀντῐφάτης, ου ep. αο, mit metapl. Akk. -ῆα, ὁ, [ᾰ], 1) ein Troer. 2) der Lästrygonenkönig. 3) S. des Sehers Melampus aus Pylos.

ἀντιφερίζω (ἀντιφέρω), ep. sich einem (τινί) gegenüberstellen, sich vergleichen od. messen, τί in etwas.

ἀντί-φερνος, 2. (φερνή), poet. statt der Mitgift.

ἀντι-φέρω (s. φέρω), dagegen stellen, Pass. ep. *occurro*, sich entgegenstellen, sich widersetzen, μένος τινί sich an Stärke mit jmdm. messen, ἀργαλέος Ὀλύμπιος ἀντιφέρεσθαι es ist schwierig, sich dem Zeus zu widersetzen.

ἀντι-φεύγω, poet. ἀντί τινος an der Stelle jmds. in die Verbannung gehen.

ἀντί-φημι, widersprechen. [Sizilien.

Ἀντίφημος, ὁ, Rhodier, Gründer von Gela auf

ἀντι-φθέγγομαι, poet. u. sp. 1) antworten; widerhallen. 2) widersprechen.

ἀντι-φιλέω, wieder lieben.

ἀντι-φιλονικέω, sp. dagegen sich bemühen, abs.

ἀντι-φιλοσοφέω, entgegengesetzt philosophieren, τινί.

ἀντι-φῐλοτῑμέομαι, sp. Dep. pass. mit Fut. med., um einen Vorzug wetteifern, πρὸς τὴν δόξαν τῶν ἔργων um die Ehre von einem Werke.

ἀντι-φιλοφρονέομαι, sp. seinerseits freundlich sein.

ἀντι-φλέγω, poet. entgegen leuchten lassen.

ἀντί-φονος, 2. poet. wieder mordend, ἀντ. δίκας δώσουσι sie werden Vergeltung büßen im Wechselmord, ἀντ. στόμα zu Gegenmord bereiter Rachen, ἀντίφονοι θάνατοι Wechselmord. [beladen.

ἀντι-φορτίζω u. Med. (φορτίον), sp. mit Rückfracht

ἀντί-φραξις, εως, ἡ, sp. Versperrung, verfinstern-

ἀντι-φράττω, versperren. [des Davortreten.

ἀντι-φῠλᾰκή, ἡ, 1) πρὸς ἀλλήλους gegenseitiges Inachtnehmen. 2) Gegenwache.

ἀντι-φῠλάττομαι, Med., sich wieder in acht nehmen, τινά vor jmdm.

Ἀντῐφῶν, ῶντος, ὁ, 1) aus Rhamnus, Redner und Politiker, als eifriger Oligarch 411 hingerichtet. 2) aus Kephisia, Genosse des Sokrates. 3) Sophist und Zeichendeuter in Athen zur Zeit des Sokrates. 4) Verräter, auf Demosthenes' Betreiben 344 hingerichtet.

ἀντι-φωνέω, poet. u. sp. dagegen äußern, und zwar a) abs. antworten; Soph. Aj. 773. b) τί etwas erwidern, entgegen, auch τινά τι einem etwas entgegnen, einwenden. Zu

ἀντί-φωνος, 2. (φωνή), poet. entgegentönend 1) (mit einem Musikinstr.) begleitend. 2) anderstönend, nicht entsprechend.

ἀντι-χαίρω, Aor. ἀντεχάρην, poet. sich entgegenfreuen, entgegenjauchzen, τινί (var.).

ἀντι-χᾰρίζομαι, Dep. med., sich wieder gefällig zeigen, τινὶ ὑπέρ τινος einem zum Dank für etwas.

ἀντ'-χειρ, ὁ, sp. der Daumen.

ἀντι-χειροτονέω, dagegenstimmen.

ἀντί-χθων, ἡ, die Gegenerde, nach pythagor. Lehre der Erde entgegengesetzt sich um das Weltzentrum bewegend im innersten Weltenraum.

ἀντι-χορηγέω, Nebenbuhler in der Choregie sein.

ἀντι-χράω, nur Aor. 3. sg. ἀντέχρησε, ion. hinreichen, τινί für einen.

ἀντί-χριστος, ὁ, N. T. nur bei Johannes, der viell. das Wort gebildet hat, der Widerchrist; dem Apokalyptiker gilt Kaiser Nero als Widerchrist.
ἀντι-ψάλλω, poet. einstimmend die Saiten eines Instruments anschlagen, *τινί* wozu, *φόρμιγγα ἐλεγείοις* mit der Ph. begleiten.
ἀντί-ψαλμος, 2. poet. einstimmend.
ἀντι-ψηφίζομαι, Dep. med., sp. dagegenstimmen.
ἀντί-ψηφος, 2. dagegenstimmend.
ἀντί-ψῡχος, 2. für das Leben gegeben.
ἀντλέω (ἄντλος), schöpfen, pumpen, ausschöpfen, auch im übertr. Sinn wie unser „erschöpfen". Dav.
ἄντλημα, τό, N. T. der Schöpfeimer.
ἀντλία, ἡ, poet. und **ἄντλος,** ὁ, ep. und poet. *sentina,* 1) Meerwasser im Schiff, Sodwasser, dann überh. Meerwasser. 2) der unterste Schiffsraum. 3) ἄντλος poet. auch das stürmische Meer.
ἀντ-οδύρομαι, sp. dagegen jammern, seinerseits klagen.
ἀντ-οικοδομέω, sp. 1) dagegen aufbauen, *πύργον τινί* einen Turm. 2) an der Stelle eines früheren aufbauen. 3) Med. mit *ἀντί τινός τι* eine Bresche in der Mauer verbauen.
ἀντ-οικτίζω, und poet. ἀντ(-οἰκτείρω), **-οικτίρω** wieder bemitleiden.
ἀν-τολή, s. ἀνατολή. **ἄντομαι,** s. ἀντάω.
ἀντ-όμνυμι, seinerseits schwören.
ἀντ-όνειρος, 2. poet. traumgleich.
ἀντ-ονομάζω, anders nennen, *τὴν πόλιν Μεσσήνην* der Stadt den neuen Namen Messene geben.
ἀντ-ορύσσω, ion. (Minen) gegengraben.
ἀντ-οφείλω, dagegen schuldig sein, als Gegendienst schulden.
ἀντ-οφθαλμέω, sp. u. N. T. gerade ins Auge sehen; übertr. Widerstand leisten, Trotz bieten, ankämpfen [gegen.
ἀν-τρέπω s. ἀνατρέπω.
ἄντρον, τό, Höhle, Grotte, *antrum.* Dav.
ἀντρώδης, ῶδες, höhlenreich.
Ἀντρών, ῶνος, ὁ u. ἡ, Seest. in Südost-Phthiotis.
ἄντυξ, ῠγος, ἡ, Reif, 1) ep. mit und ohne *σάκεος* od. *ἀσπίδος*, der runde Schildrand; ein die Rindshautlagen des Schildes ein- u. umfassender metallener Reif, die äußerste Einfassung, *πυμάτη.* 2) die Lehne od. Einfassung am Wagen, Wagenkranz, oft im Plur., denn es lief ein doppelter (**διτταὶ** ἄντυγες), ein oberer u. ein unterer Reif um den hinten offenen Wagen. Es wurde auch das Lenkseil daran befestigt. 3) poet. Rundung, Wölbung, Steg.
ἀντ-υποκρίνομαι, ion. st. ἀνθ., dagegen antworten.
ἀντ-υπουργέω, ion. st. ἀνθ., *τί* einen Gegendienst leisten, zum Entgelt erweisen, *τινί τι.*
ἀντωμοσία, ἡ (-όμνυμι), 1) der Eid, den der Angeklagte auf die Wahrheit der Angaben in seiner gegen die Klageschrift gerichteten Entgegung ablegte. 2) die beschworene Klage, Klageschrift. 3) die gegen diese gerichtete Entgegnung, Gegenschrift. 4) die Vereidigung der Parteien vor Gericht, vor Beginn der Verhandlung, daß sie ihre Sache in guten Treuen führen wollen.
ἀντ-ωνέομαι, dagegen bieten, *τινί* einen hinauftreiben, steigern; abs. wegkaufen.
ἀντ-ωνυμία, ἡ, sp. Fürwort, *pronomen.*
ἀντ-ωπός, 2. poet. u. sp. gerade vor den Augen, *τὸ ἀντ.* Vorderseite.
ἀντ-ωφελέω, wieder helfen, *τινά* einem Gegendienste leisten. Pass. wieder Vorteil ziehen.
ἀν-υβριστί, Adv. poet. ohne Übermut, nicht verletzend. Von
ἀν-ύβριστος, 2. poet. sp., Adv. -ως, 1) akt. nicht beschimpfend, nicht mißhandelnd. 2) pass. nicht vergewaltigt, nicht mißhandelt, unentehrt.
ἀν-ῡγραίνω, sp. anfeuchten, erweichen, auch übertr.
ἀνυδρία, ἡ, Wassermangel, Dürre.
ἄν-ῠδρος, 2. (ὕδωρ), ion. poet. u. sp. 1) wasserlos, wasserarm, dürr. *ἡ ἄνυδρος* die Wüste. 2) poet. ohne Waschung und Spenden, von einem Toten.
ἀν-ῡμέναιος, 2. poet. ohne Hochzeitsgesang, unvermählt, auch freudenlos; als Adv. *ἀνυμέναια,* im Mädchenstande.
ἄνῡμι [ᾰ], ep. u. buk., mit Impf. act. *ἄνυμες,* pass. *ἤνυτο, ἄνυτο,* Nbf. zu *ἀνύω,* s. d.
ἀν-υμνέω, poet. u. sp. laut besingen, hoch preisen, *τινί τι* einem etw.
ἀ-νύμφευτος, 2. poet. 1) unvermählt, ohne Brautstand. 2) unselig vermählt; *γονὰ* Sproß aus unglücklicher Ehe (var).
ἄνυμφος, 2. poet. unvermählt, unbräutlich, auch ohne Braut und Bräutigam; ehebrecherisch.
ἀν-ύπαρκτος, 2. sp. in Wirklichkeit nicht vorhanden, nur in der Idee vorhanden, ideell.
ἀν-υπέρβλητος, 2. (ὑπερβάλλω), unübertrefflich, unüberwindlich, grenzenlos.
ἀν-υπεύθῡνος, 2. 1) nicht verantwortlich, *τὸ ἀνυπεύθυνον* die unumschränkte Macht. 2) vorwurfsfrei.
ἀν-υποδησία, ἡ, das Barfußgehen.
ἀν-υποδητέω, sp. barfuß gehen. Von
ἀν-υπόδητος, 2. unbeschuht, barfuß; sp. iron. = Philosoph.
ἀν-υπόδικος, 2. sp. keinem Prozesse ausgesetzt.
ἀν-υπόθετος, 2. 1) ohne Grundlage. 2) ohne Voraussetzung, voraussetzungslos, absolut.
ἀν-υπόκριτος, 2. sp. u. N. T. ungeheuchelt, ohne Falsch.
ἀν-υπονόητος, 2. unverdächtig.
ἀν-ύποπτος, 2. 1) unverdächtig. 2) sp. nicht argwöhnisch, *βέβαιος εἰς τὸ ἀνύποπτον* jedem Argwohn unzugänglich.
ἀν-υπόστᾰτος, 2. (ὑποστῆναι), unbeugsam, unwiderstehlich.
ἀν-υπότακτος, 2. sp. u. N. T. 1) akt. sich nicht unterordnend, widerspenstig. 2) pass. nicht untergeordnet, unabhängig.
ἀνυσί-εργος, 2. [ᾰ ῐ ῑ] buk. emsig.
ἀνύσιμος, 2., Adv. -σίμως (ἀνύω), fördernd, wirksam, *εἴς τι, τὸ διὰ πάντων ἀνύσιμον* das durch alle Handlungen sich hinziehende Vermögen zu fördern.
ἄνῠσις [ᾰ], εως, ἡ (ἀνύω), ep. Vollendung, Erfüllung, Erreichung eines Zweckes, Erfolg, *ἄνυσις οὐκ ἔσσεται αὐτῶν* sie werden nichts ausrichten, *οὐκ ἄνυσιν δήομεν* wir erreichen nichts (vgl. *ἡ ἄνη*).
Ἄνυσις, ion. ιος, 1) masc. ägyptischer König unbestimmter Zeit. 2) fem. Hauptstadt des *νομὸς* **Ἀνύσιος** in Ägypten, ägypt. Unas.
ἀνυστός, att. **ἀνυστός,** 3. (s. ἀνύω, ἀνύω, ᾰ), tunlich, durchführbar; *ὡς ἀνυστόν (ἐστιν)* so viel als möglich.

Ἄνυτος, reicher Lederfabrikant (βυρσοδέψης) in Athen, angesehener Politiker, Parteigenosse des Thrasybulos, später Mitkläger gegen Sokrates.

ἀνύτω, ἀνύτω, s. ἀνύω, ἀνύω.

ἀν-υφαίνω (ἀνά, ὑφ.), von neuem, wieder weben.

ἀνύω, att. **ἀνύω**, u. **ἀνύτω**, att. **ἀνύτω** (urspr. ἄνυμι, ἄνω aus *ἀνϝω), Impf. ἤνυ(τ)ον, Fut. ἀνύσω u. ἀνύσομαι, Aor. ἤνυσα u. ἠνυσάμην, Perf. act. ἤνυκα, pass. ἤνυσμαι, Pass. Aor. ἠνύσθην, Fut. ἀνυσθήσομαι, Adj. verb. ἀνυστός (vgl. ἀνήνυτος; sämtl. Formen auch in Attikern noch vielfach mit ἁ- geschr.), ep. Futur auch ἀνύω. Fut. u. Aor. auch mit σσ, u. buk. ἀνυσάμαν.

I) **Akt.** • 1) **trans.** zum Ziele, Gelingen bringen, **vollenden**, vollführen, **ausrichten** • a) τί, z. B. μικρόν Plat., γαστρὶ φορβάν Nahrung für den Leib erzielen, erbeuten Soph., ἀγωγάν Hilfe bewerkstelligen Soph.; εἰ ἠ. ἐκτοπίαν φλόγα wenn ihr vertrieben habt Soph.; Med. zu seinem Vorteil: τάδε ἔργα Hom.; mit Inf. ἤνυσε γενέσθαι bewirkte, daß Soph. OT. 720 • b) einen Weg vollenden, zurücklegen, oft ohne ὁδόν, Ἅιδαν, θάλαμον zum Hades, in das Brautgemach (des Hades) wallen, gelangen; vorankommen (beim Reisen) • c) φλόξ σε ἤ. verzehrte Hom. • 2) intr. **zustande kommen**, vorwärts kommen, οὐκ ἀνύω φθονέουσα durch neidisches Widerstreben richte ich nichts aus Hom., εὐδαίμων ἀνύσει du wirst es zum Glück bringen Soph., abs. οὐκ ἤνυτον, d. h. das, was sie wollten; Part. bei Imper., z. B. δὸς ἀνύσασα = schleunig.

II) **Pass.** vollendet werden • 1) von der Zeit: νὺξ ἄνεται die Nacht läuft zu Ende Hom., πέμπτῳ ἔτεϊ ἀνυμένῳ im Laufe des fünften Jahres Hdt. • 2) von Menschen: erzogen werden Aesch.

I. **ἄνω** [ᾱ, nur Il. 18, 373 ᾰ], ep. poet. u. ion. Impf. ἦνον u. ἤνετο, = ἀνύω, s. d.

II. **ἄνω**, Adv. (ἀνά) • 1) vom Raum: **oben** und **nach oben**, hinauf, **aufwärts**, empor, landeinwärts, von der Küste nach dem Innern zu • 2) von der Zeit: **früher**, von Schriften wie unser „weiter oben“ • 3) insbes. verbunden • a) mit Verben wohin? **aufwärts**, hinauf, wo? **droben**: ἄνω καθῆστο das Volk saß oben, d. h. auf der Pnyx Dem., ἄνω στρατεύεσθαι ins Innere des Landes, ἔτι ἄνω noch weiter ins Innere, doch ἄνω πορεύεσθαι bloß: vorrücken, ἄνω ποταμῶν χωροῦσι παγαί die Quellen fließen stromaufwärts = der Lauf der Natur ändert sich Eur. Med. Übertr. ἄνω βλέπειν noch leben • b) attributiv mit Nomina: ὁ ἄνω βασιλεύς König im Oberlande (in Persien), οἱ ἄνω die Lebenden Soph. (οἱ κάτω die Toten), ἄνω θεοί die Götter der Oberwelt, οἱ ἄνω τόποι das Innere, die innern Gebiete Asiens, ἡ ἄνω Ἀσίη das obere Asien, d. h. das vom Ägäischen Meere östlich gelegene, aber οὔτε τὰ ἄνω χωρία οὔτε τὰ κάτω Nord-Süd Hdt. 1, 142, vgl. 1, 72, dah. substantiviert: εἰς τὸ ἄνω aufwärts u. (zeitlich) rückwärts, d. i. in eine frühere Vergangenheit; in aufsteigender Linie; εἰς τὸ κάτω καὶ ἐπὶ τὸ ἄνω in ab- und aufsteigender Linie • 4) oft in der Zusammenstellung ἄνω κάτω τιθέναι od. ποεῖν das Oberste nach unten kehren, alles gänzlich umstürzen (Hdt.), ἄνω (τε) καὶ κάτω, auch bloß ἄνω κάτω aufwärts u. abwärts, auf u. nieder, Land auf Land ab, kreuz u. quer; überh. hin u. her, darunter u. darüber • Kompar. **ἀνωτέρω**, höher, weiter vorwärts, προκόπτεσθαι vom Fleck rühren Hdt. • Superl. **ἀνώτατα** u. **ἀνωτάτω**, am höchsten, auf dem höchsten Punkte.

ἀνῶ, Konj. aor. 2. von ἀνίημι.

ἄνωγα [ᾰ], ep. ion. u. poet., altes Perf. (v. St. ἠγ in ἠμί, s. d., u. ἀνά) ohne Redupl. mit Präs.-Bdtg. (nur Soph. OC 904 an das Perf. erinnernd), 2. sing. ἄνωγας, 3. ἄνωγεν, 2. sing. imp. ἄνωχθι, 3. ἀνωγέτω, gew. ἀνώχθω, 2. plur. ἄνωχθε, inf. ἀνωγέμεν st. ἀνωγέναι, Plqpf. mit Impf.-Bdtg. ἠνώγεα, 3. sing. ἠνώγει(ν), ἀνώγει; daneben auch Formen v. Präs. **ἀνώγω**, Impf. ἤνωγον und ἄνωγον, Fut. ἀνώξω, Aor. 1. ἤνωξα — *iubeo*, befehlen, heißen, gebieten, ermahnen, antreiben, τί u. τινά, selten τινί, oft mit folg. Inf. od. Akk. u. Inf.

ἀνώ-γαιον, att. **ἀνώγεων**, ω, τό (γαῖα), eig. das obere Stockwerk des Hauses, daher a) der Speicher zur Aufbewahrung der Früchte. b) der Speisesaal im Obergemach, N. T. (vgl. ἀνάγαιον u. ἀνάκιον).

ἀνῷγεν, ep. 3. s. impf. = ἀνέῳγε, von ἀνοίγω.

ἀνώγω s. ἄνωγα.

ἀνωδυνίη, ἡ, ion. Schmerzlosigkeit.

ἀν-ώδυνος, 2. (ὀδύνη), poet. u. sp. schmerzlos; schmerzstillend. Adv. **-ύνως**, sp. ohne Schmerzen, ohne Schmerz zu verursachen od. zu leiden.

ἄνωθεν, Adv. (ἄνω), **von oben her.** 1) örtlich: ὕδατος ἀ. γενομένου vom Himmel Thuk., ἔβαλλον ἄ. Thuk.; speziell: aus dem Binnenlande Thuk. 1, 59, ἄ. ἐπέπεσον von Norden Hdt.; oft = ἄνω: οἱ ἄνωθεν Lebenden Aesch. 2) zeitlich: **von Anbeginn**, von Alters her, οἱ ἄνωθεν πρόγονοι die Vorahnen, πονηρός von jeher schlecht, ἐν τοῖς ἄνωθεν χρόνοις in alten Zeiten. 3) im N. T. auch: von Anfang an, aufs neue, abermals; πάλιν ἄ. wieder von vorne.

ἀν-ωθέω, Fut. ἀνώσω, Aor. ἀνέωσα usf., 1) hinausstoßen, ἀνώσαντες πλέον sie stießen das Schiff vom Lande ab und fuhren dann weg, übertr. τὴν πόλιν εἰς τοὺς πολεμίους die Stadt den Feinden in die Hände spielen. 2) Med. ion. von sich zurückdrängen, gewaltsam abwehren.

ἀν-ώιστος, 2. (οἴομαι), sp. unvermutet, ungeahnt. Adv. **ἀνωιστί**, ep.

ἀν-ώλεθρος, 2. (ὄλεθρος), unverwüstlich, unvergänglich.

ἀνωμαλία, ἡ, Unebenheit (des Bodens), Ungleichförmigkeit, Ungleichartigkeit, Ungleichheit. Von

ἀν-ώμαλος, 2. (ὁμαλός), Adv. **-άλως**, 1) uneben, vom Boden, τὸ ἀνώμαλον die Unebenheit. 2) ungleichartig, verschieden. 3) ungleichmäßig, schwankend (v. Charakter).

ἀνωμοτί, Adv., ion. ohne Schwur. Von

ἀν-ώμοτος (ὄμνυμι), 2. a) unbeeidigt. b) unbeschworen.

ἀν-ωνόμαστος, 2. poet. unaussprechlich.

ἀν-ώνυμος, 2. (ὄνυμα äol. st. ὄνομα), 1) ohne Benennung, ohne entsprechende Bezeichnung (in der Sprache), unbenannt, ungenannt, θεαί = Eri-

nyen; keinen Namen habend, ἐπὶ τοῦ δικαστοῦ für die Betätigung als Richter. **2)** ruhmlos.
ἀνώξω, s. ἄνωγα.
ἀνωρίη, ἡ, ion. Unzeit, unrechte, unpassende Zeit, z. B. τοῦ ἔτους, mit folg. Inf. πολεμέειν. Von
ἄν-ωρος, 2. (ὥρα), ion. = ἄωρος.
ἀνῷσαι, ion. st. ἀνοῖσαι, s. ἀναφέρω.
ἀνώτατος, 3. (ἄνω), ion. der Oberste, Höchste, *supremus*. Über **ἀνωτάτω** s. ἄνω.
ἀνωτερικός, 3. N. T. höher gelegen. Von
ἀνώτερον, Adv., N. T. höher oder früher.
ἀνωτέρω, s. ἄνω.
ἀν-ωφελής, 2. (ὄφελος), nutzlos, ohne Ertrag, nichtsnutzig, schädlich; sp. εἰς ἀνωφελὲς καθιστάναι nutzlos machen.
ἀν-ωφέλητος, 2. (ὠφελέω), nutzlos, nichtsnutzig.
ἀν-ώχῦρος, 2. unbefestigt.
ἄ-ξενος, 2., ion. u. poet. **ἄ-ξεινος,** ungastlich, unwirtlich. Als Eigenn. **Ἄξεινος,** ὁ, das Schwarze Meer (vgl. **Εὔξεινος**).
ἄ-ξεστος, 2. (ξέω), poet. unbehauen.
ἀξία, ἡ (eigtl. Fem. von ἄξιος), Wert, *pretium*, *dignitas*, **a)** der angemessene Preis od. Wert, Schätzung, Ehre, οἱ ἐπ' ἀξίας Männer in Amt u. Würden, angesehene Männer. **b)** *meritum*, das Gebührende, insbes. Lohn, Strafe, κατὰ (τὴν) ἀξίαν nach Wert, Verdienst, Gebühr, Würde, πρὸς τὴν ἀξίαν mit Berücksichtigung des Verdienstes, σὺν τῇ ἀξίᾳ nach Rang und Verdienst, dag. ὑπὲρ τὴν ἀξίαν über Gebühr, u. παρὰ τὴν ἀξίαν gegen Verdienst, ohne Verschulden.
ἀξι-αφήγητος, sp., ion. **ἀξιαπήγητος,** 2. erzählenswert, erwähnenswert.
ἀξι-έπαινος, 2. lobenswert.
ἀξι-έραστος, 2. liebenswürdig.
ἀξίνη [ῑ], ἡ, Axt, insbes. ep. Streitaxt, *ascia*.
ἀξιο-βίωτος 2. der Mühe zu leben wert.
ἀξιό-εργος, 2. der Arbeit gewachsen.
ἀξιο-θαύμαστος, 2. bewundernswürdig.
ἀξιο-θέᾱτος, ion. **ἀξιοθέητος,** 2. sehenswert, bemerkenswert.
ἀξιό-θρηνος, 2. poet. beweinenswert.
ἀξιο-κοινώνητος, 2. der Gemeinschaft wert.
ἀξιό-κτητος, 2. besitzenswert.
ἀξιό-λογος, 2. der Rede wert, bedeutend, ansehnlich, angesehen. Adv. **-λόγως,** in nennenswerter, denkwürdiger Art, ordentlich.
ἀξιο-μακάριστος, 2. glücklich zu preisen.
ἀξιό-μᾰχος, 2. Adv. -άχως, kampfwürdig, d. h. **1)** wert bekämpft zu werden. **2)** im Kampfe gewachsen, τινί und πρός τινα, mit Inf.
ἀξιό-μῑσος, 2. poet. hassenswert.
ἀξιο-μνημόνευτος, 2. denkwürdig, behaltenswert.
ἀξιό-νῑκος, 2. des Sieges, Preises wert; Kompar. mit folg. Inf.: mehr, eher wert, etwas zu erhalten.
ἀξιο-πενθής, 2. poet. beklagenswert.
ἀξιό-πιστος, 2. glaubwürdig, zuverlässig, εἴς τι.
ἀξιο-πρεπής, 2. der Würde entsprechend.
ἀξι-όρατος, 2. sp. sehenswert.
ἄξιος, 3. (*ἀγ-τι-ος „gewichtig", ἄγω „wiegen"), an Wert aufwiegend, βοὸς ἄ. so viel Wert wie Hom., **würdig,** wert, **billig,** der Mühe lohnend, verdienend (Gutes wie Schlimmes) • **1)** abs. τίς ἂν ἀξίαν μεταβάλοιτ' ἂν σιγὰν λόγων wer würde angemessen handeln, wenn er usw. Soph. El. 1260; ἄξιον εἶναι ein Ersatz sein, ἄξιον ἀλφεῖν etwas Stattliches einbringen Hom. • **2)** mit Gen., bes. πολλοῦ (πολέος), ὀλίγου, οὐδενός viel, wenig, nichts wert, ἦμαρ ἄξ. πάντων für alles Erduldete Ersatz bietend Hom.; παντὸς ἄξ. außerordentlich wertvoll; zugleich mit dem Dat. τινὸς ἄξιός τινι: πολέος δέ οἱ ἄ. ἔσται wird für ihn von hohem Wert sein Hom • **3)** mit Inf. ἐπαινεῖσθαι wert, gelobt zu werden, auch mit Inf. act. ἄξ. συμβαλέειν wert, ihn zu vergleichen • Sehr oft unpers. ἄξιον (meist ohne ἐστί) es ist der Sache angemessen, es lohnt der Mühe, **es ist recht,** löblich, verständig, billig, **geziemt sich,** mit A. c. I. od. Inf. • Adv. ἀξίως mit Recht, verdientermaßen. Superl. ἀξιώτατον aufs billigste, πρίασθαι, πωλεῖν.
Ἀξιός, οῦ, od. **Ἄξιος,** ου, ὁ, Fluß in Makedonien, j. *Vistrizza*.
ἀξιό-σκεπτος, 2. beachtenswert, erwägenswert.
ἀξιο-σπούδαστος, 2. Eifers wert.
ἀξιο-στράτηγος, 2. würdig Feldherr zu sein.
ἀξιο-τέκμαρτος, 2. gültig beweisend; auch Kompar.
ἀξιόχρεως, εων, Gen. ω, Nom. plur. masc. ἀξιόχρεῳ, neutr. ἀξιόχρεα, Superl. ἀξιοχρεώτατος (χρεία), dem Bedarf entsprechend, der Sache angemessen, daher geeignet, tüchtig, wacker, von Belang, ansehnlich, der Mühe wert, triftig, im bes. glaubwürdig, τινός einer Sache angemessen od. wert oder πρός τι zu etwas, od. mit Inf. geeignet etwas zu tun, ἐπ' ἀξιόχρεων zu einem lohnenden Unternehmen.
ἀξιόω (ἄξιος), entsprechend machen • **1)** für entsprechend halten, achten, τινά τινος jmd. einer Sache für würdig, **wert erachten,** τινά τινι jmd. womit beehren; und bei den Trag. ohne solche Zusätze, hochschätzen, **ehren,** τινά. Med. οὐκ ἀξιοῦμαι halte mich nicht für würdig Hdt. 7, 16; vgl. 1, 199: ich halte es unter meiner Würde • **2)** für angemessen erachten, für recht halten, **verlangen,** wollen, fordern, **beanspruchen,** frz. *prétendre*, beantragen, sich herausnehmen, wagen, aber auch abwarten wollen, sich bescheiden, auch bitten τινά τι • **3)** als glaubwürdig annehmen, **glauben,** dafür halten, mit Inf., ἵνα, ὅπως.
ἀξι-ώλεθρος, sp. verderblich.
ἀξίωμα, τό, **1)** *dignatio*, Wertachtung, Geltung, Würde (auch σώματος), Ansehen, hoher Stand, *auctoritas*, Achtung, οἱ ἐν ἀξιώματι die Angesehenen. **2)** *auctoritas*, Willensmeinung, Richtung, Verlangen, Anspruch, Forderung. **3)** sp. *enuntiatum*, Axiom, ein ohne Beweis als wahr angenommener Grundsatz (t. t. d. Philos.). Dav.
ἀξιωματικός, 3. sp. würdevoll.
ἀξίωσις, εως, ion. ιος, ἡ, **1)** Wertachtung, Ehrbezeigung, gute Meinung, Achtung, Ansehen, Rang, παρά τινι u. εἴς τινα (Hdt. 6, 130 τῆς ἀξιώσιος εἵνεκα τῆς ἐξ ἐμοῦ γῆμαι um der Achtung willen, die ihr mir erwieset durch eure Werbung um meine Tochter). **2)** Meinung, Ansicht, παρά τινος. **3)** Ansprüche, auch angemaßte, dah. Anmaßung,

πρός τινα und ἀπό τινος Forderung, Ansuchen, τὰ τῆς ἀξιώσεως Verdienste u. Ansprüche.

ἀ-ξόανος, 2. (ξόανον), ohne geschnitzte Götterbilder.

ἀξονηλατέω, poet. die Achse drehen, überh. (den Staatswagen) lenken.

ἀξον-ήλᾰτος, 2. (ἄξων, ἐλαύνω), poet. um die Achse getrieben, sich drehend.

ἀ-ξυγκρότητος, 2., s. ἀσυγκρ.

ἄ-ξῠλος, 2. **1)** (ἀ intens.) holzreich. **2)** ion. (ἀ privat.) holzarm, unbewachsen.

ἀξυμβ- u. **ἀξυν-** s. unter ἀσυμβ- u. ἀσυν-.

ἄξων, ονος, ὁ (lat. *axis*, ahd. *ahsa*), ep. **1)** die **Achse**, **bes. die Wagenachse, im Plur. für die Räder selbst. 2) auch die hölzernen Gesetztafeln in Athen, welche auf einer Achse umgedreht werden konnten. 3) die zweiteilige Stange des Pferdegebisses. 4) sp. die [Achse der Weltkugel.**

ἄοζος, ὁ, poet. Opferdiener.

ἀοιδή, ἡ, ep. u. poet., zsgz. ᾠδή (ἀείδω, ᾰ), Gesang, und zwar **a)** das Singen. **b)** das Lied, Gedicht. **c)** Gegenstand des Gesanges, Sage.

ἀοιδιάω, ep. singen.

ἀοίδιμος, 2. ep. ion. poet. u. sp. besungen, berühmt; ep. berüchtigt. Von

ἀοιδός, ὁ, ἡ, (ἀείδω, ᾰ), ep. u. poet., eigentl. Adj., dah. auch ἀ. ἀνήρ, gew. Subst. ὁ ἀ. Sänger, Dichter, überh. Verkündiger in **Versen**; die Sphinx, weil sie ihr Rätsel in Versen vortrug Soph. O. R. 36; der Mann der Zaubersprüche, ἐπῳδαί, womit er heilt.

ἀοίκητος, 2. unbewohnt, unbewohnbar.

ἄ-οικος, 2. unbehaust, obdachlos, heimatlos.

ἄ-οινος, 2. ohne Wein, d.i. keinen Wein trinkend od. habend, Gegenden u. Personen; Eumeniden, weil ihnen Spenden ohne Wein dargebracht wurden.

ἄ-οκνος [⏑⏑], 2. ohne Zaudern, *impiger,* entschlossen, unverdrossen, τινός in etwas; τὸ ἄοκνον die Unverdrossenheit.

ἀολλήδην, Adv., buk. zusammen Von

ἀολλής, 2. (εἴλω. u. ἀ copul.), ep. u. poet. dicht **zusammengedrängt, in geschlossenen Massen, in Haufen, alle zusammen, auch von zweien, hart aneinander stoßend.** Dav.

ἀολλίζω, ep. u. poet. Aor. act. ἀόλλισσα, pass. Inf. ἀολλισθήμεναι, zusammenbringen, versammeln, Pass. sich versammeln.

Ἄονες, όνων, οἱ [ᾰ], poet. die ältesten Bewohner Böotiens; daher **Ἀόνιος,** 3. [ᾰ] böotisch.

ἄ-οπλος, 2. u. **ἄν-οπλος,** 2. waffenlos, bes. ohne Schild, unbewaffnet, wehrlos = γυμνός, ἅρματα Wagen ohne Sicheln.

ἄ-οπτος, 2. ungesehen.

ἄορ, ἄορος, τό [ᾰ, in der Arsis auch ᾱ], metapl. Akk. ἄορας (v. ἀείρω, 'Angehängtes'), das Schwert, das am Wehrgehenk (ἀορτήρ) hangend getragen ward; Od. 17, 222 als edles, ehrendes Gastgeschenk.

ἀ-όρᾱτος, 2. **1)** nicht sehend. **2)** ungesehen, unsichtbar, τινί; Adv. heimlich.

ἀοργησία, ἡ, Freiheit von Zorn, Selbstbeherrschung, (schwächliche) Gelassenheit (u. Unfähigkeit, in edeln Zorn zu geraten). Von

ἀ-όργητος, 2. sp. der nicht in Zorn gerät.

ἀ-όριστος, 2. **1)** unabgegrenzt (dah. unbebaut), überh. unbestimmt, ohne (zeitliche od. ähnl.) Begrenzung und Beschränkung, ohne Termin; auch prolept. so daß es „ohne bestimmten Termin, unbestimmt" ist (Dem. 4, 36). **2)** sp. nicht abgrenzbar (weil ohne Ausdehnung), unabgrenzbar klein. **3)** insbes. sp. als gramm. t. t. ὁ ἀόρ. (χρόνος), der Aorist.

ἄ-ορνος, 2. sp. ohne Vögel, ἄορνα ὕψη die kein Vogel erreicht, dah. ἡ **Ἄορνος** (πέτρα) Name, den die Griechen mehreren Felsenschlössern in Indien gaben, auch eine Stadt in Baktrien, ἡ Ἄ. (mit u. ohne λίμνη) u. ὁ Ἄ. (κόλπος) *lacus Avernus* bei Cumä. *Aornus.*

ἀορτέω (ἀείρω), poet. aufhängen.

ἀορτήρ, ῆρος, ὁ (ἀείρω), ep. Koppel, an der das Schwert hängt, Tragband, z. B. an einem Ranzen, insbes. Wehrgehenk, auch im Plur.

ἄ-οσμος, 2. (ὀσμή), **geruchlos, auch übelriechend.**

ἀοσσέω (verw. *socius*), buk. beistehen. Dav.

ἀοσσητήρ, ῆρος, ὁ, ep. Helfer, Beschützer, Hort.

ἄ-ουτος, 2. (οὐτάω), ep. unverwundet. [Von

ἀοχλησία, ἡ, sp. Ungestörtheit, ungestörte Ruhe.

ἀ-όχλητος, 2. (ὄχλος), **Neutr. τὸ ἀ. die behagliche** [Ruhe.

ἀπαγγελία, ἡ, Bericht, Erzählung. Von

ἀπ-αγγέλλω, Impf. iterat. ep. ἀπαγγέλλεσκον, Fut. ep. ἀπαγγελέω, Aor. ion. auch **ἀπήγγελον, 1)** vermelden, berichten, **ausrichten, (πάλιν)** zurückberichten, *referre*; selten abs. ὁ ἀπαγγέλλων der es berichtet, wieder erzählt. **2)** bekannt machen, erklären, gew. τί τινι, doch auch εἴς, πρός, ἐπί τινα, u. statt τὶ περί τινος ein Nebens. mit ὡς, ὅτι, od. persönl. Pass. mit Part. es wurde von ihm **berichtet, daß** er. **3) Im N. T. auch** loben, preisen. [fort damit!

ἄπαγε (eigentl. Imp. von ἀπάγω), poet. als Interj.

ἀ-πᾰγής, 2. (παγῆναι), ion. nicht fest, nicht steif.

ἀπ-ᾰγῑνέω, ion. (ἀπάγω), abführen, Tribut; φορτία Waren ausführen.

ἀπ-αγόρευσις, εως, ἡ, Erschöpfung.

ἀπ-ᾰγορεύω, Fut. **ἀπερῶ,** pass. ἀπορρηθήσομαι, Aor. **ἀπεῖπον** (s. d.), Perf. act. **ἀπείρηκα** u. bei Luk. ἀπηγόρευκα **versagen. 1)** trans. **a)** verweigern, untersagen, **verbieten,** gew. μὴ ποιεῖν τι, auch mit folg. A. c. I., **b) abraten,** πολλά ernstlich. **2)** intr **versagen,** müde, stumpf sein od. werden, **ermatten, τινί** an od. mit etwas, τῷ πολέμῳ sich im Kriege nicht mehr halten können Plut.; εἴς, πρός τι zu, gegen etwas, od. mit Partiz. müde, stumpf werden etwas zu tun, auch ὑπὸ **πόνων ich werde erschöpft** Xen., und von Sachen: τὰ ἀπαγορεύοντα Unbrauchbares Xen.

ἀπ-αγριόομαι, Pass. verwildern; sp. erbittert wer-[den. Dav.

ἀπαγρίωσις, ἡ, sp. die Verwilderung.

ἀπ-άγχω, 1) Akt. ep. u. sp., Aor. -άγξαι, erwürgen, erdrosseln, τινά. **2)** Med., Fut. -άγξομαι, Aor. -ηγξάμην, sich erhängen, ἔκ τινος an etwas, οἱ ἀπαγχόμενοι die Selbstmörder.

ἀπ-άγω abführen • 1) wegführen, **fortschaffen,** βόας καὶ μῆλα Hom., Med. seine Habe wegführen Xen., παρθένον als Frau heimführen Hdt., insbes. • **a)** von Truppen: **wegziehen,** abmarschieren lassen, und ellipt. (στρατιάν) abziehen, abmarschieren • **b)** von Ertappten, Angeklagten, Gefangenen, Verbrechern (vgl. ἀπαγωγή):

verhaften, abführen, ins Gefängnis oder zum Tode, τὴν ἐπὶ θανάτῳ (sc. ὁδόν); m. Gen. **verklagen**, ἀσεβείας Dem. • c) ἐς ὀξὺ ἀπηγμένος in eine Spitze auslaufend Hdt. 7, 64 • 2) weg- u. herbeiführen, z. B. ἵππους, οἴκαδε, ἐπ' οἴκου heimführen, auch ohne Beisatz Il. 18, 326; verführen • 3) abliefern, entrichten, φόρον, δέον Xen., Thuk., Arist. • 4) übertr. τὴν ἀπαγωγήν die Klageformel ausführen Lys., τὴν γνώμην den Sinn ablenken, ἐπί τι Thuk. (τὸ ὀργιζόμενον τῆς γνώμης), ἀπὸ τοῦ ὄντος Plat. • 5) intr., verst. ἑαυτόν, weggehen, wohin ziehen. (ἄπαγε s. ob.).

ἀπᾰγωγή, ἡ, die Abführung, **a)** Wegführung von einem Orte nach einem andern. **b)** Verhaftungsantrag gegen überführte Verbrecher. **c)** ion. u. sp. die Abtragung eines Tributs.

ἀπ-ᾰδεῖν, ἑειν, ion. st. ἀφαδεῖν, s. ἀφανδάνω.

ἀπ-ᾴδω, im Tone abweichen, falsch singen; nicht übereinstimmen.

ἀπ-ᾰείρω, s. ἀπαίρω.

ἀπ-ᾰθᾰνᾰτίζω, **1)** unsterblich machen; bei den Skythen: einem Gotte opfern und dadurch unsterblich machen. **2)** an Unsterblichkeit glauben.

ἀπάθεια, ἡ, Unempfindlichkeit, stoische Gelassenheit. Von

ἀπᾰθής, 2., Adv. -ῶς (πάθος), **1)** nicht empfunden habend, unbekannt mit, frei von etwas, τινός meist von Schlimmem, *inexpertus*. **2)** abs. leidlos, unversehrt, unbehelligt, ungestraft, ohne Verlust, u. zwar τινί, ὑπό u. ἀπό τινος von, u. mit dem Akk. τὸ πρόσωπον im Gesichte. **3)** nicht empfindend, nicht erduldend, unempfindlich, τινί u. πρός τι für etwas; stumpfsinnig gegen, καλῶν; leidenschaftslos, weise (stoisch); τὸ ἀπαθές sp. die Unempfindlichkeit, ὑπό τινος.

ἀπαιδευσία, ἡ, Mangel an Bildung, Ungebildetheit, Rohheit (ὀργῆς, des Zorns). Von

ἀ-παίδευτος, 2. (Adv. -εύτως), ununterrichtet, ungebildet, töricht, albern, unweise; ungeschickt, τινός in etwas, oder mit Nebens. u. ὡς.

ἀπαιδία, ion. -ίη, ἡ (ἄπαις), Kinderlosigkeit.

ἀπ-αίνυμαι, Impf. ἀποαίνυτο, ep. Dep., wegnehmen, entziehen, τί u. τί τινος einem etwas.

ἀπ-αιολάω, poet. verwirren, irre machen; τινά τινος jmd. um etwas betrügen. Dav.

ἀπαιόλημα, τό, poet. betrügerische Beraubung.

ἀπ-αιρέω, auch ἀπαιρεθέω, st. ἀφαιρεθῶ, s. ἀφαιρέω.

ἀπ-αίρω, Impf. iterat. ion. ἀπαιρέεσκον (and. ἀπαίρεσκον), Fut. ἀπᾰρῶ, mit der ep. Nebenf. ἀπ-αείρω (s. αἴρω) *tollere*, **1)** trans. **wegheben**, τί etwas, zurückziehen von τινός, τὰς νῆας die Flotte aufbrechen lassen; im N. T. wegnehmen. **2)** gew. scheinbar intr. *proficisci* (elliptisch), aufbrechen, absegeln, *movere*, abmarschieren, abreisen, πρεσβείαν antreten. **3)** Med. sich hinwegheben, hinweggehen.

ἄ-παις, ἄπαιδος, ὁ, ἡ, **1)** kinderlos, oft m. hinzugef. Gen. ἄπαις γόνου und ähnl., ohne Nachkommenschaft, ἀπ. οὐσία ein Vermögen ohne natürliche Erben. **2)** poet. nicht mehr Kind.

ἀπ-αίσιος, 2. sp. von unglücklicher Vorbedeutung.

Ἀπαισός, St. in Kleinmysien, = Παισός.

ἀπ-αΐσσω s. ἀπᾴσσω.

ἀπ-αισχύνομαι, Pass. mit Fut. med. ἀπαισχυνοῦμαι, aus Scham abstehen von etwas, etw. unterlassen.

ἀπ-αιτέω, mit der ep. Nebenf. ἀπ-αιτίζω, *deposco, repeto*, abfordern, einfordern, zurückfordern, fordern, τί τινα und παρά τινος etwas von einem fordern, einen an etwas mahnen, λόγον τινά einem Rechenschaft abfordern, εὐθύνας verantwortlich machen. Dav.

ἀπαίτησις, εως, ἡ, das Abfordern, die Rückforderung.

ἀπ-αιτίζω, s. ἀπαιτέω.

ἀπ-ᾰκρῑβόω, abzirkeln, bis aufs genaueste ausarbeiten, vollenden.

ἀ-πάλαιστρος, 2. (παλαίστρα), sp. nicht in der Ringschule geübt, ungeschickt.

ἀπ-άλαλκε u. ähnl., s. ἀπαλέξω.

ἀ-πάλαμνος, 2. u. poet. ἀπάλαμος, 2. (παλάμη), eigentl. ohne Hand, ep. **1)** unbehilflich, ratlos, unschlüssig, tatenlos. **2)** nicht oder schwer zu behandeln, trotzig. **3)** poet. rettungslos, heillos.

ἀπ-ᾰλγέω, **1)** den Schmerz verwinden, verschmerzen, τί etwas, *patior*. **2)** ohne sittliches Gefühl sein, N. T.

ἀπ-ᾰλείφω, ausstreichen.

ἀπ-ᾰλέξω, Fut. -ξήσω, ep. Aor. 2. ἀπάλαλκον, ep. u. poet. abwehren, fernhalten, τινά u. τινά τινος jmdn. von einem, d. h. ihn gegen jmdn. verteidigen, aber τινὰ κακότητος jmdn. vom Unheil fernhalten, d. h. davor bewahren, auch τί τινι. Med. sich verteidigen, πρός τι.

(ἀπ-άλθομαι), def. Fut. ἀπαλθήσομαι, ep. gänzlich heilen, ausheilen, τί.

ἀπαλλαγή, ἡ (ἀπαλλάσσω), die Trennung d. i. **1)** Befreiung, Errettung, Erlösung. **2)** das Loskommen, dah. Abzug, Rückzug, Scheidung, das Abscheiden, τοῦ βίου; Ehescheidung.

ἀπ-αλλακτιάω, sp., und

ἀπαλλαξείω, befreit zu werden wünschen.

ἀπάλλαξις, εως, ion. ιος, ἡ, **1)** das Loskommen, die Befreiung. **2)** ion. Rückzug. Von

ἀπ-αλλάσσω, att. -ττω, Fut. med. -άξομαι auch in passiv. Bdtg., Impf. u. Aor. bei Hdt. auch ohne Augm., Adi. verb. ἀπαλλακτέον.

I) Akt. • **1)** trans. • **a) fortschaffen**, entfernen Πελοποννησίους ἐκ τῆς χώρας Thuk., ablösen Thuk. 1, 129, entlassen Thuk., λόγον abbrechen Eur.; sich entledigen (des Gegners) Dem. Lys.; einen Gläubiger beschwichtigen, befriedigen Dem. • **b) befreien** von τινά τινος, erlösen παῖδα δυσμορφίης Hdt., γένος erlösen Soph. Ant. 596; χερός die Rechtsansprüche aufgeben, für quitt erklären Dem.; aber χερῶν τι aus den Händen geben Eur., σφαγῆς χεῖρα die Hand vom Morde wegziehen Eur. IT. 994 • **2)** intr. **wegkommen**, ablaufen, mit Part., χαίρων ich komme glücklich weg Hdt.; πῶς ἀπήλλαχεν ἐκ τῆς ὁδοῦ; wie ist ihm der Marsch bekommen? Xen.

II) Pass. • **1)** in rein pass. Bdtg. • **a) sich befreien**, sich losreißen, τινός u. ἀπό τινος von etwas, βίου vom Leben, auch abs. vom Leben scheiden, sterben Eur. Plat. • **b)** beschwichtigt werden, sich beschwichtigen lassen, vom Kläger, u. vom Beklagten: seiner Schuld quitt werden, loskommen; N.T. sich aussöhnen, ἀπό τινος • **2)** intr. • **a) sich wegbegeben**, abziehen, ἐκ τῆς χώρης

Hdt., ἐκ γῆς πόδα Eur. • **b)** sich von einer Sache losmachen, mit ihr fertig werden, λόγων ein Ende machen Soph., mit Inf. u Part. ablassen, ἀπαλλάχϑητι εἰπών sag endlich (u. dann Schluß!) Plat., κρῖναι οὐκ ἀπήλλακτο er entbehrte nicht eines treffenden Urteils Thuk. • **c)** ***ἀπήλλαγμαι*** **entfernt sein,** πολλὸν ἀπηλλαγμένος tief unter ihm stehend; frei von αἰσχύνης Thuk.; verschieden Hdt.; ἀπήλλακται es ist abgetan, abgemacht Plat.

ἀπ-αλλοτριόω, entfremden.

ἁπαλό-ϑριξ, τρίχος, ὁ, ἡ, poet. mit weichem Haar.

ἀπ-αλοάω, u. ep. ***ἀπ-αλοιάω,*** ausdreschen; übertr. zerschlagen, zerschmettern.

ἁπᾰλός, 3. jugendlich frisch, saftig, zart, weich, ep. ἁπαλὸν γελᾶν herzlich lachen. Dav.

ἁπᾰλότης, ητος, ἡ, Jugendlichkeit, Zartheit, Weichheit.

ἁπᾰλο-τρεφής, έος, 2. ep. wohl genährt.

ἁπαλό-χρως, gen. χρωτος u. ***ἁπαλόχρους,*** 2. von jugendlich zarter Haut.

ἁπαλύνω, **1)** Akt. weich machen, verweichlichen. **2)** Pass. poet. weich, geschmeidig werden.

ἀπ-αμαλδύνω, poet. ganz zerstören, verdunkeln.

ἀπ-ᾰμάω (mit Tmesis), ep. u. poet. abmähen, abschneiden (ἀπᾰμήσειε var. Σ 34).

ἀπ-αμβλίσκω, sp. eine Fehlgeburt tun.

ἀπ-αμβλύνω, schwach machen, lähmen; Med. kraftlos, schwach werden, εἴς τι zu etwas, u. τί in bezug auf etwas, in etwas.

Ἀπάμεια, ας, ἡ, St. **1)** am Orontes in Syrien. **2)** am Maiandros in Großphrygien. **3)** in Bithynien.

ἀπ-ᾰμείβομαι, Dep., ep. Impf. ἀπαμείβετο (spätpoet. auch ἀπάμειπτο), Aor. pass. ἀπημείφϑην (nur An. 2, 5, 15), in Reden ablösen, erwidern, τινά, auch abs. antworten.

ἀπ-αμελέω, ion. u. poet. ganz vernachlässigen od. übersehen; nur im Pass.

ἀπ-αμμένος, ion. st. ἀφημμένος, s. ἀφάπτω.

ἀπ-αμπλακεῖν, Inf. des poet. Aor. ἀπήμπλακον, = ἀφαμαρτεῖν, sich irren.

ἀπ-ᾰμύνω, abwehren, abwenden, abhalten, τινί τι etwas von jmdm.

ἀπ-ᾰναίνομαι, Dep. med., Aor. -ηνηνάμην, ep. poet. u. sp. gänzlich verneinen, abschlagen, abs. u. τί.

ἀπ-αναισχυντέω, der Schamlosigkeit die Krone aufsetzen (τοῦτο mit der Behauptung).

ἀπ-ανᾱλίσκω (s. ἀνᾱλίσκω), davon verwenden, verbrauchen, von Personen: umbringen, τὰ ἀπαναλισκόμενα der Verlust an Mannschaft.

ἀπ-ανδρόομαι, poet. zum Manne werden.

ἀπ-ᾰνευϑε u. vor Vokalen ***-ϑεν,*** ep. **1)** als **Adv.** **a)** fernab, weit ab, in der Entfernung (Il. 19, 374). **b)** abgesondert, besonders.

2) als **Präp.** mit Gen., dem es oft auch nachgesetzt wird, fern, weit weg von etwas, ἀπάνευϑε ϑεῶν ohne Zutun od. Mitwissen der Götter.

ἀπ-ανϑέω, verblühen, verwelken.

ἀπ-ανϑίζω, poet. u. sp. Blumen, Blüten abpflükken, sammeln; übertr. Schmähreden pflücken, schmähen.

ἀπ-ανϑρᾰκόω, sp. zu Kohle verbrennen.

ἀπανϑρωπία, ἡ, sp. Menschenscheu, Unhöflichkeit, Unaufmerksamkeit. Von

ἀπ-άνϑρωπος, 2. Adv. sp. ***-ώπως,*** **1)** menschenscheu, unnatürlich, gefühllos. **2)** poet. menschenleer, öde; Menschen zuwider.

ἀπ-ανίστημι, von einem Orte abziehen lassen, zum Abzug veranlassen; Med. aufbrechen, auswandern; überh. abstehen, mit Part. πολιορκέων von der Belagerung.

ἁπανταχῇ, Adv. (ἅπας), sp. überallhin.

ἁπανταχόϑεν, Adv. sp. von allen Seiten her, mit dem Gen. τῆς γῆς aus allen Enden der Welt, *undique*, überallher.

ἁπανταχοῦ, Adv., poet. u. sp. allenthalben, *ubique.*

ἀπ-αντάω, Fut. -ήσομαι **begegnen,** dah. **1)** von Personen **a)** freundlich zusammenkommen, begegnen, zusammentreffen, τινί mit einem, entgegengehen, τινί (sp. auch τινά), ἐς oder ἐπὶ τόπον an einem Orte; überh. sich an einem Orte einfinden; erscheinen, wohin kommen, πρός τι auf einen Termin; entgegnen. **b)** feindlich entgegentreten; überh. sich entgegenstellen, widerstreben. **2)** von Zuständen: begegnen, widerfahren, sich ereignen, glücken.

ἁπάντη (-ῃ), ep. Adv. (ἅπας), **a)** überallhin, nach allen Seiten hin. **b)** überall, κύκλῳ rings im Kreise.

ἀπάντημα, τό, poet. Begegnung.

ἀπάντησις, εως, ἡ (-άω), sp. **1)** das Entgegengehen, das Zusammentreffen, κατὰ τὰς ἀπαντήσεις beim Begegnen. **2)** Entgegnung.

ἀπ-αντικρύ u. ion. ***ἀπ-αντίον,*** Adv., gerade gegenüber, τινός einem Lande, ἡ ἀπαντίον ἀκτή die Küste gegenüber.

ἀπ-αντλέω, **1)** ausschöpfen, aus etw. (Wasser) schöpfen, holen. **2)** entleeren, erleichtern, vertilgen.

ἀπ-άντομαι, poet. begegnen.

ἀπ-ᾰνύω, ep. ganz vollenden, οἴκαδε (τὴν ὁδόν) die Fahrt nach Hause.

ἅ-παξ (ἁ copul. u. St. παγ, πήγνυμι, in eins geheftet) Adv. **1)** einmal, mit einem Male, auch εἰς ἅπαξ für einmal; auch: ein für allemal, mit einem Mal, sogleich. **2)** einfach. **3)** wie unser „einmal", das endliche Eintreffen von etwas bezeichnend, bes. nach ἐπεί, ὡς, εἰ, ἐάν und ähnl.

ἁπαξάπαντες etc. *cuncti simul,* alle auf einmal.

ἁπαξαπλῶς, Adv. sp. durchaus, ganz ohne Ausnahme.

ἀπ-αξιόω, für unwürdig erachten, τινός einer Sache, dah. verabscheuen, verschmähen, τί, τινά od. mit dem Inf., dann überh. Anstand nehmen, Bedenken tragen, vermeiden. (Poet. auch Med. = Akt.)

ἀπαξός, (ἀπ-), 3. ion. einzigartig, einzig in seiner Art (var.).

ἀπαππαπαῖ, poet. Ausruf und Schmerzenslaut.

ἄ-παππος, 2. poet. ohne Großvater, ohne Ahnherrn, übertr. φάος οὐκ ἄπαππον Ἰδαίου πυρός Feuer in gerader Linie von der idäischen Flamme abstammend.

ἀπ-άπτω, ion. statt ἀφάπτω.

ἀ-παράβᾰτος, 2. sp. u. N. T. **nicht übertretbar,** unverletzlich, unvergänglich, unwandelbar.

ἀπ-αραιρῆσϑαι, ion. st. ἀφῃρῆσϑαι, s. ἀφαιρέω.

ἀ-παραίτητος, 2., Adv. ***-ήτως,*** **1)** unerbittlich, περί τι bei etwas. **2)** sp. unvermeidlich.

ἀ-παρακάλυπτος, 2. unverhüllt, unverhohlen.

ἀ-παρά-κλητος, 2. unaufgefordert.

ἀ-παρακολούθητος, 2. sp. ohne Folgerichtigkeit, ziellos.
ἀ-παράλλακτος, 2. sp. unveränderlich, gleich.
ἀ-παραλόγιστος, 2. sp. nicht zu täuschen.
ἀ-παραμύθητος, 2. trostlos, ohne Linderung.
ἀ-παράμυθος, 2. poet. (ᾰπ; poet. auch ᾱπ), nicht zu beschwichtigen, unerbittlich.
ἀ-παραπόδιστος, 2. sp. ungehemmt.
ἀ-παρασκεύαστος u. **ἀ-παράσκευος,** 2. unvorbereitet, ungerüstet.
ἀπ-ᾰράσσω, Aor. ἀπήραξα u. ἀπάρ. (auch in tmesi), herunterschmettern, verscheuchen, mit raschem Schlage abhauen, so daß es kracht, χαμᾶζε zu Boden schmettern, ἀπό τινος und τινός von etwas, κρᾶτα βίου das Haupt rasch vom Leben trennen, d. h. durch Abschlagen des Hauptes töten.
ἀ-παράτιλτος, 2. poet. u. sp. nicht stutzermäßig gerupft.
ἀ-παράτρεπτος, 2. sp. unabwendbar.
ἄπ-αργμα, τό, = ἀπαρχή.
ἀπαρέμφατος, 2. sp. (παρεμφαίνω) nicht deutlich bezeichnend, ohne Bez. der Person, dah. ἡ ἀπ. (sc. ἔγκλισις), als gramm. t. t. der Infinitiv.
ἀπ-ᾰρέσκω, Inf. aor. med. ep. ἀπαρέσσασθαι, 1) Akt. mißfallen, abs. u. τινί einem. 2) Med. (auch Il. 19, 183) für sich ganz wieder gewinnen, ganz versöhnen, volle Genugtuung geben.
ἀ-παρηγόρητος, 2. sp. nicht zu beschwichtigen, untröstlich; erpicht ποιῶν.
ἀ-παρθένευτος, 2. poet. unjungfräulich.
ἀ-πάρθενος, 2. buk. nicht mehr Jungfrau, poet. παρθένος ἀπάρθενος unglückliche Jungfrau.
ἀπ-ᾰριθμέω u. Med. 1) abzählen, aufzählen, *enumero.* 2) abzahlen, zurückzahlen, *reddo.* Dav.
ἀπᾰρίθμησις, εως, ἡ, die Aufzählung.
ἀπ-αρκέω, Fut. -έσω, poet. u. sp: 1) vollkommen hinreichen. 2) sich begnügen
ἀπ-αρνέομαι, att. Dep. pass., -αρνήσομαι, -ηρνήθην (-αρνηθήσομαι act. Soph. Phil. 927), Aor. ep. u. sp. -ηρνήσατο, ableugnen, verweigern, τί mit pleon. μή (μὴ οὐ). N. T. ἑαυτόν sich selbst verleugnen.
ἄπ-αρνος, 2. 1) ion. ableugnend, mit μή und Inf., od. mit dem Gen., etwas ableugnend. 2) poet. verweigert.
ἀπ-αρράσσω, s. ἀπαράσσω.
ἀ-παρρησίαστος, 2. sp. nicht freimütig.
ἀπ-αρτάω, 1) trans. a) weghängen, d. i. entfernen, abziehen, τὸν λόγον τῆς γραφῆς die Rede vom Gegenstand der Klage entfernen, bes. im Perf. pass. ἀπηρτημένος fern stehend, ταῖς παρασκευαῖς mit den Rüstungen, χρόνοις der Zeit nach. b) davon herabhängen lassen, aufhängen, ἔκ τινος an etwas, übertr. τινά τινι einen an etwas fesseln. 2) intr. sich entfernen, ἐς ἀλλοτρίαν πᾶσαν in ein ganz fremdes Land.
ἀπ-αρτί [ῐ], Adv., ion. genau.
ἀπάρτι, Adv. N. T. sofort.
ἀπαρτία, ἡ, öffentliche Versteigerung.
ἀπαρτίζω (ἀρτίζω passend machen), sp. ganz passend machen, vollenden, abschließen.
ἀπαρτιλογίη, ἡ, ion. die genaue Rechnung, volle Summe.
ἀπ-άρτιον προγράφειν, sp. seine Güter zum öffentlichen Kauf ausbieten.
ἀπαρτισμός, ὁ, N. T. die Vollendung.

ἀπ-ᾰρύω, ion., u. sp. **ἀπ-αρύτω,** abschöpfen, übertr. wegnehmen.
ἀπαρχή, ἡ (ἀπάρχομαι), das Erstlingsopfer, das Schönste und Beste von neuem Besitz, einem Gotte dargebracht, dah. Ehrenspende, gew. im Plur., *primitiae.*
ἄπαρχος, ὁ, poet. Fürst; Herrscher, Kommandant (var. st. ἔπαρχος).
ἀπ-άρχομαι, Dep. med. (bisw. in tmesi), beginnen, anfangen, und zwar besonders ein Opfer, indem man das erste von etwas, z. B. der Speise, den Anfang wegnimmt und den Göttern weiht, gew. τινός von etwas die Ehrenspende darbringen, dah. auch τριχῶν mit den eigenen abgeschnittenen Haaren (die als Symbol der Totenweihe zuerst ins Feuer geworfen wurden) das Opfer beginnen, u. brachyl. τρίχας die Haare abschneiden, sie ins Feuer werfend weihen u. so das Opfer beginnen; *primitias offero.* — Viel seltener ist das Akt.
ἀπάρχω, 1) der erste sein, beginnen, τινί für jem. 2) poet. (in der Ferne) herrschen.
ἅ-πᾱς, ἅπᾱσα, ἅπαν [ep. ᾰ ᾰ, poet. ᾰ ᾱ], (ἁ cop., vgl. σύμπας), alles insgesamt, ganz u. gar, jeglich, mit dem vorges. Art.: der ganze, gesamte, mit einem Adj. ἀργύρεος ἅπας ganz silbern, im Plur. *cuncti,* alle zusammen, als Neutr. ἐξ ἅπαντος εὖ λέγειν aus jedem Dinge hübsche Worte entwickeln, und so überh. ἐξ ἅπαντος aus allem, περὶ τῶν ἁπάντων über das Ganze, ἐς ἅπαν gänzlich, völlig, aber παρὰ ἅπαν die ganze Front entlang, und ἅπαντα (Xen. Cyr. 4, 2, 22) lauter, nichts als.
ἀπ-ασπάζομαι, sp. u. N. T. scheidend umarmen
ἀπ-ασπαίρω, poet. fortzappeln. [(var. ἀσπ.).
ἀπ-ᾴσσω, poet., u. ep. **ἀπ-αΐσσω,** herabspringen, forteilen, abs. u. τινός von etwas, übertr. von etwas abschweifen, γνώμης von der Meinung abgehen.
ἄ-παστος, 2. (πατέομαι), ep. nüchtern, ἐδητύος ἠδὲ ποτῆτος ohne Speise u. Trank.
ἀπ-αστράπτω, sp. (wie einen Blitz) Glanz ausstrahlen.
ἀπ-ασχολέω, sp. durch Beschäftigung abhalten.
ἀπᾰτάω [ᾰ], Aor. ep. ἀπάτησα, dor. ἀπάτᾱσα, Fut. pass. ἀπατήσομαι u. sp. -ηθήσομαι (ἀπάτη), 1) *decipere,* irre leiten, betrügen, täuschen, hintergehen. 2) Pass. τί γὰρ οὐκ ἐμοὶ ἔρχεται ἀγγελίας ἀπατώμενον; welche Botschaft kommt zu mir, ohne daß sie getäuscht = falsch wäre? Part. perf. ἠπατημένος betrogen, φωτός um den Mann.
ἀπ-ᾰτερθε, vor Vok. **-θεν,** ep. u. poet. 1) Adv., abgesondert, getrennt, von ferne, *seorsum.* 2) als Präp. mit dem Gen. fern von, entfernt von, *absque.*
ἀπατεύω, poet. = ἀπατάω, s. d.
ἀπατεών, ῶνος, ὁ, Betrüger. Zu
ἀπάτη, ἡ, *fraus,* Täuschung, *dolus,* Trug, Betrug, List, Verschlagenheit, ep. auch ohne böse Bdtg., τινός Täuschung jmds., aber auch in bezug auf etwas, wie λεχέων die vereitelte Hoffnung auf Vermählung, und ἐρώτων Betörung des Sinnes den Begierden nachzugehen.
ἀπατήλιος, 2. ep. u. **ἀπατηλός,** 3. auch 2. betrügerisch, nur von Sachen, ἀπατήλια εἰδώς voll Lug u. Trug; von Personen und Sachen **ἀπατητικός,** 3.

ἀ-πάτητος, 2. sp. unbetreten, nicht fest getreten, locker. [beschimpfen.

ἀπ-ατῑμάω, ep., u. poet. **-άζω,** gänzlich entehren,

Ἀπατούρια, ων, τά (πατήρ u. ἀ cop.), eine Art Familienfest, welches die Mitglieder der attischen Phratrien im Monate Pyanepsion urspr. drei, später vier Tage lang unter sich feierten. Es ließen dann die Bürger die Kinder in ihre Phratrien aufnehmen und einschreiben. Dieses Fest wurde vom ionischen Stamme überhaupt gefeiert.

ἀπ-ᾴττω, att. = ἀπ-ᾴσσω.

ἀ-πάτωρ, ορος, ὁ, ἡ (poet. auch mit d. Neutr. ἀπάτορα τέκεα), 1) vaterlos, verwaist, mit dem Gen. πατρός ohne Vater, ἐμοῦ ohne Vatersegen von mir. **Im N. T. einer, dessen Vater unbekannt ist. 2)** unväterlich, πότμος ein Geschick, durch unväterliche Tat bereitet.

ἀπ-αυαίνομαι, spätep. Pass. verdorren.

ἀπ-αύγασμα, τό, N. T. Abglanz, Strahl.

ἀπ-αυδάω, poet. u. sp. 1) *vetare*, untersagen, **Einspruch erheben, verbieten, mit μή u. Inf., wie Soph. OR. 236, γῆς τῆσδε im Bereiche dieses Landes. 2) absagen, verstummen, aufgeben, πρός τι verzichten auf; zagen, erschöpft sein, wie ἀπαγορεύω.**

ἀπ-αυθᾱδιάζομαι, sp., u. **ἀπαυθᾱδίζομαι** (αὐθάδης), **Dep. med selbstgefällig handeln, sich übermütig betragen, ἐπί τινι bei einer Gelegenheit.**

ἀπ-αυθημερίζω, noch am selbigen Tage zurückkommen, εἴς τι.

ἀπ-αυράω, nur gebr. im Impf. ἀπηύρων, -ας, -α, 3. pl. -ων, im Part. aor. ἀπούρας (st. ἀποϝράς), und dem aus ἀποῦραι geb. Fut. act. ἀπουρήσουσι (andere **ἀπουρίσσουσι**), (**ἀείρω**), **ep. u. poet. 1)** *auferre*, **wegnehmen, entreißen, rauben, τί, τινά τι, doch auch τινί τι, aber nicht τινά τινος. 2) teilnehmen, Vorteil od. Schaden von etwas haben.**

ἄ-παυστος, 2. poet. auch 3., Adv. ἀπαύστως, nicht zu stillen, zu beruhigen, unaufhörlich, endlos.

ἀπ-αυτομολέω, überlaufen. [betrügen.

ἀπαφίσκω, ep. Aor. **ἤπᾰφον, irre leiten, täuschen,**

ἀ-πέδῑλος, 2. poet. unbeschuht, barfuß.

ἄ-πεδος, 2. (πέδον u. ἀ copul.), eben, τὸ ἄπεδον ion. die Ebene, Fläche.

ἀπ-εθίζω, Perf. ἀπείθικα, entwöhnen.

ἀπ-εῖδον, s. ἀφοράω.

ἀπείθεια, ἡ, 1) Ungehorsam, Unfügsamkeit, πρός τινα. 2) N. T. Unglaube. Von

ἀπειθέω, ep. u. poet. **ἀπιθέω** (ἀπειθής), **1)** ungehorsam sein. **Auch abs., wie z. B. Xen. Kyr. 4, 5, 19, wo καλοῦντος Gen. abs. ist. 2) im N. T. ungläubig sein.**

ἀπ-είθη, ion. st. ἀφείθη von ἀφίημι.

ἀ-πειθής, 2., Adv. **-ῶς** (πείθομαι), 1) unüberredbar, unfolgsam, unlenkbar, τινί. 2) im N. T. ungläubig, *infidelis*.

ἀπ-εικάζω, Fut. -άσομαι, Adj. verb. **ἀπεικαστέον,** abbilden, nachbilden, nachahmen, τινί τι etwas mit etwas vergleichen.

ἀπ-εικώς, u. **ἀπεικότως,** s. ἀπέοικα.

I. **ἀπ-ειλέω,** ion., Perf., pass. ἀπείλημαι, Aor. part. ἀπειληθείς, in die Enge treiben (auch übertr.); hinwegdrängen.

II. **ἀπειλέω,** Aor. ἠπείλησα, ep. Impf. du. ἀπειλήτην, 1) drohen, androhen, τί τινι; der Inhalt der Drohung folgt gew. im Inf. fut., doch auch aor. od. ὅτι. 2) ep. versprechen. 3) (drohend) prahlen. 4) N. T. Med. = Akt.

ἀπειλή, ἡ, 1) die Drohung, **πρός τινα, auch** vom Pferde: das drohende Gebahren, τίς ἔστ' ἀπειλὴ λέγειν; wie kann das eine Drohung sein, wenn man sagt? 2) eine ruhmredige Verheißung, Prahlerei.

ἀπείλημα, τό, poet. Drohung.

ἀπειλητήρ, ῆρος, ὁ, ep., u. sp. **ἀπειλητής,** οῦ, ὁ, Prahler, Großsprecher.

ἀπειλητήριος, 2. ion. u. **ἀπειλητικός,** 3. **drohend.**

ἀπ-είλλω (-ίλλειν), absperren.

I. **ἄπ-ειμι** (auch in tmesi), Inf. ἀπεῖναι (s. εἰμί), ep. Konj. 3. praes. ἀπέῃσι, Impf. ἀπέην, 3. plur. ἄπεσαν, Fut. ἀπέσσομαι u. ἀπεσσεῖται, *abesse*, entfernt, abwesend, **fern sein,** nicht vorhanden sein, überh. fehlen, τινί (poet. tot sein), τινός u. ἀπό τινος von etwas oder einem, τὰ ἀπόντα das Abwesende, Fehlende, οἵ τ' ὄντες οἵ τ' ἀπόντες alle insgesamt, vgl. Soph. El. 306.

II. **ἄπ-ειμι,** Inf. ἀπιέναι (s. εἶμι), Imper. ἄπιθι u. ἄπει, ep. Impf. **-ῄιε,** Adj. verb. **ἀπιτέον, fortgehen,** weggehen, vom Monat: zu Ende gehen, ἐπ' οἶκον heimgehen, πάλιν ἀ. zurückkehren Xen., ἐς κόρακας sich zum Henker scheren, *abire in malam rem*; auch sterben. Im Indic. praes. oft in Fut.-Bdtg.: ich werde weggehen; οὐκ ἄπει = ἄπιθι Soph., über ἀπιὼν οἴχομαι s. οἴχομαι.

ἀπ-εῖπον u. **ἀπ-εῖπα,** ep. auch ἀπέ-ϝειπε u. ἀπόϝειπε, **Inf. auch ἀποϝειπεῖν** u. ἀπειπέμεν, **Part. auch ἀποϝειπών** (in arsi ō), **Aor. zu** ἀπόφημι oder ἀπαγορεύω (s. d.).

I) Akt. • 1) gerade heraussagen, ἀπηλεγέως rücksichtslos, κρατερῶς kräftig herausreden Hom., verkünden, τί • 2) **absagen,** aufkündigen, verweigern, verneinen, τί • 3) **untersagen,** verbieten, versagen, τινί mit folg. Inf. u. μή, *veto* • **4) entsagen,** aufgeben συμμαχίαν Hdt., μῆνιν ἀπειπεῖν τινι dem Zorne gegen jmdn. entsagen • **5) intr. versagen,** d. i. Kraft und Mut verlieren, matt werden, abs. Soph. Plat. Dem., χρήμασιν bankerott sein Dem., σώμασιν Isokr.

II) Med. Hdt. Ar. ἀπειπάμην • 1) versagen, verweigern, abschlagen • 2) sich lossagen, verzichten, τί od. abs. entsagen, aufgeben, z. B. ein Amt.

Ἀπειραίη, ἡ, ep. eine Apeiräerin, u. **Ἀπείρηθεν,** aus Ἀπείρη, einem großen „unbegrenzten" unbekannten Lande, wohl im Norden.

ἀ-πείραστος, 2. N. T. der nicht versucht wird.

ἀ-πείρᾱτος, ion. ep. u. poet. **ἀπείρητος,** 2. (πειράομαι), unversucht, d. i. a) pass. was noch nicht versucht worden ist, unerprobt, οὐδὲν ἀπείρατόν ἐστί τινι er hat nichts unversucht gelassen, διὰ τὸ ἀπείρατον weil man es noch nicht aus eigner Erfahrung kennt. b) akt. nicht versucht habend, ohne einen Versuch gemacht zu haben, unerfahren, erfahrungslos, unkundig, teils abs., wie Od. 2, 170, ohne die Wahrheit meiner Prophezeiungen erfahren zu haben, teils τινός in etwas.

ἀπ-είργω, ion. ἀπέργω, ep. **ἀποϝέργω,** nebst der poet. verl. Aor.-Form **ἀποϝεργαθεῖν** u. **ἀπειργα-**

θεῖν, 1) absperren, abschneiden, trennen, beiseite liegen lassen, begrenzen, einschließen, *ἐντός* umfassen. 2) hemmen, abhalten, zurückhalten, zurückdrängen, entfernen, ausschließen; abs. Schranken setzen.
ἀπειρέσιος, 3. ep. u. poet., u. **ἀπερείσιος,** ep. (ἄπειρος I) grenzenlos, unermeßlich.
Ἀπείρηθεν, s. Ἀπειραίη.
ἀπείρητος, s. ἀπείρατος.
ἀπειρία, ἡ (ἄπειρος II), Unerfahrenheit, Unkenntnis, Ungeübtheit, Ungeschicktheit, *τινός* in od. von etwas, *ὑπ' ἀπειρίας* aus Unkunde.
ἀπείριτος, 2. ep. endlos.
ἀπειρό-δακρυς, 2. poet. tränenfremd.
ἀπειρό-κᾰκος, 2. unbekannt mit dem Bösen oder im Leiden, *τὸ ἀπειρόκακον* Mangel an schlimmen Erfahrungen.
ἀπειροκᾰλία, ἡ, Gemeinheit, Geschmacklosigkeit, Roheit, Plur. gemeines Benehmen. Von
ἀπειρό-κᾰλος, 2., Adv. **-άλως,** Komp. *-ώτερον*, des Schönen unkundig, ungezogen, unartig, unanständig.
ἄ-πειρος, 2 I) (πεῖραρ, πέρας) unbegrenzt, unendlich, unermeßlich, viel oder lang, zahllos, mit hinzugef. *τὸ πλῆθος*; *τὸ ἄπειρον* die Unendlichkeit; ohne Ende, ohne Öffnung (für Kopf und Arme, von netzartig übergeworfenen Gewändern).
II) (πεῖρα) unerfahren, *τινός*, z. B. *γνώμης*, *ἀπείρως ἔχειν* abs. oder *τινός*, *πρός τι*.
ἄ-πειρος, ἡ, s. ἤπειρος.
ἀπειροσύνη, ἡ, poet. = ἀπειρία.
ἀ-πείρων, ep. u. poet. 1) (πέρας) *infinitus*, grenzenlos, unendlich, *δεσμοί* aus denen nicht zu entrinnen ist. 2) (πεῖρα) unerfahren.
ἀπ-είς, s. ἀφίημι.
ἀπ-εκδέχομαι, N. T. u. sp. erwarten.
ἀπ-εκδύομαι N. T. sich ausziehen und zum Kampfe rüsten, dann besiegen. [Kleider
ἀπέκδυσις, ἡ, N. T. das Ausziehen, Ablegen der
ἀπ-εκλανθάνομαι, ep. Med. mit Imper. aor. redupl. *ἀπεκλελάθεσθε*, vergessen, *τινός* ablassen von.
ἀπ-ελαύνω (s. ἐλαύνω), nebst **ἀπελάω,** imper. *ἀπέλα*, 1) trans. wegführen, entfernen, auch abweisen, verweisen, ausstoßen, ausschließen, teils abs., wie Dem. 18, 135, wo *τούτου μέλλοντος* ein unabhängiger Gen. ist, teils *εἰς τόπον* an einen Ort, od. *τί τινι*, *τινά τινος*. 2) (στρατόν, ἑαυτόν) wegziehen, abmarschieren, wegreiten, bei Arr. auch *τὸν ἵππον*. 3) Pass. u. Med. a) vertrieben werden, *τῆς φροντίδος ἀπελήλατο* er war frei von dem Gedanken. b) abstehen, auf etw. verzichten müssen. c) abziehen.
ἀπ-ελεγμός, ὁ, N. T. Überführung, der Tadel, die Verachtung. Von
ἀπ-ελέγχω, gänzlich widerlegen; überführen.
ἀ-πέλεθρος, 2. (πέλεθρον), ep. unermeßlich, Neutr. als Adv. *ἀπέλεθρον* unermeßlich weit.
ἀπελευθερικός, 3. sp. zur Klasse der Freigelassenen gehörend. Von
ἀπ-ελεύθερος, ὁ, ἡ (auch --έρα), freigelassener Sklave, *libertus, a*. Dazu
ἀπελευθερόω, zum Freigelassenen machen. Dav.
ἀπελευθέρωσις, ἡ, Freilassung eines Sklaven.
ἀπ-έλκω, s. ἀφέλκω.

ἀπελλάζω, lakon. Wort st. ἐκκλησιάζω.
Ἀπελλῆς, οῦ, berühmte Maler, 1) Zeitgenosse Alexanders. 2) des Ptolemäus Philopator (221—204).
ἀπ-ελπίζω, 1) verzweifeln, *τινός* u. *τί*, u. m. Inf. (τοῦ ζῆν u. τὸ ζῆν). 2) im N. T. von jmdm. etwas hoffen. [speien, auswerfen, *evomo*.
ἀπ-εμέω (auch in tmesi), Aor. ep. *ἀπέμεσσε*, weg-
ἀπ-εμπολάω, eigentl. verkaufen, verhandeln, verraten, *χθονός* hinterlistig aus dem Lande wegbringen.
ἀν-έναντι, Adv., N. T. gegenüber, vor, wider.
ἀπ-εναντίον, Adv., gerade gegenüber, *ἡ ἀπεναντίον* die gegenüber liegende Küste.
ἀπ-ενᾰρίζω (in tmesi ep.), (der Waffen) berauben.
ἀπ-ένειχα u. **ἀπενειχθῆναι,** s. ἀποφέρω.
ἀπένθεια, ἡ, Trauerlosigkeit, Freude.
ἀπ-ενθεῖν, dor. f. ἀπ-ελθεῖν. [leidlos.
ἀ-πενθής, 2. poet. u. sp. (πένθος), nicht trauernd,
ἀ-πένθητος, 2. poet. nicht trauernd.
ἀπ-ενιαυτίζω, u. **ἀπ-ενιαυτέω,** ein Jahr lang (oder mehr) abwesend sein.
ἀπ-εννέπω, poet. 1) untersagen, verbieten, *τινὰ θαλάμων* den Zutritt zu d. G., *τί*, oder Akk. u. Inf.; *veto*. 2) wegwünschen, verwünschen.
Ἀπέννῑνα ὄρη, τά, auch ὁ Ἀπεννῖνος u. τὸ Ἀπέννινον, die Apenninen.
ἀπ-έοικα, Part. att. **ἀπεικώς,** Perf. in Präs.-Bdtg., unwahrscheinlich sein, *ἀπεικός* unwahrscheinlich, ungebührlich. Adv. **ἀπεοικότως,** gew. **ἀπεικότως,** immer mit der Negation: nicht mit Unrecht, nicht ohne Grund, ganz natürlich.
ἄ-πεπλος, 2. poet. unbekleidet, *τινός* mit etwas.
ἀπεπτέω, nicht verdauen, von [vergoren.
ἄ-πεπτος, 2. (πέσσω), unreif, jung; unverdaut, un-
ἅπερ, Neutr. von ὅσπερ, als Adv. u. poet. **ἀπερεί** = ὥσπερ, so wie.
ἀπεραντολογία, ἡ, sp. endloses, weitschweifiges Geschwätz, *τῶν ῥημάτων* Wortschwall.
ἀ-πέραντος, 2. (περαίνω), endlos, unbegrenzt.
ἀ-πέρᾰτος, 2. poet. unerforschlich.
ἀ-περάτωτος, 2. (περατόω, πέρας), sp. = ἀπέραντος.
ἀπ-εργάζομαι, Dep. med. (mit Perf. in akt. und pass. Bdtg.), 1) durch Arbeit leisten. 2) *elaborare*, ausarbeiten, herstellen, bilden, bewirken, zustande bringen, vollenden, machen, *τινά τι* einen zu etwas, *ἀπείργασταί μοι* es ist von mir bewiesen worden.
ἀπεργᾰσία, ἡ (-άζομαι), Verfertigung, Hervorbringung, Bewirkung, *confectio*, *effectio*.
ἀπεργαστικός, 3. geeignet zu bewirken, *τινός*.
ἀπ-έργω, s. ἀπείργω.
ἀπ-έδρω, ion nur Aor. 1. part. *ἀπέρξας*, vollenden.
ἀπερεί, s. ἅπερ.
ἀπ-ερείδω, 1) sp. Akt. befestigen, heften, *ὄψεις*; dann intr. *ὄψις* haftet an; sich hinstützen, haften, ruhen. 2) Pass. u. Med. a) intr. sich stützen. *τινί* auf etwas, *πρός τινα* gegen jem. b) trans. *τὶ εἴς τι* etwas auf etwas hinrichten, *τὴν πρὸς τὸ λυποῦν δυσμένειαν* seinen Verdruß über den kränkenden Gegenstand auslassen, *πρὸς τὴν γῆν* auf die Erde hinsetzen.
ἀπερείσιος, 2., s. ἀπειρέσιος. [hängen einer Strafe.
ἀπ-έρεισις, εως, ἡ, 1) Andrücken (der Zunge). 2) Ver-

ἀπ-ερημόω, vereinsamen.
ἀ-περίεργος, 2. ungekünstelt.
ἀ-περιλάλητος, 2. poet. nicht niederzuschwätzen.
ἀ-περίληπτος, 2. sp. unbeschränkt.
ἀ-περιμέριμνος, 2., Adv. -ίμνως, unvorsichtig.
ἀ-περινόητος, 2. sp. unbegreiflich, unfaßbar.
ἀ-περίοπτος, 2. sich nicht umsehend, τινός nach etwas, es schlecht wahrend.
ἀ-περίσκεπτος, 2. unüberlegt. Adv. **-έπτως**, Komp. -τότερον, ohne Grübeln, sorglos.
ἀ-περίσπαστος, 2. sp. nicht hin- u. hergezogen, τὸ ἀπερίσπαστον τῆς ἐξουσίας das Verbleiben des Oberbefehls in derselben Hand. Adv. sp. u. N. T. **ἀπερισπάστως**, ungehindert, rückhaltlos.
ἀ-πέρισσος, s. ἀπέριττος.
ἀ-περίτμητος, 2. N. T. unbeschnitten.
ἀ-περίτροπος, 2. poet. der, dessen Sinn sich nicht umwenden läßt, unabänderlich, unwandelbar fest (and.: sorglos, unbekümmert).
ἀ-πέριττος, 2. sp. ohne Überladung, τὸ ἀπέριττον die Einfachheit.
ἀπ-έρρω, poet. fortgehen, sich packen.
ἀπ-ερύκω, 1) abhalten, fernhalten, abwehren. 2) Med. poet. sich enthalten, abs. (näml. zu sprechen).
ἀπ-ερύω, Aor. -ερύσαι, ep. in tmesi, abziehen.
ἀπ-έρχομαι, Impf. selten ἀπηρχόμην, gew. ἀπῆα, Fut. ἀπελεύσομαι usf. (s. ἔρχομαι), **weggehen**, sich entfernen. **1)** m. Gen. von: οἴκου Hom., τῆς δεῦρ' ὁδοῦ sich ungefährdet von hier entfernen Soph. OC. 1165, ἐκ τῆς χώρας Thuk.; übertr. ἄπελθε λόγου laß ab Eur., ἐκ δακρύων aufhören mit Eur. **2)** m. Praepp u. Akk. wohin: ἐς τὰς Σάρδις Hdt., ἐπ' οἶκον heimkehren Thuk., übertr. εἰς τὴν ἀρχαίαν φύσιν in die alte Natur zurückfallen Plat.; καὶ ἀ. ἡ ἀκοὴ αὐτοῦ εἰς ὅλην τὴν Συρίαν erscholl N. T., κάτω Eur., abs. Dem. von der Welt scheiden. **3)** N. T. ὀπίσω σαρκὸς ἑτέρας hinter fremdem Fleisch herlaufen, ἀπ. ὀπίσω τινός einem nachfolgen.
ἀπερωεύς, έως, ὁ, ep. Verhinderer, Vereitler. Zu
ἀπ-ερωέω, ep. zurückweichen, τινός von etwas.
ἀπερωπός, 3. poet., alte Var. (= ἀπάνθρωπος) zu
ἀπ-έρωτος, 2. poet. lieblos. Aesch. Ch. 598.
ἄπ-ες, s. ἀφίημι.
ἀπ-εσθέομαι, Perf. part. -ησθημένοι entkleidet.
ἀπ-έσσουε, εσσούα od. ἐσσύη, lak. zu ἀποσεύομαι, = ᾤχετο, *decessit*, ist gefallen, s. ἀπο-σεύω.
ἀπ-εσσύμεθα, -έσσυτο u. ähnl., s. ἀποσεύω.
ἀπεστώ, οῦς, ἡ (ἄπειμι I), ion. Abwesenheit, τινός von etwas. [2) akt. unkundig.
ἀ-πευθής, 2. (πυνθάνομαι), ep. poet. **1)** unerforscht.
ἀπ-ευθύνω, **1)** gerade machen, lenken, verbessern, richten, bestrafen. **2)** in eine der gewöhnlichen entgegengesetzte Richtung bringen, χέρας δεσμοῖς d. h. die Hände auf den Rücken binden.
ἀπ-ευκτός, 3. verwünscht; zu verwünschen.
ἀπευνάζω, vielm. ἀπ' εὐνασθέντος (Soph. Trach. 1242).
ἀπ-εύχετος, 2. poet. = ἀπευκτός.
ἀπ-εύχομαι, **1)** wegwünschen, wegbeten, etw. (τί) od. Inf. u. μή daß etwas nicht geschehe. **2)** einen Wunsch zurücknehmen. **3)** verfluchen.
ἀπ-ευωνίζω, sp. im Preise herabsetzen.
ἄπ-εφθος, 2. ausgeschmolzen, geläutert.
ἀπ-εχθαίρω, ep. **1)** heftig hassen, anfeinden. **2)** (τινί τι) verhaßt machen, verleiden.
ἀπ-εχθάνομαι, Dep. med. spät. Präs. ἀπέχθομαι (v. l. Il. 21, 83) (ἔχθος), **1)** (Pass.) verhaßt werden, sich verhaßt machen, abs. od. τινί u. πρός τινα bei einem u. ὧν ἀπήχθεσθε, d. i. τούτων ἅ, d. h. des Hasses, den ihr euch zugezogen. **2)** (Med.) jmdm. (τινί) feind werden, sich verfeinden, sich als Feind zeigen; οἱ ἀπεχθανόμενοι die Gegner.
ἀπέχθεια, ἡ (-χθής), Verfeindung, Abneigung, Haß, das Verhaßtsein, im Plur. Feindseligkeiten, πρός τινα gegen, doch auch bei jmdm., aber πρὸς ἀπέχθειαν mit Abneigung.
ἀπέχθημα, τό, poet. Gegenstand des Hasses.
ἀπ-εχθής, 2. verhaßt, ein Greuel. Adv. **-ῶς**, mit akt. Bdtg. feindselig.
ἀπ-έχθομαι, s. ἀπ-εχθάνομαι.
ἀπ-έχω, Fut. ἀφέξω und ἀποσχήσω, Aor. ἀπέσχον (auch in tmesi) usw., mit der ep. Nf. **ἀπ-ίσχω**, Adj. verb. **ἀφεκτέον**.

I) Akt. trans. u. **Pass. abhalten. 1)** • **a) fernhalten**, abwehren, ausschließen, τινά (τί) τινος jmd. von etw., aber τί τινι jmdm. etwas abwehren • **b)** überh. trennen, entfernen, (ἀπό) τινος • **2)** weghaben, dahinhaben, τί, μισθόν erhalten N. T., unpers. ἀπέχει es ist genug Ev. Mark. 14, 41.

II) Akt. intr. entlegen, fern, **entfernt sein**, (ἀπό) τινος, mit Akk. z. B. σταδίους, ὁδόν, ἴσον gleichweit; οὐδὲν ἀπέχει nichts steht im Weg, übertr. ἀποσχὼν τεσσαράκοντα σταδίους μὴ φθάσαι ἐλθών es fehlten nur 40 Stadien, daß er zuvorgekommen wäre Thuk.; abs. steht es Xen. Kyr. 7, 2, 18.

III) Med. sich einer Sache **enthalten**, des Weins Od. 9, 211, abstehen, **ablassen von**, schonen, etwas meiden, τινός das Seinige, bes. seine Hände fernhalten von (τινός), ἀθανάτων ἀ. χεῖρας Aesch; auch mit Inf. (mit u. ohne τό) od. ὥστε μή.
ἀπεψία, ας, ἡ (ἄπεπτος), Unverdaulichkeit.
ἀπ-έψω, ion. st. ἀφέψω, Fut. ἀπεψήσω, Perf. pass. -έψημαι, abkochen, ausschmelzen.
ἀπ-ηγέομαι u. ähnl., s. ἀφ.
ἀπ-ηθέω, poet. durchseihen, durchsieben.
ἀπ-ηκριβωμένως (-ακριβόω), mit größter Sorgfalt.
ἀπ-ηλεγέως, ep. Adv. (ἀλέγω), rücksichtslos, gerad heraus.
ἀπ-ῆλιξ, ικος, ion. st. ἀφῆλιξ, über die jugendlichen Jahre hinaus, ältlich.
ἀπ-ηλιώτης, eigentl. ion., u. **ἀφ-ηλιώτης**, ου, ὁ (ἥλιος, ἀπό), mit u. ohne den Zus. ἄνεμος, Ostwind, πρὸς ἀπηλ. ἄνεμον gegen Osten.
ἀ-πήμαντος, ep. u. poet. (πημαίνω), **1)** pass. unbeschädigt, unversehrt, ungefährdet. **2)** akt. nicht schädigend, unschädlich.
ἀπημοσύνη, ἡ, Unverletztheit, Gesundheit.
ἀ-πήμων, 2. (πῆμα), (selten att. pros.) ohne Leid, Unheil, dah. **1)** unbeschädigt, unversehrt. **2)** unschädlich, gefahrlos. **3)** heilsam, günstig, fördernd, freundlich.
ἀπήνη, ἡ, ep. poet. u. sp. vierrädriger **Wagen**, meist von Haustieren gezogen, = ἅμαξα, überh. Fahrzeug, wie ναῦς ἀπ. Schiff; poet. auch Gespann.

ἀπ-ηνής, έος, 2. (eig. mit abgewendetem Angesicht, von altem ἦνο-, vgl. πρανής, προσηνής, ὑπήνη), unfreundlich, unsanft, hart, unbiegsam, rauh; τὸ ἀπηνές, sp. die Unerbittlichkeit, Erbitterung.
ἀπ-ῆνθον, dor. = -ῆλθον.
ἀπ-ηόριος (-ήωρος), 2, poet. herabhängend, abstehend; κλῶνες weit ausgebreitete Äste.
ἄ-πηρος, 2. ion. u. sp. unverstümmelt.
ἀπ-ηρτημένως, Adv. part. perf. pass. v. ἀπαρτάομαι, sp. entfernt. [tönen.
ἀπ-ήχημα, τό, der Nachklang, Nachhall, das Ab-
ἀπ-ήχησις, sp. das Widertönen, Widerhallen.
ἀπ-ήωρος, 2. (ἀείρω), ep. weit abhangend, abstehend. [Ἀπίς. Ew. Ἄπιοι.
Ἀπία [ᾰ], γῆ, der Peloponnes, zumal Argolis; auch
ἀπ-ιάλλω (lak. Wort), fortschicken.
Ἀπιδανός, οῦ, ion. **Ἠπιδανός,** ὁ, Nebenfluß des Peneios in Thessalien, jetzt *Vlacho Jani.*
ἀπ-ίημι, s. ἀφίημι.
ἀ-πίθᾰνος, 2. (Adv. -άνως), **1)** nicht überzeugend, unglaublich, unwahrscheinlich. **2)** hartgläubig.
ἀπιθανότης, ἡ, Unwahrscheinlichkeit.
ἀπῑθέω, s. ἀπειθέω.
ἀπ-ικνέομαι, s. ἀφικνέομαι.
ἄπιξις, s. ἄφιξις.
ἀπ-ίλλω (vgl. ἀπείλλω), absperren.
ἀπινύσσω (ἀπινυτjω, *ἀ-πίνυτος), unbesonnen, unverständig sein, κῆρ (Akk.) besinnungslos.
ἄπιον, τό, u. sp. ἄπιος, ἡ, Birne, Birnbaum.
ἄπιος, 3. (ἀπό, ᾱ), ep. u. poet. entfernt, entlegen.
Ἄπιος, 3. poet. peloponnesisch, v. myth. König Apis v. Argos, u. ἡ Ἀπία (sc. γῆ), der Peloponnes.
ἀπ-ῑπόω, ion. auspressen.
Ἆπις, ιος u. ιδος, Akk. ιν, ὁ, **1)** der heilige, in Ägypten göttlich verehrte Stier des Gottes Ptah in Memphis, seine Inkarnation, u. die nach ihm benannte Stadt, s. u. **2)** S. Apollons, Arzt u. Weissager aus Naupaktos. **3)** S. des Phoroneus, alter König von Argos. **4)** ἡ, Stadt in Ägypten, in Mareotis an der libyschen Grenze, im Tal Boum Adjoubah. [τῇ ἀξίῃ dem Werte.
ἀπ-ισόω, ion. u. sp. ausgleichen, gleich machen,
ἀπιστέω, m. Augm. ἠπ., (ἄπιστος). **1) a)** **nicht glauben** (N. T. ungläubig sein), abs. u. τινί oder τινί τι, bezweifeln, τί, οὐδέν; ἀπιστοῦμαι man glaubt mir nicht; mit Inf.: οὐδέν σ' ἀπιστῶ οἰμῶξαι ich zweifle nicht, daß Soph., ἀ. μὴ γενέσθαι zweifeln, daß Thuk., **b)** nicht trauen, **mißtrauen,** εἴ μοι ἀ. τὰ περὶ τῶν χρημάτων Hdt.; σῶμα χθονί nicht anvertrauen Eur.; ἀπιστεῖσθαι ὑπό τινος das Vertrauen nicht genießen, beargwöhnt werden. **2) nicht gehorchen,** ungehorsam sein, sich nicht bestimmen lassen, τινί durch einen.
ἀπ-ίστημι, s. ἀφίστημι.
ἀπιστία, ἡ, **1)** Unglaube (u. schwacher Glaube N. T.), Ungewißheit, Zweifel, Mißtrauen, ὑπὸ ἀπιστίας zur Steuer des Unglaubens, εἰς ἀπιστίαν ἰέναι in Zweifel ziehen. Auch: Mangel an Fassungskraft. **2)** Treulosigkeit, Unbeständigkeit. **3)** ion. Unglaubwürdigkeit, Unglaublichkeit, ἐς ἀπ. ἀπῖκται es geht ins Unglaubliche. Von
ἄπιστος, 2. (πίστις), **1)** pass. **a)** unzuverlässig, verdächtig, treulos, **b)** unwahrscheinlich, unglaublich, unverhofft, τινός für etwas. **2)** akt. ungläubig, argwöhnisch, mißtrauisch (N. T. ὁ ἄπ. der Heide, *infidelis*). **3)** poet. ungehorsam. Dav.
ἀπιστοσύνη, ἡ, poet. = ἀπιστία.
ἀπ-ισχῡρίζομαι, Dep. med., sich stemmen gegen etwas, πρός τι, sich entschieden weigern.
ἀπ-ίσχω, s. ἀπέχω.
Ἀπίων, ωνος, ὁ, alexandrinischer Literat zur Zeit Christi, bekannter Judenfeind.
ἀπλαῖ, ῶν, αἱ (ἁπλοῦς), lakon. Schuhe mit einfacher Sohle. [= ἀμπλ. w. s.
ἀπλάκημα, τό, u. **ἀπλακεῖν,** poet. (nach Konjekt.)
ἀ-πλανής, 2. **1)** nicht umherirrend; ὁ, der Fixstern. **2)** nicht abschweifend, stetig; methodisch.
ἄ-πλαστος, 2 (πλάσσω), sp. ungeformt, unausgebildet, ungekünstelt; φωνή unverstellt.
ἀ-πλᾰτής, 2. (πλάτος), sp. ohne Breite.
ἄ-πλᾱτος, 2. (πελάζω), poet. unnahbar, graus (αἶσα vom Wahnsinn), unbekämpfbar; entsetzlich.
ἄ-πλετος, 2. unermeßlich, bes. unendlich viel.
ἄ-πλευστος, 2. (πλέω), τὸ ἄπλευστον der noch nicht befahrene Teil des Meeres.
ἄ-πληκτος, 2. nicht getroffen, keines Antriebes be-
ἀ-πλήρωτος, 2. unersättlich. [dürftig.
ἀπληστία, ἡ, Unersättlichkeit. Von
ἄ-πληστος, 2. (πίμπλημι), **1)** unausgefüllt, leerverlassen, κοίτη d. i. vom Gatten. **2)** nicht auszufüllen, unersättlich, τινός in etwas; auch unendlich.
ἄ-πλητος, 2. Ntr. adv., poet. = ἄπλᾱτος.
ἄπλοια, ἡ (ἄπλους), Unmöglichkeit zu fahren, ungünstige Zeit zur Schiffahrt, Windstille, ὑπὸ ἀπλοίας aus Mangel an Fahrwasser oder Wind, δεινῆς ἀπλοίας (Gen. der Ursache) weil die Abfahrt heftige Hindernisse fand. Im Plur. widrige Winde.
ἁπλοΐζομαι (ἁπλόος), Dep. med., ehrlich handeln, ἅπαντα πρός τινα in allem gegen einen.
ἁπλοϊκός, 3. sp. einfach, schlicht.
ἁπλοΐς, ίδος, ep. Fem. adj. zu ἁπλόος, χλαῖνα einfach umgeworfener Mantel, vgl. δίπλαξ.
ἁπλόος, zsgz. **ἁπλοῦς,** ῆ, οῦν (ἁ [sm] + *πλόος, vgl. δί-πλοος), *simplex,* **einfach,** einmalig, φάλαγξ Schlachtlinie ohne Reserve, τεῖχος Thuk.; übertr. **ungekünstelt,** leicht, schlicht, offen, ehrlich, **aufrichtig,** wahr; schlechthin so, unbedingt so, εἰς ἁπλοῦν φέρει ist einfach, κατὰ τὸ ἁπλοῦν einfach, unschuldig. Kompar. **ἁπλούστερος,** ion. auch -ούτερος; -ώτατος • Adv. **ἁπλῶς,** Sup. **-ούστατα,** **einfach,** insbes. auch: schlicht, **schlechthin,** an sich, absolut, geradezu, ohne Umstände, ohne weiteres, kurz u. gut, überhaupt, im allgemeinen; τὸν ἁπλῶς πολίτην den Bürger in unbedingtem Sinn, Bürger schlechthin. ἁπλῶς εἰπεῖν um es kurz zu sagen.
ἄ-πλοος, zsgz. ἄπλους, ουν (πλέω), **1)** nicht befahrbar. **2)** nicht seetüchtig; Komp. οώτερος zur Fahrt weniger tauglich.
ἁπλότης, ητος, ἡ (ἁπλόος), Einfachheit, Schlichtheit.
ἄ-πλουτος, 2. poet. u. sp. ohne Reichtum; τὸν πλοῦτον ἄπλ. ἀπεργάζεσθαι wertlos machen.
ἁπλόω, ep. u. sp. entfalten, ausbreiten; übertr. verständlich, klar machen.

ἄ-πλῠτος, 2. (πλύνω), poet. sp. ungewaschen.

ἄ-πνευστος, 2. ep.; Adv. att. **-στεί** od. **-στί** (πνέω), **a)** ohne Atem zu holen, in einem Atem, *uno spiritu*. **b)** nicht Atem holend, ohnmächtig.

ἄ-πνοος u. **ἄ-πνους,** 2. **1)** ohne Luftzug, stickig. **2)** ohne Atemzug, entseelt.

ἀπό [ᾰ] (= lat. *ab*, deutsch *ab*), steht als **Adv.** fast nur bei Dichtern und Herodot, wo gewöhnlich sog. Tmesis angenommen wird, allermeist aber als **Präp.** beim **Gen.** (Separ.) (ep. u. poet. hinter seinem Beziehungswort ἄπο betont), **von, von — ab, von — her.**

I) lokal • **1)** von einem Orte **herab,** ἀψαμένη βρόχον ἀπὸ μελάθρου den Strick anknüpfend am Gebälk, ἀφ' ἵππου θηρεύειν, *ex equo*; pleon. ἀπὸ Τροίηθεν • **2)** von einem Orte **fern,** ἀπ' οἴκου εἶναι, ἀπ' ἀνδρὸς εἶναι vom Manne getrennt leben, ἀπὸ δείπνου εἶναι, γίγνεσθαι gespeist haben, φθείρεσθαι ἀπό durch Verführung sich trennen lassen von —, so auch = *prae* ein Hindernis bezeichnend = vor N. T. • **3)** bei Angabe des Maßes der Entfernung ἀπὸ σταδίων ἑκατὸν καὶ εἴκοσι τῆς Μέμφεως versetzt st. σταδίους ἀπὸ τῆς Μ. 120 Stadien von M. (entfernt) • **4)** bei Angabe der Herkunft: ἵπποι ἀπ' Ἀξιοῦ Rosse aus der Gegend vom A. her, οἱ ἀπ' ἐκείνων ihre Nachkommen, ἀπὸ γένους von der Familie abstammend, auch: erblich, ähnl. ὁ ἀπὸ τῆς βουλῆς Mitglied des Rates, u. so oft zur Umschreibung des Gen.: εἷς ἀπὸ πολλῶν einer aus vielen; ἀπὸ τῶν ἑκατὸν ἀνδρῶν ἄνδρα ἕνα θύειν; στέφανος ἀπὸ ταλάντων ἑξήκοντα ein Kranz 60 Talente wert • **5)** besondere Verwendungen: ἀπὸ θυμοῦ dem Herzen fremd, verhaßt, ἀπὸ μαθημάτων γίγνεσθαι vom Lernen frei werden, ἀπὸ τρόπου unpassend, ἀπὸ τοῦ ὄντος von der Wirklichkeit entfernt, ἀπὸ δόξης gegen die Meinung, ἀπ' ἐλπίδων gegen Erwarten ἀπὸ ῥυτῆρος mit verhängtem Zügel (so oft ἄπο betont).

II) temporal: von — an, seit, nach, ἀπὸ παίδων von Kindheit an, ἀπὸ τούτου oder τοῦδε u. sp. ἀπ' αὐτοῦ, von da an, *exinde*, τὸ ἀπὸ (mit Krasis τὠπὸ) τούτου *postea*, ἀφ' οὗ, ἀφ' οὗ χρόνου *ex quo*, seitdem.

III) übertr. • **1)** vom Ausgangspunkt einer Handlung od. eines Zustandes • **a)** auf Grund von ζῆν ἀπό τινος Lebensunterhalt haben, leben von etw., ἀτελὴς γίγνομαι ἀπὸ μικρῶν ἀναλωμάτων bin steuerfrei gegen geringe Opfer, θαυμάζεσθαι ἀπό τινος wegen (infolge von) etwas bewundert werden, τιμᾶν τινα ἀπό τινος einen wegen etwas auszeichnen, πράττεσθαι ἀπό τινος auf jmds. Betreiben bewirkt werden; ὅσον ἀπὸ βοῆς ἕνεκα (pleon.) soweit es eben durch Geschrei möglich war; ἀπ' αὐτοῦ (sp.) infolgedessen • **b)** im Sinne des Gen. subj. vor, φόβος ἀπό τινος F. vor einem, σχολὴ ἀπό τινος Ruhe vor etwas • **2)** vom Ausgangspunkt eines Urteils, eines Beweggrundes • **a)** von — her gesehen, beurteilt, ἀπὸ τῆς ὄψεως nach dem Gesicht zu schließen, ἀπὸ τοῦ βελτίστου nach dem Staatswohle • **b)** auf Grund von, mit, ἀπὸ γνώμης mit Vorbedacht; ἀπὸ τῶν καρδιῶν *ex animi sententia* u. ἀπὸ μιᾶς einhellig N. T. • **3)** besondere Verwendungen: ἀπὸ σπουδῆς im Ernst, ἀπὸ τοῦ ἴσου in gleichem Verhältnis, auf billigem Fuße, ἀπὸ (τῆς) ἴσης auf gleiche Weise, mit gleichem Anteil, ἀπὸ τοῦ ἀδοκήτου auf unerwartete Weise, ἀπὸ τοῦ προφανοῦς offen, ἀπὸ τοῦ αὐτομάτου aus freien Stücken, ἀπὸ γλώσσης nach dem Gerede od. mündlich, ἄρχοντας ἀπὸ κυάμου καθίστασθαι Beamte auf Grund der Wahl (mit Bohnen) einsetzen, B. auslosen. Oft zur Umschreibung des Gen. u. so auch τὰ ἀπὸ τῆς νήσου *quae de insula narrantur*, πυθέσθαι ἀπὸ τῆς Ξέρξου στρατιῆς über das Heer des Xerxes hören.

ἀπο-αίνυμι, s. ἀπαίνυμαι.

ἀπο-αιρέομαι, s. ἀφαιρέω.

ἀπο-βάθρα, ἡ, Schiffsleiter zum Aussteigen, Landungsbrett.

ἀπο-βαίνω, Aor. neben ἀπέβην ep. auch ἀπεβήσετο (oft in tmesi).

I) intr. • **1)** absteigen, **herabsteigen,** aussteigen, **landen,** νηός, ἐξ ἵππων Hom • **2) weggehen,** mit Gen. πεδίων Eur.; ἐλπίδες ἀ. sind verschwunden • **3)** von Begebenheiten: ablaufen **ausgehen**; τὰ ἀποβαίνοντα Ergebnisse, Erfolg Thuk., oft mit Adverb.: κῇ, πῶς, κατὰ τὸ ἐόν nach der Wahrheit Hdt.; abs. ἡ ὑπόσχεσις ἀ. wurde erfüllt Thuk.; ὁ χρησμός traf ein Thuk.; ἀπ. εἰς μαρτύριον wird ausschlagen zu N. T. • **4)** mit Adj. sich erweisen, **werden,** κοινοί Thuk.; ἀ. εἰς τὰ πολιτικά eignen sich für Plat. Symp. 192 a.

II) faktitiv, Aor. 1. ἀπέβησα, aussetzen, ans Land setzen Hdt.

ἀπο-βάλλω, **1) abwerfen,** wegwerfen, ablegen τινός von etwas; insbes. **a)** übertr. ὀμμάτων ὕπνον den Schlaf von den Augen verscheuchen. **b)** ναῦς die Schiffe vom Lande (ὅθεν) abstoßen, ἐς πόντον in See gehen, auslaufen; **c)** verächtlich: wegwerfen, verschmähen, verstoßen, verabschieden, auch im Med. **2) verlieren,** um etwas kommen, übertr. vergessen.

ἀπο-βάπτω, ion. u. sp. eintauchen.

ἀπόβᾰσις, εως, ἡ (ἀποβαίνω), das Aussteigen aus dem Schiffe, **Landung,** τινός u. τινί in einem Lande, ἀπόβασις μάλιστά ἐστι man kann leicht landen, ἀπόβασιν ἔχειν eine Landung gestatten. **2)** sp. der **Abzug, Ausgang.**

ἀποβᾰτήριος, 2. sp. zur Landung gehörig, Ζεὺς ἀπ. der Beschützer der Landung, der Geber einer glücklichen Landung. Von

ἀπο-βᾰ́της, ου, ὁ, sp. der Herabsteigende, bes. vom Pferde oder Wagen; einer, der von einem Pferd oder Wagen mitten im Rennen ab und auf einen andern sprang.

ἀπο-βιάζομαι, Dep. med. (mit Aor. pass. in pass. Bdtg.), fortdrängen, mit Gewalt forttreiben, ἔς τι, überh. gewaltsam nötigen.

ἀπο-βιβάζω, **aussteigen lassen,** vom Schiff **ans** Land setzen, ausschiffen.

ἀπο-βίωσις, εως, ἡ, Ableben.

ἀπο-βλάπτω, einen Schaden tun, Pass. mit Gen. (poet.) jmds. zu seinem Unglück beraubt werden.

ἀπο-βλαστάνω, poet. u. sp., Aor. -έβλαστον, entsprießen, τινός aus etwas.

ἀποβλάστημα, τό, Sprößling, *proles*.

ἀπόβλεπτος, 2. poet. angestaunt. Von
ἀπο-βλέπω, 1) Akt. hinblicken, oft mit dem Nebenbegriff der Bewunderung, des bewundernden Vertrauens, sp. auch trans. bewundern, auch κατά τι, πρός τι etw. ins Auge fassen, sich danach richten; N. T. auch scharf aufsehen auf, εἴς τι. 2) Med. auch betrachten.
ἀποβλητέος (-βάλλω), verwerflich.
ἀπόβλητος, 2., Adj. verb. von ἀποβάλλω, ep. u. sp. wegzuwerfen, verwerflich, verächtlich.
ἀπο-βλύζω, ep. wegsprudeln.
ἀπο-βολή, ἡ, 1) Wegwerfen, Verschleudern, Verlust. 2) im N. T. auch: die Verwerfung.
ἀπο-βουκολέω, von der Herde weglaufen lassen, übertr. durch Nachlässigkeit verloren gehen lassen, τινά τινι jmdn. abspenstig machen, jmdn. um etwas bringen.
ἀπό-βρεγμα, τό, Aufguß, v. -βρέχω, erweichen.
ἀπο-βρίζω, Part. aor. -ξας, ep. u. poet. einschlafen, schlafen.
ἀπο-βώμιος, 2. poet. vom Altar fern, gottlos.
ἀπό-γειος (γῆ), vom Lande weg, 1) αὔρα Landwind, welcher von abends bis gegen Morgen von den Küsten Griechenlands seewärts weht. 2) τὸ ἀπόγειον Erdferne der Planeten; Plur. τὰ ἀπόγεια, sp. Tau, womit man das Schiff auf dem Lande anband, das Schiffstau, λύειν d. i. den Nachen losmachen.
ἀπο-γεισόω, mit einem Schirmdach (γεῖσον) versehen, τί τινι.
ἀπο-γεννάω, sp. erzeugen, hervorbringen.
ἀπο-γεύομαι, Med. kosten, nippen, τινός von etw.
ἀπο-γεφῡρόω, ion. abdämmen, durch ausgeführte Dämme dem Strome abgewinnen.
ἀπο-γηράσκω, poet. u. sp. altern, hinaltern, absterben.
ἀπο-γίγνομαι, ion. -γίνομαι [ῐ] 1) abs. a) (mit dem Tode) abgehen, sterben, οἱ ἀπογενόμενοι die Verstorbenen. b) übertr. τινί einer Sache absterben, d. i. sie aufgeben, N. T. 2) abwesend sein, nicht dabei sein. 3) fern bleiben, nicht teilnehmen, τινός.
ἀπο-γιγνώσκω, 1) von einer Anklage freisprechen, τινός. 2) einen Entschluß oder eine Hoffnung aufgeben, dah. aufgeben, verzichten, verzweifeln, τινός u. τινά, τί od. mit dem Inf. (mit τό, τοῦ, μή od. bloßem Inf.). 3) Pass. hoffnungslos sein, ἀπεγνωσμένος ein aufgegebener Mensch.
ἀπο-γλαυκόομαι, sp. den Star (γλαύκωμα) bekommen, blind werden.
ἀπόγνοια, ἡ (ἀπογιγνώσκω), Verzweiflung, τινός an etwas.
ἀπόγνωσις, ἡ, sp. dasselbe.
ἀπόγονος, 2. *oriundus*, abstammend, entsprossen, τινός von etwas, von Personen u. Sachen: Subst. ὁ ἀπόγονος, Abkömmling, Sohn, Tochter, öfters Enkel, Nachkomme im späteren Gliede, *proles, posteri.*
ἀπογρᾰφή, ἡ, das Aufschreiben, und zwar 1) die **Anmeldung,** insbes. a) die Einschreibung bei einer Amtsstelle. b) die Klage des Staates wegen widerrechtlichen Besitzes öffentlicher Gelder oder wegen Säumnis fälliger Schulden an den Staat. 2) das Verzeichnis, die **Liste,** insbes. a) das Vermögensverzeichnis, die **Steuerrolle,** bei den Römern der Zensus. b) das Denunziationsverzeichnis. c) das Verzeichnis der δημευόμενα, des eingezogenen Gutes. d) Vermögensverzeichnis des Angeklagten mit Erwerbsnachweis.
ἀπόγραφος, 2. abgeschrieben; τὸ ἀ., sp. Kopie.
ἀπο-γράφω, 1) **abschreiben,** kopieren, Med. für sich Plat. 2) **auf-, einschreiben,** in ein Register eintragen, ἔθνος ἓν ἕκαστον Hdt.; Med. a) sibi: τὰ ἔτεα sich notieren Hdt. b) se: sich eintragen, einschreiben lassen Ἐλευσινάδε Lys., πρὸς τὸν ταξίαρχον εἰς τὴν τάξιν sich beim T. als Soldat eintragen lassen Xen. 3) in der attischen Rechtssprache a) **anklagen,** denunzieren, auch Med. vom Gerichtsvorstand: ἀ. τὴν δίκην. b) in das Schuldbuch als Schuldner oder Gläubiger eintragen, Med. sich eintragen lassen, bes. zum Zweck der Konfiskation Dem 40, 22.
ἀπο-γυιόω, ep. ganz lähmen, entkräften.
ἀπο-γυμνάζω, poet. gehörig üben.
ἀπο-γυμνόω, entblößen, ausziehen; enthüllen. Med. sich ausziehen.
ἀπο-δαίομαι, Fut. ep. -δάσσομαι, Aor. buk. ἀπεδάσσαο, 1) ep. einen Teil (von dem Seinigen) abgeben u. zuteilen, τινί τι, auch τινί τινος. 2) ion. abteilen, aussondern.
ἀπο-δάκνω, Perf. pass. -δέδηγμαι, ab-, anbeißen.
ἀπο-δᾰκρῡω, weinen, beweinen, τινά.
ἀπο-δαρθάνω, sp. ausschlafen.
ἀπόδαρμα, τό, ion., var. zu ἀπόδερμα, s. d.
ἀποδάσμιος, 2. ion. abgezweigt. Von
ἀπο-δασμός, ὁ, eine Abteilung.
ἀπο-δεής, ές (δεῖ), unvollständig bemannt.
ἀπο-δειδίσσομαι, ep. (in tmesi), abschrecken.
ἀπο-δείκνῡμι, sp. auch **ἀποδεικνύω,** Fut. -δείξω usf., ion., -δέξω, -έδεξα, -δέδεγμαι • 1) Akt. • a) **vorzeigen,** τάφους καὶ συγγένειαν nachweisen Thuk., μάρτυρα vorweisen Hdt., ein Gesetz veröffentlichen Lys. Xen.; Pass. ἀποδειχθείς u. ἀποδεδειγμένος erklärt, anerkannt; mit folg. Part. od. Adj. als etwas auf-, nachweisen, daß • b) **anweisen,** τινί τι einem etwas als Pfand oder als Eigentum vermachen, widmen, darbringen, weihen τέμενος Hdt.; einreihen • c) τινά τι als etwas zeigen, ernennen, στρατηγόν Xen., erwählen, wozu machen, bewirken • 2) Med. • a) beweisen, an den Tag legen, τί od. ὅτι, ὡς oder mit folg. Inf. τὴν γνώμην seine Meinung aussprechen • b) eine Arbeit, Leistung von sich aufweisen, ἔργον ein Grundstück (vermessen) aufnehmen.
ἀποδειλίᾱσις, εως, ἡ, sp. Verzagtheit, πρός τινα. Von
ἀπο-δειλιάω, mutlos, feig sein, verzagen, τινά vor einem zagen, τοῦ m. Inf., auch aus Feigheit zurückbleiben.
ἀπόδειξις, εως, ἡ, ion. **ἀπόδεξις,** Gen. plur. dor. ἀποδείξιων (ἀποδείκνυμι), 1) Nachweis, Probe, Darlegung. 2) Beweis, τινός für etwas; wissenschaftliche Beweisführung, Schlußfolgerung. 3) Leistung, ἔργων.
ἀπο-δειροτομέω, ep. u. sp. den Hals abschneiden, schlachten, τινά.
ἀπο-δείρω, ion. = ἀποδέρω, s. d.
ἀποδεκατεύω u. **-τόω** N. T. verzehnten, d. i. a) den Zehnten entrichten, τί von etw. b) den Zehnten fordern, von jmd., τινά.

ἀπο-δέκομαι, ion. = ἀποδέχομαι, s. d. Davon

ἀποδεκτέος, 3. sp. zu billigen.

ἀπο-δεκτήρ, ῆρος od. **-δέκτης,** ου, ὁ, Einnehmer, *exactor*. In Athen eine Finanzbehörde aus 10 Mitgliedern (früher κωλακρέται).

ἀποδεκτός, 3. sp. annehmbar, zu billigen.

ἀπόδεκτος, ον, sp. u. N. T. *gratus*, willkommen.

ἀπο-δέξασθαι und **ἀπόδεξις** s. ἀποδείκνυμι u. ἀπόδειξις.

ἀπόδερμα, τό, ion. abgezogenes Fell. Von

ἀποδέρω, abhäuten, abziehen.

ἀπόδεσμος, ὁ, (ἀποδέω), sp. Busenband, *fascia*, Bündel, Päckchen, *fasciculus*.

ἀποδέχομαι, Dep. med. mit Adj. verb. ἀποδεκτέον, *accipere*, **1)** an-, auf-, hinnehmen, empfangen. **2)** übertr. *intellegere*, verstehen, billigen, glauben, τινός τι etwas an, von einem, od. Nebens. mit ἐάν, Gen. abs. mit ὡς, und auch bloß τινός einem Beifall schenken (sp. auch τινά τινος einem für etwas), oder mit περί τινος hierüber Glauben schenken, näml. αὐτοῦ λέγοντος, u. τινά. **3)** *sectari*, sich zu jmdm. halten, ihm anhängen.

I. **ἀπο-δέω,** Fut. -δεήσω, *egere*, ermangeln, τινός einer Sache, d. i. weniger, geringer sein als, auch hinter etwas zurückstehen, bes. zum Ausdruck von Zahlen τάλαντα τριακοσίων ἀποδέοντα μύρια 9700 Talente; mit hinzugef. τὸ μέγεθος an Größe; τοσοῦτόν τινος *distare a* —.

II. **ἀπο-δέω,** Fut. -δήσω, ab-, einbinden.

ἀπο-δηλόω, poet. u. sp. offenbaren.

ἀποδημέω (ἀπόδημος), augm. ἀπεδ., red. ἀποδεδ., in der Fremde sein, sich in die Fremde begeben, verreisen, κατά τι nach etwas da sein. Davon

ἀποδήμησις, ἡ, das Verreisen, die Reise ins Ausland; der Aufenthalt in der Fremde.

ἀποδημητής, οῦ, ὁ, ein Reiselustiger.

ἀποδημία, ἡ (-έω), das Verreistsein, die Wanderung, Abwesenheit von der Heimat, ἐξ οἴκου u. ἐκεῖ.

ἀπό-δημος, 2. poet. sp. u. N. T. verreist.

ἀπο-διαιτάω, augm. ἀπεδιῄτ., red. ἀποδεδιῄτ., einen Schiedsspruch zu jmds. Gunsten (τινί) tun.

ἀπο-διδράσκω, ion. **-διδρήσκω** (δραμεῖν, δρόμος), Fut. δράσομαι [ᾱ], Aor. -έδραν, -έδραμεν, -έδρασαν, poet. -έδρᾱν, Konj. -δρῶ, -δρᾷς (sp. -δράσῃ), Inf. -δρᾶναι, Perf. δέδρακα, ion. -δρήσομαι usf., *aufugere*, weglaufen, (bes. v. Sklaven) entlaufen, entweichen, entwischen, dah. auch sich verkriechen.

ἀπο-δίδωμι, N. T. Part. praes. ntr. -διδοῦν, 3. Pl. impf. -εδίδουν. 3. sg. coni. -δοῖ • **1)** Akt. • **a)** etwas Empfangenes oder Schuldiges, Versprochenes geben, (πάλιν oder ὀπίσω) **wieder-, zurückgeben,** zurückerstatten, τοκεῦσι θρέπτρα die Pflege lohnen Hom., λώβην abbüßen Hom., χάριν abstatten, εὐχάς, ὑπόσχεσιν erfüllen • **b)** überh. etwas **abgeben,** z. B. τοὺς ὅρκους die (ausgemachten, versprochenen) Eide leisten • **c) zuweisen,** zuschreiben, zuerkennen (ein Lob u. dgl.), anerkennen, überlassen, ferner gestatten, das Recht (zurück-)geben, beauftragen • **d) Bericht erstatten,** εἰς τὴν βουλήν • **e) abgeben,** verkaufen Thuk. • **f)** auseinandersetzen, erklären, **definieren,** seine Meinung abgeben Eur., Philos. • **2)** Med. **ἀποδίδομαι** • **a)** verkaufen, mit Gen. des Preises, z. B. τοῦ εὑρόντος um jeden Preis (s. εὑρίσκω) • **b)** zurückgeben, N. T. vergelten, κακὸν ἀντὶ κακοῦ.

ἀπο-δικεῖν, Inf. des defekt. Aor. ἀπ-έδικες, Imp. ἀπόδικε, poet. wegwerfen, abweisen.

ἀποδικέω (δίκη), sich vor Gericht verteidigen.

ἀπο-δῑνέω, ion. ausdreschen, in der ältesten Zeit durch Tiere, die auf der Tenne im Kreise getrieben wurden.

ἀπο-δίομαι, ep. fortscheuchen (var. ἐξαποδίομαι).

ἀποδιοπομπέομαι, Dep. med. (ἀπό, Διός, πομπή), durch ein dem Zeus dargebrachtes Sühnungsopfer etw. abwenden; sühnen, reinigen; verabscheuen, verwerfen, von sich entfernen.

ἀπο-διορίζω, sp. u. N. T. abgrenzen, absondern.

ἀπο-διώκω, fortjagen, vertreiben, **verscheuchen.**

ἀπο-δοκεῖ, impers. es mißfällt, es wird aufgegeben, mit folg. Inf., u. μή mit Inf., *displicet*.

ἀπο-δοκῑμάζω u. ion. **ἀπο-δοκιμάω,** *reicio*, mißbilligen, verwerfen, abschaffen, zurückweisen, τί od. auch mit folg. Inf. mit und ohne Artikel, im bes. einen in der Wahlprüfung, δοκιμασία, vor den Heliasten als schuldig Befundenen von dem Amte ausschließen, wodurch er überh. das Recht zu Ämtern verlor, ebenso einen aus der Soldatenliste (ἔκ τινος) ausstreichen.

ἄπ-οδος, ἡ, ion. st. ἄφοδος.

ἀπόδοσις, εως, ἡ (ἀποδίδωμι), **1)** Zurückgabe, τινί an jmdn., Bezahlung. **2)** Wiedergabe.

ἀποδοχή, ἡ (ἀποδέχομαι), **1)** das Zurückerhalten, sp. Beifall, Lob; Billigung, N. T. **2)** sp. freundliche Aufnahme.

ἀπο-δοχμόω, ep. seitwärts beugen.

Ἀποδρασιππίδης, ου, Ausreißrößler, Aristoph.

ἀπόδρᾱσις, εως, ion. **ἀπόδρησις,** ἡ (ἀποδιδράσκω), das Entlaufen, Entweichen, die Flucht.

ἀπο-δρύπτω, ep. u. **ἀπο-δρύφω,** ep., Aor. 1. pass. ἀπέδρυφθεν st. -ησαν (auch in tmesi), abkratzen, abschinden, zerfleischen.

ἀπο-δύνω, s. ἀποδύω.

ἀπ-οδύρομαι, beweinen, τινά od. τί; τινί, πρός τινα bei jmd. jammern.

ἀπο-δυσπετέω, sp. mit Verdruß etwas aufgeben.

ἀποδυτήριον, τό, Auskleidezimmer im Bade. Von

ἀπο-δύω, 1) Akt. trans. (-δύσω, -έδῡσα), ablegen, ausziehen, τινὰ εἵματα einem die Kleider, *exuo* (dazu ἀποδέδῡκα trans., nur Xen. An. 5, 8, 23). **2)** Med. intrans. **ἀπο-δύομαι** und ep. **-δύνω,** Fut. ἀποδύσομαι, Aor. 2. ἀπέδῡν, Perf. ἀποδέδῡκα, sich ausziehen, ἀποδύομαι εἵματα *vestem meam* [als Pass. *exuor veste;* dazu -δέδῡμαι u. -εδύθην], auch abs. sich entkleiden, ἀποδύς nach Ablegung der Kleider; übertr. πρός τι sich zu etwas anschicken.

Ἀποδωτοί (Ἀπόδωτοι), οἱ, barbarisches Volk in Nord- u. Ostätolien.

ἀπο-(ϝ)είκω, ep. weichen.

ἀπο-ειπεῖν u. ähnl., s. ἀπειπεῖν.

ἀπο-εργαθεῖν u. **ἀποέργω,** s. ἀπείργω.

ἀπο-ϝέρρω (lat. *verro*), dav. ep. def. Aor. 1. **-έερσε** u. **-ερσε,** Konj. ἀποέρσῃ, Optat. ἀποέρσειε, trennen, verjagen, wegdrängen, fortschwemmen, fortreißen.

ἀπο-ζάω, Inf. -ζῆν, das Leben fristen.

ἀπο-ζεύγνυμαι, poet. Pass., Aor. 2. ἀπεζύγην, τινός von einem getrennt, losgerissen werden.

ἀπ-όζω, ion. duften, τινός nach etwas, *redolere*.

ἀπο-ζώννυμι, -ύω, einen Soldaten abdanken.

ἀπο-θαρρέω (-ρσέω), Mut fassen.

ἀπο-θαυμάζω, ion. ἀποθωυμάζω, Fut. -άσω, sehr erstaunen, sich höchlich verwundern.

ἄποθεν, s. **ἄπωθεν.**

ἀπο-θεραπεύω, ausheilen.

ἀπόθεσις, εως, ἡ (ἀποτίθημι), das Ablegen, Aufbewahren; Auskleidezimmer.

ἀπο-θεσπίζω, sp. 1) Orakel sprechen, orakeln, τί. 2) durch einen Orakelspruch verkünden, τί u. περί τινος mit folg. Acc. c. inf. [achtet.

ἀπό-θεστος, 2. (θέσσασθαι), ep. verstoßen, ver-

ἀποθέται, αἱ, sp. eine Kluft bei Lakedämon, in welche die mißgestalteten Kinder gestürzt wurden. Zu

ἀπόθετος, 2. (ἀποτίθημι), a) aufbewahrt, kostbar. b) geheim. c) veraltet. [entfernen.

ἀπο-θέω, Fut. -θεύσομαι, weglaufen, sich eilig

ἀπο-θεωρέω, sp. von ferne betrachten. Davon

ἀποθεώρησις, εως, ἡ, sp. Betrachtung.

ἀπο-θέωσις, ἡ, sp. Vergötterung.

ἀποθήκη, ἡ (ἀποτίθημι), a) Behälter, Speicher. b) ion. das Aufgespeicherte, ἀπ. ἔς τινα ποιεῖσθαι ein Dankesunterpfand bei jem. einlegen = sich den Anspruch auf künftige Dankbarkeit sichern.

ἀπο-θηλύνω, sp. *effeminare*, erweichen, mildern.

ἀποθηριόω, *efferare*, verwildern lassen; pass. verwildern; im Perf. pass.: vertiert, voll wilder Tiere

ἀπο-θηρίωσις, ἡ, sp. Verwilderung. [sein.

ἀπο-θησαυρίζω, sp. u. N. T. aufspeichern.

ἀπο-θλίβω, sp. u. N. T. 1) ausdrücken, auspressen. 2) heftig drängen, verdrängen, τινός.

ἀπο-θνήσκω, Fut. -θανοῦμαι, Aor. -έθανον, Perf. τέθνηκα, part. ep. ἀποτεθνηώς (in Prosa bes. im Fut. u. Aor. häufiger als das Simplex), 1) verscheiden, sterben, fallen (im Kampfe); hingerichtet, zum Tod verurteilt werden, ὑπό τινος von einem ermordet werden, πρὸς αὐτοῦ von seiner eigenen Hand sterben. Im Perf.: tot sein. 2) absterben, τινί einer Sache, entsagen, N. T.

ἀπο-θρασύνομαι, sich dreist, unverschämt zeigen.

ἀπο-θραύω, poet. u. sp. abbrechen, τί τινος etwas von etwas, überh. zerbrechen, zerschmettern.

ἀπο-θρηνέω, sp. beklagen (auch einen Toten).

ἀπο-θρίζω (aus -θερίζω), poet. abschneiden.

ἀπο-θρύπτω, zerknicken.

ἀπο-θρῴσκω, Aor. ἀπέθορον, ep. u. ion. 1) herabspringen, (ἀπό) τινος von etw. 2) ep. aufspringen, aufsteigen, τινός von etw.

ἀπο-θύμιος, 2., poet. auch 3. (θυμός), ep. u. ion. mißfällig, unangenehm. [dumm verstoßen.

ἀπο-θυννίζω, zum Thunfisch machen, d. h. als ganz

ἀπο-θύω, als schuldiges Opfer darbringen.

ἀπο-θωρακίζομαι, Med. sp., sich den Panzer aus-

ἀπο-θωυμάζω, s. ἀποθαυμάζω. [ziehen.

ἀ-ποίητος, 2. unausführbar.

ἀπ-οικειόω, sp. 1) Akt. befreundet machen. 2) Med.-Pass. a) sich anschließen. b) verwandt, ähnlich werden, τινί.

ἀπ-οικέω, 1) fern von einem (τινός) wohnen. 2) ἔκ τινος von einem Orte auswandern, wegziehen. Pass. poet. ἡ Κόρινθος ἐξ ἐμοῦ μακρὰν ἀπῳκεῖτο statt des pros. ἐκ Κορίνθου ἀπῴκουν.

ἀποικία, ἡ (ἄποικος), *colonia*, Ansiedelung, Niederlassung, ἀπ. ἐκπέμπειν, ἄγειν, καθίστασθαι, gründen, *deducere*.

ἀπ-οικίζω, 1) verpflanzen, versetzen, τινά, εἴς τι, ἐκ τόπων von einem Platze. Pass. auswandern, u. ἀπῳκισμένος, 3. sp. weit entfernt, abgelegen. 2) mit dem Akk. des Ortes: durch Kolonisten anbauen, kolonisieren. Dazu

ἀπ-οικίς, ίδος, ἡ, Fem. zu ἄποικος, s. d.

ἀπ-οικοδομέω, verbauen, versperren.

ἄπ-οικος, 2. u. als bes. Fem. ἀπ-οικίς, ίδος, ἡ, fern von der Heimat, ausgewandert, γῆς aus einem Lande, Kolonist; von Städten: Pflanzstadt, Kolonie.

ἀπ-οικτίζομαι, ion. vorjammern, πρός τινα einem.

ἀπ-οιμώζω, meist poet. bejammern, τινά od. τί einen od. etwas, πρὸς αὑτήν bei sich.

ἄ-ποινα, ων, τά (aus ἀπό-ποινα, v. ποινή Buße), eig. Abzählung, daher 1) Wergeld für Erschlagene, Blutgeld, 2) Lösegeld, τινός für einen. 3) Buße, Ersatz für eine Schuld und Strafe, τινός für etwas. Davon

ἀποινάω, 1) Akt. ein Blutgeld fordern, als Sühne für einen ermordeten Angehörigen. 2) Med. poet. sich ein Lösegeld geben lassen; Vergeltung üben, τινός wofür. 3) Pass. poet. ἀποινᾶταί τις es wird für jem. ein Blutgeld, Lösegeld erlegt, er wird freigekauft.

ἀποινό-δικος, 2. poet. Buße verhängend.

ἀπ-οίχομαι, Dep. med., 1) ep. abwesend, entfernt sein, sich fern halten, τινός von —. 2) ion. u. poet. fortgehen, enteilen. 3) poet u. sp. dahin sein.

ἀπο-καθαίρω, 1) abputzen, abwischen, reinhalten, ausscheiden. 2) Med. τί (τινός) sich etwas abwischen, die Hand am (εἰς) Handtuch, einen Fehler ablegen. Dav.

ἀποκάθαρσις, εως, ἡ, Reinigung, Ausscheidung, χολῆς Gallenabsonderung.

ἀπο-κάθημαι, s. ἀποκάτημαι.

ἀπο-καθίστημι, N. T. auch ἀποκαθιστάνω u. -άω, 1) Akt. (-στήσω usf.), *restituere*, wieder in die alten Verhältnisse einsetzen, wieder herstellen, abliefern. 2) Pass. u. intr. (Aor. -εστάθην u. -έστην), hergestellt werden, N. T. τινί jmdm. wiedergegeben werden, zu ihm kommen.

ἀπο-καίνυμαι, ep. übertreffen.

ἀπο-καίριος, 2. poet. = ἄκαιρος.

ἀπο-καισαρόομαι, Med.-Pass., sp. sich verkaisern lassen, verkaisert werden.

ἀπο-καίω, ep. Opt. aor. ἀποκήαι (in tmesi), 1) abbrennen, verbrennen. 2) ausbrennen, durch Brennen tilgen, vom Arzte. 3) erstarren machen, von der Kälte u. vom Sturm; Pass. erfrieren.

ἀπο-καλέω, 1) abrufen, zurückrufen, τινά τινος. 2) beiseite rufen. 3) τινά τινα oder τί τι laut, unverhohlen nennen, meist im üblen Sinne, auch τινὰ ὄνομά τι einem einen Namen geben.

ἀπο-καλύπτω, 1) *revelare*, enthüllen, entdecken, offenbaren; Part. perf. pass. schamlos. 2) Med. sp. sich enthüllen, sich offenbaren, πρός τινα. Dav.

ἀποκάλυψις, εως, ἡ, sp. 1) Enthüllung. 2) N. T. Sichtbarwerden, Erscheinung, τοῦ κυρίου, τῆς δόξης etc. 3) Offenbarung, Belehrung.
ἀπο-κάμνω, ermatten, aus Ermattung aufgeben, τί, abstehen, ἐλπίσιν; mit Part. od. Inf.: müde werden etw. zu tun, aufgeben.
ἀπο-κάμπτω, ablenken. [atmen, aushauchen.
ἀπο-κᾰπύω, ep. Aor. ἀποκάπυσσα (in tmesi), aus-
ἀπο-κᾰρᾱδοκία, ἡ, N. T. die Erwartung.
ἀπο-καρπίζομαι, sp. poet. für sich abpflücken.
ἀπο-καρτερέω, sp. nicht länger aushalten, nämlich das Leben, sich durch Hunger töten.
ἀπο-καταλλάσσω, N. T. wieder aussöhnen.
ἀποκατάστᾰσις, εως, ἡ (ἀποκαθίστημι), sp. Wiederherstellung, *restitutio;* Wiederkehr der Sterne u. Jahreszeiten; N. T. τῶν πάντων die Neuschöpfung der Welt. [sitzen.
ἀπο-κάτημαι, ion. st. ἀποκάθημαι, abgesondert
ἀπο-καυλίζω (καυλός), eig. den Stengel abbrechen, dann überh. abbrechen, abschlagen, abhauen.
ἀπο-κάω, s. ἀποκαίω.
ἀπό-κειμαι, beiseite liegen, dah. a) aufbewahrt sein od. werden, παρά τινι bei jem., auch einem gesichert, bestimmt sein, mit folg. Inf. um etw. zu erlangen; χάρις ἀπόκειταί μοι der Dank ist mir sicher, ich kann auf Dank rechnen b) unbeachtet liegen.
ἀπο-κείρω, Fut. -κερῶ, ep. -κέρσω (auch in tmesi), 1) Akt. ep. poet. u. sp. a) abschneiden, durchschneiden. (Poet. auch: vertilgen, berauben.) b) abscheren, ὁ ἀποκείρων der Barbier. 2) Med. sich (*sibi*) abscheren od. scheren lassen, z. B. das Haupthaar als Zeichen der Trauer; Pass. auch beraubt werden. [etwas ziehen.
ἀπο-κερδαίνω, Aor. sp. -κερδᾶναι, Gewinn aus
ἀποκεφᾰλίζω, sp. (Fut. -ίσω) u. N. T. enthaupten.
ἀπο-κηδεύω, ion. austrauern um einen, τινά.
ἀπο-κηδέω, ep. nachlässig, fahrlässig sein.
ἀπο-κήρυκτος, 2. sp. das, wovon man sich öffentlich losgesagt hat, ausgestoßen, enterbt.
ἀποκήρυξις, εως, ἡ, sp. öffentliche Enterbung, Lossagung des Vaters vom Sohne, in Athen nur infolge eines richterlichen Spruches statthaft. Von
ἀπο-κηρῡ́σσω, att. -ττω, Fut. -ξω (auch in tmesi), öffentlich ausrufen lassen, u. bes. a) etwas Verlornes. b) etwas Verkäufliches, dah. verkaufen, losschlagen. c) etwas verbieten, mit Inf. u. μή.
ἀποκινδῡ́νευσις, εως, ἡ, ein gewagter Versuch. Von
ἀπο-κινδῡνεύω, einen kühnen Versuch machen, ἔν τινι an einem, bes. einen gefährlichen Kampf wagen, πρός τινα mit einem, εἴς τι zu etwas, oder περί τινος etwas aufs Spiel setzen. Ähnl. im Pass.
ἀπο-κῑνέω, Iterativf. ἀποκινήσασκε, ep. wegbewegen, wegnehmen, wegtreiben.
ἀπο-κλάζω, Fut. -κλάγξω, poet. ertönen lassen, eine Stimme, eine Verkündigung.
ἀπο-κλᾴζω, Fut. -κλᾴξω, Aor. imper. -κλᾳξον, part. -κλᾴξας, buk. = ἀπο-κλείω.
ἀπο-κλαίω, Fut. -κλαύσομαι, 1) Akt. intr. a) in lautes Weinen ausbrechen. b) aufhören zu weinen. 2) Akt. trans. beweinen.
ἀπόκλεισις, εως, ἡ, Ausschließung; das Verschließen.
ἀπο-κλείω, altatt. -κλῄω, ion. -κληίω, Plqpf. pass. -εκεκλείμην, 3. pl. ion. ἀποκεκλέατο, Aor. -εκλείσθη, *excludere* — 1) von Dingen: abschließen, verschließen, versperren, verstopfen, begrenzen; 2) von Menschen: ausschließen vom Testamente, abschneiden von der Truppe, zurückhalten, sp. nicht vorlassen, nicht empfangen. Pass. auch sich einer Sache enthalten.
ἀπο-κλέπτω, ep. wegstehlen.
ἀπο-κληρόω, durchs Los wählen, erlosen, (ἐκ) τινος, *ex* —; Pass. durchs Los zufallen.
ἀπό-κλησις, ἡ, = -κλεισις.
ἀπο-κλίνω, [ῐ], Fut. -ῐνῶ, Aor. pass. -εκλίθην, sp. -εκλίνθην, *declinare,* 1) trans. ablenken, abwenden; auf die Seite wenden; umbringen, umstoßen; übertr. ὄνειρον umdeuten, ἑαυτόν sich zurücklehnen. 2) intr. a) abbiegen, abgehen vom Wege. b) sich zurückziehen, zurückgehen, πρός τινα. c) *inclinare,* sich neigen, πρός τι, ἐπί τι zu etwas, eine Richtung nach etwas nehmen. 3) Pass. *vergere,* (*se*) *inclinare,* sich neigen, zu Ende gehen, vom Tage, der Mittagssonne, aber auch vom Himmelsstriche, der sich vom Mittag gegen Sonnenuntergang (πρὸς δύνοντα) neigt. Davon
ἀπόκλῐσις, εως, ἡ, sp. Senkung, Abweichung, u.
ἀπόκλιτος, 2. sich neigend.
ἀπο-κλύζω, wegspülen.
ἀποκμητέον (-κάμνω), man muß müde werden.
ἀπο-κναίω u. **-κνάω,** att. -κνῆν, -κέκνησμαι u. -κέκναισμαι, abschaben; aufreiben, quälen, martern.
ἀπ-οκνέω, mit Adj. verb. ἀποκνητέον, a) abs. zaghaft zurücktreten, zaudern. b) τί zurückbeben vor etwas, πρός τι bedenklich säumen mit etwas, so mit folg. Inf. Davon
ἀπόκνησις, εως, ἡ, Abneigung, τινός gegen etwas.
ἀπο-κοιμάομαι, Dep. pass., 1) völlig ausschlafen. 2) abgesondert, auswärts schlafen.
ἀποκοιτέω, von seinem Posten entfernt schlafen. Von
ἀπό-κοιτος, 2. παρά τινος od. τινός weggebettet.
ἀπο-κολοκύντωσις (κολόκυνθα Kürbis), Verkürbissung (anst. Apotheose), Spottschrift auf Kaiser Claudius.
ἀπο-κολυμβάω, sich durch Schwimmen retten.
ἀπο-κομῐδή, ἡ, der Rückzug. Von
ἀποκομίζω, Futt. (att.) -ιῶ, 1) Akt. wegtragen, zurücktragen, wegbringen, abführen, zurückbringen. 2) Med.-Pass. auch: abziehen, zurückkehren, sich zurückziehen.
ἀπόκομμα, τό (ἀποκόπτω), sp. u. buk. das Abgeschlagene, Bruchstück.
ἀποκοπή, ἡ, eigentl. das Abhauen, Abschneiden, πεδίων, sp. jähe Einsenkungen zwischen Ebenen; dann die Aufhebung, χρεῶν Schuldentilgung. Von
ἀπο-κόπτω (ep. auch in tmesi), abhauen, abschneiden, loshauen, med. *plangi,* betrauern, ἀποκέκοπταί μοι ἡ φωνή, die Stimme ist mir gehemmt.
ἀπο-κορῡφόω, ion. kurz zusammenfassend ant-
ἀπο-κοσμέω, ep. abtragen. [worten, τινί.
ἀπο-κοττᾰβίζω, die letzten Weintropfen aus dem Becher gegen die Erde oder ein ehernes Becken schleudern, daß es klatscht. [τινός von etw.
ἀπο-κουφίζω, poet. u. sp. erleichtern, befreien,
ἀπο-κραιπαλάω, den Rausch ausschlafen.

ἀπο-κρᾰτέω, ion. übertreffen, τινά, u. τινί an etwas.
ἀπο-κρεμάννῡμι, Aor. -εκρέμασεν, ep. herabhangen lassen, senken. Pass. **ἀπο-κρέμᾰμαι,** sp. herabhangen, Aor. 1. ἀποκρεμασθέντες daran hängend.
ἀπό-κρημνος, 2. abschüssig, steil; sp. τὰ ἀπόκρημνα die steile Tiefe.
ἀπόκριμα, τό, N. T. Beschluß. Von
ἀπο-κρῑ́νω, Fut. -ῐνῶ usw. • 1) Akt. **absondern,** Pass. ἀποκρινθέντε sich trennend von der Menge Hom.; ausscheiden, scheiden, unterscheiden, wählen, τινός von etwas, divergieren lassen, verschieden machen od. als verschieden betrachten, bisw. mit hinzugf. χωρίς; verwerfen • 2) Pass. und Med. • a) auseinandergehen, scheiden, ausgehen • b) sich unterscheiden, τινός von etwas • 3) Med. **ἀποκρῑ́νομαι,** Fut. ἀποκρῐνοῦμαι, Aor. ἀπεκρῑνάμην u. (selten att., oft sp.) ἀπεκρίθην, Perf. ἀποκέκρῐμαι akt. u. pass., im N. T. Fut. ἀποκρῐθήσομαι auch akt. • a) **antworten,** Bescheid geben, τί etwas beantworten, eine Antwort geben • b) im N.T. **anheben,** zu sprechen beginnen. Dav. [wort, πρός τι.
ἀπόκρῐσις, εως, ion. ιος, ἡ, Absonderung; Ant-
ἀποκριτέον, Adj. verb. 1) v. ἀποκρίνω, man muß ausschließen. 2) v. ἀποκρίνομαι, man muß antworten.
ἀπό-κροτος, 2. (κρότος), hart, *durus, asper.*
ἀπο-κρούω, 1) Akt. u. Pass. (Perf. -κέκρουμαι, Aor. -εκρούσθην), wegschlagen, zurückschlagen, zurückwerfen, τινός von etw.; übertr. abbringen, τινός von etw. 2) Med. von sich zurückschlagen, abwehren, ausparieren.
ἀπο-κρύπτω. 1) Akt. u. Pass., a) **verbergen,** verstecken, θανάτοιο νόσφιν τινά einen vor dem Tode verstecken, ihn demselben entziehen Hom., ἥλιον verdunkeln Hdt., γῆν aus den Augen verlieren Plat., ἀπέκρυψαν sc. αὐτοὺς verschwanden aus dem Gesichtskreis Thuk. 5, 65, 5, b) **einem etwas verhehlen;** τινά τι. 2) Med. sich oder etwas Eigenes **verheimlichen,** τινά τι vor einem, verstecken.
ἀπόκρῠφος, 2. versteckt, heimlich; Neutr. τινός ohne jemds. Wissen.
ἀπο-κτείνω, att. Fut. -κτενῶ, Aor. -έκτεινα, Perf. -έκτονα, als Pass. dient ἀπο-θνήσκω od. Passivformen v. ἀναιρέω, ferner ep. u. poet. Aor. act. ἀπέκτανον u. ἀπέκτᾰμεν, inf. -κτᾰμεν(αι), med. ἀπέκτᾰτο u. -κτάμενος in pass. Bdtg., spät. Perf. ἀπεκτόνηκα, u. Aor. pass. ἀποκτανθῆναι im N. T., ferner die Nbff. **ἀπο-κτείννυμι, -κτίννυμι** u. **-κτιννύω** u. sp. ἀπο-κταίνω (-κτέννω) im N. T., töten, morden, schlachten, erlegen, hinrichten, hinrichten lassen, zum Tode verurteilen, den Tod jmds. herbeiführen.
ἀπο-κυαμεύω (κύαμος), durch Abstimmung vermittels Bohnen bestimmen, wählen.
ἀπο-κῠέω, sp. gebären, hervorbringen; Subst. -κύησις, ἡ. [purzeln.
ἀπο-κυλίω [ῑ], sp. wegwälzen, Pass. herunter-
ἀπο-κωκύω, poet. laut beklagen, τινά.
ἀπο-κωλύω, verhindern, abhalten, nicht einlassen.
ἀπο-λαγχάνω, 1) (durchs Los) bekommen, τί etwas, u. τινός von etwas. 2) beim Losen leer ausgehen, dah. poet. u. sp. auch: nichts von etwas bekommen.

ἀπο-λάζυμαι, poet. = ἀπολαμβάνω.
ἀπο-λακτίζω, poet. u. sp. ausschlagen, wegstoßen, verschmähen. Davon
ἀπολακτισμός, ὁ, poet. das Wegwerfen.
ἀπο-λαλέω, sp. ausschwatzen.
ἀπο-λαμβάνω, ion. Fut., -λάμψομαι, Pass. Perf. -λέλαμμαι, Aor. -ελάμφθην. 1) **davon hinwegnehmen,** a) herausnehmen, herausheben, einzeln, allein **vornehmen,** ἀπολαβών im besondern; beiseite nehmen, mit u. ohne μόνος, b) absondern, abschneiden, abschließen, z. B. einen Ort, τινί mit etwas, c) jmdn. **einschließen,** einsperren, umzingeln, einfangen, hemmen, d) wegnehmen, wegkappen. 2) **empfangen,** bes. das, was einem gebührt, wiederbekommen, entgegennehmen. 3) N.T. mit Rat u. Tat unterstützen.
ἀπο-λαμπρύνομαι, ion. Pass. berühmt werden, mit Fut. med., τινί durch etwas.
ἀπο-λάμπω, ep. u. poet. einen Glanz von sich geben, **glänzen, strahlen, zurückstrahlen.**
ἀπόλαυσις, εως, ἡ (ἀπολαύω), Genuß.
ἀπόλαυσμα, τό, sp. Genossenes, Genuß.
ἀπολαυστικός, 3. dem Genuß ergeben; sich auf den Genuß beziehend, gerichtet.
ἀπολαυστός, 2. sp. zu genießen, genießbar. Von
ἀπο-λαύω (St. λαυ, lat. *lu-crum,* dt. *Lohn,* vgl. λεία) Fut. -αύσομαι, davon zu genießen haben, **1) es sich zunutze machen, genießen, teilhaftig werden. 2) im schlimmen Sinne: es zu verdanken haben.** τινός im Genuß von etwas sein, τί τινος u. ἀπό τινος etwas von einem, auch τινός τινος von einem etwas sich zunutze machen, oder bloß τί einen Genuß, Vorteil haben, u. abs. Genuß haben. Sp. auch einen (τινός) zum besten haben.
ἀπο-λεαίνω u. -λειαίνω, sp. abglätten, glatt machen; **insbes. glatt rasieren.**
ἀπο-λέγω, 1) *eligo,* auslesen, auswählen, aus einer Anzahl (Gen.). Med. sp. für sich (*sibi*) auslesen, ἔκ τινος. 2) verwerfen, Med. ablehnen, verzichten, aufgeben.
ἀπο-λείβομαι, ep. Pass. herabträufeln, ὀθονέων ὑγρὸν ἔλαιον von dem Linnen das Öl (Schlichte).
ἀπο-λείπω (auch in tmesi), mit der sp. Nebenf. **ἀπολιμπάνω.**

I) Akt. trans. • 1) **zurücklassen,** ἔγκατα übrig lassen Hom., βίον sterben Soph., aber: ἐμὲ ἤδη βίοτος ἀ. Soph. El. 185, einen Abstand lassen, ὡς πλέθρον Xen.; Med. als sein Werk zurücklassen Πυραμίδα Hdt. • 2) **verlassen,** im Stiche lassen, verlieren, aufgeben πολιορκίην Hdt.

II) Akt. intr. • 1) **ausgehen** καρπός Hom., von Flüssen und Meeren: sinken; χελιδόνες fehlen Hdt. • 2) es fehlen lassen an οὐδὲν προθυμίας nicht an Eifer Thuk., bes. bei Zahlen: ἀπὸ τεσσάρων πήχεων ἀ. τρεῖς δακτύλους um drei Fingerbreit kleiner als vier Ellen Hdt 1, 160; **μικρὸν ἀπολείπει** c. Inf. es fehlt wenig daran, daß • 3) aufbrechen ἐκ Συρακουσῶν Thuk. • abs. von der Rede: ὅθεν ἀπέλιπες an dem Punkte, wo du absprangst Plat. Gorg. 497 c.

III) Pass. • 1) **zurück-, übrigbleiben;** bei einer Diskussion: nicht nachkommen Plat. Theaet. 192 d; unterliegen Isokr. • 2) **getrennt sein,** fern sein

πολὺ τῆς ἀληθηίης Hdt., τῶν πραγμάτων ἀπολ. die Sachlage verkennen Dem., καιροῦ verpassen Dem.
ἀπο-λείχω, ablecken.
ἀπόλειψις, εως, ἡ (ἀπολείπω), 1) das Verlassen, **a) der Rückzug, Abzug. b) das Entlaufen, die Fahnenflucht. c) die Ehescheidung. 2) die** Verminderung, Abnahme.
ἀπό-λεκτος, 2. auserlesen, *electus.*
ἀ-πολέμητος, 2. sp. unbekriegt, friedlich.
ἀ-πόλεμος, 2., Adv. -έμως, ep. u. poet. **ἀπτόλεμος,** 1) sp. friedlich. 2) kriegsuntauglich. 3) poet. nicht zu bekämpfen, unbezwinglich. 4) poet. mit πόλεμος ein Unheilskrieg.
ἀπ-ολέοντες, ἀπ-ολεῦντες u. ähnl., s. ἀπόλλυμι.
ἀπο-λέπω, abschälen, poet. μάστιγι, gehörig durchpeitschen, im gl. Sinne unser „abreiben".
ἀπ-ολέσκετο, ep. iter. Aor v. ἀπόλλυμαι, entschwand jedesmal.
ἀπο-λευκαίνω, sp. weiß machen.
ἀπο-λήγω, ep. (öfters ολ als lange Silbe), aufhören, abstehen, vergehen, aufhören von etwas, τινός, m. Part., εἴς τι *desinere in* —, auslaufen.
ἀπο-ληρέω, albern schwatzen.
ἀπόληψις, εως, ἡ (ἀπολαμβάνω), das Umzingeln.
ἀπο-λιμπάνω, s. ἀπολείπω.
ἄ-πολις, ι, Gen. ιδος, Dat. ion. ἀπόλιδι od. ἀπόλι, Vok. ἄπολι. 1) heimatlos, verbannt. 2) Feind des Staats, *hostis.* 3) ohne Gemeinschaftstrieb, ohne staatlichen Instinkt. 4) ohne Verfassung, 5) entvölkert. sp. auch: stadtlos, u. poet. mit πόλις eine Stadt, die keine mehr ist.
ἀπ-ολισθάνω, abgleiten, εἴς τι.
ἀ-πολίτευτος [ῐ], 2. an Staatsgeschäften nicht teilnehmend, kein Staatsmann, ihm nicht ziemend.
ἀ-πολῑτικός, 2. sp. zu Staatsgeschäften ungeschickt.
ἀπο-λιχμάω, Fut. -ήσομαι, ep. ablecken.
ἀπολλήγω, s. ἀπολήγω.
Ἀπολλόδωρος, ου, 1) aus Phaleron, schwärmerischer Verehrer des Sokrates. 2) S. des Wechslers Pasion z. Z. des Demosthenes. 3) S. des Asklepiades, Schüler des Panaitios, ὁ γραμματικός, ca. 145 v. Chr., Verf. der Mythologie βιβλιοθήκη. 4) S. des Thrasyllos z. Z. des Isaios — u. viele a.
ἀπ-όλλῡμι, auch -ύω • I) Akt. trans., att. Fut. ἀπολῶ, Aor. ἀπώλεσα, Perf. ἀπολώλεκα, Plqpf. ἀπωλωλέκειν, dazu Präs. ion. 3. pl. ἀπολλῦσι, Fut. ion. ἀπολέω, sp. u. N. T. ἀπολέσω, u. Aor. ep. ἀπόλεσσα, **zugrunde richten,** zerstören Ἴλιον ἱρήν **• 1) töten** (meist in der Schlacht), ermorden, ἀπωλύτην wollten umbringen Soph.; eine Frau schänden Lys. **• 2) verlieren,** einbüßen, ὑπό τινος durch einen.

II) Med. intr. ἀπ-όλλυμαι, auch **-ύομαι,** att. Fut. ἀπολοῦμαι, Aor. ἀπωλόμην, Perf. ἀπόλωλα, Plqpf. ἀπωλ. u. ἀπολώλειν, dazu ep. Aor. ἀπόλοντο, opt. ἀπολοίατο, iter. ἀπολέσκετο, **zugrunde gehen • 1)** umkommen, sterben, fallen, untergehen, ὄλεθρον, ὀλέθρῳ u. ἀπ' αἰῶνος ὀλέσθαι Hom., ὁ κάκιστ' ἀπολούμενος der Verfluchte, ὁ ἀπολούμενος der Nichtswürdige **• 2) verloren gehen,** im Aor. u. Perf. verloren sein, dahin sein, verschwinden, ἔκ τινος aus etwas, τῷ φόβῳ vor Furcht vergehen, u. m. Part. dadurch, daß, ἀπόλωλα es ist aus mit mir, ich bin verloren; οἱ ἀπολύμενοι die Verlorenen, Verdammten N. T.
Ἀπολλύων, ὁ (Part. vom vor.), N. T. der Verderber.
Ἀπόλλων, ωνος, ὁ, Akk. auch Ἀπόλλω, Vok. Ἄπολλον [ᾰ; in arsi u. bei viersilb. Cass ᾱ], Apollon, Sohn des Zeus u. der Leto, bes. Gott der Weissagung und des Gesanges, sowie der Bogenkunst. Davon
Ἀπολλώνιον, τό, Apollotempel.
Ἀπολλωνία, ion. ίη, ἡ, a) Städte. 1) in Illyrien, nahe der Aoosmündung, j. *Polina.* 2) in Thrazien am Pontus, milesische Kolonie, sp. Sozopolis, j. *Sizebolu.* 3) auf Chalkidike, n. v. Olynth. 4) in Mysien, in Teuthrania. 5) auf der Nordküste Kretas. 6) im Innern Siziliens. 7) lokr. Kastell bei Naupaktos. 8) in Bithynien am Rhyndakos, j. *Abullonia.* 9) in Assyrien. 10) in Troas. — b) Insel im Pontus an der bithyn Küste, j. *Kirpeh.*
Ἀπολλώνιος, ου, 1) ὁ Ῥόδιος, Verf. der Ἀργοναυτικά, in Alexandria, von ca. 280—200 v. Chr. 2) aus Tyăna in Kappadokien, neupythagor. Philosoph u. Wundertäter, um 80 n. Chr. 3) ὁ Μόλων, Lehrer der Rhetorik in Rhodos, Freund Ciceros. 4) noch viele andere.
Ἀπολλώς, ώ, ών (ώ), alexandr. Jude, dann Christ u. Genosse des Apostels Paulus.
ἀπολογέομαι, Dep. med., mit Augm. ἀπελογ., Perf. ἀπολελόγημαι, auch in pass. Bdtg., mit Adj. verb. **ἀπολογητέον** (λόγος) sich lossprechen, **1) sich selbst verteidigen,** sich rechtfertigen, τὸ ἀ. ὑπὲρ τῆς ἀδικίας die Verteidigung des Unrechts Plat.; mit Acc. rei τὰς διαβολάς gegen Thuk.; aber δίκην in einem Prozeß Thuk.; mit ὅτι u. ὡς. 2) Rede stehen, ὑπέρ τινος für einen Verwahrung einlegen, ihn verteidigen Hdt. Eur. **3) bestreiten,** ableugnen Dav.
ἀπολόγημα, τό, Verteidigung, Entschuldigung.
ἀπολογία, ἡ, Verteidigung, Rechtfertigung, Schutzrede, τινός u. ὑπέρ τινος wegen etwas, πρός τινα gegen einen, ἀπολογίαν ποιεῖσθαι sich verteidigen, τινί einen rechtfertigen, εἰς ἀπ. καταστῆναι als Verteidiger auftreten, τὰς ἀπ. ἀναφέρειν τινί u. εἴς τινα, d. i. seine Verteidigungsgründe auf einen beziehen, sich hinter einen stecken, ἀπολογίᾳ χρῆσθαι seine Sache führen, ἀπολογίαν διδόναι einem die Verteidigung gestatten.
ἀπο-λογίζομαι, Dep. med., 1) Rechenschaft geben, erörtern, περί τινος. 2) aufzählen, herzählen. Dav.
ἀπολογισμός, ὁ, 1) Rechenschaftsbericht eines Beamten, τινός über sein Amt. 2) Rechtfertigung, ὑπέρ τινος.
ἀπό-λογος, ὁ, Erzählung (auch äsop. Fabel).
ἀπ-ολολύζω, poet. verstärktes ὀλολύζω.
ἀπο-λούω, trans. *abluere,* intr. *lavari,* abwaschen, abspülen.
ἀπ-ολοφύρομαι, Dep. med., laut od. genügend beklagen, die letzte Klage widmen, τινά einem.
ἀπο-λῡμαίνομαι, ep. Dep. med., die Befleckung (z. B. der Seuche) von sich abtun, sich reinigen.
ἀπολῡμαντήρ, ῆρος, ὁ, ep. Abräumer, δαιτῶν Tellerlecker.
ἀπό-λυσις, εως, ἡ, Lossprechung, τινός von etwas.
ἀπολυτικῶς ἔχειν τινός geneigt sein, einen loszusprechen oder zu befreien. Von

ἀπό-λῦτος, 2. sp. befreit, unabhängig.
ἀπο-λυτρόω, für Lösegeld losgeben. Davon
ἀπολύτρωσις, ἡ, Erlösung, Loskaufung.
ἀπο-λύω (bisw. in tmesi; ῠ im Präs., ῡ vor σ, sonst ῠ). 1) Akt. **lösen** von ἱμάντα Hom., a) befreien von τῆς φρουρῆς Hdt., τῆς αἰτίης freisprechen Hdt., b) losgeben gegen Lösegeld Hom.; Med. χρυσοῦ mit Geld loskaufen Hom., c) entlassen (ein Heer) Xen.; τὴν Μαρίαν verlassen Ev. Matt. 1, 19, d) bezahlen Plat. Crat. 417 b. 2) Med. **sich von etwas losmachen**, διαβολάς sich rechtfertigen gegen Thuk., αἰτίαν sich reinigen, wieder gutmachen Thuk., ἀπολυόμενος ἔφη in seiner Verteidigungsrede Hdt. 3) Pass. **sich trennen**, aus einandergehen Thuk. 1, 49, 2; weggehen, aus dem Leben scheiden Soph.
ἀπο-λωβάω, poet. beschimpfen, Aor. pass. ἀπελωβήθη er hat sich beschimpft.
ἀπο-λωτίζω, poet. νέους Jugendblüte pflücken, κόμας rauben.
ἀπο-μαγδάλία od. **-ιά**, ἡ, poet. u. sp. ein Stück Brotkrume zum Händeabwischen.
ἀπο-μαίνομαι, sp. ausrasen, zu rasen aufhören.
ἀπο-μᾰλᾰκίζομαι, **-μαλθακίζομαι** u. **-κόομαι**, sp. mit Aor. pass., sich weichlich zeigen.
ἀπο-μανθάνω, Fut. μᾰθήσομαι, *dedisco*, sich abgewöhnen.
ἀπο-μαντεύομαι, aus etwas vermuten, aus etwas schließen.
ἀπο-μᾰραίνομαι, Pass., verdorren, erbleichen, abnehmen.
ἀπο-μάσσω, *abstergere*, 1) Akt. abstreichen, abwischen, den Scheffel, κενεάν (χοίνικα) leeres Stroh dreschen. 2) Med. abbilden, nachbilden. 3) Med. sich etwas abstreifen, N. T.
ἀπο-μαστῑγόω, ion. abpeitschen, durchpeitschen.
ἀπο-μᾰτᾰΐζω, ion. sich unanständig aufführen, euphem. st. einen Wind streichen lassen.
ἀπο-μάχομαι, 1) von etwas herab kämpfen, z. B. von Wagen, von Mauern usw., ἀπό τινος. 2) kämpfend von sich abwehren, etwas (τί) kräftig ablehnen. 3) τινί und πρός τινα sich wehren, verteidigen.
ἀπό-μᾰχος, 2. (μάχη), nicht zum Kampf ausrückend, **felddienstuntauglich, teils anderswie verwendet, teils geradezu kampfunfähig.**
ἀπο-μερίζω, abteilen, trennen.
ἀπο-μετρέω, 1) abmessen, τί τινι etw. mit etw. 2) zumessen, τινί τι jmdm. etw.
ἀπο-μηκύνω, in die Länge ziehen.
ἀπο-μηνίω [ῐ im Präs., im Fut. u. Aor. ῑ], ep. fortzürnen, τινί auf einen, u. abs.
ἀπο-μῑμέομαι, Dep. med., Perf. auch in pass. Bed., nachahmen, nachbilden, nachmachen, τινά, τί. Dav.
ἀπομίμησις, εως, ἡ, die Nachahmung, das Nachmachen.
ἀπο-μιμνήσκομαι, Fut. ἀπομνήσομαι, Aor. ἀπεμνήσθην, ep. ἀπεμνησάμην, sich erinnern, τινί τι jmdm. **etwas gedenken**, χάριν τινί **den Dank nicht vergessen.**
ἀπό-μισθος, 2. 1) unbesoldet, ohne Sold. 2) abgelohnt, verabschiedet.
ἀπο-μισθόω, verpachten; um Sold verdingen.
ἀπομνημονεύματα, τά, Denkwürdigkeiten, Memoiren, Titel einer Schrift des Xenophon, „Memorabilia"; aufgezeichnete Anekdoten. Von
ἀπο-μνημονεύω, 1) *memoria tenere*, im Gedächtnis behalten, mit folg. τωὐτὸ οὔνομα θέσθαι zum Andenken daran den Namen geben, τινί τι einem etwas gedenken. 2) aus der Erinnerung mitteilen, überh. erwähnen, erzählen, τὰ ἀπομνημονευόμενα = ἀπομνημονεύματα, *commemoro*. 3) sich erinnern. τί, *memini*.
ἀπο-μνησῑκᾰκέω, ion. sich erlittenen Unrechts erinnern, τινί einem etwas nachtragen.
ἀπ-όμνῡμι u. **-νύω**, u. Med. einen Eid ablegen, eidlich versichern, auch mit hinzugef. ὅρκον ablegen, meist negativ *abiurare*, mit folg. Inf. (u. μή), wie auch mit ὡς οὐκ. Dag. κατὰ τῆς θυγατρός bei dem Haupte seiner Tochter, θεοὺς ἀπομνύναι bei den Göttern abschwören, ἀρχήν oder ὑπέρ, περὶ τῆς ἀρχῆς sich feierlich von einem Amte lossagen (auch Med.).
ἀπό-μοιρα, ἡ, sp. Anteil.
ἀπο-μονόομαι, Pass. τινός, von etwas ausgeschlossen werden, abs. allein gelassen werden.
ἀπ-ομόργνῡμι, ἀπομόρξω usf., ep. poet. abwischen.
ἀπό-μουσος, 2. (μοῦσα), poet. den Musen fremd, fern, d. i. a) ungelehrt. Adv. **-μούσως**, poet. unrichtig. b) ᾠδή widerlich klingend. [τινί τι.
ἀπο-μῡθέομαι, ep. Dep. med., ausreden, abraten,
ἀπο-μυκτίζω, sp. höhnisch abweisen.
ἀπο-μύττω, Adj. verb. ἀπομυκτέον (s. μυκτήρ, μύξα), *emungere*, 1) Akt. ausschneuzen, schneuzen; übertr. a) witzigen. b) betrügen. 2) Med. sich schneuzen.
(ἀπο-ναίω), ep. u. poet. defekt. Verb. = ἀποικίζω. Dav. nur a) Aor. 1. act. ἀπένασσα, nach einem andern Wohnorte versetzen, überh. wohin versetzen, wieder zurückschicken. b) Aor. 1. med. ἀπενάσσατο zog hin, τινὰ ἀπό τινος einen von etwas wegwandern lassen, vertreiben. c) Aor. 1. pass. ἀπενάσθην ich wurde fern angesiedelt, weit von etwas (τινός) verschlagen.
ἀπο-ναρκόομαι, Pass. ganz erstarren.
ἀπο-νεκρόομαι, pass. sp. zur Leiche werden, absterben.
ἀπο-νέμω, Perf. -νενέμηκα, 1) Akt. u. Pass. zuteilen, a) angedeihen lassen. b) rechnen zu etw., τινί. 2) Med. Gewinn von etwas (τινός) ziehen.
ἀπο-νενοημένως, verzweifelterweise.
ἀπο-νέομαι, ep. (nur Präs. u. Impf.) weggehen, heim-, zurückkehren.
ἀπο-νεύω, sich seitwärts neigen; sich abwenden, abbiegen.
ἀπο-νέω, poet. Med., entlasten, στέρνων ἀπονησαμένη wenn ich mir die Brust erleichtert habe.
ἀπ-ονήμενος, **-ονήσομαι**, **-όνητο**, s. ἀπονίναμαι.
ἀ-πόνητος, 2. poet., Adv. **-νητί**, Superl. -νητότατα, ion. poet. u. sp., ohne Mühe und Anstrengung, ohne Drangsal, ungestraft.
ἀπο-νήχομαι, Dep. med., sp. hinwegschwimmen, sich durch Schwimmen retten.
ἀπονία, ἡ (ἄπονος), Arbeitsscheu, Arbeits- oder Schmerzlosigkeit.
ἀπο-νίζω (nur Präs. u. Impf.) u. **-νίπτω**, Fut.

-νίψω, Aor. -ένιψα, 1) trans. *abluere* abwaschen. 2) intr. Med. *lavari*, sich waschen, baden.
ἀπόνιμμα, τό, sp. Waschwasser.
ἀπ-ονίναμαι, ep. ion. u. poet. Med., Fut. -ονήσομαι, Aor. 2. -ωνήμην, ep. -ονήμην, opt. -όναιο u. -οναίατο, etwas genießen, Gewinn, Freude von etwas (τινός) haben, auch abs.
ἀπο-νίπτω, s. ἀπονίζω.
ἀπο-νοέομαι, Dep. pass. mit Fut. med., sich selbst aufgeben, ἀπονενοημένος ein verzweifelter, tollkühner Mensch. Dav.
ἀπόνοια, ἡ, Unverstand, Unsinn, Tollkühnheit, Verzweiflung.
ἄ-πονος, 2., Adv. **-όνως,** Komp. -ώτερον, Superl. -ώτατα, 1) untätig, träge, weichlich. 2) schmerzlos, mühelos, leicht.
ἀπο-νοστέω, zurückkommen, heimkehren.
ἀπονόστησις, εως, ἡ, sp. Heimkehr.
ἀπο-νόσφι(ν) od. besser getrennt ἀπὸ νόσφι(ν) [bez. ἄπο νόσφι(ν)] ep. 1) **Adv.** gesondert, für sich allein, entfernt, seitab. 2) als **Präp.** mit Gen. entfernt von, fern von.
ἀπο-νοσφίζω, ep. u. poet. trennen, entfernen, τινά τινος d. i. berauben, aber τί (einen Ort) meiden.
ἀπο-νυκτερεύω, sp. τινός von etwas eine Nacht über wegbleiben.
ἀπο-νυστάζω, sp. einnicken.
ἀπο-νωτίζω, poet. in die Flucht treiben, mit φυγῇ.
ἀπό-ξενος, 2. poet. 1) unwirtbar, vom πόντος ἄξεινος w. s. 2) mit dem Gen. entfremdet, verbannt von einem Orte.
ἀπο-ξενόω, 1) zum Fremdling machen, verbannen; entfremden, τινά τινος einen von etwas. 2) Med. im fremden Lande sein. Dav.
ἀποξένωσις, εως, ἡ, sp. Aufenthalt in der Fremde.
ἀπο-ξέω, Fut. -ξέσω, ep. u. sp. abschaben, abglätten, abschnitzen, mit Leichtigkeit abhauen.
ἀπο-ξηραίνω, Perf. pass. ἀπεξηρασμένος, 1) Akt. abtrocknen, trocknen. 2) Pass. ion. austrocknen.
ἀπ-οξύνω [ῡ im Präs.], 1) Akt. ep. u. sp. zuspitzen, abschärfen, ἐρετμά; übertr. grell machen, z. B. τὴν φωνήν sich überschreien. 2) Pass. sauer werden.
ἀπο-ξυρέω, ion. abscheren, τινὰ τὴν κεφαλήν.
ἀπό-ξυρος, 2. sp. scharf abgeschnitten, schroff, steil.
ἀπο-ξύω, wie ἀποξέω, ep. u. sp. abschaben, übertr. γῆρας das Alter abstreifen (wie die Schlange die Haut), d. i. verjüngen. Med. = ἀποστλεγγίζομαι sich Staub u. Schweiß abschaben.
ἀπο-πάλλω, wegschleudern. Pass. sp. abprallen. Dav.
ἀποπαλμός, ὁ, sp. das Abprallen, Zurückprallen.
ἀπο-παπταίνω, ion. Fut. ἀποπαπτᾰνέω, ep. furchtsam wegsehen, um zu fliehen.
ἀπο-παρθενεύομαι, ion. aufhören, Jungfrau zu [sein.
ἀπό-πᾰτος, ου, ὁ, Stuhlgang, Exkremente.
ἀπο-παύω, 1) Akt. aufhören lassen, zurückhalten, hemmen, τί u. τινά, Soph. OC. 1777, wo θρῆνον aus dem folg. Gliede dazu gehört; τινὰ ἐρώτων einem der Liebe Genuß rauben; auch mit Inf. 2) Med. a) ablassen, (ἔκ) τινος von etwas, ein Ende machen mit etwas. b) abs. aufhören, sich endigen.
ἀπό-πειρα, ἡ, Probe, Versuch, ποιεῖσθαι μάχης mit der Kampfweise, ναυμαχίας einer Seeschlacht, auch Seemanöver.
ἀπο-πειράω u. **-άομαι,** Dep. pass. (sp. auch Dep. med.) mit Fut. med., einen Versuch machen, τινός eine Probe mit etwas anstellen, erproben, erforschen, auch einen Versuch auf etwas machen.
ἀπο-πέμπω, dor. u. ep. 3. sing. fut. ἀππέμψει, 1) Akt. a) fortschicken, entlassen, loslassen (ἔκ τινος), geleiten, nach erteiltem Unterricht entlassen; überschicken, entrichten. b) zurückschicken, oft mit πάλιν, ἐπ' οἶκον u. ähnl. 2) Med. von sich abwenden, wegschicken, entlassen, insbes. die Frau fortschicken, sich von ihr scheiden. Davon
ἀπόπεμψις, εως, ἡ, Entlassung, Verstoßung.
ἀπο-περάω, sp. übersetzen, *traicio*.
ἀπο-πέτομαι, u. poet. u. sp. **ἀφ-ίπταμαι,** Aor. ep. u. sp. ἀπεπτάμην (bisw. in tmesi), wegfliegen, davonfliegen, sich aufschwingen, zurückfliegen, enteilen, entschwinden.
ἀπο-πεφασμένως (ἀποφαίνω), *disertis verbis*.
ἀπο-πήγνῡμι, 1) Akt. gefrieren lassen. 2) Pass., Fut. -παγήσομαι, erstarren.
ἀπο-πηδάω, herabspringen, ἀπό τινος, hinwegspringen, übertr. τινός von einem abspringen.
ἀπο-πίμπλημι, Fut. ἀποπλήσω usf., ausfüllen, τὸν χρησμόν das Orakel erfüllen, ergänzen, vollzählig machen; sättigen, befriedigen, stillen.
ἀπο-πίνω [ῑ], ion. davon trinken.
ἀπο-πίπτω, ep. Aor. conj. -πέσῃσιν, herabfallen, herausfallen.
ἀπο-πλάζομαι, ep. (u. buk.), im Aor. pass. ἀπεπλάγχθην, weggetrieben, verschlagen werden, (ἀπό) τινος von etwas, übertr. abprallen, wegspringen.
ἀπο-πλᾰνάω, 1) Akt. sp. abirren machen, ablenken, τινά τινος; zum Irrtum verleiten. 2) Med. mit Aor. ἀπεπλανήθην, sich davon entfernen od. verirren, abs. u. τινός von etwas. Dav.
ἀποπλάνησις, ἡ, das Abschweifen.
ἀπο-πλάσσομαι, Med. sp. sich ein Abbild nehmen.
ἀπο-πλέω, Fut. -πλεύσομαι u. πλευσοῦμαι usf., ep. **ἀποπλείω** u. ep. u. ion. **ἀποπλώω,** Aor. 2. ἀπέπλων, 1) absegeln, weg-, fortfahren. 2) zurücksegeln.
ἀπόπληκτος, 2. (ἀποπλήσσω), vom Schlage gerührt, überh. an Leib u. Seele erschlafft und erstarrt; betäubt.
ἀπο-πληρόω, wie ἀποπίμπλημι, 1) Akt. ausfüllen, von Begierden: befriedigen, von Personen: zufriedenstellen. 2) Pass. sich erfüllen, zustande kommen. Dav.
ἀποπλήρωσις, εως, ἡ, sp. Sättigung, Befriedigung.
ἀποπληρωτής, ὁ, der Erfüller, Vollstrecker.
ἀπο-πλήσσω, abschlagen. Pass. poet. völlig betäubt werden.
ἀπόπλοος, ὁ, zsgz. **ἀπόπλους** (ἀποπλέω), 1) Subst. Abfahrt zu Schiffe, ἐν τ. ἀπόπλῳ überh. während der Fahrt, auf der Reise. 2) Adj. spätpoet. absegelnd.
ἀπό-πλυμα, τό, sp. Abgespültes, Spülwasser. Von
ἀπο-πλύνω, abwaschen; Impf. iterat. ep. ἀποπλύνεσκε, ποτὶ χέρσον nach dem Ufer hinspülen (var.).
ἀπο-πλώω, s. ἀποπλέω.
ἀπο-πνέω, ep. ion. u. sp., Fut. -πνεύσομαι, ep. auch **ἀποπνείω,** 1) aushauchen, ausatmen, ausduften, τινός nach etwas duften, oft übertr. τὶ εἴς τι etwas

in etwas übergehen lassen, sich einer Sache entledigen. **2)** ion. u. sp. von etwas herwehen oder duften.

ἀπο-πνίγω [ῑ], **1)** Akt. (-πνίξω, -έπνῑξα), ersticken, dah. erdrosseln, ertränken. **2)** Pass. (-πνῐγήσομαι, -επνίγην) ersticken, ertrinken, übertr. ἐπί τινι vor Ärger über einen ersticken.

ἀπό-πολις u. ***ἀπό-πτολις***, ι, Gen. ιδος, poet. der Heimat fern, vertrieben.

ἀπο-πομπή, ῆς, ἡ, sp. Absendung, Beseitigung.

ἀπο-πορεύομαι, Dep. pass., weggehen, πρός τινος von jmdm.

ἀπο-πραΰνω, sp. völlig besänftigen.

ἀπο-πρίω [ῑ], ion. u. sp. wegsägen.

ἀπο-πρό, **1) Adv.** ep. weit weg, *procul*. **2) Präp.** mit d. Gen. ep. u. poet. entfernt, fern, *procul ab*.

ἀπο-προάγω, nur im Perf. pass. ἀπο-προηγμένος als terminus der Stoiker (Gegens. v. προηγμένος, vorgezogen, vorzüglich, *promotus, praecipuus*): nicht bevorzugt, *reiectus, remotus*.

ἀπο-προαιρέω, Aor. 2. part. ἀποπροελών, ep. wegnehmen, τινός von etwas.

ἀπό-προθε(ν), ep Adv., von fern her, von weitem, gew. aus der Ferne, fern, weit ab. (Od. 7, 244 scheinbar st. ἀπόπροθι.)

ἀπό-προθι, ep. Adv., in der Ferne, fern ab, fern.

ἀπο-προΐημι, ep. Aor. 1. ἀποπροέηκα, **a)** weit wegsenden, wegschicken, abschießen. **b)** fallen lassen.

ἀπο-προτέμνω, ep. Aor. 2. part. ἀποπροταμών, davon abschneiden, τινός von etwas.

ἀπό-πτολις, s. ἀπόπολις.

ἄπ-οπτος, 2. (St. ὀπ s. ὁράω), poet. u. sp. **1) a)** von fern, von weitem gesehen, sichtbar, ἀπό τινος von wo aus, dah. ἐν ἀπόπτῳ ἔχειν τι etwas im Gesichtskreis haben. **b)** poet. unsichtbar. **2)** τινός fern von etwas, z. B. ἄστεως, ἐξ ἀπόπτου von weitem (nicht von der Küste aus).

ἀπόπτυστος, 2. poet. zum Anspeien, verabscheuenswert. Von

ἀπο-πτύω, **1)** ausspucken, ausspeien; Impf. iter. ep. ἀποπτύεσκε immer auswarf. **2)** übertr. poet. verabscheuen, verschmähen, von sich werfen.

ἀπο-πυνθάνομαι, ion. erfragen.

ἀ-πόρευτος, 2. sp. unwegsam.

ἀπ-ορέω, ion. st. ἀφοράω.

ἀπορέω, m. Augm. ἠπ. (ἄπορος). **1)** Akt. u. Med. **ohne Mittel u. Wege sein**, **a)** in Verlegenheit, Not sein (mit Inf.), nicht im Stande sein, **b)** im Zweifel, ungewiß sein, nicht wissen (mit Frages. u. Inf.), **c)** Mangel leiden, τινός an. **2)** Pass. in Verlegenheit gesetzt werden, **verlegen sein**, ἀπό τινος durch, infolge von etwas; ἀπορεῖταί τι man ist über etwas in Verlegenheit, etwas wird in Frage gestellt, τὸ ἠπορημένον die aufgeworfene Frage, das Bedenken.

ἀπορητικοί, οἱ, sp. die Skeptiker.

ἀ-πόρθητος, 2. (πορθέω, πέρθω) **1)** unzerstört. **2)** unzerstörbar.

ἀπ-ορθόω, eigentl. gerade machen, dann überh. die Richtung geben, τί in etwas.

ἀπορία, ἡ (ἀπορέω), Mangel an Auswegen, Unwegsamkeit. **1)** Verlegenheit, Mutlosigkeit, hilflose Lage, Dürftigkeit, Mangel, Not (oft im Plur.). **2)** übertr. die Schwierigkeit, Streitfrage; ἀπορίαι τῶν λόγων Spitzfindigkeiten, aus denen man sich nicht heraushelfen kann. Auch personif. neben Πενία.

ἀπορίομες, dor. f. ἀποροῦμεν, v. ἀπορέω.

ἀπ-όρνυμαι, ep. Med., sich von einem Orte aus in Bewegung setzen, aufbrechen.

ἄ-πορος, 2. (πόρος). **1)** ohne Durchgang, **a) unwegsam**, nicht zu passieren, unzugänglich πέλαγος, ὁδός Plat. Xen. **b)** etwas, wobei sich keine Mittel und Wege bieten: **schwierig**, unausführbar; schwer zu beschaffen, Plat. rep. 378 a; τὸ ἄ., τὰ ἄ. Schwierigkeiten; ἐν ἀ. εἶναι τι ποιεῖν außerstande sein, zu; von e. Person: wem nicht beizukommen ist προσφέρεσθαι ἀ. Hdt., οἱ ἀπορώτατοι Thuk. **2)** ohne Mittel und Wege, **a)** unbemittelt, **dürftig**, auch mit hinzugef. τῇ οὐσίᾳ, **b) unfähig**, unvermögend, ratlos, ἐπί τι oder mit folg. Inf., auch mit hinzugef. τῇ γνώμῃ.

Adv. ***ἀπόρως***, Komp. -τέρως u. -τερον, gefährlich, in Bedrängnis, unbemittelt, ärmlich; mit ἔχειν, **a)** unmöglich sein. **b)** nicht vermögen. **c)** Mangel haben, τινός an etwas; ἀπ. διατιθέναι in Schwierigkeiten, in Not bringen u. ähnl.

ἀπ-ορούω, ep. u. poet. **a)** herabspringen. **b)** weg- od. zurückspringen.

ἀπο-ρρᾳθυμέω, aus Mangel an Mut unterlassen, keine Lust zeigen, τινός aus Saumseligkeit od. Kleinmut von etwas abstehen.

ἀπο-ρραίνω, ion. **wegspritzen, fahren lassen.**

ἀπο-ρραίω, ep. abschlagen, abstoßen, τινὰ ἦτορ einen des Lebens berauben, τινὰ χρήματα einen aus dem Besitztum vertreiben.

ἀπο-ρραντήριον, τό, poet. Weihkessel.

ἀπο-ρράπτω, zunähen; übertr. τὸ στόμα zustopfen, verschließen.

ἀπο-ρραψῳδέω, auf Rhapsodenweise deklamieren.

ἀπο-ρρέμβομαι, sp. abirren, untreu werden, τινός.

ἀπο-ρρέω, Fut. -ρυήσεται, Aor. -ερρύη, **1)** herabfließen, abfließen. **2)** übertr. **a)** verrinnen, verschwinden. **b)** abfallen, herabfallen, ἵππου, sich loslösen ἔκ τινος. **c)** seinen Ausfluß (τινός) haben, wohin (μέχρι τινός), sich bis wohin erstrecken.

ἀπο-ρρήγνυμι, **1)** Akt. trans. abreißen, abbrechen, losreißen, herausreißen, absprengen, trennen, βίον das Leben gewaltsam enden. **2)** Med.-Pass. mit Aor. ἀπερράγην u. Perf. 2. ἀπέρρωγα, sich (gewaltsam) losreißen, trennen, τινός, bersten.

ἀπόρρημα, τό, das Verbot. [Versagung.

ἀπόρρησις, εως, ἡ, das Verbieten, die Lossagung,

ἀπό-ρρητος, 2. • **1) untersagt**, verboten; ἀπόρρητα Waren, deren Ausfuhr verboten ist; ἀ. ποιούμενος πρὸς μηδένα λέγειν die weitere Mitteilung untersagen Hdt. • **2)** nicht zu sagen • **a)** was zu sagen nicht geziemt, Grobheiten od. abscheuliche, nicht nachzusagende Dinge • **b)** strafbar (von best. Ausdrücken) Isokr., **geheim**, geheim zu halten, ἐν ἀπορρήτῳ ἔχειν geheim halten, auch geheimnisvoll, τὸ ἀπόρρητον Geheimnis, auch polit.; im Pl. auch Mysterien, u. ἀπόρρητα ποιεῖσθαι od. ἐν ἀπορρήτῳ ποιεῖσθαι geheim halten heißen; δι' ἀπορρήτων insgeheim Lys., Plat.; λόγος ἐν ἀπορρήτοις λεγόμενος Satz einer Geheimlehre Plat.

ἀπο-ρρῑγέω, nur ep. Perf. 2. mit Präs.-Bdtg. ἀπέρρῑγα, zurückschaudern, mit Inf. aus Furcht unterlassen.

ἀπο-ρρίπτω u. **-πτέω** (Präs. u. Impf.), abwerfen, wegwerfen, von sich werfen, übertr. vom Reden: anstoßen, schleudern, εἴς τινα gegen einen, μῆνιν u. ähnl. den Zorn ablegen, dah. τὶ ἐς τὸ μηδέν etwas gänzlich wegwerfen, dah. überh. verwerfen, verstoßen, (ἔκ) τινος verschmähen, ὁ ἀπερριμμένος der Verworfene. Med. sich ins Meer stürzen, N. T.

ἀπόρριψις, ἡ, das Wegwerfen.

ἀπο-ρροή u. **ἀπόρροια,** ἡ, Abfluß, Ausfluß.

ἀπο-ρροιβδέω, poet. auskrächzen, βοάς Geschrei ertönen lassen.

ἀπο-ρροφάω u. **-έω,** abschlürfen, kosten.

ἀπο-ρρύπτω, sp. abwaschen, säubern.

ἀπό-ρρυτος, 2. 1) abfließend; Abfluß habend. 2) abschüssig.

ἀπο-ρρώξ, ῶγος, ὁ, ἡ (ῥώξ), abgerissen, dah. schroff, steil. Subst. ἡ ἀπορρώξ ein abgerissenes Stück von etwas, Στυγὸς ὕδατος ἀπορρώξ, ein Ausfluß, ἀμβροσίης καὶ νέκταρος ein Ausbruch.

ἀπ-ορφᾰνίζομαι, Pass., poet. u. sp. verwaist sein, ἀφ' ὑμῶν, N. T.

ἀ-πόρφυρος, 2. sp. ohne Purpurstreif.

ἀπ-ορχέομαι, Dep. med., vertanzen, τί, d. i. sich durch Tanzen um etwas bringen.

ἀπο-σᾰλεύω, außer dem Hafen, auf offener See liegen, ἐπ' ἀγκύρας, ὤν; sich entfernen.

ἀπο-σᾰφέω u. -σαφηνίζω (σαφής), deutlich machen, erklären.

ἀπο-σβέννῡμι, 1) Akt. trans. (-σβέσω, -έσβεσα, pass. -έσβεσμαι, -εσβέσθην), auslöschen, lasse ausgehen, erlöschen od. eingehen. 2) Med. intr. **ἀπο-σβέννῡμαι** mit Fut. -σβήσομαι, Aor -έσβην, Perf. -έσβηκα, erlöschen, eingehen, außer Gewohnheit kommen, schwinden, verstummen, sich legen (v. Winde); auch von Personen, in denen das Feuer oder das Leben erlischt.

ἀπο-σείομαι, Med., von sich abschütteln, abwerfen, von sich stoßen, wegschlagen, τί ausparieren.

ἀπο-σεμνύνω, 1) Akt. a) ehrwürdig machen, veredeln. b) ein stattliches Ansehen geben, herausstreichen. 2) Med. poet. großtun mit etwas (τί).

ἀπο-σεύω, wegtreiben, bes. ep. u. poet., Aor. 2. med. ἀπεσσύμην [ῠ] usf., wegeilen, wegstürzen, abs. u. τινός von etwas, ἔς τι wohin, und in ἀπεσσούα er ist hin, tot (verdorbene LA. für ἀπέσσουε, lakon. Perf. 2., oder für ἀπεσσύη, Aor. 2. pass.).

ἀπο-σημαίνω, 1) Akt. hinzeigen, εἴς τινα auf einen, περί τινος ein Zeichen geben über etwas. 2) Med. a) ion. aus etwas (τινί) für sich abnehmen, erkennen; b) versiegeln, beschlagnahmen.

ἀπο-σήπομαι, Pass. mit Perf. 2. ἀποσέσηπα, abfaulen.

ἀπο-σῑμόω, einbiegen, abbiegen, mit den Schiffen in einem Bogen anfahren. Im Pass. perf. mit τὴν ῥῖνα eine Stumpfnase, eine Stülpnase haben.

ἀπ-οσιόομαι, s. ἀφοσιόομαι.

ἀπό-σῑτος, 2. sp. = ἄσιτος, nüchtern, ohne Nahrung.

ἀπο-σῑωπάω, 1) verstummen. 2) sp. verschweigen, schweigen. Dav.

ἀπο-σιώπησις, εως, ἡ, sp. das Verstummen.

ἀπο-σκάπτω, versperren durch gezogene Gräben.

ἀπο-σκεδάννῡμι (s. σκεδάννυμι), Nbf. **ἀποσκίδνημι,** 1) Akt. auseinandertreiben, zerstreuen, verjagen, ἀπό τινος fortschaffen, auseinandergehen lassen, übertr. bannen, θυμοῦ aus dem Herzen. 2) Pass. zersprengt werden, sich zerstreuen, sich vom Heere entfernen.

ἀπο-σκέλλομαι, Pass. aor. 2. ἀπέσκλην nebst Perf. act. ἀπέσκληκα, poet. u. sp. vertrocknen, verdorren, zusammengeschrumpft sein.

ἀπο-σκευάζω, 1) Akt. wegräumen, fortschaffen, (das Dach) abdecken. 2) Med. sp. a) sich vom Halse schaffen. b) aufpacken, sich reisefertig machen, N. T. (var. ἐπισκ.).

ἀπο-σκευή, ἡ, sp. das fortzuschaffende Gerät, Gepäck.

ἀπό-σκηνος, 2. (σκηνή), getrennt lebend, im Gegensatz zu σύσσιτος. Dav.

ἀποσκηνόω, fern gelagert sein, τινός von einem.

ἀπο-σκήπτω, 1) trans. ion. (von etwas herab) mit Wucht schleudern, hinfallen lassen, ἔς τι. 2) intr. εἴς τι auf etwas stürzen, fallen, auslaufen, ἐς φαῦλον in eine Kleinigkeit.

ἀπο-σκιάζω, Schatten werfen. Dav.

ἀποσκίασμα, τό, N. T. Abschattung, die Spur.

ἀποσκιασμός, ὁ, sp. das Schattenwerfen, auf der Sonnenuhr, γνωμόνων: Zeitbestimmung danach.

ἀπο-σκίδναμαι, s. ἀποσκεδάννυμι.

ἀπο-σκίμπτω, poet. = ἀποσκήπτω.

ἀπο-σκοπέω, mit dem Fut. **ἀποσκέψομαι,** von einem Orte weg wohin sehen, hinschauen, sich umsehen, besehen.

ἀπο-σκοτόω, verdunkeln.

ἀπο-σκυδμαίνω, ep. sehr grollen, zürnen, τινί.

ἀπο-σκυθίζω, poet. (wie die Skythen) kahl scheren.

ἀπο-σκυλεύω, buk. wegrauben.

ἀπο-σκώπτω, Spöttereien ausstoßen, τινί gegen einen, τινά jmd. verspotten; Akkus. ὁπόσα *quicquid.*

ἀπο-σμάω, sp. abwischen.

ἀπο-σμήχω, sp abwischen.

ἀπο-σμύχω, Aor. pass. ἀπεσμύγην, sp. innerlich verzehrt werden.

ἀπο-σοβέω, 1) Akt. trans. hinwegscheuchen, verjagen. 2) Med. von sich wegtreiben. 3) Akt. intr. sich eilig fortmachen.

ἀπο-σπᾰράσσω, poet. abreißen.

ἀπόσπασμα, τό, u. **ἀποσπασμάτιον,** τό, sp. das Abgerissene, ein Stückchen, Fragment von etwas. Von

ἀπο-σπάω, (St. σπασ) -έσπασμαι, -εσπάσθην, 1) Akt. a) trans. abreißen, wegreißen, weg-, heraus-, abziehen, τινά τινος od. τινά τι. b) intr. abziehen, sich entfernen, sich losreißen. 2) Pass. getrennt werden u. sich trennen, bes. einen Vorsprung gewinnen.

ἀπο-σπείρω, sp. aussäen, ausstreuen.

ἀπο-σπένδω, Fut. -σπείσω usf. 1) ganz ausgießen, insbes. das Trankopfer an die Götter, und zwar a) ganz ausgießen, od b) einen Teil vom Ganzen spenden, od. c) poet. die Spende vollenden.

ἀπο-σπεύδω, eifrig hintertreiben, abraten, abschrecken.

ἀποστᾰδά u. **ἀποστᾰδόν,** ep. Adv. (ἀφίστημι), fern abstehend, entfernt, von ferne.

ἀπο-στάζω, Fut. -στάξω, poet. herabträufeln, übertr. der Sturm des Wahns legt sich.

ἀποστασία, ἡ, sp. u. N. T. 1) Abstand, Entfernung. 2) Abfall.

ἀποστάσιον, τό (ἀφίσταμαι), 1) die Abtretung, Lossagung, ἀποστασίου δίκη Klage wegen Aufgabe des Patrons, Pflichtversäumnis gegen den P. 2) als t. t. Ehescheidung. 3) der Scheidebrief, wofür gew. ἀποστασίου βιβλίον gesagt wird. N. T.

ἀπόστᾰσις, εως, ἡ (ἀφίσταμαι), 1) Abstand, Entfernung, *distantia.* 2) das Abtreten, der Abfall, Austritt aus einem Bündnis oder Vereine.

ἀποστᾰτέω (ἀποστάτης), 1) abstehen, fernstehen, verschieden, abhold sein, teils abs., teils mit dem Gen. 2) sich abwenden, sich entziehen, abfallen.

ἀποστατήρ, ῆρος, ὁ (dor.), der sich Widersetzende.

ἀποστᾰ́της, ου, ὁ (ἀφίσταμαι), sp. der Abtrünnige. Davon

ἀποστατικῶς ἔχειν, sp. zum Abfall geneigt sein.

ἀποσταυρόω, verpfählen, verrammeln.

ἀπο-στεγάζω, N. T. das Dach abdecken, abdachen.

ἀπο-στεγνόω, sp. zudecken; verstopfen.

ἀπο-στέγω, überdachen, bedecken, schützend abhalten, τί, schützen, τινός wogegen.

ἀπο-στεινόω, buk. verengen.

ἀπο-στείχω, ep. ion. u. poet. hinweggehen, hinwegziehen.

ἀπο-στέλλω, Aor. 2. pass. ἀπεστάλην, 1) abschicken, abordnen, ausschicken, bes. mit Aufträgen, sp. schreiben. 2) a) zurückschicken, entlassen, ἐπ' οἶκον. b) im übeln Sinne: zurückdrängen, vertreiben (γῆς), fortschaffen. 3) Pass. a) abgeschickt, ausgesandt, verschlagen werden. b) weggehen.

ἀπο-στέργω, poet. zu lieben aufhören, verabscheuen.

ἀπο-στερέω, 1) Akt. a) berauben, τινά τινος (τινά od. τί), *privo alqm re.* b) vorenthalten, τινά τι einem etwas, einen um etwas bringen, od. τί τινος, αὐτὸν ἄλλου sich einem andern entziehen, od. τοὺς δεσπότας ἑαυτοῦ sich den Gebietern entziehen, od. mit folg. Inf. u. μή es einem unmöglich machen daß; οἱ ἀποστεροῦντες die Betrüger. c) ἀποστερεῖ με, poet. es fehlt mir. 2) Pass. mit Fut. -στερήσομαι (selten -στερηθήσομαι), beraubt werden, um etwas (τινός u. τί) kommen.

ἀποστέρησις, εως, ἡ, Entziehung.

ἀποστερητής, ὁ, der Räuber.

ἀπο-στερίσκω, poet. = ἀποστερέω, τινά τινος.

ἀπο-στεφανόω, sp. *coronā privare.*

ἀπό-στημα, τό, sp. 1) Abstand, Zwischenraum. 2) als medizin t. t. Abszeß, Auswuchs.

ἀπο-στίλβω, ep. u. sp. erglänzen, ἀλείφατος vom eingeriebenen Öle, Od. 3, 408.

ἀπο-στλεγγίζομαι, mit dem Schabeisen sich abstreichen, vgl. den Schaber des Lysippos.

ἀποστολεύς, -έως, ὁ (-στέλλω) Flottenkommissär, 10 Aufsichtsbeamte in Athen über die Abfahrt der Kriegsschiffe.

ἀποστολή, ἡ (-στέλλω), 1) Absendung. 2) Entlassung, Abreise, Abfahrt. 3) sp. Geschenk. 4) das Apostelamt, N. T.

ἀπόστολος, 2. (-στέλλω), 1) ion. Gesandter, Reisender, εἴς τινα τόπον *legatus.* 2) die zugesendete Flotte, die Sendung, Expedition. 3) N. T. der Apostel in engerem u. weiterem Sinne.

ἀποστοματίζω, a) hersagen. b) N. T. ausfragen.

ἀπο-στομόω, abstumpfen.

ἀπο-στράτηγος, ὁ, ausgedienter od. abgesetzter Feldherr, Exgeneral. [(τινός) lagern.

ἀπο-στρᾰτοπεδεύομαι, Med., entfernt von einem

ἀπο-στρέφω, Hom. Aor. iterat. ἀποστρέψασκε, pass. -στρεφθείς neben -εστράφη, -στραφῆναι, Perf. pass. 3. pl. ion. -εστράφατο Hdt. • 1) trans. • a) **abwenden,** ab-, wegkehren, zurückwenden, -drehen (πόδας καὶ χεῖρας, um sie zu binden Hom., ἀποστρέφομαι τὼ χεῖρε die Hände w. mir auf den Rücken geb.); τινά τινος einen abwendig machen von einem • b) **hinwenden,** τὸν πόλεμον εἰς Μακεδονίαν hinüberspielen • c) einen um- od. heimkehren lassen od. machen, zurückgehen heißen, zum Zurückgehen bringen, in **die Flucht treiben,** verscheuchen • 2) intr. • a) Akt. sich umwenden, umkehren, zurückstürzen • b) Med.-Pass. mit Fut. med. α) **sich abwenden,** τινά od. τί von einem od. etwas, ihn verabscheuen, verschmähen, dah. ἀπεστραμμένοι λόγοι sich dagegen sträubende, es verschmähende Worte. β) sich umkehren, **zurückkehren,** fliehen, abfallen, τινός; ἀπεστράφατο τοὺς ἐμβόλους die Sch. waren abgebogen Hdt.

ἀποστροφή, ἡ, 1) akt. poet. u. sp. das Abwenden, die Zurückdrängung. 2) pass. Hilfe, Rückhalt, Stützpunkt, (Schutz-)Mittel, Zuflucht, Zufluchtsort.

ἀπό-στροφος, 2. poet. abgewandt.

ἀπο-στῠγέω, Perf. mit Präs.-Bdtg., ion. poet. u. sp. hassen, verabscheuen, mit Abscheu verwerfen, mit Akk. u. Akk. mit Inf.

ἀπο-στῠφελίζω, Fut. -ξω, ep. mit Gewalt wegtreiben, zurückstoßen.

ἀπο-συλάω, ausplündern, berauben, τινά u. τινά τι.

ἀπο-συνάγωγος, 2. N. T. aus der Synagoge gestoßen.

ἀπο-σῡρίζω, ep. pfeifen, μακρά weithin. Pass. sp. säuselnd ertönen.

ἀπο-σύρω, wegziehen, abbrechen, abschinden.

ἀπο-σφάζω u. **ἀπο-σφάττω,** Fut. -ξω, 1) Akt. abschlachten, töten, morden. 2) Med. sich töten (mit dem Schwerte), sich erstechen.

ἀπο-σφᾰκελίζω, 1) ion. durch Erfrieren sterben, erfrieren. 2) sp. an epileptischen Zufällen sterben.

ἀπο-σφάλλω, 1) Akt. vom rechten Weg ableiten, verschlagen, übertr. τινὰ πόνοιο einem die Mühe vereiteln. 2) Pass. abgleiten, herabfallen, übertr. τινός von etwas abgeraten, etwas verfehlen, γνώμης sich getäuscht sehen in s. Mei-

ἀπο-σφάττω, s. ἀποσφάζω. [nung.

ἀπο-σφενδονάω, sp. wegschleudern, ἀλλήλοις einander (Streitworte) zuschleudern.

ἀπο-σφίγγω, sp. zusammendrücken, ἀπεσφιγμένος bündig; übertr. vom alten, strengen Kunststil.

ἀπο-σφρᾱγίζω, poet. u. sp. auch im Med., versiegeln.

ἀπο-σχίζω (auch in tmesi), abspalten, abbrechen, abtrennen, abreißen. Pass. sich trennen, sich spalten.

ἀπο-σχοινίζω, (σχοῖνος, durch ein gezogenes Seil) absondern, ausschließen, τινός.

ἀπο-σχολάζω, sp. seine Muße verbringen, sich erholen, ἔν τινι mit etw.

ἀπο-σῴζω, 1) Akt. von etwas (τινός) retten, erlösen, εἴς τι wohin retten. 2) Med. poet. für sich erhalten, bei sich bewahren, τί. 3) Pass. ion. sich erretten, εἴς τι glücklich an einen Ort hingelangen.

ἀποτακτός, 2. (ἀποτάσσω), ion. eigens bestimmt zu etwas.

ἀπο-τάμνω, s. ἀποτέμνω.

ἀπο-τάσσω, 1) ordnen d. i. einen besondern Platz anweisen, beordern, bestimmen, τὶ εἴς τι, τὴν τάξιν ἐς μῆκος die Lagerlinie in die Länge ausdehnen. 2) Med. sp. u. NT. sich von etwas trennen, lossagen: a) Abschied nehmen, τινί von jemdm. b) den Abschied geben, τινί, jemd. entlassen, auf etw. verzichten.

ἀπο-ταυρόομαι, Med., poet. zum Stier werden, δέργμα τινί nach einem hinstieren, wild hinblicken.

ἀπο-τᾰφρεύω, durch einen Wallgraben absondern, verschanzen.

ἀπο-τείνω, *extendo*, 1) trans. hin-, ausdehnen, ausstrecken, τὰ δόρατα die Lanzen fällen (zum Angriff), mit weggel. φθόγγον (den Ton) lange anhalten, u. πρὸς αὐτόν den Ton bis zu ihm dringen lassen. 2) intr. hinzielen, ὅποι ταῦτα *quorsum pertineat*, sich erstrecken, sich hindehnen, μακρόν lange aushalten, πόρρω zu weit gehen. 3) Pass. sich hin erstrecken, ἀποτεταμένος ausgestreckt, ausgehend, ἔκ τινος (aber auch: in scharfen Umrissen).

ἀπο-τειχίζω, durch Mauern od. Verschanzungen befestigen, od. absperren, umzingeln. Dav.

ἀπο-τείχῐσις, εως, ἡ, das Befestigen.

ἀποτείχισμα, τό, die Absperrung, Abschließung, Verschanzung.

ἀπο-τειχισμός, ὁ, sp. = ἀποτείχισις, ἡ, s. d.

ἀπο-τέλεσμα, τό, 1) die Vollendung, der Ausgang, das Ziel. 2) das vollendete Werk. 3) sp. die Wirkung, das Resultat.

ἀπο-τελευτάω, sich endigen, endlich übergehen, schließlich ausschlagen, εἴς od. πρός τι in, zu etwas.

ἀποτελεύτησις, ἡ, Ergebnis; endlicher Übergang, εἴς τι.

ἀπο-τελέω, 1) zu Ende führen, vollenden, zustande bringen, ἐπιθυμίαν befriedigen, mit Adj. *efficio, reddo*, machen. 2) Schuldiges abzahlen, entrichten, Versprochenes leisten. 3) Pass. a) vollendet, reif werden. b) sich erweisen.

ἀπο-τέμνω, Adj. verb. ἀποτμητέον, ion. **ἀποτάμνω,** 1) Akt. a) abschneiden, abhauen, durchschneiden, abreißen. b) abtrennen, scheiden, abgrenzen, weichen, übertr. abweisen. 2) Med. für sich abschneiden, an sich reißen, χώραν; losreißen.

ἀπό-τευγμα, τό (τυγχάνω), sp. das Verfehlen, Mißlingen, der Mißerfolg. [Fehlbitte.

ἀπό-τευξις, (τυγχάνω) ἡ, sp. das Mißlingen, die

ἀπο-τήκομαι, Pass. ion. u. sp., Aor. ἀπετάκην, abschmelzen, hinschwinden.

ἀπο-τηλοῦ od. getrennt **ἀπὸ τηλοῦ** (ἄπο τηλοῦ) — ep. Adv., weit in der Ferne.

ἀ-ποτί-βᾰτος, 2. dor. u. poet. st. ἀπρόσβατος.

ἀπο-τίθημι, Konj. aor. 2. med. ep. ἀποθήομαι. (θείομαι), (auch in tmesi), I) Akt. 1) ablegen, weglegen. 2) beiseite legen, aufbewahren, aufheben, anvertrauen, τινί. 3) wieder herstellen, ὅμοια τοῖς πάλαι. II) Med. 1) von sich legen, weglegen, wegwerfen, niederlegen, ablegen, τινός von etwas, ἐπί τινι auf etwas; übertr. von sich weisen, beseitigen, abtun, entsagen, unterlassen. 2) sich (*sibi*) aufbewahren, aufsparen, εἴς τι, aufheben, aufschieben.

ἀπο-τίκτω, *pario*, gebären.

ἀπο-τίλλω, ion. poet. sp. ausrupfen. Dav.

ἀπότιλμα, τό, buk. das Ausgerupfte, die Flocke.

ἀπο-τῑμάω, 1) Akt. a) geringschätzen, mißachten. b) als t. t. abschätzen, τινός um eine Summe, *aestimo*; als Hypothek geben. 2) Med. für sich abschätzen: a) διμνέως zwei Minen als Lösegeld festsetzen b) sich (*sibi*) als Grundpfand geben lassen, als Pfand nehmen, τὶ πρός τι etw. für etw. 3) Pass. als Grundschuld eingetragen sein. Davon

ἀποτίμημα, τό, Haftsumme, Sicherheit.

ἀποτίμησις, ἡ, Abhaltung des Zensus; Eintragung einer Grundschuld.

ἀπό-τῑμος, 2. ion. u. poet. wenig geehrt, verhaßt.

ἀπο-τῑνάσσω, poet. u. N. T. abschütteln, wegwerfen.

ἀπο-τίνω [ῑ ep., ῐ att.], Hom., Hes. Med. **ἀποτίνυμαι** [ῐ] • 1) Akt. abzahlen • a) eine Strafe, τὴν ἀξίαν die gebührende (Strafe) zahlen, abbüßen, φόνον für einen M. Trag., auch τινός; τινί τι Hom., Hdt., σὺν μεγάλῳ ἀπέτεισαν σὺν σφῇσιν κεφαλῇσι schwer büßen sie es mit ihren Häuptern Hom.; παθεῖν ἢ ἀποτεῖσαι Leibes- od. Geldstrafe leiden Dem. • b) eine Wohltat vergelten, μισθὸν ἀπ. lohnen • 2) Med. • a) sich (*sibi*) an einem (τινά) bezahlt machen od. einen büßen lassen, τινά τινος jmdn. für etwas, πολέων ποινήν für viele sich Strafe, Rache verschaffen, Hom., • b) jmdn. rächen, überh. bestrafen, τινά, u. abs. sich rächen Hom. Xen., βίας τινί Gewalttaten an einem rächen, aber auch τινός.

ἀπο-τμήγω, ep. = ἀποτέμνω.

ἄ-ποτμος, 2. ep. u. poet. unglücklich, *infelix*.

ἀπο-τολμάω, sich auf ein Wagnis einlassen, dreist wagen, keck heraussagen, abs. u. mit. folg. Inf. Part. perf. pass. = frech.

ἀπο-τομή, ἡ, das Abschneiden.

ἀποτομία, ἡ, N. T. die Schroffheit. Von

ἀπότομος, 2. (ἀποτέμνω), abgeschnitten, schroff, steil, abschüssig, ἐς προσβολήν zu steil zum Landen. Adv. ἀποτόμως, streng.

ἀπο-τοξεύω, Pfeile abschießen; wegschießen.

ἄ-ποτος, 2. (πίνω), 1) akt. nicht trinkend, ohne Trunk. 2) pass. ion. u. sp. nicht trinkbar.

ἀπο-τρέπω. 1) Akt. abwenden, wegtreiben, übertr. abwenden, verhüten und von Personen: λαόν zur Umkehr zwingen Hom.; abbringen, abwendig machen, zurückschrecken, abmahnen, τινά τινος mit Inf. und mit Part. 2) Med. u. Pass. a) sich abwenden, um-, zurückkehren, mit u. ohne αὖτις, πάλιν, ἐπ' οἶκον, b) abgeschreckt werden, sich abbringen lassen, abstehen von etwas, (ἔκ) τινος von etwas, auch mit Part. sich bedenken etwas zu tun, zögern, c) mit τί etwas vermeiden, verschmähen, von sich weisen. Abs. ἀποτετραμμένος, abgeneigt, d) von sich abwenden, zurückschlagen Plut.

ἀπο-τρέχω, Fut. -δρᾰμοῦμαι u. -θρέξομαι, Aor. 2. ἀπέδρᾰμον, davonlaufen, weggehen.

ἀποτριβή, ἡ, das Abreiben, Abnützung.

ἀπο-τρίβω [ῑ], 1) Akt. ep. abreiben, abscheuern, wegwaschen. 2) Med. von sich abreiben, tilgen, τὴν ἀδοξίαν, also wie einen Schmutzfleck; sp. abweisen.

ἀποτρόπαιος, 2. 1) Unheil abwendend, θεός *averruncus.* 2) sp. wovon man sich abwendet, verabscheuenswert. Von

ἀποτροπή, ἡ (-τρέπω), Abwendung, **a)** Entfernung, Ableitung (des Wassers), ῥευμάτων. **b)** Ablehnung, Schreckmittel.

ἀπότροπος, 2. (ἀποτρέπω), 1) pass. **a)** ep. abgewandt, abgeschieden, entfernt, fern von Menschen. **b)** poet. wovon man sich abwendet, entsetzlich. 2) akt. poet. abwendend, *averruncus,* τινός.

ἀπότροφος, 2. (ἀποτρέφω), ion. sp. auswärts erzogen.

ἀπο-τρῡ́ω, poet. u. sp. 1) Akt. aufreiben, erschöpfen, übertr. zu Schanden werden lassen. 2) Pass. u. Med. **a)** τινός sich von etwas aufreiben, erschöpfen lassen. **b)** für sich zu seinem Nutzen erschöpfen, γᾶν für sich umwühlen.

ἀπο-τρώγω, poet. u. sp. abbeißen; abzwacken.

ἀπο-τρωπάω, ep. = ἀποτρέπω abwenden, δακέειν = statt zu beißen Il. 18, 585.

ἀπο-τυγχάνω (s. τυγχάνω), verfehlen, nicht erlangen, τινός, verlieren, unglücklich sein; πολλά Mißerfolg haben, enttäuscht werden.

ἀπο-τυμπᾰνίζω, tot prügeln.

ἀπο-τύπτομαι, Med., ion. aufhören sich zu schlagen, d. h. zu trauern.

ἀπο-τυφλόω, blenden.

ἀπ-ούρας u. ἀπουρήσουσι Il. 22, 489, s. ἀπαυράω.

ἀπ-ουρίζω (οὖρος), ep. Fut.-ουρίσσουσι, die Marksteine verrücken, ἀρούρας, schmälern.

ἄπ-ουρος, 2. (ὅρος), poet. fern von der Grenze, überh. fern, τινός von etwas.

ἄ-πους, ὁ, ἡ, Gen. ἄποδος, Akk. ἄπουν, ohne Fuß, des Fußes beraubt; lahm.

ἀπουσία, ἡ (ἀπεῖναι), Abwesenheit, *absentia.*

ἀπο-φαίνω. 1) Akt. **a) ans Licht bringen,** enthüllen, kundtun, darlegen, ἐς ὄψιν durch Augenschein, **b)** erklären als, εἰς τὸ κοινόν für gemeinsames Gut, **c) ernennen als,** machen zu τινά τι; gew. mit beigef. Adj. u. Part., doch auch mit folg. ὅτι, ὡς. 2) Pass. u. Med. **a)** etwas Eigenes von sich an den Tag legen, εὔνοιαν beweisen, sich mit seiner Geschicklichkeit sehen lassen Xen, **b)** Urteil aussprechen γνώμην, λογισμόν Rechnung ablegen Xen., **c)** absol. **reden,** urteilen.

ἀπο-φάργνυμι, s. ἀποφράγνυμι.

I. **ἀπόφᾰσις,** εως, ἡ (ἀπόφημι), die Verneinung, *negatio,* Gegent. κατάφασις.

II. **ἀπόφᾰσις,** εως, ἡ (ἀποφαίνω), Meinungsäußerung, **a)** Ausspruch, Rede. **b)** Antwort. **c)** Darlegung. **d)** Urteil.

ἀπο-φάσκω, poet. u. sp. = ἀπόφημι, *negare.*

ἀπο-φατικός, 3. sp. verneinend.

ἀπο-φέρβομαι, poet. abweiden, in sich aufnehmen, [genießen.

ἀπο-φέρω, ep. Aor. 1. ἀπένεικα. 1) Akt. u. Pass. **a) wegtragen,** wegbringen, fortführen, fortreißen, verschlagen, wegraffen Hdt., ἀπόφερ' pack dich Ar. **b)** hintragen, im bes. **α) überbringen,** hinterbringen, Bericht erstatten, γραφήν Klageschrift einreichen, λόγον Rechenschaft ablegen, **β) zurückbringen,** wiederbringen, abliefern, entrichten, abtragen, abzahlen, darbringen. 2) Med. **a) für sich davontragen,** z. B. δόξαν. **b)** wieder heimbringen.

ἀπο-φεύγω, Impf. in Iterativf. ἀποφεύγεσκε, Fut. -ξομαι (vergl. ἀποδιδράσκω), *effugio,* entfliehen, entkommen, entrinnen; bes. heißt es einer Verurteilung, einer Anklage, δίκην, γραφήν, einem Kläger entgehen, freigesprochen werden, selbst von sächl. Gegenständen, als τὰ ψηφίσματα d. h. die Anträge und ihre Urheber wurden freigesprochen, *absolvor.* Dav.

ἀποφευκτικά, τά, Mittel zur Freisprechung.

ἀπόφευξις, ἡ, das Entkommen.

ἀπό-φημι, 1) ep. gerade heraus sagen, berichten, ebenso Med. 2) verneinen, leugnen, abschlagen.

ἀπο-φθέγγομαι, N. T. laut erklären.

ἀπό-φθεγκτος, 2. poet. sprachlos.

ἀπόφθεγμα, τό (ἀποφθέγγομαι), Ausspruch, Sentenz, Weisheitsspruch. Dav.

ἀποφθεγμᾰτικός, 3. sp. sinnreich, sentenziös.

ἀπο-φθείρω, vernichten, aufreiben. Im Pass. poet. auch: ins Elend gehen, aus dem Lande, γῆς sp. sich packen.

ἀποφθινύθω, ep. a) umkommen. b) verlieren, θυμόν.

ἀπο-φθίνω, ep. u. poet. (ep. ῑ, att. ῐ), 1) trans. (-φθίσω, -έφθῑσα, bez. -φθείσω, -έφθεισα), vernichten, töten, zerstören, einreißen. 2) intr. u. Pass. **ἀπο-φθίνομαι** mit dem ep. Aor. med. ἀπέφθῐτο (aber ῑ im opt. ἀποφθίμην), u. pass. 3. pl. ἀπέφθῐθεν, untergehen, sterben, ὀλέθρῳ u. ä., übertr. schwinden, *pereo.*

ἀπο-φθορά, ἡ, poet. das Verderben.

ἀπο-φλαυρίζω, ion. poet. gering achten.

ἀπο-φοιτάω, weggehen, πρός τινα; sich verabschieden, wegbleiben, παρά τινος von einem.

ἀπό-φονος, 2. poet. aus Mord entsprungen.

ἀποφορά u. **-ή,** ἡ (ἀποφέρω), 1) das Eintreiben, Einziehen, τῶν φόρων der Abgaben. 2) die Abgabe, bes. die selbständiger Sklaven an ihren Herren.

ἀπο-φορτίζομαι, sp. u. N. T. sich einer Last entledigen

ἀπο-φράγνῡμι u. **ἀποφράσσω** od. **-άττω,** I) Akt. versperren, verstopfen, zudämmen, abs. u. τί zum Schweigen bringen. II) Med. 1) sich verschanzen, τί gegen etwas. 2) sich (*sibi*) einen (τινά) absperren, ihm den Weg absperren. Dav.

ἀπόφραξις, εως, ἡ, Versperrung.

ἀπο-φράς, άδος (φράζω), verst. ἡμέρα, ein unglücklicher, schwarzer Tag, an dem keine Volksversammlung und kein Gericht gehalten ward. Als solche galten die drei letzten Tage jedes Monats u. der 25. des Thargelion, sowie die 7 Tage, an denen man den Verstorbenen ihre Opfer brachte; *dies nefastus.*

ἀπο-φράσσω, att. -ττω, Aor. sp. ἀπεφράγην, verstopfen, sp. das Maul stopfen; vgl. ἀποφράγνυμι.
ἀπο-φυγγάνω = ἀποφεύγω.
ἀποφῠγή, ἡ (ἀποφεύγω), a) das Entfliehen, Befreiung, Sicherheit gegen etwas. b) Ausflucht (hier auch im Plur.), *effugium*.
ἀπο-φῡσάω, sp. wegblasen.
ἀποφώλιος, 2. (φηλός *fallo*), ep. u. poet. 1) trügerisch, nichtig, eitel, wertlos, erfolglos, εὐναί ohne Kindersegen. 2) untauglich, häßlich, schändlich. [τινός von etwas.
ἀπο-χάζομαι, Dep. med., ep. sich zurückziehen,
ἀπο-χαλινόω (ὁ χαλινός), sp. ab-, loszäumen.
ἀπο-χᾰρᾰκόω, sp. verrammeln.
ἀπο-χειροβίωτος, 2. von seiner Hände Arbeit lebend.
ἀπο-χειροτονέω, 1) bei der Abstimmung verwerfen, τί, absetzen, τινά τινος, auch ἑαυτόν τινος. 2) μή — εἶναι durch Volksbeschluß für nicht — erklären. 3) lossprechen, τινός.
ἀπ-οχετεύω, durch einen Kanal ableiten.
ἀπο-χέω, ep. Aor. ἀπέχευα (in tmesi), 1) Akt. ausgießen, verschütten, wegwerfen. 2) Pass. abfallen, ausströmen. 3) Med. Präs. poet. ἀποχεύεσθαι, von sich ausströmen lassen.
ἀποχή, ἡ (ἀπέχω), sp. Enthaltsamkeit.
ἀπο-χηρόω, poet. berauben, τινός. [dämmen.
ἀπο-χόω, durch Schutt und Erde abdämmen, ver-
ἀπο-χραίνω, die Farbe abstufen, schattieren.
ἀπο-χράω, 3. sing. ἀπόχρη (ἀποχρῇ), plur. -ῶσι (dor. -έοντι), conj. 3. sg. -χρῇ, inf. -χρῆν, part. -χρῶν, ῶσα, ῶν, Impf. 3. sing. ἀπέχρη, Fut. -χρήσει, Aor. ἀπέχρησε, ion. Präs. -χρέω, 3. sg. -χρᾷ, inf. -χρᾶν, Impf. -έχρα • 1) Akt. **hinreichen, genügen,** teils persönlich, oft mit d. Part., wie πινόμενος zum Trinken Hdt., teils unpers. mit Inf., oder mit ἤν, oder mit Dat. part., wie σφὶ ἡγεομένοισι sie wollten sich begnügen, wenn sie die Hegemonie bekämen Hdt.; ἀποχρῶν genügend • 2) Pass. mit Impf. ion. ἀπεχρᾶτο, zufriedengestellt werden, sich begnügen • 3) Med. • a) etwas (τινί) **ausnutzen,** ganz ausbeuten Thuk. • b) mißbrauchen εἰς ταῦτα ἀ. τῷ πλουτεῖν Dem.; mit Akk. vernichten, töten Thuk.
ἀπο-χρεόντως, dor. = -χρώντως, s. d.
ἀπο-χρήματος, 2. poet das Vermögen verzehrend.
ἀπόχρησις, ἡ, N. T. der Mißbrauch od. Verbrauch.
ἀποχρώντως, Adv. part. praes. von ἀποχράω, hinreichend, genügend.
ἀπ-οχῠρόω, sp. sichern, πρός τι gegen etwas.
ἀπο-χωλόω, u. -εύω, ganz lähmen, Pass. lahm werden.
ἀπο-χώννῡμι, spät. für ἀπο-χόω, s. d.
ἀπο-χωρέω, Fut. -ήσομαι, 1) weggehen, sich entfernen, abtreten, vom Gerichte, aus einem Prozesse, teils abs., teils τινός, ἀπό, ὑπό τινος. 2) zurückgehen, sich zurückziehen, mit u. ohne πάλιν, εἴς, πρός, κατά τι u. ἐπί τινος nach einem Orte hin. 3) abtreten, ἐπὶ τὰ ἀναγκαῖα um seine Notdurft zu verrichten; auch: übergehen. 4) von Flüssigkeiten: sich ausscheiden. Dav.
ἀποχώρησις, εως, ἡ, a) Rückzug, Flucht, Rückkehr, Heimgang. b) Zufluchtsort (im Plur.). c) = τὰ ἀποχωροῦντα, Ausleerung des Leibes. d) Abtritt.
ἀπο-χωρίζω, 1) absondern, ausscheiden, auswählen. 2) Pass. im N. T.: sich teilen; ἀπ᾽ ἀλλήλων weggehen. [streichen.
ἀπο-ψάω, 3. sg. -ψῇ, inf. -ψῆν, abwischen, ab-
ἀπο-ψηφίζομαι, 1) Dep. med. mit Fut. -ιοῦμαι, a) sich abfällig od. dagegen erklären, verwerfen, τί, z. B. einen Gesetzesentwurf, τινά einen bei der Wahl, od. m. μή u. Inf. b) durch Abstimmung einen (τινός) los-, freisprechen. Auch abs. 2) Pass. freigesprochen, verworfen werden, des Bürgerrechts, τοῦ πολιτεύματος, verlustig = ausgestoßen werden.
ἀποψήφισις, εως, ἡ, 1) Verwerfung; Ausstoßung aus dem Bürgerrecht. 2) Los-, Freisprechung.
ἀπο-ψῑλόω, ion. u. poet. kahl machen, entblößen, berauben. [sichtspunkt.
ἄπ-οψις, εως, ἡ, ion. Fernsicht u. sp. der Aus-
ἀπο-ψῡ́χω, 1) **ausatmen, ohnmächtig werden, aushauchen,** (βίον) das Leben aushauchen, den Geist aufgeben. 2) abkühlen.
ἀπ-πέμψει, s. ἀποπέμπω.
Ἄππιος, ου, *Appius*; Ἀππίου φόρον = *forum Appii*, St. an der Ἀππία ὁδός, 43 röm. Meilen v. Rom.
ἀπρᾱγία, ἡ, sp. Untätigkeit.
ἀπραγμοσύνη, ἡ, a) der Zustand des ἀπράγμων, Verzicht auf das Einschreiten, politische Ruhe, ἡ τῶν λόγων ἀπρ. das in den Reden anempfohlene Nichteinmischungsprinzip. b) Untätigkeit, Liebe zur Ruhe, Zurückgezogenheit. Von
ἀ-πράγμων, 2., frei von Händeln und Mühen, dah. 1) otiosus geschäftslos, untätig, Ruhe liebend, τὸ ἄπραγμον die Untätigkeit. 2) mühelos, leicht, behaglich.
Ἀπραγόπολις, scherzhaft Mußestadt.
ἀπρακτέω, 1) untätig, müßig sein. 2) nichts erlangen. Von
ἄ-πρακτος, 2., ion. ἄπρηκτος. 1) trans a) nichts ausrichtend, erfolglos, **vergeblich,** unnütz, eitel, ἀπονέεσθαι unverrichteter Sache abziehen Hom.; γίγνομαι ich erlange nichts Thuk., b) unpraktisch, **ungeschickt,** ἡμέρα ἄπρ. ein zu öffentlichen Verrichtungen ungeeigneter Tag Plut. 2) pass. a) Hom. wogegen nichts ausgerichtet werden kann, unheilbar wie ἀμήχανος, b) unausführbar u. **unausgeführt,** unbesorgt, οὐδὲ μαντικῆς ἄπρακτος ὑμῖν εἰμι selbst mit der Wahrsagekunst habt ihr es an mir versucht Soph. Antig. 1035 • Adv. ἀπράκτως, a) ohne etwas auszurichten, **ohne Erfolg,** b) untätig, müßig.
ἀπραξία, ἡ, Untätigkeit. (Sp.: die Gerichtsferien).
ἄ-πρᾱτος, 2. (πιπράσκω), unverkauft, noch nicht verkauft.
ἀπρέπεια, ἡ, Unziemlichkeit, Unangemessenheit; Unreinlichkeit. Von
ἀ-πρεπής, 2. (πρέπω), unziemlich, unschicklich, unangemessen, schmachvoll, τὸ ἀπρεπές unrühmliches Verhältnis, Unehre.
ἀ-πρηκτος, s. ἄπρακτος.
ἀ-πρίατος, 2 u. 3., poet. u. ep., Adv. -άτην [ῐ ᾰ], nicht erkauft, ohne Lösegeld freigegeben, unentgeltlich.
ἄπριγδα, Adv. (ἀ cop. u. πρίω) eigtl. schneidend wie eine Säge, ohne nachzulassen, fortwährend.

ἀπριγδό- od. **ἀπρικτόπληκτος,** 2. poet. fortwährend geschlagen. [569 v. Chr.
Ἀπρίης, εω, ἡ, König Hophra v. Ägypten von 589 bis
ἀ-πρίξ, (ἄπριγδα), Adv. **festhaltend,** ohne loszulassen, unablässig, fest, ἔχειν, λαμβάνειν.
ἄ-πριστος, 2. (πρίω) spätep. unzersägt.
ἀ-προαίρετος, 2. sp. nicht zu wählen, zu wollen, dem (menschlichen) Wählen und Wollen entzogen.
ἀ-προβούλευτος, 2. nicht vorher vom Rate geprüft oder zu prüfen.
ἀπροβούλως, poet. Adv., unvorbedacht.
ἀ-πρόθυμος, 2., Adv. **-θύμως,** ungeneigt, ungern.
ἄ-προικος, 2. (προίξ), ohne Mitgift.
ἀ-προμήθεια, ἡ (προμηθής), Unvorsichtigkeit.
ἀ-προμήθητος, 2. poet. unbedacht.
ἀ-προνόητος, 2. um etwas sich nicht kümmernd, unbekümmert, τινός um etw.; dann übereilt. Adv. **-ήτως** unvorsichtig.
ἀ-πρόξενος, 2. poet. ohne Gastfreund.
ἀ-προοιμίαστος, 2. sp. ohne Vorrede.
ἀ-πρόοπτος, 2. poet. unvorhergesehen.
ἀ-πρόπτωτος, 2. sp. sich nicht überstürzend, vorsichtig, überlegt.
ἀ-πρόσβᾰτος, 2. sp. unzugänglich.
ἀ-προσδεής, 2. sp. nicht dazu bedürfend, τινός, u. abs. sich selbst genügend. [hoch.
ἀ-πρόσδεικτος, 2. poet. nicht zu zeigen = sehr
ἀ-προσδιόνῡσος, 2. sp. nicht zur Bacchusfeier passend, dah. überh. unpassend, ungeschickt.
ἀ-προσδόκητος, 2., Adv. -ήτως, **1)** pass. unerwartet, **unvermutet. 2) akt.** nicht erwartend, nicht ahnend.
ἀ-προσήγορος, 2. poet. sp. hart, unnahbar.
ἀ-πρόσῑτος, 2. (προσιέναι), sp. unzugänglich, τινί.
ἀ-πρόσκλητος, 2. nicht vor Gericht geladen, γνῶσις eine Erkenntnis gegen einen, der nicht vor Gericht geladen ist.
ἀ-πρόσ-κοπος, 2. N. T. ohne Anstoß, **1)** eben, harmlos, kein Ärgernis gebend. **2)** ruhigen Gewissens.
ἀ-πρό-σκοπος, poet. nicht voraussehend.
ἀ-πρόσμᾰχος, 2. poet. u. sp. unüberwindlich.
ἀ-πρόσμεικτος (-μικτος), 2. ion. keinen Verkehr habend.
ἀ-πρόσοιστος, 2. unwiderstehlich; Adv. **-οίστως** ἔχειν unnahbar sein.
ἀ-προσόμῑλος, 2. poet. ungesellig, mürrisch.
ἀ-προστασίου, δίκη, ἡ, **Klage gegen einen Metöken in Athen, daß er keinen Schutzherrn (προστάτης)**
ἀ-πρόσφορος, 2. poet. unnahbar. [habe.
ἀ-προσφώνητος, 2. sp. unangeredet, nicht begrüßt.
ἀ-προσωπολήπτως, Adv. N. T. ohne Ansehen der Person.
ἀ-προτίμαστος, 2. (προτι-μαίω), ep. unangetastet.
ἀ-προφάσιστος, 2., Adv. **-ίστως** (προφασίζομαι), ohne Ausrede, ohne Bedenken, rücksichtslos, unbedingt, unweigerlich, bereitwilligst.
ἀ-πρόφᾰτος, 2. sp. ep. unvorhergesagt, unerwartet.
ἀ-προφύλακτος, 2. nicht zu verhüten.
ἄ-πταιστος, 2. nicht strauchelnd. Adv. **-αίστως,** ohne Fehl, ohne Anstoß. [Kreta.
Ἀπτεραῖος, ὁ, Einwohner von Ἄπτέρα, Stadt auf
ἄ-πτερος, 2. ep. u. poet. (πτερόν), **1)** unbeflügelt; Νίκη Ἄπτ. die (Athena) Nike auf der Akropolis v. Athen; übertr. μῦθος nicht entfliegend, wohlbeachtet und befolgt. **2)** unbefiedert, noch nicht flügge; Äsch. Ag. 276 nicht geträumt (der Traum ist beflügelt). **3)** poet. (ἀ cop.) sehr beflügelt, rasch, plötzlich (var.). [flügge.
ἀ-πτήν, -ῆνος, ὁ, ἡ (πτηνός), unbefiedert, noch nicht
ἀπτοεπής, 2. (ἀ-επτο-επής) nicht zu sagendes sagend, dreist redend.
ἀ-πτόλεμος, 2., s. ἀπόλεμος.
ἁπτός, 2. zu fassen. Von
ἅπτω, [ἀφ] Fut. ἅψω u. ἅψομαι, Aor. ἧψα u. ἡψάμην, Perf. med. od. pass. ἧμμαι, Aor. pass. ἥφθην, Adj. verb. ἁπτός, -τέος, bei Hdt. auch ohne Augm. ἅψατο, ἅφθη u. ἅμμαι. **1) heften, knüpfen, a)** Akt. (meist poet.) **anknüpfen,** πάλην vgl. „anbinden mit“ Aesch., **b)** Pass. Hom. **haften,** festsitzen, **c)** Med. **α)** sich anheften, haften βέλη Hom. **β) anfassen,** berühren, ergreifen τινός, γούνων Hom., **d)** sich befassen mit ἔργων, λόγων Attik. **2) anzünden,** in Brand stecken, anfachen, τί (τινός nur als Gen partit.) etwas; Med. in Brand geraten; Pass. brennen. [stehend.
ἀ-πτώς, ῶτος, ὁ, ἡ (πίπτω), nicht fallend, fest-
ἄ-πτωτος, 2. **1)** sp. nicht wankend, nicht fehlend. **2)** sp. grammat. ohne πτῶσις, ohne Kasus,
ἀπύ, äol. = ἀπό. [undeklinierbar.
ἄ-πῡγος, 2. (πυγή), poet. ohne, oder mit dürren Hinterbacken.
ἀ-πύλωτος, 2. nicht mit Toren verschlossen.
ἄ-πυργος, 2. u. **ἀπύργωτος,** 2. poet. u. ep. ohne Türme, unbefestigt.
ἄ-πῡρος, 2. *ignis expers,* **1)** ep. von Feuer unberührt, dah. von Kesseln u. Dreifüßen: ungebraucht, neu. **2)** nicht am Feuer bearbeitet oder bereitet, dah. ungekocht, ἄριστον kalte Küche, χρυσός nicht ausgeschmolzenes, gediegenes Gold. **3)** poet. nicht angezündet, ἱερὰ ἄπυρα nicht zustande gekommene, nicht angenommene Opfer, ἄρδις nicht glühend gemacht.
ἀ-πύρωτος, 2. ep. = ἄπυρος, 1).
ἄ-πυστος, 2. (πυνθάνομαι), **1)** pass. ep. u. poet. **a)** unvernommen, nicht gehört. **b)** nicht vernehmbar, unverständlich. **2)** akt. ep. der nichts vernommen od. gehört hat, unkundig, τινός un-
ἀπύω, dor. st. ἠπύω. [bekannt mit etwas.
ἀπφῦς, Gen. ύος, ὁ, buk. Papa.
ἀπ-ῳδός, 2. (ᾠδή), poet. u. sp. **1)** mißtönend, widersprechend (τινός). **2)** nicht mehr krähend.
ἄπωθεν, auch **ἄποθεν** geschr., Adv. (ἀπό), **1)** von fernher, von ferne, weither. **2)** fern, entfernt, weit, buk. u. sp. auch als Präp. mit Gen., οἱ ἄπωθεν die Fernstehenden, τινός jmdm., sp. verstärkt πολλῷ weit entfernt.
ἀπωθέω (auch in tmesi), ion. poet. u. sp. auch ohne Augm. ἀπώθουν usw., spät. auch -ώθησα, wegstoßen, abstoßen, wegschieben, vertreiben, abweisen, zurückdrängen, herabreißen, auch τινί τι einem etw. abwenden. Med. auch verschmähen, τὴν αἰτίαν ἀφ' ἑαυτοῦ ἐπί τι die Schuld von sich auf etw. wälzen.
ἀπ-ώλεια, ἡ, N. T. der Verlust, das Verderben.
ἀπ-ώμοτος, 2. (ἀπόμνυμι), poet. **1)** pass. abge-

schworen, abzuschwören. **2)** akt. etwas verschwörend, der etwas abgeschworen hat.

ἄπωσις, εως, ἡ (ἀπωθέω), das Hinaustreiben.

ἀπωστός, 3., Adj. verb. von ἀπωθέω, **1)** ion. u. poet. verstoßen, vertrieben, *τινός* aus etwas. **2)** ion. zu vertreiben.

ἀπωτάτω, Adv., Superl. zu ἀπό, ganz fern, so fern als möglich, *τινός* von etwas.

ἀπωτέρω, Adv., Kompar. zu ἀπό, entfernter.

ἄρα [◡◡], bei Hom. abgek. ἄρ u. enkl. ῥά (zum St. ἀρ- *füglich?*), bezeichnet eine innige Verbindung, Anschluß und Fortgang: wie zu erwarten ist, oft unübersetzbar: nun, eben (ἐπεὶ ῥα) Hom., natürlich, also *οὐδ' ἄρα* Hom., folglich; *ἦν ἄρα* also wirklich; ὡς ἄρα daß nämlich; *εἰ ἄρα* wenn wirklich; *εἰ μὴ ἄ* es müßte denn sein, daß; *τίς ἄρα* wer also?

ἆρα, 1) Fragewort, gew. an der Spitze des Satzes, lat. *-nĕ, ἆρ' οὐ, nonne,* nicht wahr? *ἆρα μή, num,* doch wohl nicht?; bei indirekten Fragen: ob, bisw. mit folg. ἤ. **2)** poet. des Versmaßes wegen für ἄρα.

I. **ἀρά,** ἡ, ion. **ἀρή** (aus ἀρϜά, dah. ᾱ ep. in arsi u. ion, sonst ᾰ), **1)** *preces,* Gebet, Flehen, Bitte, mit folg. Acc. c. inf., gew. im schlimmen Sinne: Verwünschung, Fluch, bes. im Plur., wie sie oft vor öffentlichen Verhandlungen, gegen die Feinde des Staats, u. überh. bei Gebeten u. Opfern ausgesprochen wurden, ἀρὰς *ἀρᾶσθαι, ποιεῖσθαι, πνεῖν, ἐξανιέναι, θέσθαι* einen Fluch aussprechen. **2)** poet. personif. als Göttin des Fluchs u. der Rache, Begleiterin der Erinyen oder diese selbst, *dirae.*

II. ἀρά [ᾰ], s. II. ἀρή.

ἀραβέω, Aor. 1 ἀράβησα (ἄραβος), ep. poet. rasseln, erklirren.

Ἀραβία, ἡ, Arabien, z. Z. Xenophons auch Südmesopotamien, später auch ägyptisches Land bis zum Nil miteinschließend; Teile ἡ *εὐδαίμων Ἀρ.,* ἡ ἔρημος Ἀρ., ἡ *Πετραία Ἀρ.* — **Ἀραβικός** u. **Ἀράβιος,** 3. arabisch, der Araber, dieser auch **Ἄραψ** genannt, *Ἀρ. χῶρος* Landschaft in Ägypten an der arabischen Grenze.

Ἀράβιος, ὁ, Fluß in Gedrosia, j. *Pourally.*

ἄραβος, ὁ, ep. (ἀράσσω), das Getöse von einem angeschlagenen Körper, Gerassel, *ὀδόντων* Zähneklappern.

ἄραγμα, τό (ἀράσσω), poet. das Gerassel.

ἀραγμός, ὁ, poet. u. sp. Gerassel, Getöse, Anpochen, *στέρνων* das Schlagen der Brust, *planctus.*

Ἄραδος, *ου,* ἡ, Insel und Stadt unfern der Küste von Phönikien, j. *Arwad.* Einw. *-ιοι.*

Ἀραιθυρέα, ἡ, Stadt und Gegend in Argolis, das spätere Phlius. Ein. *-εεύς.*

ἀραιός, 3., auch **ἀραιός** geschr., dünn, schwach, schmal, schlank; eng; schwächlich, zart; nicht dicht, einzelstehend.

ἀραῖος, 3. u. 2. poet. zur ἀρά, zum Fluche gehörig, *dirus,* dah. **a)** *Ζεύς* Fluchgott, den man bei Verwünschungen anruft, *γονή* Fluchgeschlecht, die Erinyen. **b)** fluchbeladen, *exsecratus, ἀραῖον λαμβάνειν τινά* einen durch den Fluch binden. **c)** fluchbringend, unheilvoll, *τινί.*

ἀραίρηκα u. ähnl., s. αἱρέω.

ἀραίωμα, τό, (ἀραιός) sp. Lücke.

Ἀράξης, *ου,* ὁ, **a)** Fluß in Armenien, jetzt *Aras,* von Herodot mit Oxos und Iaxartes vermengt. **b)** anderer Name für Chaboras, jetzt *Chabur* in Mesopotamien. **c)** Fl. in Skythien, *Wolga?*

ἀράομαι, ion. **ἀρέομαι** [ᾱ̆], Dep. med., Fut. ἀράσομαι, Aor. ἠρᾱσάμην, Perf. med. u. pass. ἤρᾱμαι, Adj. verb. ἀρᾱτός, ep. und ion. ἀρήσομαι usf., ep. Konj. Aor. *ἀρησόμεθα* st. --ώμεθα, Opt. ἀρησαίατο (I. **ἀρά,** vgl. ἀράω), ***precari,* 1)** ep. u. poet. beten, flehen, *τινί* zu einem Gotte. **2)** wünschen, beten, *vota facere,* m. Inf., auch mit ἕως u. Opt.; herbeiwünschen, *τινά.* **3)** ion. u. poet. *mala imprecari,* verwünschen, verfluchen, anwünschen, *τινί τι,* bes. mit ἀράς.

ἀραρίσκω, nicht belegtes Präs. zum Imperf. ἀράρισκε Hom. u. Theokr. (vgl. ἀρμός, ἀρθμός, ἄρθρον, lat. *artus, armus*).

I) trans. Akt. u. Pass., Aor. 1. ἦρσα u. ἄρσα, Aor. 2. red. ἤρᾰρον u. ἄρᾰρον, Aor. pass. 3. pl. ἄρθεν st. -θησαν, *artare,* **fügen,** dah. • **1)** zusammenfügen, einfügen, bes. **fest und dicht anpassen,** anfügen, daß es paßt, *ἀμείβοντες* zusammenfügen Il. 23, 712, *πεδίλα* für die Füße passende Sandalen ausschneiden Od. 14, 23; *ἄγγεσιν* einpacken in Od. 2, 280; *ἀλλήλους βόεσσι* sich mit den Sch. dicht aneinander schließen Hom. • **2) erbauen** *τοῖχος* Hom., übertr. *μνηστῆρσι θάνατον* bereiten Hom. • **3) ausrüsten** *νῆα ἐρέτῃσιν* Hom., *θυμὸν ἐδωδῇ* befriedigen Hom., *ἐμὲ ἄ. φρένας* besänftigte Soph., *γέρας κατὰ θυμόν* ein E. nach meinem Sinn erlesen Il. 1, 136.

II) intr. Perf. ἄρᾱρα, ep. ἄρηρα, Part. masc. ἀρηρώς, fem. ἀρᾰρυῖα, Plqpf. ἠρήρειν und ἀρήρειν, ἠρήρεισθα, u. der Aor. 2. act. ἤρᾰρον Il. 16, 214 u. Od. 4, 777 • **1)** zusammengefügt sein, **fest aneinandergeschlossen sein,** mit Dat. fest gefügt aus, *λάεσσι* gepflastert Od. 6, 267, dah. übertr. *φρεσὶν ἧσιν* fest Hom., *θεῶν οὐκέτι πίστις ἄ.* steht fest Eur., *ἄραρε* es ist beschlossen Aesch. Eur. • **2)** fest angepaßt sein, **passen** *παλάμηφιν* Od. 16, 139; zusagen, gefallen *πᾶσιν ἐνὶ φρεσὶν ἤ.* Od. 4, 777 • **3)** wohl ausgerüstet, wohl versehen sein *κυνέη . . . πρυλέεσσ'* verziert mit Hom.

III) Med. intr. Aor. (ἤρμην) **ἄρμενος** sich fügend, passend, bequem, *τινί* für od. an etwas.

ἀρᾱρότως, Adv. (ἄρᾱρα, s. ἀραρίσκω II), fest angefügt, passend.

ἀράσσω, Fut. dor. -αξῶ, ep. ion. poet. u. sp. schlagen, stoßen, klopfen, hämmern, *τί* an, in, nach etw., übertr. *τινί τινα* mit etw. nach einem werfen, ihn mit etw., z. B. Schmähungen. überschütten; *τῇ γῇ ἀράσσεσθαι* sich am Land stoßen, d. h. stranden.

ἀρᾱτός, 3. (ἀράομαι, ᾱ), poet. er- und verwünscht, unselig.

Ἄρᾱτος, ὁ, **1)** von Sikyon, geb. 270 vor Chr, Strateg des achäischen Bundes, gest. 213 vor Chr. **2)** Dichter aus Soloi in Kilikien, Freund des Antigonos Gonatas u. des Theokrit, lebte von ca. 310 bis ca. 240 v. Chr. [*Hérault.*

Ἄραυρις, ὁ, Küstenfluß in Gallia Narbonensis, h.

Ἀραχναῖον *αἶπος,* Berg in Argolis, j. *Arna.*

ἀράχνη, ἡ, poet. u. sp., **ἀράχνης,** ὁ, u. **ἄραχνος,** ὁ, poet. die Spinne, lat. *aranea.* Dav.

ἀράχνιον, τό, Spinnengewebe.
Ἀραχωσία, ἡ, nach dem Fluß Ἀραχωτός, j. *Aracandab*, benannte Satrapie im östlichen Persien, j. *Kandahar*. Ew. **Ἀραχωτοί.**
Ἄραψ, s. Ἀραβία
ἀράω, flehen, davon nur der Inf. Präs. (Imperf.) ἀρήμεναι Od. 22, 322, sonst ἀράομαι.
Ἄρβηλα, ων, τά, Stadt im nördl. Assyrien, j. *Erbil.*
ἀρβύλη, ἡ, poet., buk. ἀρβυλίς, ἡ, **1)** Schuh, der den ganzen Fuß bis an den Knöchel bedeckte. **2)** Stand des Fuhrmanns vorn im Wagen.
Ἀργαδεῖς, οἱ, altionische Phyle in Attika.
Ἀργαῖος, ὁ, Name makedon. Könige, bes. des Sohns des Archelaos, der von 383—381 regierte u. 359 wieder gegen Philipp II. als Prätendent auftrat.
ἀργᾰλέος, 3. (von ἄλγος, für ἀλγαλέος), meist ep. poet. u. sp. schmerzvoll, schwer, beschwerlich, mühvoll, drückend, lästig, seltener schwierig, βόες die schwer zu gewinnenden, oft mit Dat. u. Inf. ἀργαλέος Ὀλύμπιος ἀντιφέρεσθαι schwer ist es dem Olympier sich entgegenzustellen.
Ἀργανθώνιος, ὁ, König von Tartessos, berühmt durch sein hohes Alter; vgl. Her. 1, 163.
ἀργᾶς, s. ἀργής. **ἀργᾶς,** s. ἀργῆς.
Ἀργεῖος od. **Ἀργέϊος,** 3. *Argivus*, argeiisch, Subst. der Argeier, bei Hom. Benennung aller Griechen, ἡ **Ἀργεία, 1)** Argeierin. **2)** das argivische Land, Argolis. **3)** das amphilochische Argolis.
ἀργεϊ-φόντης, ου, ὁ, Argostöter, weil er auf Zeus' Befehl den hundertäugigen Argos tötete (s. I. Ἄργος); andere Deutung: im Lichtglanz erscheinend (ἀργεϊ v. ἀργ-ής u. φαν-φαίνω), lichtglänzend, in Helle erstrahlend, Bein. des Götterboten [Hermes.
ἀργεννός, 3. s. ἀργής.
Ἀργεννοῦσαι, s. Ἀργινοῦσσαι, αἱ.
ἀργεστής, ep. Gen. ᾶο, ὁ (ἀργής), ep. u. sp. Beiw. des Südwindes, weil er die Luft oft hell u. durchsichtig macht, hellmachend.
ἀργέτι, α, s. ἀργής.
ἀργέω (ἀργός II.), **1) a)** arbeitslos, müßig sein, rasten, feiern, *otior*. **b)** von Sachen: unbenutzt daliegen, γῆ brach liegendes Land. **2)** Pass. ἀργεῖταί τι es bleibt etwas liegen, wird verabsäumt.
ἀργής, ῆτος, Dat. u. Akk. ep. auch **ἀργέτι,** ἀργέτα, ὁ, ἡ, ep. und poet., mit den Nebenff. **ἀργεννός,** 3. ep. u. poet., **ἀργῆς,** dor. u. poet. **ἀργᾶς,** zsgz. aus ἀργήεις, 3., u. **ἀργινόεις,** 3. ep. (Wurz. ἀργ, vgl. ἄργυρος, lat. *argentum*, *argutus*), blendend weiß, glänzend, kreidig, funkelnd, gleißend, stattlich, flink.
ἀργῆς, dor. **ἀργᾶς,** ᾶ, ὁ (ἀργής), **a)** eine Schlangenart. **b)** Spitzname des Demosthenes.
ἀργῆς aus ἀργήεις, s. ἀργής, ῆτος.
ἀργηστής, οῦ, poet. u. buk. blendend weiß = ἀργής.
ἀργία, ἡ (ἀργός II.), zsgz. aus **ἀϝεργία,** ep. **-ίη, ῑ,** Untätigkeit, Trägheit, bes. auch Vernachlässigung der Gewerbstätigkeit; auch im Plur. u. im guten Sinne: Rast, Ruhe, Muße.
ἀργι-κέραυνος, 2. (ἀργής), ep. in der Helle oder hell blitzend, Beiw. des Zeus. Subst. der Strahlenschwinger.
Ἄργιλος, ου, ἡ, Stadt in Bisaltia in Makedonien. Einw. ὁ **Ἀργίλιος.**
ἀργῑλ-ώδης, 3. (ἄργιλος, weißer Ton, εἶδος), ion. u. sp. tonartig, tonig, *argillosus.*
ἀργῑνόεις, 3., s. ἀργής. [jetzt *Cap Blanc.*
Ἀργῖνον, τό, Vorgebirge bei Erythrä in Ionien,
Ἀργινοῦσσαι, -νοῦσαι, ῶν, αἱ (scil. νῆσοι, von ἀργινόεις, s. ἀργής), drei kleine Inseln an der Küste von Äolis, dem lesb. Vorgebirg Malea gegenüber; Niederlage der Spartaner 406 v. Chr.
ἀργι-όδους, όδοντος, ὁ, ἡ (s. ἀργής), ep. mit blinkenden Zähnen.
ἀργί-πους, ποδος, ὁ, ἡ (s. ἀργής), ep. u. poet. mit schimmernden Füßen, d. i. **a)** weißfüßig. **b)** schnellfüßig.
Ἄργισσα, ἡ, St. in Thessalien, später Argura.
ἄργματα, τά (ἄρχω), ep. = ἀπάργματα, ἀπαρχαί, die **Erstlingsspende, auch Opfer schlechthin.**
Ἀργο-γενής, 2. poet. aus Argos stammend.
Ἀργόθεν, Adv. aus Argos, *ex Argis.*
Ἀργόλας = Ἀργεῖος; Fem.
Ἀργολίς, ίδος, ἡ, Subst., das Gebiet von Argos; dav. Adj. Ἀργολικός, u.
ἀργολίζω, es mit den Argivern halten.
Ἀργοναῦται οἱ, **1)** die Argoschiffer, welche unter Jasons Führung auf der Argo nach Kolchis fuhren, um das goldene Vließ zu holen. **2)** sp. das Gedicht des Apollonios v. Rhodos über jene Fahrt.
I. **Ἄργος,** ου, ὁ, **1)** S. des Zeus u. der Niobe, K. u. Heros v. Argos. **2)** S. des Agenor od. Inachos u. der Erde mit Augen am ganzen Körper (dah. πανόπτης), von Hera der Io zum Wächter gesetzt, von Hermes erschlagen.
II. **Ἄργος,** εος, ους, τό, Name mehrerer griech. Städte, **a)** im Peloponnes, Hptst. in Argolis am Inachos, j. *Argi*, mit Bein. Ἀχαιικόν. **b)** das von Agamemnon beherrschte Gebiet mit der Hptst. Mykenä. **c)** Ἴασον, μέσον, der ganze Peloponnes. **d)** die thessalische Ebene am Peneios, mit dem Bein. Πελασγικόν. **e)** τὸ Ἀμφιλοχικόν, am ambrakischen Meerbusen in Akarnanien, s. Ἀργεῖος. — **Ἄργει** in Argos.
I. **ἀργός,** 3. (vgl. ἀργής), ep. weiß, weißlich; von Hunden: schnellfüßig, abs. u. mit πόδας.
II. **ἀργός,** 2. sp. auch 3., zsgz. aus (ep.) **ἀ-ϝεργός, 1)** akt. untätig, träge, müßig, von Sachen: unwirksam, langsam, fruchtlos, unnütz, ἔς τι zu etwas. (ἀργὸς λόγος *ignava ratio* bei Cic.) **2)** pass. **a)** unbearbeitet, noch unverarbeitet, σῖτος; unbebaut, brach liegend, *incultus.* **b)** ungetan, ungeschehen, οὐκ ἐν ἀργοῖς πράττεσθαι es nicht ungetan lassen, *infectus.* Adv. **ἀργῶς,** auch unfähig, unbedacht, plump.
Ἄργουρα, ἡ, **1)** das frühere Argissa in Thessalien. **2)** Ort bei Chalkis auf Euböa.
ἀργυρ-άγχη, ἡ (ἄγχω), Geldbräune, wenn jmd. bestochen ist, nicht zu reden, und er Halsweh als Grund seines Schweigens vorschützt.
ἀργυρ-ᾰμοιβός, ὁ, Geldwechsler, ἀργυραμοιβικῶς, Adv. sp. indem man alles auf die Goldwaage legt.
ἀργύρ-ασπις, ιδος, ὁ, ἡ, sp. mit silbernem, d. i. silberbeschlagenem Schilde, ἀργυράσπιδες, οἱ, auserlesene makedon. Schar, welche von Alexander vor dem indischen Zug silberbeschlagene Schilde erhalten hatte.

ἀργύρειος, 3. (ἀργυρεύω), nur ἔργα od. μέταλλα Silbergruben; subst. τἀργύρεια, dass.
ἀργύρεος, 3., zsgz. **ἀργυροῦς,** ᾶ, οῦν (ἄργυρος), silbern, aus Silber gearbeitet, oder mit Silber belegt oder verziert, versilbert.
ἀργυρ-ήλᾰτος, 2. poet. aus Silber getrieben.
ἀργυρικός, 3. sp. Silber od. Geld betreffend.
ἀργύριον, τό (ἄργυρος), Silber, bes. verarbeitetes u. geprägtes Silber, Silberstück, Geld (im N. T. Silberling = att. τετράδραχμον), auch Lösegeld (εἰσπράττεσθαι, fordern). τὰ ἀργύρια, Silbergruben.
ἀργύριος, 3. dor. = ἀργύρεος.
ἀργυρο-γνώμων, ὁ, sp. Münzwardein, der sich auf die edeln Metalle versteht. [strudelnd.
ἀργυρο-δίνης [ῑ], ου, ὁ, ep. silberwirbelnd, silber-
ἀργυρο-ειδής, 2. poet. silberartig.
ἀργυρό-ηλος, 2. ep. mit silbernen Nägeln oder Buckeln verziert.
ἀργυρο-θήκη, ἡ, sp. **Geldbehälter.**
ἀργυρο-κόπος, ὁ, N. T. u. sp. Silberarbeiter.
ἀργυρολογέω (λόγος), Impf. ἠργυρολόγει, Geld eintreiben, **τινά einen mit einer Abgabe belegen.**
ἀργυρολογία, ἡ, **Eintreibung von Geld; Brandschatzung.** Von
ἀργυρο-λόγος, 2. (λέγω), Geld eintreibend, ναῦς Tributschiff.
ἀργυρό-πεζα, ἡ, ep. silber- d. i. weißfüßig, Beiw. der Thetis.
ἀργυρό-πους, ποδος, ὁ, ἡ, mit silbernen Füßen versehen.
ἀργυρό-ριζος, 2. poet. mit silbernen Wurzeln (ῥίζα), wegen des silberhaltigen Sandbodens.
ἀργυρο-ρρύτης, ου, ὁ, poet. silberströmend.
ἄργῠρος, ὁ (ἀργός I., lat. *argentum*), Silber.
ἀργυρο-στερής, 2. poet. um Silber, Geld betrügend.
ἀργυρό-τοιχος, 2. poet. mit silbernen Wänden.
ἀργυρό-τοξος, 2. ep. mit silbernem Bogen, Beiw. des Apollo; auch als Subst.
ἀργυροῦς, s. ἀργύρεος.
ἀργύρωμα, τό, sp. Silbergeschirr.
ἀργυρ-ώνητος, 2. um Geld erkauft. Subst. gekaufter Sklave oder Sklavin.
ἀργύφεος, 3. ep. u. **ἄργῠφος,** 2. ep. (ἀργής u. I. ἀργός), silberweiß.
Ἀργώ, οῦς, ἡ, Argo, das Schiff der Argonauten, auch **Ἀργῷον** σκάφος genannt. [δέαται.
Ἀρδέα, ἡ, sp. Stadt in Latium; ihre Bew. οἱ Ἀρ-
ἄρδευσις, ἡ, sp. Bewässerung, Begießung. Von
ἀρδεύω, = ἄρδω.
ἄρδην, Adv. (= ἀέρδην, s. αἴρω), **1)** poet. in die Höhe emporgehoben. **2)** hinweggehoben, von Grund aus, gänzlich, πάντες gar alle, mit Macht.
ἄρδις, ion. -ιος, Acc. pl. ἄρδις st. -ιας, ἡ, ion. u. poet. Pfeilspitze.
ἀρδμός, ὁ, ep. Tränkplatz, Tränke. Von
ἄρδω [ᾰ], Impf. Iterativf. ἄρδεσκε, Aor. ἦρσα, ἄρσω, bewässern, begießen, tränken.
Ἀρέθουσα, ep. -η, buk. Ἀρέθοισα, ἡ, **1)** Quelle auf der Südseite von Ithaka, j. *Lebados* (Hom.). **2)** Quelle u. Ort bei Chalkis auf Euböa (Eur.). **3)** Quelle auf der Ortygiainsel bei Syrakus (Theokr., Luc.). **4)** St. in Makedonien, später Rentina (Plut.).
ἀρειή ἡ, ep. (vgl. I. ἀρά), Verwünschung, Drohung.
ἀρει-μάνιος, 2. sp. aresbegeistert, kriegerisch.
I. **Ἄρειος,** 2. auch 3., ion. **Ἀρήιος,** auch ἄρειος u. ἀρήιος geschr., dem Ares geweiht, kriegerisch, von Helden Hom., auch ὅπλα, τεύχεα Kriegswaffen; ἀ. ἀγῶνες Kämpfe im Ernstfall Hdt.; Ἄρ. πεδίον das Marsfeld, *campus Martius*, in Rom. **Ἄρειος πάγος,** ὄχθος, auch im Plur. Ἄρ. πάγοι, **der Areshügel,** der Akropolis von Athen gegenüber. Hier hielt der höchste Gerichtshof der Stadt seine Sitzungen, ἡ ἐξ. Ἀρ. πάγου βουλή oder ἡ ἐν Ἀρ. πάγῳ od. Ἀρεοπαγῖτις βουλή; seine Mitglieder hießen οἱ ἐξ. Ἀρ. πάγου, und **Ἀρεοπαγῖται,** ἀναβῆναι εἰς τὸν Ἄρ. πάγον Isokr. Mitglied werden • Davon Adj. ὁ **Ἀρεοπαγῑτικός.**
II. **Ἄρειος,** ὁ, sp. Arius, der Gegner des Athanasius, Begründer des arianischen Christentums im 4. Jhdt. n. Chr.; dav. das Adj. Ἄρειος, 2. Arianisch.
ἀρεί-φατος, 2. poet. **1)** kriegerisch. **2)** = ἀρηίφατος.
ἀρείων, ονος, ὁ, ἡ, ἄρειον, τό, ep. u. poet. besser, tüchtiger, edler, stärker, tapferer, mächtiger. Neutr. ἄρειον als Adv.
Ἀρείων, ονος, ὁ, s. Ἀρίων, 2.
ἄ-ρεκτος, 2. ep. st. ἄρρεκτος (ῥέζω), ungetan, unvollendet, *infectus.*
Ἀρελᾶτε, τό, sp. Stadt an der Rhone, h. *Arles.*
ἀρέομαι, ion. u. dor. st. ἀράομαι.
Ἀρεοπαγίτης, ῖτις u. ähnl., s. I. Ἄρειος.
ἀρές, Vok., s. ἀρής.
ἄρεσις, εως, ἡ, Sühnung (vgl. ἀρέσκω, 1.).
ἀρέσκεια, ἡ, sp., u. N. T. **ἀρεσκία,** ἡ, gefälliges Wesen; Verlangen zu gefallen. Von
ἀρεσκεύομαι, sp. sich gefällig erweisen, liebedienerisch sein. Von
ἄρεσκος, 3. gefällig; schmeichlerisch, kriecherisch.
ἀρεσκόντως, Adv. part. praes. act. von ἀρέσκω, gefällig, befriedigend, τινί.
ἀρέσκω (ἀρεσ, ἀρ in ἀραρίσκω, vgl. ἄρεσκος „einer, der zu gefallen sucht"), Fut. ἀρέσω und ἀρέσομαι, Aor. ἤρεσα u. ἠρεσάμην, pass. ἠρέσθην, Adj. verb. ἀρεστός, ep. die med. FF. auch mit σσ. **1)** wieder gut machen, ausgleichen, auch mit hinzugef. ἄψ, **2)** Med. **a)** einen sich, mit sich versöhnen, begütigen, δώρῳ Hom., θεοὺς βωμοῖς Aesch., **b)** nach Hom.: zufrieden stellen, **befriedigen, gefallen** τινί u. τινά (bes. Trag.); unpers. ταῦτα ἤ. σφι sie beschlossen Hdt.; τὸ ἀρέσκον der Beschluß, spez. ἀρέσκοντα Dogmen der Philosophen Plut. **3)** Pass. **a)** durch etwas (τινί) befriedigt werden, Gefallen finden an, **b)** angenehm werden Soph. Ant. 500, Beifall finden.
ἀρεστός, 3. (ἀρέσκω), beifällig aufgenommen, angenehm, beliebt, τινί.
ἀρέτ-αιχμος, 2. poet. speergewaltig, tüchtig.
ἀρετάω, **1)** ep. taugen, gedeihen, blühen. **2)** sp. sich tüchtig zeigen wollen. Von
ἀρετή [ᾰ], ἡ (verw. ἀρείων), Tüchtigkeit, Trefflichkeit, Tauglichkeit, Güte, Vollkommenheit, Herrlichkeit, Stärke, Gewandtheit, Schönheit, Ehre, Glück, Gedeihen, Ergiebigkeit, sittliche Güte, Seelengröße, Tugend, Rechtlichkeit, Edelmut, Dienstfertigkeit, Verdienst, Unschuld, Geschicklichkeit, Willensstärke, edelmütige Gesin-

nung, oder auch Tapferkeit, u. so bes. im Plur. die Heldentaten, auch der Tugendruhm, Helden-
ἀρεύιος, äol. poet. = Ἀρήιος. [ruhm.
I. **ἀρή**, ἡ, ep. u. ion. = I. ἀρά, s. d.
II. **ἀρή**, ep. [ᾰ] (= τὸ ἄρος), Unheil, Verderben, ἀρὴν ἀμῦναι, ἀρῆς ἀλκτῆρα γενέσθαι.
ἀρήγω [ᾰ] 1) helfen, beistehen, Hilfe leisten, abs. u. τινί einem, sowie τινί mit etwas. 2) poet. τί etwas abwehren, τί τινι etwas von einem. Dav.
ἀρηγών, όνος, ὁ, ἡ, ep. Helfer, Helferin.
ἀρηί-θοος, 2. ep. stürmend im Kampf.
Ἀρηι- od. **ἀρηι-κτάμενος**, 3. (κτείνω), ep. im
Ἀρήιος, s. Ἄρειος. [Kampfe gefallen.
Ἀρηί- od. **ἀρηί-φατος**, 2. (φεν, ἔπεφνον), ep. im Kampf gefallen.
ἀρηί-φιλος, ὁ, ep. von Ares geliebt, kriegerisch.
ἀρημένος, 3. ep. Part. pass. [ᾱ], von den Alten durch βεβλαμμένος erklärt, gebrochen, gebeugt, bezwungen, überwältigt, τινί durch od. von etwas, od. ὑπό τινι unter der Last von etwas.
ἀρήν (Ϝάρν, verw. ἀρνηός), **ἀρνός**, νί, ἄρνα, νε, Plur. ἄρνες, ἀρνῶν, ἀρνάσι, ep. ἄρνεσσι, ἄρνας, Schaf, Lamm. [etwas.
ἄρηξις, εως, ἡ, poet. (ἀρήγω), Hilfe, τινός gegen
Ἄρης, ὁ, att. Ἄρεως u. Ἄρεος, Ἄρει, Ἄρη (u. Ἄρην), Ἄρες, ep. Ἄρηος (u. Ἄρεω), Ἄρηι u. Ἄρεϊ (Ἄρῃ), Ἄρη(ν), Vok. auch Ἄρες, ion. Ἄρεος, Ἄρεϊ, Ἄρεα (auch poet.) (ᾰ, in arsi ep. u. trag. ᾱ), Ares, der stattliche Gott des Krieges u. der Schlachten, Zeus' u. Heras Sohn, Mars. 1) Symbol der ungestümen, rohen Tapferkeit. 2) Symbol der Kriegswut, des Kampfes (Il. 13, 444 ἀφίει μένος er ließ die Wut ersterben), Ἄρεα συνάγειν den Kampf beginnen, ähnl. Ἄρ. ἐγείρειν; bei den Trag. Pest, Verderben.
ἀρής, Vok. ἀρές, unheilvoll (vom II. ἄρος, = II. ἀρή).
Ἀρήτη, ης, ἡ, Gem. des. Phaiakenkönigs Alkinoos.
ἀρητήρ, ῆρος, ὁ (ᾱ, ἀράομαι), ep. Beter für das Volk, Priester.
ἄ-ρητος, 2., ep. für ἄ-Ϝρητος, att. ἄρρητος, unsäglich (and. ἀρητός, erwünscht, v. ἀράομαι, vgl. ἀρατός).
Ἄρητος, ου, ὁ, ion. = Ἄρᾱτος, 2., s. d.
ἀρθμέω, ep. (ἀρθμός), sich vereinigen.
ἄρθμιος (v. ἀρθμός), 3. ep. u. ion. verbunden, befreundet, τινί, consors. Subst. ion. τὰ ἄρθμια Eintracht, ἐς ἀλλήλους.
Ἄρθμιος, ὁ, von Zeleia in der Troas, πρόξενος der Athener, um 460 auf Kimons Antrag mit seinem ganzen Geschlecht geächtet, weil er sich zum Träger persischer Bestechungsversuche gemacht hatte.
ἀρθμός ὁ, poet. (St. ἀρ, s. ἀραρίσκω), Verbindung; Bund, Freundschaft.
ἀρθρο-κηδής, 2. sp. Glieder schädigend.
ἄρθρον, τό (St. ἀρ, s. ἀραρίσκω, lat. *artus*, *articulus*, verw. *Arm*), 1) Glied, ποδός Fußglied = Fuß, τῶν κύκλων die Glieder der Augen = Augen, dann Gelenk, im Plur. ion. auch von den Geschlechtsteilen. 2) sp. als gramm. t. t. *articulus*, der Artikel. Davon
ἀρθρόω, gliedern, τὴν φωνήν geformte Laute hervorbringen, *articulo*.
ἀρι- [ᾰ], verw. mit ἀρείων, ἄριστος, ἐρι-, untrennbare Partikel, füglich, gut, sehr, *per-*.

Ἀριάδνη, ης, ἡ, T. des Minos, von Theseus entführt und verlassen.
Ἀριαῖος, ὁ, Freund und Truppenführer des jüngern Kyros; nach dessen Tod verriet er die griech. Feldherren und schloß sich an Artaxerxes an; als Satrap von Sardes empörte er sich 394 wieder gegen ihn.
ἀρί-γνωτος, 2. u. 3., ep. u. poet. sehr kenntlich, leicht zu erkennen, wohl bekannt, berüchtigt.
ἀρί-δακρυς, 2. poet. sehr tränenreich.
ἀρι-δείκετος, 2. ep. sehr gezeigt, dah. ausgezeichnet, ἀνδρῶν unter —, wie ein Superl., *clarissimus*.
ἀρί-δηλος, ion. poet. u. sp., und
ἀρίζηλος, 2. u. 3., ep. u. poet. Adv. -ζήλως, ep. sehr deutlich, sehr sichtbar, sehr vernehmbar, bedeutsam, ausgezeichnet, vortrefflich.
ἀριθμέω, Fut. ἀριθμήσομαι auch passiv, Inf. aor. 1. pass. ep. ἀριθμηθήμεναι (ἀριθμός), *numero*. 1) Akt. zählen, abzählen, aufzählen, zusammenrechnen, δίχα in zwei gleiche Hälften zählen. 2) Med. bei sich (nicht laut) zählen. Dav.
ἀρίθμημα, τό, poet. das Gezählte, die Zahl.
ἀρίθμησις, εως, ἡ, Zählung, das Zählen.
ἀριθμητικός, 3. zum Zählen od. Rechnen gehörig, zahlenmäßig, arithmetisch, ἡ ἀριθμητική (τέχνη) Rechenkunst, Zahlenlehre.
ἀριθμητός, 3. sp. u. buk. zählbar, wenig.
ἀριθμός, [ᾰ], ὁ (ἀρι-θμος vgl. νήρι-τος „ungezählt"). 1) Reihe, *numerus*, **Zahl**, (τὸν) ἀριθμόν, ἀριθμῷ, auch εἰς (τὸν) ἀριθμόν an Zahl, an der Zahl, auch nach einer bestimmten Anzahl, εἰς ἀριθμὸν ἐλθεῖν sich zählen lassen. 2) **Zählung**, Aufzählung, δι' ἀριθμόν klassenweise, οἱ τακτικοὶ ἀριθμοί die Musterungen der Abteilungen, ἀριθμὸν ποιεῖν eine Zählung veranstalten Xen., ποιεῖσθαι sie vornehmen. 3) bloße Zahl, **Null**, οὐκ ἀ., ἀλλ' ... ἄνδρα Eur., ἀ. λόγων leere Worte Soph. 4) das Grundzahlwort Aristot.
ἄριμα, eins (skyth.). [in Kilikien.
Ἄριμα, τά, od. -μοι, οἱ, ἐν Ἀρίμοις im Arimerland
Ἀριμαθαία, ας, ἡ, Arimathäa, St. des Samuel in Ephraim, hebr. *Râmâh*.
Ἀριμασποί, οἱ, mythisches einäugiges Volk im südl. Sibirien, welches das Gold hütete. Ἀριμάσπεια ἔπη Gedicht des Aristeas über die A.
Ἀρίμινον, τό, St. in Umbrien, j. *Rimini*.
Ἀριοβαρζάνης, ους, ὁ, 1) pers. Satrap von Äolis u. Kleinphrygien 387; später vom Großkönig abgefallen, wurde er 362 von seinem eigenen Sohne Mithradates verraten u. gekreuzigt. 2) Feldherr des Dareios Kodomannos gegen Alexander. 3) Φιλορωμαῖος, 92 von den Römern zum König von Kappadokien eingesetzt u. wiederholt gegen Mithradates verteidigt; tritt 62 zurück. [σικός.
Ἄριος, 3. [ᾰ] Adj. poet. 1) = Ἄρειος. 2) = Περ-
ἀρι-πρεπής, Gen. έος, 2. (πρέπω), ep. sehr hervorstechend, stattlich, glänzend, herrlich, ausgezeichnet, τισί unter einigen, *eximius*.
ἀρί-σᾱμος, 2. buk. offenkundig.
Ἄρισβα, ἡ, St. auf Lesbos, j. *Mussa*. [her.
Ἀρίσβη, ἡ, St. in Troas; **Ἀρισβηθεν**, Adv., von A.
ἀρίσημος, ep. poet. allgemein bekannt (vgl. -σαμος).
Ἀρισταγόρας, ου, ὁ, Name mehrerer kleinasiat.

Tyrannen, bes. desjenigen von Milet, der 499 den ion. Aufstand erregte und 497 im Kampf gegen die Edonen am Strymon fiel.

Ἀρισταῖος, ὁ, Heros, Gemahl der Autonoe, der Tochter des Kadmos u. Vater des Akteon.

Ἀρίσταρχος, *ου*, ὁ, 1) Oligarch in Athen, um 407 hingerichtet. 2) spartan. Harmost in Byzanz um 400. 3) Freund des Sokrates. 4) Freund des Demosthenes. 5) Astronom aus Samos (Blütezeit 280—260). 6) berühmter Grammatiker aus Samothrake, Bibliothekar und Lehrer in Alexandria von ca. 180—145 — u. and.

ἀριστάω, [ᾱ] (ἄριστον), frühstücken.

Ἀριστέας, *ου*, ion. -έης, -έεω, ὁ, 1) Wundermann aus Prokonnesos, Dichter der Ἀριμάσπεια ἔπη im 6. Jhdt. v. Chr. 2) Führer in Kyros' Heer — u. and.

ἀριστεία, ἡ (ἀριστεύω), poet. u. sp. Heldentat, gekröntes Heldentum; auch im Plur.

Ἀριστείδης, *ου*, ὁ, 1) S. des Lysimachos, der bekannte athen. Staatsmann, „der Gerechte", stirbt um 467. 2) dessen Enkel, Schüler des Sokrates. 3) Aelius Ar., berühmter Rhetor, lebte von 117 bis 185 n. Chr. 4) sonst Eigenn.

ἀριστεῖον, τό, ion. **ἀριστήιον** (-στεύω), att. Plur. Preis der Tapferkeit oder eines andern Verdienstes, z. B. τῆς σοφίας, überh. Siegespreis.

ἀριστερός, [ᾰ] (vgl. ἄριστος), ep. Gen. **ἀριστερόφιν. 1) links,** zur Linken, (χείρ) die Linke, dageg. τὸ ἀριστερόν der linke Flügel, ἐπ' ἀριστερά od. ἀριστερόν linkshin, ἐπ' ἀριστερόφιν, ἐπ' ἀριστερὰ χειρός links; ἡ ἀριστερά (erg. ὁδός), der linke, falsche Weg; ἐπ' ἀ. ἔβας nach links vom rechten Weg ab, zu unvernünftigem Beginnen Soph. 2) übertr. von böser Vorbedeutung, **unglückverheißend** (weil der griechische Vogelschauer gen Norden blickte) Hom. ὄρνις. 3) von Menschen: **linkisch.**

ἀριστεύς, έως, ep. ῆος, Plur. ῆες, ὁ (ἄριστος), der Beste, Vorzüglichste, bes. im Plur. die Vornehmsten und Angesehensten, *optimates*. Dav.

ἀριστεύω, Impf. Iterativf. ἀριστεύεσκε, *praecello*, 1) der Erste, Vorzüglichste, Tapferste, Beste sein, sich auszeichnen od. hervortun. Auch mit sächlichem Subj. ἡ γνώμη d. h. sie siegt. 2) mit dem Akk. etwas als Preis davontragen, z. B. τὰ πρῶτα den ersten Kampfpreis erringen, *primas ferre*, od. τὰ πρῶτα καλλιστεῖα die größte Schönheit (Hesione) als Preis erringen (Soph. Ai. 435).

ἀριστήιον, τό, s. ἀριστεῖον.

ἀριστίζω, poet. mit einem Frühstück bewirten.

ἀριστίνδην (ἄριστος), Adv., nach Geburtsadel; auch: nach Tapferkeit, Verdienst, Tüchtigkeit.

Ἀρίστιππος, *ου*, ὁ, 1) aus dem thessal. Fürstengeschlecht der Aleuaden in Larissa, Schüler des Gorgias, Gastfreund des jüngern Kyros. 2) aus Kyrene, Hörer des Sokrates, Begründer der kyrenaischen (hedonistischen) Philosophenschule, geb. ca. 435, gest. um 360.

Ἀριστοβούλη, Bein. der Artemis. Von

ἀριστό-βουλος, 2. sp. am besten ratend.

Ἀριστόβουλος, *ου*, ὁ, 1) aus Kasandreia (Potidaea), Teilnehmer an Alexanders Zug, den er beschrieb, von Arrian, Strabo, Plutarch u. Curtius Rufus benutzt. 2) verschiedene Könige Iudäas — u and.

Ἀριστογείτων, *ονος*, 1) mit Harmodios Mörder des Hipparchos. 2) att. Redner, Gegner des Demosthenes.

Ἀριστόδημος, *ου*, ὁ, 1) Heraklide, durch seine Zwillingssöhne Eurystheus u. Prokles Stammvater der beiden spartan. Königshäuser. 2) Held der Messenier im zweiten messen. Krieg, um 725 v. Chr. 3) einer der Dreihundert bei den Thermopylen, der bei Platää fällt. 4) Vormund des Königs Agesipolis, Sieger bei Nemea 394 5) Kydathenäer, ὁ μικρός, Schüler des Sokrates. 6) Metapontier, berühmter tragischer Schauspieler u. Gesandter der Athener an Philipp im J. 346 — u. and.

ἀριστοκρᾰτέομαι, aristokratische Verfassung haben.

Ἀριστοκράτης, *ους*, ὁ, 1) vornehmer Athener, Mitglied der Vierhundert, als Strateg bei den Arginusen 406 hingerichtet. 2) athen. Politiker, für den Demosthenes die 23. Rede verfaßte. 3) Schriftsteller aus Sparta im Anfang der Kaiserzeit, Verf. von Λακωνικά, die Plutarch benutzte.

ἀριστοκρᾰτία, ἡ, Herrschaft der Besten, Vornehmsten, Aristokratie.

ἀριστοκρᾰτικός, 3. aristokratisch, der aristokratischen Verfassung geneigt, dazu gehörig, οἱ ἀρ. die aristokratisch Gesinnten, die Aristokraten.

ἀριστό-μαντις, εως, ὁ, poet. trefflich weissagend, ein Prophet.

Ἀριστομάχη, ἡ, Gattin des älteren Dionysios, Schw. des Dion.

Ἀριστομένης, *ους*, ὁ, Anführer u. Held der Messenier in ihrem zweiten Kriege mit Sparta.

ἄριστον (ἦρι, daher ᾱ), τό, Frühmahl, Morgenimbiß, bei Hom. mit Sonnenaufgang genommen, nachmals erst gegen Mittag; insbes. die zum Frühmahl bestimmte Speise, ἄριστον ἐπισιτίζεσθαι sein Frühmahl holen.

Ἀριστόνῑκος, *ου*, ὁ, 1) Marathonier, Redner zur Zeit des Demosthenes. 2) Phrearrhier, Anhänger des Demosthenes. 3) grausamer Tyrann von Methymna, von Alexanders Feldherrn gefangen genommen u. von den Lesbiern getötet.

ἀριστοποιέομαι (wie v. ἀριστο-ποιός), augm. ἠριστοπ., Dep. med., sein Frühmahl bereiten, frühstücken; Part. praes. auch pass. das Frühmahl.

ἄριστος, 3. [ᾰ], Superl. zu ἀγαθός, ὥρ. u. ὦρ. = ὁ ἄριστος, (vgl. ἀρείων u. ἀρετή), der **beste,** tüchtigste (τί, Dat. modi u. Inf.), **tapferste, edelste,** Optimat, von edelster Rasse; οἱ ἄριστοι die Führer Hom.; ἄ. φέρεσθαι höchsten Preis davontragen Soph. El. 1097; ἄριστα γίγνεσθαι zum Besten ausschlagen; ἄ. πράττειν das Beste im Auge haben. Adv. ἄριστα ἀκούειν in bestem Rufe stehen, συμφέροι σφῷν (Heil) sei mit euch!

Ἄριστος, *ου*, ὁ, 1) aus dem kyprischen Salamis, Geschichtschreiber über Alexander den Großen. 2) aus Askalon, akadem. Philosoph, Freund Ciceros.

Ἀριστοτέλης, *ους*, ὁ, der berühmte Philosoph aus Stageira, Lehrer Alexanders des Gr., geb. 384, gest. 322 v. Chr. — Adj. Ἀριστοτέλειος, 3.

ἀριστο-τόκεια, buk. die trefflichsten Kinder gebärend.

ἀριστό-τοκος, 2. poet. von trefflichen Eltern erzeugt.

Ἀριστοφάνης, *ους, ὁ,* **1)** der att. Komödiendichter, ca. 452—388 v. Chr. **2)** *ὁ Βυζάντιος,* der alexandrin. Bibliothekar u. Kritiker um 200 v. Chr.

Ἀριστοφῶν, *ῶντος, ὁ,* **1)** Maler aus Thasos um 430, Bruder des Polygnot. **2)** aus Azenia, bedeutender Redner und Staatsmann um das Ende des peloponnes. Krieges und politisch tätig bis 350. **3)** athen. Archon Ol. 112, 3 = 330/329 v. Chr.

ἀριστό-χειρ, *ειρος, ὁ, ἡ,* poet. mit der tapfersten Faust, *ἀγών* Wettstreit in der Tapferkeit.

ἀρι-σφᾰλής, 2. (*σφάλλω*), ep. sehr schlüpfrig.

ἀρι-φρᾰδής, Gen. *έος,* 2. (*φράζομαι*), **1)** ep. sehr kenntlich, sehr deutlich, bemerklich, leicht erkennbar. **2)** poet gar klug, sehr klug.

Ἀρίφρων, *ονος, ὁ,* **1)** V. des Xanthippos, Großvater des Perikles. **2)** Bruder des Perikles — u. a.

Ἀρίων, *ονος, ὁ,* **1)** berühmter Dichter u. Musiker aus dem lesb. Methymna, der am Hofe des kunstsinnigen Tyrannen Periander (625—585) lebte u. wirkte; er soll zuerst das bacchische Festlied, den Dithyrambus, kunstvoll ausgebildet u. durch Chöre haben vortragen lassen. **2)** Name von Pferden, insbes. des Rosses des Adrastos, dem er seine Rettung vor Theben verdankte (unrichtig *Ἀρείων*).

Ἀρκάδιος, *ὁ,* sp. der oström. Kaiser Arkadios, S. des Theodosios, seit 395 n. Chr.

Ἀρκάς, *άδος, ὁ,* der Arkadier, Bewohner von **Ἀρκαδία,** ion. **-ίη,** *ἡ,* einer Landschaft in der Mitte der Peloponnes. Adj. **Ἀρκαδικός,** 3. Dav. *τὸ Ἀρκαδικόν = τὸ Ἀρκ. ὁπλιτικόν.*

ἄρκειος (f. *ἄρκτειος*), 3. von Bären.

Ἀρκεισιάδης od. **Ἀρκεσσιάδης,** *ου, ὁ,* Sohn des *Ἀρκείσιος* od. *Ἀρκέσσιος,* d. h. Laertes.

Ἀρκεσίλαος, *ου, ὁ,* Name mehrerer Könige von Kyrene, von denen **a)** Ark. I. um 590; **b)** Ark. II. *ὁ χαλεπός* um 560 lebte; **c)** Ark. III., S. der Pheretime, um 525 dem Kambyses huldigte u. um 510 erschlagen ward; **d)** Ark. IV. als letzter bald nach 460 vertrieben wurde — u. a.

ἄρκεσις, *εως, ἡ* (*ἀρκέω*), poet. Hilfe, Förderung.

ἀρκετός, 3. N. T. hinreichend.

ἄρκευθος, *ἡ,* buk. sp. Wacholder.

ἀρκέω, (*ἀρκ,* vgl. *ἄρκιος, ἄρκος* lat. *arceo*) • **I) Akt.,** Fut. *ἀρκέσω,* Aor. *ἤρκεσα* • **1) abhalten, abwehren;** abs. u. *τί* od. *τινί τι* • **2)** bloß *τινί* einem **helfen,** und so auch abs *ἀρκεῖ* **es hilft. 3)** in Trag. u. Prosa: stark genug sein *σοί γ' ὡπλισμένῳ* würde fertig werden mit Soph. Ai. 1123; *ἔργα* ausführen l. c. 439; bes. **hinreichen, genügen,** in hinreichender Zahl vorhanden sein Xen.; *ἀ. θνήσκουσα* mein T. wird genügen Soph.; absol. *οὐδ' ἔτι ἀ.* halte nicht länger aus Soph.; Part. *βίος ἀρκέων* hinreichend Hdt.; unpers. *ἀρκεῖ* es genügt, *ἐπὶ πλεῖστον ἀ.* es dauert Thuk.

II) Pass. *ἀρκοῦμαι,* Plut. u. Luk. Aor. *ἠρκέσθην,* ich werde zufrieden gestellt, begnüge mich.

ἄρκιος, 3. ep. ausreichend, sicher, *τινί* für einen.

ἄρκος, *ὁ, ἡ,* sp. = *ἄρκτος,* s. d.

ἄρκος, *τό* (*ἀρκέω*), poet. Abwehr, Trost.

ἀρκούντως, Adv. (*ἀρκέω*), *satis,* genügend, hinreichend, befriedigend, *ἔχειν* genügen, hinreichen.

ἄρκτειος, 3. (*ἄρκτος*), von Bären.

ἀρκτέος, 3., Adj. verb. **1)** vom Med. *ἄρχομαι,* poet., anzufangen, zu beginnen, *ἀρκτέον,* verst. *ἐστί,* man muß beginnen, *τί* etwas. **2)** vom Pass. *ἄρχομαι,* poet., man muß sich beherrschen lassen, muß gehorchen.

ἀρκτικός, 3. sp., mit Komp. u. Sup., nördlich. Von

ἄρκτος, *ὁ* u. *ἡ,* sp. *ἄρκος,* verw. mit lat. *ursus* (aus *urcsus*), *ursa,* **1)** Bär, Bärin. **2)** *ἡ,* der große (*ἡ μείζων*) Bär od. Wagen, *ἅμαξα,* ein Sternbild mit 7 Sternen, *septem triones* (Pflugstiere), das für uns nie untergeht, dah. überh. der Norden. **3)** *ἡ ὀλίγη ἄρκτος* der kleine Bär, welcher den Phönikern bei ihrer Schiffahrt als Leitgestirn diente.

ἀρκτ-οῦρος, *ὁ,* Bärenhüter, der Begleiter des Bären, nach anderer Anschauung Hirte der Stiere, Bootes; später war ersteres der Name des Hauptsterns, dessen Frühaufgang im Anfang September den Herbstanfang bezeichnete; *μετ' ἀρκτοῦρον* nach dem Frühaufgang des A., d. h. nach Mitte September. *τὰ μετ' ἀρκτοῦρον πλοῖα* die Flotte, die im Herbst Getreide vom Pontos nach Athen brachte.

ἀρκτῷος, 3. sp. nördlich.

ἄρκυς, *υος, ἡ* (verw. *ark* spinnen, s. *ἀράχνη*), Netz, Fessel, übertr. poet. Fallstrick, drohende Gefahr, meist im Plur. Dav.

ἀρκύ-στᾰτος, 2. auch 3., poet. umgarnend, dah. *τὰ ἀρκύστατα* Stellnetz, Fallstrick.

ἅρμα, *ατος, τό* (St. *ἀρ,* s. *ἀραρίσκω*), **1)** meist im Plur. **Wagen,** bes. Streitwagen, zweirädrig, von Pferden gezogen und mit 2 Mann besetzt, einem Kämpfer, *παραβάτης,* u. einem Wagenlenker, *ἡνίοχος*; er diente bes. zum ersten Angriff; ferner Wagen zum Wettrennen, u. auch die Hochzeitswagen, in welchen man die tief verschleierte Braut holte; endlich gab es auch *ὡπλισμένα* Sichelwagen, über diese s. unter *δρεπανηφόρος.* **2)** Pferde und Wagen, der bespannte Wagen, das Gespann, ja die Pferde selbst.

ἄρμα, *τό* (*αἴρω*), ep. was man zu sich nimmt, Nahrung.

Ἁρμαγεδ(δ)ών, N. T., Gebirge von Megiddo, Teil des Karmel, Versammlungsort böser Geister.

ἁρμαλιή, *ἡ,* buk. zugeteilte Nahrung, Speise.

ἁρμ-άμαξα, *ης, ἡ* (aus *ἅρμα-ἅμαξα*), ein bedeckter morgenländ. Pracht- u. Reisewagen (Kutsche), bes. für Frauen u. Kinder, mit Vorhängen zum Auf- u. Zuziehen; doch bisweilen auch zum Fortschaffen von Gerätschaften, Lastwagen.

ἁρμάτειος, 3. (*ἅρμα*), **1)** zum Wagen gehörig, am Wagen befindlich, Wagen-, z. B. *δίφρος* Wagensitz. **2)** poet. *μέλος* Gesangsweise.

ἁρματεύω, poet. (*ἅρμα*), fahren.

ἁρματηλᾰσία, *ἡ,* das Fahren mit Streitwagen, Zweigespannen. Von

ἁρματηλατέω, ion. u. sp. mit Wagen fahren. Von

ἁρματ-ηλάτης, *ου, ὁ* (*ἐλαύνω*), Wagenführer, bes. bei Wettkämpfen. [gedreht.

ἁρματ-ήλᾰτος, 2. poet. aufs Rad geflochten und

ἁρματο-δρομία, *ἡ,* sp. das Wagenrennen.

ἁρματό-κτῠπος, 2. poet. wagenrasselnd.

ἁρματο-πηγός, 2. (*πήγνυμι*), ep. Wagen bauend, *ἀνήρ* Wagner, Stellmacher.

Ἀρματοῦς, οῦντος, ὁ, Stadt und Vorgebirge am Eläischen Meerbusen in Äolis.
ἁρμα-τροχιή, ἡ (τροχός), ep. Wagenspur, Geleise.
Ἀρμενία, ἡ, Armenien, Landschaft Asiens, welche östlich Großarmenien, j. *Erzerum, Kars, Wan* u. *Eriwan,* u. westlich Kleinarmenien. j. *Aladuli,* hieß, τὰ ὄρη τῆς Ἀρμ. in Großarmenien das Gebiet Masios, j. *Karadscheh-Dag.* Adj. dav.
Ἀρμένιος, 3., der Einw. ὁ Ἀρμ.; bei Xen. ὁ Ἀρμ. auch der König von Armenien, τὸ Ἀρμ. οὖρος ein Zweig des Antitauros in Kleinarmenien.
ἄρμενον, τό, ep. buk. sp. Segel, Takelwerk. Von
ἄρμενος, 3., s. ἀραρίσκω III.
Ἀρμήνη, ἡ, Hafenort von Sinope, j. *Aklimen.*
ἁρμογή, ἡ, sp. Fuge, Zusammenfügung; übertr. Übereinstimmung.
ἁρμόδιος, 3. zusammenpassend, gutschließend; bequem, τινί für etw.; angemessen.
Ἁρμόδιος, ὁ, Athener, Mörder des Hipparchos.
ἁρμόζω, s. ἁρμόττω.
ἁρμοῖ, Adv., poet. u. buk. ἄρμοι, 1) eng, dicht, 2) soeben, jüngst, 3) ein wenig.
ἁρμο-λογέω, sp. poet. zusammenfügen.
ἁρμονία, ἡ (ἁρμόττω), 1) ep. u. ion. **Fügung,** Fuge, u. dah. Bindemittel, Klammer; Verschluß. 2) Bund, Vertrag, Ordnung, meist im Plur. 3) Ebenmaß, Übereinstimmung, Proportion, Stil; in der Musik: Tonart, Tonsatz; Stimmung, Harmonie, Einklang.
Ἁρμονία, ἡ, T. des Zeus, Gattin des Kadmos, bei Eur. Med. 834 Mutter der Musen. Dav.
ἁρμονικός, 3., harmonisch, harmonie-, musikverständig; τὰ ἁρμ. was zur Musik gehört, die Musik.
ἁρμός, ὁ (St. ἀρ, s. ἀραρίσκω), poet. u. sp. Fuge, also auch die Stelle, wo zwei Körper zusammengefügt sind, *commissura,* dah. Spalte, Ritze, *rima* (im N. T. das Gelenk), Nagel, Pflock.
ἅρμοσμα, τό, poet. das Zusammengefügte.
ἁρμοστήρ, ῆρος, gew. **ἁρμοστής,** οῦ, ὁ, u. poet. ἁρμόστωρ, ορος, ὁ (ἁρμόττω), Ordner, 1) Name der spartanischen Statthalter in ihren verbündeten u. eroberten Städten. 2) der Statthalter, den die Mutterstadt in die Kolonie setzte, wenn diese von jener abhängig war. 3) Statthalter, Befehlshaber, *praefectus.*
ἁρμοστός, 3. sp. angepaßt, τινί an etwas. Von
ἁρμόττω, (ἁρμός „Fuge"), ep. u. poet. **ἁρμόζω,** Fut. ἁρμόσω u. -σομαι, Aor. ἥρμοσα u. -σάμην, Perf. (act. sp. ἥρμοκα), med. u. pass. ἥρμοσμαι, Pass. Aor. ἡρμόσθην, Fut. ἁρμοσθήσομαι, Adj. verb. ἁρμοστός, -στέος, ion. Perf. pass. ἅρμοσμαι, fügen • 1) trans. • a) **anfügen, anpassen,** zusammenfügen (Med. für sich); βάσει βάσιν Schritt vor Schritt setzen Soph.; στόμα küssen Eur. • b) speziell **verloben** Hdt.; Med θυγατέρα, sich verloben mit Hdt.; sich vermählen • c) in Ordnung halten, **regieren** στρατόν, πόλιν • d) in der Musik, meist Med.: **stimmen** λύραν • 2) intr. **passen, gut sitzen** τεύχεα Hom.; τάδ' οὐκ ἐπ' ἄλλον βροτῶν ἁρ. wird niemals auf einen andern geschoben werden Soph. Ant. 1317; ἁρ. βροτοῖς es wird ihrer Meinung entsprechen OT. 902; **ἁρμόζει** es ziemt sich • 3) Med. sich richten nach πρός τι.
ἄρνα, s. ἀρήν. Davon
ἀρνακίς, ίδος, ἡ (aus ἀρνο-νακίς, νάκη), Schafpelz.
ἄρνειος, 3. vom Lamm oder Schaf, κρέα Lammfleisch, φόνος Schafmord, Herdenmord.
ἀρνειός, richtig **ἀρνηός,** 3., ὁ, ep. Schafbock, Widder, eigentl. Adj. vom St. ἀρν- in ἀρήν, dah. ἀρν. ὄις männliches Schaf.
ἀρνέομαι, att. Dep. pass., ἀρνήσομαι, ἠρνήθην, ἤρνημαι, ep. ion. poet. u. sp. Aor. ἠρνησάμην, *negare,* **nein sagen,** dah. a) abschlagen, versagen, verweigern, ablehnen, τί u. τινί τι, oft auch abs. b) leugnen, ableugnen, verleugnen, abs. od. τί, od. mit Acc. c. inf. (mit μή) od. ὅτι u. ὡς (mit οὐ).
ἀρνευτήρ, ῆρος, ὁ, (ἀρνεύω 'Bocksprünge' machen), ep. einer, der Luftsprünge macht, auch Taucher.
Ἄρνη, ἡ, St. 1) in Thessalien. 2) in Böotien.
ἀρνηός, s. ἀρνειός.
ἀρνήσιμος, 2. poet. zu leugnen, *infitiandus.*
ἄρνησις, εως, ἡ, das Leugnen, die Verneinung.
ἀρνίον, τό (Demin. von ἀρήν), 1) das Schaf, Lamm. 2) sp. Schaffell, Vließ.
Ἄρνισσα, ἡ, St. in Makedonien bei Ostrova.
ἀρνός, s. ἀρήν.
ἄρνυμαι (ahd. *arnôn* ernten), Dep. med., ep. u. poet., Fut. ἀροῦμαι [ᾰ], Aor. 1 ἠράμην, ἤραο usf., Aor. 2. ἀρόμην, conj. ἄρωμαι usf., inf. ἀρέσθαι, erlangen, a) ernten, davontragen, im Präs. auch *de conatu;* auch für andere (τινί) erwerben, verdienen, gewinnen. b) bewahren, zu bewahren suchen.
I. **ἄρος,** τό, poet. Nutzen.
II. **ἄρος,** τό, Unheil, Verderben.
ἄροσις, εως, ἡ (ἀρόω), ep. 1) Ackerland, *arvum.* 2) sp. das Pflügen.
ἀροτήρ, ῆρος, u. **ἀρότης,** ου, ὁ, ep. ion. poet. u. sp. Pflüger, Ackermann, *arator;* auch βοῦς ἀ. Ackerstier.
ἄροτος, ὁ (ἀρόω), das Ackern, a) das Pflügen, überh. Ackerbau. b) poet. als Zeit des Ackerns von einem Ackern bis zum andern, also das Jahr. c) poet. auch die Saat, Saatfrucht, sowohl als Saatland, als übertr. die Saat der Kinder, das Kinderzeugen.
ἀροτρεύς, ὁ, buk. = ἀροτήρ.
ἀροτρήτης, ου = ἀροτρίτης.
ἀροτριάω u. **ἀροτριόω,** sp. = ἀρόω.
ἀροτρίτης, ου, poet. Landmanns-, βίος Leben des —.
ἄροτρον, τό (ἀρόω, lat. *aratrum*), der Pflug.
ἄρουρα [ᾰ], ἡ (selten in att. Pr.), (ἀρόω, lat. *arvum*), a) Ackerland, Saatfeld, Feld. b) ein bestimmtes Maß von Ackerland (Acker, Hufe, in Ägypten 100 πήχεις, w. s., in Hellas nur 50 Fuß ins Gevierte). c) übertr. Mutterschoß. d) überh. Land. e) personif. = Γαῖα. Dav.
ἀρουραῖος, 3. u. sp. ἀρουρ(ε)ίτης, ου, zum Feld gehörig, ländlich, *agrestis,* μῦς die Feldmaus; Dorfschauspieler, der auf Winkeltheatern spielt.
ἀρούριον, τό, poet. Demin. v. ἄρουρα, ein Stückchen Land.
ἀρόω, Inf. praes. ἀρόμμεναι (-ώμεναι), u. Aor. act. ἤροσα, pass. ἠρόθην, ep. 3. Plur. praes. ἀρόωσι (var.), Part. perf. pass. ἀρηρομένος (lat. *aro*). 1) pflügen, ackern, bestellen; überh. pflanzen, bauen. 2) übertr. poet. befruchten τινά; im Pass. entsprossen sein.
ἁρπαγή, ἡ (ἁρπάζω, lat. *rapina*), 1) das hastige

Zulangen, Ansichreißen (Xen. Kyr. 5, 2, 17), das Rauben, Ausplündern, **Raub**, Entführung, Plünderung, auch im Plur.; *ἁρπαγὴν ποιεῖν* plündern lassen, *ποιεῖσθαι* plündern. **2)** die **Beute**, dah. *ἁρπαγὴν ποιεῖσθαί τι* sich etwas zur Beute machen, es rauben.

ἁρπάγη, ἡ, poet. die Harke, der Rechen.

ἁρπαγμός, ὁ, N. T. der Raub, Beute.

Ἁρπάγιον, τό, St. an der Propontis, unweit Kyzikos, wo Ganymedes geraubt sein sollte.

Ἅρπαγος, ου, **1)** Minister des Astyages. **2)** Feldherr des Darius Hystaspis.

ἁρπάζω, (Wz. *srp.*, lat. *rapio*), att. Fut. -ᾰ́σομαι u. ᾰ́σω, Aor. ἥρπᾰσα, Perf. ἥρπᾰκα usf., ep. u. spät. (ion.?) auch ἁρπάξω, ἥρπαξα, ἡρπάχθην u. sp. auch Aor. 2. pass. ἡρπᾰ́γην, Fut. -γήσομαι, **raffen,** hastig **ergreifen, sich rasch aneignen,** fassen, fortreißen, schnell weg- od. einnehmen, rauben, entführen, plündern, ausplündern, *τί* od. auch *τινὰ μέσον* einen rasch um den Leib packen, doch auch abs., ἁρπάζοντες ἀπογεύονται, hastig; übertr *πεῖράν τινος* einen listigen Anschlag gegen einen ausspüren, rasch ausführen Soph., *καιρόν* rasch ergreifen und nützen. Dav. [Räuber.

ἁρπακτήρ, ῆρος, ὁ, ep. u. poet. **ἁρπακτής,** οῦ, ὁ,

ἁρπακτικός, 3., Adv. **-κῶς,** sp. räuberisch.

ἁρπακτός, 3. geraubt, geplündert.

ἁρπᾰλέος, 3. ep. u. poet. Adv. **-λέως** (W. ἁρπ, ἁρπάζω), ep. **hinreißend: a)** verlockend, lieblich. **b)** gierig gesucht. **c)** gierig, hastig.

ἁρπαλίζω, poet. empfangen, aufnehmen.

ἅρπαξ, ᾰγος, ὁ, ἡ (ἁρπάζω, lat. *rapax*), **1)** räuberisch, plündernd. **2)** subst. **a)** poet. u. sp. der **Räuber. b)** ep. Raub. **c)** sp. Hakenstange, Enterhaken.

ἅρπασμα, τό, sp. die gewaltsame Hinwegführung, der Raub.

Ἅρπασος, ὁ, nördl. Arm des Araxes, j. *Dschoroch* (*Tschorok-su*).

ἁρπεδόνη, ἡ (ἁρπάζω), Strick, Faden, Panzerschnur.

ἅρπη, ἡ (Wurz. ἁρπ, s. ἁρπάζω), **1)** ep. ein Raubvogel, wahrsch. eine Falkenart, *harpa.* **2)** (zu lat. *sarpo, sarmentum*), poet. Sichel.

Ἅρπῑνα od. **Ἀρπίνη,** ἡ, St. im Alpheiostale unweit v. Olympia (Thuk. 5, 50, 3).

Ἀρπίνη, ἡ, das Gebiet v. Arpinum.

Ἅρπυια, ἡ, gew. im Plur., die Harpyien, Sturmgöttinnen; von spurlos Verschwundenen hieß es, die H. hätten sie weggerafft.

ἅρπυς, ἡ, poet. hinreißende Begeisterung.

Ἀρραβαῖος, ὁ (unrichtig Ἀρριβαῖος), Name von Fürsten u. Feldherrn in der maked. Landschaft Lynkestis. **a)** zur Zeit des pelop. Krieges. **b)** zur Zeit Philipps II. u. Alexanders von Makedonien.

ἀρρᾰβών, ῶνος, ὁ (semit. Lehnwort; ʿ*ērabôn*), das Angeld, Unterpfand. [nes.

ἀ-ρραγής, ές, (ῥήγνυμι), unzerreißbar, ὄμμα trocke-

ἄ-ρρατος, 2. Adv. **-άτως** (ῥαίω), unzerbrechlich, unermüdlich.

ἄ-ρραφος 2. (ῥαφή) N. T. ohne Naht.

ἀρρενικός, 3. (ἄρρην), sp. männlich, *virilis.*

ἀρρενογενής, *masculini generis.*

ἀρρενόομαι (ἄρρην), poet. Pass. männlich werden.

ἀρρενωπία, ἡ, das männliche Aussehen, Mannhaftigkeit. Von

ἀρρεν-ωπός, 2. sp. männlichen Aussehens.

ἄ-ρρηκτος, 2. (ῥήγνυμι, nicht in att. Pr.), **unzerreißbar,** unzerstörbar, undurchdringlich; übertr. [unverwüstlich.

ἄρρην, s. ἄρσην.

ἀρρηνής 2. buk. bissig, von Hunden.

ἄ-ρρητος, 2. poet. auch 3. (ῥηθῆναι), **1) ungesagt,** ungesprochen, verschwiegen, oder nicht ausgesprochen (Soph. Ant. 556), nicht erklärt. **2)** zu verschweigen, **unaussprechlich,** unbeschreiblich, sei es als geheimnisvoll, heilig, *τινί,* sei es als scheußlich, abscheulich, ἄρρητ' ἀρρήτων das Allerunsäglichste, ῥητὰ καὶ ἄρρητα alles, was dir in den Mund kommt, *dicenda tacenda,* Öffentliches u. Geheimes. **c)** irrational, in der Mathematik.

Ἀρριᾱνοί, οἱ, Volk auf der thrakischen Chersonnes.

Ἀρριᾱνός, ὁ, Flavius, Schriftsteller aus Nikomedia in Bithynien unter Hadrian, lebte bis ca. 180 n. Chr.

Ἀρριβαῖος, s. Ἀρραβαῖος.

ἄρρῖχος, ὁ u. ἡ, Korb.

ἀρρυθμία, ἡ, Mangel an Ebenmaß, Unverhältnismäßigkeit. Von

ἄ-ρρυθμος, 2. ohne Ebenmaß, unverhältnismäßig.

ἀ-ρρυσίαστος, 2. (ῥυσιάζω, ῥύσιον Pfand), poet. nicht als Geisel weggeführt.

ἀρρωδέω u. **ἀρρωδίη,** ion. Impf. ἀρρώδεε, Perf. ἀρρώδηκα, s. ὀρρωδέω u. ὀρρωδία.

ἀ-ρρώξ, ῶγος, ὁ, ἡ (ῥώξ), poet. ohne Spalte, bruchlos.

ἀρρωστέω (ἄρρωστος), **schwach,** dah. krank, kränklich sein. Dav.

ἀρρώστημα, τό, **Schwäche,** Kränklichkeit, Unpäßlichkeit, Krankheit; bei den Stoikern die Fehlerhaftigkeit des noch nicht durch die Philosophie geläuterten Menschen: Charakterschwäche.

ἀρρωστία, ἡ (ἄρρωστος), **a)** = ἀρρώστημα. **b)** Mutlosigkeit, Niedergeschlagenheit, Unlust, *τινός* zu etwas. **c)** Mangel an Kraft, das Unvermögen zu etwas, *τινός.*

ἄ-ρρωστος, 2., Adv. **-ώστως** (ῥώννυμι), **schwach,** ohne Kraft, kränklich, krank, lässig, *ἔς τι.*

Ἀρσάκης, ου, ὁ, N. vieler Perser u. Meder, insbes. des Gründers der parthischen Dynastie der Arsakiden (v. 250 v. Chr. — 226 n. Chr.).

ἀρσενικός, 3., s. ἀρρενικός.

ἀρσενο-γενής, 2. poet. männlichen Geschlechts.

ἀρσενο-κοίτης, ου, ὁ, N. T. Knabenschänder.

ἀρσενό-παις, poet. *γόνος* aus männlichen Kindern bestehend. [Männern bestehend.

ἀρσενο-πληθής, 2. poet. aus einer Masse von

ἄρσην, ενος, ὁ, ἡ, ἄρσεν, τό, att. **ἄρρην,** neuion. **ἔρσην, 1) männlich;** auch vom wilden Ölbaum, während der zahme der weibliche hieß. Subst. ὁ ἄρσην, ἄρρην der Mann. **2)** übertr. kräftig.

Ἄρσης, ου, ὁ, Arses, König von Persien 338—336 v. Chr., jüngster Sohn Artaxerxes' III. Ochos.

Ἀρσινόεια, τά, das Fest der als Göttin verehrten Arsinoe, s. d.

Ἀρσινόη, ἡ, **1)** T. d. Ptolemaios I. Soter u. der Berenike (s. d.), Gem. des Lysimachos u. später ihres Bruders Ptolemaios II. Philadelphos. **2)** Name andrer fürstl. Frauen in Ägypten. **3)** St. in Mittelägypten, urspr. Krokodilopolis, j. *El Fayyûm,* u. a.

ἀρσί-πους, ποδος, ep. u. poet = ἀερσίπους.
ἄρσις, εως, ἡ, sp. die Aufhebung, Vernichtung: Verneinung.
Ἀρταβάζης, ου, ὁ, 1) K. v. Armenien zur Zeit des Crassus u. Antonius. 2) K. v. Medien zur selben Zeit.
Ἀρτάβαζος, ου, pers. Heerführer u. Satrapen, a) zur Zeit des Xerxes, b) zur Zeit des Artaxerxes Mnemon u. Ochos, 362—352.
Ἀρτάβᾶνος, ὁ, 1) Bruder Dareios' I., Oheim des Xerxes. 2) Günstling des Xerxes, den er 465 ermordet, worauf er von Artaxerxes hingerichtet wird.
ἀρτάβη, ἡ, ion. u. sp. ein persisches Maß = $1^1/_{16}$ Medimnoi = 55,8 Liter.
Ἀρτάκη, ἡ, St. bei Kyzikos, j. *Artaki*.
Ἀρτακίη, Quelle 1) im Lande der Lästrygonen, 2) bei Kyzikos.
ἀρταμέω, poet. schlachten, zerstückeln. Von
ἄρτᾰμος, ὁ (τέμνω), Metzger, Koch.
ἀρτάνη, ἡ (ἀρτάω), poet. Strick, Seil.
Ἀρταξέρξης, ου, ὁ, 1) Art. I. Μακρόχειρ, S. des Xerxes, von 465—425 König von Persien. 2) Art. II. Μνήμων. S. des Dareios, König von Persien 405—362. 3) Art. III. Ὦχος, König von Persien, 358—338 v. Chr. 4) Art. Βῆσσος, wirft sich nach Dareios' Tode zum Regenten Asiens auf und wird von Alexander gevierteilt.
Ἀρταφρένης (-φέρνης), εος, ους, ὁ, Name mehrerer Perser, bes. des Bruders von Dareios I., Satrapen von Sardes um 500, u. dessen Sohnes, der 490 bei Marathon geschlagen wurde.
ἀρτάω, ion. ἀρτέω (ἀείρω, St. ἀϝερ), Perf. med. pass. auch ἄρτημαι, 3. pl. ἀρτέαται, aufhängen; ἠρτῆσθαι aufgehängt sein, hangen, abhängen, auch bloß τινί, von, durch etw., übertr. von etw. abhängig sein, auf etw. beruhen, sich aus etw. ergeben. — Med. sich an etw. hängen, zu etw. anschicken, bereiten, rüsten, auch mit Akk. od. Inf.
Ἀρτεμᾶς, ᾶ (st. Ἀρτεμίδωρος), Freund des Ap. Paulus.
ἀρτεμής, 2. (vgl. ἄρτιος), frisch, gesund.
Ἄρτεμις, Gen. -ιδος, Akk. -ιν, ἡ, Artemis, eig. wohl die Schlächterin (ἄρταμος, ἀρταμεῖν), deren Kultus viele blutige Opferbräuche aufweist; Tochter des Zeus und der Leto, Schwester des Apollo, Göttin der Jagd wie die Diana der Römer, daher Pfeile und Bogen führend (ἰοχέαιρα); sie blieb stets Jungfrau, und auf sie wird der plötzliche, vorzeitige Tod der Frauen zurückgeführt. Davon
Ἀρτεμίσιον, τό, ein der Artemis geweihter Ort; insbes. ein Vorgebirge und Küstenstrich im N. von Euböa, j. *Kap Syrochori*, berühmt durch die Niederlage der pers. Flotte im J. 480 v. Chr. Ferner
Ἀρτεμίσιος, ὁ, ein Monat in Sparta, ungef. dem att. Munichion, dem julian. April entsprechend.
Ἀρτεμῖσία, ἡ, 1) Tochter des Lygdamis von Halikarnassos, Königs von Karien, kämpft bei Salamis, 480. 2) T. des Hekatomnos u. Gattin ihres Bruders Maussolos, dem sie 353 als Herrscherin in der karischen Satrapie folgte, Erbauerin des Maussoleion, gest. 351.
ἀρτέμων, ὁ, N. T. Bramsegel, Bramstange.
Ἀρτ-επίβουλος, ὁ, ep. Brotnachsteller, kom. Name einer Maus, Bröseldieb.
ἀρτέω, ion. st. ἀρτάω. Dav.
ἄρτημα, τό, 1) ion. Gehänge, Ohrgehänge. 2) sp. abgehängtes Gewicht.
ἀρτηρία, ας, ἡ (ἀρτάω), eigentl. Ader, dann ἀρτηρίαι πνεύμονος Luftröhre (auch ἀ. τραχεῖα), *arteria aspera*.
ἄρτησις, ἡ, ion. Ausrüstung, Tracht (var. ἄρτισις).
ἄρτι, Adv. (St. ἀρ, ἄρτιος), gerade, eben erst, eben, gleich, bald, neulich, vor kurzem, N. T. ἕως ἄρτι bis jetzt, ἀπ' ἄρτι von jetzt an, mit dem Art. αἱ ἄρτι ξυμφοραί d. i. die kürzlichen, ἄρτι μὲν — ἄρτι δέ bald — bald, *modo, nuper*.
ἀρτι-, Präfix: passend, trefflich, recht.
ἀρτιάζω (ἄρτιος), das Spiel 'grad oder ungrad' spielen.
ἀρτιάκις, Adv., gerade Mal, d. i. mit einer geraden Zahl multipliziert.
ἀρτι-βρεχής, 2. (βρέχω), poet. frischbenetzt.
ἀρτι-γέννητος, 2. N. T. jüngst geboren.
ἀρτί-δᾰκρυς, υ, poet. sp. soeben od. auf einmal weinend.
ἀρτί-δροπος, 2. poet. eben gepflückt, eben entweiht.
ἀρτι-έπεια, ep. fem. zu
ἀρτι-επής, 2. (ἔπος), ep. trefflich oder gewandt im Reden; ἀ. μύθων, ein rechter Schwätzer, Zungenheld.
ἀρτι-ζῠγία, ἡ, poet. eben erst geschlossene Verbindung.
ἀρτίζομαι χορόν, buk. sich zum Reigen ordnen.
ἀρτι-θανής, 2. poet. jüngst gestorben.
ἀρτί-κολλος, 2. (κολλάω), poet. 1) genau angeleimt, angeschmiegt. 2) passend.
ἀρτι-μᾰθής, 2. poet. eben erst gelernt.
ἀρτι-μελής, 2. von geraden, gesunden Gliedern.
ἄρτιος, 3. (St. ἀρ in ἀραρίσκω, lat. *artus*), eng-gefügt, a) gefüge, passend, angemessen, treffend, entsprechend, οἱ φρεσὶν ἄρτια ᾔδη er war mit ihm eines Sinnes; klug, artig. b) gehörig, so wie es sein soll, vollkommen, ἄρτ. εἰμι ποιεῖν τι in dem gehörigen Stande, bereit sein etwas zu tun. c) von Zahlen: grad (Gegens. περισσός ungrad). Adv. **ἀρτίως,** eben, jüngst; ὁ ἀρτ. πόσις der neue Gatte.
ἀρτι-παγής, 2. soeben (in den Boden) gestoßen.
ἀρτί-πλουτος, 2. poet. eben bereichert oder zuteil geworden.
ἀρτί-πους, ποδος, ὁ, ἡ, πουν, τό (selten in att. Pr.), ep. verk. **ἀρτίπος,** mit gesunden Füßen, dah. flink, rasch, frischen, munteren Schrittes.
ἄρτῐσις, εως, ἡ (ἀρτίζω = ἀρτύω), ion. Einrichtung, περὶ τὸ σῶμα Tracht.
ἀρτι-τελής, 2. eben eingeweiht.
ἀρτί-τοκος, 2. (τίκτω, τεκεῖν), sp. eben geboren.
ἀρτι-τρεφής, 2. poet. eben jetzt gesäugt.
ἀρτί-φρων, 2. (φρήν), sehr verständig, wohl erkennend, γάμων.
ἀρτί-χριστος, 2. poet. frisch aufgestrichen.
ἀρτο-κόπος, ὁ, ἡ (ἄρτος u. *κόπος = lat. *coquus*, St. πεπ, πεκ in πέπων, πέσσω), Brotbäcker, Brotbäckerin.
Ἀρτο-ξέρξης, ὁ, = Ἀρταξέρξης, s. d.
ἀρτοποιία, ἡ, Brotbäckerei. Von
ἀρτο-ποιός, ὁ, Brotbäcker.
ἀρτοπτεύω, Brot backen (Konj.).

ἀρτο-πώλης, ὁ, Brotverkäufer, Bäcker; dazu das Fem.

ἀρτό-πωλις, ιδος, ἡ, poet. sp. Brotverkäuferin.

ἄρτος, ὁ, Brot, bes. Weizenbrot, Kuchen, oft im Plur.

ἀρτοσῑτέω, u. ion. **ἀρτοφαγέω,** Brot essen.

Ἀρτο-φάγος, ep. Name einer Maus, Brotfresser.

ἄρτῡμα, τό (ἀρτύω), ep. poet. sp. Würze, Gewürz.

ἀρτῦναι, οἱ (ἀρτύνω), eine Behörde in Argos.

ἄρτυσις, εως, ἡ, Zurichtung.

ἀρτύω [ῠ], Fut. ἀρτύσω usf., u. ep. **ἀρτύνω** [ῠ], Fut. -ῠνέω, Aor. pass. ἀρτύνθην (St. ἀρ), *aptare*, zusammenfügen, aneinander anschließen; bereiten (im N. T. würzen), zurüsten, anordnen, ersinnen, ψεύδεα Lügen schmieden. Pass. beginnen (von neuem).

Ἀρύββας, ου, ὁ, Molosserkönig um 350 v. Chr.

ἀρυστήρ, ῆρος, ἡ, ion. ein Flüssigkeitsmaß (Nößel), = κοτύλη. Von

ἀρύω [ῠ], att. auch **ἀρύτω,** ion. **ἀρύσσω,** schöpfen; πλοῦτον ἀρύεσθαι sich aneignen.

ἀρχ-άγγελος, ὁ (ἀρχι- hebr. *săr, princeps*), N. T. Erzengel.

ἀρχ-αγέτας, lak., u. ἀρχᾱγός poet., s. ἀρχηγ.

ἀρχαιό-γονος, 2. poet. aus uraltem Geschlecht.

ἀρχαιολογέω (-λόγος), 1) alte Geschichten erzählen. 2) altertümlich schreiben. Dav.

ἀρχαιολογία, ἡ, 1) Erzählung alter Geschichten. 2) Altertumskunde.

ἀρχαιό-πλουτος, 2. von alters her reich, altbegütert.

ἀρχαιο-πρεπής, 2. ehrwürdig durch Altertum, altertümlich.

ἀρχαῖος, 3., Adv. **-αίως** (ἀρχή) uranfänglich, 1) Personen: altehrwürdig Erynien Aesch; die alten Propheten N. T.; Κῦρος der ältere Xen.; ξένοι verbraucht Xen. 2) Sachen: althergebracht νόμοι Soph., **„altfränkisch"** (in gutem u. schlechtem Sinn) πίστις Soph.; **früher** ῥέεθρον Hdt.; **schlicht,** einfältig; abgetragen ὑποδήματα Xen., τὸ ἀρχαῖον Stammkapital Xen.; adv. τὸ ἀ. vor alters.

ἀρχαιοτροπία, ἡ, sp. altmodisches Wesen. Von

ἀρχαιό-τροπος, 2. altmodisch.

ἀρχαιρεσία, ἡ, u. sp. **ἀρχαιρέσια,** τά, (wie von ἀρχ-αιρέτης Beamte wählend), Beamtenwahl, Wahlversammlung, meist im Plur., dah. ἀρχ. ὑπατικά. Davon

ἀρχαιρεσιάζω, sp. Wahlversammlungen halten, zum Beamten wählen.

Ἀρχεβιάδης, ου, ὁ, berüchtigter Lakonist in Athen um 350 v. Chr.

ἀρχέγονος, 2. sp. die Entstehung verursachend.

Ἀρχέδημος, ὁ, beredter athen Demagog gegen Ende des peloponnes. Krieges, mit Krito befreundet und zum sokratischen Kreis sich haltend.

ἀρχεῖον, ion. **ἀρχήιον,** τό, 1) Regierungsgebäude, Stadthaus, meist im Plur., *curia*. 2) Behörde, Amt, *magistratus*.

ἀρχέ-κᾰκος, 2. ep. Unheil stiftend.

ἀρχέ-λᾱος, ὁ, ion., u. dor. ἀρχέ-λᾱς, ᾱ, Herzog, *dux populi*.

Ἀρχέλαος, ὁ, 1) spart. König zur Zeit Lykurgs. 2) S. des Perdikkas II., König v. Makedonien 413 bis 399, gewaltsam zur Regierung gelangt, dann Förderer griech. Wesens, mit Euripides u. Plato befreundet. 3) Strateg in Susiana u. 324 Satrap in Mesopotamien. 4) tragischer Schauspieler um 300 v. Chr. 5) Feldherr des Mithridates, von Sulla 85 bei Orchomenos geschlagen. 6) S. Herodes' des Großen, seit 4 v. Chr. König von Judäa, später nach Gallien verbannt. 7) sonst Eigenname, auch einiger nicht weiter bekannter Schriftsteller.

Ἀρχέμορος, ὁ, Sohn des Lykurg, dem zu Ehren die nemeischen Spiele eingesetzt wurden.

ἀρχέ-λειος, ὁ, poet. = ἀρχέλαος.

ἀρχέ-πλουτος, 2. poet. Gründer des Reichtums.

Ἀρχέστρατος, ὁ, 1) athen. Feldherr im Jahr 432 u. im peloponnes. Krieg. 2) dramat. Dichter zur selben Zeit. 3) sonst Eigenname.

ἀρχέτας, ὁ, dor. statt ἀρχέτης (ἄρχω), poet. Anführer, Fürst, θρόνος ἀρχ. Herrscherthron.

ἀρχέ-τῡπον, τό, sp. Urbild, Original.

ἀρχεύω (ἀρχός), ep. anführen, gebieten, τινί.

ἀρχέ-χορος, 2. poet. choranführend.

ἀρχή, ἡ (ἄρχω) • 1) **Anfang,** a) Beginn, στρόφου Zipfel, Ende eines Seiles Hdt.; insbes.: ἐν ἀ. in der Urzeit; ἐξ ἀρχῆς, ἀπ. ἀ., κατ' ἀρχάς, ἀρχήν von Anfang an, von alters, von vorn herein, von Hause aus; ἀρχὴν οὐ überhaupt nicht • b) Anfangspunkt, **Ursache,** Ursprung, Veranlassung (φόνου Hom.), ἀ. ὑποθέσθαι Grund legen Dem. c) **Prinzip, Element,** Quelle • 2) nach Homer: das Anführen, dah. die **Herrschaft,** Regierung, Oberkommando, Oberleitung, ἐκ τῆσδε τῆς ἀρχ. von der Zeit an, wo ich das Kommando übernommen; Staatsamt, ἀρχὴν ἄρχειν, ἐν ἀρχῇ εἶναι u. ähnl. ein Amt bekleiden od. verwalten, αἱ ἀρχαί die obrigkeitlichen Würden, Behörden, Gerechtsame, die Staatsbeamten, die Regierung, das Archontat, auch οἱ ἐπ' ἀρχαῖς genannt • 3) das **Reich,** das Gebiet, Statthalterschaft.

ἀρχη-γενής, 2. (γένος), poet. veranlassend, τινός etwas.

ἀρχηγετεύω, ion. u. **-τέω,** poet. den Anfang machen, ἀπό τινος; die Oberherrschaft ausüben, τινός über einen. Von

ἀρχ-ηγός, 2., **ἀρχ-ηγέτης,** ου, ὁ, u. Fem. **ἀρχ-ηγέτις,** ιδος, ἡ, 1) die erste Veranlassung gebend, die Oberleitung habend, dah. mit ἀνήρ, φώς der Oberanführer, Leiter, das Oberhaupt 2) Urheber, Ahnherr, Stammherr, als Bein. des Apollo u. der Athene: Stadtbegründer(in).

ἀρχῆθεν, Adv., von Uranfang, ursprünglich, gleich zuerst.

ἀρχήιον, τό, s. ἀρχεῖον.

ἀρχι-γραμματεύς, έως, ὁ, sp. erster, Oberschreiber.

Ἀρχίδᾱμος, ὁ, Name spartan. Könige, 1) Arch. I. herrscht zur Zeit des zweiten messen. Krieges. 2) Arch. II. reg. von 468—427; nach ihm heißt die erste Periode des peloponnes. Krieges der Archidamische. 3) Arch. III., Enkel des vorigen, Sohn des Agesilaos, fällt 342 in Italien. 4) Arch. IV., Enkel des vorigen, 294 von Demetrios Poliorketes besiegt. 5) Arch. V., Enkel des vorigen, floh nach dem Tode seines Bruders Agis III. 241 nach Messenien u. wurde nach seiner Rückkehr 227 ermordet.

ἀρχίδιον, τό (ἀρχή), ein Ämtchen, od. kleiner Beamter.

ἀρχιερατικός, 3. N. T. hohenpriesterlich. Von

ἀρχ-ιερεύς, ion. u. sp., u. ion. **ἀρχῑρεύς,** od.

ἀρχιέρεως, ω, ὁ, Oberpriester, Hohepriester, hebr. *hakkōhēn haggadôl,* Plur. die früher gewesenen und überh. die vornehmsten H.; auch als Übersetzung des lat. *pontifex maximus.*

ἀρχιερωσύνη, ἡ, sp. Oberpriestertum, die Stelle des Pontifex maximus in Rom.

ἀρχιθεωρέω, ein ἀρχιθέωρος sein, s. d.

ἀρχι-θεωρία, ἡ, das Amt eines ἀρχιθέωρος, s. d.

ἀρχι-θέωρος, ὁ, Anführer einer heiligen Gesandtschaft.

ἀρχι-κέραυνος, 2. sp. blitzbeherrschend.

ἀρχί-κλωψ, ὁ, sp. Diebs-, Räuberhauptmann.

ἀρχικός, 3. (ἀρχή), zum Herrschen, Befehlen oder zu Staatsämtern befähigt od. berechtigt, γένος Herrscherhaus, πυθμήν -stamm; auch im Superl. der imstande ist, seine Herrschaft am weitesten auszubreiten, od. mit dem Gen. ἀνθρώπων die Menschen zu beherrschen geeignet.

ἀρχι-κυβερνήτης, ου, ὁ, sp. Obersteuermann.

Ἀρχίλοχος, ὁ, berühmter Jambendichter aus Paros, der von ca. 680—640 lebte.

Ἀρχιμήδης, ους, ὁ, berühmter Mathematiker aus Syrakus, lebte von ca. 280—212.

Ἀρχῖνος, ὁ, athen. Redner u. Staatsmann, Genosse des Thrasybulos.

ἀρχι-οινοχόος, ὁ, sp. Obermundschenk.

ἀρχι-πειρᾱτής, ὁ, sp. Seeräuberhauptmann.

ἀρχι-ποιμήν, ένος, ὁ, N. T. Oberhirt.

ἀρχ-ιρεύς, s. ἀρχιερεύς.

ἀρχι-συνάγωγος, ὁ, N. T. Synagogenvorstand.

ἀρχιτεκτονέω, sp. eig. Baumeister sein, dah. überh. einrichten, anlegen, erfinden.

ἀρχιτεκτονικός, 3. zum Baumeister od. zur Baukunst gehörig. Von

ἀρχι-τέκτων, ονος, ὁ, Architekt, Baumeister, Unternehmer, *architectus.* Im bes. hieß in Athen auch der Theaterpächter (θεατρώνης) so, weil er die Baulichkeiten des Theaters im Stande zu halten hatte.

ἀρχι-τελώνης, ὁ, N. T. Oberzöllner.

ἀρχι-τρίκλῑνος, ὁ, N. T. Obertruchseß.

ἀρχι-υπασπιστής, ὁ, sp. Oberster der Hypaspisten.

ἀρχός, ὁ, ep. poet. u. sp. Führer, Anführer, Heerführer, Schiffsführer, überh. der Vornehmste, auch ἀρχὸς ἀνήρ.

Ἀρχύτας, ου (α), Name verschiedener Dichter u. Schriftsteller, bes. des Pythagoreers aus Tarent, der mit Plato befreundet u. als Mathematiker, Mechaniker, Feldherr u. Staatsmann berühmt war, lebte ca. 400—360.

ἄρχω, Fut. ἄρξω u. ἄρξομαι (dieses oft pass.), Aor. ἦρξα u. ἠρξάμην, Perf. (akt. sp. ἦρχα), pass. ἦργμαι Aor. pass. ἤρχθην, Adj. verb. ἀρκτέον.

I) Akt. u. Pass. der erste sein, voransein, wenn andere folgen • **1) vorangehen** (auf dem Wege), Führer sein, absol. u. τινί, auch ἔν τισι unter einigen, u. ὁδόν τινι jmdn. einen Weg führen, doch auch ὁδοῖο u. κατὰ κέλευθα; Μυρμιδόνεσσι μάχεσθαι die M. zum Kampfe führen Hom. • **2)** anfangen, **beginnen,** seinen Anfang nehmen, od. auch der Anfang sein, **Veranlassung, Ursache sein,** abs. od. τινός, doch auch τί, z. B. Il. 9, 102 σέο δ' ἕξεται ὅττι κεν ἄρχῃ dir wird anhaften, was er (durch Rat) veranlaßt; μύθων ἦρχε Hom., auch Med. λόγου in att. Prosa; ἄ. τοῦ ἐξορμῆσαι zuerst ausmarschieren Xen. • **3)** in Beziehung auf Rang und Einfluß: **voranstehen,** an der Spitze stehen, **herrschen,** gebieten, beherrschen, befehlen, Anführer, Oberhaupt, Herrscher sein, τινός selten τινί absol.: Hom. Od. 6, 12 regierte; insbes. • **a)** ein Amt verwalten ἀρχὴν ἄ. • **b)** Archon sein • **c)** Statthalter, Satrap sein.

II) Med. • **1)** zum erstenmal etwas tun, d. h. **anfangen, beginnen,** bes. die Opferhandlung, sich daran machen, versuchen, τινός mit etwas, auch bei etwas, τοῦ λόγου, πολέμου, ähnl. ἀπό, ἔκ τινος od. ἔν τινι, doch auch absol. ἀρχόμενος im Anfang, beim Beginn. Mit Inf., z. B. ἤρξατο δακρύειν er begann zu weinen, Gegens. ἐπαύσατο (im N. T. c. Inf. oft fast = Präteritum, wie *il allait pleurer* er hub an z. w., er weinte), u. mit Part., z. B. ἤ. δακρύσας anfangs weinte er, Gegens. εἶτα ἐγέλασεν • **2)** insbes. bei Opfern (wie ἀπάρχομαι), das erste nehmen, πάντων μελέων von allen Gliedern Hom. • **3)** bei sächl. Subj. z. B. Ländern auch: sich erstrecken.

ἄρχων, οντος, ὁ, eigentl. Part. von ἄρχω, w. s. Im bes. in Athen: Archont, Mitglied der höchsten Regierungsbehörde, Staatsbeamter. Es waren ihrer neun, von denen der erste, nach welchem das Jahr bezeichnet ward, ἄρχων schlechthin od. ἄ. ἐπώνυμος hieß, der zweite ἄρχων βασιλεύς, der dritte ἄρχων πολέμαρχος, die andern sechs θεσμοθέται.

ἀρωγή, ἡ (ἀρήγω), **1)** Hilfe, Beistand, Schutz, Balsam, ἐπ' ἀρωγῇ τινι einem zugunsten, στρατιῶτις Kriegsunterstützung, τινός jmds., für etwas. **2)** der Hilfszug.

ἀρωγός, 2. (ἀρήγω), helfend, heilsam, förderlich, τινί einem, dag. τινός u. πρός τι für, in etwas. Subst. Helfer, Beistand, Unterstützer, Rächer, τινός, z. B. ἐλπίδων od. ἐντέων, insofern Orestes dem Vater zu seinem Rechte hilft, ναός Förderer des Schiffes.

I. **ἄρωμα,** τό, Gewürz, wohlriechende Kräuter.

II. **ἄρωμα,** τό (ἀρόω), *arvum,* Saatfeld.

ἀρωματο-φόρος, 2. sp. Gewürzkräuter tragend.

ἀρώσιμος, 2. (ἀρόω), poet. besäbar.

ἄς, dor. **1)** = ἧς, rel. **2)** buk. = ἧος, ἕως.

Ἀσά, f. LA. st. Ἀσάφ, N. T. Mt. **1,** 7.

ἀ-σάλευτος, 2. poet. u. sp. ohne zu schwanken, unerschütterlich fest.

ἀσάμινθος, ἡ (ᾰ ᾰ), ep. poet. sp. Badewanne.

ἄ-σαντος, 2. (σαίνω), poet. hartherzig.

ἀσάομαι [ᾰ] (ἄση), Pass., imper. ἀσῶ, u. part. poet. ἀσᾰμενος st. ἀσώμενος, ion. sich betrüben.

ἀσαρκία, ἡ, Magerkeit. Von

ἄσαρκος, 2. sp. nicht fleischig, mager.

ἀσάφεια, ἡ, Undeutlichkeit, Ungewißheit, Dunkelheit. Von

ἀ-σαφής, 2. undeutlich, unklar, zweideutig, dunkel, ν' ξ ἀσαφεστέρα ἐστὶν bei Nacht herrscht größere Undeutlichkeit. Adv. **-φῶς,** unsicher, zweifelhaft, ohne sichtbaren Grund, blind.

ἄ-σβεστος, 2. u. 3. (σβέννυμι), ep. poet. sp. u. N.T. unauslöschlich, übertr. unaufhörlich, unermeßlich, endlos, rastlos.

ἀσβολάω, sp. mit Ruß schwärzen. Von
ἀσβόλη, ἡ, poet., u. **ἄσβολος,** ἡ, sp. der Ruß, Kohlenstaub.
Ἀσέα, ας, ἡ, Ort unweit Megalopolis in Arkadien; Einw. **οἱ Ἀσεᾶται.**
ἀσέβεια, ἡ, Irreligiosität, Gottlosigkeit, Religionsfrevel; Ruchlosigkeit, περὶ θεούς. Von
ἀσεβέω (-βής), sich an der Gottheit od. am Heiligen vergehen, gottlos handeln, frevelnd entweihen; abs. u. εἴς od. περί τινα, bisw. in Pfbdtg., οἱ ἀσεβοῦντες die Entweiher, τὰ ἠσεβημένα der Frevel gegen die Gottheit. Dav.
ἀσέβημα, τό, Gottlosigkeit.
ἀ-σεβής, 2. gottlos, ruchlos, frevelhaft, abs. u. περί τινα, sp. auch τινός: θεῶν.
ἀ-σείρωτος, 2. poet. ohne Leitseil.
ἀσελγαίνω (-γής), Fut. -γήσω, freveln, *lascivio.*
ἀσέλγεια, ἡ, Übermut, Frechheit, Lüsternheit, Üppigkeit. Von
ἀσελγέω, s. ἀσελγαίνω. Von
ἀσελγής, 2., Adv. **-γῶς,** ausschweifend, üppig, verschwenderisch, frech.
ἀ-σέληνος, 2. mondlos, *illunis.*
ἄ-σεμνος, 2. sp. unedel, unschicklich, unwürdig.
ἀσεπτέω, poet. = ἀσεβέω. Von
ἄ-σεπτος, 2. poet. = ἀσεβής.
ἄση, ἡ (ἄμεναι [ᾰ], sättigen), eigentl. Übersättigung, also Überdruß, Mißmut, Mißbehagen, Leid.
ἀ-σήμαντος, 2. ep. **1)** dem nicht befohlen wird, also ohne Führer. **2)** nicht bezeichnet, ohne Abzeichen.
ἄ-σημος, 2. (σῆμα), **1)** ohne Abzeichen, χρυσός ungeprägt, *non signatus*; dah. auch unberühmt, geringfügig. **2)** ion. poet. sp. u. N. T kein Zeichen gebend, dah. unverständlich, nicht andeutend, unbemerkbar. Subst. τὰ ἄσημα βοῆς die undeutlichen Laute des Schreis.
ἀ-σήμων, 2. poet. = ἄσημος.
ἀσθένεια, ion. **-είη** und **-ίη,** ἡ, Unvermögen, Schwäche, Krankheit, auch βίου, des Vermögens, d. i Dürftigkeit, od. auch Schwachheit. Von
ἀσθενέω (-νής), unvermögend, N. T. gegen εἴς τινα, schwach sein, kränkeln, krank sein, N. T. νόσοις; τὸ ἀσθενοῦν, sp. Schwäche, Krankheit. Davon
ἀσθένημα, τό, sp. u. N. T. ein Fehl aus Schwäche.
ἀ-σθενής, 2., Adv. **-ῶς,** kraftlos, unvermögend, *infirmus,* τῷ σώματι u. τοῖς χρήμασι schwach, machtlos, *inops,* πρός τινα, auch unbedeutend, nicht gewachsen, u. v. d. Heeresaufstellung: ohne Tiefe. Subst. τὸ ἀσθενές die Schwäche u. ähnl. ἐς ἀσθενὲς ἔρχεται es läuft auf Unbedeutendes hinaus.
ἀσθενίη, s. ἀσθένεια.
ἀσθενόω, entkräften, schwächen.
ἆσθμα (ἄσθμα, ᾆσθμα), **τό,** schweres, kurzes Atmen, Keuchen, Beklemmung, ἔχετο ἀργαλέῳ ἄσθματι er keuchte od. atmete schwer auf. Dav.
ἀσθμαίνω (ἆσθμ.), ep. poet. u. sp. schwer atmen, nach Luft schnappen, keuchen, beklommen sein, röcheln.
Ἀσία [ᾰ ῐ], ἡ, Ἀσία γῆ, teils überh. die Länder des Ostens (auch mit Teilen Afrikas), teils bloß Kleinasien oder das persische Reich bezeichnend, dah. ἡ ἄνω und ἡ κάτω Ἀσία Oberasien und Vorderasien, od. ἐντὸς od. ἐκτὸς τοῦ Ταύρου. N. T. gew. *Asia proconsularis*, Act. 2, 9 nur Mysien, Lydien, Karien. — Adj. **Ἀσιανός** u. ion. **Ἀσιηνός,** 3. u. **Ἀσιάτης,** ὁ, u. **Ἀσιᾶτις,** ιδος, ἡ, asiatisch, subst. ὁ, ἡ, Asiat, -in, u. **Ἀσιάς,** άδος, ἡ, poet. asiatisch.
Ἀσι-άρχης, ὁ, N. T. der Asiarch, Priester des Kaiserkultes in der Prov. Asien, oder Abgeordneter des κοινὸν Ἀσίας, des Landtages von Asien, der in Ephesos zusammentrat.
Ἀσιᾱτογενής, 2. poet. aus Asien stammend.
ἀ-σίδηρος, 2. poet. u. sp. ohne Eisen; schwertlos.
Ἀσιήτας, ὁ, u. **Ἀσιῆτις,** ιδος, ἡ, poet. = Ἀσιάτης, -ᾶτις, s. Ἀσία.
ἄ-σιχχος, 2. sp. nicht wählerisch im Essen.
Ἀσίνη, ἡ [◡◡–], **1)** Stadt in Argolis, j. *Porto Tolo.* **2)** Stadt an der Südspitze Messeniens. **3)** Stadt in Lakonien, zw. Tänaron u. Gythion. Der Einw. **ὁ Ἀσιναῖος.**
ἀ-σινής, Gen. -έος, 2. (σίνομαι), **1)** pass. ep. ion. u. poet. unverletzt, unbeschädigt. **2)** akt. nicht verletzend, unschädlich, ruhig, unverletzt, erhaltend.
Ἄσιος [ᾱ], 3. asisch, λειμών die asische Au in Lydien, südlich vom Tmolos am Kaystros.
ἄσις [ᾰ], ιος, ἡ, ep. Schlamm, Unrat.
Ἀσίς, ίδος, ἡ [–◡], poet. (verst. γῆ) = Ἀσία.
ἀσῑτέω (ἄσιτος), nicht essen, hungern. Dav.
ἀσῑτία, ἡ, ion. poet. u. sp. das Nichtessen, Hungern, Fasten, auch im Plur.
ἄ-σῑτος, 2. ohne Essen, fastend; mit nüchternem Magen, nüchtern.
ἀσκαλαβώτης, ου, ὁ, poet. eine Eidechsenart, wahrsch. Gecko.
ἄ-σκᾰλος, 2. buk. nicht aufgegraben, nicht gejätet.
Ἀσκάλων, ωνος, ἡ, Stadt der Philister in Palästina, j. *Ascalon.*
Ἀσκανίη, ἡ, Landschaft in Kleinasien am Askanischen See an der Grenze von Mysien u. Phrygien.
ἀ-σκαρδαμυκτεί od. **-τί** (σκαρδαμύσσω), Adv., ohne zu zwinkern, zu blinzeln, mit festem Blick.
ἀ-σκελής, 2. (σκέλλω mit ἀ prothet.), ep. eigentl. ausgetrocknet, dah. erschöpft, kraftlos. Adv. **ἀσκελέως,** u. ntr. **ἀσκελές** neben ἀεί, hart, fest, unerbittlich, beständig.
ἀ-σκέπαρνος, 2. poet. unbehauen, rauh.
ἄ-σκεπτος, 2. (σκέψασθαι), **1)** akt. unüberlegt, unvorsichtig. **2)** pass., ununtersucht. Adv. **-έπτως,** nicht umsichtig, ἀσκ. ἔχειν τινός etwas außer Betracht lassen.
ἀ-σκευής, 2. (τὸ σκεῦος), ion. u. **ἄ-σκευος,** 2. (ἡ σκευή), poet. u. sp. ohne Geräte, ohne Werkzeug, ohne Rüstzeug, ungerüstet, mit dem Gen. ἀσπίδων τε καὶ στρατοῦ ohne den Schirm der Schilde u. des Heeres.
ἀσκέω, Imperf. 3. pers. sg. ep. ἤσκειν st. ἤσκεεν, **1)** künstlich, kunstvoll **verarbeiten,** bearbeiten, mit Kunst fertigen, z. B. χορόν d. ist kunstvoll darstellen, χιτῶνα glattstreichen Od. 1, 439. **2) herausputzen** κόσμῳ Hdt., παστάς ἠ. geschmückt mit στύλοισι Hdt., οἴκημα ἠ. Prunkzimmer Hdt., Med. sich schmücken. **3)** bes. in att. Prosa: sich einer Sache (τι) befleißigen ἀλήθειαν Xen.; **üben, ein-**

üben, τὰ σώματα Xen.; ἤσκηται ἄμεινον εἰς ἀγ. er ist zum Kampfe besser gerüstet Dem.; ἀ. τέχνην ausüben; abs. trainieren Plat. Med. sich üben.

ἀσκηθής, 2. ep. (verw. dtsch. *schaden*), ohne Schaden, unversehrt, unverletzt, wohlbehalten.

ἄσκημα, τό (ἀσκέω), Übung.

ἄ-σκηνος, 2. sp. obdachlos.

ἄσκησις, εως, ἡ (ἀσκέω), Übung, bes. gymnastische, u. die ganze dazu gehörige Lebensweise der Athleten, wie Xen. mem. 3, 14, 3; von Pflanzen: die Pflege; (auch vom philosoph. Beruf). Konstr. τινός in etwas, πρός τι zu etwas od. mit Adj. πολεμική für den Krieg.

ἀσκητής, οῦ, ὁ, der Geübte, Sachverständige, bes. der Berufsathlet, bildl. mit **καλῶν κἀγαθῶν ἔργων eingeübt in allem Trefflichen.**

ἀσκητός, 3. 1) ep. künstlich od. sorgfältig hergestellt, νῆμα fein gesponnen. 2) der Übung fähig und bedürftig.

Ἀσκληπιός, ὁ, bei Hom. u. Soph. thessalischer Fürst und trefflicher Arzt, von dessen Söhnen (**Ἀσκληπίδαι** u. **Ἀσκληπιάδαι**) Podaleirios u. Machaon sich eine berühmte Schule von Ärzten in Kos, Rhodos u. Knidos ableitete, **οἱ Ἀσκληπιάδαι.** Später galt Asklepios als Sohn des Apollo u. der Korōnis u. als Gott der Heilkunst. Seine Tempel (bes. berühmt war der in Epidauros am saronischen Meerbusen) nannte man **τὸ Ἀσκληπιεῖον** od. **τὸ Ἀσκληπιοῦ.**

ἄ-σκοπος, 2. Adv. sp. ἀσκόπως, (σκοπέω), 1) akt. ep. u. poet. ziel- u. zwecklos, unvorsichtig, unbedacht, nicht beachtend, τινός etwas. 2) pass. poet. a) nicht gesehen, unvorhergesehen, unberechnet, nicht erwartet. b) nicht zu sehen, unabsehbar, unendlich, χρόνος unberechenbar, unbegreiflich.

ἀσκός, ὁ, 1) ep. u. ion. abgezogene Haut, Balg, βοός; dann 2) der daraus gefertigte lederne Schlauch, bes. zur Aufbewahrung des Weins, αἴγειος von Ziegenleder, od. βοός von Rindshaut, *uter*.

Ἄσκρα, ἡ, St. am Helikon in Böotien, Heimat Hesiods, der darum Ἀσκραῖος (ποιητής) heißt.

ἀσκώλια, τά, Schlauchfest, am 2. Tag der ländl. Dionysien, wo man mit einem Beine auf geöltem Schlauche tanzte.

ἀσκωλιάζειν, auf einem Beine stehen od. tanzen.

ᾆσμα, τό, ion. ἄεισμα (ᾄδω), das Gesungene, Gesang, Lied, bes. Spottlied.

ἀσμενίζω, sp. sich gefallen lassen, τί zufrieden sein, τινί womit. Dav.

ἀσμενιστός, 3. sp. beliebt, angenehm.

I. **ἄσμενος,** 3., Adv. **ἀσμένως** mit dem Superl. ἀσμενέστατα u. -αίτατα, (ἥδομαι, ἁδ-εῖν = ἡσμένος) sich freuend, freudig, erfreut, froh, gern, willig, oft im Deutschen das Adv. dafür; ἐμοὶ δέ κεν ἀσμένῳ εἴη es wäre mir erwünscht, ἄσμ. πόθῳ über das erfüllte Verlangen.

II. **ἄσμενος,** 3. (verw. mit dtsch. *genesen*), gerettet, geborgen: φύγεν ἄσμενος ἐκ θανάτοιο; ἄσμενον μολεῖν heil davonkommen, ἄσμενον (καθ)εύδειν behaglich ruhen.

ἀ-σόλοικος, 2. poet. sp. nicht ungehörig.

ἀ-σοφία, ἡ, sp. Torheit. Von

ἄ-σοφος, 3. unweise, unklug, albern.

ἀσπάζομαι, Dep. med. (σπάω, eigentl. an sich ziehen), *amplecti*, 1) freundlich empfangen, bewillkommnen, begrüßen, auch zärtlich Abschied nehmen, τινά von einem, u. so auch mit τὰ ὕστατα, oft ταῖς χερσί u. ähnl., u τινά τι einen als etwas begrüßen; ἀσπάζεσθαι ἐᾶν = χαίρειν ἐᾶν. 2) zärtlich sein, gern haben, herzen u. küssen, lieb haben, φιλῶ καὶ ἀ. ὑμᾶς ich wünsche euch alles Liebe u. Gute.

ἀ-σπαίρω (= σπαίρω, mit prothet. ἀ), zucken, zappeln, πόδεσσι mit den Füßen schlagen; sich sträuben, widerstreben.

ἀσπάλαθος, ὁ, ein dorniges Gesträuch [ᾱ ᾰ ᾰ].

ἀσπάλαξ, ἄκος, ὁ, Maulwurf.

ἀσπάραγος, ὁ, sp. Spargel.

ἄ-σπαρτος, 2. (σπείρω), ep. a) ungesät. b) unbesät, brach.

Ἀσπασία, ἡ, 1) Milesierin, Geliebte des Perikles. 2) aus Phokäa, Gel. des jüng. Kyros u. später des Artaxerxes.

ἀσπάσιος, 3. u. 2. ep., Adv. **-ίως,** ep. poet. sp., u.

ἀσπαστός, 3., Adv. ion. **-ῶς** (ἀσπάζομαι), 1) willkommen, erwünscht, lieb, angenehm; ἀσπαστότερον eine erwünschtere Sache. Neutr. ἀσπαστόν als Adv. erwünscht, als Subst.: Annehmlichkeit. 2) froh, freudig, erfreut, zufrieden, gern, ἀσπάσιον τόν γε κακότητος ἔλυσαν zu seiner Freude erretteten sie ihn.

ἄσπασμα, τό (ἀσπάζομαι), poet. u. sp. Gruß, Liebkosung, Umarmung.

ἀσπασμός, ὁ, poet. u. sp. Gruß, Begrüßung.

Ἄσπενδος, ἡ, Stadt in Pamphylien, j. *Minugat.* Der Einw. ὁ **Ἀσπένδιος.**

ἄσπερμος, 2. (σπέρμα), ep. ohne Samen, ohne Nachkommen.

ἀ-σπερχές (σπέρχω u. ἀ prothet.), ep. Adv., eilig, dah. eifrig, heftig, emsig, unablässig.

ἄ-σπετος, 2. ep. poet. u. sp. (ἔσπετε, ἐνέπω), unsäglich, unendlich, unaufhörlich, unversieglich, unermeßlich. Neutr. **ἄσπετον** als Adv. gewaltig.

ἀσπιδη-στρόφος, 2. poet. den Schild (am Riemen, [κανών) schwingend.

ἀσπιδη-φόρος, 2. (φέρω), poet. schildtragend.

ἀσπίδιον, τό, poet. Schildchen.

ἀσπιδιώτης, ου, ὁ, ep. schildgewappnet, schildtragend.

ἀσπιδό-δουπος, 2. poet. schildtosend.

ἀσπιδ-οῦχος, ὁ, poet. der Schildträger.

ἀσπιδο-φέρμων, 2. (φέρμα das Getragene), poet. gewappnet (and. von φέρβω, vom Krieg sich nährend).

ἄ-σπιλος, 2. (σπίλος Schmutzfleck), N. T. ungefleckt u. unbefleckt.

ἀσπίς, ίδος, ἡ. 1) der **Schild,** sowohl der große Ovalschild, so groß wie der Krieger, ἀμφιβρότη, als der kleine kreisrunde, παντόσ' ἐίση. Weil er an der linken Seite getragen wurde, hieß ἐπ' ἀσπίδα linksum, παρ' ἀσπίδα oder ἀσπίδας links, doch auch am Schilde vorbei; (vgl. '100 Gewehre'), dah. ὀκτακισχιλίη ἀσπίς ein Heer von 8000 Schildträgern Hdt., doch auch im Pl.: ἐπ' ἀσπίδας πέντε καὶ εἴκοσι τάττεσθαι die Hopliten 25 Mann tief aufstellen Thuk., so auch ἐπ' ἀσπίδων τετάχθαι.

2) Übertr. **Schirm**, Schutz, Gefecht. 3) Name einer giftigen Schlangenart, Natter.

Ἀσπίς, ίδος, ἡ, 1) Clupea, karthag. St. 2) Burg in Argos.

ἀσπιστήρ, ῆρος, ὁ, poet. **ἀσπιστής**, οῦ, ὁ, poet. u. **ἀσπίστωρ**, ορος, ὁ, poet. beschildet, schildgewappnet.

ἄ-σπλαγχνος, 2. poet. ohne Eingeweide, herzlos, entartet, feige

ἄσπονδος, 2. (σπονδή), 1) ohne Opferspende, daher auch ohne Vertrag, ἀνελέσθαι τοὺς νεκροὺς ἀσπόνδους die Toten aufheben ohne Waffenstillstand; τὸ ἄσπονδον die Neutralität. 2) unversöhnlich: von Personen und Sachen.

ἄ-σπορος, 2. (σπείρω), unbesät.

ἀ-σπούδαστος, 2. poet. nicht zu erstreben, nicht zu betreiben.

ἀ-σπουδεί u. **ἀσπουδί** (σπουδή), ep. u. sp. Adv., ohne Anstrengung, ohne Mühe, ohne Gegenwehr, ruhig.

ἅσσα, ion. st. (ἅτια) ἅτινα, s. ὅστις.

ἄσσα, ion. st. neutr. τινά, etwas, einiges.

Ἀσσάρακος, ὁ, S. des Tros, V. des Kapys, Großv. des Anchises.

ἀσσάριον, τό, sp. 1) das röm. *as*, eigentl. Deminutivf., dah. unbedeutende Summe = Heller, Pfennig. 2) sp. Klappe, Ventil.

Ἀσσησίη, ἡ, Bein. der Athene von Assesos, einem Orte bei Milet.

Ἀσσίνᾱρος u. **Ἀσινάριος**, ὁ, Fl. Siziliens, j. *Fiume di Noto*.

ἆσσον, Adv., Komp. zu ἄγχι, (nicht in att. Pr.), näher, τινός jmdm., auch μᾶλλον ἆσσον immer n. Davon neuer ep. Kompar. **ἀσσοτέρω**, u. Superl. **ἀσσοτάτω**, näher, ganz nahe, mit Gen.

Ἄσσος (auch Ἀσσός), ου, ἡ, St. in Mysien am Atramytenischen Meerbusen, j. *Beiram* od. *Behrem Kalesi*, auf steilem Felsen.

Ἀσσυρία, ἡ, 1) Landschaft in Asien, Assyrien, j. *Kurdistan*, mit der Hauptstadt Niniveh (Νῖνος), doch nennt Her. auch 2) ein südliches mit Babylon, u. Spät. 3) Syrien so. Xen. nennt aber 4) das assyrische Reich so. Adj.

Ἀσσύριος, 3. Der Einw. ὁ **Ἀσσ.**, bei Xen. auch ihr König.

ᾄσσω, att. zsgz. st. ἀίσσω, w. s.

ἀ-σταθής, 2. sp. poet. u. **ἀ-στάθμητος**, 2. 1) unstät. 2) nicht abzumessen, unberechenbar, unzuverlässig, unsicher, unbestimmt, τὸ ἀστάθμητον die Unberechenbarkeit.

Ἄστακος od. **Ἀστακός**, 1) ὁ, Verteidiger Thebens gegen die Argiver. 2) ἡ, St. in Akarnanien, j. *Dragomestre*.

ἄ-στακτος, 2. (στάζω), Adv. **-κτί** [ῐ], nicht tröpfelnd, reich quellend, poet. auch tränenquellend.

ἀ-στάλακτος, 2. sp. nicht tröpfelnd.

ἀστάνδης, ου, ὁ, sp. etwa: Oberpostmeister, pers. Wort.

ἀ-στᾰσίαστος, 2. Adv. -άστως, ohne Parteikämpfe, πρὸς σφᾶς αὐτούς unter sich.

ἀστατέω, sp. unstät, aufgeregt sein.

ἀ-στᾰφίς, ίδος, ἡ (ἀ prothet.), die Rosine, *uva passa*.

ἄ-στᾰχυς, υος, ὁ (ἀ prothet.), ep. u. ion. Kornähre.

ἀ-στέγαστος, 2. ohne Dach, ohne Verdeck, τὸ ἀστ. die Obdachlosigkeit.

ἀστεΐζομαι, sp. sich wie ein Städter, wie ein feingebildeter, witziger Mensch benehmen, so sprechen.

ἀστεῖος, 3. u. 2., Adv. **-είως** (ἄστυ) städtisch, dah. a) hübsch, artig, niedlich, zierlich. b) fein gebildet, fein, witzig.

ἄ-στειπτος, 2. od. **ἄστιπτος**, (στείβω), poet. unbetreten, τινί von jmdm.

ἀστεισμός, ὁ, sp. Witz; witzige Rede od. Handlung.

ἀ-στεμφής, 2., Adv. **-φέως** (στέμβω, Nbf. zu στείβω), unentwegt, unerschütterlich, fest; Neutr. auch als Adv.

ἀ-στένακτος, 2. poet. nicht seufzend, ohne zu seufzen.

ᾀστέον, Adj. verb. zu ᾄδω: man muß singen.

ἄ-στεπτος, 2. poet. unbekränzt, ungeehrt.

ἀ-στεργάνωρ, ορος, ὁ, ἡ, poet. ohne Liebe zu einem Manne, ehescheu.

ἀ-στεργής, 2. (στέργω), poet. lieblos, feindselig.

Ἀστέριον, τό, Ort bei Magnesia in Thessalien, sp. Piresia.

Ἀστερίς, ίδος, ἡ (Sterneiland), kl. Insel zwischen Ithaka u. Kephallenia, j. *Daskalio*.

ἀστερο-ειδής, 2. (εἶδος), poet. u. sp. sternartig; gestirnt, voll Sterne.

ἀστερόεις, εσσα, εν (ἀστήρ), ep. voll Sterne, gestirnt, θώρηξ mit sternartigen Verzierungen; übertr. funkelnd, glänzend, δόμος.

ἀστεροπή, ἡ (ἀστήρ), ep. u. poet. Blitz, Donnerkeil. S. ἀστραπή. Dav.

ἀστεροπητής, οῦ, ὁ, ep. poet. u. sp. Blitzschleuderer, Beiname des Zeus.

ἀστερ-ωπός, 2. poet. gestirnt.

ἀστέφᾰνος, 2. poet. u. **ἀ-στεφάνωτος**, 2. unbekränzt.

ἀστή, ἡ, ion. Einheimische, Bürgerin, Eingeborne (Fem. von ἀστός).

ἀστήρ, ὁ, Gen. έρος, Dat. plur. ἀστράσι (*stella, astrum, Stern*), Stern, Gestirn, ὀπωρινός Hundsgestirn; überh. feurige Lufterscheinung, Meteor; übertr. von ausgezeichneten Menschen und Dingen.

ἀ-στήρικτος, 2. N. T. nicht gestützt, schwach.

ἀ-στῑβής, 2. u. **ἄστῑβος**, 2. (στείβω), poet. unbetreten, unwegsam.

ἀστῑκός, 3. (ἄστυ), städtisch; Subst. Städter, Stadtherr, Modeherr.

ἄ-στικτος, 2. (στίζω), ion. nicht punktiert, nicht tatauiert.

ἄ-στιπτος, 2. s. ἄστειπτος.

ἄ-στομος, 2. (στόμα), 1) poet. u. sp. hartmäulig, unlenksam. 2) sp. keine Härtung zulassend.

ἀστό-ξενος, ὁ, poet. ein auswärts geborner Bürger.

ἀστοργία, ἡ, Lieblosigkeit, unliebenswürdiges Wesen. Von

ἄ-στοργος, 2. (στέργω) lieblos.

ἀστός, ὁ (ἄστυ), Einwohner, Eingeborner, Bürger, Mitbürger.

ᾆστος, 2. poet. = ἄιστος.

Ἄστουρα, τά, Städtchen in Latium, j. *Torre d'Astura*.

ἀστοχέω, sp. u. N. T. 1) das Ziel verfehlen, abirren, τινός. 2) κατά τινος sich gegen jem. verfehlen, vergehen.

ἄστοχος, 2. (στοχάζομαι), der nicht gut zielt, der nicht treffen kann.

ᾀστόω, att. zsgz. aus ἀιστόω.

ἄστραβδα (od. -άβδα), Adv. poet. (στρέφω) unablässig.

ἀστράβη, ἡ, a) Sattel, geformt wie ein Lehnsessel, in dem man sicher saß, bes. für Weichlinge, Frauen u. Krüppelhafte. b) das so gesattelte Maultier. Dav.

ἀστρᾰβίζω, poet. als Maultier dienen.
ἀστρᾰγάλη, ἡ, poet. = ὁ ἀστράγαλος.
ἀστραγαλίζω, würfeln. Von
ἀστρᾰ́γᾰλος, ὁ, **1)** ep. der Halswirbel, das Genick, im Plur. die Wirbelknochen. **2)** das Sprungbein, der Knöchel am Fuß, u. dah. **3)** im Plur. die Würfel, das Würfelspiel, weil man die Würfel zuerst aus dem Sprungbeine einiger Tiere fertigte.
ἀστραπαῖος, sp. blitzend. Von
ἀστραπή, ἡ (aus ἀστεροπή), Blitz; heller Schein, N. T.
ἀστραπή-φορος, 2. (φέρω), poet vom od. im Blitz gebracht, aber
ἀστραπη-φόρος, 2. (φέρω), poet. Blitze bringend.
ἀστρᾰ́πτω, poet. στράπτω (ἀστεροπή), **1)** blitzen, d. i. den Blitzstrahl, Blitze schleudern, übertr. blitzen d. i. funkeln, τινί von etwas. **2)** poet. erglänzen lassen.
ἀστρατεία, ἡ, **1)** Befreiung vom Kriegsdienst. **2)** Verweigerung der Wehrpflicht, Fernbleiben vom Feldzug.
ἀ-στρᾰ́τευτος, 2. (στρατεύω), ohne Kriegsdienst, der nicht gedient hat.
ἀ-στρᾰτήγητος, 2. **1)** der nicht Feldherr gewesen ist. **2)** sp. ein schlechter Feldherr.
ἀ-στρατηγικός, 3. sp., Superl. ganz unerfahren in der Heerführung.
ἄ-στρεπτος, 2. buk. ohne sich umzukehren.
ἀστρο-γείτων, 2. poet. sternennah.
ἀστρο-δῑφεύς, έως, ὁ, ion. poet. Sterngucker.
ἀστρολογία, ἡ, Sternkunde. Von
ἀστρο-λόγος, 2. (λέγω), sternkundig; Astronom; erst spät Astrolog.
ἄστρον, τό (s. ἀστήρ), Gestirn, Sternbild, doch auch, wie ἀστήρ, der einzelne Stern, u. fast nur im Plur., wo ἄστρα auch den Himmel bedeutet, ἄστροις σημαίνεσθαι nur durch die Sterne geleitet werden, daher in der Fremde, Wüste reisen u. ἄστρων εὐφρόνη die Sternennacht, ὑπὲρ ἄστρων über die Sterne d. h. über das Ziel hinaus. Übertr. im Sing. der Helleuchtende od. der Unstern, τινί für einen.
ἀστρονομέω, die Sterne beobachten.
ἀστρονομία, ἡ, = ἀστρολογία.
ἀστρονομικός, 3. astronomisch. Von
ἀστρονόμος = ἀστρολόγος.
ἄ-στροφος, 2. (στρέφω), sich nicht drehend, nicht rückwärts blickend, ohne Drehen.
ἀστρ-ωπός, 2. poet. gestirnt.
ἄ-στρωτος, 2. (στρώννυμι), unbedeckt.
ἄστυ, τό (ϝάστυ, Stamm ϝασ wohnen), Gen. att. -εως, sonst -εος, die **Stadt,** oft mit dem Gen. des Namens derselben, insbes. die Hauptstadt im Gegens. zu den Landstädten od. zum Lande od. dem Staate (πόλις) od. Vereine der Bürger, dah. Athen im Gegens. zum Peiraieus od. Phalēron, auch wohl Rom, ferner das Weichbild der Stadt, die Unterstadt (Herod. 1, 14), κατ' ἄστυ (überall) in der Stadt, eigtl. durch die Stadt hin. **ἄστυδε,** Adv. in die Stadt. Im Plur. die Wohnsitze, Wohnstätten.
Ἀστυάγης, ου u. ους, ion. εω, Dat. ῃ, ει u. εϊ, ὁ, König von Medien, Großvater des älteren Kyros.
ἀστυάναξ, κτος, poet. die Stadt beherrschend. Dav.
Ἀστυ-άναξ, κτος, ὁ, S. des Hektor u. der Andromache.
ἀστῠ-βοήτης od. **-βοώτης,** ου, ὁ (βοάω), ep. stadtdurchrufend.
ἀστυγειτονέομαι, poet. in der Nähe der Stadt [wohnen.
ἀστῠγείτων, 2. der Stadt nah, überh. benachbart, angrenzend, ὁ ἀστυγείτων nächster Nachbar, Grenz[nachbar.
ἄστῠδε, Adv., s. ἄστυ.
ἀστυ-δρομέω, poet. die Stadt bestürmen.
ἀστύ-νῑκος πόλις, poet. die siegreiche Stadt, näml. Athen.
ἀστυνομικός, dem ἀστυνόμος angehörig. Von
ἀστυ-νόμος, 2. (νέμω), stadtschirmend, θεοί (Zeus, Apollo, die Heroen), ὀργαί stadtgründende und -ordnende Triebe, ἀγοραί staatenlenkende Versammlungen. Auch Subst. οἱ ἀστ. Straßen- u. Baupolizeibeamte in Athen, 5 in der Stadt u. 5 im Peiraieus, bei den Römern *aedilis.*
Ἀστύοχος, ὁ, spartan. Nauarch im J. 412.
ἀστυ-πολέω, sp. in der Stadt einhergehen, leben.
Ἀστυρηνή, Beiw. der Artemis, von dem Städtchen Ἄστυρα, τά, zwischen Antandros u. Atramyteion in Mysien.
ἀ-συγγνώμων, 2. nicht verzeihend, hartherzig.
ἀ-συγκόμιστος, 2. uneingeerntet.
ἀ-σύγκριτος, 2. sp. unvergleichbar.
ἀ-συγ-(altatt. ξυγ)**κρότητος,** 2. nicht zusammengehämmert, nicht gedrillt, uneingeübt.
ἀ-συκοφάντητος, 2. nicht verleumdet, nicht verleumderisch.
ἀ-σύλητος, 2 poet. = ἄσυλος.
ἀ-σῡλία, ἡ (ἄσυλος), poet. u. sp. Unverletzbarkeit, Sicherheit vor Mißhandlung.
ἀ-συλλόγιστος, 2. unlogisch, nicht in syllogistischer Form. Dazu das Adv. **ἀ-συλλογίστως,** sp. ἔχειν τινός etwas nicht berechnen können.
ἄ-σῡλος, 2. (συλάω), poet. u. sp. unberaubt, unverletzt, unverletzlich, sicher vor Verfolgung, übhpt. sicher, τινός vor etw. Subst. τὸ ἄσυλον, verst. ἱερόν, Heiligtum, wo man sicher ist vor Verfolgung. Adj. ἀσυλαῖος.
ἀ-σύμ-(altatt. ξύμ)**βατος,** 2. sich nicht vereinigend, διὰ τὸ ἀξύμβατον weil keine Aussöhnung zustande kommt. Adv. **-άτως,** sp. ἔχειν auf keinen Vergleich eingehen wollen.
ἀ-σύμ-(altatt. ξύμ)**βλητος,** 2. (συμβάλλω), poet. nicht auszumitteln, unbegreiflich, μαθεῖν nicht zu verstehen.
ἀ-σύμβολος, 2. nicht beisteuernd, unnütz.
ἀσυμμετρία, ἡ, Mißverhältnis. Von
ἀ-σύμμετρος, 2. ohne Ebenmaß, im Mißverhältnis stehend.
ἀ-συμπᾰγής, ές, nicht festgefügt, nicht derb, ohne feste Muskeln.
ἀ-σύμ-(altatt. ξύμ)**φορος,** 2., Adv. **-όρως,** unzuträglich, unangemessen, schädlich, τινί, εἴς u. πρός τι, ἀξύμφορον δρᾶν unzuträglich handeln, τὸ ἀ. der Nachteil.
ἀ-σύμφῡλος, 2 sp. nicht verwandt, unähnlich, entfremdet, unharmonisch, τινί in etwas.
ἀ-σύμ(ξύμ)φωνος, 2. nicht zusammenstimmend, uneinig.
ἀ-συνάρτητος, 2. sp. nicht zusammenhängend, nicht verknüpft.
ἀ-σύνδηλος, verstärktes ἄδηλος, sp.

ἀσυν(altatt. ξυν)**εσία,** ἡ, Einsichtslosigkeit, Unverstand. Von

ἀσυνέτημι, äol. poet. = ἀσυνετέω, nicht verstehen. Von

ἀ-σύν(altatt ξύν)**ετος,** 2. (συνίημι), **1)** akt. einsichtslos, unkundig, unverständig, ungeschickt. **2)** pass. poet. unverständlich.

ἀ-συνήθης, 2. sp. ungewohnt, ungewöhnlich.

ἀ-συνήμων, 2. (συνίημι), poet. unverständig.

ἀ-σύν(altatt. ξύν)**θετος,** 2. **1)** (συντίθημι), unzusammengesetzt. **2)** (συντίθεμαι) unzuverlässig, vertragsbrüchig.

ἀ-σύνοπτος, 2. unverständlich.

ἀσύν(altatt. ξύν)**τακτος,** 2. ungeordnet, nicht an seinen Platz gestellt, bes. ohne bestimmte militärische Ordnung, ohne Disziplin, ohne gemeinsames Band, ἀναρχία Mangel an Einheit im Oberbefehl, nicht eingeteilt.

ἀ-συντόνως, Adv., Superl. -νώτατα, nicht angespannt, schlaff, langsam, ἔχειν πρός τι.

ἀσύ(altatt. ξύ)**στατος,** 2. (συνίστημι) unzusammenhängend, uneinig, nicht zu beschwichtigen.

ἀσύφηλος, 2. ep. respektlos, trotzig, töricht, frevelhaft. Neutr. als Adv. μ' ἀσύφηλον ἔρεξεν er hat mich schnöde behandelt.

ἀσυχαῖος, ἄσυχος, ἀσυχία, dor. st. ἡσ-, ἦσ-, ἡσ-.

ἀ-σφάδᾳστος, (-δαστος), 2. poet. ohne Zucken, sicher.

ἄ-σφακτος, 2. poet. ungeschlachtet.

ἀσφάλαξ, κος, ὁ, spätpoet. = ἀσπάλαξ, Maulwurf.

ἀσφάλεια, ion. **-λείη,** ἡ, das Feststehen, sicherer Stand, ἀσφαλείᾳ ἀνόρθωσον zu sicherem Stande richte empor; das feste Auftreten, πρὸς τὸν πηλόν im Kote; Sicherheit, Gefahrlosigkeit, Sicherung, Sicherheitsmaßregel, Vorkehrung, sicheres Geleit, Zuverlässigkeit, Schutz, Unfehlbarkeit, Gewißheit, Vorsicht, Besonnenheit κατὰ (τὴν) ἀσφάλειαν in Sicherheit, ἀσφαλείᾳ der Sicherheit wegen, doch auch: mit Vorsicht, ἐς ἀσφάλειαν ποιεῖσθαί τινα sich jmds. versichern, dag. τὴν ἀσφ. τινι ποιεῖν od. παρέχειν einem Sicherheit verschaffen, u. πρὸς ἀσφ. τινα τρέπειν auf s. S. bedacht machen. Von

ἀ-σφᾰλής, 2. (σφάλλομαι). **1)** nicht fallend, **ohne zu wanken;** θεῶν ἕδος unerschütterlich Hom. **2)** übertr. **a) sicher,** ἐν ἀσφ. in Sicherheit Thuk., ἐξ ἀσφ. von sicherem Standpunkte aus Xen.; **b)** treu, zuverlässig • Adv. **ἀσφαλῶς,** ion. u. ep. **ἀσφαλέως,** od. **ἀσφαλές,** nicht wankend, fest, ἀ. ἔχειν, μένειν fest bleiben, sonst wie ἀσφαλής; ἀσφ. βουλεύεσθαι den sichern Weg einschlagen. Dav.

ἀσφαλίζω, gew. med., sp. u. N. T. sichern, sicher verwahren.

ἄσφαλτος, ἡ, Asphalt, ein Erdharz, häufig als Mörtel benutzt.

ἀσφᾰρᾰγος, ὁ (verw. mit φάραγξ, φάρυγξ), ep. Schlund, Kehle.

ἀσφοδελός, 2. (ἀσφόδελος, ep. buk. u. sp. Asphodill, eine lilienartige Pflanze), ep. u. sp. Asphodill hervorbringend. λειμών die Asphodillwiese in der Unterwelt.

ἀσχάλλω, ep. u. poet. verläng. **ἀσχαλάω,** wozu ep. 3. sg. praes. ἀσχαλάει, -ᾴᾳ, 3. pl. ἀόωσι, -όωσι, Inf. -άειν, -άαν, Part. -άων, -όων — ungehalten, ungeduldig sein, sich ärgern, betrübt sein.

ἄ-σχετος, ep., auch **ἀάσχετος,** 2. (ἔχω, St. σεχ), nicht zu halten, unwiderstehlich, unbändig.

ἀ-σχημάτιστος, 2. ungeformt, ohne Gestalt.

ἀσχημονέω, ein ἀσχήμων sein, **1)** sich unschicklich, unanständig benehmen, unanständig handeln. **2)** Beschimpfung erleiden, Unschicklichkeiten erleben.

ἀσχημοσύνη, ἡ, **1)** Mißgestalt, Häßlichkeit, auch Unschicklichkeit. **2)** Ungeschicklichkeit, Unbeholfenheit. Von

ἀ-σχήμων, 2. ungestaltet, unschicklich, unanständig, ἀ. ἂν φανεῖσθαι τὸ τοῦ Σ. πρᾶγμα daß S. eine schlechte Figur spielen werde.

ἀσχολέω (ἄσχολος), **1)** Akt. der Muße berauben, beschäftigen, hindern. **2)** Pass. tätig sein, beschäftigt sein, abs. u. περί τι mit etwas. Davon

ἀσχολία, ἡ, *negotium*, Unmuße, Beschäftigung, περί τι mit etwas, Abhaltung, Behinderung, τινός von etwas, im Plur. Geschäfte, Unruhe, ἀσχολίαν ἄγειν und ἔχειν zu tun haben, keine Zeit haben, περί τινος zu etwas, ἀσχολίαν κατασκευάζειν od. παρέχειν zu schaffen machen, Hindernisse in den Weg legen; auch von etwas abhalten: mit folg. Inf. mit od. ohne πρός τι.

ἄ-σχολος, 2. (σχολή), ohne Muße, **1)** beschäftigt, ἔς oder περί τι mit etwas. **2)** keine Muße gewährend.

ἄσχυ, τό, (skyth. Wort), Saft.

ἀσ-ώδης, 2. (ἄσις), poet. schlammig, versandet.

ἀ-σώματος, 2. unkörperlich.

Ἀσωπός, οῦ, ὁ, **1)** Fluß in Böotien, j. *Asopo;* die Bewohner der dortigen Gegend Ἀσωπία: **Ἀσώπιοι. 2)** der Stromgott Asōpos, Sohn des Okeanos und der Tethys, V. der Antiope, Ἀσωπιάδες κόραι Nymphen d. Fl. **3)** Fl. in Phthiotis.

ἄ-σωστος, 2. sp. unrettbar, unerträglich.

ἀσωτεύομαι, sp. poet. schwelgen.

ἀσωτία, ἡ, Schlemmerei, Liederlichkeit, Verschwendung. Von

ἄ-σωτος, 2. (σῴζω), Adv. **-ώτως,** ohne Rettung verloren, sittlich verdorben, heillos, unheilvoll.

ἀτακτέω, gegen die bestehende Ordnung, bes. als Militär sich gegen die Disziplin vergehen; sich dem Kriegsdienst entziehen. N. T. liederlich leben. Von

ἄ-τακτος, 2. (τάσσω), ohne Ordnung, ungeordnet, unordentlich, verworren, wüst, ausschweifend, bes. von Soldaten: nicht in Reih' und Glied stehend, ἄτακτος γίγνομαι in Unordnung geraten; auch überhaupt undiszipliniert.

ἀ-ταλαίπωρος, 2., Adv. **-ώρως,** der Arbeit, Mühsal abgeneigt, dah. gleichgültig; ion. τὸ ἀταλαίπωρον die Abneigung gegen Arbeit und Mühsal.

Ἀταλάντη, ἡ, **1)** Insel im Opuntischen Meerbusen, j. *Talanti.* **2)** Stadt in Makedonien am Axios. **3)** M. des Parthenopäus, T. des Iasos aus Arkadien, Genossin der Artemis, Jägerin, welche, von Meilanion (od. Hippomenes) durch die List mit goldenen Äpfeln im Wettlauf besiegt, dessen Gattin wird.

ἀ-τάλαντος, 2. (ἀ copulat.), ep. eigentl. gleichwiegend, dah. gleich, vergleichbar, τινί, auch τινί τι einem woran.

ἀταλά-φρων, ονος, ὁ, ἡ (ἀταλός, φρήν), ep. u. poet. kindlichen Sinnes.

ἀτάλλω, ep. u. poet. **1)** fröhlich hüpfen, munter

hervorspringen, springen, tändeln, νέαν ψυχήν in Jugendunschuld. **2)** erquicken. Von

ἀταλός, 3. [ᾰ ᾰ], ep. u. poet. kindlich, zart, jugendlich heiter, munter, jugendlich.

ἀ-ταμιεύτως, Adv., sp. verschwenderisch.

Ἄταξ, ακος, ὁ, sp. Fluß in Gallien, bei Narbonne, h. *Aude*.

ἀταξία, ἡ, (ἄτακτος), Unordnung, Mangel an Gehorsam, bes. beim Heer.

ἀτάομαι (ᾱ, ᾰ, ἄτη), poet. Pass., nur Präs. Schaden leiden, unglücklich werden.

ἀτάρ (sntr., ahd. *suntar*, nhd. *sondern*), immer zu Anfang eines Satzes, einen Gegensatz od. Einwand andeutend, selten dem μέν entsprechend: hingegen, dagegen, indes, doch, jedoch, und doch, aber; bes. in Fragen und da, wo man in der Rede abbricht und rasch zu etwas anderem übergeht: ja, ja doch.

ἀ-τάρακτος, 2., Sup. -ότατον, u. sp. ἀ-τάραχος, 2. **1)** nicht zu beunruhigen, unerschrocken. **2)** ungestört, ruhig.

ἀταραξία, ἡ, sp. Leidenschaftslosigkeit, Gemütsruhe.

ἀ-τάραχος, 2. (ταραχή), sp. Adv. -αράχως, sp. ohne Sturm, ohne Erregung.

ἀτάρβακτος, 2. poet., **ἀ-ταρβής,** 2. ep. u. poet., u. **ἀτάρβητος,** 2. (ταρβέω), ep. u. poet. unerschrocken, furchtlos. Als Adv. **ἀτάρβητα,** keck.

Ἀτάρβηχις, εως, ἡ, Stadt im ägyptischen Delta, sp. Aphroditopolis.

Ἀταρνεύς, έως, ion. έος, ὁ, Landstrich u. St. Mysiens, j. *Dikeli-Köi*. Der Landstrich heißt auch **Ἀταρνεῖτις** χώρα, der Einw. **Ἀταρνείτης,** ion. **Ἀταρνεΐτης,** ου, ὁ.

ἀταρπιτός, u. **ἀταρπός,** ἡ, ep. st. ἀτραπιτός, ἀτραπός, Pfad, Fußweg.

ἀταρτηρός, 3. ep. unbekümmert, rücksichtslos, hart, trotzig.

ἀτασθαλία, ἡ (ἀτάσθαλος), ep. u. ion. Unbesonnenheit, Gottlosigkeit, Übermut, Frevel, Sünde.

ἀτασθάλλω, ep. frevelmütig sein. Von

ἀτάσθαλος, 2. (ἄτας θάλλων strotzend von Verblendung), unbesonnen, übermütig, frevelhaft, gottlos, unbändig, trotzig, ungeziemend.

ἀ-ταύρωτος, 2. poet. jungfräulich.

ἀταφία, ἡ, sp. das Unbegrabensein. Von

ἄ-ταφος, 2. (θάπτω), unbegraben.

ἅτε, Neutr. plur. von ὅστε, ion. u. poet. welcherlei, was; b. Hom. nur als Pronom., ion. u. att. Adv. in welcher Art, nach Art wie, gleichwie, oft mit δή, bes. aber in Partizipialsätzen beim obj. Grund: da ja, da nämlich.

ἄ-τεγκτος, 2. poet. u. sp. unbenetzt, unerweicht, ungerührt.

ἀ-τειρής, 1. unermüdlich, unbezwinglich, standhaft, unnachgiebig.

ἀ-τείχιστος, 2. **1)** ohne Mauern, ohne Festungen, unbefestigt. **2)** nicht blockiert.

ἀ-τέκμαρτος, 2. (τεκμαίρομαι), ohne Kennzeichen, nicht zu bezeichnen, dunkel, unsicher, unberechenbar, nicht vorauszusehen. Adv. **-άρτως** ἔχειν sich nicht sicher bestimmen lassen.

ἄ-τεκνος, 2. poet. u. sp. kinderlos.

ἀτέλεια, ἡ, ion. **-λείη** u. **-λίη** (ἀτελής), Freiheit von Abgaben, Diensten, Leistungen an den Staat, Abgabenfreiheit, ἀτελείας ἄγειν frei sein, bleiben, τινός von etwas, öffentliche Vergünstigung.

ἀ-τέλεστος, 2. (τελέω), **1)** ep. akt. wirkungslos, fruchtlos, vergeblich; ἀτέλεστον adv. ohne Ende. **2)** pass. unerfüllt. **3)** uneingeweiht, τινός in etw.

ἀ-τελεύτητος, 2. **1)** ep. unvollendet, unerfüllt. **2)** poet. mit dem nicht zu Ende, zustande, nicht weiter zu kommen ist, unerbittlich.

ἀ-τέλευτος, 2. poet. endlos.

ἀ-τελής, 2. (τέλος), **1)** Ende, Ziel und Zweck nicht erreichend **a)** pass unvollendet, unvollkommen, unreif, unausgeführt, erfolglos; **b)** akt. unverrichteter Sache. **2)** ohne Weihe od. Amt, uneingeweiht, ausgeschlossen, unteilhaftig. **3)** ohne Abgaben, lastenfrei, steuerfrei.

ἀτέμβω, ep., nur im Präs., **1)** Akt. in Schaden bringen, verkürzen, übertr. täuschen. **2)** Pass. beraubt werden, verlustig gehen.

ἀ-τενής, 2., Adv. **-νές** u. **-νῶς** (τείνω mit ἀ copulat od intens.), angestrengt, straff, unverwandt, stier, stracks, starr, festhaltend, beharrlich, unerbittlich. Dav.

ἀτενίζω, sp. scharf hinsehen, ansehen, εἴς τι od. τινά, auf jmd. (als Vorbild) sehen, τινί N. T.

ἄτερ (= ahd. *suntar* in *sonder*gleichen, *sondern*), ep. poet. u. sp., Praep. beim Gen. **1)** ohne, sonder. **2)** getrennt von, fern von.

ἀ-τέραμνος, (2. ᾰ priv., τέρην) ep. poet. u. sp., nicht zart, hart, unerbittlich.

ἄτερθε(ν) (ἄτερ), poet. **1)** ohne, außer. **2)** fern von, τινός.

ἀ-τέρμων, 2. poet. u. sp. ohne Ende, endlos, grenzenlos, πέπλος aus einem Stück.

ἄτερος [ᾱ], 3. Gen. θατέρου, s. ἕτερος.

ἀ-τερπής, 2. (τέρπω), **1)** unergötzlich, unerfreulich, unangenehm, traurig. Komp. ἀτερπέστερος ἔς τι weniger ergötzlich für etwas. **2)** poet. sich einer Sache nicht freuend.

ἄ-τερπος, 2. ep. = ἀτερπής.

ἀ-τευχής, 2. poet. unbewaffnet.

ἀτεχνία, ἡ, Kunstlosigkeit, Ungeschicklichkeit. Von

ἄ-τεχνος, 2. ohne Kunst, **1)** ungeschickt, **2)** kunstwidrig. Adv. **a)** **ἀτέχνως** ohne Kunst, kunstlos, einfach, od. ohne Geschick. **b)** **ἀτεχνῶς** ohne weiteres, geradezu, ganz u. gar, natürlich, bes. in Vergleichungen: ἀτεχνῶς οἷον od. ὥσπερ gerade so wie.

ἀτέων, Part. von ἀτέω, ep. u. ion. sinnlos, betört, tollkühn (Il. 20, 332 m. Syniz.).

ἄτη [ᾱ], ἡ **1)** Unheil, Schaden, Verlust, Strafe. **2)** Schuld, Frevel. Personifiziert: Unheilsgöttin.

ἄ-τηκτος, 2. (τήκω), nicht geschmolzen.

ἀ-τημέλητος, 2. (τημελέω, besorgen), vernachlässigt, unbesorgt, ungepflegt. Adv. **-ήτως** u. sp. auch **ἀτημελῶς** (v. ἀτημελής, 2) m. ἔχειν vernachlässigt werden, nicht sauber gehalten sein.

ἀτηρία, ἡ, Schaden, Unheil, Nachteil. Von

ἀτηρός, 3. (ἄτη), (meist poet.) unheilbringend.

ἀτήσιμος, verderblich (Konj. in Soph. Ant. 4).

Ἀτησῖνος, ὁ, j. *Etsch*.

Ἀτθίς, ίδος, ἡ, attisch; Subst. poet. **1)** Attika; **2)** attische Geschichte; **3)** attischer Dialekt; **4)** weibl. Eigenn.

ἀ-τίετος, 2. poet. **a)** ungeehrt. **b)** verachtend.
ἀτίζω (vgl. ἄτιτος 3.), ep. u. poet. nicht achten, unbesorgt sein, verachten.
ἀτῑμᾰγελέω, buk. die Herde verlassen, von
ἀτῑμ-ᾰγέλης, ὁ, buk. die Herde verachtend.
ἀτῑμάζω (ἄτιμος), Impf. Iterativf. ἀτιμάζεσκον. nicht ehren, mißachten, verächtlich behandeln, beschimpfen, entehren, zurücksetzen, *ἀτιμάζειν τινά τινος* einem etw. mißgönnen, entziehen, *τάφου* die Ehre der Bestattung, *μή μ' ἀτιμάσῃς τὸ μὴ οὐ θανεῖν σὺν σοί* halte mich nicht für unwürdig, mit dir zu sterben; mit Inf. für zu gering halten, verschmähen etwas zu tun. Dav.
ἀτῑμαστήρ, ῆρος, ὁ, poet. Entehrer.
ἀτίμαστος, poet. mißachtet, zurückgesetzt.
ἀτιμάω (ἄτιμος), ep. u. poet. = ἀτιμάζω.
ἀ-τίμητος, 2. **1)** ep. nicht geehrt, nicht geachtet, verachtet. **2)** att. *δίκη ἀτ.*, ein Rechtshandel, bei dem die Strafe nicht vom Richter geschätzt wird, sondern im Gesetze bestimmt ist.
ἀτῑμία, ἡ (ἄτιμος), Unehre, Entehrung, Verachtung, Zurücksetzung, Ehrenstrafe; überh. Unehre, Ehrlosigkeit, *ἐν ἀτιμίᾳ ἔχειν τινα* einen mißachten, verschmähen. Nicht selten im Plur. N. T. Schmach, *πάθη ἀτιμίας* schändliche Lüste. Im bes. die teilweise Entziehung (Suspension) der bürgerlichen Ehrenrechte, doch auch die Ächtung, wodurch einer vogelfrei wurde.
ἀτῑμο-πενθής, 2. poet. über Entehrung trauernd. Von
ἄ-τῑμος, 2. (τιμή) • **1)** ehrlos • **a) ungeehrt,** verachtet, entehrt, abs. u. *τινός* einer Sache unwert, *ὧν ἱκόμην* nicht gewürdigt dessen, weshalb ich gekommen; *γερῶν* beraubt Thuk.; *τῆς πόλεως* verlustig Lys. • **b)** von Sachen und Zuständen: **entehrend,** schmachvoll, wertlos, *ἀτιμοτέρα ἕδρα* ein minder ehrenvoller Platz, Xen. • **2)** att. der Bürgerrechte verlustig, ehrlos, **geächtet,** vogelfrei; oft nur: einzelner bürgerlicher Befugnisse verlustig, *ἄτιμον βάλλειν* oder *στέλλειν τινά* einen verstoßen • **3)** nicht abgeschätzt, *χάρις οὐκ ἄτιμος πόνων* ein den Mühen entsprechender Lohn, Aesch.; *οἶκον ἄ. ἔδειν* ohne Ersatz Od. 16, 431, bes. nicht gerichtlich geschätzt, daher unbestraft • Adv. *ἀτίμως,* schimpflich.
ἀτῑμόω (ἄτιμος), **1)** Akt. entehren, beschimpfen, bes. der bürgerlichen Rechte berauben, ächten. **2)** Pass. der Atimie verfallen, der bürgerlichen Ehrenrechte verlustig gehen.
ἀ-τῑμώρητος, 2. **1)** (τιμωρέομαι) ungerächt, ungestraft, *ἀτ. γίγνεσθαι* der Rache oder Strafe entgehen. **2)** (τιμωρέω) ohne Hilfe oder Beistand, hilflos.
ἀτίμωσις [ῑ], εως, ἡ (ἀτιμόω), poet. Entehrung.
Ἀτιντᾶνες, οἱ, Volk im östlichen Epirus.
ἀ-τισία, ἡ (τίνω), sp. das Unvermögen zu zahlen.
ἀτῐτάλλω, ep. (ἀτάλλω, ᾰ), nur Praes. u. Aor. 1. ἀτίτηλα, **1)** aufziehen, pflegen, füttern. **2)** buk. ausschmücken.
ἄ-τιτος, ep. u. poet., u. **ἀ-τίτης,** ὁ, poet. (τίω ῐ), **1)** ungerächt. **2)** ungebüßt, unbezahlt. **3)** ungeehrt, nicht wert geachtet, *τινός*.
ἀτίω, poet. nicht ehren.
ἄ-τλᾱς, αντος, ὁ (ἀ intens. u. τλῆναι), Träger, insbes. Bildsäule als Träger; dann als Eigenn.
Ἄ-τλᾱς, αντος, ὁ, **1)** ein Gott, der die Säulen hält, welche den Himmel tragen. **2)** das Atlasgebirge in Westafrika, j. *Darah*. Die Einwohner der Gegend hießen οἱ **Ἄτλαντες,** u. ἡ **Ἀτλαντίς,** verst. θάλασσα, das Meer jenseits der Säulen des Herakles, das Atlantische. Adj. (zu 1. u. 2.) **Ἀτλαντικός,** 3. **3)** Nebenfluß des Istros.
ἄ-τλᾱτος, dor. st. ἄτλητος.
ἀτλητέω, poet. nicht dulden können. Part. entrüstet, empört. Von
ἄ-τλητος, 2. (τλῆναι), **1)** ep. ion. u. poet. unerträglich. **2)** poet. nicht zu wagen.
ἄ-τμητος, 2. (τέμνω), **1)** unteilbar. **2)** unbeschnitten, [unverheert.
ἀτμίζω, dampfen, dunsten. Von
ἀτμίς, ίδος, ἡ, Dampf, Dunst.
ἀτμός, ὁ (ἄημι, viell. mit *Schwaden* verw.), Dampf, Dunst.
ἄ-τοιχος, 2. poet. ohne Wand.
ἄ-τοκος, 2. nicht geboren habend, unfruchtbar.
ἀ-τόλμητος, 2. poet. nicht zu bestehen.
ἀτολμία, ἡ, Feigheit, Zaghaftigkeit, Mutlosigkeit. Von
ἄ-τολμος, 2., Adv. **-όλμως,** verzagt, *πρός τι, εἴς τι* u. m. Inf.
ἄ-τομος, 2. (τέμνω), **1)** poet. unbeschnitten, *λειμών* nicht abgemäht, weil den Göttern heilig. **2)** unzerschneidbar, unteilbar, winzig klein; *ἡ ἄτομος* (sc. οὐσία), sp., u. *τὸ ἄτομον*, die unteilbare Wesenheit, der letzte unteilbare Stoff, Element, Atom; übertr. *ἐν ἀτόμῳ*, in einem Augenblick, N. T.
ἀτονία, ἡ, Schlaffheit. Von
ἄ-τονος, 2., Adv. **-όνως,** abgespannt, schlaff; tonlos.
ἄ-τοξος, 2. sp. **1)** ohne Bogen. **2)** des Schießens unkundig.
ἀτοπία, ἡ, das Ungewöhnliche, Seltsamkeit, Wunderlichkeit, Widerspruch, wohl auch Scheußlichkeit. Von
ἄτοπος, 2., Adv. **-όπως,** nicht an seiner Stelle, dah. ungewöhnlich, auffallend, wunderbar, abenteuerlich, unziemlich, abgeschmackt, ungeschickt, ungereimt, widersinnig, widrig, *τὰ ἀτοπώτατα* der größte Widersinn.
ἆτος, 2. ep. zsgz. aus ἄατος (s. ἄμεναι), unersättlich, *τινός* in etwas.
Ἄτοσσα, ης, ἡ, **1)** T. des Kyros, Gem. des Kambyses, dann des Dareios Hystaspis, M. des Xerxes. **2)** Gem. des Artaxerxes II.
ἀτραγῴδητος, 2. sp. nicht tragisch behandelt, nicht übertrieben, nicht geschraubt.
ἀ-τράγῳδος, 2. Superl. -ότατος, untragisch.
ἄτρακτος, ὁ (lat. *torqueo*), **1)** die Spindel. **2)** der Pfeil.
ἀτρακτυλ(λ)ίς, ίδος, ἡ, buk. ein distelartiges Gewächs, das man zu Spindeln gebrauchte.
Ἀτραμύττειον (dies die richtige Schreibung; var. -τιον, -ττειον, -ττιον, auch Ἀδραμ.), τό, Seestadt in Mysien, j. *Edremit;* Adj. -τηνός.
ἀ-τραπῑτός, ep. und **ἀτραπός,** ἡ, Pfad, insbes. Bergpfad, Fußsteig.
Ἀτρείδης, ου, und **Ἀτρείων,** ωνος, ὁ, Sohn des

Ἀτρεύς, Agamemnon und Menelaos, im Plur. οἱ Ἀτρεΐδαι, Ἀτρεῖδαι von beiden.

ἀτρέκεια, ion. ἀτρεκείη, ἡ, etwas Zuverlässiges, der wahre Hergang einer Sache, die Wahrheit. Von

ἀτρεκής, 2., Adv. **-κῶς,** ep. u. ion. **-κέως** (τρέκω = τρέπω, lat. *torqueo*, d. Drehen), nicht in att. Pr., eigentl. unverdreht, unumwunden, genau, sicher, bestimmt, gerade so viel, zuverlässig, in Wahrheit, ohne Rückhalt. Subst. τὸ ἀτρ., der wahre Sachverhalt; adverbial poet. genau genommen.

ἀ-τρέμα, vor Vokalen **-μας** (τρέμω), Adv. ohne Schwanken, **a)** vollständig, sicher, Plut. Them. 27 (zweifelh.). **b)** unbeweglich, ruhig, neutral, still, leise, gemach, allmählich. **c)** mit Adj.: ziemlich. Davon

ἀτρεμαῖος, 3. poet. ruhig, still.

ἀτρεμεί, poet. = ἀτρέμας.

ἀτρεμέω, ion. u. sp., u. ion. **ἀτρεμίζω,** Fut. ἀτρεμιεῖν, med. ἀτρεμιεῖσθαι, **1)** Akt. nicht zittern, sich nicht bewegen, ruhig sein od. bleiben, sich beruhigen, ἐπί τινος u. ἐπί τινι. **2)** Med. poet. sich den Frieden bewahren. Von

ἀ-τρεμής, 2., Adv. poet. **ἀτρεμέως** (τρέμω), nicht schwankend, ruhig, unverrückt. Dav.

ἀτρεμία, ἡ, Unbeweglichkeit, Ruhe.

ἀτρεμίζω, s. ἀτρεμέω.

ἄ-τρεπτος, 2. (τρέπω), sp. **1)** unveränderlich, unwandelbar. **2)** unverwandt, unverändert, πρός τι sich nicht kehrend an etwas.

ἄ-τρεστος, 2. (τρέω), (meist poet.), Adv. -στί, nicht zitternd, unerschrocken, τινός.

Ἀτρεύς, έως, poet. ῆος, ὁ [ᾰ], Enkel des Tantalos, S. des Pelops u. der Hippodameia, Br. des Thyestes, V. des Agamemnon u. Menelaos (u. der Anaxibia, Gem. des Strophios), König von Mykenä.

ἄ-τρητος, 2. = ἀτρύπητος.

ἀ-τρίακτος, 2. (τριάζω), poet. unbesiegt.

ἀ-τριβής, 2. ungerieben, d. i. **1)** nicht abgehärtet; von Wegen und Örtern: nicht betreten. **2)** unabgenutzt, unbeschädigt.

ἄ-τριπτος, 2. **1)** = ἀτριβής. **2)** ungedroschen. Dav.

ἀτριψία, ἡ, sp. Ungeübtheit.

Ἀτρόμητος, ὁ, V. des Redners Äschines.

ἄ-τρομος, 2. (τρόμος), ep. nicht zitternd, furchtlos, unerschrocken (vom Schlafe: fest), *imperterritus.*

Ἀτροπάτης, ου, ὁ, Führer der Meder bei Gaugamela u. hernach Satrap v. Medien.

Ἀτροπατηνή, ἡ, nordw. Provinz Mediens am Kasp. Meere.

ἀτροπίη, ἡ, poet. Ungeschmeidigkeit, Geradheit, [Starrheit.

ἄ-τροπος, 2. buk. **1)** unwandelbar. **2)** **Ἄτροπος,** ἡ, Name einer der drei Moiren: die Unabwendbare.

ἀτροφέω, sp. abzehren. Von

ἄ-τροφος, 2. (τροφή), schlecht genährt, dürr.

ἀ-τρύγετος, 2. **a)** nach den Alten von τρυγάω, ohne Ernte, d. i. unfruchtbar, öde, ep. Beiw. des Meeres u. Äthers. **b)** nach den Neueren von τρύω, unermüdlich wogend.

ἀ-τρύμων, 2. poet. = ἄτρυτος.

ἀ-τρύπητος, 2. (τρυπάω), sp. undurchbohrt.

ἄ-τρῦτος, 2. (τρύω), ion. poet. u. sp. nicht aufzureiben, unerschöpflich, nicht nachlassend, unendlich; τὸ ἄ. Unerschöpflichkeit, Unermüdlichkeit.

Ἀτρῡτώνη od. **ἀτρ.,** ἡ (ἄτρυτος), die Unermüdete, Unbezwingliche, ep. Bein. der Athene.

ἀτρώς, ῶτος, ὁ, ἡ (τιτρώσκω), sp. = dem folg.

ἄ-τρωτος, 2. (τιτρώσκω), **a)** unverwundet. **b)** unverwundbar, τινί oder ὑπό τινος von etwas.

ἄττα od. ἅσσα = ἅτια = ἅτινα, v. ὅστις.

ἀττα od. ἄσσα, st. att. neutr. τινά.

ἄττα (lat. *atta* Väterchen, got. *atta*), ep. freundliche Anrede an ältere Männer: Väterchen.

Ἀττάλεια, ἡ, St. in Pamphylien, v. Attalus II. Philadelphus gegründet.

Ἄτταλος, ὁ, **1)** Oheim von Philipps II. Gattin Kleopatra. **2)** mehrere Führer in Alexanders Heer. **3)** drei Könige von Pergamon, von denen **a)** Att. I. Σωτήρ von 241—197 regierte. **b)** Att. II. Philadelphos schon neben seinem Bruder Eumenes II. seit 192 vielfach politisch tätig war u. von 159—138 regierte. **c)** Attalos III. Philometor, geb. 171, von 138—133 herrschte und sein Reich testamentarisch den Römern vermachte.

ἀτταταῖ, poet. ein Schmerzensruf.

ἀττέλεβος, ὁ, ion. eine ungeflügelte Heuschreckenart.

Ἀττήλας, ᾶ, ὁ, sp. der Hunnenkönig Attila 433—453 n. Chr.

Ἄττης, ου, auch **Ἄττις,** ιδος, ὁ, ein Götterwesen der Phryger und Lyder, nach der Sage der Geliebte der Kybele, der nach seinem Tode in ihren Tempeln gemeinschaftlich mit ihr verehrt wurde, daher auch sein Name in mystischen Beschwörungsformeln (wie ὑῆς Ἄττης u. a.) vorkam; zuweilen mit Dionysos gleichgesetzt.

ἀττικίζω (-κός), es mit den Athenern halten. Dav.

ἀττίκισις, εως, ἡ, attisches Benehmen und Reden.

ἀττικισμός, ὁ, **1)** Hinneigung zu, Anhänglichkeit an Athen. **2)** Attische Sprache, Ausdrucksweise; ἐπιχώριος ἀττ. echtes Attisch.

Ἀττικός, 3. attisch; **Ἀττική,** ἡ, **a)** das Land Attika (ἀκτική). **b)** die Athenerin.

Ἄττις, s. Ἄττης.

ᾄττω, att. st. ᾄσσω, s. ἀίσσω.

ἀτύζω (ᾰ), ep. u. poet. **I)** Akt. m. Aor. ἀτύξαι, buk. erschrecken. **II)** Pass. ep. m. Aor. ἀτυχθείς u. poet. **a)** verwirrt, betäubt sein, sich entsetzen, erschrecken (Part. scheu, bänglich, betäubt), vor etwas, τί, mit Inf. (ὥστε) ἀπολέσθαι bis zum Tode. **b)** gescheucht werden, erschrocken fliehen, durchgehen, πεδίοιο durch die Ebene.

ἄ-τυμβος, 2. sp. ohne Grabhügel, unbeerdigt.

ἀ-τυράννευτος, 2. keinem Tyrannen untertan.

ἀτυφία, ἡ, sp. sp. die Anspruchslosigkeit. Von

ἄ-τῡφος, 2. ohne Aufgeblasenheit, bescheiden, anspruchslos.

ἀτῠχέω (ἀτυχής), Perf. ἠτυχηκέναι, -κώς, Aor. pass. ἀτυχηθέντα, **a)** abs. das Ziel verfehlen, bes. beim Bitten, abgewiesen werden, παρά τινος von einem; überh unglücklich sein. **b)** τινός etwas verfehlen od. nicht erlangen, ἔν τινι u. τί, in etwas Unglück haben, κτώμενος bei beabsichtigter Erwerbung. Dav.

ἀτύχημα, τό, einzelner Unfall, Mißgeschick, Unglück.

ἀτυχής, 2. (τύχη), vom Geschick verlassen; verwahrlost, verblendet. Dav.
ἀτυχία, ἡ, Unglück.
αὖ, urspr. örtl.: zurück, bezeichnet 1) Wiederholung der Handlung, wiederum, wieder, abermals, ein andermal, oft mit πάλιν, αὖθις, ja selbst αὖθις πάλιν verb, von neuem wieder, auch: schon wieder einmal. 2) Entgegnung, Gegenüberstellung: hinwiederum, andrerseits, hingegen, dagegen, ebenfalls aber, ferner, nun auch, oft mit δέ und daher auch dem μέν entsprechend, mit Negatt. auch nicht, nicht selten zwischen Präp. und Nomen gestellt.
αὐαίνω, att. **αὑαίνω,** augm. ηὐ- (αὐ-), Aor. ion. ηὔηνα, trocken machen, trocknen, dörren, verschmachten lassen.
αὐγάζω (αὐγή), ep. u. poet. 1) Akt. eigentl. bestrahlen, übertr. hinausspähen auf etw. 2) N. T. leuchten, strahlen. 3) Med. τί etwas deutlich sehen, wahrnehmen, erkennen.
Αὐγείας, auch -έας, poet. **Αὐγείης,** ου, K. in Elis, dessen Rinderstall Herakles reinigte.
αὐγή, ἡ, 1) Licht, Strahl, bes. Sonnenstrahl mit u. ohne ἡλίου; ὑπ' αὐγὰς ἠελίοιο, Διὸς αὐγαί Tageslicht des Zeus od. Himmels; ὄμμα αὐγᾶς das Strahlenauge. 2) Glanz, Schimmer, strahlende Schönheit, Plur. die Augenstrahlen, das Auge.
Αὐγηιάδης, ου, ὁ, Sohn des Αὐγείας = Agasthenes.
Αὔγιλα, ων, τά, Oase im Innern von Marmarika (Libyen).
αὐδάζομαι, mit Aor. ηὐδάξατο, ion. Nbf. zu
αὐδάω, ep. u. poet., u. poet. **αὐδάομαι,** Fut. αὐδήσω usf., mit ep. Aor. iter. αὐδήσασκε, dor. αὐδάσω usf., Aor. pass. αὐδαθείς, τί oder mit folg. Inf. sprechen, reden, nennen (bes. im Pass. ηὐδήθη), rufen, ausrufen, gebieten, ertönen lassen, auch ἀντίον αὐδᾶν τινα zu einem sprechen, einen anreden, ἔπος ἀντίον αὐδᾶν τινα ein Wort zu einem sprechen, entgegnen. Von
αὐδή, ἡ, ep. u. poet. 1) Stimme, Sprache, Rede, Laut, Ton, Klang, Zwitschern. 2) Bescheid, Gerücht, Ruf, Kunde, ἔργων deiner Taten. Dav.
αὐδήεις, εσσα, εν, ep. mit menschlicher Sprache begabt, sprechend.
αὔδω, ως, ἡ, äol. poet. = αὐδή, ῆς.
αὐερύω, Impf. αὐέρυον, Aor. αὐέρυσα (ἀνά, Ϝερύω), ep. 1) abs. eigentl. emporziehen, zurückziehen, rückwärts beugen, nämlich den Hals des Opfertieres. 2) wieder herausziehen.
αὖθ', s. αὖτε. **αὔθ'** = αὐτό, αὐτά vor *spir. asp.*
αὐθάδεια u. poet. **αὐθαδία,** ἡ, Selbstgefälligkeit, Anmaßung, Übermut, Eigensinn. Von
αὐθ-άδης, 2. (αὐτός u. ἁδεῖν), selbstgefällig, anmaßend, eigenwillig, rücksichtslos, trotzig. Dav.
αὐθαδίζομαι, Dep. med., selbstgefällig, selbstsüchtig sein; Part. aus Eigendünkel. Davon
αὐθάδισμα, τό, poet. ein Beweis von Anmaßung, Eigensinn. [redend.
αὐθαδό-στομος, 2. poet. frechmäulig, trotzig
αὐθ-αιμος, 2. poet. u. **αὐθ-αίμων,** 2. poet. desselben Bluts, verschwistert, Blutsverwandter.
αὐθ-αίρετος, 2. (Adv. -έτως), selbstgewählt, selbstverschuldet; στρατηγοί durch eigene Wahl.
αὐθ-έκαστος, 2. sp. 1) natürlich, gerade; geradezu versichernd, streng. 2) eigensinnig, trotzig.
αὐθεντέω, N. T. eigener Herr sein, herrschen. Von
αὐθ-έντης, ου, ὁ, zsgz. aus dem poet. **αὐτοέντης,** 1) Urheber, Ausführer, Vollzieher, Mörder, Henker; Selbstherr. 2) θάνατος selbsteigener, oder der eigenen Familie Tod. Dav.
αὐθεντικός, 3. Adv. **-κῶς,** sp. zuverlässig, nach einem sichern Gewährsmann.
αὐθ-ημερόν, Adv. desselbigen Tages, dah. ohne Verzug, auf der Stelle.
αὖθι, ep. Adv. 1) an Ort und Stelle, d. h. hier, dort. 2) sogleich.
αὐθι-γενής, 2. poet., u. ion. **αὐτιγενής** (γένος), an Ort und Stelle entstanden, inländisch, θεός Landesgottheit, ποταμός Landesfluß; eingeboren, häuslich.
αὖθις, ion. u. poet. **αυτις** (αὖ), Adv. a) wieder, wiederum, zurück, wechselseitig. b) hingegen, ferner. c) künftighin, ein andermal, οἱ αὖθις die Nachkommen.
αὐθ-όμαιμος, 2. poet. leiblicher Blutsverwandter, Bruder.
αὐθ-ωρεί, Adv. sp. zu derselbigen Stunde.
αὐίαχος, 2. (ἀ cop. u. Ϝιαχή), ep. zusammen, gemeinsam schreiend.
αὐλαία, ἡ (αὐλή), sp. Vorhang, bes. vor dem Zelte, im Plur. die Tücher zum Vorhang, Tapeten.
αὖλαξ, ἄκος, ἡ, ep. ion. poet. buk. (aus ἄϜλαξ, vgl. ἄλοξ u. ὦλξ), 1) Furche. 2) Schwad.
αὔλειος, 3., att. auch 2. (αὐλή), zum Vorplatz od. Hof gehörig, Hof-, bes. ἡ αὔλειος und ἡ αὐλεία, verst. θύρα, bei Hom., Her. u. ep. αἱ αὔλ. θύραι, die Hoftür, d. i. die Tür, die von der Straße in den Vorhof führt, οὐδὸς αὔλ. die Hoftürschwelle.
αὐλέω (αὐλός), 1) Akt. a) die Flöte blasen, τινί einem vorblasen, od. τί auf der Flöte vortragen. b) überh. blasen, τῷ κέρατι. 2) Pass. von Flötenspiel erfüllt werden od. ertönen. 3) Med. sich auf der Flöte vorspielen oder vorblasen lassen.
αὐλή, ἡ (vgl ἰαύω), 1) freier Platz am Wohnhause, **Hof,** sowohl der äußere Wirtschaftshof, Viehhof, Stall, als der gepflasterte innere Hof, Vorhof mit der Halle, auch von Zelten, Höhlen im Labyrinthe, Kerker, ja überh. Vorhalle, Vorzimmer, 2) die den Hof umgebende Umfriedigung, Hofmauer. 3) der Hof, das Gehöfte, die **Wohnung,** sowohl von ländlichen Hütten als fürstlichen Palästen od. Residenzen.
αὔλημα, τό (αὐλέω), das auf der Flöte Geblasene, Flötenstück.
αὔλησις, εως, ἡ, das Flötenspiel.
αὐλητήρ, ῆρος, ὁ, poet. u. **αὐλητής,** οῦ, ὁ (αὐλέω), Flötenspieler, mit u. ohne ἀνήρ.
αὐλητικός, 3. das Flötenspiel betreffend, ἡ αὐλητική, verst. τέχνη, Kunst des Flötenspiels.
αὐλητρίς, ίδος, ἡ, Flötenspielerin.
αὐλίζομαι, Dep. (αὐλή), im Hofe eingehegt sein und im Freien übernachten; dah. überh. verweilen, lagern.
αὐλικός, 3. (αὐλή), sp. zum Hofe gehörig, οἱ αὐλικοί die Hofleute, Höflinge.

αὔλιον, τό (αὐλή), jeder rings eingeschlossene Ort unter freiem Himmel (Hürde), Grotte, auch im Plur. [aufschlagen, Ruhestätte.

αὖλις, ιδος, ἡ, ep. poet. Nachtlager im Freien, θέσθαι

Αὐλίς, ίδος, ίδα u. (Eur. Plut.) Αὖλιν, ἡ, Hafenort in Böotien, j. *Vathi.*

αὐλίσκος, ὁ, Demin. v. αὐλός, 1) kleine Röhre, Röhrchen. 2) kleine Flöte.

αὐλο-ποιός, ὁ, Flötenmacher. Von

αὐλός, ὁ (αὐλών). 1) jede Röhre, Ansteckröhre der Lanzenspitze Il. 17, 297, der Spange; Blutstrahl Od. 22, 18. 2) Flöte mit Mundstück, wie die Klarinette; ὑπ' αὐλοῦ unter Flötenschall Hdt., πρὸς, ὑπὸ τὸν αὐλ. nach den Weisen des Flötenspieles Xen.

αὐλῳδός, οῦ, ὁ, Flötenvirtuos, der zugleich auch Sänger ist, beides abwechselnd.

αὐλών, ῶνος, ὁ, u. poet. auch ἡ, (αὐλός) Graben, Kanal, Schlucht, Tal, Sund.

Αὐλών, ῶνος, ὁ, 1) das Tal, durch welches der Bolbe-See in den Strymon. Busen abfließt. 2) Tal u. Stadt am Nedafluß an der Grenze von Triphylien, Arkadien u. Messenien.

αὐλ-ῶπις, ιδος, ἡ, ep. hochröhrig, d. h. mit einer Röhre zum Einstecken des Helmbusches versehen.

αὐξάνω, (ἀϜέξω, lat. *augeo* dt. *wachsen*), im Präs. u. Impf. auch **αὔξω,** augment. ηὐξ- (αὐξ-), nebst ep. poet. u. ion. **ἀέξω,** Fut. αὐξήσω Aor. ηὔξησα usf. • 1) Akt. • a) trans. **mehren,** fördern, vergrößern, Macht gewinnen lassen, heranwachsen lassen, steigern, πόνοις durch Mühen stählen, und πένθος (wie τρέφειν) hegen; überh. segnen, erheben, preisen, ἐπαινεῖν καὶ αὔξειν ehren Plat. • b) intr. N. T. wachsen, erwachsen zu etwas, εἰς, zunehmen τινί • 2) Med. u. Pass. mit Fut. αὐξήσομαι, Aor. ηὐξήθην, Perf. ηὔξημαι, **sich mehren,** vermehrt werden, im Deutschen oft intr. zu fassen: wachsen, heranwachsen, gedeihen, zunehmen, ἄνεμος sich erheben Hdt. Dazu

αὔξη, ἡ = αὔξησις.

Αὐξησίη, ἡ, die Göttin des Gedeihens.

αὔξησις, εως, ἡ, Vermehrung, Vergrößerung, Wachstum, Emporkommen.

αὔξιμος, 2. gedeihlich.

αὔξω, s. αὐξάνω.

I. **αὐονή,** ἡ (II. αὔω), poet. Geschrei, ἄρρηκτος unbesiegbares Mundwerk.

II. **αὐονή,** dor. -νά, ἡ, poet. die Trockenheit. Von

αὖος, 3. att. αὖος (lat. *sūdus*), dürr, trocken, getrocknet, Neutr. αὖον als Adv. dumpf, heiser, klanglos, wie trockene Körper einen Ton von sich geben; sp. aufs Trockne gesetzt, arm.

ἀυπνία, ἡ, sp. das Nichtschlafen, Schlaflosigkeit, beständiges Wachen. Von [wach.

ἄ-υπνος, 2. ohne Schlaf, ep. u. poet. schlaflos,

αὔρα, ἡ, ion. αὔρη (ἄημι), *aura,* Hauch, Luftzug, Luft, Wind, bes. kühle Luft vom Wasser her od. frische Morgenluft, gelinder, günstiger Wind. Im Plur. mit Gen. ἀνέμων, und ἐν αὔραις τρέφεσθαι von der Luft leben.

αὔριον und **αὖρι** (Adv. von ἠώς, äol. αὔως, lat. *aurora*), morgen, überh. in Zukunft, bald.

Αὔσονες, ων u. **Αὐσόνιοι,** οἱ, sp. *Ausones,* Ureinwohner von Mittel- und Süditalien; vom Adj. Αὐσόνιος, 3. das subst.

Αὐσονίη, ἡ, sp. Italien.

αὐστᾰλέος, 3. (αὖος), ep. eigentl. trocken, sonnverbrannt, wüst, schmutzig.

αὐστηρία, ἡ, sp. u. **αὐστηρότης,** ητος, ἡ, Herbheit, übertr. herber, strenger Charakter. Von

αὐστηρός, 3. (αὖος), herbe, sauer, übertr. (dah. m. τὸ ἦθος) streng, ernst.

αὐστηρότης, s. αὐστηρία.

αὐτ' = αὐτό, αὐτά.

αὖτ' = αὖτε.

αὐτ-άγγελος, 2. der sein eigener Bote ist, selbst meldet, Bote von selbst Erlebtem.

αὐτ-άγρετος, 2. 1) ep. selbst gewählt = αὐθαίρετος. 2) poet. selbstwählend, freiwillig.

αὐτ-άδελφος, 2. poet. leiblich verschwistert, Subst. leiblicher Bruder.

αὔτ-ανδρος, 2. sp. samt der Mannschaft.

αὐτ-ανέψιος (-ανεψιός), 3. verschwistert. Subst. leiblich Geschwisterkind.

αὐτάρ (αὖτε, ἄρα), ep. eigentl. hinwieder, eben, Il. 1, 133; dann = δέ, a) nach μέν, auch mit ἄρα und αὖτε. b) am Satzanfang wie *sed, vero,* oft vor Pron. ὅ, ὅγε oder ἐγώ, auch mit ἐπεὶ *cum vero.* (Vgl. ἀτάρ.)

Αὐταριᾶται, οἱ, illyr.-thesprot. Volk am dalmatischen Gebirge.

αὐτάρκεια, ἡ, das Sichselbstgenugsein, Selbstgenügsamkeit, πρὸς αὐτ. ζωῆς zu einem selbstgenugsamen Leben. Von

αὐτ-άρκης, Ntr. αὔταρκες, sich selbst genügend, ausreichende Hilfe gewährend, sicher, unabhängig, πρός τι, εἴς τι gegen od. zu etwas, u. ἔν τινι in etwas, auch mit folg. Inf. genügsam. N. T. genügsam, mäßig; Superl. am ehesten sich selbst genügend; Subst. τὸ αὔταρκες die Selbstgenügsamkeit. Adv. **αὐτάρκως,** Superl. αὐταρκέστατα zur größten Selbstbefriedigung.

αὖτε, ep. u. poet. Adv. (αὖ τε), 1) abermals, wiederum, wieder einmal. 2) hinwiederum, hingegen, dagegen, aber, auch einem μέν entsprechend und zur Bezeichnung des Fortgangs.

αὐτ-επάγγελτος, 2. 1) sich selbst erbietend. 2) sich selbst einladend, Luc.

αὐτ-επιτάκτης, ὁ, aus eigner Macht befehlend, Selbstherr. Dav.

αὐτεπιτακτικός, 3. selbstherrlich; ἡ -κή Selbstherrlichkeit, Kunst der Selbstherrschaft.

αὐτ-επώνῠμος, 2 poet. gleichnamig.

αὐτ-ερέτης, ου, ὁ, Selbstruderer, d. i. zugleich Ruderer u. Seesoldat.

ἀυτέω [ῡ], = II. αὔω, ep. u. poet. u. nur im Präs. u. Impf., 1) schreien, rufen, τινά jmdn. 2) von Sachen: ertönen, erdröhnen. Von

ἀυτή, ἡ (II. αὔω), ep. u. poet. Geschrei, lautes Rufen, bes. Kriegsgeschrei, dah. auch die Schlacht selbst.

αὐτ-ήκοος, 2. (ἀκούω), Ohrenzeuge, τινός von etw.

αὐτ-ῆμαρ, ep. Adv., u. **αὐτημερόν,** ion. st. αὐθημερόν, am selbigen Tage.

αὐτι-γενής, 2. ion. st. αὐθιγενής, w. s.

αὐτίκα [ῐ], Adv. (αὐτός), 1) auf der Stelle, sogleich, augenblicklich, gleich darauf, oft durch μάλα verstärkt, ὁ αὐτίκα der augenblickliche, od. auch derselbige, eben genannte, τὸ αὐτίκα der gegenwärtige Augenblick, die Gegenwart, αὐτίκα τε καί sobald als —, neben Part. wie αὐτίκα γενόμενος gleich nach der Geburt. 2) asyndetisch oft: gleich, zum Beispiel, gerade.

αὖτις, ion. st. αὖθις, w. s.

ἀυτμή [ᾰ], ἡ, ep. **ἀυτμήν,** ένος, ἡ, ep. (ἄημι), Atem, 1) Hauch, Luftzug, Wind. 2) Dunst, Dampf, Qualm, Lohe.

αὐτό usw., siehe ἑαυτοῦ.

αὐτο-βοεί, Adv. (βοή), beim ersten Kriegsgeschrei, beim ersten Angriff.

Αὐτο-βορέας, ου, ὁ, sp. leibhafter Boreas.

αὐτό-βουλος, 2. poet. eigenmächtig.

αὐτο-γενής, 2. poet. γάμος blutsverwandte H.

αὐτο-γέννητος, 2. poet. selbst erzeugt, κοιμήματα Ehegemeinschaft.

αὐτογνωμονέω, nach eigenem Willen oder Urteil handeln. Von

αὐτο-γνώμων, ονος, 2. sp. eigenmächtig. Adv. **-μόνως.**

αὐτό-γνωτος, 2. poet. selbst urteilend, eigensinnig.

αὐτό-γρᾰφος, 2. sp. eigenhändig geschrieben.

αὐτο-δᾰής, 2. (δαῆναι), poet. allein od. selbst erlernt.

αὐτο-δάικτος, 2. poet. von sich selbst gemordet.

αὐτό-δεκα, gerade zehn.

αὐτό-δηλος, 2. poet. von selbst klar.

αὐτο-δίδακτος, 2. (διδάσκω), ep. u. poet. selbstgelehrt, gebildet.

αὐτό-δῐκος, 2. (δίκη), eigene Gerichtsbarkeit habend.

αὐτό-διον, ep. Adv., auf der Stelle, sogleich.

αὐτο-ένει, buk. im selbigen Jahre (Var. αὐτοέτει).

αὐτο-έντης, ου, ὁ, poet. = αὐθέντης, w. s.

αὐτό-ετες, ep. Adv., im selbigen Jahre, in Jahresfrist (vgl. αὐτοένει).

αὐτόθεν, Adv. 1) örtlich: von selbiger Stelle aus, von hier, von da, von dort, oft mit Präpp. αὐτ. ἐξ ἕδρης gleich oder unmittelbar vom S. aus; oft: von hier, wo der Sprechende sich befindet, vom Hause aus, u. οἱ αὐτόθεν die aus der Umgegend. 2) zeitlich: gleich von da an, dah. von vornherein, auf der Stelle, sogleich, augenblicklich. 3) übertr. aus diesem Grunde, hieraus; dah. auch: aus der Sache selbst, ohne weiteres, ohne Umstände.

αὐτόθι, Adv. gleich an selbiger Stelle, *ibidem*, gleich hier, dort, oft auch hier, d. h. in unserer Stadt, u. mit παρ' (wie in παρ' αὐτίκα) gerade da.

αὐτο-κᾰσίγνητος, ὁ, ἡ, ep. u. poet. leiblicher Bruder, Schwester.

αὐτο-κατάκρῐτος, 2. N. T. durch sich selbst verurteilt.

αὐτο-κέλευστος, 2. = ion. **αὐτο-κελής,** 2. ungeheißen, von selbst.

αὐτό-κλαδος, 2. sp. samt den Zweigen.

αὐτό-κλητος, 2. (καλέω), poet. u. sp. selbstgerufen, d. i. ungerufen, unaufgefordert.

αὐτό-κομος, 2. 1) poet. mit natürlichen Haaren, selbstbehaart. 2) sp. samt den Haaren oder dem Laube.

αὐτο-κρατής, 2. (κράτος), unbeschränkt herrschend; sp. τὸ αὐτοκρατές unbeschränkte Macht, freier Wille.

αὐτο-κράτωρ, ορος, ὁ, ἡ, (κράτος), selbstherrschend, sein eigener Herr, unabhängig, selbständig, mit unbeschränkter Gewalt oder Vollmacht versehen, überh. unbeschränkt, insbes. von Feldherren u. Gesandten, dah. sp. auch Übersetzung des lat. *imperator* u. überh. Souverän, Kaiser. Als „bevollmächtigt" steht es mit περί u. mit Inf., als „unumschränkter Gebieter" mit τινός über etwas. Bei Sachen: λογισμός diktatorisch, μάχη ohne Kommando natürlich.

αὐτό-κτῖτος, 2. (κτίζω) poet. selbst hervorgebracht,

αὐτοκτονέω, poet. sich selbst wechselseitig morden. Von

αὐτο-κτόνος, 2. (κτείνω), poet. eigentl. sich selbst, dann auch die Seinigen mordend. Adv. **-όνως,** poet. selbst, mit eigener Hand tötend.

αὐτόκτονος, 2. poet. durch gegenseitigen Mord bewirkt.

αὐτό-κωλος, 2. poet. mit Schenkeln, die nichts als Haut und Knochen sind.

αὐτό-κωπος, 2. poet. samt dem Griffe.

αὐτο-λήκυθος, ὁ, wer (aus Armut od. Geiz) die Ölflasche selbst (auf den Ringplatz) trägt, gemeiner Mensch, Schmarotzer.

Αὐτόλυκος, Sohn des Hermes, Vater der Antikleia, der Mutter des Odysseus.

αὐτό-μαρτῠς, ῠρος, ὁ, ἡ, poet. Augenzeuge.

Αὐτοματία, ἡ, sp. die (selbst kommende) Glücksgöttin, *Fortuna.*

αὐτομᾰτίζω, eigenmächtig handeln. Von

αὐτό-μᾰτος, 2. u. 3. (αὐτο- + *mn̥tos), sich selbst bewegend, N. T. sich selbst öffnend. 1) von selbst geschehend, **aus freien Stücken** etw. tuend, **von selbst** (πύλαι μύκον Hom.), ohne menschliches Zutun, natürlich, im Deutschen meist ein Adv. ἀπὸ τοῦ αὐτομάτου, auch mit Krasis ἀπὸ ταὐτομάτου, od. ἐκ τοῦ αὐτομάτου aus eigenem Antriebe, von selbst, Hdt. Thuk. 2) **ohne fremdes Zutun;** τὸ αὐτόματον ἀγαπᾶν den Dingen den Lauf lassen. 3) **zufällig;** subst. ταὐτόματον der Zufall • Adv. **-άτως,** Aristot. Theokr. von selbst, zufällig, auf natürliche Art.

Αὐτομέδων, οντος, ὁ, S. des Dioras, Wagenlenker des Achilleus aus Skyros.

αὐτο-μήτωρ, ἡ, poet. die leibhafte Mutter.

αὐτομολέω (αὐτόμολος), augm. att. ηὐτομ., ion. αὐτομ., von selbst gehen, bes. von Soldaten: übergehen, zum Feinde überlaufen, πρός u. ἔς τινα zu einem, und ἔς τι an einen Ort, ἔκ u. παρά τινα von einem. Dav.

αὐτομολία, ἡ, das Überlaufen, auch im Plur., u. αὐτομολίᾳ ἐχώρησαν = ηὐτομόλησαν.

αὐτό-μολος, 2. (μολεῖν), von selbst gehend; im Kriege: übergehend, τριήρης, ἀνήρ. Subst. ὁ, der Überläufer, παρά τινος.

Αὐτονόη, ἡ, T. des Kadmos, Gattin des Aristäus, Mutter des Aktäon.

αὐτονομέομαι (αὐτόνομος), nach eigenen Gesetzen od. unabhängig leben, sich selbst regieren. Dav.

αὐτονομία, ἡ, politische Unabhängigkeit, Selbständigkeit.

αὐτό-νομος, 2. (νόμος), nach eigenen Gesetzen lebend, nach eigener Wahl, frei, unabhängig, bes. politisch selbständig.

αὐτο-νυχί [ί], ep. Adv. (νύξ), in derselben Nacht.

αὐτό-ξυλος, 2. poet. von bloßem Holze, ganz hölzern.

αὐτο-πᾰθῶς, Adv. sp. aus eigener Erfahrung.

αὐτό-παις, αιδος, ὁ, poet. leiblicher, echter Sohn.

αὐτό-πετρος, 2. von natürlichem Stein, nicht zugehauen (Konjektur st. ἀντίπετρον, das keinen Sinn gibt).

αὐτο-πήμων, 2. poet. sich selbst schadend.

αὐτό-ποιος, 2. poet. von selbst gewachsen.

αὐτό-πολις, ιος, ἡ, dor. selbständiger Staat. Dav.

αὐτο-πολίτης, ὁ, Bürger e. unabhängigen Staates.

αὐτόπους, οδος, Neutr. πουν, auf eigenen Füßen, βαδίζειν. [gar.

αὐτό-πρεμνος, 2. poet. samt der Wurzel, ganz u.

αὐτο-πρόσωπος, 2. in eigener Person, ὁρᾶν τὸ κάλλος = unverhüllt.

αὐτ-όπτης, ου, ion. εω, ὁ (St. ὀπ, s. ὁράω), Augenzeuge.

αὐτο-πυρίτης, ὁ, ἄρτος, sp. grobes Weizenbrot, wozu das Mehl samt Kleie genommen wurde.

αὐτό-ρριζος, 2. poet. von selbst gewurzelt, von der Natur gegründet.

αὐτό-ρρυτος, 2. poet. von selbst fließend.

αὐτός, ή, ό, auch όν (hauptsächlich in ταὐτόν), selber, selbst, er.

I) Pron. des Gegensatzes • **1)** alleinstehend • **a) selbst,** die Hauptperson im Gegensatz zu andern: er (betont); αὐτὸς ἔφα der Meister, Lehrer • **b)** von selbst, **freiwillig** • **c)** für sich selbst, **allein,** αὐτοί ἐσμεν *entre nous*, bisw. mit hinzugef. οἶος, μόνος, αὐτὸς καθ' αὑτόν für sich allein, an sich • **d)** neben dem Nomen, das meist den Artikel hat, **α) gerade,** just, genau, πρὸς αὐταῖς ταῖς θύραις unmittelbar, dicht Lys., **β)** im Dat. **mitsamt,** (auch mit σύν) αὐταῖς (ταῖς) ναυσί • **2)** in Verbindung • **a)** mit Pron. pers. ἐγὼ αὐτός; αὐτὸν ἐλέησον = ἐμὲ αὐτόν Il. **24, 509**; reflex. αὐτοὶ καθ' αὑτούς Xen.; mitunter eingeschoben τοῖς αὐτὸς αὐτοῦ πήμασιν βαρύνεται Aesch. • **b)** mit Pron. poss., denen es im Gen. hinzugefügt wird, ἐμὸν αὐτοῦ χρεῖος meine eigene Not • **c)** mit Pron. demonstr. das gerade, eben, ebenso bei ἕκαστος jeder für sich, und bei Zahlwörtern, wie in selbander, selbdritt, so πέμπτος αὐτός er selbst als der fünfte, also mit vier andern • **3) ὁ αὐτός, ἡ αὐτή, τὸ αὐτό,** att. zsgz. auch αὑτός, αὑτή, ταὐτό u. ταὐτόν, ταὐτοῦ usw., ion. ωὐτός, ωὐτοί, τωὐτό, **der selbe,** der nämliche (bei Hom. auch ohne Artikel in diesem Sinne). Oft konstr. mit dem Dat. τοὐτὸ ὑμῖν dasselbe wie ihr Hom. • **Adv.** steht es in ἐν ταὐτῷ εἶναι, μένειν, γίγνεσθαί τινι an demselben Orte; ἐν τῷ αὐτῷ θεῖν in gleicher Linie zusammenlaufen. Ebenso εἰς (ἐπὶ) u. κατὰ τὸ αὐτό, dagegen ἐν τῷ αὐτῷ zu derselben Zeit, zugleich, κατὰ τὰ αὐτά in derselben Weise Hdt.

II) als gew. Pron. pers. 3. in den *cas. obl.* **αὐτοῦ, αὐτῷ, αὐτόν** usf. = *eius, ei, eum* usf. **seiner, ihm** etc. (bei Hom. noch sehr selten).

αὐτόσε, Adv. ebendahin.

αὐτο-σίδηρος, 2. poet. ganz von Eisen.

αὐτό-σσυτος, 2. poet. von selbst bewegt d. i. kommend.

αὐτο-στᾰδίη, ἡ (στᾰδίη), ep. Nahkampf, in dem Mann gegen Mann steht, Handgemenge.

αὐτό-στολος, 2. (στέλλομαι), poet. selbst ausrüstend.

αὐτό-στονος, 2. poet. für sich seufzend.

αὐτο-σφαγής, 2 (σφάττω), poet. durch eigene od. der Seinen Hand gemordet.

αὐτο-σχεδά, ep., s. αὐτοσχεδόν.

αὐτοσχεδιάζω (-έδιος), **a)** unvorbereitet handeln auf der Stelle tun, abs. u. τί, im bes. aus dem Stegreif reden, extemporieren. **b)** oft auch eigenmächtig, blindlings handeln od. urteilen, gleichs. im Finstern tappen, abs. u. περί τινος. Dav.

αὐτοσχεδίασμα, τό, das Reden aus dem Stegreif, die Improvisation.

αὐτοσχεδίη, ἡ, ep. der Nahkampf, das Handgemenge, nur Dat. u. Akk. αὐτοσχεδίην πλήσσειν u. ähnl. aus unmittelbarer Nähe verwunden. Von

αὐτοσχέδιος, 2. sp. improvisiert. Von

αὐτο-σχεδόν, ep. u. **αὐτοσχεδά,** ep. Adv. (glchs. αὐτὸν ἔχων den Gegner selbst packend), ganz in der Nähe, μάχεσθαι Mann gegen Mann, im Nahkampf.

αὐτο-τελής, 2., **1)** in sich vollendet, dah. **a)** absolut, endgültig. **b)** unabhängig, selbständig. **2)** sich selbst besteuernd.

αὐτό-τοκος, 2. poet. zugleich m. der Leibesfrucht.

αὐτο-τρᾰγικός, 3. leibhaft tragisch od. schauspielartig.

αὐτοῦ, Adv. ebendaselbst, **1)** an Ort und Stelle, hier, dort, oft mit näherer Ortsbestimmung, durch Präp. od. mit ἔνθα, ἐνθάδε, mit ταύτῃ an derselben Stelle, ferner vom Orte des Sprechenden: hier bei uns, od. abs. hier! halt! **2)** auf der Stelle, sogleich.

αὑτοῦ, att. zsgz. aus ἑαυτοῦ, w. s. Wegen des N. T. s. αὐτός am Ende. [selbst ausführen.

αὐτουργέω, sp. die Arbeit selbst verrichten, τί etwas

αὐτουργία, ἡ, poet u. sp. das Selbsttun, **a)** Selbstverrichten, τινός von etwas, abs. Selbstarbeiten, Selbsttätigkeit. **b)** poet.: Mord. Von

αὐτ-ουργός, 2. (St. ἐργ), selbstarbeitend, selbstschaffend, bes. von seiner Hände Arbeit lebend, sein Feld selbst bauend.

αὐτόφι, -όφιν, ep. Gen. u. Dat. sing. u. plur. von αὐτός, immer mit Präpp. ἀπ' αὐτόφιν, u. καὶ ἄμμι παρ' αὐτόφιν d. h. παρ' αὐτοῖς ἡμῖν unter uns selbst, Il. 23, 640 für sie; ἐπ' αὐτόφιν bei ihm.

αὐτο-φόνος, 2. poet. und **αὐτο-φόντης,** ου, ὁ, poet. selbsttötend, d. i. sich od. die Seinen tötend, αὐτοφόνα κακά Verwandtenmord; Vollbringer des Mords.

αὐτό-φορτος, 2. poet. u. sp. **1)** mit eigener Last beladen. **2)** samt der Ladung.

αὐτο-φυής, έος, οῦς, 2., Adv. **-ῶς,** von selbst entstanden, gewachsen, natürlich, von Natur.

αὐτό-φυτος, 2. poet. = dem vorigen.

αὐτό-φωνος, 2. sp. selbst tönend, selbst redend.

αὐτό-φωρος, 2. (φώρ), beim Diebstahl selbst ertappt, überh. auf der Tat ertappt, überführt, ἀμπλακήματα selbst enthüllte, erforschte Vergehen, bes. ἐπ' αὐτοφώρῳ auf frischer Tat, ἐπ' αὐτοφώρῳ ἐξελέγχειν durch unleugbare Tatsachen überführen, od. ἐπιδεῖξαί τι durch Tatsachen etw. beweisen.

αὐτό-χειρ, ρος, ὁ, ἡ, eigenhändig, bes. **1)** akt. m. eigener Hand mordend, z. B. sich, die Seinen; auch Subst. Täter, Urheber (τινός), Mörder. **2)** pass. mit eigener Hand vollbracht. Dav.

αὐτοχειρί, Adv. mit eigener Hand.

αὐτοχειρία, ἡ, eigenhändige Tat. Im Dat. αὐτοχειρίᾳ Adv. mit eigener Hand.

αὐτό-χθονος, 2. poet. zugleich mit dem Vaterlande.

αὐτό-χθων, 2., Neutr αὔτοχθον, aus dem Lande selbst hervorgegangen od. geboren, Urbewohner.

αὐτο-χόωνος, 2. ep. st. αὐτοχόανος, von selbst gegossen d. i. massiv.

αὐτό-χρημα, adv. poet. u. sp. tatsächlich, leibhaftig, durchaus, ganz und gar.

αὔτως, poet. u. sp. auch **αὕτως** (Adv. von αὐτός), Adv. **1)** *eodem modo*, gerade so, bes. ὣς δ' αὔτως, u. mit ὧδε. **2)** *sponte*, schon ohnedies, mit καί, lediglich, nur so, ganz. **3)** *sic* (*temere*), so ohne weiteres, mit μάψ, vergebens.

Αὔφενς, ὁ, sp. Fluß *Ufens* in Latium.

αὐχενίζω (αὐχήν), poet. den Hals abschneiden, τινά.

αὐχένιος, 3. (αὐχήν), ep. zum Nacken gehörig, τένοντες die Nackensehnen.

αὐχέω, sich rühmen, prahlen, überh. stolz behaupten, mit folg. Inf. Dav.

αὔχη, ἡ, poet. u. **αὔχημα,** τό, **1)** kecke Prahlerei. **2)** Glanz, Zierde, Stolz.

αὐχήν, ένος, ὁ, **1)** Nacken, Genick, überh. der Hals. **2)** jede schmälere Verbindung, **a)** Landenge, Landzunge (bei uns Rücken, Kamm genannt). **b)** Meerenge, Paß. **c)** ion. Schlucht, Paß zu Lande, **d)** Landrücken. **3)** ion. Gabelung eines Flusses.

αὔχησις, ἡ (αὐχέω), Prahlerei.

αὐχμέω (αὐχμός), **1)** trocken sein. **2)** struppig, schmutzig sein. Dav.

αὐχμήεις, 3. ep. und **αὐχμηρός,** 3., **1)** dürr, trocken. **2)** übertr. rauh, schmutzig, verwildert, finster; auch bloß streng, den Genüssen abgeneigt.

αὐχμός, ὁ (I. αὔω), **1)** Trockenheit, Dürre, auch im Plur. **2)** Schmutz.

αὐχμ-ώδης, ῶδες, ion. u. poet. = αὐχμηρός.

I. **αὔω** (αὖος), trocknen, dörren.

II. **αὔω** od. **ἀύω** [◡‒‒], ep. u. poet., Impf. αὖον, Fut. ἀΰσω, Aor. ἤϋσα, dor. ἄυσα, u. ἄυσα (verw. mit *jauchzen*), **1)** intr. **a)** laut schreien, rufen; oft verstärkt mit μακρόν, μέγα, δεινόν, ἐπὶ μακρόν weithin. **b)** von leblosen Dingen: ertönen, erschallen. **2)** trans. τινά einen rufen.

III. **αὔω** (αὐσjω = *haurio*) ep. schöpfen, Feuer holen, anzünden.

ἀφ-αγνίζω, poet. u. ion. **1)** Akt. ein Sühnopfer darbringen, τινί. **2)** Med., Fut. -ιοῦμαι, für sich, sich (durch Sühne) reinigen.

ἀφαίρεσις, εως, ἡ, das Wegnehmen, die Beraubung, Aufhebung; als t. t. **a)** die Subtraktion. **b)** der Blutentzug, die Blutentleerung.

ἀφ-αιρέω, ep. auch **ἀποαιρέω,** ion. **ἀπαιρέω** (s. αἱρέω), ion. Impf. iter. -ρέεσκον, Perf. ἀπαραίρηκα, -αραίρημαι (poet. ἀφαιρήσει pass. Eur. Tro. 1278) nach Hom. häufiger Med. • **1)** Akt. **wegnehmen, fortnehmen** (Gegensatz προσθεῖναι), τι, τινά τι, insbes. • **a) befreien,** αὐτοῖς δεσμόν von der Haft • **b)** sondern, **trennen** ἀπὸ u. ἔκ τινος • **c)** einem etwas wegnehmen πόλιν τινός und τινὰ τῆς πόλεως; auch τινά τι, doch hier meist Med. • **2)** Med. **einen einer Sache berauben;** speziell: ἀφαιρεῖσθαί τινα εἰς ἐλευθερίαν in Freiheit setzen Att.; ἀ. τὸ ἔργον dem Kampf ein Ende machen Thuk. 4, 134; τί μ' ἄνδρα πολέμιον ἀφ. μὴ κτανεῖν was hast du mich gehindert, ihn zu töten? Soph. Phil. 1275 • **3)** Pass. ἀφαιροῦμαί τι man nimmt mir etwas, ich werde beraubt.

Ἄφαιστος, ὁ, dor. = Ἥφαιστος.

ἀφ-άλλομαι, poet. u. sp., Aor. ἀφήλατο, wegspringen, herabspringen.

ἄ-φαλος, 2. ep. ohne φάλος, d. i. ohne Helmkamm.

ἀφ-ἄμαρτάνω, Aor. ep. ἀφάμαρτον u. ἀπήμβροτον (auch in tmesi), mit dem Gen. **1)** verfehlen, nicht treffen. **2)** (ep.) verlustig gehen, beraubt werden.

ἀφαμαρτο-επής, 2. = ἁμαρτοεπής, ep. in der Rede abschweifend, von der Sache abirrend.

ἀφ-ανδάνω, ep. ion. u. poet., ion. Inf. aor. ἀπαδεῖν nicht gefallen, mißfallen, τινί.

ἀφάνεια, ἡ, **1)** Unscheinbarkeit, Niedrigkeit. **2)** (poet.) das Unsichtbarwerden, die Vernichtung. Von

ἀ-φἄνής, 2. (φαίνομαι). **1) unsichtbar,** ἡ θεός Soph.; οἱ ἀφ. Vermißten Thuk.; ἀ. γίγνεσθαι verschwinden, abhanden kommen. **2) unbemerkt,** verborgen, von Orten, wo man nicht oder unklar gesehen wird, oder wo man keinen Ausblick hat; mit Part. unbemerkt, ἀ. ὄντες ἠδίκουν ohne bemerkt zu werden Thuk.; ἐν τῷ ἀ. im Dunkeln, Geheimen; ἀ. οὐσία Privatvermögen, Ggs. φανερά. **3) unsicher,** zweifelhaft. • Adv. ἀφανῶς, unsichtbar, unbemerkt, οὐκ. ἀφ. μάχεσθαι nicht unrühmlich. wacker kämpfen. Dav.

ἀφἄνίζω, Akt. u. Pass. **1)** unsichtbar machen, verschwinden lassen, entrücken, wegschaffen, vertilgen, zerstören, töten. **2)** unscheinbar machen, entstellen, verdunkeln, abschwächen, mindern, verheimlichen, verschweigen, übergehen. Davon

ἀφάνισις, εως, ἡ, u. **ἀφἄνισμός,** ὁ, sp. u. N. T. das Verschwinden.

ἄ-φαντος, 2. ep. u. poet. (φαίνομαι), ungesehen, unsichtbar, verschwunden; φῶς unerwartetes Licht.

ἀφ-άπτω, sp., ion. **ἀπ-άπτω,** anknüpfen, z. B. ἅμματα ἐν ἱμάντι Knoten in einen Riemen knüpfen; ἀπαμμένος herabhangend.

ἄφαρ, Adv. ep. u. poet., flugs, sofort, sogleich.

Ἀφαρεύς έως, ep. ῆος, u. poet. Ἀφάρης, ητος, ὁ, **1)** Grieche vor Troja. **2)** V. des Lynkeus, Idas u. Pisos, K. v. Messene. Adj. Ἀφαρήϊος.

ἄφαρκτος, s. ἄφρακτος.

ἀ-φάρμακτος, 2. sp. unvergiftet, ohne Gift.

ἀφαρπαγή, ἡ, poet. Raub.

ἀφ-αρπάζω, Fut. att. -άσω usw., ep. -άξω usw., bes. ep. poet. u. sp. abreißen, rauben, entraffen.

ἀφάρτερος, 3., ep. Kompar. v. ἄφαρ, schneller, hurtiger.

ἀφἄσία, ἡ, = ἀμφασίη, Sprachlosigkeit.

ἀφάσσω (ἁφ.), Fut. ἀφάσω, Aor. ἤφασα (ἀφάω), ion. betasten.

ἄ-φᾰτος, 2. ion. poet. u. sp. unaussprechlich, unsäglich, ungeheuer, unzählig.
ἀφαυρός, 3., ep. schwach, ohnmächtig, kraftlos.
ἀφάω, Intensivf. von ἅπτομαι, nur Part. praes. ep. ἀφάοντα, -όωντα, betasten, untersuchen.
ἀ-φεγγής, 2. poet. lichtlos, nicht leuchtend; ἀφεγγές nächtliches Grauen.
ἀφ-εδρών, ὁ, N. T. Abtritt, Kloake.
ἀφειδέω, nicht schonen, nicht achten; vernachlässigen, abs. u. τινός. Von
ἀ-φειδής, 2. (φείδομαι), nicht schonend, schonungslos, nicht sparend, nicht achtend, abs. u. τινός. τὸ ἀφειδὲς ἐς τὸν θάνατον die Todesverachtung. — Adv. -ῶς, ion. -έως, a) schonungslos, hart; ἀφειδῶς αὐτοῦ ἔχειν, sp. sich selbst nicht schonen, sein Leben dran wagen b) in Menge, reichlich. c) unverzagt. Kompar. ἀφειδέστερον, Superl. ἀφειδέστατα. Dav.
ἀφειδία, ἡ, N. T. Schonungslosigkeit, Härte.
ἀφεκτέον (ἀπέχομαι), man muß sich enthalten.
ἀφέλεια, ἡ, sp. Schlichtheit, Einfachheit. Von
ἀ-φελής, 2., (vgl. φελλεύς), eigtl. nicht holperig, dah. einfach, schmucklos, schlicht, περί τι; Subst. τὸ ἀφελές die Einfachheit.
ἀφ-έλκω, ion. ἀπ-έλκω (s. ἕλκω), fortreißen, wegschleppen, fortziehen, aussaugen, (ἀπό) τινος von etwas, übertr. ἐπί τι zu etwas hinziehen.
ἀφελότης, ἡ, N. T. = ἀφέλεια.
ἀφ-ελπίζω, im N. T. = ἀπελπίζω.
ἄφενος, τό, u. selten ὁ ἄφενος, ep. reichlicher Vorrat, Reichtum, Vermögen. Dav. ἀφνειός u. εὐηφενής, w. m. s.
ἄφ-ερκτος, 2. poet. ausgeschlossen, abgewehrt.
ἀφ-έρπω, poet. weggehen, wegschleichen.
ἄ-φερτος, 2. poet. unerträglich, verderblich.
ἀφέσιμος, 2. der Entlassung, Ruhe gewidmet, ἡμέρα Ruhetag, Fest-, Feiertag. Von
ἄφεσις, εως, ἡ (ἀφίημι), 1) Entlassung, Loslassung, Freilassung (beides auch Plur); der Urlaub; im N. T. Vergebung, ἁμαρτιῶν. 2) sp. Entsendung, das Abschießen von Geschossen.
Ἀφεταί u. **Ἀφέται,** ῶν, αἱ, Ort am Busen von Magnesia. [loszulassen.
ἀφετέος, 3., Adj. verb. von ἀφίημι, zu entlassen,
ἄφετος, 2. (ἀφίημι), losgelassen, bes. von Tieren, τινί einer Gottheit geweiht.
ἄ-φευκτος, 2. ep. = ἄφυκτος. [sengen, b) rösten.
ἀφ-εύω (εὕω), poet., Perf. pass. ἡφευμένος, a) ab-
ἀφ-έψω, att. abkochen, = ion. ἀπέψω, s. d.
ἀφή, ἡ, 1) (ἅπτω), ion. das Anzünden, περὶ λύχνων ἀφάς um die Zeit, wo man Licht anzündet, mit Einbruch der Nacht. 2) (ἅπτομαι) das Berühren, Ergreifen, der Griff (in die Saiten), Gefühl; N. T. das Gelenk. 3) sp. der Staub, den die Ringer sich anwerfen, um besser fassen zu können.
ἀφ-ηγέομαι, ion. ἀπ-, 1) wegziehen, überh. vorangehen, anführen, τινός. 2) erzählen, auseinandersetzen, erklären; ion. Perf. pass. τὸ ἀπηγημένον das Angeführte. Dav
ἀφήγημα, τό, ion. ἀπ-, u. **ἀφήγησις,** εως, ἡ, sp., ion. ἀπ-, ιος, ἡ, Erzählung, sowohl das Erzählen als das Erzählte.

ἀφ-ηδύνω, sp. versüßen.
ἀφ-ήκω, hingelangen; sich beziehen auf etw. εἴς τι.
ἀφ-ῆλιξ, ältlich, = ion. ἀπῆλιξ.
ἀφ-ήμενος, 3. (ἧμαι), ep. Part., entfernt od. abgesondert sitzend.
ἀφ-ημερεύω, den Tag über anwesend sein.
ἀφηνιάζω (ἡνία, τά), sp. den Zügel abwerfen, durchgehen. [schütze, Apollo.
ἀφήτωρ, ορος, ὁ (ἀφίημι), ep. der Entsender, Pfeil-
ἀφθαρσία, ἡ, sp Unvergänglichkeit. N. T. auch Unverdorbenheit, Lauterkeit. Von
ἄ-φθαρτος, 2. (φθείρω), sp. u. N. T. unvergänglich; τὸ ἄ. das Unvergängliche = die Gottheit.
ἄ-φθεγκτος, 2. (φθέγγομαι), poet. lautlos, still.
ἄ-φθῖτος, 2. (φθίνω), ep. poet. u. sp. unvergänglich, ewig.
ἄ-φθογγος, 2. ion. poet. u. sp. lautlos, stumm.
ἀ-φθόνητος, 2. poet. unbeneidet.
ἀφθονία, ἡ, 1) Neidlosigkeit, Bereitwilligkeit, Vollmacht. 2) Überfluß, Menge, Fülle, εἰς ἀφθονίαν im Überfluß. Von
ἄ-φθονος, 2. (Komp. auch ἀφθονέστερος, Superl. -έστατος), neidlos, d. i. a) frei von Neid, freigebig; ergiebig. gesegnet, ἐν τοῖς ἀφθονωτάτοις στρατοπεδεύεσθαι d. h. in den gesegnetsten Gegenden. b) unbeneidet. c) reichlich gespendet, im Überfluß vorhanden, reichlich, hinlänglich, ἐν ἀφθόνοις βιοτεύειν im Überfluß leben, vollauf zu leben haben, πολὺς καὶ ἄφθονος od. ἄφθονος καὶ πολύς in hinlänglicher Menge.
ἀφθορία, ἡ, Unverdorbenheit. N. T. (var.).
Ἄφιδνα, ἡ, u. **Ἄφιδναι,** αἱ, attischer Demos der Phyle Leontis. Einw. **Ἀφιδναῖος.**
ἀφ-ίδρυμα, τό, sp. Nachbildung, bes. von Bildsäulen u. Tempeln; Ablage, Filiale. Von
ἀφ-ιδρύω, poet. anderswohin versetzen.
ἀφ-ίδρωσις, ἡ (ἱδρόω), das Schwitzen, in Schweiß geraten.
ἀφ-ιερόω, poet. u. sp. absühnen, weihen.
ἀφ-ίημι [ῐ], ion. ἀπ-ίημι (s. ἵημι), Impf. 1. sg. ἠφίειν u. ἀφίειν, 3. sg. ἠφίει u. ἀφίει, 3. pl. ἠφίεσαν u. ἀφίεσαν, Aor. med. imper. ἀφοῦ, ἄφεσθε, ep. (auch in tmesi) Impf. ἀφίει, Aor. ind. 3. sg. ἀφέηκε, 3. du. ἀφέτην, conj. 3. sg. ἀφήῃ u. ἀφέῃ, ion. Impf. ἀπίει, ἀπίεσαν, ferner ἀπήσω, ἀπῆκα, ἄπες, ἀπείς, ἀπείθην, ἀπείμην (Plqpf.), s. Aor. pass. ἠφείθην u. im N. T. auch Präs. ἀφίω, Impf. ἤφιον, Perf. pass. ἀφέωμαι, Aor. pass. ἀφέθην.

I) **Akt. u. Pass.** • 1) trans. • a) **wegsenden,** α) **entlassen,** γυναῖκα verstoßen, sich scheiden; abs. die Versammlung entlassen, Schluß erklären; ἐπί τι od. mit Inf., β) weg-, **abschleudern,** bes. von Wurfgeschossen (τὰ ἐφιέμενα), χερός aus der Hand; Pass. auch: entsprühen, γ) **entsenden,** herauslassen, ἔπος, φωνήν ertönen lassen; τί τέλος ἀφ.; was prophezeit er?; fallen lassen, (Tränen) vergießen; θυμόν, ὀργὴν εἴς τινα gegen jmdn. auslassen; ψυχήν aushauchen, δ) **loslassen,** freilassen τῶν αἰχμαλώτων einige der Gef., (mit u. ohne ἐλεύθερον, freisprechen, befreien, τινός von etwas, auch τινί; das Schiff seinen Lauf nehmen lassen, εἰς τὸ πέλαγος in See lassen, scheinbar intr. auslaufen, in See gehen; *ἑαυτὸν εἴς τι* sich auf etwas werfen • **b)** übertr. *α)* überlassen, **gestatten** *τινί τι, τινὰ ἀποπλέειν* Hdt.; dem Pferde die Zügel lassen, *β)* erlassen, **verzeihen** *τινὶ αἰτίην* Hdt., verzeihen, mit Inf., auch mit *μή*, *γ)* sein lassen, **unterlassen,** *ὀργήν* aufgeben; verlassen, vernachlässigen, nicht achten, übergehen • **2)** intr. **nachlassen,** aufhören, mit Part., etwas zu tun. **II) Med.** *ἀφίεμαι* • **1) ablassen** (*τέκνων ἀφοῦ* Soph.), sich losmachen von etwas (*τινός*), trennen, aufgeben etwas, *τί* • **2)** entkommen • **3)** abs. Hdt. absegeln, weitersegeln.

ἀφ-ικάνω [ᾰ], ep. Nbf. für Präs. und Impf. zu

ἀφ-ικνέομαι, ion. *ἀπ-*, Dep. med. Fut. *ἀφίξομαι*, Aor. *ἀφῑκόμην*, Perf. *ἀφῖγμαι* ion. Perf. 3. pl. *ἀπίκαται*, Plqpf. *ἀπίκατο*, buk. Imper. aor. 2. sg. *ἀφίκευσο*, hinkommen • **1) ankommen,** wohin gelangen, *ἐς τοσοῦτον τύχης* so weit im Gl.; übertr. von Zuständen: über einen kommen, einen **befallen,** eintreten; auch zurückkehren; *ἐς λόγους ἀφ. τινι* mit einem in ein Gespräch kommen Hdt., *διὰ λόγων ἀφ. τινι* sich mit einem besprechen Eur. • **2)** in einen Zustand **geraten,** gelangen, *εἰς πάντα, ἐπὶ πάντα* alles versuchen, *ἐς ὀξύ* spitz zulaufen Hdt., *ἐς ὀλίγον ἀφίκετο τὸ στράτευμα νικηθῆναι* fast wäre das Heer besiegt worden Thuk.; *εἰς τὸ ἴσον τινί* es einem gleichtun Xen., *ἐς ἔχθος τινί* mit einem in Feindschaft geraten, *διὰ μάχης ἀφ. τινι* mit einem in Kampf geraten Hdt. Dav.

ἀφίκτωρ, ορος, ὁ, poet. der Schutzflehende.

ἀ-φιλάγαθος, ὁ, ἡ, N. T. das Gute oder die Guten nicht liebend. [habsüchtig.

ἀ-φιλάργυρος, 2., N. T. u. sp. nicht geizig, nicht

ἀ-φιλήδονος, 2. sp. nicht genußsüchtig.

ἀ-φίλητος, 2. poet. ungeliebt.

ἀφιλία, ἡ, die Freundlosigkeit.

ἀ-φιλόδοξος, 2. sp. nicht ruhmsüchtig.

ἀ-φιλοπλουτία, ἡ. sp = *ἀφιλοχρηματία*.

ἄ-φιλος, 2., **1)** freundlos **2)** nicht befreundet, unbeliebt. Adv. **-ίλως, 1)** ohne Freunde. **2)** ungern.

ἀ-φιλότῑμος, 2. Adv. **ἀφιλοτίμως,** ohne Ehrgeiz, ohne edle Bestrebungen, *πρός τι*, ohne Edelmut, **οὐκ ἀφιλότιμος** nicht wenig kostspielig. Subst. **τὸ ἀφιλότιμον** der **Mangel an** Ehrgeiz.

ἀ-φιλοχρημᾰτία, ἡ, Verachtung des Reichtums.

ἄφιξις, εως, ἡ, ion. **ἄπ-,** ιος (*ἀφικνέομαι*), **1)** die Ankunft. **2)** die Abreise, das Reisen nach einem Orte. **3)** poet. das Schutzsuchen, Hilfeflehen.

ἀφ-ιππάζομαι, sp. u. **ἀφιππεύω,** wegreiten, davonreiten, auch zurückreiten.

ἄφ-ιππος, 2. ungeschickt zum Reiten; ungeeignet

ἀφ-ίπταμαι, s. *ἀποπέτομαι*. [zur Reiterei.

ἀφ-ιστάω, sp. = *ἀφίστημι*, Part. *ἀφιστῶν*.

ἀφ-ίστημι, ion. *ἀπ-* • **I) trans.** • **1)** Akt. u. Pass. (*ἀποστήσω, ἀπέστησα, ἀπεστάθην*), **wegstellen** • **a) entfernen** (Hdt. 9, 23 erg. *τοὺς ἵππους*), *τινὰ στρατηγίας* **absetzen,** *ἑαυτὸν ἀπό τινος* sich einer Sache versagen • **b) fernhalten,** abwenden *τὰ διαβολάς* Thuk.; *τὶ εἴς τι* etwas in Sicherheit, wegbringen • **c) abtrünnig machen,** entfremden, abbringen, *τινός* und *ἀπό τινος* von etwas • **2)** Med. *ἀφίσταμαι* m. Fut. *ἀποστήσομαι*, Aor. *ἀπεστησάμην* • **a)** *πυλῶν* von seinen Toren abschlagen Eur. • **b)** sich (*sibi*) ab- od. zuwägen lassen, **sich bezahlen lassen,** *τὸ χρεῖος* (Böses mit Bösem) vergelten Hom.

II) intr. **ἀφ-ίστᾰμαι,** Fut. *ἀποστήσομαι*, Aor. 2. act. *ἀπέστην*, Perf. *ἀφέστηκα* usf., Fut. 3. *ἀφεστήξω*, Adj. verb. *ἀποστᾰτέον*, ep. Perf. opt. *ἀφεσταίη*, part. *ἀφεσταότες*, Plqpf. *ἀφεστήκει* u. *ἀφέστασαν*, ion. Perf. *ἀπέστηκα* usw., part. *ἀπεστεῶτες*, Plqpf. *ἀπέστασαν*, **wegtreten** • **1) sich entfernen,** *ἔκ τινων*; in den Prätt. fern stehen, sich unterscheiden, abs. und *τινός* von etw. • **2)** *τινός* **sich einer Sache entziehen;** von etwas abstehen, auf etwas verzichten, *τινί* jmdm. zugunsten, etwas verlieren, ablassen, abs. u. *τινός*, z. B. *φρενῶν* die Fassung verlieren • **3)** von einem (*τινὸς, ἀπό τινος*) **abfallen,** abs. *ἀφεστώς*, ein Abgefallener und auch ein davongelaufener Sklave; *πρός, εἴς τινα* übergehen zu.

ἄφλαστον, τό (*φλάζω*), ep. u. ion., eigtl. was die Zertrümmerung verhütet, das gottgeweihte Bildnis u. die damit verzierte Spitze des Schiffshinterteils, der Knauf (auch im Plur. für ein Schiff).

ἀ-φλέγμαντος, 2. sp. ohne Schleim, ohne schlechte

ἄ-φλεκτος, 2. poet. unverbrannt. [Säfte, gesund.

ἀφλοισμός, ὁ, ep. Schaum, Geifer.

ἀφλύᾱρος, 2. sp. nicht geschwätzig, ernsthaft.

ἀφνειός, 2. u. 3. ep., u. **ἀφνεός,** 3. poet. (*ἄφενος*), reich, vermögend, begütert, *τινός* (auch *τινί*) an etwas.

ἄφνω, Adv. (vgl. *ἄφαρ*), jählings, plötzlich, unversehens.

ἀ-φόβητος, 2. poet. u. **ἄ-φοβος,** 2., Adv. **-όβως, 1)** unerschreckt, *τινός* von etwas, furchtlos vor, unbesorgt um jem., etw. **2)** keine Furcht einflößend, zahm. Dav. [etwas.

ἀφοβία, ἡ, sp. Furchtlosigkeit, *ὑπέρ τινος* wegen

ἄφ-οδος, ἡ, ion **ἄπ-, a)** Abmarsch, Abzug, bes. auch Rückmarsch, Rückzug, *οἴκαδε*. **b)** der Platz zum Rückzug.

ἀ-φοίβαντος, 2. poet. ungereinigt, unrein.

ἀφ-ομῑλέω, sp. sich (von der Unterhaltung) entfernen.

ἀφ-ομοιόω, 1) ähnlich machen, nachbilden, *πρός τι, ἑαυτῷ τι* sich etwas ähnlich od. gleich vorstellen, *ἑαυτὸν πρός τι* etwas an sich selbst nachzubilden suchen; sich in etwas verwandeln. N. T. Pass. ähnlich werden. **2)** vergleichen, *τί τινι*.

ἀφ-ομοίωμα, τό, das Ebenbild.

ἀφ-οπλίζω, 1) sp. der Waffen berauben, entwaffnen, *τινός*. **2)** Med. ep. sich entwaffnen, seine Rüstung ablegen.

ἀφ-οράω (s. *ὁράω*), ion. **ἀπ-ορέω,** Impf, *ἀπώρεον, ἀπώρων*, Aor. *ἀπ-ιδεῖν*, — **1)** Akt. **a)** wegblicken, wegsehen, zurückblicken. **b)** von ferne sehen, nach etwas hinsehen, etwas (*τί*) erblicken, seinen Blick auf etwas richten (auch im übertr. Sinne), und zwar *πρός, εἴς τινα* od. *τι*, überh. nach etwas gekehrt od. gerichtet sein. **2)** Med. poet. ausschauen, *τί* nach etw.

ἀ-φόρητος, 2. (*φορέω*), **1)** unerträglich. **2)** sp. woran man nicht tragen kann, *λαβή*.

ἀφορία, ἡ (*ἄφορος*), Unfruchtbarkeit.

ἀφ-ορίζω u. ep. **ἀπ-ουρίζω** (ὁρίζω), **1)** abgrenzen, **a)** trennen, τινός od. ἀπό τινος von etwas. **b)** festsetzen, bestimmen, definieren. **2)** absondern, insbes. **a)** ausschließen, γᾶς verweisen, τιμάς schmälern. **b)** erobern, χώραν. **c)** auserwählen, N. T. **3)** ep. ἀπουρίζω, ἀρούρας, s. bes. u. ἀπαυράω.

ἀφ-ορμάω, 1) Akt. intr. **a)** aufbrechen, losbrechen, abs. (ἐκ) τινος von einem Orte, und πεῖραν zum Überfall. **b)** sp. wegtrachten, ablehnen, verzichten. **2)** Med-Pass. abs. aufbrechen, wegreisen, nachkommen, z. B. ναῦφιν hinwegstürmen, hinwegeilen.

ἀφ-ορμή, ἡ, Ausgangspunkt, dah. **a)** Stützpunkt, Haltpunkt. **b)** übertr. Mittel, Hilfsmittel, Handhabe, Veranlassung, Trieb, Nötigung; Gelegenheit, Anspruch auf etwas, abs. od. τινός, εἴς u. πρός τι zu etwas, insbes. Geldmittel, das Betriebskapital. **c)** Stoff, Thema einer Rede. **d)** sp. (als Gegensatz zu ὁρμή) Abneigung, Abmahnung.

ἀφ-ορμητικός, 3. sp. wegtrachtend, nicht begehrend, ablehnend; δύναμις die Fähigkeit des Nichtbegehrens, Ablehnens.

ἀφ-ορμίζομαι, poet. Med., ναῦς χθονός seine Schiffe vom Lande absegeln lassen.

ἀ-φόρμικτος, 2. poet. ohne Zitherspiel.

ἄφ-ορμος, 2. (ὁρμή), poet. abziehend, enteilend.

ἄ-φορος, 2. (φέρω), **1)** unfruchtbar. **2)** poet. unfruchtbar machend.

ἀφ-οσιόω, ion. ἀπ-, durch Reinigungsopfer eine Schuld heben, entsühnen, τινά, gewöhnl. im Med. ἀφοσιόομαι, ion. ἀπ-, **1)** sich entsühnen, aus religiöser Scheu zurückweisen, τὰς ἀράς die Flüche aufheben. **2)** sich einer heiligen Pflicht entledigen, einer Gewissenspflicht genügen, abs. od. τῇ θεῷ gegen die Göttin, λόγιόν τι dem Gebote eines Orakelspruches genügen, ihn pünktlich beobachten, τὴν ἐξόρκωσιν der eidlich übernommenen Pflicht genügen. **3)** aus religiösen Bedenken vorschützen, τί. Dav.

ἀφοσίωσις, ἡ, sp. Entsühnung, ἀφοσιώσεως ἕνεκα um dem Gewissen zu genügen, auch zum Schein, obenhin, τιμῆς ἀφοσίωσις leeres Ehrengepränge.

ἀ-φρᾰδέω, ep. unverständig sein, unüberlegt reden od. handeln. Von

ἀ-φραδής, 2. ep., u. ep. Adv. **-δέως** (φράζομαι), unüberlegt, unbesonnen, unbedachtsam, unverständig; besinnungslos.

ἀφρᾰδίη, ἡ (ἀφραδέω), ep. Unverstand, Torheit, Unbesonnenheit, Unachtsamkeit, Unkunde, Unerfahrenheit; τινός in etwas. Oft im Plur.

ἀφράδμων, 2. ep. u. poet. **1)** = ἀφραδής. **2)** m. Inf. unerfahren im —, nicht verstehend zu —.

ἀφραίνω (ἄφρων), ep. u. sp. = ἀφραδέω.

ἄ-φρακτος, 2. (φράσσω), unverzäunt, unbefestigt, schutzlos, von Schiffen: ohne Verdeck, von Personen: ungerüstet, ohne Schutz.

Ἀφράνιος, Römer, **a)** Λεύκιος, Anhänger des Pompejus. **b)** Σίλων, Centurio im Partherkrieg 161/2 n. Chr.

ἀ-φράσμων u. Adv. **-μόνως,** poet. = ἀφραδής.

ἄφραστος, 2. (φράζω) ion. u. poet., Adv. **-άστως,** unwahrnehmbar, unbemerkbar, geheim, unbegreiflich, unerwartet; wahnsinnig.

ἀφρέω, ep., Impf. ep. ἄφρεον (ἀφρός), schäumen, στήθεα an der Brust.

ἀ-φρήτωρ, ορος, ὁ (φρήτρη), ep. stammesfeind.

ἀφρίζω, poet. u. sp. = ἀφρέω.

Ἀφρικᾱνός, ὁ, sp. Africanus, Bein. der Scipionen.

Ἀφρο-γένεια, ἡ, die Schaumgeborene.

ἀφροδῑσιάζω, der Liebe genießen, πρός τι Liebesverlangen haben. Von

ἀφροδίσιος, 3. zum Liebesgenuß gehörig, ὅρκος ein Liebesschwur; τὰ ἀφροδίσια, **a)** Liebesgenuß, τινός mit jmdm. **b)** die Geschlechtsteile. Dazu

Ἀφροδίσιον, τό, **a)** Tempel der Aphrodite. **b)** Statue der A. **c)** τὰ Ἀφρ. Fest der Aphrodite. Von

Ἀφροδίτη 1) Aphrodite, Göttin der Liebe, des Liebesgenusses, der Anmut u. Schönheit. In Kythera hatte sie herrliche Tempel, dah. Κυθέρεια. **2)** übertr. poet. u. sp. Liebe, Liebesgenuß, überh. Genuß, Freude.

Ἀφροδιτία (-σία), ἡ, sonst nicht bekannter Ort in [Lakonika.

ἀφρονέω (ἄφρων), nur Part. praes., ep. unvernünftig, töricht sein oder handeln.

ἄ-φροντις, ιδος, ὁ, ἡ, sp. sorgenfrei.

ἀφροντιστέω, sorglos sein, τινός um etwas; ὅπως nicht danach fragen, daß od. wie. Von

ἀ-φρόντιστος, 2. poet. u. sp. unbedacht, unvorbereitet. Adv. **-ίστως, a)** ohne Überlegung, unbesonnen. **b)** mit ἔχειν auch: unbekümmert, sorglos sein.

ἀφρός, ὁ (verw. mit ὄμβρος u. lat. *imber*), Schaum, Geifer, im Plur. Schaumblasen.

ἀφροσύνη, ἡ (ἄφρων), Unvernunft, Unbesonnenheit, Torheit; törichte Keckheit, πρός τινα, auch Besinnungslosigkeit des Rausches, Xen. Cyr. 4, 2, 41. Im Plur. Äußerungen der Torheit.

ἄ-φρουρος, 2. unbewacht, ohne Besatzung.

ἀφρώδης, 2. (εἶδος), schaumartig.

ἄ-φρων, 2. (φρήν), Adv. **-όνως,** Komp. -εστέρως, unvernünftig, töricht, besinnungslos, toll, wütend. Subst. τὸ ἄφρον die Unvernunft, das Unvernünftige (der Körper).

ἀφ-υδραίνομαι, poet. sich abwaschen.

ἀφύη, ἡ, die Sardelle, Gen. plur. -ύων.

ἀ-φυής, 2. Adv. **-υῶς** (φύω), ohne natürliche Anlage, unbegabt, πρός τι; τὸ σῶμα ohne körperliche Anlagen. Davon

ἀ-φυΐα, ἡ, sp. Mangel an Begabung.

ἄ-φυκτος, 2 (φεύγω), **a)** unentfliehbar, unentrinnbar. **b)** von wo es kein Entrinnen gibt, ἐν ἀφύκτῳ ἔχεσθαι nicht entkommen können.

ἀφῠλακτέω, keine Vorsicht anwenden. Von

ἀ-φύλακτος, 2., **1)** unbewacht, ungeschützt, ohne Besatzung. **2)** sich nicht hütend, sorglos (Ntr. als Adv.) Subst. τὸ ἀφ. Sorglosigkeit in der Bewachung. **3)** wogegen man sich nicht schützen kann, unvermeidlich. Adv. **-άκτως,** ohne Vorsichtsmaßregeln zu treffen. Dav.

ἀφυλαξία, ἡ, Mangel an Wachsamkeit, Sorglosigkeit in der Bewachung, Unachtsamkeit.

ἄ-φυλλος, 2. ep. poet. u. sp. blätterlos, entblättert, ohne den Ölzweig.

ἀφ-υπνίζω, poet. u. sp. aus dem Schlafe wecken. Pass. aus dem Schlafe erwachen.

ἀφ-υπνόω, N. T. einschlafen.

ἀφυσγετός, ὁ, ep. Schlamm, Geröll.
ἄ-φυσος, 2. (φυσάω), nicht blähend.
ἀφύσσω, Fut. ἀφύξω, dor. ἀφυξῶ, u. **ἀφύω,** ep. u. poet., Aor. ἤφυσα u. ἄφυσσα, imper. ἄφυσσον (ebenso Med.), (ἀπό u. Wurzel von αὔω III.) durch Schöpfen nehmen, schöpfen; *opes* aufhäufen, sammeln, σοί für dich, Il. 1, 171.
ἀφ-υστερέω, sp. 1) Akt zu spät kommen; 2) Pass., Part. Perf. -ημένος entzogen, vorenthalten, N. T.
Ἄφυτις, ιος u. εως. ἡ, Stadt auf der Halbinsel Pallene in Chalkidike; Adj. -φυταῖος.
ἀφύω, s. ἀφύσσω.
ἀ-φώνητος, 2. poet., u. **ἄ-φωνος,** 2., Adv -**ώνως,** 1) lautlos, sprachlos, stumm, mit Gen. τῆς ἀρᾶς zu dem Fluche. 2) sp. τὸ ἄφωνον (sc. γράμμα) der Konsonant. Dav.
ἀφωνία, ἡ, Sprachlosigkeit, das Verstummen.
ἄ-φωνος, s. ἀφώνητος.
ἀ-φώτιστος, 2. (φωτίζω), sp. unerleuchtet, unerhellt.
ἀχά, dor. poet. = ἠχή.
Ἀχαιίη, ἡ (ἄχος), Bein. der Demeter in Attika, die Trauernde.
ἀχαΐνη, ἡ, sp. poet. der einjährige Hirsch, Spießer. überh. Hirsch.
Ἀχαιμένης, εος, ους, ὁ, Vok. Ἀχαίμενες, 1) myth. Ahnherr der persischen Könige. 2) Vorfahr des Darius um 650. 3) Bruder des Xerxes, Statth. in Ägypten. Dav.
Ἀχαιμενίδαι, οἱ, Familienverband des persischen Stammes der Pasargadai, zu welchem das persische Königshaus gehörte. Dazu
Ἀχαιμένιοι, οἱ, sp. poet. = Perser.
Ἀχαιός, 3. achäisch, *Achivus*, οἱ Ἀχαιοί, αἱ Ἀχαιαί Achäer, Achäerinnen die Bewohner sowohl der pelopönnes. als der thessal. Landschaft Achaja, letztere gew. Ἀχαιοὶ Φθιῶται, poet. oft Griechen, Griechinnen überhaupt. Dazu Fem. **Ἀχαιιάς,** άδος, ἡ, **Ἀχαιΐς,** ίδος, ἡ, achäisch, ἡ Ἀχ. das achäische Land od die Achäerin, **Ἀχαιικός,** 3. u. att. **Ἀχαϊκός,** 3. achäisch.
ἀ-χάλῑνος, 2. poet. u. sp. ungezäumt, zügellos.
ἀ-χάλκευτος, 2. poet. nicht von Erz geschmiedet.
ἄχαλκος, 2. poet. ohne Erz, mit Gen. ἀσπίδων ohne das Erz der Schilde.
ἀχάνη, ἡ, sp. Kiste, Kasten, pers. Hohlmaß.
ἀχᾰνής, 2. (ἀ intens, χαίνω), poet. u. sp. weitklaffend, *hians*, mit offenem Munde; überh. weit ausgedehnt, unermeßlich.
ἀ-χαράκωτος, 2. sp. nicht verrammelt, unverschanzt.
ἄ-χᾰρις, ὁ, ἡ, -**ρι,** τό, Gen. ῐτος, **ἀχάριστος,** 2., und ion. und sp. **ἀχάριτος,** 2., nicht anmutig, 1) **unangenehm,** unerfreulich, traurig, χάρις ἄχαρις ein unbelohnter Liebesdienst Aesch., κακῆς γυναικὸς χάριν ἄχαριν (ἀπώλετο) dank einem schlechten Weibe kam er um Eur. 2) a) **undankbar,** b) **ungedankt,** ungelohnt. 3) **gnadenlos.** Komp. ἀχαρίστερος u. ἀχαριστότερος, Superl. ἀχαριτώτατος • Adv. **ἀχαρίστως.** 1) ohne Dank, οὐκ ἀχ. ἔχει μοί τι πρός τινος es bleibt mir etwas nicht unverdankt von einem. 2) ungern. Dav.
ἀχᾰριστέω, undankbar sein, πρός τινα od. τινί sich einem unwillfährig bezeigen, und οὐδὲν ἀχ. τινί einem keine Gefälligkeit abschlagen. Dav.
ἀχᾰριστία, ἡ, 1) Undankbarkeit. 2) Verkleinerung. 3) Mangel an Anmut.
ἀχάριστος u. **ἀχάριτος,** s. ἄχαρις.
Ἀχαρναί, ῶν, αἱ, ein Demos der att. Phyle Oineïs. Einw. **Ἀχαρνεύς.** Ἀχαρνῆσι in Acharnä.
ἀχάτης, ου, ὁ [ᾰ ᾱ], sp. der Achat.
ἀ-χείματος, 2. poet. frei von Stürmen.
ἄχειρ, ὁ, ἡ, u. ἀχειρής, sp. ep. = ἄχειρος.
ἀχείρητος, 2. poet. nicht von Menschenhand gemacht (v. l.). [gemacht.
ἀ-χειροποίητος, 2. N. T. nicht von Menschenhänden
ἄ-χειρος, 2. ohne Hände, τὰ ἄχειρα der Rücken.
ἀ-χείρωτος, 2. unbezwungen.
Ἀχελῷος, ὁ, ep. **Ἀχελώιος,** 1) der große Fluß Griechenlands, der, vom Lakmongeb. kommend, Akarnanien u. Ätolien scheidend, ins Ionische Meer fließt; oft als Stromgott erwähnt. 2) N. anderer Flüsse, z. B. in Phrygien Il. 24, 611. 3) poet. meton. für Ursprung der Flüsse u. Gewässer, u. für das Wasser überh., Eur. Bacch. 625 Dav. Adj. Ἀχελωΐς, fem., -ίδες πόλεις Städte im Flußwasser.
ἄχερδος [ᾰ], ἡ, auch ὁ, ep. u. poet. 1) der Weißdorn *crataegus oxyacantha*, auch zum Einzäunen benutzt. 2) der wilde Birnbaum.
Ἀχερδούσιος, ὁ, Einw. des att. Demos Ἀχερδοῦς, zur hippothont. Phyle gehörig.
ἀχερωΐς, ίδος, ἡ, ep. die Weißpappel, Silberpappel.
Ἀχέρων, οντος, ὁ, Acheron, 1) (Abgrund od.) Fluß in der Unterwelt, in den sich der Pyriphlegethon und der Kokytos ergießen. 2) Fluß in Thesprotien, der ins Ion. Meer sich ergießt, jetzt *Mavro Potamo*. Dav. a) **Ἀχερούσιος,** 3., Ἀχερουσία λίμνη in Thesprotien, vom Acheron durchflossen. b) **Ἀχερουσιάς,** άδος, ἡ, λίμνη großer See in der Unterwelt; Χερρόνησος Halbinsel bei Heraklea in Bithynien.
ἀχέτᾱς, ου, ὁ, auch ἀχέτᾰ, dor., att. ἠχέτης (ἠχέω), 1) tönend, singend. 2) Zikade.
ἀχεύων u. **ἀχέων** [ᾰ] (ἄχομαι), ep. u. poet. Part., ächzend, sich härmend, betrübt, trauernd, abs. wie Soph. El. 159, **θυμόν,** κῆρ im Herzen.
ἀχέω [ᾱ], dor., s. ἠχέω.
ἀχήν, ῆνος [ᾰ], buk. arm, dürftig. Dav.
ἀχηνία [ᾰ], ἡ, poet. Armut, Entbehrung.
ἀχθεινός, 3., Adv. -ῶς (ἄχθος), lästig, unangenehm.
ἀχθηδών, όνος, ἡ, = ἄχθος, Belästigung, δι' ἀχθηδόνα zur Kränkung.
ἄχθομαι (ἄχθες s. ἄχθος), Dep. pass. Fut. ἀχθέσομαι u. ἀχθεσθήσομαι, Aor. ἠχθέσθην, belastet, beschwert sein. 1) belastet, befrachtet sein, νηῦς Hom.; τράπεζα τυροῦ Xen. 2) übertr. a) **von Schmerzen** (ὀδύνῃσι) **gequält sein,** κῆρ im Herzen, ἕλκος schmerzlich empfinden. b) betrübt, **gedrückt,** unwillig sein, **sich ärgern,** zürnen; mit Part. ἤχθετο ὁρῶν er sah es ungern.
ἄχθος, εος, ους, τό, **Last,** Bürde, 1) Ladung, Fracht, Belastung. 2) übertr. Beschwerde, Mühe, Kummer, Greuel.
ἀχθοφορέω, sp. eine Last tragen, beschwert sein. Von
ἀχθο-φόρος, 2. (φέρω), ion. lasttragend.
Ἀχιλλεύς, poet. auch **Ἀχιλεύς,** έως, ep. ῆος, ὁ, Achilleus, des Peleus u. der Thetis Sohn, Anführer der Myrmidonen. Dav. Adj. **Ἀχίλλειος,** 3., **δρόμος**

Halbinsel an der Mündung des Borysthenes. τὰ Ἀχίλλεια (sc. ἄλφιτα), bes. feines, vornehmes Brot, Ratsherrenbrot.

Ἀχίλλειον, ion. **-ήιον, τό,** fester Ort **a)** beim Sigeion, mit Ach. Grab (Her., Arr.). **b)** bei Smyrna (Xen. Hell.).

ἀχίτων, Gen. ωνος, 2. ohne Leibrock.

ἀχλαινία, ἡ, poet. Mangel eines Überkleides.

ἄ-χλοος, 2. poet. nicht grünend.

ἀχλυόεις, εσσα, εν, poet. trübe, betrübend. Von

ἀχλύς, [ῡ ep. in Nom. u. Akk.], ύος, ἡ, ep. poet. u. sp., der dunkle Qualm, Dunkel, Finsternis, Nebel, im bes. das Todesdunkel, die Todesnacht (im Tode, in der Ohnmacht od. bei heftiger Betrübnis). Dav.

ἀχλύω, ep., Aor. ἤχλῦσε, dunkel werden.

ἄχνη, ἡ, dor. ἄχνα, alles von der Oberfläche Abgestrichene, dah. **a)** ep. die Spreu. **b)** ep. u. poet. der Schaum, des Meeres (ἁλός), od. der Tau, u. δακρύων die Perlen der Tränen. **c)** Staub, πυρός Rauch.

ἄχνυμαι, Dep. (s. ἄχομαι), nur im Präs. u. Impf., ep. u. poet. Schmerz fühlen, traurig sein, auch unwillig sein, κῆρ im Herzen, τινός um jmdn. od. τί über etwas. Vgl. ἀκαχίζω.

ἄ-χολος, 2. ep. ohne Galle, d. i. grollverscheuchend.

ἄχομαι (Wurz. ἀχ, vgl. ἄχος), nur Präs. pass., ep. sich betrüben, unwillig sein.

ἀ-χόρευτος, 2. poet. u. **ἄ-χορος,** 2. poet. nicht mit Reigentänzen gefeiert, ohne Sang u. Klang, traurig.

ἀ-χορήγητος, 2. nicht ausgestattet, ohne (äußere) Ausstattung.

ἄχος, εος, τό (Wurz. αχ, ἄχομαι), Schmerz, Leid, Trauer, Betrübnis, Herzensgram, Schrecknis, auch im Plur. z. B. ἄχεα ἄχεσιν ein Leid nach dem andern, τινός um jmds. willen. [Syrakus.

Ἀχραδίνη (od. **-δινή**), ἡ, der östliche Teil von

ἄ-χραντος, 2. (χραίνω), unbefleckt, rein, τινός.

ἀχράς, άδος, ἡ, sp. wilder Birnbaum u seine Frucht.

ἀχρειόω, sp. u. NT. unnütz machen. Pass., Aor. ἠχρειώθησαν (v. l. ἠχρεώθ.), nichts taugen. Von

ἀ-χρεῖος, 2., ion. **ἀχρήιος,** ohne Nutzen, nutzlos, *inutilis*, unnütz, untauglich, untüchtig, unbrauchbar, unfähig zum Kriegsdienst, τὸ ἀχρεῖον die Schwäche. Neutr. als Adv., dah. ἀχρεῖον ἰδών verlegen blickend, ἀχρ. ἐγέλασσεν sie lachte grundlos d. i. sich verstellend.

ἀ-χρημᾰτία, ἡ, Geldmangel, Dürftigkeit, Armut, Mangel. Von

ἀ-χρήμᾰτος, 2. ion. poet. u. sp. (χρῆμα), ohne Geld, ohne Vermögen, arm.

ἀχρημοσύνη, ἡ, ep. = ἀχρηματία, Armut. Von

ἀ-χρήμων, 2. poet. = ἀχρήματος.

ἀχρηστία, ἡ, die Unbrauchbarkeit, der Nichtgebrauch. Von

ἄ-χρηστος, 2., Adv., **-ήστως** (χράομαι), unbrauchbar, unnütz, ohne Vorteil, nichtsnutzig, πίπτει es wird zu Wasser, τινί für einen, εἴς τι für etwas, sp. ungebraucht, neu; trüglich, verderblich.

ἄχρι, att. auch vor Vokalen ohne ς, erst später auch **ἄχρις. 1)** Adv. völlig, **gänzlich. 2)** Praep. beim Gen., zuweilen nachstehend, **bis,** bis hinan, bis auf, bis zu, **a)** vom Raume, zuw. bei den Praepp. εἰς, πρός u. ὑπό, **b)** von der Zeit, ἄ. κνέφαος bis tief in die Nacht Hom., ἄχρι παντός beständig, **c)** von dem Maß sowie von der Art und Weise, ἄχρι τῆς ἴσης gleich weit, ἄχρι τοῦ θορυβῆσαι bis zum Beifallklatschen Dem. **3)** Konj. ἄχρι (οὗ), bis, **bis daß,** bis wieweit, so lange als mit Ind. u. Konj. mit ἄν.

ἄ-χρονος, 2. sp. zeitlos.

ἄ-χρῡσος, 2. ohne Gold(schmuck).

ἀχρωμᾰτος, 2. (χρῶμα), farblos.

ἄ-χρωστος, 2. (χρώννυμι), poet. unberührt.

ἀχυρμιή, ἡ, sp. Spreuhaufen.

ἄχῠρον [ᾰ], τό, gew. Plur. Spreu, ausgedroschene od. ausgemahlene Hülsen.

ἀχώ, ἡ, u. **Ἀχώ,** dor. st. ἠχώ.

ἀ-χώριστος, 2. **1)** ungetrennt, untrennbar, τινός. **2)** ohne Platz, dem kein Platz angewiesen ist.

ἄψ (ἀπό, lat. *abs*, eigtl. fort), ep. Adv. **1)** vom Orte: zurück, rückwärts, von etwas weg, auch präpositional mit Gen. **2)** wieder, wiederum, auch mit πάλιν u. αὖθις.

ἄ-ψαυστος, 2. (ψαύω), **1)** unberührt, unberührbar, τινί für jmdn. **2)** akt. poet. nicht angerührt habend, τινός.

ἀ-ψεγής, 2. u. **ἄ-ψεκτος,** 2. poet. ungetadelt.

ἀψεύδεια, ἡ, **1)** Truglosigkeit, Wahrheitsliebe. **2)** Zuverlässigkeit, Stetigkeit.

ἀψευδέω, nicht lügen, wahrhaft sein. Von

ἀ-ψευδής, 2., Adv. ion. **-δέως,** untrüglich, wahrhaft, in Wahrheit.

ἀ-ψεφής, 2. poet. worum man sich nicht zu kümmern braucht, gleichgültig (zw. LA.).

ἀ-ψηφο-φόρητος 2. sp. wer seine Stimme bei einer Abstimmung od. Wahl nicht abgegeben hat.

ἀψί-κορος, 2. mit der Berührung schon gesättigt, bald überdrüssig, unbeständig, πρός τι in etw.

ἀψι-μαχέω (ἀψί-μαχος, 2. plänkelnd), **plänkeln,** einen leichten Angriff machen. Dav.

ἀψιμᾰχία, ἡ, Geplänkel, erster leichter **Angriff;** Zänkerei.

ἀψίνθιον, τό, Wermut.

ἀψίς u. ion. **ἀψίς,** ῖδος, ἡ (ἅπτω), **1)** ep. Verknüpfung, λίνου die Maschen des Netzes. **2)** Radreif, überh. Rad. **3)** Wölbung, Gewölbe, Kuppel. — Dag.

ἅψις, εως, ἡ (ἅπτομαι), das Berühren.

ἀψόρροος, 2., zsgz. -ρους, ουν (ἄψ, ῥέω), ep. zurückfließend, Okeanos, welcher rings um die Erdscheibe in sich selbst zurückströmt.

ἄψορρος, 2. (ἄψ, ὄρσος, St. ερσ, lat. *errare*, d. *irren*), ep. u. poet. sich zurückbewegend, zurückfließend. Das Neutr. sing. als Adv. **a)** zurück. **b)** wieder.

ἄψος, εος, τό (ἅπτω), ep. Verbindung, bes. der Glieder, dah. die Gelenke.

ἀ-ψόφητος, 2. poet. u. **ἄ-ψοφος,** 2. poet., aber Adv. **-φητί,** auch pros., ohne Lärm, geräuschlos, still, mit dem Gen. ὀξέων κωκυμάτων lautlos, ohne Jammerrufe. [schlossen.

ἄ-ψυκτος, 2. (ψύχω), von der Abkühlung ausge-

ἀψυχία, ἡ, Feigheit. Von

ἄ-ψῡχος, 2. (ψυχή), **1)** ohne Seele, unbeseelt. **2)** entseelt, leblos. **3)** mutlos, feig.

ἀῶθεν, dor. poet. f. ἠῶθεν.

ἀών, dor. st. ἠιών.

Ἀῷος, Fl. in Illyrien, j. *Vajusa.*

ἀωρί, Adv. zur Unzeit, unzeitig.

ἀωρίη, ion. poet. Unzeit, insbes. das unerfreuliche [Alter.

I. **ἄ-ωρος,** 2. u. ion. **ἄν-ωρος,** 2. (ὥρα), **1)** unzeitig, vorzeitig, unreif; zu jung, noch nicht im richtigen Alter. **2)** unschön, häßlich, ungestalt.

II. **ἄωρος,** 2. (ὁρᾶν), poet. unsichtbar.

III. **ἄωρος** = ὦρος (verw. ἰαύω), Schlaf Sappho.

ἀώς, ἡ, dor st. ἠώς.

ἀωτέω [ᾰ], (ἄωρος III.), ep. tief schlafen, ὕπνον.

ἄωτος, ὁ, ep. u. poet. **1)** Flocke, Geflocke, Flaum, οἰὸς ἄωτος die Wolle des Schafes. **2)** die daraus gefertigten Bettstücke. **3)** die Schleuder, weil die beiden Schenkel derselben aus Wolle geflochten wurden (Il. 13, 599. 716). **4)** poet. das Feinste, Schönste, Herrlichste in seiner Art.

B.

Β, zweiter Buchstabe im griech. Alphabet, als Zahlzeichen = 2.

βᾶ, poet. Vok. von βᾶς = βασιλεύς, o König!

-βᾶ (in εἴσβα, ἔμβα, ἀνάβα), poet. u. sp. st. βῆθι.

βάβαι od. **βαβαί,** Ausruf der Verwunderung: ei! ei tausend!

βάβαξ, ακος, ὁ (βαβάζω), Schwätzer.

Βάβριος, ὁ, später Fabeldichter, wahrsch. um den Anfang des 3. Jhdts. nach Chr.

βαβύκα, ἡ, (lakonisch), die Brücke.

Βᾰβῠλών, ῶνος, ἡ (aus babylon. *báb-ilâni* „Göttertor"; altpers. *Babirus*), Babylon. Davon

Βαβυλώνιος, 3. u. 2. babylonisch; berühmt u. geschätzt waren die babyl. Stoffe. ἡ **Βαβυλωνία** (γῆ, χώρα), Babylonien, jetzt *Irak Arabi.* οἱ **Βαβυλώνιοι** die Einw. dieses Landes.

βάγμα, τό (βάζω), poet. Rede.

βαγώας, ὁ, sp. pers. Wort = εὐνοῦχος.

βάδην, Adv. (βαίνω), **1)** im Schritt, Schritt für Schritt, langsam, Gegens. von δρόμῳ bes. in militärischer Beziehung, τοῦ βάδην ἐπιλαθέσθαι Schritt zu halten vergessen, u. βάδην ταχύ im Sturmschritt, wobei die Soldaten in Reih u. Glied blieben, was bei δρόμῳ weniger od. gar nicht der Fall war. **2)** übertr. allmählich, nach u. nach, ὑπακούειν. **3)** poet. auch zu Fuß.

βαδίζω (βάδος „der Gang", βαίνω), einherschreiten, bes. im Schritt gehen, marschieren, Gegens. τρέχω; von der Reiterei: ziehen; übertr. sich an etwas machen, zu etwas übergehen; ἐπί τινα auf einen losgehen, angreifen. Von Dingen: seinen Gang gehen. Fortgang haben, weiter gehen. Dav.

βάδισις, εως, ἡ, u. **βάδισμα,** τό, das Einherschreiten, der Gang, τὰ **βαδίσματα** der gezierte Gang jüngerer Philosophen.

βαδιστής, οῦ, ὁ, poet. der Fußgänger, Läufer. Dav.

βαδιστικός, 3. zum Schreiten geeignet, schreitend.

βάζω, Fut. βάξω, Perf. pass. βέβακται, ep. u. poet. schwatzen, reden, sprechen.

βᾶθι, dor. = βῆθι.

βαθέη, ion. Fem. und **βάθιστος,** superl. v. βαθύς.

βαθμός, ὁ, poet. u. sp. (βαίνω), die Stufe, Schwelle; Ehrenstufe, Würde.

βάθος, εος, ους, τό (St. βαθ, Nebenf. βένθ-ος), **1) Tiefe,** Höhe, je nach dem Standpunkt, ἐς **βάθος διαχωρεῖν** von einem Gebirge: zurücktreten; Abgrund, Höhe. **2)** von jeder räumlichen Ausdehnung, β. τριχῶν Länge der Haare; übertr. **πλούτου** Fülle des Reichtums. Im bes. im milit. Sinne: die Tiefe, d. i. die Anzahl der hintereinander Stehenden, ἐς βάθος ἐκτάττειν das Heer so aufstellen, daß es eine größere Tiefe und kleinere Front hat, bes. zum Angriff.

βαθρεία, ἡ, poet. = βάθρον.

βάθρον, τό (St. βα, βαίνω), Grundlage, worauf etwas ruht, steht, dah. **a)** Grund u. Boden, ἑστίας, Σαλαμῖνος. **b)** Stufe, Stiege, Leiter. **c)** Sitz, Bank jeder Art; von Bildsäulen: Fußgestell; vom Haus: Schwelle; γῆς der Erde Schoß, auch von der Unterwelt; κινδύνου, poet. nächste, d. h. höchste Gefahr.

βᾰθύ-βουλος, 2. poet. von tiefer Einsicht.

βᾰθύ-γαιος, 2. (γῆ), ion. von tiefem Erdreich od. Feldboden, fruchtbar, Gegens. steinig.

βᾰθυ-δῑνήεις, εσσα, εν, ep. u. **βαθυδίνης** [ῑ], ου, ὁ, ep. tiefwirbelnd.

βαθύ-δοξος, 2. poet. hochberühmt.

βᾰθύ-ζωνος, 2. (ζώνη), ep. u. poet. tiefgegürtet, unmittelbar über den Hüften gegürtet; dann auch schön gekleidet.

βᾰθυ-χήτης, 2. poet. tiefschlundig.

βᾰθύ-κολπος, 2. (κόλπος), ep. u. poet. **1)** tiefgegürtet, wie βαθύζωνος, aber nur von den Troerinnen gesagt. **2)** mit üppigem Busen.

βαθυ-κτέανος, 2. poet. von großem Besitztum, reich.

βαθύ-λειμος, 2. (λειμών), ep. mit grasreichen Auen.

βαθυ-λήιος, 2. (λήιον), ep. mit hoher Saat, d. i. fruchtbar.

βαθύνω, Fut. υνῶ (βαθύς), **1)** trans. vertiefen, aushöhlen, τὴν φάλαγγα eine Schlachtordnung vertiefen, viele Reihen hintereinander stellen, ἐξ ὅσων ἐγὼ τὴν φάλαγγα βαθυνῶ so tief ich die Schlachtordnung stellen werde. **2)** intr. in die Tiefe gehen, sich vertiefen.

βαθύ-ξυλος, 2. poet. dichtbeholzt.

βαθυ-πλόκᾰμος, 2. buk. dicklockig.

βαθύ-πλουτος, 2. poet. u. sp. sehr reich.

βαθυ-πόλεμος, 2. poet. tief im Kriege begriffen.

βαθυ-ρρείτης, ου, ep. u. **βαθύρροος,** zsgz. **βαθύρρους,** 2. (ῥέω), ep. u. poet. tieffließend, vollströmend.

βαθύ-ρριζος, 2. (ῥίζα) poet. tief gewurzelt.

βᾰθύς, βαθεῖα, βαθύ, (βάθος) ion. Fem. βαθέη u. βαθέα, Komp. βαθύτερος, poet. βαθίων, dor. βασσων,

Superl. *βαθύτατος*, poet. *βάθιστος*. 1) **tief** oder hoch, *ἠιών* Steilküste, *φάλαγξ* tiefe Schlachtordnung Xen. vgl. *βάθος*. Übertr. *ὄρθρος βαθύς* früher Morgen, *ἑσπέρα βαθεῖα* später Abend, *φρήν* innerste Seele, *ἤθεα βαθέα* aus tieferer Bildung geschöpft, fein. 2) tief, d.i. reichlich, **dicht,** hoch bewachsen, *ἀήρ* dicke Luft, *λαῖλαψ* tiefwühlender Sturmwind. 3) tief sich erstreckend, **weit ausgedehnt,** z. B. *αὐλή*. 4) **ernst,** weise; Adv. *βαθέως*.

βαθυ-σκᾰφής, 2. (*σκάπτω*), poet. tief ausgegraben, tief.

βαθύ-σκῐος, 2. (*σκιά*) ep. buk. u. sp. tiefbeschattet.

βαθύ-σπορος, 2. poet. mit tiefer Saat, fruchtbar.

βαθύ-σχοινος, 2. ep. mit hohem Binsicht.

βαθύτης, *ἡ*. sp. die Tiefe = *βάθος*, s. d.

βαθύ-φρων, 2. poet. u. sp. tiefverständig.

βαθύ-φυλλος, 2. buk. dichtbelaubt.

βαθύ-χάϊος, 2. (*χάϊος* lak. edel) poet. hochadelig.

βαθυχαιτήεις, ***εσσα,*** ***εν***, poet. langhaarig, langmähnig.

βαθύ-χθων, 2. poet. mit tiefem Erdreich.

Βαῖαι, ***ῶν,*** ***αἱ***, Baiae, St. in Kampanien.

βαίνω (St. *βη̄*, *βᾱ*, *βᾰ*, verw. lat. *venio*, dt. *kommen* aus ahd. *queman,* vgl. *be-quem*), episch Aor. Ind. 1. sg. *βῆν*, 3. du. *βάτην,* 3. pl. *βῆσαν*, *ἔβᾰν*, *βάν* u. *-βᾰσαν*, Konj. *βήω* (*βείω*), *βήῃ* u. *βέῃ*, *βήομεν* (*βείομεν*), Inf. *βήμεναι*, u. ein Aor. mixtus *ἐβήσετο* m. Konj *βήσεται* (Il. 15, 382) u. Imper. *βήσεο*, Perf. Ind. 3. pl. *βεβάᾱσι*, Inf. *βεβάμεν*, Part. m. *βεβαώς*, *ῶτος*, f. *βεβαυῖα* u. *βεβῶσα*, Plqpf. 3. pl. *βέβᾰσαν*, u. poet. (dor. *βᾱ́σομαι*, *ἔβᾱν*, *βέβᾱκα*) Aor. Imper. 2. sg. (auch sp.) *εἴσβᾱ*, *ἔμβᾱ*, *ἀνάβᾱ* (2. pl. *ἀνάβᾰτε*), Perf. Ind. 3. pl. *βεβᾶσι*, Inf. *βεβάναι* (auch ion.), Part. m. *βεβώς*, *ῶτος* (auch sp.), u. buk. Fut. *βᾱσεῦμαι*, (*βήσω* u. *ἔβησα* s. II, 3), **schreiten.**

I) intr. • **1)** ep. **ausschreiten,** um zu gehen, *βῆ δ' ἴμεναι* er schritt zu gehen, im Gehen • **2) gehen** • **a) einherschreiten,** *ὁδόν*, so auch bildl. *λαμπρὸν ἱππόδρομον* von der Himmelsbahn, *ἀμφί τινι* beschützen, *μεγάλα* mit großen Schritten, *εὔρυθμα* nach dem Takte (ähnl. *μετὰ ῥυθμοῦ*) marschieren • **b) weggehen,** ausweichen, herabsteigen, *ἐν καθαρῷ βῆναί τινι* einem ausweichen, so daß der Weg für ihn rein d. i. frei sei. Übertr. vergehen, *θανάσιμον βεβηκέναι* den Weg des Todes gehen, überh. sterben. Ähnl. von Dingen: *πῇ ὅρκια βήσεται* wohin wird es mit dem Bund kommen? • **c) wohin gehen,** kommen, gelangen, (*εἰς*) *Θήβας* nach Theben, *νέας*, *δίφρον*, *ἐπί τινι β.* zu einem hintreten, aber auch auf einen losgehen, *μετ' ἴχνιά τινος* jmds. Spur nachgehen, *μετά τι* nach etwas gehen od. ausgehen. Übertr. *ἐπ' ἀριστερά* zu unvernünftigem Beginnen vorschreiten, *ἐν τύχῃ σωτῆρι* mit rettender Bestimmung, *οὐ κατάμεμπτ' ἔβητον* ihr seid nicht hierher gekommen einen Gang, über den ihr euch zu beschweren hättet • **3)** das Perf. ***βεβηκέναι*** bed. oft ausgeschritten sein, **stehen** (*μάχη βεβηκυῖα stabilis pugna*), verweilen, schweben, sein, vom Winde: wehen, *ἐπὶ ξυροῦ ἀκμῆς* auf der Schneide des Schermessers = in der höchsten Gefahr, dah. *εὖ βεβηκέναι* fest stehen, *εὖ βεβηκώς* in gutem Stande befindlich, von Personen: glücklich, anders *ἐν τέλει* in Amt u. Würden stehend, und so das Sprichw. *βοῦς ἐπὶ γλώσσῃ μέγας βέβηκεν* es ist ihm ein Schloß vor dem Munde.

II) trans. • **1) besteigen,** betreten, *νέας*, *δίφρον* (s. I, 2, c) • **2)** von Tieren: bespringen, belegen; med. belegen lassen; auch im Pass. *βαίνεσθαι* • **3)** faktitiv, nur ep. ion. poet. u. sp., Fut. *βήσω*, Aor. *ἔβησα*, conj. ep. *βήσομεν*, *-σετε*, **gehen machen,** führen, *ἀφ' ἵππων* er stürzte sie vom Wagen herunter.

βαΐον, *τό*, N. T. der Palmzweig.

βαιός, 3. poet. klein, gering, wenig, unbedeutend, auch mit geringer Begleitung; von der Stimme: leise. Neutr. als Adv. ein wenig.

Βαίτερρα, *ἡ*, Stadt in Gallia Narbonensis, h. *Béziers*.

βαίτη, dor. ***-α,*** *ἡ*, ion. u. buk. ein Hirten- u. Bauernkleid von Fellen, Pelz, „Flausrock“.

Βάκις, *ιδος*, *ὁ*, berühmter Wahrsager unbestimmter Zeit (8.—6. Jahrh. v. Chr.) aus Böotien.

βακτηρία, ***ἡ,*** (lat. ***bac-ulu-m***), Stab, Stock, Szepter. Er war ein Wahrzeichen der Richter.

Βάκτρα, *τά*, Hauptstadt von Baktriana in Asien am Fl. Baktros (das heutige *Balk*). Davon ***Βάκτριος,*** 3. baktrisch, *οἱ* ***Βάκτριοι,*** die Einw. dieser Stadt, *ἡ* ***Βακτρία,*** mit u. ohne *χώρα*, die Landschaft Baktriana, gew. *ἡ* ***Βακτριανή,*** wovon *οἱ* ***Βακτριανοί,*** die Einw. der Stadt u. Landschaft.

βάκτρευμα, *τό*, poet. = *βακτηρία*.

βάκτρον, ***τό,*** poet. u. sp. = *βακτηρία*.

βακχάω, poet. = *βακχεύω*.

Βάκχειος, u. ***-εῖος,*** 3. ion. u. poet. mit den Nbff. ***Βάκχιος,*** 3. poet., ***Βακχιώτας,*** *ὁ*, poet. u. ***Βακχικός,*** 3. bakchisch, Beiw. des Dionysos, auch bloß *ὁ Βάκχειος* u. *Βάκχ. θεός* genannt; Beiw. d. böotischen Theben, wo Dionysos geboren war; *ὄρχευμα Β.* auch bloß *Βάκχειον* genannt, *τὰ Βακχεῖα* wildes Getön des Tympanon (Eur. Bacch. 130); übertr. verzückt, begeistert, rasend. Im bes. hieß *ἡ* ***Βακχεία*** u. *αἱ* ***Βακχεῖαι*** das Bakchosfest, u. dah. Schwärmerei, Raserei, Wut.

βάκχευμα, *τό*, poet. u. sp., u. ***βάκχευσις,*** *εως*, *ἡ* (*βακχεύω*), poet. bacchisches Fest, bacchische Mysterien, bacchantische Handlung.

Βακχεύς, *έως*, *ὁ* = *Βάκχος*, w. s.

βακχεύσιμος, 2. poet. bacchisch begeistert.

βάκχευσις, *ἡ*, s. *βάκχευμα*. Von

βακχεύω, poet. u. sp., u. ***βακχιάζω*** (*Βάκχος*), poet. **1)** das Bacchosfest feiern, die bacchischen Weihungen begehen, *βακχεύουσα Παρνάσιος κορυφή* der umschwärmte Gipfel des P., weil hier Dionysos nächtlich mit seinem Gefolge Orgien feierte. **2)** wie ein vom Bacchos Begeisterter od. Verzückter reden od. handeln, in Begeisterung, Wut sein, *περί τινα* um einen schwärmen u. toben; leidenschaftlich aufgeregt sein, lärmend herumschweifen. **3)** trans.: einen begeistern.

βάκχη u. ***βακχίς,*** *ιδος*, *ἡ*, poet. Bacchantin, bacchisch Begeisterte, überh. jede Verzückte, Wütende.

Βακχιάδαι, *ῶν*, *οἱ*, die Nachkommen des Bacchis, eine uralte Herrscherfamilie in Korinth, 747/657.

βακχιάζω, s. βακχεύω, **βακχικός,** 3., **βάκχιος,** 3. u. **βακχιώτας,** s. Βάκχειος. **Βακχίς,** ἡ, s βάκχη.

Βάκχος = Ἴακχος, u. **Βακχεύς,** ὁ, **1)** Bacchos, Erfinder u. Gott des Weinbaues od. Weines. **2)** der Bacchant, Verehrer des Bacchos, u. überh. der echt Begeisterte.

Βακχῠλίδης, ὁ, Dichter aus Julis auf Keos, Zeitgenosse und Rivale des Pindar u. Simonides.

Βαλαάμ, Bileam = Betrüger, Irrlehrer, N. T.

βᾰλᾰν-άγρα, ἡ, Zapfenfänger, Haken zum Herausholen des Riegelzapfens am Türschloß, s. **βάλανος,** 2.

βᾰλᾰνεῖον, τό, warmes Bad, Badeanstalt.

βᾰλᾰνεύς, ὁ, Bademeister, Bader.

βᾰλᾰνη-φάγος, 2. (φαγεῖν), ion. u. sp. von Eicheln [lebend.

βαλανη-φόρος, 2. (φέρω), ion. Datteln tragend.

βάλανος, ἡ, **1)** Eichel, Frucht der Speiseeiche, auch kollektiv st. des Plur.; überh. jede eichelförmige Frucht, bes. die Dattel. **2)** eiserner Verschluß-Zapfen, der den Querriegel im Torpfosten festhielt, so daß das Tor nicht geöffnet werden [konnte.

βαλ(λ)άντιον, τό, Beutel, Geldbeutel.

βαλαντιοτομέω, ein Beutelschneider sein. Von

βαλαντιο-τόμος, ὁ (τέμνω), der Beutelschneider.

βαλβίς, ῖδος, ἡ (βα, s. βηλός), poet. die Start- u. Ziellinie der Schranken beim Wettlauf; dah. auch **a)** Anfang. **b)** Ziel, ἐπ' ἄκρων βαλβίδων (Soph. Ant. 131) auf die hohen Mauerzinnen, Ende, βίου. **c)** Schwelle.

βάλε, Interj. mit Opt., poet. o daß doch!

βαλήν, ῆνος, ὁ (Baal), poet. König.

βαλινεῖον, τό, poet. = βαλανεῖον.

βαλιός, 3. poet. weiß, gefleckt, scheckig, dav.

Βαλίος, ep. Schecke, als Name des Pferdes Achills.

βαλ(λ)ίστρα, ἡ. sp. Wurfmaschine ('Werfer').

βαλλάντιον, s. βαλάντιον.

βάλλω (βελ in βέλος, βᾰλ: βλη, ahd. *quellan*) att. Fut. βᾰλῶ u. -οῦμαι, Aor. ἔβαλον u. -όμην, Perf. act. βέβληκα, med.-pass. βέβλημαι, Aor. pass. ἐβλήθην, Fut. pass. βληθήσομαι, Fut. 3. βεβλήσομαι, Adj. verb. βλητός u. βλητέος, dazu episch Fut. βαλέω (auch ion.) u. βαλεῦμαι, Aor. conj. 2. sg. βάλησθα, opt. βάλοισθα, ind. iter. βαλέσκετο, ferner act. (ἔβλην), -βλήτην, -βλήμεναι u. med. in pass. Bdtg. ἔβλητο, conj. βλήεται (u. ξύμβληται), opt. βλῇο (βλεῖο), inf. βλῆσθαι, part. βλήμενος, Perf. 3. pl. βεβολήαται, sowie part. βεβολημένος, ion. Imperf. iter. βαλλέσκετο u. Aor. imper. βαλεῦ.

I) Akt. • **1)** trans. • **a) werfen, schleudern,** etwas schießen, abschießen λίθοις τινά u. ä.; N. T. ῥαπίσμασι beohrfeigen, κακοῖς Soph. schmähen • **b) treffen** (bes. im Aor.). **α) verwunden,** erlegen, τινά τι jmdn. an etwas, z. B. στῆθος an oder in die Brust treffen, ebenso τινὰ κατά und πρός τι, und bildl. ἐς γόνυ τὴν πόλιν der Stadt den Stoß geben Hdt. Übertr. ἄχεϊ βεβολημένος von Schmerz getroffen, κῆρ im Herzen • **β)** überh. treffen, **berühren,** also bespritzen (ἀκτῖσι), bedecken, ans Ohr dringen (auch mit δι' ὤτων), vom Geruch: dringen (in die Nase); κηλίς, μύσος, ebenso **bestrahlen** usw. • **c) hinwerfen,** βεβλῆσθαι daliegen; εὐναὶ βεβλήαται sind aufgeschüttet Hom. • **d) umwerfen,** anlegen (ein Gewand), χεῖρα ἀμφί, περί; κύκλα ἀμφ' ὀχέεσσι befestigen Hom • **e) (hinein)bringen,** -legen, stellen. **α) treiben,** μῆλα ins Schiff bringen Hom., ἵππους πρόσθε vorlaufen lassen u. absol. πρόσθε β. überholen Hom. **β)** übertr. **eingeben,** μένος ἐν στήθεσσι einflößen Hom., ἐνὶ θυμῷ in den Sinn geben; in einen Zustand, eine Lage versetzen ἐς δεῖμα Hdt., ἐς φόβον Eur.; φιλότητα Hom. εἰρήνην N. T. stiften; λύπην verursachen • **2)** intr. **stürzen,** ποταμὸς εἰς ἅλα Hom. sich ergießen; von Schiffen: einlaufen; ἵπποι περὶ τέρμα, rennen; βάλ' εἰς κόρακας geh zum Henker!

II) Med. sich (*sibi*) etwas umwerfen. **1) umhängen,** ἀμφί τινι, auch γόνον ἐς γαστέρα trächtig werden Hdt.; aufwerfen, χάρακα πρὸς τῇ πόλει; hinwerfen, werfen, ἄγκυραν. **2)** übertr. ἐν θυμῷ, εἰς θυμόν, εἰς u. ἐπὶ νοῦν, μετὰ u. ἐν φρεσί im Herzen, sich ans Herz legen, **überlegen, erwägen,** beachten, meinen, denken, ähnl. ἐπ' ἑωυτοῦ etwas auf sich allein nehmen.

βᾰλός, ὁ, dor. st. βηλός.

βαμβαίνω (zu βαίνω, wie παμφαίνω zu φαίνω) ep. buk., sp. wanken, taumeln (andere: stammeln).

βάμμα, τό, poet. Farbe, Brühe; Färberei.

βᾰναυσία, ἡ, ion. **-ίη,** handwerksmäßige Arbeit u. Gesinnung, Ungeistigkeit, Geistlosigkeit, Mangel an Bildung.

βᾰ́ναυσος, 2. arbeitend, gewerbetreibend, **τέχνη** Handwerk, verächtlich, wenn man es selbst u. nicht durch Sklaven betrieb, weil es von den höheren Interessen des Bürgers u. Menschen abzog; dah. gemein, niedrig; ὁ βάναυσος Handwerker, Spießbürger.

Βανδίλοι, ων, οἱ, sp. die Vandalen.

βάξις, εως, ἡ (βάζω), poet. Sage, Ruf, Gerücht, σοῦ von dir, Kunde, Ausspruch.

βαπτίζω (βάπτω), **1)** eintauchen, schöpfen, übertr. **βεβαπτισμένος** stark benetzt d. i. betrunken; im N. T. u. sp. taufen. **2)** Übertr. begaben, überhäufen. Dav.

βάπτισμα, τό, u. **βαπτισμός,** ὁ, sp. das Untertauchen, Baden, die Waschung; insbes. die Taufe, [N. T.

βαπτιστής, ὁ, der Täufer.

βαπτός, 3. poet. u. sp. eingetaucht, gefärbt, geschöpft. Von

βάπτω (vwdt. βαθύς), βάψω, ἔβαψα, βέβαμμαι, ἐβάφην, poet. u. sp. **tauchen, I)** trans. **1)** Akt. eintauchen, tränken, abs. u. ἔν τινι u. τινί, übertr. τὸ ἔγχος πρὸς στρατῷ das Schwert im Heere tränken; im bes. durch Eintauchen **a)** härten, stählen. **b)** färben. **c)** vollschöpfen. **2)** Med. **a)** sich schminken, färben. **b)** sich etwas färben lassen, τί. **II)** intr.: Aor. untertauchen, untersinken.

βάραθρον, τό, u. die Grundform ion. **βέρεθρον** (Wurz. βορ, lat. *vorago*), Schlund, Abgrund, im bes. der Felsenschlund **Βάραθρον** am Abhang der Burg zu Athen, in den zum Tode verurteilte Verbrecher gestürzt wurden, dah. übertr. Mördergrube. Dav.

βαραθρώδης, 2. sp. kluftähnlich.

βαρβᾰρίζω, 1) sich auf Barbarenweise betragen, bes. **a)** so reden (vgl. „welschen"), die Sitten der Ausländer nachahmen. **b)** einen Sprachfehler machen. **2)** es mit den Barbaren, bes. den Persern halten.

βαρβαρικός, 3. [α α ῐ], **1)** Barbaren gehörig,

barbarisch, ausländisch, fremd, nicht griechisch, τὸ βαρβαρικόν das Barbarentum, -geschlecht, -heer, Perserheer, u. ἐς τὸ β. nach Art u. Weise der Barbaren, niedrig, feig, gemein. Gew. wird das Persische und Thrakische darunter bezeichnet, doch auch das die Sklaven Betreffende, weil diese meist aus dem Auslande waren **2)** übertr. barbarisch, roh, grausam. Adv. **a)** in nicht griechischer, d. i. persischer Sprache **b)** sp. auf rohe, ungebildete Art.

βαρβαρισμός, ὁ, sp. **a)** der Gebrauch ausländischer Sprache u. Sitte. **b)** Gebrauch ausländischer Wörter u. Redensarten, Sprachfehler.

βαρβαριστί, sp. = βαρβαρικῶς.

βάρβαρος, 2. (lat. *balbus, balbutio*). **1) ungriechisch,** ausländisch, barbarisch, νόστος βάρβαρος, Rückkehr ins Barbarenland, λέχος die Ehe mit einer Ausländerin, πόλεμος Krieg mit den Barbaren. Subst. **a)** ὁ βάρβαρος, **Ausländer, b)** ἡ βάρβαρος (γῆ) Barbarenland, **c)** ὁ βάρβαρος kollektiv der Perser od. der Perserkönig, die Ägypter u. die ausländischen Sklaven u. Bogenschützen; die Makedonier u. König Philipp, Dem. **2) ungebildet,** roh, wild; hier auch im Superl.

βαρβαρόομαι, Pass., poet. zum Barbaren werden, übertr. verwildern, βεβαρβαρωμένος wirr od. unverständlich. [redend.

βαρβαρό-φωνος, 2. (φωνή), ep. u. ion. ungriechisch

βάρβιτον, τό, u. **βάρβιτος,** ἡ u. ὁ, poet. u. buk. ein lyraähnliches, vielsaitiges musikal. Instrument.

βάρδιστος, 2. poet. st βράδιστος, s. βραδύς.

βάρδοι, οἱ, sp. Barden, Sänger u. Dichter bei den Kelten.

βαρέω (βάρος), βαρήσω usw., ep. Part. perf. βεβαρηώς, ep. poet. u. sp. beschweren, belästigen, drücken; ep. οἴνῳ βεβαρηώς = N. T. ἐν κραιπάλῃ βεβαρημένος trunken.

Βαρθολομαῖος, Bar Tolmai, Sohn des T. (d. i. Ptolemäus), einer der 12 Apostel Christi.

Βαριησοῦς, Bar jēschūă, Sohn des Jesus. N. T.

Βαριωνᾶ Bar Jōnāh, Sohn des Jonas, Ap. Petrus.

βᾶρις, ιος, ἡ, ion. (poet. auch ιδος, ἡ), **1)** ein (ägypt.) Nachen, eine Art Floß. **2)** sp. Turm, Palast.

Βάρκη, ἡ, **1)** St. in Kyrenaïka, sp Ptolemaïs, j. *Mardsjeh.* Dav. Βαρκαῖος, 3. libysch. **2)** Flecken in Baktriana.

βάρναμαι, poet. = μάρναμαι.

βάρος, εος, ους, τό (βαρύς, lat. *gravitas*), **1) Schwere,** Last. **2)** übertr. **a)** poet. u. sp. Masse, Bürde, Fülle. **b)** sp. Gewicht, Ansehen, N. T. ἐν βάρει εἶναι, Würde, würdevolles Wesen, Einfluß, Kraft, πρός τι. **3)** lastendes Leid, Druck, Kummer, Unmut, βάρη Schicksalsschläge; σιγῆς β. Schweigen ist bedenklich.

Βαρρων, ὁ, Varro, römischer Männername.

βαρυ-άλγητος, 2. poet. schwer kränkend.

βαρυ-αχής, 2. (ἄχος), poet. schwer stöhnend.

βαρυ-βόας, ου, poet. stark schreiend, laut tosend.

βαρυ-βρεμέτης, α, ὁ, poet. u. **βαρύ-βρομος,** 2. poet. u. sp. (βρέμω), schwer donnernd, donnerrollend; übertr. furchtbar rasselnd.

βαρυ-βρώς, ῶτος, ὁ, ἡ (βιβρώσκω), poet. heftig nagend, στόνος Klage über das fressende Geschwür.

βαρύ-γδουπος, 2. poet. = βαρύδουπος.

βαρυ-γούνατος, 2. buk. mit schweren Knien, d. i. träge.

βαρυδαιμονέω, poet. von einem bösen Dämon besessen, schwer heimgesucht, unglücklich sein. Von

βαρυ-δαίμων, 2. poet. u. sp. mit schwerem Geschick belastet.

βαρύ-δικος, 2. poet. schwer rächend.

βαρυ-δότειρα, ἡ, poet. Unglückbringerin.

βαρύ-δουπος, 2. buk. dumpf tosend.

βαρυ-ηχής, 2. sp. laut, dumpf tönend.

βαρύ-θροος, 2. buk. heftig lärmend.

βαρυθυμέω, sp. mißmutig, zornig sein.

βαρυθυμία, ἡ, sp. Mißmut. Von

βαρύ-θυμος, 2. poet. u. sp. mißmutig, zornig.

βαρύθω, ep. = βαρύνω, intr. beschwert sein.

βαρύ-κοτος, 2. poet. heftig grollend.

βαρύ-κτυπος, 2. ep. poet. schwer-, furchtbar tosend, donnernd.

βαρυ-μάνιος, 2. buk. = βαρύμηνις.

βαρύ-μηνις, ι, Akk. ιν, poet. schwer zürnend.

βαρύνω, ep. u. sp., (βαρύς), beschweren, drücken, belästigen; βαρύνεσθαι γυῖα an den Gliedern beschwert, müde werden, τὸ βαρυνόμενον Schwere, Lahmheit. — Pass. übertr. schwierig, aufgebracht werden.

βαρυ-πενθής, 2. (πένθος), poet. leidvoll.

βαρυ-πεσής, 2. poet. schwer fallend.

βαρύ-ποτμος, 2. poet. u. sp. unglücklich, unselig, schlimm. Superl. βαρυποτμώτατος.

βαρύς, εῖα, ύ, Kompar. βαρύτερος, Superl. βαρύτατος (vwdt. *gravis*) schwerwiegend, **schwer** • **1) gewichtig,** ansehnlich, bedeutend • **2) heftig,** stark • **3) beschwerlich,** drückend, lästig; ferner: heftig, schwierig, bedenklich, empfindlich, verderblich, ungesund, gefährlich • **4)** schwer, **belastet,** bedrückt, insbes. • **a)** schwerbewaffnet • **b) schwerfällig,** gelähmt, matt, σὺν γήρᾳ und ἐν γήρᾳ oder τοῖς σώμασι πρός τι διὰ τὴν ἀσθένειαν, mit dem Inf. ἀείρεσθαι zu schwerfällig, matt, um sich zu erheben • **5)** vom Ton: **a) stark** • **b) tief,** gehalten, dumpf; als t. t. ἡ βαρεῖα (sc. προσῳδία) Gravis • Adv. **βαρέως,** u. bei Hom. auch **βαρύ** u. **βαρέα,** stark, laut, οὐ β. nicht heftig, sanft; gew. φέρειν mit Unwillen ertragen, βαρέως ἔχειν übel nehmen, doch auch sich schlimm befinden.

βαρυ-σίδηρος, 2. sp. schwer von Eisen.

βαρύ-σταθμος, 2. sp. schwer wiegend.

βαρύστονος, 2., Adv. **-όνως** (στένω), **1)** schwer seufzend, erbärmlich stöhnend, von schlechten Schauspielern od. Kulissenreißern. **2)** poet. schwer zu beklagen, traurig. [Leid getroffen.

βαρυ-σύμφορος, 2. (συμφορά), ion. von schwerem

βαρύτης, ητος, ἡ (βαρύς), **1)** Schwere, Gewicht, Wucht; Schwerfälligkeit, Langsamkeit des Wesens. **2)** *moles, molestia,* **a)** Beschwerlichkeit, Last, Joch. **b)** lästiges Wesen, Trotz, Stolz, Härte. **3)** Tiefe der Stimme.

βαρύ-τιμος, 2. poet. u. N. T. hochgeehrt, teuer.

βαρύ-φθογγος, 2. ep. poet. stark-, tief tönend, = brüllend.

βαρύ-φρων, 2. buk. auf Großes sinnend.

βαρύ-ψῡχος, 2. (ψυχή), poet. schwer- d. i. kleinmütig.
βᾶς, s. βᾶ.
βᾰσᾰνίζω, an. den Probierstein (βάσανος) halten u. reiben, dah. 1) die Echtheit prüfen, auch überh. prüfen, erproben, erforschen, durchforschen, τινά einen verhören, vernehmen, bes. mit Hilfe der Folter, dah. 2) foltern. 3) sp. überh. quälen; Perf. pass. gequält, (vom Stil) geschraubt sein. Dav.
βασανισμός, ὁ, sp. N. T. Folterung, Qual.
βασανιστής, ὁ, mit poet. fem. **βασανίστρια,** Untersucher, Folterer, Peiniger, Kerkermeister.
βάσανος, ἡ (Fremdwort?), 1) Probierstein; Prüfung, Untersuchung, Beweis, *probatio* für (ἔλεγχος *confutatio*, Beweis gegen) etwas, τινός. 2) Untersuchung durch die Folter, auch im Plur. (eigentl. Folterwerkzeuge). 3) überh. Qual, Pein, [N. T.
βασιλέα, ἡ, selten poet. = ἡ βασίλεια.
βασίλεια, ἡ, ep. ion. u. poet. Fem. zu βασιλεύς, ion. **βασιληίη,** spät. **βασίλισσα,** ἡ, Königin, Fürstin, Königstochter.
βᾰσῐλεία, ion. **βασιληίη,** ἡ (βασιλεύω), Königreich, Königtum, königliche Würde od. Gewalt.
βασιλείδιον, τό, sp. Dem. zu βασιλεύς.
βασίλειον, τό, ion. **βασιλήιον,** meist im Plur. a) königliche Wohnung, Burg, Schloß, auch das der königlichen Statthalter (Satrapen), im Lager das königliche Zelt, Zelt des Befehlshabers. b) ion. königlicher, bes. persischer Schatz. c) sp. Königswürde u. das Zeichen derselben, das Diadem (im Sing. u. Plur.), dah. sp. auch = βασιλεία.
βασίλειος, 2. u. 3., ion. **βασιλήιος,** 3., mit bes. poet. Fem. **βασιλίς,** ἡ, u. ep. u. poet. **βασιληίς,** ἴδος, ἡ (βασιλεύς), königlich. Dav. Subst. ἡ βασιλίς, die königliche Frau, Königin.
Βασίλειος, ὁ, sp. Basilius, Bischof v. Cäsarea in Kappadokien, gest. 379.
βᾰσῐλεύς, έως, ep. ῆος u. έος, ion. έος, vereinz. Akk. sg. βασιλῆ, Nom. pl. βασιλῆς u. -εῖς, Akk. pl. βασιλέας, sp. auch βασιλεῖς. 1) **König,** Herrscher, Fürst, Häuptling, Anführer. 2) jeder **Vornehme,** Königssohn, od. vom Adel des Landes, auch der Herr, Hausherr, Gebieter. 3) Amtsbezeichnung, a) in Athen der **zweite Archon** (für Götterdienst u. Kriminalprozeß), b) der Perserkönig βασιλεύς od. ὁ μέγας β., c) **der röm. Kaiser** N. T. • Urspr. Adj., dah. ἀνὴρ βασιλεύς, und auch der Komp. u. Superl. βασιλεύτερος, βασιλεύτατος, größer u. **gewaltiger,** der größte, gewaltigste König. Dav.
βᾰσῐλεύω, 1) König od. Königin sein, herrschen, regieren. 2) ferner, im Aor., König werden, zur Regierung kommen, überh. herrschen, gebieten. 3) sp. auch: auf seiten des Königs stehen.
βασιληίη, s. βασιλεία. **βασιληίς,** s. βασίλειος.
βᾰσῐλῐκός, 3. **königlich,** 1) dem Könige gehörig, οἱ βασιλικοί die Hofleute. 2) mit königlichen Anlagen u. Eigenschaften begabt, hier auch im Superl., einem König geziemend, z. B. βασιλικὸν ἀπολάμπει, und βασιλικὴ τέχνη die Königskunst. Subst. τὸ βασιλικόν königliche Weise und Sitte. 3) überh. **herrlich, prächtig.** Subst. ἡ βασιλική Königsbau. Adv. **-ῶς,** in königlicher, fürstlicher Art, mit königlicher Pracht.
βασίλιννα, ἡ, Gattin des ἄρχων βασιλεύς in Athen.
βασιλίς, ἴδος, ἡ (s. βασίλειος) königliche Frau, Königin.
βασίλισσα, ἡ, s. βασίλεια.
βάσιμος, 2. (βαίνω), gangbar, zugänglich.
βάσις, εως, ἡ (βαίνω), 1) Schritt, Gang, Fuß, das Auftreten, βάσιν οὐκ ἔχων lahm, hinkend, τοῦ με τήνδ' ἐφίστασαι βάσιν; was trittst du also mir entgegen? β. ἐπεμπίπτειν τινί jmdm. entgegenstürzen. 2) worauf man tritt, Grund, Boden, übertr. Stütze. τροχῶν βάσεις die Radreife, -kränze. 3) sp. (geometr.) Grundlinie, Basis. 4) Takt, Versfuß.
βασκαίνω (βάσκανος), einen (τινά) verleumden, beschreien (N. T. behexen), bekritteln, überh. neidisch, Gegner sein, mißgönnen, neidisch vorenthalten, τινί (ἐπί) τινος, sp. τινά τινος. Dav.
βασκᾰνία, ἡ, Verleumdung, das Beschreien, Behexen, der Zauber, die Schwindelei, Schmähsucht.
βάσκᾰνος, 2. (βάζω), verleumderisch, neidisch, hämisch. Als Subst. Verleumder.
βάσκε (ep. Imper. von βάσκω = βαίνω), nur in der Vbdg. βάσκ' ἴθι eigtl. mache dich auf, dann wie wir sagen: auf! geh! *Vade, age,* frz. *allons.* (Poet. auch: komm!)
βᾶσσα, ἡ dor. = βῆσσα.
βασσαρέω, poet. jubeln, schwärmen; vgl. ἀναβ.
βασσάριον, τό, ion. Demin. vom thrak. βασσάρα, libyscher Fuchs.
βάσταγμα, τό, poet. das Getragene, die Last. Von
βαστάζω (v. βαστός aus βαδ-τός, lat. *bājulus* aus *bad-julus*), Fut. βαστάσω, ἐβάστασα, sp. ἐβαστάχθη, a) **heben,** emporheben, aufheben. b) **tragen,** halten, fassen, bewahren, im Sinn, übertr. eine Pflicht wie eine Last tragen, dah. ertragen, dulden, erleiden, N. T.
βάταλος, ὁ, s. Βάτταλος.
βατέω, buk. besteigen, bespringen.
βατία, ἡ, poet. = I. βάτος.
βατο-δρόπος, 2. (δρέπω), poet. dornenbrechend.
I. **βάτος,** ἡ (u. ὁ), ep. poet. buk. sp. Brombeerstrauch; überh. Dornstrauch.
II. **βάτος,** ὁ, das hebr. Bath, Flüssigkeitsmaß von ca. 36 Liter, N. T. [Froschgrün.
βατράχειον, τό (verst. χρῶμα), poet. Froschfarbe,
βατραχο-μυο-μαχία, ἡ, der Froschmäusekrieg, ein früher Homer zugeschriebenes parodisches Epos, viell. von Pigres aus Halikarnaß im 5. Jhdt. abgefaßt.
βάτραχος, ὁ, Frosch.
Βάτταλος, ὁ, Spitzname des Demosthenes, wohl als „Stotterer" (βατταρίζω).
βαττολογέω, N. T. plappern.
Βάττος, ὁ, 1) Gründer von Kyrene um 630; seine Nachk. οἱ **Βαττιάδαι.** 2) B. II., herrscht um 570. 3) B. III., ὁ χωλός, um 540, u. 4) B. IV., ὁ καλός, um 500.
βαΰζω, buk. βαΰσδω (βαυ, *baubor,* wauwau), poet. bellen, rufen, schreien, bejammern.
βᾰφεύς, έως, ὁ (βάπτω), Färber.
βαφή, ἡ (βάπτω), das Eintauchen, a) poet. des glühenden Eisens in kaltes Wasser, um es zu härten, Stählung, in Öl und Fett, um es geschmeidig zu machen. b) in die Farbe, also Färben, die Färbung; daher c) die Farbe, u. κρόκου βαφαί die Safrankleider.

βδάλλω, saugen, melken. Davon

βδέλλα, ἡ, ion. u. buk. Blutegel.

βδέλυγμα, τό (βδελύττομαι). N T. das Verabscheute.

βδελυγμία, ἡ (βδελύττομαι), Ekel.

βδελυκτός, 3. N. T. abscheulich.

βδελύκ-τροπος, 2. (aus βδελυκτό-τροπος), poet. ekelhaft, abscheulich.

βδελυρία, ἡ, ekelhaftes Wesen, Unausstehlichkeit, Unverschämtheit, Dreistigkeit. Von

βδελυρός, 3. (βδέω, lat. *visio*), ekelhaft, abscheulich, unverschämt. Dazu

βδελύττω, sp. **1)** Akt. Ekel, Abscheu verursachen; part. ἐβδελυγμένος verabscheut. **2)** Med.-Pass. Ekel, Abscheu haben, fürchten, τί.

βδύλλω, poet. = βδελύττομαι.

βέβαιος, 2. u.3., (βέβαα), feststehend, **fest,** dauernd (v. Geschossen: haftend oder nicht fehlend, Soph.), dah. zuverlässig, sicher, glaubhaft, standhaft, τὸ βέβαιον das Sichere, Gewisse, die Sicherheit, Festigkeit. Dav.

βεβαιότης, ητος, ἡ, Festigkeit, Sicherheit, Befestigung, Bekräftigung.

βεβαιόω (βέβαιος), **1)** trans. **befestigen, a)** bekräftigen, bestätigen, gewiß zusagen u. halten, τὴν πρᾶξιν eine Sache gewähren. **b)** juristisch: verbürgen, Genugtuung geben. **2)** intr. παρά τινι anerkannt sein bei einem. Davon

βεβαίωσις, εως, ἡ, Befestigung, Bekräftigung, Bestätigung, Bürgschaft.

βεβαιωτής, οῦ, ὁ, sp. Gewährsmann, Bürge.

βεβαιωτικός, 3. sp. zum Bestätigen, Bekräftigen gehörig. bestätigend.

βέβηλος, 2. (βαίνω), zugänglich, wozu jeder freien Zutritt hat, ungeweiht, λόγια bekannte; von Menschen: uneingeweiht, unheilig, βέβηλα unheilige Überlieferungen, od. ungeweihte Orte, ἐν βεβήλῳ u. πρὸς βεβήλοις an ungeweihter Stätte. Dav.

βεβηλόω, N. T. entweihen.

Βέβιος, ὁ, sp der Vesuvius.

βεβουλευμένως, Adv. mit Überlegung.

Βέβρυκες, ων, οἱ, thrakisches Volk in Bithynien.

βεβρώθω, ep. = βιβρώσκω, essen.

βέκκος od. **βέκος** (βεκός), τό (phryg. Wort), Brot.

Βέλβῑνα, ἡ, **1)** eine Insel im Saronischen Meerbusen, j. *S. Gregorio d'Arbori*. Der Einw. ὁ **Βελβινίτης** [ῑ]. **2)** ein Flecken in Lakonien.

Βέλγαι, ῶν, οἱ, sp. *Belgae*, die Belger.

βέλεμνον, τό (eig. τὸ βαλλόμενον), ep. u. poet. = βέλος.

Βελισάριος, ὁ, sp. Belisar, Feldherr des oström. Kaisers Justinian I, 527—565.

Βελλεροφόντης, ου u. -φῶν, ῶντος, ὁ, eigtl. Mörder des Βέλλερος, Bein. des Hipponoos, Sohnes des Glaukos.

Βελλοάκαι, οἱ, sp. die *Bellovaci*, Volk in Belgien.

βελόνη, ἡ, poet. u. sp. **1)** Pfeilspitze. **2)** Nadel.

βέλος, εος, ους, τό (βάλλω), **Wurfgeschoß,** bes. Pfeil, Wurfspieß, auch überh. Waffe (vom Schwerte Soph. Aj. 658); überh. was man schleudert, z. B. Blitz, Unwetter, Schloßen usw., ἐκ βελέων, später gewöhnl. ἔξω βελῶν, βέλους außer Schußweite, u. εἴσω od. ἐντὸς βέλους innerhalb der Schußweite. Übertr. vom sanften Tode, den Geburtswehen, u. überh. von dem, was einen schnellen u. tiefen Eindruck auf die Seele macht, so vom Mitleid, u. θυμοῦ od. θυμῶν von hohem Zorne; N. T. die Anfechtung.

βελο-σφενδόνη, ἡ, Brandpfeil.

βέλτατος, poet. = βέλτιστος, s. βελτίων.

βέλτερος, 3. ep. u. poet. = βελτίων, s. d.

βελτιόω, sp. bessern, verbessern. Von

βελτίων, ονος, 2., Adv. **βέλτιον,** Komp. zu ἀγαθός, **besser,** namentl. sittlich besser, tapferer, geschickter, vorteilhafter. οἱ βελτίονες Aristokraten. Superl. dazu **βέλτιστος,** 3., poet. auch βέλτατος u. dor. βέντιστος, ὦ βέλτιστε mein Bester, οἱ β. die Vornehmen, τὸ **βέλτιστον** das Staatswohl, οἱ τοῦ βελτίστου die Patrioten, παρὰ τὸ βέλτιστον gegen das Staatswohl, oder auch gegen den Anstand, πρὸς τὸ βέλτιστον zu (deinem) Besten • Als Adv. **βέλτιστον** u. **βέλτιστα, πράττειν** sich am wohlsten befinden.

Βενδίδειον, τό, das Heiligtum der Bendis, einer thrakischen Mondgöttin. Man feierte ihr im Peiraieus jährlich ein Fest (Βενδίδεια).

Βενετία, ἡ, sp. die Landschaft Venetien.

βένθος, εος, ους, τό, ep. u. poet. = βάθος, gew. im Plur. Tiefe, Meerestiefe, ὕλης das Dickicht des Waldes, βένθοσδε in die Tiefe.

βέντιστος, dor. = βέλτιστος, s. βελτίων.

βέομαι u. **βείομαι** (βίος), ep. Fut. werde leben.

βέρεθρον, s. βάραθρον.

Βερενίκη u. Βερνίκη, ἡ maked. = **Φερενίκη,** auch Βερ(ρ)ονίκη, Veronica. **1)** T. des Lagus, Gemahlin des Ptolemäus I. u. Mutter des Ptol. II. Philadelphus u. der Arsinoë (Βερενικεία θυγάτηρ). Nach ihr ist **2)** eine St. in Epirus von Pyrrhus genannt worden. **3)** T. des Magas, K. v. Kyrene, Gem. des Ptolemäus III. Euergetes u. selbst Königin von Kyrene um 250; ihr Haupthaar an den Himmel versetzt.

Βέρ(ρ)οια, ἡ, Stadt in Makedonien nahe am Thermaïschen Meerbusen, südlich von Pella, von den Römern Berytus genannt, j. *Veria* od. *Kara Veria*. Der Einw. ὁ **Βεροαῖος.**

βηλός, ὁ (βαίνω), ep. u. poet. Schwelle.

Βῆλος, ὁ, **1)** im babylonischen Kulte Bēl = Herr, Gott der Erde, später höchster Gott, wie Zeus bei den Hellenen. Davon αἱ **Βηλίδες** πύλαι das Belische Tor in Babylon. **2)** Mannsname.

βῆμα, τό (βαίνω), **1)** Fußtritt, Fußstapfen, Schritt (auch als Maß). **2)** eine Stufe, Felsensitz, ein erhöhter Ort, Bühne, Rednerbühne, Richterstuhl. In Athen auf der Pnyx, einem Hügel der Akropolis gegenüber.

βήξ, βηχός, ὁ, der Husten.

βήρυλλος, ἡ u. ὁ, sp. der Beryll, ein Edelstein.

βῆσσα, ep.u. poet., dor. **βᾶσσα,** ἡ (βαθύς), Schlucht, Waldtal, auch im Plur. ὑπὸ βάσσαις tief unten in Schluchten.

βήσσω, att, **-ττω** (βήξ), husten.

βητ-άρμων, ονος, ὁ (= βάσιν ἁρμόττων), ep. Tänzer.

βία, ἡ, ion. **βίη,** ep. Dat. βίηφι, *vis*, **1)** Körperkraft, überh. Stärke, **Gewalt,** Umschreibung starker Männer: βίη Ἡρακλῆος u. Ἡρακλείη **2)** Gewalttätigkeit, Frevel, oft im Plur., auch von leblosen Dingen, ὁ βίᾳ der erzwungene. Adv. βίᾳ τινός jmd. zum Trotz. Ähnl. πρὸς βίαν, ἐκ βίας, μετὰ βίας; βίᾳ φέρεσθαι durchgehen, βίᾳ πορεύεσθαι sich durchlagen. Dav.

βιάζω, akt. nur Od. 12, 297, sonst immer D. M. **βιάζομαι,** -άσομαι, -ασάμην, βεβίασμαι.

I) **Med.** • 1) **überwältigen,** zwingen, hart bedrängen ὠκὺς Ἀχιλλεύς Hom., τοὺς πολεμίους vertreiben; ἐβιήσατο παῖδας überwältigte die Gegenwehr der Kinder; μισθόν entzog den Lohn Il. 21, 451; νόμους verletzen Thuk.; αὑτόν sich selbst entleiben Plat. • 2) mit Gewalt **durchsetzen, erzwingen,** τὸν ἔκπλουν Thuk.; εἴσω eindringen Xen., ἔξω ausbrechen; β. μὴ ἀποδιδόναι sich heftig dagegen wehren, zu Xen.

II) **Pass.** βιάζομαι, βεβίασμαι, ἐβιάσθην, bedrängt, **überwältigt werden,** τί in einer Sache Gewalt, Zwang leiden, wozu gezwungen werden, ὀνείδος ὀργῇ βιασθέν im Zorn ausgestoßener Vorwurf Soph.; ἄλλοθεν βεβιασμένος sonst woher gewaltsam weggeführt.

βίαιος, 3. u. 2. (βία), 1) akt. gewaltsam, gewalttätig, dah. gesetzwidrig; τὸ βίαιον als Subst. Gewalttätigkeit, Heftigkeit, Gewalt. βίαιον ποιεῖν Gewalt gebrauchen, βιαίοις ἔνοχος einer Gesetzwidrigkeit, gewalttätigen Entziehung usw. schuldig, dah. auch rauh, rücksichtslos, heftig. 2) pass. gezwungen, heftig, bedrängt, erzwungen. Als Adv. πρὸς τὸ βίαιον.

βιαιότης, ητος, ἡ, Gewalttätigkeit.

Βίᾱς, αντος, ὁ, 1) Name von Griechen u. Troern vor Troja. 2) Bruder des Sehers Melampus. 3) aus Priene, einer der sieben Weisen zur Zeit Solons.

βιαστής, ὁ (βιάζομαι), N. T. gewalttätiger Mensch.

βιᾱτάς, ᾶ, dor. poet. gewaltig stark; Held.

βιάω, ep. poet. ion. u. sp. = βιάζομαι, 1) Akt. u. Pass. nur Perf. βεβίηκα, Pass. aor. βιηθείς, bedrängen. 2) Med., ep. 3. plur. praes. βιάονται, -όωνται, 3. pl. impf. βιάοντο, -όωντο, 3. pl. opt. βιῴατο, Fut. βιήσομαι, Aor. ἐβιησάμην, bedrängen, ψεύδεσσί τινα überlisten; μισθόν τινα jmdm. den Lohn gewalttätig entziehen.

βιβάζω, Fut. -άσω u. βιβῶ, Aor. ἐβίβασα (Kausativ von βαίνω), poet. gehen lassen, kommen lassen, bringen, erheben.

βιβάριον, τό, sp. = *Vivarium*, ein Tiergarten im Osten Roms nahe der Porta Praenestina.

βιβάς, ᾶσα (βίβημι). **βιβάσθων** (St. βα), u. **βιβῶν,** ῶντος, ῶσα, ep. Part. schreitend, μακρά weit aus-, ὕψι hoch einher-.

βιβλαρίδιον u. **βιβλάριον** u. **βιβλιάριον,** τό, u. **βιβλιδάριον** u. **βιβλίδιον,** τό, Demin. von βιβλίς = βιβλίον, ein Büchelchen, Brief, Büchlein.

Βίβλῑνος οἶνος, biblinischer Wein, von den Bibliner Bergen in Südthrakien.

βιβλιο-γράφος, ὁ, sp. Bücherschreiber.

βιβλιο-θήκη, ἡ, sp. Büchersammlung, Bücherei.

βιβλιο-κάπηλος, ὁ, sp. Buchhändler.

βιβλίον od. βυβλίον, τό, Demin. von βίβλος, Büchlein, Buch, Rechnungsbuch, Schrift, Brief, Blatt.

βίβλος, ἡ, eigtl. Bast der Papyrusstaude, auch βύβλος geschr. (s. d.), dann das daraus zuerst in Ägypten gemachte Papier, dah. Buch, Schrift.

βῑβρώσκω (St. βρω, βορ, lat. *vorare*), sp., davon att. nur Perf. act. βέβρωκα, pass. βέβρωται, Aor. pass. ἐβρώθη (Fut. u. Aor. von ἐσθίω ergänzt), dazu ep. Nbf. 2. sg. opt. **βεβρώθοις,** u. Fut. βεβρώσεται in pass. Bdtg., u. poet. Part. perf. act. βεβρώς, ῶτος, **essen,** aufessen, verzehren, aufzehren, ätzend zerfressen, τί u. τινός.

Βῑθῡνοί od. Θρᾷκες Βιθυνοί, οἱ, aus Thrakien eingewanderte Bewohner der asiatischen Landschaft Bithynien am Pontus Euxinus.

βῖκος (βίκος), ὁ (semit. Lehnwort), bauchiges Gefäß mit engem Hals und Henkeln: Krug, Kanne.

βιό-δωρος, 2. poet. Leben schenkend.

βιο-θάλμιος, 2. (θάλλω), ep. in Lebenskraft blühend.

βίος, ὁ (vwdt. mit lat. *vivus*, got. *qius*, engl. *quick*, deutsch *erquicken* u. *keck*, vgl. βέομαι). 1) **Leben,** (ζωή physische Existenz) Lebensdauer. 2) **Lebensunterhalt,** -weise, β. ποιεῖσθαι, ἔχειν ἀπό τινος leben von Hdt., Thuk.; Lebenswandel. 3) die Lebenden, Welt. 4) Lebensbeschreibung Plut.

βιός, ὁ, ep. Bogen. [haltes beraubt.

βιο-στερής, 2. (στερέω), poet. des Lebensunter-

βιοτεύω, sein Leben erhalten, ἀπό τινος.

βιοτή, ἡ, bes. poet., ep. u. poet. **βίοτος,** ὁ, Leben, bes. Lebensart, Lebensunterhalt, Lebensgut, Vermögen, Güter. Von

βιόω, Präs. sp. βιώσομαι, ἐβίων (sp. auch ἐβίωσα), βεβίωκα, βεβίωται, 1) Akt. leben, βιῶναί τι während des Lebens etw. tun, τὰ βεβιωμένα was während des Lebens getan wurde. 2) Med. a) ion. sein Leben fristen. b) trans. ep. beleben, lebend erhalten.

Βισαλτία, ion. -ίη, ἡ, Landschaft in Makedonien zwischen Axios u. Strymon; ihre Einw. οἱ **Βισάλται** od. τὸ Βισαλτικὸν ἔθνος.

Βισάνθη, ἡ, St. an d. Propontis, j. *Rodosto.*

Βίστονες, οἱ, thrakischer Volksstamm, ἡ **Βιστονίς** (λίμνη), tiefe Meeresbucht östl. von Abdera.

Βίων, ωνος, ὁ, 1) Gesandter Thibrons an Xenophon. 2) ὁ Βορυσθενίτης, Philosoph im 3. Jhdt. vor Chr. 3) Idyllendichter aus Smyrna um 100 v. Chr. — u. a.

βιώσιμος, 2. ion. u. poet. (βιόω), 1) lebensfähig, rettbar. 2) lebenswert, οὐ βιώσιμόν ἐστί μοι ich kann nicht leben, auch im Plur.

βίωσις, ἡ (βιόω), N. T. Lebensweise. [lich.

βιωτικός, 3. N. T. auf das Leben bezüglich, welt-

βιωτός, 3. = βιώσιμος; οὐ β. unerträglich.

βλᾰβερός, 3., Adv. -ῶς, schädlich, verderblich. Von

βλάβη, ἡ, u. **βλάβος,** ους, τό (βλάπτω), 1) **Schaden,** Nachteil, Verlust, Verderben; βλάβης δικάζομαί τινι jmd. auf Schadenersatz verklagen. 2) von Personen: Schadenstifter, Unheil, Verderben, Nichtswürdiger, θεῶν βλάβαι des Himmels Schadenbringer, die Erinyen.

βλάβομαι, ep. pass. = βλάπτομαι, s. βλάπτω.

βλαδύς, 3. ion. locker, schwammig, aufgedunsen.

βλαισός, 3. ep. poet. sp. auswärts gekrümmt, krummbeinig; übertr. rankend.

βλᾱκεία, ἡ, Schlaffheit, Trägheit, Nachlässigkeit. Von

βλᾱκεύω (βλάξ), schlaff, träg, lässig, langsam, blasiert, nachlässig sein. Dazu

βλᾰκικός, 3. = βλάξ.
βλάμμα, τό (βλάπτω), sp. der Schaden.
βλάξ, βλᾱκός, ὁ, ἡ, Akk. βλᾶκα (st. μλάξ = μαλακός), weich, weichlich, schlaff, lässig, saumselig, blasiert, stumpfsinnig, dumm; ein Taugenichts. Komp. βλᾱκότερος, Superl. βλᾱκίστατος (and. βλακότατος).
βλάπτω (βλάβη), βλάψω, ἔβλαψα, βέβλᾰφα, βέβλαμμαι, ἐβλάβην u. ἐβλάφθην, βλαβήσομαι u. βλάψομαι in pass. Bdtg. hom. Aor. pass. 3. pl. βλάβεν. 1) **hemmen, hindern** jmd. an etwas τινά τινός; βλάβεν ἅρματα καὶ ἵππω wurden gehemmt Il. 23, 545; γούνατα zu Fall bringend; ἐν ἄντυγι ἀσπίδος stolpern Il. 15, 645; (ὁμάδῳ) am Reden gehindert Il. 19, 82. φρένας verwirren, betören, lähmen, Hom. 2) nach Homer: **beschädigen,** verletzen, Schaden zufügen τινά.
βλαστάνω (βλάστη), Fut. βλαστήσω, Aor. ἔβλᾰστον u. sp. ἐβλάστησα (intr. u. tr.), Perf. βεβλάστηκα (u. poet. ἐβλάστηκα), im N. T. Präs. Konj. βλαστᾷ, 1) intr. keimen, sprossen, entsprossen, von Menschen aufwachsen, abstammen, und ἀνθρώπου φύσιν βλαστεῖν die Natur eines Menschen haben, wie βλάστην βλαστεῖν, überh. entspringen, hervorgehen, entstehen. 2) ep. trans. mit Aor. ἐβλάστησα, wachsen machen, hervorbringen. Dazu
βλάστη, ἡ, βλάστημα, τό, u. ion. u. sp. **βλαστός, ὁ,** 1) Keim, Sproß, Blatt, Ranke, Zweig, Gewächs, übertr. Abkömmling. 2) übertr. im Plur. Ursprung, Geburt, Wachstum.
βλαστημός, ὁ, Wachstum, Sproß.
βλασφημέω (-μος), Perf. βεβλασφήμηκε, in der Rede entstellen, bes. den Ruf jmds., Böses nachreden, schmähen, lästern, verleumden. Davon
βλασφημία, ἡ, Schmährede, Schmähung, Verleumdung, insbes. im N. T. die Gotteslästerung. Von
βλάσφημος, 2. sp. (aus βλαπσ-φημος, v. βλάβος, eig. Schaden redend), schlimm redend, lästernd, verleumdend, bes. im Neutr. ein arges Wort, Lästerwort; im N. T. gotteslästerlich u. ὁ βλ. der Verleumder.
βλαῦται, αἱ, eine Art eleganter, untergebundener Pantoffeln.
βλᾱχή, ἡ, dor. st. βληχή.
βλαψί-φρων, 2. poet. blödsinnig.
βλεμεαίνω, ep. trotzen, pochen, τινί auf etwas.
βλέμμα, τό, u. **βλέπος, τό,** 1) das Auge. 2) der Blick.
βλεπτός, 3. poet. sehenswert. Von
βλέπω, βλέψομαι und **βλέψω, ἔβλεψα, βλεπτός.** 1) **sehen,** Sehkraft haben, Soph. 2) **blicken,** mit dem Akk. (was im Blick liegt, z. B. φόβον), δεινὸν β. furchtbar blicken, aussehen. 3) τί **erblicken, anblicken,** ansehen; φάος leben Aesch. 4) nach od. auf etwas sehen, ὥς, εἴς, πρός, ἐπί τι od. τινα d. i. im Auge haben, **berücksichtigen,** beachten, εἰς θεούς auf die Götter hoffen, vertrauen, und auch sich beschränken auf etwas (N. T. sich vor etwas hüten). 5) übertr. **erkennen,** einsehen, abs. Verstand, Einsicht haben. 6) nach einer Richtung hinsehen, wohin gewendet sein, auch von Örtlichkeiten u. Sachen: wohinzu liegen. Dav.
βλεφᾰρίς, ιδος, ἡ, gew. im Plur. Augenwimper.
βλέφᾰρον τό, 1) Augenlid (stets im Plur.). βλ. λύει sie löst die Augenlider (so daß sie ihre Spannung verlieren), ihre Augen brechen. 2) poet. (meist im Plur.) Auge.
βλέψις, ἡ, sp. das Sehen; τινός die Betrachtung von, der Hinblick auf.
βλῆμα, τό (βάλλω), ion. u. poet. Schuß, Schußwunde.
βλῆτρον, τό, ep. Reif, Band.
βληχάομαι und **βληχέομαι,** buk. blöken. Von
βληχή, ἡ, ep. u. poet. 1) Geblök. 2) poet. überh. Geschrei, Gewimmer.
βληχρός, 3. (βλάξ), sp. schwach, schleichend.
βλίττω (μέλι), Aor. ἔβλῖσα, Honig ausschneiden, zeideln.
βλοσῡρός, 3. u. 2. furchtbar, wildtrotzig, ernst.
βλοσυρό-φρων, 2. poet. trotzig.
βλοσυρ-ῶπις, ιδος, ἡ (ὤψ), ep. furchtbar blickend.
βλωθρός, 3 (verw. mit βλάστη), ep. aufschießend, hochragend, hochgewachsen, schlank.
βλώσκω, poet. gehen, Präs. (in κατα- u. προβλώσκω) zu μολεῖν, s. d. und προβλώσκω.
βο-άγριον, τό (βοῦς ἄγριος d. i. Büffel), ep. mit Stierhaut bezogener Schild.
Βοάγριος, ὁ, Waldstrom im östl. Lokris.
βόᾱμα, τό, dor. st. βόημα (βοάω), poet. Geschrei.
βοᾱτις, ιδος, ἡ, poet. schreiend.
βό-αυλος, ὁ, buk. Ochsenstall.
βοάω (βοή), att. βοήσομαι, ἐβόησα usf., ep. im Präs. 3. sg. βοάει, -άᾳ, pl. βοάουσι, -όωσι, Part. βοάων, -όων u. βοῶν, ep. u. ion. βώσομαι, ἔβωσα (auch att. poet.) u. ἐβωσάμην, βεβωμένος, ἐβώσθην. 1) intr. laut **rufen, schreien,** ἐπί τινι über etwas, μακρά weithin, σμερδνά schrecklich, μέγα sehr ertönen, brausen. 2) trans. rufen, **heranrufen,** anrufen, a) laut nennen, **laut preisen,** dah. im Pass. bekannt, berühmt sein, b) laut zurufen, mit dem Inf. τινὶ μὴ θεῖν nicht zu laufen, u. mit ὅτι od. ὡς, ἰωήν ein Wehgeschrei erheben, ähnl. ὅρκους.
βοεικός, 3. u. ep. ion. u. poet. **βόειος** od. **βόεος,** 3. (βοῦς), vom Rind, ζεύγη β. Ochsengespann, rindsledern, dav. ἡ βοείη u. ἡ βοέη, verst. δορά, das Rindsfell, die Rindshaut, dah. mit Stierhaut bezogener Schild.
βοεύς, έως, ὁ (βοῦς), ep. Riemen von Rindsleder am Segel.
βοή (βοάω, vgl. γόος u. lat. **boare**), 1) lautes **Rufen,** laute Stimme (auch im Plur.), Geschrei. 2) Klagegeschrei, besonders Schlachtgeschrei, dah. Schlachtgetümmel, ὅσον ἀπὸ βοῆς ἕνεκα nur durch Geschrei, mit blindem Lärm, nur zum Schein; βοὴν ἀγαθός tüchtig im Kampfruf od. im Kampfe 3) flehender Anruf, Gebet, ὑπ' εὐφήμου βοῆς unter frommer, kein böses Zeichen bringender Rede, mit Stillschweigen. 4) von den Tönen der Singvögel od. der Leier u. Flöte u. dem Gebrause des Meeres. 5) poet. = βοήθεια herbeigerufene Hilfe, Beistand.
βοηγενής, 2. poet. von Rindern entsprossen.
βοηδρομέω (-όμος), poet. u. sp. zu Hilfe eilen.
Βοηδρόμια, τά, att. Fest zu Ehren des Schlachtenhelfers Apollon (βοηδρ. πέμπειν die B. mit Festzug u. Schmaus begehen); sie fielen in den
Βοηδρομιών, ῶνος, ὁ, den dritten att. Monat = Sept./Okt.
βοη-δρόμος, 2. poet. zu Hilfe eilend.
βοήθεια, ἡ, Hilfe, Abhilfe, Unterstützung, β.

χρημάτων Hilfe **geldlicher** Art, ἑαυτῷ Selbsthilfe. Im bes. **a)** im Kriege, dah. Hilfeleistung, Schutz, ἐκ τῆς β. ἀπῄεσαν sie kehrten zurück, nachdem sie Hilfe geleistet hatten, ἐπὶ τὴν β. ἥκειν zu Hilfe kommen, βοήθειαν βοηθεῖν, ποιεῖσθαι Hilfe leisten. **b)** Arznei. **c)** Hilfsmittel, Vorteil, u. im bes. Hilfsmannschaft, Hilfsheer, bes. ein eilig aufgebrachtes. Im Plur. Hilfstruppen. Von

βοηθέω, att. βοηθήσω usf., Adj. verb. βοηθητέον (früher ion. auch βωθέω, ἐβώθεε, ἐβώθησα). **1)** auf den Ruf **zu Hilfe eilen, beispringen,** beistehen, helfen, τινί, auch πατρὶ θάνατον Plat., τινὶ τὰ δίκαια zum Rechte verhelfen. **2)** zur Verteidigung ausrücken, **ins Feld rücken** παρά, ἐπί, ἔς τινα; τινί jmdn. od. etwas schützen, verteidigen; Pass. βοηθοῦμαι mir wird geholfen; in die Kur nehmen, heilen.

βοήθημα, τό, sp. = βοήθεια.

βοηθητικός, 3. sp. hilfreich.

βοη-θόος, 2. (βοή, θέω), **1)** ep. ins Schlachtgetümmel eilend, im Kampfe anstürmend, kriegerisch. **2)** buk. überh. helfend. Davon abgekürzt

βοηθός, 2. helfend, beistehend, τινί u. πρός τι. Als Subst. masc. u. fem. Helfer, Beistand, Hilfe, βοηθὸν πέμπειν zur Hilfe schicken.

βοηλασία, ep. **-ίη,** ἡ, ep. u. sp. das Wegtreiben der Rinder, Rinderraub, überh. = Plünderung. Von

βοηλατέω, sp. Rinder treiben, ein Feldgeschäft mit Rindern besorgen, pflügen. Von

βο-ηλάτης, ου, ὁ (βοῦς, ἐλαύνω), **1)** ep. Rinder treibend od. lenkend, Fuhrmann, Ochsenknecht. **2)** poet. auch: Rinder plagend. Dav.

βοηλατική, ἡ, mit u. ohne βοῶν, Rinderzucht.

βοη-νόμος, 2. buk. = βουνόμος.

βοητύς, ύος, ἡ, ep. = βοή.

βόθρος, ου, ὁ (βάθος), Loch, Grube, Graben, Vertiefung.

βόθῡνος, ὁ, sp. u. N. T. Vertiefung, Grube, Zisterne.

Βοίβη, ἡ, Stadt in Thessalia Pelasgiotis, j. *Bio.* Davon Adj. **Βοίβιος,** 3. u. fem. **Βοιβηΐς,** ίδος, ἡ.

βοίδιον u. **βοΐδιον,** τό, Demin. von βοῦς, kleine Kuh.

Βοιόν, τό, St. in Doris, j. *Astako.*

βοιωταρχέω, ein Böotarch sein. Von

βοιώτ-αρχος, ὁ (auch βοιωτάρχης, ου), Böotarch. Die 7—11 Böotarchen waren jährlich gewählte Verwalter des Staats- u. Kriegswesens des böotischen Bundes. Theben, als vorsitzender Staat, stellte ihrer zwei. Dav.

βοιωταρχία, ἡ, das Amt des Böotarchen.

Βοιωτία, ἡ, (das Rinderland), Landschaft in Hellas. Davon Adj. **Βοιώτιος,** u. -ικός, 3. Der Einw. ep. ὁ **Βοιώτιος** u. ὁ **Βοιωτός.** Dav.

βοιωτιάζω u. sp. βοιωτίζω, **1)** τῇ φωνῇ in böotischer Mundart sprechen, d. i. breit, unbeholfen, grob. **2)** es mit den Böotern halten.

βολβάριον, τό, sp. Demin. v. βολβός.

Βόλβη, ἡ, See in Makedonien, j. *Beschik* od. *Konios.* Er mündet durch den Rechius in den Strymonischen Meerbusen.

βολβίσκος, ὁ, poet. Demin. v. βολβός, s. d.

βόλβιτον, τό, u. **-τος,** ὁ, sp. Mist.

Βολβιτῖνον, τό, στόμα die zweite Mündung des Nil (bei Rosette).

βολβός, ὁ, poet. u. sp. Zwiebelkopf, Zwiebel.

βολή, ἡ (βέλ-ος, βάλλω), das Werfen, der Wurf, μέχρι βολῆς bis auf Schußweite, u. so auch der Wurf im Würfelspiel, oder χιόνος d. i. Schneeflocken. Oft übertr. βολαὶ ὀφθαλμῶν Blicke, ἡλίου die Sonnenstrahlen; auch das Bespritzen mit einem Schwamm.

βολίζω, N. T. das Senkblei auswerfen. Von

βολίς, ίδος, ἡ, N. T. das Wurfgeschoß (Senkblei).

Βόλισκος (Βόλισσος), ἡ, St. auf Chios.

βόλλομαι, buk. u. **βόλομαι,** ep. = βούλομαι, s. d.

βόλος, ὁ (βάλλω), poet. u. sp. **1)** das Werfen, meist des Fischernetzes. **2)** das Zugnetz des Fischers, u. Stellnetz, ἐς βόλον καθίστασθαι ins Garn laufen. **3)** der Zug, d. i. die im Netze, in einem Zuge gefangenen Fische.

βομβέω, tief oder dumpf tönen, erklingen, sausen. Davon

βομβηδόν, sp. Adv. summend, und

βομβητής, sp. poet. summend.

βόμβος, ὁ, onomatop. Wort, dumpfes Getöse.

βομβυλιός, ὁ, ἡ, Hummel; (enghalsiges) beim Ausgießen glucksendes Gefäß.

βορά, ἡ (βιβρώσκω), ion. poet. u. sp. Fraß, Speise, Beute.

βορβορο-κοίτης, ὁ, ep. Schlammlieger, ein Froschname. Von

βόρβορος, ὁ, Schlamm, Kot (auch im Plur.); insbes. der Schlammstrom der Unterwelt.

βορβορώδης, ῶδες, voll Schlamm, schmutzig.

βορέας, ου u. ᾱ, ὁ, ep. u. ion. **βορέης,** ἑᾱο u. έω, έῃ u. έην od. **βορρῆς,** ῆ (Ι 5. Ψ 195, var.), att. **βορρᾶς,** ᾶ, **1)** Nordwind (ἄνεμος), genauer Nord-Nord-Ost **2)** die Himmelsgegend Norden, πρὸς od. εἰς βορέαν ἄνεμον gegen Norden, πρὸς βορέαν τινός nördlich von etwas, auch πρὸς βορέαν ἀνέμου u. κατὰ βορέαν im Norden. **3)** als Eigenn. **Βορέας,** Sohn des Astraios u. der Eos, Gatte der Oreithyia, wohnhaft in Thrakien.

Βορεάς, άδος, ἡ, Tochter des Boreas, Gemahlin des Phineus, Kleopatra.

βορειαῖος, poet., u. **βόρειος,** 2. poet. u. sp. ion. βορήιος, 3. dem Nordwind eigen = nördlich; θάλασσα der Pontus Euxinus, τὰ βόρεια od. οἱ βόρειοι (τόποι) die Nordländer, der Nord.

βορός, 3. gefräßig.

βορραῖος, 3. poet. = βόρειος.

βορρᾶς, s. βορέας.

βόρυς, υος, ὁ (besser ὄρυς), ion. ein libysches Tier, wahrscheinlich eine Gazellenart.

Βορυσθένης, ους, ὁ, **1)** ein Fluß im europ. Sarmatien, jetzt *Dniepr.* Davon ὁ Βορυσθενίτης, bei Herod. -νεΐτης, Fem. Βορυσθενῖτις, der Anwohner des Borysthenes, τὸ Βορυσθενεϊτέων ἐμπόριον = Olbia. **2)** Stadt an diesem Flusse, auch Βορυσθενίς, ἡ, genannt, j. *Kudak.*

βόσις, εως, ἡ (βόσκω), ep. Futter, Weide.

βοσκή, ἡ, poet. = βόσις.

βόσκημα, τό, **1)** das Geweidete, im Plur. Vieh auf der Trift, Herde, überh. Mastvieh, Haustier. **2)** poet. Weide, Nahrung; übertr. Lust. Von

βόσκω, Inf. buk. βόσκεν, Fut. βοσκήσω, **1)** Akt. *pasco,* **a)** ep. u. N. T. **weiden,** auf die Weide treiben. b) füttern, ernähren, nähren, erhalten, γαστέρα den Magen füllen; die Krankheit nähren. 2) Med. Impf. iter. -έσκοντο, Fut. dor. -κησοῦμαι, *pascor,* a) abs. sich nähren, weiden, κατά τι, übertr. lustig heranwachsen, ἐν τοῖς χώροις, übertr. sich entfalten. b) τί etwas abweichen, verzehren, τινί in etwas schwelgen, od. mit Part. βόσκονται ὀχεύοντες.

Βόσ-πορος, ὁ, (Ochsenfurt), Name mehrerer Meerengen, vorzügl. 1) ὁ Θρᾴκιος Β., auch bloß Β. die Meerenge v. Konstantinopel. 2) ὁ Κιμμέριος Β. die Straße von Kaffa. Dav.

Βοσπόριος, 3., z. B. ποταμοί der Hellespont, u. ἐν τῷ Βοσπορίῳ im bosporischen Gebiete, d. h. am Hellespont.

βοστρῡχηδόν, sp. Adv. lockenartig, geringelt. Von

βόστρῡχος, ὁ, poet. u. sp. Haarlocke, z. B. Βερενίκης (poet. πυρὸς β. vom Blitz).

βοτάμια, ίων, τά, Weideplätze (zw. LA.).

βοτάνη [ᾰ], ἡ (βόσκω), Weide, Futterkraut, Gras.

βοτήρ, ῆρος, ἡ (βόσκω), ep. poet. u. sp. Hirt, οἰωνῶν Vogelschauer, κύων βοτήρ Hirtenhund.

βοτόν, τό, Adj. verb. von βόσκω, Weidevieh, bes. Schaf. [Klumpen.

βοτρῡδόν, Adv. ep. u. sp. traubenförmig, in einem

βοτρυόεις, εσσα, εν, poet. traubenerzeugend, -reich.

βοτρυό-παις, buk. traubentragend.

βότρυς, υος, Acc. pl. βότρυας u. βότρῡς, ὁ, (reife) Traube, Weintraube. [umlockt.

βοτρυχώδης, 2. (βότρυχος = βόστρ.), poet. lockig,

βοτρυώδης, 2. poet. traubenartig, traubig.

Βοττία u. **Βοττιαία,** ἡ, auch ἡ **Βοττικὴ** u. Βοττιαῒς χώρα, Landsch. Makedoniens rechts am untern Axios. Einw. οἱ **Βοττιαῖοι.**

βου- drückt in Zusammensetzungen den Begriff des sehr Großen (Stiermäßigen) aus.

βούβαλις, ιος, ἡ, ion. afrikanischer Hirsch, Antilope.

βούβαστις, ιος, ἡ, die ägypt. Göttin Basta, katzenköpfig dargestellt. Ihr waren die Katzen heilig. Dav. **Βούβαστις,** ὁ, Tempel oder Wohnung der Basta, eine Stadt, j. *Tell Basta,* u. ὁ Βουβαστίτης νομός, im Delta.

βου-βότης, ου, ὁ (βόσκω), poet. Rinderhirt.

βού-βοτος, 2. (βόσκω), ep. u. poet. Rinder nährend.

βού-βρωστις, εως, ἡ (βιβρώσκω), ep. unersättlicher Hunger, äußerstes Elend.

βουβών, ῶνος, ὁ, ep. u. sp. Drüse neben der Scham; Schamgegend, Weiche, Unterleib. Dav.

βουβωνιάω, poet. an geschwollenen Schamdrüsen leiden. [(Scheltwort).

βου-γάιος, ὁ (γαίων), ep. Großprahler, Prahlhans

Βούδειον, τό, St. in Phthiotis oder Epirus oder Magnesia. [Wolga.

Βουδῖνοι, οἱ, sarmatisches Volk zwischen Don u.

Βούδορον, τό, Vorgeb. u. Kastell auf Salamis gegenüber Megara. [Rindertrift.

βου-θερής, 2. poet. Rinder sömmernd, λειμών

βού-θόρος, 2 poet. Kühe bespringend.

βου-θῠτέω, Rinder opfern. Von

βού-θῠτος, 2. poet. zu Rinderopfern dienend.

βουκαῖος, ὁ, buk. Ochsentreiber, Pflüger.

Βουκάτιος, Monatsn., 1) delph. = att. Boëdromion (Sept./Okt.). 2) böot. = att. Gamelion (Jan./Febr.).

βού-κερως, Gen. ω, 2. ion. u. poet. mit Rinderhörnern.

Βου-κεφάλας, α, ὁ, sp. das Leibroß Alexanders des Großen, dah. **Βουκέφαλα,** τά u. **Βουκεφάλα,** ἡ, St. Indiens am Hydaspes.

Βουκολεῖον od. **-κόλιον,** τό, ein Amtsgebäude in Athen neben dem Prytaneion.

βουκολέω (βουκόλος), ep. u. poet. *pasco,* Rinder weiden, hüten, auch mit βοῦς, doch auch von Pferden, übertr. a) φροντίσιν πάθος das Unglück mit Sorgen ausweiden, es sorgenvoll durchdenken, lindern. b) sp. berücken, verführen.

βουκολιάζω, buk., dor. -άσδω, Fut. -αξῶ, meist im Med., Hirtenlieder singen.

βουκολιαστής, οῦ, ὁ, buk. Sänger od. Dichter eines

βουκολίη, ep. ion. Rinderherde. [Hirtenliedes.

βουκολικός, 3. buk. den Hirten betreffend, mit ἀοιδή Hirtengesang; τὰ βουκολικά Hirtenlieder.

βουκόλιον, τό, die Rinderherde.

Βουκολίων, ωνος, ὁ, 1) Mannsname. 2) St. in Arkadien, zwischen Mantineia u. Laodikion.

βου-κόλος, ὁ, dor. **βωκόλος** (= βουπόλος, lat. *colo*), Rinder hütend, ἀνήρ. Als Subst. Rinderhirt.

βοῦκος, ὁ, buk. Rindertreiber.

βουλαῖος, 3. beratend, von Göttern.

βουλαρχέω, im Rat der erste sein, dem Rate vorsitzen. Von

βούλ-αρχος, ὁ, poet. 1) der erste im Rat. 2) Urheber des Rats.

βουλεία, ἡ, 1) die Ratsherrnwürde. 2) der Rat.

βούλευμα, τό (βουλεύω), Beschluß, Ratschluß, überh. Entschluß, Anschlag, Plan, τινός zu etwas, selten: Ratschlag; τῶν αὐτῶν βουλευμάτων εἰσίν sie haben dieselben Umtriebe gemacht, αὐτός εἰμι τῷ βουλεύματι ich bin derselben Ansicht. Dav.

βουλευμάτιον, τό, poet. Plänchen.

βούλευσις, εως, ἡ, 1) Beratung, Überlegung. 2) Anschlag, Mordanschlag. 3) γραφὴ βουλεύσεως Klage wegen Versuchs, sich aus den Listen der Staatsschuldner streichen zu lassen.

βουλευτήριον, τό, a) Rathaus. b) Ratsversammlung; Neutr. Adj. von

βουλευτήριος, beratend, substantiviert ὁ, auch τό, poet. Ratgeber.

βουλευτής, οῦ, ὁ, a) Adj. ep. β. γέροντες Greise des Rats. b) Subst. Ratgeber, Ratsmitglied; einer aus dem Stande der Senatoren in Rom; des hohen Synedrion in Jerusalem. Dav.

βουλευτικός, 3. beratend: a) überlegt, zum Überlegen, Abwägen befähigt. b) insbes. dem Ratsmitgliede zukommend, ὅρκος der Senatoreneid; τὸ β. = ἡ βουλή.

βουλευτός, 3. poet. beratschlagt, beschlossen. Von

βουλεύω, Fut. βουλεύσω usw., regelm., Fut. med. βουλεύσεται auch passivisch, Adj. verb. βουλευτέον • 1) Akt. und meist Med. (bes. in att. Prosa) • a) **ratschlagen;** βουλὴν (-άς) β. Rat geben; ἐς μίαν β. übereinstimmen Il. 2, 379; β. περί τινος **beraten über** Thuk., Hdt.; bes. Med. **sich beraten** über; β. πρός Maßregeln erwägen gegen, aber β. ἐκ τῶν παρόντων sich beraten auf Grund Thuk., überh. überlegen, erwägen • b) **ersinnen,** sinnen auf, ausdenken, νόον, ὁδόν; auch τί τινι • c) **Rat geben,** τὰ λῷστα den besten R. Aesch.

• d) mit Inf.: **beschließen,** auch θάνατόν τινι • 2) Akt. Ratsmitglied, Ratsherr sein, z. B. der γέροντες Hdt., bes. in der βουλή.

βουλή, ἡ (βούλομαι) • 1) **Wille,** Ratschluß Διός, Hom., Vorhaben, Plan. 2) Ratschlag, **Rat** β. διδόναι Xen. 3) besonnene Überlegung, Klugheit. 4) **Beratung,** Beratschlagung, β. ποιεῖσθαι u. ἐν βουλῇ ἔχειν τὰ γιγνόμενα = βουλεύεσθαι beraten Hdt. 5) **Ratsversammlung,** γερόντων Hom.; speziell in Athen: **Rat der 500** seit Cleisthenes: **ἡ βουλή, ἡ ἀπὸ κυάμου β.** Thuk. 8, 66, 1; dageg. ἡ ἐν Ἀρείῳ πάγῳ βουλή; βουλῆς εἶναι. Mitglied der β. sein Thuk.; in Rom: **Senat.**

βουλήεις, 3. poet. wohlberaten, klug.

βούλημα, τό (βούλομαι), das Gewollte, das Wollen, Wille, Absicht, Plan.

βούλησις, εως, ἡ, das Wollen, der Wille (auch im Plur.); ἡ τοῦ φαγεῖν β. der Appetit. βούλησιν ἐλπίζει er hofft die Erreichung eines Wunsches; βουλήσει von Herzen.

βουλη-φόρος, 2. (φέρω), ep. ratgebend, ratpflegend, Ἀχαιῶν ihr Oberhaupt.

βουλῑμιάω (βου-λῖμος u. -λιμία Heißhunger), Heißhunger haben.

βούλιος, 3. poet. = βουλήεις.

βούλομαι, Dep. Pass., βουλήσομαι, ἐβουλήθην, βεβούλημαι, augment. zuw. auch ἠβουλ. hom. arc. cypr. **βόλομαι,** äol. βόλλομαι, **wollen,** Lust haben (dagegen ἐθέλω bereit, entschlossen sein zur Tat: εἰ β., ἐγὼ ἐθέλω Plat. Gorg. 522 c), mit u. ohne πολύ, μᾶλλον meist mit folgend. ἤ lieber wollen, vorziehen • 1) **wünschen,** bei Hom. meist im Sinne von ἐθέλω von Göttern: Τρώεσσι νίκην verlieh durch seinen Willen; meist mit Inf.: κῦδος ὀρέξαι ἐβ. es war sein Wunsch (und Beschluß) Hom.; ὁ θεὸς β. ταπεινῶσαι pflegt Xen. An. 6, 3, 18 • 2) **entschlossen sein,** bereit sein, die Absicht haben, sich vornehmen; τὸ βουλόμενον die Absicht Thuk. 1, 90, 2; spez. in Prosa • **a)** βούλει u. βούλεσθε in Fragen: β. λάβωμαι soll ich? Soph. • **b)** εἰ (δὲ) βούλει wenn es beliebt, oft = ferner, auch das noch • **c)** τί βουλόμενος; in welcher Absicht • **d)** ὁ βουλόμενος der erste beste • 4) sich einbilden mit Inf. βούλεται κρείττων εἶναι; von Sachen: bedeuten, τί ἡμῶν β. ὁ μῦθος Plat.

βού-λυσις, εως, ἡ, sp. = dem folg.

βου-λῡτός, ὁ (λύω), ep. die Zeit, wenn die Rinder ausgespannt werden, Nachmittag. Davon Adv. **βουλῡτόνδε, am Nachmittag.**

βοῦνις, ιδος, ἡ (βουνός), poet. hügelig.

βου-νόμος, 2. poet. (νέμω), Rinder weidend oder nährend, ἀγέλαι Herden weidender Rinder; dag. **βού-νομος,** 2. poet. von Rindern beweidet.

βουνός, ὁ, ion. u. N. T. Bühl, Hügel. Dav. **βουνώδης, ῶδες, ους,** sp. hügelartig.

βου-πλήξ, ῆγος, ἡ (πλήσσω), 1) ep. Ochsenstachel, Rinderstecken. 2) großes Beil, womit man ein Rind niederschlagen kann.

βου-πόρος, 2. (πείρω), ὀβελός rinddurchbohrender Bratspieß.

Βουπράσιον, τό, St. u. Fluß in Nord-Elis.

βού-πρῳρος, 2. poet. stierhäuptig.

βοῦς (lat. *bos, bov-is,* dt. *Kuh* aus ahd. *chuo*), dor. βῶς, G. βοός, D. βοΐ, Akk. βοῦν, hom. auch βῶν; Du. βόε, βόοιν; Pl. βόες Aristoph. Plut. βοῶν, βουσί, poet. βόεσσι, Akk. βοῦς, Hom. N. T. βόας, dor. βῶς, ὁ u. ἡ. 1) **Rind, Kuh;** Stier (auch β. ἄρσην od. ταῦρος β. Hom.) Ochse; bildlich auch ἡ β. Weib Aesch. Ag. Sprichwort: βοῦς (Münze mit Stierbild) ἐπὶ γλώσσῃ βέβηκε die Zunge ist durch Geld gebunden Aesch. Ag. 36. 2) Rindshaut, Schild aus Rindsleder.

Βούσιρις, ιδος, ὁ, 1) Sohn des Poseidon, alter König von Ägypten, der die Fremden opferte. 2) **Βούσιρις, ιδος, ἡ,** „Ort des Osiris", St. im Nildelta, so benannt vom dort befindlichen Grabe des Osiris, wahrscheinlich das heutige *Abukir.* Dav. Adj. **Βουσιρίτης νομός,** der Distrikt von Busiris.

βού-σταθμον, τό, u. **βούσταθμος, ὁ,** poet. (σταθμός), der Rinderstall.

βού-στασις, ἡ (στάσις), poet. der Rinderstall.

βου-σφαγέω (σφάττω), poet. Rinder schlachten.

βούτης, (βοῦς), poet. Adj. vom Rinde; φόνος Rindermord; Subst. Ochsenhirt.

βούτομον, τό, buk. Galgant, eine Sumpfpflanze.

Βουτώ (οῦς, οῖ, οῦν), ἡ, 1) St. im Nildelta mit berühmtem Tempel u. Orakel der Leto, die selbst Buto, Mut (Nacht) hieß. 2) andere St. in Unterägypten von unbekannter Lage (Her. 2, 75).

βουφονέω, ep. Rinder schlachten. Von

βου-φόνος, 2. (φονεύω), poet. mit Rindergemetzel.

βουφορβέω, Impf. ἐβουφόρβουν, poet. Rinder weiden.

βουφόρβια, ων, τά, poet. Rinderherde. Von

βου-φορβός, 2. (φέρβω), Rinder nährend od. weidend, ὁ β. der Hirt.

Βουφράς, άδος, ἡ, Ort bei Pylos in Messenien.

βού-χῑλος, 2. poet. Rinder nährend.

βο-ώνης, ὁ, Rinderkäufer, in Athen Beamte, welche den Ankauf der Opfertiere besorgten.

βο-ῶπις, ιδος, ἡ (βοῦς, ὤψ), ep. kuhäugig, großäugig, mit stark vorquellenden Augen, die als schön galten. Bein. von Frauen, bes. aber der (kuhköpfigen) **Here.**

βοώτης, ου, ὁ (βοῦς), sp. poet. Rinderhirt, Hirt. Als Eigenname

Βοώτης, ου, ὁ, Ochsentreiber, das Gestirn des Arkturus, das die 'sieben Ochsen' (*septem triones*) des Großen Wagens hütet.

βραβεία, ἡ, poet. die Entscheidung.

βραβεῖον, τό, N. T. der Kampfpreis. Von

βρᾰβεύς, έως, ὁ, Acc. sing. βραβῆ, Plur. βραβῆς, 1) Kampfrichter, überh. Richter, bes. Schiedsrichter, Fürst. 2) poet. Befehlshaber, Lenker.

βραβευτής, οῦ, ὁ, die mehr pros. Form für βραβεύς.

βρᾰβεύω, 1) Kampfpreise erteilen, überh. entscheiden, τὰ δίκαια über die Gerechtsame. 2) übertr. lenken.

βράβῠλον, τό, buk. eine wilde Steinfrucht, eine Art Pflaumen oder Schlehen.

βράγχια od. **βραγχία,** τά, buk. u. sp. Fischkiemen.

Βραγχίδαι, οἱ, Priestergeschlecht, angeblich von Βράγχος, dem S. des Apoll, welches dem Tempel und Orakel des Apollon Διδυμεύς in Didyma bei Milētos vorstand. Der Ort selbst hieß nach ihnen **αἱ Βραγχίδαι.**

βράγχος, ὁ, Heiserkeit, Bräune.

βράδινος, 3. äol. = ῥαδινός, 3. schlank, beweglich; zierlich, gewandt.
βρᾰδύνω (βραδύς), poet. trans. verzögern; intr. zögern, säumen, sich verspäten, sich aufhalten; langsam sein, χεῖρα mit der Hand.
βραδυπλοέω, N. T. langsam schiffahren.
βραδυ-πόρος, 2. sp. langsam gehend.
βραδύ-πους, ὁ, ἡ, poet. mit langsamem Schritt.
βρᾰδύς, εῖα, ύ, Komp. βραδύτερος u. sp. βραδίων, βράδιον, Superl. βραδύτατος, ep. u. buk. auch βάρδιστος, Adv. **βραδέως,** Kompar. -δύτερον (lat. *gurdus*, langsam, schwerfällig), **langsam,** schwerfällig, übertr. saumselig, lässig, träge, stumpfsinnig, mit folg. Inf. od. τινί in etwas, auch spät, verspätet (Soph. Trach. 599). Subst. τὸ βραδύ die Langsamkeit, und τὸ βραδύτατον der schwerfälligste, am langsamsten vorrückende Teil des Heeres (die Hopliten). Dav.
βραδυτής, ῆτος, ἡ, Langsamkeit, Saumseligkeit, Schwerfälligkeit, auch im Plur.
βραϊδίως Adv. buk. = ῥᾳδίως.
βράκαι, αἱ, sp. Beinkleider der Gallier, *bracae*.
βράκος, τό (ϝράκος), buk. kostbares Frauenkleid.
Βρασίδας, ου, ὁ, Sohn des Tellis, Feldherr der Spartaner v. 431—422; in Amphipolis, wo er gefallen, als Heros verehrt; seine Krieger οἱ **Βρασίδειοι** (στρατιῶται).
βράσσομαι, poet. aufbrausen, aufwallen.
βράσσων, s. βραχύς.
βράστης, ὁ (βράσσομαι), sp. eigentl. das Aufsieden, dann Erdbeben mit nach oben gehenden Stößen.
Βραυρών, ῶνος, ὁ, Flecken in Attika mit Tempel u. uraltem Bilde der taurischen Artemis, j. *Vraona*. Adj. **Βραυρώνιος,** 3.
βράχεα, έων, τά = βραχέα, seichte Stellen, Untiefen.
βραχεῖν, ep. def. Aor. 2., Indic. ἔβραχε u. βράχε, krachen, knarren, rasseln, prasseln, dröhnen; auch vom Gebrüll des Ares und dem Schrei eines verwundeten Pferdes.
βραχίων, ιστος, v. βραχύς.
βραχίων [ῑ], ονος, ὁ, der Arm, πρυμνὸς βρ. die Schulter, u. so auch ohne πρυμνός, **bracchium.**
Βραχμᾶνες, οἱ, die ind. *brahmānas*, Brahminen, **1)** die oberste Kaste in Indien, d. i. Priester und Gelehrte. **2)** wohl auch die Stämme, die sich zum Brahmanismus bekannten.
βραχύ-βιος, 2. kurz lebend.
βραχυ-λογέω, sp. kurz reden, sich kurz ausdrücken.
βραχυλογία, ἡ, Kürze im Ausdruck.
βραχυ-λόγος, 2. (λέγω), sich kurz ausdrückend.
βρᾰχύνω (βραχύς), ep. abkürzen (z. B. eine Einleitung), im bes. eine Silbe kurz brauchen.
βραχύ-πορος, 2. kurz umlaufend, eng.
βρᾰχύς, εῖα (ion. -έα), ύ (lat. *brevis* aus **brehvis*), Kompar. -χύτερος (-χίων) u. **βράσσων,** Superl. -χύτατος u. -άχιστος • **1)** Raum und Zeit: **kurz,** ἐν βραχεῖ in kurzer Zeit Hdt., βραχέως auf kurze Zeit Thuk., διὰ β. aus geringer Entfernung Thuk., κατὰ β. in kurzen Märschen Thuk., ἐπὶ βραχὺ ἐξικνεῖσθαι nicht weit treffen Xen. • **2)** Zahl: **wenig** ἐν βραχεῖ, διὰ βραχέων mit wenigen Worten, ebenso βραχέως • **3)** Gestalt u. Form: **klein** τεῖχος nieder Thuk.; von Menschen: klein (Pipin der Kurze); übertr. unbedeutend, niedrig (wie μικρός); von Dingen: unwichtig; βραχὺ φροντίζειν τινός geringe Rücksicht nehmen auf Dem. | Subst **Kleinigkeit,** ein Weniges.
βραχύτης, ητος, ἡ, Kürze, Raschheit, übertr. βρ. γνώμης Beschränktheit der Einsicht.
Βρέα, ας, ἡ, Stadt in Thrakien.
βρέγμα, τό, sp. ep. Vorderkopf, Oberschädel.
βρέμω, einmal **βρέμομαι,** ep. u. poet. nur im Präs. u. Impf., ep. auch **βρομέω** (lat. *fremo*), brummen, brausen, rauschen, tosen, summen, ertönen, u. übertr. toben.
βρενθύομαι, Dep. med. (nur im Präs. u. Impf.), einherstolzieren, sich wie ein βρένθος d. i. ein stolz einherschreitender Wasservogel gebärden, sich brüsten, anmaßend auftreten.
Βρεντέσιον, -τήσιον u. -δέσιον, τό, Brundusium, St. in Calabria, j. *Brindisi*. [Götterbild.
βρέτας, τό, Gen. εος, Plur. βρέτη, poet. hölzernes
Βρεττανία, sp. u. **Βρεττανῶν** νῆσοι, und -ανίδες, αἱ, England und Schottland; vgl. Πρεττανία u. ähnl.
Βρεττία, ἡ, Bruttium in Unteritalien, dessen Bew. **Βρέττιοι,** *Bruttii*, hießen.
βρέφος, εος, ους, τό, **1)** ep. u. N. T. die ungeborne Frucht im Mutterleibe. **2)** das Neugeborne, das Kind, auch als νέον od. ἄρτι τεχθὲν βρ. bezeichnet; von Tieren: das Junge. Davon Demin. **βρεφύλλιον,** τό.
βρεχμός, ὁ, ep. = **βρέγμα.**
βρέχω, ἔβρεξα, βέβρεγμαι, ἐβρέχθην u. ἐβράχην **1)** benetzen, befeuchten, naß machen; im Pass. naß werden. **2)** sp. u. N. T. **a)** regnen, auch unpers. βρέχει es regnet. **b)** regnen lassen.
βρι-, in einigen Zsstzgn. (vgl βαρύ) wuchtig.
Βριάρεως, Gen. εω, ὁ, Starkwucht, Göttername eines hundertarmigen Riesen, den die Menschen Ägäon nannten. [Dreisilbig ◡◡–.] Von
βρῐαρός, 3. (βρίθω), ep. wuchtig, schwer.
Βρίγαντες, οἱ, Volk in Britannien.
Βριγάντιοι, οἱ, Stamm in Vindelicien (Βριγάντιον *Bregenz*).
Βρίγες, s. Βρύγοι.
βρίζω (St. βρι), Aor. ἔβριξα, ep. u. poet. sich schwer fühlen, einschlafen, schlafen, überh. (ep.) schläfrig, untätig sein.
βρῑ-ήπῠος, 2. (ἠπύω), ep. stark schreiend, laut [brüllend.
βρῖθος, τό, poet. = βριθοσύνη.
βρῑθοσύνη, ἡ, ep. Wucht, Last, Schwere. Von
βρῑθύς, εῖα, ύ, ep. u. poet. wuchtig, schwer lastend, schwer. Von
βρίθω [ῑ], Impf. ep. βρῖθον, Fut. βρίσω mit ep. Inf. βρισέμεν, Aor. ἔβρῑσα, Perf. βέβρῑθα mit Präsensbdtg., u. Med. **βρίθομαι** (βρι). **1)** Wucht haben, schwer sein, niederdrücken. **2)** übertr. **a)** sich mit aller Macht auf den Feind werfen, heftig eindringen, bedrängen. **b)** das Übergewicht haben, überlegen sein. **3)** poet. trans. beladen.
Βρικίνναι, αἱ, Kastell der Leontiner auf Sizilien, j. *Li Brisgi*.
βρίμη, ἡ, ep. Wucht, Gewalt.
Βριλησσός, ὁ, Felsgeb. in Attika, j. *Turco-Vuna*, auch Πεντελικὸν ὄρος, 1119 m hoch, mit berühmtem Marmor.

βριμάομαι (von βρίμη Zorn, βρι), Dep. med., Impf. ἐβριμῶτο u. -μοῦτο, Aor. βριμήσαιο, zürnen, ergrimmen, τινί.

Βρισηίς, ίδος, ἡ, Tochter des Βρισεύς, Hippodameia, Achilleus' Geliebte.

Βρόγγος, ὁ, Fluß in Mösien, j. *Save*.

βρόδον, τό, äol. poet. = ῥόδον.

βρομέω, ep. = βρέμω, w. s.

Βρόμιος, ὁ, poet. Beiname des Bacchos, auch für Bacchos selbst, der Lärmende. Als Adj. **Βρόμιος,** 3. bacchisch, des Bacchos. Von

I. **βρόμος,** ὁ (βρέμω), ep poet. u sp. **1)** das Geräusch. **2)** Geprassel.

II. **βρόμος,** ὁ, sp. poet. der Hafer.

βρονταῖος, 3. sp. (βροντή), donnernd.

βροντάω, ep. poet. u. sp. donnern. Von

βροντή, ἡ (βρέμω), **1)** der Donner, im Plur. Donnerschläge, das Gewitter. **2)** ion. Verdutztheit, Betäubtheit.

βρόντημα, τό, poet. = βροντή.

βροντησι-κέραυνος, 2. poet. blitzdonnernd.

βρότειος, 2. u. 3. poet., **βρότεος,** 3. ep. u. poet., u. **βροτήσιος,** 3. poet. (βροτός), sterblich, menschlich, ἐν τοῖς βροτείοις in menschlichen Dingen.

βροτόεις, εσσα, εν (βρότος), ep. blutig, mit Menschenblut bespritzt.

βροτοκτονέω, poet. Menschen morden. Von

βροτο-κτόνος, 2. (κτείνω), poet. Menschen mordend, θυσίαι Menschenopfer.

βροτο-λοιγός, 2. ep. u. poet. Menschen verderbend oder vertilgend.

βρότος, ὁ, ep. der Strom, αἱματόεις Blutstrom.

βροτός, ὁ, ἡ (für μροτός, zu Wzl. μορ, *mor-ior*, = *mortalis*), ep. u. poet. sterblich. Subst. (ohne Artikel) der Sterbliche, der Mensch. Dav.

βροτο-σκόπος, 2. poet. Menschen beobachtend.

βροτο-στυγής, 2. poet. den Menschen verhaßt.

βροτο-φθόρος, 2. poet. Menschen verderbend.

βροτόω (βρότος), ep. nur Part. perf. pass. mit Blut besudelt.

βροχή, ἡ, N. T. Regen, Platzregen.

βρόχθος, ὁ, buk. Kehle. [Band, Fessel.

βρόχος, ὁ, Schlinge zum Erhängen, überh. Strick,

βρόχυς, βροχέως, äol. poet. = βραχύς, βραχέως.

βρῦ, τό, poet. Lallwort; βρῦν εἰπεῖν zu trinken verlangen.

βρυάζω, poet. etwas hervorsprudeln lassen.

βρυγμός, ὁ, N. T. das Beißen, Knirschen.

Βρύγοι, οἱ, auch **Βρίγες,** thrakisches Volk, nördl. von Beröa in Makedonien.

βρύκω u Med. [ῡ] (βρύχω), poet. knirschend zerbeißen, übertr. von Krankheiten: reißen, wühlen.

βρύον, τό, sp. Moos, bes. Seemoos.

βρῡχάομαι, Dep., Perf. βέβρῡχα (in Präs.-Bdtg.), βρυχηθείς (βρύχω), ep. (nur Perf.), poet. u. sp. brüllen, heulen, tosen. Dav.

βρύχημα, τό sp. das Geheul.

βρύχιος, 2. poet. **1)** (βρυχάομαι) brüllend, donnernd. **2)** (ὑπόβρυχα) unter der Oberfläche, unterirdisch, oder unter Wasser, tief.

βρύχω, nur im Präs. u. Impf., poet. mit den Zähnen klappern; sp. poet. τὸ στόμα, zähneknirschen, die Zähne wetzen, im N. T. auch ohne στόμα.

βρύω [ῡ], nur Präs. u. Impf. **1)** intr. ep. poet. u. sp. sprossen, treiben, grün werden, sprudeln, strotzen, τινί und τινός von etwas. **2)** trans. hervorquellen lassen, N. T.

βρῶμα, τό, u. ep. **βρώμη,** ἡ, u. **βρῶσις,** εως, ἡ, u. **βρωτύς,** ύος, ἡ (βιβρώσκω), **1)** Nahrungsmittel, Speise, Nahrung, das Essen. **2)** das Zerfressen.

βρώσιμος, 3. poet. u. N. T. = βρωτός.

βρωτήρ, ῆρος, ὁ, ἡ, poet. fressend, verzehrend.

βρωτός, 3. (βιβρώσκω), eßbar; ntr. subst. Speise.

βρωτύς, ύος, ἡ, s. βρῶμα.

Βυβασσίη, ἡ, χερρόνησος, Landzunge in Karien östl. von Knidos, mit der St. Bybassos.

βυβλίον, τό, = βιβλίον, Buch.

βύβλινος, 3. ep. u. ion. **1)** von Byblos gemacht, einer papyrusähnlichen Pflanze. **2)** von Hanf od. Baumbast. Von

βύβλος (vgl. βίβλος), ἡ, ion. u. poet. die Byblos- od. Papyrusstaude, *cyperus papȳrus*, und der Bast davon. Sie wuchs in den Sümpfen und Seen des ägypt. Delta. Aus ihren Stengeln wurden Papier, Matten, Segel, Schuhe, Kähne verfertigt, und ihr unterer Teil wurde gegessen. **2)** übertr. Buch, Liste.

Βύβλος, **1)** St. in Phoinike, nördl. von Sidon, j. *Djebeil*, Ew. Βύβλιος. **2)** St. im Nildelta, Ew. -ιος.

Βυζάντιον, τό, St. Thrakiens am Bosporus, j. *Konstantinopel*. Dav. Adj. **Βυζάντιος,** 3.

βύζην (d. i. βύσδην, s. βύω), Adv., eigentl. voll, dah. dicht gedrängt, eng aneinander.

βυθίζω, sp. versenken, *mergere*.

βύθιος, 3. sp. tief (auch v. d. Stimme). Von

βυθός, poet. u. sp., **βυσσός,** ep. u. ion., ὁ, Grund, Tiefe, bes. Meeresgrund, Meerestiefe; übertr. Abgrund, ἀθεότητος.

βύκτης, ου, ὁ, (βύζα Uhu), ep. heulend, sausend.

Βύκχι, äol. poet. = Βάκχε.

βυνέω, nur Präs. u. Impf., stopfen; s. βύω.

βύρσα, ἡ, ion poet. u. sp. abgezogene Haut, Fell, überh. Haut. Dav.

βυρσ-αίετος, ὁ, poet. Lederadler (Kleon).

βυρσεύς, ὁ, N. T. der Gerber.

βυρσίνη, ἡ, poet. Lederriemen.

βυρσο-δέψης, ου, ὁ (δέψω gerben), Gerber.

βυρσο-παγής, 2. (πήγνυμι) sp. ledergefügt, ledern.

βυρσο-παφλαγών, όνος, ὁ, poet. Lederpaphlagonier (der Gerber Kleon).

βυρσο-πώλης, ου, ὁ, poet. Lederhändler.

βυρσο-τενής, 2. poet. = d. folgenden.

βυρσό-τονος, 2. poet. m. Leder überspannt, κύκλωμα die Pauke. [macht.

βύσσινος, 3. ion. u. poet. (βύσσος), aus Byssus ge-

βυσσοδομεύω (wie v. βυσσο-δόμος, δέμω), ep. tief d. i. heimlich erdenken, beschließen; ὀργήν heimlich zürnen.

βυσσόθεν, poet. Adv. vom Grund empor.

βυσσός, s. βυθός.

βύσσος, ἡ (hebr. *bûz*), eine Art feiner linnener od. baumwollener Zeuge.

βυσσό-φρων, 2. poet. = βαθύφρων, schlau.

βύω, ep. ion. u. sp (Impf. ἐβύνουν), Aor. ἔβυσα, Pass. βέβυσμαι, ἐβέβυστο, ἐβύσθη, βυστός, vollstopfen, anfüllen, τινός womit.

βῶ, s. βαίνω. **βωθέω** usf., s. βοηθέω.
Βώκαρος, ὁ, poet. Fluß in der Nähe v. Paphos.
βωλά, dor. st. βουλή.
βῶλαξ, ἡ, buk. = βῶλος.
βωλάριον, τό, sp. kleine Scholle, Körnlein. Von
βῶλος, ἡ, Erdscholle, Erdkloß, *gleba*; Klumpen u. poet. die Sonnenscheibe.
Βωμιῆς od. -εῖς, έων, οἱ, ätolische Völkerschaft am Quellgebiet des Euēnos.
βώμιος, 3., poet. auch 2., zum Altar (βωμός) gehörig, den Altar umklammernd, ἀκτά Altarstufe.
βωμίς, ίδος, ἡ, ion. Demin. von βωμός, kleine Erhöhung, Staffel.
βωμο-ειδής, 2. (εἶδος), sp. altarförmig, τὸ β. die altarförmige Fläche.
βωμολοχεύομαι (-χος), Dep. med., den Spaßmacher spielen. Dav.
βωμολοχία, ἡ, Possenreißerei.
βωμο-λόχος, 2. (λοχάω), sp., urspr. vom Lumpengesindel, das an den Altären lungert, um vom Opfermahl etwas zu erbetteln od. zu erschnappen, gew. vom gemeinen Spaßmacher, τὸ βωμολόχον die Possenreißerei, gemeine Spaßmacherei, auch: gemeiner Spaß. Dav.
βωμολοχικός, 3. sp. possenreißerisch.
βωμός, ὁ (βαίνω, βῆμα), **1)** ep. Erhöhung, Untersatz, Unterlage, Gestell, z. B. eines Wagens, Fuß einer Statue. **2)** Im bes. **Altar,** in allg. Sentenzen, wo kein bestimmter ins Auge gefaßt ist, oft im Plur. Von ἐσχάρα ist β. so verschieden, daß der β. mit Stufen od. einer ἀνάβασις versehen war, was jener fehlte. Er war die Zuflucht der Schutzflehenden, und bei besonders feierlichen Gelegenheiten nahmen die Richter die Stimmzeichen vom Altar der Athene.
βῶν, βῶς, s. βοῦς.
βωστρέω (βοάω), ep. rufen, anrufen, bes. um Hilfe, τινά.
βωτι-άνειρα, ἡ (βόσκω, ἀνήρ), ep. Männer oder Helden nährend.
βώτωρ, ορος, ὁ (βόσκω), ep. der Weidende, der Hirt, ἀνήρ.

Γ.

Γ, γ, τὸ γάμμα, dritter Buchstabe des griechischen Alphabets, dah. als Zahlzeichen γ' = 3.
γᾶ, dor. u. äol. st. γῆ. (γᾶ, dor. st. γέ.)
γαγγάμη, ἡ, u. **γάγγαμον,** τό, sp. kleines Netz, bes. zum Austernfang, poet. δουλείας.
Γάγγης, ου, ὁ, Ganges.
γάγγραινα, ἡ, sp. u. N. T. eigentl. krebsartiges Geschwür; übertr. geistlose Geschwätzigkeit.
Γάδειρα, ion. **Γήδειρα,** ων, τά, Insel u. Stadt in Spanien, j. *Cadix*, *Gades* = *qadesh* die Heilige; Ew. Γαδειρ-εύς; Adj. Γαδειραῖος πορθμός *fretum Gaditanum*.
Γαδρωσία (u. Γεδρ.), ἡ, Landschaft in Asien, j. *Belutschistân*. Die Einw. οἱ **Γαδρώσιοι** u. **Γάδρωσοι.**
γάζα, ἡ (pers. Wort), sp. die Schatzkammer, der königliche Schatz.
Γάζα, ἡ, **1)** Stadt an der südl. Grenze von Palästina, j. *Gazah*. Der Einw. ὁ **Γαζαῖος. 2)** Stadt in Sogdiana (Arr. 4, 2, 1. 3).
γαζο-φυλάκιον, τό, Schatzkammer, sp. u. N. T.
γᾶθεν, dor. st. γῆθεν. — **γᾶθέω,** dor. st. γηθέω.
γαῖα, ἡ, ep. poet. u. sp. st. γῆ. Dav.
γαιάοχος, ὁ, dor. = γαιήοχος.
γαιήιος, 3. ep. von der Erde, υἱός Sohn der Erde, Bein. des Tityos.
γαιή-οχος, 2. poet. (ὄχος zu ἔχω), landbeschirmend (andre Deutung: erdbewegend, subst. der Erderschütterer).
γάιος, 2. dor. st. γήιος, **1)** im Lande befindlich. **2)** unterirdisch.
Γάιος, ὁ, sp. der röm. Name *Gaius*, bes. C. Iulius Caesar.
Γαίσων, ωνος, ὁ, Fl. in Ionien, der südlich von Mykäle ins Meer fließt.
γαίων, ep. Part. praes. von γαίω (eigentl. γαϝίω, vgl. *gavisus*, γηθέω), stolz, τινί auf etwas, darauf trotzend, sich freuend.
γάλα [ᾰ ᾰ], Gen. γάλακτος, τό (lat. *lact*, Nom. *lac*), Milch; im N. T. bildl. die Anfangslehren des Evangeliums. Dav.
γαλᾰ-θηνός, 2. (θῆσθαι), ep. u. ion. milchsaugend, dah. jung, zart.
γαλακτο-πότης od. **-πώτης,** ου, ὁ (πίνω), ion. u. poet. Milchtrinker, von Milch lebend.
γαλᾶνα u. **γαλάνεια,** dor. = γαλήνη. Dazu
γαλᾶνόω, poet. beruhigen.
Γαλάξια, τά, sp. Milchfest zu Athen, an dem der Göttermutter Kybele Milchbrei (γαλαξία) geopfert wurde.
γαλαξίας (κύκλος), ὁ, Milchstraße.
Γαλάξιον, τό, sp. ein Bach („Milchquell") in Böotien.
Γαλάτεια, Nymphe, u. Schiffsname.
Γαλατία, ἡ, Einw. ὁ **Γαλάτης,** Adj. **Γαλατικός,** 3. **1)** Landsch. in Kleinasien. **2)** Gallien.
γαλε-άγρα, ἡ, sp. eigtl. Wiesel- od Marderfalle, dann Eisenkäfig.
γαλέη, sp. ep., s. γαλῆ.
γαλεός, ὁ, sp. Haifisch.
γαλεώτης, ὁ, sp. **1)** eine Eidechsenart, = ἀσκαλαβώτης. **2)** sp. Schwertfisch.
γαλῆ, sp. ep. γαλέη, ἡ, Wiesel, Katze.
γᾰλήνη, ἡ (Wurz. γαλ, glänzen), Stille, Ruhe (auch übertr.), τινός von etw., bes. Windstille, Meeresstille, u. poet. das stille, ruhige Meer, γαλήνην ἐλαύνειν es befahren. Davon
γαληνίζω, ion. windstill machen, Meeresstille hervorrufen.
γᾰληνός, 3. poet. u. sp. still, ruhig, sanft εἴς τινα; ἐκ κυμάτων γὰρ αὖθις αὖ γαλήν'(ὰ) ὁρῶ nach Stürmen seh' ich wieder Meeresstille. (In diesem Vs. Eur. Or. 270 soll ein Schauspieler γαλῆν — Wiesel — gesprochen haben u. daher ausgepfiffen worden sein.
Γαληψός, οῦ, ἡ, **1)** St. auf der Chalkidike am Toronäischen Busen (Her.). **2)** St. in Thrakien am Fuß des Pangäongebirges (Thuk.).
Γαλλικός, 3. sp. *Gallicus*, gallisch.
γᾰλόως, ἡ, Gen. γαλόω, Nom. plur. γαλόῳ, ep. Schwägerin, Mannesschwester.

Γάμβρειον (-ριον), τό, St. in Mysien.
γαμβρός, ὁ (γαμέω), jeder durch Heirat Verwandte, also **1)** Schwiegersohn, Eidam. **2)** Schwager, d. i. **a)** Schwestermann. **b)** der Frau Bruder. **3)** poet. auch der Schwiegervater u. Bräutigam.
γαμετός, 3. vermählt; bes. **γᾰμετή** (γυνή), Gattin, Frau, **νόμῳ** die rechtmäßige.
γαμέτης, ου, ὁ, Gatte, Ehemann. Von
γᾰμέω (γάμος), (Präs. nicht bei Hom.), att. Fut. γαμῶ, εῖς, Aor. ἔγημα, Perf. γεγάμηκα, γεγάμημαι, ep. u. ion. Fut. γαμέω, Plut. Luk. Fut. γαμήσω, Aor. act. ἐγάμησα, pass. ἐγαμήθην (γάμος).
I) Akt. heiraten • **1)** vom Manne: **freien,** zum Weibe nehmen, Hochzeit halten (Plut. Per. 7), nur Od. 1, 36, Eur. u. Luk. zur Geliebten nehmen; γάμον γαμεῖν eine Ehe schließen Trag.; γάμον γ. γεναῖον eine Frau aus edlem Hause nehmen Plut., mit doppelt. Akk. γάμους ἐγ. Κύρου δύο θυγατέρας die beiden ersten Ehen schloß er mit ... Hdt.; auch Dat. γάμῳ γ. eine rechtsgültige Ehe schließen Dem.; ἐπὶ θυγατρὶ γ. ἄλλην γυναῖκα seiner Tochter eine Schwiegermutter ins Haus bringen Hdt. • **2)** vom Weibe, iron. Eur. Med. 606 („indem ich dich zur Frau nahm") u. im N. T. einen Mann nehmen.
II) Pass. ἡ γεγαμημένη od. sp. γαμηθεῖσα die Verheiratete; Theokr. γαμεθεῖσα ein Mädchen, das gefreit wird.
III) Med., Fut. γαμοῦμαι, -ῇ, Aor. ἐγημάμην • **1)** vom Weibe: sich freien lassen, **sich verheiraten,** abs. od. τινί • **2)** von den Eltern: seine Tochter freien lassen, τινί von einem, sie **an einen Mann verheiraten.**
γαμήλευμα, τό, poet. die Ehe.
γᾰμήλιος, 2. (γαμέω), sp. hochzeitlich. — γαμηλία, ἡ, sc. θυσία, das Opfer od. Hochzeitsessen, ein Fest, welches der junge Ehemann den Gliedern seiner Phratria od. doch den nächsten Angehörigen ausrichtete, was γαμηλίαν εἰσφέρειν hieß.
Γαμηλιών, ῶνος, ὁ, der siebente att. Monat, Ende Januar u. Anfang Februar, benannt von γαμέω, weil in ihm die meisten Ehen geschlossen wurden.
γαμίζω, N. T. eine Tochter verheiraten.
γαμικός, 3. hochzeitlich, τὰ γαμικά, **a)** Heiratsangelegenheiten. **b)** Hochzeitsfeier.
γάμιος, 3. buk. = γαμικός.
γαμίσκω, sp. u. N. T. = γαμίζω.
γάμμα, τό, Indekl. der Buchstabe Gamma, ὥσπερ γάμμα ἑκατέρωθεν τὴν ἑαυτῶν τάξιν ποιήσαντες, d. h. in folgender Gestalt Γ Ꞁ.
γαμμο-ειδής, 2. sp. von der Gestalt des Gamma, Γ.
γᾱ-μόρος, ὁ, dor. st. γεωμόρος, w. s.
γάμος, ο, u. **γάμοι,** οἱ (zu γαμβρός, lat. *gener, geminus*), die **Hochzeit 1)** die **Hochzeitsfeier,** γάμον τεύχειν, ἀρτύειν die Hochzeit ausrichten; bes. der Hochzeitsschmaus dah. γάμον δαινύναι, ἑστιᾶν, ἐπιτελεῖν, ποιεῖν, θύειν das Hochzeitsmahl geben. **2)** Vermählung, **Heirat,** Ehe, Beilager, τινός mit jmdm.; γάμους ποιεῖν Heiraten stiften, u. τὸν γάμον καταπράττεσθαί τινι einem zur Heirat verhelfen. **3)** (bes. im Pl.) die Vermählte, die (geliebte) Frau, z. B. Soph. Trach. 1139.
γαμφηλαί, ῶν, αἱ, **1)** ep. Kinnbacken, nur von Tieren. **2)** poet. das Maul; der Schnabel.
γαμψός, 3. gekrümmt, krumm. Dav.
γαμψ-ῶνυξ, υχος, ὁ, ἡ (ὄνυξ), ep. u. poet. krummkrallig.
γᾰνάω, Part. ep. γανάων, -όων u. άουσα, -όωσα, (γάνος), ep. u. poet. glänzen, schimmern, funkeln, schön prangen; θεούς feiern. [feiernd.
γανάεντες, poet. wie von γανάεις = γανάοντες,
Γανδάριοι u. **Γανδαρῖται,** οἱ, asiat. Volk in der Landschaft Margiana u. Paropanisus (Parapam.).
γάνος, εος, **τό** (γαίω, γάνυμαι, γηθέω), Glanz, Schönheit, Schmuck, im bes. Erquickung, von Flüssigkeiten: Labetrunk, μελίσσης γάνος Honig.
Γάνος, τό u. ὁ, thrakische Stadt an der Propontis.
γανόω (γάνος), poet. u. sp. glänzend, blank machen, polieren; übertr. erfreuen. Med. sich ergötzen, τινί u. ἐπί τινι.
γάνυμαι, Fut. ep. γανύσσομαι (γάνος), Dep. med., Nbf. γανώσεται, ἐγανώθη. sich erheitern, sich ergötzen an etwas, einer Sache froh werden.
Γᾰνῠ-μήδης, εος, ους, ὁ, Ganymedes, Sohn des Tros, Mundschenk des Zeus.
γᾰ-πεδον, τό, dor. u. poet. st. γήπ-, Erde, Gegend.
γα-πετής, 2. dor. u. poet. st. γηπ-, zur Erde gefallen.
γαπονέω, dor. u. poet. st. γηπ-, Land bebauen. Von
γα-πόνος, dor. u. poet. st. γηπόνος, das Land bauend.
γά-ποτος, 2. dor. u. poet. von der Erde eingesogen.
γάρ (ᾰ, in Hebung auch ᾱ), Part. entstanden aus γέ u. ἄρα, nie am Satzanfang, meist nach dem ersten Wort • **1)** begründend: **denn** • **a)** γ. geht dem zu begründenden Glied voran: **ja** oder als Ersatz für ἐπεί **weil:** Ἀτρείδη, πολλοὶ γὰρ ... Il. 7, 328 • **b)** das zu begründende Glied fehlt (meist in Fragen) καὶ δῆτ' ἐτόλμας ... οὐ γὰρ Soph. Ant. 499 ff.: Und da wagst du denn also ...? **ja (freilich),** denn Z. gebot das nicht • **c)** eingeschoben, parenthetisch: nämlich, **ja** • **2)** erklärend: **nämlich.** Oft nach Ellipsen: τεκμήριον δέ, μαρτύριον δέ (sc. ἐστὶ τόδε), τὸ δὲ μέγιστον • **3)** bestätigend: **freilich, allerdings,** sicherlich • **4)** in Fragesätzen u. Ausrufen folgernd: **denn, also** τίς γάρ σε θεῶν ... ἧκεν Il. 18, 182 wer hat dich denn geschickt? τί γάρ; wieso denn? • **5)** Mit andern Partikeln: **ἀλλὰ γάρ** aber freilich, **γὰρ οὖν** nämlich, denn jedenfalls, **καὶ γάρ** denn auch, **γὰρ δή** denn entschieden, denn bereits, **εἰ** (ep. **αἰ**) **γάρ** o wenn doch! **ἦ γάρ** traun! **πῶς γάρ;** warum auch? **γάρ τοι** denn gewiß; **ἦ γάρ;** nicht wahr?
γαργαλίζω (γάργαλος), kitzeln; Pass. einen Kitzel empfinden. Dav.
γαργᾰλισμός, ὁ, das Kitzeln, der Kitzel, auch im Plur. [γαλισμός.
γάργᾰλος, ὁ (lat. *gurgulio*, deutsch *gurgeln*) = γαρ-
Γάργᾰρον, τό, Südspitze des troischen Berges Ida mit Tempel des Zeus, j. *Kaz-Dagh.* [otien.
Γαργαφία κρήνη, am Kithäron bei Platäa in Bö-
Γαργηττός, ὁ, Demos der ägeischen Phyle in Attika; Einw. ὁ Γαργήττιος.
γάρον, τό, sp. scharfe Fischtunke.
Γαρούνας, α, ὁ, sp. Fluß in Gallien, die *Garumna,* h. *Garonne.*

γᾶρυς u. **γᾶρύω,** dor. s. γῆρυς, γηρύω.

γαστήρ, ἡ, γαστρός (zu γράω urspr. γραστήρ „Fresser"), **1) a)** Bauch, Magen; gefüllter Magen: Magenwurst. **b)** übertr. Hunger, Eßlust, Gefräßigkeit, ep. γαστέρι πενθῆσαι mit dem Magen trauern, d. i. durch Fasten. **c)** im N. T. übertr. der Schlemmer. **2)** Mutterleib, ἐκ γαστρός vom Mutterleibe an. **3)** poet. Wölbung.

γάστρα, ἡ, u. **γάστρη,** ἡ, **1)** der Bauch eines Gefäßes. **2)** ein bauchiger Topf, Eimer.

γαστρίζομαι, Pass., sp. gefüllt, gemästet werden.

γαστριμαργία, ἡ, Völlerei (auch Plur). Von

γαστρίμαργος, 2. gefräßig; ὁ γ. der Schlemmer.

γαστρο-ειδής, 2. (εἶδος), sp bauchförmig; bauchig.

Γαυγάμηλα, ων, τά, ein Ort in Assyrien, j. *Karmelis*.

γαυλικός, 3. zum γαῦλος, einem Kauffahrteischiffe gehörig, χρήματα Schiffsladung, Schiffsfracht. Von

γαῦλος, ὁ (Fremdwort), Lastschiff, bes. phönikisches, m. Gen. der Last, γ. παντοίων ἀγαθῶν.

γαυλός, ὁ, **a)** ep. u. buk. Melkeimer. **b)** ion. der am Brunnenschwengel befestigte Schöpfeimer.

γαυρίᾶμα, τό, sp. Hoffärtigkeit. Von

γαυριάω, sich brüsten, triumphieren, stolz sein, τινί über od. auf etwas; buk. auch Med.

γαυρόομαι (Pass.), sp. γεγαυρωμένος, ἐγαυρώθη, γαυρωθήσομαι = γαυριάω.

γαῦρος, 2. u. 3. (γαϝίω), poet. u. sp. freudig, stolz, sich brüstend, hochfahrend, triumphierend, ὑπό τινος. Davon

γαυρότης, ητος, ἡ, sp. Ausgelassenheit, Übermut.

γαύρωμα, τό (γαυρόομαι), poet. Prunk.

γδουπέω, s. δουπέω.

γέ (dor. γᾶ), enklitische Partikel, welche die Bdtg. des Wortes, dem sie sich beigesellt, verstärkt u. nachdrücklich hervorhebt, sei es durch Steigerung od. durch Einschränkung. Sie läßt sich im Lat. in einschränkenden Sätzen durch *quidem*, *certe*, im Deutschen durch wenigstens, zwar, doch, bei Steigerungen dagegen durch sogar, eben, gerade, u. als εὖ γε durch gar schön, γὲ δή durch allerdings, häufig jedoch nicht übersetzen, findet aber durch den Satzton ihren Ausdruck. Sie steht in der Regel hinter dem Worte, das sie betont.

γέγωνα, ep. Perf. 2. mit Präs.-Bdtg. (zu γον, γνω, γιγνώσκω), die 3. sing. γέγωνε auch in Aor.-Bdtg., Imper. γέγωνε, Part. γεγωνώς, davon abgeleitet **γεγωνέω, γεγώνω, γεγωνίσκω,** Inf. ep. auch γεγωνέμεν, Impf. ep. γεγώνευν, ἐγεγώνει, Fut. γεγωνήσω, sich vernehmlich machen, hörbar, vernehmlich schreien od. reden, verkünden, kundtun, τινί jmdm. vernehmlich zuschreien, zurufen. Davon

γεγωνός (eigtl. Part. Perf.), **1)** Adv. sp. vernehmlich. **2)** Adj. neutr poet. laut.

γεγώς, γεγῶσα, poet. Part perf v. γίγνομαι, s. d.

γέεννα, ἡ, aus *gê hinnōm*, Tal der Söhne Hinnom, Schlucht südl. von Jerusalem, wo nach jüdischem Glauben einst das Gericht stattfinden sollte. Ort der Strafe, Hölle. (Dav. frz. *la gêne* Folter.)

γεηπόνος, 2. sp. poet. das Land bebauend, bewohnend.

γεηρός, 2. erdig.

Γεθσημανῆ (-ανεί), *gathschĕmānê*, „Ölkelter", Landstück unter dem Ölberg jenseits des Kidron, j. *Dschesmanija*.

γει-αρότης, ὁ, poet. Erdpflüger, Landmann.

γείνασθαι, ep. u. poet., s. γείνομαι, 2.

γείνομαι (St. γεν, γίγνομαι), **1)** Präs. u. Imperf. ep. Pass. geboren, erzeugt werden, *gignor* (and. schreiben überall γίγνομαι). **2)** Aor. ἐγεινάμην, ep. poet. ion. u. sp. (Konj. Aor. 2. sg. γείνεαι f. -νηαι), trans. erzeugen, *gigno*, gebären; ἡ γειναμένη die Mutter; οἱ γεινάμενοι *parentes*; poet. sp. auch vom Vaterland.

γεῖσον, τό, poet. Vorsprung, Sims, Zinne, Dach.

γειτνίᾶσις, εως, ἡ, sp. die Nachbarschaft, im Plur. benachbarte Völker. Von

γειτνιάω, 1) benachbart sein, abs. u. τινί, γειτνιῶν ein Nachbar. **2)** sp.: ähnlich sein.

γειτονέω, τινί = γείτων εἰμί. Von

γείτων, ονος, ὁ, ἡ, Adj. benachbart, Subst. Nachbar, sowohl Hausnachbar als Grenznachbar, τινί u. τινός. Übertr. ἐκ γειτόνων εἶναι verwandt, ähnlich sein.

Γέλα, ας, ion. ης, ἡ, Stadt auf Siziliens Südwestküste. Einw. ὁ Γελῷος u. Γελῶος.

γελαίσας, äol. poet. part. = γελάσης.

Γέλας, ᾶ, ὁ, Fluß bei Gela.

γελᾶσείω, Desid. v. γελάω, ich habe Lust zu lachen.

γελάσιμος, 2. sp. lächerlich.

γέλασμα, τό, poet. das Lachen; übertr. Geplätscher.

γελαστής, οῦ, ὁ, poet. Lacher, Spötter.

γελαστός, 3. des Verlachens wert, zum Gespött.

γελάω (vgl. γαλήνη, γλῆνος „glänzender Gegenstand", γλήνη „Augapfel", ahd. *kleini* „glänzend", „zierlich"), att. γελάσομαι, ἐγέλασα, γεγέλασμαι, ἐγελάσθην, γελασθήσομαι, γελαστός, hom. Präs. **γελόω, γελοιάω** u. **γελώω,** Part. γελάοντες, -όωντες u. γελώοντες oder -οιῶντες, Impf. γελώων od. γελοίαον, Aor. ἐγέλασα, buk. 3. pl. praes. γελᾶντι, part. fem. γελάοισα u. γελᾶσα, sp. Fut. auch γελάσω, **glänzen, strahlen** vor Freude • **1)** absol. **lachen,** fröhlich, heiter sein, auch von lachenden Gegenden, μάλα ἡδύ recht herzlich; ἐπί τινι und τινί, εἰς und ἐν.; ἐγέλασα ich mußte l. • **2)** trans. τί **etwas verlachen,** dah. γελῶμαι ich werde verlacht, verspottet, doch, wie καταγελᾶν, auch τινός u. εἴς τινα, ferner γέλωτα γελᾶν ἔν τινι ein Hohngelächter über jmdn. erheben.

Γελέων, οντος, ὁ, Sohn des Ion, nach dem die eine der vier alten ionisch-attischen Phylen Γελέοντες benannt sein soll.

Γέλιμερ, ρος, ὁ, sp. Gelimer, der letzte Vandalenkönig (bis 534 n. Chr.).

γελοιάω, ep. = γελάω.

γέλοιος od. **γελοῖος,** ep. **γελοίιος,** 2., Adv. **γελοίως,** Kompar. -ότερον (γέλως), **a)** lächerlich, zum Lachen. **b)** Lachen erregend, spaßhaft, witzig. Subst. γελοῖον ein lächerliches Ding, τὸ γ. der Scherz, γελοῖα Possen, Scherze, ἐπὶ τὰ γελοιότερα spöttischerweise.

γελοιάω, Nbf. zu γελάω.

γέλος, ὁ, ep Dat. ῳ, Akk. ον, = γέλως.

γελόω, s. γελάω.

Γέλων, ωνος, ὁ, **1)** S. des Deinoménes aus Gela, Vormund für die Söhne des Tyrannen Hippokrates

491 v. Chr., dann Eroberer u. Tyrann v. Syrakus 485, Schwiegersohn des Theron v. Akragas, nach dem Doppelsieg über die Kathager bei Himera 480 zum König ausgerufen, † 478 S. Sohn ist Hieron. **2)** Sohn u. Mitregent Hierons II. von Syrakus, † 216 v. Chr.

Γελωνοί, οἱ, Volk im europ. Sarmatien.

Γελῷοι, s. *Γέλα.*

γέλως, ὁ, Gen. γέλωτος, Dat. γέλωτι, Akk. γέλωτα, poet. auch γέλων od. γέλω • **1)** das **Lachen,** Gelächter, τῷ γέλωτι εὐφραίνεσθαι aus Herzensgrunde lachen, ἐπὶ γέλωτι um Lachen zu erregen Hdt., γέλωτα παρέχειν, ποιεῖν, τεύχειν, τιθέναι Lachen erregen, γέλωτα ποιεῖν ἔκ τινος ein Lachen von einem erzwingen, εἰς γέλωτα τρέπειν τι etwas ins Lächerliche ziehen; γέλωτα ὀφλισκάνειν sich lächerlich machen, γέλῳ ἐκθανεῖν sich (fast) tot lachen Hom. • **2)** Gegenstand des Gelächters, lächerliche Sache, **Gespötte,** γέλως mit u. ohne ἐστί es ist zum Lachen, γέλως γίγνομαι werde, εἰμί τινι bin zum Gespötte, γέλωτα τίθεσθαί τινα od. τι einen od. etwas zum Gespötte machen, ähnl. ἐν γέλωτί τι τίθεσθαι, aber γέλων πολὺν συντιθέναι viel Gelächter einmengen, unter v. G.

γελωτοποιέω, Lachen erregen, Spaß machen, einen aufziehen. Dav.

γελωτοποιία, ἡ, sp. die Spaßmacherei.

γελωτο-ποιός, ὁ, Spaßmacher, Possenreißer, Lustigmacher.

γελώω, s. γελάω.

γεμίζω (γέμω), anfüllen, befrachten, τινός mit etw.; Med. ein Schiff beladen.

γέμος, τό, poet. drückende Last. Von

γέμω, nur Präs. u. Imperf. (lat. *gemo*), voll sein, angefüllt, belastet sein.

γενεά, ᾶς, ἡ, ion. ***γενεή*** (γεν, s. γίγνομαι) **Geschlecht,** u. zwar • **1)** die von einem Stammvater Abstammenden • **a)** Familie, **Stamm, Sippschaft,** Nachkommenschaft; auch einzelner Sprößling, Nachkomme (hier auch im Plur. von Weibern u. Kindern) • **b) Abkunft, Geburt,** γενεὰν εἶναι von Geburt sein, ἀπὸ γενεᾶς von der Geburt, dem Geburtstage an; γενεῆφι νεώτατος an Lebensalter Hom. übertr. Familieneigentümlichkeit, ἐκ γενεῆς erblich; dah. auch Adel, Rasse • **2)** Geschlecht, **Generation,** Menschenalter, ἐπ' ἀνθρώπων γενεάν auf ein Menschenalter, gew. zu 33 Jahren berechnet, daher 3 Menschenalter = 100 Jahre, auch überh. Zeitalter.

γενεᾱλογέω, ion. ***γενεηλ-,*** ein γενεα-λόγος sein, Geschlechtsregister machen, τινά jmds. Ursprung aufzählen, ἀπό τινος von etwas an, ἑωυτόν sein. Geschlecht hersagen, τὴν πατριήν τινος jmds. Ahnenliste oder Stammbaum (Abstammung) hersagen. Auch Pass. ταῦτα γεγενεηλόγηται das ist ihr Stammbaum. Dav.

γενεαλογία, ἡ, das Geschlechtsregister, die Stammtafel.

γενέθλη, ἡ, ep. u. poet. (St. γεν), **1)** = γενεά, (ἐκ) γενέθλης εἶναι abstammen. **2)** Ursprungsort. Dav.

γενέθλιος, 2. **1)** poet. zum Stamme gehörig, θεοί Stammgötter. **2)** zur Geburt od. Zeugung gehörig, βλάσται die ersten Keime durch Elternzeugung; insbes. **a)** τὰ γενέθλια Geburtstagsfeier, Geburtsfest, überh. das Fest der γενέται, γ. ἑστιᾶν einen Geburtstagsschmaus geben. **b)** ἡ γενέθλιος, sp. verst. ἡμέρα der Geburtstag.

γένεθλον, τό, poet. **1)** Sprößling, im Plur. Geschlechter, τὰ τῶν θνητῶν γ. die Menschenwelt. **2)** Abstammung.

γενειάς, άδος, ὁ, ep. u. poet. (γένειον), **1)** der Kinnbart, Bart, Barthaar (im Plur.). **2)** Kinn (oft im Plur.), Kinnbacken, Wange. Als Schwur πρὸς γενειάδος bei deinem Kinn.

γενειάσδω, buk. = γενειάσκω.

γενειάσκω u. ***γενειάω,*** Fut. ion. -ήσω, einen Bart bekommen od. haben, ein Mann werden od. sein.

γενειήτης, ου, ὁ, buk. u. sp. bärtig.

γένειον, τό, (verw. mit γένυς, γνάθος), **1)** Kinn u. Bart am Kinn; auch im Plur. Als Schwur πρὸς γενείου bei deinem Kinn. **2)** sp. Mähne.

γενέσιος, 2. (γένος), **1)** zum Stamm gehörig, θεοί Stammgötter. **2)** zur Geburt gehörig, τὰ γενέσια Feier des Todestags, Totenfeier, N. T. Geburtstagsfeier.

γένεσις, εως, ἡ, Du. τοῖν γενεσέοιν (γίγνομαι), **Zeugung, 1)** die Entstehung, Erzeugung, **a)** Geburt, Fortpflanzung, Abstammung. **b)** das Entstehen, die Entwicklung, ἐξ ἑκατέρου εἰς ἄλληλα aus einem zum andern. **c)** Ursprung, Urquell. **2)** das Entstandene, Gewordene: Schöpfung, Geschöpf; erschaffenes Wesen. **3)** Geschlecht = γενεά.

γενετή, ἡ (St. γεν), ep. u. sp. Geburt; ἐκ γενετῆς von Geburt an.

γενέτης, dor. ***γενέτας,*** ου, ὁ, poet. u. ***γενέτωρ,*** ορος, ὁ, ion. u. poet. **1)** Erzeuger, Ahnherr. **2)** der Erzeugte, Sohn. **3)** poet. = γενέθλιος.

Γενετυλλίς, ίδος, ἡ, Bein. der Aphrodite als der Schutzgöttin der Zeugung und Geburt; vgl. Venus [*Genetrix.*

γενή, ἡ, Geschlecht.

γενῆΐς, ίδος, kontr. γενῇδος, ἡ, poet. (verw. mit γένυς), Schneide des Beils, Beil.

γένημα, spätere Schreibg. für γέννημα, s. d.

γενικός, 3. sp. **1)** zum Geschlecht gehörig, generell; Gegens. εἰδικός). Adv. ***-κῶς*** im allgemeinen. **2)** ἡ γενικὴ (sc. πτῶσις), der Genetiv.

γέννα, ἡ (zu γεννάω), poet. = γένος. Dav.

γεννάδας, ου, ὁ, edel von Geburt oder Charakter.

γενναιο-πρεπής, Adv. ***-ῶς,*** poet. wie es dem Edlen geziemt.

γενναῖος, 3. (poet. auch 2.), Adv. ***-αίως*** (γέννα), **1)** der Abkunft gemäß, angeboren, dem Wesen angemessen, insbes. von guter Abstammung, also echt, edel, γονῇ γενν. von Geburt schon edel, edelsinnig. **2)** tüchtig, brav, ehrlich, wacker, tapfer, beherzt, getrosten Mutes, ὦ γενναῖε Lieber, Guter, Bester, auch ironisch. Subst. τὸ γενναῖον Adel, Hochherzigkeit, Edelsinn, Edelmut, Zuversichtlichkeit. **3)** von Sachen: echt, wahr, kräftig, δύη ein aufrichtiger, ehrlicher Schmerz.

γενναιότης, ητος, ἡ, **a)** angeborener Adel, Edelsinn, Edelmut. **b)** vom Boden: natürliche Fruchtbarkeit.

γέννᾱσις, dor. st. γέννησις

γεννάω (γίγνομαι), zeugen, **1)** befruchten, erzeugen; überh. hervorbringen. **2)** im N. T. auch von der Mutter: gebären, übertr. bekehren zum Glauben. Dav.

γέννημα, τό, 1) das **Erzeugte**, a) Sprößling, Kind. b) Frucht, Lohn. c) Werk. 2) die angeborene Art, Eigenart, Temperament. 3) das Hervorbringen, Erzeugen.

γέννησις, εως, ἡ, Erzeugung, Hervorbringung.

γεννητής, οῦ, u. **γεννήτωρ,** ορος, ὁ (γεννάω), Erzeuger, im Plur. die Eltern; dagegen hießen **γεννῆται,** οἱ, in Athen die 30 Bürger u. Familienväter, die zusammen ein γένος ausmachten: εἰς τοὺς γεννήτας ἐγγράφειν.

γεννητός, 3. (γεννάω), erzeugt, erschaffen, sterblich.

γεννικός, 3. = γενναῖος, s. d.

γένος, εος, ους, τό (γίγνομαι), *genus*, zum Unterschied von γενεά vgl. Hdt. 1, 35. 1) **Geburt, Abstammung,** Herkunft, γ. εἰμί (ἐκ) τινος ich stamme von oder aus (Ἰθάκης) Hom. 2) **Geschlecht** (als Ganzes), Familie, Stamm; οἱ ἐν γένει Verwandten Soph. übertr. a) die im Geschlecht fortgeerbte **edle Art,** das edle Blut Od. 4, 62, b) **Abkömmling,** Nachkomme, Kind, c) nach Hom. **Volksstamm,** Nation, d) **Menschenklasse,** Stand (Hdt. 2, 164), Sippe, e) spez. **Rasse,** Gattung, Art z. B. von Tieren: Spezies. 3) **Menschenalter,** Zeitalter, dah. (vgl. γενεά) Generation Hom.

γέντο, ep. 3. sing. aor. 1) (aus γεμ-το, γέμω), er faßte, ergriff. 2) synk. st. ἐγένετο, s. γίγνομαι.

γένῠς, υος, ἡ, Dat. plur. ep. γένυσσι, Akk. γένυας u. γένῦς, ep. u. poet. (lat. *gena*, deutsch *Kinn*), eigentl. das Gebiß, dah. a) Kinnbacken, Kinn, Plur. Schlund. b) übertr. Schneide des Beils, Beil.

γεραιός, 3. (γῆρας, ⏑⏑⏑), alt, von Personen u. von Sachen. Subst. der Alte, Greis, die Matrone, bes. oft als Anrede. Komp. **γεραίτερος** (*maior natu*), οἱ γεραίτεροι auch Senatoren, Gesandte; vgl Aldermann. Superl. **γεραίτατος.** Dav.

γεραιό-φρων, 2. poet. alten, erfahrenen Sinnes.

γεραιρός, 3. = γεραρός; γεραιρά, ἡ, Alte, Priesterin.

γεραίρω (γεραρός), mit einem Ehrengeschenk auszeichnen, ehren, τινά τινι.

Γεραιστός, οῦ, ὁ, ἡ, Vorgeb. u. Stadt auf Süd-Euböa, urspr. Tempel u. Hain des Poseidon, j. *Capo Mandili*, die St. Geresto; dah. Γεραίστιος, 3.

Γεράνεια, ἡ, Gebirge zwischen Megaris u. Korinth, j. *Makri Plagi*.

γερανοβοτία, ἡ, das Kranichhalten. Von

γέρᾰνος, ἡ (lat. *grus*, deutsch *Kranich, Kran*), 1) Kranich, γέρανον ὀρχεῖσθαι einen Tanz, welcher den Flug der Kraniche vorstellt, tanzen. 2) Kran, [Aufzug.

γεραός, 3. poet. = γεραιός.

γερᾰρός, 3. (γέρας), selten in Pr., a) ehrwürdig, ehrenvoll, bes. durch Alter od. Stand; ἡ γεραρά Priesterin (des Dionysos); dah. b) alt, auch mit τὴν ὄψιν von Ansehen. Komp. γεραρώτερος.

γέρας, τό (γέρων), Gen. αος, ως, Dat. αι, ᾳ, Plur. Nom. αα, α u. εα, Gen. άων, ῶν, Alter, Vorrecht des Alters: 1) Würde, Ehre, Ehrenamt. 2) Ehrengeschenk, bes. v. d. Kriegsbeute; überh. Gabe, [Lohn.

γεράσμιος, 2. poet. = γεραρός.

Γεράστιος, μήν, ὁ, ein spartanischer Monat = dem att. Elaphebolion.

Γέργῑθος, ἡ (auch **Γέργις**), Stadt in Troas. Die Einw. οἱ **Γέργῑθες** od. **Γεργίθιοι.**

Γερήνιος, ὁ, Hom. Beiw. des Nestor, der Gerenische, von der Stadt oder dem Bezirk ἡ Γερηνία am Messenischen Meerbusen, wo er geboren war oder wohin er sich geflüchtet hatte, als Herakles Pylos zerstörte.

Γερμάνιοι, οἱ, sp. Καρμάνιοι genannt, Volk im heutigen *Kermân* (Persien).

Γερμᾶνοί, οἱ. sp. die Germanen, Adj. **Γερμανικός,** 3. Davon ἡ Γερμανική, Deutschland.

γεροντᾰγωγέω (wie v. γεροντ-αγωγός), poet. u. sp. einen Greis führen, pflegen.

γεροντία, ἡ, sp. = γερουσία.

γεροντικός, 3. dem Greis eigen; greisenhaft.

γερόντιον, τό, Demin. von γέρων, altes Männchen, überh. der Alte, Greis.

γερουσία, ἡ, Rat der Alten, Senat, N. T. Ältestenversammlung; poet. Gesandtschaft.

γερούσιος, 3. (aus γεροντιος) ep. *senatorius*, den Alten oder Mitgliedern des Rats zukommend, ihnen gebührend oder gehörend, sie betreffend, οἶνος Ehrenwein (größere Portion) der Ältesten beim König, γ. ὅρκος ein Eid, den die Ältesten leisten.

γέρρον, τό, Flechtwerk, dah. a) Schild aus Flechtwerk in Form eines länglichen Vierecks, mit Leder überzogen u. mit Metallplatten belegt, wie ihn bes. die Perser, Babylonier u. Chaldäer trugen. b) geflochtene Wand, Umzäunung, Schranke, Barriere (vgl. Ring bei der Landsgemeinde). c) Hürden, welche die Buden der Verkäufer abgrenzten (Dem. 18, 169, nach and. die Marktbuden aus Flechtwerk).

Γέρρος, ὁ, 1) Fluß, u. 2) angrenzende Landschaft im nördl. Skythien. Ihre Bew. οἱ **Γέρροι.**

γερρο-φόρος, 2. (φέρω), Schildträger, d. h. Soldat mit geflochtenem Schilde; γερροφόροι leichte Truppen mit geflochtenen Schilden.

γέρων, οντος (zu γέρας, γῆρας, γραῦς), Neutr. u. Vok. γέρον, ὁ, 1) ep. poet. u. sp. Adj. alt, greis; ergraut. 2) Subst. der Alte, Greis, οἱ γέροντες die Ältesten u. Angesehensten des Volks, bei Homer die Fürsten selbst, in Sparta insbes. die 28 Mitglieder der γερουσία.

Γέται, οἱ, ein thrakisches Volk, welches noch zu Philipps Zeit den Hämus bewohnte, dann aber nach Norden an die Donau zog u. Daker hieß; nach Prokop (im 6. Jhdt.) für viele ein Name der spätern Goten; das Land ἡ Γετία od. Γετική. Adj. Γετικός.

γεῦμα, τό, poet. Probe zum Kosten, Vorschmack, das Kosten. Wie

γεύμεθα, buk. = γευόμεθα, u.

γεῦσις, ἡ, sp. das Kosten; der Geschmack, von

γεύω (γευσ, lat. *gus-tus*, dt. *kiesen, küren, kos-ten*), 1) Akt., Aor. ἔγευσα, kosten lassen, zu kosten geben, τινά τι u. τινός. 2) Med. **γεύομαι,** γεύσομαι, ἐγευσάμην, γέγευμαι, ἄ-γευστος, γευστέον, buk. Präs. γεύμεθα f. -όμεθα, a) kosten, schmecken, genießen, τινός etwas, πλειόνων ὄψων ἐπὶ τῷ ἑνὶ ψωμῷ zu einem Bissen Brot mehrere Fleischstücke nehmen, überh. aufessen, verzehrend treffen, übertr. τῶν κακῶν, τῆς φιλοτιμίας, τῆς τιμῆς. b) versuchen, erproben, τινός etwas od. einen, τινί mit etwas.

γέφῡρα, ἡ, 1) ep. Damm, Erdwall, bes. um das

Austreten der Ströme zu hindern, *ἡ ἐπὶ τῷ νάπει* schmaler Weg an der Schlucht hin. **2)** ep. übertr. im Plur. die Zwischenräume, Gassen in den Schlachtlinien, gleichsam Dämme, welche die Kämpfenden auseinanderhalten, daher Gassen der Walstatt. **3)** die Brücke.

γεφῡρίζω, sp. ungescheut schimpfen. Dav.

γεφῡριστής, *οῦ, ὁ,* sp. der Verhöhnende.

γεφῡρόω (*γέφυρα*), **1)** abs ep. einen Damm machen, dämmen, *ποταμόν* einen Fluß, d. h. ihn hemmen (Il. 21, 245), *τινί* durch etwas, *κέλευθον* den Weg (durch einen Damm) bahnen. **2)** eine Brücke bauen od. schlagen, *τί* über etwas, *ποταμόν* den Fluß überbrücken, auch mit hinzugef. *ζεύξαντας*, und übertr. *τὸ καιόμενον* eine Brücke schaffen über den brennenden Holzstoß, od. *ἀκτὴν ναυσί* den Strand mit Schiffen gürten.

γεφύρωσις, *εως, ἡ* (-*όω*), sp. die Überbrückung, das Bauen einer Brücke.

γεωγραφικός, 3. die Erdbeschreibung betreffend; *τὰ γεωγραφικά*, sp. Erdbeschreibung.

γεω-γράφος, 2. sp. erdbeschreibend; *ὁ γ.* der Geograph.

γε-ώδης, *ῶδες*, erdartig, erdig.

γεωλοφία, *ἡ*, sp. Erdhügel, Hügelland. Von

γεώ-λοφος, 2. sp. hügelig; subst.

γεώ-λοφος, *ὁ*, u. buk. u. sp. ***γεώλοφον, τό,*** der Erdhügel, die Anhöhe.

γεωμετρέω, eigentl. Land vermessen, überh. etw. ausmessen. Von

γεω-μέτρης, *ου, ὁ*, Land-, Feldmesser, Geometer.

γεωμετρία, ion. ***-ίη,*** *ὁ* (-*έω*), Feldmeßkunst, Geometrie. Dav.

γεωμετρικός, 3. geometrisch, u. überh. mathematisch; *ἡ γεωμετρική*, verst. *τέχνη*, die Geometrie.

γεω-μόρος, *ὁ, ἡ*, dor. ***γᾱμόρος*** (*μείρομαι*), **1)** urspr. wer bei der Ackerverteilung als Kolonist od. Sieger ein Stück Land erhalten hat, Grundeigentümer, Grundherr, dem die ursprünglichen Bewohner des Landes als Leibeigene das Land bauen mußten. **2)** überh. Reicher, Vornehmer.

γεω-πέδιον, *τό*, u. ***γεώπεδον, τό,*** ion. st. *γήπεδον*, Grundstück.

γεω-πείνης, *ου, ὁ* (*πένομαι*), ion. landarm, wenig od. schlechtes Land besitzend.

γεω-πόνος, 2. sp. das Land bebauend, das Feld bestellend.

γεωργέω (-*γός*), das Land bauen, Ackerbau treiben, *ὁ γεωργῶν* der Landmann; *τί* bebauen oder bestellen, *ἔκ τινος* Erwerb aus etw. ziehen. Dav.

γεωργία, *ἡ*, **a)** Landbau, Landwirtschaft, auch im Plur., *τινός* Bebauung von etwas. **b)** im Plur. zu bebauendes Ackerland.

γεωργικός, 3. **1)** zum Landbau gehörig, *αἱ γ. πράξεις* u. *τὰ γ.* die Geschäfte des Landbaues, *ἀνήρ* Landmann, *βίος* das L. eines Landmanns, *γεωργικὸν βιβλίον* Schrift über die Landwirtschaft. **2)** im Landbau erfahren.

γεώργιον, *τό*, N. T. Acker. Von

γε-ωργός, 2. (Metathese aus *γη-οργος*, *ο* = Ablaut aus St. *ἐργ.*), das Land bestellend. Subst. *ὁ γ.* der Landmann, Landwirt.

γεωρῠχέω, ion. (*γε-ώρυχος, ὀρύττω*), in der Erde graben, minieren.

γῆ, *ἡ*, zsgz. aus *γέα*, dor. ***γᾶ,*** ep. u. poet. ***γαῖα,*** Gen. plur. *γαιάων*, ion. *γεῶν*. **1) Erde a)** als Ganzes. in zwei Teile, Asien u. Europa, zerfallend, **b)** im Gegensatz zum Himmel oder Meere: *κατὰ γῆν* auf dem Lande (Gegens. *ναυσί*) Thuk. od. *κατὰ θάλατταν*; *κατὰ γῆς, ὑπὸ γαίας* unter der E. **c)** Personif. als **Göttin,** Gem. des Uranos, M. der Erinyen, des Kerberos, der Kyklopen, Titanen usw. **2) Land,** ein bestimmtes Stück der Erde: *γῆν πρὸς γῆς* von Land z. L. Aesch.; Heimatland, Geburtsland; bei den Trag. Stadt. **3) Erdboden,** Boden, Feld; auch Erdenstaub, *ὕδωρ καὶ γαῖα γένοισθε* möget ihr verfaulen.

γη-γενέτης, *ὁ* (St. *γεν*), poet. = *γηγενής*.

γη-γενής, 2. (*γένος*), erdgeboren, Sohn der Erde; Giganten, Sparten (Eur. Bacch. 264), Erechtheus.

Γήδειρα, s. *Γάδειρα*.

γήδιον, *τό*, Demin. von *γῆ*, Gütchen.

γῆθεν, poet. Adv., von der Erde aus oder her, von Grund aus, d. i. fest im Grunde, vom Grabe aus.

γηθέω (= *γαϝεθεω* = *gaudeo*, *γαίω*), Aor. ep. *γήθησα*, Perf. *γέγηθα* (mit Präs.-Bdtg.), sich freuen, froh sein, *γεγηθὸς δάκρυον* Freudenträne.

γῆθος, *τό*, sp. Freude.

γηθοσύνη, *ἡ*, ep. Freudigkeit, Frohsinn, Heiterkeit, *γηθοσύνῃ* vor Freude.

γηθόσυνος, 3. (*γηθέω*), ep. froh, freudig, heiter gesinnt, *τινί* über etwas, *κῆρ* im Herzen.

γήινος, 3. (*γῆ*), **1)** von Erde gemacht, irden. **2)** irdisch.

γή-λοφος, *ὁ*, Erdhügel, Anhöhe.

γηοχέω, ion. st. *γηουχέω*, ein *γη-οῦχος*, Grundbesitzer sein.

Γήπαιδες, *ων, οἱ*, sp. die Gepiden, ein germanischer Volksstamm; Sg. *Γήπαις, δος*.

γή-πεδον, *τό*, Grundstück, Landgut.

γηραιός, 3. (*γῆρας*), alt, bejahrt.

γηραλέος, poet. = *γηραιός*.

γῆρας, *τό*, Gen. *γήραος*, att. *γήρως*, Dat. *γήραι* od. *γήραϊ*, att. *γήρᾳ* (im N. T. *γήρει* wie von *γῆρος*), (s. *γέρων, γεραιός*), das hohe Alter, Greisenalter, *γήραι* od. *ἐν γήρᾳ* im hohen Alter, *τὸ γῆρας ἀποδύεσθαι* sich verjüngen. Übertr. *γήρως ἄλυπα* in unvergänglicher Frische, u. so *γῆρας θυμοῦ* Altersschwäche, oder Schwächung des Zorns. Dav.

γηράσκω u. ***γηράω,*** Fut. *γηράσομαι* u. *γηράσω*, inf. poet. *γηρασέμεν* (auch *γηρήσω*), Aor. *ἐγήρᾱν* (*γηρᾶναι, γηράς*) u. *ἐγήρᾱσα* (*γηρᾶσαι, γηράσας*), Perf. *γεγήρᾱκα*, **1)** intr. altern, alt werden, *βίον τοιοῦτον γηρᾶναι* ein solches Leben bis zum Alter hinführen, übertr. reif, alterschwach, stumpf werden, ermatten, schwinden. **2)** poet. trans. alt werden lassen.

γηροβοσκέω, poet. = ***γηροτροφέω.***

γηροβοσκία, *ἡ*, sp. Ernährung, Pflege im Alter. Von

γηρο-βοσκός, 2. (*βόσκω*), alte Eltern pflegend, des Alters Stütze seiend. [(im Plur.).

γηροκομία, *ἡ* (*γηρο-κόμος*), sp. Altersverpflegung.

γηρο-τροφέω, im Alter pflegen.

γηρο-τρόφος = *γηροβοσκός*.

γήρῡμα, *τό*, poet. = *γῆρυς*.

Γηρυόνης, *ου*, u. ***Γηρυών,*** *όνος, ὁ*, Sohn des Chrysaor u. der Kallirhoë, Riese mit 3 Leibern, Herrscher auf Erytheia od. in Epirus.

γῆρυς, ῑος, ἡ (St. γαρ, lat. *garrio*, *garrulus*), ep. u. poet. Stimme, Ruf, Ton. Dav.

γηρύω u. Med. [ῡ selten ῠ], poet. seine Stimme ertönen lassen, **a)** verkünden, reden, sagen, plaudern, τινί mit jem. **b)** singen, besingen, τί etw., τινί mit jem. um die Wette.

γήτης, ὁ, zsgz. st. γηίτης (γῆ), poet. Landmann.

Γιγαντ-ολέτωρ, ὁ, Gigantenvernichter = Zeus.

γιγαντο-φόνος, ὁ, poet. Giganten mordend. Von **Γίγᾱς,** αντος, ὁ (St. γεν), gew. Plur. die Giganten, in der Odyss. ein riesenhaftes, wildes, den Göttern verhaßtes u. von ihnen endlich vertilgtes Volk. Bei Hes. schon Söhne der Gäa. Später appellat. jeder Riese, bes. riesige, den Göttern trotzende Kriegshelden, Recken. Auch Adj. Beiw. des Ζέφυρος, stark, kräftig wehend.

γίγνομαι, (St. γεν in γένος, lat. *gen* in *genus, gigno* u. *nascor*, dt. *Kind*), ep. Aor. (3. sg. syncop. ἔγεντο u. γέντο, auch poet.) iter. γενέσκετο, Perf. 3. pl. γεγάᾱσι, inf. γεγάμεν, part. γεγαώς, ῶτος, -αυῖα, Plqpf. 3. du. γεγάτην u. vereinzelt 2. pl. med. γεγάασθε, poet. Perf. part. γεγώς, ῶτος, -ῶσα, ion. u. sp. Präs. **γίνομαι,** u. spät. Aor. ἐγενήθην (auch N. T.) (ep. poet. ἐγείνατο, s. γείνομαι) **werden, entstehen,**

I) zum Dasein gelangen • **1)** von Menschen: erzeugt, **geboren werden,** ἐκ, ἀπό, παρά τινος u. bloß τινός, auch von Ländern: οὐδὲ τῆς αὐτῆς Θρῄκης nicht aus demselben Thrakien; Perf. oft mit Präs.-Bdtg.; γίγνεσθαι u. γεγονέναι, γεγενῆσθαι mit εὖ, καλῶς von guter, edler Abkunft, γεγονέναι ἔτη τρία drei Jahre alt sein • **2)** von Leblosem: • **a) entstehen,** geschehen, wachsen, τινός einkommen, eingehen, sich ereignen (mit Inf. od. ὥστε m. Inf., N. T. καὶ ἐγένετο od. ἐγένετο δέ 1. mit καί und Haupts., 2. ohne καί, 3. mit A. c. I. (τοῦ c. inf.)), stattfinden, od. als Pass. (insbes. des Med. ποιεῖσθαι) gemacht, geleistet werden (ἔκ τινος von einem), im Perf. vorhanden, möglich, eingerichtet sein • **b)** von der Zeit: **verstreichen,** doch auch kommen • **c)** von Zahlbegriffen und denen des Maßes: **betragen,** sich erstrecken, πλείους γίγνονται; ἐν ταῖς γιγνομέναις ἡμέραις in der erforderlichen Zahl von Tagen • **d)** im bes. τὰ ἱερὰ (τὰ σφάγια) γίγνεται die Opfer sind günstig. Subst. heißt τὸ γιγνόμενον u. τὰ γιγνόμενα bald die Sache, der Vorfall, bald die Wirkung, bald der Lauf der Dinge, die Wahrheit, bald der Ertrag, Erlös.

II) in einen Zustand gelangen, zu etwas **werden,** Prät. geworden sein oder sein, mit Subst. u. Adj. als Prädikat, πάντα, bes. mit Adj.: sich bewähren, sich zeigen, z. B. ἀγαθὸν πρός τινα, od. mit Part. γενοῦ μοι παῖς ἐτητύμως γεγώς zeige dich als würdiger Sohn.

III) bes. Verbindungen • **1)** mit **cas. obl.** • **a)** mit Gen. γίγνεσθαί τινος jmdm. od. zu jmdm. od. etw. gehören; aber ἑαυτῶν γίγνεσθαι zur Besinnung kommen, sich ermannen, μεγάλης ἐλπίδος γίγνεσθαι sich großer Hoffnung hingeben • **b)** mit Dat. γίγνεσθαί τινι zuteil werden, zufallen; οὐκ ἂν ἔμοιγε ἐλπομένῳ τὰ γένοιτο das darf ich nicht hoffen, ἑκάστοις ἑτοῖμα ἐγ. es wurden alle fertig • **2)** mit **Advv.** *cedere*, κακῶς übel ergehen, ἐς δέον gut ausschlagen, θαυμασίως wunderlich sein, καθ' ἕν vereint werden, ἐκ τοῦ ἴσου τινί mit einem gleiche Vorteile haben, od. γ. ἐν οὐδενὶ τῶν παρ' ἐμοί es geschah in d. i. durch nichts von dem, was bei mir stand, also ganz ohne meine Schuld. Es folgt hier in dem Sinne von glücken auch der Inf. od. ὥστε • **3)** mit **Präp.:** ἀπό τινος durch etw. bewirkt werden; jmdn. verlassen, u. im Prät. weg sein, frei von etwas sein, fertig sein womit • διά τινος durch, vermittels etw., δι' ἀνοκωχῆς γ. τινι mit jmdm. eine Konvention abschließen, auch durch d. h. über etwas führen • εἰς πλῆθος γ. zu einer bedeutenden Menge steigen, εἰς τὸν πόλεμον für den Krieg bewiesen werden • ἔν τινι γ. entweder an einem Orte ankommen, zu jmdm. kommen, oder unter Leuten sein, ἐν Χριστῷ Christ werden; in einem Lande sein oder verweilen, ἐν ἑαυτῷ zu sich kommen, in sich gehen, zur Besinnung kommen, ἐν ἐγκλήματι getadelt werden, ἐν τῷ αὐτῷ ξυμπτώματι γ. in dieselbe Lage geraten, ἐν τύχῃ zweifelhaft sein, ἐν πείρᾳ τινός mit einem Umgang haben, ἐν χερσίν handgemein werden, überh. bei etwas beteiligt sein, ἐν ποιήσει in der Dichtkunst aufgetreten sein • ἐπί τινος auf etwas gelangen, ἐπὶ τῆς γνώμης den Grundsatz sich aneignen; ἐπί τινι zu jmdm., zu etwas kommen, in jmds. Hände fallen, bei jmdm. stehen, ἐπί τινα ergeht an jmdn. φωνή, ῥῆμα, ἐπαγγελία N. T., ἐπί τι z. B. ἐπ' ἀμφότερα beide Seiten vertreten (sich nach beiden neigen) • κατά τινος, z. B. κατὰ νώτου γίγνεσθαι jmdm. in den Rücken fallen; κατὰ Ἰουδαίας über J. sich verbreiten; κατά τι u. κατά τινα an einen Ort od. zu jmdm. kommen, zu ihm zurückkehren, Prät. bei jmdm. sich befinden, übertr. κατὰ ξυλλόγους sich zusammenrotten, κατὰ ξυστάσεις Zusammenkünfte halten, κατὰ σφᾶς αὐτοὺς γ. sich isolieren, Prät. unter sich allein sein • μετά τινος sich mit jmdm. verbinden • παρά τινος von einem zuteil werden; παρά τινι einer Sache beiwohnen; παρά τι auf etwas beruhen, von etwas abhängen; παρά τινα zu einem hinkommen • περί τι in die Gegend von etwas kommen, auch mit etwas sich beschäftigen • πρὸ ὁδοῦ vorwärts kommen, vorrücken • πρός τινος auf jmds. Seite treten; πρός τινι an einem Ort anlangen, landen, zu jmdm. kommen; πρός τι wohin führen, sich erstrecken (vom Wege) • σύν τινι sich jmdm. anschließen • ὑπό τινι jmdm. in die Hände fallen, in jmds. Schutz kommen, ähnl. ὑπό τινα jmdm. untertan werden.

γιγνώσκω, ion. u. sp. γινώσκω (St. γνω lat. *gno-sco, notus*, dtsch. *kund*), γνώσομαι, ἔγνων (γνῶναι, γνούς), ἔγνωκα, Pass. ἔγνωσμαι, ἐγνώσθην, Adj. γνωστός und γνωτός (s. bes.), ep. Aor. ind. 3. du. γνώτην, conj. γνώω, -ομεν, -ωσι, inf. γνώμεναι und poet. γνῶν = ἔγνων (über den Aor. ἔγνωσα s. ἀναγιγνώσκω 2).

I) **Akt.** erkennen • **1)** Kenntnis bekommen, **kennen lernen** *τι*, Nebens. mit *ὅτι, ὡς, ὅ*, indir. Frages. mit *εἰ* und dgl. mit Part. im (Nom.) Akk. od. Gen. • **a) erkennen,** bemerken, *τὴν φωνήν* erkennen, *εὖ νύ τις αὐτὸν γνώσεται* wird ihn schon kennen lernen, *Τυδείδην οὐκ ἂν γνοίης, ποτέροισι μετείη, γνῶ χωομένοιο* er bemerkte, daß jener zürnte; sp. u. N.T. auch im Sinne: ein Weib erkennen • **b)** erfahren, **einsehen,** *ἔγνωκα ἠπατημένη* mußte erfahren (= sehe nun ein), *ἔγνων ἡττημένος* daß ich besiegt war • **c)** wiedererkennen (= *ἀναγνωρίζομαι*), *ἀμφὶ ἓ γιγνώσκων ἑταίρους* • **2)** Kenntnis haben, wissen, **verstehen,** *ἔγνως* = richtig; *ὄρνιθας* sich auf Vogelflug verstehen, *τοὺς ἐπὶ τοῖς ἅρμασι* d. h. ihre Art und Weise, *αὐτόν* seine Kraft, oder *τινά* jmdn. erkennen als den, der er ist, *τίνος δῶρα* wessen Geschenke als solche; *γνοὺς ἀπό τινος* durch etw. klug geworden • **3)** sich wozu verstehen • **a)** auf etwas, erkennen, beschließen, urteilen, schließen, *τί, ὡς*; *ἔκ τινος* aus etwas, *γνῶθι τίνα πέμπειν δοκεῖς*; N. T. *ἔν τινι, κατά τι* an etwas • **b)** meinen, der Ansicht (Überzeugung) sein, **gesinnt sein,** *χαλεπόν τι γιγν. περί τινος* hart gegen jmdn. verfahren; *ἔγνωκα* ich habe die Ansicht, oder: ich bin entschlossen, habe den Grundsatz; oft mit *ἄλλως, οὕτω* oder *παρὰ τοσοῦτο* insoweit, teils mit folg. Gen. abs., häufig mit hinzugef. *ὡς*, teils *τί*, z. B. *ταὐτά* derselben Ansicht sein, übereinstimmen, *περί τινος*, od. mit Inf., A. c. I. oder Nebens. mit *ὅτι*; *οὐκ ὀρθῶς γ.* sich irren.

II) **Pass.** u. **Med.** • **1)** Pass. • **a)** erkannt werden, *τινί* an etwas, oder von jmdm., und mit Part. *γνωσθησόμεθα ξυνελθόντες* man wird sehen, daß wir uns versammelt haben • **b)** bekannt sein, *τινί* mit etw. • **c)** beschlossen, entschieden, bestimmt werden *ἐγνωσμένον ἐστί*, *κακῶς ἐγνωσμένα* böse Anschläge • **2)** Med. • **a)** sich kennen • **b)** *ἔγνωσμαι* ich bin entschieden, fest in meiner Ansicht.

Γίγωνος, *ἡ*, St. in Makedonien, unweit Potidäa.

Γιζέριχος, *ὁ*, Geiserich, Begründer des Vandalenreichs in Nordafrika (429).

γῖννος, *ὁ* (auch *γῖνος, γιννός*), Maultierfüllen, vgl. lat. *hinnus*.

γίνομαι, γινώσκω. s. *γίγνομαι, γιγνώσκω*.

γλαγάω, milchig sein (von Aussehen und Beschaffenheit).

γλαγεό-χροιος, milchfarbig.

γλαγερός, voll Milch. [*μύξα*.

γλαγόεις, *εσσα, εν*, milchhaltig, *μαζοί*; milchfarbig,

γλαγο-πήξ, was die Milch gerinnen macht, *γαυλός*.

γλάγος, *τό*, ep. = *γάλα*, Milch.

γλαγό-τροφος, mit Milch genährt.

γλάζω (= *κλάζω*), ertönen lassen, *μέλος*.

γλακτο-φάγος, 2. ep. synk. (*φαγεῖν*), von Milch lebend.

γλακτο-φόρος, Milch tragend.

γλακτό-χρους, milchfarbig.

γλάμυξος, triefäugig; ebenso ***γλαμυρός, γλαμώδης***.

γλάμων, *ωνος, ὁ, ἡ* (*γλαμυρός*), Triefauge.

γλάσσα, *ης, ἡ* (aus *γλαχjα* zu *γλάζω* tönen lassen), ion. = *γλῶσσα*

Γλαύκη, **1)** ep. Nereïde. **2)** T. des Königs Kreon in Korinth, Gem. Iasons. **3)** Kitharaspielerin aus Chios. **4)** Hafenstadt am Vorgeb. Mykale in Ionien. **5)** poet. = *Γλαυκῶπις*.

γλαυκιάων, *-όων*, ep. Part. funkelnden Blickes.

γλαυκ-όμμᾰτος, 2. (*ὄμμα*), helläugig.

Γλαῦκος, *ὁ*, Eigenn., insbes. **1)** S. des Hippolŏchos, Lykier, Gastfreund des Diomēdes. **2)** S. des Sisȳphos, V. des Bellerophontes. **3)** Erzgießer aus Chios, welcher die Kunst des Lötens der Metalle erfand. Von ihm soll das Sprichwort herrühren: *οὐχ ἡ Γλαύκου τέχνη* d. i. keine Hexerei, d. h. leicht.

γλαυκός, 2. (verw. *γλαῦξ*), ep. ion. u. poet. funkelnd, glänzend, auch bläulich, von Oliven u. dem Öle; insbes. als Beiw. der Augen: hell, weißgrau oder blaugrau, dah. auch blauäugig, und lichtfarbig, z. B. Trauben (*ὀπώρα*); vom Meer: blank. Davon

γλαυκότης, *ἡ*, sp. die bläuliche Farbe.

γλαυκό-χρως, *οος*, Akk. *οα*, poet. farbig.

Γλαύκων, *ωνος, ὁ*, **1)** athen. Befehlshaber bei den Sybota 433 v. Chr. **2)** Vater des Charmides. **3)** Sohn des Ariston, Neffe des Charmides, jüngerer Bruder des Platon — u. a.

γλαυκ-ῶπις, *ιδος*, Akk. *ιδα* u. *ιν*, u. ***γλαυκώψ***, *ῶπος, ἡ* (*γλαυκός*), ep. poet. glanz-, strahlenäugig, lichtäugig, od. mit den Alten zu *γλαῦξ*, „die Eulenäugige" (vgl. *βοῶπις*), Beiw. der Athene, der die Eule geheiligt war. Auch subst. die Glanzäugige.

γλαύξ, od. ***γλαῦξ***; *κός, ἡ* (*γλαυκός*), die Nachteule, Eule, das Käuzchen, der Athene heilig, u. Wahrzeichen u. Wappen Athens, *γλαῦκ' εἰς Ἀθήνας, γλαῦκας Ἀθήναζε* (*φέρειν*), *ligna in silvam*, von etwas Überflüssigem.

γλαφυρία, *ἡ*, sp. Glätte, Eleganz, Plur. Artigkeiten. Von

γλᾰφῠρός, 3. (*γλάφω* = *γλύφω*), **1)** ep. ausgehöhlt, hohl, Schiffe, gewölbt, *λιμήν* von der durch Höhen geschützten Lage desselben. **2)** sp. übertr. geglättet, fein, zierlich, lieblich, reizend.

γλεῦκος, *εος, τό*, N. T. Most, süßer Wein, Sekt.

γλέφαρον, *τό*, dor. poet. f. *βλέφαρον*.

γλήνη, *ἡ* (s. *γλαυκός*), **1)** ep. u. poet. das Glänzende im Auge, der Augenstern, Pupille, Augapfel. **2)** ep. Puppe, verächtlich wie etwa Püppchen.

γλῆνος, *εος, τό* (verw. *γελάω*), Schaustück, Prachtstück.

γλήχων, *ωνος, ἡ*, Polei (eine Pflanze).

Γλίσας, *αντος* (od. ***Γλισᾶς***, *ᾶντος*), *ἡ*, böot. Ort nordöstl. von Theben.

γλισχρεύομαι, sp. sich klebrig, geizig, filzig zeigen.

γλίσχρος, 2. (*γλοιός*), zähflüssig, klebrig, leimig, zäh, übertr. gierig, geizig, filzig, karg, kümmerlich, kärglich, ärmlich, kleinlich, wenig. Adv. ***γλίσχρως***, mit Not, kaum. Dav.

γλισχρότης, *ητος, ἡ*, sp. Zähigkeit, übertr. Knauserei.

γλίχομαι [*ῑ*] (zu *γλίσχρος*), Dep. med. nur im Präs. u. Impf., eigentl. an etwas kleben, d. i. nach etwas standhaft verlangen od. trachten, sich um etwas bemühen, gew. *τινός*, auch *περί τινος* od. mit abhäng. Inf., od. *ὡς* u. Ind. fut.

γλοιός, ὁ (lat. *gluten* „Leim“, dt. *kleben*), das klebrige, schmutzige Öl, welches auf dem Ringplatz mit dem Schweiße vom Leibe träufelt, od. bei Reinigung desselben mit der στλεγγίς heruntergestrichen wird, dann überh. klebrige Feuchtigkeit, Harz.

Γλοῦς, οῦ, ὁ, Sohn von Kyros des Jüngeren ägyptischem Admiral Tamos, ging später zu Artaxerxes über.

γλουτός, ὁ (verw. *Kugel, Klotz*), Hinterbacken, im [Plur. Gesäß.

γλυκαίνω, buk. versüßen.

Γλυκέρα, ἡ, N. pr. e. Hetäre, der Geliebten des Dichters Menander. Von

γλῠκερός, 3. ep. poet. u. sp. Nebenf. v. γλυκύς.

γλυκύ-δακρυς, 2. sp. poet. süße Tränen weinend.

γλυκύ-δωρος, 2. poet. süße Gaben spendend.

γλυκυθῡμία, ἡ, sp. behagliche Gemütsstimmung, Rührung; etw. Ergreifendes od. Rührendes; Freundlichkeit, Zärtlichkeit. Von

γλυκύ-θῡμος, 2. ep. u. sp. 1) mildgesinnt, freundlichen Herzens. 2) buk. die Behaglichkeit liebend u. mild stimmend.

γλυκύ-καρπος, 2. buk. mit süßen Früchten.

γλυκυ-μείλιχος, 2. ep. süßschmeichelnd. [wort.

γλυκύ-μηλον, τό, buk. Süßapfel, als Liebkosungs-

γλυκύ-πικρος, 2. poet. u. sp. bittersüß.

γλῠκύς, εῖα, ύ (δλυκυς, *dulcis*), Komp. ep. u. sp. γλυκίων, st. -ύτερος, süß, z. B. ὕδωρ im Gegens. zum salzigen, überh. lieblich, angenehm, erquickend, erfreuend, auch: gutherzig. Dav.

γλυκῠ́της, ητος, ἡ, Süßigkeit.

γλυπτός, 3. (γλύφω), sp. poet. geschnitzt, graviert.

γλύφᾰνος, ὁ, ep. poet. buk. u. γλυφεῖον, τό, der Grabstichel, Meißel.

γλῠφή, ἡ, sp. (γλύφω), das Eingraben od. das Eingegrabene, Gravüre.

γλῠφίδες, αἱ, ep. ion. u. poet. die Kerben, zwei (vier) längliche quer angebrachte Einkerbungen am hintern Ende des Pfeilschaftes, da, wo beim Anziehen des Pfeiles auf der Sehne das Pfeilende vom Daumen od. Zeigefinger gefaßt wurde. Von

γλύφω (ῡ, lat. *glūbere*, dt. *klauben, Kluft*), höhlen, bes. in Stein schneiden.

γλῶσσα, att. **γλῶττα**, ἡ (aus *γλωχjα, vgl. γλωχίς). 1) **Zunge** (im N.T. auch: zungenförmige Flamme), insbes. als Werkzeug zum Sprechen, dah.: 2) übertr. a) **Sprachfertigkeit**, Redegabe, γλώσσῃ δεινός Soph.; ἀπὸ γλώσσης, α) mündlich Hdt., Thuk., β) dem Vorgeben nach Aesch. Ag. 813, γ) wie es vom Herzen kommt Soph. OC. 936, b) **Sprache**, γλ. ἱέναι eine Sprache, einen Dialekt sprechen Hdt., γ. Ἑλληνίδα Thuk.; γ. νομίζειν sich bedienen Hdt.; Bezeichnung eines fremdartigen Wortes: **Glosse**, c) Flötenmundstück.

γλωσσαλγία, ἡ (γλώσσ-αλγος geschwätzig, ἄλγος als Krankheit, Sucht), poet. u. sp. zungengeläufige Geschwätzigkeit.

γλωσσό-κομον, τό, N. T. Futteral, Behältnis.

γλωχίς, ῖνος, ἡ (γλώξ Hachel, γλῶσσα), ep. u. poet. jede hervorragende Spitze, *cuspis*, dah. die Pfeilspitze u. die Zunge (Spitze) des Jochriemens, der um Deichsel u. Deichselnagel geschlungen wurde.

γναθμός, ὁ, ep. u. poet. = γνάθος.

γνάθος, ἡ (verw. mit γένυς), Kinnbacken (auch Backen), metonym. das Beißen. Poet. auch: a) Schärfe, Schneide. b) Schlund, Engpaß.

γναμπτός, 3. ep. 1) gekrümmt, gebogen. 2) biegsam, gelenk. Von

γνάμπτω, Fut. γνάμψω usf., 1) ep. krümmen, biegen. 2) poet. bewegen.

γνάπτω = κνάπτω. Dav.

γναφεῖον, τό, die Walke, Walkerwerkstatt.

γναφεύς, έως, ὁ, (s. κναφεύς u. κνάπτω), Walker, Tuchscherer. Dav.

γναφευτική, ἡ, verst. τέχνη, die Kunst des Walkens.

γνάψις, ἡ, das Walken, Tuchscheren.

γνήσιος, 3., Adv. -ίως, (St. γνη, γεν, γένος), von echter Abkunft, vollbürtig, rechtmäßig, überh. echt, ordentlich, gehörig, im eigentlichen u. vollen Verstande.

γνόφαλλον, τό, äol. poet. (= κνάφαλλον), 1) Wolle. 2) Polster.

γνόφος, ὁ, sp. u. N. T. Finsternis; pl. finstre Wolken. Dav.

γνοφώδης, 2. poet. dunkel.

γνύξ, ep. Adv. (st. γόνυξ aus γόνυ), knielings, γν. ἐριπεῖν in die Knieę sinken.

γνῠφή, ἡ, poet. Schlucht.

γνῶμα, τό (γνῶναι), ion. u. poet. 1) Kennzeichen. 2) Kenntnis, Meinung.

γνωματεύω (γνῶμα), beurteilen.

γνώμη, ἡ (γνῶναι), die **Erkenntnis** • 1) die **Einsicht** • a) insoweit ich sie habe, dah. Überlegung, **Ansicht**, Überzeugung, Entschluß, Plan, Absicht, γνῶμαι δύσφοροι Wahnbilder, πάσῃ τῇ γνώμῃ mit allem Vorbedachte od. Ernste, poet. κακοὶ γνώμαισι der Einsicht bar; γνώμῃ φρενῶν aus wahrer Herzensmeinung, μετὰ γνώμης mit voller Einsicht, ἀπὸ γνώμης u. ἀπὸ τῆς γνώμης, α) ohne Einsicht, β) gegen den Wunsch, γ) absichtlich, ἀφ' ἑαυτοῦ γνώμης aus eigenem Entschlusse, κατὰ γνώμην nach Wunsch, nach der Ansicht, παρὰ γνώμην wider bessere Einsicht, gegen Erwartung, μιᾷ γνώμῃ einmütig, einstimmig. Und so ἔχω (τὴν) γνώμην ich habe die Ansicht, meine, ταύτῃ πλεῖστος γνώμην εἰμί deshalb bin ich zumeist der Meinung, od. ταύτῃ τῇ γνώμῃ πλεῖστός εἰμι dieser Ansicht bin ich ganz, γνώμῃ ἔχειν περί τινος u. γνώμης ἔχεσθαι, auch πάντων γνώμην ἴσχειν Ansicht über alles haben, ferner γνώμην συμβάλλεσθαι in Überlegung ziehen, τούτων γνώμας προδιδάσκειν hiervon vorher (= rechtzeitig) zu überzeugen, ἐπὶ τῆς γν. γίγνεσθαι einer Ansicht werden (aber ἐπὶ γνώμης εἶναι sich besinnen) • b) die ausgesprochene Ansicht, *iudicium*, **Stimme**, Sinn (einer Stelle), Rat; Satz (sofern er einen abgeschlossenen Gedanken ausdrückt), Spruch, γν. ξύμπασα Gesamtinhalt; (τὴν) γνώμην γράφειν (den) Antrag einbringen, γνώμην διδόναι sein Urteil abgeben, γνώμην εἰσφέρειν od. ποιεῖσθαι einen Vorschlag machen, doch heißt γν. ποιεῖσθαι auch eine Ansicht, einen Entschluß od. einen Beschluß fassen, γνώμας ποιεῖσθαι beratschlagen, γνώμας προθεῖναι eine Beratung anordnen, γνώμη προτίθεται man berät, τῇ γνώμῃ προστίθεσθαί τινος od. τίθεσθαί τινι auf jmds. Gedanken eingehen, für jmds. Ansicht stimmen, τὴν γνώμην τινὸς παρασκευάζειν jmds. Meinung darauf vorbereiten, γνώμης μὴ τυγχάνειν seine Ansicht nicht durchsetzen, παρὰ γνώμην einem Vorschlag zuwider • 2) das Erkenntnisvermögen, Vernunft, **Verstand,** Geist, Gefühl, Sinn, Mut, Neigung, γνώμην διαφθείρειν von guten Grundsätzen abgehen, ἐν γνώμῃ γεγονώς τινι einem ans Herz gewachsen, τὸ πλεῖστον τῆς γν. ἔχειν sich am meisten dahin neigen, προσέχειν τὴν γνώμην τινί auf etwas sein Augenmerk richten, auch absol. aufpassen, διὰ μιᾶς γνώμης γίγνεσθαι eines Sinnes werden, γνώμῃ κολάζειν aus Grundsatz strafen, τῇ γνώμῃ (auch τὴν γνώμην) δουλοῦσθαι den Mut verloren haben.

γνωμίδιον, τό, Dem. v. γνώμη, poet. u. sp. Ideechen, Plänchen.

γνωμολογέω, sp. in Sentenzen reden.

γνωμολογία, ἡ, sp. Reden in Denksprüchen, Spruchsammlung.

γνωμονικός, 3. (γνώμων), zur Beurteilung geschickt, urteilsfähig, einsichtsvoll.

γνωμόνιον, τό, sp. Zeiger (an e. Uhr, e. Apparat).

γνωμο-τύπος, 2. poet. Denksprüche schmiedend.

γνώμων, ονος, ὁ, ἡ (γνῶναι), 1) Kenner, Beurteiler, Schiedsrichter, insbes. der Aufseher über die heiligen Ölbäume in Athen. 2) ion. u. sp. Zeiger an der Sonnenuhr, d. h. der vertikale Stift, dessen Schattenlänge die Tageszeit anzeigte, dah. überh. Anzeiger des Tages. 3) poet. Richtscheit, Maßstab.

γνωρίζω, Fut. att. -ιῶ (vgl. γνώριμος), 1) erkennen, kennen, merken, kennen lernen, τινά genaue Bekanntschaft mit einem machen, in vertrautem Umgang mit einem stehen, sich mit jemd. befreunden, ihn als Freund ansehen. Pass. erkannt, bekannt, angesehen werden. 2) poet. u. sp. kundtun, bekannt machen, anzeigen, offenbaren.

γνώριμος, 2 (u. 3.) (γνῶναι lat. *norma* aus *gnorima, narro* „bekannt machen“, *ignoro*), 1) kenntlich, erkenntlich, leicht verständlich. 2) bekannt, in frischem Andenken, anerkannt, τινί einem od. von einem; befreundet, Schüler von einem; γνώριμον γίγνεσθαι sich bewähren od. auch sich einem befreunden. 3) οἱ γνώριμοι, die Allbekannten, „Notabeln“, Honoratioren, Vornehmen.

γνώρισις, εως, ἡ, 1) Bekanntschaft. 2) Kenntnis.

γνώρισμα, τό (γνωρίζω), Kennzeichen, Merkmal; Spur.

γνωσῐμᾰχέω (wie v. γνωσι-μάχος) mit seiner Ansicht in Zwiespalt geraten, andern Sinnes werden, abs., od. mit folg. Inf. u. μή sich gestehen, daß etwas nicht so sei.

γνῶσις, εως, ἡ (γνῶναι), Erkenntnis u. zwar a) das Erkennen, Denken. b) die Kenntnis, Einsicht, auch die Gesinnung. c) richterliches Erkenntnis, Richterspruch, Urteil. d) pass. das Bekanntsein, der Ruf.

γνωστήρ, ῆρος, ὁ, Kenner einer Sache, bes. wer die Identität der Person bezeugt, dah. Bürge, Zeuge, *cognitor.*

γνώστης, ὁ, sp. Bürge, überh. Kenner.

γνωστικός, 3. zum Einsehen geschickt, einsichtig.

γνωστός, 3. (γνῶναι), 1) poet. u. N. T bekannt, dah. auch befreundet, verwandt. 2) att. u. poet. erkennbar, zu erkennen, kenntlich, verständlich, faßlich; τὰ γνωστά die Erkenntnisse.

γνωτός, 3. auch 2. ep. u. poet. 1) bekannt; subst. der Verwandte, auch Bruder, Schwester. 2) begreiflich.

γοάω u. **γοάομαι,** meist ep. u. poet., Fut. γοήσομαι, ep. Präs. Inf. γοήμεναι, Part. γοάοντα, -όωντα, -άουσα, -όωσα, Impf. 3. pl. γόων, iter. γοάασκεν, Aor. γόον (γόος), jammern, klagen, od. etwas bejammern, beklagen.

Γοβρύης, s. Γωβρύας. [ἐπί τινι.

γογγύζω, sp. u. N. T. murren, unwillig, mürrisch sein,

γογγύλη, ἡ, u. **γογγυλίς,** ίδος, ἡ, sp. die runde [Rübe.

γογγῠλος, 3. rund.

Γογγύλος, ὁ, 1) medisch gesinnter Eretrier zu Darius' u. Xerxes' Zeit. 2) dessen Nachkomme zu Xenophons Zeit.

γογγυσμός, οῦ, ὁ, N. T. Murren, Unwille.

γογγυστής, οῦ, ὁ, N. T. der Murrende, Unwillige.

γοεδνός, 3. poet. u. **γοερός,** 3. (γοάω), poet. beweinenswert, klagend.

γοή, ἡ, s. γόος.

γόης, ητος, ὁ (γοάω), 1) eigentl. Heuler. 2) wer Zauberformeln herheult, Zauberer, Gaukler, Betrüger.

γοητεία, ἡ, Zauberei, Blendwerk; Täuschung, Betrug, mit Gen. obj. Von

γοητεύω (γόης), bezaubern, durch Zauber an sich locken, blenden, täuschen. [kultus.

Γολγοί, οἱ, buk. Stadt auf Kypros mit Aphrodite-

γόμος, ὁ (γέμω), Schiffsladung, Fracht, Last; Ballast.

γομφίος, ὁ (γόμφος), verst. ὀδούς, Backenzahn.

γομφό-δετος, 2. poet. u. **γομφο-πᾰγής,** 2. poet. durch Nägel verbunden.

γόμφος, ὁ, ep. hölzerner Pflock, Nagel.

γομφόω, poet. durch Pflöcke verbinden.

γόμφωμα, τό, sp. Gefuge.

γομφωτικός, 3. zum Fugen geschickt.

γονεύς, έως, ὁ (St. γεν), Erzeuger, Vater, von Tieren: das Alte; auch der Ahn (z. B. πέμπτος), im Plur. οἱ γονεῖς od. γονῆς die Eltern.

γονή, ἡ (St. γεν, s. γίγνομαι), poet. oft im Plur. st. Sing., 1) die **Erzeugung,** dah. a) Geburt, Abkunft, Adel, Ursprung, γονῇ γενναῖε echter Fürstensohn, ὁ μηδὲν ὢν γοναῖσιν gemeiner Leute Kind, γονῇ γεραιτέρα von älterer Geburt, d. i. älter. b) das Erzeugte, Nachkommenschaft, Sprößling, Sproß, σωμάτων φιλτάτων d. h. des Bruders, γονὴ ἀραία das Fluchgeschlecht, die Erinyen; überh. Geschlecht, Stamm. 2) das Erzeugende, der Same.

γονίας, **χειμών,** Aisch. Choeph. 1063, der Sturm, der gegen das Geschlecht wütet.

γόνιμος, 2. τινός zur Erzeugung von etwas geeignet, lebenskräftig, tüchtig.

Γόννος, ἡ, St. der Perrhäber am Peneios, Schlüssel zum Tempetal; Einw. ὁ **Γονναῖος.**

Γονόεσσα (γουνός, hügelig), ἡ, St. auf einem Vorgebirge bei Pellene.

γόνος, ὁ (St. γεν) = γονή, also 1) Geburt, Abkunft, γόνῳ γεγονώς od. γόνῳ υἱός leiblicher Sohn. **2)** Sprößling, Sohn, Nachkommenschaft. **3)** das Erzeugende, der Same.

γόνῠ, τό (lat. *genu*, dt. *Knie* zu got. *kniu*), γόνατος usf., ep. ion. u. poet. γούνατος usf., ep. auch γουνός, γουνί, Pl. γοῦνα, Dat. pl. γούνεσσι. **1)** das **Knie,** ἅψασθαι, λαβέσθαι γ. anfassen (als Schutzflehender); ἐς γ. βάλλειν niederwerfen, erobern Hdt. 6, 27; γ. κάμπτειν sich setzen, ausruhen, ἐπὶ γ. ἕζεσθαι sich setzen Hom.; γ. λύειν töten; λύτο γ. er sank in die Knie, γ. βλάβεται wanken Hom., sprichwörtl. ἀπωτέρω ἢ γ. κνάμα vgl. *pallium tunica propior* Theokr. 16, 18; Pl. **Schoß,** θεῶν ἐν γ. κεῖται die Entscheidung liegt im Schoße der Götter Hom. **2)** Absatz, **Knoten** am Beine (Hdt. 3, 103) oder an den Halmen.

γονυπετέω, sp. u. N. T. auf die Knie fallen, τινί od. τινά od. ἔμπροσθέν τινος. Von

γονυ-πετής, 2. poet. fußfällig.

γόον u. **γοόω,** s. γοάω.

γόος, ὁ, u. **γοή,** ἡ, Dat. plur. γοῇσι (meist im Plur.) (s. γοάω), ep u. poet. **1)** Gejammer, mit Weinen verbundene Klage, bes. Totenklage, auch Klagegesang, τινός um einen. **2)** (γοή) die mit Geheul vorgebrachte Zauberformel, Beschwörung.

Γόργειος, 3., s. Γοργώ.

Γοργίας, ου, ὁ, **1)** aus Leontini, kam 427 als Gesandter nach Athen, um für seine Vaterstadt Hilfe gegen Syrakus zu erwirken. Er begründete die Wertschätzung sophistischer Rhetorik in Athen u. war in ganz Griechenland als Prunkredner wie als Lehrer künftiger Staatsmänner gefeiert; starb in hohem Alter, ca. 375. **2)** Rhetor in Athen, Lehrer von Ciceros Sohn Marcus.

Γόργος, ὁ, **1)** König v. Salamis auf Kypros. **2)** sonst. Eigenname.

γοργός, 3. heftig, **a)** wild, furchtbar, schrecklich, mit ἰδεῖν furchtbar anzusehen. **b)** lebhaft, munter, gewandt.

γοργύρη, ἡ, ion. ein unterirdisches Gefängnis.

Γοργώ, όος, οῦς, u. **Γοργών,** όνος, ἡ (γοργός furchtbar, γοργοῦσθαι, irl. *garg* wild). **1)** **Gorgo,** ein gespenstisches Ungetüm, dessen Anblick versteinerte. Man dachte sich die drei G. (Stheino, Euryale, Medusa) als Töchter des Phorkys, in der Nähe der Hesperiden, dah. Γοργόνων Λιβυσσᾶν γένος Eur. Medusa hatte statt der Haare Schlangen auf dem Haupte. Davon als Adj. **Γόργειος,** 3. u. als Subst. τὸ **Γοργόνειον,** das Medusenhaupt auf dem Panzer od. dem Schilde der Pallas. **2)** T. des spartan. Königs Kleomenes, Gattin des Leonidas.

γοργ-ῶπις, ιδος, ἡ, poet., **γοργ-ωπός,** 2. poet. u. **γοργ-ώψ,** ῶπος, poet. mit grimmigem Blick.

Γοργῶπις λίμνη, bei Korinth am Isthmus.

Γόρδιος, ὁ, ion. **Γορδίης,** Gen. Γορδίεω, Name phrygischer Könige; an dem Wagen des ersten derselben befand sich der berühmte Jochknoten, den Alexander durchhieb. Er gilt als Gründer von **Γόρδιον,** τό, der alten Hauptstadt von Phrygien am Sangarios.

Γορδυαῖα, ὄρη, τά, die Berge der Γορδυαῖοι (sp. Γόρδοι Kurden, Γόρδοχοι Karduchen), ein Teil des Tauros im Südwesten Armeniens, j. die *Tschudiberge.*

Γορπιαῖος, ὁ, sp. makedonischer Monat, ungefähr [unser August.

Γόρτῡν, ῦνος, ἡ, Stadt auf Kreta; ihre Trümmer beim heut. *Hagioi Deka*; Einw. ὁ Γορτύνιος.

Γορτῦνία, ἡ, maked. Stadt im Axiostal.

Γότθοι, ων, οἱ, sp. die Goten; Adj. Γοτθικός.

γοῦν, ion. γῶν (γὲ οὖν), Part., **1)** eigtl. *certe quidem*, wenigstens, jedenfalls, sicherlich; besonders erläuternd, wo hinter einer allgemeinen Äußerung ein bestätigender Einzelbeleg gegeben wird: so zum Beispiel. **2)** mit Abschwächung des γε: *igitur*, also, demnach, unter solchen Umständen. **3)** oft (bes. in zustimmender Antwort: allerdings) ist zweifelhaft, ob nicht besser γ' οὖν zu schreiben, wo jede Partikel für sich zu nehmen ist: γέ betonend, οὖν *igitur*.

γουνάζομαι, u. nur Präs. **γουνόομαι,** Impf. γουνούμην, ep. Dep. med. (γόνυ), jmds. Kniee umfassen, fußfällig, flehentlich bitten, anflehen, τινά; flehen, ὑπέρ τινος für einen, (πρός) τινος bei jmdm. einen beschwören, aber γούνων γουνάζεσθαι jmdn. bei den Knieen fußfällig anflehen. Auch mit dopp. Akk. πολλὰ θεοὺς γουνούμενος, inbrünstig, und so πολλὰ γ. τινά einem flehend geloben.

γουνός, ὁ (von γόνυ, Bug, Buck), ep. Bühl, Hügel, γουνὸς ἀλωῆς Krümmung, Mulde des Gartens; überh. Vorsprung, Vorgebirge, Höhe (Herod. 4, 99).

Γουραῖος, ὁ, Nebenfluß des Indos, j. *Pandschkora*; Γουραῖοι dessen Anwohner. [Mütterchen.

γρᾴδιον, zsgz. statt γραΐδιον, τό, altes Weib, altes

γραῖα, ἡ (eigtl. fem. zu γραῖος = γεραιός), ep. u. poet. alt; eingeschrumpft. Subst. die Alte, alte Frau. [ἡ **Γραϊκή** hieß.

Γραῖα, ἡ, uralte Stadt in Böotien, deren Gebiet

Γραικός, 3. *Graecus*, urspr. Name der Umwohner von Dodona, dann bei den Römern aller Griechen, bei Plut. für das lat. verächtliche *graeculus.*

Γράκχος, ὁ, sp. das röm. Gracchus; οἱ Γρακχεῖοι die Anhänger der beiden bekannten Volkstribunen.

γράμμα, τό, (γράφω), das Geschriebene, **1)** Buchstabe, N. T. toter B. Gegens. πνεῦμα. **2)** Schrift, Inschrift, Aufschrift, Verzeichnis, Aktenstück, Schuldbrief, Brief, Buch. **3)** (nur im Plur.) Lesen u. Schreiben, überh. Elementarkenntnisse, Grammatik, auch Literatur, γράμματα διδάσκειν, μαθεῖν, ἐπίστασθαι; dann auch Wissenschaften, μεμάθηκα habe studiert. **4)** Gemälde.

γραμματεία, ἡ, sp. das Amt des Sekretärs.

γραμματείδιον, τό, Schriftchen, Briefchen, kleine Urkunde. Von

γραμματεῖον, τό, **1)** Schreibtafel. **2)** geschriebene Urkunde, Schuldurkunde, Rechnungsbuch.

γραμμᾰτεύς, έως, ὁ (γράμμα), **1)** Sekretär, Abschreiber. In Athen gab es erwählte Staatssekretäre, doch auch noch andere Beamte dieses Namens, so z. B. **a)** ὁ γρ. τῆς βουλῆς d. i. Kanzleidirektor; **b)** beim Heere γραμματεῖς Quartier- u. Zahlmeister. **2)** im N. T. οἱ γρ. die Schriftgelehrten. Dav.

γραμματεύω, Sekretär, Protokollführer sein.

γραμματίδιον, τό, = γραμματείδιον.

γραμματίζω, poet. vorschreiben (auf der Tafel).

γραμματική, ἡ, **1)** das Alphabet. **2)** die Grammatik. **3)** die Sprachbildung. **4)** die Gelehrte; Fem. von

γραμματικός, 3., **1)** des Lesens und Schreibens kundig. **2)** sp. Elementarlehrer, Sprachforscher, Gelehrter. **3)** sp. *τὰ γραμματικά*, Elementarwissenschaft, Grammatik.

γραμμάτιον, *τό*, sp. Demin. von *γράμμα*, Schriftchen, Briefchen, Plur. Papiere.

γραμματιστής, *οῦ*, ion. *έω*, *ὁ*, **1)** ion. Sekretär, z. B. im Gefolge des Königs von Persien. **2)** Elementarlehrer, Schulmeister.

γραμματο-διδάσκᾰλος, *ὁ*, sp. Schulmeister = dem vorhergehenden.

γραμματο-κύφων, *ωνος*, *ὁ* (*κύπτω*), Aktenhocker, [Aktenwurm.

γραμματο-φόρος, *ὁ* (*φέρω*), sp. Briefträger, Briefbesteller.

γραμματο-φυλάκιον, *τό*, sp. Archiv.

γραμμή, *ἡ* (*γράφω*), Strich, Linie, Umriß; übertr. buk. *τὸν ἀπὸ γραμμᾶς κινεῖν λίθον* den letzten Zug tun, in der äußersten Not sein.

Γρᾱνῑκός od. **Γράνῑκος,** *ὁ*, ion. **Γρήνικος,** Fl. in Mysien, an dem Alexander die erste Schlacht gegen die Perser gewann, j. *Kodscha.*

Γραὸς στῆθος, *ους*, *τό*, Hügel sw. von Tanagra.

γραπτός, 3. (*γράφω*), sp. mit Schriftzügen **versehen**, geschrieben, eingepflanzt.

γραπτύς, *ύος*, Acc. pl. *ῦς*, *ἡ*, ep. Aufritzung, Verletzung der Haut.

Γρατιανός, *ὁ*, sp. der röm. Kaiser Gratianus 367 [bis 383.

γραῦς, Gen. *γρᾱός*, Akk. *γραῦν*, Pl. *γρᾶες*, *γραῶν*, *γραυσί*, *γραῦς*, *ἡ*, ep. auch **γρηΰς** od. *γρῆυς*, D. *γρηΐ*, ion. **γρηῦς,** *γρηός* (vgl. *γέρων*), Greisin, **alte** Frau, die Alte, auch *γυνὴ γρηῦς*, verstärkt *γρ. παλαιή*. Nach Hom. meist verächtlich: altes Weib.

γρᾰφεῖον, *τό*, sp. Griffel = *γραφίς*.

γρᾰφεύς, *έως*, *ὁ*, **1)** Maler. **2)** Schreiber, Sekretär; Schriftsteller.

γρᾰφή, *ἡ* • **1)** das Dargestellte u. die Darstellung • **a)** der **Umriß,** Abriß, *ἐς γραφήν* u. *κατὰ γραφήν* nach Umriß, • **b)** das **Gemälde** Hdt. • **c)** Bemalung, Malen, **Malerei** • **2)** das Geschriebene • **a) Schrift,** geschriebene Züge • **b) Dokument,** Brief Thuk. • **c)** im bes. Anklageschrift, **schriftliche Klage,** u. zwar in öffentlichen oder Staatsprozessen, dag. *δίκη* Klage in Privatsachen; überh. Kriminalklage, *γραφὴν γράφεσθαι* oder *διώκειν* eine Klage anstellen, auch mit noch einem Akk. *τινά* gegen einen, dagegen *τινός* od. *περί τινος* wegen etwas. Ähnl. *γραφὰς ἐπάγειν τινί* mit Kriminalklagen zu Leibe gehen, *γραφὴν εἰσέρχεσθαι* sich auf die Klage verantworten, *γραφὴν φεύγειν* kriminell angeklagt werden.

γρᾰφικός, 3. zum Malen oder Schreiben gehörig, **1)** *ὑπόθεσις* Stoff zu einer Beschreibung. **2)** *ἡ γραφική* die Malerkunst.

γρᾰφίς, *ίδος*, *ἡ*, u. sp. **γραφεῖον,** *τό*, Griffel, bes. um auf Wachstafeln zu schreiben, dann auch zum Beschreiben der Stimmtafeln.

γρᾰφω (Wz. *gerph*, dt. *kerben* „einritzen"), *γράψω* u. *-ψομαι*, *ἔγραψα* u. *-ψάμην*, *γέγρᾰφα*, *γέγραμμαι*, *ἐγράφην*, *γραφήσομαι* u. *γεγράψομαι*.

I) Akt. u. **Pass.** • **1)** hom. ritzen, u. so **eingraben,** gewisse Zeichen, z. B. *ἐν πίνακι*, *ὀστέον* einschneiden • **2)** in Stein einhauen (eine Inschrift) od. in Wachs einritzen, also **schreiben** • **a) Bücher verfassen,** auch abs. • **b) aufschreiben,** niederschreiben, schriftlich Nachricht geben, mit folg. Inf. oder *ὡς*, *ὥστε*, od. *τί* etwas schriftlich melden, darstellen, im bes. • *α*) *νόμον γράφειν* einen **Antrag** (Bill) **stellen,** ein Gesetz abfassen, geben, *τὰς αὐτὰς συλλαβάς* einen Antrag mit denselben Worten stellen, dah. *τὰ γραφέντα* die Anträge, *ὁ γράφων* der Antragsteller; *γνώμην γρ. εἰς τὸν δῆμον* u. *τιμὰς γρ. εἰς τὴν βουλήν* u. *γρ. ἕτερα παρὰ ταῦτα* Gegenanträge stellen, überh. schriftliche Bestimmungen treffen, *ἐν τοῖς νόμοις* etwas schriftlich festsetzen • *β*) *γράφειν τινά τινα* einen als etwas bezeichnen od. angeben, zum Erben, Feldherrn bestimmen, **vorschlagen,** dah. im Pass. für etwas gelten, zu etwas **ernannt werden,** *τινός* als eines Patrons Schutzbefohlener öffentlich eingetragen, betrachtet werden • **3)** malen, **zeichnen,** (geometr.) beschreiben, umschreiben, konstruieren.

II) Med. u. **Pass.** • **1)** sich etwas malen, aufschreiben lassen • **2)** im bes. eine schriftliche Klage (*γραφήν*) einbringen, **klagen,** *τινά* gegen einen, *τινός* wegen etwas, *τί* etwas als Klagepunkt aufstellen, dah. *ὁ γραψάμενος* der Ankläger, *τὰ γεγραμμένα* die Klageschriften, Klagepunkte, *γραφείς* angeklagt, *τοῦτον τὸν ἀγῶνα* dieses Verbrechens.

γρᾱώδης, 2. N. T. nach alter Weiber Art.

γρηγορέω = *ἐγρήγορα*, von *ἐγείρω*, N. T. u. sp. wachen.

Γρηγόριος, *ὁ*, spätgriech. Eigenn., insbes. des Gregor v. Nazianz, 380 Patriarch von Konstantinopel, [† 390.

Γρήνῑκος, *ὁ*, s. *Γράνικος*.

Γρηστωνία, *ἡ*, maked. Landschaft zwischen Axios [u. Strymon.

γρηῦς od. **γρηΰς,** *ἡ*, s. *γραῦς*.

γρῑπεύς, *έως*, *ὁ*, buk. Fischer. Von

γρῖπος u. **γρῖφος,** *ὁ*, **1)** Fischernetz. **2)** verschlungene dunkle Reden, mit denen man jemd. zu fangen sucht, Rätsel.

γριφώδης, 2. rätselhaft.

γρόσφος, *ὁ*, sp. eine Art Speer.

γρῦ (dt. *grunzen*), Grunzlaut des Schweines, **Mucks,** *οὐδὲ γρῦ* **auch nicht das geringste. Dav.**

γρύζω, Aor. inf. *γρύξαι* (*-ύσαι*), sp. u. poet. mucksen.

γρυλίζω **(-λλίζω),** sp. quieken, grunzen.

Γρύνειον u. **Γρύνεια** [ῡ], Hafenstadt in Äolis, 40 Stadien von Myrina. mit Apollontempel.

γρυνός, γρουνός, *ὁ*, Feuerbrand.

γρυπ-άετος (-αίετος), *ὁ*, poet. ein fabelhafter Vogel, halb Greif, halb Adler.

γρῡπός, 3. (ahd. *chrump*, *krumm*), gekrümmt, bes. **krummnasig, mit einer Habichtsnase. Dav.**

γρῡπότης, *ητος*, *ἡ*, die **Krümmung,** bes. einer **Habichtsnase.**

γρύψ, Gen. *γρῡπός*, *ὁ*, der Greif, ein fabelhafter vierbeiniger Vogel, welcher das Gold hütete, zunächst zu Hause in dem baktrisch-indischen Gebirge u. der daran stoßenden goldreichen Sandebene.

γύαια, *τά*, poet. Hintertaue, mit denen das Schiff am Lande festgehalten wurde, = *πρυμνήσια*.

γύᾰλον, *τό*, (*γύης*), ep. u. poet. **1)** die konvexe Wölbung des Panzers, *θώρηκος*, insbes. die vordere, also Brustharnisch. **2)** Bergkuppen; aber **3)** auch Konkaves: Höhle, Tal.

Γυγάδας, ὁ, dor., der von ***Γύγης,*** einem reichen lydischen König (reg. v. 716—678 v. Chr.) nach Delphi geschenkte Schatz.

Γυγαίη, ἡ, **1)** λίμνη, See bei Sardes, j. See von *Marmora*. **2)** Frauenname.

γύης, ον, ὁ, ep. **1)** krummes Holz, der Krümmel am Pflug, dann poet. die Talflur in ihrer Krümmung. **2)** (γῆ), Ackerland, Saatfeld, Flur, ἀρόσιμοι χἀτέρων γύαι noch andere Fluren gibt's zur Saat.

Γύθειον, τό, Küstenstadt u. Flottenstation der Spartaner zwischen Malea u. Tänarum.

γυῖα, τά, ep. poet. u. sp. eig. Beugungen, dann **1)** die Gelenke, die Glieder, bes. Hände u. Füße, auch die Faust. **2)** Körper, Leib. Dav.

γυιο-βαρής, 2. poet. Glieder beschwerend.

γυιο-βόρος, 2. (βορά), ep. die Glieder verzehrend, abzehrend.

γυιο-πέδη, ἡ, poet. die Fußfessel.

γυιόω (γυιός, gelähmt), ep. lahm machen, lähmen.

Γύλιππος, ὁ, spartan. Feldherr, der 414/413 die Athener in Sizilien besiegte.

γυμνάζω, **1)** Akt. eigentl. nackt jmdn. sich üben lassen, dann übertr. **a)** üben, anstrengen, kräftigen, sich gewöhnen lassen, geschickt machen, mit folg. Inf.: etwas zu tun. **b)** poet. im übeln Sinne: quälen. **2)** Pass. u. Med. körperlich geübt werden, ringen, Leibesübungen treiben, übertr. sich üben, gewöhnen od. gewohnt werden.

γυμνάς, άδος, ὁ, ἡ, poet. **1)** = γυμνός. **2)** beim Ringen nackt, als Ringerin entkleidet. **3)** poet. m. ποδί fußgewandt.

γυμνασία, ἡ, die Übung.

γυμνασιαρχέω (-χος), Gymnasiarch sein. Dav.

γυμνασιαρχία, ἡ, Amt des Gymnasiarchen.

γυμνασί-αρχος, ὁ (ἄρχω), Gymnasiarch (eine Leiturgie als Ehrenamt in Athen), der die Athleten u. Turner bevorstehender Festspiele zu ernähren u. zu besolden, auch wohl den Kampfplatz auszuschmücken hatte.

γυμνάσιον, τό (γυμνάζω), **1)** Übung, bes. körperliche, dah. περὶ τὸ σῶμα, u. so auch die der Pferde, übertr. aber auch γ. ἀρετῆς usw. **2)** Sportschule; deren wesentlichste Erfordernisse δρόμος Laufhalle u. παλαίστρα Ringhalle. In Athen drei: Lykeion, Akademia u. Kynosarges (γ. Ἡρακλέους). **3)** auch von einer philos. Schule.

γύμνασμα, ατος, τό, sp. **1)** Leibesübung. **2)** überh. Übung, auch Übungsstoff.

γυμναστέον, (γυμνάζω), man muß üben.

γυμναστής, οῦ, ὁ (γυμνάζω), Lehrer in den gymnastischen Übungen, der bes. die künftigen Athleten zu unterweisen hatte. Von den παιδοτρίβαι unterschieden sie sich durch höhere Geltung und dadurch, daß sie eine Theorie vom Wesen der gesamten Gymnastik hatten. Dav.

γυμναστικός, 3. Leibesübungen zugeneigt, turnverständig, ἡ γυμναστική (τέχνη) Gymnastik, Sportkunde, ὁ γ. Vorsteher der Leibesübungen.

γυμνής, ῆτος, ὁ, (γυμνός), leichtbewaffneter Krieger zu Fuß, d. h. Schleuderer, Bogenschütze, Wurfspießwerfer u. Peltast.

γυμνητεία, ἡ, das leichtbewaffnete Fußvolk.

γυμνητεύω (γυμνής), **1)** leichtbewaffneter Soldat sein. **2)** nackt, entblößt sein, N. T.

γυμνήτης, ου, ὁ, **1)** = γυμνής, ῆτος, s. d. **2)** spätpoet. = γυμνός, 1.

γυμνητικός, 3. (γυμνής), die Leichtbewaffneten betreffend, ὅπλα die Waffen derselben, Bogen, Schleudern u. leichte Schilde.

γυμνικός, 3. (γυμνός), gymnisch, zu den Leibesübungen gehörig, turnerisch, ἀγών Wettkampf im Ringen u. in körperlichen Fertigkeiten (überh. dem μουσικὸς u. bisw. auch dem ἱππικὸς ἀγ. entgegengesetzt). Der Vers ἅλμα, ποδωκείην, δίσκον, ἄκοντα, πάλην, Sprung, Wettlauf, Diskos- u. Speerwerfen, Ringen — nennt dessen Teile, πένταθλον.

γυμνο-παιδίαι, αἱ, ein jährlich zu Ehren der bei Thyrea Gefallenen in Sparta im Hochsommer gefeiertes Fest, bestimmt dazu, orchestische u. gymnastische Gewandtheit zu zeigen, mit Waffentänzen u. begleitet von Gesängen.

γυμνός, 3. **1)** nackt, bloß, unbekleidet, von Sachen: entblößt, aus dem Behälter, aus der Scheide, aus dem Köcher gezogen od. genommen (auch = γυμνικός). Übertr. beraubt, τινός einer Sache, ohne diese, leer. **2)** häufig: **a)** leicht bekleidet, ohne Mantel od. Obergewand, im Unterkleide. **b)** unbewaffnet, bes. ohne Schutzwaffen, unbewehrt, wehrlos, auch γυμνὸς (τῶν) ὅπλων. Subst. τὰ γυμνά die Blöße, milit. die offene rechte Flanke.

Γυμνο-σοφισταί, ῶν, οἱ, sp. Gymnosophisten, eine Klasse der indischen Weisen, die nackt in den Wäldern lebten, in 2 Sekten, Brahmanen u Samanäern.

γυμνότης, ἡ, N. T. = γύμνωσις.

γυμνόω (γυμνός), entblößen, enthüllen, entkleiden, berauben; pass. von Kriegern: waffenlos, ungedeckt sein.

γύμνωσις, εως, ἡ **1)** Entblößung, Nacktheit. **2)** Blöße, unbedeckte Seite.

γυναικάριον, τό, sp. u. N. T. das Weibchen.

γυναικεῖος, ion. ***γυναικήιος,*** 3. auch 2. (γυνή), **1)** weiblich, Frauen eigen, δῶρα Geschenke zur Bestechung eines Weibes; einer Frau eigen, γ. χείρ das Weib mit selbsteigener Hand, μόρος der Tod der Gattin, aber γυναικεία θεά Weibergöttin, die *bona dea* der Römer. **2)** γυναικηίη = γυναικωνῖτις, die Frauenwohnung.

γυναικίας, ου, ὁ, sp. weibischer Mensch.

γυναικίζομαι (γυνή), sp. sich weibisch benehmen, weibisch leben, ἐς τὸ ἑταιρικόν nach Art der Hetären. Dav.

γυναικισμός, ὁ, sp. weibisches Gebaren.

γυναικό-βουλος, 2. μήτιδες, poet. weibische Anschläge.

γυναικο-γήρυτος, 2. (γηρύω), poet. von Weibern gesprochen, κλέος Weibergerede.

γυναικοκρασία u. ***-τία,*** ἡ (wie von γυναικο-κρατής), sp. Weiberregiment.

γυναικό-μιμος, 2. poet. Weiber nachahmend.

γυναικό-μορφος, 2. (μορφή), poet in Weibergestalt.

γυναικο-πληθής, 2. poet. von Weibern voll.

γυναικό-ποινος, 2. (ποινή), poet. Rache wegen eines Weibes nehmend.

γυναικο-φίλας, ὁ buk. Weiberfreund.
γυναικό-φρων, 2. poet. weibisch gesinnt, weibisch.
γυναικώδης, 2. sp. weiberähnlich.
γυναικών, ῶνος, ὁ, u. **γυναικωνῖτις,** ιδος, Akk. ιν, ἡ (γυνή), **1)** Frauengemach. Es befand sich im Hinterhause, indem nach der Straße zu die ἀνδρωνῖτις war. **2)** die Frauen, vgl. unseren Ausdruck: Frauenzimmer. [toll.
γυναι-μᾰνής, Gen. -έος, 2. (μαίνομαι), ep. weiber-
γύναιον, τό, Weibsbild, Weib, Dirne, Lustdirne. Von
γύναιος, 3. ep. = γυναικεῖος.
Γύνδης, ὁ, Nebenfluß des Tigris, j. *Dijâla.*
γῠνή, ἡ, Gen. γυναικός, Vok. γύναι, Dual τὼ γυναῖκε (vwdt. ags. *cwên*, vornehme Frau = engl. *queen*), **das Weib,** die Frau, Ehefrau, Hausfrau. Dav.
γύννις, ιδος, ὁ, buk. Weichling.
γῡπάριον, τό, poet. Dem. v. γύπη Geiernest; Raubnest, Schlupfwinkel, armselige Hütte.
γῡπιὰς πέτρα, ἡ, poet. Geierfels, Rabenstein.
γύπινος, 3. (γύψ), sp. vom Geier.
Γῡραί, αἱ (verst. πέτραι), auch **Γυραίη** πέτρη, ep. **1)** Felsengruppe von ungewisser Lage, entw bei der Insel Mykŏnos od. dem euböischen Vorgeb. Kaphareus. **2)** poet. ein Berg auf Tenos, genau [nördlich von Paros.
γύργαθος, ὁ, sp. Korb.
γῡρός, 3. ep. krumm, herausgebogen, ὤμοισιν an den Schultern gerundet, vollschulterig. Dav.
γῡρόω, sp. runden, rings umgeben, ringsum aufgraben.
Γυρτώνη, ἡ, St. in Thessalien am Peneios, j. *Salambria.* Die Einw. **Γυρτώνιοι,** οἱ.
γύψ, Gen. γῡπός, ὁ, ep Dat. plur. γύπεσσι, der Geier.
γύψος, ἡ, Gips, als Farbmittel und als Mörtel. Dav.
γυψόω, ion. mit Gips überstreichen.
Γωβρύας, ου, ion. **Γωβρύης** oder Γοβρύης, εω, ὁ, pers. Eigenn. **1)** assyr. Häuptling, der zu dem ältern Kyros übertrat. **2)** V. des Mardonios. **3)** Feld- [herr des Artaxerxes.
γῶν, ion. st. γοῦν, w. s.
γωνία, ion. **-ίη,** ἡ (verwandt mit γόνυ), **1)** Winkel, Ecke; ὀρθὴ γ. ein rechter Winkel. **2)** Winkelmaß. **3)** Eckstein, N. T. Dav.
γωνιασμός, ὁ, poet. Abmessen nach dem Winkelmaß, das Abzirkeln, ἐπῶν des Ausdrucks.
γωνι-ώδης, 2. (εἶδος), winkelig.
γωρῦτός, ὁ, Bogenbehälter, Bogenfutteral.

Δ.

Δ, vierter Buchstabe des griech. Alphabets, dah. als Zahlzeichen δ′ = 4.
δα-, untrennb. Präfix von verstärkender Bdtg. = sehr (Wzl. in *δασύς = densus*), s. δάσκιος, δαφοινός, u. vgl. ζα-.
δᾶ, 1) in den att. Formeln ἄλευ(ε) δᾶ, φεῦ δᾶ, πόποι —, οἰοῖ — u. **2)** in οὐ δᾶν, auch δάν, scheinen dialektische Nebenformen zu Ζεῦ u. Ζῆνα zu sein.
ΔΑ, defektiver St. (*δασ-, **δαΐφρων** — *δασι-φρην, **δαήμων,** ἀδαής), lernen, lehren, davon im Epos erhalten **1)** das Fut. **δαήσομαι** u. der Aor. **ἐδάην,** conj. δαήω (δαείω), δαῶμεν, inf. δαῆναι u. -ήμεναι kennen lernen, erkennen, kennen (mit Gen. Il. 21, 487); erfahren. **2)** der redupl. Aor. act. **δέδαεν** lehrte, τινά τι einen etw. u. mit Inf. **3)** der redupl. Aor. med. **δεδαέσθαι** od. δεδάασθαι genau kennen lernen, erforschen, prüfen, τινά. **4)** das Perf. **δεδάηκα,** kennen gelernt haben, kennen, wissen, verstehen; Part. δεδαηκώς u. δεδαώς, Hom. Theokr., auch Part. med. δεδαημένος kundig, erfahren.
Δάαι, οἱ, Dahae, skythisches Volk, bes. an der Ostküste des Kaspischen Meeres, im heut. *Dahistan.*
Δαβίδ, ὁ, indekl. N. T. u. sp. David.
δᾱγύς, ῦδος, ἡ, buk. eine wächserne Puppe.
δᾳδουχέω, Fackeln vorhalten u. damit leuchten. Pass. sp. von dem Fackelträger Licht empfangen.
δᾳδ-οῦχος, 2. (δᾴς, ἔχω), Fackeln haltend, dah. hieß so der Priester, welcher bei den eleusinischen Mysterien wahrscheinlich während der Opferfeier die Fackel hielt: das größte Ehrenamt, nächst dem des Hierophanten, in der Familie des Kallias u. Hipponikos, später der Lykomiden erblich.
δαείω, δαήμεναι, δαῆναι, s. *ΔΑ.*
δᾱήμων, Gen. -ονος, 2. (δαῆναι), kundig, erfahren, klug, ἔν τινι u. τινός od. mit Inf. Superl. δαημονέστατος.
δᾱήρ, έρος, ὁ, Vok. δᾶερ, Gen. plur. δαέρων (zweisilbig), (= δαϝερ, lat. *levir*), ep. Mannesbruder, Schwager.
δᾱήσομαι, s. *ΔΑ.* **δάηται,** s. II. δαίω, 2.
δαΐ, in der Schlacht, s. δᾴς.
δαί, att. st. δή, nur in der Frage mit τί od. **πῶς** verb. gebraucht, um Verwunderung u. Neugier auszudrücken: wieso denn? wie? was denn? wirklich?
δαιδάλεος, 3. ep. u. poet., künstlich, kunstvoll, schön u. zierlich gearbeitet, farbenreich, verziert.
δαιδάλλω (δαι-δαλ-, lat. *dolare*), kunstvoll ausarbeiten, verzieren, schmücken, **τινί** mit etwas. Dav.
δαίδαλμα, τό, buk. u. sp. Kunstwerk.
δαίδαλον, τό, ep. kunstreiche, künstliche Arbeit, Kunstwerk. Neutr. von
δαίδαλος, 2. poet = δαιδάλεος.
Δαίδᾰλος, ὁ, eigentl. der Künstler, dah. Kollektivname für verschiedene attische u. kretische Künstler in Holzbildnerei u. Architektur. Homer kennt einen D. aus Knōsos in Kreta als Fertiger eines künstlichen Chorreigens. In Attika galt D. als Sohn des Eupalamos in Athen u. Vater des Ikaros. Er war Erbauer des Labyrinths in Kreta u. machte sich und seinem Sohne, um von da zu entfliehen, Flügel. Davon das Adj. ***Δαιδάλειος,*** 2. v. Dädalos ausgedacht, Dädalisch.
δαιδαλόω, poet = δαιδάλλω.
δαΐζω [ᾰ, selten ᾱ], (δαίομαι) Fut. **δαΐξω,** Aor. ἐδάϊξα, Perf. pass. part. δεδαϊγμένος, Part. aor. pass. δαϊχθείς Hom. u. Trag. teilen, zerteilen. **1) zerreißen,** spalten, zerhauen, zerraufen, ἐδαΐζετο θυμὸς ἐνὶ στήθεσσιν = war zerrissen von Unruhe

u. Schmerz, war aufgeregt, *δαϊζόμενος κατὰ θυμὸν διχθάδια ὥρμαινε* zwischen zwei Gedanken schwankend, aber *φρεσὶν ἔχων δεδαϊγμένον ἦτορ* ein von Sorge zerrissenes Herz im Busen tragend. **2)** übertr. **foltern,** in den Staub ziehen, **verachten. 3)** niederhauen, **töten,** *δεδαϊγμένος ἦτορ* tödlich verwundet, *τινί* mit etwas.

δαϊ-κτάμενος, 3. ep. in der Schlacht getötet (wenn nicht *δαΐ κτ* zu schr.). [verderblich.

δαϊκτήρ, *ὁ*, poet. u. *δαΐκτωρ, ὁ*, poet. herzzerreißend,

δαιμονάω, besessen, rasend, verrückt sein, *περί τι* bei etwas; *δόμος κακοῖς* d. H. ist gottgeschlagen mit Unheil. [sein.

δαιμονίζομαι, sp. u. N. T. besessen, krank, verrückt

δαιμόνιον, *τό*, Neutr. von *δαιμόνιος*, **1)** das göttliche Wesen, Gottheit. **2)** Gespenst, Geist, Dämon. **3)** Schutzgeist; göttliche Stimme im Innern. **4)** göttliche Fügung, (böse) Schicksalsmacht, Verhängnis. **5)** N. T. böser Geist, Teufel.

δαιμόνιος, 3. u. 2., Adv. **-ίως** (*δαίμων*) göttlich. **1) gottgesandt,** gottgewirkt, *τὰ δαιμόνια* göttliche Schickung od. auch die Geheimnisse der Gottheit. **2) gotterfüllt,** übermenschlich, wunderbar; als Anrede *ὦ δαιμόνιε* bald Trefflicher, bald Tor, Unglückseliger.

δαιμονιώδης, *ῶδες*, (l. *δαίμων*, 5), N. T. teuflisch.

I. ***δαίμων,*** *ονος, ὁ, ἡ* („Zerreißer der Leichen"). **1)** die **Gottheit,** göttliches Wesen, das ebensowohl Gutes als Böses tun kann, **Schicksal,** *πρὸς δαίμονα* gegen Götterwillen, gegen das Geschick, *κατὰ δαίμονα* nach göttlicher Fügung, *ἐν δαίμονι* in Gottes Hand, *σὺν δαίμονι* mit Gottes Hilfe. **2)** der **böse Dämon,** Mißgeschick, Verderben, **Tod,** im N. T. **Teufel. 3) Schutzgottheit,** Schutzgeist (*ἱερὸς δ.* heiliger Genius), überh. niedere Gottheit. **4)** Geist der Abgeschiedenen, Geist.

II. ***δαίμων,*** poet. = *δαήμων*.

δαίνυμι, (*δαίομαι*), Hom. Hdt. Trag., nicht in att. Pr. **1)** Akt., Fut. *δαίσω*, Aor. *ἔδαισα*, **austeilen,** zuteilen (einem seine Portion), insbes. *τάφον, γάμον τινί* einem einen Leichen- od. Hochzeitsschmaus geben, aber *τινά* einen **bewirten. 2)** Med., Praes. conj. 2. sg. *δαινύῃ* ‿ ⏑⏑, opt. 3. sg. *δαινῦτο* st. *-νῦτο*, u. 3. pl. *δαινύατο*, Impf. *δαίνυ'* st. *ἐδαίνυο, ἐδαίνυσο*, Fut. *δαίσομαι*, Aor. *ἐδαισάμην*, Adj. verb. *ἄ-δαιτος*, sich (*sibi*) zuteilen, sich bewirten lassen, **essen, schmausen;** *τινός* von etwas; übertr. vom Hades, der die Seelen frißt, u. vom Beißen des Schmerzes od. der Krankheit.

δαίομαι (*δα-, δαίς, δαίτη, δαιτύμων, δαίνυμι, δαΐζω*), bes. ep. ion. u. poet., Fut. *δάσομαι*, Aor. *ἐδασάμην*, ep. beide auch mit *σσ*, Perf. 3. sg. *δέδασται*, 3. pl. *δεδαίαται*, Aor. pass. sp. *-δασθείς*. **1) teilen, a) zerteilen,** zerlegen, *ἄνδιχα* in zwei Teile; insbes. *δ. μοίρας τι* in Teile teilen; unter sich teilen; **zerreißen,** zerfleischen, **b) zuteilen** *τί τινι*. **2)** Pass. geteilt werden (bes. im Perf.), *διχθά* in zwei Teile, *κατὰ τάδε* darein. Übertr. *δαίεταί μοι ἦτορ* das Herz wird mir zerrissen.

I. ***δάιος,*** 3. u. 2. u. *δήιος* (*δαίω* II.), **1)** verheerend, zerstörend, vernichtend, verzehrend. **2)** feindselig, feindlich. **3)** unglücklich, elend. [*δαΐως*.

II. ***δαΐος,*** 3. sp. (zu *δαῆναι*) erfahren, kundig. Adv.

δαϊό-φρων, 2. poet. feindlich gesinnt.

I. ***δαΐς,*** *ΐδος, ἡ* (aus *δαϜίς, δαίω* II) Fackel, s. *δᾴς*.

II. ***δαΐς,*** ep. nur *ἐν δαΐ* (f. *δαΐδι*), Befeindung, Kampf.

δαίς, *δαιτός, ἡ* (*δαίομαι*), das zugeteilte, das **Mahl, 1)** Gastmahl, Opfermahl, *ἐίση* das entsprechend verteilte, gebührende. Sprichw. *Ἀγαμεμνονεία*, bei dem Ag. tückisch getötet ward (Soph. El. 283). **2)** Speise, u. von Tieren: Fraß. [gelion.

Δαίσιος, *ο*, ein makedon. Monat, der att. Thar-

δαιταλεύς, *έως, ὁ* (*δαίς*), poet. der Schmauser.

δαίτη, *ἡ*, ep. = *δαίς*, Mahlzeit; ep. Adv ***δαίτηθεν,*** vom Mahle her.

δαιτρεύω (*δαιτρός*), ep. u. sp. das Fleisch zerlegen, vorschneiden, vorlegen, überh. aus-, verteilen.

δαιτρόν, *τό* (*δαίομαι*), ep. das Zugeteilte, das beschiedene Maß.

δαιτρός, *ὁ* (*δαίομαι*), ep. Zerleger, Vorschneider, Vorleger, u. zwar des Fleisches bei Mahlzeiten. Dav.

δαιτροσύνη, *ἡ*, ep. das Zerlegen des Fleisches bei Tische, das Tranchieren.

δαιτυμών, *όνος, ὁ* (*δαίς*), Tischgenoß, Gast, Schmauser, auch täglicher Tischgenoß (Od. 4, 621), u. als Adj. *ἀνὴρ δ.*

δαιτύς, *ύος, ἡ*, ep. = *δαίς*, Mahl.

δαΐφρων, Gen *ονος, ὁ, ἡ* (*δαῆναι, φρήν*), ep. poet. u. sp. kundig, erprobt, von Helden, von Frauen in Kunstarbeiten; überh. erfahren, verständig.

I. ***δαίω,*** teilen, nur im Med., s. *δαίομαι*.

II. ***δαίω*** (St. *δαϜ*), fast nur ep. u. poet. **1)** Akt. trans. **anzünden,** anstecken, *φλόγα* eine Flamme, *ἐκ κόρυθος πῦρ* Feuer aus dem Helm auflodern lassen, auch *τὴν χώραν* durch Feuer zerstören. **2)** Med. = Pass. ***δαίομαι,*** intr., m. Aor. Med. (*ἐδάόμην*), conj. *δάηται*, Pass. part. *δαισθείς* u. Perf. 2. *δέδηα*, Plqpf. *δεδήειν*, **a)** brennen, flammen, lodern, leuchten; Perf. verbrannt sein. **b)** übertr. wie die Flamme wüten, sich ausbreiten, *ὅσσα δεδήει* das Gerücht hatte sich schnell verbreitet, *οἰμωγὴ δέδηε* d. i. ertönt.

δακέ-θυμος, 2. poet. herzfressend, am Lebensgeist [nagend.

δάκετον, *τό*, poet. = *δάκος*.

δακνάζομαι, poet. sich betrüben.

δάκνω (*δηκ*: *δακ*, verw. ahd. *zanger* „beißend" u. *zange, zähe*), Fut. *δήξομαι*, Aor. *ἔδακον*, Perf. *δέδηχα δέδηγμαι*, Aor. pass. *ἐδήχθην*. **1) beißen,** von Mücken: stechen, *τί* in etwas. **2)** übertr. **a) verbeißen,** *τὸ στόμα* den Schmerz; *χόλον, θυμόν* seinen Zorn verbeißen, **b) weh tun,** verletzen; kränken, betrüben erbittern *τινά*; bes. *φρένας* stach ins Herz Il. 5, 493; Pass. **sich ärgern.**

δάκος, *εος, τό*, poet. eigtl. Biß, Stich, u. so beißendes, schädliches, reißendes Tier, Untier.

δάκρυ (att. nur Dat. plur. *δάκρυσι*), u. att. ***δάκρυον*** ep. Gen. *δακρυόφιν*), *τό* (altlateinisch *dacruma*, nhd. *Zähre*), **1)** die Träne, *πολὺ δάκρυον* so manche Träne, *μείζω ἢ κατὰ δάκρυα* Schwereres als Tränenwertes, *φιλάδελφα δ.* Tränen der Schwesterliebe; sp. *ἐς δάκρυα χωρεῖν* in Tränen ausbrechen **2)** die tropfenförmig hervorquellende Feuchtigkeit einer Pflanze, Harz.

δάκρυμα, *τό* (*δακρύω*), poet. = *δάκρυ*; *πέμπειν δ.* Trübsal senden.

δακρυο-γόνος, 2. poet. tränenerzeugend.
δακρυό-εις, εσσαν, εν (δάκρυον), ep. u. poet. tränenreich, **1)** viel weinend, Tränen vergießend, Neutr. adverbartig: δακρυόεν γελᾶν unter Tränen lachen. **2)** tränenbringend, beweinenswert.
δάκρυον, τό, s. δάκρυ.
δακρυ-πετής, poet. Tränen erregend.
δακρυ-πλώω (richtiger δάκρυ πλώω), ep. in Tränen schwimmen (vom Trunkenen, dem die Augen übergehen).
δακρυ-ρροέω, poet. Tränen vergießen, χαρᾷ vor Freude. Von
δακρύ-ρροος, 2. (ῥέω), poet. in Tränen fließend.
δακρυσί-στακτος, 2. poet. von Tränen triefend.
δακρυτός, 3. poet. (δακρύω), beweint, zu beweinen.
δακρυ-χέων, ουσα, ον, ep. u. poet. Tränen vergießend, weinend.
δακρύω (δάκρυ), weinen u. beweinen; γόους unter lautem Seufzen.
δακτυλήθρα, ἡ, Fingerhandschuh, Handschuh.
δακτυλιαῖος, 3. sp. fingerbreit oder fingerlang, (s. δάκτυλος. 3).
δακτυλιογλυφία, ἡ, die Steinschneidekunst. Von
δακτύλιος, ὁ (δάκτυλος), Ring, Fingerring, Siegelring. [zeigt, berühmt.
δακτυλό-δεικτος, 2. poet. mit dem Finger ge-
δάκτυλος, ὁ, plur. buk. auch τὰ δάκτυλα, **1)** der Finger, ἐπὶ δακτύλων συμβάλλεσθαι an den Fingern zusammenrechnen. **2)** die Fußzehe, mit u. ohne τῶν ποδῶν, ὁ μείζων die große; häufig ἄκροισι δακτύλοις auf den Zehen; ὁ μέγας Daumen, große Zehe. **3)** Fingerbreite als Längenmaß, 20,5 mm, δακτύλων τεσσάρων ἕνεκα d. h. des Weges vom Munde bis zum Magen. **4)** das daktylische Versmaß.
Δάκτυλοι Ἰδαῖοι, οἱ, sp. zauberhafte Dämonen im Dienste der Kybele, nach der Sage die Erfinder der Bearbeitung der Metalle, in Phrygien, Kreta u. Samothrake verehrt.
δαλέομαι, dor. poet. = δηλέομαι.
Δάλιος, dor. für Δήλιος, delisch (Beiw. des Apollon).
δαλός, ὁ (δαίω, eigtl. δαϝ-λός), ep. poet. u. sp. Brand, Feuerbrand, im bes. brennendes Stück Holz, Scheit zum Verbrennen.
δαμάζω (δαμ-, lat. *domare*, dt. *zähmen*, aus ahd. *zamôn*), ep. **δαμνάω,** u. ep. u. poet. **δάμνημι, δάμναμαι,** 2. sg. med. δαμνᾷ, Impf. act. 3. sg. ep. auch **δάμνα,** Fut. δαμάσσω u. δαμάω, 3. sg. ep. δαμάει, -άᾳ u. ᾷ, 3. pl. -άουσι, -όωσιν, Aor. 1. ἐδάμασα u. ἐδάμασσα, Aor. 1. med. 3. sg. conj. δαμάσσεται st. δαμάσηται, Perf. pass. δέδμημαι, Plqpf. 3. pl. δεδμήατο, Aor. pass. ἐδαμάσθην, ἐδμήθην u. ἐδάμην, 3. pl. ἔδαμεν u. δάμεν, dor. u. ep. = ἐδάμησαν, conj. δαμήω (δαμείω), inf. δαμῆναι u. δαμήμεναι, zähmen, **bezähmen.**
I) Akt., daneben **Med.** • **1)** Tiere **bändigen,** zähmen, abrichten • **2)** übertr. • **a)** ein Mädchen in die Ehe bringen, τινί mit einem, verheiraten • **b) überwältigen,** besiegen, unterwerfen; Med. φρένας οἴνῳ betäuben Hom., spez. • *α*) entkräften, **erschöpfen,** niederbeugen (Il. 9, 118) • *β*) im Kampfe **töten** μνηστῆρας Hom., **erlegen** δουρί Hom.
II) Pass. • **1)** gebändigt werden, **untertan** sein • **2)** übertr. **sich begütigen,** erbitten lassen, δμηθήτω er soll sich erbitten lassen Il. 9, 158.
δαμάλη, poet. u. **δάμαλις,** εως, ἡ, poet. u. N. T. junge Kuh, Kalb; poet. junges Mädchen. [weidet.
δαμαλή-βοτος, 2. poet. von jungen Rindern be-
δαμάλης, ου, ὁ, poet. u. sp. Überwältiger.
δαμαλίζω u. Med., bändigen.
δάμαρ [δᾰ], αρτος, ἡ, eig. des Hauses waltend (δόμος u. ἀρτ-ύω), dah. Gattin, Ehefrau, παντελής d. h. das mit Kindern gesegnete Eheweib;
Δαμάρατος, ου, ὁ, s. Δημάρατος 1). [Geliebte.
Δαμασίας, ου, ὁ, **1)** starker Athlet aus Amphipolis, Sieger in der 115. Ol. **2)** sonst. Eigenn.
δαμασί-μβροτος, 2. (βροτός), poet. Sterbliche überwältigend. [Δαμασκηνός.
Δαμασκός, ἡ, Damascus, Hptst. Syriens; Einw. ὁ
Δαμάτηρ, dor. st. Δημήτηρ.
δαμείω, δάμεν, δαμήμεναι, s. δαμάζω.
Δαμίη, ἡ, Gottheit in Epidauros (Demeter?).
δάμναις, äol. poet. = δαμνᾷς.
δαμνάω u. **δάμνημι, δαμόωσιν,** s. δαμάζω.
δαμο-δόκος, 2. poet. volkaufnehmend, volkreich (var. λαοδόκος).
δᾶμος u. viele ähnl., dor. = δῆμος.
δαμόσιος, dor. st. δημόσιος, οἱ περὶ δαμοσίαν (σκηνήν) *contubernales regis* in Sparta.
Δάμων, ωνος, athenischer Sophist u. Musiker, Lehrer des Perikles u. Sokrates.
Δᾶν, Akk. buk. = Ζᾶν, v. Ζεύς.
Δάνα, ἡ, od. τά (Var. f. Θόανα), St. in Kappadokien, Tyana am Taurus, j. *Kilissa-hissar.*
Δανάη [◡◡‒], ἡ, Danaë, Tochter des Akrisios, abstammend von Danaos, Geliebte des Zeus, Mutter des Perseus.
Δαναός, ὁ, Sohn des Belos, Bruder des Aigyptos, flieht aus Ägypten u. gründet Argos um 1500 v. Chr. Dah. οἱ **Δαναοί** u. οἱ **Δαναΐδαι,** die Danaer, Bewohner von Argos, also = Ἀργεῖοι, od. überh. Hellenen. Aber **Δαναΐδες,** αἱ, die 50 Töchter des Danaos.
δανείζω, (δάνειον), Geld auf Zinsen geben, ausleihen, τί τινι etw. auf ein Pfand hin, ἐπὶ τοῖς σώμασιν unter Verpfändung des Leibes, ἐπὶ δραχμῇ = zu 1 % (monatlich). Med. sich Geld auf Zinsen geben lassen.
δάνειον [ᾰ], τό (δάνος, τό = Darlehen, St. δᾰ, *dăre, dōnum*), Darlehen, d. h. auf Zinsen gegebenes od. empfangenes Geld, meist ohne Artikel, ἐν δανείοις γενέσθαι in Schulden geraten sein.
δάνεισμα, τό (δανείζω), Darlehen; δ. ποιεῖσθαι aufnehmen.
δανεισμός, ὁ (δανείζω), das Ausleihen des Geldes auf Zinsen, Wucher, meist im Plur., auch mit ἐπί τινι auf ein gewisses Pfand, auf gewisse Zinsen, ἐπὶ τοῖς σώμασιν Darlehen unter Verpfändung des Leibes.
δανειστής, οῦ, ὁ (δανείζω), der Geld auf Zinsen Ausleihende, Wucherer, Gläubiger. Dav.
δανειστικός, 3. sp. zum Verleihen geneigt, wucherisch. Subst. ὁ δ. der Wucherer, Gläubiger.
δανίζω u. **δανιστής,** N. T. = δανείζω u. δανειστής, s. d.
δάνος, τό, poet. Gabe; auf Zinsen verliehenes Geld.

δᾱνός, 3. (δαίω), ep. brennbar, trocken, dürr.
δᾳ̃ος, 3. poet. = δάϊος.
Δᾱ̃ος, ὁ, *Davus,* Sklavenn. in der Komödie.
δάος [ᾰ], εος, τό (δαίω), ep. ein Stück angezündetes Kienholz, Feuerbrand, Fackel.
Δαουείδ, ὁ, indecl. = Δαβίδ, N. T.
δᾰπᾰνάω, δαπανήσω usw., Perf. δεδαπάνημαι sowohl med. als pass., ion. Präs. 3. pl. med. δαπανέονται, **1)** Akt. aufwenden, **a)** abs. Aufwand machen, u. **b)** τί etwas aufwenden, verzehren, verschwenden od. verwenden; τὴν πόλιν die Stadt durch Aufwand schwächen, sie in Kosten stürzen. (Pass. aufgerieben werden.) **2)** Med. von dem Seinigen verwenden. Von
δᾰπᾰ́νη, ἡ (δάπτω, *daps*) u. **δαπάνημα,** τό (-νάω), **1) a)** Aufwand, Ausgabe, Kosten; abs. u. εἴς τι, oft im Plur., ἀπὸ τῆς αὐτῆς δ. bei gleichen Kosten, οἰκίῃ ἀνδρῶν δαπάνῃ Mannschaft auf eigne Kosten, δαπάνῃ ζημιοῦν durch das, was er verzehrt, durch seine Verschwendung bestrafen, δαπάνην δαπανᾶν Kosten aufwenden; ἡ ἐν τῇ φύσει angeboren. **b)** übertr. κοῦφα δαπάνα mit folg. Inf. es kostet wenig, es ist leicht. **2)** Mittel zum Aufwand, Geldmittel, παρέχειν, auch συμβάλλειν d. i. Tribut. Dav.
δᾰπᾰνηρός, 3. u. **δάπανος,** 2. **1)** Aufwand machend, verschwenderisch. **2)** bes. δαπανηρός Aufwand erfordernd, kostspielig; Adv. **-ηρῶς.**
δάπεδον [ᾰ], τό (aus δᾰ- [zu δόμος] u. πέδον: eig. Hausboden), **1)** Hausflur, Fußboden, Estrich. **2)** Erdboden, Boden, Ebene.
δάπις, ιδος, ἡ (wahrsch. Fremdwort), Teppich.
δάπτω (St. δαπ, vgl. *daps,* Erweiterung v. St. δα, δαίομαι), ep. u. poet. fressen, verzehren, zerreißen, zerfleischen. Übertr. nagen, peinigen, od. auch verzehren, verprassen.
δάργμα, τό, s. δράγμα.
Δάρδᾰνος, ὁ, Sohn des Zeus u. der Elektra, Vater des Ilos u. Erichthonios, Gründer der Stadt Δαρδανίη in Kleinasien am Hellespont u., da von hier aus Troja gegründet ward, Stammvater der Troer. Dav. Adj. **Δαρδάνιος,** 3. von Dardanos herrührend, nach ihm benannt. Patronym. davon οἱ **Δαρδανίωνες** = Δαρδάνιοι, u. **Δαρδανίδης,** ὁ, ein Sohn od. Nachkomme desselben, d. i. **a)** Priamos. **b)** Ilos. **Δαρδανίη,** ἡ, eine kleine Landschaft bei Troas am Hellespont, von Äneas beherrscht. Ihre Einw. hießen **Δαρδάνιοι, Δάρδανοι,** Fem. **Δαρδανίς,** ίδος, ἡ.
Δάρδανος, ἡ, Stadt am Hellespont (asiat. Seite). Der Einw. **Δαρδανεύς,** ὁ.
δαρδάπτω (reduplizierte Form zu **δάπτω**), ep. zerreißen, übertr. verprassen.
Δάρδᾱς, ατος, ὁ, Fl. in Syrien, j. *Balis.*
δᾱρεικός, ὁ, mit u. ohne στατήρ, der Dareikos, persische Münze, 24 att. Drachmen wert (etwa 20 Mark). Auf der einen Seite war das Bild des Königs, auf der andern das eines Bogenschützen.
δᾱρειογενής, 2. poet. abstammend von.
Δᾱρεῖος, einem der persischen Könige dieses Namens, von denen **1)** Dar. I., S. des Hystaspes, von 521—485 regierte. **2)** Dar. II. Ochos od. Nothos von 424—405. **3)** Dar. III. Kodomannos von 336 bis 330 v. Chr.

δαρθάνω, gew. in Kompositis, Aor. ἔδαρθον (u. ep. ἔδρᾰθον), Perf. δεδάρθηκα (W. δαρ-θ, lat. *dor-m-i-o*), schlafen.
δαρό-βιος, 2. poet. lange lebend. Von
δᾱρός, 3. dor. (auch att.) st. δηρός, w. s.
δᾴς, δᾳδός, att. zsgez. aus **δαΐς,** ΐδος, Dat. δαΐ, ἡ (δαίω), **1)** Brand, Kienfackel, Kienspan, Fackel. **2)** Sing. auch koll. Kienholz od. Kienspäne, dah. πολλὴν δᾷδα. **3)** ep. u. poet. übertr. Kriegsbrand, Krieg, Schlacht.
δάσασθαι, δασάσκετο, s. δαίομαι.
δά-σκιος, 2. ep. u. poet. sehr schattig, übertr. umbuscht, dicht behaart.
Δασκύλειον, τό, bei Sp. **Δασκύλιον,** Residenz des Satrapen von Bithynien. Dav. das Fem. ἡ **Δασκυλῖτις** σατραπεία die dask. Satrapie, den nördl. Teil von Kleinasien umfassend.
Δάσκων, ωνος, ὁ, **1)** Gründer v. Kamarina. **2)** Hügel bei Syrakus, j. *Punta Caderini.*
δάσμευσις, εως, ἡ, (**δασμός**), Verteilung.
δασμολογέω (-λόγος), Tribut eintreiben, τινά von jmdm., ihn besteuern; auch Medium.
δασμός, ὁ (δαίομαι), **1)** Teilung, Verteilung. **2)** die verteilte Abgabe, Steuer, der Tribut, auch im Plur. u. mit Gen. χρημάτων, δ. φέρειν Tribut geben, ἀποφέρειν, ἀποδιδόναι u. ἀπάγειν abtragen, dag. λείπειν ihn nicht zahlen. Übertr. δασμὸν τίνειν Zins tragen, Vorteil gewähren.
δασμοφορέω, Tribut, Steuern geben. Von
δασμο-φόρος, 2. (φέρω), tributpflichtig, zinsbar, τινί, τινός u. ὑπό τινα.
δασπλῆτις, ἡ, ep. die hart treffende, schreckliche.
δασύ-θριξ, τρῐχος, buk. dichthaarig.
δασύ-κερκος, 2. buk. dichtschwänzig.
δασύ-μαλλος, 2. ep. u. poet. dichtwollig.
δασύνω, verdichten, dicht besetzen. Von
δᾰσύς, εῖα (ion. έη), ύ, lat. *densus,* dichtbewachsen, bes. **a)** haarig, rauh. **b)** dichtbelaubt. **c)** dichtbewaldet, abs. u. τινί od. τινός mit, von etwas. Dah. Subst. τὸ δασύ das Dickicht.
δασύ-στερνος, 2. (στέρνον), poet. mit dichtbehaarter Brust.
δατέομαι, Dep. med. (nur Präs. u. Impf.), Impf. ep. δατεῦντο, ep. u. ion. Nebenf. von **δαίομαι,** *divido,* **1) a) teilen,** unter sich verteilen, μένος Ἄρηος die Standkraft des Ares, d. h. mit gleichem Kriegsmute kämpfen. **b)** sich (*sibi*) zuteilen, d. i. annehmen. **c)** überh. zuteilen, etwas von sich. **2)** τὶ oder τινὰ ποσσί zerstampfen.
δᾰτήριος, 3. poet. verteilend.
δᾰτητής, ὁ, Verteiler; insbes. amtlich bestellte Verteiler, Liquidatoren eines Mehrern gemeinsamen Besitzes.
Δᾶτις, ιδος, ὁ, Meder, bekannter Feldherr Darius' I., bei Marathon geschlagen.
Δάτον, τό, Stadt in Thrakien, j. *Eski-Cavallo.*
Δαυλίς, ίδος, ἡ, Stadt u. Gegend in Phokis östl. von Delphi, später ἡ **Δαυλία,** j. *Dhavlia.* **Δαύλιος,** ὁ, der Einwohner, poet. auch Δαυλιεύς. Adj. fem. **Δαυλιάς,** άδος, ἡ, die Daulierin, bes. Philomēla, Königin von Daulis, auch Bein. der Nachtigall.
δαυλός, 2 poet. **a)** dicht bewachsen. **b)** versteckt.
δᾰ́φνη, ἡ, Lorbeerbaum, Lorbeerzweig, Lorbeer,

πάγκαρπος genannt mit Beziehung auf den heiligen Lorbeerbaum zu Delphi, der durch seine großen Früchte ausgezeichnet war. Als Eigenn.

Δάφνη, ἡ, **1)** T. des Stromgottes Peneios, Nymphe, von Apollo geliebt u. in einen Lorbeer verwandelt. **2)** **Δάφναι** αἱ Πελούσιαι, Waffenplatz in Unterägypten, j. *Saphnas*.

δαφνηφορέω, sp. Lorbeerkränze tragen. Von

δαφνη-φόρος, 2. (φέρω), poet. u. sp. Lorbeer tragend, mit einem Lorbeerkranz geschmückt.

Δάφνις, ιδος, ὁ, **1)** schöner Jüngling in Sizilien, Sohn des Hermes u. einer Nymphe, frühgestorben und als Heros der Hirten verehrt. **2)** sonst Eigenn., bes. von Hirten.

Δαφνοῦς, οῦντος, ὁ, Ort bei Klazomenä in Ionien.

δαφνώδης, 2. poet. lorbeerartig, mit Lorbeerbäumen bepflanzt.

δᾰ-φοινεός, 2. ep. u. **δα-φοινός,** 2. ep. u. poet., **1)** eigtl. sehr rot, z. B. αἵματι vom Blute rot; rotgelb, braun. **2)** poet. sehr blutig.

δαψίλεια, ἡ, sp. Überfluß. Von

δαψιλής, 2. (δάπτω). **1)** von Pers. sp.: viel aufwendend, freigebig. **2)** von Dingen: ion. u. sp. reichlich, reich, zahlreich.

δέ, gew. an zweiter, oft an dritter Stelle • **1)** schwach gegenüberstellend: **aber, hingegen;** oft in Korrelation zu μέν; aus Vorliebe für die Antithese gebraucht der Grieche **μέν — δέ,** wo im Deutschen oft der Ton genügt (Xen. An. 1, 2, 3); oft kann man mit „während" subordinieren • **2)** verbindend, in erklärenden Zusätzen, Parenthesen, auch nach Part., sowie nach ἐπειδή, ὄφρα u. dgl.: **und,** denn, nämlich, ja doch, ja, **also,** oft unübersetzt • **3)** wenn δέ nach einem temporalen Vordersatz den Nachsatz anfügt = **da** Od. 3, 474 • **4)** in Vbdg. mit andern Partikeln, **καί — δέ** (ep. καὶ δὲ) auch andererseits, aber auch, und auch, indessen, überdies, bes. bei Aufzählungen; **μᾶλλον δέ** oder vielmehr. Ähnl. **οὐδὲ — δέ** auch nicht; dagegen **δὲ καί** aber sogar, δέ τε od. δὲ — **τέ** und auch, aber auch, **δ' αὖ** dagegen, **δὲ δή** aber doch, nun aber, **δέ γε** dagegen, **δ' οὖν** jedenfalls, nun aber, indessen, **εἰ δέ** außer wenn.

-δε, untrennb. enklit. Partikel (pron. St. = da), **1)** meist an Nominalformen, u. zwar im Akk., um Bewegung od. Richtung auf einen Ort hin zu bezeichnen, nach, -wärts; zu dem Gen. **Ἄϊδόσδε** erg. **δόμον**; auch bisw. mit folg. **εἰς.** Seltener an Adjektiven wie bei **ὅνδε δόμονδε. 2)** Pronomen demonstrativum suffixum (**ὅδε, τοιόσδε, τοσόσδε**), verstärkt, hinweisend: der da usw., noch dekliniert in: **τοῖσδεσσι.** [schien, deuchte.

δέᾰτο, ep. defekt. Präter. (St. δει, vgl. δοάσσατο),

δεδίσκομαι, 1) = δειδίσκομαι. **2)** = δεδίττομαι.

δεδίττομαι, Aor. part. δεδιξάμενος, ep. **δειδίσσομαι,** Dep. Med., Fut. δειδίξεσθαι, Aor. δειδίξασθαι (Kausat. der Wurzel δι, δέδια), **1)** trans. erschrecken, in Furcht setzen, scheuchen, τινὰ ἀπό τινος. **2)** intr. ep. sich fürchten, erschrecken, zagen.

δεδοκημένος, erwartend, gewärtig, wachsam,

δέελος, s. δῆλος. [v. δοκάω.

δέησις, εως, ἡ (IV. δέω), die Bitte, das Gebet, πᾶσαν δέησιν δεῖσθαι od. ποιεῖσθαι mit folg. Inf. dringend bitten, daß usw.

δεητικός, 3. geneigt zu bitten, flehend.

δεῖ, s. III. δέω.

δεῖγμα, τό (δείκνυμι), Probe einer Ware, περιφέρειν eine Warenprobe mit sich herumführen; überh. Probe, Beispiel, Beweis, ἐκφέρειν einen Beweis liefern. Dah.

Δεῖγμα, τό, Warenhalle, Bazar im Piräus.

δειγματίζω, N. T. an den Pranger stellen.

δειδήμων, ονος, 2. (δείδω), ep. furchtsam, feig.

δειδίσκομαι (δηδίσκομαι) u. **δεδίσκομαι** (nur Präs. u. Impf.), ep. begrüßen, **bewillkommnen.**

δειδίσσομαι, s. δεδίττομαι.

δείδοικα. ep. st. δέδοικα. Von

δείδω (δϝει : δϝι in δίω „fliehen", lat. *dirus*, δείδω erst aus *δεδϝοια gebildet u. nur in dieser Form vorkommend), Fut. δείσομαι, Aor. ἔδεισα, Perf. (mit Präsensbedeutung) **δέδοικα** u. **δέδια,** 1. pl. δέδιμεν od. δεδίαμεν, δέδιτε, Konj. δεδίῃ, -ωσι, Imper. sp. δέδιθι, Part. δεδιώς, Plqpf. ἐδέδῐσαν (u. ἐδεδίεσαν), ferner ep. Aor. ἔδδεισα (aus *ἐδϝεισα), Perf. **δείδοικα** u. **δείδια,** Imper. δείδιθι, Inf. δειδίμεν, Plqpf. 3. sg. δείδιε (als Impf.), 3. pl. δείδισαν • **1)** intr. **sich fürchten,** besorgen, in Angst sein, sich scheuen, περί τινι für jmdn. sorgen, auch bloß τινός; aber τῷ θορύβῳ durch den Lärm erschreckt werden Plut. • **2)** trans. **fürchten,** scheuen, τινά u. τί, auch ἀδεὲς δέος ohne Grund fürchten Plat. Symp. 198a • τὸ **δεδιός** die Scheu. — Im abhängigen Satze folgt μή mit Opt. od. Konj. (mit Indik. nur Od. 5, 300), od. ὅπως μή od. μὴ οὐ daß nicht, auch ὡς; auch bloß mit Inf. sich scheuen, Bedenken tragen.

δειελιάω (nur Part. aor. -ήσας), ep. abendlich sein, zu Abend essen, nämlich zwischen dem δεῖπνον u. δόρπον.

δειελινός, 3. buk. = δείελος.

δείελος, 2. (δείλη), ep. nachmittägig, abendlich, ἦμαρ der Abend.

δεικανάομαι (δηκ-), ep., nur 3. pl. Impf. -άοντο, -όωντο, bewillkommnen, begrüßen, s. δείκνυμαι.

δεικανάω, buk. zeigen.

δεικηλίκτης, dor. -ας, ὁ, sp. der Darsteller, Schauspieler.

δείκηλον, τό (δείκνυμι), ion. u. sp. mimische Darstellung; so hieß z. B. im nächtlichen Dienste zu Saïs die Darstellung der Leidensgeschichte des Osiris τὰ δείκηλα.

δείκνῡμαι, besser **δήκνυμαι** = δειδίσκομαι (δηδίσκομαι) u. **δεικανάομαι,** hom. Perf. 3. pl. **δηδέχαται,** Plqpf. **δήδεκτο,** 3. pl. **δηδέχατο** (in den cod. δειδέχαται usw.), (vgl. skr. *dacati* Respekt erweisen) **bewillkommnen,** κυπέλλοις zutrinken Hom.

δείκνυμι u. **δεικνύω** (vgl. δίκη, lat. *dīco*, dt. *zeihen* u. *zeigen*), δείξω u. -ξομαι, ἔδειξα, -ξάμην, δέδειχα, δέδειγμαι, ἐδείχθην, δειχθήσομαι, δεικτέον, ion. δέξω, ἔδεξα, δέδεγμαι, ἐδέχθη, dor. δειχθήσειν = -θήσεσθαι, **zeigen** • **1)** sehen lassen, **vorzeigen,** zum Vorschein bringen, ἔκ τινος, übertr. Ἄρη den Krieg veranlassen, **τὸ** τέρμα das Ziel bestimmen, auch **τινά** τι einen wozu machen, einen als etwas zeigen • **2)** zeigen, wo u. wie etwas ist • **a)** aufzeigen, **weisen,** vormachen. τί od. τινά τι, auch einen vorstellen, aber ἔς τι od. τινὰ auf etwas od. jmdn. hinzeigen, ähnl. bloß τί • **b)** einem etwas zeigen, **lehren,** begreiflich machen, begründen, nachweisen, auch zeigen, daß man etwas hat, τὴν δύναμιν seine Macht entwickeln, überh. nachweisen, beweisen, erweisen, mit folg. εἰ, ὅτι, ὡς od. mit Part., z. B. ἔδειξαν περιγενόμενοι sie bewiesen, daß sie überlegen sind • **3)** impers. δείξει es wird sich zeigen.

δεικτικός, 3. sp. zu zeigen geschickt.

δείλαιος, 3. bes. ep. u. poet. = δειλός, elend, bedauernswert, δειλαία δειλαίων κυρεῖς Elend empfängst du Elende.

δείλη, ἡ, der Nachmittag bis zum eintretenden Abend; δείλη πρωία früher Nachmittag, die Zeit nach 12 Uhr (so auch ohne πρωία zu verstehen Xen. An. 1, 8, 8), δ. ὀψία später Nachmittag, Abenddämmerung, Abend.

δειλία, ἡ (δειλός), Feigheit, Nichtswürdigkeit.

δειλίασις, εως, ἡ, sp. = δειλία. Von

δειλιάω, N. T. furchtsam sein.

δειλινός, 3. buk. u. sp. nachmittäglich, abendlich; τὸ δ. sp. die Zwischenmahlzeit am Nachmittag, vgl. δειελιάω u. δειελινός. [δύσετο Od. 7. 289.

δείλομαι, nur δείλετο, ging zur Rüste, v. l. f.

δειλός, 3. (Wurz. δϜι in δίεμαι, δείδω), eig. wer etwas zu fürchten hat, **furchtsam,** dah. **a)** ohnmächtig, elend, armselig, bedauernswert, arm, δειλαὶ δειλῶν καὶ ἐγγύαι ἐγγυάασθαι armselig, elend sind auch Bürgschaften für Elende u. Wichte (wie Ares) einzugehen. **b)** schändlich, nichtswürdig, schnöde, κέρδος. **c)** feig, πρός τι einer Sache gegenüber.

δεῖμα, τό (δείδω), **1)** Furcht, Schreck, Entsetzen, Besorgnis, auch im Plur., τινός vor etwas od. wegen etwas, aber δεῖμα Ἐρινύων der von Erinyen eingejagte Schreck. **2)** poet. u. sp. akt. das Furcht Erregende, Schrecknis, Schreckbild, dah. πᾶν δεῖμα ein Ungeheuer ganz u. gar.

δειμαίνω, nur Präs. u. Impf., **1)** intr. sich fürchten, besorgt sein, abs. od. ἀμφί, περί τινι für jem., ähnl. ὑπέρ τινος od. mit folg. μή, fürchten, τί u. τινά. **2)** poet. trans. erschrecken. Dav.

δειμάλεος, 3. **1)** sp. ep. poet. furchtbar, schrecklich. **2)** buk. furchtsam. [träufelnd, einflößend.

δειματο-σταγής, 2. (στάζω), poet. Furcht ein-

δειματόω, ion. u. poet. in Furcht setzen, τινά.

Δεῖμος, ὁ, ep. der Schrecken (δειμός), personif. als Diener u. Wagenführer des Ares.

δεῖν, zuw. f. δέον (wie πλεῖν f. πλέον), absol. Part. v. δεῖ, da (während, obgleich) es nötig ist. Im übrigen Inf. zu I. II. III. δέω.

δεῖνα, ὁ, ἡ, τοῦ δεῖνος, τῷ δεῖνι, τὸν δεῖνα, der und der, ein gewisser, der bewußte, ὁ δεῖνα καὶ ὁ δεῖνα der u. der, der oder jener; auch im Plur. οἱ δεῖνες, τῶν δείνων, u. τὰ δεῖνα, das noch, noch eins!

Δεινίας, ου, ὁ, Geschichtschreiber aus Argos, schrieb um 230 Ἀργολικά.

δεινο-θέτης, ὁ, buk. Unheil stiftend.

δεινολογέομαι (δεινο-λόγος, schreckliche Reden führend), Dep. med., ion. u. sp. sich heftig beklagen, ὅτι.

Δεινομένης, ους, ὁ, Vater der Tyrannen Gelon u. Hieron in Sizilien um 490 v. Chr. **2)** Sohn Hierons I., der ihm das 476 gegründete Aetna übergab. **3)** sonst Eigenn.

δεινο-παθέω, sich heftig, laut beklagen, klagen, ἐπί τινι über etwas.

δεινό-πους, Gen. -ποδος, 2. poet. mit Schreckensfuße, im Schreckensnahen.

δεινός, 3. (*δϜει-νος, δέος, δείδω), **furchtbar** • **1)** entsetzlich, schrecklich, auch stürmisch, z. B. ἀγορή; insbes. • **a)** (neben αἰδοῖος) **ehrfurchtgebietend** Od. 8, 22 • **b) schlimm,** hart, unerträglich; τὸ δεινόν **Gefahr,** Schreckmittel, Unglück, Not auch pl.; δεινόν ἐστι μή es ist zu fürchten, daß, bei Hdt. δεινοὶ ἔσονται, μή es wird zu fürchten sein, daß sie; δ. ποιεῖσθαι für empörend halten; τὸν δεινόν τι ἔσχε ihn ergriff Entrüstung Hdt. 1, 61. **2)** • **a) außerordentlich,** sonderbar, seltsam, gewaltig (Soph. Ant. 333), erstaunlich, heftig, δεινότατον ἑαυτοῦ εἶναι sich selbst weit übertreffen • **b) tüchtig,** stark; schlau, geschickt, gewandt (δεινὸς καὶ σοφός Hdt. 5, 23), mit Inf. od. τί in etwas, auch τινί, ἔν τινι u. περί τι od. περί τινος • Adv. **δεινῶς** schrecklich, außerordentlich, in hohem Grade, sehr, bei Adj. oder δ. φέρειν es sehr verargen Hdt., διατίθεσθαι sich in gewaltiger Aufregung befinden Lys., δ. ἔχειν ἐνδείᾳ große Not leiden (an Lebensmitteln) Xen.; absol. in der Antwort: δεινῶς γε leider. Dav.

δεινότης, ητος, ἡ, **1)** das Furchtbare, Schreckliche, Strenge. **2)** Kraft, Gewalt, Gewandtheit, Klugheit, Schlauheit, z. B. in politischen Ränken, Plut. Per. 24. **3)** Redefertigkeit, Redegewalt, mit u. ohne ἐν τοῖς λόγοις, auch sophistische Kunst.

δεινόω, nur Aor. 1. ἐδείνωσα (δεινός), schrecklich machen, vergrößern, übertreiben, mit u. ohne ἐπὶ τὸ μεῖζον. Dav.

δείνωσις, εως, ἡ, **1)** das Übertreiben. **2)** sp. die Entrüstung.

δειν-ώψ, ῶπος, ὁ, ἡ, poet. mit furchtbarem Blick, weil alles sehend, von den Eumeniden.

δεῖξις, εως, ἡ (δείκνυμι), das Zeigen, Vorführen.

δείους (aus δέεος), τοῦ, s. δέος.

δειπνέω (δεῖπνον), Fut. δειπνήσω usf., bei Hom. überh. die Mahlzeit halten, bei den Att. die Hauptmahlzeit einnehmen, zu Abend essen, nur mit Akk. τὸ ἄριστον δ. das Frühstück als Hauptmahlzeit genießen, δεῖπνα πολυτελῆ δ. an den Tafeln der Reichen schmausen.

δείπνηστος, ὁ, ep. Essenszeit.

δειπνίζω, Aor. 1. ἐδείπνισα, part. ep. δειπνίσσας, bewirten, speisen, τινά. Von

δεῖπνον, τό (verw. mit δάπτω, δαπάνη u. lat. *dapinare*), **1)** Hom. Mahlzeit, Mahl (Gegens. ἄριστον, δόρπον). **2)** Att. **Hauptmahlzeit** (um Sonnenuntergang), ἀμφὶ δεῖπνον ἔχειν speisen, **a)** bes. Pl. festliches Gelage, Gastmahl. **b)** δ. Ἑκάτης das am letzten jedes Monats der Hekate an Kreuzwegen dargebrachte Opfer von Eßwaren (bes. Eiern). **3) Gericht,** Essen, Fraß; τέκνων vom Mahl des Atreus. Dazu

δειπνοποιέω (wie v. δειπνο-ποιός), **1)** Akt. (sp.)

eine Mahlzeit bereiten. 2) Med. sich eine Mahlzeit bereiten lassen, speisen.

δειπνο-σοφιστής, ὁ, sp. gelehrter Unterhalter beim Mahle; οἱ Δ. Titel des Werkes des Athenaios von Naukratis, abgefaßt zwischen 193 u. 197 n. Chr.

Δειραδιώτης, ὁ, Bewohner des attischen Demos Δειράδες.

δειράς, άδος, ἡ, auch δεράς (= δειρή), poet. Bergrücken, εἰναλία Rücken der Insel.

δειρή, ἡ, ep. u. poet., 1) Hals, Nacken, τὰ ἀπὸ τῆς δ. das Halsgeschmeide. 2) Schlund, Kehle.

δειροτομέω (wie v. δειρο-τόμος), ep. den Hals abschneiden, köpfen, τινά.

δείρω, ion. st. δέρω, w. s.

δεισ-ήνωρ, Gen. ορος, ὁ, ἡ (δεῖσαι, ἀνήρ), poet. den Mann scheuend.

δεισιδαιμονία, ἡ, sp. ängstliche Furcht vor den Göttern, Götterfurcht, Aberglaube, auch Plur. Von

δεισί-δαίμων, ονος, 2. (δεῖσαι), 1) gottesfürchtig. 2) sp. abergläubisch.

δέκᾰ, οἱ, αἱ, τά (lat. *decem*, ahd. *zehan*), indekl. zehn, τὰ δέκα die Zehn (als Zahl), auch Ausdruck einer unbestimmten Vielheit. Att. bez. οἱ δέκα eine Behörde aus zehn Personen, die „Zehnmänner", *decemviri*. — Spätere (und schon Dem.) sagen δεκαδύο, δεκατρεῖς usw. statt δώδεκα, τρεῖς καὶ δέκα usw. Bei Angabe von Monatstagen sagte man ἕκτῃ ἐπὶ δέκα am 16. usw.

δεκαδ-άρχης, sp., **δεκάδαρχος**, u. ion. **δεκάρχης**, ὁ, Anführer von 10 Mann, doch Arr. An. 7, 23, 3 überh. Anführer einer δεκάς, w. s. Dav.

δεκαδαρχία u. **δεκαρχία**, ἡ, die Zehnherrschaft, a) welche Sparta nach Athens Fall durch Lysander in den verbündeten u. eroberten Staaten einsetzte. b) die Philipp in Thessalien einsetzte. c) bei Plut. das Decemvirat.

δεκᾰδεύς, έως, ὁ (δεκάς), zur selben Dekurie gehörend.

δεκαέτεια, ἡ, sp. Zeitraum von zehn Jahren, Jahrzehnt. Von

δεκα-ετής, οῦς, 2., **δεκα-έτης**, ους, 2. u. **δεκ-έτης**, ους, ὁ (ἔτος), zehnjährig. Davon

δεκαετία, ἡ, sp. = δεκαέτεια.

δεκάζω (faktitiv zu δεκ-, δέχομαι), bestechen.

δεκάκις, Adv. zehnmal, überh. für oftmals, *decies*.

δεκά-μηνος, 2. von zehn Monaten her, zehn Monate alt.

δεκά-μνοος, **-μνους**, 2. (μνᾶ), poet. u. sp. zehn Minen schwer, etwa 436 Gr.

δεκ-άμφορος, 2. poet. 10 Amphoren haltend.

δεκα-πέντε, fünfzehn.

δεκά-πηχυς, 2. ion. u. sp. zehnellig.

δεκα-πλάσιος, 3. u. sp. **δεκα-πλασίων**, 2. zehnfach, τὸ δ. das Zehnfache (ähnl. ἡ δεκαπλασία).

δεκά-πλεθρος, 2. zehn Plethren lang.

δεκα-πλοῦς, 2. = δεκαπλάσιος.

δεκ-άρχης, ου, ὁ, u. **δεκαρχία**, ἡ, s. δεκαδάρχης u. δεκαδαρχία.

δεκάς, άδος, ἡ (δέκα), ein Zehnt, eine Zahl von Zehn, 1) bes. von Soldaten, doch bedeutet es hier auch überh. eine Rotte, Abteilung von Soldaten, z. B. eine solche von 16 Mann Arr An. 7, 23, 3. 2) poet. übh. Anzahl, Klasse.

δεκασμός, ὁ (δεκάζω), sp. Bestechung, bes. bei Richtern, auch im Plur.

δεκά-σπορος, 2. poet. χρόνος, Zeit von zehn Aussaaten d. i. Jahren.

δεκα-στάτηρος, ὁ, sp. ein Soldat mit zehn Stateren (30 M.) monatlicher Löhnung

δεκαταῖος, 3. (δέκατος), zehntägig, am zehnten Tage, nach 10 (9) Tagen.

δεκα-τάλαντος, 2. von zehn Talenten.

δεκα-τέσσαρες, α, sp. N. T. vierzehn.

δεκατευτήριον, τό, Zehnt- od. Zollstätte. Von

δεκᾰτεύω, 1) den zehnten Teil von etwas, bes. von der Beute, einem Gott weihen. 2) τινά von einem Volke, vollständig vernichten. 3) mit τινά von jmdm. den Zehnten eintreiben. Von

δεκάτη, ἡ, fem. von δέκατος, 1) der zehnte Teil, der Zehnte, bes. von geweihter Beute. 2) die feierliche Namengebung am zehnten Tage nach der Geburt eines Kindes; (τὴν) δ. ποιεῖσθαι od. ποιεῖν das Fest der Namengebung feiern, τινί od. τινός für jmd.

δεκατη-λόγος, ὁ, der Zolleinnehmer.

δέκᾰτος, 3. der zehnte. Überh. als runde Zahl.

δεκατόω, N. T. den Zehnten eintreiben, τινά; auch im Passiv.

δεκατρεῖς, -τρία, sp. dreizehn.

δεκά-φῡλος, 2. ion. in zehn Stämme geteilt.

δεκά-χῑλοι, 3. (χίλιοι), ep. zehntausend.

δεκά-χους, 2. (Il. χοῦς), 10 Kannen enthaltend = 120 Kotylen = 32,8 Liter.

Δεκέλεια, ion. **-λέη**, ἡ, Flecken u. Demos im nördl. Attika in der Hippothontischen Phyle, j. *Koriokleides*. Der Einw. ὁ **Δεκελεύς**, Adj. **Δεκελεικός**, 3. dekeleïsch, πόλεμος die zweite Hälfte des peloponnes. Krieges nach der Befestigung von Dekeleia, seit 413. Adv. **Δεκελεῆθεν** u. **Δεκελειόθεν**, von D.

δεκ-έτης ους, s. δεκαετής.

δεκτέος, 3. anzunehmen.

δέκτης, ου, ὁ (δέχομαι), ep. Bettler.

δεκτικός, 3. sp. zum Aufnehmen geeignet, aufnahmsfähig, geschickt aufnehmend, τινός etwas.

δεκτός, 3. N. T. annehmlich.

δέκτωρ, ὁ, poet. der etwas auf sich nimmt, νέου αἵματος Verteidiger frisch vergossenen Blutes.

δελεάζω, etwas als Lockspeise an etwas (περί τι) befestigen, dann überh. τινά τινι einen durch etw. ködern, anlocken und fangen, also berücken (auch τί τινι etwas mit einem Köder versehen, u. ἐπί τινα gegen jmdn.). Von

δέλεαρ, ατος, τό (aus δέρεαρ = ahd. *querdar*, nhd. auch *Körder*), Köder, Lockspeise, Lockung, Verlockung, Reizmittel, τινός zu etwas.

δελέασμα, τό, sp. = δέλεαρ.

Δέλτα, τό, Indekl. 1) der vierte Buchstabe des griech. Alphabets. 2) Unterägypten zwischen den zwei Hauptarmen des Nils. 3) Gegend in Thrakien zwischen Byzanz und Salmydessos. 4) τοῦ Ἰνδοῦ, die Insel Παττᾰλήνη od. Πάτταλα, an der Indusmündung.

δελτίον, τό, ion. Demin. von δέλτος, ein Schreibtäfelchen.

δελτο-γράφος, 2. poet. auf die Schreibtafel schreibend, φρήν eingedenk.

δελτόομαι, poet. sich etwas anmerken. Von

δέλτος, ἡ (verw. mit δαιδάλεος, W. del- „spalten"), gew. im Plur. Schreibtafel, eine hölzerne Tafel mit einem Wachsüberzug, doch auch von Erz;

überh. beschriebene Tafel, Stimmtafel, Urkunde, Schrift.

δελφάκιον, τό, Schweinchen, Ferkel, Demin. von

δέλφαξ, ἄκος, ἡ, Schwein.

Δελφικός, s. Δελφοί.

Δελφίνιος, 3. Beiname des Apollo; daher

Δελφίνιον, τό, **1)** Tempel des Apollon in Athen, u. dabei ein Gerichtshof, ἐπὶ Δελφινίῳ. **2)** ein Kastell auf Chios.

δελφῖνο-φόρος, 2. (φέρω), einen Delphin tragend, κεραία die Segelstange mit metallenen Delphinen s. δελφίς, 2.

δέλφιξ, ἴκος, ἡ, sp. dreifüßiger Tisch.

δελφίς, ῖνος, auch δελφίν, ὁ, **1)** Delphin, Meerschwein, eine kleine Walfischart. **2)** ein delphinförmiges Kriegswerkzeug von Eisen od Blei, das an einer Raa aufgezogen und auf die feindlichen Schiffe niedergesenkt od. geworfen wurde, um dieselben leck zu machen.

Δελφοί, ῶν, οἱ, Delphi, berühmtes Orakel des Apollon in Phokis am Fuße des Parnaß, früher Pytho. Südlich von der Stadt lag das krisäische Feld, wo die pythischen Spiele gefeiert wurden u. die Amphiktyonen zusammenkamen, j. Dorf *Castri*. Δελφοῖς zu Delphi. Davon Adj. **Δελφικός,** 3. delphisch, γράμμα Spruch od. Inschrift, ἆθλα die Kampfpreise in den pythischen Spielen. Aber **ὁ Δελφός,** der Delphier, Einw. von Delphi. Dazu als Fem. **Δελφίς,** ίδος, ἡ, die Delphierin, überh. als Adj.

δέμας, τό (δέμω), ep. u. poet., nur Nom. u. Akk., Bau, Körperbau, äußere Gestalt, bes. schöne hohe Gestalt, so daß δέμας die (schöne) Gestalt (*statura*), φυή die (schöne) Gesichtsbildung (*facies*) u. εἶδος als Gattungsbegriff das lat. *species* ist; überh. Körper, u. häufig bloß als Umschreibung, *corpus;* als Akk. an Gestalt, nach Art, τινός.

δέμνια, τά (δέμω), ep. u. poet. die Bettstelle, das Bett, τιθέναι, στορέσαι aufschlagen oder bereiten.

δεμνιο-τήρης, ου, ὁ (τηρέω), poet. das Bett hütend, bettlägerig; das Nest hütend.

δέμω, Aor. ἔδειμα, Konj. ep. δείμομεν st. -ωμεν, Perf. pass. δέδμημαι, Plqpf. ἐδέδμητο, Med. Aor. ἐδειμάμην (lat. *domu-s*, ahd. *zim-ber* d. i. Zimmer), **1)** Akt. ep. ion. u. poet. bauen, erbauen, überh. anlegen, einrichten. **2)** Med. ep. u. sp. für sich (*sibi*) bauen, od. = Akt.

δενδίλλω, εἴς τινα, auf jmdn. hinsehen. auf jmdn. hinsehen.

δένδρεον, s. δένδρον.

δενδρήεις, εσσα, εν, ep. baumreich.

δένδριον, τό, äol. = δένδρεον, s. δένδρον.

δενδρίτης, ου, fem -ῖτις, ιδος (δένδρον), sp. zum Baum gehörig, ἄμπελος δ. an Bäumen aufgezogene Weinrebe, Baumrebe.

δενδρό-κομος, 3. poet. mit Bäumen bewachsen.

δενδροκοπέω (wie v. δενδρο-κόπος), Bäume umhauen, χώραν eine Gegend ausholzen d.i. verwüsten.

δένδρον, u. ep. ion. u. poet. **δένδρεον** (δενδρέῳ, έων zweisilbig), ion. u. att. **δένδρος,** εος, ους, τό, Nom. plur. δένδρεα, Dat. δένδρεσι (redupl. aus δρῦς, δόρυ), Baum. Dav.

δενδρο-πήμων, 2. poet. den Bäumen schadend.

δενδροτομέω (τέμνω), = δενδροκοπέω.

δενδρο-φόρος, 2. sp. Bäume hervorbringend.

δενδρῶτις, ιδος, ἡ, poet. mit Bäumen bewachsen.

δεννάζω, poet. verhöhnen, lästern τινά, u. κακὰ ῥήματα δ. Schimpfreden ausstoßen. Von

δέννος, ὁ, ion. u. sp. Schimpf, Schimpfrede.

δεξαμενή, ἡ (Fem. part. aor. 1. von δέχομαι mit verändertem Akzent), ion. u. sp. Behälter, bes. Wasserbehälter, Zisterne, Badebecken.

δεξιά, ion. -ιή (urspr. Fem. von δεξιός), u. ep. **δεξιτερή,** ἡ (verst. χείρ), *dextra*, die Rechte, die rechte Hand, der Handschlag, Vertrag, Versprechen, τὴν δ. προτείνειν die Hand schütteln, δ. διδόναι sich auf Handschlag verpflichten, versprechen, δεξιὰς δοῦναι καὶ λαβεῖν sich gegenseitig Versprechungen leisten, δεξιὰς φέρειν Versprechungen überbringen, δεξιάν τινος ἐπαινεῖν jmds. Treue loben.

δεξιο-βόλος, ὁ, eigentl. mit der Rechten werfend d. i. Schleuderer, N. T.

δεξιο-λάβος, ὁ, N. T. der Schleuderer.

δεξιόομαι, Dep. med., δεξιώσομαι, ἐδεξιωσάμην, pass. ἐδεξιώθην (δεξιά), mit der Rechten fassen, die Rechte geben, dah. einen verabschieden, von ihm Abschied nehmen, πολλά oftmals, od. einen bewillkommnen, grüßen, ἐπαίνοις τινά einen mit Lobsprüchen begrüßen, dagegen θεοῖς, *precari*, zu den Göttern betend die Rechte erheben; auch überh. grüßen, od., wie das lat. *prehensare,* τὸν δῆμον das Volk um etwas angehen, um etwas anhalten beim Volke.

δεξιός, 3., *dexter*. **1) rechts,** auf der r. Seite gelegen; in der Taktik: auf dem rechten Flügel befindlich, dah. τὸ δεξιόν mit u. ohne κέρας der rechte Flügel, ἐπὶ δεξιά, ἐπὶ δεξιόφιν, ἐπὶ τὰ δεξιά, εἰς τὸ δεξιόν rechtshin, zur Rechten, ἐκ δεξιῶν von der Rechten, rechts; insbes. **ἡ δεξιά.** **a)** (verst. χείρ) **die Rechte,** ἐν δεξιᾷ, εἰς δεξιάν, **b)** (verst. ὁδός) der rechte, **richtige Weg. 2)** glückverheißend, **günstig,** bes. vom Vogelflug u. dergleichen Götterzeichen, denn der griech. Vogelschauer blickte gegen Mitternacht (Il. 12, 236 ff.), sodaß er die von Morgen kommenden, glückbedeutenden Vögel zur Rechten hatte. **3)** übertr. **geschickt,** gewandt, tüchtig.

δεξιό-σειρος, ὁ (σειρά), poet. eigentl. das Pferd im Viergespann, das am meisten rechts lief. Es zog nicht am Joch sondern unmittelbar am Seil und mußte das stärkste sein. Dah. heißt Ares δεξιόσειρος, weil er den thebanischen Kriegswagen als das edelste Rennpferd zum Siege führte, starker, gewaltiger Helfer.

δεξιότης, ητος, ἡ (δεξιός), Geschicklichkeit, Gewandtheit, Klugheit.

δεξιόφιν, s. δεξιός.

δεξί-πυρος, 2 poet. Feuer aufnehmend.

δέξις, εως, ἡ, poet. Aufnahme, Empfang.

δεξιτερός, 3. ep. = δεξιός (eigentl. Kompar. dav.), w. s. δεξιτερῆφι = δεξιᾷ.

δεξίωμα, τό (poet. δεξιόομαι), **1)** Händedruck, im Plur. Freundschaftsbezeugung, Begrüßung. **2)** willkommenes Ding.

δεξι-ώνυμος, 2. poet. = δεξιός.

δεξίωσις, εως, ἡ (δεξιόομαι), sp. 1) Begrüßung durch Händedruck. 2) Amtsbewerbung.
δέομαι, s. IV. (δέω), δέομαι.
δέον, s. III. (δέω), δεῖ. Dazu
δεόντως, Adv. schicklich, gehörig, wie es sich ziemt.
Δεόνυσος. äol. poet. = Διόνυσος.
δέος (δϝειος, s. δείδω), Gen. δέους, ep. auch δείους (δέεος), τό. 1) **Furcht,** Angst, auch sittliche Scheu, Ehrfurcht Aesch., gegenüber φόβος (= Augenblicksschock): anhaltende Angst Plat. Prot. 358 d; ὑπὸ (τοῦ) δέους, διὰ δέος, δέει aus Furcht, δέος ἐστὶ μή es ist zu fürchten, daß, ähnl. mit dem Inf.; δέος ἴσχειν = δειμαίνειν mit folg. Akk. Soph. OC. 223, ähnl. τεθνηκέναι δέει τινά sich zu Tode fürchten vor Dem., ἀδεὲς δέος δεδιέναι leere Furcht haben Plat. 2) übertr. Ursache zur Furcht, οὔ τοι ἔπι (ἔπεστι) δέος du brauchst keine Rücksicht zu nehmen.
δέπας, αος, τό, Plur. Nom. δέπα, Dat. δεπάεσσι u. δέπασσι, ep. u. poet. Becher, Pokal, gew. Trinkbecher, nur Il. 11, 632 ein großer Pokal, in welchem ein Mischtrank bereitet wird. Er war schalenförmig, häufig aus Gold od. doch mit vergoldetem Rande u. oft von künstlicher Arbeit; δέπας οἴνου ein Becher Weins. Dav.
δέπαστρον, τό, poet. demin. Becherchen.
δέρᾱ, ἡ, dor. = att. δέρη, Hals, Nacken. Dav.
δέραιον, τό, poet. Halsband.
δεράς, άδος, ἡ, poet. Anhöhe = δειράς.
δέρας, ατος, τό. poet. Haut, Fell = δέρος.
δέργμα, τό (δέρκομαι), poet. der Blick, Anblick.
Δέρδας, ου od. ᾱ, Name von Fürsten der maked. Landschaft Elimeia, 1) zur Zeit Perdikkas' II., dessen Vetter er war, um 432, Thuk. 2) zur Zeit des Amyntas, um 380, Xen.
δέρη, ἡ, att. = ep. poet. δειρή Hals, Nacken.
δέρκομαι, ep. poet. u. sp. Dep. (pass.), ep. Impf. iterat. δερκέσκετο, Aor. ἔδρᾰκον, Perf. (mit Präs.-Bdtg.) δέδορκε, u. poet. Aor. ἐδέρχθην mit akt. Bdtg., 1) intr. a) blicken, πῦρ ὀφθαλμοῖσι δεδορκώς Feuer aus den Augen sprühend; δεδορκώς sehend, Gegens. von τυφλός. b) das Sonnenlicht sehen, leben, dah. δεδορκώς lebend. 2) trans. sehen, ansehen, erblicken, wahrnehmen.
Δερκυλίδας, ου, ὁ, schlauer spartan. Feldherr, von 411—389 namentlich in Asien tätig.
δέρμα, τό (δέρω), 1) die Haut, u. zwar die abgezogene, das Fell, die rohe Haut. 2) die Haut, die noch am Körper haftet. 3) verarbeitete Haut, Leder, Schlauch. 4) Haut, Schale an Früchten und Tieren. Davon
δερματικόν, τό, Hautgeld, welches von dem Verkauf der Haut der Opfertiere gewonnen in die Staatskasse floß.
δερμάτῐνος, 3. ledern.
δερμάτιον, τό (δέρμα), die zarte Haut.
δερματουργικός, 3. (ϝεργ), zur Gerberei gehörig.
δέρος, τό, poet. Fell, Haut, = δέρας.
δέρρις, εως, ἡ, Haut, insbes. die zu Schirmen u. Vorhängen bei Belagerungsarbeiten verwendeten Felle.
Δερσαῖοι, οἱ, thrakisches Volk am linken Ufer des Strymon.
δέρτρον, τό (δέρω), die Netzhaut, welche Leber u. Eingeweide umschließt, das Darmfell.
Δερτῶσσα, ἡ, St. in Spanien, j. *Tortosa.*
δέρω, ion. **δείρω** (St. δερ, dt. zehren), Akt. δερῶ, ἔδειρα, Pass. δέδαρμαι, ἐδάρην, Adj. verb. δρᾱτός u. δαρτός, 1) die Haut abziehen, abhäuten, τι. 2) übertr. mißhandeln, prügeln, ἀέρα sprichw. Lufthiebe tun (wie ein ungeübter Faustkämpfer) N. T.
δεσμά, δέσματα, s. δεσμός.
δεσμεύω u. im N. T. δεσμέω (δεσμός), binden, fesseln, ins Gefängnis werfen.
δεσμή (δέσμη), ἡ (I. δέω), Bündel.
δέσμιος, 2. poet. u. sp. 1) gebunden, gefesselt, gefangen. 2) fesselnd, bindend. Von
δεσμός, ὁ, Plur. δεσμοί u. δεσμά, poet. auch **δέσματα,** τά (I. δέω), 1) a) Bindemittel, Bande, z. B. Halfter, Riemzeug zum Anspannen, Ankertau, Türriemen, Knoten; selbst Nägel. b) gew., bes. im Plur., Bande, Fessel, Kerker, dah. δεσμοῖς in Haft. 2) für das Haar bei Frauen und zum Schmuck des Haupts, Hauptschmuck.
δεσμο-φύλαξ, ὁ, N. T. u. sp. der Gefängniswärter.
δέσμωμα, τό, poet. die Fessel.
δεσμωτήριον, τό (δεσμόω binden), 1) Gefängnis, bes. Staatsgefängnis. 2) sp. als Übers. des lat. *ergastulum:* Sklavenwohnung.
δεσμώτης, ου, ὁ, u. poet. u. sp. Fem. **δεσμῶτις,** ιδος, Akk. ιν, ἡ (δεσμόω binden), der, die Gefesselte, Gefangene; Adj. poet. gefesselt, gefangen.
δεσπόζω, Fut. δεσπόσειν, (vgl. δεσπότης), 1) Akt. herrschen, gebieten, abs. od. τινός über etwas od. einen; übertr. λόγου ein Wort beherrschen, d. i. es verstehen. 2) Pass. unter einem Herrscher stehen, einem H. gehorchen.
δέσποινα, ἡ, u. **δεσπότις,** ιδος, ἡ (Femin. zu δεσπότης), Herrin, Gebieterin, Hausfrau, auch ἄλοχος u. γυνὴ δέσποινα; überh. poet. Gebieterin, Königin, bes. von Göttinnen.
δεσπόσιος, 2. poet. = δεσπόσυνος.
δεσποσύνη, ἡ, ion. unumschränkte Herrschaft. Von
δεσπόσυνος, 2. (δεσπότης), dem Gebieter od. der Gebieterin gehörig, εὐχαῖσι δ. durch das Flehen der Herrin; poet. subst. ὁ δ. = ὁ δεσπότης.
δεσποτεία, ἡ, = δεσποσύνη. **δεσποτέω** = δεσπόζω.
δεσπότης, ου, ὁ, Akk. bei Hdt. auch δεσπότεα, Vok. δέσποτᾰ, acc. pl. poet. auch δεσπότᾱς (aus δεμσ-πότης, δέμς Gen. v. St. δεμ in δόμος, u. zu -πότης vgl. lat. *potis* u. *potestas*), **Herrscher,** a) bes. im Gegens. zu Sklaven oder Dienern. b) Beherrscher, bes. unumschränkter Herr, daher werden auch die Götter so genannt. c) Besitzer, Eigentümer. Dav.
δεσποτικός, 3., Adv. -ῶς, Komp. -τέρως, herrisch, nach Art von unumschränkten Gebietern oder Herren; τὸ δ. die despotische Art.
δεσπότις, s. δέσποινα.
δεσποτίσκος, ὁ, poet. Demin. das Herrchen.
δεταί, αἱ (eigentl. Fem. von δετός), ep. zusammengebundene Kienspäne, Fackel, Brand.
Δευκᾰλίων, ωνος, ὁ, 1) S. des Minos u. der Pasiphäë, König auf Kreta, V. des Idomĕneus, der dah. Δευκᾰλίδης (wie von Δευκάλιος = Δευκαλίων) heißt. 2) S. des Promētheus, Vater des Hellēn u. Amphiktyon, König in Thessalien. 3) sonst Eigenname.

Δεύννσος, poet. = Διόννσος.

δευρί, verstärktes δεῦρο, hierher, bes. mit pantomimischer Hindeutung auf einen Ort. Von

δεῦρο u. ep. **δεύρω,** im Pl. gew. **δεῦτε,** Adv. 1) vom Orte: a) **hierher, her.** Auch bei Subst. ἡ δ. στρατεία der Feldzug hierher; verstärkt δεῦρο τόδε. Zuw. scheinbar **hier,** bei Verben der Ruhe nach vorausgegangener Herbewegung, auch δεῦρο κἀκεῖ hierher u. dorthin, μέχρι δεῦρο τοῦ λόγου bis zu diesem Punkte der Rede Plat., b) auffordernd: δεῦρ' ἴθι komm hierher; ermunternd: **auf, wohlan,** δεῦρ' ἄγε, ἄγε δεῦρο, oft mit folg. Imper. od. Konj., z. B. καί μοι δεῦρο εἰπέ wohlan, sage mir. 2) von der Zeit: bisher, **bis hierher,** bis heute, μέχρι (τοῦ) δεῦρο.

δευσο-ποιός, 2. (I. δεύω), echt färbend, nicht ausgehend; unauslöschlich, unvergänglich; sp. Subst. der Färber.

δεύτατος, 3. ep. der letzte, Superl. von δεύτερος.

δεῦτε, s. δεῦρο.

δευτερ-αγωνιστής, ὁ, der zweite Schauspieler; übertr. wer die zweite Stelle hat.

δευτεραῖος, 3. am zweiten Tage kommend usw. st. Adv., ion. ἐς τὴν δευτεραίην am folgenden Tage.

δευτερεῖα, ion. **-ήια,** τά (ἆθλα), zweiter Preis. Von

δευτερεύω, sp. der zweite sein, τινί nach einem andern die zweite Rolle spielen.

δευτερό-πρωτος, nur Ev. Luc. 6, 1 ἐν δευτεροπρώτῳ σαββάτῳ der zweiterste(?).

δεύτερος, 3. (von II. δέω, δεύω, eig. zurückstehend, nachfolgend, später), **der zweite** • 1) der Zeit, Zahl u. Ordnung nach **später** δ. ἦλθεν; δ. ἄχος später ein ebenso großer Il. 23, 46; mit Gen. ἐμεῖο nach mir, nach meinem Tode Il. 23, 248; δ. αὐτός er u. noch einer Hdt.; zeitl. τῇ δευτερᾷ am folgenden Tag; δ. ἔτει τούτων im zweiten Jahr darnach Hdt.; (τὸ) **δεύτερον** zum zweiten Mal, wiederum • 2) dem Range nach: **nachstehend,** in zweiter Linie stehend, δ. γίγνεσθαι den zweiten Preis gewinnen, δ. ἦν τῶν προσδοκιῶν hinter der Erwartung zurück Dem., δ. ἡγεῖσθαι hintansetzen Soph. OC. 351; mit Gen., z. B. οὐδενὸς δεύτερος keinem nachstehend Hdt. • Subst. τὰ **δεύτερα** = δευτερεῖα **der zweite Preis,** od. **der zweite Rang,** τὰ δεύτερα φέρεσθαι den zweiten Rang haben Hdt., τὰ δεύτερα λέγειν τινί eine einem untergeordnete Rolle spielen Plut. Dav.

δευτέρως, Adv. sp. in zweiter Linie, in geringerem Maße.

I. **δεύω,** Impf. iter. δεύεσκον, Fut. δεύσω, a) ep. und poet. benetzen, befeuchten, bestreichen. b) etwas Trockenes mit Feuchtigkeit vermischen, anmachen, einmachen. c) poet. vergießen, z. B. [αἷμα.

II. **δεύω, δεύομαι,** s. II. u. IV. δέω.

δεχ-ήμερος, 2. (δέκα, ἡμέρα), zehntägig, d. h. alle zehn Tage (zu erneuern).

δέχνυμαι, sp. poet. f. δέχομαι.

δέχομαι (δεκ, verw. lat *decet* „es ist annehmbar"), ion. u. poet. **δέκομαι,** Dep. med. δέξομαι, ἐδεξάμην, δέδεγμαι (akt. u. pass.), **ἐδέχθην, δεκτέον,** dazu ep. Präs. 3. pl. δέχαται Il. 12, 147; Fut. 3. δεδέξομαι, u. Aor. med. ἐδέγμην, 3. sg. ἔδεκτο u. δέκτο, imper. δέξο, inf. **δέχθαι,** part. **δέγμενος** erwartend, annehmen • 1) **in Empfang nehmen, annehmen, empfangen** παρά, ἔκ τινος, τινός (abl. Gen.), aber: χρυσὸν φίλου ἀνδρός als Preis für den Gemahl Od. 11, 327; τί τινι: οἱ σκῆπτρον nahm ihm ab Il. 2, 186; speziell κῆρα den Tod hinnehmen Il. 18, 115, μῦθον anhören Od. 20, 271; τὰ παραγγέλματα ὀξέως Thuk., ὡσίν Eur. • 2) mit Dank u. Wohlwollen annehmen, sich gefallen lassen, **gutheißen,** billigen ξυμμαχίαν Thuk. 1, 37. λόγον Hdt., μᾶλλον δ. vorziehen • 3) aufnehmen **bewirten,** ξύμμαχον Thuk., ἀγαθῷ νόῳ Hdt., τῇ πόλει einlassen Thuk. • 4) Feinde oder Angriffe empfangen, **standhalten** τινά, bestehen, εἰς χεῖρας δ. den Nahkampf aufnehmen Xen., erwarten, auflauern (Hunde Il. 4, 407); mit Inf. erwarten ἐνθάδ' ἐλεύσεσθαι Od. 9, 513 • **5) ablösen,** folgen τὸ Ἀρτεμίσιον δ. folgt Hdt. 7, 176; κακὸν ἐκ κ. Unheil reiht sich an U. Il. 19, 290.

δέψω, Aor. part. δεψήσας (δέφω, walken, kneten), ep. u. ion. weich kneten, erweichen, **gar machen,** gerben.

I. **δέω** (δέσις, δετή, δεσμός — δίδημι, ὑπόδημα), kann im Präs. u. Impf. überall kontrahieren, also neben δέουσιν usf. auch δοῦσιν, ἔδουν, δῶν, δοῦντες, ferner att. δήσω u. δήσομαι, ἔδησα u. ἐδησάμην, δέδεκα, δέδεμαι (Fut. 3. δεδήσομαι), **ἐδέθην, δεθήσομαι, δετός.** Dazu ep. Aor. med iterat. δησάσκετο, Hdt.; Plqpf. 3. pl. ἐδεδέατο st. δεντο • 1) Akt. binden • a) **anbinden,** festbinden, daran hängen, fesseln, ins Gefängnis werfen, ὁ δεδεμένος der Gefangene, Verhaftete, τινί an und mit etwas, od. ἔς τι (ἐς πέδας u. ἐν πέδαις Hdt.), ferner ἔκ τινος, παρά τινος, πρός τι; ep. auch: verbinden eine Wunde, auch Med. sich verbinden • b) übertr. fesseln, **hemmen,** λόγοις durch Worte, od. mit lokal. Gen. τινὰ κελεύθου Od. 4, 380 • 2) Med. ep. • a) sich (*sibi*) etwas anbinden, ὑπό τινι u. περί u. παρά τι, ἀνὰ νῆα, ἐπὶ κληῖσιν • b) = Akt. δράγματα ἐν ἐλλεδανοῖσι Il. 18, 553.

II. Intr. **δέω** (eigtl. *δεϝω, St. δεϝ, δευ „mangeln"), Fut. **δεήσω,** Aor. ἐδέησα, Perf. δεδέηκα, äol. u. ep. **δεύω,** Aor. ἐδεύησα (nur Il. 18, 100 δῆσεν), **entfernt sein,** dah. übertr. **ermangeln,** entbehren, bedürfen, **nötig haben;** τινός: ἐμεῖο δῆσεν . . . ἀλκτῆρα γενέσθαι ihm fehlte mein Beistand Hom.; insbes. 1) mit Inf. **beinahe;** ἐδ. ἱκέσθαι beinahe hätte er erreicht Od. 9, 540; bes. im Attischen: ὀλίγου, μικροῦ δέω u. absol. ὀλίγου **δεῖν** beinahe, fast; ἑνὸς **δεῖν** ungefähr. 2) πολλοῦ δέω ἀπολογεῖσθαι ich bin weit entfernt, mich zu verteidigen Plat.; τοσούτου δέω καταφρονεῖν, ὥστε ἐπαινῶ anstatt zu verachten — lobe ich. 3) Part. bei Zahlen: **δυοῖν δέοντα** τεσσαράκοντα = 38 Hdt.

III. Impers. **δεῖ,** δέῃ, δέοι, δεῖν, δέον, Imperf. ἔδει, Fut. δεήσει, Aor. ἐδέησε, ion. Impf. ἔδεεν • 1) es bedarf, **ist nötig,** gehört sich, man muß, mit folg. Inf. etwas zu tun, er (es) ist verpflichtet, dem Vertrage gemäß, oder es ist ihm vom Schicksal bestimmt; ἐπεὶ δέ οἱ ἔδει κακῶς γενέσθαι da es bestimmt war, daß er Hdt.; **οὐ δεῖ** man darf nicht; statt des Inf. folgt auch ὅπως mit Indik. fut. Soph. Aias 556, Phil. 77; **τὸ δέον,** τὰ δέοντα das Gehörige, Rechte, die Pflicht,

Schuldigkeit, das Nötige, die Bedürfnisse; *ἐς δέον, ἐν (τῷ) δέοντι* zur rechten Zeit, zweckmäßig, nach Gebühr, wie es sich gehört • **2)** mit Gen. es ist nötig, **es fehlt an, es ist erforderlich,** *οὐδὲν ἂν δέοι ἀργυρίου* man braucht nicht Plat.; häufig: ***πολλοῦ δεῖ*** u. ***ὀλίγου δεῖ*** mit Inf. es fehlt viel, wenig daran (vgl. *δέω*); ***πολλοῦ γε (καὶ) δεῖ*** weit gefehlt Dem.; ***ὀλίγου δεῖν*** beinahe • **3)** ***δεῖ μοί τινος*** ich habe etwas nötig, brauche etwas, Trag. *δεῖ μέ τινος* ich habe nötig, mit Nom. *ἕν, τί δεῖ (μοι)* Trag. u. att. Prosa.

IV. ***δέομαι*** (Med. zu II. *δέω*), att. Dep. pass., *δεήσομαι, ἐδεήθην, δεδέημαι*, ep. ***δεύομαι,*** Fut. *δευήσομαι* • **1)** in einer Sache (*τινός*) zurückbleiben, **nachstehen,** *τινός* einem, und so *τῶν σῶν* es deinerseits fehlen lassen, einer Sache nicht gewachsen sein • **2) bedürfen,** entbehren, ermangeln, nötig haben, teils abs. *ὁ δεόμενος* der Bedürftige Hdt. Isokr., teils *τινός* einer Sache entbehren, auch *τί τινος* einer Sache in einem Punkte entbehren, *οὐδὲν δ. τροφῆς* nicht brauchen Thuk., *οὐδὲν, μηδὲν δεόμενος* nicht nötig habend, teils mit Inf. od. *ὡς* u. Opt. • **3)** sich bedürftig fühlen, zeigen, erklären, also wünschen, bitten, begehren, *τινός* jmds. bedürftig sein, jmdn. bitten, auch jmdn. zu sprechen verlangen; mit doppelt. Gen. *ὑμῶν δ. ἐπικουρίας* euch um B. bitten Thuk. 1, 32, 4; mit Gen. der Pers. *ὑμῶν δεηθείς* eine Gunst erbitten Dem.; meist mit Gen. u. Inf. *ἐδέετο τοῦ δήμου ... κυρῆσαι* Hdt.; aber auch Akk. Pron. neutr. *τοῦτο ὑμῶν δ.* Plat. darum; auch Akk. *δυνατά τινος δ.* Plat.; *ξύμφορα* Vorteilhaftes erbitten Thuk. 1, 32; innerer Akk. *δέησιν δ.* eine Bitte tun; absol. *ὁ δεόμενος* Klient.

δή, Partikel (= *δαί*, vgl. *νή* u. *ναί*), sie steht nie zu Anfang des Satzes, außer ep. in *δὴ τότε, δὴ γάρ, δὴ πάμπαν* • **1)** von der Zeit: bereits, schon, eben, **sofort,** nunmehr; *πάλαι δή* schon lange; nach temp. Vordersatz sofort Xen. An. 1, 10, 13; ***νῦν δή*** jetzt erst • **2)** von logischer Entschiedenheit: **also,** — denn (enklit.), z. B. *οὕτω δή* so — denn, in Fragen *τί δή* warum denn (*ποτέ* eigentlich)? in Aufforderung: *λέγε δή* sag doch, *φέρε, ἄγε δή* wohlan denn; *λέγω δή* so will ich's denn sagen • **3) doch ja,** gar, entschieden, *πολλοὶ δή* gar manche; ***τότε δή*** dann vollends; *κράτιστοι δή* allerstärkste, *ἄλλοι δή* irgend andere, *ὡς δή* nämlich, bes. in der Ironie, *καὶ — δή* und in der Tat; hinter *ἄλλως, ος, α τε: καὶ δὴ καί* und vollends auch (noch), gew. bloß: insbesondere.

δη-άλωτος, 2. poet. Synizese aus *δηιάλωτος*, w. s.

δῆγμα, *τό*, u. sp. ***δηγμός,*** *ὁ* (*δάκνω*), Biß, Stich, *κατὰ τὸ δ.* beim Stich. Übertr. das Stechende einer Rede.

δηδέχαται, -*δέχατο*, -*δεκτο*, s. *δείκνυμαι*.

δηδίσκομαι, s. *δειδίσκομαι*.

δηθά, elid. ***δήθ'*** = *δήν*, ep. Adv. lange, lange [Zeit.

δῆ-θεν, poet. auch *δῆθε*, verstärktes *δή*, dah. **1)** von der Zeit: *ἀνδρωθέντες δῆθεν* vollends wenn sie zum Mannesalter gelangt wären. **2)** beschränkend und meist ironisch: *scilicet*, vorgeblich, angeblich, wie man glaubte, anscheinend, freilich.

δηθέω, ep. (var.) = *δηθύνω*.

δηθύνω, (*δηθά*), ep. sich lange aufhalten, herumtreiben, verweilen, zaudern, zögern.

δηι-άλωτος, 2., (II. *δήιος*) poet. von Feinden gefangen.

Δηιάνειρα, *ἡ*, Tochter des Oineus (od. Dionysos) u. der Althäa, Gem. des Herakles.

I. ***δήιος,*** 3. ep. u. poet. brennend, = I. *δάϊος*, s. d.

II. ***δήιος,*** 3. ep. u. poet. feindlich, = II. *δάϊος*, s. d. Davon

δηιοτής, *ῆτος, ἡ*, ep. Kriegsgetümmel, Schlacht, Kampf, überh. Todesgefahr, Todeskampf.

δηιοω, ep. s. *δῃόω*

Δηίφοβος, *ὁ*, S. des Priamos, Schwager, nach späterer Sage dann Gemahl der Helena.

δηκανάομαι, = *δεικανάομαι*, s. d.

δήκοτε, δήκου, s. *δήποτε, δήπου*.

δηκτήριος, 2. (*δάκνω*), poet. beißend, kränkend Dazu

δηκτικός, 3. sp. beißend, ätzend.

δηλα-δή, d. i. *δῆλα δή* (verst. *ἐστι*), also eigtl. es ist ganz klar od. ausgemacht. Als Adv. bezeichnet es eine Angabe als ausgemachte oder vorgespiegelte Tatsache, also: natürlich, offenbar oder angeblich.

δηλαυγῶς (*δῆλος, αὐγή*) *βλέπειν* ganz deutlich sehen, N. T. nur Mc. 8, 25 Var. zu *τηλαυγῶς*.

δηλέομαι, ep. ion. u. poet., buk. *δαλ.*, Dep med. ep. Aor. conj. *δηλήσεαι* u. *σεται*, *dēleo*, verderben, schädigen, verwunden, töten, plündern, berauben, beleidigen, *τινά*; *ὅρκια* Eidschwüre verletzen od. brechen; abs. schaden, Schaden anstiften, *ὑπὲρ ὅρκια* wider die Verträge freveln. Dav.

δήλημα, *τό*, nur Plur., ep. u. poet. Schaden, Verderben, u. zwar akt.

δηλήμων, Gen. *ονος*, 2. (*δηλέομαι*), ep. u. ion. schädigend, unheilvoll, verderblich, *ἀνθρώπων* den Menschen. Als Subst. Verderber, Vernichter.

δήλησις, *εως, ἡ* (*δηλέομαι*), ion. Beschädigung, Verderben, *ἐπὶ δηλήσει* zum Verderben, *ἐπὶ οὐδεμιῇ δηλήσι* ohne feindliche Absicht.

δηλητήριος, 3. verderblich, schädlich; *τὸ δ.* Gift.

Δήλια, *τά*, u. ***Δηλιάς,*** s. *Δῆλος*.

Δήλιον, *τό*, St. an der Ostküste von Böotien mit einem Tempel des Apollon, durch die Schlacht 424 vor Chr. berühmt, in welcher Sokrates tapfer kämpfte, j. *Delis.*

δήλομαι, dor. (buk.) st. *βούλομαι*.

δηλονότι, Adv., auch *δῆλον ὅτι*, offenbar, natürlich, gewiß, oder auch bloß freilich, nämlich.

Δῆλος, dor. ***Δᾶλος,*** *ἡ*, Delos, eine der Kykladen, j. *Dili*, mit gleichnamiger Hauptstadt, Geburtsort des Apollon u. der Artemis, dah. beiden heilig. Dav. das Adj.

Δήλιος, dor. ***Δάλιος,*** 3. u. ***Δηλιακός,*** 3. delisch, Bein. des Apollo, u. als Subst. der Einw. v. Delos; Fem. ***Δηλιάς,*** *άδος* (Eur. I. T. 1235 beim Ntr. stehend); *τὰ **Δήλια*** bez. **a)** die alljährliche Entsendung eines attischen Festschiffes nach Delos zur Erinnerung an den Zug des Theseus nach Kreta. **b)** das alle vier Jahre auf Delos gefeierte Fest der apollinischen Amphiktyonie, zu dem Gesandtschaften mit Chören aus den Städten Griechenlands abgingen, um dort in Gesängen zu Ehren des Apollon, der Artemis u. der Leto zu wetteifern.

δῆλος, 3., poet. auch 2., ep. auch **δέελος, offenbar,** deutlich, klar zu sehen, einleuchtend; δῆλός εἰμι mit dem Part. mit u. ohne ὡς, z. B. δῆλος ἦν οἰόμενος es war offenbar, daß er glaubte, ähnl. δῆλός εἰμι ὅτι od. ὡς, auch δ. γίγνομαι es zeigt sich an mir; doch sagt man auch δῆλόν (ἐστιν) ὅτι od. ὡς, auch δῆλα ὅτι (vgl. δηλονότι); δῆλον ποιεῖν dartun, mit dem Nom. c. inf.: ihr habt gezeigt, daß ihr. Oft abs. δῆλον δέ mit folg. γάρ: ein Beweis dafür ist, daß. Dav.

δηλόω, Fut. pass. δηλωθήσομαι und δηλώσομαι. **1)** trans. **a) offenbaren,** klar, sichtbar, bekannt machen, **b) kundtun,** zeigen, **beweisen,** δηλῶ δέ ich führe den Beweis Soph. OC. 146; πόλεμον δ. androhen Thuk. 1, 82, 1; meist τινί, auch πρός, εἴς τινα, περί τινος; ὅτι, ὧς und Part.: δηλώσω . . . γεγώς ich werde zeigen, daß ich geboren bin Soph. Ai. 472; auch δηλώσω σε κακὸν ὄντα. **2)** intr. u. impers. offenbar, deutlich, sichtbar werden, **sich zeigen** δηλοῖ, ὅτι . . . ἔπεά ἐστιν es ist klar, daß . . . Hdt. 2, 117; auch δηλοῖ μοι ὅτι Hdt. Dav.

δήλωσις, εως, ἡ, Nachweis, Befehl, Erläuterung, Beweisführung, δ. ποιεῖσθαι andeuten, δ. ἔχει τινός es macht den Eindruck von etwas.

δηλωτικός, 3. anzeigend, bezeichnend, τινός.

δημαγωγέω (-γός), das Volk (als Redner) od. überh. jem. lenken, durch schlimme Künste, Schmeicheleien gewinnen, bearbeiten, τινά. Dav.

δημᾰγωγία, ἡ, Lenkung, Führung des Volks, Demagogie.

δημαγωγικός, 3. poet. sp. für einen Volksführer [passend, demagogisch.

δημ-ᾰγωγός, ὁ (ἄγω), Volksführer, Volkslenker, überh. Staatsredner, Staatsmann.

Δημάδης [ᾰ], ου, ὁ, athen. Staatsmann, bedeutender Gegner des Demosthenes, von Antipatros hingerichtet 318 v. Chr.

δημακίδιον, τό, poet. Völkchen.

Δημάρᾱτος, ου, ὁ, **1)** S. des Ariston, König von Sparta, der von Kleomenes vertrieben um 491 zu Darius floh u. den Xerxes auf seinem Zuge nach Griechenland begleitete; seine Nachkommen (οἱ ἀπὸ Δημαράτου) herrschten noch 399 über ein kleines Gebiet in Äolis. **2)** ein Freund Philipps u. Alexanders — u. sonst. Eigenname.

δημαρχέω, ich bin δήμαρχος, **a)** in Athen: Gauvorstand. **b)** in Rom: Volkstribun. Dav.

δημαρχία, ἡ, die Würde eines δήμαρχος in Athen, das Tribunat in Rom.

δημαρχικός, 3. sp. dem δήμαρχος od. Tribun gehörig, tribunizisch. Von

δήμ-αρχος, ὁ (ἄρχω), **a)** Gemeinde- od. Ortsvorstand, wie es deren außer in Athen in Ägypten gab. **b)** bei den Römern: Volkstribun.

Δημᾶς, ᾶ (Δημήτριος), aus Thessalonike, ungetreuer Genosse des Ap. Paulus.

Δημέας, ου, ὁ, Name verschiedener Athener, wie des Sohnes des Redners Demades.

δημ-εραστής, ὁ, Volksfreund.

δήμευσις, εως, ἡ (χρημάτων), Gütereinziehung, Konfiskation. Von

δημεύω (δῆμος), öffentlich machen, d. h. **a)** konfiszieren; δεδημευμένων als es zur Konfiskation gekommen war. **b)** bekannt machen. **c)** poet. dem Volke geben.

δημηγορέω, ein δημηγόρος sein, vor dem Volke, öffentlich sprechen, πρὸς χάριν nach Gunst, πρὸς ἡδονήν wie man es gern hat entw. abs. ὁ δ. Ptcp. öffentlicher Redner, od. τί, z. B. λόγους öffentliche Reden halten, etwas wie ein Volksredner besprechen, überh. *dissero*, weitläufig behandeln und in förmlicher Rede besprechen, und so auch ὑπέρ τινος, ὡς in der Volksversammlung beantragen, daß. Das Part. oft bei εἶπεν u. ähnl. zu übersetzen: in der Rede ans Volk. Dav.

δημηγορία, ἡ, öffentliche Staatsrede, Rede vor dem Volke, in der Volksversammlung, überh. Volksbearbeitung.

δημηγορικός, 3. **1)** gut oder geeignet, vor dem Volke besprochen zu werden. **2)** im Reden vor dem Volke gewandt. Von

δημ-ηγόρος, ὁ (ἀγορεύω), der Volks- od. Staatsredner; auch von einem, der in der Rede schlechte Kunstgriffe anwendet. (Poet. auch als Adj.).

δημηλᾰσία, ἡ, poet. Verbannung. Von

δημ-ήλᾰτος, 2. poet. aus dem Volke vertrieben.

Δημήτηρ, att. Δήμητρος, Δήμητρι, Δήμητρα, Δήμητερ, dazu ep. Δημήτερος, -τερι, -τερα, buk. Δαμάτερι, sp. auch **Δήμητρα,** ας, ἡ, Demēter, Ceres, welche die Erdfrucht (Δήμητρος ἀκτή, καρπός d. i. das Getreide, Brot) und die eleusinischen Mysterien gab, Mutter der Persephŏne (Kore). Ihre Tempel hießen **Δημήτριον,** τό, wie sie einen solchen auch zu Kolōnos hatte (Soph. O. C. 1600).

Δημήτριος. 1) ὁ Πολιορκητής, Sohn des Antigŏnos, Kön. v. Makedonien 294—287 v. Chr. **2)** ὁ Φαληρεύς, (345—283), Schüler des Theophrastos, Leiter Athens 317—307, Ratgeber des Ptolem. Lagi, berühmt als Staatsmann, Redner, Gelehrter. **3)** Bruder des Perseus, um 200 v. Chr. **4)** Kön. von Syrien, Σωτήρ 161—150. **5)** s. Sohn. Dem. Νικᾰτορ 147—126.

δημίδιον, τό, poet. Völkchen.

δημιο(ϝ)εργός, s. δημιουργός.

δημιο-πληθής, 2. (πλῆθος), poet. was beim Volke in Menge ist, κτήνη die reiche Habe des Volkes. [verkauft.

δημιό-πρᾱτος, 2. poet. eingezogen und öffentlich

δήμιος, 2. u. 3. (δῆμος), **1)** Adj. ep u. poet. das Volk angehend, zum gemeinsamen Wohl gehörig, öffentlich, ἕλκος Wunde des Staats, πρῆξις Volksangelegenheit, αἰσυμνῆται die vom Volke erwählten, δήμια πίνειν auf gemeinsame Kosten trinken, d. h. von dem gemeinsamen Weine im Zelte des Oberanführers. **2)** Subst. ὁ δήμιος (verst. δοῦλος) der öffentliche Diener, der zu Athen unter den Elfmännern stand u. die Hinrichtungen zu besorgen hatte, dah. überh. Scharfrichter.

δημιουργέω, eigentl. ein δημιουργός sein, d. i. ein Gewerbe betreiben, dann überh. **a)** bilden, z. B. τὸν υἱὸν εἰς ἀρετήν seinen Sohn zur Tugend. **b)** schaffen, hervorbringen. Dav.

δημιούργημα, τό, sp. Arbeit, Verrichtung, Tätigkeit.

δημιουργία, ἡ, **1)** Leistung des Handwerks, gewöhnliche Arbeit, mit Gen.: Ausübung, Meisterschaft, z. B. τῶν τεχνῶν. **2)** künstliche Verrichtung; Verwaltung, Schöpfertätigkeit. **3)** sp. Schöpfung (der Welt).

δημιουργικός, 3. zu einem Handwerk gehörig, eines Handwerkers, z. B. βίος, od. τέχνη od. ἔθνος eine Zunft. Von

δημι-ουργός, 2., ep. u. ion. **δημιο(ϝ)εργός** (δῆμος, ἐργ), **1)** Adj. ein öffentliches, gemeinnütziges Gewerbe frei treibend, arbeitend insbes. **a)** kunstverständig. **b)** die Arbeit fördernd (ὄρθρος). **2)** Subst. **a)** *opifex*, Arbeiter, **Handwerker,** Meister, Bildner, Künstler, überh. *auctor*, Schöpfer, Urheber, dah. übertr. auch Fem. Stifterin der Freundschaft, Meisterin der Überredung. **b)** Verwalter der öffentlichen Angelegenheiten, in den dorischen Staaten die höchsten Beamten.

δημο-βόρος, 2. (= δημοβόρος, βιβρώσκω), ep. die Güter des Volks verzehrend.

δημο-γέρων, οντος, ὁ, ep. u. poet. Volksältester, durch Alter u. Würde im Volke geehrt, zunächst nach dem Fürsten stehend, auch der Fürst selbst.

δημο-δόκος, s. δαμοδόκος.

Δημόδοκος, ου, ὁ, **1)** blinder phäakischer Sänger auf Scheria. **2)** sonst. Eigenname.

δημόθεν, ep. Adv. vom Volke aus, auf Gemeindekosten.

δημο-θοινία, ἡ, sp. Speisung des Volkes, Volksschmaus.

δημό-θρους, 2. poet. **volkskundig**, öffentlich, δ. ἀναρχία der Zustand, wo alles durcheinander schreit, Volksaufstand.

δημοκοπέω, ein δημο-κόπος, Volksschmeichler sein, nach Volksgunst haschen. Dav.

δημοκοπία, ἡ, sp. das Buhlen um die Volksgunst.

δημό-κραντος, 2. (κραίνω), poet. vom Volk vollendet, bestimmt, ἀρά ein Volksfluch.

δημοκρατέω, (wie von δημο-κρατής), die Demokratie einführen (var.); gewöhnl.

δημοκρατέομαι (wie von δημο-κρατής), Dep. pass. mit Fut. med. eine freie (mit καλῶς eine gute), demokratische Regierung, Verfassung haben, δημ. ἔδωκέ τινι er gab einem eine demokrat. Verfassung. Dav.

δημοκρατία, ἡ, Volksherrschaft, Demokratie, wo alle Bürger gleichberechtigt zu Auszeichnungen und öffentlichen Ämtern sind, die höchste Gewalt im Staate bei den Vollbürgern (nicht bei einzelnen oder Tyrannen), in der Volksversammlung ist; bei Aristot. auch Pöbelherrschaft, Ochlokratie.

δημοκρᾰτικός, 3. zur Demokratie od. Volksregierung gehörig, ihr zugetan, demokratisch gesinnt; bei Aristot. auch ochlokratisch.

Δημόκρῐτος, ὁ, Eigenn., insbes. Philosoph aus Abdera (ca. 460—370), Begründer der Atomistik.

δημό-λευστος, 2. (λεύω), poet. vom Volke gesteinigt, φόνος δ. Steinigungstod.

δημο-ποίητος, 2. zum Bürger gemacht.

δημό-πρακτος, 2. poet. vom Volke gemacht.

δημο-ρρῖφής, 2. (ῥίπτω), poet. vom Volke geschleudert.

δῆμος, dor. **δᾶμος,** ὁ (δαίομαι, „Abteilung", „Gau", nach den Alten: τὸ συνδεδεμένον πλῆθος). **1)** • **a)** ep. **Gau, Land,** Gebiet, Staat, πίονα δ. ἔχοντες Hom.; die Wohnsitze eines Volkes, z. B. ἐν δήμῳ Ἰθάκης, λαοὶ ἀνὰ δῆμον die Leute im Land, übertr. δῆμος ὀνείρων das Reich der Träume • **b)** in Attika Unterabteilungen der zehn Kleisthenischen Phylen, an Zahl 174, Gau, **Gemeinde;** überh. Landgemeinde, im Gegens. zu πόλις, der Stadt- od. Staatsgemeinde, Hdt. 1, 170 • **2)** das **Volk** • **a)** die Gemeinde, *civitas* • **b)** das Volk im Gegens. gegen die Herrscher, die **große Masse, Menge,** dah. δήμου ἀνήρ Mann aus dem (gewöhnlichen) Volke, δῆμος ἐών als gemeiner Mann Hom.; ὁ δῆμος τῶν στρατιωτῶν die gemeinen Soldaten, im Gegens. zu den Befehlshabern Xen. • **c)** das Volk, *populus*, als selbständige, freie Gesamtheit, ἐν τῷ δήμῳ in der Volksversammlung, Gemeinde, ähnl. εἰς τὸν δ. usw.; Beschlußformel ἔδοξεν τῇ βουλῇ καὶ τῷ δήμῳ τῷ Ἀθηναίων wie *S. P. Q. R.* • **3) Demokratie,** demokr. Verfassung, δῆμον καταπαύειν, καταλύειν die D. abschaffen; bei Aristot. auch Pöbelherrschaft, Ochlokratie • **4)** die Volkspartei.

Δῆμος, ὁ, S. des Pyrilampes aus Athen, Zeitgen. des Sokrates, wiederholt als Gesandter am persischen Hofe; sein Sohn war berühmt durch Schönheit und Pfauenzucht.

δημός, ὁ, Talg, Fett, eigtl. Fetthaut.

Δημοσθένης, ους, η u. ην, ὁ, **1)** Feldherr im pelop. Kriege, S des Alkisthenes, Eroberer von Pylos, als Gefangener in Syrakus hingerichtet, Sept. 413. **2)** der berühmteste Redner, S. des Demosthenes, aus Paiania, 384—322, 16. Okt.

δημοσθενίζω, sp. den Demosthenes nachahmen.

δημοσιεύω, **1)** trans. **a)** zum Gemeingut machen, (für den Staat) beschlagnahmen. **b)** bekannt machen, verbreiten. **2)** intr. **a)** Staatsgeschäfte treiben, dem Staate dienen. **b)** ein öffentliches Geschäft betreiben. **c)** sp. zum öffentlichen Gebrauch dienen.

δημόσιος, 3. (δῆμος) • **1)** dem Volk oder Staat angehörend, öffentlich, τὰ δ. γράμματα u. τὸ δ. die Staatsakten, das Staatsarchiv, auf öffentliche Kosten veranstaltet, δημόσιον γίγνεσθαι, ἀποδίδοσθαι, δ. εἶναι Staatseigentum (konfisziert) werden Thuk. • **2)** Subst. • **a)** ὁ **δημόσιος** der Staatssklave, pl. die Stadtmiliz, die Herolde, Schreiber, Ratsarchivare, Gerichtsdiener, u. so auch der Henker (vgl. δήμιος). Bei den Römern = *Lictor* • **b)** (τὸ) **δημόσιον** u. τὰ δημόσια, *α)* **das Gemeinwesen,** der Staat, τὰ δ. πράττειν öffentliche Angelegenheiten verwalten, τὸ δ. προσιέναι sich den Staatsgeschäften widmen, τὰ δ. κρίνειν in Staatsprozessen entscheiden, überh. τὸ δ. das öffentliche Wohl, öffentliche Leben, *β)* die **Staatskasse,** die Staatsgelder, *γ)* das Staatsgefängnis Thuk. Der Dat. fem.

δημοσίᾳ, als Adv. *publice*, im Namen, von seiten des Staats, nach Beschluß des Volks, im Interesse des Staats, im Staatsleben, öffentlich, im bes. auch auf öffentliche Kosten, δημοσίᾳ πράττειν sich öffentlichen Geschäften widmen.

δημοσιόω, öffentlich bekannt machen; einziehen, zum Staatsgut machen.

δημο-τελής, 2. (τέλος), **1)** auf Staatskosten, öffentlich. **2)** Bein. des Dionysios (Dem. 21, 53 lies -λεῖ).

δημοτεύομαι, Dep. med., zu einem δῆμος, einem att. Bezirk gehören, sich dazu halten, u. zwar Δεκελειόθεν von Dekeleia aus. Zu

δημότης, ου, ὁ (δῆμος), teils als Adj. mit ἀνήρ,

teils als Subst. **1)** Mann aus dem Volke, der gemeine Mann, im Gegens. zum Fürsten. **2)** Mitglied desselben δῆμος, Gemeindegenosse.

δημοτικός, 3. **1)** zu dem Volke gehörig, Volks-, ἀγωνία ein Wettkampf mit Leuten aus dem Volke, βίος das Leben des gemeinen Mannes, τὰ γράμματα die (ägypt.) Volksschrift (das 'Demotische') im Gegensatz zu den γρ. ἱρά (den Hieroglyphen). Subst. τὸ δημ. das Volk im Gegens. zum Senat od. den Vornehmen. **2)** dem Volke günstig, demokratisch, beim Volke beliebt, menschenfreundlich, bürgerlich. **3)** sp. gewöhnlich, alltäglich, *vulgaris*.

δημοτίς, ἡ, die Landsmännin.

δημ-οῦχος, 2. (ἔχω), poet. **1)** den Bezirk, z. B. Kolonos, innehabend, Soph. O. C. 458, auch mit γᾶς Bewohner eines Landes. **2)** mit Gen. χθονός Beherrscher des Volkes, Landesherr.

δημο-φάγος, 2. poet. = δημοβόρος.

Δημοφῶν, ῶντος, ὁ, **1)** S. des Theseus, Held vor Troja u. König von Athen. **2)** sonst Eigenname.

Δημοχάρης, ους, ὁ, Redner u. Staatsmann, Neffe des Demosthenes [ᾰ].

δημο-χαριστής, 2. poet. dem Volk willfahrend.

δημ-ώδης, 2. volksmäßig, gewöhnlich, allgemein bekannt.

Δημῶναξ, ακτος, ὁ, stoischer Philosoph aus Kypros, geb. um 90 n. Chr., Freund Lukians, starb hochbetagt in Athen freiwillig den Hungertod.

δημ-ωφελής, 2. gemeinnützig.

δήν, ep. u. poet. Adv. *diu*, lange, lange Zeit (kurze Silben zuweilen vor δήν verlängert, weil es = δϝήν). Dav.

δηναιός, 3. ep. u. poet. lange lebend, lange dauernd.

δηνάριον, τό, sp. ein römischer Denar, = $^{8}/_{9}$ der δραχμή, *denarius*. 10, später 16 Aß, τὸ ἀνὰ δην. der Denar pro Mann u. Tag.

δήνεα, τά, ep. Entschlüsse, Ratschläge, Anschläge, Ränke, Gedanken. Dav.

δηνεύω, poet. klug-, weise sein.

δηξί-θυμος, 2 (δῆξις), poet. herzzernagend. Von

δῆξις, ἡ (δάκνω), sp. das Beißen, Necken.

δήξομαι, s. δάκνω.

δῆος, s. δήιος.

δηόω, ep. u. att., δηώσω, ἐδήωσα, δεδηωμένος, ἐδηώθην, zsgz. aus dem ep. u. ion. **δηιόω,** wozu Opt. 3. pl. δηιόοιεν, -όῳεν, Part. δηιόων, pl. όοντες, -όωντες, Imperf. 3. pl. pass. δηιόοντο, -όωντο, Aor. pass. ἐδηιώθην (δήιος), feindlich behandeln, niederhauen, zerreißen, vernichten, verwüsten. Übertr. τὸν πώγωνα δεδηωμένος *barba privatus*.

δήποτε (δή ποτε), irgend einmal, jemals. τί δήποτε; was denn in aller Welt? *quid tandem?* ὅτου δ. ἕνεκα aus Gott weiß welchen Gründen.

δήπου (δή που, vgl. πού, 2), Adv. **1)** doch wohl, sicherlich, ohne Zweifel, sollt ich meinen, meinst du? **2)** nämlich, freilich.

δήπουθεν, doch wahrlich.

δηράς, άδος, ἡ, dor. = δειράς, Bergrücken.

δηριάομαι, ep., 3. du. ind. δηριάεσθον, -άασθον, imp. αέσθων, -άασθων, inf. άεσθαι, -άασθαι, Impf. δηριάοντο, -όωντο, — Dep. streiten, kämpfen.

δῆρις, ιος, ἡ, ep. u. poet. Kampf, Streit, Wettstreit.

δηρίω, buk. Aor. ἐδήρισα u. Fut. m. -ίσομαι, ep. u. buk., Aor. δηρισάμην u. wie von δηρίνω: 3. dual. aor. pass. δηρινθήτην (δῆρις), wie δηριάομαι.

δηρός, 3., dor. **δᾱρός** (δήν), ep. u. poet. lange dauernd, lange, *diuturnus*, gew. Neutr. als Adv. lange, ἐπὶ δηρόν auf lange; s. δήν.

δῆτα (δή), entschieden, natürlich, wirklich, ganz und gar, also; in der Frage: τί δ. wie so? wie denn? was eigentlich? in der Antwort: nun ja; οὐ δ. nimmermehr.

δήω, ep. Präs. mit Futurbdtg., ich werde finden, antreffen, erreichen.

Δηώ, οῦς, ἡ, Beiw. der Demēter.

διά, [◡◡, im Anfang des Hexam. –◡, in der Arsis oft ◡–], (verw. mit δύο u. δίς, wie lat. *dis* aus *duis*, dt. *zer-* aus ahd. *zir-*), Praeposition, poet. dem Kasus auch nachgestellt, aber ohne Anastrophe, **durch.**

I) beim **Gen.** • **1) örtlich** • **a)** Ausdehnung: **durch — hin,** διὰ πεδίον, **α)** bei Angabe des Zielpunktes, wie διὰ τέλους bis zum Ende hindurch, d. i. vollständig, διά πλεῖστον auf die größte Strecke, διὰ πάντων durch alle hindurch od. vor allen, in allen Stücken, **β)** bei Angabe der Richtung: in, an — entlang, über, διὰ τῆς θαλάσσης an dem Meere hin, δι' ὄρεσφι über das Gebirge hin, ἔρχεσθαι, ἰέναι, μολεῖν auf dem Wege von etwas wandeln, den Weg betreten, sich einlassen, διὰ μάχης ἰέναι eine Schlacht liefern, διὰ πάσης ἀγωνίης ἔχειν durch alle Kampfarten hindurch sich erstrecken, **γ)** dah. übertr. διὰ χειρός od. -ῶν ἔχειν τι u. ähnl. etwas in der Hand halten od. haben, δι' ὀλίγων εἶναι in Händen weniger sein, διὰ στόματος im Munde, διὰ στέρνων im Herzen, δι' οὐδενός für nichts; εἶναι od. ἔχειν, γίγνεσθαι διά τινος in einem Zustande sein oder dahin geraten, δι' ὀργῆς u. ähnl. im Zorn, διὰ φυλακῆς ἔχειν auf der Hut sein, ferner διὰ φιλίας ἔρχεσθαί τινι einem mit Freundschaft begegnen, διὰ μιᾶς γνώμης γίγνεσθαι zu vollkommener Eintracht gelangen, διὰ βασιλέων πεφυκέναι Nachkomme einer Reihe von Königen sein • **b)** Zwischenraum: **im Abstand,** διὰ τριήκοντα δόμων im Zwischenraum von je 30 Schichten, διὰ δέκα ἐπάλξεων nach je zehn Zinnen, und so διὰ πολλοῦ in weiter Entfernung • **2) zeitlich** • **a)** Ausdehnung: hindurch, **während** διὰ παντός immerfort, διὰ μακροῦ lange, διὰ τέλους bis ans Ende hin, ununterbrochen; χρόνος διὰ χρόνου eine Zeit um die andere; διὰ χρόνου von Zeit zu Zeit; διὰ τρίτου ἔτους alle zwei Jahre (ion. auch: nach drei Jahren) • **b)** Zeitabstand: **nach,** διὰ χρόνου nach einiger Zeit, (auch von Zeit zu Zeit, s. o.), οὐ διὰ μακροῦ nicht über lang, bald • **3) übertr.:** *per*, **durch,** vermittels, adv. δι' ἑαυτῶν eigenmächtig, διὰ βραχυτάτων ganz kurz, δι' αἰδοῦς mit Bescheidenheit, διὰ ταχέων od. διὰ τάχους schnell. N. T. in einem Zustand: διὰ προσκόμματος mit Anstoßerregung, διὰ πίστεως im Glauben, διὰ δακρύων unter Tr.; διά τινος durch Schuld oder Veranlassung jmds.

II) beim **Akk.** • **1)** örtl., ep.: **durch — hin,** durch, über — hin • **2)** zeitlich, ep.: während, διὰ νύκτα durch die Nacht hin • **3) übertr.** Veranlassung, Ursache: *propter*, vermittels, **wegen,** διὰ τοῦτο *ideo,* δι' ὅ = διό, διόπερ *qua de causa;* διὰ τί *cur?* διά τινα durch jemands Zutun; N. T. zum Vorteil jmds.

III) In **Zusammensetzungen** bezeichnet διά: • **1)** Bewegung u. Verbreitung in Raum u. Zeit • **2)** Trennung, wie unser: zer- • **3)** Wetteifer, Wechselwirkung mit- od. untereinander.

Δῑᾰ, ἡ, **1)** alter Name der Insel Naxos. **2)** Insel bei Kreta (?).

δια-βᾰδίζω, hindurchgehen.

δια-βαίνω (s. βαίνω), **1)** intr. ep. u. sp. ausschreiten. **2)** trans. überschreiten, passieren, übersetzen, τί od. εἴς τι, auch διὰ ποταμοῦ u. τὶ εἴς τι od. ἐπί τινα über etwas (über einen Fluß) gehen, nach etwas od. gegen einen. Übertr. τῷ λόγῳ ἔς τινα sich an einen wenden.

δια-βάλλω. 1) hinüber-, hindurchbringen νέας Hdt.; intr. übersetzen, τὸν Ἰόνιον auf Thuk., durchstecken, θύρας durch die T. **2)** übertr. **a)** Zerwürfnis stiften, **entzweien,** verfeinden; Pass. verfeindet sein, mit Mißtrauen erfüllt sein Hdt. Thuk. τινί, πρός τινα, **b) verklagen,** verhaßt machen, **verleumden,** τινὰ τὰ μέγιστα einen auf das gröblichste beschimpfen, od. τί τινος einem etwas vorwerfen, od. τινὰ εἴς τι einen in bezug auf etwas schmähen, auch bloß δ. ὅτι, ὡς verleumderisch vorgeben, daß, **c) verschmähen,** verwerfen, τί u. τινά, **d)** herumbringen, **täuschen, betrügen;** ion. auch Med.

διάβασις, εως, ἡ (διαβαίνω), **1)** der Übergang. **2)** Mittel dazu: **a)** Übergang, Brücke, Steg. **b)** Übergangsort, Furt, τινός eines Flusses.

δια-βαστάζω, sp. eigtl. durchtragen, dann mit der Hand wägen.

διαβᾰτήρια, τά (ἱερά), Opfer für den glücklichen Übergang (über die Grenze).

διαβᾰτός, 3., Adj. verb. von διαβαίνω, **a)** passierbar. **b)** zugänglich.

δια-βεβαιόομαι, Dep. med., fest versichern.

διαβήτης, ου, ὁ, **1)** der Zirkel. **2)** die Bleiwaage.

δια-βιάζομαι, poet. u. sp. gänzlich zwingen.

δια-βῐβάζω, Fut. -άσω, att. gew. -ῶ, hinüberführen, -setzen, -schaffen, -gehen lassen, abs. od. τινὰ εἴς τι, ἔκ τινος, auch τί über etwas u. κατὰ γεφύρας auf Brücken.

δια-βιβρώσκω, zerfressen.

δια-βιόω (s. βιόω), **1)** trans. durchleben, verleben, χρόνον od. mit Part. μελετῶν sich sein Leben hindurch darauf vorbereitet haben. **2)** intr. sein Leben hinbringen.

δια-βλαστάνω, sp. keimen.

δια-βλέπω, abs. **1)** starr vor sich hinsehen, πρός τινα auf einen. **2)** um sich blicken. **3)** die Augen aufschlagen. **4)** N. T. zusehen, betrachten.

δια-βοάω, bei Sp. im Pass. διεβεβόητο u. διεβοήθη, um die Wette schreien, laute Klage führen, κατὰ σφᾶς αὐτούς mit folg. ὡς: ausschreien; berühmt machen, πρός τινα bei einem mit hinzugef. Partiz., bes. im Pass., wo es auch heißt: ruchbar werden. Dav.

διαβόητος, 2. sp. bekannt, berühmt, berüchtigt.

διαβολή, ἡ (διαβάλλω). **1)** Anschuldigung, insbes. die unbegründete, Verdächtigung, **Verleumdung;** δ. ἔχειν ὡς verleumdet werden, daß Isokr., κατὰ ἰδίας δ. wegen verleumderischer Beschuldigungen über Thuk. 2, 65, 7; Verleumdungssucht, Feindseligkeit. **2) Verruf, übler Ruf,** διαβολὴν οἴσει αὐτῷ πρὸς τὴν πόλιν es wird ihn im Staate verhaßt machen; διαβολὴν καθ' ἑαυτοῦ παρέχειν Veranlassung zu übler Nachrede gegen sich geben Plut. Dag. τὰς δ. ἀπολύεσθαι, ἀπολογεῖσθαι sich vom Verdacht reinigen, sich dagegen verteidigen, auch πρὸς διαβολὴν ἀπολογεῖσθαι.

διάβολος, 2. (διαβάλλω), **1)** verleumdend, schmähsüchtig. **2)** im N. T. der Verleumder, u. insbes. der Teufel. Dav.

διαβόλως, Adv. in gehässiger Weise.

δια-βόρος, 2. (βιβρώσκω), poet. durchfressend, verzehrend, νόσος krebsartig.

διά-βορος, 2. durchfressen, zernagt, πρὸς οὐδενός [von nichts.

δια-βουκολέω, sp. fortdauernd mit leeren Hoffnungen hinhalten (wie lat. *pasco*), dah. täuschen, zum besten haben.

δια-βουλεύω, 1) Akt. durch-, zu Ende beraten; die Amtsdauer zu Ende führen. **2)** Med. sich beratschlagen, Rat halten, mit folg. ὅπως od. Inf.

διαβούλιον, τό, sp. der Rat, Ratschlag, Beschluß.

δια-βρέχω, ion. durchfeuchten.

διάβροχος, 2. (διαβρέχω), durchnäßt, naß, ὕδασι, bald leck, bald wasserschwer und darum schwer fortzuschaffen.

δια-βῡνέομαι, ion. Pass., auch -βύνεται, durchgesteckt werden. Med. sich (*sibi*) etwas durchstoßen, διὰ τῆς χειρός.

δι-ᾰγᾰνακτέω, sp. durch u. durch böse werden, mit folg. Part. daß od. weil. Dav.

διαγανάκτησις, ἡ, sp. heftiger Unwille.

δι-αγγέλλω, 1) Akt. überallhin melden; anzeigen, vorsagen, ausplaudern. **2)** Med. einen Befehl einander mitteilen od. zurufen.

δι-άγγελος, ὁ, Berichterstatter, τινός über etwas.

δια-γελάω (s. γελάω), **1)** trans. verlachen, auslachen, lächerlich machen, mit u. ohne τινά. **2)** intr. sp. lächeln, heiter sein, τὰ διαγελῶντα τῆς θαλάττης die Meeresstille.

δια-γεύομαι, sp. durchkosten.

δια-γίγνομαι (s. γίγνομαι), glücklich durchkommen (nicht sterben), sich behaupten, sich erhalten, sein Leben hinbringen, τοσάδε ἔτη so viele Jahre am Leben bleiben, τὴν νύκτα die Nacht zubringen, od. ἐν τοῖς ἐφήβοις die Dienstzeit als Ephebe ableisten, überh. mit ἔν τινι, verst. ὤν, ausdauern bei etwas: Gew. mit Adj. od. Part., wo es im Deutschen durch ein Adv. immer, fortwährend ausgedrückt zu werden pflegt, ἄρχοντα δ. sich in der Herrschaft behaupten. Auch: dazwischen verstreichen.

δια-γιγνώσκω und sp. **-γῑνώσκω** (s. γιγνώσκω), **1)** genau kennen lernen od. erkennen, unterscheiden, beurteilen, auch mit εὖ; τί od. εἰ, ὅτι. διεγνωκώς εἰμι ich habe die feste Überzeugung gewonnen. **2)** entscheiden, δίκην einen Prozeß, abs. u. mit περί τινος, κρίσις διεγνωσμένη ein ausgesprochenes Urteil. **3)** sich entscheiden, beschließen, mit folg. Inf. u. abs. *οὐ διεγνωκώς* unentschlossen. Dag. *διέγνωστο αὐτοῖς* es stand bei ihnen fest.

δι-αγκῠλόομαι, Med., die lederne Schleife (*ἀγκύλη, amentum*) des Wurfspeers (an dessen Schwerpunkt befestigt) fassen; *διηγκυλωμένος* wurfbereit; mit Akk. die Waffe fassen und so zum Werfen bereit halten.

δια-γλάφω (*γλάφω* = *γλύφω*), ep. Aor. *-γλάψας*, ausgraben, aushöhlen.

δια-γνώμη (bloß Thuk.), *ἡ*, **1)** die Unterscheidung, Erkennung. **2)** Entscheidung, Beschlußnahme, Urteil, *διαγνώμας ποιεῖσθαι* einen Spruch fällen, ein Urteil abgeben, *περί τινος*, aber auch unterscheiden.

δια-γνωρίζω, N. T. bekannt machen.

διά-γνωσις, *εως*, *ἡ*, Unterscheidung, Entscheidung, Beschluß.

δια-γνωστικός, 3. sp. zum Unterscheiden gehörig od. geeignet.

δια-γογγύζω, sp. N. T. sehr murren.

Διαγόρας, *ου*, *ὁ*, **1)** berühmter Athlet aus Rhodos zur Zeit Pindars. **2)** Philosoph aus Melos mit dem Bein. *ὁ ἄθεος*, 416 v. Chr. in Athen geächtet. **3)** sonst Eigenn.

δι-αγορεύω (*-ερῶ*, *-εἶπον*, *-εἴρηκα*), **1)** heraussagen, befehlen, *τινί*, mit folg. Inf. od. *ὑπέρ τινος*. **2)** schmähen, *κακῶς τινα*.

διάγραμμα, *τό*, **1)** Umriß, Zeichnung, Figur, bes. geometrische nebst dazu gehöriger Aufgabe, in der Musik Tonleiter, dah. *ὥσπερ ἀφ' ἑνὸς διαγράμματος* wie aus einer Tonart. **2)** Befehl, Edikt.

διαγραφή, *ἡ*, **1)** das Abzeichnen, Abgrenzen durch Linien. **2)** die Verschreibung. **3)** die Quittung. Von

δια-γράφω, **1)** aufzeichnen, verzeichnen (auch ein Bild entwerfen). **2)** zuschreiben, verschreiben, *τινί τι*. **3)** durchstreichen, verwerfen. Med. *διαγράψασθαι δίκην* die Klage aufgeben.

δια-γρηγορέω, N. T. durchwachen, Aor. vollends aufwachen, recht zum Wachen kommen.

δι-αγριαίνομαι, sp. wild-, böse-, unruhig werden.

δι-αγρυπνέω, die ganze Nacht durchwachen.

δι-άγχω, sp. ersticken, erwürgen.

δι-άγω, **1)** hindurch-, **hinüberführen,** überfahren, z. B. zu Schiffe. **2)** hinbringen, durchleben, m. Akk. *ἔτη*, abs. **a) sein Leben hinbringen,** sich durchfristen, *ἐν τοῖς σκευοφόροις* als Packträger; als Kausat. machen, daß jmd. sein Leben hinbringt, *ἔν τινι*, **b) zögern, verweilen,** *ἔν* u. *ἐπί τινι*, u. **c)** mit Adv. in einem Zustande, einer Lage **sich befinden,** *ἐν τοῖς χαλεπώτατα, ἄριστα* usw., od. mit Part. in einem Zustande verweilen, z. B. *σκοποῦσα διῆγεν* sie überlegte fortwährend. **3) führen,** geleiten, *τινά*. **5)** durchführen, **vollführen.** Dav.

διᾰγωγή, *ἡ*, die Führung, Lebensweise, mit u. ohne *βίου*; Zeitvertreib.

δι-αγωνίζομαι, Dep. med., sich im Kampfe messen, kämpfen, wettkämpfen, *ἀγῶνα δ.* einen Kampf entscheidend durch-, auskämpfen, bestehen, oder *ταῦτα* u. *ἔν τινι* in etwas, auch *μάχῃ* eine Schlacht wagen. Auch (*λόγῳ*) redend durchfechten, mit folg. relat. Nebens., u. so: vor Gericht einen Prozeß führen.

δια-δαίομαι, nur ep. u. ion. Aor. *διεδασ(σ)άμην*, (auch in tmesi), **1)** teilen, verteilen, *τινί*, od. *ἔς τινα* in etw. **2)** zerstören, zerreißen.

δια-δάκνω, sp. Akt. zerbeißen. Med. sich herumbeißen.

δια-δάπτω, ep. (in tmesi), zerreißen, zerfleischen.

δια-δᾰτέομαι, ep. (in tmesi), verteilen.

δια-δείκνῡμι (s. *δείκνυμι*), ion. (*-δέξω* usf.) u. sp. **1)** trans. durchscheinen lassen, dah. an den Tag legen, beweisen, zeigen, gew. mit folg. *ὅτι*, aber auch mit dem Part. *διαδεξάτω κηδόμενος* er zeige, daß usw., u. (im Pass.) *διαδεικνύσθω ἐὼν πολέμιος* er sei als Feind erklärt. **2)** intr. bes. ion. *διέδεξε* es war deutlich, es leuchtete ein.

δια-δέκτωρ, Gen. *ορος*, *ὁ* (*διαδέχομαι*), poet. ererbt.

δια-δέξιος, 2. ion. von sehr glücklicher Vorbedeutung.

δια-δέρκομαι, ep. Dep., Aor. *διέδρᾰκον*, durchblicken, durchschauen, *τί*.

διά-δετος, 2. poet. durch etw. (*τινός*) hin gebunden.

δια-δέχομαι, etwas von einem früheren Besitzer überkommen, ererben, empfangen, *τί*, z. B. *τὴν ἀρχὴν μετά τινα* jmds. Nachfolger in der Regierung sein, u., mit od. ohne *λόγον*, *παρά τινος* die Rede von jemand übernehmen, nach ihm sprechen, aber auch bloß *τινί* von einem übernehmen, d. i. ihn ablösen, u. so ohne Dat., z. B. *νὺξ ἀπωθεῖ διαδεδεγμένη πόνον* die Nacht verdrängt die von der frühern empfangene Not; in Zwischenräumen (bei der Verfolgung) ablösen, *τοῖς ἵπποις* mit frischen Pferden.

δια-δέω (s. I. *δέω*), **1)** Akt. an beiden Seiten anbinden, umbinden, mit u. ohne *ἀμφοτέρωθεν*. **2)** Med. u. Pass. sich das Diadem umlegen, sich mit der Stirnbinde schmücken; *διαδέδεμαι τὴν κεφαλὴν διαδήματι* ich trage das Haupt mit einer Stirnbinde umwunden. **3)** Pass. *ἔν τινι* an etwas gefesselt sein.

δια-δηλέομαι, ep. Dep. med., sehr beschädigen, zerreißen, ganz zerstören.

διά-δηλος, 2. ganz deutlich, erkennbar, abs. od. mit Part. augenscheinlich, daß.

δια-δηλόω, sp. ganz deutlich darstellen, *τὶ γράμμασι*.

διάδημα, *τό* (*-δέω*), **1)** schmale Stirnbinde zum Schmucke der Fürsten, Diadem. Bei den Perserkönigen war sie blau u. meist durchwirkt u. am Turban (*τιάρα*), bei Alexander weiß u. am Hute (*καυσία*) befestigt. Es steht daher **2)** auch für königliche Würde od. Herrschaft überh.

δια-διδάσκω, gründlich lehren (v. l.).

δια-διδράσκω, ion. **διαδιδρήσκω** (Tempora wie *ἀποδιδράσκω*), durchgehen, entlaufen, davonlaufen, sich verlaufen; *ἐπὶ τὰ ἑαυτῶν* in die Heimat.

δια-δίδωμι, von Hand zu Hand geben, aus-, verteilen, abs. u. *τί τισι* etwas unter einige, od. *τινά τισιν εἴς τι* einen unter einige zu etwas. Übertr. *λόγον δ.* ein Gerücht aussprengen, verbreiten.

δια-δικάζω, **1)** Akt. als Richter das Urteil fällen, einen Prozeß entscheiden; *τὰ -δεδικασμένα* das gefällte Urteil. **2)** gew. im Med. **a)** für sich einen Prozeß entscheiden lassen, d. h. ihn führen, sich gerichtlich auseinandersetzen, *περί τινος*. **b)** sich richten lassen, vor Gericht treten.

δια-δικαιόω, etwas als Recht verteidigen, verfechten, τί.
διαδικᾰσία, ἡ, 1) (διαδικάζω) das entscheidende Urteil, die Entscheidung 2) (διαδικάζομαι) Streit, in dem jede Partei behauptet, daß ihr etw. eher zukomme, od. daß die andere eher als sie etw. zu leisten habe.
δια-δῑφρεύω, poet. wettfahren, φόνον τινός um jmds. Tod wetteifern.
διά-δοσις, εως, ἡ, 1) Verteilung, Anteil. 2) Mitteilung, Spende.
διαδοχή, ἡ (διαδέχομαι). 1) **Übernahme,** νεώς Dem. 2) Aufeinanderfolge, **Nachfolge,** Erbschaft, τῶν ἐπιγιγνομένων der Nachkommen Thuk. 2, 36; dah. a) Nachkommenschaft, Fortpflanzung, b) **die Schule,** Στωική Plut. 3) **Ablösung** z. B. in der Verfolgung, δ. Ἐρινύων durch ununterbrochene Angriffe der Er. Eur. IT. 79; κατὰ δ. χρόνου in der Zeitenfolge Thuk., ἐκ δ. ἀλλήλοις sich ablösend Dem.; speziell militär. die ablösende Mannschaft Xen. Dem.
διάδοχος, ὁ, ἡ (διαδέχομαι), einer, der etw. an Stelle eines andern übernimmt, mit einem in etw. abwechselt, τινός in etw. ὁ δ. der Nachfolger, auch τινί einem nachfolgend, τινός in etw., so δ. ὢν Λάχης ἦρχεν im Oberbefehl über die Schiffe, die L. befehligte, οἱ δ. besonders die Nachfolger Alexanders d. Gr. Auch ablösende Mannschaft.
διαδρᾶναι, -δρῆναι u ähnl., s. διαδιδράσκω.
δια-δρᾶσι-πολίτης, ου, ὁ, poet. ein 'Ausreißbürger', der sich den Pflichten gegen den Staat zu entziehen sucht.
δια-δρηστεύω, ion. entlaufen (var. f. διαπρηστ.).
δια-δρομή, ἡ, poet. u. sp. das Hin- u Herlaufen, ἁρπαγαὶ διαδρομᾶν, Raub in der Verwirrung.
διά-δρομος, 2. poet. durcheinander laufend, übertr. δ. κίοσιν ἔμβολα durcheinander stürzendes Säulengebälk.
δια-δύνω, ion., intr. (var.) = dem folg.
δια-δύομαι, Fut. -δύσομαι, Aor. διέδῡν, hindurchschlüpfen, -gehen, -kommen, abs. od. τί od. διά τινος, ἔς τι od. πρός τινα, dah. entkommen, entschlüpfen, τί einer Sache, u. διά τινος etwas glücklich überwinden. Dav.
διάδῡσις, εως, ἡ, Ausflucht, im Pl. Winkelzüge.
δι-ᾴδω, sp. mißtönen.
δια-δωρέομαι, verschenken, als Geschenk verteilen.
δι-άει, s. **διάημι.**
δια-είδομαι, Fut. -είσομαι, ep. Med. 1) trans. von sich etwas durchsehen lassen, deutlich zeigen. 2) intrans. sich deutlich zeigen.
δι-ᾱείδω, buk. Fut. -αείσομαι, um die Wette singen.
δι-ᾱέριος, 2. sp. eigentl. durch die Luft, διαέρια λέγειν von den Dingen in der Luft reden.
δια-ζάω, ion. **δια-ζώω,** leben bleiben, mit u. ohne τὸν βίον, sein Leben hinbringen od. fristen.
διάζευγμα, τό, sp. Hafendamm, Mole. Von
δια-ζεύγνυμι (s. ζεύγνυμι), 1) Akt. u. Pass. auseinanderspannen, trennen; abschneiden. 2) Med. sich trennen. Dav.
διάζευξις, εως, ἡ, Trennung, τινός von etwas.
δια-ζητέω, durchforschen.
διάζωμα, spät. -ωσμα, τό (διαζώννυμι), 1) der Gürtel, Schurz, περὶ τὰ αἰδοῖα. 2) übertr. a) ein schmaler Landstrich. b) der Fries. Von
δια-ζώννυμι, Perf. pass. διεζωμένοι, 1) Akt. u. Pass. a) umgürten, mit einem Schurz versehen, dah. b) rings umgeben, τί τινι mit etwas, u. so überh. befestigen. 2) Med. sich aufschürzen.
δια-ζώω, s. διαζάω.
δι-άημι, ep. u. nur 3. sing. impf. διάει od. διάη, durchwehen, τί.
δια-θαλασσεύω, sp. durch ein Meer trennen.
δια-θεάομαι, durch u. durch d. i. genau betrachten.
δια-θειόω, ep. durchschwefeln, mit Schwefel reinigen.
δια-θερμαίνομαι, Pass. warm werden, in die Hitze kommen. Von
διά-θερμος, 2. durch u. durch warm, feurig, hitzig.
διάθεσις, εως, ἡ (διατίθημι), 1) akt. die Aufstellung, Anordnung, Plan, Einrichtung, bes. auch rednerische Darstellung, Vortrag. 2) pass. Zustand, Beschaffenheit; Stimmung, innere Verfassung, Gemütszustand, Gesinnung. 3) sp. gramm. das *genus verbi.*
διαθέτης, ου, ὁ (διατίθημι), ion. Ordner.
δια-θέω, 1) etwas durchlaufen, durch etwas hinlaufen, auch τινί mit einem um die Wette laufen. 2) hin u. her laufen. 3) übertr. auseinanderlaufen, sich verbreiten.
διαθήκη, ἡ (διατίθημι), 1) Anordnung, bes. eines Erblassers hinsichtlich seines Vermögens, Testament, meist im Plur. auch von einem Testament, διαθήκας (δια)τιθέναι, διατίθεσθαι, ein Testament machen, διαθηκῶν προσδοκία Erbschleicherei. 2) im N. T. a) Bund = *bĕrît,* καινή der neue, Matth. 26, 28 gegenüber τῇ πρώτῃ Hebr. 9, 15 vgl. Jerem. 31, 31. b) Bundesschrift, Testament ἡ παλαιά 2. Kor. 3, 14.
δια-θολόω, sp. ganz trüben, verdunkeln.
δια-θορῠβέω, sehr beunruhigen, τινά.
δι-αθρέω, poet. u. sp. durchspähen, genau beobachten.
δια-θροέω, überall aussprengen, τί od. mit folg. ὡς.
δια-θρῡλέω, durch das Gerücht verbreiten, aussprengen, beständig im Munde führen; διατεθρύλημαι bin übertäubt; διετεθρύλητο es war allgemein verbreitet, bekannt; ἡ ἐκκλησία διετεθρύλητο erdröhnte.
δια-θρύπτω, Perf. pass. -τέθρυμμαι, -τεθρύφθαι, Aor. διετρύφην [ῠ], 1) zerbrechen, zerschmettern. 2) übertr. verzärteln, verweichlichen, verwöhnen, eitel, stolz machen, jmdm. den Kopf verrücken. Im Pass. durch Schmeichelеien oder Lob übermütig od. eitel werden, sich aufblähen. 3) Med. poet. buk. spröde od. schön tun, sich zieren, sich brüsten.
διαί, poet. st. διά, w. s.
διαιβολίη, ἡ, poet. = διαβολή, Verleumdung.
δι-αιθριάζει (αἰθριάζω aufklären), unpers. es klärt sich auf, wird hell, übertr. das Gewölk verteilt sich.
δί-αιθρος, 2. sp. hell, heiter.
δι-αιθύσσω, poet. schnell durchfahren, auch übertr.
δί-αιμος, 2. poet. u. sp. blutig, blutgemischt. δίαιμον ἀναπτύειν Blut spucken.
διαίνω (I. δεύω), ep. u. poet. Aor. ἐδίηνα, 1) benetzen, anfeuchten. 2) poet. beweinen. 3) Med. weinen.
διαίρεσις, εως, ion. ιος, ἡ (διαιρέω), Trennung, 1) Trennung zweier Laute oder Silben. 2) Verteilung von Geld od. Beute, κατὰ διαίρεσιν ge-

trennt, Stück um Stück. 3) Hypothek. 4) Unterscheidung, Unterschied. 5) poet. Entscheidung.
διαιρετικός, 3. sp. zum Einteilen geschickt; Adv. **-ῶς** mit genauer, geschickter Einteilung.
διαιρετός, 3. 1) teilbar. 2) unterscheidbar, λόγῳ in Worten.
διαίρετος, 2. poet. zugeteilt (Soph. Tr. 163, var. διαιρετόν, -τήν).
δι-αιρέω, ep. auch in tmesi, Perf. ion. διαραίρηκα, Fut. spät. διελοῦμεν = διαιρήσομεν. 1) **auseinandernehmen,** trennen, u. zwar spalten, zerlegen, zerschneiden Il. 20, 280; πυλίδα ein Pförtchen sprengen Thuk., ὀροφήν ein Dach aufreißen, abdecken Thuk., σταυρούς wegreißen Xen.; mit Gen. part. τοῦ τείχους eine Bresche in die Mauer legen Thuk., τὸ διῃρημένον die Bresche, Öffnung. • 2) **zertrennen** Plat. Phaid. 78 c. • 3) teilen, d. i. • a) **einteilen,** δύο μοίρας Λυδῶν die L. in 2 T. Hdt., auch τὶ εἰς, κατὰ μέρη; Med., α) *sibi*: κατ' ὀλίγας ναῦς δ. ihre Schiffe in kleine Geschwader teilend Thuk. 4, 11, β) **unter sich** teilen λῃΐην Hdt., τὶ κατὰ πόλεις unter die Städte aufteilen Thuk.; Pass. δ. κατ' ἀναπαυλάς in Ablösungen eingeteilt Thuk. • b) **verteilen,** zuteilen, τί u. τί τινι. • 4) auseinandersetzen, d. i. • a) **bestimmt behaupten,** τὶ περί τινος • b) **festsetzen** od. ausdeuten, auslegen, zergliedern, erklären (definieren Hdt., auch Med.), analysieren, charakterisieren, τοῖς ἔργοις durch Tatsachen • c) **unterscheiden,** τί m. folg. ὡς; auch Med. • d) **entscheiden,** bes. Streitigkeiten τὰς διαφοράς. überh. entscheiden, bestimmen. mit εἴτε.
δι-αίρω, 1) Akt. **aufheben,** a) erheben. b) entfernen. c) aufbrechen, übersetzen, εἴς τι wohin. d) τὸ στόμα den Mund öffnen, die Stimme erheben. διηρμένος erhaben, τὸ στόμα mit offenem Munde. 2) Med. a) sich erheben, in die Höhe schwingen. b) etwas von sich erheben.
δι-αισθάνομαι, unterscheiden.
δι-αΐσσω, s. διάσσω.
δι-ᾱϊστόω, poet. gänzlich ungesehen machen, vernichten, töten.
I. **δίαιτα,** ἡ, 1) Lebensweise, auch mit ζωῆς, u. ἡ ἔνδον die häusliche Lebensweise, ferner Lebensart, Aufenthalt, ἡ κατ' ἄνθη das Leben unter Blumen, u. δίαιταν διαιτᾶσθαι ein Leben führen. 2) Lebensunterhalt, Lebensbedürfnisse, *victus*, Lebensmittel, Kost, ἡ οἴκοι δ. die eigene Unterhaltung, δίαιταν ἔχειν παρά τινι bei einem leben; daher 3) Aufenthaltsort, τὴν δίαιταν u. τὰ τῆς δ. ποιεῖσθαι seinen Aufenthalt nehmen, sich aufhalten, ἔν τινι; Wohnplatz; insbes. Kajüte, Zelle, Kabine. 4) vom Arzte vorgeschriebene Lebensart, Diät. 5) übertr. Sorgfalt, Umgang.
II. **δίαιτα,** ἡ, schiedsrichterliche Entscheidung, Schiedspruch, δ. ἐπιτρέπειν τινί übertragen.
I. **διαιτάω** (v. I. δίαιτα), Impf. διῄτων, Fut. διαιτήσω, Aor. (ἐ)διῄτησα (sp. ἐδιαίτ.), Perf. δεδιῄτηκα (δεδιαίτ.). 1) Akt. **am Leben erhalten,** bes. jmdn. ärztlich behandeln, **kurieren;** ὑπὸ δεσπότῃ unter einem Herrn dienen. 2) Med.-Pass. **διαιτάομαι,** Fut. διαιτήσομαι, Aor. διῃτήθην, Perf. δεδιῄτημαι: ion. Präs. auch διαιτεῦνται, Impf. διαιτᾶτο, Aor. διαιτήθην, a) **beköstigt werden,** leben, b) wo leben, **sich aufhalten,** ἐπ' ἀγροῦ od. παρά τινι, c) ein **Leben führen,** auch δίαιταν διαιτᾶσθαι, oder πολλὰ ἐς θεοὺς νόμιμα δεδιῄτημαι ich habe das religiöse Herkommen beobachtet Thuk. 7, 77.
II. **διαιτάω** (v. II. δίαιτα; Formen wie oben, selten im Med.), Schiedsrichter sein, abs. od. τί etwas schiedsrichterlich entscheiden, überh. entscheiden, τί etwas od. über etw., od. mit ὅπως ἔχει.
διαίτημα, τό, Lebensweise, Lebensunterhalt.
διαιτητής, οῦ, ὁ, *arbiter*, der Schiedsrichter, in Athen eine Art erster Instanz für minder wichtige Zivilsachen, 1) αἱρετοί freiwillig von den Parteien gewählte Private ohne Berufung. 2) κληρωτοί erloste, öffentliche Schiedsrichter, jährlich über 100 (viell. eine Zeitlang 440) in zehn Sektionen je nach den Phylen, zu jedem Rechtshandel von der Behörde einer ausgelost, behufs Instruktionen und Entscheidung des Prozesses. Hier war Berufung, ἔφεσις, an die Heliasten zulässig.
διακᾱής, ές (καίω), sp. durchglüht, brennend heiß.
δια-καθαίρω, durch u. durch, ganz reinigen.
δια-καθαρίζω, Fut. -ιῶ, N. T. dasselbe.
δια-κάθημαι, sp. sich in Zwischenräumen niedersetzen, niederlassen, ἐπί τινος auf etwas.
δια-καίω, ion. u. ep. 1) durchbrennen, sich etwas (τί) ausbrennen. 2) übertr. anfeuern, entflammen, τί od. τινὰ ἐπί τινα.
δια-κᾰλύπτω, ganz enthüllen.
δια-κᾰνάζω, poet. durchrauschen.
δια-καρτερέω, ausdauern, ausharren, mit Part. in etw., πρός τι gegen etwas, εἰς τὴν πατρίδα im V.
δια-κατελέγχομαι, Med., N. T. gänzlich widerlegen.
δια-κατέχω, 1) trans. sp. a) zurückhalten, aufhalten. b) inne haben, bewohnen. 2) intr. sich halten, sich behaupten.
δια-κεάζω, ep. Aor. διὰ — ἐκέασσα, durchspalten.
διά-κειμαι • 1) in irgend eine Lage versetzt sein, sich in einem Zustande, in Verhältnissen befinden, beschaffen, gesinnt (mit u. ohne hinzugef. τὴν ψυχήν, τὴν γνώμην) od. **gestimmt sein,** meist mit Adv. τινί, πρός τινα, παρά τινι; ὡς δ. in welchem Zustande bin ich! Eur.; μοχθηρῶς δ. elend sein Plat.; ἀγροικοτέρως τὴν ψυχήν eine rohe Seele haben; οὕτω δ. παρ' ἐμοί so bist du bei mir angeschrieben; ἄμεινον ὑμῖν διακ. es wird um euch besser bestellt sein Xen. An. 7, 3, 17 • 2) Perf. pass. zu διατίθημι: διάκειται es ist **bestimmt,** festgesetzt, angeordnet; ἐπὶ διακειμένοισι unter festgesetzten Bedingungen Hdt. 9, 26.
δια-κείρω, ep., Inf. aor. 1. διακέρσαι, eigentl. zerschneiden, dah. vereiteln.
δια-κελεύομαι, Dep. med., zureden, ermuntern, einen Vorschlag machen, anraten, τινί, auch ἑαυτῷ Mut fassen, u. zwar τὶ etwas anraten, od. mit Inf. wozu, od. auch ὅπως. Auch abs. sich gegenseitig ermuntern od. antreiben. Davon
διακελευσμός, ὁ, gegenseitige Ermunterung.
διά-κενος, 2. a) dazwischen leer, τὸ διάκενον der leere Zwischenraum, leere Stelle. b) dünn, mager.
δια-κηρῡκεύομαι, Dep. med., durch einen Herold unterhandeln, πρός τινα.
δια-κηρύττω, sp. durch den Herold verkünden od. ausbieten lassen.

διακινδῡνευτέος, 3., Adj. verb. von διακινδυνεύω, διακινδυνευτέα (nicht attisch), man muß es wagen, es ist notwendig, daß gekämpft, ein Treffen geliefert werde.

δια-κινδῡνεύω, sich einer Gefahr aussetzen, einen Kampf wagen, in einen Entscheidungskampf treten; ἔς τι einen Angriff auf etwas wagen, πρός τινα es mit einem aufnehmen, διακεκινδύνευταί μοι ich ließ es darauf ankommen.

δια-κῑνέω, heftig bewegen, rütteln, aufregen.

δια-κλάω, Aor. ep. διέκλασσα, 1) zerbrechen, κατὰ μικρόν klein brechen. 2) entkräften.

δια-κλέπτω, Aor. pass. -εκλάπην, wegstehlen, heimlich beiseite schaffen, einer Gefahr entziehen.

δια-κληρόω, 1) Akt. a) verlosen, durchs Los verteilen, τινὰ ἐπί τινι jmdn. einem durchs Los zuteilen. b) losen lassen, τινά. 2) Med. unter sich losen.

διακλήρωσις, ἡ, die Wahl durchs Los, Auslosung.

δια-κλίνω [ῑ], sp. ausweichen, vermeiden, τί.

διάκλῐσις, ἡ, sp. das Ausweichen.

δια-κλύζω, bespülen, τινί, mit etwas.

δια-κναίω, poet. eigtl. zerschaben, dann überh. zertrümmern, übertr. (durch Erschöpfung) umkommen lassen, vernichten, αὐτοῖς τοῖς μελάθροις mitsamt dem Gemach.

δια-κολλάω, sp. leimen.

διακομιδή, ἡ, das Hinüberschaffen, τινὸς εἴς τι.

δια-κομίζω, 1) Akt. hinüber-, od. herüber-, überh. fortbringen od. fortschaffen, τί u. τινὰ ἔκ τινος ἔς τι. 2) Pass. mit Fut. διακομισθήσεται, hinübergebracht, an einen andern Ort getragen werden, überh. übersetzen, übergehen, wohin gelangen, durchkommen. 3) Med. das Seine herüber- od. zurückholen, z. B. τοὺς νεκρούς seine Toten.

διᾱκονέω, Impf. ἐδιᾱκόνουν, Fut. διᾱκονήσω, Aor. ἐδιᾱκόνησα, Perf. δεδιακόνηκα usf., ion. **διηκονέω**, διηκονήσω, bei Sp. in der Mitte augmentiert: διηκονεῖτο u. ä., 1) Akt. dienstbar sein, τινί, im Part. mit τῷ δεσπότῃ im Dienst seines Herrn dienen; bes. bei Tische aufwarten. Aber τινί τι einem einen Dienst verrichten, ihn in etwas bedienen; τὰ καλῶς δεδιακονημένα die gut geleisteten Dienste. 2) Med. a) sich selbst bedienen, allein schaffen. b) = Akt. τινί τι od. auch τοῖς ἀλλοτρίοις ἀγαθοῖς das Gute in fremdem Auftrage, von jmdm. genötigt tun. Dav.

διακόνημα, τό, Dienst.

διᾱκονία, ἡ, 1) Dienst, Dienstleistung, im Plur. Aufträge, πρός τινα, τῆς δ. ἐπί τινι μέτειμι ich habe auch dabei Dienste geleistet. 2) sp. Anstalt, häusliche Einrichtung. 3) N. T. auch das Amt des διάκονος.

διᾱκονικός, 3. zum Dienst, zur Bedienung geschickt, dienstbar, dienstbeflissen. Von

διάκονος [ᾱ], ὁ, ἡ, ion. **διήκονος** (zu ἀ-κονῑτί ohne Anstrengung, u. ἐγ-κονεῖν), 1) der Diener, Leibdiener, Aufwärter, überh. einer, der etwas besorgen soll, *minister*. 2) N. T. u. sp. der Diakonus, im engern Sinne der Almosenpfleger, auch Speisemeister.

δι-ᾱκοντίζομαι, Fut. -ιοῦμαι, Med., untereinander mit den Wurfspießen kämpfen, um die Wette Wurfspieße werfen.

διακοπή, ἡ, sp. Zerhauung, klaffende Wunde. Von

δια-κόπτω, 1) trans. a) zerhauen, zerschneiden, durch-, ab-, niederhauen, zerbrechen, durchbrechen, sprengen, durchstechen, zerstören, vernichten, abs. u. τί. b) unterbrechen, vereiteln, abs. 2) intrans. u. Pass. sich durchschlagen, πρός od. εἴς [τι zu etwas.

δια-κορής, 2. u.

διά-κορος, 2. (κορέννυμι), ganz satt.

Διακός, 3., Διακὸν γένος = Δῖοι, s. d.

διακόσιοι, 3., ion. **διηκ.** (dor. διακατίοι, von ἑ-κατό-ν), zweihundert.

δια-κοσμέω (auch in tmesi), 1) Akt. ordnen, abteilen, teilen, ἐς δεκάδας in Reih u. Glied stellen, dah. in Ordnung bringen, anordnen, einrichten, instand setzen, τί, auch τί τινι etwas durch etwas vervollkommnen. 2) Med. sich (*sibi*) etwas ganz in Ordnung bringen, ordnen. Dav.

διακόσμησις, εως, ἡ, die Anordnung; Einrichtung, auch im Plur. [Schlachtordnung.

διάκοσμος, ὁ, Anordnung, Einrichtung, Gestaltung;

δι-ᾱκούω, (διακούσομαι usf.), Aor. dor. **διάκουσα**, durchhören, bis zu Ende hören, überh. an-, verhören, hören, τί, doch auch τινός etwas od. jmdn., bes. als Schüler od. Anhänger jmds. Vorträge anhören.

διακρᾱνόω, buk. = διακρηνόω (κρήνη), hervorquellen

δια-κρᾰτέω, sp. intr. sich halten. [lassen.

Διακρία, ἡ, der nordöstliche Teil Attikas, vom Pentelikon bis zur Nordgrenze. Seine Bewohner οἱ **Διάκριοι**, z. Z. des Peisistratos eine politische Partei.

δι-ακρῑβόω (ἀκριβής), 1) Akt. a) genau, sorgfältig machen, nachbilden. b) durch u. durch, also genau erforschen, genau erkennen, kennen. 2) Med. genau erörtern, nachgrübeln, untersuchen, περί τινος. 3) Pass. διηκριβωμένος, ganz genau, sorgfältig.

διακρῐδόν, ep. ion. u. sp. Adv., abgesondert, dah. entschieden, bestimmt, gew. mit dem Superl. Von

δια-κρίνω [ῑ], Aor. 1. pass. ep. auch **διεκρίνθην**, Inf. **διακρινθήμεναι** u. dor. **διακριθῆμεν** st. **διακριθῆναι**, **trennen, scheiden**, sondern; auch χωρίς, u. zwar τί od. τινὰ ἀπό τινος von etwas; Pass. διακριθῆναι πρός sich in Parteien trennen Thuk. 1, 18; Im bes. • 1) von Streitenden: auseinanderbringen • 2) **unterscheiden**, διακρίνων οὐδένα ohne Unterschied = ὁμοίως, od. auch auswählen, ausheben. Pass. sich unterscheiden; οὐδὲν διεκέκριτο es wurde kein Unterschied gemacht Thuk. • 3) **entscheiden**, Urteil fällen, **richten**, abs. oder δίκας, überh. beurteilen, auch mit den Waffen entscheiden; Med. **unter sich schlichten**; Pass. entschieden werden, auch vom Kriege; διακριθῆμεν es soll auf dem Rechtsweg entschieden werden Thuk. 5, 79 • Im Pass., abges. vom eigentl. Pass., bes. **sich trennen**, auseinandergehen, fortgehen, abs. u. ἀπό τινος von einem, auch von ihm abfallen, πρός τινα sich trennen u. an jmdn. anschließen, ἐπ' οἶκον sich trennen u. nach Hause fahren, Insbes. • a) von Streitenden: auseinanderkommen, teils μάχῃ, αἵματι seinen

Streit mit den Waffen ausmachen od. schlichten, teils friedlich den Streit beilegen, sich vergleichen, versöhnen • b) im N. T. zweifeln. Dav.

διάκρῐσις, εως, ἡ, 1) Teilung. 2) Unterscheidung. 3) Entscheidung, Urteilsspruch. 4) κόμης Frisur.

διακρῐτέος, 3., Adj. verb. von διακρίνω, was zu entscheiden ist, ταῖς δίκαις mit Prozessen

διακριτικός, 3. zum Unterscheiden dienlich od. geschickt, ἡ διακριτική (mit u. ohne τέχνη) die Kunst zu unterscheiden. Von

διά-κριτος, 2. buk. ausgezeichnet.

δια-κροτέω, durchschlagen, durchbohren.

διάκρουσις, ἡ, Aufenthalt, Verzögerung. Von

δια-κρούω, 1) Akt. unterbrechen. 2) Med. zurückstoßen von sich, τινά od. τί einen od. etwas zurückweisen, abweisen, beseitigen, τὸν νόμον Einspruch erheben vermittels des Veto, dah. a) etw. von sich weisen. b) einen abweisen, mit eitlen Versprechungen hinhalten, täuschen. c) verzögern, aufschieben; τί etwas.

διάκτορος, ὁ, ep. u. sp. Geleiter, Begleiter, Bote.

δια-κῡβερνάω, hindurchsteuern, durchlavieren; regieren, leiten.

δια-κῡκάω, mit ἄνω καὶ κάτω, durcheinander mengen, das Unterste zu oberst kehren.

δια-κῡμαίνω, sp. in wellenförmige Bewegung setzen, τί.

δια-κύπτω, ion. durch od. aus etwas (διά τινος) [hervorgucken.

δια-κωδωνίζω, ausforschen, prüfen.

διακώλυσις, ἡ, die Verhinderung.

διακωλῡτής, οῦ, ὁ, Verhinderer.

διακωλῡτικός, 3. hinderlich. Von

δια-κωλύω [ῡ], hindern, zurückweisen, τί, τινά, auch Inf., bisw. μή, od. τινά u. ὥστε μή mit Inf.; eigentüml. τὸν κύκλον, d. h. die (Zerstörung der) Ringmauer verhindern.

δια-κωμῳδέω, lustspielartig verspotten, überh. [verspotten, τί.

διᾰκωχή, s. διοκωχή.

δια-λαγχάνω (s. λαγχάνω), 1) durch Los verteilen, τί, überh. teilen, dah. poet. übertr. in Stücke zerreißen. 2) sp. durchs Los bezeichnet werden.

δια-λακτίζω, buk. in Stücke zerreißen.

δια-λᾰλέω, poet. u. sp. mit einem plaudern, etwas besprechen, ausplaudern.

δια-λαμβάνω, Perf. pass. ion. διαλέλαμμαι, **auseinandernehmen** • 1) **teilen,** verteilen, θώρακες διειλημμένοι τὸ βάρος Panzer, die in ihrer Last gut verteilt sind Xen., οἰκίας verteilen Lys., ἀργύριον Xen. A. • 2) **trennen,** sondern, scheiden, mit u ohne χωρίς; ὅρους διαλαβεῖν Grenzen abstecken Dem.; Aristot.: τείχη in Zwischenräumen besetzen; χρώμασι διειλημμένος verziert Plat. Phaed. 110 b; Plut. • a) übertr. **einzeln** für sich etwas **betrachten,** annehmen, meinen, glauben; διαλαβών im einzelnen • b) im Sprechen absondern, dah. διαλαβεῖν λέγοντα im Sprechen eine Pause machen • 3) etwas **Verteiltes empfangen,** seinen bestimmten Anteil bekommen, von mehreren Partnern etwas empfangen, zugeteilt bekommen • 4) getrennt **packen,** χεῖρας καὶ πόδας Hdt., dah. • a) ergreifen, festnehmen Hdt. Plat. • b) als Ausdruck der Fechtersprache: rund um den Leib fassen • c) übertr. διειλημμένος ὑπὸ τοῦ σωματοειδοῦς vom Körperlichen durchdrungen Plat. Phaed. 81 c • 5) mit dem Geiste auffassen, **erwägen,** auseinandersetzen, περί τινος über etwas sprechen.

δια-λάμπω, durchleuchten, 1) intr. durchschimmern, hervorleuchten, meist im übertr. Sinne, doch auch ἡμέρα der Tag bricht an (so auch abs., διαλάμποντος). 2) trans. sp. durchschimmern lassen.

δια-λανθάνω (s. λανθάνω), unbemerkt, übergangen, vergessen bleiben, entschwinden, teils abs διαλαθών unbemerkt, teils τινά, od. mit Part. διαλάθοιεν τοιοῦτοι γενόμενοι d. i. in ihrer derartigen Beschaffenheit.

δι-αλγής, 2. (ἄλγος), 1) sp. pass. von durchdringenden heftigen Schmerzen gepeinigt. 2) poet. akt. schmerzbringend.

δια-λέγω • 1) **Akt.** • a) (-λέξω, -έλεξα), auslesen, aussuchen (τῆς στρατιῆς δ. τοὺς βούλεται Hdt. 8, 107), ausscheiden, unterscheiden, absondern, τὶ κατὰ γένη • b) durchsprechen (-ερῶ, -εῖπον, -είρηκα), s. διεῖπον • 2) **Depon. διαλέγομαι,** att. Fut. διαλέξομαι (selten -λεχθήσομαι), Aor. διελέχθην, Perf. διείλεγμαι, ep. Aor. διελέξατο in Bdtg. a) • a) **überdenken,** erwägen • b) **sich unterreden, besprechen,** sich unterhalten, absol. oder τίνι u. πρός τινα mit einem, περί τινος über etwas, aber διαλέγεσθαί τί τινι und πρός τινα etwas durchsprechen Xen. Mem.; auch Dialektik treiben, gewandt sein im Reden, τὸ δ. Dialektik • c) überh. **sprechen,** τῇ πόλει öffentlich, ἔν τινι vor jmdm., κατὰ ταὐτά in derselben Mundart Hdt. 1, 142 • 4) beiwohnen, τινί Plut.

διάλειμμα, τό, Zwischenraum (ἐκ διαλειμμάτων in Zwischenräumen), Pause. Von

διαλείπω, 1) trans. **dazwischen lassen,** a) einen Raum, z. B. ὅσον δύο πλέθρα od. τοσοῦτον, auch im Pass. διελέλειπτο δύο σταδίους es blieb ein Zwischenraum von 2 Stadien, b) eine Zeit, ου πολὺ διαλιπών nach wenig Augenblicken, χρόνον von Zeit zu Zeit, u. mit weggel. Akk., c) unterlassen, **aufhören,** mit Part., δ. λέγων stocken; Part. mit Negat. unaufhörlich. 2) intr. **dazwischen liegen,** a) vom Raume: entfernt sein, ἀπό τινος von etwas, u. διαλείποντες in Zwischenräumen. Subst. τὸ διαλεῖπον der Zwischenraum Xen., b) von der Zeit: dazwischen vergehen, διαλιπόντων ἐτῶν τριῶν nach einer Zwischenzeit von 3 Jahren Thuk.

δι-ᾰλείφω, sp. durchstreichen, auslöschen.

διαλεκτικός, 3. (διαλέγομαι), zum Disputieren, zur Dialektik gehörig, geübt od. geschickt, dialektisch, ἡ διαλεκτική verst. τέχνη die Disputierkunst, Dialektik.

διάλεκτος, ἡ (διαλέγομαι), 1) Unterredung, mündliche Verhandlung, πρός τινα mit einem. 2) sp. Sprache, Ausdrucksweise; Mundart eines [Volks.

διάλεξις, εως, ἡ, sp. = διάλεκτος.

δια-λεπτολογέομαι, poet. mit jem. (τινί) spitzfindig sich unterhalten, Einzelforschungen anstellen.

διά-λευκος, 2. sp. weißlich, mit weiß untermischt.

διά-ληψις, εως, ἡ, Auffassung; Annahme, Ansicht.

διά-λιθος, 2. sp. hin u. wieder mit edlen Steinen besetzt.

διαλλᾰγή, ἡ (διαλλάσσω), eigtl. Umtausch, dann bes. Wechsel der Gesinnung, Versöhnung, Bündnis.

διάλλαγμα, τό, poet. der Tausch.

διαλλακτήρ, ὁ, poet. = διαλλακτής.

διαλλακτής, οῦ, ὁ, Vermittler, Friedensstifter, Versöhner, περί τινος.

δι-αλλάσσω, att. -ττω, 1) **verändern,** eintauschen, a) **wechseln;** ναυάρχους andere Kapitäne einsetzen Xen.; χώραν durchwandern Xen.; ἐσθῆτα ein anderes G. anziehen Plut., b) **eintauschen** gegen: ἀντί, περί τινος, τινός; Med. unter sich tauschen; eine Sache aufgeben, sich entäußern: ἔχθρας. 2) jmds. Gesinnung verwandeln, **versöhnen** τινά τινι; einen Streit schlichten; Med.-Pass. **sich** versöhnen τινί, πρός τινα. 3) intr. **verschieden sein,** sich unterscheiden; τὸ διαλλάττον Verschiedenheit Thuk. 3,10; dah. sich auszeichnen, übertreffen; Pass. verschieden sein τοῖς εἴδεσι Thuk.

δια-λογίζομαι, Dep. med., 1) bei sich erwägen. 2) gemeinschaftlich untersuchen. Dav.

διαλογισμός, ὁ, Untersuchung, Gedanke, Grundsatz, Überlegung, Bedenklichkeit.

διάλογος, ὁ (διαλέγομαι), Unterredung, Gespräch, Dialog, περί τινος.

δια-λοιδορέομαι, Dep. pass., heftig schelten, τινί auf einen.

δια-λῡμαίνομαι, Dep. med., grausam mißhandeln, verstümmeln, ins Verderben stürzen, schädigen, auch bloß entstellen, τινά u. τί. Perf. διαλελύμασμαι ion. auch in pass. Bdtg.

διάλῠσις, εως, ἡ (διαλύω), Auflösung, Trennung, Zerstörung, διάλυσιν ποιεῖσθαι sich zerstreuen, δ. στρατοπέδου Entlassung des Heeres, πολέμου Einstellung der Feindseligkeiten, τῶν ὡμολογημένων Vertragsbruch, δανείων Bezahlung der Schulden; διαλύσεις friedliche Lösung, Friedensvertrag, Versöhnung.

διαλῠτής, οῦ, ὁ (διαλύω), Auflöser, Verräter, τινός.

διαλῠτικός, 3. zum Auflösen geschickt. Von

διαλῠτός, 3. auflöslich. Von

δια-λύω • I) **Akt.** u. **Pass.** auflösen in seine Teile, dah. • 1) **trennen,** τινά. Im Pass. sich trennen, fortgehen, ἔκ τινος, z. B. ἐκ τοῦ συλλόγου aus der Unterredung Hdt., ἀπ' ἀλλήλων auseinandergehen Plat.; auch Med. • 2) zugrunde richten, **vernichten, zerstören,** zerschlagen, entkräften; im Pass. aufgelöst werden, sterben. • 3) überh. zunichte machen, **aufgeben,** ein Bündnis auflösen, aber auch Krieg aufheben, schlichten, beseitigen, abs. u. τὸν πόλεμον Thuk., od. eine Schuld bezahlen, mit u. ohne τὸ χρέος, φερνήν zurückerstatten Pol.; Med. von seinen Mitteln bezahlen • 4) eine Versammlung **entlassen,** aufheben, und τὸν λόγον μεταξύ die Unterredung in der Mitte abbrechen; insbes. oft vom Heere: entlassen. Pass. auseinandergehen, entlassen werden, sich zerstreuen.

II) **Med.** etwas (τί) unter sich aufheben, Freundschaft, Streit, περὶ τῶν ἐγκλημάτων die Beschwerden erledigen, überh. **sich vergleichen, versöhnen,** τινί u. πρός τινα mit einem.

δια-λωβάω, 1) Akt. sp. über u. über verstümmeln. 2) Pass. verkommen.

δι-αμᾰθύνω, poet. ganz zu Staub machen, vernichten, vertilgen.

δια-μαλάσσω, sp. völlig erweichen.

δια-μαντεύομαι, sp. sich (*sibi*) weissagen, ὄρνισι aus dem Fluge der Vögel.

δι-ᾰμαρτάνω (s. ἁμαρτάνω), sich ganz irren, a) abkommen, τινός von etwas, etwas verfehlen, nicht erreichen, τοῦ παντός auf ganz falschem Wege sein, auch τινί womit, worin; b) sp. absol. sich verirren. c) einer Sache verlustig sein, sie nicht haben. Dav.

διαμαρτία, ἡ, Irrtum, Fehler, Versehen, τῶν ἡμερῶν in den Tagen, τόπου das Verirren.

δια-μαρτῠρέομαι, Pass., durch Zeugen widerlegt werden, mit folg. Inf. u. μή.

δια-μαρτῠ́ρομαι, Dep. med., 1) Gott od. Menschen zu Zeugen anrufen, wegen eines erlittenen Unrechts. 2) schwören auf etwas, versichern, mit folg. ὅτι. 3) beschwören = dringend bitten, μὴ ποιεῖν τι etwas nicht zu tun.

δια-μαστῑγόω, durchpeitschen.

δια-μαστροπεύω, sp. verkuppeln, τὴν ἡγεμονίαν γάμοις einem die Herrschaft durch eine Heirat zuwenden.

δια-μάχομαι, einen Kampf durchkämpfen, ihn aushalten, einen (entscheidenden) Kampf wagen. Mit einem abhäng. Satze: dafür kämpfen, daß, es durchsetzen, sich beeifern, erstreiten, mit dem Inf. mit u. ohne μή, auch περὶ τούτων ὅπως, od. bloß ὅπως od. ὅτι d. h. streiten od. behaupten, daß, widerstreiten, u. τί etwas verweigern.

δι-αμάω, Aor. ep. διάμησε, 1) Akt. zermähen, zerschlitzen, durchschneiden, durchhauen, zerkratzen, aufreißen. 2) Med. sich (*sibi*) auseinanderkratzen, aufscharren, aufgraben.

δια-μεθίημι, poet. loslassen, fahren lassen, τί.

δι-ᾱμείβω, vertauschen, eintauschen; etwas durchwandern. Absol. wechseln (z. B. in der Liebe).

δια-μειδιάω, lächeln.

δια-μειρᾰκιεύομαι, sp. Dep. med., sich knabenhaft streiten, τινί mit jmdm.

δι-άμειψις, εως, ἡ, sp. Umtausch, Austausch, z. B. der Gefangenen.

δια-μελετάω, durchüben, überlegen.

διαμέλλησις, εως, ἡ, das Zaudern, τὴν δ. ποιεῖσθαι τῆς φυλακῆς mit Schutzmaßregeln zaudern.

δια-μέλλω, Fut. -μελλήσω usf., 1) Akt. immer nur tun wollen, also zaudern, zögern, dah. τὸ διαμέλλον die Verzögerung; mit Part., so mit περισκοποῦντας zögern, um erst nachzusehen, παριέντας mit Zögern vorbeilassen. 2) Pass. διαμέλλεται es wird gezögert, Zeit geht verloren.

δια-μέμφομαι, hart tadeln, τί.

δια-μένω, 1) verbleiben, ἔν τινι bei od. in etwas. 2) noch immer bleiben, Bestand haben, τινί für jmdn., oft mit hinzugefügtem ἔτι. Mit dem Part. λέγων ich spreche unablässig, unentwegt, unverdrossen, οὕτως ἔχουσα besteht noch immer so fort. Auch mit Adj.

δια-μερίζομαι, 1) Akt. zerteilen. 2) Med. a) sich verteilen. b) unter sich teilen. 3) Pass. sich entzweien, ἐπί τινι u. ἐπί τινα, N. T.

διαμερισμός, ὁ, Teilung, N. T. Uneinigkeit.
διαμετρέω, 1) Akt. u. Pass. a) durchmessen, abmessen, mit u. ohne Akk., περὶ τὸ τεῖχος, auch bes. τὸ ὕδωρ die nach der Klepsydra zugemessene u. bestimmte Zeit für die Rede vor Gericht bestimmen. b) nach dem Maße verteilen. 2) Med. a) sich zumessen lassen, nach Ausmessung unter sich verteilen. b) sich (*sibi*) etwas zumessen. c) = Akt. Dav.
διαμέτρητος, 2. ep. vermessen, abgemessen.
διά-μετρος, ἡ, der Durchmesser, die Diagonale; ἐκ διαμέτρου entgegengesetzt; κατὰ διάμετρον diametral gegenüberliegend.
δια-μηχᾰνάομαι, Dep. med., stets im Werke haben, ansinnen, mit folg. Inf. od. ὅπως. [karg sein.
δια-μῑκρολογέομαι, sp. gegen jmdn. kleinlich,
δι-αμιλλάομαι, Dep. wetteifern, τινί od. πρός τινα wetteifernd sich bemühen mit einem.
δια-μιμνῄσκω, nur im Perf. pass. διαμέμνημαι, fest im Gedächtnis haben, sich wohl erinnern.
δια-μῑσέω, sp. von Grund aus hassen.
δια-μιστύλλω, ion. zerstückeln, mit κατὰ μέρεα in Stücke zerteilen, τί.
δια-μνημονεύω, 1) ins Gedächtnis zurückrufen, im Gedächtnis behalten od. haben, sich erinnern, τί od. τινός. 2) einer Sache gedenken, erwähnen, τί, mit dem Part. διαμνημονεύεται ἔχων man erwähnt noch, daß er gehabt.
δια-μοιράω, poet. u. sp. zerteilen, verteilen; zerreißen; Med. ep. u. poet. in Stücke teilen, zerteilen, ἕπταχα in sieben Stücke.
δια-μονή, ἡ, sp. die Dauer.
δια-μόρφωσις, εως, ἡ, sp. die Gestaltung.
διαμπάξ (aus δι-ανα-παξ, πήγνυμι), poet. u. sp. Adv., durch u. durch, völlig, abs., u. mit dem Gen. durch etwas hindurch.
διαμπερές (auch in tmesi), Adv. (von διαναπείρω), 1) lokal: durch u. durch, ganz durch, durchaus, durchgängig, vollständig, βέλος δ. ἐξέρυσ' ὤμου er zog den Pfeil ganz hindurch (u.) aus der Schulter heraus; auch mit dem Gen. ganz hindurch od. mit hinzugef. διά τινος. 2) temporal: ununterbrochen, beständig, auch mit αἰεί, ἤματα πάντα.
διαμπερέως, ion. u. buk. = διαμπερές.
δια-μῡδᾰλέος, 2. poet. ganz durchnässend.
δια-μῡθολογέω, sich vertraulich, eingehend, religiös unterhalten.
δι-αμφίδιος, 2. poet. abgesondert, verschieden.
δι-αμφισβητέω, die streitigen Punkte erörtern, streiten. Dav.
διαμφισβήτησις, ἡ, 1) streitiger Punkt, zweideutige Fassung. 2) sp. Zweifel, Ungewißheit.
δι-ᾰναγκάζω, zwingen, nötigen.
δι-αναπαύω, 1) Akt. dazwischen ausruhen lassen, τι. 2) Med. dazwischen ausruhen, sich erholen.
δια-ναυμαχέω, eine entscheidende Seeschlacht liefern, überh. zur See kämpfen.
δια-νάω, sp. durchfließen.
δι-άνδῐχα, Adv., ep. u. poet. wie ἄνδιχα a) zwiefach, μερμηρίζειν zweifacher Meinung sein, hin u. her überlegen, mit folg. ἢ—ἤ. b) geteilt, δῶκε d. i. von zweien eins, dah. auch auseinander, ent-
δι-ᾱνεκής, att. neben διηνεκής, s. d. [zwei.
διανέμησις, ἡ, sp. Verteilung. [teilend.
δια-νεμητικός, 3. sp. zum Verteilen geneigt, ver-
δια-νέμω (s. νέμω), 1) verteilen, einteilen, τί τινι etwas einem aus-, zuteilen; oder mit zwei Akk.: einteilen in etw. 2) verbreiten, N. T.
δια-νεύω, sp. zunicken, τινί jmdm.
δια-νέω, Fut. -νεύσομαι, Perf. -νένευκα, 1) hindurch, hinzu schwimmen, ἔς τι zu etwas. 2) übertr. sich durcharbeiten.
διά-νημα, τό, Gespinst, Faden.
δια-νηστισμός, ὁ, sp. Entnüchterung, Frühstück.
δια-νήχομαι, sp. = διανέω. [schmücken.
δι-ανθίζω, sp. mit Blumen sticken, überh.
δι-ανίστημι, 1) Akt. trans. sp. aufwecken, aufrütteln. 2) Med. **δι-ανίσταμαι** mit intr. Aor. 2. διανέστην, sich erheben, aufbrechen; übertr. τῷ ἀναγκαίῳ ξυμφόρῳ διαναστάς durch sein unabweisliches Interesse zur Klärung des Verhältnisses gedrängt.
δια-νοέομαι, διανοήσομαι, διενοήθην, sich etwas durch den Sinn gehen lassen, dah. 1) nachdenken, überlegen. 2) glauben, meinen. 3) gedenken, beabsichtigen.
διανόημα, τό, das Gedachte, Gedanke, Untersuchung, Entschluß.
διανόησις, ἡ, Gedanke, Ansicht.
δια-νοητικός, 3. den Verstand betreffend; dem Denken eigen. Adv. **-κῶς** verstandes-, begriffsmäßig.
διάνοια, ἡ (διανοέομαι), 1) das **Denken,** daher a) Denkvermögen, Denkkraft, Verstand; Seele, ἡ ὄψις τῆς δ. das Auge des Geistes, τῆς δ. τὸ βέβαιον Seelenfestigkeit, τὴν δ. κινεῖν ἐπί τινι seinen Geist in Bewegung setzen zu etwas, u. als Appos. τὴν διάνοιαν in Gedanken. b) Gesinnung, Denkart. 2) der **Gedanke,** d. i. a) Vorhaben, ἔς τινα gegen jmdn., Entschließung, Absicht, Plan, ἀπὸ βραχείας δ. infolge eines plötzlichen Entschlusses, τὴν δ. ἔχειν τινός einen Plan zu etwas haben; dah. auch b) Unternehmung.
δι-ανοίγω, öffnen, im N. T. (Aor. διήνοιξα, Perf. διήνοιγμαι) διανοίγων μήτραν erstgeborener; νοῦν τινος das Verständnis öffnen; erläutern, auslegen.
διανομεύς, ὁ, sp. der Verteiler.
διανομή, ἡ (δια-νέμω), Verteilung, bes. von Getreide, Geld, Ländereien ans Volk.
δι-ανταῖος, 3. u. 2. (ἀντί), poet. gerade hindurchgehend, durchdringend, unerbittlich. [bestehen.
δι-αντλέω, eigentl. ausschöpfen, übertr. aushalten,
δια-νυκτερεύω, übernachten, die Nacht hinbringen, abs. u. ἔν τινι, ἐπί τινι bei od. mit etwas.
δι-ανύω, ep. u. poet., u. **δι-ανύτω** (s. ἀνύω), ganz vollenden, vollbringen, zu Ende bringen, ὁδόν einen Weg vollenden, zurücklegen. Mit dem Part. ἀγορεύων er hatte bis zu Ende erzählt.
δια-ξιφίζομαι, Med. poet. mit jem. (τινί) mit dem Schwerte kämpfen, περί τινος über etw.
δια-παγκρατιάζω, sp. im παγκράτιον wetteifern, kämpfen.
δια-παιδᾰγωγέω, Kinder führen u. beschäftigen, dann überh. 1) leiten, führen. 2) unterhalten, ergötzen, hinhalten, τὴν ἕξιν, von der Diät, durch welche jmd. sich gesund erhält. 3) täuschen.

δια-παιδεύομαι, Pass., vollständig unterrichtet werden.
δια-παλαίω, sp. τινί, mit einem kämpfen.
δια-πάλλω, poet. u. sp. durchs Los zuteilen.
δια-πᾰλύνω, poet. zermalmen.
διαπαντός, Adv. st. διὰ παντός, durchaus, immer.
δια-παπταίνω, sp. scheu sich umsehen.
δια-παρατριβή, ἡ, N. T. Gezänke, Gestreite.
δια-παρθενεύω, ion. u. sp. entjungfern.
δια-πασσᾰλεύω, ion. u. sp. ausspannen und annageln, τινὰ πρός τι.
δια-πάσσω, Fut. -άσω, ion. Perf. pass. -πέπασμαι, dazwischenstreuen.
δια-παύομαι, Med. eine Pause machen. Pass. gänzlich aufhören od. aufgelöst werden.
δι-απειλέω, ion. u. sp. sehr heftig drohen.
διά-πειρα, ἡ, Erprobung, Probe, τινός mit etwas, ἐς διάπειράν τινος ἀφικέσθαι etwas od. jmdn. kennen lernen, διάπειραν λαβεῖν τινος ἔν τινι einen Versuch machen, probieren etwas an einem.
δια-πειράω, sp. versuchen, auf die Probe stellen; gew. im Med. **δια-πειράομαι,** mit Aor. -πειραθῆναι, es versuchen, τινός mit etwas od. einem, dah. auch einen auf die Probe stellen, überh. kennen lernen, erfahren.
δια-πείρω, poet. u. sp. Part. aor. -πείρας, aor. pass. conj. -παρῇ, part. -παρείς, sp. durchbohren.
δια-πέμπω, 1) Akt. a) von einem Orte zu jemdm. hinsenden, hinüberschiffen, hinübergehen lassen, b) herumsenden, nach verschiedenen Richtungen aussenden. 2) Med. a) das Seinige hinüberschicken od. von sich etwas hinschicken, zusenden. b) für sich (Bericht od. Gesandte) schicken; unterhandeln; abs., τί τινι u. πρός τινα.
δια-περαίνω u. Med. **-νομαι,** mit Fut. u. Aor. 1. u. Adj. verb. -περαντέον, vollenden, zu Ende bringen.
δια-περαιόω, sp. übersetzen, überfahren, gew. im Pass. **δια-περαιόομαι,** 1) = Akt., ἔς τι. 2) aus der Scheide gezogen, gezückt werden.
δια-περάω, 1) sp. trans. überfahren, τινά. 2) intr. hinübergehen, überschiffen, ἐπί, εἴς τι, τί etwas durchschiffen, durchsegeln. 3) übertr. hindurchdringen, überstehen.
δια-πέρθω (διὰ παντὸς π.), ep., Aor. 2. διέπρᾰθον, 1) Akt. von Grund aus zerstören, verwüsten, vernichten. 2) Med. in pass. Bdtg., Aor. -επράθετο.
δια-περονάω, sp. durchstecken.
δια-πέταμαι, unrichtige LA. für
δια-πέτομαι, Aor. διεπτόμην u. διεπτάμην u. διέπτην, einen Raum durchfliegen, dahinfliegen, fliegen, verfliegen, eigentl. u. übertr.
δια-πεύθομαι, s. διαπυνθάνομαι.
δια-πήγνυμαι, Med. sp. für sich zusammenhängen; aneinanderhängen, zusammenbinden, τί.
δια-πηδάω, über etwas setzen, einen Satz machen.
δια-πῑαίνω, buk. ganz fett machen.
δια-πίμπλαμαι, Pass., Perf. -πεπλησμένος, Aor. -επλήσθη, überall mit etwas (τινός) angefüllt werden.
δια-πίνω [ῑ], um die Wette trinken, zechen.
δια-πιπράσκω, 3. fut. pass. -πεπράσεσθαι, sp. verkaufen.
δια-πίπτω, 1) auseinanderfallen, sich auflösen. 2) durchfallen (auch durchkommen), a) keinen Erfolg haben, fehlschlagen, vereitelt werden. b) dazwischenfallen, verstreichen.
δια-πιστεύω, anvertrauen. τινί τι.
δι-απιστέω, durchaus mißtrauen.
δια-πλάττω (St. πλατ), sp. ausbilden, gestalten; genau darstellen.
δια-πλατύνω, sehr breit dick machen.
δια-πλέκω, 1) hindurchflechten, herumwickeln, ἔν τινι zwischen etwas. 2) flechten, zusammenflechten, τί; verflechten mit jmdm., τινί. 3) zu Ende flechten, ion. u. poet. τὸν βίον, ἡμέραν sein Leben, den Tag hinspinnen, vollenden.
διά-πλεος, 3. sp. ganz voll.
δια-πλέω u. poet. **δια-πλώω,** (s. πλέω), a) hindurchschiffen od. -fahren, von einem Schiffe. b) hinüber (πέραν) schiffen, übersetzen.
δια-πληκτίζομαι, sp. im Faustkampf wettkämpfen, überh. streiten, plänkeln, necken.
δια-πλήσσω, ep. zerschlagen, zerspalten.
δια-πλίσσομαι, poet. mit gespreizten Beinen einhergehen.
διά-πλοος, zsgz. **διάπλους** (διαπλέω), 1) Adj. 2. a) durchschiffbar, zu passieren, τινί für jmdn. b) hin- u. herrudernd. c) hindurchfahrend. 2) Subst. ὁ δ. die Überfahrt, u. zwar a) Ort, wo übergefahren wird, die Furt. b) das Überfahren, die Überfahrt, πρός τι, überh. Seefahrt, ἀπὸ τῆς οἰκείας.
δια-πλώω, s. διαπλέω.
δια-πνέω, 1) durchwehen, durchblasen. Pass. a) verweht werden, hinwelken. b) sp. atmen. 2) sp. sich erholen, ἔκ τινος.
δια-ποικίλλω, ganz oder überall bunt machen, verzieren.
δια-πολεμέω, 1) den Krieg zu Ende führen, auskämpfen, διαπεπολεμησόμενον Part. abs., da der Krieg zu Ende sein werde. 2) den Krieg durchkämpfen, fortführen, πρός τινα mit einem fortwährend Krieg führen, kämpfen, τινί.
διαπολέμησις, εως, ἡ, das Durchführen, Beendigen des Krieges.
δια-πολιορκέω, die Belagerung zu Ende führen.
δια-πολιτεύομαι, sp. jemandes (τινί) politischer Nebenbuhler sein.
διαπομπή, ἡ (διαπέμπω), das Hin- u. Wiederschicken, die Sendung, πρός τινα.
δια-πονέω, 1) Akt. a) mit Mühe arbeiten, ausführen, verrichten, einüben, τί, übertr. οἶκον = διοικεῖν verwalten. b) durch Anstrengung üben, bilden, abhärten. 2) Med. (mit Aor. med. u. sp. auch pass.) a) sich anstrengen, durch Anstrengung den Körper abhärten, ταῖς πορείαις auf Märschen. b) etwas mit Anstrengung tun, sich sorgsam in etwas üben, τοιαῦτα in solchen Dingen, μουσικήν Musik treiben. c) im N. T. aufgebracht sein, sich ärgern.
διαπόνησις, εως, ἡ, Durcharbeiten, Übung.
διά-πονος, 2. sp. ausdauernd, abgehärtet, Adv. -όνως mit Mühe.
δια-πόντιος, 2. 1) jenseits des Meeres, überseeisch. 2) über das Meer hindringend.
δια-πορεύω, 1) Akt. durch- od. darübergehen lassen, darüberführen od. -setzen. 2) Pass. mit Fut. med. durchgehen, durchziehen, durchmarschieren.

δι-απορέω, 1) Akt. **a)** in großer Verlegenheit, Ungewißheit sein, zweifelhaft sein, Anstoß nehmen, entw. mit indir. Fragesatz od. εἰ, od. mit περί τινος über etwas; auch τί, z. B. ταῦτα. **b)** die Frage (ἀπορία) aufwerfen, untersuchen, τί etw., od. πότερον — ἤ. **2)** Med., Impf. -ηπορούμην, mit Aor. pass. bei sich in Verlegenheit sein, abs., u. mit indirekter Frage od. πρός τι bei etwas.

δια-πορθέω, ganz zerstören, verheeren, Perf. pass. -πεπόρθημαι, zugrunde gerichtet sein.

δια-πορθμεύω, 1) trans. überfahren, übersetzen, zu Wasser von einem Orte (ἔκ τινος) zum andern (ἔς τι) bringen. τινά Übertr. überbringen, τί τινι etwas einem. **2)** intrans. überfahren, τί über etwas.

δια-ποτάομαι (od **-πωτάομαι**), poet. verfliegen; perf. -πεπόταται ist verflogen.

δια-πραγμᾰτεύομαι, Dep. med **1)** durchmustern, erforschen, τί etwas. **2)** im N. T. Gewinns halber ein Geschäft treiben, unternehmen.

διάπραξις, εως, ἡ (διαπράσσω), Vollbringung, Absicht, πολιτική im Staat.

διά-πρασις, ἡ, sp. der völlige Verkauf.

δια-πράσσω, att. **-πράττω,** ep. u. ion. **-πρήσσω, vollenden** • **1)** Akt. • **a)** zu Ende bringen, **vollbringen,** fertig werden, zurücklegen, den Weg, κέλευθον, und πεδίοιο das Gefilde durchlaufen Hom., mit folg. Inf. bewirken daß, τινί τι einem etwas erwirken • **b) abtun,** zugrunde richten, töten (immer im Pass. u. zwar meist im Perf., Trag. Plut.) • **2)** Med. • **a)** seine Geschäfte vollbringen, überh. **besorgen,** bewerkstelligen, wirken, bewirken, tun, φιλίαν Freundschaft schließen • **b)** sich verschaffen, **erwerben,** erlangen, erwirken, durchsetzen, mit dem Inf. mit u. ohne ὥστε es erlangen, durchsetzen, daß, auch παρά τινος mit dem Inf. von jmdm. erlangen, daß, abs. seinen Zweck erreichen • **c) unterhandeln,** verhandeln, περί τινος; δι' ἑρμηνέων Hdt.

διαπρεπής, 2., Adv. **-ῶς** mit Sup. -έστατα, hervorstechend, ausgezeichnet, vorzüglich, prächtig, τινί durch etwas, Subst. τὸ δ. der Glanz.

δια-πρέπω, 1) intr. poet. u. sp. hervorstechen, sich auszeichnen, τινί durch etwas. **2)** trans. poet. τί etwas zu zieren suchen.

δια-πρεσβεύομαι, Gesandte herumschicken.

δια-πρήσσω, s. διαπράσσω.

δια-πρηστεύω, ion. höhnen, spotten, πρός τινα (zweifelh. Lesart Hdt. 4, 79).

δια-πρίω [ῑ], Perf. -πέπρισμαι, **1)** durchsägen, zersägen. **2)** im N. T. im Pass. äußerst aufgebracht sein. [mit Gen.

δια-πρό, ep. durch u. durch, Adv. ohne Kasus u.

δια-πρύσιος, 3. u. 2. ep. u. poet. durchdringend, weithin tönend; insb. alles durchbrechend, u. übertr. offenkundig, offenbar. Neutr. sing. als Adv. durchdringend (laut).

δια-πταίω, stottern.

δια-πτοέω, ep. **-πτοιέω,** auseinanderscheuchen, verjagen, τινά τι einen durch etwas.

δια-πτύσσω, Aor. pass. -επτύχθην, auseinanderfalten, übertr. ans Licht bringen. Dav.

διαπτῠχή, ἡ, poet. Zusammenfaltung, mit δέλτον od. γραμμάτων der vielgefaltete Brief.

δια-πτύω, anspucken, übertr. geringschätzen.

δια-πυκτεύω, mit der Faust durchkämpfen, wettkämpfen, τινί mit einem, übertr. sich streiten, τινί.

διά-πτωμα, τό, sp. Fall, Irrtum.

δια-πυνθάνομαι u. poet. **διαπεύθομαι,** Dep. med., durchforschen, nachfragen, sich erkundigen.

διά-πῡρος, 2. **1)** durchglüht, glühend, feurig. **2)** übertr. feurig, hitzig, leidenschaftlich. Dav.

διαπῡρόω, 1) sp. in Flammen setzen, pass. entbrennen, τῷ θυμῷ. **2)** Med. poet. verbrennen.

δια-πυρπαλαμάω, ep. mit Feuer hantieren; übertr. listige, arge Streiche treiben.

δια-πωλέω, einzeln verkaufen, verschleißen.

δι-ᾰράσσω, ep. u. ion. durchschlagen.

δι-αρθρόω, 1) Akt. **a)** durch Glieder zusammenfügen, τί. **b)** zerlegen, gestalten, ausbilden; Part. Perf. pass. wohlgegliedert. **c)** übertr. sp. in der Aussprache Silbe von Silbe deutlich trennen, artikuliert sprechen. **2)** Med. sich (*sibi*) etwas nach Gliedern (od. Silben) zusammenordnen, φωνήν seine Stimme artikulieren. Davon

διάρθρωσις, εως, ἡ, sp. Ausbildung der Glieder, Gelenkigkeit.

διαρθρωτικός, 3. sp. zum Zergliedern, Verdeutlichen geeignet.

δι-ᾰριθμέω, 1) Akt. von Anfang bis zu Ende durchzählen, einzeln aufzählen, herrechnen, τί τινι. **2)** Med. vollständig herzählen, für sich berechnen; unterscheiden, beurteilen.

δι-αρκέω, Fut. -έσω, **1)** zureichen, hinreichen εἴς od. πρός τι zu od. für etwas. **2)** stark genug sein, ausdauern, ausharren, aushalten, εἴς τι (τῷ βίῳ πρός τι etwas noch erleben). Dav.

διαρκής, 2. **1)** ganz ausreichend, vollkommen genügend, hinlänglich, genug, πρός od. εἴς τι zu etwas, einer Sache gewachsen. **2)** dauernd. Adv. **-ῶς,** Superl. εἰς τὸ γῆρας διαρκέστατα ζῆν so leben, daß man bis ins Alter sein reichhaltiges Auskommen hat.

διαρμα, τό (διαίρω, 1. c.), sp. Überfahrt u. Überfahrtsort.

δι-αρμόζω, poet u. sp. **1)** trennen. **2)** dazwischen einfügen, ordnen.

διαρπαγή, ἡ, ion. u. sp. das Plündern, Rauben.

δι-αρπάζω (s. ἁρπάζω), sp. Aor. pass. διαρπαγῆναι, **1)** zerreißen, zerfleischen, ein-, wegreißen, verschleppen, rauben. **2)** einen (τινά) ausplündern, berauben.

δια-ρραίνω, 1) Akt. besprengen. **2)** Pass. poet. herabrieseln, ἔκ τινος.

δια-ρραίω, Aor. pass. -ρραισθέντες, Fut. med. mit pass.-Bdtg., ep. u. poet. in Stücke reißen, zerschmettern, vertilgen, ausrotten.

δια-ρράπτω, sp. vernähen.

δια-ρρέω, Aor. διερρύην, Perf. διερρύηκα, **1)** durchfließen, auslaufen, leck sein. **2)** auseinanderfließen, **a)** zerfließen, sich zerstreuen, vergehen, hinschwinden, **b)** schlaff sein, welk sein, **c)** auseinanderfallen, zerfallen.

δια-ρρήγνῡμι (auch in tmesi), im N. T. διαρρήσσω, **1)** trans. **a)** Akt. (-ρρήξω, -έρρηξα) durchreißen, durchstoßen, **b)** Med. (-ρρήξασθαι) sich gewaltsam hindurchdrängen, durchbrechen. **2)** intr. **δια-ρρήγνῡμαι** mit Fut. διαρραγήσεται, Aor. 2. διερράγην und Perf. 2. διέρρωγα zerreißen, zerplatzen, auch übertr. ψευδόμενος vor Lügen bersten.

διαρρήδην, Adv. (διαρρηθῆναι), ausgesprochenermaßen, ausdrücklich.

δια-ρρινέω, durchfeilen.

δια-ρρῑπτέω (nur Präs. u. Impf.) u. **διαρρίπτω,** ep. Iterativf. Impf. διαρρίπτασκεν, 1) hindurchwerfen, hindurchschnellen. 2) auseinanderwerfen, nach allen Seiten zerstreuen, ἀστέρες τοῦ οὐρανοῦ διερριμμένοι zerstreut. 3) unter einzelne hinwerfen, τινί τι d. i. verteilen. Dav.

διάρρῑψις, εως, ἡ, das Auseinanderwerfen, Hin- u. Herwerfen.

διαρροή, ἡ, poet. der Durchgang, Plur. auch πνεύματος die Luftröhre.

δια-ρροθέω, poet. einjagen, τινί τι.

διάρροια, ἡ (διαρρέω), das Durchfließen, bes. Durchfall.

δια-ρροιζέω, poet. hindurchsausen.

διάρρους, ὁ (διαρρέω), sp. Durchfluß, Kanal.

δια-ρρύδᾱν, poet. Adv. zerfließend.

διά-ρρυσις, ἡ, sp. Durchfluß.

δια-ρρώξ, ῶγος, ὁ, ἡ (διαρρήγνυμι), poet. durchrissen, durchbrochen, τινί von etwas.

δι-αρταμέω, poet. zerstückeln, zerfleischen.

δι-αρτάω, sp. zertrennen, abschneiden.

δια-σαίρω, sp. Perf. -σεσηρώς, höhnisch lachen.

δια-σαλεύω, sp. heftig erschüttern, in Unordnung bringen. Pass. v. unsicherem Gang.

διασᾰφέω (σαφής), deutlich, verständlich machen, deutlich lehren, bestimmt erklären, τί od. mit folg. Fragesatz.

δια-σαφηνίζω = διασαφέω.

δια-σείω, 1) durchschütteln, erschüttern, eigtl. u. übertr. erschüttern, verwirren. 2) mißhandeln.

δια-σεύομαι, ep., Aor. 2. διέσσυτο, durchstürmen, -rennen, -fahren, abs. u. τινά, z. B. er eilte durch das Volk, od. τινός durch etwas springen od. fahren, ähnl. (ἔκ) τινος aus etwas stürzen.

δια-σημαίνω, (durch ein Zeichen) angeben, bezeichnen, andeuten, αὑτὸν βουλόμενον von sich, daß, od. mit folg. indir. Frages. od. ὡς u. Opt.

διά-σημος, 2. (σῆμα), poet. u. sp. sehr erkennbar, ausgezeichnet, διάσημα θρηνεῖ er ächzt durchdringend.

Διάσια, τά (Ζεύς, Διός), Fest des Zeus μειλίχιος, des Sühne-Zeus, zu Athen außerhalb der Stadt mit Gebräuchen düsterer Art gefeiert.

δια-σιλλαίνω, sp. verhöhnen, verspotten.

δια-σῑωπάω, immerfort, noch ferner schweigen. Poet. trans. verschweigen.

δια-σκάπτω, durchgraben, -stechen, -brechen, τι.

διασκᾰρῑφάομαι, Dep. med. (σκάρῑφος Grabstichel), aufscharren, zerkratzen, übertr. untergraben.

δια-σκεδάννῡμι (s. σκεδάννυμι), mit der ep. ion. u. sp. Nbf. **διασκίδνημι,** zerstreuen, auseinanderwerfen, auflösen, dah. στρατόν das Heer gewaltsam auseinandertreiben od. auseinandergehen lassen, νῆα zertrümmern, zerschellen. Übertr. auflösen, vernichten, νόμους u. damit verbunden auch τὴν γῆν.

δια-σκέπτομαι, s. διασκοπέω.

δια-σκευάζω, 1) Akt. sp. herrichten, zurecht machen. 2) Med. a) sich in Bereitschaft setzen, militär. in Schlachtordnung stellen. b) sich (*sibi*) etwas (τί) in Bereitschaft setzen, vorbereiten, ἔς τι zu etwas.

δια-σκευή, ἡ, sp. Einrichtung, Ausschmückung.

δια-σκευωρέομαι, Med. sich (*sibi*) zurecht machen, einrichten.

διά-σκεψις, ἡ, Betrachtung, Untersuchung.

δια-σκηνέω, mit Adj. verb. διασκηνητέον, und **διασκηνόω,** 1) trans. zerstreut in Quartiere verteilen, τινά. 2) intr. sich in Quartiere verteilen, sich in Abteilungen einquartieren. 3) aus dem Zelte sich entfernen, auseinandergehen.

δια-σκίδνημι, s. διασκεδάννυμι.

δια-σκιρτάω, sp. hin- u. herspringen.

δια-σκοπέω, gew. nur Präs. u. Impf.; Fut., Aor. u. Perf. v. **δια-σκέπτομαι,** das im Präs. u. Impf. in der att. Zeit selten ist. 1) Akt. a) **genau betrachten,** ausforschen, τινά od. τί, b) **überlegen,** erwägen, abs., z. B. διασκοπῶν ἀνεῖχε er war bei der Betrachtung unschlüssig, od. τί, περί τινος u. περί τι, od. mit indir. Frages. od. τοῦ πλοῦ ὅπῃ hinsichtlich der Heimfahrt erwägen, auf welchem Wege oder διεσκεμμένος, Adv. -ως wohl überlegt, umsichtig. 2) Med. **bei sich überlegen,** abs., τί u. ὑπέρ τινος, auch πρός τι.

δια-σκοπιάομαι, ep. Dep. med., von der Höhe herab nach allen Seiten um sich sehen, durch Umschauen erspähen, auskundschaften.

δια-σκορπίζω, sp. NT. zerstreuen, worfeln; verschwenden, klein machen, demütigen. [führen.

δια-σκώπτω, untereinander scherzen, Scherzreden

δια-σμάω (σμάω), ion. auswischen, ausspülen.

δια-σπαθάω, sp. verzetteln, durchbringen.

διασπᾰρακτός, 3. poet. zerrissen, zerfleischt. Von

δια-σπαράσσω, -ττω, poet. u. sp. zerreißen, zerfleischen, τῷ λόγῳ.

διάσπασμα, ατος, τό, sp. Trennung, Lücke.

διασπασμός, ὁ, sp. Trennung, Zerstreuung.

δια-σπάω (s. σπάω). 1) Akt. auseinanderziehen, dah. a) **zerreißen,** τινά, od. τί, überh. vernichten, γέφυραν abbrechen, b) **trennen,** ἀπό τινος von etwas, τὴν φάλαγγα auseinanderziehen. 2) Pass. zerrissen, überh. getrennt werden, bes. **auseinanderkommen,** u. διεσπάσθαι entfernt von einander sein. Übertr. διασπώμενος πρὸς τὰς τοιαύτας ὑπηρεσίας der sich zu so vielen Dienstgeschäften teilen muß. 3) Med. sich (*sibi*) einen in Stücke reißen.

δια-σπείρω, 1) Akt. (Samen) ausstreuen, τί τισι etwas unter einige; verschwenden, od. λόγον δ. ein Gerücht ausbreiten, εἴς τινα. 2) Pass. aor. N. T. -σπαρθήσομαι zwflh., zerstreut, auch zerschellt, verspritzt, getrennt werden, sich zerstreuen, auseinanderlaufen, zerstieben, fliehen, κατά, εἴς τι.

δια-σπεύδω, sp. eifrig betreiben, πρός τινα sich bei jmd. verwenden, mit Akk. u. Inf.

διασπορά, ἡ, sp. das Ausstreuen, die Ausstreuung; im N. T. die Zerstreuung, Exil, u. die Länder, in welche die Juden u. Christen zerstreut waren.

δια-σπουδάζω u. gew. Med. **διασπουδάζομαι,** sich um etwas (ἐπί τινι) Mühe geben, etwas mit Ernst behandeln.

διάσσω u. **-ττω**, zsgz. aus dem ion. u. poet. **διαΐσσω**, Aor. att. διῆξα, schnell hindurchfahren, -schießen, -springen, abs. u. ἔς τι, bes. von Sternschnuppen, ὄρη das Gebirge durchschwärmen. Übertr. vom Schmerz, τινός durch etwas dringen, oder διάττοντες ἀστέρες die Sternschnuppen.

δια-σταθμάομαι, poet. zumessen, anordnen.

δια-στᾰσιάζω, 1) trans. aufwiegeln. 2) intr. untereinander in Streit leben.

διάστᾰσις, εως, ἡ, 1) (zu διαστῆναι), das Auseinanderstehen, Entfernung, Sonderung, Abstand. Übertr. Entzweiung, Zwietracht, τοῖς νέοις ἐς τοὺς πρεσβυτέρους, d. h. die (beabsichtigte) Entzweiung der Jüngeren mit den Älteren. 2) (zu διαστῆσαι), das Auseinanderhalten, die Gegenüberstellung.

διαστατικός, 3. aufrührerisch.

δια-σταυρόομαι, Med., durch Pfähle absperren, verrammeln.

δια-στείχω, poet. durchgehen, weggehen.

δια-στέλλω und **διαστέλλομαι**, auseinandertrennen, -ziehen, unterscheiden, bestimmen, anordnen, befehlen.

διαστέομαι, buk. weben.

διάστημα, τό (διαστῆναι), Zwischenraum, Abstand, räuml. u. sp. zeitl. insbes. a) in der Musik: Intervall. b) in der Geometrie: Radius des Kreises; Strecke.

δια-στοιβάζω, ion. dazwischenstopfen, τί τινος.

δια-στοιχίζομαι, poet. abgesondert zuteilen.

διαστολή, ἡ (διαστέλλω), sp. 1) das Ausdehnen, die Expansion. 2) Trennung, Einschnitt. 3) Unterschied, Intervall. 4) das Trennen, Absetzen (beim Vortrag).

δια-στρατηγέω, sp. unberufen den Feldherrn spielen; τὸν πόλεμον den Krieg als Feldherr durchführen.

δια-στρέφω, verdrehen, verrenken, verbiegen, ablenken, entstellen, schielen.

δια-στροφή, ἡ, die Verdrehung, Entstellung, Verwirrung.

διάστροφος, 2. ion poet. u. sp. verdreht, verkrüppelt, bes. von Augen, wo es bald das brechende Auge, bald den verwirrten Blick Rasender bezeichnet, dah. übertr. φρένες beirrt, verwirrt.

δια-στρώννυμι, ep. die Polster legen u. die Teppiche darüber breiten, austapezieren.

δια-συρμός, ὁ, sp. das Durchziehen.

δια-σύρω, durchziehen, durchhecheln, verspotten, in den Staub ziehen, τινά od. τί etwas persiflieren, sich darüber lustig machen.

δια-σφαιρίζω, poet. wie einen Ball hin- u. herwerfen, zerreißen u. umherwerfen.

δια-σφάλλομαι, Med. Pass. sich gänzlich täuschen, sich täuschen.

διασφάξ, άγος, ἡ (δια-σφάττω), ion u. sp. Felsenspalte, felsiger Engpaß (verst. πέτρα), Schlucht.

δια-σφενδονάω, 1) auseinanderschleudern, in Stücke zerreißen, τινά. 2) Pass. mit Gewalt zersprengt werden, umherfliegen, abprallen.

δια-σφενδονίζω, sp. fortschleudern.

δια-σχηματίζω, durchbilden, gestalten.

δια-σχίζω, 1) Akt. zerspalten, zerreißen, zerschneiden. 2) Pass. zerrissen, durchschnitten, getrennt werden, τρίβῳ τινί durch eine Straße vom rechten Wege abkommen.

δια-σῴζω, 1) Akt., glücklich durchbringen, **erretten**, erhalten, τινά od. τὶ ἔκ τινος, dah. behaupten, bewahren, schonen, εἴς τι auf etwas, überh. aushelfen, am Leben erhalten. Übertr. im Gedächtnis bewahren. 2) Pass. glücklich durchkommen, sich retten, εἴς τινα wohin. 2) Med. a) sich (*sibi*) erhalten, behaupten, retten, τί, auch: für sich beibehalten, b) das Seine erhalten, τὸ μέτωπον τῆς φάλαγγος die Front der Phalanx zusammenhalten, c) = Akt. τινὰ ἔκ τινος einen aus etwas retten.

διαταγή, ἡ, N. T. = διάταγμα Anordnung.

διάταγμα, τό, sp. (διατάσσω), Anordnung, Einrichtung, bes. die Aufstellung von Soldaten.

δια-τάμνω, s. διατέμνω.

διάταξις, εως, ἡ (διατάσσω), Anordnung, Aufstellung, z. B. πολιτείας Staatsverfassung.

δια-τᾰράττω, in Verwirrung, Bestürzung, Verlegenheit setzen, erschrecken, τινά.

διά-τᾰσις, εως, ἡ, 1) das Ausstrecken, Ausspannen, τῶν σπαρτῶν der Stricke, Schnüre (scheint eine Wahrsagermanipulation gewesen zu sein). 2) die Anspannung, übertr. Anstrengung.

δια-τάσσω, neuatt. **-ττω**, Plqpf. pass. 3. pl. διετετάχατο. 1) Akt. **anordnen**, ordnen; auseinandersetzen, a) einzeln aufstellen, bes. in Schlachtordnung halten, b) **festsetzen**, verfügen, befehlen, abs., od. m. A. c. I. od. indir. Nebens. 2) Pass. angeordnet werden, abs. u. περί τινος, im bes. a) in Reih' und Glied, aber auch an verschiedenen Orten aufgestellt sein, b) beauftragt sein, mit Inf. Subst. τὰ διατεταγμένα die Einrichtungen. 3) Med. a) sich nach seinem Belieben aufstellen, b) anordnen, bestimmen, περί τινος, c) sich mit jmdm. verabreden.

δια-τᾰφρεύω, sp. durch einen Zwischengraben trennen d. i. schützen.

δια-τείνω (s. τείνω). 1) Akt. a) trans. **ausspannen**, ausstrecken, τὶ ἐπί τι, b) intr. sich erstrecken, **reichen**, abs. oder πρός τινα bis zur Zeit jmds. reichen, d. h. leben. 2) Med. a) sich ausstrecken, **anstrengen**, abs. od. mit Inf., πᾶν alles aufbieten, πρός τινα gegen jmdn., aber πρός τι nach etwas. Part. διατεινάμενος mit der größten Anstrengung, b) nachdrücklich versichern, **beteuern**, τί od. mit folg. ὡς; sp. einschärfen, πρός τινα, ὅπως, c) (seine Geschosse) spannen (τὰ παλτά), seine Waffen entgegenhalten, abs. διατεινάμενος schußfertig, mit gefällten Spießen.

δια-τειχίζω, durch eine Mauer, eine Wand trennen, teilen, verschließen, versperren, vermauern, τί; übertr. trennen. Dav.

διατείχισμα, τό, a) Mauer, wodurch zwei Plätze getrennt werden, Zwischenmauer als Wall zum Schutz. b) Stadtteil, welcher, von der übrigen Stadt durch Mauern getrennt, zur Feste diente, dah. Feste.

δια-τελευτάω, ep. (in tmesi) ganz vollenden.

δια-τελέω, 1) trans. bis zu Ende hindurchführen, τὸν βίον das Leben hinbringen, u. so ἔτη die Jahre verleben, od. mit verstandenem τὴν ὁδόν den Weg vollends zurücklegen. 2) intr. bis zu Ende ausharren, bleiben, ausdauern. a) mit hinzugef. Adj. etwas bleiben stets, unausgesetzt, unablässig sein. b) mit Part. beschäftigt bleiben womit, immer sein. c) oft mit hinzugef. ἀεί od. Akk. der Zeit: den Tag womit zubringen.

δια-τελής, 2. (τέλος), fortwährend, αἱ πολλὰ διατελεῖς βρονταί die in rascher Folge ununterbrochen krachenden Donnerschläge.

δια-τέμνω, ep. u. ion. **διατάμνω** (auch in tmesi), a) durchschneiden, zerhauen, zerschneiden. auch mit δίχα. b) auseinanderschneiden, dah. zerteilen, zerlegen.

διατεταμένως, Adv. des Perf. pass. von διατείνω, mit Anstrengung, nachdrücklich.

δια-τετραίνω, poet. ion. durchbohren, durchlöchern.

δια-τήκομαι, Pass., zerschmelzen, sich durch Schmelzen auflösen.

δια-τηρέω, eine Zeit hindurch od. bis ans Ende bewahren, (aufrecht) erhalten, z. B. τὴν τάξιν seinen Posten behaupten, nicht verlassen, oft mit dopp. Akk.: einen als etwas, in seinem Zustande erhalten, auch abs. darauf achten, mit folg. μή. N. T. ἐμαυτὸν ἔκ τινος halte mich rein von etwas.

δια-τίθημι • 1) Akt. auseinanderlegen od. -stellen • a) **ordnen,** anordnen, bestimmen, bes. ἀγῶνας Kampfspiele veranstalten • b) **in einen Zustand versetzen,** stimmen, behandeln, mit Adv., z. B. ἀπόρως in Not bringen, ἀνηκέστως τινά einen unheilbar zurichten • 2) Pass. (mit d. Perf. διάκειμαι) **in eine Lage,** Stimmung **kommen,** ἐπ' ἀργίας in Untätigkeit; es ergebt mir, mir ist zu Mute, gew mit Adv., οὐ ῥᾳδίως διατίθεσθαι nicht glimpflich behandelt werden, φιλικῶς διατ. πρός τινα freundlich gegen einen gesinnt sein • 3) Med. das Seinige in Ordnung bringen, • a) über das Seine **verfügen,** ἐπιτρέπω σοί τι διαθέσθαι überlasse dir zu freier Verfügung, τὰς διαθήκας (od. τι) Testament machen, N. T. διαθήκην τινί Bündnis • b) verkaufen, τὴν ὥραν feilbieten, absetzen, c) seine Rede ordnen, τοῖς ὀνόμασιν εὖ τι gut ausdrücken • d) überh. etwas betreiben, τινί mit etwas (Plut. Cleom. 12) • e) auseinanderlegen, ἔριν ἀλλήλοις untereinander beilegen.

δια-τιμάω, poet. sehr ehren.

δια-τινάσσω, Fut. med. -τινάξεται auch pass., ep. u. poet. (auch in tmesi), 1) auseinanderrütteln, zerschmettern. 2) hin u. her schütteln, ἄνω κάτω, z. B. κάρα.

δια-τμήγω, ep. u. buk., Aor. 1. διέτμηξα (-έτμᾱξα), Aor. 2. διέτμᾰγον, 1) Akt. a) zerschneiden, zerhauen, übertr. λαῖτμα die Flut durchschneiden. b) trennen, zerteilen, zerstreuen. 2) Pass. mit Aor. 2. διέτμᾰγεν 3. pl. = -άγησαν, a) auseinandersplittern od. bersten. b) sich trennen, sich zerstreuen.

διατομή, ἡ, poet. u. sp. das Durchschneiden, die Trennung, Verwundung.

διατόναιον, τό (διατείνω), sp. Querholz, Spannriegel.

δια-τοξεύομαι, Med. im Bogenschießen wetteifern.

διά-τορος, 2. (τορεῖν), poet. u. sp. durchbohrt, übertr. durchdringend, laut.

δια-τρέπομαι, Pass. aor. διετράπην, abwendig gemacht werden, beschämt, bestürzt werden, τινά vor jem.

δια-τρέφω, ganz ernähren, unterhalten, durchbringen. Pass. intr. von etwas leben.

δια-τρέχω, 1) durchlaufen, durcheilen, durchziehen, durchsegeln. 2) auseinanderlaufen, sich verbreiten.

δια-τρέω, ep. u. sp., Aor. διέτρεσα (auch in tmesi), vor Furcht zerstieben, auseinanderlaufen, sich zerstreuen.

διατριβή, ἡ, das Zerreiben, Verbrauchen, *mora*, bes. der Zeit, Zeitaufwand, Zeitverlust, dah. a) Verzögerung, Verschleppung, oft im Plur., auch mit hinzugef. χρόνου, δ. ἔσται ἀμφί τι es wird Zeit kosten. b) der Aufenthalt, das Verweilen an einem Orte, bes. Vergnügungsplatz. c) das, womit man die Zeit hinbringt, dah. Beschäftigung, Studium, Zeitvertreib, Unterhaltung, Stoff dazu, od. Unterhaltung, Verkehr mit jmdm., Gespräch, Unterricht, Vorlesung, Schule. d) Gebäude hierfür, Lehrplatz, Unterrichtsort. Von

δια-τρίβω (ῐ, aber ῑ im Aor. 2. pass. u. im Perf. -τέτρῐφα), Aor. 1. pass. -τριφθῆναι, 2. -ετρίβην • 1) trans. **zerreiben,** τί τινι etwas womit, übertr. aufreiben; bes. • a) hintertreiben, hindern, verzögern, mit dopp. Akk. Ἀχαιοὺς γάμον die Achäer mit der Hochzeit hinhalten • b) hinbringen, χρόνον, ἔτη, περί τι, ἔν τινι. Pass. verstreichen • 2) scheinbar intr. (sc. χρόνον) • a) verweilen, **zögern,** ὁδοῖο mit der Abfahrt, mit Part. sich mit etwas aufhalten • b) **sich aufhalten,** παρά τινι bei jmdm., ἔν τινι od. περί τι irgendwo, μετά τινος mit einem verkehren, sich unterhalten • c) sich beschäftigen, abgeben, ἔν, ἐπί τινι, περί τι, auch περί τινι, mit Part. μελετῶσαι sie üben sich fortwährend.

διατροπή (διατρέπομαι), ἡ, sp. Bestürzung; Schande.

διά-τροπος, 2. poet. abgewendet, verschieden.

διατροφή, ἡ (διατρέφω), sp. Lebensunterhalt.

δια-τρύγιος, 2. (τρύγη), ep. ὄρχος, Baum- od. Weingarten mit Ernte zu verschiedenen Zeiten.

δια-τρώγω, Aor. διέτραγον, durchnagen, τί etw.

δι-αττάω, durchsieben.

δι-άττω, s. δι-ᾴσσω. [Ausbildung.

διατύπωσις, εως ἡ (δια-τυπόω ausbilden), sp.

δια-τωθάζω, sp. verhöhnen, τινά.

διαυγάζω, sp. u. **διαυγέω,** sp. durchleuchten, anbrechen, vom Tag.

διαύγεια, ἡ, sp. Klarheit, Durchsichtigkeit, Helle. Von

δι-αυγής, 2. sp. durchleuchtend, durchsichtig.

δίαυλος, ὁ (δίς, αὐλός), 1) die Doppel-Rennbahn, -Stadion, in welchem der Läufer, **διαυλοδρόμης,** nicht bloß an das Ziel, sondern um dasselbe auch wieder zurücklaufen mußte, also der Doppellauf, seit Ol. 14 eingeführt. 2) jeder doppelte Weg, Rückweg. 3) poet. Durchgang, Meerenge.

δια-φάδην, poet. Adv. (φᾰ-, φημί) ausgesprochenermaßen, ausdrücklich, unverhohlen (pros. **διαρρήδην**).

δια-φαίνω, 1) trans. durchscheinen lassen, enthüllen, an den Tag legen. 2) intr. durchschim-

-mern, vorschimmern, durchscheinen, abs. u. διά τινος, auch ohne Subj. es scheint durch. 3) Pass. hindurch-, hervorscheinen, sichtbar werden, sich zeigen, erscheinen, funkeln, eigentl. u. übertr. τινός durch etwas, νεκύων zwischen den Toten. Oft mit Adj. od. Part als etwas erscheinen.

δια-φάνδην (φᾰν, φᾰ), s. δια-φάδην.

διαφάνεια, ἡ, Durchsichtigkeit. Von

διαφᾰνής, 2. (διαφαίνω), Adv. **-ῶς,** durchscheinend **a)** durchsichtig, klar; **b)** mit ἐκ πυρός u. allein, glänzend, glühend. **c)** übertr. einleuchtend, offenbar.

διάφασις, ἡ (διαφαίνω), sp. das Durchscheinen.

διαφερόντως, Adv. part. praes. act. von διαφέρω, **1)** verschieden, auf andere Weise als, mit folg. ἤ. **2)** hervorstechend, vorzüglich, ganz besonders.

δια-φέρω, ep. u. ion. Aor. act. διήνεικα, pass. ion. διενείχθην.

I) Akt. • **1) durchtragen** • **a) hinübertragen,** -bringen, Ἰσθμὸν ναῦς Thuk.; γλῶσσαν zum Sprechen bringen Soph. Trach. 323 • **b)** bis ans Ende bringen, verbringen, τὸν αἰῶνα sein ganzes Leben hinbringen, τὸν πόλεμον δ. den Krieg anhaltend ertragen, fortführen; die Leibesfrucht austragen Eur. Xen. Überh. ertragen, Soph. O. T. 321, erdulden • **2) auseinandertragen,** d. i. nach verschiedenen Seiten, hier-u. dorthin tragen, -bringen, -bewegen, -werfen; ein Gerücht ausbreiten, N. T.; κόρας die Augen da- u. dorthin werfen Eur.; bes. τὴν ψῆφον eine Abstimmung vornehmen, seine Stimme abgeben, übertr. τινὰ λόγοις zerstreuen Eur. • **3) einen Unterschied machen,** meist unpers. **διαφέρει,** es macht einen Unterschied, οὐδέν, πᾶν δ' es kommt alles darauf an, häufig mit τινί es verschlägt einem, liegt einem daran, ἰδίᾳ τι αὐτῷ δ. es war sein Privatinteresse Thuk. 3, 42 • **4) verschieden sein,** τινός von etwas od. von jmdm. sich unterscheiden, οὐδέν in nichts. Insbes. **5) sich auszeichnen,** hervorstechen, ἐπὶ πολύ sich hervortun, abs. u. τινός vor jmdm., τινί, τί, ἔν τινι, εἴς, πρός τι durch, bei etwas, oft auch mit dem Inf. • Statt des Gen. folgt auch ἤ, πολὺ διέφερεν ἤ es war viel vorteilhafter als. Abs. **διαφέρων verschieden,** absonderlich, u. μηδὲν διαφέροντας τετιμῆσθαι nicht in höherem Maße geehrt werden Thuk. 3, 39, 5. Neutr. pl. **τὰ διαφέροντα** als Subst. • **a)** der Vorteil, das Interesse, • **b)** die Streitpunkte; auch die strittige Summe, das Streitobjekt.

II) Med.-Pass. **διαφέρομαι** (διοίσομαι, διηνέχθην, διενήνεγμαι) • **1) verschieden sein,** τινί in etwas, γνώμῃ hadern = **sich entzweien,** nicht übereinstimmen, τί in etwas, streiten, zanken, περὶ τῆς τιμῆς markten um den Preis, οὐ διαφέρομαι habe nichts dagegen Dem. • **2)** αἰῶνα verleben, Soph. Ai. 511.

δια-φεύγω, mit der Nbf. **διαφυγγάνω** für Präs. u. Impf. **1)** durch Fliehen entkommen, entfliehen, entwischen, auch meiden, abs., z. B. Thuk. 1, 110; durchkommen (bei einer Seuche), πολλοὶ δ. Thuk. 2, 49, 5. **2)** entgehen, entfallen, aus dem Gedächtnis entschwinden; διαφεύγει μέ τι es entgeht, entfällt mir etwas.

διαφευκτικός, 3. leicht entschlüpfend.

διάφευξις, εως, ἡ, das Entkommen, die Zuflucht.

δια-φημίζω, N. T. den Ruf verbreiten, ruchbar machen.

δια-φθείρω att. Fut. -φθερῶ (-φθεροῦμαι in pass. Bdtg.), Aor. -έφθειρα, Perf. act. 1. -έφθαρκα, 2. -έφθορα (trans. u. intr., vgl. 3.), pass. -έφθαρμαι (3. pl. auch ion. -εφθάραται u. Plqpf. 3. pl. -εφθάρατο) Aor. pass. -εφθάρην, Fut. pass. -φθαρήσομαι, dazu episch Fut. -φθέρσει, ion. Impf. iterat. -φθείρεσκε, Fut. act. -φθερέω, u. in Bdtg. -φθερέεται (Var. -φθαρέεται) • **1)** gänzlich zugrunde richten, **vernichten,** zerstören, verwüsten (ἔργα Äcker Hdt.), ins Verderben stürzen, niedermetzeln, ermorden, töten, zerfleischen. Pass. zugrunde gehen, umkommen; ἐν χερσίν im Handgemenge, περὶ τοῖς δορατίοις an den Speeren sich aufspießen • **2) verderben** • **a)** verschlechtern, entstellen, τοῦ χρώματος verändern, Plat., τὴν χεῖρα erlahmen lassen; unbenutzt lassen, ebenso: verloren gehen lassen, τὸ σημαντήριον seine Pflicht verletzen; ferner: umstoßen, verfälschen, τὰς ἐλπίδας die Hoffnungen zerstören • **b)** geistig: τὴν γνώμην von seinen guten Grundsätzen abgehen, u. so auch jmds. Gesinnungen verderben, ihn od. sie verführen, verleiten, schänden, bestechen • Im Pass. verstümmelt, entstellt werden oder sein, abs. oder τί an etwas, z. B. τὴν ἀκοήν taub sein, τοὺς ὀφθαλμούς geblendet, augenkrank; Verluste erleiden, geschlagen, zerrüttet werden, die Besinnung verlieren, verblendet sein, ταῖς γνώμαις den Verstand verlieren, od. τὰς φύσεις von Grund aus verdorben werden; um sein Ansehen kommen • **3)** das Perf. **διέφθορα,** attisch trans. neben διέφθαρκα, steht Il. 15, 128 u. Luk. auch intr. = διέφθαρμαι, ich bin vernichtet, bin des Todes.

διαφθορά, ἡ (διαφθείρω), **1)** Vernichtung, Zerstörung, Verderben, Ermordung (im Plur), mit ὀμμάτων Blendung (auch im Plur.), διαφθορὰν ἐφῆκέ τινί τινα er warf einem jmdn. zum Fraße hin. **2)** Verderbnis, Verführung.

διαφθορεύς, έως, ὁ, Verderber.

δι-αφίημι, entlassen.

δια-φῐλονῑκέω, sp. untereinander wetteifern od. wettkämpfen, abs.

δια-φῐλοτῑμέομαι, sp. im Wetteifer mit einem andern seine Ehre in etwas setzen.

δια-φλέγω, sp. ganz verbrennen; übertr. anfeuern.

δια-φοιβάζω, poet. **1)** in Verzückung, **2)** in Raserei versetzen, διαπεφοιβάσθαι κακοῖς von Sinnen sein durch das Unglück.

δια-φοιτάω, ion. **-έω,** überall umhergehen, hin- u. hergehen, überall hingehen, τινός durch od. in einem Lande.

διαφορά, ἡ (διαφέρω), Verschiedenheit, **1)** Auszeichnung, Vorzug. **2)** Zwiespalt, Uneinigkeit, Zwist, Streit, Feindschaft; κατὰ διαφοράν aus Feindschaft.

δια-φορέω (auch in tmesi), auseinandertragen, **1)** fortbringen, hinübertragen, παρά τινα. **2)** rauben, ausplündern. **3)** verbreiten, eine Kunde; πρόσοδον Tribut senden, Thuk. 6, 91. (Pass. auch umhergeworfen werden). **4)** zerreißen, vernichten. Dav.

διαφόρησις, εως, ἡ, sp. **a)** Plünderung. **b)** übertr. Zerstreuung. **c)** medizin.: Abführung (von Schweiß und Körpersäften).

διάφορος, 2. (διαφέρω), Adv. **-όρως** • **1)** verschiedenartig, **verschieden,** abweichend, τινός od. τινί von etwas, auch mit folg. ἤ • **2)** verschiedener Meinung, **uneinig,** feindlich, Widersacher, τινί • **3) ausgezeichnet,** vortrefflich, οὐδέν in nichts, τινός vor jmdm. od. etwas, πρός τι in etwas • **4)** Subst. τὸ **διάφορον** u. bes. im Pl. τὰ διάφορα • **a)** der **Unterschied,** Kontrast, τινὶ καί τινι zwischen dem u. dem • **b) Streitpunkte, Streit** Thuk. • **c)** der **Vorteil,** das Interesse, τινί für jmdn. d. i. jmds., τὰ ἴδια das Privatleben, τὰ δ. ἡμῖν ἐς τὰ μέγιστα unsere wichtigsten Interessen Thuk. 4, 86, 4 • **d)** seit Dem. die **Geldangelegenheit,** *α)* das Geld, *β)* der Preis, Kaufpreis, *γ)* der Zins, Profit, *δ)* die Geldstrafe.

διαφορότης, ἡ, sp. der Unterschied.

διάφραγμα, ατος, τό, **1)** Zwischenwand, Scheidewand. **2)** sp. das Zwerchfell.

δια-φράγνυμι, sp. verpalisadieren; διαπεφράχθαι verschanzt, gedeckt sein.

δια-φράζω, ep. u. nur Aor. 2. redupl. διεπέφρᾰδον, deutlich u. bestimmt ansagen, anzeigen, τί u. τί τινι.

δια-φρέω, Fut. -φρήσουσι, durchlassen.

δια-φροντίζω, genau überdenken, beachten.

δια-φυγγάνω, s. διαφεύγω. Dav.

δια-φῠγή, ἡ (auch im Plur.), das Entfliehen, die Rettung, Gelegenheit zu entfliehen.

διαφῠή, ἡ (διαφύω), alles Dazwischengewachsene, **1)** die Knoten u. das Knie am Rohrstengel u. an anderen Pflanzen. **2)** Gelenke am tierischen Körper, welche die Teile trennen u. verbinden. **3)** Zwischenraum, Scheidewand, Ritze, Spalte; Einschnitt an Kastanien, Erbsen.

διαφῠλακτέος, 3. zu bewahren, Adj. verb. von

δια-φῠλάσσω, att. **-ττω,** auch Med., fortwährend bewachen u. durch Wachsamkeit bewahren, erhalten, τί, z. B. **θυγατέρα παρθένον** die Ehre der Tochter, **τὴν πόλιν ἀσφαλῶς** für die Stadt mit sicherer Berechnung wachen; übertr. auch fortwährend beobachten, τί; **θέσιν** eine Behauptung, einen Satz aufrecht erhalten.

δια-φύομαι, Fut. -φῠσομαι, Aor. διέφῡν, Perf. -πέφῡκα, ion. u. sp. eigtl. dazwischen wachsen, od. verwachsen mit etwas, dann dazwischen sein, von der Zeit: dazwischen vergehen; Perf. **a)** verbreitet sein, durch einen Raum, τινός. **b)** verwachsen sein, mit etw. τινός.

δια-φῡσάω, wegblasen, verwehen.

δι-αφύσσω, ep., Aor. διήφῠσα od. διάφυσσα (auch in tmesi), **1)** ganz ausschöpfen; austrinken. **2)** übtr. herausreißen.

δια-φωνέω, auseinandertönen, mißtönen, übtr. widerstreiten, abs., τινί u. πρός τι.

δια-φωνία, ἡ, Widerspruch, Disharmonie, Verschiedenheit.

δια-φώσκει, ion. u. sp. st. διαφαύσκει (φάϝος), es wird Tag.

δια-φωτίζω, sp. beleuchten, übertr. βίᾳ τόπον zu einem Orte sich den Zugang erzwingen.

δια-χάζω u. Med. aor. -χάσασθαι, auseinanderweichen, sich zurückziehen, sich trennen.

δια-χᾰλάω, auseinandergehen lassen, öffnen.

δια-χάσκω, poet. u. sp. auseinanderklaffen.

δια-χειμάζω, durchwintern, überwintern, in Winterquartieren liegen, abs. u. ἔν τινι.

διαχειρίζω (χείρ), **1)** Akt. frz. *maintenir*, unter den Händen haben, handhaben, besorgen, verwalten. **2)** Med. sich zu Willen, nach sich leiten; sp. N. T. Hand an jmdn. legen, ihn ermorden. Dav.

διαχείρισις, εως, ἡ, Handhabung, Führung, πραγμάτων von Verhandlungen.

δια-χειροτονέω, durch Handaufheben abstimmen, entscheiden. Dav.

διαχειροτονία, ἡ, Abstimmung.

δια-χέω, **1)** auseinandergießen, -schütten. **a)** umgießen, aus einem Gefäß in das andere. **b)** auflösen, flüssig machen (dah. vereiteln), zerstückeln, zerlegen, zerfallen lassen, sich auflösen lassen. **2)** durchgießen, **a)** durchfließen —, durchsickern lassen, **b)** heitre Stimmung durchströmen lassen, erheitern, erfreuen.

δια-χλευάζω, verspotten, τινά.

δια-χλῑδάω, poet., Part. perf. διακεχλῑδώς, in Weichlichkeit od. Üppigkeit zerfließen.

δια-χόω, ion. sp. χῶμα einen Damm durchführen, aufführen, ἔς τι.

δια-χράομαι, ion. **-χρέομαι,** Dep. med., **1)** sich fortwährend od. gewöhnlich befassen, τινί mit einer Sache, also anwenden, sich bedienen, führen, erleiden, überh. haben. **2)** τινά einen vergewaltigen, d. i. ihn gewaltsam od. übel behandeln, ihn aufreiben, abtun, töten, ermorden.

διά-χρῡσος, 2. mit Gold durchwirkt, vergoldet, ἐσθής *toga picta*.

διάχῠσις, εως, ἡ (διαχέω), das Ergießen, dann übertr. Zerstreuung, Erheiterung.

δια-χωρέω, **1)** durchgehen, impers. κάτω διαχωρεῖ σοι du hast den Durchfall. **2)** auseinandergehen od. -treten, mit ἐς πλάτος sich erweitern od. ausbreiten (vom Terrain), ἐς βάθος einen bedeutenden Einschnitt wie eine Bucht bilden.

δια-χωρίζω, absondern, trennen.

δια-ψεύδω, **1)** Akt. u. Med. lügen; durch Lügen täuschen, τινά. **2)** Pass. gänzlich getäuscht werden, sich täuschen abs. u. τινός od. περί τινος in od. über etwas.

δια-ψηφίζομαι, Med. (der Reihe nach) abstimmen. Davon

διαψήφισις, εως, ἡ, das Durchstimmen mit den ψήφοις, das Abstimmen, περί τινος.

δια-ψηφισμός, ὁ, dass.; spez. Gemeindeabstimmung zur Ausstoßung eines Bürgers.

δια-ψιθῠρίζω, sp. einander (πρὸς ἀλλήλους) zuflüstern.

δια-ψύχω, durchlüften, auslüften, dah. trocknen, austrocknen; schwächen.

δί-βᾱμος, 2. poet. zweifüßig.

δί-βαφος, 2. (βάπτω), sp. zweimal gefärbt, erst mit Scharlach, dann mit Purpur; ἡ δ. (sc. ἐσθής): echtes Purpurkleid, Staatskleid der röm. Magistratspersonen.

διβολία, ἡ, sp. doppelspitzige Wurfwaffe, Hellebarde.

δί-βολος, 2. poet. zweispitzig.

δί-γληνος, 2. (γλήνη), buk. mit doppeltem Augapfel, ὦπες d. i. beide Augen.
δί-γλωσσος, 2. zweier Sprachen kundig, zwei Sprachen redend, ὁ δ. der Dolmetscher, Unterhändler.
δί-γονος, 2. poet. zweibürtig, doppelt.
δίδαγμα, ατος, τό, Lehre, Unterricht.
διδακτικός, 3. N. T. belehrend. Von
διδακτός, 3., poet. auch 2. **1)** lehrbar, verkündbar, zu lehren, zu sagen. **2)** poet. u. N. T. gelehrt, eingelernt, νουθετήματα κείνης διδακτά von jener eingelernt.
δίδακτρα, τά, buk. Lehrgeld, Honorar.
δίδαξις, εως, ἡ, poet. = διδασκαλία.
διδασκᾰλεῖον, τό, Schule, Ort, wo Knaben in Grammatik u. Musik unterrichtet werden.
διδασκαλία, ἡ, **1)** Lehre (auch im Plur.), Unterricht, Unterweisung, Belehrung, διδασκαλίαν ποιεῖσθαι u. παρέχειν lehren, belehren. **2)** χοροῦ die Einübung u. Aufführung der Chöre od. eines Chors für die Bühne (s. χορός u. ἡ τραγική), im bes. die vollständige Trilogie, aus 3 Tragödien u. einem Satyrdrama bestehend, mit der ein Dichter im dramatischen Wettkampf auftrat. **3)** Plur. Verzeichnisse der aufgeführten Dramen, Verfasser, Zeit u Erfolge derselben.
διδασκαλικός, 3. (-λος), **1)** zum Unterricht gehörig, λόγοι Vorschriften des Lehrers. **2)** belehrend, zur Belehrung, περί τινος u. περί τι, od. durch Lehren mitteilend, lehrlustig, τινός von etwas. Adv. **-κῶς**, lehrhaft, belehrend.
διδασκάλιον, τό, **1)** das Gelehrte, Kenntnis. **2)** sp. gew. Plur. Lehr- od. Schulgeld. Von
διδάσκᾰλος, ὁ, ἡ, **1)** Lehrer, Lehrerin, Lehrmeister, Ratgeber: ἐν διδασκάλου sc. οἰκίᾳ, in der Schule u. ä. Ausdr. **2)** im bes. **a)** δ. χοροῦ = χοροδιδάσκαλος Einüber des Chors, Chormeister. **b)** sp. auch Komödiendichter, weil er selbst das Stück einübt.
διδάσκω (*δι-δακ-σκω, vgl. lat. *disco* aus **di-dc-sco*, *di-dic-i*), Fut. διδάξω, Aor. ἐδίδαξα (ep. auch διδασκῆσαι), Perf. δεδίδᾰχα, -γμαι, Aor. pass. ἐδιδάχθην, Fut. pass. διδάξομαι, sp. διδαχθήσομαι, Adj. verb. διδακτέον.

I) Akt. lehren • **1)** belehren, **unterrichten**, -weisen, Lehrer sein (N. T. auch den Lehrer spielen); klug machen, ἱππέα ausbilden Plat.; gew. τινά τι, bes. • **a)** zeigen, beweisen • **b)** auseinandersetzen, Vorträge halten • **c)** vorschreiben, warnen • **2)** im bes. δρᾶμα u. διθύραμβον ein Stück einüben, abs. ein Stück zur Aufführung bringen, u. τινά einen im Stücke vorführen.

II) Pass. unterrichtet werden, **lernen**, zu etwas gebildet werden usw., abs. od. mit Inf. od. ὡς, ὅτι, μή; im Part. διδασκόμενος, auch mit Gen. πολέμοιο, Neuling in der Kriegskunst Il. 16, 811; ἀπό τινος durch etwas sich überzeugen lassen; abs. sich belehren lassen mit Inf.

III) Med. • **1)** aus od. von sich selbst lernen, **sich aneignen** • **2)** τινά jmdn. unterrichten lassen, **in die Lehre geben**, ἱππέα als Reiter ausbilden lassen Plat. • **3)** = Akt. = I, 1. Dav.

διδᾰχή, ἡ, Lehre, Unterricht, Belehrung, Unterweisung, absol. od. mit ὥστε u. Inf., ἐκ διδαχῆς angewiesenermaßen, διδαχὴν ποιεῖσθαι belehren; λαλεῖν ἐν δ. N. T. lehrend vortragen.
δίδημι, Nbf. zum I. δέω, ind. 3. pl. διδέασι, Impf. 3. sg. δίδη od. δίδει, Imper. 3. pl. διδέντων, binden.
διδρᾱ́σκω, spät = ἀποδιδράσκω.
δί-δραχμος, 2. (δραχμή), von 2 Drachmen, ὁπλίτης δ. mit 2 Drachmen Löhnung. Das Neutr. δίδραχμον, τό, die Doppeldrachme; im N. T. eine alexandrin. Münze = 2 attische Drachmen = $1/_2$ *shekel* = $1^1/_4$ Mark.
Δίδῠμα [ῐ], τά, Ort bei Milet mit einem Heiligtum (Διδυμαῖον) des Apollon Διδυμαῖος od. -μεύς (vgl. Βραγχίδαι); j *Jeronda* od. *Joran*.
διδυμ-άνωρ, ὁ, ἡ, poet. zwei Männer betreffend.
διδυμά-τόκος, 2. buk. Zwillinge gebärend.
διδυμᾱ́ων, ονος, ὁ (δίδυμος), ep. Zwillingsbruder, nur Dual. u. Plur., bald verb. mit παῖς, bald allein.
Διδύμη, ἡ, eine der Liparischen Inseln, j. *Panaria*.
δίδυμνος, poet. = δίδυμος, s. d.
διδυμο-γενής, 2. poet. als Zwilling geboren.
δίδῠμος [ῐ], 3. u. poet. auch 2. (redupl. von δύο), doppelt, zwiefach, dah. auch verschieden. Plur. Zwillinge.
Δίδυμος, ου, berühmter Grammatiker zur Zeit des Augustus m d. Bein. χαλκέντερος „Sitzfleisch".
Διδώ, οῦς, ἡ, T. des Belos od. Agenor, Gem. des Sichäus, Gründerin von Karthago; hieß auch Ἐλίσσα u. Ἄννα u. war urspr phönik. Mondgöttin.
δίδωμι (St. δω, δο, lat. *dă-re*, *dōnum*), ep. (u. z. Teil auch ion. u. poet.) [wie v. διδόω] Präs. διδοῖς, διδοῖσθα, διδοῖ, διδοῦσι, imper. δίδωθι (poet. auch δίδοι), inf. διδοῦναι, Fut. διδώσω, inf. διδώσειν u. δωσέμεν(αι), Aor. ind. iter. δόσκον, conj. δώῃ u. δώῃσιν, δώομεν, δώωσι, dor. Präs. Inf. διδῶν, Fut. δωσῶ (fraglich ion. u. sp. Optat. wie διδῴην, δῴην) **geben** **1)** • **a) hergeben**, schenken, zahlen, verleihen, abs. u. mit Akk., auch mit Gen. part., τινί τινος, aber τί τινος etw. für etw., κακῶς διδ. schlecht zahlen, οἱ διδόντες die Geber, Zahler, τὸ διδόμενον die Zahlung. Insbes. von den Göttern: θεοῖς διδ. darbringen, weihen, u. umgekehrt θεοί die G. gewähren, verleihen, verhängen, κῦδος, νίκην, ἄλγεα, δοίητέ μοι καλῷ γενέσθαι. Im bes. Sinne • **b) leisten**, schaffen, κακόν zufügen, πεῖραν Probe ablegen, πίστιν od. πίστεις Sicherheit geben, sich verbürgen, beteuern, ähnl. τὰ πιστά das Versprechen geben, ἔλεγχον sich rechtfertigen, aber auch Gelegenheit zur Widerlegung geben, ähnl. ἀποδείξεις Gelegenheiten etwas zu zeigen darbieten, ὅρκον u. ὅρκους einen Eid leisten od. auch einem (τινί) den Eid zuschieben, εὐθύνας, λόγον ἑαυτῷ u. ähnl., ἀπολογίαν eine Verteidigung d. i. eine Replik gestatten, θυμῷ καὶ μετάστασιν gewähre dem Zorne auch ein Vorübergehen; χάριν δ. nachgeben, δίκην od. δίκας δ. Strafe zahlen, d. i. büßen, ähnl. ποινάς, τιμωρίαν (ὑπό τινος), aber auch rechtliche Entscheidung zulassen, sich dem Rechtsverfahren unterwerfen oder Rechtsentscheidungen geben, ebenso δίκαια δ. Recht geben, u. τιμωρίας Strafen darauf setzen;

phraseolog. bes. sp. u N. T.: *ἐργασίαν operam dare*, *ἐγκοπήν* hindern u. oft • c) *τινά τινι* jmdn. einem zu Gefallen losgeben, **begnadigen,** überliefern, bes. *ἑαυτόν* sich in jmds. Schutz stellen, poet. auch ohne *ἑαυτόν* sich überlassen, auch *εἰς χεῖρας* u. *ἑαυτὸν εἰς τὰ πράγματα* seine Person in die Schanze schlagen, aber *χείλεσιν ὀδόντας* sich in die Lippen beißen. Ferner • d) *τινά τινι* (*γυναῖκα* od. *γῆμαι*) einem eine zur Frau geben, verheiraten an ihn, ähnl. *τινά τι* einen als etwas aufstellen • 2) (nur Präs. u. Impf.) geben wollen, **anbieten** • 3) mit Inf. od. auch abs. **gewähren lassen,** überlassen, gestatten, zugeben, auftragen, die Wahl lassen; (*αἰσχρά*) einem (der ihrer würdig ist) überlassen, Soph. Phil. 972. • Das Part. *δούς* ist oft bloß durch gegen, um, mit zu übersetzen.

δι-εγγυάω, 1) Akt. a) Bürge sein für einen, Bürgschaft leisten, *τινός* gegen eine Summe. b) zur Bürgschaft anhalten, gegen B. freigeben. 2) Pass. *διεγγυᾶσθαί τινί τινος* einem gegen Bürgschaft von einer bestimmten Summe (*τινός*) freigegeben werden.

διεγγύησις, *ἡ*, Verbürgung.

δι-εγείρω, sp. N. T. aufwecken.

διειδής, 2. (*εἶδον*), sp. durchsichtig, hell.

I. **δί-ειμι,** u. Adj. verb. *διιτέον* (*εἶμι*), hindurchgehen, durchziehen, *τί* u. *διά τινος*, übertr. erzählen, im Präs. oft als Fut. ich werde, will etw. durchgehen od. erzählen.

II. **δί-ειμι,** Fut. *διέσομαι* (*εἰμί*), fortwährend sein, mit dem Part. durch das Adv. „beständig" zu übersetzen: (v. LA. Mem. 2, 1, 24).

διει-πετής (-*πέτης*), 2. var. LA. f. *διιπετής*, s. d.

δι-εῖπον, Inf. *διειπεῖν*, ep. *διαϝειπέμεν*, defekt. Aor. 2. mit Fut. *διερῶ* u. Perf. *διείρηκα*, eigentl. durchsprechen, *ἀλλήλοισιν* miteinander, *αἴνιγμα* ein Rätsel lösen; dann vollständig u. bestimmt od. genau sagen, ausdrücklich bestimmen, *τινί* od. mit folg. Akk. mit Inf.

δι-είργω, ion. **διέργω** (s. *εἴργω*), Impf. ep. *διέεργον*, auseinanderhalten, trennen, scheiden.

δι-είρομαι, ep. nur Präs., genau ausfragen.

δι-ειρύω, ion. st. **διερύω** (s. *ἐρύω*), hindurch- od. hinüberziehen, *τί τι* etwas über etwas.

δι-είρω, Perf. *διεῖρκα*, hindurchstecken, *διά τινος* durch od. in etwas.

Διειτρέφης, ους, *ὁ*, 1) Vater des im J. 418 gefallenen athen. Strategen Nikostratos. 2) athen. Feldherr um 412.

δι-έκ, vor Vokalen **διέξ**, ep. durch u. heraus, ganz [durch, *τινός*.

δι-εκβάλλω, sp. hindurchgehen, überschreiten, *τί*.

δι-εκδύομαι, Aor. -*δῦναι*, sp. durchschlüpfen, durch etwas *τί*. Dav.

διέκδυσις, *ἡ*, sp. Ausweg.

δι-εκθέω, sp. durch- u. herauslaufen.

δι-εκπαίω, sp. sich durchschlagen; die Reihe der Feinde durchbrechen; Arr. An. 3, 14, 5 zu ergänzen: aus dem Mitteltreffen des Darius.

δι-εκπεράω, hindurchgehen, -schiffen, übersetzen, *τί* durch, über, zwischen etwas.

δι-εκπίπτω, Aor. -*εξέπεσον*, sp. v. jeder schnellen Bewegung, durch etwas eilig hindurchreiten, -fahren, -stürzen, durchbrechen, sich durchschlagen, *ἐπί τινα*, u. so entkommen, *πρός τινα*.

δι-εκπλέω, ion. -**πλώω,** zu Schiffe hindurchfahren, durchsegeln, auch: zwischen etwas hindurchschiffen, *τί* oder *διά τινος*, bes. wo man die feindliche Linie durchbrach, um deren Schiffe an den Seiten u. Rudern zu beschädigen u. sie dann von hinten anzugreifen, ein Schlachtmanöver, das besonders die Athener übten, zuerst bei Herodot 6, 12 erwähnt (*διέκπλους*; Gegenmanöver *κύκλος*).

διέκπλοος, ὁ, zsgz. **διέκπλους,** 1) Durchfahrt, Ort dazu, *τῶν βραχέων*. 2) das Durchbrechen der Linie der feindlichen Schiffe (s. *διεκπλέω*), aber auch das Durchfahren der Schiffe zwischen einander, als Übungsmanöver, *διέκπλουν τῇσι νηυσὶ δι' ἀλληλέων ποιεῖσθαι* die Schiffe zwischen einander durchfahren lassen, od. die freie Durchfahrt durch die Reihe der Schiffe beim Anlaufen.

δι-εκπλώω, s. *διεκπλέω*.

δι-έκροος, *ὁ*, ion. der Ausfluß.

δι-ελαύνω, 1) trans. durchtreiben, hindurchjagen, durchstoßen, durchbohren, durchschlagen. 2) intr. durchreiten, durchbrechen, hindurchziehen (sich durchschlagen), durchreisen.

δι-ελέγχω, ganz widerlegen, genau erforschen.

δι-έλκω (s. *ἕλκω*), Aor. part. -*ελκύσας*, 1) auseinanderziehen. 2) poet. hindurchziehen; zechen.

δίεμαι (St. *δι*), Konj. *δίηται*, Op. *δίοιτο*, nur Präs med., ep. poet. 1) trans. scheuchen, jagen, vertreiben, (*ἀπό*) *τινος* von etwas. 2) intr. sich scheuchen lassen, eilen, fliehen, *πεδίοιο* durch das Gefilde, *σταθμοῖο* vom Gehöfte; poet. auch: sich scheuen, m. Inf. S. *δίω*.

δι-εμπολάω, poet. verkaufen, verhandeln, übertr. *τινὰ πρός τινα* verraten.

δι-ενθυμέομαι, N. T. durchdenken.

δι-ενιαυτίζω, ion. ein Jahr überleben.

δι-ενοχλέω, sp. fortwährend lästig fallen.

δι-εντέρευμα, τό (*ἔντερον*), poet. Darmforschung, Darmkunde.

δι-έξ, s. **δι-έκ**.

δι-εξαγωγή, *ἡ*, sp. Durchführung, Lebensführung.

δι-εξαΐσσω, buk. u. att. **δι-εξάττω,** schnell hindurchfahren. [schütteln, -breiten.

δι-εξειλίσσω, ion. st. *διεξελίσσω*, auseinander-

δι-έξειμι. 1) durch etwas hinaus-, **hindurchgehen,** -ziehen, sich durchschlagen, durch etwas, ferner *διά τινος* durch od. zwischen etwas, ebenso *μεταξύ τινος*. 2) übertr. mit u. ohne *τῷ λόγῳ* vollständig od. der Reihe nach (*ἐφεξῆς*) in der Rede durchgehen, abhandeln, **erzählen,** auch vortragen, *πρός τινα* zu einem, *λόγους ἐπιταφίους ἐπί τινι* Grabreden auf einen halten.

διεξέλασις, *ἡ*, sp. das Durchbrechen, Durchreiten.

δι-εξελαύνω (s. *ἐλαύνω*), ion. u. sp. hindurchtreiben, scheinbar intr.: -reiten, -fahren, sich durchschlagen, abs. u. *τί* durch etwas (auch über Flüsse), doch auch *κατά τι* beim Ausreiten in etwas kommen, *παρὰ ἔθνος ἓν ἕκαστον* hindurchfahren von einem Volke zum andern.

δι-εξερέομαι (I. *εἴρω*), ep. genau ausfragen, ausforschen, *τινά τι*.

δι-εξερπύζω u. **δι-εξέρπω,** fut. -ύσω, hinauskriechen, hindurchschleichen.

δι-εξέρχομαι, 1) durch etwas hinaus-, durch od. vorübergehen, **hindurchgehen,** -kommen, bis ans Ende gehen; ὁδόν, πόλεις Hdt.; πάντας φίλους sich an alle F. wenden Eur.; ζημιῶν alle Strafen versuchen Thuk. 3, 45; πόνους erdulden Soph. 2) mit u. ohne λόγῳ in der Rede durchnehmen, durchgehen, **erzählen,** auch λόγους vorbringen. 3) vorübergehen, **verstreichen,** von der Zeit.

δι-εξηγέομαι, auseinandersetzen, erzählen, erklären.

δι-εξίημι, durch- u. herauslassen.

δι-εξοδεύω, durchgehen, übertr. behandeln.

διεξοδικός, 3. ausführlich, weitläufig. Von

δι-έξοδος, ἡ, 1) Durchweg, διέξοδοι ὁδῶν die Quergassen, Durchgang, Ausweg, Durchmarsch, Umlauf, Bahn der Sonne. Übertr. Endausgang, βουλευμάτων der Anschläge, τῶν λόγων die Art das Gespräch durchzuführen. 2) vollständige Auseinandersetzung, Schilderung.

δι-εορτάζω, zu Ende feiern.

δι-επέφραδε, s. διαφράζω.

δι-έπομαι, fortwährend beschäftigt sein, τινί (var. Eur. El. 146); vgl. διέπω.

δι-έπραθον, s. διαπέρθω.

δι-έπω, ep. poet. u. sp., Impf. διεῖπον, ep. δίεπον etwas besorgen, verrichten, verwalten, στρατόν das Heer ordnen, ἀνέρας σκηπανίῳ mit dem Stabe durch die Männer hinfahren, um sie fortzuscheuchen. Vgl. διέπομαι.

δι-εργάζομαι (s. ἐργάζομαι), ion. Plqpf. διέργαστο, auch pass., (ion. poet. u. sp.) zugrunde richten, umbringen, τί u. τινά.

δι-έργω, s. διείργω.

δι-ερεθίζω, sp. noch mehr reizen.

δι-ερείδομαι, Med., poet. u. sp. a) sich stützen, τινί. b) sich widersetzen, streiten, πρός τι.

δι-ερέσσω, Aor. διήρεσα, ep. -ήρεσσα, durchrudern, χερσί mit den Händen fortrudern; poet. hin- und herschwingen.

δι-ερευνάω u. **-άομαι,** Med., durchspüren, -suchen, -forschen, τί u. τινά, auch abs. eine genaue Untersuchung anstellen.

διερευνητής, οῦ, ὁ, Späher, Kundschafter.

δι-ερίζομαι, Med., sp. τινί mit einem streiten.

διερμηνεία, ας, ἡ, Auslegung.

διερμηνευτής, οῦ, ὁ, N. T. Ausleger.

δι-ερμηνεύω, zuw. ohne Augm., sp. auslegen, erklären.

I. **διερός,** 3. ep. u. poet., am Leben, lebendig.

II. **διερός,** 3. (δίεμαι), rasch, πούς.

III. **διερός,** 3. (διαίνω), flüssig, schmelzend, μέλη; naß.

δι-έρπω, Impf. διεῖρπον, poet. hindurchgehen, πῦρ durch das Feuer (als Gottesurteil, wie im Mittelalter).

δι-ερύκω, sp. auseinanderhalten, verhindern.

-έρχομαι, Aor. inf. ep. διελθέμεν, hindurchkommen • 1) **durchgehen,** -laufen, -ziehen, bis ans Ende kommen, τὶ u. διά τινος; ὁδόν zurücklegen; milit. durchmarschieren Thuk., ὄρη passieren Xen.; insbes. βίον verbringen Plat.; λόγος verbreitete sich Thuk., Xen.; πόνους erdulden Eur.; von Geschossen, Schmerzen, Gift: durchdringen, eindringen; δ. παιδείαν den Knabenunterricht durchmachen Xen. • 2) mit u. ohne λόγῳ durchgehen, **auseinandersetzen,** ὅσα διήλθομεν was wir durchgenommen haben Plat.; χρησμόν erzählen, Aesch.; besprechen; auch durchlesen; erwägen, überdenken • 3) von der Zeit: intr. **vergehen,** verstreichen, ablaufen.

δι-ερῶ, s. διεῖπον.

δι-ερωτάω (s. ἐρωτάω), 1) ausfragen, τινά, τινά τι über etwas, od. mit folg. Nebens. 2) herumfragen, immer fragen.

δι-εσθίω, Fut. διέδομαι, Aor. διέφᾰγον, ion. u. sp. zerfressen, durchbeißen.

δι-έσσῠτο, s. διασεύω.

δι-ετής, οῦς, 2. u. **δι-έτης,** ους, 2. zweijährig.

διετήσιος, 2. (διά, ἔτος), das ganze Jahr durch dauernd.

δι-ετία, ἡ, N. T. Zeitraum von 2 Jahren.

δι-έτμαγεν, s. διατμήγω.

δι-ευθύνω, sp. verbessern, zurechtweisen, berichtigen.

δι-ευκρινέω, genau scheiden, ordnen, ganz klar stellen; Med. gut beurteilen od. bestimmen.

δι-ευλᾰβέομαι, sich sehr in acht nehmen.

δι-ευνάω, poet. zur ewigen Ruhe bringen.

δι-ευσχημονέω, sp. durchaus den Anstand wahren.

δι-ευτῠχέω, fortwährend Glück haben.

δι-εχθρεύω, sp. feindlich gesinnt sein; τὸ διεχθρεῦον feindliche Gesinnung, Feindseligkeit.

δι-έχω • 1) trans. **auseinanderhalten,** trennen, spalten, teilen, τί od. τινὰ ἀπό τινος. Bes. παιδὸς βλάστας οὐ διέσχον ἡμέραι τρεῖς nicht drei Tage trennten die Geburt des Knaben von seiner Aussetzung Soph. OT. 717; δ. χεῖρας ausstrecken Plut., aber auch dazwischenhalten (um den Streit zu vermitteln); überh. **fernhalten,** τινά • 2) intr. • a) **auseinanderstehen,** α) auseinandergehen, auseinandertreten, Platz geben, κέρατα sind auseinandergezogen Xen. An. 3, 4, 20; τό διέχον der Zwischenraum; Risse bekommen, β) sich ausdehnen, sich ausbreiten, erweitern, γ) entfernt sein, abs. u. ἀπό τινος od. τινός • b) **hindurchreichen,** -dringen, ὀϊστὸς ἀντικρύ drang am andern Ende hervor Hom.; abs., διά τινος oder bloß τινός, überh. sich erstrecken, ἔκ τινος ἔς τι.

δι-εψευσμένος, sp. lügnerisch, erlogen, falsch.

δίζημαι, (ζητέω), Dep. med. suchen, aufsuchen, τινά od. εἴ που. Dah. a) nach etw. suchen, sich um etw. bemühen, auch mit Inf. mit u. ohne Art. b) untersuchen, erforschen.

δίζομαι, ep. poet. u. sp. = δίζημαι.

δί-ζυξ, ῠγος, ὁ, ἡ (ζυγόν), ep. zweispännig, paarweis.

δίζω (δίς, δύο), Impf. δίζε, ep. unschlüssig sein, mit folg. ἦ — ἦ.

Δίη, ἡ, kleine Insel vor Knossos auf Kreta.

δι-ηγέομαι, Dep. med., auseinandersetzen, erzählen, auch mit folg. Nebens. u. ὡς, dessen Subj. bisw. in den Hauptsatz gezogen wird.

διήγημα, ατος, τό, sp. Erzählung; dann überh. Verkündigung, Kunde.

διήγησις, εως, ἡ, Erörterung, weitläufige Erzählung, Lebensbeschreibung.

δι-ηθέω, 1) trans. durchseihen, ausspülen, τί τινι. 2) intr. ion. durchsickern.

διηκονέω, διήκονος, διηκόσιοι, ion. st. διακ.

δι-ήκω, selten att. pros. 1) hindurchgehen, hindurchdringen, 2) sich durch etw. erstrecken, etw. durchdringen, bis zu einem od. etw. reichen.

δι-ημερεύω, den ganzen Tag zubringen.

δι-ηνεκής, att. auch **διᾱνεκής** (ἐνεγκεῖν), 2., stetig, **ununterbrochen** fortlaufend, zusammenhängend, sich der Länge nach erstreckend, νῶτα Längsrückenstücke Hom ; ὦλκα durchgehend Hom., ῥάβδοι bis an den Rand reichend Hom.; überh. weitreichend, lang, groß; von der Zeit: ununterbrochen, fortwährend, εἰς τὸ διηνεκές bis in Ewigkeit; τὸ διηνεκὲς τῆς εὐτυχίας die Beständigkeit des Glückes • Adv. **διηνεκέως** u. att. **διηνεκῶς,** in einem fort, von Anfang bis zu Ende, dah. **ausführlich** (ἀγορεύσω Hom.), vollständig, od. auch genau bestimmt.

δι-ήνεμος, 2. (ἄνεμος), poet. dem Winde ausgesetzt, luftig.

δι-ήρης, 2. poet. zweifach verbunden, τὸ διῆρες μελάθρων Obergelaß des Hauses.

Διῆς, οἱ, s. Δῖον, 2.

δι-ηχέω, sp. ertönen lassen, weiter verbreiten.

δι-θάλασσος, 2. N. T. δ. τόπος eine Sandbank, die vor u. hinter sich tieferes Wasser hat.

δί-θηκτος, 2. poet. zweischneidig.

δί-θρονος, 2. poet. doppelthronend (Atriden, nach Aischylos u. teilweise Sophokles gemeinschaftlich herrschend).

διθυραμβέω, sp. Dithyramben singen. Von

δῑ-θύραμβος, ὁ, 1) Beiname des Dionysos (ungedeutet). 2) ein altes, bei den Dionysosfesten gebräuchliches, von lebhaften Gebärden begleitetes Chor- u. Reigenlied, welchem Arion die künstlerische Ausbildung gab.

δι-ίημι (auch in tmesi), 1) hindurchschießen od. -werfen, u. zwar τινός durch etwas. 2) hindurchgehen od. durchziehen lassen, den Durchzug gestatten, τινὰ ἐπί τινι. Übertr. τοῦ στόματός τι etw. vorwerfen. 3) auseinandergehen lassen u. **fortlassen.**

δι-ικνέομαι, Fut. διΐξομαι, Aor. διικόμην, 1) intr. hindurchdringen od. gelangen, μέχρι τινός bis zu einem, abs. (mit den Geschossen) erreichen, treffen. 2) trans. ep. durchgehen, d. i. erörtern, τί.

δῑῑ-πετής, 2. ep. poet. u. sp. (Διός, πίπτω), 1) ep. von Zeus, d. i. vom Himmel, herabgefallen, als Beiw. der Flüsse, die von Regengüssen entstehen oder anschwellen. 2) poet. Komp. -**εστέστερος** durchsichtig, hell, leuchtend.

δι-ίπταμαι, sp. = διαπέτομαι.

δι-ίστημι • 1) trans. • a) Akt. u. Pass. διαστήσω, διέστησα, διεστάθην), **auseinanderstellen,** an verschiedenen Orten od. in Zwischenräumen aufstellen, λόχους Thuk.: **trennen,** unterscheiden; übertr. entzweien, τινά τινος, Ἑλλάδα Hdt. Thuk. Xen.; εἰς μέρη in Teile spalten • b) Med. διίσταμαι (διαστήσομαι, διεστησάμην), gegenüberstellen, τινός • 2) intr. **δι-ίστᾰμαι,** Fut. διαστήσομαι, Aor. 2. διέστην, Perf. διέστηκα, 1. pl. διέστᾰμεν, 3. pl. διεστᾶσιν, **auseinandertreten** od. -gehen (im Perf. auseinanderstehen), also • a) sich trennen, klaffen (Soph. OC. 1653), Platz machen, τινί einem aus dem Wege gehen, θάλασσα wich auseinander Hom.; von Soldaten: an verschiedenen Orten aufgestellt werden, κατὰ διακοσίους in Scharen von 200 Thuk., übertr. α) sich trennen mit u. ohne χωρίς od. δίχα, dah. auch β) **sich entzweien;** entfremden, εἰς δύο μέρη sich in zwei Parteien teilen Dem., πρός τινα • b) **sich unterscheiden,** verschieden sein (φύσιν).

δι-ισχῡρίζομαι, Dep. med., 1) für sich eine Sicherheit finden, sich verlassen od. getrösten, περί τινος sich über etwas beruhigt fühlen, od. mit folg. Inf. 2) für gewiß od. sicher behaupten, τί od. mit folg. Akk. u. Inf. od. ὅτι.

Διιτρέφης, falsche Schreibung st. Διειτρέφης, s. d.

Δῐΐ-φιλος, 2. ep. = Διὶ φίλος, zeusgeliebt.

δῐκάζω (δίκη), δικάσω, ἐδίκᾰσα, δεδίκασμαι, ἐδεδίκαστο, ἐδικάσθη, sp. δεδικάσομαι, ep. Aor. auch mit σσ, ion. Fut inf. δικᾶν • 1) Akt. • a) **richten,** Recht sprechen, ein Urteil fällen, abs. od. δίκαια gerecht, ἄδικον ungerechten Spruch fällen Hdt., ὅσια gewissenhaft, ἐς μέσον unparteiisch Il. 23, 574; δίκην δ. einen Richterspruch fällen Hdt.; φυγήν τινι Verbannung zuerkennen Aesch. Im bes. οἱ δικάζοντες τῇ Ἱπποθωντίδι von den 40 Richtern jeder Phyle; im Pass. οἱ δικαζόμενοι die Angeklagten, die Gerichteten • b) allg. **entscheiden,** bestimmen, beschließen, κρυπτάδια geheime Anschläge fassen Il. 1, 542; mit A. c. I. • 2) Med. sich Recht sprechen lassen, seine Sache vor Gericht führen, rechten, **prozessieren,** τινί oder πρός τινα mit einem, δίκην od. δίκας δικάζεσθαι einen Rechtsstreit führen, ἀλλήλοις sich gegenseitig Prozesse an den Hals werfen; ὑπέρ τινος für jmdn. Klage anstellen; vgl. βλάβη.

Δίκαια, ἡ, eine Stadt in Thrakien, j. *Kurnu.*

Δικαιάρχεια, ἡ, die Stadt Puteoli in Süd-Italien.

δικαιέω, ion. = δικαιόω, w. s.

δικαιοδοσία, ἡ, sp. das Rechtsprechen, die Rechtspflege.

δικαιοκρισία, ἡ, N. T das gerechte Gericht.

δικαιο-λογέομαι, sein Recht behaupten, sich wehren; Akt. οἱ δικαιολογοῦντες Anwälte.

δικαιολογία, ἡ, sp. Verteidigung der Gerechtsame.

δικαιοπρᾱγέω, gerecht handeln, πρός τινα.

δίκαιος, 3. poet. auch 2. (δίκη), **gerecht** • 1) von Personen: **gerecht,** bei Hom. wer das Recht gegen die Götter u. Menschen nicht verletzt, sonst: wer sich den Gesetzen des Staats gemäß beträgt, rechtlich, ehrlich, auch bloß: gehörig, z. B. λογιστής; von Tieren: brauchbar, schulgerecht (vom Pferde) • 2) von Handlungen: gerecht, **verdient, billig,** gesetzlich, gebührend • 3) von Zuständen u. Sachen: **gehörig,** rechtmäßig erworben (πλοῦτος), ehrlich (πενία), wohlbegründet, λόγος, die Rechtspunkte hervorhebend, Thuk. 3, 44, 4; auch vom Wagen: brauchbar, tauglich, und vom Felde: fruchtbar, insofern es leistet, was es soll, od. αἱ ὀργυιαὶ δ. εἰσι στάδιον sind gerade ein St. Nicht selten δίκαιον u. auch δίκαια (stets ohne Kopula) mit Inf. es ist recht, daß, noch öfter aber persönlich δίκαιός εἰμι mit Inf., teils: ich habe ein Recht, ich bin berechtigt, verdiene, teils: ich bin schuldig, verpflichtet • Subst. **τὸ δίκαιον** u. **τὰ δίκαια Recht** (κακὸν δ. ein trauriges

Recht), **Billigkeit,** ἐπὶ πᾶσι δικαίοις in guten Treuen; aber auch Rechtsverfahren, Rechtfertigung (τὰ δ. ὑπὲρ τῆς γραφῆς Rechtfertigungsgründe), Rechtsbestimmungen eines Vertrages, τὰ πρὸς Θηβαίους δ. Ansprüche an die Thebaner, τελεῖν die gesetzlichen Abgaben zahlen, auch τὸ δ. die gerechte Sache • Redensarten: τὰ δ. διδόναι Recht geben; λαμβάνειν sein Recht wahrnehmen oder suchen, ähnl. δίκαια πράττεσθαι od. τιθέναι ἔκ τινος das Recht wonach bemessen; τὰ δ. λέγειν Recht haben, Billiges fordern, aber auch: den Rechtspunkt urgieren; τῶν δικαίων μετέχειν am Rechtsverfahren, der Gerichtsbarkeit (eines Staates) teilhaben; δίκαια ποιεῖν das Seine tun, sein Versprechen halten; πράττειν tun was recht ist. Und man sagte κατὰ τὸ δ. aus einem Rechtsgrunde, mit Recht, ähnl. σὺν τῷ δ. auf rechtliche Weise, ἐκ τοῦ δ. gebührenderweise, u. auch auf rechtliche Weise, τῷ δ. mit Recht, aber τῷ σῷ δ. (ἐπισπέσθαι) deiner Ansicht von dem, was recht ist, folgen, παρὰ τὸ δ. wider Recht, πρὸς οὐδὲν δ. ohne gerechten Grund. Mehr adv. steht es in δικαιότερα ἀποκρινοῦμαι zur größeren Rechtfertigung, τὰ δ. βοηθεῖν zum Recht verhelfen, τὸ δ. δυστυχεῖς κεκλήμεθ' ἄν, eigentlich, d. h. wenn du die wahre Lage der Dinge betrachtest • Adv. **δικαίως mit Recht,** in zuverlässiger Art, ernstlich, mit Wahrheit, unparteiisch, nach Sitte u. Brauch, gebührend, wohlbegründeterweise, natürlich. Dav.

δικαιοσύνη, ἡ, 1) Gerechtigkeit, Gesetzmäßigkeit, Rechtlichkeit. Bei Paulus nicht durch Gesetzeswerke verdienter, sondern durch den Glauben geschenkter Zustand der Schuldlosigkeit: ἡ (τοῦ) θεοῦ δ., ἡ ἐκ θεοῦ δ., ἡ διὰ πίστεως (κατὰ πίστιν) δ. 2) rechte Beschaffenheit, Richtigkeit. 3) Rechtspflege.

δικαιότης, ἡ = δικαιοσύνη.

δικαιόω, Fut. -ώσω u. -ώσομαι, ion. **δικαιέω,** äol. poet. Impf. 2. sg. δικαίως, eigentl. recht machen, rechtfertigen, τί, dah. 1) für recht u. billig halten, als recht oder gerecht erkennen oder erachten, für gut halten, τί od. mit dem Inf., dah. auch beanspruchen, die Forderung stellen; wollen, mögen, hier auch mit ὥστε und dem Inf.; überh. urteilen; überh. prüfen. Dav.

δικαίωμα, ατος, τό, 1) Rechtsanspruch, Rechtsgrund. 2) N. T. auch das Recht, die Gerechtigkeit, Rechtfertigung.

δικαίωσις, εως, ἡ, 1) gerichtliche Vorladung, Belangung vor Gericht. 2) gerichtliche Bestrafung. 3) Berechtigung, Rechtsforderung, überh. Forderung, Anspruch. 4) Meinung vom Recht, Gutdünken, Willkür. 5) N. T. Rechtfertigung.

δικαιωτήριον, τό, der Strafort, Zuchthaus.

δῐκᾱνῐκός, 3. (δικανός Sachwalter), 1) rechtskundig, daher ὁ δ. *causidicus*, ἡ δικανική die Kunst des Sachwalters, u. als Adj. überh. prozeß-, sachwalterisch; δικανικὸς λόγος Gerichts-, Prozeßrede. 2) rechthaberisch, u. übertr. weitschweifig, langweilig.

δι-κάρηνος, sp. ep. zweiköpfig.

δικασπόλος, ὁ (δίκας [acc. pl.] πελόμενος verwaltend), ep. Rechtsverwalter, Rechtspfleger, Richter, auch als Adj. mit ἀνήρ, *iudex*.

δικαστήριον, τό, der Gerichtshof, zunächst **a)** das Gerichtslokal, der Ort des Gerichts, δ. ἀναβαίνειν u. εἰσέρχεσθαι vor Gericht erscheinen, kommen, συλλέγεσθαι sich beim Gerichtshause versammeln, ἐν δ. λαβεῖν einen vor Gericht bekommen, πρὸ τῶν δ. κληρονομεῖσθαι vor den Gerichtshöfen um den Richtersold (3 Obolen) losen; dann **b)** die Richter, die Gerichtsversammlung, das Gericht; δ. παρασκευάζειν τινί einem ein Gericht bereiten und durch Ränke zusammensetzen.

δικαστής, οῦ, ὁ (δικάζω), **a)** Richter u. zwar eigtl. bloß der, welcher Recht spricht, τινός bei etwas, oft als Anrede mit ἀνήρ. **b)** überh. Beurteiler, Rächer.

δικαστικός, 3. **1)** den Richter oder die Gerichte betreffend, νόμος die *lex iudiciaria* des C. Gracchus in Rom, welche die Macht des Senats beschränkte, λήμματα der von Perikles eingeführte Richtersold in Athen, urspr. 1, später 3 Obolen. **2)** in Führung der Rechtssachen geübt, rechtskundig, und ἡ δικαστική die Rechtspflege. **3)** sp. übertr. [kritisch.

δικάστρια, ἡ, sp. Richterin.

δικεῖν, poet. Aor., ind. ἔδικον u. δίκον, imper. δίκετε, part. δικών, werfen (vgl. δίσκος).

δί-κελλα, ης, ἡ (vgl. μάκελλα), zweizinkige Hacke, Karst; dav. δικελλίτης, ὁ, Hacker.

δι-κέραιος, 2. poet. u. **δί-κερως,** ων, gen. ωτος, acc. m. ῶν u. ωτα, ep. u. poet. mit zwei Hörnern, zwei [Zacken.

δι-κέφαλος 2. sp. zweiköpfig.

δίκη [ῐ], ἡ (St. δεικ, δῐκ, in δείκ-νυμι, lat. dĭc in *iudex* u. der Redensart *dĭcis causa* der Form wegen) die **Weisung,** das Recht • **1) Sitte,** Gebrauch, Art und Weise, ἱππομαχίας die herkömmliche Art eines Reitertreffens, βροτῶν der Sterblichen Weise, Geschick der Sterblichen, ἡ γὰρ δ., ὁπότε so pflegt es zu gehen, wenn. Und so der Akk. δίκην mit Gen. als Adv. • **a) nach Art u. Weise,** wie, *instar* • **b) um ... willen,** wie χάριν • **2) Recht,** Gerechtigkeit, δίκης ἐς ὀρθόν der Wahrheit getreu, wie sich gebührte, δίκῃ ἀμείβεσθαι auf dem Wege (von seiten) des Rechts entgegnen, eine Verletzung seines Rechts nachweisen. Sonst heißt δίκῃ mit Recht od. zur Rache, u. so auch σὺν δίκῃ, ähnl. ἐν δίκῃ, aber ἐν χεροῖν δίκῃ nach dem Recht, mit dem Recht der Gewalt, κατὰ δίκην nach dem Recht, πρὸς δίκης von Rechts wegen, mit Grund, παρὰ δίκην gegen das Recht, ἄνευ δίκης wider Verdienst, aber auch: ohne Urteil und Recht, πέρα δίκης über Fug und Recht • Personifiziert ist **Δίκη** die Göttin der Gerechtigkeit und des Sittengesetzes, Tochter u. Beisitzerin des Zeus, von der Themis geboren. Sie heißt φονία, weil sie den Mord verfolgt, u. παλαίφατος, weil sie den Menschen von Anfang an durch die Götter offenbart ist • **3)** im bes. **Rechtsverhandlung,** der Rechtsspruch; die Rechtspflege, δ. γίγνεται es wird eine Entscheidung gegeben, aber auch: es wird ein Prozeß verhandelt, δίκαι γενόμεναι und δικασθεῖσαι gefällte

Rechtssprüche, δίκην εἰσιέναι vor Gericht erscheinen, δίκη ἐπιτρέπεταί τινι es wird einem die Entscheidung, das Schiedsrichteramt übergeben, ἐπιτροπὴ δίκης die Übertragung einer schiedsrichterlichen Entscheidung, δίκῃ κρίνειν durch Rechtsspruch entscheiden, doch auch: nach dem Recht entscheiden. Im bes. die Prozeßverhandlung (Plat. Phaed. 58 C) u. auch die Strafrechtspflege (Plat. Gorg. 478 B) ● **4) Rechtssache,** Prozeß, Klage, auch die Klagschrift (Plut. Arist. c. 26), eigtl. jede Klage, doch in Vbdg. mit γραφή die Zivil- od. Privatklage, auch ἰδία genannt, während δημοσία δ. od. γραφή die Staatsanklage ist, τίνος δίκη; worauf geht die Klage? δώρων wegen Bestechung, δ. πρός τινα οὖσα bei einem anhängig, τὰς ἀπὸ στρατείας δ κρίνειν Kriegsgerichte halten. Sonst hieß τὴν δ. κρίνειν das Urteil fällen. Ähnl. δίκην ψηφίζειν u. δίκας δικάζειν, δ. δ. τινί einem Recht sprechen, aber δίκας δικάζεσθαί τινι für jmdn. e. Streit entscheiden lassen, ihm Prozesse zuziehen. Damit verwandt ist διὰ δίκης ἰέναι τινί mit jmdm. rechten, ἐς δίκην ἄγειν od. ὑπάγειν τινά einen vor Gericht ziehen, ähnl. εἰς δίκας καταστῆσαί τινα vor Gericht fordern, allgemein dagegen ist ἐς δίκας προκαλεῖσθαί τινα einen zum Rechtsverfahren auffordern, δίκην λαγχάνειν eine Klage anbringen, weil das Los die Reihenfolge der einzelnen Klagen entschied, δίκην ἑλεῖν, νικᾶν einen Prozeß gewinnen. Auf der andern Seite hieß es wieder δίκῃ κινδυνεύειν einen Rechtsstreit riskieren, διὰ δίκης ἔρχεσθαι es auf einen Prozeß ankommen lassen, ἐς δίκην στῆναι sich zur Verantwortung stellen, δίκην ἀγωνίζεσθαι seine Sache ausfechten, δίκην θανάτου ἀπολογεῖσθαι sich in einem Kapitalprozesse verteidigen, allg. δίκην εἰπεῖν seine Sache vor Gericht führen, sich verteidigen, aber auch Recht sprechen, u. τὴν δ. εἰπεῖν κατά τινος jmdn. anklagen, ähnl. τὴν δ. ἀναλαμβάνειν κατά τινος d. h. übernehmen gegen jmdn., dah. τῆς δίκης ἀκούειν τῆς ἀμφί τινος, u. δίκη ἔρημος ein Kontumazialverfahren, wo der Beklagte nicht erschienen ist ● 5) die von Rechts wegen anerkannte gerichtliche **Strafe, Buße,** später auch Rache, δίκας αἰτεῖν τινος Strafe für etwas verlangen, doch auch Rechtsentscheidung fordern, ähnl. δ. αἱρεῖσθαι od. αἴρεσθαι Strafe erheben, sich holen, δίκην ἐπιτιθέναι, δίκην λαμβάνειν die Strafe eintreiben, züchtigen, bisw. auch ohne ἱκανήν in dem Sinne: sein Recht, also die verdiente Strafe einfordern, nehmen (Lys. 12, 84); doch heißt δ. λαμβάνειν auch eine Strafe bekommen, d. i. erleiden, u. ähnlich δίκην ἐπάγειν einen Strafantrag stellen, τελέεσθαι durchsetzen, od. Ἀμφικτυονικὰς δ. ἐπάγειν einen den Amphiktyonen überantworten ● 6) Besonders häufig sind ferner die Verbindungen ● **a)** δίκην u. δίκας **διδόναι** α) Strafe, Genugtuung geben, ἀντιδιδόναι wieder Strafe erleiden, bestraft werden, büßen, oft mit ὑπό τινος, mit dem Art. gew. die verdiente Strafe leiden, doch fehlt er bisweilen (gleichbedeutend sind δίκην ἐκτίνειν od. τίνειν, (ἐπιτελέειν, παρέχειν). β) den Rechtsweg betreten, sich dem Strafverfahren unterwerfen. γ) ein Rechtsverfahren gewähren, den Rechtsweg gestatten, so ἴσας καὶ ὁμοίας, auch ἐπὶ τοῖς ἴσοις καὶ ὁμοίοις δίκας διδόναι auf Billigkeit u. Gleichheit gegründete Rechtsentscheidungen gewähren, δ. δ. καὶ λαμβάνειν Recht geben u. nehmen. Ähnlich sagte man auch δ. δ. ἀλλήλοις καὶ δέχεσθαι gegenseitige Rechtsentscheidungen über etwas geben u. nehmen, oder αἰτεῖν καὶ δέχεσθαι. **δ)** Strafe verwirkt haben (z. B. θανάτου), seinen Prozeß verloren haben ● **b)** δίκην **ἔχειν** α) seine Strafe, τὴν δίκην seine gebührende Strafe haben, gestraft sein. β) Genugtuung haben, mit εἰ, u. γ) Prozesse (δίκας) haben. Ähnl. heißt τὴν δίκην ὑπέχειν die verdiente Strafe erdulden (wie δίκης τυγχάνειν), od. τινί einem büßen, Genugtuung geben, aber δίκην ὑπέχειν heißt auch einen Prozeß bestehen, sich ihm unterwerfen. Endlich ● **c)** δίκην **διώκειν** τινά gerichtlich verfolgen, verklagen, δίκην φεύγειν verklagt werden; δίκην διαφεύγειν freigesprochen werden.

δικη-φόρος, 2. (φέρω), poet. Strafe bringend, ἡμέρα der Tag der Rache.

δι-κλίς, ἴδος, ἡ, ep. (κλίνω), also eigentl. doppelt angelehnt, zweiflügelig. Subst. buk. Hoftor.

δικο-ρραφέω (ῥάπτω), poet. Prozesse anzetteln.

δι-κόρυμβος, 2. u. **δι-κόρυφος,** 2. (κορυφή), poet. u. sp. doppelgipflig.

δι-κότυλος, 2. sp. zwei κοτύλας fassend (ca. ½ Liter).

δί-κρᾱνος, 2. zweiköpfig, τὸ δ. Heugabel.

δι-κρᾰτής, 2. (κράτος), poet. doppelherrschend, doppelgewaltig; λόγχαι beiderseits starke.

δί-κροτος, 2. (κρότος), doppelt (auf beiden Seiten) rauschend, ἁμαξιτός doppelspurig, ναῦς Schiff mit zwei Ruderreihen übereinander.

δικτάτωρ, ορος, ὁ, sp. der Diktator.

δίκτυες, οἱ, ion. eine Wolfsart in Libyen.

Δίκτυνα u. **Δίκτυννα,** ἡ (δίκτυον), „Garnerin", Bein. der Artemis als Jagdgöttin.

δικτυό-κλωστος, 2. (κλώθω), poet. netzgesponnen, σπεῖραι Schlingen.

δίκτυον, τό, 1) Fangnetz der Fischer und Jäger, Stellgarn. 2) übertr. Fallstrick, Netz.

δικωπία, ας, ἡ, zweirudriger Kahn.

δί-κωπος, 2. poet. zweirudrig.

δί-λογος, 2., N. T. zweizüngig.

δί-λογχος, 2. (λόγχη), poet. doppellanzig, **ἄτη** doppelt (*publice privatimque*) treffendes Unheil.

δί-λοφος, 2 poet. zweigipflig, vom Parnassos.

δί-μηνος, 2. zweimonatlich, τὸ δίμηνον Zeit von 2 Monaten, ἐς δ. auf 2 Monate.

δι-μναῖος, Acc. plur. ion. **διμνέως** (μνᾶ), ion. u. sp. zwei Minen wert.

διμοιρία, ἡ (δίμοιρος), zwei Teile, das Doppelte.

διμοιρίτης, ου, ὁ, sp. **1)** ein Soldat, der (als Belohnung) doppelten Sold erhält, Doppelsöldner. **2)** Anführer einer halben Kohorte.

δί-μοιρος, 2. (μοῖρα), poet. (unter zwei) geteilt; sp. τὸ δ. **a)** die Hälfte einer λίτρα, ein halbes Pfund. **b)** die doppelte Portion (= διμοιρία).

δινάζω od. **δινάω** mit Impf. 3. pl. δίνηντο, dor. f. δινέω.

Δίνδῠμον, *τό*, ein Gebirge in Phrygien, j. *Murad Dagh*, wo die phrygisch-lydische Göttin Kybele als μήτηρ Δινδυμήνη (*Ops*, *Magna mater*) verehrt ward.

δῑνεύω, mit Impf. iterat. δινεύεσκον, ep. u. poet., u. **δινέω** (δίνη), **1)** trans. herumwirbeln, herumschwingen, ζεύγεα ein Rindergespann im Kreise herumtreiben. **2)** intr. u. pass. sich im Kreise herumdrehen, umhertreiben, umherschweifen, herumlaufen, umkreisen, herumwirbeln, umherrollen.

δίνη [ῑ], ἡ (Wurz. δι in δίεμαι), Wirbel, bes. Strudel im Wasser, auch Luftwirbel, Wirbelwind, meist im Plur.; übertr. poet. von der Bewegung des Herzens. Dav.

δῑνήεις, 3. ep. u. sp. **1)** wirbelnd, strudelreich. **2)** buk. gerundet.

δῖνος, *τό*, poet. **1)** = δίνη. **2)** Schwindel. **3)** Topf, Gefäß.

δῑνώδης. **2.** sp. strudelreich, von einem Fluß.

δῑνωτός, 3. (δινόω im Kreise drehen), ep. gerundet, rund gedrechselt, χαλκῷ δινωτός aus Erz rund gearbeitet. [διοσός, w. s.

διξός, 3. (aus διχθός, von διχθά = δίχα), ion. =

διό (δι' ὅ), weshalb; auch satzverbindend statt διὰ τοῦτο deshalb; oft mit δή.

διό-βολος, 2. (βάλλω), poet. von Zeus geschleudert, erregt, κτύπος Donner.

Διο-γενέτωρ, ορος, ὁ, poet. Erzeuger des Zeus, ἔναυλοι die Grotte, in welcher Zeus aufgezogen wurde.

διο-γενής, 2., **1)** ep. u. poet. (δῖον γένος ἔχων) v. erlauchtem Geschlecht, Beiw. der Könige und Helden. **2)** (Διὸς γένος ἔχων) zeusentsprossen, φάος.

Διογένης, ους, ὁ, **1)** aus Sinope, 404—323 v. Chr.; er wurde v. Antisthenes als Schüler aufgenommen und bildete dessen System der Bedürfnislosigkeit praktisch aus bis zu lächerlicher Konsequenz, dah. ὁ κύων (von Platon Σωκράτης μαινόμενος) genannt; er war Kosmopolit. **2)** ὁ Βαβυλώνιος aus Seleukia, Schüler des Stoikers Chrysippos, hochangesehen, dah. a. 155 v Chr nach Rom gesandt (mit Karneades u. Kritolaos). **3)** aus Λαέρτη in Kilikien, schrieb in biographischer Form eine Geschichte der Philosphie für eine Römerin Arria, z. Z. des Kaisers Hadrian. [schwellen.

δι-ογκόομαι, Pass. sp. sich aufblähen, auf-

διό-γονος, 2. poet. zeusentstammt.

δι-οδεύω, sp. durchreisen, zurücklegen.

δι-οδοιπορέω, ion. = διοδεύω.

δί-οδος, ἡ, **1)** Durchzug, τὴν δ. ψηφίζεσθαι für die Gewährung des Durchzugs stimmen. **2)** Durchgang, Durchfluß, auch Übergang, Straße zu einem Tore, Hausgang: ἔς τι u. ἐν τῷ πρόσθεν nach vorn.

Διό-δωρος, ὁ, Eigenn., insbes. des sizilischen Geschichtschreibers (βιβλιοθήκη ἱστορική) zur Zeit des Augustus. [Willen.

Διόθεν, ep. u. poet. Adv., von Zeus, nach Zeus'

Δῖοι, *οἱ*, thrakischer Volksstamm am Rhodopegebirge, Thuk. 2, 96, 2; Adj. **Διακός.**

δι-οίγω (s. οἴγνυμι), dem Einblick öffnen, bes. von den Flügeltüren im Hintergrund der Bühne, aus denen das ἐκκύκλημα herausgeschoben wurde, das das Innere eines Palastes, Zeltes o. dgl. darstellte (Soph. Ai. 346); **δίχα** beiderseits. Übertr. von Reden: sie öffnen und in ihren inneren Sinn eindringen.

δί-οιδα, durch und durch kennen.

δι-οιδέω, intr. sp ganz aufschwellen.

δι-οικέω, ganz verwalten (οἰκέω), besorgen, verwalten, einrichten, leiten, regieren, anordnen, pflegen; ἀπό τινος die Auslagen aus etw. bestreiten; τὰ διῳκημένα die Anordnungen, die Verwaltung. Med. sich (*sibi*) zurechtlegen, sich aneignen, etwas durchsetzen, etwas (für sich) zur Entscheidung bringen.

διοίκησις, εως, ἡ, Haushaltung, Verwaltung, Staatshaushalt, Einrichtung, auch die Verwaltungsgrundsätze jmds., bes. im Plur. die Ausführung des Beschlossenen, u. ἡ. δ. ein Amt bei der Staatsverwaltung, dah. ὁ ἐπὶ τῆς δ. κεχειροτονημένος der Verwaltungsbeamte, u. ὁ ἐπὶ τῆς δ. Vorstand des Staatshaushaltes. [hofmeister.

διοικητής, οῦ, ὁ, sp. Haushalter, Verwalter, Haus-

δι-οικίζω, Fut. att. -ιῶ, Med. -οικιοῖντο, auseinander wohnen lassen, τὴν πόλιν die Einwohner einer (eroberten) Stadt in getrennte Wohnsitze verweisen, sie zerstreuen, überh. trennen, zerspalten; Med. sich getrennt ansiedeln, aber auch: umziehen.

διοίκισις, εως, ἡ (διοικίζομαι), Wohnungswechsel Umzug.

διοικισμός, ὁ (-ίζω), sp. die Trennung.

δι-οικοδομέω, durch eine Zwischenmauer verbauen, τὸ πρὸς Μεγαρέας die Seite nach Megara hin durch einen Querbau (zwischen den beiden Mauerschenkeln) versperren, στοάν durch eine Mauer eine Halle (von der übrigen Stadt) abschneiden.

δι-οικονομέω, sp. anordnen, verwalten.

δι-οϊστεύω, ep. **1)** einen Pfeil hindurchschießen durch etwas, τινός. **2)** abs. mit dem Pfeil (bis zu einem Punkt) hinschießen, καί κεν διοϊστεύσειας du könntest (einen Pfeil) hinüberschießen von einem Felsen zum andern, also einen Pfeilschuß entfernt

δι-οιχνέω, poet. hindurchgehen. [davon.

δι-οίχομαι (s. οἴχομαι) ion. Perf. 3. plur. διοίχηνται, vergehen, vorüber, dahin sein; αἱ ἡμέραι τοῦ ἀριθμοῦ, d. i. die bestimmte Anzahl Tage ist vergangen; dem Ende nahen, zu Ende gehen od. sein.

Διοκλῆς, έους, ep. ῆος, ὁ, **1)** S. des Orsilochos, Fürst im messenischen Pherä. **2)** athenischer Flüchtling u. dann Heros der Megarer. **3)** athenischer Archont Ol. 92, 4 = 409 — u. and.

διοκωχή, ἡ, (δι-οκ-ωχή von διέχω mit redupl. o-Ablautsstufe), Stillstand, Nachlassen der Pest (bess. als διακ.).

δι-ολισθαίνω, sp. auch διολισθάνω (s. ὀλισθαίνω), Aor. 2. part. διολισθών, sich durchschleichen, τινά entschlüpfen, ἄχρι τινός; ausgleiten, τὴν γλῶσσαν sich versprechen.

δι-όλλῡμι (s. ὄλλυμι), **1)** Akt. ganz zugrunde richten, ins Verderben bringen, zerrütten, verderben; ganz vergessen. **2)** Med. **δι-όλλῠμαι** mit Perf. 2. διόλωλα, gänzlich zugrunde gehen, πρός u. ἔκ τινος durch einen, auch zum Verderben hinkommen, u. dah. ἀπό τινος ἐπί τι = ἔρχομαι ὀλλυμένη. Mit dem Part. τὸν κίνδυνον ὑφορώμενοι sie vergehen, d. i. können es nicht ertragen, Gefahr fürchten zu müssen. Soph. El. 679 διόλλυται praes. hist.

δίομαι, poet. var. zu δίεμαι.

δι-ομᾰλίζω, intr. sp. sich durchaus gleich bleiben.

Διομέδων, οντος, ὁ, athen. Heerführer im peloponnes. Kriege.

Διομήδειος, 3. Adj. von

Δῐο-μήδης, εος, ους, Akk. η u. εα, **1)** S. des Ares, K. der thrakischen Bistoner, bekannt durch seine Menschenfleisch fressenden Stuten. **2)** S. des Tydeus u. der Deïpȳle, Ätōler, König der Stadt Argos u. der Inachischen Ebene, tapferer Held vor Troja. **3)** sonst Eigenn.

δι-όμνῡμι, gewöhnl. med. **διόμνῡμαι,** schwören, θεούς bei d. G., eidlich versichern, sich verschwören, behaupten, abs. od. τί u. im Part. διομνύμενον ἀρνεῖσθαι durch einen Eidschwur ableugnen.

δι-ομολογέω, Med. fut. -ήσομαι, Aor. 1. med., Adj. verb. διομολογητέον u. -έα, **1)** Akt. zugestehen, mit dem Inf. **2)** Med. sich untereinander verständigen, sich erklären, τινί gegen einen. **3)** Pass. perf. διωμολόγηται, es ist im Friedensvertrage bestimmt, mit folg. Inf., od. durch Verhandlung zugestanden, τινὶ πρός τινα.

Δῖον, τό, 1) St. in Euböa, Il. 2, 538. **2)** St. auf der Akte am Athos, Her. 7, 22. Thuk. 4, 109, 4; die Einw. οἱ **Διῆς. 3)** St. in Makedonien am Nordfuß des Olymp, vier Kilom. vom Thermäischen Golf, Thuk. 4, 78, 6. Arr. Liv.

δι-ονομάζω, benennen; Perf. pass. berühmt sein.

Διονύσιος, ου, **1)** ὁ πρότερος, S. d. Hermokrates, v. 406—367 Tyrann von Syrakus, bekämpfte die Karthager u. schützte das Hellenentum in Sizilien; mißtrauisch u. grausam. **2)** ὁ νέος od. ὁ νεώτερος, s. Sohn und Nachfolger 367, von Timoleon entthront 343, in Korinth †. **3)** Θρᾷξ, Verfasser der ersten griech. Grammatik, lebte um 100 v. Chr. auf Rhodos. **4)** ὁ Ἁλικαρνασεύς, Zeitgenosse des Augustus, verfaßte eine römische Altertumskunde u. rhetor. Schriften. **5)** sonst. Eigenn.

Διονυσόδωρος, ὁ, Sophist aus Chios, Zeitgen. des Sokrates; u. a. unterrichtete er in der Kriegskunst.

Δῐόνῡσος, ep. u. poet. auch **Διώνῡσος,** ου, ὁ (thrak. = 'Zeus-sohn', 'Zeus-held'?), Sohn des Zeus u. der Semele; geb. auf der Au von Nysa od. in Theben, von den nysäischen Nymphen gesäugt u. erzogen. Als Gott des Weins u. Weinbaues wurde er besonders in Theben und Athen verehrt; er hieß Λυαῖος Sorgenlöser, **Μελπόμενος** als Freund der Musen; Βάκχος, Ἴακχος der Lärmende, Βρόμιος, Εὔιος • Seine 4 Feste: τὰ **Διονύσια** • **1)** die kleinen oder ländlichen, zur Zeit, wo man den jungen Wein zuerst kostete (Dezember, Januar = Poseideon) • **2)** die Lenäen, Λήναια, Kelterfest im Febr. = Gamelion in Athen • **3)** die Anthestērien im Monat Anthesterion = Ende Febr. • **4)** die großen, μεγάλα im Elaphēbolion = März-April, sechstägig, Prozession mit dem uralten Gottesbild, Dithyramben zu Ehren des Δ. ἐλευθέριος, dann dreitägige Aufführung neuer Dramen. Das Theater τὸ Διονύσου od. **Διονυσιακὸν** θέατρον lag südlich am Fuß der Akropolis, nach dem Λήναιον zu. Tempel: τὸ **Διονύσιον.**

Διοπείθης, ους, sp. auch ου, **1)** ein wegen seines Fanatismus und Aberglaubens berüchtigter Wahrsager zur Zeit des Perikles, Feind der Philosophen u. Ankläger des Anaxagoras. **2)** athen. Feldherr zur Zeit des Demosthenes.

διόπερ, st. δι' ὅπερ, **1)** weshalb eben, eben deshalb, gerade darum, *quare*. **2)** mit einer Art von Attraktion = διὰ τοῦτο διόπερ deshalb weil, deswegen.

διο-πετής, 2. poet. u. sp. (Διός, πίπτω), vom Himmel gefallen, bes. das Bild der ephesischen Artemis (Astarte); vgl. δῑι-πετής.

δί-οπος, ὁ, poet. u. sp. Aufseher, Gebieter, Befehlshaber.

δι-οπτεύω, abs. genau aufpassen, umherspähen, τί etwas genau besehen, betrachten.

δι-οπτήρ, ῆρος, ὁ, ep. u. sp. u. διόπτης, ου, ὁ, poet. Späher, Kundschafter.

δί-οπτρον, τό, poet. u. sp. Spiegel.

διορατικός, 2. sp. zu durchschauen fähig, τινός.

δι-οράω, **a)** hindurch sehen, d. i. durchschimmern sehen. **b)** durchschauen, deutlich erkennen.

δι-οργίζομαι, sp. in heftigen Zorn geraten.

δι-όργυιος, 2. (ὀργυιά), mit hinzugef. βάθος, zwei Klafter (12. Fuß) tief.

δι-ορθεύω, poet. und

δι-ορθόω u. Med. **διορθόομαι,** m. Fut. u. Aor. 1., (sich) etwas berichtigen, verbessern. Dav.

διόρθωμα, τό, Verbesserung.

διόρθωσις, ἡ, Verbesserung, Zurechtweisung, **a)** Berichtigung, Bestrafung. **b)** Leitung. **c)** verbesserte Einrichtung, kritisch verbesserte Ausgabe.

διορθωτής, ὁ, sp. Verbesserer.

δι-ορίζω, ion. **διουρίζω,** Fut. -ιῶ usf. **1)** Akt. u. Pass. **a)** **abgrenzen,** begrenzen, überh. absondern, trennen, teilen, **b)** **unterscheiden,** τί τινος etwas von etwas, ins klare bringen, bestimmen, festsetzen, erklären, τινί aus etwas; Begriffe abgrenzen, definieren. Im Pass. mit παρά τινι es ist bei einem ein bestimmter Unterschied gemacht, u. Part. abs. διωρισμένον mit folg. relativ. Nebens., da, während es deutlich bestimmt war, **c)** über die Grenze schaffen, z. B. einen Krieg hinüberspielen. Auch Med. **2)** Med., Perf. -ώρισμαι, **festsetzen,** mit und ohne πρὸς ἀλλήλους untereinander, also gemeinschaftlich bestimmen. Dav.

διορισμός, ὁ, **1)** Unterscheidung. **2)** Begriffsbestimmung.

δι-όρνυμαι, poet. hindurcheilen.

διορυγή, ἡ, sp. der Graben.

διόρυγμα, τό, das Durchgegrabene, der Kanal.

δι-ορύσσω, att. **-ττω** (auch in tmesi), Pf. pass. att. δι-ορώρυγμαι (sp. διώρυγμαι), Plqpf. -ωρώρυκτο, **1)** durchgraben, τί d. i. eine Öffnung, einen Kanal durch etwas machen, durchschlagen, eine Mauer, auch durchwühlen; untergraben, unterwühlen. **2)** langhin ausgraben, τί. **3)** abgraben, durch Gräben absperren, vereinzeln, κατὰ πόλεις städteweise, d. h. eine Stadt von der andern.

δῖος, Fem. ep. u. lyr. δῖα, att. δία, Ntr. δῖον, poet. auch 2. (aus διϝιος, v. St. διϝ, woher Ζεύς u. lat. *dīvus*), ep. u. poet. **1)** glänzend, erlaucht, stattlich von Erscheinung. **2)** glchs. Διός = Zeus angehörig, Sohn od. Tochter, wie Artemis, Athene,

Aiakiden; auch *γάμοι* Ehe mit Zeus, ähnl. *βροντή, πῦρ*; *Dialis*. **3)** überh. göttlich, erhaben, hehr.
διόσ-δοτος, 2. poet. v. Zeus verliehen.
διο-σημεία, ἡ, sp. Zeichen von Zeus, Götterzeichen, bes. vom Himmel, Wetter- u. Wunderzeichen.
Διόσ-κοροι, ων, οἱ, od. **Διοσκόρω,** ων, τώ, und ep. ion. u. sp. **Διόσκουροι,** οἱ, Zeussöhne, bes. die Söhne des Zeus und der Leda, Kastor u. Polydeukes (Pollux). Sie wurden als jugendliche Reiter dargestellt, nahmen teil am Argonautenzug u. an der kalydonischen Jagd und wurden nach ihrem Tod als Sternbild der Zwillinge (*Δίδυμοι*) in den Himmel erhoben, wo sie den Schiffern als Wegweiser dienen; auf sie deutete man auch das elektrische Elmsfeuer. Ihr Tempel hieß **τὸ Διοσκόρειον** (-κούρειον).
διότι, **1)** st. δι' ὅ τι fragend: weshalb, *quare*. **2)** st. διὰ τοῦτο, ὅτι begründend: deshalb, weil; deshalb. In orat. obliq. neben einem im Inf. ausgesprochenen Hauptsatze auch mit dem Inf. **3)** st. ὅτι, daß, *quod*. **4)** sp. = ὅτι vor direkter Rede. [v. Chr.
Διοτίμα, ἡ, Priesterin aus Mantinea im 5. Jahrh.
Διότῑμος, ὁ, **1)** S. des Strombichos, athen. Flottenführer 432, V. des Strombichides. **2)** athen. Flottenführer im Hellespont um 388. **3)** S. des Diopeithes, Flottenführer 338, Anhänger des Demosthenes und Redner, dessen Auslieferung Alexander 335 verlangte.
διο-τρεφής, 2. ep. von Zeus groß, stark gemacht, Zeus-, gottgenährt, teils im engeren Sinne. Od. 5, 378 ἄνθρωποι d. i. die Phäaken, teils überh. Beiw. der Könige und Vornehmsten des Volks, als der von Zeus Geschirmten, doch auch des Skamandros.
Διοτρέφης, frühere Lesart f. *Διειτρέφης*, s. d.
δι-ουρίζω, ion. = διορίζω.
Διόφαντος, ὁ, **1)** Ankläger des Aristides. **2)** bedeutender Redner und Freund des Demosthenes. **3)** Gesandter an Alexander den Großen. **4)** ein Freund des Dichters der Ἁλιεῖς (Theokr. 21) — u. and.
δι-οχετεύω, sp. **1)** durch Kanäle leiten. **2)** *χώραν* durch Kanäle bewässern.
δι-οχλέω, sehr belästigen.
δί-οψις, ἡ, **1)** das Durchschauen, die Wahrnehmung. **2)** sp. Durchblick, Durchsichtigkeit, Klarheit.
δί-παις, ὁ, ἡ, poet. **a)** von zwei Kindern kommend. **b)** zwei Kinder habend
δι-παλαιστος, 2. (παλαιστή), sp. zwei Hände breit.
δί-παλτος, 2. (πάλλω), poet. doppelt geschwungen, *ξίφη* die von beiden (Orestes u. Pylades) geschwungenen Schwerter, *στρατός* von beiden (Atriden) aufgeboten: im Doppelsturm.
δί-πηχυς, υ, Gen. εος, N. pl. ntr. -χεα u. -χη, zwei Ellen lang, von zwei Ellen.
διπλάζω (διπλόος), **1)** trans. verdoppeln. **2)** intr. poet. doppelt sein.
δίπλαξ, ακος, ἡ (πλέκω), ep. u. poet. *duplex*, doppelt gelegt. Subst. ἡ, verst. *χλαῖνα*, Doppelgewand, d. i. ein Obergewand, welches man doppelt umschlagen kann.
διπλασιάζω = διπλάζω, verdoppeln, spez. das Doppelte (des Anlagekapitals) einbringen.
διπλάσιος, 3., Adv. **-ίως**, ion. **διπλήσιος,** 3., sp. **διπλασίων,** 2. zweifaltig, doppelt, doppelt so groß, so viel. Oft wie ein Kompar. mit ἤ oder Gen., noch einmal so viel als. Subst. τὸ διπλήσιον die doppelte Zahl, das Doppelte, u. διπλάσιον φέρεσθαι βέλος d. i. noch einmal so weit.
διπλασιόω = διπλάζω, verdoppeln.
δί-πλεθρος, 2. zwei Plethren lang oder breit.
διπλῇ, s. διπλόος. **διπλήσιος,** s. διπλάσιος.
διπλόη, ἡ, sp. eigentl. der Doppelteil; dah. **a)** Sprung, Bruch im Eisen. **b)** Falte. **c)** Zweideutigkeit.
διπλοΐζω, poet. = διπλάζω, verdoppeln.
διπλοΐς, ίδος, ἡ, poet., = ἡ δίπλαξ.
διπλόος, όη (Hdt. έη), όον, zsgz. **διπλοῦς,** ῆ, οῦν, *duplex* (vgl. lat. *duplus*). **1) zweifach,** doppelt, *χλαῖνα* Doppelmantel Hom., *διπλῆ φάλαγξ* die Doppelphalanx, in zwei Kolonnen, **διπλῇ χερί** einer durch des andern Hand Soph. Ant. 14; *φύλοπις δ.* Schwesternfehde El. 1071; od. **διπλῆν,** verst. *πληγήν* noch einen (zweiten) Schlag, *τινός* noch einmal so groß als: **διπλῇ** ἢ οἱ ἄλλοι ums Doppelte mehr als Plat. Im Plur. = **zwei.** Subst. τὸ διπλοῦν, das Doppelte. **2) zwiespältig,** ἔπος zweideutig, von doppeltem Begriff. **3) hinterlistig,** falsch. Adv. **διπλῇ,** beiderseits; zweimal od. noch einmal so sehr.
διπλόω = διπλάζω.
δί-πορος, 2 poet. mit zwei Wegen.
δι-πόταμος, 2. poet. an zwei Flüssen.
δί-πους, -πουν, ποδος, zweifüßig, zwei Fuß lang.
(δί-πτυξ), υχος, ὁ, ἡ (im Nom. ungebr.), und
δίπτῠχος, 2. (πτύσσω), ep. ion. u. sp. **a)** doppelt gefaltet, zusammengelegt, *δελτίον*; *δίπτυχα* (von *δίπτυξ*) *ποιεῖν*, verst. *κνίσην*, die Fetthaut, das Fettnetz doppelt um die fleischigen Schenkelstücke legen. **b)** poet. überh. zweifaltig, zweifach, doppelt, zwei.
δί-πῠλος, 2. (πύλη), zweitorig, mit doppelten Eingängen; **τὸ Δίπυλον,** Name des thriasischen Tores im Nordwesten von Athen, zwischen dem inneren u. äußeren Kerameikos.
Δίρκη, ἡ, **1)** T. des Acheloos, Nymphe; nach ihr benannt ist **2)** die berühmte Quelle im Westen von Theben. Adj. **Διρκαῖος,** 3.
δί-ρρῡμος, 2. poet. mit zwei Deichseln.
δίς, Adv. (aus δϝίς, lat. *bis* aus *dvis*, vgl. *Zwiesel, zwier*, dah. δισ-, δι-, διά, lat. *dis, zer-* = entzwei), zweimal, doppelt, ἅπαξ καὶ δίς einmal und abermals, ähnl. δὶς καὶ τρίς für: öfters; N.T. δὶς ἀποθανών Iud. 12 vielleicht 1. in Sünden, 2. in der künftigen Verdammnis oder 1. vor der Bekehrung, 2. durch den Rückfall zur Sünde. — In den Zusammensetzungen verliert es gewöhnl. vor Konsonanten sein ς.
δισθᾰνής, 2. (θανεῖν), zweimal sterblich.
δισκεύω, poet. u. sp. **δισκέω,** ep. (δίσκος), mit der Wurfscheibe werfen, *ἀλλήλοισιν* untereinander; poet. überh. schleudern.
δίσκημα, τό, poet. das Herabgeschleuderte.
δί-σκηπτρος, 2 poet. zwei Zepter haltend, *τιμή* des Agamemnon und Menelaos gemeinschaftliche Herrschaft.

δισ-κοπάνιστος, 2. (κοπανίζω zerstoßen) sp. ep. aus zweimal gesiebtem (eigentl. im Mörser zerstoßenem) Mehle gebacken.

δίσκος, ὁ (für δίκ-σκος, v. δικεῖν werfen) die Wurfscheibe, eine runde od. ovale, platte, doch in der Mitte etwas stärkere Scheibe von Stein, Eisen od. Holz, bald mit, bald ohne Loch u. Riemen in der Mitte zum Schleudern; ψόφοι δίσκων Gellen der ehernen Scheibe, als Signal.

δίσκ-ουρα, τά (δίσκου οὖρον), die Weite des Diskuswurfs, ἐς δίσκουρα auf Wurfweite.

δισμῦριάς, άδος, ἡ, N. T. die Zahl Zwanzigtausend.

δισ-μύριοι, 3. zwanzigtausend.

δισσ-άρχης, ου, poet. βασιλῆς, doppelt herrschende Könige, von den Atriden.

δισσός, 3. u. **διττός,** 3., Adv. **-ῶς** (aus διχjός v. δίχα, δϜίς), zwiefach, doppelt, im Plur. = δύο, dah. δισσαὶ πύλαι d. i. die des Zeltes der δισσοὶ Ἀτρεῖδαι; bisw. entzweit, verschieden, τινί an etwas; doppelsinnig.

διστάζω, (δίς), zweifeln, ungewiß sein.

δί-στολος, 2. poet. (vgl. μονόστολος) zweifach begleitet (Antigone u. Ismene) durch Kreons Leute, Soph. OC. 1055.

δί-στομος, 2. (στόμα), poet. mit doppelter Mündung, δ. συμβάλλουσιν ὁδοί die beiden Straßen stoßen zusammen. Poet. u. N. T. zweischneidig

δι-σύλλαβος, 2. sp. zweisilbig.

δισ-χίλιοι [ῑ], 3. zweitausend, ἐν δισχιλίοις in dem Gericht der 2000. Bei Kollektivwörtern auch im Sing.

δι-τάλαντος, 2. zwei Talente (Pfund) wert oder [schwer.

δί-υγρος, 2. poet. durchnäßt, überschüttet.

δι-υλίζω, (ὑλίζω reinigen, seihen) N. T. durchseihen.

δι-υπνίζω, aus dem Schlafe wecken; pass. erwachen.

διφάσιος, 3. (δίς, φάσις, bi-farius), ion. doppelt, Plur. = δύο.

δῑφάω, 1) ep. aufsuchen, suchen. 2) sp. durchsuchen, durchstöbern, τί.

διφθέρα, ἡ, 1) abgezogene u. zubereitete Tierhaut, Fell, Leder, auch als Kleidung verwendet. 2) aus Leder Verfertigtes: a) eine Art rohen Pergaments u. Bücher daraus. b) Zeltdecken, Schirmwände u. aufgeblasene zusammengenähte Felle, teils einzeln, teils zu Flößen verbunden, zum Übersetzen über Flüsse; auch als Säcke verwendet. c) lederner Sack, Ranzen; namentlich die Ledersäcke der Schleuderer. d) Büchereinband.

διφθερίας, ὁ, Mann im Fell = Landmann.

διφθέρινος, 3. ledern.

Δίφιλος, ου, ὁ, aus Sinope, Zeitgenosse Menanders, lebt mit diesem in Athen als Dichter der neueren Komödie, Vorbild für Plautus u. Terenz — u. and.

δί-φραξ, ακος, ἡ, buk. = δίφρος.

διφρεία, ἡ (διφρεύω), das Fahren, Fuhrwerk.

διφρευτής, οῦ, ὁ, poet. Wagenlenker.

διφρεύω, poet. auf dem Wagen führen. [rennen.

διφρ-ηλασία, ἡ, poet. das Wagenlenken, Wagen-

διφρηλατέω, poet. auf Wagen durchfahren, τί.

διφρ-ηλάτης, ου, ὁ (ἐλαύνω), poet. Wagenlenker, Fuhrmann. [Wagen-.

δίφριος, 3. (δίφρος), poet. am Wagen befindlich,

διφρίσκος, ὁ, poet. Demin. v. δίφρος, Wägelchen.

δί-φροντις, ιδος, ὁ, ἡ, poet. geteilten Sinnes, zweifelhaft.

δίφρος, ὁ (δι (zwei) + φέρω) 1) Fußboden eines Wagenkastens, Wagenkasten, für den Wagenlenker (ἡνίοχος) u. den Streiter (παραβάτης). Er war gerundet u. an der Hinterseite offen; auch Stand des Wagenlenkers. 2) a) bisw. der Streitwagen selbst, od. auch ein zweisitziger Reisewagen, überh. Wagen, doch nie der Lastwagen, bes. im Plur. b) dann auch Bank ohne Lehne, auch Stuhl, Amtssessel, *sella curulis* der röm. Magistrate (Konsuln, Prätoren u. Ädilen), u. der Ephoren.

διφροφορέομαι, ion. u. sp. (v. διφρο-φόρος Sesselträger), Pass. sich in einer Sänfte tragen lassen.

δι-φυής, 2., Gen. έος, οῦς (φυή), zweigestaltet.

δί-φυιος, 2. (φύω), poet. a) zweigestaltet. b) von doppelter Natur, doppelt, διφυίοις Ταντταλίδαισιν von Agamemnon u. Menelaos.

δίχα (δίς, διχός) • 1) Adv. entzwei • a) auf zwei Haufen, an zwei Orten, zwiefach, auf zweifache Weise, in doppelter Beziehung, • b) getrennt, abgesondert, δ. ποιεῖν trennen Xen., ἐκ πάντων δ. vor allen andern, δ. λαβεῖν τὴν δύναμιν die Macht getrennt finden, ἔχειν τὴν ἀρχὴν δ. ἀμφοτέρους ἐᾶν beide ihre Macht in getrennten Sphären behaupten lassen • 2) übertr. zwiespältig, von zweierlei Ansicht, uneinig, zweierlei, verschieden, widersprechend, δ. βάζειν versch. Meinung sein Hom.; δ. τῆς σῆς γνώμης λέγω anders als du meinst Soph.; δ. πεφυκέναι versch. Stammes sein Thuk. • 3) Praep. beim Gen., dem es meist nachsteht, abgesondert, getrennt, entfernt, weg von, ohne, auch: ohne Wissen, Geheiß (πόλεως δ. ohne Befehl der Bürger OC. 47), Hilfe jmds. Dav.

διχάδε, Adv. nach zwei Seiten hin.

διχάζω, zerteilen, veruneinigen, trennen.

δί-χᾰλα, s. δίχηλος.

διχῇ, Adv. (δίχα), in zwei Teile; doppelt.

δί-χηλος, 2, poet. δίχᾰλα, zweihufig, a) mit gespaltenen Klauen. b) sp. zweiarmig.

διχήρης, 2. (δίχα) poet. in zwei Hälften teilend.

διχθά, ep. = δίχα, δ. κραδίη μέμονε zwiefach strebt mir das Herz, ich schwanke zwischen zwei Entschlüssen.

διχθάδιος, 2. ep. zwiefach, doppelt, Ntr. als Adv.

διχογνωμονέω, ein διχο-γνώμων d. i. verschiedener Meinung sein. [aus zwei Gründen.

διχόθεν, Adv. (δίχα), von zwei Seiten her, übertr.

διχό-μηνις, ιδος, poet., fem. zu

διχό-μηνος, 2. ep. poet. sp. den Monat teilend, in der Mitte des Monats, zur Zeit des Vollmonds.

διχό-μυθος, 2. poet. zweizüngig.

διχο-ρραγής, 2. (ῥήγνυμι) poet. doppelt geborsten.

διχο-ρρόπως, Adv. (ῥέπω), poet. sich auf beide Seiten neigend, schwankend, ungewiß.

διχοστασία, ἡ, ion. u. poet. **-ίη,** auch sp. Spaltung, Zwist, auch Unentschlossenheit.

διχοστατέω (δίχα, στῆναι), auseinandertreten, sich veruneinigen, abs. u. πρός τινα.

διχοτομέω, in zwei Teile spalten oder teilen; im N. T. nach einigen *flagellis discindere.*

διχό-τομος, 2. sp. in zwei Teile gespalten, σελήνη der Halbmond.
διχοῦ, Adv. ion. = δίχα.
δί-χους, 2. (II. χοῦς), zwei Kannen enthaltend = [6,6 Liter.
διχό-φρων, 2. poet. feindlich.
διχῶς, Adv. = δίχα.
δίψα, ης, ἡ, der Durst (auch im Plur.).
δίψαιμι, äol. = διψάω, 3. pl. δίψαισι = διψῶσι.
διψαλέος, 3. u. **διψάς,** άδος, ἡ, poet. u. sp. = δίψιος.
διψάω, -ῇς, ῇ, -ῆτε usw., inf. διψῆν (sp. διψᾷς, διψᾶν), dürsten, durstig sein, übertr. heftiges Verlangen haben, τινός od. mit folg. Inf.
δίψησις, εως, ἡ, sp. = δίψα.
δίψιος, 3. u. διψᾰλέος, 3. (δίψα), poet. eigentl. durstig, dann trocken.
δίψος, τό, = δίψα.
δί-ψῡχος, 2. N. T. unentschlossen, zweifelnd.*
δίω, Aor. ἔδῐον, δίε (s. δίεμαι), ep. **1)** fürchten, m. μή ne, od. τινί für jmd. **2)** fliehend laufen, fliehen.
διωβελία, ἡ, die Zahlung zweier Obolen täglich, vgl. u. θεωρικός.
δι-ώβολον, τό, zwei Obolen, Doppelobolus.
δίωγμα, ατος, τό (διώκω), **1)** das Verfolgte, das Wild. **2)** das Verfolgen, eig. u. übertr.
διωγμός, ὁ (διώκω), die Verfolgung.
δι-ώδῡνος, 2. (ὀδύνη), poet. heftig schmerzend, mit wildem Schmerz.
δι-ωθέω (s. ὠθέω), Perf. sp. **διῶσμαι,** hindurch-, auseinander-, wegstoßen, -reißen. Dah. Med. auch **1)** abwehren, abweisen, verschmähen, **2)** sich durchschlagen, durchbrechen, τί. Dav.
διώθησις, εως, ἡ, sp. das Durchstoßen, Durchdrängen.
διωκαθεῖν, Aor. 2. Nebenf. zu **διώκω,** s. d.
διωκτέος, 3., Adj. verb. von διώκω, zu verfolgen, διωκτέα φαίνεται es scheint vorteilhaft (den Feind) zu verfolgen, überh. man muß verfolgen, trachten [nach etwas.
διώκτης, ὁ, N. T. der Verfolger.
διωκτός, 3. erstrebenswert, gesucht, erstrebt.
διώκω (Vbdg. der Wz. διε zu **δίεσθαι** „verscheucht werden" u. Wz. ιωκ verw. dt. *jagen*), Fut. -ξω u. -ξομαι, Aor. ἐδίωξα, Perf. **δεδίωχα** -ωγμένος.

I) Akt. in Bewegung setzen, schnell laufen machen, jagen, dah. • **1) treiben,** ἅρμα, u. zwar sowohl weg- od. forttreiben, verbannen, abs. u. ἔκ τινος, als dahintreiben • **2) a) verfolgen,** nachsetzen, nachjagen (Il. 22, 199 einholen), schnell folgen (z. B. im Wettlaufe), abs. rasch dahin jagen Od. 12, 182; ἐπὶ πόλιν διώκων gegen die St. eilend Aesch., δρόμῳ δ. daher sprengen Plut. • **b)** übertr. *α)* **nachlaufen,** eifrig aufsuchen, sich anschließen, τινά an jmdn., *β)* erstreben, trachten nach ἀρετάς, τιμάς, ἀλήθειαν, dah. wünschen, τί od. mit dem Inf. der Absicht, auch τὰ συμβάντα zu spät kommen Dem., *γ)* in der Rede verfolgen, vortragen, τί, **δ)** in der att. Gerichtssprache (Rest der einstigen Privatrache) gerichtlich verfolgen, **anklagen** (Gegens. φεύγειν) ὁ διώκων Kläger Aesch.; δ. ἀπάτης wegen Hdt.; θανάτου eines Kapitalverbrechens ankl., δ. γραφήν vor Gericht ziehen; δ. δίκην Prozeß betreiben, δ. φόνου rächen Eur.

II) Pass. διώκομαι • **1)** = φεύγω angeklagt werden • **2)** τινί wegen etwas Qualen erleiden N. T.

III) Med. vor sich herjagen; δόμοιο verjagen aus Od. 18, 8.

διωμοσία, ἡ, Eid des Klägers und des Beklagten, s. ἀντωμοσία.
διώμοτος, 2. (διόμνυμι), poet. vereidigt, durch einen Eid gebunden, mit Inf. etwas zu tun.
Δίων, ωνος, **1)** aus Syrakus, Schwager des ält. Dionysius, Freund Platons. **2)** ὁ Χρυσόστομος aus Prusa, Redner unter Domitian, Nerva u. Trajan.
Διωναίη, ἡ, buk. Bein. der Aphrodite, von
Διώνη, ἡ, 'Gattin des Zeus' (von ihm Mutter der Aphrodite).
δι-ώνυμος, 2. **a)** poet. doppelnamig. **b)** sp. weit und breit berühmt.
Διώνῡσος, ὁ, s. Διόνυσος.
δίωξις, ἡ (διώκω)), **1)** die Verfolgung, auch gerichtliche, als Anklage, οὐ κατὰ δίωξιν πολλήν nicht stark verfolgt, τὴν oder τὰς διώξεις ποιεῖσθαι verfolgen, die Verfolgung beginnen **2)** das Jagen, Trachten nach etwas.
Διώρης, εος, ὁ, **1)** Heerführer der Epeier vor Troja. **2)** Vater des Automedon — u. and.
δι-ῶρυξ, υχος, ion. auch υγος, ἡ (διορύσσω), Graben, Kanal, Mine.
δί-ωτος, 2. (οὖς), zweihenkelig. [das Zähmen.
δμῆσις, ιος, ἡ (δαμάω, -άζω), ep. die Bändigung,
δμήτειρα, ἡ (δαμάω), ep. Bezwingerin, Besiegerin.
δμωή, ἡ, u. poet. u. sp. **δμωίς,** ίδος, ἡ (δμώς), **1)** die Sklavin, durch Kriegsgefangenschaft in Knechtschaft geratene, also unterschieden v. δούλη. **2)** Leibeigene, Magd. Bei Hom. nur im Plur. u. zuw. als Adj. bei γυναῖκες.
δμώς, ωός, ὁ, Gen. Pl. δμώων (δαμαω), ep. u. poet. eigentl. der Bezwungene, dah. der Sklave, und zwar **1)** der Kriegsgefangene. **2)** der Leibeigene, der Knecht, mag er als solcher geboren, gekauft oder im Kriege gefangen sein. **3)** Diener, meist im Plur., als Hausgesinde auch die Sklavinnen mit umfassend, bisw. als Adj. bei ἄνδρες.
δνοπᾰλίζω, Fut. -ξω, ep. umrennen, herumschleudern, umwerfen.
δνοφερός, 3. ep. poet. u. sp. dunkel, finster.
δνόφος, ὁ, poet. das Dunkel. Dav.
δνοφώδης, 2. poet. u. ion. = **δνοφερός.**
δοάσσατο, (St. δει, σέατο), ep. defekt. Aor. med. mit conj. 3. sing. δοάσσεται st. δοάσσηται, schien, däuchte, *visum est.* [οἱ Δόβηρες.
Δόβηρος, ἡ, St. in Päonien, j. *Debra.* Die Einw.
δόγμα, τό (δοκέω), Willensmeinung, Meinung, Beschluß, bes. **1)** öffentlicher, dah. Verordnung, röm. *senatus consultum;* δ. ποιεῖσθαι einen Beschluß fassen, beschließen, mit folg. Inf. **2)** philosophischer Lehrsatz, Schulmeinung. **3)** Grundsatz. **4)** religiöses Gebot, Satzung. N. T.
δογματίζομαι, sp. sich Gesetze vorschreiben lassen.
δοιδῠκο-ποιός, ὁ (δοίδυξ), sp. Mörserkeulenverfertiger. Von
δοῖδυξ od. **δοίδυξ,** ῠκος, ὁ, Mörserkeule, Rührkelle.
δοιή, ἡ, ep. Zweifel, Ungewißheit, ἐν δοιῇ (εἶναι) in Zweifel sein, mit folg. Inf. Zu
δοιώ, ep. Dual. doppelt u. ep. Plur. **δοιοί,** 3.

(= δϝοιοί, δύο), zwei, beide. Neutr. δοιά Od. 2, 46 als zweierlei d. i. zwiefacher Art.

δοκάω, erwarten (v. δέχομαι, δεκ), im Part. Perf. med. δεδοκημένος, gewärtig, wachsam.

δοκεύω (δέχομαι), ep. poet. u. sp. auflauern, nachstellen, τινά u. ἀπό τινος von etwas aus; aufpassen, ins Auge fassen, scharf beobachten.

δοκέω (wohl zu δέχομαι), Fut. δόξω, Aor. ἔδοξα, Perf. δέδογμαι, bei Dichtern auch δοκήσω (buk. δοκησῶ), ἐδόκησα, δεδοκηκέναι und ion. auch δεδόκηται • 1) trans. **glauben, meinen** • **a)** dafür halten, vermuten, δ. **νικήσειν** ich glaube, daß ich b. werde Hom.; **δοκῶ** wird oft in der Rede eingeschaltet: mein' ich, dächt' ich, meines Erachtens, wohl. Im Pass. gelten, **δεδόκησαι γενναῖος** du giltst bei mir als edel Eur.; **τὰ δοκηθέντα** das Vermutete • **b) beschließen, περί τινος** über etwas Beschluß fassen. Im Pass. **δέδοκταί τινι** mit folg. Inf. oder auch abs. **δέδοκται** es ist beschlossen, **τὰ δεδογμένα** der Beschluß, **τινί** von jmdm. • **2)** intr. **scheinen • a) den Anschein haben,** befunden werden, sich zeigen; im Deutschen oft durch Adv. offenbar auszudrücken, das Part. **δοκῶν** durch scheinbar, vorausgesetzt, z. B. Thuk. 5, 16; **δοκεῖ φαίνεσθαι** es scheint auszusehen, **ἔδοξέ μοι δοκεῖν** es schien mir so vorzukommen. Konstr. **τινί** u. mit Inf. **δόκησε σφίσι θυμὸς ὥς ἔμεν** es schien ihnen so zu Mute zu sein Hom. In der Gerichtssprache: überwiesen erscheinen • **b) sich den Anschein geben,** sich anstellen, mit Inf., od. andern etwas zu sein scheinen, dafür gelten, und so **δοκῶ μοι** ich komme mir vor, ich glaube, daß ich —, • **c) δοκεῖ μοι es scheint** mir, ich meine od. es gefällt mir, ich gedenke, beschließe, **ἔ. τῇ βουλῇ καὶ τῷ δήμῳ**, auch ohne Dat., meist mit folg. Inf. od. A. c. I. Auch **ὡς ἐμοὶ δοκεῖν** u. bloß **ἐμοὶ δοκεῖν** meines Erachtens, aber **τῷ δοκεῖν** wie ihm vorkam • **d)** Subst. **τὸ δοκοῦν, (τὰ) δοκοῦντα** die Ansicht, der Verdacht, die Meinung, der Beschluß, **παρὰ τὸ δοκοῦν ἡμῖν** gegen unsere Überzeugung, **τὰ δοκοῦντα** Glaubliches, aber **τὰ δοκοῦντα τοῖς ἀνθρώποις** allgemein angenommene Sätze, auch **δοκοῦν ἐστί τινι** jmd. findet es für gut, beschließt, **δόξαν, δεδογμένον αὐτῷ** da, weil er beschlossen hatte. Dav.

I. **δοκή,** ἡ (δοκέω), poet. = δόκησις, Meinung.

II. **δοκή,** ἡ (v. δεκ, δέχομαι), poet. das Erwarten (ἐχθρῶν), der Hinterhalt.

δόκημα, τό, poet. Meinung, Schein; δοκήμασι σφαχθεῖσα vermeintlich getötet.

δόκησις, ἡ, Glauben, Meinung, Mutmaßung, Schätzung, Schein, Überzeugung, τινός von etwas, δόκησις ἀγνὼς λόγων ἦλθε ein unbegründet Wähnen verbreitete sich. Mit folg. Inf., Erwartung daß.

δοκιμάζω (δόκιμος), Fut. δοκιμάσω usw., Perf. pass. **δεδοκίμασμαι, -σμένος,** Aor. **-σθην,** Fut. **-σθησόμενος, δοκιμαστέον** • **1) prüfen,** untersuchen, erproben, beurteilen, kennen lernen, **ἔκ τινος,** seltener **τινί** nach etwas u. **πρός τι** vom Maßstab • **2)** als erprobt annehmen, **billigen,** empfehlen, entscheiden, **μετὰ δεδοκιμασμένον** bei anerkannter Trefflichkeit von Vorschlägen Thuk. 3, 38, 4, **τί** od. mit Inf. od. Nebens. u. **εἰ,** dag. **τινά** nach vorhergegangener Prüfung auswählen, so bes. die **ἱππεῖς** • **3)** im bes. die Abstammung **prüfen • a)** vor der Eintragung in die Bürgerliste (das **ληξιαρχικόν**). Sie wurde im 18. Lebensjahre vorgenommen. Daher hieß Bürger geworden sein (**εἰς ἄνδρας**) **δοκιμασθῆναι, b)** vor Antritt des Amtes, dah. **δοκιμασθησόμενον ἐλθεῖν** sich zur Amtsprüfung stellen; bestanden **δοκιμασθείς** Plat. Dav.

δοκιμασία, ἡ, Prüfung, Untersuchung, Musterung, bes. die Amtsprüfung (s. δοκιμάζω). Für die Archonten gab es deren zwei, die eine nach der Erlosung vor dem Rate, die andere nach Umständen vor Gericht.

δοκιμαστής, οῦ, ὁ (-άζω), der Prüfende, Billigende, insbes. in Athen der Staatsbeamte, der die Amtsprüfung vornahm (s. δοκιμάζω, 3).

δοκιμή, ἡ, N. T., Bewährung, Erprobtheit, Beweis.

δοκίμιος, 3. sp. u. N. T. erprobt, anerkannt, vollgültig, echt.

δόκιμος, 2., Adv. **-ίμως,** (δοκέω), erprobt, bewährt, tüchtig, zuverlässig, angesehen, spez. vom Geld: gangbar, gültig; hochgestellt, von hohem Range, ansehnlich, ausgezeichnet, berühmt. [= δοκεῖ (var.).

δοκίμωμι, äol. f. δοκιμόω, buk. 3. sg. **δοκίμοι**

δοκίς, ίδος, ἡ, Stäbchen, Rute, Streifen.

δοκός, ἡ, auch ὁ (δέχομαι), **1)** der Balken, insbes. der Deckbalken. **2)** das Erwarten, ἐχθρῶν (var. δοκῆσιν, s. II. δοκή), nach and. der Speer.

δοκώ, οῦς, ἡ, poet. = δόξα, Ansicht.

δολερός, 3. (δόλος), schlau, arglistig, verschlagen; meuchlerisch; täuschend (v. Personen u. Sachen).

δολιό-μητις, 2. (μῆτις), poet. listigen Sinnes.

δολιό-μυθος, 2. poet. κέντρα (der Deïaneira) tückisch aufgeschwatzte Stacheln = stechende Schmerzen (Konjektur st. δολομ. od. δλόεντα).

δολιό-πους, ποδος, ὁ, ἡ, poet. listigen Fußes, heimlichen Schrittes (unter listigem Vorwande eingelassen).

δόλιος, 3. u. 2. ep. u. poet. = δολερός.

Δολίος, ὁ, Sklave der Penelope, V. des Melantheus.

δολιό-φρων, 2. (φρήν), poet. listigen Sinnes.

δολιόω, N. T. 3. plur. impf. ἐδολιοῦσαν, trügen.

δολιχ-αυλος, 2. (αὐλός), ep. langröhrig, d. h. mit langer Tülle (an der Spitze), **αἰγανέη.**

δολιχ-αύχην, Gen. -ενος, 2. poet. langhalsig.

δολιχ-εγχής, 2. (ἔγχος), ep. mit langem Speere.

δολιχ-ήρετμος, 2. (ἐρετμός), ep. mit langen Rudern, langruderig; Schiffe u. seefahrende Völker.

δολιχο-δρόμος, ὁ (δρόμος), Renner im Dauerlauf (δόλιχος).

δολιχός, 3. (verw. lat. *longus* für dlongus u. d. *lang,* vgl. ἐνδελεχής), lang, von Raum u. Zeit, δολιχὸν κατατείνουσι τοῦ λόγου sie dehnen ihre Rede. Neutr. sing. als Adv.

δόλιχος, ὁ, **1)** die lange Rennbahn; die Angaben über ihre Länge (oder des ganzen Laufes?) schwanken zwischen 7 und 24 Stadien. **2)** Wett-Dauerlauf; übertr. **δόλιχον κατατείνουσι τοῦ λόγου** halten einen langen Rededauerlauf, sprechen in nicht endenwollenden Reden (var., vgl. δολιχός).

δολιχό-σκιος, 2. (σκιά), ep. langschattig, weithin schattend.

δολόεις, εσσα, εν (δόλος), ep. u. poet. tückisch, listenreich, listig; von Fesseln: schlau verfertigt.

δολο-μήτης, ου, ep. u. **δολό-μητις,** ιος, ὁ, ἡ, ep. u. poet. voll listiger Anschläge, verschlagen, schlau.

δολομήχανος, dor. **-μάχανος,** 2. poet. schlauer Künste, Kniffe voll.

Δόλοπες, οἱ, Dat. pl. -εσσι, thessal. Volksstamm, später am Pindos in Epeiros. Das Land **Δολοπία,** ἡ.

δολο-πλοκίη, ἡ, poet. das Listenflechten, listiger Anschlag. Von

δολο-πλόκος, äol. **δολό-πλοκος,** 2. poet. trugspinnend.

δολο-ποιός, 2. poet. listig, ἀνάγκα tückischer [Zauber.

δόλος, ὁ, lat. *dolus*, Trug- u. Lockmittel, so vom trojanischen Roß und den Fesseln, welche Hephaistos dem Ares anlegte; überh. List, Betrug, schlauer Anschlag, im Plur. Ränke, Kniffe, δόλῳ ἀποθνήσκειν **meuchlerisch ermordet werden.**

δολοφονέω, meuchlings morden.

δολοφονία, ἡ, Meuchelmord.

δολοφόνος, 2. (St. φεν), poet. hinterlistig **mordend,** meuchelmörderisch.

δολο-φραδής, 2. ep. poet. = δολόφρων.

δολο-φρονέων, ουσα, ον, Part. ep. u. sp. List aussinnend, Trug erdenkend.

δολοφροσύνη, ἡ, ep. das Sinnen auf List, Betrug, im Plur. Ränke. [gesinnt.

δολόφρων, 2. poet. auf List denkend, trügerisch

δολόω (δόλος), überlisten, **1)** berücken. **2)** verstellen, μορφήν sich in eine **Gestalt vermummen.**

δόλωμα, τό, poet. List, Betrug.

δόλων, ωνος, ὁ (δόλος), sp. Stockdegen.

Δόλων, ὁ, der Spion des Hektor, nach welchem das zehnte Buch der Ilias Δολώνεια benannt ist.

δολ-ῶπις, ιδος, ἡ, poet. falschäugig, mit Trug im Blick.

δόλωσις, ἡ (δολόω), das Betrügen, die Betrügerei.

δόμα, τό, N. T. die Gabe.

δομέω, (δόμος, δέμω), sp. Perf. pass. δεδομημένος, bauen.

δόμονδε, Adv. ep. nach Hause, ins Haus, dah. als Gegensatz zum Vorhof: in den Männersaal, ὅνδε δόμονδε **nach seinem Hause.**

δόμος, ἡ (δέμω), **meist poet. Gebäude • 1) Wohnung, Haus,** sowohl • **a)** von den Tempeln der Götter u. dem Reiche des Hades, z. B. στύγιος δόμος **als • b)** von den Wohnungen der Menschen, hier meist im Plur., weil sie gew. aus mehreren Zimmern bestanden, δόμοις, ἐν δ. od. δόμων ἔσω **im Hause,** δόμους u. ἐς, πρός, ὡς δ. **nach Hause, c)** Übertr., u. zwar im Sing. wie Plur. **α)** Geschlecht, Familie, **β)** Hauswesen, Vaterhaus, Heimat, μ' ἐκσῶσαι δόμους mich in die Heimat zu retten Soph. Phil. 496 • **c)** die Wohnungen der Tiere, Hürden der Schafe • **2)** ep. Zimmer, **Gemach,** vorzüglich = μέγαρον • **3)** ion. Lage, Schicht, λίθου Steinschicht • **4)** Kiste, Lade. [schütternd.

δομο-σφαλής, 2. (σφάλλω), poet. das Haus er-

δονᾰκεύς, ῆος, ὁ (δόναξ), ep. Röhricht, Rohrgebüsch.

δονακόεις, 3. poet. voll Rohr.

δονακο-τρόφος, 2. poet. Rohr nährend.

δονακό-χλοος, 2. (χλόη), unregelm. Acc. sg. msc. -οα, poet. von Rohr grünend. Von

δόναξ, ἄκος, ὁ, **1)** das Rohr, im Plur. Rohrhalme. **2) meton. was aus Rohr gemacht ist.** Von

δονέω, bes. ep. poet. u. sp., Pass. Präs. part. buk. δονεύμενος, Plqpf. 3. sg. δεδόνητο, hin- u. herbewegen, schütteln, hin- u. hertreiben oder rühren, erschüttern, Pass. sich bewegen, in Aufruhr sein. Dav.

δόνημα, τό, sp. Bewegung, Erschütterung.

δόξα, ἡ (δοκέω) • **1)** die **Ansicht, Meinung • a)** die Vorstellung, die man hat, Selbstschätzung, Erwartung, Vermutung, οὐδ' ἀπὸ δόξης ich werde deine Erwartung nicht enttäuschen Hom., nicht gegen unsere Erw., **α)** subjekt. Vorstellung, Traumerscheinung Eur., **β)** im Ggs. zur Wirklichkeit u. Wahrheit: **bloße Meinung** Plat., Einbildung, Wahn, Schein, Anschein; δόξῃ ἐπίστασθαι sich einbilden Hdt. 8, 132, τὸ πρὸς δόξαν σεμνόν Scheinwürde, **γ) Eindruck:** ἡ πρώτη δόξα; Phrasen: δ. φέρειν Hoffnung erwecken; δόξῃ u. κατὰ δ. nach der Ansicht, der Erwartung gemäß, Gegenteil: ἀπὸ δόξης u. παρὰ δ. • **b)** selten konkr. das Erwartete Lys. 19, 34 • **c)** Lehre, Ἄρειος Arianisch • **2)** bestimmte Ansicht, Willensmeinung, **Plan,** Beschluß, ἡ δ. συντάσσεται der Plan gestaltet sich fester, Thuk. • **3) a)** die Meinung, in welcher man bei andern steht, **Ruf,** auch αἰσχρά, doch gew. der gute Ruf; also Ruhm, Ansehen, δόξαν ἔχω ich stehe in dem Rufe, mit Gen., Inf., Nbs. u. ὡς, od. ἀπό τινος ich gelte für, man glaubt von mir, daß, ich bin berühmt von, ἐν δόξαις ὄντες in höchsten Ehren stehend, δ. ἐς τὰ πολέμια Kriegsruhm • **b)** mit u. ohne κενή, **Ruhmsucht,** ἐκ δόξης κρατεῖσθαι von Ruhmsucht beherrscht werden. Dav.

δοξάζω, Fut. -άσω usw., **1) a)** meinen, glauben, vermuten, wähnen, wofür halten, abs. od. mit τί od. τινά, z. B. αὐτὸν ἐπὶ πλέον sich überschätzen, δόξας Meinungen hegen. Konstr. auch mit περί τινος od. Acc. c. inf. **b)** eine bestimmte Ansicht fassen, überlegen, sich vornehmen, u. zwar μετ' ἀσφαλείας mit Zuversicht. **2)** sp. rühmen, preisen; pass. Ruhm erlangen.

δοξάριον, τό, Demin. v. δόξα, ein bißchen Ruhm, Ansehen; eitler Ruhmesschimmer.

δόξασμα, τό (δοξάζω), Ansicht, τὸ ὑφ' ἁπάντων ἰδίᾳ die Privatgesinnung aller einzelnen.

δοξαστός, 3. **1)** gemeint, aus Meinungen (δόξαι) bestehend. **2)** vorstellbar.

δοξοκοπέω (δοξο-κόπος ehrgeizig), sp. nach Ehre trachten, eifersüchtig sein, τί in etwas.

δοξοκοπία, ἡ, sp. Ehrsucht.

δοξομανία, ἡ, sp. rasende Ruhmsucht.

δοξόομαι (δόξα), Pass. ion. im Rufe stehen, m. Inf.

δοξόσοφος, 2. sich weise dünkend; eingebildeter Weiser, Scheinweiser.

δοξο-φαγία, ἡ, sp. Heißhunger nach Ruhm.

δορά, ἡ (δέρω), abgezogene Haut, Fell.

δοράτιον, τό, Dem. von δόρυ, kleiner Speer, Wurfspieß, überh. Stange, langer Stock, ge-

braucht, um etwas, z. B. Lebensmittel, fortzuschaffen. [Wurfspieße.
δορατισμός, ὁ, sp. Speerkampf, Schleudern der
δόρει, δόρη, δορί, s. δόρυ.
δορι-άλωτος, poet. **δουριάλωτος,** 2. (ἁλίσκομαι), eigentl. speer-, kriegsgefangen, erbeutet, mit Sturm erobert, unterworfen.
δορί-γαμβρος, 2. poet. speervermählt, Kriegs- od. Speerbraut. [den Speer bezwungen.
δορί-δμᾶτος, 2. poet. st. **δορίδμητος** (**δαμάζω**), durch
δορι-θήρᾶτος, 2. (θηράω), poet. im Kriege erjagt.
δορι-κανής, 2. (καίνω), poet. speergetötet.
δορί-κτητος, 2. poet. u. sp., ep. **δουρίκτητος,** 3. (s. d.), mit dem Speer erworben, erbeutet.
δορί-ληπτος, 2. od. δουρ. (λαμβάνω), poet. = δο-
δορι-μανής, 2. poet. und [ριάλωτος.
δορί-μαργος, 2. poet. kampfgierig.
δορι-μήστωρ, ορος, ὁ, poet. kriegserfahren.
δορι-παγής, 2. poet. aus Balken zusammengesetzt.
δορί-παλτος, 2. (πάλλω), poet. speerschwingend.
δορι-πετής, 2. poet. durch den Speer gefallen.
δορί-πονος, 2. poet. speerbedrängt, und
δορι-πόνος, 2. poet. mit dem Speer sich mühend, kriegerisch.
Δορίσκος, ὁ, Ebene u. Stadt Thrakiens, j. *Tusla.*
δορι-τίνακτος, 2. poet. speererschüttert.
δορί-τμητος, 2. poet. vom Speer durchbohrt.
δορκαλίς, ίδος u. ῖδος, ἡ, poet. Demin. von
δορκάς, άδος, ἡ, u. poet. δόρκη, ἡ (δέρκομαι), **1)** hirschartiges Tier mit schönen, hellen Augen, Reh, Gazelle. **2)** poet. die Rehknöchel, vielfach als Würfel gebraucht.
I. **δορός,** ὁ (δέρω), ep. lederner Schlauch, Sack, *uter.*
II. **δορός,** s. δόρυ.
δορπέω, ep. (δόρπον), Impf. dual. δορπείτην und δορπήτην, zu Abend essen.
δορπηστός u. **δόρπηστος,** ὁ, die Zeit der Abendmahlzeit, Abend.
δορπίη, ἡ, ion. st. -ία, eigentl. der festliche durch ein Mahl (δόρπον) gefeierte Vorabend des ionischen Apaturienfestes, übertr. auch von der abendlichen Vorfeier anderer Feste, z. B. des ägyptischen Dionysosfestes.
δόρπον, τό, ep. u. sp. die zweite Mahlzeit (nach dem δεῖπνον), das Abendessen, auch im Plur.
δόρυ, τό (verw. δρῦς, engl. tree), att. u. ion. Gen. δόρατος usf., ep. (ion.) δούρατος usf. und δουρός, δουρί, δοῦρε, δοῦρα, δούρων, δούρεσσι, poet. **δορός,** δορί od. δόρει u. pl. δόρη • **1) Holz • a)** lebendiges Holz: Stamm, Baumstamm, **Baum,** Hom. **b)** totes: **Balken, Bauholz, Gebälk,** *νήιον* u. *δοῦρα νεῶν* Schiffsbohlen, dah. auch für Schiff selbst, *ἐπὶ ζυγῷ δορός* auf dem Steuersitze des Schiffes • **2)** das aus Holz Gearbeitete, so z. B. vom trojanischen Rosse, insbes. aber die **Stange,** die Fahnenstange, die Stäbe des Liktoren Plut. Ti. Gr. 19; endl. Lanzenschaft; dah. häufig • **a) Speer,** Lanze, Spieß, Pike, in der rechten Hand getragen, wovon *ἐπὶ δόρυ* zur Rechten, rechtsum kehrt! **b)** der Jagdspieß • **3)** übertr. • **a) Krieg,** Kampf, *δουρί* durch Krieg, mit Gewalt, *δορὶ ἑλεῖν* 1. mit dem Speer erlegen, 2. zum Kriegsgefangenen machen Thuk. • **b)** konkret: **Lanzenschwinger,** „ein tapfrer Degen", und • **c)** kollektiv das **Heer** Trag.
δορυ-άλωτος, = δοριάλωτος, kriegsgefangen.
δορυ-δρέπανον, τό, **1)** Sichelstange, d. i. eine Stange mit sichelförmiger Spitze. **2)** sp. Enter-
δορύ-κρᾱνος, 2. poet. speerköpfig. [haken.
δορύ-ξενος, ὁ, ἡ, poet. Adj. speerfreundlich, gastfreundlich; als Subst. der aus einem Feinde im Kriege ein Freund Gewordene od. der im Kriege Verbündete, Kriegskamerad, überh. Gastfreund.
δορυ-ξόος, ὁ, sp. speerglättend; Lanzenschäfter.
δορυ-σθενής, 2. poet. speergewaltig.
δορυσσόης, ητος, ὁ, ἡ, poet., **δορυσσόος,** poet., u. **δορυσσοῦς,** zsgz. aus όος, 2. (σείω), poet. speerschwingend, kriegerisch.
δορυφορέω, eigtl. ein Lanzenträger (δορυφόρος) sein, dann einen als Leibwächter od. Trabant begleiten, schützen, *τινά* od. *τί,* doch auch *τινί* einem Trabant sein, überh. ergeben sein, *οἱ δορυφοροῦντες* eigennützige Augendiener.
δορυφόρημα, τό, sp. u. **δορυφορικόν,** τό, die Leibwache. Im bes. *κωμικά* Statisten in der Komödie, welche auf der Bühne (wie namentlich die Trabanten) erscheinen, ohne zu sprechen.
δορυφορία, ἡ (-έω), das bewaffnete Geleite.
δορυ-φόρος, ὁ (φέρω), der Lanzenträger, **a)** Trabant, Soldat der Leibwache, bes. bei den Tyrannen. **b)** Leute, welche Stangen tragen, Stangenträger, um die Beute fortzuschaffen.
δοσίδικος, 2. ältere LA. f. δωσίδικος, s. d.
δόσις, εως, ἡ (δίδωμι), **1) a)** das Geben, Aus-, Verteilen. **b)** die Schenkung. **2)** die Gabe, das
δόσκον, Iterat. zu δοῦναι, δίδωμι. [Geschenk.
δότειρα, ep. fem. zu δοτήρ.
δοτήρ, ῆρος, ὁ (s. δωτήρ), der Geber, auch Ausgeber, Zahlmeister, *τινός* für etwas.
δότης, ὁ, N. T. = δοτήρ.
δοτική, ἡ (sc. πτῶσις), sp. gramm. der Dativ.
δουλ-αγωγέω, N. T. in die Sklaverei führen, **knechten.**
δουλεία, ion. **δουληίη,** ἡ, **1)** Knechtschaft, Sklavenstand, Sklaverei, Dienstbarkeit, Unterjochung, *ἐπὶ δουλείᾳ* zur Unterjochung, bes. unter einen fremden Staat, überh. Unterwürfigkeit, *τινός* unter jmdn. **2) a)** der Dienst, die Dienstleistung, **b) Sklavenschaft, Dienerschaft, Gesinde, Sklave,** dah. auch im Plur., wie Eur. Bacch. 803, wo die theban. Bakchen gemeint sind.
δούλειος, ion. **δουλήιος,** 3. auch 2. (δοῦλος), knechtisch, sklavisch, den Sklaven eigentümlich, den Sklaven geziemend, **niedrig.**
δούλευμα, τό (δουλεύω), poet. Knechtschaft, Knecht.
δουλεύω, (δοῦλος), **1)** Sklave, untertan, dienstbar sein, dienen, gehorchen, huldigen, *τὰ μέτρια* in den billigen Dingen, *τὴν δουλείαν* Sklaverei aushalten, erdulden, in ihr leben, auch bloß Dienste verrichten. **2)** übertr. *τῇ γῇ* sklavisch an der Scholle haften.
δούλη, ἡ, s. δοῦλος.
δουληίη, s. δουλεία. **δουλήιος,** s. δούλειος.
δουλία u. **δουλίη,** ἡ, poet. = δουλεία, s. d.
δουλικός, 3. (δοῦλος) = δούλειος, die eigtl. attische Form τὸ δουλικόν, sp. der Sklavenstand.

δούλιος, 2. auch 3., ep. ion. u. poet. = δούλειος; ἦμαρ der Tag der Knechtschaft.

Δουλίχιον, τό, echinadische Insel im Ionischen Meere, j. *Curzolari;* bei Homer ist es ein Bestandteil des kephallenischen Reiches u. bezeichnet bei ihm wahrscheinlich die „langgestreckte" Halbinsel Pale auf der Insel Kephallenia. **Δουλιχιόνδε** (Adv.), nach D. Der Einw. **Δουλιχιεύς,** ῆος, ὁ.

δουλιχό-δειρος, 2. ep. st. δολιχ., langhalsig.

δουλοπρέπεια, ἡ, Knechtessinn. Von

δουλο-πρεπής, 2. (πρέπω), einem Sklaven geziemend; übertr. knechtisch, gemein v. Betragen u. Gesinnung.

δοῦλος, 3. (sem. Lw.) **1)** Adj. knechtisch, sklavisch, dem Sklaven oder Sklavenstand zugehörig, dienend, unterwürfig, unterjocht. **2)** Subst. **a)** ὁ, ἡ, eigtl. der besiegte und geknechtete Feind, dah. der Knecht, Sklave, die Sklavin, Magd, der Unterjochte, Untertan, bes. Vasall des Perserkönigs; oft auch übertr. wie unser „Sklave". **b)** τὸ δ. das Sklavengeschlecht, die Sklavengattung.

δουλοσύνη, ἡ, = δουλεία (mehr poet.), eig. Fem. von

δουλόσυνος, 2. poet. dienstbar.

δουλόω (δοῦλος), knechten, zum Sklaven machen, unterjochen, unterwerfen, einzwängen; übertr. niederbeugen, entmutigen; **τῇ γνώμῃ δεδουλωμένος** in gedrückter Stimmung, **οἴνῳ δεδ.** dem Wein ergeben. N. T. Dav.

δούλωσις, εως, ἡ, Unterjochung, Knechtung.

δουπέω, Aor. **ἐδούπησα,** u. ep. **ἐγδ.,** Perf. 2. **δέδουπα,** dröhnen, dumpf tönen, tosen, rasseln, krachen, **πεσών** vom schweren Fall eines Toten; krachend hinstürzen, **ἔς τι, ἐς τάφον** sinken, überh. Lärm machen.

δοῦπος, ὁ, jedes dumpfe Geräusch: Getöse, Lärm, Getümmel, Gerassel, Tosen, Rauschen, mit χερόπληκτοι widerhallende Schläge.

δοῦρα u. ähnl., s. δόρυ.

δουράτεος, 3. ep. (δόρυ), hölzern.

δούρειος, 3. = δουράτεος.

δουρ-ηνεκές, ep. Neutr. als Adv. (ἐνεγκεῖν), einen Speerwurf weit, eigentl. so weit ein Speer fliegt.

δουρι-άλωτος, s. δοριάλωτος.

δουρι-κλειτός (nur Mask.) u. **δουρί-κλυτος** od. **δουρικλυτός** (nur Mask.), ep. speerberühmt, d. i. im Speerwerfen berühmt.

δουρι-κμής, ῆτος, 2. poet. speerbedrängt.

δουρί-κτητος od. **δουρι-κτητός,** 3. s. δορίκτητος.

δούριος, 3. poet. u. sp. = δουράτεος, hölzern.

δουρίπληχθ(α), v. δουρί-πληκτος, 2. poet. (πλήσσω), speergetroffen (Verm. δουρίληφθ' v. δουρίληπτος).

δουρο-δόκη, ἡ (δέχομαι), ep. Platz, die Speere aufzunehmen, Speerbehälter, vielleicht Nische zwischen zwei Wandpfeilern im Männersaal od. Armvorrichtung dazu an einer Säule.

δοχή, ἡ, Aufnahme, d. i. **a)** Gefäß. **b)** N. T. Bewirtung, Gastmahl.

δόχμιος, 3. ep. u. poet., u. **δοχμός,** 3. (δοχμή Spanne), ep. in die Quere gehend, schräg, von der Seite her, schief. Neutr. plur. δόχμια als Adv. schräg durch. [poet. mit schrägem Helmbusch

δοχμό-λοφος, od. **-λόφας,** Gen. plur. ᾶν, ὁ (λόφος),

δοχμόω (δοχμός), ep. krümmen; Pass. sich ducken, sich bücken. [westl. vom Nestos.

Δραβησκός, ἡ, St. im makedonischen Edonerland,

Δράγγαι, οἱ, Bewohner von Δραγγιανή, einer pers. Satrapie von Ariana, altpers. Daranka, auch Σαράγγεες u. Ζαράγγαι, j. *Sedschistan* od. *Sakenland.*

δράγμα od. **δρᾶγμα,** τό (δράσσομαι), ep. u. sp. so viel man mit der Hand fassen kann, Handvoll, Getreidehalme, auch Garbe od. Saat.

δραγμεύω, ep. Ährenbündel zusammenlesen. Von

δραγμός, ὁ, poet. das Fassen, Greifen.

δραίνω, ep. (δράω), etwas tun wollen.

δράκαινα, ἡ, poet. Fem. zu δράκων, Drachin, z. B. des Hades, als Beiw. der Erinyen. [wimmelnd.

δρακονθ-όμιλος, ὁ, poet. (Verm.) schlangen-

δρακόντειος, 3. poet. drachenartig.

δρακοντό-μαλλος, 2. poet. schlangenzottig.

δρακοντώδης, 2. poet. vom Drachen, drachenartig.

δράκων, οντος, ὁ (δέρκομαι, ὀξυδερκὲς γὰρ τὸ ζῷον), **a)** Drache, große Schlange, dah. auch δράκων ὄφις genannt, wie Lindwurm, fabelhaftes Tier, unter andern auch gebraucht für die lernäische Schlange u. als Drachensaat von den Thebanern, als aus Drachenzähnen Entstandenen. Er diente zugleich zum Symbol der Mordgier (Soph. Ant. 126). **b)** Schlange. **c)** parthisches Feldzeichen.

Δράκων, οντος, ὁ, athen. Gesetzgeber um 620 v. Chr., sprichwörtlich wegen der Strenge seiner Gesetze.

δρᾶμα, τό (δράω), Handlung, im bes. eine auf der Bühne dargestellte Handlung, *fabula scaenica,* Schauspiel, übertr. wie unser „Schauspiel", eine mit Interesse angeschaute Handlung od. Begebenheit, z. B. **ἐλεεινὰ δράματα εἰσάγειν** jämmerliche Szenen aufführen. Dav. Demin.:

δρᾱμάτιον, τό, sp. kleines Schauspiel.

δρᾱματουργέω, sp. (Ϝέργ), dramatisch darstellen, ein Drama verfassen. [eines Drama.

δρᾱματουργία, ἡ, sp. Verfertigung, Aufführung

δράμημα, τό, (δραμεῖν) ion. u. poet., u. **δρόμημα,** τό, (δρόμος) poet. der Lauf, die Einrichtung der Wettläufe, auch im Plur.

δράξ, ἀκός, ἡ, ep. handvoll. [einem davonlaufen.

δρᾱπετεύω, ausreißen, davonlaufen, auch τινά

δρᾱπέτης ion. **δρηπέτης,** ου, ὁ (διδράσκω), **1)** Adj. entlaufen, κλῆρος d. h. ein Los, welches trügerisch aus Erde (statt Stein) sich durch Schütteln auflöst u. daher nicht herausspringen kann, glchs. zerlaufend. **2)** Subst. der Ausreißer. Dav.

δραπετίδας, ὁ, buk. = δραπέτης. [gehörig.

δραπετικός, 3. sp. zum Ausreißer, flüchtigen Sklaven

δρᾱσείω, poet. Desid. v. δράω, tun wollen.

δράσιμος, 3. poet. was zu tun ist.

δρασκάζω (διδράσκω), entlaufen, entfliehen.

δρᾱσμός, ὁ, poet. u. sp., ion. **δρησμός** (διδράσκω), das Ausreißen, Entlaufen, die Flucht, auch i. Plur.

δράσσομαι Dep. med., Fut. sp. -ξομαι, Aor. -ξάμην, Perf. δέδραγμαι (δράξ), mit der Hand fassen, greifen, bes. so viel man mit der Hand fassen kann, abs. u. τινός etwas ergreifen, sich fest anklammern.

δραστήριος, 2. (δράω), unternehmend, praktisch, wirksam, **ἔς τι** in etwas, **τὸ δρ.** die Entschlossenheit zum Handeln.

δρᾱτός, 3. st. δαρτός (δέρω), ep. abgehäutet, abgezogen.

δραχμή, ἡ (δράσσομαι), also: Gäspe, Handvoll, Drachme, als Gewicht in Athen vom 6.—2. Jhdt. = 4,32 Gramm, als Münze = 6 Obolen = ca. 80 Pf. = 1 Franken an Wert; doch war eine *Αἰγινεία δρ.* = 10 Obolen = 132 Pf., eine korinthische = 60 Pf. δραχμῆς μετέχειν am Solde der Ratsmitglieder (täglich 1 Drachme) teilhaben, d. i. im Rate sitzen.

Δράψακα, τά, Stadt in Baktriana, j. *Kundus?*

δράω, att. δρᾱ́σω usf., Perf. pass. **δέδρᾱμαι** (alte Var. -ασμαι), Aor. **ἐδράσθην**, Adj. verb. **δρᾱστέος**, ep. Präs. ind. 3. pl. **δρώωσι**, -**ώωσι**, opt. **δρώοιμι**, -**ώοιμι** • **1)** intr. tätig sein, **handeln;** εὖ δρώοιμι könnte gute Dienste tun Hom.; in der Trag. εὖ δρᾶν (Ggs. εὖ πάσχειν) Wohltaten erweisen • **2)** trans. τί etwas **ausführen,** vollbringen, verüben, τί τινα an einem etwas verüben, **einem etwas antun,** erzeigen, ihm einen Dienst leisten; οὐδὲν δ. nichts ausrichten; πᾶν σοι δρῴημεν in allem möchten wir dir dienen Eur.; πάντα δ. alles aufbieten; Substt.: ὁ δεδρακώς u. ὁ δράσας **der Täter,** δράσαντι παθεῖν dem Täter die Strafe!, πᾶν δρῶν jeder Dienst Soph., τὸ δρώμενον das Werk, die Arbeit, τὰ δρ. die Pläne, Mittel, das Werk, die Handlungen, die Vorfälle, Unternehmen, das Geleistete, die Ausführung, bei einem Heere: die Wendungen, Manöver.

δρεπάνη, ἡ, ep. u. sp. (δρέπω), Sichel, Hippe, krummes Schwert.

δρεπανη-φόρος, 2. (φέρω), sicheltragend, ἅρμα Sichelwagen, d. i. Wagen, dessen Deichseln vorn in eine eiserne spitze Stange ausliefen u. dessen Joch lange eiserne Stacheln hatte. An der Achse u. an den Rädern (ohne Speichen) befanden sich abwärts gehende Sicheln. Sie waren zweirädrig u. bes. bei Persern u. Syrern im Gebrauch.

δρεπανο-ειδής, 2. (εἶδος), sichelförmig.

δρέπανον, τό, Nebenf. zu δρεπάνη.

δρέπτω, poet. u. buk. abpflücken, einsammeln, zu

δρέπω, poet. Med. Fut. buk. **δρεψεῦμαι**, abpflücken, schneiden, τί.

δρηπέτης, ion. = δρᾱπέτης, s. d.

δρησμός, ὁ, s. δρᾱσμός.

δρηστήρ, ὁ, u. **δρήστειρα,** ἡ, ion. u. ep. st. δραστήρ usw. (δράω), Diener, Dienerin.

δρηστοσύνη, ἡ, ep. u. ion. st. δρᾱστ., Geschicklichkeit, Gewandtheit im Dienen.

Δρῖλαι, οἱ, u. Δρίλαι, ein Stamm der Sannen (j. *Dschanik*) im Gebirg südwestl. v. Trapĕzus.

δρῑμύλος, 2. buk. etwas stechend. Von

δρῑμύς, εῖα, ύ, **1)** durchdringend, scharf, beißend, schneidend, stechend; herbe, bitter. **2)** heftig, hitzig, streng, leidenschaftlich, auch verschmitzt.

δρῑμύτης, ητος, ἡ, das Beißende, die Schärfe, der Scharfsinn, die Schlauheit, Heftigkeit, Strenge.

δρίος [ῐ], τό, Plur. δρία metaplast. (δρῦς), ep. u. poet. Gebüsch, Dickicht, mit u. ohne ὕλης.

δροίτη, ἡ, poet. (hölzerne) Badewanne; Sarg.

δρομαῖος, 3. u. 2. poet., u. **δρομάς,** άδος, ὁ, ἡ, poet. u. sp. laufend, hurtig.

δρομεύς, έως, ὁ (τρέχω), Läufer, laufend, im Laufe.

δρόμημα, τό, poet. = δράμημα, Lauf.

δρομικός, 3. zum Laufen, Wettlaufen geeignet.

δρόμος, ὁ, (δρεμ, s. τρέχω), der Lauf • **1) das Laufen,** Rennen, Wettrennen, mit Wagen od. zu Fuß, Wettlauf, dah. δρόμου τὰ τέρματα die Bahnen des Laufs; **δρόμῳ** im Lauf, in Eile, im Geschwind-, Sturmschritt, Galopp. Sprichw. **δρόμον θέειν περὶ τοῦ παντός** den entscheidenden Kampf bestehen Hdt., auch vom Lauf der Gestirne. **2)** • **a)** Platz zum Rennen od. Laufen, **Rennbahn,** Laufplatz, Übungsplatz. Sprichw. ἔξω δρόμου πίπτειν von der Bahn, vom Ziel abkommen • **b)** der Ort zum Spazierengehen Plat.; auch: eine Halle • Als Eigenn. ὁ **Ἀχιλλήιος δρόμος** die Achilleusbahn, eine Erdzunge an der Mündung des Borysthenes (*Dnjepr*), wo A. einen Wettlauf gehalten haben soll.

δροσερός, 3. (δρόσος), poet. tauig, taufrisch; feucht.

δροσο-βόλος, 2. sp. tauend.

δροσόεις, 3. poet. tauig, feucht. Von

δρόσος, ἡ, meist im Plur. (vgl. ἕρση), die Tautropfen, der Tau, überh. jedes Naß, dah. δρ. φονία Blut. Übertr. das Zarte, Frische: dah. die Jungen von Tieren δρ. ἄεπτοι. Dav.

δροσώδης, 2. poet. tauartig.

δρουίδαι, οἱ, sp. Druiden, die Priester der Kelten.

Δρούσιλλα, ης, T. des älteren Agrippa, zügelloses Weib des Statthalters Felix in Judäa.

Δρυάς, άδος, ἡ, Dryade, Baumnymphe, welche mit dem Baum, in welchem sie wohnte, lebte u. starb.

Δρύᾱς, αντος, ὁ, **1)** ein Lapithe. **2)** Vater des Thrakers Lykurgos. [holz.

δρύϊνος, 3. (δρῦς), ep. u. poet. eichen, von Eichen-

δρῡμός, ὁ (δρῦς), ep. poet. u. sp., Plur. οἱ δρῡμοί u. τὰ δρῡμά, Eichenwald, überh. Wald, Gehölz, Strauchwerk. Dav. [böot. Grenze.

Δρῡμός, ἡ, **1)** St. in Phokis. **2)** Ort an der attisch-

Δρῡμοῦσσα, ἡ, Insel Ioniens im Hermäischen Busen.

Δρύοπες, οἱ, uralter Volksstamm im südl. Thessalien zwischen Parnaß u. Öta, der später nach Messenien zog. Davon **Δρυοπίς,** ίδος, ἡ, das spätere Doris. [in Böotien.

Δρυὸς κεφαλαί, αἱ, enger Gebirgspaß des Kithäron

δρυοτομική, ἡ, die Kunst Holz zu fällen.

δρύοχοι, οἱ (ἔχω), Schiffsrippen od. Spanten; δρυόχους τιθέναι, καταπηγνύναι, poet. ἐπιβαλέσθαι, den Schiffsbau beginnen; ἐκ τῶν δ-ων ganz von vorne, neu (bauen); Eur. El. 1163 τὰ δρύοχα für die hochaufstrebenden Bäume des strotzenden Waldes.

δρυ-πεπής, 2. (πέσσω), poet. sp. auf dem Baume reifend, gereift, vollreif.

δρύπτω (verw. δρέπω), Aor. δρύψα, pass. δρύφθην, **1)** Akt. ep. u. poet. kratzen, abreißen, ἀπό τινος. **2)** Med. Aor. δρυψάμενος, sich (*se*) zerkratzen, abs. u. τί sich (*sibi*) etwas zerkratzen.

δρῦς, δρυός, ἡ (verw. mit δόρυ), Acc. pl. δρῦς, selten δρύας Baum, bes. **Eiche.** Als Eiche dem Zeus heilig. Sprichw. οὐκ ἀπὸ δρυὸς οὐδ' ἀπὸ πέτρης ὀαρίζειν nicht von der Eiche od. dem Stein (v. alten Mären) schwatzen Hom., od. οὐκ ἀπὸ δρυός ἐσσι παλαιφάτου, οὐδ' ἀπὸ πέτρης Hom., *non es e saxo sculptus aut e robore dolatus,* vgl. unser „du bist nicht hinterm Zaune gefunden".

δρῠ-τόμος, 2. ep. st. δρυοτόμος (τέμνω), holzhauend.
δρύφακτον, τό, u. **-οι,** οἱ (f. δρύ-φρακτον, zu φράσσω), **1)** Holzverschlag, (hölzerne) Schranken um Gerichtsplätze u. die Ratsversammlung. **2)** Geländer, Ausbau, Erker, Balkon.
δρύφω, s. δρύπτω.
δυάς, άδος, ἡ, die Zweiheit.
δυάω, (δύη), ep. 3. plur. praes. δυάουσι, -όωσι, ins Elend stürzen.
δύη, ἡ (viell. zu St. δαϝ, δαίω), ep. u. poet. Wehe, Unglück, Drangsal, Elend, Schmerz, auch im Plur., δύαι νήστιδες der Hunger; ep. Häufung δύης πῆμα.
δυή-παθος, 2. ep. Unglück erduldend, mühselig.
δυικός, ὁ (sc. ἀριθμός), sp. gramm. der Dual.
Δύμη, ἡ, Stadt in Achaja am Meere, j. *Kaminiza.*
δῠναμαι, (ῡ nur im ep. δῡναμένοιο), augmentiert in guter Zeit allermeist mit ἐ, selten mit ἠ, bei Hom. Hdt. Xen., Aor. auch ἐδυνάσθην), dazu selten Praes. ind. 2. sg. δύνῃ (dor. δύνᾳ) u. Impf. 2. sg. ἐδύνω, ep. Aor. ἐδυνήσατο (conj. poet. δυνήσωνται) u. ion. Praes. ind. 3. pl. δυνέαται u. Impf. 3. pl. ἐδυνέατο **können, vermögen** • **1)** von Personen: **imstande sein** • **a)** abs. mächtig, vermögend, bei Kräften sein (auch im bloß phys. Sinn), οἱ δυνάμενοι die Mächtigen, κατὰ τὸ δύνασθαι bei ihrer Macht. Bei Superlativen nach ὡς u. ähnl. durch als möglich, möglichst zu übersetzen, z. B. ὡς ἐδύνατο τάχιστα, *quam celerrime potuit,* aber δύνασθαι παρά τινι Einfluß bei jmdm. haben, u. ἔν τινι in etwas Geltung haben • **b)** mit Inf. (sp. auch mit ὥστε) oder τί etwas, μέγα mächtig sein, viel vermögen; auch es können, d. i. es über sich vermögen • **2)** von Sachen: **gelten,** bedeuten, οὐδένα καιρὸν δύναται hat nicht das Gewicht eines rechten Maßes, auch abs. τοὺς λόγους ὡς ἔργα δυναμένους κρινεῖ sie wird die Reden als gleichbedeutend mit tätlichen Angriffen beurteilen; von Münzen: wert sein • **3)** impers. Σπαρτιήτῃσι καλλιερῆσαι θυομένοισι οὐκ ἐδύνατο es sollte den Sp. kein günstiges Opfer gelingen.
δυναμικός, 3. sp. vermögend, wirksam, mächtig, stark. Von
δύναμις, εως, ion. ιος, ἡ, Dat. δυνάμει, **Kraft,** Vermögen; εἰς πρός, κατὰ δ. nach Vermögen; παρά, ὑπὲρ δ. über die Kraft • **1)** physisch u. konkret • **a)** insb. **Körperkraft,** Gewalt • **b)** Lebenskraft • **c) Streitmacht,** Kriegsmacht, Heer, Truppen; pl. Streitkräfte, Kriegsmittel • **d)** Hilfsquellen, Heilmittel • **2)** mehr geistig: Talent, **Fähigkeit,** Anlage, Gewandtheit, Möglichkeit, δ. φύσεως, Kraft des Genies; τῆς ποιήσεως Geschicklichkeit in der Dichtkunst Plat., insbes. **Redegewalt;** N. T. Wunderkraft, Wunder • **3)** übertr. **Einfluß,** Geltung • **a)** Wirksamkeit, **Energie,** Wirkung, einflußreiche Stellung • **b)** polit. Macht, Vollmacht, Ansehen, οἱ ἐν δ. ὄντες Machthaber; ἐν δ. εἶναι τῶν χωρίων die Plätze in der Gewalt haben Thuk. 3, 93, 2; ἐκτὸς τῆς δ. außerhalb des Machtbereiches • **c)** Bedeutung (eines Wortes), δυνάμει der Bedeutung nach; Wesen einer Sache • **d)** Betrag, Wert, Summe, Vermögen, χρημάτων δυνάμει an Güterbesitz Thuk., παρὰ χρημάτων δύναμιν über Vermögen • **4)** mathem. Potenz, Quadrat, Plat.
δυναμόω, N. T. stark machen.
δύνᾰσις, εως, ἡ, poet. = δύναμις.
δυναστεία, ἡ, **1)** Herrschaft, Macht (auch im Plur.), Machtgebiet, Machtstellung, einflußreiche Stellung im Staate, Herrschaft, Herrschertum, bes. Gewaltherrschaft, von der Herrschaft einzelner od. weniger Machthaber. **2)** sp. auch für δυνάστης, im Plur. Von
δυναστεύω, herrschen, **1)** Herrschaft besitzen, ein Machthaber sein, an der Spitze des Staats od der Staaten stehen, eine einflußreiche Stellung einnehmen. Subst. τὸ δυναστεῦον die herrschende Macht. **2)** ion. überh. da sein, bestehen. Von
δυνάστης, ου, ὁ (δύναμαι), Machthaber, Herrscher, Herr, Fürst, vielvermögender Mann im Staate, überh. der Große, Vornehme.
δυνάστωρ, ὁ, poet. = δυνάστης.
δυνατέω, N. T. stark sein. Von
δῠνατός, 3., Adv. **-ῶς** (δύναμαι) • **1)** akt. **könnend,** vermögend • **a)** δ. γίγνομαι ich bin imstande • **b)** kräftig, **stark** • **c) mächtig,** angesehen, einflußreich, οἱ δυνατοί die Mächtigen, Aristokraten; τὰ δυνατώτατά τινος die mächtigsten Staaten Thuk. 6, 16, 6 • **d) fähig,** gewaltig, geschickt, mit Inf.; von Sachen: tauglich • **e)** noch arbeitsfähig, der Unterstützung nicht bedürftig, im Gegens. zu ἀδύνατος • **2)** pass., was getan werden kann, tunlich, **möglich,** mit Inf., auch pleon. mit γίγνεσθαι; ὁδὸς δυνατὴ πορεύεσθαι ein Weg, auf dem man fortkommen kann, ein gangbarer Weg Xen.; ὅσον δυνατόν = ὡς δ. soweit möglich, bei Superl. möglichst. Subst. τὸ δ. das Vermögen, die Möglichkeit, τὰ δ. das Mögliche, Ausführbare, κατὰ u. εἰς τὸ δ. nach Kräften, so viel als möglich, ἐκ τῶν δ. nach Möglichkeit, nach den Umständen.
δύνῃ st. δύνασαι, s. δύναμαι.
δύνω, Nbf. zu δύω mit intr. Bdtg. = δύομαι, s. δύω II, 2.
δύο u. ep. u. poet. **δύω** (lat. *duo,* ahd. *zwō*), teils indekl., teils Gen. δυοῖν (Soph. OR. 640 einsilbig) u. (nachklass.) δυεῖν, ion. δυῶν, Dat. δυοῖν, ion. δυοῖσι, sp. δυσίν, zwei, sowohl mit Dual. als Plur. Als Subst. δυοῖν ἕνεκα aus zwei Gründen, in zweierlei Hinsicht, οὐ παρ' ἓν οὐδὲ δύο nicht infolge eines od. zweier (also weniger) Mißgriffe, ähnl. δύο καὶ τρία, ferner εἰς δύο je zwei, zwei Mann hoch, od. breit, *bini* (aber σὺν δύο ἐρχομένω wenn zwei miteinander gehen), δυοῖν mit u. ohne θάτερον, mit folg. ἤ — ἤ, eines von zweien, τὰ δύο μέρη od. δ. μοῖραι zwei Dritteile.
δυοκαίδεκα, ep. = δώδεκα, zwölf.
δυοκαιδεκά-μηνος, 2. poet. zwölfmonatlich, jährig.
δυοκαιεικοστός, 3. sp. der zweiundzwanzigste.
δυοκαιπεντακοστός, 3. sp. dor. der zweiundfünfzigste.
δυόω, s. δυάω.
δύρομαι, poet. = ὀδύρομαι, jammern, bejammern.
Δυρράχιον, τό, St. in Epeiros, j. *Durazzo.*
δυσ-, u. vor στ, σθ, σπ, σχ, **δυ-,** untrennbare Vorsilbe, wie das deutsche miß-, un-, etwas Übles,

Widerwärtiges, Schwieriges bezeichnend: Δύσπαρις Unglücksparis, δυσμήτηρ Unmutter.
δυσ-αγκόμιστος (ανακ-), 2. poet. unwiederbringlich.
δυσ-άγκριτος (ανακ-), 2. poet. schwer zu unterscheiden.
δύσ-αγνος, 2. poet. sp. unkeusch, unrein.
δυσ-άγων, 2. sp. mit schwierigen Kämpfen verbunden.
δυσ-άδελφος, 2. poet. unglücklich verbrüdert.
δυσ-āερία, ἡ, sp. schlechtes, trübes Wetter.
δυσ-āής, ᾱέος, Gen. plur. -αήων verl. st. -αέων, 2. (ἄημι), ep. widrig, heftig wehend.
δυσ-άθλιος, 2. poet. höchst elend.
δυσ-αιᾱνής, 2. poet. düster.
δυσ-αίθριος, 2. poet. trübe.
δυσ-αίων, ωνος, ὁ, ἡ, poet. elend lebend.
δυσ-αλγής, 2. poet. sehr schmerzend.
δυσ-άλγητος, 2. poet. gegen Schmerz unempfindlich, hartherzig.
δυσ-αλθής, 2. (ἄλθομαι), sp. ep. schwer zu heilen, [unheilbar.
δυσ-ᾰ́λιος, dor. = δυσήλιος.
δυσ-άλωτος, 2. (ἁλῶναι), schwer zu fangen, schwer zu erreichen, unberührt, τινός von etwas.
δυσ-άμβατος, 2. poet. schwer zu ersteigen.
δυσᾱμερία, ἡ, poet. = δυσημερία.
δυσ-άμμορος, 2. poet. sehr unglücklich.
δυσ-ανάκλητος, 2. sp. schwer zurückzurufen, zu beschwichtigen.
δυσ-ανακόμιστος, 2. kaum herzustellen.
δυσ-ανάπειστος, 2. schwer zu überzeugen.
δυσανασχετέω (ἀνάσχετος), *indignari*, **a)** unerträglich finden, bejammern, τί. **b)** unwillig, scheu werden, abs., τινί, ἐπί τινι u. πρός τι über etwas. **c)** sp. unerträglich leiden, ὑπό τινος unter etwas.
δυσ-ανάτρεπτος, 2. sp. schwer umzustoßen.
δυσανδρία, ἡ, sp. Mangel an Männern.
δυσ-άνεκτος, 2. schwer zu ertragen, unerträglich.
δυσ-ᾰ́νεμος, 2. dor. st. δυσήνεμος, poet. vom Winde übel mitgenommen, gepeitscht; stürmisch. Neutr. sing. als Adv.
δυσ-άντητος, dem man ungern begegnet, unwillkommen.
δυσ-ᾰ́νωρ, ορος, ὁ, ἡ, poet., γάμος unheilvolle Gattenwahl.
δυσ-απάλλακτος, 2. (ἀπαλλάσσω), **a)** schwer zu verlassen, aufzugeben, fesselnd. **b)** schwer abwendbar, hartnäckig.
δυσ-απόδεικτος, 2. schwer zu beweisen.
δυσ-απόκριτος, 2. sp. schwer zu beantworten.
δυσ-απολόγητος, 2. sp. schwer zu verteidigen, schwer haltbar.
δυσ-απόστατος, 2. (ἀφίστημι), sp. schwer abzureißen, loszutrennen.
δυσ-απότρεπτος, 2. (ἀποτρέπω), schwer abzuhalten oder abzubringen.
δυσαρεστέω, sp. unzufrieden, mißvergnügt sein, Mißbehagen fühlen, τινί mit, über etw.; auch im Med.
δυσ-άρεστος, 2. (ἀρέσκομαι), mißvergnügt, unwillig, unversöhnlich, εἴς τι.
δυσ-αριστοτόκεια, ἡ (τίκτω), Unglücksheldenmutter.
δύσ-αρκτος, 2. (ἄρχω), poet. u. sp. schwer zu beherrschen.
δυσαρμοστία, η, sp. Disharmonie, von δυσάρμοστος, 2. sp. schlecht zusammenpassend, uneinig.
δυσαυλία, ἡ, poet. übles Wohnen im Freien. Von
δύσ-αυλος, 2. (αὐλή), poet. den Aufenthalt im Freien verleidend, unwirtlich.
δυσ-αφαίρετος, 2. schwer wegzunehmen.
δυσ-ᾱχής, 2. (ἄχος), poet. schwer zu beklagen.
δυσ-ᾱχής, 2. dor. poet. = δυσηχής.
δυσ-βάστακτος, 2. N. T. schwer zu ertragen.
δύσ-βᾰτος, 2. (βαίνω), schwer gangbar, unwegsam, τὸ δ. die unwegsame Gegend, das schlechte Gelände.
δυσ-βάϋκτος, 2. poet. sehr jammernd.
δυσ-βοήθητος, 2. sp. wem schwer zu helfen ist, schwer zu heilen.
δυσβουλία, ἡ (wie von δύσ-βουλος), poet. böser Rat, Unverstand, verkehrter Beschluß, ἡ ἐξ ἐμοῦ der von mir allein erdachte. auch im Plur.
δύσ-γαμος, 2. poet., γάμος Unglücksehe.
δυσ-γένεια, ἡ, unedle Abkunft, unwürdiges Wesen, Gemeinheit. Von
δυσ-γενής, 2. nicht adelig; unedel.
δύσγνοια, ἡ, poet. Irrtum.
δυσγνωσία, ἡ, poet. Schwierigkeit zu erkennen.
δύσ-γνωστος, 2. schwer zu erkennen.
δυσ-γοήτευτος, 2. schwer zu berücken.
δυσδαιμονία, ἡ, Mißgeschick, Unheil. Von
δυσ-δαίμων, 2. unglücklich, unglückselig, δ. δαίμων ein feindseliger Dämon.
δυσ-δάκρῡτος, 2. poet. **1)** sehr beweinenswert. **2)** schmerzvoll geweint, δάκρυα.
δύσ-δᾰμαρ, αρτος, ὁ, poet. durch die Gattin unglücklich.
δυσ-διάβατος, 2. sp. schwer passierbar.
δυσ-διάγνωστος, 2. sp. schwer zu unterscheiden.
δυσ-διάθετος, 2. sp. schwer zu ordnen.
δυσ-διερεύνητος, 2. schwer zu erforschen.
δύσ-εδρος, 2. (ἕδρα), poet. Unglücksnachbarin.
δυσ-ειδής, Gen. έος, 2. (εἶδος), mißgestaltet, häßlich.
δυσ-είκαστος, 2. sp. schwer zu erraten.
δυσ-είματος, 2. poet. schlecht gekleidet.
δυσ-είσβολος, 2. sp. schwer zugänglich; vgl. δυσέσβολος.
δυσ-είσπλοος, 2. sp. schwer hineinzusegeln.
δυσ-εκβίαστος, 2. sp. schwer zu bezwingen.
δυσ-έκθυτος, 2. sp. schwer durch Opfer abzuwenden.
δυσ-εκλύτως, Adv. poet. unauflöslich.
δυσ-έκνιπτος, 2. (νίπτω), unvertilgbar.
δυσ-εκπέραντος, 2. (-περαίνω), poet. schwer zu endigen mit der Var.
δυσ-εκπέρᾱτος, 2. (ἐκπεράω), schwer zu durchwandern.
δυσ-εκτέλεστος, 2., u. **δυσ-εκτέλευτος**, 2. (v. l.), poet. unheilvoll endigend.
δυσ-έλεγκτος, 2. sp. schwer zu überführen.
Δυσ-ελένα, ἡ, poet. Unglückshelena.
δύσ-ελπις, ιδος, ὁ, ἡ, hoffnungslos, verzweifelnd, verzagt.
δυσελπιστια, ἡ (-εία), sp. Hoffnungslosigkeit, Verzweiflung.
δυσ-έλπιστος, 2. unverhofft, hoffnungslos, ἐκ δυσελπίστων nach unverhofftem Wiedersehen.
δυσ-έμβατος, 2. (ἐμβαίνω), worauf schwer zu fußen, τὸ δ. die Unzugänglichkeit.
δυσ-έμβολος, 2. wo man schwer einfallen kann, schwer angreifbar.
δυσεντερία, ἡ, u. τὸ **δυσεντέριον**, N. T. (ἔντερον), Durchfall, Ruhr. Dav.

δυσεντερικός, 3. sp. vom Durchfall herrührend, dazu gehörig.

δυσ-έντευκτος, 2. (ἐντυγχάνω), sp. schwer zugänglich, zu treffen; übertr. mürrisch, unzufrieden.

δυσ-εξαπάτητος, 2. schwer zu täuschen.

δυσ-εξέλεγκτος, 2. schwer widerlegbar.

δυσ-εξέλικτος, 2. (ἑλίττω), sp. schwer zu entwickeln, zu erklären.

δυσ-εξήνυστος, 2. (ἀνύτω), poet. unauflöslich.

δυσεργία, ἡ, sp. Schwierigkeit beim Handeln. Von

δύσ-εργος, 2. sp. 1) pass. schwer ausführbar. 2) akt. schwer zum Handeln zu bringen, unentschlossen, träge.

δύσ-ερις, ι, Gen. ιδος, 1) sehr zänkisch, streitsüchtig. 2) sp. unglückseligen Zwist erzeugend.

δυσ-έριστος, 2. poet. schwer zu bekämpfen, αἷμα φυσῶν nach schwerzuvergießendem Mordblut (der Mutter) schnaubend.

δυσ-ερμήνευτος, 2. sp. N. T. schwer zu erklären.

δύσ-ερως, ωτος, ὁ, ἡ, eine unglückliche Liebe hegend 1) τινός zu etw., mit ἔρως Unheils-Neigung. Subst. ὁ δ. zu seinem Unheil verblendeter Liebhaber. 2) unglücklich in der Liebe. 3) unzärtlich, liebeleer.

δυσ-έσβολος, 2. unzugänglich, Superl. δυσεσβολώτατος als Fem.

δυσ-ευνάτωρ, ορος, ὁ, poet. schlimmer Lagergenosse.

δυσ-εύρετος, 2. (εὑρίσκω), schwer zu finden, zu entdecken, ὕλη unwegsam.

δυσ-έφικτος, 2. sp. schwer erreichbar.

δύσ-ζηλος, 2. ep. u. sp. hitzig, jähzornig. Adv. sp. **δυσζήλως,** ἔχειν, eifersüchtig sein, πρός τινα.

δυσ-ηκοΐα, ἡ, sp. Schwerhörigkeit, Ungehorsam.

δυσ-ηλεγής, 2. (ἄλγος, ἀλγέω), übeln Schmerz bringend, schmerzvoll; sp. hartherzig.

δυσ-ήλιος, 2. poet. u. sp. schlecht besonnt, finster.

δυσημερία, ἡ, sp. 1) Unglückstag, Mißgeschick. 2) Mißerfolg, Mißlingen.

δυσ-ήνεμος, 2. poet. = δυσάνεμος.

δυσ-ήνιος, 2. (ἡνία), sp. schwer zu zügeln.

δύσ-ηρις, poet. = δύσερις.

δυσ-ηχής, 2. ep. (ἄχος), übles Leid bringend, leidreich, kummervoll.

δυσ-θαλπής, 2. (θάλπος), ep. übel wärmend, frostig.

δυσ-θανατέω, schwer sterben, mit dem Tode ringen. Von

δυσ-θάνατος, 2. poet. schweren Tod bringend.

δυσ-θέᾱτος, 2. poet. widrig anzusehen, ὄμμα grauser Anblick.

δύσ-θεος, 2. poet. gottverhaßt, gottlos.

δυσ-θεράπευτος, 2. poet. schwer zu behandeln.

δυσ-θετέομαι, Pass., ärgerlich sein.

δυσ-θήρᾱτος, 2. u. **δυσ-θήρευτος,** 2. sp. schwer zu erjagen, schwer zu erspähen.

δυσ-θησαύριστος, 2. (θησαυρίζω), sp. schwer aufzubewahren.

δυσ-θνήσκων, 2. poet. schwer sterbend.

δυσ-θρήνητος, 2. poet. tränenvoll, θρῆνος in jammervollen Klagen.

δύσ-θροος, 2. poet. mißtönend, jammervoll.

δυσ-θυμαίνω, ep. u. **δυσθυμέω** (-μος), ion. u. sp., u. poet. Med., mißmutig sein.

δυσθυμία, ἡ, aegrimonia, a) Mißmut, im Plur. Veranlassungen zum Mißmut. b) Mutlosigkeit. Von

δύσ-θυμος, 2. a) mißmutig, verstimmt, unwillig, reuevoll, τινί über etwas, τὸ δ. der Unmut. b) mutlos.

δυσί(ν), spät. Dat. von δύο, = δυοῖν.

δυσ-ίᾱτος, [ῑ], 2. (ἰάομαι), poet. eigtl. schwer zu heilen, also schwer zu verbessern, nicht zu begütigen.

δυσιερέω (wie von δυσιερής), sp. aus dem Opfer unglückliche Vorbedeutungen erhalten.

δύσ-ιππος, 2. für Reiterei ungünstig.

δύσις [ῠ], εως, ἡ (δύω), das Untergehen, bes. vom Untergang der Sonne (ἡλίου) u. Sterne, z. B. Πλειάδων, der Plejaden, der den 26. Oktober erfolgte; ἐς ἡλίου δύσιν gegen Sonnenuntergang, πρὸς ἡλίου δύσιν nach Westen.

δυσ-κάθαρτος, 2. (καθαίρω), poet. schwer zu versöhnen, vom Hades, weil im Labdakidenhaus sich Mord auf Mord häufte.

δυσ-κάθεκτος, 2. (κατέχω), schwer zu zügeln.

δύσ-καπνος, 2. poet. sehr räucherig.

δυσ-καρτέρητος, 2. sp. schwer auszuhalten.

δυσ-κατάληπτος, 2. sp. schwer zu erkennen.

δυσ-κατάλλακτος, 2. sp. schwer zu versöhnen.

δυσ-καταμάθητος, 2. schwer zu begreifen.

δυσ-κατάπαυστος, 2. schwer zu beruhigen, besänftigen.

δυσ-κατάπρακτος, 2. (καταπράσσω), schwer zu bewirken, zu vollenden.

δυσ-κατάστατος, 2. (καθίστημι), schwer wieder zu ordnen.

δυσ-καταφρόνητος, 2. nicht gut zu verachten, unverächtlich.

δυσ-κατέργαστος, 2. (κατεργάζομαι), schwer zu erarbeiten, schwer zu erlangen, schwierig.

δυσ-κάτοχος, 2. schwer festzuhalten.

δυσ-κέλαδος, 2. ep. u. poet. widrig tönend, lärmend, übel klingend, φάμα übler Ruf.

δυσ-κηδής, 2. ep. sorgenschwer.

δύσ-κηλος, 2. (κηλέω), poet. unheilbar.

δυσ-κίνητος, 2. schwer zu bewegen, körperl. u. geistig: daher auch schwer fortzureißen, unbeugsam, geistig träge. τὸ δ. Schwerfälligkeit, Ungelenkigkeit.

δυσ-κλεής, έος, ep. Acc. -κλέᾱ st. -κλεέα, 2., Adv. -κλεῶς (κλέος), a) unrühmlich, ruhmlos. b) übel berüchtigt, schmählich, schimpflich.

δύσκλεια, ἡ, 1) Unberühmtheit. 2) schlechter Ruf; böse Nachrede, Schande, Schmach.

δυσ-κοινώνητος, 2. schlecht zum Umgange.

δυσκολαίνω (δύσκολος), Aor. 1. sp. ἐδυσκόλᾱνα, mißvergnügt, unzufrieden, mürrisch sein, abs. od. τινί über jmdn. od. etwas, πρός τι bei etwas.

δυσκολία, ἡ (-λος), 1) Unbehaglichkeit, Unzufriedenheit, mürrisches Wesen. 2) Beschränkung, Klausel. 3) Schwierigkeit.

δυσ-κόλλητος, 2. sp. übel zusammengeleimt; übertr. unharmonisch.

δύσ-κολος, 2., a) unzufrieden, mürrisch, verdrießlich. Subst. der Murrkopf. b) Unzufriedenheit erregend, mißlich, widrig, schwierig.

δυσ-κόμιστος, 2. poet. schwer zu ertragen.

δύσκον, s. δύω II, 2.

δυσκρᾱσία, ἡ (δύσ-κρᾱτος, κεράννυμι), schlechte Mischung, z. B. die der Säfte, u. insbes. die der Luft, schlechte Temperatur, (im Plur.) schlechte Witterungsverhältnisse.
δύσ-κρᾱτος, 2. sp. schlecht gemischt, — temperiert.
δύσ-κριτος, 2., Adv. **-ίτως** (κρίνω), **1)** schlecht geschieden, verworren. **2)** schwer zu erkennen, zu unterscheiden. **3)** schwer zu entscheiden, *τινί*.
δυσ-κῡ́μαντος, 2. poet. zum Unglück wogend, *κακά* das Unheil empörter Wellen.
δύσ-λεκτος, 2. poet. schwer auszusprechen.
δύσ-ληπτος, 2. sp. schwer zu fassen.
δυσ-λόγιστος, 2. poet. schwer begreiflich, unbegreiflich, unsinnig.
δύσ-λοφος, 2., Adv. **-όφως,** poet. schwer für den Nacken, **a)** schwer zu tragen. **b)** ungern tragend.
δύσ-λυτος, 2. poet. schwer zu lösen.
δυσ-μάθεια u. **-μαθία,** ἡ, Ungelehrigkeit.
δυσμαθέω, poet. schwer begreifen, verkennen. Von
δυσ-μαθής, 2., Adv. **-ῶς,** Komp. -θέστερον (μαθεῖν), **1)** akt. schwer lernend, ungelehrig. **2)** pass. poet. schwer zu lernen, schwer zu fassen, mit folg. *ἰδεῖν* unkenntlich, *τὸ δ.* das Unerforschbare, die Zukunft, die wir nicht vorher erforschen können.
δυσμαθία, ἡ, = *δυσμάθεια*.
δυσμαί, αἱ (δύω) = *δύσις*, der Untergang der Sonne u. Sterne; dah. *ἀμφί, περὶ ἡλίου δυσμάς* u. *ἦν ἥλιος ἐπὶ δυσμαῖς* die Sonne neigte sich zum Untergang; *πρὸς δυσμάς* nach Westen.
δυσ-μάτωρ, ορος, ὁ, ἡ, poet. mit *κότος*, Zorn der Unmutter.
δυσμαχέω, mit Adj. verb. *δυσμαχητέον*, poet. u. sp. zu seinem Unheil kämpfen, *τινί* mit einem od. etwas.
δύσ-μαχος, 2. schwer zu bekämpfen, mit Kompar.; mit Inf. *κρῖναι* schwer zu entscheiden.
δύσ-μεικτος, (-μικτος), 2. (μείγνυμι), schwer zu vermischen d. i. zu verbinden, *τινί* mit etwas.
δυσ-μείλικτος, 2. sp. schwer zu besänftigen.
δυσμεναίνω (δυσμενής), **1)** übel gesinnt sein, grollen, *τινί* auf jmdn. od über etwas. **2)** unmutig sein.
δυσμένεια, ἡ (δυσμενής), Übelwollen, feindselige Stimmung, Feindseligkeit, *ἡ ἐκ σοῦ* die Feindseligkeit deinerseits, *πρός τινα* gegen jmdn., *ἐν δ. εἶναι* Feindschaft hegen. Auch im Plur.
δυσμενέων, ep. part. masc., und
δυσ-μενής, ές (μένος), **1)** Adj. feindlich gesinnt, feindselig, feindlich; übelgesinnt, absol. u. *τινί* (selten *τινός*) gegen jmdn., von Personen u. Sachen. Bei Homer nur im Plural in Verbindung mit *ἄνδρες*. **2)** Subst. der Feind bei Homer u. den Tragikern. *τὸ δυσμενές* der Groll, der Widerwille, *τὸ δυσμενές τινος λαβεῖν* Widerwillen gegen jmdn. fassen. **3)** Adv. *δυσμενῶς ἔχειν*, feindlich gesinnt sein, absolut und *τινί* oder *πρός τινα* gegen jmdn.
δυσμενικός, 3. sp. feindlich, feindselig.
δυσ-μεταχείριστος, 2. (μεταχειρίζω), schwer zu behandeln, schwer zu bestehen, schwer anzugreifen, abs u. *τινί*.
δυσμή, s. *δυσμαί*.
δυσμήτηρ, ερος, ἡ, ep. Unmutter.
δυσ-μήτωρ, ορος, 2. unmütterlich.
δυσμηχανέω, poet. ein *δυσ-μήχανος*, d. i. ratlos sein, kein Auskunftsmittel kennen, mit folg. Inf.
δύσ-μικτος, 2. s. *δύσμεικτος*.
δυσ-μίμητος [ῑ], 2. sp. schwer nachzuahmen.
δύσ-μοιρος, 2. poet. und
δύσ-μορος, 2., Adv. **-ως,** meist ep. u. poet. ein unglückliches Los habend, unglücklich, *δύσμοιρ' ὁρᾶν* Jammerbild.
δυσμορφίη, ἡ, ion. Häßlichkeit. Von
δύσ-μορφος, 2. poet mißgestaltet.
δυσ-νίκητος, 2. sp. schwer zu besiegen.
δύσ-νιπτος, 2. poet. schwer wegzuwaschen, schwer zu tilgen, *ἔκ τινος* aus etwas.
δυσνοέω (δύσνους), sp. übel gesinnt sein, *τινί* gegen [jmdn.
δυσ-νόητος, 2. (νοέω), sp. N. T. schwer zu verstehen.
δύσνοια, ἡ (δυσνοέω), üble, feindselige Gesinnung, Abgeneigtheit, Haß.
δυσνομία u. **-ίη,** ἡ, ep. poet. gesetzloses Gebahren.
δύσ-νοστος, 2. (νόστος), poet. *νόστος* unglückliche Heimkehr.
δύσ-νους, 2. zsgz. aus οος, abgeneigt, feindselig gesinnt; abs. u. *τινί* gegen jmdn.
δύσ-νυμφος, 2. poet. unglücklich verlobt.
δυσ-ξύμβολος, 2. (ξυμβάλλω), mit dem sich's nicht gut verkehren läßt, schwer umgänglich.
δυσ-ξύνετος, 2. schwer zu verstehen, unverständ-[lich.
δύσ-ογκος, 2. sp. schwer lastend, lästig.
δυσοδέω, sp. (δύσ-οδος), schlechten Weg (*δυσοδία*) haben, langsam vorwärts kommen.
δύσ-οδμος, 2. ion. st. *δύσοσμος* (ὀσμή), übelriechend.
δυσ-οδοπαίπαλος, 2. poet. durch Felsen unweg-
δύσ-οδος, 2. unwegsam. [sam.
δυσοίζω (vergl. *οἰζύς*), poet. klagen, in Angst sein, fürchten, mit hinzugef. *φόβῳ* (scheu), *τί* etwas.
δυσ-οίκητος, 2. schlecht zu bewohnen, unbewohnbar.
δύσ-οιμος, 2. poet. zum Unglück führend, unselig.
δύσ-οιστος, 2. (οἴσω, φέρω), poet. u. sp. **1)** schwer für sich davonzutragen. **2)** poet. schwer zu erringen = *δυσπόνητος*. **3)** unerträglich.
δύσ-οχνος, 2. sp. sehr träge, mühsam.
δύσ-ομβρος, 2. poet. regenschauerlich, *βέλη* widrige Regengüsse, als Geschosse des Zeus.
δυσ-όμῑλος, 2. (ὁμιλέω), poet. u. sp. zum Unheil [beigesellt.
δυσ-όμματος, 2. poet. blind.
δυσ-όρᾱτος, 2. schwer zu sehen od. zu erkennen.
δυσ-όργητος, 2. sp. poet. = *δύσοργος*.
δύσ-οργος, 2. poet. jähzornig, zornig, aufbrausend, auch mit hinzugef. *θυμῷ*, u. zwar andern zum Übel (δυς), dah. auch ungesellig.
δύσ-ορμος, 2. ungünstigen Hafen od. Landungsplatz gewährend, unwirtlich, *τὰ δ.* Stellen, wo sich nicht gut landen läßt.
δύσ-ορνις, ῑθος, ὁ, ἡ, poet. u. sp. unter ungünstigen Vorbedeutungen, unglücklich.
δυσ-όρφναιος, 2. poet. sehr finster.
δυσοσμία, ἡ (s. *δύσοδμος*), poet. übler Geruch, Gestank. [haben.
δυσ-ουρέω, schwer harnen, Harnbeschwerden
δυσ-ουρικός, 3. sp. zur *δυσουρία*, dem Harnzwang gehörig.
δυσ-ούριστος, 2. (οὐρίζω), poet. von einem zum Unglück günstigen Winde herbeigeführt, mit unselig günstigem Wind anfahrend.

δυσ-πάθεια, ἡ, sp. Betrübnis, Leid.
δυσπαθέω, sp. **1)** schwer leiden. **2)** mißgestimmt, betrübt, unwillig sein, abs. u. *πρός τι* od. mit folg. *εἰ*. Von
δυσ-πᾰθής, 2. **1)** schwer empfindend, abgehärtet. Kompar. *-έστερος*. **2)** schwer leidend.
δυσ-παίπαλος, 2. poet. sehr zerklüftet, sehr steil.
δυσ-πάλαιστος, 2. (meist) poet., schwer zu bekämpfen, unbezwinglich; schwer zu vollführen, schwierig. [heillos, schlimm.
δυσ-πάλαμος, 2., Adv. **-άμως,** poet. ratlos, hilflos.
δυσ-παλής, 2. poet. = *δυσπάλαιστος*.
δυσ-παράβουλος, 2. poet. schwer zu beraten.
δυσ-παράθελκτος, 2. poet. schwer zu besänftigen.
δυσ-παραίτητος, 2. poet. u. sp. schwer zu erbitten, zu beschwichtigen, unversöhnlich.
δυσ-παρακολούθητος, 2. (*ἀκολουθέω*), sp. **1)** akt. schwer folgend, schwer begreifend. **2)** pass. schwer begreiflich.
δυσ-παρακόμιστος, 2. sp. schwer fortzubringen.
δυσ-παραμύθητος, 2. schwer zu trösten, zu beruhigen, zu stillen.
δυσ-πάρευνος, 2. poet. zum Unglück vermählt, *λέκτρον* Unglücksehe.
δυσ-παρηγόρητος, 2. sp. = dem folg.
δυσ-παρήγορος, 2. poet. schwer zu besänftigen.
Δύσ-πᾰρις, *ιδος*, ὁ, ep. u. sp. Unglücksparis.
δυσ-πάριτος, 2. (*πάρειμι*), schwer passierbar.
δυσ-πειθής, 2. (*πείθομαι*), Adv. **-ῶς,** schwer zu bereden, ungehorsam, widerspenstig.
δυσ-πείστως, Adv. (*πείθομαι*), schwer zu überzeugen, hartnäckig.
δύσ-πεμπτος, 2. poet. schwer wegzuschicken.
δυσ-πέμφελος, 2. ep. (vgl. *παφλάζω*) vom Meere: schlimm aufwallend, stürmisch.
δύσ-πεπτος, 2. (*πέσσω*), schwer verdaulich.
δυσ-πέρατος, 2. (*περάω*), poet. u. sp. schwer hinzubringen.
δυσ-πετής, 2., Adv. ion. **-έως,** poet. **-ῶς** (*πίπτω πεσεῖν*), schwer fallend, schwierig, schwer, mit Mühe, mit Inf. [daulichkeit.
δυσ-πεψία, ἡ (*πέσσω*), schwere Verdauung, Unver-
δύσ-πημα, *ατος*, *τό*, übles Unheil, zw. LA., vermutl. *δυσπήμαντ'* unheilvoll.
δυσ-πῑνής, 2. (*πῖνος*), poet. sehr schmutzig.
δυσ-πίστως, Adv., *ἔχειν* schwer glauben, ungläubig sein.
δύσ-πλᾰνος, 2. poet. unglücklich umherirrend.
δύσ-πνους, zsgz. aus *οος*, 2. poet. heftig wehend, schwer atmend, keuchend.
δυσ-πολέμητος, 2. (*πολεμέω*), schwer zu bekriegen.
δυσ-πόλεμος, 2. poet. unglücklich im Kriege.
δυσ-πολιόρκητος, 2. schwer zu belagern od. einzunehmen.
δυσ-πονέος, metapl. Gen. zu *δύσπονος*, 2. ep. u. poet. (*πονέω*), mühselig.
δυσ-πόνητος, 2 poet. **1)** schwer zu erwerben. **2)** Mühsal bringend.
δυσ-πόρευτος, 2. schwer zu bereisen od. zu betreten, unwegsam, *τινί* für etwas. [Durchgang.
δυσπορία, ἡ (-*ρος*), schwieriger Weg, schwieriger
δυσ-πόριστος, 2. sp. schwer zu beschaffen, *τὸ δ.* die Schwierigkeit etwas anzuschaffen.
δύσ-πορος, 2. schwer zu passieren, unwegsam, unzugänglich, schwierig.
δύσ-ποτμος, 2., Adv. **-ότμως,** poet. u. sp. unglücklich; unheilvoll.
δύσ-ποτος, 2. poet. widrig zu trinken.
δυσπρᾱγέω (*δυσ-πραγής*), poet. u. sp. unglücklich sein. Dazu
δυσπραξία, ἡ, mißratenes Werk, überh. Plur. Mißgeschick, *πρὸς θεῶν* göttergesandtes.
δυσ-πρεπής, 2. poet. unschicklich.
δυσ-πρόσβατος, 2. (*προσβαίνω*), schwer zugänglich.
δυσ-πρόσιτος, 2 poet. (*εἶμι*), schwer zugänglich, unfreundlich.
δυσ-πρόσμαχος, 2. sp. schwer zu bekämpfen.
δυσ-πρόσοδος, 2. schwer zugänglich; *ἐχρέμπτετό τι δυσπρόσοδον* er räusperte sich abstoßend, widerlich. [lich, unfreundlich.
δυσ-πρόσοιστος, 2. poet. (*προσφέρομαι*), unzugäng-
δυσ-πρόσοπτος, 2. poet. u. sp. widrig anzuschauen, grauenvoll, insofern der Anblick Unglück bedeutet.
δυσ-προσπέλαστος, 2. sp. = *δυσπρόσβατος*.
δυσ-πρόσωπος, 2. sp. von widrigem Ansehen.
δυσ-ρᾰγής, *ές*, sp. (*ῥαγῆναι*), zäh, geschmeidig.
δύσ-ρῑγος, 2. ion. sehr frostig, sehr empfindlich gegen die Kälte.
δυσσέβεια, ἡ, poet. auch *δυσσεβία*, Gottlosigkeit, Ruchlosigkeit, mit Gen. *παντὸς ἔργου* d. h. jedes gottlose Werk, im bes. *τὴν δυσσέβειαν ἐκτησάμην* den Vorwurf der Gottlosigkeit.
δυσσεβέω, poet. ion. gottlos handeln, gottlos sein.
δυσ-σεβής, 2. (*σέβομαι*), poet. gottlos, gottvergessen, ruchlos.
δύσ-σοος, 2. (vgl *σῶς*), buk. heillos.
δυσ-σύνετος, 2. unverständlich. [unglücklich.
δυσ-τάλᾱς, *αινα*, *ἀν*, Gen. *ἀνος*, poet. höchst elend,
δύστᾱνος, 2. dor. poet. = *δύστηνος*. [dunkel.
δυσ-τέκμαρτος, 2. poet. u. sp. schwer zu erkennen,
δύσ-τεκνος, 2. poet. unglücklich mit Kindern.
δυσ-τερπής, 2. poet sehr betrübend.
δύστηνος, 2. (aus *δύσ-στηνος*, zu *στῆναι*, schlimm stehend), meist ep. u. poet. **1)** unglücklich, jammervoll, elend. **b)** unselig, Göttern und Menschen verhaßt, abscheulich.
δυσ-τήρητος, 2. sp. schwer zu bewachen.
δυσ-τιμάω, mißachten (Konjekt. Aesch. Sept. 1047).
δύσ-τλητος, 2. (*τλῆναι*), poet. schwer zu dulden.
δυστοκέω (*δύσ-τοκος*), schwer gebären.
δυστομέω (*δύ-στομος*), poet. lästern, *τινά τι* jmdn. in etwas. [voll.
δύ-στονος, 2. poet. schwer zu beklagen, jammer-
δυσ-τόπαστος, 2. poet. u. sp. schwer zu erraten od. zu erkennen. [nießend.
δυσ-τράπεζος, 2. poet. scheußliche Speisen ge-
δυσ-τράπελος, 2. poet. u. sp. (*τρέπω*) u. **δύσ-τροπος,** 2. (*τρόπος*), sehr schwer zu wenden, verstockt, störrig, eigensinnig.
δυστυχέω, Unglück, Mißgeschick haben, im Nachteil sein, eine Niederlage erleiden, fehlschlagen; überh. das zu erwartende nicht erlangen: *τύμβος δυστυχῶν* das keine Spenden erhält, *γένος δυστυχεῖ* das keine Kinder bekommt.
δυστύχημα, *τό*, Unfall, Mißgeschick, *τινός*

mit etwas, insbes. euphem. **a)** körperliches Gebrechen. **b)** Niederlage.

δυσ-τῠχής, 2. (τύχη), Adv. **-ῶς,** unglücklich, unglückselig, unheilvoll, ὁ δ. δαίμων der Unglücksdämon, κωκυτός ein klägliches u. deshalb ein Unglück anzeigendes Jammern. Subst. οἱ δυστυχεῖς, **a)** Unglückliche. **b)** mißratene Tröpfe; τἀμὰ δυστυχῆ mein unglückliches Schicksal.

δυστυχία, ἡ, Mißgeschick, Unglück, auch im Plur. δ. τοῦ πάθους das unglückliche Ende, ἐς τοῦτο δυστυχίας ἀφικέσθαι in dies Übermaß des Unglücks geraten; im bes. unglücklicher Schlag, Niederlage.

δύσ-φᾰτος, 2. poet. schrecklich, unheilvoll.

δυσφημέω (-μος), poet. u. sp. **1)** Worte von böser Vorbedeutung sprechen, wehklagen, abs. u. τινά um jmdn. **2)** schmähen, lästern.

δυσφημία, ἡ, poet. u. sp. **1)** Worte von übler Vorbedeutung, unheilvolle Reden, Unglücksprophezeiung, ἄγριαι δυσφημίαι wilde Mißtöne, Wehklagen. **2)** sp. die Schmährede. [lich.

δύσ-φημος, 2. von böser Vorbedeutung, lästerlich.

δυσ-φιλής, 2. (φιλέω), poet. übel beliebt, verhaßt.

δυσ-φορέω, Impf. ἐδυσφόρουν (δύσφορος), **1)** unerträglich finden, unwillig, in Trauer sein, abs. od. τινά od. τινί od. ἐπί τινι über etwas. **2)** sp. sich übel befinden.

δυσ-φόρμιγξ, ιγγος, ὁ, ἡ, poet. mißtönend, δ. ἄτη unter Klaggeschrei erfolgte Ermordung.

I. **δύσ-φορος,** 2. (φέρω), schwer zu tragen, **a)** schwer an Last, lastvoll. **b)** unerträglich, beschwerlich, lästig, übermannend. Subst. τὰ δ. das schwer lastende Unglück, die schweren Schicksalsschläge, u. als Folge davon der Jammer. Adv. **-όρως,** τὰ ἐν σοὶ δυσφόρως ἔχοντα was dich im Herzen drückt; δ. ἄγειν τι über etw. schwer zürnen.

II. **δυσ-φόρος,** 2. *male ferens*, irreführend, γνῶμαι Wahnbilder.

δυσφρόνη, ἡ, ep. = **δυσ-φροσύνη,** ἡ, ep. u. poet. Kummer, Sorge. Von

δύσ-φρων, 2., Adv. **-φρόνως** (φρήν), poet. **1)** kummervoll, traurig. **2)** übelwollend, feindlich, δ. ἰός die Mißgunst. **3)** übel beraten, unbesonnen, töricht.

δυσ-φύλακτος, 2. (φυλάσσω), **1)** sp. schwer zu hüten, bewahren. **2)** poet. u. sp. schwer zu verhüten, wovor man sich nur schwer hüten kann.

δυσ-χείμερος, 2. (χεῖμα), nicht in att. Pr., einen harten Winter, viele Unwetter habend, sehr winterlich, unwirtlich, stürmisch.

δυσ-χείρωμα, τό, poet. ein schweres Stück Arbeit, τινί für jmdn.; od.: der schwer zu bewältigende Anprall, das unwiderstehliche Anstürmen, τινός.

δυσ-χείρωτος, 2. (χειρόομαι), schwer zu besiegen, zu bezwingen.

δυσχεραίνω (δυσχερής), Fut. δυσχερᾰνῶ, augment. ἐδυσχερ. **1) a)** Akt. unwillig, unzufrieden, erbittert, **zornig sein** od. werden, α) τινί auf, od. ἐπί τινι über etwas, auch ἔκ u. ὑπό τινος von etwas, πρός τι gegen etwas eingenommen sein, β) τινά τι ποιοῦντα mißbilligen, daß er; τί unwillig zurückweisen, verwerfen, **b)** Pass. gehaßt werden. **2)** Unwillen erregen, **entrüsten,** abs. od. ἐν τοῖς λόγοις in den Worten schikanieren, pedantisch sein Plat. Gorg.

δυσχέρεια, ἡ, **1)** Schwierigkeit, Mühe, Unbequemlichkeit, Widerwärtigkeit. **2)** Ekel, Überdruß.

δυσ-χερής, 2. (χείρ), eigentl. schwer zu handhaben, dah. schwierig, beschwerlich, widrig, unangenehm, peinlich, verfänglich (Plat. Prot 333 D), von böser Vorbedeutung (Dem. 18, 3); δυσχερές τι ποιεῖσθαι, εἰ etwas Mißliches darin finden, wenn. Subst. τὰ δυσχερῆ Schwierigkeiten. Adv. **δυσχερῶς,** **a)** mißmutig, ungern, ἔχω πρός τι mir ist etwas zuwider. **b)** mühsam, schwierig. [schrecklich.

δύσ-χῖμος, 2. (χεῖμα), poet schauerlich, widrig,

δυσχλαινία, ἡ, poet. schlechte Kleidung.

δύσ-χορτος, 2. poet. eigentl. wo es kein Futter gibt, dah. unwirtlich.

δυσχρήστημα, τό, u. **δυσχρηστία,** ἡ, sp. Schwierigkeit, Unbequemlichkeit; Verlegenheit. Von

δύσ-χρηστος, 2., Adv. **-ήστως** (χράομαι), schwer zu gebrauchen, unbrauchbar, unnütz, ἵππος schwer zu lenken.

δυσχωρία, ἡ (χῶρος), schwierige Örtlichkeit, schlimme Gegend, ungünstiges Gelände. Nachteil der Lage.

δυσ-ώδης, ῶδες (ὄζω), übelriechend, stinkend. Dav.

δυσ-ωδία, ἡ, übler Geruch, Gestank.

δυσ-ώνυμος, 2 ep. u. poet. mit bösem oder unglücklichem Namen, übelbenannt. Soph. Aj. 944, dann überh. verhaßt, grauenvoll, λέκτρα.

δυσωπέω (ὤψ), **1)** einen üblen Anblick bieten, das Auge beleidigen. **2)** Akt. **a)** veranlassen, daß jemand ein böses Gesicht macht: beschämen (durch Bitten erweichen), scheuen. **b)** Med. ein böses Gesicht machen, sich fürchten, sich scheuen, befangen sein.

δυσωπία, ἡ, sp. Schamhaftigkeit, Scham, Scheu.

δυσωρέω, ep. (ὥρα, ὁράω), eine schlimme Nachtwache haben (von Hunden), περί τινα.

δύτης, ου, ὁ (δύω), ion. Taucher.

δύω (im Präs. u. Impf. att. ῡ, ep. ῠ) • **I) Akt.** u. Pass. (im Simplex selten, häufig in Kompp.), **eintauchen** • **1)** gew. trans. (Perf. δέδῡκα nur in ἀποδέδῡκα Xen. An. 5, 8, 23) • **a) senken,** versenken, ναῦν, ὅπλα • **b) einhüllen,** anziehen, χιτῶνας, τὰ ὅπλα, τινά einem • **2)** intr. (sehr selten, nur δύων Hom. Il. 21, 232, Od. 5, 272, u. δύεν Bion 9, 6) **untergehen,** „zur Rüste gehen".

II) Med. δύομαι, sich eintauchen, untertauchen • **1)** selten trans. (Fut. δύσομαι, Aor. ἐδῡσάμην u. ep. ἐδύσετο), sich (*sibi*) anlegen, **anziehen,** πέπλον, ὅπλα (vgl. 2, b); gewöhnl. • **2)** intr., dazu die ep. ion. Nbf. **δύνω** für Präs. u. Impf., ferner episch Aor. ind. 3. sg. δῦ, iterat. δύσκε, conj. δύω, -ῃς, -ῃ, opt. δυίη, δυῖμεν u. δύῃ, δῦμεν, inf. δύμεναι, u. ein Aor. mixtus ind. (ἐ)δύσετο, imper. δύσεο, part. δυσόμενος Od. 1, 24, sowie buk. Perf. inf. δεδῡκεῖν • **a) sich versenken,** eindringen, tauchen, versinken, mit Akk., γαῖαν unter die Erde, d. i. sterben, auch mit dopp. Akk. des Teils und des Ganzen, κραδίην Ὀδυσῆα, od. ἁρμὸν πρὸς στόμιον in einen Spalt bis zum eigentlichen Eingang hineindringen. Auch mit Praepp. ἐς, ὑπό, κατά τι und τινος • **b)** im bes. *induo*, von Kleidern, Waffen, scheinbar trans. **sich** (*sibi*) **anlegen,**

anziehen, doch auch ἔν τινι, während Od. 22, 201 ἐς τεύχεα besser als Tmesis gefaßt wird, dabei τινί um etwas anlegen, ähnl. wie περί, ἀμφί τινι. Übertr. ἀλκήν sich mit Stärke gürten • **c)** von der Sonne und den Gestirnen: **untergehen,** poet. auch übertr. zugrunde gehen.

δύω, s. δύο. **δυώ-δεκα,** s. δώδεκα.

δυωδεκά-βοιος, 2. (βοῦς), ep. zwölf Rinder wert.

δυωδεκά-πολις, ι, Gen. ιος, ion. Ἴωνες, die Ionier der zwölf Städte d. h. des Zwölfstädtebundes in [Kleinasien.

δυωδέκατος, s. δωδέκατος.

δυωκαιεικοσί-μετρος, 2. ep. zweiundzwanzig Maß haltend. [lang.

δυωκαιεικοσί-πηχυς, υ, ep. zweiundzwanzig Ellen

δῶ, τό, nur Nom. u. Akk., ep. = **δῶμα,** Haus, oder Ortsadverb, gegen, vgl. lat. *en-do*, ahd. *zuo*.

δώ-δεκα, οἱ, αἱ, τά, entst. aus der älteren Form **δυώδεκα,** ep. auch **δυοκαίδεκα,** Num. indecl. zwölf, *duodecim*.

δωδεκά-γναμπτος, 2. poet. zwölfmal umfahren.

δωδεκάδ-αρχος u. **δωδέκ-αρχος** (alte LA. δωδεκαδ-άρχης), ὁ, Anführer von 10 Mann od. einer Dekade im persischen Heere, die zwei πεμπάδες d. h. 10 gemeine Soldaten und, ihn mit gerechnet, zwei Offiziere zählte. Zwei solcher Dekaden bildeten einen λόχος.

δωδεκά-δραχμος, 2. zwölf Drachmen kostend.

δωδεκα-πλάσιος, 3. sp. zwölffach.

δωδεκά-πηχυς, 2. zwölf Ellen lang.

δωδεκά-σκαλμος, 2. sp. zwölfrudrig, τὸ μέγεθος seiner Größe nach. [stehend, Ball.

δωδεκά-σκυτος, 2. aus zwölf Lederstücken be-

δωδεκα-στάδιος, 2. sp. zwölf Stadien lang.

δωδεκαταῖος, 3. mit od. seit dem zwölften Tage.

δωδέκατος u. poet. **δυοδέκατος,** 3. der zwölfte, τῇ δωδεκάτῃ, verst. ἡμέρᾳ, am zwölften, ἐν μηνί od. auch μηνός eines Monats.

δωδεκά-φυλον, τό, N. T. die zwölf Stämme Israels.

δωδεκέτης, ους, sp. zwölfjährig.

Δωδώνη, ἡ, uralter Orakelsitz des Zeus in Thesprotien, südöstl. von Janina, über dem Fl. Δώδων. Die Orakel wurden hier entweder nach dem Rauschen der heiligen Eiche od. nach dem Fluge der heiligen Taube erteilt. Lokativ **Δωδῶνι** = zu Dodone. Davon **Δωδωναῖος,** 3. Bein. des Zeus, Stammgott des Aiakidenhauses; Fem. **Δωδωνίς,** [ίδος.

δώλη u. **δῶλος,** dor. f. δούλη, δοῦλος.

δῶμα, τό (δέμω, *dŏmus*), Gebäude; **1)** Haus Wohnung. **a)** der Götter: Tempel, Hades. **b)** der Menschen. Sg. einzelnes Gemach, bes. μέγαρον, sonst wie *aedes* meist Plur. **2)** übertr. Geschlecht, Familie, δῶμα Καδμεῖον = Theben.

δωμάτιον, τό, Dem. v. δῶμα, **1)** ein kleiner Tempel, Kapelle, mit beigef. μικρόν. **2)** Gemach, bes. inneres Gemach, Schlafgemach.

δωματῖτις, ιδος, ἡ, poet. Fem. zu δωματίτης, häuslich.

δωματόομαι, poet. mit Häusern versehen werden.

δωμάω, poet. bauen, errichten.

δῶναξ, ὁ, buk. (s. δόναξ), Hirtenpfeife.

δωρεά, älter **δωρειά,** ion. **-εή,** ἡ (δίδωμι, lat. *dōnum*), Gabe, Geschenk, Schenkung, bes. Gastgeschenk, Ehrengeschenk, Weihgeschenk, Opfer, Gefälligkeit, Vorteil, Ehre, δωρεάν als Adv. geschenkweise, umsonst.

δωρέω, selten, ep. u. poet., gewöhnl.

δωρέομαι (δῶρον), Dep. med. mit Aor. ἐδωρησάμην (in pass. Bed. ἐδωρήθην), Perf. δεδώρημαι (act. u. pass.), *donare*, **1)** schenken, verschenken, verleihen, gewähren, τί etwas, u. τινί jmdm., dah. τινὶ τὰ παρ' ἑαυτοῦ an jmdn. seine Gunst verschenken; aber auch τινά jmdn. beschenken, ausstatten, u. τινί mit etwas. **2)** Pass. (ἐδωρήθην) beschenkt werden, παρά τινος von jmdm., geschenkt werden, τινί jmdm. Dav.

δώρημα, τό, poet. u. ion. = δωρεά, Geschenk, τινί an jmdn., τῆς ξυνουσίας Vorteil des Aufenthalts; τὸ σὸν δ. das Geschenk von dir; auch im Plur. von einem Geschenk.

δωρητός, 3. u. 2. **1)** ep. beschenkbar, durch Geschenke versöhnbar. **2)** poet. u. sp. geschenkt, zum Geschenk gegeben.

δωριάζω, poet. sich dorisch gebärden in Kleidung und Sprache, **a)** sehr einfach gekleidet gehen. **b)** dorisch sprechen.

Δωριεύς, έως, ὁ, **1)** S. des spartan. Königs Anaxandridas, Bruder des K. Kleomenes, Leonidas I. u. Kleombrotos, der, aus Sparta ausgewandert, in Sizilien fiel. **2)** Sohn des Diagoras aus Rhodos, Sieger in den Olympien, Isthmien, Pythien und Nemeen, kämpfte im peloponnes. Kriege auf spartan. Seite. **3)** οἱ Δωριεῖς, s. Δωρίς.

δωρίζω, buk. u. sp. in dorischer Mundart sprechen.

Δωρίς, ίδος, ἡ, eigentl. Fem., dorisch, νᾶσος Πέλοπος d. i. der Peloponnes. Als Subst. **1)** verst. γυνή, die Dorierin. **2)** verst. γῆ, die Landschaft Doris in Hellas, auch Name einer Nereïde. Dag. **Δώριον,** τό, Ort im Gebiet Nestors, οἱ **Δωριεές, Δωριῆς, Δωριεῖς,** die Dorier, ein Hauptstamm der Hellenen, Nachkommen des **Δῶρος,** eines Sohnes v. Hellen u. Enkels des Deukalion, auch Name der Metropolis der Dorier in Doris. Dav. Adj. **Δωρικός** u. **Δωριακός,** 3. u. **Δώριος,** 3. u. 2. dorisch.

δωρίσδω, äol. buk. = δωρίζω.

Δωριστί, Adv. auf dorisch, **a)** in dorischer Tonart, welche auch Δώριος νόμος hieß, d. i. die ernste, einfache dorische; sie war die tiefste u. wird auf den Thraker Thamyris zurückgeführt. **b)** nach dorischer Sitte, d. i. fromm.

δωροδοκέω (-δόκος), **1)** Geschenke annehmen; bes. als Bestechung, sich bestechen lassen. ἐπὶ τοῖς ὑμετέροις euch zum Schaden. **2)** sp. bestechen, τινά, auch pass. Dav. [chung.

δωροδόκημα, τό, genommenes Geschenk, Beste-

δωροδοκηστί, poet. Adv. nach Art, in der (Ton)art der Bestechlichkeit.

δωροδοκία, ἡ, **1)** Annahme eines Geschenks, dah. Bestechlichkeit. **2)** Bestechung, auch im Plur. Von

δωρο-δόκος, 2. (δέχομαι), Geschenk-annehmend, bestechlich, feil.

I. **δῶρον,** τό (δίδωμι), = δωρεά Geschenk, δώρων δίκη od. δίωξις Prozeß wegen Bestechung.

II. **δῶρον,** τό, Handbreite (vgl. ἐκκαιδεκάδωρος).

δωρο-ξενίας δίκη, ἡ, Klage wegen Bestechung der Richter in einer γραφὴ ξενίας (s. ξενία, 2).

Δῶρος, **1)** s. u. Δωρίς. **2)** sonst. Eigenn.

δωρο-φάγος, 2. ep. u. sp. Geschenke fressend, danach begierig.
δωροφορέω, ein δωρο-φόρος sein, d. i. Geschenke od. Gaben darbringen, buk. = δωρέομαι.
δωρύττομαι, buk. = δωρέομαι.
Δωρώ, οῦς, ἡ, Spenderin; poet. Göttin der Bestechung und der Sykophanten. [Gabe.
δώς, ἡ (nur im Nom.), ep. *dōs*, das Geben; die
δωσίδικος, 2. (δίκη), ion. sp. sich der Gerechtigkeit übergebend, dem Rechte sich unterwerfend, d. h. sich nicht selbst helfend.
δωτήρ, ῆρος, ὁ, ep., **δώτης,** ου, ὁ, ep. (δίδωμι), lat. *dator*, der Geber, Verleiher, Spender.
δωτινάζω, ion. Gaben, Beisteuern sammeln.
δωτίνη, ἡ (δίδωμι), ep. u. ion. = δωρεά, Geschenk; oft als Appos. δωτίνην δοῦναί τι etwas als Geschenk, zum Geschenk geben.
δώτωρ, ορος, ὁ, ep. poet. u. sp. = δωτήρ.

E.

E, ἒ ψῑλόν, der fünfte Buchstabe des griech. Alphabets, ει genannt u. früher, vor 400, auch für η u. das aus Kontraktion od. Ersatzdehnung entstandene ει geschrieben; als Zahlzeichen = 5.
ἐ protheticum (vgl. ἀ protheticum) findet sich als rein lautlicher Vorschlag vor ρ u. λ z. B. in ἐλαχύς, ἐλεύθερος, ἐρείπω, ἐρεύγομαι, ἐρυθρός, u. vor Digamma in ἔεδνα, ἐεισάμενος, ἐείκοσι, ἐέλδωρ, ἐέργω, ἐέρση u. a.
ἔ, stets verdopp. ἒ ἔ, Ausruf des Schmerzes od. Mitleids, weh, weh! ei, ei!
ἕ, 1) aus σϝε, lat. *se*, enkl. Acc. sing. pron. refl. 3. pers., s. οὗ. **2)** Acc. sing. m. f. n. pron. pers. 3. pers. = *eum, eam (eas), id.*
I. **ἔᾱ,** Imp. praes. = ἔαε, poet. Impf. = εἴα.
II. **ἔᾱ,** Ausruf des Staunens od. des Unwillens, ha! oh! ach! Auch verdoppelt.
III. **ἔα,** elid. ἔ', ep. u. ion. st. ἦν, s. εἰμί.
ἐάμπου u. ähnl., inschriftlich = ἐάν που u. a.
ἐάν (aus ἐ̄άν, εἰ, ἄν), auch ἤν u. ἄν [ᾱ], mit καί in Krasis κἄν geschrieben, mit dem Konj. **1)** In indirekten Fragen, **ob. 2)** In Bedingungssätzen. **a)** in einfachen, **wenn**, im Fall daß, wofern. **b)** in zweigliedrigen, ἐάν τε — ἐάν τε = *sive — sive*, ἐάν τε — καί sei es, daß — sei es, entweder — oder. **3)** Im N. T. nach Relativen st. ἄν, z. B. ὅπου ἐάν.
ἑᾱνός, 3. von Gewändern und andrer Bekleidung gesagt. Bedeutung unsicher, viell. glänzend, prächtig.
ἑᾰνός, οῦ, ὁ, einmal εἱανός (ϝεσανος, ἕννυμι), ep. poet. Frauenkleid, *vestis.*
ἐάν-περ, wenn anders, wenn überhaupt; vgl. εἴπερ.
I. **ἔαρ,** ἔᾱρος (eigtl. ϝεσαρ, dor. ϝῆρ, lat. *vēr*), zsgz. att. ἦρος, ἦρι, ep **εἶαρ,** τό, der Frühling, das Frühjahr; ἅμα τῷ ἦρι mit Frühlingsanfang.
II. **ἔαρ,** τό, Blut.
ἐαρι-δρεπτος, 2. (I. ἔαρ u. δρέπω), poet. im Frühling gepflückt.
ἐαρίζω, den Frühling zubringen.
ἐαρινός, ep. **εἰᾰρινός,** 3. zum Frühling gehörig, des Frühlings, ἐαρ. πυλαία die Frühlingsversammlung der Amphiktyonen. [triefend.
ἐαρο-σταγής, 2. (II. ἔαρ u. στάζω), poet. blut-
ἐαρο-τρεφής, 2. buk. vom Frühling genährt.
ἔας, ἔατε, ἔασι, s. εἰμί.
ἑαυτοῦ, ῆς, οῦ, ion. **ἑωυτοῦ,** zsgz. **αὑτοῦ** (ἕο αὐτοῦ) usf., Pron. refl. der dritten Person, **seiner selbst,** ihrer (selbst) usf.; indirekt reflexiv entspricht es unserm Personalpron. der dritten Person. Noch häufiger vertreten diese Gen. das reflex. Pron. possess. der dritten Pers., *suus.* Bemerkenswert ist der Gebrauch beim Superl., Kompar. und den diesem gleichen Worten, wie διπλήσιος: ἄριστα αὐτὴ ἑωυτῆς das im Vergleich mit sich selbst ergiebigste, das allerergiebigste, αὐτὸς ἑωυτοῦ ῥέει πολλῷ ὑποδεέστερος im Vergleich zu sich selbst, d. h. zu seinem normalen Wasserstande. Mit αὐτός *ipse,* αὐτὸς τὸν ἑαυτοῦ u. τὸν αὐτὸς ἑαυτοῦ *suum ipse* u. ä. wird die ausschließende Kraft noch verstärkt; wenn αὐτοῦ, ὧν st. ἑαυτοῦ, ὧν steht, ist ein ausdrücklicher Gegensatz beigesetzt: ναυσὶν αὐτῶν τε καὶ τῶν συμμάχων; anderseits kann bei Trag. αὐτός im Nom. mit folg. Cass. obliq. αὑτοῦ usf. (= pron. reflex.) gebraucht werden • Besondere Redensarten: ἐν ἑαυτῷ γίγνεσθαι in sich gehen, ἐφ' ἑαυτοῦ εἶναι seiner mächtig sein, ἐν ἑαυτοῖς ἔχειν bei sich denken, τοὺς ἑαυτοῦ seine Leute, τὰ αὑτῶν das Ihre, auch ihre Geschäfte, ihre Wohnsitze usw., aber τὸ αὑτοῦ heißt auch der Fall mit ihm, u. τὰ αὑτοῦ sein Ursprung, Abstammung, τὸν ἑαυτῆς ihr (künftiger) Gatte, τὸ καθ' ἑαυτόν abgesondert, für sich, ἀφ' ἑαυτοῦ von freien Stücken, καθ' αὑτό für sich, allein.

Beim Artikel, wo es das eigene ausdrückt, bei Präpos. u. auch sonst stehen ἑαυτοῦ usf. (bes. später) nicht selten auch bei der zweiten u. ersten Person statt σεαυτοῦ u. ἐμαυτοῦ usw.
ἐάφθη, ep., 3. sing. aor. 1. pass. stürzte nach.
ἐάω (Wz. σεϝα), att. Impf. εἴων, Fut. ἐάσω, Aor. εἴᾱσα usf., Fut. ἐάσομαι in pass. Bdtg., Adj. verb. ἐατέον, episch Präs. auch **εἰάω,** 3. sg. ἐάεις, -άᾳς, ἐάει, -ᾶᾳ u. ἐᾷ (auch einsilbig), Konj. εἰῶ, ἐάῃς, -άᾳς, ἐᾷ, 1. pl. εἰῶμεν u. ἐῶμεν (auch zweisilbig), imper. ἔα auch einsilbig, Imperf. εἴων, 3. sg. εἴα u. ἔα, iter. ἐάεσκον, εἴασκον, u. ἔασκον, Fut. 3. pl. ἐάσουσιν dreisilbig, Aor. εἴασα u. ἔασα, ion. Impf. nur ἔων, ἔα, **lassen • 1)** zulassen, **gestatten,** abs. od. mit A. c. I., mit dopp. Akk. Soph. Ant. 538; mit Negat. οὐκ ἐᾶν hindern, verbieten, abraten, mit Inf.; Pass. οὐκ ἐῶμαι es wird mir verwehrt • **2) in Ruhe lassen,** gehen lassen, fahren lassen, stehen-, laufen lassen, aufgeben, unversehrt, unbeachtet lassen, im Stich lassen, vergessen Il. 19, 65; ἔα χαίρειν sage Valet, vergiß, od. Adj., z. B. unvergolten (ἀχάριστον) lassen, τί. Auch abs. wie unser „laß es! laß es gut sein!"; von etwas od. jmdm. absehen, τί od. τινά. • **3) unterlassen,** aufhören, übergehen, abs. od. τί u. Inf.
ἐάων u. **ἑάων,** s. ἐΰς.

ἑβδομ-αγέτης, ου, ὁ, poet., Beiw. des Apollo, d. i. am siebenten Tage gefeiert. [leidend.
ἑβδομαῖος, 3. am siebenten Tage etwas tuend od.
ἑβδομάς, άδος, ἡ, poet. **1)** Anzahl von sieben, z. B. Tagen od. Jahren. **2)** sp. die siebentägige Woche
ἑβδόματος, 3. ep. = ἕβδομος.
ἑβδομήκοντα, Num. indecl., siebzig. οἱ ἑβδ. Septuaginta, die (72) gelehrten Juden, welche auf Befehl des Ptolemaios Philadelphos das alte Testament übersetzt haben sollen.
ἑβδομηκοντάκις, Adv., sp. N. T. siebzigmal.
ἑβδομηκοντ-οῦτις, ιδος, ἡ, Fem. z. ἑβδομηκοντούτης, ους, sp. siebzigjährig.
ἕβδομος, 3. (ἑπτά), der siebente, ἑβδ. ἡμέρα u. nur ἡ ἑβδόμη, der 7te Tag im Mondmonat (*nonae*), τὸ ἕβδομον das siebente Mal.
ἔβενος, ἡ (ägypt. Lehnwort), Ebenbaum, Ebenholz.
Ἑβραῖος, Hebräer, u. Adj., auch Ἑβραϊκός, Fem. Ἑβραΐς; **ἑβραϊστί** auf hebräisch. N. T.
Ἕβρος, ου, ὁ, Hauptfluß Thrakiens, j. *Maritza.*
ἔγ-γαιος, 2. u. 3. poet. (γῆ) = ἔγγειος.
ἐγ-γείνασθαι, nur Konj. 3. pl. ἐγγείνωνται, trans. darin erzeugen, legen, s. ἐγγίγνομαι, 4.
ἔγ-γειος, 2. **1)** auf-, in der Erde befindlich. **2)** innerhalb der Landesgrenzen, im Lande befindlich. **3)** aus Land bestehend, **κτῆσις** ἔγγειος Landbesitz, Grundstück. **4)** auf Grundstücken zinstragend, τόκοι Landzinsen.
ἐγγελαστής, οῦ, ὁ, poet. Spötter. Von
ἐγ-γελάω, poet. u. sp. anlachen, spotten, verspotten, τινί u. κατά τινος.
ἐγ-γενής, 2., Adv. **-ῶς, 1)** (ἐγγίγνομαι), **a)** eingeboren, einheimisch, θεοί die Landesgottheiten. **b)** poet. u. sp. angeboren. Adv. in angestammter Treue. **2)** (γένος), poet. u. sp. zum Geschlecht gehörig, geschlechtsverwandt, Soph. OR. 1506 als Appos. zu σφέ; **τἀγγενῆ** κακά die Leiden des eignen Hauses. [jmdm. einpflanzen.
ἐγ-γεννάω, sp. darin hervorbringen, erzeugen, τινί
ἐγγήρᾱμα, τό, sp. Beschäftigung des Alters. Von
ἐγ-γηράσκω, Fut. -άσομαι, dabei alt werden, dabei einrosten.
ἐγ-γίγνομαι u. sp. **ἐγγίνομαι** [ῐ], ep. Perf. 3. pl. ἐγγεγάᾱσιν. **1)** darin geboren werden, **enstehen,** eingepflanzt, eingeflößt werden, sich ereignen, zuteil werden, Perf. darin sein, leben od. wohnen. Übertr. **λήθη τινὸς ἐγγίγνεταί τινι** es kommt etwas bei ihm in Vergessenheit Xen. **2)** hinein od. dazwischen kommen, dazwischen sein, dazwischen verfließen, χρόνου ἐγ. nachdem Zeit verflossen war Hdt. **3)** unpers. **ἐγγίγνεται,** abs. od. **τινί,** mit Inf. od. A. c. I., es geht an, es ist möglich od. erlaubt, es wird Gelegenheit geboten, ἐγγενόμενον da es (ihm) möglich war. **4)** trans. nur im Aor. 1. ἐνεγεινάμην, s. ἐγγείνασθαι.
ἐγγίζω (ἐγγύς), sp. sich nähern.
ἔγγιον, sp. Kompar., u. **ἔγγιστα** u. Adj. **ἔγγιστος,** Superl. zu ἐγγύς, s. d.
ἐγ-γλύσσω (γλυκύς), ion. süßlich sein.
ἐγ-γλύφω, Aor. -έγλυψα, einschneiden, eingraben, abs. od. ἔν τινι. [abdreschen.
ἐγγλωττο-τυπέω, poet. mit der Zunge schlagen,
ἐγ-γνάμπτω, ep. u. in tmesi, einbiegen, s. γνάμπτω.
ἔγ-γονος, 2. **1)** Geschlechtsanverwandter, τινός, z. B. Enkel, Nichte, Plut. Per. 3. **2)** überh. Nachkomme. [in die Listen.
ἐγ-γραφή, ἡ (ἐγ-γράφω), Einschreibung, Eintragung
ἔγ-γραφος, 2. (γράφω), meist sp. aufgeschrieben, schriftlich, ἔγγραφον ὁμολογεῖν schriftlich (nämlich im Testamente) einräumen.
ἐγ-γράφω, 1) eingraben, darauf zeichnen oder malen, übertr. einprägen. **2)** einschreiben, einzeichnen, in ein Verzeichnis eintragen, z. B. εἰς τοὺς ἀτίμους mit Atimie bestrafen; Lys. 30, 5 bei den Logisten seine Bereitschaft zur Rechenschaftsablage melden.
ἐγγυαλίζω, Fut. -ξω, Aor. 1. ἐγγυάλιξα (γύαλον), ep. u. poet. einhändigen, in die Hände legen, übergeben, verleihen, an die Hand geben, eingeben.
ἐγγυάω (ἐγγυή), Augm. **ἠγγύων** u. **ἐνεγύων,** Aor. ἠγγύησα, ἐνεγ., Perf. ἐγγύηκα u. ἐγγεγύηκα usf. • **1)** Akt. u. Pass. • **a)** eigtl. zum **Pfand geben, sich verbürgen.** Sprichw. ἐγγύα, **πάρα** δ' ἄτα verbürge dich, so hast du Schaden • **b)** vertraglich zur Ehe zusichern, **παῖδά τινι,** auch τὸν γάμον, verloben. Pass. ἐγγυῶμαί τινα ich werde mit einer verlobt, wogegen die Verlobte ἐγγεγυημένη τινί hieß • **2)** Med. • **a) sich verbürgen,** teils abs. Bürgschaften eingehen od. leisten, teils mit ἐγγύην, teils **πρός** τινα bei jmdm., u. **τινά** für jmdn., auch **τί,** z. B. **τὰ μέλλοντα** sich für die Zukunft verbürgen Dem., od. mit folg. Inf. fut. unter Bürgschaft versprechen, angeloben, daß usw. • **b) eine Bürgschaft annehmen;** δειλαὶ δειλῶν ἐγγύαι ἐγγυάασθαι B. für Taugenichtse taugen nichts • **c)** sich verloben, τινά mit jem. Von
ἐγγύη, ἡ (γύαλον), **1)** Einhändigung eines Pfandes, dann überh. Bürgschaft, Sicherheit. **2)** der Vertrag, durch welchen Eltern od. Vormünder dem Werbenden eine Tochter oder Mündel zur Ehe geben, Ehevertrag, Verlobung; τὴν ἐγγύην **ποιεῖσθαι** diesen Vertrag abschließen.
ἐγγυητής, οῦ, ὁ, Bürge.
ἐγγυητός, 3 (vertraglich) verlobt (s. ἐγγυάω).
ἐγγύθεν, Adv. (ἐγγύς), aus der Nähe, aber auch für unser: in der Nähe, nahe, ἐγγ. **εἶναι** in der Nähe sein, **1)** vom Orte, absol. ἐγγύθεν **παρεῖναι** nahe dabei sein, dag. τινί u. τινός bei einem. **2)** von der Zeit, nahe bevorstehend. **3)** nahe verwandt, εἶναί τινι.
ἐγγύθι, ep. u. poet. = ἐγγύς.
ἐγ-γυμνάζω, 1) Akt. sp. üben, τινά τινι. **2)** Med. sich in od. an etwas (τινί) üben; auch: unter einigen, τισί.
ἔγγυος, 2. Bürgschaft leistend, ὁ ἔ. Bürge; verbürgt.
ἐγγύς, Kompar. **ἐγγυτέρω** u. -ρον u. **ἔγγιον,** Superl. **ἐγγυτάτω,** ἐγγύτατα und ἔγγιστα u. sp. die Adj. **ἐγγύτερος** u. **ἔγγιστος, nahe,** u. zwar • **1)** vom Raume: **in der Nähe,** τινός, seltener τινί, ὁ ἐγγύς der benachbarte, τὰ ἐγγύς τινος die Umgegend, ἐς τὸ ἐγγυτέρω näher, auch übertr. αἱ ἐγγυτάτω ἡδοναί die zunächst liegenden Vergnügungen; ἐγγὺς γίγνεσθαι u. πελάζειν nahe kommen, τῇ γνώμῃ τοῦ **πάσχειν** sich im Geiste in die möglichste Nähe des Leidens versetzen, auch mit

bloßem Inf. ἐγγὺς ἐλθεῖν ἁλῶναι nahe daran sein, beinahe gefangen werden. Ähnl. ἐγγύτατα τῆς γνώμης ἔχεσθαι sich so nahe als möglich an den Sinn halten, θανάτου ἐγγυτάτω τοὔπος ἀφῖκται das Wort drängt zum Tode • 2) von der Zeit: **nahe bevorstehend,** bald, ἐγγὺς τῶν ἔργων frisch nach der Tat, δι' ἐγγυτάτου in größter Nähe (der Zeit) • 3) von der Beschaffenheit: **annähernd,** ähnlich, u. zwar τινός u. τινί, ἐγγύτατα δηλῶσαι auf das genaueste erklären, ἐγγὺς τείνειν τοῦ θανάτου dem Tode fast gleich sein, οὐδ' ἐγγύς auch nicht annähernd, nicht im entferntesten. Bei Zahlen fast u. ἐγγύτατα fast gerade, auch mit Gen. ἐγγὺς μυρίων nahe an 10000 • 4) von der Verwandtschaft: **nahe stehend,** verwandt.

ἐγ-γώνιος, 2. winkelrecht.

ἐγείρω (verw. lat. *ex-per-g[r]iscor*) • **1)** Akt. u. Pass., Fut. ἐγερῶ, Aor. act. ἤγειρα, pass. ἠγέρθην, Adj. verb. ἐγερτέον, ep. Aor. pass. 3. pl. ἔγερθεν st. -ησαν, u. N. T. Perf. pass. 3. sg. ἐγήγερται • **a) wecken,** erwecken, N. T. Kranke gesund machen; intr. ἔγειρ' wach auf Eur., N. T. • **b)** übertr. anregen, **veranlassen** πόλεμον; entzünden φλόγα; ermutigen, anfeuern; von Gebäuden: aufrichten • **2)** Med. u. Pass. **ἐγείρομαι,** mit Aor. med. ἠγρόμην, pass. ἠγέρθην, ep. Aor. med. ἐγρόμην, ἔγρετο, imper. ἔγρεο, inf. ἔγρεσθαι (-έσθαι), erwachen, **aufwachen** • **3)** Perf. **ἐγρήγορα,** Plqpf. ἐγρηγόρειν, dazu ep. ἐγρήγορθα, imper. 2. pl. ἐγρήγορθε, inf. ἐγρήγορθαι (-γόρθαι), mit Präsensbdtg. **wachen,** wach sein, nicht ruhen Aesch.; aufgeweckt sein: ἐγ. καὶ φρονεῖν Xen.

ἐγέρσιμος, 2. buk. erweckbar.

ἔγερσις, ἡ, sp. N. T. die Auferweckung.

ἐγερτί, Adv. poet. ermunternd, munter. Dazu

ἐγερτικός, 3. ermunternd.

Ἔγεστα, ἡ, St. *Segesta* im westlichen Sizilien. Der Einw. **Ἐγεσταῖος,** ὁ.

ἐγ-καθέζομαι sich (darin) festsetzen.

ἐγ-κάθετος, 2. angestellt, angestiftet; subst. Aufpasser.

ἐγ-καθεύδω, sp. darauf schlafen.

ἐγ-καθηβάω, poet. darin heranwachsen.

ἐγ-καθιδρύω, poet. u. sp. hinsetzen, aufstellen, τί etwas, τινί in etwas; ἐγκαθιδρυμένος τινί thronend auf.

ἐγ-καθίζω, ion. ἐγκατίζω, **1)** Akt daraufsetzen, εἴς τι. **2)** Med. **a)** intr. darauf sich setzen, sitzen, sich festsetzen. **b)** poet. darauf gründen, τί.

ἐγ-καθ-ίημι, sp. hineinschicken.

ἐγ-καθίστημι, 1) trans. hineinversetzen, als Besatzung hineinlegen, einsetzen, herstellen, einrichten. **2)** intr. -ίσταμαι, -στήσομαι, -έστην, -έστηκα, eingesetzt, angestellt sein, sich dabei befinden als Herrscher.

ἐγ-καθοράω sp. darin erblicken, einen od. etwas erkennen.

ἐγ-καθορμίζομαι, Med. in den Hafen einlaufen.

ἐγ-καθόρμισις, ἡ, sp. das Einlaufen in den Hafen.

ἐγ-καθυβρίζω, poet. in etwas schwelgen.

ἐγκαίνια, τά (καινός), N. T. die Tempelweihe, Fest, zum Andenken an die Reinigung und Wiedereinrichtung des durch Antiochus Epiphanes entweihten Tempels von Judas Makkabäus 165 v. Chr. eingesetzt und je im Dezember gefeiert. Dazu

ἐγκαινίζω, sp. N. T. erneuern, einweihen.

ἐγκαιρία, ἡ, die rechte Zeit, das Angemessene. Von

ἔγ-καιρος, 2. zur rechten Zeit, schicklich.

ἐγ-καίω (s. καίω), poet. u. sp. **a)** anzünden, πῦρ, *accendo.* **b)** einbrennen, im Pass. ἐγκαίομαί τι mir wird etwas eingebrannt.

ἐγ-κακέω, sp. u. N. T. müde, nachlässig werden (var.).

ἐγ-κᾰλέω, Fut. sp. -καλέσω, **zurufen** τινί τι bes. **1)** vorwerfen, schuld geben, beschuldigen, einen Vorwurf machen, tadeln. **2)** gerichtlich belangen, ἀδίκημά τινι einen wegen eines Vergehens Plat., δίκην τινί anklagen; abs. klagen. **3)** an eine Schuld mahnen, eine Schuld einfordern, einklagen, δραχμάς Isokr., μνᾶς Dem.

ἐγ-καλλωπίζομαι, Med., sp. mit etwas schön tun, sich brüsten, τινί vor jmdm. u. mit etwas. Dav.

ἐγκαλλώπισμα, τό, das, womit man sich brüsten kann, Prunkstück.

ἐγ-καλύπτω, 1) Akt. u. Pass. darin verbergen, einhüllen, verhüllen, ἔν τινι. **2)** Med. sich verhüllen, z. B. beim Schlafen, bei Annäherung des Todes od. bei großem Schmerz, aus Scham od. auch um unerkannt zu bleiben.

ἐγκάλυψις, εως, ἡ, sp. Verhüllung.

ἐγ-κανάζω, poet. eingießen.

ἐγ-καναχάομαι, buk. auf etwas (τινί) blasen.

ἐγ-κάπτω, poet. gierig einschlucken, αἰθέρα, d. i. die Backen aufblasen.

ἔγ-καρπος, 2. mit Frucht versehen, fruchttragend, ἐγκ. τέλη Abgaben von Früchten.

ἐγ-κάρσιος, 3. (vgl. ἐπικάρσιος), schräge, quer, querüber, δοκός, d. i. querliegend, ἐγ. τεῖχος eine Quermauer.

ἐγ-καρτερέω, abs. sich beherrschen, τί etwas standhaft erwarten, τινί an etwas festhalten, bei etwas standhaft bleiben.

ἔγκατα, τά (nur sp. τὸ ἔγκατον), Dat. plur. ἔγκασι, ep. das Innere, die Eingeweide, Herz, Lunge, Leber, Magen, Gedärme.

ἐγ-καταβαίνω, poet. hinabsteigen, τί in etw.

ἐγ-καταβιόω, sp. worin (τινί) das Leben hinbringen.

ἐγ-καταγηράσκω, Aor. 1. ἐγκατεγήρασα, in etwas (τινί od. ἔν τινι) alt werden.

ἐγ-καταδέω, darein festbinden.

ἐγ-καταζεύγνυμι, poet. mit etwas (τινί) verknüpfen.

ἐγ-κατακαίω, sp. darin verbrennen.

ἐγ-κατάκειμαι, poet. darin liegen, schlafen.

ἐγ-κατακοιμάομαι, Pass. mit Fut. med., ion. darin schlafen, übernachten.

ἐγ-κατακρούω, poet. dabei stampfen, tanzen.

ἐγ-καταλαμβάνω, darin, darauf, dabei erfassen, ertappen, ergreifen, gefangen nehmen, antreffen, erbeuten, einholen, auch bildl., in der Falle, im Netze fangen; ὅρκοις durch Eide binden; militär.: in etwas einschließen, belagern, abs. u. ἔν τινι.

ἐγ-καταλέγω, 1) Akt. sp. rechnen unter etw., τινί. **2)** Pass. mit Aor. ἐγκατελέγην, hineingesammelt, hineingelegt werden.

ἐγ-καταλείπω, darin, dabei zurücklassen, τί mit u. ohne (ἔν) τινι, doch auch mit hinzugef. παρά τινι bei jmdm., überh. im Stiche lassen, verlassen, πίστιν das Versprechen nicht halten, auch etwas hinterlassen, τινί einem. Im Pass. zurück, übrig bleiben, bes. im Wettlauf.

ἐγκατάληψις, εως, ἡ (ἐγκαταλαμβάνω), das Ergriffen-, Eingeholtwerden.

ἐγ-καταμείγνυμι u. sp. **-μειγνύω,** 1) darunter (τινί) mischen, darin vermischen, verbinden, ἔν τινι. 2) dazwischenstellen, einreihen.

ἐγ-καταμένω, sp. darin, auf dem früheren Posten zurückbleiben, ἔν τινι.

ἐγ-καταπήγνυμι, ep. fest hineinstoßen, τινί in etwas.

ἐγ-κατασκήπτω, 1) trans. poet. darauf schleudern, τί. 2) intr. a) darauf fallen, einschlagen (vom Blitze). b) befallen, eindringen.

ἐγ-κατασπείρω, sp. darunter ausstreuen, Pass. zerstreut sein, ταῖς πόλεσιν in den Städten.

ἐγ-καταστηρίζω, Aor. -εστήριξα, sp. darin festsetzen.

ἐγ-καταστοιχειόω, sp. als Element einpflanzen.

ἐγ-κατασφάζω, sp. darin (τινί) schlachten.

ἐγ-κατατέμνω, unter einer Masse, ἔν τινι, einschneiden.

ἐγ-κατατίθεμαι, Med., 2. Aor. 3. sing. ἐγκάτθετο u. imper. ἐγκάτθεο, ep. buk. u. sp. für sich darin niederlegen, hineinlegen, verbergen. Übertr. τὶ θυμῷ d. h. etwas (im Gemüte) erwägen, στέρνοις zu Herzen nehmen, u. τέχνῃ eigtl. in seinem Kunstsinn erfassen, mit seiner Kunst erzeugen.

ἐγ-κατιλλώπτω, poet. verhöhnen, τινί.

ἐγ-κατοικέω, sp. darin (τινί) wohnen.

ἐγ-κατοικοδομέομαι, Pass., hineingebaut werden.

ἔγκαυμα, τό (ἐγκαίω), Brandfleck, Brandmal.

ἐγ-καυχάομαι, sp. u. N. T. sich brüsten, seinen Ruhm suchen, τινί ep. ἔν τινι in etwas.

ἔγ-κειμαι, 1) darauf liegen, abs. u. τινί, übertr. sich darin, nahe dabei befinden. 2) anliegen, τινί einem, ihm zusetzen, ihn bedrängen, mit Worten λέγων, od. auch abs. heftig losfahren, od. mit Waffen zu Leibe gehen, nachdrängen, bedrängen, eifrig verfolgen. 3) obliegen, abs. od. τινί einer Sache, sie eifrig verfolgen, mit Macht auf etwas dringen, dah. πολὺς τοῖς συμβεβηκόσιν ἔγκειται er beruft sich gewaltig auf den unglücklichen Ausgang. 4) sp. ἐγκείμενος gelegen, d. i. günstig, geeignet, τινί wofür.

ἐγ-κείρω, poet. kahl scheren. [Befehl.

ἐγκέλευσμα, τό, (ἐγκελεύω), Ermunterung, Zuruf,

ἐγκελευσμός, ὁ, sp. das Zurufen, im bes. ἐς ἀλλήλους das gegenseitige Zurufen, um den Takt für die Ruderer anzugeben.

ἐγ-κέλευστος, 2. ermuntert, aufgefordert, ὑπό τινος.

ἐγ-κελεύω, poet. u. sp., gewöhnl. im Med., aufmuntern, anfeuern, abs. od. τινί jmdn., u. τί zu etwas, z. B. τὸ πολεμικόν zum Angriff blasen, od. mit folg. Inf.

ἐγ-κεντρίζω, sp. N. T. einpfropfen.

ἐγ-κεράννυμι u. ep. **ἐγκεράω,** darein mischen, zusammenmischen, anstiften, anzetteln, erregen, πρήγματα μεγάλα große Unruhen.

ἐγ-κερτομέω, poet. schmähen.

ἐγ-κέφαλος, ὁ (κεφαλή), eigentl. Adj. was im Kopfe ist, dann verst. μυελός (Kopfmark), als Subst. das Gehirn, Hirn; von der Palme: Mark, der eßbare Teil.

ἐγ-κλείω, att. **ἐγκλῄω,** ion. **ἐγκληίω,** einschließen, 1) einschnappen lassen in das Schloß, verschließen, τί. 2) einsperren, τινί in etwas, aber ἑρκέων im Bereich, Umfang der Verschanzungen. Übertr. γλῶσσαν den Mund verschlossen halten.

ἔγκλημα, τό (ἐγκαλέω) • 1) **Vorwurf,** Anschuldigung, Anklage, Beschwerde, Schimpf • 2) **Beschwerdepunkt,** Schuld, Unrecht, ἔγκλημα od. ἐγκλήματα ἔχειν Klage führen, τινί wider jmdn., und τί sich über etwas beschweren. Insbes. • a) ἔγκλ. ἔχειν auch: einem Einwand unterliegen, als Pass. v. ἐγκαλεῖν • b) ἐγκλ. ποιεῖσθαι Beschwerden vorbringen, ἔγκλημά τι ποιεῖν = ἐγκαλεῖν Thuk. • c) τὰ ἐγκλ. μετελθεῖν die Beschwerden verfolgen • d) ἔγκλ. ἐταράχθη πρός τινα die Beschwerde gegen jmd. kam zum Ausbruch. Dag. • e) ἐν ἐγκλήματι γίγνεσθαι ἔκ τινος wegen etwas getadelt werden, u. • f) κοινὸν ἔγκλ. λαμβάνειν eine gemeinsame Beschwerde für alle enthalten.

ἔγ-κληρος, 2. poet. 1) im Besitz eines Anteils, Erbe, Erbin, überh. teilhaft, τινός. 2) ἔγκληρα im Los Liegendes, ein jmdm. (τινί) beschiedenes Los.

ἐγ-κλίνω [ῑ], 1) trans. hinneigen, hinwenden, hinkehren. Pass. auferlegt sein, obliegen. 2) intr. u. Pass. sich hinneigen, sich beugen. a) sich abwärts neigen, abwärts gehen. b) sich seitwärts bewegen, sich umwenden, zurückwenden, weichen.

ἔγκλισις, ἡ, sp. 1) die Neigung, Senkung. 2) gramm. a) die Flexion, bes. der Modus. b) die Inklination des Akzents.

ἐγ-κνώσσω, buk. darin schlafen (ἐνικνώσσω).

ἐγ-κοιλαίνω, ion. eine Höhlung hinein machen, aushöhlen.

ἐγ-κοίλιος, 2. (κοίλη), sp. im Bauche befindlich; τὰ ἐγκ. Bohlen für den Schiffsbauch.

ἔγ-κοιλος, 2. innen hohl, τὰ ἔγκοιλα die Vertiefungen, Höhlungen.

ἐγ-κοιμάομαι, Dep. pass., sp. darinnen schlafen, (ἔν) τινι in etwas, bes. in einem Tempel, um im Traume von der Gottheit eine göttliche Eingebung, ein Orakel zu erhalten.

ἐγ-κοισυρόομαι, poet. Perf. pass. part. ganz zur Koisyra geworden, einer üppigen und reichen Athenerin.

ἐγ-κολάπτω, ion. u. sp. eingraben, einhauen.

ἐγ-κομβόομαι, sp. N. T. eig. sich die Sklavenschärpe anziehen, dann sich fest zu eigen machen.

ἐγ-κονέω (verw. ἀ-κονιτί u. διά-κονος), 1) intr. ep. poet. u. sp. eilen, geschwind, emsig sein, im Part. eilends, emsig. 2) trans. poet. beeilen, τί.

ἐγκοπεύς, ὁ, Meißel.

ἐγκοπή, ἡ, sp. N. T. das Hindernis.

ἐγ-κόπτω, sp. N. T. einschlagen, den Weg versperren, verhindern. [einhüllen.

ἐγ-κορδῦλέω, poet. in Decken u. Tücher (κορδύλη)

ἐγ-κοσμέω, ep. hineinordnen, darin (τινί) in Ordnung stellen, τί.

ἐγκοτέω, poet. auf einen zürnen. Von

ἔγ-κοτος, ὁ, ion. u. poet. Groll, ἔχειν τινί hegen gegen einen, u. zwar τινός od. διά τι wegen einer Sache. Auch als Adj. grollend.

ἐγ-κράζω, ankreischen.

ἐγκράτεια, ἡ (ἐγκρατής), 1) *continentia,* Selbstbeherrschung, auch ἑαυτοῦ, Enthaltsamkeit, τινός von etwas, Mäßigung, περί τι in betreff einer Sache, im bes. Mäßigkeit im Genuß, πρὸς ἐπιθυμίαν, πρὸς ἡδονάς. 2) *patientia*, Ausdauer, Geduld, Abhärtung, τινός gegen etwas.

ἐγκρατεύομαι, sich selbst beherrschen.

ἐγκρατής, 2. (κράτος). 1) haltend, festhaltend, fest, ἐγκρατέστερόν τι ποιεῖν etwas mehr befestigen. 2) a) in seiner Gewalt haltend od. habend, Herr, Gebieter, Inhaber, τινός von etwas, εἶναι etwas behaupten, καταστῆναι τῶν πραγμάτων sich der Gewalt bemächtigt haben, auch absol. Herrscher, oder mit zu ergänzendem Gen., wie Soph. OC. 1022 ἐγκρατεῖς d. i. die der Mädchen mächtigen Deinen, ναὸς ἐγκρατῆ πόδα das Schiff beherrschendes Segeltau, b) übertr. sich beherrschend, daher mäßig, enthaltsam, τινός in etwas, z. B. γαστρός im Essen. Adv. **-ῶς,** kräftig, heftig. Kompar. ἐγκρατέστερον.

ἐγ-κρίνω [ῑ], Adj. verb. ἐγκριτέον, darein wählen, unter etwas aufnehmen, zählen. Pass. zugelassen werden; auch ἐγκριθῆναί τισι sich einmischen.

ἐγ-κροτέω, buk. einstampfen, schlagen. Med. poet. aufeinander losschlagen.

ἐγ-κρούω, sp. einstoßen, eindrücken, einwärts drücken.

ἐγ-κρύπτω, ep. u. sp. darin (τινί) verbergen, verstecken.

ἐγκρῡφιάζω, poet. sich verborgen halten, Versteckens spielen.

ἐγ-κρυφίας, ου, ὁ, sp. ἄρτος, unter der heißen Asche verborgenes, d. i. gebackenes Brot, Aschenbrot.

ἐγ-κτάομαι, darin (ἔν τινι) Besitzungen erwerben, sich anbauen. Dav.

ἔγκτημα, τό, Besitz in einer fremden Gemeinde.

ἔγκτησις, ἡ, dor. ἔγκτᾶσις, γᾶς καὶ οἰκιᾶν, das Recht zum Erwerb von Grundeigentum in fremdem Lande.

ἐγ-κτίζομαι, ion. darin gründen.

ἐγ-κῡκάω, ep. (in tmesi), einrühren, vermischen, τί τινι etwas womit.

ἐγ-κύκλιος, 2. kreisförmig, rund, z. B. von Chören: im Kreise herumgehend, von Leistungen: die Reihe umgehend, od. allgemein: αἱ ἐγκύκλιοι (ἀρχαί) die gewöhnlichen, niedern Ämter, ἡ ἐ. διοίκησις die niedere Verwaltung, τὰ ἐγκύκλια μαθήματα, ἡ ἐγκ. παιδεία der Kreis der allgemeinen Wissenschaften u. Künste, die jeder Grieche in der Jugend treiben mußte, allgemeine Bildung.

ἐγ-κυκλόω, poet. u. sp. 1) Akt. im Kreise herumbewegen, τί. 2) Med. sich im Kreise herumbewegen, τί um etwas, etwas umzingeln.

ἐγ-κῡλίομαι [ῑ], Pass. sich in etwas einwickeln, sich darin wälzen, übertr. εἰς ἔρωτας sich den Liebeshändeln ergeben.

ἐγκῡμων, 2. (κύω) und **ἔγκυος,** 2. ion. u. sp. schwanger, übertr. geschwängert, angefüllt.

ἐγ-κύπτω, sich wohin ducken, a) abs. sich niederbücken, sich versenken. b) den Kopf beugen, um etwas zu sehen, scharf nach etwas hinsehen.

ἐγ-κῡρέω u. **ἐγκύρω,** ep. poet. ion. u. sp., nicht att. pros., Fut. -κύρσω, ion. -ρήσω, Aor. 1. ἐνέκυρσα, ion. -ρησα, auf einen od. etwas (τινί) treffen, stoßen, hineingeraten, auch mit Gen., ἀλογίης ἐνεκύρησε πολλῆς d. h. es wurde gar nichts nach ihm gefragt.

ἐγκωμιάζω, preisen, rühmen, in tadelndem Sinne: weidlich herausstreichen. Dav.

ἐγκωμιαστικός, 3. sp. zur Lobrede gehörig, lobrednerisch.

ἐγ-κώμιον, τό (κῶμος), Lobgedicht, Lobrede, auch Leichenrede, Verherrlichung; ἐγκώμια νικᾶν infolge eines Sieges mit einem Lobgedicht verherrlicht werden.

ἐγκώμιος, 2. 1) (κώμη), ep. im Dorfe, einheimisch. 2) (κῶμος), poet. u. sp. zu einem bakchischen Festaufzug gehörig, bes. zu einem solchen, in welchem der Sieger heimgeleitet wurde.

ἔγνον, ep. 3. pl. aor. = ἔγνωσαν.

ἐγρε-μάχας, dor. st. -ης, ου, ὁ, poet. Schlachten erregend, kriegerisch.

ἐγρηγοράω, ep. nur im Part. ἐγρηγοράων, -όων st. ἐγρηγορῶν, wachen.

ἐγρηγορτί (ἐγείρω, ῑ), ep. Adv. wach.

ἐγρήσσω, ep. (ἐγείρω), nur Präs., wachen.

ἐγ-χαίνω, sp. Fut. -χανοῦμαι, Aor. conj. -χάνῃ, den Mund aufsperren, angaffen, πρός τι etwas; ins Gesicht lachen.

ἐγ-χαλῑνόω, 1) aufzäumen, bes. Perf. pass. ἐγκεχαλινῶσθαι mit dem Akk. τὸ στόμα des Gebiß, den Zaum im Munde haben, aufgezäumt sein. 2) sp. übertr. zügeln.

ἐγ-χαράττω, sp. eingraben, einprägen lassen, τί, u. zwar τινί, εἴς τι, κατά τινος in etwas. Pass. mit σημεῖον, gezeichnet sein.

ἐγ-χάσκω (-χᾰνοῦμαι, -έχανον), sp. angähnen, τινί, übertr. poet. sp. ins Gesicht lachen, verhöhnen, τινί.

ἐγχείη, ἡ (ἔγχος), ep. die Lanze, auch das Werfen derselben.

ἐγχειρέω, Impf. ἐνεχείρουν, Plqpf. 2. pers. sing. ἐγκεχειρήκης (χείρ), Hand anlegen an etwas od. einen, 1) zu Werke gehen, τινί sich an etwas machen, zu etwas schreiten, oder mit Inf. versuchen, wollen, beginnen, auch mit zu ergänzendem Inf. od. Obj., z. B. mit zu ergänzendem κακοῖς aus dem folg. κακῶς Soph. El. 1026. 2) angreifen, τινί u. überh. sich (in der Rede) ergehen, wenden, εἴς τι d. i. zu der Ansicht, sie behandeln, besprechen. 3) sp. = ἐγχειρίζω, s. d. Dav.

ἐγχείρημα, τό, das Unternehmen, Beginnen.

ἐγχείρησις, ἡ, die Ausführung.

ἐγχειρητικός, 3. unternehmend.

ἐγχειρίδιον, τό, eigentl. Neutr. vom poet. ἐγχειρίδιος, 2., was man in der Hand hält, dann im bes. 1) Handwaffe, kurzes Schwert, Dolch, κατά τινος gegen jmdn. 2) sp. Handbuch, Leitfaden.

ἐγχειρίζω, Impf. ἐνεχείριζον, Fut. ἐγχειριῶ, sp. -ίσω, Perf. ἐγκεχείρικα (χείρ), 1) Akt. a) einhändigen, überliefern; unterwerfen, τινί τι od. τινά. b) sp. unternehmen. 2) Med. etwas in seine Hände, über sich, auf sich nehmen.

ἐγχειρί-θετος, 2. (τίθημι), ion. eingehändigt.

ἔγχελυς, υος, Nom. plur. ep u. sp. -λυες, sp. -λεις, Gen. -λεων, ἡ (ἔχις), der Aal. Dav.

ἐγχελυ-ωπός, 3. sp. mit Aalaugen.

ἐγχεσί-μωρος (verw. mhd. *maere* „bekannt", „berühmt"), 2. ep. speerberühmt.

ἐγχέσ-παλος, 2. (πάλλω), ep. speerschwingend.

ἐγ-χέω, eingießen, **1)** einschenken, bes. zum Trankopfer, τινί auch einem zu Ehren. **2)** einfüllen, schütten.

ἐγ-χλίω [ῑ], poet. übermütig begegnen, τινί.

ἔγχος, εος, ους, τό, ep. u. poet., **1)** Speer, bei den Homer. Helden ein langer hölzerner Schaft (δόρυ), gew. von Eschenholz, mit eherner Spitze (αἰχμή), die in eine Tülle od. Röhre (αὐλός) auslief, in welcher der Schaft befestigt wurde; sechs Fuß u. darüber lang, bei Hektor sogar elf Ellen. Das untere Ende des Schaftes (σαυρωτήρ) war mit Erz beschlagen, um die Lanze in die Erde stoßen zu können. Sie diente zu Stoß u. Wurf, u. jeder Held führte ihrer zwei. **2)** überh. Waffe, Mordwaffe, also auch Schwert, u. übertr. φροντίδος Wehr des Menschenwitzes.

ἐγ-χραύω, ion. hineinschlagen.

ἐγ-χρῄζοντα, τά, Part. sp. der Bedarf.

ἐγ-χρίμπτω, ep. ion. poet. sp., u. ep. **ἐνιχρίμπτω,** ep. Aor. 1. ἔγχριμψα, Pass. part. ἐγχριμφθείς und ἐνιχριμφθείς, **1)** trans. stark streifen lassen, anprallen -, anlaufen -, eindringen lassen. **2)** intr. u. Pass. hart streifen, sich heftig hindrängen; ἀσπίδι an den Schild gepreßt, ἀριστερὸς ἐγχριμφθήτω nach links drängen! Überh. nahe herandringen, eindringen.

ἔγχριστος, 2. buk. eingerieben. Von

ἐγ-χρίω [ῑ], **a)** einreiben, einsalben. **b)** eindrücken, intr. eindringen. Dav.

ἐγ-χρονίζω, dabei Zeit verbringen, **a)** sich verspäten. **b)** im Pass. verjähren, einwurzeln.

ἐγ-χωρέω, Raum geben, gestatten, τινί, gew. impers. es geht an, ist möglich, erlaubt, ist noch Zeit, abs. od. τινί für einen, mit folg. Inf.

ἐγχώριος, 3. (auch 2.) inländisch, einheimisch, vaterländisch. Als Subst. mit γῆς Einwohner, sonst überh. Landeseingeborner. Adv. τὸ ἐγχώριον herkömmlicherweise.

ἔγ-χωρος, 2. (χώρα), poet. = ἐγχώριος.

ἔγ-χωσις, ἡ (ἐγ-χόω), sp. das Zuschütten, Auffüllen.

ἐγώ (lat. *egō*, dt. *ich*), dor. u. ep. alt. **ἐγών**, gen. **ἐμοῦ**, ep. u. ion. **ἐμέο, ἐμεῖο, ἐμεῦ, ἐμέθεν**, enklit. **μου**, ep. **μευ**, dat. **ἐμοί** (dor. **ἐμίν**), enklit. **μοι** (ep. auch genetiv.), nur bei Hom. elid. **μ'**, acc. **ἐμέ**, enkl. **με**, elid. **μ'** (St. **με**, lat. *me*, got. *mi-s*) • Dual. nom. u. acc. **νώ, νῶι** (**νῶιν** Il. 16, 99 ist zw.), gen. u. dat. **νῷν, νῶιν** (vgl. lat. *nos*) • Pl. nom. **ἡμεῖς**, ion. **ἡμέες**, äol. **ἄμμες** (bisweilen = ἐγώ), gen. **ἡμῶν**, ep. **ἡμείων**, ep. u. ion. **ἡμέων** (bei Hom. zweisilbig), dor. **ἁμῶν**, dat. **ἡμῖν**, ep. u. poet. **ἧμιν, ἡμίν** (v.LA.), altäol. **ἄμμι(ν)**, auch **ἧμιν**, acc. **ἡμᾶς**, ep. u. ion. **ἡμέας**, ep. **ἧμεας** u. **ἧμας**, äol. **ἄμμε** **ich,** meiner usf., wir beide usw., wir, unser usw., **ἔγωγε** ich für meine Person; **ἐξ ἐμεῦ** aus meinem Hause (Hdt. 6, 130) u. **μή μοι**, sc. **λέγε** od. **λέγετε**, bringe, erwähne mir nicht; kommt mir nicht mit —.

ἔγωγε (Neuere auch ἐγώ γε), *ego quidem*, betontes ich, ich meinesteils, Gen. ἐμοῦγε, Dat. ἔμοιγε (ἐμοί γε), soviel an mir liegt, Akk. ἐμέγε. In Antworten ohne Verbum: *ego vero*, ja. Nicht selten aber auch ohne besondere Betonung.

ἐγᾦδα, ἐγᾦμαι, mit Krasis = ἐγὼ οἶδα, ἐγὼ οἶμαι.

ἐδᾰνός, 3. (ἔδω), poet. eßbar.

ἑδᾰνός, 3. ep. lieblich, köstlich.

ἐδαφίζω, sp. N. T. dem Erdboden gleichmachen, [zerstören.

ἔδᾰφος, εος, ους, τό, Kras. τοὔδαφος (Wurz. σεδ ἕδος, *sedere*), das, worauf etwas ruht oder wandelt, (im Plur.) **Grund,** Boden, Fußboden, Erdboden, ἐς ἔδ. (*solo tenus*) καθελεῖν, κατασκάπτειν bis zum Grunde schleifen, dem Erdboden gleich machen; auch wie unser „Grund u. Boden", ἐχθρὸς τῷ τῆς πόλεως ἐδάφει von einem Feinde, der die Stadt vom Erdboden vertilgen möchte.

ἔδεθλα, τά (St. σεδ), poet. Fundament, wie ἔδαφος.

ἔδεσμα, τό (ἔδω), Speise.

Ἔδεσσα, ἡ, St. **1)** in Makedonien. **2)** in Mesopotamien, Ew. **-σαῖος.**

ἐδεστής, οῦ, ὁ (ἔδω), ion. Esser.

ἐδεστός, 3. gegessen od. gefressen, πρός τινος, übertr. zerfressen, ἐξ αὐτοῦ aufgezehrt in sich selber.

ἐδητύς, ύος, ἡ, ep. (immer im Gen.) (ἔδω), Speise, Essen.

ἕδνα, ep. u. poet., u. ep. **ἔεδνα,** τά (urspr. Ϝέδνα, vgl. ags. *weotuma*, „Kaufpreis der Braut"), Brautgeschenke, **a)** Geschenke des Freiers an den Vater der Braut (urspr. der Kaufpreis für die Braut. **b)** Geschenke des Freiers für die Braut. **c)** Geschenke des Vaters an die Braut, Mitgift, Ausstattung. [statten.

ἑδνόω, poet. verloben, u. **ἐεδνόομαι,** ep. aus-

ἕδος, εος, ους, τό (St. σεδ), *sedes*, der Sitz, **a)** Sessel. **b)** Wohnsitz von Menschen u. Göttern, d. h. Tempel. Schließlich auch von den Götterbildern selbst, auch mit Gen. ἕδος τῆς θεοῦ. **c)** οὐχ ἕδος ἐστί es ist nicht Zeit mich zu setzen. **d)** Boden (s. ἔδαφος), zur Umschreibung einer Stadt, Insel, Θήβης ἕδος.

ἕδρα, ep. u. ion. **ἕδρη** (σεδ, vgl. lat. *sedeo, sella, Sitz*) • **1)** der Sitz • **a)** **Sitzplatz,** ἕδρῃ τίειν Ehrenplatz anweisen Hom., pl. Sitzreihen • **b)** Sessel, Stuhl, Bank • **c)** **Platz, Stelle, Standpunkt, Aufenthaltsort;** bes. Göttersitz, Tempel, Altar Trag.; ἕ. ἥπατος Sitz der Leber Plat. • **d)** **Grundlage, Basis, Stützpunkt** • **e)** **Gesäß, Hintern** Hdt. • **2)** das Sitzen • **a)** insbes. Sitzen der Schutzflehenden, dah. οὐχ ἧδ' ἕδρα σμικροῦ λόγου dieses Schutzflehen deutet auf nichts Geringes, **ἕδραν ἔχειν, θοάζειν, προσθακεῖν** als Schutzflehender sitzen • **b)** übertr. das Verweilen, **Zögern,** οὐχ ἕδρας ἀκμή es gilt kein Zaudern Soph. • **3)** **Sitzung,** Ratsversammlung.

ἑδραῖος, 3. u. 2. (ἕδρα), festsitzend, mit festen Wohnsitzen, od. feststehend; stillsitzend, ruhig, fest, stăbil.

ἑδραίωμα, τό, N. T. Stütze, Bekräftigung.

ἕδρᾰνον, τό, poet., gew. im plur. **ἕδρᾰνα,** τά (St. σεδ), poet. Sitz, das Sitzen, Untätigsein.

ἑδριάομαι (ἕδρα), ep. Dep. med., inf. ἑδριάεσθαι, -άασθαι, u. Impf. ἑδριάοντο, -όωντο, sich niedersetzen. Dazu.

ἑδριάω, buk. sitzen.

ἑδρο-στρόφος, 2. buk. den Ringer aus dem Stand bringend durch Stellen des Fußes.

ἔδω (lat. *edo*, dt. *essen* aus ahd. *ezzan* vgl. ags. *etan*), im Präs. meist ep. u. poet., 3. pl. dor. ἔδοντι, dazu ep. Inf. ἔδμεναι, Impf. ἔδον, Iterativf. 3. pers. sg. ἔδεσκε, Perf. act. part. ἐδηδώς, pass. ἐδήδοται, ferner ep. poet. u. N. T. **ἔσθω,** nur Präs. u. Impf.; u. att. **ἐσθίω** [ῐ], Imperf. ἤσθιον, Fut. ἔδομαι, Aor. 2. act. ἔφᾰγον, Perf. act. ἐδήδοκα, pass. ἐδήδεσμαι, Aor. pass. (sp.) ἠδέσθην, Adj. verb. ἐδεστός u. ἐδεστέος (N. T. Fut. φάγομαι, 2. sg. φάγεσαι, s. d.). **1) essen,** äsen, fressen, abs. τὰ ἐσθίοντα was Nahrung bedarf; τί u. τινός. **2)** überh. verzehren, genießen, übertr. aufzehren, durchbringen, verprassen, ἄλγεσι θυμόν sich abhärmen Hom. Dav.

ἐδωδή, ἡ, Speise, Nahrung; Futter für die Pferde; Köder für die Fische. [Eßwaren.

ἐδώδιμος, 2., ion. 3. eßbar, zu genießen, τὰ ἐδ.

ἐδώλια, τά (ἕδος), ion. u. poet. **1)** Wohnsitz. **2)** auf dem Schiffe: Ruderbänke.

ἑέ, poet. st. ἕ, s. I. οὗ.

ἔεδνα, s. ἕδνα.

ἐεδνόομαι, s. ἑδνόω. Dav. [Brautvater.

ἐεδνωτής, οῦ, ὁ, ep. st. ἑδνωτής, der Ausstatter,

ἐεικοσά-βοιος, 2. ep. st. εἰκοσ., zwanzig Rinder wert, Nom. plur. ἐεικοσάβοια Wert, Preis von zwanzig

ἐείκοσι, ἐεικοστός. s. εἰκ. [Rindern.

ἐεικόσ-ορος, 2. ep (St. ἐρ, ἐρέσσω), mit zwanzig

ἐέλδομαι, s. ἔλδομαι. Dav. [Rudern.

ἐέλδωρ, τό, ep. (ἐϝέλδωρ, ἔλδομαι), nur Nom. u. Akk., Wunsch, Verlangen.

ἐέρση, s. ἕρση. **ἐερσήεις,** s. ἑρσήεις.

ἑῆος, s. ἐΰς.

ἑῆς, ep. Gen., s. I. ὅς (aber ἑῆς, v. ἑός, s. II. ὅς).

ἐθάς, άδος, ὁ, ἡ (ἔθος), gewohnt, τινός u. sp. τινί an etwas.

ἔθειρα, b. Pind. u. Tragg. Sing. u. Plur. das wohlgepflegte Haupthaar, **Haar,** ep. bei Hom. (ἔθειραι, αἱ) nur das Pferdehaar, Mähnen u. Schweif des Pferdes, auch die Roßhaare des Helmbusches. Übertr. poet. der Blütenbüschel der Pflanzen, im Plur. auch die Mähne des Löwen.

ἐθειράδες, αἱ, ep. das Barthaar.

ἐθειράζω, buk. behaart sein, schönes Haar haben.

ἐθείρω, ep. besorgen, bearbeiten.

ἐθελημός, 2. ep. willig, freiwillig.

ἐθελοδουλεία (-λία), ἡ, freiwillige Knechtschaft.

ἐθελό-δουλος, 2. sich gutwillig unterwerfend, u. dav. Adv. sp. ἐθελοδούλως ἔχειν die Sklaverei willig erdulden. [dienst.

ἐθελοθρησκεία, ἡ, N. T. selbstgemachter Gottes-

ἐθελοκακέω, Impf. ἠθελ., ion. u. sp. (ἐθελόκακος), bes. sich absichtlich (im Kampfe) schlecht (feig) halten, ἐν τῷ ἔργῳ im Treffen.

ἐθελοντηδόν, ἐθελοντήν und **ἐθελοντί,** Adv. freiwillig, aus freien Stücken.

ἐθελοντήρ, ῆρος, ὁ, ep. (ἐθέλω), und

ἐθελοντής, οῦ, ὁ, **1)** Adj. freiwillig, gern; oft durch das Adv. zu übersetzen. **2)** Subst. der Freiwillige.

ἐθελό-πονος, 2. willig zur Arbeit, arbeitsam.

ἐθελο-πρόξενος, ὁ, eigenmächtiger, selbsterwählter Staatsgastfreund.

ἐθελούσιος, 3. u. 2. freiwillig, gern, ἐθελούσιόν ἐστι es ist Sache des freien Willens. Von

ἐθέλω u. **θέλω,** Impf. ἤθελον u. ἔθελον, Fut. ἐθελήσω u. θελήσω, Aor. ἠθέλησα u. ἐθέλησα, Perf. ἠθέληκα, Plqpf. ἠθελήκει, dazu ep. Praes. conj. auch ἐθέλωμι, ἐθέλῃσθα, ἐθέλῃσι u. Impf. iter. ἐθέλεσκον, buk. praes. 3. pl. θέλοντι (Hom. hat nur die Form ἐθέλω, die auch sonst häufiger als θέλω) • **1)** von Personen: Lust haben, geneigt, **entschlossen sein, wollen,** mögen, μᾶλλον lieber wollen, pflegen (vgl. *aimer*, s. βούλομαι), abs. einen Entschluß fassen, auch abs. εἰ θέλεις wenn's beliebt, bes. im Part. ἐθέλων od. θέλων freiwillig, gutwillig, gern, θέλοντί ἐστί μοί τι ich wünsche etwas, ὁ ἐθέλων u. ὁ θέλων auch: wer Lust hat, wer wünscht, jeder beliebige; θέλεις μένωμεν sollen wir bleiben? Soph. • **2)** von Sachen: geeignet, imstande sein, **sollen,** pflegen; εἰ ἐθ. μηδὲν καταστῆναι wenn dir auch nichts Widriges begegnen sollte Hdt. 7, 49.

ἔθεν, ep. st. I. οὗ, w. s.

ἔθην, Aor. pass. v. ἵημι.

ἐθίζω, att. Fut. ἐθιῶ, Aor. εἴθισα, Perf. εἴθικα, Aor. εἰθίσθην, Adj. verb. ἐθιστέον (ἔθος), gewöhnen, εἴθισμαι bin gewohnt, pflege. Vgl. εἴωθα u. ἔθων.

ἔθιμος, 2. sp. gewöhnlich, gebräuchlich; ἔθιμα, Bräuche, Sitten.

ἐθισμός, ὁ, die Gewöhnung, das Herkommen.

ἐθν-άρχης, ὁ, N. T. Statthalter, Fürst.

ἐθνικός, 3. (ἔθνος), sp. **1)** zum Volke gehörig, volkstümlich. Adv. ἐθνικῶς nach Völkerschaften. **2)** sp. einem Volke eigen, national, auf ein einzelnes Volk beschränkt. **3)** im N. T. heidnisch, ὁ ἐθνικός der Heide.

ἔθνος, εος, ους, τό (Wz. σϝε, viell. verw. m. *Sippe*), **Schar,** Haufe, **Volk,** Volksstamm, Völkerschaft, Nation, κατὰ ἔθνη nach den einzelnen Stämmen od. Kantonen, stammweise, jeder Stamm für sich, von Tieren auch: Schwarm, Herde. Im bes. **1)** die Menschenklasse. **2)** außergriechische Völkerschaften. **3)** im N. T. nach dem hebr. *gôjîm* τὰ ἔθνη auch die Heiden.

ἔθορον, s. θρῴσκω.

ἔθος, εος, ους, τό (σϝεθος, lat. *suētus*, dt. *Sitte*), Gewohnheit, Sitte, Brauch, Übung; ἐξ ἔθους gewöhnlich, ἐν ἔθει ἐστίν ist üblich.

ἔθων, hom. Part. Praes. die Gewohnheit habend, nach seinem Brauche. Perf. 2. εἴωθα, ion. ἔωθα, ursprüngl. σε-σϝωθ-α (ο Ablaut von σϝηθ, *suētus* s. ἔθος) gewohnt sein, pflegen; τὰ εἰωθότα λέγεσθαι, die alltägl. Rednerei.

εἰ, Konj., ep. u. dor. auch **αἰ** (alter Lokativ eines demonstr. Pronominalst. = 'in dem Falle, unter den Umständen, so'), **wenn** • **1)** εἰ γάρ, m. Opt., *uti-nam* = εἴθε, wenn doch • **2)** als Fragewort • **a)** wenn = daß nach θαυμάζω, ἀγανακτῶ etc. • **b)** bei verbis tentandi (πειρῶμαι) = ob, *si*; dann auch ohne solche • **c)** überh. = *si*, ob, mit u. ohne verba interrogandi, z. B. Plato Crit. 48 B; auch in Doppelfrage εἰ — ἤ; εἴτε—εἴτε, *sive—sive;* ferner εἰ, ob, scheinb. = μή, *post verba metuendi*, ob (nicht), daß, Soph. Tr. 176. Eur. Andr. 61. Xen. Cyr. 6, 1, 17 • **3)** kausal: **wo** = daferne, da, weil • **4)** konditional = *si*, **wenn** • **a)** mit

Indik. α) realis: wenn. β) m. Indic. obliquus *(ex mente alterius)*: wenn — soll, z. B. εἰ εἷς μόνος τοὺς νέους διαφθείρει Pl. Apol. 25 B. • b) mit dem Konj. der Erwartung: wenn = falls. Schon von Homer an oft, bei Attikern in Prosa regelmäßig, ist der Konj. mit ἄν verbunden, was ἐάν, d. i. ἐάν od. ἤν od. ἄν (s. d.) gibt; (Beisp. ohne ἄν: Hom. Il. I, 81. Aeschyl. Eum. 234. Suppl. 91. Soph. OR. 198. Ant. 710. Eur. IA. 1240. Herodot 8, 49) • c) m. pot. Opt. in der Regel ohne ἄν (κέν): falls etwa. Beispiele mit ἄν: Hom. Il. 22, 220. Od. 12, 345. Plat. Protag. 329 B. Dem. 4, 18 • d) m. Irrealis: wenn — wäre • 5) konzessiv: εἰ καί **wenn auch,** καὶ εἰ selbst wenn; εἴπερ wenn ja, bei Hom. m. Ind. u. Konj., sonst εἴπερ ἄν m. Opt. nur in Or. obliqua • 6) Einzelnes: oft kommt es einem **daß** oder **weil** sehr nahe, εἰ δ' ἐθέλεις — ohne Nachsatz, da er sich leicht ergänzt, bei Hom., wie Il. 6, 150; so vereinzelte Vordersätze mit βούλοιο, ἐβούλετο, auch eingeschaltet, Eur. Hec. 1206. 796. εἰ ἄρα wenn wirklich, wenn überhaupt, εἰ δέ u. εἰ δὲ μή (dies auch nach ἐὰν μέν sehr häufig), sonst, andernfalls, wo nicht, *alioquin.* εἰ μή (ἄρα), ironisch, *nisi forte,* es müßte denn, εἰ μή, *nisi,* = πλήν, dah. εἰ μὴ εἰ *nisi si;* ebenso πλὴν εἰ u. πλὴν εἰ μή = außer; εἰ μὴ ὅσον außer etwa, εἰ τὰ μάλιστα, *si vel maxime,* wenn auch noch so sehr. εἴ (πέρ) τις καὶ ἄλλος wenn überhaupt einer. εἴ τις, που, ποθεν, *si quis, qua, sicunde,* im Sinne von: mancher, irgend, irgendwoher, Xen. An. 5, 3, 3. εἰ . . ἀλλ' . . οὖν γε, *si, sed certe quidem.* εἴ (ἐάν) γε, *si quidem,* wenn ja (auch mit περ hinter εἰ). εἰ δή wenn wirklich, wenn vollends, wenn doch. εἰ ἐτεὸν δή wenn denn wirklich. εἰ δ' οὖν wenn aber doch (nicht), εἰ (καὶ) μή wenn (auch) nicht.

εἶ, τό (ἐν Δελφοῖς) (vgl. Plut.) ist entw. = 'Du bist', wodurch der Gottheit das absolute Sein zugesprochen wird (vgl. Exod. 3, 14), od. Imper. = ἴθι.

εἶα, lat. *eia,* ein Ermunterungsruf, heda! frisch! wohlan! abs. u. bei Imperativen. Oft mit δή wohlan denn!

εἰαμενή, ἡ, ep. u. poet., die Niederung, das Marschland, die Aue.

εἰανός, ep. st. ἑανός, w. s.

εἶαρ, εἰαρινός, s. ἔαρ, ἐαρινός.

εἴβω u. Med. **εἴβομαι,** ep. u. poet. st. λείβω, träufeln, vergießen.

εἰ γάρ, s. εἰ 1.

εἴ γε, s. εἰ 6 g. E.

εἰ δ' ἄγε, ep. Formel, von den Alten durch Ellipse von βούλει erklärt: *sodes age;* dem steht aber das oft störende δ' entgegen, weshalb wohl dies als δή zu deuten u. εἰ als alter Imp. von εἶμι (wie in Kompositis ἄπει, ἔξει) anzusehen ist, dann also = ἴθι δὴ ἄγε (was für εἰ δέ z. B. Il. 9, 262 sehr gut paßt), *vade dum age,* wohlan (Andere wollen εἰ als εἶα auffassen).

εἰδάλιμος, 3. (εἶδος), ep. schön von Gestalt.

εἶδαρ, ατος, τό (ἔδω), ep. u. buk. Nahrung, Speise, Gericht; auch Futter u. Köder.

εἰδέα, ἡ, sp. N. T. = ἰδέα.

εἰδ-εχθής, 2. sp. von widerlichem Aussehen.

εἰδῆσαι, Aor. zu οἶδα: erfahren, kennen lernen.

εἰδοί, ῶν, αἱ, sp. die römischen Idus.

εἴδομαι, ep. Präs. med. (St. Ϝιδ, s. εἶδον), m. Aor. εἰσάμην, ἐεισάμην, **scheinen, a)** *appareo,* zum Vorschein kommen, erscheinen, scheinen, mit und ohne Inf. **b)** *simulo,* sich das Ansehen geben, sich stellen, m. Inf. **c)** ähnlich sein, gleichen, τινί τι einem in etwas.

Εἰδομενή, ἡ, St. in der maked. Landschaft Emathia am Axios.

εἶδον, def. Aor. zum Präs. ὁράω (s. d.), (aus ἐ-Ϝιδ-ον, St. Ϝιδ, lat. *video, wissen*), ep. ind. ἴδον, conj. ἴδωμι, inf ἰδέειν, u. iterat. ἴδεσκε, Med. **εἰδόμην,** ep. ion. poet. u. in Kompos. auch att. pros. (προ-, συνιδόμενος), conj. ἴδηαι, imper. ἰδοῦ und als Interj. ἰδού, ep. ind. auch ἰδόμην **sehen • 1) erblicken • a)** (ἐν) ὀφθαλμοῖσιν, θαῦμα ἰδέσθαι oder ἰδεῖν; mit Part. oder ὅτι • **b)** überh. inne werden, **erkennen,** erfahren, erleben, genießen, χάριν die Huld **c)** zu sehen, **zu erfahren suchen • d)** übertr. ἐνὶ φρεσίν, τῇ διανοίᾳ **einsehen,** ἔπος ὀρθόν (ὄν), dah. auch erwägen, prüfen, so περί τινος bei etwas nachsehen, mit folg. Fragesatz • **2) hinsehen,** blicken, besichtigen, κατ' ἐνώπια = εἰς ὦπα ins Gesicht, ähnl. ἐς ἄντα, ἄντην, ἄντα; ἰδεῖν τινα heißt auch mit einem zusammenkommen, einen sprechen, besuchen; δεινὰ ἰδών *torva tuens,* ebenso ἀχρεῖον verlegen.

εἰδοποιέω, sp. ein Bild machen, abbilden, darstellen, τί.

εἶδος, εος, ους, τό (εἶδον), Sg. u. Pl. **1)** Aussehen, äußere Erscheinung, **Gestalt,** Form, im bes. die Gesichtsbildung, Schönheit. **2)** Urbild, **Idee, Begriff,** bes. die Platonischen Ideen, εἴδη; τὸ ἐπ' εἴδει καλόν das in der Idee Schöne. **3)** Beschaffenheit, Wesen, Art, **Gattung,** κατ' εἴδη τέμνειν nach Arten, in seine Unterarten zerlegen. **4)** Zustand, **Lebensform,** Gestaltung des Staats, Stellung, ἐν εἴδει τινὸς εἶναι eine Art von etwas sein. **5)** N. T. das Schauen, διὰ εἴδους durch Sch. — Davon das Demin.

εἰδύλλιον, τό, Bildchen, kleineres Gedicht, bes. mit Szenen aus dem Land- und Hirtenleben, Idylle.

εἰδωλεῖον, τό, Götzentempel, N. T.

εἰδωλό-θυτον, τό, N. T. das Opferfleisch, das nach dem Opfer teils im Tempel verzehrt wurde, teils auf dem Markt zum Verkauf kam.

εἰδωλο-λατρεία, ἡ, Götzendienst, von

εἰδωλο-λάτρης, ου, ὁ, Götzendiener, u. jeder, der an heidnischen Gebräuchen teilnimmt, N. T. Von

εἴδωλον, τό (εἶδος), **1)** Gestalt, Gebild, Schatten-, Trugbild, u. (mit u. ohne σκιᾶς) Scheinkörper, der ganz die Gestalt dessen hat, dem es gleichen soll; εἴδ. καμόντων die Schattenbilder der Toten, Schemen, Gespenst. **2)** Nachbildung, Bild. **3)** Götze, Götzenbild, N. T.

εἰδωλοποιέω, ein Bild machen.

εἶεν, Interjekt., teils abschließend: sei's, gut denn, nun gut, teils überleitend: also wohlan, nun weiter!

εἶθαρ, ep. Adv. (εὐθύς), sogleich.

εἴ-θε, Adv., wenn doch, o daß doch, mit Potent., od. mit Indic. impf. u. aor.

εἰκάζω (Ϝικ: Ϝεικ, s. ἔοικα), Impf. ᾔκαζον, **Fut** εἰκάσω u. εἰκάσομαι, **Aor.** ᾔκασα u. εἴκασα, **Perf. pass.** ᾔκασμαι (εἰκ.), **Aor. pass.** ᾐκάσθην (εἰκ.), **Fut. pass.**

εἰκασθήσομαι, Adj. verb. εἰκαστός u. -τέος, ähnlich machen • a) bildlich: also **abbilden**, γραφῇ malen Hdt. Xen. Im Pass. gleichen, ἔς τινα einem gegenüber, Part. εἰκασμένος u. εἰκασθείς, ähnlich, gleich, τὸ εἰκασθέν Vorbild Plat.; auch: bildlich ausdrücken Hdt., spez. durch Nachäffen verspotten Xen. • **b) vergleichen**, τί τινι etwas mit etwas, od. τί τι, z. B. τί τοῦτ' ἂν εἰκάσειας, womit möchtest du das vergleichen? • c) durch Vergleichen erraten, **vermuten**, schließen, deuten, beurteilen, (ὡς) εἰκάσαι vermutlich, wahrscheinlich. Im Pass. mit ἐπί τι es gibt dafür Vermutungen, od. mit folg. διότι man stellt Vermutungen an, weshalb. Adj. verb. εἰκαστός ähnlich, τινί, auch ὥστε u. Opt.

εἰκαῖος, 3. sp. (εἰκῇ), planlos, vergeblich.

εἰκαιότης, ητος, ἡ, sp. Torheit, Eitelkeit, Nichtigkeit.

εἰκάς, άδος, ἡ, der zwanzigste (Tag) im Monat; εἰκάς od. εἰκάδες der sechste Tag des eleusinischen Festes am 20. Boëdromion.

εἰκασία, ἡ (εἰκάζω), 1) bildliche Darstellung, Abbildung. 2) Vergleichung. 3) Vermutung.

εἴκασμα, τό, poet. Abbild.

εἰκασμός, ὁ, sp. Vermutung.

εἰκαστής, οῦ, ὁ, Vermuter, Berechner, τινός von etwas, τῶν μελλόντων ἐπὶ πλεῖστον τοῦ γενησομένου ἄριστος εἰκαστής der am besten weit hinaus in die Zukunft die Entwicklung der Dinge voraussieht.

εἴκατι, dor. buk. = εἴκοσι.

εἴκελος, 3. ep. u. ion. (ἔοικα), vergleichbar, ähnlich, [τινί.

εἰκῇ od. **εἰκῆ**, Adv. (ἔοικα), auf den Schein hin, aufs Geratewohl, unüberlegt, planlos, ohne Grund, geradezu, nachlässig, N. T. auch vergebens.

εἰκονικός, 3. sp. ein treues Bild gebend.

εἰκόνιον, τό, sp. (εἰκών), kleines Bild.

εἰκονολογία, ἡ, das Reden in Bildern, Bilder- [rede.

εἰκός, ότος, τό, = ἐοικός, von ἔοικα (s. d.), ion. οἰκός • 1) Subst. eigentl. das Gleichende • a) das Wahrscheinliche, **Natürliche**, Vernünftige • b) das **Schickliche**, dah. τὰ (εἰκότα) λέγειν, παρηγορεῖν Billiges fordern, einreden, das Rechte, τὰ εἰκ. πάσχει es geschieht ihm recht • 2) Als Adj. bei πρᾶγμα, u. in εἰκός (ἐστι), es ist wahrscheinlich, natürlich, schicklich, passend; folgerichtig, konsequent; ὡς (οἷον, οἷα, ᾗ) εἰκός natürlich, billigerweise; ὡς τὸ εἰκός wie billig, wie es scheint, wie wahrscheinlich ist. Oft in der Antwort: εἰκός γε od. γοῦν natürlich • 3) Mehr adverbial stehen τῷ εἰκότι u. κατὰ τὸ εἰκός aller Wahrscheinlichkeit nach, ähnl. διὰ τῶν εἰκότων u. μετὰ εἰκότος τινός, ἐκ τοῦ εἰκότος, wie es wahrscheinlich ist, nach vernünftiger Ansicht, hoffentlich, billigerweise ἀπὸ τῶν εἰκότων nach menschlichem Ermessen, dag. παρὰ τὸ εἰκός ohne Berechtigung, wider die Gewähr, u. ἔξω τοῦ εἰκότος ohne Wahrscheinlichkeit.

εἰκοσα-έτης, ους, 2. (ἔτος), ion. zwanzigjährig, μέχρι εἰκοσαέτεος bis zum zwanzigsten Jahre, wörtl. bis zum Zwanzigjährigen.

εἰκοσάκις, Adv. zwanzigmal.

εἰκοσά-μηνος, 2. poet. zwanzig Monate alt.

εἰκοσά-πηχυς, 2. sp. = εἰκοσίπηχυς.

εἰκοσα-πλάσιος, 3. u. -πλασίων, 2. sp. zwanzigfach.

εἴκοσι, vor Vokalen auch εἴκοσ' od. εἴκοσιν, poet. ἐείκοσι(ν) (böot. Ϝίκατι, lat. vīginti), Num. indecl., zwanzig. In Vbdg. mit andern Zahlen steht die größere gew. nach, doch bisw. auch umgekehrt.

εἰκοσίν-ήριτος, 2. (s. bei ἀριθμός), ep. zwanzigfach so groß od. viel, nur Il. 22, 349 = εἰκοσάκις τόσος 9, [379.

εἰκοσί-πηχυς, 2. ion. zwanzig Ellen lang.

εἰκοσι-στάδιος, 3. zwanzig Stadien groß, lang (var.).

εἰκοσι-τέτταρες (v. LA.), sp. Num., vierundzwanzig.

εἰκοσι-τρεῖς, sp. Num., dreiundzwanzig.

εἰκόσορος, 2. (St. ἐρ, in ἐρέσσω mit Assimilation des ε in ο) zwanzigruderig; ἡ (sc. ναῦς), der Zwanzigruderer.

εἰκοστός, ep. **ἐεικοστός**, 3. der zwanzigste. Subst. (ἡ) εἰκοστή das Zwanzigstel, der zwanzigste Teil, Abgabe von den Früchten des Bodens od. von den Schiffsgütern athenischer Bundesgenossen.

εἰκότως, Adv. (εἰκός), nach Wahrscheinlichkeit, begreiflicherweise, ganz natürlich, billig, geziemend, gebührenderweise, mit Grund, mit Recht, εἰκ. πράττει er hat Recht.

I. **εἴκω** (Ϝεικ: Ϝικ, lat. *vices*, dt. *weichen* u. *Wechsel*), Fut. εἴξω u. εἴξομαι, Aor. εἶξα, ep. iter. 3. sg. εἴξασκε, dor. conj. praes. 3. pl. εἴκωντι, **weichen**, d. i. • 1) eigentl. **zurückgehen**, (ὀπίσσω) τινί vor jmdm., u. τινός, selten ἔκ τινος aus od. von etwas **weichen** od. weggehen, χάρμης aus dem Kampfe Hom.; εἶξαν machten Platz Od. 2, 14; τινὶ (τῆς ὁδοῦ), jmdm. aus dem Wege gehen, μῆτίν τινι einem den Groll erlassen • 2) übertr. • a) **nachstehen**, geringer sein, τινί τι, πόδεσσι im Schnelllauf Hom. • b) vom Körper od. Geist: α) **nachgeben**, nicht widerstehen können, überh. nachgeben, weichen, κακοῖς der Not; θυμῷ, ὕβρει seine Zügel schießen, sich hinreißen lassen; τῇ πενίῃ sich durch Armut verleiten lassen; β) folgen, Folge leisten (einer Einladung); sich hingeben, τινί, z. B. τῇ ἡλικίῃ seinen Jugendneigungen folgen Hdt. • 3) **überlassen**, gestatten, εἶξαι ἡνία ἵππῳ, selten mit Inf. διώκειν, daß er es weitertreibe Hom.

II. **εἴκω**, gleichen, scheinen (St. Ϝεικ: Ϝικ, wovon ἔοικα, s. d.), nur Impf. 3. sing. εἶκε es schien gut, passend, τινί m. Inf., Il. 18, 520.

III. **εἴκω**, äol. poet. = ἥκω.

εἰκών, όνος, usw., u. von **εἰκώ**: εἰκοῦς, Acc. εἰκώ, Acc. plur. εἰκούς, ἡ (St. Ϝικ, im II. εἴκω, s. ἔοικα), Abbild, Bildnis, Statue, überh. Bild, z. B. ἀψύχους εἰκόνας ἀγαλμάτων, übertr. Gleichnis, Vergleichung, Vorstellung, Ebenbild.

εἰκώς, s. ἔοικα.

εἰλαδόν (εἴλη, ἴλη), Adv. ion. = ἰλαδόν.

εἰλαπινάζω (εἰλαπίνη), ep. poet. (nur Präs.) schmausen. Davon

εἰλαπιναστής, οῦ, ὁ, ep. Tischgenosse.

εἰλαπίνη, ἡ, ep. u. poet. Trinkgelag (später συμπόσιον), überh. Festschmaus.

εἶλαρ, τό (εἴλω), eigentl. Pferch, ep. nur Nom. u. Akk. Bedeckung, Schutzwehr.

εἰλ-άρχης, ου, ὁ, sp. Reiteroberst, von εἴλη, s. ἴλη.

εἰλάτινος, ep. poet. st. ἐλάτινος, w. s.

εἰλεγμένος, auserlesen, von I. λέγω, s. d.

Εἰλείθυια, ion. -θυίη, ἡ Geburtsgöttin, Tochter

des Zeus u. der Hera, später eins mit Artemis. Bei Hom. meist im Plur.

εἰλεός, ὁ, **1)** Darmverschlingung, *ileus.* **2)** buk. (var. zu ἰλεός), Schlupfwinkel, Loch.

εἰλέω, buk. **εἰλέω,** s. εἴλω.

εἴλη, ἡ (vgl. ἴλη), Haufe, Rotte, Schar.

εἴλη, ἡ, Sonnenwärme.

εἰληθερέομαι, sp. sich sonnen.

Εἰλήθυια, sp. = Εἰλείθυια.

εἴλησις, ἡ, Sonnenhitze.

εἴληχα, εἴλημμαι, s. λαγχάνω.

εἰλιγγιάω (sp. ἰλ.), vom Schwindel befallen werden, schwindlig werden, taumeln. Von

εἴλιγγος, ὁ, sp. ἴλιγγος (W. Ϝελ in εἴλω), das Drehen, der Wirbel, Schwindel, auch Plur.

εἰλικρίνεια, ἡ, sp. u. N. T. Reinheit.

εἰλικρινέω, sp. reinigen, säubern.

εἰλι- u. **εἰλι-κρινής,** 2., Adv. **-ῶς** (εἴλη, ἡ, Sonnenlicht), **a)** sonnenklar, offenbar, deutlich. **b)** echt, lauter, rein, tadellos.

εἰλικτός, s. ἑλικτός.

εἰλί-πους, ποδος, ὁ, ἡ, ep. u. buk. (nur Dat. u. Acc. plur.) eigentl. die Füße (nicht wie die Pferde hebend, ἀερσίποδες, sondern sie) schleppend, fußschleppend od. schleppfüßig, öfter neben ἕλιξ (s. d.), Beiw. d. Rinder.

εἰλίσσω (aus ἑϜελίσσω), **εἰλίχατο** u. ähnl., s. ἑλίσσω.

εἰλι-τενής, 2. buk. wuchernd.

εἴλλω, att. Nbf. zu εἰλέω, εἴλω (s. d.), ἴλλω.

εἰλο-θερής, 2. poet. sonnengebräunt.

εἰλόπεδον, τό, ep. Sonnenplatz (v. εἴλη), die Abteilung des Weingartens, wo man die Trauben an den Stöcken dörren ließ; gekeltert gaben sie dann einen besonders starken Wein (Rosinenwein).

εἴλυμα, ατος, τό (εἰλύω), ep. poet. Wickeltuch, Einschlagetuch, Hülle.

εἰλυφάζω, ep., u. ep. **εἰλυφάω,** Part. εἰλυφάων, -όων, wirbeln, aufwirbeln. Von

εἰλύω (St. Ϝελ, lat. *volvo*, vgl. εἴλω), ep. u. poet., Fut. εἰλύσω, Perf. pass. εἴλυμαι, aber 3. plur. εἰλύαται, Plqpf. εἴλυτο, eig. winden, **1)** umhüllen, bedecken. **2)** Med. sich schleppen, mühsam gehen.

(εἴλω) (Ϝελ-, slav. *valjati* walken, vgl. ἅλις, οὖλαμος), att. **εἰλέω,** regelm., im Präs. auch **εἴλλω** (ἴλλω), ep. εἴλω, Aor. 1. act. ἔλσα, inf. ἔλσαι u. ἐέλσαι, Perf. pass. ἔελμαι, Aor. pass. ἐάλην[ᾰ], 3. pl. ἄλεν, inf. ἀλῆναι u. ἀλήμεναι, part. ἀλείς, ion. Part. praes. act. εἰλεῦντα, Med. Impf. εἰλεῦντο, **zusammendrängen** • **I) Akt.** • **1)** zusammentreiben, **bedrängen,** ὁμοῦ εἰλ. zusammenjagen Od. 11, 573 • **2)** hineindrängen, **einengen;** einsperren, **α)** einschließen, bergen • **β)** überh. ab-, zurückhalten, hindern • **3)** nach Hom. **sammeln** στρατόν • **II) Pass.** • **1) sich sammeln.** zusammenlaufen, sich herumwinden, sich herumtreiben; von Sternen: kreisen • **2)** sich zusammenziehen, **zusammenkrümmen,** ὑπό τινι unter etwas, ἀλείς geduckt, dann vom Krieger: (zur Abwehr) gefaßt, od. von den Schlangen: sich herumschlängeln, ἐν ποσί vor den Füßen, in der Nähe.

εἴλως, ωτος, u. **εἰλώτης,** ου, ὁ, Fem. sp. εἰλωτίς, ίδος, ἡ, Staatssklaven der Spartaner, die aber allein wohnten u. den einzelnen nur zur Nutzung überlassen waren, also von ihnen weder getötet, noch verkauft, noch freigelassen werden konnten, hie u. da auch mit rhetor. Übertreibung v. Lakedämoniern gebraucht, die keine Spartiaten waren, Isokr. 4, 111. Dav.

εἰλωτεύω, Helote sein, überh. als Leibeigener dienen, τινί einem.

εἰλωτικός, 3. sp. helotisch.

εἷμα, ατος, τό (ἕννυμι, für Ϝέσμα, äol. Ϝέμμα, vgl. ἱμάτιον), nicht in att. Pr., Anzug, Kleid, Gewand, bes. Obergewand, Decke, im Plur. der ganze [Anzug.

εἱμαρμένη u. **εἵμαρται,** s. μείρομαι, 3.

εἱμαρτός, 3. (μείρομαι, 3), sp. durchs Schicksal bestimmt.

εἱματοφθορέω, poet. Kleider vernichten.

εἰμί (St. ἐς, also für ἐσμί, vgl. ἐσ-τί, lat. *es-t, es-se, i-st*), Formen: episch Präs. Ind. 2. sing. εἷς (εἴς) u. ἐσσί, 1. pl. εἰμέν (auch ion.), 3. pl. ἔασι, Konj. (auch ion.) ἔω, ἔῃς usf., ferner 1. sg. εἴω, 3. sg. ἔῃσιν u. ᾔσιν, Opt. (auch ion.) ἔοις, ἔοι, u. 2. pl. εἶτε, Imper. 2. sg. ἔσσ' (d. i. ἔσσο), Inf. ἔμ(μ)εναι u. ἔμ(μ)εν, Part. (auch ion.) ἐών, ἐοῦσα, ἐόν, Impf. 1. sg. ἔα (auch ion.), ἦα, ἔον, iter. ἔσκον, 2. sg. ἔησθα, 3. sg. ἔην (auch ion.), ἤην (am Versanfang), ἦεν u. iter. ἔσκε, 3. pl. ἔσαν (auch ion.), Fut. ἔσσομαι, ἔσσεαι usf., 3. sg. ἔσ(σ)εται u. ἐσσεῖται, ferner ion. Impf. 2. sg. ἔας, 2. pl. ἔατε, poet. Präs. 1. pl. ἐμέν(?), dorisch Präs. 3. pl. ἐντί, conj. ἔωντι, Inf. ἦμεν u. εἶμεν, buk. Impf. 3. sg. ἧς, Fut. ἐσσοῦμαι, ἐσσεῖται, u. N. T. Präs. imper. 3. sg. ἤτω, Impf. 1. sg. ἤμην, 2. sg. ἧς, 1. pl. ἤμεθα. — Enklitisch ist v. εἰμί als Kopula der Indic. praes. außer εἶ. Als Verbum substantivum, zu Anfang eines Satzes od. unmittelbar nach οὐκ, καί, εἰ, ὡς u. dem elidierten ἀλλ', τοῦτ' (ταῦτ') wird es betont. Es bedeutet **sein,** und zwar

I) als **Begriffswort** (verbum substantivum) existieren, **vorhanden sein,** leben, bestehen, der Fall sein, sich ereignen, sich verhalten, sich aufhalten, τί ἔστιν; was gibts? οὐκ ἔστι das sei ferne, unmöglich, τὴν οὖσαν ἡμέραν am selbigen Tage, οὐδὲν εἶναι von keiner Bedeutung sein, ὁ οὐδὲν ὤν der nichts ist oder gilt, οἱ ἐσόμενοι die Nachwelt, τὸ ὄν das Seiende, das Ding an sich, τὰ ὄντα die (vorhandenen) Dinge, die Habe, τά τ' ἐόντα τά τ' ἐσσόμενα πρό τ' ἐόντα die Gegenwart, Zukunft u. Vergangenheit. Insbes. stehen • **1)** Adv. τῷ ὄντι in der Tat, auch mit dem Artik. ὁ, ἡ τῷ ὄντι der, die Wirkliche • **2)** als Adj. ἔστιν ὅς, ἦν ὅ τι, εἰσὶν οἵ, οἵτινες *sunt qui.* Auch im Plur. u. Cass. obliq. ἔστιν οἵ, ἅ, ὧν, οὕστινας, ἔστι παρ' οἷς usw., in der Frage ἔστιν οἵτινες u. ἔστιν ὅτου ἕνεκα es ist Grund vorhanden, weshalb • **3)** ähnl. mit Konj. u. Adv.: ἔστιν ὅτε zuweilen, ἔστιν ἔνθα irgendwo, ἔστι που da u. dort, οὐκ ἔσθ' ὅπου od. ὅπως (u. poet. οὐκ ἔσθ' ὡς) in keinem Falle; οὐκ ἔσθ' ὅπως οὐ jedenfalls, unter allen Umständen. Dagegen ἔστι περὶ ἔνια ὥστε es tritt bei einigen der Fall ein, daß • **4)** ἔστι mit Inf., der zuweilen zu ergänzen ist, bisw. auch mit ὥστε steht, auch mit folg. Akk. u. Dat. m. Inf., es ist möglich, erlaubt, man kann, u. εἴη ἄν es wäre wohl möglich. So auch der Inf. u. Imper., ἔστω ἐπισκοπεῖν das bleibe die Aufgabe einer Untersuchung.

II) Als **Kopula** zur Verbindung des Subj. mit dem Prädikat, sein, **bedeuten, heißen,** gelten, geschehen, entstehen. Part. dient oft zur Umschreibung des Verb. fin.; bei Adjj. u. Substt. häufig nur mit als zu geben.

Als nähere Bestimmungen zu εἶναι treten hinzu • **1) Advv.** teils als Adjj., wo diese fehlen, teils um einen Zustand anzuzeigen, z. B. οὕτως, καλῶς ἐστι • **2) Nomina** u. zwar • **a)** im **Genet.**: von einem oder aus etwas abstammen, aus etwas entstehen, aus etwas bestehen, mit etwas versehen sein, ἄλλοτε ἄλλων ἐστὶ λόγων er spricht bald so bald so; ferner: zu etwas od. einem gehören, dah. auch in jmds. Gewalt sein, einer Sache od. Person ergeben sein, οὐδετέρων ὄντες = neutral; endlich: jmds. Sache, Pflicht, Art sein, oft durch können, pflegen, müssen zu übersetzen. Ähnlich bei Präpp.: α) ἀπό τινος εἶναι aus etwas entspringen, oder auch von jmdm. entfernt sein, ihn verlassen. β) διά τινος εἶναι durch u. durch in etwas sein, διὰ φόβου in Furcht sein, διὰ τοῦ σώματός εἰσιν beruhen durch u. durch auf dem Körper, διὰ πάντων ἦν ὡς das Gerücht war allgemein, daß. γ) ἔκ τινος von einem geboren sein, aus etwas bestehen, zu etwas gehören. δ) μετά τινος auf jmds. Seite sein. ε) παρά τινος von jmdm. gekommen sein. ζ) περί τινος sich worauf beziehen. η) πρός τινος auf jmds. Seite sein, ἐάν τι ἡμῖν πρὸς λόγου ᾖ wenn es zu unserm Zwecke dient; doch auch einem eigentümlich sein, im Charakter liegen • **b)** im **Dativ:** es ist mir od. für mich etwas, ich habe, besitze, es wird mir zuteil. Oft steht bei diesem Dat. ein Part., ἐμοὶ ἀσμένῳ ἐστί, ἔστι μοι βουλομένῳ. Ähnlich bei Präpositionen: α) ἀμφί τινι einen betreffen. β) ἐν ἀξιώματι εἶναι angesehen sein u. zwar ὑπό τινος bei jmdm., οἱ ἐν τέλει ὄντες die Obrigkeit, ἐν σοὶ ἐσμέν auf dich setzen wir unsere Hoffnung. γ) ἐπί τινι nahe bei etwas sein, sich mit etwas beschäftigen, in jmds. Gewalt, bei jmdm. stehen, für etwas sein, ἐπὶ μάντεσιν von den Wahrsagern abhängen. δ) παρά τινι bei jmdm. sein, τὰ παρ' ἡμῖν νῦν ὄντα unsere jetzige Lage. ε) πρός τινι an od. bei etwas sein, mit etwas beschäftigt sein, ὅλος πρὸς τῷ εἰρημένῳ λόγῳ ganz vertieft in die Darstellung. ζ) σύν τινι bei jmdm. sein, ihn unterstützen, u. von Sachen: wozu beitragen, σὺν τοῖς ὀρθοῖς λεγομένοις εἶναι in der Richtigkeit der Rede bestehen. η) ὑπό τινι unter jmdm. stehen • **c)** im **Akkus.** mit den Präpp. α) ἀμφί τι mit etwas beschäftigt sein. β) ἐπί τι sich auf etwas erstrecken, ἐπί τινα gegen einen sein. γ) κατά τι in einem Zustande sein, κατά τινα zu jmdm. gekommen sein. δ) παρά τινα bei jmdm. sein, ihn betreffen. ε) περί τι mit etwas beschäftigt sein, sich auf etwas beziehen. ζ) πρός τινα mit einem zu tun haben, sich gegen ihn betragen, auf seine Seite treten, εἶναί τι πρός τι etwas zu etwas beitragen. η) ὑπό τινα unter einem stehen.

III) Pleonastisch • **a)** ἑκὼν εἶναι gern, freiwillig, τὸ ἐπ' ἐμοὶ εἶναι soviel an mir liegt, τὸ κατὰ τοῦτον εἶναι soviel auf diesen ankommt, was diesen betrifft, κατὰ τοῦτο εἶναι überhaupt, τὸ νῦν εἶναι im jetzigen Augenblick • **b)** nach den Verbis nennen, ernennen, erwählen, machen, und nach δίδωμι.

εἶμι (St. εἰ : ἰ, lat. *e-o, ī-mus, īre, ĭter*), episch (und ion.) Präs. ind. 2. sg. εἶς u. εἶσθα, conj. 2. sg. ἴῃσθα, 3. sg. ἴῃσιν, 1. pl. ἴομεν (zuw. ῑ, meist ῐ), opt. ἰείη, inf. ἴ(μ)μεναι, Impf. 1. sg. ᾖα (auch ion.) u. ἤιον, 2. sg. ἤιες u. ἴες, 3. sg. ἤιεν (auch ion.), ᾖε(ν), ἴε(ν), 3. du. ἠείτην, ᾔτην, ἴτην, 1. pl. ᾔειμεν, ᾖομεν, 3. pl. ἤισαν (auch ion.), ᾖεσαν, ἤιον, ἴσαν, Fut. εἴσομαι, Aor. εἰσάμην u. ἐεισάμην, dazu sp. imper. ἰέτω **sich in Bewegung setzen,**

I) gehen, *ire*, im Indic. praes. fast regelmäßig: gehen werden, u. so auch kommen, wandern, reisen, mit ἀντίον, ἄντα, auch ἀντίος, ὁμόσε τινί, *obviam eo*, entgegen-, auf einen losgehen, bes. feindlich. Imper.: α) fort damit, fahr hin. β) er mag (unverletzt) gehen, das mag gehen (wie Gott will), meinetwegen. γ) bei Aufforderungen (ἴθι u. ἴτω), auf! wohlan! Konstr. wurde ἰέναι • **1)** mit dem **Akk.** des Ziels (poet.), z. B. οἴκους in das Haus, χορόν zu dem Reigen, ὁδόν einen Weg, auch im übertr. Sinne, od. mit weggel. ὁδόν, τὴν ὀρεινήν den Weg durch die Berge gehen • **2)** mit dem **Gen.** ep. πεδίοιο durchs Gefilde hin • **3)** mit **Dat.** im übertr. Sinne, *aggredior*, vom Morde, jmdn. bedrohen, od. im guten Sinne: jmdm. zufließen • **4)** mit **Präpp.** • **a)** διά τινος durch etwas hingehen, διὰ τῶν ὁδῶν über die Straße; übertr. διὰ τύχης in dem Zustande sein, διὰ μάχης sich zur Schlacht stellen, διὰ δίκης, διὰ πολέμου ἰέναι τινί u. πρός τινα im Streit, im Krieg mit einem sein, od. διὰ φιλίας τινί einem mit Freundschaft begegnen • **b)** ἔκ τινος aus etwas heraus- od. hervorkommen, übertr. κοινὰ ἐξ ἀμφοῖν ἴῃ d. i. vorwärts schreiten, wohl vonstatten gehen • **c)** εἴς τι u. εἴς τινα wohin od. zu jmdm. kommen, gehen, in etwas eintreten; übertr. ἔς τι zu etwas schreiten, etwas beginnen, ἐς χεῖρας ins Bereich, zum Handgemenge kommen, εἰς τοὐμφανές zum Vorschein kommen, ἐς ἀμφίλογον, ἐς ἀπιστίαν zweifelhaft, unglaublich sein, ἐς τὰ παραγγελλόμενα den Befehlen nachkommen, ἐς λόγους τινί mit jmdm. in Unterhandlung treten • **d)** ἐπί τι an einen Ort gehen, ἐπὶ δόρπον zu Tische gehen, auch nach etwas, ἐφ' ὕδωρ nach Wasser, ebenso ἐπί τινα zu jmdm. gehen, sich an ihn machen, aber auch feindlich auf einen losgehen, gegen jmdn. ins Feld rücken. Übertr. zu etwas schreiten, z. B. ἐπὶ τὰ πράγματα, von der Rede: zu etwas übergehen, doch auch feindlich auf etwas losgehen, z. B. ἐπὶ τὰν φάτιν auf den Ruhm jmds. Oft auch ἐπί τινι, ἐπὶ πολέμῳ zum Kriege, ἐπὶ κακῷ in feindlicher Absicht, ἐπὶ τῷ ὀνόματι in der Meinung, ἐπ' εὐτυχίᾳ geht glücklich! • **e)** κατά τι in etw. umhergehen, sonst: auf etw. ausgehen, auf etw. bedacht sein, dag. κατὰ ἀσφάλειαν in Sicherheit marschieren • **f)** μετά τινι zu jmdm., bes. unter eine Menge gehen • **g)** *παρά τινα* zu jmdm. gehen od. kommen, aber *παρά τι* an etw. hin • **h)** *πρός τινα* od. *τι* zu jmdm. od. an einen Ort gehen, doch auch auf jmdn. losgehen, wo man auch *πρός τινος* sagte; übertr. *πρός τι* etwas unternehmen, bis zu etwas gelangen • **i)** *ὥς τινα* zu jmdm. gehen, *ὡς ἀλλήλους* hin u. her gehen • **5)** mit **Inf.** od. öfter **Part. Fut.** gehen, um etwas zu tun.

II) von **andern Bewegungen** z. B. • **1)** vom Fluge der Vögel u. Bienen • **2)** von der Bewegung lebloser Dinge, vom Schiff, Rauch, Sturm usw.; von Waffen: **hindurchdringen;** von der Zeit: *ἔτος τέταρτον, ἠώς*; vom Gesange: ertönen, dem Gerüchte: sich verbreiten, von Ereignissen: ablaufen, mit *εἴς τινα* jmdn. treffen, gegen jmdn. heranziehen, od. *πρός τι*, z. B. *πρὸς καιρόν* gedeihen zur Stunde.

εἰν, s. *ἐν*.

εἰνά-ετες, ep. Adv. (*ἐννέᾰ, ἔτος*), neun Jahre lang, [neunjährig.

εἰνάκις, ep. Adv. st. *ἐνάκις* (*ἐνν.*), neunmal.

εἰνακόσιοι, *αι, α*, ion. st. *ἐνακ.*, neunhundert.

εἰνάλιος, s. *ἐνάλιος*.

εἰνά-νυχες, ep. Adv. (*ἐννέα*), neun Nächte lang.

εἰνάτερες, *αἱ* (lat. *ianitr-ī-c-es*), ep. die Frauen der Mannesbrüder, die Schwägerinnen (vom Standpunkt der Frau gesagt).

εἴνατος, s. *ἔνατος*.

εἵνεκα, s. *ἕνεκα*. **εἰνί,** s. *ἐν*.

εἰνόδιος, s. *ἐνόδιος*. **εἰνοσί-γαιος,** s. *ἐννοσίγ.*

εἰνοσί-φυλλος [*ῐ*], 2. (*ἔνοσις*), ep. laubschüttelnd, waldig.

εἷο, ep. st. I. *οὗ*, w. s.

εἷος, s. *ἕως*.

εἴπερ, auch *εἴ περ* geschrieben, verstärktes *εἰ*, eigentl. wenn durchaus, wenn wirklich, wenn anders, wenn nämlich. Insb. **a)** ep. bei Gegensätzen zum Hauptsatz: wenn **auch**, wenn gleich, selbst wenn, wenn noch so sehr, mit Ind., Opt. u. Konj. **b)** *α)* mit zu ergänzendem Verbum *εἴπερ ἄρα* wenn du das tust, dah. höchstens; ähnl. *εἴπερ τις*. *β)* mit fehlendem Nachsatz: Il. 1, 580, erg.: so kann er es.

εἴ-ποθεν, auch *εἴ ποθεν* geschrieben, wenn oder ob irgend woher.

εἴ-ποθι, ep. u. poet. = *εἴπου*, elliptisch: irgendwo, wo es auch sei.

εἶπον (St. *ϝεπ* in *ϝέπος*, lat. *vox, vocare*) defekt. Aor. 2. zu *λέγω* od. *φημί*, att. mit regelmäßiger Flexion, u., wenn auch seltener, **εἶπα** (häufiger ion.), ep. *ἔειπον* (buk. *ἔειπα*), conj. 1. sg. *εἴπωμι*, 2. sg. *εἴπῃσθα*, 3. sg. *εἴπῃσι*, inf. *εἰπέμεν(αι)*, iterat. *εἴπεσκε(ν)*, u. ion. in Kompos. ein Med. *-εἰπάμην*, **sagen • 1) sprechen,** reden, abs. *ὁ εἰπών*, mit Akk., *φάτιν, λόγους μακρούς*, mit A. c. I., Inf., *ὡς, ὅτι* od. indir. Frages. od. relat. Nebens., u. mit Präpp., *εἴς τινα* vor jmdm., *μετά τισι* unter einer Menge, *φωνῇ* im Dialekt, *ἐν βραχυτέροις* sich kürzer fassen • **2)** sagen wollen, **meinen,** *τί λέγεις τοῦτο*; • **3) nennen,** *τὰς Εὐμενίδας*, von jmdm. sprechen, *ἀντιόντα* (Il. 6, 479), *εὖ*, dag. *εἰς καλόν* zur guten Stunde, *φίλως τινά* ein freundliches Lebewohl sagen; sing. die Konstr. Lys. 19, 22 *ἀποκειμένας τεσσαράκοντα μνᾶς εἰπών* sie als liegend angeben • **4) befehlen,** bejahen, den Antrag stellen, auch die Abfassung besorgen (Dem. 18, 75 unecht) • **5)** Redensarten: *ὡς εἰπεῖν* so zu sagen, *ὡς ἔπος εἰπεῖν* um das rechte, d. h. ein starkes Wort zu brauchen, förmlich, nahezu, *ὡς συνελόντι, οὐ πολλῷ λόγῳ εἰπεῖν* kurz • Der Imper. *εἰπέ μοι* wie *ἄγε* auch in der Anrede an mehrere.

εἴποτε, auch *εἴ ποτε* geschrieben, *si quando*, wenn irgend einmal, wenn je, ob einmal; mit Indik., Konj. u. Opt.

εἴ (ἤ) ποτ' ἔην γε, 'leider er war es', homerische Formel.

εἴ που, wenn irgend, wenn etwa, *si forte*.

εἴ πως, meist *εἴπως* geschrieben, wenn auf irgend eine Art, wenn etwa, ob etwa.

Εἶρα (Εἴρα), *ἡ*, die Bergfeste Ira (Hira) in Messenien.

εἶραι, *αἱ* (*ἐρεῖν*), ep. der Versammlungsort, Sammelplatz des Volkes im Lager.

εἰράνα, *ἡ*, dor. = *εἰρήνη*.

εἰργμός, *ὁ* (*εἴργω*), **1)** das Einsperren, die Einsperrung. **2)** Gefängnis. Dav.

εἰργμο-φύλαξ, *ὁ*, Kerkermeister.

εἵργω u. **εἴργω,** auch **εἵργνυμι,** *εἴργνυμι* (bes. spät), (*ἐϝεργω*), Impf. auch *ἧργον*, med. Aor. auch *ἥρξατο*, episch **ἐέργω** u. **ἐέργνυμι** mit Plqpf. 3. pl. *ἐέρχατο*, u. e. Aor. 2. **ἐεργᾰθον,** **ἔργᾰθον** u. **εἴργᾰθον** (poet.), u. ep. ion. u. poet. **ἔργω, ἔργνυμι,** Fut. *ἔρξω*, Aor. *ἔρξα*, Perf. pass. *ἔργμαι*, 3. pl. *ἔρχαται*, Plqpf. 3. pl. *ἔρχατο*, Aor. pass. *ἔρχθην* • **1) einschließen,** einsperren, verschließen, *ἐπὶ Κίρκης*, verst. *δόμῳ*. Im Pass. sich schließen, *γέφυραι ἐεργμέναι* die aufgedämmten Wälle im Fluß (and. *ἐερμέναι* die zusammengefügten); überh. festhalten, *τινά* • **2) ausschließen,** mit *ἀμφίς* auseinanderzerren, mit *ἀπό τινος* auch: abhauen, *ὅσον ἐκ νηῶν ἀπὸ πύργου τάφρος ἔεργεν* der ganze Raum, den von den Schiffen aus und von der Mauer der Graben einschloß, *θαλάσσης, γῆς* vom Meere, vom Lande ausschließen, absperren, od. *ἐκ γῆς καὶ ἐκ θαλάσσης* vom Land und von der See her einschließen; übertr. von etwas ausschließen, abhalten, entfernen, hemmen, verbieten, abs. u. *τινός, ἀπό τινος, ἔκ τινος* aus etwas, mit Part. *σὲ χαίρουσαν*, d. i. dein Entzücken hemmen, mit Adj. *ἐκεῖνον σκηνῆς ὕπαυλον* d. i. vom Zeltgehöfte, od. mit Inf. mit und ohne Art., od. *ὥστε* u. mit u. ohne *μή, μὴ οὐ*. Im Pass. auch verwahrt werden, od. (Med.) sich enthalten, wegbleiben • **3)** überh. **einengen,** drängen, *ἐπί τι* an etwas, **auch** *ἐκ' ἀριστερὰ λαόν*, *secerno*, das Volk (die Troer) nach der Linken hin (im Fluge) abschneidend.

εἴρερος, *ὁ* (f. *σέρϝερος*, zum II. *εἴρω*, binden, lat. *ser-ere, ser-vus*) —, ep. Gefangenschaft, Knechtschaft, *εἴρερον* in die Sklaverei.

εἰρεσία, poet. u. sp., ion. u. ep. **-ίη,** *ἡ* (*ἐρέσσω*), **1)** das Rudern, der Ruderschlag, *εἰρεσίαν* (Korr. st. *-σίας*) *ναΐ μεθεῖναι remigationem navi concedere* (*ζυγὸν ἑζόμενον occupato transtro*), aber *τὴν εἰρεσίαν ξυνέχειν* das Rudern, die Ruderer in Ordnung halten. **2)** das Ruderlied, nach dem gerudert wurde, dah. *εἰρεσίαν αὐλεῖν*. **3)** übertr. jede heftige Bewegung: das Stoßen, Wogen.

εἰρεσιώνη, ἡ (εἶρος, εἴριον), poet. u. sp. **1)** ein mit weißer Wolle umwundener und mit allerlei Früchten des Herbstes behangener Ölzweig, Erntekranz, der am 8. Pyanepsion unter Absingung von Erntesliedern herumgetragen wurde. **2)** das dabei gesungene Erntelied.

Εἰρέτρια, s. Ἐρέτρια.

εἴρηκα, εἴρημαι, s. I. εἴρω, 1.

εἰρήν (oft εἴρην od. ἰρήν, ἴρην geschr., verw. mit ἄρσην), eigentl. mannbar, dah. Bezeichnung des spartanischen Jünglings von 20 Jahren, wo er teils über jüngere die Aufsicht führen, teils im Krieg eine kleine Abteilung befehligen durfte.

εἰρηναῖος, 3., Adv. **-αίως** (ion.), friedlich, *τινί* gegen jmdn. Dav. als Subst. *τὰ εἰρηναῖα* (*γέρεα*), Ehrengaben im Frieden.

εἰρηνεύω, Frieden halten, im Frieden leben. Von

εἰρήνη, dor. **-να,** ἡ, **1) Frieden, Friedenszeit,** *πολλὴ εἰρ.* tiefer Fr. Xen. **2)** überh. Ruhe, *ἐν εἰρήνῃ λέγειν* ruhig sagen. **3) Friedensvertrag,** *ὑπὸ τὴν εἰρήνην* zur Zeit des Friedensabschlusses; *εἰρήνην ποιεῖσθαι* schließen, *ποιεῖν τινι καί τινι* Frieden stiften, errichten, *πράττειν* zustande bringen, *ἐπιτελεῖν* vollziehen, *πρεσβεύειν* ihn als Gesandter unterhandeln, *ἄγειν, τηρεῖν, διαφυλάττειν* halten, *καταλείπειν* im Frieden abziehen.

Εἰρήνη, ἡ, Tochter des Zeus u. der Themis, eine der Horen; später Friedensgöttin mit Altar und Standbild in Athen seit 449 v. Chr.

εἰρηνικός, 3. den Frieden betreffend, friedlich, friedliebend, leidenschaftslos, *εἰρηνικὰ φρονεῖν* friedlich gesinnt sein.

εἰρηνοποιέω, sp. Frieden machen. Von

εἰρηνο-ποιός, 2. friedfertig, aber als Subst. der Friedensunterhändler, Friedensvermittler.

εἰρίνεος, 2. ion. st. ἐρεοῦς, von Wolle, wollen.

εἴριον, τό, ep. u. ion. (att. ἔριον, vgl. εἶρος), Wolle, häufig im Plur.; *εἴρια ἀπὸ ξύλου* Baumwolle.

εἰρκτή, ἡ, ion. ἑρκτή (εἴργω), Verschluß, **1)** Gehege, Gefängnis; *ἐς τὴν εἰρκτὴν ἐσπίπτειν* ins G. geworfen werden. **2)** das Frauengemach.

Εἰρκτή, sp. Ἑρκτή, Bergfeste auf Sizilien, Ew. Ἕρκται; **Εἰρκταί,** Ort in Argos.

εἰρμός, ὁ (II. εἴρω), sp. Anreihung, Verbindung, Verknüpfung.

εἰρο-κόμος, 2. (κομέω), ep. Wolle bearbeitend, spinnend.

εἰρο-πόκος, 2. ep. wollschürig, wollig.

εἶρος, εος, τό, ep. (aus ϝέρϝος, vgl. lat. *vervex,* Widder). Wolle.

Εἶρος, Gebirge in Indien, bei Krokala.

εἰρύομαι, nur εἰρυόμεσθα Φ 588, Präs. mit Futurbedtg.: wir werden beschützen, vgl. ἔρυμαι u. ἐρύομαι, 1.

I. **εἴρω** • **1)** Akt. u. Pass. (St. ϝερ, lat. *verbum,* d. *Wort*), Präs. u. Impf. nur ep. poet. u. ion.; Fut. ἐρῶ, Perf. act. εἴρηκα, εἰρήκειν, pass. εἴρημαι, εἰρήμην, Fut. 3. εἰρήσομαι, Aor. pass. ἐρρήθην, Fut. pass. ῥηθήσομαι, Adj. verb. ῥητός, ῥητέον, mit den Nbf. Fut. ep. u. ion. ἐρέω, Perf. pass. 3. pl. ion. εἰρέαται, Aor. pass. ion. εἰρέθην, N. T. u. sp. ἐρρέθην **sagen** • **a)** reden, **erzählen,** *ἐπί τινι* auf jmdn. eine Grabrede halten, *ὡς ἐν αὐτοῖς ἡμῖν εἰρῆσθαι* unter uns gesagt, *πάλιν* widersprechen Hom. • **b) ansagen** *φόως,* befehlen, verkünden, zusichern • **2)** Med. **εἴρομαι,** Präs. u. Impf. (εἰρόμην usf.) nur ep. u. ion., dagegen Fut. ἐρήσομαι u. Aor. ἠρόμην (ἔρωμαι, ἐροίμην, ἐρέσθαι) allgemein griech. mit den ep. Nbff. Fut. εἰρήσομαι, Aor. imper. ἔρειο = ἐροῦ, inf. auch ἔρεσθαι betont; sich etw. sagen lassen, **fragen;** *τινά τι* jmdn. nach etwas, *κήδεα* nach ihren Lieben, *τινὰ δίκας* sich von jmd. Recht sprechen lassen; nachsuchen Hom.

II. **εἴρω** (St. σερ, lat. *sero, series, ser-mo, sertum*), ep., nur Part. perf. pass. ἐερμένος, (poet. auch εἰρμένος), Plqpf. ἔερτο, **reihen** an etw., anfügen, zusammenknüpfen, verbinden, *εἰρμένος πλόκος* festgeknüpft; *ἐερμένος τινί* besetzt mit etwas, gereiht.

εἴρων, ωνος, ὁ (urspr. Part. act. zu εἴρομαι), der Frager, Schalk, der sich unwissend stellt, oder überhaupt sich verstellt.

εἰρωνεία, ἡ, **Verstellung,** Ausflucht, u. zwar insbes **a)** Mangel an Ernst, Vorwand, unter dem man sich seiner Schuldigkeit entzieht, gleich als ob sie über die eigenen Kräfte ginge. **b)** in Reden: der Anschein von Unwissenheit, den man sich gibt, um andere dadurch zu fangen od. zu verspotten. **c)** als rhetor. Figur: Äußerung des Gegenteils von dem, was man meint. **d)** sp. Scheinheiligkeit, Heuchelei.

εἰρωνεύομαι (εἴρων), Dep. med., sich im Reden verstellen, es anders meinen, als man sagt, spotten.

εἰρωνικῶς, Adv. verstellt, ironisch, spöttisch.

εἰρωτάω, ep. ion. poet., u. **εἰρωτέω,** ion. = ἐρωτάω.

εἰς, ion., dor. u. altatt. ἐς, (aus ἐν-ς zu ἐν *in*) bei Hom. nur aus metr. Gründen εἰς u., wenn selbständig od. nach einem Beziehungswort in Anastrophe stehend, auch betont εἴς u. ἔς, Praep. b. Akk. **in — hinein, nach.**

I) örtlich • **1)** in Verbindung mit Verben der Bewegung zur Angabe des Zieles: **nach — hin, zu — hin,** auch bei Ländern u. ihren Bewohnern, *εἰς Καρδούχους, ἐς Ἕλληνας τελεῖν,* poet. auch von Einzelpersonen, *ἐλθὼν ἐς δέσποιναν*; vereinzelt: *ἐς βασιλέα* Thuk. 1, 137; ähnl. bei Versammlungen u. dgl. bei den Verben „reden, erscheinen" usw., *ἰόντες εἰς ὑμᾶς, εἰς τὸν δῆμον παρελθεῖν* vor d. V. auftreten, *αἱ ἐς τὸ φάνερον λεγόμεναι αἰτίαι* die öffentlich angegebenen Ursachen, *ἀποδῦναι ἐς τὸ φανερόν* vor dem Angesichte des Publikums, ähnl. *ἐς ἀνθρώπους οὐκ ἄγνωστον*; sehr häufig in Verbindungen wie *εἰς Ἀΐδαο* d. h. *δόμον,* sogar Od. 4, 581 *εἰς Αἰγύπτοιο* d. h. *ποταμόν* • **2)** in Verbindung mit Verben, die das Ergebnis einer Bewegung bezeichnen: **in** (statt *ἐν*) *παρεῖναι εἰς τόπον, κατειληθῆναι ἐς Μέμφιν* in M. eingeschlossen werden; brachylog. auch bei Verben, die nur den Anfang einer Bewegung angeben: *τὴν πόλιν ἐξέλιπον εἰς χωρίον ὀχυρόν, εἰς ἀνάγκην κείμεθα* wir sind in die Notwendigkeit versetzt; ähnl. *εἰς δόμους μένειν* d. h. hineingegangen sein, um drin zu bleiben, und so auch *ὄντα εἰς τὸ δωμάτιον* (pleonastisch steht es in *εἰς ἄλαδε*), *μὴ ἐς ὀλίγους οἰκεῖν* eine Verfassung haben, wo die Gewalt nicht in die Hände weniger gegeben ist • **3)** übertr. auch von Zuständen, *εἰς φόβον ἐλθεῖν.*

II) zeitlich • **1)** mit Bezug auf einen bestimmten Zeitpunkt: **bis,** gegen: *ἐς ἥλιον καταδύντα* gegen Sonnenuntergang, *ἐς ἐμέ* bis auf meine Zeit; *ἐς τί* bis wozu od. wie lange? *ἐς ὅ* ion. bis daß, u. so auch ion. *ἐς οὗ, ἐς τόδε, εἰς ὅτε* bis dahin wann, bis daß, *ἐς πότε*; bis wann? • **2)** zur Bezeichnung zeitlicher Erstreckung: **über — hin,** bis in — hin: *εἰς ἐνιαυτόν, ἐς θέρος, ἐς τρίτην (ἡμέραν)* übermorgen, *ἐς τὸ ὕστερον* u. mit Adv. *ἐς ὀπίσω, εἰς ἔπειτα, εἰς ἅπαξ* ein für allemal od. sogleich, doch auch distributiv *ἐς ἔτος* jährlich, *ἐς τέλος* endlich.

III) übertr. • **1)** zur Angabe des Zweckes od. d. Absicht: **zum Zwecke, zu,** *ἐς ὅ* weshalb, *οὐκ ἄμορφος εἶ ὡς εἰς γυναῖκας* du bist nicht häßlich, um auf Weiber Jagd zu machen, *ἐς μίαν* (verst. *βουλήν*) *βουλεύειν*, eigentl. so daß wir einstimmig werden, *οὐκ ἐς ἀναβολάς* (*ἀμβολάς*) ohne Verzug • **2)** zu Angabe der Beziehung: **in Beziehung, Hinsicht auf,** *διαβάλλειν τινὰ εἴς τι* einen wegen etwas verdächtigen, doch heißt *μέμφεσθαι εἰς φιλίαν* auch: in Betracht der Freundschaft tadeln, *ἐς τὰ ἄλλα* in andrer, *εἰς ἅπαντα* in jeder Hinsicht, *τὸ πᾶν ποιεῖν ἔς τινα* alles tun in bezug auf einen, d. i. alles in einem vornehmen, *δέος εἴς τινα,* und *εἴς τι* in bezug auf etwas, *εἰς χρήματα* in Geldsachen, *δόξα εἰς ἀνδρειότητα,* u. bei *λέγειν* und ähnl. auch über (eigtl. in bezug auf) einen oder etwas, auch zum Behuf für etwas, für, *τὸ εἰς ἐμέ* was mich betrifft, *ἐς ἀριθμόν* der Zahl nach • **3)** zur Bezeichnung von Maß u. Grad, Art u. Weise: *ἐς δίσκουρα* bis auf Diskoswurfweite, *εἰς ἕνα* einen Mann hoch, *ἐς τὰ μέγιστα, ἐς τὰ μάλιστα* im höchsten Grad, höchstens, *ἐς ὅ* soweit, *ἐς πλῆθος* in Menge • **4)** bei Zahlangaben: **a)** gegen, ungefähr, **etwa,** *εἰς τοὺς δισχιλίους* gegen zweitausend, **b)** distributiv: **je:** *εἰς πόσους*; wie viele Glieder tief? wie tief? *εἰς ἑκατόν* je hundert, *ἐς τρίς* dreimal.

IV) Besondere Verbindungen: *ἐς τὸ ἀκριβὲς εἰπεῖν*, d. i. genau, *ἐς ὀρθόν* aufrecht, *εἰς κάλλος* anständig, *εἰς δύναμιν* nach Kräften, *ἐς τὸ βαρβαρικόν* nach der Weise der Barbaren.

V) In **Zusammensetzungen** heißt es: hinein, hinan, hinzu.

εἷς, *μία, ἕν,* (Wz. *sem, sm,* lat. *semel, σεμ-ς = ἑνς = εἷς, σμ-ία = μία, σεμ = ἕν*) • **1) einer,** eine, eines, *εἷς μὲν — εἷς δέ* der eine, der andere, selten mit *μόνος* verbunden, auch allein in dem Sinne: nur ein, der einzige, Xen. Cyr. 4, 1, 17, od. mit *ὁ πρῶτος* der erste beste. Mitunter wie das lat. *iustissimus unus*, beim Superl. od. bei *οὐδείς* kein einziger, *μάλιστα μίαν πόλιν ἀδικεῖν* das größte Unrecht, das man einem Staat zufügen kann, *πλεῖστα εἷς ἀνὴρ δυνάμενος ὠφελεῖν* mehr als je ein Mann zu nützen vermögend. *εἷς τινι = ὁ αὐτός τινι* • Adverb. steht *εἰς ἕν* zusammen, *ἐς μίαν* verst. *βουλήν* einstimmig (s. unter *εἰς*), *ἐκ μιᾶς* verst. *μητρός, καθ' ἕν* je eins, einzeln, dah. *καθ' ἕνα* jeder für sich u. dann = *singuli*, aber *καθ' ἓν γίγνεσθαι* sich vereinigen, u. *εἰς ἕνα* einen Mann hoch, bes. bei *ἕκαστος*, u. *ἓν πρὸς ἕν* einzeln genommen • **2)** als Pronom. = *aliquis, -qua, -quid,* einer, oft mit *τίς* (nur ein einziger) u. *ἕκαστος* (ein jeder), jeder einzelne, *unusquisque*.

εἷς, ep., s. *εἰμί* u. *εἶμι*.

εἰσ- u. ***ἐσαγγελεύς,*** *έως*, ion. *έος*, *ὁ* (-*έλλω*), ion. u. sp. der anmeldende Hofbeamte (Kammerherr) beim pers. König.

εἰσαγγελία, *ἡ*, Anzeige, peinliche Anklage wegen verletzter Staatsinteressen oder überh. bei Verbrechen, über deren Verfolgung keine besonderen gesetzlichen Vorschriften bestanden; sie wurde beim Rat oder Volk eingebracht, z. B. wegen Mißbrauchs des Amtes od. wegen Verrats (in Sonderfällen wegen Frevels an den Hermensäulen oder Verletzung der Mysterien). Von

εἰσ- u. ***ἐσαγγέλλω,*** **1)** hineinmelden, hineingehen u. anmelden, überh. ankündigen, melden, berichten, auch mit relat. Nebens. od. mit Part. *πρᾶσσων ἐσηγγέλλετο* es ward gemeldet, daß er unterhandle. **2)** ein peinliches Verbrechen (*τί*) oder einen Verbrecher (*τινά*) wegen verletzter Staatsinteressen beim Rat oder Volk anzeigen, auch *τινά τι*, st. *τί* auch mit folg Inf.

εἰσαγγελτικός, 3., die *εἰσαγγελία* betreffend.

εἰσ- u. ***ἐσαγείρω*** (auch in tmesi), ep. u. sp. hinein od. darin versammeln.

εἰσ- u. ***ἐσάγω,*** Impf. iterat. *ἐσάγεσκον*, Perf. sp. *εἰσαγήοχα* • **1) hineinführen,** einführen, *σῖτον* Thuk., *δόμον* bringen, *ἰατρόν τινι* rufen lassen Xen., *εἰς σπονδάς* zum Bündnis bewegen Thuk.; insbes. *γυναῖκα* heiraten auch Med. Hdt.; Med. speziell: bei sich, in eine Gemeinschaft einführen • **2)** Im bes. vor Gericht führen oder fordern, *τινά, τινός,* wegen etwas u. *τινά τινι περί τινος*, dah. **anklagen,** mit u. ohne *εἰς δικαστήριον, εἰς τὴν βουλήν, δίκην* einen Prozeß anhängig machen, spez. dem Gerichtshof präsentieren (durch den Oberrechnungshof) • **3)** in die Liste der Phratrien (*εἰς τοὺς φράτερας*) eintragen (am Apaturienfest) • **4)** auf die Bühne bringen, **darstellen,** *δράματα* übertr. Szenen aufführen. Med. *ὑποκριτάς* auftreten lassen. Dav.

εἰσαγωγεύς, *έως, ὁ*, Einleiter von Prozeßsachen im beschleunigten Verfahren, in Athen ein Ausschuß von fünf Mitgliedern.

εἰσ-αγωγή, *ἡ*, die Zuführung, Zuleitung. Dav.

εἰσαγώγιμος, 2. **1)** Akt. was zu einem gerichtlichen Verfahren führt, *δίκη* eine zulässige Klage. **2)** pass. **a)** (aus der Fremde) eingeführt, ausländisch, **b)** zugeleitet (durch Wasserleitungen).

εἰσ-αεί, auch *εἰς ἀεί* geschrieben, Adv., für immer, auch *τὸν εἰσαεὶ χρόνον* ewig. [*τινά*.

εἰσ- od. ***ἐσ-αθρέω,*** ep. u. buk. erblicken, erspähen,

εἰσ-αΐω, buk. u. sp. poet. anhören, vernehmen.

εἰσ- u. ***ἐσακοντίζω,*** die Wurfspieße darein oder darnach schleudern, Speere darunter werfen, schießen; absol., od. *ἔς τι*.

εἰσ- u. ***ἐσακούω,*** anhören, auf jmdn. hören, gehorchen, absol. u. *τινί* u. *τινός* jmdm. Gehör geben, *τί* in etwas, od. auch *τινός* von einem vernehmen, z. B. *τοσαῦτα φωνήσαντος* einen so viel sprechen hören, *ὀρθά* recht hören; auch vom Hörensagen wissen, also wissen, *τινὰ θάλλοντα* einen in voller Blüte.

εἰσ- u. **ἐσάλλομαι,** Dep. med., Aor. 1. ἐσήλατο, Aor. 2. εἰσηλόμην, inf. εἰσαλέσθαι, u. ep. Aor. ἐσᾶλτο (ἔσαλτο), hineinspringen, hinanspringen, schnell hineindringen, etwas erstürmen, übertr. τὰ δ' ἐπὶ κρατί μοι πότμος δυσκόμιστος εἰσήλατο dazu ist ein unerträgliches Verhängnis auf mein Haupt gestürzt.

εἰσ-αμείβω, poet. hineingehen, πόλιν.

εἰσ-αναβαίνω, ep. poet. (auch in tmesi), hinaufsteigen, emporklimmen, ersteigen, besteigen, τί; erg. ναῦν: sich einschiffen, Ἴλιον nach I.

εἰσ- u. **ἐσαναγκάζω,** zu etwas zwingen.

εἰσ-ανάγω, ep. sp. hineinführen, τινά τι jmdn. in.

εἰσ-ανεῖδον, ep. def. Aor. (εἶδον), nach etwas (τί) hinaufschauen.

εἰσ-άνειμι, ep. daran (τί) hinaufgehen.

εἰσ- u. **ἐσάντα,** ep., u. poet. εἰσάντᾰν, Adv., gegenüber, gerade aus, entgegen, ἰδών u. ἰδέσθαι Auge in Auge.

εἰσ-άπαν st. εἰς ἅπαν, ep. ganz u. gar, überhaupt.

εἰσ- u. **ἐσάπαξ,** Adv.. auf einmal, mit einem Male, auch: nur einmal.

εἰσ- u. **ἐσαράσσω,** ion. u. sp. hineinwerfen, auf etwas werfen.

εἰσ-αρπάζω, hineinschleppen.

εἰσ- u. **ἐσαῦθις,** Adv., auch εἰς αὖθις geschrieben, auf ein andermal, später einmal, künftig, hernach.

εἰσ-αφίημι, hineinsenden, hineinlassen.

εἰσ-αφικνέομαι, ion. **ἐσαπικνέομαι,** ep. **εἰσ-αφικάνω,** hineinkommen, hinkommen, hingelangen, τί u. τινί zu od. in etwas, τινά u. ὥς τινα zu einem, auch ein Ziel (τί) erreichen, treffen.

εἰσ- u. **ἐσβαίνω, 1)** intr., Fut. -βήσομαι, Aor. εἰσέβην, hineingehen, hineinsteigen, ins Schiff steigen, absol. od. τί u. ἐς, πρός τι in etwas; übertr. in ein Unglück (κατά) hineingeraten od. kommen, u. von Zuständen: ankommen, erfassen, τινί einen. **2)** fakt., mit Fut. εἰσβήσω, Aor. 1. εἰσέβησα, ep. u. poet. einführen, hineingehen heißen; einweihen.

εἰσ- u. **ἐσβάλλω,** Fut. ἐσβαλῶ usf. **1)** trans. **a)** Akt. u. Pass. **hineinwerfen,** hineintreiben, hineinlegen, hineintun, εἰς πῆμα stürzen in Aesch.; βοῦς πόντον ins Meer treiben Eur.; στρατιὰν ἐς Μίλητον ins milesische Gebiet werfen Hdt. **b)** Med. einen auf sein Schiff, an Bord bringen, absol. u. ἐς τὰς νέας. **2)** intr. sich hinein werfen, sich einschieben, **einrücken,** anlanden, ἐπὶ πολέμῳ feindlich einfallen; von Flüssen: sich ergießen, münden.

εἴσ- u. **ἔσβασις,** ἡ (βαίνω), das Hineingehen, Hinabsteigen, ἔς τι, insbes. das Besteigen der Schiffe, Einschiffen, auch im Plur.

εἰσ- od. **ἐσβατός,** 2. zugänglich, τινί für jmd., etw.

εἰσ- u. **ἐσβιάζομαι,** Dep. med., sich mit Gewalt hinein- od. hinzudrängen, absol. od. sprichw. παρὰ θύραν, eigentl. neben der Tür einbrechen, d. h. sich einen andern Weg bahnen als den natürlichen.

εἰσ- u. **ἐσβιβάζω,** hineinbringen, hineinsteigen lassen, hineinschicken, ἔς τι, bes. in die Schiffe, an Bord bringen, einschiffen.

εἰσ- u. **ἐσβλέπω,** ion. poet. u. sp. hinblicken.

εἰσ- u. **ἐσβολή,** dor. **-λά,** ἡ (-βάλλω), **1)** der Einfall, Angriff, abs. u. ἔς τι, od. ἐσβολὴν ποιεῖσθαί τινι einen Angriff auf etwas machen. **2)** ion. Zugang, Paß, Engpaß, Mündung, abs. od. ἔκ τινος, ἔς τι, ἔς τινα, ἔν τινι, auch im Plur. **3)** poet. der Eingang einer Rede.

εἰσ- u. **ἐσγράφομαι,** Med. **1)** sich einschreiben od. aufnehmen lassen, ἔς τι mit hinzugef. ἑαυτούς. **2)** poet. sich (*sibi*) etwas (τί) einschreiben, aufschreiben.

εἰσ- u. **ἐσδέρκομαι,** Dep., Aor. ἐσέδρακον, Perf. εἰσδέδορκα, ep. u. poet. ansehen, erblicken, wahrnehmen.

εἰσ-δέχομαι, ion. **ἐσδέκομαι,** Dep. med., aufnehmen, hineinnehmen, zulassen, mit lok. Genit. γῆς ins Land, od. Adj. ὑπόστεγον unter das Dach, auch ἔς τι teilnehmen lassen an etwas, od. zurückerhalten, τινά u. zwar ἀπ' ἐλπίδων gegen die Hoffnungen.

εἰσδοχή, ἡ, poet. die Aufnahme.

εἰσ- u. **ἐσδρομή,** ἡ, das Eindringen, der Einfall, Angriff.

εἰσ-, ἐσδύνω, ion. Nebenf. zu

εἰσ- u. **ἐσδύομαι,** intr. Med. mit Aor. 2. act. -έδῡν, hineingehen, hineinschlüpfen, eindringen, übertr. übergehen, sich eindrücken, ἔς τι, von Zuständen, Schmerzen: anwandeln, durchbohren, τινί u. τινά.

εἴσ- u. **ἔσειμι, εἰς-** u. **ἐσέρχομαι,** poet. u. sp. Fut. ἐσελεύσομαι, Aor. ἐσήλυθον, dor. **εἰσῆνθον,** u. sp. ἐσῆλθα • **1) hineingehen,** eindringen, teils abs. mit εἴσω, auch von Speisen, τὰ εἰσιόντα was man zu sich nimmt, teils τί in, vor etwas, ὀφθαλμούς vor die Augen treten, od. ἔς (πειρασμόν, κόσμον), πρός, ἐπί τι, auch übertr. εἴς τι sich in etwas einlassen, etwas anfangen, od. μετά, πρός, παρά, ὥς τινα jmdn. besuchen, πρός τινα auch gegen einen auftreten, und εἴς τινας unter einige aufgenommen werden, aber N. T. εἴς τινα in einen fahren, v. Dämonen; v. Sachen: hereingebracht werden, z. B. ἐσελθούσης τῆς τραπέζης. Im bes. • **a) auftreten,** um zu sprechen, abs. u. mit εἰς τὴν σύγκλητον • **b) vor Gericht** od. **dem Volke** (εἴς τινα) **erscheinen** als Kläger, Angeklagter od. Richter, εἰς ὑμᾶς, εἰς δικαστήριον, τὴν γραφήν angeklagt werden • **c) ein Amt antreten** (εἰς τὴν ἀρχήν), in die Regierung (εἰς τὰ πράγματα) treten, εἰς τὸ βουλευτήριον in den Rat eintreten, auch abs. ὁ εἰσιών • **2)** von Zuständen, Gedanken usw.: **über einen kommen,** einen anwandeln, einfallen; von Tränen: fließen; nahetreten (τὰ δεινά das Bedenkliche).

εἰσ-ελαύνω, ep. **εισελάω** (s. ἐλαύνω), eintreiben, hineintreiben, abs. u. τινά, dah. mit hinzugef. od. verst. **ναῦν, ἅρμα, στρατόν** hineinrudern (landen), -fahren, -marschieren, einziehen, eindringen.

εἰσ-εμπορεύομαι, als Kaufmann (ἔμπορος) hinreisen, überh. Handel treiben, einführen.

εἰσ- u. **ἐσέπειτα,** Adv. für hernach. für die Zukunft.

εἰσ- od. **ἐσέργνυμι** (ἔργνυμι, εἴργω), ion. hineinsperren. hineinlegen.

εἰσ- u. **ἐσερπύζω,** sp. hineinkriechen.

εἰσ-έρρω, Fut. -ερρήσω usf., poet. hineingehen, sich hineinverziehen.

εἰσ-ερύω, ep. hineinziehen, τί τι etwas in etwas.

εἰσ- u. **ἐσέρχομαι,** s. εἴσειμι.

εἰσέτι, d. i. εἰς ἔτι, Adv., buk. sp. noch jetzt, noch immer.

εἰσ- u. **ἐσέχω,** ion. u. sp. intr. hineinreichen, sich hineinstrecken, eindringen, (von Räumen u. ähnl.) einen Ausgang haben.

ἐίση, s. ἴσος.

εἰσ- u. ***ἐσηγέομαι***, Adj. verb. ἐσηγητέον, **1)** einführen, einen Vorschlag machen, einen Antrag stellen, beantragen, vorstellen, auch (Gegen-)Vorstellungen machen (Plut. Arist. 25), raten, auf etw. hinweisen, abs. od. *τί*, auch *τινί τι*. **2)** etwas vortragen, auseinandersetzen, erklären, lehren, *τί* od. *τινί τι*. Dav.

εἰσ- od. ***ἐσήγησις***, εως, ἡ, die Anstiftung.

εἰσ- u. ***ἐσηγητής***, οῦ, ὁ, der Einführer, dah. Veranlasser, Urheber, *τινός*.

εἰσ- od. ***ἐσηθέω***, ion. einspritzen, *τὶ κατά τι* etwas durch oder in etwas (Klistier). [*πρός τι*.

εἰσ- od. ***ἐσήκω***, poet. u. sp. gelangen bis wohin,

εἰσ- od. ***ἐσθρῴσκω***, ep. u. poet., Aor. 2. ἔσθορον, hineinspringen, abs.

εἴσ-ιδον, ep. st. εἰσεῖδον, s. εἰσοράω.

εἰσ- od. ***ἐσιδρύω***, hineinbauen, gründen.

εἰσ-ίεμαι (vom Dep. ἵεμαι, ϝίεμαι), ep. für sich etwas aufsuchen, danach verlangen, streben, *αὖλιν χ*, 470.

εἰσ- od. ***ἐσίζομαι***, ep. sich hineinsetzen, *λόχον* sich in einen Hinterhalt legen.

εἰσ- od. ***ἐσίημι***, **1)** Akt. hineinschicken, hineinlassen, *τί* u. *τινὰ εἴς τι*, von Flüssen: *τὸ ὕδωρ* sich ergießen. **2)** Med. ep. ἐσιέμενος, s. εἰσίεμαι.

εἰσίθμη, ἡ (εἴσειμι), ep. Eingang (zur Stadt).

εἰσ-ικνέομαι, poet. hindurchdringen.

εἰσ-ιτήρια u. ***-ιτητήρια***, τά, Opfer beim Antritt eines Amtes, u. so auch des Rats in Athen.

εἰσ- u. ***ἐσκαλέω*** (auch in tmesi), hereinrufen, zu sich kommen lassen, einladen. [*τί* in etwas.

εἰσ- u. ***ἐσκαταβαίνω***, ep. hinabgehen, eintreten,

εἴσ- od. ***ἔσκειμαι***, hineingelegt sein, als Perf pass. v. ἐστίθημι. Im bes. beim Schiffe: sich an Bord befinden, abs.

εἰσ-κηρύσσω, poet. (durch den Herold) entbieten, *τί* von den Kampfrichtern.

εἰσ- od. ***ἐσκομιδή***, ἡ, die Zufuhr, der Transport, auch im Plur. Von

εἰσ- u. ***ἐσκομίζω***, hineintragen, hinein- od. hereinbringen, herein- od. einführen, hineinverlegen, auch nach Haus schaffen (Xen. Cyr. 1, 4, 9). Pass. auch sich zurückziehen.

εἰσ-κρίνω, sp. hineinbringen; einführen. Dav.

εἴσ-κρισις, ἡ, sp. Einführung.

ἐίσκω, s. ἴσκω.

εἰσ- od. ***ἐσλεύσσω***, poet. ansehen.

εἰσ- od. ***ἐσμαίομαι***, ep. nur im Aor. 1. ἐσεμασσάμην st. ἐσεμασάμην, eigtl. anrühren, übertr. *θυμόν* u. mit dopp. Akk. *τινὰ θυμόν* einem tief ins Herz greifen, tief in die Seele dringen.

εἰσ- od. ***ἐσμάττομαι***, buk. hineindrücken, -stecken.

εἰσ- od. ***ἐσνέω***, hinzu-, hinüberschwimmen, *κατά τι* durch etwas.

εἰσ-νοέω, ep. (auch in tmesi), wahrnehmen, bemerken, erkennen, *τινά*.

εἴσ- u. ***ἔσοδος***, ἡ, **1)** Eingang, Zugang, abs. u. *εἴς τι*, Vorhalle, auch die Eingangstüre u. der Zutritt, *παρά τινα* zu jmdm. **2)** das Hineingehen, auch im Plur. u. im bes. **a)** die Einzahlung; im Plur. die Einkünfte. **b)** der Einzug, das Eindringen, *τῆς δίκης εἰς τὸ δικαστήριον* das Einlassen auf die Klage, d. i. daß sich der Beklagte vor Gericht gestellt hat.

εἰσ-οικειόω, zum Vertrauten machen.

εἰσ-οίκησις, ἡ, poet. Wohnung.

εἰσ- od. ***ἐσοικίζομαι***, Med. u. pass. sich ansiedeln, einwandern, übertr. sich einschleichen.

εἰσ- od. ***ἐσοικοδομέω***, hineinbauen, zum Bau verwenden, *τὶ εἴς τι*.

εἰσ-οιστέος, einzubringen, s. εἰσφέρω, 1, b.

εἰσ-οιχνέω, ep. u. poet. Part. praes. ep. εἰσοιχνεῦσαν, hineingehen, hinkommen, *τί* zu etwas.

εἰσόκε, vor Vokalen ***-κεν***, auch *εἰς ὅ κε* geschrieben, ep. Konj. **1)** so lange bis, bis daß, mit Konj., auch Od. 8, 318 jetzt bess. LA. ἀποδῷσιν, od. Opt. **2)** so lange als, mit Konj.

εἰσ-όπιν *χρόνον*, poet. in der Folgezeit.

εἰσ-οπίσω, ep. poet. Adv., für die Zukunft, künftig.

εἴσ- od. ***ἔσοπτος***, 2. (St. ὀπ, s. εἰσοράω), ion. sichtbar.

εἴσ- od. ***ἔσοπτρον***, τό, poet. u. sp. der Spiegel.

εἰσ- u. ***ἐσοράω***, Fut. -όψομαι, Aor. -εῖδον, inf. -ιδεῖν, dazu ep. Präs. εἰσοράουσι, -όωσι u. εἰσοράων, -όων, med. εἰσοράοντο, -όωντο u. εἰσοράεσθαι, -άασθαι, Aor. εἴσιδον, inf. -ιδέειν, ion. Präs. ***ἐσορέω*** • **1) ansehen,** anschauen, betrachten, *τινά*, bes. hochachten Hom. aber auch *ἔς τι* Einsicht in etw. nehmen, u. *πρός τι* gierig nach etwas blicken; *ὁ δαίμων εἰσορᾷ* nimmt aufs Korn = läßt nicht ungestraft Soph. **2) erblicken,** ansichtig werden, gewahren, *ὡς ἕρποντος εἰσορᾷς ἐμοῦ* denn wie ich eben abgehe, siehst du ja Soph. **3)** überh. **wahrnehmen,** bedenken, beachten. Med. = Akt. bes. in Poesie.

εἰσ-ορμάομαι, poet. hineinstürzen, *τί* in etwas.

εἰσ-ορμίζομαι, Fut. -ιοῦμαι, Aor. -ωρμισάμην und -ωρμίσθην, Perf. -ώρμισμαι, in den Hafen einlaufen.

ἔϊσος, 3. (ἶσος), ep. = ἴσος, w. m. s

εἰσότε, ep. = *εἰς ὅτε*, bis daß.

εἴσ-οψις, ἡ, poet. der Anblick.

εἰσ-παίω, Aor. -έπαισε, intr. poet. hineinstürzen.

εἰσ- u. ***ἐσπέμπω***, hinein- oder hinschicken, schicken, wider einen schicken, hinsenden, oder bringen, abs. u. *τί τι* od. *ἔς τι* wohin.

εἰσ- u. ***ἐσπέτομαι***, Aor. 2. -επτάμην, hineinfliegen, *τί* in etwas. Übertr. sich schnell verbreiten, *τισί* unter einigen, *ἔς τι* in etwas.

εἰσ-πηδάω, Fut. -πηδήσομαι, hineinspringen, *εἴς τι*.

εἰσ- u. ***ἐσπίπτω*** (s. πίπτω), hineinfallen, **1)** eindringen, einbrechen, sich hineinstürzen, feindlich angreifen, darüber herfallen, einströmen, sich ergießen, absol. u. *ἔς* od. *κατά τι* in etw. Übertr. *τινί* einen überfallen, einen ankommen. **2)** hineingeraten, hineingeworfen werden, (*ὑπό τινος*) *ἔς τι* u. *τί* in etwas.

ἐσ-πίτνω, poet. dasselbe.

εἰσ- u. ***ἐσπλέω***, Fut -πλεύσομαι, Aor. 1. -έπλευσα, ion. ***ἐσ-πλώω***, hineinsegeln, einfahren, einlaufen, eindringen, abs., z. B. ἐσπλέοντι wörtl. einem Hineinsegelnden, d. i. beim Eingang, od. *τί* u. *εἴς τι*, poet. auch *τινί*, od. *παρά τινα* bei jmdm. einlaufen, von Waren u. dgl. zur See zugeführt werden; ankommen, eingehen, *τὰ ἐσπλέοντα* das Eingeführte, die Einfuhr.

εἰσ-πληρόω, sp. anfüllen, erfüllen, *τινός*.

εἴσ- od. **ἔσπλους,** zsgz. aus οος, ὁ, auch im Plur. **a)** die Einfahrt, das Einfahren, Einlaufen, Hineinfahren, abs. u. *εἴς τι*. **b)** der Ort od. die Stelle, wo die Schiffe einlaufen, auch die Einfahrtslücke (Thuk. 7, 41).

εἴσπνηλος, ὁ, buk. der Liebende.

εἰσ-ποιέω, hineintun, **1)** Akt. einführen, einverleiben, bes. in die Familie einverleiben, *παῖδα, ἑαυτόν τινι* ein Kind, sich von jmdm. an Kindes Statt annehmen lassen, u. auch *ἑαυτὸν εἴς τι* sich in etwas eindrängen, etwas für sich in Anspruch nehmen, **2)** Med. **a)** in seine Bundesgenossenschaft (*συμμαχικόν*) aufnehmen. **b)** sp. adoptieren. **3)** Pass. mit *τινί* in etwas eingedrängt werden, d. i. (unrechtmäßigerweise) es erlangen.

εἰσ-πορεύω, poet. hineinführen; gewöhnl.

εἰσ-πορεύομαι, Med.-Pass. mit Fut. med., hineingehen, hineinreisen, abs. u. *εἴς τινα*.

εἴσ- od. **ἔσπραξις,** ἡ, die Eintreibung. Von

εἰσ-πράττω, 1) Akt. **a)** eintreiben, einfordern, *τινά τι* etwas von jmdm. **b)** *ἀπό τινος* von etwas sich bezahlt machen, abziehen. **2)** Med. *κακὸν δίκαιον* unheilvolles Recht = Unheilsrache nehmen.

εἰσ-ρέω, Fut. -ρυήσεται, Aor. -ερρύη, hineinfließen, hineinströmen.

εἰσ-τελέω, in eine Klasse aufnehmen.

εἰσ- od. **ἐστίθημι, 1)** Akt. hineinlegen, einsetzen, *τὶ ἔς τι*. **2)** Med. das Seinige hineinbringen, bes. an Bord schaffen.

εἰσ- od. **ἐστοξεύω,** ion. mit Pfeilen hineinschießen.

εἰσ- u. **ἐστρέχω,** Aor. 2. ἐσέδραμον, hineinlaufen, eindringen, abs. u. *πρός τινα*.

εἰσ- u. **ἐσφέρω,** Fut. εἰσοίσω, Aor. 1. εἰσήνεγκον u. -ήνεγκα, inf. -ενεγκεῖν, Perf. act. εἰσενήνοχα, pass. εἰσενήνεγμαι, Aor. pass. εἰσηνέχθην, Adj. verb. εἰσοιστέος, ion. Aor. act. ἐσήνεικα, Perf. pass. inf. ἐσενηνεῖχθαι, Aor. pass. ἐσενειχθην • **1)** Akt. **hineintragen,** hinzu-, anbringen, bringen, besorgen, im wirkl. Sinne u. übertr. *τινί* jmdm.; im bes. • **a) erweisen,** entrichten, bezahlen, *τί τινι*, bes. *εἰσφοράν* od. *-άς* Abgaben zahlen, daher abs. für: Geld hergeben • **b)** vorbringen, *γνώμην* ein Gutachten Hdt., *ἀγγελίας* Bericht erstatten Hdt.; insbes. *α*) vorschlagen, **beantragen,** *εἴς τινα* bei jmdm., ein Gesetz einbringen, beantragen, zu erg. *δίκην* einen Prozeß einleiten Dem., *β*) im allg. etwas einführen, aufbringen, **erfinden** (auch Med.) • **2)** Pass. in etwas geraten *εἰς ὕλην* Thuk. • **3)** Med. • **a)** für sich einbringen *σῖτον* Thuk., mitbringen (Mitgift) • **b)** *σπονδήν* beweisen Pol. • **c)** einführen *ὄνομα ἐς ποίησιν* Hdt.

εἰς-φθείρομαι, Pass. sich fortscheren ins Haus hinein, sich zum Teufel scheren; meist in dem mit Wut ausgesprochenen Befehl des Herrn an den Sklaven; Gegenstück zu Ar. *ἐκφθείρου* scher dich zum Henker hinaus!

εἰσ-φοιτάω, oft hineingehen.

εἰσφορά, ἡ (-φέρω), Beitrag, Abgabe, Steuer, Tribut, bes. in Athen außerordentliche Kriegssteuer, Vermögenssteuer der Bürger u. Metöken zur Deckung der Kriegsbedürfnisse, auch mit hinzugef. *χρημάτων* als Geldabgabe, oder *εἰσφ. κατὰ κτήσεις* Einkommen- u. Vermögensteuer.

εἰσ-φορέω = εἰσφέρω, w. m. s.

εἰσ-φρέω, Impf. -έφρουν usf., **1)** Akt. einlassen. **2)** Med. zu sich einlassen, *τινά* jmdm. sich in die Arme werfen.

εἰσ-χειρίζω (χείρ), poet. f. ἐγχειρίζω, überantworten, anvertrauen, *τί τινι*.

εἰσ- u. **ἐσ-χέω,** poet., Aor. -έχεα, hineingießen; dazu das Pass.

ἐσχέομαι, ep. u. ion., Aor. 3. plur. ep. ἐσέχυντο, sich hineinergießen, hineinströmen, *τῇ* dort, *κατά τι* durch etwas.

εἴσω u. **ἔσω,** Adv. (εἰς), **1)** hinein, nach innen, einwärts, neben Akk. u. Genet., u. mit Präp. *ἔσω ἐπί τινος*, auch landeinwärts, *ἀπό τινος*. **2)** drinnen, innerhalb (*ἔσω ἐν* ion.), doch ist diese Bdtg. oft nur scheinbar, wenn eine Richtung ausgedrückt ist. Hier steht es auch oft mit dem Art., *ἡ ἔσω, οἱ ἔσω, ὁ ἔσω* drinnen (befindlich), innere, *τὸ εἴσω* das Innere. Kompar. ion. **ἐσωτέρω** weiter hinein.

εἰσ-ωθέομαι, Med., sich hineindrängen.

εἰσ-ωπός, 2. (ὤψ), ep. im Angesicht, vor Augen habend, *ἐγένοντο νεῶν* sie wurden der Schiffe ansichtig.

εἶτα, Adv. (aus dem demonstr. εἰ [s. d.] u. τα = τέ), **1)** temporal: **dann, darauf,** hernach, ferner, weiter, bes. auch bei Einteilungen, z. B. nach **πρῶτον μέν,** wo es meist ohne **δέ** steht, auch nach Part., wo das Part. gew. durch obgleich aufzulösen u. *εἶτα* durch und dann (doch), und nachher, und darauf zu übersetzen ist. **2)** in der Erzählung od. der Folgerung: sonach, und so, also, folglich; in der Frage: so? also? und doch? nun? Mit *καί* bildet es die Krasis *κᾆτα*.

εἴ-τε — εἴτε, *sive — sive*, sei es daß — oder daß; teils — teils, gleichviel ob — oder ob, mit Ind., Konj. u. Opt. **1)** in indir. Doppelfrage: ob — oder ob. **2)** disjunktiv, bes. so daß auf jeden hypoth. Vordersatz ein eigener ganzer od. ellipt. Nachsatz folgt, Dem. 1, 18. Bisw. geht bloß ein *εἰ* od. *ἤ* vorher, od. *εἰ μέν*, od. es folgt *ἤ, ἠὲ καί*.

εἰωθότως, Adv. des Part. εἰωθός, nach gewohnter Weise.

εἵως, ep. st. ἕως, w. s.

ἐκ, vor Vokalen **ἐξ,** (lat. *ex, ec, ē*) **aus • I) Adv.,** u. zwar als Ortsadv. davon, daraus, daher oft in tmesi.

II) Praep. beim Gen. (ep. u. poet. auch hinter dem Kasus stehend u. dann zuweilen ἔκ, ἔξ geschrieben): **aus — heraus • 1) örtlich: von — her, von — weg,** *ἐκ γῆς, ἐκ θαλάσσης, ἐκ βελέων, ἐκ τόξου ῥύματος* auf Bogenschußweite, ion. *ἐκ τοῦ μέσου κατῆστο* d. h. kümmerte sich nicht mehr um die Sache. Häufig unserem auf od. an entsprechend, *ἐκ δίφροιο καθήμενος* d. h. von der niedrigen Bank aus, auf der er saß, *στᾶσ' ἐξ Οὐλύμποιο* vom Olymp aus, wo sie stand. Bisweilen nehmen wir den entgegengesetzten Standpunkt ein: *λιμὴν ὁ ἐκ Σιδῶνος φέρων* d. h. nach Sidon; bes. proleptisch bei den Verben „hängen und befestigt, verbunden sein", u. ähnl., *ἐκ πασσαλόφι κρέμασεν φόρμιγγα, ἐκ τῶν ζωστήρων φορεῖν φιάλας, προσφυὲς* ἔκ τινος daran sitzend, τὰ ἐκ νεώς was von seiten des Schiffes zur Fahrt gehört. Ähnl. ἐκ σκήπτρου ὁδοιπορεῖν an einem Stabe, ἐξ ἑνὸς ποδὸς χειρώσεται d. h. von seinem einen (gesunden) Fuße aus, auf ihn sich stützend, übertr. ἐξ ἐκείνων ἔχειν τὰς ἐλπίδας u. adverb. ἐκ πάντων vor allen, aber auch mit allen Mitteln, ἐκ χειρός in der Nähe, ἐκ τρίτων als dritter • **2) zeitlich: seit, von — an:** ἐξ οὗ *ex quo*, ἐκ πολλοῦ seit langer Zeit, ἐκ τοῦ von da an, ἐκ τούτου sofort, später auch ἐκ τότε seit damals, ähnl. ἐκ πάλαι, u. so auch ἐκ πολλῆς ἡσυχίας nachdem er lange geschwiegen hatte, ἐκ νότων nach dem Südwinde, ἐκ κυμάτων nach Wogenflut, ἐκ συναλλαγῆς nach dem Frieden • **3) übertr.** • **a) von,** von jmdm. abstammen, herrühren, etwas hören, hier oft wie ὑπό, παρά τινος, z. B. πάσχειν τι ἔκ τινος, • **b)** auf Antrieb jmds., ἐκ θεόφιν πολεμίζειν, • **c)** zufolge, nach, ἐξ ἐμοῦ soweit es von mir abhängt, ὀνομάζειν ἐκ γενεῆς, ἐξ ὑπερτέρας χειρός nach siegreichem Streich, ἐκ καταλόγου infolge der Aushebung, aber Xen. Mem. 3, 4, 1 auch: seit der Aushebung als Soldat dienen, ἐξ αὐτῶν, ἐκ τούτων infolge dessen, ἐκ τῶν παρόντων, ἐκ τοῦ weshalb, deshalb. Dah. zur Umschreibung von Advv., ἐκ τοῦ ἀδίκου auf ungerechte Weise, ἐκ τοῦ ἐμφανέος, ἐκ τοῦ εὐθέος offen, ἐκ ταχείας schnell, ἐξ ἴσου gleich, unter gleichen Verhältnissen • **d)** von der Reihenfolge: ἡμέρῃ ἐξ ἡμέρης.

III) In **Zusammensetzungen** heißt es: **1)** aus, heraus, außerhalb • **2)** empor • **3)** völlig, besonders gründlich (βαρβαρόω, διδάσκω, δῆλος).

Ἑκάβη, T. des Phrygierkönigs Dymas (od. des Kisseus), Schwester des Asios, Gemahlin des Priamos.

ἑκᾱβόλος, dor. = ἑκηβόλος.

ἑκά-εργος, 2. (von ἑκᾰ, dem St. in ἑκών, ἕκητι, u. ϝέργον), ep. u. poet., adj. u. subst. nach Belieben, nach freiem Ermessen wirkend, freiwirkend, freiwaltend (früher v. ἑκάς u. ϝείργω, fernabdrängend [das Unheil], rettend, Schirmer).

ἕκᾰθεν, ep. u. poet. Adv., **a)** von fern, aus der Ferne. **b)** fern. Von

ἑκάς (σϝε-κάς für sich, abgesondert, vgl. ἀνδρα-κάς), Adv., Komp. **ἑκαστέρω,** Superl. **ἑκαστάτω,** — **fern, 1)** lokal: fern, entfernt, in die Ferne; als Präp. mit Gen., dem es oft nachgesetzt wird, doch auch mit ἀπό τινος von einem; übertr ἑκαστάτω τινὸς εἶναι, sp. nicht von ferne ahnen. **2)** temporal: ion. u. poet. entlegen, οὐχ ἑκὰς χρόνου in naher Zeit.

ἑκασταχόθεν, Adv. von jeder Seite, irgendwoher, von jeder (Stadt) her.

ἑκασταχόθι, sp. = ἑκασταχοῦ.

ἑκασταχοῖ, Adv. überallhin.

ἑκασταχόσε, Adv. überallhin, εἰδέναι d. i. den Weg nach jeder Richtung wissen, παρῆν an jeder Stelle.

ἑκασταχοῦ u. ep. **ἑκάστοθι,** Adv. überall, an jedem Orte, in den einzelnen Staaten, αἱ ἑκασταχοῦ die jedesmaligen.

ἕκαστος, 3. (ἑκάς), **jeder für sich, jeder einzelne,** ein jeder, oft verstärkt durch εἷς, τίς, ferner αὐτός ἕκαστος jeder an sich, jeder für seinen Teil od. allein, einzeln, im Neutr. pl. alles u. jedes; καθ' ἕκαστον, καθ' ἑκάστους, καθ' ἕκαστα Mann für Mann, Stück für Stück, in Einzelheiten, ἐφ' ἕκαστα Punkt für Punkt Thuk., ἐν ἑκάστῳ bei jedem Vorfall, παρ' ἕκαστα bei jeder Gelegenheit; ähnl. τὰ καθ' ἕκαστον u. ἕκαστα das Einzelne, das Individuelle; ἕκαστοι die einzelnen, jede Partei; καθ' ἑκάστους ἑκατέρων nach den einzelnen Völkerschaften beider Teile Thuk. 5, 68, 1.

ἑκάστοτε, Adv. jedesmal, immer, gewöhnlich, auch zu Subst. gesetzt: jedesmalig, nach Negat. jemals.

Ἑκαταῖος, ὁ, 1) S. des Hegesandros aus Milet, Logograph u. Geograph (lebte etwa von 549 bis 478). **2)** Philosoph u. Geschichtschreiber aus Abdera, Begleiter Alexanders des Großen, später im Gefolge des Ptolemaios Lagi. **3)** Tyrann von Kardia zur Zeit Alexanders des Großen, Gegner des Eumenes.

ἑκατεράκις, Adv. ein u. das andere Mal, beide Mal.

ἑκάτερθε, vor Vok. **-θεν,** ep., u. **ἑκατέρωθεν,** Adv. von beiden Seiten, in od. auf beiden Seiten, abs. u. τινός, auch mit dem Art., der beiderseitige.

ἑκᾰ́τερος (zu ἑκάς, ἕκαστος), 3. **jeder von beiden,** *uterque*, im Pl. der eine wie der andere (ἀμφότερος beide zusammen). Präd. Stellung ἑκάτερος ὁ ἰατρός jeder der beiden Ärzte; Pl. jede von beiden Parteien od. Teilen auch von zwei einzelnen gebraucht, ὡς ἑκάτεροι jede Partei nach ihrer Art. Adv. καθ' ἑκάτερά τινος von beiden Seiten, ἐφ' ἑκάτερα nach den beiden Flügeln, τὰ ἐφ' ἑκ. die nach beiden Seiten hin befindlichen Teile, παρ' ἑκατέρων von beiden Seiten, u. παρ' ἑκάτερα an beiden Seiten, an beiden Ufern, ἀφ' ἑκατέρων von beiden Seiten her, auf beiden Seiten.

ἑκατέρωθε, sp., u. **ἑκατέρωθεν** = ἑκάτερθε, w. s.

ἑκατέρωθι, an beiden Orten, *utrimque*.

ἑκατέρωσε, Adv. nach beiden Seiten hin, beiderseits.

Ἑκᾰ́τη, ἡ, Hekāte (vgl. zu ἕκατος), Tochter des Perses u. der Asteria, die mystische dreihauptige u. dreigestaltete (am Himmel als Selene, auf der Erde als Artemis, in der Unterwelt als Hekate waltende) Zaubergöttin, der man am Schlusse jedes Monats an den Dreiwegen Speisen hinsetzte, die von den Armen verzehrt wurden (Ἑκάτης δεῖπνον od. Ἑκαταῖα).

ἑκᾰτη-βελέτης, αο, ὁ, ep. u. **ἑκατη-βόλος,** 2. ep. (aus ἑκατόν u. βάλλω zsgz.) **Hunderte treffend, Massentöter.** Beiw. od. Bein. des Apollon (früher zu Stamm ϝεκ gezogen in ἑκών, ἑκά-εργος, ἑκηβόλος u. ἕκητι, nach Belieben, nach freiem Willen treffend, nie fehlend, treffsicher, od. zu ἑκάς fern, also ferntreffend).

ἕκᾰτι, s. ἕκητι.

ἑκατογ-κάρᾱνος, 2. od. **ἑκατόγ-κρᾱνος,** 2. poet. =

ἑκατογ-κέφαλος, 2. poet. hundertköpfig.

ἑκατόγ-χειρος, 2. ep. u. **ἑκατόγχειρ,** ος, ὁ, ἡ, sp. hunderthändig, mit **hundertfacher Armeskraft.**

ἑκατό-ζυγος, 2. ep. st. ἑκατόν-ζυγος, mit hundert Ruderbänken, hyperbolische Bezeichnung des größten denkbaren Schiffes.

ἑκατομβαιών, ῶνος, ὁ, auch **Ἑκατομβ.** geschr.,

der erste Monat im att. Jahr = $1/2$ Juli u. $1/2$ August, benannt nach dem Feste ἑκατόμβαια (von ἑκατόμβη).
ἑκατόμβη, ἡ (ἑκατόν, βοῦς), urspr. ein Opfer von hundert Stieren, doch bedeutet schon bei Hom. die Hekatombe überh. ein Festopfer, d. h. großes, öffentlich dargebrachtes Opfer, wozu selbst Weihgeschenke gehörten.
ἑκατόμ-βοιος, 2. (βοῦς), ep. hundert Stiere wert. Subst. ἑκατόμβοιον ein Preis von hundert Rindern.
ἑκατόμ-πεδος, ἑκατόμποδος, 2. (πούς), hundert Fuß lang od. groß.
ἑκατόμ-πολις, 2. ep. hundertstädtig, mit hundert Städten.
ἑκατόμ-πους, -ποδος, ὁ, ἡ, poet. hundertfüßig, Soph. O. C. 718 zur Bezeichnung der Menge der Nereïden.
ἑκατόμ-πυλος, 2. (πύλη), ep. hunderttorig, mit hundert Pylonen od. Tempeltoren.
ἑκατόν, οἱ, αἱ, τά, Indekl. (ἐν-κατόν, *centum, hundert*), einhundert, auch überh. viel. Dah.
Ἑκατὸν νῆσοι, Inselgruppe zwischen Lesbos und dem Festlande, jetzt *Moschonnesia*.
ἑκατοντα-ετηρίς, ίδος, ἡ, das Jahrhundert.
ἑκατοντα-έτης, ους, ὁ, poet. sp. hundertjährig.
ἑκατοντα-κάρᾱνος u. **-κάρηνος,** 2. poet. = ἑκατογκάρανος, ἑκατογ-κέφαλος.
ἑκατοντα-πλασίων, ονος, ὁ, ἡ, hundertfach.
ἑκατοντ-άρχης, ion. u. sp., u. att. **ἑκατόνταρχος,** ου, ὁ, Anführer von hundert Mann; Hauptmann.
ἑκατοντάς, άδος, ἡ die Hundertschaft, eine Anzahl von Hundert, bes. eine Abteilung von hundert Soldaten, *centuria*.
ἕκατος, ὁ (Kurzform zu ἑκατηβόλος), ep. nie fehlend, treffsicher (früher: ferntreffend), auch als Subst. Beiw. des Apollon.
ἑκατό-στομος, 2. poet. hundertmündig, mit hundert d. i. vielen Mündungen.
ἑκατοστός, 3. der hundertste.
ἑκατοστύς, ύος, ἡ = ἑκατοντάς.
ἐκ-βάζω, poet. verkündigen.
ἐκ-βαίνω, Fut. -βήσομαι, Aor. 2. -έβην, dor. Nbf. **ἐκβάω** mit Part. praes. **ἐκβῶντες** (oft in tmesi).
I) intr. herausgehen, ausgehen • 1) heraussteigen, herauskommen, πέτρης von einem Felsen herabspringen; Hom.; insbes. • a) eigtl. α) landen, mit u. ohne νηός (ἐκ τῆς νεώς), β) aus dem Tale bergansteigen πρὸς τὸ ὄρος Xen. • b) übertr. α) verlassen, räumen, ψυχὴ ἐκ σώματος Plat.; βοή tönt aus Soph., β) v. d. Rede: abschweifen, auf etwas kommen, γ) darüber hinausgehen, überschreiten, τύχης Eur., τῆς ἑαυτοῦ ἰδέας aus seiner Eigentümlichkeit Plat. • 2) ausfallen, **sich ereignen,** in Erfüllung gehen, geschehen, werden.
II) trans. hinaussteigen • 1) ersteigen τί, Συρίαν über S. hinauskommen • 2) übertr. • a) überschreiten, Ἀσωποῦ ῥοάς • b) verletzen, τὸν ὅρκον Plat.
III) kausat., Fut. -βήσω u. Aor. 1. -έβησα, aussteigen lassen, aussetzen, τινά Hom. Trag.
ἐκ-βακχεύω, in bacchische Begeisterung versetzen, öfters im Pass. wild aufgeregt werden.
ἐκ-βάλλω, Aor. 2. ep. ἔκβαλον, **heraus-, hinauswerfen,** *eicio* • 1) trans. • **a) ausstoßen,** herabstoßen, δίφρου, Hdt. 1, 24 sc. ἐκ νεώς, med. ausschiffen, ans Land setzen (von dem Seinigen), Hdt. 6, 101, überh. machen, daß etwas herausfällt, insbes. vom Hause weg, aus dem Lande treiben, verbannen, abs. u. γῆς, auch φυγάδας ins Exil treiben, ähnl. (ἐκ) τῆς ἀρχῆς, τῆς βουλῆς, auch als Kandidaten verdrängen; den Schauspieler durchfallen lassen; aus seiner Habe fortjagen, darum bringen; dah. auch im Pass. einer Sache verlustig gehen, etwas verlieren, u. mit εἴς τινα zu einem Feinde gestoßen, ihm preisgegeben werden • **b) herausfallen lassen, verlieren,** τινός aus etwas, etwas wegwerfen, vergießen, ausspritzen, N.T. herausreißen, herausnehmen, annehmen; τινί an etwas, im bes. ἔπος u. ähnl. ein Wort fallen lassen, vorbringen, aber λόγον mit πάλιν wieder umstoßen, widerrufen, u. auch ohne πάλιν verwerfen, u. so heißt ἐκβ. τι überh. etwas aufgeben, verschmähen, auch τῆς ἑαυτῶν γνώμης, ähnl. τὰς ἐπιστήμας den Verlust der Kenntnisse herbeiführen, od. τὶ εἴς τι verzögern (δίκην εἰς τὴν ὑστάτην einen Prozeß bis zum letzten Tag) • **c) aus dem Boden treiben,** aufsprießen lassen • d) sp. verlängern (Linien), als Verlängerung ziehen • e) ausrenken, verrenken (χεῖρα) • intr. **ausströmen,** entspringen, κατὰ μέσον in der Mitte • 2) Med. trans. von den Seinigen etwas aussetzen, ausschiffen.
ἐκ-βαρβαρόω, die Kultur durch die Barbaren vernichten, verwildern lassen. Dav.
ἐκβαρβάρωσις, ἡ, sp. die Vernichtung der Kultur durch die Barbaren, Verwilderung.
ἔκβασις, εως, ἡ (ἐκβαίνω), das Hinausgehen, a) das Aussteigen, das ans Land Steigen, übertr. das Entkommen, τινός aus etwas b) insbes. der Ort des Aussteigens, τινός od. ἀπό τινος aus etwas, od. θύραζε, u. εἴς τι nach etwas hin, insbes. der Gebirgspaß als Ausgang aus Tälern u. Schluchten. c) sp. u. N. T. der Ausgang, Erfolg; das Ende, das Lebensende.
Ἐκβάτανα, ων, spätere Form für Ἀγβάτανα, s. d.
ἐκ-βάω, s. ἐκβαίνω.
ἐκ-βεβαιόομαι, Med., sp. befestigen.
ἐκβιάζω, mit Gewalt heraustreiben, verdrängen. — Meist Med. a) mit Gewalt für seine Zwecke abbringen. b) sich mit Gewalt zu etw. drängen, etw. erzwingen; τινά einen bewältigen od. zwingen (πολεμίους sich durchschlagen). — Part. perf. pass. ἐκβεβιασμένος mit Mühe gearbeitet.
ἐκ-βιβάζω, herausgehen lassen, so ποταμὸν ἔκ τινος einen Fluß von etwas wegleiten. Insbes. (ἐκ τῶν νεῶν) aus dem Schiffe aussteigen lassen, aussetzen. Übertr. einen von etwas abbringen, od. veranlassen von etwas abzugehen, τῶν δικαίων λόγων vom Standpunkte des Rechts.
ἐκ-βιβρώσκω (in tmesi), poet. ausfressen, τί.
ἐκ-βλαστάνω, entkeimen.
ἔκ-βλητος, 2. poet. ausgeworfen.
ἐκ-βλύζω, sp. heraus- od. hervorsprudeln.
ἐκ-βλώσκω, ep. nur Aor. -μολεῖν, herausgehen.
ἐκ-βοάω, laut aufschreien.
ἐκβοήθεια, ἡ, Ausfall (Belagerter). Von
ἐκ-βοηθέω, zum Beistand ausrücken, überh. aus-

ziehen, einen Ausfall, Angriff machen, ἔκ τινος von wo aus, bes. von einem belagerten Orte aus.

ἐκβολή, ἡ (ἐκβάλλω). **1)** das **Hinauswerfen** (= τὸ ἐκβάλλειν), **a)** eigtl. Entladen, Entleeren eines Schiffes Dem. **b)** übertr. Vertreibung, Verbannung; Sturz Aesch., **c)** v. d. Rede: Abschweifen, λόγου Exkurs Thuk. **2)** das **Hinausgeworfene,** Auswurf, eigtl. ausgeworfene Scholle Soph.; νεώς gestrandetes Schiff Eur. **3)** das **Hervorbrechen, a)** eigtl. σίτου 'Schießen' des Getreides Thuk., δακρύων vergießen Eur.; insbes. ποταμοῦ Entspringen, Ursprung; Ausfluß, ποιεῖσθαι, sich ergießen.

ἔκβολος, 2. (ἐκβάλλω), poet. eigtl. ausgeworfen (verstoßen), dann abgetrieben, unzeitig zur Welt gebracht. Subst. ἔκβολον πόντου Stelle, wo das Meer ins Land eingebrochen ist.

ἐκ-βράσσω u. **-ζω,** Perf. pass. -βέβρασται, Aor. pass. ἐξεβράσθη, ion. u. sp. an den Strand schleudern.

ἐκ-βροντάω, poet. durch den Donner herausschmettern.

ἐκ-βρῡχάομαι, Dep. med., poet. herausbrüllen, στεναγμόν ein Geheul ausstoßen.

ἔκβρωμα, τό (·βιβρώσκω), poet. eigtl. das Ausgefressene, ἐκβρώματα πρίονος Sägespäne.

ἐκ-γαμίζω, N. T. verheiraten. Pass. *nubo.*

ἐκ-γαμίσκομαι, N. T. sich verheiraten lassen.

ἐκ-γαυρόομαι, poet. sich rühmen.

ἐκγεγάμεν, -γεγάονται, -γεγαώς, s. ἐκγίγνομαι.

ἐκ-γελάω, Aor. ἐξεγέλασα, ep. σσ, herauslachen, **a)** laut auflachen, auch mit hinzugef. μέγα gewaltig. **b)** übertr. hervordringen, sprudeln.

ἐκ-γενέτας, α, ὁ, poet. Sprößling = ἔκγονος.

ἐκ-γενής, Gen έος 2. (γένος), poet. familienlos; verstoßen. (Konjektur st. ἐγγενεῖς *quamvis tibi cognatae*, u. st. ἐκτενεῖς).

ἐκ-γίγνομαι, Dep. med. (mit dem ep. ἐκγεγάονται = -γεγαῶτες ἔσονται), Perf. inf. ἐκγεγάμεν, part. ἐκγεγᾱώς, (att. poet. ἐκγεγώς) Plqpf. dual. ἐκγεγάτην. **1)** erzeugt oder **geboren werden,** τινός von jmdm., od. τινί jmdm.; Perf. entsprossen sein, abstammen. Hom. Hdt. Trag. **2)** allg. **entstehen;** unpers. es geht in Erfüllung, gelingt. **3)** aus etwas (τινός) sich entfernen, scheiden, τοῦ ζῆν aus dem Leben Xen.; von der Zeit: verfließen Hdt. • **4)** ἐξεγένετο, Aor. zu ἔξεστι, es stand frei, wurde erlaubt, möglich.

ἐκ-γλύφομαι, Perf. ἐξέγλυμμαι, **1)** aushöhlen, ausmeißeln; auch im Pass. **2)** ausbrüten.

ἔκγονος (ἐκγίγνομαι), **1)** Adj. 2., von jmdm. erzeugt, abstammend. **2)** Subst. ὁ, Sprößling, Nachkomme, Abkömmling, Kind sowohl als Enkel; ἡ, die Tochter; Plur. die Angehörigen; τὰ ἔκγονα die Erzeugnisse; von Tieren auch: die Jungen.

ἐκ-δακρύω, poet. u. sp. Tränen vergießen.

ἐκ-δαπανάομαι, N. T. Pass., sich aufopfern.

ἔκ-δεια, ἡ (δέω), Mangelhaftigkeit, Rückstand.

ἐκ-δείκνῡμι, poet. offen zeigen, τί od. mit folg. εἰ.

ἐκ-δειματόω, in Schrecken setzen.

ἐκ-δέκομαι, s. ἐκδέχομαι. Dav.

ἔκδεξις, εως, ἡ, ion. die Übernahme, Ablösung, Nachfolge, τινός in etwas.

ἐκ-δέρκομαι, ep. herausschauen, τινός aus etwas, oder κεφαλῆς ἐκ δ. (Il. 23, 477).

ἐκ-δέρω, abhäuten, die Haut abziehen, schinden, abs. u. τινά, auch mit δέρμα.

ἐκ-δέχομαι, ion. **ἐκδέκομαι,** Dep. med., **1)** etwas von einem an- od. abnehmen, τινί τι, über-, aufnehmen, sich zunutze machen, τί, od. in die Fußtapfen treten, nachfolgen in etwas, ablösen, aber τὶ παρά τινος etwas von einem überliefert bekommen, lernen; daher abs. nachfolgen, die Sache aufnehmen, sich anschließen, folgen, ἐκδεξάμενον εἰπεῖν gleich nach jem. sprechen. **2)** entnehmen, folgern. **3)** erwarten, τινά jmds. warten, ἔκ τινος nach etwas; oder mit·Inf.

ἐκ-δέω (s. I. δέω), Impf. ep. ἔκδεον, **1)** Akt. ep. u. poet. anbinden, σανίδας die Türe verschließen, τινός u. τινί an etwas binden, spannen. **2)** Med, ion. u. poet sich etwas anbinden od. umhängen.

ἔκ-δηλος, 2. ganz deutlich, offenbar, sehr ausgezeichnet, μετὰ πᾶσιν unter allen.

ἐκδημέω, augment. ἐξεδ., außer Landes gehen, in die Fremde ziehen; sich entfernen. Von

ἔκ-δημος, 2. außer Landes, verreist, fern, auswärtig, abs. u. τινός von einem Lande.

ἐκ-διαβαίνω, ep. ganz hindurchgehen, τί durch [etwas.

ἐκ-διαιτάω, (zum II. διαιτάω), eine Sache als διαιτητής (Schiedsrichter) zu Ende führen, δίαιταν.

ἐκ-διαιτάομαι, Med. (zum I. διαιτάω) mit Plqpf. ἐξεδεδιῄτητο, in seiner Lebensweise abweichen, τί in etw., τινός von jmd. Dav.

ἐκδιαίτησις, εως, ἡ, sp. Änderung (der Lebensweise), τινός von etwas.

ἐκδίδαγμα, τό, poet. Probearbeit des Lehrlings. Von

ἐκ-διδάσκω (s. διδάσκω), vollständig unterrichten, herausbilden, lehren.

ἐκ-διδράσκω, ion. **-ήσκω** (Tempora wie ἀποδιδράσκω: -δράσομαι, -έδραν -δρᾶναι, ion. -δρήσομαι usw.), davonlaufen, entfliehen, meist ἔκ τινος.

ἐκ-δίδωμι, ion. u. sp. ἐκδιδόω, 3. sg. -διδοῖ, Adj. verb. ἐκδοτέον. **1)** trans. **a) herausgeben,** hinweggeben, ausliefern, Ἑλένην Hom. preisgeben, im bes. eine Schrift herausgeben, **b)** aus dem Hause geben, verheiraten, u. im Perf. pass. verheiratet sein, auch παρ' ἀνδρί; auch Med. **c)** ἐκδ. εἰς ἑτέραν οἰκίαν adoptieren lassen Plat. Pol.; auch Med., **d)** etwas um Geld weggeben, vermieten, verdingen, überlassen οἰκίαν, αὐλήν; ausleihen, χρήματα, ἀργύριον, κατὰ συγγραφήν vertragsmäßig Dem., mit folg. Inf. etwas zu tun, u. mit Gen. des Preises. **2)** intr. sich ergießen, **münden.**

ἐκ-διηγέομαι, N. T. ganz erzählen.

ἐκ-δικάζω, 1) rächen, **2)** einen Streit entscheiden, δίκην. Dav.

ἐκδικαστής, ὁ, poet. der Rächer.

ἐκ-δικέω (ἔκδικος), sp. rächen (N. T. ἑαυτόν sich rächen, τινὰ ἀπό τινος jmdn. verteidigen gegen).

ἐκδίκησις, ἡ, sp. u. N. T. Strafe, Rache.

ἔκ-δικος, 2., Adv. **-ίκως, 1)** außer dem Recht seiend, ungerecht, widerrechtlich. **2)** strafend, N. T. **3)** Subst. ὁ, ἡ, sp. Rächer, Bestrafer.

ἐκ-διφρεύω, sp. aus dem Wagen(sitze) werfen.

ἐκ-διψάω, sp. sehr dürsten.

ἐκ-διώκω, bis heraus verfolgen, vertreiben, τινά.

ἔκδοσις, εως, ἡ (ἐκδίδωμι), 1) Herausgabe, Auslieferung. 2) Verdingung, Verpachtung, τινός einer Arbeitsleistung. 3) Verheiratung. 4) Ausgabe eines Buches.

ἔκδοτος, 2. (ἐκδίδωμι), ausgeliefert, preisgegeben, hingegeben; ἔκδοτον ποιεῖν τινα ἔς τινα einen an jmdn. ausliefern, überh. preisgeben, παρέχειν ἑαυτήν sich selbst ausliefern.

ἐκδοχή, ἡ (ἐκδέχομαι), 1) poet. Übernahme, Folge, Ablösung, τινός von etwas. 2) N. T das Erwarten.

ἐκ-δρακοντόω, poet. zum Drachen machen.

ἐκ-δράς, -δρῆναι, Aor. 2. von ἐκδιδράσκω, w. s.

ἐκδρομή, ἡ (ἐκτρέχω), das Auslaufen, a) die Streiferei, bes. Neigung zu auswärtigen Eroberungen (Plut. Per. 21). b) Angriffe der zu Ausfällen bestimmten Soldaten (Thuc. 4, 127).

ἔκ-δρομος, ὁ, Plänkler.

ἐκ-δύνω, Nebenf. zu ἐκδύομαι, s. ἐκδύω 2.

ἔκδυσις, εως, ion. ιος, ἡ, a) ion. das Herauskriechen, τὴν ἐκδ. ποιεῖσθαι herauskriechen. b) Entkommen, Ausflucht, ἔκ τινος od. mit folg. Inf. u. μή. c) ion. Ausgang, Gegensatz von ἔσοδος.

ἐκ-δύω, 1) Akt. u. Pass. ausziehen. 2) Med. a) trans. sich etwas ausziehen, ablegen. b) intr. sich aus etwas herausziehen, entgehen, entkommen

ἐκ-δωριόομαι, Perf. pass. ἐκδεδωρίευνται (wenn nicht -ωνται zu lesen), ion. ganz zum Dorier werden.

ἐκεῖ, Adv. **dort,** 1) lokal: *ibi*, daselbst, mit Art. dortig, jener, τἀκεῖ die dortige Gegend, aber auch die dortigen Angelegenheiten, Verhandlungen, überh. das Dortige, dort. Im bes.: in jener Welt. 2) scheinbar = ἐκεῖσε dorthin, auch in jener Welt, und ähnl. 3) temporal: *tum*, damals. 4) übertr. in jenem Falle, *ea in re*. Mit Krasis κἀκεῖ = καὶ ἐκεῖ auch damals, u. ähnlich.

ἐκεῖθεν, ep. u. ion. **κεῖθεν,** Adv. **von dort,** 1) lokal: *illinc*, von dort, von jener Seite, τἀκεῖθεν das von jenem, auch von jenem Manne; bei den Verbis der Bewegung scheinbar statt ἐκεῖ, so κομιοῦντας τὰς ἐκεῖθεν ναῦς um die dortigen S. zu holen, τοὐκεῖθεν (= τὸ ἐκεῖθεν) ἄλσους τοῦδε jenseits dieses Hains, eigentl. der von jener Seite dieses Hains hersehende (d. h. jenseits liegende) Teil. Oft mit dem Art. nach unserer Ausdrucksweise der dortige, u. τἀκεῖθεν von dort, dort. 2) temporal: von damals, aus jenen Zeiten. 3) kausal: daraus, dadurch.

ἐκεῖθι, ion. ep. u. poet., ep. u. ion. κεῖθι = ἐκεῖ.

ἐκεῖνος, η, ο (aus ἐκεῖ u. verschollenem *ἐνος „jener"), ion. u. poet. **κεῖνος,** mit Krasis κἀκεῖνος st. καὶ ἐκ., Pron. demonstr. **der dort, jener,** lat. *ille* • 1) räumlich und zeitlich vom Sprechenden entfernt: οἱ ἐκεῖ die im Hades Plat. Apol. 41 c.; das früher (oben) Erwähnte • 2) hinweisend: νῆες ἐκεῖναι ἐπιπλέουσιν fahren dort heran (prädikativ) Thuk.; ἐκεῖνος ὅδε jener dort • 3) **der bekannte,** berühmte, berüchtigte, vgl. *ille;* elliptisch: ἀλλ' ἐκεῖνο doch das noch!; τοῦτ' (τόδ') ἐκεῖνο da haben wir es; das, was ich sagen will; dag. ἀλλ' ἐκεῖνο doch noch folgendes Luk. • 4) in Parallele zu οὗτος geht ἐκ. oft aufs nächst Vorhergehende • 5) = αὐτός: Κλέαρχος καὶ οἱ σὺν ἐκείνῳ und seine Leute Xen. • 6) Adverbial: μετ' ἐκεῖνα darnach, nachher, ἐπ' ἐκεῖνά τινος jenseits von etwas.

Reine **Advv.** sind • 1) **ἐκείνῃ,** ep. κείνῃ, u. -η a) dort • b) auf jene Weise, so • 2) **ἐκείνως** u. **κείνως,** auf die Art, auf folgende Weise, in jenem Falle.

ἐκεινοσί, verstärktes ἐκεῖνος, jener dort.

ἐκεῖ-σε, ep. ion. u. poet. **κεῖσε,** dorthin, dahin, darauf, abs. u. mit Gen. zu dem Punkte von etwas, auch mit dem Artikel.

ἐκεχειρία, ἡ (ἔχω, χείρ), a) Einstellung der Feindseligkeiten, Waffenstillstand, abs. u. πρός τινα, ἐκεχειρίαν ἄγειν Waffenruhe halten. b) auch die Waffenruhe während der Festzeit, dah. Ferienzeit.

ἐκ-ζέω, Aor. -έζεσα, 1) trans. poet. aufkochen, aufregen. 2) intr. ion. mit εὐλέων, von Würmern aufschwellen, wimmeln.

ἐκ-ζητέω, N. T. aufspüren, rächen.

ἐκ-ζωπυρέω, sp. wieder anfachen.

ἐκηβολίη, ἡ, ep., im Plur. sicher treffende Schüsse, Treffkunst. Von

ἑκη-βόλος, dor. **ἑκᾱ-βόλος,** 2. (v. St. ϝεκ in ἕκητι, ἑκών u. a.), ep. poet. u. sp. nach Belieben, nach freiem Willen treffend, nie fehlend, treffsicher. Subst. ὁ ἑκ. der sichere Schütze, Beiw. Apollons.

ἕκηλος, ep. u. poet., u. **εὔκηλος,** 2. (St. ϝεκ in ἑκών, ἕκητι), ep. u. poet. nach Wunsch, a) ruhig, sorglos. b) ungestört, ungehindert, müßig. Als Adv. **ἕκηλα.**

ἕκητι, ep., **ἕκᾱτι,** dor. u. att. (poet.) (Wurz. ϝεκ, s. ἑκών), Präp. hinter dem Gen., a) auf den Wunsch von, nach dem Willen, durch die Gnade von. b) um — willen, vermöge, kraft, wegen.

ἐκ-θαμβέομαι, N. T. sich entsetzen, sehr staunen.

ἔκ-θαμβος, 2. N. T. ganz erstaunt.

ἐκ-θαμνίζω, poet. mit dem Stamm ausrotten.

ἐκ-θαρρέω, sp. sehr ermutigt werden, τινί durch od. über etwas.

ἐκ-θαυμάζω, sp. u. N. T. sehr staunen.

ἐκ-θεάομαι, Dep. med., poet. ganz sehen.

ἐκ-θειάζω, sp. zu einem Gotte machen.

ἐκ-θεόω, sp. vergöttlichen, vergöttern; weihen.

ἐκ-θεραπεύω, durch besondere Aufmerksamkeit zum Freunde machen.

ἐκ-θερμαίνω, ganz u. gar erwärmen; ἐκτεθέρμανται ist entbrannt, erglüht, τινί.

ἔκθεσις, εως, ἡ (ἐκτίθημι), ion. poet. u. sp. 1) Aussetzung eines Kindes. 2) sp. Auseinandersetzung.

ἔκ-θεσμος, 2. sp. unsittlich, greulich.

ἔκ-θετος, 2. poet. u. N. T. ausgesetzt.

ἐκ-θέω, herausstürzen, herausfliegen, einen Ausfall machen (um anzugreifen).

ἐκ-θηλύνω, Perf. pass. ἐκτεθηλυμμένος, sp. ganz weibisch machen.

ἐκ-θηράομαι, sp. und

ἐκ-θηρεύω, ion. u. sp. aufjagen, wegfangen.

ἐκ-θηριόω, poet. zum wilden Tiere machen.

ἐκ-θλίβω [ῑ], Aor. pass. conj. -θλιβῇ, heraus-, wegdrücken, -drängen.

ἐκ-θνήσκω, ep. poet. u. sp., Aor. 2. ep. ἔκθανον st. ἐξέθανον, ersterben, ohnmächtig werden, ὑπὸ δέους sich zu Tode fürchten, τινά vor jmd., und hyperbol. γέλῳ vor Lachen, sich halbtot lachen.
ἐκ-θοινάομαι, poet. ausfressen.
ἐκ-θρῴσκω, ep. u. poet., Aor. 2. ἐξέθορον, ep. ἔκθορον (auch in tmesi), heraus- oder hervorspringen.
ἔκ-θυμα, τό, außerordentliches Opfer.
ἐκ-θυμιάω, poet. räuchern.
ἔκ-θυμος, 2., Adv. -ύμως, poet. u. sp. a) von Mut beseelt, tapfer. b) leidenschaftlich, hitzig.
ἐκ-θύω, 1) Akt. poet. zur Sühne hinopfern. 2) Med. poet. u. sp. sich (*sibi*) durch ein Opfer versöhnen, sich von einer Blutschuld (ἄγος) entsühnen, doch auch ὑπέρ τινος für einen ein Sühnopfer darbringen, um ein Unglück von ihm abzuwenden.
ἐκ-καθαίρω, ausreinigen, säubern, blank putzen; übertr. läutern, aber auch wegputzen, ausjäten, ausrotten, τινά.
ἐκ-καθεύδω, draußen schlafen, Nachtwache halten.
ἐκ-καί-δεκα, οἱ, αἱ, τά, Num. indecl., sechzehn, dann überh. für eine unbestimmte Zahl.
ἐκκαιδεκά-δωρος, 2. (δῶρον), ep. sechzehn Hand breit.
ἐκκαιδεκά-πηχυς, υ, sechzehnellig.
ἐκκαιδέκατος, 3. sp. der sechzehnte.
ἐκκαιδεκ-έτης, ον, ὁ, ep. sechzehnjährig.
ἐκκαιδεκ-ήρης, 2. sp. mit sechzehn Ruderbänken.
ἐκ-καίω, att. ἐκκάω, Fut. -καύσω, Aor. -έκαυσα, Perf. pass. -κέκαυμαι, Fut. -καυθήσομαι, poet. Aor. act. part. -κέας, 1) ausbrennen, d. i. mit glühendem Eisen ausstechen, u. so im Pass. ἐκκάεσθαι τοὺς ὀφθαλμούς. 2) anbrennen, in Brand stecken, τί, übertr. etwas anfachen, anfeuern, geneigt machen, τινὰ πρός τινα. Im Pass. in Hitze geraten; entbrennen.
ἐκκακέω (κακός), N. T. nachlässig werden.
ἐκ-καλέω, 1) Akt. herausrufen, übertr. aufregen. 2) Med. herausrufen (zu sich), auffordern, hervorlocken, aufrütteln.
ἐκ-καλύπτω (auch in tmesi), 1) Akt. enthüllen, aufdecken, τί u. τινά, z. B. ἀσπίδας, d. h. den Überzug wegnehmen (versch. LA.); in eigentl. Sinne u. übertr. 2) Med. ep. sich enthüllen, sich aufdecken.
ἐκ-κάμνω, ermatten, müde, stumpf werden, τινί von etwas, τί einer Sache, πρός τι zu etwas Kraft u. Lust verlieren, auch mit hinzugef. ταῖς γνώμαις, u. zwar ὑπό τινος durch etwas.
ἐκ-καρπίζομαι, poet. als Frucht treiben.
ἐκ-καρπόομαι, Med., 1) die Früchte genießen. 2) Früchte für sich einsammeln, ausschöpfen.
ἐκ-καταπάλλομαι, ep. Med., nur Aor. οὐρανοῦ ἐκκατέπαλτο (od. ἐκ. κ.) sie schwang sich vom Himmel herab.
ἐκ-κατεῖδον, ep. Aor. 2., Περγάμου ἐκκατιδών (od. ἐκ. κ.) von Perg. herabsehend.
ἐκ-καυλίζω (καυλός), poet. mit Stumpf und Stiel ausrotten.
ἐκ-καυχάομαι, poet. herausprahlen, mit folg. Inf.
ἐκ-κάω u. **ἐκκέας,** s. ἐκκαίω.
ἔκ-κειμαι, 1) frei daliegen; hervorstehen, hervorragen. 2) aushängen, vor Augen gestellt sein. 3) bloßgelegt werden. 4) von Kindern: ausgesetzt sein.
ἐκ-κενόω, ausleeren, a) ausladen. b) entvölkern.
ἐκ-κεντέω, N. T. durchbohren.
ἐκ-κεχυμένως, Adv. vom Part. perf. pass. von ἐκχέω, ausgegossen, ausführlich.
ἐκ-κηραίνω, poet. austilgen.
ἐκ-κηρύσσω, att. -ττω, 1) poet. öffentlich ausrufen od. befehlen lassen, mit folg. μή u. Inf. mit u. ohne τό. 2) im bes. einen durch den Herold öffentlich ausweisen lassen, überh. des Landes verweisen, abs. od. ἔκ τινος od. mit Ortsadverbien.
ἐκ-κῑνέω, poet aufregen, aufrütteln, aufscheuchen, τινά u. τί, u. zwar ἀπό τινος einen von einer Seite her aufregen, d. i. einem etwas aufregen, übertr. ein Wort ausstoßen.
ἐκ-κίω (in tmesi), ep. herausgehen.
ἐκ-κλάζω, poet. ertönen lassen.
ἐκ-κλάω, abbrechen, zerbrechen.
ἐκ-κλείω, ion. -ηίω, ausschließen, τινός aus etwas, überh. a) verhindern, hemmen, abs. od. τινί durch etwas. b) nötigen.
ἐκ-κλέπτω, 1) wegstehlen, entführen, einem heimlich forthelfen, listig entreißen. 2) verheimlichen, täuschen, berücken.
ἐκ-κληίω, s. ἐκκλείω.
ἐκκλησία, ἡ (ἔκκλητος). 1) die **Volksversammlung,** untersch. von ξύλλογος Thuk. Plat. Gorg., Versammlung, insbes. der Soldaten, die Heeresversammlung; σύγκλητος eine außerordentlich berufene V.; κυρία die regelmäßige. Man sagte: ἐκκλησίαν ἔχειν, ποιεῖν, συνάγειν, συλλέγειν, ἀθροίζειν, πληροῦν sie zustande bringen, halten, διαλύειν u. ἀφιέναι sie entlassen • 2) die Versammelten • 3) das Versammlungszimmer, der Versammlungsplatz • 4) N. T. die Gemeinde, **Kirche.** Dav.
ἐκκλησιάζω, augm. ἐξεκλ. u. ἠκκλ., a) eine Versammlung berufen od. halten. b) die Volksversammlung besuchen, in einer Versammlung beraten, verhandeln, abs. od. περί τινος über etwas, u. τί etwas. Dav.
ἐκκλησιαστής, οῦ, ὁ, Teilnehmer an der Volksversammlung.
ἔκκλητος, 2. (ἐκκαλέω), aufgerufen, οἱ ἔκκλητοι, Mitglieder eines Volksausschusses.
ἐκ-κλίνω [ῑ], 1) trans. ausbiegen, a) abbiegen, wegwenden, τὶ ἀπό τινος, b) meiden, τί etwas. 2) intr. sich wegwenden, sich zurückziehen, abs. u. πρός τι, auch τινά vor einem, einem ausweichen. Übertr. abweichen von der frühern Lebensart, sich zum Schlechten neigen, sinken.
ἔκ-κλισις, εως, ἡ, sp. das Ausweichen, Vermeiden, Meiden.
ἐκκλιτικός, 3. sp. zum ausweichen, meiden geneigt, meidend.
ἐκ-κλύζω, ausspülen.
ἐκ-κναίω, buk. aufreiben.
ἐκ-κνάω, ion. Inf. -κνᾶν, auskratzen.
ἐκ-κοιλαίνω, ion. aushöhlen.
ἐκ-κολάπτω, wegmeißeln, d. h. mit dem Meißel entfernen, abs. u. ἀπό τινος.
ἐκ-κολυμβάω, poet. u. sp. herausschwimmen, durch Schwimmen entkommen.
ἐκκομιδή, ἡ, ion. u. sp. die Hinausschaffung, Rettung, Bestattung. Von
ἐκ-κομίζω, 1) Akt. u. Pass. a) heraus- od. hinaus-

schaffen, fortbringen, in Sicherheit bringen. Pass. sich flüchten. b) vom Toten: begraben, bestatten. 2) Med. a) das Seinige fortschaffen, retten. b) für sich davontragen, sich etwas sichern. 3) bis zu Ende ertragen.

ἐκ-κομπάζω, poet. sich rühmen, κατά τι wegen etwas.

ἐκ-κομψεύομαι, poet. witzig darstellen.

ἐκκοπή, ἡ, 1) das Ausschneiden. 2) der Einschnitt, die Abtragung.

ἐκ-κόπτω, 1) aushauen, ausschlagen, umhauen, übertr. vernichten. Im bes. die Türe einschlagen, das Haus erbrechen. 2) heraushauen, heraustreiben, gewaltsam vertreiben, τινά od. τί, u. τινός aus etwas.

ἐκ-κουφίζω, sp. a) erheben. b) erleichtern.

ἐκ-κράζω, sp. aufschreien.

ἐκ-κρέμαμαι, fut. -κρεμασθήσεται, an etwas hängen, (ἐκ) τινος.

ἐκ-κρεμάννυμι, Med. sich an etwas hängen, anklammern, sich halten, τινός an jmdn., ihm ergeben sein, κατά τι an etwas.

ἐκ-κρήμναμαι, poet. = ἐκκρεμάννυμαι.

ἐκ-κρίνω [ῑ], Adj. verb. ἐκκρῐτέον, 1) auswählen, auslegen. 2) a) aussondern, absondern. b) ausstoßen. Dav.

ἔκκρῐτος, 2. auserwählt, vorzüglich.

ἐκκρουστικός, 3. verdrängend, vertreibend.

ἔκκρουστος, 2. poet. von getriebener Arbeit. Von

ἐκ-κρούω, herausschlagen, herabdrängen, forttreiben, abweisen, wegdrängen, τινά τινος jmdn. aus etwas, ἐλπίδος jmdm. die Hoffnung nehmen; ἑαυτόν τινος von etwas abkommen; hinhalten, τοὺς λόγους sie vereiteln, sp. τὸν καιρόν hinausschieben, vertreiben.

ἐκ-κυβιστάω, sich kopfüber hinausstürzen, bei Xen von einem Tänzer, näml. aus dem Kreise, worin er sich gedreht hatte.

ἐκ-κυλίνδομαι, poet., u. **ἐκκυλίομαι,** ep. u. poet., Pass. Fut. -κυλισθήσομαι, Aor. -εκυλίσθη sich herauswälzen, herausstürzen, τινός u. ἔκ τινος aus etwas, übertr. in etwas (εἴς τι) heraustaumeln, z. B. εἰς ἔρωτας. Dav.

ἐκκύλῐσις, εως, ἡ, sp. Umwälzung, Umdrehung.

ἐκ-κῡμαίνω, herauswogen, übertr. im Marschieren über die Linie hinauskommen, so daß diese eine Ausbuchtung bekommt, u. daß die andern, um nicht zurückzubleiben, laufen müssen.

ἐκ-κυνηγετέω, poet. jagen, verfolgen.

ἐκ-κύπτω, sp. poet. hervorgucken.

ἐκ-κωμάζω, poet. mit Ungestüm ausziehen.

ἐκ-κωφέω (poet.) u. **-όω,** übertäuben.

ἐκ-λαγχάνω, poet. (vom Schicksal) erlangen od. erhalten, τί.

ἐκ-λαλέω. ausschwatzen, τί.

ἐκ-λαμβάνω, herausnehmen, d. i. a) (bedungene Arbeit) übernehmen. b) in Empfang nehmen, bekommen. c) sp. aus der Erscheinung abnehmen, deuten.

ἐκ-λάμπω, hervorleuchten, hervorstrahlen, überh. sich zeigen, ἐπί τινι bei etwas.

ἐκ-λανθάνω, ep. auch -ληθάνω u. Aor. 2. redupl -λέλαθον. 1) Akt. völlig vergessen lassen. 2) Med. vergessen.

ἐκ-λαπάζω, poet. herauswerfen.

ἐκ-λατάσσω, Aor. imp. -ξον, poet. herauswerfen, schleudern (Konj. Eur. Kykl. 152).

ἐκλε' = **ἐκλέεο,** ep. Impf. med. v. κλέω.

ἐκ-λεαίνω, ausglätten.

I. **ἐκ-λέγω** (s. I. λέγω), att. Perf. pass. -είλεγμαι, Aor. pass. -ελέγην, ion. u. auch Xen. -λέλεγμαι, -ελέχθην, Adj. verb. ἐκλεκτέος, 1) Akt. **auslesen** a) auflesen, auswählen, herausnehmen, τινά, τί od. mit Gen. part., ἔκ τινος aus etwas. b) von jmdm. (παρά τινος) einfordern, Geld eintreiben, Abgaben erheben. 2) Med. für sich auslesen, τινός und ἔκ τινος aus etwas, überh. = Akt. herausnehmen (eintreiben).

II. **ἐκ-λέγω** (s. II. λέγω), sp. aussagen, ausplaudern.

ἐκλειπτικός, 3. sp. zur Sonnen- od. Mondfinsternis gehörig.

ἐκ-λείπω, poet. Nbf. ἐκλιμπάνω • 1) trans. **auslassen,** verlassen, πόλιν ἐκλ. εἰς auswandern nach, τὴν στρατίαν keine Soldaten stellen Xen. b) ablassen von, aufgeben, βίον sterben, ὅρκον brechen • 2) intr. **ausbleiben** • a) eigtl. desertieren, fortziehen • b) übertr. aufhören πόλεμος Isokr., πιὼν τι; nachlassen ῥώμη Eur., dah. ohnmächtig werden, sterben Plut.; λόγος bleibt stehen Hdt. • c) insbes. von Gestirnen sich verfinstern. Dav.

ἔκλειψις, εως, ἡ, 1) trans. ion. das Verlassen, Aufgeben, Unterlassen, Entweichen, τινός jmds. 2) intr. das Ausbleiben, Verschwinden, der Untergang, insbes. Sonnen- u. Mondfinsternis.

ἐκ-λεκτός, 3. auserlesen.

ἐκ-λελυμένως, Adv. ganz nachlässig.

ἔκλεο, s. κλέω.

ἐκ-λέπω, ion. u. sp. ausbrüten.

ἐκ-λευκαίνω, poet. u. sp. ganz weiß machen.

ἐκ-λήγω, poet. ganz aufhören, mit Part.

ἐκ-ληθάνω, s. ἐκλανθάνω. Dav.

ἔκλησις, εως, ἡ, ep. gänzliches Vergessen.

ἐκ-λιμπάνω, s. ἐκλείπω.

ἐκ-λιπαίνομαι, sp. fett werden.

ἐκ-λῐπαρέω, sp. durch Bitten bewegen, τινά mit [folg. Inf.

ἐκλῐπής, 2. (ἐκλείπω), ausgelassen, fehlend, übergangen, τινί von einem. Subst. ἐκλιπές τι τοῦ ἡλίου eine partielle Sonnenfinsternis, auch τῆς σελήνης τὸ πολὺ ἐκλιπές eine fast totale Mondfinsternis. Sonst heißt τὸ ἐκλιπές überh. die Lücke, die Unterbrechung, und das Unterlassen einer Handlung, die Lässigkeit.

ἐκ-λιπῶσα, lakon. = ἐκλιποῦσα.

ἐκ-λογή, ἡ, 1) die Auswahl; Erzählung. 2) sp. Auszug, Exzerpt.

ἐκ-λογίζομαι, Dep. med., ausrechnen, erwägen, überlegen, abs. od. τί u. περί τινος od. mit relat. Nebens. Dav.

ἐκλόγισις, εως, η, sp. Überlegung, Abschätzung.

ἐκλογισμός, ὁ, sp. die Ausrechnung, Berechnung, Schätzung; Darlegung.

ἐκ-λοχεύω, u. Med. **-ομαι,** poet. ausgebären.

ἔκλυσις, εως, ἡ (-λύω), Erlösung, Befreiung, τινός von etwas; auch Entkräftung.

ἐκλυτήριος, 2. poet. zur Erlösung dienlich, τὶ ἐκλυτήριόν τινι ein Rettungsmittel für jmdn. Von
ἔκλῠτος, 2. Adv. **-ύτως,** poet. u. sp. lose, leicht. Von
ἐκ-λύω, auslösen, erlösen. Im bes. **a)** entfesseln, losgürten, στόμα öffnen. **b)** entfernen, fortschaffen, beseitigen, aufheben, einstellen, ein Ende machen, bezahlen. **c)** die Kräfte auflösen, entkräften, schlaff machen, entnerven, verstimmen, im Pass. erlahmen, verzagen. [erleiden.
ἐκ-λωβάομαι, poet. Pass. mit τί, eine Schmach
ἐκ-λωπίζω, poet. (in tmesi) entblößen.
ἐκμαγεῖον, **τό,** sp. Masse, in die Abdrücke gemacht werden, Abdruck, Abbild.
ἐκ-μαίνω, 1) Akt. poet. in Wut, Leidenschaft versetzen, reizen, brachyl. τινὰ δωμάτων, eigtl. einen in Wut versetzen, daß er sich aus dem Hause stürzt, od. τί etwas entzünden. **2)** Pass. ion. u. sp., Aor. ἐξεμάνην, in Leidenschaft entbrennen, in Hitze geraten, sei es vom Weine, sei es vom Zorn, ὑπ' ὀργῆς, u. auch εἴς τινά τι gegen einen aus Raserei etwas tun.
ἐκ-μαίομαι, ep. Aor. ἐκμάσσατο, ersinnen, erfinden.
ἔκμακτρον, **τό** (ἐκμάσσω), poet. der Abdruck.
ἐκ-μανθάνω, (s. μανθάνω), **a)** von Grund aus od. genau lernen, erfahren. **b)** auswendig lernen, sich einprägen. **c)** erforschen, untersuchen, aufspüren; Vergangenheitstempora: genau wissen.
ἐκ-μαραίνω, buk. verwelken lassen.
ἐκ-μαργόω, Part. = ἐκμαίνω.
ἐκ-μαρτυρέω, bezeugen.
ἐκ-μάσσω, Aor. pass. conj. -μαγῇ, **1)** Akt. poet. u. sp. abwischen, τινί an etwas, ἐπί τινι zu etwas (auch abformen, Pass. perf. ἐκμεμάχθαι τινός ein Abbild jmds. sein). **2)** Med. sp. sich abformen, sich einprägen, τί.
ἐκ-μαστεύω, poet. ausspähen.
ἐκ-μείρομαι, ep. Perf. ἐξέμμορα, auch ἒξ ἔμμ., teilhaftig werden, τινός.
ἐκ-μελετάω, sorgfältig üben od. lernen.
ἐκ-μελής, 2. (μέλος), disharmonisch, übertrieben.
ἐκ-μετρέω, ausmessen, zu Ende messen, messen, bes. im Med., sich od. für sich etwas ausmessen, den Maßstab nach etwas (τί) nehmen; poet. τὴν Κορινθίαν ἄστροις χθόνα, d. h. nach den Sternen den Weg nach Korinth bemessen. Poet. im Akt. auch χρόνον, die Zeit hinbringen, sp. ἐ. τὸν βίον = sterben
ἔκ-μηνος, 2. (ἕξ, μήν), poet. sechsmonatlich, halbjährig.
ἐκ-μηνύω, sp. verraten.
ἐκ-μηρύομαι, Med., sich heraus entwickeln, in Reihen vorbeiziehen, einzeln herausgehen.
ἐκ-μιμέομαι, Dep. med., genau nachahmen, vollkommen ausdrücken, τί.
ἐκ-μισέω, sp. sehr hassen.
ἐκ-μισθόω, vermieten, verpachten.
ἐκ-μολεῖν u. **ἔκμολε,** ep. Aor. zu -βλώσκω, herausgehen.
ἐκ-μουσόω, poet. gründlich unterrichten.
ἐκ-μοχθέω, poet. auskämpfen, überstehen, τί; mühselig verfertigen, erwerben; sich herausarbeiten, vermeiden.
ἐκ-μυζάω, ep. u. sp. aussagen.
ἐκ-μυκτηρίζω, N. T. verspotten.
ἐκ-νέμομαι, poet. Med. fut. -νεμεῖ, hinaussetzen, mit πόδα ἄψορρον den Schritt zurückwenden.
ἐκ-νευρίζω, die Sehnen ausschneiden, entnerven.
ἐκ-νεύω, 1) ausbiegen, ausweichen, τί vor etwas, εἴς τι gegen etwas; auf die Seite gehen, N. T. **2)** poet. wegwinken, τινά mit folg. Inf.
ἐκ-νέω, Aor. 1. ἐξένευσα, u. sp. **ἐκνήχομαι,** heraus-, wegschwimmen, ἐπί τι nach etwas, τινός sich durch Schwimmen aus etwas retten, überh. entkommen, εἴς τι.
ἐκ-νήφω, νήψω, sp. **1)** wieder nüchtern werden. **2)** N. T. nüchtern bleiben.
ἐκ-νήχομαι, sp. = ἐκνέω.
ἐκ-νίζω, Fut. ἐκνίψω, **1)** Akt. abwaschen, übertr. reinigen, sühnen, τινί durch etwas. **2)** Med. von sich abwaschen, τί; übertr. sich rein waschen von etwas.
ἐκ-νῑκάω, vollständig siegen, sich geltend machen; τινί für jmdn., ἐπὶ τὸ μυθῶδες zu fabelhaft übertriebener Bedeutung gelangt sein.
ἐκ-νόμιος, 2. poet. ungewöhnlich, ungeheuer.
ἔκ-νομος, 2., Adv. **-όμως,** poet. u. sp. das Gesetz überschreitend, dah. ungerecht, ungesetzlich, freventlich, frevelhaft.
ἐκ-νοστέω, ep. zurückkehren, heimkehren.
ἔκ-νους, 2., zsgz. aus -οος, sp. sinnlos.
ἐκ-ξύω, ion. poet. (auch in tmesi) abschaben, abkratzen.
ἑκοντί, sp. Adv. zu ἑκών, freiwillig.
ἑκούσιος, 3. u. 2., Adv. **-ίως** (ἑκών), freiwillig, aus freien Stücken, durch eigene Schuld herbeigeführt. Subst. τὸ ἑκ. der freie Wille, die Willigkeit. Adv. ist ἐξ ἑκουσίας, καθ' ἑκουσίαν = ἑκουσίως.
ἐκπαγλέομαι, nur im part. praes., ion. u. poet. staunen, sich höchlich verwundern, tadeln, abs., τινά, u. mit folg. ὡς. Von
ἔκ-παγλος, 2., Adv. **-άγλως** (durch Dissim. f. ἔκπλαγλος zu ἐκπλαγῆναι), fast nur poet., erstaunlich, erschrecklich. Als Adv. auch Neutr. sing. u. plur., auch: erschrecklich, ohne Maßen, gewaltig.
ἐκ-πᾰθής, 2. (πάθος), sp. ganz leidenschaftlich, πρός τι; Aesch. Cho. 672 = 691 nur Konjektur: heftig.
ἐκπαίδευμα, **τό,** poet. der Zögling. Von
ἐκ-παιδεύω, ausbilden.
ἐκ-παιφάσσω, ep. hervorstrahlen.
ἐκ-παίω, poet. herauswerfen, -stürzen, τινός aus etwas; Med. sp. sich durchschlagen.
ἔκ-παλαι, Adv., sp. seit od. vor langer Zeit.
ἐκπαλής, 2. sp. ausgesprungen, ausgerenkt. Von
ἐκ-πάλλομαι, Med., ep. u. nur im Aor. ἔκπαλτο, sich herausschwingen, herausspritzen, τινός an etwas.
ἐκ-πατάσσω, poet. herausstoßen, ep. φρένας ἐκπεπαταγμένος sinnlos.
ἐκπάτιος, 2. (πάτος), poet. vom Wege ab, ins Wilde gehend, außerordentlich.
ἐκ-παύω, 1) Akt. poet. gänzlich ruhen lassen. **2)** Med. ganz aufhören.
ἐκ-πείθω, poet. u. sp. bereden, etwas zu tun, τινά allein od. mit Inf. (auch bloß jmdn. gewinnen, τινά).
ἐκ-πειράζω, N. T. (τινά) auf die Probe stellen.
ἐκ-πειράομαι, Med. mit Aor pass., ion. u. poet. auf die Probe stellen, τινός einen.
ἐκ-πέλει, poet. Impers., es paßt, frommt.
ἐκ-πέμπω. 1) Akt. **heraussenden,** entsenden, herausgehen heißen, entlassen, fortschicken,

τινά, herauswerfen, τί, ausführen, zuführen, u. zwar τινός aus etwas, ἐκτὸς πυλῶν herauskommen lassen Soph. Ant. 19 (Med.: OT. 951 zu sich herausrufen lassen). Im bes. **a)** γυναῖκα ein Weib verstoßen, **b)** herausbringen, herausgeleiten, **c)** im Pass. oft sterben. **2)** Med. **a)** von sich entlassen od. wegschicken δόμου Hom., **b)** ep. = Akt.

ἔκπεμψις, εως, ἡ, die Aussendung.

ἐκπεπταμένως, Adv. vom Part perf. pass. von ἐκπετάννυμι, eigentl. ausgebreitet, übertr. ausgelassen, übermäßig.

ἐκ-περαίνω, ganz durchbringen, zu Ende bringen, durchsetzen; Pass in Erfüllung gehen.

ἐκπέρᾱμα, τό, poet. das Herauskommen. Von

ἐκ-περάω, ep. 3. sg. ἐκπεράει, -ᾷ, 3. pl. ώουσι, -ῶσι **1)** heraus- u. hindurchgehen, hindurchdringen, durchfahren, τί etwas, vorbeikommen an etwas, τί. **2)** poet. hinaufsteigen, herausgehen.

ἐκ-πέρθω, Fut. -πέρσω, ep. u. poet. **a)** gänzlich zerstören, übertr. in den Staub werfen, verwüsten, τινά u. τί. **b)** bei der Zerstörung herausholen, ausplündern, rauben.

ἐκ-περίειμι, sp. und

ἐκ-περιέρχομαι, sp. von einem Orte aus herumgehen, τί od. τινά um eine Gegend od. ihre Bewohner, διά τινος durch ein Land, dah. von leblosen Dingen: sich um etwas herumziehen.

ἐκ-περιπλέω, sp. von einem Orte aus etwas (τί) umschiffen.

ἐκπερισσῶς, Adv. desto besser, N. T.

ἐκ-πετάννυμι, poet. u. sp., Fut. ἐκπετᾰσω od. -πετῶ, Perf. pass. ἐκπέπταμαι u. poet. ἐκπεπέτασται, Aor. ἐκπετασθείς, ausbreiten, ausspannen.

ἐκ-πέτᾰσις, ἡ, sp. das Ausbreiten, Öffnen, insbes. das Zurückschlagen des Vorhangs.

ἐκ-πέτομαι, sp. herausfliegen.

ἐκ-πεύθομαι, poet. ausforschen.

ἐκ-πέφᾰται, ep. Perf. pass. zum St. φεν, ist ausgetilgt, vernichtet.

ἐκ-πηδάω, ion. **-έω,** heraus-, hervor-, hinausspringen, emporfahren, herabspringen, einen Ausfall machen, hinauseilen, πρός τινα, ἔς τι.

ἐκπήδημα, τό, poet. das Herausspringen.

ἐκ-πῑδύομαι poet. hervorsprudeln.

ἐκ-πιέζω, sp. herausdrücken.

ἔκ-πῑθι, s. ἐκπίνω.

ἐκ-πίμπλημι, ausfüllen, erfüllen, voll machen, übertr. **1)** vollzählig machen, ergänzen. **2)** vollkommen leisten, abzahlen, abbüßen. **3)** sättigen (Pass. satt werden), befriedigen.

ἐκ-πίνω [ῐ], Fut. ἐκπίομαι, Aor. 2. ἐξέπιον, Imper. -πιε u. -πῖθι, Perf. ἐκπέπωκα, Perf. pass. ἐκπέποται, Aor. pass. -ποθέντ' (auch in tmesi), ep. Aor. act. ἔκπῐον austrinken, ausleeren, ausschlürfen, aussaugen, τί u. τινά.

ἐκ-πιπράσκω, Perf. pass. ἐκπέπραται, ausverkaufen.

ἐκ-πίπτω • 1) herausfallen, herabfallen, τινός, ähnl. von Bäumen: umfallen, vom Flusse: sich ergießen, dah. auch von Worten, einem Gerüchte: entfallen, in der Rede stecken bleiben, od. sich verbreiten, abs. u. εἴς τι; von Orakeln: herauskommen, τινί; von Sachen: ausfallen, ausschlagen, sich enden, πρός τι in etwas. Übertr. • **a)** aus dem Besitz von etwas: um etwas, (ἐκ) τινος, kommen, etwas verlieren; aus etwas (τινός) herausgejagt, getrieben werden, abs. οἱ ἐκπεπτωκότες *exules* • **b)** von Schiffen: verschlagen, ans Land geworfen werden, stranden, abs. u. παρὰ τὴν θάλασσαν od. πρός τι, u. so auch von Reisenden, ἐκ τῆς ὁδοῦ • **c)** von Bewerbern, Schauspielern, Rednern: durchfallen, auch bei der Abstimmung in der Minorität bleiben; von Herrschern: τῆς ἀρχῆς vom Throne gestoßen werden, ähnl. Soph. Antig. 679 mit zu ergänzendem τοῦ ἐπιχειρήματος bezwungen werden, fallen • **2) ausfallen,** einen Ausfall machen, hervorbrechen, ἔκ τινος, u. in prägnanter Bdtg.: Ἀθήναζε sich nach Athen flüchten, vom Flusse abs. austreten.

ἐκ-πίτνω, poet. = ἐκπίπτω.

ἔκ-πλεθρος, 2. poet. sechs Plethra, also ein Stadion [lang.

ἐκ-πλέω, Fut. -πλεύσομαι u. -σοῦμαι, ion. **ἐκπλώω,** ausfahren, absegeln, in See gehen, auslaufen; hinausschwimmen; ἐπὶ κέρως in langem Zuge, τὰς τῶν πολ. ναῦς aus dem Bereich der feindl. Schiffe hinaus. — Übertr. τῶν φρενῶν, ἐκ τοῦ νόου von Sinnen kommen.

ἔκ-πλεως, ων, att. Neutr. plur. ἔκπλεω u. ἔκπλεα, ausgefüllt, voll, vollständig, reichlich.

ἔκ-πληγεν, ep., u. **ἐκ-πλήγνυμι,** s. ἐκπλήσσω.

ἐκπληκτικός, 3., Adv. -ῶς, Schrecken einflößend, Bestürzung verbreitend.

ἔκπληξις, εως, ἡ, Erschütterung, dah. Bestürzung, Schreck, τινός vor jmdm., Staunen, Ehrfurcht, Hochachtung, ἔκπληξιν ἔχειν bestürzt gemacht sein, ἔκπλ. πρός τι sinnloser Schreck vor etwas.

ἐκ-πληρόω = ἐκπίμπλημι, vollmachen, übertr. **a)** befriedigen. **b)** vollzählig machen, ἔς τι bis auf eine Zahl, δέκατον ὄχον die Zehnzahl der Wagen voll machen. Dav.

ἐκπλήρωσις, ἡ, sp. N. T. **1)** die Erfüllung, Befriedigung. **2)** die Vollendung.

ἐκ-πλήσσω, att. **-ττω,** auch **ἐκ-πλήγνυμι. 1)** Akt. **a) herausschlagen,** vertreiben, verscheuchen, τί od. τινά, **b) erschrecken,** verwirren, betäuben, auch mit Inf. **2)** Pass. **ἐκ-πλήσσομαι,** Fut. ἐκπλᾰγήσομαι, Aor. ἐξεπλάγην, Perf. ἐκ-πέπληγμαι, ep. Aor. 3. pl. ἔκπληγεν, betäubt werden, außer sich geraten, vor Schrecken außer sich sein, betört, verblüfft sein, **sich entsetzen,** erstaunen; φρένας, θυμόν im Herzen; τινά vor jmdm. erschrecken, ihn fürchten, aber τινί u. πρός τι **hingerissen werden zu etwas.** Abs. ἐκπλαγείς **erschreckt,** verdutzt, ἐκπεπληγμένος φόβος tolle Furcht.

ἔκπλους, zsgz. aus -οος, ὁ (-πλέω), **a)** das Auslaufen der Schiffe, die Ausfahrt, der Abzug, ἔκ τινος von wo, z. B. das Hinausfahren aus dem Flusse in die See, auch ὁ ἔξω ἔκπλ. genannt, der Seezug, ἔκπλουν ποιεῖσθαι auslaufen. **b)** der Ort der Ausfahrt.

ἐκ-πλῡ́νω, herauswaschen, τί etwas. Dav.

ἔκπλῠτος, 2. ausgewaschen, gesühnt.

ἐκ-πλώω, ion. = ἐκπλέω, w. s.

ἐκ-πνέω, 1) aushauchen, vom Atem: ausströmen, auch im Pass. Im bes. **a)** ausatmen, mit u. ohne τὸν βίον sterben, ὑπό τινος. **b)** ausstoßen, τὸν θυμόν Ausbrüche des Zorns. **2)** daherwehen, daherbrausen, blasen, (ἐκ) τινος aus etwas. Dav.

ἐκπνοή, ἡ, das Ausatmen.

ἔκ-πνους, 2. sp. atemlos.

ἐκ-ποδών, Adv. = ἐκ ποδῶν, aus dem Wege, fort, fern, τινί u. τινός, ἐκπ. εἶναι od. γίγνεσθαι wovon entfernt sein, einer Sache (τινί) aus dem Wege gehen, sich entfernen, weg od. entfernt sein, aus dem Wege geschafft sein, nicht hinderlich sein, ἐκπ. ποιεῖσθαι aus dem Wege räumen, entfernen, beiseite bringen, verstecken, töten.

ἔκ-ποθεν, sp. ep. Adv. irgendwoher, τινός aus etw.

ἐκ-ποιέω, **1)** trans. ion. fertig machen, ausbauen. **2)** intr. sp. ausreichen; unpers. es ist möglich. Dav.

ἐκποίησις, ιος, ἡ, ion. die Entäußerung; die Samenergießung.

ἐκπολεμέω u. **-όω**, Krieg beginnen, in Krieg verwickeln, zum Feinde machen, verfeinden, τί od. τινά, u. zwar τινί od. πρός τινα mit einem, auch im Med. Pass. sich verfeinden, Feind werden, in Krieg verwickelt werden. Dav.

ἐκπολέμωσις, ἡ, sp. die Verfeindung.

ἐκ-πολιορκέω, eine belagerte Stadt erobern, einen Belagerten zur Übergabe zwingen, durch eine Belagerung vertreiben, τί u. τινὰ ἔκ τινος, überh. bezwingen.

ἐκπομπή, ἡ (ἐκπέμπω), Aussendung.

ἐκ-πονέω • **1) ausarbeiten** • **a)** zuwege bringen, ausführen, ins Werk setzen; bes. **α)** künstlich ausarbeiten, verzieren, ὅπλα εἰς κόσμον ἐκπεπονημένα Xen.; übertr. τὸ εὐπρεπὲς τοῦ λόγου Thuk.; διαγράμματα Plat.; πέπλοις schmücken Eur., **β)** Eur.: herauszubringen suchen, erforschen, μνηστεύματα werben; θάνατον abzuwenden suchen • **2) bearbeiten** ὕλην Plut., erarbeiten σῖτα Xen.; erreichen, es dazu bringen; verarbeiten spez. verdauen • **3)** etwas durcharbeiten, sich mühsam in etwas üben, sich einer Sache (τί) befleißigen, τινί mit etwas, περὶ τοὺς θεούς sich in der Verehrung der Götter eifrig erweisen, σῶμα abhärten; πόλεμον, ὀρχήσεις eifrig betreiben, auch Med.; ausbilden, unterrichten Eur.

ἐκ-πορεύομαι, Dep. pass., herausgehen, ausrücken, marschieren, διά τινος durch ein Volk, ἔς τι wohin, ἐπί τι wozu; hervorgehen, herausfahren, N. T. Dazu das Akt.

ἐκ-πορεύω, poet. herausgehen lassen, herausholen.

ἐκ-πορθέω, gänzlich zerstören, ausplündern. Dav.

ἐκπορθήτωρ, ὁ, poet. der Zerstörer.

ἐκ-πορθμεύομαι, poet., als Med. zu Schiffe wegführen, als Pass. zu Schiffe fortgehen.

ἐκ-πορίζω, Fut. ιῶ, **1)** Akt. ermitteln, aufbringen, herbeischaffen, gewähren, verüben. **2)** Med. sich verschaffen, τινί für etwas.

ἐκ-πορνεύω, N. T. verstärktes πορνεύω.

ἐκ-ποτέομαι, ep. poet. u. buk. st. ἐκπέτομαι, herausfliegen, Διός von Zeus d. i. vom Himmel, also herabfliegen, auch übertr.

ἐκ-πράσσω, ion. **-πρήσσω**, **I)** Akt. **1)** poet. ausmachen, d. i. **a)** vollführen, τί u. zwar εἴς τι zu etwas, in bezug auf etwas. **b)** vernichten, töten, τινά. **2)** eintreiben, τινά τι von einem etwas, übertr. τί etwas rächen, eigentl. die Buße eintreiben. **II)** Med. ion. für sich von jmdm. (πρός τινος) die Buße für den Mord (φόνον) eintreiben, sich wegen des Mords rächen.

ἐκ-πραΰνω, sp. ganz besänftigen, milde stimmen.

ἐκ-πρεμνίζω (πρέμνον), mit Stumpf und Stiel ausrotten.

ἐκπρεπής, Gen. έος, 2., Adv. **-ῶς**, hervorstechend, ausgezeichnet, außerordentlich, beträchtlich, ἔν τισι unter. Von

ἐκ-πρέπω, poet. hervorstechen, sich auszeichnen.

ἔκ-πρησις, ἡ, sp. das Anzünden.

ἐκ-πρήσσω, s. ἐκπράσσω.

ἐκ-πρίασθαι, Aor. zu ἐξ-ωνέομαι, s. d.

ἐκ-πρίω [ῑ], aussägen, d. h. absägen, überh. ausscheiden.

ἐκ-πρόθεσμος, 2. sp. über den Termin (τινός) hinaus, ihn überschreitend, verspätet; ὀφλήματος mit der Bezahlung säumig; ἀγῶνος zu alt u. dah. frei vom Kampf.

ἐκ-προθυμέομαι, poet. verst. προθυμέομαι.

ἐκ-προΐημι, poet. heraussenden.

ἐκ-προκαλέομαι, ep. Med., zu sich herausrufen, τινά τινος einen aus etwas.

ἐκ-προκρίνω [ῐ], poet. vorziehen.

ἐκ-προλείπω, ep herausgehend verlassen, τί.

ἐκ-προρέω, poet. hervorströmen, τινός aus etw.

ἐκ-προτῑμάω, poet. vorzüglich ehren, τινί durch etwas

ἐκ-προχέω, poet. ausgießen; übertr. ausbreiten.

ἐκ-πτήσσω, poet. herausscheuchen.

ἐκ-πτοέομαι, poet. sich entsetzen.

ἐκ-πτύζω, sp. Nebenf. zu ἐκπτύω, s. d. Dav.

ἐκπτυσμός, ὁ, sp. das Ausspeien.

ἐκ-πτύω, ep. buk., Impf. -έπτῠον, Aor. -έπτῠσα, **1)** ausspeien. **2)** verabscheuen, τί N. T.

ἐκ-πυνθάνομαι, ep. poet. u. sp. (auch in tmesi), **a)** ausforschen, erfragen, abs. od. mit folg. ἤ—ἤ. **b)** vernehmen, erfahren, τί.

ἐκ-πυρόω, poet u. sp. durch Feuer zerstören. Dav.

ἐκ-πύρωσις, εως, ἡ, sp. Zerstörung durch Feuer, Verbrennung, Weltbrand.

ἔκπυστος, 2. (ἐκπυνθάνομαι), ruchbar, ἔκπ. γίγνεται sein Erscheinen, seine Ankunft wird ruchbar.

ἔκπωμα, τό (ἐκπίνω), Trinkgeschirr, Becher.

ἐκράανθεν, s. κραίνω.

ἐκ-ραίνω, Aor. -έρρᾱνα, poet. ausspritzen, verspritzen.

ἐκ-ρέω, Aor. 2. ἐξερρύην, Perf. ἐξερρύηκα (auch in tmesi), herausfließen, herausströmen, ἔκ τινος u. τινός, sich nach u. nach verlieren, ausfallen; (dem Gedächtnis) entfallen, vergessen werden.

ἔκρηγμα, τό, sp. Durchbruch u. daraus entstandene Kluft. Von

ἐκ-ρήγνῡμι, **1)** trans. ausbrechen, ausreißen, abreißen, losbrechen lassen. **2)** intr. Pass. **a)** zerbrechen, zerspringen, aufbrechen. **b)** hervorbrechen, losfahren, losbrechen; ἐς τὸ μέσον ruchbar werden.

ἐκ-ριζόω (ῥίζα), sp. u. N. T. entwurzeln, ausrotten.

ἐκ-ρῑπίζω, sp. anfachen, entflammen.

ἐκ-ρίπτω, heraus-, hinaus-, herabwerfen; τινός aus od. von etwas, τινὰ θαλάσσιον d. h. einen ins Meer werfen.

ἐκ-ροή, ἡ, und **ἔκ-ροος,** zsgz. ἔκρους, ὁ, Ausfluß, Mündung, abs. u. ἔς τι.
ἐκ-ρύομαι, poet. herausreißen, erretten.
ἐκ-σαλάσσω, buk. aufjagen, aufscheuchen (var.).
ἐκ-σαόω, ep. = ἐκσῴζω, w. s. [aus etwas.
ἐκ-σείω, ion. poet. u. sp. herausschütteln, τινός
ἐκ-σεύομαι, ep., mit Aor. med. ἐξέσσυτο u. Aor. pass. ἐξεσύθην, **1)** herauseilen, herausstürzen, hinausfahren, τινός aus etwas. **2)** hinwegstürzen, übertr. schwinden, τινός von etwas.
ἐκ-σημαίνω, poet. anzeigen, aussprechen.
ἐκ-σιωπάω, sp. gänzlich stillschweigen.
ἐκ-σκεδάννυμι, poet. verjagen, verscheuchen.
ἐκ-σμάω, ion. auswischen.
ἐκ-σοβέω, herausscheuchen.
ἐκ-σπάω, ep. u. poet., Aor. 1. med. ἐξεσπασάμην, ep. σσ (oft in tmesi), **1)** Akt. herausziehen, τί. **2)** Med. das Seine, z. B. seine Lanze herausziehen, τινός aus etwas.
ἐκ-σπένδω, poet. die Libation ausgießen.
ἔκ-σπονδος, 2. (σπονδαί), vom Bunde ausgeschlossen, insbes. der Vertragspflichten entbunden.
ἔκ-στασις, ἡ, sp. Staunen, Entzückung, Verzückung, Verrücktheit.
ἐκ-στέλλω, poet. ausrüsten, versehen, τινί womit.
ἐκ-στέφω, poet. bekränzen.
ἐκστρατεία, ἡ, sp. Ausmarsch.
ἐκ-στρατεύω, **1)** Akt. ausziehen, ἔς τι gegen etwas, τινί mit einem. **2)** Med. = Akt.; doch Perf. ἐξεστρατεῦσθαι den Feldzug beendigen (Thuc. 5, 55).
ἐκ-στρατοπεδεύομαι, Dep. med., draußen sein Lager aufschlagen, sich draußen lagern, abs. u. ἔξω τινός außerhalb etwas, ἐπί τινος auf etwas.
ἐκ-στρέφω, ep. u. sp. **1)** Akt. herausdrehen, herausreißen, τινός aus etwas. **2)** Pass. N. T. sich verschlechtern.
ἐκ-συρίττω, auszischen, auspfeifen.
ἐκ-σφραγίζω, poet. ausschließen.
ἐκ-σχίζομαι, sp. sich spalten, sich teilen.
ἐκ-σῴζω u. ep. **ἐκ-σαόω,** **1)** Akt. erretten aus etwas (ἔκ) τινος, hinwegretten, δόμοις für die Heimat. **2)** Med. ion. u. poet. sich das Seinige retten od. erhalten.
ἐκ-σωρεύω, poet. aufhäufen.
ἔκτα, ἔκταθεν, u. ähnl., s. κτείνω.
ἐκτάδην, poet. u. sp. ausgestreckt, Adv. zu
ἐκτάδιος, 3. (ἐκ-τείνω), ep. ausgedehnt, weit.
ἐκταῖος, 3. sp. (ἕκτος), sechstägig, am sechsten
ἐκ-τανύω, s. ἐκτείνω. [Tage.
ἔκ-ταξις, εως, ἡ, sp. die Aufstellung, bes. eines Heeres in Schlachtordnung.
ἐκ-ταπεινόω, sp. kleinmütig machen.
ἐκ-ταράττω, **1)** Akt. sp. sehr beunruhigen. **2)** Pass. gestört, erschreckt werden, erschrecken, abs. u. πρός τι bei etwas.
ἔκτασις, ἡ (ἐκτείνω), die Ausdehnung.
ἐκ-τάσσω, att. **-ττω,** **1)** Akt. herausführen u. ordnen, überh. ordnen, ἐπί τι zu etwas, insbes. das Heer in Schlachtordnung aufstellen. **2)** Med. sich in Schlachtordnung aufstellen, sich aufstellen.
ἐκ-τείνω, Perf. pass. ἐκτέταμαι, poet. **ἐκτανύω,** Aor. ἐξετάνυσα, ep. σσ • **1)** ausspannen, **ausdehnen** • **a)** ausstrecken, ἐπί τινι auf etwas, das Heer in die Länge aufstellen Eur. Herakl. 801; (Pass. sich hinziehen von einer Gegend Dem.); bes der Länge nach auf den Boden hinstrecken; niederwerfen, töten Eur.; Pass. hinstürzen; νύχιος liegt im Schlafe ausgestreckt Soph.; • **b)** übertr. die Rede ausdehnen, langatmig darlegen; χρόνος ἐκτέταται ist verstrichen Soph.; περιπάτους hinziehen • **2)** bis zum Äußersten **anspannen;** πάντα κάλων alle Segel setzen Plat.; ἵππον in gestreckten Lauf setzen; übertr. • **a)** προθυμίην Fleiß aufwenden Hdt. • **b)** φοβερὰν φρένα in gespannter Erwartung schweben Soph.
ἔκ-τεισις, s. ἔκτισις.
ἔκ-τεισμα (-τισμα), τό, die auferlegte Buße, die abzubüßende Strafe.
ἐκ-τειχίζω, ausmauern, **a)** τεῖχος eine Mauer ausführen. **b)** mit einer Mauer umgeben, befestigen. τί. Dav.
ἐκτειχισμός, ὁ, sp. die Befestigung durch Mauern.
ἐκ-τεκνόομαι, Med., poet. Kinder zeugen.
ἐκ-τελευτάω, **1)** trans. poet. vollenden. **2)** intr. sich vollenden.
ἐκ-τελέω, ep. **-λείω,** Fut. ἐκτελῶ, Aor. ἐξετέλεσα, ion. u. ep. Fut. -τελέω, Aor. ep. -ετέλεσσα (auch in tmesi), **1)** vollenden, zu Ende bringen, im Pass. verstreichen. **2)** ins Werk setzen, ausrichten, vollziehen, mit etwas glücklich zum Ziele kommen, erfüllen, τί, τινὶ γόνον jmdm. einen Sprößling geben. Pass. sich erfüllen.
ἐκ-τελής, 2. poet. vollkommen.
ἐκ-τέμνω, ep. u. ion. **ἐκτάμνω,** Aor. 2. ἐξέτᾰμον, ep. ἔκταμον, Fut. 3. pass. ἐκτετμήσεσθον, **1)** herausschneiden, τινός aus etwas, im bes. entmannen, verschneiden. **2)** heraushauen, abhauen.
ἐκτένεια, ἡ, sp. Anspannung der Kräfte, Dienstfertigkeit; N. T. Ausdauer, ἐν ἐκτενείᾳ mit Inbrunst.
ἐκ-τενής, Gen. οῦς, 2. poet. u. sp. angespannt, diensteifrig. Adv. **-ῶς,** sp. innig, inbrünstig.
ἐκ-τεχνάομαι, Dep. med., τί einen Kunstgriff anwenden.
ἐκ-τήκω, **1)** trans. poet. u. sp. herausschmelzen, herausschwitzen lassen, vertilgen. **2)** intr. das Pass. mit Aor. ἐξετάκην, opt. -τακείη u. das Perf. ἐκτέτηκα entschwinden, abmagern.
ἐκτημόριος u. **ἐκτήμορος,** ὁ, der Sechstler, ein Pächter, der den sechsten Teil des Ertrages behalten konnte u. $^5/_6$ dem Herrn abgeben mußte.
ἐκ-τίθημι, **1)** Akt. ausstellen, **a)** zur Schau stellen. **b)** aussetzen, τινά, heraussetzen, herausstellen. **c)** aus-, aufstecken, τί. **2)** Med. **a)** auseinandersetzen, darlegen. **b)** das Seine, seine Beute bringen, εἴς τινας.
ἐκτικός, 3. (ἕξις, ἔχω), **1)** eine Eigenschaft, einen Zustand habend, betreffend. **2)** geübt, geschickt, gewandt. [poet. sehr geehrt werden.
ἐκ-τιμάω, bevorzugen, besonders ehren. Pass.
ἔκ-τῑμος, 2. poet. ohne Ehre, die Ehre versagend, prolept. γονέων ἐκτίμους ἴσχουσα πτέρυγας γόων zur Unehre der Eltern der Totenklage Schwingen anhaltend, nicht entfaltend.
ἐκ-τινάσσω, sp. abschütteln, ausschütteln, auch im Med. Dazu

ἐκ-τινάσσομαι, ep. Pass. (auch in tmesi), herausgestoßen werden.
ἐκ-τίνω, Fut. -τείσω (-τίσω). Aor. -έτεισα (-έτισα), 1) Akt. abzahlen, entrichten, erstatten, zahlen, entgelten, büßen, τί u. τινί τι, überh. etwas als seine Schuldigkeit tun, verrichten 2) Med. poet. sich (*sibi*) büßen lassen, sich rächen, bestrafen, τινά oder τί, z. B. ὕβριν κατά τινος eine schmachvolle Rache an einem vollziehen.
ἔκτῑσις, ἡ, Bezahlung, Büßung, Buße.
ἔκτισμα, s. ἔκτεισμα.
ἐκ-τιτρώσκω, Aor. ἐξέτρωσα, intr. ion. eine Fehlgeburt tun.
ἔκτοθεν, s. ἔκτοσθεν.
ἔκτοθι, Adv. ep. draußen, außerhalb, τινός.
ἐκ-τολυπεύω, poet. abwickeln, etwas Schwieriges zu Ende bringen, ausrichten.
ἐκτομή, ἡ, das Ausschneiden, der Ausschnitt, im bes. a) im Schiffe die Koje. b) die Entmannung.
ἐκτομίης, ion. st. -ίας, ου, ὁ, der Verschnittene.
ἐκ-τοξεύω, 1) trans. aus etwas herausschießen, von einem Standpunkte aus schießen, überhaupt schießen. 2) ion. trans. verschießen. 3) intr. poet. entschwinden.
ἐκτοπίζω, sp. entfernen, versetzen, verlegen; Part. perf. pass. entfernt, außerhalb liegend. Von
ἐκ-τόπιος, 3. poet. u. **ἔκ-τοπος,** 2 vom Orte weg, von dannen, fern, entfernt, ἔκτοπος ἔστω er entferne sich; auch prolept. Soph. OR. 166, daß sie fern sei. Subst. ein Fremder, anderer. Adv. **ἐκτόπως** außerordentlich.
ἐκ-τοπισμός, ὁ, sp. Entfernung, Lage außerhalb der bekannten Grenzen.
ἐκ-τορέω, sp. ep. herausbohren.
ἕκτος, 3. (ἕξ, *sextus*), der sechste; verbunden mit einer Zehn, steht es vor derselben. Monatsdatum: ἕκτη am sechsten, ἕκτη ἐπὶ δέκα od. ἕκτη ἐπὶ δεκάτῃ τινός am sechzehnten.
ἐκτός (vgl. ἐντός), außerhalb. 1) Adv. a) draußen, ἐκτὸς εἰ μή außer wenn, wenn nicht. Übertr. fremd, οἱ ἐκτός die Fremden, nicht zur Familie Gehörigen; τὰ ἐκτός die äußeren Güter. b) nach außen, hinaus, heraus; ἐκτὸς ἔρχεσθαι z. B. den Schwur übertreten. 2) Praep. beim Gen. außerhalb, getrennt, fern von, außer, wider, aus.
ἔκτοσε, Adv. ep. heraus, τινός aus etwas.
ἔκτοσθε, vor Vokal. **-θεν,** ep u. poet., u. ep. u poet. **ἔκτοθεν,** 1) **Adv.** von außen, draußen, außerhalb; Od 9, 239 αὐλῆς Lokalgenetiv: draußen im Viehhof. 2) **Präp.** mit Gen. außerhalb, fern von.
ἐκ-τραγῳδέω, sp. tragisch darstellen, a) übertreiben, verherrlichen, τί. b) in Verruf bringen, τινά.
ἐκ-τράπεζος, 2. sp vom Tisch verbannt, nicht zu essen.
ἐκ-τραχηλίζω, eigtl. vom Pferde: über den Nacken, also vornüber herunterwerfen. Pass. übertr. kopfüber sich ins Verderben stürzen.
ἐκ-τρᾱχύνω, sp. rauh machen, übertr. zornig machen, erbittern; Pass. Perf. -τετραχυσμένος u. -υμμένος.
ἐκ-τρέπω, ion. **ἐκτράπω,** **wegwenden** • 1) Akt. • a) weg-, **abwenden,** -lenken; τῆς τραχηλάτου zu vertreiben suchen aus Soph.; κακὰ τῆς γῆς abwenden Aesch.; ἀσπίδας θύρσοισι fliehen vor den Th. Eur.; ὕδωρ ableiten Hdt.; übertr. von einem Vorhaben abbringen, abhalten, hindern • b) **hinlenken,** -leiten πρὸς od. εἴς τι; übertr. auslegen: πρὸς τὸ ἀληθές • c) verändern, verwandeln Pol. • d) verrenken Medic. • 2) Med. = Pass. mit Aor. 2. med. u. pass. • a) intr. **sich wegwenden,** abbiegen, τινός von etwas, auf die Seite gehen, vom Wege abgehen, τι τοῦ λόγου Soph.; umschlagen, sich ändern (καθ' ἡδονάς), aber ἐπί τινος od. παρά τι sich weg-, u. wohin wenden • b) trans. ὁδόν einen (andern) Weg einschlagen, τινά einem aus dem Wege gehen; N. T. ὀπίσω τινός abfallen; τί vermeiden.
ἐκ-τρέφω, (poet. auch Med.), Fut. ἐκθρέψω, aufziehen, erziehen, großziehen.
ἐκ-τρέχω, Aor. 2. ἐξέδραμον, Perf. ἐκδεδράμηκα (auch in tmesi), herauslaufen, einen Ausfall, Streifzug, Angriff machen, abs. u. ἔκ τινος. Übertr. θυμὸς ἐκδραμών der Zorn, der von der Bahn gewichen (mit mir durchgegangen) ist.
ἐκ-τρίβω [ῑ, aber ῐ in Aor. u. Fut. 2. pass.], Fut. pass ἐκτρῐβήσομαι, 1) herausreiben, durch Reiben hervorlocken, bes. Feuer, dah. πέτροισι πέτρον d. h. einen (harten) Stein mit (weichen) Steinen reiben, um damit Feuer herauszulocken. 2) ion. poet. u. sp. ausreiben, ausrotten, austilgen, τί, auch πρόρριζον, abs u. ἔκ τινος zerreiben, aufreiben, τί u. τινά. 3) = τρίβω.
ἐκτροπή, ἡ, 1) (ἐκτρέπω) Ablenkung, Ableitung. 2) (ἐκτρέπομαι) Abweichung, Abschweifung, πλαγία τῆς ὁδοῦ eine Seitengasse.
ἐκ-τροφή, ἡ, das Aufziehen, die Erziehung.
ἐκ-τρῡφάω, sp in Schwelgerei ausarten.
ἐκ-τρῡχόω, aufreiben, erschöpfen, zugrunde richten, τινί durch etwas.
ἔκ-τρωμα, τό, sp. zu früh geborne Leibesfrucht.
ἐκ-τῡπόω, ausdrücken, a) κατὰ γραφήν abbilden, ausschneiden. b) in erhabener Arbeit abbilden. c) ausprägen, gestalten, formen.
ἐκ-τυφλόω, ganz blind machen, blenden.
ἐκτύφλωσις, ἡ, ion. Blendung.
Ἕκτωρ, ορος, ὁ, Hektor, Sohn des Priamos u. der Hekabe, Gem. Andromaches, V. des Astyanax; der vorzüglichste troische Held. Adj. dav. **Ἑκτόρεος,** 3. den Hektor betreffend. Patron. **Ἑκτορίδης,** ὁ, Astyanax.
ἑκυρή, ἡ, ep. Schwiegermutter, Fem. zu
ἑκῠρός, ὁ (für σϜεκυρος, lat. *socer* u. *socrus*, deutsch *Schwäher*), ep. Schwiegervater.
ἐκ-φαγεῖν, Aor. zu ἐξεσθίω, sp. auffressen, verzehren.
ἐκ-φαιδρύνω, poet. ganz säubern durch Weglecken.
ἐκ-φαίνω, 1) Akt. zum Vorschein bringen, erscheinen od. sehen lassen, zeigen, mit u. ohne φόωσδε ans Licht bringen, ἐς ὀφθαλμούς vor die Augen stellen, zu erkennen geben, erweisen, kund tun, anzeigen, bekannt machen, mitteilen, πόλεμον πρός τινα einem offen den Krieg erklären. 2) Pass. m. Aor. ἐξεφάνην u. ἐξεφάνθην, ep. -φαάνθην, hervorscheinen, sich zeigen, erscheinen, sichtbar, ruchbar werden, herbei- od. hervorkommen, abs. u. τινός aus etwas. Dav.
ἐκφανής, 2. offenbar, deutlich.
ἔκφασις, εως, ἡ, ion. Ausspruch, Erklärung, τινός aus jmds. Munde.

ἐκφάτως, Adv. (ἔκφημι), poet. ausdrücklich.
ἐκ-φαυλίζω, sp. schlecht machen, verkleinern, [schmähen.
(ἐκ-φένω), nur ἐκ-πέφᾰται, s. d.
ἐκ-φέρω, Fut. med. -οίσομαι auch in pass. Bdtg., **heraustragen** • 1) trans. **forttragen,** wegschaffen, im Med. das Seine (τὰ ἑαυτοῦ) davon-, heraustragen, χαμεύνια, bes. τὰ ὅπλα ergreifen. Im bes. • a) einen Toten, bestatten • b) πόλεμον beginnen, πρός τινα • c) davontragen, ἄεθλα, auch im Med., νίκην, κλέος; doch auch heimlich entwenden • d) hinwegführen, auch von Sachen, ὁ ἀταρπὸς ἐκφέρει, πόντου νιν ἐξήνεγκε κλύδων; von Pferden: fortreißen; od. vom rechten Weg abführen, verleiten, pass. sich verleiten lassen, hingerissen werden, πρὸς ὀργήν. Im Pass. überh. hingetrieben werden, hingelangen • e) hervorbringen (Akt. u. Med.), καρπόν, dann liefern, hervortreten lassen (ἐπὶ τὸ μεῖζον entschiedener); im Pass. sich hervordrängen, hervordringen. Dah. ans Licht bringen, vor-, anzeigen, zur Sprache bringen, erzählen, verbreiten, veröffentlichen, im Med. γνώμην seine Ansicht äußern; von Buchstaben: aussprechen • 2) intr. • a) sc. ἑαυτόν **hervorrennen,** auslaufen aus den Schranken, durchgehen (vom Pferde) • b) ἐς ὀρθόν vom Orakel: **sich erfüllen,** Soph. OC. 1424, auch zu Ende gehen.
ἐκ-φεύγω, herausfliehen, 1) entfliehen, βέλος: davonfliegen. 2) entkommen, entrinnen, entgehen, μικρὸν ἐξέφυγε er entging kaum, τὰ πράγματα ἐκφεύγει αὐτόν die Sache schlägt ihm fehl, der Vorteil entgeht ihm.
ἔκ-φημι, u. Inf. praes. med. ἐκφάσθαι, ep. aussprechen, aussagen, verkündigen, τινί τι.
ἐκ-φθείρομαι, poet. zugrunde gehen.
ἐκ-φθίνω (s. φθίνω), ep. u. poet. gänzlich vernichten, ep. nur 3. Sing. plqpf. pass. ἐξέφθῑτο οἶνος νηῶν der Wein aus den Schiffen war auf- [gezehrt.
ἐκ-φλαυρίζω, sp. = ἐκφαυλίζω.
ἐκ-φοβέω, 1) Akt. mit Schrecken erfüllen, aufschrecken, in Furcht setzen, einschüchtern, 2) Pass. poet. erschrecken, Besorgnis hegen.
ἔκ-φοβος, 2. sp. erschreckt.
ἐκ-φοινίσσω, poet. blutig röten, τινί mit etwas.
ἐκ-φοιτάω, ion. poet. u. sp. ausgehen, herausgehen ἔκ τινος.
ἐκφορά, ἡ (ἐκφέρω), das Heraustragen, (auch τῶν τεθνεώτων) das Leichenbegängnis.
ἐκ-φορέω, Nebenform v. ἐκφέρω, w. m. s.
ἐκφόριον, τό, ion. u. sp. das Eingebrachte, im Plur. der Ertrag. Von
ἔκ-φορος, 2. (ἐκφέρω), 1) akt. poet. heraustragend, forttragend, ausplaudernd, verratend, τινός etwas. 2) pass. unter die Leute zu bringen, bekannt zu machen. [werden.
ἐκ-φορτίζομαι, Pass., poet. als Ware verladen
ἐκ-φράζω, poet. genau angeben, beschreiben. Dav.
ἔκφρασις, ἡ, sp. die genaue Beschreibung.
ἐκ-φρέω, poet. u. sp. herauslassen.
ἐκ-φροντίζω, ausdenken, ersinnen, τί od. mit indir. Fragesatz.
ἔκφρων, 2. (φρήν), von Sinnen, a) in Verzückung, erschrocken, scheu gemacht, scheu. b) wütend, [toll.
ἐκ-φυγγάνω, poet. = ἐκφεύγω.
ἐκ-φυλάσσω, poet. sorgfältig hüten.
ἔκ-φῦλος, 2. (φυλή), sp. fremd, außergewöhnlich, übernatürlich.
ἐκ-φῡσάω, poet. u. sp. 1) intr. hervorschnauben, hervorbrechen. 2) trans. = ἐκφυσιάω.
ἐκφύσημα, ατος, τό, sp. Auswurf, Ausgeworfenes (vom Vulkan).
ἐκ-φῡσιάω, poet. ausblasen, ausatmen, ausspritzen.
ἔκ-φῠσις, εως, ἡ, sp. das Hervor-, Aufwachsen.
ἐκ-φύω, 1) trans. poet. u. sp. erzeugen, herauswachsen lassen. 2) intr. Med. **ἐκφύομαι,** m. Fut. ἐκφύσομαι, Aor. ἐξέφῡν u. Perf. ἐκπέφῡκα, ep. part. ἐκπεφῠυῖαι, entstehen, abstammen, hervorgewachsen, geboren, von Haus aus sein, τινός von [jmdm., aus etwas.
ἐκ-φωνέω, sp. ausrufen.
ἐκ-φώνησις, εως, ἡ, sp. Ausruf.
ἐκ-χαλῑνόω, sp. abzäumen.
ἐκ-χαυνόω, poet. aufblähen.
ἐκ-χέω, 1) Akt. ausgießen a) vergießen (δάκρυα auch hervorlocken) ausschütten. b) verschwenden, zunichte machen, verderben. Perf. pass. dahin sein, vergessen sein. 2) Pass. ausgegossen werden, sich ergießen; hervorstürzen, herausstürzen, herabschweben; sich hingeben, z. B dem Laster. N. T.
ἐκ-χορεύομαι, poet. Med., (aus dem Chor) ausstoßen.
ἐκ-χόω, Pass. perf. -κέχωσμαι, aor. -εχώσθη, ion. aufdämmen, d. i. durch aufgeschüttete Erde erhöhen; vom Flusse: verschlämmen.
ἐκ-χράω, 1) ion. ausreichen, genügen; übertr. gefallen, behagen, τινί jmdm. 2) poet. ἐξέχρη, verkünden, τί, vom Orakel.
ἐκ-χρηματίζομαι, Geld erpressen, τινά von jmdm.
ἐκ-χύννω, -χύνω, sp. N. T. = ἐκχέω.
ἔκχυσις, ἡ, das Ausgießen, Ausfließen.
ἔκ-χυτος, 2. poet. ausgegossen; übertr. zügellos.
ἐκ-χώννυμι, sp. Nbf. zu ἐκ-χόω, s. d.
ἐκ-χωρέω, 1) herausgehen, a) fortgehen, ἔκ τινος aus etw. b) übertr. verzichten, τινός auf etw. 2) ausweichen, Platz machen, τινί.
ἐκ-ψύχω, sp. N. T. ausatmen, sterben.
ἑκών, οῦσα, όν, Adv. sp. **ἑκοντί** (Part. praes. eines verlor. Verbs. W. Ϝεκ, „wollen", vgl. ἕκητι, ἕκηλος), wollend. 1) freiwillig, aus eigenem Antrieb, gern 2) absichtlich, mit Bedacht. 3) von Dingen: selbstgeschaffen, freiwillig zugezogen.
ἐλάα, ἐλαία, ion. **-αίη,** ἡ (aus ἐλαιϜα), 1) der Ölbaum, der Athene heilig, welche auf Kolōnos bei Athen den ersten gepflanzt haben sollte, dah. ἱερή. Vgl. μορία. 2) die Frucht des Ölbaums, die Olive.
ἐλάαν, s. ἐλαύνω.
Ἐλαία, ἡ, St. in Äolis.
Ἐλαιᾶτις, ἡ, Gegend in Thesprotien.
ἐλάϊνεος, 3. ep. u. **ἐλάϊνος,** 3. ep. vom Holz des Ölbaums gemacht.
ἔλαιον, τό (ἐλαία), Olivenöl, Baumöl, überh. Öl (auch Erdöl), im bes. Salböl, welches nach dem Bade gebraucht wurde und wohlriechend war, oft λίπ' ἐλαίῳ, s. λίπα; lat. *oleum.*
ἔλαιος, ὁ (κότινος), poet. sp. wilder Ölbaum, der dem Herakles heilig war, dah. von Herakles zu seinem Scheiterhaufen verlangt. Dav.
Ἐλαιοῦς, οῦντος, ὁ, Stadt im thrak. Chersones, jetzt *Kritia,* auch **Ἐλεοῦς** genannt; Einw. Ἐλαιούσιος.

ἐλαιο-φόρος, 2. poet. u., **ἐλαιο-φυής,** 2. poet. Ölbäume tragend, hervorbringend.

ἐλαιο-φυτεία, ἡ, Ölpflanzung.

ἐλαιό-φυτος, 2. poet. u. sp. mit Ölbäumen bepflanzt; ἡ ἐλ. das mit Ölbäumen bepflanzte Land.

ἐλαιών, ὁ, sp. der Olivenhain, N. T. auch der Ölberg (sonst τὸ ὄρος τῶν ἐλαιῶν).

Ἐλαμίτης, ὁ = Ἐλυμαῖος, N. T., s. Ἐλυμαΐα.

ἕλ-ανδρος, 2. (ἑλεῖν), poet. Männer fangend, Verderben für Männer. [Lust haben.

ἐλασείω, (Desiderativ v. ἐλάω), sp. zu marschieren

ἔλασις, εως, ἡ (ἐλαύνω), **1)** die Vertreibung, die Verbannung, das Wegtreiben. **2)** das Marschieren, der Marsch, Heerzug, d. i. Kriegszug, ἐπί τινα, ebenso der Angriff, bes. Reiterangriff, ferner die Auffahrt, der Aufzug, ἔκ τινος.

ἔλασμα, τό (ἐλαύνω), sp. getriebenes Metall, Blech.

ἐλασσόω, att. **-ττόω. 1)** Akt. **verkleinern,** verringern, schmälern: τῆς τιμῆς in der Ehre Thuk.; überh. beeinträchtigen, τινά u. τινά τι jmdn. in etwas. **2)** Pass. Fut. ἐλλασσωθήσομαι kleiner werden od. sein, τινί an etwas, abnehmen, im Wert sinken, **a)** zu kurz kommen, den kürzeren ziehen, in Nachteil kommen, Schaden, Verlust erleiden, zurückgesetzt werden; τῷ πολέμῳ geschädigt werden durch Thuk.; ἐμπειρίᾳ unterlegen an Thuk.; ἐλ. τοῦ Αἰσχίνου im Nachteil sein gegenüber Dem.; οὐδέν an jem. nichts verloren haben, **b)** sich von seinem Recht etw. vergeben; nachgeben, weichen, **c)** heucheln Isokr.

ἐλάσσωμα, att. **-ττωμα,** τό (-όω), **1)** mangelhafte Eigenschaft, Gebrechen, Nachteil. **2)** Verkleinerung, Verringerung, περὶ τοὺς βίους an Vermögen

ἐλάσσων, att. **-ττων,** 2. (aus ἐλαχ-jων), Kompar. zu dem seltenen ἐλαχύς (s. d.), oft auch zu μικρός u. ὀλίγος. **1) kleiner,** weniger, kürzer; οἱ ἐλ. die Minderzahl; τὸ ἔλ. geringere Einkünfte Hdt.; ἀπ' ἐλασσόνων bei geringerem Vermögen Thuk.; δι' ἐλάσσονος in geringerer Entfernung Thuk. **2)** übertr. **unterlegen,** ἡδονῆς, χρημάτων ergeben Xen.; ἔλασσόν ἐστι es ist leichter; περὶ ἐλ. ποιεῖσθαι, geringer achten. [dern.

ἐλαστρέω, ep. ion. poet. sp. = ἐλαύνω, treiben, ru-

Ἐλάτεια, ἡ, **1)** Stadt in Phokis j. *Elefta* (Hdt. u. Dem. 6 u. 18), bekannt durch die Einnahme durch Philippus im Sept. 339. **2)** bedeutende Stadt der Kassopäer in Epirus (Dem. 7, 32).

ἐλάτη, dor. **-άτα,** ἡ, **1)** die Fichte od. Weißtanne. **2)** ep. die (aus Tannenholz gemachte) Ruderstange **3)** poet. Kahn.

ἐλατήρ, ῆρος, ὁ (ἐλαύνω), ep. u. poet. der Treiber, bes. Rossetreiber, Wagenlenker, z. B. beim Wettrennen. Dav.

ἐλατήριος, 2. poet. vertreibend.

ἐλάτινος u. **εἰλάτινος,** 3. ep. u. poet. fichten, tannen, von Fichten- od. Tannenholz.

ἐλαττονάκις, Adv. wenigere Male, seltener.

ἐλαττονέω, sp. verkleinern, N. T. weniger haben.

ἐλάττωμα, s. ἐλάσσωμα.

ἐλαύνω, poet. **ἐλάω,** (St. ἐλα, verw. lat. *alacer*), ep. Präs. inf. ἐλάειν, -άαν, Fut. ἐλάσσω u. ἐλάω, 3. pl. ἐλάουσι, -όωσι, inf. ἐλάειν, -άαν, Aor. ἔλασσα, conj. 2. sg. ἐλάσῃσθα, iter. ἐλάσασκε; Plqpf. 3. pl. ἐληλάδατο (-λέδατο, -λέατο), ion. u. sp. Perf. pass. ἐλήλασμαι u. Aor. pass. ἠλάσθην **treiben • 1)** trans. **• a) fort-, weg-, vertreiben** (im Med. für sich wegtreiben, τὶ ἔκ τινος); in die Enge treiben, peinigen; τὰ πράγματα den Staat dem Abgrunde zuführen; schlagen, ep πόντον ἐλάτῃσιν das Meer mit den Rudern schlagen; stoßen, hauen, verwunden (doch nicht mit Wurfwaffen, sondern stets *comminus ferire*), οὐλήν eine Schmarre hauen. Im bes. ἵππον od. τὸν ἵππον reiten, ναῦς Schiffe lenken, rudern, νηῦς ἐλαυνομένη das segelnde Schiff, ἐλαύνοντες die Rudernden **• b) ziehen,** auseinandertreiben, ep. ἀσπίδα schmieden; hinziehen, in die Länge ziehen, z. B. Mauern u. ähnl., ὄγμον ep. einen Schwaden abmähen. Übertr. κολῳόν Lärm machen **• 2)** intr., wirklich (bes. ἐλᾶν) od. scheinbar, mit verst. ἑαυτόν, στράτευμα, ἅρμα, ναῦν, eilen, gehen, **fahren, reiten,** (auch mit ἐφ' ἵππων, ἐπὶ ζυγῶν), z. B. ἧκεν ἐλαύνων er kam geritten, ἀντίον ἐλ. entgegenreiten, **ziehen,** marschieren, insbes. mit dem Heere marschieren, anrücken, ἐπί τινα gegen jmd., ihn angreifen. Übertr. ἐς τοσοῦτον, πρόσω τινός so weit kommen, es so weit treiben in etwas, πόρρω τινός weit vorgeschritten sein in etwas, od. ἐς τρίβας Winkelzüge machen, ἔξω τοῦ φρονεῖν wahnsinnig sein; ferner φωνὴ διὰ τῶν ἄνω τόνων ἐλαυνομένη in den hohen Tönen sich bewegende Stimme.

ἐλᾰφᾱβολία, ἡ (βόλος), poet. die Hirschjagd.

ἐλάφειος, 2. vom Hirsch, κρέα Hirschwildbret.

Ἐ- od. **ἐλαφηβολιών,** ῶνος, ὁ, der neunte Monat im attischen Jahr, in den die Elaphebolien (das Jagdfest) fielen, vom 17. März bis 15. April.

ἐλᾰφη-βόλος u. **ἐλαφᾱ-βόλος,** 2. (βάλλω), ep. u. poet. hirsch erlegend, -jagend, ἀνήρ Jäger.

ἐλαφο-κτόνος, 2. (κτείνω), poet. Hirsche tötend.

ἔλαφος, meist ἡ, doch auch ὁ, der Hirsch, die Hirschkuh od. Hindin, ep. ἐλάφοιο κραδίην ἔχων das Herz eines Hirsches habend, feig.

ἐλαφρία, ἡ, sp. N. T. der Leichtsinn.

ἐλαφρίζω, poet. **1)** leicht machen, erheben; erleichtern. **2)** übertr. leicht nehmen, gering achten.

ἐλαφρό-νοος, 2. poet. leichtsinnig. Von

ἐλᾰφρός, 3. (verw. ἐλαχύς), leicht. **1)** in der Bewegung, behend, flink, schnell, geschwind, rührig, rüstig. Im bes. *expediti*, Leichtbewaffnete. **2)** von Gewicht leicht, nicht beschwerlich; ἐν ἐλαφρῷ ποιεῖσθαι auf die leichte Schulter nehmen. **3)** leicht zu gewähren, gering, unbedeutend.

ἐλάχεια, ἐλαχεῖα, s. ἐλαχύς.

ἐλάχιστος, 3. (ἐλαχύς, ἐλάσσων), der kleinste, kürzeste, geringste, Plur. sehr wenige. (τὸ) ἐλάχιστον ein noch so kleiner, möglichst kleiner Raum. δι' ἐλαχίστου binnen kürzester Zeit, δι' ἐλαχίστων in größter Kürze, ἐξ ἐλαχίστου am billigsten, ἐπ ἐλάχιστον so wenig als möglich. **Adv.** (τὰ) ἐλάχιστα, ἐλάχιστον u. τὸ ἐλ. oder τοὐλάχιστον am wenigsten, zum wenigsten, sehr wenig, παρ' ἐλάχιστον ἦλθε mit Inf., er ist nahe daran gewesen, zu. Dav.

ἐλαχιστότερος, der bei weitem geringste, N. T.

ἐλαχύς, εῖα, ύ (= *levis* f. *legvis*, ahd. *līhti*, nhd.

leicht), klein, gering, Positiv zu ἐλάσσων, ἐλάχιστος (nur Od. 9, 116 u. 10, 509 überl. als λάχεια, [ἐλάχεια).

ἐλάω, ep. u. poet. = ἐλαύνω.

Ἐλβώ, οῦς, ἡ, Insel an der Küste des ägypt. Deltas, im j. See *Menzaleh.*

ἔλδομαι u. **ἐέλδομαι** (W. ϝελ. lat. *velle*), ep. Dep., nur im Präs. u. Impf. gebräuchl., wünschen, sich sehnen, verlangen, wonach, τινός od. τί mit folg. Inf.; Il. 16, 494 in pass. Bdtg.

Ἐλέα, ας, ἡ (attische Form für das ältere Ὑέλη, bei den Römern *Velia*), Stadt (u. Gegend) in Lukanien, j. Ruinen bei *Castel a Mare della Brucca,* Kolonie der Phokäer, um 553 gegründet, wo Xenophanes von Kolophon um 540 die eleatische Philosophenschule (Parmenides, Zenon) stiftete.

ἐλεαίρω, ep. = ἐλεέω, w. s.

ἐλεάω, sp. = ἐλεέω.

ἐλεγεία, ἡ, Gedicht in Distichen, Elegie. Von

ἐλεγεῖον, τό (ἔλεγος), **1)** eigentl. das Distichon, aus Hexameter u. Pentameter bestehend. **2)** der Pentameter. **3)** ein aus Distichen bestehendes Gedicht (hins. der Form). **4)** poetische Inschrift.

ἐλεγκτικός, 3. (ἐλέγχω), zum Überführen, Widerlegen, Tadeln geeignet, geschickt.

ἐλεγκτός, 2. widerlegbar.

ἐλεγμός, οῦ, ὁ, N. T. die Überführung.

ἔλεγξις, ἡ, sp. u. N. T. die Zurechtweisung, Rüge.

ἔλεγος, ὁ, poet. u. sp. Klagelied, ἔλεγον ἀείδειν τι etwas im Klagelied besingen.

ἐλεγχείη, ἡ (ἔλεγχος), ep. Vorwurf, Schimpf, Schande.

ἐλεγχής, Gen. έος, 2. (ἐλέγχω), ep. mit einem Vorwurf behaftet, beschimpft, verworfen. Superlativ **ἐλέγχιστος.**

I. **ἔλεγχος,** εος, τό (ἐλέγχω), Vorwurf, Schimpf, Schande, bes. schimpfliche Feigheit, u. Abstr. statt des Konkret. (κάκ') ἐλέγχεα (feige) Memmen.

II. **ἔλεγχος,** ὁ (ἐλέγχω) • **1)** das Beweismittel, der **Beweis,** εἰς ἔλ. ἐξιέναι, μολεῖν, καταστῆναι zur Beweisführung schreiten, χειρός Mutesprobe, ἔργον Tatbeweis • **a)** οἱ παρὰ τὰ πράγματα ἔλεγχοι Prüfung nach den Tatsachen, ἐλέγχῳ δοκιμάζειν nach strenger Beweisführung od. Rechnung prüfen; dah. • **b)** Beweis gegen, die **Widerlegung,** ἔλεγχον ἔχειν eine Widerlegung zulassen, sich selbst widersprechen, παραδιδόναι die Widerlegungen ermöglichen • **c) Tadel,** ἔ. διδόναι getadelt werden • **2)** das Untersuchen, Auskundschaften, die **Untersuchung,** ἔλεγχον ποιεῖσθαί τινος etwas untersuchen, ἔ. λαμβάνειν τινός etw. beweisen, εἰς ἔλεγχον ἰέναι od. καταστῆναι sich zur Untersuchung, Verantwortung stellen, ἔλεγχον διδόναι untersuchen lassen, Rechenschaft geben, rechtfertigen. Als Satzapposition τῶνδ' ἔλεγχον πεύθου um dies zu prüfen, frage. Von

ἐλέγχω, Fut. ἐλέγξω, Aor. ἤλεγξα, Perf. pass. ἐλήλεγμαι (-λεγξαι, -λεγκται, inf. -λέγχθαι, part. -λεγμένος), Aor. pass. ἠλέγχθην, Fut. ἐλεγχθήσομαι, Adj. ἐλεγκτέον • **1)** beschimpfen vgl. τὸ ἔλεγχος; μῦθον geringschätzig aufnehmen; τινά Schande machen nur Hom. • **2) überführen,** zeihen, **beweisen,** den Beweis führen; widerlegen, beschämen, (περί) τινα, od. τί etw., Part. ὡς, ὅτι; τινί durch etwas, ἐπί τινι an etwas, ἐπ' αὐτοφώρῳ auf frischer Tat Lys. Im Pass. sich überführen lassen od. auch verworfen werden. Bes. • **a)** etwas verweisen • **b)** zur Rechenschaft ziehen, tadeln, N. T., untersuchen, genau erfragen, ausfragen; N. T. bestrafen.

ἐλεεινολογία, ἡ, die Mitleid erweckende Rede.

ἐλεεινός, 3., Adv. **-ῶς,** u. **ἐλεινός,** 3. (ἔλεος), **1)** Mitleid erregend, mitleidswert, bedauernswürdig, kläglich. **2)** mitleidsvoll, mitleidig δάκρυον Träne des Mitleids, ἐλεινὸν ὁρᾶν mit mitleidigem Blicke sehen. Subst. οὐδὲν ἐλ. kein Mitleidsgefühl. Neutr. plur. ἐλεεινά adv. kläglich, jämmerlich.

ἐλεέω (ἔλεος), Mitleid haben, bemitleiden, (N. T. mitleidig helfen, τινά), sich erbarmen, bei Imper. mit πάσῃ τέχνῃ καὶ μηχανῇ um alles in der Welt, abs. u. τινά jmds., (τινός wegen etwas), dah. mit u. ohne λόγοις bedauern, beklagen. Pass. Mitleid finden.

ἐλεημοσύνη, ἡ, sp. N. T. Mitleid, Almosen. Von

ἐλεήμων, 2. mitleidig, barmherzig.

ἐλεητικός, 3. mitleidig, zum Mitleid geneigt.

ἐλεητύς, ύος, ἡ (-έω), ep. = ἔλεος, Mitleid.

ἐλεινός, s. ἐλεεινός.

ἐλειο-βάτης, ὁ (ἕλος), poet. Sumpfbewohner.

ἕλειος, 2. (ἕλος), **1)** in Sümpfen seiend, οἱ ἕλειοι die Bewohner des Marschlandes. **2)** sumpfig.

ἐλελεῦ, poet. u. sp. Kriegsruf, auch lauter Wehruf.

I. **ἐλελίζω,** Aor. ἠλέλιξα, den Kriegsruf erheben, beim Anrücken gegen den Feind nach Absingung des Päan.

II. **ἐλελίζω,** ep., Aor. ἐλέλιξα, med. -ξάμην, u. ἐλέλικτο, pass. ἐλελίχθην, 3. plur. -χθεν, in kreisende Bewegung versetzen. Dah. **1)** Akt. **a)** herumwirbeln, erschüttern. **b)** die Seinen zur Umkehr veranlassen. **2)** Pass. **a)** erschüttert werden, zittern, beben. **b)** sich umdrehen, von einem Heer, das von der Flucht plötzlich zum Angriff übergeht. **3)** Med. (Aor. 1.) sich schlängeln, hin u. her laufen; (Aor. 2.) zittern.

ἐλελί-χθων, ονος, ὁ (II. ἐλελίζω), poet. der den Erdboden erschüttert, als Vortänzer.

ἑλέ-ναυς, ἡ (ἑλεῖν, ναῦς), poet. Schiffe fangend, ein Verderben für Schiffe.

Ἑλένη, ἡ, Helena, Tochter des Zeus u. der Leda, Gemahlin des Menelaos.

Ἕλενος, ὁ, Sohn des Priamos u. der Hekabe, berühmter Wahrsager.

ἑλεό-θρεπτος, 2. (ἕλος, τρέφω), ep. sumpfentsprossen, eigentl. im Sumpf ernährt.

ἐλεόν, τό, poet. u. **ἐλεός,** ὁ, ep. Küchentisch, Anrichtebrett.

ἐλεός, 3. ep. erbärmlich, jämmerlich; Adv. **ἐλεόν.**

ἔλεος, ὁ (N. T. auch τό), **1)** Mitleid, Erbarmen, τινός mit jmdm., ἔλεον ἔχειν Mitleid erregen, κατ' ἔλεον aus Barmherzigkeit; N. T. λαμβάνειν finden; Mitleidigkeit. **2)** rhetor. term. techn. = *commiseratio,* der Schlußteil einer Apologie, in dem der Beklagte das Mitleid der Richter zu erregen sucht.

Ἐλεοῦς, s. Ἐλαιοῦς.

ἑλέ-πτολις, εως, ἡ (ἑλεῖν, πόλις), poet. Städte erobernd, ein Verderben für Städte.

ἐλετός, 3. (ἑλεῖν), ep. zu erhaschen, mit folg. Inf. πάλιν ἐλθεῖν so daß sie zurückkehre.

Ἐλευθεραί, αἱ, Ort an der Grenze von Attika u. Böotien, jetzt *Kondura.*

ἐλευθερία, ἡ, 1) Freiheit, Freisein, Unabhängigkeit, Ungebundenheit, δι' ἐλευθερίας ἐξελθεῖν sich zur Freiheit losringen, εἰς ἐλευθερίαν ἐξαιρεθῆναι als freier Mann (Nichtsklave) auf gesetzliche Art reklamiert werden, ἐπ' ἐλευθερίῃ unter Zusicherung der Freiheit. 2) Edelsinn.

Ἐλευθέρια, τά, Befreiungsfest, welches die Hellenen alle 5 Jahre mit Wettlauf u. andern Übungen dem Ζεὺς Ἐλευθέριος zu Platää feierten, zum Andenken an den Sieg von 479.

ἐλευθεριάζω, frei, wie ein Freier reden und [handeln.

ἐλευθέριος, 2., Adv. **-ίως,** Komp. -ώτερον, Superl. -ώτατα, 1) nach Art eines Freien, eines Freien würdig, freisinnig, freimütig, freigebig, edel, anständig, fein, vornehm; τὸ ἐλευθέριον edles Betragen, Edelsinn, Anstand. 2) frei machend, als Beiwort des Zeus in Platää, der Freiheitsbeschützer. Davon

ἐλευθεριότης, ητος, ἡ, edle Gesinnung, Freimütigkeit, Freigebigkeit.

ἐλευθερο-πρεπής, 2. einem Freien geziemend. Von

ἐλεύθερος (ἐ prothet. lat. *līber,* aus *loiber*), 3. und poet. auch 2., Adv. **-έρως.** 1) **frei,** ἦμαρ Tag der Freiheit Hom.; τὸ ἐ. die Freiheit, a) unabhängig, ungebunden, b) schuldenfrei, χρήματα Dem. 2) befreit, **frei von,** mit Gen. ζημίας straflos Plat. 3) eines Freien würdig, a) freiheitsliebend, freimütig, b) **edel,** hochgesinnt, c) von Sachen: βάσανοι wie sie einem Freien zukommen Plat. Adv. **ἐλευθέρως** ξυμμαχεῖν in einem freien Bundesverhältnis stehen Thuk.; ἐ. τεθραμμένος von edler Bildung Isokr.

ἐλευθεροστομέω, poet. freimütig reden. Von

ἐλευθερό-στομος, 2. poet. freimütig.

ἐλευθερόω, frei machen, a) befreien, zum freien Manne machen, freilassen. b) poet. rein halten, στόμα, d. h. die Beschuldigung nicht aussprechen.

ἐλευθέρωσις, εως, ion. ιος, ἡ, Befreiung, ἀπό τινος von einem. Im bes. Freilassung von Sklaven.

Ἐλευσινίδης, αο, ὁ, Sohn des Eleusis = Keleos.

ἔλευσις, ἡ, sp. N. T. die Ankunft.

Ἐλευσίς, ῖνος, ἡ, Stadt u. Gemeinde in Attika, berühmt durch den Tempel der Demēter u. Persephŏne u. die eleusinischen Mysterien (τὰ Ἐλευσίνια), welche durch jährliche Prozessionen von Athen aus gefeiert wurden, j. *Levsina* Adj. dav. **Ἐλευσίνιος** [◡_⏑◡◡], 3. eleusinisch. **Ἐλευσίνιον,** τό, der Tempel der eleusinischen Demēter zu Athen; Plur. die Eleusinien, Demēterfest, die großen 9tägigen in Athen und Eleusis, die kleinen am Ilissos in Agra. **Ἐλευσῖνάδε,** nach Eleusis, **Ἐλευσῖνι** in Eleusis, **Ἐλευσινόθεν,** von Eleusis her.

ἐλεφαίρομαι (verw. ὀλοφώιος), ep. Dep. aor. ἐλεφηράμενος, täuschen, abs. u. τινά.

Ἐλεφαντίνη, ἡ, Stadt u. Insel des Nil in Oberägypten, jetzt *Gesiret el Sag.*

ἐλεφάντινος, 3 elfenbeinern.

ἐλεφαντό-δετος, 2. poet. mit Elfenbein verziert.

ἐλεφαντό-κωπος, 2. (κώπη) sp. mit elfenbeinernem Griff.

ἐλεφαντομαχία, ἡ, sp. Elefantenkampf.

ἐλεφαντό-πους, ποδος, ὁ, ἡ, sp. mit elfenbeinernen Füßen.

ἐλέφας, αντος, ὁ, 1) der Elefant, von den Alten im Kriege benutzt. 2) Elefantenzahn, Elfenbein.

Ἐλεών, ῶνος, ὁ, Ort in Böotien; Einw. **ὁ Ἐλεώνιος.**

ἐλίγδην, Adv. (ἑλίσσω), poet. sich windend.

ἔλιγμα, τό (var. μῖγμα), Knäuel, Mischung, N. T.

ἐλιγμός, ὁ (ἑλίσσω), die Windung, der Wirbel, bes. a) Wegewindungen, (Serpentinen) m. Ausbiegungen. b) Verwicklung (eines Knotens).

ἑλικ-άμπυξ, υκος, poet. mit umgeschlungenem Stirnbande.

Ἑλίκη, ἡ (v. ἑλίκη = lat. *salix,* ahd. *salaha* Weide), Küstenstadt in Achaia mit einem Tempel des Poseidon, der danach **Ἑλικώνιος** hieß; sie versank 373 v. Chr. durch ein Erdbeben im Meere.

ἑλικηδόν, sp. Adv., spiralförmig gewunden.

ἑλικο-βλέφαρος, 2. ep. poet. mit lebhaft bewegten Wimpern, mit lebhaften Augen.

ἑλικο-δρόμος, 2. (δραμεῖν), poet. in Krümmungen laufend.

ἑλικο-ειδής, 2. (εἶδος), sp. gewunden.

ἑλικό-ρροος, 2. sp. gewunden fließend, mit gewundenem Laufe.

ἑλικτῆρες, οἱ, Ohrgehänge.

ἑλικτός, 3., auch **εἱλικτός** (ἑλίσσω), gewunden, gekrümmt; übertr. falsch, trügerisch.

Ἑλικών, ῶνος, ὁ, berühmter Berg in Böotien, Wohnsitz der Musen, welche darum **Ἑλικώνιαι** oder **Ἑλικωνίδες** (νύμφαι), auch Ἑλικωνιάδες, heißen.

Ἑλικώνιος, 3. u. **Ἑλικωνίς,** ίδος, fem. a) zum Helikon gehörig, am Helikon, s. d. b) von Helike (s. d.), ἄναξ Poseidon.

ἑλίκ-ωψ [ῐ], ωπος, ὁ, ep. u. **ἑλικ-ῶπις,** ιδος, ἡ, ep. u. poet. mit lebhaft bewegten, lebhaften Augen.

ἐλιννύω u. **ἐλινύω,** Fut. -ύσω, ion. poet. u. sp. ruhen, rasten, πυρέσσων aufhören zu fiebern.

ἕλιξ, ικος (St. ϝελικ), 1) Adj. ὁ, ἡ, ep. u. poet. gewunden, gekrümmt, βοῦς krumm gehörnt (od. neben εἰλίπους = ἑλικόπους fußdrehend). 2) Subst. ἡ, das Gewinde, die Windung, a) ep. ein Armband. b) poet. eine Art Efeu. c) poet. die Ranke der Reben. d) sp. die Spirale, Hebewinde. e) sp. der Kreis, den die Sonne beschreibt.

Ἕλιξος, ου, ὁ, angesehener megarischer Führer [im Hellespont um 412.

ἑλίσσω (ἑλ.), ep. (mit Inf. praes. ἑλισσέμεν u. Impf. ἑλίσσετο) u. poet., u. **εἱλίσσω** (εἰλίσσω), aus ἐϝελίσσω ion. u. poet. = att. ἑλίττω, s. d.

Ἑλισσών, ῶνος, ὁ, Fl. a) in Arkadien, Nbfl. zum Alpheios. b) in Elis, auch Ἔλισα, ὁ, u. Εἰλισσών.

ἑλίττω (ϝελικ, ϝελ, *volvo*), u. **εἱλίσσω** (aus proth. ἐ u. ϝελίσσω) wie die folgenden Formen oft mit spir. asper geschr., Impf. εἵλιττον, Fut. ἑλίξω, Aor. εἵλιξα, Pf. pass. εἵλιγμαι, Plqpf. εἵλικτο, Aor. pass. εἱλίχθην. Adj. verb. ἑλικτός, dazu ep. Aor med conj. ἑλίξεται, u. ion. Plqpf. pass. 3. pl. εἱλίχατο ● 1) Akt. **winden, wälzen, herumdrehen,** θιάσους, Reigentänze aufführen Eur., πλάταν rudern Soph.;

κόνιν aufwirbeln Aesch. Übertr. τοιαῦτα überlegen Ai. 231, abs. u. περί τι od. κύκλον im Kreise; bes. • **a)** ἵππους, herumlenken um das Ziel Hom. • **b)** im Pass. umkehren, sich umwenden ἑλιχθείς auf der Flucht Hom.; doch auch δρόσον ἑλιχθεῖσα rings besprengt • **2)** Med. • **a)** sich durchdrängen, **sich ringeln**, hin- und herlaufen, ἀμφί τι; σὺν ἱμᾶσι sich im Riemenzeug verwirren, sich tummeln, περί τι, διά τι sich fortschnellen • **b)** = Akt. wirbeln, schwingen (Il. 13, 204), übertr. überlegen.

ἑλί-τροχος, 2. poet. radumwälzend.

ἑλί-χρῦσος, ὁ, buk. Goldranke, ein efeuartiges Gewächs.

ἑλκαίνω, poet. eine Wunde haben.

ἑλκεσί-πεπλος [ῐ], 2. (ἕλκω), ep. gewandschleppend.

ἑλκε-χίτων, Gen. ωνος, ὁ, im Schleppengewande.

ἑλκέω, s. ἕλκω. Dav.

ἑλκηθμός, ὁ, ep. das Fortschleppen, Fortschleifen.

ἕλκημα, τό, poet. das Fortgeschleppte, die Beute.

ἑλκο-ποιός, 2. poet. Wunden machend.

ἕλκος, εος, ους, τό (lat. **ulcus**), **1)** Wunde, Geschwür, im Plur. mit dem Gen. ὕδρου die von der Schlange herrührende, **ἀραχθὲν ἀλαόν** die geschlagene Blindheitswunde. **2)** übertr. Übel, Unheil.

ἑλκόω, 1) Akt. verwunden, verletzen. **2)** Pass. sp. schwären, eitern, ἡλκωμένος voll Schwären, N. T.

ἑλκτικός, 3. hinziehend.

ἑλκυστάζω, ep. u. **ἑλκύω** = ἕλκω, s. d.

ἕλκω (St. σϝελκ, σελκ, ϝελκ, lat. *sulcus*), ep. Praes. inf. ἑλκέμεν(αι), Impf. ἕλκε u. ἕλκετο, ion. Perf. pass. ἕλκυσμαι, sp. Fut. ἑλκύσω, u. ep. Nebf. **ἑλκέω,** Impf. ἕλκεον (εἷλκ.), Fut. ἑλκήσω, Aor. ἥλκησα **ziehen** • **1)** trans. **schleppen,** zerren, mißhandeln, schleifen, in die Länge ziehen, πρὸς ἑαυτόν an sich ziehen; ep. Med. das Seine, das Schwert ziehen, τόξον ἐπί τινι den Bogen gegen jmdn. spannen, überh. poet. an sich reißen. Ferner anziehen, spannen, aufziehen, z. B. die Waage, dah. auch wiegen, τρίτον ἡμιτάλαντον; hinabziehen, -lassen, -reißen, bei den Haaren herbeiziehen, ep. Med. χαίτας προθελύμνους sich die Haare mit den Wurzeln ausraufen; ποδὸς ἕλκειν poet. am Fuße ziehen. Auch von der Begierde u. vom Begehrenswerten. Im bes. • **a)** περιφορὰν δρόμου die Rundung des Laufes ziehen d. h. erhalten, indem die straff angelegte Schnur die Zirkellinie zieht • **b)** ἴυγγα ἐπί τινι das Zauberrad für jmdn. umdrehen • **c)** πλίνθους Ziegel streichen • **d)** ἀέρα einatmen, überh. schlürfen, schlucken • **e)** προφάσιας Ausflüchte machen, dann überh. beziehen, anwenden • **2)** intr. **sich hinziehen,** sich in die Länge ziehen.

ἑλκ-ώδης, 2. poet. voller Geschwüre.

ἕλκωσις, εως, ἡ (ἑλκόομαι), Eiterung.

Ἕλλᾱ, poet. = Ἕλλη, s. d.

ἐλ-λάμπομαι, ion. und

ἐλ-λαμπρύνομαι, Med., dabei glänzen, sich dabei hervortun, brüsten.

Ἑλλάνῑκος, ὁ, Logograph aus Mytilene auf Lesbos, vor Thukydides, lebte bis nach 406.

Ἑλλᾱνο-δίκαι, οἱ, eig. die Hellenenrichter, Kampfrichter in den olympischen Spielen.

Ἑλλάς, άδος, ὁ, ἡ • **1)** Adj. = Ἑλληνικός. **Ἕλλην,** ηνος, ὁ, ἡ, u. Fem. **Ἑλληνίς,** dor. **Ἑλλᾱνίς,** ίδος, ἡ hellenisch • **2)** Subst. ἡ, verst. γῆ • **a)** bei Homer Stadt und zugehöriges Landgebiet in Phthiotis in Thessalien; dann • **b)** überh. Griechenland, bei Hdt. einschließlich des kleinasiat. Ioniens. Als Abstr. pro Concr. oft für die Griechen, während der Einwohner der Stadt und des Gebietes Hellas u. später überh. der Grieche **Ἕλλην,** ηνος, dor. **Ἕλλᾱν,** hieß. (Im N. T. der Heide.) • Das Adj. davon **Ἑλληνικός,** 3. • **a)** hellenisch, griechisch; bes. mit πράξεις, πράγματα u. ähnl., πάθος ein einer hellenischen Stadt von Hellenen bereitetes Unheil • **b)** von Gesinnung hieß Ἑλληνικός echt hellenisch, οὐχ Ἑλλ. dagegen = βαρβαρικός jede treulose, grausame Handlungsweise. • Subst. τὸ **Ἑλληνικόν,** *omne nomen Graecum*, das Hellenentum, insbes. das griechische Heer, das griechische Lager, τὰ Ἑλλ. die griechischen Verhältnisse, Staaten, die Geschichte der Griechen; für Athen: die auswärtige nationale Politik. Adv. **Ἑλληνικῶς** u. **Ἑλληνιστί** auf griechische Art und Weise, in griechischer Sprache. Hdt. u. a. sagten aber auch **Ἑλλήνιος,** bes. von den griech. Göttern. Dah. τὸ **Ἑλλήνιον** ein Heiligtum der Griechen in Ägypten.

ἐλλεβορίζω, durch Nieswurz heilen, zur Vernunft bringen, τινὰ ἐπί τινι jmdn. bei etwas. Von

ἐλλέβορος (ἑλλέβ.), ὁ, Nieswurz, als Heilmittel teils zum Abführen, teils zum Erbrechen, gegen Geisteskrankheiten, wie Wahnsinn u. Blödsinn.

ἐλλεδᾱνός, ὁ (εἴλλω, ἰλλάς), ep. das Strohseil, womit die Korngarben gebunden wurden, Garbenband.

ἔλλειμμα, τό, **1)** Versäumnis, καθ' ὑμᾶς eurerseits. **2)** Rückstand (bei einer Abgabe). Von

ἐλ-λείπω • **1)** trans. darin **zurücklassen,** • **a)** übrig lassen ἐλπίδα Eur. • **b)** unterlassen (auch mit Part.: εὐχαριστῶν sich zu bedanken Dem.), verabsäumen, οὐδὲν προθυμίας es nicht fehlen lassen an Plat.; ἑαυτῷ versagen • **c)** im Gespräch: übergehen • **d)** unbezahlt lassen, abs. schuldig bleiben Pol.; Pass. zurückbleiben, im Rückstand bleiben εὖ ποιῶν Xen. • **2)** intr. **zurückbleiben** • **a)** zurückstehen, kleiner sein, τινί, ἔν τινι, κατά τι in od. um etwas τινός hinter etwas, τινί auch jmdm. nachstehen • **b)** ermangeln, entbehren, τινός von Sachen: mangeln, fehlen, τὸ ἐλλεῖπον der Mangel, τινός an etwas, der Fehler, die Schuld, ähnl. τὸ ἐλλειφθέν die Versäumnis. Auch unpers. ὧν ἐνέλειπε τῇ πόλει woran es dem Staate mangelte Dem. Dav.

ἔλλειψις, εως, ἡ, der Mangel, das Zuwenig.

ἔλλεσχος, 2. (ἐν λέσχῃ), ion. Gegenstand müßigen Geredes, Klatsches.

Ἕλλη, ἡ, Tochter des Athamas und der Nephele aus Orchomenos, Schwester des Phrixos, die auf ihrer Flucht nach Kolchis im Hellespont ertrunken sein soll, wonach dieser seinen Namen trage (poet. auch Ἕλλης πορθμός).

Ἕλλην, ηνος, ὁ, **1)** Sohn des Deukalion, Stammvater der Hellenen. **2)** der Grieche, s. Ἑλλάς. Dav.

ἑλληνίζω, Aor. pass. ἡλληνίσθην (ἑλλ.), **1)** intr. griechisch sprechen. **2)** trans. hellenisieren, zu Griechen machen, u. zwar τὴν γλῶσσαν hinsichtlich der Sprache. Davon

Ἑλληνιστής, οῦ, ὁ, N. T. ein griechisch sprechender [Jude.

Ἑλληνο-ταμίαι, οἱ, Bundesschatzmeister, athenische Beamte welche die Beiträge (φόροι) der athen. Bundesgenossen einzutreiben u. die Bundeskasse zu Delos (seit 454 zu Athen) zu verwalten hatten.

Ἑλλήσ-ποντος, ὁ, **a)** Hellespont, das Meer der Ἕλλη, s. d., jetzt Meerenge der *Dardanellen* oder von *Gallipoli* **b)** auch das an der Küste gelegene Land, ἡ ἐν Ἑλλ. συμφορά Niederlage bei Aigospotamoi. Dav. Subst. **Ἑλλησπόντιος,** ὁ, der Einwohner der Gegend am Hellespont, u. Adj. **Ἑλλησποντιακός,** 3. hellespontisch, am Hellespont gelegen. Dav. **Ἑλλησποντίης** ἄνεμος, ion. ein vom Hellespont (von Nordost) her wehender Wind, welcher der Schiffahrt im Ägäischen Meere sehr nachteilig war.

Ἑλλησποντο-φύλακες, οἱ, Wächter, Wachtposten am Hellespont zur Kontrolle der ein- u. ausfahrenden Getreideschiffe. [Hafenzoll.

ἐλλιμενικός, 3. (λιμήν), den Hafen betreffend; ntr.

ἐλλιπής, 2. (ἐλλείπω), mangelhaft, unvollkommen, πρός τι od. τινός in etwas, τινί an etwas, ἐλλιπεῖς γιγνόμενοι μνήμης weil das Gedächtnis sie verläßt; τὰ ἐλλιπῆ μόρια die für sich unselbständigen Teile der Rede, die nicht einen Gedanken ergeben (wie z. B. eine Konjunktion). Subst. τὸ ἐλλιπές, **a)** der Mangel, die Lücke. **b)** τινός das Zurückbleiben von od. hinter etwas.

ἐλλιτάνευε, s. λιτανεύω.

ἐλλόβιον, τό (λοβός), sp. das Ohrgehänge.

ἐλλογάω u. **-λογέω,** N. T. anrechnen, zurechnen.

ἐλ-λόγιμος, 2. was in Rechnung kommt, namhaft, ausgezeichnet, ruhmvoll, berühmt, ἐπί τινι wegen etwas, εἴς τινα bei jmdm.

ἔλ-λογος, 2. vernunftbegabt, vernünftig.

ἐλλοπιεύω, buk. (ἔλλωψ, Fisch) fischen.

ἐλλός od. **ἐλλός,** ὁ (vwdt. mit ἔλαφος), ep. poet. junger Hirsch, Hirschkalb.

ἐλλός, 3. poet. stumm.

ἐλ-λοχάω, auf der Lauer (λόχος) liegen, abs. oder τινά jmdn. belauern. Pass. im Hinterhalt haben, κακοῖς Übel.

ἐλ-λοχίζω, **1)** poet. = ἐλλοχάω. **2)** sp. trans. jmdn. in Hinterhalt legen.

ἐλ-λύχνιον, τό (λύχνος), ion. u. sp. Lampendocht. Sprichw. ἐλλυχνίων ὄζειν nach der Studierlampe riechen.

ἕλξις, ἡ, das Fortschleppen, Schleppen.

ἕλος, εος, ους, τό, feuchte Niederung, Wiesengrund, Sumpf. Im bes. im Plur. seenreicher Küstenstrich vom Mareotischen bis zum Serbonidischen See in Ägypten, die Marschgegenden. Als Eigenn.

Ἕλος, ους, τό, **1)** St. am Meer in Lakonien. **2)** St. u. Gegend in Elis od Messenien.

Ἑλουήτ(τ)ιοι, οἱ, sp. *Helvetii.*

ἐλπίζω (ἐλπίς), Fut. (LXX. u. N.T.) ἐλπιῶ, Aor. ἤλπισα, conj. ἐλπίσω, Perf. (sp. ἤλπικα, Plqpf. -ίκει), Aor pass. ἐλπισθέν, **erwarten. 1)** gew. **hoffen,** abs. oder τί, τινί, auf etwas seine Hoffnungen setzen od. vertrauen, sich verlassen (N. T. auch ἐπί u. εἴς τινα, ἐπί u. ἔν τινι) od. mit folg. Inf., auch mit ὅπως, ὡς, ὅτι; τὸ ἐλπισθὲν ἥξειν wovon man gehofft hatte, daß es Soph.; abs. παρὰ τὰ ἐλπισθέντα wider Erwarten • **2)** ahnen, fürchten, τί od. mit Inf. od. μή • **3)** glauben, meinen, abs., τί od. mit Inf. praes., selten aor., u. A. c. I. • **4)** trans. hoffen lassen, täuschen (Luk.).

Ἐλπινίκη, ἡ, Schwester Kimons.

ἐλπίς, ίδος, ἡ (mit π erweiterter St. *vel*, lat. *velle, voluptas*), **Erwartung,** dah. ἐλπίς (ἐστι) es ist zu erwarten. Mit u. ohne ἀγαθή, καλή Hoffnung, Vertrauen, mit u. ohne πονηρά u. ähnl. Besorgnis, Furcht; ἀγαθῇ ἐλπίδι um der guten Hoffnung willen, ähnl. δι' ἐλπίδος in der Hoffnung, ἐπ' ἐλπίσιν auf Erwartung hin, in banger Erwartung, ἐπὶ ταῖς ἐλπ. ἀνθεῖν auf Grund der H. erblühen, κατ' ἐλπίδα aus Hoffnung, in Erwartung, πρὸς τὰς ἐλπίδας auf diese Hoffnung hin, ὑπ' ἐλπίδων infolge verlockender Aussichten, ἐν ἐλπίσι τρέφω ich getröste mich dessen, εἰς ἐλπίδας διαλέγεσθαι u. ἐλπίδας λέγειν Mut einsprechen, ἐλπίδα προθεῖναι Hoffnung erwecken. Dag. παρ' ἐλπίδα od. ἐλπίδας, ἀπ' od. ἐκτὸς ἐλπίδος od. ἐλπίδων wider, gegen Erwarten, ὑπὲρ ἐλπίδα über d. i. wider Erwarten. Ähnl. τὸ ἐλπίδων ἄπιστον das Unverhoffte • Bes. Redensarten: αἱ παρά τινος ἐλπίδες die von jmdm. erregten Hoffnungen, ἐλπίδας ἔχειν ἔκ τινος (N. T. εἴς τινα) seine Hoffnung auf etwas gründen, τὴν ἐλπίδα ἔχειν ὁμοίαν ταῖς ξυμφοραῖς eine den erlittenen Unfällen entsprechende Zukunft erwarten, αἱ ὑμέτεραι ἐλπ. die auf euch gesetzten Hoffnungen, μέλλουσαι die Hoffnungen auf die Zukunft, κοινότοκοι auf den aus gleichem Stamm Entsprossenen (den Bruder). Häufig folgt ein Inf. fut., seltener praes. od. aor. mit u. ohne ἄν, bisw. mit hinzugef. μή, od. ein Nebens. mit ὡς, ὥστε. Endlich das, worauf man seine Hoffnungen setzt, oder personif.

Ἐλπίς, ίδος, Göttin der Hoffnung, Mutter der Φάμα. Von

ἔλπω (St. ϝελπ, lat. *volup-tas*), **1)** Akt. Präs. nur ep. hoffen lassen, τινά.

2) Med. **ἔλπομαι,** ep. ion. u. poet. m. der ep. Nbf. **ἐέλπομαι** u. dem Perf. 2. ἔολπα, Plqpf. ἐώλπειν, erwarten, hoffen, auch bloß: meinen, = ἐλπίζω. Dav.

ἐλπωρή, ἡ, ep. = ἐλπίς.

Ἐλυμαία u. **-μαΐς,** ίδος, ἡ, Landschaft im südl. Medien am persischen Meerbusen, h. *Chusistan.* Die Einw. **Ἐλυμαῖοι.**

Ἐλυμία, ἡ, St. in Arkadien zwischen Mantinea u. [Orchomenos.

ἐλύομαι, ep. nur im Aor. ἐλύσθην, ἐλυσθείς (ϝελύω, *volvo*), sich winden, sich niederbeugen, ducken, sich krümmen, sich schmiegen, πρός τι zu etwas, ὑπό τι unter etwas, ἐπί τι schleifen auf etw. Dav.

ἔλυτρον (f. ϝέλυτρον, *in-volucrum*), τό, Hülle, im bes. ion. Behälter für Wasser, Zisterne.

ἐλώδης, 2. (ἕλος), reich an feuchten Niederungen, wiesen- od. auenreich.

Ἐλωΐ od. **Ἔλωι,** = aramäisch *'elāhî* = hebr. [*'elōhaj:* mein Gott.

ἔλωρ, τό (nur im Nom. u. Acc. sing., Plur. ἔλωρα), ep. u. poet., u. **ἑλώρια,** τά, ep. (ἑλεῖν), Fang, Raub, Beute, bes. für Tiere; od. jedwede Unbill, Πατρόκλοιο ἕλωρα ἀποτίνειν des Patroklos Beraubung d. i. Erlegung büßen.

Ἔλωρος, ὁ, Fluß in Sizilien, j. *Abisso*. Davon **Ἐλωρινὴ ὁδός,** die Straße von der Mündung des Elorus nach Syrakus.

ἐμ-αυτοῦ, ῆς, Pron. reflex. der ersten Person, ion. **ἐμωυτοῦ,** nur im Gen., Dat., Acc. sing. des Mask. u. Fem., meiner selbst, in der Regel nur reflexiv gebraucht; bei Hom. nur getrennt, z. B. ἔμ' αὐτόν, *me* (*ipsum*).

ἐμβάδες, αἱ (ἐμβαίνω), ion. u. sp. sandalenartige Männer-Schuhe zum Hineintreten, Pantoffeln, die mit Riemen über den Füßen zusammengeschnürt wurden; auch auf der Bühne getragen.

ἐμβαδόν, Adv. ep. sp. einherschreitend, zu Fuße.

ἐμ-βαθύνω, sp. tief machen, aushöhlen, βόθρον; übertr. tief eindringen lassen, τινί τι, sich in der Tiefe festsetzen lassen.

ἐμ-βαίνω, zum Aor. 2. ἐνέβην, ep. ind. ἔμβην, conj. ἐμβέῃ, ἐμβήῃ, zum Perf. ἐμβέβηκα, part. ep. ἐμβεβαώς, poet. ἐμβεβώς, Plqpf. 3. pl. ep. ἐμβέβασαν (oft in tmesi) • 1) intr. • a) **hineinschreiten,** hineinsteigen, einsteigen, abs., bes. an Bord gehen, εἰς τὴν ὁδόν einen Weg einschlagen. Übertr. auf etwas (ἔς τι) eingehen, τινός etwas betreten, in etw. kommen • b) darauftreten, gehen, losschreiten, abs. od. τινί; Perf. darauf stehen, ἐπί τινι, übertr. befestigt sein, κατά τι an etwas, od. ἔν τινι sich mitten in etwas befinden • c) dazwischenkommen, dazukommen • 2) kausativ, Aor. 1. ἐνέβησα Hom. Hdt. Eur.: **hineinbringen,** τί übertr. versetzen τινὰ εἰς φροντίδα Hdt.

ἐμ-βάλλω, Aor. 2. ep. ind. ἔμβαλον, inf. ἐμβαλέειν (auch in tmesi) **hineinwerfen** • 1) trans. • a) **hineinschleudern,** -bringen, -führen, vorschütten, -schieben, an-, darauflegen, Med. für sich hineinlegen, bes. ins Schiff, Ladung einnehmen; ἐμβάλλειν πληγάς u. πληγήν Prügel aufzählen, einem Hiebe versetzen, χεῖρα δεξιάν darreichen, ähnl. χειρὸς πίστιν durch Handschlag versprechen, und so auch allein: versprechen, od. ἅρμα εἴς τινα mit dem Wagen auf jmdn. eindringen, u. κατά τι nach einer Seite hin; Med. überh. auferlegen, anhängen (auch übertr.) • b) übertr. **erregen,** einflößen, φροντίδας, φόβον, med. τὶ θυμῷ, εἰς τὸν νοῦν sich etwas ans Herz legen, etwas sich vornehmen od. träumen lassen; ferner ἐμβάλλειν λόγους, βουλὴν εἴς τινα περί τινος einem etwas zur Beratung oder Besprechung vorlegen, u. so auch ohne λόγον etwas vortragen, od. λόγους ἐμβ. ein Gespräch auf die Bahn bringen, dag. ψῆφον περί τινος seine Stimme abgeben über jmdn., χρόνον τινί Zeit gewinnen für etwas, u. ähnl. τί etwas einschieben od. einschalten • 2) scheinbar intr., mit verst. ἑαυτόν, στρατόν u. ähnl., sich auf etwas (τινί) werfen, also **Hand** (verst. χεῖρας) **anlegen an etwas,** sich (ἑαυτόν) od. sein Heer in etwas hineinwerfen, einen (τινί) angreifen, od. mit u. ohne εἴς τι in etwas einfallen (auch im Med.), sich wohin begeben; vom Flusse, mit u. ohne εἴς τι, hineinfließen, sich ergießen, münden.

ἔμβαμμα, τό (-βάπτω), die Brühe; Tunke.

ἐμ-βαπτίζω, sp. und

ἐμ-βάπτω, eintauchen.

ἔμ-βαρος, 2., gewichtig.

ἐμβάς, άδος, ἡ, sp., s. ἐμβάδες, αἱ.

ἐμ-βασιλεύω (auch in tmesi), ep. darin od. darüber (τινί) herrschen od. König sein.

ἔμβασις, εως, ἡ (ἐμβαίνω), poet. u. sp. das, worauf man tritt, 1) eigentl. der Fußboden, dann der Schuh, von Tieren der Fuß, Huf. 2) das Auftreten, der Schritt. 3) sp. das Eintreten ins Badebecken, dah. Vollbad (Gegens. περίχυμα).

Ἐμβᾰσί-χυτρος, ὁ (χύτρα), ep. Topfkriecher, N. einer Maus.

ἐμβατεύω = ἐμβαίνω, betreten, τί u. τινός; einen Besitz antreten, εἴς τι.

ἐμβατήριος, 3. sp. zum Marsche gehörig.

ἐμβάτης, ὁ, Schuh, bes. tragischer Kothurn.

Ἔμβατον, τό, Meerenge zw. Erythrä u. Chios.

ἐμβάφιον, τό (ἐμβάπτω), ion. flaches Gefäß für Tunke, auch als Lampe dienend.

ἐμ-βιβάζω, hineinbringen, bes. in ein Schiff, also einschiffen; übertr. ἐς φροντίδας.

ἐμ-βλέπω, Perf. sp. ἐμβέβλοφα, ansehen, anblicken, hinsehen, τινί u. εἴς τινα auf jmdn., πικρότερον einen finstern Blick hinwerfen; übertr. auf etwas blicken d. i. vertrauen.

ἔμβλημα, τό (-βάλλω), sp. alles An- od. Eingesetzte, insbes. a) der in die Eisenspitze eingesteckte Teil des Lanzenschaftes. b) eingelegte Arbeit, Mosaik.

ἐμ-βοάω, anrufen, zurufen τινί τι; ein Geschrei erheben.

ἐμβολάδην, ep. Adv. in Verschlingung.

ἐμβολεύς, ὁ, sp. Pflock, Pfropf, Kolben.

ἐμβολή, ἡ (ἐμβάλλω), 1) der Wurf, Schuß. 2) das Hineindringen, der Einfall; der Stoß mit dem Schiffsschnabel, ἐμβολὴν ποιεῖσθαι entern. 3) der zum Eindringen geeignete Ort: a) Eingang, Paß, Schlüssel, τινός zu etw.; b) bei Flüssen: Mündung. 4) das zum Eindringen verwendbare Ding: a) Schiffsschnabel, b) Kopf des Mauerbrechers, Widderkopf.

ἐμβόλιμος, 2. ion. u. sp. eingeschoben, μήν Schaltmonat, *intercalaris*.

ἐμβόλιον, τό, sp. Einschiebsel, Zwischenspiel.

ἔμβολον, τό, u. **ἔμβολος,** ὁ (ἐμβάλλω). 1) der **Keil,** dah. a) keilförmiger, von zwei Flüssen eingeschlossener Landstrich, Hdt., b) keilförmige Schlachtordnung Xen., Stoßtrupp. 2) im Plur. a) die Schiffsschnäbel Hdt. Thuk.; daher = *rostra*, die Rednerbühne auf dem Forum in Rom, b) das Säulengebälk, λάϊνα κίοσιν ἔμβολα (= ἐμβεβλημένα) Eur. 3) Türriegel Eur.

ἐμ-βραδύνω, sp. dabei verweilen.

ἔμ-βραχυ, Adv., um es kurz herauszusagen, kurzweg, überhaupt.

ἐμ-βρέμομαι, ep. darin sausen, toben.

ἐμ-βρέχω, sp. benetzen, einweichen.

ἐμ-βριθής, 2. (βρίθω), 1) niederdrückend, drückend, schwer, fest. 2) übertr. mit u. ohne τὸ ἦθος, ernst, würdevoll, gewichtig, eindrucksvoll.

ἐμβριμάομαι, poet. dareinschnauben; N. T. übertr. **a)** seinen Unwillen äußern. **b)** ἐν ἑαυτῷ unwillig werden, τινί u. ἔκ τινι.

ἐμ-βροντάω, andonnern, übertr. verblüffen. Dav.

ἐμ-βρόντητος, 2. vom Blitz getroffen, vom Donner gerührt, betäubt, ἐμβροντήτους ποιεῖν sie durch ein heftiges Gewitter erschrecken. Übertr. verblüfft, wahnwitzig, unsinnig.

ἔμ-βρῠον, τό (βρύω), **a)** ungeborne Leibesfrucht. **b)** ep. das neugeborene Lamm.

ἔμβρωμα, ατος, τό (βιβρώσκω), sp. Imbiß, Mahlzeit.

ἐμέθεν, ἐμεῖο, ἐμέο, ἐμεῦ, s. ἐγώ.

ἐμεμνέατο, ion. = ἐμέμνηντο.

Ἔμεσα, ης, u. **Ἔμισα,** τά, Stadt Syriens, j. *Höms.*

ἐμετικός, 3. **a)** Brechen erregend. **b)** zum Brechen geneigt, sich zum B. reizend, um weiter essen zu können, dah. ὁ ἐμ. Schwelger; τὴν ἐμετικὴν *agere* (Cic.) brechen wollen (nach Tisch). Von

ἔμετος, ὁ, das Erbrechen, das Ausgebrochene, im Plur. das Brechmittel. Von

ἐμέω (St. ϝεμ, lat. *vom-o*), Fut. ἐμοῦμαι, Aor. ἤμεσα, ep. ἔμεσ(σ)α, Perf. sp. ἐμήμεκα, **1)** trans. durch Brechen von sich geben, τί. **2)** sich erbrechen.

ἐμεωυτοῦ, s. ἐμαυτοῦ.

ἐμίν, dor. = ἐμοί.

ἐμ-μαίνομαι, sp. N. T. rasen gegen jmdn., τινί.

ἐμμᾰνής, 2. (ἐν μανίᾳ ὤν), rasend, wütend.

Ἐμμαούς (Ἀμμ.), οῦντος, ἡ, ein Dorf **1)** 30 Stadien von Jerusalem, j. *Kulonich.* **2)** 175 Stadien von Jerusalem, Badeort, wo Jud. Makkabäus die Syrer schlug, das sp. Nikopolis in Judäa.

ἐμ-μᾰπέως, ep. Adv. (μαπέειν schnell ergreifen), sofort, rasch, schnell.

ἐμ-μάχομαι, ion. sp. darauf kämpfen.

ἐμ-μείγνυμι (-μίγνυμι), Fut. -μείξω, **1)** hineinmischen, τινί in etwas. **2)** poet. übertr. intrans. sich vermischen, handgemein werden, τινά (und ihn so aus den Händen der Feinde befreien).

ἐμμέλεια, ἡ (-λής), sp. das Zusammenstimmen, die Harmonie; insbes. ein Singtanz, ein von mehreren, die zugleich tanzen, gesungenes Musikstück, der Tanz des Chors in der Tragödie, überh. die Tanzweise, der Tanz.

ἐμ-μελετάω, in etwas üben, sich in etwas, daran üben, Übungen an etw. vornehmen.

ἐμ-μελής, 2., Adv. **-ῶς** u. poet. **-έως** (μέλος), harmonisch, taktvoll, geschickt, tauglich, artig, witzig, fein, μαθήματα ἐμμ. feinere höhere Lehrgegenstände.

ἐμ-μεμᾰώς, υῖα, ός (μάομαι), ep. Part., andringend, anstürmend, heftig. Dazu

ἐμ-μέμονα, poet. Perf. (s. μάομαι), in Aufregung sein.

ἐμμενές, ep. Adv., beharrlich, unablässig, verb. m. αἰεί.

Ἐμμενίδαι, οἱ, poet. Herrscherfamilie in Agrigent.

ἐμ-μένω, Perf. ἐμμεμένηκα, **a)** darin- od. dableiben; abs. u. ἔν τινι, τῇ ἐσβολῇ bei dem Einfall darin (im Lande) bleiben; übertr. bei etwas beharren, treu an etwas halten, es beobachten, abs. u. τινί od. ἔν τινι. **b)** von Dingen: fortbestehen, dauern, z. B. ἅπερ φῄς ἐμμενεῖ σοι τελοῦντι du wirst dein Wort halten; hangen bleiben an etw.

ἐμ-μεστόω, poet. anfüllen, τινός mit etwas (nur in tmesi, weshalb andere ἐν als Adv. fassen = *simul*).

ἐμμετρία, ἡ, das Ebenmaß. Von

ἔμ-μετρος, 2. **1)** im Versmaß. **2)** mit Maßen, mäßig, ἔμμετρα als Adv.

ἔμ-μηνος, 2. **a)** monatlich, ἱερά die monatliche Opferfeier von Agamemnons Todestag. **b)** innerhalb eines Monats zu erledigen.

ἔμ-μητρος, 2. buk. Mark enthaltend.

ἐμ-μίγνυμι, s. ἐμμείγνυμι.

ἔμ-μισθος, 2. im Lohn stehend, ἔμμισθον ποιεῖν τινα in Verdienst setzen, Verdienst gewähren; Unterstützung geben.

ἐμμονή, ἡ (ἐμμένω), das Dableiben.

ἔμμονος, 2. (ἐμμένω), dabei bleibend, ausdauernd, standhaft, dauerhaft.

ἔμμορος, 2. (μόρος), ep. teilhaftig, τινός.

ἔμμοτον, τό, poet. Heilmittel, Balsam.

ἔμ-μοχθος, 2. poet. mit Mühsal verbunden.

ἐμός, 3. (με, ἐμέ, lat. *meus*), **mein** • **1)** Adj. • **a)** akt. **mir angehörend,** mir verwandt, mir bestimmt, **von mir herrührend,** mir zuzuschreiben, mit Artikel oft Krasis οὑμός, τοὐμοῦ usw.; zuweilen verstärkt durch Gen., z. B. αὐτοῦ; τἀμὰ δυστήνου κακά Soph. • **b)** pass. od. obj. **mich betreffend,** ἐμὴ ἀγγελίη eine Botschaft über mich Hom., αἱ ἐμαὶ διαβολαί die Verleumdungen gegen mich Thuk., ἡ ἐμὴ δωρεά das Geschenk, das du mir gemacht hast Xen., τἀμὰ νουθετήματα die mir erteilten Lehren Soph., οὑμὸς πόθος das Verlangen nach mir Soph. • **2)** Subst. (ὁ) ἐμός mein Kind, ἡ ἐμή meine Tochter, mein Land, οἱ ἐμοί meine Parteigenossen, Anhänger, (τὸ) ἐμόν oder τοὐμόν mein Schicksal, mein Interesse, etwas von mir, eine Zusage von mir, oft = ich, dann adv. nach meiner Ansicht, was mich betrifft, meinetwegen, τὰ ἐμά od. τἀμά mein Wesen, meine Sache, mein Land, meine Angehörigen.

ἔμπᾰ, s. ἔμπας.

ἐμπάζω, fassen, ergreifen, gew. Med.

ἐμπάζομαι, ep., Präs. u. Impf. ἐμπάζετο, nur in übertr. Bed. achtgeben, aufmerken, sich kümmern, τινός um etwas, nur übertr. auf jmdn. (τινά) Bedacht nehmen, achten.

ἐμ-παθής, 2., Adv. **-ῶς,** Komp. -έστερον (πάθος), heftig erregt, bes. heftig betrübt, τινί über etwas, leidenschaftlich, ἐμπαθῶς ἔχειν πρός τι.

ἐμπαιγμονή, ἡ, u. **ἐμπαιγμός,** ὁ, die Verspottung, das Verspotten, N. T. Von

ἐμ-παίζω, Fut. -παιξοῦμαι, nicht in att. Pr., in oder auf etwas spielen, τινί; sein Spiel treiben, abs. u. τινί mit jmdm., seiner spotten.

ἐμπαίκτης, ὁ, sp. N. T. Spötter, Betrüger.

I. **ἔμπαιος,** 2. ep. mit etwas vertraut, zu etwas (τινός) geschickt.

II. **ἔμπαιος,** 2. poet. (gleichsam ἐμ-παίων), einschlagend, hereinbrechend, τύχαι.

ἐμ-παίω (παίω schlagen), intr. poet. hereintreten, erscheinen, τινί jmdm.

ἐμ-πακτόω, ion. (in tmesi) drinnen verstopfen, τινί [mit etwas.

ἐμπάλαγμα, τό, poet. Verstrickung, Umarmung.

ἐμ-παλάσσομαι, Pass., darein verstrickt werden, unter etwas geraten, abs. u. ἔν τινι.

ἔμπᾰλι, spätpoet. =

ἔμ-παλιν, mit dem Artikel τὸ ἔμπαλιν u. in Krasis τοὔμπαλιν, auch τὰ ἔμπαλιν, **1)** rückwärts, zurück, auch εἰς τοὔμπαλιν. **2)** umgekehrt (mit ἀναστρέφειν: umstürzen), entgegengesetzt dem Frühern, im Gegenteil, abs. od. mit Gen., od. mit ἤ, auf die entgegengesetzte Art, τὰ ἔμπαλιν πεφυκέναι τινός die entgegengesetzte Natur von etwas haben; τὸ ἔμπαλιν γνώμην ἔχω ἢ οὗτος ich bin dem entgegengesetzter Ansicht. Auch als Subst. τοὔμπαλιν die entgegengesetzte Seite, τινός von etwas, u. ἐκ τοὔμπαλιν von der entgegengesetzten Seite.

ἐμ-παρέχω, dabei darreichen, gewähren, τινί mit folg. Inf. Gelegenheit geben zu, od. τινά mit Inf. einen zu etwas darbieten.

ἐμ-παροινέω, sp. sich wie ein Trunkener benehmen, τινί gegen jmd, ihn beleidigen, kränken.

ἔμπᾱς u. **ἔμπᾰ,** poet., ep. **ἔμπης,** Adv. ep. u. poet. (vgl. παμπήδην u πᾶς), gleichsam ἐν πᾶσιν: **1)** affirmativ: bei dem allem, jedenfalls, durchaus, ganz u. gar. **2)** konzessiv: bei alledem, gleichwohl, trotzdem; beim Part. mit u. ohne περ ist es wie sehr auch, obgleich noch so sehr, trotzdem daß zu übersetzen; = att. ὅμως.

ἐμ-πάσσω, (ep. auch in tmesi), Fut. ἐμπάσω, Aor. 1. ἐνέπᾰσα, eigentl. hineinstreuen, τί, od. τῆς τέφρας Asche (partit.); übertr. hineinwirken, -weben.

ἐμ-πατέω, poet. hineintreten, τί in etwas.

ἐμ-πεδάω, ion. (versch. LA.), in Fesseln legen, fesseln.

Ἐμπεδοκλῆς, έους, ὁ, geb. etwa 492 in Agrigent; obwohl selbst Aristokrat, führt er die Demokratie ein, zerfällt aber mit der Regierung und wandert aus; stirbt um 432 in der Peloponnes (früh berichtet die Sage von seinem Tod im Krater des Ätna). Er war Philosoph, Naturforscher und Staatsmann. Seine Lehre wurde oft mit der des Pythagoras vermengt.

ἐμπεδό-μοχθος, 2. poet. stets in Drangsal.

ἐμπεδορκέω (wie v. ἐμπέδ-ορκος), ion. den Schwur treu halten.

ἔμ-πεδος, 2., Adv. -δον u. **-έδως** (πέδον), ep. u. poet. eigentl. im Boden stehend, d. i. unverrückt stehend, **fest,** dah. **a)** feststehend, sicher, unerschütterlich, ungeschwächt, unberührt. **b)** dauernd, immerfort. **c)** übertr. unerschütterlich, unentwegt, fest, standhaft, beharrlich, τινί bei etwas, d. h. aufrichtig, wie es verkündet ist. Dav.

ἐμπεδόω, Impf. ἠμπέδουν (Var. ἐνεπέδουν), unverbrüchlich halten, τί τινι.

ἐμπεδῶς, poet. sp. (wie v. ἐμπεδής) = ἐμπέδως.

ἐμπειρία, ἡ, auch im Plur. (-ρος), die Erfahrung, ἐκ πολλοῦ langjährige Übung, Fertigkeit, Bekanntschaft, Kenntnis, Erfahrung, mit folg. Inf. etwas zu tun, ἡ κατὰ τὴν πόλιν Ortskenntnis, im bes. Kriegserfahrung, Tüchtigkeit, ἐμπειρίᾳ aus, durch Erfahrung.

ἐμπειρο-πόλεμος, 2. sp. kriegserfahren. Von

ἔμ-πειρος, 2., Adv. **-πείρως** (πεῖρα), **1)** erfahren, kundig, geschickt, bekannt, abs. u. τινός worin od. womit, πρός τι Einsicht besitzend wozu. **b)** durch Taten bewährt, versucht, geübt. Subst. τὸ ἐμπειρότερον αὐτῶν ihre größere Erfahrung, ἐμπείρως ἔχειν τινός etwas od. einen aus Erfahrung kennen, einer Sache kundig sein, sie verstehen.

ἐμ-πελάζω u. Pass. **-ομαι,** meist ep. u. poet. sich nähern, τινί u. τινός.

ἐμ-περιέχω, in sich enthalten; Pass. enthalten sein.

ἐμ-περιπατέω, sp. in etwas herumgehen.

ἐμπερόνημα, τό, buk. ein über den Schultern mit Spangen befestigtes Gewand.

ἐμ-περπερεύομαι (vgl. das Simpl.), sp. großtun, prahlen, sich brüsten.

ἐμ-πετάννυμι, darüber (ἔν τινι) ausbreiten, aufspannen.

ἐμ-πήγνυμι (auch in tmesi), **1)** Akt. hineinstecken, -schlagen, τινί in etwas, worin befestigen. Pass. darin (τινί) stecken bleiben. **2)** Med. sp. εἴς τι sich fest einbeißen in etwas.

ἐμπηδάω, darauf losspringen.

ἐμ-πήκτης, ου, ὁ, Befestiger, Anstecker, ein Beamter, der die Täfelchen der athenischen Richter (πινάκια) an ein Lineal zu stecken hat (zur Verlosung).

ἔμ-πηρος, 2. ion. sp. verkrüppelt, krüppelhaft.

ἔμ-πης, s. ἔμπας.

ἐμ-πικραίνομαι (πικρός), Pass., ion. u. sp. erbittert sein, τινί auf jmdn.

ἐμ-πίμπλημι (-πίπλημι), ἐνεπίμπλην (3. pl. sp. ἐνεπίμπλων), ἐμπλήσω, ἐνέπλησα u. ἐνεπλησάμην, ἐμπέπληκα, ἐμπέπλησμαι, ἐνεπλήσθην, ἐμπλησθήσομαι (auch in tmesi), ἐμπληστέος, dazu ep. Präs. imper. act. ἐμπίμπληθι, Aor. pass. inf. ἐνιπλησθῆναι, u. Aor. med. ἔμπλητο, -πληντο (füllte sich) • **1)** Akt. **hineinfüllen,** an-, vollfüllen, τί u. τί τινος etwas womit, dah. **a)** sättigen, τινά, u. übertr. erfüllen, ἐλπίδων Aesch. • **b) beladen,** aufladen. Pass. sich füllen, sich sättigen, müde werden, τινός od. τινί von od. mit etwas od. an jmdm., ὕπνου voll Schlafes werden, ὀφθαλμοῖς sich satt sehen an Od. 11, 452; mit Part. θηρῶν sich satt jagen, ὑπισχνούμενος müde werden zu versprechen Xen. • **2)** Med. • **a) sich** od. das Seine füllen, **anfüllen,** τινός womit, sich sättigen (an jmdm., seine Rachgier) • **b)** sich etwas (τί) füllen, vollgießen od. sich füllen lassen, übertr. ἀγρίου μένεος θυμόν Hom.

ἐμ-πίμπρημι, ἐμπίπρημι u. ἐμπιπράω, ἐνεπίμπρην (3. pl. -πρᾰσαν u. -πρων), fut. pass. sp. = ἐμπρήσομαι, dazu ep. Präs. **ἐμπρήθω** u. **ἐνιπρήθω, 1)** anzünden, in Brand stecken, anbrennen, verbrennen, oft mit πυρί verstärkt, τί od. κατὰ μικρόν τινος eine kleine Strecke von etw., im Pass. ἡ νῆσος ἐμπρησθεῖσα ein Brand, der auf der Insel stattgefunden hat. **2)** vom Winde (ep.): hineinblasen, sausen, ἱστίον in das Segel.

ἐμ-πίνω [ῐ], hineintrinken, bes. schnell, abs. u. τινός von etwas; poet. hineinschlürfen, sich betrinken.

ἐμ-πίπτω, Aor. ep. ἔμπεσον, poet. Nbf. **ἐμπίνω 1) hineinfallen,** darauffallen, πόντῳ, πέτρῃ; ἰός trifft, κεραυνός schlägt ein; insbes. **a)** sich hineinstürzen, στέγῃ eindringen Soph., πόντῳ sich senken auf Hom.; abs. ἐμπεσών übereilig Hdt., **b)** losgehen auf, **angreifen,** überfallen τοῖς πολεμίοις Xen.; überh. auf einen stoßen, zusammentreffen mit, **c)** Pass. zu ἐμβάλλω: εἰς δεσμωτήϱιον geworfen werden Dem. **2)** übertr. **a)** vorfallen, **hereinbrechen,** κακὸν οἴκῳ Hom., νόσημα εἰς Ἑλλάδα Thuk., **b) befallen,** anwandeln, χόλος Hom., ἔρως, οἶκτος Trag., γέλως Thuk., λόγος μοι kam mir zu Ohren Soph., **c)** sich einlassen, zu sprechen kommen auf, λόγος ἐμπίπτει εἰς kommt auf.

ἐμπίς, ἴδος, ἡ, Stechmücke, Schnake.

ἐμ-πιστεύω, sp. anvertrauen, τινί τι.

ἐμ-πίτνω, poet. = ἐμπίπτω, w. s.

ἐμ-πλάσσω, ion. u. sp. eindrücken, einmachen, ἔν τινι.

ἐμ-πλέκω, verflechten, Pass. hineinverflochten od. verwickelt werden, sich verwickeln, τινί in etwas. Dav.

ἔμπλεξις, ἡ, die Einflechtung.

ἔμ-πλεος, 3., att. **ἔμπλεως,** ων, ep. u. buk. **ἔμπλειος** u. ep. **ἐνίπλειος,** 3. angefüllt, voll, τινός von etwas, übertr. ὄμμα jugendlich voll, frischer, schärfer (zw. LA. Soph. Tr. 1019).

ἐμ-πλέω, -πλεύσομαι, -έπλευσα, ion. **-πλώω,** auf etwas (τινί) schiffen od. fahren, οἱ ἐμπλέοντες die Leute auf dem Schiffe.

ἐμπλήγδην, ep. Adv. (ἐμπλήσσω), unbesonnen, unüberlegt.

ἐμπληκτικός, 3. sp. töricht. Von

ἔμπληκτος, 2., Adv. **-ήκτως** (ἐμπλήσσω), unbesonnen, verkehrt, τινί unsinnig, überstürzt in etw.; dann unzuverlässig, wankelmütig, τὸ ἐμπλήκτως ὀξύ die verrückte Leidenschaft.

ἔμπλην, ep. Adv. (ἐμπελάζω), nahe dabei, zunächst, τινός.

ἐμ-πλήσσω, s. ἐνιπλήσσω.

ἐμπλοκή, ἡ (ἐμπλέκω), sp. das Einflechten, N. T. τριχῶν *capillatura*, künstlicher Haarwulst.

ἐμ-πνέω, ep. **-πνείω,** Aor. 1. ἐνέπνευσα, ep. auch ἔμπνευσα, **1)** hineinhauchen, -schnauben, τινί auf etwas, τί in etwas. **2)** übertr. einhauchen, eingeben, τινί τι od. mit Inf. Im Pass. insbes. vom Hauch der Liebe erfüllt od. beseelt werden. **3)** abs. atmen, leben, ep. Aor. pass. ἐμπνύνθην wieder zu sich kommen (and. ἀμπνύνθην) ebenso ep. Aor. med. ἔμπνυτο (neben ἄμπνυτο).

ἐμ-πνοή, ἡ, sp. das Anblasen, Anwehen.

ἔμ-πνοος, 2., zsgz. **ἔμπνους,** atmend, noch lebend (bes. von solchen, die dem Tode nahe sind).

ἐμποδίζω, Impf. ἐνεποδ. (ἐμποδών), die Füße behindern, also **1)** fesseln, binden, anbinden (ἰσχάδας Feigen zum Trocknen). übertr. Pass. in Schlingen fallen, zu Fall gebracht werden. **2)** im Wege sein, verhindern, hemmen, aufhalten, auch mit Inf. u. μή, auch bedenklich machen, τινά mit folg. ὅτι.

ἐμπόδιος, 2. (ἐμποδών), im Wege stehend, hinderlich, abs. od. τινί od. mit folg. Inf. — Subst. ἐμπόδιόν τι ein Hindernis.

ἐμπόδισμα, τό (ἐμποδίζω), das Hindernis, bildl. ein Stein des Anstoßes, ein Hemmschuh, eine Art von Hindernis.

ἐμ-ποδών, Adv. (πούς, nach ἐκποδών gebildet), vor den Füßen, dah. **1) im Wege, hinderlich,** ἐμπ. ἵστασθαι od. στῆναί τινι, ἐμπ. γίγνεσθαι, εἶναι, in den Weg treten, hinderlich sein, dag. ἐμπ. ποιεῖσθαι zum Hindernis machen, in den Weg legen, abs. od. τινί jmdm., τινός in etwas, od. mit Inf., bisw. mit beigef. μή, auch τί ἐμποδών, μὴ οὐχί was hindert daß Xen. Subst. τὸ ἐμπ. Hindernis Hdt. **2)** das Vorliegende, Zunächstliegende.

ἐμ-ποιέω (auch in tmesi), hineinmachen, hineinfügen, einschalten, χρόνους, διατριβάς, τριβὴν ἐμποιεῖν τινι für etwas Zeit gewinnen od. Aufschub bewirken bei jmdm., Verzögerung von etwas verursachen, etwas in die Länge ziehen. Überh. verursachen, erzeugen, anrichten, einflößen, erregen, beibringen.

ἐμ-ποικίλλω, sp. hineinsticken od. -weben.

ἐμπολαῖος, 3. (ἐμπολή), ion. handeltreibend.

ἐμ-πολάω, Impf. 3. sing. ἠμπόλα, Perf. ἠμπόληκα (sp. ἐμπεπόλ.), ἠμπόλημαι, Aor. pass. ἠμπολήθην, ep. Impf. med. 3. pl. ἐμπολάοντο, -όωντο, ion. Perf. pass. ἐμπόλημαι (ἐμπολή), einkaufen, kaufen. Dann übertr. **a)** bringen. **b)** einhandeln, lösen aus dem Verkauf (Xen. An.), od. auch bestechen. **c)** überh. Geschäfte machen, handeln. Soph. Ai. 978 euphemistisch: hast du den Handel abgeschlossen = das Ziel erreicht?

ἐμ-πολέμιος, 2. (πόλεμος), ion. im Kriege stattfindend.

ἐμπολή, ἡ (vgl. πωλέω), Kauf, Handel, Kaufmannsgut.

ἐμπόλημα, τό (ἐμπολάω), meist poet. das Handelsgeschäft, insbes. **a)** der Gewinn. **b)** der Lohn. **c)** die Ware.

ἐμπολητός, 3. poet. (-λάω), eingehandelt, mit in den Kauf gegeben.

ἔμ-πολις, εως, ὁ, poet. Mitbürger.

ἐμπολῑτεύω, 1) Akt. in der Stadt leben, eingebürgert sein. **2)** Med. **a)** = Akt. **b)** sp. τινί mit einem politisieren.

ἐμ-πομπεύω, sp. groß tun, τινί mit etwas.

ἐμ-πορεύομαι, Dep. pass., sp. Aor. med. opt. ἐμπορεύσαιτο, **1)** (πορεύομαι) hinreisen. **2)** (ἔμπορος), **a)** absol. Handel treiben. **b)** τί mit etw. handeln. **c)** N. T. überlisten, betrügen.

ἐμπορευτικός, 3. = ἐμπορικός.

ἐμπορία, ion. **-ίη,** ἡ (ἔμπορος), Handel, bes. See-, Großhandel, πρός τινα mit einem, im bes. Handelsgeschäft, κατ' ἐμπορίην, des Handels wegen, beim Handel, auch im übertr. Sinne, ähnl. δι' ἐμπορίας. Auch für etwas Gewinnbringendes überh. Dazu

ἐμπορικός, 3. zum Handel gehörig, νόμοι Handelsgesetze, τέχνη Kunst des Handels, παρ' ἀλλήλων zwischeneinander; δίκη ein handelsgerichtliches Urteil, χρήματα Kaufmannsgüter.

ἐμπόριον, τό, Handelsplatz, Handelsstadt, Faktorei, Stapelplatz, Hafenplatz, ἐμπ. θαλάσσιον Seehandelsplatz, ἐμπορίου κατασκευή Erwerbung eines auswärtigen Stapelplatzes u. damit von Vorteilen für den Handel, überh. bisw. Handel, dah. προστάται τοῦ ἐμπορίου Beamte zur Beaufsichtigung u. Beschützung des Handels. N. T. οἶκος ἐμπορίου Kaufhalle. Von

ἔμ-πορος, ὁ, poet. auch ἡ, **1)** ep. u. poet. urspr. wer auf fremdem Schiffe zur See reist, Fahrgast, Seefahrer, überh. Reisender. **2)** Kauffahrer, Kaufmann, überh. Großhändler.

ἐμ-πορπάομαι, ion. **-έομαι,** Plqpf. 3. pl. ion. ἐνεπεπορπέατο, Med., sich ein Gewand (τί) mit der Spange od. Hafte befestigen od. zustecken.

Ἔμπουσα, ἡ, eig. die Packende (vgl. ἐμπάζω), ein von der Hekate gesendetes Gespenst, Spuk.

ἐμ-πράκτως, sp. Adv. tätig.
ἐμπρεπής, 2. poet. hervorstechend. Von
ἐμ-πρέπω, 1) ion. u. poet. hervorstechen, sich auszeichnen, abs. od. *τινί* in etwas, übertr. *ἄλγεσιν* von Leiden umringt sein. 2) sp. wohl anstehen, zieren, *τινί*, *παρὰ πολύ* gut, sehr.
ἐμ-πρήθω, s. *ἐμπίμπρημι*. Dav.
ἔμπρησις, *εως*, *ἡ*, die Verbrennung.
ἐμπρησμός, *ὁ*, sp. Feuersbrunst.
ἐμπροίκιος, 2. sp. als Aussteuer (*προίξ*) gegeben; *τό ἐμπρ.* die Aussteuer.
ἔμ-προσθεν, vor Konson. auch **-θε,** buk. *ἔμπροθεν*, Adv. **vor, vorn.** 1) örtlich: mit Gen. *ἔμπρ. τῶν πραγμάτων εἶναι* den Ereignissen zuvorkommen Dem.; *ὁ ἔ.* der vordere, *τὰ ἔμπρ.* was vorn ist, Front Hdt., *οἱ ἔμπρ.* die Vorderen, *ἐς τὰ ἔμπροσθεν* u. *εἰς τοὔμπροσθεν* vorwärts, weiter hinaus, *ἐκ τοῦ ἔμπρ.* gegenüber, *ἐν τῷ ἔμπρ. τινος* vorn vor jmdm., N. T. *ἔμπρ. τινος* vor jmds. Richterstuhl. 2) zeitlich: zuvor, **vorher,** früher, auch mit Gen. *ἔμπρ. τῆς γνώμης* vor dem Antrage Hdt.; *ὁ ἔ.* der vorige, vorhergehende, neuliche, frühere, *ἐν τῷ ἔμπρ.* im vorigen, vorhin. Subst. *τὰ ἔμπρ.* das vorher Gesagte. 3) übertr. *ἔ. ποιεῖσθαι* höher stellen, achten. Dav.
ἐμπρόσθιος, 2. vorn befindlich, vorder.
ἐμ-πτύω, ion. u. sp. anspeien, hineinspucken.
ἐμ-πυκάζω, buk. darin verstecken, Pass. versteckt, hinterlistig sein. [eiternd.
ἔμ-πυος, 2. (*πύον* Eiter), voll eiternder Geschwüre,
ἐμ-πυρι-βήτης, *ου*, *ὁ* (*βαίνω*), ep. über dem Feuer stehend.
ἔμ-πυρος, 2. im Feuer, feurig, d. h. am Feuer ausgeübt. Subst. *τὰ ἔμπυρα*, a) Brandopfer, zur Erforschung des göttlichen Willens dienend, wo es darauf ankam, ob das Feuer hell zum Himmel schlug od. sehr qualmte, dah. *εἰς ἔμπυρ' ἔρχεσθαι*, *ἐμπύρων γενέσθαι* d. i. *πειρᾶσθαι*, u. vom Wahrsager *ἐμπύρων μισθοὺς φέρειν*. b) Totenopfer, aus Milch, Honig, Öl u. dgl. bestehend, dah. *ἔμπ. φέρειν*.
ἐμ-φαγεῖν, Aor. 2. (zum ungebräuchlichen Präs. *ἐν-εσθίω*), schnell hinunteressen.
ἐμ-φαίνω u. **ἐμφανίζω** (*-νής*), aufzeigen, zur Anschauung bringen, überh. an den Tag legen, zeigen, an sich haben, *τί* u. *τοῦτο*, *ὅτι*. Pass. sich zeigen, bemerkt werden, sich abspiegeln, *τινί* in etwas od. an jmdm.
ἐμφανής, 2. (*φαίνω*), Adv. **-έως** u. **-ῶς.** 1) **sichtbar,** öffentlich, **offenkundig,** deutlich; *τιμαῖς* im Ehrenglanze Soph., *ἐμφ. γίγνεσθαι ἔργῳ*, *ὡς* durch die Tat dartun, wie; *εἰς τοὐμφανὲς ἰέναι* zum Vorschein kommen Xen., *εἰς ἐμφανὲς καταστὰς ὡς* von dem es am Tage lag, daß er, *ἐ. κατάστασις* Beweis durch Dokumente. Subst. *τὸ ἐμφανές* das Klare. 2) widerspiegelnd Plat. Tim. 46 a. 3) Adv. *ἐκ τοῦ ἐμφανέος* offen, ohne Hehl, *ἐν τῷ ἐμφανεῖ* vor ihren Augen.
ἐμφανίζω = *ἐμφαίνω*, w. s.
ἐμ-φαντάζομαι, sp. darin erscheinen, -vorgestellt werden, *τινί* in etw.
ἐμφαντικῶς, sp. deutlich.
ἔμφασις, *ἡ* (*ἐμφαίνω*), sp. 1) das Erscheinen, a) das Abbild, Bild. b) der Schein. 2) die Andeutung, Verdeutlichung. 3) Nachdruck, Hervorhebung im Ausdruck.
ἐμ-φέρβομαι, buk. darin sich nähren.
ἐμφέρεια, *ἡ*, sp. Ähnlichkeit, *πρός τι*. Von
ἐμφερής, 2., (selten in att. Prosa), gleichkommend, ähnlich, *τινί* einem, *τί* in od. an etwas. Von
ἐμ-φέρω, 1) Akt. poet. hineintragen, übertr. vorbringen, *τινί* gegen einen, *τί* ihm etwas vorwerfen. 2) Med. Pass. in etwas verwickelt sein, *τινί*.
ἐμ-φθέγγομαι, sp. dabei vernehmen lassen.
ἐμ-φιληδονέω, sp. sich an etwas (*τινί*) vergnügen, Freude haben. [*τινί*.
ἐμ-φιλοκαλέω, sp. in etwas seine Ehre suchen,
ἐμ-φιλοσοφέω, sp. *τινί* mit einem nachdenken, philosophieren.
ἐμ-φιλοχωρέω, sp. gern wobei verweilen.
ἔμ-φοβος, 2. 1) poet. furchtbar, nicht geheuer. 2) furchtsam, sp. u. N. T.
ἐμ-φορέω, sp. 1) Akt. hineintragen, beibringen, versetzen. 2) Med. a) etwas (*τί*) zu sich nehmen. b) sich anfüllen, abs. u. *τινός* mit etwas, sich sättigen. c) das Orakel übermäßig oft befragen, (die Macht) mißbrauchen.
ἐμφόρησις, *εως*, *ἡ* (*ἐμφορέω*, 2. b), sp. Übersättigung, übermäßiger Genuß.
ἐμ-φορτίζομαι, poet. Pass., als Ware eingeladen werden, übertr. (And. *ἐκφ.*).
ἔμφραγμα, *τό*, Verstopfung, übertr. *ἐμφράγματα ποιεῖσθαί τινος* die Quelle von etwas verstopfen. Von
ἐμ-φράσσω, att. **-ττω,** hineinstopfen, ausfüllen, verstopfen, versperren.
ἐμ-φρουρέω, als Besatzung darin liegen, besetzt halten, abs.
ἔμ-φρουρος, 2. (*φρουρά*), 1) zur Wache, Besatzung gehörig; *οἱ ἔμφρουροι* die Besatzung. 2) mit Besatzung versehen, bewacht, *ἔμφρουρον ποιεῖν τι* Besatzung in etwas legen.
ἔμ-φρων, Gen. *ονος*, 2., Adv. *-όνως*, *-ονέστατα* (*φρήν*), 1) bei Besinnung, bei Verstande, gefaßt, besonnen, *ἔμφρ. καθίσταται* er gelangt zum Bewußtsein. 2) mit Verstand begabt, vernünftig, einsichtsvoll, klug.
ἐμφύλιος, 2. u. ep. ion. poet. sp. auch **ἔμ-φυλος,** 2. zu demselben Stamme od. Volke gehörig, a) einheimisch: *γῆ* das Stammland, *πόλεμος* Bürgerkrieg. b) blutsverwandt; mit *αἷμα* α) Blutschuld (Ermordung des Laïos). β) Blut desselben Hauses (nämlich Iokaste u. Ödipus in ihrer Ehe).
ἐμφυσάω, 1) hineinblasen, *τινί* in etwas; aufblasen, *τί*. 2) N. T. anblasen.
ἐμ-φυτεύω, hineinpflanzen, drin pflanzen.
ἔμφυτος, 2. angeboren, natürlich, *μαντική* die (von den Göttern) eingepflanzte Gabe der Weissagung, *πατρὸς αἷμα* vom Vater angestammt od. angeboren. Von
ἐμ-φύω, 1) Akt. trans. anerschaffen, einpflanzen, eingeben, *τί τινι* (*ἔν τινι*). 2) Med. **ἐμ-φύομαι,** ep. Perf. 3. plur. *ἐμπεφύᾶσι*, part. *ἐμπεφυυῖα*) angeboren werden, anwachsen, entstehen, wachsen, eindringen, übertr. sich fest an etwas halten, sich anklammern, festsetzen, sich fest verlassen,

τινί an od. auf etwas (auch sich mit etwas beschäftigen), οἱ χειρί od. bloß χειρί ihm die Hand drücken od. festhalten, dag. πρός τι ἐμπεφυκέναι natürliche Anlage zu etwas haben.

ἔμ-ψῦχος, 2. mit einer Seele, mit Leben begabt, lebendig.

ἐν, poet. auch **ἐνί,** ep. **εἰν, εἰνί** u. in Anastr. **ἔν, ἔνι,** (lat., got., deutsch *in*) **in.**

I) Adv. bes. bei Hom. u. dann auch ἔν geschr., namentl. in ἐν δέ und darin, dabei, darauf, daran (hier oft in tmesi), u. darunter, d. i. auf gleiche Weise; auch statt ἔνεστι, ἐνῆν, ἐνῆσαν es ist, war darin, daran, bes. in der Form ἔνι.

II) Praep. beim Dat., **in** • **1) örtl.: in,** an, **auf,** bei, auch zwischen, unter, mit, vor, *coram* (vor den Zuhörern). Es gehört hierher das ἐν τοῖς mit dem Superl. = gar sehr, aller-, ἐν τοῖς μάλιστα allermeist, ἐν τοῖς πρῶτοι κατέθεντο, am allerersten; ἐν τοῖς βαρύτατα am allerschwersten, ferner Redensarten wie ἐν ἐπιστολαῖς ἴστε ihr wißt es aus den Briefen, ἐν ἐκπώματι πίνειν aus dem Gefäße trinken, wie frz. *boire dans un verre,* dann ἐν ὀργῇ ἔχειν τινά erzürnt sein auf einen, ähnl. ἐν αἰτίᾳ βαλεῖν, od. ἐν ἐλπίσι τρέφειν der Hoffnung leben. Bei Verben der Bewegung schließt ἐν oft zugleich den Begriff der Ruhe ein, daher bes. im N. T. u. bei Part. perf. od. sonstigen Prätt., wo es z. B. heißt: sich entfernt haben u. nun wo abwesend sein; ἔν τινος (sc. οἴκῳ oder δυνάμει), wie in ἐν ἑαυτοῦ εἶναι seiner mächtig sein, = ἐν ἑαυτῷ εἶναι • **2) zeitl.: innerhalb,** während, binnen, an, ἐν χρόνῳ mit der Zeit, ἐν καιρῷ *in tempore,* ἐν τάχει, ἐν ταῖς πληγαῖς während der Schläge, ἐν τούτῳ, ἐν ᾧ unterdessen (aber ἐν ᾧ ἄν c. conj. so lange als), ἐν ὅσῳ inzwischen, währenddem, dann • **3) übertr.:** • **a)** vom Mittel u. Werkzeuge: **vermittels,** mit, durch, bes. im N. T. = hebr. *bĕ,* ἐν ἅλατι ἁλίζειν, ἀγοράζειν ἐν, ὄμνυμι ἐν, ἐν χερσὶ λαβεῖν mit den Händen fassen, eigentl. in die Hände nehmen, ἐν δόλῳ durch List, ἐν τῷ ἀγγέλῳ durch Schuld des Boten, eigtl. in der Darstellung desselben, ähnl. ἐν ὑμῖν κωλυθῇ durch euch, ferner: ὁρᾶν ἐν ὀφθαλμοῖς, σημαίνειν ἐν ἱεροῖς, d. h. durch die Opfer, ἐν γυμναστικῇ παιδεύειν körperlich ausbilden, ἐν αὔραις τρέφεσθαι von der Luft leben • **b)** von der Gemäßheit: nach, **zufolge,** ἐν νόμῳ kraft, gemäß dem Gesetze, ἐν μέρει der Reihe nach, abwechselnd, ἐν ὁμοίῳ ποιεῖσθαι für gleich achten, ἐν ψήφῳ λέγειν aufzählen • **c)** von Zuständen: ἐν χαρᾷ (ἐν ἐκστάσει u. a. N. T., auch = als ἐν μυστηρίῳ, ἐν δωρεᾷ für die Erscheinungsform, für die Wesensverbindung, ἐν Χρίστῳ, ἐν τῷ πατρί) • **d)** bei Neutr. von Adj. statt Adv.: ἐν ἴσῳ gleichmäßig, ἐν τῷ φανερῷ = φανερῶς usw.

III) in **Zusammensetzungen** • **1)** in, mit etwas verbunden, behaftet, versehen mit • **2)** hinein- • **3)** unter-; oftm. aus Nominalverbindung entstehend, ἐνθύμιος = ἐν θυμῷ.

ἐν, boiot. u. dor. = εἰς c. acc.

ἕν, τό, die Einheit, s. εἷς.

ἔναβος, 2 (ἥβη), buk. mannbar.

ἐν-αβρύνομαι, sp. sich mit etwas brüsten.

ἐν-αγής, Gen. έος, 2. (ἄγος), **a)** fluchbeladen, schuldbeladen, mordbefleckt, wie z. B. die Alkmeoniden in Athen hießen. **b)** schwurgeweiht, eidgebunden.

ἐν-αγίζω, Totenopfer bringen, bes. einem Heroen opfern. Dav.

ἐνάγισμα, τό, das Totenopfer. [opfers.

ἐναγισμός, ὁ, sp. die Darbringung eines Toten-

ἐν-αγκαλίζομαι, sp. u. N. T. in die Arme nehmen.

ἐν-αγκυλάω, den Wurfriemen (die ἀγκύλη) an etwas (die Konstr. bleibt Xen. An. 4, 2, 28 zweifelhaft) befestigen, nämlich an die großen Pfeile der Barbaren, welche die Griechen so als Wurfspieße gebrauchten. [kurzem.

ἔν-αγχος, Adv. (ἄγχι), neuerdings, jetzt, vor

ἐν-άγω, dahin bringen, wozu antreiben, τινά, jmdn., τί wozu, od. etwas betreiben, τινί womit, od. mit Inf., mit u. ohne ὥστε, etwas zu tun.

ἐν-αγωνίζομαι, Fut. -ιοῦμαι, ion. -ιεῦμαι, darin, darauf (mit Dat. der Person: darunter, z. B. ὑμῖν unter euch) einen Wettkampf bestehen, in die Schranken treten, kämpfen, aber auch τινί in etwas.

ἐν-αγώνιος, 2. **1)** zum ἀγών, Wettkampf, d. h. zum Theater gehörig, oder zum Kriege gehörig, tüchtig, ἐσθής Kriegsmantel. **2)** im Kampfe (vorhanden) sich zeigend.

ἐν-αίθρειος, 3., poet., u. **ἐναίθριος,** 3. (ἡ αἰθρία), unter freiem Himmel, v. LA. ὑπαίθρεια βέλη πάγων eisige Geschosse des Himmels.

ἔν-αιμος, 2. (αἷμα), mit Blut versehen, blutig.

ἐναίρω u. Med. **-ομαι,** ep. u. poet., Aor. act. poet. ἤναρον, med. ep. ἐνηράμην (τὰ ἔναρα), (in der Schlacht) vernichten, töten, erlegen, verderben, τινά od. τί, u. τινί mit etwas.

ἐν-αίσιμος, 2., Adv. **-ίμως** (ἐν αἴσῃ), ep. u. poet., u. poet. **ἐναίσιος,** 2. **1)** ordnungsgemäß, geziemend, recht u. zweckmäßig, schicklich, gehörig, ἐναίσιμα ἐργάζεσθαι seine Schuldigkeit tun; ἐναισίον σοῦ (st. συν-) τύχοιμι möcht' ich deiner Huld begegnen! Neutr. sing. als Adv. ἐναίσιμον ἐλθεῖν zur rechten Zeit kommen. **2)** vom Schicksal kommend, verhängnisvoll, bedeutungsvoll, ἐναίσιμα μυθήσασθαι weissagen. [schweifen.

ἐν-αιωρέομαι, poet. auf etw. schweben, herum-

ἐνάκις, (ἐννάκις), Adv. neunmal. [stehen.

ἐν-ακμάζω, sp. drin blühen, drin in voller Kraft

ἐνᾰκόσιοι, 3. (ἐννέα, ἑκατόν), neunhundert.

ἐν-ακούω, in Krasis κἀνακούσωμεν, poet. auf etwas (τινός) hören, lauschen.

ἐν-αλείφω, Perf. -αλήλιμμαι, darauf streichen.

ἐν-αλίγκιος, 2. ep. gleich, τινί jmdm., τί an etwas.

ἐναλι-ναιέτας, ὁ, ἡ, poet. meerbewohnend.

ἐν-άλιος, 3. auch 2., poet. u. sp., ep. u. poet. **εἰνάλιος,** 3. im Meer, vom Meer, κῆτος ein Seeungeheuer, φύσις Seegeschöpf, mit πόντου des Meeres d. i. Fische, δρόσος Seewasser, θεός der Meergott (Poseidon), δειρὰς εἰν. der Rücken der Insel, ἔργον die Seeschlacht; seegeübt, λεώς.

ἐναλλάξ, Adv. wechselweise, **a)** abwechselnd, πρήσσειν sich bald so, bald so befinden. **b)** sp. nach entgegengesetzter Richtung. Von

ἐν-αλλάσσω, 1) Akt. poet. verwechseln, vertauschen, verändern, mit folg. Akk. m. Inf. es so

wenden, daß. **2)** Pass. u. Med. poet. **a)** sich etwas (*τί*) eintauschen, *τινός* gegen etwas; *τί δ' ἐνήλλακται τῆς ἡμερίας νὺξ ἥδε βάρος* welches Leid hat diese Nacht gebracht statt des tägigen. **b)** verkehren, *τινί* mit jmdm. **c)** abwechseln, *κατ' ἔτος*.

ἐν-άλλομαι, Aor. 1. *ἐνηλάμην*, Aor. 2. *ἐνηλόμην*, hineinspringen, heranspringen, anstürmen, *τινί* in oder gegen etwas, *ποδοῖν* mit Füßen treten, übertr. über etwas (*ἔς τι*) kommen.

ἔν-αλλος, 2. buk. umgekehrt.

ἔν-αλος, 2. poet. u. sp. = *ἐνάλιος*.

ἐν-ἀμέλγω, ep. Impf. *ἐνάμελγεν*, darein (*τινί*) melken.

ἐν-άμιλλος (*ἅμιλλα*), 2. sich mit einem in einen Wettstreit einlassend, einem (*τινί*) gewachsen, *ἐνάμιλλον τιθέναι τινά τινι* jmdm. einen an die Seite setzen.

ἔν-αμμα, *τό*, sp. der Knoten.

ἔν-αντα, ep. u. poet. Adv., entgegen, gegenüber, vor Augen, *τινός* u. absol.

ἔν-αντι, Adv. sp. N. T. in Gegenwart.

ἐναντί-βιον (*βία*), ep. Adv., Gewalt entgegensetzend, überh. entgegen, feindlich.

ἐναντιολογία, *ἡ*, Widerspruch.

ἐναντιόομαι, Pass. mit Fut. *ἐναντιώσομαι*, Aor. *ἠναντιώθην*, Perf. *ἠναντίωμαι* (Var. *ἐνηντίωμαι* Aristoph.), **sich entgegenstellen,** entgegentreten, gegenüberstehen, sich widersetzen, entgegenarbeiten, (*ἐν τῷ λόγῳ*) widersprechen, verbieten, *τινός* hinsichtlich einer Sache, *εἴς* u *πρός τι* in bezug auf od. gegen etwas, *περί* u. *ὑπέρ τινος* über etwas, od. mit folg. Inf. u. *μὴ οὐ*. Von

ἐν-αντίος, 3. • 1) **gegenüber stehend** od. **liegend,** in entgegengesetzter Richtung, sich begegnend, *τραύματα* von vorn beigebrachte, ehrenvolle; sichtbar. • 2) **feindlich,** entgegengesetzt (*τινός* u. *τινί*), widrig, widersprechend, umgekehrt, *λόγος*, oft bei Verben st. Adv., *ἐναντίοι ἐχώρουν* usw., *ἐναντία ποιεῖν τινι* einem zuwiderhandeln, aber *τἀναντία ποιεῖν τινα ἤ* einen ganz anders behandeln als, *ἐναντία μάχεσθαί τινι, μαρτυρεῖν τινι, τἀναντία βοᾶσθαι, ἐναντία ψηφίζεσθαι, λέγειν* entgegenstimmen, widersprechen, ähnlich *τὴν ἐναντίαν* (*ψῆφον*) *θέσθαι τινί* der entgegengesetzten Ansicht sein, *τἀναντία στρέφειν* umkehren • 3) Subst. *οἱ ἐναντίοι* die **Gegner,** Feinde, *τινί* u. *τινός*, *τὸ ἐναντίον, τοὐναντίον, τὰ ἐναντία* und *τἀναντία* **das Gegenteil,** *εἰς τοὐναντίον πράττειν πάντα* alles umgekehrt machen. Oft abs. *τοὐναντίον* im Gegenteil, umgekehrt • 4) Adverbial stehen: • **a)** *ἐναντίως* auf entgegengesetzte Weise, **widersprechend,** *ἐναντίως ἔχειν πρός τι*; *ἐν. λέγειν τινί* einem widersprechen, *χωρεῖν τινι* entgegen; *ἐναντίως ἤ* ganz anders als, umgekehrt als • **b)** **(*τὸ*) *ἐναντίον*** u. *τοὐναντίον*, (*τὰ*) *ἐναντία* u. *τἀναντία*, **α) gegenüber,** ins Angesicht, in Gegenwart, auch *ἐκ τοῦ ἐναντίου* gegenüber, u. **β) entgegen,** dagegen, widersprechend, im Gegenteil, umgekehrt wie. Oft mit *πᾶν* gerade umgekehrt • **c)** *ἀπ' ἐναντίας* (sc. *ὁδοῦ*) *ἰέναι* das Gegenteil erleben, *τινός* wovon • **d)** ***ἐξ ἐναντίας*** von oder auf der entgegengesetzten Seite, entgegen, gegenüber, von vorn; im Gegenteil, umgekehrt. Dav.

ἐναντιότης, *ητος, ἡ* (*-όομαι*), das Entgegensein, das Gegenteil, der Widerspruch, abs. u. *τινός*, z. B. *τῶν λόγων* der Philosophen.

ἐναντίωμα, *τό* (*ἐναντιόομαι*), ein widriger Fall, ein Hindernis, Demütigung, *τινί* für jmdn.

ἐναντίωσις, *εως, ἡ*, das Widersprechen, der Widerspruch.

ἐν-απεργάζομαι, in etwas hervorbringen, *τί τινι*.

ἐν-απίημι, ion. st. *ἐναφίημι*, hineinstecken.

ἐν-απο-δείκνυμαι, Pass. ion. sich zeigen, sich hervortun, *ἔν τισι* unter.

ἐν-αποθνήσκω, dabei, darin sterben, *ἔν τινι*.

ἐν-αποθραύω, sp. etwas in etwas abbrechen, *τί τινι*.

ἐν-απόκειμαι, sp. darin aufbewahrt liegen.

ἐν-αποκλάω, Plqpf. pass. *ἐναπεκέκλαστο*, abgebrochen stecken bleiben.

ἐν-απολαμβάνω, in etwas einschließen, abschneiden, abs.

ἐν-απολείπω, sp. dabei zurücklassen.

ἐν-απόλλυμαι, dabei umkommen.

ἐν-απονίζομαι, Med., ion. sp. sich (*sibi*) etwas (*τί*) abwaschen worin, abs. od. *ἔν τινι*.

ἐν-αποσημαίνω, sp. darin andeuten.

ἐν-αποτίθεμαι, sp. für sich darin niederlegen.

ἐνάπτω, 1) Akt. umbinden. 2) Med. mit Part. perf. ion. *ἐναμμένος*, an sich heften, sich umgürten, sich (*sibi*) anziehen, *τί*.

ἔνάρα, *τά*, ep. u. poet. Waffen-, Kriegsbeute.

ἐνάργεια, *ἡ*, Klarheit, Deutlichkeit, lebendige Darstellung. Von

ἐν-αργής, 2. (I. *ἀργός* u. *ἀργής*), Adv. **-ῶς,** ion. **-έως,** Komp. *-έστερον*, klar, deutlich, sichtbar, erkennbar, einleuchtend, offenbar, leibhaftig, abs. u. *τινί* für etwas od. jmdm. einleuchtend, *τὸ ἐναργέστατον* das Realste.

ἐν-αρηρώς, *υῖα, ός* (Part. perf. v. *ἐναραρίσκω*), nur als Adj. ep., eingefügt, befestigt.

ἐνάρης, *εος*, Acc. pl. *εας, ὁ*, ion. Zwitter. (And. *ἐναρής, έος*, skythisch?)

ἐναρίζω, Fut. *ἐναρίξω*, Aor. *ἐνάριξα*, selten poet. *ἠνάρισα* (*ἔναρα*), ep. u. poet. *τινά*, oft *τινὰ ἔντεα* einem die Rüstung ausziehen, einen in der Schlacht töten, überh. morden. Im Pass. übertr. von der Nacht, welche dem Lichte erliegt.

ἐν-αριθμέω, 1) Akt. eigentl. darunter zählen, übertr. poet. für etwas rechnen od. achten. 2) Med. poet. mit in Rechnung setzen.

ἐν-αρίθμιος, 2. ep. sp., und

ἐν-άριθμος, 2. mit eingezählt, unter die Zahl gehörig, in der Zahl, mit teilnehmend, übertr. mit in Anschlag gebracht, geachtet, *τισί*, od. *ἔν τινι* unter einigen, bei od. in etwas.

ἐν-αρμόζω u. **-μόττω,** Fut. *ἐναρμόσω* usw., 1) trans. anpassen, einfügen, einpassen, hineinstoßen, -legen; *αὐτόν* sich hineinfügen, beliebt machen. 2) intr. wozu (*τινί*) passen, hineinpassen, *εἴς τι* in etwas; übertr. sich einschmeicheln, *τινί* bei jmdm.

ἐν-αρμόνιος, 2. übereinstimmend, harmonisch, *ἐναρμόνιον μελῳδεῖν* harmonisch spielen.

ἐν-άρχομαι, sp. den Anfang mit etwas (*τινός*, N. T. *τινί*), machen; insbes. poet. *τὰ κανᾶ*, Gerstenkörbchen = das Opfer beginnen.

ἔναρχος, 2. sp. im Amte befindlich.

ἔνᾱς, Adv. buk. übermorgen.
ἐν-ασκέω, sp. daran üben.
ἐν-ασχημονέω, sp. sich nicht geziemend betragen, τινί für etwas.
ἐναταῖος, 3. am neunten Tage. Von
ἔνᾰτος, ep. **εἴνατος,** 3. (ἐννέα), der neunte, ἐνάτην ἡμέραν den neunten Tag, d. h. von od. seit acht Tagen, ἐνάτῃ am neunten.
ἐν-αύλεια, τά, poet. die Wohnungen.
ἐν-αυλίζω, u. Med. mit Aor. med. u. pass. sein Lager wo haben, sich wo aufhalten, darin übernachten, abs. u. ἔν τινι.
I. **ἔν-αυλος,** 2. **1)** (αὐλός, 1.), ep. u. poet. eigtl. mit einer Röhre versehen, röhrenförmig; dah. *Subst.* ὁ, **a)** Bach, Fluß, Rinnsal, Strombett. **b)** Hohlweg, Höhle, Grotte. **2)** (αὐλός, 2), ὁ, ἡ, zur Flöte ertönend, noch in die Ohren klingend.
II. **ἔν-αυλος,** 2. (αὐλή), poet. im Hofe (in der Höhle) befindlich, daheim.
ἔναυσις, ἡ, sp. das Anzünden. Von
ἐν-αύω, Impf. ion. ἔναυεν, Aor. inf. ἐναῦσαι, Feuer (πῦρ) anzünden, τινί = ihn Feuer anzünden lassen. Med. sich Feuer holen, was dem Geächteten (ἄτιμος) nicht verstattet war.
ἐν-ἀφᾰνίζομαι, Pass., sp. in etwas (τινί) verschwinden.
ἐν-αφίημι, hineinlassen; vgl. ἐν-απίημι.
ἔν-δαις, αιδος, ὁ, ἡ, poet. mit od. bei Fackeln.
ἐν-δάκνω, hineinbeißen.
ἔνδακρυς, υος, 2. sp. weinend.
ἐν-δακρύω, poet. dabei Tränen vergießen.
ἐνδάπιος, 3. buk. einheimisch.
ἐν-δατέομαι, poet. **1)** Med. zuteilen; zerpflücken, also schmähen, τί, auch herzählen. **2)** Pass. rings zerteilt, entsendet werden.
ἐνδεής, 2. Adv. **-ῶς,** Kompar. -εστέρως u. -έστερον (ἐνδέω) • **1) ermangelnd** • **a)** Mangel leidend, **bedürftig,** τινός, ἐνδεέστεροι βίου dürftigere, οὐδὲν ἐνδεὲς ποιεῖσθαι es an nichts mangeln, fehlen lassen Soph. • **b)** überh. nicht ausreichend, **mangelhaft,** unbefriedigend, unvollkommen; im bes. mangelhaft unterrichtet, wenig sagend. Subst. ἐνδεές τι ein Gebrechen, τὸ ἐνδεές Beschränktheit, Unzulänglichkeit. Adv. mit ἔχειν unzureichend sein • **2) nachstehend,** schuldig, gering, schwächer, schlechter Soph., τινί in etwas, τινός hinter etwas, τούτου ἐνδεᾶ φαίνεσθαι hierin der Erwartung nicht entsprechen Thuk., τῆς δυνάμεως ἐνδεᾶ πρᾶξαι weniger tun als in seiner Macht steht Thuk.; ἐνδεέστερος πονεῖν minder willig Soph. • Subst. τἀνδεᾶ das Mißliche. Adv. mit genauer Not; ἐνδεεστέρως δηλοῦσθαι πρός τι in der Darstellung hinter etwas zurückbleiben. Plat.
ἔνδεια, ἡ, (ἐνδεής), Mangel, abs. u. τινός an etwas, Bedürfnis, Not, insbes. Mangel an Zufuhr, dürftiger Zustand, Dürftigkeit, Armut, auch im Plur.
ἔνδειγμα, τό, Anzeige, Beweis. Von
ἐν-δείκνυμι (s. δείκνυμι), **1)** Akt. anzeigen, anweisen. Im bes. gerichtlich anzeigen, denunzieren, τινά od. auch τινὰ ὥς τινα einen als etwas. **2)** Med. **a)** jmdm. (τινί) etwas von sich zeigen, d. h. in Aussicht stellen, versprechen. **b)** etwas von sich aufzeigen, an den Tag legen, dartun, zeigen, beweisen, überführen, τί u. τινί u. πρός τινα (sich jmdm. gefällig zeigen, sich einschmeicheln), mit folg. ὅτι, ὡς od. indir. Frages. od. Part. ὤν, daß ich bin; im bes. etwas zur Schau tragen, womit prunken. **c)** vorzeigen, vorhalten, τί τινι. Dav.
ἔνδειξις, εως, ἡ, die Anzeige, der Beweis, τινός von etwas, κατά τινος gegen einen, im bes. Denunziation, od. eine besondere Art der Anklage gegen solche, die Orte besuchten, deren Besuch, oder Handlungen ausübten, deren Ausübung ihnen von den Gesetzen verwehrt war. **3)** N. T. das Anzeichen.
ἔν-δεκα, οἱ, αἱ, τά, **elf.** Im besondern **a)** οἱ ἕνδεκα (näml. ἄνδρες), eine Behörde in Athen, welche die Aufsicht über die Gefängnisse ausübte u. die Vollziehung der Strafen, namentlich der Todesstrafe, zu besorgen hatte; τοῖς ἕνδεκα παραδοῦναί τινα einen zur Todesstrafe abführen lassen. Unter ihre Diener gehörte auch der Henker, **b)** im N. T. die elf Jünger.
ἐνδεκά-κλῑνος, 2. poet. so groß wie ein Zimmer mit elf Tischlagern (κλίναις) od. Polstern, jedes zu zwei Personen.
ἐνδεκά-πηχυς, υ, Gen. εος, 2. ep. elf Ellen lang.
ἐνδεκαταῖος, 3. **a)** am elften Tage. **b)** buk. elf Tage lang. Von
ἑνδέκατος, 3. der elfte, ἡ ἑνδεκάτη, verst. ἡμέρα.
ἐν-δέκομαι, s. ἐνδέχομαι.
ἐνδελέχεια, ἡ, die Fortdauer, fortdauernde Wirksamkeit, *continuata motio et perennis* (Cic. Tusc. 1, 10, 22). Von
ἐνδελεχής, 2., Adv. **-ῶς** (δολιχός), fortdauernd, ununterbrochen. Subst. τὸ ἐνδελεχές = ἡ ἐνδελέχεια.
ἐν-δέμω, **1)** ion. verbauen, zubauen. **2)** buk. hineinbauen.
ἐν-δεξιόομαι, poet. mit der Rechten umfassen.
ἐν-δέξιος, 3. (ἐν δεξιᾷ), ep. u. poet. zur rechten Seite, u. dah. **a)** glückbedeutend. **b)** gewandt, geschickt. — Akk. ἐνδέξια als Adv. rechtshin, rechtsherum (bei Schmäusen, beim Losen usw.).
ἔνδεσις, εως, ἡ, sp. das Einbinden, die Verbindung.
ἐν-δέχομαι, ion. **ἐνδέκομαι. 1) auf sich nehmen** ταλαιπωρίας Hdt. **2) annehmen** λόγον Vorschlag Hdt., darauf eingehen οὐδ' ὁπωσοῦν, ταῦτα, κάθοδον Thuk.; damit einverstanden sein περί τινος, zulassen. **a)** glauben Hdt., als wahr annehmen, **b)** anhören Eur. Plat. **3) zulassen,** verstatten, καθ' ὅσον φύσις ἐ. Plat.; ἐνδέχεται es ist zulässig, möglich, gelingt; καθ' ὅσον ἐ. soweit es möglich ist, ἐνδεχόμενος angängig, möglich, τὰ ἐνδεχόμενα was möglich ist, ἐκ τῶν ἐνδεχομένων nach Möglichkeit, teils mit τινί, teils mit Inf. u. A. c. I. Dav.
ἐνδεχομένως, Adv. des Part. praes., soweit tunlich.
I. **ἐν-δέω,** ἐνδήσω, ἐνέδησα, ἐνδέδεμαι, ἐνεδέθην, **a)** hinein, daran binden, fesseln, τί, ἔν τινι, εἴς τι in od. an etwas. **b)** übertr. einen (τινά) durch etwas (τινί) binden, verpflichten. **c)** verwickeln, hemmen, u. τινά τινι einen in etwas verstricken, z. B. ἀναγκαίῃ.
II. **ἐν-δέω,** ἐνδεήσω, ἐνεδέησα. **1)** Akt. ἐνδεὴς εἶναι, **a) ermangeln,** entbehren, τινός, ὅσον ἐνδ. wieviel fehlt ihnen Plat., **b)** mangeln, fehlen, ποίεε, ὅκως

μηδὲν ἐνδεήσει Hdt. 3) impers. ἐνδεῖ **es fehlt an** τινός; πολλῶν ἐνέδει αὐτῷ ὥστε er hatte nicht soviel um Xen.; ἅπαντος ἐνδεῖ τοῦ πόρου es fehlt an jeder Geldquelle Dem. 2) Med. **ἐν-δέομαι** mit Aor. pass. ἐνεδεήθην, sich gehemmt sehen, Mangel haben, entbehren, **bedürfen**, τινός, selten τί.

ἔν-δηλος, 2., offenbar, deutlich, klar, ersichtlich, ἔνδηλοί εἰσί τινι sich einem offenbaren, mit Part., z. B. βαρυνόμενοι merken lassen, daß sie niedergedrückt seien, od. ὧν ὅτι ἠσπάζετο; ἔνδηλόν τι ποιεῖν περί τινος einen Beweis geben von etwas, ἔνδηλον τοῦτο εἶχε ὅτι es war nicht zu verkennen, daß.

ἐνδημέω, augm. ἐνεδ., daheim sein. Von

ἔν-δημος, 2 daheim od. zu Hause seiend od. bleibend, 1) einheimisch, αἱ ἀρχαί die heimischen Behörden, z. B. die Archonten, Gegens. ὑπερόριοι wie die Strategen; τὰ ἔνδημα die einheimischen Steuerobjekte, was in Attika selbst einer Besteuerung unterlag. Superl. ἐνδημότατος stets zu Hause weilend. 2) inner, intern, πράξεις Angelegenheiten. [tun.

ἐν-διαθρύπτομαι, buk. τινί gegen einen spröde

ἐν-διαιτάομαι, darin leben, abs. sich fortwährend in etwas (ἔν τινι u. sp. τινί) aufhalten, überh. fortleben, fort u. fort vorhanden sein.

ἐν-διασπείρω, sp. zerstreuen, Perf. pass. zerstreut bleiben, πρός τι unter etwas.

ἐν-διατάσσω, ion. darin aufstellen u. ordnen.

ἐν-διατρίβω [ῑ], 1) trans. damit (τινί) zubringen, χρόνον, sich wo (περί τι) aufhalten, abs. dort verweilen, u. zwar ὑπὸ ἀνέμων durch Stürme aufgehalten. 2) scheinbar intr. mit Auslassung des Akk. (χρόνον), wo od. wobei (τινί) sich aufhalten, verweilen, verharren, zögern. 3) jmdn. zum besten haben, τινί.

ἐνδιάω, 1) intr. unter freiem Himmel weilen, wohnen. 2) trans., Impf. iter. -διάασκον, im Freien weiden lassen, weiden (zw. LA. Theokr. 16, 38).

ἐν-διδύσκω, sp. u. N. T. anziehen, τινά τι jmdm. etwas.

ἐν-δίδωμι • **I) trans.** • **1) hineingeben**, überreichen, darbieten, τινί τι, πόλιν (verräterisch) übergeben Thuk.; τὰ πράγματα die Verwaltung in die Hand geben Thuk.; überlassen, ἑαυτόν τινι sich einem in die Arme werfen, hingeben • 2) eingeben, **an die Hand geben**, πρόφασιν Thuk., ὑποψίαν Grund zu Verdacht geben Plat., bes. • a) veranlassen, zur Folge haben: λὺγξ σπασμόν Thuk. • b) einflößen ἐλπίδα Plat. • c) den Ton anstimmen Luk. • 3) von sich geben, äußern, beweisen, οὐδὲν μαλακόν keine Nachgiebigkeit merken lassen Hdt. • 4) zugeben, **zulassen**, μοῖραι; οὐδὲν ἐν. in keiner Weise nachgeben Thuk., λόγον Unterredung gewähren Eur.

II) intr. (eigtl. ἑαυτόν) • 1) sich ergeben, **nachlassen**, weichen, sich schwach zeigen Thuk., herabsinken, παρά τι unter etwas, überh. sich hingeben, hinneigen, πρός τι • 2) **sich ergießen** in etwas.

ἐν-δίημι, ep., 3. Plur. impf. ἐνδίεσαν st. ἐνεδίεσαν, darauf hetzen, hetzen.

ἔν-δικος, 2., Adv. **-ίκως**, dem Rechte gemäß, mit Recht, rechtlich, gerecht, verdientermaßen, begründet wahr, τινί in den Augen jmds., od. jmdm. gerecht, gebührend erscheinend, gebilligt von einem. Subst. τοὔνδικον das Begründete, die Berechtigung, τὰ πάντων ἐνδικώτατα ἔχειν das allergrößte Recht haben.

ἔνδῖνα, τά (ἔνδον), ep. die Eingeweide, Il. 23, 806.

ἐν-δῑνέω, buk. Med. -εῦνται, sich darin herumdrehen.

ἔν-δῖος, 2. (d. i. ἐνδῖϝιος), ep. buk., u. poet. **ἔν-δῖος** (d. i. ἔνδῖϝος), 1) mittäglich, am Mittag. 2) unter freiem Himmel. [sandter.

Ἔνδιος, ὁ, spartan. Ephore (403 v. Chr.) u. Ge-

ἐν-δίφριος, ὁ (δίφρος), der neben einem auf derselben Bank sitzt, Tischgenosse.

ἔνδοθεν, Adv. (ἔνδον), 1) von innen her, von drinnen heraus, aus dem Hause, abs. u. τινός. Übertr. von sich selbst, von mir aus. 2) drinnen, innerhalb, meist mit Verben der Bewegung od. mit Rücksicht auf die außerhalb Befindlichen, welche auf das, was von innen kommt, ihr Augenmerk richten, τῶν ἔνδ. χωροῦντος, d. i. τινός, od. mit Gen. z. B. αὐλῆς, wo der Eingang des Hauses schon sichtbar ist. Subst. τὰ ἔνδοθεν der innere Zustand.

ἔνδοθι, ep. poet. u. **ἐνδοῖ**, buk. = ἔνδον.

ἐνδοιάζω (δοιή), schwanken, Anstand nehmen, abs. od. ἐπί τινι u. mit Inf. Im Pass. mit λόγῳ, hierin den Gedanken in sich aufsteigen lassen. Dav.

ἐνδοιαστῶς, Adv. schwankend, zweifelhaft, zweideutig.

ἐνδό-μυχος, 2. poet. u. sp. im Winkel drinnen, im Winkel der Kluft; im Innersten verborgen.

ἔν-δον, ep. auch **ἔνδοθι** (aus ἐν u. δομ-, δόμος), Adv. 1) im Hause, innen, darinnen, insbes. daheim, zu Hause, unter Verschluß, in der Kasse, od. in der Stadt, in der Festung, οἱ ἔνδον die innen Befindlichen, die Anwesenden od. die darinnen Wohnenden, Mitbewohner des Hauses, die Angehörigen, das Gesinde; ähnl. die Einwohner der Feste; τἄνδον st. τὰ ἔνδον das darinnen Befindliche od. auch das darinnen zu Tuende. Übertr. inwendig, innerlich. 2) innerhalb, abs. u. τινός, z. B. Διὸς ἔνδον = ἐν Διός in des Zeus Wohnung.

ἐν-δοξάζω, sp. N. T. rühmen, verherrlichen.

ἔν-δοξος, 2., (δόξα), ruhmvoll, berühmt, geehrt, angesehen, ἔς τι in bezug auf etwas, ἀπό τινος von einer gewissen Seite her, von etwas.

ἐνδόσιμον, τό (ἐνδίδωμι), sp. 1) die Veranlassung, ἔς τι zu etwas, z. B. ἐνδ. τι παρέχειν ἐς σύμβασιν einem gütlichen Vergleich entgegenkommen. 2) der Zuruf des Rudermeisters, das Anstimmen.

ἐνδόσε, Adv. hinein, ins Haus, heim.

ἔνδοσις, εως, ἡ (ἐνδίδωμι), sp. 1) das Angeben, insbes. das Anstimmen, der Zuruf des Rudermeisters (κελευστής). 2) das Nachgeben.

ἐνδοτέρω, Adv., Kompar. von ἔνδον, sp. weiter nach innen, συστέλλειν sich mehr einschränken.

ἐν-δουπέω, Aor. -δούπησε, ep. hineinplumpen, τινί in etwas, μέσσῳ mitten hinein.

ἔν-δροσος, 2. poet sp betaut, feucht.

ἐνδῠκέως, Adv. (vgl. ἀδευκής), ep. aufmerksam, teilnehmend, sorgsam, liebevoll.

ἔν-δυμα, τό, Gewand, insbes. auch Totenkleid.
Ἐνδυμίων, ωνος, ὁ, ein von Selene geliebter schöner Jüngling.
ἐν-δυναμόω, sp. N. T. innerlich kräftigen, stärken.
ἐν-δυναστεύω, 1) darin herrschen, herrschen, *τισίν* unter welchen. **2)** es durch sein persönliches Ansehen dahin bringen, bewirken, bei jmdm. durchsetzen, *ὥστε*.
ἐν-δύνω, s. *ἐνδύω*.
ἔνδυσις, ἡ, N. T. das Anziehen.
ἐν-δυστυχέω, Aor. *-ῆσαι*, poet. u. sp. damit unglücklich sein, Eur. Bacch. 508, mit deinem Namen.
ἐνδυτήρ, ῆρος, ὁ (*-δύω*), poet. zum Anziehen, *πέπλος* Staatskleid, das nur bei besonderen Gelegenheiten angelegt wird.
ἐνδυτόν, τό, poet. Gewand, *τινός* von etwas, *σαρκὸς ἐνδυτά* die Fleischumkleidung, d. i. das die Knochen umhüllende Fleisch. Neutr. von
ἐνδυτός, 3. poet. angezogen, bekleidet. Von
ἐν-δύω, 1) Akt. u. Pass. (*-δύσω, -έδυσα, -δέδυμαι, -εδύθην*), trans. **einhüllen,** *τινά τι* einen in etw. **2)** Med. **ἐν-δύομαι,** u. ep. ion. poet. **ἐν-δύνω** (*-δυνέω*), m. Fut. *-δύσομαι*, Aor. *-έδυν*, Perf. *-δέδυκα*, u. sp. Aor. *ἐνεδυσάμην*, **a)** sich (*sibi*) anziehen, anlegen, *τί*, **b)** hineingehen, hineinschlüpfen, *ἄχος ἦτορ* durchzog das Herz Hom.; *εἰς ἐπιμέλειαν* sich unterziehen Xen.; mit Dat. *ταῖς ψυχαῖς* Xen.; abs. eindringen Hdt. N. T. übertr. anziehen, *ἀθανασίαν, τὸν καινὸν ἄνθρωπον, Χριστόν*.
ἐν-έδρα, ἡ, Hinterhalt, Nachstellung, Hinterlist, auch im Plur.; *ἐνέδραν ποιεῖσθαί τινι* einem einen Hinterhalt legen. Dav.
ἐνεδρεύω, Fut. med. in pass. Bed. *-εδρεύσοιντο* (*ἐνέδρα*), sich in Hinterhalt legen, nachstellen, auflauern, belauern, *ἔς τι* an einem Orte, *τινά* u. *τινί*. Im Pass. mir wird aufgelauert.
ἔνεδρον, τό, = *ἐνέδρα*, sp. N. T.
ἔν-εδρος, ὁ, poet. Insasse, Bewohner, *τινός* von etwas.
ἐν-έζομαι, sich in etwas (*τί*) hineinsetzen.
ἐν-ειλέω, sp. u. **ἐνείλλω, ἐνίλλω,** eindrücken, einzwängen, zusammendrängen, *τινά τινι* einen in etwas, od *τὶ ἔν τινι* etwas in etwas.
ἐν-ειλίσσω, ion., att. **ἐνειλίττω** u. **ἐν-ελίττω,** Perf. pass. part. *ἐνειλιγμένος* einwickeln, einhüllen.
ἔν-ειμι, 3. sg. u. pl. auch **ἔνι** st. *ἔνεστι* u. *ἔνεισι* (s. *ἐν*), 1. pl. ep. *ἔνειμεν* st. *ἔνεσμεν*, 3. sg. opt. ion. *ἐνέοι*, Impf. 3. sg. ep. *ἐνῆεν*, 3. pl. ep. *ἔνεσαν* (oft in tmesi) • **1) darin sein,** dabei sein, sich darin befinden, *οἱ ἐνόντες* Schiffsleute; bes. • **a)** innewohnen, eigen sein, darin liegen • **b)** dasein, vorhanden sein, *ἐνέσται χρόνος* wird verstreichen • **c)** möglich sein, *οὐκ ἄρνησις ἔν.* O. T. 578 • **2)** Impers. **ἔνεστι,** es geht an, ist möglich, man kann, darf, es ist erlaubt, mit od. ohne Dat. u. mit folg. Inf. od. A. c. I., *ὡς ἔνι ἥδιστα* so angenehm als möglich Xen. • **3)** Part. *τὰ ἐνόντα*, (*τἀνόντα*) • **a)** der Inhalt, was möglich ist, *ἐκ τῶν ἐνόντων* nach Möglichkeit • **b)** auch **Vermögen** Plat.
ἐν-είρω, hineinknüpfen, anreihen; Part. perf. pass. ion. *ἐνερμένος*, eingereiht, durchflochten, *περί τι* um d. i. mit etwas.
ἕνεκα, -κεν, εἵνεκα, -κεν (aus *ἕν* „ein" u. *Ϝεκα* zu *ἑκών* „um eines willen"), Praep. beim Gen., der gew. vor-, doch auch nachsteht. **1) wegen, um — willen,** *ἕνεκα τοῦ ἐθέλειν* damit ihr wollt, *τοῦ ἕνεκεν*; weshalb? *τῶν ἕνεκα ἵνα* od. *ὅπως* in der Absicht, damit. **2) was betrifft,** — anlangt, — ankommt, soweit es abhängt, *τοῦ φυλάσσοντος εἵν.* soweit es auf seinen Beschützer ankommt Hdt. 1, 42; *ἕν. ὀφθαλμῶν* trotz unserer Augen Xen. Mem. 4, 3, 3. Pleonastisch: *ὅσον ἀπὸ βοῆς ἕνεκα* soweit es eben durch Geschrei möglich war. Thuk.
ἐν-ελίσσω u. **ἐν-ελίττω,** s. *ἐν-ειλίσσω*.
ἐν-εμέω, ion. poet. in etwas (*ἔς τι*) speien.
ἐνενήκοντα, οἱ, αἱ, τά, ep. **ἐννήκοντα** (*ἐννέα*, lat. *nonaginta*), Num. indecl., neunzig. Dav.
ἐνενηκοντούτης, ους, ὁ, zsgz. st. **ἐνενηκονταέτης,** sp. neunzigjährig.
ἐνενηκοστός, 3. der neunzigste.
ἐν-εξουσιάζω, sp. *τινί* sich Freiheiten herausnehmen in etwas.
ἐνεός, 3. taubstumm; bestürzt, sprachlos.
ἐνέπω u. **ἐννέπω** (*σεπ*, für *ἐνσέπω*, vgl. *ἔσπετε* u. altlat. *inseque*), ep. u. poet., ep. Impf. *ἔννεπον*, Fut. *ἐνισπήσω* u. *ἐνίψω*, Aor. *ἔνι-σπον*, 2. sg. *ἔνισπες*, conj. *ἐνίσπω*, imper. *ἔνισπε* u. *ἐνίσπες* u. buk. v. Aor. 1. (*ἐνίψαι*), conj. *ἐνίψω*. **1) ansagen,** befehlen, mitteilen, verkünden, erwähnen, *τινί, ὅτι, ὡς, μένειν* bitten Soph. **2) anreden,** sprechen, abs. od. *τινά* od. *πρός τινα*.
ἐν-εργάζομαι, Dep. med., **1)** daheim (d. h. im Haus) sein Geschäft od. Wesen treiben, von Buhldirnen. **2)** darein machen, hineinarbeiten, hineinbringen, einführen. Übertr. hervorbringen, einflößen.
ἐνέργεια, ἡ, 1) Wirksamkeit, Tätigkeit, wirkende, tätige Kraft; Betätigung, *ἡ τῶν αἰσθητῶν ἐν.* die Betätigung des Sinnlichen, das Experiment. **2)** Verwirklichung, Wirklichkeit. **3)** Wirkung. **4)** gramm. das Aktivum.
ἐνεργέω (*-γός*), sp. u. N. T. **1)** Akt. wirken, **a)** bewirken, ausführen, verrichten. **b)** tätig sein, sich betätigen, *περί τι* an etwas, *τινί* mit etwas. **2)** Med. sich (wirksam) erweisen, sich äußern. Dav.
ἐνέργημα, τό, sp. u. N. T. die Tat.
ἐν-εργής, 2. bes. sp. u. N. T., und
ἐν-εργός, 2., Adv. **-ῶς,** (*ἔργον*), **a)** wirksam, *πρός τι*, tüchtig, zum aktiven Dienst geeignet, *κάλλει* durch ihre Vortrefflichkeit, *ἀπό τινος* von seiten einer Sache; **b)** tätig, tatkräftig, der sich herauszuarbeiten, etwas vor sich zu bringen bemüht, *ἐνεργὸν εἶναι* Geschäfte machen. **c)** fruchttragend, ergiebig, zinsentragend.
ἐν-ερείδω, ep. u. sp. hineindrängen, -stoßen, *τί τινι* etwas in etwas, übertr. *τὴν ψυχήν* den Geist unbeweglich auf etwas hinrichten. Med. *γόνυ πέτρᾳ* sein Knie auf den Fels stemmen.
ἐν-ερευθής, 2. sp. leicht rötlich, etwas errötend.
ἔνερθε, vor Vok. (sp. auch vor Konson.) **-θεν,** ep. ion. poet. u. sp., ep. u. poet. auch **νέρθε,** u. vor Vok. **-θεν, 1)** Adv. ep. u. poet. von unten, unten, im Tal, od. in der Unterwelt, *οἱ ἔνερθε* die Unterirdischen, z. B. *θεοί* die Titanen.

2) Präp. mit Gen. ep. ion. u. poet. vor- u. nachstehend, unter, unterhalb, *τινός* von etwas:

auch **von** unterhalb (der Erde). Übertr. mit *ἄγειν τινά τινος* für geringer achten, od. mit *εἶναι* unter jmdm. sein, ihm nicht gewachsen sein. Von

ἔνεροι, ων, οἱ (*ἐν*, vgl. *ἔντερον*), die Untern, Unterirdischen, sowohl Götter als Schatten. So heißt Orestes *ἐνέρων ἀρωγός*, weil er dem Vater, der in der Unterwelt ist, zu seinem Rechte verhilft. Kompar. dazu **ἐνέρτερος,** 3. ep. u. poet. tiefer unten, *θεοί* die unterirdischen, hyperbolisch *ἐν. Οὐρανιώνων* tiefer unten als die Uranionen, d. h. die Titanen.

ἔνερσις, *εως, ἡ* (*ἐνείρω*), das Einfügen, Hineinstecken.

ἐνέρτεροι, *οἱ*, s. *ἔνεροι.*

ἐν-εσθίω, s. *ἐμφαγεῖν.*

ἐνεστώς, *ῶτος, ὁ* (sc. *χρόνος*), sp., gramm. das Präsens.

ἐνετή, *ἡ* (eigentl. Fem. zu *ἐνετός*, v. *ἐνίημι*), ep. Spange, Nadel.

Ἐνετοί, *οἱ*, **1)** bei Hom. ein Volk in Paphlagonien. **2)** ein Volk am Adriatischen Meere, die Veneter, Adj. *Ἐνετός*, 3.

ἐνετός, 3., Adj. verb. von *ἐνίημι*, hineingetrieben, untergeschoben, angestellt, *ὑπό τινος.*

ἐν-ευδαιμονέω, darin (d. h. im Leben) glücklich sein, ein glückliches Leben führen.

ἐν-ευδοκιμέω, darin seinen Ruhm suchen, etwas zu seinem Ruhme ausbeuten.

ἐν-εύδω, ep. darin od. darauf (*τινί*) schlafen.

ἐν-ευλογέω, sp. N. T. in jmdm. segnen, *ἔν τινι.*

ἐν-εύναιος, 2. (*εὐνή*), ep. im Bette befindlich, *δέρμα ἐνεύναιόν τινος* zum Bettlager jmdm. dienend. Plur. *τὰ ἐνεύναια* die Betten.

ἐνεχυράζω, 1) Akt. von einem ein Pfand nehmen, *τί* etw. als Pfand. **2)** Akt. u. Pass. auspfänden. **3)** Med. sich von einem ein Pfand geben lassen, *τόκου* für Zinsen. Von

ἐν-έχυρον, τό, Pfand, Unterpfand, was man zur Sicherheit gibt oder nimmt, *ἐν.* **ἀποδεικνύναι** *τι* etwas **verpfänden,** *τὰ ἐνέχ.* **λαμβάνειν,** *ὡς* die erforderlichen Pfänder nehmen, auf daß.

ἐν-έχω, mit der Nebenf. **ἐνίσχω, 1)** trans. ion. in sich haben, hegen etwas (*τί*) gegen jmdn. (*τινί*). **2)** intr. **a)** sp. darin haften. **b)** *τινί* grollen, N. T. **3)** Pass. mit Fut. med. *ἐνέξομαι*, Aor. *ἐνεσχέθην* u. *ἐνεσχόμην*, festgehalten werden, hängen od. stecken bleiben, *τὴν φωνήν* mit der Stimme; übertr behaftet, bedrängt, belastet, betroffen, verfallen sein, *τινί* u. *ἔν τινι.*

ἐν-ζεύγνυμι, poet. einschnüren, *τινά τι* einem etw., *ἄρθρα ποδοῖν* die Füße; *ἔν τινι* u. *τινί* verwickeln in etwas.

ἐν-ζώννυμι, sp. anbinden.

ἔνη (besser *ἕνη* geschr., eigentl. Fem. zu *ἔνος*, lat. *sen-ec-s*), alt; **1)** *ἕνη καὶ νέα* (verst. *ἡμέρα*), alt u. neu, seit Solon der Tag, an welchem die Konjunktion des Mondes mit der Sonne erfolgte, wo der Teil des Tages, welcher der Konjunktion vorausgeht, zum vergangenen Monat von 29½ Tagen, also *ἕνη*, u. der Rest zum begonnenen Monat, also *νέα*, gerechnet wurde, demnach der letzte oder erste Tag des Monats. Auf ihn folgte die *νουμηνία.* **2)** der dritte Tag, übermorgen.

ἐν-ηβητήριον, τό (*ἡβάω*, jung, munter, vergnügt sein), ion. sp. Vergnügungsort.

ἐνηείη, *ἡ*, ep. Milde, Wohlwollen. Von

ἐνηής, 2. ep. milde, sanft, wohlwollend.

ἐν-ήλατον, *τό*, poet. das Hineingetriebene, dah. **a)** Leitersprossen, auch -baum. **b)** Radpflock, Spannnagel. **c)** Bettrahmen.

ἐν-ήλικος, 2. (*ἧλιξ*), sp. erwachsen.

ἔν-ημαι, ep. poet. darin sitzen, *τινί.*

ἐνήνοθε, Perf. 2. (St. *ἀνθ*), drinnen aufquellen (v. LA. für *ἀνήνοθε* in Od. 17, 270).

ἐν-ήρης, 2. sp. mit Rudern versehen.

ἔνθ', buk. = *ἐλθέ*, od. = *ἔνθα.*

ἔνθα, Adv. (*ἐν*). **1)** demonstrat. **a)** lokal: *ibi*, **da,** daselbst, dort, hier. Neben Verben der Bewegung aber **dahin, dorthin,** hierher. Oft verdoppelt *ἔνθα καὶ ἔνθα, ἔνθα μὲν — ἔνθα δέ, ἔνθα μὲν — πρὸς δὲ τούς, ἢ ἔνθα ἢ ἔνθα* hier u. dort, hier u. da, da u. dort, sei es dahin od. dorthin, hin u. her, auf u. ab, hin u. zurück, in die Länge u. Breite, von allen Seiten. **b)** temporal: da, **damals, dann,** nunmehr; von Umständen: **in dieser Lage,** in diesem Falle. **2)** relativ: **a)** lokal: **wo,** *γαίας ἔνθα* Soph. Ai. 659; für *ὅπου* Soph. El. 110; selten wohin. **b)** temporal: **wann;** *ἔστιν ἔνθα* zuweilen Trag. Dav.

ἐνθάδε, Adv. **1)** vom Raum: **a)** dahin, dorthin, hierher. **b) da, hier,** hierin, dort, im bes. hier in der Umgegend, hier in der Stadt, hier im Hause, hier auf der Oberwelt, *οἱ ἐνθάδε* die Hiesigen, d. h. die hier auf der Erde Lebenden, *τὰ ἐνθάδε* das auf der Oberwelt, aber auch die hiesigen Staaten, Gegenden, Verhältnisse, Zustände, *ἡ ἐνθάδε* die hiesige, d. i. unsere Stadt, das hiesige Land. **2)** von der Zeit u. Umständen: hier, d. i. in der Gegenwart, jetzt, dort od. auf dem Punkte, in dieser Lage, in diesem Falle.

ἐν-θακέω, poet. darauf (*τινί*) sitzen. Dav.

ἐνθάκησις, *εως, ἡ*, poet. das Darinsitzen, *ἡλίου διπλῇ* ein sonniger Sitz in der Morgen- u. Abendsonne.

ἔνθα-περ, Adv. gerade wo, eben **da** wo, wohin.

ἐν-θάπτω, darin begraben, beerdigen.

ἐνθαῦτα, s. *ἐνταῦθα.*

ἐνθεάζω, ion. sp. von einer Gottheit erfüllt, gottbegeistert, begeistert sein, abs. u. *περί τι.*

ἔνθεν, Adv. (*ἐν*). **1)** vom Ort, **a)** demonstr. **von da, dorther,** von hier, auch mit Gen. od. verdopp. *ἔνθεν μὲν — ἔνθεν δέ* von, auf dieser Seite — von, auf jener Seite, von daher — von dorther, von hüben u. drüben, *ἔνθεν καὶ ἔνθεν*, zu, von, an beiden Seiten, ähnl. *ἔνθεν μὲν — ἑτέρωθι δέ.* Übertr. **ebendaher,** von der Abstammung O.T. 1393, **b)** relat. = *ὅθεν* von wo, woher, **woraus,** da wo. **2)** von der Zeit: von da an, seitdem, u. relat. seit, **nachdem,** hernach, sodann, *τὸ ἔνθεν* das Weitere. **3)** vom Grunde: daher, deswegen, u. relat. weshalb. Davon

ἐνθένδε, Adv. **1)** vom Orte: *inde*, **von hier aus,** von da weg, von dort, von hier d. i. aus unserm Orte, auch von der Rednerbühne aus, *οἱ ἐνθένδε ἑταῖροι* die hiesigen Gefährten, u. so öfters *ὁ ἐνθένδε* der hiesige; bes. bei Verben der Bewegung, so *τὸν ἐνθ. πόλεμον διοριοῦμεν* den Krieg von uns hinüberspielen Isokr. **2)** von der Zeit:

von hier an, von jetzt, τἀνθένδ' st. τὰ ἐνθένδε das Weitere, das jetzt Folgende, das was fürder zu tun ist Trag. **3)** vom Grunde und Umständen: daher, hieraus, mit ποθέν von daher etwa. **4)** sp. vom Stoff: **daraus,** davon.

ἔνθεν-περ, Adv. woher, von wo eben.

ἔν-θεος, 2. gottvoll, gottbegeistert, z. B. Ἄρει, überh. begeistert, τέχναι die Weissagekünste, γυναῖκες die Thyiaden.

ἐν-θερμαίνομαι, Pass., poet. innerlich erglühen.

ἔνθετος, 2. poet. einfügbar.

ἐνθεῦτεν, s. ἐντεῦθεν.

ἔν-θηρος, 2. poet. voll Wild, wildreich; πούς vom Fuß, auf dessen Eiter die Fliegen sitzen; θρίξ verwildert, furchtbar.

ἐν-θνήσκω, darin u. dabei sterben.

ἐνθοῖσα, dor. = ἐλθοῦσα.

ἐν-θουσιάζω u. **ἐνθουσιάω,** = ἐνθεάζω. Dav.

ἐνθουσιασμός, ὁ, göttliche Begeisterung, Verzückung.

ἐνθουσιαστικός, 3. **1)** akt. begeisternd, in Verzückung versetzend. **2)** pass. begeistert, verzückt.

ἐνθουσιώδης, 2. sp. begeistert.

ἔν-θρυπτον, τό (θρύπτω), Backwerk mit Wein eingemacht, dem Hülsenfrucht beigemischt war, Kuchen.

ἐν-θρῴσκω, ep. u. poet., Aor. 2. ep. ἔνθορον st. ἐνέθορον, hineinspringen, sich hineinstürzen, τινί in etwas, auch springen, τινί an etwas, *insilio.*

ἐνθῡμέομαι (ἐν u. θυμός), Dep. m. Fut. ἐνθυμήσομαι (u. sp. -ηθήσομαι in akt. Bed.), Aor. ἐνεθυμήθην, Perf. ἐντεθύμημαι u. Adj. verb. ἐνθυμητέον, geistig erfassen, erdenken, **ausdenken** τινί, entwerfen, finden, bemerken. **1)** sich zu Herzen nehmen, **beherzigen,** woran denken, überlegen, erwägen, ὧν ἐνθ. berücksichtigen Thuk.; auch περί, ὑπέρ τινος, ὅτι, ὡς; Part. sich bewußt sein, daß; erwägen; spez. sich über etw. Sorge machen μή. **2)** ersinnen, sich vornehmen, beabsichtigen = γνῶναι Thuk.

ἐνθύμημα, τό, **a)** Gedanke, Einfall, Rat, Mahnung. **b)** Sentenz. **c)** elliptischer Schluß, der aus einem Gegensatz gebildet wird, mit einer (ἐν θυμῷ behaltenen) nicht ausgesprochenen Prämisse.

ἐνθύμησις, ἡ, Beherzigung, Erwägung, Gedanke.

ἐνθυμία, ἡ, Beherzigung, ἐς ἐνθυμίαν τινί (od. τινά) προβάλλειν einem etwas zur Beherzigung vorrücken.

ἐνθύμιος, 2. im Herzen od. im Sinne liegend, zu Herzen gehend, μή τοι λίην ἐνθύμιος ἔστω sei nicht zu besorgt um ihn; sich worüber betroffen fühlen, ἐνθύμιόν οἵ τι ἐγένετο er machte sich ein Gewissen daraus.

ἐνθυμιστός, 3. ion. = ἐνθύμιος; ἐνθυμιστόν τι ποιεῖσθαι für beherzigenswert, bedenklich halten (and. LA. ἐνθύμιον).

ἐν-θωρᾱκίζω, mit dem Panzer versehen.

ἔνι, 1) = ἔνεστι, ἔνεισι. **2)** in Anastrophe = ἐνί, s. ἐν.

ἐνῐαύσιος, 3. u. 2. jährig, d. h. **1)** ein Jahr alt. **2)** einjährig, ein Jahr lang, auf ein Jahr, seit einem Jahr. **3)** ion. u. sp. alljährlich, jährlich wiederkehrend, jahraus jahrein. Von

ἐνιαυτός, ὁ (zu ἐνιαύω darin ruhen, also) Ruhepunkt der Sonne, Tag des Jahreswechsels, *solstitium,* dann gew. (wie ἔτος) das **Jahr,** Διὸς ἐνιαυτοί die Jahre des Zeus (als Ordners des Zeitlaufs), ἐνιαυτόν das Jahr hindurch, ἐνιαυτόν τινα etwa ein Jahr lang, τοῦ ἐνιαυτοῦ, κατ' ἐνιαυτόν jährlich, κατὰ τὸν ἐν. ἕκαστον in jedem Jahre, κατ' ἐνιαυτόν auch: ein Jahr lang.

ἐν-ιαύω, ep. darin schlafen od. wohnen.

ἐνιαχῇ, ion. sp., u. **ἐνιαχοῦ** (ἔνιοι), Adv. **1)** mit Gen. an einigen Orten od. Stellen, τινός eines Landes, einer Schrift. **2)** bisweilen.

ἐν-ιδρύω, 1) Akt. sp. hineinstellen, τινί τι etwas in jem.; übertr. einpflanzen. **2)** Med. ion. für sich gründen, errichten, τί τινι etwas für jmdn. **3)** Pass. **a)** hineingebaut werden. **b)** buk. Perf. pass. darin seinen Sitz haben.

ἐν-ίζω, seinen Sitz haben, sich setzen, τινί in etwas.

ἐν-ίημι [Pr. ῐ, Impf. ῑ], ep. Aor. 1. ἐνέηκα st. ἐνῆκα. **1) hineinsenden,** darunter senden Od. 12, 65; φάρμακον hineinschütten; πῦρ τινι in Brand stecken, auch ἐς πόλεις Hdt.; πόντῳ sc. νῆα in See stechen Hdt. **2)** übertr. **a)** versetzen in τινὰ πόνοις Hom., ὁμοφροσύνῃσιν der Eintracht zuführen Od. 15, 198; ἀγηνορίῃσι noch hochmütiger machen Il. 9, 700, **b)** einflößen τινί τι: μένος, θάρσος Hom., **c)** anstiften τινά Thuk. 6, 29, 3; auch διαβολάς Pol.

Ἐνιῆνες, οἱ, ion. st. **Αἰνιᾶνες,** Volksstamm am Oeta im südwestlichen Thessalien.

ἐνι-κλάω, ep. st. ἐγκλάω, zerknicken, vernichten, [vereiteln, τί.

ἐνι-κνώσσω, buk. st. ἐγ-κνώσσω, darin schlafen.

ἑνικός, 3. (εἷς), sp. einfach; ἀριθμός, Einzahl, Singular, ἑνικῶς im Singular.

ἐν-ίλλω, Nbf. zu ἐν-είλω, ἐν-ειλέω, s. d.

ἔνιοι, αι, α (gew. Ableitung ἔνι οἵ, *sunt qui* = *non nulli,* einige, ἔνια ἔστιν ἅ es gibt einiges, ἔνια μὲν — ἔνια δέ, auch ἔνιοι μὲν — οἱ δέ einige — andere, oft mit Gen. part., περὶ ὧν ἐνίων auf einigen derselben; Neutr. plur. **ἔνια,** in einigen Stücken. Dav.

ἐνίοτε, Adv. (ἔνι = ἔστιν ὅτε), einigemal, manchmal, zuweilen.

Ἐνῑπεύς, ῆος, ὁ, Nebenfluß des Peneios in Thessa- [lien, j. *Gura.*

ἐνῑπή, ἡ (ἐνίπτω), ep. poet. harte Anrede, Ansprache, Schelte, Tadel, Verweis, Drohung, Schmähung.

ἐνί-πλειος, ep. = ἔμπλειος, w. s.

ἐνι-πλήσσω, ep. st. ἐμπλήσσω, intr. hineinfallen, -stürzen, geraten, τινί in etwas.

ἐν-ιππάζομαι, Med. sp. u.

ἐν-ιππεύω, ion. darin, darauf reiten.

ἐνι-πρήθω u. ähnl., ep. = ἐμπίμπρημι, w. s.

ἐν-ίπτω (Fut. ἐνίψω geh. zu ἐνέπω), Aor. 2. ἐνένῑπε u. ἠνίπᾰπε [ῑ], ep. u. poet., ep. Nebenf. **ἐνίσσω** (zu ἴπτομαι), hart anreden, anfahren, tadeln, schelten, auch bloß ermahnen, abs. u. τινά mit u. ohne μύθῳ, auch durch ein Zeugma: ἔπεσιν ἠδὲ βολῇσιν mit Schmähworten u. Würfen auf jmdn. losfahren.

ἐνι-σκίμπτω, ep. st. ἐνσκίμπτω, darauf befestigen, heften, τί τινι, z. B. οὔδει καρήατα die Köpfe in den Boden wühlen. Pass. mit Aor. ἐνισκίμφθη darin stecken bleiben.

ἐνίσσω, s. ἐνίπτω.

ἐν-ίστημι • 1) trans. **hineinstellen** • a) Akt. (-στήσω, -έστησα), darauf (ἔς τι) stellen od. setzen, τί • b) Med. ἐν-ίστᾰμαι m. Fut. ἐνστήσομαι, Aor. ἐνεστησάμην, α) unternehmen, beginnen, τί Dem., β) (für sich) einrichten, ὀργήν zeigen Pol. • 2) intr. **ἐν-ίστᾰμαι,** mit Fut. ἐνστήσομαι, Aor. ἐνέστην, Perf. ἐνέστηκα (part. ἐνεστώς s. bes.), **hineintreten** • a) sich dort aufstellen, im Prät. darin (ἔν τινι) stehen, darin sein, abs. vorhanden sein, ἐνεστώς, ὁ τότε ἐνστὰς πόλεμος der damalige Krieg Dem., ἔς τι etwas antreten, bes. εἰς τὴν ἀρχήν die Regierung; insbes. sp. τὸ ἐνεστός die Gegenwart • b) sich entgegenstellen, α) bevorstehen, drohen, πράγματα Hdt., πόλεμος Isokr., im Plqpf. vom Kriege: ausgebrochen sein, β) sich widersetzen, Widerstand leisten, τοῖς ποιουμένοις hindern Thuk.; ὅπως μή Plat.

ἐν-ισχύω, 1) intr. a) in etwas erstarken. b) in Kraft bestehen, zur Geltung kommen. 2) trans. N. T. stärken.

ἐν-ίσχω, s. ἐνέχω. **ἐνι-χρίμπτω,** s. ἐγχρίμπτω.

ἐννα-ετής (-έτης), 2. buk., mit Adv. **ἐννάετες,** ep. neunjährig; vgl. εἰνάετες.

ἐν-νᾰέτης, ου, ὁ, poet. Bewohner. Von

ἐν-ναίω (s. ναίω), poet. darin wohnen, übertr. in etwas (τινί) hausen, von etwas umringt sein.

ἐννάκις, ep. Adv., s. εἰνάκις.

ἐνναχισ-χίλιοι, sp. neuntausend.

ἐννᾰ-νυχες, Adv. neun Nächte lang.

ἐν-νάσσω, buk., Perf. pass. (in tmesi) -νένασται, hineinstopfen.

ἔννατος, falsche Schreibung f. ἔνατος.

ἐν-ναυπηγέω, darin (ἔν τινι), Schiffe bauen, u. mit hinzugef. τριήρεις Kriegsschiffe.

ἐννέᾰ (für ἐν-νέϝα, lat. *novem*, got. *niun*, nhd. *neun*); Num. indecl., neun, auch als runde Zahl, die als dreifache Dreiheit heiliges Ansehen hatte, dah. τρὶς ἐννέα die feierliche Ausdrucksweise der Orakel u. der Wahrsagekunst. Vgl. die Eigenn. Ἐννεάκρουνος u. Ἐννέα ὁδοί.

ἐννεά-βοιος, 2. (βοῦς), ep. neun Stiere wert.

ἐννεα-καί-δεκα, Num. indecl., neunzehn.

ἐννεα-καιδέκατος, 3. der neunzehnte.

ἐννεακαιεικοσικαιεπτακοσιοπλασιάκις, Adv. siebenhundertneunundzwanzigmal.

Ἐννεάκρουνος, ἡ, vor Peisistratos Καλλιρρόη genannt, Quelle am Hymettos, durch neun Röhren nach Athen geleitet.

ἐννεά-μηνος, 2. ion. neunmonatlich.

Ἐννέα ὁδοί, αἱ, Neunweg, Gegend Thrakiens, wo später Amphipolis lag.

ἐννεά-πηχυς, 2. ep. neun Ellen lang.

ἐννεα-πλάσιος, 3. poet., u. **-πλασίων,** 2. sp. neunfach.

ἐννεάς, άδος, ἡ, buk. Anzahl von neun.

ἐννεά-φωνος, 2. buk. neunstimmig.

ἐννεά-χῑλοι, ep. = ἐνναχισχίλιοι.

ἕννεκα, äol. st. ἕνεκα.

ἐν-νενώκασι, s. ἐννοέω.

ἐννε-όργυιος, 2. (so einsilbig zu lesen), ep. neun Klafter lang.

ἐννεός, s. ἐνεός.

ἐν-νεοσσεύω, aufziehen, wie im Neste.

ἐννέπω, s. ἐνέπω.

ἐννεσίη, ἡ, ep. st. ἐνεσία (ἐνίημι), Eingebung, Rat, Befehl.

ἐν-νεύω, sp. zuwinken.

ἐννέ-ωρος 2. (εω einsilbig; ὥρα), ep. neunjährig, βασιλεύς neun Jahre lang, d. i. in neunjährigen Zeiträumen, wo die Regierungsweise neu geprüft wurde u., falls er bestand, er seine Regierung wieder auf neun Jahre erhielt. Auch überh. für groß, völlig ausgewachsen.

ἐννήκοντα (aus ἐννεϝήκ.), s. ἐνενήκοντα.

ἐνν-ῆμαρ (aus ἐννέϝ-ημαρ), ep. Adv., neun Tage lang; oft mit folg. δεκάτῃ, verst. ἡμέρᾳ.

ἔννηφιν, ep. Adv. übermorgen; vgl. ἔνη, 2.

ἐν-νοέω, att. ἐννοήσω, ἐνενόησα, ἐννενόηκα usf., ion. Aor. 1. part. ἐννώσας (st. -νοήσας) u. Perf. ind. 3. pl. ἐννενώκασι (st. -νενοήκασι), auch Med.-Pass. Fut. ἐννοήσομαι, Aor. ἐνενοήθην; Hdt. Plusqpf. ἐννένωτο. 1) a) im Sinne haben, gedenken, **bedenken;** betrachten, erwägen, τί, περί τινος, b) mit Gen. denken an μητρός Eur., c) ausdenken ὁδόν Xen., d) gedenken, beabsichtigen στρατεύειν Hdt.; προδοῦναι OT. 330; ὥνπερ ἔν. Ai. 115, e) sich vorstellen, glauben, bedenklich finden, fürchten μή Xen. 4, 2, 13. 2) **bemerken,** wahrnehmen, sehen Soph. OT. 559; Phil. 28; einsehen, begreifen, verstehen. 3) **bedeuten** ῥῆμα Plat. Dav.

ἐννόησις, ἡ, der Gedanke; die Einsicht, das Verstehen.

ἔννοια, ἡ (ἐννοέω), Gedanke, 1) Vorstellung, Idee, Betrachtung, Nachdenken, Verständnis, Bedenklichkeit, τινός über etwas od. an jmdm., ἔνν. ἡμῖν ἐγένετο der Gedanke fiel uns ein, ἔσχε αὐτόν befiel ihn. 2) Gesinnung. 3) Vorstellung, Begriff.

ἔν-νομος, 2., Adv. **-νόμως,** 1) (νόμος) a) innerhalb des Gesetzes, gesetzlich, gesetzmäßig, rechtmäßig, gerecht, ἔννομα πείσονται gerechte Strafe; N. T. ἔνν. Χριστοῦ (-τῷ) unter Christi Gesetz stehend. b) musikalisch: übereinstimmend. 2) νέμομαι), poet. darin wohnend.

ἐννοσί-γαιος (aus ἐνϝοσίγαιος, ῑ), ὁ, ep. u. **ἐννοσί-χθων,** ονος, ὁ (ὀθ in ὠθεῖν u. γῆ od. χθών), ep. der Erderschütterer, Bein. des Poseidon als Urhebers der Erdbeben, häufig als Subst.

ἐννοσί-φυλλος, 2. ep., s. εἰνοσί-φυλλος.

ἔν-νους, ουν, zsgz. aus -οος, -οον, bei Verstande, einsichtsvoll, verständig, γίγνομαι ich komme zur Besinnung.

ἐννοχλέω, buk. = ἐνοχλέω, s. d.

ἕννυμι (aus *ϝεσ-νυμι, St. ϝες, vgl. lat. *ves-tio*, got. *wasti*, *Weste*), in Prosa nur in Kompositis (s. ἀμφι-, ἐπι-έννυμι), ion. **εἵνυμι.** Fut. ἕσσω u. -έσω, Aor. ἕσσα u. -εσα, med. ἑσσάμην, ἐεσσάμην u. ἑσάμην, Perf. ἕσμαι, ἕσσαι, ἕσται, u. εἷμαι, εἷται, εἱμένος, Plqpf. ἕσμην, ἕσσο, ἕστο u. ἕεστο u. εἶτο, ἕσθην (3. du.), εἵατο (3. pl.). 1) Akt. Hom., kleiden, **anziehen,** τινά τι einem etw. 2) Med. u. Pass. Hom. Trag. sich (*sibi*) anziehen, anlegen, τί sich bedecken, ἀσπίδας mit den Schilden, sich hüllen, τί in etwas. Perf. bekleidet, gekleidet, angetan sein, εἵματα, auch καλά, ἀεικέα, übertr. λάινον χιτῶνα wärest du gesteinigt worden Il. 3, 59, χαλκῷ mit Erz beschlagen, ἀλκήν mit Mut erfüllt, τὸν σκότον gestorben sein OC. 1701.

ἐν-νυχεύω, poet. sp. (nächtlich) darauf weilen, lauern.

ἐν-νύχιος, 3. u. 2. ep. u. poet., u. **ἔν-νυχος,** 2. ep. poet. u. N. T. nächtlich, in der Nacht. Subst. οἱ ἐννύχιοι die Schatten der Unterwelt, ἔννυχον u. -α, N. T. Adv. bei Nacht.

ἐν-νώσας, s. ἐννοέω.

ἐν-όδιος, 3., ep. u. poet. **εἰνόδιος,** 3., im, am, auf dem Wege; ἐνοδία θεός od. Ἐνοδία allein: Hekate (sie zürnt Soph. Ant. 1199, weil Polyneikes' Leichnam unbestattet am Wege lag), Ἑρμῆς ἐνόδιος der wegschützende Hermes.

ἐν-οικέω, darin (τινί) wohnen, bewohnen, τί. Oft abs. οἱ ἐνοικοῦντες die Einwohner, Bewohner, auch Hausbewohner. Dav.

ἐνοίκησις, εως, ἡ, das Bewohnen.

ἐν-οικίζω, 1) Akt. als Bewohner einsetzen, ansiedeln, πόλεις d. i. Städte erbauen u. bevölkern. 2) Pass. darin angesiedelt sein, wohnen.

ἐν-οίκιον, τό (Neutr. von ἐνοίκιος, 2. poet. im Hause), Mietzins.

ἐν-οικοδομέω, 1) darauf bauen, abs. u. ἔν τινι. 2) einbauen, hineinbauen, τί.

ἔν-οικος, 2. bewohnend, bewohnt. Subst. 1) ὁ ἔνοικος, der Bewohner, Einwohner, τινός von etwas. 2) τὰ ἔνοικα, poet. der Wohnsitz.

ἐν-οινοχοεῦντες, alte LA. Od. 3, 472.

ἐν-ολισθαίνω, sp. hineingleiten, hineinsinken.

ἐν-ομόργνυμαι, Med., sp. woran abdrücken; übertr. jmdm. mitteilen, τί τινι.

ἐνοπή, ἡ, ep. u. poet. (ἐνέπω), a) Klang, Schall. b) Geschrei, im bes. Schlachtgeschrei, Wehgeschrei.

ἐνόπλιος, 2. unter den Waffen, ῥυθμός der Takt zum Waffentanz. Von

ἔν-οπλος, 2. (ὅπλον), gewappnet.

ἔν-οπτρον, τό (St. ὀπ), poet. der Spiegel.

ἐν-οράω, ion. **-έω.** 1) darin, daran sehen, merken, wahrnehmen: τοῖς πολεμίοις an den F. bemerken Thuk.; κακόνοιάν μοι πρός σε Xen. 7, 7, 45; ὑμῖν οὐχ οἵός τε ἐσομένοισι ich sehe euch an, daß ihr Hdt. 8, 140. 2) einsehen, begreifen. 3) anblicken, sein Auge ruhen lassen (δεινόν) auf einem τινί Plut.

ἐνορκέω, sp. beschwören, τινὰ κατά τινος einen bei etw., u.

ἐνορκίζω, ὑμᾶς τὸν κύριον euch beim Herrn, N. T.

ἔν-ορκος, 2., 1) im Eide, d. i. a) durch einen Eid, eidlich verpflichtet, τινί gegen einen, ἔνορκον θέσθαι τινά eidlich binden. b) in einen Vertrag eingeschlossen, κατά τι in bezug auf etwas. 2) von Sachen: durch einen Eid geheiligt, bestätigt, θεῶν ἔν. δίκα der Götter schwurheiliges Recht. ἔνορκον ποιεῖσθαι mit Inf. fut. sich verschwören etwas zu tun.

ἐν-ορμίζω, poet. einlaufen lassen, πόδα. — Med.-Pass. poet. u. sp. in den Hafen einlaufen.

ἐν-όρνυμι, ep. u. poet, 1) Akt. m. Aor. 1. ἐνῶρσα, in jmdm. (τινί) erregen, erwecken: 2) Med. mit Aor. 2. ἐνῶρτο, unter einigen (τισί) entstehen.

ἐν-ορούω, ep., Aor. 1. ἐνόρουσα (auch in tmesi), hinauf-, darauf (τινί) springen, stürzen, anfallen.

ἐνόρχης, ου, ὁ, buk. Bock.

ἔν-ορχις, ιος, ὁ, ion. u. sp., u. **ἔν-ορχος,** 2. ep. unverschnitten.

ἔνος, 3. vorjährig, alt; s. ἔνη.

ἔνοσις, εως, ἡ (St. ὀθ, s. unter ἐννοσίγαιος), poet. das Erdbeben, πότνια genannt, weil vom Gott erregt.

ἐνοσί-χθων, ονος, ὁ, s. ἐννοσίγαιος.

ἑνότης, ητος, ἡ (εἷς), sp. Einheit.

ἐν-ουρέω, ion. pissen, ἔς τι an etwas.

ἐν-οφείλομαι, worauf haften, als Schuldforderung worauf stehen.

ἐν-οχλέω, augment. ἐνώχλ. u. ἠνώχλ., buk. (äol.) ἐννοχλέω, zur Last od. beschwerlich fallen, lästig sein, belästigen, beunruhigen, stören, τινί od. τινά einen od. etwas, auch mit Nom. part. λέγων mit seiner Rede, od. τοῖς ἀνθρώποις ἀναγκαζομένοις den Leuten dadurch, daß sie. Pass. sich belästigt fühlen, gereizt sein, Beschwerlichkeiten haben, sich bemühen, abs. u. περί τινος wegen etwas, auch mit Part. ἀκούων weil od. daß ich höre.

ἔνοχος, 2. (ἐνέχομαι), darin festgehalten, bes. in einer Sache (τινί) (N.T. auch τινός), anheimgefallen, verfallen, ausgesetzt, unterworfen, οὐδεμιᾷ ζημίᾳ keinem Ersatze, *reus*, schuldig, τινός einer Tat, einer Strafe (N. T. εἰς τὴν γέενναν), τινί vor jmdm., τοῖς βιαίοις der gewalttätigen Entziehung schuldig, ἔν. εἶναι τῇ ἀπαγωγῇ verdienen abgeführt, verhaftet zu werden, τῇ γραφῇ der Klage ausgesetzt, von ihr betroffen, πᾶσι τούτοις εἶναι alle diese Angriffspunkte darbieten.

ἑνόω, (εἷς), vereinigen, zur Einheit machen, konzentrieren; τὰ ἡνωμένα die Einzeldinge, Einzelwesen.

ἐν-ράπτομαι, 1) Med. ion., einnähen. 2) Pass. poet. (u. sp.), Aor. ἐνερράφη, eingenäht werden, τινί in etwas.

ἐν-ρίπτω, sp. hineinwerfen, hineinstürzen.

ἐν-σείω (s. σείω), *incutere*, poet. u. sp. (auch in tmesi), 1) trans. hineinschütteln, -schleudern, -stoßen, -sausen (δι' ὤτων), absol. od. τί τινι etwas in einen, τινὰ ἀγρίοις ὁδοῖς in wilde Bahnen treiben, τὴν ναῦν τῷ χώματι gegen den Damm anlaufen lassen, übertr. hineinstürmen, τινὰ εἴς τι einen in etwas od. einer Sache zuschleudern, zustoßen. 2) intr. hineinstürmen, τισί unter einige, εἴς τι in etwas.

ἐν-σημαίνω, 1) Akt. einzeichnen, einprägen; daran bezeichnen. 2) Med. a) anzeigen, zu erkennen geben, τοῦτο, ὅτι. b) sp. sich einprägen, Eindrücke machen, εἴς τι.

ἐν-σκευάζω, sp. bekleiden, waffnen.

ἐν-σκηνοβατέω, sp. auf die Bühne bringen.

ἐν-σκήπτω, 1) trans. ion. hineinschleudern, übertr. hineinsenden, τί τινι einen mit etwas schlagen. 2) intr. a) herniederfahren, vom Blitz. b) ion. u. sp. hereinbrechen.

ἐν-σκίμπτω, s. ἐνισκίμπτω.

ἐν-σοφίζομαι, poet. vernünfteln, τινί an jem, jemanden zum Gegenstand seines Vernünftelns machen.

ἐν-σπείρομαι, Pass., ausgestreut, verbreitet werden.

ἔν-σπονδος, 2. (σπονδή), ins Bündnis od in den Friedensschluß mit inbegriffen, dah. Verbündeter, Bundesgenosse.

ἐν-στάζω, Perf. pass. ἐνέστακται, ep. ion. u. sp. einträufeln, einflößen, einpflanzen.

ἔνστασις, ἡ, 1) die Einrichtung. 2) der Widerstand.
ἐνστάτης, ου, ὁ (ἐνίσταμαι), poet. Gegner, Widersacher.
ἐν-στείνω (στενός), sp. ep. darin zusammendrängen.
ἐν-στέλλομαι, Pass. perf. ἐνέσταλμαι, ion. bekleidet, angetan sein, τί mit etwas.
ἐν-στηρίζομαι, Plqpf. ἐνεστήρικτο, Pass. ep. darin befestigt werden, darin (τινί) stecken bleiben.
ἐν-στρατοπεδεύω, u. Med. **-ομαι,** lagern in.
ἐν-στρέφω, 1) Akt. **a)** trans. darin drehen, τί. **b)** intr. poet. sich an einem Orte herumtreiben. 2) Pass. ep. sich darin (τινί) drehen.
ἐν-σφρᾱγίζω, sp. siegeln.
ἐνσχερώ (-σχερῷ), poet. Adv. (σχερός = *continens* zu ἔχω, vgl. ἐπισχερώ, Σχερίη = Festland), zusammenhängend, ununterbrochen.
ἐν-σχολάζω, darin, dabei verweilen, der Muße genießen; eine Beruhigung worin finden, **τινί,** Cic.
ἔνταλμα, τό, N. T. = ἐντολή.
ἐν-τάμνω, s. ἐντέμνω.
ἐν-τανύω, ep. poet. u. ion. hineinspannen, die Gurte in den Rahmen, die Sehne an den Bogen einhängen; den Bogen anspannen. [s. ἐντείνω 1, b.
ἔν-τασις, ἡ, das Hineinspannen, Hineinschreiben,
ἐν-τάττω, 1) Akt. poet. einordnen; entgegenstellen. 2) Pass. sich einreihen lassen, τινί zu etwas.
ἐν-ταῦθα, ion. **ἐνθαῦτα,** verstärkt **ἐνταυθί** [ῑ], Adv. (ἐν). 1) örtlich: **a)** **hier,** da, hierselbst, daselbst, dort, oft mit dem Gen. des Orts, τοῦ οὐρανοῦ an dieser Stelle des Himmels, **b)** **hierher,** bei Verben der Bewegung; μέχρις ἐντ. bis hierher. 2) zeitlich: da, **darauf,** hierauf, alsdann, nun, jetzt, μέχρις ἐνταῦθα bis dahin. 3) übertr.: darin, hierin, hierauf, in diesem Falle, bei der Gelegenheit, dazu, ἐνταῦθ' ἔνι es hängt davon ab. Davon
ἐνταυθοῖ, Adv. 1) hierher, daher, *huc.* ἐ. μὲν — ἐ. δέ hierhin — dorthin. 2) = ἐνταῦθα.
ἐνταφιάζω, sp. u. N. T. den Toten bestatten, einbalsamieren, zum Begräbnis zurichten. Dav.
ἐνταφιασμός, ὁ, sp. u. N. T. das Einbalsamieren der Toten.
ἐν-τάφιος, 2. (τάφος), 1) *funebris,* zum Begräbnis gehörig, dah. Subst. **a)** **τὸ ἐντάφιον** das Sterbekleid (gew. von kostbarem Stoffe, weil die Toten zur Schau ausgestellt wurden) od. das Leichentuch. **b)** das Leichenbegängnis. **c)** ἐντάφια Kosten des Leichenbegängnisses. 2) zum Grabmal gehörig, dah. ἐντάφια Grabesopfer, Totenopfer.
ἔντεα, ων, τά, ep. u. poet. 1) Schutzwaffen, insbes. Panzer u. Beinschienen, doch auch Schild, Helm u. Lanze. 2) Gerätschaften, Gerät, namentl. Gefäße, poet. auch Geschirr.
ἐν-τείνω • 1) hineinspannen, **einspannen;** überspannen θρόνον mit Riemen Hdt.; δίφρος hängt in Hom.; κυνέη mit Kreuzriemen gefüttert Hom.; σχεδίαι, γέφυραι mit dem Anker oder Lande verbunden Hdt.; τόξον bespannen; βοῦν βρόχοις fesseln Eur., übertr. • **a)** in Verse zwängen, bringen Plat.; εἰς τὰ καθαρίσματα in Musik setzen Plat. • **b)** ein Dreieck in einen Kreis einzeichnen Plat. • **c)** πληγάς überziehen, versetzen Xen. • 2) **anspannen,** spannen, straff anziehen τόξον; übertr. • **a)** eifrig betreiben πολιορκίαν Plut.; Pass. ἐντεταμένος εἰς τὸ ἔργον eifrig beschäftigt mit Xen. • **b)** erregen, steigern θυμόν, ὀργήν Plut. • **c)** πρόσωπον ernstes Gesicht machen Luk. • **d)** bes. Med. α) *se*: seine Kräfte anspannen, **sich anstrengen,** β) *suum*: φωνήν erheben; μᾶλλον ἐντεινάμενος mit mehr Nachdruck Plat.
ἐν-τειχίζω, in Mauern, Verschanzungen einschließen, befestigen.
ἐν-τεκνόομαι, sp. Kinder darin erzeugen.
ἔν-τεκνος, 2. sp. Kinder habend.
ἐν-τελευτάω, darin verscheiden. [Vollendung.
ἐντελέχεια (ἐντελὲς ἔχω), Zustand des Besitzes der
ἐν-τελής, 2. vollständig, voll, **ganz,** ohne Fehl, vollkommen, makellos, im gehörigen Stande. Subst. **οἱ ἐντελεῖς ἄνδρες,** wie **οἱ ἐν τέλει,** Obrigkeit, Machthaber, Herrscher.
ἐν-τέλλομαι, Dep. med., auftragen, bestellen, abs. u. τινί τι od. mit folg. Acc. c. Inf., od. mit Inf. pass.; τὰ ἐντεταλμένα das Befohlene, Aufgetragene, Befehl, Auftrag. [dem vollen Sold.
ἐντελόμισθος, 2. den vollen Sold habend, mit
ἐν-τέμνω, ion. **ἐντάμνω,** einschneiden, einhauen, eingraben, ἔν τινι in etwas. Im bes. **a)** Heilpflanzen schneiden, dah. ἄκος ein Heilmittel bereiten. **b)** einen Schnitt in etwas machen, in die Kehle des Opfertieres (Schaf, Pferd, Hund, Mensch), bes. bei Opfern an Winde, an die Unterirdischen = Totenopfer, dann überh. Opfer bringen, τινί jmdm. (s. unter ἔντομος).
ἔντερον, τό (ἐν u. Suff. τερος, vgl. ἡμέτερος), 1) im Sing. Darm, οἰός Schafdarm, Darmsaite. 2) im Plur. die (menschlichen) Gedärme, Eingeweide.
ἐντεσι-εργός, 2. ep. im Geschirre (ἔντεα) arbeitend, am Seile ziehend.
ἐντετᾰμένως, ion. Adv. part. perf. pass. von ἐντείνω, angespannt, mit aller Macht, stark, heftig.
ἐντεῦθεν, ion. **ἐνθεῦτεν,** verstärkt **ἐντευθενί** [ῑ], Adv. (ἐν), 1) vom Orte: *hinc, illinc,* **von hier aus,** von dort aus, von dort, aus dem Lande (mit entsprechendem ὅθεν), von da. 2) von der Zeit: *deinde,* von da an, von der Zeit an, von jetzt an, hierauf, *exin,* gleich darauf, dann. Ähnl. (τὸ) ἐντεῦθεν, in crasi τοὐντεῦθεν, weiter, ferner, alsdann, auch jetzt, doch auch das Folgende, wie τἀντεῦθεν, welches das Weitere, was weiter zu tun ist, bezeichnet. 3) vom Grunde: daher, deswegen, daraus, davon, dadurch, aus dem Umstande, bisw. mit entspr. ὅπου.
ἐντευκτικός, 3. (ἐντυγχάνω), sp. der mit sich sprechen läßt, zu-, umgänglich.
ἔντευξις, εως, ἡ (ἐντυγχάνω), Zusammenkunft, Besuch, Unterredung, ἡ κατὰ πρόσωπον die persönliche. Im bes. Zutritt, Audienz, Bitte, πρός τινα zu od. mit einem.
ἔν-τεχνος, 2. kunstgemäß; kunstreich.
ἐν-τήκω, 1) Akt. (-τήξω, -έτηξα), trans. sp. hineinschmelzen, geschmolzen eingießen, τινί in etwas. 2) Pass. **ἐντήκομαι** mit Aor. ἐντᾰκῆναι u. Perf. 2. ἐντέτηκε, intr. **a)** eingegossen, eingeprägt werden, τινί. **b)** übertr. dahinschmelzen, verkommen, τινί von etwas.

ἐντί, s. εἰμί.

ἐν-τίθημι, ep. Aor. 2. act. inf. ἐνθέμεναι, poet. ἐνθέμεν, Aor. 2. med. 3. sg. ἔνθετο, imper. ἔνθεο (auch in tmesi). 1) **hineinlegen,** legen auf, (ins Schiff) bringen; auch Med. κτήματα Hom.; ξίφος einstecken, χερσί einhändigen; ἐν γήραϊ zum Greise machen Hom.; λεχέεσσι ἐνθέσθαι legen auf Hom. 2) übertr. **eingeben,** einjagen ἀθυμίαν, φόβον; ἐνὶ φρεσί; bes. Med. χόλον, κότον θυμῷ sich ins Herz setzen, im Herzen fassen Hom.; μῦθον sich zu Herzen nehmen; ὁμοίῃ τιμῇ auf gleiche Ehrenstufe stellen.

ἐν-τίκτω, Aor. ἐνέτεκον, darauf gebären, übertr. darin erzeugen.

ἔν-τῑμος, 2. in Ehren, 1) adj. a) geehrt, vornehm, geschätzt, angesehen, ἔντ. τι ποιεῖν ἔν τινι einer Sache eine ehrenvolle Stelle anweisen bei etwas; sp. kostbar, λίθος ἔντ. Edelstein. b) Subst. οἱ ἔντιμοι die Angesehenen, Vornehmen, bes. die Edlen (Adligen) bei den Persern, τὰ ἔντιμα die Ehrenbezeugungen, Würden, aber τὰ τῶν θεῶν ἔντιμα was bei den Göttern in Ehren steht. 2) ehrenvoll, zur Ehre gereichend, anständig.

ἐν-τινάσσω, sp. hineinstoßen, anrennen, τινί gegen jmdn., τινί τι etwas gegen jmdn. werfen, [schlagen,

ἔντοθεν, ep. = ἔντοσθεν (var.).

ἐντοίχιον, τό (τεῖχος), Wandgemälde.

ἐντολή, ἡ (ἐντέλλομαι), Auftrag, Anweisung, Geheiß, Ermahnung, Befehl; auch Gebot, Gesetz.

ἐντομή, ἡ (-τέμνω), der Spalt.

ἔντομος, 2. (ἐντέμνω), ion. u. sp. eingeschnitten, bes. im Neutr. pl. ἔντομα, verst. σφάγια, Schlachtopfer für die Unterirdischen u. die widrigen Winde. Es wurde der Kopf des Opfers geflissentlich zur Erde od. auf den Altarstufen niedergedrückt.

ἔντονος, 2., Adv. **-όνως** (ἐντείνω), angespannt, angestrengt, dah. übertr. feurig, kräftig, abs. u. περί τι, heftig verfochten; ion. τὸ ἔντονον Heftigkeit, Feuer.

ἐν-τόπιος, 3. u **ἔν-τοπος,** 2. einheimisch, in der Gegend, Einwohner des Orts.

ἐν-τορεύω, sp. einmeißeln, eingraben.

ἔντος, εος, τό, poet. Waffe, Geräte; s. d. plur. ἔντεα.

ἐντός (ἐν) • 1) Adv. **drinnen,** innen, *intus*, ἐντὸς ποιεῖσθαι od. ἔχειν τινά einen in die Mitte nehmen, ἐντὸς ποιεῖσθαί (ποιεῖν) τι auch: etwas einschließen, mit hereinziehen; ἐντὸς γίγνεσθαι hineingehen, innen anlangen; ὁ ἐ. der innere; ἡ ἐντὸς θάλασσα das Mittelmeer, τὸ ἐντός, sp. das Innere, τὰ ἐντός die innern Teile, ἐκ τοῦ ἐντός nach innen • 2) Praep. beim Gen. • a) örtlich: **innerhalb,** im Bereiche von etwas, **diesseits,** ἐντὸς βέλους, τοξεύματος in der Schußweite, ἐντὸς ἑωυτοῦ γενέσθαι od. εἶναι bei sich selbst, Herr seiner selbst sein Hdt., ähnl. ἐντὸς τῶν λογισμῶν εἶναι bei Besinnung sein Plut.; auch hinter (etw. zurück), so ἐντὸς τοῦ ἀκριβοῦς hinter der strengen, vollen Beweiskraft zurückbleiben, οὐδ' ἐντὸς πολλοῦ auch von weitem nicht Plat.; ἐντὸς Ἅλυος diesseits Hdt.; auch zwischen (= μεταξύ) • b) zeitlich: innerhalb, **binnen.** Dav.

ἔντοσθε(ν), ep. = ἐντός.

ἐν-τρέπω, 1) trans. umwenden, umkehren, verändern, rühren. 2) intr. Pass. sich umwenden, umsehen, übertr. sich an etwas (τινός) kehren, sich (be)kümmern, Mitleid, Achtung, Scheu haben.

ἐν-τρέφω u. Med. **-ομαι,** darin aufziehen, τινί.

ἐντρεχής, 2. bewandert in etwas. Von

ἐν-τρέχω, ep. u. sp. darin laufen; übertr. sich darin bewegen können.

ἐντρῑβής, 2. durch Verkehr, Übung (τριβή) gewonnen, geübt, erfahren, (τινί) in etwas.

ἐν-τρίβω [ῑ], 1) Akt. einreiben, schminken, τινά, übertr. τινί τι einem etwas zufügen od. versetzen. 2) Med. sp. sich schminken, ἐντετριμμένη τοσαῦτα χρώματα so stark geschminkt. Dav.

ἔντριμμα, τό, sp. die Schminke.

ἔντριψις, εως, ἡ, das Einreiben, bes. der Schminke.

ἔν-τρομος, 2. sp. N. T. zitternd.

ἐντροπαλίζομαι, ep. Dep. med. (Frequent. von ἐντρέπομαι), sich oft umkehren. Part. rückwärts gewandt od. rückwärts schauend nach dem verfolgenden Feinde.

ἐντροπή, ἡ (ἐντρέπομαι), poet. sp. N.T. 1) Rücksichtnahme, Respekt, Achtung, τινός für jmdn. 2) Beschämung.

ἐντροπίη, ἡ, ep. listige Wendung; plur. Schliche, Ränke.

ἔντροφος, 2. (ἐντρέφω), poet. darin aufgewachsen, übertr. παλαιᾷ ἁμέρᾳ alter Zeiten Kind, μὲ μόχθῳ τῷδ' ἔθηκας ἔντροφον du hast mich diesem Elend übergeben.

ἐν-τρυφάω, eigtl. in einer Sache schwelgen, 1) abs. sich vergnügen, mutwillig, übermütig sein. 2) m. Obj. -τινί a) Personen: seine Laune auslassen an, seinen Übermut fühlen lassen, zum besten haben. b) Sachen: mutwillig od. übermütig verfahren. [verzehren.

ἐν-τρώγω, aor. -έτρᾰγον, poet. u. sp. hineinessen,

ἐν-τυγχάνω. 1) **zufällig auf jmdn. treffen,** auffinden, begegnen, in etwas geraten, etw. erlangen, von Sachen: sich ereignen, abs. z. B. ὁ ἐντυχών jeder der ihm begegnet, οἱ ἐντυχόντες die ersten besten, od. τινί auf jmdn., τῷ ἀρίστῳ an dem Mahle teilnehmen, seltener τινός. 2) mit jmdm. zusammentreffen, sich an ihn wenden, mit ihm verkehren, anreden, bitten (ἐντευχθείς gebeten Plut.). 3) sich mit Büchern beschäftigen, sie lesen. Konstr. mit τινί, seltener τινός od. πρός τινα. Im Pass. ὑπέρ τινος für jmdn. angegangen werden Plut.

ἐν-τυλίσσω, poet. u. N. T. einwickeln.

ἐντύνω u. **ἐντῡ́ω** (dieses nur im Impf.), 1) Akt. ep. u. poet. fertig machen, a) zubereiten, ἵππους d. i. anschirren, δέπας τινί d. i. mischen, ἀοιδήν anheben, ἓ αὐτήν sich schmücken. b) poet. antreiben. 2) Med. ep. a) sich fertig machen, anschicken, insbes. sich schmücken. b) sich bereiten, τί.

ἐντυπάς, Adv. Ω. 163 ἐν χλαίνῃ κεκαλυμμένος fest eingehüllt, oder aber kauernd, hockend.

ἐν-τυπόω (ἔντυπος), sp. darauf prägen, darauf bilden, Akt. u. Med.; N. T. ἐν γράμμασι λίθοις durch die Schrift in Steine gegraben, τί.

ἐν-τυραννέομαι, sp. unter einem Tyrannen, unter tyrannischer Herrschaft leben.

ἐντυχία, ἡ, sp. das Zusammentreffen.

ἐνῡάλιος, ὁ (Ἐνυώ), der mörderische, kriegerische, als Subst. ὁ **Ἐνῡάλιος,** Schlachtengott, Bein. des Ares.

ἐν-υβρίζω, poet. u. sp. an einem od. an etwas (τινά oder τί) freveln, einen (τινί) mißhandeln, τινί mit etwas.

ἔνυδρις, ιος, ἡ, ion. der Fischotter. Von

ἔν-υδρος, 2. (ὕδωρ), im Wasser, **1)** wasserreich, mit Wasser gefüllt, bewässert. **2)** im Wasser lebend, Νύμφαι Nymphen der Gewässer.

ἐν-υπάρχω, darin vorhanden sein.

ἐνυπνιάζω u. Med. mit Fut. pass. sp u. N. T. dabei od. darauf Träume bekommen, träumen. Von

ἐν-ύπνιον, τό, Traumgesicht, Erscheinung im Traume, auch ὄψις τοῦ ἐνυπνίου genannt, Traumbild, Traum, ὁρᾶν haben; allgem. Ausdruck für alle Erscheinungen im Schlaf, während ὄνειρος insbes. der bedeutungsvolle Traum hieß.

ἐν-ύπνιος, poet. u. **ἔνυπνος,** 2. poet. im Schlaf, im Traum erscheinend; Ntr. = Adv. im Traum.

ἐν-υφαίνω, ion. u. sp. einweben, einwirken, τί, abs. u. τινί in etwas. Dav.

ἐνυφαντός, 2. buk. eingewebt.

Ἐνῡώ, οῦς, ἡ, Enyo, die mordende Kriegsgöttin, Gefährtin des Ares.

ἐνωμοτ-άρχης od. **ἐνωμότ-αρχος,** ὁ, Befehlshaber einer ἐνωμοτία.

ἐνωμοτία, ion. **-ίη,** ἡ, die durch gemeinschaftlichen Opferschwur verbundene Schar (ähnl. wie Eidgenossenschaft), ein Korps der lakedämonischen Heeresverfassung, urspr. aus 24, später auch aus 32 Mann bestehend, die Hälfte einer Pentekostys, Vierteil eines **λόχος.** Von

ἐν-ώμοτος, 2. poet., Adv. **-ότως,** sp. (ὄμνυμι), eidlich verpflichtet, gebunden, vereidet, ὅρκοις durch Eidschwur, **θεῶν** ein Vereideter der Götter, d. h. der den Göttern geschworen hat; sp. auch Verschworener.

ἐνῶπα, s. **κατενῶπα.**

ἐν-ωπᾰδίως (ὤψ), ep. Adv., von Angesicht zu Angesicht.

ἐνωπῇ (ep. Adv. von ὤψ, eigentl. Dat. von ἐνωπή, ἡ, der Anblick), vor aller Augen. Dav.

ἐνώπια, τά, poet. Antlitz, Front, Fassade, Vorderwände des Hauses, ep. παμφανάοντα, -όωντα helleuchtende, weil weiß übertüncht.

ἐνώπιος, 2. buk. (ὤψ), sichtbar, gegenwärtig. **ἐνώπιον** als Adv. N. T. in Gegenwart, vor τινός, auch bei Verbis der Bewegung, des Erinnerns u. Vergessens; dann = auf jmds. Wink oder vor jmds. Richterstuhl.

ἐνώτια, τά (οὖς), die Ohrringe.

ἐνωτίζομαι, sp. N. T. zu Ohr bekommen, vernehmen.

ἐξ, s. ἐκ.

ἕξ (W. σϝεξ, gr. Dial. ϝέξ, lat. *sex*, dt. *sechs*), undekl. Zahl, sechs.

ἐξαγγελία, ἡ, die Anzeige, das Ausplaudern. Zu

ἐξ-αγγέλλω, 1) Akt. u. Pass. **a)** hinausmelden, berichten, Anzeige machen, entdecken, ausschwatzen. **b)** laut verkünden, bekannt machen, ansagen, heißen. **2)** Med. auch: von sich aus verkünden, verheißen. Dav.

ἐξάγγελος, ὁ, Verkündiger, Anzeiger, Bote. Im Drama der Bote, der aus dem Bühnenhause kommt im Gegens. zum ἄγγελος von außerhalb.

ἐξάγγελτος, 2. bekannt gemacht, verraten.

ἐξ-αγίζομαι, poet. Pass., geweiht d. i. hingeopfert werden zur Sühne, **τινός** aus etwas.

ἐξ-αγῑνέω, ion. = ἐξάγω.

ἐξάγιστος, 2. was zu sagen sündhaft ist, nicht zu sprechen.

ἐξ-άγνυμι, Aor. ἐξέαξε (in tmesi), ep. herausbrechen, zermalmen, τί τινος etwas von einem.

ἐξ-αγοράζω u. Med. **-ομαι,** sp. N. T. auskaufen, aufkaufen, loskaufen.

ἐξαγορευτικός, 3. sp. auszusprechen geschickt. Von

ἐξ-αγορεύω, ep. ion. u. sp. aussprechen, verkünden, τί, ausbringen, verraten, τί, auch πρός τινά τι.

ἐξ-αγριαίνω u. **ἐξ-αγριόω,** wild, stürmisch machen, erbittern, verwildern lassen.

ἐξ-άγω, Adj. verb. ἐξακτέον, ep. Impf. 3. sg. ἔξαγεν (auch in tmesi), **herausführen** • **1)** von Personen • **a)** hinaus-, wegführen, herauskommen lassen, τινά u. zwar τινός u. ἔκ τινος • **b)** im bes. **α)** von göttlicher Leitung: (glücklich) einen zum Ziel hinausführen, **β)** vom Feldherrn: Leute ausrücken lassen, mit sich führen, προθύμως machen, daß jmd. gern mitzieht, **γ)** Sklaven entführen, **δ)** einen hinausführen, um ihn zu töten Hdt. Xen; ἑαυτόν (sc. τοῦ βίου, τοῦ σώματος) sich das Leben nehmen Plut. • **2)** von Sachen • **a)** sie **ausführen,** fortführen, außer Landes (ἔκ τινος) führen, auch Med. • **b)** aufführen, τύμβον; weiter hinausrücken • **c)** im bes. Ἴακχον, die Prozession des Iakchos (von Athen nach Eleusis) halten, **d)** hervorbringen, δάκρυα entlocken Eur. Med., γέλωτα zum Lachen bringen Xen. • **3)** Übertr. • **a)** τινὰ πρὸ φόωσδε jmdn. ans Tageslicht bringen, zur Welt kommen lassen Hom. • **b)** einen fortreißen, verleiten, mit folg. Inf.; τινί durch etw. • **4)** scheinbar intr. mit ausgel. στρατόν ausrücken, **ausmarschieren,** vorrücken, ausziehen Hom. Dav.

ἐξαγωγή, ἡ, **a)** das Flottmachen (des Schiffes aus Untiefen), der Ausweg. **b)** die Ausfuhr, ἐπ' ἐξαγωγῇ zur Ausfuhr, ins Ausland.

ἐξαγώγιμος, 2. weggeführt, ἐξαγώγιμον ποιεῖν zum Ausfuhrartikel machen.

ἐξ-αγωνίζομαι poet. auskämpfen, kämpfen.

ἐξαγώνιος, 2. (ἀγών), was nicht zum Prozeß, nicht zur Sache gehört.

ἑξά-γωνος, 2. sp. sechswinklig; **τὸ ἑξ.** das Sechseck.

ἑξάδ-αρχος, ὁ, Anführer von sechs Mann, Rottenführer.

ἐξ-αδυνατέω, sp. unvermögend sein, mit folg Inf.

ἐξ-ᾴδω, 1) einen Gesang anstimmen. **2)** poet. besingen.

ἐξ-αείρω, s. ἐξαίρω.

ἑξάετες, ep. Adv., sechs Jahre lang, v. **ἑξαέτης,** ους, sp. sechsjährig, wozu buk. ἑξαέτις Fem. ist.

ἐξ-αθροίζομαι, poet. heraussuchen u. versammeln.

ἐξ-αθυμέω, sp. ganz mutlos sein od. werden.

ἐξ-αιάζω, poet. verst. αἰάζω, laut wehklagen.

ἐξ-αιμάττω, blutig machen, ἵππον τῷ κέντρῳ blutig stacheln.

ἐξ-αίνυμαι, ep. Dep. (nur Präs. u. Impf.), heraus-, wegnehmen, rauben, τινά τι einem etwas, brachylog. ἐπὶ νηΐ herausnehmen und in das Schiff legen. [ἡμέρα (Gegens. ἐμβόλιμος).

ἐξ-αιρέσιμος, 2. sp. herausnehmbar, ausschaltbar,

ἐξ-αίρεσις, εως, ἡ, ion. das Herausnehmen.

ἐξαίρετος, 2., Adv. -έτως (ἐξαιρέω), herausgenommen, **a)** ἐξαίρετον ποιεῖσθαί τι absondern, od. τινά eine Ausnahme mit einem machen. **b)** vor andern (τινός) gewählt, auserlesen, herrlich, bes. ausgesuchtes Stück der Beute, od. bes. wozu ausersehen, als auserwählter, privilegierter Besitz, ausnahmsweise, ausschließlich, besonders, absonderlich. **c)** Adv. auch besonders.

ἐξαιρετός, 2. ion. herausnehmbar. Von

ἐξ-αιρέω, ep. Aor. 2. ἔξελον, ion. Perf. pass. ἐξαραίρημαι (auch in tmesi) herausnehmen • **1)** herausheben, **ausnehmen** (Hdt. 3, 6), bes. die Eingeweide eines Opfertieres; im Med. für sich heraus-, wegnehmen, τὰ μεγάλα ἱστία d. h. zum Gefecht klar machen; im bes. für sich von jmdm. (τινός) etwas davontragen, als Geschenk erhalten. Ferner ausladen, τὰ ἀγώγιμα, mit εἴς τι auch einführen, u. so auch im Med. • **2)** aussondern, **auslesen,** κούρην, ἥν ἄρα μοι γέρας ἔξελον, dah. auch weihen, meist von der Kriegsbeute; im Med. für sich auslesen, auswählen, κτῆμα, mit dopp. Akk. jmdn. oder etw. zu etw. auswählen, θεοῖς für die Götter, dah. bes. von der Beute für sich od. die Götter vorwegnehmen. Im bes. eine Ausnahme machen, μητέρας ἐξελόντες • **3)** wegnehmen, **beseitigen,** φόβους πολιτῶν, φρένας, θέσφατα unwirksam machen, entreißen, dah. im Pass. ἐξαιρέομαί τι mir wird etw. entrissen, ich werde davon befreit; im Med. erretten, befreien, (ἐκ) τῶν κινδύνων, εἰς ἐλευθερίαν zur Freiheit verhelfen • **4)** Im bes. mit Gewalt **wegnehmen,** τινὰ θυμόν, im Med. erbeuten, τινά τι, ἔκ τινος, τί τινος, τί τινι; dann einnehmen, erobern, überwältigen, überh. vernichten, zerstören.

ἐξ-αίρω, ep. u. ion. **ἐξαείρω** (s. αἴρω), **herausheben** • **1)** Akt. trans. emporheben od. -bringen, aufwerfen, aufführen Hdt., οἴκοθεν hinweggehen heißen Soph.; übertr. mit und ohne ὕψου • **a)** mächtig machen, erheben, rühmen • **b)** hoch emporhalten, βίον ἡδοναῖς in Lust und Freuden leben Soph., μένος πρός τι sich bei etwas erzürnen Soph.; überh. erregen • **2)** Akt. intr. sich erheben, **aufbrechen** • **3)** Pass. sich erheben, sich überheben, ἐλπίσιν κεναῖς in leeren Hoffnungen schwelgen Soph. • **4)** Med. • **a)** wegführen Plat. • **b)** für sich Gewinn erwerben • **c)** schlimmer machen νόσον: Soph. — Vgl. ἐξάρνυμαι (ἐξήρατο).

ἐξ-αίσιος, 2. auch 3., über Gebühr, ungeheuer, unbillig, ungerecht. Subst. ἐξαίσιος ein Unverschämter, Gewalttätiger, ἐξαίσιόν τι eine Unbill.

ἐξ-αΐσσω, ep. (in tmesi) u. sp., Akt. u. Pass. intr. herausspringen, hervorstürzen, hinwegfliegen, παλάμηφιν aus den Händen.

ἐξ-αϊστόω, poet. ganz unsichtbar machen, vertilgen.

ἐξ-αιτέω. **1)** Akt. u. Pass. herausfordern, abfordern, **fordern,** τήνδε μὲ χάριν Soph.; πατρὸς vom Vater als Frau Soph.; im bes. **a)** jmds. Auslieferung verlangen Hdt. Dem., **b)** jmds. Sklaven zur Tortur verlangen. **2)** Med. **a)** = Akt., **b)** jmdn. **losbitten,** überh. erretten, **c)** durch Bitten abwenden: γραφάς Aeschin.

ἔξ-αιτος, 2. ep. auserlesen, vorzüglich.

ἐξ-αίφνης, Adv. (vgl. ἐξαπίνης), jählings, plötzlich, unvermutet, mit dem Art. u. subst. der Plötzliche, u. τὸ ἐξαίφνης für den Augenblick, m. d. Part. sogleich wie, sobald als.

ἐξ-ακανθίζω, sp. ausdornen; übertr. ausgrübeln.

ἐξ-ακέομαι, Dep. med. (-ακέσομαι, -ηκεσάμην), ganz heilen, wieder gut machen, τί, übertr. **a)** abhelfen, τί. **b)** aussöhnen, besänftigen, τί. Dav.

ἐξάκεσις, ἡ, poet. die Ausheilung.

ἐξακισ-μύριοι, 3. sechsmal zehntausend, sechzigtausend.

ἐξακισ-χίλιοι, 3. sechstausend.

ἐξ-ακολουθέω, sp. nachfolgen, τινί einem, N.T. auch nachahmen, ergeben sein, huldigen.

ἐξ-ακοντίζω, den Wurfspieß herauswerfen, Wurfgeschosse schleudern, dah. τοῖς παλτοῖς mit den Wurfspießen herausschießen. Übertr. aussprengen, χεῖρας die Hände hastig ausstrecken, τινός nach etwas, od. κῶλον den Fuß herausschleudern, enteilen, τινός aus etw.

ἑξα-κόσιοι, 3. sechshundert.

ἐξάκουστος, 2. sp. gehört, vernommen, hörbar. Von

ἐξ-ακούω, hören, bes. aus der Ferne hören od. vernehmen. λόγῳ vom Hörensagen wissen.

ἐξ-ακριβόω, poet. u. sp. es ganz genau nehmen, τί mit etwas.

ἐξ-ακρίζω (ἄκρα), poet. erklimmen.

ἐξ-ακτέον, v. ἐξάγω, man muß ausziehen.

ἑξά-κυκλος, 2. ion. sechsräderig.

ἐξ-ᾰλάόω, ep. ganz blenden, blind machen.

ἐξ-ᾰλᾰπάζω, Fut. -άξω, Aor. ep. ἐξαλάπαξα (ἀλαπαδνός), meist ep. erschöpfen, leeren, **a)** πόλιν durch Verpflanzung der ursprünglichen Bewohner nach einem andern Orte entvölkern. **b)** ausplündern, im Kriege, dah. zerstören, vernichten. **c)** buk. erschöpfen.

ἐξ-αλείφω, Perf. pass. ἐξαλήλιπται, **1)** ganz einsalben, **2)** auswischen, ausstreichen, übertr. **a)** abschaffen, τοὺς νόμους (eig. von den Tafeln auswischen). **b)** von Grund aus vertilgen.

ἐξ-ᾰλέομαι, ep. (auch in tmesi), u. poet. **ἐξαλεύομαι,** Dep. med. mit Aor. conj. ἐξαλεύσωμαι, u. **ἐξαλύσκω,** Fut. ἐξαλύξω, nebst Med., poet. ausweichen, entrinnen, abs. u. τί.

ἐξ-αλινδω, Aor. act. inf. ἐξαλῖσαι, Perf. ἐξήλικα, poet. herauswälzen, insbes. ein Pferd auf dem Waschplatz sich wälzen, austummeln lassen.

ἐξάλλαξις, εως, ἡ, sp. Veränderung, Wechsel, Verschiedenheit. Von

ἐξ-αλλάσσω, **1)** Akt. poet. **a)** verändern, vertauschen, verlassen. **b)** eine andere Richtung geben, entziehen, τί etwas, τινός jmdm. **c)** intr. abweichen, d. i. darüber hinausgehen; od. abweichend d. i. ausgezeichnet sein. **2)** Pass. verschieden sein, bes. ἐξηλλαγμένος ungewöhnlich, fremdartig. **3)** Med. poet. κακοῖς μηδέν sich nichts eintauschen gegen die Leiden, d. h. keinen Wechsel des Geschicks erfahren.

ἐξ-άλλομαι, Aor. 1. poet. ἐξηλάμην u. 2. ἐξηλόμην, Part. des ep. Aor. ἐξάλμενος, **1)** heraus-, hervorspringen, τινός aus etwas, διά τινος durch etwas. **2)** weg-, ab-, herabspringen. **3)** in die Höhe springen, sich bäumen.

ἔξαλλος, 2. sp. von dem andern abweichend, abstechend; insbes. vorzüglich.

ἐξ-αλύσκω mit Fut. ἐξ-αλύξω, Aor. ἐξ-ήλυξα, u.

ἐξαλύω, Nebenformen zu ἐξαλέομαι, s. d.

ἐξ-αμαρτάνω, 1) Ziel, Absicht verfehlen, abirren, nichts ausrichten. **2)** einen Mißgriff tun, Fehler begehen, fehlen, sich vergehen, versündigen, sündigen gegen. οὐ δίκαια wider das Recht fehlen.

ἐξαμαρτία, ἡ, poet. das Vergehen.

ἐξ-αμαυρόω, sp. ganz verdunkeln, abschwächen.

ἐξ-αμάω, poet. u. sp. abmähen, abernten, abs. od. θέρος eine Ernte haben; σπλάγχνα herausreißen. Im Pass. ἐξημημένος ῥίζαν ausgetilgt mit der Wurzel.

ἐξ-αμβλόω, poet. sp. unfruchtbar machen; τινά tot zur Welt kommen lassen.

ἐξ-αμβλύνω, sp. ganz abstumpfen, schwächen.

ἐξ-αμ-βρῦσαι (v. ἀνα-βρύω, Konjekt.), Aor. poet. hervorquellen lassen.

ἐξ-αμείβω, 1) Akt. **a)** trans. poet. vertauschen, verbannen, τινός τι; darüber hingehen, durchwandern. **b)** intr. abwechseln, τινί mit, weggehen. **2)** Med. **a)** sich mit etwas vertauschen, auf etwas folgen. **b)** vergelten, belohnen, τινὰ ποιναῖς (zw. LA.).

ἐξ-αμέλγω, poet. ausmelken, auspressen.

ἐξ-αμελέω, ion. u. sp. ganz vernachlässigen, τινός.

ἑξά-μετρος, 2. eigentl. sechsmäßig, aus sechs Metra od. Versfüßen bestehend, sechsfüßig, hexametrisch.

ἑξά-μηνος, 2. sechsmonatlich, ἡ u. ὁ ἑξ. verst. ὥρα u. χρόνος, ein halbes Jahr.

ἐξ-αμηχανέω, poet. aus der Verlegenheit helfen.

ἐξ-αμιλλάομαι, gewöhnl. Dep. pass., poet. u. sp. auch Aor. med. ἐξημιλλησάμην, u. ἐξαμιλληθῇ in pass. Bdtg., (ἅμιλλας) im Wettkampf siegen, τινι über, auskämpfen, austilgen; τινὰ γῆς vertreiben aus dem Lande.

Ἐξαμπαῖος, ὁ, Gegend an der Quelle des Hypanis = *Bug*, griech. Ἱραὶ ὁδοί.

ἐξ-αμύνομαι, poet. von sich abwehren.

ἐξ-ανα-βρύω, s. ἐξ-αμ-βρῦσαι.

ἐξ-αναγιγνώσκω, sp. herauslesen, vorlesen, τὶ πρός τινα etwas jmdm.

ἐξ-αναγκάζω, herauszwingen, austreiben, zwingen, nötigen.

ἐξ-ανάγω, 1) Akt. poet. herausführen. **2)** Pass. von einem Orte aus auf die hohe See hinausfahren, absegeln, abfahren, auch von Schiffen; übertr. aufbessern.

ἐξ-αναδύομαι, Med. mit Aor. 2. ἐξανέδυν, emportauchen, hervorkommen.

ἐξ-αναζέω, Fut. -ζέσει, poet. aufbrausen lassen.

ἐξ-αναιρέω, ep. u. poet. med. herausnehmen, τινός aus etw.

ἐξ-ανακρούομαι, Med., ion. abstoßen mit den Schiffen (νηυσί) vom Lande.

ἐξ-ανᾱλίσκω, ganz verbrauchen, zugrunde richten.

ἐξ-αναλύω, ep. ganz losmachen, befreien, retten, τινά τινος einen von etwas.

ἐξ-αναπληρόω, ausfüllen, ergänzen, vollständig leisten.

ἐξ-ανάπτω, poet. sp. aufhängen, τί, τινός an etwas. Med. übertr. sich anhängen, zuziehen.

ἐξ-αναρπάζω, poet. herausreißen, entführen.

ἐξ-ανασπάω, ion. poet. heraus-, emporziehen, τί, und zwar (ἐκ) τινος aus etwas.

ἐξ-ανάστασις, ἡ, **1)** das Aufstehenlassen, die Vertreibung. **2)** die Auferstehung, N. T.

ἐξ-αναστέφω, poet. ganz bekränzen.

ἐξ-αναστρέφω, poet. etwas kopfüber herabstürzen, τί τινος.

ἐξ-ανατέλλω, poet. tr. hervorgehen lassen, erregen, τὶ ἔκ τινος; buk. intr. hervorgehen.

ἐξ-αναφανδόν, ep. Adv., ganz öffentlich.

ἐξ-αναφέρω, sp. intr. auftauchen.

ἐξ-αναχωρέω, daraus weg- u. zurückgehen, sich zurückziehen, mit Akk. sich einer Sache entziehen.

ἐξ-ανδραποδίζω u. Med. **-ομαι,** Fut. -ιοῦμαι, ion. -ιεῦμαι (in pass. u. akt. Bdtg.), zum Sklaven machen, in die Sklaverei abführen, als Sklaven verkaufen, πόλιν die Einwohner e. St.; überh. verknechten, unterjochen. Dav.

ἐξανδραπόδισις, ιος, ἡ, ion. Knechtung.

ἐξ-ανδρόομαι, ion. u. poet. Pass., Perf. ion. ἐξανδρωμένος, **1)** zum Manne reifen. **2)** poet. in Männer verwandelt werden.

ἐξ-άνειμι, buk. aufgehen, οὐρανοῦ am Himmel.

ἐξ-ανεμόω, poet. **a)** aufblähen. **b)** vereiteln.

ἐξ-ανέρχομαι, poet. wieder hervorkommen, γῆς.

ἐξ-ανευρίσκω, poet. u. sp. ausfindig machen, erfinden, τί.

ἐξ-ανέχω, buk. hervorragen unter τινῶν, vor τινός, Med. poet. auf sich nehmen, aushalten, τί od. τινά, gew. mit Part. Nom. κλύων zu hören, Akk. ἐμὲ ξυνόντα daß ich weile unter.

ἐξ-ανεψιώ, Du., zweite Geschwisterkinder.

ἐξ-ανθέω, 1) intr. **a)** aufblühen, hervorkommen, ausfahren, ausschlagen, über u. über voll sein, wuchern, ἕλκεσιν von Geschwüren, übertr. αἱματηρόν blutig erblühen, d. h. sich vom Blute färben; überh. zum Vorschein kommen. **b)** verblühen. **2)** trans. sp. hervorsprossen lassen, erzeugen.

ἐξ-ανίημι, ep. poet. u. sp. **a)** heraus- od. entsenden, aussenden, schleudern, τί, übertr. ausstoßen. **b)** entlassen, τί τινος etwas aus etwas; nachlassen, τί mit etwas, u. mit verst. Akk. ἐμέ loslassen, Soph. Phil. 705.

ἐξ-ανίστημι. • I) trans. aufstellen • 1) Akt. (-στήσω, -έστησα) **• a)** aufstehen lassen z. B. aus bittender Stellung; in die Höhe richten; θηρία aufjagen Xen.; θανόντας auferstehen lassen Soph.; τὴν ἔνεδραν die im Hinterhalt liegenden hervorbrechen lassen Xen. **• b)** vertreiben ἐκ νήσων, δόμων **• c)** entvölkern πόλιν, βάθρα veröden **• 2)** Pass. ἐξανίστᾰμαι mit Aor. 2. ἐξανέστην, Perf. ἐξανέστηκα, Aor. pass. ἐξανεστάθην vertrieben werden (τινός), von Ländern selbst: verheert werden.

II) intr. im Med. **ἐξανίστᾰμαι** m. Fut. ἐξαναστήσομαι, Aor. 2. ἐξανέστην u. Perf. ἐξανέστηκα, **aufstehen • 1)** sich erheben δειπνοῦντες vom Tische, τινὶ θάκων vor einem Xen.; ὁδῶν aus dem Wege weichen Xen., hervorbrechen • 2) aufbrechen, auswandern, (ἐκ) τινος; übertr. außer sich geraten: ὀργῇ vor Zorn Soph. • 3) vertrieben, verwüstet werden, s. I, 2.

ἐξ-αντλέω, poet. u. sp. 1) ausschöpfen; erschöpfen, verschwenden. 2) übertr. ausdulden, ausstehen.

ἐξ-ανύω u. **ἐξανύτω,** vollenden. 1) Akt. a) vollbringen, ausführen, herbeiführen, hinbringen, zurücklegen, hinkommen, erg. ὁδόν, auch: zu verrichten auflegen (τινί). b) erlangen, erreichen. c) den Garaus machen, töten. 2) Med. verschaffen, erhalten.

ἐξα-πάλαιστος (-πάλαστος), 2. (παλαιστή), ion. von sechs Handbreiten, welche eine Elle ($1^1/_2$ Fuß) ausmachten.

ἐξ-απαλλάσσω, Fut. pass. -αχθήσομαι u. -αγήσομαι, woraus od. wovon (τινός) befreien. Im Pass. abs. davonkommen, Soph. El. 1002, wo ἄτης von ἄλυτος abhängt.

ἐξ-απαρτάομαι, Perf. -ηρτῆσθαι, schweben.

ἐξ-απατάω, a) gänzlich betrügen, hintergehen, täuschen. b) νόσον die Krankheit besänftigen, mildern.

ἐξ-απάτη, ἡ, Betrug.

ἐξ-απαφίσκω u. **-ομαι,** ep. u. poet., Aor. -ήπαφον u. -όμην, betrügen, täuschen.

ἐξά-πεδος, 2. (πούς), ion. sechs Fuß lang.

ἐξ-απεῖδον, poet. Aor. zum ungebr. ἐξαφοράω, von wo aus in die Ferne sehen, τινά.

ἐξά-πηχυς, υ, sechs Ellen lang.

ἐξάπινα, Adv. plötzlich, sp. u. N. T.

ἐξαπιναῖος, 3. u. 2. plötzlich; dazu

ἐξαπιναίως u. **ἐξαπίνης,** Adv. jählings, plötzlich, unerwartet, unvermutet.

ἐξαπλασίων, ονος, 2. sechsfach.

ἐξά-πλεθρος, 2. ion. sechs Plethra lang (s. πλέθρον).

ἐξα-πλήσιος, 3. ion. st. ἑξαπλάσιος, sechsfach, sechsmal so groß, τινός als etwas.

ἐξ-απλόω, ep. u. sp. auseinander falten; ἐξήπλωτο lag ausgestreckt da.

ἐξ-αποβαίνω, ep. aus etwas (τινός) hervorsteigen.

ἐξ-αποδίομαι, ep., conj. -δίωμαι, fortjagen, τινὰ μάχης. (And. μάχης ἔξ ἀπ.)

ἐξ-αποδύνω, ep. sich (*sibi*) ausziehen, τί.

Ἑξάπολις, ιος, ἡ, der Sechsstädtebezirk Doris in Kleinasien mit Rhodos.

ἐξ-απόλλυμι, 1) Akt. trans. poet. gänzlich vernichten, töten. 2) Med. mit Perf. 2. ἐξαπόλωλα, ep. ion. poet. u. sp. untergehen, umkommen, verschwinden, abs. u. τινός aus od. von etwas.

ἐξ-απονίζω, ep. rein abwaschen, τί τινος etwas aus etwas.

ἐξ-απ-οξύνω, poet. ganz zuspitzen.

ἐξ-απορέω, 1) Akt. in größter Verlegenheit sein, den Kopf verlieren. 2) Pass. sp. in große Verlegenheiten geraten, N. T. verzweifeln.

ἐξ-αποστέλλω, heraus- u. wegsenden, absenden, fortschicken.

ἐξ-αποτίνω [ῑ], ep. gänzlich abbüßen, τί.

ἐξάπους, ποδος, ουν, ὁ, ἡ, sechsfüßig.

ἐξ-αποφθείρω, poet. gänzlich vernichten.

I. **ἐξ-άπτω,** *adnectere,* 1) Akt. daran knüpfen, a) hängen, befestigen, verbinden, τινός u. ἔκ τινος an od. mit etwas, mit ἔς τι von wo aus bis wohin etwas ziehen, daher auch anlegen, umhängen, τριήρεσι τὴν ναῦν das Schiff ins Schlepptau nehmen. b) ἔκ τινός τι etwas von etwas abhängig machen, zurückführen auf, pass. abhängig sein von etwas, sich anschließen an etwas. 2) Med. a) sich (*sibi*) umhängen, anziehen. b) sich daran hängen, abs., übertr. sich mit etwas (τινός) befassen. c) angreifen, τινός.

II. **ἐξ-άπτω,** *accendere,* anbrennen, anzünden, anfachen, τὶ διά τινος vermittels einer Sache.

ἐξ-απωθέω, poet. daraus wegstoßen.

ἐξ-αραιρημένος u. ähnl., s. ἐξαιρέω.

ἐξ-αράομαι, poet. (in tmesi), ἀράς Verwünschungen ausstoßen, mit Verwünschungen verfluchen.

ἐξ-ἀράσσω, Fut. -αράξω, ep. (in tmesi) poet. sp., herausschlagen, herausschmettern, τί.

ἐξ-αργέω, poet. pass. nachlässig betrieben, hinausgeschoben werden.

ἐξ-αργυρίζω u. (ion.) **ἐξ-αργυρόω,** versilbern, zu Gelde machen, τί.

ἐξ-αρέσκω, -αρεσκεύω, gewinnen, τινὰ δώροις.

ἐξ-αριθμέω u. Med. auszählen, durch Zählen herausbringen, auf- u. herzählen.

ἐξ-αρκέω, 1) pers. a) von Personen: genügen, fähig sein. b) von Sachen: hinreichen, genügen, genug sein. 2) impers. es genügt, αὐτῷ er ist zufrieden.

ἐξαρκής, 2. poet. ausreichend, ἐξαρκὲς τιθέναι τι etwas gehörig besorgen.

ἐξαρκούντως, Adv. part. pr. von ἐξαρκέω, ἔχειν sich begnügen.

ἔξαρμα, τό, sp. die Erhebung, πόλου Polhöhe.

ἐξ-αρνέομαι, Med. mit Aor. pass. ἐξηρνήθην, gänzlich leugnen, sich weigern, abs. od. τί, mit folg. μή u. Inf. Dav.

ἐξάρνησις, ἡ, das Versagen.

ἔξ-αρνος, 2. ableugnend; ἔξ. εἶναι od. γίγνεσθαι hartnäckig leugnen, in Abrede stellen, abs. od. πρός τινα gegen einen, od. mit Inf. u. μή od. mit relat. Nebens. od. ὡς u. Part., d. h. als hätte ich —.

ἐξ-άρνυμαι, ep. Aor. ἐξήρατο, für sich davon tragen, erwerben, erbeuten, Τροίης aus Troja.

ἐξ-αρπάζω, Fut. pass. ἐξαρπαγήσομαι, 1) Akt. u. Pass. herausreißen, hinwegraffen, τινά τινος einen aus etwas, u. bloß τινά einen den Augen entrücken, einer Gefahr od. Strafe entreißen, befreien. Pass. -άζομαί τι *mihi aliquid eripitur.* 2) Med. für sich wegrauben, abs. οἱ ἐξηρπασμένοι die für sich geraubt haben, od. τινά einen zu seinem Vorteil der Gefahr entreißen.

ἐξ-αρτάω • 1) Akt. von etwas herabhangen lassen, an etwas (ἀπό τινος) hängen u. befestigen, übertr. abhängig machen, δόξαν ἐπαίνων Plut., auch Med. Eur. • 2) Pass. m. Fut. med. von etwas od. jmdm. (τινός od. ἔκ τινος) **abhängen,** an etwas (τινός) hängen, jmds. Anhänger sein; vom Terrain: schließt sich an Thuk. 6, 96, 2; ἐξηρτημένος, absol. herabhängend; hangend, angehängt • 3) Med. sich an etwas (τινός) klammern, **sich** etwas **anhängen,** πλεκτὰν παιδείαν, die Segel, etwas umhängen τόξοισι Aesch.; ἐξηρτημένος πήραν der sich den Ranzen umgehängt hat Luk. (cf. Hor. Sat. 1, 6, 74); στρατόπεδον ein Heer mit sich schleppend Dem.

ἐξ-αρτίζω, sp. N. T. vollenden, zurichten zu etwas.
ἐξ-αρτύω, 1) Akt. u. Pass. rüsten, zurechtmachen, einrichten, instandsetzen, ausrüsten, versehen, versorgen. 2) Med. a) trans. sich etwas zurüsten, einrichten, ausbessern, b) intr. sich rüsten, Vorkehrungen treffen, Anstalten machen.
ἔξαρχος, ον, ep. poet. sp. anhebend, sc. ἐστί = ἐξάρχει. Subst. der Beginner, bes. Chorführer, Vorsänger, θρήνων, welcher die Klagen anstimmt. Von
ἐξ-άρχω, 1) Akt. anfangen, beginnen, die Reihe eröffnen, Anführer sein, anheben, anstimmen, *citare*, Urheber sein, τινί für jmdn., aber τινός u. τί mit od. von etwas. Im bes. ep. βουλὰς ἀγαθάς zuerst heilsamen Rat geben, od. mit dopp. Akk. λόγους ἐξάρχειν τινά einen anreden, θεούς μολπὰν einen Gesang auf die Götter anheben. 2) Med. ep. u. poet. anfangen, κανᾶ beim Beginn des Opfers die (Gersten)-Körbe weihen; etwas (τινός) angeben, z. B. κακῆς βουλῆς; anstimmen, τί.
ἑξάς, άδος, ἡ (ἕξ), sp. die Zahl sechs.
ἐξ-ασκέω, 1) sp. bis hinaus, also vollständig ausüben u. behandeln. 2) poet. u. sp. völlig mit Kunst ausarbeiten, τί, od. ausschmücken, versorgen, τινά τινι einen mit etwas.
ἑξα-στάδιος, 2. sp. von sechs Stadien.
ἐξ-αστράπτω, sp. N. T. strahlen. [folg. εἰ.
ἐξ-ατιμάζω, poet. es für gleichgültig achten, mit
ἐξ-αυαίνω, Aor. -ηύηνα u. -αύηνα, Aor. pass. -ηυάνθην, austrocknen, τί. Pass. verdorren.
ἐξ-αυγής, 2. poet. hellglänzend.
ἐξ-αυδάω, ep. u. poet. 1) Akt. heraussagen, gerade heraussprechen, überh. vorbringen, vortragen, abs. u. τί u. zwar τινί jmdm. 2) Med. ertönen lassen.
ἐξ-αυλίζομαι, aus dem Lager od. Quartier aufbrechen, herausziehen, εἴς τι wohin.
ἐξ-αυτῆς, poet. sp. von Stund an, sofort.
ἐξ-αῦτις, ep. Adv. a) wiederum, abermals, von neuem. b) vom Orte: zurück.
ἐξ-αυχέω, poet. sich sehr brüsten, sich rühmen, mit Part. λαβών daß er genommen, überh. behaupten oder glauben, τί u. mit Inf.
ἐξ-αΰω, poet. (in tmesi), laut aufschreien.
ἐξ-ἀφαιρέομαι, ep. u. poet. Med. 1) gänzlich für sich wegnehmen u. zerstören, τί u. τί τινος jmdm. etwas rauben. 2) εἰς ἐλευθερίαν τινά ihn gänzlich befreien (var., s. ἐξαιρέω, 3).
ἐξ-αφανίζω, verstärktes ἀφανίζω.
ἐξ-αφίεμαι, Pass., losgelassen, befreit werden, quitt sein, τινός einer Sache.
ἐξ-αφίσταμαι, poet. Med., abstehen, sich entziehen, τινός einer Sache, sie abschlagen.
ἐξ-αφοράω, ungebr., s. ἐξαπεῖδον.
ἐξ-αφρίζομαι, poet. Med., abschäumen, austoben
ἐξ-αφύω, ep. herausschöpfen, τί. [lassen.
ἑξά-χειρ, ὁ, ἡ, sp. sechshändig.
ἑξά-χους, 2. sp. sechs Maß haltend (χοῦς II), 6 Kannen enthaltend (= ca. 20 l).
ἔξ-αψις, εως, ἡ (ἅπτω), sp. das Anzünden, Anfachen.
ἐξ-έβαν, s. ἐκβαίνω.
ἐξ-εγγυάω, durch Bürgschaft befreien, Med. Bürgschaft stellen; Pass. -ᾶσθαι unter Bürgschaft, ἐπί τινι auf jmds. Bürgschaft hin entlassen werden, weil er als frei reklamiert werden sollte. Dav.
ἐξεγγύησις, ἡ, die Bürgschaft.
ἐξ-εγείρω, aufwecken, erwecken; austiften. Pass. nebst Aor. med. ἐξηγρόμην aufwachen, erwachen.
ἐξ-έγερσις, ἡ, sp. Aufwachen, Aufstehen.
ἐξ-έδρα, ἡ, ein Gesellschaftszimmer, Halle.
ἐξέδριον, τό, sp. Demin. vom vorigen.
ἔξ-εδρος, 2. (ἕδρα), poet. von seinem Wohnsitz fern, auswärts, χθονός von der Heimat.
ἐξ-έθορε, s. ἐκθρῴσκω.
ἐξ-εῖδον, ep. ἔξιδον, def. Aor. zu ἐξοράω, s. d.
ἐξείης, s. ἑξῆς.
ἐξ-εικάζω, ganz ähnlich machen, nachbilden, u. so auch durch die Rede darstellen, im Pass. ähnlich sein, gleichen, τινί. Part. perf. pass. -ηκασμένος; οὐδὲν -μένα nicht erdichtete.
ἐξ-ειλέω, buk. u. sp. 1) Akt. auseinanderfalten. 2) Med.-Pass. sich herauswinden, entfliehen.
ἐξ-ειλύομαι (Aor. pass. -υσθείς), buk. sich herauswinden (var.).
I. **ἔξειμι** (εἰμί), impers. **ἔξεστι,** conj. ἐξῇ, opt. ἐξείη, imper. ἐξέστω, inf. ἐξεῖναι, Impf. ἐξῆν, Fut. ἐξέσται, Aor. ἐξεγένετο **es steht frei, ist erlaubt,** möglich, man kann, abs. es steht nichts im Wege, od. τινί mit Inf. od. mit Akk. od. Dativ mit Inf., οὐδὲ ἐθέλοντι ἐξῆν (ὑβρίζειν) selbst wenn er gewollt hätte, hätte er nicht gekonnt usw. Ähnl. ἔξεστιν ὑμῖν φίλους γενέσθαι auch σοὶ ἀνδρὶ γενέσθαι; ἐξῆν ich wäre berechtigt zu. • Ebenso abs. wird das Part. **ἐξόν,** ion. ἐξεόν gebr., da (obgleich, wenn) es frei steht od. stand, trotz der Möglichkeit, auch ὥσπερ ἐξόν als ob es vergönnt wäre.
II. **ἔξ-ειμι** (εἶμι), ep. Präs. ind. 2. sg. ἔξεισθα, inf. ἐξίμεναι (Präs. mit Futur-Bdtg.), Adj. verb. ἐξιτητέον. 1) von Personen: heraus-, aus-, **fortgehen,** (ἐκ) τινος aus etwas, etwas verlassen, ἐκ τῶν ἱππέων ausrangiert werden. Im bes. a) ins Feld ziehen, ausrücken, ausmarschieren, στρατείαν, ὁδόν; ὑστάτην ὁδόν den letzten Weg gehen Eur., b) εἰς ἔλεγχον Prüfung anstellen Soph., c) ἀγῶνας ausziehen auf Soph. 2) von Sachen u. Zuständen: vorübergehen (χρόνος), vergehen, zu Ende gehen, **aufhören** (ἴχνη Xen.).
ἐξ-εῖπον usw., s. I. ἐξείρω.
ἐξ-ειργασμένως, sp. Adv. (ἐξεργάζομαι), ausgearbeitet, genau.
ἐξ-είργω, ion. **ἐξέργω,** 1) Akt. a) ausschließen, abhalten, berauben, abschneiden, vertreiben, τί u. τινά, u. zwar τινός, ἔκ u. ἀπό τινος von od. aus etwas, τινί durch etwas. b) verhindern, verbieten, τινά. 2) Pass. a) ausgeschlossen, abgehalten werden. b) ion. gedrängt, gezwungen, genötigt werden, wohl auch mit ἀναγκαίῃ verb.
ἐξ-είρομαι, auch -ερέομαι (s. ἐρέω II), -ερήσομαι, -ηρόμην, ausfragen.
ἐξ-ειρύω, s. ἐξερύω.
I. **(ἐξ-είρω),** Fut. ἐξερῶ, Perf. ἐξείρηκα (I. εἴρω), u. als Aor. **ἐξεῖπον** u. **ἐξεῖπα,** ankündigen, vorbringen, sagen, verraten, abs. od. τί, τινί τι; aber τινά τι etwas jmdm. sagen, ihm etwas nachsagen; im Aor. auch: zu Ende sprechen.
II. **ἐξ-είρω** (II. εἴρω), ion. poet. herausstrecken, τί.
ἐξέλασις, εως, ion. ιος, ἡ, 1) trans. ion. u. sp. die

Vertreibung. 2) intr. der Aufbruch, Auszug, Aufzug, ἐξέλασιν ποιεῖσθαι ἐπί τινα einen Angriff gegen od. auf jmdn. machen. Von

ἐξ-ελαύνω u. **ἐξελάω**, ep. Fut. inf. ἐξελάειν, -άαν, Aor. ἐξέλασα u. -ήλασσα, ion. und sp. Aor. pass. ἐξηλάσθην **heraustreiben**, dah. 1) **aus-, fort-, weg-, vertreiben**, auf-, verjagen, τινά od. τί, auch (ἔκ) τινος von etwas. Im bes **a)** (ἐκ τῆς γῆς, φυγάδα) einen in die Verbannung treiben, **b)** ὀδόντας γναθμῶν die Zähne aus den Kinnbacken schlagen, **c)** übertr. δίκην das Recht beugen. **2) fortführen,** z. B. τὴν στρατιάν mit dem Heere ausrücken, u. so scheinbar intr. ausrücken, aufbrechen, ausfahren, ausreiten. **3) austreiben** mit dem Hammer das Eisen, hämmern, formen. **4)** Med. = Akt. vertreiben.

ἐξ-ελέγχω, **1)** ausfragen, ausforschen, untersuchen, prüfen. **2)** beweisen. **3)** überführen, schuldig finden, beschämen. **4)** als falsch darstellen, widerlegen. ἐξελέγχομαι διαβάλλων ich werde der Verleumdung überführt, ἐξελέγχθη ἐς τὸ ἀληθές er trat in seiner wahren Gestalt ans Licht.

ἐξ-ελευθερικός, ὁ, sp. die Freigelassenen betreffend, Sohn od. Nachkomme eines Freigel. Von

ἐξ-ελεύθερος, 2. sp. freigelassen; *subst.* der Freigelassene, *libertus.*

ἐξ-ελευθεροστομέω, poet. freimütig heraussagen, freie Rede führen.

ἐξελιγμός, ὁ, sp. Entwicklung aus der Marschkolonne in die Kampflinie durch Frontwechsel (sog. Kontremarsch), wenn der Feind im Rücken angriff. Er bestand darin, daß die Rottenführer nach einer halben Schwenkung an ihrer Rotte entlang gingen und ihre Hintermänner der Reihe nach folgten. Zu

ἐξ-ελίσσω, att. **-ελίττω, 1)** entwickeln, entfalten, im bes. den Reihen der Soldaten eine andere Stellung geben, so daß die hintern Glieder in die Front zu stehen kommen. **2)** poet. u. sp. im Kreise bewegen. hervor-, herumtreiben. **3)** sp. scheinbar intr. (verst. ἑαυτόν), abschwenken, τὴν τάφρον um den Graben herum.

ἐξ-έλκω, Aor. ἐξείλκυσα, Adj verb. ἐξελκτέον, **a)** herausziehen, τινά u. τί, herausnehmen, wegnehmen, τινός, ἐκ und ἔξω τινός aus etwas. **b)** fortziehen, fortschleppen, τί.

ἐξ-εμέω, Aor. -εμέσειε, -έσαι, Fut. pass. sp. -εμεθήσεται, ausspeien, auswerfen.

ἐξ-εμπεδόω, treulich halten, beobachten, τί.

ἐξ-εμπολάω, ἐξημπόλησα, ἐξημπόλημαι, ion. **ἐξ-εμπολέω,** Perf. pass. ἐξεμπ., ion. poet. und sp. **1)** rein ausverkaufen, ganz verkaufen, übertr. verraten. **2)** durch Handel erwerben, κέρδος Handelsvorteile finden.

ἐξ-εναρίζω, ep. u. poet., Aor. 1. ἐξενάριξα, dem Getöteten (τινά) die Rüstung (τί) ausziehen, ihn der Waffen entkleiden; überh. töten, erlegen.

ἐξενθεῖν, -ενθοῖσα, dor. = ἐξελθεῖν usw.

ἐξ-επᾴδω, hinausbeschwören, durch Zauberformeln austreiben. Im Pass. poet. νουθετούμενοι φίλων ἐπῳδαῖς ἐξεπᾴδονται φύσιν vom Zauber liebevoller Mahnung umgestimmt werden in seinem Wesen.

ἐξ-επεύχομαι, poet. sich höchlich dabei rühmen.

ἐξ-επιπολῆς, sp. Adv., oberflächlich, obenhin.

ἐξ-επίσταμαι, ion. 2. sg. -εαι, Impf. 3. pl. ἐξεπιστέατο, genau kennen, erkennen, kennen, wissen, einsehen, überzeugt sein, abs. ἐξεπιστάμενος nach meinem besten Wissen, auch: auswendig wissen.

ἐξ-επίτηδες, Adv., ganz absichtlich, mit Fleiß, ausdrücklich, geflissentlich.

ἐξέρᾱμα, τό, sp. N. T. das Ausgespieene. Von

ἐξ-εράω, ausspeien; ausschütten, ausleeren.

ἐξ-εργάζομαι, Dep. med., Perf. ἐξείργασμαι in akt. u. pass. Bdtg., Aor. med. u. pass. ion. ohne Augm. ἐξεργ. **ausarbeiten,** dah. **1) a) ausführen,** vollbringen, vollenden, ausüben, verrichten, tun, abs. dah. οὐξειργασμένος st. ὁ ἐξ. der Täter, od. τί etwas, u. τινά τι an einem etw. verüben; ἐπ' ἐξειργασμένοις nach getaner Tat d. i. zu spät, doch auch am Ziele des Strebens, **b)** verursachen, **bewirken,** liefern, τί od. mit Inf., dah. ἐξεργασμένος ἑωυτῷ κακόν der Urheber seines eigenen Unglücks, παρά τινος auswirken, erlangen, **c)** sp. ausführlich darstellen. **2) bearbeiten,** anbauen, bestellen, τί. **3)** zerarbeiten, zugrunde richten, vernichten.

ἐξεργασία, ἡ, sp. Ausarbeitung, Bearbeitung, τῆς γῆς Ackerbestellung.

ἐξεργαστικός, 3. tüchtig zur Ausführung von etw. [(τινός).

ἐξ-έργω, s. ἐξείργω.

ἐξ-ερεείνω u. Med. **-ομαι** (ἐρέω II), ep. ausfragen, ausforschen, auskundschaften, durchspähen, abs. u. τί.

ἐξ-ερεθίζω, poet. sp. aufstacheln, aufreizen, τινά.

ἐξ-ερείπω, 1) poet. trans. niederwerfen. **2)** ep. intr. im Aor. 2. ἐξήριπον, -εριπεῖν intr. niederstürzen, herabfallen, τινός aus etwas.

ἐξ-ερεύγομαι, ion. u. sp. Pass., eigtl. ausgespieen werden, vom Flusse: sich ergießen, στόμασι in Mündungen.

ἐξ-ερευνάω (ἐρέω II), poet. u. sp. ausspüren, ausfindig zu machen suchen, auskundschaften, erfragen.

I. **ἐξ-ερέω,** s. I. ἐξείρω.

II. **ἐξ-ερέω,** ep. u **ἐξ-ερέομαι,** ep., nur Präs. u. Impf., **1)** Akt. ausforschen, ausfragen, auskundschaften, durchspähen, abs. u. τί. **2)** Med. ausfragen, abs. u. τινά jmdn., τινός nach jmdm., od. mit indir. Fragesatze. Vgl. ἐξείρομαι.

ἐξ-ερημόω, ganz öde machen, γένος das Haus, d. h. vertilgen.

ἐξ-ερίζω, sp. beim Streit beharren.

ἐξ-εριπεῖν, ep., s. ἐξερείπω.

ἐξεριστής, ὁ, poet. hartnäckiger Streiter.

ἐξ-ερμηνεύω, sp. genau beschreiben.

ἐξ-έρπω, herauskriechen; hervorgehen od. -kommen.

ἐξ-έρρω, poet. sich fortpacken. [steuern.

ἐξ-ερύκω, poet. abhalten, τί, d. i. einer Sache

ἐξ-ερύω u. ion. **ἐξειρύω,** Aor. 1. ἐξείρυσα, ep. σσ, u. ἐξέρῠσα, ion. Iterativf. ἐξερύσασκε, herausziehen, herausreißen, τί u. τί τινος etwas aus etwas, od. τινὰ ποδός jmdm. beim Fuße, τί τινος etwas an etwas.

ἐξ-έρχομαι 1) • **a) aus- oder herausgehen,** herauskommen, hervortreten, fortgehen, auswandern, abziehen (N. T. Dämonen: ausfahren; Christus: herniederkommen); aufbrechen, ausrücken, ins Feld ziehen, einen Ausfall machen, auch mit Worten, abs. od. *τινός*, *ἐκ* od. *ἀπό τινος*; übertr. aus etw. hervorgehen, *τί* etwas bestehen, vollführen; *ἐπί τι* zu etw. ausschweifen, *ἐπὶ πλεῖστον* seinen Vorteil am weitesten verfolgen, *εἴς τινας* in eine gewisse Klasse od. Zahl eintreten, *ἐκ παίδων* aus dem Knabenalter treten, *δι' ἐλευθερίας μόλις* sich bis zur Freiheit losringen • b) von Sachen: herausgehen • c) von der Zeit: vergehen, vorübergehen, verstreichen, verfließen, *τοῖσδε* seit diesem Vorfall. 2) • a) **ausgehen**, in Erfüllung gehen • b) *σαφής* sich als zuverlässig erweisen, *κατ' ὀρθόν* gut ausschlagen, sich zum Glück wenden.

ἐξ-ερῶ, s. I. *ἐξείρω*.

ἐξ-ερωέω, ep. vom Wege weichen, durchgehen.

ἐξ-ερωτάω, poet. ausfragen; s. *ἐρέω* II.

ἐξ-εσθίω u. poet. **ἐξ-έσθω,** ausessen, aufzehren.

ἐξεσίη, *ἡ*, ep. (*ἐξίημι*), Aussendung, Sendung, *ἐξεσίην ἐλθεῖν* einen Gang besorgen.

ἔξεσις, *ιος*, *ἡ* (*ἐξίημι*), ion. Entlassung der Frau, Scheidung.

ἐξ-ετάζω, Impf. *ἐξήταζον*, buk. (dor.) Aor. *ἐξήταξα* • 1) **ausforschen,** dah. • a) untersuchen, erproben, **prüfen,** beobachten, auf den Grund gehen, *τί* od. *τινά* oder mit indir. Fragesatz; *τὶ παρά* (*πρός*) *τι* etwas prüfen nach etwas, *τινὰ πρός τινα* einen mit einem vergleichen. Im bes. *α*) milit.: mustern. *β*) sich zur Aufwartung einfinden. *γ*) erfunden werden, sich zeigen, sich benehmen • b) **ausfragen,** fragen, abs. u. *τινά*, auch *τινά τι* einen nach etwas fragen, verhören • 2) Med. bei sich erwägen, *τί*, urteilen, *ἐπί τινι* nach etwas • 3) Pass. • a) sich zum Verhör stellen; *ἐξηταζόμην ἀληθεύων* die Untersuchung ergab meine Wahrheitsliebe • b) ans Licht treten, sich bestätigen, berechnet werden, sich vorfinden.

ἐξετᾰσία, *ἡ*, sp. für *ἐξέτασις*.

ἐξέτᾰσις *εως*, *ἡ*, u. **ἐξετασμός,** *ὁ*, Untersuchung, Prüfung, Nachforschung, Beaufsichtigung, Musterung der Armee, Heerschau. *ἐξέτασις βουλῆς* *lectio senatus*.

ἐξεταστής, *οῦ*, *ὁ*, der Untersucher, im bes. Rechnungsprüfer der Finanzbeamten, in Athen auch der Aufseher über die Söldner.

ἐξεταστικός, 3. (*-στής*), zur Untersuchung von etw. geschickt, *ἐξ. εἶναί τινος* etwas zu prüfen haben.

ἑξ-έτης, *ους*, od. **-ετής,** *οῦς*, 2. (*ἔτος*), sechsjährig, insbes. vom Pferde (vollkommen ausgewachsen, voller Jugendkraft).

ἐξ-έτι (and.: *ἐξ ἔτι*), Adv. u. Präp. mit Gen., ep. u. sp. seit, seitdem, *πατρῶν*, von da an, von da her.

ἐξ-ευλαβέομαι, sich wohl in acht nehmen, *τινά*, [vermeiden, *τί*,

ἐξευμαρίζω (*εὐμαρής*), poet. leicht machen, u. Med. leicht beschaffen.

ἐξ-ευμενίζομαι, sp. *τινά* sich jmdn. geneigt [machen.

ἐξ-εύρεσις, *εως*, ion. *ιος*, *ἡ*, u. **ἐξεύρημα,** *τό*, ion. poet. u. sp. das Erfinden, die Erfindung; der Ausweg, Enthüllung. Von

ἐξ-ευρίσκω, 1) herausfinden, auffinden, entdecken, etwas möglich machen. 2) erwerben, aneignen. 3) aufsuchen. 4) erdenken.

ἐξ-ευτελίζω, sp. ganz gering anschlagen.

ἐξ-ευτρεπίζω, poet. verst. *εὐτρεπίζω*.

ἐξ-εύχομαι, poet. 1) sich laut rühmen, rühmend erzählen. 2) laut d. i. heftig wünschen, mit Akk. m. Inf.

ἐξ-εφίεμαι, poet. Med., gebieten, heißen, mit Inf.

ἐξ-έχω, hervorragen; von der Sonne: aufgehen.

ἐξ-έψω, auskochen.

ἔξ-ηβος, 2. poet. den Jünglingsjahren entwachsen.

ἐξ-ηγέομαι, Dep. med. 1) **heraus-,** hin-, **anführen,** a) Anführer sein, den Oberbefehl führen, abs. u. *τινός* über einen od. jmds., *τινί* einem vorangehen, *ἐπί* u. *εἴς τι* nach einem Orte hin, auch *τί* vorangehend einen Ort zeigen, b) übertr. Vorgesetzter sein, ein Amt verwalten, anordnen, leiten, (*μετρίως τινά* jmdn. mit Mäßigung leiten), *τί* od. *τινός* in etwas, z. B. *τῆς πράξεως* im Handeln. 2) **ausführen,** auseinandersetzen, erzählen, abs. od. *τί* od. *περί τινος*, od. mit indir. Frages. od. Akk. m. Inf.

ἐξήγησις, *εως*, *ἡ*, 1) die Anführung, *ἡ ἐν κόσμῳ ἐ.* die besonnene Amtsführung. 2) Auseinandersetzung, *ἐξήγησιν ποιεῖσθαί τινι* mit relat. Nebensatz, auseinandersetzen.

ἐξηγητής, *οῦ*, *ὁ*, 1) der etwas angibt, Ratgeber, *τινός* zu etwas. 2) Ausleger, Zeichendeuter, bes. von Wunderzeichen, überh. von religiösen Gebräuchen, Merkwürdigkeiten, insbes. in Athen (drei) vom delphischen Orakel bestellte Kultusbeamte, Rechtsweiser, welche dem, der sich eine Befleckung durch Mord zugezogen, die Art der Sühne angaben u. ihn so von der Befleckung, dem *ἄγος*, reinigten.

ἑξήκοντα, *οἱ*, *αἱ*, *τά*, Num. indecl., sechzig.

ἑξηκονταετία, *ἡ* (*-ετής* 60jährig), sp. Zeitraum von sechzig Jahren.

ἑξηκοστός, 3. sechzigster.

ἐξ-ήκω (das Präs. mit Perf-bdtg.), 1) a) von Personen: herausgekommen sein, wohin gekommen od. gelangt sein, *ὁδόν* einen Weg gegangen, heimgekehrt sein, übertr. *ἅλις ἵν' ἐξ. δακρύων* du hast genug geweint. b) von der Zeit: vergangen, verflossen, vorbei sein. 2) ion. u. poet. in Erfüllung gehen, sich erfüllen.

ἐξ-ήλατος, 2. ep. nach außen gehämmert, wohl gehämmert. (Aristarch: *ἑξήλατος*, mit sechs Lagen.)

ἐξήλῠσις, *ιος*, *ἡ* (*ἐξελθεῖν*), ion. Ausgang, *ἔκ τινος* aus etwas.

ἑξ-ῆμαρ, ep. Adv., sechs Tage lang.

ἐξ-ημερόω, ion. poet. u. sp. 1) Akt. gänzlich zähmen, veredeln, kultivieren, urbar, zahm machen, von reißenden Tieren, Übeln befreien. 2) Med. zahm, kultiviert werden.

ἐξημοιβός, 2. (*ἐξαμείβω*), ep. zum Wechseln.

ἑξ-ήρης, 2. sp. (vgl. zu *τριήρης*), mit sechs Ruderreihen.

ἑξῆς, ep. gew. **ἑξείης** (St. *σεχ* in *ἔχω*), Adv. 1) a) eigtl. nebeneinander, so daß der eine den andern hält (*ἔχει*), der Reihe nach, in der Reihe, in der Ordnung. b) hintereinander, nächst, *τὰ ἑξῆς*, das Nachfolgende u. = *cetera*. 2) von der Zeit: nächstdem, *ἡ ἑξῆς* der folgende Tag.

ἐξ-ηττάομαι, sp. schwächer sein, dah. nachgeben, unterliegen, *τινός* jmdm. od. in etwas.
ἐξ-ηχέομαι, sp. u. N. T. erschallen.
ἐξ-ιάομαι, ausheilen, gänzlich heilen, auch: verhüten, wieder gut machen.
ἐξ-ιδιόομαι, Med. sich ganz zu eigen machen.
ἐξ-ιδρύω, poet. niedersetzen, *τινά*.
ἐξ-ίημι, Aor. 2. inf. ep. *ἐξέμεν* u. *ἐξέμεναι* st. *ἐξεῖναι*, Aor. 2. med. ind. *ἔξεντο*, imper. *ἔξεο* (oft in tmesi), **1)** Akt. herausssenden, ausschicken, entsenden, herauslassen, herauswerfen, *τί* u. *τινά*, *ἔς*, *ἐπί τινα* u. *ἔκ τινος*, übertr. *ἔρον* ein Verlangen von sich tun, stillen, od. *πάντα κάλων* alle Segel spannen, d. i. alles aufbieten zur Erreichung eines Zweckes. **2)** scheinbar intr. mit verst. *τὸ ὕδωρ* oder *ῥεῦμα*, sich ergießen, münden, *ἔς τι*. **3)** Med. ep. u. ion. **a)** aus sich heraussenden, aussenden, übertr. *ἔρον*, d. i. stillen. **b)** von sich schicken, *γυναῖκα* sich von ihr scheiden.
ἐξ-ιθύνω, ep. ganz gerade machen, abmessen, *τί*.
ἐξ-ικετεύω, poet. flehentlich bitten, mit Inf.
ἐξ-ικμάζω, **1)** austrocknen. **2)** poet. beweinen.
ἐξ-ικνέομαι, **I)** **1)** hingelangen, anlangen, hinkommen, ankommen. **2)** erreichen, hintreffen. **3)** ausreichen, hinausreichen, hinreichen, z. B. *ἐπὶ βραχύ* nicht hinreichen, *ἐπὶ πλεῖστον* am weitesten reichen, *πρός τι* einer Sache gewachsen sein. **II)** mit Gen. **1)** erreichen, treffen. **2)** erlangen, vollbringen.
ἐξ-ιλάσκομαι, Med., Aor. *ἐξιλασάμην*, einen (*τινά*) sich geneigt machen, versöhnen.
ἐξ-ιππάζομαι, sp. u. **εξ-ιππεύω,** sp. heraus-, hinwegreiten.
ἐξ-ίπταμαι, poet. sp. hinausfliegen.
ἕξις, *εως*, *ἡ* (*ἔχω*), **a)** die Haltung, Beschaffenheit, Zustand, *κατὰ ἕξιν* „als dauernden Zustand", „als bleibende Eigenschaft", Verfassung, insbes. Körperbeschaffenheit (*τοῦ σώματος*), Fähigkeit, Fertigkeit. **b)** das Verhalten, die Lebensart. **c)** N. T. die Gewöhnung, Übung.
ἐξ-ισόω **1)** Akt. trans. gleichmachen, **gleichstellen,** *τί*, z. B. *τὴν πόλιν* die Gleichheit in der Stadt herstellen, gew. *τί τινι*, z. B. *τάσδε τοῖς ἐμοῖς κακοῖς* ihr Los meinem Elende gleichmachen. **2)** intr. *τινί τι* **sich** einem in etw. gleichmachen, **gleichstellen.** **3)** Pass. **a) gleichgemacht werden,** *τινί* mit etwas, **b)** sich vergleichen lassen, *τινί* mit etwas **c)** gleichkommen, gleichen, *τινί* jdm. im Längenverhältnis, **d)** *τινὶ πρός τινα* in etw. jmdm. es gleichtun (selten Med.).
ἐξιστάνω, sp. u. N. T. = dem folg., nur Präs.
ἐξ-ίστημι • **I. trans.,** Akt. (*ἐκστήσω*, *ἐξέστησα*), **wegstellen,** aus der gewöhnlichen Stellung bringen, *φρενῶν* od. *ἐκ τοῦ φρονεῖν* od. *αὐτῶν*, aus der Fassung bringen, überh. ändern, verändern, *τὶ πρός τι* etwas verschlechtern zu etwas Plut.

II) intr. im Med. **ἐξίσταμαι,** Fut. *ἐκστήσομαι*, Aor. *ἐξέστην*, Perf. *ἐξέστηκα* • **1)** wegtreten, **weggehen,** sich entfernen *τῆς ὁδοῦ* Hdt., *ἐκ τοῦ μέσου* Xen.; *τινί* (auch *τινά* Soph.) Platz machen vor, abs. *νοῦς* geht verloren Soph.; *ἐξίστασθε* fort! Eur. • **2)** übertr. • **a) etwas aufgeben,** *τινός*, *ἀρχῆς* niederlegen Thuk.; *τῆς οὐσίας* — *τῶν ὄντων*, bankerott werden Dem.; *φιλίας*, *σπουδασμάτων* preisgeben, aufhören mit, *μαθημάτων* vergessen Xen. • **b)** *καρδίας* bringe es übers Herz Soph.; *φρενῶν*, *τοῦ φρονεῖν*, *αὑτοῦ* Besinnung verlieren • **c)** abs. sich entsetzen, rasen N. T., scheu werden Plut. • **d)** entarten Plat. • **e)** *οἶνος* umschlagen Dem. • **f) sich ändern,** bes. seine Ansicht ä. Thuk. • **g)** *πρόσωπα ἐξεστηκότα* entstellte Gesichter Xen.
ἐξ-ιστορέω, ion. u. poet. ausforschen, sich erkundigen.
ἐξ-ισχύω, sp. N. T. vermögen.
ἐξ-ίσχω, ep. heraushalten, *τί τινος* etwas aus etwas.
ἐξ-ίσωσις, *εως*, *ἡ*, sp. Gleichmachung, gleiche Verteilung, *τινός* von etwas.
ἐξ-ίτηλος, 2. (*ἐξιέναι*), leicht ausgehend, *ἐξ. ἔσεσθαι*, *γίγνεσθαι* vergehen, verloren gehen, verschwinden, ausgerottet werden, aussterben.
ἐξ-ι(τη)τέον, Adj. verb. zum II. *ἔξ-ειμι* man muß hinausgehen.
ἐξιτόν ἐστιν m. Dat. es ist Möglichkeit hinauszugehen, er kann hinausgehen.
ἐξ-ιχνεύω, poet. u. sp. ausspüren, *τί*, *τινά*, d. i. nachspähen, jmds. Spur verfolgen, od. als den Grund von etwas auffinden.
ἐξ-ιχνοσκοπέω u. Med., poet. ausspüren, *τί*.
ἐξ-ογκόω, auftürmen, poet. *ματέρα τάφῳ* bestatten; ion. u. poet. Pass. aufschwellen, im Prät. aufgeschwollen sein; *τὰ ἐξωγκωμένα* das Glück, *τραπέζαις*; durch einen Kopfaufputz (*ὄγκος*) die Gestalt des Schauspielers erhöhen. Übertr. sich aufblähen, großtun. Dav.
ἐξόγκωμα, *τό*, poet. der Grabhügel.
ἐξ-οδάω, poet. veräußern.
ἐξ-οδεύω, sp. ausrücken. Dav.
ἐξοδηίη od. **ἐξοδίη,** *ἡ*, ion. = *ἐξοδεία* (*-δία*), sp. Ausmarsch, Feldzug.
ἐξόδιον, *τό*, sp **1)** der Ausgang eines Schauspiels. **2)** Nachspiel nach einem Trauerspiel.
ἐξ-οδοιπορέω, poet. herauswandeln, hervorgehen.
ἔξ-οδος, *ἡ*, der **Ausgang,** d. i. • **1)** Ort zum Herausgehen, Ausweg, Mündung Hdt. • **2)** das Ausgehen, der Abzug *ἐκ χώρης* Hdt., Abwesenheit, *ἐπ' ἐξόδῳ* um herauszugehen, *ἐξόδους ἕρπειν κενάς* sich ohne Grund fortschleichen Soph. Im bes. • **a)** militärischer **Ausmarsch,** Ausfall, *ἐπ' ἐξόδῳ θύεσθαι* für, wegen eines glücklichen Abzugs opfern • **b)** Aufzug, Festzug, *ἑκάστῃ ἐπ' ἐξόδῳ* bei jedem vorübergehenden Zuge • **c)** seit Aristot. Entleerung, Stuhlgang • **d)** Ausgabe, Zahlung Pol. • **3)** übertr. das Ausgehen, Verschwinden; **Schluß** (des Dramas), Ende, *ἐπ' ἐξόδῳ εἶναι* am Erlöschen sein. N. T. Hinscheiden, Verscheiden.
ἐξ-οδυνάω, poet. verst. *ὀδυνάω*, sehr betrüben.
ἐξ-όζω, buk. *-όσδω*, ausduften, riechen.
ἔξ-οιδα, def. Perf. mit Plqpf. *ἐξήδη* (s. *οἶδα*), poet. genau wissen, **a)** wohl wissen, inne haben, *τί* od. Inf., od. relativ. Nebens., od. Part. beim Obj. u. beim Subj, z. B. *ἔξοιδ' ἀνὴρ ὤν* ich weiß, ich bin ein Mensch. **b)** ingressiv: genau erforschen. — Das Part. **ἐξειδώς** als Adj. mit Gen. kundig einer Sache.

ἐξ-οιδέω, poet. u. sp. aufschwellen, im Perf. ἐξῳδηκώς aufgedunsen sein.
ἐξ-οικειόω, sp. **1)** Akt. ganz zu eigen, vertraut machen, ἑαυτῷ τι. **2)** Med. sich (*sibi*) ganz zu eigen machen, zueignen, τί etwas.
ἐξ-οικέω, 1) Akt. aus seiner Heimat auswandern, εἴς τι. **2)** Pass. ganz bewohnt, zu Wohnungen benutzt werden.
ἐξ-οικήσιμος, 2. poet. bewohnbar, bewohnt.
ἐξοίκησις, εως, ἡ, Auswanderung, Umzug.
ἐξοικίζω (οἶκος), **1)** aus dem Wohnsitze vertreiben, τινά, verbannen, τί, τινός, aus etwas. **2)** poet. sp. entvölkern. **3)** Med. auswandern, verlassen.
ἐξ-οικοδομέω, ausbauen, erbauen, aufbauen. γέφυραν eine Brücke schlagen.
ἐξ-οιμώζω, poet. in Wehklagen ausbrechen, οἰμωγάς Klagen ausstoßen, γόοισιν weinend wehklagen.
ἐξ-οινόω, poet. sp., völlig trunken machen.
ἐξοιστέος, Adj. verb. zu ἐκφέρω.
ἐξοιστρέω, sp. in Wut versetzen.
ἐξ-οιχνέω, ep. 3. plur. -εῦσι, hinausgehen, πύλας durch ein Tor.
ἐξ-οίχομαι, ep. poet. sp. (auch in tmesi), hinaus-, herausgegangen sein.
ἐξ-οιωνίζομαι, Dep. med., sp. etwas als böse Vorbedeutung vermeiden, davor Scheu haben.
ἐξ-οκέλλω, Aor. ἐξώκειλα, **1)** intr. vom rechten Wege abkommen; verschlagen, an Klippen getrieben werden, stranden, auch absichtlich auflaufen, πρός od. ἔς τι an etwas; in eine Lage (εἴς τι) verschlagen werden. **2)** poet. trans. stranden od. hineingeraten lassen.
ἐξ-ολισθαίνω, att. **-άνω,** ep. poet. sp. **a)** herausgleiten, τινός aus etwas. **b)** zerfallen.
ἐξ-όλλῡμι (auch in tmesi), **1)** trans. ganz vernichten, τινά u. τί. **2)** intr. Med. **ἐξόλλῡμαι** mit Perf. 2. act. ἐξόλωλα, vernichtet werden, ganz zugrunde gehen od. gegangen sein, ὑπό τινος durch etwas.
ἐξ-ολοθρεύω, sp. N. T. ausrotten.
ἐξολολύζω, ep. aufheulen. [nehmen.
ἐξ-ομηρεύομαι, Med., sp. sich (*sibi*) als Geisel
ἐξ-ομῑλέω, 1) mit einem umgehen, sich an einen anschließen. **2)** poet. von Sachen: sich um etwas herumschlingen, u. im Med. außerhalb seiner Gesellschaft sein. [gewöhnlich.
ἐξ-όμῑλος, 2. poet. außer dem Verkehr, außer-
ἐξ-ομματόω, poet. sp. deutlich machen.
ἐξ-όμνυμι, Fut. ἐξομοῦμαι, **1)** Akt. abschwören, eidlich verneinen, τί mit folg. Negat. τὸ μὴ εἰδέναι. **2)** Med. **a)** eidlich ablehnen, bes. ἀρχήν ein Amt, ihm feierlich entsagen, οὐκ ἐξ. μὴ οὐ. **b)** beschwören, τὰς μαρτυρίας.
ἐξ-ομοιόω, ganz ähnlich machen.
ἐξομοίωσις, ἡ, Angleichung, Nachahmung.
ἐξ-ομολογέω, sp. N. T. zugestehen, versprechen. Med. **a)** eingestehen. **b)** (öffentlich) preisen, τινί. Dav.
ἐξ-ομολόγησις, εως, ἡ, sp. Geständnis, Bekenntnis.
ἐξ-ομόργνυμι, abwischen. Med. auch sich in etwas ausprägen. τινί τι was man an sich hat, auf einen andern übertragen, aufprägen, anstecken.
ἐξόν, s. I. ἔξειμι.

ἐξ-ονειδίζω, poet. u. sp. ausschmähen, beschimpfen, vorwerfen, häßlich darstellen, abs. od. κακά mit Schelten anfahren, Pass. ἐξονειδισθεὶς κακά; doch auch τί etwas ausschmähen.
ἐξ-ονομάζω, ep. poet. u. sp. (oft in tmesi), **1)** einen Namen geben, benennen. **2)** mit Namen nennen, anreden; dann aussprechen, bes. mit ἔπος ἔφατο. [sprechen.
ἐξ-ονομαίνω, ep. bei od. mit Namen nennen, aus-
ἐξ-ονομα-κλήδην, ep. Adv. (καλέω; auch in tmesi), mit Namen, namentlich.
ἐξ-όπισθεν, ep. **ἐξ-όπισθε(ν)** u. **-όπιθε(ν), ἐξόπιν, a) Adv.** im Rücken, von hinten. **b) Präp.** mit Gen. hinter.
ἐξοπλασία, ἡ, Waffenmusterung.
ἐξ-οπίσω, ep. poet. **1)** = ἐξόπισθεν. **2)** zeitlich: hernach, in Zukunft.
ἐξ-οπλίζω, vollständig bewaffnen, sich bewaffnen lassen, τινά jmdn., u. τινί mit etwas, ἀπό τινος mit den Waffen von jmdm. Pass. u. Med. sich waffnen, sich rüsten, unter die Waffen treten, bewaffnet in Reih u. Glied treten, gegen den Feind anrücken. Davon
ἐξοπλισία u. **ἐξόπλισις,** εως, ἡ, die Bewaffnung, Ausrüstung zum Kampfe, ἐν τῇ ἐξοπλισίᾳ während der Heeresaufstellung.
ἐξ-οπτάω, ion. u. poet. ausrösten, ausbrennen.
ἐξ-οράω (s. ὁράω), **1)** Akt. m. Aor. ep. ἔξιδον, **a)** ausschauen, heraussehen, μέγα große Augen machen. **b)** poet. aus der Ferne schauen. **2)** Med. poet. mit Aor. imper. ἐξιδοῦ, genau zusehen.
ἐξ-οργίζω, zornig machen, aufbringen.
ἐξ-ορθιάζω, poet. laut aufschreien.
ἐξ-ορθόω, emporrichten; Med. sich bessern.
ἐξ-ορίζω (ὅρος), **1)** Akt. über die Grenze hinausbringen, verbannen, aussetzen, τί. **2)** Med. poet. mit τινός von einem ausgehen.
ἐξ-ορίνω [ῑ], poet. ganz u. gar aufregen.
ἐξ-όριστος, 2. (ἐξορίζω), über die Grenze geschleudert (als Leichnam); verbannt.
ἐξ-ορκίζω, 1) schwören lassen. **2)** N. T. beschwören.
ἐξ-ορκιστής, οῦ, ὁ, sp. N. T. der Beschwörer.
ἐξ-ορκόω, schwören lassen, einen Eid abnehmen, τινά jmdn. eidlich verpflichten, τί bei etwas, od. mit Inf. fut. daß er. Dav.
ἐξόρκωσις, ιος, ἡ, ion. die Vereidigung, der Eid.
ἐξ-ορμάω, 1) trans. heraustreiben, aussenden; überh. in Bewegung setzen, antreiben, veranlassen, ermuntern. **2)** intr. Med. u. Pass. herauseilen, forteilen; vom Heere ausrücken, aufbrechen.
ἐξ-ορμέω (ὅρμος), außerhalb des Hafens liegen, auslaufen.
ἐξόρμησις, εως, ἡ, sp. **1)** die Ermahnung, Ermunterung. **2)** der Aufbruch, Abmarsch.
ἐξ-ορμίζω, auf die hohe See bringen, ναῦν, auswerfen, poet. auch Med. fortbewegen.
ἔξ-ορμος, 2. poet. aussegelnd, τινός von —.
ἐξ-ορούω, ep. (in tmesi), herausspringen.
ἐξ-ορύσσω, att. **-ορύττω,** herausgraben, ausgraben, ausstechen, τί.
ἐξ-ορχέομαι, a) über etwas tanzend hinweggehen. **b)** sp. andern etwas verraten, ausplaudern, entweihen, lächerlich machen.

ἐξ-όσδω (ὄζω), buk. ausduften, riechen.
ἐξ-οσιόομαι, poet. u sp. eine heilige Pflicht erfüllen, *στόμα* seinen Mund ganz heiligen.
ἐξ-οστρακίζω, durch Scherbenabstimmung (*ὀστρακισμός*) verbannen, überh. verbannen. Dav.
ἐξοστρακισμός, ὁ, sp. Verbannung durch das Volksurteil.
ἐξότε, poet. sp. = ἐξ οὗ, seit.
ἐξ-οτρύνω, antreiben, anfeuern, abs. od. *τινὰ ἐπί τι* einen zu etwas, *τινί* durch etwas.
ἐξ-ουδενέω u. **-όω,** sp. N. T. u. **-ίζω,** sp., und
ἐξουθενέω u. **-όω,** sp. N. T. für nichts achten, geringschätzen. verächtlich behandeln.
ἐξ-ούλης δίκη, ἡ (ἐξειλέομαι), Entziehungs- oder Verdrängungsklage, Klage gegen den, der einem Richterspruche sich nicht fügt, ebenso gegen den, der jmdn. aus dessen Eigentum vertrieben hat od. an Besitzergreifung u. an Rechtsausübung hindert.
ἐξοῦντι, dor. Fut. v. ἔχω = ἕξουσι.
ἐξουσία, ἡ (I. ἔξειμι) • **1)** die Erlaubnis, **Freiheit,** Vollmacht, Recht zu etwas, *τινός* od. mit Inf., *κατ' ἐξουσίαν* nach Belieben, ungehindert, *κατὰ τὴν οὐκ ἐξ.* wegen seiner Nichtberechtigung, *ἐπ' ἐξουσίας ἔπραττον* sie bekamen volle Freiheit, *ἐπ' ἐξουσίας εἰρήνης* unter dem Schutze des Friedens; überh. Ungebundenheit, *ἐς τὴν δίαιταν* in der Lebensweise • **2) Macht,** Gewalttätigkeit, Herrschsucht, Gewalt, *ἐξ. ψυχῶν* Macht über Leben und Tod. Auch im Pl. *ἐν ταῖς ἐξουσίαις* im Glück; auch die Ämter. N. T. Naturgewalten, Engel; Dämonen • **3) Überfluß,** Reichtum. Dav.
ἐξουσιάζω, sp. die Macht, das Recht haben zu etwas od. über jmdn., im Pass. sich beherrschen lassen.
ἐξ-οφέλλω, ep. sehr vermehren.
ἐξ-οχετεύω, ion. ableiten, wegführen.
ἐξοχή (ἐξέχω), sp. das Hervorstehende, **a)** der Vorzug, *κατ' ἐξοχήν* vorzugsweise, vorzüglich, *οἱ κατ' ἐξ. ὄντες* die Vornehmsten. **b)** erhabene Arbeit, Hochrelief; Spitze, Buckel, Vorsprung.
ἔξοχος, 2. (ἐξέχω), ep. poet. sp. eigentl. hervorragend, dah. übertr. ausgezeichnet, vorzüglich, vortrefflich, abs. od. *τισί* u. *τινῶν* u. *ἐν τισι* unter einigen, *τί* an etwas. Superl. *ἐξοχώτατος.* Als Adv. ep. u. poet. **ἔξοχον, ἔξοχα** u. **ἐξόχως,** am meisten unter allen, vor allen, vor den andern, voraus, oft mit hinzugef. Gen., z. B. *ἄλλων*, od. verst. durch *μέγα* od. beim Superl. bei weitem.
ἐξ-υβρίζω, in Übermut ausarten, in Mutwillen ausbrechen, übermütig werden od. sein, freveln *ἐς τόδε* bis zu dem Grad, im bes. aufrührerisch sein.
ἐξ-υλακτέω, sp. darauf losbellen.
ἐξ-υμνέω, sp. laut preisen, laut besingen.
ἐξ-υπαλύσκω, sp. ep. entgehen, vermeiden.
ἐξ-υπανίσταμαι, *B* 267, sich erheben.
ἐξ-υπεῖπα, poet. anraten.
ἐξ-ύπερθε(ν), poet. Adv., von oben her, mit *τόδ'* hier oben.
ἐξ-υπηρετέω, ganz zu Diensten sein, sich hingeben, abs. u. *τινί* an etwas.
ἐξ-υπνίζω, sp. N. T. aus dem Schlafe wecken.
ἔξ-υπνος, 2. sp. N. T. vom Schlafe aufgeweckt.
ἐξ-υπτιάζω, poet. u. sp. zurückwenden, sich zurückbiegen, sich stemmen *πρός τι*; mit (u. sp. auch ohne) *ἑαυτόν* sich in die Brust werfen.
ἐξ-υφαίνω, ausweben, fertig weben, *τί.* Davon
ἐξύφασμα, τό, poet. das Gewebe.
ἐξ-υφηγέομαι, poet. vorangehen.
ἐξ-υψόω, poet. sp. erhöhen, vervollkommnen.
ἔξω, Adv. (ἐξ) • **1)** außen, **außerhalb,** fern, also außerhalb des Hauses usw.; auch außerhalb der Jugendzeit, Soph. OC. 1231, *ἔξω βλέπειν*, *ἔξω εἶναι* oder *γενέσθαι.* Dah. *ὁ ἔξω* der Auswärtige, Abwesende, *οἱ ἔξω* die Landbewohner, Verbannten, Belagerer, *ἡ ἔξω πόλις* die Außenstadt, d. h. die Vorstadt, *ἡ ἔξω ξυμμαχία* die auswärtige Verbindung, *ἡ ἔξω θάλασσα* das (außerhalb der Säulen des Herakles gelegene) äußere Meer, der Ozean (Gegens. *ἡ ἐντὸς θάλ.* das Mittelmeer), doch *ὁ ἔξω πόντος* das Meer außerhalb des Ägäischen, *ἐς τὸ ἔξω βιάσασθαι* sich den Ausgang erzwingen, *τὰ ἔξω* die Besitzungen außerhalb der Stadt, *τὰ ἔξω τῶν ἀγαθῶν* die auswärtigen Vorteile • **2) heraus, hinaus,** hinweg, *τοῦ κόλπου* nach außen hin am Meerbusen, *ἐκπλώσαντες ἔξω τὸν Ἑλλήσποντον* üb. den Hellespont hinaussegeln, wo der Akk vom Verb. abhängt; *ἔξω φέρειν*, intr hinausführen; mit **Gen.** • **a)** vom Orte: außerhalb, darüber hinaus, jenseits, *ἔξω βελῶν* außer der Schußweite • **b)** von der Zeit: darüber hinaus, nach • **3)** übertr. • **a)** außerhalb, frei von, ohne, nicht dazu gehörig, *praeter*, *ἔξω καιροῦ* an unpassender Stelle, *ἔξω τῶν προκειμένων* abschweifend von dem vorliegenden Gegenstande, *ἔξω τοῦ εἰκότος* ohne Wahrscheinlichkeit, *ἔξω τοῦ θείου* ohne göttliche Einwirkung, *οὐδὲν ἔξω τοῦ φυτεύσαντος δρᾷς* du tust nichts gegen d. h. unähnlich deinem Vater, *ἔξω γίγνεσθαί τινος* frei von etwas werden, *ἔξω εἶναι τοῦ ἐπινοεῖν* außer stande sein zu erkennen, *ἔξω λόγου τίθεσθαι* außer acht lassen, *οἱ ἔξω* die nicht zur Familie Gehörigen • **b)** ausgenommen, außer, *ἔξω τούτων* außerdem, gesondert von, pleon. mit *ἐλεύθερος* frei von etwas und oft bei den mit *ἐκ* zusammengesetzten Verben.
ἔξωθεν (ἔξω), Ad. **1)** von außen her, mit hinzugef. *ἀπ' Ἀθηνῶν*, von außerhalb, von außen, aus der Fremde, Ferne. **2)** = ἔξω, außen, draußen, außerhalb, auswärts, äußerlich, abs. u. mit Gen., *ἔξωθεν εἶναι τῆς συμφορᾶς* dem Geschicke fremd sein, *τὸ ἔξωθεν σῶμα* der äußere Körper, *οἱ ἔξ. λόγοι* die nicht zur Sache gehörigen Reden, *τὸ ἔξωθεν* die äußere Seite, *οἱ ἔξωθεν* die Auswärtigen od. auch die Außenstehenden, nicht in der Zahl Befindlichen, die Zuhörer, eigentl. die außer den Richtern Gegenwärtigen, *τὰ ἔξωθεν* die äußeren Teile, die Dinge nach außen; auch Äußerlichkeiten.
ἐξ-ωθέω, Impf. *ἐξεώθουν*, Fut. *ἐξώσω*, Aor. 1. *ἐξέωσα*, Plqpf. *ἐξεώκει*, Aor. pass. *ἐξεώσθην*, ferner poet. Fut. *ἐξωθήσω*, u. spät. Aor. *ἔξωσα* u. *ἐξώσθην*, Perf. *ἔξῶσμαι* • **1) herausstoßen,** vertreiben, *γῆς* verbannen Soph.; überh. verdrängen, zurückdrängen *ἐς τὰς ἁμάξας* Thuk. u. *ἐκ τῆς τάξεως* aus der Linie drängen u. in Verwirrung bringen, *πρὸς γῆν* auf den Strand treiben Thuk.; *εἰς χαλεπόν* in eine üble Lage bringen Plut. Pass.

sich wohin (εἴς τι) drängen; ἐς χειμῶνα in den W. gedrängt werden Thuk. • 2) Übertr. • a) φθονερὰν γλῶσσας ὀδύναν hämisch schmähen Soph. • b) hinhalten, ἔς τι bis zu etwas • c) wegstoßen, verachten • d) hintertreiben νόμον Plut.

ἐξώλεια, ἡ, das gänzliche Verderben, κατ' -είας ἐπαρᾶσθαι seine Seele verschwören; ἐπιορκεῖν sein Heil meineidig verschwören. Von

ἐξ-ώλης, ὦλες (ἐξόλλυμι), a) gänzlich zugrunde gerichtet, weggetilgt, verloren, ἐξώλεις καὶ προώλεις ποιεῖσθαί τινας sie mit Stumpf und Stiel ausrotten. b) sittlich unglücklich, verworfen; Kompar.: ἐξωλέστερος.

ἐξωμιδοποιία, ἡ, Verfertigung der Anzüge. Von

ἐξ-ωμίς, ίδος, ἡ (ὦμος), der Arbeitskittel, insbes. Arbeitsanzug der Handwerker und Sklaven, der über der linken Schulter genestelt wurde, so daß der rechte Arm u. ein Teil der Brust bloß blieb.

ἐξωμοσία, ἡ, Schwur der Unkenntnis von etwas.

ἐξ-ωνέομαι, 1) sich (*sibi*) herauskaufen (aus einer Mehrheit), τινά. 2) etwas wegkaufen, so daß es nicht mehr vorhanden ist; τὴν φιλοτιμίαν παρά τινος einem seinen Ehrgeiz abkaufen, τοὺς κινδύνους τοῖς χρήμασι die Gefahren durch Geld von sich abwenden; τὰ σφάλματα wieder gut machen.

ἐξ-ώπιος, 2. (ὤψ), poet. aus dem Angesicht, δωμάτων aus dem Hause, eigtl. daß man ihn drinnen nicht mehr sieht.

ἐξωριάζω (ὤρα), poet. aus der Acht lassen.

ἔξ-ωρος, 2. verblüht; unzeitig, ungeeignet.

ἐξώστης, ου, ὁ (ἐξωθέω), ion. u. poet. herausdrängend, von der rechten Bahn abtreibend, widrig.

ἐξωτάτω, Adv. (Superl. von ἔξω), ganz od. am weitesten außerhalb.

ἐξωτερικός, 3. äußerlich, bes. von Schriften der Philosophen(Pythagoras,Aristoteles): populär, für Laien bestimmt, allgemein faßlich, Gegens. ἐσωτερικός. [darüber hinaus.

ἐξώτερος, 3. N. T. der äußerste, ἐξωτέρω, Adv., poet

ἕο u. **ἑοῖ,** ep. st. οὗ, οἷ, s. I. οὗ.

ἔοι, s. εἰμί.

ἔοικα (St. Ϝικ, Ϝεικ, vgl. ἴκελος, εἰκών), ep. Perf. 3. du. ἔικτον, part. masc. einmal εἰκώς, fem. ἐικυῖα, εἰκυῖα (einmal εἰοικυῖα), Plqpf. 3. du. ἐίκτην, 3. pl. ἐοίκεσαν, u. vom Med. Perf. 2. sing. (προσ)ήϊξαι, Plqpf. 3. sg. ἤϊκτο, ἔικτο, ion. **οἶκα,** conj. οἴκῃ, part. οἰκώς, οἰκός, ferner poet. 1. pl. ἔοιγμεν (neben ἐοίκαμεν), 3. pl. εἴξασι (neben ἐοίκασι), inf. εἰκέναι, part. εἰκώς **ähnlich sein • 1) gleichen,** scheinen, wahrscheinlich sein, θεοῖς ταῦτα ἔοικε Göttern sieht das ähnlich, ἔοικα λέγοντι es scheint als sage ich, oft auch: *videor mihi*, es ist mir als ob, ich glaube, ἔοικας οἰομένῳ du scheinst zu glauben. Auch mit Nom. part. ταῦτα ἔοικεν ἀπολλύμενα u. mit Inf. Als Akk. steht dabei das Neutr. τὰ ἄλλα übrigens und οὐδὲν ἄλλο ἤ just, nicht anders wie, z. B. οὐδὲν ἄλλο ἢ πόλει ἐῴκεσαν sie glichen nichts anderem als einer Stadt, wogegen in ὥς σε ἔοικεν u. ähnl. ein Inf. zu ergänzen ist. Da man oft parenthetisch ὡς ἔοικας, ὡς ἔοικεν usw., wie es scheint, und bei Plut. auch: wie es heißt, sagt, so findet hier bisweilen eine Mischung zweier Konstruktionen statt, z. B. ὡς ἔοικεν οὐ νεμεῖν st. οὐ νεμεῖ ὡς ἔοικεν u ἔοικεν οὐ νεμεῖν • **2) geziemen,** meist impers., doch einmal auch persönlich in ἔοικα δέ τοι παρασιδεῖν ὥστε θεῷ. Es steht oft abs., sonst mit Dat., Inf. u. Akk. m. Inf., das Part. ἐοικώς, εἰκώς auch als Adj.: angemessen, passend, geziemend, εἰκυῖα ἄκοιτις, οἰκότα ἐλπίζων, τὰ οἰκότα εἴρηκας, ἢν τὰ οἰκότα ἐκ τοῦ πολέμου ἐκβαίνῃ, θειότερον τοῦ οἰκότος von mehr göttlicher Einwirkung zeugend, als zu erwarten war • Vgl. εἰκός und II. εἴκω.

ἑοῖο, ep. Gen. v. ἑός, s. d. **ἕοις, ἕον,** u. **ἐόν,** s. εἰμί.

Ἐορδαῖοι u. **Ἐορδοί,** οἱ, Bewohner der Landschaft u. Stadt **Ἐορδαία** od. **Ἐορδία,** ἡ, im nordwestlichen Makedonien. Dav. **Ἐορδαϊκὸς** ποταμός, ein Fluß Illyriens, j. *Devol.*

ἑορτάζω, ion. **ὁρτάζω,** Fut. sp. ἑορτάσω, Impf. ἑώρτ., ion. ὅρταζον, Aor. ἑώρτασα, ὁρτάσας, das gebräuchliche, bestimmte Fest feiern, abs. od. ἐν ἑορτῇ an einem Feste teilnehmen, mit dem Akk., z. B. γάμους, festlich begehen, dann auch allgem.: Feste feiern. Von

ἑορτή, ion. **ὁρτή,** ἡ (aus ϜεϜορτή), oft auch im Plur., das Götterfest, **Fest,** Festtag, Feierlichkeit, Festesfreude, überh. Vergnügen, ἑορτὴν od. ὁρτὴν ἀνάγειν, ποιεῖν, ἄγειν festlich begehen, feiern, mit folg. Namen des Festes entweder im Akk., Ἀπατούρια usw., od. im Gen. τῶν Παναθηναίων; τινί einem Gotte zu Ehren, od. mit dem Gen. des Gottes; ἑορταὶ ἐπίθετοι aber hießen später zu den ursprünglichen Solonischen noch durch Volksbeschluß eingeführte Feste. Sprichw. sagte man κατόπιν ἑορτῆς ἥκειν nach dem Feste, post festum, d. i. zu spät kommen.

ἑός, ἡ, όν (älter σεϜός, altl. *sovos* = *suus*, zu ἕ f. Ϝέ, σϜέ), ep. u. ion. Pron. poss., **sein,** ihr, s. II. ὅς.

ἐπ-αγάλλομαι, ep. Med., worauf stolz sein, prunken, τινί mit etwas.

ἐπ-αγανακτέω, sp. darüber unwillig sein, abs.

ἐπαγγελία, ἡ, u. **ἐπάγγελμα,** τό, 1) das Anerbieten, die Ankündigung, Verheißung, das Versprechen; die Aufgabe. 2) Klage gegen einen Redner, s. ἐπαγγέλλω 1 c.

ἐπ-αγγελτικός, 3. sp. [viel] versprechend. Von

ἐπ-αγγέλλω • 1) Akt. **ankündigen • a) anzeigen,** anmelden, abs. u. τινί mit folg. ὡς, ὅπως, insbes. öffentlich ankündigen, πόλεμον Plat.; auch Med. Hdt. • b) eine Leistung ankündigen, **anordnen,** auffordern zu etwas; τινί τι od. τινί m. Inf. od. mit A. c. I., στρατιάν τινι od. εἴς τινα ein Heer zu stellen Thuk., ebenso ναῦς; auch Med. Hdt. Trag. Plat.; dah. überh. **verlangen, fordern,** τί od. mit Inf. u. τινί **sich an einen wenden,** auch τινά τι einen zu etwas **entbieten • c)** Gerichtssprache: eine δοκιμασία (Klage gegen einen Redner wegen schlechten Lebenswandels) ankündigen; Termin ansagen • d) versprechen Aesch. • **2)** spez. med. Gebrauch • **a)** von sich (freiwillig) versprechen, verheißen, anbieten • **b)** sich für ein Fach zum Unterricht anbieten, als sein Fach angeben, ἀρετὴν zu lehren versprechen Xen.; als Profession angeben.

ἐπ-αγείρω, ep. poet. versammeln, ansammeln, aufbieten, herzubringen, τί. Dav.
ἐπάγερσις, ιος, ἡ, ion. das Versammeln, Zusammenziehen, ἐπάγερσιν ποιεῖσθαι τοῦ στρατοῦ das Heer aufbieten.
ἐπ-αγῑνέω, ion. Nbf. zu ἐπάγω, herbeiführen.
ἐπ-αγλαΐζομαι, ep. Med., sich womit brüsten, womit prunken.
ἐπ-αγρυπνέω, sp. dabei wachen, ἐπί τινος u. τινί.
ἐπ-άγω (auch in tmesi), **herbeiführen** • **1)** heranführen, herbeibringen, im Med. für sich oder für die Seinigen, z. B. συμμάχοις, daher im Med. • **a)** von Personen: zu sich (ἑαυτῷ) heraufführen, kommen lassen, zu Hilfe rufen, im bes. bildl. in seinen Reden anführen, erwähnen, aber auch an sich ziehen, **anlocken**, ξυνοίκους, διδασκάλους zu Mitbewohnern, Lehrern gewinnen, δεσπότην sich zum Herrn setzen, auch bewegen, etw. zu tun, mit Inf. • **b)** von Sachen: sich verschaffen, φεῦξιν Ἄιδα d. h. dem Tod entrinnen, aber auch πράγματα sich Händel zuziehen • **2)** ütr. • **a)** von Personen: einen wozu bewegen, **verleiten** • **b)** von Sachen: etw. (τί) auf etw. (τινί) richten, etw. veranlassen • **3)** Im bes. • **a)** in den Kampf führen, anrücken lassen, ἐπὶ τοὺς Λακεδαιμονίους, u. scheinbar intr. (sc. στρατόν) **anrücken**, angreifen • **b)** δίκην τινί einen Prozeß anhängen, ebenso γραφήν, αἰτίαν • **c)** ψῆφον abstimmen lassen, abs. u. τινί über jmdn., im Pass. οὔπω ψῆφος ἐπῆκτο περὶ φυγῆς seine Verbannung war noch nicht beschlossen worden. Dav.
ἐπαγωγή, ἡ, **1)** das Herbeiziehen, Herbeirufen. Im bes. **a)** im Plur. Anlässe zum Herbeiziehen, τινός jmds. **b)** Zaubersprüche, Anrufungen. **c)** in der Rhetorik: Induktion, Beweisführung durch Anführung ähnlicher Beispiele u. Fälle. **2)** von Sachen: die Zufuhr.
ἐπαγώγιμος, 2. sp. eingeführt, fremd. Von
ἐπαγωγός, 2. verführerisch, verlockend, geeignet zur Überredung, beweglich, herbeiführend, irreführend, mit folg. Gen. od. Inf. zu etwas, od. abs., dah. τὰ ἐπαγωγότατα ἔλεγε sie sprach auf das beweglichste.
ἐπ-αγωνίζομαι, sp. noch dazu d. i. zum zweiten Male (im N. T. für etwas) kämpfen.
ἐπ-ᾴδω (s. ᾄδω), Fut. ἐπᾴσομαι, Aor. act. inf. ἐπᾷσαι, pass. part. -ᾳσθέντες, Adj. verb. ἐπᾳστέον, zsgz. aus ep. **ἐπ-αείδω**, **1)** dazu, dabei singen, τί. **2)** einem (τινί) zusingen, vorsingen, τί, θεῷ einem Gotte zu Ehren singen. Im bes. durch Gesang gewinnen, bezaubern, od. auch durch Zaubergesang, Zaubersprüche, Beschwörung heilen (z. B. Blut stillen), besprechen, abs. u. τινί etwas od. jmdn.
ἐπ-αείρω, s. ἐπαίρω.
ἐπ-αέξω, ep. (in tm.) poet. fördern, gedeihen lassen.
ἔπ-ᾱθλον, τό, poet. u. sp. Kampfpreis.
ἐπ-αθροίζομαι, Pass., sp. N. T. sich noch dazu versammeln.
ἐπ-αιάζω, sp. eigtl. αἶ bei etwas (τινί) rufen, klagen über etwas, jmdn. (τινί) beklagen.
ἐπαιγίζω (αἰγίς), ep. daherbrausen, einherstürmen.
ἐπ-αιδέομαι, Dep. pass. mit Aor. ἐπῃδέσθην, sich dabei schämen, überhaupt sich scheuen, sich schämen, mit folg. Inf. od. Nebens. mit εἰ.
ἐπαίνεσις, ἡ, poet. = ἔπαινος.
ἐπαινέτης, ου, ὁ, Lobredner, Lobpreiser, Lobspender, abs. u. τινός.
ἐπαινετικός, 3. zum Loben geneigt.
ἐπαινετός, 3. lobenswert, löblich, gelobt. Von
ἐπ-αινέω, Fut. ἐπαινέσομαι (u. -αινέσω), Aor. ἐπήνεσα, Perf. act. ἐπήνεκα, pass. ἐπήνημαι, Aor. pass. ἐπηνέθην, Fut. pass. ἐπαινεθήσομαι, Adj. verb. ἐπαινετέον, ep. Aor. ἐπῄνησα, mit der äol. Nbf. ἐπαίνημι • **1)** absol. u. mit Dat. **Beifall geben** od. bezeigen, **klatschen** • **2)** trans. gutheißen, **loben**, öffentlich auszeichnen, danken, beglückwünschen, τινά τι einen in etwas, od. τινά τινος, τινὰ ἐπί τινι (auch εἴς τι) einen wegen etwas, ἔν τινι bei etwas; ἀπό τινος infolge von etwas, mit Inf., A. c. I., εἰ, ὅτι, ὡς • **3)** rezitieren Plat. Ion. • **4)** = παραινέω zureden, ermahnen, heißen Trag. • **5)** ich danke für (auch ablehnend) Xen. • **6)** spez. ἐπήνεσ' ἔργον schon gut Soph. ἐπ. σιγᾶν sei still; abs. bravo! Eur.
ἐπ-αινή, ἡ, ep. berühmt, berufen, euphem. Beiw. der Persephone, anst. αἰνή die Schreckliche.
ἔπ-αινος, ὁ, Lob, Beifall, Ruhm, Lobpreisung, Loblied (auf Menschen, während ὕμνος sich auf eine Gottheit bezieht), τινός jmds. u. auf jmdn. od. etwas, auch τινός τινος Lob jmds. für etwas ὁ παρ' ἡμῶν ἔπ. das uns erteilte Lob, unser Lob, endlich ἔπαινον ἔχειν πρὸς ὠφέλειαν, Lob erhalten wegen des Nutzens, im Plur. etw. Lobsprüche, Lobreden, od löbliche Eigenschaften, Ruhm, dah. ἐπαίνους ἐπαινεῖν, das Löbliche loben. Im bes. Belohnung als öffentliche Auszeichnung, überh. Belohnung.
ἐπ-αίρω, ion. ep. **ἐπαείρω**, episch (ion.) Aor. act. ἐπάειρε, part. ἐπαείρας, pass. ἐπαερθείς **emporheben** • **1)** Akt. trans. • **a)** hinaufheben, hinauflegen, τινός auf etwas erheben (z. B. φωνήν), übertr. berühmt machen • **b)** aufregen, ermuntern, anspornen • **c)** verleiten, betören • **2)** Akt. intr. sich erheben, πρός τινα gegen jmdn.; insbes. das Bein hochheben, Hdt. 2, 162 • **3)** Med. • **a)** **sich erheben** • **b)** für sich erheben • **c)** das Seine (ὅπλα seine Waffen, βακτηρίαν seinen Stock) erheben, τινί gegen jmdn., τὴν κίδαριν seinen Turban d. h. die Spitze desselben aufrecht stehend tragen, λόγους τινί Reden gegen jmdn. im Mund führen, στάσιν γλώσσης euren Hader • **4)** Pass. • **a)** erhoben werden; im N. T. gen Himmel fahren • **b)** verleitet werden, sich betören lassen, sich erheben • **c)** sich gehoben fühlen, frohlocken, insbes. übermütig, stolz werden, sich überheben; ἐπηρμένος hochmütig, stolz.
ἐπ-αισθάνομαι, Dep. med., dazu merken, gew. = dem Simpl., wahrnehmen, bes. mit dem Gehör, vernehmen, überh. empfinden, merken, abs. od. τί τινος od. Nom. part. καλούμενος daß er usw.
ἐπ-ᾱΐσσω, att. **ἐπᾴσσω**, Aor. 1. ep. ἐπήϊξα mit Iterativf. ἐπαΐξασκε, **1)** Akt. **a)** intr. darauf losstürmen, losstürzen, τινός od. τινί, τινά od. τί gegen od. auf jmdn., od. etwas angreifen, anfallen, auch τινί τινι auf jmdn. mit etwas, πάλιν zurück-

eilen. **b)** trans. poet. schnell darauf los bewegen. **2)** Med. sich schnell bewegen, losstürzen, heftig streben, *τί* auf od. nach etwas.

ἐπ-άιστος, 2. (*ἐπαΐω*), ion. gehört, ruchbar; *ἐπάιστον γίγνεσθαι* entdeckt werden, *ἐπάιστος προδιδούς* als Verräter entlarvt.

ἐπ-αισχύνομαι, Fut. *-υνθήσομαι*, Aor. *ἐπῃσχύνθην*, sich worüber schämen, sich scheuen, *τινί* über etwas od. mit Nom. part., z. B. *λέγων* zu sagen, od. mit Inf., *τινά* sp. auch sich jemandes schämen.

ἐπ-αιτέω, ep. poet. sp. dazu od. dringend bitten, verlangen, fordern, *τινά τι* von jmdm. etw.

ἐπ-αιτιάομαι, Dep. med. **1)** einen **beschuldigen,** die Schuld beimessen, *τινά* od. *τί* jmdm. od. etwas, u. *τινός* (Aesch. *ξυμφορᾶς*) wegen oder von etwas, *μείζονα* eine erheblichere Beschuldigung vorbringen Hdt.; *δρᾶν* Soph.; *ὅν πολλὰ δή μέ σοι τρέφειν μιάστορα ἐπῃτιάσω* um den du stets mir Vorwürfe machst, daß ich ihn dir als Rachegeist hege Soph.; *κείνην ἴσον ἐπαιτιῶμαι τοῦδε βουλεῦσαι τάφου* auch jener gebe ich am Beschluß der Bestattung gleiche Schuld (Inf. epexeget.) Soph.; *ἐπαιτιαθείς*, beschuldigt. **2)** *αἰτίας* Ursachen beiziehen Plat. **3)** **beklagen,** *τί* etwas.

ἐπ-αίτιος, 2. **a)** ep. u. poet. der mitschuldig ist, mit Schuld hat, abs. **b)** angeschuldigt, *τινός* einer Sache, oder von Sachen: dem Tadel unterworfen, verrufen, verwerflich, viel getadelt, hier auch im Superl. *ἐπαιτιώτατος*. **c)** *τὰ ἐπαίτια*, die vom Gericht festgesetzte Strafe.

ἐπ-αΐω, Impf. *ἐπάϊον*, Aor. ion. *-ήϊσε*, *-σαν*, Adj. *-άιστος* (s. bes.), poet. auch **ἐπᾴω, 1)** worauf (*τί*) hören, überh. bemerken, wahrnehmen, abs. u. *τινός* etwas fühlen. **2)** *τὶ περί τινος* u. bloß *περί τινος* od. bloß *τί τινος* etwas von einer Sache verstehen, sie behandeln, umfassen, auch abs., *ὁ ἐπαΐων* der Sachverständige.

ἐπ-αιωρέομαι, sp. Pass., Plqpf. *-αιώρητο*, Fut. *-αιωρηθήσεσθαι*, schweben, bevorstehen, drohen, auch milit. bedrohen, *τινί* jmdn.

ἐπ-ακολουθέω, 1) darauf folgen, nachfolgen, hinterdrein kommen, nachziehen, vom Feinde: verfolgen, *ἐπὶ πολύ* weit, *ἐπὶ πλέον* weiter. **2)** Übertr. **a)** dem Gange einer Untersuchung folgen, od. *τοῖς ἐνοῦσιν* den Stoff weiter verfolgen, ins einzelne eingehen, dah. auch etwas (*τινί*) verstehen. **b)** *πάθεσι* den Leidenschaften folgen, u. so auch **c)** sich nach jmdm. richten, zu seiner Sache od. Partei halten. **d)** von leblosen Dingen: nachgeben, abs. u. *τινί*. Dav.

ἐπακολούθημα, *τό*, sp. u. **ἐπακολούθησις,** *ἡ*, sp. die Folge, *τινός* von etwas.

ἐπ-άκοος, dor. = *ἐπήκοος*, s. d.

ἐπ-ᾱκουός, 2. ep. zuhörend, *τινός*.

ἐπ-ᾱκούω, Aor. ep. *ἐπάκουσα*, **1)** mit anhören, zuhören, behorchen, od. zufällig, aus der Ferne hören, abs. od. *τί* u. *τινός* etwas od. jmdn., auch *τί τινος* etwas von jmdm., ähnl. mit folg. *ὅτι*, sp. *τινός* verstehen. **2)** *τινός* u. *τινί* auf etwas hören, willfahren. **3)** übertr. *τί* etwas vom Hörensagen kennen. [gebung.

Ἐπακρία, *ἡ*, eine der 12 altatt. Städte mit Um-

ἐπ-ακρίζω, (*ἄκρον*), Aor. *-ήκρισε*, poet. *αἱμάτων* den Gipfel der Mordtaten erklimmen.

ἐπ-ακροάομαι, poet. sp. = *ἐπακούω*.

ἐπακτήρ, *ῆρος*, *ὁ* (*ἐπάγω*), ep. eigtl. *ὁ κύνας ἐπάγων*, dah. (*ἀνήρ*) der Jäger.

ἐπ-άκτιος, 3. (*ἀκτή*), poet. am Gestade gelegen, der See nahe.

ἐπακτός, 3. (*ἐπάγω*), herbeigeholt, eingeführt, von außen herzugebracht od. fremd, bei *ἀνήρ* = *ξένος*, im verächtl. Sinne: Fremdling, hergelaufener Mensch, aber *στρατός* überall her gesammelt, ähnl. *δόρυ* von auswärts zu Hilfe gerufene Lanzenträger. Im bes. *ὅρκος* ein zugeschobener, angetragener Eid.

ἔπ-ακτος, 2. hinzu erworben.

ἐπ-ακτρίς, *ίδος*, *ἡ*, (*ἀκτή*), ein kleines Küstenfahrzeug, Nachen.

ἐπ-αλαλάζω, Fut. *-αλαλάξομαι* (sp. Akt.), Aor. *-ηλάλαξα*, auch Präs. Impf. med., dabei ein Schlachtgeschrei erheben, *τῷ Ἐνυαλίῳ* zu Enyalios, überh. dazu schreien, ein Geschrei erheben.

ἐπ-αλάομαι, ep. Dep. mit Aor. pass. (auch Tmesis), umherschweifen, sich verirren, *τί* wohin, *πόλλ' ἐπαληθείς* nach langer Irrfahrt.

ἐπ-ᾰλαστέω, ep. darüber aufgebracht werden, zürnen. [den.

ἐπ-αλγέω, poet. über etw. (*τινός*) Schmerz empfin-

ἐπ-αλείφω (ep. in tmesi), salben, darauf streichen, verschmieren, *τινί τι* einem etwas.

ἐπ-ᾰλέξω, Fut. *-ξήσω*, ep. (auch in tmesi), **1)** abwehren, entfernen. **2)** helfen, beistehen.

ἐπ-αληθεύω, bewahrheiten, bestätigen, *τι*.

ἐπ-αλκής, 2. poet. stärkend.

ἐπ-αλλαγή, *ἡ*, *γάμων*, ion. sp. wechselseitige Verbindung, Wechselheirat. Von

ἐπ-αλλάσσω, 1) Akt. wechseln und wechseln lassen, *πολέμοιο πεῖραρ ἐπαλλάξαντες ἐτάνυσσαν* das Leitseil des Kampfes spannten sie wechselnd über beide Parteien. **2)** Pass. von der Rede: anders gedeutet, verdreht werden.

ἐπ-άλληλος, 2. poet. u. sp. ununterbrochen aufeinanderfolgend, *ἐπ. χεροῖν* vom Wechselmord,

ἐπ-άλμενος, s. *ἐφάλλομαι*. [dicht gedrängt.

ἔπαλξις, *εως*, ion. *ιος*, *ἡ*, ep. Acc. pl. *-εις* od. *-ῖς* (*ἐπαλέξω*), Schutzwehr, Brüstung, Mauerzinnen, übertr. *ἔπ. πλούτου* der Schutz, den der Reichtum gewährt, *εἴς τι* gegen, vor etwas.

ἐπ-ᾶλτο u. **ἔπ-αλτο,** s. *ἐφάλλομαι*.

ἐπ-αμαξεύω, (ion.) st. *ἐφαμ.*, poet. Part. perf. pass. *ἐπημαξευμένος* (mit Wagen) befahren.

ἐπ-αμάομαι, Dep. med., anhäufen, zusammenhäufen, auf sich häufen, zusammenraffen, *τί*.

ἐπ-αμβατήρ, *ῆρος*, *ὁ*, poet. der Hinaufsteigende, übertr. von einem Ausschlag.

ἐπ-ᾰμείβω, ep. **1)** Akt. wechseln, vertauschen, *τί τινι* etwas mit jmdm. **2)** Med. wechselnd hin- u. hergehen, *τινάς* zu welchen.

Ἐπαμεινώνδας, *ου* od. *ᾱ* (böot. *Ἐπαμιν.*), S. des Polymnis aus Theben, geb. 418 v. Chr., siegt mit der schiefen Phalanx bei Leuktra 371, fällt bei Mantineia 362.

ἐπαμίδα, unsichre La. Aesch. Hik. 842: Vermutungen: *ἐπ' ἀμίδα* oder *ἐπ' ἅμαλα* aufs Schiff.

ἐπ-αμμένος, s. ἐφάπτω.
ἐπ-αμμένω, s. ἐπαναμένω.
ἐπ-ἄμοιβἄδίς, ep. Adv. (ἐπαμείβω), gegenseitig.
ἐπαμοίβιος, 2. ep. austauschend; ἔργα Tauschhandel.
ἐπ-αμπέχω, poet. u. sp. umhüllen, daraufschütten.
ἐπ-ἄμύντωρ, ορος, ὁ, ep. Helfer, Beschützer. Von
ἐπ-ἄμῦνω, zu Hilfe kommen, helfen, beistehen, abs. u. τινί, von Übeln: abhelfen, τινί.
ἐπ-αμφέρω, poet. f. ἐπαναφέρω.
ἐπ-αμφοτερίζω, sich auf beide Seiten neigen, schwanken, unschlüssig, zweideutig sein; in der Mitte stehen, neutral bleiben.
ἐπάν u. **ἐπήν** (ἐπεὶ ἄν), ion. **ἐπεάν,** nachdem, wann, sobald, ἐπ. ὡς τάχιστα sobald als, mit dem Konj. zur Bezeichnung **a)** von Ereignissen, deren Eintritt erwartet wird, bes. mit Konj. aor. = lat. Fut. exact., wo in orat. oblq. auch ἐπεί mit d. Opt. steht. **b)** der Wiederholung einer Handlung od. eines Ereignisses in Gegenwart od. Zukunft, während in der Vergangenheit der Opt. steht (so oft).
ἐπ-αναβαθμός (-βασμός), ὁ, Stufe.
ἐπ-αναβαίνω, auf etwas (ἐπί τι) steigen, hinaufsteigen, abs. **a)** von Reitern: aufsitzen. **b)** von Feinden: vom Meer ins Innere ziehen. Übertr. hinaufrücken, εἴς τι in eine höhere Stellung.
ἐπ-αναβάλλομαι, ion. Med., aufschieben, τί.
ἐπ-αναβιβάζω, hinaufsteigen lassen.
ἐπ-αναβληδόν, (βάλλω), ion. Adv., oben darüber geworfen.
ἐπ-αναγιγνώσκω, überlesen, vorlesen, τί.
ἐπ-αναγκάζω, dazu nötigen, dazu anhalten, abs. od. τινά mit folg. Inf.
ἐπ-άναγκες, Adv., notwendigerweise, aus Zwang; ἐπάναγκες εἶναι notwendig sein, μηδὲν ἐπ. εἶναι daß kein Zwang stattfinde, τὰ ἐπ. N. T. notwendige Dinge.
ἐπ-ανάγω, **1)** Akt. trans. **a)** eigentl. zu etwas hinaufführen, z. B. ὡς ὑμᾶς d. h. vor euch als Richter, übertr. aufreizen, den Zorn erregen. **b)** zu etwas, (εἴς oder ἐπί τι) zurückführen oder bringen, abziehen lassen, im eigentl. Sinne und übertr. **2)** scheinbar intr. mit verst. στρατόν, ναῦς usw. zurückkehren, sich zurückziehen, umkehren. **3)** Pass. mit ταῖς ναυσί: **a)** gegen einen (τινί) in See gehen, zum Angriff in die hohe See stechen, ihm entgegenfahren. **b)** an den Strand verschlagen werden. Dav.
ἐπαναγωγή, ἡ, **1)** das Heraufführen. **2)** das Aussegeln gegen den Feind, der Angriff.
ἐπ-αναδιπλάζω, poet. wiederholen.
ἐπ-αναθεάομαι, Dep. med., wiederholt betrachten, τινά.
ἐπ-αναθρῴσκω, poet. Aor. part. ἐπανθορών, dabei aufspringen.
ἐπ-αναιρέομαι, Med. **1)** für sich nehmen; erlangen. **2)** auf sich nehmen, sich unterziehen, τί einer Sache. **3)** wieder zurücknehmen, bes. ein Gesetz.
ἐπ-αναίρομαι, Med., Aor. ἐπανήρατο, **a)** das Seine (seinen Stock) gegen einen (τινί) erheben. **b)** gegen einander erheben, δόρυ.
ἐπ-ανακαλέομαι, sp. Med., wieder zurückrufen, zurückholen, ἐπί τι.
ἐπ-ανάκειμαι, darauf (τινί) liegen, darauf gesetzt sein als Strafe.
ἐπ-ανακυκλέομαι, sich im Kreise herumdrehen.
ἐπ-αναλαμβάνω, wieder aufnehmen, wiederholen.
ἐπ-ανάληψις, ἡ, Wiederholung (eines Wortes).
ἐπ-αναμένω, ion. u. poet. **ἐπαμμένω,** **1)** abs. länger warten. **2)** τινά einen erwarten, ihm bevorstehen.
ἐπ-αναμιμνήσκω, wieder erinnern, τινά, mit indir. Fragesatz.
ἐπ-ανανεόομαι, wieder erneuern.
ἐπ-αναπαύομαι, sp., Fut. N. T. auch -παήσομαι, **1)** sich bei etwas (τινί) beruhigen. **2)** sich auf etwas stützen, auf einem beruhen.
ἐπ-αναπλέω u. ion. **-πλώω,** auf die hohe See fahren, aus-, zurücksegeln, ἐπί τινα gegen jmdn., übertr. heraufschwimmen, überströmen, ἔπεα κακά von üblen Reden.
ἐπ-αναρρήγνυμι, ion. sp. wieder aufreißen.
ἐπ-ανάσεισις, εως, ἡ, (σείω), das drohende Schwingen, ὅπλων.
ἐπ-ανασκοπέω, wieder betrachten od. untersuchen.
ἐπ-ανάστασις, εως, ἡ (ἐπανίστημι), Umsturz, Plur. (Doppelverderben u.) U. des Thrones; der Aufstand, Aufruhr, τινί und ἐπί τινα gegen jmdn.; Plur. poet.
ἐπ-αναστέλλω, sp. zurückschlagen, emporheben, aufheben.
ἐπ-αναστρέφω, intr. sich (wieder) umwenden.
ἐπ-αναστροφή, ῆς, ἡ, „Wiederkehr" des Schlußworts am Anfang des nächsten Satzes, z. B. Il. 12, 95.
ἐπ-ανατείνω, emporstrecken, hinstrecken, τί, überh. weiter ausstrecken, ausdehnen, übertr. in Aussicht stellen, sp. med. = act.
ἐπ-ανατέλλω, poet. **ἐπαντέλλω,** ion. poet. u. sp. **1)** intr. **a)** sich erheben, τινός von etwas, aufgehen, hervorgehen. **b)** poet. sich zeigen. **2)** trans. emporheben.
ἐπ-ανατίθημι, ep. Inf. aor. 2. ἐπανθέμεναι, darauf legen, daran legen, σανίδας die Tore zuschließen.
ἐπ-αναφέρω, zurückbeziehen, zurückführen, τί εἴς τι, ἐπί τι zuschieben, zuweisen, bringen vor jmdn., τινί τι, dah. auch es einer Sache zuschreiben, berichten; zurückkehren.
ἐπαναφορά, ἡ, rhetor. Figur, bei der mehrere Satzglieder mit dem nämlichen Wort od. gleicher Wortfolge beginnen.
ἐπ-αναχωρέω, zurückkehren, sich zurückziehen (πάλιν). Dav.
ἐπαναχώρησις, εως, ἡ, das Zurückweichen, Zurücktreten.
ἐπ-αν-διπλάζω u **ἐπ-αν-διπλοΐζω** (Konj.), poet. für ἐπ-ανα-διπλ. wiederholen.
ἐπ-άνειμι (Präs. indic. auch in Bdtg. des Fut.), mit Adj. verb. ἐπανιτέον, u. **ἐπ-ανέρχομαι,** **1)** hinaufgehen od. steigen, überh. wohin kommen, übergehen. **2)** wieder zurückgehen, wohin (εἴς u. πρός τι od. τινα od. οἴκαδε u. ähnl.) zurückkommen, zurückkehren. **3)** übertr. **a)** in der Rede auf etwas (ἐπί τι, ἐκεῖσε) zurückgehen od. kommen. **b)** in etwas tiefer eingehen, auch mit folg. indir. Fragesatz.
ἐπ-ανειπεῖν, öffentlich noch dazu versprechen od. aussetzen.
ἐπ-ανείρομαι, ion., gew. Fut. ἐπανερήσομαι, Aor. ἐπανηρόμην, u. **ἐπανερωτάω,** wieder befragen, wieder fragen, überh. fragen, abs. od. τινά τι od. mit folg. indir. Frages. od. εἰ.

ἐπ-ανελκύω, sp. gegen etwas (gegen die Mole) hinanschleppen, τὴν ναῦν.

ἐπ-ανέρχομαι = ἐπάνειμι, w. s.

ἐπ-ανέχω, a) trans. sp. zu etwas (τινί) noch dazu ertragen, τί. b) intr. sich an etwas halten, ἐπί τινι.

ἐπ-ανήκω, wieder zurückkehren od. zurück sein.

ἐπ-ανθέω, darauf, oben sprossen, hervorsprossen, übertr. a) vom Meerwasser, welches beim Aufsteigen aus dem Boden verdunstet und kristallinische Salzformen gleichsam als Blüten absetzt. b) von dem Dufte u. Hauche der Frische u. Neuheit, der auf etwas ruht, überh. von Vorzügen eines Gegenstandes.

ἐπ-ανθίζω, poet. u. sp. verzieren, ἐρύθημά τινι Rot auflegen; πόνοισιν γενεάν belegen, κωκυτοῖς den Schmuck der Klage hinzufügen. Med. sich beflecken, αἷμα mit Blut.

ἐπ-ανιάω, betrüben.

ἐπ-ανίημι (auch in tmesi), 1) ep. loslassen, einen (τινά) auf od. gegen jmdn. (τινί) anhetzen. 2) loslassen, aufgeben, τί.

ἐπ-ανισόω, ausgleichen, τί, ins Gleichgewicht setzen, τινὰ πρός τινα einen mit einem.

ἐπ-ανίστημι, 1) trans. (-στήσω, -έστησα), aufstellen, aufstehen lassen, wieder einführen, τί. 2) intr. im Med. **ἐπανίσταμαι,** auftreten, a) (nach einem andern) aufstehen, sich erheben (vom Sitze). b) gegen einen (τινί) aufstehen, sich empören, auch abs. einen Aufstand machen.

ἐπ-άνοδος, ἡ, 1) Hinaufweg; Rückweg,Rückkehr. 2) Zusammenfassung, Schluß.

ἐπ-ανορθόω, hat doppeltes Augment: ἐπηνώρθουν, ἐπηνώρθωσα, ἐπηνώρθωμαι, 1) Akt. u. Pass. wieder aufrichten, wieder herstellen, wieder gut machen, wieder ins Geleis bringen, aufhelfen, unterstützen, τί od. τινά, πλεῖστα sehr. 2) Med. das Seine wiederherstellen, etwas in seiner Erklärung berichtigen, etwas von sich verbessern, überh. = Aktiv., etwas wieder gut machen, etwas verbessern, einer Sache (τί) abhelfen. Dav.

ἐπανόρθωμα, τό, u. **ἐπανόρθωσις,** εως, ἡ, Verbesserung, Abhilfe, τινός von etwas, u. ὑπέρ τινος die Verteidigung jmds.; auch Erziehung, Zucht, [Belehrung.

ἐπ-αντέλλω, s. ἐπανατέλλω.

ἐπ-άντης, 2. (ἄντα), schroff, steil.

ἐπ-αντλέω, dazu od. in etwas schöpfen, pumpen, überschütten, abs. u. ἔς τι. Pass. ausgepumpt werden, sich ergießen.

ἐπ-άνω, Adv. 1) oben, oben drüber, oben darauf, oberhalb, abs. u. τινός, übertr. ἐν τοῖς ἐπάνω im frühern, im vorhergehenden. 2) N. T. auch: mehr als. Dav.

ἐπάνωθεν, Adv. 1) von oben her, im Oberlande. 2) buk. früher, v. der Vorzeit.

ἐπ-άξιος, 3, Adv. **-ίως,** würdig, wert, angemessen, nach Verdienst, abs. u. τινός, od. mit Inf. Im bes. erwähnenswert, merkwürdig.

ἐπ-αξιόω, poet. für wert halten, billig erachten, mit Inf. τὶ δρᾶν etwas tun zu müssen glauben, überh. glauben.

ἐπ-αξόνιος, 2. buk. über die Achse.

ἐπ-αοιδή, ἡ, s. ἐπῳδή.

ἐπ-απειλέω, dazu od. obendrein noch, außerdem drohen, überh. androhen, abs. od. τί etwas, τινί jmdm. drohen, u. so auch τινί τι, od. mit Inf. androhen, daß. Pass. πρὸς σοῦ τὰ δείν' ἐκεῖν' ἐπηπειλημένοι so schrecklich hier von dir bedroht.

ἐπ-αποδύομαι, poet. sp. sich gegen einen andern ausziehen (um mit ihm zu kämpfen), sich rüsten, τινί gegen jmdn.

ἐπ-αποθνήσκω, nach einem (τινί) sterben.

ἐπ-αποκτιννύω, sp. dabei, dazu, auch töten.

ἐπ-απόλλυμι, sp. 1) Akt. noch dazu verlieren. 2) Med. sp. dabei, dazu, hinterher umkommen.

ἐπ-απολογέομαι, sp. als zweiter Verteidiger sprechen.

ἐπ-απορέω, sp. weiter fragen; τὰ νῦν ἐπαπορηθέντα das jetzt noch Fragliche, in Zweifel Bleibende.

ἐπ-αποστέλλω, nachsenden (als Amtsnachfolger).

ἐπ-άπτω, s. ἐφάπτω.

ἐπ-αρά, ᾶς, ἡ, ep. Verfluchung.

ἐπ-αράομαι, ion. **-έομαι** [ep. ion. ᾱ, att. ᾰ], Fut. -αράσομαι, Aor. -ηρᾱσάμην, herbeiflehen, herbeiwünschen, τίνα τόνδ' ἐπηράσω λόγον; was für ein Wunsch liegt in deinem Wort?, insbes. einem (τινί) etwas Böses (τί) anwünschen, Flüche gegen einen ausstoßen, auch abs. mit folg. εἰ einen Fluch darauf setzen, wenn.

ἐπ-ᾰρᾰρίσκω, ep., 1) trans., nur Aor. 1. ἐπῆρσα, daran (τινί) etwas (τί) fügen, befestigen 2) intr., Perf. ἐπᾰρηρα u. Plqpf. ἐπᾰρήρει, daran angefügt sein, -sitzen. [ἐπιρρήσσω.)

ἐπ-ᾰράσσω, daraufschmettern, zuschlagen, τί. (Vgl.

ἐπ-άρᾱτος, 2. verflucht, ἐπάρατον ποιεῖσθαί τινα einen verflucht sein lassen; od. von Sachen: durch einen Fluch untersagt, mit Inf. u. μή.

ἐπ-άργεμος, 2. eigtl. mit einem weißen Fleck am Auge (ἄργεμα, s. ἀργής), also blind; übertr. poet. dunkel, unverständlich.

ἐπ-άργυρος, 2. ion. sp. silberbelegt.

ἐπ-άρδω, sp. benetzen, bewässern.

ἐπ-ᾱρή, ἡ, ep. Verwünschung, Fluch.

ἐπ-ᾰρήγω, (auch in tmesi), helfen, beistehen, abs. u. τινί.

ἐπ-ᾰρίστερος, 2., Adv. **-αριστέρως,** sp. eigentl. links, dann übertr. linkisch, verkehrt.

Ἐπ-άριτοι, οἱ, auserwähltes stehendes Bundesheer (5000 M.), welches nach der Schlacht bei Leuktra 371 vom arkadischen Bunde aufgestellt ward.

ἐπάρκεια, ἡ, sp. u. **ἐπάρκεσις,** εως, ἡ, poet. die Unterstützung, Hilfe, γένους wie sie der Vater von seinen Kindern zu fordern berechtigt ist. Von

ἐπ-αρκέω, Fut. -αρκέσω, Aor. -ήρκεσα. **1) jem. etw. abwehren,** τινί τι u. τί Hom.; οὐδὲν ἐπ. τὸ μὴ οὐ **es wird ihm nichts dagegen helfen, daß er fällt** Aesch.; τινά Eur.; τινί Hdt.; **auch abs. Trag. helfen. 2) gewähren, darreichen** ἄκος **Aesch.;** πέπλοις **aushelfen mit Eur.;** τινί τινος **mitteilen von Xen. 3) intr. ausreichen, genügen;** νόμος **wird in Kraft bleiben Soph. Dazu**

ἐπ-αρκής, 2. sp. ausreichend, τινί. [jmdn.

ἐπ-αρκούντως, poet. Adv., genügend, τινί für

ἐπ-άρουρος, 2. (ἄρουρα), ep. auf dem Lande lebend, Landmann.

ἐπ-αρτάομαι, Pass., daran hängen, Perf. übertr. ἐπήρτηται κίνδυνος *impendet*, droht.

ἐπ-αρτής, 2. (ἀρτάω), ep. gerüstet.

ἐπ-αρτύω, ep. (auch in tmesi), daran fügen, befestigen; übertr. dafür als Strafe verhängen.

ἐπ-αρχεία, sp. u. **ἐπαρχία,** ἡ (-χος), sp. Statthalterschaft, bes. das lat. *provincia*, die Provinz, dah. ὑπατική eine konsularische. Dav.

ἐπαρχικός, ὁ, sp. der Einwohner einer Provinz.

ἔπ-αρχος, ὁ (ἀρχή), poet. u. sp. der Vorgesetzte, Befehlshaber, insbes. das lat. *praefectus*, Vorsteher, dah. ἔπ. τεκτόνων, *pr. fabrum*, ein Kriegstribun, der den Troß zu leiten u. die Maschinen u. Wurfgeschosse zu besorgen hatte.

ἐπ-άρχω, 1) Akt. noch dazu, d. i. a) noch außerdem herrschen, gebieten, τινός über etwas, es auf fremdem Boden besitzen. b) seine Herrschaft ausdehnen, auszudehnen trachten, τινός über etwas. c) Befehlshaber, Statthalter sein. 2) Med rituaIisch: (den Bechern) zuweihen, sie zum Weiheguß füllen, δεπάεσσι.

ἐπ-αρωγός, ὁ, ep. poet. Helfer.

ἐπ-ασκέω, 1) sorgfältig dazu arbeiten, wohl mit etwas (τινί) versehen. 2) etwas (τί) einüben, sich in etwas üben, überh. etwas üben, eine Sache treiben, ἀρετὴν ἐς τὸ κοινόν seine Tüchtigkeit für das Gemeinwohl geltend zu machen suchen, μνήμην die Erinnerung an denkwürdige Ereignisse durch Aufzeichnung bewahren. Perf. pass. -ήσκηται es ist üblich, τινί bei einigen.

ἐπ-ασσύτερος, 3. (aus ἐπ-αν-σύτερος, v. ἐπ-ανασεύομαι, St. σσυ), ep., meist im Plur., eins über das andere stürzend, rasch aufeinander, dicht gedrängt, haufenweise, κῦμα ἐπ. ὄρνυται rasch erhebt sich Woge auf Woge. Dav.

ἐπασσυτεροτριβής, 2. poet. schnell nacheinander treffend.

ἐπ-άσσω, s. ἐπ-αΐσσω.

ἐπ-αυγάζομαι, Med. poet. beleuchten, bestrahlen, betrachten.

ἐπ-αυδάομαι, poet. Med., einen (τινά) anrufen (um Rache).

ἐπ-αυθαδιάζομαι (-δίζομαι), sp noch dazu, dabei trotzig, halsstarrig sein.

ἐπ-αυλέω, poet. u. sp. dazu auf der Flöte spielen, vorspielen, τινί τι.

ἐπ-αυλίζομαι, Dep. mit Fut. med. u. Aor. med. u. pass., im Felde übernachten od. lagern.

ἐπαύλιον, τό, sp. kleines Landgut. Von

ἔπ-αυλις, εως, ἡ, ion. u. sp. 1) Gehöft, Meierei, Landgut. 2) Quartier, ἔπαυλιν ποιεῖσθαι sein Quartier aufschlagen. Zu

ἔπ-αυλος, ὁ, ep. u. poet. Plur. τὰ ἔπαυλα (αὐλή), Viehstall, Hürde zum Übernachten des Viehes. Im Plur. mit γᾶς, als Gesamtbegriff, Wohnstätte, u. mit dem Gen. τᾶσδε χώρας die von Attika.

ἐπ-αυξάνω u. **ἐπαύξω,** Fut. ἐπαυξήσω usf., noch vermehren, befördern, πλείω weiter fördern; erhöhen, verherrlichen, τί. Im Pass. mächtig werden. Dav.

ἐπαύξησις, ἡ, die Vergrößerung.

ἐπαύρεσις od. **ἐπαύρησις,** εως, ion. ιος, ἡ (-ρίσκω), im Plur. Genuß, Gewinn wovon, ταχείας τὰς ἐπ. καὶ πρὸς τὸ τερπνὸν ποιεῖσθαι rasch u. angenehm genießen.

ἐπ-αύριον, ἡ, N. T. verst. ἡμέρα, der folgende Tag.

ἐπ-αυρίσκω, ep. u. poet., akt. nur in Aor. 2., inf. ep. ἐπαυρέμεν st. ἐπαυρεῖν, u. im Med. Fut. ἐπαυρήσομαι, Aor. 2. ἐπηυρόμην (od. Aor. 1. ἐπηυράμην), 2. sing. conj. ep. ἐπαύρηαι u. ἐπαύρῃ, 1) Akt. a) genießen, bekommen, erlangen, abs. u. τινός. b) von Geschossen: streifen, verletzen, abs. u. τί etwas, τινός an etwas streifen. 2) Med. a) teil woran haben, u. dies sowohl in gutem als in schlimmem Sinne: genießen, τινός etwas, Vorteil, Nachteil haben, fühlen, die Früchte ernten, z. B. βασιλῆος den (schlechten) König zu seinem Schaden kennen lernen. b) mit Akk. etwas erlangen, sich zuziehen.

ἐπ-αϋτέω, ep. poet. dazu schreien.

ἐπ-αυχέω, poet. sich womit (τινί) rühmen, od. m. Inf. fut. hoffen, daß.

ἐπ-αΰω, poet. dabei schreien, ausrufen.

ἐπ-αφάω, u. Med , berühren, streicheln.

ἐπ-αφή, ἡ, u. **ἐπάφησις,** ἡ, sp. 1) Betastung, die Berührung, das Gefühl. 2) Vorwurf, Tadel, Verweis.

ἐπ-αφίημι, dagegen loslassen, werfen od. schleudern, hinabstürzen, τὶ ἐπί τινα u. τί τινι d. i. etw. auf einen.

Ἔπαφος, ὁ, 1) Sohn des Zeus u. der Io, den diese am Nil gebar. 2) Griech. Name des ägypt. Apis.

Ἐπαφρᾶς, ᾶ, Christ in Kolossä.

ἐπ-αφρίζω, sp. N. T. aufschäumen.

ἐπ-αφρόδιτος, 2. (Ἀφροδίτη), voll Liebreiz, liebreizend, hold, bezaubernd; von A begünstigt (Sulla). — Name eines Gefährten des Ap. Paulus.

ἐπ-ἀφύσσω, ep., Aor. ἐπήφυσα, dazuschöpfen, dazugießen.

ἐπ-αχθής, 2. (ἄχθος), lästig, drückend, verhaßt (τινί), hart, unbescheiden, indiskret, plump, abs. u. ἔς τινα gegen jmdn., od. mit Inf. Subst. τὸ ἐπ. das Gehässige, τινός von etwas.

ἐπαχθίζω, sp. belasten.

ἐπ-άχθομαι, poet. Kummer empfinden über etw. (τινί).

ἐπεάν, s. ἐπάν.

ἐπ-εγγελάω, darüber lachen, abs., über jmdn. lachen, ihn verlachen, verspotten, verhöhnen, τινί u. κατά τινος.

ἐπ-εγγυάω, als Bürgen stellen.

ἐπ-εγείρω, Aor. med. ep. u. ion. ἐπεγρόμην, -εγρέσθαι, 1) Akt. aus dem Schlafe aufwecken, τινά, übertr. a) τινά ermuntern, ermutigen. b) τί wieder aufregen. 2) Pass. u. Med. a) aufgeweckt, neu angefacht werden. b) dabei erwachen, aufwachen.

ἐπ-εγκελεύω, poet. dazu ermuntern.

ἐπ-εγκεράννυμαι, Med., in sich aufnehmen.

ἐπ-εγχέω, poet. dazu eingießen, übertr. zugleich vereinigen.

ἐπ-έδρη, ἡ, ion. st. ἐφέδρα, Belagerung.

ἔπ-εδρος, ὁ, ion. = ἔφεδρος.

ἐπεί (ἐπί u εἰ, ἐπεί spond. in Od. 4, 13 u. ö., dag. ἐπειή als Anapäst = ἐπεἡ Od. 9, 276), ep. auch **ἐπειή, ἐπεί ἡ, da ja,** je nach der Natur des εἰ entw. demonstr. demnach od. relat. nachdem, also logisch und zeitlich. 1) Konj. der Zeit: **als,** nachdem, da, seitdem, ἐπ. τάχιστα sobald **als.** Konstr. mit dem Ind., dem Opt. (sooft als im Iterat. d. Vergangenh.), dem Konj. (bes. mit ἄν od. κέ, sobald als) u. dem Inf. in der orat. obl., vgl. die Gramm. • 2) von einem Grunde: • a) **da,**

weil, indem, dieweil, oft auch übrigens, indes, in der Anrede ohne entsprechenden Hauptsatz (Il. 13, 68 wo zu ergänzen: so laß uns desto tapfrer kämpfen) • **b)** denn, denn auch, bes. auch nach einem längern Vordersatze, u. geradezu für *γάρ*, auch zu Anfang einer Frage, beim Imper. od überh. bei fehlendem Vordersatze: denn sonst, *ἐπεὶ καί* da ja auch, *ἐπεί γε* da ja, *ἐπεὶ οὖν* wenn einmal, *ἐπεὶ δή* da denn, *ἐπεί περ* da eben, *ἐπεί τοι* da doch, *αὐτίκ' ἐπεί τε simul atque*, *αὐτὰρ ἐπεί* aber als, *ἐπεὶ ἄρ* u. *ῥα* da nun, als nun, sobald als, *ἐπεί τε* ep. u. ion. = *ἐπειδή*, sonst nur zur engeren Verknüpfung. Bloß dichterisch wird *ἐπεί* bisw. nachgesetzt.

ἐπείγω, **1)** Akt. u. Pass., **a)** trans. *α)* **drängen,** bedrängen, verfolgen, *τινά*, im Pass. *πυρὶ ἐπειγόμενος* erhitzt, *β)* treiben, antreiben, daher auch betreiben, *τί*, **b)** intr. andringen, eilen, *τὰ ἐπείγοντα* das Dringliche. **2)** Med. ***ἐπείγομαι,*** Fut. *ἐπείξομαι*, Aor. *ἠπείχθην*, **a)** sich drängen, dah. **sich beeilen,** abs. od. mit dem Inf. od. Part., *δρόμῳ* im Sturmlauf, *τοῖς ἐγκλήμασι* wegen der Beschwerden, *ἔς*, *πρός*, *ἐπί τι* zu, nach etwas, **b)** für sich betreiben, beschleunigen, *τί*, **c)** verlangen, wünschen, m. Inf. Das Part. ***ἐπειγόμενος*** als Adj. entw. abs. **schnell,** hastig; od. mit Gen. sich sehnend, verlangend, od. mit A. c. I. **wünschend, daß.**

ἐπειδ-άν (*ἐπειδή — ἄν*), Konj. mit dem Konjunktiv exspect., dah. der Konj. aor. = Fut. exact. der Lateiner; beim Präs. wenn, während, bei Präterr. nachdem, wenn, sobald als, *ἐπειδὰν τάχιστα* sobald als. Ähnl. *ἐπ. θᾶττον.*

ἐπει-δή, Konj. **1)** zeitlich: **nachdem** einmal, da denn, seitdem, *ἐπ. πρῶτα* seitdem einmal, *ἐπ. τάχιστα* sobald als; mit Opt. wenn, so oft, od. mit Inf. wie *ἐπεί*, s. d. **2)** zur Angabe des Grundes: da gerade, weil denn, **da ja,** *ἐπειδή γε* weil ja, mit Ind. In Anreden auch ohne entsprechenden Nachsatz.

ἐπειδή-περ, Konj., da einmal, da **ja.**

ἐπειή, s. *ἐπεί.*

ἐπ-εικάζω, ion. u. poet. noch **dazu** vermuten, raten, bes. in: (*ὡς*) *ἐπεικάσαι* u. *ἐπεικάζειν* wie ich vermuten muß, vermutlich.

I. ***ἔπ-ειμι,*** inf. *ἐπεῖναι*, Fut. *ἐπέσομαι* usf. episch mit *σσ*, Impf. 1. sing. *ἐπέην*, 3. sing. *ἐπῆεν*, 3. plur. *ἔπεσαν*, **1)** lokal: daran, dabei, darüber, **darauf sein** od. liegen; vorgesetzt sein, vorstehen. **2)** von der Zeit: **a)** darnach, übrig sein od. bleiben. **b)** bevorstehen; *οἱ ἐπεσσόμενοι* die Nachgebornen. **3)** darüber (*ἐπί τινι*) sein, außerdem sein. **4)** *ἐπῆν* u. *ἔπι* (w. s.), es war od. ist dabei, ist da, findet statt.

II. ***ἔπ-ειμι,*** conj. *ἐπίω*, inf. *ἐπιέναι*, ep. Impf. 3. sg. ep. *ἐπήιεν*, 3. pl. *ἐπήισαν*, Fut. ep. *ἐπιείσομαι*, Aor. 1. med. ep. *ἐπιεισαμένη* (auch in tmesi), im Präs. oft als Futur zu *ἐπέρχομαι* Attiker • **1) heran-, hinzugehen,** heran-, hinzukommen, sich nähern, ankommen, *ὁ ἐπιών* der erste beste Trag. • **a)** musternd daran hingehen, durchmustern Hom. • **b)** auf die (Redner)bühne treten, auftreten Thuk. • **c)** losgehen auf, einfallen, angreifen, vorrücken *τινά, τί, τινί* u. Praep.; *ὁ ἐπιών* der Angreifer Hdt.; *τὸ ἐπιόν* 1. die Angreifer, 2. das angreifende Heer • **d)** aufsuchen, betreten *ἀγρόν*; *στράτευμα*, *πύλας* **besichtigen** (militärisch) • **e)** nachfolgen *κύματα* Soph., *ὁ ἐπιών* Nachfolger Soph. • **2)** von Ereignissen usw. • **a)** kommen über *γῆρας* Hom.; befallen (Krankheit); anwandeln • **b)** in den Sinn kommen, einfallen • **3)** von der Zeit: heranahen, bevorstehen, **anbrechen,** *τοὐπιόν* Zukunft Luk.; *ἅμα ἡμέρῃ τῇ ἐπ.* mit Anbruch des folg. Tages Hdt.; *ἐς τὴν ἐπιοῦσαν* (sc. *ἡμέραν*) auf morgen.

ἐπ-είνυμαι, ion. st. *ἐφέννυμαι*, anziehen.

Ἐπειοί, *οἱ*, alter Volksstamm von Nord-Elis.

Ἐπειός, *ὁ*, Epēus, Sohn des Panŏpeus, Erbauer des troischen Rosses.

ἐπ-ειπεῖν, def. Aor., dazu sagen, dazu bemerken, hinzufügen, *τί* (*τινί* auf jmdn. eine Leichenrede halten).

ἐπεί-περ, da ja doch, da doch einmal, weil doch einmal.

ἐπ-είρομαι, dagegen fragen, wieder od. weiter fragen, befragen, eine Frage stellen, *τὸν δῆμον* das Volk abstimmen lassen, auch mit indir. Fragesatz od. *μή*. Im besond. ein Orakel, einen Gott fragen, auch durch Opfer.

ἐπ-ειρύω, s. *ἐπερύω.*

ἐπ-ειρωτέω u. dgl., s. *ἐπερωτάω.*

ἐπ-εισάγω, dabei mit einführen, *τινά τινι* jmdn. auch noch in etwas einführen, heranziehen zu ... (*τῇ διαδοχῇ*). Med. für od. bei sich einführen. Dav.

ἐπεισαγωγή, *ἡ*, **1)** Einlaßort. **2)** die Einführung.

ἐπ-εισαγώγιμα, *τά*, eingeführte Waren.

ἐπ-είσακτος, 2. von außen eingeführt, fremd.

ἐπ-εισβαίνω, wo hinein (*ἔς τι*) nachgehen, hinabsteigen, hineinlaufen.

ἐπ-εισβάλλω, **1)** intrans. noch einmal einfallen. **2)** trans. poet. noch dazu hineinwerfen.

ἐπ-εισβάτης, *ὁ*, poet. überzähliger Fahrgast.

ἐπ-είσειμι u. ***ἐπ-εισέρχομαι,*** noch hereinkommen. sich noch dazu hineinwerfen, nachrücken gegen jmdn., abs. u. *τινί* zu jmdm., *ἡ ἐπεσελθοῦσα* die nach (der ersten in das Haus) Gekommene, die Stiefmutter; überh. hereinkommen, eingeführt werden; über jmd. kommen, zustoßen, *τινί.*

ἐπ-εισκαλέω, noch dazu hereinrufen, mit zuziehen.

ἐπ-είσκλητος, 2. mitbeigezogen, mitbeizuziehen.

ἐπ-εισκυκλέω, sp. außerdem hineinrollen, d. i. vorbringen.

ἐπ-εισκωμάζω, hineinschwärmen, sich frech eindrängen.

ἐπεισόδιος, 3. eig. noch dazu kommend, fremdartig, eingeschoben; *τὸ ἐπ.* der dialogische Teil zwischen Chorliedern in der Tragödie, in der Komödie scherzhafte Einschaltungen; in Epos und Drama u. auch in Reden kleine selbständige Abschnitte; überh. Einschiebsel, Einschaltung, Episode. Von

ἐπ-είσοδος, *ἡ*, poet. u. sp. das Dazukommen, die Dazwischenkunft, bes. vom Erscheinen eines Schauspielers.

ἐπ-εισπηδάω, dazu hineinspringen.

ἐπ-εισπίπτω, dazu einbrechen, eindringen, *τινί* einen überfallen, anfallen, über ihn losbrechen.

ἐπ-εισπλέω, Fut. *-πλεύσομαι* (*-πλευσοῦμαι*), noch dazu heranschiffen, noch landen, insbes. zum Angriff hineinfahren.

ἐπ-εισφέρω, 1) Akt. ion. u. poet. außerdem hineinbringen. 2) Med. für sich beibringen. 3) Pass. dazwischenkommen.
ἐπ-εισφρέω, noch dazu, hinterher hineinlassen. Aor. med. ἐπεισφρέσθαι mit sich noch dazu hineinlassen, τινὰ εἴς τι od. τινά τι.
ἔπ-ειτα, ion. **-τεν,** (in Krasis κἄπειτα), Adv. • 1) **alsdann,** noch dazu, **hierauf,** hinfort, hinterher, und bei Aufzählungen nach πρῶτον (μέν) μάλιστα (μέν) u. ähnl. (mit u. ohne δέ) ferner. Mit d. Art. ὁ ἔπ. der spätere, τὰ ἔπ. μέλλοντα das künftig Eintretende, ὁ ἔπ. χρόνος die Folgezeit, τὸν ἔπ. χρόνον hierauf, ἐς τὸν ἔπ. χρόνον für die Zukunft, οἱ ἔπ. ἄνθρωποι die später Lebenden. Daher auch bloß ἐν τῷ ἔπειτα in der Folgezeit, in Zukunft, ἐς τὸ ἔπ. u. bloß τὸ ἔπ. für die Nachwelt, ἐς τὰ ἔπ. in der Folgezeit, τὸ u. τὰ ἔπ. auch die nächste Zukunft od. das Nachherige, οἱ ἔπ. die Nachwelt • 2) im Nachsatz dann, ähnlich nach Bedingungspartikeln u. Partizipien. 3) • a) also, denn • b) nichtsdestoweniger, **doch,** bes. in Fragen u. nach Partizipien.
ἐπ-εκβαίνω, noch dazu, unmittelbar nachher heraussteigen od. landen, heraus- od. herbeikommen, nachfolgen, abs. u. ἔς τι.
ἐπ-εκβοηθέω, zur Hilfe herbeieilen, überh. herzu-, entgegeneilen.
ἐπ-εκδιδάσκω, noch dazu lehren, zeigen, weiter auseinandersetzen, τί od. mit folg. ὡς.
ἐπ-εκδιηγέομαι, Dep. med. noch dazu erklären.
ἐπ-εκδρομή, ἡ (ἐπεκτρέχω), Ausfall, Anfall.
ἐπ-έκεινα, auch ἐπ' ἐκεῖνα geschr., Adv. jenseits, darüber hinaus, abs. u. τινός, mit Artik. τὰ ἐπέκεινά τινος hinter etwas, an der entgegengesetzten Seite von etwas, τὸ ἐπ. die jenseitige Gegend, dah. ἐν τῷ ἐπ. jenseits desselben, hinter diesem.
ἐπ-εκθέω, rasch herausdringen, gegen jmdn. einen Ausfall machen, anrennen, ausfallen, angreifen.
ἐπ-εκπίνω, poet. dazu austrinken.
ἐπ-εκπλέω, zum Angriff entgegenfahren.
ἐπ-έκπλους, zsgz. aus -οος, ὁ, Ausfall (mit der Flotte).
ἐπ-εκτείνω, bes. sp., 1) Akt. noch dazu ausdehnen, (ein Wort) verlängern (durch Dehnung oder Hinzufügung von Vokalen); überh. ausdehnen, dehnen. 2) Med. τινί sich nach etwas ausstrecken, N. T.
ἐπ-εκτρέχω, τινί, = ἐπεκθέω.
ἐπ-εκφέρω, sp. noch dazu hervorbringen, steigern.
ἐπ-εκχωρέω, poet. darnach ausrücken.
ἐπ-έλασις, εως, ἡ, sp. das Ausrücken, der Angriff, bes. zu Pferde, der Reiterangriff.
ἐπ-ελαύνω (auch in tmesi, s. ἐλαύνω), 1) trans. darauf-, darübertreiben, a) Metall: darüberschmieden. b) auflegen, wie Fesseln anlegen, τινὶ ὅρκους einem Eidschwüre, auch ἐπὶ τούτοισι darauf. c) etwas gegen etwas in Bewegung setzen, τὴν στρατιήν mit seiner Heeresmacht heranziehen, abs. 2) scheinbar intr. mit weggel. στρατιάν, ἵππον u. ähnl. anrücken, heransprengen, angreifen, τινί jmdn., überh. herankommen, -fahren, περί τι in die Gegend von etwas, ἐρήμην durch eine Wüste ziehen.
ἐπ-ελαφρύνω, sp. erleichtern.
ἐπ-ελέγχω, poet. entstellen.
ἐπ-έλκω, s. ἐφελκύω.
ἐπ-ελπίζω, 1) einen (τινά) hoffen lassen, ihn zur Hoffnung begeistern, ὡς. 2) zugleich hoffen od. auch darauf hoffen, τί od. Inf. mit folg. ὡς.
ἐπ-έλπομαι poet., **ἐπιέλπομαι** ep., dabei, zugleich, darauf hoffen, τί u. mit Inf. fut.
ἐπ-εμβαίνω, a) auf od. in etw. treten, etw. betreten, auf od. in etw. gehen, hinzugehen, πόδα εἴς τι den Fuß auf etw. setzen; Perf. auf etw. (τινός) stehen. b) übertr. mit u. ohne ποδί auf jmdn. (τινί) treten, ihm den Fuß auf den Nacken setzen, auch κατά τινος ihn mit Füßen treten, d. h. mißhandeln. c) absol. noch dazu einsteigen, ἔς τι, als Schiffssoldat an Bord gehen (zu der bisher. Bemannung hinzu).
ἐπ-εμβάλλω, 1) trans. noch dazu hineinwerfen, darauf werfen, τινά, στόμιά τινι einem mit seinem Rachen drohen, ihn anfallen; μῆνα einschieben, zusetzen; übertr. ἑαυτὸν γῆς σωτῆρα sich als des Landes Retter antragen. 2) intr. noch außerdem hineinfließen.
ἐπ-εμβάτης, ου, ὁ, poet. Besteiger, insbes. Reiter.
ἐπ-εμπίπτω, poet. sp. hineinstürmen, τήνδε βάσιν mit solchen Schritten, τινί in etwas.
ἐπ-εναρίζω, poet. noch dazu töten, einen zweiten Mord begehen, τινά.
ἐπ-ενδίδωμι, poet. noch dazu geben, τρίτην τινί.
ἐπ-ένδυμα, τό, sp. Oberkleid.
ἐπ-ενδύνω, ion., u. sp. **ἐπενδύομαι,** sich (*sibi*) dazu od. darüber (ἐπί τι) noch anziehen, τί. Dav.
ἐπενδύτης, ὁ, N. T. das Oberkleid der Fischer.
ἐπενήνοθε (s. ἀνήνοθε, dem Perf. des pros. ἐπανθέω gleich), ep. 3. sing. eines alten Perf. mit Präsensbdtg., od. auch als Impf. gebraucht, darauf sitzen, darauf liegen, abs. u. τινά über einen hingegossen sein, einem anhaften.
ἐπ-ενθρώσκω, poet. darauf springen, bildl. sich auf einen (ἐπί τινα) stürzen.
ἐπ-εντανύω, ep. darüber einspannen.
ἐπ-εντείνω, poet. u. sp. 1) trans. darüber anspannen; ἐπενταθείς darauf gelehnt. 2) intr. a) sich noch mehr anstrengen. b) sich weiter erstrecken, -verbreiten.
ἐπ-εντέλλω, poet. noch dazu auftragen.
ἐπ-εντύνω [ῡ], ep. u. poet., ep. auch **ἐπεντύω** [ῠ], 1) Akt. dazu zurecht machen, bereiten, zurüsten, im bes. ἵππους anschirren, χεῖρ' ἐπί τινι die Hand nach einem ausstrecken. 2) Med. ep. sich zurüsten, sich anschicken, ἄεθλα zu den Kampfpreisen, nämlich sie zu erlangen.
ἐπ-εξάγω, dagegen herausführen, nur abs. a) anrücken lassen. b) abrücken, ἀπὸ σφῶν ihre Front (linkshin) ausdehnen, τῷ πλῷ πρός τι auf der Fahrt nach etwas zu. Dav.
ἐπεξαγωγή, ἡ, die weitere Ausdehnung.
ἐπ-εξαμαρτάνω, noch mehr fehlen.
ἐπ-έξειμι (Präs. auch m. Fut.-Bdtg.), Impf. 2. sg. ἐπεξήεισθα, u. **ἐπ-εξέρχομαι** • 1) gegen einen feindlich herausrücken, vorrücken • a) **entgegenziehen,** einen Ausfall machen, einen Streifzug unternehmen, τινί, πρός τινα, τινὶ εἰς μάχην Thuk. • b) übertr. gegen einen (τινί u. τινά) feind-

lich verfahren, ihn strafen (auch bloß mit Worten), sich an ihm rächen, auch τινί od. τί etwas verfolgen, im bes. einen gerichtlich (τῇ δίκῃ) belangen, verklagen, τινός. **2)** • **a)** weitergehen, μάλιστα am weitesten gehen • **b)** etwas durchziehen, ganz durchgehen, durchströmen; übertr. ausführlich darlegen σμικρὰ καὶ μεγάλα Hdt.; erzählen, auseinandersetzen, etwas (τί) untersuchen • **c)** ausführen, τιμωρίας μείζους die Strafen immer höher treiben Thuk.

ἐπ-εξελαύνω, gegen einen ausrücken lassen.

ἐπ-εξεργάζομαι, **1)** noch dazu bearbeiten, dazu ausführen = die Ausführung dazu besorgen, verüben, τί. **2)** poet. noch einmal vernichten, τινά.

ἐπ-εξέρχομαι, s. ἐπέξειμι.

ἐπ-εξέτασις, εως, ἡ, wiederholte Musterung.

ἐπ-εξευρίσκω, ion. u. sp. dazu (παρὰ ταῦτα) erfinden, τί.

ἐπ-εξῆς, s. ἐφεξῆς.

ἐπ-εξιακχάζω, poet. zujauchzen.

ἐπεξόδια, τά, verst. ἱερά, die Opfer vor od. beim Ausmarsch gegen den Feind.

ἐπ-έξοδος, ἡ, das Hinausziehen, der Ausmarsch.

ἐπ-έοικα, ep., poet. u. sp. **1)** persönl. eigentl. ähnlich sehen, daher in Einklang stehen, vereinbar sein mit etwas, anstehen, gebühren, gefallen, τινί. **2)** unpers. ἐπ-έοικε mit Plqpf. ἐπεῴκει, es steht an, ziemt sich, ist anständig, gebührt sich, τινί od. τινά mit Inf., auch m. weggel. Inf. (μὴ δεύεσθαι) Od. **6**, **193**; **14**, **511**, od. bloß ὡς ἐπέοικε, ὡς ἐπεῴκει. Part. poet. u. sp. ἐπεοικώς gleich, ähnlich, vergleichbar.

ἐπ-έπω, s. ἐφέπω.

ἐπ-έραστος, 2. sp. geliebt, liebenswürdig.

ἐπ-εργάζομαι, Dep. med. **1)** auf fremdem Platze (wo heilige Ölbäume gestanden) Beliebiges bauen u. pflanzen, überh. Land bebauen, ὁ ἐπεργαζόμενος der Landmann, Ackermann. **2)** sp. daran ausarbeiten, -anbringen, τινί an etw.; das Perf. auch in pass. Bedeutung. Dav.

ἐπεργασία, ἡ, Bebauung, **a)** das Recht auf fremdem Gebiete Ackerbau zu treiben, die gegenseitige Bebauung des Landes. **b)** die verbotene Bebauung von heiligem Lande.

ἐπ-ερεθίζω, sp. anreizen.

ἐπ-ερείδω, Aor. 1. ἐπέρεισα, ep. poet u. sp. **a)** darauf (ἔς τι) stützen, stemmen, nachstoßen (d. h. einem eigenen od. fremden Stoß nachträglich noch einen besonderen Nachdruck geben), übertr. anstrengen, τί. **b)** intr. sich anstemmen, τινί gegen jmdn.

ἐπ-ερεύγομαι, ep. dagegen speien, sich dagegen ergießen.

ἐπ-ερέφω, ep. (in tmesi), unter Dach bringen, erbauen, τί.

ἐπ-ερύω, Aor. 1. ἐπέρυσα, ep. σσ (auch in tmesi), ion. ἐπειρύω, **1)** Akt. ep. heran-, hinanziehen, τί τινι etwas mit etwas, auch: ep. darauf errichten, τί. **2)** Med. ion. über sich ziehen, ein Kleid, τί.

ἐπ-έρχομαι ep. Fut. ἐπελεύσομαι, Aor. 2. ἐπήλυθον (auch in tmesi) • **1)** **heran-, herbeikommen,** herantreten, nahen, (zur Truppe) gelangen Thuk.; insbes. • **a)** als Redner auftreten • **b)** im feindlichen Sinne: auf jmdn. losgehen, heranrücken, jmdn. **angreifen,** auch tadeln Eur., abs. od. τινί u. πρός τινα, auch τί in etwas dringen, etwas angreifen, u. ἔς τι zu etwas ausziehen • **c)** darüber hingehen, **begehen,** besuchen, abs. u. τί; über etwas hinaustreten, τὸ Δέλτα überschwemmt Hdt.; etwas ausführen • **2)** von Ereignissen usw. • **a)** befallen, **überraschen** νοῦσος, ὕπνος Hom.; ἐπέρχεταί μοι u. με es wandelt mich an ἵμερος auch χαίρειν, πταρεῖν • **b)** in den Sinn kommen Plut. • **3)** von der Zeit: herankommen, wiederkehren Ὀλύμπια Thuk.

ἐπ-ερωτάω, ion. ἐπειρωτάω u. z. T. **-τέω,** = ἐπείρομαι, w. s. (N. T. auch bitten, τινά τι). Dav.

ἐπερώτημα, ion. **ἐπειρώτημα,** τό, u. **ἐπερώτησις,** εως, ion. **ἐπειρώτησις,** ἡ, die Befragung, die Anfrage, Frage (ἐπερώτημα, N. T. Anrufen, Bitte).

ἐπ-εσ-, s. unter ἐπεισ-.

ἐπεσβολίη, ἡ, ep. das Umsichwerfen mit Worten, leeres Geschwätz. Von

ἐπεσ-βόλος, 2. (ἔπος, βάλλω), ep. poet. mit Worten um sich werfend, keck redend, was in den Mund kommt, geschwätzig.

ἐπ-εσθίω, dazu (τινί) essen, τί.

ἐπ-έτειος, ion. **ἐπέτεος,** 2. (auch 3.), u. **ἐπετήσιος,** 2. ep. sp. das ganze Jahr dauernd, jährlich.

ἐπέτης, ου, ὁ, ἡ (Vermut.), poet. *assecla*, Begleiter.

ἐπ-ευθύνω, poet. sp. verwalten, χειρί regieren, χεῖρα richten, erheben.

ἐπ-ευρίσκω, s. ἐφευρίσκω.

ἐπ-ευφημέω, ep. poet. u. sp. **1)** Beifall zurufen, u. mit Inf. beifallend verlangen, abs. Glück wünschen, seine Freude zu erkennen geben. **2)** Worte von guter Vorbedeutung dazu sagen, παιᾶνα zu gutem Erfolg einen Gesang dazu (τινί) anstimmen.

ἐπ-εύχομαι, Dep. med. (augment. in ἐπηυ- u. ἐπευ-), **1)** **a)** dazu wünschen, zur Gottheit flehen od. beten, die Gottheit anrufen, überh. beten, erflehen, wünschen, abs. od. τινί zu einer Gottheit, τί od. mit Inf. etwas erflehen oder beten, daß etwas geschehe, auch mit λιτάς ein Gebet sprechen. **b)** Schlimmes, Unheil wünschen, τινί, u. abs. verwünschen, fluchen. **2)** sich rühmen, prahlen, jubeln, abs. od. τινί über einen (besiegten Feind), τί τι etwas als etwas rühmen, od. mit Inf.

ἐπ-ευωνίζω, wohlfeil machen, wohlfeil verkaufen.

ἐπ-έχω, Aor. poet. ἐπέσχεθον, ep. Plqpf. pass. 3. pl. ἐπώχατο, mit der Nebenf. **ἐπ-ίσχω** • **1)** daran haben, halten • **a)** trans. darauf-, **hinhalten,** τί τινι, reichen, anbieten (auch im Med.), τινά hinleiten, bes. einen gegenüberhaben, ihm gegenüberstehen, im Med. an sich heranhalten, ansetzen (einen Becher), dann an sich ziehen, aufraffen, schürzen, auch das Seine zuhalten (τὰ ὦτα) • **b)** intr. darauflos halten, **lenken,** τινί, losgehen, ἐπί τινι od. ἐπί τινα andringen, anrücken, ταύτῃ nach dieser Gegend gewendet sein, im Med. sich wohin halten, dah. ἐπισχόμενος zielend • **c)** übertr. sein Augenmerk auf etwas richten, gedenken, mit Inf. od. Dat., *cogito* **2)** • **a)** trans. **anhalten,** zurückhalten, verzögern, mit Inf. mit u. ohne μή, τὸ ἐξαίφνης für einen Augenblick • **b)** abs. innehalten, an sich halten, zögern, bes. Halt machen, δρόμῳ im Laufe, mit Inf. mit od. ohne τό od. mit ἕως, οὐ *πολὺν χρόνον ἐπισχὼν ἧκε* bald darauf kam er. Von Zuständen, z. B. dem Winde: anhalten, herrschen • **3) trans. innehaben**, sich erstrecken, *ἐπὶ πολύ τινος*, dann einnehmen, festhalten, beschäftigen.

ἐπ-ηβάω, s. *ἐφηβάω*.

ἐπ-ήβολος, 2. teilhaftig, habhaft, mächtig, *τινός* einer Sache; *ἐπ. γίγνομαι* erlangen.

ἐπ-ηγκενίδες, *αἱ* (*ἀγκών*), ep. die Schiffsplanken, Schiffswände, d. i. die quer über den Rippen von außen befestigten Seitenbretter.

ἐπηγορέω (wie v. *ἐπ-ήγορος*), ion. etwas (*τί*) vorwerfen, *τινί* Klage gegen jmdn. führen.

ἐπ-ηετανός, 2. (*ἐπί*, *ἀεί* mit dem Suffix *τανο*), ep. u. poet. immerwährend, immer fortdauernd, ununterbrochen, ausreichend. Neutr. sing. als Adv. in einem fort, beständig, *perpetuus*.

ἐπήκοος, 2. (*ἐπακούω*), **1)** wer hören kann, hörend, der Hörer, *τινός* in bezug auf etwas, auch anhörend, *ἐπ. γίγνεσθαι* erhören. **2)** im Neutr. vom Ort: wo man hören od. gehört werden kann, *εἰς ἐπήκοον* auf Hörweite, *ἐξ ἐπηκόου* aus Hörweite, u. im Superl. *ἐς τὸ ἐπηκοώτατον τοῦ οὐρανοῦ* an den Ort des Himmels, wo man es am besten hören konnte.

ἐπηλυγάζομαι, Med. (*ἐπῆλυξ*), das Seinige (*τὸ σφέτερον* sein Sonderinteresse) verdecken, *τινί* durch etwas; sich verstecken, *τινά* hinter jem.

ἐπ-ῆλυξ, *υγος*, *ὁ*, *ἡ* (*ἠλύγη*), poet. überschattend, verbergend.

ἔπ-ηλυς, *υδος*, *ὁ*, *ἡ*, Akk. auch *ἐπήλυδα* (*ἤλυθον*, *ἐλθεῖν*), **1)** Adj. eingewandert, auswärtig, fremd. **2)** Subst. Ankömmling, Fremdling, *ἔλθετ' ἐπήλυδες αὖθις* kommt u. kehrt zurück.

ἐπηλυσίη, *ἡ*, ep. der Zustand, in dem etw. über einen kommt, Bezauberung, Behexung.

ἐπ-ηλύτης, *ου*, *ὁ*, = *ἔπηλυς*.

ἐπ-ημοιβός, 2. (*ἀμείβω*), ep. abwechselnd, *ὀχῆες* zwei sich begegnende Riegel, die von beiden Seiten der Tür übereinandergeschoben wurden, *χιτῶνες* Kleider zum Wechseln.

ἐπ-ημύω, ep. (in tmesi), dazu, dabei nicken.

ἐπήν, s. *ἐπάν*.

ἐπ-ηπύω, ep. zujauchzen, Beifall geben, *τινί*.

ἐπ-ήρατος, 2. (*ἐράω*), ep. u. poet. geliebt, lieblich, reizend, anmutig.

ἐπηρεάζω, bedrohen, zu beeinträchtigen suchen, abs u. *τινί*, N. T. auch *τινά*, an jmdm. od. etwas mäkeln, ihn verletzen, mißhandeln, ihm schaden.

ἐπ-ήρεια, *ἡ* (*ἀρειή*), Drohung, Kränkung, feindliche Behandlung; Frevelmut, Erbitterung, *κατ' ἐπήρειαν* in schroffer, drohender Weise.

ἐπ-ήρετμος, 2. (*ἐρετμός*), ep. **1)** am Ruder, ruderfertig. **2)** mit Rudern versehen.

ἐπ-ηρεφής, 2. (*ἐρέφω*), ep. überdachend, überhangend, beschattend.

ἐπ-ήρης, 2. (*ἀραρίσκω*), sp. ausgerüstet, im bes. mit Rudern versehen.

ἐπητής, *οῦ*, *ὁ*, ep. besonnen, verständig, freundlich.

ἐπ-ητριμός, 2. ep. dicht über-, neben-, nahe aneinander, scharweise.

ἐπητύς, *ύος*, *ἡ* (*ἐπητής*), ep. Milde, Freundlichkeit.

ἐπ-ηχέω, entgegentönen, widertönen, widerhallen.

ἐπί (verw lat. *ob* „gegen") • **A) Adv. dabei, darauf,** alsdann, *ἐπὶ δέ* hernach, außerdem. Oft gehört es aber zum Verbum, auch wenn es nachgesetzt u. *ἔπι* betont ist.

B) Praep. • **I)** beim **Gen.** • **1)** örtlich auf die Frage wo? • **a) auf, an,** in, bei, neben, vor, *ἐφ' ἵππου* zu Pferde, *ἐπ' ἀνθρώπων* so weit Menschen wohnen, *ἐπ' εὐνάων*; *ἐπ' ἀγκυρέων ὁρμίζειν* u. ähnl. vor Anker liegen; *ἐπὶ τῆς βάτου* beim Dornbusch, *ἐπ' αὐτόφιν* = *ἐφ' ἑαυτῶν* jeder an seinem Platze, für sich, *τὸ ἐφ' ἑαυτῶν* ihr Privatinteresse, *ἐφ' ὑμείων* bei od für euch selbst, auf euch beschränkt, *ἐπ' ὑμῶν αὐτῶν* unter d. i. für euch • **b)** bei Verben der Bewegung zur Angabe der Richtung, **zu, nach — hin,** an, auf; *αἱ ἐπὶ τούτου πράξεις* die darauf(hin) gerichteten Handlungen; *ἐπὶ κέρως* in Flankenreihe hintereinander, *ἐπὶ μετώπου* in Front, *ἐπὶ φάλαγγος* vorn an der Linie • **2)** zeitlich: in, bei, **während,** unter jmds. Regierung, *ἐπ' εἰρήνης* zur Friedenszeit, *ἐφ' ἡμέρας* am Tage, doch auch: Tag für Tag, *ἐπὶ τοῦ καιροῦ* nach Zeit und Umständen, *ἐπὶ παντός* zu jeder Zeit, bei jeder Gelegenheit • **3)** übertr. • **a)** zur Angabe einer Ursache oder des Zweckes: nach, von, **durch,** auf Veranlassung, unter der Leitung, dem Schutze jmds., zu, *ἐπ' ἀληθείας οὐδεμιᾶς* gegen alle Wahrheit, *ἐπ' ὅτευ* warum; *ἐπὶ τῆς ἀληθείας* in der Wirklichkeit, auf Grund der W. und ähnl.; N. T. *ἐπὶ στόματος* auf Aussage, *ἐπὶ μαρτύρων*; • **b)** zur Bezeichnung einer Oberleitung: **bei,** über, *οἱ ἐπὶ τῶν πραγμάτων* die mit Staatsgeschäften Beauftragten, *οἱ ἐπ' ἀξίας* die in Amt u. Würden auch = *περί τινος*, *λέγειν* • **4)** bei Zahlangaben: *ἐπὶ τεττάρων* zu vieren, 4 Mann hoch, *ἐφ' ἑνός* einzeln, Mann für Mann • **5)** adverbial: *ἐπ' ἴσης* in gleicher Weise, *ἐπ' ἐξουσίας* in voller Freiheit.

II) beim **Dat.** • **1)** räumlich zur Angabe des Verweilens oder der Bewegung mit dem Nebenbegriff der darauf folgenden Ruhe: **an, auf, bei,** in der Nähe, neben, nach, hinter, über, vor, hinzu, insbesondere von der Aufeinanderfolge: zu, außer, nach, *ἐπὶ τούτῳ* dazu, obendrein, *ὄγχνη ἐπ' ὄγχνῃ* Birne an Birne; im feindl. Sinne: auf — zu, **gegen;** ferner bei Aufstellungen, *ἐπί τινι εἶναι* hinter einem sein, *οἱ ἐπὶ πᾶσιν* das letzte Glied, die Nachhut • **2)** zeitlich: an, bei, **während,** zu, nach, in, *ἐπὶ νυκτί* während d. h. so lange es Nacht ist, *ἐπ' ἤματι* einen Tag lang, od. auch Tag für Tag, *ἐπὶ τῷδε* darauf, alsdann, *ἐπ' ἐξεργασμένοισι* nach getaner Tat, *ἐπὶ τοῖς τυχοῦσι* beim ersten besten Vorkommnis • **3)** übertr. zur Angabe • **a)** des Grundes, des Zweckes: **wegen,** aus, um, **für,** über (so besonders bei Ausdruck der Gemütserregung), um — willen, zu, *ἐπί τινι ἀεθλεύειν* jmdm. zu Ehren wettkämpfen, oder *λέγειν* sprechen, *θνήσκειν ἐπί τινι* sterben, indem man jmdn. als Erben hinterläßt; *ἐφ' ὅτῳ*, *ἐφ' ᾧ* u. ähnl. deswegen, weil, damit, *ἐπὶ τῷδε* u. *τούτῳ* zu diesem Zwecke, *ἐπὶ πᾶσι* bei jeder Gelegenheit, *ἐπ' Ὀμφάλῃ* auf Omphales Geheiß • **b)** der Bedingung: *ἐπὶ τούτῳ*, *ἐφ' ᾧ* unter der Bedingung, daß, *ἐπ'* τῇ Κύρου δίκῃ unter der Bedingung, daß Kyros Richter ist, ἐπὶ τοῖς ἡμίσεσι unter der Bedingung der Hälften, d. h. unter der Bedingung, daß ihnen die Hälfe zurückerstattet werde, ἐπ' ἴσοισι in gleicher Lage; ähnl im N.T. ζῆν ἐπί τινι wovon, συνιέναι ἐπὶ τοῖς ἄρτοις auf Grund der Brote • **c)** des Preises: **für**, um, ἐπὶ πόσῳ wie teuer, ἐπ' οὐδενί um keinen Preis, ἐπὶ (τοῖς) σώμασιν unter Verpfändung des Körpers • **d)** der Vorsteherschaft, des Beschäftigtseins: **über**, unter, bei, οἱ ἐπὶ ταῖς μηχαναῖς die für das Maschinenwesen Angestellten, od. ἐπί τινι εἶναι, γίγνεσθαι in jmds. Gewalt sein od. kommen, ἐπ' ἐμοί ἐστι, γίγνεται es steht bei mir, τὰ ἐφ' ἡμῖν od. τὸ ἐπὶ σφίσιν soviel an uns, an ihnen liegt • **4)** des begleitenden Umstandes, poet. ἐπὶ κωκυτῷ unter Wehklagen.

III) beim **Akk.** • **1)** räuml. z. Bezeichnung einer Bewegung od. eines Zieles: **auf, nach, zu, bis,** bis zu, u. im feindl. Sinne: **gegen,** auch über — hin, durch — hin, ἐπὶ τάδε τινός bis über etwas hinaus, ἐπὶ πολύ eine lange Strecke, ἐπὶ μάστακα πιέζειν, ἑλεῖν über den Schlund hin drücken od. fassen, ihm den Mund zuhalten • **2)** zeitlich: **bis zu,** bis auf, ἐφ' ἡμέραν bis in den Tag hinein, doch auch einen Tag lang, ἐπὶ ἓξ ἡμέρας sechs Tage hindurch. Ähnl. bei Zahl-, Maß- u. Raumbestimmungen: gegen, an, bis zu, ἐπ' ἀσπίδας πέντε καὶ εἴκοσι 25 Mann hoch, ἐφ' ὁπόσον inwieweit • **3)** übertr. • **a)** zur Angabe des Zweckes, bes. nach Verben der Bewegung: **zu,** nach, **um,** ἐπὶ τὰς ναῦς zu den Schiffen, d. h. um den Befehl über die Schiffe zu übernehmen, ἐφ' ὅ τι weshalb, daher zur Bezeichnung einer Vorsteherschaft: über • **b)** zur Angabe der Gemäßheit: **nach,** ἐπ' ἴσα zu Gleichem, gleich • **4)** adverbial: τἀπὶ τὴν κόρην hinsichtlich des Mädchens, ἐπὶ τὰ γελοιότερα spöttischerweise, u. bes. ἐπὶ πλέον noch mehr, ἐπὶ μᾶλλον usw. ἐπὶ πολύ, ἐπὶ μέγα.

IV) in Zusammensetzungen • **1)** bei, zu, daran, darauf, hin, heran, dazu, darüber hin • **2)** hinzu, wieder, nach • **3)** über, gemäß u. a.

ἔπι, s. ἐπί. Mit Auslassung der Kopula = ἔπεστι od. ἔπεισι, es ist dabei, ist zur Hand, findet statt, steht bevor, abs. od. τινί es ist einem verliehen, auch mit folg. Inf., s. I. ἔπειμι.

ἐπ-ιάλλω, Aor. 1. ἐπίηλα, ep. (meist in tmesi), u. poet. zuwerfen, zuschicken, herzu- od. herbeiführen, anlegen, τί τινι.

Ἐπιάλτης, εω, η, εα, ion. st. Ἐφιάλτης, Verräter der Griechen bei Thermopylä (s. Ἐφιάλτης, 2).

ἐπι-ανδάνω, s. ἐφανδάνω.

ἐπ-ιάχω, ep. (auch in tmesi), nur Präs. u. Impf., zurufen, zuschreien, zujauchzen, überh. dabei aufschreien, laut schreien.

ἐπιβάθρα, ας, ἡ (ἐπιβαίνω), sp. worauf man hinaufsteigt, Leiter, Sturmleiter, übertr. Staffel, Gelegenheit (τινός) zu etwas

ἐπίβαθρον, τό, ep. sp. Fahrgeld.

ἐπι-βαίνω, episch Präs. inf. ἐπιβαινέμεν u. zum Aor. 2. ἐπέβην conj. 1. pl. ἐπιβήομεν (-βείομεν), inf. -βήμεναι, und ein Aor. mixtus ἐπεβήσετο, imper. -βήσεο (auch in tmesi), poet. ἐπίβᾱ = -βηθι **auftreten** • **1)** intr. • **a)** gew. hinaufsteigen, besteigen, τῆς νεώς, ἐπὶ νηός, ἐπὶ τὴν νῆα an Bord gehen, selten u. bes. spät auch τινί; im bes. α) bespringen, τινί. β) ion. ἐπιβέβηκε = ἐπέστηκε • **b)** durchziehen, **betreten,** hinschweben, εἴς τι στόλῳ etwas befahren, übertr. ἀναιδείης den Weg der Schamlosigkeit betreten, überh. den Fuß in etwas setzen, etwas erreichen, erfassen • **c)** in feindl. Beziehung: anrücken, eindringen, gegen jmdn. auftreten, ταῖς ναυσίν u. νεώς die od ein (feindliches) Schiff ersteigen. Übertr. vom Unheil: über einen kommen, einen treffen, abs., τινά u. πρός τινα • **2)** kausat. ep. u. poet. nur im Fut. inf. ἐπιβησέμεν u. im Aor. ind. ἐπέβησα, conj. 1. pl. -βήσομεν, 2. pl. -βήσετε, imper. ἐπίβησον, besteigen lassen, hinaufführen, -bringen, σοροῦ zu Grabe tragen, übertr. erheben, τινά u. zwar τινός zu etwas.

ἐπι-βάλλω (auch in tmesi), **daraufwerfen** • **1)** trans. daran-, darüberwerfen, -legen, drücken, ἱμάσθλην daraufschwingen, τροχόν ein Rad (als Stempel) aufbrennen, ion. im Med., στίγματα sich aufdrücken lassen, dann Med. sich auflegen, dah ἐπιβεβλημένοι τοξόται Schützen, die den Pfeil aufgelegt haben, schußfertig sind. Übertr. • **a)** auferlegen, ἐπιβολήν Geldbuße • **b)** mit Worten treffen d. h. nennen • **c)** noch dazu stürzen, τινὰ ἔς τι • **d)** ἵππον τινί ansprengen • **2)** intr. • **a)** sich wohin (τί) begeben, segeln, angreifen (τινί), N. T. Marc. 14, 72 νοῦν τῷ ῥήματι erwägen (andere: beginnen) • **b)** sich woran begeben, anfangen, τοῖς κοινοῖς πράγμασι, auch mit Inf. • **c)** fallen, τινί, ἐπί τινα, zufallen, τὸ ἐπιβάλλον (μέρος) der auf ihn fallende Anteil, u. mit τινί Leistung; impers. ἐπιβάλλει τινί es geht einen an, gebührt ihm, mit Akk. m. Inf. es traf sie, daß • **d)** im Med. sich auf eine Sache werfen, darnach trachten, ἐνάρων, od. mit Inf.; sp. auch im Akt. mit Dat. • **e)** nach jmdm. hinterherkommen, ἐπιβαλών hernach, darauf.

ἐπι-βαρέω, sp. N. T. beschweren, belästigen.

ἐπίβασις, εως, ἡ (ἐπιβαίνω), Angriff, Zugang, Veranlassung, ἔς τινα ποιεῖσθαι gegen einen nehmen.

ἐπι-βάσκω, ep., Kaus. v. ἐπιβαίνω, hineinführen in etwas, τινά τινος.

ἐπι-βαστάζω, poet. darauf emporheben.

ἐπιβατεύω, 1) ein ἐπιβάτης sein, auf dem Schiffe sein, als Seesoldat dienen, abs. od. ἐπί τινι auf einem Schiffe. **2)** ion. u. sp. auf etwas treten, τινί, übertr. **a)** mit seinen Gedanken auf od. zu etwas (τινί) emporsteigen, sich dazu erheben. **b)** auf etwas (τινός) fußen, sich stützen. **c)** sp. betreten = antreten, τινός. Von

ἐπιβάτης, ου, ὁ (ἐπιβαίνω), **1)** der etwas besteigt, so ἐλεφάντων Elefantenlenker; bes. der in ein Schiff gestiegen ist, Seemann, Fahrgast, Seesoldat auch (bei den Spartanern) ein dem ναύαρχος beigegebener Unterbefehlshaber, Marineoffizier [und Reiter.

ἐπι-βεβαιόω, sp. dazu bestätigen.

ἐπιβήτωρ, ορος, ὁ (ἐπιβαίνω), ep. poet. **1)** Besteiger, ἵππων Wagenkämpfer. **2)** Bespringer, Eber od. Stier.

ἐπι-βιβάζω, hinaufgehen-, besteigen lassen, hinaufbringen, τινά, abs., τινί u. ἐπί τι auf etwas.

ἐπι-βιόω, Aor. 2. ἐπεβίων (sp. Aor. 1. ἐπεβίωσα), **1)** durch-, erleben, abs. διά τινος während der Dauer von etwas, od. τί etwas. **2)** weiter leben, τινί jmdn. überleben, mit τινί τι etwas eine bestimmte Zeit lang überleben.

ἐπι-βλέπω, auf etwas (τί) od. jmdn. (εἴς τινα) hinsehen, betrachten, im bes. mit ζήλῳ neidisch auf etwas (τινί) sehen.

ἐπίβλεψις, ἡ, sp. das Hinsehen, Hinblicken.

ἐπίβλημα, τό (ἐπιβάλλω), das Darübergebreitete, **a)** die Decke, βαβυλώνια babylonische, viell. nur von da aus vertriebene indische und arabische, Zeuge von ausgezeichneter Arbeit. **b)** N. T. auch: Flicklappen.

ἐπιβλής, ῆτος, ὁ (ἐπιβάλλω), ep. eigentl. das Vorgeschobene, der Riegel, der in Form eines Querbalkens quer vor die Tür gelegt ward.

ἐπι-βοάω (s. βοάω), ion. Fut. med. ἐπιβώσομαι statt ἐπιβοήσομαι, u. buk. ἐπιβῶται f. -βοᾶται, **1)** Akt. **a)** absol. laut schreien, die Stimme erheben. **b)** zurufen, zuschreien, τινί mit folg. Inf. od. ὅτι. Im Pass. verschrieen werden, τί hinsichtlich etwas. **2)** Med. **a)** zu sich herrufen, aufrufen, anrufen, zu Hilfe rufen, abs. u. τινά. **b)** zuschreien, Beifall rufen, τί über etwas. **c)** = Akt. zurufen, abs. od. mit Inf. u. μή.

ἐπιβοήθεια, ἡ, das zu Hilfe Kommen, die gegenseitige Hilfeleistung, τινί für jmdn. Von

ἐπι-βοηθέω, ion. **-βωθέω,** zu Hilfe kommen, ziehen, anrücken, eilen, überh. beistehen, τινί jmdm., πρός τινα gegen jmdn., ἔκ τινος aus einem Orte, ἄλλοσε anderswohin.

ἐπιβόημα, τό (ἐπιβοάω), Zuruf.

ἐπιβόησις, ἡ, sp. das Zurufen.

ἐπιβόητος, 2. verschrieen, verrufen, περί τινος wegen etwas, τινί bei jmdm.

ἐπιβολή, ἡ (ἐπιβάλλω), **1)** das Daraufwerfen, σιδηρῶν χειρῶν = Entern; Eindrücken, σημείων; auch im Plur. Im bes. **a)** der Umwurf, die Hülle. **b)** die darauf gelegten Steine, Lage, τινός von etwas. **2)** die Auflage, Abgabe, auferlegte kleinere Strafe, Ordnungsbuße. **3)** der Angriff, das Unternehmen, der Anschlag, der Plan, die Absicht.

ἐπι-βομβέω, sp. dazu ein Getöse machen, τυμπάνῳ auf der Pauke.

ἐπι-βουκόλος, ὁ, ep. Rinderhirt, Hirt, ἐπιβουκόλος ἀνὴρ βοῶν.

ἐπι-βούλευμα, τό, u. **ἐπι-βουλή,** ἡ, geheimes Vorhaben, verräterischer Plan, Anschlag gegen jmdn. (abs. u. πρός τινα), Arglist, im Plur. arglistige Gesinnungen, Hinterlist, Verschwörung, Angriff, τῆς ἐπιβ. διαμαρτάνειν den Zweck der Hinterlist verfehlen, ἐξ ἐπιβουλῆς u. δι' ἐπιβουλήν **a)** nach einem überlegten Plane. **b)** hinterlistigerweise.

ἐπιβουλευτής, οῦ, ὁ, poet. der einen Anschlag macht. Von

ἐπι-βουλεύω, Fut. med. ἐπιβουλεύσομαι in pass. Bdtg. • **1)** vorhaben, **beabsichtigen,** τὸν ἔκπλουν Thuk.: πρήγμασι μεγάλοισι große Dinge im Sinn haben Hdt.; τυραννίδι Plat.; bes. mit Inf., auch ὅπως (spez. den Zeitpunkt wahrnehmen Xen.); Med. bei sich überlegen • **2)** bes. in heimtückischer Absicht: heimlich im Sinne haben, **vorhaben,** τινί τι; θάνατόν τινι Hdt.; κατάλυσιν τῇ τυραννίδι Thuk.; τινί auflauern, nachstellen; abs. ὁ λάθρα ἐπ. Verschwörer; ὁ ἐπιβουλεύων der auf Umsturz sinnt Plat. Im Pass. Nachstellungen ausgesetzt, bedroht werden, ἐπιβουλευθεὶς ἀνῃρέθη er wurde von einem Hinterhalte aus getötet Hdt.; oder hinterlistigerweise dahin gebracht werden, mit folg. ὅπως μή.

ἐπι-βουλή, ἡ, s. ἐπιβούλευμα.

ἐπί-βουλος, 2., Adv. sp. **-ούλως** (βουλή), zu heimlichen Angriffen geneigt, abs. u. τινί gegen jmdn., überh. hinterlistig; subst. hinterlistiger Feind.

ἐπι-βραδύνω, sp. noch dazu zaudern (v. l. ἔτι).

ἐπι-βρέμω, ep. u. poet. anbrausen, brausend anfachen, τί, im bes. mit Brausen ertönen lassen, τὶ ἐπί τινι.

ἐπι-βρέχω, sp. beregnen, bewässern.

ἐπιβρῑθής, 2. poet. auf etwas (τινί) wuchtig lastend.

ἐπιβρίθω [ῑ], ep. poet. sp. Aor. ἐπέβρῑσα, schwer darauf lasten, mit der ganzen Wucht darauf fallen, gewaltig herabstürzen, übertr. mit Macht sich auf etwas stürzen, andringen, drücken, Διὸς ὧραι einwirken, wirksamen Einfluß auf etwas äußern.

ἐπιβρόντητος, 2. = ἐμβρόντητος.

ἐπι-βρύκω, poet. zusammenbeißen, ὀδόντας knirschen.

ἐπι-βρύω, buk. in Fülle hervorsprießen.

ἐπι-βύω, poet. sp. verstopfen, Med. τὰ ὦτα seine O.

ἐπι-βωθέω, ion. = -βοηθέω.

ἐπι-βώμιος, 2. poet. auf dem Altar, ἐπιβώμια ῥέζειν, buk. opfern.

ἐπι-βωμιοστατέω, poet. am Altare stehen (als Schutzflehende).

ἐπι-βώτωρ, ορος, ὁ (βόσκω), ep. Beihirt, Hirt.

ἐπί-γαιος, 2. ion., u. **ἐπίγειος,** 2. auf der Erde befindlich, **a)** zu ebener Erde. **b)** irdisch.

ἐπι-γαμβρεύω, sp. N. T. in Schwagerehe (Leviratsehe) heiraten (vgl. 5. Mose, 25, 5 ff.).

ἐπι-γαμέω, a) dazu heiraten, τινί nach jmdm., Frau od. Mann, ἡ ἐπιγαμηθεῖσα die zweite Frau. **b)** den Kindern (τισί) durch eine zweite Heirat ins Haus bringen, μητρυιάν, Ἀργολίδα. Dav.

ἐπιγαμία, ἡ, das gegenseitige Heiraten aus einer Familie in die andere, Wechselheiratsrecht aus einem Lande in das andere, was im Altertume nur mittels besonderer Verträge stattfand. Sonst galt eine Ehe mit dem Angehörigen eines fremden Staates nicht als eine rechtmäßige, u. die Kinder aus derselben hatten kein Bürgerrecht.

ἐπί-γαμος, 2. heiratsfähig.

ἐπι-γαυρόομαι, Pass., stolz, übermütig sein.

ἐπι-γδουπέω, ep., ältere Form für das sp. ἐπιδουπέω, dabei donnern lassen, dabei krachen.

ἐπί-γειος, 2., s. ἐπίγαιος.

ἐπι-γελάω, Fut. -γελάσομαι, **a)** dazu, dabei lachen, ἐπιγελάσας mit Lächeln. **b)** noch dazu verlachen, verspotten, abs. od. τινί etwas.

Ἐπι-γένης, ους, ὁ, Akk. η u. ην, **1)** Sohn des Antiphon von Athen, Schüler u. Freund des Sokrates. **2)** Sykophant in Athen zur Zeit der Vierhundert.

ἐπι-γεννάω, sp. später erzeugen; pass. nachwachsen. Dav.

ἐπιγέννημα, τό, sp. **a)** das Nachgewachsene. **b)** das Ergebnis, die Folge.

ἐπιγεννηματικός, 3. sp. a) später geboren. b) aus etwas sich ergebend, folgend; τὸ ἐπ. das Ergebnis.
ἐπι-γεραίρω, dazu beehren, belohnen, τινά.
ἐπι-γηθέω, poet. sich worüber freuen.
ἐπι-γίγνομαι, ion. u. sp. **-γίνομαι,** poet. Aor. 3. sg. ἐπέγεντο (= -εγένετο). 1) darnach entstehen, **darnach kommen,** darauf leben, a) nachgeboren werden, οἱ ἐπιγ. τούτων σοφισταί die späteren S. Hdt.; οἱ ἐπιγ. Nachkommen Hdt., b) χρόνου ἐπ. nach Verlauf Hdt.; ἔαρος ὥρη naht Hom.; τοῦ ἐπιγιγνομένου θέρους im folgenden Thuk. 2) heran-, **hinzukommen,** vorkommen νύξ bricht herein, — an, χειμών tritt ein Thuk.; οἷς ἀρχομένοις . . . ἐπ. ob es zu Anfang . . . sich ereignete Thuk.; spez. a) stoßen, treffen auf τινί, b) anfallen, überraschen, **angreifen** τινὶ u. ἐπί τινι Thuk. Dem.; zustoßen.
ἐπι-γιγνώσκω, ion. u. spät. **-γῑνώσκω,** zum Aor. 2. ἐπέγνων ep. conj. 3. pl. ἐπιγνώωσι, 1) kennen lernen, sehen, zuschauen, beobachten, wahrnehmen, bemerken, merken, einsehen, erkennen (N. T. anerkennen); durchschauen, wiedererkennen, ersinnen, τί od. τινά, entw. allein od. mit Part. od. Adj., auch ἐπέγνω φανῶν μανίαις θεόν er kam zur Einsicht, daß er den Gott im W. anfuhr. 2) dazu, darnach ersinnen, beschließen, τί.
ἐπι-γλωσσάομαι (γλῶσσα), poet. Lästerungen, Drohungen (τί) ausstoßen; schmähen, τινός gegen jem.
ἐπι-γνάμπτω, ep. einbiegen, umbiegen, τί, übertr. umlenken, auf andere Gedanken bringen, im Zaume halten, τινά u. τί.
ἐπι-γνώμων, 2. 1) einsichtig; subst. Beurteiler, Schiedsrichter, insbes. Aufseher über die heiligen Ölbäume in Athen. 2) buk. nachsichtig.
ἐπί-γνωσις, ἡ, N. T. u. sp. das Erkennen, die Erkenntnis.
ἐπι-γονή, ἡ, sp. Nachwuchs, Nachkommenschaft.
Ἐπί-γονοι, οἱ, eigtl. die Nachgeborenen, Nachkommen; dann bes. 1) die der sieben gegen Theben gefallenen Heroen, daher auch Name eines epischen (kyklischen) Gedichts, das sie besang. 2) Alexander nannte so die aus den später eroberten Ländern in seinem Heere eingestellten Truppen. 3) die Söhne seiner Nachfolger (Diadochen) hießen ebenso.
ἐπιγουνίς, ίδος, ἡ (γόνυ), ep. poet. sp. der Teil oberhalb des Knies, der gleichsam auf dem Knie ruht, Oberschenkel, Lende. [ritzend.
ἐπιγράβδην, ep. Adv. (ἐπιγράφω), daran streifend,
ἐπίγραμμα, τό (-φω), Inschrift, Aufschrift, häufig metrisch abgefaßt. Davon Demin.
ἐπιγραμμάτιον, τό, sp. kleines Sinngedicht auf jmdn. in einem Distichon.
ἐπιγραφή, ἡ, 1) = ἐπίγραμμα. 2) die nach dem Vermögen berechnete Kriegssteuer, Abschätzung.
ἐπι-γράφω, daraufritzen, daraufschreiben • 1) ep. auf der Oberfläche ritzen • 2) beritzen, bezeichnen, τὴν γῆν, dann • a) dazu schreiben, beischreiben, Med. sich beischreiben lassen, sich zueignen • b) daraufschreiben, τί, τινί auf etw., eine **Inschrift** auf etw. (τινί) **setzen,** auch τινί jmdm. eine Inschrift setzen, überh. jmdm. Ehren zuerkennen, od. auch einen Brief adressieren. Ähnl. etw. durch eine Inschrift bezeichnen, überh. mit einem Titel versehen, **überschreiben,** nennen, auch von Personen, τινά προστάτην. Im Med. sich (*sibi*) etw. darauf schreiben lassen, ἐπεγράφοντο sie bemalten (ihre Schilde), dann sich daraufschreiben, **unterzeichnen,** eine Urkunde usw., mit Inf. od. τοὔνομα ὡς Ἀθηναῖος, aber auch vorschützen • 3) in eine Rolle, Verzeichnis eintragen; auch im Med. πολλοὺς πολίτας • 4) (schriftlich) anbefehlen, auferlegen, τινί τι • 5) N. T. (sich) fest einprägen.
ἐπί-γρῡπος, 2. etwas eingebogen, mit Habichtsnase, mit Krummschnabel.
ἐπι-δακρύω, dazu weinen.
Ἐπίδαμνος, ἡ, Küstenstadt in Illyria Graeca, j. *Durazzo.* Der Einw. **Ἐπιδάμνιος,** ὁ.
ἐπί-δᾱμος, 2. dor. st. ἐπιδήμιος, w. s.
ἐπι-δανείζομαι, Med., sich noch dazu borgen.
ἐπι-δάσκιος, 2. ep. überschattet, tiefschattig.
Ἐπίδαυρος, ἡ, a) Stadt an der Ostküste von Argolis mit Tempel u. Schlange des Asklepios, j. *Pidauro.* b) Ἐ. ἡ Λιμηρά Stadt an der Ostküste von Lakonien, j. *Palaeo-Monembasia* = *Alt-Malvasia.* Adj. **Ἐπιδαύριος,** ὁ Ἐπ. der Epidaurier, ἡ **Ἐπιδαυρία,** das Gebiet von Epidauros.
ἐπι-δαψιλεύομαι, Dep. med., noch dazu zum besten geben, τινά jmdn., auch noch dazu reichlich geben, τινός τινι von etwas jmdm., überh. noch dazutun, dazusetzen, weiter ausführen, eine Zugabe an etwas liefern, abs. u. τινί zu etwas.
ἐπι-δεής (II. u. III. ἐπιδέω), in älterer Form ἐπιδευής, 2. 1) bedürftig, mangelhaft, ermangelnd, abs. u. τινός, oft mit weggel. Kopula, z. B. ἄλλης μὲν λώβης οὐκ ἐπιδευεῖς, verst. ἐστέ, ihr braucht keine andere Schmach, habt mir schon genug zugefügt. 2) geringer, nachstehend, τινός an etwas, auch τινός τινος geringer an etwas als jmd. Neutr. als Adv. ἐπιδεὲς ἔχειν τινός einer Sache ermangeln. [Probe, das Beispiel.
ἐπίδειγμα, τό, das Aufgezeigte, der Beweis, die
ἐπι-δείκνῡμι u. **ἐπιδεικνύω,** Aor. 1. ion. -έδεξα **aufzeigen** • 1) **vorzeigen,** zur Schau stellen, vorstellen (auch im Med.), οἷς ἐκείνην ἐπιδεικνύειν ἑαυτῆς ὅσα (sc. ἐπιδεικνύειν) καλῶς ἔχοι; ebenso: vorlegen, auszeichnen, τινά ihm Gelegenheit geben sich hervorzutun • 2) **beweisen,** dartun, abs. u. ἐπίδειγμα einen Beweis geben, bes. durch die Tat beweisen, ἑαυτὸν θαρροῦντα, auch περί τινος die Bewandtnis von etw. darlegen, mit Part., ὅτι, ὡς, Akk. m. Inf., auch mit μή u. Inf. Im Med. sich zeigen, etw. von sich aufzeigen, an den Tag legen, etw. (τί) prahlend zeigen, τὰ ἔργα, oft mit Part. • 3) Akt. u. Med. **darstellen,** schildern, τινά mit Part. oder τινά τινι vorlegen, von Schriftstellern: vortragen, vorlesen.
ἐπιδεικτικός, 3. aufzeigend, zur Schau stellend, prunkend, vom Redner: Prunkredner, γένος λόγων (versch. δικανικόν, συμβουλευτικόν), ἐπιδεικτικὴ (τέχνη) das zur Schau Stellen; τὸ ἐπ. sp. das Prunken, die Prahlsucht. Adv. **-ῶς,** zum Prunk, um die Kunst des Redners zu zeigen, prunkvoll.
ἐπίδειξις, εως, ion. ἐπίδεξις, ιος, ἡ, 1) das Zeigen, die Schaustellung, ἐς u. πρὸς (τὴν) ἐπίδει-

ξιν ἀφικνεῖσθαι, βαδίζειν vor die Augen der Leute kommen, sich dem Augenscheine unterwerfen, (τὴν) ἐπίδειξιν ποιεῖσθαι eine Probe ablegen od. geben, etwas hören lassen, eine Prunkrede halten, seine Macht sehen lassen, darlegen, mit folg. indir. Nebens. **2)** im bes. **a)** das Sehenlassen, der Beweis, die Probe, die Gelegenheit sich zu zeigen. **b)** das Prunken, τινός mit etwas, die Prunkrede; die Musterung.

ἐπι-δέκατος, 2. u. 3. zum zehnten Teil: **a)** τὸ ἐπ. je der zehnte Teil. **b)** ἐπιδέκατον, mit dem Zehntel dazu, zu zehn Prozent (var.).

ἐπιδεκτικός, 3. (ἐπιδέχομαι), sp. aufnehmend, annehmend, τινός etwas.

ἐπι-δέμνιος, 2. poet. auf dem Lager.

ἐπι-δέξιος, 2. (ἐπὶ δεξιά rechtshin) nach od. zu der Rechten, ἐπιδέξια als Adv. rechtshin, Od. 21, 141 vom Sitze des Mundschenken an, rechts vom Mischkruge. Diese Richtung wurde als Glück bedeutend betrachtet, dah. glückverheißend, dann geschickt.

ἐπίδεξις, s. ἐπίδειξις.

ἐπι-δέρκομαι, ep. anblicken.

ἐπι-δεσπόζω, poet. worüber herrschen, τινί.

ἐπι-δευής, s. ἐπιδεής.

ἐπι-δεύομαι, s. unter III. ἐπιδέω.

ἐπι-δέχομαι, ion. **ἐπιδέκομαι,** mit poet. Part. Aor. -δέγμενος, **1)** dazu auf- od. annehmen, τινά; N. T. gastlich aufnehmen. **2)** jmdn. annehmen, sich seiner Meinung fügen, τινά. **3)** von Dingen: zulassen, gestatten (wie ἐνδέχομαι).

I. **ἐπι-δέω,** **1)** Akt. (-δήσω, -έδησα), anbinden, verbinden, im Perf. pass. verbunden sein, abs. od. τὰ τραύματα denen die Wunden verbunden sind. **2)** Med. (Perf. -δέδεμαι), sich (*sibi*) etwas verbinden od. anheften, ἐπί τι an etwas.

II. **ἐπι-δέω,** noch dazu bedürfen, ermangeln, τινός; μυριὰς ἐπιδέουσα χιλιάδος = 9000.

III. **ἐπι-δέομαι,** ep. **ἐπιδεύομαι,** Dep. pass., **a)** ermangeln, entbehren, τινός einer Sache. **b)** schwächer sein, τινός in etwas od. als jmd., einem nachstehen, dah. auch τινός τινος einem in etwas nachstehen.

ἐπί-δηλος, 2., Adv. **-ήλως,** deutlich, sichtbar, θέλων μὴ ἐπίδηλος εἶναι τοῖς Ἕλλησι da er sein Vorhaben den Griechen nicht wollte bekannt werden lassen.

ἐπιδημέω, ep. **ἐπιδημεύω** (δῆμος), augm. ἐπεδ., red. ἐπιδεδ., **1)** in seinem Volke, in der Heimat verweilen, zu Hause, anwesend sein, einheimisch bleiben, auch nach Hause, in die Heimat zurückkommen. **2)** als Fremder wohin kommen, abs., od. εἴς τι sich als Fremder wo aufhalten, auswärts sein, überh. sich aufhalten, τινί an einem Orte.

ἐπιδημία, ἡ, der Aufenthalt an einem Orte.

ἐπιδήμιος, 2. ep. u. ion., u. dor. (poet.) **ἐπίδαμος,** 2. (δῆμος), **1) a)** im Volke, einheimisch, πόλεμος· Bürgerkrieg. **b)** zu Hause, daheim, im Lande sich befindend, anwesend. **2)** aus der Fremde zu jmdm. (τινί) kommend, mit εἶναι wohin (τινί) gekommen sein. **3)** sp. im ganzen Land verbreitet, epidemisch; ansteckend.

ἐπι-δημιουργοί, οἱ, Aufsichtsbeamte über die Demiurgen, d. h. die übrigen Stadtbehörden im Peloponnes, gesandt von der Mutterstadt in die Tochterstädte.

ἐπι-διαβαίνω, **1)** nach einem andern, nachher, auch übersetzen od. hinübergehen, nachsetzen. **2)** dem Feinde entgegen durch etwas hindurchgehen, übersetzen, absol. u. τί über etwas vorrücken.

ἐπι-διαγινώσκω, ion. noch einmal überlegen, entscheiden, beschließen.

ἐπι-διαιρέω, **1)** Akt. sp. unter einzelne verteilen. **2)** Med. ion., unter sich verteilen, τινάς einige, unter die einzelnen Städte, dah. ἐπί.

ἐπι-διακρίνω [ῑ], die letzte Entscheidung treffen.

ἐπι-διανέμω, noch dazu verteilen, τινί τι; als Zuschlag verteilen auf, hinzuschlagen, τινί.

ἐπι-διατάσσομαι, N. T. nachträglich, weiter anordnen.

ἐπι-διατείνω, intr. sich verbreiten.

ἐπι-διαφέρομαι, Pass., später hinübergebracht werden, nachkommen.

ἐπι-διδάσκω, dazu, ferner belehren, lehren.

ἐπι-δίδωμι (auch in tmesi) • **1)** Akt. trans. • **a)** **dazu,** noch außerdem **geben,** hinzufügen, mitgeben, τί τινι. Im bes. **α)** als Aussteuer mitgeben, τί τινι, **β)** eine freiwillige Beisteuer od. Leistung dem Staate geben τριήρη Dem.; τοῦ ἑαυτοῦ μέρους von seinem Anteil Xen., **γ)** ἐπιστολήν abgeben, ψῆφον τοῖς πολίταις abstimmen lassen, **δ)** hingeben, preisgeben, ἑαυτόν sich hergeben • **2)** Akt. intr. **zunehmen,** Fortschritte machen, wachsen, ἐς ὕψος Hdt.; ἐς τὸ ἀγριώτερον sich zu größerer Wut steigern Thuk.; ἐς τὸ μισεῖσθαι den Haß gegen sich vermehren Thuk.; ἐπὶ τὸ μεῖζον an Größe zunehmen Thuk.; ἐπὶ τὸ βέλτιον zum Bessern fortschreiten Plat.; πρὸς ἀρετήν in der T. Plat.; auch ἐπί τινος πολύ in etwas sich sehr vervollkommnen • **3)** Med. θεούς sich die Götter gegenseitig als Zeugen u. Bürgen geben Hom.

ἐπι-δίζημαι, ion., u. buk. **ἐπι-δίζομαι,** Dep. med., noch dazu suchen, τί, nachgehen, nachspüren, τινά mit folg. relat. Nebens.

ἐπι-δικασία, ἡ, gerichtliche Zuweisung, κλήρων καὶ ἐπικλήρων von Hinterlassenschaften und Erbtöchtern.

ἐπι-δικάσιμος, 2. (δικάζομαι), sp. τινί jmds. Recht vertretend, ihm beistehend.

ἐπί-δικος, 2. streitig, πρός τινα mit jmdm.; auch bestritten.

ἐπι-δινέω, ep. Akt. u. Pass. umwirbeln, zum Wurfe umschwingen, abs., im Pass. kreisend herumfliegen. **2)** Med. bei sich etwas herumdrehen; übertr. es vielfach bei sich (ἑαυτῷ) umherwenden, überlegen.

ἐπι-διορθόω, sp. N. T. hernach verbessern.

ἐπι-διπλοΐζω, poet. wiederholen.

ἐπι-διφριάς, άδος, ἡ, ep. Wagenstuhlkante, Wagenrand, = ἄντυξ (nach andern: Wagentritt).

ἐπι-δίφριος, 2. ep. sp. auf dem Wagensitze befindlich, δῶρα ἐπιδίφρια τιθέναι die Geschenke auf den Wagenstuhl legen.

ἐπι-διώκω, nachsetzen, weiter verfolgen.

ἐπί-δοξος, 2. (δόξα), **a)** von Sachen: ion. voraussichtlich zu erwarten. **b)** von Personen: πολλοὶ ἐπίδοξοι τωὐτὸ τοῦτο πείσεσθαι viele haben ein Gleiches zu erwarten, οἱ ἐπίδοξοι ἁμαρτήσεσθαι die sich wahrscheinlich werden ein Vergehen zu Schulden kommen lassen, teils abs., teils mit Inf. (Fut., Aor. u. Praes.), od. Part.

ἐπι-δόρπιος, 2. buk. sp. zum Abendessen gehörig.

ἐπι-δορπίς, ίδος, ἡ, sp. Nachtessen = δεῖπνον.

ἐπιδόσιμος, 2. sp. was man noch hinzugibt, als freiwillige Gabe.

ἐπίδοσις, εως, ἡ, (ἐπιδίδωμι), **1)** freiwilliges Geschenk, Zugabe, τινός von etwas. Im bes. freiwillige Leistung an den Staat, τὰς μεγάλας ἐπιδ. ἐπιδιδόναι große Geldopfer bringen. **2)** Zuwachs, Ausdehnung. **3)** Fortschritt, Gedeihen, Steigerung, πολλὴν ἐπίδοσιν λαμβάνειν großen Aufschwung nehmen, ἐπίδοσίς τινός ἐστι es wird etwas gefördert, ἔκ τινος.

ἐπι-δουπέω, sp., s. ἐπιγδουπέω.

ἐπιδοχή, ἡ (ἐπιδέχομαι), spätere Annahme, ἐπιδοχαὶ τῶν πολιτειῶν Annahme neuer Verfassungen.

ἐπι-δράττομαι, sp. nach etwas (τινός) greifen, etwas angreifen.

ἐπιδρομή, ἡ (ἐπιδραμεῖν), **1)** Anlauf, plötzlicher Angriff, Überfall, τινί auf etwas, ἐξ ἐπιδρομῆς infolge eines Überfalls (auch unerwartet od. nebenbei, bei Gelegenheit; aus dem Stegreif). **2)** poet. der Zugang.

ἐπίδρομος, 2. (ἐπιδραμεῖν), ep. poet. u. sp. **1)** wohin man laufen kann, zugänglich, erstürmbar. **2)** poet. heranlaufend, sich nahend.

ἐπι-δύομαι, Aor. inf. ep. ἐπιδῦναι (in tmesi), u. im N. T. **ἐπιδύω** (imper. -δυέτω), darüber untergehen.

ἐπιείκεια, ἡ (ἐπιεικής), **1)** Fügsamkeit, Billigkeit, Nachsicht, Milde, πρός τινα, od. freundlicher Vorschlag, τινός zu etwas. Auch im Plur., z. B. ταῖς ἐπ. χρῆσθαι mit Nachsicht, eigentl. mit Rücksichten, zugunsten des Schuldners, auf Kosten des strengen Rechtsverfahrens. **2)** gesitteter Lebenswandel, Unbescholtenheit, Sittlichkeit. **3)** für das lateinische *clementia,* und dah. personif. als Göttin mit einem Tempel in Rom.

Ἐπιείκεια (-κια, -κία), ἡ, Ort bei Sikyon.

ἐπι-είκελος, 2. ep. (St. Ϝικ, ἔοικα), ähnlich, vergleichbar, τινί mit jmdm.

ἐπι-εικής, (εἰκός, ἔοικα). **1)** nur Hom.: passend, geziemend, ἀμοιβή·angemessen; ἐ. (ἐστιν) es geziemt sich. **2)** richtig, ordentlich, **a)** von Personen: **tüchtig,** vernünftig, moralisch anständig, παῖς Hdt.; τοὐπιεικές milde Gesinnung, Humanität Soph.; πρὸς τὸ ἐπιεικές mit Milde Thuk., **b) wahrscheinlich,** annehmbar, ὁδός richtigere, wahrscheinlichere W. Hdt.; πρόφασις billig Thuk.; ὁμολογία annehmbar Thuk.

Ἐπιείκια (-κία), ἡ, s. Ἐπιείκεια.

ἐπι-εικτός, 3. (Ϝεικω), ep. nachgebend, nachlassend, stets mit Negat., also: **a)** neutr. unnachgiebig, unbezwinglich. **b)** pass. unerträglich, unerhört (Od. 8, 307).

ἐπι-έλπομαι, s. ἐπέλπομαι.

ἐπί-ελπτος, 2. poet. erwartet, erhofft, zu erwarten.

ἐπι-έννυμι, ep. u. ion. st. ἐφέννυμι, Aor. 1. ἐπίεσα, ep. σσ, med. ἐπιέσσασθαι, Perf. pass. 3. sing. ἐπίεσται, part. ἐπιειμένος (auch in tmesi), **1)** Akt. ep. dazu anziehen, darüber herziehen, -legen, -breiten, τί. Übertr. ἐπιειμένος angetan, gepanzert, ausgerüstet, τί mit etwas. **2)** Med. sich darüber ziehen, τί. Übertr. sich hüllen, τί in etwas, sich überdecken, γῆν mit Erde, d. i. begraben werden. [drücken.

ἐπι-ζαρέω, poet. = ἐπι-βαρέω, belästigen, be-

ἐπιζάφελος, 2., Adv. **-ῶς,** ep. sehr aufwallend, heftig, hitzig, sehr.

ἐπι-ζάω, ion. **-ζώω,** noch fortleben, so lange (als jmd.) leben (s. ἐπιβιόω).

ἐπιζεύγνυμι u. **ἐπιζευγνύω,** ion. poet. u. sp. **1)** anjochen, anbinden, unter sich zusammenbinden, überh. verbinden, τινί mit, zu etwas; insbes. **a)** eine Linie ziehen, διά τινος durch etw. **b)** gegebene Punkte verbinden. **2)** verschließen.

ἐπίζευξις, εως, ἡ, rhetor. Wiederholung eines Worts.

Ἐπι-ζεφύριος, ὁ, eigtl. gegen Abend liegend, dah. Λοκροὶ Ἐπιζ. epizephyrische Lokrer, in Unteritalien.

ἐπι-ζέω, Aor. ἐπέζεσε, ion. poet. u. sp. **1)** intr. darüber kochen, aufbrausen, aufschäumen, übertr. siedend od. brennend quälen, entbrennend befallen, τινά, d. h. in ihm entbrennen, aufbrausen, τινί. **2)** trans. poet. heiß machen.

ἐπί-ζηλος, 2. poet. beneidenswert, glücklich.

ἐπι-ζήμιος, 2. straffällig, τινί gegen etwas; gew. schadenbringend, nachteilig, abs. u. τινί für jmdn.

ἐπι-ζημιόω, bestrafen.

ἐπι-ζημίωσις, εως, ἡ, Bestrafung, Geldbuße.

ἐπι-ζητέω, weiter suchen, weiter fragen, aufspüren, aufsuchen, verfolgen, verlangen, vermissen, τινά jmdn.

ἐπι-ζώννυμι, ion. u. sp., Pass. perf. ἐπεζω(σ)μέναι, abs. übergürtet, d. h. so daß sie das Gewand unter dem Busen festgebunden haben, also mit entblößtem Oberkörper.

ἐπι-ζώω, s. ἐπιζάω.

ἐπ-ίημι, s. ἐφίημι. **ἐπι-ήνδανε,** s. ἐφανδάνω.

ἐπί-(Ϝ)ηρα, ep. u. poet. Neutr. von ἐπίηρος (andere schreiben ἐπὶ ἦρα), ἐπίηρα φέρειν τινί einem Liebes, Holdes tun, ihm zugunsten sein, Liebe beweisen.

ἐπιήρᾰνος, 2. ep. poet. **1)** wohlgefällig, willkommen, erwünscht, τινί. **2)** mächtig, kundig, τινός.

ἐπι-θαλάμιος, 2. buk. u. sp. zum Brautgemach gehörig, hochzeitlich.

ἐπι-θᾰλασσίδιος u. **-ττίδιος,** 2. auch 3., **ἐπι-θᾰλάσσιος** u. **-ττιος,** 3. (u. 2.) am Meer gelegen, Küstenstadt, Küstenort, ἐμπόριον Seehandelsplatz, τὰ ἐπιθαλάσσια πάντα die ganze Küste, die Küstengegend.

ἐπι-θάλπω, sp. (auf der Oberfläche) erwärmen.

ἐπι-θανάτιος, 2., sp. N. T. **a)** zum Tode verurteilt. **b)** dem Tode geweiht, verfallen.

ἐπι-θάνατος, 2. dem Tode nahe, auf den Tod krank.

ἐπι-θαρρέω, sp. sich darauf verlassen.

ἐπιθαρσύνω, ep. u. sp. Mut machen, ermutigen, τινά.

ἐπι-θεάζω, poet. die Götter herbeirufen (var.).

ἐπι-θειάζω, 1) die Götter anrufen, absol. od. mit τοσαῦτα mit so vielen Worten, so, od. mit Inf. u. μή (unter Anrufung der Götter) beschwören (τινά) etwas nicht zu tun. **2)** die Bestätigung der Gottheit den Worten (τῷ λόγῳ) hinzufügen, dah. auch ein göttl. Vorzeichen (τί) erklären, deuten.

ἐπιθειασμός, ὁ, Beschwörung.

ἐπι-θεράπεύω, willfährig sein, mit Achtung begegnen, τί auf etwas bedacht sein, für etwas wirken.

ἐπίθεσις, εως, ἡ, **1)** (ἐπιτίθημι), sp. das Darauflegen, χειρῶν, N. T. **2)** (ἐπιτίθεμαι), der Angriff, Überfall.

ἐπι-θεσπίζω, ion. u. sp. **1)** auf etwas sitzend (τινί) Orakel verkünden, offenbaren. **2)** von Göttern u. Orakeln, die man befragt hat: seine Beistimmung zu etwas geben, billigen, mit folg. Inf.

ἐπιθεσπισμός, ὁ, sp. die Billigung, Bestätigung von seiten eines Orakels.

ἐπιθετέον, s. ἐπιτίθημι. Ebendavon

ἐπιθετικός, 3. **1)** leicht od. mutig angreifend, unternehmend, abs. u. τινί gegen jmdn. **2)** adjektivisch; s. ἐπίθετος, 3.

ἐπίθετος, 2. (ἐπιτίθημι), hinzugefügt, nicht natürlich, dah. willkürlich, angemaßt; künstlich, erkünstelt; τὰ ἐπίθετα übertragene Rechte, Befugnisse. **2)** im bes. ἑορταί später eingeführte u. durch Volksbeschluß zu den ursprünglichen Solonischen hinzugefügte. **3)** sp. Ntr. als grammat. t. t. ἐπίθετον = Adjectivum; -θετικός adjektivisch.

ἐπι-θέω, anlaufen gegen einen.

ἐπι-θεωρέω, sp. noch dazu, auch, ebenfalls betrachten.

ἐπιθήκη, ἡ, ep. poet. sp. Zusatz, Zugabe.

ἐπίθημα, τό (ἐπιθεῖναι), das Daraufgelegte, **a)** der Deckel. **b)** Grabdenkmal. **c)** sp. die Lanzenspitze. Dav.

ἐπιθηματουργία, ἡ, Verfertigung von Deckeln od. Decken.

ἐπι-θιγγάνω, sp. anrühren, τινός.

ἐπι-θλίβω, sp. darauf drücken, einen Druck darauf ausüben.

ἐπι-θοάζω, flehend am Altare sitzen (? viell. ἐπιθεάζω).

ἐπι-θολόω, sp. beschmutzen, verunreinigen.

ἐπι-θορυβέω, dabei lärmen, Beifall od. Mißfallen zu erkennen geben.

ἐπι-θρύπτω, sp. verweichlichen.

ἐπι-θρῴσκω, ep. u. poet. hinspringen, auf etwas (τινός) springen, doch auch τινί (dieses zur Verhöhnung).

ἐπιθῡμέω (θυμός), augm. ἐπεθ., seinen θυμός auf etwas richten, nach etwas Verlangen haben, streben, dah. begehren, verlangen, trachten, absol. od. τινός wonach, mit Inf. etwas wünschen, so insbes. τινός nach jmdm. verlangen, seine Freundschaft od. seinen Umgang wünschen. N. T. ἐπιθυμίᾳ ἐ. heftig begehren. Subst. τὸ ἐπιθυμοῦν die Begierde, τινός nach etwas.

ἐπιθῡμητής, οῦ, ὁ, der Begehrende, Strebende, Liebhaber, Freund, τινός von etwas od. von jmdm., im bes. der Schüler.

ἐπιθυμητικός, 2. verlangend, begehrend, begehrlich. Dav.

ἐπιθῡμητικῶς, Adv. sehnsüchtig, ἔχειν τινός hängen an etwas.

ἐπιθυμητός, 3. begehrenswert.

ἐπιθῡμία, ion. -ίη, ἡ, (ἐπιθυμέω), **1)** Begierde, Verlangen (poet. auch Vorhaben), Sehnsucht, Wunsch, abs. od. τινός nach etwas, od. mit Inf. dah. ἐς ἐπιθυμίαν ἐλθεῖν τινος nach etwas Verlangen haben, doch auch ἔς τινα Vorliebe für jmdn., u. ταῖς ἐπιθυμίαις μείζοσι χρῆσθαι ἔς τι seine Leidenschaft in etwas weiter treiben. **2)** sinnlicher Trieb, bes. αἱ τοῦ σώματος ἐπιθ. sinnl. Lüste, Wollust. N. T. σαρκικαί, σαρκός, ὀφθαλμῶν, κοσμικαί.

ἐπι-θῡμιάματα, τά, poet. Räucherwerk.

ἐπι-θυμιάω, sp. räuchern.

ἐπ-ῑθύνω, poet. u. ep. richten, χερί handhaben.

ἐπ-ῑθύω, ep. anstürmen, losstürmen, andringen, abs.

ἐπι-θύω [ῡ im Präs., im Fut. ῠ], poet. u. sp. darnach, hinterher opfern od. schlachten, τινί jmdm.; überh. opfern.

ἐπι-θωύσσω, poet. **1)** ertönen zu etwas, τινί. **2)** zurufen, τινί jmdm.

ἐπι-ίστωρ, ορος, ὁ, ἡ, ep. der bei od. neben einem andern etwas weiß, mitwissend, mitschuldig, ἔργων des Frevels.

ἐπι-καθαιρέω, vollends niederreißen.

ἐπι-καθεύδω, sp. auf etwas schlafen.

ἐπι-κάθημαι, darauf sitzen, τινί, darin od. davor liegen.

ἐπι-καθίζω, 1) Akt. **a)** trans. daraufsetzen, setzen, N. T. **b)** intr. darauf sitzen, ἐπί τινι, sp. τινί. **2)** Med. aor. ἐπεκαθίσαντο für sich einsetzen, alte LA. Thuk. 4, 130.

ἐπι-καθίσταμαι, Med., **a)** trans. von sich aus noch davorlegen, für sich einsetzen, τί. **b)** intr., m. Aor. ἐπικατέστη, (noch) dazu auftreten, -aufkommen, -eingeführt werden.

ἐπι-καινόω, poet. ändern.

ἐπι-καίνυμαι, Perf. ἐπικέκασμαι, ep. (in tmesi) sehr ausgezeichnet sein.

ἐπι-καίριος, 2. zur rechten Zeit, am rechten Orte. **1)** günstig, passend. **2)** bedeutend, wichtig. **3)** tüchtig, nützlich. **4)** nötig. οἱ ἐ. die Geschicktesten, Einflußreichsten, Vornehmsten, die Befehlshaber, die höheren Offiziere.

ἐπί-καιρος, 2. gut gelegen, τὰ ἐπίκαιρα günstiges Gelände; erwünscht, vorteilhaft, passend; an lebensgefährlichen Körperstellen. Adv. **ἐπικαίρως,** sp. an passender Stelle, τετρωμένος lebensgefährlich verletzt.

ἐπικαίω, att. **-κάω, 1)** ep. sp. (in tmesi), darauf verbrennen, τί, u. zwar τινί einem Gotte zu Ehren. **2)** anbrennen, auf der Oberfläche verbrennen.

ἐπι-καλέω • **1) herbeirufen** (Med. σύμμαχον als Mitkämpfer) einladen Hom., bei Hdt. auch Med.; zu etw. auffordern, insbes. **anrufen,** z. B. θεόν Hdt. (ebenso im Med.) u. so auch τινί gegen jmdn., d. h. ihn im Namen der Gottheit auffordern • **2) zurufen,** bes. • **a)** benennen, nennen, τινά τι einem einen Beinamen geben • **b)** vorwerfen, zur Last legen, τινί τι doch auch mit folg. ὅτι od. A. c. I. Im Pass. τὰ ἐπικαλεόμενα χρήματα die Schätze, derentwegen einer angeklagt wird Hdt., τὰ ἐπ. die Vorwürfe, Beschuldigungen • **3)** nur Med. • **a)** δῆμον an das Volk appellieren, ἀπὸ τῶν δικαστῶν um einem richterlichen Strafurteil zu entgehen Plut.; ähnl. τοὺς δημάρχους • **b)** ion. herausfordern zum Kampf • **c)** vorfordern, vorladen, von den Ephoren.

ἐπικάλυμμα, τό, Deckmantel, sp. N. T. Von

ἐπι-καλύπτω, verhüllen, vorgeben.
ἐπικαμπή, ἡ (κάμπτω) Einbiegung, Umbiegung, Krümmung, ἐς ἐπ. προϊέναι einen Vorsprung bilden. Insbes. diejenige Stellung eines Heeres, wo sich an den Flügeln die Front rechts od. links umbog u. einen Winkel bildete, um so nach zwei Seiten Front zu machen und die Flanken zu verteidigen.
ἐπικαμπής, 2. sp. gekrümmt, sichelförmig.
ἐπι-κάμπτω, einbiegen, umbiegen, sich krümmen, eine Biegung machen, insbes. vom Heere: umwenden, die Flügel hakenförmig an das Hauptheer anlegen, ἐπί τινα gegen jmdn., s. ἐπικαμπή, oder ὡς εἰς κύκλωσιν eine Schwenkung machen, um zu umzingeln.
ἐπι-καμπύλος, 2. ep. gekrümmt, gebückt.
ἐπίκαρ, besser ἐπὶ κάρ, ep. kopfüber.
ἐπικαρπία, ας, ἡ, Ertrag. [spendend.
ἐπι-κάρπιος, 2. meist sp. fruchtbringend, Früchte
ἐπι-κάρσιος, 3. (= ἐγκάρσιος nicht zu κάρ), schräg, quer, seitwärts, auf der Seite, nach der Seite.
Ἐπικάστη, ἡ, = Ἰοκάστη, w. s.
ἐπι-καταβαίνω, auch noch od. gegen einen hinabgehen, herabziehen, abs. od. ἐς u. πρός τι auf od. nach einem Ort, einer Gegend zu.
ἐπι-κατάγομαι, Pass., noch dazu, nach dem andern landen, eintreffen.
ἐπι-καταδαρθάνω, dabei einschlafen.
ἐπι-καταίρω, sp. darüber herfallen.
ἐπι-κατακλύζω, ion. noch dazu überschwemmen.
ἐπι-κατακοιμέομαι, ion. st. -άομαι, sich auf etwas schlafen legen.
ἐπι-καταλαμβάνω, überholen, einholen.
ἐπι-καταλλαγή, sp. Aufgeld beim Wechseln, Agio.
ἐπι-καταμένω, über die gewöhnliche Zeit bleiben.
ἐπι-κατάρᾱτος, 2. sp. N. T. verflucht.
ἐπι-καταρρέω, ion. sp. darüber herabfließen, darauf niedersinken.
ἐπι-καταρρήγνυμαι, Pass., sp. darüber herabstürzen.
ἐπι-καταρριπτέω, hinterdrein herabstürzen.
ἐπι-κατασφάζω u. **-σφάττω,** ion. u. sp. dabei, darauf schlachten od. töten, τινά, u. τινί zu einem od. auf etwas.
ἐπι-καταψεύδομαι, dazu lügen.
ἐπι-κάτειμι, hinabgehen.
ἐπι-κάτημαι, ion. = -κάθημαι.
ἐπίκαυτος, 2. (ἐπικαίω), ion. oben an der Spitze gebrannt (um sie zu härten).
ἐπί-κειμαι, ion. 3. plur. Impf. ἐπεκέατο, 1) daran liegen, benachbart sein, darauf lasten, verhängt sein. 2) sich auf einen werfen, über einen herfallen, zusetzen, bedrängen, bedrohen, aufsässig sein, auf dem Nacken sitzen.
ἐπι-κείρω, Aor. 1. ep. ἐπέκερσα (auch in tmesi), anschneiden, abmähen, verwüsten, φάλαγγας lichten, dag. μήδεα sie vereiteln.
ἐπι-κελᾰδέω, ep. (in tmesi), dazu schreien, lauten Beifall dazu geben.
ἐπικέλευσις, εως, ἡ, Ermunterung.
ἐπι-κελεύω, 1) Akt. wiederholt zurufen, aufmuntern, anfeuern. 2) Med. anbefehlen, τινί mit Inf.
ἐπι-κέλλω, ep. Aor. ἐπέκελσα, 1) trans. hintreiben, d. h. die Schiffe ans Land, also landen. 2) scheinb. intr. anlegen, landen, d. h. mit dem Vorderteile aufs flache Ufer anlaufen, so daß das Hinterteil im Wasser bleibt, u. vom Schiffe: ἠπείρῳ ans Land stoßen.
ἐπι-κέλομαι, ep. u. poet., reduplizierter aor. 2. ἐπεκέκλετο, herbeirufen, noch dazu anrufen, τινά.
ἐπι-κεράννυμι, ep., Inf. aor. 1. ἐπικρῆσαι st. ἐπικεράσαι, nebst ion. Nebenf. ἐπι-κίρνημι, dazu mischen, darein mischen, nachmischen, τί od. κρητῆρα mit (gemischtem) Wein anfüllen (über ἐπικεκράανται s. ἐπικραιαίνω).
ἐπι-κέρδια, τά (κέρδος), ion. der Handelsgewinn.
ἐπι-κερτομέω, ep. ion. u. sp. ausschelten, beschimpfen, verspotten, verhöhnen, od. höhnend auf etwas (τί) anspielen, auf etwas sticheln, sich lustig machen über etwas.
ἐπι-κεύθω, ep. u. poet. verbergen, verhehlen.
ἐπικεφάλαιον, u. sp. **-κεφάλιον,** τό, Kopfsteuer.
ἐπι-κήδειος, 2. zur Leiche od. Trauer (κῆδος) gehörig, τὸ ἐπικ. sp. Trauergedicht.
ἐπικήριος, sp. u. **ἐπίκηρος,** 2. dem Verhängnis unterworfen, hinfällig, vergänglich, gebrechlich. 2) verhängnisvoll, schädlich, gefährlich, tödlich.
ἐπικηρῡκεία, ἡ, u. poet. **ἐπικηρύκευμα,** τό, Botschaft durch einen Herold, Unterhandlung, abs. u. πρός τινα mit einem.
ἐπι-κηρῡκεύομαι, Dep. med., einen Herold absenden, durch einen Herold sagen lassen, durch Gesandte um Frieden unterhandeln, abs. oder τί, περί τινος u. sp. ὑπέρ τινος, od. Inf. u. zwar τινί, πρός, ἐς, ὡς τινα einen durch Herolde begrüßen, mit ihm Unterhandlungen anknüpfen, verhandeln, Eröffnungen machen, anbieten, οὐδέν sich in keine Unterhandlungen einlassen, ἐπικηρυκευομένων mit weggel. τινῶν von wo aus Unterhandlungen angeknüpft waren.
ἐπι-κηρύσσω, att. **-ττω,** durch den Herold ausrufen, öffentlich bekannt machen lassen, bes. eine Belohnung od. Strafe, τινί für jmdn., ἀργύριόν τινι od. ἐπί τινι eine Geldsumme auf jmds. Kopf od. Ergreifung setzen.
ἐπι-κίδνημι, ep. (σκεδάννυμι), 1) Akt. darüber streuen, übertr. κακοῖς θυμόν sich auf Unheil gefaßt machen, Hdt. 7, 140. 2) Med. sich verbreiten, τί über etwas, ὅσον τ' ἐπικίδναται ἠώς so weit die Morgenröte sich ausgießt.
ἐπι-κίνδῡνος, 2., Adv. **-ύνως,** mit Gefahr verbunden, der Gefahr ausgesetzt, gefährdet, gefahrvoll, gefährlich, τινί für jmdn., ἐπικίνδυνον ἦν mit folg. Inf., es war zu fürchten, daß, und ἐν ἐπικινδύνῳ γίγνεσθαι gefährdet sein.
ἐπι-κῑ́νυμαι, späteр. sich (herzu)bewegen.
ἐπι-κίρνημι, s. ἐπικεράννυμι.
ἐπι-κίχρημι, sp. dazu leihen.
ἐπι-κλάω, -κλᾰ́σω, -ἔκλᾰσα, -κέκλασμαι, -εκλάσθην, brechen, umbiegen, krümmen, περί τι, ἐς τι um etwas, nach etwas, übertr. weich stimmen, erweichen, rühren, abs. od. τινά, auch wohl mit πρὸς οἶκτον, gew. im Pass. sich erweichen lassen, mit u. ohne τῇ γνώμῃ in seinem Gemüt, seinen Trotz brechen lassen. [Beifall begleiten, τί.
I. **ἐπι-κλείω** (κλέος), ep. dabei preisen, mit seinem

II. **ἐπι-κλείω** (κλείω), Akt. u. Med. zuschließen, verschließen, τὴν θύραν seine Tür.

ἐπίκλημα, τό (ἐπικαλέω), die Beschuldigung, Anklage, auch Selbstanklage.

ἐπί-κληρος, ἡ (verst. παρθένος), die Erbtochter, d. h. eine Tochter, die keine Brüder hatte und der daher das väterliche Vermögen zufiel. Es waren aber (in Athen u. wohl auch anderswo), um wo möglich das Vermögen beim Mannesstamme zu erhalten, die nächsten Seitenverwandten berechtigt, sie zur Ehe zu fordern.

ἐπι-κληρόω, durchs Los zuteilen.

ἐπίκλησις, εως, u. ion. ιος, ἡ (ἐπικαλέω), **1)** Beiname, Zuname, Name, Benennung; ἐπίκλησιν oft abs. **a)** mit Beinamen; **b)** der gewöhnlichen Angabe nach. **2)** Nachrede. **3)** im bes. Berufung.

ἐπίκλητος, 2. (ἐπικαλέω), herberufen, im bes. **a)** ion. zusammenberufen zur Beratung, dah. οἱ ἐπίκλητοι die Versammlung der Beratenden. **b)** zu Hilfe gerufen, οἱ ἐπίκλητοι die angerufenen Helfer.

ἐπικλῑνής, 2. abwärts geneigt.

ἐπι-κλίνω [ῑ], **1)** trans. anlehnen, daher auch zurückbeugen, niederbeugen, niederdrücken, τί, im Pass. ἐπικεκλιμένος angelehnt, angelegt, dah. σανίδες angelehnte d. i. verschlossene Türflügel, κεραῖαι auf die Mauer gelegte Stangen. **2)** intr. sich wozu (πρός τι) wenden. **3)** Pass. poet. wobei liegen.

ἐπί-κλοπος, 2. (κλέπτω, κλοπή), ep. u. poet. versteckt, verkappt, mit geheimen Plänen umgehend, schlau, gewandt, τινός in od. mit etwas, subst. ein Gauner.

ἐπι-κλύζω, -κλύσω, -έκλυσα, -κέκλυκα, trans. bespülen, abspülen; überschwemmen. In Pass. überströmt werden, τινί von etwas. Dav.

ἐπίκλυσις, εως, ἡ, die Überflutung.

ἐπι-κλύω, ep. Aor. ἐπέκλυεν, anhören, vernehmen, τινός u. τί.

ἐπι-κλώθω, 1) Akt. zuspinnen, nur übertr., urspr. von den Moiren, welche jedem sein Schicksal zuspinnen, dann überh. von den Göttern: zuteilen, zumessen, verleihen, τί τινι. **2)** Med. als Dep. ep. von den Göttern: verhängen, τί τινι über jmdn., od. mit Inf. verleihen.

ἐπ-ικνέομαι, s. ἐφικνέομαι.

Ἐπικνημίδιοι, Λοκροί, die am Gebirge Κνημίς am Malischen Meerbusen wohnten.

ἐπι-κοινόομαι, Med., sich mitteilen.

ἐπί-κοινος, 2. ion. poet. u. sp., gemeinschaftlich, gemeinsam, gemein, teilhabend, τινός an etw.; ἐπίκοινα gramm. Wörter, die für beide Geschlechter gelten, *epicoena*. Als Adv. ion. **ἐπίκοινα,** gemeinschaftlich, in gemeinschaftlichem Spruche.

ἐπι-κοινωνέω, etwas mit jmdm. (τινί) gemein haben.

ἐπι-κολλάω, sp. aufleimen, auflöten.

ἐπι-κομπάζω, poet. u. sp. und

ἐπι-κομπέω, womit prahlen, abs. u. τινί mit etwas, u. zwar τινί gegen jmdn.

ἐπίκοπον, τό, sp. Hackklotz. Von

ἐπι-κόπτω, ep. u. sp. darauf schlagen, βοῦν ein Rind (auf den Kopf) schlagen d. i. töten, übertr. auf einen mit Worten losgehen, ihn tadeln. Med. poet. sich an die Brust schlagen, trauern.

ἐπι-κοσμέω, dazu schmücken, ausschmücken, zieren, τινά τινι, u. λόγῳ loben.

ἐπί-κοτος, 2., Adv. **-ότως,** poet. aufgebracht.

ἐπικουρέω (ἐπίκουρος), **1)** zu Hilfe kommen, helfen, Beistand leisten, beistehen, abs. u. **a)** τινί einem im Kriege u. in Krankheiten, τί gegen etwas, πολλά τινι ihm viele gute Dienste leisten, ihm viel nützen. **b)** τινί einer Sache abhelfen. **2)** als Söldner in der Fremde dienen, reislaufen. Dav.

ἐπικούρημα, τό, u. **ἐπικούρησις,** ἡ, poet. Hilfsmittel, Schutzmittel, τινός gegen etwas, τινί für etwas.

ἐπικουρία, ion. **-ίη,** ἡ (-ρέω), Hilfe, Beistand, Rückhalt, bes. im Kriege, Hilfstruppen, auch im Pl.

ἐπικουρικός, 3. **1)** aus Hilfstruppen bestehend. **2)** überh. zum Helfen dienend. Dav. Subst. ἐπικουρικόν, τό, das Hilfskorps. Von

ἐπί-κουρος, 2. (aus ἐπι-κορσος, verw lat. *curro* aus *cur-so*), **1)** adj **herzulaufend,** zur Hilfe, dann überh. helfend, beistehend, ἥκειν zu Hilfe kommen, καλεῖν zu Hilfe rufen, εἶναι zum Vorteil gereichen, τινός gegen etwas Hilfe leihend, z. B. θανάτων gegen Mord, oder eine Sache verteitigend, und so überh. gegen, vor etwas schützend oder Dienst leistend. **2)** Subst. **Bundesgenosse,** Helfer, Beistand, Helferin, bes. im Kriege: Zuzügler, dah. im Plur. Hilfsvölker, Hilfstruppen, überh. Söldner, νῆες eine Hilfsflotte, δεσπότης ein Schutzherr.

Ἐπίκουρος, ὁ, 1) Epikur, Stifter einer philosophischen Schule, geb. 341 v. Chr., welcher lehrte, die Lust (d. i. das Freisein von schmerzhaften Zuständen) sei die höchste Glückseligkeit, die Welt aus Atomen entstanden und die Götter ohne allen Einfluß auf Welt u. Menschheit. Adj. dav. **Ἐπικούρειος,** u. **οἱ Ἐπ.,** Anhänger des Epikur, Epikureer. **2)** sonst. Eigenn.

ἐπι-κουφίζω, leicht, behend machen; erleichtern, leichter machen, emporheben, τί, u. τινά einem aufhelfen, aufrichten, τινί durch etw., überh. ermuntern, anregen.

ἐπι-κράζω, sp. dazu aufschreien.

ἐπικραιαίνω, ep. mit Imper. aor. ἐπικρήηνον, Perf. u. Plqpf. pass. **-κεκράανται,** αντο, u. **ἐπικραίνω,** ep. u. poet. m. Aor. poet. ἐπέκρᾱνα, opt. ep. ἐπικρήνειε, vollenden, vollbringen, erfüllen, gewähren, τί, τινί τι u. bloß τινί, χρυσῷ δ' ἐπὶ χεῖλεα κεκράανται in Gold ist der Rand daran ausgeführt.

ἐπί-κρᾱνον, τό, poet. sp. Säulenknauf; κεφαλῆς Kopfbinde.

ἐπικράτεια, ἡ (-τής), Übermacht, Obergewalt, Oberherrschaft, insbes. das v. jmd. beherrschte Land, Gebiet, Bereich.

ἐπι-κρατέω. 1) die **Oberhand haben,** befehligen νήεσσιν; gebieten, Macht haben Od. 18, 320, **a)** abs. siegreich sein, obsiegen, **b)** mit Gen. Herr werden, bezwingen, τῶν πραγμάτων sich bemächtigen Hdt.; τροφῆς erringen Thuk.; ἐχθρῶν besiegen Hdt.; **c)** mit Akk. bemeistern, ἁμαρτίας, τὰ πλέω τοῦ πολέμου die meisten Vorteile erringen Thuk., **d)** mit Inf. durchsetzen Thuk. **2) herrschen,** gebieten, überlegen oder im Vorteil sein, abs. od. τινί u. τινός.

ἐπι-κρατής, 2. (κράτος), siegreich, ἐπικρατέστερον τῇ μάχῃ γίγνεσθαι in der Schlacht Sieger sein. Adv. **-τέως,** ep. mit Übermacht, mit Macht, gewaltsam.

ἐπικράτησις, εως, ἡ (-κρατέω) Überwältigung, τινός.

ἐπι-κρεμάννυμαι, Pass., u. **ἐπι-κρέμαμαι,** Dep. med., darüber hängen, darüber schweben, abs. u. τινί verhängt sein, bevorstehen, drohen.

ἐπι-κρηπίς, ῖδος, ἡ, sp. Überschuh.

ἐπι-κρῆσαι, s. ἐπικεράννυμι.

ἐπι-κρίνω [ῑ], **1)** richterlich erkennen, überh. sein Urteil abgeben, entscheiden, abs. u. περί τινος über jmdn., τί etwas, ἐπικεκριμένος mit Urteil, gewählt. **2)** die Zeugen abhören, Plut. Cic. 7.

ἐπ-ίκριον, τό, ep. die Segelstange, die Rahe.

ἐπίκρισις, ἡ, sp. Nachprüfung, Prüfung, Beurteilung.

ἐπι-κροτέω, ep. u. sp. etwas (τί) an etwas (τινί) schlagen, laut Beifall spenden, τινί.

ἐπι-κρούω, poet. u. sp. darauf schlagen, auf etwas (τί) stoßen, τινί mit etwas.

ἐπι-κρύπτω, verbergen, verheimlichen, geheim halten.

ἐπίκρυφος, 2. poet. u. sp. verborgen.

ἐπι-κτάομαι, ion. **-κτέομαι,** sich dazu erwerben, verschaffen, annehmen, hinzufügen, τί u. τινά τινα einen als etwas, ἀρχήν seine Herrschaft ausdehnen.

ἐπι-κτείνω, 1) sp. noch dazu töten. **2)** poet. nochmals töten, sprichw. τὸν θανόντα.

ἐπίκτησις, εως, ἡ (ἐπικτάομαι), der Zugewinn, neuer Gewinn, Vorteil.

ἐπίκτητος, 2. (ἐπικτάομαι), **1)** dazu erworben, geholt, ἀπό τινος von einem Lande. **2)** neu gewonnen. **3)** nicht zur Sache gehörig, hinzugetan, fremd, erkünstelt.

Ἐπίκτητος, ὁ, Philosoph aus Phrygien, ursprüngl. Sklave, lehrte unter Domitian in Rom, hernach in Nikopolis in Epirus.

ἐπι-κτίζω, sp. noch dazu, neu gründen.

ἐπι-κτυπέω, poet. u. sp. dabei Lärm machen, lärmen, toben, schreien, im bes. auf einem Instrument (τινί) klappern, einen Klingklang machen.

ἐπι-κυδής, 2. (κῦδος), angesehen, glänzend.

ἐπι-κυΐσκομαι, Pass. ion. u. sp. wieder trächtig werden, ehe die erste Leibesfrucht geboren ist.

ἐπι-κυλίω, sp. u. **ἐπι-κυλινδέω,** darauf, darüber wälzen, Pass. darüber rollen.

ἐπι-κυμαίνω, sp. heranwogen.

ἐπι-κύπτω, sich vorwärts beugen, bücken, ἐπί τι nach etwas, od. um hineinzusehen, εἴς τι, aber τινί sich auf jmdn. stützen.

ἐπι-κυρέω, Aor. ἐπέκυρσα, **1)** ep. (in tmesi) auf etwas (τινί) stoßen. **2)** poet. auch: etwas erreichen.

ἐπι-κυρόω, bestätigen, genehmigen, beschließen, mit καλῶς zu gutem Ende führen, τί. Im Pass. auch genehmigt werden, zum Abschluß kommen.

ἐπι-κύρωσις, εως, ἡ, Bestätigung, τῆς χειροτονίας endgültige Beschlußfassung.

ἐπι-κωκύω, poet. zu od. bei etwas od. jmdm. (τί und τινά) laut schluchzen.

ἐπι-κωλύω [ῡ], hindern, hinderlich sein, abs. u. τινά τι einen an etwas hindern.

ἐπι-κωμάζω, in einem Festzuge, κῶμος, schwärmend heranziehen. Pass. sp. übermütig behandelt werden.

ἐπι-κωμῳδέω, bespötteln.

ἐπί-κωπος, 2. sp. mit Rudern versehen; τὸ ἐπ. Ruderschiff.

ἐπι-λαβή, ἡ, poet. das Anfassen.

ἐπι-λαγχάνω (s. λαγχάνω), Perf. ἐπιλέλογχα, poet. zuletzt erlosen, am Ende das sichere Ziel von etwas sein.

ἐπι-λάζυμαι, poet. festhalten.

ἐπι-λαμβάνω • **1)** Akt. u. Pass. • **a) dazunehmen,** Ἀθήνας dazuerobern Lyk., οἰνάριον zu sich nehmen Plut. • **b)** α) **ergreifen** λοιμός Hdt. Thuk., überraschen, τινά od. τί über etwas hereinbrechen γῆρας Plat.; χειμών Thuk.; νύξ unterbrechen Thuk. N. T. τινός sich jmds. annehmen, β) zuhalten, zurückhalten, τὸ ὕδωρ die Wasseruhr Lys.; τί τινος etwas wovon, hindern Hdt., γ) worauf stoßen, es erreichen, τί, bis wohin (τινί) reichen, erleben ἔτη ὀκτώ Thuk.; τί, δ) einnehmen • **2)** Med. **sich an etwas** od. jmdn. **halten,** anklammern, ἀφλάστων Hdt.; χειρός Plat.; übertr. • **a)** angreifen, bes. mit Worten, schelten τινός • **b)** ergreifen, verhaften τινός • **c)** Anspruch machen, beschlagnahmen • **d)** erlangen προφάσιος, δυνάμιος Hdt. • **e)** erfassen λογισμῷ Plat. • **f)** πράξεων unternehmen Plut. • **g)** im Gespräch: berühren.

ἐπι-λαμπρύνω, sp. glänzend machen, glänzend zurichten, τί.

ἐπί-λαμπτος, 2. ion., s. ἐπίληπτος.

ἐπι-λάμπω, darnach u. neu scheinen, darüber aufgehen, und mit τινί auf etwas leuchten, übertr. erscheinen, anbrechen.

ἐπι-λανθάνομαι, auch ἐπιλήθομαι, dor. ἐπιλάθομαι, dabei, darüber vergessen, auch absichtlich vergessen, verschweigen; über einer Sache auch ὑπό τινος.

ἐπί-λᾱσις, ἡ, dor. poet. das Vergessen.

ἐπι-λεαίνω, ion. sp. überglätten, glätten; übertr. annehmlich machen, herausstreichen, τί.

ἐπι-λέγω (auch in tmesi). **1)** dazusagen, **hinzufügen,** τεκμήρια als Beleg anführen Thuk., **a)** beim Namen nennen Hdt. Plat., auch Med., **b)** zurufen, vorwerfen, **c)** auslesen, erwählen; meist im Med. für sich auslesen. **2)** Med. speziell: **a)** überlegen, **bedenken,** α) οὐ ἐπ. sich nicht kümmern um Hdt., β) οὐδαμᾶ ἐπ. μή keine Furcht haben, daß Hdt., γ) mit Inf. erwarten Hdt., **b)** lesen Hdt.

ἐπι-λείβω (auch in tmesi), ep. daraufgießen, bes. das Trankopfer auf die Flamme.

ἐπι-λείπω, 1) Akt. persönl. konstr. verlassen, im Stiche lassen, ausgehen, mangeln, fehlen. **2)** Pass. zurückgelassen werden, zurückstehen, im Nachteil sein.

ἐπι-λείχω, sp. u. N. T. belecken.

ἐπίλειψις, εως, ἡ, Abnahme.

ἐπιλεκτ-άρχης, ὁ, sp. Anführer einer auserlesenen Schar. Von

ἐπίλεκτος, 2. (ἐπιλέγω), ausgelesen, ausgewählt, auserlesen, dah. hochgestellt, angesehen. Im bes. οἱ ἐπίλεκτοι eine auserlesene Schar Krieger, Kerntruppen.

ἐπι-λέπω, ep. abschälen, abrinden (var.).
ἐπι-λεύσσω, ep. hinsehen, *τόσσον* so weit vor sich.
ἐπί-ληθος, 2. (λήθη), ep. dazu vergessen machend od. lassend, *τινός* etwas (von einer Art Opium).
ἐπι-λήθω, ep., Aor. *ἐπέλησα*, mache, lasse vergessen, etwas *τινός* (Her. 3, 46 *ἐπιλεληθέναι* vergessen haben; Var. *ἐπιλελῆσθαι*); über *ἐπιλήθομαι* s. *ἐπιλανθάνομαι*.
ἐπι-ληΐς, *ἴδος*, ἡ, erbeutet, erobert.
ἐπι-ληκέω, ep. dazu lärmen, taktmäßig dazu klatschen. [nysfest (var.).
Ἐπιλήναια, *τά*, das am *Λήναιον* abgehaltene Dio-
ἐπιληπτικός, 3. sp. epileptisch, mit der Fallsucht behaftet, *τὰ ἐπιληπτικά* epileptische Anfälle. Von
ἐπίληπτος, u. ion. **ἐπίλαμπτος,** 2. (*ἐπιλαμβάνω*), ergriffen, **a)** ertappt bei der Tat, abs. u. mit Part. *ἀφάσσουσα* beim Betasten. **b)** ion. befallen. Ebendav.
ἐπιλήπτωρ, *ορος*, ὁ, poet. Angreifer, Tadler, *τινός*.
ἐπιλησμονή, ἡ, Vergeßlichkeit, sp. N. T. Von
ἐπιλήσμων, 2., Komp. *-μονέστερον* als Adv. (*ἐπιλανθάνομαι*) vergessend, uneingedenk, vergeß-
ἐπι-λήψιμος, 2. sp. tadelnswert. [lich.
ἐπί-ληψις u. **-ληψία,** ἡ, Fallsucht.
ἐπῑ-λίγδην od. **ἐπιλλίγδην,** ep. Adv., ritzend, daran streifend.
ἐπι-λιμνάζομαι, Pass., sp. zu einem See werden, *τινί* durch etwas.
ἐπι-λιπαίνω, sp. obenauf fettig machen.
ἐπι-λιπής, 2. sp. = *ἐπίλοιπος*.
ἐπ-ιλλίζω, ep. zublinzeln, mit den Augen zuwinken.
ἐπι-λογίζομαι, Dep. med. mit Aor. pass. u. med., bei sich erwägen, mit folg. *ὅτι*.
ἐπίλογος, ὁ (*ἐπιλέγω*), ion. u. sp. **1)** Erwägung, Schluß. **2)** Redeschluß, Ggs. *πρόλογος*.
ἐπί-λογχος, 2. poet. mit (eiserner) Spitze daran.
ἐπί-λοιπος, 2. noch übrig, rückständig, abs. u. *ἔς τι*, *τὰ ἐπίλοιπα τοῦ λόγου* im Verlauf der Geschichte, dag. *τἀπίλοιπα τῶν λόγων* den weiteren Ratschluß.
Ἐπιλύκειον, *ου*, *τό*, das Amtsgebäude des Polemarchen in Athen.
ἐπι-λῡπέω, ion. noch mehr betrüben, betrüben, *τινά*.
ἐπίλῠσις, ἡ, poet. u. sp. Lösung, **a)** Befreiung. **b)** Auflösung, Deutung, NT. Von
ἐπι-λύω, Fut. med. *ἐπιλύσομαι* als Pass., **1)** Akt. u. Pass. **a)** auflösen, im Pass. an Macht verlieren (aber Lys. 25, 33 jetzt *ἐπιλησθήσεσθαι*). **b)** im N. T. auch: erklären, entscheiden, widerlegen. **2)** Med. **a)** befreien, frei machen, *τινά τι* jmdn. von etwas, schützen. **b)** bezahlen, auf eigene Kosten entrichten, *τί*.
ἐπι-λωβεύω, ep. darüber spotten, verspotten.
ἐπι-μαίνομαι, Dep. med., ep. poet. u. sp. nach etwas oder nach jmdm. (*τινί*) rasend, heftig verlangen.
ἐπι-μαίομαι, meist ep., Fut. *ἐπιμάσσομαι*, Aor. 1. *ἐπεμασάμην*, gew. *σσ* (auch in tmesi). Dep. med. **1)** mit Acc. betasten, befühlen, fassen, *χεῖρ'* = *χειρί* mit der Waffe auf einen losfahren. **2)** mit Gen. zu erreichen suchen, hinstreben.
ἐπι-μανθάνω, später lernen, abs.
ἐπι-μαρτυρέω, bezeugen.
ἐπιμαρτῠρία, ἡ, Anrufung (als Zeuge), *τινός* eines Gottes. Von
ἐπι-μαρτῠ́ρομαι, **1)** zu Zeugen dabei anrufen, bes. *θεούς*, dah. zuschwören, beschwören, *τινί* jmdn. u. mit Inf. u. *μή* etwas nicht zu tun. **2)** ein Zeugnis abgeben.
ἐπι-μάρτῠρος, ὁ, ep. der Zeuge dabei, nur von Göttern (richtiger getrennt *ἐπὶ μ.* zu schreiben).
ἐπι-μάσσομαι, s. *ἐπιμαίομαι*.
ἐπι-μαστίδιος, 2. (*μαστός*), poet. u. sp. noch an der Mutterbrust liegend, *βρέφος* Säugling.
ἐπίμαστος, ὁ (*ἐπιμαίομαι*), ep. schmutzig, schäbig.
ἐπιμαχέω (*ἐπίμαχος*), bewaffnet beistehen, mit bewaffneter Hand beschützen, *τινί*.
ἐπιμαχία, ἡ, Schutzbündnis, u. dadurch unterschieden von *συμμαχία*, welches ein Bündnis sowohl zum Schutz als zu Angriffskriegen ist.
ἐπί-μαχος, 2. (*μάχη*), angreifbar, erstürmbar, leicht zu erobern, einzunehmen, *τὰ ἐπιμαχώτατα* die schwächsten Punkte.
ἐπι-μείγνῡμι (*-μίγνυμι*), u. Med. **ἐπι-μείγνῠμαι,** mit den Nbff. **ἐπιμίσγω** u. **-μίσγομαι,** Fut. *-μείξω* usw., sich zu einem hinzugesellen. **1)** freundl. **a)** Umgang, Verkehr haben. **b)** zu jmdm. reisen, kommen. **b)** feindl. sich in den Kampf mischen, handgemein werden.
ἐπι-μειδάω, ep. u. **ἐπι-μειδιάω,** dazu, dabei lächeln, auch höhnisch lächeln.
ἐπι-μειξία (*-μιξία*), ion. **-ίη,** ἡ, u. **ἐπί-μειξις,** poet. Vermischung, Verkehr.
ἐπιμέλεια, ἡ (*ἐπιμελής*), auch im Plur., **Sorge,** Sorgfalt, *τῶν ἔργων* im Handeln, auch *πρός τι* für etwas, Bemühung, *ἐπιμέλεια αὐτῶν ἔσται* man wird für sie sorgen, *ἐπιμ. ἔνι τινί* er ist befähigt zu sorgen, *ἐπιμέλειαν ποιεῖσθαι* Sorgfalt aufwenden, sein Augenmerk auf etwas richten, denken, *τινός* an jmdn. od. etwas, selten *περί τινος*; dag. *δι' ἐπιμελείας ἔχειν τινά* einem mit Aufmerksamkeit begegnen. Im bes. • **1)** Sorgsamkeit, **Eifer,** Fleiß, Aufmerksamkeit • **2)** Bildung, **Ausbildung,** Erziehung, *τινός* • **3) Besorgung,** Verwaltung, Betreibung, Übung • **4) Aufmerksamkeit,** Berücksichtigung, Pflege, Fürsorge, Achtung, u. zwar *τινός* u. *περί τινα*, doch auch pass. Würdigung, Beurteilung, dah. *ὑπό τινος* • **5)** Tätigkeit eines *ἐπιμελητής* (im Gegensatz zur *ἀρχή*, dem bleibenden Amt).
ἐπι-μελέομαι, kontr. **-μελοῦμαι** u. (bes. altatt.) **ἐπι-μέλομαι,** Aor. *ἐπεμελήθην* (sp. auch *ἐπεμελησάμην*), Dep. pass. • **1) Sorge tragen,** sorgen, sich annehmen, darauf sehen, etwas besorgen, sorgfältig beobachten, *τινός* für etwas od. jmdn., *περί τινος* od. auch *πᾶσαν ἐπιμέλειαν* alle Sorgfalt daran wenden, u. *τί* etwas besorgen, gewähren, ferner mit Inf. u. Akk. m. Inf. od. *ὅπως ὡς*, *εἰ* u. andern Nebens. Im bes einer Sache (*τινός*) **vorstehen,** ein öffentliches Amt (*τῶν κοινῶν*, *τῶν δημοσίων*) verwalten, *τῶν πραγμάτων* die Macht handhaben, *οἱ ἐν τῇ πόλει ἐπιμελόμενοι* die städtischen Behörden • **2)** etwas üben, **fleißig betreiben,** sich einer Sache befleißigen, sich Mühe

geben • **3)** sich um jmdn. (τινός) kümmern, ihn berücksichtigen, u. τινά ihn pflegen, versorgen.
ἐπιμέλημα, τό, Beschäftigung, Geschäft.
ἐπιμελής, 2., Adv. **-ῶς, 1)** akt. Sorge tragend, besorgt, sorgsam, eifrig bemüht, sorgfältig, eifrig, mit Fleiß, umsichtig, genau, treulich, abs. u. τινός od. περί τι für etwas. **2)** pass. ἐπιμελές τινί ἐστι od. γίγνεται es zieht seine Aufmerksamkeit auf sich, es liegt ihm ob, ἐπιμελὲς ποιεῖσθαι sich etwas angelegen sein lassen, mit Inf.; Subst. τὸ ἐπιμελές die Sorge, τινός für etwas.
ἐπιμελητέον, s. ἐπιμελέομαι. Dav.
ἐπιμελητής, οῦ, ὁ, Besorger, Kommissär, Verwalter, Beschützer, Aufseher, Vorsteher, Befehlshaber, abs. u. τινός, z. B. ἐπιμ. τῶν δημοσίων προσόδων Oberschatzmeister, ἐπιμ. ὁδοῦ Straßenbaukommissar, das lat. *curator viae;* überh. οἱ ἐπιμεληταί die Behörden. Dav.
ἐπιμελητικός, 3. zum Sorgen geschickt, sorgsam, ἡ ἐπ. [τέχνη] die Kunst für jmdn. zu sorgen.
ἐπι-μέλομαι, s. ἐπιμελέομαι; **ἐπιμελόσθων,** altatt. Imper. = -λέσθων.
ἐπι-μέλπω, poet. dazu singen.
ἐπι-μέμονα, poet. vorhaben, streben, ἔνθαπερ wohin, näml. zu gehen.
ἐπι-μέμφομαι, Dep. med. sich beschweren, unzufrieden sein, vorwerfen, einen Vorwurf machen, zürnen, abs. oder mit Obj.
Ἐπιμενίδης, ὁ, Dichter u. Wahrsager aus Knosos auf Kreta, θεολόγος od. καθαρτής (da er Athen von der Kylonischen Schuld reinigte), lebte vor 500 v. Chr., er nannte sich Aiakos; soll einst 57 Jahre in der Diktäischen Höhle geschlafen u. 154 od. gar 299 J. gelebt haben. Er wurde nach seinem Tode göttlich verehrt.
ἐπι-μένω, u. ep. **ἐπι-μίμνω, 1)** dabei bleiben, ausdauern, abs. u. τινί od. ἐπί τινι bei jmdm. od. etwas. **2)** noch bleiben, liegen, sitzen, überhaupt bleiben, festliegen, darauf halten, warten, zögern, abs. od. ἔς τε (ἔστε), ὄφρα od. mit Inf., näml. um etwas zu tun, od. darauf daß, auch mit bloßem Konj. δύω bis ich anlege. **3)** erwarten, bevorstehen, τινά. [wünscht, begehrenswert.
ἐπ-ίμερος, 2. ion. poet. = ἐφίμερος, ersehnt, er-
ἐπι-μεταπέμπομαι, später Verstärkungen nachkommen lassen, abs.
ἐπι-μετρέω, 1) ion. zumessen, zuteilen. **2)** sp. hinzumessen, noch hinzuerteilen, hinzufügen, τί τινι etwas zu etwas od. einem etwas. **3)** sp. durchmessen, τί.
ἐπί-μετρον, τό, buk. sp. Übermaß, Zugabe.
ἐπι-μήδομαι, ep. Dep. med., aussinnen, erdenken, τί τινι etwas gegen jmdn.
Ἐπι-μηθεύς, έως, ὁ, Sohn des Iapĕtos, Gemahl der Pandōra, Bruder des Promētheus, eigentl. der Nachherüberlegende.
ἐπι-μηθής, 2. buk. bedachtsam, Adv. **-έως,** poet.
ἐπι-μήκης, 2. sp. lang. [sorgfältig, genau.
ἐπι-μήνιος, 2. (μήν), monatlich, von Kost, Opfern.
ἐπί-μηνις (ἐπιμῆνις), ἡ, ep. Zorn (var. ἔπι μῆνις).
ἐπι-μηνίω, ep. sp. zürnen, grollen, τινί auf jmdn.
ἐπι-μηνυτής, οῦ, ὁ, sp. der Angeber, Denunziant.
ἐπι-μηχανάομαι, Dep med., **1)** sich hinterher bemühen, noch dazu ersinnen, erfinden, abs. u. τί. **2)** gegen einen (τινί) erdenken, ersinnen, τί.
ἐπι-μήχᾰνος, 2. (μηχανή), ep. gegen einen ersinnend, Anstifter, τινός von etwas.
ἐπι-μίγνυμι, s. ἐπιμείγνυμι.
ἐπι-μιμνήσκομαι, sich an etwas erinnern, gedenken, erwähnen, anführen.
ἐπι-μίμνω, s. ἐπιμένω.
ἐπιμίξ, Adv. (ἐπιμείγνυμι), ep. untereinander gemischt, gemengt, ohne Unterschied.
ἐπιμιξία u. **ἐπίμιξις,** s. ἐπιμειξία.
ἐπι-μίσγω, s. ἐπιμείγνυμι.
ἐπι-μολεῖν, poet. Aor. (ἐπιβλώσκω), herankommen, treffen, τινά. Dazu
ἐπίμολος, 2. poet. angreifend.
ἐπίμομφος, 2. (ἐπιμέμφομαι), poet. **1)** tadelhaft, ungünstig. **2)** auch akt. tadelnd, εἶναί τινι.
ἐπιμονή, ἡ (-μένω), das Verweilen, ἔν τινι in etw., rhetor. term. Häufung des Ausdrucks.
ἐπίμονος, 2. verbleibend, dauernd, beharrlich.
ἐπι-μύζω, Aor. 1. ἐπέμυξα, ep. darüber murmeln.
ἐπιμύθιον, τό, sp. Nutzanwendung der Fabel.
ἐπι-μύω [ῠ], Aor. conj. buk. ἐπῑμύσσησι, schließen, mit u. ohne τοὺς ὀφθαλμούς; einnicken.
ἐπι-μώομαι, buk. = ἐπιμαίομαι, erfinden.
ἐπι-μωμητός, 3. buk. tadelhaft.
ἐπιναυμαχία, ἡ, sp. Seeschlacht am Schiffslager.
ἐπί-νειον, τό (ναῦς), Ankerplatz, Schiffswerfte, Hafenplatz.
ἐπινέμησις, ἡ, sp. das Umsichgreifen. Von
ἐπι-νέμω, Fut. med. sp -νεμήσομαι, **1)** Akt. **a)** (darauf) abweiden lassen. **b)** zuteilen, verteilen, τί τισι etwas unter einige, τραπέζῃ auf dem Tische. **2)** Med. darauf weiden, abweiden, sich verheerend verbreiten, verheeren, abs. u. τινά.
ἐπι-νεύω, 1) zunicken. **a)** zum Ausdruck der Befriedigung: zunicken. **b)** der Bestätigung: bejahen, gewähren, versprechen. **c)** des Hinweises: anzeigen. **d)** des Verlangens: befehlen. **2)** sich neigen.
ἐπι-νέφελος, 2. (νεφέλη), umwölkt, ion. ἐπινεφέλων ἐόντων bei bewölktem Himmel.
ἐπι-νεφρίδιος, 2. (νεφρός), ep. an, über den Nieren befindlich.
I. **ἐπι-νέω,** Aor. ἐπένησε, ep. u. sp. zuspinnen, von den Schicksalsgottheiten, τινί τι einem etwas zuteilen, etwas über einen verhängen, λίνῳ mit dem Lebensfaden.
II. **ἐπι-νέω,** ion., u. ep. **ἐπι-νηέω** od. **-νηνέω,** dazuhäufen, beladen, τί τινος etwas mit etwas, aufschichten, τινά τινος einen auf etwas.
ἐπί-νηον, ion. = ἐπίνειον.
ἐπι-νήχομαι, ep. buk. sp. darüber hinschwimmen.
ἐπι-νίκειος [ῑ], 2. poet. siegreich.
ἐπι-νίκιος [ῑ], 2. (νίκη), zum Sieg, zur Siegesfeier gehörig, **a)** ἐπινίκιον verst. μέλος Siegesgesang, dah. ἐπινίκια κλάζειν Siegeslieder ertönen lassen, jmdn. als Sieger preisen. **b)** τὰ ἐπινίκια der Siegespreis, πάντα τἀπ. alle die dafür ausgesetzten Siegespreise. **c)** verst. ἱερά Siegesopfer, Siegesmahl, Siegesfest, θύειν ein Opferfest wegen eines Sieges veranstalten, τοῖς ἐπ. am Siegesfeste.

ἐπι-νίσομαι (-νίσσομαι), poet. darüber (τινός) hingehen, vom Flusse: etwas berieseln.
ἐπι-νοέω u. (ion. u. sp.) Med. **-έομαι, 1)** an etwas denken, im Sinne haben, beabsichtigen, ersinnen. **2)** wahrnehmen, denken, erkennen.
ἐπίνοια, ἡ, 1) Gedanke, Einfall, Erfindung, Vorstellung, Absicht, Plan, τινός an od. zu etwas, ἐς ἐπίνοιαν ἰέναι od. ἔρχεσθαι auf den Gedanken kommen, (τὴν) ἐπ. σπεύδειν den Plan, den Wunsch zu etwas in sich hegen und pflegen. **2)** poet. die spätere Einsicht. [Feuers).
ἐπινομή, ἡ (-νέμω), sp. das Umsichgreifen (des
ἐπινομία, ἡ (ἐπινέμω), Vertrag zweier Staaten **auf** gegenseitiges Weiderecht.
ἐπι-νύμφειος, 2. poet. u. **ἐπι-νυμφίδιος,** 2. poet. bräutlich, hochzeitlich. [schlafen.
ἐπι-νυστάζω, sp., Fut. -ξω, darüber einnicken, ein-
ἐπι-νωμάω, poet. **1)** trans. zuteilen, (ἐπί) τινί τι einem etwas als Los. **2)** intr. sich jmdm. nahen, nähern.
ἐπι-νωτίζω, poet. auf den Rücken nehmen.
ἐπι-νώτιος, 2. sp. ep. u. pros. auf dem Rücken sitzend.
ἐπι-ξενόομαι, 1) eigentl. gastliche Aufnahme finden. **2)** poet. zu Zeugen aufrufen, τί, oder etwas als Gastgruß bringen.
ἐπί-ξηνον, τό (ξέω), poet. der Hackblock, auf welchem der Koch das Fleisch klein hackt; Henker-
ἐπί-ξῡνος, 2. ep. = ἐπίκοινος, gemeinsam. [block.
ἐπι-ξύω, Aor. pass. part. -ξυσθείς, darauf schaben.
ἐπι-οίνιος, 2. poet. beim Wein.
ἐπι-οινοχοεύω, ep. einem Wein einschenken.
Ἔπιον, τό, St. in Triphylien, auch Ἤπειον u. Αἴπιον.
ἐπιορκέω, Aor. -ώρκησα, Perf. -ωρκήκασι (ἐπίορκος), falsch schwören, einen Meineid schwören, πρός τινος bei einem Gotte, od. θεούς den Göttern gegenüber meineidig werden, sie durch Meineid beleidigen, ähnl. βασιληίας ἱστίας. Davon
ἐπιορκία, ἡ, Meineid, Eidbruch, abs. und πρὸς θεούς.
ἐπί-ορκος, 2. **1)** nach der Absicht: **a)** der falsch geschworen hat, meineidig. **b)** was falsch geschworen ist, ἐπίορκον auch falscher Eid, Meineid. **2)** nach dem Erfolge: ep. vergeblich beschworen, (τὸ) ἐπίορκον vergeblicher Eid.
ἐπι-όσσομαι, ep. Dep., (teilnehmend) hinsehen, auf etwas τί.
ἐπί-ουρος, ὁ, ep. (οὖρος), Aufseher, Hüter, τινός bei etwas, z. B. beim Vieh, doch auch τινί Hort, Herrscher.
ἐπ-ιοῦσα, ἡ (verst. ἡμέρα), der heute [vom Frühmorgen an gerechnet] anbrechende, folgende Tag, s. II. ἔπειμι. Dav.
ἐπιούσιος, 2., N. T. für den betreffenden Tag bestimmt, ἄρτος, „täglich", genügend [gar.
ἐπί-παγχυ, buk. verst. πάγχυ, durchaus, ganz u.
ἐπι-παιᾱνίζω, sp. einen Siegesgesang dazu singen.
ἐπι-παιανισμός, ὁ, sp. ein darauf, darnach angestimmter Siegesgesang.
ἐπι-πάλλω, poet. dagegen schwingen.
ἐπι-παν, Adv. (meist ἐπὶ πᾶν geschrieben), im allgemeinen, im ganzen, überhaupt, gewöhnlich, auch τὸ ἐπίπαν, u. ὡς τὸ ἐπίπαν, ὡς ἐπίπαν.
ἐπι-παρανέω, noch dazu aufhäufen.
ἐπι-παρασκευάζομαι, Med., sich noch dazu anschaffen, τί.
I. **ἐπι-πάρειμι** (εἰμί), dabei od. in der Nähe sein, noch dazu da sein (alte La. Thuc. 1, 61).
II. **ἐπι-πάρειμι** (εἶμι), noch dazu herbeikommen, zu einem kommen, abs. od. τινί längs etwas hinziehen, od. τί an etwas entlang gehen, κατά τι auf etwas (neben der Kolonne) hingehen.
ἐπι-πάσσω od. **-ττω,** darauf streuen.
ἐπί-παστος, 2. daraufgestreut; buk. φάρμακον ἐπ. Streupulver; τὸ ἐπ. poet. mit Salz bestreuter Kuchen.
ἐπί-πεδος, 2. Komp. -δέστερος, eben, flach; τὸ ἐπίπεδον die Ebene, Fläche.
ἐπιπειθείη, ἡ, ion. poet. Vertrauen, Zuversicht.
ἐπιπειθής, 2. gehorsam, nachgiebig. Von
ἐπι-πείθομαι, ep. u. poet. Pass., sich bereden-, bewegen lassen, überh. gehorchen, **folgen.**
ἐπι-πελάζω, poet. nähern, näher bringen, τί τινι (Tmesis).
ἐπι-πελεμίζομαι, ep., Aor. -πελεμίχθη, dabei erzittern.
ἐπι-πέλομαι, ep. u. poet., Part. aor. ἐπιπλόμενος, sich herbeibewegen, herankommen, abs. u. τινί.
ἐπι-πέμπω, 1) noch dazu abschicken, nachschicken, τί u. πρός τι zu etwas, Verstärkung nachsenden. **2)** einem (τινί) zusenden, zuschicken, verhängen über einen, bes. von der Gottheit, τί etwas, od. τινά einen zuschicken, auch hetzen, aufhetzen, τινί gegen einen. wie man Hunde hetzt. Dav.
ἐπίπεμψις, εως, ἡ, Hinsendung, Verteilung, ἐπὶ πολλά auf viele Unternehmungen. (Thuk. 2, 39, 3 ist ἡμῶν αὐτῶν partit.)
ἐπι-πέτομαι, Fut. -πτήσομαι, Aor. ἐπεπτόμην, inf. -πτέσθαι, u. ἐπεπτάμην, inf. -πτάσθαι, poet. u. sp. auch ἐπιπτῆναι, hinzu-, herbeifliegen (τινί) zu jmdm. (vom Pfeile), καθ' ὅμιλον unter den Heerhaufen hineinfliegen, ἐπί τι auf etwas.
ἐπι-πηδάω, 1) darauf zu-, auf etwas (τινί) hinaufspringen. **2)** anfallen, angreifen, τινί jmdn.; übertr. anfahren.
ἐπι-πίλναμαι, ep. Dep. med. (nur Präs.), herankommen, sich nähern.
ἐπι-πίνω [ῑ], dazu, darauf trinken, τί.
ἐπι-πίπτω, fallen auf. **1)** von Personen: **auf** jmdn. stoßen, überfallen, sich werfen auf, angreifen. **2)** von Zuständen: befallen, eindringen, eintreten, ausbrechen.
ἔπιπλα, τά, bewegliche Habe, Gerätschaften, Hausgeräte, Gepäck.
ἐπι-πλάζομαι, ep. Pass., über etwas (τί) hingetrieben werden, hinirren.
ἐπι-πλάσσω, Aor. -πλάσας, darauf streichen, γῆν.
ἐπίπλαστος, 2. sp. *illitus*, darauf gestrichen, übertr. gemacht, erkünstelt, verstellt, heuchlerisch. Adv. sp. **-πλάστως.**
ἐπι-πλαταγέω, buk. zuklatschen.
ἐπι-πλείω, ep. = ἐπιπλέω, s. d.
ἐπι-πλέκω, sp. verflechten, pass. miteinander verflochten werden. [etwas.
ἐπί-πλεος, 3. ion. angefüllt, ganz voll, τινός von

ἐπίπλευσις, εως, ἡ, die Hinfahrt, Angriff zur See, τὴν ἐπίπλ. ἔχειν den Angriff in seiner Gewalt haben. Von

ἐπι-πλέω, Fut. -πλεύσομαι, ion. **ἐπι-πλώω,** Aor. 1. ἐπέπλωσα u. ep. ἐπέπλων, -ως, part. ἐπιπλώς darauf segeln, d. i. 1) befahren, τί (auch τινί). 2) auf den Schiffen (ἐπὶ τῶν νεῶν) mitfahren, οἱ ἐπιπλέοντες die Schiffsmannschaft. Im bes. sich als Befehlshaber auf dem Schiffe befinden, mit u. ohne ἄρχων, entgegensegeln, mit den Schiffen (mit u. ohne ναυσί) angreifen, τινί, ἐπί, πρός, εἴς τι gegen jmdn. od. auf etwas zu, nach etwas.

ἐπίπληξις, ἡ (ἐπιπλήσσω), Tadel, Züchtigung.

ἐπι-πληρόομαι, Med., wieder bemannen.

ἐπι-πλήσσω, -ττω (s. πλήσσω), darauf schlagen, τινί mit etwas, übertr. auf jmdn. losziehen, tadeln, schelten, abs. u. τινί, Il. 23, 580 μ' = μοι; auch τινί τι etwas an einem tadeln, einem etwas zum Vorwurf machen, od. mit folg. ὅτι.

ἐπίπλοα, τά, s. ἔπιπλα.

ἐπι-πλοκή, ἡ, die Anknüpfung, Verbindung.

ἐπι-πλόμενος, s. ἐπιπέλομαι.

I. **ἐπί-πλοος,** 2., ntr. pl. ἐπίπλοα, zur See fortschaffbar. Her. 1, 94 (andere lesen ἔπιπλα).

II. **ἐπίπλοος,** ὁ, zgz. **-ους,** u. **ἐπίπλοον,** τό, (πέλμα, lat. *pellis*), die Netzhaut, das Darmnetz.

ἐπίπλους, ὁ, zsgz. aus -οος (ἐπιπλέω), 1) das Heransegeln, Herannahen der Flotte, der Seeangriff, Angriff, ἐξ ἐπίπλου beim ersten Angriffe (der Schiffe), τὸν ἐπίπλουν u. τοὺς ἐπ. ποιεῖσθαι mit u. ohne τινί od. ἐπί τι, auf jmdn. od. etwas zusegeln, angreifen, im Plur. auch Gelegenheiten zu Angriffen. 2) die heransegelnde Flotte, der Seezug.

ἐπι-πλώω, s. ἐπιπλέω.

ἐπι-πνέω, ep. **-είω,** 1) daher, darauf wehen. blasen, heranschnauben, darüber hinwehen, verwehen, τινί auf etwas, mit etwas; hinblasen, τί etwas. 2) hinterher, später wehen, ἔκ τινος sich umsetzen aus einem Winde. Davon

ἐπίπνοια, ἡ, das Anwehen, die Begeisterung, πρός τι.

ἐπί-πνους, 2., zsgz. aus -οος, angeweht, begeistert, ἔκ τινος von einem.

ἐπι-πόδιος, 3. (πούς), poet. an den Füßen, πέδαι [Fußfessel.

ἐπι-ποθέω, nach jmdm. od. etwas verlangen, sich wonach sehnen, jmdn. od. etwas vermissen, τινά, τί. Dav.

ἐπιπόθησις, ἡ, N. T. u. sp., u. **ἐπιποθία,** ἡ, N. T. die Sehnsucht, das Verlangen.

ἐπιπόθητος, 2. ersehnt, erwünscht, N. T. u. sp.

ἐπι-ποιμήν, ένος, ὁ, ἡ, ep. Hüter, Hüterin dabei. (Viell. richtiger getrennt ἐπὶ π. zu schreiben.)

ἐπιπολάζω (ἐπιπολή), 1) obenauf sein od. schwimmen, emporkommen, βίῳ. 2) sp. sich womit beschäftigen.

Ἐπιπολαί, αἱ, Anhöhen im N. u. W. von Syrakus.

ἐπιπόλαιος, 2. 1) obenauf, an der Oberfläche befindlich, ὀφθαλμοί herausstehend. 2) oberflächlich, d. i. nicht fest, leicht.

ἐπι-πολή, ἡ, die Oberfläche, ἐξ ἐπιπολῆς oberflächlich. Gew. als Adv. **ἐπι-πολῆς,** auf der Oberfläche, obendrauf, flach, oberhalb, τινός, auch hervorragend, τοῦ ἄλλου über die Umgegend.

ἐπι-πόλιος, 2. (πολιός), fast Graukopf.

ἐπί-πολος, ὁ, poet. der Wärter.

ἐπι-πομπεύω, sp. über etwas (τινί) triumphieren.

ἐπι-πονέω, aus freien Stücken od. außergewöhnlich sich anstrengen.

ἐπί-πονος, 2., Adv. **-όνως,** Komp. -ώτερον, mühsam, a) Mühsale erduldend, Anstrengungen ertragend. b) Mühsale bringend, mühevoll, mühselig, sorgenvoll.

ἐπι-πορεύομαι, sp. u. N. T. 1) heranschreiten, -rücken, absol. u. τί, ἐπί τι; hingehen, πρός τινα. 2) durchgehen, behandeln, τί.

ἐπι-πορπέομαι, sp. sich (*sibi*) mit einer Spange (πόρπη) (an der Schulter) befestigen.

ἐπι-πόρπωμα, τό, sp. das mit einer Spange über der Schulter befestigte Überkleid.

ἐπι-ποτάομαι, poet. sp. Perf. -πεπότᾱμαι, darüber [schweben.

ἐπιπρεπής, 2. sp. ansehnlich.

ἐπι-πρέπω, daran hervorstechen, hervorscheinen, sich zeigen, sich gut woran ausnehmen, wohl anstehen, wohl dazu passen, zieren, τινί an jmdm. od. zu etwas od. durch etwas. [schicken.

ἐπι-πρεσβεύομαι, sp. seine Gesandten wohin

ἐπι-προϊάλλω, ep., Aor. 1. ἐπιπροΐηλα, hinstellen, τί, u. zwar τινί vor jmdn.

ἐπι-προΐημι [ῑ], ep., 1) trans. hinsenden, abschießen. 2) intr. hinsteuern, hinsegeln.

ἐπί-προσθεν, poet. auch **-σθε,** Adv., 1) nahe, dicht vor, davor, vom Orte, mit u. ohne Genet., ἐπ. ποιεῖσθαί τινα einen vor sich stellen, sich hinter ihm verstecken κώμας sie vor sich bringen, ἐπ. γίγνεσθαί τινι einem im Wege stehen. 2) poet. u. sp. voraus, vorwärts, ἐ. θεῖναί τινος u. ποιεῖσθαι ἤ vorziehen. Dav.

ἐπι-προσθέω, sp. davor sein, verdecken, hinderlich sein.

ἐπι-προστίθημι, noch dazulegen.

ἐπι-προχέω, ep. dazu ergießen, τί.

ἐπι-πταίρω, ep. Aor. ἐπέπτᾰρε, 1) zu etwas (τινί) niesen, etwas beniesen. 2) buk. gnädig sein.

ἐπι-πτῠχή, ἡ, sp. das Daraufhalten od. -setzen, im Plur. τῶν ῥακίων Flicklappen.

ἐπι-πυνθάνομαι, sp. später erkunden.

ἐπι-πωλέομαι, ep. Dep. med., umgehen, begehen, durchwandeln, mustern, τί, *obeo*; dah.

ἐπιπώλησις, ἡ, sp. die Musterung, Heerschau, Name des Abschnittes Ilias 4, 250 ff.

ἐπι-πωμάζω, u. **ἐπι-πωμάννυμι,** sp. wie mit einem Deckel (πῶμα) verschließen, zudecken.

ἐπι-ρραίνω, buk. sprengen τί, über etwas τινί.

ἐπι-ρρακτός, 3. (-ράσσω, -ρήσσω), sp. darauf werfbar, zuwerfbar, θύρα Falltüre.

ἐπι-ρράπτω, N. T. aufnähen, einen Lappen auf ein Gewand.

ἐπι-ρράσσω, s. ἐπιρρήσσω.

ἐπι-ρραψῳδέω, sp. dazu singen, ἔπη.

ἐπι-ρρέζω (aus Ϝρέζω), ep., Impf. Iterativf. ἐπιρρέζεσκον, dabei, darauf opfern.

ἐπιρρεπής, 2. sp. geneigt. Von

ἐπι-ρρέπω (aus Ϝρέπω), ep. u. poet. 1) intr. sich wohin neigen, bes. von der Waagschale, übertr. τινί auf jmdn. herabsinken, zuteil werden. 2) trans. poet. a) sich neigen lassen, τὸ τάλαντον. b) verhängen.

ἐπι-ρρέω (aus -σρέω), Aor. ἐπερρύην, darauf, dar-

überhin (τί) fließen, rinnen, strömen, im wirkl. Sinne, u. übertr. in Menge kommen, herbeiströmen, u. gebracht werden; Part. praes. auch zukünftig.
ἐπι-ρρήγνυμι, sp. **1)** Akt. Aor. ἐπέρρηξε, dabei zerreißen. **2)** Med.-Pass. -ρρήγνυμαι, aor. ἐπερράγην, hereinbrechen, losbrechen (vgl. ἐπιρρήσσω, 2).
ἐπί-ρρημα (Ϝρῆμα), τό, sp. das Adverbium.
ἐπί-ρρησις, ἡ, sp. zugefügte Sentenz.
ἐπι-ρρήσσω, ep. u. poet. Iterativf. ἐπιρρήσσεσκον, poet. u. sp. auch **ἐπι-ρράσσω, 1)** trans. zureißen, zuschlagen, vom Riegel: ihn mit Gewalt vorschieben, von der Türe: sie hinter sich zuwerfen; sp. λίθον davorwälzen. **2)** intr. poet. hereinbrechen, -stürmen.
ἐπι-ρρητορεύω, sp. als Rhetor hinzufügen, Redensarten machen, τί etwas deklamieren τινί eine Rede halten auf jmdn.
ἐπι-ρριπτέω (Ϝριπ-, Präs. u. Impf.), ep. poet. u. sp. auch **ἐπι-ρρίπτω,** darauf, dazu werfen, τί u. τινί auf jmdn.
ἐπιρροή, ἡ (ἐπιρρέω), Einfluß, Verzierung, im Plur. ὁμοσπόροις ἐπιρροαῖσιν αἱμάτων durch vergossenes Blut der Angehörigen.
ἐπι-ρροθέω, poet. u. sp. eigentl. lärmen, zurufen, übertr. πολλὰ λόγοις τινά einen viel mit Worten antoben. Dazu
ἐπίρροθος, ep. u. poet. entgegen od. zulärmend, d. i. **a)** anfeuernd, dah. Subst. Helfer, Helferin, abs. u. τινί od. τινός; **b)** entgegenlärmend, scheltend κακά lärmende Scheltworte.
ἐπι-ρροίβδην, poet. Adv., herantobend.
ἐπι-ρροιζέω, poet. zuschwirren, φυγάς τινι ihn in sausende Flucht setzen.
ἐπι-ρρομβέω, poet. dabei rauschen.
ἐπι-ρροφέω (σροφ-, *sorbeo*), dazu einschlürfen, nachtrinken, τινός von etwas.
ἐπι-ρρυθμίζω, sp. eigentl. in bessere Verse bringen; übertr. kleiden, ein Ansehen geben.
ἐπι-ρρύομαι (Ϝρυ, dt. *wehren*), poet. erretten.
ἐπίρρυτος, 2. (ἐπιρρέω), **1)** überströmt, bewässert. **2)** poet. überströmend, zugeflossen.
ἐπι-ρρώννυμι, 1) Akt. eigtl. stärken, **a)** Kraft einflößen, ermutigen, anfeuern, τινά. **b)** sp. bestärken, bestätigen, in Kraft erklären. **2)** Pass. ermutigt werden, Mut fassen, διά τι durch etwas, πρός, ἔς τι zu etwas, es mit Mut anfassen. Unpersönl. poet. ἐπερρώσθη κείνοις λέγειν sie vermaßen sich zu sagen.
ἐπι-ρρώομαι, ep. Dep. med., an etwas rührig sein (τινί), sich tummeln, emsig arbeiten an etwas; von Haaren: herabwallen, ἀπό τινος von etwas.
ἐπίσαγμα, τό, poet. **1)** Last, Beschwerde. **2)** Steigerung. Von
ἐπι-σάσσω, -ττω, darauf häufen, darauf (ἐπί τινα) packen, τί, jmdn. womit beladen, auch τινά, z. B. ἵππον, (da die Alten statt des Sattels nur eine Decke hatten) das Pferd decken.
ἐπίσειστος, 2. sp. eigentl. herabgeschüttelt, κόμη herabwallend. Von
ἐπι-σείω, poet. u. sp., ep. **ἐπισσείω** (s. σείω), **1)** dazu, entgegen schütteln od. schwingen, τί u. τί τινι etwas gegen einen, z. B. αἰγίδα, um Schrecken zu erregen, übertr. einen (τινά) drohend u. gleichsam schüttelnd entgegenhalten, ihn heraufbeschwören. **2)** poet. antreiben, hetzen.
ἐπι-σεύω, hom. **ἐπι-σσεύω** • **1)** Akt. gegen jmdn. (τινί) **herantreiben,** hetzen (Tiere, gegen τινί), Tränen, Krankheiten zusenden Hom. • **2)** Pass. bes. Perf. ἐπέσσυμαι als Präs., u. Plqpf. ἐπέσσυτο, zugleich als ep. Aor., eigtl. angetrieben werden, dah. • **a) herbeieilen,** herbeistürzen, ἐπεσσυμένος (and. ἐπεσσύμενος mit unregelm. Akzent) eilend, abs. od. ἔς τι, ἀγορήνδε, τινί zu jmdm. hineilen, u. πεδίοιο durch die Ebene stürmen, auch Inf., übertr. εἴ τοι θυμὸς ἐπέσσυται wenn dich die Lust dazu treibt, abs. od. mit folg. ὄφρα od. Inf. • **b)** anrennen, **anstürmen,** πέδον auf das Land losstürzend Aesch.; τείχεος an die hohe Mauer hinauf. Übertr. vom Wasser u. Feuer.
ἐπί-σημα, τό, poet. = ἐπίσημον, Ab-, Wahrzeichen.
ἐπι-σημαίνω, 1) Akt. **a)** trans. bezeichnen, ein Zeichen geben. **b)** intr. als Zeichen dienen, sich zeigen, als Vorzeichen erscheinen. **2)** Med. mit einem Zeichen versehen, sich anmerken, sich merken, auszeichnen, hervorheben. τὰς εὐθύνας die Rechenschaftsablegung unterzeichnen, als richtig anerkennen.
ἐπισημασία, ἡ, sp. **a)** Bezeichnung. **b)** Auszeichnung, Lob, Beifall. **c)** Stimmung, *populi.*
ἐπίσημον, τό, ion. poet. u. sp. das Kennzeichen, Wahrzeichen, Wappen, z. B. an Schilden, insbes. τῆς νεώς das Schiffswappen, Schiffszeichen, Sinnbilder, die am Vorder- od. Hinterteile in Gestalt von Eberköpfen, Drachen usw. angebracht waren. Nach ihnen wurden die Schiffe benannt.
ἐπί-σημος, 2. mit einem Zeichen versehen, dah. gemünzt, geprägt, mit einer Inschrift, überh. kenntlich, sichtbar, angesehen, auffällig, hervorragend, ausgezeichnet, τί in etwas, ἀπὸ τοῦ σχήματος von seiten des äußern Ansehns (Bart u. Mantel), τινί jmdm.
ἐπίσης, sp., s. ἐπ' ἴσης unter ἴσος, III, f.
ἐπι-σιμόω, seitwärts marschieren lassen.
ἐπισινής, 2. sp. der Beschädigung ausgesetzt.
ἐπι-σιτίζομαι, Fut. -ιοῦμαι, Aor. -εσιτισάμην, Med., Lebensmittel einnehmen, sich mit Verpflegung für Menschen oder Tiere versehen.
ἐπι-σίτιος, ὁ, für die Kost arbeitend.
ἐπισιτισμός, ὁ (-σιτίζομαι), **1)** das Herholen von Lebensmitteln, Futterholen. **2)** die Verpflegung, Mundvorrat, Vorrat an Lebensmitteln, ἡμερῶν τεσσαράκοντα auf 40 Tage.
ἐπι-σκεδάννυμαι, darauf ausgeschüttet werden.
ἐπισκεπτέος, 3. zu betrachten, τινί. Im Neutr. ἐπισκεπτέον man muß achten.
ἐπι-σκέπτομαι, s. ἐπισκοπέω.
ἐπι-σκευάζω, 1) Akt. ausrüsten, aufpacken, wieder instandsetzen, wieder aufrichten, ausbessern. **2)** Med. das Seine (sein Schiff) einrichten, bepacken; sich rüsten, sich fertig machen. Dav.
ἐπισκευαστής, ὁ, der Ausrüstende; ἐπισκευασταὶ ἱερῶν: in Athen eine zehngliedrige Kommission zur Instandhaltung d. Heiligtümer.
ἐπισκευαστός, 3. zubereitet.
ἐπισκευή, ἡ, die Wiederherstellung, Ausbesserung, Erhaltung, überh. Aufbau.

ἐπί-σκεψις, εως, ἡ, das Besehen, Beschauen, dah. **a)** Untersuchung, Musterung. **b)** der Besuch (des Kranken).
ἐπί-σκηνος, 2. (σκηνή), poet. u. sp. **1)** vor dem Zelte, öffentlich. **2)** einquartiert.
ἐπι-σκηνόω, sp. einziehen, Wohnung nehmen; übertr. ἐπί τινα auf jemdm. ruhen, N. T.
ἐπι-σκήπτω • **1)** Akt. u. Pass. darauf werfen • **a)** eigtl. ἐς παῖδα schleudern auf Aesch. (v. l. ἀπέσκ.) • **b)** übertr. ans Herz legen, befehlen ὑμῖν πάντα τελεῖν; auch τινά τι Trag. u. A. c. I. Hdt. Eur. wie κελεύω, insbes. *α)* von der letzten Verfügung, spez. einem anwünschen Hdt.; Pass. mit einem Fluch, mit Verwünschungen belastet werden, *β)* anflehen, beschwören τινὶ πρὸς θεῶν, *γ)* beschuldigen τινί • **2)** Med. • **a) sich auflehnen,** τινί gegen einen, z. B. μάρτυρι die Glaubwürdigkeit eines Zeugen bestreiten • **b)** in der att. Gerichtssprache: τινί τινος einen wegen etwas belangen, od. Klage gegen ihn wegen etwas erheben • **3)** intr. sich darauf werfen, **ausbrechen,** νόσημα Plut.; πρᾶγμα δεῦρο ἐπέσκ. die Sache ist soweit gediehen Aesch.
ἐπίσκηψις, εως, ἡ, sp. Auftrag, dringende Bitte.
ἐπι-σκιάζω, ion. poet. u. sp. eigtl. beschatten, dann bedecken, maskieren, verschleiern, τί, τινί N. T. Im Pass. ἐπεσκιασμένη ὄμμα den Blick im Dunkeln geborgen.
ἐπί-σκιος, 2. **1)** poet. beschattend, verhüllend. **2)** beschattet.
ἐπι-σκιρτάω, sp. darauf (τινί) springen, überh. gleichsam mit Füßen treten, beschimpfen.
ἐπι-σκοπέω u. Med. **-έομαι,** im Präs. u. Impf., das übrige von **ἐπισκέπτομαι,** Dep. med. • **1)** auf einen hinblicken • **a) daraufsehen,** besichtigen, betrachten; mustern τάξεις Xen., nachsehen, insbes. • **b)** nach einem sehen, **besuchen** (z. B. Götter), τί u. τινά, bes. einen Kranken, dah. von ärztlichen Besuchen u. N. T. hilfreich ansehen • **2)** übertr. mit u. ohne τῇ γνώμῃ, **überlegen,** untersuchen, auf etwas achten, mit Akk. od. περί τινος, teils mit ὅπως, od. indir. Fragesätzen (auch εἰ), auch mit ὧδε folgendermaßen. Davon
ἐπισκοπή, ἡ, Besuch, im N. T. Heimsuchung als göttl. Kundgebung; Beaufsichtigung, Bischofsamt.
I. **ἐπί-σκοπος,** ὁ, ἡ, auf etwas hinsehend, spähend. **1)** als Adj beaufsichtigend, überwachend, τινός etwas. **2)** als Subst. **a)** Späher. **b)** Aufseher, Leiter, Beschützer, Bewahrer, bes. auch von Gottheiten. **c)** Aufseher über relig. Gemeinschaften, bei den Christen: Bischof.
II. **ἐπί-σκοπος,** 2. ion. poet. u. sp. (das Ziel, σκοπός) treffend, τινός; übereinstimmend, τινός mit etwas. Adv. ἐπίσκοπα τοξεύειν scharf treffen.
ἐπισκοτέω (σκότος), verdunkeln, übertr. **a)** vergessen machen. **b)** Eintrag tun, τινί einer Sache.
ἐπισκότησις, εως, ἡ, sp. Verfinsterung, Finsternis.
ἐπι-σκύζομαι, ep. Dep. med., Aor. 1. ἐπεσκυσσάμην, worüber zornig, unwillig werden, ergrimmen.
ἐπισκυθίζω, ion. jmdn. einen Skythenschluck tun lassen, d. h. nach der Mahlzeit ungemischten Wein reichen.
ἐπισκύνιον, τό (σκῦ-τος), die Stirnhaut über den Augen, ep. vom zornigen Löwen κάτω ἕλκεται er zieht sie hinab, nämlich über die Augen.
ἐπι-σκώπτω, 1) intr. dabei spotten, scherzen, abs., od. spöttisch bemerken, mit folg. ὡς. **2)** trans. einen (τινά) od. etwas (τί) verspotten, verhöhnen, sich über etwas oder einen lustig machen, einen necken.
ἐπι-σμυγερῶς, ep. Adv., elend, schmählich.
ἐπισπαστήρ, ῆρος, ὁ, ion. Türring, zum Zuziehen der Türe.
ἐπίσπαστος, 2. ep., poet. u. sp. **ἐπισπαστός,** 3. an sich gezogen, selbst zugezogen, selbst verschuldet.
ἐπι-σπάω (s. σπάω), **1)** Akt. u. Pass. **a)** herbeiziehen, mit fortziehen, τινά, übertr. erwerben, τί. Im Pass. **b)** gefaßt werden, τῇ χειρί mit der Hand, näml. um fortgeschleppt zu werden, u. vom Meere: wieder herangezogen werden, übertr. hingerissen werden, mit Inf. etwas zu tun. **2)** Med. **a)** sich zuziehen, an sich heranziehen (ἐφ' ἑαυτόν), mit sich fortziehen oder fortreißen, sich verschaffen, sich gewinnen, abs. u. τινά od. τί. **b)** sich gewinnen, sich locken lassen. **c)** = Akt. zuziehen, τινί mit folg. Inf., wozu bringen, so sehr rühren, einen (τινά) daß, mit folg. Inf. od. m. Part. **d)** nachschleppen, τί.
ἐπι-σπείρω, ion. poet. sp. besäen, bepflanzen.
ἐπίσπεισις, ιος, ἡ, ion. die Spendung, das Daraufgießen des Weins beim Opfer. Von
ἐπι-σπένδω, 1) Akt. darüber spenden, den Weiheguß darbringen. **2)** Med. erneut ein Bündnis schließen.
ἐπι-σπέρχω, 1) trans. beschleunigen, betreiben, antreiben, anfeuern, abs. od. τινά, u. zwar τοιαῦτα, κέντρῳ anspornen, nämlich τοὺς ἵππους. **2)** intr. heftig andringen. Dav.
ἐπισπερχῶς, Adv. eilig, hastig, mit Eifer.
ἐπι-σπεύδω, 1) trans. beschleunigen, betreiben, τί, antreiben, τινά. **2)** intr. herbeieilen.
ἐπισπονδαί, αἱ (ἐπισπένδομαι), neues Bündnis.
ἐπί-σποροι, οἱ, poet. die Nachgesäeten, die Nachkommen.
ἐπι-σπουδάζω, sp. herbeieilen.
ἐπι-σσείω, s. ἐπισείω.
ἐπι-σσεύω, s. ἐπισεύω.
ἐπίσσυτος, 2. poet. hinzueilend, andringend, hervorbrechend.
ἐπί-σσωτρον, τό, ep. st. ἐπίσωτρον, der auf das hölzerne Rad (σῶτρον) gefügte eiserne Beschlag od. Reif, Radkranz.
ἐπιστᾰδόν, ep. Adv. (ἐφίσταμαι), hinzutretend, hinangehend, übertr. darangehend, ans Werk gehend.
ἐπι-σταθμάομαι, poet. abmessen, ermessen, erwägen.
ἐπισταθμεύω, sp. intr. sich einquartieren, im Pass. Einquartierung bekommen.
ἐπισταθμία, ἡ, sp. das Einkehren in ein Quartier, Einquartierung, bes. eines Beamten. Von
ἐπίσταθμος, ὁ, königlicher Stations-, Platzkommandant, bei den Persern.
ἐπισταλτικός, 3. (ἐπιστέλλω), sp. auftragend, als gramm. *t. t.* ἡ ἐπιστ. (sc πτῶσις), der Dativ.
ἐπίστᾰμαι (ἐπί u. ἵσταμαι wie *ver-stehen*), im Präs.

ind. 2. sing. ἐπίστεαι (poet. ἐπίστα), 3. pl. ἐπιστέαται, conj. 3. pl. ἐπιστέωνται, Impf. 3. pl. ἠπιστέατο u. ἐπιστέατο, Dep. pass. **verstehen** • **1)** praktisch: sich auf etw. verstehen, **kennen**, wissen, und zwar als Kunst, können, vermögen, Ἕλληνα φάτιν, od. mit Inf., εἰ ἠπιστήθη μὴ πολυπραγμονεῖν, oft = über sich gewinnen. Das Part. ἐπιστάμενος abs. kundig, erfahren, ὁ ἐπιστάμενος der Sachverständige, τινός, mit τινί sich auf etw. verstehend • **2)** theoretisch: **wissen,** bekannt sein mit etw., einsehen, auswendig wissen, Συριστί Syrisch können; mit Akk., mit ὅτι, ὡς od. Part., ἐπίσταμαι ἥκων ich weiß, ich komme; häufig mit Prolepsis des Subj. des Nebens.; auch mit Akk. m. Inf., z. B. brachyl. οὐδείς ἐπίσταταί με συμμαθεῖν τόπος kein Ort hat Kunde, sodaß ich miterfahren könnte, was er weiß • **3)** mit u. ohne δόξῃ der Meinung sein, **glauben,** denken, mit ὅτι, ὡς, Part. od. Akk. m. Inf., εὖ ἠπίστατο σχήσων er war sich bewußt, er würde innehaben.

ἐπιστᾰμένως, Adv. verständig, mit Einsicht, geschickt, künstlich.

ἐπιστασία, ἡ, sp. (ἐφίστημι), **1)** Aufmerksamkeit. **2)** Aufsicht, Leitung, τινός über jmdn. od. etwas.

ἐπίστᾰσις, εως, ἡ, (ἐφίστημι), **1)** das Haltmachen, Aufenthalt. **2)** Anhalten des Geistes, Überlegung, Aufmerksamkeit, Sorge. **3)** das Entgegentreten. **4)** N. T. Andrang, Ansturm.

ἐπιστᾰτέω, ἐπιστάτης: Aufseher, Fürsorger, Vorsitzender, Befehlshaber sein, vorstehen, τῶν πραγμάτων den Staat leiten.

ἐπι-στάτης, ου, ὁ (ἐφίσταμαι) • **1)** der Dabeistehende, Herantretende (nämlich) • **a)** σὸς ἐπιστάτης der dich um eine Gabe angeht Od. 18, 455 • **b)** in der Schlachtlinie: der Hintermann • **c)** der auf etw. (τινός) Stehende, z. B ἁρμάτων Wagenkämpfer Soph.; ἐλεφάντων der Elefantenlenker Pol. • **2) Vorstand,** Lenker, **Aufseher,** Schutzgott Soph.; Befehlshaber, Fürst; Diener u. Priester, βώμιοι ἐπιστάται; Kampfrichter; ἄθλων Plat.; insbes. in Athen • **a)** Prytanenvorsitzender **b)** ἐπ. ἔργων (δημοσίων) Aufseher über die Staatsbauten • **c)** ἐπ. τῶν ὑδάτων Wasserinspektor • **3)** Meister, kundig, τινός einer Sache • **4)** N. T. = Rabbi, Lehrer. Dav. [sichtigen.

ἐπιστατική, ἡ, verst. ἐπιστήμη, die Kunst zu beauf-

ἐπι-στατικός, 3. den ἐπιστάτης betreffend; γραφή gegen den Vorsitzenden gerichtet.

ἐπι-στείβω, poet. auf etwas (τί) treten.

ἐπι-στείχω, poet. darüber hingehen.

ἐπι-στέλλω, hinschicken, zuschicken; dah. **1)** durch einen Boten od. Brief sagen lassen, ankündigen, **brieflich mitteilen,** melden, schreiben; τὰ ἐπισταλέντα, ἐπεσταλμένα Neuigkeiten, Brief. **2) auftragen,** befehlen, ταῦτα ἐπιστείλας mit diesen Aufträgen, mit Inf. od. folg. ὅτι, u. zwar τινί, ἔς τι; im Pass. ταῦτα ἐπεσταλμένοι, ὥστε damit beauftragt, daß sie, τὰ ἐπεσταλμένα Auftrag Aesch. Thuk

ἐπι-στενάζω, poet. u. sp., **ἐπι-στενάχω,** poet., Med. **-ομαι,** ep. (auch in tmesi), u. **ἐπι-στένω,** ep. poet. u. sp., über etwas stöhnen, seufzen, jammern, abs. u. τινί.

ἐπι-στεφανόω, poet. sp. (oben) bekränzen.

ἐπιστεφής, 2. ep. bis an den Rand d. h. ganz gefüllt, ganz voll, τινός von etwas.

ἐπι-στέφω, **1)** Akt. poet. einem (τινί) zu Ehren vollfüllen, kredenzen, χοάς den Weiheguß, die Libation. **2)** Med. ep. durch eigne Arbeit dazu füllen, eigtl. stopfen, anfüllen, vollfüllen, τί τινος etwas mit etwas.

ἐπ-ίστημι, s. ἐφίστημι.

ἐπιστήμη, ἡ (ἐπίσταμαι), das Verstehen. **1)** Verständnis, Wissen, Wissenschaft, auch: Studium, Theorie. **2)** Kunde, Kenntnis, Erkenntnis. **3)** Können, Geschicklichkeit, Sach- u. Fachkenntnis.

ἐπιστήμων, 2., Adv. **-μόνως** (ἐπίσταμαι), worauf sich verstehend, wissend, gelehrt, kundig, geschickt, verständig, einsichtsvoll (βουλῇ, νόῳ), τινός einer Sache, aber auch τί.

ἐπι-στηρίζω, stützen, stärken, N. T.; med. sich worauf stützen, τινί.

ἐπι-στίλβω, sp. daran glänzen.

ἐπίστιον, τό, **1)** (ἐπι-στῆναι) ep. Stapelplatz, wo die Schiffe auf Stapeln od. Helligen stehen. **2)** ion. Familie, Haushaltung, Ntr. von

ἐπ-ίστιος, 2. ion. statt ἐφέστιος, w. s.

ἐπιστολεύς, έως, ὁ, **1)** der Briefträger, Briefbote. **2)** der Unteradmiral, zweiter Flottenbefehlshaber bei den Lakedämoniern. Von

ἐπιστολή, ἡ (ἐπιστέλλω). **1) Auftrag,** Befehl, Anweisung, bei den Trag. meist Pl., λόγων ἐπιστολαί eine bloße Botschaft Soph. Adv. ἐπιστολαῖς u. ἐξ ἐπιστολῆς τινος **auf Anweisung,** im Auftrag jmds. **2)** Schreiben, **Brief,** oft im Pl. von einem Briefe, ἀποδοῦναι, διαπέμπειν Thuk., δι' ἐπιστολῆς brieflich. Dav.

ἐπιστολιᾱ-φόρος = ἐπιστολεύς, 2. [brieflich.

ἐπιστολικός, 3. sp. den Briefen eigen, briefartig,

ἐπιστολιμαῖος, 2. (-λή), **im Brief enthalten,** was **nur auf dem Papier steht, papieren.**

ἐπιστόλιον, τό, sp. Dem. v. ἐπιστολή, Briefchen.

ἐπι-στομίζω, Fut. -ιῶ, eigtl. ein Gebiß anlegen, übertr. den **Mund stopfen, zum** Schweigen bringen.

ἐπι-στοναχέω, ep. dazu, dabei rauschen.

ἐπιστρατεία, ion. **-τηίη** u. ion. **ἐπιστράτευσις,** ιος, ἡ, der Feldzug, Angriff, teils abs., teils τινός gegen einen. Von

ἐπι-στρατεύω u. Med. **-ομαι,** einen mit Krieg überziehen, gegen einen zu Felde ziehen, einfallen, anfallen, angreifen, zu Felde liegen, τί u. ἐπί τι in od. gegen etwas, τινί u. τινά jmdn. od. gegen jmdn.

ἐπί-στρεπτος, 2. **1)** akt. poet. die Augen auf sich ziehend, schön, glücklich. **2)** pass. sp. drehbar.

ἐπιστρεφέως, ion. Adv., hastig. Von

ἐπιστρεφής, 2. angespannt, aufmerksam, sorgfältig, genau.

ἐπι-στρέφω • **1) Akt. trans. u. Pass.** • **a)** hinkehren, **hinwenden,** zuwenden νῶτον Hdt., φάλαγγα anrücken lassen Plut. **α)** an sich ziehen, mit sich fortreißen, nötigen, **β)** Aufmerksamkeit erregen Plut., **γ)** darauf dringen, fordern Soph.; Pass ἐπεστραμμένη ἔπη ernst, nachdrucksvoll Hdt. • **b)** umkehren, **umwenden,** ναῦς Thuk., δεξιόν zurückschlagen Xen., im Pass. sich umwenden. α) Übertr. τινά einen andern Sinnes machen, τί, z. B τὸν λόγον den Ton seiner Rede (nachdrücklich) ändern, β) im Pass. sich anderswohin wenden, sich ändern, δόξα Soph. • 2) intr. (zu ergänzen ἑαυτόν) • a) einen Ort besuchen • b) umkehren, heimkehren • c) bereuen N. T. • 3) Med. • a) sich wohin wenden, wohin kommen, übertr. α) Rücksicht nehmen, sich kümmern um, β) Aufmerksamkeit richten auf Soph. • b) sich umwenden, zurückkehren. Dav.

ἐπιστροφάδην, ep. Adv., hin u. her gewandt, überall sich hindrehend, nach allen Seiten hin.

ἐπιστροφή, ἡ (ἐπιστρέφω), I) trans. das Herumdrehen, Warnung, Ahndung. II) intr. 1) das sich Hinwenden, Sorge, Rücksicht. 2) das sich Umherdrehen, Verkehr, Aufenthalt, Wirbel im Wasser. 3) das sich Umwenden. a) militär. Schwenkung, Wendung zum Angriff. b) Umkehr, Bekehrung.

ἐπί-στροφος, 2. (-στρέφω) ep. 1) pass. sich umtreibend, dah. gern verkehrend, τινός mit jmdm. 2) akt. poet. Zuwender, Urheber, τινός.

ἐπι-στρωφάω, 1) Akt. ep. sich wohin wenden, besuchen, heimsuchen. 2) Med. poet. dasselbe, auch zurückkehren, δῶμα.

ἐπι-στῦλιον, τό (στῦλος), sp. der über den Säulen ruhende Balken (Bindebalken), Architrav.

ἐπι-συνάγω, sp. u. N. T. (mit Aor. -ῆξα), dazu zusammenführen, versammeln. Dav.

ἐπισυναγωγή, ἡ, N. T. Versammlung, Vereinigung.

ἐπι-συνδίδωμι, sp. nachgeben, sich nachsenken.

ἐπι-συντρέχω, sp. N. T. zusammenlaufen.

ἐπι-σύρω, 1) Akt. a) etwas hinterherschleppen. b) etwas hinschleudern, flüchtig behandeln, darüber hinweghüpfen. c) überh. nachlässig sein, vernachlässigen. 2) Med. a) hinter sich nachschleppen. b) sich hinschleppen, hinkriechen. 3) Pass. ἐπισεσυρμένος schleppend, nachlässig, fahrlässig; insbes. mit hohler Stimme. Adv. -μένον u. -μένως.

ἐπι-σύστασις, ἡ, sp. N. T. Erhebung, Aufruhr.

ἐπι-σφάζω u. **-σφάττω,** Fut. act. -σφάξω, pass. -σφᾰγήσομαι, 1) Akt. darüber schlachten, τινά einen (ἑαυτόν) darauf töten, insbes. τί τινι u. ἐπί τινι etwas zu jmds. Ehren opfern, jmdm. ein Totenopfer darbringen. 2) Med. sich töten, τινί auf od. über jmdm. (Xen. Anab. 1, 8, 29 mit ἑαυτόν).

ἐπι-σφαλής, 2. (σφάλλομαι), 1) zum Fallen geneigt, hinfällig, wankend, unsicher. 2) zum Fallen bringend, gefährlich. Adv. -ῶς, Superl. ἐπισφαλέστατα ἔχειν πρός τι ganz geneigt zu etwas sein.

ἐπι-σφοδρύνω, sp. verschärfen, τί.

ἐπι-σφρᾱγίζομαι, Med., sein Siegel darauf drücken, einem (τινί) ein Merkmal (τί) aufdrücken, etwas bezeichnen.

ἐπι-σφῦρια, τά (σφύρον), ep. die Knöchelspange, eine Art Haken od. Schnallen, mit denen die aus zwei Schienen bestehenden Beinharnische (κνημῖδες) an den Knöcheln zusammengehalten wurden.

ἐπι-σχέθοι, s. ἐπέχω.

ἐπι-σχερώ, ep. u. buk. Adv. (σχε-ρός), zusammenhängend, also: in einer Reihe, einer nach dem andern, der Reihe nach; allmählich.

ἐπισχεσίη, ἡ (ἐπέχω), ep. das Vorhalten, Hinhalten, Darreichen, dah. der vorgeschützte Grund, der Vorwand, μύθου einer Sache.

ἐπίσχεσις, εως, ion. ιος, ἡ (ἐπέχομαι), das Anhalten, an sich Halten, Einhalten, dah. a) Enthaltung, Mäßigung, mit folg. Inf., gleichsam als Akk. der Beziehung. b) der Aufenthalt, ἔν τινι an einem Orte.

ἐπ-ισχῡρίζομαι, sp. sich dagegen verwahren, mit Inf. (var. ἀπ-).

ἐπ-ισχύω, 1) stark machen. 2) N.T. ἐπίσχυον λέγοντες sie erklärten noch dringender.

ἐπ-ίσχω, s. ἐπέχω.

ἐπι-σωρεύω, sp. aufhäufen; in Masse sammeln.

ἐπίσωτρον, s. ἐπίσσωτρον.

ἐπιταγή, ἡ, sp. u. N. T. = dem folg. 1.

ἐπίταγμα, τό (ἐπιτάσσω), 1) Vorschrift, Befehl, Anordnung, Ausschreibung, Gebot. 2) sp. Nachhut, Reserve.

ἐπιτακτήρ, ῆρος, ὁ (ἐπιτάσσω), der Antreiber; ἐπιτάκτης = gebieterisch. [Gebietens.

ἐπιτακτική, ἡ, m. u. ohne τέχνη, die Kunst des

ἐπίτακτος, 2. (ἐπιτάσσω), nachgestellt, οἱ ἐπ. die Nachhut, Reserve. [dulden.

ἐπι-ταλαιπωρέω, dazu sich abmühen, Mühsal er-

Ἐπιτάλιον, τό, St. in Elis am Alpheios; Einw. **Ἐπιταλιεύς.**

ἐπι-τάμνω, ion. st. ἐπιτέμνω, w. s.

ἐπιτανύω, s. ἐπιτείνω.

ἐπί-ταξις, ἡ (ἐπιτάσσω), Anordnung, Befehl.

ἐπιτάραξις, ἡ, Verwirrung. Von

ἐπι-ταράσσω, -ττω, ion. u. sp. noch dazu verwirren, aufregen, stören, unterbrechen.

ἐπιτάρροθος, 2. ep., Helfer, Helferin, τινί jmdm., τινός in etwas.

ἐπίτασις, ἡ (τείνω), die Anspannung.

ἐπι-τάσσω, -ττω, u. Med. **-ομαι,** Fut. med. ἐπιτάξομαι poet. auch pass. 1) dabei aufstellen, auch Med Thuk.; in Reserve stellen Plut., auch Med. Xen. 2) einem gegenüber od. dagegen (τινί u. πρός τινα) aufstellen. 3) über etwas (τινί) setzen, τινὰ σατράπην einen als Satrapen. 4) anordnen, befehlen, abs. Befehle erteilen, insbes. vom Arzte: verordnen. Im Pass. ἐπιτάσσομαι, aber auch τί τινι, od. mit Inf., u. abs., τὰ ἐπιτασσόμενα die Aufträge, Befehle.

ἐπιτάφιος, 2. (τάφος), zum Begräbnis gehörig, ἀγών Leichenfeier, Leichenspiele.

ἐπι-ταχύνω, beschleunigen, τί etwas, od. antreiben, τί zu etwas, od. auch vorwärts treiben, τινά, u. zwar τῆς ὁδοῦ seines Wegs, d. i. auf dem Wege.

ἐπι-τείνω, Impf. iterat. ἐπιτείνεσκε (auch in tmesi), ep. **ἐπι-τᾰνύω,** Fut. -σσω (nur in tmesi). 1) darüber (ἐπί τι u. ὑπέρ τινος) ausspannen, **ausbreiten,** ξύλα ἐπὶ γέφυραν Hdt., κληῖδα den Riegel vorschieben, od. τί τινι etwas über etwas od. einen ausbreiten, im Pass. νύξ Hom.; übertr. vom Kampf, sich erstrecken über, τισί. 2) **anspannen,** τί, die Saiten anziehen, erhöhen, steigern, abs. u. τί, z. B. τὴν φωνήν die Stimme lauter erheben od. anstrengen, od. τινά; im Pass. sich anstrengen, mit allem Eifer streben, εἴς τι nach etwas.

ἐπι-τειχίζω, eine Festung anlegen, ein Bollwerk, Kastell erbauen, sich befestigen, abs. od. ἔν τινι in einem (feindl.) Lande, u. τινί gegen etwas, überh. befestigen, errichten, φρούριόν τινι eine Festung gegen jmdn., übertr. gegen eine Sache (τινί) etwas (τί) als Bollwerk aufführen, aufstellen. Dav.

ἐπιτείχισις, εως, ἡ, u. **ἐπιτειχισμός,** ὁ, 1) Anlegung, Aufführung von festen Plätzen, Festungsbau, Festung, Bollwerk, abs. u. τινί od. κατά τινος gegen einen. 2) die Befestigung, τινός.

ἐπιτείχισμα, τό, die Verschanzung, Kastell, Vormauer, ἐπί τι od. τινός gegen etwas.

ἐπι-τελειόω, sp. vollenden. Dav.

ἐπιτελείωσις, εως, ἡ, sp. die Vollendung, der Schluß, τῆς πολιτείας der öffentlichen Laufbahn.

ἐπιτελέω, 1) vollenden, ausführen, verrichten, bes. Opfer darbringen, Abgaben entrichten, ἀγῶνα einen Wettkampf veranstalten. Med. etwas auf sich nehmen. 2) verwirklichen, erfüllen.

ἐπι-τελής, 2. (τέλος) vollendet, ausgeführt, vollbracht, verwirklicht, erfüllt, ἐπιτ. γίγνεσθαι wirklich geschehen, in Erfüllung gehen, τινί jmdm., vollzogen werden, ἐπ. ποιεῖν etwas ausführen, erfüllen, gewähren, τινί jmdm.

ἐπι-τέλλω u. Med. **-ομαι,** Aor. -έτειλα, ετειλάμην, Perf. -τέταλμαι (auch in tmesi), 1) trans. meist ep. auftragen, auferlegen, aufgeben, anvertrauen, befehlen, gebieten, heißen; abs. u. τί, τινί, u. τί τινι, μῦθον das (drohende) Wort gebieten, τινί jmdm. mündlichen Auftrag geben, etwas ans Herz legen, συνθεσίας Aufträge od. Befehle geben. Auch mit Inf. 2) intr. von Gestirnen, aufgehen.

ἐπι-τέμνω, ion. **-τάμνω,** 1) Akt. a) einen Einschnitt in etwas (τί) machen, einschneiden, aufschneiden, τὴν πληγήν die Wunde durch einen Schnitt erweitern. b) sp. übertr. abstürzen, zusammenziehen. 2) Med., sich etwas (τί) aufritzen.

ἐπί-τεξ, εκος, ἡ (τίκτω), ion. u. sp. der Niederkunft, Geburt nahe.

ἐπιτερπής, 2. sp. dem Vergnügen ergeben. Adv. **-ῶς** ergötzlich, angenehm. Von

ἐπι-τέρπομαι, Med., ep. poet. sp., sich ergötzen, ererfreuen, τινί an etwas.

ἐπίτευγμα, τό, sp. Erfolg.

ἐπίτευξις, ἡ, Erreichung, Erlangung.

ἐπι-τεχνάομαι, ion. u. sp. wozu listig ersinnen, ausdenken, τί. Dav.

ἐπιτέχνησις, εως, ἡ, weiteres Ersinnen, Nachbesserung.

ἐπιτεχνητός, 3. sp. künstlich.

ἐπιτήδειος, 3. u. 2., Komp., -ότερος, Adv. **-είως,** ion. **-ήδεος,** 3., Komp. -εώτερος, Adv. **-έως** (ἐπιτηδές) • 1) geschickt, passend, erwünscht, brauchbar, tüchtig, χωρίον ἐνιππεῦσαι bequem, um darauf zu reiten Hdt., τὸν ἐπιδ. ἔπαιεν der es verdiente Xen., ἐπ. ξυνεῖναι für den Verkehr angenehm Eur. • 2) erforderlich, notwendig, ἐπιτήδειόν ἐστιν es ist dienlich; τὸ ἐπιτήδειον, τὰ ἐπιτήδεια das nötige Zubehör, insbes. die Bedürfnisse, Lebensmittel, Mundvorrat; καταστῆσαι ἐς τὸ ἐπ. nach Wunsch gestalten Thuk. • 2) geneigt, willfährig, befreundet, freundschaftlich, ὁ ἐπ. der Angehörige, Verwandte, Freund, Anhänger, Schüler, τινί u. τινός von einem.

ἐπιτηδές, att. **ἐπίτηδες** (viell. aus ἐπὶ τὸ ἦδος = *in id commodum*), Adv. in zweckentsprechender, erforderlicher Weise, dah. a) angelegentlich, gehörig, genügend, sorgfältig. b) absichtlich, geflissentlich, eben dazu, eigens, abs. od. mit folg. ἵνα, ὅπως, ὅτι; ὥσπερ ἐπ. als müßte es so sein.

ἐπιτήδευμα, τό, u. **ἐπιτήδευσις,** εως, ἡ, im Sing. u. Plur. die Beschäftigung, Bestrebung (meist abs., doch auch τινός um etwas), Einrichtung; das Studium, die Kunst; das Betragen, Benehmen, Verfahren, Handlungsweise, Lebensweise, Grundsatz, Sitten.

ἐπιτηδεύω, Impf. ἐπετήδευον, Perf. ἐπιτετήδευκα, u. pass. part. -τετηδευμένος, Adj. verb. ἐπιτηδευτέον (ἐπιτηδές), mit Fleiß betreiben, Fleiß anwenden, sich etw. angelegen sein lassen, es üben; treiben, pflegen, als Grundsatz befolgen, sich einer Sache befleißigen, ihr nachgehen. Im bes. etwas künstlich herstellen, listig ersinnen, einen abrichten, πρός τι. ἐπιτηδεύοντες geflissentlich, ordentlich; τί od. τινά, z. B. τὰ αὐτὰ ἐπιτηδεύματα dieselbe Lebensweise befolgen, es gleichtun, oder mit folg. Inf. od. ὅπως.

ἐπίτηκτος, 2. sp. darauf geschmolzen; schmelzbar, flüchtig, vergänglich.

ἐπι-τήκω, ion. u. sp. darauf schmelzen, τὸν κηρὸν ἐπὶ τὰ γράμματα das Wachs über die Schrift gießen.

ἐπι-τηρέω, 1) abpassen, auflauern. 2) achtgeben, wahrnehmen.

ἐπι-τίθημι (oft in tmesi) • I) trans. • 1) darauf-, daransetzen, -stellen, -legen. Im bes. Speisen aufsetzen, auch Opfer auf den Altar, darbringen, opfern; Med. sich (*sibi*) aufsetzen lassen u. sich aufsetzen, τινί auf etw., χεῖρας seine Hände auflegen, aber poët. θύος in Wut, Wahnsinn verfallen. Übertr. • a) auferlegen, verursachen, bes. Strafe (δίκην) oder ein Joch auflegen; auch im Med., φόβον Furcht einjagen • b) gewähren, geben, bes. πέρας ein Ende machen, ein Ziel setzen, τέλος τινί etw. zu Ende führen, μύθῳ ihm Vollendung geben, erfüllen • c) auftragen, entsenden, γράψας ἐς Αἴγυπτον ἐπέθηκε näml. τὰ γεγραμμένα er trug zur Besorgung nach Ä. auf • d) φρένα τινί sein Herz auf etw. lenken, es beachten • 2) dabei-, dazusetzen, -legen, anfügen, anbringen • 3) davorsetzen, um zu verschließen, θύρας, νέφος ein Gewölk; Med. πύλας τοῖς ὠσίν vor seine Ohren einen Riegel schieben.

II) intr. sich auf etw. legen, etw. unternehmen, abs. z. B. Hdt. 1, 96 u. 6, 60, od. τινί, bes. im feindl. Sinne: angreifen, unvermutet überfallen, vor allem aber im Med.: unternehmen, von Personen: zusetzen, angreifen, mit Dat., κατ' ἀμφότερα auf beiden Seiten; auch einen (τινά) angreifen lassen, τινί.

ἐπι-τίκτω, sp. noch dazu gebären.

ἐπι-τιμάω, ion. **-έω,** 1) zu τιμή = Ehre: hinterher ehren, mehr und mehr ehren. 2) zu τιμή = Vorwurf: einen Vorwurf machen, vorwerfen, tadeln, rügen. 3) zu τιμή = Strafe: richterlich zuerkennen, ahnden, strafen. 4) zu τιμή = Preis: den Preis steigern.

ἐπιτίμησις [ῑ], εως, ἡ, der Vorwurf, Tadel, Rüge.
ἐπιτῑμητής, οῦ, ὁ, der Tadler.
ἐπιτῑμήτωρ, ορος, ὁ, ep. der Rächer, Beschützer der Flehenden und Fremdlinge, von Zeus.
ἐπιτῑμία, ἡ (-μος), der volle Genuß der bürgerlichen Rechte, welcher Staatsschuldnern entzogen war, Gegens. zu ἀτιμία. (N. T. auch die Strafe.)
ἐπιτίμιον, τό [ῑμ], gew. im Plur. **ἐπιτίμια, τά,** der **Lohn,** τινός für etwas, **a)** im schlimmen Sinne: der Nachteil, u. im bes. die von den Richtern festgesetzte Strafe, dah. ἐπ. διδόναι τινί eine Strafe an jmdm. vollziehen, τοῖς ἐπ. τινὸς ἔνοχος der Strafe für etwas verfallen. **b)** poet. die Ehrenspende der Grabesehren.
ἐπί-τῑμος, 2. (τιμή), in Ehren, im Vollbesitz der bürgerlichen Rechte, im Gegens. zu ἄτιμος; χρήματα ἐπίτιμα das Vermögen eines ἐπίτιμος.
ἐπι-τίτθιος, 2. buk. noch saugend.
ἐπι-τλῆναι, ep., nur Imper. aor. ἐπιτλήτω, geduldig bei etwas (τινί) ausharren, z. B. μύθοισιν sie ruhig anhören. [das Ntr. adverbial.
ἐπί-τοκος, 2. **1)** = ἐπίτεξ. **2)** Zinsen tragend,
ἐπι-τολή, ἡ, gew. αἱ ἐπιτολαί, (ἐπιτέλλω), der (jährliche) Aufgang eines Gestirns.
ἐπι-τολμάω, ep. bei etwas ausharren, standhaft bleiben, mit Inf. u. abs.; sp. auch sich an etwas wagen.
ἐπιτομή, ἡ, eig. Schnitt, Verwundung auf der Oberfläche; dann sp. der Ausschnitt, Auszug.
ἐπίτομος, 2. (ἐπιτέμνω), sp. eig. abgeschnitten, dah. verkürzt, abgekürzt, kurz, im bes. ἡ ἐπίτομος (ὁδός) ein Nebenweg, Schleichweg, auf welchem man früher zum gewünschten Ziele gelangt.
ἐπίτονος, 2. (ἐπιτείνω) ep., ὁ, verst. ἱμάς, ledernes Ziehtau, mit welchem die Segelstange am Maste aufgezogen wurde.
ἐπι-τοξάζομαι, Dep. med., ep. u. sp. nach jmdm. (τινί) mit dem Bogen schießen, zielen.
ἐπι-τραγῳδέω, sp. dazu eine Tragödie aufführen,
ἐπι-τραπέω, ep. überlassen. [übertreiben.
ἐπιτράπω, ion. = -τρέπω.
ἐπι-τρέπω, ion. auch **ἐπιτρᾰπω,** u. ep. **ἐπιτραπέω,** ep. u. ion. Perf. pass. 3. pl. ἐπιτετράφαται, **zuwenden,** ep. Med. sich wohin wenden, neigen, σοὶ θυμὸς ἐπετράπετο εἴρεσθαι.

I) trans. • **1) übergeben,** überlassen, anvertrauen, οἶκον, θεοῖς, Τρωσὶ φυλάσσειν (so auch im Med.), bes. zur (Rechts)entscheidung anheimgeben, δικαστῇ; im Med sich od. das Seinige anvertrauen, bes. vom schiedsrichterlichen Verfahren: sich einer Entscheidung unterwerfen • **2)** einräumen, dulden, **gestatten,** hingehen lassen, νίκην, τὰ πράγματα, od. mit Inf. Mit der Negation oft = verbieten, verhindern. Pass. ἐπιτραφθείς einer, dem etw. (die Herrschaft) überlassen worden ist, ähnl. ὅτῳ ἐπιτέτραπται der die Macht hat; bisw. mit Akk., ἐπιτρέπομαι τὴν δίαιταν die Entscheidung usw. wird mir überlassen, οἱ ἐπιτετραμμένοι τὴν φυλακήν, τὰς πόλεις die Beauftragten • **3)** eine Richtung einnehmen lassen, beordern, anbefehlen.

II) scheinbar **intr.** (sc. ἑαυτόν), sp. u. ion. einer Person od. Sache nachgeben, γήραϊ, ὀργῇ.

ἐπι-τρέφω, ion. u. sp. bei sich ernähren, beköstigen, Pass. **a)** nachwachsen, οἱ ὕστερον ἐπιτραφέντες die nachfolgenden. **b)** heranwachsen.
ἐπι-τρέχω, 1) herbei-, herzulaufen, z. B. zur Hilfe. **2)** dagegenlaufen, angreifen, ausfallen, überfallen, Streifzüge gegen jmdn. unternehmen. **3)** darüberhin laufen, — streifen, darüberhin ziehen, sich verbreiten.
ἐπι-τρίβω, Fut. med. -τρίψομαι in pass. Bdtg., Perf. st. ἐπιτετρῖφθαι (-τεθρῖφθαι), aufreiben, übertr. zugrunde richten, verzehren, entkräften, verderben, schlecht machen, verhunzen, belasten, quälen, τινά od. τί, u. zwar τινί durch etwas; ἐπιτρῖβείης hol' dich der Henker [ῑ, nur im Aor. 2. pass. ῐ].
ἐπι-τριηραρχέω, noch dazu, d. h. über die gesetzliche Zeit hinaus Trierarch sein; ὁ ἐπιτετριηραρχημένος χρόνος die Überzeit in der Trierarchie.
ἐπιτριηράρχημα, τό, längere Dauer u. Bestreitung der Trierarchie.
ἐπίτριπτος, 2. abgerieben, abgefeimt, nichtswürdig.
ἐπί-τριτος, 2. **1)** ein Ganzes u. ein Drittel. **2)** ein Versfuß von 7 Moren, ⏗ ⏑ ⏗ ⏤.
ἐπιτροπαῖος, 3. (-τροπή), ion. vormundschaftlich, wie ein Vormund.
ἐπιτρόπευσις, ἡ, = ἐπιτροπή. Von
ἐπιτροπεύω, m. Augm. ἐπετρ., ein ἐπίτροπος, Verwalter, Vormund, Statthalter sein, (mittelbar) herrschen (ἄρχειν unmittelbar), τινός, doch auch τί etwas verwalten, u. τινά jmds. Vormund sein, jmdn. bevormunden; Perf. pass. ἐπιτετρόπευμαι.
ἐπιτροπή, ἡ (τρέπω), **1)** die Vollmacht, *potestas,* das Schiedsrichteramt, ἐπ. δίκης eine schiedsrichterliche Entscheidung. **2)** die Vormundschaft.
ἐπίτροπος, ὁ (ἐπιτρέπω), der **Aufseher,** Verwalter über die Güter, Statthalter, Vormund, Hofmeister.
ἐπιτροχᾰδην, ep. Adv., darüber hinlaufend, d. i. geläufig.
ἐπί-τροχος, 2. sp. geläufig; **ἐπίτροχα** Adv. frisch hintereinander weg.
ἐπι-τρύζω, poet. dazu schwirren, summen.
ἐπι-τυγχάνω (s. τυγχάνω), Perf. sp. -τέτευγμαι, **1)** τινί auf jmdn. od. etwas stoßen, treffen, dabei betreffen, jmdm. begegnen, mit ihm zusammenkommen, etwas antreffen, finden. **2)** τινός einer Sache teilhaftig werden, zu ihr gelangen, sie erreichen, auch mit Part. λέγουσα ἐπ. es in der Rede treffen. **3)** akt., u. sp. auch pass. abs. gut ausfallen, gelingen, glücken, bes. im Part. Perf. ἐπιτετευγμένος gelungen, geglückt. — ὁ ἐπιτυχών **a)** der gerade dazu kommt, der erste beste. **b)** dem etw gelingt, der Glückliche.
ἐπιτυμβίδιος, ον, zum Grab gehörig, κορυδαλλίδες weil sie sich gern auf Grabhügeln aufhalten oder nach der Gestalt ihrer Haube.
ἐπι-τύμβιος, 2. poet. zum Grabe gehörig, αἶνος Grabrede, Totenklage, χοαί Grabesspende, Spendenweihe, Soph. El. 915 (versch. LA.).
ἐπι-τύφομαι, pass. entflammt, entzündet werden; perf. part. ἐπι-τεθυμμένος Flammen sprühend (Anspielung auf Τυφῶν).
ἐπιτυχής, 2., Adv. **-ῶς** (ἐπιτυγχάνω), das Richtige treffend, seinen Zweck erreichend, glücklich.

ἐπιτυχία, ἡ, sp. Erreichung einer Absicht, glücklicher Fortgang, glückliche Tat, Glück.

ἐπι-φαίνω, **1)** aufzeigen, vorweisen, sehen lassen, *τί*. **2)** im N. T. im Aor. *ἐπέφᾶνα* = dem Med.-Pass.

ἐπι-φαίνομαι, Fut. *-φανήσομαι*, Aor. *-εφάνην*, sich an od. bei etw. od. einem (*τινί*) zeigen, zum Vorschein kommen, hervortreten, sich sehen lassen, erscheinen, bes. plötzlich.

ἐπιφάνεια, ἡ, **1)** Erscheinung. **2)** Außenseite, Oberfläche, insbes. Erdoberfläche; überh. Fläche, auch im Plur. **3)** Ruhm, Würde. **4)** im N. T. Erscheinung Christi auf Erden, auch dereinst als Richter.

ἐπιφανής, 2., Adv. **-ῶς,** Superl. *-έστατα* (*ἐπιφαίνομαι*), **1)** sichtbar, zu überblicken, übersehbar, abs. od. *τινί* jmdm., *μέχρι τινός* bis wohin. **2)** leicht zu erkennen, klar, deutlich, offen, augenscheinlich, unverhohlen, auch pers. *ἐπιφανέστερον ποιεῖν τινα* einen in ein helleres Licht stellen, u. *ἐπ. γένοιτο οἷος ἦν* es würde offenbarer werden, was für ein Mann er war. **3)** hervorleuchtend, Aufsehen erregend, ausgezeichnet, prächtig, angesehen, bedeutend, berühmt, hochgestellt.

ἐπί-φαντος, 2. poet. sichtbar, noch am Leben.

ἐπίφᾰσις, ἡ (*ἐπιφαίνω*), das Sichtbarwerden, **a)** Erscheinung. **b)** Äußerung. **c)** Prahlen, Rühmen.

ἐπι-φαύσκω, Fut. *-φαύσω*, darüber aufgehen N. T.

ἐπι-φέρω, ion. Aor. *ἐπένεικα*, Nebenf. **ἐπι-φορέω** • **1) darauftragen** • **a)** daraufwerfen, -schütten, abs. u. *τινί*, auch darauf zutreiben od. wehen, Med. u. Pass. **darauf stürzen,** losgehen, anstürmen, abs. u. *τινί*, mit Worten anfahren, u. überh. von Schiffen fahren, *βαρεῖαι ἐπ.* sie bewegen sich schwerfällig • **b)** Med. darauf-, hinterherkommen, folgen, *τὰ ἐπιφερόμενα* das Zukünftige • **2) herzubringen** • **a)** darbringen, verleihen, *ἐλευθερίαν*, *καινοτομίας* Neuerungen aufbringen, bes. Opfer u. Spenden darbringen; übertr. *ὀργάς τινι* einem seine Neigung, d. h. fügsam sein, überh. (bei)bringen, *ὑπερβολήν τινος* etw. auf einen höheren Grad treiben; im Med. mit sich beibringen, bes. von der Mitgift der Frau • **b)** *τὶ ἐπί τι* vergleichen, messen an • **3)** dagegen tragen, **anlegen,** *inicio*, *χεῖράς τινι*, ähnl. *Ἄρηα*, *πόλεμον ἀκήρυκτον*, *ὅπλα*, auch abs. *ἐπ. ἐπί τινα* bekriegen. Ähnl *δουλείαν*, *αἰτίαν τινί*, doch auch eine Ursache für etwas beibringen. Die Schuld steht im Gen. oder mit *ἐς*, doch sagt man auch *μωρίην*, *ψόγον*, und so überh. etw. zufügen, vollziehen, z. B. die Rache.

ἐπίφημι versprechen (v. l. *ἐπιφήμισα* v. folg.).

ἐπι-φημίζω, **1)** Akt. **a)** vorbedeutende Worte zurufen, einen Gott als Urheber angeben. **b)** sagen, vorgeben. **c)** sp. zuschreiben, weihen. **2)** Pass. von einem Gotte: als Urheber von etwas angegeben, mit etwas in Verbindung gebracht, überh. göttlich erhoben werden. **3)** Med. ion. Worte von (böser) Vorbedeutung nachrufen.

ἐπιφήμισμα, τό, Zuruf von (übler) Vorbedeutung.

ἐπι-φθάνω, sp. ep. zuvorkommen.

ἐπι-φθέγγομαι, Dep. med., dazu rufen, ausrufen, *τί* (auch *τινί*) jmdm. zurufen; auch v. der Trompete: dazu blasen, u. sp. *ἐπί τινι* bei etwas sprechen.

ἐπι-φθονέω, ep. u. ion. mißgönnen, neidisch verweigern, versagen; verargen, verübeln, *τινί τι*.

ἐπί-φθονος, 2. **1)** poet. u. sp. feindlich, zürnend, *τινί*. **2)** beneidet, verhaßt, gehässig, Neid od. Haß erweckend, *τινί* u. *πρός τινος* bei jmdm., *τὸ ἐπ. λαμβάνειν ἐπί τινι* sich Neid zuziehen wegen etwas. Komp. *ἐπιφθονώτερος* zu verhaßt. Subst. *τὸ ἐπ.* der Haß. Adv. **-όνως,** mit Neid, neidisch, verhaßt, auf hassenswürdige Art, *ἐπ. διακεῖσθαί τινι* von jmd. beneidet werden, Gehässigkeiten erfahren.

ἐπι-φθύσσω, buk. dazu ausspucken, *despuere*.

ἐπι-φλέγω, **1)** trans. in Brand stecken, anzünden, verbrennen; bildl. anfeuern. **2)** intr. sp. brennen, glühen, von der Sonnenhitze.

ἐπί-φοβος, 2. poet. u. sp. schreckenerregend.

ἐπι-φοινίσσω, intr. sp. auf der Oberfläche rot machen, ins Purpurrote spielen.

ἐπι-φοιτάω, ion. **-έω,** oft hinzugehen, -reisen, -kommen, zulaufen, heimsuchen, hernach kommen; abs. od. *τινί*, *τινά* u. *ἔς τι* zu jmdm. od. etwas, jmdn. od. etwas besuchen. Im bes. wiederholt einfallen.

ἐπιφορά, ἡ (*ἐπιφέρω*), **1)** das Herzubringen, die Zugabe (zum Solde), Zulage, *πρός τι*. **2)** sp. das Herankommen, der Andrang, Anfall, Ansturm, Überfall, Angriff (im Plur.). **3)** Schlußfolge (Logik). **4)** Wiederholung eines Worts oder mehrerer, bes. am Schluß von Sätzen (Rhetorik).

ἐπι-φορέω, s. *ἐπιφέρω*. Dav.

ἐπιφόρημα, τό, ion. poet. u. sp. das Nachheraufgetragene, im Plur. der Nachtisch.

ἐπίφορος, 2. (*ἐπιφέρω*), nach etwas hin (*ἔς τι* od. *τινί*) wehend, wohin treibend, förderlich, günstig; poet. u. sp. auch geneigt, abschüssig.

ἐπιφράζω, gew. Med. **-ομαι,** Aor. 1. med. *ἐπεφρασάμην* u. gleichbdtd. *ἐπεφράσθην*, **1)** bei sich bedenken, betrachten, überlegen, mit folg. Inf einen Gedanken aussprechen; **2)** überh. bemerken, wahrnehmen.

ἐπι-φράσσω, Perf. pass. *-πέφραγμαι*, **1)** Akt. sp. zupfropfen, verschließen. **2)** Med. sp. sich (*sibi*) verstopfen, *τί*.

ἐπιφρονέω (*ἐπίφρων*), darauf achten, bei Hom. nur Part. praes., bedacht, klug, verständig.

ἐπιφροσύνη, ἡ (*ἐπίφρων*), ep. sp. Achtsamkeit, Besonnenheit, Geistesgegenwart, Klugheit, *ἐπιφροσύναι* kluge Maßregeln.

ἐπί-φρουρος, 2. poet. dabei wachend.

ἐπίφρων, 2., Gen. *ονος* (*φρήν*), ep. poet. dabei nachdenkend, verständig, klug, besonnen, *τί* in etwas.

ἐπι-φύλιος, 2. poet. unter Stämme verteilt.

ἐπι-φύομαι, intr. Med. ion. u. sp. auf od. an etwas (*τινί*) wachsen, übertr. gegen einen heranwachsen, emporkommen, überh. auftreten, abs. u. *τινί* gegen einen od. etwas; *ἐπιφύς* neu emporgekommen.

ἐπι-φωνέω, poet. u. sp. bei etwas (*τινί*) ausrufen, vorbringen, *τί* einen Laut hören lassen, *τί* in der Nähe wovon etwas anrufen, zurufen.

ἐπιφώνημα, τό, sp. u. **ἐπιφώνησις,** ἡ, sp. der Ausruf, Zuruf; d. e Äußerung; rhetor. Schlußsentenz.

ἐπι-φώσκω, sp. N. T. anbrechen (vom Tage).
ἐπι-χαίνω, sp. den Mund nach etwas aufsperren, begierig nach etwas (τινί) trachten, schnappen, auch mit τὸ στόμα, bes. von Erbschleichern.
ἐπιχαιρεκακία, ας, ἡ, Schadenfreude. Von
ἐπι-χαιρέκακος, 2. schadenfroh.
ἐπι-χαίρω, sich über etwas (τινί) (Schlimmes) freuen, abs. sich noch darüber freuen, u. τινά mit Part. εὖ πράσσοντα sich über jmds. Wohlergehen freuen, sich mit einem im Glück freuen.
ἐπι-χαλαζάω (χάλαζα), sp. behageln, τινά jmdn.
ἐπι-χαλάω, poet. u. sp. weichen.
ἐπί-χαλκος, 2. ion. mit Erz überzogen, ehern.
ἐπιχαρής, 2. poet. erfreuend, angenehm.
ἐπί-χαρις, ι, Gen. ιτος, u. sp. **ἐπι-χάριτος,** 2., Komp. -τώτερος, gefällig, angenehm, einnehmend, Subst. τὸ ἐπίχαρι, das Gefällige, Einnehmende, einschmeichelndes Wesen.
ἐπιχαρίττα, dor. = -χαρίζου, zeige dich gefällig.
ἐπιχαρίττως, dor. Adv. mit Vergnügen.
ἐπί-χαρμα, τό, poet. Freude über etwas, bes. Schadenfreude u. Gegenstand der Schadenfreude.
Ἐπίχαρμος, ὁ, komischer Dichter, Arzt u. Naturforscher aus Kos, der um 500 v. Chr. zu Syrakus lebte. Dav. das Adj. **Ἐπιχάρμειον** (-χαρμεῖον).
ἐπί-χαρτος, 2. (-χαίρω), zur Freude, erfreulich, ergötzlich, insbes. Schadenfreude erregend.
ἐπιχειλής, ές (χεῖλος), poet. bis zum Rande, d. h. beinahe voll, nicht ganz voll.
ἐπι-χειμάζω, dabei überwintern.
ἐπίχειρα, τά (χείρ), Handgeld, Lohn, οὔτε ξιφέων ἐπίχειρα λαχοῦσα d. h. nicht im Kampfe gewaltsam getötet, denn Wunden und Tod sind Lohn (Handgeld) der Schwerter für den, welcher sich mit ihnen einläßt.
ἐπι-χειρέω, m. Augm. ἐπεχ., Adj. verb. ἐπιχειρητέον u. -τέα (χείρ). **1)** **Hand anlegen,** τινί an etwas, zulangen danach. Im bes. feindlich angreifen, losgehen, anfallen, τινί, ἐπί u. πρός τινα jmdn., τινί mit etwas. Im Pass. überfallen werden. **2)** überh. etwas angreifen, **unternehmen,** sich einer Sache befleißigen, versuchen, beabsichtigen, ἔργῳ Hand ans Werk legen, τοῖς πράγμασι seine Pläne verfolgen, u. τί od. Inf. Im Pass. τὸ μὴ ἐπιχειρούμενον das Unterlassen einer Unternehmung, τὸ ἐπιχ. Unternehmen Plat. Dav.
ἐπιχείρημα, τό, u. **ἐπιχείρησις,** εως, ion. ιος, ἡ, Unternehmen, Beginnen, Betreiben, Zweck einer Sache, Unternehmung, Anschlag. Im bes. **a)** Angriff, τινός u. τινί auf jmdn., auf etwas. **b)** Schlußfolge (mit beigefügten Gründen). **c)** (ἐπιχείρησις) Art der Behandlung eines Gegenstands, Schlußfolgerung.
ἐπιχειρητής, οῦ, ὁ, unternehmend, Mann der Tat.
ἐπίχειρον, τό, pl. Handgeld, s. ἐπίχειρα.
ἐπι-χειροτονέω, durch Abstimmung beschließen, Anträge (γνώμας) genehmigen, eine Wahl bestätigen, ἡ βουλὴ καὶ ὁ δῆμος, abs. u. τί. Davon
ἐπιχειροτονία, ἡ, die Abstimmung des Volkes, -αν διδόναι, ποιεῖν abstimmen lassen.
ἐπι-χέω (s. χέω), **1)** Akt. mit ep. Aor. ἐπέχευα, dazu, darauf, darüber (τινί) gießen, darauf (τινί) schütten. **2)** Med. mit ep. Aor. ἐπεχεύατο, **a)** sich (sibi) darauf schütten. **b)** buk. sich einschenken lassen. **3)** Pass. im Aor. ἐπεχύθην u. ep. med. ἐπέχυντο (sp. auch im Präs.) übertr. hinzuströmen, τινί zu od. in etwas, hereinbrechen, τινί über einen, überh. hinströmen, sich ergießen.
ἐπι-χθόνιος, 2. (χθών), ep. poet. auf der Erde lebend, die Erde bewohnend, irdisch. Als Subst. der Erdenbewohner.
ἐπι-χλευάζω, sp. verhöhnen.
ἐπί-χολος, 2. (χολή), Sup. -ωτάτη, ion. Galle erzeugend.
ἐπι-χορεύω, **a)** poet. dazu tanzen. **b)** tanzend hinzugehen.
ἐπι-χορηγέω, sp. noch dazu gewähren, unterstützen.
ἐπι-χορηγία, ἡ, N. T. die Darreichung, Unterstützung.
ἐπι-χράομαι, Med., noch dazu brauchen, innig verkehren, freundlich umgehen; auch: häufig gebrauchen.
ἐπι-χραύω (verwandt lat. *in-gruere*, s. II. χραύω), ep., nur Aor. ἐπέχραον, anfallen, losstürzen auf jmdn. od. etwas τινί, μητέρι μνηστῆρες bedrängten sie mit ihrer Bewerbung.
ἐπι-χρέμπτομαι, sp. dabei ausspucken, τινί.
ἐπί-χριστος, 2. sp. aufgestrichen, gleißend. Von
ἐπι-χρίω [ῑ], **1)** Akt. ep. u. sp. darauf, darüber streichen, bestreichen, salben, τί od. τί τινι etwas mit etwas. **2)** Med. ep. sich salben, τινί mit etwas.
ἐπιχρόνιος, 2. sp. lange dauernd.
ἐπί-χρυσος, 2. übergoldet.
ἐπι-χρωματίζω, eine Färbung geben.
ἐπι-χρώννυμι, sp. überstreichen, auch τί τινι.
ἐπί-χυσις, ἡ, sp. das Gesundheittrinken.
ἐπι-χωρέω, **1)** intr. hinzugehen, herziehen, im feindlichen Sinne: anrücken, vorrücken, angreifen. **2)** trans. zugestehen, zugeben, τινί τι, nachgeben, Raum geben, τοῖς ἀπιστοῦσιν dem Ungehorsam, od. πρός τι. Dav.
ἐπιχώρησις, εως, ἡ, sp. die Gestattung, Arr. An. 6, 25, 2 ἐπ. ὡς γιγνωσκομένων das Eingeständnis, er wisse darum (ohne es zu hindern).
ἐπι-χωριάζω, oft wohin kommen, oft an einem Orte verweilen.
ἐπι-χώριος, 3. u. 2. (χώρα), heimatlich, einheimisch, im Lande erfunden, landesüblich, herkömmlich, τινός jmdm. Subst. ὁ ἐπ. der Einheimische, Eingeborne, Inländer; τὸ ἐπ. der Landesbrauch, τὰ ἐπ. die vaterländischen Einrichtungen, die nach Landessitte jmdm. obliegenden Pflichten.
ἐπι-ψακάζω, darauf träufeln, -regnen lassen.
ἐπι-ψαύω, nicht in att. Prosa, oberflächlich streifen, leise berühren, τινός etwas; abs. hinrühren, πραπίδεσσι mit d. Verstand, ὀλίγον περ ein wenig begreifen.
ἐπι-ψεύδομαι, dabei lügen, einem etwas andichten, τινί τι.
ἐπι-ψηλαφάω, nach etwas (τινός u. τί) tasten.
ἐπι-ψηφίζω, **1)** Akt. worüber abstimmen lassen, insbes. vom Vorsitzenden, τινί jmdn., dann einen Gesetzvorschlag zur Abstimmung bringen, ἐς τὴν ἐκκλησίαν die Versammlung abstimmen lassen, τί über etwas, od. mit folg. Inf., τινά von jmdm. die Stimme einfordern. **2)** Med. (durch seine Stimme) bestätigen, beschließen, genehmigen, abs. u. τί.
ἐπί-ψογος, 2., Adv. **-όγως,** tadelnswert.

ἐπι-ψύχω, sp. abkühlen.
ἐπ-ιωγαί, αἱ, ep. Schutzörter, Reeden, Ankerplätze, vor denen Wind u. Wogen sich brechen.
ἐπ-όγδοος, 2. mit dem Achtel dazu, zu 12½ Prozent.
ἐπόδια u. **ἐποδιάζω,** s. ἐφ.
ἐποδώκει gilt bei Äsch. Pers. 656 als ion. Plqpf. (statt ἐφωδώκει) v. ἐφοδόω, auf den Weg bringen, in Bewegung setzen; Neuere εὖ ποδούχει, s. ποδουχέω.
ἐπ-οίγω, davon ἐπῴχατο, s. d.
ἐπ-οικέω, 1) als Ansiedler wohin ziehen u. dort wohnen, als Kolonist wohnen, ἔν τινι; im Pass. von Feinden besetzt gehalten werden. **2)** daran, dabei, darin wohnen, abs. u. τινί, jmds. Grenznachbar sein.
ἐπ-οικοδομέω, 1) aufbauen, τί, ὑψηλότερον höher. **2)** darüber, darauf, (ἔν τινι) bauen (auch: ausbessern); N. T. bildlich: auf etwas gründen, bauen, ἑαυτὸν τῇ πίστει.
ἔπ-οικος, 2. poet. bewohnt, ἕδος Wohnsitz; allg. als Subst. **1)** Ankömmling an fremdem Orte, um sich dort niederzulassen, Ansiedler, daher Fremder, Höriger, überh. Einwohner, Bewohner, τινός eines Landes. **2)** poet. Anwohner, Nachbar.
ἐπ-οικτείρω, besser **-οικτίρω,** poet. bemitleiden, sich erbarmen, abs. u. τινά.
ἐπ-οικτίζω, poet. zum Mitleid bewegen.
ἐποίκτιστος u. **ἔπ-οικτος,** 2. (οἶκτος), poet. bejammernswert.
ἐπ-οιμώζω, Aor. -ῴμωξε, poet. darüber wehklagen.
ἐπ-οίχομαι, ep. poet. buk. **1)** hinzugehen, hingehen, hinkommen, sich nähern, abs. u. πάντοσε. **2)** τινά **a)** bittend od. bettelnd angehen. **b)** musternd herantreten an jmdn., mustern. **c)** feindlich jmdn. anfallen, angreifen, τινί mit etwas, ἀνά τι von Pfeilen: hinfliegen. **3)** τί an etwas gehen, z. B. δόρπον um es zu verzehren; um etwas gehen, es besorgen, sich einer Sache, einer Arbeit unterziehen, ἱστόν am (senkrechten) Webstuhl hin- u. hergehen.
ἐπ-οκέλλω (vgl. ἐπικέλλω), Aor. -ώκειλα, **1)** trans. wohin treiben, im bes. τὴν νέα das Schiff ans Land treiben, anlanden lassen, auf den Strand treiben, stranden lassen. **2)** intr. ans Land treiben, anlanden, auf den Strand treiben, stranden, scheitern.
ἐπ-ολισθάνω, darüber hingleiten, τινί.
ἐπ-ολολύζω u. Med. **-μαι,** poet. über etwas (τί) jauchzen, aufjauchzen, τινί zujauchzen.
ἕπομαι (Wz. *sequ*, gr. σεπ, lat. *sequor*), ep. Präs. imper. 2. sg. ἕπεο u. ἕπευ, Impf. auch ἑπόμην, im Aor. ind. 2. sg. ἕσπεο, u. auch in den modi (neben unredupl.) reduplizierte Formen: ἕσπωμαι, ἑσποίμην, ἑσπέσθω u. ἑσπέσθαι, ἑσπόμενος, u. imper. 2. sg. σπεῖο, u. buk. Aor. 1. imper. (ἐφ)εψάσθω (? var.) **folgen** • **1)** nachgehen, schützend oder rächend zur Seite stehen, marschieren. Oft verstärkt durch ἅμα, im Imper. oft so viel als mitgehen, kommen, ἕπεο προτέρω komm näher, im Part. οἱ ἑπόμενοι die Begleiter, das Gefolge; m. Dat., in freierer Fügung τὸν πατρῷον στόλον ξὺν Ἡρακλεῖ mit H. ziehen; σύν τινι auch jem. das Geleit geben, u. μετά τινι hinter einem hergehen • **2)** übertr. von leblosen Gegenständen, wie unser folgen ist es oft s. v. a. damit verbunden sein, u. zwar ἔκ τινος durch jmdn. Ähnl. τρυφάλεια ἕσπετο ἅμα χειρί der Helm blieb in der Faust hängen, ἔπαλξις ἕσπετο die Brustwehr stürzte nach • **3)** folgen können, übertr. körperlich: nicht hinter etwas zurückbleiben, entsprechen, geistig: etwas begreifen • **4)** sich fügen, gehorchen, κακοῖς sich den Leiden fügen, u. τοῖς παροῦσιν den Verhältnissen • **5)** feindlich verfolgen, abs. u. τινί, u. einmal ἀμφί τινι.
ἐπ-ομβρέω, poet. beregnen.
ἐπ-ομβρία, ἡ, Regenguß, Überschwemmung. Von
ἐπ-όμβριος, 2. dem Regen ausgesetzt.
ἔπ-ομβρος, 2. sp. regnerisch.
ἐπ-ομμάδιος, 3. äol. poet. (buk.) = ἐπωμάδιος, 2.
ἐπ-όμνυμι u. **-νύω,** Präs. imp. poet. ἐπόμνυθι, Fut. -ομοῦμαι, Aor. -ώμοσα, (auch in tmesi). **1)** Akt. **a) darauf schwören,** abs. oft im Partiz. ἐπομόσας mit einem Schwur, ἐπίορκον einen falschen Eid, ἥλιον bei der Sonne, mit folg. Inf. mit u. ohne ἦ μήν, **b)** noch dazu schwören, ὅρκον τινί jmdm. nachschwören. **2)** Med. bes. Aor. sich **eidlich versichern,** ἐπί τινος bei, vor jmdm., τινά u. κατά τινος bei einem Gotte.
ἐπ-ομφάλιος, 2. ep. an, auf dem Nabel, βάλεν σάκος μέσσον ἐπομφάλιον d. h. er traf den Schild mitten auf den Buckel = ἐπ' ὀμφαλῷ.
ἐπονείδιστος, 2., Adv. **-ίστως** (-ονειδίζω), einen Vorwurf verdienend, tadelnswert, schimpflich, schmachvoll, verrufen.
ἐπ-ονομάζω, Akt. u. Pass. **a)** danach nennen, benennen, *nomino*, einen Beinamen geben, abs. u. τῇ ἐπωνυμίᾳ τινός nach dem Namen jmds., auch bloß τινός u. ἀπό τινος nach jmdm., od. πατρόθεν nach dem Vater, αὐτοὺς ὀνομαστί nach dem eigenen Namen. **b)** τὸ οὔνομά τινος jmds. Namen nennen od. anrufen.
ἐπ-οπίζομαι, ep. Dep., scheuen.
ἐποποιία, ion. **-ποιίη, ἡ, 1)** die Anfertigung eines epischen Gedichtes. **2)** das epische Dichtwerk.
ἐπο-ποιός, ὁ (ἔπος, ποιέω), Epiker.
ἐπ-οπτάω, ep. darauf braten, rösten, τί.
ἐπ-οπτεύω, Imperf. ep. Iterativf. ἐποπτεύεσκε, darauf sehen, auf jmdn. (τινά) blicken, schützend herabsehen, τί etwas überschauen, beaufsichtigen; überh. schauen.
ἐπ-οπτήρ, ῆρος, (St. ὀπ, ὄψομαι), **1)** poet. berücksichtigend, τινός etwas. **2)** ὁ, Betrachter, Wächter.
ἐπ-όπτης, ου, ὁ (St. ὀπ, ὄψομαι), Beschauer, Zeuge, im bes. der zum dritten und höchsten Grad der eleusinischen Mysterien Gelangte; N. T. Augenzeuge.
ἐποπτικός, 3. zur letzten, höchsten Weihe gehörig, dah. τὰ ἐπ. die höchste Weihe, überh. geheim, ἐπ. διδασκαλίαι die geheimen Wissenschaften, die nicht für jedermann sind.
ἐπ-οράω u. **-έω,** s. ἐφοράω.
ἐπ-ορέγω, 1) Akt. u. Med. ep. poet. darreichen (in tmesi). **2)** Med., Fut. ἐπορέξομαι, Aor. ep. poet. (u. Xen.) ἐπωρέξατο u. ἐπορ., att. pros. ἐπωρέχθην, **a)** = dem Akt. **b)** nach etwas emporstreben, sich nach einem ausstrecken, um ihm etw. darzureichen, od. um ihn anzugreifen, sich auslegen, die Lanze zum Stoße anlegen; übertr. wonach trachten, noch mehr verlangen, τινός.

ἐπ-ορέω, ion. = ἐφοράω.
ἐπ-ορθιάζω, poet. in die Höhe richten, bes. die Stimme laut erheben, τινί bei etwas, od. jem. zujubeln; γόοις mit Wehklagen aufschreien.
ἐπ-ορθοβοάω, poet. lautes Geschrei erheben, τινί gegen jmdn.
ἐπ-ορθρεύομαι, Med., sp. sich früh erheben, früh aufstehn.
ἐπ-ορμέω, s. ἐφορμέω.
ἐπ-όρνῡμι u. **-νύω,** ep. u. poet. **I)** Akt., ep. Aor. 1. ἐπῶρσα (auch in tmesi, u. in tmesi ὦρσεν ἔπι), opt. ἐπόρσειεν, imper. ἔπορσον, **1)** erregen, erwecken, τί τινι. **2)** herantreiben, zusenden, τί u. τί τινι, bes. feindl.: anreizen, anhetzen, τινά u. τινά τινι jmdn. gegen einen, od. mit Inf.
II) Pass. **ἐπ-όρνῡμαι,** mit ep. Aor. med. ἐπ-ῶρτο, sich dazu od. dabei erheben, sich in Bewegung setzen, sich an etwas machen, an ein Geschäft gehen, feindl. anstürmen, losdringen, abs. u. τινί auf jmdn.
ἐπ-όρονται, -όροντο, s. ὄρομαι.
ἐπ-ορούω, ep., Aor. 1. ἐπόρουσα, dagegen anspringen, hinanstürmen, losstürmen, schnell laufen, τινί gegen od. zu jmdm., auch τινί τινι zu jmdm. mit etwas, u. ἅρμα auf den Wagen springen. Übertr. überfallen, τινί jmdn.
ἐπ-ορχέομαι, dazu od. darauf tanzen.
ἔπος, εος, ους, τό (ursprgl. Ϝέπος, vergl. εἰπεῖν). **1) Wort,** Ausdruck (Gegens. ἔργον); ὡς ἔπος εἰπεῖν att. 1) um ein starkes Wort zu gebrauchen = nahezu, so gut wie, bes. mit οὐδέν; 2) um das rechte Wort zu brauchen = eigentlich, förmlich; insbes. **a)** Redensart, Phrase, λόγοι ἔπεσι κοσμηθέντες mit Redensarten geziert, **b)** Zusage, Ausspruch, Rat, Befehl, Wunsch. **2)** kollekt. **Rede,** Erzählung; dah. **a)** Plur. **Lied,** Heldengedicht, ἡ ἐπῶν ποίησις epische Dichtkunst, **b)** Sg. Vers, ἔπη ποιεῖν. **3)** übertr. Inhalt von Wort und Rede, **a)** Sage, Gerücht, **b)** Sache, Geschichte.
ἐπ-οτοτύζω, Impf. -ωτότυζε, poet. wehklagend anstimmen.
ἐπ-οτρύνω. 1) von Personen: anregen, **antreiben,** ἐς τὸ πρόσω vorwärts treiben, ermuntern, ermahnen, befehlen, abs. od. τινά, auch πολλά τινα einen sehr antreiben, seltener τινί, oft mit folg. Inf. Im schlimmen Sinne: aufregen, aufbringen. **2)** von Sachen: anregen, **schnell betreiben,** πομπήν beschleunigen, τί od. mit A. c. I. u. τινί τι etwas gegen einen, ξύνοδόν τινι einem das Signal zum Angriff geben, ihn dazu anfeuern Thuk. od. ἀγγελίας Botschaften in die Städte senden; Med. Hom.: wir betreiben unser Geleite.
ἐπ-ουράνιος, 2. u. 3. am od. im Himmel, himmlisch; N. T. σώματα Himmelskörper, Sterne (belebt gedacht). Subst. ὁ ἐπ. der Himmelsbewohner, τὰ ἐπ., was im od. am Himmel ist; himmlische Dinge od. Gaben.
ἐπουριάζω, sp. u. **ἐπουρίζω,** poet. u. sp. trans. die Schiffe zum Ziel treiben, ὀθόνην die Segel schwellen, οὔτι ταύτῃ σὸν φρόνημ' ἐπούρισας nicht dahin ging deines Sinnes Flug; πνεῦμα αἱματηρόν blutigen Hauch nachsenden; intr. mit vollen Segeln steuern. Von
ἔπ-ουρος, 2. poet. günstig (nach)wehend, αὔρα.
ἐπ-οφείλω, noch schuldig sein, τί.
ἐπ-οφθαλμέω, sp., **ἐπ-οφθαλμιάω,** sp., u.
ἐποφθαλμίζω, sp. (τινί u. πρός τι) verlangend, od. scheel anblicken.
ἐπ-οχέομαι, Pass. mit Fut. med., **1)** darauf reiten, fahren, einherziehen, abs. u. τινί auf etw. **2)** sp. darauf einhergehen.
ἐπ-οχετεύω, Akt. hineinleiten, zugießen. Med. zu sich leiten.
ἐποχή, ἡ (ἐπέχω), sp. Zurückhaltung seines Urteils, Enthaltung von endgültiger Entscheidung, Kunstausdruck der Skeptiker; in der Astrologie: Konstellation, dah. sp. Haltpunkt, Epoche.
ἔποχος, 2. (ἐπέχω), **1)** akt. worauf sitzend od. fahrend, insbes. sattelfest, geübt im Reiten. **2)** pass. **a)** sp. befahrbar. **b)** poet. besessen, angefüllt
ἔποψ, οπος, ὁ (St. ἐπ-οπ, lat. *up-up-a*), der Wiedehopf; in einen W. war der Sage nach Tereus, thrakischer Fürst, der sich in Phokis niedergelassen, verwandelt worden.
ἐπόψιμος, 2. (-όψομαι), poet. anzusehen.
ἐπόψιος, 3. (ὄψις), poet. **1)** pass. sichtbar, τόπος, weil hoch gelegen. **2)** akt. allsehend, von den Göttern.
ἔποψις, εως, ἡ (-όψομαι), Anblick, Gesichtskreis, ἐπ' ὅσον ἔπ. τοῦ ἱεροῦ εἶχε soweit der Gesichtskreis des Tempels reichte.
ἑπτά, οἱ, αἱ, τά (lat. *septem*, got. *sibun*, nhd. *sieben*), Num. indecl., sieben.
ἑπτα-βόειος, 2. ep. u. **ἑπτά-βοιος,** 2. poet. aus sieben Lagen v. Rindshaut bestehend, siebenhäutig.
ἑπτά-δραχμος, 2. buk. sieben Drachmen wert.
ἑπταένης, ἑπτάενες, buk. siebenjährig, =
ἑπταετής, οῦς, 2. u. **ἑπταέτης,** ους, ὁ (ἔτος) siebenjährig; Neutr. als Adv. ἑπτάετες sieben Jahre lang.
ἑπτα-καί-δεκα, οἱ, αἱ, τά, Num. indecl., siebzehn.
ἑπτακαιδέκατος, 3. der siebzehnte.
ἑπτάκις, Adv. siebenmal.
ἑπτακισ-μύριοι, 3. ion. u. sp. siebzigtausend.
ἑπτακισ-χίλιοι, 2. ion. sp. u. N. T. siebentausend.
ἑπτά-κλινος, ον, mit sieben Speisesofas.
ἑπτακόσιοι, 3. siebenhundert.
ἑπτακοσιοστός, 3. sp. der siebenhundertste.
ἑπτά-λογχος, 2. (λόγχη), poet. siebenlanzig, mit sieben Führern, στόλος gegen Theben (λόγχαι die Auszeichnung der Führer).
ἑπτά-λοφος, 2. sp. siebenhügelig.
ἑπταμηνιαῖος, 3. sp. u. **ἑπτά-μηνος,** 2. ion. u. sp. siebenmonatlich, τὰ ἑπτάμηνα Siebenmonatkinder.
ἑπτά-πηχυς, υ, Gen. εος, sieben Ellen lang.
ἑπτα-πόδης, ου, ὁ (πούς), ep. sieben Fuß lang.
ἑπτά-πορος, 2. poet. siebenbahnig, von den Plejaden; siebenfach strömend, vom Nil.
Ἑπτά-πορος, u. Πολύπορος, ὁ, Fluß in Mysien, der am Gebirge Temnos entspringt u. nach siebenfachen Windungen beim Flecken Kelänä in den Atramyttenischen Meerbusen mündet.
ἑπτά-πυλος, 2. (πύλη), ep. u. poet. siebentorig, von dem böotischen Theben (denn das ägyptische hieß hunderttorig), wofür Soph. auch ἑπτάπυλον στόμα der sieben Tore Mund gesagt hat.
ἑπτά-πυργος, 2. poet. mit sieben Türmen.

ἑπτά-στομος, 2. (στόμα), poet. u. sp. mit sieben Mündungen, von Theben, = ἑπτάπυλος.

ἑπτα-τειχής, ές, poet. mit sieben Burgen.

ἑπτά-τονος, 2. poet. siebentönig.

ἑπτά-φθογγος, 2. poet. siebentönig, siebensaitig.

ἕπτᾰχα, ep. Adv., siebenfach, d. h. in sieben Teilen.

Ἑπτάχαλκον, τό, ein Punkt an der Ringmauer Athens. [23 Liter enthaltend.

ἑπτά-χους, 2. (II. χοῦς), sieben Kannen, d. i. ca.

ἑπτ-ετηρίς, ίδος, ἡ, ein alle 6 Jahre (jedes 7. Jahr) wiederkehrendes Fest, Opfer.

ἑπτ-έτης, = ἑπτα-έτης.

Ἐπύαξα, ἡ, Gattin des Kilikerfürsten Syennesis, ἡ

ἔπ-υδρος, s. ἔφυδρος. [Κίλισσα.

ἐπύλλιον, τό, Demin. v. ἔπος, poet. Liedchen, Verschen, Gedichtlein.

ἕπω (ἑπ aus σεπ „besorgen", Ablaut in ὅπ-λον „Werkzeug"), im Simplex nur Hom., in Kompos. auch ion. u. poet., περιέπω auch att. pros., Impf. (δι)εῖπον, u. ἕπον, iter. (ἐφ)έπεσκον, Fut. (ἐφ)έψω, med. (περι)έψομαι in pass. Bed., Aor. act. (ἐπ)έσπον, ἐπίσπῃ, -σποι, ἐπισπεῖν, (μετα)σπών, pass. (περι-) εφθῆναι. in Bewegung —, **beschäftigt sein,** sich zu schaffen machen, sich mühen; mit Obj. beschäftigt sein mit etw., etwas besorgen, im Simpl. nur Il. 6, 321 τεύχεα, sonst ἀμφί usw., die zum Verbum zu ziehen sind, s. ἀμφι-, δι-, ἐφ-, μεθ-, περιέπω.

ἐπωβελία, ἡ, die Strafsumme (1 Obolos von der Drachme, d. i. etwa 16 Prozent der beanspruchten Summe), welche der mit einer Klage abgewiesene Kläger an den Beklagten zahlen mußte, wenn er nicht wenigstens $^1/_5$ der Stimmen für sich hatte.

ἐπῳδή, ep. ion. u. poet. **ἐπ-αοιδή,** ἡ (ἐπᾴδω), **1)** Weihegesang u. Gebet bei den Opfern der Perser, worin alle Götter u. heiligen Geister angerufen wurden. **2)** Zaubergesang (der Sirenen). Im bes. **a)** Bann- u. Beschwörungsformel, das Besprechen zum Zweck der Heilung bei Krankheiten. **b)** Zaubermittel, um Freunde od. Geliebte an sich zu ziehen, was durch Sprüche, Tränke (φίλτρα) usw. geschah. Dah. übertr. der Zauber tröstender liebevoller Mahnungen, welcher das Herz umstimmt.

ἐπῳδός, 2. (ἐπᾴδω), **1)** akt. durch Zaubergesänge, durch übernatürliche Mittel besänftigend, stillend, helfend, τινός gegen etwas; dah. Subst. ὁ ἐπῳδός, der Beschwörer, abs. u. τινός gegen etwas. **2)** pass. poet. nach etwas gesungen d. i. genannt, u. im bes. **3)** ὁ, kürzerer Nachgesang, Vers, Kehrreim, Schaltvers. **4)** ἡ, Nach- od. Schlußgesang, nach Strophe u. Gegenstrophe, wie der Abgesang nach den Stollen im Altdeutschen.

ἐπώδῡνος, 2. poet. ion. sp. schmerzlich, schmerzhaft.

ἐπ-ωθέω, Fut. ἐπώσω, sp. fort-, hineinstoßen.

ἐπ-ωλένιος, 2. (ὠλένη), ep. auf od. in den Armen.

ἐπωμάδιος, ον, poet. auf den od. die Schultern.

ἐπ-ωμίς, ίδος, ἡ (nur im Plur.), die Oberschulter, der obere Teil der Schulter, wo sich die Schlüsselbeine mit dem Schulterblatt verbinden, dann die Schultern, die Arme selbst; endlich auch ein über der Schulter geknöpftes Gewand.

ἐπώμοτος, 2. (ἐπόμνυμι), poet. **1)** eidlich, auf Eidestreue. Soph. Aj. 1113 *obstrictus;* s. ἐνώμοτος. **2)** = ὅρκιος, der, bei dem man schwört, Eideshelfer.

ἐπωνυμία, ion. -ίη, ἡ (-νυμος), Zuname, Beiname, Benennung nach etwas, Name; τὴν ἐπ. ποιεῖσθαι sich nennen. Konstr bald appositionell (mit pleonast. εἶναι: ἐπωνυμίαν ἔχει σμικρὸς εἶναι), bald mit Gen. des Namens (mit u. ohne εἶναι), bald mit Gen. dessen, wonach jmd. od. etw. benannt ist, bald mit ἐπί, ἀπό, κατά τινος. — Der Akk. oft adverbial: dem Beinamen nach, mit Namen.

ἐπ-ωνύμιος, 2. ion. poet. ἐπώνυμος, s. d.; sp. τὸ ἐπ. = ἐπωνυμία, s. d.

ἐπ-ώνῠμος, 2. (ὄνυμα, ὄνομα). **1) zubenannt,** mit Zunamen, ὄνομα ἐπ. mit Namen zubenannt, bedeutungsvoller Name. **2)** mit Gen. od. ἐπί τινος nach jmdm. od. etwas **benannt,** gleichnamig mit ihm, ἐπ. ποιεῖν τί τινος etwas nach etwas benennen, u. ἐπ. εἶναί τινος nach etwas benannt sein, dessen Namen führen. Im bes. hieß in Athen **a)** der erste der Archonten so, nach welchem das Jahr benannt wurde, u. dah. sein Amt ἀρχὴ ἐπώνυμος. **b)** die Heroen, nach welchen die 10 Phylen benannt waren. **3)** die 42 Namengeber der 42 dienstpflichtigen Jahrgänge in Athen.

ἐπωπάω, poet. beobachten. Von

ἐπ-ωπή, ἡ, poet. Ort mit weiter Umschau, Warte.

ἐπ-ωτίδες, αἱ (οὖς), Sturmbalken an Kriegsschiffen, die zu beiden Seiten des Schnabels wie Ohren hervorstanden. Sie dienten zu Stoß u. Abwehr, auch zum Anhängen der aufgewundenen Anker.

ἐπ-ωφελέω, beistehen, Hilfe bringen, unterstützen, τινά (poet. u. sp. auch τινί), auch τινά τι einen in etwas δῶρον, ὃ μήποτ' ἐγὼ ἐπωφέλησα πόλεως ἐξελέσθαι = ὤφελον. [Speise.

ἐπωφέλημα, τό, poet. Hilfe, Zugabe, βορᾶς an

ἐπώχατο, besser **ἐπῴχατο,** 3. pl. plqpf. pass. v. ἐπ-οίγω waren darüber geschoben, d. i. verschlossen.

ἔραζε, Adv. ep. poet. auf die od. zur Erde.

Ἐραί, ῶν, αἱ, Stadt in Ionien unweit Teos.

ἔραμαι, s. ἐράω.

ἐρανίζω, Geld- u. a. Beiträge sammeln, τινά od. παρά τινι, zusammenbetteln, τινί für jmdn. Med. sich etwas zusammenholen, verschaffen, entlehnen.

ἐρανικός, 3. auf einen ἔρανος bezüglich, δίκη ἐρ. ein Prozeß wegen Vereinsbeiträgen.

ἐρανιστής, ὁ, Teilnehmer od. Mitglied eines ἔρανος, s. d. [würdig, anmutig.

ἐραννός, 3. (ἐράω), ep. poet. dor. lieblich, liebens-

ἔρᾰνος, ὁ, **1)** ep. poet. einfaches freundschaftliches Mahl (im Gegens. zu εἰλαπίνη) auf gemeinschaftliche Kosten, Freundesmahl, Picknick, poet. überh. Mahlzeit, Schmaus. **2)** Beitrag, den die Mitglieder eines zu gegenseitiger Unterstützung gebildeten Vereins zahlten, überh. ein Geschenk, welches durch gemeinschaftliche Beiträge aufgebracht ist, Beisteuer, Liebesgabe, Liebesdienst, Gefälligkeit, Unterstützung.

ἔρασδε, dor. st. ἔραζε.

Ἐρᾰσῑνίδης, ου, ὁ, **1)** Feldherr der Athener, welcher (mit noch 8 andern, οἱ περὶ Ἐ-ην) 406 v. Chr. bei den Arginusen die Lakedämonier besiegte, aber wegen unterlassener Bestattung der Toten u. Rettung der Schiffbrüchigen zum Tode verurteilt wurde. **2)** ein Korinthier.

Ἐρᾰσῖνος, ὁ, Fluß in Argolis, j. *Kephalari.*

Ἐρασίστρατος, ὁ, **1)** einer der dreißig Tyrannen. **2)** aus Iulis in Kos, Leibarzt des Seleukos Nikator ca. 304, berühmter Anatom, begraben bei Mykale. **3)** sonst. Eigenname.

ἐρᾰσι-χρήματος, 2. geldliebend, geldgierig, habsüchtig.

ἐράσμιος, 3. u. 2., **ἐραστός,** 3., u. ep. u. poet. **ἐρᾰτεινός,** 3. u. **ἐρατός,** 3. (ἐράω), geliebt, lieblich, liebenswürdig, liebenswert, anmutig, reizend, erwünscht, willkommen, τινί jmdm., ersehnt.

ἐραστεύω, poet. = ἐράω. Von

ἐραστής, οῦ, ὁ (ἐράω), Liebhaber, Verehrer, Freund, Anhänger. Es war Regel, zumal in Sparta, daß jeder tadellose Knabe seinen Liebhaber hatte, u. es war Pflicht jedes edel erzogenen Mannes, um einen Geliebten zu werben. Von Sachen: ἐρ. ἐπαίνου ruhmbegierig, ἐρ. γίγνεσθαί τινος sich für etwas begeistern, ἐρ. εἶναι περί τι ein Liebhaber von etwas sein.

ἐραστός, ἐρᾰτεινός u. **ἐρᾰτός,** s. ἐράσμιος.

Ἔραστος, 1) Begleiter des Ap. Paulus. **2)** korinthischer Schatzbeamter. N. T.

ἐρατίζω (ἐρατός), ep. heftig verlangen, τινός.

Ἐρατοσθένης, ους, ὁ, **1)** einer der dreißig Tyrannen in Athen, von Lysias als Mitschuldiger an der Hinrichtung seines Bruders peinlich angeklagt. **2)** berühmter Geograph, Grammatiker, Philosoph u. Dichter aus Kyrene, etw. 275—194, lebte in Alexandreia seit 230 als Bibliothekar, Lehrer des Aristophanes von Byzanz. **3)** sonst. Eigenn.

ἐρᾱτύω, s. ἐρητύω.

Ἐρατώ, οῦς, ἡ, **1)** Muse der erot. Poesie u. der Mimik. **2)** Bezeichnung von Herodots sechstem Buch. **3)** sonst. weibl. Eigenn.

ἐρατ-ώνυμος, 2. poet. lieblichnamig, lieblich, anmutig.

ἐράω, in att. Prosa nur im Präs. u. Impf. Act. u. im Part. Pass. ἐρώμενος, ἐρωμένη gebräuchlich, dazu vom Med. ep. Präs. ind. 2. pl. ἐράεσθε, -άασθε u. dor. buk. 3. pl. act. ἐρᾶντι (ἐρῶντι), med. 2. u. 3. sg. ἐρᾶσαι, ἐρᾶται, und daneben das ep. u. poet. Dep. ἔρᾰμαι mit Impf. ἠράμην, Fut. ἐρασθήσομαι, Aor. ἠράσθην (allgem. gebr.) u. ἠρασάμην, ἐράσσατο, sämtl. in akt. Bedeutung (die Adjj. ἐραστός u. ἐρατός s. u. ἐράσμιος) • **1) leidenschaftlich** (bes. sinnlich) **lieben,** sich verlieben in τινός, ἐρασθείς der sich der L. ergeben hat; ὁ ἐρώμενος, ἡ ἐρωμένη Geliebte(r); ἔρωτα ἐρ. eine Neigung haben Eur. Plat. • **2) verlangen,** heftig begehren, μάχης Aesch., ἀμηχάνων nach Unmöglichem trachtest du Soph.

ἐργάδεις, οἱ, sp. = ἐργάται, Plut. Sol. 23 falsch statt Ἀργαδεῖς.

ἐργάζομαι (St. Ϝεργ in ἔργον), Dep. med., episch mit u. ohne Augm., ion. stets ohne Augm. u. Redupl., Fut. buk. ἐργαξοῦμαι **arbeiten**

I) intr. tätig sein, ein Handwerk, Ackerbau treiben, οἱ ἐργαζόμενοι die Arbeitenden, bes. die Feldarbeiter, ὁ εἰργασμένος der Schöpfer eines Kunstwerks, Künstler, ἐ. σώματι (ἀφ' ὥρας) Unzucht treiben.

II) trans. • **1)** etwas (τί) **bearbeiten,** treiben, sich mit etwas beschäftigen, ausführen vollenden, machen, τὴν γῆν, τὸ χωρίον, μητρῷον αἷμα Muttermord verüben, θαυμάσια πρός τι es wunderbar treiben in etwas. Dah. im Pass.: τὰ πρόσθεν εἰργασμένα die früheren Taten, τὰ εἰργασμένα κακά die Untaten • **2) erarbeiten,** verdienen, überh. hervorbringen, τῷ σώματι mit seiner Hände Arbeit • **3)** etwas mit einem machen, ihm etwas (τινά u. περί τινά τι) **antun,** zufügen • **4)** sp. mit dopp. Akk. einen zu etwas machen, z. B. μέγαν.

ἐργαλεῖα, ion. **ἐργαλήϊα,** τά, das Arbeitszeug, Werkzeug, die Instrumente, περί, ἔς τι, zu etwas.

ἐργάνη, ἡ, poet. sp. Bewirkerin, Erzeugerin.

ἐργασείω, poet. Desid. von ἐργάζομαι, tun wollen.

ἐργασία, ἡ, ion. **-ίη,** auch im Plur. (ἐργάζομαι), **1)** das Arbeiten, die Tätigkeit; Beschäftigung mit etw., das Gewerbe, im bes. **a)** (αἱ ἀπὸ τοῦ σώματος) das Hurengewerbe, κατ' ἐργασίην um Geschäfte zu machen. **b)** Feldarbeit, Ackerbau. **2)** die Ausarbeitung, Verfertigung, Erzeugung, Bearbeitung, bes. des Feldes, der Betrieb, das Arbeiten an etwas (τινός). **3)** das Verfertigte, das Stück, die Figur, die Wirkung, der Erwerb, Verdienst, Gewinn. **4)** ἐργασίαν διδόναι, N. T. sich Mühe geben.

ἐργάσιμος, 2. u. 3. (ἐργάζομαι), was bearbeitet werden kann, zu bearbeiten, ὕλη ein schlagbarer, aus Nutzholz bestehender Wald, μέταλλα im Betrieb befindlich, abbauwürdig; bes. vom Lande: bebaut, urbar gemacht. Subst. τὰ ἐργάσιμα bebautes Land.

ἐργαστήριον, τό, **1)** Werkstatt, Fabrik, Handwerkerbude, Barbierstube usw., wo man oftmals zusammenkam, um zu plaudern, τῆς μαντικῆς die Wahrsagerbude. **2)** Rotte.

ἐργαστικός u. **ἐργατικός,** 3. **1)** arbeitsam, tätig, wirksam; ion. τὸ ἐργατικόν Tätigkeit, Arbeitsamkeit. **2)** verarbeitend, τινός etwas.

ἐργάτης, ου, ὁ, Fem. **ἐργάτις,** ιδος, ἡ, **1)** Adj. arbeitsam, tätig, βοῦς ein Ackerstier. **2)** Subst. der Täter, Arbeiter, Vollbringer, τῶν ἐν πολέμῳ ein tätiger Kriegsmann, im bes. mit u. ohne γῆς Feldarbeiter, Landmann, Hirte, θαλάσσης Fischer.

ἐργατήσιος, 3. sp. einträglich.

ἐργατικός, s. ἐργαστικός.

ἐργατίνης, ὁ, buk. Landmann.

ἐργάτις, s. ἐργάτης.

ἔργμα, τό, ep. poet. = ἔργον, bes. Großtat.

ἕργμα, τό, Einschluß, Verließ (a. LA. ἕρμα dass.).

ἐργο-δότης, ου, ὁ (δίδωμι), Arbeitgeber.

ἐργολαβέω, etwas vertraglich übernehmen, ἀνδριάντας Bildsäulen auf Bestellung übernehmen. Dav.

ἐργολαβία, ἡ, Unternehmung einer Sache um Lohn. Von

ἐργο-λάβος, 2. (λαβεῖν), eigentl. Arbeit für Lohn übernehmend, dann überh. Unternehmer, τινός.

ἔργον, τό (Ϝέργον, dt. *Werk*), **Werk** • **1) Tat als Handlung,** auch Wirkung, Erfolg, ἐγγὺς τῶν ἔργων frisch nach der Tat, ἔργα πιστότερα größere Beweise der Treue, ἔργου ἔχεσθαι ans Werk gehen, ähnl. ἐπὶ τὸ ἔργον ἰέναι, ἔργον ἐποίχεσθαι, τὸ ἔργον ἐπιτιθέναι τινί vollenden, αὐτῶν τὸ ἔργον γενέσθαι die Ehre der Tat gebühre ihnen, N. T. ἀγαθόν, καλόν, ἄκαρπα, νεκρά; bes. die Freveltat. Oft im Gegens. zum Wort als die Sache, die Wirklichkeit, ἅμα ἔπος τε καὶ ἔργον ἐποίεε gesagt, getan (per zeugma), dah. (τῷ) ἔργῳ, (τοῖς) ἔργοις in der Tat, in Wirklichkeit • **2) Tat als Arbeit,** Beschäftigung, Mühe, auch wohl Unterhaltung, Zeitvertreib, ἔργα πολεμήια, πολέμου, auch τὰ κατά, εἰς τὸν πόλεμον ἔργα, θαλάσσια Seefahrt, Fischfang, ἰατρικόν, γάμοιο od. φιλοτήσια Liebesgenuß, auch von Tieren. Dah. ἔργον σόν od. τινός (ἐστι) mit Inf.: es ist Sache, Aufgabe jmds., aber auch οἷς τοῦτο ἔργον ἦν, u. ohne Dat. mit Inf., die Lage erheischt, es gilt, ist nützlich, auch mit Gen., ἐπέδρης μὴ εἶναι ἔργον τινί daß die Belagerung von keinem Nutzen für jmdn. sei, προθυμίας ἔργον es kommt darauf an; auch mit ὅπως es ist mein Geschäft (dafür zu sorgen), daß, πλείονος ἔργον ἐστί es ist schwieriger, οὐδὲν ἔργον (ἐστί) es ist nicht schwierig od. notwendig. Dah. ἔργον ἔχειν mit Part. od. Inf. sich angelegen sein lassen, darauf denken, aber ἔργον μικροψύχου ποιεῖν kleinlich erscheinen; dag. ἔ. ποιεῖσθαί τι sich etw. zum Geschäft machen. Im bes. • **a)** ἔργα ἀνδρῶν d. i. Feldbau, *agricultura*, dah. ἔργον Feldarbeit, ἔργα, *arva*, die bestellten Felder, πίονα, u. so auch Hab u. Gut, οὔτε βοῶν οὔτ' ἀνδρῶν ἔργα weder Ackerland noch Pflanzungen, aber ἔργα ἀνδρὸς διαχειρίζεσθαι Männertaten verrichten, wie ein Mann handeln • **b)** ἔργα γυναικῶν d. i. Sorge für das Hauswesen, Haus- u. Handarbeiten, Weben, Spinnen usw. • **c)** ἔργον (μάχης), *arebeit*, Kriegsarbeit, Kampf, Τρωικόν, ἔργον ἅπτεσθαι handgemein werden, ἐν ἔργῳ εἶναι • **d)** überh. Vorfall, Begebenheit • **3) Tat als Leistung,** Werk, Kunstwerk, Bau usw., ἔργα δημόσια öffentl. Arbeiten, Anlagen, Bauten, dah. ἔργων ἐπιστάτης Vorstand der öffentl. Arbeiten, ἐς τὰ ἔργα φοιτᾶν, ἔργον Ἡφαίστου künstlerische Metallarbeit, ἔργα ἀργύρεια Silberbergwerke • **4)** überh. Angelegenheit, **Sache,** Beschaffenheit, Zustand, μέγα ἔργον ein gewaltiges Stück (von einem Stein), πᾶν ἔργον in allem.

ἔργω, s. εἴργω.

ἐργώδης, 2. (ἔργον), mühsam, schwer, schwierig; v. Personen: widerwärtig.

ἐργωνία, ἡ, sp. Unternehmung, Pacht.

ἔρδω u. ion. **ἔρδω** (aus *ϝεργjω zu ἔργον, vgl. ῥέζω aus *ϝρεγjω), Impf. ἔρδον u. ἔερδον, iter. ἔρδεσκον, Fut. ἔρξω, Aor. ἔρξα, Perf. ἔοργα, 3. pl. ep. auch ἔοργαν, Plqpf. ἐώργειν, 3. sg. ion. ἐόργεε Hom. Hdt. Trag. **1)** tun, **handeln,** wirken, ausführen Od. 11,80, abs. od. τί u. τί τινι, φίλα Liebes erzeigen, oft mit dopp. Akk., z. B. κακόν τινα, od. εὖ, κακῶς ἔρδειν τινά jmdm. Gutes, Böses erzeigen, auch allein ἔρξας τινά Böses an einem verübt habend Soph. Auch mit πρός τινος, von einem dazu verführt. Im bes. **2)** darbringen, **opfern,** τί u. τί τινι.

ἐρέα, ἡ (vgl. ἔριον), sp. Wolle.

ἐρεβεννός, 3. (Ἔρεβος), ep. finster, dunkel.

ἐρέβινθος, ὁ (lat. *ervum*, ahd. *arawеiz*), Kichererbse.

ἐρεβο-διφάω, poet. den Erebos durchforschen.

Ἔρεβος u. **ἔρεβος,** εος, ους, ep. Gen. Ἐρέβευς, Ἐρέβεσφιν, τό, ep. u. poet. eigentl. das Dunkel, ὕφαλον unterseeisch, von der Meerestiefe; dann insbes. der dunkle, finstre Erdengrund, die Tiefen des Totenreichs, der Totengrund, dah. τὸ Ταρτάρου στυγνὸν πατρῷον ἔρεβος des Tartaros väterliches (weil auch den Vater Laïos bergend) nächtliches Grausen, dagegen heißt es auch ἔρεβος ὦ φαεννότατον Grabdunkel, das mir helleuchtend winkt. Ep. Adv. **Ἔρεβόσδε** in die Unterwelt, **Ἐρεβόθεν** von der U. her.

ἐρεβώδης, ῶδες, sp. dunkel, finster.

ἐρεείνω, ep. u. Med. **ἐρεείνομαι,** ep. (I. εἴρω, 2), nur Präs. u. Impf., fragen, τινά τι, ἀμφί τινι, auch μύθῳ.

ἐρεθίζω, buk. **ἐρεθίσδω,** u. ep. **ἐρέθω** (Kausat. z. ἐρίζω), augm. ἠρεθ., reizen, aufreizen, τινά jmdn., besond. zum Zorne, Kampfe, doch auch zur Neugier, neugierig machen, τινί mit od. durch etwas, doch auch zu etwas anfeuern, überh. heftig erregen, πνεῦμα ἠρεθισμένον rasches Atmen; kränken, τινά, u. von Sorgen: beunruhigen, aufregen. Dav.

ἐρέθισμα, τό, poet. Reizung, Aufreizung.

ἐρείδω, sehr selten in att. Prosa, bes. ep. poet. u. sp., ἤρειδον, ἐρείσω, ἤρεισα u. ἠρείσατο, (ἐρήρεικα sp.), ἐρήρεισμαι, ἠρείσθην, episch Aor. ἔρεισα, ἐρείσατο, Perf. pass. 3. pl. ἐρηρέδαται, Plqpf. 3. sg. ἠρήρειστο, 3. pl. ἐρηρέδατο.

I) Akt. u. Pass. • **1)** trans. • **a) stemmen,** fest anlehnen, δόρυ πρὸς τεῖχος Hom., παῖδας πρὸς στέρνοις an die Mutterbrust Eur., ὄμμα εἰς heften auf Eur. • **b) stützen** ἀσπὶς ἀσπίδα Hom., κίονα Aesch.; übertr. γνώμαν die schwankende Meinung befestigen; Pass. ἐρηρέδαται sind eingerammt Hom.; τοῖχοι waren fest gefügt Hom.; οὔδει zu Boden gestreckt werden Hom.; χαῖται fallen bis auf den Boden Hom. • **c) drängen,** stoßen, τινά τινι einen mit etwas drängen, βελέεσσί τινα bedrängen; Pass. ἔγχος ἠρήρειστο war durch den Panzer gedrungen Hom. • **2)** intrans. sich zusammendrängen ἀλλήλοισι Hom.; sich auf die Erde senken (Wolken) Plut.; πνεῦμα κατὰ τῆς σχεδίας stürmt los auf; übertr. νόσος droht Aesch.

II) Med. sich anstemmen, (χειρὶ γαίης Hom.) **anlehnen,** fest fußen, auch sich gegeneinander stemmen, gegeneinander anstreben, od. sich auf etwas stützen, βάκτρῳ ἐρείδον περιφερῆ στίβον am Stabe wandle den verschlungenen Pfad Eur., τινί mit etwas.

ἐρείκη, auch **ἐρίκη,** ἡ, poet. u. sp. Heidekraut, nicht das unsrige, sondern ein strauchartiges Gewächs.

ἐρείκω, fast nur ep. u. poet., **1)** trans. das Akt. zerbrechen, zermalmen, spalten, zerschlagen, τὶ πρός τινι etwas an etwas. **2)** intr. ep. das Med. **ἐρείκομαι** mit Aor. 2. ἤρικον zerreißen, brechen, bersten, ἐρεικόμενος περί τινι um etwas, d. h. gespalten, durchbohrt.

ἐρείπια, τά, poet. ion. sp. das Einfallen, der Sturz; Trümmer, Schutt, übertr. νεκρῶν ἀρνείων φόνον die hingestreckten Leichen des Herdenmordes.

ἐρείπω, (St. ῥειπ- mit prothet. ἑ, lat. rīpa, der Absturz, Ufer) selten att., bes. poet. u. sp. **1)** trans. Akt., **niederwerfen,** umstürzen, einreißen, τί, übertr. stürzen (Λαβδακιδᾶν γένος). **2)** intr. Pass. **ἐρείπομαι** mit Aor. 1. ἠρείφθην od. ἠρίφθην u. Aor. 2. act. ἤριπον, Perf. act. ἐρήριπα, pass. ἐρήριμμαι, **stürzen,** fallen, vom Donner: niederrollen, übertr. **auf jmdn.** (εἴς τινα) **losstürzen, über ihn herfallen.**

ἔρεισμα, τό (ἐρείδω), meist poet. u. sp. Stütze, Halt, Grundlage, Bollwerk.

ἐρείψιμος, 2. poet. eingestürzt, eingefallen.

ἐρειψι-πύλᾱς, ου, poet. torstürmend.

ἐρειψί-τοιχος, 2. poet. Mauern niederreißend.

Ἐρεμβοί, οἱ, unbekanntes Volk im Osten.

ἐρεμνός, 3. (st. ἐρεβ-νός, ἔρεβος), ep. u. poet. dunkel, schwarz, finster.

ἐρεοῦς, ᾶ, οῦν (ἔριον), von Wolle.

ἐρέπτομαι (rapio), Dep. med., fast nur ep., raufen, abrupfen, fressen, verzehren, τί.

Ἔρεσος, ἡ, St. auf Lesbos; ihre Einw. **Ἐρέσιοι, οἱ.**

ἐρέσσω (St. ἐρετ), Aor. ἤρεσε, ἔρεσσε, **1)** intr., ep. poet. u. sp. rudern. **2)** trans., poet. u. sp. ruderartig bewegen, heran-, fortrudern, τί übertr. in Bewegung setzen, fortbewegen, stoßen; auch bei sich hin- u. herwenden, d. i. überlegen. Im Pass. auch gehandhabt werden, ἐν μεταλλαγᾷ ἀνδρός im Besitzwechsel eines (andern) Mannes.

ἐρεσχηλέω, eigentl. Streit anzetteln, dann necken, foppen (and. ἐρεσχελέω).

ἐρέτης, ου, ὁ (ἐρέσσω), der Ruderer, Matrose, nur im Plur. Dav.

ἐρετικός, 3. die Ruderer betreffend.

ἐρετμόν, τό (ἐρέσσω, rēmus), ep. u. poet. das Ruder, meist im Plur., übertr. ἐρ. πτερύγων.

ἐρετμόω, poet. mit Rudern versehen.

Ἐρέτρια, poet. **Εἰρέτρια, ἡ,** Stadt auf Euböa am Eurīpos, j. *Porto Bufalo.* Dav. ἡ **Ἐρετριαία,** das Gebiet von Er., **Ἐρετριεύς,** έως, ὁ, der Einw. von Er., **Ἐρετρικός,** 3. aus Er.

ἐρευγμός, ὁ, das Aufstoßen, Rülpsen Von

ἐρεύγω, meist **-ομαι** (St. ρυγ mit prothet. ε, lat. ē-rūc-tare) durch den Mund von sich geben: **1) a)** trans. etw. von sich geben, erbrechen, ausspeien; **b)** scheinbar intrans. sich erbrechen, aufstoßen, aufrülpsen, vom Meer brausend aufspritzen. **2)** (mit ep. Aor. 2 ἤρυγον) laut aussprechen, verkünden, brüllen.

Ἐρευθᾰλίων, ωνος, ὁ, arkad. Held vor Troja.

ἐρευθέδᾰνον, τό, ion. sp. Färberröte, Krapp.

ἐρεύθω, ep. Aor. ἔρευσα (St. ἐρυθ, s. ἐρυθρός), röten, rot färben. Pass. rot werden.

ἔρευνα, ης, ἡ, poet. u. sp Nachsuchung. Dav.

ἐρευνάω, 1) Akt. ausspüren, auswittern, aus-, untersuchen, erforschen, abs. od. τί, z. B. ἴχνια die Fährte, μετ' ἴχνια nach der Fährte spüren, τὰς οἰκίας Haussuchung halten, aber κατά τινα nach jmds. Anweisung untersuchen. **2)** Med. = akt.

ἐρέφω, Fut. ἐρέψω u. ἐρέψομαι, Aor. ἤρεψα, ep. ἔρεψα, u. ἠρεψάμην, wölben, überdecken, mit einem Dache versehen, übertr. bekränzen, so z. B. Il. 1, 39 u. so poet. das Haupt, den Rand der Krüge kränzen, sie bis zum Rande vollfüllen.

Ἐρεχθεύς, έως u. έος, ep. ῆος, ὁ, **Erderschütterer,** gleich Ἐριχθόνιος Beiwort und Nebengestalt des Poseidon. Ihn gebar die Erde (er ist also Autochthon); Athene pflegte ihn, er baute ihr den Burgtempel τὸ Ἐρέχθειον) auf der Akropolis zu Athen, wo er nun Urheros war, so daß Attika auch Ἐρεχθῆνος γαῖα hieß. Sein Sohn war Pandion, sein Enkel hieß gleichfalls Erechtheus. Ἐρεχθείδης, ου, ὁ Nachkomme des E. = Athener. **Ἐρεχθηΐς,** ίδος, ἡ **1)** attische Phyle. **2)** mit θάλασσα ein Brunnen auf der Akropolis **Ἐρέχθειον.**

ἐρέχθω, ep. (vgl. ἐρείκω), zerreißen, hin- u. herreißen od. zerreißen wollen; τί τινι etwas mit od. durch etwas, im eigentl. Sinne, u. übertr.: quälen.

ἔρεψις, εως, ἡ (ἐρέφω), sp. Dach, Bedachung.

I. **ἐρέω,** ich werde sagen, s. I. εἴρω.

II. **ἐρέω,** mit ep. Konj. ἐρείομεν, ἐρήομεν (vgl. I. εἴρω, 2. Med.), u. Med. **ἐρέομαι,** beides ep. u. nur Präs. u. Impf., fragen, τινά u. τί, suchen, τί.

III. **ἐρέω,** poet. = ἐράω.

ἐρημάζω, buk. in der Einsamkeit leben

ἐρημαῖος, 3. buk. u. poet. = ἐρῆμος.

ἐρημία, ἡ, 1) Einsamkeit, Öde, βροτῶν eine von Menschen nicht bewohnte Gegend. **2)** von Zuständen: **a)** Einsamkeit, Zurückgezogenheit, ἐρημίαν ἄγειν, ἔχειν in Einsamkeit leben. **b)** das Alleinsein, dah. bald Vergessenheit, Hilflosigkeit, bald das Fehlen, die Abwesenheit, z. B. ἐν ἐρημίᾳ ἀναφανῆναι von allen Freunden verlassen sein, bald der freie Spielraum, freies Feld. **c)** überhaupt der Mangel, τινός an jmdm.

ἐρημό-πτολις, ιδος, ἡ, poet. der Vaterstadt beraubt.

ἐρῆμος u. **ἔρημος,** 2. u. 3. **einsam** • **1)** von Orten u. Sachen, Zuständen: unbebaut, wüste, verödet, unbewohnt, menschenleer, unbewacht, herrenlos, entblößt, verlassen. ἔρημον ποιεῖν τι einen Ort räumen, die Besatzung herausziehen, τινός von jmdm. od etwas. Subst. ἡ ἔρημος, verst. χώρα, u. τὰ ἔρημα die Einöde, Wüste, ein von Menschen verlassener Ort • **2)** von Menschen und Tieren: alleinstehend, verlassen, hilflos, entblößt, verwaist, ohne jmdn., τινός. Im bes. τὸ ἔρ. die Verteidigungslosigkeit, ἡ ἔρ. δίκη ein Prozeß, bei dem ein Beteiligter nicht am Termin vor Gericht erschienen ist, daher ἐρήμην (verst. δίκην) κατηγορεῖν einen Abwesenden anklagen, ἐρήμῃ δίκῃ θάνατον καταγιγνώσκειν τινός in einem Abwesenheitsverfahren das Todesurteil über einen aussprechen, einen in contumaciam verurteilen, u. so ἐρήμην (δίκην) ὀφλεῖν in contumaciam verurteilt werden.

ἐρημόω, leer, öde, wüste machen; inbes. **a)** verlassen, räumen. **b)** entblößen, berauben. **c)** entvölkern, verwüsten, veröden. **d)** aus der Öffentlichkeit zurückziehen, entfernen, in der Einsamkeit halten; ἐρημωθεὶς ὑμῶν ohne euch. Dav.

ἐρήμωσις, εως, ἡ, sp. die Verwüstung, Zerstörung.

ἐρητύω, dor. **ἐρᾱτύω** (ἐρύω, ῠ im Präs. u. Impf. [außer ἐρητύειν u. -τύοντο], sonst ῡ), ep. u. poet., Aor. ep. iter. ἐρητύσασκε, Aor. pass. 3. pl. ἐρήτυθεν, ohne Augm., **a)** *arceo,* ab-, zurückhalten, hindern, hemmen, **b)** übertr. im Zaum halten, beschwichtigen, besänftigen.

ἐρι-, untrennb. Partikel, wie ἀρι- den Begriff des Worts verstärkend, sehr.

ἐρι-αύχην, ενος, ὁ, ἡ, ep. mit hohem Nacken.

ἐρι-βόᾱς, ου, poet. weithin rufend.

Ἐρίβοια, ἡ, Gem. des Telamon, Mutter des Aias.

ἐρι-βρεμέτης, ου, ὁ, ep. poet. stark, laut donnernd.

ἐρί-βρομος, 2. ep. poet. u. **ἐρί-βρῡχος,** 2. ep. stark, laut tosend, rauschend, lärmend, brüllend.

ἐρι-βρύχᾱς, ου [◡◡̲_ _], poet. laut grunzend.

ἐρι-βῶλαξ, ακος, ὁ, ἡ, ep. u. **ἐρί-βωλος,** 2. ep. großschollig, starkschollig, fruchtbar, von fettem Lehmboden.

ἐρί-γδουπος, 2. ep. u. **ἐρί-δουπος,** 2. ep. **1)** stark oder laut donnernd. **2)** laut brausend, stark hallend.

Ἐριγών, όνος, ὁ, westl. Nebenfluß des Axios in Makedonien, jetzt *Tzerna.*

ἐρῑδαίνω (ἐρίζω), ep. u. sp. mit Inf praes. ἐριδαινέμεν u. Aor. 1. med. ἐρῑδήσασθαι, **streiten, a)** in Streit liegen, hadern, zanken, abs. od. ἀντία τινός gegen jmdn., trotzig mit jmdm. streiten, sonst μετά τισι, vom Wortstreite (ἐπέεσσιν). **b)** wettkämpfen, wetteifern, sich im Wettstreit mit jmdm. messen, sich einem gegenüber um etwas bewerben, ringen mit ihm.

ἐριδμαίνω (ἐρίζω), ep. poet. necken, reizen.

ἐρί-δμᾱτος, 2. dor. st. ἐρίδμητος (δέμω) festgefügt, [unerschütterlich.

ἐρί-δουπος, 2. s. ἐρίγδουπος.

ἐρίζω (ἔρις), Fut. ἐρίσω (sp.), Aor. ἤρῐσα, ep. Impf. ἔριζον, iter. ἐρίζεσκον, Aor. opt. ἐρίσσειε u. med. conj. ἐρίσσεται. **1)** Akt. **streiten, a)** hadern, zanken, ἀντιβίην τινί, πρός τινα u. τινί; vom Wortstreit, daher auch **behaupten,** hartnäckig darauf bestehen, daß, mit Inf. u. mit neg. Inf. sich sträuben, **b)** wettkämpfen, wetteifern, jmdm. es gleich tun, τινί, πρός τινα mit jmdm., in etwas τινί, περί τινος auch τί, z. B. κάλλος an Schönheit. **2)** Med **sich messen,** τινί.

ἐρί-ηρος, 2., Plur. metaplast. ἐρίηρες (St. αρ), ep. innig verbunden, sehr anhänglich, traut, lieb u. wert.

ἐρῑθᾰκίς, ίδος, ἡ (ἔρῑθος), buk. die Tagelöhnerin.

ἐρῑθεία, ἡ (nicht zu ἔρις), N. T. Selbstsucht, Eigennutz; viell. auch Streitsucht.

ἐρῐ-θηλής, 2. (θάλλω), ep. reichlich sprossend, blütenprangend, grünend, üppig wachsend.

ἔρῑθος, ὁ, bes. ep. Lohnarbeiter, von Schnittern, Garbenbindern, Knaben, welche das Geschnittene aufheben, Fem. auch Spinnerin.

ἐρίκη [ῐ], ἡ = ἐρείκη.

ἐρῐ-κυδής, 2. (κῦδος), ep. majestätisch, von Göttern od. ihnen zukommend, herrlich, trefflich, ruhmvoll. [mit vielen Jungen.

ἐρῐ-κύμων [ῡ], 2. poet. sehr fruchtbar, trächtig,

ἐρί-μῡκος, 2. (μυκάομαι), ep sehr od. laut brüllend.

ἐρῑνεός, ὁ, ep. u. sp. der wilde Feigenbaum, in der Il. auch als Bezeichnung einer Örtlichkeit bei Ilios (nach Strabo ein steiniger, mit Feigenbäumen besetzter Platz, Feigenhügel). Sonst als Eigenn.

Ἐρινεός, a) Stadt in Doris, j. *Palaeochora.* **b)** Stadt in Achaja. **c)** Fluß in Sizilien, südl. von Syrakus.

Ἐρῑνύς u. **ἐρῑνύς,** ύος, ἡ, bei Plut. auch mit νν geschr., Plur. αἱ Ἐρινύες, Akk. -ῡ̃ς, ep. und sp. -ύας • **1)** die Erinys, die Rachegöttin, Bezeichnung des Fluchs u. der Strafe des bösen Gewissens; χαλκόπους festen Schrittes einherschreitend, πολύπους καὶ πολύχειρ mit der Kraft vieler Füße u. Arme, indem sie den Missetäter rasch und sicher ereilt u. daher τανυύπους ist. Strafen die Erinyen doch die Verbrecher auch im Tode noch im Erĕbos. Ihre Begleiterin ist die Ἀρά, weil sich in ihr die Erinys des Beleidigten Luft macht. Als Vollstreckerinnen der Dike sind die Erinyen gleichsam Wächterinnen der ewigen sittlichen Ordnung u. mit den Mören verwandt, daher auch als σεμναί bezeichnet, unter welchem Namen sie in Athen verehrt wurden. Sie flößen daher als Strafgeister der vorhergegangenen ὕβρις wohl auch dem Frevler selbst die ἄτη ein. Der *lucus Furinae* in Rom wird griechisch ἄλσος Ἐριννύων bezeichnet • **2)** als Apellat. Fluch • **a)** im Sg. u. bes. im Pl. Racheverwünschungen, eigtl. die angewünschten Rachegötter, μητρός von der Mutter, aber Λαΐου der an Laïos haftende, u. σή der böse Rachegeist, der dich plagt u. dein Geschlecht in Hader treibt. Dah. Rache, Strafe u. als Folge davon: Unheil, Verderben, φρενῶν Verblendung des Sinnes • **b)** von Menschen: die Fluch und Verderben Bringenden, so Medea als Verderbenbringerin für Iason, ὑπό τινος durch jmdn., Ägisthos u. Klytämestra als Mörderpaar. [Wolle. Dav.

ἔριον, τό, att. (u. ep.) = ep. εἴριον, εἶρος (s. d.),

ἐριό-στεπτος, 2. poet. mit Wolle bekränzt.

ἐρι-ούνης, ὁ, ep. u. **ἐρι-ούνιος,** ὁ, ep. rasch laufend, eilend, Beiw. des Hermes, auch als Eigenn. (der Läufer) für Ἑρμῆς selbst.

ἐριουργέω (-γός, ἔριον), Wolle bearbeiten.

ἐρίπνη, ἡ, poet. schroffe Höhe, Abhang.

ἔρις, ιδος, ἡ (zu ἐρείδω stemmen) • **I) Streit • 1) Zank,** Zwist, Streitlust, insbes. im Kriege, Kampf, ἡ πρὸς ἀλλήλους die innere Zwietracht, ἔριδι μάχεσθαι im Hader, d. h. mit Worten, ähnl. ἔριδας νεικεῖν od. ἐν πολλῇ ἔριδι εἶναι in heftigem Streit sein, u. mit πρὸς ἀλλήλους heftig zusammengeraten, auch δι' ἐρίδων εἶναι, ἐγένετο ἔρις τοῖς ἀνθρώποις mit Inf., ἔριν συμβάλλειν τινί Streit haben mit jmdm., dag. ἔριδι ξυνιέναι u. ξυνελαύνειν in Streit geraten, zusammenhetzen, od. ἔριν τιθέναι od. στῆσαί τισι u. ἔν τισι ihn anstiften unter einigen, ἔριδα προβάλλειν, προφέρεσθαι Streit beginnen, ἔριδα ξυνάγειν Ἄρηος handgemein werden, ἔριν ἐκλύειν u. διαλύειν den Streit schlichten • **2) Wettstreit,** ἐξ ἔριδος aus Wetteifer, κατ' ἔριν τινός aus Rivalität mit jmdm., ἔρις γίγνεται πρὸς σφᾶς αὐτούς ᾧ, ἔριν ἐμβάλλειν τινί, ἔρ. λόγων δοῦναι ein Wechselgespräch anknüpfen, ἔριδα προφέρειν Wetteifer zeigen, προφέρεσθαι einen Wettkampf anbieten, ἀέθλων in Kampfspielen, τινί gegen jmdn., miteinander wetteifern, ähnl. ἔριν ἔχειν τινὶ ἐς τὸ μέσον untereinander in etwas wetteifern.

II) Personif. Ἔρις, ῐδος, ἡ, Schwester u. Gefährtin des Ares, Urheberin des Kampfes und [Streites.

ἐρίσδω, dor. st. ἐρίζω.

ἐρι-σθενής, 2. (σθένος), ep. sehr gewaltig, hochmächtig, Beiw. des Zeus. [des Streites.
ἔρισμα, τό (ἐρίζω), ep. Gegenstand, Veranlassung
ἐρι-σμάραγος, 2. (σμαραγέω) poet. u. sp. laut
ἐρι-στάφῠλος, 2. ep. großtraubig. [krachend.
ἐριστικός, 3., Adv. **-κῶς,** zum Streit geneigt, streitsüchtig, λόγος spitzfindige Streitrede, τέχνη, σοφία die Kunst zu disputieren.
ἐριστός, 3. poet. zu streiten, τὰ δὲ οὐκ ἐριστά über dergleichen ist nicht zu hadern, τινί mit jmdm., mit hinzugef. Inf. πλάθειν um ihm so zu nahen.
ἐρι-σφάραγος, 2. (σφαραγέομαι) ep. poet. laut tosend, stark brüllend.
ἐρί-τῑμος, 2. ep. sehr geschätzt, kostbar, hoch, hehr.
ἐρίφειος, 2. von einem jungen Bocke.
ἐρίφιον, τό, sp. N. T. Böcklein, Demin. von
ἔρῐφος, ὁ, ἡ, ep. u. sp. junger Bock, junge Ziege, Zicklein. Plur. ein Gestirn, dessen Aufgang Sturm verkündete.
Ἐριφῠ́λη, ἡ, Tochter des Talăos u. der Lysimăche, Gattin des Amphiarăos, die, von Polyneikes durch ein Armband bestochen, jenen zum verderblichen Zuge gegen Theben nötigte, indem sie sein Versteck verriet.
Ἐριχθόνιος, ὁ, **1)** S. des Hephaistos u. der Gaia, V. des Pandion, K. von Athen. **2)** S. des Dardanos, V. des Tros.
ἐριώλη, ἡ, poet. Wirbelwind, Ungewitter, auch übertr.
ἑρκεῖος, jünger **ἕρκειος,** 3. u. 2., eigtl. zum Gehege (ἕρκος), zum Haus gehörig, im Haus, im Zelt, u. da Zeus als Schutzgott des Hauses seinen Altar gewöhnlich im Vorhof (αὐλή) hatte, Beiw. des Zeus, des Herd, Haus u. Hof schirmenden Familiengottes; ἡμῖν für uns. An seinem Altar erschlug Neoptolemos den Priamos und hatte dadurch zunächst gegen den Zeus ἑρκεῖος gesündigt.
ἑρκίον, τό, ep. sp. Demin. von
ἕρκος, εος, ους, τό (Definition in Plat. Soph. 220 b) • **1)** Einschluß, **Gehege,** Zaun, αὐλῆς, **Hof,** Vorhof, **Gehöft,** auch Plur., **b)** ἱερόν die heilige Markung um den Altar, das τέμενος od. ἄλσος, • **c)** Wall, ἑρκέων im Bereich der Verschanzungen Soph. • **d)** bildlich: χάλκειον ἕρκος eherner Zaun, ἕ. ὀδόντων der Zaun der Zähne • **2)** Käfig, **Fangnetz,** Schlinge. Übertr. Nachstellung, Bestrickung, εἰς ἕρκη κακὰ εἰσβάλλειν in unheilvolle Umgarnungen einen treiben, εἰς ἕρκος πίπτειν in solches Netz fallen, λέκτρων φίλτατα ἕρκη und χρυσόδετα ἕρκη γυναικῶν die goldgewebten Netze Soph. • **3) Schutz,** Abwehr, τινός gegen etwas, πολέμοιο Hort des Kampfs, ἕρκος σφραγῖδος das Gepräge des Siegels Soph.
ἑρκτή, ἡ, ion. st. εἱρκτή.
Ἑρκύνιος δρυμός, *silva Hercynia*, nicht sicher bestimmbares oder bestimmbare Gebirge Deutschlands.
I. **ἕρμα, τό** (ἑρμίς). **1)** eigtl. **Stütze,** Träger, bes. zum Stützen der Schiffe. **2)** übertr. **a)** der **Ballast,** Steine, Sand usw.; Gewicht, das man leichten Gegenständen anhängte, um sie werfen zu können; ἕ. **Δῖον** Kind von Zeus Aesch., **b)** Sandbank, Riff, Hügel, ἕρμα τυμβόχωστον Grabhügel (v. l. ἔργμα) Soph.
II. **ἕρμα, τό** (vgl. lat. *ser-ere*), ep. nur Plur. Gereihe, alles an eine Schnur Gereihte, ein Paar Ohrgehänge, Ohrringe.
III. **ἕρμα, τό,** ep. ὀδυνάων (ὁρμή?), Bringer, Quell, Ursprung, od. zum vorherg. Wort.
Ἑρμάδιον, τό, Demin. von Ἑρμῆς, Hermes-chen.
Ἑρμαῖ, οἱ, Hermesköpfe, welche in einen viereckigen Fußpfeiler od. in eine Säule ausliefen, wie sie bes. in Athen auf den Straßen usw. standen. Aus ihrer mutwilligen Verstümmelung entstand in Athen der bekannte Hermokopidenprozeß.
ἕρμαιον, τό (Ἑρμῆς), Fund auf dem Wege, welcher der Gunst des Hermes zugeschrieben wurde, dah. übertr. (θοὔρμαιον = τὸ ἕρμ.) unverhoffter Vorteil, Glücksfund, herrlicher Fund, mit folg. Inf.
Ἕρμαιον, τό, Ort mit Tempel des Hermes bei Mykalessos in Böotien.
Ἑρμαῖος od. **Ἕρμαιος,** 3. (Ἑρμῆς), *Mercurialis*, **1)** von Hermes kommend, ihm zu danken, δόσις. **2)** dem Hermes geweiht, nach ihm benannt, λόφος der Hermeshügel am Berge Neïon auf Ithaka; ὄρος od. λέπας, das Hermesgebirge auf Lemnos; τὰ **Ἑρμαῖα,** Hermesfest, Ἑρμαίοις am H.
Ἑρμ-ἀφρόδῑτος, ὁ, Hermaphrodit, der Aphrodite u. des Hermes Sohn.
Ἑρμάων, dor. Form f. Ἑρμῆς, s. d.
Ἑρμείας u. ähnl., s. Ἑρμῆς.
Ἑρμεῖον, (Ἕρμ.), **τό,** Hermesheiligtum in Attika auf der Straße von Athen nach Eleusis.
Ἑρμεώ-πολις, Hermopolis magna, die Stadt des ägypt. Gottes Thot (s. Θεύθ) in Mittelägypten.
ἑρμηνεία, ἡ (-νεύω), **1)** die Fähigkeit sich auszudrücken, die Sprache nach Darstellungsgabe u. Darstellung. **2)** Auslegung, N. T. **3)** sp. gramm. Ausdrucksweise; geformte Rede. [rung.
ἑρμήνευμα, τό, poet. Auslegung, Deutung, Erklä-
ἑρμηνεύς, έως, u. **ἑρμηνευτής,** ὁ, der etwas deutlich u. bestimmt kundgibt, Verkünder, Herold, der als solcher unverletzlich war (Plut. Them. 6); Ausleger, Erklärer, Dolmetscher. Dav.
ἑρμηνευτικός, 3. zum Auslegen gehörig, ἡ ἑρμηνευτική verst. τέχνη Auslegekunst.
ἑρμηνεύω, erklären, aussprechen, darstellen, auseinandersetzen, auslegen; verdolmetschen, aus der fremden Sprache in die bekannte übertragen.
Ἑρμηρακλῆς, έους, Doppelbüste des Hermes und des Herakles.
Ἑρμῆς, οῦ, ὁ, ep. **Ἑρμείας,** -αο, ion. **Ἑρμέης,** Gen. Ἑρμέω Hermes, (von den Römern mit Mercurius verschmolzen) • **1)** Sohn des Zeus u. der Maia, die ihn in einer Höhle des Berges Kyllēne in Arkadien gebar, dah. Κυλλήνιος; Bote der Götter und Beschützer der Menschen, der die Lebenden auf ihren Wegen geleitet (διάκτορος, πομπός) u. die abgeschiedenen Seelen in die Unterwelt führt (χθόνιος, πομπαῖος, ψυχοπομπός). Er hat einen goldenen Wunderstab, dah. χρυσόρραπις; s. auch ἐριούνιος u. ἀργειφόντης. Er ist Geber des Gedeihens u. des durch Handel erworbenen Wohlstandes, dah. ἀκάκητα, σῶκος, zugleich Beschirmer kluger und listiger Menschen. Ferner erscheint er als Beschützer der Herolde, der Beredsamkeit u. der gymnastischen Kämpfe • **2)** Hermenpfeiler (viereckig mit Hermes-

kopf) • 3) sp. der Planet Merkur • 4) sp. der Glücksfund, Fund = ἕρμαιον. • Adj. **Ἑρμαῖος,** 3. s. bes.

Ἑρμησιάναξ, ᾶκτος, Elegiendichter aus Kolophon.

Ἑρμιόνη, ἡ, **1)** T. des Menelaos u. der Helĕna, Gem. des Neoptolemos (u. Orestes). **2)** Seestadt in Argŏlis mit einem Tempel der Demēter, auch **Ἑρμιών,** όνος gen. Man versetzte dahin den Eingang zur Unterwelt, jetzt *Kastro*. Dav. **Ἑρμιονεύς,** έως, ὁ, der Einwohner, u. als Adj. Ἑρμιονικός, 3. hermionisch, z. B. hermionischer Purpur; als bes. Femin. Ἑρμιονίς, ίδος, ἡ, als Subst. ἡ **Ἑρμιονίς,** verst. γῆ.

Ἕρμ-ιππος, ὁ, **1)** Sohn des Lysis, Dichter der alten Komödie in Athen, der unter andern Perikles, Aspasia, Hyperbolos angriff. **2)** der Smyrnäer, ca. 220 v. Chr., Anhänger des Kallimachos, Verfasser eines großen biographischen und literarhistorischen Werkes, welches Plut. mehrfach erwähnt. **3)** sonstiger Eigenname.

ἑρμίς, od. **-ίν** [ῑ], ῖνος, ὁ (ἕρμα), ep. Stütze, Bettpfosten.

Ἑρμιών, όνος, ἡ, s. Ἑρμιόνη, 2.

Ἑρμογένης, ους, ὁ, **1)** Sohn des reichen Hipponīkos, Bruder des Kallias, treuer Anhänger des Sokrates. **2)** sonst. Eigenn.

ἑρμο-γλυφεῖον, τό, Bildhauerwerkstätte.

ἑρμο-γλυφεύς u. **-γλῠφος,** ὁ, sp. Bildhauer; **-γλυφική,** ἡ, sp. Bildhauerkunst.

Ἑρμόδωρος, ὁ, **1)** aus Ephesus, soll, von seinen Mitbürgern vertrieben, den Decemvirn bei der Redaktion der XII Tafeln behilflich gewesen und dafür mit einer Statue geehrt worden sein. **2)** sonst. Eigenn.

Ἑρμο-κοπίδαι, ῶν, οἱ, die Hermenverstümmler (s. Ἑρμαῖ). [415 v. Chr.

Ἑρμοκράτης, ους, Feldherr der Syrakusier im J.

Ἕρμος, ὁ, Fluß in Phrygien u. Mysien, der in den Smyrnäischen Meerbusen mündet, jetzt *Sarabad*. Nach ihm hieß die Ebene unterhalb Sardes Ἕρμου πεδίον.

Ἑρμοτύβιες, ίων, οἱ, nebst *Καλασίριες* Name einer der ägyptischen Kriegerkasten, welche ihren Sitz besonders im Delta hatte u. ihren Namen wohl von ein. schurzartigen Kleidungsstücke ἡμιτύβιον führte.

Ἕρνικοι, οἱ, sp. die Hernici in Latium.

ἔρνος u. **ἕρνος,** εος, ους, τό, ep. u. poet. junger Trieb, Reis, Schößling, Ranke, Zweig, Sproß, Sprößling von Bäumen u. Menschen.

Ἐρξίης, ὁ (ἔργον oder εἴργω, also „der Täter", oder „der Zurückhaltende"), falsche Übersetzung Herodots von dem Namen Dareios, pers. Dârayavaus, d. i. „Güter besitzend".

ἐρόεις, εσσα, εν, ep. poet. buk. lieblich, liebenswürdig.

ἔρος, s. ἔρως.

ἔροτις, äol. st. ἑορτή.

ἑρπετόν, τό (ἕρπω), alles, was kriecht, überh. sich fortbewegt, Tier (N. T. kriechendes Getier), im Gegens. zu Menschen u. Vögeln, poet. auch vom Ungetüm Typhon.

ἑρπύζω u. **ἕρπω** (St. ἑρπ. lat. *serp-o*), poet. u. sp. Impf. εἷρπον, Fut. ἕρψω, dor. ἑρψῶ, Aor. εἵρπῠσα. **1) kriechen,** schleichen, umherschleichen, sich mühsam dahin schleppen, übertr. von der Zeit usw.: sich neigen, fortwälzen; verrinnen, ausgehen, παρά, ἀνά, ἐπί, εἴς τι, z. B. εἰς ἀφανές in eine unsichere Zukunft, auch τινί zu jmdm. herankommen, πρός τινα gegen einen heranschleichen. **2)** = ἰέναι sich bewegen, **gehen,** wandeln, kommen, herankommen, dah auch ὡς τάχιστα, κέλευθον einen Weg zurücklegen, πρός τι zu etwas, übertr. von Zuständen: πρόσω vorwärtsschreiten, od. εἴς τι zu einem Zustand übergehen.

ἕρπυλλος, ὁ u. ἡ, Serpyll, Quendel, Thymian.

ἑρπυστικός, 3. (ἑρπύζω), kriechend, schleichend. Von

ἕρπω, s. ἑρπύζω.

ἔρρω, Fut. ἐρρήσω, Aor. ἤρρησα (eigentl. ϝέρρω, verwdt. ἐρύω, *verrere*), sich verziehen, bei Homer immer mit dem Sinn: zu seinem Verderben wohin gehen, mühselig einhergehen, fortgehen, fahren, dah. in Verwünschungen, ἔρρε geh ins Unglück, fort mit dir, pack dich, ἐρρέτω er od. es mag zum Henker gehen, untergehen, ἕκηλος ἐρρέτω er mag ruhig ins Verderben rennen. Dah. untergehen, zugrunde gehen, dahinschwinden, u. mit perf. Bed. verloren, vernichtet sein, ἔρρει τἀμά es ist aus mit mir, ich bin verloren.

ἐρρωμένος, 3., eigentl. Part. perf. pass. v. ῥώννυμι, kräftig, stark, haltbar, mutig, standhaft, mit Nachdruck, heftig; τὸ ἐρρωμένον die Tatkraft. — Im Kompar. **ἐρρωμενέστερος,** im Superl. **-νέστατος.**

ἔρση, ἡ, ep. ἐέρση (St. ϝερσ), ep. u. poet. **1)** Tau, ἕερσαι αἵματι μυδαλέαι blutige Tautropfen, als Zeichen des Götterzorns. **2)** übertr. ἕρσαι die Frischlinge, d. h. neugeborne Lämmer u. zwar die Spätlinge.

ἑρσήεις, εσσα, εν, ep. auch **ἐερσήεις,** tauig, betaut, saftig; frisch d. i. unverwest.

ἔρσην, ενος, ὁ, ion. st. ἄρσην, ἄρρην, männlich.

ἐρυγγάνω (ἐρεύγομαι), poet. rülpsen, τί.

ἐρύγμηλος, 2. (ἐρεύγω), ep. laut brüllend.

ἐρυγών, s. ἐρεύγω.

ἐρυθαίνομαι (ἐρυθρός), ep. sich röten, rot werden.

Ἐρύθεια, ἡ, Insel bei Gadeira (*Cadix*), wohin die Rinder des Geryones versetzt wurden, irrtümlich sp. auch Tartessus genannt.

ἐρύθημα, τό (ἐρυθαίνομαι), die Röte, Entzündung, Schamröte, auch im Plur.

Ἐρῠθῖνοι, οἱ, St. in Paphlagonien.

Ἐρυθρὰ βῶλος, Stadt in Unterägypten.

Ἐρυθραί, αἱ, **1)** (auch Ἐρύθραι bet.), alte Stadt Böotiens am Kithäron, nahe bei Platää, j. Ruinen bei *Pigadia*, Mutterstadt der folg. **2)** (stets Ἐρυθραί bet.), Stadt in Ionien. Dav. Ἐρυθραῖος, 2. erythräisch, ἡ -αία Gebiet von Er., οἱ Ἐρ. die Einwohner.

ἐρυθραίνω, rot machen; Pass. rot werden, erröten.

ἐρυθριάω, erröten, schamrot werden, τινά vor jmdm.; sich schämen, mit Inf. — Von

ἐρυθρός, 3. (St. ἐρυθ, ahd. *rôt, rost*, lat. *ruber, rufus*), rot, rötlich, dah.

ἡ **Ἐρυθρή** od. **Ἐρυθρὰ θάλασσα** das Rote Meer, im weiteren Sinne der Indische Ozean mit dem Arabischen u. Persischen Meerbusen, auch dieser allein. Seinen Namen hat es der Sage nach von einem König Erythros auf der Insel Barakka im Persischen Meerbusen, wahrscheinlicher aber von seinem roten Sande. N. T. sinus Heroopolitanus, der heutige Golf von Suez.

'Ερύκα, ἡ, buk. = "Ερυξ (versch. LA.)

ἐρύκω [ῡ], ep. Aor. 2. redupl. ἠρύκᾰκον u. ἐρύκᾰκον, Inf. ἐρυκακέειν (ἐρύω), mit den ep. Nbff. **ἐρῡκάνω** u. **ἐρῡκανάω,** poet. Inf. praes. ἐρύκεν (st. -ειν. **1)** Akt. **zurückhalten,** d. i. **a)** bei sich auf-, festhalten, behalten, nicht fortlassen, **b)** bei sich anhalten, aufhalten, hemmen, bändigen, z. B. θυμόν seinen Willen, **c)** von sich fernhalten, dah. abhalten, **abwehren,** τινός von etwas, auch τινί τι u. τὶ ἀπό τινος einem etwas abwehren, u. μή m. Inf., **d)** auseinanderhalten, trennen. **2)** Med. **a)** sich zurückhalten, verweilen, **b)** = akt. jmdn. (τινά) zurückhalten.

ἔρῡμα, τό (ἐρύομαι), Schutzwehr, Schirm, Bollwerk, Schanze, befestigtes Lager, Festung, Kastell.

ἔρυμαι u. **εἴρυμαι** (Ϝερυ-σ), ep. u. poet. Praes. 3. pl. εἰρύαται, Inf. ἔρυσθαι u. εἴρυσθαι, Impf ἔρῡσο, ἔρῡτο, εἴρῡτο, εἴρυντο u. εἰρύατο, Fut. ἐρύσσεαι, -εται u. εἰρύσσονται, Aor. εἰρύσαο, -σατο u. ἐ(ι)ρύσατο u. -ύσσατο, opt. εἰρύσ(σ)αιτο, σ(σ)αισθε, Inf. εἰ-ρύσ(σ)ασθαι (ῠ, im Fut. u. Aor. ῡ meist vor σσ). **1)** bedecken, **retten,** schützen, bewahren; τὶ φρεσίν im Herzen, dann **a)** beobachten, befolgen, δήνεα, ἔπος, **b)** erspähen, auflauern, τινά. **2) abwehren,** sich wehren gegen; zurückhalten, χόλον.

'Ερύμανθος [ῠ], ὁ, Gebirge in Arkadien an der Grenze von Elis, j. *Xiria.* Dav. Adj. **'Ερυμάνθιος,** 3. θήρ der erymanthische Eber, der die Gegend von Psophis verwüstete.

ἐρυμνός, 3. (v. ἐρύω), geschützt, fest von Natur, befestigt. Subst. τὰ ἐρυμνά feste Punkte, befestigte Plätze, Festungswerke, Verschanzungen.

ἐρυμνότης, ητος, ἡ, Festigkeit, die Befestigung.

"Ερυξ, ῠκος, ὁ, Berg u. Stadt im W. v. Sizilien, wo j. Kastell *San Giuliano* liegt. Dav. Adj. **'Ερυκῖνος,** 3. zur Stadt Eryx gehörig.

'Ερυξίμαχος, ὁ, S. des Akumenos, Arzt in Athen zu Sokrates' Zeit.

ἐρύομαι, 1) Nebenf. zu ἔρυμαι, nur ἐρῦετο Z 403 schützte, schirmte, u. ἐρῦεσθαι *I* 248 retten. Vgl. ῥύομαι. **2)** Med. zu ἐρύω (ἐρύοντο *P* 277 suchten an sich zu reißen), s. d. [wagenziehend.

ἐρυσ-άρματες, -ματας (ἐρύω, ἅρμα), ep. nur Plur.

ἐρῡσίβη [ῐ], ἡ, auch im Plur. (St. ἐρυθ. s. ἐρεύθω), Meltau, der sich wie rotes Mehl an den Kornähren zeigt (oder Getreiderost?).

ἐρῡσί-πτολις, ὁ, ἡ (ἐρύομαι, πόλις), ep. die Stadt rettend, stadtschirmend. [(gegen Zauber).

ἐρυσμός, ὁ (ἐρύομαι), ep. Abwehr, Schutzmittel

ἐρυστός, 3. poet. gezogen, τινός aus etwas.

ἐρύω (eig. Ϝερύσω), ep. ion. u. selten poet. auch **εἰρύω,** Fut. ἐρύσω, ep. ἐρύσσω u. ἐρύω, Aor. εἴρυσα, ep. σσ, conj. 1. pl. ἐρύσσομεν, Perf. pass. u. med. εἴρυμαι, 3. sg. (κατ)είρυσται, 3. plur. εἰρύαται, inf. εἰρύσθαι (-ῦσθαι), part. εἰρῡμέναι, Plqpf. εἰρύατο u. εἴρυντο (ῠ, ῡ meist (vor σσ) im Fut. u. Aor.) • **1) ziehen,** ἔγχος, τόξον spannen, πλίνθους Ziegel streichen, πάλιν zurückziehen, φᾶρος κὰκ κεφαλῆς über den Kopf, mit Praepp. an-, hinauf-, hinunterziehen, bes. νῆα εἰς ἅλα, ἤπειρόνδε, ἐπὶ θινί, od. ὁδὸν εἰρύαται sind auf den Strand, an den Weg gezogen. Im Med. zu sich, an sich, das Seinige ziehen, δόρυ ἐξ ὠτειλῆς, ξίφος ἐκ κολεοῖο, τόξον seinen Bogen spannen • **2)** mit Gewalt ziehen, also • **a) reißen,** νεκρόν wegreißen; Med. an sich reißen, bes. mit Gewalt, νέκυν; χρυσῷ mit Gold aufwägen • **b) schleppen,** schleifen, zerren, περὶ σῆμα, auch von Hunden u. Vögeln. — Vgl. oben ἐρύομαι.

ἐρχατάομαι, ep. Nebenf. 3. plur. impf. ἐρχατάοντο, -όωντο, Pass. eingesperrt werden.

'Ερχιᾶσιν, Lok., im att. Demos Erchia.

ἔρχομαι (aus ἐρ-σκ-ομαι), bei Att. fast nur im Präs. indic. gebraucht, Impf. selten in Kompos. u. fast nur sp. ἠρχόμην, dafür ᾖειν, Fut. εἶμι, ἀφίξομαι, ἥξω, Aor. 2. (vom St. ἐλευθ, ἐλυθ, ἐλθ) ἦλθον, Perf. ἐλήλυθα, ep. Fut. ἐλεύσομαι (auch ion. poet. u. sp.), Aor. ἤλῠθον, inf. ἐλθέμεν(αι), Perf. εἰλήλουθα, 1. pl. εἰλήλουθμεν, part. εἰληλουθώς u. ἐληλουθώς, Plqpf. εἰληλούθει(ν), ferner buk. (auch poet.) Aor. ἦνθον, u. N. T. ἦλθα **kommen, gehen,** reisen. Besondere Bedeutungen ergeben sich aus dem Zusammenhang oder durch praep. Verbindungen. Es steht bald abs., bald • **1)** mit **Adv.** εἴσω, ὁμοῦ, αὖθις, πάλιν, ὁμόσε beginnen, ἐκτός übertreten, ὅρκων; bald • **2)** mit **Akk.** • **a)** ὁδόν u. ähnl., πλάνοις im Sorgenirrsal, νόστον βάρβαρον, ἐξεσίην auf Botschaft gehen • **b)** τί wohin gehen, τινά an jmdn. kommen, ihn treffen • **3)** mit **Gen.** πεδίοιο durchs Gefilde, aber γῆς aus einem Lande • **4)** mit **Dat.** τινί eigtl. für jmdn. kommen, jmdm. zu teil werden, ἔρχεταί τινί τι es kommt jmdm. zu gute, κακῶς τινι zum Unheil, τοῖς Ἀθηναίοις τὰ γεγενημένα die Vorgänge kamen nach Athen, auch δόμοις in die Heimat • **5)** mit **Praepp.** • **a)** ἀπό τινος von jmdm. kommen, aus etwas hinwegschwinden • **b)** διά τινος durch etwas fahren, dringen, aber διὰ μάχης sich jmdm. (τινί) zur Schlacht stellen, διὰ δίκης es auf einen Prozeß ankommen lassen, διὰ πάντων τῶν καλῶν alles Schöne od. Gute durchwandeln, alle Pflichten erfüllen • **c)** εἴς τινα zu jmdm. kommen, in seinen Besitz kommen, εἰς τοὺς τελείους unter die Erwachsenen eintreten, εἴς τι wohin kommen, in etwas geraten, im bes. εἰς ἕν sich auf einen Punkt erstrecken, εἰς ταὐτόν sich vereinen, zusammentreffen, εἰς τοσοῦτόν τινος es mit etwas so weit treiben, dahin kommen, daß, ἐς ἀσθενές auf Bedeutungsloses hinauslaufen, ἐς ἀλγεινά, ἐς τὸ δεινόν, ἐς ἀριθμόν sich in Zahlen fassen lassen, ἐς τοῦτον λόγον ὥστε dahin kommen, daß, dageg. ἐς λόγους τινί sich mit einem besprechen, mit ihm unterhandeln, ἐς μάχην, ἐς χεῖράς τινι u. πρός τινα handgemein werden, aber εἰς παιωνίας χεῖρας die heilende Hand finden, ἐς ὄψιν, εἰς (τὸ) δικαστήριον, εἰς ἐπιθυμίαν, εἰς ἐλπίδα, εἰς ἔπαινον, εἰς τὰ ὅπλα, ἐς ὀλιγαρχίαν • **d)** ἔκ τινος aus etwas kommen, hervorgehen • **e)** ἐπί τινα zu u. gegen jmdn. gehen, N. T. vor jmds. Richterstuhl; ἐπί τι wohin od. nach etwas kommen od. ziehen, an etwas gehen, auf etwas kommen, ἐπὶ τόδε zu einem Ziel gelangen, ἐπὶ τἀντίπαλον auf das Gegenstück kommen, ἐπὶ πᾶν alles Mögliche versuchen, ἐπ' οὐδέν zu nichts kommen, nichts helfen, ἐπὶ μέγα ἰσχύος eine hohe Stufe der Macht ersteigen, ἐπί τινι wegen etwas kommen, ἐπὶ τιμωρίᾳ zu Hilfe, ἐπὶ νεῶν zu Schiffe • **f)** **κατά** τι zu etwas hinabdringen • **g)** **μετά** τινα zu jmdm. gehen • **h)** **παρά** τινα zu jmdm. kommen, auf jmds. Seite treten, im bes. παρὰ τὴν γυναῖκα u. ähnl., παρὰ μικρόν, παρ' ὀλίγον, παρ' ἐλάχιστον mit Inf. ganz nahe daran sein, daß, παρὰ τοσοῦτον κινδύνου knapp neben der Gefahr vorbeikommen, παρά τινος von jmdm. kommen • **i)** **περί** τινος wegen etwas kommen • **k)** **πρός** τινα zu einem, πρός τι zu etwas kommen • **l)** **ὑπέρ** τι über etwas hinfahren • **m)** **ὥς** τινα zu einem kommen • **6)** mit **Appos.** u. Adj. φονεύς als Mörder kommen, zum Mörder werden, βοηθός zu Hilfe kommen • **7)** **phraseol.** mit Part. • **a)** ἦλθε θέουσα sie kam gelaufen • **b)** mit Part. fut., selten praes. (wie ἀγγέλλων) kommen um etwas zu tun, οἰσόμενος ἔγχος ich hole sogleich; ferner ἦλθε φθάμενος er kam im Lauf zuvor. Dagegen steht das Part. ἐλθών selbst oft pleonast.: οὐ δύναμαι μάχεσθαι ἐλθὼν δυσμενέεσσιν, ἐλθοῦσα φωνεῖς πρὸς ταῖς ἐξόδοις.

Ἐρχομενός, ὁ u. ἡ, u. **Ἐρχομένιος,** ὁ richtige Schreibung f. das späte Ὀρχομενός w. s.

ἐρῳδιός, ὁ (lat. *ardea*), der (gemeine) Reiher. Er galt als günstiges Anzeichen (δεξιός) für heimliche Unternehmungen.

I. **ἐρωέω,** ep. (I. ἐρωή), schnell laufen, stürzen.

II. **ἐρωέω** (II. ἐρωή), ep., **1)** intr. ruhen, rasten, nachlassen, τινός von etwas, ὀπίσσω zurückbleiben. **2)** kausat. machen, daß jmd. abläßt, ihn zurücktreiben. **3)** buk. zurückstoßen, verlassen.

I. **ἐρωή,** ἡ (ῥώομαι, rasen), ep. hastige Bewegung, Schwung, Wucht, Andrang, Wurf, Gewalt, Kraft; δούρατος die Weite des Speerwurfs, aber auch der geworfene Speer.

II. **ἐρωή,** ἡ (ἐρωϝή, verw. m. ahd. ***ruowa*** Ruhe), ep. u. buk. Aufhören, Rast, τινός von etwas.

ἔρως, ωτος, poet. **ἔρος,** ου, ὁ (ἔραμαι). **1)** **Liebe,** Lust, Wonne, Verlangen, Streben; Plur Freuden der Liebe, Liebschaften, Liebeshändel, doch auch Begierden, τινός (auch πρός τι) zu jmdm. oder etwas, oder mit Inf. **2)** personif. ὁ **Ἔρως,** ωτος, der Liebesgott, Sohn d. Aphrodite, dargestellt als beflügelter Knabe mit Bogen u. Köcher. Er galt zugleich als Schöpfer alles Schönen im Leben, von Kunst u. Wissenschaft, u. die Liebe selbst als Erweckerin höheren Strebens (τοὺς σοφίᾳ παρέδρους ἔρωτας) • Deminutiva **Ἐρώτιον, Ἐρωτάριον, Ἐρωτιδεύς.**

ἐρωτάω, ion. **-έω,** ep. **εἰρωτάω** (vgl. εἴρω I, 2), **fragen,** befragen, erforschen, τινά τι jmdn. etwas od nach etwas fragen, außerdem ἀμφί τινι nach jmdn., u. περί od. ὑπέρ τινος um etwas, auch τὶ πρός τινα u. πρός τι etwas in bezug auf jmdn. od. etwas fragen, u. im Pass. τί nach etwas gefragt werden, od. mit indir. Fragesätzen, εἰ u. ähnl. Sp. auch: bitten.

ἐρώτημα, τό, u. **ἐρώτησις,** εως, ἡ, das Gefragte od. das Fragen, also die Frage, abs. od. τινός nach etwas, τοῖς ἐρωτήμασι τοῦ ξυνθήματος πυκνοῖς χρῆσθαι häufig nach der Parole fragen, auch περί τινος od. mit folg. εἰ. Im bes. verfängliche Fragen, wie die Sachwalter vor Gericht zu stellen pflegen.

ἐρωτικός, 3. (ἔρως), **zur Liebe gehörig,** die Liebe betreffend, verliebt, lüstern. Subst. τὰ ἐρωτικά, **1)** Liebessachen, Liebeslust, Liebeshändel, Liebeslieder. **2)** Geheimnis der Liebe. Adv. **ἐρωτικῶς** nach Art Verliebter, ἐρ ἔχειν, διατίθεσθαι, διακεῖσθαί τινος u. πρός τινα verliebt sein in jmdn., Verlangen nach etwas haben.

ἐρωτίς, ίδος, ἡ, buk. das Liebchen.

ἐρωτύλος, ὁ, buk. der Geliebte; ἐρωτύλα ἀείδειν Liebeslieder singen.

ἐς u. alle Kompp. mit ἐς s. εἰς.

ἐσ-απικνέομαι, ion. s. εἰσαφικνέομαι.

ἐσ-δίδωμι, hineingeben; intrans. einmünden.

ἐσ-ελεύσομαι, s. εἰσέρχομαι.

ἐσθέομαι, Pass., ion. u. poet., nur im Perf. ion. ἐσθημένος (att. poet. ἠσθ.) bekleidet, gekleidet.

ἔσθημα, τό, **ἐσθής,** ῆτος, ἡ, ep. **ἔσθος,** τό, u. sp. u. N. T. **ἔσθησις,** ἡ (St. ϝες, s. ἕννυμι, lat. *ves-ti-s*, got. *vas-ti*), **a)** Bekleidung, Kleidung, **Kleid,** χρηστηρία priesterlicher Schmuck, τὰς ἐσθῆτας μεταβάλλειν geschah zu Rom in Zeiten der Not u. Trauer (öffentlicher u. privater), wo die Magistrate ihre Insignien ablegten, die Senatoren in Rittertracht erschienen und Angeklagte in schlechter Kleidung mit ungeordnetem Haar. ἐσθής gew. als Kollektiv gebraucht. **b)** Gewand, Teppich, z. B. zur Unterlage des Bettes.

ἐσθίω, s. ἔδω.

ἐσθλός, 3. gut, wacker, **brav, edel,** im bes. edel (auch von Geburt), vornehm, wohlhabend, tapfer, herrlich, heilsam, günstig, glücklich, ἐσθλὰ ἀγορεύειν gute, schöne Worte sprechen, mit Inf. ἐσθλόν (verst. ἐστι) es hilft, nützt. Subst. οἱ ἐσθλοί die Edlen, Vornehmen, τὸ ἐσθλόν, τὰ ἐσθλά das Glück, das Gute, die Güter.

ἔσθος, s. ἔσθημα.

ἔσθ' ὅτε st. ἔστιν ὅτε, poet. es ist eine Zeit wann, dann u. wann, mit folg. ὅτε bald, bald.

ἔσθω, s. ἔδω.

ἐσκεμμένως (σκοπέω), Adv. überlegt.

ἐσλός, äol. u. dor. poet. = ἐσθλός, s. d.

ἑσμός, ὁ (ἵημι), Schwarm, dann überh. Menge, Fülle, Strom.

ἔσοπτρον, τό, poet. sp. Spiegel (aus Metall).

ἑσπέρα, ας, ἡ, ion. **-ρη** (ἕσπερος), **1)** der Abend, ἀπὸ ἑσπ. εὐθύς sobald es Abend wurde. **2)** die Abendgegend, der Westen, πρὸς ἑσπ. gegen W., τὰ πρὸς ἑσπέραν nach der Westseite zu.

Ἑσπερίδες, αἱ, Hesperiden, die Töchter der Nacht, welche am äußersten Rande der Erde goldene Äpfel bewachten.

ἑσπερινός, 3. abendlich; sp. τὸ ἑσπ. das Abendbrot.

ἑσπέριος, 3. u. 2. (ἑσπέρα), **1)** abendlich, am Abend, ἑσπέριος ἦλθε er kam am Abend. **2)** westlich.

ἑσπέρισμα, τό, sp. Abendbrot, Vesperbrot.

Ἑσπερῖται, οἱ, ein Volk im westl. Armenien, jetzt *Ipir.*

ἕσπερος, 2. (ursprgl. ϝέσπερος, lat. *vesper*), ep. poet.

sp. 1) abendlich, ἀστήρ Abendstern. 2) westlich, θεός Pluto, Hades. Subst. 1) ὁ ἕσπερος a) Abend, μέλας. b) Abendstern. 2) τὰ ἕσπερα die Abendstunden, der Abend.

ἕσπετε, für ἔν-σπετε (St. σεπ, vgl. ἐνέπω), ep. def. Aor. 2. imper., saget an, meldet.

ἐσπουδασμένως, Adv. z. Part. perf. pass. von σπουδάζω eifrig, ernstlich.

ἐσσόομαι, s. ἡσσάομαι.

ἐσσυμένως, Adv. (v. ἐσσυμένος, s. σεύω), ep. poet. mit eiliger Hast, eilig, schnell, rasch.

ἐσσώθην, ἔσσωμαι, s. ἡσσάομαι.

ἔσσων, s. ἥσσων.

ἔσ-τε (aus ἔνσ-τε), dor. ἔστε, **bis, zu, bis, I)** Adv. **bis,** bis zu, bis an, bis auf, von Ort u. Zeit, gew. mit der Präp. ἐπί (πρός, εἰς) bis an. **II)** Konj. **1)** bis wo, so weit, mit Inf. **2)** (von der Zeit) bis daß, bis, bis zum Eintritt einer Tatsache, mit Indik., der Xen. Cyr. 8, 8, 9 zu ergänzen ist, näml. ἐσθίουσι καὶ πίνουσιν, od. Opt. ohne ἄν (in orat. obl. u. bei Wiederholungen) u. mit Konj. gew. mit ἄν, v. Zukünftigem u. erst vom Erfolg Abhängigem, bei Spät. auch mit Akk. m. Inf. **3)** so lange als, während, mit Ind. impf., Konj. praes. u. in orat. obl. mit Opt.

ἐστήξω u. **-ξομαι,** Fut. zu ἕστηκα, s. ἵστημι; **ἑστηώς,** ep. Part. von ἕστηκα.

ἑστία, ἡ, ep. u. ion. **ἱστίη** (ep. ῑ, trag. ῐ), der **Herd** des Hauses, welcher mitten im Hause im Hofraum stand, daher μεσόμφαλος genannt, zugleich der Hausaltar der Hausgötter, bes. des Ζεὺς ἑρκεῖος, bei Medēa auch der Hekate, Zufluchtsort für alle Schutzsuchenden, dah. πρὸς τὴν ἑστίαν προσπίπτειν, ἐπὶ τὴν ἑστ. καθίζεσθαι, ἀναπηδᾶν; als Zeichen der Befreundung u. Verbindung zwischen zwei Familien gilt es, daß die δορύξενος ἑστία κοινή ist, d. h. ihnen offen steht, u. beim Zutrinken war es Sitte, πρὸς ἑστίαν ἀναστῆναι καὶ πιόντα προσκυνῆσαι. Ein Schwur bei demselben galt bei den Griechen und Skythen für besonders heilig. Übertr. • 1) Feuerstätte, **Haus,** Familie, u. so bes. mit πατρῴα auch Vaterhaus, Heimat, daher gilt Salamis dem Aias als πατρῷον ἑστίας βάθρον, u. Mykenai heißt Κυκλωπίδες ἑστίαι, weil die Kyklopen dasselbe erbaut haben sollten. Sprichw. ἀφ' ἑστίας ἄρχεσθαι vom Mittelpunkte od. der Hauptsache anfangen • 2) der **Altar,** ἡ Δελφική od. Πυθόμαντις, νασιῶτις der Opferherd auf dem Kenaion in Euboia. Übertr. χθόνιος das Grab, weil der Tochter der τύμβος des Vaters aus hoher Verehrung ein βωμός ist • 3) personif. **Vesta,** Tochter des Kronos und der Rhea, Schutzgöttin des Hausherdes, der Häuser und der Städte, πατρῴα genannt als Stamm- u. Staatsgöttin. Nach Hdt. war sie auch Hauptgottheit der Skythen, u. das göttliche Urfeuer und Urlicht der Perser haben die Griechen durch ihre Ἑστία od. Ἱστίη bezeichnet. Dav.

Ἑστίαια, ἡ, ion. **Ἱστιαίη** u. ep. **Ἱστίαια,** ἡ, 1) Stadt an der nördl. Küste von Euböa, das spät. Ὠρεός. **Der** Einw. **Ἑστιαιεύς** u. **Ἱστιαιεύς,** ὁ, u. die Landschaft **Ἱστιαιῶτις,** ἡ. 2) Name einer Landschaft Thessaliens.

ἑστίᾱμα, τό, poet. (ἑστιάω), Bewirtung, Gastmahl, τινί für jmdn., insbes. **ἑστίᾱσις,** εως, ἡ, Volksspeisung auf Staatskosten bei Festen, überh. öffentliche Speisung, Festmahl.

ἑστιάρχης u. **ἑστίαρχος,** ὁ, sp. Gastwirt.

Ἑστιάς, άδος, ἡ, sp. (παρθένος), Priesterin der Vesta, Vestalin, meist im Plur.

ἑστίασις, ἡ, s. ἑστίαμα.

ἑστιᾱ́τωρ, ορος, ὁ, Gastgeber, Wirt, im bes. der, welchem in Athen die Speisung der Stammgenossen als Liturgie oblag. Von

ἑστιάω, mit Augm. εἱ-, ion. **ἱστιάω,** Impf. 3. sg. ἱστία, Perf. pass. ἱστίημαι, am Herde (ἑστία) **gastlich aufnehmen,** speisen, bewirten, abs. οἱ ἑστιῶντες die Gastgeber, meist τινά jmdn., τινά τινος (auch τι) jmdn. mit etw., z. B. τὰς ἀκοάς einen Ohrenschmaus bereiten, νικητήρια das Siegesfest durch ein Gastmahl feiern, ähnl. γάμον ein Hochzeitsfest feiern.

ἑστι-οῦχος, 2. (ἑστία, ἔχω), meist poet. den Heimatsitz enthaltend, heimatlich, auch Herd oder Haus schirmend.

ἑστιόω, poet. einen Herd, ein Haus gründen.

ἑστιῶτις, ιδος, ἡ (ἑστία), poet. den Herd, das Haus betreffend, mit ἔπουρος αὔρα günstiger Wind vom Hause weg.

ἕστωρ, ορος, ὁ, ep. sp. Deichselnagel, Spannagel, welcher den durch die Deichselspitze geschobenen Jochring in schräger Lage festhielt, so daß er weder vor- noch rückwärts gleiten konnte.

ἐσχᾰ́ρα, ion. **-ρη,** ἡ, mit ep. Gen. u. Dat. **ἐσχαρόφιν.** 1) die Feuerstätte, der **Herd.** Er steht bei Hom. (Od. 6, 52. 305) im Hintergrunde des Männersaales auf ebener Erde, dah. hier die Hausfrau mit ihren Mägden saß. Da er zugleich als Opferstätte oder Hausaltar diente (Brandopfer, dagegen βωμός jede altarähnliche Erhöhung), so suchten die Schutzflehenden ἐπ' ἐσχάρῃ eine Freistätte. 2) jede Feuerstelle (πυρός), u. übertr. Inhaber von Feuerstätten, Einheimische. 3) *vatillum* Rost, Feuergestell.

ἐσχαρεών, ῶνος, ὁ, buk. der Herd.

ἐσχᾰρίς, ίδος, ἡ, sp. das Kohlenbecken.

ἐσχατάω, ep. u. buk., der äußerste, letzte sein, nur im Part. Präs. ἐσχατάων, άουσα od. zerd. -όων, -όωσα: δηΐων ein feindlicher Nachzügler; von Orten: an der Grenze liegend.

ἐσχατιά, ἡ, ion **-ιή** (ἔσχατος), der äußerste, entlegenste Teil, der Rand, die Grenze, das Ende eines Orts oder einer Gegend, einer Sache, z. B. πολέμοιο das Hintertreffen, bes. ἀγροῦ der entlegenste, fernste Teil des Landguts, dah. auch ἐσχατιά, -τιή allein: entlegenes Landgut, Grundstück, und ἐσχατιαῖς am äußersten, höchsten Rand.

ἐσχατό-γηρως, ων, sp. im äußersten Alter, sehr alt.

ἔσχᾰτος, 3., mit Komp. -ώτερος, Sup. -ώτατα der **äußerste, letzte** • 1) lokal, ἐσχάτης πυρᾶς (Genet. loc.) am Ende des Grabhügels, στήλη die an beiden Enden stehende νύσσα (w. s.), σάρκες das innerste, ἔσχατον κατακεῖσθαι zu unterst liegen, ἔσχατοι οἰκέομεν, ἔσχατοι ἀνδρῶν die Äthiopen, ähnl. ἔσχατοι τῆς ἀρχῆς d. i. an den äußersten Grenzen des Reichs. • Adv. u. Subst. ἔσχατα an den Enden, ἐπ' ἐσχάτῳ hinten, ἐξ ἐσχάτων ἐς ἔσχατα von einem Ende zum andern, ἔσχατον Grenzort, τὸ ἔσχ. die äußerste Spitze, τὰ ἔσχατα die Grenzlande, παρ' ἔσχατα an der Grenze vorbei • 2) temporal: der letzte, zuletzt (N. T. ἡμέρα *novissima dies*), ἐς τὸ ἔσχατον, ἐς τὰ ἔσχατα bis zuletzt, zuletzt, endlich; Adv. (τὸ) ἔσχατον zuletzt, u. εἰς τὸ ἔσχ. bis zuletzt • 3) vom Rang od. Grad: der äußerste, letzte, höchste, beste od. schlimmste, πόνος, ἀγών, ἀδικία, κίνδυνος u. a.; insbes. • a) oft im Neutr. τὰ ἄκρα τῶν ἐσχάτων die äußersten Extreme, ἔσχατ' ἐσχάτων κακά die allerhöchste Schmähung, ähnl. τὰ ἔσχατα λέγειν ἀλλήλους einander die ärgsten Schmähworte sagen, ἔσχατα ποιεῖν, τὰ ἔσχατα πάσχειν, περὶ τῶν ἐσχάτων κινδυνεύειν, ἐν τοῖς ἐσχάτοις εἶναι, ὑπὲρ τῶν ἐσχάτων ἀγών • b) radikal, δῆμος zügellose Demokratie • c) (bes. sp.) der schlechteste, niedrigste. • Adv. **ἐσχάτως** aufs äußerste, höchst; ἔχειν in den letzten Zügen liegen N. T.

ἔσω, ἐσωτέρω, s. εἴσω.

ἔσωθεν, Adv. 1) von innen her, heraus, von innen. 2) auf der innern Seite, drinnen, innerhalb, doch mit der Beziehung nach außen, abs. u. τινός von etwas.

ἐσωτερικός, 3. sp. innerlich, insbes. v. Schriften von Philosophen, die das System in streng wissenschaftlicher Form behandeln; vgl. ἐξωτερικός.

ἐσώτερος, Komp. zu ἔσω; der innere, τὸ ἐ. τοῦ καταπετάσματος was innerhalb des Vorhangs, hinter dem Vorhang ist = das Allerheiligste, NT.

ἑταίρα od. **-ρη,** s. ἑταῖρος.

ἑταιρεία, -ρία, ion. **-ρηίη,** ἡ (ἑταῖρος), Kameradschaft, Verbrüderung, Freundschaft, im bes. politische geheime Klubs, wie sie namentlich die Aristokraten in Athen untereinander schlossen, um sich gegenseitig bei Wahlen od. Anklagen zu unterstützen u. vor der Ochlokratie zu schützen, spät. insbes. um die Demokratie zu stürzen.

ἑταιρεῖος, 3. ep. poet. u. sp., **ἑταιρήιος,** 3. ion., u. **ἑταιρικός,** 3. den Freund, die Freundin od. Geliebte betreffend, freundschaftlich, kameradlich, liebevoll, ἵππος der Kern der makedon. Reiterei (s. ἑταῖρος), od. Ζεύς als Beschützer der freundschaftlichen Verbindungen. Subst. τὸ ἑταιρικόν der Vereinsgeist, die Versammlung der politischen Freunde, die Verschworenen. Adv. -κῶς, sp. auf Hetärenart.

ἑταιρέω (ἑταῖρος), Buhlerei treiben.

ἑταιρηίη, -ρήιος, s. ἑταιρεία, -ρεῖος.

ἑταίρησις, ἡ, Buhlerei.

ἑταιρία, s. ἑταιρεία.

ἑταιρίζω, ep., auch **ἑταρίζω,** ep., Aor. 1. ἑταίρισα, ep. **-ισσα,** 1) jmdm. (τινί) Gefährte (ἑταῖρος), Genosse sein, sich jmdm. zugesellen. 2) Med. sich jmdn. (τινά) zum Gefährten machen, sich jmdn. zugesellen.

ἑταιρικός, s. ἑταιρεῖος.

ἑταιρίς, ίδος, ἡ = ἑταίρα, s. ἑταῖρος.

ἑταιρίστρια, ἡ, Buhlerin.

ἑταῖρος, 3. ion. u. poet. ἕταρος • **I) Adj.** befreundet.

II) Subst. • 1) ὁ **ἑταῖρος, Gefährte, Genosse,** Kamerad, Freund, Anhänger, Begleiter, Schüler, im bes. • a) Stammgenosse • b) Mitglied einer Hetärie s. ἑταιρεία • c) im makedonischen Heere hieß eine aus den angesehensten Familien des Landes genommene, etwa 2000 Mann starke Schar οἱ ἑταῖροι, die den Kern der Reiterei bildeten. Sie waren in acht Geschwader (ἶλαι) geteilt, deren erstes vorzugsweise ἄγημα, ἴλη βασιλική hieß • d) eine kleine Anzahl von Vertrauten Alexanders, welche die höchsten Stellen im Heere einnahmen; die Bevorzugtesten waren die sieben σωματοφύλακες • 2) ἡ **ἑταίρα,** ion. **-ρη,** ep. **ἑτάρη,** Gefährtin, Freundin, Geliebte, Buhlerin.

ἑταρίζομαι, s. ἑταιρίζω. **ἕταρος,** ὁ, s. ἑταῖρος.

ἔτειος, 3. (ἔτος), 1) jährig, μῆκος in der Länge, d. i. ein Jahr dauernd, *annuus.* 2) jährlich.

Ἐτεοβουτάδαι, οἱ, die echten Nachkommen des Βουτάδης, ein athen. Priestergeschlecht.

Ἐτεο-κλῆς, έους, ep. ῆος, Akk. έα, ὁ, Sohn des Ödipus u. der Iokaste (Epikaste). Adj. ep. **Ἐτεοκλήειος,** att. -όκλειος, 3. Eteokleïsch, βίη der heldenstarke Et.

Ἐτέο-κλος, ὁ, ein Argeier, einer der Sieben gegen Theben.

Ἐτεό-κρητες, οἱ, die echten Kreter, Urkreter, Ureinwohner von Kreta.

Ἐτεό-νῖκος, ὁ, 1) spartan. Harmost bei Lesbos u. Thasos um 412, um 400 bei Byzanz. 2) sonst. Eigenn.

ἐτεός, 3. (ἐτεϝος vgl. ἔτυμος, St. ἐς zu εἰμί), wahr, wirklich. Neutr. sg. ἐτεόν als Adv. a) wahrhaft, der Wahrheit gemäß. b) in Wahrheit, wirklich, ellipt. εἰ ἐτεόν περ wenn es in Wahrheit geschehen ist, wie es geschehen ist, ähnl. εἰ ἐτεόν γε, εἰ δ' ἐτεὸν δή wenn anders wirklich, wenn denn.

ἑτερ-αλκής, 2. ep. poet. ion. sp. 1) der einen Partei Sieg verleihend, entscheidend, νίκη, δῆμος. 2) auf die andere Seite sich neigend, unentschieden. Adv. ion. **-έως,** mit unentschiedenem Erfolge.

ἑτερ-ήμερος, 2. ep. einen Tag um den andern (lebend), Kastor u. Polydeukes, welche ungetrennt einen Tag in der Ober-, den andern in der Unterwelt zubrachten.

ἑτέρηφι, ep. Dat. sg. fem. = ἑτέρῃ, s. ἕτερος, 1, b.

ἑτερό-γλωσσος, 2. in fremder Sprache redend, welsch, sp. N. T.

ἑτερο-διδασκαλέω, anders lehren, N. T.

ἑτεροδοξία, ἡ, verschiedene Meinung. Dav.

ἑτερόδοξος, 2. anderer Meinung.

ἑτεροζυγέω, sich anders gearteten Menschen zugesellen, sp. N. T.

ἑτερόζυξ, γος, 2. einspännig, πόλις der Schwesterstadt beraubt.

ἑτεροιόομαι, ion. Pass., anders werden, eine andere Gestalt annehmen. Von

ἑτεροῖος, 3. (ἕτερος), von anderer Art oder Beschaffenheit, anders, eigentümlich. Dav.

ἑτεροιότης, ἡ, Verschiedenartigkeit.

ἑτεροίωσις, εως, ἡ, sp. Veränderung, Wandel.

ἑτερό-πλοος, ους, 2. für die eine Fahrt, ἀργύριον Geld nur für die Hinfahrt, auch τὰ ἑτερόπλοα.

ἑτερό-πτολις, ι, gen. ιος, poet. aus einer andern Stadt, fremd.

ἑτερο-ρρεπής, 2. poet. der die Waagschale bald auf die eine, bald auf die andere Seite neigt, gleichwägend.

ἕτερος, 3., oft in Krasis mit dem Artikel, att. *ἅτερος, ἁτέρα, θάτερον*, Gen. *θατέρου*, ion. masc. *οὕτερος*, ntr. *τοὔτερον* • **1) der andere** • **a)** mit u. ohne Art. von zwei schon genannten oder als bekannt vorausgesetzten Gegenständen, dah. *οἱ ἕτεροι* die Gegenpartei, Gegner, *ἕτερα ἅρματα* Wagen der Feinde. Bei Aufzählungen: der zweite, *τῆς ἑτέρας* (Plat. Krit. 44 A) verst. *ἡμέρας* des andern Tages, morgen, *ἕτερον* zweitens. Es stehen in diesem Sinne häufig zwei *ἕτ.* einander gegenüber, *ἕτ. μὲν — ἕτ. δέ, οὕτερος μὲν — ὁ δὲ ἕτ.*, od. statt des einen *τὰ δέ, ἄλλος δέ*, u. *ὁ μὲν — ἕτ. δέ* u. ähnl., der eine, der andere. Häufig stehen sie nebeneinander, z. B. *ἕτερα δ' ἕτερος ἕτερον ὄλβῳ παρῆλθεν* • **b)** überh. von zwei Gegenständen, **der eine von beiden,** auch einer, der andere, *ἑτέροις ἐπὶ λέκτροις* um Vermählung mit einer andern, *ἐξ ἑτέρων μύθων, ὁ ἕτερος τῶν στρατηγῶν, χειρὶ ἑτέρῃ*, u. so auch bloß *ἑτέρῃ, ἑτέρηφιν* mit der einen, andern Hand (namentlich von der linken), *τῶν ἕτεροί γε παῖδα κλαύσονται, καὶ θάτερον* im einen Fall so gut wie im andern. Mit der Negat. *οὐδ' —, μηδ' ἕτερος* keiner von beiden statt *οὐδέτερος, μηδέτερος* (namentl. werden Präposs. zwischen eingeschoben, z. B. *μηδὲ μεθ' ἑτέρων = μετὰ μηδετέρων*). Mit *τοιοῦτος, τοιόσδε* ein anderer der Art, ein eben solcher, *ἕτερον τοσοῦτο alterum tantum, ἕτερα τοιαῦτα*, u. adv. ebenso *δυοῖν θάτερον* (auch *θάτερα*) mit folgendem *ἢ — ἤ* • **2) mehreren entgegengesetzt** • **a) ein anderer,** wie *ἄλλος, ἐξ ἑτέρων ἕτερ' ἐστίν* da stößt eins (ein Gebäude) an das andere. Es kann hier auch außerdem übersetzt werden, *καὶ ἕτεροι περίπολοι, ἑτέρας ναῦς πέντε καὶ εἴκοσι* • **b) anderer Art,** verschieden, entgegengesetzt, teils abs., teils *τινός*, dah. *τούτων ἕτεροι* (Xen. An. 6, 4, 8), ähnl. *ἕτεροι τῶν νῦν ὄντων*, teils *παρά τι* u. *ἤ τι* als etwas. Und so auch: anders als es sein sollte, unglücklich, *θάτερον* das Gegenteil, Unheil • Adv. Redensarten sind: *καθ' ἕτερα* anderswo; *θάτερα* die andere, entgegengesetzte Seite; *ἐπὶ θάτερα* im Gegenteil, *ἐς τὰ ἐπὶ θάτερά τινος* auf die entgegengesetzte Seite von etwas, *ἐκ τοῦ ἐπὶ θάτερα* von jenseits her, und doppelt *ἐκ μὲν τοῦ ἐπὶ θ. — ἐκ δὲ τοῦ ἐπὶ θ.* Ebenso steht der Akk. *ἕτερα* adv. auf die eine, andere Art, *θάτερα* anders, schlimm, *ἕτερα τοιαῦτα* ebenso, s. oben. Elliptisch steht *ἑτέρᾳ, θατέρᾳ. α)* mit verst. *ἡμέρᾳ* am folgenden Tag. *β)* mit verst. *ὁδῷ* anders, auf andere Art u. Weise, auch: anderswohin. *γ)* mit verst. *χειρί* s. oben, dah. *θατέρᾳ* auf der entgegengesetzten Seite • Adv. **ἑτέρως** auf andere Art, **anders,** *ὡς ἑτέρως* wie so ganz anders, schlimm, *ἑτ. συμβαίνειν, secus accidere*, mißlingen.

ἑτερο-σχήμων, 2. sp. von veränderter Gestalt.

ἑτερότης, *ητος, ἡ*, sp. die Verschiedenheit, das Anderssein, die andere Beschaffenheit.

ἑτερ-όφθαλμος, 2. einäugig, auf einem Auge blind.

ἑτερό-φωνος, 2. poet. fremdredend.

ἑτέρωθεν (*ἕτερος*), Adv., **1)** von der andern Seite her. **2)** offenbar statt *ἑτέρωθι*, auf der andern Seite, gegenüber, dagegen.

ἑτέρωθι (*ἕτερος*), Adv., **1)** vom Ort: auf der andern Seite, an einem andern Orte, an einer andern Stelle, anderswo, bei anderer Gelegenheit, von ferne (*E* 351). **2)** von der Zeit: ein andermal, entspr. dem *τότε μέν.*

ἑτέρωσε (*ἕτερος*), Adv., **a)** auf die andere Seite hin. **b)** auf die eine (od. andere) Seite. **c)** auf eine andere Seite hin, anderswohin, seitwärts.

Ἐτεωνός, *ἡ*, Stadt in Böotien am Asōpos, später Skarphe.

ἔτης, *ου, ὁ* (zu *σϝε = ἑ*, lat. *suus*), meist ep. u. poet., nur im Plur., die Verwandten, Stammgenossen, Anhänger des Hauses, entferntere Angehörige, dah. auch Mitbürger, Landsleute.

ἐτησίαι, *ίων*, ion. *ιέων, οἱ*, mit u. ohne *ἄνεμοι*, jetzt (türk.) *τὰ μελτέμια*, Jahreswinde, welche bes. im Juli u. August nordöstlich vom Hellespont, nordwestlich von der Adria her stark wehen u. eine Schiffahrt nach Norden geradezu unmöglich machten; nachts ruhen sie u. gewinnen mit dem Steigen der Sonne ihre Kraft. Sie erhoben sich nach der Sommersonnenwende u. dauerten 40—50 Tage, aber diese Periode kann sich bis September hin verschieben. Zu

ἐτήσιος, 2. (*ἔτος*), **1)** ein Jahr dauernd, jährig, **2)** jährlich, jährlich wiederkehrend, dah *οἱ ἐτήσιοι ἄνεμοι = ἐτησίαι*, w. s., bei Arr. auch die Monsune auf dem Indischen Meere.

ἐτήτυμος, 2. (das redupl. *ἔτυμος*), Adv. **-ύμως,** ep. u. poet. *verus*, wahr, wahrhaft, der Wahrheit gemäß, echt, wirklich. Das Neutr. *ἐτήτυμον* als Adv. u. so bei Soph. El. 1452 adv. zu *τὸ ἐτήτυμον: ὡς ἐτητύμως.*

ἔτι (in arsi auch *ῑ*, lat. *et, et-iam*), Adv. **1)** von der Zeit: noch, noch jetzt, noch ferner, hinfort, schon noch, *ἔτι γε* jetzt noch, *ἔτι καὶ νῦν* auch jetzt noch, *νῦν ἔτι* noch immer; *οὐκέτι, μηκέτι*, nicht mehr, nicht weiter. **2)** ein Hinzukommen bezeichnend u. bes. beim Kompar. steigernd, noch, ferner, überdies, noch dazu, noch weiter, außerdem auch *ἔτι δέ.*

ἔτνος, *τό*, Brei, bes. von Erbsen od. Bohnen.

ἑτοιμάζω, *ἑτοιμάσω, ἡτοίμᾰσα* u. *ἡτοιμᾰσάμην, ἡτοίμασμαι* in med. u. pass. Bdtg., **1)** Akt. **bereiten,** bereit-, flüssig machen, bereit halten, herbeischaffen. **2)** Med. **a)** sich etwas zurecht machen, in Bereitschaft setzen, Anstalten zu etwas (*τί*) treffen, sich verschaffen, sich versehen mit etwas (*τί*). **b)** = Akt., z. B. darbringen, *τί* u. *τί τινι*. Dav.

ἑτοιμασία, *ἡ*, sp. u. N. T. das Bereitsein.

ἑτοῖμος, att. auch **ἕτοιμος,** 3. u. 2., Adv. **-οίμως,** **1) wirklich,** gewiß, bestimmt; *ἑτοιμόν* (*ἐστι*) es ist klar, ausgemacht. **2) bereit,** gerüstet, fertig, willig, entschlossen, *ἐξ ἑτοίμου* und *ὡς ἐξ ἑτοιμοτάτου* auf der Stelle, sogleich, *ἐξ ἑτοίμου* u. *ἐν ἑτοίμῳ ἐστί* es läßt sich tun, geht an, *τινί* für jmdn., *αὐτοὶ ἦσαν ἑτοῖμοι ἐπαγγείλαντι* stellten sich ihm für seine Aufträge zur Verfügung, *ὡς ἕτοιμόν σφισιν ὄν* als könne es ihnen nicht fehlen, *ἔς* u. *πρός τι* zu etwas; mit Inf. mit und ohne Art. τό, od. mit vorges. ὥστε, auch mit Part. fut. • Subst. **τὸ ἕτοιμον** u. τὰ ἑτοῖμα das Vorhandene. Adv.

ἑτοιμότης, ἡ, die Bereitwilligkeit.

ἔτος, εος, ους, τό (eigtl. Ϝέτος, lat. *vetus*), das **Jahr,** im Plur überh. Zeit, so auch ὥρα ἔτους die Sommerzeit, εἶναι ἐτῶν τριάκοντα 36 Jahre alt sein, δευτέρῳ ἔτει τούτων darauf im andern Jahre, aber τρίτῳ ἔτει τούτων drei Jahre vor diesem, ἔτος εἰς ἔτος Jahr aus Jahr ein, κατὰ ἔτος ἕκαστον u. κατὰ ἔτος, ἑκάστου ἔτους jedes Jahr, jährlich, δι' ἔτους das Jahr hindurch, beständig. ταῦτα τρία ἔτη jetzt vor drei Jahren, aber ἀπὸ εἴκοσι καὶ πέντε ἐτῶν εἰς τετταράκοντα aus der Altersklasse von 25 bis 40 Jahren.

ἐτός, Adv., nur mit Negat.: nicht ohne Grund.

Ἐτύμανδρος, ὁ, Fluß im Gebiete der Dranger (Euergeten), jetzt *Hilmend.*

ἐτυμολογία, ἡ (ἔτυμος, λόγος), sp. der wahre Sinn, die Grundbedeutung eines Wortes.

ἔτυμος, 2. u. 3. ep. u. poet. (nur Neutr.), Adv. **-ύμως** (ἐτεός), wirklich, **1)** dem Wesen der Sache entsprechend, wahr, echt, recht, richtig, gewiß, leibhaftig, deutlich, ἔτυμον u. ἔτυμα Wahres, Wahrheit. ἔτυμον auch als Adv. in Wahrheit, wirklich, und ebenso ὡς ἐτύμως b. Aeschyl. **2)** τὸ ἔτυμον, sp. **a)** die wahre Bedeutung des Wortes. **b)** als gramm. t. t. das Stammwort.

ἐτωσιο-εργός, 2. ep. faul zur Arbeit. Von

ἐτώσιος, 2. ep. vergeblich, ohne Erfolg, nicht treffend, eitel, unnütz, müßig, ἐτώσιον τιθέναι τι vereiteln, δῶρα ἐτώσια χαρίζεσθαι Geschenke vergeblich verschwenden.

εὖ, ep. **ἐύ,** richtiger **ἔυ** (υ stets in arsi), eigentl. Neutr. von ἐύς, w. s.) • **1) gut, wohl,** εὖ κατὰ κόσμον, εὖ δρᾶν, ἔρδειν, ποιεῖν recht an etwas tun, u. τινά jmdm. Gutes erweisen, begünstigen, aber εὖ πράττειν sich wohlbefinden, doch auch: etwas gut ausführen, u. εὖ πράττεσθαί τινος in jmdm. d. h. durch einen glücklich sein. Ähnl. εὖ βεβηκώς hoch vom Glück gehoben, εὖ πάσχειν Wohltaten empfangen, sich wohlbefinden, εὖ παθὼν εὖ δρῶ Wohltaten mit Wohltaten vergelten, εὖ φέρεσθαι im Glück sein, εὖ ἔχειν gut gehen, πρός τι etw. (e. Speise) gut vertragen, εὖ ἔχει es ist gut! εὖ κατέχειν zu einem guten Ziel gelangen, εὖ παρασχόν wenn sich gute Gelegenheit bietet, εὖ εἴη gut Heil! εὖ διδόναι Wohlergehen verleihen, Glück geben, εὖ ξυνεῖναι fördernd zur Seite stehen, ähnl. παριστάναι, εὖ προσφωνεῖσθαι ein glückliches Willkommen finden, εὖ ἱκνεῖσθαι nach glücklich vollbrachten Taten kommen, εὖ τίθεσθαι wohl vollbringen, wohl im Auge behalten, εὖ λέγεις wohlgesprochen, du hast recht, εὖ φρονεῖν u. φρ. εὖ es gut meinen (τὰ σά mit dir), oder verständig, weise sein, οὐκ εὖ φρονεῖν nicht bei Vernunft sein. Nicht selten steht εὖ γε auch außer der Konstruktion gar schön! vortrefflich! u. dies auch im Spotte. Subst. τὸ εὖ was Glück und Segen bringt, das Wohl aller, aber auch das Rechte, Gute • **2)** dient εὖ auch bloß zur Verstärkung, εὖ μάλα gar sehr, εὖ πάντες gar alle.

εὖ u. enklit. **εὐ,** ep. u. ion. st. **οὗ,** s. I. **οὗ.**

εὖα, ἡ, sp. die römische *ovatio.*

εὐαγγελίζομαι, Fut. -λιοῦμαι (εὐάγγελος), Med., **1)** eine freudige Nachricht, frohe Mär verkünden, τινί jmdm., τί etwas Freudiges verkünden. **2)** im N. T., wo auch das Akt. sich findet, augm. εὐηγγ., **a)** das Evangelium verkündigen, τινί (τινά) jmdm. **b)** im Pass. **α)** verkündigt werden. **β)** das Evang. zu hören bekommen.

εὐαγγέλιον, τό, **1)** Lohn od. Geschenk für gute Botschaft, εὐαγγέλια θύειν, βουθυτεῖν od. ἑορτάζειν Opfer wegen glücklicher Botschaft darbringen, ein Dankfest feiern. **2)** überh. die gute Botschaft, dah. **3)** im N. T. das Evang. von Jesu Christo. Dazu

εὐαγγελιστής, ὁ, N. T. der Evangelist, Missionar.

εὐ-άγγελος, 2. poet. Gutes verkündend, frohe Kunde bringend, abs. od. τινί jmdm., u. τινός von etwas, od. mit Inf. ἐλπίς Hoffnung auf gute Botschaft, δόξα Glaube an eine gute Botschaft.

εὐαγέω, poet. rein leben. Von

εὐ-αγής, 2. (ἄγος), **1)** eigtl. von Blutschuld rein, schuldlos, heilig, fromm, λύσις, durch welche Ödipus rein wird. Adv. ep. **εὐαγέως. 2)** von Sachen: rein, glänzend, strahlend, klar, einen weiten Umblick gewährend, πύργος, ἕδρα (doch hat man hierfür εὐαυγής vermutet).

εὐ-άγητος, 2. poet. leicht sich bewegend, beweglich.

εὐ-άγκᾰλος, 2. poet. leicht auf den Armen zu tragen; leicht.

Εὐ-αγόρας, ου, ὁ, **1)** Sprosse der Herrscherfamilie in Salamis auf Kypros, befreite um 410 v. Chr. seine Vaterstadt, deren Herrscher er wurde; allmählich Gebieter der Insel, erwarb er sich Verdienste um sie, bes. durch Hellenisierung; er unterstützte Konon, den Sieger v. Knidos, u. wurde daher von Athen gegen die Perser im J. 391 unterstützt; nach schwerem Kampfe erlangte er Frieden, wurde aber 374 ermordet. Isokrates schrieb eine Lobrede auf ihn. **2)** sonstiger Eigenname.

εὐαγρία, ἡ, sp. glücklicher Fang. Von

εὔ-αγρος, 2. (ἄγρα), poet. glücklich auf der Jagd, beutefroh, prolept. ὁ λόγος glücklichen Erfolg gewährend.

εὐ-άγωγος, 2. **a)** leicht zu leiten, lenksam, gelehrig. **b)** bequem. Adv. **-ώγως,** sp.

εὐ-αδής, 2. (ἁδ-εῖν), poet. wohlgefällig, erfreuend.

εὐ-αδίκητος, 3. leicht zu beleidigen; schwach.

εὐάζω, poet. **1)** Akt. intr. **a)** jubelnd εὖα rufen, jubeln am Bakchosfest, μέλεσι in Gesängen, ἀβρότων ἐπέων εὐαζόντων unter dem Jubel gottvoller Gesänge. **b)** zujubeln, τινί. **2)** Med. mit Jubel den Dionysos (Βάκχιον θεόν) feiern.

εὐ-αής, 2. (ἄημι), ion. u. poet. günstig, sanft wehend, freundlich.

εὔᾰθλος, 2. poet. **1)** akt. glücklich kämpfend. **2)** pass. glücklich erkämpft.

εὐ-αίρετος, 2. (αἱρέω), leicht zu nehmen, zu erobern, übertr. zu wählen, zu erkennen.

εὐ-αίσθητος, 2., Adv. **-ήτως, 1)** leicht wahrnehmbar. **2)** akt. gut wahrnehmend.

εὐ-αίων, ωνος, ὁ, ἡ, poet. glücklich lebend, glücklich; auch beglückend; ὕπνος des Philoktet:

günstig für die Schiffssoldaten, weil sie ihm leicht entkommen können.

εὐ-ᾱλάκατος, 2. buk. mit schöner Spindel.

εὐ-ᾱ́λιος, 2., s. εὐήλιος.

εὐ-άλωτος, 2. leicht zu fangen, zu fassen, zu gewinnen.

εὐ-ᾱ́μερος, 2. dor. st. εὐήμερος, poet. heiter, φάος heiterer Tagesglanz.

εὐάν [ᾰ], poet. Jubelruf der Bakchantinnen.

εὐ-ανάκλητος, 2. (ἀνακαλέω), sp. leicht zurückzurufen, leicht umzustimmen.

εὐ-ανάτρεπτος, 2. sp. leicht umzustoßen.

εὐανδρέω (-δρος), sp. wohl bevölkert sein, τινί mit etwas. Dav.

εὐανδρία, ἡ, 1) Menge schöner, tapferer Krieger. 2) poet. Männlichkeit, Tapferkeit, männliche Schönheit, Stattlichkeit.

εὔ-ανδρος, 2. poet. 1) reich an trefflichen Männern. 2) Männer beglückend.

Εὔανδρος, ὁ, Arkader, der eine Kolonie nach Latium geführt haben soll.

εὐ-ά̄νεμος, 2. s. εὐήνεμος.

εὐ-άνθεμος, 2. poet. blumenreich, blühend, auch [übertr.

εὐ-ανθής, 2. schön blühend, blumig, reichlich sprossend, schön von Farbe, glänzend.

εὐᾱνορία, ἡ (εὐήνωρ), dor. poet. Mannhaftigkeit.

εὐ-απήγητος, 2. ion. st. εὐαφήγητος, leicht oder wohl beschreibbar.

εὐ-απόβατος, 2. (ἀποβαίνω), Kompar. εὐαποβατώτερος, bequem zum Landen.

εὐ-απολόγητος, 2. sp. leicht zu rechtfertigen.

εὐ-αποτείχιστος, 2. leicht durch ein Bollwerk abzuschneiden, leicht einzuschließen, δι' ἐλάσσονος in einem engeren Kreise.

εὐαρεστέω (-στος), sp. u. N. T., 1) wohlgefallen, τινί. 2) Wohlgefallen finden, sich ergötzen, τινί woran; auch pass.

εὐ-άρεστος, 2. (ἀρέσκω), wohlgefällig, angenehm, τινί. Adv. **εὐ-αρέστως,** wohlgefällig, auf gefällige Weise, NT.; Kompar. εὐαρεστοτέρως διακεῖσθαί τινι jmdm. leichter zu Willen sein, ihn leichter zufrieden stellen.

εὐ-αρίθμητος, 2. leicht zu überzählen, wenige.

εὔ-αρκτος, 2. poet. leicht zu beherrschen.

εὐ-άρματος, 2. poet. wagenberühmt, Beiw. von Theben.

εὐαρμοστία, ἡ, gute Verbindung, Angemessenheit, Gefügigkeit, Geschmeidigkeit. Von

εὐ-άρμοστος, 2. wohlgefügt, a) gefügig, geschickt, τινί für jmdn., εἴς τι zu etwas. b) passend, harmonierend.

εὔασμα, τό, poet., u. **εὐασμός** ὁ, sp. (εὐάζω), Jubelgeschrei, bes. der Bakchanten.

εὐ-αυγής, 2. klar, weitausschauend (v. LA. zu εὐαγής).

εὐ-αφής, 2. sp. weich, gefällig.

εὐ-ᾱ́χητος, 2. poet. helltönend.

εὐ-βάστακτος, 2. (βαστάζω), ion. sp. leicht zu tragen, leicht beweglich.

εὔβᾰτος, 2. zugänglich, leicht überschreitbar.

Εὔ-βοια, ἡ (βοῦς). 1) Euboia, Insel des Ägäischen Meeres, durch den Eurīpos vom Festlande getrennt, jetzt *Negroponte*, mit den Vorgebirgen Artemision (Gefecht 480 v. Chr.) u. Kenäon, im W. mit fruchtbaren Ebenen, τὰ κοῖλα genannt. An ihrer Südküste lag die Stadt Karystos, die Hauptstadt war Chalkis am Eurīpos. Der Einw. ὁ **Εὐβοεύς.** Adj. **Εὐβοϊκός** u. **Εὐβόειος,** Fem. **Εὐβοιίς** u. **Εὐβοΐς,** Gen. οἴδος u. οἶδος, ἡ. 2) Name einer Stadt in Sizilien.

εὐβοΐς, ίδος, ἡ, sp. die (euböische) Kastanie.

εὔ-βοτος, 2. (βοτόν), 1) ep. mit gutem Weidevieh, rinderreich. 2) buk. wohlgenährt.

εὔ-βοτρυς, υ, Gen. υος, poet. traubenreich.

εὐβουλία, ἡ, Wohlberatenheit, Klugheit, guter Entschluß, abs. u. περί τινος. Von

εὔ-βουλος, 2. wohlberaten, einsichtsvoll.

Εὔβουλος, Name a) eines athen. Archon Ol. 96, 3 = 394 v. Chr. b) eines athen. Dichters der mittleren Komödie um 376 v. Chr. c) eines athen. Redners u. Staatsmanns, Gegners des Demosthenes, Urhebers des Antrags, alle Überschüsse zur Theaterkasse zu verwenden, u. wer sie für die Kriegskasse beanspruchen wollte, solle hingerichtet werden. Er verteidigte den Meidias u. Äschines gegen Demosthenes (π. παραπρεσβείας); er war selbst bei der Friedensunterhandlung 346 von Philipp gewonnen u. starb 330 v. Chr.

εὐ-γᾱθής, 2. dor. poet. fröhlich.

εὐ-γάθητος, 2. dor. st. εὐγήθητος, poet. Freude [erregend.

εὐγένεια, ἡ (εὐγενής), poet. **εὐγενία,** edle Abkunft, auch im Plur. Übertr. das Edle, der edle Geist der Rede.

εὐ-γένειος, 2. (γένειον), ep. **ἠυγένειος** (auch sp.), mit schönem d. i. starkem Barte, od. mit schöner, starker Mähne.

εὐ-γενέτης, ὁ, poet. = εὐγενής.

εὐ-γενής, 2. (Adv. sp. -ῶς) (γένος), edelgeboren, von edlem Geschlechte, von edler Art, überh. was einem Edlen angehört, dah. auch vom edlen Äußern u. vom Charakter, edelgesinnt, hochsinnig, edel; εὐγ. ἄμπελος Edelrebe.

εὔ-γεως, ων, att. st. εὔγειος, sp. mit gutem, fruchtbarem Boden.

εὐγηρία, ἡ, ein glückliches Alter.

εὔ-γλωσσος, 2. poet. sp. wohlredend, schön singend.

εὐγλωττία, ἡ, poet. sp. Zungenfertigkeit.

εὖγμα, τό (εὔχομαι), 1) ep. stolzes Wort, Großprahlerei. 2) poet. Gebet, Gelübde.

εὔ-γναμπτος, 2. (γνάμπτω), ep. gut, schön gebogen.

εὐγνωμονέω, sp. billig, einsichtsvoll sein. Dazu

εὐγνωμοσύνη, ἡ, 1) billige Denkart, Wohlwollen. 2) Klugheit, Einsicht.

εὐ-γνώμων, 2.. Adv. **-μόνως,** wohlverständig, einsichtsvoll, billig; mild, ruhig, ohne Bitterkeit, mit Gelassenheit, εὔγνωμόν (ἐστι) mit folg. Inf. es ist billig, daß. Subst. ὁ εὐγνώμων ein billiger Beurteiler; τὸ εὔγνωμον Billigkeit.

εὔ-γνωστος, 2. (γιγνώσκω), leicht sichtbar, kenntlich.

εὔ-γομφος, 2. poet. gut zusammengenagelt, wohl verbunden.

εὐγονία, ἡ, glückliche Kinderzeugung.

εὔ-γραμμος, 2. sp. schön gezeichnet, mit schönen [Linien.

εὐ-γώνιος, 2. (γωνία), geradwinkelig.

εὐ-δαίδαλος, 2. poet. kunstvoll gearbeitet.

εὐδαιμονέω, glücklich, gesegnet sein, Glück haben, wohlhabend sein.

εὐδαιμονία, ion. **-ίη,** ἡ, **1)** Glück, Glückseligkeit, ἐν πάσῃ εὐδ. οἰκεῖν in vollkommener Glückseligkeit leben, abs. u. ἔν τινι od. περί τινα, z. B. πολλὴ εὐδ. ἂν εἴη περί τινα das wäre ein großer Segen für jmdn. **2)** glücklicher Zustand, auch von Tieren, glückliche Lage, Wohlstand, Wohlhabenheit. Auch personif. als Göttin.

εὐδαιμονίζω, Augm. εὐ u. ηὐ (-μων), glücklich preisen od. schätzen, überh. preisen, hochhalten, abs. u. τινά od. τί jmdn. od. etwas, τινά τινος u. ὑπέρ τινος einen wegen etwas, auch ἐπί τινι u. διά τι od. mit folg. ὅτι, Soph. OC. 144 er ist nicht vom ersten d. h. besten Los, so daß man ihn glücklich preisen könnte = sein Geschick ist gar nicht das beste, um gepriesen zu werden.

εὐδαιμονικός, 3. die Glückseligkeit betreffend, beglückend, beglückt, glückselig, τὰ εὐδαιμονικά das, worin die Glückseligkeit besteht. Adv. **εὐδαιμονικῶς,** glücklich.

εὐδαιμονισμός, ὁ, sp. das Glücklichpreisen.

εὐ-δαίμων, 2., eig. einen guten Dämon habend (vgl. Plat. Phaed. 107 D), **1)** glückselig, selig, beglückt, **2)** wohlhabend, begütert, reich, οἱ εὐδ. die Reichen.

εὐ-δάκρῡτος, 2. poet. tränenreich, beweinenswert.

Εὐδᾱμίδας, ου, ὁ, Name verschiedener Spartaner, **1)** Eud. I., Kön. von 330—300, Sohn von Archidamos III., Bruder von Agis II., Vater von Archidamos IV. **2)** Eud. II., Sohn von Archidamos IV., König im 3. Jhdt., Vater von Archidamos V. u. Agis IV. **3)** Bruder des Phöbidas, Heerführer gegen Olynth 384 v. Chr.

Εὐδάνεμος, ὁ, Heros mit Altar in Athen.

εὐ-δάπανος, 2. sp. viel Aufwand machend.

εὐ-δείελος od. **εὐ-δήελος,** 2. ep. poet. (aus δέελος, δῆλος), weit sichtbar, Beiw. von Ithaka u. a. Inseln und Städten.

εὔ-δειπνος, 2. poet. eigtl. reichlich speisend, **a)** mit reichen Totenopfern geehrt. **b)** δαίς reichlich, festlich.

εὔ-δενδρος, 2. poet. sp. baumreich.

εὔ-δηλος, 2. sehr deutlich.

εὐ-δία, ἡ (Wurz. διϜ, s. Ζεύς), **1)** gutes, stilles, heiteres Wetter, bes. von der Meeresruhe, Windstille. **2)** übertr. **a)** heitere Stimmung. **b)** ἐν εὐδίᾳ u. ὑπ' εὐδίας εἶναι in Sicherheit, im Hafen sein.

εὐ-διάβατος, 2. leicht zu überschreiten.

εὐ-διάβολος, 2. (διαβάλλω), leicht zu verleumden, übler Deutung ausgesetzt, πρός τινα bei jmdm.

εὐδιαίτερος, 3., s. εὔδιος.

εὐ-δίαιτος, 2. (δίαιτα), mäßig lebend, solid.

εὐ-διαλλάκτως, Adv. sp. leicht versöhnlich.

εὐ-διάλυτος, 2. leicht zu trennen, zu vernichten.

εὐδιᾱνός, 3. poet. wärmend.

εὐ-διάφθορος, 2. sp. leicht zu verderben, leicht zu bestechen.

εὐδιεινός, 3. **1)** = εὔδιος. **2)** durchwärmt.

εὐδιέστατος, 3., s. εὔδιος.

εὐδῑκίη, ἡ (δίκη), ep. poet. sp. Gerechtigkeit, gerechter Richterspruch, dah. im Plur. εὐδικίας ἀνέχειν Gerechtigkeit handhaben.

εὐ-διοίκητος, 2. sp. leicht verdaulich.

εὔ-διος, 2., (s. εὐδία), Komp. εὐδιαίτερος, Superl. ion. εὐδιέστατος, still, ruhig, heiter.

εὔ-δμητος, gew. ἐΰδμητος, 2. ep. (δέμω), wohl, schön gebaut.

εὐδοκέω, sp. N. T. (vgl. δοκέω), Wohlgefallen an etwas haben, zu etwas entschlossen sein.

εὐδοκία, ἡ, sp. N. T. guter Wille, Wohlgefallen, Wunsch.

εὐδοκιμέω, Augm. εὐ u. ηὐ, u. **εὐδοξέω,** in gutem Rufe, in Ehren stehen, angesehen, berühmt sein, Lob verdienen, Beifall finden, sich einen Namen erwerben, sich auszeichnen, τὸ εὐδοκιμεῖν die Ehre. Dav.

εὐδοκίμησις, ἡ, auch im Plur., das in Ehren Stehen. Von

εὐ-δόκῐμος, 2. in gutem Rufe stehend, hochgeachtet, angesehen, geehrt, berühmt, ruhmreich, herrlich, abs. u. ἐπί od. ἔν τινι, εἴς τι in od. wegen etwas.

εὐ-δοξέω, in gutem Rufe stehen, berühmt, ausgezeichnet sein.

εὐδοξία, ἡ, auch im Plur., **1)** der gute Ruf, Ruhm, Ansehen, Ehre, abs. u. παρά τινι bei jmdm., u. im bes. im Plur. lobenswerte Eigenschaften. **2)** Beifall, Billigung.

εὔδοξος, 2. in gutem Rufe, berühmt. Adv. **-όξως.**

Εὔδοξος, ber. Arzt, Mathematiker u. Astronom aus Knidos, im 4. Jahrh. v. Chr.

εὐ-δρᾰκής, 2. (δέρκομαι), poet. eigtl. scharf sehend, dann überh. leicht wahrnehmend, hörend, πάντων alles.

εὐδρομέω, sp. (εὔ-δρομος schnell laufend), schnell laufen.

εὔ-δροσος, 2. poet. wohlbetaut, wasserreich.

εὕδω (gew. καθεύδω), **1)** schlafen, einschlafen, schlafen gehen. **2)** ruhen, sich legen (z. B. θάλαττα). **3)** unbesorgt sein.

εὐ-έᾱνος, 2. buk. wohlgekleidet.

εὔ-εδρος, 2. **1)** poet. schön thronend. **2)** buk. mit schönen Sitzen, Ruderbänken. **3)** ion. gut, fest sitzend.

εὐ-ειδής, 2. (εἶδος), wohlgestaltet, schön.

εὔ-ειλος, 2. (εἵλη), wohlbesonnt, sonnendurchglüht, warm.

εὐ-είμων, 2. poet. schön gekleidet.

εὔειρος, poet. = εὔερος (ἔριον), schönwollig.

εὐ-έλεγκτος, 2. (ἐλέγχω), **1)** leicht zu widerlegen. **2)** leicht zu erweisen.

εὔ-ελπις, ι, Gen. ιδος, **1)** hoffnungsvoll, hoffnungsfreudig, guter Hoffnung, absol. od. τινί auf etwas, od. ἐπί τινι in etwas, πρός τι in Absicht auf etwas, od. mit Inf. **2)** Hoffnung erweckend.

εὐελπιστία, ἡ, gute Hoffnung.

εὐ-εξάλειπτος, 2. leicht auszustreichen.

εὐ-εξαπάτητος, 2. (ἐξαπατάω), leicht zu täuschen.

εὐ-εξέλεγκτος, 2. = εὐέλεγκτος.

εὐεξία, ἡ (εὐέκτης; εὖ, ἔχω), die gute Beschaffenheit, insbes. die gute körperliche Verfassung, der normale Zustand von Leib u. Seele, das Wohlbefinden, auch im Plur.

εὐ-έξοδος, 2. poet. mit gutem od. leichtem Ausgange, woraus leicht herauszukommen.

εὐέπεια, ἡ, **1)** Wohlredenheit, Beredsamkeit. **2)** hübscher Gruß, frommer Wunsch. Von

εὐ-επής, 2. (ἔπος), wohlredend, ion. wohlgesprochen, λόγος.

εὐ-επία, poet. = εὐέπεια, s. d.

εὐ-επίβατος, 2. sp. leicht zugänglich, zu ersteigen.

εὐ-επιβούλευτος, 2. (ἐπιβουλεύω), Anschlägen leichter ausgesetzt.

εὐ-επίθετος, 2. (ἐπιτίθεμαι), leicht anzugreifen, Angriffen ausgesetzt, τινί für jmdn.

εὐ-επιχείρητος, 2. sp. leicht anzufassen, anzugreifen.

εὐεργεσία, ion. **-ίη,** ἡ (εὐεργετέω), **1)** gute, edle Handlungsweise, das Guthandeln, die sittlich gute Tat, Gegensatz ἀδίκημα. **2)** im bes. Guttat, Wohltat, guter Dienst, Verdienst, Wohltätigkeit, abs. u. εἴς τινα gegen jmdn., εὐεργεσίαν προσφέρειν od. καταθέσθαι ἔς τινα jmdm. eine Wohltat erweisen, ἀπὸ τοῦδε bei folgender Veranlassung, ψηφίζεσθαί τινι εὐεργεσίαν jmdm. den Titel εὐεργέτης zuerkennen.

εὐεργετέω, Augm εὐε- u. εὐη-, gut handeln, **Gutes tun,** Wohltaten erweisen, τινά sich um einen verdient machen, ihm wohltun, τινά τι, z. B. τινὰ μεγάλα einem große Wohltaten erzeigen, τινός u. ἀντί τινος für etwas. Pass. Wohltaten erhalten, ὑπό τινος von jmdn., u. zwar τί, z. B. μείζονα größere Wohltaten.

εὐεργέτημα, τό = εὐεργεσία, 2.

εὐ-εργέτης, ου, ὁ (-εργος), Wohltäter, wohlverdienter Mann, ein Mann, der gute Dienste geleistet hat, auch als Adj. mit ἀνήρ, abs. od. τινός u. τινί. Im bes. ein Ehrentitel für verdiente Männer bei Persern und Griechen; auch führten ganze Völker, wie die Ariasper, und ebenso einzelne Fürsten, z. B. Ptolemaios III., diesen Namen. Dazu

εὐεργετικός, 3. wohltuend, wohltätig.

εὐεργέτις, ιδος, ἡ, Fem. zu εὐεργέτης.

εὐεργής, 2. (St. ἐργ, s. ἔρδω), ep. **1)** wohl, gut od. sorgfältig gearbeitet od. gemacht. **2)** leicht zu bearbeiten, χρυσός. **2)** wohlgetan, ntr. pl. εὐεργέα Wohltaten. [(var.)

εὐεργίη, ἡ, ep. Gen. pl. -ιέων, gerechtes Handeln

εὐ-εργός od. **εὔ-εργος,** 2. (St. ἐργ), **1)** akt. gut od. recht handelnd. **2)** pass. leicht zu behandeln, leicht zu bearbeiten, zu bestellen.

εὐ-ερκής, 2. (ἕρκος), wohl umhegt, wohl umzäunt, wohl verwahrt.

εὐ-ερνής, 2. (ἔρνος), poet. gut, fröhlich aufsprossend.

εὔ-ερος, 2. (ἔριον), poet. schönwollig (versch. LA. εὔειρος).

***Εὐεσπερίδες,* αἱ,** Stadt an der Küste von Kyrene, jetzt *Benghâzi.* Die Einw. ***Εὐεσπερῖται,* οἱ.**

εὐ-εστώ, οῦς, ἡ (St. ἐς, εἰμί), ion. u. poet. das Wohlbefinden, die Glückseligkeit.

εὐετηρία, ἡ (ἔτος), fruchtbares, gesegnetes Jahr, Überfluß an Lebensmitteln; dann allgem.: Glück, Segen, Glücksgüter.

εὐ-εύρετος, 2. leicht zu finden.

εὐ-έφοδος, 2. leicht zugänglich, leicht zu ersteigen, leicht anzugreifen.

εὐζηλία, ἡ, sp. glückliches Streben.

ἐύ-ζυγος, 2. (ζυγόν), ep. wohlgejocht, vom Schiffe: mit guten Ruderbänken, überh. fest verbunden, dauerhaft.

εὔζωμον, τό, Rauke (e. Art Kohl), Würzkraut.

εὔ-ζωνος, ep. **ἐύζωνος,** 2. (ζώνη), **1)** ep. schön gegürtet, wohlgegürtet, Beiw. von edlen Frauen. **2)** wohlgegürtet, d. h. hochgegürtet, von Männern, die sich leichter bewegen wollen, dah. leicht geschürzt zur Reise, u. insbes. gerüstet zum Kampf, abs. u. πρὸς τὴν μάχην, auch von Wagen, ἅρματα. **3)** überh. flink, beweglich, rüstig, bereit, leicht, bes. von den Leichtbewaffneten.

εὔ-ζωρος, 2. poet. sp. ganz ungemischt.

εὐ-ηγενής, 2. ep. u. buk. = εὐγενής (wenn nicht bei Hom. εὐ-ηφενής [ἄφενος] reich zu lesen ist).

εὐηγεσίη, ἡ (ἡγέομαι), ep. glückliche Leitung, segensreiche Regierung.

εὐηγορέω, poet. dor. εὐᾱγ., rühmen, preisen.

εὐήθεια, ion. u. poet. **-είη, -ίη** u. **-ία, ἡ,** Gutmütigkeit, Arglosigkeit, Schlichtheit, Einfalt, Torheit, εὐήθεια τοῦ πολέμου schlichte, gemütliche Kriegführung. Von

εὐ-ήθης, 2., Adv. **-ήθως** (ἦθος), gutmütig, treuherzig, einfältig, töricht, albern.

εὐηθία, u. ion. **-ίη,** s. εὐήθεια.

εὐηθίζομαι, einfältig reden.

εὐηθικός, 3., Adv. **-κῶς,** dem εὐήθης eigen, gutmütig, einfältig.

εὐ-ήκης, 2. (ἀκή), ep. wohlgespitzt, sehr scharf.

εὐηκοέω (εὐήκοος), τινός gerne jemand willfahren.

εὐηκόως, Adv. willig, gern.

εὐηλάκατος, 2. mit schöner Spindel.

εὐ-ήλατος, 2. (ἐλαύνω), leicht zu befahren od. zu bereiten, τὰ εὐήλατα wo man leicht zu Pferde hinkommen kann, freie, ebene Gegenden.

εὐ-ήλιος, dor. **εὐάλιος,** 2., Adv. **-λίως** (ἥλιος), gut besonnt, πῦρ der Sonne helleuchtendes Feuer.

εὐημερέω (ἡμέρα, εὐήμερος), heitere Tage haben, glücklich sein, Glück haben, bes. im Kampfe; Soph. OC. 616 wenn auch für Theben die (politischen) Beziehungen zu dir jetzt günstig sind (d. h. zwischen Th. u. dir). Dazu

εὐημέρημα, τό, das gute Gelingen, der Sieg.

εὐημερία, ἡ, heiterer Tag, Glück.

***Εὐήμερος,* ὁ,** Euhemeros, kyrenäischer Philosoph am makedon. Hof Kassanders, welcher in seiner ἱερὰ ἀναγραφή, Urgeschichte, die Ansicht vertrat, die Götter seien ursprünglich Menschen gewesen, die nach ihrem Tode göttliche Ehre erhalten hätten, ihre Grabstätte sei die älteste Kultstätte (vgl. Grab des Zeus auf Kreta). Der Römer Ennius übersetzte diese Schrift.

εὐ-ήνεμος, dor. **εὐ-άνεμος,** 2. (ἄνεμος), poet. u. sp. gut durchweht, luftig.

εὐ-ήνιος, 2. leicht zu lenken.

Εὔ-ηνος,* ὁ, 1)** Sohn des Okeanos u. der Tethys, Stromgott in Ätolien; der Fluß Euēnos, später Lykormas, jetzt *Fidhari* in Ätolien. **2)** Sohn des Ares u. der Demonīke, Vater der Marpessa, die deshalb ***Εὐηνίνη [ῑ] heißt. **3)** Dichter u. Sophist aus Paros, Zeitgenosse u. Lehrer des Sokrates. **4)** sonst. Eigenname.

εὐ-ήνωρ, ορος, ὁ, ἡ, ep. (ἀνήρ), mannhaft, Männer wappnend, stärkend,

εὐ-ήρᾰτος, 2. poet. liebenswürdig, vielgeliebt.

***Εὐηρείδης,* ὁ,** buk. Sohn des Eueres, d. i. Teiresias.

εὐ-ήρετμος, 2. (ἐρετμός), poet. mit Rudern wohl versehen, **1)** schnellfahrend. **2)** gut rudernd.

εὐ-ήρης, 2. (St. ἀρ, ἀραρίσκω), ep. poet. u. sp. gut gefügt, wohl gepaßt, handlich, Beiw. des Ruders u. des Ruderns.

εὐ-ήρῠτος, 2. (ἀρύω), ep. leicht zu schöpfen.

εὐ-ήτριος, 2. schön gewebt.

εὐ-ηφενής, 2. (ἄφενος), ep. wohl begütert, reich.
εὐ-ήχητος, 2. poet., = εὐάχητος helltönend.
εὐ-θάλασσος, 2. poet. sp. seegewaltig, die See gut ertragend; δῶρον Gabe des herrlichen Meeres.
εὐ-θᾰλής [buk. auch ᾰ], 2. poet. u. sp. schön sprossend, blühend.
εὐθανασία, sp. leichter, schöner Tod.
εὐθανατέω, sp. einen leichten, schönen Tod haben.
εὐθαρσέω, unerschrocken sein. Von
εὐ-θαρσής, 2., Adv. **-ῶς** (**θάρσος**), guten Mutes, wohlgemut, mutig, beherzt, getrost, unverzagt; Sup. -έστατος.
εὐ-θενέω u. **εὐθηνέω** (verw. lat. *prae-gnans*), **1)** Akt. **a)** sich in guten Umständen befinden, gedeihen, μεγάλως hoch in Blüte stehen. **b)** Überfluß haben an etwas, gesegnet sein mit etwas, **τινί. 2)** Med. mit Aor. pass. ηὐθενήθην, an Macht wachsen, blühen.
εὐ-θεράπευτος, 2. (**θεραπεύω**), leicht durch Gefälligkeiten zu gewinnen, leicht zu verpflichten.
εὐθετέω, taugen, passen, geeignet sein.
εὐθετίζω, ep. sp. zurechtsetzen, in Ordnung bringen, τί.
εὔθετος, 2. (τίθημι), poet. u. sp. gut gesetzt, passend, bequem.
εὐ-θεώρητος, 2. (θεωρέω), sp. leicht zu erkennen, [leicht einzusehen.
εὐθέως, s. εὐθύς.
εὔ-θηλος, 2. (**θηλή**), poet. mit vollem Euter.
εὐθημοσύνη, ἡ, die gute Ordnung, gute Einrichtung. Von
εὐθήμων, 2. (τίθημι), ordnend, ordnungsliebend.
εὐθηνέω, ep. ion. u. sp. Nebenf. zum att. u. seit Aristot. allgem. εὐθενέω, s. d.
εὐθήρᾱτος, 2. poet. sp. leicht zu jagen, zu erlangen.
εὔ-θηρος, 2. (**θήρα**), poet. sp. glücklich auf der Jagd, glücklicher Jäger.
εὔ-θλαστος, 2. (**θλάω**), leicht zu zerquetschen, zu zerdrücken.
εὐ-θνήσιμος, 2. (**θνήσκω**), poet. einen leichten, schnellen Tod bereitend.
εὔ-θοινος, 2. poet. mit γέρας Ehrenbezeugung durch ein reiches Opfermahl.
εὔ-θραυστος, 2. sp. = εὔθρυπτος.
εὔ-θριγκος, 2. poet. mit gutem Sims, gut eingefaßt.
εὖθριξ, meist poet., ep. **ἐύ-θριξ, τριχος,** ὁ, ἡ, schönmähnig, schönhaarig, schöngefiedert.
ἐύ-θρονος, 2. ep. schön thronend.
εὔ-θρυπτος, 2. (**θρύπτω**), sp. leicht zu zerbrechen, zerbrechlich, morsch.
εὐθύ, Adv. s. **εὐθύς.**
εὐθύ-γραμμος, 2. sp. gradlinig.
Εὐθύ-δημος, **1)** athen. Feldherr, der den Frieden des Nikias mit unterzeichnete u. mit diesem den Feldzug nach Syrakus machte. **2)** Sophist aus Chios, der eine Zeit in Thurii u. dann in Athen lehrte; nach ihm ist ein Platon. Dialog benannt. **3)** Sohn des Diokles, ὁ Καλός genannt, Freund u. Schüler des Sokrates. **4)** S. des Kephalos, Bruder des Lysias. **5)** sonst. Eigenname.
εὐθυ-δίκαιος, 2. poet. streng gerecht.
εὐθύ-δικος, 2. (δίκη), poet. gerecht richtend, gerecht.
εὐθυδρομέω, N. T. sp. geraden Weges wohin fahren.
εὐθυ-εργής, 2. sp. geradlinig gearbeitet.
εὐθυμαχία, ἡ, sp. offene Schlacht.
εὐθῡμέω, abs. guten Mutes, gnädig sein; erfreuen. Med. gutes Mutes, fröhlich, voll innern Friedens und Freudigkeit sein, sich erfreuen, abs. u. ἐπί τινι.
εὐθῡμία, ἡ, guter Mut, Frohsinn, Heiterkeit, im Plur. Ergötzungen, Ergötzlichkeiten.
εὔθῡμος, 2., Adv. **-θύμως,** Komp. -ότερον, **1)** ep. gütig. **2)** wohlgemut, mit Seelenruhe, heiter, munter, eifrig, mutig; τὸ εὔθ., sp. Mut, Freudigkeit.
εὐθῦνα, att., auch **εὐθύνη,** ἡ, im Plur. **εὔθυναι** und **εὐθῦναι,** αἱ (εὐθύνω). **1) Rechenschaftsablegung,** τινός über etwas, od. mit folg. ὡς, die jeder gewählte Beamte, Gesandte u. außerordentliche Beauftragte am Ende seiner Verrichtungen ablegen mußte. Man nannte dies εὐθύνας ἔχειν, ὑπέχειν διδόναι, u. sie abverlangen εὐθύνας ἀπαιτεῖν. Den, der schlecht dabei bestand, traf Atimie. Dah. **2) Prozeß** wegen der abgelegten Rechenschaft. **3)** überh. **Rechenschaft. 4)** bei Platon auch Züchtigung der Schuldigen.
εὐθῦνος, ὁ, der Untersucher, Richter, in Athen zehn Nebenbeamte (Kontrolleure) der Logisten, Oberrevisoren aller mit öffentlichen Kassen betrauten Beamten.
εὐθυντήρ, ῆρος, ὁ, poet. Lenker; Züchtiger, auch adj.
εὐθυντηρία, ἡ poet. Steuerlager, Steuerangeln, auf welchen das Steuer befestigt war u. gedreht wurde.
εὐθυντήριος, 3. poet. geradeausrichtend, lenkend, gebietend. Zu
εὐθύνω, ion. u. poet. **ἰθύνω,** (εὐθύς). **1)** Akt. u. Pass. **a) gerade machen, richten,** abmessen. Pass. ἵππω ἰθυνθήτην die Rosse stellten sich wieder gerade an der Deichsel, **b)** übertr. τινά od. τί jmdn. od. etwas gerade machen, d. i. tadeln, anklagen, bestrafen, τινί mit etwas, τινός wegen etwas, **c)** gerade darauf los richten, lenken, führen, leiten, ἐπί, παρά τι auf etwas hin od. mit Ortsadvv. ὁ εὐθύνων Lenker, Steuermann. **2)** Med. richten.
εὐθυπλοκία, ἡ, gerades Geflechte.
εὐθυπορέω (**εὐθύπορος**), poet. gerade fortgehen, übertr. **πότμος** das glücklich dahinsegelnde Geschick.
εὐθυρρημονέω, sp. gerade heraus reden. Von
εὐθυ-ρρήμων, 2. sp. gerade heraus redend, alles beim wahren Namen nennend.
εὔ-θυρσος, 2. poet. **νάρθηξ,** schön, indem **θύρσος** synonym mit **νάρθηξ** ist.
εὐθύς, εῖα, ύ, ep. ion. poet. sp. **ἰθύς,** εῖα u. έα, ύ [ῑ] • **1) gerade,** εὐθυτέρα ὁδός ein geraderer, d. i. kürzerer Weg; subst. ἡ εὐθεῖα • **a)** (sc. ὁδός) der gerade Weg • **b)** (sc. γραμμή) sp. als math. t. t. die Gerade • **c)** (sc. πτῶσις) sp. als gr. t. t. der Nominativ • **2)** übertr. gerade, offen, **gerecht,** τὸν ἰθὺν ἔφαινε λόγον *confessus est,* ellipt. ἡ ἰθεῖα verst. δίκη der gerechte Richterspruch. Adv. τὴν ἰθέαν oder εὐθεῖαν verst. ὁδόν *rectā,* ἐκ τῆς ἰθέης (τέχνης) geradezu, offen = ἰθέῃ τέχνῃ Herodot, πρὸς ἰθύ gerade entgegen, ἐκ u. ἀπὸ τοῦ

εὐθέος u. ἀπ' εὐθείας geradezu, gerade heraus, ἐπ' εὐθείας, ἐς εὐθύ geradeaus, offen, τὸ κατ' εὐθύ das geradeaus Liegende • Adv. **εὐθέως, εὐθύς, εὐθύ,** ep. ion. u. poet. **ἰθέως, ἰθύς, ἰθύ** • 1) vom Orte (bes. εὐθύς, ἰθύς, εὐθύ u. ἰθύ): geradewegs, *rectā*, gerade entgegen, abs. od. τινός, ἐπί τινος, ἐπί od. πρός τι u. τινα, auch gleich zunächst, gleich daneben • 2) von Zeit u. Umständen (bes. εὐθύς, εὐθέως, ἰθύς, ἰθέως): *illico*, gleich, **sogleich,** zum Beispiel (um gleich ein Beispiel anzuführen), εὐθύς — γε soeben, ἔκ τινος gleich von einer gewissen Zeit od. von Anfang an; ἐπεί, ὡς od. mit Part., sobald als. Superl. ep. ἰθύντατα in der richtigsten Weise. Dav.

εὐθύτης, ἡ, sp. N. T. die Geradheit, ῥάβδος εὐθύτητος gerechtes Zepter; Rechtschaffenheit.

εὐθύ-φρων, 2. poet. geradsinnig, wohlwollend.

Εὐθύφρων, ονος, ὁ, Mannesname, Vok. Εὐθύφρον, Person im Platon. Dialoge gleichen Namens.

εὐθυωρία, ἡ, die gerade Richtung. Von

εὐθύωρον, Adv. geradeswegs, geradeaus, geradezu; sp. auch zeitlich u. **εὐθυωρόν** betont: zur selbigen [Stunde, sofort.

εὐιάζω, poet. = εὐάζω.

εὐίλατος, 2. (ἵλεως), sp. sehr gnädig, günstig, huldvoll.

εὔιος, 2. (εὐάν), poet. u. sp. 1) εὐοῖ rufend, jauchzend, Bein. des Bakchus, der bald εὔιος Βάκχος od. θεός, bald bloß Εὔιος heißt, und εὔιον πῦρ Feuer d. i. Fackeln der Euoirufenden d. i. der Thyiaden, Jubelfeuer. 2) überh. für bakchisch.

εὔ-ιππος, 2. 1) gut zu Pferde, gut beritten. 2) poet. mit schönen Rossen versehen, rossereich, ritterlich, stolz, δῶρον die Gabe schöner Rosse.

εὐ-καθαίρετος, 2. leicht zu überwältigen.

εὐ-κάθεκτος, 2. (κατέχω), leicht in Ordnung zu halten, leicht zu regieren.

εὐκαιρέω, sp. N. T. gute Zeit, Muße, Gelegenheit [haben.

εὐκαιρία, ἡ, 1) die rechte, schickliche Zeit. 2) ein richtiges, inhaltsreiches Leben. 3) übertr. Wohlstand, Reichtum, Macht. Von

εὔ-καιρος, 2., Adv. **-καίρως,** Komp. -ρότερον, zeitgemäß, zur rechten Zeit, passend.

εὐ-κάματος, 2. poet. mühelos.

εὐ-καμπής, 2. (κάμπτω), ep. wohl, schön gebogen, sp. auch biegsam, gewandt. [standhaft.

εὐ-κάρδιος, 2., Adv. **-ίως,** poet. beherzt, mutvoll,

εὐκάρπεια, ἡ, poet., u. **εὐκαρπία** ἡ, Fruchtbarkeit.

εὔ-καρπος, 2. früchtereich, fruchtbar.

εὐ-κατάλυτος, 2. leicht zu beseitigen, mit Komp. -τώτερος.

εὐ-καταφρόνητος, 2. leicht zu verachten, unerheblich, unbedeutend, οὐκ εὐκατ. ἐστι es ist nicht mit ihm zu scherzen, abs. u. ἔν τινι.

εὐ-κατέργαστος, 2. (κατεργάζομαι), 1) leicht auszuführen; leicht zu bezwingen. 2) leicht zu verarbeiten, verdaulich.

εὐ-κατηγόρητος, 2. leicht anzuschuldigen.

εὐ-κέατος, 2. ep. buk. st. εὐκέαστος (κεάζω), gut [gespalten.

εὐ-κέλαδος, 2. poet. wohltönend.

εὔ-κερως ων, att. st. εὐκέραος (κέρας), poet. wohl- [gehörnt.

εὔκηλος, dor. εὔκᾶλος, s. ἕκηλος.

εὐ-κίνητος [ῑ], 2. leicht beweglich, behend, gewandt; reizbar.

εὐ-κίων [ῑ], 2. poet. mit schönen Säulen.

εὔκλᾶρος, 2. poet. mit gutem Los, glücklich.

εὐ-κλεής, ep. **ἐυκλ., εὐκλειής** u. **-κληής,** 2., Acc. sing. εὐκλέα st. εὐκλεέα, εὐκλεᾶ, u. Acc. plur. εὐκλέᾶς u. ἐυκλεῖας st. εὐκλεέας (κλέος), ruhmvoll, ehrenvoll, berühmt, gepriesen, herrlich. Adv. **εὐκλεῶς,** ep. **ἐυκλειῶς,** in gutem Rufe stehend, rühmlich, ruhmvoll, bes. τελευτῆσαι u. ähnl.

εὔκλεια, att. auch **εὐκλεία,** ep. **εὐκλείη,** ἡ 1) guter Ruf, **Ruhm,** Berühmtheit, auch iron. ein schöner Ruhm. πᾶσαν ἐυκλ. φέρων mit jedem höchsten Ruhm geschmückt, ἐυκλείας ἐπιβῆσαί τινα einen zum Ruhm erheben. 2) Beiname der Artemis, d. h. die Ruhmvolle. Ihr Fest hieß *Εὔκλεια, τά.*

Εὐκλείδης, ου, 1) einer der Dreißig in Athen im J. 404. 2) athen. Archont im Jahr der Amnestie 403: Wiederherstellung der Solonischen Verfassung, Einführung des neuen ionischen Alphabets mit 24 Buchstaben u. a. m. 3) aus Megara, einer der ältesten u. treusten Schüler des Sokrates, Begründer der megarischen Philosophenschule (Ἐριστικοί od. Διαλεκτικοί, οἱ ἀπ' Εὐκλείδου). 4) berühmter alexandrinischer Mathematiker, um 295 v. Chr., Verfasser der berühmten Στοιχεῖα (*Elementa*) u. der astronomischen Φαινόμενα.

εὐκλεΐζω, Aor. εὐκλέισα, poet. rühmen, preisen, verherrlichen.

ἐυκληΐς, -ῖδος, ἡ (κληΐς), ep. wohlverschlossen. (ἀραρυῖα festgefügt, andere: ἐὺ κληῖσ' ἀραρυῖα mit Riegeln versehen.)

εὐκλήρημα, τό, sp. gutes Los, glückliches Geschick.

εὔκληρος, 2. poet. glücklich.

ἐυ-κνήμῑς, ῖδος, ὁ, ἡ, ep. nur im Nom. u. Acc. pl. wohlbeschient (v. κνημίς, ῖδος, od. v. κνήμη, Wade: mit wohlgebildeten Beinen, Waden).

εὐ-κοινόμητις, ὁ, ἡ, poet. durch gemeinsame Beratung gut sorgend.

εὐκολία, ἡ, a) Anspruchslosigkeit im Essen, Genügsamkeit, περί τι in etwas. b) Leichtigkeit (auch Begabung, πρός τι), überhaupt Gefälligkeit, Freundlichkeit, πρός τι. Von

εὔ-κολος, 2., Adv. **-κόλως,** ώτερον, genügsam, anspruchslos, innerlich zufrieden, heiter, vergnügt; ohne Beschwer, leicht, gern. εὐκόλως ἔχειν πρός τι geneigt sein zu etwas.

εὐ-κομῐδής, 2. (κομιδή), ion. wohlgehalten.

εὔ-κομος, 2. poet. schönhaarig, schönwollig.

εὔ-κομπος, 2. poet. lärmend.

εὔ-κοπος, 2. sp. u. N. T. leicht, mühelos, Komp. -κοπώτερον.

εὐ-κόσμητος, 2. ep. = εὔκοσμος.

εὐκοσμία, ἡ, gute Ordnung oder Einrichtung, im bes. ordentliches Betragen, Sittlichkeit, Sittsamkeit.

εὔ-κοσμος, 2., Adv. **-κόσμως,** schön geordnet, schmuckvoll, wohlgeschmückt (Eur. Bacch. 235 v. l. εὐόσμιος). Subst. τὸ εὔκοσμον gesetztes Wesen, ὡς εὐκοσμότατα so geschmückt als möglich.

εὔ-κραιρος, 2. poet. schön gehörnt.

εὐκρασία, ἡ, gute Mischung, milde Temperatur, mildes Klima.

εὔ-κρᾱτος, 2. gut gemischt, temperiert. [reich.

εὔκρηνος, 2. poet. mit schönen Quellen, quellen-

εὔ-κριθος, 2. buk. gerstenreich.
εὐ-κρίνεια, ἡ, Reinheit, Gesundheit, Frische.
εὐκρινέω, wohl auslesen, aussuchen. Von
εὐ-κρινής, 2., Adv. **-ῶς** (κρίνω), wohlgeordnet, **a)** rein, gesund, in Ordnung (vom Körper). **b)** deutlich, πάντα εὐκρινέα ποιέεσθαι alles in gute Ordnung bringen.
εὔ-κριτος, leicht zu entscheiden, deutlich.
εὐ-κρότητος, 2. (κροτέω), poet. gut mit dem Hammer getrieben.
εὔ-κρυπτος, 2. (κρύπτω), poet. leicht zu verbergen.
εὐκταῖος, 3. (εὔχομαι), poet. **1)** geweiht, gelobt, *votīvus,* z. B. zur Opferung, erfleht, ein Gelübde, Gebet enthaltend, εὐκτ. χάρις Weihgeschenk. Subst. εὐκταῖα (Gelübde) φαίνων d. i. das, was er gelobt hat, leistend. **2)** angefleht, Θέμις angerufen zur Zeugin der Versprechungen des Iason. **3)** wünschenswert.
εὐ-κτέανος, 2. poet. wohlhabend. [u. and.
Εὐκτήμων, ονος, Archont in Athen im J. 408,
εὐκτικός, 3. sp. wünschend; als gramm. t. t. ἡ εὐκτική (sc. ἔγκλισις), der Optativ.
ἐυ-κτίμενος, 3. ep., u. **ἐύ-κτιτος,** 2. ep. (St. κτι, κτίζω), wohlgebaut, wohlbewohnt, wohlangelegt, wohlbestellt.
εὐκτός, 3. (εὔχομαι), **1)** ep. gewünscht, erwünscht. **2)** wünschenswert.
εὔ-κυκλος, 2. wohl, schön gerundet, besond. vom Schild; mit schönen Rädern.
εὐλάβεια, ἡ, in crasi ηὐλάβεια, **1)** Vorsicht, Bedächtigkeit, Unentschlossenheit, Vorsorge, Klugheit, Gewissenhaftigkeit, Scheu, τῶν πεπραγμένων im Handeln, πρός τινα u. τι Scheu vor jmdm. od. etwas. **2)** im N. T. Gottesfurcht, Furcht.
εὐλαβέομαι, εὐλαβήσομαι, ηὐλαβήθην, ηὐλάβημαι, **1)** sich in acht nehmen, sich hüten vor; Bedenken tragen, scheuen, fliehen. **2)** poet. in Obhut nehmen, Sorge tragen, wachen.
εὐλαβής, 2., Adv. **-ῶς,** Komp. -εστέρως (λαβεῖν), **1)** vorsichtig anfassend oder verfahrend, bedächtig, schüchtern, abs. u. περί τι bei etwas, τὸ εὐλαβές die Gewissenhaftigkeit. **2)** N.T. fromm.
εὐλαβίη, ἡ, poet. = εὐλάβεια. [λάκα).
εὐλάζω, Fut. εὐλάξω, dor. εὐλαξῶ, pflügen (s. εὐ-
Εὐλαῖος, ὁ, Fluß in Susiana, der in den Pers. Meerbusen mündet. Ulaï, pers. Choaspes.
εὐλάκα, ἡ, dor. poet. (vgl. αὖλαξ), Pflugschar, ἀργυρέᾳ εὐλάκᾳ εὐλάζειν in e. Orakel: mit silb. Pfl. pflügen = Hungersnot haben.
εὔλειμος, 2. poet. u. **εὐ-λείμων,** 2. ep. auenreich.
ἐύ-λεκτρος, 2. (λέκτρον), poet. wohl zum Ehebett geeignet, reizend, holdselig, Beiw. der Kypris: lagerhold, d. h. Liebe zu reizenden Bräuten erweckend.
εὔ-λεξις, 2. sp. sich gut ausdrückend.
εὐλή, ἡ (Wurz. Ϝελ, Ϝλη, winden, sich winden, mit ἐ proth.), Wurm, Made, nur im Plur.
εὔ-ληπτος, 2., Adv. **-λήπτως,** Superl. -πτότατα (λαμβάνω), leicht zu fassen oder zu bekommen, leicht zu überwältigen, bequem.
εὔληρα, τά (Wurz. Ϝελ, Ϝλη, sich winden, mit ἐ proth. ἐ-Ϝλη-ρον, = lat. *lorum,* f. *vlo-rum*), ep. Zügel, Zaum.
εὐ-λίμενος, 2. mit schönem Hafen.

εὐλογέω (εὔλογος), **1)** preisen, τινά, πλεῖστ' ἐπαίνοις im schönsten Ruhme hochpreisen. **2)** sp. u. N. T. segnen, beglücken.
εὐλογητός, 3., sp. N. T. gepriesen.
εὐλογία, ἡ (εὐλογέω), **1)** Lobpreisung, Lob. **2)** schöner Ausdruck. **3)** N. T. Schönrednerei (Ggs. χρηστολογία); Segenswunsch, Segensspruch; Segen, auch im Sinne von reichlicher Ertrag, reichliche Gabe.
εὐλόγιστος, 2. (λογίζομαι), überlegt, vernünftig. Adv. **εὐλογίστως,** verständig, ruhig.
εὔ-λογος, 2., Adv. **-λόγως,** **1)** schönklingend, bloß scheinbar, bes. von guten Vorwänden. **2)** vernünftig, aus guten Gründen, wohlbegründet, wohlvereinbar, mit gutem Grund, mit Recht, bes. εὔλογον (verst. ἐστί) mit folg. Inf. es ist natürlich. Subst. τὸ εὔλογον die Berechtigung zu etwas, τὰ εὔλογα das Natürliche. Adv. εὐλ. ἔχειν wahr sein.
εὔ-λογχος, 2. (λαγχάνω), sp. ein glückliches Los habend, spendend.
εὔ-λοφος, 2. poet. **a)** mit schönem Helmbusch. **b)** mit geduldigem Nacken.
εὔ-λοχος, 2. poet. hilfreich beim Gebären.
εὐ-λύρας, ὁ, dor. st. -ρης, poet. mit schöner Leier.
εὐλυσία, ἡ, sp. Leichtigkeit im Lösen, κοιλίας Bemühung sich offenen Leib zu erhalten. Von
εὔ-λυτος, 2. leicht aufzulösen, zu trennen; dann **a)** leicht, leicht möglich. **b)** hurtig, flink.
εὐμάθεια, ἡ, **1)** Leichtigkeit im Lernen und Auffassen. **2)** Bereitwilligkeit zum Lernen, Lerneifer.
εὐ-μᾰθής, 2. (μαθεῖν), **1)** leicht zu lernen, faßlich, verständlich, deutlich. **2)** akt. leicht lernend od.
εὐμαθίη, ἡ, poet. = εὐμάθεια. [begreifend.
Εὔμαιος, ὁ, Sohn des Ktesios, Königs der Insel Syrie, Sauhirt des Odysseus.
εὐ-μάκης, dor. st. εὐμήκης.
εὐμάρεια, -μαρία, ion. **-είη, -ίη,** ἡ (εὐμαρής), Leichtigkeit, d. i. **a)** Rührigkeit, Gewandtheit. **b)** Behaglichkeit, Wohlgefühl. **c)** Bequemlichkeit, Leichtigkeit zu nehmen, leichte Gewöhnung an etwas (πρός τι), Vorrat an etwas, εὐμαρείᾳ χρῆσθαι es bequem haben. Im bes. ion. wie das franz. *commodité* vom Stuhlgang u. Abtritt.
εὐ-μᾰρής, 2. poet. u. sp., Adv. poet. εὐμαρέως, in Prosa **εὐμαρῶς** (μάρη = χείρ), leicht, **a)** bequem, mühelos. **b)** leicht schaffend, leicht helfend, reich an Mitteln, hilfreich.
εὔμᾱρις, ιδος, ἡ, poet. orientalische Fußbekleidung für Männer.
εὐ-μεγέθης, 2. (μέγεθος), **1)** beträchtlich groß. **2)** wichtig. [Tonfall.
εὐμέλεια, ἡ (μέλος), sp. guter Gesang, schöner
εὐμένεια, ion. **-είη,** ἡ, Wohlwollen, Gnade, Huld, παρά τινος von jmdm., πρὸς τὸ θεῖον richtiges Verhalten gegen die Gottheit.
εὐμενέω, (εὐμενής), poet. buk., nur Praes. wohlgesinnt, freundlich sein.
εὐμενέτης, ου, ὁ, ep., u. **εὐ-μενής,** 2., Adv. **-ῶς,** Komp. -στέρως u. -έστερον (μένος), gutgesinnt, wohlwollend, gnädig, freundlich, gütig; glückbringend; vom Wege: leicht, bequem.
Εὐμένης, ους, ὁ, **1)** aus Kardia, Privatsekretär u. General Alexanders, von Antigonos 315 v. Chr. hin-

gerichtet. 2) Könige von Pergamon: a) Eumenes I. 263—241. b) Eumenes II. 197—159, *amicus populi Rom.*, Sohn des Attalos I., Gründer der perg. Bibliothek.

Εὐμενίδες, αἱ, euphemistischer Name der Erinyen, zunächst in Sikyon u. dann nach der Lossprechung des Orestes durch den athenischen Areopag auch in Athen, wo ihr eigentlicher Name *Σεμναί* war.

εὐμενίζομαι, Med., Impf. ηὐμενίζετο, sich (*sibi*) geneigt machen, τινά τινι einen durch etwas.

εὐ-μετάβλητος, 2. = dem folg. [beständig.

εὐ-μετάβολος, 2. (μεταβάλλω), veränderlich, un-

εὐ-μετάδοτος, 2. sp. N. T. gern mitteilend, freigebig.

εὐ-μεταχείριστος, 2. (μεταχειρίζω), leicht zu behandeln, a) leicht, bequem; τὸ εὐμ. die Leichtigkeit. b) gutmütig. c) leicht zu besiegen.

εὔ-μετρος, 2. (μέτρον), poet. wohlabgemessen.

εὐ-μήκης, 2. sehr lang, groß.

εὔ-μηλος, 2. (μῆλον), ep. poet. schafreich.

Εὔμηλος, ὁ, Sohn des thessal. Königs Admetos u. der Alkestis, Heerführer vor Troja.

εὐμηχανία, ἡ, poet. u. sp. kluger Einfall.

εὐ-μήχανος, Adv. sp. -χάνως (μηχανή), 1) akt. wer sich wohl zu raten weiß, gewandt, sinnreich, kunstreich. 2) pass. gut ersonnen.

εὐ-μίμητος, 2. leicht nachzuahmen.

εὐ-μίσητος [ῑ], 2. (μισέω), sehr zu hassen, sehr

εὔ-μιτος, 2. poet. schön-, feinfädig. [verhaßt.

εὔ-μιτρος, 2. buk. schön gegürtet.

ἐυ-μμελίης, ὁ, ep. st. εὐ-μελίης, Gen. ἐυμμελίω (μελία), mit einem guten Eschenspeer, lanzenkundig.

εὔ-μνᾶστος, 2. dor. u. poet. statt **εὔμνηστος** (μιμνήσκομαι), eingedenk; εὔμν. δεῖμα τρέφουσα in mahnender Angst. [halten.

εὐ-μνημόνευτος, 2. leicht im Gedächtnis zu be-

εὐμοιρία, ἡ, sp. 1) glücklicher Besitz. 2) gute Beschaffenheit einer Sache. Von

εὔ-μοιρος, 2. (μοῖρα), a) wohlbegabt, beglückt mit etwas. b) glücklich.

εὔ-μολπος, 2. poet. schön singend.

Εὔ-μολπος, ὁ, Sohn des Poseidon, Fürst der Thraker, Priester und Sänger. Er gründete die Mysterien in Eleusis, u. von ihm führten in Athen *οἱ Εὐμολπίδαι*, ein altes Priestergeschlecht, ihren Namen. Aus den E. wurde der Oberpriester von Eleusis, der ἱεροφάντης, gewählt.

εὐμορφία, ἡ, Wohlgestalt, Schönheit.

εὔ-μορφος, 2. (μορφή), poet. ion. sp. wohlgestaltet, auch geschmückt, geehrt. Superl. εὐμορφότατος.

εὐμουσία, ἡ, poet. u. sp. Kunstsinn, τινός für etwas. Von

εὔ-μουσος, 2. (Μοῦσα), poet. sp. wohlklingend; anmutig, reizend.

εὐνάζω u. **εὐνάω** (εὐνή), ep. u. poet. 1) trans. Akt. u. Pass. lagern, a) in den Hinterhalt legen, b) zur Ruhe bringen, beruhigen, stillen, besänftigen. 2) intr. Med. u. Pass. sich lagern, nisten, sich zu Bett legen, schlafen.

εὐ-, ἐυ-ναιετάων, άουσα od. -όωσα, άον (ναιετάω), ep. u. **εὐναιόμενος,** 3. (ναίω), ep. wohlbewohnt, reich bevölkert, wohnlich, wohlbehaglich.

εὐναῖος, 3. (εὐνή), zum Lager gehörig, ruhend, hinlagernd; ehelich. Subst. ἡ εὐναία a) das Nest. b) die Lagergenossin. c) sc. ἄγκῡρα, der als Anker dienende Stein.

εὐναστήριον u. **εὐνᾱτήριον,** s. εὐνή.

εὐνάτειρα, ἡ, poet. u. buk. Lagergenossin, fem. zu **εὐνάτας,** ου, ὁ, poet., **εὐνᾱτήρ,** ῆρος, u. **εὐνάτωρ,** ορος, ὁ, poet., Lagergenosse, Gatte.

εὐνάω = εὐνάζω.

εὐνέτης, ου, ὁ, poet. Lagergenosse, Gatte. Von

εὐνή, ἡ, mit ep. Gen. εὐνῆφι, poet. auch **εὐναστήριον, εὐνᾱτήριον** u. **εὐνητήριον, τό,** beide im Plur. = Sing. 1) a) **Lager,** von Soldaten: Lagerstelle, Lagerstätte, auch von Tieren, dah. Nest, ὕπνου γᾶς εὐναί Schlafstätten auf der Erde für die Orakelsuchenden. Im bes. **Bett,** Bettstelle, Bettkissen, b) übertr. Ehe, Gattin. 2) poet. Ruhe, Ort der Ruhe, Grab 3) (im Plur.) ep. Ruhesteine, Ankersteine, wie man sie als Steingewichte an Tauen vom Vorderteile des Schiffes ins Meer auswarf (βάλλειν), während man das Hinterschiff durch Kabeltaue am Lande (an Bäumen, Steinen) festband.

εὐνῆθεν, ep. Adv., aus dem Bette.

εὔνημα, τό, poet. Beischlaf, Ehe.

εὐνητήριον, s. εὐνή.

εὐνήτρια, ἡ, poet. Lagergenossin.

εὐνήτωρ, ορος, ὁ, s. εὐνάτήρ. [verlustig.

I. **εὖνις,** ιδος, Akk. ιν, ὁ, ἡ, ep. u. poet. beraubt,

II. **εὖνις,** ιδος, ἡ (εὐνή), poet. Gattin, junge Braut.

ἐύ-ννητος, 2. ep. st. εὔνητος (νέω), schön gesponnen, -gewebt.

εὐνοέω (εὔνοος), wohlgesinnt, günstig, gewogen sein, sich wohlwollend erweisen, τινί.

εὔνοια, ἡ, ion. **-οίη,** (εὐνοέω), gute freundliche Gesinnung, **Wohlwollen,** Zuneigung, Gunst, Gnade, Teilnahme, wohlwollender Eifer, εὔνοιαν ἔχειν Gunst besitzen, doch auch Wohlwollen beweisen od. bestätigen, τινί u. εἴς, πρός τινα gegen jmdn., ὡς εὐνοίας τις ἔχει = je nach dem Grade seiner Gunst, ἐν εὐνοίᾳ ἔχειν τι sich gegen etwas geneigt zeigen, εὔνοια u. τὰ τῆς εὐνοίας ποιεῖ das Wohlwollen äußert sich, τινί bei einem, εἴς τινα gegen einen. εὐνοίᾳ, κατ', δι' εὔνοιαν, ἐπ' εὐνοίᾳ, μετ' od. δι' εὐνοίας aus, mit Wohlwollen, Liebe, wohlmeinend. Im Plur. Beweise von Wohlwollen, διδόναι geben.

εὐνοϊκός, 3. (εὔνοος), wohlwollend; dazu Adv.

εὐνοϊκῶς, Komp. -κώτερον u. -κωτέρως, Superl. -κώτατα, wohlwollend, liebevoll, freundlich, εὐν. ἔχειν abs. u. τινί od. πρός τινα gegen jmdn. freundlich gesinnt sein.

εὐνομέομαι, augm. ηὐ u. εὐ, Dep. mit Fut. εὐνομήσομαι u. Aor. ηὐνομήθην (εὔνομος), gut verwaltet werden, wohl eingerichtet sein, zu einer bessern Ordnung kommen, eine gute Verfassung haben od. erhalten.

εὐνομία, ion. **-ίη, ἡ,** 1) gute Beobachtung der Gesetze, Gesetzlichkeit, Rechtlichkeit. 2) gute gesetzliche Ordnung, gute Verfassung.

εὔ-νομος, 2. mit guten Gesetzen versehen.

Εὔνομος, ὁ, 1) angesehener Athener, von Konon um 392 als Gesandter an den älteren Dionysios von Syrakus gesandt, 389 Flottenführer im Hellespont. 2) sonst. Eigenname.

εὔ-νοος, ον, att. **εὔ-νους,** ουν, von guter Gesinnung, wohlgesinnt, wohlwollend, freundlich gesinnt, zugetan, zugeneigt, abs. εὔνους (πολίτης) ein wohlgesinnter Bürger, Patriot. Subst. τὸ εὔνουν, treue Ergebenheit, Wohlwollen.
εὐνουχίζω, entmannen, sp. N. T., von
εὐνοῦχος, ὁ (εὐνή, ἔχω), eigentl. Betthüter, Eunuch, Verschnittener. Sie dienten in Asien als Aufseher der Weiber u. gelangten nicht selten zu hohen Stellungen im Staate: Kämmerer, Haushofmeister.
εὖντα, dor. st. ἐόντα, ὄντα s. εἰμί.
εὐνώμας χρόνος (νωμάω schwenken), gleichmäßig laufende Zeit (Vermutung in Soph. Aj. 603, wo jetzt εὐνῶμαι).
Εὔ-ξεινος, ion. poet., u. **Εὔξενος,** 2. eigentl. gastlich, u. so mit Πόντος, πόρος, οἶδμα Benennungen des Schwarzen Meeres (u. einzelner Teile desselben, wie des thrak. Bosporus), welches früher ἄξεινος das ungastliche hieß, später jedoch, als die Milesier an seinen Küsten verschiedene Kolonien gegründet hatten (ungef. 660 v. Chr.), den Namen Εὔξεινος oder Εὔξενος erhielt.
ἐΰξεστος, 3. (auch 2.) ep., **εὔ-ξεστος,** 2. sp., u.
ἐΰ-ξοος, 2. ep., Gen. auch zsgz. ἐΰξου (ξέω), wohl od. schön geglättet, poliert, glatt, gut geschliffen.
εὐξυμ- u. **εὐξυν-,** s. εὐσυμ-, εὐσυν-.
εὔ-ογκος, 2. 1) leicht zu tragen, zu handhaben, bequem, behaglich, handlich. 2) umfangreich; kernig, voll.
εὐοδέω, (εὔοδος), guten Weg, freien Lauf haben.
εὔ-οδμος, 2. poet. buk. u. sp. wohlriechend.
εὔ-οδος, 2. bequem zu gehen, gut zu bereisen.
εὐοδόω, sp. guten Weg bahnen, führen, glücklich leiten. Pass., ion. u. N. T. einen guten Fortgang haben, τινὶ εὐωδώθη τὸ πρῆγμα.
εὐοῖ, bakchischer Jubelruf: juchhei! *evoë.*
εὔ-οικος, 2. das Haus gut verwaltend, haushälterisch, wirtlich.
εὔ-οινος, 2. sp. mit gutem Weine, weinreich.
εὔ-ολβος, 2. poet. sehr glücklich od. wohlhabend.
εὔ-ομβρος, 2. sp. regenreich.
εὐ-ομολόγητος, 2. leicht zuzugeben, einleuchtend.
εὔ-οπλος, 2. (ὅπλον), wohl bewaffnet.
εὐ-όπτητος, 2. (ὀπτάω), sp. gut gebacken.
εὐοργησία, ἡ, poet. Gelassenheit.
εὐ-όργητος ον (ὀργή), Adv. **εὐ-οργήτως,** ohne Leidenschaft, gelassen, gutmütig.
εὐορκέω, 1) einen richtigen, wahren Eid leisten. 2) seine Eide redlich halten, τινί. Von
εὔ-ορκος, 2., Adv. **-όρκως,** 1) a) richtig schwörend, εἴς τινα an od. gegen jmdn. b) eidestreu, redlich, ein Mann von Wort. 2) von Sachen: dem Eide gemäß, auch im Superl. εὐορκότατον, und als Subst. τὰ εὔορκα das dem Eidschwur Gemäße, das Richtige, abs. od. mit folg. Inf., dah. εὔορκόν τινί ἐστι mit folg. Inf. es ist ihm unbeschadet seines Eides gestattet, etwas zu tun.
εὐόρκωμα, τό, poet. Eidestreue.
εὔ-ορμος, 2. ep. poet. u. sp. mit einem guten Landungs- od. Ankerplatze, bequem zum Landen.
εὔοσμος, 2. (ὀσμή), wohlduftend; vgl. εὔοδμος.
εὐ-όφθαλμος, 2. schönäugig.
εὔ-οχθος, 2. poet. stark aufgehäuft, reich, üppig.
εὐ-οψέω, sp. gute u. viele Fische haben, fischreich sein.
εὐ-παγής, 2. = εὐπηγής.
εὐπάθεια, ion. **-θείη,** ἡ, sinnliches Behagen, Wohlleben, Wohlsein, im Plur. sinnliche Genüsse, ἐν εὐπαθείῃσι εἶναι es sich wohl sein lassen.
εὐπαθέω, sich's wohl sein lassen, wohl leben, glücklich, selig sein.
εὐ-παθής, 2. (πάθος), sp. reizbar, πρός τι.
εὐπαιδία, ἡ, Besitz guter Kinder, Kinderglück.
εὔ-παις, παιδος, ὁ, ἡ, 1) ep. ion. u. poet. mit Kindern gesegnet. 2) poet. γόνος trefflicher Sohn.
εὔ-πακτος, dor. u. buk., u. **εὐπάξ,** ᾶγος, ὁ, ἡ, s. εὔπηκτος.
εὐ-πάλαιστρος, 2. sp. in der Palästra wohl geübt; übertr. gewandt, geschickt.
εὐ-πάλαμος 2. (παλάμη), poet. geschickt, erfinderisch.
Εὐπάλιον, τό, Stadt der ozolischen Lokrer.
εὐ-παραίτητος, 2. (παραιτέομαι), sp. leicht zu erbitten, versöhnlich. [εὐπ. die Verständlichkeit.
εὐ-παρακολούθητος, 2. leicht verständlich; τὸ
εὐ-παραμύθητος, 2. (παραμυθέομαι), tröstbar, gut od. leicht zu lindern, εὐπ. οὕτω τὸ δεινόν das gewährt am ehesten Linderung des Übels.
εὐ-παρατύπωτος, 2. sp. leicht zu fälschen, zu täuschen.
εὐ-πάρεδρος, 2. N. T. beharrlich.
εὐ-πάρθενος, ἡ, poet. glückliche Jungfrau.
εὐ-πάρυφος, 2. sp. mit schönem Saum am Kleide, bes. von Purpur, u. ὁ εὐπ. vornehm (gekleidet); der Stutzer.
εὐ-πατέρεια, ἡ (εὐπάτωρ), ep. u. poet. Tochter eines edlen Vaters, erlauchte.
εὐ-πατρίδης, ου, ὁ, u. poet. **εὔ-πατρις,** ιδος, ὁ, ἡ, u. **εὐ-πάτωρ,** ορος, ὁ, ἡ, (πατήρ), von edlem Vater, ἐλπίδες κοινοτόκων εὐπατριδᾶν Hoffnungen auf den edlen leiblichen Bruder; überh. vornehm, edel, wie die εὐπατρίδαι die altattischen Adeligen im Gegens. zu den γεωμόροι u. δημιουργοί, u. wie die röm. Patrizier, dann aber auch: edel handelnd.
εὐπείθεια, ἡ, sp. Gehorsam, Folgsamkeit. Von
εὐ-πειθής, 2., Komp. -θέστερος, **εὐ-πιθής,** 2. poet., u. **εὔπειστος,** 2. poet. (πείθω u. -ομαι) u.
εὔ-πιστος, 2. 1) pass. leicht zu überreden. a) leichtgläubig, vertrauensselig. b) leicht gehorchend, gehorsam, folgsam. 2) akt. a) leicht überredend, leicht überzeugend, sicher, wahrscheinlich. b) (εὔπ(ε)ιστος), poet. u. sp. glaubwürdig.
Εὐπείθης, εος, ὁ, V. des Freiers Antinoos.
εὐ-πέμπελος, 2. poet. leicht abzuweisen.
εὐ-πένθερος, 2. buk. einen edlen Schwiegervater habend.
εὔ-πεπλος, 2. ep. mit schönem Obergewande, schöngekleidet.
εὔ-πεπτος, 2. (πέσσω), leicht verdaulich.
εὐ-περίστατος, 2. N. T. leicht bestrickend.
εὐ-πέταλος, 2. poet. schön belaubt, schönblättrig.
εὐπέτεια, ion. **-είη,** ἡ, Leichtigkeit, leichte Benutzung von etwas, τινός.
εὐ-πετής, 2. (Wurz. πετ in πέτομαι, πίπτω, lat. *peto*), leicht, bequem, abs. od. mit folg. Inf. Adv. **-ῶς,** ion. **-έως,** mit leichter Mühe, ohne viele Anstrengung, ohne Beschwerde, schnell, bei Zahlenangaben: leichtlich, fast.
εὐ-πηγής, 2. ep. stämmig, gedrungen, vom Körperbau.

εὔ-πηκτος, 2. ep. gut zusammengefügt, festgebaut.
εὔ-πηνος, 2. (πήνη), poet. schön gewebt.
εὔ-πηχυς, 2. poet. schönarmig.
εὐ-πιθής, εὔ-πιστος, s. εὐπειθής.
εὐ-πῑνής, 2. (πίνος), sp. von altertümlicher Kraft, einfach, schlicht, ungekünstelt, kräftig. Adv. **-ῶς.**
εὔ-πλαστος, 2. leicht zu formen od. zu bilden.
ἐύ-πλειος, 3. ep. ganz voll, wohlgefüllt.
ἐυ-πλεκής, 2. ep., **εὔ-πλεκτος,** poet., u. ep. **ἐύ-πλεκτος,** 3. (πλέκω), gut (d. i. stark) oder schön geflochten, gedreht, z. B. δίφρος, die Wand des Wagenkastens, der Wagenkorb.
εὐπλοέω (v. εὔ-πλοος, 2. buk. glücklich segelnd), sp. glücklich segeln, εὐπλοῶμεν Glück zur Überfahrt.
εὔπλοια, ion. u. ep. **-οίη,** u. poet. **-οΐη,** ἡ, glückliche Schiffahrt, gesegnete Fahrt, εὐπλοίᾳ mit glücklicher Fahrt. Übertr. vom Glück überh.
ἐυ-πλόκαμος, 2. ep. poet., mit d. Fem. **ἐυπλοκαμίς,** ῖδος, ἡ (and. -άμις), ep. mit schönen Haarflechten.
εὔ-πλους, 2. buk. gut, glücklich fahrend.
ἐυ-πλῡνής, 2. (πλύνω), ep. wohlgewaschen, rein.
εὔ-πνους, 2., zsgz. aus εὔπνοος (πνέω), Komp. -πνοώτερος, schön wehend, **a)** luftig, zum Einatmen gut; Ntr. der Luftzug. **b)** gut atmend, ausdünstend; buk. auch wohlduftend.
εὐ-ποίητος, 2. mit dem ep. Fem. **εὐποιήτη,** gut gemacht, schön gearbeitet. [tätigkeit.
εὐποιΐα, ἡ (εὖ ποιέω), sp. das Wohltun, die Wohl-
εὔ-ποκος, 2. poet. mit guter Wolle, schönwollig.
εὐ-πόλεμος, 2. kriegsmutig, kriegstüchtig.
Εὔ-πολις, ιδος, ὁ, vorzüglicher Dichter der ältern att. Komödie, gest. um 411. [licher Fährmann.
εὔ-πομπος, 2. (πέμπω), poet. gut geleitend, glück-
εὐπορέω, (εὔπορος). **1)** intrans. **a)** ein εὔπορος sein, hinreichende **Mittel,** Vorrat, Vermögen, Überfluß, Vorteil **haben,** τινός an etwas, im Überfluß leben, **b)** wohl gedeihen, guten Erfolg haben, gut daran sein, **c)** Mittel und Wege wissen, Rat wissen, vermögen, können, πρός τι u. mit Inf. für, zu etwas. **2)** trans. reichlich herbeischaffen, beibringen, λόγον einen Rat.
εὐπορία, ἡ (εὐπορέω), Leichtigkeit etwas zu tun od. zu erhalten, dah. Vorrat, Fülle, Überfluß, Vermögen (Plur. Vermögen mehrerer), Wohlstand, Behaglichkeit, Hilfsmittel, Vorschub, gute Gelegenheit.
εὐ-πόριστος, 2. sp. leicht herbeizuschaffen, εὐπόριστα (verst. φάρμακα) **Hausmittel.**
εὔ-πορος, 2. **1)** Pass. gut zu gehen, **leicht gangbar,** bequem, leicht zugänglich; übertr. ohne Schwierigkeiten, leicht zu handhaben, zu bewerkstelligen, ausführbar, wohlgeeignet, passend, **vorteilhaft,** überh. leicht, τινί für jmdn., od. mit Inf.; Subst. τὸ εὔπορον τῆς ἐλπίδος die vorteilhafte Aussicht. **2)** Akt. leicht gehend, **gewandt,** geschickt, gut gerüstet, reich ausgestattet, **wohlhabend,** reich, τινί u. τινός mit od. an etwas, εἴς u. πρός τι zu etwas. ● Adv. **εὐπόρως,** leicht, ohne Schwierigkeit, reichlich, εὐπόρως ἐνεγκεῖν sich gut zu schicken wissen, leicht Rat schaffen.

εὐποτμέω, sp. (εὔ-ποτμος), glücklich sein. Dav.
εὐποτμία, ἡ, sp. glückliches Los, goldene Zeit, Glück. [Los, glücklich.
εὔ-ποτμος, 2. poet. u. sp. mit einem glücklichen
εὔ-ποτος, 2. poet. u. sp. gut zu trinken, trinkbar.
εὐ-πρᾱγέω (εὐ-πραγής glücklich, von πρᾶγος), glücklich sein, κατά τινα in jmdm., οἱ εὐπραγοῦντες die Glücklichen.
εὐπρᾱγία, ἡ (εὐπραγέω), **εὐπραξία,** ion. **εὐπρηξίη,** ἡ, u. poet. **εὔ-πραξις,** εως, ἡ, **1)** Glück, **a)** im Handeln: glücklicher Erfolg, Glück, **b)** im Zustand: Wohlergehen. Im Plur. glückliche Erfolge, Glücksfälle, Wohlstand. **2)** Güte im Handeln, das Guthandeln.
εὔ-πρακτος, 2. (πράσσω), leicht zu tun od. auszuführen, leicht auszuwirken. [festgewurzelt.
εὔ-πρεμνος, 2. (πρέμνον), poet. mit gutem Stamm,
εὐπρέπεια, ἡ, Stattlichkeit, stattliches, zierliches Äußere, äußere Gefälligkeit; Angemessenheit; Schönheit N. T.; anständiger Vorwand, dah. εὐπρ. λόγου od. λόγων schön klingende Worte, μετ' εὐπρεπείας mit guter Manier, δι' εὐπρέπειαν zur Beschönigung.
εὐ-πρεπής, 2., Adv. **-ῶς,** (πρέπει). **1) geziemend,** wohlanständig, schicklich. **2)** in die Augen fallend, **schön,** stattlich, ehrenvoll; oft mit τὴν ὄψιν, τὸ εἶδος, ἰδεῖν schön von Ansehen, οἱ (αἱ) εὐπρεπεῖς die schönen Leute. **3)** einen schönen Anschein habend, εὐπρεπὲς ποιεῖσθαί (τι) etwas so tun, daß es für ihn einen würdigen Anschein gibt; bes. schönklingend, unter anständigem Vorwande, bloß scheinbar, wohl verhüllt, ἐκ τοῦ εὐπρεποῦς scheinbar, εὐπρεπέστατον τῷ λόγῳ als Ausrede das Scheinbarste, auch εὐπρεπὲς πρός τινα ein guter Vorwand jmdn. gegenüber ● Subst. **τὸ εὐπρεπές** = ἡ εὐπρέπεια.
εὔ-πρεπτος, 2. poet. = εὐπρεπής.
εὐπρηξίη, s. εὐπραγία.
εὔ-πρηστος, 2. (πρήθω), ep. stark sprühend.
εὐ-πρόσδεκτος, 2. sp. N. T. angenehm.
εὐπροσηγορία, ἡ, Umgänglichkeit.
εὐπροσήγορος, 2. (προσηγορέω), leicht anzureden od. anredend, leutselig.
εὐ-πρόσοδος, 2. leichtzugänglich, im eigtl. Sinne u. übertr., abs. od. τινί für jmdn., od. mit folg. Inf., προσκομίζεσθαι zur Verproviantierung.
εὐ-πρόσοιστος, 2. poet. leicht zugänglich, leicht.
εὐπροσωπέω, N. T. sp. gefallen. Von
εὐ-πρόσωπος, 2. (πρόσωπον), mit schönem, freundlichem Gesichte, dah. heitern Blickes, dann allgem.: von schönem, gewinnendem Aussehen, sich gut ausnehmend, und übertr. schönklingend, λόγοι schöne prächtige Reden, und εὐπρόσωπα ὑποκρίνεσθαι eine trefflich scheinende Antwort geben. [schützen, αἰτία triftiger Grund.
εὐ-προφάσιστος, 2. (προφασίζομαι), gut vorzu-
εὐπρυμνής, 2. poet. wohl zu lenken (var. εὔπρυμνος).
εὔ-πρυμνος, 2. (πρύμνα), ep. u. poet. vom Schiffe: mit gutgebautem, schönverziertem Heck, schön- [gespiegelt.
εὔ-πρῳρος, 2. poet. schönbugig.
εὔ-πτερος, 2. (πτερόν), poet. gut beflügelt, schnell.
εὔπτυκτος, 2. gut zusammenzuklappen, von e. Stuhl, v. L. st. εὔτυκτος Od. 4, 123.

ἐυ-πτόλεμος, 2. späterp. = εὐπόλεμος.
εὔ-πυργος, 2. ep. u. sp. wohlumtürmt, gut befestigt.
εὐ-πώγων, ωνος, 2. poet. schönbärtig.
εὔ-πωλος, 2. ep. u. poet. reich an schönen Fohlen, δῶρον die Gaben schöner Füllen, überh. rossereich.
εὐρ-ακύλων, ωνος ὁ, N. T. (*Eurus*, *Aquilo*) Name des Nordostwindes, in Act. Apost. 27, 14.
εὐράξ, ep. Adv. (εὖρος), eigtl. in die Breite, dann von der Seite her, seitwärts.
εὐ-ραφής, 2. (ῥάπτω), wohl-, festgenäht.
εὐ-ρείτας, s. εὐρρεής.
εὕρεμα, τό, sp. pros. u. poet. = εὕρημα.
εὑρεσιλογέω, sp. vorspiegeln, ersinnen.
εὕρεσις, εως, ἡ (εὑρίσκω) das Auffinden; die Erfindung.
εὑρετέος, 3., Adj. verb. zu εὑρίσκω, zu erfinden.
εὑρετής, οῦ, ὁ (εὑρίσκω), Erfinder; Fem. **εὑρέτις,** [ιδος, ιν.
εὑρετικός, 3. (-ρετής), erfinderisch.
εὑρετός, 3., Adj. verb. zu εὑρίσκω, erfunden, zu finden, τινί.
εὕρημα, τό (εὑρίσκω), **1)** das Gefundene, der Fund, auch im Plur.; der Findling. Im bes. guter Fund, Glücksfund, unverhoffter Gewinn, unverhofftes Glück. **2)** das **Erfundene**, die Erfindung; συμφορᾶς Heilmittel.
εὔ-ρῑνος, 2. poet. u. sp. u. **εὔ-ρῑς,** ῥῖνος, ὁ, ἡ, poet. (ῥίς) mit guter Spürnase, scharf prüfend.
Εὐρῑπίδης (inschriftl. auch Εὐριππ.), ου, ὁ, **1)** der berühmte Tragiker, S. des Mnesarchos, geb. 485 (nach der Sage am Schlachttag v. Salamis 480 auf dieser Insel), Schüler des Anaxagoras, Prodikos, Protagoras, Freund des Sokrates; 408 verließ er seine Vaterstadt u. lebte in Ehren bei Archelaos in Pella bis zu seinem Tode 406. **2)** sonstiger Eigenname.
εὐ-ρίπιστος, 2. (ῥιπίζω), sp. leicht zu bewegen, schwankend, unzuverlässig.
εὔρῑπος, ὁ (εὐ u. ῥιπή), die Meerenge; insbes. wurde diejenige zwischen Euböa, Böotien u. Attika, jetzt Meerenge von *Egripos*, ὁ **Εὔρῑπος** genannt, berühmt wegen ihrer siebenmaligen Strömung.
εὔ-ρις, s. εὔρινος.
εὑρίσκω (St. εὑρ-ε), augm. u. redupl. ηὑ u. εὑ, ep. Aor. act. inf. εὑρέμεναι, dor. Fut. εὑρησῶ, u. sp. u. im N. T. Aor. act. εὗρα, med. εὑράμην (auch sp. poet.) u. εὕρησα **finden** • **1)** finden, was man sucht, ausfindig machen, **erfinden,** entdecken, aussinnen, auch erlangen, ἰδίους πολέμους Kriege suchen, aber τέκμωρ Ἰλίου das Ende von I. herbeiführen, überhaupt suchen, bereiten; Med. • **a)** für sich od. die Seinigen auffinden, sich verschaffen, ersinnen, erlangen, κλέος, ἀγαθόν, in der Bdtg. für sich herausschlagen, daß, mit Inf. od. Akk. mit Inf • **b)** zu erlangen suchen, erstreben, sich bewerben • **2) zufällig finden,** antreffen, auch im Med., κακὸν εὕρετο zog sich zu, oft mit Adjj. u. Partt., εὕρισκον αὑτοὺς μανέντας sie fanden sich, d. h. waren fast rasend. Im bes. εὑρεῖν πολλὸν χρυσίον um einen hohen Preis verkauft werden, τοῦ εὑρόντος ἀποδίδοσθαι um den Preis, den es eben fand, für jeden Preis verkauft werden, sp. πλέον εὑρίσκειν mehr kosten. Pass. erfunden werden, insbes. mit Adjj. u. Partt. in der Tat sich zeigen, auftreten, werden, sein, σὺ οὗτος εὑρέθης d. i. du hast dies getan, τίς ἄν σοι δρᾶν ἀμείνων εὑρέθη τὰ καίρια; welchen Tüchtigeren hätte man zur rechten Tat finden können? ὅτῳ γάμοι ξυνόντες εὑρέθησαν ἀνόσιοι τέκνων dem ein greuelhafter Ehesegen anhaftend gefunden ward; prägn. ἅπαντα εὕρηται καθ' ἡμῶν es hat sich alles als gegen uns gerichtet erwiesen. Auch mit εἰ • **3)** ausfindig machen, **erkennen,** einsehen, τινὰ ἄδικον ὄντα, oder mit ὅτι, ὅπως, selten mit Akk. mit Inf. (finden, urteilen, daß) od. mit Inf. (Gelegenheit finden, etw. zu tun).
εὐροέω (εὔροος), poet. u. sp., gut fließen, übertr. **a)** einen guten Fluß der Rede haben, πρὸς τὴν ὑπόθεσιν für den Gegenstand. **b)** günstig sein. **c)** glücklich ablaufen. Dav.
εὔροια, ἡ, guter Fluß, übertr. gute Fahrt, guter Fortgang, Erfolg, τινός von etwas, u. im bes. λόγων Redefluß, Redefülle.
εὔ-ροος, 2., zsgz. ους, ep. **ἐύ-ρροος,** 2. Adv. sp. εὐρόως (ῥέω), mit guter Strömung, ruhig-, schön strömend, schönwellig.
Εὖρος, ὁ (aus Εὐσ-ρος, zu εὕω, *ūro*), der Euros, Südostwind, einer der vier Hauptwinde im Homer, warm, oft stürmisch.
εὖρος, εος, ους, **τό** (εὐρύς), Breite, Weite, abs. od. mit Genet. des Maßes, auch mit Adj. τὸ εὖρος πλεθριαῖος; u. so gewöhnl.: an Breite, der Breite nach, mit, von, in der Breite.
ἐυ-ρραφής, 2. ep. (ῥάπτω), wohl-, festgenäht.
ἐυ-ρρεής, 2., Gen. ρεῖος, zsgz. aus ρεέος, u. **ἐυρρείτης,** 2., Gen. αο, ep., poet. **εὐ-ρείτας** (σρέω, ῥέω), schönflutig, schönwogig.
ἐύ-ρροος, 2. s. εὔροος. [breitstraßig.
εὐρυ-άγυια, ep. Fem. adj. nur im Nom. u. Akk.
Εὐρύαλος, ὁ, 1) S. des Mekisteus, argiv. Held vor Troja. **2)** edler Phäake.
εὐρυ-άναξ, ακτος, poet. weitherrschend.
Εὐρυβάτης, ὁ, 1) Herold Agamemnons. **2)** Herold des Odysseus. **3)** argiv. Feldherr um 490.
Εὐρύ-βατος, ὁ, 1) ein Epheser, der Krösos an Kyros verriet, trotz des von Krösos erhaltenen Geldes, um ein Heer gegen die Perser zu werben. Er galt als Typus eines Verräters und boshaften Betrügers, dah. sprichw. Εὐρυβάτου πρᾶγμα ein Eurybatos-Streich. **2)** Schiffsbefehlshaber aus Kerkyra in der Schlacht bei Sybōta gegen Korinth, 432 v. Chr. **3)** sonstiger Eigenn.
Εὐρυβιάδης, ου (εω), S. des Eurykleides, der Oberbefehlshaber der griechischen Flotte bei Artemisium.
εὐρυ-βίᾱς, ου, **ὁ,** u. **-βίης, ὁ,** ep. poet. weithinherrschend, weithin gewaltig.
Εὐρυ-δίκη, ἡ, 1) Gemahlin des Königs Kreon in Theben. **2)** Gattin des Orpheus, welche dieser, als sie an einem Schlangenbiß gestorben war, auf die Oberwelt zurückzuführen versuchte. **3)** sonstiger Eigenn.
εὐρυ-δίνης, ου, poet. breitwirbelnd.
εὐρυ-εδής, 2. (ἕδος), poet. weitbewohnt, geräumig.
Εὐρύηλος, ὁ, Berg u. Feste bei Syrakus, jetzt *Mongebellisi*, Zugang zu Ἐπιπολαί.

εὐρυθμία, ἡ, 1) richtiges Zeitmaß, Ebenmaß. 2) richtiger Takt, Rhythmus. 3) maßvolles Verhalten.

εὔ-ρυθμος, 2. taktmäßig, passend, sitzend, wohlgestaltet, von guter Haltung, gewandt, gelenk. Neutr. plur. εὔρυθμα als Adv., εὔρ. βαίνειν, in abgemessenen Schritten.

Εὐρύκλεια od. **Εὐρυκλέεια,** ας, ἡ, T. des Ops, treue Schaffnerin im Hause des Odysseus.

εὐρυκλύδων, angebl. der wogenpeitschende Ostwind, der breitspülende; s. εὐρακύλων.

εὐρυ-κρείων, οντος, ὁ, ep., auch εὐρὺ κρ. geschr., weithin herrschend.

Εὐρύλοχος, ὁ, 1) Gefährte u. Verwandter des Odysseus. 2) ein Hoplite aus Λουσοί in Arkadien (Xen. An.). 3) spartan. Feldherr bei Naupaktos 427. 4) Truppenführer u. Gesandter Philipps von Makedonien. 5) Ägäer im Lager Alexanders des Gr. — u. and.

Εὐρύμαχος, ὁ, 1) ein Freier der Penelope. 2) angesehener Thebaner, Böotarch um 431 — u. and.

Εὐρυ-μέδων, οντος, ὁ, 1) schiffbarer Fluß in Pamphylien, j. *Köprü-Su,* berühmt durch Kimons Sieg über die Perser, 469 v. Chr., u. den Sieg der Rhodier unter Hannibal über die syrische Flotte, 190 v. Chr. 2) athenischer Feldherr, 427 u. 425 nach Kerkўra, 425 u. wiederum 415 nach Sizilien gesandt, wo er 413 vor Syrakus fällt. 3) sonst. Eigenn.

εὐρυ-μέτωπος, 2. (μέτωπον), ep. breitgestirnt.

Εὐρυ-νόμη, ἡ (die Weitwaltende), 1) Schaffnerin des Odysseus, Od. 2) eine Okeanide, Mutter der Chariten u. vor Rhea (neben Ophion) Beherrscherin des Olўmp, welche den vom Olymp verstoßenen Hephaistos im Meere aufnahm, Hom.

εὐρύνω, Aor. 1. εὔρῡνα (εὐρύς), breit d. i. weit machen, ἀγῶνα den Kampfraum weiten, τὸ μέσον einen weiten Raum in der Mitte lassen.

εὐρύ-νωτος, 2. poet. mit breitem Rücken, breitschultrig.

εὐρυόδεια, ἡ (wie v. εὐρύ-οδος), ep. weitstraßig, Beiw. der Erde, insofern sie nach allen Richtungen durchwandert werden kann.

εὐρύοπα, ὁ (εὐρύς u. ὤψ, eigtl. Akk. zu εὐρύοψ, aus εὐρύοπα Ζῆν unter Einfluß von μητιέτα Ζεύς auf den Nom. übertragen), weitschauend.

εὐρύ-πορος, 2. ep. u. poet. weitbahnig, Beiw. des Meeres, vgl. εὐρυόδεια.

Εὐρυ-πτόλεμος, S. des Peisianax, Vetter des Alkibiades, Verteidiger der angeklagten Feldherren, welche bei den Arginusen i. J. 406 gesiegt hatten, — [u. and.

εὐρυ-πυλής, 2. ep. breittorig.

Εὐρύ-πυλος, ὁ, 1) Sohn des Poseidon u. der Astypaläa, mit dessen Tochter Chalkiŏpe Herakles den Thessălos erzeugte. 2) Sohn des Euaimon, Herrscher im thessal. Ormenion, vor Troja verwundet u. von Patroklos geheilt. 3) Sohn des Telephos, Neffe des Priamos, König in Mysien, von Neoptolemos erlegt. 4) sonst. Eigenn.

Εὐρυπῶν, ῶντος, ὁ (besser **Εὐρυφῶν**), S. des Prokles, K. v. Sparta, Stammvater der **Εὐρυπωντίδαι,** der einen Königsfamilie in Sparta.

εὐρυ-ρέεθρος, 2. (ῥέεθρον), ep. u. **εὐρυ-ρέων,** ουσα, ον (ῥέω), ep. breitströmend, in breitem Bette fließend (and. schr. εὐρὺ ῥέων).

εὐρύς, εῖα, ion. έα, ύ, ep. Akk. εὐρέα st. εὐρύν, Komp. -ύτερος, breit, weit, geräumig, im bes. dick od. weit ausgebreitet, weit verbreitet.

Εὐρῠ-σάκης, ὁ (Breitschild), Sohn des Aias.

εὐρυ-σθενής, 2. (σθένος), ep. poet. weitmächtig, weitherrschend, bes. Beiw. des Poseidon.

Εὐρυσθένης, εος, ους, ὁ, Heraklide, S. des Aristodēmos, Br. des Prokles, von dem das königl. Geschlecht der Eurystheniden in Sparta abstammte.

Εὐρυσθεύς, έως, ep. ῆος, ὁ, S. des Sthenĕlos u. Enkel des Perseus, K. in Mykenä, der durch Heres Veranstaltung von Alkmēne eher geboren ward als Herakles. Er wurde dadurch Gebieter des Herakles u. legte ihm die bekannten 12 Arbeiten auf. Als er später die nach Athen fliehenden Söhne des Herakles verfolgte, wurde er von diesen mit Hilfe der Athener geschlagen u. getötet.

εὐρύ-στερνος, 2. (στέρνον), ep. buk. u. sp. breitbrüstig, überh. geräumig.

εὐρύ-στομος, 2. mit weitem Mund, weiter Öffnung.

Εὐρυτᾶνες, οἱ, wildes Volk in Ätolien.

Εὐρῠτίδης, ὁ, S. des Eurytos (s. d.), Iphitos.

εὐρύ-τῑμος, 2. poet. weitgeehrt.

Εὐρυτίων, ωνος, ὁ, Eurytĭon, Kentaur, wollte an der Hochzeit des Lapithen Peirithŏos dessen Neuvermählte Hippodameia entführen.

Εὔ-ρῠτος, ὁ (reichlich fließend), Eigenn. 1) König von Oichalia in Thessalien, berühmter Bogenschütze, von Apollon getötet, nach andern von Herakles, weil er ihm seine Tochter Iole nicht überlassen wollte. Adj. **Εὐρύτειος,** 3. 2) Zwillingsbruder des Ktĕătos, mit dem er bei Hesiod als zusammengewachsen erscheint.

εὐρυ-φυής, 2. (φύω), ep. breit wachsend, von der sechszeiligen Wintergerste u. den breiten Blättern der Sommergerste.

εὐρύ-χορος, 2. ep. u. poet. eigtl. mit weiten Tanzplätzen, dah. geräumig, Raum bietend, bes. für Götterreigen.

εὐρυ-χωρής, 2. sp. = εὐρύχωρος.

εὐρυχωρία, ion. -ίη, ἡ, breiter Raum, weites offnes Feld, plattes Land, Ebene, auch vom Meere, ἐν εὐρυχωρίῃ auf offnem Meere. Von

εὐρύχωρος, 2. geräumig.

εὐρυώδης, 2. (ὁδός), poet. breitstraßig (Var.).

εὐρώεις, εσσα, εν (εὐρώς), ep. u. poet. moderig, schimmelig, immer v. Grab u. Unterwelt gesagt. (And. = ἠερόεις, w. s.).

Εὐρώπη, ἡ, Europa, 1) Tochter des Phönix, nach andern des Phönikers (Tyrers) Agēnor u. der Telephaëssa, von Zeus, welcher, in einen Stier verwandelt, sie nach Kreta entführte, Mutter des Minos, Rhadamanthys u. Sarpedon. 2) Name des Weltteils Europa, als dessen westliche Grenzen zu Herodots Zeiten der Fluß Eridănos u. die Zinninseln galten, während es im Norden zugleich das ganze nördliche Asien u. Sibirien mit umfaßte, bisw. auch bloß von Hellas im Gegens. zu Asien d. h. Persien gebraucht. Dav. Adj. ion. **Εὐρωπήιος,** sp. **Εὐρωπαῖος.**

εὐρωπός, 2. poet. breit.

Εὐρωπός, ὁ, 1) Stadt in Makedonien, am Axios. 2) Stadt in Karien, der Einw. **Εὐρωπεύς,** έως, ὁ.

εὐρώς, ῶτος, ὁ, Schimmel, Moder, Schmutz.

εὐρωστία, ἡ, sp. Stärke, von

εὔ-ρωστος, 2., Adv. **-ρώστως** (ῥώννυμι), kräftig, stark, mit Gewalt, mit Nachdruck.

Εὐρώτας, ου, ὁ, Fluß in Lakonika, jetzt *Vasilipotamo,* im Unterlauf *Iri.* [modern.

εὐρωτιάω (εὐρώς), poet. u. sp. schimmlig sein, ver-

ἐΰς, ὁ, ep. u. ion. auch **ἠΰς, ἠΰ,** ep. Gen. ἐῆος (and. ἑῆος), Akk. ἐΰν, ἠΰν, neutr. ἠΰ, metaplast. Gen. plur. neutr. ἐάων (and. ἑάων), ep. **gut,** schön, wacker, edel. Neutr. ἐύ u. εὖ beide nur als Adv. (s. bes.). Subst. **τὰ ἐά, ἐάων** (ἑάων), die Güter.

εὖσα, dor. = ἐοῦσα, οὖσα.

εὔ-σαρκος, 2. (σάρξ), fleischig, beleibt.

εὐσέβεια, poet. **-βία,** ἡ (εὐσεβής) Gottesfurcht, Ehrfurcht, **Frömmigkeit,** religiöser Sinn, fromme Pflicht, Gewissen, πρὸς εὐσέβειαν λέγειν zur Frömmigkeit Führendes, also Frommes, raten, εὐσέβειαν ἐκ πατρὸς κάτω θανόντος οἴσῃ du wirst den Ruhm fromm erfüllter Kindespflicht davontragen, εὐσεβείᾳ νομίζειν die Gottesfurcht gelten lassen.

εὐσεβέω, fromm sein, fromme Scheu hegen, eine fromme Pflicht üben, z. B. durch Bekämpfung der Barbaren (Isokr. Paneg. 184), überh. seine Pflichten erfüllen, **sittlich handeln, kindsgemäß handeln** (seine Kindespflichten erfüllen).

εὐ-σεβής, 2., Adv. **-ῶς,** Superl. -έστατα (σέβω), gottesfürchtig, fromm, frommer Pflicht od. frommem Brauch gemäß, mit genauer Beobachtung der heiligen Gebräuche, wofür z. B. auch galt dem mit Blutschuld Befleckten Schaden zuzufügen (Lys. 12, 24); überh. gewissenhaft, auf die gehörige Art, rein von Schuld. Subst. **τὸ εὐσεβές u. τὰ εὐσεβῆ,** a) das Gottesfürchtige, die Frömmigkeit. b) das göttliche Recht, ehrwürdige Satzungen.

εὐσεβία, s. εὐσέβεια.

εὔ-σελμος, poet., ep. **ἐΰ-σσελμος,** 2. (σέλμα), mit Verdecken od. Überdachungen am Bug u. Steuer wohl versehen, gut bedeckt.

εὔ-σεπτος, 2. (σέβω), poet. hochehrwürdig.

εὐσημία, ἡ, gutes Vorzeichen; Eintreffen guter Vorzeichen.

εὔ-σημος, 2. (σῆμα), 1) mit gutem Zeichen, von günstiger Vorbedeutung. 2) an gewissen Zeichen (τινί) leicht erkennbar, deutlich, mit Part. καπνῷ δ' ἁλοῦσα νῦν ἔτ' εὔσημος πόλις daß die Stadt zerstört ist, kann man gegenwärtig noch am Rauch erkennen.

εὔ-σηπτος, 2. (σήπω) leicht faulend, leicht zerfallend.

εὐσθενέω, (εὐ-σθενής, kräftig) stark sein.

ἐΰ-σκαρθμος, 2. (σκαίρω), ep. leicht springend, schnell.

εὐ-σκέπαστος, 2. (σκεπάζω), gut gedeckt. Neutr. Superl. εὐσκεπαστότατον das Sicherste.

εὐσκευέω (εὔ-σκευος), poet. wohlgerüstet, reisefertig sein. [wohlbeschattet.

εὐ-σκίαστος, 2. (σκιάζω), poet. u. **εὔ-σκιος,** 2. (σκιά),

εὔ-σκοπος, ep. **ἐΰ-σκοπος,** 2. (σκεπ-, σκοπέω), 1) ep. poet. gut ausspähend, scharf blickend, gut zielend, bes. von Hermes u. Artemis. 2) von Örtlichkeiten: weite Sicht gewährend; weit sichtbar.

εὔσοια, ἡ, poet. Wohlfahrt, Soph. O. C. 390 εὐσοίας χάριν um ihrer eignen Wohlfahrt willen. Von

εὔ-σοος, 2. (σόος, σῶς), buk. wohlbehalten.

εὐσπλαγχνία, ἡ, poet. Herzhaftigkeit.

εὔ-σπλαγχνος, 2. herzhaft; im N. T. übertr. mitleidig.

ἐΰσσελμος, s. εὔσελμος.

ἐΰ-σσωτρος (σῶτρον), ep. mit guten Radreifen, schönbeschlagen, schöngefelgt (versch. LA.).

εὐστάθεια, ἡ, sp. Festigkeit, **Beständigkeit.**

εὐσταθέω, sp. in gutem Zustande, ruhig sein. Von

εὐ- sp., ep. **ἐυ-στᾰθής,** 2. (ἵσταμαι), 1) gut-, feststehend, wohlgegründet; τὸ εὐσταθές die Festigkeit, unerschütterliche Ruhe. 2) sp. schöngebaut, fest. 3) kräftig, heiter.

Εὐστάθιος, ὁ, Bischof v. Thessalonich, Erklärer der Homerischen Gedichte, im XII. Jahrhdt.

εὐ-σταλής, 2. (στέλλω), wohl ausgerüstet, πλοῦς glücklich, leicht, mit u. ohne τῇ ὁπλίσει leicht gerüstet, überh. einfach; **anständig gekleidet,** von **anständiger Haltung.**

ἐυ-στέφανος, 2. ep. 1) (στέφανος) mit schöner Stirnkrone, mit schönem Stirnbande. 2) (στεφάνη), stark befestigt, stark ummauert, Theben.

εὔ-στολος, 2. poet. wohl ausgerüstet.

εὐ-στόμαχος, 2. Adv. **-άχως,** sp. mit gutem Magen.

εὐστομέω, poet. sp. schön reden, singen, εἴσω κατ' αὐτόν drinnen hinein; auch = εὐφημέω.

εὔ-στομος, 2. (στόμα), mit großer Mündung; dav. Neutr. plur. Worte guter Vorbedeutung redend, u.

εὔ-στομα, ion. u. poet. Adv., vorsichtig, εὔστομ' ἔχε still, hüte dich, u. εὔστομά μοι κείσθω περὶ τούτων ich will hierüber schweigen (vgl. hierzu εὐφήμει).

εὐστοχέω, sp. das Ziel treffen, περί τι geschickt sein in etwas, es gut treffen.

εὐστοχία, ἡ, poet. u. sp. Geschicklichkeit im Treffen, Treffsicherheit, εὐστ. τόξων sicher treffender Bogenschuß, übertr. richtiges Erraten.

εὔ-στοχος, 2., Adv. **-στόχως,** gut zielend, gut treffend, übertr. treffend, richtig.

ἐΰ-στρεπτος, 2. ep., **ἐυ-στρεφής,** 2. ep. u. **εὔ-** od. ep. **ἐΰ-στροφος,** 2. (στρέφω), 1) wohlgedreht, -geflochten. 2) gut zu drehen, — sich drehend, biegsam, lenksam, gewandt.

εὔ-στρωτος, 2. (στρώννυμι), ep. wohl gebreitet, wohl hergerichtet.

εὔ-στῡλος, 2. poet. mit schönen Säulen.

εὐσύμβλητος, ion., altatt. **-ξύμβλητος,** 2. (συμβάλλω), leicht zu deuten.

εὐ-σύμβολος, 2. u. **εὐξ.,** zum Verkehr tauglich, umgänglich; poet. auch: leicht zu erraten.

εὐ-συμπλήρωτος, 2. sp. leicht zu erfüllen, — zu erreichen. [mit gutem Gewissen.

εὐ-συνείδητος, 2. sp. ein gutes Gewissen habend,

εὐ-σύνετος, 2. u. **εὐξ.,** pass. leicht verständlich, akt. einsichtsvoll.

εὐ-σύνοπτος, 2. leicht zu übersehen.

εὔ-σφῠρος, 2. poet., ep. **ἐΰ-σφυρος,** 2. mit schönen Knöcheln, schönen Füßen.

εὐσχημοσύνη, ἡ, gute äußere Haltung, gutes Äußere, Anstand, Wohlanständigkeit.

εὐ-σχήμων, 2., Adv. **-μόνως,** Komp. -μονέστερον,

u. poet. u. sp. **εὐσχήμως** (σχῆμα), eigentl. wohlgestaltet, von guter Haltung, dah. anständig, bei Reden: in schönen Wendungen od. Bewegungen, schicklich. Im bes. ein Beschöniger; im N. T. vornehm, hochgestellt.

εὐσχολέω, sp. Muße haben, τινός zu etwas. Von

εὔσχολος, 2. (σχολή), sp. müßig, ruhig.

εὐσωματέω, poet. sp. wohlbeleibt, stark sein.

Εὔταια, ἡ, Ort beim arkad. Mantinea.

εὐτακτέω, Ordnung halten, ordentlich sein, seine Pflicht tun, gehorsam, bescheiden sein, gehorchen, sich der Zucht unterziehen.

εὔ-τακτος, 2., Adv. **-τάκτως** (τάσσω), **1)** in guter Ordnung, wohlgeordnet. **2)** Ordnung haltend, ordentlich, gesetzlich, gehorsam, bescheiden.

εὐταξία, ἡ (-κτέω), gute Ordnung; insbes. **a)** ordentliche Staatsverwaltung. **b)** Manneszucht, Gehorsam, überh. gutes Betragen. **c)** stoisch: Takt, alles zu rechter Zeit zu tun oder zu lassen.

εὐ-τάρακτος, 2. sp. leicht zu verwirren.

εὖτε, ep. ion. poet. u. buk. st. ὅτε, **I) Konjunkt. 1)** der Zeit, bei Hom. gew mit einer Partikel im Nebensatz, doch fängt es auch wohl den zweiten Satz an: zu der Zeit als, als, da, **a)** mit Indik. **b)** mit Konj. mit, selten auch ohne ἄν, von einem angenommenen Fall, der als in der Zukunft eintretend gesetzt wird: falls, im Fall daß. **c)** mit Opt. bei Angabe eines wiederholten Falles aus der Vergangenheit: so oft als. **d)** mit ἄν u. Part. (zweifelh.). **2)** kausal: weil, mit Indik. **II)** ep. **Adv.** der Vergleichung, *quasi*, wie.

εὐ-τείχεος, 2. ep., u. **εὐ-τειχής,** 2. ep. u. poet., u. **εὐ-τείχητος,** 2. ep. (τεῖχος), wohl-, fest ummauert. Il. 16, 57 ist -τειχέα st. -τείχεα zu lesen.

εὐτεκνία, ἡ, meist poet. Kindersegen, von

εὔ-τεκνος, 2. poet. u. sp. glücklich mit Kindern, fruchtbar an Kindern (auch von Tieren: an Jungen), u. mit χρησμοί Kinder verheißend.

εὐτέλεια, ἡ, ion. **-λείη, 1)** ion. Wohlfeilheit. **2)** Einfachheit, Einschränkung, Sparsamkeit, μετ' εὐτελείας ohne Verschwendung, ἐς εὐτέλειάν τι σωφρονίσαι eine Ausgabe vernünftig beschränken.

εὐ-τελής, 2., Adv. **-ῶς,** Komp. -έστερον (τέλος), **1)** leicht zu bezahlen, mit wenig Aufwand verbunden, mit geringen Kosten, wohlfeil, gering, wertlos, leicht. **2)** wenig Aufwand machend, einfach, sparsam, ärmlich, mit wenigem zufrieden. Subst. τὸ εὐτ. die Zufriedenheit mit wenigem.

εὐτελίζω, poet. sp. gering achten, schlecht machen, verkleinern.

Εὐτέρπη, 1) Muse des lyrischen Gesangs u. Flötenspiels, dah. mit der Flöte dargestellt. **2)** Bezeichnung von Herodots zweitem Buch. **3)** sonst. weibl. Eigenn.

εὐ-τερπής, 2. (τέρπω), poet. erfreuend, ergötzlich.

εὐ-τέχνως, Adv. (τέχνη), sp. kunstgeübt.

εὐ-τλήμων, 2. poet. gut ertragend, standhaft.

ἐύ-τμητος, 2. (τέμνω), ep. u. buk. schön geschnitten.

εὐτοκέω, sp. gut, leicht gebären, wie

εὐτοκία, ἡ, sp. leichtes Gebären, zu

εὔ-τοκος, ἡ (τεκ, τίκτω), gut, leicht gebärend.

εὐτολμία, ἡ, poet. u. sp. Mut, Entschlossenheit.

εὔ-τολμος, 2., Adv. **-τόλμως,** -μότερον (τόλμα), mutig, entschlossen, unerschrocken, kühn, tapfer, stets im guten Sinne, während τολμηρός häufig tadelnd ist.

εὐτονία, ἡ, sp. **1)** Spannkraft. **2)** Festigkeit, Kraft.

εὔτονος, 2., Adv. **-τόνως** (τείνω), straff angespannt, mit vieler Spannkraft, angestrengt, kräftig, stark; τὸ εὔτονον energisches, entschlossenes Eintreten.

εὔ-τορνος, 2. poet. gut gedreht, gerundet.

εὐ-τράπεζος, 2. (τράπεζα), poet. u. sp. mit guter Tafel, freigebig, herrlich bewirtend.

εὐτραπελία, ἡ, **1)** Gewandtheit in Scherzen, in treffenden Reden und im geselligen Verkehr, witziges Wesen, auch im Plur. abs. od. mit περὶ τὰ σκώμματα καὶ τὴν παιδιάν. **2)** das Possenreißen, N. T. Von

εὐ-τράπελος, 2., Adv. **-πέλως** (τρέπω), leicht sich wendend, dah. **a)** weltläufig, gewandt, schlagfertig. **b)** artig, witzig. **c)** unzuverlässig, trügerisch, κέρδος.

εὐ-τραφής, 2. u. ep. **ἐυ-τρεφής,** 2. (τρέφω), wohlgenährt, wohlgediehen, stark, rüstig, wohlerzogen, von Tieren: fett; poet. auch: gut nährend.

εὐ-τρεπής, 2., Adv. **-ῶς** (τρέπω), gut gewandt, dah. in guter Bereitschaft, bereit, gerüstet, εὐτρεπές τι ποιεῖσθαι etwas zurecht machen, im Prät. mit etwas fertig sein.

εὐτρεπίζω, augm. u. red. ηὐ u. εὐ, Perf. **εὐτρέπισμαι,** sow. med. als pass., in Bereitschaft setzen, ordnen, einrichten, bewerkstelligen, bereit halten, abs. u. ἔς τι zu etwas; auch wiederherstellen.

εὔ-τρεπτος, 2. sp. veränderlich.

ἐυ-τρεφής, ep., u. poet. **εὐ-τρεφής,** s. εὐτραφής.

Εὔτρησις, εως, ἡ, **1)** Stadt u. Landschaft in Arkadien, Ew. Εὐτρήσιοι. **2)** thespischer Flecken in Böotien, Ew. Εὐτρησίτης.

ἐύ-τρητος, 2. ep. wohldurchbohrt.

εὐτριαίνης, ου, poet. mit schönem Dreizack, von Poseidon.

εὔτριχος, 2. poet. = εὔθριξ (v. l.).

εὐτροφία, ἡ (εὔ-τροφος von τροφή), Wohlgenährtheit.

εὔ-, ep. **ἐύ-τροχος,** 2. bes. ep. u. poet. **1)** (τροχός) schönrädrig (auch gut gerundet). **2)** (τρέχω) schnell laufend, geläufig, gewandt, abs. od. ἔν τινι.

εὐτυκάζομαι, poet. fertig machen. (LA. zw.)

εὔ-τυκος, 2. poet. ion. u. buk. fertig, bereit.

εὔ-τυκτος, 2. (τεύχω), ep. u. ion. wohl gearbeitet, gut zubereitet, schön gebildet, schmuckprangend.

εὐτυχέω, (εὐτυχής). **1)** Akt. **glücklich sein,** Glück haben, sich glücklich gestalten, günstig sein (τινί) jmdm.; teils abs. εὐτυχεῖτε gehabt euch wohl!, teils τί, z. B. τὸ εὐτύχημα das Glück haben od. in etwas, πάντα in allem, durchaus, τοὺς πολέμους in den Kriegen, teils (ἐν) τινί durch (in) etwas, auch mit Part. βαλών er war so glücklich zu treffen. **2)** Pass. (meist bei Sp.) vom Glück begünstigt werden, Glück haben, ἱκανὰ τοῖς πολεμίοις εὐτύχηται die Feinde haben genug Glück gehabt; τὸ εὐτυχούμενον = ἡ εὐτυχία, Plur. Glücksgeschenke.

εὐτύχημα, τό, u. **εὐτυχία,** ἡ, das glückliche Treffen des Ziels, Erreichung des Zwecks, glücklicher Erfolg, Glück, Heil und Segen, glücklicher Zufall, glückliches Ereignis, εὐτύχημα εὐτυχεῖν Glück haben, δι' εὐτυχίαν wegen Begünstigung des Glücks. Im Plur. glückliche Verhältnisse, Wohlstand, μετ' εὐτυχίας nach genossenem Wohlstande. Im bes. Glücksgaben, glückliche Eigenschaften, (körperliche) Vorzüge.

εὐ-τυχής, 2., Adv. **-ῶς,** ion. **-έως** (τυχεῖν), **1)** *felix,* wem etwas glückt od. geglückt ist, glücklich. **2)** *faustus,* zum Glück gereichend, glücklich, günstig, zum Heile, abs. u. τινί jmdm. Subst. τὸ εὐτυχές das Glück. Adv. **a)** durch einen glücklichen Zufall, εὐτ. πως durch irgendein glückliches Ungefähr. **b)** mit gutem Erfolge, zum Segen.

εὐτυχία, s. εὐτύχημα.

εὔ-υδρος, 2. (ὕδωρ), wasserreich.

εὐ-υφής, 2. (ὑφαίνω, ὑφή), poet. schön gewebt.

Εὐφαής, οῦς, ὁ, n. pr. m. messenischer König, Sohn des Antiochus.

εὐφᾱμέω, s. εὐφημέω.

εὐ-φαρέτρας, dor. st. -ης, ου, ὁ (φαρέτρα), poet. mit schönem Köcher, Beiw. des Apollon.

εὐ-φεγγής, 2. poet. u. sp. schön strahlend.

εὐφημέω, dor. **εὐφᾱμέω** (εὔφημος), günstig reden, gute, glückbedeutende Worte gebrauchen, bei ὀλολυγμός wohlklingend d. i. jubelnd ertönen, preisen, jubeln od. sich aller Worte von unglücklicher Vorbedeutung enthalten, bes. bei Opfern u. religiösen Handlungen; dah. andächtig schweigen, εὐφήμει, εὐφήμησον kein unheilig Wort! **dann: still davon! sage doch so etwas nicht! behüte Gott!** od. Gott bewahre! u. οὐκ εὐφημήσεις: **nur kein Frevelwort = versündige dich nicht!** Das Pass. εὐφημουμένη mit guten Worten, mit Gottwillkomm empfangen.

εὐφημία, ἡ, eigentl. Worte von glücklicher Vorbedeutung, dah. **a)** andächtiges Gebet, u. bes. andächtiges Schweigen, Andachtsstille, ἴσχειν beobachten, ἐν εὐφ. τελευτᾶν in Ruhe (unter dem Schweigen der Anwesenden) sterben. **b)** sp. freudiger Zuruf; Beglückwünschung, ἐν εὐφημίαις ποιεῖσθαί τινα jmdm. zujubeln. **c)** sp. u. N. T. guter Ruf, Nachrede.

Εὐφημίδης, ου, ὁ, Nachkomme des Euphemos, eines der Minyer = Battos. (Andere **Εὐθυμίδης.**)

εὐφημισμός, οῦ, ὁ, Milderung, Bezeichnung einer schlimmen Sache durch ein milderndes Wort, z. B. πόντος εὔξεινος, Εὐμενίδες od. Σεμναί, besonders aus religiöser Scheu, **δεισιδαιμονίᾳ,** doch auch zu rhetorischem Zweck.

εὔ-φημος, 2., Adv. **-φήμως** (φήμη), **1)** Worte von guter Vorbedeutung sprechend, εὔφημα φώνει = εὐφήμει u. εὐφ. βοή gute, kein böses Omen bringende Rede. **2)** sich aller Worte von unglücklicher Vorbedeutung enthalten, also andächtig schweigend, daher εὐφ. φροντίς andachtsvolle Stimmung. **3)** übertr. **a)** glückverheißend, glücklich. **b)** heilig, geweiht. Adv. mit glückverkündendem Zuruf. **c)** im N. T. was wohl lautet, einen guten Klang hat.

εὔ-φθαρτος, 2. (φθείρω), leicht zu verderben; hinfällig.

εὔ-φθογγος, 2. poet. wohltönend.

εὐ-φιλής, 2. (φιλέω), poet. **a)** viel geliebt. **b)** sehr liebend.

εὐ-φίλητος, 3. poet. viel geliebt.

εὐ-φιλόπαις, παιδος, ὁ, ἡ (φιλέω, παῖς), poet. den Kindern lieb.

εὔ-φλεκτος, 2. (φλέγω), leicht anzündbar, leicht zu verbrennen, brennbar.

Εὔ-φορβος, ὁ, Sohn des Panthoos, Troer, verwundet den Patroklos, von Menelaos getötet. Pythagoras behauptete, früher in Gestalt desselben auf Erden gewesen zu sein.

εὐφορέω, gut tragen, fruchtbar sein. Dazu

εὐφόρητος, 2. poet. leicht zu ertragen.

Εὐφορίων, ωνος, ὁ, **1)** aus Athen, Vater des Tragikers Aischylos. **2) aus Chalkis auf Euböa, epischer** u. elegischer Dichter im 3. Jhdt. v. Chr. — u. and.

εὔ-φορος, 2., Adv. **-φόρως** (φέρω), **1)** pass. leicht, bequem zu tragen, leicht fortzuschaffen, leicht. Adv. mit ἐνεγκεῖν τι etwas leicht nehmen. **2)** akt. leicht bewegend (Var.).

εὐ-φραδέως, ep. Adv. (φράζω), mit Wohlredenheit, beredt.

εὐφραίνω, (εὔφρων). **1)** Akt. **erfreuen,** erheitern, ergötzen, vergnügen, τινά u. τί, u. zwar (ἐπί) τινί an etwas, ἔν τινι bei etwas, od. mit Part. ᾄδων durch Singen. **2)** Med. **εὐφραίνομαι,** Aor. ηὐφράνθην, **sich freuen,** sich vergnügen, Freude haben, μηδέν τι μᾶλλον nicht im mindesten, τῷ γέλωτι herzlich lachen, auch Part., z. B. νοσῶν in seinem Wahne vergnügt sein.

Εὐφραῖος, ὁ, aus Oreos in Euboa, Schüler des Plato in Athen u. Philipps Gegner in Oreos.

Εὐφράτης, ου, ion. **Εὐφρήτης,** εω, ὁ, **1)** der Euphrat, in Armenien, aus zwei Quellflüssen, dem östl. u. dem westl. Euphrat, entspringend, altpers. *Ufratush.* **2)** männl. Eigenn., z. B. eines stoischen Philosophen, um 100 nach Christus.

ἐυ-φρονέων, ουσα, ον, ep. (εὖ, φρονεῖν), wohlmeinend, verständigen Sinnes.

εὐφρόνη, ἡ (εὔφρων), ion. u. poet., eigtl. die wohlwollende, euphemistisch für die Nacht, ἄστρων εὐφρ. die Sternennacht, κατ' εὐφρόνην ἀεί jede Nacht. Dav.

Εὐφρόνιον, weibl. Eigenn., deminutives Kosewort.

εὐ-, ep. **ἐυ-φροσύνη** [ῠ], ἡ, Frohsinn, Heiterkeit, Fröhlichkeit, Freude, Vergnügen. Im bes. im Plur. auch fröhliche Gelage.

εὐ-φροσύνως, Adv. poet. froh, fröhlich.

εὔ-, ep. auch **ἐύφρων,** 2., Adv. poet. u. sp. **-φρόνως** (φρήν), **1)** fröhlich, freudig, gern gesehen, heiter. **2)** akt. erfreuend, erheiternd, freundlich gesinnt, wohlmeinend, verständig, angenehm, Διὸς εὔφρονι βήματι mit himmelgesegnetem (von Zeus bestärktem) Schritte, abs. u. τινί jmdn.

Εὔφρων, ονος, ὁ, Sikyonier, Strateg um 369, in Theben 366 ermordet.

εὐ-φυής, 2., Sup. -έστατος, Adv. **-ῶς** (φυ-, φυή, φύομαι), **1)** schöngewachsen, schönwüchsig wohlgebildet, stattlich, schön. **2)** wohlbegabt, **von guten** Anlagen, talentvoll, geistreich, von Natur geschickt, geeignet, **brauchbar.**

εὐφυΐα, ἡ, guter, schöner Wuchs, Schönheit, gute geistige Anlage, Talent, günstige natürliche Lage eines Ortes od. Meeres.

εὐ-φύλακτος, 2. (φυλάσσω), leicht zu bewachen, εὐφυλακτότερα αὐτοῖς ἐγίγνετο sie konnten leichter Wache halten.

εὔ-φυλλος, 2. (φύλλον), poet. blätterreich.

εὐφωνία, ἡ, gute, helle (angenehme) Stimme.

εὔ-φωνος, 2. (φωνή), von guter, starker, schöner Stimme. [mit reichen Ranken.
εὐ-χαίτης, ου, ὁ, poet. mit schönem Haar, κισσός
εὔ-χαλκος, 2. ep. u. poet. von schönem Erze, schön aus Erz gearbeitet, schön mit Erz beschlagen.
εὔ-χαρις, ι, Gen. ιτος, 1) anmutig, angenehm, liebenswürdig, artig, scherzhaft, witzig. 2) beliebt, in Gunst stehend. 3) poet. gnädig.
εὐχαριστέω (εὐχάριστος), dankbar sein, sich zum Danke verpflichtet fühlen, seinen Dank abstatten, Dank sagen.
εὐχαριστία, ἡ, 1) die dankbare Gesinnung. 2) Danksagung, N. T. 3) sp. das, worüber die Danksagung gesprochen wird, das heilige Mahl.
εὐ-χάριστος, 2., Sup. -ιστότατος, Adv. **-ίστως** (χαρίζομαι), 1) angenehm, artig, witzig. 2) dankbar. Adv. ion. nach Herzenswunsche, sanft.
εὐ-χαριτώτατος, 3., Superl. zu εὐχάριτος = εὔχαρις, angenehm.
εὔ-χειρ, χειρος, ὁ, ἡ, poet. mit geübter Hand, geschickt, künstlerisch. Dav. [εὐχέρεια, 1.
εὐ-χειρία, ἡ, sp. Geschicklichkeit (der Hand), =
εὐχείρωτος, 2. leicht zu bewältigen; Superl. εὐχειρότατος falsche La. st. εὐχειρωτότατος.
εὐχέρεια, ἡ, 1) Leichtigkeit, Behendigkeit. 2) Hang zu etwas, Leichtfertigkeit.
εὐ-χερής, 2., Adv. **-ῶς,** Komp. -έστερον (χείρ), leicht zu behandeln, zu lenken; gelassen, unbedenklich, bereitwillig; voreilig, leichtfertig, leichtsinnig, von Sachen: leicht, ohne Mühe, ἐν εὐχερεῖ τι θέσθαι es für ein Leichtes achten, verachten.
εὐχετάομαι, ep. = εὔχομαι, w. s.
εὐχή, ἡ (εὔχομαι), 1) Bitte, Gebet, Gelübde, Wunsch, εὐχῆς ἄξια was wir nur von den Göttern wünschen können, λυτηρίους εὐχὰς ἀνασχεῖν δειμάτων das Erlösungsflehen meiner Schrecknis aufsteigen lassen, eigtl. mit emporgehobenen Händen an die Gottheit richten, τὰς εὐχὰς ποιεῖσθαι, εὐχαῖς χρῆσθαι, εὐχὴν εὔχεσθαι ein Gelübde tun, das Gebet verrichten, Gebete, Gelübde darbringen, dag. εὐχὰς ἀποδοῦναι Gelübde erfüllen; teils abs., teils τινός an eine Gottheit, od. von etwas, teils mit folg. ὡς. 2) poet. auch Fluch.
εὔ-χλοος, 2. (χλόη), poet. grünend, Bein. der Demēter (Χλόη) als Göttin der grünenden Flur und Saat.
εὔχομαι, Dep. med. (ep. Nbf. **εὐχετάομαι**). • **1) sich rühmen,** prahlen, (ἐπί) τινί mit, über, wegen etwas, auch mit Inf.; ἐκ Κρητάων γένος εὔχομαι rühmend leite ich mein Geschlecht aus Kreta her • 2) feierlich **geloben,** Gelübde darbringen, versichern, versprechen, bes. den Göttern, τινί, mit u. ohne Inf. • 3) **beten,** bitten, wünschen, anwünschen, τί, z. B. μέγα, μεγάλα laut, inbrünstig, od. εὐχήν ein Gelübde tun, aber τἀγαθά um Glück beten, ähnl. πολυκαρπίαν um ein gutes Erntejahr, τινί, πρός τινα zu jmdm., doch τινί u. ὑπέρ τινος auch für jmdn., od. mit Inf., od. Akk. mit Inf. • 4) überh. seine Verehrung beweisen, jmdm. danken.
εὖχος, εος, ους, τό, nur im Nom. u. Akk., ep. u. poet. 1) Gegenstand des Stolzes, Ruhm, Ehre, bes. Kriegsruhm (so poet. εὖχος αἰχμῆς), Sieg. 2) was man von den Göttern erfleht, überh. sich wünscht, Wunsch, ἔν γέ μοι εὖχος ὀρέξατε einen Gefallen erweiset mir.
εὐ-χρήστημα, τό, sp. empfangener Nutzen, Vorteil.
εὔ-χρηστος, 2. (χράομαι), leicht zu brauchen, bequem, brauchbar, nützlich, abs. u. πρός τι.
εὔ-χροος, 2., zsgz. ους, u. ep. **εὐ-χροής,** 2. (χρόα), schönfarbig, von schöner od. guter Farbe.
εὔ-χρῡσος, 2. poet. goldreich.
εὔ-χῡλος, 2. (χῡλός), saftreich, wohlschmeckend.
εὐχωλή, ἡ, ep. ion. sp. (εὔχομαι), 1) das Rühmen, die Prahlerei, Jubelruf, Siegesfrohlocken. 2) Gegenstand des Rühmens, der Preis. 3) Gebet, Flehen.
εὐχωλιμαῖος, 3. ion. u. sp. gelübdepflichtig.
εὐ-ψυχέω (-χος), sp. guten Mutes sein; N. T. sich ermutigen. εὐψύχει = *have pia anima.*
εὐ-ψῡχία, ἡ, tapferer Mut, Beherztheit, *fortitudo.*
εὔ-ψῡχος, 2. (ψυχή), mutvoll. Subst. τὸ εὔψυχον der freudige Mut, ἀπό τινος von einem.
εὕω (Wurz. *us*, lat. *ūr-o, ussi*), Aor. εὗσα, ep. absengen, bes. Schweinen die Borsten, εὑόμενοι τανύοντο διὰ φλογός man streckte sie über die Flamme, um sie abzusengen.
εὐ-ώδης, 2. (ὄζω, Perf. ὄδωδα), wohlriechend, Wohlgeruch duftend, z. B. κυπάρισσος wegen des Harzgeruchs der Zypresse.
εὐωδία, ion. **-ίη,** ἡ, Wohlgeruch.
εὐ-ώλενος, 2. poet. mit schönen Ellbogen.
εὔ-ωνος, 2. in gutem Preise, wohlfeil, ἐν τοῖς κατὰ τὸν βίον εὐωνοτέροις διῆγεν ὑμᾶς er hat euch in allen Lebensbedürfnissen größere Wohlfeilheit verschafft.
εὐ-ώνῠμος, 2. (ὄνυμα = ὄνομα), von gutem Namen, d. i. mit einem Namen von guter Vorbedeutung, u. im bes. euphemistisch, um das Unglück bedeutende Links zu vermeiden, für links = ἀριστερός, dah. in der Kriegssprache mit u. ohne κέρας: τὸ εὐώνυμον der linke Flügel.
εὐ-ῶπις, ιδος, ἡ, ep. poet., **εὐώψ,** ῶπος, ὁ, ἡ, poet. u. **εὐωπός** (εὔωπος), 2. poet. (ὤψ), mit schönen Augen, a) schön-, freundlich-, mildblickend, übertr. εὐὼψ ἀλκή heiter blickende Hilfe. b) lieblich anzuschauen, reizend. [unbekümmert sein.
εὐωριάζω (εὐωρία, von εὔωρος, ὥρα), poet. sorglos,
εὐωχέω (wie v. εὔ-ωχος, ἔχω), augm. ηὐ u. εὐ, 1) Akt. gut bewirten, τινά einen zur Tafel laden, ihm einen Schmaus geben, auch τινά τι od. τινος einen mit etwas vollauf bewirten, übertr. ergötzen. 2) Med.-Pass. **εὐωχέομαι,** mit Fut. εὐωχήσομαι, Aor. ηὐωχήθην, sich sättigen, von Tieren: reichlich Futter haben, von Menschen: schmausen, speisen, es sich wohl schmecken lassen, abs. u. τί etwas.
εὐωχία, ἡ, 1) das Bewirten, Gastgebot. 2) das Schmausen, der Schmaus, Wohlleben, ἐν ταῖς εὐωχίαις wenn man es sich wohl sein ließ, ähnl. εὐωχίας οὔσης da es festlich herging.
εὐ-ώψ, s. εὐῶπις.
ἐφᾱβικός u. **ἔφ-ᾱβος,** ὁ, dor. st. ἐφηβ., ἔφηβ.
ἐφ-ᾰγιστεύω u. **ἐφ-αγνίζω,** beide poet., noch dazu die heiligen Gebräuche beobachten, außerdem weihen, als Totenopfer darbringen, ἃ χρή od. τὰ πάντα jeden Opferschmuck.

ἔφᾰγον, Aor. 2. zu ἐσθίω, s. ἔδω.

ἐφ-αιρέω (s. αἱρέω), dazunehmen, Pass. ὁ ἐφηρημένος μετά τινα der nach einem (u. an dessen Statt) Gewählte.

ἐφ-άλλομαι (s. ἅλλομαι), Dep. med., ep. Aor. 3. sg. ἐπᾶλτο u. ἔπαλτο, part. ἐπιάλμενος u. ἐπάλμενος. **a)** hinaufspringen, τινός auf etwas. **b)** ep. auf jmdn. zuspringen, rasch od. feindlich, abs. u. τινί.

ἔφ-ᾰλος, 2. (ἅλς), ep. poet. sp. am Meer gelegen.

ἐφ-ά̄μερος u. **-ᾱμέριος,** dor. st. ἐφήμ., ἐφημ.

ἐφ-άμιλλος, 2., Adv. **-μίλλως** (ἅμιλλα), **1)** pass. eifrig umstritten, ein Gegenstand des Wettstreites seiend, ἐφ. τῆς εἰς τὴν πατρίδα εὐνοίας κειμένης als es galt, wer sich patriotisch erweise. **2)** akt. wetteifernd, im Wettkampf gleich, überh. ähnlich, gleich, gewachsen.

ἐφ-ανδάνω, ep. u. sp., ep. auch **ἐπιανδάνω,** gefallen, anstehen, belieben, abs. u. τινί.

ἐφ-άπαξ, Adv., sp. für einmal, ein für allemal, auf einmal. [τινός über etw. hin.

ἐφ-απλόω, sp. entfalten, ausbreiten, ausstrecken,

I. **ἐφ-,** ion. **ἐπ-άπτω** (s. ἅπτω) **1)** Akt. daran heften, binden, übertr. anstiften, dah. Pass. eigentl. daran haften, daran geknüpft sein, übertr. verhängt, bestimmt sein, τινί jmdm., od. versehen, begabt werden, τινός mit etwas, dah. ἐπαμμένος εἴδεος mit Schönheit begabt. **2)** Med. berühren, anfassen, umfassen, Hand anlegen, in Berührung kommen, sich beteiligen, sich anschließen, beistehen, erreichen, τινός an, mit jmdm. oder etwas; auch von der Erkenntnis: etwas erfassen.

II. **ἐφ-άπτομαι,** Med. poet. sich entzünden.

ἐφάπτωρ, ορος, ὁ, poet. der Berührende.

ἐφ-αρμόζω od. **-όττω,** dor. ἐφαρμόσδω, **1)** trans. anfügen, **a)** hinzufügen, τί (aber τὶ ἔς τινα etwas auf jmdn. beziehen). **b)** anpassen, anwenden auf, τινί τι. **2)** intr. passen, **a)** sich anpassen, anschmiegen. **b)** bequem sein, τινί. **c)** (geometr.) kongruieren, ἐπί τι mit etw.

ἔφαψις, ἡ, poet. die Berührung.

ἐφ-έδρα, ion. **ἐπέδρη,** ἡ, Belagerung.

ἐφ-εδρεία, ἡ, sp. das Daraufsitzen, Auflauern, Reservestellung.

ἐφεδρεύω, 1) dabeisitzen, auf der Lauer liegen, im Hinterhalte liegen, absol. u. τινί auf etwas lauern, τοῖς καιροῖς τινος jmdm. bei jeder Gelegenheit auf dem Nacken sitzen. **2)** als Reserve dienen u. sich in Reserve halten. **3)** stehen bleiben, Halt machen.

ἔφ-εδρος, 2. (ἕδρα), **1)** poet. darauf (τινός auf etwas) sitzend, reitend, λεόντων auf Löwen. **2)** daneben sitzend, auflauernd, aufpassend, abs. u. τινί gegen jmdn. **3)** als Reserve dienend, dah. an eines andern (τινός) Stelle tretend, ἔφεδρος βασιλεύς ion. der Thronfolger. Im bes. der Athlet, der zunächst keinen Gegner erhalten hatte und dann mit frischen Kräften gegen den bereits geschwächten Gegner auftrat, frischer, bes. gefährlicher Gegner.

ἐφ-έζομαι, Impf. ἐφεζόμην (auch aor. gebr.), ep. u. poet. Dep. med. (s. ΣΕΔ, II), **1)** sich auf etwas (τινί) setzen, darauf sitzen. **2)** sich dazu, daneben setzen.

ἐφ-εῖδον, sp. u. N. T. f. ἐπ-εῖδον.

ἐφ-εῖσα, ep. defekt. Aor. 1., vgl. ἐφίζω.

ἐφ-εκτικός, 3. Adv. **-κῶς,** sp. zurückhaltend, unentschieden im Urteil.

ἐφ-ελκύω u. **ἐφ-έλκω. 1)** Akt. u. Pass. **a) heranziehen,** beiziehen, eigentlich und übertr., verlocken, τινί durch etwas. **b)** hinterherziehen, **nachziehen,** nachschleppen, τί od. τινά, ἔκ τινος an etwas, übertr. nach sich ziehen, herbeiführen. Pass. auch sich nachschleppen, sich nachschleppen lassen, οἱ ἐφελκόμενοι die Nachzügler. **2)** Med. **a) an sich ziehen,** übertr. an sich locken, τινά, sich zuziehen, sich aneignen, τί. **b)** nach od. hinter sich ziehen, mit sich schleppen, τί u. τινά, übertr. mit sich führen, mit sich bringen, im Gefolge haben, τί, **c)** herabziehen, κατά τινος über etwas. [σθαι = ἐπι-έσασθαι.

ἐφ-έννυμαι, sp. poet. = ἐπι-έννυμαι, aor. ἐφέσσα-

ἐφ-, ion. **ἐπ-εξῆς,** Adv., in der Ordnung, in der Reihe, der Reihe nach, zunächst (τινί), nebeneinander, hintereinander, nacheinander, mit dem Art. τὸ ἐφ. das Darauffolgende, u. so auch καὶ ὅσα ἐφεξῆς.

ἐφ-έπομαι (ἐπί u. ἕπομαι = *sequi*). **1) nachfolgen,** hinterhergehen, nachgehen, folgen, auch mit hinzugefügtem ὄπισθεν, τινί jmdm. (aber *sequi aliquem!*); übertr. folgen, sich leiten lassen, **gehorchen,** beistimmen, τινί jmdm. od. einer Sache; vom Glück: einem zufallen. **2)** feindlich: **verfolgen,** nachsetzen, anrennen gegen jmdn., ἐξ ἐναντίης von vorne, ähnl. ἐκ τοῦ ὄπισθεν, τινί jmdm. Vgl. ἐφέπω.

ἐφ-έπω (ἐπί u. ἕπω), Impf. ep. ἔφεπον, iterat. ἐφέπεσκον, hinterher in Bewegung —, **geschäftig sein,** dah. **1)** abs. hinterher kommen, **folgen;** hinterher, drauflosstürmen **2)** trans. **a)** nachgehen, nachsetzen, **verfolgen,** in die Enge treiben, bedrängen, **b)** vor sich hertreiben, τινά, u. ἵππους τινί die Pferde auf jmdn. los, gegen jmdn. hintreiben, **c)** etwas **eifrig betreiben,** besorgen πολλά, verwalten, beherrschen, **d)** einen Ort durcheilen, durchstreifen, durchwandern (τί). Insbes. **e)** πότμον, οἶτον, αἴσιμον ἦμαρ, θάνατον u. a. finden, erfüllen, vollenden. Vgl. ἐφέπομαι.

ἐφ-έρπω, poet. herankriechen, herannahen.

ἐφέσιμος, 2. eine Berufung zulassend, εἴς τινα an jmdn., κρίσις ἐφ. ein Urteil, gegen das Berufung eingelegt werden kann. Von

ἔφεσις, ἡ (ἐφίημι), **1)** das Streben, Trachten, τινός wonach. **2)** die Berufung, ein Prozeß, in dem eine Berufung stattfindet; εἰς τὸ δικαστήριον die Berufung vom Spruch eines Beamten an das Gericht.

Ἔφεσος, ἡ, Stadt Ioniens an der Mündung des Kaÿstros mit berühmtem Tempel der Artemis, der 356 durch Herostratos verbrannt, später etw. 250 v. Chr. (von dem Architekten Deinokrates?) mit griechischen Geldern wieder aufgebaut, zuletzt von den Goten ganz zerstört wurde; jetzt Ruinen bei *Ajasluk*. Dav. Adj. **Ἐφέσιος,** 3., dah. **a)** ὁ **Ἐφέσιος** der Einw. v. Ephesos. **b)** ἡ **Ἐφεσία,** ion. -ίη, das Gebiet von Ephesos. **c)** τὰ **Ἐφέσια,** das Fest der Artemis in E.

ἐφ-έσπερος, 2. poet. gegen Abend, westwärts gelegen, westlich. [ἐφίστημι, s. d.

ἐφ-έστᾰκα, sp. trans. Perf. = att. ἐπέστησα, von

ἐφ-έστιος, ion. **ἐπ-ίστιος,** 2. (ἑστία), nicht in att. Pr., zum Herd od. Altar gehörig, an od. auf dem Herde, Altare, im Hause, **ἐφέστιον πῆξαι** am Herde einpflanzen, **ἐφέστιον ἀπολέσθαι** am eignen Herde umkommen, ähnl. ἐφ ἦλθε heim; dah. auch daheim, einheimisch, ansässig, **ἐμὲ** ἐφέστιον ἤγαγε δαίμων mich führte ein Gott an ihren Herd (zum Rechte eines Hausgenossen), **ἐφέστιοι** ἑζόμεσθα wir liegen an deinem Herde (als Schutzflehende), **ἐπίστιόν** τινι γίγνεσθαι Schützling an jmds. Herde werden. Der Beschützer der ἑστία war Zeus **ἐφέστιος** oder **ἐπίστιος** = **ἑρκεῖος.**

ἐφ-εστρίς, ἴδος, ἡ (ἕννυμι), Tuch oder Decke, zugleich als Oberkleid, der Mantel.

ἐφέτης, ου, ὁ (ἐφίημι), Befehlshaber; ἐφέται hießen in Athen die 51 Kriminalrichter über Blutsachen.

ἐφετμή u. **ἐφημοσύνη,** ἡ (ἐφίημι), ep. u. poet. meist im Plur., Auftrag, Befehl, Gebot.

ἐφευρετής ὁ, poet. sp. N. T. der Erfinder. Von

ἐφ-, ion. **ἐπ-ευρίσκω** (s. εὑρίσκω), **1)** dabei finden, antreffen, ertappen, abs. od. τινά mit dem Part. od. Adj. **2)** auffinden durch Suchen.

ἐφ-εψιάομαι, ep. Dep. med., Präs. ind. 3. pl. ἐφεψιάονται, -όωνται, Impf. -εψιάοντο, -όωντο, verhöhnen, verspotten, schmähen, τινί.

ἐφ-, ion. **ἐπ-ηβάω,** heranwachsen, zum Jüngling werden.

ἐφηβικός, 3. zum Jüngling gehörig. Von

ἔφ-ηβος, 2. (ἥβη), der herangewachsene Jüngling, etwa vom 16ten Jahre an, zwischen παῖς u. νέος. In Athen hieß im bes. der junge Mann von 18 Jahren so, welcher in das Gemeindebuch (ληξιαρχικόν) seines Demos eingetragen war u. den Bürgereid geleistet hatte. Er wurde jetzt wehrhaft gemacht u. diente bis zum 20sten Jahre als Grenzwächter (περίπολος). Er war damit für volljährig u. bürgerlich selbständig erklärt.

ἐφ-ηγέομαι (auch in tmesi), Dep. med., **1)** ep. wohin führen, anführen, τινά. **2)** in Athen den Behörden einen Verbrecher so anzeigen, daß man seiner habhaft wurde.

ἐφ-ήδομαι, Pass., Fut. ἐφησθήσομαι, Aor. ἐφήσθην, über etwas od. jmdn. (τινί) sich freuen, Freude (bes. Schadenfreude) haben, τινί mit folg. Part., z. B. Θηβαίοις ὁτιοῦν ἂν ἐφησθῆναι παθοῦσιν den Thebanern alles mögliche Unheil gönnen.

ἐφ-ηδύνω, sp. angenehm machen, würzen, mit τινί.

ἐφ-ήκω, dazu-, herbeikommen, od. da sein.

ἐφ-ηλόω, Perf. pass. -ήλωται, poet. annageln, festmachen.

ἔφ-ημαι, ep. poet. Dep., auf, in etwas (τινί) sitzen, gekommen sein, auch θινός am Strande; u. τί bei etwas.

ἐφημερία, ἡ, sp. N. T. **1)** Tagesdienst. **2)** auch die Abteilung der Priester, an der die Reihe des Tempeldienstes war.

ἐφ-ημέριος, 2. ep. poet., u. **ἐφ-ήμερος,** 2. poet. att. pros. u. sp., dor. ἐφᾱμ. u. ἐφᾰμ. (ἡμέρα), auf einen Tag, **1)** nur einen Tag lebend, dauernd, wirkend; vergänglich. ἐφημέρια φρονεῖν nur Eintagsgedanken hegen (um die Zukunft sich nicht kümmern), οἱ ἐφ. das kurzlebige Eintagsgeschlecht (d. Menschen); φάρμακον am selben Tag, schnell wirkend. **2)** täglich, Tag für Tag.

ἐφημερίς, ἴδος, ἡ, sp., bes. im Plur., Tagebuch, ἐφημερίδες βασίλειοι das Tagebuch Alexanders, welches Diodotos aus Erythrä u. Eumenes aus Kardia, der Geheimschreiber Alexanders, über sein Privatleben verfaßten. Plutarch u. Arrian haben es benutzt. Ebenso bezeichnet Plut. Cäsars *commentarii de bello Gallico.*

ἐφημοσύνη, ἡ, s. ἐφετμή.

ἑφθός, 3., Adj. verb. von ἕψω, gekocht, gar.

Ἐφιάλτης, ion. **Ἐπιάλτης,** ου, ὁ **1)** Sohn des Aloeus (oder des Poseidon), Riese, beim Sturm auf den Olympos von Apollon getötet; Beispiel des bestraften Übermutes. **2)** Malier, der dem Xerxes bei Thermopylai (480 v. Chr.) einen Seitenweg über den Kallidrŏmos zeigte, später in Antikyra erschlagen. **3)** demokratischer Staatsmann in Athen, der im J. 461 gegen den Areopag auftrat u. auf Veranlassung seiner oligarchischen Gegner im J. 457 ermordet wurde. **4)** Staatsmann u. Redner in Athen, Gegner Philipps von Makedonien, starb als Flüchtling bei einem Ausfall aus Halikarnaß (334 v. Chr.) **5)** sonst. Männername.

ἐφ-ιδρωσις, ἡ, sp. Schweiß.

ἐφιζάνω, sich dazu, darauf setzen, τινί u. ἐπί τινι.

ἐφίζω, dor. **ἐφίσδω,** ep. defekt. Aor. **ἐφεῖσα** (mit Inf. ἐφέσσαι statt ἐφέσαι usw.), **1)** trans. daraufsetzen, darauf-, dazulegen, bes. einen aufs Schiff bringen, einschiffen, ἐς Λιβύην μ' ἐπὶ νηὸς ἐφέσσατο er brachte mich auf sein Schiff, um mich nach L. zu bringen, d. h. er versprach, mich nach L. zu bringen. **2)** intrans. = ἐφιζάνω.

ἐφ-ίημι, ion. **ἐπ-ίημι,** ep. Aor. ἐφέηκα, conj. ἐφήω (ἐφείω), (ῐ; in arsi lang ῑ in ἐφίει, ἐφιείς u. ἐφιέμενος außer Od. 24, 180) **zuschicken**

I) zusenden, treiben, τινά τινι, auch ἐπί τι u. mit Inf.; von Tieren: zum Sprung zulassen. Im feindlichen Sinne: antreiben, reizen, aufhetzen, τὴν ἵππον τῷ στρατοπέδῳ ἐπὶ τοὺς Ἕλληνας angreifen lassen, im Med. (2. sg. ind. poet. ἐφίῃ (ἐφίεσ) = ἐφίεσαι) • **1)** (seit Homer) auftragen, befehlen, τόδε, ὅντιν' ἀρτίως μολεῖν ἐφιέμεσθα • **2)** (nachhom., von II. ἵεμαι, stets ῑ) • **a) streben,** verlangen, begehren, κερδῶν, ἀρχῆς, τί τῶν δυσφόρων ἐφίῃ, mit Inf., χαίρειν τἄλλ' ἐγὼ σ' ἐφίεμαι sonst vor allem wünsche ich dir Liebes und Gutes • **b)** ep worauf sein Auge richten, feindlich zielen, τῶν προσώπων.

II) loslassen, fahren lassen, hinleiten, feindl. werfen, schleudern, βέλεα, auch χεῖράς τινι Hand anlegen.

III) übertr. • **1)** etw. jmdm. (τί τινι) zusenden, **bescheren,** verhängen • **2)** nachlassen, überlassen (auch intr. gebraucht: sich überlassen, sich hingeben), **gestatten,** erlauben, auch (nachhom.) im Med., κάρα τέμνειν ἐφεῖτο τῷ θέλοντι • **3)** mit u. ohne δίκην εἴς τινα eine Rechtssache bei einer Behörde anhängig machen, appellieren.

ἐφ-, ion. **ἐπ-ικνέομαι,** Dep. med., bis wohin gelangen, dringen, reichen, abs. u. ἐπί, ἄχρι, πρός τι od. ἀλλήλων aneinander geraten; ferner erreichen, treffen, τινός einen od. etwas, auch τινά, Ἑλλήσποντον ἐκέλευε ἐπικέσθαι μάστιγι πληγάς, u. παρά τινος von einem, τινί mit etwas od. mit Part. etwas mit etwas treffen, μᾶλλον weiter kommen mit etwas, λέγων ἄριστα in der Darstellung es gut treffen, φθεγγόμενον mit der Stimme reichen, gehört werden können.

ἐφικτός, 3. 1) zu erreichen, ausführbar, möglich; ἐν ἐφικτῷ in der Nähe. 2) erreichbar, faßlich, αἰσθήσει wahrnehmbar.

ἐφ-ίμερος [ῑ], 2. ep. poet. das Verlangen erregend, ersehnt; lieblich, anmutig, abs. u. mit Inf.

ἐφ-ίππειος u. **ἐφ-ίππιος,** 2. (ἵππος), auf oder an dem Pferde, κασαῖ Pferdeschabracken; τὸ ἐφίππιον Pferdedecke.

ἐφ-ιππεύω, sp. heranreiten, heransprengen, mit der Reiterei angreifen.

ἔφ-ιππος, 2. zu Pferde, beritten (Xen. Cyr. 4, 2, 1 l. εὔιπποι), ἔφ. κλόδων Getümmel der Rosse und Wagen, εἰκών **Reiterstandbild.**

ἐφ-ίπταμαι, Dep. med., sp. herbeifliegen. (Vgl. ἐπιπέτομαι).

ἐφ-ιστάνω, sp. = ἐφίστημι; περί τινος (vgl. ἐφίστημι), nachdenken über etw.

ἐφ-ίστημι, ion. ἐπ-, sp. Perf. ἐφέστακα **darauf-, darüberstellen.**

I) trans. • 1) darübersetzen, ξύλινον τεῖχος τῷ ἑαυτῶν τείχει, χελώνην ἐπὶ τῇ φρεατίᾳ, übertr. **über etw. setzen,** an die Spitze stellen als Wächter, Aufseher, Vorsteher (so auch im Med.), τοῖς παισὶ διδασκάλους • 2) danebensetzen, **aufstellen,** doch auch τὸ σῆμα κύκλῳ das Grabmal im Kreis umstellen. Im bes. sp. (mit oder ohne νοῦν, διάνοιαν) den Sinn richten auf, achten auf, τινί, ἐπί τι od. indir. Frages. mit πῶς, sich klar machen, mit ὅτι • 3) **feststellen** • a) anordnen, ἀγῶνα • b) zum Stehen bringen, στράτευμα, anhalten, zügeln, abs. u. nur scheinbar intr. Xen. An. 1, 8, 15 (sc. τὸν ἵππον), auch τινά τινος einen von etw. zurückhalten, od. brachyl. einen in seinen Gedanken hemmen, stutzig machen (Plut. T. Gr. 17).

II) intr. Med. ἐφίσταμαι, ep. Perf. inf. ἐφεστάμεν(αι), part. ἐφεσταότες, Plqpf. ἐφεστήκειν u. ἐφέστασαν, ion. ἐπέστηκα, part. ἐπεστεῶτες • 1) sich darauf-, darüberstellen, **herantreten,** auch bildl. ἅπασι τοῖς πράγμασι τεταραγμένοις oft auch mit dem Nebenbegriff des Überraschenden mit u. ohne ἐξαίφνης, von Träumen u. dgl., εὕδοντι ἐπέστη ὄνειρος, aber auch beistehen, im Perf. auch auf dem Platz, auf seiner Hut sein, abs. τὸ ἐπιστάμενον der oben befindliche Teil (mit Akk. nur Soph. Trach. 339, τήνδε βάσιν ἐφίστασθαί τινα jmdm. so in den Weg treten), sonst τινί, ἐπί, παρά τινι od. ἐπί τι. Insbes. **an die Spitze treten,** worüber gesetzt sein, leiten, beaufsichtigen, abs. οἱ ἐφεστηκότες u. ἐφεστῶτες, mit Dat., ἐπί τινι u. τινός, auch als Adj. μόχθοι ἐφεστῶτές τινι • 2) an etw. gehen, sich befassen, σφαγῇ, ἐπὶ ταῦτα • 3) im feindl. Sinn: **eindringen,** bedrohen, *instare* • 4) stehen bleiben, **innehalten,** τοῦ πλοῦ, ὡς ἐς μάχην, κἀγὼ ἐπιστὰς περιέμεινα.

ἐφ-ίστιος, ion. = ἐφέστιος, s. d.

ἐφ-οδεύω, 1) hinzu-, herumgehen, die Runde machen, umherreisen. 2) poet. einen (τινί) geleiten.

ἐφ-οδιάζω, ion. **ἐποδιάζω,** 1) Akt. ion. u. sp. mit Reisebedürfnissen versehen, zur Reise ausstatten. 2) Med. τινί τι einem als Reisegeld zahlen lassen.

ἐφ-όδιον, ion. **ἐπ-όδιον,** τό (ὁδός), bes. im Plur., Reisemittel, Reisebedarf, Reisegeld, Ausrüstungsstücke, Zehrungsmittel, Wegzehrung, der zum Marsch gehörige Vorrat von Lebensmitteln, Marschproviant, abs. od. mit Dat. τοῖς στρατευομένοις Unterhaltungsmittel für die zu Felde Ziehenden. Übertr. Unterstützung, Hilfsmittel, **Beförderungsmittel.**

I. **ἔφ-οδος,** 2. zugänglich, τινί für jmdn.

II. **ἔφ-οδος,** ἡ, 1) Zugang, Weg, Pfad, abs. u. ἐπί τι zu etwas, ἀπό τινος von woher. Übertr. ἐφόδῳ γνώμης auf dem Wege kluger Politik. 2) das Herzu-, Herbeikommen, der Gang (der Darstellung), παρ' ἀλλήλους gegenseitiger Verkehr; im feindl. Sinne: das Anrücken, der Angriff, Anfall, Angriffszug, Anmarsch, ἡ κατὰ θάλασσαν der Seeangriff, ἐξ ἐφόδου gleich beim ersten Anrücken, beim ersten Angriff; übertr. ἡ πρώτη ἔφ. τοῦ λόγου der erste Angriff der Rede. 3) sp. als t. t. der Rhetorik: Einschmeichelung, *insinuatio.*

III. **ἔφ-οδος,** ὁ, der etwas bereist, um zu visitieren, königlicher Kommissar, das spät. lat. *circitor.*

ἐφόλκαιον, τό (ἐφέλκω, eig. nachschleppend), ep. das Steuerruder, der Steuerremen, eine Stange, wie die Ruder, nur länger u. mit breiterem Blatt (πηδόν); vgl. πηδάλιον.

ἐφόλκιον, τό, sp. u. **ἐφολκίς,** ἡ, poet. (ἐφέλκω), nachgeschlepptes Boot zum Anlanden, übertr. die Person, welche man mit sich schleppt, Begleiter.

ἐφολκός, 2. (ἐφέλκω), an sich ziehend, verlockend, ἐφολκὰ λέγειν. Poet. πρόλεσχος ἐφ. vorlaut, breit im Gespräch.

ἐφ-ομαρτέω, ep. u. sp. mitgehen.

ἐφ-οπλίζω, ep. poet., Aor. ἐφόπλισα, u. ep. σσ, bereiten, rüsten, anschirren, τί.

ἐφ-οράω, att. Impf. ἐφ-εώρων, Fut. ἐπόψομαι, Aor. ἐπεῖδον, -ιδεῖν, ep. Fut. auch ἐπιόψομαι, ion. Präs. 3. pl. ἐπορέουσι, Impf. 3. sg. ἐπώρα, poet. Aor. med. ἐπιδώμεθα, ἐπιδέσθαι u. ἐπιδόμενος in aktiver Bdtg. 1) • a) **nach einem** od. **etwas sehen,** auf ihn blicken, betrachten, erspähen, übersehen, überblicken; beobachten, beaufsichtigen, besichtigen • b) besuchen, besorgen • c) überh. sehen, mit πάλιν wiedersehen, teils abs., teils τινά od. τί, z. B. τὰ πράγματα die Lage der Dinge in Augenschein nehmen. Oft mit Part. ἄνδρας ἀποθανόντας beobachten, daß Männer umkommen, od. mit indir. Fragesatze. Auch kommt τινός vor: Einsicht von etwas nehmen • 2) ep. zu einem bestimmten Zwecke ersehen, ausersehen, auserwählen (nur bei Hom. u. stets in der Form ἐπιόψομαι, wogegen ἐπόψομαι die andern Bdtgen. hat) • 3) **zusehen,** geduldig mit ansehen, erleben, τί u. τινά, gew. mit Adj. od. Part., z. B. λιμὸς μαλθακόν σφ' ἐπόψεται der Hunger wird ihn mürbe machen, od. mit Part. erfahren, erleben von einem, daß er.

ἐφορεία, ας, ἡ, das Ephorenamt. Von

ἐφορεύω (ἔφορος), 1) ein (spartan.) Ephor sein. 2) poet. überh. beaufsichtigen.
ἐφ-όριος, 3. an der Grenze, ἀγορά der Grenzmarkt, wo die Leute aus angrenzenden Bezirken zum Handel zusammenkommen.
ἐφ-ορμαίνω, poet. heranstürmen.
ἐφ-ορμάω, I) Akt. 1) dagegen antreiben, anregen, anreizen, τί u. τί τινι d. i. gegen jmdn. 2) zu etwas antreiben, τινά τι einen zu etwas. II) Med. mit Aor. pass. ἐφορμήθην, 1) sich dazu anschicken, verlangen, begehren, mit Inf. 2) darauf zueilen, losstürzen, bes. im feindl. Sinne, heranstürmen, andringen, anfallen, abs. u. τινί mit etwas od. gegen jmdn. 3) trans. angreifen, anfallen, τινά od. τί.
ἐφ-ορμέω, 1) mit den Schiffen **im Hafen liegen,** vor Anker liegen, auf der Lauer liegen, aufpassen, Wache halten, πρός od. ἔν τινι vor od. bei etwas, ähnl. περί τι. 2) τινί einem **auflauern,** ihn beobachten, blockieren, πεζῇ τε καὶ ναυσίν zu Wasser und zu Land, τοῖς καιροῖς τινος auf jmds. Gelegenheiten (Blößen) lauern. Pass. umlagert werden, in Schach gehalten werden.
ἐφορμή, ἡ (zu ἐφορμάω), 1) ep. Ort zum Eindringen, Zugang. 2) Angriff, ἐκ γῆς von der Landseite.
ἐφόρμησις, εως, ἡ (-μέω) u. **ἔφ-ορμος,** ὁ (ὅρμος), 1) Schiffsstation, Stützpunkt bei kriegerischen Unternehmungen, ἔφορμος τῆς νυκτός Nachtstation. 2) Blockade, Besetzung.
ἐφ-ορμίζομαι, mit Aor. med. u. pass., in den Hafen einlaufen, ἔς τι.
I. **ἔφ-ορμος,** 2. im Hafen vor Anker liegend.
II. **ἔφ-ορμος,** ὁ, s. ἐφόρμησις, 2.
ἔφ-ορος, ὁ (s. ὁράω) • 1) Aufseher, τῆσδε χώρας als Ehrentitel. Im bes. • 2) ἔφοροι, οἱ • a) spartanische Behörde, welche aus fünf Personen bestehend jährlich vom gesamten Volke aus dem Volke gewählt wurde. Der erste derselben war ἐπώνυμος des Jahres. Lykurg soll sie eingesetzt haben. Ihre Macht, ursprünglich richterlicher Art, u. zwar in Zivilsachen, wurde wichtig, als sie sich auch auf die Prüfungen (εὐθῦναι) der Behörden ausdehnte und sie selbst die Könige vor ihr Gericht zogen und Strafen gegen sie erkennen konnten. Außerdem hatten sie Anteil an der Aufsicht über die öffentliche Zucht und Erziehung, konnten das Volk berufen u. abstimmen lassen u. waren nicht nur richtende Stellvertreter der Könige, sondern auch Bevollmächtigte u. Geschäftsführer der Ekklesia in öffentlichen, bes. auswärtigen Angelegenheiten • b) in Athen wurden nach der Schlacht bei Aigospotamoi gleichfalls fünf Ephoren durch das Volk, aber eigentl. durch die oligarchischen Klubs (Hetairien) eingesetzt, welche unter anderm das Recht hatten, die Bürger zu berufen, wie viele u. wann es ihnen beliebte. Es war dies die Einleitung zur Oligarchie.
Ἔφορος, ου, griech. Geschichtschreiber aus Kyme in Äolis, der mit Theopompos Schüler des Isokrates war u. zuerst eine Universalgeschichte (τὰ καθόλου v. ca. 1090—340 v. Chr.) schrieb, lebte ca. 405—330.
ἐφ-υβρίζω, höhnen, spotten, freveln, abs. od. τινί u. τινά gegen jmdn., jmdn., auch τί etwas verspotten, od. μέγα Arges freveln, u. κελαινώπαν θυμὸν τοῖς ἄχεσιν in seiner schwarzen Seele höhnt er über dies Leid, ἄλλα u. mit folg. εἰ unter anderm höhnisch fragen, ob.
ἔφ-υδρος, ion. **ἔπ-υδρος,** 2. (ὕδωρ), wässerig, naß, a) Regen bringend. b) bewässert, τινί durch etwas.
ἐφ-υμνέω, 1) a) dazu, dabei singen, abs. καλῶς in den herrlichen Gesang einstimmen. b) τινά ein Loblied auf jmdn. singen, ihn besingen. 2) unter Wehklagen aussprechen, τί, ansingen, wehklagend anflehen, anrufen, τινά, u. τινί τι einem etwas anwünschen, ihn zu etwas verwünschen.
ἐφ-ύπερθε(ν) [ῠ], ep. poet. Adv., oben, drüber, darüber hin, oberhalb, oben, von oben her.
Ἐφύρα, ion. -ρη [ῠ], ἡ, 1) alter Name von Korinth, von Hom. nach Aristarch da gebraucht, wo er einen seiner Heroen sprechen läßt, während er selbst Korinth sagt. 2) alte pelasgische Stadt am Flusse Selleïs in Nord-Elis, im Lande der Epeier, u. dies auch Od. 1, 259. 2, 328, weil Taphos dem Dichter südlicher liegt, als es in Wirklichkeit lag. 3) uralte Stadt in Thesprotien (in Epeiros), ebenfalls an einem Flusse Selleïs gelegen, am Thesprotischen Meerbusen, später Kichyros. 4) Stadt in Thessalien, das nachherige Krannon. Dav.
Ἔφυροι, οἱ, die Einwohner des Orts.
ἐφ-υστερίζω, später kommen, τὰ ἐφυστερίζοντα die später kommenden (später entzweiten Städte).
ἐχ-έγγυος, 2. (ἔχων ἐγγύην), 1) akt. Bürgschaft gebend, sicher, zuverlässig, abs. u. πρός τι zu etwas. 2) pass. poet. (durch Bürgschaft) sicher gestellt, unter Sicherheit. [leichtfertig.
ἐχέ-θυμος, 2. ep. den Sinn beherrschend, οὐχ. ἐχ.
Ἐχείδωρος, ὁ, ion., Fl. Makedoniens, der in den Thermäischen Meerbusen mündet, j. *Galliko* (var.: Χείδωρος).
Ἐχε-κράτης, ους, ὁ, 1) aus Phlius, Schüler des Pythagoreers Philolaos, Lehrer des Plato. 2) sonstiger Eigenn.
Ἐχεκρατίδης, ὁ, 1) Sohn des Echekrates = Timon (v. Athen). 2) thessal. Tyrann um 454 v. Chr. 3) Sophist, Freund des Phokion.
Ἐχέμμων, ωνος, ὁ, S. des Priamos.
ἐχεμυθέω, sp. (ἐχέ-μυθος schweigsam), verschwiegen sein, schweigen können.
ἐχε-νηΐς, ΐδος, ἡ, Akk. plur. zsgz. ἐχενῇδας (ἔχω, ναῦς), poet. das Schiff hemmend. [scharf, herbe.
ἐχε-πευκής, 2. (πεύκη, vgl. πευκεδανός), ep. spitzig;
ἐχέ-στονος, 2. buk. Seufzer verursachend.
ἐχέτλη, ἡ, ep. sp. der Pflugsterz, Pflug. [ros.
Ἔχετος, ὁ, mythischer grausamer König in Epei-
ἐχέ-φρων, 2., Gen. ονος, (ἔχω, φρήν), ep. verständig, klug, weise.
Ἐχέ-φρων, ονος, ὁ S. des Nestor.
ἐχθαίρω, Fut. -αρῶ, Aor. ἤχθηρα, dor. ἤχθᾱρα, ep. poet. u. sp. (ἔχθος), feind sein, hassen, τινά od. τί, auch ἔχθος μέγα einen tiefen Haß hegen, abs. od. τινά gegen jmdn. Pass. mit Fut. med. ἐχθαροῦμαι, abs. od. ἔκ τινος u. τινί von jmdm. gehaßt, verfolgt werden, jmdm. verhaßt, verleidet sein. Dav.

ἐχθαρτέος, 2., poet. Adj. verb., zu hassen, *τινί* jmdm.

ἐχθές, Adv., gestern, *ἀπ' ἐχθές* von gestern her, seit gestern, s. *χθές*.

ἐχθοδοπέω, ep. sich verfeinden mit —, *τινί*.

ἐχθοδοπός, 2. poet. (*ἔχθος*, viell. mit St. *ὀπ*), verhaßt, feindselig.

ἔχθος, *τό*, u. **ἔχθρα,** *-ους, ἡ* (*ἐχθαίρω, ἀπ-εχθάνομαι*), Haß, Groll, **Feindschaft,** Mißhelligkeit, *ἔχθρα ἰδία* Privatfeindschaft, *ἔχθος ἐχθαίρειν* Haß hegen, *δι' ἔχθους ἔχειν τινά* einen hassen, *πρὸς ἔχθραν λόγον ποιεῖσθαι* einem zu Verdruß sprechen, *κατὰ (τὸ) ἔχθος, ἔχθραν, διά* od. *πρὸς (τὴν) ἔχθραν* aus Haß, dem Hasse folgend, aus Feindschaft. Plur. Veranlassung zum Haß. Übertr. Gegenstand des Hasses.

ἐχθραίνω, = *ἐχθαίρω*, hassen.

ἐχθρο-δαίμων, 2., Gen. *ονος*, poet. gottverhaßt, unglückselig.

ἐχθρό-ξενος, 2. poet. ungastlich.

ἐχθρός, 3., Komp. *ἐχθίων* (auch *ἐχθρότερος*), Superl. *ἔχθιστος* u. poet. auch *ἐχθρότατος* (*ἔχθω, ἔχθος*)

I) Adj. 1) verhaßt, abscheulich, zuwider. **2)** Akt. hassend, gehässig, verfeindet, feindselig, **feindlich,** widrig (*τινί*); *ἐχθρά* (sc. *χώρα*) feindliches Land.

II) Subst. der **Gegner,** persönliche Feind, (*ἡ ἐχθρά*) die Feindin, *πατρικός* ein angestammter Gegner, *τινός* u. *τινί* von jmdm.; bisw. auch Landesfeind = *πολέμιος*. • Adv. **ἐχθρῶς,** auf widrige, feindselige Art, *ἐχθρ. ἔχειν τινί* feindlich gegen einen gesinnt sein.

ἔχθω (nur Präs. u. Impf.), hassen, *τινά* u. *τί*.

ἔχιδνα, *ἡ*, **1)** *vipera*, die giftige Natter, bes. Zornnatter, mit zwei nahezu parallelen Zahnreihen versehen. Demnach populär als Sinnbild tückischer Bosheit. **2)** als Eigenn. **Ἔχιδνα,** *ἡ*, die Tochter des Chrysaor u. der Kallirrhoë (oder des Phorkys u. der Keto), welche zur Hälfte Jungfrau, zur Hälfte Schlange war, von Typhon Mutter des Kerberos u. anderer Ungeheuer.

ἐχιδναῖος, 3. poet. von der Natter.

Ἐχῖναι, *αἱ, νῆσοι*, später **Ἐχινάδες,** *αἱ*, neun kleine Inseln des Ionischen Meeres nahe vor der Mündung des Achelōos, zu Akarnanien gehörig, deren bedeutendste Dulichion war (s. d.), das spätere Artemita, die jetzige Halbinsel *Kurtzolári*. Einige davon sind jetzt Hügel zwischen der Bai von *Anatolico* und dem jetzigen Ausfluß des *Aspropotamo* (Acheloos), die andern noch als Inseln vorhanden. Homer dachte sich die Echinaden und Dulichion vor Elis, also südlicher, als sie wirklich liegen.

ἐχινέες, *οἱ*, ion. eine Art libyscher Mäuse mit stachligen Haaren.

ἐχῖνος, *ὁ*, **1)** der Igel. **2)** als t. t. Gefäß, Kapsel für gerichtliche Urkunden.

Ἐχῖνος, *ὁ*, St. in Südthessalien an der Nordküste des malischen Busens.

ἔχις, *εως, ὁ*, *vipera*, Otter, giftige Natter mit je einem Giftzahn an den Mundwinkeln.

Ἐχίων, *ονος, ὁ*, einer der fünf am Leben gebliebenen Sparten od. Männer, welche aus den Drachenzähnen des Kadmos hervorwuchsen, Gemahl der Agaue, Vater des Pentheus.

ἔχμα, *τό*, ep. (*ἔχω*), **1)** das, was anhält, im Wege liegt, **a)** Hindern, z. B. *ἀμάρης ἐξ ἔχματα βάλλων* Schutt aus dem Graben wegräumend. **b)** die Schutzwehr. Abwehr, *τινός*. **c)** Stütze, Unterlage, *νηῶν* Steine, um die Schiffe festzustellen. **2)** das Festhaltende, Band, Fessel, *ἔχματα πέτρης* die den Stein umgebende Unterlage.

ἐχόντως, Adv. zu *ἔχων*, nur in *νοῦν ἐχόντως* u. *λόγον ἐχόντως*, d. h. auf verständige Weise.

ἐχυρός, 3., Adv. **-ῶς,** Komp. *-ώτερον* (*ἔχω*), haltbar, dauerhaft, fest, befestigt, sicher, gewiß, richtig, zuverlässig, *ἐχυρὸν ποιεῖν τί τινι* etwas mit etwas sicher stellen, damit bestellen, *ποιεῖσθαί τι ὡς ἐν ἐχυρωτάτῳ* etwas möglichst zu sichern suchen, *ἐχυρὸν παρέχεσθαί τι* etwas verbürgen, Bürgschaft bieten. Subst. (*τὸ*) *ἐχυρόν* das Sicherheit gewährende, die Befestigung, ein fester **Punkt.**

ἐχφέρειν inschriftl. = *ἐκφέρειν*.

ἔχω (f. *ἕχω*, Dissim. der Aspirata, St. *σεχ, σχ*, verw. dt. *Sieg*), att. Fut. med. *ἕξομαι* u. Aor. med. *ἐσχόμην*, Konj. *σχῶμαι* ganz selten auch in pass. Bdtg., Perf. med. u. pass. *ἔσχημαι* sp. im Simplex, klass. in Kompp., Nbf. **ἴσχω** (f. *ἴσχω*, wie *μί-μν-ω* zu *μένω*) für Praes. u. Impf. act. u. med. = pass., ep. Praes. conj. 2. sg. *ἔχῃσθα*, 3. sg. *ἔχῃσι*, inf. *ἐχέμεν*, Impf. act. auch *ἔχον*, iter. *ἔχεσκον*, med. *ἐχόμην*, Fut. act. inf. *ἑξέμεν*, Aor. act. inf. *σχέμεν*, med. ind. 3. sg. *σχέτο*, opt. 3. pl. *σχοίατο*, u. als Nbf. zum Aor. act. (auch poet.) **ἔσχεθον,** *σχέθον*, inf. *σχεθέειν*, med. buk. *-εσχεθόμην*, Perf. act. (*συν-*)*όχωκα*, ferner dor. Fut. *ἑξῶ, οὖντι*, u. sp. ein Aor. pass. *ἐσχέθην, σχεθῆναι*, u. im N. T. zum Impf. act. 3. pl. *εἶχαν* u. *εἴχοσαν* **haben, halten.**

I) trans. • **1)** *teneo*, haben, **festhalten,** in Händen halten, abs. od. *τινά*, mit *τινός* an etw., od. mit Praepp. u. Advv., *ἀντίον, πρόσθεν*, dag. *τινί τι* einem etw. hinhalten, zusammenhalten, *ἧπαρ, ὀστέα*. Übertr. • **a)** *ἀγνοία με ἔχει, αὐτοὺς εὐεργεσίαι ἐκ Κροίσου εἶχον, σὲ οἶνος ἔχει φρένας* • **b)** *μετὰ χεῖρας, διὰ χειρός τι ἔ.* etw. unter den Händen haben, letzteres auch in der Hand behalten • **2)** ***possideo*, innehaben,** besitzen, abs. *ὁ ἔχων, οἱ ἔχοντες* die Begüterten, Mächtigen, od. auch der Besitzer, Gatte, *τὸ ἔχειν* das Vermögen; mit Akk., *τὰ χρήματα, τὰ πράγματα*, doch auch mit Gen. part., *τινός*, von etw. haben; im Pass. in jmds. Besitz sein, *βεβαίως*; od. auch = ***possīdo*** in Besitz nehmen, **besetzen,** bes. ein Land, dah. *οἱ ἔχοντες* auch die Sieger, Aisch. Ag. 455, u. *ἔχων ἔχῃ* du fängst dich in der eigenen Schlinge, dah. überh. erlangen, bekommen. Im bes. • **a)** *τινά* oder *τί τι* einen od. etw. als etw. haben, ähnl. *τινά* od. *τί* mit Adj. od. Part., doch auch *εἰς* u. *ἐπί τι* Dah. *γυναῖκα* u. ähnl. zur Frau haben, u. im Aor. zur Frau nehmen, u. so im Pass *τοῦ θυγάτηρ ἔχεθ' Ἕκτορι* seine Tochter besaß Hektor zur Frau • **b)** die Leibesfrucht (*ἐν γαστρί*) schwanger sein • **c)** bewohnen, *τί*, auch *οἱ κατὰ τὴν Ἀσίαν ἔχοντες* • **d)** in seiner Gewalt haben, verwalten, *κῆπον. κίονας Ἡρακλέους* • **3)** ***gesto*, an sich haben,** tragen, von Kleidern, Waffen usw., ἀμφὶς ἔ. τι etw. an sich tragen; im Med. für sich, von sich, vor sich halten, ἀπὸ ἕο, ἀσπίδα πρόσθε, λιπαρὰ κρήδεμνα, aber auch χεῖρας abhalten, aushalten, auch zurückhalten • **4)** ***contineo*, in sich haben,** in sich schließen, δειλίαν beherrschen, in sich enthalten, z. B. von Büchern, od. ἐν ἑαυτοῖς sich überzeugt halten, *sic habeo*, ὡς; ferner σταθμόν ein Gewicht enthalten, od. αἴθρη ἔχει κορυφήν, ἔχει τι πρὸς δίκης er (der Mord) hat etw. für sich seitens des Rechts, μοί zu meinen Gunsten. Im bes. • **a)** erleiden, τὴν δίκην; von Zuständen, *incessit*, es ergreift, erfaßt, drückt, τὸν δεινόν τε ἔσχε es griff ihn gewaltig an, κλέος μιν ἔχει ziert ihn, ähnl. λόγος ἀγαθός • **b)** es dient so mit Subst. zur Umschreibung des dem Subst. verwandten Verbalbegriffs, z. B. αἰτίαν Schuld haben (aber αἰτίας auch Gründe haben), αἴσθησιν sich fühlbar machen, δίκην angeklagt werden, τὴν ἐπωνυμίαν den Namen geben u. haben, καιρόν gelegen kommen, gut sein, μνήμην eingedenk sein u. erwähnen, παρουσίαν erscheinen, πράγματα Schwierigkeiten machen, προσβολήν einen Angriffspunkt darbieten, ähnl. συγγνώμην verzeihen u. eine Entschuldigung haben, σιωπήν still schweigen, u. viele andere; pass. ἔχεσθαί τινι von etw. gehalten, betroffen werden, behaftet sein, συμφορῇ, κακότητι καὶ ἄλγεσι u. ähnl., ἀγρυπνίῃσι ὑπὸ τοῦ κακοῦ, κηληθμῷ, ἐν ἀπορίᾳ, ἐν κακοῖς. Ähnl. sagte man aber auch δεινῶς ἐν αἰσχύνῃ ἔχειν sich sehr schämen, δι' αἰτίαν u. ἐν αἰτίᾳ ἔχειν, ἐν εὐνοίᾳ ἔχειν τινά od. τί, ἐν ἡδονῇ, ἐν θεραπείᾳ, ἐν ὀργῇ od. δι' ὀργῆς, ἐν ὀρρωδίᾳ τι bei etw. in Angst sein, διὰ φυλακῆς ἔχειν vorsichtig sein, ἐν φυλακῇ τινα oder τι bewachen. Ähnl. mit Adjj. ἔλασσον, μεῖον ἔ. den kürzeren ziehen, (τὸ) πλέον ἔ. Vorteil haben, erlangen, auch übervorteilen, ἴσον ein gleiches Teil bekommen, gleich behandelt werden, τὰ ἄξια eine würdige Stellung erhalten • **c)** die Kraft, Mittel, Kenntnis in sich haben, also *α*) können, **vermögen,** οἷά κ' ἔχωμεν so gut wir können, ἀφ' οἵων ἔχοι soweit er es vermag. **β) innehaben,** wissen, kennen, ἔχετε τὸ πρᾶγμα da habt ihr's, auch τινά τι einen als etw. kennen, für etw. halten, u. mit Part. τινὰ λυπούμενον einen gekränkt finden, od. τὶ ἄμεινον etw. besser wissen • **5) bei sich haben,** einen Gast usw., ἐπ' ἀριστερά, ἐς τὰ δεξιά, ἐν δεξιᾷ, ἐν ἀριστερᾷ; übertr. jmdn. auf seiner Seite haben od. mit sich bringen, τιμωρίας τινί einem Strafe bringen, προσόδους Einkünfte geben, ὠδῖνας verursachen, αἰσχύνην mit sich führen, ἀγανάκτησιν Unmut erregen, βοήν ertönen • **6)** ***retineo*, an sich halten,** behalten, παρ' ἑαυτοῖς verschlossen halten, τὰ ἐπιτήδεια d. h. nicht verkaufen, τοῦτο παρ' ἐμαυτῷ, ἐλπίσιν ἴσχειν τι, ἔχειν ἑαυτὸν ἔν τινι sich bei etw. aufhalten, λόφον ὑπὸ ζυγῷ den Nacken gelassen unterm Joch halten. Im Pass. (u. Med. unatt.) ὁ ἁρπάζων ἔχεται der auf Beute Ausgehende ist in des Siegers Gewalt, ἐν τέλεϊ τούτῳ ἔσχοντο sie wurden bei dem Ende festgehalten, fanden hier ihr Ziel, ἄχεϊ σχομένη von der Verzweiflung erfaßt, ἐν ἀπόρῳ ἔχεσθαι, od. bildl. νίκης πείρατ' ἔχονται ἐν ἀθανάτοισι θεοῖσιν. Übertr. ἐν φρεσίν, ἐν νῷ bei sich behalten, auch vorenthalten, τινί τι od. zusammenhalten, τί. Im bes. aufrechthalten, stützen, u. übertr. beschützen, besorgen • **7)** ***impedio*, zurückhalten,** bändigen, stillen, δι' ἡσυχίαν τινά, ἑαυτοὺς κατ' οἴκους, εἶχε σιγῇ; σχὲς οὗπερ εἶ halt inne, wo du eben bist, ἔχε halt doch, wohlan! εὐφημίαν ἴσχε schweig, bildl. πόδα ἐκτὸς ἔχειν τινός etw. vermeiden. Auch mit Inf. teils zur näheren Bestimmung, wie Il. 17, 182, wo ἀλκῆς von μεμαῶτα abhängt, teils τινά mit Inf. od. bloß mit dem Inf. mit od. ohne Art. u. mit μή, ὥστε μή einen abhalten, daß er nicht; mit weggelass. Subj. ἔχει με, μήποθ' es hält mich ab, daß • **8)** ***teneo*,** darauf loshalten, **hinlenken,** Πύλονδε, doch auch abs. (ἵππους od. νῆας) wohin fahren, segeln, landen, mit ἔς τι auch nach etwas steuern, πρός τινι bei etw. anhalten; von Schiffen, νῆες ἔσχον ἔς τι fuhren dahin, auch vom Fußgänger: eine Richtung einschlagen. Übertr. ὄμμα, νοῦν, ἀράν, τὴν γνώμην sein Vertrauen setzen (πρός τινα), ἐπ' ἀμφότερα ἔχειν zwischen beiden Entschlüssen schwanken • **9)** das Part. **ἔχων** steht • **a)** oft bei einem andern Verbum zur genaueren Bestimmung u. ist durch **mit** zu geben, οἴχεαι ἔχων (αὐτήν), ἵππον ἔχων • **b)** bei ἐστί, bes. wenn durch die Kopula mehrere Prädikate umfaßt werden, φύσιν ἔχον ἐστί es ist der Natur der Sache angemessen • **c)** um den fortdauernden Zustand zu bezeichnen, φλυαρεῖς ἔχων du bist fortdauernd, von Haus aus ein Schwätzer.

II) intr. • 1) sich verhalten, gesinnt sein, abs. διατελέουσιν ἔχοντες sie sind noch dieselben • **a)** mit Adverb. εὖ teils persönl.: gut stehen, sich wohl befinden, teils unpersönl.: es ist geraten, rätlich; οἰκτρῶς erbarmenswert sein, σῖγα still bleiben, ähnl. εὔστομα; βαρέως gedrückt sein, κυρίως gesetzliche Geltung haben, φιλοσόφως als Philosoph erscheinen, μειόνως ἔχειν weniger würdig sein, ἡδέως τινί od. πρός τινα wohlwollen, ὑπόπτως τινί argwöhnisch sein, ähnl. χαλεπῶς, δυσμενῶς ἔχειν u. ἀνακῶς ἔχειν τινός achtgeben auf jmdn.; οὐκ ἀχαρίστως μοι ἔχει πρὸς ὑμῶν ich ernte Dank von euch, καλῶς ἔχειν τινί einem anstehen, geziemen, καλῶς ἔχει τινὶ τὰ τῶν φαρμάκων d. i. er hat dabei ein gutes Gewissen, τὸ καλῶς ἔχον das Anständige, μαλακῶς ἔ. ἀπό τινος unpäßlich sein an etw. • **b)** mit dem Part., um Handlung u. Zustand zugleich auszudrücken, θαυμάσας ἔχω ich bin in Verwunderung gesetzt, εἶχε γενόμενον es war vorgefallen • **c)** in Redensarten: κατὰ νοῦν ἔχειν τινί einem nach Wunsch sein, ähnl. κατὰ τρόπον, aber σιγῇ; bes. mit Adv. (wie ὡς, πως, οὕτως) irgendwie zu jmdm. stehen, ὅπως ἂν ἔχωμεν, Θηβαίων ἡμῖν ἐχόντων, ὡς ἔχουσιν, ὡς εἶχε wie er war, sofort; oft mit Gen., ὡς ὀργῆς ἔχω (bei Hdt. auch ὀργῇ), ὡς ποδῶν εἶχον, ähnl. ὡς εἶχε λάχους; ὡς ἑκάστοις τῆς ξυντυχίας ἔσχεν wie es der Zufall für die einzelnen mit sich brachte, ἐμμελῶς πάντων ἔχειν geschickt mit allem versehen sein, οὕτω τρόπου ἔχειν so geartet sein, τοῖσιν οὕτω ἔχει ὅρμου der Ankerplatz war bei ihnen darnach; od. mit Adv. u. Praep., οὕτως ἔχειν περί τινος von jmdn. od. etw. so denken, οὕτως ἔχει περί τι u. περί τινος so verhält es sich mit etw., τινί u. πρός τινα od. τι so gegen einen od. etw. gesinnt sein, ἀμφί τι beschäftigt sein, aber auch bedacht sein, ähnl. ἀμφὶ ἑαυτόν sich pflegen, ἔχειν ὑπέρ τίνα über jmds. Vermögen od. Maß hinaus liegen od. sein, ἐπί τινι feindlich gegen einen gesinnt sein • 2) ***permaneo*** • a) **sich halten,** standhalten, fest aushalten, (ruhig) bleiben, abs. κατ' οἴκους, an jmdm. festhalten, z. B. am Vater, Soph. Ai. 1181 • b) sehr häufig im Med., sich halten, **standhalten,** sich festhalten, haften, teils abs., στῆ ἄντα σχομένη, ἴσχεσθε haltet stand, haltet ein! (wie ἴσχευ halt an dich, schweig!), ἴσχετο φωνή die Stimme stockte, ἀπόπληκτος ἔχῃ du stehst betäubt da, teils mit Gen. u. Praepp., ἄλλου λόγου eine andere Begründung wählen, ἄλγησις διαμπερὲς στέρνων ἔχεται durchwühlt die Brust; an jmdn. od. etw. sich hängen, halten, τοῦ ἔργου, τοῦ πολέμου eröffnen, τῆς σωτηρίας arbeiten an, τῆς γνώμης sich an den Sinn halten, aber auch wie τοῦ λόγου die Ansicht festhalten. Doch heißt ἔχεσθαί τινος auch gegen jmdn. auftreten, τινός u. ἔκ τινος von jmdm. od. etw. abhängen (im Akt. bei Soph. OT. 709), auch mit Inf., τῆς πληγῆς nach der getroffenen Stelle greifen. Im bes. sich an etw. (τινός) anschließen, folgen, angrenzen, abs. τὸ ἐχόμενον, τὰ ἐχόμενα τούτων, τὰ τῶν ὀνειράτων ἐχόμενα was zu den Träumen gehört, alle Arten von Träumen, u. so auch τὰ καρπῶν, ἰχθύων ἐχόμενα Getreide-, Fischarten • 3) ***pertineo,*** **sich erstrecken,** abs. λόγος ἔχει es geht das Gerücht, διὰ πάσης ἀγωνίας durch jede Kampfart hindurch sich erstrecken, mit ἐπί u. ἔς τι bis zu etw., ἔς τινα sich auf jmdn. beziehen, aber περί τινος über etw. handeln, ὑπό τι bis in die Nähe von etw. sich erstrecken, πρὸς ἑσπέρην nach Westen gehen, aber ἐπί τινι feindl. gegen einen.

ἕψημα, τό, das, was gekocht werden kann: Suppe, Gericht; süße Speise.

ἕψησις, εως, ἡ, das Kochen.

ἑψητός, 3. gekocht, gesotten, gar.

ἑψιάομαι, Imper. ἑψιαέσθων, -αάσθων, Inf. ἀεσθαι, -άασθαι, Impf. ἑψιάοντο, -όωντο, Dep. med., ep. spielen, scherzen, vergnügt sein, sich ergötzen.

ἕψω, Imperf. ἧψον, Fut. ἑψήσω, Aor. ἥψησα, ion. Impf. act. ἕψεε, Aor. act. ἕψησα, pass. conj. ἑψηθῇ, Perf. pass. (ἀπ-)ἑψημαι, Adj. verb. ἑψητός u. ἑφθός, kochen, sieden.

ἔωθα u. **ἐώθεα,** ion. Perf. u. Plqpf., s. **ἔθων.**

ἕωθεν (ἕως), Adv., vom Morgen an, bei Tagesanbruch, frühmorgens, heute früh, *αὔριον ἕωθεν* morgen früh. Vgl. auch ἠῶθεν.

ἑωθινός, 3. (ἕως), 1) morgendlich, ἑωθινῆς φυλακῆς gegen Morgen, das lat. *sub quartam vigiliam.* Adv. τὸ ἑωθινόν frühmorgens, u. ἐξ ἑωθινοῦ von morgens an. 2) sp. östlich, auch Superl.

ἑωλοκρᾱσία, ἡ, die Hefen, schal gewordenen Neigen, womit bei nächtlichen Gelagen die am längsten aushaltenden Zecher ihre eingeschlafenen Kumpane begossen; übertr. von alten, unerquicklichen, gar nicht zur Sache gehörigen Geschichten. Von

ἕωλος, 2. (ἕως), vom vorigen Tage, übernächtig, halb erloschen; aufgewärmt, abgestanden, schal; στέφανος ἑώλων von welken Blumen.

ἑῶμεν od. **ἕωμεν,** ep. Konj. aor. (wie ἔβην) vom defektiven ἄμεναι (w. s.), ἆσαι sättigen; mit Gen. πολέμοιο (wenn wir) des Kampfes satt sind.

ἑῳνοχόει, s. οἰνοχοέω.

ἑῷος, 3., poet. auch 2., ion. ἠῷος (ἕως), 1) morgendlich, am Morgen. 2) nach Morgen, nach Osten gelegen, östlich. Vgl. auch ἠοῖος.

ἑώρα, ἡ (s. αἰώρα v. ἀείρω, αἴρω), poet. Strick zum Erhängen, πλεκταῖς ἑώραις in Schwebeschlingen.

ἑωρέω = αἰωρέω, verd. LA.

ἕως, ἡ, ion. **ἠώς,** äol. **αὔως** aus αὔσως, (vw. αὔριον, lat. *ūro, aurum, aurora* (aus *ausōsa*), ahd. *os-tan, Osten* und *ostarun, Ostern*) • 1) die **Morgenröte,** das Frührot, Morgenlicht, ἅμ' ἠοῖ φαινομένηφιν mit dem Erscheinen der Morgenröte, ähnl. ἅμ' ἠοῖ od. ἅμα ἕῳ u. ὑπὸ τὴν ἕω mit od. bei Tagesanbruch, ἅμα τῇ ἕῳ am Morgen, πρὸ τῆς ἕω vor der Morgenröte • 2) die Zeit der Morgenröte, der **Morgen,** Tagesanbruch, ἕως γίγνεται es wird Morgen, ἠοῦς morgen früh, ἐς ἠῶ bis morgen früh, εἰς τὴν ἐπιοῦσαν ἕω auf den kommenden Morgen • 3) das aufgehende Tageslicht, der anbrechende Tag • 4) als Himmelsgegend: Morgen, **Osten,** τὸ πρὸς τὴν ἠῶ od. πρὸς ἠῶ gegen Morgen, nach Osten, u. πρὸς πρώτην ἕω nach Osten gewandt, wo die Sonne zuerst steht, nach dem Aufgang.

Ἕως, ἡ, s. u. Ἠώς.

ἕως (⏑ – Od. 2, 78, sonst entw. einsilbig od. – ⏑, also wie ἧος (εἷος) auszusprechen), episch auch **ἧος, εἷος** u. **εἵως** (vom Relativstamm), sp. (u. Hdt. 2, 143?) auch ἕως οὗ (s. u. III).

I) **Konj.** der Zeit: • 1) zur Angabe der Gleichzeitigkeit: **so lange als,** während, mit Indik., im Nachsatze eigtl. τέως, doch auch bisw. τόφρα, τόφρα δέ od. bloß δέ • 2) zur Angabe des Endpunktes in der Zeit: **so lange bis,** mit Indik. u., wenn ein beabsichtigtes Ziel ausgedrückt wird, auch mit Konj. mit und ohne ἄν od. κέ, od. nach einem historischen Tempus mit Opt. (mit u. ohne κέ), bis daß, 3) (in Od.) auch zuw. zur Bezeichnung der Absicht, daß, damit, wie ὄφρα mit Opt. • 4) überh. wann.

II) als **Adv.** statt τέως • 1) eine Zeitlang, gew. mit μέν verbunden, eigtl. so lange als mit Ellipse des Nachsatzes od. des entgegengesetzten Gedankens (Od. 3, 126: die Zeit über) • 2) mit Gen. bei Zahlangaben, nach der Angabe des Grades, bis zu dem sich etwas erstreckt, bis auf.

III) als **Praep.** mit Gen. (Hdt. 2, 143?), sp. u. N. T. bis, ἕως οὗ, ἕως ἑσπέρας, ἕως Ἰταλίας, ἕως τοῦ νῦν — ἕως ἑκατὸν καὶ εἴκοσι.

ἕως-περ, Adv. 1) gerade so lang als, mit Konj. u. ἄν. 2) bis eben, mit Ind. od. Konj. u. ἄν.

ἑωσ-φόρος, 2. (bei Hom. dreisilbig zu lesen) (ἕως, φέρω), morgenbringend; als Subst. ὁ **Ἑωσφόρος** der Morgenstern, *Lucifer.*

ἑωυτοῦ, s. ἑαυτοῦ.

Z.

Ζ, ζ, τὸ ζῆτα, sechster Buchstabe des griech. Alphabets, an Stelle des phönikischen Sain, als Zahlzeichen, weil ursprünglich Ϝ (βαῦ) vor ζ stand: ζ' = 7.

ζᾰ-, untrennb. Partikel = δια- (vgl. δα-), bes. mit Adjj. zusammengesetzt zur Verstärkung, eigentl. *per-*, durch u. durch, sehr.

Ζάγκλη (Δάγκλη), ἡ, Stadt in Sizilien, das spät. *Μεσσάνα*, jetzt *Messina*. Der Einw. ὁ **Ζαγκλαῖος.**

ζάγκλον, τό (ζα u. ἀγκ zu ἀγκών), sizil. Wort für Sichel, Hippe.

Ζαγρεύς, έως, ὁ, **1)** Beiw. des Dionysos als S. des Zeus u. der Persephŏne, den die Titanen bald nach der Geburt zerrissen, worauf Zeus dessen zuckendes Herz verschlungen u. ihn aufs neue erzeugt haben soll. So die Orphische Legende in den Mysterien der Demēter u. Kora. **2)** Beiw. des Pluton.

ζάδηλος, 2. (aus διαδηλος) = διαδήλητος (δηλέομαι), zerfetzt, zerrissen.

Ζαδράκαρτα (od. Ζαδάκαρτα), τά, Stadt in Hyrkanien, auch Karta (d. i. Stadt) genannt, jetzt wahrscheinlich *Asterâbâd* nahe dem Kaspisee.

ζᾱής, 2. ep., Gen. έος, Akk. heterokl. ζαῆν st. ζαῆ (ζα-, ἄημι), heftig wehend, stürmisch.

ζά-θεος, 3, poet. auch 2., ep. u. poet. hochheilig, von Gegenden u. Örtern, insofern sie von Göttern bewohnt gedacht wurden.

Ζάκανθα, ἡ, Saguntum in Spanien.

ζά-κορος, ὁ, sp. Tempeldiener.

ζά-κοτος, 2. ep. poet. mürrisch.

Ζάκυνθος, ἡ u. ὁ (das Z bildet bei Homer nicht Position), Insel im Ionischen Meere, jetzt *Zante.* Als waldig (ὑλήεσσα) kann sie jetzt nicht mehr gelten, doch hat sie guten Ackerboden mit trefflichen Weinbergen. Die Hauptstadt hieß ebenso, die Ew. οἱ **Ζακύνθιοι.**

Ζακχαῖος, Eigenn. eines Oberzollbeamten, N. T.

Ζάλευκος, ὁ, Gesetzgeber der epizephyrischen Lokrer, um 650 v. Chr.

ζάλη, ἡ, **1)** das heftige Wogen des Meeres, Wogenschwall, Gebrause. **2)** Regenguß.

Ζάλμοξις, ιδος, ὁ, auch Ζάμολξις genannt, ein Gete (Skythe, Thrakier), um 560 v. Chr., angebl. erst Sklave bei Pythagoras, dann freigelassen, in Hellas sich Schätze sammelnd, heimgekehrt Verbreiter von ethisch-religiösen u. politischen Lehren, bes. des Unsterblichkeitsglaubens, nach seinem Tode als Dämon verehrt. [ζηλωτός.

ζᾶλος, ζᾱλόω, ζᾱλωτός, dor. st. ζῆλος, ζηλόω,

ζᾰ-μενής, 2. (μένος), ep. poet. grimmig, feindselig.

Ζάν, s. Ζεύς.

Ζαπάτας, ου, ὁ, syrisch Zaba d. i. Wolf (λύκος), Nebenfluß des Tigris, jetzt der große *Zab.*

ζάπεδον, τό, poet. = δάπεδον.

ζα-πληθής, 2. poet. sehr voll.

ζά-πλουτος, 2. ion. u. poet. sehr reich.

ζα-πρέπον, poet. f. διαπρέπον, hervorragend.

ζά-πῦρος, 2. poet. sehr brennend.

Ζάραγγοι u. **Ζαραγγαῖοι,** οἱ, andere Aussprache u. Schreibart für Δράγγαι, am See Aria.

Ζαρίασπα, τά, andrer Name für Βάκτρα.

ζᾱτέω, dor. st. ζητέω. **ζατοῖσ'** = ζητοῦσα.

ζα-τρεφής, 2. ep. (τρέφω), wohlgenährt, feist, stark.

Ζαύηκες, οἱ, ein Volk in Libyen. [tig.

ζα-φλεγής, 2. (φλέγω), ep. voll feuriger Kraft, kräf-

ζα-χρειής od. **ζα-χρηής,** 2. pl. nom. ηεῖς, gen. ειῶν u. ηῶν (v. χραύω losstürmen), ep. heftig anstürmend, ungestüm.

ζα-χρεῖος, 2. (and. ζάχρειος), buk. sehr arm.

ζά-χρῡσος, 2. poet. reich an Gold, Gold einbringend.

ζάω (richtiger ζηјω, verw. mit βίος, ἐβίων), kontrah. in η, Impf. Dem. 24, 7 ἔζην, Fut. u. Aor. selten ζήσω (sp. ζήσομαι) u. ἔζησα, ep. ion. poet. Nbf. **ζώω** (ζῴω), inf. ep. ζωέμεν u. ζωέμεναι, poet. auch **ζόω,** Inf. ζόειν **leben • 1) am Leben sein** (Gegens. **tot sein**), abs. Δαρείῳ ζῶντι, τὸ ζῶν, τὰ ζῶντα, οἱ ζῶντες oder ζώοντες, μετὰ ζώντων εἶναι, oft mit Akk. der Zeit od. ἀγαθὸν βίον, aber auch ἀβλαβεῖ βίῳ ζῶσα, δηλοῖς ἐξ ὧν ζῇς **du zeigst es durch dein Leben;** oft von der Lebensweise, αἰσχρῶς, ῥεῖα ζώειν von den Göttern, καρποῖς, ἀπὸ τῆς ἀγορᾶς; τινὶ ζῆν **für einen leben • 2)** übertr. **in Kraft sein, bestehen,** ἄτης ἄελλαι, τὰ νόμιμα, συμφοραί, μαντεῖα ζῶντα, χρόνῳ τῷ ζῶντι καὶ παρόντι, πυρὸς φλὸξ ἔτι ζῶσα.

Ζέα, ἡ, **Hauptkriegshafen Athens.**

ζεγέριες, libysches Wort = βουνοί, ion. eine Art Mäuse.

ζειαί, αἱ, **Dinkel, Spelt,** oder eine **Maisart, teils als Pferdefutter, teils als Kost für die Ärmeren** benutzt (*triticum Zea*).

ζεί-δωρος, 2. (ζειαί, δῶρον), ep. Getreide gebend, Frucht spendend.

ζειρά, ion. **-ρή,** ἡ, ein weites bis auf die Füße herabreichendes, in der Mitte gegürtetes **Überkleid** der Araber u. Thraker (thrakischen Reiter).

Ζέλεια, ἡ, Zelēa, Stadt im nördlichen Troas, am Fuße des Ida. (Z bildet wie in **Ζάκυνθος** bei Hom. keine Position.) Einw. ὁ **Ζελείτης.**

ζεστός, 3. (ζέω), sp. N. T. gesotten; siedend, heiß.

ζευγηλατέω, ein Gespann lenken, fahren, pflügen.

ζευγ-ηλάτης, ου, ὁ (ζεῦγος, ἐλαύνω), der Treiber, Lenker eines Pferde- od. Rindergespanns, Pflüger.

ζευγίσιον, τό (mit u. ohne τέλος), die Abgabe, Steuer der ζευγῖται, s. d. f.

ζευγίτης [ῑ], ου, ὁ (ζεῦγος), **Jochführer, 1)** Name der Bürger der dritten attischen Schätzungsklasse nach Solons Einteilung, hergenommen vom Halten eines Ackergespanns mit einer Ernte von 150 Medimnen od. einem Steuerkapital von 1000 Drachmen. **2)** sp. der Nebenmann in der Schlachtordnung.

ζεύγλη, ἡ (ζεύγνυμι), ep. ion. poet. sp. **1)** Jochkissen, Kummet unter dem Joch, **Jochkranz,** überh. **Joch. 2)** poet. im Plur. die Riemen, womit die πηδάλια befestigt wurden.

ζεῦγμα, τό (ζεύγνυμι), **1)** das Zusammengefügte, die Brücke. **2)** das Zusammengesperrte, dah. ζ. τοῦ λιμένος der gesperrte Eingang, die Sperre des Hafens. **3)** das Joch. [Euphrat.

Ζεῦγμα, τό, Stadt in Syrien bei Samosata am

ζεύγνυμι u. **-νύω** (Wz. ζευγ: ζυγ, lat. *iungo*, s. ζυγόν, lat. *iugum*, ahd. *joh*, *joch*).

I) Akt. • **1) zusammenjochen,** anspannen, ἵππους u. ähnl., ὑπό τινα u. ὑπό τι d. i. die Rosse an etwas; übertr. • **a) unterjochen,** fesseln, (an)binden, zwingen, τινί u. ἔν τινι durch etw. od. im Zwange, im Gewahrsam halten • **b)** bildl. γάμοις τινά vermählen • **2)** überh. zusammenfügen, vereinigen, **verbinden,** abs. σανίδες ἐζευγμέναι verschlossene Türflügel, od. τινί durch etwas, πρός τι u. παρά τι an, neben etwas. Im bes. • **a)** (Schiffe) ausbessern, kalfatern, d. h. Bänder, verbindende od. zusammenhaltende Balken (ζυγώματα) einziehen • **b)** γέφυραν eine Brücke bauen od. schlagen, πλοίοις mittels Fahrzeugen, d. h. eine Schiffbrücke schlagen, aber auch τὸν ποταμόν den Fluß überbrücken, u. zwar auch πλοίοις eine Schiffbrücke schlagen.

II) Med. für sich od. sich *(sibi)* oder seine Rosse anjochen, anspannen od. anspannen lassen.

ζεῦγος, εος, ους, τό, **1) a)** Joch, Gespann, bes. von Zugvieh, Pferden, βοῶν, βοεικόν von Ochsen, ὀρικόν von Maultieren. **b)** zweispänniges Geschirr oder Fuhrwerk, Zweigespann, auch Viergespann (Plat. apol. 36 D), λευκόν mit weißen Pferden, μίσθιον ein Mietfuhrwerk, Mietkutsche. **2)** überhaupt ein Paar, von Personen u. Sachen. [haltend.

ζευγο-τρόφος, ὁ (τρέφω), sp. ein Gespann Zugvieh

ζευκτήριος, 3. zum Verbinden geschickt; Fem. subst. das Band, N. T.; Neutr. subst. poet. das Joch.

ζευκτός, 3. verbunden, gejocht; ζ. κάλαμοι die Hirtenflöte.

Ζευξίδαμος, od. **-δημος,** ὁ, Spartiate aus königl. Geschlecht, V. des Leotychidas.

Ζεύξ-ιππος, ὁ, **1)** Maler aus Herakleia, zu Platos Zeit in Athen, wohl = Ζεῦξις. **2)** sonst. Eigenn.

ζεῦξις, ιος, Dat. ῑ, ἡ (ζεύγνυμι), ion. **a)** das Anspannen, Art der Bespannung. **b)** die Überbrückung, τινός eines Gewässers.

Ζεῦξις, ιδος, ὁ, berühmter Maler aus Herakleia, um 430 v. Chr.

Ζεύς (aus Δjηυς, Wz. *div*, Himmelshelle, *Tag*, lat. *dies*, *(D)jū-piter*), ep. u. poet. Ζηνός, Ζηνί, Ζῆνα u. Ζῆν, dor. u. buk. Ζᾶν u. Δᾶν, **Zeus,** Sohn des Kronos u. d. Rhea, Vater u. König (βασιλεύς) der Götter u. Menschen, Gott des Himmels und Urheber aller Naturerscheinungen, bes. von Donner u. Blitz, daher der Donnerkeil nebst der Ägide das Zeichen seiner Macht bildet. Er ist Lenker der Weltordnung, Stifter des Königtums, Beschützer der Obrigkeiten, überh. alles göttlichen u. menschlichen Rechtes, insbes. des Eides, des Gastrechts (ξένιος), er erscheint ebenso als Kampfeshort (ἀγώνιος) wie als Retter (σωτήρ) u. als Befreier (ἐλευθέριος), ferner als Versöhner derer, welche ihn mit Sühnopfern anrufen (μειλίχιος), ja als Beschützer der heiligen Ölbäume in Attika (μόριος). Er war pelasgischer Stammgott (Πελασγικός) u. hatte zu Dodona in Epeiros ein uraltes Orakel (Δωδωναῖος). Seine Schwester u. Gemahlin ist Here. Als Kinder werden u. a. erwähnt: • **a)** Athene, die er aus dem eigenen Haupte gebar • **b)** von der Leto Apollon und Artemis • **c)** von der Alkmene Herakles • **d)** von der Pluto Tantalos • **e)** von der Persephŏne Dionysos, den er wieder aus sich zeugte, als die Titanen ihn zerrissen, od. der Sohn der Semĕle, den er bei deren Tode schnell in seine Hüfte nähte, um ihn dann wieder zu zeugen (διθύραμβος). Man schwur oft bei ihm, daher πρὸς Διός, od μὰ od. νὴ (τὸν) Δία bei Gott, od. als Ausruf: ὦ Ζεῦ, und sagte sprichwörtl. von großem Reichtum: **τῷ Διὶ πλούτου πέρι ἐρίζειν,** u. von großer Macht: **πρὸς τὸν Δία τὴν χώραν νέμεσθαι.** • Seine berühmteste Statue war die, welche Pheidias nach Il. 1, 528 ff. aus Elfenbein und Gold für den Tempel zu Olympia schuf. Bei den Persern bezeichnet Ζεὺς πατρῷος den persischen Stammgott *Ahura Mazda*, später *Ormuzd*, den Sohn des Unendlichen, den Schöpfer u. Lenker des Weltalls. Unter Ζεὺς χθόνιος und καταχθόνιος endlich ist Pluton od. Hades, der Herrscher der Unterwelt, zu verstehen.

ζεφυρίη, ἡ (verst. πνοή, ῑ in der Arsis), ep. der Zephyrhauch, substantiviertes Fem. vom Adj. ζεφύριος.

ζέφυρος, ὁ (ζόφος), auch ἄνεμος ζ., **1) a)** der Zephyros, Abend- od. Westwind, einer der vier Hauptwinde bei Hom., bald stürmisch oder regnerisch u. rauh, bald lieblich. **b)** auch als Bezeichnung der Himmelsgegend: Westen. **2)** personifiz. **Ζέφυρος** als Windgott, dem die Harpyie Podarge zwei Rosse geboren hat.

ζέω (ζεσ, ahd. *jes-an* = nhd. *gären*, *Gischt*), ζέσω, ἔζεσα, hom. ζέσσα, **1)** kochen, sieden, wallen, kochend heiß sein. **2)** übertr. hoch gehen, toben.

Ζῆθος, ὁ, Sohn des Zeus u. der Antiŏpe, Bruder des Amphīon, mit welchem er Theben erbaute u. später daselbst verehrt wurde, Gemahl der Aēdon, V. des Itylos.

Ζῆλα, ων, τά, Kastell im Innern von Pontus.

ζηλεύω, sp. u. N. T. f. ζηλόω.

ζηλήμων, 2. ep. poet. eifersüchtig, neidisch.

ζῆλος, ὁ, **1)** Eifer, Streben, Trieb, Nacheiferung, Begeisterung, Enthusiasmus, πρός τι nach etw., τινός für jmdn. od. etwas. Im übeln Sinne: Neid, Eifersucht, im Plur. eifersüchtige Neigungen u. Bestrebungen, Begierden. **2)** Gegenstand des Eifers, der Bewunderung: stolzer Glanz, Glanz, Auszeichnung. (Im N. T. auch τὸ ζῆλος, var.)

ζηλοτυπέω (-τυπος), eifersüchtig sein, τινά od. τί auf jmdn. od. etwas, beneiden.

ζηλοτυπία, ἡ, Eifersucht, περί τινα gegen jmdn., eifersüchtige Nacheiferung, τινός in etwas.

ζηλό-τυπος, 2. poet. u. sp. (ζῆλος, τύπτω), eigtl. vom Eifer geschlagen, eifersüchtig.

ζηλόω (ζῆλος), **1)** nacheifern, eifrig erstreben. **2) a)** voll Neid bewundern, beneiden. **b)** glücklich preisen, glücklich achten. **3)** N. T. sich mit Eifer um jem. bemühen, um jem. werben.

ζήλωμα, τό, **1)** die beneidete und bewunderte Lage, das hohe Glück, πατρός des Vaters (als Herrschers eines großen Reichs). **2)** die Bestrebung.

ζήλωσις, εως, ἡ, Nachahmung, τινός jmds.

ζηλωτής, οῦ, ὁ, Nacheiferer, Nachahmer, Bewunderer. Im N. T. 'Eiferer' für das mos. Gesetz; insbes. Bein. des Apostels Simon.

ζηλωτός, 3. u. poet. 2. (ζηλόω), bewundert, bewundernswert, im bes. a) zu beneiden, beneidenswert. b) glücklich zu preisen, glücklich gepriesen.

ζημία, ἡ, 1) Verlust, **Schaden,** Nachteil, ἐπὶ ζημίᾳ zum Schaden, τινός von, an etwas. 2) Buße, **Strafe,** Bestrafung, bes. Geldbuße, mit und ohne χρηματική; ζημίαν ὀφείλειν zu zahlen haben, ἀποτίνειν od. ἐκτίνειν zahlen, ζημίαν θάνατον ποιεῖν ἐπί τινι den Tod als Strafe auf etwas setzen.

ζημιόω 1) **schädigen,** benachteiligen. Pass. **Schaden haben,** zu Schaden kommen, verlieren, einbüßen (περί τι bei etwas). 2) **strafen,** bestrafen, τινί mit etwas, od. κατά τι wegen eines Vergehens, bes. um Geld (χρήμασι), doch auch φυγῇ, πληγαῖς u. θανάτῳ, dah. im Pass. ψυχῇ es mit dem Leben büßen.

ζημι-ώδης, 2. schädlich, nachteilig.

ζημίωμα, τό, Strafe, Züchtigung.

Ζήν, Ζηνός, s. Ζεύς.

Ζηνόδοτος, ου, 1) aus Ephesos, Erzieher des Ptolemaios Philadelphos (284—247), der ihn dann zum Bibliothekar der alexandr. Bibliothek machte, wo er um Kritik u. Erklärung der Homerischen Gedichte sich verdient machte. 2) aus Mallos, Grammatiker u. Homeriker.

Ζήνων, ωνος, ὁ, Eigenn., bes. von Philosophen, 1) aus Elea, blühte nach 460 v. Chr., Schüler des Parmenides, mit welchem er zu Sokrates nach Athen reiste. 2) aus Kition auf Kypros, ca. 300, Stifter der Στοά, stand in hoher Achtung und wurde öffentlich auf dem Kerameikos begraben. 3) aus Tarsos, Schüler des Stoikers Chrysippos, lehrte um 200 v. Chr. 4) Epikureer, von Cicero u. Attikus gehört.

ζητέω, dor. ζᾱτέω (verw. mit δίζημαι, ζῆλος), 1) **suchen,** aufsuchen, aufspüren, nachforschen, erforschen. Im bes. a) **forschen,** fragen, hier auch mit indir. Frages. b) **untersuchen,** τοὺς αἰτίους wer schuld sei, od. φόνον einen Mord. 2) sich zu verschaffen suchen, sich bemühen, **streben,** trachten, verlangen nach etwas, denken an etwas, τί u. τινά, οὐ ζητεῖν τινα nichts wissen wollen von einem, τὰ ἔργα παρά τινος die Tat jmdm. zumuten. Am häufigsten mit folg. Inf.

ζητεύω, ep. = ζητέω.

ζήτημα, τό, 1) das Gesuchte, die gestellte Aufgabe, Frage. 2) poet. das Aufsuchen, die Untersuchung.

ζήτησις, εως, ἡ, das Suchen, Aufsuchen, Nachforschen, ζήτησιν ποιεῖσθαί τινος Nachforschung nach einem anstellen. Im bes. a) gerichtliche Untersuchung. b) geistige Erforschung, Erwägung.

ζητητής, οῦ, ὁ, 1) der Forscher. 2) οἱ ζηteταί in Athen eine außerordentliche Behörde zur Untersuchung der Schuld von Staatsschuldnern, Untersuchungsrichter.

ζητητικός, 3. zum Untersuchen geneigt.

ζητητός, 3., poet. Adj. verb. von ζητέω, gesucht, suchenswert, τινί.

ζιζάνιον, τό, sp. u. N. T. Lolch (Tollkraut).

ζόη, ἡ, u. buk. **ζοΐα,** s. ζωή.

Ζόννυξος, äol. für Διόνυσος.

ζοός, dor. st. ζωός, w. s.

ζορκάς, ἄδος, ἡ, ion. st. δορκάς, Gazelle.

ζοφερός, 3. bes. ep. u. sp. finster, dunkel.

ζόφος, ὁ, ep. poet. u. sp. Finsternis, Dunkel, insbes. 1) das unterirdische Dunkel, das Schattenreich, die Unterwelt. 2) die Gegend des Sonnenuntergangs, das westliche Dunkel, daher der Westen, Abend. Dav.

ζοφώδης, ῶδες, sp. dunkel, finster.

ζόω, poet. Nebenf. zu ζώω, ζάω.

ζύγαστρον, τό (ζυγόν), wohlverbundenes Behältnis, hölzerne Kiste, Kästchen.

ζυγη-φόρος, 2. poet. = ζυγοφόρος, jochtragend.

ζύγιος, 3. u. 2. poet. sp. zum Joch gehörig, angespannt, bespannt.

ζυγό-δεσμον, τό (ζυγόν, δεσμός), ep. u. sp. das Jochband d. i. der lederne Riemen, womit das Joch an die Deichsel gebunden wurde, so daß die Zugtiere an der Deichsel zogen; bei Plut. vom gordischen Knoten.

ζῠγομᾰχέω (wie v. ζυγο-μάχος), mit seinem Gespanngenossen streiten, sich beißen, zunächst von Ochsen, die am gleichen Joche ziehen, dann mit seinen Leuten im Hause, seinen Angehörigen streiten, daher hadern, sich zanken, πρὸς οἰκέτην. Überh. kämpfen.

ζῠγόν, τό (s. ζεύγνυμι, lat. *iugum*, dt. *Joch*), ep. Gen. ζυγόφιν, u. **ζυγός, ὁ,** im Plur. gew. ζυγά, Verbindung zweier Gegenstände • 1) **Joch** zweier Zugtiere, ζυγὸν ἵππων, ἵππειον, ὑπὸ ζυγὸν ἄγειν anspannen; übertr. ζυγὸν δουλείας, δουλοσύνης, δούλιον, λόφον ὑπὸ ζυγῷ ἔχειν, ἐπιθήσεις αὐτοῖς ζυγὰ τοῦ μὴ ὑβρίσαι; auch prägn. = Besatzung • 2) Gespann selbst, Fuhrwerk • 3) Querbalken • a) im Schiff, Ruderbänke, εἰρεσίας ζυγὸν ἕζεσθαι; übertr. auf den Rang im Staate, πρῶτον πόλεως ζυγόν, οἱ ἐπὶ ζυγῷ δορός das niedere Volk • b) an der Phorminx, Steg • c) über ein Wasser, Brücke, ζυγὸν βύβλινον εἰς ἅλα βάλλειν • d) an der Waage, Waage selbst, ἐπὶ τῷ ζυγῷ τι στῆσαι wägen, abschätzen • 4) milit. Rotte, Glied, auch vom trag. Chor, ἐν τῷ πρώτῳ ζυγῷ.

ζυγοστατέω, sp. (ζυγο-στάτης), abwägen.

ζυγο-φόρος, 2. poet. sp. das Joch tragend.

ζυγόω (ζυγόν), sp. durch ein Querholz verbinden.

ζυγωτός, 3. poet. wohlbespannt, näml. mit 4 Pferden, 2 unter dem Joch und je ein παράσειρος.

ζύθος (ζῦθος), τό u. ὁ, sp. Bier, Gerstengebräu bei Ägyptern, Galliern u. Germanen.

ζῡ́μη, ἡ (St. *jus*, lat. *iūs*, *iūris* Brühe), der Sauerteig, im N. T. auch übertr. a) im guten Sinne: die wundersame Kraft des Reiches Gottes, die Herzen der Menschen zu durchdringen. b) die Wirksamkeit falscher Lehre und bösen Lebenswandels, das sündhafte Wesen.

ζῡμίτης, ου, ὁ, gesäuert, näml. ἄρτοι μεγάλοι.

ζῡμόω, N. T. u. sp. säuern, versäuern.

ζωάγρια, τά (I. ζωγρέω), Rettungslohn, ζ. ὀφέλλειν das Leben danken.

ζωγραφέω, nach dem Leben, od. lebende Wesen [malen. Dav.

ζωγράφημα, τό, Gemälde, Bild, und
ζωγραφία, ἡ, das Malen, die Malerkunst.
ζωγράφος, ὁ (ζωός, γράφω), der Maler.
I. **ζωγρέω** (ζωός, ἀγρέω), lebendig fangen, gefangen nehmen, dem Gefangenen das Leben schenken, abs. u. τινά. Überh. einen am Leben erhalten, einen lebendig in Gewahrsam erhalten.
II. **ζωγρέω** (ζωός, ἐγείρω), ep. erquicken, beleben, θυμόν.
ζωγρία (-εία), meist sp., ion. **ζωγρίη,** ἡ, das Verschonen des Gefangenen, Pardongeben, ζωγρίη λαμβάνειν, αἱρεῖν τινα einen lebendig gefangen nehmen, einen gefangen bekommen.
ζῳδιακός, ὁ, sp. mit u. ohne κύκλος, der Tierkreis mit seinen Sternbildern, von
ζῴδιον, τό, ion. Dem. von ζῷον, also eigtl. Tierchen, dann 1) Gebilde, Ornamente aller Art, Tiere, Pflanzen, Früchte, κρητῆρα ζῳδίων ἔξωθεν πιμπλάναι an einem Mischkrug Gebilde am äußeren Rande anbringen. 2) sp. Tier- od. Sternbild des Tierkreises.
ζωή, ἡ, auch ζόη, ζοΐα (ζάω), Leben, das irdische Dasein, Lebenszeit, ἐπὶ τῆς ζ., παρὰ τὴν ζ. bei Lebzeiten, für die Zeit des Lebens. Insbes. 1) Lebensweise, δικαίην ζόην ἀποφαίνειν ein rechtschaffenes Leben führen. 2) Lebensgut (so stets bei Hom. = βίοτος) Hab u. Gut, Vermögen, Lebenserwerb, Unterhalt, τὴν ζ. ποιεῖσθαι ἀπό τινος sich mit etwas ernähren.
ζῳηδόν, Adv. sp. nach Art der ζῷα, der Tiere.
ζωικός, 3. tierisch, animalisch; ntr. pl. Tiere.
ζῶμα, τό (ζώννυμι), 1) der Panzerschurz, von Leder od. Filz, am Panzer befestigt, mit Metallplatten (πτέρυγες) belegt, von der Taille bis an die Kniee zum Schutz des Unterleibes u. der Oberschenkel. 2) Schamgürtel. 3) Gürtel der Frauen, gew. reich verziert, s. ζώνη.
ζωμός, ὁ, 1) Brühe, Suppe, μέλας die berüchtigte schwarze Suppe, das tägliche Gericht der Spartaner, wegen ihrer Zumischung von Blut αἱματία genannt. 2) sp. übertr. die Blutsuppe = das Blutbad.
ζώνη, ἡ (ζώννυμι). 1) Gurt, **Gürtel,** a) der Leibgurt von Linnen, Leder od. Baumwolle, wodurch das weite Oberkleid über den Hüften zusammengehalten u. seine Länge gekürzt wurde, dah. ζώνην λύεσθαι von Marschierenden oder Reisenden: haltmachen, sich ausruhen. Einen beim Gürtel ergreifen (τῆς ζώνης λαβεῖν) war bei den Persern das Symbol der Verurteilung zum Tode. Bei den persischen Königinnen εἰς ζώνην διδόναι zur Bestreitung des Putzes (zum Nadelgelde) geben, b) übertr. ζώνην λύειν = Vermählung, Ehe. 2) (bei Hom.) übertr. die Gegend des Leibes, wo der Gurt getragen wurde, die **Weichen,** die Hüften, im Gegens. zu στέρνον. 3) sp. die Zone.
Ζώνη, Stadt in Thrakien (Samothrake gegenüber), wo einst Orpheus durch seinen Gesang Wälder u. Flüsse in Bewegung gesetzt haben soll.
ζώννυμι u. **ζωννύω** [ζω(σ)], ζώσω, ἔζωσα, ἔζωμαι u. ἔζωσμαι, ἐζώσθην, 1) Akt. gürten, bes. zum Kampfe. 2) Med. sich gürten, sich rüsten, sich zum Kampfe oder Wettkampfe bereit machen.
ζῳο-γενής, 2. vom Tiere erzeugt, tierisch.
ζῳογονέω (ζῳο-γόνος Leben erzeugend), sp. 1) etw. Lebendiges zeugen, ausbrüten, bes. von faulenden Stoffen: Insekten erzeugen. 2) N. T. beleben, am Leben erhalten.
ζῳο-γράφος, ὁ, buk. = ζωγράφος, Maler.
ζῷον, τό, auch **ζῶον** geschrieben (ζῳός), 1) das Lebewesen, (auch von der Gottheit), Geschöpf, bes. das Tier. 2) nachgebildetes Wesen, sei es gestickt, eingehauen od. gemalt, Figuren od. Ornamente aller Art, Menschen, Tiere, Pflanzen, Früchte usw. (τὰ) ζῷα γράφειν Figuren, Gemälde malen, auch ζῷα γράφεσθαί τι sich etwas malen lassen.
ζῳοποιέω, sp. N. T. zum Leben erwecken, beleben.
ζῳός u. **ζωός,** 3. u. ep. **ζώς** (aus ζαός), Akk. ζών (ζάω), lebendig, lebend, am Leben.
ζῳο-τόκος, 2. buk. lebendige Junge gebärend.
ζῳοτροφία, ἡ, das Halten von Tieren, Viehstand.
ζῳοτροφικός, 3. zum Viehhalten gehörig. [kreis.
ζῳο-φόρος, 2. sp. Tiere tragend, κύκλος der Tierkreis.
ζωπυρέω, poet. u. sp. glühende Asche anfachen, wieder anzünden, entflammen, aufregen. Von
ζώπυρον, τό (ζωός, πῦρ), ein Rest von Feuer zum Wiederanfachen; übertr. Überbleibsel, Rest; 'Funke'.
Ζώπυρος, ὁ, 1) Sohn des Megabyzos und Vater eines Megabyzos, führt für Dareios die Übergabe von Babylon herbei, wurde Statthalter daselbst u. von den Babyloniern bei einer dritten Empörung ermordet. 2) ein Enkel des vorigen, Sohn des Megabyzos u. der Anytis, einer Tochter des Xerxes, stand seinem Vater bei dessen Aufstande zur Seite, floh nach Athen u. wurde bei einem Angriffe auf das karische Kaunos getötet. 3) aus Thrakien, Sklave des Perikles, Pädagog des Alkibiades. 4) sonst. Eigenn.
Ζωροάστρης, ου, ὁ, Zarathustra, Zerduscht, persischer Gesetzgeber u. religiöser Reformator, ca. 800 v. Chr.
ζωρός, 2. ep. ion. poet. u. sp., eigtl. kräftig, dah. vom Weine: unvermischt, rein. Bloß als Neutr. des Kompar., dah. ζωρότερον κέραιε mische den Wein stärker d. i. mit weniger Wasser u. ζωρότερον πιέειν stärkeren Wein trinken, denn die Griechen tranken ihre feurigen Weine gewöhnlich [stark mit Wasser gemischt.
ζώς, s. ζῳός.
ζωστήρ, ῆρος, ὁ (ζώννυμι), **Leibgurt** der Krieger zum Schutze des Unterleibes und zum Zusammenhalten des untern Panzerteils, vermutlich von Leder u. bunt gearbeitet (παναίολος, φοίνικι φαεινός) und wahrscheinl. mit metallenen Zieraten belegt (δαιδάλεος). Selten = ζώνη Gürtel.
Ζωστήρ, ἡ, Vorgebirge an der Westküste Attikas, jetzt *Kap Lombarda.*
ζωστός, 3. sp. (ζώννυμι), umzugürten.
ζώστρα, ἡ, buk. Band, Schleife.
ζῶστρον, τό, ep. = ζώνη, Gürtel.
ζωτικός, 3., Adv. -ῶς (ζωή), zum Leben gehörig, voll Leben, a) lebendig, τὸ ζωτικὸν φαίνεσθαι der lebendige Ausdruck, u. ζωτικωτέρους ποιεῖν φαίνεσθαι τοὺς ἀνδριάντας den Bildsäulen lebendigeren Ausdruck geben. b) lebenskräftig, ζωτικῶς ἔχειν Lebenslust haben.
ζώω u. **ζῴω,** ep. ion. poet. = ζάω, s. d.

Η.

Η, der siebente Buchstabe des griech. Alphabets, an der Stelle des orientalischen Chet, in der älteren Schrift (vor Eukleides) durch *E* vertreten; urspr. teils geschlossen wie ē, teils offen wie ae, dann durchweg geschlossen, und seit ca. 150 n. Chr. allgemein wie i gesprochen; als Zahlzeichen η′ = 8.

ἤ, ep. auch ἠέ (ἠ-Ϝε, ἠ Demonstr., Ϝε = lat. *-ve* in *sive*), **oder**

I) disjunktive Partikel (διαζευκτικός) • **1)** Es bezeichnet sowohl einander ausschließende (lat. *aut*) als auch für einander eintretende Begriffe (lat. *vel, sive*), oft durch o d e r d a n n a u c h (Lys. 25, 1) oder durch s o n s t, a u ß e r zu übersetzen; ἤ — ἤ *aut — aut* od. *vel — vel*, ἤ — ἤ πον o d e r e t w a, ἤτις ἢ οὐδείς kaum einer, ἤ τι ἢ οὐδέν. Statt des einen ἤ, das auch fehlen kann, steht bisw. ἤτοι, εἴτε oder τέ. Daraus abzuleiten • **2)** ἤ in Fragesätzen • **a)** in der disjunktiven Frage, (πότερον) — ἤ u. ähnl.; ep. in der indir. Doppelfrage ἤ — ἤ, ἤ — ἦ od. ἦε, wobei das erste ἤ fehlen kann; ἄλλο τι ἤ; *nonne*? **nicht wahr? ἢ καί** oder auch (nur)? • **b)** mit Unterdrückung des ersten Gliedes einer disjunkt. Frage in einfacher Frage zur Begründung einer vorausgegangenen Behauptung oder zur näheren Ausführung einer vorausgegangenen Frage, o d e r e t w a (lat. *an*) • **c)** unatt. in der einfachen indirekten Frage statt εἰ, ep., Hdt. 1, 65 im Orakel.

II) Vergleichungspart. (συγκριτικός): **als**, *quam* • **1)** nach Kompar. und kompar. Begriffen wie ἄλλος u. ähnl., φθάνειν, βούλεσθαι (lieber wollen), ἐπιθυμεῖν (mehr wünschen), ähnl. παρὰ δόξαν ἤ auf andere Weise als • **2)** Unter Hervorhebung des ersten Gliedes verbindet ἤ auch zwei Komparative, ἐλαφρότεροι πόδας εἶναι ἢ ἀφνειότεροι lieber schnellfüßig als reich, σοφώτερος ἢ ἀμαθέστερος δοκεῖ εἶναι mehr weise als ungebildet • **3)** Erklärend tritt es gerne zum Gen. compar. eines Pronomens, τίς ἂν αἰσχίων ταύτης εἴη δόξα ἢ δοκεῖν χρήματα περὶ πλείονος ποιεῖσθαι ἢ φίλους; welcher Ruf wäre wohl schimpflicher als der, daß man nämlich meint? • **4)** Es fehlt oft bei Zahlbegriffen, ἀποκτείνουσιν οὐ μεῖον πεντακοσίους. Bisw. tritt ὡς hinzu, ἢ ὡς als wie, als daß.

ἦ (Instrum. eines demonstr. Pron., eigtl. so), Adv. • **1)** in positiven Sätzen zur Bekräftigung u. Versicherung (βεβαιωτικός): s o i s t ' s i n d e r T a t, **fürwahr,** ja gewiß, sicherlich, traun, oft mit andern Partikeln, die entweder • **a)** gemütliche Zuversicht, wie ἦ μέν (μήν, μάν) gewiß u. w a h r h a f t i g, wahrlich, traun (bes. beim Schwur), u. ἦ ἄρα, ῥα w a h r l i c h d e n n, oder • **b)** eine auf augenfällige Wahrnehmung gegründete Überzeugung, ἦ δή ja gewiß, ἦ μάλα ja gewiß, ἦ μάλα δή ja ganz gewiß, ἦ θήν traun, u. ähnl. τοι (in crasi ἦ τἄν = ἤτοι ἄν), ἦ κάρτα ja wohl, o ja, oder • **c)** Unsicherheit des Urteils, ἦ τε g e w i ß, **wohl,** ἦ νυ, ἦ που s i c h e r l i c h w o h l, gewiß wohl, an den Tag legen. ἦ steht hier stets an der Spitze des Satzes u. dies auch beim Inf. in der abhängigen Rede • **2)** in Fragen (ἐρωτηματικός) • **a)** wenn der Fragende ein besonderes Interesse hat, den Tatbestand einer Sache zu ermitteln: **so?**, w i r k l i c h?, j a?, **etwa?** hier nicht selten mit γάρ (nicht wahr? a l s o w i r k l i c h?), δή, δῆτα, που, καί, οὖν, μή, auch μήν verbunden • **b)** als Fragewort in Satzfragen gewöhnlich auch am Anfang der Frage = lat. *-ne* od. *num*, im Deutschen meist nicht zu übersetzen.

ἢ ἤ, poet. ein Ausruf: he! [Femin.

ἥ in ἣ θέμις ἐστίν, wie es Brauch ist, ist relat.

ᾗ, ᾗ, Instrum. (Dat.) des Femin. des Pron. relat. ὅς, ἥ, ὅ, wie lat. *quā*, als A d v. gebraucht, **1) wo,** w o h i n, auch mit Gen. ᾗ τοῦ ὄρους usw. **2) wie,** i n s o f e r n a l s, inwiefern; mit Superl. ᾗ (ἐδύναντο) τάχιστα *quam (poterant) celerrime*, so schnell (sie konnten) als möglich. **3)** w e s h a l b, aus welchem G r u n d e, bes. ᾗ δὴ καὶ μᾶλλον weshalb auch um so leichter.

ἦα, s. ἤια I. u. II.

ἠβαιός, 3. (bei den Att. βαιός), ep. k l e i n, w e n i g, g e r i n g, gew. mit Negat. auch nicht wenig, auch nicht der geringste. Neutr. ἠβαιόν als Adv. wenig, ein wenig, mit Neg. auch nicht im geringsten (*ne tantillum quidem*).

ἡβάσκω, heranreifen, mannbar werden.

ἡβάω, ἡβήσω, ἥβησα, ἥβηκα, ep. Präs. opt. ἡβάοιμι, -ῴοιμι u. ῷμι, part. ἡβῶν, ώοντα, -ώοντα, fem. ώουσα, -ώωσα (ἥβη), **1)** a l t e r s r e i f s e i n, in voller Jugendkraft, in der Blüte des Alters stehen, jung, vollkräftig sein, volle Manneskraft besitzen, οἱ ἡβῶντες die männlichen Erwachsenen, die jungen Männer. **2)** übertr. **a)** von Pflanzen: üppig ranken. **b)** von Zuständen: jugendfrisch bleiben.

ἥβη, ἡ • **1)** R e i f e • **a)** dah. **Jugend,** J u g e n d a l t e r, Jugendblüte, ἥβης ἱκέσθαι μέτρον das Ziel der Jugend erreicht haben, d. i. erwachsen sein, u. ἱκάνειν ein Mann, eine Jungfrau werden, ähnlich ἥβην ἱκέσθαι, ἥβης τέλος μολεῖν, εἰς ἥβην ἐλθεῖν, ὁρμᾶσθαι • **b)** jugendliche **Manneskraft** • **c)** die junge **Mannschaft,** Jugend eines Landes • **d)** d e r B e g i n n d e r M i l i t ä r d i e n s t p f l i c h t, τὰ δέκα ἀφ' ἥβης die 10 ersten Jahrgänge der Dienstpflichtigen, das erste Aufgebot (die 20—30-jährigen), τὰ τετταράκοντα ἀφ' ἥβης die Männer bis zum 40. Dienstjahre • **e)** überh. L e b e n s a l t e r • **f)** buk. auch ἅβα, Plur. ἅβαι, *virgines*, bildlich: *novellae* • **2)** Ἥβη, ἡ, Tochter des Zeus u. der Here, Herakles' Gattin, bei Hom. Dienerin der Götter, später Göttin der Jugend.

ἡβηδόν, Adv., ion. u. sp. **a)** im waffenfähigen Alter. **b)** (mit und ohne πάντες) die ganze waffenfähige Jungmannschaft, Mann für Mann.

ἡβητήριον, τό, sp. Vergnügungsort.

ἡβητής, οῦ, ὁ, poet. u. ***ἡβητικός***, 3. jugendlich; λόγοι Gespräche über Jünglinge.

ἡβός, dor. ἁβός, 3. buk. jung (and. LA. ἅβαι, s. ἥβη 1, f).

ἠγάθεος, 3. (ἄγα u. θεός), ep. poet. h o c h h e i l i g, Beiw. von Städten, Ländern, Gebirgen.

Ἡγέ-λοχος, ὁ, **1)** Sohn des Hippostrătos, Anführer

der Kundschafter und Befehlshaber eines Reitergeschwaders unter Alexander d. Gr. **2)** wahrscheinlich ein anderer Befehlshaber unter Alexander, welcher eine Flotte zusammenzubringen hatte, mit dieser Chios u. Lesbos unterwarf und endlich in Ägypten landete.

ἡγεμόνευμα, dor. ἁγ., *τό*, poet. Führung.

ἡγεμονεύω (ἡγεμών), Führer sein. **1)** den Weg zeigen, führen, *τινί* leiten. **2)** ein Heer führen, befehligen. **3)** herrschen, gebieten, die Oberleitung (Hegemonie) haben, Pass. unter der Oberherrschaft jemds. stehen s. *ἡγεμονία*.

ἡγεμονία, *ἡ* (ἡγεμών), die **Heerführung,** Heerführerstelle (daher auch im Plur.), Oberkommando, **Oberbefehl** (auch bloß Befehlshaberstelle), Oberleitung, Stelle eines Statthalters, höchste Gewalt im Staate, Oberherrschaft, Herrschaft, *τινός* über jmdn.; das Reich, z. B. das röm. *imperium*. Im bes. **1)** die Hegemonie, Vorortschaft, Leitung der Bundesangelegenheiten, auch Plur. *τὰς ἡγ. διελεῖν*, d. i. eine zur See u. eine zu Lande. **2)** die erste Stelle im Heereszuge. **3)** = lat. *principatus*.

ἡγεμονικός, 3. (ἡγεμών). **1) a)** zum *ἡγεμών* gehörig od. geeignet, leitend, **führend,** *πρὸς τὰ πονηρά* wer zum Bösen verführt. Subst. *ἡγεμονικόν* ein leitendes (*τὸ ἡγ.*, das leitende) Prinzip **b) geschickt,** geeignet etwas anzufangen **2)** zum Anführen geschickt oder geeignet, berechtigt, des Kommandos würdig, in der Leitung erfahren, *ἡγεμονικώτατος* der geschickteste Vorsteher; dah. auch zur Herrschaft geeignet, mächtig, gewaltig, sp. kaiserlich. • Adv. **-κῶς,** nach Art eines Feldherrn oder Oberherrschers, Imperators, kaiserlich; *ἡγ. ἔχειν* eine Art Vormacht besitzen.

ἡγεμόσυνα, *τά*, verst. *ἱερά*, die Dankopfer für glückliche Führung, Führungsopfer, namentlich dem Herakles *ἡγεμών* dargebracht.

ἡγεμών, *όνος*, ὁ u. ἡ (ἡγέομαι) • **1) Führer,** Führerin, Leiter, Urheber, Unternehmer, Vorgänger, Ratgeber, mit u. ohne *τῆς ὁδοῦ* oder *τοῦ πλοῦ* Wegweiser, *πρός, ἐπί τι* zu etwas • **2)** Führer, Anführer, Wagenlenker, Heerführer, sowohl **Feldherr,** Oberbefehlshaber, Oberfeldherr = *στρατηγός*, als **Offizier,** Hauptmann, überh. Unterbefehlshaber, *πρός τινα* gegen einen. Auch Herakles hieß *ἡγεμών* als Schutzgott der Krieger und erhielt unter diesem Beinamen Opfer, s. *ἡγεμόσυνα* • **3) Herr,** Herrscher, Fürst, Oberherr, Statthalter, Beamter; insbes. • **a)** Vorsteher, z. B. in Athen der Beamte, welcher an der Spitze der Steuerklassen (Symmorien) stand • **b)** der Kaiser, lat. *imperator*, od. Provinzverwalter, *legatus*, und *procurator* • **c)** N. T. Landpfleger, wie Pilatus, Felix, Festus.

Ἡγεμών, *όνος*, ὁ, **1)** Archon zu Athen Ol. 113, 2 d. i. 327 v. Chr. **2)** sonst. Eigenn.

ἡγέομαι, dor. ἁγ. (St. ἁγ, lat. *sāgio* spüre nach, *săgax* scharf witternd, scharfsinnig, dt. *suchen*), Dep. med., ion. 3. pl. *ἡγέαται* • **1) führen,** u. zwar • **a) Wegweiser sein,** oder vorangehen, oder vom Feldherrn: die Vorhut führen, aufbrechen, von Soldaten: bei der Vorhut sein, mit u. ohne *πρόσθεν, ἔμπροσθεν, ἐς τὸ πρόσθεν*, im Gegens. zu *ἕπεσθαι*, teils abs. *τὸ ἡγούμενον* die Vorhut, die Spitze, teils *τινί* jmdn., *Ἴλιον εἴσω, κλισίηνδε, ἐπὶ θάνατον, ἐκ Δουλιχίου μνηστῆρσι*, od. mit bloßem Akk. des Ziels, z. B. *πόλιν, ἄστεα, δόμον*, od. endl. (*ὁδόν*) *τινι* (u. sp. *ὁδοῦ τινι*) den Weg jmdm. zeigen. Übertr. in etwas vorangehen, beginnen, abs. od. *τινί, τινός* u. *τί* in etwas, z. B. *τινὶ κερδοσύνῃ, ἡμῖν ὀρχηθμοῖο, χοροῦ* • **b)** bes. vom Heerführer: **Anführer sein,** das Heer führen; dann überh. anführen, im bes. die Hegemonie besitzen (s. *ἡγεμονία*), *ἀπὸ τοῦ ἴσου* als Gleichberechtigte, teils abs. *οἱ ἡγούμενοι* die Lenker, teils *τινός* u. *τινί*, u. zwar *ἔς τι*, aber *σφὶν ἐπὶ στίχας* sie in Reihen geordnet zur Schlacht führen. Doch hieß *ἡγ. τινι εἴς τι* auch jmdn. zu Hilfe ziehen nach etwas • **2) meinen, glauben,** *θεοὺς ἡγεῖσθαι* an Götter glauben, mit dopp. Akk. einen od. etwas für einen od. etwas halten, teils mit Inf. od. Akk. mit Inf., u. zwar *περὶ πλείστου* den höchsten Wert auf etwas legen, *περὶ οὐδενός, παρ' οὐδέν* (in dieser Bed. auch Perf. *ἥγημαι* = *ἡγέομαι*).

ἡγερέθομαι, ep. = *ἀγείρομαι*, sich versammeln.

Ἡγέστρατος, ὁ, athen. Archont Ol. 55, 2 = 559 v. Chr.

ἡγηλάζω, ep. Nebenf. von *ἡγέομαι*, führen, leiten, *τινά*; auch *τί*, z. B. *κακὸν μόρον* ein böses Geschick tragen.

Ἡγήμων, ὁ, attischer Staatsmann u. Redner, vom Makedonier bestochen u. später, im J. 318, mit Phokion, seinem Freunde, hingerichtet.

Ἡγησίας, ὁ, **1)** Archon in Athen Ol. 114, 1 d. i. 323 v. Chr. **2)** Sophist u. Rhetor aus Magnesia am Sipy̆los ca. 300 v. Chr., Haupturheber des asianischen Stils, Verf. einer wenig glaubwürdigen Geschichte Alexanders d. Gr. **3)** Kyrenaïker in Alexandria im 3. Jahrh. v. Chr.; er erklärte den Tod für besser als das Leben u. veranlaßte so manche durch seine Schrift *Ἀποκαρτερῶν* zum Selbstmord, dah. sein Bein. *Πεισιθάνατος*.

Ἡγήσ-ιππος, ὁ, der Sunier, att. Redner, Zeit- u. Parteigenosse des Demosthenes, mit dem Spottnamen *Κρωβύλος*, wahrscheinlich Verfasser der 7. (Demosthen.) Rede *περὶ Ἁλοννήσου*.

Ἡγησίστρατος, ὁ, **1)** der vierte Sohn des Peisistratos mit dem Bein. *Θεσσαλός*. **2)** sonst. Eigenn.

ἡγητήρ, *ῆρος*, ὁ, poet., ***ἡγητής,*** *οῦ*, ὁ, poet., u. ***ἡγήτωρ,*** *ορος*, ὁ, ep. = *ἡγεμών*.

Ἦγις, ion. f. *Ἆγις*, s. d.

ἤγουν, Konj. (aus *ἤ, γέ, οὖν*), od. wenigstens, nämlich, das ist.

ἠδέ, epische (u. poet.) Konj. und, teils allein, teils so, daß bald ein *καί* folgt, bald ein *τέ*, od. ein *ἠμέν, μέν* vorangeht; *ἠδὲ καί* und auch — *et*.

ἤδη (*ἤ, δή*), Adv. **1)** • **a)** von der Gegenwart (bisw. mit *νῦν* verbunden): **eben** od. gerade jetzt, **jetzt,** soeben, jetzt endlich; adjektivisch *ἡ ἤδη κόλασις* die alsbaldige Züchtigung • **b)** von der Vergangenheit: **schon,** bereits • **c)** von der Zukunft u. zwar der nächsten: sogleich,

sofort, schleunigst, ἤδη ποτέ endlich einmal, doch auch: schon manchmal • **2)** vom Raum: schon, alsbald • **3)** übertr. • **a)** vom Grund zur speziellen Begründung u. Anwendung einer Sentenz: ἤδη ὦν, ἤδη γάρ **nun also,** ja doch, freilich, wohl, einmal, denn vollends • **b)** zur Steigerung, bes. bei ἄλλος u. ähnl. Adj. **noch,** beim Kompar. vollends, gar, od. bei Zahlwörtern u. dgl. sogar, bei Pron. demonstr. vollends auch; zu Anfang der Sentenzen: ἤδη δέ ja sogar, μέντοι ἤδη nun erst, allerdings, ἤδη καί sogar auch, doch auch, wirklich schon.

ἥδομαι, dor. ἅδ., Dep. (Med.-Pass. des seltenen ἥδω), Fut. ἡσθήσομαι, Aor. ἥσθην, ep. selten ἡσάμην (St. σϝᾱδ: σϝᾱδ in ἡδύς u. ἁδ-εῖν, ἁνδάνω), **sich freuen,** sich ergötzen, Freude, Wohlgefallen an etw. haben, erfreut sein. ἡδομένῳ τινί ἐστι es ist einem genehm, erfreulich teils (ἐπί) τινι über, an etwas od. jmdm., selten poet. (auch τινός freudig genießen) od. mit Akk. d. Neutr. βραχέα ἡσθεῖσα nach kurzer Freude, od. mit folg. ὅτι, od. mit Part. λαμβάνων ἥδεται er nimmt gern.

ἡδομένως, Adv. des Part., gern, mit Vergnügen.

ἡδονή, dor. ἁδονά, ἡ, nachhom. u. ep. **ἧδος,** εος, τό (ἥδομαι) • **1)** die angenehme Empfindung im guten und schlimmen Sinne, also • **a) Freude,** Vergnügen, Lust, insbes. Wohlgeschmack • **b)** Sinnenlust, Genußsucht, Wollust, insbes. auch Schadenfreude; τοῦ σώματος, λόγου Reiz der Rede, ἀκοῆς, aber auch ἡ διὰ τοῦ σώματος ἡδονή u. ähnl., αἱ ἐκ τοῦ παραχρῆμα ἡδοναί; ἡδονᾷ ἀκούειν; ἡδονῇ (ἐστι) ἰδέσθαι es ist lustig anzusehen. Mit Praepp., ὑφ' ἡδονῆς, καθ' ἡδονήν nach Wunsch od. Belieben, καθ' ἡδονήν τι δρᾶν *genio indulgere,* πρὸς ἡδονήν zum Vergnügen, auch mit Rücksicht auf d. V., πρὸς τὴν ἡδονήν gegenüber der Lust, πρὸς ἡδονήν, ἐν ἡδονῇ ἐστί τί τινι, auch mit Inf., ἐν ἡδονῇ ἔχειν τινά gern sehen • **2)** das, was Freude bringt, Annehmlichkeit, **Gunst,** ἡδονὰς φέρειν, βαρεῖαν ἡδονὴν νικᾶτέ με λέγοντες ihr zwingt mir durch eure Reden eine Gunst ab, die mir schwer wird, παντὸς εἶχε δρῶντος ἡδονήν er hatte jedes Dienstes Wohlgefallen d. i. man erfüllte ihm alle seine Wünsche.

ἡδονικός, 3. sp. zum Vergnügen, zur Lust gehörig; auf die Lust bezüglich, gerichtet.

ἡδυ-βόας, dor. st. ἡδυβόης, ου, ὁ (βοή), poet. süßtönend.

ἡδυ-γέλως, ωτος, ὁ, ἡ, ep. süß, freundlich lachend.

ἡδυ(ϝ)επής, dor. ἁδ., 2. (ἔπος), ep. u. poet. lieblich tönend, **a)** von des Zeus Orakel, insofern es Hilfe in der Not bringen wird. **b)** lieblich redend, wohllautkundig.

ἡδύ-θροος, 2. poet. lieblich tönend.

Ἡδύλειον (-εον), τό, Gebirge in Phokis u. Böotien.

ἡδύ-λογος, 2. poet. lieblich, schmeichlerisch redend.

ἡδυ-μελής, 2. poet. süße, liebliche Lieder singend.

ἥδυμος (ἡδύς), ep. süß, erquickend (Var. νήδυμος).

ἡδύνω, Perf. pass. ἡδυσμένος, schmackhaft, angenehm machen.

ἡδύ(ϝ)οινος, 2. mit süßem Weine, süßen Wein tragend.

ἡδύ-οσμον, τό, sp. u. N. T. ein wohlriechendes Kraut, die Gartenminze (= μίνθη).

ἡδυπάθεια, ἡ, Wohlleben, weichliches Leben, Wollust.

ἡδυπαθέω (ἡδυ-παθής), ein weichliches Leben führen, dem Vergnügen ergeben sein.

ἡδύ-πνοος, 2. dor. ἁδ. (πνοή), poet. angenehm d. i. sanft wehend, übertr. sanft anwehend, anmutig hauchend, lieblich duftend, dann sanft.

ἡδύ-πολις, ὁ, ἡ, poet. der Stadt angenehm od. hold.

ἡδύ-ποτος, 2. (πίνω), ep. süß zu trinken, lieblich.

ἡδύς, 3. (2. sehr selten), dor. **ἁδύς** (eigentlich σϝᾱδύς, s. ἁνδάνω, lat. *suāvis,* ahd. *suozi, süß*), Kompar. ἡδίων, Superl. ἥδιστος • **1)** von Sachen: **erfreulich,** angenehm, **süß,** wohlschmeckend, lieblich, lieb; ἡδύ τινί ἐστιν es ist jmdm. angenehm, lieb, mit folg. Akk. m. Inf. od. mit Inf. Subst. **τὸ ἡδύ** die Annehmlichkeit, Lust, τὰ ἡδέα die Genüsse, Vergnügen, τὰ διὰ τοῦ στόματος ἡδέα das Angenehme, das durch den Mund eingeht. Neutr. ἡδὺ γελᾶν froh, herzlich lachen • **2)** von Personen: heiter, **freundlich,** liebenswürdig, wert, lieb, u. im iron. Sinne: gutmütig, naiv, πρός τι, od. mit Inf. ἡδὺς συνεῖναι liebenswürdig im Umgange • Adv. dazu **ἡδέως,** Komp. ἥδιον, Superl. ἥδιστα • **1)** freudig, vergnügt, mit Vergnügen, gern, zu Danke, lieb, bequem • **2)** freundlich, wohlwollend, ἡδ. ἔχειν τινί einem wohlwollen, ἥδιον ἔχειν πρός τινα lieber auf einen hören, sich lieber zu ihm halten.

ἡδέως, Komp. ἥδιον, Superl. ἥδιστα, **a)** freudig, vergnügt, mit Vergnügen, gern, zu Danke, lieb, bequem. **b)** freundlich, wohlwollend, ἡδ. ἔχειν τινί einem wohlwollen, ἥδιον ἔχειν πρός τινα lieber auf einen hören, sich lieber zu ihm halten.

ἥδυσμα, τό (ἡδύνω), Würze.

ἥδω, ἥσω, ἧσα, erfreuen, ergötzen; vgl ἥδομαι.

Ἠδῶνες u. **Ἠδωνοί,** οἱ, thrak. Volksstamm am Strymon u. Nestos, von einem Gebirge Edon, einem Zweig des Hämus, so genannt. Adj. davon **Ἠδωνός** u. **Ἠδωνικός,** bes. Fem. **Ἠδωνίς,** ἴδος, ἡ, edonisch.

ἠέ, **1)** ep. st. ἤ. **2)** poet. auch Ausruf des Schmerzes.

ἠε, oder, im zweiten Glied von Doppelfragen (vgl. ἤ I. 2. a.), in manchen Ausgaben auch im ersten (ἠε — ἤ), oder in beiden Gliedern (ἠε — ἠε).

ἠέλιος, Ἠέλιος, s. ἥλιος, Ἥλιος.

ἠέπερ, s. ἤπερ. **ἠέρα** u. ähnl., s. ἀήρ.

ἠερέθομαι, ep. Nbf. zu ἀείρομαι (nur 3. plur. praes.), hängen, schweben, baumeln, φρένες der Sinn ist flatterhaft.

ἠέριος, 3. **1)** (zu ἦρι), ep. (ion.) in der Frühe, des Morgens, früh. **2)** (von ἀήρ), ep. poet. u. sp. = in der Luft.

ἠερο-ειδής, 2. ep. st. ἀεροειδής (εἶδος), luftartig, durchsichtig, Ilias 5, 770 als Subst. = so weit ein Mann in die dunstige Ferne blicken kann; sonst: nebelgrau, umwölkt.

ἠερόεις, εσσα, εν, ep. (ion.) st. ἀερόεις, dämmerig, düster; Beiwort des Tartaros u. der Abendgegend, ἠερόεντα κέλευθα dunkle Pfade in den Tartaros, welche durch den schattigen Westen führen müssen.

ἠέρος usf., s. ἀήρ.

ἠερο-φοῖτις, ιδος, ἡ (φοιτάω), ep. im Dunkeln wandelnd, Erinys, insofern sie ungeahnt den Frevler ereilt.

ἠερό-φωνος, 2. ep. in der Luft, weit, laut rufend.

Ἠετίων, ωνος, ὁ, **1)** König im plakischen Thebe in Kilikien, Vater der Andromache, von Achilleus getötet. **2)** Vater des Kypsĕlos. Dav. **Ἠετίδης,** ὁ, Sohn des Eetion = Kypselos. **3)** attischer Heros, nach dem Ἠετιώνεια benannt sein soll. **4)** Bildhauer zur Zeit des Theokrit. **5)** sonst. Eigenname.

Ἠετιώνεια, ἡ, die nördl. Landspitze am Piräus mit einem Turme zum Schutze des Hafens.

ἠήρ, ion. = ἀήρ.

ἠθάς, άδος, ὁ, ἡ, meist poet. u. sp. (ἦθος), gewohnt, vertraut = ἔμπειρος, dah. τινός mit etwas.

ἠθεῖος, 3. (ἦθος, *suetus, consuetudo,* mit dem man umzugehen gewohnt ist), ep. traut, lieb. Subst. Trauter, als Anrede an den ältern Bruder, od. einen, der dem Sprechenden an Bruders Statt ist, also ein Ausdruck liebender Achtung.

ἤθεος, s. ἠίθεος.

ἠθέω, att. ἠθέω, seihen, durchsieben; übertr. poet. stockend vorbringen.

ἠθικός, 3. (ἦθος), **den Charakter betreffend,** darstellend, charakteristisch, individuell; insbes. bedeutungsvoll; **sittlich,** gesittet; ἠθικὸς λόγος od. ἡ ἠθική die Moral, der praktische Teil der Philosophie; als Titel: τὰ Ἠθικά, Sittenlehre, Charakterschilderungen. Adv. **-ῶς,** sp. auf ruhige, gesittete Art.

ἠθμός, später ἠθμός, ὁ (ἠθέω), Durchschlag, Seihetuch, Sieb.

ἠθοποιέω, sp. den Charakter bilden, veredeln.

ἠθοποιία, ἡ, sp. Sittenbildung; Darstellung von Charakteren.

ἠθο-ποιός, 2. sp. sittenbildend.

ἦθος, τό (St. σϝεθ, ἔθος). **1)** (nur im Plur.) ion. u. poet. gewohnte Sitze, Aufenthalt, Standorte, Wohnort, Heimat, dah. κατὰ ἤθη τὰ ἑκάστων je nach den umwohnenden Völkerschaften. **2) a)** (oft im Plur.) gewohnte Denk- und Handlungsweise, **Herkommen,** Brauch, **b)** sittliche Beschaffenheit, **Charakter,** Sinnesart, Gesinnung, Sittlichkeit, Weltanschauung; βάρος ἠθῶν sittlicher Ernst, φρόνημα ἠθῶν charakterfeste Gesinnung, **c)** von Personen: τοιαῦτα ἤθη so geartete Wesen, **d)** charakteristische, naturgemäße Darstellung, bes. der ruhigen Zustände der Seele; Gegens. πάθος.

I. **ἤια** (zu εἶμι, ῑ in der Arsis, sonst ῐ, u. am Versausgang mit Synizese zu sprechen), τά, ep. = ἐφόδια, *viaticum,* Wegzehrung, überh. Nahrung, Beute des Raubtieres.

II. **ἤια,** ίων, τά, ep. nur Od. 5, 368: Spreu, Hülsen.

ἠίθεος [ῐ], ep. ion., att. poet. zsgz. **ἤθεος,** ὁ (*viduus*), unverheirateter Jüngling, Junggesell.

ἠιόεις, εσσα, εν, ep. Beiw. des Skamandros, entw. (v. ἠιών) hochufrig, od. (v. II. ἤια) schilfreich.

Ἠιόνες, αἱ, Flecken in Argolis, Hafenort der Mykenäer, später zerstört.

ἤιος, ὁ, Beiw. des Phöbus, viell. der Schütze (v. ἵημι, Aristarch las ἤιος), = ἀφήτωρ.

ἠιών, dor. ἀιών, όνος, poet. ἠών, ἡ, Ufer, Gestade, Küste, Strand, ἠιόνες προὔχουσαι hervorragende Ufer. Als Eigenn. Ἠϊών od. Ἠιών, ἡ, **1)** thrakische Stadt am Strymon, Emporion von Amphipolis. **2)** Stadt im thrak. Chersones, Thuk. 4, 7.

ἦκα, Adv. ep. (verw. ἥκιστα), ruhig, sanft, leise; dann überh. ein wenig, etwas. Superl. ἥκιστος, d. i. der langsamste, schlaffste.

ἠκεστος, 3. (verw. ἀκ-μή, ἀκ-ρός, *ācer*), ep. in voller Reife stehend, ausgewachsen.

ἥκιστα (Adv. Neutr. plur. vom ungebr. ἥκιστος, zu ἦκα u. Kompar. ἡκjων = ἥσσων), **1)** am wenigsten, am ungenügendsten, keinesfalls, ἥκ. τοῦ λόγου verhältnismäßig am wenigsten. **2)** In der Antwort, oft mit angef. γε ganz und gar nicht, durchaus nicht. **3)** Oft mit Negat. als Litotes: am besten, am meisten, vorzüglich, besonders.

ἥκιστος, s. ἦκα.

ἦκον, ion. st. ἧπον.

ἥκω (vgl. ἵκω), Impf. ἧκον oft mit Aor.-Bdtg., wie die Modi des Praes., dor. Fut. ἡξῶ, sp. Aor. ἧξα (N. T.) u. Perf. ἧκα, **gekommen sein,** stets mit dem Begriff der vollendeten Handlung • **1)** von Personen: angelangt, **da sein,** in die Lage versetzt sein, mit u. ohne πάλιν, ἄψορρον wieder zurück sein, εἰς καλόν zur rechten Zeit, ἐπ' ἀγαθῷ in guter Absicht, εἰς χεῖρας ins Handgemenge, εἰς τοσοῦτον ἀμαθίας od. οὕτω πόρρω τῆς σοφίας, ὁρᾷς ἵν' ἥκεις. Mit ὁδόν, ἥκομεν κοινὴν ὁδόν, und mit bloßem Akk. des Ortes: τήνδε Θηβαίων χθόνα, u. ähnl. ὁδοῦ πάρεργον unterwegs od. beiläufig; mit Praepp., δι' ὀργῆς sich im Zorn ereifern; sp. ὡς δυνάμεως ἥκεις so gut du kannst. Ion., bes. bei Hdt., mit Gen., zu etw. gelangt sein, besitzen, τοῦ βίου, τῶν χρημάτων, θεῶν χρηστῶν, u. mit εὖ, auch ohne Gen., im Glücke sein, πόλιος εὖ ἡκούσης. Konstr. mit Inf., ἥκομεν μανθάνειν wir sind darauf angewiesen, Kunde einzuziehen, παρ' ὀλίγον ἥκω ich bin nahe daran etw. zu tun, ἡκέ μοι γένει es kam mir durch Verwandtschaft zu usw., oft mit Part., ἥκεις λέγων, ἥκω ἄγων, ἥκω φράσων ich bin im Begriff u. ä., so auch mit Adjj., ἥκω κάκιστος, ἔχθιστος • **2)** von Gegenständen, der Zeit, Nachrichten, Zuständen, ἵν' ἥκει τὰ μαντεύματα; ἥξει εἰς ἐμὲ τὸ ἐλλεῖπον wird zugeschoben werden, ἥκει ἐπ' ἐκείνους ἡ αἰτία, εἰς ὄνησιν ἥκειν τινί jmdm. nützen, ὅσα εἰς δύναμίν τινος soweit jmds. Macht reicht, εἰς μέσον zuteil werden, ἐπὶ ἀκμήν zur Reife gekommen sein.

ἠλαίνω, buk. (ἀλάομαι), umherirren, wahnsinnig

ἠλάκᾰτα [λᾰ], τά, ep. die Wolle auf der Spindel od. die Fäden, welche von der Spindel aus gezogen werden, dah. ἠλ. στρωφᾶν u. στροφαλίζειν Fäden abspinnen, spinnen.

ἠλακάτη [ᾰ ᾰ], ἡ, dor. ἀλ., Spindel, Spinnrocken, Spindelstange; Winde, Haspel.

ἠλασκάζω, ep. verlängerte Nebenf. zu ep. ἠλάσκω (ἀλάομαι), **1)** umherirren, umherschweifen, -streifen, -schwärmen, abs. u. κατά τι. **2)** (Var. ἠλυσκάζω, vgl. ἀλέομαι) prägnant mit τί vor etwas umherirren, es umherschweifend vermeiden.

ἠλέ, Vok. v. ἠλός = ἠλεός, s. d.

Ἠλεί, s. Ἠλί.

Ἠλεῖος, Ἠλειακός, 3. zu Ἦλις, s. d.

Ἠλέκτρα, ἡ, 1) Tochter des Agamemnon u. der Klytaimestra. 2) Schwester des Kadmos, von welcher ein Tor in Theben (an der Südseite der Stadt gerade auf den Kithäron zu) seinen Namen *Ἠλέκτραι πύλαι* erhalten haben sollte.

Ἠλεκτρίδες νῆσοι, Bernsteininseln, *Venedig*.

ἤλεκτρον, *τό*, u. poet. u. sp. **ἤλεκτρος,** ὁ u. ἡ (v. ἠλέκτωρ, also eigtl. Glanz), 1) **Elektron,** Hellgold, Silbergold, eine Metallmischung ($^4/_5$ Gold u. $^1/_5$ Silber) 2) **Bernstein** u. im Plur. Bernsteinkorallen, Bernsteinverzierung.

ἠλεκτρο-φαής, poet. wie Elektron glänzend.

Ἠλεκτρυών, *όνος*, ὁ, Sohn des Perseus und der Andromeda, Vater der Alkmene, König von Mykenä.

ἠλέκτωρ, *ορος*, ὁ 1) Adj. strahlend, Beiw. des Hyperion. 2) Subst. die strahlende Sonne.

ἠλέματος, 2. (vgl. zu ἠλεός), sp. poet., buk. **ἀλέματος,** 2. eitel, töricht.

ἠλεός, 3., ep., Vok. ἠλεέ (ἄλη, ἀλάομαι), 1) pass. verwirrt, töricht, betört, u. zwar φρένας im Sinne, Geistesbetörter, dumm, einfältig. 2) akt. betörend.

Ἠλί (Ἠλεί, Ἡλί) = hebr. *eli* mein Gott, aber Ἡλί indecl. Vater des Joseph. [sein.

ἡλιάζομαι, 1) sich sonnen. 2) Richter in der Heliaia.

ἡλιαία, ἡ (ἁλής, ἁλία), eigtl. Versammlung, aber im bes. der größte athenische Gerichtshof, der die wichtigsten öffentlichen Sachen entschied, u. davon wieder das Kollegium der Richter überhaupt, welches aus 6000 erlosten Geschworenen bestand, aus denen 10 Abteilungen zu je 500 Richtern gebildet wurden.

ἡλιακός, 3. (ἥλιος), sp. zur Sonne gehörig, ἡ ἡλιακή, verst. περίοδος, Sonnenumlauf.

ἡλίασις, ἡ, das Richteramt in der Heliaia.

ἡλιαστής, ὁ, ein Richter in der Heliaia. Dav.

ἡλιαστικός, 3. mit ὅρκος, der Richtereid; ntr. τὸ ἡλ. der Richtersold.

ἠλίβατος [ῐ], 2. ep. poet., selten pros., dor. **ἀλ.,** gew. erklärt schroff, steil, unersteiglich; aber bei Späteren: groß, gewaltig, tief.

ἤλιθᾰ, ep. Adv. außerordentlich; ἤλ. πολύς sehr viel.

ἠλίθιος, 3. (s. ἠλεός), dumm, einfältig; von Sachen: eitel, vergeblich. Dav.

ἠλιθιότης, ἡ, die Einfalt, u.

ἠλιθιόω, poet. betören.

ἡλῐκία, ion. **-ίη,** ἡ (ἧλιξ) • 1) das Alter, Lebensalter, sowohl vom Knaben-, wie auch vom Greisenalter; dah. ὑπὸ (τῆς) ἡλικίας wegen des hohen Alters, ὑφ' ἡλικίας ἀποθνήσκειν, ἐν τῷ ἀχρήστῳ τῆς ἡλ. in der Schwäche des Alters, οὕτως ἡλικίας ἔχω ich bin so alt, ἔν τινι ἡλικίᾳ γενέσθαι, παρ' ἡλικίαν gegen die Natur seines Alters, καθ' ἡλικίαν dem Alter nach od. gemäß, ἡλικίας γεγονώς in dem Alter, dann auch das geeignete Alter mit folg. Inf., z. B. οἱ ἐν ἡλ. στρατεύεσθαι die zum Kriegsdienst Rüstigen, od. ἡλ. τοῦ μανθάνειν. Insbes. • a) das mannbare Alter, bei beiden Geschlechtern • b) das kräftige, rüstige Alter (ἡλ. ἀκμάζουσα) von etwa 18 bis 50 Jahren, dah. ἐν τῇ καθεστηκυίᾳ ἡλικίᾳ im besten Mannesalter, auch ἐν τῇ ἡλ. in der Jugend, οἱ ἐν ἡλ. die waffenfähige Mannschaft, πόρρω τῆς ἡλ. über das Jugendalter hinaus, ἔξω τῆς ἡλ. über das Dienstalter hinaus • c) konkr. die Altersklasse (hier auch im Plur.), bes. die Jugendgenossen od. die junge Mannschaft, milit. der Jahrgang; ὁπλιτῶν ἡλικία die Abteilung der Hopliten • 2) das **Zeitalter,** ἐπὶ τῆς νῦν ἡλικίας, ἡλικίην κατὰ Λάιον der Zeit nach unter Laïos, u. auch im Plur. πολλαῖς ἔμπροσθεν ἡλικίαις • 3) sp. u. N. T. auch Körpergröße, Wuchs. Dav.

ἡλῐκιώτης, *ου*, ὁ, Fem. **ἡλικιῶτις,** *ιδος*, ἡ, sp. = ἧλιξ, s. d.

ἡλίκος [ῐ], 3. (zum Relativst. gehörig) wie groß, wie alt, wie gewaltig, wie mächtig.

ἠλινδημένος, Part. perf. pass. von ἀλινδέω, einer, der sich herumgetrieben, viel verweilt hat, ἔν τινι.

ἧλιξ, *κος*, ὁ, ἡ (aus σϝᾰ-λι-κ, vom Reflexivstamm: der die eigene Art, Beschaffenheit hat, d. h. dieselbe, wie der Sprechende od. Besprochene), 1) gleichaltrig; Subst. Altersgenosse, Genosse, Gespiele, bes. v. Jugendgenossen. 2) gleichzeitig, ἱστορία von Zeitgenossen geschrieben.

ἡλιό-βλητος, 2. (βάλλω), poet. sp. von der Sonne getroffen, sonnverbrannt.

ἡλιο-ειδής, 2. sonnenartig, der Sonne verwandt.

ἡλιό-καυστος, 2., dor. ἁλ., buk. sonnverbrannt.

ἡλιό-κτυπος, 2. poet. = ἡλιόβλητος.

ἡλιόομαι, Pass., von der Sonne beschienen od. gebräunt werden.

ἥλιος, ep. u. poet. **ἠέλιος,** dor. ἀέλιος u. ἅλιος (aus σαϝελ-ιος, got. *sauil*, lat. *sol*) • 1) die **Sonne,** φάος ἠελίοιο ὁρᾶν wie ἥλιον βλέπειν = leben, οἱ ὑπὸ τὸν ἥλιον τοῦτον ἄνθρωποι. Vom Aufgehen der Sonne heißt es ἀνιέναι, ἀνίσχειν, ἀνατέλλειν, ἐπανατέλλειν, ὑπερτέλλειν, ἀνέρχεσθαι, ἀνορούειν, ἀνανεῖσθαι, στείχειν πρὸς οὐρανόν, von der Mittagszeit μέσον οὐρανὸν ἀμφιβεβήκει, vom Nachmittag μετενίσσετο βουλυτόνδε oder ἂψ ἐπὶ γαῖαν προτρέπεται, vom Untergange (ἡλίου δυσμαί) δύειν od. δύεσθαι, ἐπιδύειν, καταδύειν, ἐμπίπτειν Ὠκεανῷ. Von der Sonnenfinsternis ἡλίου ἔκλειψις, ὁ ἥλιος ἐκλείπει, u. von der partialen τοῦ ἡλίου ἐκλιπές τι γίγνεται • 2) Sonnenschein, dah. ἐν ἡλίῳ κατακεῖσθαι, Sonnenhitze, τοῦ ἡλίου πλεονεκτεῖν, u. im Plur. Sonnenstrahlen • 3) als Weltgegend, bei Hom. stets der Osten, πρὸς Ἠῶ τ' Ἠέλιόν τε, im Gegens. zu ζόφος, w. s. (dageg. ὑπ' ἠῶ τ' ἠέλιόν τε *toto terrarum orbe*). Später heißt gegen Osten πρὸς ἥλιον ἀνατέλλοντα, πρὸς ἡλίου ἀνατολάς oder ἀντολάς, gen Westen πρὸς ἡλίου δύσιν. Die Östlichen heißen οἱ ἀφ' ἡλίου, genauer οἱ ἀπὸ ἡλίου ἀνατολέων • 4) personifiziert **Ἠέλιος** oder **Ἥλιος,** der Sonnengott, Sohn des Hyperion und der Euryphaëssa, Gemahl der Perse, welche ihm den Aietes u. die Kirke gebar. Geopfert werden ihm besonders Pferde, doch auch Eber und weiße Widder. Besonders hoch verehrt wurde er als stadtschirmender Gott in Argos und in Rhodos, wo er den berühmten Koloß hatte, und außer Hellas unter dem Namen Mithras von den Persern, u. so auch von den Massageten u. Skythen.

ἡλιο-στεγής, 2. poet. vor der Sonne schirmend, τινί etwas (var.).

ἡλιοσκεπής u. **ἡλιο-στερής,** 2. die Sonne abwehrend, beschattend (var.).

ἡλιο-στιβής, 2. poet. von der Sonne betreten, d. i. beschienen.

ἡλιοτρόπιον, τό, sp. **1)** Sonnenwende. **2)** Sonnenuhr.

Ἡλιού-πολις, εως, ἡ • **1)** alte Stadt Ägyptens östlich vom Delta mit einem berühmten Sonnentempel, jetzt *'Ain-Schems'* Sonnenquell, hebr. *On* genannt, an dem in das Rote Meer führenden Kanal, Ruinen bei *Matarieh.* Die Einw. **οἱ Ἡλίου πολῖται,** sp. Ἡλιουπολῖται • **2)** griech. Übersetzung von Baal bek = Stadt des Baal in Koilesyrien nahe der Orontesquelle.

Ἦλις, δος, Akk. Ἦλιδα, ἡ (ursprgl. Ϝᾶλις zu lat. *vallis*), enthielt **1)** das eigentliche Elis. **2)** Πισᾶτις. **3)** Τριφυλία. Die Hauptstadt Elis. Adjekt. **Ἠλεῖος,** 3, Ew. **οἱ Ϝαλεῖοι** (Inschr. u. Münzen), **Ἠλεῖοι.**

ἠλιτό-μηνος, 2. (ἀλιταίνω, μήν), ep. poet. den Monat verfehlend, daher zu früh geboren.

ἡλιῶτις, ιδος, ἡ, poet. zur Sonne (ἥλιος) gehörig, ἀκτίς Sonnenstrahl.

ἧλος, ὁ (urspr. Ϝῆλος, vgl. lat. *vallu-s* Pfahl), Nagel, Stift, bei Hom. Buckel als Zierat am Zepter, Schwerte u. Becher, sonst als Befestigungsmittel. Sprichw. ἥλῳ ἐκκρούειν τὸν ἧλον einen Fehler durch einen andern gut machen.

ἠλοσύνη, ἡ, = ἀλ., buk. Torheit.

Ἠλύσιον πεδίον, τό, das elysische Gefilde, von den Griechen verstanden synonym mit Ἅιδης, als Ort der Hingegangenen, besonderer Aufenthaltsort für Verwandte des Zeus (für Rhadamanthys u. für Menelaos, weil er Eidam des Zeus ist), die dort mit dem Körper, ohne den Tod zu sehen, fortleben. Es ist ein schönes Gefilde am Westrande der Erde am Okeanos. Später in der Unterwelt Aufenthalt der Seligen u. Götterlieblinge, im Gegensatz zum Tartaros.

ἤλυσις, εως, ἡ, poet. das Kommen, der Gang.

ἠλυσκάζω (ἀλύσκω), ep. vermeiden, τί etwas.

Ἠλώνη, ἡ, Stadt in Thessalien, später Λειμωνή.

ἧμα, τό (ἵημι), ep. das Werfen, ἥμασιν ἄριστος im Speerwurf ausgezeichnet.

Ἠμαθίη, ἡ, früherer Name von Makedonien.

ἠμαθόεις, εσσα, εν, u. bloß zweier Endung (-όεις, -όεν), ep. st. ἀμ- (v. ἄμαθος), sandig, Bein. von Pylos wegen der sandigen Küste, an welcher es lag.

ἧμαι (St. ἡσ), in att. Prosa **κάθημαι** üblich (s. d.), zuweilen mit Perfektbdtg. **1) sitzen, a)** müßig, stille, traurig sitzen, auch auf der Lauer sitzen oder sich lagern, **b) sich aufhalten, c)** bei Part. von Verben, die einen Körper- od. Seelenzustand ausdrücken, in der Lage sein, sein. **2)** ion. Perf. pass. zum Aor. εἷσα od. zu ἱδρύω erbauen, ἱρὸν ἧσται ist erbaut. **3)** ἥμενος χῶρος ein Ort, der sich gesenkt hat, niedrig gelegen.

ἡμαιθον, τό, sp. poet. halber Obolos.

ἦμαρ, ep. poet., selten pros. = ἡμέρα, s. d.

ἡμαρτημένως, Adv. (ἁμαρτάνω), fälschlich.

ἠμάτιος, 3. (ἦμαρ), ep. **a)** den Tag über, bei Tage. **b)** an jedem Tage, täglich.

ἡμεδαπός, 3. *nostras, atis,* der unsere, unser Landsmann; einheimisch, inländisch, νόμισμα.

ἡμέδιμνον, τό, s. ἡμιμέδιμνον.

ἡμεῖς usw., s. ἐγώ.

ἠμελημένως, Adv. (ἀμελέω), unbesorgt, sorglos, ἠμ. ἔχειν nachlässig gekleidet sein.

ἠ-μέν, ep. Korrelat. meist von ἠδέ, doch auch von δέ, καί, τέ, wie — so, dah. sowohl — als auch.

ἡμέρα, ion. **-ρη,** dor. **ἁμέρα,** ἡ, ep. u. poet. **ἦμαρ,** ατος, dor. **ἆμαρ,** τό, **Tag.**

I) der **Lichttag** (Gegens. νύξ), λευκόπωλος, und der bürgerliche Tag von Sonnenaufgang zu -untergang • **1)** abs. • **a)** im Gen., ἡμέρας, τριῶν ἡμερέων innerhalb dreier Tage, ἑκάστης ἡμέρας, διαλιπούσης ἡμέρας nach Verlauf eines Tages • **b)** im Dat., ἡμέρᾳ καὶ νυκτί • **c)** im Akk., ἤματα πάντα, νύκτας τε καὶ ἦμαρ, πρόπαν ἦμαρ, τρίτην ἡμέραν αὐτοῦ ἥκοντος zwei Tage nach seiner Ankunft • **d)** mit Praepp., ἅμα (τῇ) ἡμέρᾳ mit Tagesanbruch, ἀνὰ πᾶσαν ἡμέραν jeden Tag, δι' ἡμέρας den Tag über, ἐξ ἡμέρας im Laufe des Tages, ἐφ' ἡμέρας τῆς νῦν heute, ἐπ' ἤματι einen Tag lang, aber auch täglich, κατ' ἆμαρ heute od. täglich, wie καθ' ἑκάστην ἡμέραν, doch auch bei Tage, μεθ' ἡμέραν nach Tagesanbruch od. Tags darauf, παρ' ἦμαρ ἡμέρᾳ, παρ' ἦμαρ einen Tag um den andern, ἡ παρ' ἡμέραν χάρις die Gunst des Tages, πρὸ ἡμέρας vor Tagesanbruch, πρὸς ἡμέραν gegen Morgen • **2)** Mit näheren Bestimmungen: μέση, ἦμαρ δείελον, ὀψὲ τῆς ἡμέρας; hom. ἦμαρ χειμέριον, ὀπωρινόν Winter-, Herbsttag, κρεουργόν, ἡμέρα ταυροσφάγος Opfertag, Stieropfertag; ἦμαρ αἴσιμον, μόρσιμον = Todestag, ähnl. νηλεές, ὀλέθριον, κακόν, ἐλευθέριον, νόστιμον; überh. ἡμέρα λευκή der gute, glückliche Tag, ἡμέρα προφαίνει, διαφώσκει bricht an, (ἡ) ἡμέρα ἐγίγνετο, ἔφηκε, μέμβλωκε ist sehr vorgerückt.

II) der **Lebenstag** (Gegens. θάνατος) • **1)** Zeit, Leben, αἱ μακραὶ ἡμέραι das lange Menschenleben, παλαιᾷ ἁμέρᾳ ἔντροφος hochbetagt, u. so καθ' ἡμέραν auch überh. jetzt • **2)** Schicksal.

ἡμερεύω, den Tag zubringen; auch die Tage, das Leben zubringen.

ἡμερήσιος, 2. u. 3., u. **ἡμερινός,** 3., **ἁμέριος,** 2. poet. (dor.) st. **ἡμέριος, 1)** am Tage, zum Tage gehörig, φάος Tageshelle, ἄγγελος Tagbote. **2)** einen Tag dauernd, eintägig, ὁδός eine Tagereise, χρόνος Zeitraum von einem Tage; übertr. vergänglich, irdisch, sterblich.

ἡμερίς, ίδος, ἡ (sc. ἄμπελος), ep. poet. sp. der zahme, veredelte Weinstock, s. ἥμερος.

ἡμεροδρομέω, sp. laufen, wie ein Eilbote.

ἡμερο-δρόμης, ion., u. **ἡμερο-δρόμος,** ὁ (ἡμέρα, δραμεῖν), Eilbote von Gewerbe, geübter Schnellläufer.

ἡμερο-θαλής, od. **-θηλής,** 2. poet. sanft, lieblich-[aufsprossend.

ἡμερό-κοιτος, dor. ἁμ., 2. poet. bei Tage schlafend.

ἡμερο-λεγδόν, Adv. **a)** poet. die Tage zählend, Tag für Tag. **b)** auf den Tag zutreffend, genau.

ἡμερολογέω, ion. nach Tagen zählen, τὶ ἀπό τινος.

ἡμερολόγιον, τό, sp. Tagberechnung, Kalender.

ἥμερος, 2. u. 3., **1)** von Tieren zahm, gezähmt.

2) von Bäumen und Pflanzen veredelt, *δένδρα* Obstbäume. 3) vom Boden bebaut. 4) vom Menschen gesittet, mild, sanft.

ἡμερο-σκόπος, ὁ (σκοπέω), Tagwächter.

ἡμερότης, ητος, ἡ (ἥμερος), Zahmheit, sanftes Wesen.

ἡμερό-φαντος, 2. (φαίνομαι), poet. am Tage erscheinend, ὄναρ Tagestraum.

ἡμερο-φύλαξ, ακος, ὁ = ἡμεροσκόπος.

ἡμερόω (ἥμερος), 1) Akt. u. Pass. zähmen, kultivieren, unterwürfig machen. 2) Med. ion. u. sp., sich (*sibi*) jmdn. (τινά) zähmen, zu Paaren treiben, od. jmdn. unter seines Königs Joch beugen, ihn für jmdn. unterwerfen. Dav.

ἡμέρωσις, ἡ, sp. das Zähmen, a) die Veredlung (der Obstbäume). b) die Urbarmachung von Land.

ἡμέτερος, dor. ἁμ., 3. (ἡμεῖς), **unser,** unsrig, uns angehörend, in unserer Gewalt befindlich, auch = von mir, refl. durch *αὐτῶν* verstärkt. Im bes. ἡ ἡμετέρα *θάλασσα* das Mittelländische, bes. das Ägäische Meer (vgl. *mare nostrum*). Scheinbar Subst. εἰς ἡμέτερον u. ἐφ ἡμέτερα (δῶμα u. δώματα) in unser Haus, d. h. nach Hause. ἡ ἡμετέρα (χώρα) unser Land, Vaterland, unsere Heimat. • Subst. τὰ **ἡμέτερα** unser Hab u. Gut, unsere Angelegenheiten, unsere Pflicht. οἱ ἡμέτεροι unsere Leute, Mitbürger, unser Heer, unsere Partei. • Adv. **ἡμετερόνδε** heimwärts.

ἡμέων, s. ἐγώ.

ἠμί, sag' ich (St. ἠγ, Ablaut im Perf. ἄν-ωγ-α, lat. *aio* aus *agio*, *prod-ig-ium* Vorhersage), außerdem noch die beiden Formen ἦν sagte ich und ἦ sagte er, att. gewöhnl. ἦ δ' ὅς.

ἡμι-, in Zsstzgen. wie lat. *sēmi* = halb; s. ἥμισυς.

ἡμί-ανδρος, ὁ, sp. halbmännlich, nur ein halber Mann.

ἡμί-βρωτος, 2. (βιβρώσκω), halbgegessen, halbverzehrt.

ἡμι-γένειος, 2. buk. halbbärtig (var.).

ἡμῖ-δαής, 2. (δαίω), ep. halbverbrannt.

ἡμι-δαρεικόν, τό, ein halber Dareikos, nach unserm Gelde ungef. 10 Mark.

ἡμι-δεής, 2. (δέω), woran die Hälfte fehlt, halbvoll.

ἡμί-δουλος, ὁ, poet. Halbsklave.

ἡμί-εκτον, τό, ein halber ἑκτεύς, d. i. also der 12te Teil eines μέδιμνος = 4,38 Liter.

ἡμι-έλλην, ηνος, ὁ, sp. Halbgrieche.

ἡμί-(Ϝ)εργος, 2. (St. ἐργ), halbgemacht, halbfertig.

ἡμί-εφθος, 2. sp. (ἕψω), halbgekocht.

ἡμι-θανής, 2. sp. N. T. = ἡμιθνής.

ἡμί-θεος, 2. dor. ἁμ., halbgöttlich, Halbgott.

ἡμι-θνής, ῆτος, ὁ, ἡ (θνήσκω), halbtot.

ἡμί-καυτος, 2. (καίω), sp. halb verbrannt.

ἡμι-κοτύλιον, ου, τό, Demin. von -κοτύλη, eine halbe Kotyle = ca. 1,4 dl.

ἡμι-κύκλιον, τό, sp. eigtl. Halbzirkel, insbes. halbrunde Bank.

ἡμί-λεπτος, 2. (λέπω), poet. halb geschält (aus dem Ei), halbausgekrochen.

ἡμι-μέδιμνον, auch **ἡμέδιμνον,** τό, halber μέδιμνος = 96 Kotylen = 26,7 Liter.

ἡμι-μναῖον, u. sp. **ἡμί-μνεον,** τό (μνᾶ), die halbe Mine, in Attika ungef. 39,3 Mark.

ἡμι-μόχθηρος, 2. halbschlimm.

ἡμιολία, ἡ, eigtl. Fem. vom folg., verst. ναῦς, ein kleines, leichtes Fahrzeug, bes. der Seeräuber (λῃστρική), doch wegen der Leichtigkeit auch zur Küstenfahrt verwandt. Es war nur zur Hälfte mit Ruderern besetzt (daher sein Name), um für die Kämpfer Raum zu behalten.

ἡμι-όλιος, 3. u. 2. (ἡμι, ὅλος), das Ganze u. die Hälfte enthaltend, anderthalb, anderthalbmal so groß, τινός als etwas. Subst. τὸ ἡμιόλιον das Anderthalbfache.

ἡμιόνειος, εία (ion. έη), ειον, ep. u. ion., u. **ἡμιονικός,** 3. zum Maulesel gehörig, ζυγόν Joch für Maulesel, ἅμαξα, ζεῦγος ein mit Mauleseln bespannter Wagen, Maultiergespann.

ἡμιόνιον, τό, sp. kleiner Maulesel, Demin. von

ἡμί-ονος, 2. 1) Adj. ep. u. ion. halbeselig, d. h. mauleselig, βρέφος ein Mauleselfüllen. 2) Subst. ἡμίονος, ἡ (selten ὁ), **Maulesel,** Mauleselin, Maultier.

ἡμί-οπτος, 2. = ἡμίεφθος, halbgebraten, halbgekocht.

ἡμῖ-πέλεκκον, τό (πέλεκυς, κ durch Assimilation verdopp. für ἡμι-πέλεκϜον), ep. ein kleines Beil, nach andern Halbaxt, Axt mit einer Schneide.

ἡμί-πεπτος, 2. (πέσσω), sp. halbgekocht, halbgar, halbreif.

ἡμι-πλεθρον, τό, ein halbes πλέθρον, 50 (griechische) Fuß, τρία ἡμ. anderthalb Plethren.

ἡμι-πλίνθιον, τό (πλίνθος), ion. Halbziegel, deren Breite die halbe Länge beträgt, während die πλίνθοι meist quadratförmig waren.

ἡμί-πνους, 2. sp. ep. halbatmend, halbtot.

ἡμι-πόδιον, τό, sp. halber Fuß.

ἡμι-σταδιαῖος, 3. sp. ein halbes Stadion groß.

ἥμισυς ἡμίσεια, ἥμισυ, (dor. ἅμ.?), att. Gen. ἡμίσεος, -ισείας (-ίσεας), -ίσεος usw., Plur. οἱ ἡμίσεις, αἱ ἡμίσειαι, τὰ ἡμίσεα, τῶν ἡμίσεων, τοὺς ἡμίσεις, τὰς ἡμισείας, ep. u. ion. οἱ ἡμίσεες, ion. ἡ ἡμισέα, τοὺς ἡμίσεας, τὰς ἡμισέας, spät τὰ ἡμίση u. ἡμίσεια u. τοῦ ἡμίσους od. ἡμίσεως, Adv. **ἡμίσεως,** (ἡμι, lat. *sēmi*, ahd. *sâmi*, halb), **halb,** gew. subst. • 1) ἡ ἡμίσεια (verst. μοῖρα), die Hälfte, ἐξ ἡμισείας zur Hälfte, halb, u. mit Gen. ἐπὶ τῇ ἡμισείᾳ τῆς γῆς um den Preis der Hälfte des Landes • 2) (τὸ) ἥμισυ u. (τὰ) ἡμίσεα, **die Hälfte.** N. T. τρεῖς ἡμέρας καὶ ἥμισυ vierthalb Tage, ὑπὲρ ἥμισύ τινος über die Hälfte, mehr als die Hälfte von etwas, ἡμισείας ἡμέρας πλοῦς eine halbe Tagefahrt, eigtl. die Fahrt einer Hälfte des Tages • 3) so, daß das Wort im Genus u. meist auch im Numerus dem Subst., dessen Teil es ist, assimiliert ist, σίτου τὸν ἥμισυν, od. mit hinzugef. πᾶς, ἥμισυς τοῦ ἀριθμοῦ ἅπας die ganze Hälfte der Zahlen, auch τῆς στρατιᾶς (= τῶν στρατιωτῶν) τοὺς ἡμίσεις. ähnl. τοὺς ἡμίσεας τοῦ στρατοῦ.

ἡμι-τάλαντον, τό, das halbe Talent, χρυσοῦ, aber τρίτον ἡμ., drittehalb Talente, ähnl. ἕβδομον u. ἔνατον $6^1/_2$ u. $8^1/_2$ Talente.

ἡμι-τέλεστος, 2. (τελέω) u. **ἡμι-τελής,** 2. (τέλος), halbvollendet, unvollkommen, δόμος ein vom Gatten u. Hausherrn verlassenes, also verwaistes Haus, prolept. ἡμιτελῆ τὸν δόμον καταλιπών, d. i. so, daß es nun verwaist ist. Subst. τὰ ἡμιτέλεστα τῶν τειχῶν καὶ λιμένων die halbvollendeten Teile der Mauern u. Häfen.

ἡμί-τομον, τό (τέμνω), ion. u. sp. die abgeschnittene Hälfte, die Hälfte.

ἡμί-τομος, 2. buk. u. sp. halbdurchgeschnitten.
ἡμί-φλεκτος, 2. (φλέγω), sp. halbverbrannt. Übertr. buk. halbverzehrt.
ἡμι-χόριον, τό, sp. der Halbchor.
ἡμί-χους, 2. (II. χοῦς), eine halbe Kanne enthaltend. τὸ ἡμ. = $^1/_2$ Kanne.
ἡμιωβελιαῖος (-βολιαῖος), 3. einem halben Obolos an Größe gleich.
ἡμι-ωβέλιον (-ωβόλιον), **τό,** halber Obolos.
ἡμι-ώριον, τό, sp. u. **ἡμίωρον, τό,** N. T. eine halbe Stunde.
ἦμος, ep. ion. u. poet. Konj. (zum Rel. ὅς), bez. mehr als ὅτε einen bestimmten Zeitpunkt: zu welcher Stunde, **a)** als, da, während, mit entspr. τῆμος, τότε, ἄρα u. ähnl., κάτοιδεν ἦμος er weiß die Zeit, wo, mit Tempus der Vergangenheit. **b)** gerade zu der Zeit, wenn od. wann. Stets mit Indik. der Vergangenheitstempora (nur Od. 4, 400 Konj. jedesmal wenn).
ἠμύω, Aor. ἤμυσα, ep. poet. nicken, καρήατι mit d. Haupte, das Saatfeld mit den Ähren, κάρη sich senken, sich beugen, übertr. sinken, fallen, zusammenstürzen.
ἥμων, ονος (ἵημι), ep. Adj., schleudernd, speerwerfend.
I. **ἤν** = ἐάν (bei Spät. auch mit Opt.).
II. **ἦν** = poet. sp. lat. *ēn*, ἦν ἰδού u. ἠνίδε.
ἠνεμόεις, 3., s. ἀνεμόεις.
ἡνία, ἡ, Zügel, meist Plur., ep. **τὰ ἡνία,** τὰ ἡν. **ἐξ** ἄντυγος **τείνειν** u. **κατατείνειν** ὀπίσσω die Z. am Wagenrand befestigen, ἡνίας ἀνιέναι, ἐφιέναι die Z. schießen lassen, χαλᾶν lockern, ἐφ' ἡνίαν nach links.
ἠνίδε, buk. poet. sieh da, = ἦν ἰδοῦ, s. II. ἦν.
ἡνίκα, dor. ἁ., relat. Konj., zu welchem Augenblick, zu welcher Tageszeit; dann überh. wann, zu der Zeit wo, als, nachdem, **ἡνίκα περ** wann gerade, ἡνίκα πρῶτον *cum primum*, mit Indik. Präs. u. Prät. od. Konj. mit ἄν, u. Optat. mit u. ohne ἄν, so oft als, sobald, der allgemeinen Konstruktion der Zeitpartikeln gemäß.
ἡνιοποιεῖον, τό (wie v. ἡνιο-ποιός), Riemerwerkstatt.
ἡνιοστροφέω, poet. mit den Zügeln lenken.
ἡνιο-στρόφος, ὁ (στρέφω), poet. der Wagenlenker.
ἡνιοχεία, ἡ, das Zügellenken, Lenken, Fahren.
ἡνιοχεύω, ep. u. sp., u. **ἡνιοχέω,** die Zügel halten, mit dem Zügel lenken, fahren, zügeln, regieren, abs. u. τί etwas, z. B. ἅρματα, ἵππους, λέοντας.
ἡνιόχησις, εως, ἡ = ἡνιοχεία.
ἡνί-οχος, ep. auch **ἡνι-οχεύς,** ῆος, ὁ (ἡνία, ἔχω), eigtl. Zügelhalter, dah. **Wagenlenker,** Rosselenker, überh. Fuhrmann, bei Hom. u. später auf dem Streitwagen war er dem kämpfenden Helden (παραβάτης) gew. links zur Seite. Übertr. Lenker, Beherrscher (τινός).
ἦνις, ἦνιν, Akk. plur. ἤνις, ἡ ep, jährig, ein Jahr alt.
ἠνορέη, ἡ, ep. u. poet., ep. Dat. ἠνορέηφι (ἀνήρ), Mannheit, männlicher Mut, Stärke.
ἦνοψ, οπος, ὁ, ἡ, ep., schimmernd, glänzend, blank.
ἤν-περ, wenn auch, wenn anders, mit Konj.
ἧξις, εως, ἡ (ἥκω), poet. das Kommen, Ankunft.
Ἠοῖαι, ein Gedicht Hesiods, Heroinenkatalog, mit den Anfängen ἢ οἵη der Aufzählung.
ἠοίη, ἡ, ep. der Morgen bis Mittag, Vormittag.
ἠοῖος, 3. (ἠώς), ep. poet. ion. gegen Morgen, am Morgen, **a)** morgendlich. **b)** östlich ἠοίη **θάλασσα,** d. i. Maiotis.
ἦος, ep., s. ἕως.
ἧπαρ, ἄτος, τό (lat. *iecur*), die Leber, nach den Alten Sitz der Empfindungen und Leidenschaften, überh. des Lebens; dah. wurde auch auf die Beschaffenheit derselben (ob beide Lappen vorhanden od. nicht) bei Opfertieren großes Gewicht gelegt, wenn man aus ihren Eingeweiden wahrsagte. Übertr. das Innere, das Herz, πρὸς ἧπαρ χωρεῖν ins Herz dringen, das Herz zerschneiden. Dav.
ἡπάτιον, τό, poet. u. sp. das Leberchen.
ἠπεδανός, 3. ep. ion. sp., eigtl. „schlecht auf den Füßen", schwach, hinfällig, gebrechlich, unbeholfen.
Ἤπειον, τό, St. im südlichen Elis.
ἠπειρο-γενής, 2. poet. auf dem Festlande geboren, ἔθνος, Perser.
ἤπειρος, dor. ἄπ., ἡ (verw. deutsch *Ufer*). **1)** das feste Land, **Festland, a)** im Gegens. zum Meer, κατὰ ἤπειρον zu Lande, ἐς τὴν ἤπ. u. **ἤπειρόνδε,** dem Lande zu, landwärts im Gegens. zum hohen Meere, **b)** im Gegensatz zu den Inseln, κατὰ τὴν ἤπ. auf dem Festlande, πρὸς ἤπειρον nach dem Festlande zu; bisw. im Gen. Ortsnamen hinzugefügt, um sie von gleichnamigen Inseln zu unterscheiden, wie in Ἀργεννοῦσαι τῆς ἠ., oder um anzudeuten, daß man in einem andern Erdteile war. **2)** das **Binnenland.** Ferner bezeichnet
Ἤπειρος, ἡ, **a)** *Epirus*, den nördlich vom Ambrakischen Meerbusen gelegenen Teil von Griechenland. **b)** Akarnanien mit Leukadien, ἤπ. μέλαινα genannt. **c)** den großen Kontinent, die Erdhälfte, **α)** Asien (mit Afrika), u. im bes. das persische Gebiet von Asien. **β)** Europa. Dah. ἐφ' ἑκατέρας τῆς ἠπείρου auf dem beiderseitigen Festlande, od. im Plur. κατὰ τὰς ἠπείρους od. διссαῖσιν ἀπείροις κλιθείς auf einer der beiden Erdhälften weilend.
ἠπειρόω, zum festen Lande machen. Pass. Festland werden.
ἠπειρώτης (dor. ἀπ.), ου, ὁ, **ἠπειρῶτις, ιδος,** ἡ, u. dav. **ἠπειρωτικός,** 3. (ἤπειρος), auf dem Festland, **festländisch,** binnenländisch, Festlandbewohner, im Gegens. zum Insulaner (νησιώτης) od. zur Küsten- u. Inselstadt, ξυμμαχία Bündnis einer Landmacht. Im bes. **1)** Asien angehörig, Perser, Kleinasiate, Asiate. **2)** der Epeirot aus od. von Epeiros. Subst. τὸ ἄλλο ἠπειρωτικόν die übrigen Festlandbewohner (Ambrakioten, Leukadier u. Oiniader), od. πᾶν τὸ ἠπειρωτικόν das ganze Festland.
ἤπερ, ep. ἠέπερ, als gerade, als eben, als selbst, auch bloß für ἤ nach Komparativen.
ἧπερ (eigtl. Dat. von ὅσπερ), **1)** wo, an welcher Stelle, abs. od. mit Gen. (bei Arr.). **2)** auf dieselbe Weise wie, auf welche Weise, worin, wie eben, ganz wie.
ἠπεροπεύς, ῆος, ὁ, u. **ἠπεροπευτής,** οῦ, ὁ, (eig.

anders redend als man denkt), ep. Betrüger, der durch schlaue Reden andere berückt.

ἠπεροπεύω, ep. berücken, durch listige Reden, abs. od. τινά, auch φρένα τινί u. τινὰ ταῦτα einem diesen Betrug spielen.

ἠπητής, οῦ, ὁ (ἠπάομαι flicken), der Ausbesserer.

ἠπιαίνω, sp. lindern, mildern.

ἠπίαλος, ὁ, ion. poet. u. sp. kaltes Fieber, Fieberfrost, Gegens. πυρετός Fieberglut.

Ἠπιδανός, ὁ, ion. st. Ἀπιδανός, w. s.

ἠπιό-δωρος, 2. (δῶρον), ep. gütig im Geben, freundlich spendend, freigebig.

ἤπιος, 3., poet. auch 2., Adv. **-ίως, 1)** freundlich, gütig, mild, gnädig, abs. od. τινί gegen jmdn., ἤπια εἰδέναι τινί gegen jmdn. freundlich gesinnt sein. Subst. τὸ ἠπιώτερον größere Milde, ὡς ἠπίως scheinbar milde u. freundlich. **2)** akt. mildernd, besänftigend, lindernd. **3)** sp. ἠπίως ἔχειν πρός τι sich gleichgültig zu etw. verhalten, Kompar. ἠπιωτέρως.

ἤ-που, (auch ἤ που geschr.), gewiß, wahrlich, wohl, ἤπου δή u. ἤπου γε δή mit u. ohne vorherg. μέν, geschweige denn.

ἤ που, ep. **a)** oder wohl, oder etwa. **b)** als wohl.

ἠπύτα, ὁ, ep. st. ἠπύτης, laut rufend, Rufer.

ἠπύω, dor. ἀπ., ep. u. poet. **1)** trans. rufen, laut rufen, τινὰ μεγάλα, anrufen τινά, zum Gruß, angeben, nennen, τινά τινι rufen, sprechen, τινί zu jmdm. **2)** intr. ertönen, brausen, rauschen.

ἦρ, ἦρα, s. ἔαρ.

ἦρα, ep. fast = χάρις, Liebesdienst, Hilfe, gew. mit ἐπιφέρειν u. φέρειν, τινί jmdm. einen Gefallen tun, θυμῷ der Neigung willfahren. Vgl. ἐπίηρα.

Ἥρα, ion. **Ἥρη,** ἡ, Hera, älteste Tochter des Kronos u. der Rhea, Schwester u. Gemahlin des Zeus, die erste (πρέσβα) der Göttinnen, Göttin der Ehen und Geburten; daher schwuren die Weiber bei ihr, doch wurde νὴ τὴν Ἥραν auch von Männern gebraucht. • Die Kinder, welche sie dem Zeus gebar, sind Hebe, Eileithyia, Ares u. Hephaistos, ihre Lieblingsstädte Mykenai, Sparta und Argos. Nach ihr sind benannt • **1)** **Ἡραία,** Stadt an der Westseite von Arkadien in der Landschaft Ἡραιᾶτις. Die Einw. οἱ **Ἡραιῆς** • **2)** ihre Feste, **Ἥραια** oder **Ἡραῖα,** in Korinth, Samos, Argos u. anderwärts • **3)** ihre Tempel, **Ἥραιον** (od. **Ἡραῖον**), deren berühmteste lagen • **a)** zwischen Argos u. Mykenai am Fuße des Hügels *Εὔβοια,* der Haupttempel der argivischen Hera; als er abgebrannt war, 423 v. Chr., wurde der neue etwas unterhalb, nördl. vom Hügel Prosymna, gebaut; in ihm befand sich ihre kolossale Statue von Polyklet, sitzend, von Gold u. Elfenbein. Hier wurden alle fünf Jahre die Heräen (Ἡραῖα) oder Hekatombäen gefeiert (Hdt. 1, 31) • **2)** in Plataiai mit Standbildern von Praxiteles u. Kallimachos u. einem hölzernen Altar auf dem Kithairon; dah. ihr Beiname *Κιθαιρωνία* • **c)** am Isthmos bei Korinth am Vorgebirge von Geranēa, nach andern auf der Burg von Korinth, wo die Grabstätte der Kinder der Medēa war u. das Eur. Med. 1382 erwähnte Sühnfest gefeiert wurde • **d)** zu Samos, von Rhoikos gebaut, doch nach der Sage schon von den Argonauten gegründet • **e)** bei Phlius • **f)** in Kerkyra • **g)** in Epidauros • **4)** **Ἡραῖον τεῖχος,** τό, befestigte Stadt in Thrakien, unweit von Perinthos • **5)** der Monat **Ἡραῖος** in Delphi (hier der vierte des Jahres, Okt./Nov.), in Kreta u. anderwärts.

Ἡράκλεια, ἡ • **1)** (verst. ἐποποιία) Epos des Dichters Rhianos (250 v. Chr.) • **2)** (verst. πόλις) Heraklesstadt, das trachinische (ἐν Τραχῖνι), Stadt an der Südgrenze von Thessalien. Der Einw. ὁ **Ἡρακλεώτης** • **3)** ἡ Ποντική, Stadt in Bithynien am Meer, Kolonie der Megarer. Der Einw. ὁ **Ἡρακλεώτης,** das Gebiet ἡ **Ἡρακλεῶτις,** ιδος, verst. γῆ • **4)** Stadt an der Südküste von Sizilien, ἡ Μινῴα, Gründung der Kreter • **5)** Stadt am Meerbusen von Tarent u. andere.

Ἡράκλεια, τά, athen. Fest zu Ehren des Herakles.

Ἡρακλείδης, ου, ὁ, **1)** ὁ Ποντικός, d. h. aus Herakleia am Pontos, Schüler des Platon u. Aristoteles, gelehrt, aber eitel, Philosoph und Verfasser von mehreren philosophischen, grammatischen u. historischen Schriften; Adj. **Ἡρακλείδειος,** 2. **2)** jüngerer gleichnamiger Grammatiker. **3)** Grammatiker aus Milet in der Kaiserzeit. **4)** sonst. Eigenname. — Vgl. Ἡρακλεῖδαι u. Ἡρακλῆς.

Ἡράκλειος, 2. u. 3. Adj. zu Ἡρακλῆς gehörig, von Herakles; Ἡράκλεια λουτρά warme Quellen zum Baden; νόσος Epilepsie; λίθος (und Ἡρακλειῶτις) Magnetstein; στῆλαι, s. u.

Ἡράκλειτος, ὁ, **1)** berühmter Philosoph aus Ephesus um 500 v. Chr., mit dem Bein. ὁ σκοτεινός. Adj. Ἡρακλείτειος, 3. **2)** sonstiger Eigenn.

Ἡρακλεώτης u. **-εῶτις,** s. Ἡράκλεια, 2) bis 4).

ἡρακλεωτικός, 3. heraklesmäßig, herkulisch.

Ἡρακλῆς (Ἥρα, κλέος), Akk. selten -κλῆ, ep. -κλέης, -κλῆος, -κλῆι, -κλῆα, ion. Ἡρακλέης, -κλέος, -κλέι, poet. Dat. auch -κλέει, Vok. Ἡράκλεες, spät. Akk. pl. Ἡρακλέας, Herakles, lat. *Hercules,* zu Theben geborner Sohn des Zeus u. der Alkmēne, die mit Amphitryon, einem Perseïden, vermählt war, dah. Herakles auch Amphitryons Sohn heißt. Durch den Haß u. die List der Hera im Dienste des Königs Eurystheus von Mykenai, vollführte er die bekannten zwölf Arbeiten und kam später auf seinen Zügen ins Land der Hyperboräer, nach Troja, in die Unterwelt und bis nach Ägypten und Libyen, wo er als Zeugen seiner Fahrten an den Grenzen von Libyen und Europa seine zwei Säulen setzte: **Ἡράκλειαι,** ion. **Ἡράκλεαι,** auch **Ἡρακλέους στῆλαι.** Darunter versteht man teils wirkliche Säulen, teils Abyla, die nordwestliche Spitze des kleinen Atlas in Mauretanien, u. gegenüber den Berg Kalpe an der heutigen Straße von Gibraltar, u. man bezeichnet damit im allgemeinen den äußersten Westen. Bekannt sind sein Verbrennungstod auf dem Öta, bei dem er dem Philoktetes seinen berühmten Bogen schenkte, und seine Aufnahme unter die Götter im Olymp, wo er als Gemahl der Hebe lebte, während sein Schatten in der Unterwelt weilte (Homers Nekyia). • In ganz Hellas fand er allgemeine Verehrung, indem teils die warmen Quellen (z. B. Thermopylä), teils die Wege u. Reisenden (Ἡρ. ἡγεμών), teils die Gymnasien unter seinem Schutze stehen (ἐναγώνιος, παλαίμων). Heilig waren ihm die Silberpappel, der Ölbaum, der Efeu, die Thermen. Außerdem gab es **Ἡράκλεια,** Tempel des Herakles, in Marathon, Chäronea, Ägina, Kalchedon u. in Theben. Man schwor bei ihm: μὰ od. νὴ τὸν Ἡρακλέα, u. ὦ Ἡράκλεις od. bloß Ἡράκλεις ist ein oft vorkommender Ausdruck des Staunens u. der Bewunderung • Von seinen zahlreichen Nachkommen, **οἱ Ἡρακλεῖδαι,** leiteten die mächtigsten Familien ihren Stammbaum ab. So • 1) von Thessălos die Aleuaden in Thessalien • 2) Tlepolĕmos, den H. mit der Astyocheia erzeugte, hatte in Rhodos viele Städte gegründet • 3) von Hyllos u. dessen Söhnen wurde nicht nur ein Drittel des dorischen Landes beherrscht, sondern auch die Eroberung des Peloponnes etwa 100 Jahre nach Hyllos' Tode durchgeführt, worauf dann die Zwillingssöhne des Aristodēmos, eines Urenkels des Hyllos, Prokles u. Eurysthĕnes, die Gründer des lakedaimonischen Königshauses wurden, während Temĕnos Argos und Kresphontes (beide Heraklīden) Messēne erhielten • 4) von Temĕnos, einem andern Urenkel des Hyllos, schrieben sich die Temeniden, die Gründer des makedonischen Reichs, her, und Philipp wie Alexander leiteten ihr Geschlecht davon ab.

Ἡρακλήειος, 3. ep., u. ion. **Ἡρακλήιος,** 3. = Ἡρά-[κλειος, s. d.

Ἡρακληΐς, ίδος, ἡ, Heraklēis, Dichtung über Herakles.

ἦρέ = ἤρεο, ἦρου.

ἠρέμα (poet. auch ἠρεμί, ἠρεμεί), leise, still, im stillen, ruhig; ein wenig, ἠρ. γελᾶν lächeln, od. gelassen, bedächtig, langsam, Schritt vor Schritt, nach u. nach.

ἠρεμαῖος, 3., mit einem Kompar. ἠρεμέστερος, Adv. **-στέρως,** still, ruhig.

ἠρεμέω (ἠρέμα), ruhig, still sein, ruhen, ruhig bleiben, feststehen, τὸ ἠρεμεῖν Ruhe.

ἠρεμία, ἡ, Stille, Ruhe.

ἤρεμος, 2., sp. u. im N. T. = ἠρεμαῖος, s. d.

ἦρι, ep. Adv., früh, in der Frühe, am Morgen, stets μάλ' ἦρι od. ἦρι μάλα.

Ἠρίαι πύλαι, αἱ (ἠρίον), „Gräbertor" im Osten Athens, wo ein Friedhof war.

ἠρι-γένεια, ἡ (St. γεν), ep. am frühen Morgen, frühgeboren, Beiw. der Eos. Auch als Eigenn. Göttin der Frühe.

Ἠριγόνη, Tochter des Ikarios, welcher im attischen Demos Ikaria den Wein, des Dionysos Gabe, eingeführt hatte und darum von Hirten erschlagen ward. Als Er. nach langem Suchen sein Grab fand, tötete sie sich aus Gram, worauf sie als 'Jungfrau' an den Himmel versetzt wurde, wie ihr Vater als 'Bootes' od. Arkturos. Diese Sage hatte Eratosthenes in einer gleichnamigen Elegie behandelt.

Ἠριδανός, ὁ, 1) fabelhafter Fluß, der sich im Nordwesten vom Rhipäongebirge kommend in den Okeanos ergießt. 2) später auf den Po gedeutet. 3) ein Bach, der vom Lykabettos mitten durch Athen floß; südl. des Dipylontores verließ er die Stadt und mündete in den Ilissos; früh überdeckt und verschlammt.

Ἤριννα, berühmte lyrische Dichterin von einer griech. Insel, Freundin der Sappho, ca. 600 v. Chr.

ἠρινός, 3. poet. = ἐαρινός.

ἠρίον [ῐ], τό, Erdhügel, Grabhügel, Grab.

Ἡριππίδας, ου, Spartiat, mit Agesilãos von 396—91, in Asien Flottenführer 389.

Ἡρκλᾶνον, τό, sp. die Stadt Herculaneum bei [Pompeji.

Ἡρόδικος, ὁ, 1) Arzt aus Leontini, Bruder des Gorgias. 2) Arzt u. Lehrer der Gymnastik aus Selymbria, soll Lehrer des Hippokrates gewesen sein. 3) Grammatiker aus Babylon im 1. Jhdt. vor Chr.

Ἡρόδοτος, ὁ, 1) Geschichtschreiber aus Halikarnassos in Karien, der „Vater der Geschichtschreibung", geb. um 480 v. Chr., machte in der Jugend Reisen nach Ägypten, nach den Inseln u. Küstenländern von Kleinasien u. Griechenland, dann nach Asien u. Afrika; um 445 von Samos nach Athen übergesiedelt, schloß er sich der Kolonie nach Thurii 444 v. Chr. an, war um 431 wieder in Athen und starb in den ersten Jahren des Peloponnes. Krieges; wo, ist ungewiß. 2) sonst Eigenn.

Ἡρόδωρος, ὁ, 1) aus Heraklea in Pontus, Geschichtschreiber vor Herodot. 2) Grammatiker unter [Caligula.

ἦρος, s. ἔαρ.

Ἡρόστρατος, aus Ephesos, der i. J. 356 den Tempel der Artemis anzündete.

Ἡρώ, οῦς, ἡ, Geliebte des Leandros.

Ἡρῴδας s. Ἡρώνδας.

Ἡρῴδης, sp. **Ἡρώδης,** ου, ὁ • 1) athen. Archon 60 v. Chr. • 2) Freund Ciceros in Athen • 3) der Athener Tib. Claud. Atticus Herodes, ὁ σοφιστής, Redner u. Staatsmann, Lehrer der Kaiser L. Verus u. Marc Aurel, † 177 • 4) andere Griechen • 5) die Idumäer • a) Sohn des Antipatros, König v. Judäa 37—4, der Große • b) dessen Sohn Antipas, Tetrarch von Galiläa u. Peräa usf., Mann der Herodias; ließ Johannes den Täufer enthaupten. Ἡρῳδιανοί, Anhänger des H. • c) Herodes Agrippa, Enkel des Großen; von Caligula u. Claudius begünstigt, König v. Palästina, † 44 n. Chr. • d) sein Sohn ist (Herod.) Agrippa II.

Ἡρῳδιᾱνός, Aelius, Grammatiker aus Alexandria, S. des Apollonios Dyskŏlos, kam wohl unter Marc Aurel nach Rom; seine gründliche Schrift περὶ καθολικῆς προσῳδίας behandelt die Akzente, Quantität u. Spiritus.

ἡρωϊκός, 3. (ἥρως), heroisch, heldenartig, τὴν ὄψιν dem Gesicht nach; subst. τὰ ἡρωϊκά das Heldengedicht, Epos.

ἡρωίνη, ης, ἡ, u. **ἡρωΐς,** ίδος, ἡ, Fem. zu ἥρως, Heldin, Halbgöttin.

Ἥρων, ωνος, ὁ, Name alexandrinischer Mathematiker; der berühmteste ca. 100 v. Chr.

Ἡρώνδας, ου, auch Ἠρώνδας oder Ἡρώδας, Dichter von mimischen Jamben, Mimiamben, um 250 v. Chr.

ἡρῷον, τό, ion. **ἡρώιον,** 1) das Heroenheiligtum, anfänglich Grabstätte des Heros, wozu später auch historische Personen erhoben wurden, dann überh. Heroentempel. 2) sp. der heroische Vers, Hexameter. 3) im Plur. sp. das Heroenfest, ἡρῷα δειπνεῖν am Gelage eines Heroenfestes teilnehmen. — Eigentl. Ntr. von

ἡρῷος, 3. 1) heldenhaft, heroisch. 2) zum heroischen Versmaß, d. i. zum Hexameter gehörig. Von

ἥρως, ὁ, Gen. ἥρωος (oft m. verkürzter Mittelsilbe), Dat. ἥρωι, poet. ἥρῳ, Akk. ἥρω, ep. ἥρωα, elid. ἥρω', ion. ἥρων, Akk. plur. auch ἥρως neben ἥρωας • 1) der Heros, **Held,** der Edle, Ehrenmann • 2) der **Halbgott,** ein Mittelgeschlecht zwischen Göttern und Menschen, zunächst alle die, welche von einer Gottheit abstammten; dann insbes. die Geister der Verstorbenen, die Ahnengeister, *divi Manes* • 3) untere Gottheiten einzelner Länder u. Städte, bes. Städtebegründer u. sonstige Wohltäter.

Ἡρώων πόλις, ἡ, Stadt am Kanal zum Roten Meer in Unterägypten, unweit des heutigen Suez, bei *Abu-Keischeid*, wahrscheinlich das von König Ramesu II. (1394—28) gebaute Kastell Ramesu, hebr. Raëmses; dah. der Heroopolitische Golf (d. i. der Golf von Suez) benannt.

ἠσθημένος, 3. att. poet. bekleidet, s. ἐσθέομαι.

Ἡσίοδος, ὁ, epischer Dichter aus Askra in Böotien, etwas jünger als Homer, etwa um 700 v. Chr. blühend. Von ihm haben wir ein Lehrgedicht Ἔργα καὶ Ἡμέραι mit Lehren über Ackerbau, Schiffahrt u. Haushalt; außerdem werden ihm eine θεογονία (Schöpfungsgeschichte u. Göttermythen), eine ἀσπὶς Ἡρακλέους, ein κατάλογος γυναικῶν u. a. zugeschrieben.

Ἡσιόνη, ης, ἡ, Okeanide, Gem. des Prometheus.

Ἠσκυλῖνος (Αἰσκυλῖνος) λόφος, *collis Esquilinus*; Ἠσκ. πύλη *porta Esquilina* im Osten Roms.

ἧσσα bei den Trag. u. Thuk., bei den übrigen Attikern **ἧττα,** ἡ (aus ἡκ-ja, zu ἥσσων, ἥκιστα) das Unterliegen, die Niederlage, die Demütigung, u. zwar zunächst im Kriege. Dav.

ἡσσάω od. **ἡττάω,** selten u. nur bei Spätern, besiegen, überwältigen, τινά; dagegen seit Aesch. allgem. das Dep. pass.

ἡσσάομαι od. **ἡττάομαι,** Dep. Pass., ion. **ἑσσόομαι,** kontr. **ἑσσοῦμαι,** (ἧσσα), schwächer, geringer sein, nachstehen, **unterliegen,** insbes. auch den Prozeß verlieren, teils abs τὸ ἡσσῆσθαι die Niederlage, τὸ ἡττώμενον der unterliegende Teil, teils τί und τινί u. ἔν τινι in etwas, τινί auch durch etwas, (dem im Worte liegenden Kompar. entsprechend) τινός von jmdm. od. etwas (auch ὑπό u. πρός τινος), διά τινα durch jmdn., bisw. mit hinzugef. Partiz. ἀντιδωρούμενον in Gegengeschenken, od. τινὸς εὖ ποιοῦντος von jmdm. im Wohltun übertroffen werden. Übertr. τῆς ἀληθείας nichts wider die Wahrheit können, αἰσχροῦ sich zu einer schändlichen Tat hinreißen lassen, τοῖς ὅλοις ganz verloren sein.

ἥσσων, ἥττων, ion. **ἕσσων,** 2., Kompar. ohne Positiv. Superl **ἥκιστος,** gew. als Kompar. zu κακός gezogen, *deterior*, **geringer, schwächer,** an Zahl weniger, *inferior*, untauglicher, niedriger, nachstehend. Im bes. unterliegend, überwunden, besiegt, eingenommen, ergeben; teils abs. τὸν ἥττω λόγον κρείττω ποιεῖν sophistisch die schlechte Sache zur guten, Unrecht zu Recht machen, ὁ ἥττων der Untergebene, teils τί od. τινί, an, in etwas, τινός als jmd.. od. etwas, jmdm. nicht gewachsen, zu schwach für etwas sein, πόνου unvermögend Arbeiten zu ertragen, τῶν αἰσχρῶν einer schlechten Sache ergeben, χρημάτων bestechlich, τιμῆς ehrgeizig. Neutr. ἧσσον Adv. *minus*, geringer, weniger, abs. καὶ μᾶλλον καὶ ἧττον mehr od. weniger, mit Neg. οὐχ, οὐδὲν, (οὐδενὸς) ἧσσον nicht minder, dessen ungeachtet, umsomehr, ebensosehr (sog. Litotes).

ἡσυχάζω, Fut. -άσω, sp. -άσομαι, Aor. ἡσύχασα (ἥσυχος), 1) intr. ruhen, a) Ruhe haben, ruhig sein, ruhig od. still stehen, liegen, schweigen, τὸ ἡσυχάζον die Stille der Nacht. b) Ruhe halten, ausruhen, sich ruhig verhalten, ruhig liegen bleiben, Halt machen; neutral bleiben. c) zur Ruhe kommen, beruhigt werden, rasten, abs. od. τινί mit etwas od. jmdm. zu Gefallen, πρός τινι bei etwas. 2) trans. zur Ruhe bringen.

ἡσυχαῖος, 3., **ἡσύχιος,** 2. u. **ἥσυχος,** 2., **ruhig,** ἡσ. γίγνεσθαι zur Ruhe kommen. 1) still, leise, stillschweigend. 2) langsam, bedächtig, behutsam. 3) friedliebend, gemäßigt, leidenschaftslos, untätig. Das Adj. steht oft, wo wir im Deutschen das Adv. erwarten, z. B. ἥσυχος κατεθεᾶτο. Adv. Redensarten dagegen: ἐν ἡσύχῳ = adv. ἡσύχως ungestört, ἀφ' ἡσύχου ποδός ruhig sitzen bleibend. Subst. τὸ ἥσυχον der Zustand der Ruhe, die Liebe zur Ruhe.

ἡσυχῇ, auch -χῆ geschrieben, u. **ἡσύχως,** Adv. zu ἥσυχος, ruhig, still; gelassen, allmählich, langsam, heimlich; schwach, sanft, mild, βλέπω, mit Adj. ziemlich.

ἡσυχία, ion. **-ίη,** ἡ, **Ruhe,** Rast, Frieden, Ungestörtheit, Sorglosigkeit, abs. od. ἡσυχία τῶν ἀνθρώπων ἐγένετο περί τι, auch ἡ ἀπὸ τῆς εἰρήνης ἡσ., mit Inf. ἡσυχίαν ποιεῖν τινι πράττειν zum Handeln; ἡσυχίαν ἄγειν u. ἔχειν, ἐν ἡσυχίᾳ τι ἔχειν, auch ἑαυτόν, sich still verhalten, δι' ἡσυχίας ἔχειν τινά einen in Ruhe halten. Adv. Redensarten: καθ' ἡσυχίαν, mit κεῖσθαι von Toten, die nicht betrauert werden. Ähnl. ἐφ' ἡσυχίας, μετὰ πλείστης ἡσυχίας, ἐν τῇ ἡσυχίᾳ im Frieden, Κορίνθου ἕνεκα ἡσυχίας usw.

ἡσύχιος, 2. u. **ἥσυχος,** 2. = ἡσυχαῖος.

ἡσυχιότης, ητος, ἡ (-χιος), Bedachtsamkeit.

ἤ τ' ἄν = ἤτοι ἄν.

ἤ-τε, ep. 1) oder auch (indem τέ das Verhältnis der Beiordnung bezeichnet). 2) ἤτε — ἤτε sei es — oder (s. ἤ), *sive*. 3) ob, besser εἴτε.

ἦτε od. ἦ τε, fürwahr.

ἤτοι, 1) ep. (u. poet.) = ἦ τοι (wie Neuere schreiben), a) (bekräftigend): traun, fürwahr. gewiß, wahrlich, allerdings. b) (entgegensetzend): freilich, doch, gleichwohl, ἀλλ' ἤτοι aber freilich, aber doch, allein gleichwohl. c) (verbindend): nun, also nämlich, ὄφρ' ἤτοι damit nämlich; ἤτοι μέν u. einfaches ἤτοι oft = μέν (so auch in ἀλλ' ἤτοι δ 456). 2) = ἤ τοι, oder doch, ἤτοι — ἤ entweder (sicherlich) — oder. 3) sp. = „das heißt", in der Erklärung von sprachlichen Wendungen.

ἦτορ, ορος, τό (vwdt. dtsch. *Ader*, vgl. ἦτρον), ep. poet. Herz, nicht als Körperteil, doch synonym mit κραδίη, κῆρ, u. mit θυμός, *animus*, u. *anima*, Herz, Gemüt, Sitz von Empfindungen u. Leidenschaften, selbst vom Appetit.

ἠτριαῖον, ου, τό (v. ἦτρον), poet. sp. Bauchstück.

ἤτριον, τό, der Aufzug, im Ggs. zum Einschlag (κρόκη); dann übhpt. Gewebe.

ἦτρον, τό (ἦτορ), der Unterleib, Bauch, namentlich vom Nabel abwärts. [usf.

ἧττα, ἡττάομαι, ἡττάω, ἥττων u. ähnl., s. ἧσσα

ἥττημα, τό, sp. N. T. Niederlage, Verlust; Fehler.

ἠυ- in Kompos., s. εὐ-.

ἠυ-γένειος; 2., s. εὐγένειος.

ἠϋγενής, 2. ep. = εὐγενής.

ἠύ-κομος, 2., ep. schönhaarig.

ἠύς, ἠύν, μένος ἠύ, s. ἐύς.

ἠΰτε, ep. Part. (vgl. εὖτε), **1)** wie wenn, mit Ind. u. Konj. **2)** = ὡς, ὅτε wie, gleichwie, auch nach Kompar.: μελάντερον ἠύτε πίσσα schwärzer als Pech.

Ἡφαιστιέες, οἱ, Einw. der Stadt Hephästia auf Lemnos.

Ἡφαιστίων, ίωνος, 1) S. des Amyntas, Feldherr u. Freund Alexanders d. Gr., starb kurz vor ihm. **2)** alexandr. Metriker, ca. 150 n. Chr.

Ἡφαιστό-πονος, 2. poet. von Hephaistos verfertigt.

Ἥφαιστος, ὁ, 1) ep. u. poet. das elementare Feuer (oft zweifelhaft, ob personifiziert gedacht). Das heilige Feuer der Perser Xen. **2)** Sohn des Zeus u. der Hera, Gott des Feuers, der Metallarbeiten, dah. κλυτοτέχνης, κλυτόεργος u. χαλκεύς. Er war schwächlich von Gestalt, lahmfüßig, armkräftig (ἠπεδανός, χωλός, ἀμφιγυήεις). Seine Gemahlin ist in der Il. Charis, in der Od. Aphrodite. Hauptkultort Lemnos (Vulkan Mosychlos). **3)** die Hauptgottheit zu Memphis (Ptah) Hdt. Tempel **Ἡφαιστεῖον.**

Ἡφαιστό-τευκτος, 2. poet. von Hephaistos bereitet.

ἦφι, ep. st. ᾗ, s. II. ὅς.

ἠχέεις, ntr. pl. ἠχέεντα, poet. = ἠχήεις.

ἠχεῖον, τό, sp. Schallbecken. Von

ἠχέω, mit Impf. Iterativf. ἤχεσκε, dor. buk. **ἀχέω** (ἠχή), **1)** intr. schallen, tönen, dröhnen, nachhallen. **2)** trans. ertönen lassen, κωκυτόν ein Gejammer, stöhnen, Pass. erschallen.

ἠχή, dor. **ἀχά,** ἡ, u. (bes. buk. u. sp.) **ἦχος,** ὁ (N. T. auch τό), (alt ϝᾱχά, St. ϝηχ: ϝᾰχ, vgl. ἰάχω), Ton, Schall, Getön, Geräusch, Gebrause, Gesumme, ἠχῇ mit od. unter Geräusch, mit Lärm. Übertr. auch Ruf, Rede, Gerede, Gerücht.

ἠχήεις, εσσα, εν (ἠχή), ep. poet. schallend, tönend, brausend, tosend.

ἤχημα, τό, dor. ἄχ., poet. sp. das Schallen.

ἦχι, ep. st. ᾗ (I. ὅς), rel. Adv., wo.

ἦχος, ὁ u. τό, s. ἠχή.

ἠχώ, dor. **ἀχώ,** Gen. -όος, zsgz. -οῦς, Akk. ἠχώ, ἡ (ἠχή), Schall, Laut, Klage, insbes. Widerhall, übertr. ion. Kunde (v. einem Aufsehen erregenden Ereignis); auch personif. ἡ **Ἠχώ.** Dav.

ἠχώδης, ῶδες, hallend, tönend, widerhallend.

ἠῶθεν (ἠώς), ep. Adv., vom Morgen an, daher früh morgens, mit Tagesanbruch; gew. vom nächsten Morgen gebraucht, morgen früh. Vgl. **ἕωθεν.**

ἠῶθι (ἠώς), ep. Adv., morgens, am Morgen, stets ἠ. πρό vor Tagesanbruch.

ἠών, dor. ᾀών, s. ἠιών.

ἠῷος, s. ἑῷος.

Ἠώς, ἡ, auch **ἠώς** geschrieben, äol. **Αὔως** (aus αὔσως, s. ἕως), Eos, lat. ***Aurora,*** die Göttin der Morgenröte, Tochter des Hyperion u. der Euryphaëssa od. Theia, Gemahlin des Tithōnos, Mutter des Memnon. Sie hat ihre Wohnung im westlichen Aia u. erhebt sich des Morgens von dem Lager ihres Gemahls oder aus dem Okeanos.

Θ.

Θ, θ, τὸ θῆτα, der achte Buchstabe des griech. Alphabets, an der Stelle des orientalischen Thet, dah. als Zahlzeichen θ′ = 9.

θαάσσω, ep. inf. σσέμεν, sitzen, s. **θάσσω.**

θαέομαι, θαητός, dor. f. **θεάομαι, θεατός.**

θαιρός, ὁ (verw. m. **θύρα**), ep. ion. poet. die Türangel, der (in Büchsen sich drehende) Türzapfen oben u. unten am Türflügel; poet. Wagenachse.

θᾱκέω, poet. ion. **θωκέω,** sp. **θᾱκεύω** (θᾶκος), sitzen. Dav.

θάκημα, τό, poet. u. **θάκησις,** εως, ἡ, poet. das Sitzen, der Sitz, bes. das Sitzen der Schutzflehenden im Tempel, Tempelsitz, Altarsitz.

θᾶκος (θάσσω), ion. u. sp. **θῶκος,** ep. **θόωκος,** ὁ, **1)** Sitz, Sessel, auch im Plur. **θᾶκοι ἀναπαυστήριοι** Ruhebänke; der königliche Thron (vor dem Palaste), auch der geheiligte u. noch später gezeigte Platz in Theben, wo der Seher Teiresias aus dem Fluge der Vögel weissagte, bei Soph **θᾶκος ὀρνιθοσκόπος** genannt. **2)** Sitzung, Versammlung; **θῶκόνδε** als Adv. zur Sitzung. **3)** sp. Sitz = Abtritt.

Θαλάμαι, ῶν, Kastell in Elis, nach seiner geschlossenen, schwer zugänglichen Lage so genannt.

θᾰλάμευμα, τό, poet., u. **θαλάμη,** ἡ, = θάλαμος.

θᾰλᾰμη-πόλος, ὁ, ἡ (πέλομαι), **1)** poet. ins Brautgemach eintretend. **2)** im bes. im Schlafgemach aufwartend, dah. **a)** ὁ, sp. ein Eunuche, der die Frauengemächer bewacht, Haremsdiener. **b)** ἡ, ep. u. poet. die Kammerfrau, Zofe.

θαλαμίη, ἡ, verst. ὀπή, ion. Ruderluke, d. i. das Loch im Schiffsbord, durch welches das Ruder des θαλαμίτης od. θαλάμιος (s. dort) hindurchgeht.

θαλάμιος od. **θαλαμιός,** ὁ und **θαλαμίτης, ου,** ὁ, Ruderer der untersten Bank (die der mittleren hießen ζυγῖται, die der obersten θρανῖται).

θάλαμος, ὁ (oft im Plur. = Sing.). **1) Lager,** Behausung, Wohnung, bes. Höhle, Schlucht, von Tieren: Schlupfwinkel. **2)** im bes. der hintere Teil des Hauses zu ebener Erde dah. **a) Schlafgemach,** Brautgemach; der Hades, **b)** Frauengemach, Frauenwohnung, ebenfalls zu ebner Erde im hintern Teile des Hauses, **c)** jedes verschlossene, wenig zugängliche Gemach, Waffen-,

Vorratskammer, **d)** überh. kleiner Raum, Zimmerchen. • Adv. **θάλαμόνδε** nach der Kammer hin.

θάλασσα, -ττα, ἡ, das **Meer. 1)** die See, das Meer, **a)** im Gegens. zum Festland, θαλάσσῃ χρῆσθαι, ἄπλους γίγνεται, ἐμφέρεται es tobt, ὑπερέχει es schlägt über Bord, τὸ τῆς θαλ. κράτος, τὰ ἀπὸ θαλάσσης die Küstenseite, κατὰ θάλασσαν, τὰ κατὰ θ. Schiffsgüter, τὰ πρὸς θάλασσαν an der Seeseite, **b)** im Gegens. zum Ὠκεανός, das Mittelmeer, ἥδε, ἡμετέρα, ἡ παρ' ἡμῖν, ἡ ἐντός, Ἑλληνική, so auch ἐκ θ. ξυμμαχικόν von den Inseln, ἡ πρὸς Ἀθήνας θ. usw.; sp. auch vom großen Okean, μεγάλη ἡ ἔξω θάλ. **2)** das Meerwasser, ναῦς πλήρης θαλάττης. **3)** ein Brunnen mit salzigem Wasser im Erechtheustempel zu Athen, den Erechtheus Poseidon mit dem Dreizack aus der Erde geschlagen haben soll.

θαλασσαῖος, 3. poet. = θαλάσσιος.

θαλασσεύω, im Meer sein od. liegen.

θαλασσίδιος, 3. u. **θαλάσσιος,** 3, poet. auch 2., sp. **-ττιος** (θάλασσα), zum Meere gehörig, das Meer betreffend, θαλάσσιον ἐκρίπτειν τινα einen ins Meer werfen, ἔργα Meeresgeschäfte, Schiffahrt, Fischfang, ἀνήρ, ἄνθρωπος mit dem Seewesen sich beschäftigend, auch allein: Seefahrer, Seeleute.

θαλασσο- od. **θαλαττοκοπέω,** poet. das Meer schlagen, übertr. eitles Geschrei erheben.

θαλασσο- od. **θαλαττοκρατέω** (wie von θαλασσοκρατής), das Meer beherrschen, die Herrschaft zur See, θαλασσοκρατία, haben, auf der See überlegen sein.

θαλασσο- od. **θαλαττο-κράτωρ,** ορος, ὁ, Herr des Meeres.

θαλασσό-πλαγκτος, 2. poet. auf dem Meere herumgetrieben od. herumirrend.

θαλασσό-πληκτος, 2. poet. meergepeitscht.

θαλαττουργέω, sp. Seegeschäfte, Schiffahrt od. Fischfang treiben, von

θαλαττουργός, 2. die See bearbeitend; subst. der Seemann.

θαλαττόω, sp. zum Meere machen.

θάλεα, έων, τά, ep. Ntr. plur. v. Adj. θάλυς (s. θάλεια unter θαλερός), köstliche Gaben, reiche Genüsse an Speis u. Trank.

θαλέθω, ep. u. buk. = θάλλω, nur Präs. u. Impf., **1)** intr. blühen, grünen, absol. u. τινί = strotzen von etwas. **2)** trans. (buk.) hervorbringen, τί.

Θάλεια, ἡ, **1)** eine Nereïde, Tochter des Nereus u. der Doris. **2)** eine der neun Musen, später speziell als Muse des Lustspiels betrachtet. **3)** sonst. Eigenn. **4)** sp. Bez. von Herodots drittem Buch.

θαλερός, 3. ep. u. poet., mit dem ep. Fem. **θάλεια** (θάλλω), poet. blühend, nur in übertr. Bdtg. als Sinnbild schönen Glanzes u. schwellender Fülle, dah. **a)** frisch, kräftig, munter, γάμος Heirat in der Jugendblüte, μηρώ strotzende, kräftige Lenden, χαίτη volle Mähne. **2)** hervorquellend, kräftig, φωνή, δάκρυ reichlich, häufig, δαὶς θάλεια ein reichliches, köstliches Mahl, φωνή, γόος helle Stimme, helles Wehklagen, ὕπνος ein tiefer Schlaf. **3)** Subst. (αἱ) θάλειαι blühendes Glück, Lebensfreuden.

Θαλῆς u. **Θάλης,** ὁ, Gen. Θάλεω, Dat. Θαλῇ u. -ητι, Akk. Θαλῆν, Vok. Θαλῆ, **1)** Thales aus Milet, einer der sieben Weisen, sagte die Sonnenfinsternis vom 28. Mai 585 (nicht 610) vorher. **2)** Θάλης, Gen. Θάλητος, Dichter u. Freund Lykurgs.

Θαλήτας, ου, ὁ, ca. 620 v. Chr., Dichter u. Musiker auf Kreta und in Sparta, welcher die dorische Musik in Verbindung mit dem Apollonkult organisierte.

θαλία, poet., ep. ion. **-ίη,** ἡ (θάλλω), eigtl. Blüte, übertr. blühendes Glück, Überfluß, Lebensfreude, ἐν πολλῇ θαλίῃ in reicher Segensfülle. Plur. Festfreude, Festlichkeit, fröhliche Gelage (wie θάλειαι, s. u. θαλερός), überh. Schmaus.

Θαλία, s. Θάλεια.

θαλλός, ὁ, u ep. u. poet. **θάλος,** εος, τό, grüner Zweig, bes. Ölzweig, mit u. ohne ἐλαίας; kollekt. Laub. Übertr. Sprößling, Zweig von Menschen mit dem Nebenbegriff jugendlicher Kraft u. Anmut.

Θαλλώ, οῦς, ἡ, sp. Göttin des Wachstums.

θάλλω (Aor. 2. ἔθαλλον), Perf. 2. **τέθηλα** (in Bdtg. des Präs.), part. τεθηλώς, fem. ep. τεθαλυῖα, Plqpf. τεθήλει (St. θαλ), **1)** blühen, in Ruhm u. Ansehn stehen, in voller Kraft stehen, βίῳ in voller Lebenskraft blühen, μετὰ μνήμης im Andenken fortblühen. Part. blühend, üppig, voller Kraft, berühmt. **2)** übertr. teils abs.: gedeihen, in der Blüte der Jahre stehen, reichlich sein, teils τινί wovon blühen, von etwas umblüht sein, woran Überfluß haben, wovon strotzen.

θάλος, εος, τό, s. θαλλός. — **θάλεα,** s. bes.

θάλπημι, poet. = θάλπω.

θαλπιάω, ep. = θάλπω, warm sein.

θαλπνός, 3. poet. erwärmend.

θάλπος, εος, τό, meist im Plur., Wärme, Hitze, abs. od. θεοῦ d. h. des Helios. Übertr. Feuerpein, Brand.

θάλπω, Aor. act. ἔθαλψα, pass. ἐθάλφθην, Perf. pass. τέθαλπται, **1)** trans. warm machen, **a)** erwärmen, glühend brennen, erhitzen, trocknen, abs. u. τί, auch übertr. vom Krampf der Krankheit. Pass. warm werden, schwitzen, übertr. erhitzt werden, ἀνηκέστῳ πυρί von unheilbarer Fieberglut. **b)** übertr. sp. u. im N. T. hegen und pflegen. **2)** intr. warm werden, warm sein.

θαλπωρή, ἡ, ep. eigtl. Erwärmung, doch stets übertr. Erquickung, Trostgrund, Hoffnung, Ursache zur Freude, Freude.

(θάλυς), ungebr. Mask. zu θάλεια, s. θαλερός.

θαλύσια, τά, verst. ἱερά (θάλλω), ep. u. buk. Ernteopfer, Erstlingsopfer der Feldfrüchte, welche den Göttern dargebracht wurden (später nur der Demeter).

θαλυσιάς, ἡ, ὁδός, buk. 'Erntefestweg', Reise zum Erntefest.

θαμά, Adv. (θαμέες, θαμειός), oft, häufig, schnell hintereinander, beständig.

θᾶμα, ατος, τό, buk. = θέαμα (LA. zw.).

Θαμαναῖοι, ein pers. Volk nahe dem karduch. Gebirge.

θαμβαίνω, ep., u. **θαμβέω, 1)** sp. trans. in Schrecken setzen, erschrecken, dah. Pass. abs. u. διά τινος durch etwas erschreckt werden. **2)** ep. poet. u. sp. intr. staunen, erstaunen, erschrecken, abs. Od. 17, 367 τινά, od. τί worüber erstaunen; anstaunen.

θάμβος, εος, τό (Wurz. ταφ in τὸ τάφος, ταφών u. τέθηπα, s. d.), Staunen, Verwunderung, Erschrecken, θάμβει τόλμης durch die staunenswerte Kühnheit des Wagnisses.

θαμειός, 3., ep. u. im Plur. ep. auch **θαμέες,** οἱ, αἱ, Dat. θαμέσι, Akk. θαμέας (θαμά), häufig, dicht, dicht nebeneinander, dicht gereiht, haufenweise.

θαμέσι, Dat. pl. zu θαμέες, s. θαμειός.

θαμίζω (θαμά), 1) wiederholt od. häufig kommen od. gehen, gern einkehren, abs. θαμίζων εἰσιν er fährt häufig hin u. her, od. ἐπί τινα. 2) ep. häufig sein, κομιζόμενος θάμιζεν er wurde häufig gepflegt.

θαμῖνά, Adv., eigtl. Neutr. plur. vom ungebr. θαμινός, häufig, oft.

θαμνίσκος, ὁ, sp., Demin. zu

θάμνος, ὁ, im Sing. u. Plur. Gebüsch, Gesträuch, Gestrüpp, Buschwerk.

Θαμοῦς, ὁ, mythischer König im ägypt. Theben, identisch mit dem Gotte Ammon von Theben.

Θαμύρᾱς, ου, ὁ, u. **Θάμῠρις,** ιδος, ὁ, Akk. ριν [ᾰ], Thamyris, nach der Sage ein thrakischer Sänger aus Pïeris am Olympos, der nach dem südlichen Griechenland (zunächst Böotien am Helikon) kam und an den Höfen der Fürsten umherzog.

θάμυρις, ἡ, Versammlung.

θᾰνάσιμος, 2., **θᾰνᾰτικός,** 3. sp. u. **θανατόεις,** εσσα, εν, poet. (θανεῖν, θάνατος), den Tod betreffend, τύχαι Todesschickungen, γόος Totenklage; Subst. θανάσιμα εὐωχεῖσθαι einem Toten den Leichenschmaus halten. Im bes. a) todbringend, mörderisch, tödlich, ἀγέλα τῶν Μαινάδων näml. für den Pentheus, δίκη θανατική Prozeß auf Leben u. Tod, γνώμη Stimme für den Tod od. die Todesstrafe jmds. b) dem Tode verfallen, sterbend, gestorben. θανάσιμον βαίνειν den Weg des Todes gehen.

θανατάω, Desid. von θανεῖν, ich will sterben, sehne mich nach dem Tode.

θανατη-φόρος, dor. **θανατᾱ-φόρος,** 2. u. **θανατο-φόρος,** 2. poet. (θάνατος, φέρω), todbringend, Ansteckung u. damit Tod verbreitend, tödlich.

θανατικός u. **θανατόεις,** s. θανάσιμος.

θάνᾰτος, ὁ (θανεῖν) • 1) der **Tod,** u. zwar • a) der natürliche, den die *Μοῖρα* oder *Κήρ* bringt, daher auch θανάτου μοῖρα, θανάτου τελευτή, οἰκτίστῳ θανάτῳ θανεῖν, ῥᾷστον θάνατον τελευτᾶν, τὴν ἐπὶ θανάτῳ ἔξοδον ποιεῖσθαι zum Tode (fürs Vaterland) ausziehen. Im Plur. auch die Todesarten. Übertr. θάνατος μὲν τάδ' ἀκούειν, vgl. θανάτῳ ἴσον πάθος • b) der gewaltsame Tod, Ermordung, Hinrichtung, Todesstrafe, bes. gern im Plur. von gewaltsamen Todesereignissen, θάνατοι αὐθένται Mord in eigener Familie, θανάτων πύργος ein Turm wider die Todesopfer (der Sphinx), θανάτου δίκη ein das Leben bedrohender Prozeß, θανάτου κρίνειν, θάνατον θανάτῳ ἀνύσασα zwiefachen Tod stiftend, ἐπὶ θανάτῳ ἄγειν und ἀπάγειν, ἐπὶ θανάτῳ συλλαβεῖν • 2) als Eigenn. **Θάνατος,** der Todesgott, Sohn der Nacht, Bruder des Schlafs. (Auch Ursache des Todes, Todesgefahr od. N. T. Lossagung von der Sünde; δεύτερος = αἰώνιος im Jenseits.

θανατούσια (ἱερά), τά, sp. Totenfest.

θανατο-φόρος, s. θανατηφόρος.

θανατόω, Fut. med. θανατώσομαι mit pass. Bdtg. (θάνατος), 1) töten, zum Tode verurteilen, zum Tode verurteilen lassen, hinrichten lassen, τινά, im Pass. οἱ θανατούμενοι die Hingerichteten. 2) ertöten, machen, daß etwas aufhört, u. im Pass. von einer Sache (νόμῳ) befreit sein, N. T.

θανατώδης, 2. ion. sp. tödlich, Tod anzeigend.

θανάτωσις, εως, ἡ, Hinrichtung, Verlust des Lebens.

θάπτω (St. τᾰφ), ion. Perf. pass. 3. pl. τετάφαται (τεθάφαται) und Aor. 1. pass. ἐθάφθην, (τάφος), einen Leichnam **bestatten,** d. h. entweder ihn verbrennen u. die gesammelten Gebeine in die Erde vergraben, dah. ἐτέθαπτο ὑπὸ χθονός (unter die Erde gebettet), oder beerdigen, auch beisetzen in einem Grabgewölbe. ἐπὶ τοῖς ἐκ τῶν πολέμων θαπτομένοις zu Ehren der beerdigten Kriegsopfer.

Θαργήλια, τά (θάργηλος), athen. Erntefest zu Ehren des Apollo u. der Artemis.

Θαργηλιών, ῶνος, ὁ, der elfte Monat der Athener, Mitte Mai bis Juni (vgl. *Θαργήλια*).

θάργηλος, ὁ, das aus dem ersten Brot der neuen Ernte gebackene Brot oder ein Topf voll Körner der neuen Ernte, der beim Erntefest herumgetragen wurde.

θαρρᾰλέος, θαρρέω, θάρρος, θαρρύνω, s. θαρσ.

θαρραλεότης, ἡ, sp. Unverzagtheit. Von

θαρσᾰλέος, neuatt. **θαρρᾰλέος,** 3., u. Adv. **-λέως,** ep. **θάρσῠνος,** 2. (θάρσος). 1) **mutig,** kühn, beherzt, unerschrocken, getrost, voll Zuversicht, zuversichtlich, vertrauend, vertrauensvoll; doch auch dreist, frech, τῇ γνώμῃ im Herzen, od. τινί auf etwas, πρός τινα gegen jmdn. mutig vertrauend, od. mit Inf. etwas zu tun. θαρσαλέως ἔχειν πρός τινα od. τι, furchtlos gegen jmdn. od. etwas sein. 2) Mut einflößend, ermutigend. 3) pass. ungefährlich, unbedenklich. Subst. Gefahrlosigkeit, Sicherheit, Zuversicht.

θαρσέω, neuatt. **θαρρέω** (θάρσος), **guten Muts sein,** getrost sein, auch dreist, keck sein • 1) abs. θάρσει od. θάρρει nur Mut! sei getrost (oft in die Rede eingeschoben), τὸ θαρρεῖν die Zuversicht, θαρρῶν, θαρσέων, θαρσήσας getrost, beherzt, τεθαρσηκώς ermutigt, τὸ θαρσοῦν die Zuversicht • 2) Mit Akk., θάρσει τόνδε γ' ἄεθλον, dah. oft vertrauen, hoffen auf, **sich nicht fürchten** vor, τὰς μάχας θαρρεῖτε, ὡς δυνατὰ πάνυ θαρσεῖν hinsichtlich der Möglichkeit ganz unbesorgt sein, anders ἀνόητον θάρρος θαρρεῖν; doch auch mit Dat., τεθαρσηκότες τοῖσι ὄρνισι sich verlassend auf, und mit Praepp., Αἴαντος οὐ θαρσῶ πέρι ich bin bekümmert um A., ὑπέρ τινος, τινὸς ἕνεκα, ἐπί τινι usw. • 3) Mit Inf. zuversichtlich glauben, **wagen,** od. mit ὡς die Zuversicht hegen daß.

θάρσος, neuatt. **θάρρος,** τό, u. (poet.) **θρᾰσος,** τό (St. θερσ, woraus θαρσ u. θρασ, vgl. Θερσίτης, θαρσύνω u. θρασύς, got. *ga-dars,* ahd. *gi-turra, wage*) • 1) **Kühnheit,** guter Mut, Unerschrockenheit, Unverzagtheit; ὑπὸ θάρρους

u. θράσει mit Mut, Kühnheit, θάρσος ἔλαβέ τινα es beseelte ihn wieder Mut, ähnlich θάρσος λαμβάνειν Mut fassen, θάρρος ἐμποιεῖν (ἐμβάλλειν, ἐνιέναι τινί) Mut einflößen, teils abs., teils τινός od. τινί auf etwas, z. B. ἀοιδαῖς, od. περί τινος in bezug auf etwas, od. mit Inf. • 2) im üblen Sinne (besond. θράσος): **Verwegenheit,** Keckheit, Dreistigkeit, Frechheit, auch Roheit; übertr. Folgen der Frechheit.

θάρσῠνος (f. θαρσό-συνος), 2. ep. = **θαρσᾰλέος,** zuversichtlich, vertrauend, τινί.

θαρσύνω, ep. ion. u. altatt. Nbf. zu θρασύνω, s. d. (v. θάρσος), neuatt. **θαρρύνω, 1)** trans. ermutigen, ermuntern, ὡς ἐκ τῶν ὑπαρχόντων soweit es nach den Umständen möglich war. **2)** intr. poet. getrost sein.

Θάσος, ου, 1) ἡ, Insel im Ägäischen Meere, jetzt *Tasso,* durch zahlreiche Besitzungen an der thrak. Küste u. seine dortigen Goldgruben blühend geworden, mit gleichnamiger Stadt. Adj. **Θάσιος,** κάρυα Mandeln; der Einw. ὁ **Θάσιος. 2)** ὁ, der Führer der phönikischen Kolonie, welche Thasos besetzt haben soll.

θᾶσσον, neuatt. **θᾶττον,** s. ταχύς.

θάσσω, poet. zsgz. aus ep. **θαάσσω,** nur im Präs. u. Impf. (θᾶκος), sitzen, τί etwas als Sitz eingenommen haben.

θάτερον u. ähnl., s. ἕτερος, sp. τὰ θάτερα das Entgegengesetzte, das Gegenteil, die entgegengesetzte Seite.

θαῦμα, ion. **θῶυμα** u. **θῶμα, τό** (Wz. θαϝ = θαυ, vgl. θέα) • **1)** konkr. das **Wunder,** Wunderding, Wunderbild, Wunderwerk, ein wunderbarer Anblick, teils abs., teils τινός, ein Wunder von etwas, τινί für jmdn. od. etwas, od. mit Inf. bes. ἰδεῖν u. ἰδέσθαι zu schauen, od. mit folg. indir. Frages., wenn der Wunsch zu wissen mit darin enthalten ist. θῶυμα ποιεῖσθαί τι etwas für wunderbar halten, auch θ. π. τινος u. περί τινος sich über etwas wundern • **2)** abstr. **Bewunderung,** Erstaunen, Verwunderung (auch im Plur.), ἐν θαύματι εἶναι, γενέσθαι, ἔχεσθαι, ἐνέχεσθαι sich verwundern, erstaunt sein, in Verwunderung dastehen, θαῦμα ἔχω u. θαῦμα ἔχει με es macht mich staunen, es nimmt mich wunder, θ. ὑπέρχεταί τινα Staunen d. i. Schrecken erfaßt ihn.

θαυμάζω (θαῦμα), Fut. θαυμάσω selten, gew. θαυμάσομαι, ep. Fut. mit σσ, Impf. iterat. θαυμάζεσκον, sp. Aor. ἐθαυμασάμην, u. im N. T. ἐθαυμάσθην u. θαυμασθήσομαι in med. Sinn; dan. ion. **(θωυ-) θωμάζω,** u. ep. poet. **θαυμαίνω,** Fut. -ᾰνέω, **staunen** • **1)** sich verwundern, teils abs., μὴ θαύμαζε, θαυμάσαι ἄξιος, teils • **a)** mit Akk., **bewundern,** auch hochschätzen, verehren, θωμάσας τὸν λόγον, τινὰ ἐπὶ σοφίᾳ, ähnl. διά τι od. τούτων ἕνεκα • **b)** τί τινος an einem etw. bewundern, u. überh. **sich** über etw. (τινός) **wundern,** auch mit Gen. d. Person, τοῦ δ' ἔγωγε θαυμάσας ἔχω • **c)** selten mit Dat., über etw. • **d)** mit einem Nebens. mit ὅτι, ὡς, ὅπως, εἰ, ὅταν oder mit A. c. I., οἷον· θαυμάζομεν Ἕκτορα αἰχμητήν τ' ἔμεναι (Tatsache!) • **e)** mit Part. im Pass., μὴ παρὼν θαυμάζεται es wundert mich, daß er nicht erscheint • **2)** begierig sein etw. zu sehen, etw. zu wissen wünschen, mit εἰ od. indir. Fragesatz

Θαυμᾰκίη, ἡ, Seestadt auf Magnesia in Thessalien; dagegen **Θαυμακοί** thessal. Seestadt am Malischen Meerbusen, und thessal. Binnenstadt auf einem Hügel an dem Passe κοίλη von Pharsalos nach dem Othrys, j. *Dhomoko.*

θαυμάσιος, 3. u. 2., ion. θωυμάσιος, neben θαυμαστός, (θαυμάζω), **wunderbar,** erstaunlich, bewundernswert, unbegreiflich, auffallend, **wunderlich,** sonderbar. θαυμάσια ἐργάζεσθαι wunderliche Dinge anstellen, doch auch es bewundernswürdig weit treiben, θαυμάσιόν τινα τὴν σπουδὴν περί τι ποιεῖσθαι große Mühe auf etwas verwenden, teils abs., teils τί, τινί u. πρός τι an etwas, τινός wegen etwas, od. mit Inf., od. εἰ, εἰ μή; οὐ, οὐδὲν θαυμαστόν, mit Inf. od. εἰ, es ist nicht zu verwundern, daß, wenn • Adv. **θαυμασίως** u. **θαυμαστῶς,** wunderbar; θαυμ. ἔχω τινός sich verwundern über etw., etw. erstaunlich finden; θαυμαστὸν ὅσον *mirum quantum,* wunder wieviel, ähnl. θαυμαστὰ ὅσα u. θαυμαστά allein: wunderbar! θαυμασίως od θαυμαστῶς ὡς wunder wie sehr, ganz außerordentlich, gar wunderbar, θαυμαστῶς γε ganz entschieden.

θαυμασιότης, ητος, ἡ, Verwunderung, Staunen.

θαυμασμός, ὁ, sp. Bewunderung, Verwunderung, Staunen.

θαυμαστής, οῦ, ὁ, sp. Bewunderer.

θαυμαστικός, 3. zur Bewunderung geneigt.

θαυμαστόομαι, Pass., sp. wie ein Wunder angestaunt werden.

θαυμαστός u. **θαυματός,** s. θαυμάσιος.

θαυματοποιία, ἡ, Gaukelei. Von

θαυματο-ποιός, ὁ (ποιέω), Taschenspieler, Gaukler, die auf den Märkten herumzogen und ihre Künste zeigten; ein bei den freigeborenen Griechen ganz verachteter Stand.

θαυματουργία u. **-ουργός,** gleich -ποιία, -ποιός.

Θάψακος, ἡ, blühende Handelsstadt auf einer Insel des Euphrat u. gewöhnlicher Übergangspunkt über den Euphrat, Thipsach der Bibel, j. die Furt *El Rammân* bei Rakka. Einw. **οἱ Θαψακηνοί.**

θάψῐνος, 3. poet. sp. gelblich.

θάψος, ἡ, buk. Kraut od. Holz zum Gelbfärben.

Θάψος, ἡ, Landzunge und Stadt **1)** an der Ostküste Siziliens. **2)** bei Leptis im Byzacium in Africa propria.

I. **θάω,** Med. θῆσθαι (s. d.), saugen, γυναῖκα μαζόν an eines Weibes Brust; melken, γάλα.

II. **θάω,** buk. Fut. θάσομαι, Aor. imper. θᾶσαι, inf. θάσασθαι, s. θεάομαι.

-θε, Suffix, s. -θεν.

θέᾱ, ion. **θέη,** dor. **θάᾱ,** ἡ (St. θαϝ in θαῦμα), • **1)** das **Anschauen,** die Schau, Besichtigung, milit.: Rekognoszierung, ἐς θέαν τινὸς ἀφικέσθαι vor jmds. Augen erscheinen, κατά, ἐπὶ θέαν zur Besichtigung, zur Schaulust. **2)** der **Anblick,** das Schauspiel. **3)** der **Platz zum Schauen,** Platz im Theater, θέαν καταλαμβάνειν einen Sitz im Theater einnehmen, κατανέμειν anweisen.

θεά, ἡ, Gen. θεᾶς, Dat. plur. θεαῖς, ep. auch θεἄων, θεῇσι, θεῆς, ep. **θέαινα,** Fem. v. θεός, Göttin, oft wie ein Adj. in Verbindung mit andern Subst. θεὰ μήτηρ usw., im Dual. ταῖν θεαῖν u. μεγάλαιν θεαῖν von Demēter u. Persephŏne, dag. ἄοινοι, σεμναί, ἀνώνυμοι, χθόνιαι θεαί die Erinyen, u. Artemis: θ. φωσφόρος. Als Schwur μὰ θεούς, μὰ θεάς bei Göttern u. Göttinnen.

Θεαγγελεῖς, έων, οἱ, Bewohner der karischen Stadt (τὰ) Θεάγγελα.

Θεαγένης, ους, ὁ, 1) Tyrann v. Megara um 620 v. Chr. 2) Pankratiast u. Olympionike aus Thasos. 3) sonst. Eigenn.

Θεάγης, ους, ein Schüler des Sokrates — u. a.

θέᾱμα, dor. θᾶμα, τό, der Anblick, das Schauspiel, Augenweide, Sehenswürdigkeit, Erscheinung, in der Appos. zur Schau, τινός von etwas od. jmds., auch mit hinzugef. Inf. ἰδεῖν.

Θεανώ, οῦς, ἡ, Akk. ep. νόα od. νώ(νῶ), 1) T. des Kisses, Athenepriesterin in Troja, Gemahlin des Antenor u. Mutter der Antenoriden. 2) sonst. weibl. Eigenn.

θεάομαι, Dep. med., (Aor. pass. sp. ἐθεάθην), θεατός, θεατέον, ep. u. ion. **θηέομαι,** 2. sing. praes. opt. θηοῖο, part. θηεύμενος, Impf. 3. sing. ἐθηεῖτο, 3. plur. (ἐ)θηεῦντο, Aor. θηησάμην, opt. 3. sg. θηήσαιτο, 3. pl. θησαίατο, dor. θαέομαι, Adj. verb. θαητός, buk. Fut. θάσομαι Aor. imper. θᾶσαι, inf. θάσασθαι (θέα). 1) **schauen,** anschauen, betrachten, bemerken, während ὁρᾶν und ἰδεῖν mehr die zufällige sinnliche Wahrnehmung bezeichnen; militärisch: **mustern,** rekognoszieren. 2) oft mit dem Nebenbegriff des Bewunderns, dah. auch **anstaunen,** bewundern, mit hinzugef. Part. ἰδόντες, teils abs., teils τινά od. τί. 3) selten einsehen, wahrnehmen.

θεᾱρός, ὁ, dor. f. θεωρός (s. d.); insbes. hieß eine Aufsichtsbehörde in Tegea οἱ θεαροί (vgl. θεωρός, 3).

θεᾱτής, οῦ, ion. **θεητής,** ep. **θηητήρ,** ῆρος, ὁ, Beschauer, Beobachter, Betrachter, Kenner, Zuschauer, bes. im Theater. u. weil sich im Theater Sehen u. Hören vereinigen, bisw. auch Zuhörer.

θεᾱτός, ion. poet. θηητός, 3. (θεάομαι), zu sehen, zu bewundern, zu verehren, dor. θαητός, 3.

θεατρίζω, sp. N. T. zum Spott ausstellen.

θεᾱτρικός, 3., Adv. **-ῶς,** fürs Theater bestimmt, passend, pomphaft.

θεατρο-ειδής, 2. sp. theaterförmig, -ähnlich. Von

θέᾱτρον, ion. **θέητρον,** τό (θεάομαι), Theater; eigtl. der Schauplatz öffentlicher Versammlungen, dann insbes. 1) die Schaubühne. 2) der Zuschauerkreis, das Theaterpublikum. 3) das Schauspiel (namentlich die Pantomimen in Rom). 4) der ganze Bau der skenischen Theater. 5) sp. = θέαμα Schauspiel.

θεατρ-ώνης, ου, ὁ (ὠνέομαι), Theaterpächter, welcher das Eintrittsgeld (θεωρικόν) erhielt und dagegen die bauliche Unterhaltung des Theaters zu tragen hatte.

θέειον, τό, s. θεῖον.

θεειόω, ep. u. poet. st. θειόω (θεῖον), schwefeln, mit Schwefel ausräuchern u. reinigen.

θεήϊος, 3. buk. = θεῖος, göttlich.

θε-ήλατος, 2. (ἐλαύνω), 1) poet. zum Gott getrieben, vom Opfertier, welches zum Altar geschleppt wird. 2) ion. poet. u. sp. von der Gottheit verhängt, geboten, offenbart. 3) poet. für die Gottheit errichtet.

θέημα, τό, ion. poet. = θέαμα, Anblick.

θεητής, s. θεατής. **θέητρον,** s. θέατρον.

θειάζω (θεῖος), 1) vergöttern, göttlich verehren. 2) prophezeien.

θειασμός, ὁ, Prophezeiung; θειασμῷ προσκεῖσθαι für Weissagung eingenommen sein.

θειλό-πεδον, τό (falsche LA. statt θ' εἰλόπεδον), vgl. εἰλόπεδον.

θείνω, ep. u. poet., vorzugsweise im Präs. u. Impf. gebraucht, mit seltenem ep. Aor. 1. ἔθεινα, u. poet. Fut. θενῶ, Aor. 2. ἔθενον (verw. φεν-, πεφνεῖν u. lat. *fendo* in *offendo, defendo*), schlagen, hauen, dah. auch verwunden, Od. 9, 459 θεινομένου πρὸς οὔδεϊ indem er zu Boden geschlagen würde (Genet. abs. der Deutlichkeit halber statt des Dat.).

θεῖον, τό, ep. **θέειον** u. **θήιον** (aus θϝέσ-ειον „dunstig, räucherig"): Schwefel (galt als heiliges Reinigungsmittel), Schwefelgeruch, auch vom Blitze.

I. **θεῖος,** ὁ (vgl. τηθή, Großmutter), Oheim, Onkel, Vaters- od. Mutterbruder, letzteres auch mit hinzugef. πρὸς μητρός.

II. **θεῖος,** 3., Adv. **θείως** (zu θεός, aus θέσιος), Komp. ep. θειότερος, θύραι = nur von Göttern gebraucht, **göttlich** • 1) göttlichen Ursprungs, γένος, ὀμφή, μοῖρα, νόσος, daher auch wunderbar, übernatürlich, θείῳ πυρί unter Zeus' Blitz und Donner, θειότερον τοῦ οἰκότος von mehr als gewöhnlicher göttlicher Einwirkung zeugend; im Superl. ἐν τοῖσι θειότατον γενέσθαι d. i. als eine göttliche Schickung • 2) einer Gottheit geweiht, **heilig,** χορός, ἀγών, doch heißt θ. ἀ. auch Versammlung der Götter • 3) göttlich, **herrlich,** vortrefflich, ὑφορβός, ἀνήρ, μάντις, ποτόν, λόγος • 4) Subst. τὸ θεῖον • a) die Gottheit, τὸ θεῖον πᾶν φθονερόν • b) Vorzeichen, Göttersprüch, Gabe der Weissagung • c) göttl. Gebrauch, Gewohnheit, Gottesdienst. Plur. τὰ θεῖα • d) Werke, Dinge, Geheimnisse der Gottheit, τὰ θεῖα ζητεῖν • e) das Heilige, der Glaube, die Ehrfurcht vor dem Göttlichen. Dav.

θειότης, ἡ, a) N. T. die Gottheit, göttliche Majestät. b) sp. göttliche Schönheit. c) sp. Religiosität.

θειόω, s. θεειόω.

θείω, ep. a) = θέω, laufen. b) = (θήω), θέω, θῶ, Konj. aor. v. τίθημι.

θειώδης, ες, (θεῖον), sp. N. T. schwefelig.

θέλγητρον, τό, poet. sp. die Beschwichtigung, Erquickung.

θέλγω, ep. Aor. 1. pass. 3. plur. ἔθελχθεν. 1) **bezaubern,** betäuben, in Schlaf zaubern, einschläfern, ὄσσε φαεινώ die Augen durch eine Art Zauber blenden; od. durch Bezauberung verwandeln, τί u. τινά. 2) übertr. vom Geiste, meist im übeln Sinne: jmdn. einnehmen, täuschen, blenden, **betören,** berücken, verwirren, verführen, u. zwar τινί durch etw. Pass. ἔρῳ θυμὸν ἔθελχθεν sie wurden von der Liebe bezaubert. **3)** im guten Sinne: **entzücken,** fesseln, τινά τινι einen durch etwas, mit folg. Inf. zu etwas begeistern.

θελεμός, 2. poet. willig hervorbringend (?), od. ruhig.

θέλεος, 2. poet. wollend.

θέλημα, τό, N. T. u. **θέλησις, ἡ,** N. T. der Wille, das Gebot, Gelüste, Wohlgefallen.

θελημός, 2. poet. = θελεμός, s. d.

θελκτήριος, 2. (θέλγω), poet. bezaubernd, zauberreich. Dav. **θελκτήριον, τό,** ep. u. poet., u. **θέλκτρον, τό,** poet. alles was eine bezaubernde Gewalt auf die Gemüter hat, **a)** Zaubermittel, ἐπί τινι für jmdn. bereitet. **b)** Zauberreiz, Ergötzung, Wonne, θεῶν für die Götter, auch von Libationen u. Opferspenden für die Toten, als θελκτήρια κτίμενα νεκροῖς. **c)** poet. Linderungsmittel.

θέλκτωρ, ορος, ὁ, ἡ, poet. = θελκτήριος.

θελξί-νοος u. **-φρων,** 2. (φρήν), poet. sinnberückend, herzbezaubernd.

Θέλπουσα (Θάλπ.), = Τέλφουσα, Quelle u. Stadt in Westarkadien, bei dem jetzigen Vanena.

θέλυμνα, ων, τά, = θέμεθλα, Anfänge, *semina rerum.*

θέλω, s. ἐθέλω.

θέμα, ατος, τό (τίθημι), Satz, Thema, Einsatz, Stammwort; mit Adj. θεματικός, 3.

θέμεθλα, τά, ep., poet., u. **θεμείλια, τά,** ep. st. θεμέλια (sp. u. N. T. auch im Sing.), u. **θεμέλιοι, οἱ,** verst. λίθοι (spät. auch im Sing.), (τίθημι, θέμα), der gelegte Grund, die unten liegenden Fundamente, die Grundlage, θ. τιθέναι Grund legen, ἐκ θεμελίων von Grund aus, völlig. Übert. θέμεθλα Δίκης die Satzungen der D., ὀφθαλμοῖο die Wurzel des Auges, στομάχοιο die Wurzel der Kehle d. i. der Hals, wo der Schlund liegt.

θεμελιόω, 1) den Grund legen, τινί mit etwas **2)** übertr. N. T. befestigen.

θεμελίωσις, ἡ, sp. die Grundlegung.

θεμερ-ῶπις, ιδος, ὁ (θέμερος gesetzt, ernst), poet. ehrwürdigen Angesichts.

θέμις, ιστος, ἡ, meist poet. (θεῖναι). **I) • 1)** das durch Herkommen Festgesetzte, Geheiligte, die **Satzung,** dah. das Billige, Gebührliche **• a)** Ordnung, Sitte, **Gesetz,** Recht, bes. göttliche Satzung, *fas;* θέμις (ἐστί) es ist recht, billig, erlaubt, οὐ γὰρ θ. αὐτῷ das ist nicht seine Art, sein Brauch; abs. ἣ θέμις ἐστί wie sich's gebührt, *ut fas est* **• b)** ἀγορή τε θέμις τε Gerichtsstätte **• 2)** im Plur. θέμιστες **die Satzungen,** Anordnungen, Gesetze, Urteile, Gerechtsame, Vorrechte, herkömmliche Abgaben; κρίνειν θέμιστας σκολιάς das Recht beugen.

II) Θέμις, Gen. att. u. sp. ιδος u. ιτος, ion. ιος, ep. Θέμιστος, Θέμιν, ep. Θέμιστα, Vok. Θέμι, ἡ, **Themis,** Tochter des Uranos u. der Ge, bei Hom. im Olympos das Heroldsamt verwaltend, später Beisitzerin des Zeus, Göttin des Rechts; älteste Inhaberin des delphischen Orakels.

Θεμίσκῦρα, ας, ion. **-κύρη, ἡ,** Ebene im Pontus östlich vom Iris bis über den Thermōdon hinaus, die Heimat der Amazonen.

θεμιστεῖος, 3. poet. gerecht; gerecht richtend.

θεμιστεύω, ep. poet. u. sp. (θεμιστός) u. poet. auch **θεμιτεύω** (θεμιτός), **1)** Recht sprechen, τινά, τινός gesetzgebender Richter jmds. sein, über Weib u. Kind, Leben und Tod; dah. herrschen, regieren, aber ὄργια sie auf gesetzliche Weise feiern. **2)** Orakel geben, abs.

Θεμιστο-κλῆς, ion. **-κλέης, ὁ,** Gen. έους, ion. έος, Dat. εῖ, Akk. έα, **1)** Athener aus Phrearrhoi, Sohn des Neokles, berühmter Feldherr Athens u. Gründer des Peiraieus i. J. 493 u. der attischen Seemacht; Wiederhersteller des Peiraieus u. der Mauern i. J. 477, dann 471 verbannt, wegen Medismus verurteilt, endlich im Gnadenbrot des Artaxerxes, † 461 in Magnesia. **2)** ein Nachkomme desselben, Freund des Plutarch. **3)** sonst. Eigenname.

θεμιστο-πόλος, 2. ep. des Rechtes waltend, rechtsprechend.

θεμιστός, 3. poet. und **θεμιτός,** 3. (θέμις), nach altem Brauch od. gerecht, erlaubt, durch Gesetz u. Recht gestattet, gew. mit der Neg.

θεμιτεύω, s. θεμιστεύω.

θεμόω (τίθημι), ep. bewirken, dazu bringen.

-θεν, untrennb. Partikel, angehängt **a)** an Nomina, um die Bewegung von einem Orte her od. weg zu bezeichnen. Es tritt zuw. noch ἐκ od. ἀπό hinzu. **b)** an Adv. wie ἄνωθεν usw., wo das ν oft abgeworfen wird. **c)** in ἐμέθεν, σέθεν, ἕθεν geht es in die Bed. des Gen. über.

θέναρ, αρος, τό, (= ahd. *tenar*), **1)** ep. Handfläche; Fußsohle. **2)** poet. Vertiefung der obern Altarfläche.

θεοβλαβέω, poet. gegen die Götter freveln.

θεο-βλαβής, 2. (βλάπτω), ion. sp. von Gott (am Verstande) geschlagen, d. h. von Wahnsinn befallen.

Θεογένης, ους, einer der Dreißig im J. 404.

θεο-γεννής, 2. (γέννα), poet. göttlichen Stammes.

Θέογνις, ion. Θεῦγνις, ιδος, ὁ, **1)** eleg. Dichter aus Megara zwischen 550 u. 500 v. Chr., aristokratisch, durch die Revolution sehr geschädigt; unter s. Namen haben wir noch eine teilw. unechte Sammlung von Sentenzen. **2)** tragischer Dichter in Athen, nachher einer der Dreißig im J. 404.

θεογονίη, ion. st. **-ία, ἡ,** Abstammung u. Geschlecht der Götter, Götterschöpfung, Göttergeschichte, wie sie Hesiod verfaßt hat. Bei Hdt. auch die persischen Weihelieder od. Gebete, worin alle ihre Götter u. reinen Geister angerufen wurden.

θεό-γονος, 2. poet. von Gott gezeugt.

Θεο-δέκτης, ου, aus Phaselis in Lykien, geb. 381 v. Chr., Schüler des Isokrates, Platon u. Aristoteles; Redner u. Tragiker, gest. 340.

θεο-δίδακτος, 2. N. T. sp. von Gott gelehrt.

θεό-δμητος, dor. **-δμᾱτος,** 2. (δέμω), ep. u. poet. **1)** von Gott od. den Göttern —, gottgegründet, von den Mauern Trojas, welche Poseidon u. Apollon erbaut haben sollen, u. Athens, als Stadt der Pallas. **2)** poet. für die Götter erbaut.

Θεό-δοτος, ὁ, Rhetor u. Lehrer des Ptolemäus XII., rät zur Ermordung des Pompejus u. wird 42 v. Chr. in Kleinasien durch Brutus hingerichtet.

Θεό-δωρος, ὁ, 1) Sohn des Telekles, Enkel des Rhoikos, Erzgießer auf Samos 600 v. Chr. **2)** aus

Kyrene, ein Mathematiker, Lehrer des Sokrates u. Plato. **3)** *Θεόδ.* ὁ ἄθεος, Kyrenaïker, Stifter der Schule der nach ihm benannten *Θεοδώρειοι*, Verf. einer Schrift über die Götter; er erklärte die Freude als Ziel des Weisen. **4)** Rhetor u. Sophist aus Byzanz zur Zeit des Sokrates, nach Plato *λογοδαίδαλος*. **5)** tragischer Dichter u. Schauspieler zur Zeit des Demosthenes. **6)** Rhetor aus Gadara, Lehrer des Tiberius während seines Exils auf Rhodos. **7)** sonst. häufiger Eigenname.

θεο-ειδής, 2. göttergleich an Gestalt, also von edlem, herrlichem Ansehen.

θεο-είκελος, 2. (ἔοικα), ep. = *θεοειδής*.

θεό-θεν, ep. poet. u. sp. Adv., von den Göttern, von Zeus, von Gott her, *divinitus*.

Θεο-κλύμενος, ὁ, **1)** S. des Polypheides, Abkömmling des Melampus, berühmter Wahrsager. **2)** Sohn des Proteus, Königs v. Ägypten (Eur.).

θεοκλυτέω, poet. u. sp. die Götter um Erhörung anflehen, als Zeugen anrufen, zu den Göttern beten, abs. od. *τινά* zu einem Gott, auch *ταῦτα* so.

θεό-κλυτος, 2. (κλύω), poet. Gott um Erhörung anrufend.

θεό-κραντος, 2. (κραίνω), poet. von Gott vollendet.

Θεο-κρίνης, ου, ὁ, ein Sykophant, u. weil Äschines, der frühere Schauspieler, dasselbe Geschäft trieb, so heißt dieser ein tragischer Theokrines.

Θεό-κριτος, ὁ, **1)** aus Athen, ὁ *ἐλαφόστικτος*, Freund des Agoratus. **2)** Historiker u. Epigrammatiker aus Chios, von Alexanders Nachfolger Antigonos hingerichtet. **3)** berühmter Idyllendichter aus Syrakus um 260 v. Chr., Freund des Aratus u. Philetas. **4)** sonst. Eigenn.

θεό-κτιτος, 2. poet. gottgegründet.

θεολογεῖον, τό, sp. eine Art Galerie über der Bühne, von der herab die Götter sprachen.

θεο-λογία, ἡ, sp. Untersuchung über Gott u. göttl. Dinge. Von

θεο-λόγος, ὁ, sp. von Gott u. göttlichen Dingen lehrend.

θεο-μανής, 2. poet. **a)** von den Göttern rasend gemacht, *στύγος* rasender Haß der Götter. **b)** von den Göttern erregt.

θεό-μαντις, εως, ὁ, gottbegeisterter Wahrsager.

θεομαχέω (θεομάχος), gegen die Gottheit kämpfen.

θεομαχία, ἡ, Kampf der Götter gegeneinander.

θεο-μάχος, ὁ, sp. N. T. der wider Gott Streitende.

θεο-μήστωρ, ὁ, poet. göttlicher Berater.

θεο-μισής, 2. (μισέω), **a)** akt. die Götter hassend. **b)** pass. gottverhaßt.

θεό-μορος, 2. poet. gottverliehen.

θεο-μυσής, 2. (τὸ μύσος), poet. gottverhaßt.

Θεονόη, ης, T. des Proteus.

θεό-πεμπτος, 2. ar. sp. gottgesandt.

θεό-πνευστος, 2. poet. sp. N. T. von Gott eingegeben.

θεο-ποιέω, sp. zum Gott machen, Gottes teilhaftig machen, göttliches Wesen machen.

θεο-ποίητος, 2. (ποιέω), von Gott geschaffen.

Θεό-πομπος, ὁ, **1)** König v. Sparta um 770 v. Chr. **2)** aus Chios, geb. um 380 v. Chr., Schüler des Isokrates, als Sachwalter und Redner glücklich, dann Geschichtschreiber der Zeit des Philipp von Makedonien, doch nicht objektiv; viel benutzt von Diodorus Siculus u. von Trogus Pompejus. **3)** Mythograph aus Knidos, Freund Cäsars. **4)** sonst. Eigenname.

θεόπομπος, 2. poet. = *θεόπεμπτος*.

θεο-πόνητος, 2. poet. von einer Gottheit bereitet.

θεο-πρεπής, 2. (πρέπω), poet. sp. Göttern geziemend, herrlich, wundervoll.

θεοπροπέω, ep. poet. nur im Part., weissagen.

θεοπροπίη, ἡ, ep. u. **θεοπρόπιον,** τό, ep. u. ion. alles was von den Göttern angezeigt u. durch den *θεοπρόπος* gedeutet wird, also Weissagung, Göttergebot, Götterbescheid, Orakel, *ἐκ θεοπροπίου* nach einem Göttersspruch, ähnl. *κατὰ τὸ θ.* nach dem G.

θεο-πρόπος, 2. (vwdt. *procus*, St. *prec*, lat. *precari*, dtsch. *fragen*), **1)** Adj. ep. u. poet. gottbefragend, zeichendeutend, weissagend. **2)** Subst. ὁ θ. **a)** ep. der das von der Gottheit gegebene Zeichen deutet, Zeichendeuter, Wahrsager, Seher. **b)** ion. poet. u. sp. einer, der an das Orakel abgesandt ist, um zu fragen, Orakelbefrager.

θεό-πτυστος, 2. poet. von Gott verabscheut.

θεό-πυρος, 2. poet. von Gott entflammt.

θέ-ορτος, 2. poet. von Gott ausgegangen, bewirkt.

θεός, ὁ, ἡ, ep. Gen. u. Dat. plur. **θεόφιν** (*θεοί, ὧν, οἷς* bei Dichtern oft in Synizese), **Gott, Göttin** • **1)** ein einzelner bestimmter, so ὁ *θεός* (doch auch ohne Artikel) von Zeus, Apollon usw., *ἡ θεός* von Athene, Artemis, *ἡ νερτέρα ἀφανής* Persephone, *μὰ τὼ θεώ* von Demeter u. Persephone, *οἱ δώδεκα θεοί* die obersten zwölf Götter der Griechen, Römer, Ägypter; doch hießen auch Heroen so, wie Kolōnos, Erechtheus, Cheiron, Niobe od. das Daimonion des Sokrates, auch wie Soph. OC. 251 eine besonders verehrte Familiengottheit, endlich alles, was in seiner Art groß und mächtig wirkend gedacht wird, wie die Zeit und sogar die Pest. Es steht hier oft im Plur., auch wenn es sich nur um einen Gott handelt, bes. von Apollo als Orakelgeber, Soph. Phil. 198, u. bei Hom. oft *θεοί* statt *Ζεὺς καὶ θεοί* als Schicksalspender = *μοῖρα* • **2)** das göttliche Wesen, die Gottheit, im Sing. u. Plur., *σὺν (τῷ) θεῷ, ξὺν τοῖς θεοῖς*, u. so *σὺν θεῷ εἰρήσεται*, ähnl. *ἢν ὁ θεὸς θέλῃ, ἢν οἱ θεοὶ θέλωσι, βούλωνται*, ferner *ὑπὲρ θεόν* wider Gottes Willen, *ἄνευ* od. *ἄνευθε θεοῦ, μὴ θεῶν μέτα*, aber *μετὰ τοὺς θεούς* nächst Gott, *θεῶν ἐπὶ συντυχίαις* infolge der günstigen Schicksalsfügungen, *ἐκ θεόφιν, θεῶν ἕνεκα, τοῖς θεοῖς τιμωρεῖσθαι* den Göttern Genugtuung verschaffen, *τὰ τῶν θεῶν* göttliche Fügung, aber auch das göttliche Gesetz, od. Opfer, Götterdienst, *τὰ ἐκ* u. *πρὸς θεῶν, τὰ παρὰ τῶν θεῶν* göttliche Vorzeichen, *τὰ πρὸς, περὶ τοὺς θεούς* die religiösen Gebräuche, überh. das, was die Götter anbetrifft. Endlich als Schwur: *θεὸς ἴστω*, od. *πρὸς (τῶν) θεῶν*, auch mit Zusätzen: *Ὀλυμπίων πάντων*, od. *ὦ πρὸς θεῶν, πρὸς θεῶν τῶν ὁρκίων*, od. *ἰώ, ὦ θεοί, νή, μὰ (τοὺς) θεοὺς (πάντας)*, u. so auch *τοῖς θεοῖς εὔχομαι πᾶσι καὶ πάσαις*.

θεόσ-δοτος, 2. ep. poet. sp. von Gott gegeben.

θεοσέβεια, ἡ, Gottesfurcht.

θεο-σεβής, 2., (σέβομαι), gottesfürchtig, fromm.

θεο-σέπτωρ, ορος, ὁ, poet. Verehrer der Götter.
θεοσεχθρία, ἡ, Gottverhaßtheit.
θεόσσυτος u. **θεόσυτος,** 2. poet. von Gott erregt.
θεο-στυγής, 2. poet. u. N. T. **a)** gottverhaßt. **b)** gotthassend.
θεο-στύγητος, 2. poet. gottverhaßt.
θεό-ταυρος, ὁ, buk. Gottstier, der in einen Stier verwandelte Zeus.
θεότης, ητος, ἡ, sp. N. T. die Gottheit.
θεο-τίμητος [ῑ], 2. (τιμάω), poet. u. sp. von den Göttern geehrt, d. i. mit Sieg gekrönt.
θεό-τρεπτος, 2. poet. von den Göttern gewendet, θεότρεπτα Wandel des Glücks durch die G.
θεο-τρόφιος, 3. poet. götternährend (var.).
θεουδής, 2. (aus θεοδϝεής v. δέος), ep. gottesfürchtig d. i. fromm, gerecht, wohldenkend.
Θεο-φάνης, ους, ὁ, aus Mytilene, Vertrauter des Pompejus u. Verfasser eines Geschichtswerkes über die Kriegstaten des Pompejus.
Θεο-φάνια, τά, ion. Frühlingsfest in Delphi zu Ehren des wiedererschienenen (ἐπιφανείς) Gottes.
θεο-φιλής, 2. (φιλέω), gottgeliebt, den Göttern lieb u. wert, dah. sehr glücklich, u. von Sachen u. Zuständen: sehr schön. Aber Adv. **-λῶς** (akt.) ἔχειν, sich götterfreundlich beweisen.
θεόφιν, s. θεός.
θεο-φορέομαι, sp. Pass. von Gott od. göttlichem Geiste ergriffen, hingerissen werden; auch hieß ein Stück Menanders Θεοφορουμένη.
θεο-φόρητος, 2. (φορέω), poet. u. sp., u. **θεό-φορος,** 2. (φέρω), poet gottbegeistert.
Θεό-φραστος, ὁ, **1)** Philosoph aus Erĕsos auf Lesbos, 372—287 v. Chr., Schüler des Platon, dann Freund u. Schüler des Aristoteles; er verfaßte außer vielen andern (bes botanischen) Schriften auch χαρακτῆρες, Charakterschilderungen. **2)** sonst Eigenname.
θεόφρων, ονος, 2. poet. göttlichen Sinnes, göttlich weise, gottselig.
θεράπαινα u. **θεραπαινίς,** ίδος, sowie **θεραπίς,** ίδος, ἡ (θεράπων), Dienerin, Magd, Zofe.
θεραπαινίδιον, τό, sp. Demin. vom vor.
θεραπεία, ion. **-πηίη,** ἡ, u. **θεράπευμα,** τό (θεραπεύω) • **1)** das Dienen, Bedienen, die **Bedienung,** Gefälligkeit, Dienstbeflissenheit, Achtungsbezeigung, Aufwartung; im üblen Sinne: Schmeichelei, ἐν πολλῇ θεραπείᾳ ἔχειν τινά einen sehr zuvorkommend behandeln, τινός gegen jmdn., u. παρά τινος von jmdn. Im bes. (τῶν θεῶν) Verehrung der Götter • **2) Besorgung,** Dienstleistung, **Behandlung,** τινός von etwas od einem, πρός τι Sorge für etwas, im bes. • **a)** Wartung, **Pflege,** Heilung eines Kranken • **b)** mit u. ohne περὶ τὸ σῶμα, Körperpflege, auch Putz, Toilette • **3)** kollekt. Bedienung, **Dienerschaft,** Hofstaat, Gefolge, Heerestroß. ἱππική Gefolge zu Pferde.
θεραπευτήρ, ῆρος, **θεραπευτής,** οῦ, **θεράπων,** οντος u. poet. **θέραψ,** πος, ὁ (θεραπεύω), der **Diener. 1)** von freier Geburt, Genosse, **Gefährte. 2)** Sklaven, bes. Diener der Hopliten. θεραπευτὴρ περὶ (ἀμφὶ) τὸ σῶμα ein um die Person beschäftigter Diener, θεράπων περὶ τὰ ἐπιτήδεια der für die Lebensmittel bestimmte Diener. **3)** überh. Verehrer, Versorger, **Pfleger.**
θεραπευτικός, 3. dienstfertig, gefügig, ἡ θεραπευτική, Sorgfalt, Pflege.
θεραπευτός, 2. was durch Sorgfalt ausgebildet werden kann. Von
θεραπεύω (θέραψ), Fut. med. θεραπεύσομαι in pass. Bdtg. • **1)** als Pfleger beistehen, Diener sein, **dienen,** aufwarten • **a)** τινά jmdn. **bedienen,** freundlich behandeln • **b)** ihm behilflich, **ergeben sein,** ihm schmeicheln, ihn gewinnen, τινί mit etwas belohnen, bestechen, abs. τὸ θεραπεῦον der um Gunst buhlende Menschenschlag • **c)** ihn achten, **verehren,** insb. θεούς, τοὺς ἀθανάτους • **2)** Sorge auf etwas richten, **sorgen,** bes. • **a)** etwas od. jmdn. besorgen, **warten,** pflegen, auch heilen (N. T. auch ἀπό τινος; ferner • **b)** etwas stützen, oder es ausbilden (auch im Pass., εἴς τι zu etw.), etwas beachten, einer Sache nachjagen, frönen; ὁ θεραπεύων der Wärter, τὴν γῆν das Land bebauen, τὴν τοῦ πατρὸς συμφοράν den Vater im Unglück pflegen, τοὺς ὑπὲρ ἐχθρῶν καιρούς der Gelegenheitsmacher der Feinde werden, od. mit ὅτι, ὅπως, od. Inf. mit u. ohne τό od. A. c. I., πάσῃ διαίτῃ mit der pünktlichsten Sorgfalt, ἐπὶ θανάτῳ auf den Tod los (von Erbschleichern), doch ἐπί τινι auch zu jmds. Nachteil.
θεραπηίη, ἡ, s. θεραπεία.
θεραπίς, ἡ, s. θεράπαινα.
θεράπνη, ἡ, poet. **a)** Dienerin, Magd. **b)** Wohnung, Aufenthaltsort, Heim, Hof, Schlupfwinkel, Schlucht, τῆσδε Θηβαίας χθονός. Dav.
Θεράπνη, ἡ, alte Achäerstadt auf steiler Hochfläche über dem Eurotas bei Sparta.
θεραποντίς, ίδος, ἡ, poet. die Dienerin betreffend.
θεράπων u. **θέραψ,** s. θεραπευτήρ.
θερεία, ion. **-ίη,** poet. ion. sp. (verst. ὥρη), die Sommerzeit.
θερίζω, θεριῶ (sp. -ίσω), ἐθέρισα usf. (θέρος), **1)** trans. **a)** die Sommersaat mähen od. abernten, übertr. abmähen, abschneiden, vertilgen, τί. **b)** ernten, als Lohn empfangen. **2)** intr. **a)** in der Sonne sitzen, im Freien weilen. **b)** den Sommer zubringen.
θερινός, 3. sommerlich.
θερισμός, ὁ, sp. N. T. **a)** das Mähen, Ernten. **b)** die Erntezeit. **c)** das Erntefeld.
θεριστής, οῦ, ὁ, der Schnitter, Ernter.
θερίστριον, τό, buk. Sommerkleid.
Θερμά, ῶν, τά, Ort mit warmen Quellen (θερμά) auf dem korinthischen Isthmus; „Warmbrunn".
θερμαίνω (θερμός), Aor. ἐθέρμηνα, wärmen, erwärmen, heiß machen, verbrennen, versengen, τί. Pass. heiß werden, sich erwärmen, sich erhitzen, abs. u. mit Part. durch etwas, übertr. sich wärmen, weiden, τινί an etwas.
θερμαντικός, 3. geschickt zum Erwärmen, **erhitzend.**
θερμασία, ας, ἡ (θερμός), Erwärmung, Wärme, Hitze.
θερμαΰστρίζω, sp. einen Tanz tanzen, bei dem die Beine wie eine (auf und zu gehende) Feuerzange (θερμαΰστρίς) bewegt wurden, franz. entrechat.

θέρμη, ἡ, Wärme, Hitze; im Plur. insbes. Fieberhitze. Dazu

Θέρμη, ἡ, Ort Makedoniens, später Thessalonike. Adj. dav. **Θερμαῖος,** 3., z. B. Θ. κόλπος Meerbusen von Th., jetzt Golf von *Saloniki*.

θερμημερίαι, αἱ (ἡμέρα), warme Tage, Zeiten.

θερμο-λουτέω, sich in warmem Wasser baden.

θερμό-νους, 2. poet. hitzigen Sinnes, feurig.

Θερμο-πύλαι, αἱ, auch bloß **Πύλαι** genannt, eigtl. Warmbrunnentor, der bekannte Engpaß aus Thessalien nach Lokris und in das eigentliche Hellas, im Durchschnitt 60 Schritte breit, von Flüssen durchschnitten, mit einer Mauer durchzogen u. durch eine Festung Trachis, 40 Stadien davon, geschützt.

θερμός, 3. u. 2. (θέρομαι), **1)** warm, heiß, auch siedend heiß; τὰ θερμά **a)** warme Gegenden; **b)** Orte mit warmen Bädern. **2)** übertr. **a)** in Hitze, heißblütig, leidenschaftlich aufgeregt. **b)** was einem heiß macht, von Schmerzen, Leiden.

θέρμος, ὁ, sp. die Feigbohne, als Kost der Armen.

θερμότης, ητος, ἡ, **1)** = θερμασία. **2)** übertr. Hitze, Leidenschaftlichkeit.

θερμ-ουργός, 2. (St. ἐργ), hitzig, kühn, verwegen [handelnd.

θέρμω (θέρομαι), ep. poet. wärmen, erwärmen.

Θερμώδων, οντος, ὁ, **1)** Fluß im Chalyberland, (Pontus) j. *Termehtschai*. **2)** Fluß Böotiens, der bei Tanagra in den Asōpus fließt, j. *Laris*.

θέρομαι, in Prosa nur Präs. u. Impf., ep. Fut. θέρσομαι, Aor. pass. ἐθέρην, conj. θερέω (St. θερ, lat. *for-nax, fur-nus*, deutsch *warm*), **a)** warm werden, sich wärmen, πυρός am Feuer, ἡλίῳ an der Sonne. **b)** verbrannt werden, πυρός durch Feuer.

θέρος, τό, Gen. εος, ους; dor. u. ep. ευς, (vgl. θερμός), **1)** die warme Jahreszeit, der **Sommer,** die Erntezeit, (τοῦ) θέρους, ἐν (τῷ) θέρει, θέρους ὥρᾳ im Sommer, κατὰ θέρος καὶ χειμῶνα nach Sommer u. Winter (auch im Plur.). Milit.: die Zeit, wo man zu Felde ziehen kann, das Sommerhalbjahr. **2)** die Sommerernte, Ernte, übertr. Saat.

Θέρσανδρος, ὁ, **1)** Sohn des Polynikes von Theben mit einem Grabmal zu Eläa in Mysien, wo er als Heros Totenopfer erhielt. **2)** sonst. Eigenn.

Θερσίτης, ου, ὁ, (v. θάρσος, Frechling), der häßlichste der Griechen vor Troja, ein ob seiner bösen Zunge verrufener Schwätzer.

θέσις, εως, ἡ (τίθημι), das Setzen, dah. **1)** die Lage, Stellung, τινός eines Orts, αὐτάρκη θέσιν κειμένη eine unabhängige Lage habend, ῥημάτων Wortstellung. **2)** die Aufstellung, das Geben von Gesetzen, hier auch im Plur. **3)** die Adoption, κατὰ θέσιν od. θέσει Adoptiv- (Gegens. κατὰ φύσιν, φύσει). **4)** ein aufgestellter Satz.

θέσκελος, 2. ep. poet. gottgeschaffen, nur von Sachen, übernatürlich, wunderbar. Neutr. Sing. als Adv.: ἔικτο θέσκελον αὐτῷ, erstaunlich.

θέσμιος, 3. u. 2. (θεσμός), ion. poet. sp. gesetzmäßig, herkömmlich, θέσμιόν (ἐστι) es ist recht. Subst. τὰ θέσμια die Satzungen, Gebräuche.

θεσμοθετεῖον, τό, das Amtslokal der θεσμοθέται, u. seit Solon der Archonten überh.

θεσμο-θέτης, ὁ (θεσμός, τίθημι), Gesetzgeber, bezeichnet in Athen von den durchs Los gewählten neun Archonten die letzten sechs, welchen bes. die jährliche Revision der Gesetze oblag.

θεσμο-ποιέω, poet. Gesetze machen od. geben.

θεσμός, ὁ (τίθημι), **1)** ep. Od. 23, 296 λέκτροιο θεσμός Stelle des Bettes. **2)** später Satzung, Anordnung, Einrichtung, Recht, Gesetz, Gebrauch, Sitte, Vorschrift, Befehl, θ. πυρός die festgestellte Ordnung od. Folge der Feuerzeichen.

θεσμοφόρια u. **Θεσμοφόρια,** τά, Fest der Demēter θεσμοφόρος, eigtl. ein Saatfest, dah. im Saatmonate in den verschiedensten Gegenden von Griechenland gefeiert, in Athen fünf Tage lang vom 9. bis zum 13. Pyanepsion, wo von verheirateten Frauen Demēter u. Kore mit nächtlichen Orgien u. strenger Enthaltsamkeit verehrt wurden. Bes. war der zweite Tag, νηστεία, strengem Fasten gewidmet. Die Gegenwart von Männern war dabei verboten. Dav.

θεσμοφοριάζω, die Thesmophorien feiern.

θεσμο-φόρος, 2. (φέρω), gesetzgebend, Bein. der Demēter, weil sie den Ackerbau gelehrt u. dadurch den Grund zur bürgerlichen Gesellschaft gelegt hat.

θεσμο-φύλακες, οἱ, eigtl. Gesetzeswächter, Behörde in Elis.

Θέσπεια, ἡ, u. **Θεσπιαί,** αἱ, alte Stadt in Böotien. Der Einw. ὁ **Θεσπιάδης,** gew. ὁ **Θεσπιεύς,** Nom. plur. ion. Θεσπιέες, att. Θεσπιῆς, Adj. dav. **Θεσπικός,** 3.

θεσπέσιος, 3., poet. auch 2., Adv. **-σίως** (St. θες in θεός, u. σεπ, σπ-ε, sagen, vgl. ἐνέπω u. ἔσπετε), selten in Prosa. **1)** akt. göttlich redend, Göttliches verkündend. **2)** pass. von Gott eingegeben, dah. **a)** göttlich, θεσπεσίῃ verst. βουλῇ als Adv. durch Götterbeschluß, nach göttlicher Schickung. **b)** übermenschlich, unsagbar, erhaben, herrlich, trefflich, erstaunlich, gewaltig, ungeheuer. θεσπέσιον ὡς od. θεσπέσιον οἷον unsagbar wie, außerordentlich.

θεσπι-δαής, 2. (δαίω), ep. gewaltig lodernd.

θεσπι-έπεια, ἡ, poet. Fem. zum ungebr. θεσπιεπής, göttlich redend, weissagend.

θεσπίζω, Fut. -ίσω (dor. -ίξω) u. -ιῶ, ion. Inf. fut. θεσπιέειν, ion. poet. u. sp. ein Orakel geben, weissagen, wie ein Prophet offenbaren, verkünden.

θέσπις, ιος, Akk. θέσπιν, ὁ, ἡ, ep. u. poet. = θεσπέσιος, gottbegeistert, göttlich, herrlich, gewaltig.

Θέσπις, ιδος, ιν, aus Ikaria, trat 534 erstmals als selbständiger Schauspieler dem Chor gegenüber und wurde so Schöpfer des attischen Dramas.

θέσπισμα, τό (θεσπίζω), ion. poet. sp. Orakelspruch.

θεσπιῳδέω, bes. poet. u. sp. weissagen.

θεσπι-ῳδός, 2. (θέσπις, ᾠδή), poet. u. sp. göttlich singend, gottbegeistert, weissagend, τέχναι Orakelsprüche, Weissagungen, ὀμφαλὸς γῆς Delphi.

Θεσπρωτοί, οἱ, pelasgischer Hauptstamm der spätern Bewohner von Epirus. Ihr Land, der südliche Küstenstrich, ἡ **Θεσπρωτὶς** γῆ.

Θεσσαλία, ion. **-ίη,** neuatt. **Θετταλία,** ἡ Thessalien, östliche Landschaft in Nordgriechenland. Der Einwohner ὁ **Θεσσαλός,** neuatt. **Θετταλός,** mit bes. Fem. **Θετταλίς,** ίδος, ἡ. Adj. **Θεσσαλός,** 3., auch mit bes. Fem. **Θεσσαλίς,** u. **Θεσσα-**

λικός od. **Θετταλικός,** 3. Der westliche Gau des Landes am Pindusgebirge hieß ion. ἡ **Θεσσαλιῆτις** γῆ, att. **Θεσσαλιῶτις.**

Θεσσαλονίκη u. **Θεττ.,** ἡ, **1)** Tochter des Königs Philipp, Gemahlin des Kassander, Mutter des Antipater. **2)** die ihr zu Ehren benannte bedeutende makedon. Stadt am Thermaïschen Meerbusen, j. *Saloniki*. Der Einwohner ὁ **Θεσσαλονικεύς,** έως.

Θεσσαλός, ὁ (vgl. oben), **1)** Sohn des Herakles. **2)** der vierte Sohn des Peisistratos, der sonst Hegesistratos hieß. **3)** Sohn des Kimon. **4)** sonst. Eigenn.

Θέστιος, ὁ, Sohn des Ares od. Agenor, König in Ätolien, Vater der Leda, Althäa u. a.; dah. **Θεστιάς,** άδος, ἡ, Tochter des Thestios, also **1)** Leda (Eur., Theokr.). **2)** Althäa (Äsch., Ov.).

Θεστόρειος μάντις heißt Kalchas als Sohn des Thestor.

Θεστορίδης, ου, ὁ, Sohn des Thestor, **a)** = Alkmaon. **b)** = Kalchas.

θεσφατη-λόγος, 2. poet. weissagend. Von

θέσ-φᾰτος, 2. (**θεός** [aus **θεσός**] und φᾰτός v. φημί), **1)** ep. u. poet. von Gott verkündet, od. bestimmt, abs. u. τινί jmdm., auch mit χρησμοῖσιν od. ἀδύτων ὕπο d. h. aus dem Erdschlunde, als der Orakelstätte, dah. als Subst. **θέσφᾰτον, τό,** *fātum*, göttliche Vorbestimmung, Weissagung, Götterspruch, Orakel. **2)** (φατός v. φᾰ, φαίνω) ep. von einem Gott kommend, göttlich, ἀήρ.

Θετίδειον, τό, eig. Thetistempel, ihr geweihter Ort im Gebiet von Pharsalus.

θετικός, 3. (τίθημι, θέσις 4.) meist sp., zum Setzen, Aufstellen, Disputieren geeignet; θετικώτερον *genus* mehr dialektisch.

Θέτῐς, Gen. ιδος, Dat. Θέτῑ, st. ιι, Akk. ιν, Vok. Θέτῐ, ἡ, Thetis, eine Meergöttin, Tochter des Nereus, Gemahlin des Peleus, Mutter des Achilleus.

θετός, 3., Adj. verb. von τίθημι, **1)** eigtl. gesetzt. **2)** angenommen, adoptiert, θ. παῖδα ποιέεσθαι jmdn. als Sohn annehmen.

Θευ- in äol. u. ion. Eigenn. = Θεο-.

Θευδίβαλδος, ὁ, sp. fränkischer König um 550 n. Chr.

I. **θέω,** ep. **θείω,** Impf. Iterativf. **θέεσκον,** Fut. **θεύσομαι** (St. θεϜ, ahd. *tou*, nhd. der *Tau*), **laufen,** eilen, rennen • **1)** von lebenden Wesen, abs. u. mit Zusätzen, wie ταχύ, ὑπὸ σπουδῆς, δρόμῳ, teils τὴν ὁδόν auf der Straße, πεδίοιο durch die Ebene, od. κίνδυνον Gefahr laufen; μετά τινα jmdm. nacheilen, εἴς, ἐπί τινα od. τι zu jmdm. od. etwas, über etwas hin, ἐπί od. πρός τινα gegen einen od. etwas anrennen, περί τινος um etwas wettlaufen, wettkämpfen, περὶ τοῦ παντός die äußerste Gefahr bestehen. ἦλθε θέων er kam gelaufen, d. i. eilig • **2)** von Dingen (z. B. Schiffen, Schildrand), **laufen,** κατὰ κῦμα, κατ' οὖρον nach der Strömung, mit günstigem Winde (vom Schiffe), ἀπὸ χειρός aus der Hand fliegen, ἀνὰ νῶτα den Rücken entlang laufen.

II. **θέω,** buk. hell schimmern, glänzen (Theokr. 25, 49).

θεωρέω, (θεωρός) • **1) anschauen,** beschauen, betrachten, sehen (milit. mustern) (N. T. auch erblicken); in Erwägung ziehen, überdenken, überlegen, τί und τινά, auch mit Part., sehen wie einer usw., N. T. auch τί mit folg. Part. od. ὅτι), u. zwar παρά τινι bei jmdm., ἔν τινι in od. an etwas, πρός τι im Verhältnis zu etwas, auch mit indir. Frages. Pass. θεωρεῖσθαι πρός τινα mit jmdm. verglichen werden. (N. T. auch verstehen, begreifen) • **2)** im bes. **Zuschauer sein,** einem Feste beiwohnen; sich zur Festfeier begeben, Festgesandter sein, an der Spitze von Opfergesellschaften stehen, auch Festgesandte schicken, teils absol., teils τί bei etwas zuschauen, εἴς τι zu etwas sich begeben, ἐν τοῖν ὀβολοῖν auf dem gewöhnlichen Zwei-Obolen-Platze im Theater sein.

θεώρημα, τό, das Angeschaute, Betrachtete; das Schauspiel; auch: der Lehrsatz.

θεωρητήριον, τό, sp. Platz zum Zuschauen, Tribüne.

θεωρητικός, 3. mit geistigen Betrachtungen sich beschäftigend, theoretisch, spekulativ, beschaulich, im Gegensatz des praktischen z. B. Staatsmannes; ἡ **θεωρητική** (scil. ἐνέργεια), die Spekulation (in philos. Sinne).

θεωρία, ion., **-ίη,** ἡ (θεωρέω), das Anschauen, **1) die Betrachtung,** das Schauspiel, der Anblick; abs. die Umschau, κατὰ θεωρίης πρόφασιν mit der Absicht, die Welt zu sehen; Lust, Genuß des Schauens, Augenweide (N. T. auch das Geschaute, Schauspiel); wissenschaftl. Betrachtung, Wissenschaft, **Lehre;** Erkenntnis od. Theorie im Gegensatz zur Praxis. **2)** im bes. Festschau, **Festzug,** Fest, ἡ Ὀλυμπίαζε θ. der Festzug nach Olympia; od. auch **Festgesandtschaft,** meist in Begleitung vieler anderer Bürger.

θεωρικός, 3. (θεωρία), zur Festfeier gehörig, dah. τὰ θεωρικά (sc. χρήματα) die Fest-, **Schauspielgelder** (die Person zu 2 Obolen, doch bei mehrtägigen Festen auch mehr), wie sie seit Perikles den minderbemittelten Bürgern aus der Staatskasse (später der Kriegskasse) ausgezahlt wurden; es war dafür eine eigene Behörde, ὁ περὶ τῷ θεωρικῷ od. οἱ ἐπὶ τὸ θεωρικὸν (ᾑρημένοι), d. h. Verwalter der Theorienkasse, eingesetzt. 339 v. Chr. gelang es Demosthenes, diese Einrichtung abzuschaffen.

θεωρίς, ίδος, ἡ, ναῦς, das Festschiff, welches die Festgesandtschaft, θεωρία, jährlich nach Delos führte. Es diente zugleich dazu, von Staats wegen Botschaften od. Gelder zu überbringen od. abzuholen. Übertr. poet. vom Nachen des Charon.

θεωρός, ὁ (θεα-ορος zu ὁράω, vgl. **θυρωρός**), der Schauer, Zuschauer, **1)** bes. der Festgesandte, d. i. Abgesandte eines verwandten Staates (bes. von Pflanz- und Mutterstädten), der im Namen desselben besonderen alten Stammfesten, Feierlichkeiten od. Spielen als Zuschauer beizuwohnen beauftragt war. **2)** der vom Staate zum Orakel Gesandte; überh. der Pilger. Auch als Adj. mit ἀνήρ verbunden. **3)** οἱ **θεωροί** eine Aufsichtsbehörde in Mantinea; vgl. **θεαροί.**

θεώτερος, s. θεῖος.

Θῆβαι, *αἱ*, poet. **Θήβη,** *ἡ* **Theben** • **1)** das siebentorige in Böotien am Ismēnos, Geburtsort des Dionysos, dah. *Βακχία* genannt, von Kadmos erbaut, von Amphīon erweitert, von Alexander d. Gr. 335 zerstört, jetzt ein Dorf *Thivä*. Adv. **Θήβηθεν,** von Th., **Θήβησιν** (-ησιν) in Th., **Θήβασδε,** poet. st. *εἰς Θήβας*, nach Th. Adj. **Θηβαῖος,** 3., thebanisch, Subst. der Thebaner, Einwohner von Th.; bes. Fem. **Θεβᾱΐς,** *ΐδος*, das Gebiet von Th., auch Titel eines Epos • **2)** das hunderttorige in Oberägypten (*Θηβαΐς, ΐδος, ἡ*) am Nil, später *Διὸς πόλις* genannt; die Ruinen dieser großen, von Kambyses geplünderten Stadt sind in vier Dörfern *Karnak, Luxor, Gurnu, Medinet-Abu* zerstreut. Adj. dav. **Θεβαιεύς, Θηβαῖος** u. **Θηβαϊκός,** 3. • **3)** Stadt u. Landstrich (*Θήβης πεδίον*) in Troas od. Mysien am Berge Plakos, dah. *ὑποπλακίη* genannt, einst von Achilleus zerstört, Heimat der Andromache.

Θήβη, *ἡ*, **1)** *Θῆβαι* in Böotien. **2)** in Oberägypten. **3)** in Mysien (*Θήβης πεδίον*). **4)** Tochter des Asōpos u. Gemahlin des Zethos. **5)** Tochter des Jason und Gemahlin Alexanders von Pherä. **6)** sonst. Eigenn.

θηγάνη, *ἡ*, poet. sp. **a)** der Wetzstein. **b)** übertr. die Aufreizung.

θηγάνω, poet. Nebenf. zu

θήγω, wetzen, schärfen, *τί*, übertr. anfeuern, anreizen, ermutigen, erbittern.

θηέομαι, s. *θεάομαι*.

θητήρ, θηητός, s. *θεατής, θεατός*. **θήιον,** *τό*, s. *θεῖον*.

θηκαῖος, 3. ion. zum Grabbehältnis dienend, *οἴκημα* Grabkammer.

θήκη, *ἡ* (*τίθημι*), Behältnis, Truhe, Lade, Kiste, Kasten, *ἡ τοῦ χρυσίου θ.* Goldkasten; auch Scheide. Im bes. Leichenbehältnis, Grab, Grabhügel, Grabgewölbe, Gruft, Grabhöhle (letztere wie sie in Ägypten üblich waren), ja auch überh. Art der Bestattung, Begräbnis, wie *τάφος = ταφή*.

θηκτός, 3., poet. Adj. verb. von *θήγω*, gewetzt, geschärft, scharf.

θηλάζω u. Med. **-ομαι, a)** säugen. **b)** saugen.

θηλασμός, *ὁ*, sp. das Saugen.

θηλέω, ep poet. = *θάλλω*, grünen, blühen.

θηλή, *ἡ*, die Mutterbrust, Zitze, auch im Plur.

θηλυ-γενής, 2. (*γένος*), poet. weiblichen Geschlechts, weiblich geartet, weiblich.

θηλυδρίας, ion. **-ης,** *ου, ὁ*, mädchenhaft.

θηλυκός, 3. sp. = *θῆλυς*, weiblich.

θηλυ-κρατής, 2. poet. Weiber beherrschend.

θηλυ-κτόνος, 2. poet. durch Weiberhand mordend.

θηλυ-μίτρης [ῐ], *ου, ὁ*, sp. der eine Weiberhaube trägt (s. *μίτρα*).

θηλύ-μορφος, 2. (*μορφή*), weiblich gestaltet, von Weibesgestalt.

θηλύ-νους, 2. poet. weiblich, weibisch gesinnt.

θηλύνω, *ἐθήλῠνα, τεθήλυμμαι* (-υσμαι), *ἐθηλύνθην* (*θῆλυς*), **1)** Akt. weiblich machen, übertr. erweichen, im Pass. *ἐθηλύνθην στόμα* meine Sprache ward weich, durch Tekmessas Zureden. **2)** Med. sich weibisch zeigen; sich zieren.

θηλύ-πους *βάσις*, poet. Tritt eines Weiberfußes.

θῆλυς, *θήλεια*, ion. *θήλεα*, **θῆλυ,** 3., auch häufig 2. (zu *θάω, θηλή*, lat. *fēlare, fēmina*), **1)** ep. befeuchtend, *ἐέρση*. **2)** eigtl. säugend, **weiblich,** weiblichen Geschlechts, *ἀυτή* Weiberstimme; Subst. *ἡ θήλεια* das Weibchen von Tieren, z. B. die Henne, *τὸ θῆλυ* das weibliche Geschlecht. **3)** übertr. **weibisch,** weiberhaft, im Neutr. *θῆλυ* ein weibisches, schwaches Wesen. Kompar. ep. *θηλύτεραι θεαί* od. *γυναῖκες* die schwachen, im Vergleich zum männlichen Geschlechte.

θηλύ-σπορος, 2. poet. weiblich geboren, weiblich.

θηλύτης, *ητος, ἡ* (*θῆλυς*), Weiberart, Weiblichkeit, im Plur. *ἐσθήτων* in den Kleidern.

θηλυ-τόκος, 2. weibliche Junge gebärend.

θημών, *ῶνος, ὁ* (*τίθημι*), ep. ein Haufe, Schober.

θήν, ep. poet., enklit. Partikel, versichernd wie in Prosa *δήπου*, auch iron. *θήν που* doch wohl, sicherlich, *ἦ θην* doch wohl gewiß, *οὔ θην* schwerlich wohl, *οὔ θην δή* doch wohl gar nicht.

θήρ, θηρός, *ὁ*, u. **θηρίον,** *τό* (lat. *fer-a*), Wild, **1)** wildes Tier, bisw. mit *ἄγριος* u. ähnl. verb. Raubtier, übertr. Untier, Ungetüm, Ungeheuer, z. B. vom Kerberos (*ἀνικάτου θηρός*) u. den Kentauren, od. auch Menschen. **2)** Tier, überh. auch das zahme, *ἄφοβος*; die Kriegselefanten; überh. Geschöpf, auch vom Menschen.

θήρα, ion. **θήρη,** *ἡ* (*θήρ*), **1)** das Jagen, die Jagd, auch Jagdangelegenheit, *θήραν ποιεῖν* od. *ποιεῖσθαι* jagen, *τινός* auf ein Wild, übertr. das eifrige Suchen, Streben, Haschen nach etwas od. jmdm. (*τινός*). **2)** Abstr. pro concr. Jagdbeute, Wild, auch im Plur., *πτηναὶ θῆραι* beflügelte Jagd, von den Vögeln; übertr. vom gefangenen Feinde: Fang.

Θήρα, ion. **Θήρη,** *ἡ*, **1)** eine der Sporaden, j. *Santorin;* Einw. *οἱ* **Θηραῖοι. 2)** St. in Karien (Arr.).

θηραγρέτης, *ὁ*, poet., u. **θηραγρευτᾱς** (-αγρεύτης), *ὁ*, poet. Jäger.

θήραμα, *τό*, die Jagdbeute, eigtl., u. übertr. Ziel.

Θηρα-μένης, *ους, ὁ*, **1)** aus Keos, Sohn des Hagnon, ein philosophisch gebildeter, durch politische Einsicht u. Beredsamkeit ausgezeichneter, sonst aber charakterloser Mann (*ὁ Κόθορνος*), der 411 die Demokratie stürzte, dann Trierarch bei den Arginusen war u. zuletzt einer der Dreißig in Athen wurde. Kritias ließ ihn hinrichten. **2)** sonstiger Eigenname.

θηράσιμος, 2. poet. der Jagd, des Erstrebens wert.

θηρᾱτέος, 3., Adj. verb. zu *θηράω*, zu jagen, zu fangen, zu suchen, zu gewinnen.

θηρᾱτικός, 3. zur Jagd gehörig, *τὰ θηρατικὰ τῶν φίλων* die Kunst Freunde zu gewinnen.

θήρᾱτρον, *τό*, Werkzeug zum Fangen, Garn, Netz, auch im übertr. Sinne.

θηράω, *θηράσω* usw., Med.-Pass. **θηράομαι,** ion. **θηρέομαι,** att. gew. **θηρεύω** (*θήρα*), **1)** jagen, auf die Jagd gehen, erjagen, fangen. **2)** übertr. nachstellen, überfallen, überlisten, zu gewinnen suchen.

θήρειος, 2. u. 3. (*θήρ*), zum Wild gehörig, *θήρεια* verst. *κρέα* Wildbret.

θήρευμα, *τό*, **1)** Jagd. **2)** Jagdbeute, Fang.

θήρευσις, *εως, ἡ*, das Jagen.

θηρευτής, οῦ, ὁ (θηρεύω), **1)** Adj. jagend, jagdkundig. **2)** Subst. Jäger, im eigentl. u. übertr. Sinne.

θηρευτικός, 3. die Jagd betreffend, Jagd-.

θηρεύω, s. θηράω. **Θήρη**, ἡ, s. Θήρα.

θηρητήρ, ῆρος, ὁ, ep. u. **θηρήτωρ**, ορος, ὁ, ep. = θηρευτής, s. d.

Θηρικλῆς, έους, ὁ, korinthischer Künstler in Ton u. Holz ca. 420; danach **Θηρίκλειος**, ον, Benennung für feine mit Tierfiguren od. Laubwerk verzierte Trink- und Mischgefäße, auch subst. ἡ Θηρίκλειος (sc. κύλιξ); vgl. *Thericlia pocula* bei Cic. Verr. 4, 18, 38.

θηριομαχέω, sp. N. T. (-μάχης), mit Tieren kämpfen.

θηρίον, τό, s. θήρ. Davon

θηρι-ώδης, 2., Adv. **-δῶς**, **1)** tierreich, voll wilder Tiere, θηριωδέστατον τῶν οὐρέων der wildeste, von wilden Tieren besuchteste Punkt des Gebirges, insbes. ἡ θηριώδης (sc. χώρα) das tierreiche, näml. Libyen, der Teil Afrikas, welcher jetzt *Biledulgerid* heißt. **2)** tierartig, tierisch, wild.

θηρίωσις, ἡ, sp. die Verwandlung in ein Tier.

θηροβολέω (wie v. θηρο-βόλος), poet. Tiere erlegen, τινί mit etwas.

θηρο-κτόνος, 2. poet. Wild erlegend; Jäger, -in.

θηρο-μιγής, 2. sp. mit Tieren vermischt, übertr. vom Geschrei: verworren.

θηρο-σκόπος, 2. ep. poet. auf Wild lauernd, nach W. spähend.

θηρο-τρόφος, 2. (τρέφω), poet. sp. Wild ernährend, Wild hegend.

θηρότροφος, 2. poet. von wilden Tieren sich nährend.

θηρο-φόνος, 2. u. 3. poet. = θηροκτόνος.

Θήρων, ωνος, ὁ, **1)** Sohn des Ainesidemos, von Pindar gefeierter Tyrann von Agrigent von 487 bis 472 v. Chr., mit Gelon Sieger bei Himera. **2)** sonstiger Eigenn.

θής (zu θόος, θέω?), **1)** Lohnarbeiter, Tagelöhner, verarmte Freie ohne Grundbesitz, die bei reichen Grundbesitzern um Lohn arbeiten. **1)** Im bes. in der Solonischen Klassenordnung die vierte Klasse. Sie dienten als Leichtbewaffnete oder als Seesoldaten, hatten Zutritt zur Volksversammlung und zu den Geschworenengerichten.

θησαυρίζω (θησαυρός), Schätze sammeln, aufspeichern, aufbewahren von Kostbarem.

θησαύρισμα, τό, poet. Aufgespeichertes, Vorrat.

θησαυρο-ποιός, ὁ, der Aufspeichernde. Von

θησαυρός, ὁ. **1)** Ort zum Aufbewahren, Vorratskammer, **Schatzkammer**, -haus; Schatzkästchen, Geldkasten, Opferstock, mit u. ohne χρημάτων. **2)** das Aufbewahrte, der **Vorrat**, Hausrat, der niedergelegte Schatz, übertr. (wie im Deutschen) Schatz, kostbarer Besitz, süßer Fund, ἱκτήριος ein Gnadenschatz, auch mit Gen. wie χρυσοῦ, τιμῶν u. ähnl. ἄνθρακες (Kohlen) ὁ θ. sc. γέγονε sprichw. von getäuschten Erwartungen.

Θησεύς, έως, ep. ῆος, ion. έος, (τίθημι, der Gründer), **Theseus**, attischer Nationalheros, Sohn der Aithra und des Aigeus, König in Athen, der den Minotauros in Kreta erlegte u. durch Vereinigung der Bürger Attikas (συνοικισμός) den Grund zur spätern Größe Athens legte. Er starb in Skyros; seine Gebeine wurden durch Kimon nach Athen gebracht, wo ihm im Nordwesten der Stadt ein Tempel (**Θησεῖον**) erbaut wurde. **Θησεῖδαι**, **οἱ** die Nachkommen der Th., die Athener. **Θησηὶς χθών** = Attika. **Θησηΐς**, ἴδος, ἡ ein Gedicht über Theseus.

θῆσθαι, Inf. praes. med. eines ep. Defect., wovon noch 3. sing. u. Part. aor. med. **θήσατο** u. **θησάμενος** vorkommen (vgl. θηλή, τιθήνη, lat. *fē-lare* saugen), saugen, melken, γυναῖκα θήσατο μαζόν er sog an eines Weibes Brust.

θῆσσα, ἡ, Fem. zu θής, poet. als Adj. tagelöhnerisch.

θητεία, ἡ (θητεύω), Lohndienst.

θητέρα, Kras. st. τῇ ἑτέρᾳ.

θητεύω (θής), Dienstmann, Tagelöhner sein, um Lohn arbeiten od. dienen, auch mit hinzugef. ἐπὶ μισθῷ, abs. u. τινί od. παρά τινι bei jmdm.

θητικός, 3. (θής), **1)** nach Art der Tagelöhner, knechtisch. **2)** aus Tagelöhnern bestehend, auf T. bezüglich; τὸ θητικὸν (mit u. ohne τέλος), die Abgabe der untersten Solon. Steuerklasse, τὸ θ. τελεῖν zur untersten Steuerklasse gehören, s. θής.

Θήχης, ὁ, ein Berg in Pontos auf dem Paryadres zwischen Erzerum u. Trapezus, j. *Tekieh*.

-θι, Anhängesilbe zur Bildung von Adverbien, das Sein an einem Orte od. auch zu einer Zeit bedeutend, z. B. αὐτόθι.

θιασάρχης, ου, ὁ, sp. Vorsteher, Haupt eines θίασος.

θιασεύω, poet. **1)** Akt. **a)** in den bacchischen Chorreigen (θίασος) einführen od. aufnehmen. **b)** in solch einem Chorreigen sein, tanzend einherziehen, χοροῖς im Chorreigen. **2)** Med. sich zu einem rechten Festteilnehmer machen, festlich gehoben sein, ψυχήν in seiner Seele. Von

θίασος, ὁ, **1)** Gefolge des Bakchos, bestehend aus Silenen, Satyrn, Bakchantinnen, Nymphen, Mänaden, Kentauren, Musen usf.; insbes. bakchischer Kultverein der Frauen; deren Abzeichen: Fell des Hirschkalbes (νεβρίς), Thyrsos. **2)** Prozession in andern Mysterien. **3)** Verein, **a)** Kultverein eines Gottes, **b)** allgem. (Unterstützungs) Verein, εἶναι τοῦ θιάσου τινός gehören zu.

θιασώτης, ου, ὁ, meist poet. u. sp. Teilnehmer eines Thiasos, bes. zu Ehren des Bakchos, Mitglied des Bakchoschors.

Θίβρων, ωνος (Θίμβρων), Spartaner, kämpft in Asien gegen die Perser im J. 400, † im J. 392 im Kampf gegen den Satrapen Struthos.

θιγγάνω, Fut. θίξομαι (θίξω), Aor. 2. ἔθιγον (Wz. θιγ, lat. *fi-n-go, figulus*, got. *deiga*), **berühren**, anrühren, Hand anlegen, anfassen, umarmen, auch treffen. Übertr. **sich** mit etwas **befassen**, teils abs., teils τινός, θίγω τί σου; soll ich dich etwas (τί) anrühren? Seltener πρός τι an etwas rühren, zu etwas dringen, u. zwar τινί mit od. durch etwas, διά τινος vermittelst etwas. N. T. Gewalt antun, verletzen, τινός.

θιν-ώδης, 2. sp. sandig.

θίξις, εως, ἡ, (θιγγάνω), Berührung.

θίς, θινός, ὁ u. ἡ, ep. poet. ion., u. att. pros. seit Aristot., der Haufen, insbes. der Sandhaufen am

Meere, Meeressand, die Düne, überh. Gestade, Strand, doch auch der Sand auf dem Grunde des Meeres, wie der in der Wüste, also überh. Sandhaufen.

Θίσβη, ἡ, später **Θίσβαι,** αἱ, Stadt in Böotien südlich vom Helikon unweit der Küste, an der sie einen Hafen hatte; Reste bei dem heut. *Kakosi*.

θλάω (St. θλασ), Fut. θλάσω, Aor ἔθλᾰσα, ep. σσ, Perf. pass. τέθλασμαι, ep sp. zerquetschen, zermalmen, zerschmettern, τί.

θλίβω, ἔθλιψα, τέθλιμμαι, ἐθλίφθην u. ἐθλίβην [ῑ, aber ῐ im Aor. 2. pass], (buk. φλίβω, lat. *flīgo*), 1) Akt. u. Pass. drücken, übertr. bedrängen, schikanieren, abs. u. τί, u. zwar τινί durch etwas N. T. ὁδὸς τεθλιμμένη der enge, schmale Weg. 2) Med. ep. sich (*sibi*) etwas (τί) zerreiben. Dav.

θλῖψις u. **θλίψις,** ἡ, sp. N. T. Bedrückung, Drangsal, θλ. καὶ συνοχὴ καρδίας Trübsal und Beklommenheit.

Θμουίτης νομός, in Unterägypten, mit der Hauptstadt Thmuis, j. Ruinen v. *Tell-Tmáy*.

θνᾱτο-γενής, 2. dor. = θνητογενής.

θνᾱτός, s. θνητός.

θνήσκω, richtiger **θνῄσκω** (St. θαν u. θνᾰ, θνη), sp. Fut. 3. τεθνήξομαι, ep. (u. ion.) Fut. θανέομαι (2. sg. ion. θανέαι), θανέεσθαι, θανεύμενος, Aor. conj. 3. sg. θάνῃσι, inf. θανέειν, Perf. part. τεθνηώς (τεθνειώς), ῶτος u. ότος, fem. τεθνηυῖα • sterben, getötet werden, mit dem Tode bestraft werden, fallen, im Perf. tot sein (doch τεθνάναι auch sterben), Part. der Tote, Gebliebene, daher τεθνηκὼς νεκρός die erschlagene Leiche, oft mit Verben wie εἶναι, κεῖσθαι, οἴχεσθαι verbunden. Übertr. zugrunde gehen, dahinschwinden, erstorben sein, teils abs, teils ὑπό, ἔκ, πρός τινος von jmdm., auch ὑπὸ χερσί τινος, teils τινί • 1) an od. durch etwas sterben, οἰκτίστῳ θανάτῳ; übertr. u. prägnant, δέει τινά vor jmdm. sich zu Tode fürchten • 2) λόγῳ, μηχαναῖσι der Sage nach, durch listige Erdichtung tot sein • 3) jmdm. als Opfer fallen, es ihm mit dem Tode büßen, od. übertr. für einen tot d. h. nicht mehr vorhanden sein, doch Soph. El. 1152 τέθνηκ' ἐγὼ σοι ich bin durch dich so gut wie tot; teils ἐπί τινι wegen etw. den Tod erleiden. N. T. übertr. vom geistigen Tod, ζῶσα τέθνηκε. [schlechts. sterblich.

θνητο-γενής, 2. (γένος), poet. sterblichen Ge-

θνητο-ειδής, 2. von sterblicher Art.

θνητός, dor. **θνᾱτός,** 3., poet. auch 2., eigtl. Adj. verb. von θνήσκω. 1) **sterblich,** menschlich, von Sterblichen herrührend, ἔργματ' οὐ θνητά nicht eines Sterblichen Werk. Kompar. θνητοὶ μᾶλλον leichter zu töten. Subst. ὁ θνητός der Sterbliche, der Mensch, τὸ θνητόν a) das Sterbliche im Gegens. zur Gottheit, b) das Geschöpf; θνητά Sterbliches, das, was den Sterblichen ziemt, μὴ θνητὰ φρονεῖν sich überheben, c) Sterblichkeit. 2) poet. auch gestorben, tot.

θοάζω (θοός), poet., nur Präs. u. Impf, 1) trans. in schnelle Bewegung setzen, schnell bewegen, beschleunigen; θοάζων τὸ μεῖον κρεισσόνων κρατύνει das Geringere stürmisch bewegend beherrscht er das Mächtigere. 2) intrans. in schneller Bewegung sein, daherstürmen. 3) poet. = θάσσειν, sitzen, ἕδρας τάσδε auf diesen Stufen.

Θόανα, τά, St. in Kappadokien, Tyana am Taurus, j. *Kilissa-hissar* (Var. Δάνα).

Θόας, αντος, 1) Sohn des Borysthenes, myth. König in Tauris, bei welchem Iphigenie Priesterin der Artemis war. 2) Sohn des Dionysos u. der Ariadne. K. v. Lemnos, bei dem allgem. Männermord durch s. T. Hypsipўle verborgen u. dann von den Frauen entdeckt u. ermordet. 3) Sohn des Andrämon, Führer der Ätoler vor Troja. 4) Satrap in Gedrosien zur Zeit Alexanders. 5) sonst. Eigenn.

θοιμάτιον, = τὸ ἱμάτιον, w. s.

θοίνᾱμα, τό (θοινάω), poet. Schmaus.

θοινᾱτήρ, ῆρος, ὁ (θοινάω), poet. der einen Schmaus gibt, Gastgeber.

θοινατήριον, τό, poet. = θοίνη.

θοινάτωρ, ορος, ὁ, poet. der Schmausende.

θοινάω, θοινήσω, dor. θοινᾱσω usf., ep. ion. poet. einen speisen, bewirten, τινά, u. δεῖπνον = δειπνίζειν, dah. δεῖπνον θοινᾶν τινά τινι einem ein Gericht mit etwas auftischen; pass. θοινηθῆναι gespeist, bewirtet werden

θοίνη, dor. **θοίνα,** sp. **θοῖνα,** ἡ, Schmaus, Gastmahl. übertr. der Genuß, die Freude.

θολερός, 3. (θολός, ὁ, der Schmutz), kotig, schlammig, unrein, trübe, vom Wasser, der Luft u. ä.; übertr. θ. χειμών trüber Sturm der Leidenschaft.

θολία, ἡ, buk. ein Sonnenhut der Frauen.

θολοειδής, 2. sp. kuppelförmig, rund. Von

θόλος, ἡ (dt. *Tal*), eigtl. etwas Gehöhltes, dah. 1) Kuppelbau, Rundbau, in der Od. ein Nebengebäude zw. dem Wohnhause und der Hofmauer zur Aufbewahrung von Geräten. 2) in Athen das Prytaneion.

θολόω, poet. sp. trüben, beunruhigen.

I. **θοός,** 3. (st. θοϝος, von θέω), ep. u. poet. schnell, flink, eilend, νύξ rasch hereinbrechend.

II. **θοός,** 3. ep. sp. spitz, spitzig, νῆσοι. Dav.

θοόω, Aor. ἐθόωσα, ep. zuspitzen, ἄκρον vorn.

θορή, ἡ, ion. sp., u. **θορός,** ὁ (θρῴσκω, ἔ-θορ-ον), ion. poet. sp. männlicher Same.

Θορίκιος πέτρος, ein ganz unbekannter Fels bei Soph. OC. 1595, verschieden von

Θορικός, ὁ, verst. δῆμος, Ort u. Gemeinde an der Ostküste von Attika, zum akamantischen Stamme (φυλή) gehörig, jetzt Ruinen bei *Theriko*. Einw. ὁ **Θορίκιος.** — **Θορικόνδε** nach Th.

Θόρναξ, ακος, ὁ, Berg nördlich von Sparta, j. B. von *Pauleïka*.

θορνύομαι, Dep. med. ion. (= θόρνυμαι von θρῴσκω), sich begatten (von Schlangen).

θορός; s. θορή. [τι, N. T.

θορυβάζομαι, Med. sich Unruhe machen, περί

θορυβέω (θόρυβος). 1) Akt. a) intr. **lärmen,** Lärm machen, Getümmel erregen od. machen, schreien, im bes. sein Mißfallen laut zu erkennen geben (ἄλλα καὶ ἄλλα einmal ums andere lärmen), ἐπί τινι od. τινί über etwas, od. mit ὡς u. Indik. od Part. fut ; aber auch **Beifall klatschen,** b) trans. **stören,** außer Fassung, in Verwirrung

bringen, beunruhigen. 2) Pass. umlärmt, beunruhigt werden, in Verwirrung gebracht werden, in Bestürzung, Unruhe geraten, in unruhiger Sorge sein, von Angst erfüllt, außer sich sein, abs. od. *περί τι* über etwas, od. *ὡς* u. Gen. abs.

θορυβο-ποιέω, sp. Lärm machen, beunruhigen. Von

θορυβο-ποιός, *ὁ, ἡ*, sp. Lärmmacher, Unruhstifter Von

θόρυβος, *ὁ* (verw. *θρόος, θρέω*), Lärm, Geschrei, Geräusch, bes. das verworrene Gemurmel od. Getümmel, Tumult, Verwirrung, Unruhe (auch die innere), *παρέχειν* beunruhigen, Schwierigkeiten machen. Bes. im Plur. stürmischer Beifall oder Widerspruch.

θορυβ-ώδης, 2. 1) lärmend, geräuschvoll. 2) Unruhe stiftend, unruhig.

Θουκυδίδης, *ου, ὁ* • 1) Sohn des Olŏros aus dem Demos Halimūs bei Athen, geb. nach 460, Geschichtschreiber des peloponnesischen Krieges bis zum J. 411. Geht nach dem Mißerfolg als Feldherr (424 Amphipolis) in die Verbannung, lebt lange im Ausland und stirbt nach 399 • 2) Sohn des Melesias aus dem Demos Alopĕke, Aristokrat u. dah. Gegner des Perikles, Feldherr u. Staatsmann, wurde 442 verbannt, kehrte jedoch bald darauf, wie es scheint, nach Athen zurück • 3) Enkel des vorigen, Schüler des Sokrates • 4) sonstiger Eigenname.

Θούλη, *ἡ*, sp. Insel im hohen Norden.

Θουριάτης, *ὁ*, Einw. v. Thuria in Ostmessenien.

Θούριον, *τό*, Berggipfel bei Chäronea in Böotien mit Tempel des Apollon Thurios.

Θούριος u. **Θουριεύς,** *έως, ὁ*, der Thurier, Einwohner v. **Θούριοι,** einer Stadt Großgriechenlands in Unteritalien, als römische Kolonie *Copiae*, jetzt *Terra nuova* genannt; *ἡ* **Θουρία,** das Gebiet v. Thurii.

θούριος, 3. poet. u. **θοῦρος,** 2. ep u. poet., Fem. **θοῦρις,** *ιδος, ἡ*, ep., anstürmend, ungestüm, stürmisch.

θόωκος, *ὁ*, s. *θᾶκος*.

Θράκη, *ἡ*, ep. u. ion. **Θρήκη, Θρηΐκη,** *ἡ*, Thrake, Thrakien • 1) Landschaft im Norden von Hellas, südlich durch das Ägäische Meer begrenzt, im Norden nach Hdt. vom Ister u. Skythien, westlich vom Adriatischen Meere, bei Homer alle über Thessalien hinaus liegenden Länder umfassend (*Θρηκῶν ὄρη* bei Homer der Stomios u. Haimos). Ihre Bewohner waren die **Θρᾷκες** (im Sing. **Θρᾷξ** (*Θράξ*), *κός*, ion. **Θρῆιξ,** *ικος*, u. zsgz. **Θρῇξ,** *κός*) und zerfielen in verschiedene Völkerschaften; sie heißen *ὄρειοι* als Bewohner des Rhodope-Gebirges, *αὐτόνομοι* als die von Philipp von Makedonien noch nicht Unterjochten. Das Adj. dav. **Θράκιος** und **Θρήκιος,** ep. u. ion. **Θρηΐκιος,** 2. mit bes. Fem. **Θρῄσσα,** zsgz. **Θρῇσσα,** neuatt. **Θρᾷττα,** buk. *Θραΐσσα* u. *Θρᾷσσα*, thrakisch, Thrakerin; dah. *Θρ. πόντος κλύδων* der nördliche Teil des Ägäischen Meeres, *Pontus Euxinus*, *Σάμος* Samothrake, *Θρῇσσαι, Θρήκιαι πνοαί* u. ähnl. von den Stürmen des Thrak. Meeres. Subst. dav. *ἡ* **Θρηΐκη** = *Θράκη*. Adv. **Θρῄκηθεν** von Thr. her, **Θράκηνδε** nach Thr. hin • 2) *ἡ ἐν τῇ Ἀσίᾳ*, auch *ἡ Βιθυνὶς Θράκη* Landstrich an der Küste Asiens vom Bosporus bis nach Heraklea, bewohnt von Thynern u. Bithynern. Die Einw. *οἱ* **Θρήϊκες** • 3) **τὰ ἐπὶ Θράκης** der ganze Thr. Küstenstrich mit der Halbinsel Chalkidike • 4) **Θράκιον,** *τό*, ein Platz neben dem thrakischen Tore in Byzanz. Auch in Amphipolis gab es ein thrak. Tor.

Θρακιστί, buk. nach thrakischer Sitte.

θρᾱνίτης [*ῑ*], *ου, ὁ* (*θρᾶνος*, Sitz), Ruderer der obersten der drei Reihen, welche die längsten Ruder führten u. dah. die schwerste Arbeit, aber auch doppelten Sold (1 Drachme statt des gew. Soldes von 3 Obolen) hatten; vgl. *θαλάμιοι*.

Θρασέας, *ὁ*, Thrasea Paetus, berühmter Stoiker zur Zeit des Nero.

θρασέως, s. *θρασύς*. **θράσος,** *τό*, s. *θάρσος*.

θράσσω = *θράττω*.

Θρασύ-βουλος, *ὁ*. 1) Tyrann in Milet um 600 v. Chr. 2) aus dem Demos Steiria, Sohn des Lykos, ausgezeichnet als Feldherr (Schlacht b. d. Arginusen) u. Demokrat, stürzte die Dreißig in Athen 403; schließlich 388 in Aspendos erschlagen.

θρασυ-κάρδιος, 2. (*καρδία*), ep. poet. kühn, beherzt, entschlossen.

Θράσυλλος, auch **Θράσυλος** geschrieben, *ὁ*, 1) Feldherr der Athener von 411 an, nach dem Sieg bei den Arginusen hingerichtet. 2) sonst Eigenn.

Θρασύ-μαχος, *ὁ*, 1) aus Chalkēdon in Bithynien, kam um 430 nach Athen, wo er lange als Sophist und angesehener Lehrer der Beredsamkeit wirkte. 2) sonst Eigenn.

θρασυ-μέμνων, 2., Gen. *-ονος* (*μένω*), ep. poet. kühn, ausdauernd, wagehalsig.

Θρασυμένη *λίμνη*, der *lacus Trasumenus* in Etrurien.

θρασυ-μήχανος, 2. poet. kühn unternehmend, [kühn.

θρᾰσύνω, mit der Nbf. **θαρσύνω,** s. d. (*θρασύς, θάρσος*), 1) Akt. kühn machen, ermutigen, *τινά* od. *τί*, u. zwar *τινί* durch etwas. 2) Med.-Pass. *θρασύνομαι* mit Aor. *ἐθρασυνάμην* u. *ἐθρασύνθην*, kühn, keck, trotzig sein, unverschämt sprechen od. handeln, großprahlen, abs. od. *πολλά* gewaltig, *τινί* in etwas, *ὑπέρ τινος* für, *πρός τινα* gegen jmdn.; *τὸ θρασυνόμενον* keckes Selbstvertrauen.

θρασύ-πονος, 2. poet. kühn sich mühend.

θρασύς, *εῖα, ύ*, Adv. **-σέως,** Komp. *-σύτερον*, Superl. *-σύτατα* (vgl. *θάρσος, Θερσίτης*), a) beherzt, kühn, unerschrocken, mutig, tapfer, vertrauensvoll, verlässig. b) trotzig, übermütig, tollkühn, verwegen, frech, *τινί* für einen verlässig, od. in, an, durch, mit etwas, *ἔν τινι* an jmdm. od. in etwas, *πρός τι* voll Vertrauen auf etwas, auch m folg. Inf., ep. auch von Sachen, *πόλεμος* rüchsichtslos. c) obj. sicher, gefahrlos.

θρασύ-σπλαγχνος, 2. u. Adv. **-νως,** poet. mutigen Herzens.

θρασυστομέω, poet. keck reden. Von

θρασύ-στομος, 2. (*στόμα*), poet. keck, frech redend.

θρασύτης, *ητος, ἡ* (*θρασύς*), Kühnheit, Dreistigkeit, Verwegenheit, Frechheit, auch im Plur.

θρασύ-χειρ, *ὁ, ἡ*, poet. mit tapfrer Hand, starker Faust.

θράττω (= *ταράσσω*), Aor. *ἔθρᾱξα*, beunruhigen.

θραῦμα u. **θραῦσμα,** τό (θραύω, *frustum*), poet. u. sp. das Bruchstück.

Θραῦστος, ἡ, Städtchen in Elis.

θραυστός, 3. poet. zerbrochen. Von

θραύω, θραύσω, ἔθραυσα, τέθραυμαι (sp. -αυσμαι, ἐτέθραυστο), Aor. ἐθραύσθην, Adj. verb. θραυστός (St. θραυσ, lat. *frūstum*), zerreiben, zerbrechen, zerschmettern, zerreißen, zerfetzen; übertr. entkräften, niederbeugen.

Θρεῖα, Θρειώ, s. Θριάσιος.

θρέμμα, τό (τρέφω), das Aufgezogene, **a)** von Personen: der Pflegling, Zögling, Kind, im übeln Sinne: Gezücht, Brut. **b)** von **Haustieren:** das Zuchtvieh, Vieh, die **Herden.** **c)** überh. Geschöpf, Lebewesen.

θρέομαι, θρεῦμαι, poet. nur Präs., ertönen lassen, bes. κακά wehklagen.

θρέπτειρα, ἡ (τρέφω), poet. die Ernährerin.

θρεπτήριος, 3. poet. **1)** ernährend, μαστός. **2)** genährt, gepflegt, πλόκαμος. Dazu

θρεπτήρια, u. ep. auch **θρέπτρα,** τά (τρέφω), **1)** Nahrungsmittel, Nahrung. **2)** Pflegelohn, als Inbegriff alles dessen, was das Kind den Eltern zum Dank für die Erziehung schuldig ist.

θρεπτικός, 3. nährend.

θρέπτρα, τά, s. θρεπτήρια.

θρηνέω (θρῆνος), **1)** intr. klagen, winseln, jammern; οὔπω θρηνεῖς dein jetziges Jammern ist noch nichts; ἀοιδήν, ᾠδάς, einen Trauergesang anstimmen, in Wehklagen weinen, ähnl. θρηνοῦντα ᾄδειν, u. διάσημα durchdringend ächzen, aber ἐπῳδὰς θρηνεῖν πρός τινι Zaubersegen sprechen bei etwas. **2)** trans. τινά od. τί jmdn. od. etwas beweinen, beklagen, ὅσα wie sehr. Dav.

θρήνημα, τό, poet. Klage, Klagelied.

θρηνητής, οῦ, ὁ, poet. u. **θρηνητήρ,** ῆρος, ὁ, poet. der Weinende, Wehklagende.

θρῆνος, ὁ (verw. dtsch. *dröhnen*); oft im Plur, das Klagen, Wehklagen, πολλοῖσι θρήνοις in ewigem Jammern, insbes. Totenklage, Trauergesang, wie es für Verwandte die Sitte erheischte. Es waren dies mit der Flöte begleitete traurige Gesänge bei Leichenbegängnissen u. Leichenmahlen.

θρῆνυς, υος, ὁ (verw. **θρόνος**; lat. *firmus, frētus* gestützt), ep. Schemel, Fußbank, gew. beim θρόνος u. κλισμός befindlich, doch auch die Fußbank für den auf dem Hinterdeck sitzenden Steuermann.

θρην-ώδης, 2. weinerlich.

θρηνῳδία, ἡ, Klaggesang.

θρησκεία, ion. **θρησκηίη,** ἡ, **1)** ion. heiliger Dienst, religiöses Gebot, abs. u. περί τι in betreff einer Sache. **2)** sp. Gottesverehrung, Gottesdienst (τῶν ἀγγέλων Engeldienst, N. T.); Religion, Glaube; überh. Verehrung, Ehrfurcht, πρός u. περί τι. Von

θρησκεύω, ion. u. sp., **1)** als heiliges Gebot einführen u. halten, religiösen Übungen od. Zeremonien ergeben sein. **2)** sp. verehren, anbeten, τινά [jmdn.

θρῆσκος, 2. N. T. gottesfürchtig.

Θρῖα, s. Θριάσιος.

θριαμβευτικός, 3. sp. u. **θριαμβικός,** 3. sp. den Triumphierenden od. den Triumph betreffend, κηδεύματα Verschwägerungen mit Triumphatoren; ὁ θριαμβικός gewesener Triumphator.

θριαμβεύω, sp. (θρίαμβος), triumphieren (ἀπό τινος über jmdn.), als Triumphator einziehen, N. T. τινά über jmdn., auch mache, lasse triumphieren; ὁ θριαμβεύσας ein gewesener Triumphator.

θριαμβικός, 3., s. **θριαμβευτικός.** Von

θρίαμβος, ὁ, sp. **1)** eigentl. der bei bacchischen Aufzügen gesungene Hymnus, dann der Festaufzug, die Prozession des siegreichen Bakchos als Feldherrn in Italien, u. so auch Beiname des Bakchos selbst. **2)** bei den Römern der Triumph od. feierliche Einzug des siegreichen Feldherrn in Rom. Einen Triumphzug halten hieß θρίαμβον κατάγειν.

Θριάσιος, ὁ, thriasisch, von Thria, Θρῖα, ἡ, einem att. Demos; θρ. πεδίον thriasisches Gefilde, fruchtbare Ebene zwischen Thria u. Eleusis. Es führten zu ihr die Θριάσιαι πύλαι, ein Tor Athens im Nordwesten der Stadt, später Δίπυλον genannt. Adv. **Θριῶζε** nach Thria, u. **Θριᾶσι** in Thria.

θριγκός, ὁ, ep. poet. ion. sp., u. sp. Demin. dav.

θριγκίον, τό, **1)** Sims, Kronzinne, Fries, der hervorspringende oberste Teil an der Außenseite der Mauer, θριγκοῖς ὑπ' αὐτοῖς über die Säulenhalle am Eingang des Tempels, wo man die Beutestücke kühner Taten (Waffen der Feinde) aufzuhängen pflegte. **2)** Umfriedigung, Zaun. **3)** übertr. Gipfel, Schlußstein. Dav.

θριγκόω, bes. ep. u. poet. **1)** mit einem Gesims versehen, oben einfassen, τινί mit etwas, übertr. beenden. **2)** poet. bis zum Gipfel steigern, ἄτας.

θρίγκωμα, τό, poet. simsartige Umkränzung.

θρῖδαξ, ακος, ἡ, Lattich, Salat. [stören.

θρίζω, Aor. ἔθρισε, poet. = θερίζω, übertr. zer-

Θρῖνακίη, ἡ, eine märchenhafte, „im Gebiete des Dreizacks liegende", d. h. von Poseidon beherrschte Wunderinsel, wo die Herden des Helios weideten, von den Alten auf Sizilien gedeutet.

θρίξ, τριχός, ἡ (St. **θριχ**), das Haar u. zwar als lästiger Auswuchs, nicht als Schmuck, dah. vorzugsweise das abgeschnittene Haar, kollekt. auch die Haare, insbes. auch die Locke, gew. im Plur. die Haare, ὀρθίας στῆσαι τρίχας die Haare aufrichten, daß sie zu Berge stehen, τρ. ἀρνῶν Wolle, κάπρου Borsten; sprichw. buk. θρὶξ ἀνὰ μέσσον um ein Haar breit.

θρῖον, τό, poet. sp. **1)** Feigenblatt. **2)** in Feigenblätter gewickeltes und in Honig gebackenes Gericht aus Mehl, Eiern, etc.

θροέω u. Med. **-έομαι** (θρόος), **1)** Akt. u. Med. poet. ertönen, hören lassen, sprechen, verkünden, rufen, sagen, besingen, abs. u. τί etwas, τινί jmdm., mit jmdm. **2)** Pass. N. T. sich fürchten.

θρόμβος, ὁ (τρέφομαι gerinnen, dt. *trüb*), Klumpen, Tropfen besonders (geronnenen) Blutes, τινός von etwas. Davon

θρομβώδης, 2. klumpenartig, kloßartig.

θρόνα, τά, ep. Blumen, **a)** als Zierat in Geweben u. Stickwerk, die sich durch ihre Farbe von dem Grunde des Gewebes unterscheiden. **b)** buk. als Zauberkräuter.

Θρόνιον, τό, Hauptstadt der epiknemidischen Lokrer am Boagrios, beim heutigen *Romani*. Einw. **Θρονιεύς,** Adj. Fem. **-ιάς.**

θρόνος, ὁ (vgl. θρῆνυς), **1)** Sitz, Sessel, Stuhl, mit ἁμαξήρης der Wagensitz; vorzügl. hoher Lehn- od. Armstuhl, vor welchen zum bequemen Sitzen eine Fußbank (θρῆνυς) gesetzt u. über den Tücher gebreitet wurden. Gew. künstlich gearbeitet von kostbarem Material. **2)** im bes. **a)** im Sing. u. Plur. Ehrensitz, der Sitz der Könige u. Obrigkeiten, der Herrschersitz, Thron, N. T. Richterstuhl, dah auch im Sing. u. Plur. für Herrschaft selbst. **b)** der Göttersitz, Tempel.

θρόος, zsgz. **θροῦς,** ὁ (θρέομαι), **a)** Lärm, Geschrei, lauter Zuruf. **b)** Gerede, Murmeln, Gerücht, abs. od. mit folg. ὡς.

θρυαλλίδιον, τό, sp. Dochtrest, Dem. von

θρυαλλίς, ίδος, ἡ, poet sp. Docht.

θρῡλέω (v. θρῦλος, θρέομαι), viel Gerede machen, oft vorreden, im Munde führen, viel besprechen, τί, πρός τινας unter einigen, auch mit περί τινος od. folg. ὅτι.

θρυλ(λ)ίζω, ep. einen Mißton, ein Schnarren auf der schlecht gespielten Kithara hervorbringen.

θρῡλ(λ)ίσσω, Aor. pass. ep. θρυλίχθη, zerschmettern.

θρύλλος od. **θρῦλος,** ὁ, ep. Lärm, Getöse.

θρύον, τό, **1)** ep. Binse. **2)** als Eigenn. **Θρύον** [ῠ], τό, u. **Θρυόεσσα,** ἡ, Stadt der Pylier am Alpheios in Elis, das spätere Epitalion.

θρυπτικός, 3. mürbe, dah. übertr. weichlich. Von

θρύπτω (St. θρυφ, τρύφος, τρυφή, dt. *triefen, tropfen*), ep. Aor. pass. ἐτρύφην, **1)** Akt. zerreiben, zerbröckeln, τῆς χιόνος τὰ θρυφθησόμενα Stellen, wo das Schmelzen des Schnees zu erwarten steht. **2)** Pass. u. Med. **a)** im Überflusse schwelgen. **b)** sich brüsten, τινί womit. **c)** sich nachgiebig, zärtlich beweisen, kokettieren, πρός τινα. **d)** sich zieren, den Spröden spielen, auch: weichlich sein.

θρύψις, εως, ἡ, die Weichlichkeit, Üppigkeit.

θρῴσκω (θορ), θοροῦμαι, ἔθορον. **1)** springen, hüpfen, fliegen, zueilen. **2)** heranspringen, heranstürzen. **3)** bespringen, befruchten.

θρῳσμός od. **θρωσμός,** ὁ, ep. Vorsprung, Erhöhung, Höhe, Kuppe.

Θυαμία, ας, ἡ, Kastell im S. v. Sikyon an der Grenze des sikyonischen u. phliasischen Gebietes.

Θύαμις, ιδος, ὁ, Fluß in Epirus, gegenüber von Kerkyra mündend, j. *Kalamās.*

Θύαμος, ὁ, Berg an der Nordostgrenze von Akarnanien, gegen Ätolien, j. *Spartovuni.*

θυάς, άδος, ἡ (θύω), sp. die Stürmende, Bacchantin, Thyade.

Θυάτειρα, ων, τά, Stadt im Innern des nördlichen Lydiens am Fl. Lykos, j. *Akhissar.*

Θύβρις, ὁ, sp. = Θύμβρις.

θυγάτηρ, ἡ (got. *dauh-tar*, ahd. *toh-tar*), Tochter; im N. T. auch Nachkommenschaft, die Einwohner, Bürger. Dav.

θυγατριδῆ, ἡ, Tochtertochter, Enkelin.

θυγατριδοῦς, ion. **θυγατριδέος,** ὁ, Tochtersohn, Enkel.

θῠγάτριον, τό, sp. N. T. Demin. von θυγάτηρ, das Töchterchen, junge Tochter.

θυέεσσιν, Dat. plur. von θύος.

θύελλα, ἡ (zu θύω analog ἄϝελλα). **1) Sturmwind,** Windsbraut, Wirbelwind, oft mit ἀνέμου od. ἀνέμων; θύελλαι πυρός vom vulkanischen Sieden und Brausen, übertr. ἄτης θύελλαι des Unheils Stürme. **2)** personif. Windgötter.

Θυέστης, ου, ὁ, ep. u. äol. **Θυέστα,** Sohn des Pelops, Bruder des Atreus, Vater des Aigisthos, welcher dah. **Θυεστιάδης** heißt, nach Atreus Regent in Mykenai. Aus Rache tötete Atreus des Thyestes zwei Söhne und setzte ihr Fleisch dem eigenen Vater vor (Θυέστου δαίς, sp. Vorwurf des Kindermordes gegen die Christen).

θυήεις, εσσα, εν (θύος), ep. von Weihrauch duftend, übertr. opferumduftet.

θυηλή, ἡ (s. θύος, II. θύω), ep. u. poet. **1)** Brandopfer, der Teil, welcher den Göttern zu Ehren verbrannt wurde, Opferkuchen, Räucherwerk. **2)** Mord als ein dem Ares dargebrachtes Opfer.

θυηπολέω, ein Opferpriester sein, opfern, εὐαγγέλοισιν ἐλπίσιν in der Hoffnung auf eine gute Botschaft. Von

θυη-πόλος, 2. (πέλω), poet. u. sp. Opferpriester od. Opferpriesterin. [weihrauchgenährt.

θυη-φάγος, 2. (φαγεῖν), poet. weihrauchverzehrend,

Θυῖα, ion. **Θυίη, 1)** Tochter des Kephisos, nach der die **Θυιάδες** oder Θυάδες benannt waren. **2)** Ort in Delphi mit einem Altar der Winde. **3)** = θυάς.

θύϊνος, 3. (τὸ θύον), sp. N. T. vom Lebensbaum.

θυίω, poet. Nbf. zum I. θύω, s. d.

θύλᾰκος, ὁ, u. Dem. dav. **θυλάκιον,** τό, **1)** Sack, Beutel, meistens von Leder. **2)** poet. auch die weiten Beinkleider der Perser, Pumphose.

θύλημα, τό, poet. u. sp. Opferkuchen.

θῦμα, τό, (θύω). **1)** Opfergabe jeder Art (z. B. θύματα πάγκαρπα), Opferrauch, **Opfer,** θύματα τῆς ἁλώσεως ῥέζειν Opfer wegen der Eroberung darbringen, τῆς θεοῦ für die Göttin. **2) die Opferung.**

θῡμ-αλγής, 2. (θυμός, ἄλγος), ep. ion. u. poet. herzkränkend, schmerzlich, Schmerz empfindend.

θυμαρέω, buk. gutheißen.

θῡμ-ᾱρής (θυμός, ἀρέ-σκω), 2. ep. sp. u.

θυμ-ήρης, 2. ep. herzerfreuend, köstlich, wohlgefällig, lieb u. wert, θυμήρες κεραννύναι eine behagliche Mischung bereiten.

θῡμ-άρμενος, 3. poet. (vgl. θυμαρής), willkommen.

Θύμβραρα, τά, Stadt in Lydien bei Sardes.

Θύμβρη, ἡ, Gegend u. Stadt in Troas am Thymbrios, πρὸς Θύμβρης landeinwärts, gegen Osten.

Θυμβριον, τό, Stadt im östl. Phrygien, j. *Akshehr.*

Θύμβρις, ιδος (Θυμβρίς, ίδος), ὁ, **1)** buk. Fluß od. Berg bei Syrakus. **2)** sp. der Tiber.

θῠμέλη, ἡ (II. θύω), eigentl. **1)** Opferort, daher insbes. **a)** der in der Orchestra des Theaters befindliche Altar des Dionysos, um den der kyklische Chor seine Tänze aufführte, u. so überh. **b)** die Schaubühne; sp. οἱ ἀπὸ τῆς θυμέλης die Schauspieler. **2)** Gerüste; mit Κυκλώπων poet. die kyklopischen Mauern.

θυμελικός, 3. sp. zum Theater gehörig, ἄνθρωπος Schauspieler, θέαι.

θῡμηγερέω (θυμός, ἀγείρω), ep. nur im Part. praes., sich erholen von einer Ohnmacht.

θυμηδέω, poet. frohgemut sein. Von
θῡμ-ηδής, 2. (ἥδος), ep. u. poet. herzerfreuend.
θυμηδία, ἡ (θυμηδής), poet. sp. Ergötzung.
θυμήρης, s. θυμαρής.
θυμίᾱμα, τό, ion. **θυμίημα** (θυμιάω), **1)** Räucherwerk, oft im Plur. **2)** Weihrauchopfer; Räucheraltar, N. T. [gefäß, Rauchfaß.
θυμιατήριον, ion. **θυμιητήριον, τό,** Räucher-
θῡμιάω, θυμιάσω usf., Aor. ion. ἐθυμίησα (θῦμα), in Rauch aufgehen lassen, überh.: räuchern.
θυμίημα, θυμιητήριον, s. θυμια-.
θυμικός, 3., Adv. **-κῶς,** -κώτερον, meist sp. leidenschaftlich, heftig, hitzig.
θῡμο-βόρος, 2. (βιβρώσκω), ep. u. poet. herznagend, kränkend, auch mit pleonastisch hinzugef. φρένα.
θῡμο-δακής, 2. (δάκνω), ep. poet. herzkränkend.
θῡμο-ειδής, 2. (εἶδος), hitzig, mutig, wild, von Pferden: feurig; τὸ θυμοειδές Leidenschaft, Zorn, Mut. [mutig.
θῡμο-λέων, οντος, ὁ, ep. poet. löwenherzig, löwen-
θῡμό-μαντις, εως, ὁ, ἡ, poet. von prophetischem Geiste.
θῡμομαχέω (wie v. θῡμο-μάχος), sp. **1)** mit dem Gemüt ankämpfen, πρός τι sich in etwas nicht finden können. **2)** heftig zürnen, τινί. N. T.
θύμον, τό, sp. der Thymian, Quendel.
θυμόομαι, s. θυμόω.
θῡμο-πληθής, 2. poet. voll Zorns.
θῡμο-ραϊστής, οῦ, ὁ (ῥαίω), ep. lebenzerstörend.
θῡμός, ὁ (zu I. θύω sich heftig bewegen, aufwallen, also eigtl. Gemütswallung, Leidenschaft, lat. *fumus* Rauch, Qualm) • **1)** Seele, Herz als **Lebenskraft,** Leben, deren Sitz in der Brust u. bestimmter im Zwerchfell (φρένες) ist, θυμόν (Lebenskraft) ἀγείρειν d. i. sich wieder erholen, Gegent. ἀποπνείω • **2)** Herz als Sitz des sanften Empfindens sowohl wie der heftigen Leidenschaft, Gemütsbewegung, **Mut, Zorn,** Unwille, ὀξύς, im Plur. Zornesregungen, Wutausbrüche, τὸν θυμὸν ἐπανάγειν Unwillen erregen, ἔστε καταστῆναι αὐτοῖς τὸν θυμόν bis sich die Aufregung bei ihnen gelegt hatte; θυμῷ mit Mut, leidenschaftlich, in Unmut • **3)** Herz als Sitz des Wollens und Denkens: • **a) Wille,** Wunsch, Verlangen, πρὸς θυμοῦ nach Wunsch; τινός nach etwas od. mit Inf. • **b)** Entschluß, Gedanke. Und überh. • **c) Gemüt,** Sinn, παντὶ τῷ θυμῷ aus Herzensgrund, θυμῷ im Herzen, und von Herzen, κατὰ φρένα καὶ κατὰ θυμόν, θυμόν, κατὰ θυμόν, ἀπὸ θυμοῦ, ἐκ θυμοῦ im Gemüte, doch auch ernstlich, von Herzen, aber ἐκ θυμοῦ πίπτειν u. ἀπὸ θυμοῦ εἶναι, ἐν θυμῷ, ἐς θυμὸν βαλέσθαι od. βαλεῖν τι sich etwas zu Gemüte führen, zu Herzen nehmen, ἐς θ. φέρειν τι, δίχα θυμὸν ἔχειν zweierlei d. i. verschiedene Gesinnung haben, und δίχα θυμὸς ὀρώρεται mein Sinn ist zwiefach bewegt, schwankt unruhig zwischen zwei Entschlüssen; ἐν θυμῷ χαίρειν im stillen.
θύμος, ὁ, der Thymian.
θῡμοφθορέω, poet. das Herz aufreiben, sich ängstigen, abhärmen. Von
θῡμο-φθόρος, 2. ep. poet. (φθείρω), eigentl. das Herz aufreibend, dah. **a)** lebenzerstörend, mörderisch, tödlich, auf einen Mord hindeutend. **b)** herzkränkend.
θῡμόω (θυμός), **1)** trans. Akt. in Zorn versetzen. **2)** intr. Med. Pass. **θυμόομαι, ἐθυμώθην,** zornig werden, in Zorn geraten, zürnen, sich ereifern; mit Part. z. B. παθών über eine Beleidigung zürnen.
θυμώδης, ῶδες, **a)** mutig, feurig. **b)** zornig, hitzig.
θύμωμα, τό, poet. u. **θύμωσις, ἡ,** sp. das Zürnen, Zornigwerden.
θύννος, ὁ, der Thunfisch, häufig im Mittelländischen Meere.
Θυνοί, οἱ, eine thrakische Nation, urspr. in der Nähe von Salmydessos am Schwarzen Meere wohnhaft, später in Asien an der bithynischen Küste.
θύνω, s. I. θύω.
θυο-δόκος, 2. poet. Räucherwerk aufnehmend.
θυόεις, εσσα, εν, **1)** (θύος), ep. poet. von Räucherwerk duftend, düftereich. **2)** (θύω), ep. wallend, νέφος.
θύον, τό, ep. u. sp. ein zypressenartiger Baum mit wohlriechendem Holz, Lebensbaum od. Zeder.
θύος, εος, **τό** (II. θύω, lat. *tus*), ep. poet. u. buk., meist im Plur. **a)** Brandopfer, Räucherwerk. **b)** das Opfer im allgemeinen.
θυοσκέω in Aesch. Ag. 87 (statt des handschriftl. θυοσκινεῖς) Opfer darbringen (περίπεμπτα umhergeschickte). Von
θυο-σκόος, ὁ, ἡ (θύος u. St. σκοϝ, κοϝ, lat. *căvēre,* ahd. *scouwôn* schauen), ep. u. poet. opferschauend, opferkundig, aus der Flamme u. dem Dampfe prophezeiend, überh. Opferer.
θυόω (θύον), ep. nur Part. perf. pass. τεθυωμένος, duftend, wohlriechend.
θύρα, ion. **θύρη,** ἡ, meist im Plur. (lat. *for-es,* dt. *Tor*) • **1)** Torflügel, **Türe,** αὔλειος die Haustüre, bei Homer θύραι αὐλῆς od. αὔλειαι Hoftüre, θύραι δικλίδες Flügeltüren, θύρη καταπακτή Falltüre, τὴν θύρην ἀνακλίνειν, ἀναπεταννύναι u. ähnl. die Türe aufmachen, τὰς θύρας ἐπιθεῖναι od. προσθεῖναι, wie ἐπικλείειν, sie verschließen; sprichw. παρὰ θύραν εἰσβιάζεσθαι neben der Tür einbrechen, θυρῶν von der Türe her, **θύρῃσι,** dor. u. poet. **θύρᾱσι** (lat. *foris*), Adv. wie auch d. ep. **θύρηφι** u. **θύρηθι** vor der Türe, draußen (Od. 14, 352 θύρηθι), dag. θύρηθε, att. θύρᾱθεν von der Türe, von außen, von der Fremde her, dann auch = θύρηθι, dah. ἐπὶ u. παρὰ Πριάμοιο θύρῃσιν d. h. vor der Wohnung, auf der Burg, im Gegens. zu ἔνδον od. ἐντὸς θυρῶν drinnen im Hause. Ferner ἐν oder εἰνὶ θύρῃσι in oder an der Tür, auf der Schwelle, ἐν πρώτῃσι θύρῃσιν vorn an der Tür. Ähnl. περὶ θύρας, ἐπὶ τῶν θυρῶν, ἔντοσθε θυράων, aber κατὰ τὰς θύρας durch die Türe, διὰ θυρῶν zum Tore heraus • **2)** Als *pars pro toto,* das **Haus,** bes. die Wohnung oder der Aufenthaltsort angesehener Personen, insbes. αἱ βασιλέως θύραι der Hof des persischen Großkönigs (gleichs. die hohe Pforte), dah. τὰς θύρας θεραπεύειν seine Aufwartung bei Hofe od. einem angesehenen Manne machen, ähnl. ἐπὶ θύρας φοιτᾶν, ἰέναι, παρεῖναι, ἐπὶ θύραις bei Hofe, οἱ ἐπὶ θύραις βασιλέως die königlichen Hofbedienten • **3)** überh. der **Ein-**

gang, z. B. zu einer Höhle, die **Schwelle,** Grenze, *ἐπὶ ταῖς θύραις τῆς Ἑλλάδος* an der Schwelle von Griechenland, u. hyperbolisch *ἐπὶ ταῖς θύραις* in nächster Nähe • **4)** eine türähnliche **Platte** od. **Hürde** (Hdt. 2, 96).

θύρᾱζε, ep. u. poet. Adv. (eigtl. st. *θύρασδε*, *foras*), **a)** aus der Tür, hinaus vor die Tür. **b)** überh. hinaus, heraus, draußen, außerhalb, dah. anderswoher (im Gegens. zu *ἔνδοθεν*), abs. od. *τινός* u. *ἔκ τινος* aus etwas.

θύρᾱθεν, s. *θύρα.*

θυραῖος, 3. u. 2. (*θύρα*), poet. u. sp. zur Türe gehörig, u. zwar **1)** außen an der Tür stehend, vor der Tür, auf der Straße, draußen, *θυραῖον ἐλθεῖν, οἰχνεῖν* heraustreten, *θ. ἔχειν στίβον* auswärts wandeln. **2)** übertr. **a)** außer dem Hause, abwesend, fern. **b)** fremd, nicht eigen, *δόξα* ein von außen kommender, nicht im natürlichen Bedürfnis begründeter Wahn.

θύρᾱσι, s. *θύρα.*

θυραυλέω (*θύραυλος, θύρα, αὐλή*), außer dem Hause, im Freien, unter freiem Himmel leben, im Felde liegen.

θυραυλία, *ας*, *ἡ*, der Aufenthalt vor der Tür, im Freien, Warten in Vorzimmern, das Antichambrieren.

θυραωρός, *ὁ*, ep. s. *θυρωρός.*

Θυρέα, ion. ***Θυρέη,*** *ἡ*, auch *αἱ* ***Θυρέαι,*** Stadt u. Gebiet in Argolis an der lakonischen Grenze (in Kynuria), Adj. fem. ***Θυρεᾶτις*** *γῆ*, berühmt durch blutige Kämpfe zwischen Argivern u. Spartanern, bes. den des Othryades 546 v. Chr.; die Einw., ***Θυρεᾶται,*** wahrten noch manchen antiken Gebrauch; ostwärts *Θυρεάτης κόλπος.*

θῠρεός, *ὁ* (*θύρα*), **1)** ep. Türstein, vor dem Ausgang. **2)** sp. ein großer, länglich viereckiger Schild von Türgestalt, das *scutum* der Römer, während *ἀσπίς*, *clipeus*, ein ovaler oder runder Schild ist. Dav.

θυρεο-φόρος, *ὁ*, sp. Schildträger.

θύρετρα, *τά* (nur Plur.), Tür, Pforte = *θύρα.*

θύρη, θύρηθ᾽ (*θύρηθι*), ***θύρηφι,*** s. *θύρα.*

Θυριεῖς, *έων*, *οἱ*, Bewohner von ***Θύριον*** im nördlichen Akarnanien.

θύριον, *τό*, poet. sp. u. ***θυρίς,*** *ίδος*, *ἡ*, Dem. von *θύρη*, **1)** kleine Türe, Pförtchen. **2)** (*θυρίδες, αἱ*), Fenster, Fensteröffnung. [betteInd.

θυρο-κόπος, *ὁ* (*κόπτω*), poet. an die Tür klopfend,

θυρόω (*θύρα*), wie mit einer Türe versehen, *τί τινι.*

θυρσάζω, lakon. ***-άσδω,*** part. gen. pl. *-ασδωᾶν* = *-αζουσῶν*, das Bakchosfest mit dem Thyrsos feiern.

θυρσο-μανής, 2. poet. vom Thyrsos rasend, begeistert. Von

θύρσος, *ὁ*, poet. u. sp. der Thyrsosstab, ein leichter, gew. aus Efeuholz od. Narthexrohr od. einer Weinrebe zubereiteter, am obern Ende mit Efeu umwundener Stab, oft auch mit einem Pinienzapfen, worunter bisw. eine eiserne Spitze sich versteckte, versehen. Das Hauptzeichen bacchischen Dienstes.

θυρσοφορέω, poet. u. sp. den Thyrsos tragen; *θιάσους* mit dem Thyrsos in der Hand bacchische Reigen aufführen. Von

θυρσο-φόρος, *ὁ* (*φέρω*), poet. Thyrsosträger.

θυρώματα, *τά* (nur Plur.), Tür, *διξά* Flügeltür; auch Türwerk, d. h. das Material zu Türen und das von Türen.

θυρών, *ῶνος*, *ὁ* (*θύρα*), poet. u. sp. Vorderhaus, Hausflur, Vorhalle.

θυρ-ωρός, zsgz. aus ep. ***θυραωρός,*** *ὁ* (*θύρα* u. St. *ϝορ*, vgl. zu *ὁράω* u. *οὖρος*), Türhüter (*ἡ θυρ.* Türhüterin, N. T.), Portier, welcher dem Klopfenden die Tür öffnete u. ihn anmeldete, bisw. auch den Einlaß verweigerte. Er fehlte in keinem angesehenen Hause. Bei den Römern trug er zur Bekräftigung seiner Autorität einen Rohrstock. Bei Hom. auch Beiw. der Hunde.

θυσ(σ)ανόεις, *εσσα*, *εν*, ep. mit Troddeln, Quasten, Fransen besetzt, abs. u. *περί τι* an etwas. Von

θῠσᾰνος, *ὁ* (I. *θύω*, bewegen, schütteln), ep. ion. poet. u. sp. die Troddel, Quaste, Franse.

θῠσανωτός, 3. ion. sp. = *θυσανόεις*, s. d.

θύσθλα, *τά* (II. *θύω*), ep. u. sp. die heiligen Geräte der Bakchosfeier, die Thyrsosstäbe, Fackeln usw.

θυσία, ion. ***-ίη,*** (*θύω*). **1)** auch im Plur. das Opfern, die Opferhandlung, Opferweise. *ἐν θυσίαις εἶναι* mit Opfern beschäftigt sein. **2)** das **Opfer,** u. zwar **a)** die Opfergabe, das Opfertier, urspr. mit Räucherwerk *(suffimenta)*, entgegengesetzt dem mit *ἱεροῖς* d. i. *hostiis*, dann **b)** das Opferfest, *θυσίαν θύειν, ποιεῖν, ποιεῖσθαι* ein Opfer bereiten, darbringen (N. T. *ἀνάγειν, ἀναφέρειν, προσφέρειν θυσίαν τινί*), *θυσίαις χρῆσθαι* das Opfer zum Weissagen benutzen.

θυσιαστήριον, *τό*, sp. N. T. Opferaltar, Opfer.

θύσῐμος, 2. (II. *θύω*), ion. poet. u. sp. zum Opfer geeignet, *κτήνεα* Opfertiere.

Θυσσαγέται, *ῶν*, *οἱ*, ein großes skythisches Volk.

θυσ(σ)ανόεις, s. ***θυσανωτός.***

Θυσσός (*Θύσσος*), *ἡ*, Stadt Makedoniens auf der Athoshalbinsel, jetzt *Dhokiori* od. *Zografu.*

θυστάς, *άδος*, *ἡ* (= *θύσιμος*), poet. Adj. fem., zum Opfer gehörig, beim Opfer verrichtet.

θῠτήρ, *ῆρος*, *ὁ* (*θύω*), poet., u. ***θύτης,*** *ου*, *ὁ*, sp. der Opferer.

θυτήριον, *τό* (*θυτήρ*), poet. das Opfer, = *θῦμα.*

θυτικός, 3. (II. *θύω*), sp. zum Opfer gehörig.

I. ***θύω*** (*θῡ*, vgl. *θῡμός*, lat. *fū-mus*, ahd. *toum*, Dampf, got. *dauns*, Rauch, Geruch), mit Gewalt aufschießen, **1)** sich heftig bewegen, stürmen, rennen, toben, wüten, rasen. **2)** aufwallen, wogen, brausen, tosen, schäumen.

II. ***θύω*** (urspr. = dem vorigen), verbrennend **opfern** • **1)** ein Rauch- od. Brandopfer darbringen, ein Opfermahl halten, hom. nur vom Darbringen der Opferspeise, bes. als Weihe des Mahls, *τὰ ἱερά*, ähnl. *θύματα, τὰ ἐκ τῶν κύρβεων, φλόγα καὶ καθαρμόν* ein Brandopfer zur Reinigung darbringen, *αὐτοῦ παῖδα, τὴν σὴν ὅμαιμον θῦσαι θεοῖσι* von der Iphigenie, *ξίφει* mit dem Schwert, *ἀπὸ τῶν μισθωμάτων* d. h. die Bestreitung des Opfers dem Mindestfordernden gegen ein gewisses Lohngeld überlassen, *κατὰ τὰ πάτρια.* Im Med. für sich opfern, meist kausat. für sich opfern lassen, *διαβατήρια* für den glücklichen Grenzübergang; bes. um aus den Eingeweiden Einsicht in den Ausgang einer Sache od. das Schicksal einer Person zu erhalten, ἐγένετο τοῖσι θυομένοισι τὰ σφάγια χρηστά, ἐπ' ἐξόδῳ ἐθύετο Ξενοφῶν, θυομένῳ ἐπὶ Κρότωνα wegen des Zuges gegen Kroton, περὶ, ὑπὲρ τῆς μονῆς, auch mit indir. Frages., um zu erfahren ob • 2) Im bes. **schlachten,** sowohl zum Opfern (nachhom.), ἱερεῖα, als zum Essen; N.T. morden, töten • 3) mit Opfer begehen, **feiern.**

θυ-ώδης, 2. (θύος, ὄδωδα), ep. u. poet. nach Räucherwerk duftend, wohlduftig, wohlriechend, z. B. θάλαμος, von dem wohlriechenden Holze, welches zum Leuchten u. Erwärmen verbrannt, od. zum Bekleiden der Wände u. zu Mobiliar verwendet wurde.

θύωμα, τό (θυόομαι), ion. sp. Räucherwerk, Spezerei, = θυμίαμα, immer im Plur.

Θυώνη, die vergötterte Semele.

θῳή od. **θωή,** ἡ (St. θω: θη, τίθημι), ep. poet. die festgesetzte Strafe, Buße, sei es an Vieh oder anderm Geldeswerte, für Schimpf oder Ungehorsam gegen die Vorsteher der Gemeinde.

θωκέω, s. θακέω. **θῶκος, θῶκόνδε,** s. θᾶκος.

θῶμα, θωμάζω, ion., s. θαῦμα, θαυμάζω.

θῶμιγξ, ιγγος, ἡ (verw. lat. *fūnis*), Schnur, Strick, στέφανος θώμιγγος ein zum Kranz gewundener Strick, wie ihn die Frauen der Babylonier im Tempel der Aphrodite um den Kopf trugen als Symbol, daß sie sich in die Dienstbarkeit der Göttin begaben.

θωμός, ὁ (τίθημι), poet. der Haufen.

Θῶν, ὦνος, u. **Θῶνις,** ιος, **1)** ὁ, ägyptischer Statthalter od. König, schon in Od. 4, 228 als Edler genannt; gedeutet auf einen arzneikundigen König v. Theben: Siphthas-Harmaïs-Thon. **2) Θῶνις,** ἡ, Handelsstadt an der kanopischen Mündung beim j. *Abukir.*

θωπεία, ἡ, u. **θώπευμα,** τό, Schmeichelei.

θωπευμάτιον, τό, poet. Liebesdienstchen.

θωπεύω, u. poet. **θώπτω,** ein Schmeichler (θώψ) sein, schmeicheln, nach dem Munde reden, huldigen, besänftigen, τινά jmdn., od. τί, z. B. ὄνομά τινος dem Ruhm jmds. schmeicheln, dag. ταῦτα dergleichen Demut üben.

θωρακεῖον, τό (θώραξ), poet. Brustwehr, Bollwerk.

θωρᾱκίζω, ἐθωράκισα, τεθωράκισμαι (θώραξ), **1)** Akt. u. Pass. mit dem Brustpanzer versehen, bepanzern, τινά jmdn., auch die Pferde, näml. mit Stirnbändern u. Brustbedeckung, auch τινά τι einen in bezug auf etwas, in etwas. Pass. τεθωρακισμένος geharnischt. **2)** Med. sich bepanzern, den Panzer anlegen.

θωράκιον, τό, sp. Mastkorb.

θωρᾱκο-ποιός, ὁ (ποιέω), der Panzermacher.

θωρᾱκο-φόρος, ion. **θωρηκοφόρος,** 2. Panzer tragend, gepanzert.

θώραξ, ᾱκος, ion. **θώρηξ,** ηκος, ὁ, eigtl. Behälter (St. θω: θη, τίθημι). **1)** der Brustharnisch, **Panzer, Küraß.** Er bestand gew. aus zwei metallenen, mit Haken zusammengefügten Platten von Erz, bisw. vergoldet (Brust- und Rückenstück). Doch gab es auch leichtere von Leder od. zusammengeheftetem Leinen (λίνεος), der letztere bisw. verdoppelt, wie denn auch der πεζικός leichter war als der ἱππικός, Reiterpanzer. **2)** übertr. äußere Mauer, Schutzwehr.

θωρηκοφόρος, s. θωρακοφόρος.

θωρηκτής, οῦ, (ὁ), ep. gepanzert, gewappnet. Von

θωρήσσω (θώρᾱξ), den Panzer anlegen, rüsten, mit Waffen ausrüsten, bewaffnen, etwas anlegen; mit u. ohne οἴνῳ berauschen.

θώς, θωός, Gen. plur. **θώων,** ὁ, ein fleischfressendes, fuchsähnliches Raubtier, Schakal (?).

θῶυμα, τό, **θωυμάζω, θωυμάσιος** u. **θωυμαστός,** s. θαῦμα usw.

θωύσσω, Aor. 1. (ἐ)θώυξα, poet. **a)** abs. bellen, gellend schreien, von Mücken: summen. **b)** τί etwas ausrufen, verkünden, schreiend hervorbringen, ausstoßen, u. τινά einen rufen.

θώψ, θωπός, ὁ (θωπ: θηπ in τέ-θηπ-α, vgl. θάμβος), Schmeichler: Adj. θῶπες λόγοι Schmeichelreden.

I.

Ι, neunter Buchstabe des griech. Alphabets. Als Zahlzeichen ι′ = 10. In der Aussprache war Iota Vokal, obwohl es zuweilen, besonders zwischen Vokalen, konsonantisch wie *jod* ausgesprochen wurde, in Gedichten von Homer an z. B. *Αἰγύπτjης* u. a., bei den Tragikern besonders in ποιεῖν u. Pronominalformen mit *οι*.

ῑ *demonstrativum* od. ἐπιδεικτικόν, kann in der attischen Umgangssprache an alle Kasus der demonstrativen Pronomina angehängt werden (οὑτοσί, ὁδί), wenn unmittelbar wie mit den Fingern auf den gemeinten Gegenstand hingewiesen werden soll.

ἵ od. **ἵ,** Dat. ἵν od. ῑν, veraltete Pronominalform = lat. *is*, Akk. *im* = *eum.*

ἴα, ἰῆς, s. ἴος. **ἰά, τά,** s. I. ἰός.

ἰά, poet., **ἰή,** ion. [◡_] ἡ, Laut, Stimme, Geschrei, Getön.

Ἰάζυγες, οἱ, ein sarmatischer Völkerstamm, früher am Asowschen Meer, zu Alexanders Zeit im heutigen Siebenbürgen.

ἰαίνω (zu ἰά-ομαι, wie δραίνω zu δρά-ω), **1)** erwärmen, heizen, flüssig, weich machen. **2)** wieder beleben, erquicken, erfreuen, erweichen, zum Mitleid bewegen, im Pass. durchglüht werden.

ἰακχάζω, ion. u. sp. Iakchos rufen, τί etwas jubelnd od. Iakchos rufend erklingen lassen.

Ἰακχεῖον, τό, Heiligtum des Iakchos in Athen, der gewöhnlichste Sitz der Traumdeuter.

ἰακχή, ἡ, poet. = Ἴακχος, 3., vgl. ἰαχή.

Ἴακχος, ὁ. **1)** Kultname des mystischen Bakchos in Athen u. Eleusis. **2)** der jauchzende (ἰάκχω) Festgesang am sechsten Tage der großen Eleusinien. **3)** poet. überh. Geschrei, Totenklage, wie ἰακχή, ἡ, poet. **4)** als Adj. poet. bakchisch.

ἰάλεμος, poet. sp., ion. **ἰήλεμος, 1)** Adj. kläglich. **2)** Subst. ὁ, Klage, Klagelied.

ἰάλλω, ep. poet., Aor. ἴηλα, senden, absenden, abschicken, ausstrecken, legen, τί, u. zwar ἀπὸ τόξου, d. i. mit dem Bogen schießen, od. ἐπί τι nach etwas, περί τι um etwas, auch τινά τινι einen mit etwas bewerfen, d. i. verletzen. Davon

ἰαλτός, 3. poet. gesendet.

Ἰᾱλῡσός od. **Ἰάλῡσος** [ῐ], ἡ, ion. **Ἰηλῡσός** od. **Ἰήλῡσος,** Stadt auf der Insel Rhodos, j. *Jaliso.*

ἴᾱμα, ion. **ἴημα,** τό (ἰάομαι), **1)** Heilmittel, abs. u. übertr. τινός Mittel gegen etwas. **2)** Heilung, N. T.

ἰαμβειο-γράφος, ὁ, Iambenschreiber; überh. Lästermaul (var.).

ἰαμβεῖον, τό (ἴαμβος), ein iambischer d. i. in Iamben geschriebener Vers, Plur. iamb. Gedicht.

ἰαμβειο-φάγος, ὁ (φαγεῖν), Iambenverschlucker, schlechter Deklamator.

ἰαμβ-έλεγος, ὁ, ein halber iambischer u. ein halber daktylischer Vers, ⏑–⏑––, –⏑⏑–⏑⏑–.

ἰαμβιάζω, poet., u. **ἰαμβίζω,** in Iamben reden, spotten, schmähen, τινά.

ἰαμβο-ποιός, ὁ, der Iambendichter, Verf. von Spottgedichten. Von

ἴαμβος, ὁ, der Iambus, das bekannte Metron ⏑–⏑–; iambisches Spott- u. Schmähgedicht.

Ἰαμίδαι, ῶν, οἱ, Nachkommen des Iamos, eines Sohnes des Apollo u. der Euadne, ein Prophetengeschlecht in Elis u. sonst in Griechenland.

Ἰᾶνες, οἱ, dor. poet. = Ἴωνες, s. d.

Ἰαξάρτης, ου, ὁ, Fluß in Sogdiana, der in den Aralsee mündet, nach den Alten, welche den Aralsee nicht kannten, in das Kaspische Meer. Nicht selten mit dem Tanaïs verwechselt.

ἰάομαι (ῑ, selten ῐ), Dep. med., ἰᾱ́σομαι, ἰᾱσάμην, ἴᾱμαι act. u. pass. (sp.), ἰᾱ́θην, ἰᾱτός, ion. ἰήσομαι, ἰησάμην, heilen, eigtl. nur von äußerlichen Wunden, abs. od. τινά, τί, u. ἰαθῆναι ἀπὸ νόσων. Übertr. **a)** wiederherstellen, wieder gut machen, abhelfen, abs. u. τί. **b)** beruhigen, trösten, τινά. — Sprichw. κακὸν κακῷ ἰᾶσθαι Übel mit Übel heilen.

Ἰάονες, οἱ, u. **Ιαόνιος** s. Ἴων.

Ἰαπετιονίδης, ὁ, ep. Sohn des Iapetos = Prometheus.

Ἰαπετός, ὁ, Titane, Sohn des Uranos u. der Gaia, Bruder des Kronos, Vater des Prometheus, des Epimetheus und des menschlichen Geschlechtes überh., dah. sprichw. von einem hohen Alter: älter sein als Iapetos.

ἰάπτω, 1) trans. werfen, schleudern, schießen, treffen; ὀρχήματα den Tanzreigen schwingen. **2)** intr. schwingen, schweben, eilen.

Ἰάπῠγες, ων, ion. **Ἰήπυγες,** οἱ, Volk in Unteritalien, benannt von **Ἰᾶπυξ,** υγος, ὁ, dem Sohne des Dädalos, der sich in Italien niederließ. Aber ὁ Ἰᾶπυξ, mit u. ohne ἄνεμος, der Westnordwestwind, denn das Land Iapygia war den Griechen westnordwestlich gelegen. Das Land selbst hieß **Ἰαπυγία,** ion. **Ἰηπυγία,** ἡ, ein Teil Kalabriens, jetzt *terra d'Otranto.* Adj. dav. **Ἰαπύγιος,** 3., dah. ἡ ἄκρα Ἰαπυγία ein Vorgebirge im Süden Kalabriens, j. *Kap Leuka.*

Ἰάρδᾰνος [ῐ], ὁ, **1)** ein Fluß im Nordwesten Kretas. **2)** ein unbekannter Fluß in Elis. **3)** sonst. Männername.

Ἰάς, άδος, Adj. fem. ionisch, ἡ die Ionierin (auch der ionische Dialekt).

Ἰασίδης [–⏑⏑–], ου, ὁ, Sohn des Iasos, **a)** = Amphion v. Orchomenos. **b)** = Dmetor aus Kypern.

ἰάσῐμος, 2. (ἰάομαι), heilbar, meist im übertr. Sinne: wieder gut zu machen.

ἴασις [––⏑], εως, ἡ (ἰάομαι), das Heilen, die Heilung, übertr. die Verbesserung, das Bessern, Heilmittel, abs u. τινός von etwas, τινί für etwas.

Ἰασίων, ωνος, ὁ, Sohn des Zeus u. der Elektra, Liebling der Demēter, Dämon der fruchtbaren Erdtiefe.

Ἰασονία ἀκτή, ἡ, Vorgebirge im Pontos zwischen Kotyōra u. Sinōpe, jetzt *Jasun* od. *Kap Vona.*

Ἴᾶσος, ὁ, **1)** Sohn des Argos panoptes und der Euadne, Vater des Agenor, Herrscher im Peloponnes, von welchem dieser den Namen Ἴασον Ἄργος, das iasische Argos, führte. **2)** sonst. Eigenn.

ἴασπις, ιδος, ἡ, der Jaspis, ein grüner Edelstein.

Ἰασσεύς, έως, ὁ, Bewohner von Iassos, einer karischen Stadt u. Insel, jetzt *Asyn-Kalessi.*

Ἰαστί (Ἰάς), Adv. in ionischer Mundart, Tonart; auf ionisch.

Ἰάσων, 1) ep. u. ion. **Ἰήσων,** ονος, ὁ, Sohn des Äson u. der Polymēde, Anführer der Argonauten. Sein Sohn Euēnos heißt **Ἰησονίδης,** ὁ. **2)** Tyrann von Pherä, auch Prometheus gen., ταγὸς Θετταλῶν, Friedensvermittler nach der Schlacht bei Leuktra; wird erschlagen im J. 370. **3)** aus Thessalonich, Gastfreund des Apostels Paulus. **4)** sonst. Eigenn.

ἰᾱτήρ, ῆρος, poet., ep. **ἰητήρ,** ὁ, = ἰατρός (ῑ), Arzt.

ἰᾱτορία [ῑ], ἡ, poet. Heilkunst. Davon

ἰᾱτός, 3. Adj. verb. v. ἰάομαι, heilbar.

ἰᾱτρεία, ἡ, ärztliche Behandlung, Heilung.

ἰᾱτρεῖον, τό, Haus des Arztes, Krankenhaus.

ἰᾱτρευσις, εως, ἡ, ärztliche Behandlung. Von

ἰᾱτρεύω (ἰατρός), **1)** Akt. Arzt sein: die Heilkunst ausüben, heilen τινά od. τί. **2)** Med. sich heilen oder heilen lassen.

ἰᾱτρικός, ion. **ἰητρ-,** 3. den Arzt od. seine Kunst betreffend, ihr angemessen, ärztlich, heilkundig, abs. u. περί τι in Beziehung auf etwas, ἰατρ. περίοδοι die Besuche der Ärzte, ἡ ἰατρικὴ mit u. ohne τέχνη die Arzneikunst, Heilkunst; τὰ ἰατρικά die Geschäfte des Arztes, die Heilkunst.

ἰᾱτρό-μαντις [ῑ], εως, ὁ, poet. Priester u. Arzt.

ἰᾱτρός [ῑ], ion. **ἰητρός,** ὁ (ἰάομαι), Arzt, Wundarzt, übertr. Helfer, Retter, τινός von etwas oder für jmdn.

ἰατταταῖ u. **ἰατταταιάξ,** Interj. des Unwillens: weh! o weh!

ἰαύω [ῐ], ep. u. poet., ep. Impf. iter. ἰαύεσκον, Aor. inf. ἰαῦσαι, **1)** ruhen, schlafen, übernachten, ἀύπνους νύκτας schlaflose Nächte hinbringen, ἐννυχίαν τέρψιν die Süßigkeit nächtlicher Ruhe genießen. **2)** poet. auch ruhen lassen.

ἰαχέω, s. ἰάχω.

ἰαχή, dor. ἰαχά (urspr. Ϝιϝαχή, verw. ἠχή, d. i. Ϝᾱχᾱ́), ἡ, Geschrei, Lärm, Zuruf; auch im Plur.

ἰάχημα, τό, poet. dasselbe. Von

ἰάχω (eigtl. ϜιϜάχω, vgl. zu αὐΐαχος u. ἠχή), ep. u. poet. (vgl. ἀμφιαχυῖα), u. poet. **ἰαχέω, 1)** intr. laut schreien, aufschreien, u. von leblosen Dingen: laut tönen, tosen, rauschen, schwirren, schmettern, zischen, prasseln. **2)** trans. ertönen lassen, τί, oft μέγα u. ähnl.

Ἰᾱωλκός, ἡ, s. Ἰωλκός. **Ἰάων,** s. Ἴων.

Ἴβηρ, ηρος, ὁ, der Ibērier, Bewohner von **Ἰβηρία,** ἡ, welches den nördlichsten Teil von Spanien, viell. auch das Land zwischen Pyrenäen und Rhone, später ganz Spanien bezeichnete. Adj. dav. **Ἰβηρικός,** 3. ibērisch, spanisch.

ἶβις, εως u. ιδος, ion. ιος, ἡ, Akk. plur. -ῑς (ägypt. *hippen*), der Ibis, ein ägyptischer Sumpfvogel, welcher dem Thoth (Ἑρμῆς) heilig war.

Ἴβυκος, ου, ὁ, Lyriker aus Rhegion, wanderte viel, war auch bei Polykrates auf Samos; auf dem Wege zu den Ἴσθμια der Sage nach von Räubern um 520 v. Chr. erschlagen (αἱ Ἰβύκου γέρανοι!).

ἰγνύη u. **ἰγνύς,** ύος, ἡ (γόνυ), der abgewandte, rückwärtige Teil des Knies, die Kniekehle.

Ἴδα, dor., u. **Ἰδαῖος,** s. Ἴδη.

Ἴδακος, ὁ, Ort auf der thrak. Chersonnes am Hellespont.

Ἰδάλιον, τό [‿‿‿], buk. Vorgebirge u. Stadt auf Kypros mit Tempel und Hain der Aphrodite, die darum bei Verg. Aen. 1, 693 *Idalia* heißt.

Ἰδάς, Dat. Ἰδᾶδι, Konjekt. = Ἰδαίᾳ (sc. γῇ).

I. **ἰδέ,** ep. u. poet. und, = ἠδέ.

II. **ἰδέ** u. **ἴδε,** sieh, Imper. zu εἶδον.

ἰδέα, ἡ, ion. **ἰδέη** [ῐ], (εἶδος, ἰδεῖν), das Aussehen, **a)** die äußere Erscheinung, Gestalt, Form, Beschaffenheit, Art u. Weise, **b)** im bes. mit u. ohne λόγου die Darstellungsweise, Form u. Gattung der Rede, Ausdruck. **c)** Weise, Plan. **d)** Idee, Urbild, Ideal.

ἴδη, dor. **ἴδα,** ἡ, Waldgebirge, Waldung, **ναυπηγήσιμος** Schiffsbauholz. Dazu der Eigenn.

Ἴδη, dor. **Ἴδα,** **1)** ein hohes Gebirge, welches in Phrygien beginnt u. sich durch Troas u. Mysien erstreckt, jetzt *Kas-dagh.* Seine Abdachung bildet die Ebene von Troja, sein westlicher Ausläufer ist das Vorgeb. Lekton, wo Äolis lag, seine höchste Spitze Gargaron, jetzt *Karadagh.* **2)** Waldgebirge auf Kreta. Von **1)** kommen

Ἴδηθεν, vom Ida her od. herab, u.

Ἰδαῖος, 3. idäisch, zum Ida gehörig, von ihm kommend od abstammend, auf, vom Ida, **a)** τὰ ὄρεα das idäische Gebirge = Ἴδη, so bezeichnet wegen der verschiedenen Bergspitzen. **b)** Bein. des Zeus, weil er auf dem Gipfel Gargaron Altar u. Hain hatte. **c)** sp. Ἰδαῖον παιδίον = Ganymedes. **d)** die Ἰδ. Δάκτυλοι, s. Δάκτυλοι. **e)** männl. Eigenn.

ἰδιοβουλέω u. **-εύω** (wie v. ἰδιό-βουλος), ion. sp. nach eignem Beschlusse handeln.

ἰδιο-γενής, 2. von eigner, besondrer Gattung.

ἰδιογνώμων, 2. (γνώμη), eigensinnig.

ἰδιογονία, ἡ, Erzeugung aus eignem Geschlechte.

ἰδιό-μορφος, 2. sp. von besondrer Gestalt.

ἰδιόομαι, sich zueignen.

ἴδιος [ῐ], 3. u. 2. (Ϝίδιος), Kompar. sp. αἰτερος, αἰτατος, abgesondert, **eigen,** *privatus ac separatus,* Gegens. δήμιος • **1)** dem einzelnen angehörig, also: **privat,** besonders, eigentümlich, persönlich, πρῆξις Privatangelegenheit, διάφορα Privatstreitigkeiten, bürgerliche Interessen, δίκη Zivilprozeß. Abs. u. τινός jmdm., auch mit Inf. od. mit ἤ. Im N. T. **διάλεκτος** Muttersprache, **οἱ ἴδιοι** die Angehörigen, **ὁ ἴδιος ἀνήρ** Gatte, **εἰς τὰ ἴδια** in die Heimat, **καιρῷ ἰδίῳ** zur rechten Zeit • **2)** öfter statt des Gen. von **αὐτός,** oder statt der Pron. poss. und der possess. Genet. ἑαυτοῦ, ἑαυτῶν, oder mit diesen abwechselnd oder mit σφέτερος zusammengestellt, ἐπὶ τοῖς ἰδίοις τοῖς σφετέροις αὐτῶν, d. i. um ihre eignen, ἑαυτοῦ τὸν στόλον ἴδιον ποιεῖσθαι • **3)** Subst. **τὸ ἴδιον** der **eigne Vorteil,** die Eigentümlichkeit, **τὰ ἴδια** das Persönliche, Privatverhältnisse, Privatprozesse, -eigentum, τὰ ἴδια ἀνεπαχθῶς προσομιλεῖν im Privatleben ohne Zwang verkehren, **κατ' ἰδίαν** besonders, insgeheim • **4)** Adv. • **a) ἰδίᾳ,** eigens für sich selbst aus eignem Antriebe, auf eigne Hand, einzeln, im Privatleben, zu Hause, in der Stille, bes. gern im Gegens. zu **δημοσίᾳ** od. **κοινῇ**; **τὰ ἰδίᾳ συμφέροντα** der eigne Nutzen, **τὰ ἰδίᾳ διάφορα** die Privatinteressen • **b) ἰδίως** auf eigene Weise, seltsam; im engern, eigentlichen Sinn.

ἰδιό-στολος, 2. sp. auf eigne Kosten ausgerüstet.

ἰδιότης, ητος, ἡ (ἴδιος), Eigenheit, Eigenart, eigne Art u. Weise, Eigentümlichkeit.

ἰδιό-τροπος, 2. sp. eigner Art, eigentümlich.

ἰδιο-τρόφος, 2. einzeln ernährend od. erhaltend.

ἰδιο-φυής, 2. sp. von eigentümlicher Beschaffenheit.

ἰδίω [ῑῐ], (τὸ ἶδος = dt. *Schweiß*), schwitzen.

ἰδίωμα, τό, die Besonderheit.

ἰδίωσις, ἡ, die Sonderung.

ἰδιωτεία, ἡ, **1)** das Privatleben. **2)** sp. die Unkenntnis. Von

ἰδιωτεύω, 1) für sich allein handeln od. leben, ein zurückgezogenes Leben führen, dah. auch ohne Ansehn sein, wie ein **ἰδιώτης,** im Gegens. zum ἄρχων. **2)** unwissend sein, τινός in etwas. Von

ἰδιώτης [ῐ], ου, ὁ (ἴδιος) • **1)** Adj. • **a) privat,** eingezogen, ἀνήρ, βίος • **b)** ungelehrt, laienhaft, nicht kunstverständig, ὄχλος Handlanger. • **2)** Subst. **Privatmann** • **a)** im Gegens. zur Gesamtheit od. dem Staate: einer aus dem Volke, Bürger, im Plur. das Volk • **b)** im Gegens. zu Würdenträgern u. Beamten: eine nicht in Amt und Würden stehende Privatperson, ein gewöhnlicher, geringer, niedriger Mann, auch gemeiner Soldat • **c)** im Gegens. zu dem, der eine Kunst od. Wissenschaft treibt, der gewöhnliche Mensch, der Laie; überh. Stümper, Pfuscher. Konstr. mit τινός u. κατά τι in etwas, u. mit komparat. Begriff u. folg. ὡς u. Inf. zu unerfahren, um.

ἰδιωτικός, 3. **a)** einem Privatmann, Privatleuten zugehörig, privat, gemein, gewöhnlich. **b)** einem Ungebildeten, Nichtphilosophen, Laien zukommend, unwissend, ungebildet, albern. — Subst. ὁ ἰδ. = ἰδιώτης. — Adv. **-κῶς,** nach Art des gemeinen (z. B. in Leibesübungen) ungeschulten Mannes, nachlässig, ἰδ. ἔχειν τὸ σῶμα körperlich vernachlässigt sein.

ἰδιωτισμός, ὁ, sp. das Benehmen, die Art des gemeinen Mannes, des Nichtphilosophen, Gewöhnlichkeit.

ἰδνόομαι, ep. u. nur Aor. ἰδνώθην, sich krümmen.

Ἰδομενεύς, έως, ep. ῆος u. έος, Akk. έα od. ῆα, **1)** Sohn des Deukalion, Enkel des Minos, König in Kreta, tapferer Held vor Troja. **2)** aus Lampsakos, Schüler u. Freund des Epikur, griech. Geschichtschreiber um 300 v. Chr.

ἰδού, Adv. (vom Imper. ἰδοῦ, s. εἶδον), sieh! sieh [da! hier!

ἰδρείη (ἰδρίη), ἡ, ep. Kunde, Erfahrung, abs. u. τινός in etwas.

Ἰδριὰς χώρη, ἡ, ion. Gegend in Phrygien am Marsyasfluß, an der Grenze von Karien.

Ἰδριεύς, S. des Hekatomnos, Dynast von Karien im 4. Jahrh. v. Chr.

ἴδρις, ι, Gen. ιος, ep. u. poet. (ϝίδ-ρις zu εἰδέναι, s. οἶδα), kundig, erfahren, geschickt, klug, abs. od. mit κατὰ γνώμαν nach dem Maße meiner Einsicht, οὐδέν in nichts, nichts wissend od. ahnend, gew. τινός in etwas, od. mit Inf.

ἰδρόω, Part. praes. ἰδρῶν, Gen. ἰδροῦντος u. ἰδρῶντος, ep. ἰδρώων, ώουσα, auch ἰδρῶσα (ἰδρώς), Fut. ἰδρώσω, Perf. -ωκα u. ωται, schwitzen, überh. eine Feuchtigkeit von sich geben, abs. u. mit Akk. ἰδρῶ.

ἵδρυμα, τό, das Aufgestellte, **a)** Standbild. (Eur. Suppl. 631 πόλεως zu ἐκκόμιζε). **b)** Bauwerk, Wohnsitz eines Gottes.

ἵδρυσις, ἡ, das Errichten, Aufstellen, insbes. **a)** von militärischen Stützpunkten in Feindesland. **b)** das Standbild. Von

ἱδρύω [ῡ], Aor. pass. nichtatt. auch ἱδρύνθην (wie von einer Nebenf. ἱδρύνω), (St. ΣΕΔ, vgl. ἕζω) • **1)** Akt. sich setzen lassen, **sitzen** od. ruhen **heißen**, ein Lager beziehen-, sich lagern lassen, τινά, u. zwar ἔν, παρά, ἐπί τινι, ἐπί τινος, ἐπί, εἴς τι • **2)** Pass. **sich setzen**, sich festsetzen, niederlassen, lagern, sitzen, ruhen, zur Ruhe gebracht werden, auch errichtet werden. Perf. sich aufhalten, verweilen, gelegen, erbaut, errichtet sein, thronen, fest sein, fest stecken, haften bleiben, beruhen, u. zwar πού, ἔν τινι, περί τι od. ἔκ τινος von etwas, πρός, εἴς τι wohin, μετά τινος auf etwas gestützt sein • **3)** Med. sich *(sibi)* etwas errichten, **gründen**, erbauen, errichten, bes. das Heiligtum eines Gottes (τί u. τί τινος).

ἱδρώς, ῶτος, ὁ u. äol. ἴδρως, ἡ, auch ep. Dat. ἱδρῷ, οἱ u. ῷ, Akk. όα u. ῶ, att. ῶτι, ῶτα (zu ἶδος, St. σϝιδ, lat. *sūdor* aus *svoid-os*, ahd. *sweiz, Schweiß*), **1)** Schweiß, mit Schweiß verbundene Anstrengung. **2)** poet. von anderer Feuchtigkeit.

ἵεμαι, ἱέμην, alte Lesart (zu εἶμι gezogen): gehen, eilen, st. ἵεμαι, s. ἵημι, II.

ἵεμαι, ep. Dep., nur im Präs. u. Impf. (stets mit ῑ, ursprgl. ϝίεμαι, St. vī in lat. *vīs* du willst u. *in-vītus* unwillig, verw. dt. *Weide* = Jagd), verlangen, begehren, streben nach etwas, oft ἱέμενος verlangend, begierig. In der nachhomerischen Sprache mit dem Med. von ἵημι zusammengeflossen.

Ἱερά (Ἵερα), ἡ, eine der Liparischen Inseln, j. *Volcano.*

ἱέραξ [ῐ], ᾱκος, dor. u. ep. ἴρηξ [ῑ], ηκος, ὁ (zu ἱερός hurtig, schnell), Habicht, Falke, auch Bein. von Antiochos, dem Bruder des Seleukos Kallinīkos.

ἱεράομαι, ion. **ἱράομαι,** Dep. med., Priester od. Priesterin, bei Herod. Mitglied der erblichen Priesterkollegien od. Vorsteherin eines Tempelkultus sein, abs. u. τινός eines Gottes.

Ἱεράπολις, εως, ἡ, N. einer Stadt **1)** in Syrien, auch Bambyke, Mabôg, j. *Membîdj.* **2)** in Phrygien, nahe dem Lykosfluß, auch Kydrara genannt, j. *Pambûk-Kalessí.*

ἱερατεία, ἡ, bes. sp. u. N. T. Priesteramt.

ἱεράτευμα, sp. N. T. Priesteramt, Priestertum als Würde der Christen.

ἱερατεύω, sp. N. T. Priester sein.

ἱερατικός, 3., Adv. -ῶς, priesterlich, geweiht, heilig.

ἱέρεια u. **ἱέρεα,** ἡ, Fem. von ἱερεύς, ion. ἴρεια u. **ἱρείη,** poet. **ἱερία, 1)** Adj. priesterlich. **2)** Subst. Priesterin.

ἱερεῖον [ῐ], τό, ep. **ἱερήιον,** ion. **ἱρήιον, 1)** Opfertier (Od. 11, 23 ungewöhnlich von Opfern für Tote, wofür es sonst τόμιον od. ἔντομον heißt). **2)** spez. das Schaf (als das gewöhnlichste Opfertier neben βοῦς, ὗς u. a.). **3)** (bes. im Plur.) Schlachtvieh.

Ἱερεμίας, ίου, ὁ *(jirmejāhû)*, Jeremias, berühmter Prophet der Hebräer, wirkte von 627 bis nach der Zerstörung Jerusalems in dieser Stadt, nachher in Ägypten.

ἱερεύς [ῐ], ion. u. ep. **ἱρεύς** [ῑ], ὁ, Gen. έως, ion. ῆος, Nom. plur. att. ἱερῆς (ἱερός), Priester, Opferpriester, Eingeweideschauer, augur; μέγιστος τῶν ἱερέων pontifex maximus.

ἱερεύω u. **ἱρεύω** [ῑ], beide ep., Impf. iter. ἱερεύεσκον (ἱερεύς), **1)** Akt. u. Pass. **a)** weihen, schlachten, opfern, τί u. zwar τινί einem Gotte, auch τινι τινι einem Gotte für jmdn. **b)** überh. schlachten, weil auch von dem zum gew. Gebrauch bestimmten Tier die Götter etwas bekamen, τινί jmdm. zu Ehren. **2)** Med. für sich schlachten.

ἱερή, ἡ = ἱέρεια, insbes. amtierende Priesterin der Artemis in Ephesus.

ἱερήιον, s. ἱερεῖον. **ἱερία,** s. ἱέρεια.

Ἰέρνη, ἡ, Hibernia, Irland; auch Ἱέρνη u. Ἰουερνία.

ἱερο-γραμματεύς, έως, ὁ, sp. ägyptischer, schriftgelehrter Priester.

ἱερο-δόκος, 2. poet. Opfer annehmend.

ἱερό-θυτος, 2. gottgeopfert, den Göttern geweiht; τὸ ἱ. das Fleisch der Opfertiere, N. T.

ἱερο-κῆρυξ, ῦκος, ὁ, Opferherold.

ἱερομηνία, ἡ, u. **ἱερομήνια,** τά, **1)** die Zeit eines Monats, in welcher heilige Spiele begangen und während welcher alle Feindseligkeiten einzelner Staaten, namentlich der an den Spielen beteiligten, eingestellt wurden: Festmonat; ἱερομηνίᾳ an einem Feiertage, ἱερομηνίαις zur Festzeit. **2)** jede festliche Zeit, selbst die über die Grenze eines Monats.

ἱερο-μνήμων, dor. **ἱερο-μνάμων,** ὁ, **a)** Bevollmächtigter od. ständiger Bundesgesandter der zum Amphiktyonenbunde gehörigen Staaten (neben dem πυλαγόρας, Berater). Denn die Hieromnemonen bildeten die engere Versammlung u. wurden vorzugsweise Ἀμφικτύονες genannt. **b)** der höchste Beamte zu Byzanz, zugleich Eponymos des Jahres.

ἱερόν, τό, **Ἱερόν** τό, u. **Ἱερὸν** ὄρος, s. ἱερός, II, 2.

ἱερο-νίκης, ου, ὁ, sp. Sieger in den heiligen öffentlichen Spielen.

ἱεροποιέω, ein ἱεροποιός sein, überh. Opfer besorgen.

ἱερο-ποιία, ἡ, sp. heilige Handlung.

ἱερο-ποιοί, οἱ (ποιέω), Opfervorsteher, zehn aus den zehn Stämmen gewählte Männer in Athen, welche darauf zu sehen hatten, daß die Opfertiere bei öffentlichen Opfern ohne Fehler waren, und die überh. die Aufsicht über die öffentlichen Opfer führten.

ἱερο-πρεπής, 2. dem Heiligen geziemend, ehrwürdig.

ἱερός, 3. auch 2. (ἴ, in arsi öfters ῑ), ion. u. poet. **ἱρός** [ῑ].

I) eigtl. **rasch, kräftig,** frisch, Hom. in *ἱ. στρατός, ἰχθύς, φυλάκων τέλος,* vielleicht auch in *ἱερὴ ἴς Τηλεμάχοιο, ἱερὸν μένος Ἀλκινόοιο.*

II) (verw. dt. *Ehre*), gew. **heilig • 1) gottgesegnet,** heilige Scheu einflößend • **a)** weil etwas unter dem Schutze der Götter oder eines Gottes steht, wie die Fürsten unter Zeus' Schutze; im N. T. *ἱερὰ γράμματα* heilige Schriften • **b)** als Eigentum, Geschöpf, Einrichtung der Götter, *γῆ, βῆσσαι, πόλις, ποταμοί, ὄμβρος, φάος, ἦμαρ, νύξ, ἀλωά, ἐλαίη* usw. • **2) Gott geweiht,** den Göttern gehörig, so Tiere, welche den Göttern als ihnen heilig überlassen (*ἀνεῖται ἱρά*) nicht zum Nutzen der Menschen verwendet werden, ferner Gegenden, wie das Vorgebirge Sunion dem Poseidon, u. als Eigenn. *τὸ* **Ἱερόν** (*Ἱρόν*), Platz in Bithynien am Bosporus mit Zeustempel, od. *τὸ* **Ἱερὸν ὄρος,** ein Berg in Thrakien in der Nähe der Chersones mit einem Kastell. Dah. prägnant *ἱερὸς* **πόλεμος** von dem Kriege, welchen Sparta 448 wegen des den Delphiern von den Phokiern entrissenen Apollotempels in Delphi führte, *ἱερὰ τριήρης* von einem Schiffe, welches nur im öffentlichen Dienst u. zu heiligen Zwecken verwendet wurde, wie in Athen die *Πάραλος* u. *Σαλαμινία* (s. *θεωρία*). Konstr. mit Gen. (selten Dat.), *ἱροὺς τοῦ Νείλου,* doch heißt *τινὶ εἶναι ἱερόν* auch: einem für heilig und gottgeweiht gelten • **3)** übertr. • **a) trefflich,** herrlich, *ἱερὰ συμβουλή* sprichw.: es ist ein heilig Ding um einen Rat • **b)** mit *ἄσυλος* verb. **unverletzlich,** teils von den Platäern, teils von den römischen Tribunen, deren Person (*σῶμα*) sakrosankt war • **4)** Subst. **ἱερόν** [ἴ], ion. **ἱρόν** [ῑ], *τό,* das Geweihte, im Gegens. zu *ὅσιον* (*ὅσια*), welches das zum gewöhnlichen Gebrauch Erlaubte, Nichtgeweihte bezeichnet, dah. • **a) Weihgeschenk,** Beutestücke (Il. 10, 571), im Tempel deponierte Gelder u. Kostbarkeiten (Lys. 12, 99), Erstlinge der Feldfrüchte (Hdt. 4, 33) • **b)** die Tiere, welche gepflegt wurden (Hdt. 2, 65) • **c)** bes. im Plur. **Opfer,** Opfertier, sowie die aus den Eingeweiden entlehnten Opferzeichen, während *σφάγια* die aus den Bewegungen der Opfertiere entlehnten Vorzeichen bedeutet: *ἐν τοῖς ἱεροῖς φαίνεταί τις δόλος* • **d)** heiliger Bezirk, **Heiligtum,** mit dem Haine, dem eigentlichen Tempelhause (*ναός, δόμος, σηκός*), seinen Hallen, seinem Behältnis für die Tempelschätze (*ὀπισθόδομος*); teils abs., teils *τινός* eines Gottes. Ferner *ἱερὰ ὁδός* heilige Straße, *α*) von Elis nach Olympia, *β*) von Athen nach Eleusis • **e)** Religionsgebräuche, **Feier,** Fest, *τὰ ἱερὰ πράττειν* die Religionsgebräuche mitmachen, *χρῆσθαι τῷ ἱερῷ* sich an der Feier beteiligen, *εἴργεσθαι τοῦ ἱεροῦ θυσιῶν καὶ ἀγώνων.*

Ἱεροσόλῠμα, *τά* u. *ἡ,* u. **Ἱερουσαλήμ,** *ἡ,* die Stadt Jerusalem. N. T. übertr. der von Christus gestiftete Gottesstaat, das himmlische Jerusalem. Einw. **Ἱεροσολυμίτης,** Fem. *-ῖτις, ιτιδος.*

ἱεροσῡλέω (*ἱερόσυλος*), den Tempel berauben, Tempelraub begehen. Dav. [im Plur.

ἱεροσῡλία, *ἡ,* Raub, Frevel an Heiligtümern, auch

ἱερό-σῡλος, *ὁ* (*συλάω*), Tempelräuber.

ἱερουργέω, sp. N. T., gew. **ἱερουργέομαι** (*ἱερουργός* Opferpriester), Med., sp. etwas Heiliges (*ἱερουργίας*) verrichten. Dav.

ἱερουργία, *ἡ,* ion. **ἱρουργίη,** *ἡ,* oft im Plur., Ausübung heiliger Gebräuche, heiliger Dienst, Gottesdienst. Plut. nennt die *maiora auspicia* d. h. die Einweihung der kurulischen Magistrate *μέγισται ἱερουργίαι.*

ἱεροφαντέω, sp. ein *ἱεροφάντης* sein, die heiligen Symbole zeigen.

ἱερο-φάντης, *ου,* ion. **ἱροφάντης,** *ὁ* (*φαίνω*), Weihepriester, bes. der Demeter in Eleusis, der die heiligen Symbole zeigte. Fem. sp. **ἱερόφαντις,** *ἡ,* die Hierophantin, welche dem Hierophanten zur Seite stand.

ἱεροφαντία, *ἡ,* sp. das Oberpriesteramt bei den Eleusinien.

ἱερο-φύλαξ, *ακος, ὁ,* poet. u. sp. Tempelwächter.

ἱερόω [ἴ], ion. **ἱρόω** (*ἱερός*), eigentl. heilig machen, **1)** weihen, *ἱερῶσθαι* geweiht sein. **2)** ion. für heilig erklären.

Ἱέρων, *ωνος, ὁ,* **1)** Sohn des Deinoménes, der ältere, anfänglich Herrscher von Gela, dann von Syrakus 478—467 v. Chr., Eroberer von Naxos u. Katana, welches dann *Αἴτνη* benannt wurde, Freund der Künste u. Wissenschaften, freigebig gegen Simonides u. Bakchylides, von Aischylos besucht, von Pindar besungen. **2)** Hieron der jüngere, der im 3. Jahrh. (v. 268—216) v. Chr. nochmals eine Blütezeit für Syrakus herbeiführte und die Römer im 2. punischen Kriege unterstützte. **3)** sonst. Eigenn.

Ἱερώνυμος, *ὁ,* **1)** von Andros, Olympionike um 480 v. Chr. **2)** aus Kardia, jüngerer Zeitgenosse Alexanders, Freund des Eumenes, Historiker der Diadochenzeit, von Plutarch benutzt. **3)** Syrakusier, Enkel Hieros II., dem er 216 in der Herrschaft folgte; er unterstützte im 2. pun. Kriege die Karthager. **4)** sonst. Eigenn.

ἱερωσύνη, ion. **ἱρ.,** *ἡ,* Priestertum, Priesteramt, abs. u. *τινός* eines Gottes, im bes. auch Priesterehren, Priesterpfründen (Her. 4, 161).

ἱζάνω u. **ἵζω,** s. *ΣΕΔ.*

ἰή [ῐ, vgl. *ἰώ*], Ausruf des Schmerzes, o!

ἰή, *ἡ,* ion. Laut (s. *ἰά*).

ἰήιος, 2., poet. **1)** (*ἰή*) klagend, seufzererregend. **2)** als Beiw. des Apollo, Pfeilschütze (vgl. *ἤιος*).

ἰηλεμίστρια, *ἡ* (*ἰάλεμος*), poet. das Klageweib.

ἰήλεμος, *ὁ,* s. *ἰάλ.* **Ἰηλυσός,** s. *Ἰάλ.*

ἴημα, *τό,* s. *ἴαμα.*

ἵημι [im Präs. ἴ, im Impf. durch Augm. ῑ, St. *ἡ : ἑ,* im Präs. redupl. *ἰη : ἰε* (lat. *ja-c-io, jē-ci*)], att. Aor. act. 1. plur. auch *ἥκαμεν,* Aor. med. ganz selten *ἡκάμην;* episch Präs. ind. 3. pl. *ἱεῖσι,* conj. 2. sg. *ἵῃσι,* (*μεθ*)*ίῃσι,* inf. *ἱέμεν*(*αι*), Impf. 3. pl. *ἵεν,* Fut. (*ἀν*)*έσει* Od. 18, 265 (? var. *ἀνέῃ*), inf. (*μεθ*)*ησέμεναι*

u. -σέμεν, Aor. act. ind. ἧκα, du. ἕτην, pl. ἕμεν, ἕσαν u. ἥκαμεν, ἧκαν, conj. 1. sg. ἥω, εἵω, 3. sg. ἥσι, ἥῃ u. ἕῃ, inf. neben εἶναι auch ἕμεναι u. ἕμεν, Aor. med. ind. ἕτο, ἕντο, ion. Präs. ind. 3. pl. ἱεῖσι, conj. ἱέω, ἱέωσι (neben ἱῶσι), Aor. ἧκαν u. ähnl. öfter, Perf. pass. neben εἷμαι auch ἕωμαι (auch N. T. ἀφέωμαι); bei Spätern (u. im N. T) Aoristformen wie ἥκαμεν, ἥκαντο, u. Formen wie von ἵω (ἀφίομεν, συνίουσι, ἀφίοιτε u. ähnl.), in Bewegung setzen, dah. • **1) senden,** schicken, ἄγγελον; im Med. sich in Bewegung setzen, **eilen, stürzen,** fliegen, δρόμῳ, ἐν πεδίῳ (Od. 22, 304); übertr. sich werfen auf etw., **streben,** nachhom. zusammengeflossen mit ἵεμαι, s. d. • **2)** von leblosen Gegenständen: **werfen,** schleudern, schießen, abs. u. λᾶαν, βέλος, δόρυ • **3)** die Stimme **ertönen lassen,** ὄπα, φωνήν, Ἑλλάδα γλῶσσαν, μιμήματα nachahmende Töne, auch partit., φωνῆς • **4)** mit u. ohne ὕδωρ **ergießen,** ἵησι σεπτὸν Νεῖλος εὔποτον ῥέος, νᾶμα πυρός, δάκρυον ἧκε χαμᾶζε • **5)** übertr. auf trockene Dinge, bes. Haare: fallen, **herabwallen lassen,** κόμας, aber auch πολλὰς χρόας die Farbe wechseln, πόδας die Füße herabhängen lassen u. dgl.

Ἰήνυσος, ἡ, Stadt in Syrien, in der Nähe von Gaza.

Ἰήπυγες, s. Ἰάπ.

ἴησις, ἡ, ion. = ἴασις, Heilung.

Ἰησονίδης, Ἰησόνιος u. **Ἰήσων,** s. Ἰάσων usw.

Ἰησοῦς, οῦ, Dat. οῦ, Akk. οῦν, Vok. οῦ, ὁ, Jesus (hebr. *jĕhôshūă'*, später *jēschûa'*, d. i. dessen Hilfe Jahveh ist). Auch Josua.

ἰητήρ, ἰητός, ἰητρός, ἰητρικός, s. ἰατ.

ἰθᾰ-γενής, 2. ion. u. sp. u. **ἰθαιγενής,** 2. ep. u. poet., (lat. *ibi*), **1)** daselbst gezeugt, eingeboren, ursprünglich. **2)** adelig, in rechtmäßiger Ehe geboren, vollbürtig.

Ἰθάκη [ῐ], ἡ, Ithaka, kleine Insel an der Ostseite von Kephallenia od. Same, nach den Alten und den meisten Neuern das heutige *Theaki* (nach W. Dörpfeld u. and. das heutige Leukas). Die südliche Höhe des Bergrückens hieß bei Homer Νήιον, u. unter ihr od. am tief in das Land einschneidenden Hafen Rheithron lag die Stadt Ithaka. Dav. Adv. **Ἰθάκηνδε,** nach Ith., u. **Ἰθακήσιος,** ὁ, der Ithakesier.

Ἴθᾰκος, ὁ, Sohn des Pterelaos, alter Heros, von welchem Ithaka den Namen haben sollte.

ἰθεῖαν, ἰθέως, s. εὐθύς.

ἴθι [◡◡], eigtl. Imper. von εἶμι, gehe, komme, als Partik. wohlan denn! verstärkt durch δή, οὖν.

ἴθμα, τό (εἶμι), ep., Plur., Gang, Bewegung.

ἰθύ, von ἰθύς, s. εὐθύς.

ἰθυ-δίκης, ου, ὁ, ep. gerade —, gerecht richtend.

ἰθύ-θριξ, τριχος, ὁ, ἡ, ion. mit schlichtem Haare.

ἰθυμαχίη, ἡ (ἰθύ-μαχος offen kämpfend), ion. offene Feldschlacht, offener Kampf, auch mit hinzugef. ἐκ τοῦ ἐμφανέος. [Weise.

ἰθύντατα, v. ἰθύς = εὐθύς, in der richtigsten

ἰθυντήρ, ῆρος, ὁ, poet. Lenker, als Adj. mit οἴαξ das lenkende Steuerruder.

ἰθύνω, Aor. act. ἴθῡνα, pass. ἰθύνθην, s. εὐθύνω.

ἰθῡ-πτίων, [ῑ, ῐ], ωνος, ὁ, ἡ (πέτομαι), ep. gerade fortfliegend.

I. **ἰθύς** [ῑ], εῖα, ύ, s. εὐθύς.

II. **ἰθύς** [ῑ], ύος, ἡ, nur Akk. ἰθύν, ep. die gerade Richtung im Gehen, ἀν' ἰθύν gerade auf; dah. Angriff, Unternehmen, Vorhaben, Verlangen, Streben, Trachten.

ἰθύ-φαλλος, ὁ, Wüstling.

ἰθύω [ῑ ῠ], Aor. ἴθῡσα (ἡ ἰθύς), ep. poet. ion. einen geraden Anlauf nehmen, stracks darauf losgehen, andringen, vordringen, ἰθύειν στρατεύεσθαι seinen Feldzug, seine Waffen richten wohin oder gegen jmdn.; überh. lebhaft verlangen, trachten.

Ἰθώμη [ῐ], ἡ, **1)** Lapithenstadt im nordwestlichen Thessalien (in Hestiäotis). **2)** Bergfeste in Messenien auf einem Berge gleichen Namens, jetzt in Trümmern, *Bolkane* genannt. Dav.

Ἰθωμήτας, α, ὁ, **1)** Beiname des zu I. verehrten Zeus. **2)** sp. die Burg v. Ithome.

ἱκανός, 3., Adv. **-νῶς** (ἱκέσθαι, ἱκάνω). **1) hinreichend,** zureichend, genügend, **genug,** reichlich, τινί und εἴς, πρός, ἐπί τι für jmdn. od. etwas. Sp. τὸ ἱκανὸν ποιεῖν τινι Genugtuung geben, λαμβάνειν empfangen. **2) geeignet,** brauchbar, **tüchtig,** fähig, geschickt, passend, τί od. εἴς, πρός, ἐπί τι od. mit (ὥστε u.) Inf. ἱκανὸς (ὥστε) λέγειν ein tüchtiger Redner, ἱκανὸν εἶναι mit Inf. können, vermögen • Adv. mit ἔχειν hinreichend sein, weit genug sein, in gutem Stande sein, zur Genüge haben, sich begnügen, τινί mit etwas, πρός τινα einem gewachsen sein, auch mit εἶναι.

ἱκανότης, ἡ, die Tüchtigkeit, und

ἱκανόω, sp. N. T. geschickt machen.

ἱκάνω, s. ἵκω. [Einwohner ὁ **Ἰκαριεύς.**

Ἰκαρία, ἡ, Demos der ägeischen Phyle in Attika;

Ἰκάριος, ὁ, Sohn des Perieres u. der Gorgophone, Bruder des Tyndareos u. Vater der Penelope. Er soll in Kephallenia od. Same gewohnt u. Bakchos soll ihn zuerst den Weinbau gelehrt haben; darauf haben Hirten, denen er von seinem Weine zu trinken gegeben, ihn ermordet.

Ἴκᾰρος [ῑ]. **1)** ὁ des Daidalos Sohn, der mit seinen Flügeln von Wachs (s. Δαίδαλος) zu hoch flog, in das Ägäische Meer herabfiel u. ertrank. Nach ihm **Ἰκάριος** πόντος, **Ἰκάριον** πέλαγος der südöstl. Teil des Ägäischen Meeres. **2) Ἴκαρος,** ἡ, **a)** Insel im Ägäischen (Ikarischen) Meer unweit der Insel Samos, j. *Nikaria*. **b)** Insel im Persischen Meerbusen.

ἴκελος, 3. ep. poet. ion. st. εἴκελος [ῐ], (urspr. Ϝίκελος; vgl. εἰκών, ἔοικα), vergleichbar, ähnlich, τινί.

ἱκεσία [ῐ], ἡ (ἱκέτης), **ἱκετεία,** ἡ, u. **ἱκέτευμα,** τό (ἱκετεύω), das Flehen eines Schutzsuchenden, Schutzflehen, Schutzsuchen, Hilfsgesuch, Bittruf, Bitte, auch Schutzmittel.

ἱκέσιος, 3. u. 2. poet. u. sp., **ἱκετήσιος,** 3. ep., u. poet., **ἱκτήριος,** 3., zum ἱκέτης gehörig, auf den Knien bittend, schutzflehend, flehentlich. Im bes. **a)** Bein. des Zeus, als Beschützers der Schutzflehenden. **b)** ἱκτήριοι κλάδοι = ἱκετηρία ἐλαία, s. ἱκετήριος, 2. **c)** ἱκτήριος θησαυρός die Gabe des Schutzflehenden (z. B. Locken, Soph. Aj. 1175). **d)** ἱκτήρια φωτῶν ἀθλίων = den (doppelten) frommen Schutz (d. i. Töchterpaar) eines unglückseligen Mannes (des Ödipus).

ἱκετᾰ-δόκος, 2. poet. Schutzflehende aufnehmend.
Ἱκεταονίδης, ου, ὁ, Melanippos, Bruder des Priamos, also Oheim des Hektor, Sohn des
Ἱκετάων, ὁ, Sohnes des Laomedon.
ἱκετεία u. **ἱκέτευμα,** τό, s. ἱκεσία.
ἱκετεύω u. ion. poet. **ἱκετέω** [ῐ], Schutzflehender (ἱκέτης) sein, od. als Schutzflehender zu jmdm. kommen, anflehen, flehentlich, inständig bitten, (πρὸς) γονάτων fußfällig.
ἱκετήριος, 3. 1) = ἱκέσιος, s. d. 2) **ἱκετηρία,** ion. **-ίη,** ἡ, **a)** verst. ἐλαία, das Zeichen eines Flehenden; es pflegten nämlich die Schutzflehenden einen mit Wolle umwundenen Zweig des Lorbeer- od. Ölbaums in den Händen zu tragen u. an dem Altar der Gottheit, unter deren Obhut sie sich stellten, niederzulegen, dah. ἱκετηρίαν τιθέναι = bitten. Dieser wurde dann nach gewährtem Schutze od. erfüllter Bitte weggenommen. **b)** das Bitten, Schutzflehen, Bittgesuch.
ἱκέτης, ου, ὁ, ion. u. sp. Fem. **ἱκέτις,** ιδος, ἡ u. poet. **ἱκτήρ,** ῆρος, ὁ (ἵκω). **1)** Adj. um Schutz kommend, **schutzflehend,** inständig bittend. Subst. der od. die **Schutzflehende,** Schutzsuchende, Flehende, τινός von jmdm., τινός τινος zu jmdm. flehend bei etwas, auch mit Inf. Dah. auch der Schutzbedürftige, Hilflose. ἱκέτην ἵζεσθαι, καθέζεσθαι, ἐπὶ τὸν βωμόν, πρὸς τὰ ἱερά sich als Schutzflehender niedersetzen am Altare usw.
Ἱκέτης, ου (od. -ᾶς, ᾱ), ὁ, **1)** Tyrann von Leontinoi um 350 v. Chr. **2)** Pythagoreer aus Syrakus, vor Theophrast. **3)** sonst. Eigenn.
ἱκετήσιος, 3. s. ἱκέσιος. **ἱκέτις,** ἡ, s. ἱκέτης.
Ἴκκος, ὁ, Athlet, Olympionike Ol. 77 (472).
ἰκμαλέος, 3. feucht, naß. Zu
ἰκμάς, άδος, ἡ (St. ἰκ aus σικ, dazu unser *seihen,* u. *versiegen*), Feuchtigkeit, insbes. der Haut.
ἴκμενος, 2. ep. zukommend, willkommen, günstig, bes. vom Winde.
ἱκνέομαι, s. ἵκω. Dav.
ἱκνευμένως, ion. st. ἱκνουμένως auf zukommende Art, in der Ordnung.
Ἰκόνιον, τό, eine alte Stadt, in makedonischer u. römischer Zeit Hauptstadt von Lykaonien (bei Xen. in Phrygien an der Grenze von Lykaonien), jetzt *Konia.*
ἴκρια, τά, ep. Gen. u. Dat. ἰκριόφιν, auch **ἰκρία** betont, ep. ion. u. sp., Bohlen, Balken, Gerüste, insbes. auf dem Schiffe die stehenden Stützbalken des Verdecks im Vorder- u. Hinterteil, wo man nach Umständen auch eine Schlafstätte bereitete; Bord, Od. 5, 163. 252.
ἴκταρ, Adv. nahe bei, mit Gen.
ἴκτερος, ὁ, ion. die Gelbsucht.
ἰκτήρ, s. ἱκέτης. **ἰκτήριος,** s. ἱκέσιος.
ἰκτῖνος, ὁ, der Weih, Hühnergeier.
Ἰκτῖνος, berühmter Architekt z. Z. des Perikles, Erbauer des Tempels in Eleusis, des Parthenons u. des Apollotempels in Phigalia.
ἵκτιος, 2. poet. = ἱκέσιος.
ἵκτωρ, ὁ, poet. = ἱκέτης.
ἵκω, ep. mit Impf. ἶκον, Aor. 2. conj. ἵκωμι u. Aor. mixt. ἶξε, ἶξον, nebst der verlängerten Präsensform **ἱκάνω,** med. **-ομαι,** ep. u. poet., sowie **ἱκνέομαι,** allgem. gebraucht (att. pros. nur in Kompos.), Dep. med., Fut. ἵξομαι, Aor. ἱκόμην, Perf. ἷγμαι, ep. u. ion. Präs. ind. ἱκνεύμεθα, part. ἱκνεύμεναι, ion. Perf. pass. 3. pl. ἵκαται, Plqpf. ἵκατο (ἵκω mit ῑ (nur ἵκωμι Il. 9, 414), dag. ἱκάνω u. ἱκέσθαι), **kommen • 1)** von Menschen, νῆας, τέλος μύθων, οἴκαδε, αὖθις ὑπότροπον zurückkehren, ἠῶ erleben, γήραος οὐδόν, ἐς χεῖρας handgemein werden, μετὰ Τρῶας, Πηλείωνάδε, bes. als Schutzflehender (ἱκέτης), dah. überh. **flehen,** bitten, τὰ σὰ γοῦνα, καί σε πρὸς τοῦ σοῦ τέκνου ἱκνοῦμαι. Auch abs., wobei das Präs. oft die Bdtg. des Perf. hat, εὖ ἱκάνεις du bist recht gegangen, aber εὖ ἵγμεθα wir treffen willkommen ein • **2)** von leblosen Dingen, κνίση, ἀϋτή, κλέος οὐρανὸν ἵκει, ebenso ὕβρις τε βίη τε, τίς ὁ πόθος αὐτοὺς ἵκετο hat erfaßt, ἡμᾶς ἵκετο πένθος, auch von Gütern, πολλὰ δὲ δὴ Φρυγίην κτήματα ἵκει sie kommen nach Phr. • **3)** übertr. (nur ἱκνέομαι im Präs. u. Impf.) auf einen kommen, zukommen, **gebühren,** passen, meist bei Hdt., ἱκνεύμενος gebührend, ἐν ἱκνευμένῳ χρόνῳ zur passenden Zeit od. im Verlauf der Z., μᾶλλον τοῦ ἱκνευμένου zu viel.
ἰλᾰδόν (ἴλη, ῑ), ep. Adv. trupp-, haufenweise, Schar an Schar, in Menge, ἰλ. τάττεσθαι abteilungsweise aufgestellt werden.
ἵλᾰμαι u. **ἱλάομαι,** ep. Nbf. zu ἱλάσκομαι, s. d.
ἵλᾰος, 2. ep. u. poet. (in lyr. St.), ion. **ἵλεος,** 2., att. gew. **ἵλεως, ων,** Acc. sing. m. f. ἵλεω, Ntr. pl. sp. auch ἵλεα [ῑ], gnädig, huldvoll, meist von Göttern, von Menschen: mild, sanft, gütig, heiter, abs. od. τινί jmdm.
ἱλᾰρός, 3., Adv. **-ῶς** (ἵλαος, ῐ, vgl. lat. *hilaris, -iter*), heiter, fröhlich.
ἱλαρότης, ἡ, sp. N. T. die Heiterkeit.
ἰλ-άρχης, ου, ὁ (ἴλη, ἄρχω), sp. Anführer einer Schwadron.
ἱλάσκομαι, ep. ion. poet. sp., selten att. pros., Fut. ἱλάσομαι, ep. σσ, Aor. med. ἱλᾰσάμην, ep. σσ, pass. ἱλάσθην, im N. T. in med. Sinne imper. ἱλάσθητι (sei gnädig) [ῐ, aber durch Augment oder Arsis auch ῑ], vgl. ἵλημι, versöhnen, überh. gnädig, geneigt machen, günstig stimmen, bei Hom. stets von Göttern od. Heroen.
ἱλασμός, ὁ, sp. u. N. T. die Versöhnung.
ἱλαστήριον, τό, N. T. Sühnegegenstand, Sühnmittel (Luther: „Gnadenstuhl").
Ἱλείθυ(ι)α, ἡ, gut bezeugte alte Form für das spät. Εἰλείθυια, s. d.
ἱλέομαι, poet., u. **ἱλεόομαι,** seltene Nbf. zu ἱλάσκομαι.
ἵλεος u. **ἵλεως,** s. ἵλαος.
ἰλεός, ὁ, buk. Schlupfwinkel, Loch (vgl. εἰλεός).
ἴλη, ἡ (ῑ, älter Ϝίλη), **1)** Haufe, Schar, Rotte, Menge, κατὰ ἴλας scharen-, rottenweise, bes. mit u. ohne ἱππέων von der Reiterei, wie das lat. *ala equitum,* also Schwadron. Die Stärke bald zu 64, bald zu 128 Pferden, bei den Römern die *ala* (Hilfsreiterei) gew. 500 Reiter. Daher κατ' ἴλας abteilungsweise. **2)** insbes. eine Abteilung der spartan. Jugend.
ἰληδόν, spätep. = ἰλᾰδόν, s. d.
Ἰλήιον πεδίον, ep. Ebene des Ilos, nahe bei Ilios.
ἵλημι [ῑ], ep. poet., nur Imper. ἵληθι, buk. ἵλᾰθι, u. Perf. conj. ἱλήκησι, opt. ἱλήκοι (mit Präsensbdtg.,

dah. nach einigen von einem Präs. ἰλήκω), (ἵλαος), huldvoll, gnädig sein.

'Ἰλιᾰκός, 3. ilisch, troisch, Adj. zu *Ἴλιος*, s. d., u. als Fem. dazu

'Ἰλιάς, άδος, ilisch, troisch, χώρη, γῆ, πατρίς u. a., dann als Subst. **a)** troisches Land, Gebiet. **b)** Troerin, u. bes. **c)** das große Hom. Epos, welches die Kämpfe vor Ilios schildert; κακῶν 'Ἰλιάς sprichw. eine Last von Unheil; es gab auch eine μικρὰ 'Ἰλ. u. später noch eine Φρυγία 'Ἰλ.

'Ἰλίβερρις, ὁ, Fluß u. Stadt in Gallia Narbonensis, Name des Flusses heute *Tech*, der Stadt *Elne*.

ἰλιγγιάω u. **ἴλιγγος,** ὁ, s. εἰλιγγιάω, εἴλιγγος.

'Ἰλιονεύς, S. des Phorbas, Troer. **'Ἰλιονή,** ἡ, T. des Priamos, Gattin des thrak. Königs Polymestor.

Ἴλῐος (Ϝίλιος, ῑῐ), ἡ, die Hauptstadt des Troerlandes, nach Homer auch **τὸ Ἴλιον,** von Ilos gegründet, die Mauern von Poseidon u. Apollon selbst gebaut; Sitz des Priamos. Jetzt *Hissarlik,* von Schliemann u. Dörpfeld ausgegraben. Adv. **'Ἰλιόθεν** von Il. her, **'Ἰλιόθι** πρό vor Il., **Ἴλιόνδε** nach Il., **'Ἰλιόφιν** = 'Ἰλίου. Der Einw. **'Ἰλιεύς,** -έως, ὁ.

'Ἰλισσός, altatt. **'Ἰλισός,** ὁ, Flüßchen in Attika, vom Hymettos in die Ebene fließend, mit dem Eridanos, j. *Ilisso*.

ἰλλάς, άδος, ἡ, ep. eigentl. das aus Riemen oder Weiden Gewundene (ἴλλω), Plur. Stricke, Seile.

'Ἰλλυριοί, οἱ, die Illyrier; Völkerschaften in dem westlichen Teile Nordgriechenlands, heute Dalmatien, Bosnien und ein Teil Albaniens. Adj. **'Ἰλλυρικός,** 3. illyrisch. Dav. subst. **τὸ 'Ἰλλυρικόν,** Illyrien, lat. *Illyricum,* bei den Römern gleich Dalmatien und Pannonien.

ἴλλω (εἰλέω, εἴλλω, εἴλω, Ϝελ), poet. Inf. aor. ἶλαι, wälzen, herumdrehen; zusammendrängen, einengen, im Zaum halten.

Ἶλος, ὁ, **1)** Sohn des Mermĕros von Ephȳra. **2)** Sohn des Dardănos, König in Dardania. **3)** Sohn des Tros und der Kallirrhoë, Urenkel des Dardanos, Vater des Laomedon, Bruder des Ganymēdes, Erbauer von Ilios. Sein Grabmal lag in der Ebene zwischen dem skäischen Tore von Troja u. den Schiffen od. dem Lager der Griechen. Dav. **Ἴλιος.**

ἰλύς [ῑ], ύος (ύος), ὁ, Schlamm, Kot Morast.

ἰλυώδης [ῑ], 2. schlammig, morastig.

ἱμάντινος, 3. ion. aus (ledernen) Riemen gemacht.

ἱμάς [ῐ, ep. auch ῑ], άντος, ὁ (St. σι, dt. *Seil*, aus ahd. *sīl*; *Sielen* Zugriemen der Pferde, er stirbt in den Sielen), der lederne **Riemen.** Im bes. • **1)** im Plur. das **Riemenzeug** eines Gespanns (τμητοὶ ἱμάντες) • **a)** der Zugriemen, Zugstrang • **b)** das Lenkseil, πέπληγον ἱμᾶσιν sie schüttelten die Leinen auf den Rücken der Pferde • **c)** der Hängeriemen, d. i. der Riemen, mit welchem der Wagenkasten befestigt war • **d)** der Peitschenriemen • **2)** zur Bewaffnung u. Bekleidung: • **a)** das **Sturmband** des Helms • **b)** die Futterriemen des Helms • **c) der Schlagriemen,** zum Faustkampf, aus roher Ochsenhaut, sehr fein geschnitten und auf eine eigentümliche Weise zusammengeflochten, welcher um den hohlen oder flachen Teil der Hand gewunden wurde, so daß die Finger frei blieben u. sich zur Faust zusammenlegen konnten • **d)** der Zaubergürtel der Aphrodite • **e)** die **Schuhriemen,** womit die Sohlen oder Schuhe (ὑποδήματα) an die Füße befestigt wurden. Gewöhnl. ging zwischen der großen und zweiten Zehe ein Riemen durch, der dort durch eine Fibula mit einem andern Riemen, der über das Fußblatt hinweglief u. mit dem hintern Riemenzeuge zusammenhing, verbunden war; oder es waren zwei zu beiden Seiten der Sohle befestigte • **3)** zu verschiedenem häuslichen Behufe: • **a) Türriemen,** d. i. der Riemen, mit welchem man den Querriegel der nach innen sich wendenden Türe vorschob. Derselbe ging durch ein in der Nähe des Türpfostens befindliches Loch der Türe u. wurde, wenn man die Tür von außen verschließen wollte, angezogen, wodurch man innen den Riegel in die Vertiefung der Seitenwand querüber schob. Blieb niemand in dem so verschlossenen Zimmer, so wurde der Riemen um den Türring herumgeschlungen, so daß, wer wieder von außen öffnen wollte, erst den Riemen vom Ringe abzulösen hatte • **b) Bettgurt,** kollekt. eigtl. die Riemen, worauf die Bettstücke gelegt wurden • **c)** der Riemen am **Drillbohrer.**

ἱμάσθλη [ῐ], ἡ, ep. der Riemen an der Peitsche, u. überh. Peitsche, Geißel.

ἱμάσσω, ep., Aor. 1. ἵμᾰσα, conj ἱμάσσω, -σσῃ (ἱμάς), peitschen, geißeln, schlagen, τινά, u. zwar τινί mit etwas; übertr. γαῖαν treffen durch die Blitzstrahlen (κεραυνοί).

ἱματίζω, N. T. bekleiden.

ἱμάτιον, τό, θοἰμάτιον = τὸ ἱμ. (eigtl. Demin. von εἷμα, w. s., das erste ι lang), **1)** Oberkleid, Kleid, Gewand, d. i. ein viereckiges od. rundlich geschnittenes Stück Tuch, welches gew. vom linken Arm aus nach hinten unter dem rechten durchgenommen u. mit dem Endzipfel über die linke Schulter geworfen ward. Zu Festlichkeiten war es von weißer Farbe. **2)** Sack von Zeug (im Plur.).

ἱματιουργική, ἡ, die Schneiderkunst.

ἱματιοφορίς, ίδος, ἡ, sp. Kleiderbehälter, Mantelsack.

ἱματισμός [ῐ], ὁ, sp. Kleidervorrat, Garderobe, N. T. Kleidung.

Ἴμβρος, ἡ, eine äolische Insel, j. *Imbro*, unweit Lemnos an der thrakischen Küste, durch die Verehrung der Kabeiren u. des Hermes berühmt, mit einer Stadt gleichen Namens. Der Einw. ὁ **Ἴμβριος.**

ἱμείρω u. Med. **-ομαι,** mit Aor. 1. med. ἱμειράμην, u. pass. in akt. Sinn ἱμέρθην (ἵμερος), ep. ion. poet., selten att., sich sehnen, verlangen, abs. od. τινός nach etwas, seltener τί, od. mit Inf.

'Ἱμέρα, ion. **-ρη,** ἡ, chalkid. Pflanzstadt von Zankle 648 v. Chr., an der Nordküste Siziliens, von den Karthagern im J. 409 v. Chr. ganz zerstört, Vaterstadt des Stesichŏros ('Ἱμεραῖος ποιητής); Einw. οἱ **'Ἱμεραῖοι.** Ruinen bei *Bonformello*.

ἱμερ-άμπυξ, υκος, ἡ, poet. mit reizendem Stirnband geschmückt.

'Ἱμέρας, α, ὁ, sizilische Flüsse **a)** bei d. St. Himera mündend an der Nordküste, jetzt *Rio grande* od.

Termini. **b)** an der Südküste mündend, vom Heräischen Gebirge entsprungen, nimmt bei Enna einen Salzsee auf (einst Grenze zw. Syrakus und Karthagergebiet), j. *Fiume salso.*

ἱμερόεις [ῑ], εσσα, εν, ep. poet. u. sp. **a)** Sehnsucht erweckend, bes. Liebesverlangen erregend, reizend, anmutig. **b)** sehnsuchtsvoll, rührend, γόος. Neutr. als Adv.

ἵμερος [ῑ], ὁ (aus ἴσμερος v. d. Wurz. ἰσ wünschen, vgl. ἰότης u. ahd. *eiscan* fordern, *heischen*), meist ep. u. poet., Sehnsucht, Verlangen, bes. Liebesverlangen, Liebe, Liebreiz, βλεφάρων ἵμερος νύμφας der aus den Augen der (reizenden) Jungfrau strahlende Liebreiz; auch mit d. Inf. Dav.

Ἵμερος, ὁ, Sohn der Aphrodite u. deren Begleiter als Personifikation der Liebessehnsucht.

ἱμερό-φωνος, 2. poet. von schmelzender Stimme.

ἱμερτός, 3. (ἱμείρω), ep. poet. sp. anmutig, lieblich.

ἱμονιά, ἡ (ἱμάς), poet. sp. Brunnenseil.

ἵνα [◡◡] • **1)** Adv. des Orts (selten in att. Pr.), **wo,** da wo, auch mit τέ verbunden, seltener: dahin wo, wohin, ἵν' οἴχεται wo er hin ist, wohin er fortgegangen ist, ἵν' ἥκει wohin es gekommen ist (Bewegung u. Ruhe). Übertr. von der Zeit u. den Umständen: **wann,** wenn, wobei, worin, κἀνταῦθ' ἵνα bei dieser Gelegenheit wo; mit Gen. ἵνα ἔφρασε τῆς χώρης an der Stelle des Landes, wo er angab, ἵν' εἶ κακοῦ, ἵν' ἕσταμεν χρείας, ἅλις ἵν' ἐξήκεις δακρύων • **2)** Konj. zur Bezeichnung der Absicht: **daß, damit,** mit Opt. u. Konj. nach den in den Grammatt. angegebenen Regeln. Doch auch mit dem Indik. der Nebentempora bei nicht erreichter Absicht; auch mit ἄν, wenn selbst bei gegebener Möglichkeit die beabsichtigte Wirkung noch zweifelhaft sein konnte. Endlich ἵνα τί (γένηται; damit was geschehe?) wozu? weshalb? u. dies mit einem Verbum: ἵνα τί ταῦτα λέγεις; Oftmals fehlt vor ἵνα das Verbum, von dem es abhängig ist: so behaupte ich, so will ich anführen; oft elliptisch, im N. T. z. B. ἀλλ' (verst. ἦλθεν) ἵνα μαρτυρήσῃ er sollte zeugen; oft ist ein Verb. des Befehlens, Aufforderns u. dgl. zu ergänzen: ἡ γυνὴ ἵνα φοβῆται τὸν ἄνδρα sie soll fürchten; auch nach ἵνα folgt öfters kein Verbum. Ein Finalsatz im Konj. endlich findet sich (nach ἀξιοῦν ausnahmsweise in dem unechten Dekrete der Amphiktyonen Dem. 18, 155) nach Verben des Befehlens, Ermahnens, Bittens, Begehrens, Sorgens, nach dem unpers. συμφέρει u. a., nach Adjektiven ἄξιος, ἱκανός u. dgl. im N. T.

ἵνα-περ, eben da wo od. wohin, wo eben, wohin [eben.

Ἰνάρως, ω, u. **-ῶς,** ῶ, ὁ, **1)** Sohn des Psammetich, ein libyscher Fürst. **2)** ein anderer Ägypter.

Ἰνάχειος, 3. des Inăchos, κόρη, σπέρμα, von

Ἴναχος, ὁ, Sohn des Okeanos u. der Tethys, Vater der Io, Stammgott u. erster Herrscher von Argos, wo der Fluß Inăchos von ihm seinen Namen hat. Dah. Ἰνάχου ἄλσος, auch Io-Hain genannt, und **Ἰναχίδαι,** οἱ, poet. die Argiver.

ἰνδάλλομαι (mit Ausn. der Spät.), nur Präs. u. Impf., von Ansehn erscheinen, scheinen, sich zeigen, abs. u. τινί jmdm., auch τινί τινι jmdm. gleichen nach jmds. Ansicht, Il. 17, 213. Auch unpersönlich ὥς μοι ἰνδάλλεται ἦτορ (dies als Akk.), wie es mir scheint im Herzen, wie es mir in der Erinnerung vorschwebt.

ἴνδαλμα, τό, sp. Abbild, Trugbild.

Ἰνδικός u. **Ἰνδός,** 3. indisch, zu Indien gehörig, Indien betreffend, ἡ **Ἰνδική,** auch **Ἰνδία,** Indien, das Land am Indus. Seine Bewohner hießen οἱ **Ἰνδοί.**

Ἰνδός, ὁ, der Fluß Indus.

Ἴνησσα, ἡ, Stadt in Sizilien am Ätna, später Ätna genannt, j. *S. Maria di Licodia* od. *S. Nicolas di Arenis.* Der Einw. ὁ **Ἰνησσαῖος.**

ἰνίον, τό (–◡◡, vwdt. ἶνες, ἴς, Sehnen), ep. ion. u. sp. das Hinterhauptbein, das Genick, der Nacken.

ἶνις, ὁ, ἡ (aus *ἔν-γνι-ς, St. γεν), poet. Sohn, Tochter; das Junge.

Ἴνσομβρες, οἱ, die *Insubres* in *Gallia cisalpina.*

Ἰνταφέρνης, älter **-φρένης** (pers. *Viñdafranâ* Erwerber von Glanz), Zeitgen. des Darius I.

Ἴνυχος, ου, od. **Ἴνυξ,** κος, ἡ, Stadt auf Sizilien, wahrsch. im Gebiet v. Akragas. Einw. **Ἰνυχηνοί.**

Ἰνώ, όος, zsgz. οῦς, ἡ, Tochter des Kadmos u. der Harmonia, Gemahlin des Athămas, wurde nebst ihrem Gemahl von Hera, weil sie den Dionysos erzogen, in Wahnsinn versetzt, tötete ihren eigenen Sohn od. ihre beiden Kinder u. stürzte sich aus Schmerz darüber dann ins Meer. Sie wurde nach ihrem Tode als Leukothea verehrt.

ἴξαλος, ὁ, ep. springend, behend, Beiw. der wilden Ziege, des Steinbocks.

ἰξευτάς, ὁ (ἰξός), buk. Vogelsteller.

Ἰξίων, ίονος, ὁ, König in Thessalien, Gemahl der Dia, der in Liebe zu Zeus' Gemahlin Hera entbrannte. Doch umarmte er an ihrer Statt durch Zeus' Veranstaltung nur ein Wolkenbild. Zur Strafe für sein frevelhaftes Beginnen wurde er sodann in der Unterwelt an ein sich stets drehendes feuriges Rad gefesselt. Seine Gemahlin (**Ἰξιονίη** ἄλοχος) gebar den Peirithoos von Zeus.

ἰξός, ὁ, lat. *viscum,* die Mispel, u. das, was aus ihren mit klebrigem Stoffe gefüllten Blättern u. Beeren gekocht wird, dah. auch der Vogelleim; übertr. das Verführerische.

ἰξύς, ύος, ἡ, ep., Dat. ἰξυῖ st. ἰξύι die Weichen, die Gegend über den Hüften.

ἰξώδης, ες (ἰξός), klebrig.

Ἰόβας, α, ὁ, *Iuba,* **1)** Sohn Hiempsals II., König v. Numidien zur Zeit von Marius u. Sulla, Pompejus u. Cäsar, gest. 46 v. Chr. **2)** sein Sohn, von Cäsar nach Rom gebracht, dort gebildet, von Oktavian 25 v. Chr. zum König von Numidien u. Mauretanien eingesetzt, gest. 23; als namhafter Historiker Quelle für Plutarch, Appian u. a. **3)** sonst. Eigenn.

ἰο-δνεφής, 2. (ἴον, δνόφος), ep. veilchendunkel, dunkelblau. [pfeilbewahrend.

ἰο-δόκος, 2. (I. ἰός, δέχομαι), ep. Pfeile aufnehmend,

ἰο-ειδής, 2. (ἴον, εἶδος), ep., u. **ἰόεις,** 3. (ἴον), ep. veilchenfarbig, tiefblau, Beiw. des Meeres u. des Eisens.

Ἰοκάστη [ῐ], ἡ, Gemahlin des Laïos, Mutter und Gattin des Ödipus, bei Hom. Ἐπικάστη.

Ἰό-λαος, att. **Ἰόλεως,** ω, ὁ, Sohn des Iphikles u.

der Automedusa, Neffe u. Wagenlenker des Herakles, den er überall begleitete u. unter anderm in seinem Kampfe mit der Hydra unterstützte. Er wurde als Heros verehrt, u. es waren ihm in Theben vor dem prötidischen (östlichen) Tore ein Gymnasium, eine Rennbahn u. ein Tempel geweiht (*τέμενος Ἰολάου*).

'Ιό-λας, α, auch **'Ιόλλας** geschrieben, ὁ, Sohn des Antipatros, Bruder des Kassandros, Obermundschenk Alexanders des Großen, dem man fälschlich schuld gab, ihn vergiftet zu haben.

'Ιόλη, ἡ, Tochter des Eurўtos zu Öchalia, Geliebte des Ἡρακλῆς.

ἰό-μωρος [ῐ], 2. ep. Adj. der Argeier, wahrsch. gleichbdtd. mit *βοὴν ἀγαθός* (andre trotz des kurzen ι: pfeilberühmt).

ἴον [ῐ], τό (eigtl. ϝίον, lat. *viola*), Veilchen, sowohl das blaue (*μέλαν*, *viola odorata*) als das gelbe (der Lack, *ἴον κρόκεον*, *Cheiranthus Cheiri*) u. das weiße (die Levkoie, *ἴον λευκόν*, *Cheiranthus incanus*).

ἰονθάς [ῐ], ἄδος, ὁ, ep. haarig, eigtl. bärtig.

'Ιόνιος, 3., bes. *πόντος*, *κόλπος*, auch bloß ὁ Ἰόνιος, das Ionische Meer, d. h. eigtl. der an der Westküste von Griechenland u. Illyrien liegende Teil des Adriatischen Meeres, früher überh. für das Adriatische Meer.

ἰόομαι (II. *ἰός*, 3), rosten; part. perf. rostig, verrostet.

ἰοπλόκαμος, 2. poet. veilchen-, d. i. dunkelgelockt.

ἰόπλοκος, 2. poet. veilchengeflochten; dunkelgelockt.

'Ιόππη, ἡ, N. T. alte Hafenstadt Palästinas, j. *Jâfa*.

'Ιορδάνης, ου, ὁ (hebr. *jardēn*), Jordan.

I. **ἰός** [ῑ], ὁ, Plur. οἱ ἰοί u. τὰ ἰά, ep. u. poet. der Pfeil.

II. **ἰός** [ῑ], ὁ (für ϝισός, lat. *vīrus* für *visus*), 1) poet. der Saft, *μελισσᾶν*, dann insbes. 2) Gift, *ἰὸς αἵματος μέλας*, d. i. schwarz u. voll vom Blut der Hydra, d. h. vergiftet. 3) Grünspan, Rost.

ἴος, ἴᾰ, ἴον, ep., Gen. *ἰῆς*, Dat. *ἰῷ*, *ἰῇ*, einer, eine, derselbe, Akk. *τὴν ἴαν* näml. *μοῖραν* aus *διεμοιρᾶτο* zu ergänzen Od. 14, 435.

Ἴος, ἡ [ῐ], eine der kleinen Sporaden mit gleichnamiger Stadt und dem Grabe u. Denkmal Homers.

ἰο-στέφανος, 2. poet. veilchenbekränzt.

ἰότης [ῐ], ητος, ἡ (Wurz. *ἰσ* wünschen, vgl. *ἵμερος*), ep. u. poet. Wille, Beschluß, Rat, Geheiß, das Anstiften; *ἰότᾰτι*, poet. = *χάριν*, wegen.

ἰοῦ u. **ἰού,** gew. doppelt, 1) Ausruf des Schmerzes: au, au! weh, weh; hier mit *ὤ* verbunden, allein od. mit Nom. u. Vokat., in u. außer dem Verse. 2) Ausruf der Freude od. auch bloß der Verwunderung: juchhe! oh, oh!

'Ιουδαία, ας, ἡ, verst. *γῆ*, N. T. südlichster der vier Teile Palästinas, auch letzteres selbst.

'Ιουδαῖος, ὁ, der Jude. Dah. **ἰουδαΐζω,** sp. N. T. nach Art der Juden leben, u. Adj. **'Ιουδαϊκός,** 3., u. Adv. **-κῶς,** jüdisch, auf jüdische Art.

ἰουδαϊσμός, οῦ, ὁ, sp. N. T. das Judentum.

'Ιούδας, α (*jĕhûdâh*, gefeiert), N. T. 1) vierter Sohn Jakobs. 2) der nach ihm benannte Stamm, auch ἡ **'Ιούδα,** verst. *φυλή*, *γῆ*. 3) sonst. jüdischer Eigenn., bes. des *Ἰσκαριώτης*, d. i. wahrsch. „Mann von Kerioth" (einer Stadt Südjudäas).

'Ιουλίς, ίδος, ἡ, Iulis, Hauptstadt der Insel Keos, wo jetzt die Stadt Keos liegt.

ἴουλος [ῐ], ὁ (aus ϝιϝουλος, *οὖλος* wollig), ep. u. poet. erstes Milchhaar.

'Ιουστινιανός, ὁ, sp. der oströmische Kaiser Iustinian 527—565 n. Chr.

ἰόφ, poet. Ausruf des Abscheus: pfui.

'Ιοφῶν, ῶντος, ὁ, 1) der dritte Sohn des Pisistratus. 2) Sohn des Sophokles, selbst tragischer Dichter u. Vater des jüngern Sophokles.

ἰο-χέαιρα [ῐ, ῐ bei Pind.], ἡ (1. *ἰός*, *χέω* = ϝιοχέϝαιρα), ep. u. poet., 1) Adj. die Pfeile ausschüttend, pfeilentsendend. 2) Subst. die Pfeilschützin, d. i. Artemis (andre Deutung: „die (zur Jagd) Rufende").

ἰπνός, ὁ (verwdt. mit *Ofen*), 1) Ofen, Backofen. 2) als Eigenn. **'Ιπνοί, οἱ,** Klippen an der Küste von Magnesia, am Nordabhang des Pelion.

ἰπόω, poet. belasten, drücken, pressen.

ἱππ-αγρέται, ῶν, οἱ, die Anführer der Garde des Königs bei den Lakedämoniern.

ἱππ-αγωγός, 2. (*ἄγω*), Pferde überführend, mit u. ohne *ναῦς*, von Schiffen, die zum Übersetzen der Pferde u. Reiter bestimmt sind, Pferdeschiff.

ἱππάζομαι, Dep. med. (*ἵππος*), ep. Rosse lenken, führen; später beritten sein, reiten, teils abs., teils *ἐπὶ τούτων* (*τῶν ἵππων*), Her. 4, 110 aus *ἱπποφορβίῳ* zu entnehmen, teils *πρός τι* wohin.

ἵππ-αιχμος, 2. (*αἰχμή*), poet. zu Pferde kämpfend.

ἱππάκη, ἡ, Pferdekäse (bei den Skythen).

ἱππ-ακοντιστής, οῦ, ὁ, sp. berittener Lanzenwerfer, Wurfschütze zu Pferde, zur leichten Reiterei gehörig. Alexander hatte kurz vor seinem Zuge gegen die Marden eine solche Abteilung gebildet.

ἱππ-αλεκτρυών, όνος, ὁ, poet. Roßhahn (abenteuerliches Fabeltier auf persischen Teppichen).

'Ιππαλίδας, ὁ, buk. Sohn des Hippalos-Kastor (od. = rossekundig).

ἱππαπαῖ, Interj., komischer Pferdeausruf, dem Schifferausruf *ῥυππαπαῖ* nachgebildet.

ἱππάριον, τό, Dem. von *ἵππος*, ein Rößlein, Pferdchen.

ἱππ-αρμοστής, οῦ, ὁ, lak. = *ἵππαρχος*.

ἱππαρχέω, ein Hipparch sein, die Reiterei befehligen, teils abs., teils *τινός*.

ἱππ-άρχης, ὁ, sp. = *ἵππαρχος*.

ἱππαρχία, ἡ, 1) Amt, Würde, od. Rang eines *ἵππαρχος*, mit folg. Gen. *τῆς ἵππου*. 2) sp. eine große Reiterabteilung von 512 Pferden, Reiterschar.

ἵππ-αρχος, ὁ (*ἀρχή*), Anführer einer Abteilung Reiterei, Reiteranführer, Reiteroberst. In Athen gab es ihrer zwei, welche jährlich gewählt wurden, u. denen die 10 *φύλαρχοι*, Rittmeister, untergeben waren. Sie spielten als Anführer der berittenen Bürgerschaft bei den Festprozessionen eine wichtige Rolle. In Olynth u. anderwärts war es zugleich eine angesehene Behörde, bei Plut. ist es der röm. *magister equitum*. Adj. **ἱππαρχικός,** 3. Dav.

Ἵππαρχος, ὁ, 1) der ältere Sohn des Peisistratos, der 514 durch Harmodios u. Aristogeiton fiel. Adj. *Ἱππάρχειος*. 2) ein Redner, nach dem ein (unechter) platon. Dialog benannt ist. 3) Tyrann von Eretria, durch Philipp von Makedonien dazu bestellt. 4) berühmter Mathematiker des 3. vorchristl. Jhdts. 5) sonst. Eigenn.

ἱππάς, ἄδος, ἡ, **1)** ion. Adj., Fem. zu ἱππικός, στολή Reiterkleid, Reitrock. **2)** Subst. **a)** in Athen der Zensus u. die Steuer der ἱππεῖς, der zweiten Steuerklasse, (s. ἱππεύς, 3. b). **b)** sp. in Rom der Zensus der Ritter.

ἱππασία, ἡ (ἱππάζομαι), sp., u. **ἱππεία,** ἡ (ἱππεύω), **1)** das Regieren der Pferde, das Fahren, die Fahrt, das Reiten, der Ritt, Übung, Geschicklichkeit im Reiten, die Reitkunst. **2)** (ἱππεία) die Reiterei = ἡ ἵππος.

ἱππάσιμος, 2. auch 3. (ἱππάζομαι), für die Reiterei geeignet, vom Boden. Übertr. von Menschen, die sich von jmdm. (τινί) leiten u. gebrauchen lassen.

ἱππαστικός, 3. sp. dem Reiten ergeben.

ἱππάστριαι κάμηλοι, αἱ, sp. reitbare, zugerittene Kamele.

ἱππεία, ἡ, s. ἱππασία.

ἵππειος, 3. (ἵππος), bes. ep. u. poet. vom Pferde, zum Pferde gehörig, mit Pferden bespannt, λόφος der Helmbusch von Roßhaaren.

ἵππερος, ὁ, Sucht Pferde zu halten.

ἵππευμα, τό (ἱππεύω), poet. Ritt, auch im Plur.

ἱππεύς, έως, ion. ῆος, ὁ, Nom. pl. ῆς od. εῖς, ion. έες u. ῆες, Akk. att. έας (u. εῖς) (ἵππος), der Reisige. **1)** bei Hom. Wagenlenker, Streiter od. Wettkämpfer zu Wagen; dann **2) Reiter.** Ihre Ausrüstung bestand aus einem Helme, Panzer, ovalen Schilde, Beinstiefeln und einer Lanze, Schwert u. Dolch. **3)** im bes. **a)** in Sparta die **Ritter,** d. i. die aus 300 Mann bestehende Leibwache der Könige. **b)** in Athen ἱππῆς die **zweite** Solonische **Bürgerklasse,** welche zum Reiterdienst verpflichtet war. **c)** in Rom die *equites*.

ἱππευτής, οῦ, ὁ, poet. beritten. Von

ἱππεύω, Reiter sein **1)** reiten, Übungen im Reiten vornehmen, im bes. beritten sein, zu Pferde dienen. **2)** poet. übertr. daherstürmen.

ἱππ-ηγός, sp. = ἱππαγωγός; auch als Subst. ἡ ἱ. Pferdetransportschiff.

ἱππηδόν, poet. Adv. nach Pferdeart, wie Rosse.

ἱππ-ηλάσιος [ᾰ], 3. ep. u. **ἱππήλᾰτος,** 2. ep. u. sp. (ἐλαύνω), zum Fahren bequem, befahren, ὁδός Fahrweg.

ἱππ-ηλάτα, ὁ, ep. u. **ἱππηλάτης** poet. (ἐλαύνω), der Rosselenker, Reisige, Beiw. von Helden.

Ἱππ-ημολγοί, οἱ, die Hippemolgen, skythische Nomaden, welche von Pferdemilch lebten (ἀμέλγω).

Ἱππία, ἡ, eigentl. Fem. zu ἵππιος, s. d.; insbes. Beiw. **a)** der Athene, die Rosseliebende, denn sie gibt der Pferdezucht u. Weide Gedeihen u. lehrt durch Zügel die Rosse bändigen. Man verehrte sie als solche in Athen, Tegea u. Olympia. **b)** einer Amazonenkönigin, ἄνασσα ἱππία Ἀμαζών Am. Rossefürstin.

ἱππι-ἄναξ, ὁ, poet. = ἵππαρχος.

Ἱππίας, ion. **Ἱππίης,** Gen. ίεω, **1)** Sohn des berühmten Peisistratos u. Vater des jüngern Peisistratos, welcher unter andern als Archon den Altar der 12 Götter in Athen weihte. Er mußte 510 Attika räumen, worauf er später Dareios zum Kriege gegen Athen reizte. **2)** ein eitler Sophist u. Wanderlehrer aus Elis, Zeitgenosse des Sokrates. **3)** sonst. Eigenn.

ἱππικός, 3. (ἵππος) • **1)** vom Pferde, **zum Pferde gehörig,** oft = ἵππων, ἱππ. δρόμος Lauf der Pferde, dah. auch zum Wagen gehörig, ναυάγια ἱππικά Trümmer der Wagen • **2)** zum Reiter, **zur Reiterei gehörig,** beritten, μάχη Reiterschlacht; in Rom zum Ritterstand (gehörig) • **3)** erfahren in Behandlung der Pferde, **im Reiten geübt,** Bereiter, Reiter • Als **Subst.** • **1)** ἡ **ἱππική** • **a)** mit u. ohne ἐπιστήμη, die **Reitkunst** • **b)** Dienst in der Reiterei, **Reiterdienst** • **c)** Gewohnheit zu reiten, **Übung im Reiten** • **2)** τὸ **ἱππικόν** • **a)** was die Reiterei betrifft, die **Reiterei** • **b)** die Gesamtheit der Pferde, die Rosse, der **Train** • **c)** sp. ein Raum von 4 Stadien • **3)** **τὰ ἱππικά** • **a)** Pferdezucht • **b)** mit Rossen bespannte Wagen, ἱππικῶν ὠκύπους ἀγών Wettkampf in rascher Fahrt der Renner.

ἵππιος, 3. zum Pferde gehörig (gl. ἵππειος); insbes. Beiw. des Poseidon als Schöpfers des Pferdes, u. des dem Poseidon geheiligten Ortes Kolōnos bei Athen. [haarig.

ἱππιο-χαίτης, ὁ (χαίτη), ep. von Roßhaaren, roß-

ἱππιο-χάρμης, ου, ὁ (χάρμη), ep. **1)** mutiger Wagenkämpfer. **2)** poet. Kämpfer zu Pferde, auch als Adj.

ἱππο-βάμων, 2., Gen. ονος (βαίνω), poet. beritten, mit Pferden Schritt haltend, rosseschnell.

ἱππο-βάτης, ὁ, poet. Roßbesteiger, beritten.

ἱππο-βότης, ου, ὁ (βόσκω), ion. poet. u. sp. eigtl. der sich Pferde hält. Im bes. hießen in Chalkis die Aristokraten so, also die Ritterschaft, die reichen Grundbesitzer. Dav.

ἱππό-βοτος, 2., ep. u. poet. rossenährend.

ἱππο-βουκόλος, ὁ, poet. Pferdehirt.

Ἱπποδάμεια, ἡ, **1)** Tochter des Oinomāos, Königs von Pisa in Elis. Pelops errang sie im Wettrennen, worauf sich Oinomaos selbst den Tod gab u. Pelops zugleich mit der Hippodameia auch die Herrschaft erhielt. **2)** sonstiger weibl. Eigenname.

ἱππό-δᾰμος, 2. (δαμάζω), ep. poet. rossebändigend, rossebezähmend, Beiw. tapferer Krieger.

Ἱππόδαμος, Architekt z. Z. des Perikles, welcher den Bau des Peiraieus geleitet u. den Marktplatz (nach ihm Ἱπποδάμειος od. -δαμεία ἀγορά genannt) ausgeschmückt hat.

ἱππο-δάσεια [ᾰ], Adj. fem. ep., dicht mit Roßhaaren besetzt, dichtbuschig (Helm).

ἱππό-δεσμα, τό, poet. der Zügel.

ἱππο-δέτης, ου, ὁ (δέω), poet. sp. zum Anbinden der Rosse dienend, ῥυτήρ Roßzaum.

ἱππο-δίνητος, 2. poet. rossetummelnd.

ἱππο-διώκτας, ὁ, buk. Reiter, Ritter.

ἱπποδρομία, ἡ, Pferderennen, Wettlauf zu Pferde od. zu Wagen.

ἱπποδρόμιον, τό, sp. gleich dem folg.

ἱππό-δρομος, ὁ, Zirkus od. Rennbahn für Pferde. Übertr. von der Himmelsbahn, Eur. Iph. T. 1137. Auch das Pferdewettrennen selbst, bes. die zirzensischen Spiele in Rom.

ἱππο-δρόμος, ὁ (δραμεῖν), ion. der Renner, eine Art sizilischer leichter Reiterei.

Ἱπποθάλης, ους, ὁ, Schüler des Plato u. Person in dessen Lysis.

ἱππόθεν, ep. Adv., vom Rosse her, aus dem Rosse.

Ἱπποθωντίς, sp. **-θοωντίς** (von 165 n. Chr. an: -θεωντίς), ίδος, ἡ, eine attische Phyle.

ἱππο-κέλευθος, 2. (κέλευθος), ep. den Weg zu Pferd, zu Wagen machend, Wagenkämpfer, Reisiger.

ἱππο-κένταυρος, ὁ, **1)** der Hippokentaur, wilde Gestalten, halb Mensch, halb Pferd. **2)** übertr. sp. Hirngespinst.

ἱππο-κόμος, ὁ (κομέω), **1)** Pferdewärter, Stallknecht. **2)** Troßknecht, auch in der Schlacht tätig.

ἱππό-κομος, 2. (κόμη), ep. u. poet. roßhaarig, roßhaarbuschig.

ἱππο-κορυστής, οῦ, ὁ (κορύσσω), ep. mit Streitwagen ausgerüstet, Wagenkämpfer.

ἱπποκρατέω (von * ἱππο-κρατής), (dem Feinde) im Reiten überlegen sein, durch die Reiterei siegen. Im Pass. dem Feinde an Reiterei nachstehen.

Ἱππο-κράτης, ους, ὁ, **1)** Vater des Pisistratus. **2)** berühmter Arzt aus dem Geschlecht der Asklepiaden zu Kos, der sich auch eine Zeitlang, am Anfang des peloponn. Kriegs, in Athen aufhielt, Begründer der medizinischen Wissenschaft, förderte Pathologie, Therapie u. Chirurgie u. starb ca. 356 v. Chr. hochbetagt im thessal. Larissa. Seine Schriften sind in neuionischem Dialekt verfaßt. **3)** ein Unterfeldherr des Mindaros. **4)** ein Harmost in Kalchedon. **5)** sonst. Eigenname.

ἱπποκρατία, ἡ (-έω), Übermacht in der Reiterei.

ἱππό-κρημνος, 2. poet. rossesteil, hochtrabend.

ἱππό-κροτος, 2. poet. von den Rossen gestampft, vom Hufschlag der Rosse ertönend.

ἱππό-λοφος, 2. poet. mit einem Roßhaarbusch; übertr. hochbuschig.

Ἱππόλοχος, ὁ, **1)** Sohn des Bellerophon, Vater des Glaukos. **2)** sonst. Eigenn.

Ἱππολύτη, ἡ, Tochter des Ares u. der Otrēra, Königin der Amazonen, trug einen von Ares geschenkten Gürtel als Zeichen der königlichen Würde, den sich Herakles holte. In einem wegen der Antiope entstandenen Kriege mit Athen wurde sie von Theseus besiegt u. floh nach Megara, wo sie vor Kummer starb.

Ἱππόλυτος, ὁ, Sohn des Theseus, in Athen u. anderwärts als Heros verehrt; nach ihm benannte Tragödie des Euripides.

ἱππο-μανής, 2. (μαίνομαι), **1)** poet. von Rossen durchschwärmt. **2)** τὸ -ές buk., ein (Zauber)kraut.

ἱππο-μανία, ἡ, tolle Leidenschaft für Pferde od. Wettrennen.

ἱππομαχέω, (ἱππό-μαχος), zu Pferde kämpfen, gegen Reiterei kämpfen, ein Reitertreffen liefern.

ἱππομαχία, ἡ, Reitergefecht, Reiterschlacht.

ἱππό-μαχος, ep. zu Pferde, zu Wagen kämpfend, reisig; sp. Subst. ὁ ἱππ. der Kavallerist.

Ἱππομέδων, οντος, ὁ, **1)** einer der Sieben vor Theben, Herrscher von Mykenä. **2)** sonst. Eigenn.

Ἱππομένης, ους, ὁ, Sohn des Megareus (od. Ares), König im böot. Orchestos, siegreicher Freier der Atalante.

Ἱππόνῑκος, ὁ, **1)** Athener, der sich zu Solons Zeiten bereicherte. **2)** Sohn des Kallias (der die Güter des verbannten Pisistratus kaufte) mit dem Bein. Ammon, Großvater des folg. **3)** Vater des Kallias, Hermogenes u. der Hipparēte, die sich mit Alkibiades vermählte. Seine Frau, die sich von ihm trennte, ward Perikles' Gemahlin. Er war sehr reich u. hatte beim Bergbau allein 600 Sklaven. Dem Nikias half er das Gebiet der böotischen Tanagräer verwüsten; er fiel in der Schlacht bei Delion 424 v. Chr. **4)** sonst. Eigenname.

ἱππο-νώμας, ου, ὁ (νωμάω), poet. Rosse lenkend u. weidend.

ἱππο-πόλος, 2. (πολέω), ep. mit Rossen umgehend, Rosse tummelnd.

ἵππος, ὁ (lat. *equus*, gall. *epo-* in *Epona* Pferdegöttin) • **1) Pferd, Roß,** ἡ ἵππος die Stute (auch θήλεια und θῆλυς, der Hengst ἄρσην). Die Stuten wurden aber zum Fahren u. zum Kampfe als tauglicher vorgezogen, dah. bei Hom. ἡ ἵππος öfter als ὁ ἵππος. ἵππος κέλης Kunstreiterpferd, ἀθλητής ein zu den Wettrennen geeignetes, αἱ ἵπποι αἱ ὑπὸ τοῦ ἅρματος die angespannten, (τῷ) ἵππῳ, ἐπὶ (τοῦ) ἵππου, ἐπὶ (τῶν) ἵππων, ἐκ τοῦ ἵππου, σὺν τοῖς ἵπποις, ἵππον ἔχων zu Pferde. Der Sing. steht oft für den Plur. Den trojanischen Helden dienten die Rosse jedoch nur zum Ziehen der Streitwagen, u. das Reiten wird bei Hom. nur erwähnt in Gleichnissen als Kunstreiterei (Od. 5, 371; Il. 15, 679) und als geboten von den Umständen, ἵππων ἐπεβήσετο (Il. 10, 513), er bestieg das Rossegespann, später ἐπὶ τοὺς ἵππους ἀναβαίνειν. Als Opfertiere wurden nur weiße Rosse, von Griechen nur barbarischen Heroen, geschlachtet. Dav. bedeutet • **2)** das Wort im Dual u. Pl. das **Roßgespann** u. den Wagen selbst, ἵππων ἐπιβαίνειν das Gespann besteigen, ἀφ' ἵππων vom Streitwagen, ähnl. καθ' ἵππων, ἐξ ἵππων. Metaph. ἁλὸς ἵπποι Schiffe • **3)** Im Plur. • **a)** bei Hom. Wagenkämpfer, Reisige • **b)** sp. Pferdemarkt • **4)** später kollektiv das Fem. ἡ ἵππος die **Reiterei,** im Gegensatz zu πεζοί; ἵππος μυρίη, χιλίη zehntausend, tausend Mann Reiterei; dah. ἐπὶ τοὺς ἵππους ἀναβαίνειν zur Reiterei gehen.

ἱππο-σείρης, ου, ὁ (σειρά), poet. rossebändigend.

ἱππο-σόος, 3. (σόος [in λαο-σσόος] von σεύω) poet. rossetummelnd.

ἱππό-στᾰσις, εως, ἡ, poet. Pferderast.

ἱπποσύνη, ἡ (ἵππος), ep. u. poet. **1)** die Kunst Rosse zu lenken u. vom Wagen zu streiten, Rosselenkerkunst, auch im Plur. **2)** die Reiterei.

ἱππότης, ου, ὁ, äol. u. ep. **ἱππότᾰ** (ἵππος), der Rosselenker, Wagenlenker, Reisige, Wagenkämpfer, bes. Beiw. von Kriegshelden, dah. auch vom att. Heros Kolōnos, später der Reiter, Ritter, u. als Adj. beritten.

ἱππο-τοξότης, ου, ὁ, berittener Bogenschütze, mit Schleuder und Bogen, im Gegens. der ἱππεῖς ὁπλῖται, welche mit Schwert, Schild usw. bewaffnet waren. In Alexanders Heere waren sie tausend Mann stark. In Athen dagegen wurden sie als Stadtpolizei gebraucht u. auch Θρᾷκες od. Σκύθαι genannt.

ἱπποτροφέω (-τρόφος), red. -τετρόφηκα, Pferde füttern, halten; Reiterdienste tun.

ἱπποτροφία, ἡ, oft im Plur., **a)** das Halten von Pferden, in Athen Obliegenheit der vermögenden Bürger. **b)** das Gestüt, der Marstall. Von

ἱππο-τρόφος, 2. (τρέφω), Pferde haltend, sowohl zum Dienst für den Staat als Ritter, wie zum Vergnügen od. zu den Rennkämpfen, ein Zeichen des Wohlstandes. Im bes. der Pferdehändler, Pferdeverleiher. [Stolz.

ἱπποτῦφία, ἡ, sp. Pferdestolz, d. i. unbändiger

ἵππ-ουρις, nur Nom. u. Akk. (ῐν, in arsi ῑν), ep. Adj. fem. (οὐρά), mit Roßschweif versehen, roßschweifig.

ἱπποφορβία, ἡ, die Pferdezucht. [herde.

ἱπποφόρβιον, τό, 1) Pferdeweide, Stall. 2) Roß-

ἱππο-φορβός, ὁ (φέρβω), der Pferdehirt.

ἱππο-χάρμας, ου, ὁ, poet. = ἱππιοχάρμης.

ἱππών, ῶνος, ὁ, 1) Pferdestall. 2) Pferdestation, Poststation.

Ἱππῶναξ, κτος, Iambendichter aus Ephĕsos, ca. 540; in seinen Spottversen setzte er im letzten Fuße einen Trochäus od. Spondeus, dah. χωλίαμβος od. σκάζων, Hinkiambos; er soll auch der Erfinder der Parodie sein.

Ἱππώνιον, τό, lat. *Vibo*, Hafenstadt in Bruttium in Unteritalien, Kolonie der Lokrer, j. *Vivona*; die Einw. **Ἱππωνιεῖς** (Ἱπωνιεῖς, -ιᾶται).

ἵπταμαι, buk. u. sp. = πέτομαι, w. s.

ἴπτομαι, Dep. med., ep. u. buk. eig. schlagen, treffen; übertr. bedrängen, bedrücken, züchtigen, strafen, u. überh. verletzen.

ἱράομαι, ἱρείη, ἱρεύς, ἱρεύω, s. ἱερ.

Ἱρή, ἡ, Stadt Agamemnons am Messenischen Meerbusen, nach einigen das spätere Abia.

ἱρήιον, s. ἱερεῖον; **ἱρήν,** s. εἰρήν; **ἴρηξ,** s. ἱέραξ.

ἰριο-ειδής, 2. sp. irisartig.

Ἶρις, ιδος, ἡ, Akk. Ἶριν Vok. Ἶρι (eigtl. Ϝῖρις, die auf dem Weg Befindliche), Iris, Tochter des Thaumas und der Elektra, Botschafterin der Götter. 2) Ἶρις, ιος, ὁ Akk. ιν, Fluß in Paphlagonien, welcher, mit dem Lykos vereinigt, sich ins Schwarze Meer ergießt, jetzt *Kasalmak*.

ἶρις, ιδος, ἶριν, Dat. plur. ἴρισσιν, Akk. ιδας (eigtl. Ϝῖρις), urspr. Band, Straße, dann Regenbogen, galt als Botschaft vom Himmel.

ἱρόν, ἱρός, ἱρουργία, ἱροφάντης, ἱρωσύνη s. ἱερ.

Ἶρος, ὁ (Ϝῖρος), der 'Bote', Bein. des Bettlers Arnaios auf Ithaka.

ἴς, ἰνός, Akk. ἶνα, Dat. plur. ep. ἴνεσι, ἡ (St. Ϝι, lat. *vis*), meist ep. 1) im Plur. Sehnen, Muskeln, Nerven, im Sing. kollekt. der ganze Sehnenknoten. 2) Muskelkraft, Leibeskraft, Stärke, u. so in der Umschreibung ἲς Τηλεμάχοιο, Ὀδυσῆος; vgl. βία u. μένος. 3) als Eigenn. **Ἴς,** ἡ, Stadt u. Fluß (ὁ) in Babylonien mit Asphaltquellen, j. *Hit*.

Ἰσαάκ, ὁ, (hebr. *jischaq* er lacht), S. Abrahams u. [Saras.

ἰσ-άγγελος, 2. N. T. engelgleich.

Ἰσαγόρας, ου, ion. **-ρης,** εω, ὁ, Athen. Aristokrat und Gegner des Kleisthenes, vom Spartan. Kleomenes unterstützt, ohne sich behaupten zu können.

ἰσ-άδελφος, 2. poet. brudergleich.

ἰσάζω [ῑ], (ἴσος), Akt. 1) trans. ins Gleichgewicht setzen, gleich machen, z. B. das Gewicht in beiden Schalen der Waage. 2) intr. gleich sein.

Ἰσαῖος, ὁ, aus Chalkis, berühmter attischer Redner zwischen 420 u. 348 v. Chr., schrieb Reden für Privatprozesse, errichtete eine Rednerschule, unterrichtete mehrere Jahre den Demosthenes allein.

ἰσαίτερος, s. ἴσος.

ἰσάκις, Adv. gleichvielmal, ἴσος ἰσ. mit sich selbst multipliziert = potenziert. [dauer.

ἰσ-αμέριος, 2. (ἡμέρα) poet. von gleicher Lebens-

ἴσᾱμι, dor. u. buk. = οἶδα, 3. plur. ἴσαντι, s. οἶδα.

ἰσ-άνεμος, 2. poet. windgleich, windschnell.

ἰσ-άργυρος, 2. poet. silbergleich, silberwert.

ἰσ-άριθμος, 2. an Zahl gleich, gleichviel.

ἰσάσκετο, ep. iter. wie von ἰσάω (vgl. ἰσάζω), sich gleich machen, sich gleich achten, τινί.

ἰσ-αύδης, 2. (αὐδάω), buk. gleich tönend.

ἰσηγορία, ion. **-ίη,** ἡ (ἰσ-ήγορος, ἀγορεύω), die für alle gleiche Freiheit unbeschränkter Meinungsäußerung, worauf Athen besonders stolz war (dah. Xen. ironisch den Zustand so nennt, wo Trunkene alle zugleich schreien). Sie galt als Hauptzeichen demokratischer Freiheit u. Gleichheit, dah. überh. so viel als bürgerliche Freiheit, Gleichheit.

ἰσ-ήρετμος, 2. poet. mit gleichviel Rudern.

ἰσ-ήρης, 2. (St. ἀρ, ἀραρίσκω), poet. gleichgefügt, gleich.

ἴσθμιον, τό, ep. Halsband, Halsgeschmeide. Von

ἰσθμός, ὁ (St. ἰ in εἶμι, also eigtl. Gang, Zugang), Landzunge, **Landenge.** Insbes. die korinthische Landenge, durch welche der Peloponnes mit Mittelgriechenland zusammenhängt. Adv. **Ἰσθμοῖ** (ῷ), auf dem Isthmos, u. Adj. **Ἴσθμιος** u. **Ἰσθμικός,** 3. bisw. gleich korinthisch, so Ἰσθμία χθών Korinth. Pl. τὰ **Ἴσθμια,** die großen Spiele, welche hier in Poseidons Fichtenhain im ersten u. dritten Jahre einer Olympiade im Sommer gefeiert wurden. **Ἰσθμιάδες** σπονδαί ist die Waffenruhe während der Spiele. Die Sieger

Ἰσθμιονῖκαι, was auch Titel eines Pindarischen Odenbuches ist.

ἰσθμώδης, 2., 1) isthmosähnlich. 2) auf einer Landzunge liegend.

Ἶσις, ιδος, ion. ιος, Dat. ῑ st. ιι, ἡ, Isis, eine ägyptische Hauptgottheit, das Symbol der durch den Nil, ihren Bruder u. Gemahl (Osiris), befruchteten Erde (in andrer Hinsicht auch des Mondes), welche das Anschwellen des Nils bewirkte, weshalb sich ihr auch die, welche auf dem Nil fuhren, empfahlen; später von den Seefahrern überhaupt verehrt. Von den Griechen mit der Ἰώ gleichgesetzt.

Ἰσκαριώτης, s. Ἰούδας.

I. **ἴσκω,** ep., u. **ἐίσκω,** ep., Impf. ἤισκον (St. Ϝικ, für Ϝικ-σκω, vgl. ἔοικα), 1) gleich od. ähnlich machen, ἑαυτόν, τινά od. τί τινι, φωνὴν ἀλόχοις st. φωνὴν φωναῖς ἀλόχων, u. so auch die Wahrheit nachahmen, Wahrscheinliches dichten, mit Partiz. 2) ähnlich finden, in Gedanken für gleich oder ähnlich halten, gleich stellen, schätzen, vergleichen. 3) nach der Ähnlichkeit dafür halten, mutmaßen, urteilen, meinen, abs. od. mit Acc. c. Inf.

II. **ἴσκω** (St. σεκ, lat. *insece,* sagen, vgl. zu ἐνέπω), Od. 22, 31. 19 203 u. buk. sagen, erzählen.

Ἴσμᾰρος, ἡ, Stadt bei Maroneia in Thrakien mit einem geschätzten Weine (Ἰσμαρικὸς οἶνος). Dagegen als Adj. fem. **'Ισμαρίς,** ίδος, λίμνη, der See Ismaris daselbst. [Antigone.

'Ισμήνη, ἡ, Tochter des Ödipus, Schwester der

'Ισμηνίας, ὁ, **1)** Thebaner, lange Jahre Haupt der dortigen demokratischen Partei, um 380 von den Spartanern hingerichtet. **2)** dessen Sohn, Genosse des Pelopidas. **3)** ein gefeierter Flötenspieler aus Thisba in Böotien.

'Ισμηνός, ὁ, **1)** ein Wahrsager, der im Heiligtum des Apollon bei Theben begraben lag. Dah. **'Ισμήνιος,** Bein. des Apollon in Theben; sein Tempel daselbst τὸ **'Ισμήνιον** lag südlich von der Kadmēa in der Nähe des Flusses Ismenos. **2)** Fluß in Böotien, der am Ismenioshügel, einem der Vorberge des Kithäron, entspringt, die Stadt Theben u. die thebanische Ebene durchfließt u. in den Hylischen See mündete, den er jetzt in der versumpften Ebene nicht mehr erreicht; jetzt *Ismeno;* dah. 'Ισμήνιος ὄχθος.

ἰσο-βασιλεύς, έως, ὁ, sp. einem König gleich.

ἰσογονία, ἡ, gleiche Geburt, Gleichbürtigkeit.

ἰσο-δαίμων, 2. poet. einem Gotte gleich.

ἰσο-δίαιτος, 2. (δίαιτα), in der Lebensweise gleich, πρός τινα jmdm.

ἰσό-δρόμος, 2. gleichlaufend, τινί u. τινός.

ἰσο-δυναμέω, sp. gleich stark sein. [götterähnlich.

ἰσό-θεος [ῑ, b. Eur. auch ῐ], 2. göttergleich,

ἰσο-κίνδῡνος, 2. der Gefahr gewachsen.

ἰσό-κληρος, 2. sp. von gleichem Los, Anteil.

ἰσο-κλῑνής, 2. gleichgeneigt, im Gleichgewicht stehend, τινί. [mit jmdm.

ἰσο-κρατής, 2. (κράτος), von gleicher Macht, τινί

'Ισοκράτης, **1)** Sohn eines Verfertigers musikalischer Instrumente, Theodōros, geb. 436 v. Chr., berühmter Redner u. Lehrer der Redekunst in Athen. Er lehrte von 392—388 auf Chios, dann in Athen; seine Schüler waren die Redner Isaios, Lykurgos, Hypereides, die Historiker Theopompos u. Ephŏros, der Feldherr Timotheos. Er nahm sich das Leben aus Verzweiflung über die Schlacht von Chaironeia 338. **2)** sonst. Eigenn.

ἰσοκρατίη, ἡ, ion. gleiche Berechtigung der einzelnen im Staate, freies Bürgertum.

ἰσο-μάτωρ, ορος, ὁ, ἡ, dor. (buk.), der Mutter gleich.

ἰσο-μεγέθης, ους, 2. gleichgroß, τινί mit jmdm.

ἰσο-μέτρητος, 2. gleichgemessen, an Maß od. Gewicht gleich.

ισο-μετωπος, 2. mit, in gleicher Front.

ἰσο-μήκης, 2. gleichlang. [Rechte haben.

ἰσομοιρέω (ἰσόμοιρος), gleichen Teil od. gleiche

ἰσομοιρία, ion. **-ίη,** ἡ, **1)** gleicher Anteil od. Rang, Gleichberechtigung, Gemeinsamkeit, abs. u. τινός jmds. od. von etwas, od. τινί mit jmdm., wie jmd. **2)** sp. die gleichmäßige Verteilung u. Anordnung. das richtige Verhältnis.

ἰσό-μοιρος, 2. (μοῖρα) u. ep. **ἰσό-μορος** [ῐ], 2. (μόρος), gleichen Anteil, gleiches Los habend, gleichberechtigt, ebenbürtig, τινός mit od. an etwas; die Luft γᾶς (sc. καὶ φάους wie am Äther) ἰσόμοιρ. an der Erde gleichen Anteil habend.

ἰσ-όνειρος, 2. poet. einem Traum gleich; traumartig.

ἰσό-νεκυς, υος, ὁ, ἡ, poet. gleicherweise gestorben.

ἰσονομέομαι (ἰσόνομος), unter gleichen Gesetzen leben, gleiche Rechte u. Freiheiten haben, μετὰ πολλῶν mit einer Volksmenge, wie es in Demokratien der Fall ist.

ἰσονομία, ion. **-ίη,** ἡ, Rechtsgleichheit, Gleichberechtigung, politische Gleichheit, bürgerliche Freiheit, mit u. ohne πολιτική, im Gegensatz zur ἀριστοκρατία u. δυναστεία. Im bes. die Redefreiheit in der Gemeinde,. im Gericht, vor Behörden.

ἰσονομικός, 3. in einer Demokratie lebend. Von

ἰσό-νομος, 2. gleichberechtigt; ἐν ἰσονόμῳ in Gleichberechtigung. [ähnlich.

ἰσό-παις, παιδος, ὁ, ἡ, poet. kindgleich, kind-

ἰσο-παλής, 2. (πάλη), im Ringen oder im Kampfe gleich, ebenbürtig, gewachsen, überh. gleich (κίνδυνος ein ebenbürtiger Kampf), τινί an etwas.

ἰσό-πεδον [ῐ], τό, gleicher Boden, ebener Grund, Ebene, Fläche; ἐν τῷ ἰσοπέδῳ μάχην συνάπτειν in der Ebene kämpfen.

ἰσό-πεδος, 2. (πέδον), ion. u. sp., in derselben gleichen Ebene, dem Boden nach gleich, daher gleichhoch, τινί mit etwas. [dick, τινί mit etwas.

ἰσο-πλᾰτής, 2. (πλάτος), gleich an Breite, gleich

ἰσό-πλευρος, 2. (πλευρά), gleichseitig, πλαίσιον ein gleichseitiges Viereck, Quadrat, gew. πλινθίον genannt.

ἰσο-πληθής, 2. (πλῆθος), an Zahl gleich, τινί jmdm.

ἰσο-πολίτης, ου, sp. mit den Bürgern gleichberechtigt, bes. von den Bewohnern der röm. Munizipien; fem. ἰσοπολῖτις, πόλις, Stadt mit römischem Bürger-

ἰσό-πρεσβυς, 2. poet. einem Greise gleich. [recht.

ἰσορροπέω (ἰσόρροπος), gleichwiegen, sich das Gleichgewicht halten.

ἰσορροπία, ἡ, das Gleichgewicht.

ἰσό-ρροπος, 2. (ῥοπή), von gleichem Gewicht, Gleichgewicht habend, unentschieden, das Gleichgewicht haltend, unparteiisch, auch: gewachsen, entsprechend, abs. u. τινί.

ἴσος, ep. ῑ, dah. **ῖσος** betont, att. ῐ, bisw. auch ῑ, (ursprüngl. Ϝιτσϝο vom St. Ϝιδ, kret. Ϝισϝο, dah.) Fem. ep. **ἐίση** [ῑ, mit prothet. ἐ], 3., Komp. ἰσαίτερος, **gleich.**

I) derselbe, der nämliche, **ähnlich,** u. zwar an Zahl, Stärke, Größe, Beschaffenheit usw., τὸν ἀριθμόν; entsprechend, gleichkommend, gleichbleibend, dah. billig, ebenbürtig, abs. ἐίση δαίς ein entsprechendes Mahl, νῆες gleichschwebende, ἀσπὶς πάντοσ' ἐίση, φρουρά ordentliche Besatzung (Thuk. 7, 27), φρένες feststehender Sinn, δίκη eine billige Rechtsentscheidung, δικαστήριον unparteiisch, πολιτείαν ἰσαιτέραν καθιστάναι die Verfassung mehr nach dem Grundsatz der Gleichheit gestalten, ἴση ἐς τοὺς ὑπηκοόυς συνδιαίτησις, οὐδὲν ἴσον (verst. εἰσί) sie haben nichts miteinander gemein (Luk. d. mort. 20, 3), ἴσον εἶναι sich gleichstellen, gleichstehen, οὐδέ ποτ' ἶσα ἔσσεται Ersatz; ἶσα (σφι) πρὸς ἶσα (γενέσθαι) Gleiches um Gleiches, ἴσος ἐν ἴσοις ἀνήρ. Oft mit Dat. jmdm. od. etwas, σταφύλῃ schnurgleich, ἴσον ἄγειν τινὰ τῇ κεφαλῇ τινος jmdn. ebenso wert halten als (wie) seinen Kopf, σοὶ ἶσον γέρας ein dem deinen (σοὶ = τῷ σῷ γέραϊ) gleiches Ehrengeschenk. Doch auch: πρός τινα einem gleichstehend. Ferner heißt ἴσος τινί auch: gleich an etwas, wo noch öfter der Akk. steht, ἴσος τὸ πλάτος καὶ τὸ μῆκος. Auch steht ἐπί τι über etwas, u. ἔν τινι an einem, od. es folgt der Inf. mit persönl. Konstr. wie bei δίκαιος, οὐχ ὁ χρηστὸς τῷ κακῷ λαχεῖν ἴσος der Brave ist dem Schlechten im Empfangen nicht gleichzustellen. Sehr häufig entspricht dem ἴσος ein οἷος, ὡς, ὥσπερ (dies selbst pleonastisch in ὥσπερ ἐγώ nach ἐμοί), od. καὶ ὅτῳ γε νοῦς ἴσος καὶ σοὶ πάρα, φίλον ἐκβαλεῖν ἴσον λέγω καὶ βίοτον d. h. das dünkt mich wie sein eigenes Sein wegwerfen • Subst. (ἡ) ἴση (sc. μοῖρα) der gleiche Teil od. Anteil, dann überh. das Recht, lat. *ius*, u. ähnl. τῆς ἴσης καὶ ὁμοίας μετέχειν od. mit verst. τίσιν: ἴσην ἔτεισεν • Noch öfter steht (τὸ) ἴσον u. τὰ ἴσα als Subst. der gleiche Teil od. Anteil, die Billigkeit, das Recht, eine gerechte Verfassung, die Gleichheit, τὰ ἴσα auch die gleichen Töne (Plat. conv. 185 C).

II) Mit Verbis: ἴσον ἐμοὶ φάσθαι, ἴσον βουλεύεσθαι, ἴσον φρονεῖν abs. od. τινί übereinstimmen, einig sein, τὸ ἴσον νέμειν Billigkeit üben, ähnl. τὰ ἴσα νέμειν sich gleichstellen, u. von Göttern: unparteiisch sein, τὸ ἴσον δύνασθαι, τὸ ἴσον ἔχειν den gleichen Teil tragen, u. ἴσον ἔχειν gleiches Recht, gleichen Vorteil haben, τινί mit jmdm., billige Zugeständnisse erhalten, (τὸ) ἴσον μετέχειν, ἴσων τυγχάνειν, τῶν ἴσων προστυχεῖν, ἴσα ξυναπονεύειν entsprechende Bewegungen machen.

III) Mehr **adverbial** stehen • **1)** die Verbindungen • **a)** ἀπὸ τοῦ ἴσου auf dem Fuße der Gleichheit, ἀπ' ἴσου ἐπιέναι eigtl. von gleicher Lage aus wie der Gegner, ähnl. ἀπὸ τῆς ἴσης verst. μοίρας auf dem Fuße der Gleichheit, u. ὁ ἀπὸ τῆς ἴσης ἐχθρός eigtl. von gleichem Anteile aus, näml. an der Feindschaft, d. h. mit gleicher Verschuldung • **b)** ἄχρι τῆς ἴσης bis auf den Punkt, daß Gleichheit sei, in gleicher Weise • **c)** εἰς (τὸ) ἴσον καθιστάναι τι etwas auf gleiche Höhe bringen, sp. in dieselbe Lage bringen, εἰς τὸ ἴσον καθιστάμενοι ἐμάχεσθε ihr strittet unter gleichen Verhältnissen, od. ähnl. ἐς ἴσον καθιστάναι τά τε ἔργα καὶ τοὺς λόγους zwischen Taten und Worten das Gleichgewicht herstellen, ἐς ἴσον κατέστη es führte zu gleichem Erfolge, εἰς τὸ ἴσον ἀφικέσθαι τινὶ τῇ ἱππικῇ, ähnl. ἐς ἴσον ἔρχεσθαι gleichkommen, aber εἰς τὸ ἴσον ἡμῖν καταβαίνειν in gleiches Terrain mit uns kommen • **d)** ἐν ἴσῳ auf gleiche Weise, im bes. auch in gleichem Schritte, u. ἐν τῷ ἴσῳ mit verst. εἶναι gleichstehen, teils abs., teils τινί mit jmdm., teils ἐν ἴσῳ καί ebenso gut wie • **e)** ἐξ ἴσου, ἐκ τοῦ ἴσου u. ἐξ ἴσης gleichermaßen, ebenso wie früher, von demselben Punkte, abs. u. τινὶ εἶναι ebenso zustehen, in gleicher Lage sein, καθεστάναι sp. auf gleicher Höhe stehen, ebenbürtig sein, τί in etwas, ἀκροᾶσθαι, νέμειν, ἐξ ἴσου ἐπιστέλλειν von gleichem Standpunkte, d. h. an einen Gleichgestellten schreiben, ἀμύνεσθαι gleiches mit gleichem vergelten, ἐκ τοῦ ἴσου γίγνεσθαι unter gleichen Umständen geschehen • **f)** ἐπὶ ἴσα in gleicher Schwebe, unentschieden, ἐπ' ἴσον zu gleichen Teilen, ἐπ' ἴσης (verst. μοίρας), auch ἐπίσης geschr., zu gleichen Teilen, ἔχειν gleichstehen, ἄρχειν τῆς πατρίδος das Vaterland gleich beherrschen, d. h. so, daß man sich nicht über seine Mitbürger erhebt, also mild, ἐπὶ τῇ ἴσῃ unter billigen Bedingungen, ἐπὶ ἴσῃ καὶ ὁμοίᾳ, ἐπ' ἴσοισι ζῆν in gleicher Lage leben mit den übrigen Menschen • **g)** κατὰ ἴσα ταλαντεύειν im Gleichgewicht schweben lassen • **h)** περὶ ἴσου εἶναι καί um den gleichen Preis wie • **2)** das Neutr. sg. u. pl.: **gleichwie,** auf gleiche Weise, gleichweit, u. steht abs. oder mit τινί wie jmd., aber ἴσον ἐμοὶ βασίλευε herrsche zu gleichen Teilen mit mir, od. es folgt καί..

IV) Adv. ἴσως • **1)** dem Rechte der Gleichheit gemäß, bes. der bürgerlichen Gleichheit, **billig,** gerecht • **2)** wahrscheinlich, **vielleicht,** oft mit τάχα verb., mit attischer Urbanität auch bei bestimmten Behauptungen • **3)** bei Zahlen: **ungefähr,** etwa.

ἰσο-σκελής, 2. (σκέλος), gleichschenkelig; von Zahlen: ohne Bruch zu halbieren, d. i. gerade.

ἰσο-στάσιος, 2. (στάσις), sp. gleichwiegend, gleichschwer, überh. gleich.

ἰσό-ταυρος, 2. poet. stiergleich, wie ein Stier (zw. LA.).

ἰσοτέλεια, ἡ, Stand eines ἰσο-τελής (s. d.), Gleichheit der Abgaben u. Staatslasten eines Fremden mit dem eigentlichen Bürger.

ἰσο-τέλεστος, 2. poet. alles zuletzt gleichmachend, θάνατος.

ἰσο-τελής, οῦς, 2. gleichsteuernd, Bezeichnung der begünstigtern Metöken, die mit den Bürgern gleiche Steuern (doch kein Kopfgeld) zahlten, ohne politische Rechte zu haben.

ἰσότης, ητος, ἡ (ἴσος), die Gleichheit nach ihren verschiedenen Beziehungen, dah. auch im Dual u. Plur., bes. die politische in einer Demokratie, mit u. ohne δημοκρατική Gleichstellung; auch Gleichmäßigkeit, abs. od. ἔς τινα mit jmdm. N. T. auch Billigkeit.

ἰσοτιμία, ἡ, sp. Gleichheit an Ehre, gleicher Rang, gleicher Anspruch auf Ämter u. Ehren, wie in Demokratien; sp. ἐξ ἰσοτιμίας auf Gleichheitsfuß, mit seinesgleichen, in gleicher Weise. Von

ἰσό-τιμος, 2. (τιμή), sp. gleich an Ehren u. Rechten, gleichgeehrt; auch hochgeehrt.

ἰσο-τρίβής, 2. (τρίβω), poet. in gleicher Weise weilend, Kassandra mit Agamemnon zugleich auf dem Schiffsverdeck, ναυτίλων σελμάτων.

ἰσοφαρίζω, ep. poet. (φέρω), sich gleich stellen, gleichkommmen, sich mit jmdm. (τινί) messen.

ἰσο-φόρος [ῐ], 2. ep. (φέρω), von gleicher Zugkraft, gleichstark, βόες.

ἰσο-χειλής, 2. (χεῖλος), mit dem Rande gleich, τινί; so von einem Flusse, der dem Austreten nahe ist, u. von Gegenständen, die in einer Flüssigkeit obenauf schwimmen, also mit dem Rande des vollen Gefäßes gleiche Höhe haben.

ἰσοψηφία, ἡ, sp. gleiches Stimmrecht.

ἰσόψηφος, 2. gleiches Stimmrecht besitzend,

a) gleich stimmberechtigt, gleiche Stimme mit jmdm. (τινί) habend. b) gleichviel Stimmen habend.

ἰσό-ψῡχος, 2. poet. u. sp. von gleicher Gesinnung.

ἰσόω [ῑ bei Hom., ἴ att.] (ἴσος), **1)** Akt. gleichmachen, entsprechend machen. **2)** Med. u. Pass. sich gleich nennen, gleichkommen.

Ἰσραήλ, ὁ (hebr. *jisrā'ēl*, d. i. Gott streitet, Gen. 32, 28), Beiname Jakobs, übertr. seine Nachkommen, die Israeliten.

ἴσπνῑλος, ὁ, Var. zu εἴσπνηλος, s. d.

Ἰσσηδόνες, οἱ, skythischer Volksstamm, seßhaft in dem Innern der großen Mongolei, den jetzigen Sitzen der Dsungaren, bis nach dem alten Serika hin.

Ἰσσοί, οἱ, u. **Ἰσσός,** ἡ, Stadt in Kilikien, unweit der syr. Grenze, bekannt durch Alexanders Sieg über Dareios 333 v. Chr.

ἱστάνω, sp. u. N. T. (fraglich bei Att.), Nbf. zu ἵστημι.

ἱστάω, ep. ion. u. sp. Nbf. zu ἵστημι, s. d.

ἱστέον, man muß in Erfahrung bringen (οἶδα).

ἵστημι (St. στη (στᾱ) : στᾰ, lat. *stă*, ahd. *stān*, Präs. ἱστη-(ἱστᾱ) : ἱστα-, lat. *si-sto*).

I) trans., ep. Impf. act. iter. ἵστασκε, u. Aor. 1. act. 3. pl. ἕστᾰσαν (nur Il. 12, 56), ion. Präs. act. 3. pl. ἱστέασι, pass. 3. pl. ἱστέαται, poet. Aor. pass. 3. pl. ἕσταθεν = -θησαν, buk. Fut. στᾱσῶ, u. sp. ein Perf. ἕστᾰκα, stellen • **1) hinstellen** • **a) aufstellen,** aufrichten, mit u. ohne ὀρθόν, πελέκεας ἑξείης, ἱστόν, auch im Med., für sich aufstellen, κρητῆρας, τρόπαιον; oft von Bildsäulen u. dgl.: errichten, im bes. στίχας in Schlachtordnung stellen, χορούς Reigentänze aufführen, παννυχίδα τινί Nachtfeier halten, κτερίσματα. Im Pass. ἀγορὰ ἵσταταί σφι eine Versammlung wird von ihnen gehalten • **b)** übertr. **einsetzen,** auch im Med., τυράννους, φύλακας; ἔριν erregen, νεφέλας aufsteigen lassen, φιλόπιδα beginnen, βοήν erheben • **2) stehen machen, Halt machen lassen, anhalten** im Laufe, mit u. ohne ἡμιόνω, νέας, τὸ πρόσωπον starr werden lassen, ernst werden, ὃς τὰ ὄμματα ἔστησε seine Augen waren gebrochen • **3)** die Waage zum Stehen bringen, **abwägen,** χρυσοῦ δέκα τάλαντα, σταθμῷ, ἤδεα πρὸς ἤδεα. N. T. darwägen = anrechnen, ἁμαρτίαν αὐτοῖς.

II) intr. u. reflex. das Med. **ἵσταμαι,** ep. Aor. 1. sg. στῆν, 3. pl. ἕστᾰν u. στάν, conj. 2. u. 3. sg. στήῃς, στήῃ, 1. pl. στήομεν (στείομεν) u. στέωμεν (zweisilb.), 2. pl. στήετε, 3. pl. στήωσι (στείωσι), στέωσι, inf. στήμεναι, iterat. στάσκεν, Perf. ind. 2. pl. auch ἕστητε, imper. ἕσταθι, -άτω, -ατε, inf. ἑστάμεν(αι), part. ἑσταότος u. ἑστεῶτος usf., ferner ion. Präs. u. Impf. 3. pl. ἱστέαται, ἱστέατο, Aor. conj. στέωμεν, στέωσι (Perf. 3. pl. κατεστέαται, var. κατεστᾶσι), poet. im Präs. imper. u. Impf. 2. sg. auch ἵστω, buk.-dor. Perf. ἑστᾱκαντι, u. sp. ein Perf. pass. ἕστᾰμαι, Plqpf. ἑστάμην, Fut. 3. ἑστήξομαι, sich stellen, **treten** • **1)** hintreten, **auftreten,** haften, bleiben, im Perf. **stehen,** oft nur ein verstärktes εἶναι, ἵν' ἕσταμεν χρείας; poet. auch aufstehen, sich erheben; emporstarren, mit u. ohne ὀρθός, beginnen, ertönen, teils abs., ἑστώς ungestört, τὰ νῦν ἑστῶτα, πᾶν τὸ χρείας ἱστάμενον jedes sich einstellende Bedürfnis, μὴν ἱστάμενος die ersten zehn Tage des Monats (ähnl. von den Jahreszeiten), εὖ gut stehen, ὀρθῶς sich aufrecht erhalten, ähnl. ἐς ὀρθόν gerettet sein, teils τινί bei ἐκποδών, ἐμποδών, und mit Praepp., πρὸς τὴν γνώμην τινός sich richten nach, πρός τινα oder μετά τινος sich anschließen, ὄπισθέν τινος usw.; ἐς δίκην sich vor Gericht stellen, ἐς ἀρχήν Herrscher werden, auch mit Akk. des inn. Obj., στάσιν τινός jmds. Gestalt darstellen • **2) sich feststellen,** festen Fuß fassen, still stehen, rasten, auch standhalten, Bestand haben, teils abs., ἄνεμοι ἵστανται wehen fortwährend, teils τινί jmdm. od. ἐπί τινι auf etw. • **3)** im N. T. festhalten, verharren, τῇ πίστει.

Ἱστίαια (dreisilbig) u. **Ἱστιαίη,** ἡ, ep. u. ion. st. Ἑστίαια, w. s.; dazu ion. **Ἱστιαιῆτις** γῆ.

Ἱστιαῖος, ὁ, **1)** Sohn des Lysagoras, Tyrann von Milet um 500 v. Chr. **2)** Sohn des Tyemes, Herrscher von Termeros in Karien zu Dareios' u. Xerxes' Zeit. **3)** sonst. Eigenn.

ἱστιάω, ἱστίη, s. ἑστιάω, ἑστία.

ἱστιητόριον, τό, ion. st. ἑστιατήριον, Bewirtungshaus für die zu den Panegyren (Festen) angekommenen Bürger und Gäste.

ἱστίον, τό (v. ἱστός), jedes Gewebe, Tuch, insbes. aber das Segel, meist im Plur. Von den großen Segeln des Hauptmastes (τὰ μεγάλα ἱστία), welche herabgenommen wurden, wenn es zum Kampfe ging, sind die kleinern des Nebenmastes (τὰ ἀκάτεια ἱστία) zu unterscheiden.

ἱστο-δόκη, ἡ (δέχομαι), ep. die Mastgabel, Ständer für den umgelegten Mastbaum.

ἱστο-πέδη, ἡ, ep. Mastbaumschuh, in dem der Mastbaum um einen Quernagel sich umlegen ließ.

ἱστορέω u. Med. **-έομαι** (ἵστωρ), fast nur ion. poet. u. sp. **1) erforschen,** erkunden, nachfragen, beobachten, in Erfahrung bringen, kennen lernen, teils abs., teils τινά jmdn. u. nach jmdm., τί nach etwas u. mit indir. Frages. u. τινί durch etwas. **2)** das Erforschte od. Erfahrene **berichten,** erzählen, erwähnen, absol. ὁ ἱστορῶν, der Gewährsmann, τὰ ἱστορούμενα u. -ημένα die Erzählungen, τί, περί τινος od. mit ὡς, ὅτι od. Infinitivkonstr. **3)** N. T. jmdn. besuchen.

ἱστόρημα, τό, sp. die geschichtliche Erzählung.

ἱστορία, ion. **-ίη,** ἡ (ἱστορέω). **1) das Erforschen,** die Erkundigung, ἱστορίῃσι durch Erkundigung, παρά τινος bei jmdm., die Forschung, insbes. die Geschichtsforschung. **2)** die durch Umhören u. Nachfragen erlangte **Kunde,** Kenntnis, Wissenschaft, τινός od. περί τινος von etw., περὶ φύσεως Naturkunde. **3)** die **geschichtliche Darstellung,** Geschichtswerk, Geschichte, auch im Pl., ἐς ἱστορίης λόγον dem Charakter eines Geschichtswerkes gemäß, ἡ πρώτη ἱστορία der erste Teil der Erzählung, αἱ κοιναὶ ἱστορίαι sp. die allgemeine Geschichte.

ἱστορικός, 3. **a)** geschichtlich, historisch. **b)** geschichtskundig; *subst.* ὁ ἱστ. der Geschichtschreiber.

ἱστός, ὁ (ἵστημι). **1)** der **Mastbaum,** Schiffsmast, ἱστὸν ἀείρειν, στῆσαι oder στήσασθαι, ἐντίθεσθαι aufrichten, καθαιρεῖν umlegen. **2)** der Webebaum, **Webstuhl,** an dem die Kette zum

Weben senkrecht aufgezogen wurde, während bei uns der Aufzug horizontal liegt. Die Webende mußte daher stehen u. pflegte hin u. her zu gehen (ἐποίχεσθαι). 3) die Kette am Webebaum, der Aufzug, dah. ἱστὸν στήσασθαι das Gewebe aufstellen, d. i. den Aufzug od. die Kette am Webebaum senkrecht aufstellen, u. so überh. das Gewebe, die Weberei.

ἱστουργέω (ἱστ-ουργός Weber), poet. sp. am Webstuhl arbeiten, weben.

ἱστουργία, ἡ, die Weberei.

Ἴστρος, ὁ. 1) der Ister, die Donau. Der Oberlauf wurde auch Δανούβιος genannt. Adj. ion. **Ἰστριηνός,** am Ister, überh. skythisch. **Ἰστρίη,** ἡ, Stadt an der südlichen Küste der Dobrudscha, j. *Kostandschi.* 2) Männername.

ἵστωρ, ορος, ὁ, ἡ, auch ἴστωρ geschrieben (St. Ϝιδ, οἶδα), kundig, τινός einer Sache, klug. Als Subst. ep. ὁ ἵστωρ, Schiedsrichter, auch Il. 18, 501.

ἴσχ-αιμος, 2. (αἷμα), sp. blutstillend.

ἰσχᾰλέος, 3. ep. = ἰσχνός, trocken, dürr.

ἰσχανάω und **ἰσχάνω,** ep. Nebenf. zu ἴσχω, ἔχω. 1) trans. halten, zurückhalten, zum Verweilen nötigen, τινά. 2) intr. sich an etwas halten, s. v. a. wonach trachten, streben, τινός od. mit Inf.; vgl. ἰχανάω.

ἰσχάς, άδος, ἡ (vgl. ἰσχνός), die getrocknete Feige.

ἰσχιάζω, sp. in den Hüften sich hin- u. herbiegen. Von

ἰσχίον, τό (ἰξύς), 1) eigentl. das Hüftgelenk, die Hüftpfanne, d. i. die Höhlung im Hüftknochen, worin der Kopf des Oberschenkelknochens (μηρός) sich dreht. 2) die Hüfte, die Lende selbst, von Menschen u. Tieren, vorzüglich der obere Teil.

ἰσχναίνω, Fut. ἰσχνᾰνῶ, Aor. ἴσχνᾶνα, ion. ἴσχνηνα, 1) trocken machen, austrocknen, mager machen. 2) poet. schwächen, demütigen.

ἰσχνός, 3. (vgl. ἰσχᾰλέος), trocken, dürr, a) getrocknet, dah. mager, schmächtig, dünn, u. zwar τὴν ἕξιν. b) von der Stimme: ἰσχνὸν φθέγγεσθαι d. i. leise. c) vom sprachl. Ausdruck: einfach, schlicht. Dav.

ἰσχνότης, ητος, ἡ, sp. Trockenheit, Magerkeit, Hagerkeit, Schmächtigkeit.

ἰσχνό-φωνος, 2. ion. mit dünner Stimme, Var. zu

ἰσχό-φωνος, 2. (ἴσχω, φωνή), ion. mit stockender od. stotternder Stimme.

ἰσχῡρίζομαι, 1) sich stark, kräftig erweisen, übertr. a) seine Stärke in etwas suchen, sich auf etwas (τινί) stützen. b) sich anstrengen, ereifern, fest auf etwas (τινί) bestehen, bei seiner Meinung beharren, teils abs., teils τί u. πρός τι gegen etwas, ἀπό τινος auf etwas hin. 2) Pass. Kraft erhalten, übertr. bestärkt werden. Von

ἰσχῡρός, 3. Adv. **-ῶς,** Komp. -ότερος (ἰσχύς) • 1) haltbar, **stark,** kräftig, fest, dauerhaft, τί an etwas, τινί von etwas od. mit Inf. ἰδεῖν von Ansehen • 2) übertr. **mächtig,** heftig, reißend, hart, hartnäckig, schwer, tüchtig, eifrig, nachdrücklich, recht sehr, **entschlossen,** mutig, ἰσχυρὰς φυλακὰς ποιεῖσθαι strenge Wache halten, sich sehr hüten, ἰσχυρὰ παρακελεύεσθαι nachdrücklich ermahnen • **Subst.** τὸ ἰσχυρότατόν τινος der festeste Punkt eines Landes, die Feste, τὰ ἰσχυρότατα καθίστασθαι den höchsten Grad erreichen, κατὰ τὸ ἰσχυρόν mit Waffengewalt, οὐδὲν ἰσχυρὸν ἀπό τινος keine kräftige Anstrengung von seiten jmds. • **Adv.** ἰσχυρῶς χαρίζεσθαι einen großen Gefallen erweisen, φυλάττειν in sichere Verwahrung nehmen.

ἰσχύς, ύος, ἡ (in zweisilbigen Kass. ῡ, in dreisilbigen ῠ, zu ἴσχω, ἔχω), 1) Stärke, Kraft, Festigkeit, Dauer, Schwere, Last. 2) übertr. Gewalt, Macht, Streitmacht. 3) kräftiger Widerstand, Mut, Tapferkeit, ἰσχύι mit Gewalt, ähnl. πρὸς ἰσχύος κράτος, ἰσχύι μάχης an Kampffähigkeit, παρὰ ἰσχὺν τῆς δυνάμεως unter den Gehalt ihrer Macht, auch πρός τινα gegen jmdn.; aber φύσεως ἰσχύς Geisteskraft. Dav.

ἰσχύω (ἰσχύς), **stark,** kräftig, gesund, mächtig, gewaltig **sein,** vermögen, Macht od. Einfluß od. Übergewicht haben, auch mächtig werden, ein Übergewicht bekommen, teils abs. ἰσχύων ein Starker, teils mit μέγιστον am meisten gelten, στρατοῦ der Stärkste sein im Heere, ähnl. πλεῖστον sehr viel Einfluß haben, u. μεῖζον mehr Macht haben, τί ein gewisses Übergewicht haben, μηδέν keine Kraft haben, τινί durch od. an etwas, u. zwar πρός τινα od. τι gegen jmdn. od. etwas, ähnl. κατά τινος gegen jmdn., aber κατὰ γῆν zu Lande, παρά τινι bei jmdn., ἔν τινι in etwas, ἔκ τινος u. διά τι durch etwas, ἐς χρημάτων λόγον in Betracht des Geldpunktes, auch mit Inf.

ἴσχω, m. poet. Inf. ἴσχεν, s. ἔχω. **ἴσως,** s. ἴσος.

Ἰταλία, ion. **-ίη,** ἡ (ῐτ), Italien, bes. das von Griechen bevölkerte Unteritalien, die Gegend von Laos u. von Metapont bis zur Meerenge von Sizilien Die Einw. **οἱ Ἰταλιῶται,** Adj. **Ἰταλικός.**

Ἰταλός, ὁ, König der Sikuler, Vater des Sikulus und der Roma, von dem Italien seinen Namen haben soll.

ἰταμός [ῐ], 3., Adv. **-ῶς** (εἶμι, ἴτης), unerschrocken darauf losgehend, keck, verwegen, ungescheut, frech, unverschämt, τί in etwas. Dav.

ἰταμότης, ητος, ἡ, Keckheit, Unverschämtheit.

Ἴτανος, ἡ, Stadt auf der Ostküste von Kreta, j. *Itagnia.*

ἰτέα [ῐ], ion. **-έη,** ἡ (eigentl. Ϝιτέα, lat. *vī-tex, vīmen,* ahd. *wi-da* Weide), 1) bes. ep. die Weide. 2) poet. ein von Weide geflochtener Schild.

ἰτέϊνος, 3. ion. buk. sp. von od. aus Weiden.

ἰτέον u. **ἰτητέον,** Adj. verb. zu εἶμι, man muß gehen, s. εἶμι, ebenso wegen ἴτην.

ἴτης, ου, ὁ (εἶμι), keck zufahrend, keck.

Ἴτιον, τό, sp. Vorgebirge an der Nordküste Galliens, der *Itius portus,* h. *Wissant* bei Calais.

Ἰτουραία, Landschaft in Syrien, j. *Jetûr,* südöstlich von Damaskus; Einw. **Ἰτουραῖοι.**

ἴτριον, τό, poet. u. sp. (dünner zerbrechlicher) Kuchen aus Mehl und Honig, Pfannkuchen.

ἴττω, böot. st. ἴστω, s. οἶδα.

Ἰτύκη, ἡ, sp. Utika, St. in Afrika (eig. die „Altstadt" gegenüber der „Neustadt" Karthago). Ew. **Ἰτυκαῖοι.**

Ἴτυλος, ὁ, u. **Ἴτυς** [⏑⏑], υος, ὁ, nach Hom. Sohn

des Zethos u. der Aëdon, u. von dieser seiner Mutter in einem Anfall von Raserei ermordet. In der att. Sage ist Pandions Tochter, Prokne, die Mutter, die empört über die Untreue u. Grausamkeit ihres Gemahls Tereus ihren Sohn Itys schlachtet u. dem Vater vorsetzt. Beiden Sagen gemein ist, daß die Mutter, in eine Nachtigall verwandelt, nun unablässig um ihren Itys klagt (das Flöten der Nachtigall *ἰτύτύτυ-* als Vokativ aufgefaßt).

ἴτυς [ῐ], *υος, ἡ* (verw. mit *ἰτέα*, w. s.), eigtl. Windung, dah. **1)** der Radkranz, die Radfelge, der Reif des Rades aus Felgen von Holz, auch wohl der ganze Wagenkranz = *ἄντυξ* (Il. 4, 486). **2)** die Kranzleiste am Schild, Schildrand, Schild.

ἴτω, s. *εἶμι*. Auch in dem Sinne: es gehe von statten, es sei.

Ἴτων, *ωνος, ἡ* [ῑ], **1)** Stadt bei Larissa in Thessalia Phthiotis. **2)** **Ἰτωνεῖς,** *οἱ*, alte La. f. *Ἱπ(π)ωνιεῖς* Thuk. 5, 5, 3, s. *Ἱππώνιον*.

ἰϋγή, *ἡ*, u. **ἰυγμός** [ῑ, att. ῐ], *ὁ*, beide ep. u. poet. (*ἰύζω*), Geschrei, u. zwar sowohl Jubelgeschrei, Jauchzen, als Wehegeschrei, Gestöhn.

ἴυγξ, *γγος, ἡ*, **1)** der Drehhals, Wendehals, ein spechtartiger Vogel, so groß wie eine Lerche. Im Altertum schrieb man ihm Zauberkraft zur Herstellung verlorner od. verschmähter Liebe zu. Man band ihn nämlich um ein Rad und setzte dieses unter Zaubergesängen u. Anrufung des geliebten Gegenstandes in Bewegung. **2)** Dieses Zauberrad hieß ebenfalls *ἴυγξ*, u. man sagte dah. *ἕλκειν ἴυγγα ἐπί τινι* das Zauberrad herumdrehen, um einen anzulocken od. zu fangen, jmdn. herbeizaubern. **3)** Liebessehnsucht.

ἰύζω (vgl. *ἰή*) [ῑ, trag. ῐ], ep. u. poet. laut schreien, heulen. Dav.

ἰυκτά, *ὁ*, buk. Pfeifer, Jodler.

Ἰύρκαι, *οἱ*, großes skythisches Volk, von der Wolga bis zum Ural im heutigen Perm u. westlichen Tobolsk bis zum Obi.

ἴφθῑμος, 3. u. 2., ep. tapfer, stark, mächtig, wacker.

ἶφι, ep. Adv. von *ἴς*, gewaltig (*ϝῖφι*).

Ἰφι-άνασσα, *ἡ*, nach Hom. u. Soph. El. 157 Tochter des Agamemnon, nach einigen Dichtern identisch mit *Ἰφιγένεια*, welche Homer noch nicht kennt.

Ἰφι-γένεια, *ἡ*, Tochter des Agamemnon u. der Klytaimestra. Nach den Trag. ließ Agamemnon sie nach Aulis kommen, um durch ihre Opferung die zürnende Artemis als die Urheberin der Windstille zu versöhnen. Während der Opferhandlung nahm aber Artemis sie hinweg, indem sie dafür eine Hirschkuh am Altar zurückließ, u. versetzte sie nach Taurien, wo sie dem dortigen Heiligtum vorstand, bis Orestes auf eine Weisung des Orakels hinkam und sie mit ihm das unwirtliche Land verließ. Vgl. *Ἰφιάνασσα*.

Ἰφιγόνη, *ἡ*, poet. = *Ἰφιγένεια*.

Ἰφικλῆς, buk. *-κλέης, έους, ὁ*, Sohn des Amphitryon, Bruder des Herakles.

Ἴφικλος [ῐφ], *ὁ*, Sohn des Phylakos aus Phylake in Thessalien, einer der Argonauten, raubte der Mutter des Neleus, Tyro, ihre Rinderherden, welche aber der Seher Melampus ihr wieder verschaffte, nachdem ihn Iphiklos ein Jahr lang gefangen gehalten. Dav. **Ἰφικλείη** *βίη* = *Ἴφικλος*.

Ἰφικράτης, *ους, ὁ*, berühmter Feldherr der Athener, der bei Lechäon mit seinem Söldnerheere 392 eine lakedämonische Heeresabteilung vernichtete, eine von den Athenern hochgefeierte Waffentat. Er starb um 353. **Ἰφικρατίδες,** *αἱ*, von ihm erfundene Soldatenschuhe. Sein Sohn Iphikrates wurde von Alexander gefangen genommen, aber achtungsvoll behandelt.

ἴφιος, 3. (*ἶφι*, s. oben), ep. stark, kräftig, wohlgenährt.

Ἴφιτος, [‒⏑⏑, einmal ‒‒⏑], *ὁ*, **1)** Sohn des Eurytos aus Öchalia, Bruder der Iŏle, ein Argonaut, schenkte in Messene, wo er die von Herakles versteckten Stuten suchte, dem Odysseus seinen Bogen und wurde dann in Tiryns, wo Herakles die Stuten hatte, von diesem von der Bergkuppe, wo er vergebens nach seinen Stuten spähte, herabgestürzt. Herakles wurde zur Strafe dafür nach Lydien verkauft. Adj. poet. *Ἰφίτειος*, 3. **2)** Vater des Archeptolemos, der deshalb **Ἰφιτίδης** heißt. **3)** sonst. Eigenn.

ἰχανάω, ep. u. poet., Präs. ind. *ἰχανάει, -ᾶᾳ*, u. part. *νάων, -όων* u. *νάουσα, -όωσα*, wonach trachten, streben, *τινός* od. m. Inf.: Od. 8, 288. Il. 17, 572. 23, 300. Dazu

ἶχαρ, *τό*, poet. Begierde (and. *ἴχαρ*).

ἰχθυάω (*ἰχθύς*), ep. Impf. Iterativf. *ἰχθυάεσκον, -άασκον*, fischen, Fische (*τί*) fangen.

ἰχθυ-βόλος, *ὁ*, poet. (mit dem Dreizack) Fische fangend.

ἰχθύδιον, *τό*, sp. Dem. von *ἰχθύς*, Fischchen.

ἰχθυο-ειδής, 2. ion. fischartig, fischähnlich.

ἰχθυόεις, *εσσα, εν* (*ἰχθύς*), ep. poet. fischreich.

ἰχθυο-τροφεῖον, *τό*, sp. künstlicher Fischteich, -behälter.

Ἰχθυο-φάγοι, *οἱ*, die Fischesser, arme wilde Völker in Afrika u. an den Küsten von Arabien, Persien u. am Roten Meere, die z. T. in Höhlen ohne alle Familienverbindungen lebten u. sich u. ihr Vieh von Fischen nährten.

ἰχθύς, *ύος, ὁ*, Akk. *-ύν*, buk. *ύα*, Plur. Nom. *ἰχθύες* (u. sp. *ἰχθῦς*), Akk. *ἰχθύας* u. *ἰχθῦς* [in zweisilbigen Kass. ῡ, in dreisilbigen ῠ], Fisch, Sing. oft für Plur. Den Homerischen Menschen waren die Fische bloß eine Notspeise, während die Syrer u. Assyrer sie göttlich verehrten (Xen. An. 1, 4, 9). Sprichw. war *ἀφωνότερος τῶν ἰχθύων* stummer als ein Fisch.

Ἰχθῦς, *ύος, ὁ*, Akk. *ῦν* (*ύν*), Ichthys, Kap von Elis, unweit Pheia, j. *Kap Zanchi*.

ἰχθυ-ώδης, 2. **a)** fischreich. **b)** fischartig.

ἰχνεύμων, *ονος, ὁ*, u. **ἰχνευτής,** *οῦ, ὁ*, ion. eigtl. der Spürer, insbes. der Ichneumon, eine ägyptische Wieselart, die der Mut (*Λητώ*) in Ägypten heilig war.

ἰχνεύω, spüren, aufspüren, nachspüren, forschen, abs. u. *τί*. Von

ἴχνος, *εος, ους, τό*, mit der ep. Nebenf. **ἴχνιον,** *τό*, **1)** Fußtritt, Fußstapfe, Spur, vom Wild: die Fährte, *μετ' ἴχνιά τινος βαίνειν* jmdm. auf dem Fuß nachfolgen, *κατ' ἴχνη* die Fußstapfen, die Spur verfolgend. Oft übertr. Spur, Merkmal, *τοῦ τραύματος* das Wundenmal. N. T. *στοιχεῖν τοῖς ἴχνεσί τινος* in jmds. Fußstapfen wandeln. **2)** metonym. bei Dichtern. der Fuß.

ἰχνοσκοπέω, poet. = ἰχνεύω.

ἰχώρ [ῑ], ῶρος, ὁ, Akk. ep. ἰχῶ st. ἰχῶρα, 1) ep. Götterblut, die ätherische blutähnliche Flüssigkeit, die in den Adern der Götter fließt. 2) das Blutwasser, Lymphe. Übertr. **νέος ἰχώρ** ein neuer Todesfall. Im Plur. **οἱ περὶ τὸν μυελὸν ἰχῶρες** Rückenmark.

ἶψ, ἰπός, ὁ (ἴπτομαι), ep. eigtl. der Stecher, Bohrer, ein Wurm, welcher Horn u. Weinstöcke benagt, Holzbohrer.

Ἰψός, ἡ, Städtchen Phrygiens, unweit Synnada, wo der greise Antigonos 301 Reich u. Leben gegen Lysimachos u. Seleukos verlor.

ἰώ [ῐ], poet. Interj., juh, wehe, beim Anruf u. Ausruf, sei es der Freude od. des Schmerzes, bald allein stehend oder außerhalb des Verses, auch verdoppelt, bald bei Nomin. od Vokat., bald beim Genet., bald mit *μοί*, bald auch mit andern Partikeln, wie *αἰαῖ*, ἒ ἔ, ὢ ὤ, ioh! weh! lat. *io! vae!*

Ἰώ, Ἰοῦς, ἡ, ion. Akk. **Ἰοῦν**, die 'flinke', Tochter des Königs Inăchos von Argos (nach andern des Peirēn od. des Iăsos), von Zeus (od. Hera) in eine Kuh verwandelt u. durch eine Bremse über den ganzen Erdkreis bis in den Nil gejagt, worauf sie später als Isis in Ägypten verehrt ward.

ἰωά, ἡ, dor. = ἰωή.

Ἰωάννης, ου, ὁ (*jĕhôchānān* = Gott ist gnädig, Gotthold), jüdischer Eigenname.

ἰωγή, ἡ (aus ϝιϝωγή, v. St. ϝαγ in ἄγνυμι), ep. eigtl. Ort, wo sich der Wind bricht, dah. Schirm, Schutz, *τινός* gegen etwas.

ἰωή, ἡ, ep. u. poet. Stimme, Schall, lauter Klang, Ton, Getön. Gebrause: *πυρός* das Flackern, Sprühen.

Ἰωήλ, ὁ (hebr. *jô'ēl* Jahve ist Gott), bedeutender Prophet um 800 (?).

ἰῶκα, ep. metaplast. Akk. (wie von ἰώξ) zu

ἰωκή, ἡ, ep., u. **ἰωχμός,** ὁ, ep. das Verfolgen in der Schlacht, Sturmanlauf (auch im Plur.), überh. Schlachtgetümmel. Auch personif. **Ἰωκή.**

Ἰωλκός [ῐ], ἡ, ep. **Ἰάωλκός,** ἡ (aus Ἰαϝωλκός), Iolkos, Stadt in Magnesia am Pagasäischen Meerbusen, Residenz des Pelias, dah. *Πηλιῶτις* genannt, Sammelplatz der Argonauten, später Hafen der neuen Stadt Demetrias, jetzt *Volo*. Adj. davon **Ἰώλκιος,** 3.

Ἴων, ωνος, ὁ, 1) Sohn des Xuthos od. Apollo u. der Krĕusa, Stammvater der Ionier u. König von Athen. 2) Sohn des Orthomĕnes aus Chios, trag. Dichter in Athen (452 v. Chr.). 3) Rhapsode aus Ephesus, nach dem ein platonischer Dialog betitelt ist. 4) sonst. Eigenn.

Ἴωνες, οἱ, ep. poet. **Ἰάονες** (aus Ἰάϝονες, hebr. *Jâvân*), u. dor. Ἰᾶνες, die **Ionier,** einer der vier Hauptstämme der Griechen, in Attika, Euboia, auf Inseln des Ägäischen Meeres und in Kleinasien zwischen Karien und Aiolis angesiedelt. Femin. **Ἰωνίς,** ἰδος, ἡ, Adj. **Ἰωνικός,** 3. u. **Ἰώνιος,** od. Ἰόνιος 3. Die Sprache heißt ἡ **Ἰάς, Ἰαστί** in ionischem Dialekt.

ἰῶτα, τό, indecl., der Buchstabe u. Vokal Iota, u. weil im Hebr. das Jod der kleinste Buchstabe ist, N. T. übertr. etwas sehr Geringes.

ἰωχμός, ὁ, s. ἰωκή.

K.

K, κ, τὸ κάππα, entsprechend oriental. Kaph, der zehnte Buchstabe des griech. Alphabets, als Ziffer κ' = 20.

κ', für κέ od. καί, κᾶ, dor. = κεν, w. s.

κάββαλε st. κατέβαλε, s. καταβάλλω.

Καβάλιοι u. **Καβηλέες,** οἱ, Bewohner der Landschaft Kabalis in Kleinasien, zw. Pisidien u. Karien. Sie wurden auch Lasonier genannt.

Κάβειροι oder **Κάβῑροι,** οἱ, phrygische (?) Gottheiten, die bes. auf Samothrake u. Lemnos in geheimen Diensten (ὄργια) verehrt wurden.

Καβησόθεν, Adv. von Kabēsos her, einer Stadt in Thrakien am Hämos.

Καβύλη, ἡ, Stadt im innern Thrakien, von Philippos kolonisiert, j. *Golowitza* am Tundscha.

κάγ, ep. st. κατά vor γ.

κάγκᾰνος, 2., ep. dürr, brennbar.

καγχαλάω (ep. καγχαλάουσι, -όωσι u. ä.), ep., u. **καγχάζω** od. **καχάζω,** poet. (vgl. lat. *cachinnare*) laut lachen, jubeln, frohlocken, auch hohnlachen, höhnen, u. zwar *βαρνάλγητα* kränkend.

κάδ, ep. st. κατά vor δ.

(καδδίζω), s. κεκαδδεῖσθαι.

κάδδῑχος, ὁ, lak. Wort = κάδος.

κᾱδεμών, κᾱδεστής u. ähnl., s. κηδ.

καδίσκος, ὁ, Demin. v. κάδος, die Stimmurne, gew. zwei bei einer gerichtlichen Abstimmung, für zweierlei *ψῆφοι*, Verurteilung u. Freisprechung. In den κ. *κύριος* wurde der jeweils gültige, in den *ἄκυρος* κ. der ungültige Stimmstein gelegt.

Κάδμος, ὁ, boiot. Heros phoinikischer Herkunft, Bruder der Europa, Vater der Semĕle (*Κάδμου κόρη* od. *Καδμεία νύμφη*) u. Ino Leukothea, Gemahl der Harmonia, Gründer der **Καδμεία,** der auf einem Ausläufer des Kithairon gelegenen Burg von Theben. Daher heißt Theben und Boiotien auch **Καδμεία γῆ, χθών** od. **Καδμηὶς γῆ, Καδμεῖοι** u. **Καδμείωνες, -μεΐωνες** = Thebaner. **Καδμηίη τις νίκη** war sprichw. von einem Siege, der dem Sieger selbst verderblich wird, weil Oidipus' Söhne, um die Herrschaft kämpfend, sich im Zweikampf töteten. *Καδμήια γράμματα*, Buchstaben aus Kadmos' Zeit, d. i. sehr altertümliche.

κάδομαι, dor. poet. f. κήδομαι, s. κήδω.

κάδος, ὁ (lat. *cadus*), Gefäß zur Aufbewahrung von Flüssigkeiten, Faß, *οἴνου*.

Καδούσιοι, οἱ, die Kadusier, ein mächtiges, kriegerisches Gebirgsvolk in Medien (Atropatēne) an der Westküste des Kaspischen Meeres im jetzigen *Aserbeidschan*. Sie waren gute Wurfschützen.

Κάδυτις, ιος, ἡ, nicht näher zu bestimmende Stadt in Syrien (Palästina), vielleicht Gaza.

Κάειρα, ἡ, s. Κάρ.

καθά, καθάπερ, ion. **κατά, κατάπερ,** Adv. =

καθ' ἅ usw., demgemäß wie, gleichwie, so wie, teils abs., teils so, daß ihm κατὰ τὸν αὐτὸν τρόπον entspricht od. εἰ dabei steht, gleich als ob.

καθ-, ion. **κατ-αγίζω,** Aor. καθήγισα (ἅγιος, ἅζω), weihen, einweihen, dah. sarkastisch von Hunden: zerfetzte Leichname (σπαράγματα) einweihen (var.), dann insbes. einer Gottheit als Opfer darbringen, u. zwar als Brandopfer (mit u. ohne ἐπὶ πυρῆς od. πυρί), als Opfer verbrennen, bes Räucherwerk, τί u. τινός; überh. verbrennen.

καθ-αγνίζω, Perf. pass. καθήγνισται, poet. sp. durch Feuer reinigen, verbrennen, weihen, einweihen, πυρί, überh. reinigen.

καθ-αίμακτος, 2. poet. blutbefleckt. Von

καθ-αιμάσσω, perf. pass. καθῃμαγμένος, mit Blut besudeln, τί.

καθ-αιματόω, poet. u. sp. = καθαιμάσσω.

κάθ-αιμος, 2. (αἷμα), poet. blutig.

Καθαῖοι, οἱ, kriegerischer Stamm der freien Indier, altind. Kshatriya, d. i. Krieger, j. *Khatti*.

καθαίρεσις, εως, ἡ (καθαιρέω), das Niederreißen, die Schleifung, Zerstörung, τινός.

καθαιρέτης, ου, ὁ, Besieger, τινός jmds. Von

καθ-αιρέω, zum Aor. καθεῖλον, conj. 3. sg. ep. καθέλῃσι, vom Perf. Pass. part. ion. καταραιρημένος.

I) Akt. u. **Pass.** • **1) herunternehmen,** herunterholen, herabnehmen, τί, u. zwar ἀπό τινος, herabziehen, ὄσσε die Augen zudrücken. Insbes. gewaltsam herabreißen, niederreißen, **zerstören;** übertr. niederwerfen, zu Boden strecken, überwältigen, stürzen, demütigen • **2)** hinwegnehmen, u. zwar • **a) wegnehmen,** entfernen, endigen, aufheben, ausrotten, aus dem Wege räumen, hinwegraffen, ἔκ τινος von etwas weg; töten, verurteilen, ψῆφος καθαιροῦσα die verurteilende Stimme. Im Pass. sich töten, καθῃρημένος τὴν αἴσθησιν der Besinnung beraubt • **b)** wegnehmen, d. h. erreichen, **gewinnen,** einholen, τί od. τινά, τινί durch etwas, u. ἐξ ὄψεως μήκους aus Sehweite treffen • **c)** ertappen, **ergreifen,** ἔν τινι bei etwas • **d)** etwas so antreffen, von Rechnungen: ausweisen.

II) Med. für sich (*sibi*) etwas od. sich das Seinige herunternehmen (auch sich erringen).

κᾰθ-αίρω, Aor. 1. ἐκάθηρα (zuw. ἐκάθᾱρα, ep. κάθηρα), (καθαρός).

I) Akt. u. **Pass.** • **1) reinigen,** d. i. • **a)** rein machen, abwaschen, säubern, putzen, schmükken. Übertr. befreien, τινός von etwas. • **b)** medizin. den Leib reinigen (purgieren) durch Abführung • **c)** relig. von Befleckung u. Schuld reinigen, sühnen, τινός von einer Schuld, einem Vergehen. Pass. ὁ καθαρθεὶς τὸν φόνον (s. καθαρμός) • **d)** buk. einen ausstäupen, peitschen. • **2)** durch Reinigen entfernen • **a) abwaschen,** wegwaschen, τινά τι einen abwaschen, etw. wegwischen • **b)** sp. beseitigen, ausrotten.

II) Med. sich reinigen, τί od. τινός von etwas, τινί durch etwas.

καθ-άλλομαι, Dep. med. (s. ἅλλομαι), herunterspringen, herabspringen, herniederfahren, von Winden.

καθ-ᾱμέριος, 2. dor. u. poet., s. καθημ.

κάθ-αμμα, τό, poet. Band, Knoten.

καθ-ανύω, s. κατ-ανύω.

καθ-άπαξ, Adv. ein für allemal, einmal, ganz u. gar, sp. auch m. τό, οἱ κ. ἐχθροί die alten Erbfeinde.

καθάπερ, s. καθά.

καθαπερεί = καθάπερ εἰ, gleich als wenn, gleichsam, gewissermaßen.

καθαπτός, 3. poet. sp. angeknüpft; ausgerüstet, ausgestattet.

καθ-άπτω, ep. Impf. καθάπτετο • **1)** Akt. u. Pass. **a) anknüpfen,** anbinden, ὤμοις τι etwas um die Schultern schlingen, im Pass. βρόχῳ καθημένη in die Schlinge geknüpft, d. i. erhängt • **b) anfassen,** ergreifen, τινός, N. T. • **2)** Med. sich etwas an-, umbinden, sich an etwas anhängen oder machen, anfangen, τί sich befassen womit, τινός nach etwas streben, und so auch übertr. • **a)** im guten Sinne: jmdn. (τινά) angehen, mit u. ohne ἐπέεσσιν (bes. bei Hom.) anreden, ion. τινός sich auf einen als Zeugen berufen, ihn zum Zeugen anrufen • **b)** im übeln Sinne: jmdm. (τινός, ep. τινά) zusetzen, ihn angreifen, anklagen, tadeln, schelten, oft mit Partiz. mit u. ohne ὡς, od. mit ὅτι.

καθάρειος, 2. = καθάριος. Adv. **καθαρείως,** reinlich (dah. ohne etwas daneben zu gießen), sauber; deutlich.

καθαρειότης, ητος, ἡ, sp. Reinheit, Lauterkeit.

καθαρεύω (καθαρός), **1)** sp. trans. rein halten, τί, u. zwar τινός von etwas. **2)** intr. rein sein, sich rein erhalten, ἀπὸ τοῦ σώματος von seiten des Körpers, περὶ ταῦτα in dieser Beziehung.

Καθαρή, ἡ, poet. Nom. propr. einer Quelle.

καθαρίζω, sp. N. T. = καθαίρω, **1)** reinigen, durch Reinigung entfernen. **2)** moralisch reinigen, freisprechen. **3)** für rein erklären.

καθάριος, 2. (καθαρός), meist sp. reinlich, sauber; sp. τὸ καθάριον die Purganz.

καθαριότης, ητος, ἡ, Reinlichkeit, Reinheit.

καθαρισμός, ὁ, sp. N. T. = καθαρμός.

κάθαρμα, τό (καθαίρω), **1)** das beim Reinigen Weggeworfene, Kehricht, übertr. Abschaum, Wegwurf; Schandbube, Schuft. **2)** das dargebrachte Reinigungsopfer. **3)** sp. Reinigungsblut, Sühneblut.

καθ-αρμόζω, ion. κατ-, Plqpf. pass. καθήρμοστο, ion. poet. daranfügen, anpassen, τὶ ὑπό τινι.

καθαρμός, ὁ (καθαίρω), die Reinigung, τινός von etwas, insbes. **1) Sühnung** καθαρμὸν θύειν od. κ. τῆς χώρας ποιεῖσθαί τινα einen als Sühnopfer für ein Land schlachten, καθαρμὸν τῶν δαιμόνων θέσθαι die Götter durch eine Reinigungsweihe (vgl. die röm. *lustratio*) versöhnen. **2)** Weihereinigung vor religiösen Handlungen u. bei Mysterien.

κᾰθᾰρός, 3., Adv. **-ῶς,** Komp. -ώτερον (St. καθ, lat. *castus* für *cad-tus*, *Κασταλία*), **rein,** d. i. • **1)** frei von Schmutz, **sauber,** frisch gewaschen, lauter, ungetrübt, heil; konstr. mit Gen. u. sp. ἀπό τινος • **2) frei** von andern fremdartigen oder hinderlichen Gegenständen, dah. κ. τῷ γένει von makelloser (unzweifelhaft bürgerlicher) **Abkunft,** κ. στρατός u. τὸ καθαρὸν τοῦ στρατοῦ ein von Schwachen, Kranken oder Lasttieren freies Heer, der Kern, die Kerntruppen, oder *καθαρὰ ἦν πάντα* es war alles im reinen, in Ordnung, od. *ὥς σφι τὸ ἐμποδὼν ἐγεγόνεε καθαρόν* als sie reinen Weg vor sich hatten, dah. *ἐν καθαρῷ βῆναι* d. h. ungestört, von Hindernissen frei, *ἐν καθαρῷ* verst. *τόπῳ* an einem reinen Platze, *διὰ καθαροῦ* durch offenes Land, wo nichts im Wege steht, teils abs., teils *τινός* von etwas • **3)** übertr. **aufrichtig,** unvermischt, lauter, in reiner Absicht, z. B. *per enallagen καθαρὰν ἀνοῖξαι κλῇδα φρενῶν* des Herzens aufrichtigen Riegel erschließen, d. h. aufrichtige Hingebung beweisen, od. prolept. *κ. ὁ νοῦς ἐκκρίνεται* so daß er unvermischt od. rein ist • **4)** Subst. **τὸ καθαρὸν** *τοῦ πολιτεύματος* die ursprüngliche Reinheit od. Lauterkeit der Verfassung; insbes frei von Fehl u. Schuld, tadellos, *καθαρὸς θάνατος* ein ehrlicher Tod, d. h. nicht durch den Strang, von Menschen insbes. unschuldig, schuldlos, rein von Blutschuld, abs. od. *νόμῳ* dem Gesetze nach, od. *χεῖρας* an Händen unbefleckt • Adv. **κᾰθᾰρῶς,** rein, lauter, unbefleckt; in reiner Absicht und Gesinnung; deutlich, klar; genau. Dav.

καθαρότης, *ητος, ἡ,* Reinheit, Unbeflecktheit.

καθ-αρπάζω, poet. sp. wegreißen.

καθάρσιος, 2. (*κάθαρσις*), reinigend, sühnend. Subst. *τὸ καθάρσιον* die Reinigung, Entsühnung, insbes. das Reinigungsopfer.

κάθαρσις, *εως, ἡ,* Reinigung von etwas, *τινός,* in eigentl. u. übertragenem Sinn, **1)** = *καθαρμός,* s. d. **2)** Befreiung von etwas; die Ausscheidung, Aufhebung, *παθημάτων* der Affekte.

καθαρτής (*καθάρτης*), *οῦ, ὁ* (*καθαίρω*), ein Reiniger, Sühner, der ein begangenes Verbrechen durch Rache, die er dafür nimmt, sühnt.

καθαρτικός, 3. reinigend.

καθ-έδρα, *ἡ,* **1)** Sitz, Lager. **2)** das Stillsitzen, Verweilen. **3)** Stellung des Sitzenden. **4)** Stuhl; Lehrstuhl, Richterstuhl, N. T.

καθ-έζομαι (aus *ἐδjομαι* s. *ΣΕΔ*), Impf. *ἐκαθεζόμην,* Fut. *καθεδοῦμαι,* sp. Aor. *ἐκαθέσθην,* sich niedersetzen, sich niederlassen, sitzen, hocken (*εἰς γόνυ* u. *πρόχνυ*). Im bes. **a)** milit.: sich lagern, sich festsetzen. **b)** als Schutzflehender dasitzen, Zuflucht suchen. **c)** müßig dasitzen, die Hände in den Schoß legen, abwarten, sich aufhalten.

καθ-ειλίσσω, s. *κατ-ειλίσσω.*

καθ-ειμαρμένος, 3. (*μείρομαι*), sp. durch das Schicksal fest bestimmt, bes. zu jmds. Unglück.

καθ-είργνῡμαι u. ähnl., s. *κατείργω.*

καθεῖς, besser **καθ εἷς,** N. T. st. *καθ' ἕνα,* einer nach dem andern, jeder einzeln.

καθ-εῖσα, ep. Aor. 1. (s. bei *ΣΕΔ*), **1)** niedersetzen, (jmdn. *τινά*), sich niedersetzen lassen, *ἐπί τινος, ἔν τινι, ἐπί τι,* im bes. *ἀγῶνα* ein Kampfspiel eröffnen. **2)** wohin bringen, wohin stellen, wo wohnen lassen, ansiedeln, *τινά, τινά τι* einen als etwas.

καθ-εκτός, 3., Adj. verb. von *κατέχω,* zurückhalten.

καθελίσσω, s. *κατειλίσσω.*

καθελκυσμός, *ὁ,* sp. das Herunterziehen, der Stapellauf.

καθ-έλκω, ion. **κατ-ελκύω,** herunterziehen, herabziehen, gew. die Schiffe (vom Lande) aufs Wasser ziehen, vom Stapel laufen lassen.

καθ-εξῆς, Adv. sp. der Reihe nach, hintereinander; N. T. *ἐν τῷ κ.* darnach.

κάθεξις, *εως, ἡ* (*κατέχω*), das Festhalten, die Behauptung, *τινός* einer Sache.

κάθετος, 2. (Adj. verb. v. *καθίημι*), herabgelassen. *ἡ κάθετος,* sp. das Senkblei.

καθ-, ion. **κατ-εύδω,** Impf. *ἐκάθευδον* u. *καθηῦδον* (*καθεῦδον*), Fut. *καθευδήσω,* schlafen, ruhen, abs. od. *ἔν τινι, ὑπό τινι,* u. *μετά τινος* bei jmdn.; übertr. feiern, untätig, träge sein, abs. u. *τινί* mit etwas.

καθ-ευρίσκω (s. *εὑρίσκω*), poet. u. sp. auffinden, im Pass. betroffen, ertappt werden, mit Partiz.

καθ-εψιάομαι, ep. 3. plur. *καθεψιάονται, -όωνται,* Dep. med., verhöhnen, verspotten, *τινός.*

καθ-έψω, (s. *ἕψω*), Aor. *-ήψησα,* stark kochen, verbrühen.

καθ-ηγεμών, *όνος, ὁ, ἡ,* sp., ion. **κατ-,** der Führer, *τῆς πορείας* Wegweiser, auf Schiffen: der Lotse; übertr. *κακῶν.*

καθ-, ion. **κατ-ηγέομαι,** Dep. med. vorangehen, anführen, den Anfang machen, mit Partiz. etwas zuerst tun. Im bes. **a)** den Weg weisen, hinweisen, hinführen, teils abs. *οἱ κατηγεόμενοι* die Wegweiser, u. *τὰ καθηγούμενα* die (zum Ziel) führenden Umstände, Voraussetzungen, Bedingungen, teils mit *ὁδούς* u. ähnl., u. zwar *τινί* jmdm., *ἐς, ἐπί τι* wohin, auch bloß *τί,* wo es auch so viel als weisen ist. **b)** Anleitung geben, lehren, zeigen. Dav.

καθηγητής, *οῦ, ὁ,* sp. N. T. Wegweiser; Lehrer, Erzieher.

καθ-ηδυπαθέω, verschwelgen, verprassen, verscherzen.

καθ-ήκω, **1)** **herabkommen,** herabreichen, sich erstrecken, *εἴς ἐπί, πρός τι,* zu etwas, u. zwar *ἀπό τινος.* **2)** **hinkommen,** hinreichen, **eintreten,** in (auf) eine Zeit fallen, *εἴς τινα* od. *τι* an od. auf jmdn. od. etwas, daher *τὰ καθήκοντα* (*πράγματα*), die eingetretenen Umstände od. Verhältnisse, das Vorgefallene, *ἐπὶ τοῖς καθήκουσι πράγμασι* bei der gegenwärtigen Lage. *ὁ καθήκων χρόνος* die erforderliche, die gehörige Zeit. **3)** unpers. *καθήκει τινί* mit Inf. es kommt an einen, **kommt ihm zu,** gebührt sich, ist Pflicht • Subst. **τὸ καθῆκον** das Zukommende, die Pflicht (*officium*).

καθ-ηλόω, sp. annageln, mit Nägeln befestigen, *τὶ πρός τι.*

κάθ-ημαι, nur im Präs. u. Impf., conj *καθῶμαι, -ῇ, ἦται, -ώμεθα,* opt. *καθήμην* (*καθοίμην*), ep. Impf. 3. pl. *καθήατο* oder *-είατο,* ion. **κάτ-ημαι,** 3. pl. *κατέαται,* Impf. 3. pl. (*ἐ*)*κατέατο,* sp. imper. 2. sg. *κάθου,* Fut. *καθήσομαι* (das Augment bei Hom. u. den Tragg. nie vor *κατα*), sich niedergesetzt haben, **dasitzen,** abs. u. mit Praepp., auch mit einf. Dat., *θύρῃσι* an der Türe, *ἐκ δίφροιο* auf der (niedrigen) Bank sitzen, *ἄκρων ἐκ πάγων* auf eines Hügels Höhe, aber *ἐκ τοῦ μέσου* sich wegsetzen, sich entfernen, *χαμαί* auf der Erde sitzen, als Zeichen der Trauer • Insbes. • **1)** würdevoll dasitzen, **thronen,** von den Richtern od. dem

Volke in der Volksversammlung, Sitzung halten, zu Gericht sitzen, beschäftigt sein, οἱ καθήμενοι die Versammelten, ἐπί τινι zu einem bestimmten Zwecke, z. B. ἐπ' οἰωνοῖς zur Beobachtung des Vogelflugs; auch sich zu Tische setzen • 2) vom Heere: **sich lagern**, stehen, aufgestellt sein • 3) überh. **verweilen**, seinen Wohnsitz haben, οἴκοι, οἱ Σειληνοὶ οἱ ἐν τοῖς ἑρμογλυφείοις καθήμενοι, ἀνδριὰς ἐν τῇ ἀγορᾷ καθήμενος • 4) insbes. sp. tief liegen, gelegen sein; τὰ καθήμενα die tief gelegenen Gebiete • 5) in tadelndem Sinne: sitzen bleiben, untätig, **müßig sein**, teils abs., teils ἔν τινι in einem Zustande bleiben, oder mit Part. ἀπολωλεκότες τι, überh. zur Umschreibung des Part., wo es oft im Deutschen durch ruhig zu übersetzen ist.

καθ-ημερινός, 3. sp. u. N. T., u. **καθημέριος,** 3. **a)** am heutigen Tage stattfindend, heutig, μοῖρα des heutigen Tages Geschick. **b)** alltäglich, täglich.

καθήσομαι, att. von καθίημι, spät (N. T.) auch von κάθημαι, s. d.

καθ-ησυχάζω, sp. schweigen.

καθ-ιδρύω, 1) Akt. niedersetzen, **a)** jmdn. sich setzen lassen, τινά. **b)** wohin bringen, τὶ εἴς τι. **c)** beschränken, ἐφ' ἑνὸς τόπου τὴν ἱστορίαν. 2) Pass. u. Med. **a)** sich festsetzen, ἔν τινι. **b)** Perf. -ἵδρυμαι, sich (*sibi*) aufstellen, τί, z. B. ein Götterbild.

καθ-ιερεύω u. **καθ-ιερόω,** ion. **κατιρόω,** heiligen, geloben, weihen, opfern, τί od. τινά τινι (bes. einer Gottheit), auch feierlich zum Eigentum erklären, οἴκημα ein Haus, u. zwar zum Eigentum des Königs als Zeichen der Unterwerfung. Dav.

καθιέρωσις, ἡ, die Einweihung.

καθ-ιζάνω, intr. Nebenf. zu καθίζω, s. d. 2.

καθ-ίζω (auch in tmesi), ep. Aor. auch κάθισα, part. καθίσσας, ion. **κατ-ίζω,** Fut. κατίσω, Aor. κάτ-ισα, dor. Fut. καθ-ιξῶ, Aor. part. καθίξας • 1) trans. **niedersetzen,** hinsetzen, hinverlegen, τινά, χωρίς abseits. Im bes. • **a)** ἀνδρῶν ἀγοράς Versammlungen veranstalten • **b)** τινὰ εἰς τὸν θρόνον jmdn. zum König machen, u. so: Beamte einsetzen • **c)** jmdn. zur Ausübung eines Gewerbes sitzen lassen, so seine Tochter in einer Bude (ἐπί τινος) • **d)** Krieger od. ein Heer sich lagern lassen, eine Stellung einnehmen lassen • **e)** überh. jmdn. (τινά) in einen Zustand versetzen, machen, daß er usw., teils mit Part., κλαίοντά τινα einen zum Weinen bringen, teils mit Inf. • 2) intr., wozu auch **καθιζάνω** u. das Med. **καθίζομαι** gehört, mit Fut. καθιζήσομαι (sp. καθίσομαι) u. poet. Aor. καθίσατο, **sich niedersetzen,** dasitzen, θῶκόνδε, μετά τισι unter einigen. Im bes. • **a)** von einem Heere: Halt machen, sich lagern, sich festsetzen • **b)** von Schutzflehenden, mit u. ohne ἱκέται, sich setzen, ἐπὶ τοὺς βωμούς, ἐς τὸ ἱερόν • **c)** vom Richter: zu Gericht sitzen, u. so überh. sich zur Betreibung eines Geschäfts od. Gewerbes wohin (εἴς τι) setzen, dah. auch bei od. zu Tische sitzen.

καθ-ίημι, ep. Aor. **καθέηκα,** 1. plur. κάθεμεν, inf. **καθέμεν,** ion. 3. sg. praes. κατίει.

I) trans. hinabsenden, herabschicken, hinab- oder herunterlassen, niederlassen, sinken lassen, versenken, herabwerfen, hinabstoßen, herabrollen lassen, τινά, τί, u. zwar ἔν τινι, εἴς τι od. χαμᾶζε u. ἀπό τινος. Im bes. • 1) τὰ δόρατα (εἰς προσβολήν) die Lanzen zum Angriff fällen • 2) τείχη Mauern hinabführen, nach unten hin aufführen, εἴς τι bis wohin • 3) πεῖραν einen Versuch machen zu erfahren (vom Senkblei), u. δέλεάρ τινι jmdn. zu verlocken suchen • 4) einen Verbannten) heimlassen • 5) zu einem Kampf od. Wettkampf senden, τινά od. τί.

II) intr. nebst **Med. sich herabsenken,** sich in Bewegung setzen, hervorwachsen εἴς od. ἐπί τι u. ἐκ, ἀπό τινος.

καθ-, ion. **κατ-ικετεύω** (auch Med. -ομαι), ion. poet. u. sp. anflehen, zu jmdm. (τινί) flehen.

καθ-ικνέομαι, 1) herabkommen, hingelangen, erreichen. 2) treffen, hauen, behauen.

καθ-, ion. **κατ-ιππάζομαι,** ion. poet. sp. niederreiten, durch Reiterei überwältigen, verwüsten, überh. überwältigen, τί.

καθ-ιππεύω, poet. u. sp. 1) über etwas (τί) hinreiten, bereiten, durcheilen. 2) poet. niederreiten, mit Reiterei besiegen.

καθ-ίπταμαι, s. καταπέτομαι.

καθ-ιστάνω, sp. u. **καθιστάω,** N.T. = καθίστημι.

καθ-ίστημι, ion. **κατ-ίστημι** • **I) trans.** (Präs. imp. 2. sg. act. auch καθίστα) • 1) **hinstellen,** im Med. für sich etw. oder das Seinige aufstellen • **a) aufstellen,** niederstellen, errichten, νῆα am Ufer vor Anker legen, τινὰ πρῶτον voranstellen • **b) hineinsetzen,** -bringen, hinführen, wohin rechnen, ἐγγυτέρω näher rücken, πάλιν zurückbringen, Πύλονδε, εἰς τὴν ἐκκλησίαν, εἰς κρίσιν zur Verantwortung ziehen, auch zur Ruhe setzen, ἐς τοὺς ἀρχικούς rechnen zu • 2) **einsetzen,** anstellen, erwählen, abs. ὁ καταστήσας, mit Akk., ὕπαρχον, τοῖς παισὶν ἐπίτροπον, bes. oft mit dopp. Akk., *reddere*, τὴν εὐλογίαν φανεράν klar machen, oder (selten) mit Inf., καταστῆσαι φεύγειν zum Fliehen bringen; Med. in seinem Interesse einsetzen, φύλακας τοῦ Πειραιῶς • 3) feststellen, -setzen, **anordnen,** veranlassen, mit u. ohne πάλιν wiederherstellen, τὸ πρόσωπον den ruhigen Ausdruck des Gesichts herstellen, νόμον, τὴν ἄλλην Εὔβοιαν die übrigen Verhältnisse von E. ordnen, εἰς ταῦτα dahin bringen, εἰς ἀπόνοιαν zur Verzweiflung, τὴν πόλιν εἰς ὀλιγαρχίαν, τὰ πράγματα εἰς ὀλιγανθρωπίαν die Einwohnerzahl vermindern, ἐς ἴσον, ἀντίπαλον ins Gleichgewicht bringen, auch mit Inf., dahinbringen, daß; im Med. in seinem Interesse anordnen, einrichten, ἐς τὸ ξυμφέρον τι, τὰς πόλεις ἐπὶ τὸ ὑμῖν ὠφέλιμον, τὸν λόγον sich zur Aufgabe stellen, πολιτείαν.

II) intr. Med. **καθ-ίσταμαι,** ion. κατ-ίσταμαι, Impf. 3. pl. κατιστέατο, Perf. κατέστηκα, 3. pl. κατεστέασι u. κατεστᾶσι (fragl. 3. pass. κατεστέαται), part. κατεστεώς, Plqpf. κατεστήκεε (bei Hdt. öfter statt des erwarteten Perf.) • 1) sich hinstellen, **hintreten,** sich niederlassen, τίνι τρόπῳ καθέστατε; in welcher Lage, wozu habt ihr euch niedergelassen? bes. vom Auftreten fremder Gesandten vor der Behörde, auch zurückkehren; im Perf. stehen, ἐν μέσῳ, φυλακὴ καθειστήκει. • 2) zu etw. schreiten, wozu kommen • a) etw. **antreten,** eingesetzt werden (ὑπό τινος), in eine Lage geraten, ὅταν καταστῶσιν οἱ ἄρχοντες, κατέστη εἰς ἀρχήν, εἰς φυγήν, εἰς μάχην, ἐς τάξιν, εἰς τὸ δέον, εἰς κόσμον, εἰς εὐθύ sich in gerade Richtung stellen, εἰς λόγους, εἰς κινδύνους; auch θυμὸς κατέστη τινί er erholt sich; Perf. **bestehen,** sich in einer Lage befinden, sich als etw. zeigen, mit εὖ in gutem Stande sein • b) überh. sich gestalten, **entstehen,** werden, Perf. dastehen, geworden sein, φονέα μέ φησι Λαΐου καθεστάναι, καταστῆναι πάντων τῶν καλῶν σωμάτων ἐραστήν, ἐς ἴσον κατέστη es führte zu demselben Ziel, ἐς ἴσον καθίστασθαι gleich hoch zu stehen kommen, gleichviel kosten • 3) **sich festsetzen** • a) eine feste Stellung einnehmen, καταστάντες ἐμάχοντο, ἐπ' ὀκτώ acht Mann tief stehen, überh. feststehen, auch eine entschiedene Stellung eingenommen haben, bestimmt beginnen • b) übertr. in Ordnung kommen, sich befestigen, sich legen, ruhig werden, κατέστη ὁ θόρυβος, καταστάς u. καθεστώς ruhig, gesetzt, ἡ καθεστηκυία ἡλικία; dah. bes. im Perf. bestehen, walten, üblich sein, εἶναί τινι καθεστηκός jmdm. als Grundsatz gelten, ἀεὶ καθεστῶτος mit Inf. da immer der Grundsatz gilt, οἱ καθεστῶτες ἐχθροί die erklärten Feinde, τὰ καθεστηκότα das Bestehende; Soph. Ant. 1160 μάντις καθεστώτων, *fati*, ἐπὶ τοῖς καθεστῶσι nach der bestehenden Verfassung, παρὰ τὸ καθεστηκός gegen das bestehende Recht, überh. gern von Gesetzen u. dgl., οἱ καθεστῶτες νόμοι.

καθό (καθ' ὅ), Adv inwieweit, weswegen.

καθ-οδηγέω, sp. den Weg weisen.

κάθ-, ion. **κάτ-οδος,** ἡ, 1) der Weg hinab, das Hinabgehen, Niedersteigen, insbes. das Hinuntergehen, der Weg in die Unterwelt. 2) der Rückweg, die Rückkehr, Heimkehr, bes. mit u. ohne ἐς τὴν πατρίδα die des Verbannten in sein Vaterland, κάθοδον ποιεῖν Heimkehr gewähren, πράττειν sie betreiben, ποιεῖσθαι sie sich erwirken.

καθολικός, 3. sp. a) das Ganze betreffend. b) allgemein gültig, allgemein. N. T. ἐπιστολαί ohne bestimmte Adresse. Adv. sp. **καθολικῶς** ganz allgemein, überhaupt.

καθόλου u. **καθ' ὅλου** od. **τὸ καθόλου,** im allgemeinen, überhaupt, ganz und gar; τὰ καθόλου das Allgemeine, Typische; καθόλου περιλαμβάνειν auf einen allgemeinen zusammenfassenden Ausdruck, eine Formel bringen.

καθ-ομιλέω, sp. durch Umgang, d. h. durch sein Betragen im Umgange, od. durch friedliche Unterredungen einnehmen, gewinnen, τινά od. τί, u. zwar πρός τινος für jmdn.

καθ-ομολογέω, 1) zugestehen, zugeben, τί. 2) sp. zusagen, verloben, τινά τινι, auch im Med.

καθ-οπλίζω, bewaffnen, ausrüsten.

καθόπλισις, εως, ἡ, die Bewaffnung, Ausrüstung.

καθ-οράω, (ion. u. poet. im Präs., Impf., Aor. auch das Med. im Sinn des Akt.). 1) von oben heruntersehen, **herabschauen.** 2) **aus der Ferne sehen,** erblicken, wahrnehmen, sehen. 3) **betrachten,** besichtigen. 4) **einsehen,** bemerken; τί od. τινά, auch mit beigef. Part. oder Adj., z. B. τὰς ναῦς μετεώρους die Schiffe auf hoher See, od. mit folg. εἰ od. ὅτι.

καθ-ορμίζω, 1) Akt. Fut. -ορμιῶ, sp. -ορμίσω, einlaufen lassen, einlotsen, poet. σαυτόν = übertr. *incurristi*; dann landen. 2) Med. mit Aor. med. u. pass. vor Anker gehen, landen, ἔς τι, πρός τινι bei etwas.

καθ-οσιόω, 1) reinigen. 2) weihen, widmen.

καθότι, ion. **κατότι,** st. καθ' ὅ τι, wie es auch meist geschrieben wird, a) inwieweit, wie. b) insofern, weil.

καθ-, ion. **κατ-υβρίζω,** poet. ion. sp. 1) intr. sich zum Frevel hinneigen, freveln. 2) trans. übermütig behandeln, höhnen, beschimpfen, verunehren, mißhandeln, mit Füßen treten, verunreinigen, τινά u. τινός u. τινί, auch mit hinzugef. ταῦτα ὅτι damit daß.

κάθ-υγρος, 2. sp. sehr feucht, aufgeschwemmt, aufgedunsen.

κάθ-υδρος, 2. (ὕδωρ), poet. sp. wasserreich, κρατήρ ein Wasserkessel.

καθ-υμνέω, poet. sp. besingen, τινά. [τινί.

καθ-υπάρχω, sp. vorhanden sein, zuteil werden,

καθ-ύπερθε u. **-θεν.** 1) räumlich: a) **von oben her,** von oben herab, b) über, darüber, **oben,** oberhalb, λαοὶ καθύπερθε d. i. die auf der Mauer befindlichen, ἡ κ. χώρα das jenseitige Land, τὰ κατύπερθε (πρὸς βορῆν) die nördlichen Teile. Oft mit Gen. κ. τινος oberhalb jmds. od. eines Ortes, c) übertr. κ. γενέσθαι die Oberhand gewinnen, τινός über jmdn. (τοσόνδε ebensosehr) obsiegen. 2) ion. von der Zeit: **vorher,** vor, τούτων.

καθυπερτερέω, sp. höher stehen, Herr werden über, erhaben sein über, τινός. Von

καθ-, ion. **κατ-υπέρτερος,** 3. (Kompar. v. καθύπερθε), eigtl. höher, übertr. mächtiger, überlegen, καθ. γίγνεσθαι die Oberhand, das Übergewicht erhalten, abs. od. τινός über jmdn. od. über etwas erhaben sein, τινί od. ἔν τινι in etwas. Dazu als Superl. ion. **κατ-υπέρτατος,** 3. der oberste, ἐν τῇ κατυπερτάτῃ τῆς γῆς in der obersten Landschaft (s. κατύπερθε).

καθ-υπισχνέομαι, sp. versprechen.

καθ-, ion. **κατ-υπνόω,** u. ion. Med. **-όομαι,** tief, fest schlafen, einschlafen.

καθ-υποκρίνομαι, sich verstellen, als wäre man der oder jener.

καθ-υστερέω, sp. 1) zu spät kommen. 2) zurückbleiben od. stehen, τινός in etwas, etwas vernachlässigen.

καθ-υφίημι, u. Med. **-ίεμαι,** 1) nachgeben, nachlassen, τὸ τίμημα die Strafe geringer anschlagen. 2) Aor. med. -είμεθα, feige preisgeben, τί; zurücktreten von etwas.

καθ-ώς, Adv., sp. (seit Aristot.), wie, sowie, je nachdem, weil (die Att. dafür καθά).

καί (verw. lat. *cou* **aus** *kai-ve*) • **I) und,** Bindungspartikel, welche Begriffe u. Sätze jeder Art verbindet, während das enklit. τέ nur verwandte

Begriffe verbindet • **1)** Sie tritt bei den Griechen oft ein, wo wir sie im Deutschen nicht brauchen. So zu Anfang von Sätzen, wo *καί* im Deutschen entweder gar nicht oder durch **doch** zu übersetzen ist, oder da, wo es *πολύς* mit einem andern Adj. verbindet, *πολλοὶ καὶ ἀγαθοί* viele Wackre, doch bei Hdt. *πολλά τε καὶ κακά* auch: vieles u. zwar Schlimmes. In andern Fällen übersetzen wir es mit **und so,** und folglich, od. • **a)** durch **oder,** wenn es Entgegengesetztes verbindet, besonders mit der Negat. • **b)** durch **und zwar,** und noch dazu, bei Steigerungen, wo der Grieche nicht selten noch *γέ* od *ταῦτα* dazusetzt. In Wendungen, wie *ὀλίγου τινὸς ἄξια καὶ οὐδενός*, setzen wir oder, ebenso in *ἕνα καὶ δύο* u. ähnl. • **c)** durch und nun, **und doch,** bes. bei Aufforderungen u. zu Anfang eines Fragesatzes • **d)** durch **wie** bei Wörtern, welche den Begriff der Ähnlichkeit u. Gleichheit ausdrücken, = dem lat. *atque* • **e)** durch **als,** schon — da, sowie — da bei Zeitbestimmungen, entspr. dem lat. *cum inversum,* bes. nach *ἅμα* u. *ἤδη*, z. B. *καὶ ἤδη ἦν μεσημβρία καὶ ἄνθρωποι ᾐσθάνοντο; οὐκ ἔφθη εἰσελθὼν καὶ ἐξέπεσεν ὑπ' αὐτῶν* • **2)** Steht *καί* doppelt, so bezeichnet es **sowohl — als auch,** wofür auch *τέ — καί* eintreten kann, *ἄλλως τε καί εἰ* und besonders auch, vorzüglich wenn.

II) Mehr adv. **1) auch** od. gleichfalls (lat. *quoque*), oder bisweilen durch wirklich, eben, doch im Deutschen auszudrücken, *καὶ αὐτός, καὶ οὗτος* ebenfalls, *καὶ ταῦτα* und zwar. Es steht im Griechischen oft doppelt, oder in einem andern Satzglied, z. B. was du weißt, weiß auch ich: 1. *ἃ καὶ σὺ οἶσθα, οἶδα κἀγώ*; 2. *ἃ σὺ οἶσθα, οἶδα κἀγώ*, oder am häufigsten; 3. *ἐγᾦδα ἅπερ καὶ σύ*; ähnlich nach *ὥσπερ*. So auch in der Wendung *οὗτός ἐστιν ἀγαθός, εἴπερ τις καὶ ἄλλος si quisquam*, umgek. *λαβέτω δὲ καὶ ἄλλος* (scil. *ὡς κἀγώ*); unübersetzt bleibt es im Anfang des Nachsatzes: *ὅτε — καὶ τότε.* • **2)** Bei Steigerungen ist es durch **sogar,** schon zu übersetzen, z. B. *καὶ μάλιστα* sogar am meisten, od. *καὶ μάλα* gar gern, gar sehr; *καὶ λίην* leider nur zu sehr; *καὶ πάνυ* gar sehr, u. so in Antworten, wie in *καὶ κάρτα* ja wohl, freilich; vor Zahlworten = ganze, volle. • **3)** Wenn dagegen zu Geringerem übergegangen wird, heißt *καί* **auch nur,** auch schon, auch noch. • **4)** Bei Komparativen und andern steigernden Wörtern bedeutet *καί* **noch;** ähnl. bei den Fragewörtern: *τί χρὴ καὶ προσδοκᾶν*; was braucht man da noch zu erwarten? u. in indir. Fragen nach *ὅπῃ*, wo es dem lat. *-cunque* od. *tandem* entspricht, wo überhaupt, wo nur immer.

III) In Verbindung mit andern Partikeln: • **1)** ***καὶ γάρ*** denn auch, denn ja, aber auch = denn. Dageg. ***καὶ — γάρ,*** *nam vel,* *καὶ τοῦτο γὰρ ζηλοτυπεῖς*; bist du denn auch darin eifersüchtig?, *καὶ γὰρ δή* denn fürwahr, denn wirklich, *καὶ γὰρ καί* denn auch, *καὶ γὰρ οὖν* daher denn auch, *καὶ γάρ ῥα* denn ja, denn natürlich, *καὶ γάρ τε* denn ebenso auch, *καὶ γάρ τοι* und so . . , denn • **2)** ***καὶ — γέ*** und zwar, ja sogar • **3)** ***καὶ — δέ*** (ep. auch *καὶ δέ*) aber auch • **4)** ***καὶ δή*** und eben, gesetzt daß, *καὶ δὴ καί* und sogar, bes. hinter *ἄλλοι τε, ἄλλως τε*, wo es dann zumal aber zu übersetzen ist; *ἐπειδὴ καί* sowohl aus andern Gründen, als auch weil • **5)** ***καὶ ἤδη*** eben, eben jetzt • **6)** ***καὶ μήν*** • **a)** und fürwahr, und wirklich, besonders im Drama, wo eine eintretende Person angemeldet wird: *καὶ μὴν ὁρῶ* fürwahr ich sehe • **b)** freilich • **c)** aber auch • **7)** ***καὶ*** (*τοῦτο*) ***μέν*** = (*τοῦτο*) *μὲν οὖν* (dieses) nun — an der Spitze einer Periode, deren zweiter Teil einen Gegensatz (*δέ*) bringt • **8)** ***καί τε*** ep. fügt Gleichartiges hinzu u. ist bisw. durch und zwar zu übersetzen • **9)** ***καί τοι*** auch fürwahr • **10)** ***καὶ εἰ,*** *καὶ ἐάν* (*κεἰ, κἄν*) auch wenn, dagegen *εἰ καί, ἐὰν καί* wenn auch; bisw. steht statt eines Satzes mit *εἰ* ein Part., das dann mit so sehr auch, wiewohl aufzulösen ist.

Καιάδας od. ***Κεάδας, ου,*** *ὁ*, ein Erdschlund in Sparta, wie das Barathron zu Athen, in welchen man die zum Tode verurteilten Verbrecher oder ihre Leichname stürzte.

Καϊάφας, *α*, N. T. Joseph, Hohepriester ca. 18 bis 36 n. Chr.

καιετάεις (Var. zu *κητώεις*, s. d.), ep. zerklüftet, von

καιέτας, *ὁ*, dor. sp. Erdspalte, -schlund.

Καιήτη, *ἡ*, sp. *Caïeta.*

καικίας, *ὁ*, der Nordwind.

Καικίλιος, ου, *ὁ*, *Caecilius,* insbes. der Rhetor C. v. Kalakte unter Augustus.

Καικῖνος, *ὁ*, Fluß bei Locri in Unteritalien, jetzt *Acinale* od. *Corace.*

Κάϊκος, *ὁ*, **1)** Fluß Mysiens, der in Teuthrania entsprang, bei Pergamon vorbeifloß u. sich der Südseite von Lesbos gegenüber in den Elaïtischen Meerbusen ergoß; j. *Bakyrtschai.* Von ihm hat die Kaïkische Ebene, ***τὸ Καΐκου πεδίον,*** die er durchfließt u. die der fruchtbarste Teil Mysiens war, ihren Namen. **2)** Mannesname, z. B. eines Wechslers, u. sonst.

Καίκουβον, *τό*, sp. *ager Caecubus,* Sumpfgegend bei Tarracina.

Καιναί, *αἱ*, große Stadt in Mesopotamien am Tigris, später Kanä, Maschane od. Marchane genannt, ist in ausgedehnten Ruinen unter dem Namen *Kaláa Scherkat* erhalten.

Καινεύς, *έως*, ep. *ῆος*, *ὁ*, Sohn des Elătos, König der Lapithen, aus Gyrton am Othrys in Magnesia; urspr. eine Jungfrau *Καινίς*, der Poseidon die Bitte, ein Mann u. unverwundbar zu werden, gewährte. Dav. ***Καινείδης,*** *ὁ*, **a)** Sohn des Kaineus = Koronos. **b)** Nachkomme des Kaineus = Eetion.

καινίζω (*καινός*), poet. erneuern, Neues bergen, bringen, enthalten; *ἀμφιβλήστρῳ* neu umstricken (wenn nicht hier *καινίζω*, von *καινίς*, hinschlachten, anzunehmen ist), *ζυγόν* das ungewohnte Joch aufnehmen.

καινο-παθής, 2. (*πάθος*), poet. neu d. i. nie zuvor erduldet, unerhört.

καινο-πηγής, poet. neu zusammengefügt.

καινο-πήμων, 2. poet. Unerhörtes duldend.

καινοποιέω (*καινο-ποιός*), poet. u. sp. **1)** Neues hervorbringen, abs., dah. *καινοποιηθέν τι* etwas

Neues, etwas, was sich neu begeben hat. **2)** sp. erneuern, insbes. das Andenken woran.

καινοποιητής, οῦ, ὁ (-έω), der Neues erfindet, Erfinder neuer Genüsse u. Vergnügungen, für welche es unter Xerxes besondere Belohnungen gab.

καινός, 3. (verw. lat. *re-cen-s*, Wz. *qen* entspringen, entstehen), **neu,** abs. und πρός τι in bezug auf etwas • **1)** was noch nicht dagewesen ist, dah. **unbekannt,** ungewöhnlich, unerwartet, οὐδὲν καινότερον εἰσέφερε τῶν ἄλλων. Parenthetisch οὐδὲν καινότερον es ist nichts Neues, τὸ καινότατον was das Unerhörteste ist. Als Subst. τὸ καινὸν τοῦ πολέμου das Überraschende des Kriegs. Rein adv. dagegen: ἐκ καινῆς von neuem. Aber ellipt. τραγῳδῶν τῇ καινῇ verst. εἰσόδῳ bei der Aufführung neuer Schauspiele, sonst τραγῳδοῖς καινοῖς • **2)** das, was zu dem Bisherigen hinzukommt, καινὸν κῆδος neue Machtstärkung und Stütze, bes. von Orakeln u. ähnl., μαντεῖα, auch ohne μαντεῖα bloß τὰ καινά vom neuen Orakel (Soph. OR. 916) • **3)** noch nicht gebraucht, oder neu gewaschen, vom Gewande, wie es bei Opfern üblich war. Dah. θυτῆρα καινῷ καινὸν ἐν πεπλώματι den schmucken Opferer im schmukken Gewande. Im bes. κ. πράγματα, wie das lat. *res novae*, Umsturz des Bestehenden, u. κ. ἄνθρωπος, lat. *homo novus*, der zuerst aus seiner Familie ein kurulisches Amt bekleidete, Emporkömmling • Adv. **καινῶς** auf neue Art, im Gegensatz zu ἀρχαίως. Dav.

καινότης, ητος, ἡ, Neuheit, Frische.

καινοτομέω (καινο-τόμος), eigentl. ein neues Gestein im Bergwerk anhauen, dann übertr. Reformen od. Änderungen machen, das Bestehende anfeinden od. umstürzen, abs. u. περί τι in etwas od. etwas (τί) neu gestalten od. einführen; τὰ καινοτομούμενα die unternommenen Neuerungen. Dav.

καινοτομία, ἡ, sp. eigentl. das Neuanhauen, neuer Anbruch im Bergwerk, dann übertr. Neuerung, bes. in der Staatsverfassung, doch auch neue Erfindung, abs. u. περί τι in etwas.

καινουργέω, neu machen, etwas Neues machen, tun, ändern, τί, Neuerungen einführen, περί τινα bei jmdm. Von

καιν-ουργός, 2. (St. ἐργ.), sp. **a)** akt. Neues hervorbringend. **b)** pass. neu gemacht, ungewöhnlich.

καινόω (καινός), **1)** erneuern, neugestalten, ἐπιφέρειν τὴν ὑπερβολὴν τοῦ καινοῦσθαι τὰς διανοίας ein Übermaß des Gesinnungswechsels herbeiführen, d. h. in unerhörten Plänen noch viel weiter gehen. **2)** ion. = καινίζω zum erstenmal benutzen, einweihen.

καίνυμαι (aus κα-ι-δ-νυμαι wie δαίνυμαι zu δατέομαι, St. καδ, κέκασμαι, ἐκεκάσμην in der Bdtg. des Praes. u. Impf.), über etwas hinausragen, sich auszeichnen, übertreffen.

καίνω, poet. Fut. κανῶ, Aor. ἔκανον, Perf. κέκονα, Pass. Praes. u. Impf. (in Prosa nur κατακαίνω u. -κεκονότες bei Xenoph.), = κτείνω, töte.

καί-περ (bei Hom. meist durch dazwischenstehende Worte getrennt, auch καί περ geschrieben), **1)** wiewohl, obgleich, obschon, wie sehr auch, gew. mit Part., selten mit Subst., Adj. u. Adv. ohne Part., (meist ist ὤν od. ein anderes Partiz. zu ergänzen), wenn auch, wäre es auch. **2)** selten (bei Att. u. Spät.) als Konj. m. Ind. (wie *quamquam*), obgleich.

καίριος, 3., poet. u. sp. auch 2., Adv. **-ρίως,** Kompar. -ιωτέρως. **1)** vom Orte: **am rechten Orte,** den rechten Ort treffend, dah. gefährlich, tödlich, πληγή Todesstreich, u. so καιρίᾳ (πληγῇ), tödlich u. τὸ καίριον gefährliche Stelle am Körper, wo die Wunden tödlich sind, ἐν καιρίῳ, κατὰ καίριον an der tödlichen Stelle. **2)** von der Zeit: **zu rechter Zeit,** schicklich, passend, gelegen. καιρία στείχει sie kommt zur rechten Zeit. • **Subst.** τὸ ἀεὶ καίριον was immer geschehen muß, τὰ καίρια günstige Zufälle, πρὸς τὸ καίριον πονεῖν hinsichtlich, in rechtzeitiger Dienstleistung.

καιρός, ὁ • **1)** das **rechte Maß,** οὐδένα καιρὸν δύνασθαι nicht das Gewicht eines rechten Maßes haben, καιροῦ τυγχάνειν zum Ziele treffen, ὑπὲρ τὸν καιρόν über die Gebühr • **2)** (auch im Pl.), der **rechte Zeitpunkt** (auch mit συμφέρων), **a)** gute Gelegenheit (aber auch vom Gegner gesagt, die Blößen, so in τοῖς καιροῖς τινος ἐφορμεῖν, ἐφεδρεύειν), auch bloß die Zeit, die Stunde, und im Pl. die Zeitumstände, Verhältnisse, Ereignisse, στασιωτικοί revolutionäre Krisen, λόγου, ἔργων, brachylog. ὁ τῶν Ὀλυνθίων die günstige Gelegenheit, welche die Olynthier durch ihre Lage bieten; καιρός mit od. ohne ἐστι, es ist an der Zeit, der Zeitpunkt ist günstig! und so auch αἰσχρὸς ὁ κ. es war in dem Augenblicke eine Schmach. Man sagte aber καιρὸν ἔχει τι etwas geschieht zur rechten Zeit, u. καιρὸν μᾶλλον ἔχειν τινί passender sein für etwas, καιρὸν λαμβάνειν κατά τινος, τοὺς ὑπὲρ τῶν ἐχθρῶν καιροὺς θεραπεύειν Gelegenheitmacher des Feindes werden, καιρῶν παρείκειν die besten Gelegenheiten unbenutzt lassen, τοῦ καιροῦ ὑστερίζειν die rechte Zeit verpassen, καιρὸν οὐδένα νομίζειν. Dieser καιρός wird bei den Griechen häufig als selbständig u. handelnd betrachtet, weil πάντων γνώμαν ἴσχων. • **b) Adv. Ausdrücke** sind: ἐπὶ καιροῦ, ἐν καιρῷ, εἰς, κατὰ καιρόν, auch bloß καιροῦ und καιρόν, zur rechten Zeit, passend, trefflich, οὐκ ἐν καιρῷ u. ähnl. ἐν οὐ καιρῷ zur Unzeit, οἱ ἐν καιρῷ πόνοι, ἐν καιρῷ τινι recht gelegen, ἐν παντὶ κ., ἐς αὐτὸν κ. ganz zur rechten Zeit, κατὰ τὸν κ. τοῦτον. Ähnl. κατὰ τοῦτο καιροῦ, ἐν τῷ τοιούτῳ τοῦ καιροῦ. Dag. hieß ἐπὶ καιροῦ auch aus dem Stegreif, ἐπὶ τοῦ κ. nach Gelegenheit, ἐπ' αὐτοῦ τοῦ κ. im entscheidenden Augenblicke, πρὸς καιρόν angemessenerweise, oder auch zeitweilig, μετὰ καιροῦ bei gelegener Zeit, παρὰ (τὸν) καιρόν teils zur Unzeit, teils nach den Umständen, teils (poet.) gegen Recht u. Gebühr; πρὸ τοῦ κ. vor der Zeit, πρὸς τὸν ὑπάρχοντα κ. in Rücksicht auf die damaligen Verhältnisse, ἡ πρὸς καιρὸν ἀτολμία die Zaghaftigkeit im Extemporieren, σὺν οὐδενὶ κ. zur Unzeit, und ὑπὸ τῶν καιρῶν unter Benützung der günstigen Zeit • **3) der passende Ort** od. Punkt, οὗ καιρὸς εἴη wo es passend wäre, ähnl. ᾗ καιρὸς ἦν, ἔξω τοῦ κ.

4) die rechte Beschaffenheit, der Vorteil, **Erfolg**, absol. od. τινός, z. B. χρόνου, ἐπὶ σῷ καιρῷ auf deinen Vorteil, μετὰ μεγίστων κ., ἐν καιρῷ γίγνεσθαί τινι einem vorteilhaft sein, dasselbe: καιρὸν ἔχειν, doch auch: von Wichtigkeit sein, προσωτέρω τοῦ καιροῦ weiter als angemessen war, προϊέναι τοῦ κ. weiter vorrücken als angemessen ist (wo der Genet. vom komp. Begriffe in προϊέναι abhängt).

καιροσέων, nur Od. 7, 107, nach Aristarch Gen. plur. st. καιροσσέων od. καιρουσέων aus καιροεσσέων, vom Adj. καιρόεις (von καῖρος Kettenschlinge), mit vielen Schlingen d. i. gutgekettet, fein.

καιροφυλακέω, die rechte Zeit abpassen, warten, pflegen.

Καῖσαρ, αρος, ὁ, 1) der Eigenn. *Caesar*. 2) Kaiser.

Καισάρεια od. ***-σαρεία***, ας, ἡ, Stadt, 1) Philippi an den Jordanquellen im Libanon. 2) an der Küste von Palästina, von Herodes d. Gr. erbaut, Sitz des *procurator* und vieler Griechen. 3) in Mauretanien. 4) in Kappadokien, u. a.

καίτοι u. ***καίτοιγε***, d. i. καί τοι und καί τοί γε, eigentl. auch in der Tat, u. bei Hom. fast stets u. selbst bei Attik. hie u. da noch durch ein od. mehrere Worte getrennt, heißt es dann *atqui*, 1) und doch, jedoch, doch auch, nun aber, doch freilich, gleichwohl, wie lat. *quamquam*, Hauptsätze einleitend. 2) poet. u. sp. mit Part. = καίπερ, obgleich.

καίω, altatt. ***κᾴω***, ***κάω*** (nie kontrahiert; St. καϝ, καυ), att. Fut. καύσω, Aor. ἔκαυσα, Perf. act. κέκαυκα, pass. κέκαυμαι, Aor. pass. ἐκαύθην, Adj. verb. καυτός (auch -καυστός); dazu ep. Präs. inf. καιέμεν, Aor. act. ἔκηα u. κῆα (ἔκεια), conj. 1. pl. κήομεν, opt. 3. sg. κήαι usf., part. poet. κέας, med. κήαντο, part. κηάμενος, Aor. pass. ἐκάην (auch ion. u. sp.) inf. καήμεναι. 1) Akt. a) anbrennen, **anzünden**, anfachen, τί, b) **verbrennen**, sengen, verwüsten. 2) Pass. angezündet werden, Feuer fangen, anbrennen, **brennen**, πυρί von Feuer, ψάμμος κεκαυμένη durchglühter Sand; glühen, τὰ ἐντός innerlich (v. Fieber). 3) Med. für sich (*sibi*) etwas (τί) anzünden.

κάκ, abgekürztes κατά vor κ. ***κάκ*** = καὶ ἐκ.

κακαγγελέω, poet. Unheil verkünden. Von

κακ-άγγελος, 2. (κακῶν ἄγγελος), poet. sp. unglückverkündend.

κακ-άγγελτος, 2. (ἀγγέλλω), poet. zu Leid verkündet.

κακ-ανδρία, ἡ, poet. Unmännlichkeit, κακανδρίᾳ unmännlich.

κἀκεῖ, ***κἀκεῖθεν***, ***κἀκεῖνος*** = καὶ ἐκ.

κάκη, ἡ (κακός), Schlechtheit, Schlechtigkeit, schlechte Beschaffenheit, böse Absicht, Feigheit, κάκῃ aus Feigheit; τῆς ἐμῆς κάκης o meiner Verzagtheit.

κακηγορέω, Übles nachreden, schmähen, τινά.

κακηγορία, ἡ, üble Nachrede, Schmähung, u.

κακηγορίου δίκη, Klage wegen Schmähung od. Verleumdung, Injurienklage.

κακ-ήγορος (ἀγορεύω), Übles redend, verleumderisch.

κακία, ἡ (κακός), Schlechtigkeit. 1) phys. Untüchtigkeit, Erbärmlichkeit, Jämmerlichkeit. 2) moral. a) allg. schlechte Gesinnung meist Plur., Verdorbenheit, Lasterhaftigkeit, im Plur. schlechte Neigungen, Laster, Bosheit, Ruchlosigkeit, Frevel. b) vom Krieger Feigheit, Verzagtheit. 3) Ruf der Schlechtigkeit, schlechter Name. 4) Pass. Beschwerde, Plage, N. T.

κακίζω, 1) Akt. u. Pass. schlecht machen, tadeln, schmähen, feige schelten. 2) Med. mit Aor. pass. sich schlecht benehmen, sich feig, verzagt zeigen, verweichlicht sein. Dav.

κακισμός, ὁ, sp. Schmähung, Tadel.

κακό-βιος, 2. schlecht, kümmerlich lebend.

κακοβουλέομαι, poet. Pass. (-όβουλος), übel beraten, schlecht behandelt werden.

κακοβουλία, ἡ, sp. Übelberatenheit, verkehrter Entschluß.

κακό-βουλος, 2. (βουλή), poet. übel beraten.

κακό-γαμβρος, γόος, poet. Klage über des Eidams Unglück.

κακο-γαμίου δίκη, sp. Klage wegen gesetzwidriger Heirat.

κακο-γείτων, ονος, 2. poet. = γείτων κακῶν, Nachbar der Kümmernis.

κακό-γλωσσος, 2. poet. Unglück bedeutend.

κακοδαιμονάω u. ***-έω*** (κακοδαίμων), eigentl. von einem bösen Dämon geplagt werden, dah. besessen, toll sein, rasen.

κακοδαιμονία, ἡ, 1) Raserei, Verrücktheit, Tollheit. 2) überh. unglücklicher Zustand, Unglück, Elend.

κακο-δαίμων, 2. einen bösen Dämon habend, unselig, unglücklich; armer Tropf.

κακοδοξέω (κακό-δοξος), in schlechtem Rufe stehen, berüchtigt sein. Dav.

κακοδοξία, ἡ, schlechter Ruf.

κακό-δοξος, 2. 1) übel berüchtigt. 2) poet. unberühmt.

κᾰκο-είμων, ον (ϝεῖμα), ep. schlecht bekleidet.

κακοεργείη, ***-ίη***, ἡ, u. ***κακοεργός***, 2., s. κακουργία u. κακοῦργος.

κακοζηλία, ἡ, sp. schlechte oder verkehrte Nachahmung, Übertreibung.

κακοήθεια, ἡ (-ήθης), **bösartige Gesinnung**, schlechter Charakter, Bosheit, bes. boshafte Zunge.

κακοήθευμα, τό, sp. schlechter Streich. Zu

κακο-ήθης, 2., Adv. ***-ήθως*** (ἦθος), bösartig, a) argwöhnisch, mißtrauisch. b) boshaft, unmoralisch, c) hämisch. — ***τὸ κακόηθες***, sp. die Bosheit.

κακό-θρους, 2., zsgz. aus κακόθροος, poet. schlechtredend, verleumderisch.

κακοθυμία, ἡ, sp. Abneigung.

Κακο-ΐλιος [ῑλ], ἡ, ep. Unglücksilios, die viele ins Unglück gestürzt hat.

κακο-κερδείη, ἡ, poet. schmähliche Gewinnsucht.

κακο-κρισίη, ἡ, sp. u. poet. ungerechtes Urteil.

κακολογέω (-λόγος), schlecht reden, schmähen, verrufen, verfluchen.

κακολογία, ion. ***-ίη***, ἡ (-γέω), das Übelreden, die Verunglimpfung, Verleumdung.

κακο-λόγος, 2. schmähend, schmähsüchtig, verleumderisch.

κακό-μαντις, εως, ὁ, ἡ, poet. Unglücksprophet.

κακο-μάχανος, 2. poet. dor. = -μήχανος.

κακο-μέλετος, 2. poet. Unglück singend.

κακο-μηδής, οῦς, 2. (μῆδος), ep., u. ***κακο-μήτης***, ον, ὁ (μῆτις), poet. **arglistig, betrügerisch**.

κᾰκο-μήχανος, 2. (μηχανή), ep. poet., ep. Gen. *νοο* u. *νου*, Unheil stiftend, verderblich.

κακόνοια, ἡ (κακόνους), üble Gesinnung, Bösartigkeit, Abneigung, Feindschaft, abs. *κακονοίᾳ* aus böser Absicht, od. *πρός τινα* gegen jmdn.

κακό-νομος, 2. ion. unter schlechter Verfassung lebend.

κακό-νους, 2., att. Plur. *κακόνοι*, Superl. *κακονούστατος*, übelgesinnt, übelwollend, abgeneigt, feindselig gesinnt.

κακό-νυμφος, 2. (νύμφη), poet. zum Unheil jmds. sich vermählend, od. zum (eignen) Unheil vermählt.

κακό-ξεινος, 2. ion. u. ep. st. *κακόξενος*, **1)** schlechte Gäste habend. **2)** poet. ungastlich.

κακοξενία, ἡ, sp. Ungastlichkeit.

κακο-ξύνετος, 2., Komp. *-ξυνετώτερος*, arglistig.

κακοπάθεια, richtiger *-παθία*, ἡ, die Mühsal, Beschädigung; das Leiden, der Unglücksfall. Von

κακοπαθέω, Unglück, Niederlagen erleiden, Schaden, Not leiden, Plackerei leiden, dulden, mißhandelt, geplagt werden.

κακο-παθής, 2. **1)** Unglück leidend, Mühsal erduldend. **2)** mühsam, beschwerlich.

κακό-πατρις, ιδος, ἡ, poet. von unadligem Vater.

κακο-πῑνής, 2. (πίνος), poet. sp. sehr schmutzig, niederträchtig.

κακοποιέω, Böses tun, *ὅ τι πλεῖστα* so viel als möglich, dah. auch *πολλά τινα* einem viel Schaden tun, u. so: beschädigen, feindlich behandeln, *τί*. Wie

κακοποιΐα, ἡ, im Plur. die Übeltat, von

κακο-ποιός, 2. (ποιέω), Übles tuend, ὁ κ. der Übeltäter.

κακο-πολιτεία, ἡ, sp. schlechte Staatsverfassung.

κακό-ποτμος, 2. poet. von bösem Geschick, unglücklich.

κακό-πους, ποδος, ὁ, ἡ, mit schlechten Füßen.

κακοπρᾱγέω (κακοπρᾱγής), unglücklich sein, *τὸ κακοπραγεῖν* das Unglück.

κακοπρᾱγία, ἡ (-γέω), der Unfall, das Unglück.

κακοπραγμονέω, sp. arglistig handeln. Von

κακο-πράγμων, 2. arglistig, tückisch.

κακορρᾰφίη, ἡ (wie v. κακο-ρράφος, ῥάπτω), ep. auch im Plur., Arglist, Hinterlist, Heimtücke.

κακο-ρρήμων, 2. (ῥῆμα), poet. schlechtsprechend, unheilverkündend.

κακορροθέω (wie von κακο-ρρόθος), poet. schmähen.

κᾰκός, 3., Komp. poet. *κακώτερος*, auch *χείρων* od. *χερείων*, *χερειότερος* u. *χείριστος*, sowie *ἥσσων* als Komparativ und Superlativ, schlecht, und zwar • **1)** von äußerlichen Zuständen lebender Wesen und lebloser Dinge, **schlecht** in seiner Art, häßlich, ärmlich, untauglich, im bes. vom Krieger: feig, vom Stande oder der Herkunft: unedel, niedrig, *γνώμην* und *γνώμαισι* irrend, töricht, *κακὸς πρὸς αἰχμήν* feig vor Lanzenspitzen, ein Maulheld, oder mit *τινός* schlecht gegen etwas, od. mit. Inf., auch in dem Sinne: zu feig um, *κακὸν γίγνεσθαι* oder *εἶναι* sich schlecht halten, seine Schuldigkeit nicht tun • **2)** sittlich schlecht, **böse**, *κακὸν γίγνεσθαι* schlecht handeln. Oft Subst. ὁ *κακός* u. οἱ *κακοί* der Unhold, Bösewicht, Feigling usw. • **3)** von Dingen od. Zuständen in Beziehung auf die Wirkung: übel, **schlimm**, traurig, jammervoll, unglücklich, verderblich. Im bes. *κακοὶ λόγοι* und ähnliche Schmähreden, *κακόν τι ποιεῖν* Unheil stiften • **4)** das Neutr. (τὸ) *κακόν* und (τὰ) *κακά* als Subst. das **Übel**, das Böse • **a)** Unglück, Elend, Schaden, Gefahr, Verderben, *τὰ κάκιστα* das Traurigste, das größte Unglück • **b)** Untat, Laster, Schlechtigkeit, Wahn, *λαθραῖα κακά* heimliche Nichtswürdigkeiten; im bes. Schmähreden, in *διὰ κακῶν θεσπίζειν* auch: durch Worte von übler Vorbedeutung; ferner Ränke, *κακὰ κακῶν* alles Üble, *ἔσχατ' ἐσχάτων κακά* das allerärgste Böse. Abs. *μέγα κακόν* ein gewaltiges Unheil wäre es, oder als Appos. *Πριάμῳ κακά* zum Unheil für Priamos; *ἐπὶ (τῷ) κακῷ* in feindlicher Absicht, *ἐν κακοῖς σοφός* im Betruge schlau, *ἐν αὐτοῖς κακοῖς τοῖσιν μεγίστοις ὄντες* in der alleräußersten Gefahr schwebend, *κακὸν ἔχειν* Not leiden, *τοῖς κακοῖς χρῆσθαι* im Elend schmachten, *κακοῖσιν μηδὲν ἐξαλλάσσεται* er erfährt in seinen Leiden keinerlei Wandel, *βροτοὶ σὺν κακοῖς μεμειγμένοι* d. h. die mit Missetaten Belasteten, *κακὸν* u. *κακὰ πάσχειν ὑπό τινος*, *κακὸν* u. *κακὰ ποιεῖν*, *ἐργάζεσθαί τινα* u. *διδόναι*, *παρέχειν τινί*, *κακὸν εἰπεῖν τινα*, *πᾶσι κακοῖς κολάζειν*, *κακὰ ἐπιτηδεύειν*, *κακοῖς βαλεῖν* mit Schmähreden bewerfen. Sprichw. ist (τῷ) *κακῷ* (τὸ) *κακὸν ἰᾶσθαι*, ähnl. *κακὸν κακῷ διδόναι ἄκος* und *κακοῖς θηρᾶν κακά* • **c)** als Konkretum wie das lat. *pestis*, *τυκτὸν κακόν* eigtl. ein mit Fleiß und Absicht gemachtes und demnach vollendetes Übel (and. ein von den Menschen willkürlich sich bereitetes Übel), ähnl. *κακὸν ἀθάνατον* von der Skylla, od. *τὰ κακά* elende Nester, *ἐν Θρᾴκῃ*. • **5)** Adv. *κακῶς* übel, böse, feig, jammervoll, unglücklich, *κακῶς ἀπόλοιτο*, *κακὸν κακῶς ἀπολλύναι*, *κακῶς γίγνεταί τινι* es geht jmdm. übel, *κακῶς δρᾶν*, *ποιεῖν τινα*, *λέγειν τινά*, *πράσσειν*, *ἔχειν*, *πάσχειν ὑπό τινος*, *κακῶς ἔχειν τι* etwas schlecht halten, vernachlässigen, *κακῶς ἀκούειν ὑπό τινος* in üblem Rufe stehen bei jmdm., *κακῶς φρονεῖν* töricht sein, oder auch übel gesinnt sein, *τινί* gegen jmdn., *ἔρχεσθαί τινι* jmdm. zum Unheil kommen.

κακό-σῖτος, 2. ohne Eßlust, ekel.

κακο-σκελής, 2. (σκέλος), mit schlechten, dünnen Beinen.

κακό-σπλαγχνος, 2. poet. feig.

κακο-στόμαχος, 2. sp. mit schlechtem, schwachem od. verdorbenem Magen.

κακοστομέω, poet. schmähen, *τινά*. Von

κακό-στομος, 2. poet. mit bösem Munde, schmähsüchtig.

κακό-στρωτος, 2. (στρώννυμι), poet. schlecht hingestreut, d. i. schlecht gebettet.

κακό-σχολος, 2. (σχολή), poet. schlimme Muße, d. h. schlimmen Verzug bereitend.

κακοτεχνέω, sich böser Schliche gegen jmdn. (*εἴς τινα*) bedienen.

κακό-τεχνος, 2. (τέχνη), ep. sp. böse Künste treibend, boshaft. Kompar. *κακοτεχνέστερος*.

κακότης, ητος, ἡ (κακός), **1)** akt. Schlechtigkeit,

Ruchlosigkeit, Feigheit, wie *κακία*, w. s. **2)** pass. Übel, Leiden, schlechtes Los, Unglück, Drangsal, bes. Kriegsnot, Kriegsdrangsal.

κακοτροπία, ἡ (*κακό-τροπος*, v. schlimmen Sitten), Unsittlichkeit.

κακοτυχέω, unglücklich sein.

κακο-τυχής, 2. poet. unglücklich.

κακουργέω (*κακοῦργος*), **1)** abs. Übles tun, schlecht, boshaft, betrügerisch, verbrecherisch handeln, auch bloß Unfug treiben, mit *μηδέν*, od. schikanieren, *ἐν τοῖς λόγοις*. **2)** Schaden zufügen, beschädigen, verwüsten, mißhandeln, übervorteilen, berücken, verdrehen, verfälschen.

κακούργημα, τό, u. **κακουργία,** ἡ, böse Handlung, Schelmenstück, Schurkerei.

κακοῦργος, 2., zsgz. aus ep. **κακο-εργός,** 2. (St. *ἐργ*), **1)** Böses tuend, schlecht handelnd, frevelhaft, boshaft, bösartig, schurkisch, betrügerisch. Subst. ὁ κ. der Schelm, Frevler, Bösewicht, Übeltäter, Verbrecher, Räuber; konstr. mit *τινός* der jmdm. Böses zufügt. **2)** Nachteil zufügend, schädlich, verderblich.

κακουχέω, sp. N. T. schlecht behandeln, quälen.

κακουχία, ἡ, **a)** Mißhandlung, Verwüstung. **b)** traurige Lage, Elend. [Vorbedeutung.

κακό-φατις, ιδος, ἡ, poet. übel tönend, von übler

κακο-φρᾰδής, 2. (*φράζομαι*), ep. u. poet. lästernd, schlecht denkend. [Vorhaben.

κακο-φραδίη, ἡ, ep. böse Denkungsart, schlechtes

κακοφρονέω, poet. übel gesinnt sein. Von

κακό-φρων, 2. (*φρήν*), poet. **1)** unüberlegt, töricht. **2)** die Seele in übeln Zustand versetzend, ängstigend. **3)** schlechtgesinnt. [schaffenheit.

κακο-φυής, 2. von schlechter natürlicher Be-

κακό-χαρτος, 2. (*χαίρω*), ep. schadenfroh, boshaft.

κακο-χράσμων, 2. dor. u. buk. st. *κακοχρήσμων*, sehr bedürftig.

κακόω (*κακός*), Übles zufügen, schaden. **1)** an Menschen, **a)** Akt. u. Pass. mißhandeln, entstellen, bedrängen, betrüben, heimsuchen. **b)** Pass. Übel erleiden, Not leiden, in Not sein, mitgenommen sein. **2)** an Sachen, beschädigen, verheeren, verwüsten, verderben.

κάκτος, ἡ, buk. sp. stachlige Pflanze, Dorn, *cactus Opuntia L.*

κακύνομαι, Pass. (*κακός*), **1)** sich schlecht od. feig zeigen. **2)** poet. verdorben od elend sein.

Κακύπαρις, εως, ὁ, Fluß in Sizilien, südlich von Syrakus, j. *Casibili.*

κάκωσις, εως, ἡ (*κακόω*). **1) a)** üble Behandlung, **Mißhandlung,** Züchtigung, Schwächung, **b)** Verschlechterung, Erniedrigung, *τινός* von etwas, *μετά τινος* aus etwas entsprungen. **2)** Bedrängnis, **Leiden,** Drangsal. **3)** bei den Römern *κακώσεως δίκη actio repetundarum,* d. h. Verfahren wegen Gelderpressungen der Beamten in den Provinzen.

καλᾰθίσκος, ὁ, buk. Wollkörbchen.

καλαμαῖος, 3. buk. in den Halmen (*καλάμη*) lebend; *ἡ καλαμαία* (s. *ἀκρίς*), eine Heuschreckenart, auch *μάντις* genannt.

καλαμευτής, ὁ, buk. der Mäher, Schnitter. Von

καλάμη, ἡ (s. *κάλαμος*), **a)** der hohle Stengel des Getreides, Getreidehalm. **b)** Stoppel; übertr. Rest, Überbleibsel. **c)** kollekt. Stroh, *πυρῶν* Weizenstroh. Dav.

καλαμη-φόρος, 2. ein Rohr tragend.

καλαμίνθη, ἡ, Minze, Pfefferminze.

Καλαμίνθιος, ὁ, sp. ep. Minzner, Freund der Minze (Froschname).

καλάμινος, 3. ion. aus Rohr gemacht, von Rohr, aus Bambusrohr.

καλαμίτης, ὁ, u. **-μῖτις,** ιδος, ἡ, = *καλαμαῖος*.

καλαμόεις, 3. poet. vom Rohr herrührend. Von

κάλᾰμος, ὁ [lat. *culmus* (calamus ist Lehnw.), ahd. *halam, Halm*], das Rohr, Schilfrohr, Schilf, Bambusrohr, überh. jedes rohr- od. grasartige Gewächs, dah. auch der Halm, Getreidestengel Im bes. **a)** die Rohrpfeife (*κηροδέτης*). **b)** das Schreibrohr, eine Schilfgattung. **c)** die Angelrute. **d)** die Meßstange.

καλαμο-στεφής, 2. sp. ep. rohrumgeben, schilfbedeckt.

καλάνδαι, ῶν, αἱ, sp. das röm. *calendae.*

Κάλᾱνος od. **Καλᾱνός,** ὁ, **1)** eigtl. Sphines, einer der nackten indischen Weisen (Gymnosophisten), der Alexander auf einem Teile seines Zuges begleitete u. sich endlich lebendig verbrannte. **2)** sonst. Eigenname.

καλᾰ́σῐρις, ιος, Acc. plur. ῑς, ἡ, ion. langes leinenes, unten mit Troddeln od. Fransen besetztes Kleid der Ägypter, welches aber auch Perser u. Griechen trugen. Nach ihm waren die **Καλασίριες,** Akk. ῑς, ein Teil der ägypt. Kriegerkaste, benannt, die ihre Wohnsitze größtenteils im westlichen Unterägypten hatten.

Καλ(λ)ατίαι u. **Καλ(λ)αντίαι,** οἱ, indisches Volk, eigentl. die Schwarzen.

Καλαύρεια (-ρία), ἡ, Insel im Saron. Meerbusen, der Stadt Trözen gegenüber, berühmt wegen ihrer Freistatt im Poseidon-Tempel, wo Demosthenes Gift nahm; j. *Poro.*

κᾰλαῦροψ, οπος, ἡ [*καλα* (s. *κῆλον*) Stock u. *ϝροπ* zu *ῥέπω* (s. *ῥόπαλον, ῥαπίς*)], ep. sp. oben gebogener Hirtenstab.

κᾰλέω (lat. *cal-are, calendae, nomen-cla-tor, clā-mor, cla-rus*, dt. *hell*), att. Fut. med. *καλοῦμαι* auch in pass. Bdtg., ep. Präs. inf. *καλήμεναι*, part. *καλεῦντες*, Impf. *κάλεον* u. *ευν*, iter. act. *καλέεσκον*, med. *καλέσκετο*, Fut. *καλέω*, Aor. act. u. med auch mit *σσ*, Plqpf. 3. pl. *κεκλήατο*, poet. Perf. pass. opt. 2. sg. *κεκλῇο*, ion. Perf. pass. 3. pl. *κεκλέατο*, mit der ep. u. poet. Nbf. **κικλήσκω** (nur Präs. u. Impf.) rufen • **1)** beim Namen rufen, **nennen,** abs. u. *τινά*, u. zwar *τινί τι* einen etwas od. mit etwas (mit einem Namen) nennen, u. dah. auch *ἣν καὶ ἅμαξαν ἐπίκλησιν καλέουσιν*, u. *τινί* durch etwas; auch mit abhängigen Sätzen, behaupten, schmähen, z. B. *καλεῖ με, πλαστὴς ὡς εἴην* er nennt d. i. schmäht mich untergeschoben, oder mit Inf. • Im Pass. genannt werden, **heißen,** dah. wie unser „heißen" auch: etwas gelten, abs. *ὁ καλούμενος* der sogenannte, wozu erst Spätere, wie Arr., *οὕτω* hinzugesetzt haben, *ἀπό τινος* u. *ἐπί τινι* nach, wegen etwas, u. zwar mit Nom. einer genannt werden, so heißen, *οὕνεκα σὴ παράκοιτις κέκλημαι, ὅπερ Ἐννέα ὁδοὶ* ἐκαλοῦντο, od. τινός, τινῶν teils jmds. Sohn heißen, Ἔνδιος Ἀλκιβιάδου ἐκαλεῖτο des Endios Vater hieß Alk., teils unter einige gerechnet werden, eigtl. als Leute einer bestimmten Klasse gelten • 2) rufen • a) **herbeirufen,** z. B. zu einem Amte abrufen, zurückrufen (einen Verbannten), hereinrufen (einen Klopfenden), zusammenberufen, abs. od. τινά, βουλήν zum Rate, εἰς ἀγορήν, ἀγορήνδε u. ähnl., od. mit Inf., auffordern, bitten. Im bes. α) θεόν, θεούς, Gott, die Götter anrufen, auch χώραν, d. h. es zum Abschied grüßen, u. so auch ohne θεόν, θεούς, überh. anreden, β) Zeugen aufrufen, vorfordern zur Aussage, wie zur Verantwortung, dah. καλεῖσθαι ἐπί τι vor Gericht geladen, gezogen werden zu einer Anklage d. i. wegen eines Vergehens, γ) τὸν σαλπικτήν Alarm blasen lassen, δ) zu Gaste laden, einladen, mit u. ohne εἰς δαῖτα, ἐπὶ δεῖπνον, od. ἐπὶ δείπνῳ, ε) N. T. berufen, zur Seligkeit usf. • b) Med. (im Aor.) α) **zu sich rufen,** zu sich kommen lassen, ἀγορήνδε, β) etw. von sich zurufen, **anwünschen,** [ἀράς τινι.

Καλὴ Ἀκτή: s. Ἀκτή, 2.

κᾰλήτωρ, ορος, ὁ (καλέω), ep. der Rufer.

καλῑά, ep. **-ιή,** ἡ, ep. poet. sp. Hütte, Scheune, Speicher, Nest.

καλίκιος, ὁ, sp. der römische Schuh, *calceus.*

καλινδέομαι (Nebenf. von κυλινδέω), 1) Med. sich wälzen, herumwälzen, sich in etwas herumtreiben, ἔν τινι, übertr. sich unaufhörlich mit od. um etwas beschäftigen, ἔν τινι u. ἀμφί τι. 2) Pass. fortgewälzt werden.

καλιστρέω, verstärktes καλέω.

Καλλάτηβος, ἡ, Stadt in Lydien, j. *Alla-Schehr.*

Καλλατιανός, οῦ, ὁ, der Kallatianer, aus Kallatia od. Kallatis, einer Stadt Thrakiens am Pontos, j. [*Mangalia.*

καλλείπω, ep. st. καταλείπω.

Καλλιάδης, ου, ion. εω, ὁ, 1) athen. Archon Ol. 75, 1 od. 480 v. Chr. 2) sonst. Eigenn.

καλλίας, ου, ion. **-ιης,** ὁ (zu κάλλος aus dem Ggs.) der Affe.

Καλλίας, ὁ, 1) Sohn des Phänippos, Vater des Hipponikos Ammon. 2) Sohn des Hipponikos, Enkel des vorigen, der reichste Athener, wurde einst (449) auch als Gesandter nach Persien geschickt, Vater des Hipponikos, der 424 bei Delion fiel. 3) des letztern Sohn, Stiefsohn des Perikles, leichtsinniger Verschwender, Stratege unter Iphikrates im Lechäon 391, war 371 athen. Gesandter in Sparta, bekannt als Freund der Sophisten. 4) Machthaber von Chalkis, ca. 350, zuletzt 341 att. Bürger. 5) sonst. Eigenn.

Καλλίβιος, 1) spartan. Harmost in Athen. 2) Tegeate. 3) sonst. Eigenn.

καλλι-βλέφαρος, 2. poet. mit schönen Wimpern.

καλλι-βόας, ου, ὁ (βοή), poet. schön tönend.

καλλί-βοτρυς, υ, Gen. υος, poet. straußblütig, Narkissos, mit vielblütigen Blumenscheiden, welche Trauben verglichen werden. [Boden.

καλλί-βωλος, 2. poet. mit schönem, fruchtbarem

καλλι-γάληνος, 2. poet. von anmutiger Heiterkeit.

Καλλιγένεια, ἡ, poet. u. sp. die Schönes Hervorbringende.

καλλι-γέφῡρος, 2. poet. mit schöner Brücke.

καλλιγραφέω u. Med., sp. schön, d. i. in einem schönen Stile schreiben.

(καλλι-γύναιξ), αικος, ὁ, ἡ (Nom. ungebr.), ep. poet. reich an schönen Frauen od. Jungfrauen, frauenschön.

καλλι-δίνης [ῑ], dor. -ας, ὁ, poet. schön wirbelnd.

καλλί-διφρος, 2. poet. schön fahrend.

καλλι-δόναξ, ακος, ὁ, ἡ, poet. schön beschilft.

Καλλί-δρομον, τό, der östlichste Teil des Ötagebirges in Lokris, unweit Thermopylä, mit einem Kastell, j. *Kumaita.*

καλλι-έλαιος, ἡ, zahmer Ölbaum, ar. N. T.

καλλιεπέω, schön sprechen, Pass. κεκαλλιεπημένοι λόγοι ῥήμασί τε καὶ ὀνόμασιν mit Redewendungen u. Worten schön aufgeputzte Reden. — Med. beschönigend sich rühmen, mit folg. ὡς. Von

καλλιεπής, 2. poet. u. sp. schönredend.

καλλιερέω u. Med. **-έομαι** (wie v. καλλιερής, καλός u. ἱερόν), 1) trans. opfern, a) um günstige Vorzeichen (*omina*) für eine Unternehmung zu erlangen. b) unter günstigen Vorzeichen, glücklich opfern, ἑαυτόν sich, od. mit folg. Inf. mit u. ohne ὥστε, um etwas zu tun. 2) intrans., ion. oft unpers. **καλλιρεῖ** = τὰ ἱερὰ καλὰ γίγνεται die Opfer gelingen, sind günstig, mit Inf. mit u. ohne ὥστε, abs. καλλιερησάντων τῶν ἱερῶν nachdem die Opfer unter guten Anzeichen zustande gekommen waren, od. mit **τινί** für jmdn.

καλλι-ζυγής, 2. poet. schön bespannt.

καλλί-ζωνος, 2. (ζώνη), ep. poet. schön gegürtet.

καλλί-θριξ, τριχος, ὁ, ἡ, ep. schönmähnig, schönwollig, von Pferden u. Schafen.

καλλί-καρπος, 2. poet. u. sp. mit schönen Früchten, fruchtreich, auch von σμῖλαξ, einer dem Efeu ähnlichen Pflanze mit weißen, lilienartig duftenden Blüten.

Καλλι-κολώνη, ἡ, Schönbühl, ein Hügel bei Ilios.

καλλι-κόμας, ου, ὁ, poet. u. **καλλί-κομος,** 2. (κόμη), ep. mit schönem Haar, schönlockig.

Καλλῐ-κράτης, ους, ὁ, 1) Architekt, der in Verbindung mit Iktīnos den Parthenon in Athen baute u. den Bau der langen Mauern übernahm, zwischen Ol. 80—85. 2) sonstiger Eigenn.

Καλλῐκρατίδας, α, 1) spart. Nauarch 406, schließt den Konon b. Mytilene ein, stürzt in der Seeschlacht b. den Arginusen, fällt ins Meer u. stirbt, worauf die Athener siegen. 2) sonst. Eigenn.

καλλι-κρήδεμνος, 2. ep. mit schöner Hauptbinde.

Καλλί-μαχος, ὁ, 1) aus dem att. Demos Aphidnä, Polemarch, der bei Marathon focht u. fiel. 2) Battiade aus Kyrene, von Ptolemaios Philad. ins Museion berufen und da Bibliothekar v. 260 bis ca. 235, berühmt als Dichter, Literarhistoriker und Grammatiker, Lehrer des Eratosthenes, Aristophanes von Byzanz u. Apollonios Rhodios.

Καλλι-μέδων, οντος, ὁ, makedonisch gesinnter schielender Redner in Athen, der mit Phokion zum Tode verurteilt wurde. Er war zugleich berüchtigt als Schmausbruder u. leckerhafter Liebhaber von Fischen, dah. sein Beiname Κάραβος (Seekrabbe).

καλλί-μορφος, 2. poet. schön gestaltet.

κάλλῐμος, 2. ep. Nebenf. zu καλός, s. d.

καλλί-νᾱος, 2. (νάω), poet. schön fließend, mit schönem Wasser.

καλλί-νῑκος, 2. poet. u. sp. 1) schönen Sieg verleihend, τινός über jmdn. Subst. Siegverleiher. 2) schöne Siege davontragend, siegreich, τινός über jmdn., insbes. Bein. des Herakles. 3) den Sieg verherrlichend; στέφανος Siegeskranz, ὕμνος, ᾠδή Siegesgesang. 4) Subst. a) ὁ καλλίνικος, das Siegeslied, benannt nach dem Refrain τήνελλα καλλίνικε („hurra"), zur Begrüßung des Siegers z. B. in Olympia gesungen. b) τὸ καλλίνικον, die Siegesfeier; der Sieg.

Καλλῖνος, ου, ὁ, aus Ephesos, um 675 v. Chr., Begründer der (kriegerischen) Elegie; ein Aufruf zum Kampf an seine Landsleute ist noch vorhanden.

Καλλι-όπη, ἡ, die Schönstimmige, a) Muse der ep. Dichtkunst, die neunte (u. älteste) der neun Musen, dah. Benennung des neunten Buchs von Herodots Geschichte; Attribut: Wachstafeln und Griffel. b) poet. Bein. der Echo.

καλλί-παις, παιδος, ὁ, ἡ, 1) schöne, gute Kinder habend, kindergesegnet. 2) poet. schönes Kind.

καλλι-πάρῃος, 2. (παρειά), ep. schönwangig.

καλλι-πάρθενος, 2. poet. a) jungfräulich schön. b) mit schönen Jungfrauen.

καλλι-πέδῑλος, 2. ep. mit schönen Sohlen.

καλλί-πεπλος, 2. poet. schön gekleidet.

καλλι-πέτηλος, 2. poet. schönblätterig.

καλλί-πηχυς, εως, ὁ, ἡ, poet. sp. schönarmig.

Καλλιπίδαι, οἱ, ein skythischer Volksstamm oberhalb der Stadt Olbia.

καλλι-πλόκαμος, 2. ep. poet. mit schönen Haarflechten.

Καλλί-πολις, ἡ, 1) Stadt in Sizilien; Einw. Καλλιπολῖται (od. -πολιῆται). 2) sonst unbekannte Stadt Kariens.

καλλι-πόταμος, 2. poet. von schönen Flüssen.

καλλί-πρῳρος (-πρωρος), 2. poet. mit schönem Vorderteil, von Schiffen, schönbugig; übertr. mit schönem Antlitz.

καλλί-πυργος, 2. poet. u. **καλλι-πύργωτος,** 2. poet. mit schönen Türmen, schön umtürmt, wohlbefestigt.

καλλι-ρέεθρος, 2. (ῥέεθρον), **καλλί-ρροος,** 2. auch **καλλίροος,** 2. (ῥόος), alle ep. u. poet., schön fließend, schön strömend, anmutig.

καλλιρρημοσύνη, ἡ (καλλι-ρρήμων, ῥῆμα, schönredend), sp. Schönrederei, Großsprecherei.

Καλλιρρόη, ἡ, Quell am Ilissos im Südosten von Athen; s. Ἐννεάκρουνος.

Καλλι-σθένης, ους, ὁ, 1) ein griech. Geschichtschreiber aus Olynth, geb. um 360, Anverwandter u. Schüler des Aristoteles, der Alexander auf seinem Zuge gegen Persien begleitete u. um 327 von demselben aus Anlaß einer Verschwörung aus dem Wege geräumt wurde. 2) sonst. Eigenn.

καλλι-στάδιος, 2. (στάδιον), poet. mit schöner Rennbahn.

καλλιστεῖον, τό (κάλλιστος), poet. sp. a) Preis der Schönheit. b) Ehrenpreis der schönsten Tat, Heldenpreis.

καλλίστευμα, τό, Preis der Schönheit, Vorzug der Schönheit.

καλλιστεύω u. Med. -εύομαι (κάλλιστος), ion. poet. u. sp. der schönste sein, abs. u. τινός vor einem od. unter andern.

καλλι-στέφανος, 2. ep. poet. mit schönen Kränzen, von fröhlichen Gelagen, wo man Kränze trug

Καλλί-στρατος, ὁ, 1) att. Redner, Vorbild des jungen Demosthenes, Stratege 377 u. 372, verbannt 363, nach unerlaubter Heimkehr hingerichtet. 2) ein Stratege 413, fällt in Sizilien. 3) ein Schüler des Aristophanes v. Byzanz, um 150, Erklärer des Homer, Aristophanes, Euripides und Pindar.

καλλί-σφυρος, 2. ep. sp. mit schönen Fußknöcheln, schönknöchlig, zartfüßig.

καλλί-τεκνος, 2. ar. sp. schöne Kinder habend.

καλλιτεχνία, ἡ (καλλί-τεχνος), sp. Schönheit der Kunstarbeit.

καλλί-τοξος, 2. poet. mit schönem Bogen.

καλλίτριχες, s. καλλίθριξ.

καλλι-φεγγής, 2. (φέγγος), poet. schön leuchtend.

καλλί-φθογγος, 2. poet. schön tönend.

καλλί-φλοξ, ογος, ὁ, ἡ, poet. schön flammend.

καλλιφωνία, ἡ, sp. Schönheit der Stimme.

καλλί-χορος, 2. ep. u. poet. 1) mit schönen Reigenplätzen, Beiw. von Städten, wo die Götterreigen aufgeführt werden. 2) poet. auch: mit schönen Chortänzen, dazu gehörig.

καλλονή, ἡ, = dem folg.

κάλλος, ους, τό (aus κάλϳος, zu καλός). 1) **Schönheit,** bei Hom. nur körperliche Schönheit, später auch überh. treffliche Beschaffenheit einer Sache, geistige, sittliche Schönheit; εἰς κάλλος = καλῶς, mit Auszeichnung, brav. 2) konkret: a) die Schöne, bes. im Pl. τὰ ἀρχαῖα κάλλη die Schönheiten des Altertums, b) das Schöne, die schöne Sache, bes. im Pl. Prachtstücke, Stoffe, Kleider, Teppiche, od. mit Gen. κάλλη τῶν ἱερῶν Wunder von Tempeln.

καλλοσύνη, ἡ, poet. = κάλλος.

καλλύνω (καλός), 1) Akt. schön machen, beschönigen. 2) Med. sich brüsten od. rühmen.

κάλλυσμα, τό. ion. Kehricht.

καλλωπίζω (ὤψ), 1) das Gesicht schön machen, ein schönes Ansehen geben, schmücken, herausputzen. 2) im Med. insbes. a) schön tun, sich brüsten, seine Ehre in etwas setzen. b) sich zieren, spröde tun.

καλλώπισμα, τό, u. **καλλωπισμός,** ὁ, Schmuck, Putz, οἱ καλλωπισμοὶ οἱ περὶ τὸ σῶμα körperlicher Schmuck. übertr. Ziererereien.

καλλωπιστής, οῦ, ὁ, der Putzsüchtige, Stutzer, u. zwar τὰ περὶ τὴν ἐσθῆτα.

καλο-διδάσκαλος, 2. lehrhaft im Guten.

καλοκἀγαθία, ἡ (καλὸς καὶ ἀγαθός), mit u. ohne τῶν τρόπων, die sittliche Güte, Bravheit, Vortrefflichkeit, Hochherzigkeit. Dav.

καλοκἀγαθικός, 3., Adv. -ῶς, sp. edel gesinnt, edel, trefflich, τὸν τρόπον von Art.

κᾶλον, τὸ (καϝ-ελον zu καίω), Brennholz, Werkholz, Plur. dor. Flotte.

καλο-πέδιλα, τά (κᾶλον), buk. Holzschuhe.

καλοποιέω, sp. N. T. rechtlich handeln.

καλό-πους, ποδος, ὁ (κᾶλον), Holzfuß, d. i. Schusterleisten.

καλός, 3. (aus καλ-Ϝός, dah. ep. ᾱ, att. ᾰ, buk. ᾰ), **schön.**

I) Adj. • **1)** von äußerer Gestalt: **hübsch,** lieblich, hold, auch wohl im ironischen Sinne. Ἁ καλά ist Beiw. der Artemis (Aisch. Ag. 140). Es steht teils abs., teils mit τί an etwas, τινί in etwas, od. mit Inf. • **2)** von innerer Beschaffenheit: schön, **edel,** rühmlich, schicklich, οὐ od. μή καλόν nichts Gutes, Unedles, καλόν (ἐστι) es ist schön, schickt sich, abs. od. mit Dat. u. folg. Inf. • **3)** schön für einen besonderen Zweck, κάλλιστον ἀργύριον das reinste Silber, dah. insbes. **tauglich,** wertvoll, günstig, glücklich, vortrefflich, auch oft im ironischen Sinne, abs. und πρός, εἴς τι, ἐπί τινι oder mit Inf. mit und ohne ὥστε. Adv. ἐν καλῷ • **a)** verst. τόπῳ auf schönem Platze • **b)** verst. χρόνῳ zur guten Stunde, unter günstigen Umständen, ähnl. εἰς καλόν, u. so steht ἐν καλῷ wie καλόν (ἐστι) in diesem Sinne mit Inf.

II) Subst. • **1)** **ὁ καλός** teils als ehrendes Beiwort, so auf gemalten Vasen, N. T. ὁ καλός od. auch τῷ καλῷ dem Geliebten, ironisch Κριτίᾳ τῷ κ. aus des Theramenes Mund (Xen. Hell. 2, 3, 56), teils verb. mit κἀγαθός, wo es Ehrenmann, freier Mann, wie er sein soll, „edeltrefflich", dann auch Mann von guter Erziehung, Vornehmer bedeutet. Bei Handlungen bezeichnet es die edlen, und bei Sachen auch die nützlichen, u. steht in diesem Sinne mit **πρός τι,** dah. τὸ καλὸν κἀγαθόν teils die edle Gesinnung od. Tat, teils das Nützliche bedeuten kann • **2)** **τὸ καλόν** • **a)** die Schönheit, τὰ καλά Ehrenbezeigungen, Herrlichkeiten, τὰ κ. τοῦ βίου • **b)** das sittlich Schöne, das Gute, Tugend, ἐν τῷ σφετέρῳ καλῷ ἀναβάλλεσθαι d. h. unter für sie ehrenvollen Verhältnissen. Im Pl. ἄλλα δ' ἀλλαχοῦ καλά sprichw. ländlich, sittlich. Sonst heißt τὰ καλά alles Schöne u. Edle, Glück usw. Bei den Spartanern, von denen es Xen. auch auf die Perser übertragen hat, bezeichnete τὰ καλά im besond. ebensowohl die Pflichten und Leistungen, als die Ehren und Auszeichnungen des Vollbürgers, dah. οἱ διὰ πάντων τῶν καλῶν ἐληλυθότες.

III) Adv. καλῶς (stellvertretend auch Adv. zu ἀγαθός), Komp. auch καλλιόνως, bei Hom. auch καλόν und καλά als Adv., schön • **1)** zierlich, **gut,** hübsch, κ. λέγειν λόγους αἰσχρούς schändlichen Anschlägen schöne Worte leihen • **2)** sittlich schön, **edel,** redlich. Oft ironisch, wie in den Worten κ. ἐφείσατο Ὀλυνθίων er hat den Olynthiern eine saubere Schonung angedeihen lassen • **3)** zweckmäßig, nützlich, klug, **recht,** richtig, glücklich, erwünscht (κάλλιστα aufs erwünschteste), schicklich, ehrenvoll, κάλλιστα aufs sorgfältigste. Abs. bei Antworten oder Ausrufungen: schön, gut, recht so! καλῶς εἶναι recht, gut sein, κ. γεγονέναι von edler Abkunft sein, κ. ἀναψεύδεσθαι d. i. der Ehre halber, οὐ κ. ταρβεῖς deine Furcht ist unzeitig, κ. φέρεταί τις es geht gut mit jmdm. • **4)** bes. Verbindungen • **a)** **καλῶς ποιεῖν gut, recht handeln,** und wohl daran tun, u. so mit dem Part. καλῶς ἐποίησας προειπών; **καλῶς ποιῶν** auch: zu deinem Glück! aber bei andern Verben entweder: glücklicherweise, od. als Höflichkeitsformel: in Gottes Namen, meinethalben • **b)** **καλῶς ἔχειν** körperlich od. äußerlich schön sein, und **sich richtig verhalten, sich wohl befinden,** gut stehen, πάντα in allem, πρός τινος von seiten jmds., auch gut von statten gehen, wie καλῶς γίγνεσθαι, ferner: zweckmäßig, nützlich, an der Zeit, schicklich sein, ἐργάζεσθαι ἃ καλῶς ἔχει, näml. ἐργάζεσθαι, d. h. mit dessen Verfertigung man Ehre einlegt, κ. ἔχει τινί u. zwar τί oder mit Inf. es ist etwas für jmdn. zuträglich, steht ihm zu.

κάλος, ὁ, s. κάλως.

Κάλπης λιμήν, ὁ, Stadt u. Hafen an der Küste von Bithynien in der Mitte zwischen Heraklea u. Byzantion, j. Flecken u. Hafen *Kirpeh.*

κάλπις, ιδος, ἡ, ep. poet. sp. Gefäß zum Wasserschöpfen, Wasserkrug.

καλύβη, ἡ, u. sp. deminut. **καλύβιον, τό** (καλύπτω), Obdach, Hütte, Zelt.

καλυβο-ποιέομαι, sp. sich (aus Reisig u. dgl.) Hütten bauen.

Κάλῠδναι, αἱ νῆσοι, die Kalydnischen Inseln, Sporadische Inseln bei Kos, die ihren Namen von der größern hatten, welche später *Κάλυμνα* hieß. Die Einw. **οἱ Καλύδνιοι.**

Καλῠδών, ῶνος, ἡ, alte Stadt in Ätolien am Euēnos, berühmt durch den kalydonischen Eber. Der Einw. ὁ **Καλυδώνιος.**

Καλύκαδνος, ὁ, Fluß in Kilikien, im Mittelalter Saleph, j. *Gök-su* od. *Erminek-su.*

καλυκο-στέφανος, 2. poet. mit Blumenknospen bekränzt.

καλυκ-ῶπις, ιδος, ἡ, ep. mit rosigem Antlitz.

κάλυμμα, τό (καλύπτω), Verhüllung, Hülle, Decke. Bes. **1)** Kopfverhüllung, Schleier. **2)** sp. die Decke des Zimmerbodens, Diele.

Καλυνδεῖς, οἱ, Einw. der Stadt Kalynda an der Grenze Lykiens. Adj. **-δικός,** 3.

κάλυξ, ῠκος, ἡ (verw. κύλιξ), **1)** Blütenkelch, Fruchtkapsel, κάλυκος ἐν λοχεύμασι wenn die Saat Keime treibt. **2)** ep. im Plur. ein metallener Frauenschmuck auf der Brust od. am Gürtel.

καλυπτός, 3. poet. **a)** verhüllt. **b)** darum gehüllt od. gewickelt.

καλύπτρα, ἡ, ep. u. ion. **-ρη,** Decke, Deckel. Im bes. das Schleiertuch, Schleier od. Kopfbedeckung der Frauen. Von

καλύπτω (verw. lat. *celare, oc-culere,* ahd. *hëlan,* nhd. *hehlen, Hülle*), fast nur poet. u. sp.

I) Akt. u. Pass. **1)** **verhüllen,** bedecken, umgeben, τινί mit etwas. Pass. ἀσπίδι κεκαλυμμένος ὤμους die Schultern mit dem Schilde bedeckt, τινί in etwas versteckt sein, **b)** τινί τι etwas über jmdn. decken, ausbreiten. **2)** übtr. **a)** τινὰ ἔξω einen **bergen,** κρυφῇ τι καρδίᾳ etwas im stillen bergen, **b)** verdunkeln, z. B. τὰς εὐδαίμονας Ἀθήνας den glänzenden Ruhm Athens.

II) Med. ep. sich verhüllen, sich bedecken, τινί mit etwas.

Καλυψώ, οῦς, ἡ, (eigentl. die Bergende), Tochter des Atlas, welche auf der Insel Ogygia den verunglückten Odysseus 7 Jahre bei sich behielt.

χαλχαίνω, nur Präs., poet. **1)** *τί* etwas hin u. her wogen lassen im Herzen. **2)** in Aufregung, in Sorge sein, *ἀμφί τινι.*

Κάλχας, *αντος, ὁ,* Vok. *Κάλχαν,* Sohn des Thestor, Seher u. Wahrsager der Griechen vor Troja.

Καλχηδών, *όνος, ἡ,* Stadt in Bithynien am Eingang des thrak. Bosporus, j. *Kadi Kiöj.* Das Gebiet **Καλχηδονία,** ion. **-ίη,** *ἡ,* der Einw. **Καλχηδόνιος,** *ὁ.*

χαλῴδιον, richtiger als **χαλώδιον,** *τό,* ein kleines Tau, Strick, Leine. Demin. von

κάλως, Gen. *ω,* ion. ep. (u. att.) **κάλος,** *ὁ,* Zugtau, Tau. **1)** Rahentaue, die von den Enden der Rahe durch eine am Maste befindliche Vorrichtung (Ring oder Rolle) zusammen hindurchgezogen werden u. von da erst nach dem Verdeck heruntergehen, um die Rahe mit dem Segel aufzuziehen od. herabzulassen. Sprichw. *πάντα κάλων ἐξιέναι, ἐκτείνειν* alle Segel beisetzen, alle Kräfte in Bewegung setzen. **2)** allgem. Schiffstau, Tau, Strick, *ἀπὸ κάλω παραπλέων* am Tau längs der Küste hinfahrend.

χαλω-στρόφος, *ὁ* (*στρέφω*), sp. Seiler.

κάμ, ep. abgekürztes *κατά* vor *μ.*

χάμαξ, *ακος, ἡ,* ein langes Stück Holz, Stange, bes. **a)** ep. Weinpfahl. **b)** poet. Lanzenschaft.

καμάρα, ion. **-ρη,** *ἡ,* Behältnis mit gewölbter Decke, daher **1)** sp. Zimmer, Schlafzimmer, Kammer; Himmelbett. **2)** ion. Kutschkasten, bedeckter Wagensitz.

Κᾰμᾰρῖνα, *ἡ,* **Stadt auf der Südküste Siziliens,** j. *Camerina,* Kolonie von Syrakus. Adj. **-ναῖος,** 3.

καματηρός, 2. ep. ion. sp. **1)** ermüdet, erschöpft, krank. **2)** ermüdend.

κᾰμᾰτος, *ὁ* (*κάμνω*), ep. poet. u. sp. **1)** das Erarbeitete. **2)** Ermüdung, Mühe, Anstrengung, anstrengende Arbeit, Mühsal. Im Plur. auch die Wehen, *οὔτε τόκοισιν ἰηίων καμάτων ἀνέχουσι γυναῖκες* die Weiber verwinden nicht durch Geburten klagenerregende Wehen, d. h. sie sterben beim Gebären. **3)** Ermüdung, Ermattung, Erschöpfung, Müdigkeit, Entkräftung. Dav.

καματώδης, 2. ep. poet. sp. ermattend, ermüdend, erschöpfend, entkräftend.

Καμβύσης, *ου,* ion. *εω, ὁ* (pers. *Kambudschija*), **1)** Vater von Kyros dem Ältern, aus der Königsfamilie der Achämeniden, im Anfang des 6. Jahrh. **2)** Sohn u. Nachfolger Kyros des Ältern, König von Persien 529–522 v. Chr., der Ägypten eroberte.

Κάμειρος, *ἡ,* u. *Καμειραῖος,* 3., s. *Καμῖρ.*

κάμηλος, *ἡ* u. *ὁ,* das Kamel, *ἡ κ.* auch kollekt. die sämtlichen im Heereszug befindlichen Kamele.

Καμικός (*Κάμικος*), *ἡ,* Stadt auf der Südküste von Sizilien, j. *Camestro.*

κάμιλος, *ου, ὁ,* Schiffstau, Ankertau (v. LA. f. *κάμηλος* Matth. 19, 24. Luc. 18, 25).

κάμῑνος, *ἡ* (dt. *Kamin* ist Lehnw. aus dem von den Griechen entlehnten lat. *caminus*), ep. ion. poet. sp. Schmelzofen, -hütte, Schmiedeesse, Brennofen, zum Braten, zum Schmelzen der Metalle, Brennen von Ziegeln usw.; sp. auch Backofen. Dav.

καμῑνώ, *οῦς, ἡ, γρηῦς,* ep. ein altes Ofenweib, Heizerweib, Bild frecher Geschwätzigkeit, wie bei uns Waschweib, Hökerweib.

Κάμῖρος, *ἡ,* Stadt an der Westküste der Insel Rhodos, heute *Kamiro;* dav. sp. **Καμιραῖος,** 3.

καμμονίη, *ἡ,* ep. st. *κατα-μονία,* eigtl. Ausdauer, dah. hartnäckiger Widerstand, Beharrlichkeit im Kampfe, Sieg.

κάμμορος, 2. ep. = *κατά-μορος,* unglücklich.

καμ-μύω, ep., sp. u. N. T. = *κατα-μύω,* Aor. *ἐκάμμυσα,* die Augen schließen.

κάμνω (St. *καμ* in *κάματος*), ep. Aor. *κάμον,* conj. 3. sg. *κάμῃσι* (u. redupl. *κεκάμω,* wo indes *κὲ κάμω* zu lesen ist), Perf. part. *κεκμηώς,* gen. *-ῶτος,* acc. plur. *κεκμηότας* • **1)** ep. trans. mit Mühe **arbeiten** oder verfertigen, bauen, bes. von Kunstarbeiten; Med. • **a)** etw. zu etw. machen, *νῆσον ἐυκτιμένην* • **b)** sich (*sibi*) erarbeiten, erwerben • **2)** intr. sich müde arbeiten, also • **a) sich abmühen,** *μάλα πολλά* mit Inf. od. Part. • **b)** müde werden, **ermatten,** abs. *κεκμηότες* die Ermüdeten, Entkräfteten, mit Part., *ἐλαύνων,* bei den Att. oft mit dem Nebenbegriffe des Verdrusses, satt haben, nicht mögen; mit dem Dat. in der Schlacht erliegen; *οἱ καμόντες* die erschöpft Niedergesunkenen, die Entschlafenen, ep. überh. die Toten, doch immer nur als Schatten; *οἱ κεκμηκότες* Euphemismus wie *defuncti,* die ausgerungen haben; *τὸ κάμνον* sp. die Müdigkeit • **c)** überh. Mühseligkeiten erdulden, Leid, **Not haben,** bes. von Seelenleiden: dulden, sich übel befinden, auch mit Akk. *ἴσον λύπης* die Schmerzen gleich leiden. Im bes. mit u. ohne *τὸ σῶμα* körperlich leiden, **krank sein.**

Καμπανία, *ἡ,* sp. die Landschaft Kampanien; ihre Einw. **οἱ Καμπανοί.**

καμπή, *ἡ* (*κάμπτω*), **1)** Biegung, Krümmung, z. B. eines Flusses. **2)** Umbiegung auf der Laufbahn, dah. bildl. *καμπὴν ποιεῖσθαι* die Rückbewegung machen. **3)** sp. die rhetorische Abrundung. Dav.

κάμπιμος, 2. poet. gebogen, gekrümmt.

καμπτήρ, *ῆρος, ὁ* (*κάμπτω*), die Biegung, Krümmung, milit. *πρόσω τὸν καμπτῆρα ποιεῖσθαι* eine weite Biegung machen, näml. mit dem Flügel, um den Feinden nicht eher nahe zu kommen, als das Mitteltreffen gleichfalls herangerückt wäre.

κάμπτω (St. *καμπ.,* lat. *campus,* eigtl. Biegung). **1)** trans. **a) beugen, krümmen,** herumlenken, *τί,* u. zwar *εἴς τι;* im bes. *τὰ γόνατα* die Knie beugen vor Ermattung od. um sich niederzusetzen, **b)** übertr. **umstimmen,** überreden, bewegen, (*τινά*). Im Pass. übertr. sich beugen, herumbringen, überreden lassen. **2)** intr. **a)** mit verst. *γόνυ* sich niederlassen, *ἐπί τινος* auf etwas. **b)** von der Rennbahn: um die Prellsäule (*νύσσα*) herumfahren, **c)** überh. umbiegen, umfahren, umschiffen, umgehen, *τί* um etwas. Übertr. *τὸν βίον* das Leben enden, od. *ἐγγύς τινος* nahe berühren, treffen, **d)** umkehren.

καμπύλη, *ης, ἡ* (sc. *βακτηρία*), sp. Krummstab.

καμπῦλος, 3. gebogen, gekrümmt, krumm.

καμψί-πους, *ποδος, ὁ, ἡ,* poet. die Knie beugend.

κἀν, Krasis st. *καὶ ἐν.*

κἄν, 1) = *καὶ ἄν,* **und wohl, auch wohl,** selbst

wohl, auch κἂν — κἂν es sei — oder, od. κἂν εἰ ellipt. = καὶ εἰ auch wenn, vielleicht. Ähnl. κἂν bei einem steigernden adv. Zusatz od. sonstigen Wörtern wenn auch nur od. sogar etwa, κἂν ἐξακισμύριον. **2)** = καὶ ἐάν, **a) wenn auch,** obgleich, selbst wenn, gesetzt auch daß, mit folg. ὅμως, **b) und wenn.**

Καναναῖος, N. T., var. Κανανίτης, ου (aram. *qan'ān*, plur. *qan'ānajjâ*, Eiferer, vgl. ζηλωτής), Bein. des Apostels Simon.

Καναστραῖον od. Καναστραίη ἄκρη, das Vorgeb. Κάναστρον, die Spitze der Halbinsel Pallene, j. Kap *Paliuri*.

κᾰνᾰχέω, ep. nur Aor. κανάχησε, u. **καναχίζω,** ep. nur Impf. κανάχιζε, schallen, tönen, rasseln, erdröhnen, krachen. Von

κᾰνᾰχή, ἡ (lat. *can-o*, ahd. *hano*, *Hahn*), ep. u. poet. Geräusch, Schall, Getöse, Gerassel, Geklirr, ὀδόντων Zähneknirschen.

καναχή-πους, ποδος, ep. poet. klanghufig, stampfend.

καναχής, 2. poet. tönend, bes. schluchzend.

καναχίζω, s. καναχέω.

Κανδάκη, ης, Königin im äthiop. Napata.

Κανδαύλης, ου, ὁ („Hundswürger"), **1)** lydischer König, auch Myrsilos gen., aus der Dynastie der Herakliden (Sandoniden), die seit 1221 regierte; er wird gestürzt durch Gyges 716 v. Chr. **2)** sonst. Eigenn.

κάνδυλος, ὁ, sp. ein lydisches Gericht von dreierlei Zubereitung.

κάνδυς, υος, ὁ, Kaftan, ein medisches u. persisches Oberkleid, welches auf der Brust geknöpft wurde, mit weiten Ärmeln, die bis über die Fingerspitzen reichten u. gew. frei herabhingen u. in der Luft flatterten. Bei den gemeinen Soldaten bestand es meist aus Fellen, bei den Königen u. hohen Feldherren aus Seide, u. war purpurn od. scharlachrot u. weiß.

κᾰνεον, τό, zsgz. **κανοῦν,** ep. auch κάνειον, eigtl. Rohrkorb (κάννα, Rohr) Korb, bes. für Feigen, bei Prozessionen, oder Schüssel zum Brot u. bes. Gerstenschüssel für die heilige Gerste beim Opfer; auch von Erz u. Gold.

Κάνη, ἡ, Vorgebirge auf der Südküste v. Aeolis, den Arginusen gegenüber; daher Κάνης ὄρος.

κάνης, ητος, ἡ, sp. von Rohr od. Schilf geflochtene Decke od. Matte.

κανηφορέω, Korbträgerin sein, von

κανηφόρος, ἡ, Korbträgerin, Bezeichnung edler attischer Jungfrauen, welche an hohen Festen in Prozession die Opfergaben u. and. heil. Dinge auf dem Haupte trugen. In der Architektur heißen so die den Atlanten entsprechenden weibl. Figuren.

κάνθᾰρος, ὁ, eine Art Käfer, übertr. ein (käferartiges) Zeichen unter der Zunge des von den Ägyptern verehrten Apis. [Piräus.

Κανθαρὸς λιμήν, ὁ, eine der drei Buchten des

κανθήλια, τά, Packsattel, Sattelkorb, Weinbutte.

κανθήλιος, ὁ (κάνθων), sc. ὄνος, ein Lastesel.

κανθός, ὁ, sp. der Augenwinkel; übertr. das Auge.

κάνθων, ωνος, ὁ, poet. Packesel, Saumtier.

κανίσκιον, τό, sp. poet. Körblein.

κάννα, ἡ (babyl.-assyr. Lehnwort), gew. im Plur. das Rohr; die Rohrmatte.

κάνναβις, ιος, ἡ (ahd. *hanf*, von dem aus dem Griechischen entlehnten lat. *cannabis*), ion. **1)** Hanf. **2)** ein hanfenes Kleid, hier mit dem Akk. καννάβιδα (auch καννaβίδα betont).

κάνναθρον, τό (vgl. bei κάνεον), Korbwagen.

κανονίης, ου, ὁ, ion. hoch, schlank gewachsen wie eine Stange, ein Rohr (κανών).

κανόνιον, τό (κανών), sp. Stab, Stange.

κανονίς, ίδος, ἡ, Lineal, Schiene.

κανονιστέον, sp. Adj. verb. von κανονίζω, man muß etwas zur Richtschnur nehmen, τὶ πρός τι.

κανοῦν, s. κάνεον.

Κάντιον, τό, Landschaft u. Vorgebirge im SO. Britanniens, j. *Kent*.

κάνυστρον, τό, poet. Dem. zu κανοῦν, Körbchen.

Κάνωβος, ὁ, Stadt an der westlichen Mündung des Nil, welche von ihr **Κανωβικὸν** στόμα hieß, auch wohl bloß τὸ **Κανωβικόν,** mit einem vielbesuchten Serapistempel, beim heutigen *Abukir*.

κανών, όνος, ὁ (κάννα), eigentl. Rohrstab, überh. jeder gerade Stab, Stange, dah. **1)** Maßstab, Richtschnur der Zimmerleute, übertr. Regel, Vorschrift. **2)** οἱ κ. die Handhaben an der Innenseite des Schildes. **3)** Kettenstab, horizontal die Fäden der Kette trennend (gerade u. ungerade) u. so ein Fach für den Einschlagfaden bildend. **4)** N. T. abgemessenes Gebiet, Bezirk.

κάπ, ep. abgek. st. κατά vor π u. φ.

Κᾰπᾰνεύς, έως, ep. ῆος, ὁ, Sohn des Hipponoos u. der Laodike, einer der sieben Fürsten vor Theben. Er war Vater des Sthenĕlos, der deshalb **Καπανηιάδης,** ου, ὁ, u. **Καπανήιος υἱός** heißt.

κᾰπειτα, st. καὶ ἔπειτα.

κᾰπετος, ἡ (σκάπτω), ep. poet. ion. Grube, Graben, Gruft, Grab, überh. Vertiefung.

Καπετώλιον u. **Καπιτώλιον,** τό, sp. das Kapitol.

κάπη, ἡ, ep., nur Plur., Krippe mit dem Futter.

καπηλεία, ἡ, Kleinhandel, Krämerei.

καπηλεῖον, τό, Verkaufsbude, Kramladen, bes. Schankstube, Kneipe. Sie zu besuchen u. etwas in ihr zu genießen, galt in älteren Zeiten Freien als unehrenhaft. Von

καπηλεύω (-λος), Kleinhandel, Krämerei treiben, abs. u. τί mit etwas Schacher treiben; aber auch viel Wesens machen, großtun; übertr. im N. T. betrügen, verfälschen. [mäßig.

καπηλικός, 3. zum κάπηλος gehörig; auch kneipen-

κάπηλος, ὁ (lat. *caupo*), Kleinhändler, Krämer, im Gegens. zu ἔμπορος dem Großhändler. (Fem. dazu sp. καπηλίς, ἡ, Krämerin, Schenkwirtin.)

κᾰπί = καὶ ἐπί.

καπίθη, ἡ, Kapithe, ein persisches Maß, zwei χοίνικες (= 2,18 Liter).

Καπιτώλιον, sp., s. Καπετώλιον.

καπνίζω, Aor. ἐκάπνισα, ep. σσ (καπνός), **1)** Rauch machen, d. i. Feuer anzünden. **2)** beräuchern, durch Rauch belästigen, τινά.

καπνο-δόκη, ἡ (δέχομαι), ion. u. sp. Rauchfang, meist eine Dachöffnung, durch welche der Rauch hinauszog u. die Sonne ins Haus scheinen konnte.

καπνός, ὁ (St. κϝαπ, lat. *vapor*), Rauch, Dampf,

Feuerdampf (κνίση ist Fettdampf), auch Wasserdampf, Dampf der Brandung. Übertr. Dunst, Kleinigkeit, Schwindel. Sprichw. καπνοῦ σκιά Traum eines Schattens.

καπνόομαι, poet. Pass., in Rauch aufgehen.

κᾶπος, s. κῆπος.

Καππαδοκία, ion. **-ίη,** ἡ, pers. *Kathpaduk*, Landschaft in Asien; früher von größerem Umfang, zerfiel es zur Zeit der Perser in zwei Satrapien, näml. das pontische, das Land der Leukosyrer, u. das eigentl. südliche Kappadokien am Tauros, od. Großkappadokien; letzterer Teil behielt später den Namen als Provinz; j. *Kirmân* = *Karamanien*. Der Einw. dav. ὁ **Καππάδοξ,** οκος, u. **Καππαδόκης,** ου, ὁ, j. *Turkmane*. Sie waren gute Streiter u. hießen auch Σύριοι od. Λευκόσυροι.

κάππεσον, s. καταπίπτω.

καπ-πυρίζω, buk. Feuer fangen (für καταπ.).

Καπρέαι od. **Καπρίαι,** ῶν, αἱ, *Capreae*, die Insel *Capri* im Golf v. Neapel.

κάπριος, 2. **1)** ion. von der Gestalt eines Ebers, πρῷραι Schiffsvorderteile mit Eberbildnissen. **2)** ep. mit u. ohne σῦς = κάπρος der Eber.

κάπρος, ὁ (umbr. lat. *caper*, got. *hafr*, dav. *habergeis* = Schnepfe, weil sie meckernde Töne hervorbringt), mit u. ohne σῦς, Eberschwein, der Eber, das wilde Schwein. Männliche wurden zu Bundesopfern genommen.

κάπτω (*cap-io*), schnappen, schlucken.

Κᾰπύη, ἡ, St. Kapŭa in Kampanien, Einw. **Καπυηνοί.**

κᾰπῡρός, 3. (verw. mit καπνός), **1)** erhitzend. **2)** aushauchend, von der Stimme: helltönend, καπυρὸν συρίζειν hell u. rein die Syrinx blasen. **3)** buk. austrocknend, zehrend.

Κάπυς, υος, ὁ, Sohn des Assarakos, V. des Anchises.

κᾰπύω, nach andern **καπύσσω** (s. καπνός), hauchen, s. ἀποκαπύω.

I. **κάρ,** ep. abgek. st. κατά vor ρ.

II. **Κάρ** (Κᾶρ), Κᾱρός, ὁ, der Karer, Fem. ep. **Κάειρα** u. **Κᾱρίνη,** ἡ, die Karerin, Einw. von **Κᾱρία,** ἡ, südwestl. Landschaft Kleinasiens. In vorhellenischer Zeit auch auf Inseln des Ägäischen Meeres ansässig, von den Dorern u. Ioniern auf das asiatische Festland beschränkt, als Seeräuber berüchtigt, später als Mietlinge u. Söldner verachtet, gaben sie Anlaß zum Sprichw. ἐν (τῷ) Καρὶ κινδυνεύειν aufs Spiel setzen, sich der Gefahr entziehen, u. τρία κάππα κάκιστα Karer, Kappadoker, Kreter. Adj. **Κάριος** u. **Καρικός,** 3.; **Καρικόν,** τό, ist die karische Ebene, welche der Maiandros durchströmt.

III. **κάρ,** in ἐπὶ κάρ = κάρα.

IV. **κάρ,** τίω δέ μιν ἐν καρὸς αἴσῃ (κάρ vielleicht zu κείρω, Abschnitt, Schnipfel) = *flocci pendeo* ich achte ihn für nichts oder (zu κήρ Todesgöttin) ich schätze ihn so ein, daß er in den Anteil (Bereich) der Todesgöttin kommt, er ist für mich tot.

κάρᾱ, ion. u. ep. **κάρη,** τό, verl. aus **κάρ,** Gen. κάρητος, καρήατος, κρᾱτός, κράατος, Dat. κάρητι, καρήατι, κάρᾳ u. κρᾱτί, κράατι, Acc. sg. außer κάρα u. κάρη auch κρᾶτα (poet. auch nom. sg.), u. κάρ, Nom. pl. καρήατα, Gen. pl. κράτων, Dat. κρασί u. κράτεσφι, Akk. κράατα, mit der ep. Nebenf. **κάρηνον,** τό, fast nur im Pl., dor. κάρᾱνον (verw. mit κέρας, κρανίον, κρήνη, lat. *cerebrum*, ahd. *hirni*, nhd. *Hirn*), nicht in Prosa, das **Haupt,** der **Kopf,** ἐπὶ κάρ auf den Kopf, kopfüber; Gesicht. Übertr. **1)** Leben, Existenz. **2)** als höchster, äußerster Teil **a)** der Berge: Berghaupt, Berggipfel, **b)** der Städte: die Burgen, **c)** der Gefäße: Rand, Hals.

κᾱραβο-πρόσωπος, 2. sp. (κάραβος, Käfer), mit einem Käfergesicht.

καρᾱδοκέω (wie von καρα-δόκος, vgl. δοκεύω), mit vorgestrecktem Kopfe nach etwas sehen, gespannt auf etwas warten, sorgfältig aufmerken od. aufpassen, lauern, τί, u. dies auch mit indir. Nebens. Prägn. καραδοκῶν τἀπιόντα τραύματα durch sorgfältiges Aufpassen die Verletzungen abzuwehren suchen, die dem Freunde drohen.

καραδοκία, sp. u. N. T. die Erwartung, das sehnliche Harren.

καραιός, 3., Beiname des Zeus bei den Böotern.

καρᾱνιστήρ, ῆρος, ὁ, poet. u.

καρᾱνιστής, οῦ, ὁ, poet. das Leben kostend.

κάρᾱνος, ὁ, Haupt, Oberhaupt, Oberfeldherr, Statthalter.

καρανόω, poet. vollenden.

καρά-τομος, 2. (τέμνω), poet. **1)** vom Haupte abgeschnitten. **2)** enthauptet, dagegen

καρᾱ-τόμος, 2. poet. kopfabschneidend. Dav.

καρατομέω, poet. enthaupten.

καρβάν, ᾶνος, ὁ, ἡ, poet. gleich dem folg.

κάρβᾱνος, 2. poet. ausländisch, fremd.

καρβάτιναι, αἱ, griechische Bauernschuhe aus Ochsenleder.

Κάρδακες, οἱ, **1)** eine Art persischer u. asiatischer Landsknechte, die vom 20.—50. J. dienten u., zum Krieg erzogen, vom Raube lebten. **2)** eine Art Hofnarren.

κάρδᾰμον, τό, eine Art Kresse. Die Alten schrieben ihr austrocknende Eigenschaften zu, weshalb sie besonders von den Persern gegessen wurde.

Καρδᾰμύλη, ἡ, **1)** Stadt bei Leuktra in Lakonien am Messenischen Meerbusen, jetzt *Skardamula*. **2)** Ort auf Chios, jetzt *Kardamyli* (Thuc. 8, 24).

καρδία, ion. **-ίη,** poet. **κρᾰδία** u. ep. **-ίη,** ἡ (lat. *cor* [St. *cord-*], got. *hairtō*, ahd. *hërza*). **1)** das **Herz** als Körperteil. **2)** übertr. wie bei uns **a)** als Sitz der Leidenschaften u. Gefühle, bes. des Zorns, der Freude u. der Traurigkeit, der Kraft, des Mutes u. der Feigheit, κ. ἔξω στηθέων ἐκθρῴσκει τινί das Herz fällt jmdm. vor die Füße, der Mut geht ihm aus, **b)** als Sitz des Denkvermögens, Verstand u. Unverstand, überh. Seele, Geist, **c)** N. T. auch Gewissen; das Innerste. **3)** der obere Magenmund, der **Magen.**

Καρδία, ion. **-ίη,** ἡ, Stadt an der Westküste des Halses der thrak. Chersonesos, j. *Bakláburún*, *Karidia*. Der Einw. ὁ **Καρδιανός,** z. B. König Eumenes u. der Historiker Hieronymos.

καρδιο-γνώστης, ὁ, N. T. u. sp. Herzenskenner.

καρδιό-δηκτος, 2. (δάκνω), poet. herzzerreißend.

κάρδοπος, ἡ, Mulde.

Καρδοῦχοι, οἱ, auch Γορδυαῖοι, ein wildes, räuberisches Bergvolk in Großarmenien am linken Ufer des Tigris, an der Grenze von Assyrien, wo jetzt die Kurden od. die Bilbaer (im nördlichen Kurdistân) hausen. Adj. **Καρδούχειος,** 3.

κάρη, καρήατος, s. κάρα.
καρηβαρέω (καρη-βαρής, βάρος), ar. sp. einen schweren Kopf haben. 1) den Kopf hängen lassen. 2) drückende Kopfschmerzen haben.
κάρη κομάοντες, -όωντες, οἱ, ep. (κομάω), hauptumlockt, Beiw. der Achäer in bezug auf ihre langen Haupthaare, das Zeichen ihrer Freiheit u. ihr Nationalschmuck (nur der Jüngling opferte ihn dem Flußgott der Heimat, od. Ältere teuren Toten), während Sklaven und Asiaten geschoren [waren.
κάρηνον, τό, s. κάρα.
Κάρησος, ὁ, ep. auch Καρησ(σ)ός, Fluß in Mysien, welcher am Ida entspringt u. in den Aisēpos fließt, später Πίτυς. [3., s. Κάρ.
κάρητος, s. κάρα. **Καρία, ἡ, Καρίνη, ἡ,** u. **Κάριος, Καριεύς,** f. LA., verb. **Καριδεύς** d. i. Einw. von Καρίς, St. in Phrygien. [etwas.
καρκαίρω, ep. erdröhnen, erbeben, zittern, τινί von
Καρκινῖτις, ιδος, ἡ, Stadt auf der taurischen Chersonesos, jetzt *Akmeschid.*
καρκίνος [ĭ], ὁ (lat. *cancer*), 1) der Krebs. 2) poet. eine Art Fesseln.
Καρμανία, ἡ, das persische Küstenland am Persischen Meerbusen u. dem Indischen Ozean hin bis Gedrosia, j. *Kirmân* u. an der Küste hin *Laristân.* Einw. οἱ **Καρμάνιοι.**
Κάρνεα, Κάρνεια, τά, ein großes Nationalfest der Dorer, bes. Spartaner, gleichzeitig mit den Olympien, in Sparta vom 7ten des Monats **Καρνεῖος** (August—September, Καρνεῖος ὥρα) als ein Kriegsfest neun Tage lang zu Ehren des Apollon Karneios gefeiert. Während der Feier ruhten die Waffen.
καρόομαι, Pass., buk. betäubt werden, von Sinnen kommen.
κάρος, ὁ, ar. sp. Totenschlaf; Schwindel.
καρός, Gen. von κήρ, s. κήρ u. IV. κάρ.
Κάρπᾰθος, ἡ, auch **Κρᾱ́πᾰθος,** Insel zwischen Rhodos u. Kreta, jetzt *Skarpanto,* in dem davon benannten Karpathischen Meere (ἐν Καρπάθῳ).
καρπαία, ἡ (vgl. zu καρπάλιμος), ein mimischer Waffentanz der Thessalier.
καρπᾰ́λῐμος, Adv. **-ίμως** (St. καρπ, s. II. καρπός), ep. poet. schnell, hurtig, eilig.
καρπίζω (I. καρπός), poet. befruchten, τί. Med. als Frucht pflücken, die Frucht ziehen aus, ernten, τί.
κάρπιμος, 2. poet. u. sp. 1) fruchtbringend. 2) τὰ κάρπιμα, poet. Feldfrüchte.
Κάρπις, ιος, ὁ, Nebenfluß des Ister, j. *Drau.*
καρπο-ποιός, 2. poet. = κάρπιμος, 1.
I. **καρπός, ὁ** (lat. *carpo,* ahd. *harpist, herbst*), die Frucht a) sowohl der Bäume u. der Reben als des Feldes, Feldfrüchte, Getreide, auch mit dem Zus. ὁ ἐν τῇ γῇ u. ἐκ γῆς u. oft kollekt. im Sing. Im bes. Naturalabgaben, Fruchtabtrag. b) übertr. Erzeugnis, Ertrag, Nutzen.
II. **καρπός, ὁ** (verw. ahd. *hvërban* sich drehen, nhd. *wirbel*), Handwurzel, wo die Hand sich dreht.
καρπο-τελής, poet. Frucht reifend.
καρπο-τρόφος, 2. poet. dass., wenn nicht besser κουροτρόφοι geschrieben wird (Eur. Ion 475).
καρπο-φάγος, 2. Früchte essend.
καρποφορέω, Früchte tragen; im N.T. auch übertr. gute Werke tun.
καρπο-φόρος, 2. fruchttragend, fruchtbar.
καρπόω (καρπός), 1) Akt. a) Frucht tragen, tragen. b) poet. als Frucht hervorbringen. 2) Med. für sich Frucht bringen lassen, a) Frucht ziehen, Früchte einernten, b) zinsbar machen, ausbeuten, aussaugen, plündern, zu seinem Vorteil gebrauchen, c) überh. davontragen, gewinnen, erwerben, die Folgen empfinden, die Früchte von etwas ernten, [genießen.
κάρπωμα, τό, poet. die Frucht.
κάρπωσις, εως, ἡ, Nutzung, Nießbrauch.
Κάρραι, αἱ, St. in Mesopotamien, j. *Charan,* wo Crassus im J. 53 v. Chr. geschlagen u. ermordet wurde. Ew. **Καρρηνός.**
κάρρων, 2. laked. = κρείσσων.
Κάρσος, ὁ, Fluß in Kilikien, j. *Merkes* od. *Makersi.*
κάρτᾰ, Adv. (κάρτος), selt. in att. Pr., stark, sehr, καὶ κάρτα u. καὶ τὸ κ. gar sehr, erst recht. Auch abs. καὶ κάρτα, ἦ κ. ja od. o gewiß, ja wohl.
καρτεραιχμᾶς, ου, ὁ, poet. lanzengewaltig.
καρτερέω (καρτερός). 1) intr. **stark,** fest, mutig, standhaft **sein** od. **bleiben;** dah. ausdauern, ausharren; beharren, sich anstrengen, (ἐν od. ἐπί) τινι in, bei etwas, πρός τι gegen etwas. Insbes. mit Part. beharrlich fortfahren, geduldig ertragen, über sich gewinnen, σιγῇ ἔχων ich gewinne über mich, still zu sein; mit ὥστε u. Inf. Stärke genug besitzen, um. 2) trans. **standhaft ertragen,** τινά od. τί.
καρτέρημα, τό, Probe von καρτέρησις.
καρτέρησις, εως, u. **καρτερία, ἡ,** das standhafte Ausdauern, Ertragen, τινός von etwas, Ausdauer, Beharrlichkeit, Anstrengung, Mut, Standhaftigkeit, Enthaltsamkeit, Selbstüberwindung, Selbstbeherrschung.
Καρτέρια, τά, Inselchen bei Smyrna.
καρτερικός, 3 im Dulden, im Ertragen geübt, ausharrend, ausdauernd, abgehärtet, abs. u. πρός τι.
καρτερό-θῡμος, 2. ep. starkmutig, mutbeseelt.
καρτερός, u. poet. **κρατερός,** 3. (κράτος), **stark,** fest, haltbar, **gewaltig,** heftig, gewalttätig, mächtig, übergewaltig, hart, grausam, πρός τι in etwas, od. τινός einer Sache mächtig, Meister sein in etwas, dah. κ. αὐτοῦ εἶναι od. γίγνεσθαι sich beherrschen, seiner selbst mächtig sein • Subst. **τὸ καρτερόν,** Gewalt, Gewalttat, κατὰ τὸ κ. mit Gewalt, mit Macht, τὸ καρτερώτατον der festeste Punkt (eines Landes) od. der tapferste Teil (eines Heeres), τὰ καρτερά die festen Plätze, Befestigungen, τά καρτερώτατα das Größte, Gewaltigste • Adv. **καρτερῶς,** poet. u. sp. **κρατερῶς,** buk. auch τὸ καρτερόν, κρ. ἑστάναι feststehen, ἔχε κρ. sei fest, halte dich wacker.
καρτερούντως, Adv. beharrlich.
κάρτιστος, s. κράτιστος. **κάρτος,** s. κράτος. **καρτύνω,** s. κρατύνω.
Καρύαι, ῶν, αἱ, Stadt in Lakonien unweit der arkadischen Grenze, j. westl. von Arachova, berühmt durch den Tempel der Artemis Karyatis, der zu Ehren die Jungfrauen dort jährlich einen Tanz aufführten, was man καρυατίζειν nannte.
Κᾰρῠανδεύς, έως, ὁ, Einwohner aus Karyanda, einer Insel mit einer gleichnamigen Stadt nordwestlich von Halikarnaß, jetzt *Karakojan.*

κᾰρύκῖεα, ἡ, sp. leckerhafte Speise. Von
καρύκη, ἡ, sp. lydische, leckere Brühe. Dav.
κᾰρύκῐνος, 3. blutrot, dunkelrot.
κάρυον, τό (verw. mit lat. *carina* Nußschale), Nuß (βασιλικόν Walnuß), τὰ πλατέα vielleicht die den Griechen zu Xen. Zeit noch wenig bekannten nahrhaften Kastanien, später Καστανaϊκὸν κάρυον, κάρυα Θάσια Mandeln.
κᾶρυξ u. **καρύσσω,** s. κηρ-.
Κάρυστος, ἡ, Stadt am Südende von Euböa, jetzt *Karista*. Adj. u. Einw. **Καρύστιος**; δειρὰς Καρυστία, Südwestküste von Euböa.
καρφᾰλέος, 3 (κάρφω), ep. trocken, dürr, übertr. vom Klange: dumpf.
κάρφη, ἡ, u. **κάρφος,** εος, το, alles Gedörrte, wie dürre Reiser, dürre Halme, Heu, Stroh, Spreu. Davon
καρφηρός, 3. poet. von dürren Halmen.
καρφολογέω, sp. eig. dürre Halme, dann überh. etwas Dürres, Trockenes ablesen.
κάρφω, ep. Aor. κάρψα, zusammenziehen, einschrumpfen lassen, dörren.
καρχᾰλέος, 3. (κάρχαρος), ep. rauh, δίψῃ vor Durst, d. h. mit ausgetrockneter Kehle.
καρχᾰρ-όδους, όδοντος, ὁ, ἡ, u. buk. **καρχαρόδων,** ὁ, ep. poet. u. sp. scharfzähnig.
κάρχαρος, 2., poet. sp. scharf, bissig, leidenschaftlich.
Καρχηδών, όνος, ἡ. **1)** Karthago, phoinikisch = Neustadt, gegründet im 9. Jahrh. von Dido; die erste Anlage („Burg" *birtha*, Βύρσα) wurde Akropolis; 146 v. Chr. zerstört, 122 colonia Iunonia durch C. Gracchus, 19 v. Chr. durch Augustus als colon. Iulia Karthago umgebaut, 429—534 Sitz der Vandalen, 647 durch Araber zerstört. Die Einw. **Καρχηδόνιοι. 2)** ἡ νέα, *Carthago nova* in Spanien.
καρχήσιον, τό, poet. u. sp. im Plur. der obere Teil des Mastbaums, der Top.
Κάσ(σ)ανδρος, ὁ, Sohn des Antipatros, der die Witwe u. Söhne Alexanders vergiften ließ u. sich zum König von Makedonien aufwarf, 355—296 v. Chr. Κα(σ)σάνδρα, s. u.
κασᾶς, ὁ, Akk. plur. κασᾶς, Du. κασᾶ (hebr.), die Pferdeschabracke, nach andern ein Reitrock.
Κασθαναίη u. **-αία,** auch **Καστ-,** St. an der Ostküste des thessal. Magnesia; Καστανaϊκὸν κάρυον Kastanie.
κασία, ion. **-ίη,** ἡ, der Kasienlorbeer, die gewürzhafte, wohlriechende Rinde einer Staude in Ägypten, Arabien u. Indien, welche bisw. die Stelle des Zimts vertrat.
κασί-γνητος, 3. (selten 2., v. κάσις u. St. γεν, γίγνομαι), (ep. u.) poet. brüderlich, schwesterlich, Subst. ὁ u. ἡ **κασίγνητος** u. ἡ **κασιγνήτη,** ep. poet. u. sp. der leibliche Bruder, die leibliche Schwester, ὁ κ. auch Bruder von derselben Mutter, überh. naher Verwandter, vorzüglich Geschwisterkind.
Κάσιον ὄρος, τό, Berg- od. Sanddünenhügel zwischen Arabien u. Ägypten, unweit Pelusium, jetzt *El Kas* od. *El Katich*.
κᾰσις, ὁ, ἡ, Vok. κάσι, poet. Bruder, Schwester, übertr. verwandt.
Κασμένη, ἡ, u. **Κασμέναι,** αἱ, Stadt im Süden von Sizilien, Gründung der Syrakuser ums J. 648 v. Chr., viell. jetzt *Cacciola*.
Κάσος [ᾰ], ἡ, Insel bei Kos, jetzt *Kaso*.
Κασπάτυρος, ἡ, Stadt in Paktyike in Indien, am Gureus (Kameh), nach Her. am Indus, weil der Gureus in den Indus mündet, j. *Kabul*.
Κασπιακός, 3. u. **Κάσπιος,** 3. kaspisch, **1)** ἡ **Κασπία θάλασσα,** das Kaspische Meer, bes. der westl. Teil desselben, indem der östl. auch das Hyrkanische Meer hieß. **2)** αἱ **Κάσπιαι πύλαι,** *Caspiae portae*, das Kaspische Tor, berühmter Engpaß über das Kaspische Gebirge (jetzt *Girduni-Sirdara*), der den einzigen Weg aus dem nordwestl. Asien in die nordöstl. Provinzen des Perserreiches u. nach Indien bildet, südl. vom Kaspisee. **3)** οἱ **Κάσπιοι,** die Kaspier, wohnhaft im östl. Medien, gegen Parthien hin.
Κασ(σ)άνδρα, ep. **Κασσάνδρη,** ἡ, Tochter des Priamos u. unglückliche Prophetin, welche nach der Eroberung Trojas dem Agamemnon zufiel, v. Klytaimestra zugleich mit ihm ermordet.
Κασσιτερίδες νῆσοι, αἱ, die Zinninseln, viell. = Britannien, dessen südwestl. Halbinseln Zinn in Menge bergen.
κασσίτερος, ἡ, ep. ion. u. sp. das Zinn, κασσιτέρῳ στεγνοῦν verlöten. Der indische Name *kastira* ist nebst dem Metall durch die semit. Völker zu den Griechen gelangt. Bei Hom. bes. zur Verzierung dienend, so daß auch die Beinschienen (κασσιτέροιο) nur zum Schmuck verzinnt od. überzinnt waren.
κάσσυμα, τό, s. κάττυμα.
Καστανaϊκὸν κάρυον s. Κασθαναίη.
Κασταλία, ἡ, heilige Quelle am Parnaß bei Delphi, welche unterhalb der Felswand Ὑάμπεια aus einem künstlichen Felsbecken durch eine Talschlucht die Stadt Delphi durchfloß u. mit der Quelle Sybaris unterhalb vereint in den Pleistos mündete u. mit ihm in den Hafen von Krisa sich ergoß.
καστορνῦσα, s. καταστόρνυμι.
Καστωλοί, οἱ, lyd. Bezeichnung der Dorier. Dav.
Καστωλός, ἡ, St. in Lydien, dah. **Καστωλοῦ πεδίον,** τό, Ebene von K., der Sammelplatz für den größten Teil der persischen Truppen Vorderasiens, wohl in der Nähe von Sardes.
Κάστωρ, ορος, ὁ, **1)** Sohn des Königs Tyndareos (nach der Sage des Zeus) u. der Leda, Bruder des Polydeukes (beide zusammen heißen οἱ Διόσκουροι, w. s.) u. der Helena, berühmt als Rossetummler, der an der kalydonischen Jagd u. dem Argonautenzuge teilnahm. Er war sterblich geboren, u. als er getötet wurde, teilte Polydeukes die Unsterblichkeit mit ihm. Abwechselnd brachten beide einen Tag im Olymp u. in der Unterwelt zu. **2)** sonst. Eigenn.
κάστωρ, ορος, ὁ, ion. der Biber.
κᾆτ' = καὶ εἶτα.
κατά (u. wenn es seinem Kasus nachsteht, **κάτα**), Nebenf. **καταί,** in Zsstzgen. u. im Falle der Apokope od. Apostrophierung poet. durch Assimilation öfters als κὰγ (γόνυ), κὰδ (δέ), κὰκ (κεφαλῆς), κὰμ (μέσον), κὰν (νύκτα), κὰπ (φάλαρα), κὰρ (ῥόον); ebenso ep. in Zusammensetzungen κάβ (βαλε), κάτ (θανε), κάλ (λιπε), καρ(ρέζουσα) u. κά-σχεθε, κα-στορνῦσα.

I) Als selbständiges **Adverb** mit der Bdtg. von oben **herab**, kommt es nicht mehr vor, steht aber sehr oft in der sog. Tmesis, die in den vereinzelten Fällen anzunehmen ist, wo *κατά* ohne Kasus erscheint; ebenso in *κατὰ δὲ προτόνοισιν ἔδησαν* od. in *κατὰ συφεοῖσιν ἐέργνυ*, und in ähnl. Fällen.

II) Als **Praep.** steht es • **1)** beim **Gen.** • **a)** räumlich: **von — herab, hinunter**, hinab, über — herab, auf od. in — herab, *κατ' ὀφθαλμῶν κέχυτο* war über die Augen ergossen, *κατ' ἄκρης* von der obersten Spitze nach unten, gänzlich, u. so auch *πατάσσειν κατὰ κόρρης* hinter die Ohren schlagen • **b)** übertr. in Beziehung auf, *κατά τινος λέγειν*, d. h. von, über jmdn., u. *κατά τινος ὀμνύναι* auf etwas schwören, meist jedoch im feindl. Sinne: **gegen** jmdn. od. etwas. So bes. in Kompos. wie *καταφρονεῖν*, *κατηγορεῖν τινος* • **2)** beim **Akk.** • **a)** räumlich: zur Angabe der Ausdehnung u. Verbreitung über einen Raum hin, u. zwar zunächst in der Richtung von oben nach unten, also: über — hinab, überhaupt **durch — hin**, über — hin, gegenüber, in der Gegend, **nach**, d. i. der Spur folgend, in, an (z. B. den Körperteil bei einer Verwundung ausdrückend), *κατ' οὖρον* in die Luft, *κατὰ θάλατταν*, *κατὰ πόλιν* zu Hause, ähnl. *κατ' οἶκον*, und *ὁ κατ' οἶκον* der Hausbewohner, *κατ' οἴκους* drinnen, *κατὰ πρύμναν* dem Steuer zu, gegenüber, *οἱ κατά τινα* (u. *τὸ κατά τινα*) die gegenüber Stehenden (bes. in der Schlacht), abs. *τὰ κατὰ τὴν χώραν* was das Feld hervorbringt, *κατὰ τὸ αὐτό* auf demselben Punkte, dah. *κατὰ τὠυτό γίγνεσθαι* übereinstimmen • **b)** zeitlich: eigtl. in der Nähe der Zeit, ungefähr, zur Zeit von, od. durch einen Zeitraum hin, **während**, *καθ' ἡμέραν*, *καθ' ἑκάστην*, *ἡμέραν*, *κατ' ἐνιαυτόν*, *καθ' ἡμᾶς* in unsern Tagen, *κατὰ τὴν Καμβύσεω νοῦσον* ungefähr um die Zeit, da K. krank war, *οἱ κατ' ἐμέ* meine Altersgenossen, *οἱ κατ' αὐτοὺς ἄνθρωποι* ihre Zeitgenossen (aber *οἱ κατά τινα* sp. auch: er selbst), *κατὰ τὸ αὐτό* zu derselben Zeit, *κατ' ἀρχὰς* zu Anfang • **c)** übertr. in Rücksicht, in betreff, **gemäß, zufolge**, nach, im Verhältnis zu, dah. bald: so viel, so groß wie, bald: nach Art jmds. od. von etwas, *κατὰ τί*; worin? inwiefern? *κατά τι* in bezug auf einen Punkt, teilweise relativ, *κατ' οὐδέν*, *κατ' ἄλλο οὐδέν* aus keinem andern Grunde, *κατὰ τοῦτο*, *κατὰ ταῦτα* demgemäß *καθ' ὅ* dementsprechend, daß, *καθ' ὅ τι ἄν* in irgend einer Rücksicht, *κατὰ σέ* nach deiner Art, *κατὰ λόγον* nach Verhältnis, *καθ' ἅ* so wie, = *καθά*, *κατὰ ταὐτά* ebenso, *κατὰ τοὺς ἄλλους* wie die andern, *κατὰ γένος* durch Vererbung, *κατὰ τὸν πατέρα* väterlicherseits, daher adverb. *κατὰ δύναμιν* od. *κὰδ δύναμιν* nach Kräften, *κατὰ πόδας* im Laufe, *κατὰ τὸ δῆγμα* durch Beißen, *καθ' ἡσυχίαν* in Ruhe, *κατὰ κέρας* in Kolonne, *κατὰ πρόσωπον* von vorn, gegenüber, ähnl. *κατ' ἀντιπέρας*, *κατ' ὀρθόν* in die rechte Bahn, recht, *κατὰ τάχος* in Eile, *κατὰ γλῶσσαν* dem Worte nach, durch Mitteilung von andern, *κατὰ πρεσβείαν* durch eine Gesandtschaft, *τὰ κατὰ Θήβας* Theben u. seine Angelegenheiten, *τὰ καθ' ἡδονήν* das auf die Lust Bezügliche, *τὸ καθ' ἑαυτόν* was ihn betrifft, *τὸ κατά τινα* der Vorfall mit jmdm., *κατὰ σφέας* für sich, d. h. nach einzelnen Stämmen u. Geschlechtern, *κατ' ἄνδρα* einzeln, *καθ' αὑτόν* für sich abgesondert, allein, doch auch zu seiner Zeit, *καθ' ἑαυτό* an und für sich, *αὐτοὶ καθ' αὑτόν*, *αὐτούς*, selbständig, freiwillig, *κατὰ μικρόν* allmählich, *ἀποκρίνεσθαι* in kurzen Worten, *κατὰ πολύ* bei weitem, *κατ' ὀλίγα* wenig, *κατ' ὀλίγους* in kleiner Zahl, je nur wenige, *κατὰ πλῆθος*, in Massen. Bes. steht es so, *α*) für den **Maßstab**; nach Kompar. *μεῖζον ἢ κατ' ἄνθρωπον* (poet. *ἄνδρα*) *φρονεῖν* über menschliches Maß hinaus wollen, ebenso *μᾶλλον ἢ κατὰ τὴν ἀνθρωπίνην σοφίαν ὠφελεῖσθαι* und oft, *κατὰ ταὐτά* im selben Verhältnis, *β*) zur Bezeichnung des **distributiven** Verhältnisses: *κατὰ πόλεις* städteweise, ähnl. *κατὰ κώμας*, *κατὰ λόχους*, *κατ' ἴλας*, *κατὰ τάξεις*, *καθ' ἕν* (je) einzeln, *καθ' ἕνα* immer nur einer, *καθ' ἓν ἕκαστον* Stück für Stück, *κατ' ὀλίγας* (*ναῦς*) in kleinen Abteilungen. Der präpositionale Ausdruck wird hier oft Subj. od. Obj., z. B. in *κατὰ μίαν ἑκάστην πωλέεσκε*, *γ*) bei Zahlangaben: **ungefähr**: *κατὰ ὀκτακόσια*.

III) In **Zusammensetzungen** bed. *κατά* gleichfalls • **1)** von oben herab • **2)** entgegen (vgl. II, 1, b) • **3)** gänzlich (verstärkt den Begriff: *καίω*, *φαγεῖν*).

κατά, ion. = *καθ' ἅ*, s. *κατά* II, 2 c u. *καθά*.

κᾆτα, Krasis von *καὶ εἶτα*.

κατ-αυγάζω, sp. bescheinen, beleuchten, erhellen.

κατα-βαίνω, Aor. 2. imper. sp. *κατάβα* u. *-βάτω*, ep. Aor. 2. ind. 3. pl. *κατέβᾰν* (auch dor.), conj. 1. pl. *καταβήομεν* (*-βείομεν*), u. vom med. Aor. mixtus ind. *κατεβήσετο*, conj. *καταβήσεται*, imp. *καταβήσεο*.

I) intr. • **1) hinabsteigen**, -kommen, *δίφρου*, *ἐξ ὄρεος*; *Ἅιδαν*, *ἐς πεδίον*. Bes. • **a)** aus der Stadt aufs Land, ans Ufer, oder aus dem Binnenlande nach der Küste, nicht minder von der Hauptstadt, insbes. vom Könige aus in die Provinz, od. wenn die Hauptstadt niedriger und mehr dem Meere zu lag, wie z. B. Athen, auch in die Hauptstadt, ähnlich von Sparta u. selbst von Rom (von Alba aus), (N.T. von Jerusalem herab). Im bes. in der Stadt: auf das Forum, auf den Markt hinabgehen, weil z. B. in Sparta die Agora am Fuße der Akropolis, od. nach Kynosargēs in Athen, weil dieses mehr dem Ufer zu lag, daher auch *κ. εἰς τὸ ἀρχεῖον*, das auf dem Markte lag, u. *ἐπὶ δίκην ἐπὶ τὸν δῆμον*, weil Prozesse und Komitien auf dem Markte oder Forum vor sich gingen. Daher auch abs.: vor Gericht erscheinen, sich stellen • **b)** sich auf den niedriger gelegenen Kampfplatz oder die Arena begeben, um zu kämpfen, mit u. ohne *εἰς ἀγῶνα*, *ἐπὶ μάχῃ*, dah. auch ohne Zusatz zum Kampf ausziehen oder sich ins Lager begeben • **c)** vom Redner: herabsteigen, die Rednerbühne verlassen • **d)** (aus der Reiterei) ins Fußvolk versetzt werden • **2)** übertr. • **a)** sich zu etwas herablassen, od. im Verlauf od. am Ende der Rede auf etwas zu sprechen kommen, teils *εἰς* τι, teils mit dem Part., mit etwas endigen • **b)** von Sachen: von einem Obern herkommen, τροφὴ παρὰ βασιλέως Subsidien, die vom König (von Persien) kommen.

II) trans. mit Akk., ep. • **1)** eine Treppe hinabsteigen, κλίμακα κατεβήσετο • **2)** ὑπερῷια das Obergemach, d. i. vom Obergemach herabsteigen • **3)** τεῖχος über die Mauer.

κατα-βακχιόομαι, poet. bakchisch schwärmen, κλάδοισιν in Bekränzung mit Zweigen.

κατα-βάλλω, zum Aor. 2. κατέβαλον ep. die 3. sg. κάββαλε (κάμβαλε) st. κατέβαλε (auch in tmesi). **1)** • **a)** herab-, herunter-, **hinabwerfen**, -stoßen, -stürzen, -schleudern, niederreißen, umstürzen, niederwerfen, zu Boden strecken, töten, schlachten (z. B. Opfertiere), εἴς τι, ἐπί τινος und ἐπί τι auf oder vor etwas, ὥς τινα zu jmdm., τινί jmdm., ἀπό τινος von etwas • **b)** übertr. *α)* herabsetzen, verkleinern, geringer darstellen. *β)* fallen lassen, senken, παρά τινι. *γ)* den Grund zu etwas legen, Urheber sein, begründen, stiften, beginnen, τί. *δ)* niederlegen (auch ἑαυτὸν ἐπί τινος zum Schlafen), hinterlegen, erlegen, bezahlen, ἔν τινι u. εἴς τι. *ε)* hinunterschaffen, bringen, ablagern, κόπρον, od. herab (an die Seeküste) transportieren, τί τινι, *ζ)* ausstreuen, verbreiten, φάτιν. *η)* in einen Zustand (Furcht, Verlegenheit u. dgl.) versetzen od. bringen, τινὰ εἴς τι. **2)** • **a) abwerfen,** wegwerfen, von sich werfen • **b)** übertr. *α)* zurückweisen, *β)* abwerfen, eintragen, einbringen.

κατα-βαπτίζω, sp. untertauchen, ertränken.

κατα-βᾰρέω, sp. **1)** durch eine Last niederdrücken, hinabziehen, τινά. **2)** belasten, N. T.

κατα-βαρύνω, sp. N. T. belasten, beschweren, niederdrücken.

κατάβασις, εως, ἡ (καταβαίνω), **a)** das Herabgehen, Herabsteigen, bes. der Zug, die Rückkehr aus dem höher gelegenen Binnenlande nach der Meeresküste. **b)** der Hinabgang, der Weg herab.

καταβασμός, ὁ, poet. = κατάβασις.

κατα-βαΰζω, part. aor. -βαύξας (viersilbig), poet. anbellen, τινός.

κατα-βεβαιόομαι, Dep. med., sp. fest versichern.

κατα-βεβλημένως, Adv. des part. Perf. pass. v. καταβάλλω, weggeworfen, gemein, ζῆν.

κατα-βιάζομαι, Dep. med., sp. bewältigen, bezwingen, mit fortreißen, τινά.

κατα-βιβάζω, (Faktitiv. zu -βαίνω), heruntergehen oder herabsteigen heißen od. lassen, herabzukommen nötigen, herabführen, wohin bringen, übertr. zu etwas locken.

κατα-βιβρώσκω, Perf. pass. καταβέβρωται, Aor. 1. pass. κατεβρώθη, verzehren, aufzehren, auffressen, anfressen.

κατα-βιόω, Aor. κατεβίων, verleben, hinbringen.

κατα-βίωσις, εως, ἡ, sp. das Verleben, das Hinbringen seines Lebens.

κατα-βλᾱκεύω, vernachlässigen, verderben, τί etw.

κατα-βλάπτω, beschädigen, verletzen.

κατα-βλέπω, poet. sp. von oben herab sehen.

κατα-βληχάομαι, buk. anblöken, sehr blöken.

κατα-βλώσκω, ep. nur Präs., durchgehen, durchschreiten, τί.

κατα-βοάω, Fut. ion. καταβώσομαι, schreien, schimpfen, sich beschweren, einen anschreien, sich über ihn od. etwas beschweren, ihn beschuldigen, abs. od. τινός jmdn. πολλά, mit vielen Worten.

κατα-βοή, ἡ, Geschrei, Ruf, Gerücht, τοῦ λέγεσθαι, u. zwar ἔς τι das wohin gedrungene (Thuc. 8, 87); gew. Anklage, Verleumdung.

καταβόησις, ἡ, sp. Beschuldigung, Schmähung.

καταβολή, ἡ (καταβάλλω), das Niederwerfen, Niederlegen, Zugrundelegen; dah. **1)** das Gründen, Schaffen (σπέρματος einer Nachkommenschaft), die Grundlage, Gründung. **2)** das Erlegen, Bezahlen; auch der Zahlungstermin. **3)** der Anfall, πυρετοῦ. **4)** sp. eine Augenkrankheit, der graue Star.

κατα-βορβόρωσις, εως, ἡ, sp. die Besudelung (eigtl. mit Schlamm, βόρβορος).

κατα-βόσκω, buk. sp. abweiden lassen.

κατα-βόστρῠχος, 2. poet. lockenreich.

κατα-βραβεύω, den Kampfpreis aberkennen, entscheiden gegen; N. T. verurteilen, verdammen.

κατα-βρέχω, poet. u. sp. stark benetzen, durchfeuchten.

κατα-βρίθω, ep. buk. **1)** durch eine Last niederdrücken, belasten. **2)** belastet sein.

κατα-βροντάω, sp. niederdonnern, betäuben.

κατα-βρόξειεν, ep. Opt. aor. act. (wie von καταβρόχω), verschlucken, hinabschlucken.

κατα-βροχθίζω, poet. u. sp. verschlingen.

κατα-βυρσόω, mit Fellen überziehen, in eine Tierhaut wickeln, τί u. τινά.

κατά-γαιος, s. κατάγειος.

καταγγελεύς, έως, ὁ, Verkündiger, N. T.

καταγγελία, ἡ, sp. Ankündigung, Verkündigung.

κατ-αγγέλλω, ankündigen, verkündigen, ansagen, anzeigen, τί, u. zwar τινί.

κατάγγελτος, 2. angekündigt; ruchbar.

κατά-γειος, u. ion. ***κατά-γαιος***, 2. (γῆ), **1)** unter der Erde, in die Erde hineingebaut mit dem Eingang von oben, unterirdisch. **2)** auf der Erde, am Boden, Beiw. zu στρουθός als Bezeichnung des Straußes, da στρουθός ohne Zusatz in der Regel Sperling heißt.

καταγέλαστος, 2., Adv. ***-άστως***, Sup. -ότατος, lächerlich, belachenswert, verächtlich.

κατα-γελάω, verlachen, hohnlachen, durch Lachen seine Freude äußern, auslachen, verhöhnen, verspotten, verachten, teils abs. καταγελῶν spottweise, teils τινός (ion. τινί, poet. τί).

κατά-γελως, -γέλωτος, ὁ, Spott, Hohn, τινός jmds., auch das lächerliche Ende einer Sache.

κατα-γέμω, sp. ganz voll, überladen sein.

κατα-γηράσκω, u. att. ***καταγηράω***, Fut. καταγηράσομαι (u. -άσω). Aor. κατεγήραν u. -εγήρασα, Perf. καταγεγήρακα, altern, alt werden.

κατα-γίγνομαι od. ***-γίνομαι***, sich aufhalten, verweilen.

κατα-γιγνώσκω u. sp. ***-γῑνώσκω*** • **1)** abmerken, **erkennen,** wahrnehmen, erfahren, erleben, bes. Nachteiliges, daher eine schlechte Meinung hegen, in Verdacht haben; zumuten, ἑαυτοῦ sich selbst bewußt sein, τί oder mit Inf. od. Nebens.

mit ὡς u. ὅτι, u. zwar τινός an einem • 2) aussprechen, urteilen, bes. zu jmds. Nachteil, also vorwerfen, beschuldigen, zum Nachteil entscheiden, **verurteilen**, τινός jmdn. oder etwas, u. τί zu etw., τινὸς θάνατον, jmdn. zum Tode, dah. πολλὴν ἐμοῦ κατέγνωκας δυστυχίαν du erklärst mich für sehr unglücklich, doch auch τὶ κατά τινος od. mit Inf.; Pass. θάνατος αὐτοῦ κατεγνώσθη auf Tod ist gegen ihn erkannt worden; N.T. κατεγνωσμένος in Verruf.

κατ-αγίζω, s. καθαγίζω.

κατ-αγῑνέω, ep. u. ion. Nbf. zu κατάγω, s. d.

κατα-γλώττισμα, τό, poet. der Zungenkuß.

κάταγμα, τό (κατάγω), gekrempelte Wolle, Flocken.

κατ-άγνῡμι, 1) Akt. trans. **zerbrechen**, zerschlagen, zertrümmern, zerschmettern, τί u. τινά τινος einen an etwas, τινὰ τῆς κεφαλῆς einem Löcher in den Kopf schlagen. Übertr. mürbe machen, schwächen, πατρίδα. 2) Pass. und intr. **κατ-άγνῡμαι**, Aor. 2. κατεάγην, part. κατᾰγείς (sp. u. N. T. conj. κατεαγῶ, part. -εαγείς), Perf. 2. κατέᾱγα **zerbrochen werden**, zerschlagen werden, in Trümmer gehen, bersten; κατεαγὼς τὴν κλεῖν einer mit zerbrochenem Schlüsselbein, τὰ ὦτα an den Ohren zerschlagen (von Faustkämpfern). Übtr. ὁ κατεαγώς heruntergekommen, geschwächt; Schwächling.

κατάγνωσις, εως, ἡ (καταγιγνώσκω), 1) Geringschätzung, ἀσθενείας σφῶν wegen ihrer Schwäche. 2) Mißbilligung. 3) Verurteilung, τινός zu etwas.

κατα-γοητεύω, behexen, bezaubern, blenden, verblenden, überlisten, τινά. Pass. mir wird Blendwerk, blauer Dunst vorgemacht.

κατ-αγορεύω, anzeigen, verraten, τί τινι.

κατα-γράφω, 1) ion. zerkratzen, kratzen, abs. 2) abzeichnen, malen, τί. 3) niederschreiben, verzeichnen, τινά, od. zuschreiben, schriftlich zueignen, τί. 4) sp. ausheben, στρατιώτας.

κατ-αγρέω, 3. sg. äol. κατάγρει, poet. erfassen (var.).

κατα-γυμνάζω, sp. sehr üben, durch Übung gewöhnen, τινά mit Inf., u. zwar τινί durch etwas.

κατ-άγω (auch in tmesi), ep. Aor. mixt. inf. καταξέμεν, sp. Perf. καταγήοχα, **hinabführen**, herabbringen, überh. wohin führen, bringen, treiben, eig. von einem höher gelegenen Punkte aus, dah. einen ins Marsfeld hinab zur Wahl führen, d. i. als Bewerber stellen, od. ins Gefängnis abführen; im Med. herab (in die Ebene) zum Kampf ziehen, überh. wohin rücken, einkehren, zurückkehren. Im bes. • 1) etw. als Beute **entführen**, auch übertr. φρόνιν Kunde zurückbringen, θρίαμβον einen Triumph halten (vgl. *victoriam reportare*); übertr. wegbringen, entfernen • 2) ναῦν ein Schiff von der hohen See einlaufen lassen, und im feindlichen Sinn, aufbringen, kapern; ferner verschlagen, Κρήτηνδε; Med. einfahren, **landen** (Gegens. ἀνάγεσθαι), νηί, Ἰθάκηνδε • 3) Verbannte zurückkommen lassen, **zurückrufen**, mit u. ohne φυγάδας, auch überh. einen Ehren halber kommen lassen. Dav.

καταγωγεῖον (-γώγιον), τό, = καταγωγή, 2.

καταγωγή, ἡ, 1) die Landung. 2) Rastort, Einkehr, Herberge.

κατ-ᾰγωνίζομαι, Dep. med., sp. niederkämpfen, überwältigen, besiegen, bezwingen, τινά.

κατα-δαίνυμαι, buk. verspeisen.

κατα-δαίομαι (in tmesi), Fut. -δάσομαι, ep. u. sp. zerteilen, zerreißen.

κατα-δάκνω, ep. buk. (in tmesi), zerbeißen.

κατα-δακρύω, 1) intr. weinen, Tränen vergießen. 2) trans. beweinen, τί.

κατα-δαμάζομαι, Med., überwältigen, τινά.

κατα-δαπανάω, verwenden, verbrauchen, τί, u. zwar εἴς τι, überh. aufzehren.

κατα-δάπτω, ep. zerreißen, zerfleischen, τί, und zwar prägnant = δάψαντας καταφαγεῖν, u. übertr. ἦτορ καταδάπτεται wird zerrissen.

κατα-δαρθάνω, einschlafen, schlafen, abs., doch auch τοιόνδε d. i. ὕπνον d. h. so fest, πολύ viel od. lange, μίαν νύκτα eine Nacht.

κατα-δεής, 2., 1) mangelhaft, unvollkommen. 2) entleert, entblößt. — Oft im Komp. **καταδεέστερος**, dürftiger, nachstehend, κ. οὐδένων nicht weniger als irgend ein anderer; καταδεέστερον (adv.) πράττειν sich in schlechtern Umständen befinden.

(**κατα-δείδω**), nur Aor. κατέδεισα, sehr fürchten, in Schrecken geraten, befürchten.

κατα-δείκνῡμι (s. δείκνυμι), Aor. ion. κατέδεξα, dartun, bekannt machen, aufdecken, entdecken, auch einführen, τί od. mit Inf. Im Pass. κατεδέδεκτο ἐοῦσα οὐδὲν χρηστή erwies sich nicht glückbringend.

κατα-δειλιάω, aus Furcht od. Feigheit versehen, vernachlässigen, τί. [waldet.

κατά-δενδρος, 2. sp. voll von Bäumen, dicht be-

κατα-δέομαι, Dep. pass., Aor. κατεδεήθην, erbitten, durch Bitten beschwichtigen, τινός jmdn.

κατα-δέρκομαι, ep. u. poet. Dep. mit Aor. pass., niedersehen, τινά auf jmdn., übertr.: mit ansehen, erleben, τί.

κατά-δεσμος, ὁ, Zauberknoten.

κατα-δεύω, ep. u. poet. befeuchten, benetzen, τί τινος etwas mit etwas.

καταδέχομαι, ion. -**δέκομαι**, Dep. med., aufnehmen, auffangen, τί, u. zwar τινί, εἴς τι in etwas. Insbes. einen Verbannten wieder ins Vaterland zulassen, wie κατάγω.

I. **κατα-δέω**, 1) **festbinden**, anknüpfen, τινί mit etwas, ἐπί τινι an etwas, ἔν τινι in etwas, im bes. ἐν δεσμῷ in Fesseln legen, daher τοὺς ἄλλους κατέδησαν τὴν ἐπὶ θανάτῳ (δέσιν) in Bande auf den Tod legen. Insbes. jmdn. in Fesseln legen, **fesseln**, φίλτροις — δήσομαι durch einen Zaubertrank an mich. 2) N. T. verbinden. 3) **zubinden**, zuschnüren, versperren, hemmen, τινί mit etwas. 4) verurteilen.

II. **κατα-δέω**, Fut. -δεήσω usf., ion. u. sp. ermangeln, τινός einer Sache, auch an etwas, z. B. πεντεκαίδεκα σταδίων, ὡς μὴ εἶναι usw. es fehlen (dem Wege) 15 Stadien zu einem Wege von usw., oder ἐς τὸν ἀριθμόν od. bloß τινός, καταδέουσαι μιῆς χιλιάδος ἕνδεκα μυριάδες, d. h. 110000 weniger 1000, also 109000.

κατά-δηλος, 2. 1) von oben her (ὑπό τινος) sichtbar, τινί. 2) sehr deutlich, offenkundig, sonnenklar, auch persönlich, κατάδηλος γίγνομαι, εἰμί erkannt werden, λέγεται κατάδηλος εἶναι αἰσχυνθείς er soll sich offenbar geschämt haben, κατάδηλοι γίγνονται ὅτι ἔσῳζον es zeigt sich, daß sie behalten haben. Subst. τὸ κατάδηλον die Entdeckung.

κατα-δημαγωγέω, sp. durch sein Benehmen die Menge (τοὺς πολλούς) gewinnen. Im Pass. **a)** vom Volke: gewonnen, durch eine Persönlichkeit bestochen werden. **b)** von polit. Gegnern: an Volksgunst übertroffen, aus dem Sattel gehoben werden.

κατα-δημοβορέω, ep. eigentl. des Volkes Güter verzehren, dann im Volke oder gemeinsam verzehren.

κατα-διαιρέω, sp. einteilen, verteilen.

κατα-διαιτάω, augm. κατ-εδιῄτων, redupl. καταδεδιῄτ., **1)** Akt. als Schiedsrichter gegen jmd., τινός, entscheiden. **2)** Med. δίαιτάν τινος sich eine schiedsrichterliche Entscheidung gegen jmdn. auswirken.

κατα-διαφθείρω, sp. völlig vernichten.

κατα-δίδωμι, ion. u. sp., ion. 3. sing. praes. -οῖ, intr. sich herab ergießen.

κατα-δικάζω, I) Akt. **1)** einen Richterspruch wider einen tun, gegen einen τινός (N. T. τινά) erkennen, ihn verurteilen, τί zu etwas, od. mit Inf., Pass. verurteilt werden; auch impers. eine Verurteilung erfolgt. **2)** durch seinen Ausspruch erklären, mit folg. ὅτι. **II)** Med. **a)** sich (*sibi*) etwas (τί) zusprechen, zuerkennen, u. zwar von jmdm. (τινός), also jmdm. etwas (eine Geldstrafe) zuerkennen (zu seinem Vorteil). **b)** ein Urteil auswirken gegen jmdn., abs. u. τινός gegen einen.

κατα-δίκη, ἡ, Verurteilung, (Geld-)Strafe.

καταδικος, 2. sp. verurteilt.

κατα-διώκω, 1) verfolgen, fortjagen, abs. od. τί u. τινά, u. zwar ἔς u. ἐπί τι wohin. **2)** N. T. eilends nachfolgen, τινά.

κατα-δοκέω und **κατα-δοξάζω, 1)** gegen den wahren Sachverhalt, anders, falsch meinen od. urteilen, überh. erraten, vermuten, abs. **2)** gegen einen eine ungünstige Meinung, Verdacht haben, ihm etwas Schlimmes zutrauen, abs. od. mit Akk. u. Dat. m. Inf.

κατα-δουλόω, 1) Akt. u. Pass. unterjochen, unterwerfen, untertan machen, τινά od. τί u. zwar τινί jmdm. **2)** Med. zu seinem Sklaven machen, überh. von sich abhängig machen.

καταδούλωσις, εως, ἡ, Knechtung, Unterjochung, Unterwerfung, unter jmdn.

Κατάδουπα, τά, der sogenannte kleine Katarakt des Nils, der zehnte u. letzte nach Norden zu, bei Syene, jetzt *Schellâl* (d. i. Katarakt).

κατα-δρέπω, ion. abpflücken.

καταδρομή, ἡ (καταδραμεῖν), Anrennen gegen einen, Einfall, Streifzug, Angriff.

κατά-δρομος, 2. poet durchstreift.

κατά-δρυμμα, τό, poet. das Zerfleischen.

κατάδρυμος, 2. sp. bewaldet.

κατα-δυναστεύω τινά att., τινός sp. N. T. unterjochen, unterdrücken, vergewaltigen.

κατα-δύνω, intr. Nebenf. zu καταδύομαι, s. καταδύω, II.

κατά-δυσις, εως, ἡ, sp. das Untertauchen, Hinabgehen.

κατα-δύω • I) trans. Fut. καταδύσω, Aor. κατέδυσα, untergehen machen, **untertauchen,** zum Sinken bringen, versenken, τί; bes. ein Schiff in Grund bohren, leck machen. Übertr. τινὰ ἄχει einen in Kummer versenken.

II) intr. Med. **κατα-δύομαι** nebst **καταδύνω,** Fut. καταδύσομαι, Aor. 2. κατέδυν, Perf. καταδέδυκα, ep. Aor. act. part. καδδύς u. Aor. mixtus κατεδύσετο, imper. 2. sg. καταδύσεο • **1) untergehen,** hinabsinken, untersinken, versinken, leck werden, κατά τινος unter etwas • **2)** übertr. **sich** in etwas **hineinbegeben,** hineinkriechen, eindringen; τί, εἴς, κατά τι, auch • **a)** sich verkriechen, sich verstecken, verbergen, εἴς τι • **b)** mit und ohne κατὰ τῆς γῆς unter die Erde sinken, vergehen, ὑπό τινος vor etwas • **3)** scheinbar trans. anziehen, anlegen, τί von Waffen und Kleidern.

κατ-ᾴδω, poet. u. sp., u. ion. **κατ-αείδω, 1)** eig. von oben herabsingen, dann herabsingen, absingen. **2)** gegen jmdn., jmdm. zum Verdruß singen. **3)** durch Gesang erheitern. **4)** gegen etwas od. jmdn. (τινί) Zaubersprüche (τί) absingen, jmdn. od. etwas mit Zauberformeln beschwören.

κατα-έννυμι, ion. u. ep. st. καθέννυμι, Imperf. καταείνυσαν (Var. -είνυον, aus ϝέσνυσαν, ϝέσνυον), Perf. pass. καταειμένος, bekleiden, bedecken.

κατ-αζαίνω, ep., Iterativf. des Aor. καταζήνασκε, austrocknen, eintrocknen lassen, τί.

κατα-ζάω, verleben, sein Leben zubringen.

κατα-ζεύγνυμι, ion. poet. u. sp. **1)** trans. zusammenbinden od. -spannen, übertr. binden, fesseln, einsperren. **2)** sp. intr. **sich lagern.**

κατάζευξις, ἡ, sp. das Ausruhen, Lagern.

κατα-ζώννυμαι, Med., poet. u. sp. sich (*sibi*) etwas (τί) umgürten.

κατα-θαμβέομαι, Med., sp. τινά, jmdn. übermäßig bewundern.

κατα-θάπτω, ep. Aor. 1. inf. κατθάψαι st. καταθάψαι, begraben, bestatten, τινά.

κατα-θεάομαι, 1) von oben herab sehen, betrachten, beschauen, τί, u. zwar ἀπό τινος. **2)** genau besehen, sorgfältig in Erwägung ziehen.

κατα-θέλγω, ep. u. sp. verzaubern, durch Verzauberung verwandeln (Menschen in Tiere); auch bloß: bezaubern. [ἀνάθεμα.

κατά-θεμα, N. T. u. sp. Fluch, Fluchwürdiges; st.

κατα-θεματίζω, N. T. verfluchen.

κατα-θέω, 1) intr. herab-, herzulaufen, herabrennen, herzukommen, bes. von Bergen herab einen Streifzug machen, in eine Gegend einfallen, gegen etwas anlaufen, einen stürmischen Angriff auf etwas machen. **2)** trans. (feindl.) durchstreifen.

κατα-θεωρέω = καταθεάομαι, 2.

κατα-θηλύνω, Perf. pass. -τεθήλυμμαι, sp. verweichlichen.

κατ-αθλέω, sp. **1)** im Kampfe überwinden, τινά. **2)** sich im Kampfe kräftigen.

κατα-θλίβω [ῑ], sp. unterdrücken.

κατα-θνήσκω, ep. u. poet., **κατέθανον, κατατέθνηκα,** part. **-τεθνηώς** u. **-τεθνεώς,** versterben, hinsterben, sterben, (im Kampfe) fallen; κατατεθνηῶτες νέκυες, νεκροί die erschlagenen Leichen.

καταθνητός, 3. ep. sterblich.
κατα-θορυβέομαι, Pass., niedergelärmt, durch Lärmen zum Schweigen gebracht werden.
κατα-θρασύνομαι, Med., sp. sich beherzt stellen.
κατα-θραύω, zermalmen.
κατα-θρηνέω, poet. u. sp. beweinen, weinen.
κατα-θρῴσκω, ep. u. ion., Aor. κατέθορον (auch in tmesi), herabspringen, abs. u. τί u. ἀπό τινος über etwas hinüber u. von etwas herab.
κατ-αθῡμέω, ganz niedergeschlagen sein.
κατα-θύμιος, 3. (θυμός), 1) ep. im Sinne, in Gedanken, auf dem Herzen liegend. 2) ep. poet. u. ion. nach dem Herzen seiend, erwünscht.
κατα-θύω, opfern, als ein Opfer schlachten, überh. schlachten od. auch weihen, τί, u. zwar τινί einem. Med. buk. τινά jmdn. durch Zauberei zur Liebe zwingen.
κατα-θωρᾱκίζω, bepanzern, ἵπποι κατατεθωρακισμένοι = κατάφρακτοι.
καταιβάτης, ου, ὁ, poet. u. sp. (-βαίνω), 1) trans. herabsendend, hinabgeleitend. 2) intr. herabsteigend, -fahrend, herabgleitend.
καταιβατός, 2. ep. (-βαίνω), wo man hinabsteigen kann, zugänglich, τινί jmdm.
καταιγίζω, poet. u. sp. herabstürmen. Von
κατ-αιγίς, ίδος, ἡ, sp. Fallwind, heftiger Windstoß, plötzlich einbrechender Sturm, Orkan; auch Plur.
κατ-αιδέομαι, Med. mit Aor. pass. κατηδέσθην, ion. poet. u. sp. a) sich schämen, beschämt verlegen sein, τινί über etwas, od. mit Inf. b) Scheu, Ehrfurcht, Achtung haben, sich scheuen vor jmdm., abs., od. τινά, τί, vor jmdm. od. etwas.
κατ-αιθᾰλόω, poet. verbrennen. Pass. poet. u. sp. voll Ruß sein, schwarz davon sein.
κατ-αίθω, poet. niederbrennen, verzehren.
κατ-αικίζω, ep. mißhandeln, entstellen, poet. auch Med., Fut. κατ-αικιοῦμαι.
καταίνεσις, εως, ἡ, sp. Zustimmung. Von
κατ-αινέω, 1) zustimmen, billigen, eingehen. 2) poet. u. sp. bewilligen, geloben, versprechen.
κατ-αιρέω, s. καθαιρέω.
κατ-αίρω, eigentl. herunterheben, doch nur intr. herabkommen, ankommen. Im bes. von Schiffen: einlaufen, anlegen, anlanden, abs. od. ἔς τι.
κατ-αισθάνομαι, poet. vollständig erkennen, τί.
κατ-αίσιος, 2. poet. ganz gebührlich, gerecht.
καταισχυντήρ, ῆρος, ὁ, poet. der Beschimpfer, Schänder.
κατ-αισχύνω, 1) Akt. schänden, Schande machen, beschimpfen, verunglimpfen, entehren, verunzieren, herabwürdigen, zu Schanden machen, N. T. auch beschämen. 2) Med. mit Aor. pass. sich schämen, Scham hegen, sich beschämt fühlen, [sich scheuen.
κατα-ΐσχω, s. κατέχω.
κατ-αιτιάομαι, Dep. med., das Perf. κατῃτίᾱμαι auch in pass. Bdtg. schuld geben, vorwerfen, beschuldigen, anschuldigen, absol. od. τί, τινά.
καταῖτυξ, υγος, ἡ, ep. Sturmhut, Sturmhaube.
κατα-καινίζω, sp. poet. neu machen.
κατα-καίνω, poet. Nebenf. zu κατακτείνω, Fut. κατακανῶ, Aor. κατέκανον, Perf. κατακέκονα, dor. Fut. inf. κακκανῆν, töten, niedermachen, ermorden.

κατα-καίριος, 2. ep. tödlich, τέλος tödliches Ende (früher κατὰ καίριον).
κατα-καίω u. -κᾴω, -κάω, att. κατακαύσω, -έκαυσα, -κέκαυκα, -κέκαυμαι, -εκαύθην, -καυθήσομαι, dazu episch Präs. inf. κατακαιέμεν, Aor. act. κατέκηα, conj. 1. pl. κατακήομεν, inf. κατακῆαι u. κακκῆαι, Aor. pass. κατεκάην (auch ion., nicht att.), 1) Akt. brennen machen, anzünden, verbrennen, niederbrennen, einäschern, τί. 2) Pass. a) niedergebrannt, verbrannt werden, ὑπό τινος. b) intrans. u. absol. niederbrennen.
κατα-καλέομαι, 1) Pass. herbeigerufen werden, ἔκ τινος. 2) Med. anrufen, τινά einen Gott.
κατα-καλύπτω (meist in tmesi), ganz umhüllen, bedecken.
κατα-κάμπτω, 1) niederbiegen, umbiegen; wölben. 2) poet. übertr. ἐλπίδας getäuscht sehen.
κατα-κανεῖν, s. κατα-καίνω.
κατα-κάρφομαι, Pass., poet. einschrumpfen.
κατα-καυχάομαι, Dep. med., sp. N. T. sich brüsten gegen jmdn.; jmdn. od. etwas geringschätzig behandeln.
κατά-κειμαι (s. κεῖμαι), episch Präs. 3. plur. κατακείαται, Impf. κατεκείμην, 3. plur. ion. κατεκέατο, Dep. med., nur Präs., Impf. u. Fut., sich niederlegen, liegen, daliegen, von Sachen auch: stehen, im bes. bei Tische liegen, versteckt liegen, untätig od. müßig daliegen, krank darniederliegen, übertr. ruhen, mit Part. λυπούμενος, νοσῶν traurig, krank daliegen, st. traurig, krank sein.
κατα-κείρω, eigtl. abscheren, dah. übertr. aufreiben, aufzehren, plündern.
κατα-κείω, ep. Desider. (od. eigtl. akt. Futurform) zu κατάκειμαι sich niederlegen wollen, schlafen gehen, zur Ruhe gehen. [Taktes.
κατακελευσμός, ὁ, sp. Zuruf zur Angabe des
κατα-κερδαίνω, aus Gewinnsucht vernachlässigen, dem eigenen Vorteil dienstbar machen, τί.
κατα-κερματίζω, verzetteln, zersplittern, zerstückeln.
κατα-κερτομέω, ion. u. sp. verspotten.
κατα-κηλέω, bezaubern, einschläfern, τί.
κατα-κηρόω, ion. mit Wachs überziehen, τί.
κατα-κηρύττω, 1) σιγήν, als Herold laut Schweigen gebieten, wie dies vor jeder Verkündigung zu geschehen pflegte. 2) sp. bei der Versteigerung einem den Zuschlag erteilen
κατα-κλᾴζω, buk. = -κλᾱΐζω (aus κλαϝίζω, vgl. κληϝίς, clavis), Aor. med. -εκλᾴξατο, pass. -εκλᾴσθη, einschließen, med. mit sich.
κατα-κλαίω u. Med. -αίομαι, poet. sp. beweinen, beklagen, τινά od. τί.
κατα-κλάω (s. I. κλάω), 1) Akt. u. Pass. zerbrechen, abbrechen, zerknicken, τί, übertr. a) erschüttern, rühren, τινά, u. im Pass. das Herz ist gebrochen, erschüttert, ἡμῖν, u. zwar δεισάντων (Gen. abs. nach dem Dat.) aus Furcht. b) poet. u. sp. schwächen, u. von der Stimme: sie hinabziehen d. h. sinken lassen. 2) Med. sp. auch von den Gliederverrenkungen eines Tänzers u. dem Hinabdrücken der Stimme.
κατα-κλείς, εῖδος, ἡ (älter -κλῄς), poet. u. sp. 1) das Schlüsselloch. 2) der Verschluß. 3) der Schluß, *clausula*.

κατάκλειστος, 2. sp. eingesperrt, von

κατα-κλείω, älter **κατα-κλῄω** (s. κλείω, Perf. pass. κατακέκλειμαι [sp. -κέκλεισμαι], Aor. κατεκλείσθην), **1)** einschließen, einsperren, in bestimmte Grenzen hinein-, zurückdrängen, blockieren, absperren, τινά, u. zwar εἴς τι, εἴσω τινός. **2)** zuschließen, verschließen, τί. **3)** übertr. anhalten, festhalten, festsetzen, τινί, z. B. νόμῳ, od. διά τι durch etwas, τινά einen, εἰς ἀπορίαν ihn in Verlegenheit setzen, od. mit A. c. I.

κατα-κληροδοτέω, N. T., mit der Var.

κατα-κληρονομέω, N. T. durchs Los od. als Erbe verteilen, zuteilen, τινί τι. Sp. auch erlosen.

κατα-κληρόω, sp. verlosen, Med. erlosen.

κατάκλησις, εως, ἡ (κατακαλέω), sp. die Anrufung, τοῦ θεοῦ.

κατα-κλίνω [ῑ], **1)** Akt. **a)** niederbiegen, -legen, z. B. aufs Polster, sich niederlegen oder lagern lassen, zum Essen. **b)** stürzen, τύραννον. **2)** Med-Pass. **κατακλῖνομαι** mit Fut. κατα-κλῐθήσομαι u. -κλῐνήσομαι, Aor. κατεκλίθην u. κατεκλίνην, sich lagern, sich niederlegen zu Tische, zum Schlafe, zu Bette.

κατάκλῐσις, εως, ἡ, das Niederlegen, bes. das Lagern bei Tische, singulär ion. κ. γάμου Beilager.

κατα-κλύζω, überspülen, überschwemmen, eine Überschwemmung bewirken, abs., übertr. überbieten, χρυσίῳ bestechen. Dav.

κατακλυσμός, ὁ, eigentl. Überschwemmung, bes. von der Deukalionischen Flut (Sintflut im N. T.), übertr. κ. γεγενῆσθαι τῶν πραγμάτων jene Verhältnisse seien wie von einer Flut weggeschwemmt worden.

κατα-κοιμάω u. **κατα-κοιμίζω,** **1)** Akt. **a)** trans. in Schlaf od. zu Bette bringen, sich schlafen legen lassen, τινά, u. zwar ἔς τι. Übertr. zur Ruhe bringen, schließen (ὄμμα), in Vergessenheit wiegen. **b)** intr. verschlafen, mit Schlafen hinbringen, τί. **2)** Med.-Pass. **κατα-κοιμάομαι** mit Aor. κατεκοιμήθην, sich schlafen legen, einschlafen, ruhen, übertr. schwach werden, verlöschen.

κατ-ακολουθέω, sp. N. T. folgen, nachfolgen.

κατα-κολπίζω, in eine Bucht einlaufen, ἔς τι in die Bucht eines Landes.

κατα-κολυμβάω, untertauchen.

κατακομιδή, ἡ, das Herabschaffen nach der Küste, τινός von etwas. Von

κατα-κομίζω, **1)** Akt. hinab-, hinunterbringen, hinschaffen, fortschaffen, bes. aus dem Binnenlande zum Meere od. zum Ufer od. in die Stadt, z. B. Athen, welches am Meere lag. **2)** Pass. hinab-, hinkommen, z. B. zu Schiffe einlaufen, ἔς τι.

κατά-κομος, 2. (κόμη), poet. sp. mit herabhängenden Haaren, dichtbehaart, dichtgelockt.

κατακονά, ἡ (καίνω, Perf. κέκονα), poet. Aufreibung, Verderben.

κατ-ακοντίζω, Fut. -ιῶ, **a)** abs. Spieße werfen. **b)** τινά einen mit dem Wurfspieß niederstrecken, auch niederschießen lassen.

κατά-κοπος, 2. sp. zerschlagen, erschöpft.

κατα-κόπτω, Fut. 3. pass. κατακεκόψομαι (indem es das künftige Ereignis als ganz sicher eintretend bezeichnet), **1)** niederhauen, zusammenhauen, erschlagen, töten, τινά, auch von Opfertieren. **2)** auf etwas niederschlagen, bes. prägen, τί. **3)** zerhauen, zerteilen, zerreißen, zertrümmern, zerbrechen, zernagen, τί.

κατα-κορής, 2. u.

κατά-κορος, 2., Adv. **-κόρως,** bis zur Übersättigung, übertrieben, maßlos, im Übermaß, mit Übertreibung.

κατα-κοσμέω u. Med. **-έομαι,** in Ordnung bringen, in den Schranken des Wohlstandes halten. Im bes. **a)** ordnen, zurechtlegen, τί, u. zwar ἐπί τινι. **b)** schmücken, auszieren, verzieren, lobend hervorheben. Dav.

κατακόσμησις, εως, ἡ, das Ordnen, Anordnen.

κατάκουσις, εως, ἡ, sp. das Hören, Anhören, Verstehen. Von

κατ-ακούω, **a)** hören, vernehmen, abs. u. τινός etwas. **b)** auf jmdn. hören, jmdm. Gehör geben, folgen, Folge leisten, τινός u. τινί jmdm.

κατ-άκρας, poet. st. κατ' ἄκρας, od. ion. κατ' ἄκρης (s. κατά), eigentl. vom Gipfel aus od. von oben her, überh. von Grund aus.

κατα-κρατέω, obsiegen, sich behaupten, Meister bleiben, die Oberhand behalten.

κατα-κρεμάννυμι, ep. (in tmesi) u. sp. aufhängen, anhängen, τί, u. zwar ἔκ τινος an etwas.

κατα-κρεουργέομαι, ion. Pass., zerfleischt, zerfetzt werden.

κατὰ κρῆθεν, s. κρῆθεν.

κατα-κρημνάομαι, ep. sp. herabhangen.

κατα-κρημνίζω, herabstürzen, τινά jmdn. Von

κατά-κρημνος, 2. ep. abschüssig, steil.

κατάκριμα, τό, sp. N. T., Strafe, Verdammnis.

κατα-κρίνω [ῑ], ein abfälliges Urteil fällen, verurteilen, verdammen, mit Inf. od. Akk. m. Inf. od. τινί (θάνατον) od. τινός τι einem etwas als Strafe, sein (leidiges) Schicksal zuerkennen.

κατάκρισις, ἡ, N. T. Verurteilung, Verdammnis.

κατα-κρύπτω, verbergen, verhehlen, verstecken, umhüllen, τινά od. τί, u. zwar τινί mit etwas, ὑπό τινι od. ἔς τι unter od. in etwas, εἰς τὴν γῆν begraben. Od. 4, 247, αὐτόν als refl. Pron. zu ἤισκεν u. zu κατακρύπτων gehörig, in einer Umhüllung machte er sich einem andern Mann ähnlich.

κατακρῠφή, ἡ, poet. Hehl, Ausflucht.

κατα-κτάμεν u. **-κτάμεναι,** s. κατακτείνω.

κατα-κτάομαι, Dep. med., sich ganz od. sicher erwerben, in Besitz nehmen, sich aneignen, sich zuziehen, annehmen, τί, u. zwar mit Appos. als etwas, u. ἔκ τινος aus etwas.

κατα-κτείνω, fast nur ep. poet. u. sp., niedermachen, töten, ermorden, erschlagen, hinrichten, τινά.

κατάκτησις, εως, ἡ (-κτάομαι), sp. die Erwerbung.

κατα-κυβεύω, verwürfeln.

κατα-κυκλόομαι, Med., sp. umzingeln.

κατα-κυλίομαι [ῑ], Pass., herabrollen, herabfallen, herabstürzen, abs. u. ἀπό τινος.

κατα-κύπτω, ep. u. sp. das Haupt niederwärts beugen, den Kopf vornüber bücken, sich bücken.

κατα-κῡριεύω, sp. N. T. gebieten über jmdn., τινός.

κατα-κυρόω, **1)** Akt. sp. bestätigen, genehmigen, festsetzen. **2)** Pass. poet. **a)** verwirklicht werden, in Erfüllung gehen, ταύτῃ also. **b)** verurteilt werden, θανάτου.

κατα-κωλύω [ῠ], verhindern, aufhalten, zurückhalten, ἔξω nicht einlassen, τινά od. τί od. mit Inf.

κατα-κωμάζω, poet. ungestüm hereinbrechen.

κατ-αλαζονεύομαι, Dep. med., gegen einen prahlen.

κατα-λαλέω, sp. N. T. einen (τινός) verleumden.

κατα-λαλιά, ἡ, N. T. u. sp. üble Nachrede.

κατά-λαλος, ὁ, N. T. der Verleumder.

κατα-λαμβάνω, ion. Fut. -λάμψομαι, Perf. act. -λελάβηκα, pass. -λέλαμμαι, Aor. pass. -ελάμφθην (auch in tmesi), ergreifen • **1)** erfassen, **einnehmen,** erbeuten, besetzen, τὰ πράγματα den Oberbefehl übernehmen; Med. für sich einnehmen, e r o b e r n, sich bemächtigen • **2)** ergreifen, **erreichen, einholen,** überfallen, fangen, ertappen, antreffen, begegnen, oft mit Part. u. dies auch im Pass., καταλαμβανόμεθα ποιοῦντες, mit Praepp., z. B. κατειλημμένος εἰμὶ ἐν τοιαύταις ἀνάγκαις. Oft abs. e i n t r e t e n, dah. τὰ καταλαβόντα die Begegnisse (Hdt. 4, 161 καταλαβοῦσαν sc. αὐτούς), od. unpers. m. Inf. ἕνα κατέλαβε ἀποθανεῖν eig. den einen ergriff das Sterben, also es traf sich, daß er starb, und ebenso καταλελάβηκέ με τοῦτο ἐκφῆναι; bes. auch vom geistigen Erfassen, κατειλήφαμεν αὐτὸ διὰ τῆς αἰσθήσεως (Plat. Phaidr. 250 d), auch im N. T.; häufiger im Med., b e g r e i f e n • **3)** **festhalten,** zurückhalten • **a)** bedrängen, hemmen, οἱ ἐν τῇ πόλει κατειλημμένοι die in der Stadt Eingeschlossenen, Belagerten • **b)** zuhalten, bedecken (eine Öffnung) • **c)** im bes. τοὺς ἐρίζοντας beschwichtigen, ὅρκοις durch Eide binden, u. so auch ohne solchen Zusatz, σπονδαὶ κατειλημμέναι d. h. mit verbindlicher Kraft festgestellt, od. τὸ ἐν τῷ στρατοπέδῳ βεβαιότερον die Verhältnisse im Heere (die Oligarchie) noch entschiedener befestigen.

καταλαμπτέος, 3., s. καταληπτέος.

κατα-λάμπω, **1)** herabscheinen, εἴς τι auf etwas; dann trans. bescheinen, b e l e u c h t e n, erleuchten, τί. **2)** poet. u. sp. auch intr. l e u c h t e n, hell sein.

κατ-αλγέω, poet. u. sp. Schmerz empfinden, schmerzlich bewegt sein.

κατα-λέγω (λέγω, s. auch καταλέχω), Aor. Pass. -ελέγην • **1)** der Reihe nach **herzählen,** herzählen, h e r s a g e n, auseinandersetzen, darlegen, vortragen, erwähnen, τί, doch auch τινά von jmdm. erzählen, u. zwar mit εἰ, ὅπως od. Inf., ἐν μοίρῃ nach Gebühr, τινί jmdm. Im bes. das Geschlechtsregister herzählen, dah. καταλέγειν ἑωυτὸν μητρόθεν von der Mutter her über sich Auskunft geben • **2)** **auslesen,** a u s w ä h l e n, wählen, τινῶν unter einigen, ἔκ τινων aus einer Anzahl, τί etwas dahin rechnen, dafür ansehen. Im bes. • **3)** e i n t r a g e n in eine Liste, ἔς τι, ἔν τινι zu, in etwas, auch mit Gen. τινῶν, z. B. οὐ κατελέγην τῶν πεντακισχιλίων ich bin nicht im Verzeichnis der 5000 gewesen. Dah. • **4)** zum Kriegsdienst a n w e r b e n, **ausheben,** ein Heer zusammenbringen od. Leute einreihen.

κατα-λείβω, ep. u. poet. **1)** Akt. **a)** h e r a b g i e ß e n. **b)** beträufeln, mit Tränen benetzen, τί. **2)** Pass. **a)** herabrinnen, herabfließen, abs. u. ἀπό τινος. **b)** zerschmelzen, vergehen, ἄλγεσι vor Schmerz.

κατάλειμμα, τό, sp. N. T. der Überrest.

κατα-λείπω, Fut. med. καταλείψομαι auch in pass. Bdtg., Imperf. iterat. καταλείπεσκεν, ep. **καλλείπω,** Fut. καλλείψω, Aor. 2. 3. sg. κάλλιπε u. κάλλιφ', inf. καλλιπέειν, Nebenf. **καταλιμπάνω.**

I) Akt. • **1)** **zurücklassen,** v e r l a s s e n, sich enfernen, weggehen, hinter sich lassen, h i n t e r l a s s e n, bes. mit u. ohne κληρονόμον oder διατιθέμενον (testamentarisch) vererben • **2)** böswilligerweise verlassen, **im Stich lassen,** od. auf dem Platze lassen, v e r l i e r e n • **3)** ü b e r l a s s e n, beiseite-, sein lassen, unangetastet lassen, p r e i s g e b e n, oft mit hinzugef. Prädikatsnomen als etwas, εἰς τὸ ἔπειτα für die (der) Nachwelt, ἐς ἀεί für immer • **4)** jmdn. od. etwas (τινά, τί) **übrig lassen,** a m L e b e n l a s s e n.

II) Pass. u. **Med.** • **1)** zurückgelassen, im Stich gelassen oder aufbewahrt werden, dah. **zurückbleiben,** liegen bleiben, übrig bleiben, τινός von od. hinter etwas • **2)** (Med.) für od. von sich zurücklassen, τινά od. mit ἑαυτῷ sich (*sibi*) aufbewahren, s i c h v o r b e h a l t e n, für sich zurückbehalten.

κατα-λεπτολογέω, poet. durch spitzfindige Reden niederwerfen.

κατα-λεύω (auch in tmesi), Aor. pass. -ελεύσθη, s t e i n i g e n, mit Steinen zu Tode werfen, τινά.

(κατα-λέχω), St. zu Fut. -λέξομαι, Aor. -ελεξάμην u. -ελέγμην, -έλεκτο, -λέχθαι, -λέγμενος (λέχος, *lectus*), s i c h n i e d e r l e g e n, ins Bett od. zu schlafen.

κατ-αλέω, Aor. κατήλεσα, ep. σσ (auch in tmesi), ep. ion. sp. zermahlen, τί.

κατα-λήγω, poet. u. sp. a u f h ö r e n, sein Ende erreichen, τὰ καταλήγοντα die Grenze.

κατα-λήθομαι, ep. ganz vergessen, τινός jmdn.

καταληκτικός, 2. a u f h ö r e n d, unvollständig, στίχος ein Vers, dem am Schluß eine od. mehrere Silben fehlen.

καταληπτέος, 3. sp., ion. **καταλαμπτέος,** 3, Adj. verb. von καταλαμβάνω, **1)** sp. e i n z u n e h m e n, zu gewinnen. **2)** ion. zu hemmen, καταλαμπτέος ἐστὶ ἡμῖν θανάτῳ wir müssen ihm durch den Tod Einhalt tun, ihm den Tod antun.

καταληπτικός, 3. poet. sp. das Erfassen, das Verständnis betreffend, zum Begreifen geschickt; bewußt.

καταληπτός, 3., Adj. verb. von καταλαμβάνω, **1)** zu fassen, zu erreichen, e r r e i c h b a r. **2)** (κατάληπτος), ergriffen, befallen. **3)** poet. auch: was erfaßt wird, uns trifft, θεόθεν. **4)** sp. zu begreifen, zu verstehen, einzusehen.

κατάληψις, εως, ἡ (καταλαμβάνω), **1)** das F a s s e n, E r f a s s e n, Erreichen, Einholen, οὐκέτ' ἐν καταλήψει ἐφαίνετο (ohne Subj.) es schien ein Einholen nicht mehr möglich. **2)** das Besetzen, Einnehmen, die E i n n a h m e z. B. einer Stadt, der Angriff, Überfall. **3)** das E r f a s s e n = Begreifen, V e r s t ä n d n i s. **4)** die Begreiflichkeit, der Begriff, die Wahrnehmung.

κατα-λιθάζω, sp. N. T., und

κατα-λιθόω, steinigen.

κατα-λιμπάνω, s. καταλείπω.

κατα-λῖπαρέω, sp. inständigst bitten.

καταλλᾰγή, ἡ (auch im Plur.), die Ausgleichung, Versöhnung, spez. auch vom Aufgeld, Agio. Von

κατ-αλλάσσω, att. **-αλλάττω** (s. ἀλλάττω), **1)** Akt. eigentl. verwechseln od. austauschen, dann ausgleichen, aussöhnen, vermitteln, absol. u. τινά. **2)** Pass. sich aussöhnen, τινί, N. T. sich versöhnen lassen mit — od. πρός τινα mit jmdm., τινός von etwas sich lossagend. **3)** Med. **a)** sich (*sibi*) vermitteln, beilegen, τὴν ἔχθρην und zwar τινί mit jmdm. **b)** sich (*sibi*) etwas gegen etwas (πρός τι) eintauschen, etwas gegen etwas vertauschen, ἀντί τινος für etwas umtauschen, τί.

κατ-άλληλος, 2. sp. einander gegenüber, einander entsprechend, überh. entsprechend, passend.

κατ-αλοάω, zerdreschen, zerprügeln, prügeln, zermalmen, τινά.

κατα-λογάδην, Adv. (λόγος), **1)** gesprächsweise. **2)** in Prosa.

καταλογεύς, έως, ὁ, der Auswähler, Wähler, bezeichnet im Plur. **1)** den Wahlausschuß, der nach dem Sturze der Vierhundert im J. 411 in Athen **die 5000 Neubürger zu wählen hatte** (Lys.). **2)** einen **zehngliedrigen Ausschuß für die Aushebung der Reiter** (Aristot.).

κατ-αλογέω, s. κατ-ηλογέω.

κατα-λογίζομαι, Dep. med., **1)** zurechnen, anrechnen, einen (τινά) unter eine gewisse Klasse rechnen od. zählen (ἔν τισι). **2)** zusammenrechnen, berechnen, erwägen, τί,

κατάλογος, ὁ (καταλέγω), Aufzählung, **Verzeichnis,** Liste. Insbes. **1)** Konskriptionsliste, Stammliste der zum Kriegsdienst verpflichteten Bürger in Athen, dah. οἱ ἐκ καταλόγου die waffenfähigen Bürger, ἐκ καταλόγου στρατεύεσθαι vom dienstpflichtigen Alter an Soldat sein; οἱ ὑπὲρ τοῦ καταλόγου die ausgedienten Soldaten, Veteranen. **2)** die Aushebung, κατάλογον ποιεῖσθαι e. A. veranstalten, προγράφειν ausschreiben, χρηστοὶ κατάλογοι gewissenhafte Aushebungen. **3)** die ausgehobene Mannschaft. **4)** die Steuerliste. **5)** Proskriptionsliste.

κατά-λοιπος, 2. übrig geblieben.

κατ-αλοκίζω (in tmesi), poet. zerkratzen.

κατα-λοφάδεια, ep. Adv. (λόφος), vom Nacken herabhängend, auf dem Nacken, quer über den Nacken gelegt [⏑–⏑⏑–⏑].

κατα-λοχίζω, sp. in λόχοι verteilen, überh. ins Heer einreihen, τινά u. τί, u. zwar εἴς τι.

καταλοχισμός, ὁ, sp. **Verteilung in λόχοι, Werbung.**

κατα-λυγίζω, poet. überwinden.

κατάλυμα, τό, sp. u. **N.T. Ausspann, Herberge.**

καταλύσιμος, 2. (-λύω), poet. ungeschehen oder wieder gut zu machen.

κατάλῠσις, εως, ἡ (καταλύω), **1)** Auflösung, Zerstörung, Vernichtung, Beendigung, Ende, Demütigung. Im bes. **a)** τοῦ πολέμου d. i. Friede, u. κατάλυσιν τοῦ πολέμου ποιεῖσθαι den Krieg aufgeben, ihm ein Ende machen. **b)** τῆς στρατιᾶς Entlassung des Heeres. **c)** Sturz, Umsturz, Untergang, τοῦ δήμου Abschaffung, Umsturz der Demokratie (auch bloß beabsichtigter). **2)** Ort der Einkehr für den Reisenden, Karawanserei, Herberge, Gastzimmer; sp. auch Lagerplatz, Lager.

καταλύτης, ὁ, sp. ein ins Wirtshaus Einkehrender, einquartierter Soldat.

κατα-λύω (ῠ, vor σ aber ῡ), **auflösen • I) trans.** • **1)** ep. losmachen, -spannen • **2)** ganz und gar lösen, auflösen, **zerstören,** unterdrücken, enden, auch mit Part., γέφυραν, τὴν σκηνήν, τὸν λόγον, τὴν ἁμαρτίαν, τὴν ἀρετήν, τὰ ἐγκλήματα schlichten, τὸν πόλεμον beilegen, letzteres auch im Med., unter einander beilegen, wie überh. im Med., das Seine beenden, βίοτον θανάτῳ, auch ohne bes. Objekt, aufhören. Im bes. • **a)** eine Herrschaft, Verfassung, Gesetze, Sitten **stürzen,** abschaffen, od. einen Gewalthaber absetzen, τὸν δῆμον, τὸ πλῆθος, auch mit dem Gen., τινὰ τῆς ἀρχῆς. Im Pass. in Verfall geraten oder sein, eingehen, ὑπό τινος durch etw. • **b)** eine Versammlung auflösen, bes. ein Heer **entlassen,** καταλελύσθαι ἐκ βασιλέως vom König des Kommandos enthoben sein; auch τὸν πλοῦν den Zug aufgeben.

II) intr. • **1) sich versöhnen,** Frieden schließen, abs. od. τινί od. πρός τινα, oft auch im Med., ἐπὶ τῇ ἴσῃ unter billigen Bedingungen • **2) Halt machen** (eigtl. die Zugtiere ausspannen), rasten, einkehren, eingekehrt sein, wohnen, πρὸς ἄριστον zum Essen.

κατα-λωφάω, ep. in tmesi, intr. sich erholen, frei werden, τινός von etwas.

κατα-μαλακίζω, verweichlichen.

κατα-μαλάττω, sp. (μαλακός), erweichen.

κατα-μανθάνω, genau lernen, erlernen, daher **a)** Einsicht nehmen, überlegen, ausforschen, auskundschaften, kennen lernen. **b)** bemerken, gewahren, erfahren, hören, begreifen, verstehen, im Perf. kennen, wissen, überzeugt sein; teils τί od. τινά, doch auch τινός von, an jmdm., u. so auch τί τινος etwas an jmdm., u. zwar ἔκ τινος aus etwas. Oft mit hinzugef. Part. πολλοὺς δυναμένους daß viele konnten, auch im Nom. κατέμαθον ἀναστὰς μόλις ich merkte, daß ich kaum aufstehen konnte, od. mit folg. ὡς, ὅτι.

κατα-μαραίνω, sp. mager machen, verwelken lassen, im Pass. schwach werden.

κατα-μαργέω, ion. st. καταμαργάω, rasend, unsinnig sein, τινί von etwas.

κατα-μάρπτω, ep. poet. ergreifen, erhaschen, ereilen.

κατα-μαρτυρέω, gegen einen zeugen, etwas (Nachteiliges) bezeugen, absol. od. τινός gegen einen od. etwas od. τί etwas, u. dah. auch τινός τι gegen einen etwas. Es steht auch ein Partiz. mit ὡς bei τινός, od. es folgt der Inf.

κατα-μάχομαι, sp. niederkämpfen.

κατ-ᾱμάω, **1)** Akt. poet. in tmesi, abmähen. **2)** Med. ep. καταμησάμην, auf sich häufen.

κατ-αμβλῡ́νω u. Med., poet. abstumpfen.

κατα-μεθύσκω, Fut. καταμεθύσω, Aor. κατεμέθῡσα, berauschen, trunken machen, τινά.

κατα-μείγνυμι (s. μείγνυμι), **1)** Akt. untermischen, beimischen, vermischen, τινά od. τί, u. zwar τινί mit jmdm. od. etwas, εἴς τι mit etwas, in etwas hineinverpflanzen. 2) Med. sich vermischen, sich eindrängen, εἴς τι in etwas.

κατ-αμελέω, Perf. κατημέληκα, keine Sorgfalt tragen, τινός um etwas, sich nicht kümmern, nachlässig sein, abs.

κατάμεμπτος, 2. poet. tadelhaft, leidig, lästig.

κατα-μέμφομαι, Dep. med., tadeln, geringschätzen, unzufrieden sein, beklagen, bedauern, schelten, τινά jmdn., mit jmdm., u. zwar τινί um od. wegen etwas, auch mit hinzugef. Partiz. bei τινά, od. mit πολλά viel, sehr.

κατάμεμψις, εως, ἡ, Tadel, Beschwerde, τινός jmds., od. mit folg. ὡς.

κατα-μένω, verbleiben, d. i. a) fortbestehen, bleiben, zurückbleiben, abs. u. ἔν τινι. b) verweilen, sich niederlassen, sich aufhalten, leben.

κατα-μερίζω, zerteilen, verteilen, τισί unter einige.

κατα-μετρέω, vermessen, messen, zumessen, verabreichen lassen, τινί τι.

κατα-μηνύω, anzeigen, angeben, τινός jmdn.

κατα-μιαίνω, 1) Akt. besudeln. 2) ion. Pass. Trauer anlegen.

κατα-μίγνυμι u. **καταμίσγω,** s. καταμείγνυμι.

κατά-μομφος, 2. (μομφή), poet. = κατάμεμπτος.

καταμόνᾱς, d. i. κατὰ μόνας, für sich.

κατ-άμπελος, 2. sp. rebenbepflanzt, weinreich.

κατ-αμπέχω, sp. u. **κατ-αμπίσχω,** poet. umtun, bedecken.

κατ-ᾰμύσσω, buk. ritzen, Med. ep. u. ion., Aor. 1. ep. καταμυξάμην st. κατημ., sich (sibi) zerritzen od. ritzen, τί etwas.

κατα-μύω [ῠ], die Augen schließen.

κατ-αμφικᾰλύπτω, ep. (in tmesi), gänzlich umhüllen, decken, etwas (τί) um etwas (τινί).

κατα-μωκάομαι, sp. Dep. med. verlachen, verspotten, τινός.

κατ-αναγκάζω, 1) poet. einzwängen, fesseln, τινί mit etwas. 2) zwingen, nötigen, erzwingen.

κατ-ανάθεμα, N. T. Fluch. Dav.

καταναθεματίζω, verfluchen (beides auch ohne ανα).

κατα-ναίω, ep. u. poet. 1) trans. Akt. (Aor. ep. -ένασσα) u. Med. wohnen lassen, ansiedeln. 2) intr. Pass. (Aor. -ενάσθην) wohnen.

κατ-ανᾱλίσκω u. **-ανᾱλόω,** augm. u. redupl. -ανηλ- (u. -ανᾱλ-, falsch u. sp. -ηναλ-), verwenden, verbrauchen, vertun, verzehren, τί, u. εἴς τι auf etwas. Im Pass. verwendet werden, darauf gehen, εἴς τι od. τινα auf etwas od. jmdn., τινί durch etwas, καταναλίσκεται αὐτοῦ οὐδὲν ἐς τὴν χώραν es wird von ihm (dem Flusse) nichts (kein Wasser) an das Land abgegeben, d. h. er hat keine Ableitungsgräben nach den Feldern; auch aufgerieben werden.

κατα-ναρκάω, sp. N. T. jmdm. beschwerlich fallen, τινός.

κατα-νάσσω, ion. feststampfen, τί.

κατα-ναυμαχέω, zur See besiegen, τινά jmdn.

κατα-νείφω, -νίφω, Fut. -νείψω, über-, beschneien.

κατα-νέμω, 1) zuteilen, verteilen, austeilen, einräumen, τινά od. τί, u. zwar τινί, ἔς τινα an jmdn., unter jmdn, ἔς τι in etwas, einreihen, auch mit dem bloßen Akk. δώδεκα μέρη in zwölf Teile. 2) abweiden, τί.

κατα-νέομαι, ep. in tmesi (Il. νέω), von den Moiren, τινί τι λίνῳ jmdm. mit dem Faden etwas zuspinnen.

κατα-νεύω od. ep. **-ννεύω,** Fut. -νεύσομαι, ep. Aor. 1. part. καννεύσας st. κατανεύσας, zunicken, zuwinken, κρατί ein Zeichen geben, durch Nicken beistimmen, zugestehen, bejahen, zusagen, verheißen, bewilligen.

κατα-νεφόω, sp. verdunkeln.

κατα-νέω, ion. häufen, aufschichten.

Κατάνη, ἡ, Stadt an der Ostküste von Sizilien, jetzt *Catania.* Einw. οἱ **Καταναῖοι**; ἡ Καταναίη das Gebiet von K.

κατ-ανθρακόω, poet. zu Asche verbrennen; ausbrennen.

κατα-νίφω, -νίψω, s. κατα-νείφω.

κατα-νοέω, Adj. verb. -νοητέον, bemerken, betrachten, überlegen, lernen, sich bekannt machen, kennen lernen, verstehen, begreifen, abs. od. τί od. τινά mit Partiz. von, an einem, daß er; auch περί τινος über etwas nachdenken, od. mit folg. ὅτι, ὡς, εἰ, od. mit abhäng. Fragesatz.

κατα-νόησις, ἡ, a) Wahrnehmung. b) Erwägung.

κατ-άνομαι, ep. Pass. (s. κατανύω), vollendet, fertig gemacht, aufgezehrt werden.

κατα-νοτίζω, poet. (in tmesi), benetzen, befeuchten.

κατ-αντάω, sp. 1) hinabkommen, gelangen bis zu jmdm., hineinreichen. 2) begegnen, eintreten, sich ereignen. 3) überh. gehen, kommen.

κατ-άντης, 2. herabwärts gehend, sich neigend, ἐς τὸ κάταντες herabwärts. Übertr. poet. u. sp. geneigt. Adv. **κάταντα,** ep. u. sp. abwärts, bergab.

κατάντησιν od. **-στιν,** s. ἄντηστις.

κατ-αντικρύ od. **κατ' ἀντικρύ** (ῡ durch Arsis), Adv. gerade gegenüber, τινός einem Orte, Flusse usw., καταντικρὺ τέγεος πέσε er fiel gerade herab vom Dache; ὁ, ἡ, τὸ κ. gegenüberliegend, ἐς τὸ κ. Κυθήρων τῆς Λακωνικῆς an der Kythera gegenüberliegenden Küste von Lakonika; übertr. gegenüber, abs. u. τινί jmdm.

κατ-αντίον, ion. poet. u. sp. Adv. (= καταντικρύ), abs., τινός u. τινί = **κατ-αντιπέρᾱς** u. **-πέραν,** Adv. τινός.

κατ-αντλέω, womit überschütten, τί τινος.

κατάνυξις, ἡ, sp. N. T. Betäubung, πνεῦμα τῆς κ. Geist der Verstockung; οἶνος Taumelwein.

κατα-νύσσω, sp. N. T. stechen, einen Stich ins Herz geben, betrüben; κατενύγησαν (τῇ καρδίᾳ) τὴν καρδίαν.

κατ-ανύω, att. **κατ-ανύτω,** poet. καθ-ανύω (s. ἀνύω), vollenden, a) zurücklegen, bes. einen Weg, dah. scheinb. intr. mit ausgelassenem ὁδόν hingelangen, einkehren, abs. u. ἔς τι wohin, νηΐ zu Schiffe. b) ein Ende machen, vollziehen, erfüllen, zugestehen. c) Soph. El. 1451 φίλης προξένου ans Ziel gekommen = eingekehrt bei der lieben Wirtin; doppelsinnig nach b: gegen (κατά) eine liebe (iron.) Wirtin sind sie fertig geworden.

κατα-ξαίνω, Aor. pass. -ξανθείς, poet. u. sp. zerkratzen, zausen, zerschlagen, zerschinden, totwerfen, überh. aufreiben.

κατα-ξενόω, poet. gastlich aufnehmen.

κατ-άξιος, 2., Adv. **-ίως,** ganz würdig, τινός jmds., ἐμοῦ meinesgleichen.

κατ-αξιόω, 1) für würdig, wert halten, τινός einer Sache. 2) poet. etwas für angemessen erachten, wollen, verlangen, heißen.

κατα-ξύω, sp. = καταξαίνω, zerkratzen.

κατ-ᾴορος, dor. u. poet. st. κατήορος, hängend.

καταπακτός, 2. (καταπήγνυμι), ion. unten eingefügt, θύρα eine Falltüre.

κατα-παλαίω, im Ringen besiegen, niederwerfen.

κατα-πάλλομαι, Med., ep. Aor. κατέπαλτο, sich herabschwingen, niederfahren, ἔκ τινος. (And. ἐκκατέπαλτο.)

κατα-πάλτης, ὁ (-πάλλω), Katapult, Geschütz, im engeren Sinne Pfeilgeschütz (κ. ὀξυβόλος), im Gegensatz zum Steingeschütz (κ. λιθοβόλος), eigtl. eine Armbrust in größerem Maßstabe. Je nach Länge und dem Durchmesser der Pfeile unterschied man ähnlich wie noch heute gewisse Kaliber. Die mittlere Tragweite der K. betrug etwa 350 m.

κατα-πάσσω u. **-πάττω,** Fut. -πάσω, poet. u. sp. hinstreuen, bestreuen, überstreuen. Dav.

κατά-παστος, 2., poet sp. bestreut, reichgeschmückt.

κατα-πατέω (auch in tmesi), niedertreten, zertreten, mit Füßen treten, übertr. verachten, τί.

κατάπαυμα, τό (-παύω) ep. Ruhe, Beruhigung, Erleichterung, γόου des Grams.

κατάπαυσις, εως, ἡ, 1) ion. die Absetzung, Entsetzung jmds., u. τινός τινος jmds. von etwas. 2) die Beendigung, das Aufhören. 3) N. T. auch Ruhe, Ruhestätte.

κατα-παύω, ep. Inf. -παυέμεν, 1) trans. aufhören machen, beendigen, ein Ende machen, stillen, beschwichtigen, ersticken, vernichten, τί, u. von Personen τινά jmdn. zur Ruhe bringen, beruhigen, ihm Einhalt zu tun suchen, ihn abbringen, hindern, bezähmen (Od. 2, 244, ἡμέας zu καταπαυέμεν, uns bezähmen), absetzen, stürzen, u. euphemistisch = töten (Il. 16, 618); τινά τινος einen von etwas abbringen, ihn einer Sache berauben, ihm etwas entreißen, u. im Pass. entsetzt werden, τινός einer Sache, z. B. eines Amtes. 2) intr. ruhen, N. T.

κατα-πεδάω, ep. (in tmesi), fesseln, verstricken.

κατ-απειλέω, poet. drohen, androhen, ἔπη Drohungen ausstoßen; κατηπειλημένα Drohungen.

κατάπειρα, ἡ, sp. Versuch, Ansatz, Probe.

κατα-πειράζω, auf die Probe stellen, τινός (var. τί).

καταπειρητηρίη, ἡ, ion. st. καταπειρᾱτηρία (-πειράω), Senkblei.

καταπέλτης, ου, Nebenform für καταπάλτης.

καταπελτικός, 3. sp. zum Katapult gehörig, βέλος ein Katapultengeschoß.

κατα-πέμπω, herab-, hinabschicken, insbes. nach einer tiefer gelegenen Gegend, namentlich nach dem Meere zu schicken, überh. absenden.

κατάπερ, s. u. καθά.

κατα-πέσσω, Aor. κατέπεψα, ep. poet. u. sp. hinunterkochen, verdauen, χόλον den Grimm verschlucken.

κατα-πετάννυμι (auch in tmesi), darüber ausbreiten, überhängen, etwas mit etwas behängen, bedecken, abs. u. τί τινα.

καταπέτασμα, τό, sp. N. T. der Vorhang des Allerheiligsten.

κατα-πέτομαι, Aor. act. κατέπτην, med. κατεπτόμην u. κατεπτάμην, conj. κατάπτωμαι, part. καταπτάμενος, u. **καθίπταμαι,** ion. poet. sp. herab-, herunterfliegen.

κατα-πετρόω = καταλεύω, steinigen.

κατα-πεφνεῖν (s. φεν), inf. Aor. 2., ind. κατέπεφνε, part καταπεφνών (unrichtig -πέφνων betont), ep. u. poet. töten, erlegen, τινά.

κατα-πήγνῡμι (selten in att. Pr.), 1) trans., Akt. u. Pass., in die Erde schlagen, befestigen, einrammen. Subst. καταπηγνύμενα eingeschlagene Gegenstände, Pfähle. 2) intr. **κατα-πήγνῡμαι,** a) feststecken bleiben, feststehen, befestigt, eingeschlagen sein. b) sp. gerinnen, gefrieren.

κατα-πηδάω, herabspringen, -steigen.

κατα-πηκτός, 3. eingefügt; θύρα Falltür (var.).

κατα-πῑμελος, 2. sp. mit Fett bedeckt, sehr fett.

κατα-πίμπλημι, ganz anfüllen, vollfüllen, reichlich versehen.

κατα-πίμπρημι, Fut. -πρήσω, sp. niederbrennen, in Brand stecken, τί.

κατα-πίνω [ῐ], (Fut. zweif. -πιοῦμαι), hinuntertrinken, hinunterschlucken, verschlingen.

κατα-πίπτω (s. πίπτω), Aor. 2. ep. κάππεσον, 1) herabfallen, herabstürzen, herunterfallen, abs. u. ἀπό τινος Übertr. verfallen, εἰς ἀπιστίαν unglaubwürdig erscheinen 2) niederfallen, niederstürzen, (getötet) fallen, einfallen, im Perf. in Trümmern liegen, teils abs., wie es auch Xen. Cyr. 4, 5, 54 steht, wo ἐπὶ τῆς γῆς auf παρέξομεν γέλωτα zu beziehen ist, teils ἁλί ins Meer, od. ἔν, ἐπί τινι. Übertr. a) im Perf. eigtl. herabgekommen, gesunken sein, überh. niedrig sein. b) πᾶσιν παραὶ ποσὶ θυμός allen fiel vor die Füße der Mut.

κατα-πιστεύω, sp. vertrauen.

κατα-πιστόομαι, Med., sp. sich verbürgen, ὑπέρ τινος πρός τινα für jmdn. bei einem.

καταπίστωσις, ἡ, sp. die Verbürgung.

κατα-πιττόω, mit Pech bestreichen, τινά um ihn zu verbrennen, mit Pech verbrennen.

κατα-πλάσσω, att. **-ττω** (auch in tmesi), bestreichen, beschmieren.

καταπλαστύς, ύος, ἡ, ion. das Aufgestrichene, der Überzug.

κατα-πλέκω, bes. ion., herab d. i. bis zu Ende flechten, übertr. beschließen, beenden, τί.

κατα-πλέω (s. πλέω), ion. **καταπλώω,** herabfahren, a) von der hohen See an die Küste fahren, überfahren, anlanden, einlaufen, überh. wohin fahren, mit u. ohne νηί oder μετὰ νεῶν. b) auf Flüssen stromabwärts (κατὰ τὸν ποταμόν) nach dem Meere zu (ἐπὶ θάλασσαν) fahren.

κατά-πλεως, 2. att. st. κατάπλεος, angefüllt, voll.

καταπληκτικός, 3. (-πλήσσω), sp. erschreckend, Staunen erregend, auffallend, erschütternd.

καταπλήξ, ῆγος, ὁ, ἡ (-πλήσσω), bestürzt, eingeschüchtert (ἔκ τινος), blöde, schüchtern.

κατάπληξις, εως, ἡ, Bestürzung, Schrecken, Scheu.

κατα-πλήσσω, att. **πλήττω,** 1) Akt. (-πλήξω, -έπληξα) niederschlagen; übertr. bestürzt machen, erschüttern, erschrecken, einschüchtern, τινί durch etwas, od. λέγων durch seine Rede, ἐπὶ τὸ φοβεῖσθαι bis zur Furcht. 2) Med. sp = Akt. 3) Pass. **καταπλήσσομαι,** Fut. -πλαγήσομαι, Aor.

κατεπλάγην (ep. -επλήγην), Perf. καταπέπληγμαι, sp. auch καταπέπληγα, niedergeschlagen, **erschreckt werden**, bestürzt, eingeschüchtert werden, in Furcht geraten; Perf. sich fürchten, zittern, τινί durch etwas, πρός τι bei etwas, τί od. τινά vor etwas od. jmdm.

κατά-πλους, zsgz. aus οος, ὁ (καταπλέω), **1)** das Hinabfahren zu Schiffe, die Fahrt, Überfahrt, bes. über die Styx. **2)** das **Heranfahren**, die Landung, τοῖς δὲ ἀφειδὴς ὁ κ. καθεστήκει sie fuhren ohne Schonung ihrer Fahrzeuge an. **3)** die durchfahrene Strecke, Arr. Anab. 6, 4, 2.

κατα-πλουτίζω, bereichern, τινά.

κατα-πλώω, s. καταπλέω.

κατα-πνέω, poet. u. sp. hinabblasen, anwehen, teils abs. überh. wehen, teils τί etwas hauchen, u. zwar τί über etwas hin, übertr. einhauchen, einflößen, τί.

κατα-ποικίλλω, mit Gemälden verzieren.

κατα-πολεμέω, 1) bekriegen, bekämpfen, befeinden, τινά od. τί, u. zwar τινί wegen etw. **2)** durch Krieg überwinden, niederkämpfen, überh. bezwingen, besiegen, τινά.

κατα-πολῑτεύομαι, Dep. med., niedermaßregeln, durch seine Politik jmdn. zugrunde richten und stürzen.

κατα-πονέω, meist sp. niederarbeiten, -drücken, plagen, entkräften, bezwingen.

κατά-πονος, 2. (πόνος), sp. **a)** ermüdet, entkräftet, abs. u. ὑπό τινος. **b)** mühselig.

καταποντίζω, ins Meer versenken, ersäufen (= καταποντόω).

καταποντισμός, ὁ, Ersäufung.

καταποντιστής, οῦ, ὁ, der ins Meer Versenkende, (λῃστής) Seeräuber.

κατα-ποντόω, ins Meer versenken, im Meere ersäufen, ertrinken lassen.

καταπόρνευσις, ἡ, sp. Schändung von Jungfrauen. Von

κατα-πορνεύω, ion. u. sp. prostituieren, schänden.

κατά-ποσις, ἡ (καταπίνω), **1)** das Heruntertrinken, Verschlingen. **2)** Schlund, Speiseröhre.

κατα-πράττω, 1) Akt. u. Pass. ausführen, vollführen, durchsetzen, vollbringen, verrichten, zustande bringen, erlangen, erreichen, τί, u. zwar τινί jmdm. **2)** Med. **a)** sich erwerben, verschaffen, τί. **b)** = Akt.

κατα-πρᾱΰνω, besänftigen, beschwichtigen, für sich einnehmen, τινά, ὀργῆς τινα seinen Zorn besänftigen.

κατα-πρηνής, 2. ep. vorwärts niedergesenkt, χειρί mit flacher Hand, mit ganzer Kraft.

κατα-πρίω [ῑ], ion. buk. zersägen, τί, überh. zerschneiden.

κατα-προδίδωμι, verraten, im Stiche lassen, preisgeben, von sich werfen, τινά od. τί, u. zwar τινί.

κατα-προΐεμαι, Med. sp. aufgeben, verzichten auf etw., unterlassen, vernachlässigen, τί.

κατα-προΐξομαι (προίξ), ion. poet. Fut. (stets mit Negat. u. Partiz.), davon kommen, ungestraft bleiben.

κατά-πτερος, 2. poet. beflügelt.

κατα-πτήσσω (St. πτηκ: πτᾰκ: πτωκ), Fut. καταπτήξω, Aor. 1. κατέπτηξα, Perf. κατέπτηχα, episch (v. St. πτη), 2. Aor. 3. du. καταπτήτην (auch in tmesi), poet. Part. **καταπτακών,** u. ep. **καταπτώσσω,** sich vor Furcht niederducken, sich unterducken, sich furchtsam verbergen, verstecken, sich zusammenschmiegen, übertr. erschrecken, bestürzt sein, zum Schweigen gebracht werden, abs. od. πρός u. ὑπό τινι.

κατ-άπτομαι, s. καθάπτομαι.

καταπτυστος, 2. (πτύω), angespuckt, anspuckenswert, abscheulich, verrucht.

κατα-πτῠχής, 2, buk. faltenreich.

κατα-πτύω, spucken auf etwas, verabscheuen, verwünschen, τινός.

κατά-πτωμαι u. ähnl., s. καταπέτομαι.

κατα-πτώσσω, s. καταπτήσσω.

κατα-πτωχεύομαι, sp. Pass., bettelarm werden, εἴς τι durch Aufwand für etwas.

καταπῡγοσύνη, ἡ, poet. sp. Geilheit, Unkeuschheit. Auch personif. als Mutter der Aspasia. Von

καταπῡγων, ὁ, ἡ (πυγή), poet. sp. wollüstig, geil, unzüchtig.

κατα-πῡθομαι, ep. Pass., verfaulen, vermodern.

κατά-πυκνος, 2. poet. sehr dicht.

κατα-πυκνόω, sp. anfüllen.

κατ-ᾰρᾱ, ἡ, ion. **κατάρη,** Verwünschung, Fluch, im Gegens. zu εὐχή.

κατ-αράομαι, ion. **-έομαι** (ᾱρ ep., ᾰρ att.), Dep. med., **1)** jmdm., (τινί) etwas (τί) anwünschen, vorzüglich Böses, daher Verwünschungen ausstoßen, **verfluchen**, verwünschen, τινί, N.T. auch τινά. **2)** abs. sich verfluchen. **3)** pass. im N.T. κατηραμένοι die Verfluchten.

κατ-αράσσω u. Med. **-ομαι, 1)** trans. herunterstoßen, herabwerfen, zurückwerfen, zurücktreiben, zurückschlagen, τινά, u. zwar ἔς τι. Im Pass. zurückgejagt, zurückgeschlagen werden, sich zurückziehen, εἴς τι. **2)** intr. sich herabstürzen (Regengüsse, Flüsse).

κατᾰρᾱτος, 2. (καταράομαι), verflucht, verwünscht, verrucht, ruchlos, dah. im Superl. καταρατότατος auch der Fluchbeladenste.

κατ-αργέω, poet. u. sp. außer Wirksamkeit setzen, entkräften, abschaffen, aufheben, vertilgen; entfernen einen von etwas, ihn davon befreien. Im Pass. N. T. verschwinden, frei werden, ἀπό τινος.

κάταργμα, τό (κατάρχομαι), poet. u. sp. Voropfer, **1)** die gerösteten Gerstenkörner, womit man den Kopf des Opfertieres bestreute, und das Büschel Haare, welches man von der Stirn desselben abschnitt u. ins Feuer warf. **2)** Opfererstlinge von Früchten.

κατ-αργυρόομαι, Pass., ion. poet. u. sp. versilbert, mit Silber überzogen werden, übertr. κατηργυρωμένος um Geld erkauft, bestochen. Von

κατ-άργυρος, 2. sp. versilbert.

κατ-άρδω, poet. bewässern, benetzen.

κατα-ρέζω, ep. st. καταρρέζω, Part. praes. καρρέζουσαι st. καταρέζουσαι Aor. 1. κατέρεξα, eigentl. herunterstreichen, übertr. streicheln, zur Liebkosung.

κατ-αρέομαι, s. καταράομαι.

κατᾱ-ριγηλός, 3. Var. zu καταρρῑγηλός, s. d.

κατ-ἀριθμέω u. Med. **-έομαι,** vor-, darunter zählen, **a)** herrechnen, aufzählen, hererzählen, τί, oder mit folg. ὅτι. **b)** sp. τὶ εἴς τι etwas zählen, rechnen zu etwas.

κατ-αρκέω, ion. u. poet. ganz ausreichen, mit Part. um etwas zu gewähren.

κατ-αρμόζω, ion. = καθαρμόζω.

κατ-αρνέομαι, Dep. pass., poet. leugnen, mit Inf. u. μή.

κατα-ρρᾳθυμέω, in Trägheit versinken, vernachlässigen, τὰ κατερρᾳθυμημένα das leichtsinnig Verlorene.

κατα-ρρακόομαι, poet. Pass., eigentl. zerlumpt, dann überh. zerfetzt werden.

καταρράκτης, ου, ὁ, (καταράσσω) der Herabstürzende. **1)** die über natürliche Bodenschwellen oder Staudämme und Schleußen herabstürzenden Wasserfälle. **2)** die Steinbänke, bes. die Katarakte des Nil, oder Schleußen und Dämme, bes. des Tigris selbst. **καταρρακτός, 3)** herabstürzend, ἡ καταρρακτή (θύρα), Falltüre, Fallgatter, Enterbrücke.

κατα-ρράπτω (aus Ϝραπ.), poet. ion. sp. **1)** annähen, zusammennähen; überflechten. **2)** poet. einfädeln, bereiten.

κατα-ρράσσομαι, s. καταράσσω (v. LA.).

κατα-ρρέπω (aus Ϝρεπ.), poet. u. sp. **1)** trans. herabstürzen, τινά. **2)** intr. sich herabneigen, sich neigen, ἐπί τι zu etwas.

κατα-ρρέω (aus σρέω), (oft in tmesi), **1)** Akt. herunterfließen, **a)** herabströmen, vom Strome fortgerissen, stromabwärts getrieben werden. **b)** herabfallen, περὶ αὐτά in sich zusammenfallen. **c)** buk. εἴς τινα, jmdm. zufallen, zuteil werden. **2)** Pass. mit Aor. κατερρύη (bei Spät.), **a)** überströmt, übergossen werden; triefen, τινί von etwas, **b)** sich fallen lassen, niederstürzen.

κατα-ρρήγνυμι (aus Ϝρηγ). **1)** Akt. herabreißen, niederreißen, zerreißen, übertr. τροπάς die Reihen auflösen, eigtl. Flucht brechen in die Reihen. **2)** Pass. **a)** prägnant: zerreißen u. herabfallen, herabstürzen, bes. von Stürmen und Gewittern. **b)** zerreißen, zerbersten, zusammenbrechen, καταρρηγνυμένη vom Boden: brüchig, τὸ καταρρηγνύμενον τοῦ τείχους Mauer-Bresche.

Καταρρήκτης, ὁ, ion. st. Καταρράκτης, Fluß in Pamphylien, j. *Duden-su.*

κατα-ρρητορεύω, durch Reden überwinden, berücken.

κατα-ρρῑγηλός, 3. (St. Ϝριγ, ῥιγέω), ep. ganz schauderhaft, schrecklich.

κατα-ρρινάω, poet. ausfeilen, Perf. pass. -ερρινημένος abgehärtet (Verm. -ερρινουμένος prall).

κατα-ρρίπτω u. sp. **-ρριπτέω** (aus Ϝριπ.), poet. u. sp. herabwerfen, vernichten; sp. erniedrigen.

κατάρρους, ὁ, zsgz. aus οος (καταρρέω), Herabfluß, Schnupfen, bes. schwindsüchtiger Brustkatarrh.

κατα-ρροφέω (aus σροφ.), hinab-, ausschlürfen.

καταρρυής, 2. (καταρρέω), poet. herabfließend.

κατα-ρρυπαίνω, besudeln.

κατάρρυτος, 2. (καταρρέω), eigentl. von oben begossen oder benetzt, dann **a)** poet. u. sp. bewässert, bespült, umflossen. **b)** ion. niedergeschwemmt, angeschwemmt.

κατ-αρρωδέω, ion. st. κατ-ορρωδέω, Angst haben, abs. u. τί vor etwas, od. mit folg. μή.

καταρρώξ, ῶγος, ὁ, ἡ (καταρρήγνυμι), poet. jäh, schroff.

κάταρσις, εως, ἡ (καταίρω), Anfuhr, Landungsplatz.

κατ-αρτάω u. **-αρτίζω,** beide ion. u. sp. **1)** anhängen, einrichten, wiederherstellen, beschwichtigen, τί u. τινά, u. zwar ἐς τὠυτό wieder in den alten Zustand bringen. Pass. κατηρτισμένον wohl angepaßt, etwas Ordentliches. **2)** vollenden, zur Vollendung bringen, N. T. Dav.

κατάρτισις, εως, ἡ, sp. Einrichtung, Leitung, N. T. auch Vervollkommnung.

καταρτισμός, ὁ, Zurüstung, N. T.

καταρτιστήρ, ῆρος, ὁ (καταρτίζω), ion. u. sp. Wiederhersteller der Ordnung, Schiedsrichter.

κατάρτυσις, εως, ἡ, sp. Abrichtung, Dressur.

κατ-αρτύω, 1) trans. vollständig einrichten; ordnen, würzen, bewegen, bestimmen, mit Inf., zügeln. **2)** intr. Perf. part. -ηρτυκώς erwachsen.

κατ-αρχαιρεσιάζω, (ἀρχή, αἱρέομαι) bei der Amtswahl hintansetzen.

κατ-αρχή, ἡ, sp. Anfang, Beginn.

κατ-άρχω, anfangen. **1)** allg. etwas zuerst tun, anfangen etwas zu tun, sich an etwas machen, vorangehen, einführen. **2)** beim Opfer (stets Medium), das Voropfer bringen, dem Opfertiere die Haare zwischen den Hörnern wegschneiden und ins Feuer werfen; mit Gen. jmdn. zum Opfer weihen, einweihen, überh. opfern, schlachten.

κατα-σαρκόω, sp. feist machen, mästen.

κατα-σβέννυμι u. **-νύω** (auch in tmesi), **1)** Akt. u. Pass. trans., Fut. -σβέσω, Aor. 1. -έσβεσα, Perf. pass. -έσβεσμαι, Aor. pass. -εσβέσθην, auslöschen, τί, übertr. erschöpfen, austrocknen, dämpfen, unterdrücken, vertreiben, tilgen, u. zwar τινί mit etwas. **2)** intr. das Pass. **κατα-σβέννυμαι** mit Aor. κατέσβην u. Perf. κατέσβηκα, erlöschen, verschwinden, vertrocknen, aufhören.

κατα-σείω, Perf. pass. -σέσεισμαι, Aor. -εσείσθην, **1)** herabschütteln, schwenken, flattern lassen, τί etwas, u. τινί, verst. τὴν χεῖρα, einem mit der Hand ein Zeichen geben. **2)** erschüttern, beschädigen, ἐπὶ μέγα einen großen Teil.

κατα-σεύομαι, ep. Med., nur Aor. 2. κατέσσυτο, herabstürzen, κῦμα — ῥέεθρα.

κατα-σημαίνω u. Med. **-ομαι,** bezeichnen, besiegeln, versiegeln, τί.

κατα-σήπω, 1) Akt. verfaulen lassen, τί. **2)** Pass. **κατασήπομαι** mit Fut. κατασαπήσομαι, Aor. κατεσάπην, Perf. κατασέσηπα, verfaulen, vermodern, abs. od. ὑπό τινος von od. wegen etwas.

κατ-ασθμαίνω, poet. gegen etwas schnauben.

κατα-σῑγάω, verschweigen.

κατα-σῑτέομαι, Dep. med., ion. u. sp. aufessen.

κατα-σιωπάω, 1) Akt. **a)** abs. schweigen, **b)** trans. τί etwas verschweigen; auch τινά jmdn. zum Schweigen bringen. **2)** Med. Schweigen gebieten.

κατα-σκάπτω, eigentl. untergraben, zerstören, schleifen, τί, u. zwar ἐς ἔδαφος bis zum Grund.

κατασκᾰφή, ἡ, 1) das Begraben, die Totengruft, τινός. **2)** die Niederreißung, Zerstörung, Schleifung.

κατα-σκᾰφής, 2. poet. unterirdisch.
κατα-σκεδάννυμι (s. σκεδάννυμι), 1) Akt über etwas (τινί) ausstreuen, ausgießen. verbreiten, τί, u. zwar τινός über jmdn. 2) Med. das Seine, seinen Becher (τὸ κέρας) ausgießen (über sie).
κατα-σκέλλω, poet. u. sp. Med. -ομαι, verschmachten, vertrocknen, im Perf. κατέσκληκα ausgetrocknet, ausgezehrt sein, abs. od. τί an etwas.
(κατα-σκέπτομαι), s. κατασκοπέω.
κατα-σκευάζω, zurechtmachen • 1) zubereiten, **einrichten,** ausrüsten; im Med. • **a)** für sich einrichten, τἄλλα, τὴν ἄλλην διοίκησιν anordnen, πρᾶξιν ausführen; τοὺς ἵππους χαλκοῖς πᾶσι προβλήμασι, ὄνους bepacken, doch auch ohne ὄνους das Seine abpacken (Xen. Kyr. 8, 5, 2), τὸν Πειραιᾶ ἐμπόριον den P. als seinen Stapelplatz aufstellen, ἐγκράτειαν ἐν τῇ ψυχῇ Mäßigkeit in seiner Seele begründen • **b) sich ausrüsten,** im Prät. gerüstet sein, auch geistig: gesonnen sein, sich gewöhnt haben; insbes. sich häuslich einrichten, wohnen, κατεσκευάσαντο δὲ καὶ ἐν τοῖς πύργοις • 2) Akt. u. Med., **veranstalten** • **a)** rüsten, besorgen, machen, mit Adj. οἰκήσιμόν τι, ἀσχολίαν τινί einem zu schaffen machen; mit dopp. Akk., Γοργίαν Νέστορά τινα den G. zu einer Art N. machen • **b)** bauen, τείχη, πύργους • **c)** anschaffen • **d)** ersinnen, anstiften, μηχανᾶται καὶ κατασκευάζει ταῦτα, οἱ παρεσκευασμένοι πρός τι die Angestifteten.
κατασκεύασμα, τό, u. gew. **κατασκευή,** ἡ. 1) Zubereitung, **a) Ausrüstung,** τοῦ πολέμου Kriegsrüstung, **b) Einrichtung,** Zustand, Beschaffenheit, Anordnung, Herstellung, das Aufbauen, der Aufbau, Bau, insbes. glänzende Einrichtung (περὶ τὸν βίον), **c)** sp. die (geometr.) Konstruktion. 2) **a)** Gebäude, **Bauwerk,** Anlage, Bau, Prachtbau, Pracht, **b)** Ausstattung, Geräte, Gerätschaft, **Hausrat,** Werkzeug, Gepäck, Bagage; im bes. **c)** das Abpacken, **d)** sp. Aufbau. Satzbau, Periodenbau.
κατασκευασμός, ὁ, Mittel, Finte.
κατασκευαστικός, 3. sp. etwas herzuschaffen, zu beweisen geeignet, geschickt, προκειμένου τινός eine aufgestellte Behauptung.
κατ-ασκέω, sp. genau üben od. befolgen.
κατα-σκηνάω u. **κατασκηνόω,** 1) ein Zelt od. ein Lager aufschlagen, sich in Zelte begeben, sich lagern, niederlassen, um auszuruhen, u. zwar εἴς, πρός τι wohin, bei etwas, od. οὗ wo. 2) sp. wohnen lassen, jmdm. (τινά) eine Wohnstätte bereiten. 3) Med. = Akt.
κατασκήνωμα, τό, poet. Decke, Vorhang.
κατασκήνωσις, ἡ, sp. N. T. das Nest.
κατα-σκήπτω, niederschlagen, vom Blitz: einschlagen; sich wohin senken, dann überh. wogegen losbrechen, sich mit Heftigkeit auf etwas werfen, vom Zorn usw., od. befallen, von Krankheiten, abs. od. τινί, u. ἔς τινα od. ἔς τι gegen jmdn. od. auf etwas, doch auch τινά, niederschmettern, übertr. λιταῖς mit Bitten bestürmen.
κατα-σκῐάζω u. ep. **κατασκιάω,** beschatten, bedecken, begraben, τινά, u. zwar τινί mit etwas.
κατά-σκιος, 2. (σκιά), ep. poet. sp. beschattet, bedeckt, τινί mit etwas; Schatten werfend.
κατα-σκιρτάω, sp. (leichtsinnig) auf etwas springen (τινός).
κατα-σκοπέω, von oben herab ansehen. 1) zusehen, betrachten, besichtigen. 2) untersuchen, erforschen, auskundschaften.
κατα-σκοπή, ἡ, Besichtigung, Spähen, Auskundschaften, κατασκοπαῖς χρῆσθαι auskundschaften.
κατασκοπικός, 3. sp. zum Auskundschaften gehörig.
κατά-σκοπος, ὁ, der Späher, Kundschafter, Spion.
κατα-σκώπτω, ion. u. sp. verspotten, τινά.
κατα-σμῑκρῡ́νω, sp. verkleinern, herabsetzen, τί.
κατα-σμῡ́χω, ep. (in tmesi), nieder d. i. ganz verbrennen, τί, u. zwar πυρί; buk. hinschmachten lassen, Pass. hinschmachten.
κατα-σοφίζομαι, sp. Dep. med., (τινά) überlisten, hintergehen, beschwatzen, übertölpeln; auch pass.
κατ-ασπάζομαι, Dep. med., sp. liebkosen, küssen, τινά.
κατα-σπαράσσω, poet. u. sp. zerreißen, zerzausen.
κατα-σπάω (-σπᾰ́σω, -έσπᾰσα usf., pass. -εσπάσθη), herab-, herunter-, niederziehen oder -reißen, herabschleppen, jmdn., u. zwar τινός bei etwas, ἀπό τινος von etwas. Im bes. **a)** Schiffe ins Meer ziehen u. flott machen. **b)** vom Körper: τὰ κατασπώμενα das Gesenkte, die herabgedrückten Teile; ἐς ὕπνον κ. in Schlaf versenken, einschläfern.
κατα-σπείρω, herabsäen, aussäen, pflanzen, bereiten, verbreiten, überall hinstellen od. legen, τί, u. zwar τινί jmdm., εἴς τι unter etwas.
κατάσπεισις, ἡ, sp. die Weihung, von denen, die sich ihrem Feldherrn auf Leben u. Tod weihen. Von
κατα-σπένδω, (-σπείσω, -έσπεισα, -έσπεισμαι, -εσπείσθην), poet. u. sp. 1) ein Trankopfer worüber, bes. über ein Grab, ausgießen. 2) durch ein Trankopfer zum Opfer weihen; auch im Pass.
κατα-σπέρχω, stark auf einen (τινί) eindringen, ihn schrecken.
κατα-σπεύδω, beschleunigen.
κατα-σποδέω, poet. (in den Staub) niederstrecken.
κατα-σπουδάζομαι, Dep. med., ion. u. sp., nur im Perf. κατεσπούδασμαι, ernstlich arbeiten, ein ernsthafter Geschäftsmann sein.
κατα-στάζω. 1) intr. herabtropfen, herabtriefen, herabrinnen, insbes. eitern. 2) trans. poet. herabträufeln lassen. [bringen.
κατα-σταθμεύω, (σταθμός), sp. in Hürden unter-
κατα-στασιάζω, durch eine στάσις (Umtriebe, Gegenpartei) jmdn. (τινά) besiegen od. stürzen, um seinen Einfluß bringen; auch πόλιν, einen Staat durch Ränke schädigen.
κατάστᾰσις, εως, ἡ (καθίστημι) • 1) trans. die **Aufstellung,** Einsetzung, Feststellung, Anordnung, νυκτός Nachtzeit, erster Umschwung, Beruhigung. Im bes. noch die Einsetzung jmds., u. zwar • **a)** Vorstellung fremder Gesandten bei der Behörde, **Präsentation** • **b) Ausstattung** eines athen. Bürgers zum Reiterdienst von seiten des Staats, **Handgeld** zur Ausstattung, dah. auch im Pl. **Reiterdienst.** • **c)** ἐγγυητῶν **Bürgenstellung** • 2) intr. • **a)** das Auftreten • **b)** der **Stand der Dinge, fester Bestand,** Einrichtung,

ruhiger Zustand, Sicherheit im Auftreten, Beschaffenheit, Stand, Lage, überh. Verfassung, u. zwar eines Staats, *τινός* u. *ἔν τινι*.

καταστάτης, ου, ὁ (καθίστημι), poet. Feststeller, Aufrichter, *τινός*.

καταστατικός, 3. sp. das Gemüt beruhigend.

κατα-στεγάζω, überdachen, bedecken, *τινά*.

καταστέγασμα, *τό*, ion. Bedeckung, *τῆς ὀροφῆς* Schlußdecke.

κατα-στεγνόω, sp. dicht bedecken, verdichten.

κατά-στεγος, 2. bedacht, mit Bedachung versehen, *αὐλαί* des Labyrinths, insofern die in den Höfen stehenden Säulen ein aus Steinplatten gebildetes flaches Dach trugen.

κατα-στείβω, poet. betreten.

κατα-στέλλω, poet. u. sp. niederhalten, zusammenhalten, ordnen, *τί*. N. T. u. poet. beruhigen.

κατα-στένω, poet. beseufzen.

καταστεφής, 2. poet. sp. bekränzt, (weil eine frohe Botschaft bringend).

κατα-στέφω, meist poet. u. sp. bekränzen, *βωμόν*, zu heiligem Gebrauch mit etwas umhüllen, mit Totenopfern ehren, *τί* u. *τινά*. Med. sich bekränzen.

κατάστημα, *τό* (καθίστημι), sp. N. T. Zustand, Wesen, Benehmen, Stellung, Haltung jmds.

καταστηματικός, 3 sp gesetzt, ruhig, u. zwar *κινήματι*, vom Redner, der während des Sprechens den Arm in der Toga unbewegt steht.

κατά-στικτος, 2. (στίζω), poet. sp. gefleckt, bunt.

καταστολή, ἡ (στέλλω), sp. Herablassen, *περιβολῆς* des Umwurfs, um die Hand im Gewande zu tragen, dann überh. anständige, ruhige Haltung. N. T. auch Kleidung.

κατα-στόρνυμι, ep. mit part. *καστορνῦσα* st. *καταστ.*, u. Aor. *κατεστόρεσα*, ep. u. ion., gew. **κατα-στρώννυμι,** *-στρώσω, -έστρωσα, -έστρωμαι, -εστρώθην*, **1)** hinstrecken, **a)** hinbreiten, *τί*. **b)** niederstrecken. erlegen, töten, unterdrücken, *τινά* u. *τί*. **2)** überbreiten, überdecken, *τί*, u. zwar *τινί* mit etwas.

κατα-στοχάζομαι, sp. Med. zielen, *τινός* auf etwas.

κατ-αστράπτω, poet. u. sp. **1)** niederblitzen, den Donner rollen lassen, *κατά τι* wo (auch Impers.). **2)** sp. blenden.

κατα-στρατηγέω, sp. einen durch eine Kriegslist überwinden, überlisten.

κατα-στρατοπεδεύω, **1)** trans. im Akt. ein Lager aufschlagen u. beziehen lassen, lagern lassen, **2)** intr. im Akt. u. Med. ein Lager aufschlagen, sich lagern, in Ortsunterkunft gehen, sich einquartieren, übernachten.

κατα-στρέφω, zum Perf. pass. *κατέστραμμαι* (auch als Med.) ion. 3. pl. Plqpf. *κατεστράφατο* u. Aor. pass. *κατεστράφθην* (att. *κατεστράφην*). **1)** Akt. **umkehren,** umwenden, umdrehen, übertr. **a)** mit *ἐπὶ τὰ πράγματα* sp. auf das Praktische, das Leben beziehen, **b)** endigen, bes. (mit und ohne *τὸν βίον*): heimgehen, sterben. **2)** Med. für sich etwas, umkehren, *τὰ παρόντα* mit dem Jetzigen fertig werden; insbes. **sich** (*sibi*) **unterwerfen,** überwinden, unterjochen, erobern, zwingen, *τινί* durch etwas, *βίᾳ* mit Gewalt, *εἴς τι* zu etwas od. mit Inf. **3)** Pass. **unterworfen werden,** *τὸ καταστραφῆναι* die Unterjochung.

κατα-στρηνιάω, Aor. conj. *-ηνιάσωσι*, N. T. gierig werden wider jmdn., *τινός*.

καταστροφή, ἡ (στρέφω), **1)** Wendung, Wendepunkt, Ausgang, Ausweg, Ende, Sturz, mit u ohne *τοῦ βίου*, Tod, Verderben. **2)** ion. Unterwerfung, Unterjochung, *καταστροφήν τινος ποιεῖσθαι* jmdn. unterwerfen. **3)** poet. Umsturz, *νέων θεσμίων* durch die neuen Gesetze. **4)** im Drama der Wendepunkt der Handlung, mit dem die Auflösung des geschürzten Knotens beginnt.

κατάστρωμα, *τό*, Deck, Verdeck (eines Schiffs).

κατα-στρώννυμι, s. *καταστόρνυμι*.

κατα-στυγέω, ep., Aor. *κατέστυγον* (auch in tmesi), zurückschaudern, abs. u. *τί* oder *τινά* vor etwas od. jmdm.

κατα-στύφελος, 2. ep. sehr hart, sehr fest.

κατα-στύφω, sp. herbe machen, *τὸ κατεστυμμένον* das herbe Wesen.

κατα-στωμύλλομαι, Med. poet. immerfort plaudern; *κατεστωμυλμένος*, ein maulfertiger Schwätzer.

κατα-σύρω (auch in tmesi), ion. sp. N. T. fortschleppen, schleifen, verwüsten.

κατα-σφάζω, Aor. pass. *-εσφάγην*, Perf. *-έσφαγμαι*, abschlachten, massakrieren, hinschlachten, morden, töten, *τινά*. Im Pass. *ἐκ χεροῖν τινος*.

κατα-σφρāγίζω, versiegeln.

κατάσχεσις, ἡ, N. T. Besitznahme, Besitz.

κατά-σχετος, 2., s. *κάτοχος*.

κατα-σχηματίζω, sp. bilden.

κατα-σχίζω, **1)** zerspalten, zerhauen, zerbrechen, zersprengen, *τί*. **2)** poet. zerstören, stören, *ὀνείρους*.

κατα-σχολάζω, poet. u. sp. die Zeit mäßig verbringen, säumen, *τοῦ χρόνου τι* eine Weile.

κατα-σωρεύω, sp anhäufen.

κατα-σώχω, ion. zerreiben, *τὶ περί τι* etwas an etwas.

κατα-τάκω, s. *κατατήκω*.

κατα-τανύω, ep. mit Impf. *κατ-τάνυσαν*, s. *κατατείνω*.

κατα-ταρταρόω, sp. in den Tartaros werfen.

κατα-τάττω (s. *τάττω*), Aor. pass. spät *κατετάγην*, aufstellen, ordnen, *τί*, bes. einem (*τινά*) einen Platz anweisen, *ἔς τι*, z. B. Fremde *εἰς τὴν πολιτείαν* in den Staatsverband aufnehmen od. Soldaten in das Heer einreihen, einstellen.

κατα-τείνω. **1)** trans. **a)** ausspannen, anziehen, straffziehen, anstrengen, zügeln, im Zaume halten *τὸν δῆμον*. **b)** ausstrecken, auseinanderziehen z. B. *τὴν στρατιήν*; *ἔπαινον* eine Lobrede vom Stapel lassen. **c)** niederspannen, ausspannen. **2)** intr. **a)** sich anstrengen, sich bemühen. **b)** sich erstrecken, reichen bis.

κατα-τέμνω, ion. **-τάμνω** (s. *τέμνω*), zerschneiden, zerstückeln, zerlegen, niederhauen, verstümmeln, *τί* u. *τινά*. Im Pass. *πόλις κατατέτμηται τὰς ὁδοὺς ἰθείας* ist von geraden Straßen durchschnitten, od. *κατετέτμηντο τάφροι* Kanäle waren gezogen, *ἐπί τι* wohin, *ἔκ τινος* von wo aus.

κατα-τήκω (auch in tmesi), dor. **κατατάκω, 1)** Akt. trans. (*-τήξω, -έτηξα*), zerschmelzen, flüssig machen, auflösen, τί. 2) Pass. **κατα-τήκομαι** mit Perf. 2. act. κατατέτηκα zerschmelzen, flüssig werden, übertr. sich verzehren, sich abhärmen, vergehen, abs. od. ἦτορ im Herzen.

κατα-τίθημι, ep. Aor. act. pl. κάτθεμεν, κάτθετε, κάτθεσαν, conj. καταθήομεν (-θείομεν), inf. κατθέμεν, Aor. med. 1. pl. κατθέμεθα, 3. du. κατθέσθην, conj. κατθήομαι (-θείομαι) (auch in tmesi), niederlegen • 1) niedersetzen, hinstellen, **aufstellen,** im bes. (ἐς τὸ μέσον) öffentlich niederlegen, ausstellen, bes. als Kampfpreis aussetzen, dah. auch ἄεθλον einen Wettkampf anordnen, ἐς μέσον Πέρσῃσι τὰ πράγματα die Herrschaft den P. als Gemeingut überlassen d. i. eine Republik einführen; Med. • a) für sich od. das Seinige niederlegen, ἑαυτόν d. h. sein Zelt aufschlagen, hinbringen, ἐν τῇ ἑαυτῶν ἐγκρατείᾳ in das in ihrer Gewalt befindliche Land • b) übertr. etw. in den Weg legen, zuführen, πολλὰ λύπας ἐγγυτέρω vieles der Trauer nähergestellt als der Freude, φιλίαν τινί die Freundschaft unter jmds. Schutz stellen, χάριν τινί zu Dank verpflichten, εὐεργεσίαν πρός τινα wohltun; dah. überh. • c) sich erwerben, verschaffen, κλέος • 2) zur Aufbewahrung niederlegen, **aufheben;** dah. auch beiseitelegen; im Med. für sich oder von sich weglegen, auch weglegen lassen; insbes. • a) einen Toten **beisetzen,** bestatten • b) in Verwahrung geben, **anvertrauen,** aufspeichern, sich aufbewahren, anlegen, τὴν λείαν εἰς Βιθυνούς, θησαυροὺς ἐν οἴκῳ • c) beiseitesetzen, **außer acht lassen,** auch mit ἐν ἀμελείᾳ, τοὺς ποιητάς, überh. aufgeben, beendigen, θυμόν, πόλεμον; im Pass. beseitigt werden (Thuk. 4, 20) • 3) erlegen, **bezahlen,** δέκα τάλαντα τῷ θεῷ, auch Versprochenes einlösen, ἃ δ' ὑπέσχεο, ποῖ καταθήσεις;

κατα-τιτρώσκω, Fut. -τρώσω, über u. über-, schwer verwunden, überh. verwunden, τινά.

κατα-τομή, ἡ, das Zerschneiden, im N. T. die Verstümmelung.

κατα-τοξεύω, mit dem Bogen nach einem schießen, einen mit Pfeilen niederschießen, erschießen, erlegen, τινά.

κατα-τορνεύω, sp. zudrechseln, durch Ausrunden anpassen, πρός τι an etwas.

κατα-τραυματίζω, ion. **κατα-τρωματίζω,** a) = κατα-τιτρώσκω. b) Schiffe leck machen.

κατα-τρέχω, Aor. -έδραμον, Perf. -δεδράμηκα, 1) herablaufen, herabsteigen, hinabeilen, hinzueilen, abs. od. ἀπό τινος von etwas herab, u. ἔς τι wohin. 2) dagegen anstürmen, zum Angriff herbeilaufen, abs. od. εἴς τι angreifen, losziehen gegen, τινός; feindlich durchstreifen, Streifzüge machen, verheeren, τί.

κατα-τρίβω zerreiben. 1) abnutzen, ermüden (auch Pass. intr.). 2) verbrauchen, durchbringen, aufzehren. 3) aufreiben (Pass. sich), erschöpfen, aussaugen; Pass. sich aufopfern.

κατα-τρυφάω, sp. Hohn u. Spott treiben.

κατα-τρύχω, aufreiben, aussaugen, erschöpfen.

κατα-τρύω, aufreiben, erschöpfen, Perf. pass. κατατετρῦσθαι.

κατα-τρώγω, Aor. -έτραγον, poet. sp. zernagen, zerkauen, verzehren.

κατα-τρωματίζω, s. κατατραυματίζω.

κατα-τυγχάνω, erreichen, glücklich sein in etwas, abs.

κατ-αυαίνω, Aor. -αύᾱνα, poet. u. sp. austrocknen, ausdörren.

κατ-αυγάζω, sp. erleuchten, bestrahlen. Med. poet. betrachten.

κατ-αυδάω, poet. angeben, erzählen.

κατ-αῦθι, -αυτόθι, s. αὖθι, αὐτόθι (κατά immer zum Verbum).

κατ-αυλέω, auf der Flöte vorspielen; Pass. ich lasse mir vorspielen; καταυλούμενος unter Flötenschall.

κατ-αυλίζομαι, Dep. mit Aor. pass. u. med., sich lagern, sich niederlassen, einkehren, übernachten, ἔν τινι in etwas, κατά τι zu etwas.

κατ-αυχέω, poet. großprahlen, prahlend vertrauen, τινί worauf.

κατα-φαίνομαι, Med., sich zeigen, erscheinen, einleuchten, klar werden, τινί, mit Adj. als etwas, u. mit Inf.

καταφᾰνής, 2., übersehbar, sichtbar, deutlich, offenbar, bekannt. Redensarten: ἐν καταφανεῖ vor aller Augen; καταφανὲς ποιεῖν vor Augen stellen, erklären, τινά einen verraten; κ. γίγνεσθαι sich kund tun; ἐν τῷ κ. γίγνεσθαι zu Gesichte kommen; καταφανέστερός ἐστι κακουργῶν seine Schlechtigkeiten kommen eher ans Tageslicht.

κατά-φαρκτος, 2., s. κατάφρακτος.

κατα-φαρμακεύω, φαρμάκοις, mit Zaubermitteln bestreichen.

κατα-φαρμάσσω, ion. (in tmesi) u. sp. verzaubern, behexen, τινά.

κατάφᾰσις, εως, ἡ (κατάφημι), Bejahung.

κατα-φατίζω, feierlich erklären, versichern.

κατα-φαυλίζω, sp. geringschätzen.

κατα-φέγγω, sp. niederleuchten, blenden.

κατα-φερής, 2. sich abwärts, zum Untergang neigend; übertr. einen Hang wozu, bez. zu etwas Schlechtem (πρός τι) habend.

κατα-φέρω, Fut. Akt. u. Med. κατοίσομαι, Nebenf. **καταφορέω.**

I) Akt. u. **Med.** • 1) herab-, hinab-, **hinuntertragen, -bringen,** -führen, im Strom mit sich hinwegführen, ἐπὶ τὴν θάλασσαν od. Ἄϊδος εἴσω. Im bes. • a) abführen, z. B. eine Geldstrafe • b) einen Streich führen, hinunterhauen, τὴν πληγήν, τὸν πέλεκυν • 2) wohin treiben, od. bringen, ausschütten. N.T. αἰτιώματα κατά τινος Beschuldigungen vorbringen gegen jmd.

II) Pass. καταφέρομαι (-ενεχθήσομαι, -ηνέχθην, -ενήνεγμαι) • a) hinabgetrieben, hingetrieben, **verschlagen werden,** geraten, verfallen, εἴς, ἐπί, πρός τι wohin, ἔξω τινός außerhalb von etwas, ὕπνῳ in Schlaf verfallen. N.T. • b) **sich herablassen,** zur Neige gehen, herabrollen, **herabstürzen,** sich wohin stürzen, ἄλλος ἄλλῃ der eine Teil hier, der andere dort, überh. stürzen, zu Falle kommen • c) = Akt. einhauen, verfallen.

κατα-φεύγω, Fut. -φεύξομαι, hinab-, hinein-, hinfliehen, sich flüchten, seine Zuflucht wohin od. wozu nehmen, sich unter jmds. Schutz stellen, seine Hilfe anflehen, sich auf etwas berufen.

κατάφευξις, εως, ἡ, Zuflucht.

κατά-φημι, poet. u. sp. beistimmen.

κατα-φημίζω, sp. 1) ein Gerücht verbreiten, etwas ausbreiten. 2) weihen, geloben.

κατα-φθατέομαι (φθάνω), poet. darüber (τί) hineilen.

κατα-φθείρω, verderben, τί.

κατα-φθινύθω, buk. = καταφθίνω, intr.

κατα-φθίνω, poet. ion. sp. [ῐ]. 1) trans. Fut. καταφθίσω, Aor. κατέφθισα (ῑ bei Hom., ῐ bei den Tragg.), **zugrunde richten,** vertilgen, vernichten, umbringen, τινά. 2) intr. poet. med. Aor. ind. κατέφθῐτο, inf. καταφθίσθαι, part. καταφθίμενος (ep. mit pass. Bdtg.), Plqpf. poet. κατεφθίμην, sp. Perf. κατεφθίνηκα, **zugrunde gehen,** untergehen, (hin)schwinden, kranken, erschöpft sein, sterben, τινί an etwas, καταφθίμενος entschwunden, tot; οἱ κ. die Toten, die Schatten.

κατα-φθορά, ἡ, poet. u. sp. Verderben, Zerstörung, Tod; Zerrüttung, φρενῶν.

κατ-αφίημι, Impf. κατηφίει, abwärts hingleiten lassen, allmählich durchlassen, διά τινος durch etwas.

κατα-φιλέω, abküssen, herzlich küssen, küssen, abs od. τινά od. τί, z. B. τὴν δεξιάν, was früher eigentl. nur von Sklaven geschah.

κατα-φλέγω, Aor. pass. -εφλέχθην u. -εφλέγην, ep. u sp. 1) Akt. in Brand stecken, anzünden, anbrennen, verbrennen, niederbrennen, τί etwas, auch mit hinzugef. πυρί. 2) Pass. verbrannt werden, intr. niederbrennen, verbrennen.

κατάφλεξις, ἡ, sp. die Verbrennung.

κατα-φοβέω, 1) Akt. in Furcht und Schrecken setzen, erschrecken, τινά. 2) Pass. in Furcht geraten, καταφοβηθείς aus Scheu.

κατά-φοβος, 2. sp. voll Furcht.

κατα-φοιτέω, ion. st. καταφοιτάω, herabzukommen pflegen, immer ausgehen, τὰς νύκτας des Nachts.

κατα-φονεύω, ion. poet. sp. ermorden.

κατα-φορά, ἡ, Niederfallen, Schlag, Hieb.

κατα-φορέω, s. καταφέρω.

κατα-φράζομαι, ep. poet. ion. sp. Med. mit Aor. med. u. pass., 1) dahinterkommen, bemerken, τινά, mit Part. bei einem, daß er. 2) betrachten, überlegen, τί.

κατάφρακτος, 2. u. poet. **κατάφαρκτος,** verwahrt, a) eingesperrt, ἔν τινι. b) von Schiffen: mit Verdecken versehen (Gegens.: ἄφρακτος); auch subst. ἡ, das mit einem Verdeck versehene Schiff; sp. bepanzert, ἡ κ. die bepanzerte Reiterei.

κατα-φράττω, sp. bedecken, d. i. a) schirmen, bepanzern, τινί. Im Pass. καταπεφραγμένος τι d. i. an etwas. b) überdecken, ναῦς kleinere Fahrzeuge zur Sicherung mit Verdecken, Schirmwänden versehen.

κατα-φρονέω, das Fut. med. auch in pass. Bed., 1) gering, für nichts achten, mißachten, verachten, geringschätzig behandeln, verschmähen, unbeachtet lassen, unbesorgt sein, sich darüber wegsetzen, nicht fürchten, trotzen, auch einem (τινός) etwas (τί) verächtlich beimessen od. auch geringschätzig meinen. 2) ion. verstärktes φρονέω, im Sinne haben, meinen, worauf od. woran denken.

καταφρόνημα, τό, u. **καταφρόνησις,** ἡ, Verachtung, verachtender Hochmut, Geringschätzung, τινός gegen jmdn., μὴ ἀπὸ τοῦ ὄντος eine nicht von der Wirklichkeit entfernte, also nicht unverdiente Verachtung.

καταφρονητής, ὁ, sp. der Verächter.

καταφρονητικῶς, Adv. verachtend, κ. ἔχειν verächtlich behandeln.

κατα-φυγγάνω, Nebenf. zu καταφεύγω, s. d.

καταφυγή, ἡ (καταφεύγω), Zuflucht, a) Zufluchtsstätte, Schlupfwinkel, τινός u. ἐπί τι für etw., τινί für jmdn., παρά τινα bei jmdm. b) Flucht, τὴν κ. ποιεῖσθαι διά τινος ἔς τι sich durch etw. hindurch in etw. flüchten. c) Ausflucht.

κατα-φῡλᾰδόν, ep. Adv. (φῦλον), stammweise, in Stämme geteilt.

κατα-φυτεύω, sp. bepflanzen.

κατάφῠτος, 2. (φυτόν), sp. bepflanzt.

κατα-φωράω, auf dem Diebstahl, auf der Tat ertappen, dah. a) entdecken, erraten, merken, einsehen. b) überführen, verraten, entlarven. Dazu

κατά-φωρος, 2. sp. ertappt, überführt.

κατα-χαίρω, 1) ion. sich gegen einen, d. i. über sein Unglück freuen, schadenfroh sein, καταχαίρων aus Schadenfreude, abs. u. ἐπί τινι. 2) sp. absol. sich über die Maßen freuen.

κατα-χᾰλαζάω, sp. herabhageln, τινός auf einen, λίθους einen mit einem Steinhagel überschütten.

κατα-χαλκεύω, sp. Erz verarbeiten, einschmelzen.

κατα-χαλκόομαι, Med., ion. etwas Eigenes mit Erz bedecken, stählen, τί. [panzert, vom Drachen.

κατά-χαλκος, 2. poet. mit Erz belegt, übertr. gepanzert, vom Drachen.

κατα-χαρίζομαι, sich gefällig machen, willfahren, im bes. τὰ δίκαια das Recht nach Gunst verschenken.

κατα-χέζω, überkacken, bekacken, τινός.

κατα-χειροτονέω, 1) gegen einen stimmen, eigentl. durch Handaufheben, daher nur vom Volke. 2) überh. einen verurteilen τινός u. θάνατόν τινος den Tod gegen einen erkennen. Pass. auch persönlich gebraucht: verurteilt werden. 3) gegen jmdn. die Klage (προβολή) bewilligen.

καταχειροτονία, ἡ, Verurteilung durch das Volk.

κατα-χέω, ep. Aor. κατέχευα, med. -εχεύατο, u. κατέχυντο (diese in pass. Bdtg.), Perf. pass. 3. pl. ion. κατακεχύαται.

I) Akt. • 1) a) von flüssigen Dingen: **hinabgießen,** darüber oder darauf hingießen, ausgießen, dazugießen, τινός über jmdn. oder etwas, τινί jmdm., ἔραζε zur Erde • b) von trocknen Dingen: herabschütten, herabspülen, herab-, niederfallen lassen, niederwerfen, εἴς τι in etwas, ἐπί τινι auf etwas, χαμαί zur Erde • 2) übertr. **ausschütten,** ausbreiten, überhäufen, τινί über jmdn., mit etwas.

II) Pass. • 1) herabrinnen, hinabstürzen, τινί von etwas, εἴς τι in etwas • 2) übertr. sich ergießen, τινί jmdm., über etwas.

III) Med. • 1) eingießen, d. i. einschmelzen lassen, χρυσόν das Gold • 2) übertr. hereinströmen lassen, τὸν ὄχλον u. zwar vom Lande nach Athen (εἴς τι).

κατ-ᾱχής, 2. buk., dor. st. κατηχής, herniederrauschend, tosend.

κατα-χθόνιος, 2. ep. u. sp. unterirdisch, Ζεύς = Hades.

κατα-χορδεύω (χορδαί), ion. sp. eigtl. zu Wurstfleisch hacken, dann überh. der Länge nach (κατὰ μῆκος) das Fleisch aufschneiden, aufschlitzen.

κατα-χορηγέω, als χορηγός (s. d.) Geld aufwenden, überh. aufwenden.

κατα-χόω, s. καταχώννυμι.

κατα-χραίνομαι, Med. poet. besprengen, bespritzen.

κατα-χράω, 1) Akt., ion., nur unpers. καταχρᾷ, κατέχρα, καταχρήσει, es ist genug, **genügt**, dient dafür, τινί jmdm., ἀντί τινος od. mit Inf. od. folg. εἰ. 2) Med. **κατα-χράομαι**, Fut. -χρήσομαι, Aor. -εχρησάμην, Perf. -κέχρημαι (selten in pass. Bdtg.), Aor. -εχρήσθην in pass. Bdtg., a) **gebrauchen**, anwenden, benutzen, εἴς, πρός τι zu etwas, τί in etwas, τινί etwas, πρός τινα vor jmdm., b) einen schlechten Gebrauch machen, mißbrauchen, τινί, c) **verbrauchen**, abnutzen, dah. ion. von Personen für ἀποκτείνω: umbringen, hinrichten, morden.

κατάχρησις, εως, ἡ, sp. Gebrauch, insbes. der Gebrauch eines Wortes in uneigentlicher Bedeutung.

καταχρηστικός, 3. sp. mißbräuchlich, im uneigentlichen Sinn gebraucht.

κατα-χρίω, beschmieren.

κατάχρυσος, 2. vergoldet. Dav.

κατα-χρυσόω, ion. poet. sp. vergolden, τί, bildl. τὴν πόλιν die Stadt, wie mit Gold, mit Kunstwerken überziehen.

κατα-χρώννυμι, in tmesi, beschmutzen.

κατα-χωνεύω, einschmelzen.

κατα-χώννυμι, zudämmen, verschütten, begraben, τινά, u. zwar βάλλοντες unter ihren Geschossen, übertr. τοῖς λόγοις mit einem Hagel von Reden überschütten.

κατα-χωρίζω, I) Akt. 1) an die gehörige Stelle, **an** seinen Ort bringen, an seinen Platz stellen, τινά od. τί. 2) Halt machen lassen, sich an seinen Ort stellen lassen. II) Med. sich an seinen Platz stellen, u. zwar εἴς τι od. mit folg. ὅπου.

κατα-ψακάζω u. **κατα-ψεκάζω**, poet. u. sp. 1) beträufeln, benetzen, τινά od. τί, u. zwar τινί mit etwas. 2) niederfallen lassen, niederträufeln, τί.

κατα-ψάω, abreiben; streicheln, τί.

κατα-ψεύδομαι (-ψεύσομαι, -εψευσάμην, κατέψευσμαι in akt. u. pass., κατεψεύσθην stets in pass. Bdtg.), erlügen, erdichten, Unwahrheiten vorbringen, andichten, verleumden, abs. mit καλῶς der Ehre halber, od. τί etwas.

κατα-ψευδομαρτυρέω, falsches Zeugnis ablegen gegen jmdn. τινός. Pass. auf falsches Zeugnis verurteilt werden, ὑπό τινος unter den falschen Zeugnissen der Leute erliegen.

κατα-ψευστός, 2. ion., vielm. ἀ-κατάψευστα, s. d.

κατα-ψηφίζομαι, gegen einen stimmen, verurteilen τινὸς θάνατον zum Tode, αἰσχρὰν δίκην wegen eines entehrenden Vergehens; eine Strafe zuerkennen.

κατα-ψήχω, poet. striegeln; Pass. zersägt werden, im Perf. -έψηγμαι zerstieben.

κατάψυξις, εως, ἡ, Abkühlung, Kältung. Von

κατα-ψύχω, meist sp. erkalten lassen, erfrischen; im Pass. a) erkalten, ζώνη κατεψυγμένη die kalte Zone. b) ausgedörrt sein.

κατ-εγγυάω, verloben, τινί τινα jmdm. ein Mädchen; aber τινὰ πρὸς δίκην jmdm. Bürgschaft abverlangen, daß er sich zu einem Prozeß stellen werde.

κατ-έδω, Fut. -έδομαι, N. T. -φάγομαι, Perf. act. ep. -έδηδα (auch in tmesi), pass. -εδηδεσμένος, Aor. pass inf. κατεδεσθῆναι, u. **κατ-εσθίω**, sp. auch **κατ-έσθω**, mit Aor. κατέφαγον (auch in tmesi), aufessen, auffressen, verschlingen, verzehren, abfressen, zerfressen, zunächst von Tieren, τί, übertr. aufzehren, τί, u. ὃν θυμόν sein Herz abzehren, sich abhärmen. N. T. auch: vergeuden, an sich reißen, berauben.

κατ-είβω, ep. u. poet. 1) Akt. herabfließen lassen, vergießen. 2) Med. herabfließen, herabrinnen; zerrinnen.

κατ-είδωλος, 2. N. T. von Götzenbildern voll.

κατ-εικάζω, 1) Akt. ion. eigentl. ähnlich finden, dann vermeinen, ahnen. 2) Pass. -εικασθέντε, poet. ähnlich sein, τινί τι einem in etwas.

κατ-ειλέω, ion. u. sp., Aor. pass. -ειληθείς, 1) zusammengewickelt, zusammengedrängt, eingesperrt, eingeschlossen werden, auch sich einschließen, ἔς τι in etwas, περί τι in die Gegend von etwas. 2) umwickelt sein, τί an etwas, τινί mit etwas.

κατ-ειλίσσω, ion., Plqpf. pass. 3. plur. κατειλίχατο, einwickeln, umwickeln, verbinden, τί τινι etwas mit etwas. Med. sich (*sibi*) umwickeln, τί τινι.

κατ-ειλύω, ep. u. ion. Akt. u. Perf. pass. -είλυμαι, umhüllen, umgeben, τί τινι.

κάτ-ειμι, Part. -ιών, Präs. bei Attik. auch in Futurbdtg., Aor. med. ep. καταεισάμην, u. **κατ-έρχομαι**, Fut. ep. u. ion. -ελεύσομαι, Aor. ep. u. poet. -ήλυθον, inf. -ελθέμεν • 1) herab-, **hinabgehen**, herabkommen, überh. von einem höheren Orte gehen, kommen. Im bes. • a) in die Unterwelt hinabgehen, meist mit δόμον Ἄϊδος, Ἄϊδος εἴσω, Ἄϊδόσδε, verscheiden • b) vom Verbannten: in das Vaterland **zurückkehren**, mit u. ohne πάλιν u. φυγάς, überh. heimkehren, ἀγρόθεν • c) sp. (auf folgende Generationen) herabkommen = sich vererben • 2) übertr. • a) vom Flusse od. Regen: hinabfließen, fallen, vom Nil: die Felder überschwemmen • b) vom Winde: sich erheben • c) vom Sonnenlichte, Felsstücken, Geschossen: herabstrahlen, niederstürzen od. -fahren • d) von Schiffen: fahren • e) von Reden, bes. Schmähreden oder Gelächter: scil. ἐς θυμόν zu Ohren kommen • f) vom Schriftsteller: fortfahren.

κατ-εῖπον, inf. -ειπεῖν, Inf. aor. 1. ion. -εῖπαι (εἶπον), u. der Bdtg. nach dazu gehörig Fut. **κατ-ερῶ**, ion. -ερέω, Fut. 3. -ειρήσομαι, Perf. -εἴρηκα, 1) sprechen zu jmds. Nachteil, dah. anschuldigen, angeben, anklagen, τινός jmdn. 2) gerade od. offen heraussagen, aussagen, anbringen, hinterbringen, berichten, verraten, auch scherzhaft (Xen. mem. 2, 6, 33).

κατ-είργω, ion. u. sp. **κατειργνυμι**, u. ion. **κατ έργω**, ep. **κατέργνυμι** mit Impf., κατεέργνυ, ferner: **καθείργνυμι**, Aor. καθεῖρξα, Perf. pass. καθεῖργμαι, u. poet. Aor. κατειργαθόμην. 1) zusammendrängen, **bedrängen**, in die Enge treiben, zurückdrängen, **einschließen**, einsperren, einengen, von einem Heere: in ein geschlossenes Feld führen, τινί u. εἴς τι mit od. in etwas. **2)** **zurückhalten,** niederhalten, verhindern. **3)** übertr. drängen, nötigen, **zwingen.** Pass. auch abgezwungen od. abgedrungen werden.

κατ-ειρύω, s. κατερύω.

κατ-ειρωνεύομαι, sp. Dep. med., sich der Ironie gegen einen od. etwas bedienen, verspotten, lächerlich machen, τί, u. zwar τινί mit etwas.

κατ-ελαύνω, buk. einen unterkriegen und durchprügeln.

κατ-ελέγχω, ep. poet. beschimpfen.

κατ-ελεέω, Mitleiden gegen einen (τινά) haben, abs. sich erbarmen.

κατ-ελεύσομαι, ep. u. ion. Fut. zu κατ-έρχομαι, s. κάτειμι.

κατ-ελκύω, s. καθέλκω.

κατ-ελπίζω, ion. u. sp. erhoffen, zuversichtlich hoffen, mit Inf. fut.

κατ-εναίρω, poet. (Aor. κατήνᾰρον), ep. Med. **κατ-εναίρομαι** (nur Aor. -ενήρατο), u. poet. **κατ-εναρίζω,** Perf. pass. κατηναρισμένος, Aor. pass. -εναρίσθη, niederstrecken, töten, vernichten, ἐκ χειρός von Menschenhand.

κατ-έναντι, sp. N. T. = dem folg.

κατ-εναντίον, ep. poet. ion. sp. Adv. entgegen, gegenüber, ins Angesicht, τινί u. τινός.

κατ-ενήνοθε, def. ep. Perf. (vgl. ἀνήνοθε) quoll herunter, wallte herab, ὤμους über die Schultern.

κατ-εντείνομαι, Pass. sp. sich abmühen, sich ganz abarbeiten; τὸ κατεντ. die verwendete Mühe, Anstrengung.

κατ-ένωπα od. **κατ-ενῶπα** (vgl. ἐνωπή), ep. Adv. = κατεναντίον, τινός.

κατ-ενώπιον, N. T. vor Augen, doch auch: nach dem Urteil jmds.

κατ-εξανίσταμαι, sp. Med. mit Aor. 2. act. κατ-εξανέστην, sich auflehnen, widersetzen, τινός gegen jmdn. od. etwas.

κατ-εξουσιάζω, N. T. seine Macht gegen jmdn. gebrauchen, τινός.

κατ-επαγγέλλομαι, Med. sich anerbieten, versprechen.

κατ-επᾴδω, durch Zaubermittel oder Besprechen bezwingen od. einzwängen.

κατ-επείγω (ep. in tmesi), drängen, treiben, zur Eile drängen, beschleunigen, auch: ein dringendes Verlangen nach etwas haben, τὸ κατεπεῖγον u. κατεπείγοντα das Dringende, Notwendigste, was nottut.

κατ-επιδείκνυμαι, sp. gegen jmdn. sich brüsten, prahlen.

κατ-επιορκέω, mit Fut. med., durch einen Meineid erreichen.

κατ-εργάζομαι, Dep. med., Perf. -είργασμαι, auch in pass. Bdtg., ion. -έργασμαι, Plqpf. -έργαστο (pass.), Aor. -ειργάσθην nur pass.; sp. auch Augm. -η, **1)** **bewirken,** fertig werden, zustande bringen, ausführen, ausrichten, **vollbringen,** vollenden, verüben, durchsetzen, pass. ἐπὶ κατειργασμένοις nach abgemachter Sache. **2)** sich erarbeiten, schaffen, **erwerben,** verschaffen, gewinnen, auf seine Seite bringen, zu etwas bringen oder bewegen, τινί oder mit Inf. u. ὥστε. **3)** niederarbeiten, **überwältigen,** bezwingen, überwinden, unterjochen. **4)** abtun, **töten,** vernichten.

κατεργασία, ἡ, sp. Bearbeitung, Behandlung.

κατ-έργνυμι u. **κατ-έργω,** s. κατείργω.

κατ-ερείκομαι, ion. u. poet. Med., sich (*sibi*) zerreißen, τί etwas.

κατ-ερείπω, ion. poet. u. sp. (auch in tmesi), **1)** trans. niederreißen, niederwerfen, in den Staub reißen, τί. **2)** intr. ep. buk. u. sp., Aor. 2. κατήριπον u. Perf. κατερήριπα. niederfallen, einstürzen, übertr. zugrunde gehen; auch σεισμὸς κ. ein Erdbeben richtet Verheerungen an.

κατ-ερέφω, sp. bedachen, decken.

κατ-ερητύω, ep. u. poet. anhalten, zurückhalten, hemmen, hindern, τινά, u. ὁδόν den Weg verwehren.

κατ-ερῡκάνω, ep. u. **κατ-ερύκω,** ep. = κατερητύω. Pass. zurückgehalten werden.

κατ-ερύω, ep., ion. **κατειρύω,** Aor. 1. -είρυσα, Perf. pass. -είρυσμαι, herab-, herunterziehen, τὶ ἔς τι, insbes. Schiffe vom Lande ins Meer ziehen, mit u. ohne εἰς ἅλα.

κατ-έρχομαι, s. κάτειμι.

κἀτέρωτα, äol. = καὶ ἑτέρωτα, = καὶ ἄλλοτε.

κατ-εσθίω u. **κατ-έσθω,** s. κατέδω.

κάτ-ευγμα, τό, poet. Gelübde, Weihegabe; Wunsch, Fluch.

κατ-εύδω, ion. = καθεύδω, s. d.

κατ-ευθύνω, **1)** trans. gerade machen, lenken. **2)** intr. sp. mit ὄρθιος sich gerade darauf los richten, u. zwar πτήσει gerade darauf los fliegen, ἐπί τινα gegen jmdn.

κατ-ευλογέω, sp. sehr loben; N. T. segnen.

κατ-ευνάζω, ep. poet. u. sp., u. **κατ-ευνάω,** ep. u. poet., **1)** Akt. mit Aor. κατεύνησα, dor. opt. κατευνάσειεν, in Schlummer wiegen, einschläfern, τινά, übertr. stillen, z. B. Schmerzen, Krankheit, blutende Wunden; τινί mit etwas; δαίμων bringt zur Ruhe, bettet. **2)** Pass. mit Perf. κατηύνασται, Aor. 3. pl. κατεύνασθεν sich niederlegen, sich schlafen legen, abs. u. ἔν τινι.

κατευναστής, οῦ, ὁ, sp. der zu Bett Bringende, der Kammerdiener.

κατ-ευστοχέω, sp. glücklich treffen.

κατ-ευτρεπίζω, wieder in Ordnung bringen.

κατ-ευτυχέω, sp. in einer Sache glücklich sein.

κατ-ευφημέω, sp. Beifall (πολλά —) zurufen, τινά einem.

κατευχή, ἡ, poet. u. sp. Wunsch, Gebet.

κατ-εύχομαι, Dep. med., augm. -ηυ- u. -ευ-, wünschen, erbitten, erflehen, beten, u. zwar τινί zu einem Gott. Insbes. Böses wünschen, abs. od. τί, od. mit Inf., od. Akk. m. Inf., u. zwar τινός u. κατά τινος wider jmdn., aber bei guten Wünschen τινί einem; buk. sich rühmen.

κατ-ευωχέομαι, ion. sp., sich satt schmausen.

κατ-εφάλλομαι, ep., im Part. aor. 2. κατεπάλμενος, herab u. darauf zuspringen (über κατέπαλτο T 351 s. καταπάλλομαι).

κατ-εφίσταμαι, Aor. κατεπέστην, N. T. τινί gegen jmdn. auftreten.

κατ-έχω (auch in tmesi), Aor. med. κατεσχόμην poet. auch in pass. Bdtg., pass. sp. κατεσχέθην, Adj. verb. καθεκτέον, ep. u. poet. verl. Aor. κατ-έσχεθον, ep. 3. sg. κάσχεθε, mit der ep. ion. sp.

Nebenf. **κατ-ίσχω** (nur Präs. u. Impf.), ep. auch **κατα-ΐσχω** und **κατ-ισχάνω** (in tmesi), **niederhalten.**

I) trans. • 1) niederhalten, niederstrecken • 2) drauf loshalten, **hinlenken,** τὰς νέας von der See zum Lande • **3) anhalten,** aufhalten, hemmen, aufschieben, in Schranken halten, zähmen, fesseln • **4) an sich halten,** εὐμενεῖς ὀργάς den Zorn unterdrücken, γέλωτα, τὸ μὴ δακρύειν • 5) im Besitz, in der Gewalt haben od. dahin bekommen, dah. • a) **innehaben,** νὺξ κάτεχ' οὐρανόν • b) **einnehmen,** behaupten, τὴν ἀκρόπολιν, τὰ ἐν Σάμῳ πρήγματα, τὴν ἀρχήν, auch von den Schutzgöttern eines Landes, beschützen • c) erlangen, **gewinnen,** τὸ θέατρον das Publikum für sich gewinnen, τιμῇ κατέχειν τι durch ehrenvollen Sieg etw. erlangen • d) von Zuständen, bedecken, erfüllen, **beherrschen,** ἐμὲ δὲ δαιμονία τις τύχη κατέχει, überh. erfassen, befallen • e) **aushalten,** βίοτον fristen • f) übertr. auf das Geistige: **begreifen,** verstehen, mit und ohne γνώμῃ im Gedächtnis behalten. • 6) Im Med. • a) vor sich halten, sich (*sibi*) bedecken, πρόσωπα χερσίν • b) niederhalten, fesseln, καρδίαν ἔρωτι • c) ion. für sich behalten, unterschlagen • 7) Im Pass. festgehalten, **beherrscht werden,** δίψῃ, ἐπὶ τῷ σπουδάζειν immer beschäftigt sein nachzujagen, κατ' ἀνάγκην ἐς ὀλίγον unter oligarch. Zwangsherrschaft stehen, insbes. t. t. von der Besessenheit durch einen Gott oder Dämon, κατεχόμενος καὶ μαινόμενος, πρὸς (ἐκ) Διονύσου.

II) intr. • 1) a n s i c h h a l t e n • 2) wohin halten, bes. darauf zusteuern, **anlanden,** anlegen, im Med. ion. ankommen, ἐνθαῦτα; übertr. mit εὖ glücklich ablaufen • **3) sich wo aufhalten** (auch im Pass.), περί τι an einem Orte; im Med. ep. u. ion. Halt machen, verweilen, ἐνθαῦτα • 4) anhalten, **fortfahren,** κατέχων nicht ablassend; sich behaupten, fortdauern, τὰ κατέχοντα πράγματα die bestehenden Verhältnisse; auch die Oberhand behalten, herrschen, κατεσχηκώς herrschend, ἐς τοσόνδε so stark sein; vom Winde: anhaltend wehen, überh. wehen, und von Personen: die Zügel festhalten.

κατηγεμών u. **κατηγέομαι,** s. καθηγ.

κατ-ηγορέω (κατήγορος) • 1) **wider einen** oder **etwas reden,** schelten, m i ß b i l l i g e n, **anklagen,** v e r k l a g e n, bes. vor Gericht, scherzhaft auch im guten Sinne: einem etwas nachsagen (Xen. mem. 2, 6, 33), teils abs.: ὁ κατηγορῶν der Ankläger, teils τινός (auch κατά τινος) jmds., doch auch etwas, wo es gewöhnl. τι heißt, u. so auch κατηγορίας κ. Dah. τινός τι einem etwas vorwerfen, ihn wegen etwas anklagen, τῶν ἄλλων μωρίαν an andern es Torheit nennen, ἀληθῆ μου κατηγορεῖ es ist ihm Ernst mit seiner Anklage gegen mich. Auch folgt ὅτι, ὡς od. ein Part. bei τινός, doch auch περί τινος wegen etwas od. in betreff jmds., ἔν τινι vor einer Behörde, ferner πρός τινα bei jmdm., ἔξω τῆς γραφῆς die Grenzen der Anklage überschreiten, μέχρι τινός bis zu einem gewissen Punkte seine Anklage führen, ἐκ περιουσίας aus Übermut • Im Pass. heißt κατηγορεῖταί τινος man klagt einen an, u. zwar ἔκ τινος mit etwas. Gew. steht τί dabei od. der Inf. oder ὅτι oder ein Partiz. bei τινός. Als Subst. stehen τὰ κατηγορημένα u. τὰ κατηγορηθέντα Anklagen • 2) überh. **anzeigen,** an den Tag legen, Zeugnis ablegen, e r w e i s e n, verraten, τί oder mit ὡς, ὅτι, περί τινος gegen einen.

κατηγόρημα, τό, und **κατηγορία,** ἡ (κατηγορέω). 1) **Anklage,** V o r w u r f, Tadel, Beschuldigung, Anklagerede, τινός u. περί, κατά τινος gegen od. über einen od. etwas, ξὺν κατηγορίᾳ unter Beschuldigungen, κατηγορίαν διδόναι Gelegenheit, das Wort zur Anklage geben, κ. ποιεῖσθαι, κατηγορεῖν, συσκευάζεσθαι eine Anklage vorbringen, ὑπέρ τινος für jmdn., ἔχειν angeschuldigt, angeklagt sein, ἐπί τινι wegen etwas, εἰς κατηγορίαν καταστῆναι als Ankläger dastehen. 2) Gegenstand der Anklage, V e r b r e c h e n. 3) Prädikat, Satzaussage. 4) philos. Kategorien.

κατ-ήγορος, ὁ (ἀγορεύω), A n k l ä g e r, abs., od. τινός von jmdm., πρός τινι bei jmdm. (ἡ κ. poet. Verräterin.)

κατήγωρ, ὁ, N. T. = neuhebr. *qatîgôr* (aus κατήγορος) = διάβολος.

κατήκοος, 2. (κατ-ακούω), 1) worauf hörend, ὁ κ. der L a u s c h e r, Horcher, Spion. 2) gehorchend, gehorsam, u n t e r t a n, abs. od. τινός u. τινί.

κατ-ήκω, s. καθήκω.

κατ-ηλογέω, ion. (sonst auch -αλογέω), Aor. -ηλόγησα, ganz vernachlässigen, gering achten, verachten, τινός u. τί.

κάτ-ημαι, s. κάθημαι.

κατ-ηπιάομαι, ep. Pass., Impf. 3. plur. κατηπιάοντο, -όωντο, gelindert werden, sich besänftigen.

κατ-ηρεμίζω (ἠρέμα), beruhigen, besänftigen.

κατ-ηρεφής, 2. (ἐρέφω), ep. poet. überdacht, ü b e r d e c k t, überwölbt od. kreisförmig gewölbt (Soph. Ant. 885), überschattet, dah. dunkel, abs. u. τινί von etwas. Übertr. κῦμα gewölbte Woge.

κατ-ήρης, 2. (St. ἀρ), ion. u. poet. a u s g e r ü s t e t, wohlversehen, κατήρει ταρσῷ πίτυλος ἐπτερωμένος durch wohlangelegtes Ruderwerk beflügelter Ruderschlag.

κατηρτημένως, Adv. zu Part. perf. pass. καταρτάω, w o h l v o r b e r e i t e t, wohl überlegt; Var. κατηρτισμένως.

κατήφεια, sp., ep. (ion.) **-είη,** ἡ (von κατ-ηφής), N i e d e r g e s c h l a g e n h e i t, Beschämung, Demütigung, Betrübnis, Traurigkeit, σοὶ κ. ἔσσομαι ich werde dir Schande machen.

κατηφέω (-ηφής), ep. poet. u. sp. niedergeschlagen, beschämt, betrübt, traurig sein, ἐνὶ θυμῷ.

κατ-ηφής, 2. ep. poet. u. sp. (zu ἅπτω, eig. [die Augen] niederheftend, dah.) n i e d e r g e s c h l a g e n, beschämt, gedemütigt, betrübt.

κατηφών, όνος, ὁ, ep. (zu κατηφής), eigtl. Schande machend, beschämend, S c h a n d b u b e.

κατ-ηχέω (κατ-ᾱχής), sp. N. T. entgegentönen, bezaubern; mündlich u n t e r r i c h t e n, belehren; benachrichtigen.

κατήχησις, εως, ἡ, sp. mündlicher Unterricht.

κατ-ιάπτω, ep. (in tmesi), (feindlich) berühren, verletzen, verunstalten, τί.

Κατίαροι, οἱ, skythischer Stamm, Cotieri.

κατ-ίζω, s. καθ.

κατ-ιθύνω, ion. poet. sp. = κατ-ευθύνω.

κατ-ιθύ, ion., u. **κατ-ιθύς,** sp. poet. mit Gen. gerade gegenüber, gerade hindurch.

κατ-ικετεύω, ion. = καθικ., anflehen.

κατ-ιόομαι, Pass., N. T. rostig werden.

κατ-ιππάζομαι, s. καθιππ.

κατ-ιρόω, ion. = καθιερόω, s. καθιερεύω.

κατ-ίστημι, s. καθίστημι.

κατ-ισχάνω, s. κατέχω.

κατ-ισχναίνω, Fut. med. -ισχνανεῖσθαι (auch pass.), Perf. pass. -ισχνημένον (κάτ-ισχνος, 2. sp. sehr mager), mager machen, abzehren, erschöpfen.

κατ-ισχύω, poet. u. sp. zu Kräften kommen, erstarken; auch: imstande sein, mit Inf.; N. T. auch überhandnehmen, od. trans. besiegen.

κατ-ίσχω, s. κατέχω.

κάτ-οδος, s. κάθοδος.

κατ-οδύρομαι, sehr beklagen, bejammern.

κάτ-οιδα, verstehen, wissen, sich erinnern.

κατ-οικέω, 1) Akt. sich ansiedeln, sich niederlassen, bewohnen, wohnen, leben. 2) Pass. mit καλῶς wohl bewohnt, verwaltet sein, blühen; gelegen sein. 3) Med. sich ansiedeln, Perf. ansässig sein, wohnen. [Aufenthaltsort.

κατοίκησις, εως, ἡ, 1) die Ansiedelung. 2) der

κατοικητήριον, τό, N. T. Aufenthaltsort. [nung.

κατοικία, ἡ, sp. Ansiedelung, Kolonie; Woh-

κατοικίδιος, ὁ, sp. Stubenhocker.

κατ-οικίζω, Fut. κατοικιῶ usf. I) Akt. 1) ansiedeln, übersiedeln, verpflanzen, als Kolonisten schicken od. zurücklassen, zurückführen; Wohnsitze geben, das Bürgerrecht verleihen, τινά, u. zwar τινί od. ἔν τινι od. εἴς τι. 2) eine Kolonie anlegen, eine Stadt gründen, erbauen, bevölkern, auch wieder bevölkern.

II) Pass. u. Med., Fut. (-ιοῦμαι u.) -ισθήσομαι, 1) sich niederlassen, sich ansiedeln, sich anbauen, ἔν τινι od. εἴς τι. 2) mit Bewohnern besetzt, gegründet werden, neue Ansiedlungen erhalten.

κατοίκισις, εως, ἡ, u. **κατοικισμός,** ὁ, Wiederherstellung einer zerstörten Stadt, Gründung einer Kolonie, Wiedereinsetzung Vertriebener.

κατ-οικοδομέω, bauen, bebauen.

κατ-οικονομέω, sp. haushalten womit.

κάτ-οικος, 2. poet. u. sp. bewohnend, ὁ der Bewohner.

κατ-οικοφθορέω, sp. um das ganze Vermögen bringen; erschöpfen, πόλιν.

κατ-οικτείρω, besser -οικτίρω, s. d.

κατ-οικτίζω, ion. u. poet., Fut. -ιῶ, 1) Mitleid empfinden, bemitleiden, bejammern, bedauern, teils abs. κατοικτίσας aus Mitleid, teils τινά. 2) zum Mitleid bewegen, rühren. 3) poet. schonen. 4) Med. sich in Klagen ergießen (um andrer Mitleid zu gewinnen).

κατ-οικτίρω, a) Mitleid empfinden, abs. b) bemitleiden, τινά, auch mit folg. relat. Nebens.

κατοίκτισις, εως, ἡ, das Beklagen, Mitleiden, die Teilnahme, Mitleidsbezeugung, τινός u. ἔς, πρός τινα mit od. an, gegen jmdn.

κάτ-οικτος, 2. poet. bejammernswert.

κατ-οιμώζω, poet. bejammern. [Weingenuß frönend.

κάτ-οινος, 2. 1) poet. weinberauscht. 2) sp. dem

κατ-οίχομαι, hinuntergegangen (in die Unterwelt), heimgegangen, gestorben sein; Part praes. der Tote.

κατ-οκνέω, zagen, Bedenken tragen, sich scheuen, abs. od. τί od. mit Inf.

κατ-οκωχή, ἡ, die göttliche Eingebung.

κατοκώχιμος, 2. sp. der sich ergreifen, festhalten läßt, ἔκ τινος von etwas, empfänglich für etwas.

κατ-όλλυμαι, poet. (in tmesi), Perf. 2. ganz zugrunde gegangen sein.

κατ-ολολύζω, poet. wehrufen, über etwas τινός.

κατ-ολοφύρομαι, Dep. med., bejammern, beklagen, τινά.

κατ-όμνυμι (s. ὄμνυμι), 1) Akt. poet. schwören, abs. u. τὸν ὅρκον. 2) Med. a) = Akt. b) ion. gegen einen den Klägereid schwören, ihn anklagen, τινός u. τινί.

κατ-ονομάζω, sp. benennen.

κατ-όνομαι, ion. Dep. pass. mit Impf. κατώνοντο u. Aor. conj. 2. sg. -ονοσθῇς, geringschätzen, verachten, τινά, u. zwar πρός τι im Verhältnis zu etwas, gegen etwas.

κατονομαξία, u. **κατονόμαξις,** ἡ, beide dor. =

κατονομασία, ἡ, Benennung, Angabe.

κατ-οπάζω, ep. folgen, verfolgen, vertreiben.

κατ-όπιν, κατ-όπισθε, -σθεν, Adv. hinterher 1) vom Orte: hinterwärts, im Rücken, dahinter, hinterdrein, κ. γίγνεσθαι in den Rücken kommen, τὸ κ. das Hintenliegende, οἱ κ. die Hintenstehenden. 2) von der Zeit: hintennach, hinterher, κ. λιπέσθαι hinterlassen werden.

κατ-οπτάομαι, Pass., sp. ganz gebraten werden.

κατ-οπτεύω, herabschauen, erspähen, schauen, genau wahrnehmen, merken.

κατ-οπτήρ, ῆρος, ὁ, poet. und

κατ-όπτης, ου, ὁ, ion. u. poet. Ausspäher, Späher; poet. auch Beobachter.

κάτ-οπτος, 2. (St. ὀπ, ὄψομαι), zu sehen, zu bemerken, sichtbar, gegenüberliegend.

κατοπτρίζω, sp. N. T. Med. im Spiegel betrachten.

κάτ-οπτρον, τό (St. ὀπ, ὄψομαι), der Spiegel, bei den Alten von poliertem Metall, dah. oft glänzend (spiegelblank) genannt, κατόπτρου δίκην wie ein Spiegel. Auch bildlich das Spiegelbild, Schatten-

κατ-οράω, s. καθοράω. [bild.

κατ-ορθόω, 1) trans. a) geraderichten, in Ordnung bringen, instand setzen. Übertr. recht machen, (ein Drama) gut aufführen; glücklich vollbringen. b) aufrichten, aufrecht erhalten, φρένα die Besinnung. 2) intr. Akt. u. Pass. a) Erfolg od. Glück haben, glücklich sein, τινί, ἔν τινι, περί τι in etwas. b) glücklich ausfallen, glücken, gelingen, τὰ κατορθοῦντα = τὰ κατορθούμενα glückliche Taten, doch τὸ κ. auch die edle Handlung.

κατόρθωμα, τό, u. **κατόρθωσις,** εως, ἡ, das Wohlgelungene, das gut od. glücklich Vollbrachte, die gelungene Tat od. Unternehmung, Werk; auch der Vorzug. N. T. gute Verwaltung. Bei den Stoikern die vollkommenen Pflichten, *recte factum, recta effectio.* Dazu

κατορθωτικός, 3. sp. geschickt, etwas glücklich durchzuführen, insbes. siegreich.
κατ-ορούω, ep. intr. herunterfahren.
κατ-ορρωδέω, s. κατ-αρρωδέω.
κατ-ορύσσω, -ττω, Perf. pass. -ορώρυγμαι, vergraben, verscharren, begraben, τί od. τινά, u. zwar κατά τινος unter etwas, ἐπὶ κεφαλήν kopfüber.
κατ-ορχέομαι, ion. u. sp. **1)** zum Hohn tanzen (τινά), höhnisch begegnen, verhöhnen. **2)** sp. durch Tanz bezaubern od. überwältigen.
κατ-ότι, ion. st. καθότι.
κατ-ουδαῖος, 2. (οὖδας), ep. unterirdisch.
κατ-ουρίζω, poet. **1)** trans. zum Ziel glücklich hintreiben, auch ironisch. **2)** intr. richtig eintreffen.
κατοχή, ἡ (κατέχω), **1)** ion. u. sp. das Anhalten, Festhalten, τινός jmds., ἔν τινι an einem Orte. **2)** sp. der Zustand eines von einer Gottheit Begeisterten, die Begeisterung.
κάτοχος, 2. poet. u. sp., u. **κατάσχετος,** 2. poet. u. sp. (κατέχω), zurückgehalten, verhalten od. gefesselt, τινί von etwas. Im bes. κάτοχον ἐκ τοῦ θείου γίγνεσθαι = κατέχεσθαι von einer Gottheit begeistert werden.
κατ-όψιος, 2. poet. vor Augen, gegenüberliegend.
κατ τάδε, dor. st. κατὰ τάδε, unter folgenden Bedingungen.
κάττυμα, τό (von ἡ κάττυς „Lederstück"), Schuhsohlenleder, ἀποτείνειν mit den Zähnen ausdehnen.
κατυβρίζω, κατύπερθε, κατυπέρτερος, κατυπέρτατος u. **κατυπνόω,** s. καθ-.
κἄτω, Adv. (κατά), **1) nach unten,** hinab, niederwärts, εἰς τὸ δυνατὸν κάτω so tief als möglich, κ. διεχώρει αὐτοῖς sie litten an Durchfall. Insbes. ἔρχεσθαι, z. B. Totenspenden. Aber ἄνω καὶ κάτω s. ἄνω. **2) unten,** unterhalb, weiter unten gelegen, auch beim Gen. unterhalb von etwas, τὸ u. τὰ κάτω der untere Teil, ἡ κάτω γνάθος der Unterkiefer, τὰ κάτω was südlich von einem Lande liegt. Sonst **a)** am Meere gelegen, an der Küste, dah. οἱ κάτω die Küstenbewohner, τὰ κ. die Küstenstriche, ἡ κάτω Ἀσία Kleinasien. **b)** in die od. in der Unterwelt, οἱ κάτω *inferi*, die Unterirdischen, Toten. Kompar. u. Superl. s. bes.
κάτωθεν, Adv. **1)** von unten z. B aus dem Tale (Thuk. 6, 102) od. aus der Unterwelt od. von unten nach oben; mit Gen. unterhalb. **2)** scheinbar für κάτω, unten, z. B. in οἱ κ. θεοί eigtl. die von untenher wirkenden Götter u. in τὰ κ. die von unten aus errichteten Teile des Hauses, das Fundament.
κατ-ωθέω, ep. (in tmesi), herabstoßen, od. -werfen, τινά.
κατ-ωμάδιος, 3. ep. oben von den Schultern (ὦμος) her, v. d. Wurfscheibe, die man so wirft, daß die Hand über die Schulter kommt.
κατ-ωμᾰδόν, ep. Adv., von den Schultern her, ἐλαύνειν d. i. mit weitausholender Hand schlagen.
κατωμοσίη, ἡ, ion. (κατ-όμνυμι), Schwur od. eidliches Zeugnis wider einen, Klägereid.
κατ-ῶρυξ, ῠχος, ὁ, ἡ, Dat. pl. ep. κατωρυχέεσσι wie von κατωρυχής (κατ-ορύσσω), **1)** vergraben, insbes. **a)** λίθοι im Boden eingegrabene Steinsitze. **b)** unterirdisch, στέγη. **2)** Subst. ἡ κ. eine Gruft, zugleich θησαυρός u. Begräbnisort.
κατώτατος, 3., Superl. von κάτω, der unterste, mit Adv. **κατώτατα,** u. sp. **κατωτάτω,** zu unterst.
κατώτερος, Kompar. zu κάτω, sp. u. N. T., weiter unten, tiefer, auch mit Gen. noch tiefer in etwas; N. T. τὰ κατώτερα τῆς γῆς die untern Teile der Welt, d. i. die Erde oder Unterwelt? — Adv. **κατωτέρω.**
κατ-ωχριάω, sp. erblassen.
Καυή, ein Flecken in Phrygien.
Καύκασα, τά, Hafenplatz an der Südküste von [Chios.
Καύκᾰσος, ὁ, ion. auch **Καύκασις,** ιος, ὁ, und **Καυκάσιον,** ὄρος, τό, der Kaukasos, **1)** das bek. große Gebirge, welches durch südliche Ausläufer mit dem Antitauros zusammenhängt; bei Arr. Σκυθικός, jetzt *Caucasus*. **2)** nannten die Makedonier u. mit ihnen Arrian auch die in u. östlich von Areia sich erhebenden Gebirge Kaukasos, also den Paropamisos u. die damit zusammenhängenden Berge östl. Emodos u. westl. Imaos, *K.* Ἰνδικός.
Καύκωνες, οἱ, 1) eine nicht hellenische Völkerschaft in Kleinasien, später in Bithynien an der Grenze von Paphlagonien, dah. wahrsch. Il. 2, 851 unter Παφλαγόνες mit begriffen. **2)** in Hellas als pelasgisches Volk wohnhaft am westlichen Küstenrand von Arkadien an; doch in der geschichtlichen Zeit nur noch in Triphylia, dem südlichen Teile von Elis. Herodot nennt im Widerspruch mit Hom. Od. 3, 366 auch die Neliden in Pylos Kaukonen.
καυλός, ὁ (lat. *caulis*), **1)** der Stengel, Stiel, Stamm der Pflanzen. **2)** Im bes. bei Hom. **a)** das obere Schaftende des Speers. **b)** das Ende der Klinge am Schwertgriff (Il. 16, 338).
Καυλωνιᾶτις, ιδος, ἡ, Landschaft im Bruttischen in Unteritalien, mit der Stadt **Καυλωνία** (Αὐλωνία), griechische Kolonie im NO. v. Lokri, von Dionysios d. Ä., u. von Pyrrhus ca. 280 v. Chr. zerstört, beim jetzig. *Castel Vetere*; der Einw. **Καυλώνιος.** Die Ufergebirge nördlich davon heißen noch heute *Monte Caulone*.
καῦμα, τό (καίω), Brand, Hitze, Glut. Im bes. **a)** mit u. ohne ἡλίου Sonnenhitze, Sonnenglut, Schwüle, καύματι ἔχεσθαι erhitzt sein; oft im Plur. **b)** mit ἐντός innere Hitze, Fieberhitze. Dav.
καυματίζω, sp. u. N. T. durch Hitze vertilgen. Pass. durch Hitze umkommen.
καυνάκης, ου, ὁ, poet. sp. persisches Pelzwerk, aus den Fellen einer Mäuse- od. Wieselart, zur Kleidung od. auch zu Decken u. Teppichen.
Καῦνος, ἡ, Stadt an der Südküste Kariens, an der Mündung des Kalbis, in heißer, fieberreicher Niederung, mit guten Schiffswerften und Hafen, jetzt Dort *Daliān*. Die Einw. davon οἱ **Καύνιοι.** Adj. **Καυνικός,** 3.
καυσία, ἡ, sp. makedonische weiße Kopfbedeckung, ein Hut, mit oben plattem Kopf u. breiter Krämpe. Die Könige trugen um denselben eine weiße Binde (διάδημα).
καύσιμος, 2. (καίω), brennbar, verbrennlich.
καῦσις, εως, ἡ (καίω), das Brennen, Verbrennen,

auch im Plur. vom chirurgischen Brennen od. Ausbrennen der Leibesschäden. Dav.

καυσόομαι, Pass., sp. N. T. vor Hitze vergehen.

καύστειρα, ης (καίω), ep. Adj. fem., brennend, hitzig.

καυτηριάζω, v. LA. zu καυτηριάζω, s. d.

καυστός od. **καυτός,** 3. poet. angebrannt.

καύστρα, ἡ, sp. Leichenverbrennungsstätte.

Κάυστρος, ὁ, ion. **Καΰστριος,** ὁ. **1)** Fluß Lydiens, der sich bei Ephesos ins Ägäische Meer ergießt, jetzt *Kara Su*. Dav. *Καΰστρου πεδίον* u. *τὸ Καΰστριον πεδίον* (Homers Asische Wiese), die vom Kaystros durchflossene Ebene. **2)** Fluß Phrygiens, j. *Ak-kars-su*; an ihm lag die Stadt **Καΰστρου πεδίον,** am Knotenpunkt der pers. Königsstraße von Sardes nach Syrien.

καύσων, ωνος, ὁ, sp. N. T. **a)** Hitze, Glut. **b)** ein heißer Wind.

καυτήρ, ῆρος, ὁ (καίω), **1)** poet. der Verbrenner. **2)** sp. = καυτήριον.

καυτηριάζω, sp. N. T. brandmarken.

καυτήριον, τό, sp. Brenneisen zum Brandmarken.

καυτός, s. καυστός. **καὐτός** = καὶ αὐτός.

καυχάομαι, Dep. med., sp. 2. praes. καυχᾶσαι, Perf. sp. κεκαύχημαι, ion. poet. sp. **1)** sich rühmen, mit folg. Inf. **2)** im N. T. etwas rühmen.

καύχημα, τό, poet. N. T. u.

καύχησις, ἡ, sp. N. T. Gegenstand des Selbstruhmes, das Rühmen.

Καφηρεύς, έως, ὁ, die sehr gefährliche Südostspitze von Euböa (j. *Cavo d'Oro* od. *Xylofago*), deren Klippen αἱ **Καφηρίδες** (sc. πέτραι) hießen.

Καφύαι, αἱ, Stadt in Arkadien, westl. vom Orchomenischen See, jetzt *Kaphia* bei Gioza.

καχάζω, s. καγχαλάω.

καχέκτης, ου, ὁ (κακός, ἔχω), sp. in schlechtem Zustand befindlich, krank; übertr. übelgesinnt, aufrührerisch.

καχεξία, ἡ (κακός, ἔχω), schlechter Zustand, bes. τοῦ σώματος, wo es auch Vernachlässigung des Körpers bedeutet.

καχλάζω (redupl. aus χλάζω, St. χλαδ), poet. sp. **1)** plätschern, rauschen, brausen, vom Wasser. **2)** poet. trans. ἀφρόν Schaum emporklatschen.

κάχληξ, ηκος, ὁ (deutsch *hagal*), eigtl. ein kleiner Stein, Kiesel im Flußbett, dah. Flußsand, Kiessand, Uferkies.

κάχρυς, υος, ἡ, poet. u. sp. geröstete Gerste.

καχ-ύποπτος, 2. Schlimmes argwöhnend, sehr mißtrauisch.

κάω, s. καίω.

κέ u. vor Vokalen **κέν,** ep. enklitische Partikel (dor. κά) = ἄν w. s., über die Konstr. s. die Gramm. Es steht nicht selten mit ἄν zusammen, seltener findet es sich wiederholt.

Κεάδης, ου, ὁ, Sohn des Keas = Troizenios.

κεάζω, (Il. κείω), Aor. 1. (ἐ)κέασ(σ)α, ep. spalten, zerspalten, zersplittern, zerschmettern, τί.

κέαρ, ἄρος, poet. **κῆρ,** κῆρος, τό (St. καρδ, lat. *cor* (*cord*), got. *hairtô*, ahd. *hërza*). **1)** das Herz, bes. übertr. wie im Deutschen als Sitz der Gefühle u. Leidenschaften, seltner des Verstandes, der Überlegung, auch als Sitz der Lebenskraft. Bes. Akk. der Beziehung: κῆρ im Herzen, doch auch (περὶ) κῆρι (gar sehr) im H. κηρόθι μᾶλλον (im Versschluß) von ganzem Herzen. **2)** Umschreibung der Person, wie βίη: Πυλαιμένεος λάσιον κῆρ des P. zottige Brust.

κέας, altatt. = poet. Part. aor. act. v. καίω, s. d.

Κέβης, ητος, ὁ, Schüler des Sokrates aus Theben, angeblich Verfasser einer Schrift πίναξ.

Κεγχρεά, ἡ, u. **Κεγχρειαί,** αἱ, Hafen auf der Ostseite von Korinth, am Saronischen Busen, jetzt *Kenkri*.

κεγχριαῖος, 3. sp. von der Größe eines Hirsekornes.

κεγχροβόλοι, sp. Hirseschützen. Von

κέγχρος, ὁ u. ἡ (verw. mit lat. *granum*), Hirsekorn, Plur. Hirse. Übertr. Eier in der Größe von Hirsekörnern (Herod. 2, 93).

κεγχρώματα, τά, poet. kleine Visierlöcher im Schildrande.

κέγχρων, ωνος, ὁ, ion. ein am Phasis in Kolchis wehender heißer Wind.

κεδάννυμι, s. σκεδάννυμι.

κεδνός, 3. (-νος Suff.), Sup. -ότατος, ep. u. poet., **1)** akt. der sorgt: sorgsam, emsig, sorgfältig, treu; κεδνὰ ἰδυῖα treubesorgt. **2)** pass. wofür man sorgt, der Sorge wert: achtbar, ehrsam, lieb, wert, teuer.

κεδρίη, ἡ (κέδρος), ion. Zedernharz.

κέδρινος, 3. ep. poet. u. sp. zedern, von Zedernholz.

κέδρος, ἡ, der Zedernbaum od. zypressenartige Lebensbaum mit wohlriechendem Holz, zum Räuchern gebraucht, wahrscheinl. *iuniperus oxycedrus*. Poet. auch zederner Sarg, Zedernkiste.

κεδρόω, sp. in Zedernharz legen, einbalsamieren.

κεδρωτός, 3. poet. aus Zedernholz gemacht.

κεἰ, Krasis aus καὶ εἰ.

κεῖθεν, ep. u. ion. st. ἐκεῖθεν, auch von der Zeit: dann, s. ἐκεῖθεν.

κεῖθι, ep. u. ion. st. ἐκεῖθι, w. s.

κεῖμαι (St. κει, verw. dt. *Heim*, lat. *cunae* Wiege) conj. κέωμαι, κέηται, opt. κεοίμην, κέοιτο, ep. Präs. 3. pl. κείαται, κέαται u. κέονται, conj. 3. sg. κῆται, Impf. κείμην usf., 3. pl. κείατο, κέατο, iter. κέσκετο, ion. Präs. 3. sg. κέεται, inf. κέεσθαι, dor. Fut. κεισεῦμαι, gebr. als Perf. pass. von τιθέναι od. τίθεσθαι (Med.), gelegt oder gelegen sein, **liegen** • **1) daliegen,** krank liegen; tot, begraben daliegen, dah. ὁ κείμενος der Tote; eingestürzt liegen, z. B. τεῖχος; ferner unterlegen sein, im Unglück liegen, verachtet oder vernachlässigt, bes. unbegraben liegen, müßig zu Hause (οἴκοι) liegen; überh. **sich befinden,** ἐν τοιοῖσδε πόνοισι in solchem Zustande hingestreckt, auch in etwas gelten, ἔν τινι sich auf etwas verlassen, in jmdm. ruhen; N. T. ἐν τῷ πονηρῷ im Argen d. h. *penes diabolum* • **2)** von Dingen u. Zuständen, bes. als Passiv zu τίθημι: **niedergelegt,** gelegen **sein,** sich befinden; vorrätig, bestimmt sein, darauf stehen; **bestehen,** gelten, vorhanden sein, **stattfinden,** ruhig sein, schlummern; νόμοι κείμενοι gültige Gesetze, ὄνομά μοι κεῖται *mihi inditum est,* κοινῷ κεῖται es ist eine allen gemeinsame Aufgabe, ἐν μέσῳ κεῖσθαί τινι als Siegespreis daliegen für jmdn., ἀνάγραπτον oder γεγραμμένον es steht geschrieben; ἄλυπα in ungeschwächter Frische bleiben, ἐγγυτάτω so nahe als möglich folgen; auch auf einem beruhen, jmdm. zukommen. Konstr.

mit τινί, ἔν od. ἐπί τινι, doch auch εἰς, z. B. εἰς ἀνάγκην, wenn κεῖσθαι = πεπτωκέναι ist, oder mit Akk., z. B. αὐτάρκη θέσιν eine unabhängige Lage haben, τόπον an einem Orte liegen, u. mit dem Gen. παράπλου hinsichtlich der Fahrt, u. zwar τινός wohin. Dav.

κειμήλιον, τό (κεῖμαι), 1) das was liegt, dah. κειμήλιά τε πρόβασίς τε das liegende Gut u. das gehende. 2) das was hingelegt und aufbewahrt wird, Kostbarkeit, Kleinod.

κεῖνος, 3., **κείνῃ** u. **κείνως,** ep. ion. (u. poet.) st. ἐκεῖνος, ἐκείνῃ, ἐκείνως, bei Isocr. Plat. Dem. nach Vokalen 'κεῖνος. **Κεῖοι,** s. Κέως.

κεινός, 3., s. κενός.

κεῖπε, Krasis aus καὶ εἶπε, **κεἴπερ** aus καὶ εἴπερ.

κειρίαι, αἱ, poet. sp. 1) Bettgurte, den Boden der Bettstelle damit zu überspannen. 2) Binden, in welche der Tote gewickelt wurde, N. T.

κείρω, Aor. Pass. ἐκάρην, ion. Fut. κερέω, inf. κερέειν, Aor. auch ἔκερσα, u. poet. med. ἐκερσάμην (St. κερ, lat. *caro, carium*, ahd. *sceran*, nhd. scheren).

I) **Akt.** u. **Pass.** 1) **abscheren, abschneiden,** abmähen, abhauen, fällen, ausroden, τινί jmdm. od. durch etwas, ἐπί τι um jmdn. (zur Trauer) od. ἐπὶ πένθει τινός zur Trauer, ἐν χροΐ bis auf die Haut. Pass. κείρομαι τὸ ἧπαρ (Akk. d. Bezugs) mir wird die Leber ausgehackt. 2) abzehren, abfressen, abweiden (von Tieren). 3) übertr. aufzehren, verprassen, verheeren, **verwüsten,** ausplündern, niedermetzeln.

II) **Med.** 1) **sich** das Haar (τὴν κόμην u. ähnl.) **scheren,** trauern, ἐπί τινι um jmdn. 2) = Akt.

Κειριάδαι, Demos der Hippothont. Phyle, Ew. **Κειριάδης.**

κεἰς st. καὶ εἰς. **κεῖσε,** ep. ion. u. poet., s ἐκεῖσε.

I. **κείω** u. **κέω,** Desiderat. von κεῖμαι, eigentl. ep. Futurform vom Stamm κει in κεῖμαι, sich legen wollen, schlafen, ruhen wollen, κείω ich will liegen = laß mich ruhen; oft im Part. βῆ κείων er ging, um sich schlafen zu legen.

II. **κείω,** ep. Part. κείων, spalten; Adj. verb. κεστός.

κεκαδδεῖσθαι u. **-ίσθαι,** bess. ἐκκεκαδδίσθαι (zw. LA.), lak. Perf. von καδδίζω, durch eine besondere Art Abstimmung von den Syssitien ausgeschlossen sein.

κεκαδήσομαι, κεκαδήσω, κεκαδών, s. κήδω.

κεκαφηώς, ep. Part. perf. act. (verw. καπνός), unempfindlich geworden, **θυμόν.**

κεκραγμός, ὁ (κράζω), poet. sp. Geschrei.

κεκράκτης, ου, ὁ (κράζω), poet. sp. der Schreier.

Κέκροψ, οπος, ὁ, halb Mann, halb Drache, Erbauer der Burg *Κεκροπία* und erster König von Attika. Von ihm hießen die Athener οἱ **Κεκροπίδαι,** Attika *Κεκροπὶς αἶα*, u. eine der zehn Phylen ἡ **Κεκροπίς.** Adj. **Κεκρόπιος,** 3.

Κεκρυφάλεια, ἡ, kleine Insel an der Ostküste von Argolis bei Epidauros, jetzt *Ankristi* (Seesieg der Athener 458 v. Chr.).

κεκρύφαλος, ὁ, 1) Netzhaube, hinter u. unter der ἀναδέσμη. 2) der Sack od. Bauch des Jagd- od. Stellnetzes. 3) der zweite Magen der wiederkäuenden Tiere, die Haube, so genannt wegen seiner netzartigen Falten.

κελαδεινός, 3. ep. (κέλαδος), u. **κελάδων,** οντος, ὁ, ep. lärmend, tosend; bes. Beiw. der Artemis als Jagdgöttin, vom Jagdlärm. Subst. ἡ κελαδεινή die lärmende Jägerin, verst. Artemis.

κελαδέω (κέλαδος), 1) intr. ep. u. poet. rauschen, lärmen, schreien. 2) trans. a) poet. **μολπαῖς τινα** einen besingen, singend beklagen. b) poet. ertönen lassen.

κελάδημα, τό, poet. das Geräusch, wie Brausen (des Windes), das Geplätscher der Flüsse.

κέλᾰδος, ὁ, (verw. καλέω) Geräusch, Lärm, Getöse, Getümmel, od. Getön, Klang, im bes. das Geklingel der mit Klapperblechen od. Klingeln versehenen μάστιξ, Soph. El. 737.

Κέλαδος, ὁ, Nebenfluß des Alpheios in Arkadien.

Κελάδων, οντος, ὁ, kl. Fluß in Arkadien od. Elis.

κελάδων, s. κελαδεινός.

Κελαιναί, αἱ, Hauptstadt Großphrygiens am Marsyas u. in der Nähe des Mäander, mit Park (παράδεισος), durch Antiochus I. seiner Mutter zu Ehren *Ἀπάμεια* genannt, unter den röm. Kaisern bedeutende Handelsstadt. Jetzt Ruinen bei *Dinêr*. Adj. *Κελαινίτης*, poet. **πρών** Burgberg von K.

κελαι-νεφής, 2. (st. κελαινο-νεφής, νέφος), ep. poet. in Wolkendunkel gehüllt, dunkelwolkig, häufig Beiw. des Zeus als Gottes des Regens u. der Gewitter, auch als Name; dann überh. dunkel, αἷμα.

κελαινό-βρωτος, 2. poet. schwarz u. angefressen.

κελαινόομαι, poet. Pass., eigentl. sich schwärzen, übertr. betrübt werden.

κελαινός, 2., ep. u. poet. = μέλας, schwarz, dunkel, übertr. unheilvoll, die Nacht des Todes bereitend, von Waffen, u. **βλέφαρα** vom Todesdunkel umzogen.

κελαινό-φρων, 2. poet. von schwarzer Seele, tückisch.

κελαινό-χρως, ων, poet. von schwarzer, dunkler Haut.

κελαιν-ώπᾱς, ου, ὁ, u. fem. **-ῶπις,** ιδος (ὤψ), poet. dunkel aussehend, schwarz, finster; übertr. boshaft.

κελᾰρύζω, dor. κελαρύσδω, Aor. κελάρυξε, (vgl. κέλαδος), ep. poet. sp. plätschern, hinrauschen, rieseln, strömen.

κελέβα, ἡ, poet. buk. (dor.) Trinkbecher.

κελέοντες, οἱ, buk. die langen Ständer des Webstuhls, sonst ἱστόποδες.

Κελεός, ὁ, mythischer König von Eleusis.

κελευθο-ποιός, 2. poet. Weg bahnend.

κέλευθος, ἡ, poet., Pl. auch ep. τὰ κέλευθα (**κέλλω,** κελεύω treiben). 1) **Weg,** Pfad, Bahn, Gang, πολλὰ κέλευθος ἐρατύει der weite Raum ist hinderlich, κ. ἀνέμων die Strichbahnen der Winde. 2) das Gehen, die **Reise,** der Feldzug, στροφάδες κ. ἄρκτου die Ringelbahn des Bären (als Gestirn), χάζεσθαι κελεύθου von seinem Platze weichen. 3) Lebenspfad.

κέλευμα, κέλευσμα, τό, **κέλευσις,** ἡ, sp., **κελευσμός,** ὁ, poet., u. **κελευσμοσύνη,** ἡ, ion. (κελεύω). 1) Befehl, Gebot, Geheiß, Ruf; im bes. Rudertakt, ἐκ κελ. nach dem Takte, ἀπὸ ἑνὸς κελεύσματος auf ein Kommando. 2) Geschrei, Tumult.

κελευστής, οῦ, ὁ (κελεύω), der Befehlende, insbes.

Rudermeister, welcher den Ruderknechten durch Zurufen das Zeichen zum Anfang oder Ende des Ruderns und zugleich den Takt dazu gibt. Auf den Trieren begleitete und unterstützte den Takt zugleich ein besonderer τριηραύλης durch die Flöte. Diese κελευσταί hatten aber auch ein gewisses Aufsichtsrecht über die Ruderer u. ihre Beköstigung zu besorgen; ἄνευ κελευστῶν ohne den Zuruf des Rudermeisters.

κελευστική, ἡ, die Kunst zu befehlen.

κελευτιάω, ep. Part. praes. κελευτιάων, -όων, Frequent. von κελεύω, wiederholt oder bald hier bald dort befehlen, anfeuern.

κελεύω (κελεύσω, ἐκέλευσα, κεκέλευκα, κεκέλευσμαι, ἐκελεύσθην, κελευστός) (κέλομαι). **1)** antreiben, zurufen, rufen, anrufen, **heißen,** zureden, raten, **befehlen,** zumuten, gestatten, κελευόμενοι u. κελευσθέντες auf Befehl, τὸ κελευόμενον ποιεῖν als Untertan gehorchen, τὰ κελευόμενα das Befohlene, die Weisung, **a)** ep. τινά τι u. τινί τι od. Inf. jmdm. etwas, **b)** nachhomerisch τινά (sp. auch τινί) mit Inf., der Konstr. von heißen (vgl. *iubeo*) entsprechend. **2)** im bes. Rudermeister sein, als κελευστής (s. d.) die Ruderknechte kommandieren, dah. τὰ κελευόμενα die Kommandos des Rudermeisters.

κέλης, ητος, ὁ u. Dem. dazu **κελήτιον, τό** verw. mit κέλλω), **1)** mit u. ohne ἵππος Renner, Reitpferd, insbes. Kunstreiterpferd, Rennpferd zum Wettrennen. **2)** (κέλης, ὁ, u. κελήτιον, τό) ein Schnellsegler, Jacht, Boot, ein leichtes Fahrzeug mit einer einzigen Ruderbank.

κελητίζω, ep. auf Rennpferden (ἵπποισι) reiten, u. zwar als Kunstreiter, der von einem Pferde aufs andere springt.

Κελκαία, ἡ, Beiname der Artemis; Ursprung und Bedeutung des Namens ist unbekannt.

(κέλλω), nur im Fut. κέλσω u. Aor. 1. ἔκελσα (verw. mit *cellere* stoßen), ep. u. poet. **1)** trans. treiben, bewegen, νῆα das Schiff ans Land treiben, landen, abs. od mit ἔν τινι, ἐπί, πρός τι an etwas. **2)** intr. treiben, anfahren, anlanden.

κέλομαι, κέλεαι (◡–, d. i.) κέλῃ, ep u. poet. Impf. ἐκέλευ, Fut. κελήσομαι, Aor. red. (ἐ)κεκλόμην, κέκλετο, part. κεκλόμενος, **a)** rufen, τινά; zurufen, ermuntern, jmdn. τινί. **b)** zwingen, von einer physischen Ursache. **c)** = κελεύω, heißen, jmdn. τινί u. τινά mit gesetztem od. zu ergänzendem Inf.; dah. auch eine Mischung beider Konstr. Od. 17, 555.

Κέλται u. **Κελτοί, οἱ,** die Kelten, im engeren Sinne Gallier. Spätere Stämme Γαλάται. Adj. **Κελτικός,** 3. keltisch. Subst. **Κελτική,** ἡ, auch Gallien dies- u. jenseits der Alpen (ἡ ἐκτὸς Κ. *Gallia transalpina*). **Κελτιστί,** auf keltisch. **Κελτοσκύθαι,** keltische Skythen.

Κελτ-ίβηρες, ων, οἱ, das kriegerischste Volk in Spanien, eingewanderte Kelten vermischt mit den eingeborenen Ibērern. Sie wohnten in der Provinz [Hispania citerior.

κέλωρ, ωρος, ὁ, poet. Sohn.

κεμάς, άδος, ἡ (ahd. *hin-ta*, Hindin), ep. sp. Hirschkalb, Spießer, ein zweijähriger Hirsch.

Κέμμενον, ὄρος, τό, auch plur., sp. das Sevennengebirge in Gallien.

κέν, s. κέ.

κεν-αγγής, 2. (κενός, ἄγγος), poet. die Gefäße leerend, d. h. Hunger verursachend.

κενανδρία, ἡ, poet. Männer-, Menschenmangel.

κέν-ανδρος, 2. poet. männerlos, wehrlos.

κενεᾱγορία, ἡ, poet. Windbeutelei.

κενε-αυχής, 2. ep. mit leeren Dingen prahlend, eitel prahlend. [auch bildlich.

κενεμβατέω (wie v. κεν-εμβάτης), sp. fehltreten,

κενεός u. **κενεόφρων,** s. κενός u. κενόφρ. Dav.

κενεών, ῶνος, ὁ, ep. **1)** leerer Raum. **2)** der hohle Unterleib, die Weichen, d. i. die Seiten des Unterleibes zwischen Hüften u. Rippen.

κενοδοξία, ἡ, sp. eitle Einbildung.

κενό-δοξος, 2. sp. u. N. T. voll eitler Ruhmsucht.

κενός, 3., ion. (poet.) auch **κεινός,** u. ep. **κενεός,** 3., Komp. att. κενότερος (κενώτερος). **1) leer,** ledig, bar, entblößt, τινός von etwas oder jmdm. Im bes. nicht beladen, unbemannt, unbewacht, ausgestorben, menschenleer od. verlassen; εἰς κενόν umsonst. Subst. τὸ κενόν der leere Raum, die Lücke, mit Inf. καθεῖναι um einen hinabzulassen. **2)** eitel, **nichtig,** grundlos, erfolglos, vergeblich, unnütz, unbestimmt, κενεόν od. κεινῇσι χερσὶ νέεσθαι, νοστεῖν leer, d. i. unverrichteter Sache zurückkehren • Adv. κενά, ἐν κενοῖς, διὰ κενῆς vergeblich, umsonst = **κενῶς.**

κενό-σπουδος, 2. sp. **a)** eitle Dinge ernstlich betreibend. **b)** des Eifers nicht wert, nichtig.

κενο-ταφέω, poet. ein leeres Ehrengrab errichten, τινά jmdm.; sp. τὸν βίον sich lebendig begraben.

κενο-τάφιον, τό, sp. leerer Grabhügel, Ehrengrab ohne Leichnam, bei den Griechen als Pflicht der Pietät gegen solche Tote betrachtet, die im Meere oder Kriege umgekommen waren, ohne daß man ihrer Leichname hatte habhaft werden [können.

κενότης, ητος, ἡ, die Leere.

κενοφροσύνη, ἡ, sp. leerer Wahn. [Sinne.

κενό-φρων u. **κενεό-φρων,** 2. poet. mit eitlem

κενοφωνία, ἡ, N. T. sp. leere Rede, Geschwätz.

κενόω (κενός), Fut. ion. κεινώσω, **1)** Akt. trans. entleeren, **a)** ausleeren, herausbringen, ὕδωρ ausgießen. **b)** veröden, aussterben machen; verlassen, τί (τινος) od. τινά τινος etwas von einer Sache entblößen, einer Sache berauben, jmdn. von etw. entledigen. **c)** zunichte machen, um Inhalt, Wirkung, Erfolg bringen. **2)** Pass. leer werden, öde werden, aussterben, τὸ κενούμενον eine unterhöhlte Stelle (des Erdbodens).

κενταυρίδης, ὁ, sp. ein edles, thessal. Pferd.

κενταυρο-πληθής, 2. poet. voll von Kentauren.

Κένταυρος, ὁ (κεντέω, αὔρα „Wasser"), „Wasserpeitscher", ein Quelldämon. Dieser Einzelname wurde später pluralisch verwendet als **Κένταυροι, οἱ,** urspr. Wald-, Berg- und Stromdämonen, wie Cheiron u. Nessos, der geradezu ὁ (θήρ) Κένт. heißt; bei Hom. ein wilder, thessal. Volksstamm zw. Pelion u. Ossa, der von den Lapithen überwunden wird. Diese Kämpfe Il. 1, 262 ff. Od. 21, 394 gaben der Sage, Dichtung u. Kunst reichen Stoff. Meist dargestellt als Mischwesen (halb Mensch, halb Pferd), vgl. ἱπποκένταυρος. Adj. **Κενταύρειος** u. **-ρικός,** 3. roh, bäuerisch.

κεντέω, mit ep. Inf. aor. κένσαι, wie von κέντω, dor. Aor. κέντᾰσε, ion. **κεντόω** (vgl. κέντρον u. κοντός, *contus*), **1)** stacheln, stechen, um anzutreiben, spornen, anspornen, τί u. τινά. **2)** im bes. vom Nahkampfe: stechen, durchbohren, überh. schlagen, stoßen, um zu verwunden, zu martern od. zu mißhandeln, τινά. Dav.

κεντητός, 3. sp. gestickt.

Κεντόριπα, τά, Stadt der Sikeler, westl. vom Ätna, jetzt *Centorbi*. Die Einw. **Κεντόριπες, οἱ.**

Κεντούκελλαι, αἱ, sp. = *Centum cellae*, Hafenstadt in Etrurien, jetzt *Civita Vecchia*.

κεντρ-ηνεκής, 2. (ἐνεγκεῖν), ep. mit dem Stachel angespornt.

κεντρίζω, stacheln, anspornen; auch Pass.

Κεντρίτης, [ῑ], ου, ὁ, linker Nebenfluß des Tigris.

κεντρο-δάλητις, ἡ, poet. durch den Stachel verletzend.

κέντρον, τό (κεντέω), der **Stachel. 1)** Stachelstab, womit die Tiere angetrieben wurden, Geißel mit Stacheln am Ende Daher sprichw. πρὸς κέντρα λακτίζειν gegen den Stachel löcken = ausschlagen. **2)** Stachelknute, ein Züchtigungs- od. Marterwerkzeug. **3)** Stachel der Biene. **4)** Sporn der Hähne, κέντρα φῦσαι Sporen bekommen, vom jungen Hahne. **5)** übertr. **Antrieb,** Sporn, θυμοῦ eines hitzigen Temperaments, doch auch ἐμοῦ Verlangen nach mir. **6)** Zirkel, Mittelpunkt.

κεντρόω, 1) mit Stacheln versehen. **2)** (bei Her. 3, 16 v. LA.) mit Stacheln stechen od. schlagen.

κέντρων, ωνος, ὁ (κέντρον), poet. ein (der Stachelknute verfallener) Spitzbube, Dieb (var.).

κεντυρίων, ὁ, N. T. das lat. *centurio*.

κέντωρ, ορος, ὁ (f. κεντήτωρ), ep. Sporner, ἵππων der Rosse, ehrendes Beiw. der Kadmeer u. Troer.

κένωμα, τό, sp. der Zwischenraum.

κένωσις, ἡ, die Ausleerung.

Κέος, ἡ, **1)** ion. st. Κέως, s. d. **2)** = Κυνόσουρα, die Landzunge von Salamis nach Psyttaleia.

κεπφόομαι, sp. sich leicht locken und fangen lassen, von

κέπφος, ὁ, poet. buk. ein leicht zu täuschender Meervogel; übertr. ein solcher Mensch, „Gimpel".

κεραία, ἡ (κέρας), eigentl. hornähnlich, dah. **a)** die Rahe, Segelstange. **b)** Sturmstange, eine Art Widder auf dem Schiff. **c)** überh. Balken, Pfahl, Stange, Gabel. **d)** sp. Akzent- od. Schriftzeichen, überh. ein Strichlein, Pünktchen, Buchstabe.

κεραΐζω, inf. ep. κεραϊζέμεν (verw. κήρ), ep. ion. poet. u. sp. von Grund aus zerstören, verwüsten, ausplündern, morden, plündern, u. von lebendigen Wesen: zerreißen, töten, hinwegreißen. Im bes. φάλαγγα durchbrechen, ναῦς in den Grund bohren. Davon

κεραϊστής, οῦ, ὁ, ep. der Zerstörer, Vernichter.

κεραίω, s. κεράννυμι.

κεραμεία, ἡ (κεραμεύω), Töpferei, Töpferkunst. Sprichw. ἐν πίθῳ τὴν κεραμείαν μανθάνειν am (irdenen) Fasse die Töpferei erlernen, d. h. ohne die Anfangskenntnisse sich gleich ans Schwerste machen, dah. ἐν πίθῳ ἡ κ. (γίγνεται) die Sache wird verkehrt angefangen.

Κεραμεικός, οῦ, ὁ (κέραμος). **1)** (der Töpfermarkt), nordwestlicher Stadtteil Athens, teils innerhalb, teils außerhalb der Stadtmauer. Aus dem innern führte das Dipylon od. thriasische Tor nach dem äußern, der schönsten Vorstadt Athens. Hier war auch seit 491 der öffentliche Begräbnisplatz für die im Kampfe gefallenen Krieger, daher reiche Funde von Grabreliefs. **2)** **ὁ Κεραμεικὸς κόλπος,** auch Κεράμειος od. Κεραμικὸς κόλπος, Meerbusen im S. von Halikarnaß.

κεραμεοῦς, ᾶ, οῦν, auch **κεράμεος,** 3. (κέραμος), irden, tönern, πλίνθοι κ. Backsteine, Ziegel.

κεραμεύς, έως, ion. έος, ὁ (κέραμος), der Töpfer. Davon

κεραμεύω, Töpfer sein, pass. vom Töpfer gearbeitet werden.

κεραμικός, 3. u. ion. **κεράμινος,** 3. = κεραμεοῦς.

κεράμιον, τό, Demin. zu κέραμος, irdenes Gefäß, Tonkrug, Geschirr, Faß.

κεραμίς, ίδος, ἡ, Dachziegel; Platte.

κέραμος, ὁ, u. Demin. dav. **κεράμιον,** τό (verw. κεράννυμι), **1)** eigentl. der Töpferton, die Töpfererde. **2) alles aus Ton Gebrannte, a)** Geschirr, Topf, Gefäß, Krug, Faß (χάλκεος Il. 5, 387); κέραμος auch kollekt. wie unser „irden Geschirr"; **b)** Dachziegel, Ziegeldach, sp. N. T. Dach. διὰ τῶν κεράμων über das Dach (anstatt durch die Haustüre).

Κεράμων ἀγορά, ἡ, Stadt an der Grenze Mysiens, zwischen Sardes u. Synnada, jetzt entw. *Uschak* (Traianopolis) oder nahe dem h. *Katahieh*.

κεράννυμι mit ep. Nebenf. **κεράω** und **κεραίω,** Perf. med. u. pass. sp. auch κεκέρασμαι, ep. Präs. imp. κεράεσθε, -άασθε, Impf. κεράοντο, -όωντο, u. conj. praes. κέρωνται (κερῶνται?), Aor. act. u. med. mit σσ, Perf. pass. κεκράανται, Plqpf. κεκράαντο, dazu die ep. poet. ion. u. sp. Nebenf. **κιρνάω** u. **κίρνημι,** 2. sg. κίρνης, 3. κιρνᾷ, Impf. ἐκίρνα u. κίρνη, Med. κίρναμαι, **mischen,** im Pass. πρὸς ἄλληλα untereinander gemischt, μεταξύ τινός τε καί τινος ein Gemisch von dem und dem sein, καλῶς κεκραμένον πρός τι. Im bes. • **1)** von der Mischung des Weins mit Wasser zum Tischtrunk: κρητῆρα οἴνου einen Mischkrug mit Wein, dah. prägnant: κέρασσε νέκταρ d. h. goß gemischten ein; Med. für sich mischen, οἶνον ἐν κρητῆρσιν, κρητῆρα mit u. ohne οἴνου • **2)** vom Badewasser: ἐκ τρίποδος θυμῆρες aus dem Wasserkessel eine behagliche Mischung bereiten • **3)** vom Klima u. ä.: temperieren, mildern, ὧραι κεκρημέναι • **4)** von der Legierung und Lötung des Goldes: ἐπὶ — κεκράανται sind drangegossen • **5)** Es steht überh. von einer beabsichtigten, kunstmäßigen Mischung mit dem Nebenbegriff der Verbesserung (*temperatio*), wogegen μίσγειν, μειγνύναι eine zufällige, natürliche Vermengung bezeichnet.

κεραο-ξόος, 2. ep (κέρας, ξέω), hornglättend. Subst. Drechsler.

κεραός, 3. ep. (κέρας), gehörnt, Hörner tragend.

κέρας, τό (lat. *corn-u*, dt. *Horn*), flekt. ep. im Sg. κέραος, κέραϊ, im Pl. κέρα, κεράων, κέρασι u. κεράεσσι, ion. κέρεος, κέρεϊ, κέρεα, κερέων (in den dreisilbigen Kasus bei Hom. ᾰ, bei Tragg. ᾱ) • **1) Horn,** Geweih, auch als Sinnbild der Starrheit und Härte, hebr. u. N. T. der Stärke und des Schutzes • 2) Horn, als Stoff, dah. alles, was aus Horn gearbeitet ist • a) der **Bogen,** u. im Pl. die Enden der Bogenflügel • b) am Altar, hebr. *gĕrānôth*, N. T. die erhöhten Ecken • c) eine Art Frisur: Zopf, Flechte; κέρᾳ ἀγλαέ du Flechtenprunkender • d) das **Hornröhrchen,** durch welches die Angelschnur lief, wie jetzt durch eine Federspule • 3) von der Ähnlichkeit der Gestalt od. weil urspr. aus Horn • a) **Blashorn,** vorzugsweise bei den Tyrrhenern in Gebrauch, unserm Horne ähnlich, auch von der phrygischen Flöte gebraucht, κέρατι αὐλεῖν auf dem Horne blasen • b) das **Trinkhorn,** vorzügl. bei den Thrakiern üblich, später auch von Metall, κ. οἴνου • 4) bloß von der Ähnlichkeit • a) der Flußarm, Thuk. 1, 110 • b) Berghorn, mit τοῦ ὄρους • c) der **Flügel** eines Heeres, ἐπὶ τὸ κ. ἐπιτάσσειν auf dem Flügel aufstellen, ἔξω τοῦ κέρως über ihren Flügel hinaus, mit Umgehung, κατὰ κέρας oder τῷ κ. προσβάλλειν, ἐπιπίπτειν, προσιέναι, ἕπεσθαι, γίγνεσθαι, auch πρὸς κέρας μάχεσθαι od. προσάγειν, ähnl. πρός, ἐπὶ κέρως oder κατὰ κέρας τεταγμένος. Allgem. κέρας die Stellung eines Heeres, in welcher die Front des ganzen Heeres nach einem der beiden Flügel zu gerichtet ist, dah. ἐπὶ κέρως, ἐπὶ κέρας, κατὰ κέρας in Kolonne, in Flankenreihe, in langem Zuge (Gegens. ἐπὶ φάλαγγος in Linie); bei Schiffen: die Auffahrt der in Kiellinie segelnden Schiffe znr Front; auch mit κατὰ μίαν in einer je ein Schiff starken Linie • d) κέρατα eine gewisse Art von Trugschlüssen, wie der: Was du nicht verloren hast, das hast du noch. Du hast keine Hörner verloren. Also hast du Hörner. Dah. κέρατα φύειν ἀλλήλοις einander Hörner drehen, d. i. verfängliche Fragen, Schlüsse vorlegen.

Κερασοῦς, οῦντος, ὁ, Stadt in der kleinasiatischen Landschaft Pontos, östlich von Pharnakia *(Kiresun)*, durch eine Kolonie aus Sinōpe bevölkert. Sie hatte ihren Namen von den hier in größter Üppigkeit wild wachsenden Kirschen (armen. Keras, neupers. u. türk. Kires), welche Lucullus von hier nach Italien verpflanzte. Einw. οἱ **Κερασούντιοι.**

κεράστης, ου, ὁ, poet., mit dem poet. Fem. **κεραστίς,** ιδος (κέρας), gehörnt; subst. ὁ κ. Widder.

κερασ-φόρος, 2. (κέρας), gehörnt.

κεράτινος, 3. (κέρας), hörnern, von Horn gemacht.

κεράτιον, τό, N. T. das Johannisbrot (in Tirol noch heute ʻBockshörndlʼ genannt).

κεραύνιος, 3. u. 2. (κεραυνός), meist poet., 1) akt. den Donnerkeil schleudernd. 2) pass. vom Donnerstrahl getroffen, μάτηρ d. h. Semele. τὰ **Κεραύνια** ὄρη, ein hohes der epirotischen Küste entlang laufendes Gebirge, jetzt *Kimara.*

κεραυνο-βόλος, 2. (βάλλω), poet. den Donnerkeil schleudernd, ὁ κ. der Donnerer. Von

κεραυνός, ὁ, der Donnerkeil, Wetterstrahl, Blitz, insofern er einschlägt (κατασκήπτει, φέρεται εἴς τι) und zündet, die gewöhnliche Waffe des Zeus. Sie rastet (ἐφορᾷ ἕκηλος), wenn Frevler ungestraft freveln. Übertr. von großer Redegewalt, δεινὸν κεραυνὸν ἐν γλώσσῃ φέρειν. Auch Beiname des Ptolemaios, S. des Ptol. Lagi u. der Eurydike; er schlug den Seleukos 280, fiel gegen die Gallier als König von Makedonien.

κεραυνο-φαής, 2. poet. wie der Blitz leuchtend.

κεραυνο-φόρος, 2. (φέρω), sp. den Donnerkeil führend.

κεραυνόω (κεραυνός), mit dem Wetterstrahle treffen od. erschlagen, τινά u. τί.

κεράω, s. κεράννυμι.

Κέρβερος, ὁ, der vielköpfige Hund, Sohn des Typhaon u. der Echidna, Wächter der Unterwelt.

κερδαίνω, Fut. κερδανῶ, Aor. ἐκέρδηνα, u. (sp.) ἐκέρδᾱνα, ion. Fut. κερδανέω u. κερδήσομαι, Aor. ἐκέρδησα (κέρδος), **gewinnen.** 1) Gewinn od. Vorteil haben od. ziehen, schachern, χρηστὰ ἔπη gute Worte gewinnen, d. h. nach Gebühr empfangen, τί etwas, ἔκ, ἀπό, πρός, παρά τινος aus od. von etwas, von jmdm., doch auch τινί durch, mit etwas, od. mit Part., wenn wir usw. 2) N. T. auch τινά jmdn. gewinnen, versöhnen, sich geneigt machen; τί sich etwas ersparen, d. h. es vermeiden.

κερδᾰλέος, 3., Adv. **-λέως** (κέρδος), a) Gewinn bringend, dah. gewinnreich, ersprießlich, dem Vorteil gemäß, vorteilhaft, nützlich, abs. u. ἔς τι zu etwas. Subst. τὸ κερδαλέον der Vorteil. b) Gewinn suchend, dah. von Menschen: gewinnsüchtig, verschlagen, schlau, klug, verständig, von Sachen: listig, klug.

κερδᾰλεό-φρων, 2. (φρήν), ep. schlauen Sinnes, verschlagen, schlau, gewinnsüchtig, eigennützig.

κέρδιον, ep. Neutr., Komp. zu κέρδος, gewinnreicher, vorteilhafter, heilsamer. Superl. **κέρδιστος,** 3. ep. u. poet. a) der listigste, verschlagenste, klügste. b) τὸ κέρδιστον das Vorteilhafteste, Beste. Von

κέρδος, εος, ους, τό, Gen. pl. bei Xen. κερδέων • 1) (oft im Pl.) **Gewinn** • a) Nutzen, **Vorteil,** bes. Handelsvorteil, κέρδους χάριν od. ἕνεκα, τῷ κέρδει u. ἐπὶ κέρδεσιν, διὰ ἴδια κέρδη, μηδενὸς κέρδους προέσθαι τι für keinen Gewinn preisgeben, ἐς κέρδος δρᾶν, κέρδος λέγειν, κέρδη παραινεῖν Vorteilhaftes mahnen, κέρδος μετατίθεσθαί τί τινι einem etwas zugute rechnen, κ. ἐμπολᾶν τινι einem Gewinn bringen, mit folg. ἐπεί; κέρδος φέρειν τοῦ χρόνου Gewinn von der Frist haben, ähnl. οὐδὲν κέρδος ποιεῖσθαί τινος. Doch sagte man auch παρά τινος Gewinn von etwas, od. es steht τινί mit einem Part. dabei. Nicht selten wie ein Adj. konstr., dah. κέρδη entsprechend dem δεινά Nützliches, u. κέρδος (verst. ἐστί) mit Inf.: es ist vorteilhaft, oder κέρδος ἡγεῖσθαι, νομίζειν τι, ἐν κέρδει ἡγεῖσθαι od. mit ὅτι, od. mit ἐάν od. Inf. od. mit Part., πᾶν κέρδος ἡγοῦ ζημιουμένη φυγῇ sei froh, nur mit Verbannung bestraft zu werden. Ähnl. κέρδος ὁ μὴ πάσχων τι βίαιον ἐνόμιζε • b) **Lohn,** Sold, τὸ κατὰ μῆνα κ. • c) κέρδη auf Gewinn gerichtete Tätigkeiten, Erwerbsarten, Xen. mem. 1, 2, 22 • d) **Eigennutz,** Gewinnsucht, τὰ δειλὰ κ. schnöde Habsucht • 2) konkret • a) von Personen: κέρδη οἰκήσαντά τινι als ein Segen für jmdn. da wohnend, wie Ödipus von sich selbst sagt • b) von Sachen:

vorteilhafte Ansichten, guter Rat, List, Schlauheiten; mit und ohne κακά listige Anschläge, Ränke.

κερδοσύνῃ, ep. Dat. von κερδοσύνη die Schlauheit, als Adv. mit List, klüglich.

κερδώ, οῦς, ἡ (κέρδος), poet. sp., wie Reineke stehende Bezeichnung des Fuchses in den Fabeln.

κερδῷος, 3. poet. sp. 1) (κέρδος) Gewinn verleihend. 2) (κερδώ) fuchsig, listig.

κέρεα usw., s. κέρας.

Κερκάσωρος πόλις, ἡ, Stadt in Ägypten an der Teilung des Nils in die beiden Hauptarme von Pelusion u. Kanobos, jetzt *El-Arkas*.

Κερκινῖτις λίμνη, ἡ, See in Makedonien, vom Strymon durchströmt, jetzt *Tachyno*.

κερκίς, ίδος, ἡ (v. κρέκω), 1) ep. u. poet. Einschlagnadel, Stäbchen, das den Einschlagfaden durch die Kette hindurchführte, wie sp. das Weberschiffchen. 2) poet. die Weberei. 3) sp. der Knochen des Schienbeins, Röhrknochen. Dav.

κερκιστική, ἡ, die Weberei.

κέρκος, ἡ, der Schwanz von einem Tiere.

κέρκουρος, ὁ, ion. u. sp. Kutter, Schaluppe, eine Art kleiner, leichter Frachtschiffe, welche die Kyprier erfanden.

Κέρκῡρα u. **Κόρκῡρα,** ἡ, die Insel Korkyra, jetzt *Korfu*, gegen 750 v. Chr. von Korinth kolonisiert. Die Einwohner οἱ **Κερκυραῖοι** (Κορκ.). Τὰ **Κερκυραϊκά** die kerkyräischen Begebenheiten. Homers Scheria wurde schon im Altertum in Korkyra gefunden.

Κερκυών, όνος, ὁ, Sohn des Poseidon, berüchtigter Räuber, von Theseus getötet.

Κέρκωπες, οἱ, zwei diebische und neckische Kobolde, die bald Olos u. Eurybatos, bald Sillos u. Triballos, bald noch anders heißen. Sie sollen den Herakles im Schlaf überfallen und geneckt haben. Die Stätte des Überfalls wurde bei den Thermopylen gezeigt, doch hat man sie auch nach andern Gegenden versetzt; dah. **κέρκωψ,** Spitzbube.

κέρμα, τό, u. das sp. Demin. dav. **κερμάτιον,** τό (κείρω), ein kleines Stück, bes. kleines Geldstück, Scheidemünze, ἀντὶ κ. μικρῶν d. h. um geringen Gewinn.

κερματίζω, zerstückeln.

κερματιστής, οῦ, ὁ, Geldwechsler, sp. N. T.

κερό-δετος, 2. poet. mit Horn eingefaßt.

κερόεις, εσσα, εν, poet. = κεραός, gehörnt.

κεροτυπέω (wie v. κερο-τυπος, τύπτω), poet. mit dem Horn stoßen, daher κεροτυπούμεναι von Schiffen, die mit ihren hornähnlichen Schnäbeln aneinander stießen.

κερ-ουλκός, 3. poet. am Bügel gespannt (vom Bogen).

κερ-ουχίς, ίδος, ἡ, Fem. buk. gehörnt.

κερο-φόρος, 2. poet. = κεραός, gehörnt.

Κερσεβλέπτης od. **Κερσοβλ.,** ου, ὁ, Sohn des Odrysenfürsten Kotys, Schwager des Feldh. Charidemos, reg. seit 358, muß trotz Athens Hilfe 347 sein halbes Reich an Philipp II. v. Makedonien abtreten, der ihn 343 ganz absetzt.

κερτομέω (κέρτομος), ep. poet. u. sp. a) abs. spotten, sticheln. b) τινά verspotten, necken, reizen, kränken, höhnen, schmähen.

κερτόμησις, εως, ἡ, poet., u. **κερτομίη** [ῐ], ἡ, ep. u. nur im Plur. das Necken, Zum-Besten-haben, die Verspottung, Kränkung.

κερτόμιος, 2. ep. u. poet., u. **κέρ-τομος,** 2. ep. ion. poet. sp. (f. κέρ-στομος, κερ-στόμιος, v. κείρω u. στόμα?), eig. mit einem Lästermund, dah. stichelnd, neckend, höhnend, verspottend, ἐπέεσσιν Hohnreden, κερτομίοις ὀργαῖς wegen seines höhnischen Wütens, κ. γλώσσαις in neckenden Hohnreden. Neutr. als Subst. κερτομίοισιν mit Hohn.

Κερτόνιον, τό (var. Κυτώνιον), St. in Mysien.

Κερχνεία u. **Κέρχνη,** ἡ, Quell bei Lerna in Argolis.

κεστός, 3. (κεντέω), ep. u. sp. (mit der Nadel) durchstochen, genäht, gestickt. Subst: ὁ. κ. der Gürtel der Aphrodite bei Hom., dah. ὁ ποιητικός genannt.

κεστρεύς, ὁ, sp., acc. pl. κεστρεῖς (von κέστρα, Pfrieme), ein Meerfisch, Pfriemfisch od. Meeraal.

Κεστρίνη, ἡ, Küstenlandschaft in Epeiros.

κευθάνω, bei Hom. Γ 453 ist st. ἐκεύθανον zu lesen ἔκευθον ἄν, s. κεύθω.

κευθμών, ῶνος, ὁ, ep. poet. u. sp. mit der ep. Nebenf. **κευθμός,** ὁ, u. ep. u. poet. **κεῦθος,** εος, τό, jeder verborgene Ort, Schlupfwinkel, Loch, mit γαίης die Tiefen der Erde, von der Wohnung des Hades, ähnl. κ. mit νεκύων das Totenhaus, das Totengemach. Im bes. Lager der Tiere, z. B. Kofen der Schweine.

κεύθω, bes. poet., ep. Aor. 2. ἔκῠθον, κύθε, u. redupl. conj. 3. pl. κεκύθωσι (St. κῠθ, lat. *cutis*, got. *huzd*, nhd. *hort*). 1) a) **verbergen,** verstecken, τί od. τινά, Perf. act. in sich verborgen halten, bergen, Pass. verborgen sein, τινί in etw., b) oft mit νόῳ, ἐνὶ φρεσίν, ἐνὶ στήθεσσι, θυμῷ in sich, im Innern verbergen, verhehlen, verschweigen, bergen, c) gehörig bemeistern können, d) auch τινά τι jmdm. etwas verhehlen verschweigen. 2) intr. Perf. κέκευθα, ep. Pass. κεύθομαι **verborgen sein,** versteckt liegen, geborgen sein, bes. von Toten: im Grabe ruhen, τινί, ἔν τινι in etwas.

κεφάλαιον, τό (κεφαλή), das Höchste, Hauptsächlichste, die **Hauptsache,** der Hauptpunkt; der Gattungsbegriff; von Personen: die Hauptperson, der Held. Im bes. 1) mit τινός die Zusammenfassung (*recapitulatio*), der Hauptunterschied in etwas, βραχυτάτῳ κεφαλαίῳ aus folgender kurzen Zusammenfassung. 2) das **Gesamtergebnis,** dah. auch Summe, **Kapital,** τινός von so u. so viel • Adv. **κεφαλαίῳ** u. sp. τὸ κεφάλαιον hauptsächlich, gew. ἐν κεφαλαίῳ od. κεφαλαίοις od. ἐπὶ κεφαλαίων den Hauptpunkten nach, im allgemeinen, im ganzen, überhaupt.

κεφαλαῖος, 3. poet. ῥῆμα, kräftiges, richtiges Wort, Kernwort, Kraftausdruck.

κεφαλαιόω, 1) Akt. summarisch, kurz zusammenfassen, abs. od. τί, od. ἐκ πολλῶν viele Punkte. 2) Med. mit τινά jmdn. im allgemeinen charakterisieren. (Über Marc. 12, 4 s. κεφαλιόω.)

κεφαλαιώδης, 2. sp. bloß die Hauptsachen betreffend, dah. τὰ κεφαλαιώδη das Wichtigste, die Hauptsachen. Adv. **κεφαλαιωδῶς,** die Hauptsachen zusammenfassend, summarisch.

κεφαλαίωμα, τό, ion. die Summe, *πέντε μυριάδων τὸ κ. τῶν γυναικῶν συνῆλθε* im ganzen kamen 50000 zusammen.

κεφαλ-αλγής, 2. (*ἄλγος*), Kopfweh verursachend.

κεφᾰλή (ahd. *gebal* Schädel, Kopf), dor. **-λά, ἡ**, ep. Gen. u. Dat. *κεφαλῆφι* • 1) von lebenden Wesen, der **Kopf,** das Haupt, *κὰκ κεφαλῆς* st. *κατὰ κ.* vom **Kopf herab,** u. übertr. **vom Anfang bis zum Ende, vollständig,** *ἐκ κ.* **vom Kopf,** *ἐπὶ τῆς κεφαλῆς* über den Kopf herein, *ἐπὶ κεφαλήν* **kopfüber,** dah. *ἐπὶ τὴν κ. ἀναθεῖναί τινί τι* **jmdm. etwas auf den Kopf zusagen,** od. *ἀναμάσσειν κεφαλῇ τι* **auf das Haupt laden** od. **nehmen** (s. *ἀναμάσσω*), aber *εἰς κεφαλὴν τρέπειν τινί τι* **etwas jmdm. auf sein Haupt fallen lassen.** Im bes. • a) von der Stimme: *ἐχθρῆς ἐκ κ*, und *ὅσον κεφαλὴ χάδε φωτός* **so laut er konnte** • b) als edelster Teil für die Person selbst, daher *ἡ μιαρὰ* od. *κακὴ κ.* **der Bösewicht,** u. als Anrede: *φίλη* u. ähnl. teures Haupt, oder der Schwur beim Haupte, od. *τὸν τεῖον ἴσον ἐμῇ κεφαλῇ* • c) als Sitz des Lebens: **für seinen Kopf fürchten, die Köpfe preisgeben, mit den Köpfen** d. i. **mit dem Leben büßen** • 2) von leblosen Gegenständen: das Oberste, Äußerste, Ende, *τῆς ἐλπίδος τὴν κεφαλήν* **die Hoffnung selbst;** die **Quelle,** der **Rand,** übertr. *κεφαλὴν ἐπιτιθέναι* **einen Schluß hinzufügen;** dah. *ἐπὶ τῆς κεφαλῆς τῆς τάφρου* **auf dem oberhalb des Grabens aufgeworfenen Walle.** Eigenn. **Τρεῖς κεφαλαί** enger Gebirgspaß des Kithairon in Böotien, wo drei Bergkuppen hervorragten; die Athener nannten ihn **Δρυὸς κ.** Eichkuppen, s. unter *Κιθαιρών*.

κεφαλ-ηγερέτης, ου, ὁ (*ἀγείρω*), poet. Köpfeversammler, kom. Parodie des Homerischen *νεφεληγερέτης*.

κεφαλιόω, auf den Kopf schlagen, N. T. Marc. 12, 4 (var. *ἐκεφαλαίωσαν*).

κεφᾰλίς, ίδος, ἡ, sp. Demin. von *κεφαλή*, Köpfchen, Knolle von Zwiebelgewächsen; im N. T. mit *βιβλίον*, die Buchrolle.

Κεφαλλήν, ῆνος, ὁ, der Kephallener, z. B. Odysseus. Die K. als Untertanen des Odysseus sind die Bewohner von Same, Ithaka, Zakynthos, Dulichion u. einem Küstenstriche des Festlands. Später die Einw. von **Κεφαλληνία** der Insel *Cefalonia* im Ionischen Meere.

Κέφαλος, ὁ, 1) Geliebter der Eos. **2)** athenischer Staatsmann aus der Zeit der Wiederherstellung der Demokratie, Freund des Perikles, Vater des Lysias.

κέω, s. *κείω*.

Κέως, ω, Akk. *-ω* (u. *-ων*), ion. **Κέος, ἡ**, eine der Kykladen, zunächst an Attika, jetzt *Zia*. Einw. *ὁ* **Κεῖος,** ion. poet. u. buk. auch **Κήιος;** *ὁ Κήιος ἀοιδός* u. sp. *ὁ Κεῖος σοφιστής* = Simonides.

κή, poet. = *καὶ ἡ*.

κῇ u. **κή**, s. **πῇ** u. **πή**.

κηδεία, ἡ (*κηδεύω*), Verwandtschaft, Schwägerschaft, Ehebündnis, *συνάγειν ἀνθρώπους εἰς κ.* unter Menschen Ehen stiften.

κήδειος, 2., ep. auch **κήδεος**, 2. (*κῆδος*), **1)** der Sorge wert, innig geliebt, teuer, *τινί* jmdm. **2)** zur Bestattung gehörig, *οἶκτοι* Totenklage. **3)** poet. verschwägert, brüderlich, heimisch. **4)** akt. sorgsam.

κηδεμονία, ἡ, Pflege, Fürsorge.

κηδεμονικός, 3. Adv. **-ῶς**, sp. fürsorglich, besorgt, pflegend; *τὸ κηδ.* die Fürsorge (bes. für Verwandte). Von

κηδεμών, όνος, ὁ, ἡ (*κήδω*), **1)** Besorger, Vertreter, Pfleger; Fürsorger, Beschützer, auch als Fem. *τοῦδε γὰρ σὺ κηδεμών* denn diesem gehörst du an. Im bes. **a)** der Vormund, Xen. mem. 2, 7, 12. **b)** Leichenbestatter, Il. 23, 163. 674. **c)** der Schutzgott. **2)** der Verschwägerte, Schwiegersohn, Eur. Med. 990.

κήδεος, s. *κήδειος*.

κηδεστής, οῦ, ὁ (*κήδω*), jeder durch Heirat Verwandte, *affinis* (im Gegensatz zu den Blutsverwandten, *συγγενεῖς* od. *προσήκοντες*), Verschwägerte (Lys. 19, 9, vgl. 48. Xen. mem. 1, 1, 8), im bes. Schwager (Lys. 13, 1. 55. 19, 16. 32, 1. Dem. 18, 312), doch auch Schwiegersohn (Lys. 19, 20. Plut. Per. 11) u. Schwiegervater (Lys. 19, 13. 17. 32, 5. Xen. Hell. 4, 1, 8). Davon

κηδεστία, ἡ, Verschwägerung, Verwandtschaft durch Heirat.

κήδευμα, τό, 1) Verschwägerung. **2)** konkret = *κηδεστής* der Verschwägerte.

κηδεύω (*κῆδος*), **1)** trans. poet. u. sp. besorgen, seine Dienste widmen, pflegen, *τινά* od. *τί*. Im bes. **a)** einen Gestorbenen bestatten, begraben, tätige Teilnahme bei seinem Begräbnis zeigen, *τινά* jmdn., *ἐπί τινος* wo. Im Pass. *κηδευθεὶς ἐν ξένοισι χερσί* bestattet von fremden Händen. **b)** eine vermählen, abs. *οἱ κηδεύσαντες* die Schwiegereltern. **2)** intr. **a)** sich zum Verwandten machen, verschwägern od. zum Schwiegersohne machen, *τινί*, überh. sich verbinden, vermählen, *τοῦτο λέχος* mit diesem Weibe d. i. der Iŏle. **b)** verschwägert, verwandt (z. B. der Schwiegersohn) sein.

κήδιστος, 3., ep. Superl. von *κῆδος* gebildet, aber der Bdtg. nach zu *κήδειος* gehörend, der liebste, teuerste.

κῆδος, εος, ους, τό (*κήδω*). **1) Sorge,** Kummer, Betrübnis, Trauer, *τινός* um jmdn., *κήδεα θυμοῦ* Herzeleid, *ἅμα κήδεϊ* in der Trauer, **a)** Bestattung, Leichenfeier, **b)** was Sorge macht, Not, Elend, Leiden, bes im Pl. **2) Verschwägerung,** Verwandtschaft, insbes. Verheiratung, Heirat, *τὸ κῆδος ξυνάψασθαι τῆς θυγατρός* seine Tochter verheiraten.

κηδόσυνος, 2. poet. bekümmert.

κήδω, Fut. *κηδήσω*, Impf. it. *κηδέσκετο*, dazu die redupl. Formen Aor. *κεκαδών* u. Fut. *κεκαδήσω* u. *κεκαδήσομαι* (*κῆδος*) • **1)** ep. Akt. besorgt machen, und zwar • **a) betrüben,** ängstigen, kränken • **b)** vom körperlichen Schmerz, also: beschädigen, **verletzen,** überh. bedrängen, ins Unglück bringen • **c)** kränken, berauben, *τινά τινος* • **2)** Med. mit dem poet. Perf. 2. *κέκηδα* mit Präs.-Bdtg. besorgt, bekümmert sein, dah. • **a) sich betrüben** • **b)** für jmdn. od. etwas **sorgen,** sich jmds. od. einer Sache annehmen, sich kümmern, sich angelegen sein lassen od. zu Herzen nehmen, zugetan sein, pflegen, *τινός* od. *περί τινος* um jmdn. od. eine Sache, od. mit *μή* u. Konj., *τί* in etwas, *παρ' οὐδέν* so viel wie gar nicht, *ὡς οὐδὲν προσῆκον* ohne daß ihr uns etwas angeht.

Κήιος, s. *Κέως*.

κηκίς, *ῖδος*, *ἡ*, poet. alles Hervorquellende, dah. *κ. πορφύρας* Purpursaft, *μηρίων* das Schenkelfett (des Opfers).

κηκίω, u. Med. ***-ομαι***, ep u. poet. (ep. *ῐ*, poet. *ῑ*), hervorquellen, hervordringen, abs. oder *τινός* aus etwas, *ἂν στόμα* aus dem Munde.

κήλειος, 2. u. ***κήλεος***, 2. (*κήλεῳ* zweisilbig), ep. brennend, lodernd (zu *καίω*).

κηλέω, **1)** Akt. besänftigen, insbes. durch Gesang bezaubern, entzücken, *τινά*, u. zwar *τινί* durch etwas, *διά τινος* vermittels etwas. **2)** Med. mildern, beschwichtigen, durch Zauber bannen.

Κηληδόνες, *αἱ*, die Zauberinnen, gleich den Sirenen (w. s.) mit zauberisch verlockendem Gesange begabte Wesen.

κηληθμός, *ὁ* (*κηλέω*), ep. süßes Behagen, Entzücken.

κήλημα, *τό*, poet. Täuschung.

κήλησις, *ὁ*, Beruhigung, Entzückung, Bezauberung.

κηλητήριον, *τό* (*κηλέω*), poet. Zaubermittel, *τινός* für etwas. Neutr. von

κηλητήριος, 2. poet. besänftigend, aussöhnend.

κηλιδόω, poet. beflecken, entehren. Von

κηλίς, *ῖδος*, *ἡ*, Fleck, im bes. Blutfleck, übertr. Schandfleck, Brandmal, *κακῶν* von Sünden, u. *συμφορᾶς* vom Schicksal aufgedrückt.

κῆλον, *τό*, ep. poet. der Pfeil, im Plur. die Geschosse, u. zwar der Götter (auch v. Schneeflocken).

Κηλοῦσα, Berg bei Phlius.

κήλων, *ωνος*, *ὁ*, Brunnenschwengel. Dav.

κηλωνεύω, sp. pumpen, wie einen Schwengel (*κήλων*) in Bewegung setzen.

κηλωνήιον, *τό*, ion. st. *κηλώνειον*, Schöpfmaschine.

κημόω, sp. N. T. (*κημός*, Maulkorb), einen Maulkorb anlegen.

κήν, buk. = *καὶ ἐν*; ***κῆν***, ion. poet. = *καὶ ἦν*.

Κήναιον, *τό*, u. *ἄκρον Κήναιον* (eigtl. *Capo bianco*, zu lat. *cānus* aus *casnus*, weiß), nordwestl. Vorgebirge Euböas, jetzt Kap *Lithada*. Adj. davon ***Κήναιος***, 3. unter andern Bein. des Zeus, der auf der Höhe jenes Vorgebirges verehrt ward.

κῆνος, äol. poet. = *κεῖνος*.

κῆνσος, *ὁ*, N. T. das lat. *census*, im Sinn von Kopfsteuer.

κήξ = *καὶ ἐξ*.

κήξ, *κός*, *ἡ*, ep. ein Meervogel, die Seemöwe.

κηπεία, *ἡ*, Gartenbau, Gärtnerei. Von

κηπεύω, poet. sp. im Garten bauen, überh. heranziehen; pflegen.

κήπήν = *καὶ ἐπήν*. ***κήπί*** = *καὶ ἐπί*.

κηπίον, *τό*, sp. Gärtchen zum Vergnügen, Lustgärtchen.

κῆπος, *ὁ*, dor. *κᾶπος* (vw. *huoba* Hufe), der Garten, überh. ein eingeschlossenes mit Bäumen od. andern Gewächsen bepflanztes Land, übertr. *Διὸς κ.* Himmel.

κηπ-ουρός, *ὁ*, der Gartenhüter.

κήρ, *κηρός*, Akk. *κῆρα*, *ἡ*. **1)** *θανάτοιο*, **Tod,** Todeslos, pl. Todesarten. Personif. **Todesgöttin. 2)** nach Hom. u. sp. überh. böses Verhängnis, Mißgeschick, Qual der Leiden, Krankheit, Schaden, Unglücksfall.

κῆρ, s. *κέαρ*.

κηραίνω, poet. u. sp. **1)** beschädigen, ins Unglück bringen. **2)** in Not od. Sorge sein.

κηρεσσῖ-φόρητος, 2. (*κήρ*, *φορέω*), ep. von ihren Keren, zum eignen Verderben getrieben, die Achäer vor Troia.

κήρῖνος, 3. wächsern; weich, biegsam.

κηριο-κλέπτης, *ὁ*, buk. Honigscheibendieb.

κηρίον, *τό* (*κηρός*), Wachskuchen der Bienen, Wabe, Honigwabe.

κηρο-δέτας, *ου*, *ὁ*, dor. u. ***κηρό-δετος***, 2. beide poet., mit Wachs verbunden, wachsgefügt.

κηρόθι, ep. Adv., s. *κέαρ*, im Herzen, herzlich.

κηρό-πακτος, 2. poet. wachsgefügt (var.).

κηρο-πλάστης, *ὁ*, der Wachsbildner.

κηρό-πλαστος, 2. poet. aus Wachs gebildet.

κηρός, *ὁ* (lat. *cera*), Wachs, bes. auch eine mit Pech und Werg vermischte Masse zum Kalfatern der Schiffe. Dav.

κηρο-τέχνης, *ὁ*, poet. Wachskünstler.

κηρό-τροφος, 2. poet. wachsgenährt.

κηρόω, sp. mit Wachs überziehen.

κήρυγμα, *τό* (*κηρύσσω*), **Heroldsruf,** Bekanntmachung, Befehl; im bes. **1)** der Ausruf des Siegers in den Wettkämpfen. **2)** *κ. ποιεῖσθαι*, *ἀνειπεῖν*, *θεῖναι*, *κηρύγμασι χρῆσθαι* einen Aufruf, eine Bekanntmachung, einen Befehl erlassen, *κ. γίγνεται* es wird bekannt gemacht, öffentlich angeordnet, *τινός* über etwas, od. *τινός* u. *ἔκ τινος* jmds., von seiten jmds., *τινί* jmdm., u. mit Inf. od. A. c. I., daß usw. **3)** sp. u. N. T. Verkündigung, Predigt, auch Predigtamt.

κηρύκειον, ion. *κηρυκήιον*, *τό* (*κῆρυξ*), Symbol des Hermes, Zwieselstab, Wünschelrute; dann Heroldsstab, Friedensstab, Abzeichen der Herolde und Unterhändler. Ursprünglich ein etwa armlanger Stab, dessen oberes Ende sich teilt und in eine Bekrönung ausläuft, die einer oben geöffneten arabischen 8 gleicht; später wurden die Windungen als Schlangen dargestellt; schließlich häufig noch Flügel am Stab angebracht.

κηρύκευμα, *τό*, poet. öffentliche Botschaft.

κηρῡκηίη, *ἡ*, ion. Heroldsamt, auch im Plur.

κηρυκικός, 3. den Herold betreffend.

κηρύκιον, *τό*, sp. = *κηρύκειον*.

κηρύλος, *ὁ*, ein Meervogel, nach d. einen das Männchen des Eisvogels.

κῆρυξ od. ***κήρυξ***, *ῡκος*, *ὁ* (*ῠ* in den zweisilb. Kas., *ῡ* in den mehrsilb.), dor. *κᾶρυξ* • **1) der Herold,** im heroischen Zeitalter ein hochgeachteter Stand, welcher in Hermes, dem Götterboten (*κῆρυξ*), seinen Ahnherrn verehrte und unter dem unmittelbaren Schutze des Zeus stand. Selbst heilig und unverletzlich mit ihrem Stabe (*σκῆπτρον* u. *κηρύκειον*, w. s.), den sie als Zeichen ihrer Würde gleich den Fürsten trugen, gewährten sie auch ihrer Begleitung persönliche Sicherheit. Den Fürsten dienten sie auch in Privatsachen als Boten. Wichtiger waren ihre Dienste • **a)** beim Opfer, wo sie den Fürsten zur Hand gingen, der Versammlung Schweigen geboten und die Gebete hersagten. Ähnliche Geschäfte hatte auch später noch der *ἱεροκῆρυξ* bei den Mysterien, und diese Verrichtung und das

Verkündigen des eleusinischen Gottesfriedens war das Geschäft der **Κήρυκες,** eines alten Priestergeschlechts in Athen, welches sich von Hermes ableitete • **b)** Sie berufen Volksversammlungen, sehen hier wie bei den Gerichtsversammlungen auf Ruhe u. Ordnung u. reichen dem, welcher sprechen will, den Stab als Zeichen zum Sprechen. Dasselbe Geschäft hatte später in Athen der *κήρυξ τῆς βουλῆς καὶ τοῦ δήμου* nächst den Gerichtsherolden. Er mußte außerdem das Eröffnungsgebet rezitieren u. öffentlich zum Sprechen auffordern: *τίς λέγειν βούλεται (τῶν ὑπὲρ ἑξήκοντα ἔτη γεγονότων)* • **c)** ebenso hatten die Herolde Krieg u. Waffenruhe anzukündigen oder Botschaften im Kriege, bes. mit Friedensvorschlägen, auszurichten, wie auch die spartanischen Ephoren an ihre Feldherren die Skytäle durch Herolde schickten • **d)** auch bei den Wettkämpfen gab es besondere Herolde und es hatte unter andern in Athen der bei den Dionysien fungierende die einem Bürger öffentlich erteilten Ehrenbezeigungen im Theater auszurufen • **e)** später verlor das Amt an Ansehen, besonders durch die Ausrufer, welche verkäufliche Waren oder verlorene Gegenstände, entlaufene Sklaven, und so auch Achtserklärungen auf dem Markte ausriefen • **2)** Übertr jeder **Verkündiger** oder Lobredner, und so heißt es u. a. von den Göttern, daß sie das Heroldsamt übten und auch keine Anzeichen des dem Ödipus bestimmten Schicksals unerfüllt ließen.

κηρύσσω, spät. **-ττω,** dor. **κᾱρύσσω,** Fut. med. *κηρύξομαι* poet. auch in pass. Bdtg. • **1) Herold sein** • **2) als Herold ausrufen,** hier auch scheinb. unpers. (scil. *ὁ κήρυξ*), *κηρύττει* man ruft aus, läßt ausrufen, *ἐκκλησίαν, ἀγορήνδε, πόλεμόνδε,* oder auch einen als Sieger od. als vom Staate durch einen Ehrenkranz Ausgezeichneten öffentlich ausrufen, mit *κρατιστεύοντα* oder ohne allen Beisatz • **3)** durch einen Herold ausrufen, **verkündigen,** befehlen, anfragen lassen, durch den Ausrufer feilbieten lassen • **4)** überh. **laut verkünden,** nennen, rühmen, anzeigen, benachrichtigen, *τινά τι* einen als etwas • **5)** N. T. auch: verkündigen, predigen.

κἤστι = *καὶ ἔστι.*

Κήτειοι, οἱ, Beiname (od. Stamm) der Myser.

κήτειος, 3. buk. großen Meerfischen angehörig.

κἤτερος, ion. = *καὶ ἕτερος.*

κῆτος, *εος, ους, τό,* ep. u. sp. jedes große Seetier, Meerungeheuer, mit *εἰνάλιον* Robbe od. Thunfisch.

κητώεις, *εσσα, εν,* ep. mit vielen Schluchten, schlundreich, Beiw. von Lacedämon, (Var. *καιετάεις*).

χηὖ st. *καὶ εὖ.*

κήϋξ, *ῦκος, ὁ* = *κήξ.*

κηὔτυκτον, Krasis aus *καὶ εὔτ.*

κἦφ' st. *καὶ εἶπε,* **κἤφᾱ** dor. st. *καὶ ἔφη.*

κἠφάπτο u. **κἤφθᾱ** st. *καὶ ἐφῆπτο* u. *καὶ ἤφθη.*

Κηφᾶς, *ᾶ, ὁ* (aram. *kêphâ* der Fels), Bein. des Apostels Simon.

Κηφεύς, *έως, ὁ,* Sohn des Belos u. der Anchinoë, Bruder des Phineus, Gemahl der Kassiopeia u. Vater der Androměda, Schwiegervater des Perseus. Und weil Perseus u. Perser ähnlich klingt, sollen die Perser von ihm abstammen u. von den Hellenen früher *Κηφῆνες* genannt worden sein.

κηφήν, *ῆνος, ὁ,* die Drohne, Raubbiene, sinnbildl. der nicht Arbeitende, der Abgelebte.

κηφηνώδης, 2. drohnenartig.

Κηφῑσιεύς, *έως, ὁ,* Einw. aus Kephisia, einem Demos der Erechtheïschen Phyle.

Κηφῑσόδοτος, *ου,* ath. Flottenführer, der ohne Erfolg i. J. 359 gegen die Thraker kämpfte.

Κηφῑσός, *ὁ,* **1)** Fluß in Phokis u. Böotien, der an der Nordseite des Parnassos entspringt u. in den Kopaïssee mündet, jetzt *Mavroneri.* Davon hieß der Kopaïssee *λίμνη* **Κηφισίς,** jetzt See von *Livadia* od. *Topolias.* **2)** Fluß in Attika, der sich in den Phalērischen Hafen ergießt, ohne Athen zu berühren. Er diente durch kleine abgeleitete Gräben zur Bewässerung der zahlreichen Gärten an seinem Ufer, u. seine *κρῆναι* heißen deshalb *νομάδες* die schweifenden. An ihm lag die Akademie, u. die Musen u. Eros hatten hier Altäre.

κη-ώδης, *ῶδες* (St. *κᾰϝ, καίω* u. *ὄδ-ωδα*), ep. duftend von Weihrauch, von Wohlgerüchen.

κηώεις, *εσσα, εν,* ep. = *κηώδης.*

κιβδηλεύω, eigtl. verfälschen, dann poet. übertr. trüglich, listig reden oder tun, *τί.*

κίβδηλος, 2. verfälscht, unecht, vom Golde, Münzen, übertr. trüglich, doppelsinnig, bes. vom Orakel, welches wie eine falsche Münze unter lockender Hülle einen trügerischen Inhalt birgt.

κῑβωτάριον, τό, sp. u. **κῑβώτιον, τό,** Demin. von

κῑβωτός, ἡ, 1) hölzerner Kasten, Kiste, Kistchen, Truhe, Schrank, Urne. **2)** *κιβωτός* im N. T. **a)** von der Arche Noahs. **b)** von der Bundeslade.

κιγκλίς, *ίδος, ἡ* (lat. *cingo*), urspr. Gittertür, später Gitter, Verschlag.

κιγχάνω, s. *κιχάνω.*

κίδαρις, *εως, ἡ,* sp. u. **κίταρις,** *εως ἡ,* sp. eine turbanartige Kopfbedeckung, die die persischen Könige und jüdischen Hohenpriester trugen, *ὀρθή* d. h. mit aufrecht stehender Spitze, s. *τιάρα.*

κίδνᾰμαι, s. *σκεδάννυμι.*

Κῐθαιρών, *ῶνος, ὁ,* Grenzgebirge zwischen Attika u. Böotien; westlich der tiefen Einsattelung liegt der höhere Teil, j. *Elatias,* 1411 m hoch, östlich 1026 m; der Sattel selbst ist durch einen Hügel geteilt, westl. dessen die Straße von Platäa nach Megaris 836 m, östl. die nach Athen führte 585 m. Dies sind die *τρεῖς Κεφαλαί.* Nördlich liegt das *Σφραγίδιον,* Höhle der weissagenden sphragiditischen (*σφραγιτίδες*) Nymphen. Adj. dav. **Κιθαιρώνειος,** 2. u. bes. Fem. dazu **Κιθαιρωνίς,** *ίδος, ἡ.*

κῐθάρα, *ἡ,* u. ep. poet. **κίθαρις** [ῐ], *ιος, ἡ,* Akk. *ιν,* **1)** die Zither, Laute, durch sanfteren Ton von der Lyra unterschieden, an Gestalt ihr ähnlich. aber größer, vier-, dann sieben- bis neunsaitig. Das Spiel derselben dient dem hom. Sänger nur zum Vorbereiten u. Präludieren u. zur Ausfüllung der Pausen, nicht zur eigentlichen Begleitung des Gesanges. **2)** Lautenschlag, Zitherspiel, Saitengetön.

κῐθᾰρίζω, inf. dor. *κιθαρίσδεν,* die Zither, überh. auf einem Saiteninstrument (*τινί*) spielen.

κιθάρισις, εως, ἡ, das Spielen auf der Zither, Zitherspielen.

κίθάρισμα, τό, ein Musikstück für die Zither, Gesangsweise.

κίθαριστής, οῦ, ὁ (κιθαρίζω), der Zitherspieler, überh. Musikmeister.

κίθαριστική u. ep. **κίθαριστύς,** ύος, ἡ, das Zitherspielen, die Kunst des Zitherspiels.

κιθαρίστρια, ἡ, die Zitherspielerin.

κίθαρῳδέω, (-δός), auf der Zither spielen u. dazu singen, zur Zither singen.

κιθαρῳδία, ἡ, das Zitherspiel mit Gesang.

κίθαρῳδική, ἡ, die Kunst des Zitherspiels mit Gesang.

κιθαρ-ῳδός, ὁ (κιθάρα, ἀοιδός), der Zithersänger, der zu seinem Spiele zugleich singt, während der κιθαριστής nur spielt.

κιθών, ῶνος, ὁ, ion. st. χιτών, w. s.

Κικέρων, ωνος, ὁ, 1) Marcus Tullius, Roms berühmtester Redner. 2) Quintus Tullius, der jüngere Bruder des vorigen.

κίκι, τό, ägypt. Name für ein Öl des Wunderbaums σιλλικύπρια, welchen andere selbst auch κίκι nannten, s. σιλλικύπρια. (*Ricinus communis*).

κίκιννος, ὁ, poet. buk. Haarlocke, *cincinnus*.

κικλήσκω, s. καλέω.

Κίκονες, οἱ, thrakisches Volk am Hebros u. an der Küste bis an den Lissos.

κῖκυς, υος, ἡ, ep., altes poet. Wort, die Spannkraft.

Κίλιξ, ικος, ὁ, der **Kiliker,** mit Fem. **Κίλισσα,** ἡ, kilikisch, u. als Subst. die Kilikerin. Zu Homers Zeit ein Volk in Großphrygien, wanderten sie später nach **Κιλικία,** ion. **-κίη,** einer Küstenlandschaft Kleinasiens am Südabhang des Taurus • Adj. **Κιλίκιος,** 3., αἱ Κιλίκιαι od. Κιλικίας πύλαι die Kilikischen Pässe, eine künstliche Fahrstraße in einem Engpaß.

Κίλλα, ἡ, kleine Stadt in Troas.

κιλλίβας, αντος, ὁ, poet. sp. Gestell, Gerüst, Bock.

Κίμβροι, οἱ, germanischer **Volksstamm.** Adj. dav. **Κιμβρικός,** 3.

Κιμμέριοι, οἱ. 1) Männer der Dunkelheit, fabelhaftes Volk im Westen der Erde, am Eingang in die Unterwelt, in beständiger Nacht lebend. 2) Völkerschaften, einst an den nördlichen Küsten des Pontus seßhaft, von wo sie, im 9. u. 8. Jahrh. v. Chr. durch einwandernde Skythenstämme vertrieben, nach Kleinasien zogen u. sich dort verloren. Dav eine Landschaft **Κιμμερίη** u. **Κιμμέρια τείχη,** *Cimmericum,* Hafenstadt an der östlichen Küste der Krim. **πορθήμια Κιμμέρια** ein Flecken auf der äußersten Landspitze der Krim; **Βόσπορος Κιμμέριος** u. **Κιμμερικὸς ἰσθμός** die Meerenge, aus dem Schwarzen Meere in das Asowsche (die Mäotis).

Κίμων [ῐ], ωνος, ὁ, 1) Sohn des Stesagoras, Vater des Miltiades, berühmter Olympionike zu Athen, Zeitgenosse des Peisistratos. 2) Enkel des vorigen, Sohn des Miltiades u. der Hegesipўle, Sieger über die Perser am Eurymĕdon 469 u. bei Cypern 449, wo er starb. 3) von Kleonä, berühmter griechischer Maler um Ol. 80 = 460 v. Chr.

κινάβρα, ἡ, sp. 1) der Bockgestank. 2) Duft des schmutzigen Bartes der Kyniker.

κιναδεύς, ὁ, buk. ein junger Hund.

κίναδος, εος, τό, sizil., der Fuchs, überh. Untier, Schlange, **ἐπίτριπτον** abgefeimter Kerl.

κινάθισμα, τό, poet. Bewegung, Geräusch.

κίναιδος, ὁ, unzüchtiger Mensch, Wüstling.

κινάμωμον, s. κιννάμωμον.

Κινδυεύς, έως, ὁ, Einw. von Kindye, einem Ort [in Karien.

κινδῡνευμα, τό, s. κίνδυνος.

κινδῡνευτής, οῦ, ὁ, Wagehals, wagehalsiger Mensch.

κινδῡνεύω, Gefahr laufen • 1) sich in Gefahr begeben, **eine Gefahr bestehen,** etwas aufs Spiel setzen, wagen. Im bes. • **a)** in der Schlacht kämpfen • **b)** mit Gefahr einen Versuch machen, Lys. 12, 13. Teils abs., teils mit Part., ἀγωνιζομένῃ im Kampfe, ἐφ' ἵππου zu Pferde kämpfen, περὶ τοῦ βίου mit Gefahr seines Lebens, ἐν ἑαυτῷ seine Person aufs Spiel setzen, ähnl. τῇ ψυχῇ sein Leben daran wagen, τῇ πόλει die Stadt aufs Spiel setzen, δίκῃ einen Rechtsstreit riskieren, aber γαλήνῃ bei der Windstille das Wagestück unternehmen, od. auch τί etwas. Im Pass. κινδυνεύεται die Gefahr wird bestanden, ἐπ' ὠφελίᾳ zum Gemeinwohl • 2) Gefahr laufen, **in Gefahr sein** od schweben, abs. od. τὰ δεύτερα in zweiter Linie, περὶ ψυχῆς in Lebensgefahr schweben, διά τινα um jmds. willen. Auch mit Inf. od. mit εἰ (εἴτε) einer Entscheidung entgegensehen. Im bes. vor Gericht in Gefahr sein, angeklagt sein, teils abs. ὁ κινδυνεύων der Angeklagte, teils περί τινος wegen etwas. Im Pass. in Gefahr gesetzt werden, in Gefahr geraten, auf dem Spiele stehen, insbes. von etwas (ἔν τινι) abhängig gemacht werden; τὰ κεκινδυνευμένα bestandene Gefahren • **3)** in Gefahr sein, zu fürchten haben (daß man annehme), dann in milderm Sinne: **scheinen,** können, wie das lat. *haud scio an,* meist mit Inf., od. im Pass. mit ἔν τινι der Glaube an etwas (ἀρεταί an die Trefflichkeit) wird abhängig gemacht von einem, u. ἐν ἀδήλῳ mit indir. Frages.: es schwebt im Dunkel, wie usw.

κίνδῡνος, ὁ, und mehr poet. **κινδῡνευμα,** τό • **1) Gefahr,** bes. im Kriege od. vor Gericht, dah. Kampf, Schlacht, (gefährlicher) Prozeß, überh. Risiko, πολεμικός, ναυτικός, ähnl. πρὸς τὸν πόλεμον od. πολέμου, πρὸς τὴν θάλατταν od. κατὰ θάλατταν, ἐν τὠμῷ κάρᾳ Gefahren meines Lebens, dah. μετὰ κινδύνων, ὡς ἐπὶ κινδύνου wie bei schon vorhandener Gefahr, εἰς κίνδυνον ἔρχεσθαι, κίνδυνον κινδυνεύειν, προστίθεσθαι auf sich ziehen, κ. οἰκεῖον ἔχειν περί τινος, ἴδιον κ. τὸν τῶν σωμάτων παραβάλλεσθαι die persönliche Gefahr als seine eigene wagen, κινδύνους ἀναρρίπτειν es auf alle Gefahren hin wagen, τοὺς κ. ποιεῖσθαι πρός τινα seine Kriegsunternehmungen gegen jmdn. hinleiten, παρὰ τοσοῦτον κινδύνου ἐλθεῖν knapp neben der Gefahr vorbeikommen. Endlich κίνδυνος (meist ohne Kopula) es ist Gefahr vorhanden, es ist zu fürchten, entw abs. oder mit Inf. od. μή u. Konj. od. Opt. • **2) Wagstück,** Versuch, κίνδυνος κινδυνεύεται ἔν τινι.

κινδῡνώδης, 2., sp. gefährlich, gefahrvoll.

κινέω (St. κι in κίω, lat. *cieo*), **in Bewegung setzen** • **1) bewegen,** fortführen, vertreiben, fortstoßen, τὸ στρατόπεδον, auch ohne στρ., wie lat. *movere*, weitermarschieren, τὸ ναυτικόν, ἀνδριάντα, γῆς ὅρια verrücken; im Med.-Pass. (Fut. κινήσομαι u. κινηθήσομαι, Aor. ἐκινήθην) sich bewegen (Gegens. ἑστάναι), sich rühren, abs. τὰ σφέτερα αὐτῶν κινούμενα ihre Unruhen zu Hause, u. mit Praepp., ἐκινήθη τι ἐν τῷ στρατοπέδῳ; πάντα κινεῖται (Lehre des Heraklit); ferner sich fortbewegen, fortziehen, sich begeben • **2)** schütteln, **erschüttern,** rütteln, bes. auch von frevelhaften Handlungen, κάρη als Zeichen des Unwillens, τινὰ λάξ mit dem Fuße anstoßen, θύρην anpochen, τὰς πύλας, ὅπλα, πᾶν χρῆμα, πάντα λόγον, πάντα ὅπως alles aufbieten um; sprichw. τὰ ἀκίνητα κ.; auch mit Gen. an etw. rütteln • **3)** übertr. • **a)** etw. angreifen, verwenden, τὰ χρήματα εἰς ἄλλο τι, aber auch χρημάτων davon nehmen, sich daran vergreifen • **b) anregen,** aufregen, τὴν διάνοιαν ἐπί τινι, beunruhigen, auch Eindruck machen, im Pass. sich aufregen lassen, aufgeregt, aufrührerisch sein • **c) veranlassen,** anstiften, reizen, τὸν πόλεμον, abs. κίνει heraus damit! μὴ κινεῖτε nicht doch! • **d)** (ver)ändern, νόμους, im Pass. anders werden.

κίνημα, τό, bes. sp., u. **κίνησις** [ῑ], εως, ἡ, die Bewegung, Erschütterung, übertr. innere Aufregung, Aufruhr, ἐν κινήσει εἶναι sich regen, κίνησιν ἐργάζεσθαι ἔς τινα einen übeln Eindruck auf jmdn. machen. [in Athen.

Κινησίας, ου, ὁ, Dithyrambendichter um 415 v. Chr.

κινητήριος, 3. poet. bewegend.

κινητής, οῦ, ὁ, der Bewegende; poet. καινῶν ἐπῶν Erfinder.

κινητικός, 3. zum Bewegen gehörig, geschickt.

κιννᾰμωμον (hebr. *qinnāmôn*) u. **κινάμωμον, τό,** ion. u. sp. der Zimt, die Zimtrinde, vom Zimtbaum, der aber nicht, wie Arrian sagt, in Arabien, sondern in Indien, auf Ceylon und Mauritius wächst, von wo er erst durch den Handel nach Arabien kam.

Κίννας, α, ὁ, **1)** L. Cornelius Cinna, Gegner Sullas, † 84. **2)** C. Helvius Cinna, Volkstribun (u. Dichter) in Rom, Plut. Caes. 68, † 44.

κίνυγμα [ῐ], τό, poet. ein bewegter Körper, αἰθέριον ein Spiel der Lüfte.

κίνῠμαι, ep. Pass., nur Präs. u. Impf. (St. κι, vgl. κίω u. κινέω), bewegt werden, sich bewegen; von Leblosem: geschüttelt werden.

Κινύρης [ῡ], εω, ὁ, ion., = Κινύρας, α, Sohn des Sandakos, Urenkel des Phaëthon, anfangs König in Syrien, dann der reiche Herrscher in Kypros, **der Paphos erbaute.** Il. 11, 20.

κῑνῠρομαι, poet. winseln; φόνον Mord rasseln.

κῑνῠρός, 3. ep. winselnd, jammernd, klagend.

κῑνύσσομαι, poet. pass. Nbf. zu κινέω, w. s.

Κῖνυψ, υπος, ὁ, ein Gebirgsbach der Syrtenküste in Afrika, wahrsch. der heutige *Uadi el Ka'am*, der, entsprungen auf dem Mesellâta, 3 Stunden östl von Leptis Magna (j. *Lebeda*) ins Meer fließt. Die Gegend um ihn hieß ἡ **Κῖνυψ.**

κιό-κρᾱνον, τό, der Säulenknauf.

Κίος, ἡ, *Kios,* Handelsstadt in Bithynien am Kianischen Meerbusen, einer Bucht der Propontis, später Prusias genannt, jetzt *Ghio.*

Κιρκαῖον, τό, *Circeium,* ein Vorgebirge Latiums, jetzt *Monte Circello.*

Κίρκη, ἡ, *Circe,* Tochter des Helios u. der Perse, zauberkundige Göttin auf der Insel Ääa.

κιρκ-ήλατος, 2. poet. vom Habicht verfolgt.

κίρκος, ὁ, ep. u. poet. eine Habicht- od. Falkenart, Gabelweih.

κιρκόω, poet. in einem Ringe binden.

κιρνάω u. **κίρνημι,** s. κεράννυμι.

Κιρραῖοι, οἱ, Einwohner v. **Κίρρα,** dem Hafenort v. Delphi, an der phokischen Küste, welcher wegen wiederholter Frevel am delphischen Heiligtum nach einem Beschluß der Amphiktyonen um 600 v. Chr. zerstört wurde, worauf sein Gebiet, ἡ **Κιρραία** (χώρα), dem delphischen Gotte geweiht wurde.

Κισθήνη, ἡ, Gebirge im bithyn. Thrakien.

κίσσα, ἡ, Eichelhäher.

Κισσεύς, έως, ὁ, der Efeubekränzte, **1)** Bein. des Dionysos. **2)** Vater der Hekabe.

Κισσηίς, ίδος, ἡ, die Tochter des thrakischen Königs Kisses = Theāno. [efeuumrankt.

κισσ-ήρης, 2. (κισσός u. St. ἀρ s. ἀραρίσκω), poet.

Κισσία, ἡ, bei den älteren Griechen für Susiana, von dem Volke der sp. Kuschanier Κοσσαῖοι, ein wildes räuberisches Gebirgsvolk: Κίσσιοι. Adj. dav. **Κίσσιος.**

κίσσινος, 3. poet. sp. von Efeu gemacht, aus Efeu.

κισσο-δέτης, ου, ὁ, poet. mit Efeu bekränzt. Von

κισσός u. **κιττός,** ὁ, Efeu. Er war dem Dionysos heilig, weshalb Bakchanten u. die tragischen Chöre damit bekränzt waren.

κισσο-στεφής, 2. poet. efeubekränzt.

κισσο-φόρος u. **κιττο-φόρος,** 2. (φέρω), Efeu tragend, efeubekränzt, bei der Feier bacchischer Mysterien u. bei fröhlichen Gelagen.

κισσόω (κισσός), poet. mit Efeu bekränzen.

κισσῠβιον, τό, ep. poet. sp. ein größerer od. kleinerer runder Napf, Schale, die bei Hom. als Milch- od. Trinkgefäß dient; aber auch Weinbecher.

κίστη, ἡ, Kiste, lat. *cista.*

κιστοφόρος, ὁ (φέρω), Kistenträger, bei Prozessionen, der, welcher die Kiste mit den heiligen Geräten trägt (Var. κισσοφ).

κίταρις, s. κίδαρις.

Κίτιον, τό, eine der neun Hauptstädte auf Cypern, an der Südküste, mit Salzwerken, Geburtsort des Stoikers Zenon. Einw. ὁ **Κιτιεύς,** plur. **-εῖς.**

κιττός, κιττοφόρος, s. κισσ-.

κιχάνω [ep. ῐ ᾱ, att. ῑ ᾰ], **κιχᾰνομαι, κιγχάνω,** ep. poet. Fut. κιχήσομαι, Aor. 1. κιχήσατο, Aor. 2. ἔκιχον, u. Wurzelaor. ἐκίχην, conj. κιχήω, -ήομεν (-είω, -είομεν), opt. κιχείην, inf. κιχῆναι u. -ήμεναι, part. κιχείς, u. med. κιχήμενος. **1) erreichen,** erlangen, einholen, einnehmen, τινί mit etwas, ποσσί im Laufe, übertr. κακὰ ἔργα κ. τινά die Freveltaten, d. i. ihre Strafe, erreichen jmdn., **2) antreffen,** finden, παρά τινι bei etwas.

κίχλη, ἡ, Krammetsvogel, Drossel.

κιχλίζω, buk. wie eine Drossel zwitschern, kichern.
κίχρημι, s. χράω, I.
κίω, ep. u. poet. (ep. nur ἔκιον, κίον, κίῃς, κίοιμι, κίε, κιών, 1. plur. conj. ep. κίομεν u. Imperf. 1. ind. κίομεν), urspr. ein Aor. 2., später als Impf. betrachtet. wozu dann nachträglich ein Präs. κίω, κίεις gebildet wurde (St. κι, lat. *cio* u. *cieo*), gehen, weggehen.
κίων [ῑ], **ονος, ἡ** u. **ὁ**, die Säule, der Pfeiler. Bildlich hieß die hohe Atlaskette κ. τοῦ οὐρανοῦ: der Himmelspfeiler, die Himmelsstütze.
κλαγγαίνω u. **κλαγγάνω,** poet. tönen, lärmen.
κλαγγή, ἡ (κλάζω), **1)** der unartikulierte Schall, Getön, tierähnliches Geschrei, Lärm, Gekreisch, Geheul, Brüllen, Grunzen, Schwirren. **2)** weissagende Stimme der Kassandra. **3)** der schallende Gesang der Männer.
κλαγγηδόν, Adv., ep. u. sp. geräuschvoll, mit lautem Geschrei.
Κλάδαος, ὁ, nördlicher Nebenfluß des Alpheios westl. von Olympia (Pisatis).
κλάδος, ὁ (got. *hláuts*, ahd. *hlôz* = Los u. verw. *holz*), poet. u. sp., mit metaplast. Dat. κλαδί, u. **κλών, ωνός, ὁ,** Schößling, Zweig, den z. B. Herolde od. Schutzflehende in der Hand trugen od. mit dem sich Bacchanten bekränzten (Eur. Bacch. 110).
Κλαζομεναί, αἱ, Stadt in Ionien, westl. von Smyrna, Geburtsort des Philos. Anaxagoras, jetzt *Kelisman*. Der Einw. **-μένιος.**
κλάζω, Fut. κλάγξω, Aor. 1. ἔγκλαγξα, Aor. 2. im Simplex poet., pros. in (ἀν)έκλᾰγον u. a., Perf. mit Präsensbdtg. att. κέκλαγγα, ep. κέκληγα (sp. κέκλαγα), part. κεκληγώς, ῶτες, od. äol. κεκλήγοντες (St. κλαγγ, lat. *clangor*, ahd. *hlakhan*, nhd. *lachen*). **1)** intr. **erschallen,** erklingen, schreien, **lärmen,** kreischen, bellen, krächzen, rauschen, schwirren, klirren, rasseln, sausen, mit μεγάλα, ὀξέα laut, hell. **2)** trans. erschallen od. ertönen lassen, laut verkünden, rufen, anrufen.
κλαΐστρον, τό, dor. poet. = κλεῖθρον.
κλαίω, altatt. **κλᾴω, κλάω** (nie kontr., St. κλαϝ, κλαυ, ahd. *(h)lût*, nhd. *laut*), att. Fut. κλαύσομαι u. κλᾳήσω, κλαιήσω, Aor. ἔκλαυσα, Perf. pass. κέκλαυμαι, Adj. verb. κλαυτός u. κλαυστός, äol. Präs. opt. 2. sg. κλαίοισθα, Impf. iter. κλαίεσκον, buk. u. sp. Fut. κλαύσω.

I) Akt. • **1)** intr. **weinen,** laut klagen, jammern, ἀμφί τινα um jmdn. Euphem. κλαίειν λέγω das soll dir Schläge eintragen, κλαίων so daß dir's übel bekommen soll, zu deinem Unheil, κλαίων ἐρεῖς Schläge werden dir den Mund öffnen. Ähnl. κλαίειν ποιεῖν, κλαίοντα ἀφιέναι, καθίζειν τινά einen (durch Mißhandlungen) zu Tränen bringen, unter Geheul fortschicken **2)** trans. **beweinen,** beklagen, τινά od. τί.

II) med. poet. bei sich weinen, bei sich beklagen. Dag. κεκλαυμένος, 3. verweint.
κλᾴξ, ἡ, buk. = κλείς, Schlüssel.
Κλάνις, εως, ὁ, sp. **1)** älterer Name des Liris. **2)** Fluß in Etrurien, Nebenfluß des Tiber.
κλᾶρια, τά, dor. sp. Schuldverschreibungen, in denen die Güter (κλᾶροι = κλῆροι) als Hypotheken angegeben waren.
κλάριος, ὁ, poet. = κλάριος. Beiname des höchsten Zeus.
Κλάρος, ἡ, kleine Stadt u. Hain des Apollon mit einem Tempel vor Kolophon in Ionien, j. Ruinen bei *Zille*.
κλασαυχενεύομαι (wie v. κλασ-αύχην, κλάω), poet. mit geknicktem d. h. gebogenem Halse einhergehen, wie ein Weichling.
κλάσις, ἡ (κλάω), das Brechen, Zerbrechen.
κλάσμα, τό (κλάω), sp. das Abgebrochene, **a)** Bruchstück, Splitter, Brocken. **b)** insbes. sp. das (gebrochene) Brot (des Abendmahls).
κλαστάζω, poet. (v. κλάστης, der den Weinstock beschneidet, κλάω), beschneiden, übertr. demütigen.
Κλαύδη, ἡ, Insel südl. v. Kreta, auch Claudos u. Gaudos, j. *Gavdonisi* u. *Gozzo*.
Κλαύδιος, 1) der Kaiser 41—54 n. Chr. **2)** Κλαύδιος Ἄππιος = Appius Claudius, der blinde. **3)** N. T. der Kriegstribun Cl. Lysias. **4)** ein römischer Christ.
κλαυθμός, ὁ, bisw. im Plur., ep. poet. u. sp., u. **κλαῦμα, τό,** nur im Plur. (κλαίω), **1)** das Weinen, Gewimmer, Wehklagen bes. bei einem Trauerfall u. der Leichenbestattung. **2)** das was Tränen verursacht, Ungemach, Plage, auch Strafe.
κλαυθμυρισμός, ὁ, sp. das Wimmern.
κλαυσί-γελως, ὁ, mit Weinen vermischtes Lachen.
κλαυστός, 3. u. **κλαυτός,** 3. (κλαίω), poet. zu beweinen, **οὐ κλαυστά ἐστιν** Weinen frommt nicht.
I. **κλάω,** Fut. κλάσω, Aor. 1. act. ep. ἔκλᾰσα, Pass. Perf. κέκλᾰσμαι, Aor. ἐκλάσθην, ep. u. sp. **1)** Akt. brechen, abbrechen, τί, u. zwar ἔκ τινος aus etwas. **2)** Pass. intr. abbrechen, zerbrechen, entzweibrechen.
II. **κλάω,** s. κλαίω.
Κλεάνθης, ους, ὁ, aus Assos in Kleinasien, ca. 260 v. Chr., Schüler des Zenon u. stoischer Philosoph, Lehrer des Chrysippos, Verf. eines schwungvollen Hymnus auf Zeus.
Κλεαρίδας, α, kämpfte unter Brasidas 423 v. Chr. in Makedonien und widerriet den Frieden des Nikias.
Κλέαρχος, ὁ, 1) spartanischer Flottenführer im peloponnesischen Kriege, dann als Flüchtling Feldherr Kyros' des Jüngern. Er wurde nach der Schlacht bei Kunaxa 401 v. Chr. durch Tissaphernes umgebracht. **2)** Tyrann v. Herakleia am Pontus 375—364 v. Chr. **3)** sonst. Eigenname.
κλεεννός, poet. = κλεινός. — **κλεηδών,** s. κληδών.
κλεῖα, ep. Nom. Acc. plur. v. κλέος = κλέεα, κλέᾱ.
κλειδίον, τό (κλείς), poet. sp. kleiner Schlüssel.
κλεῖθρον, u. altatt. **κλῇθρον, τό** (κλείω, lat. *claustrum*), oft im Pl., **Schloß,** Riegel, ἐκ πυθμένων ἔκλινε κοῖλα κλῇθρα aus den Türpfosten herausgehoben lehnte er die Türe zurück, die nun hohl wurde (κοῖλα prolept.). Übertr. **1)** Seedamm, Wehr. **2)** Ketten, womit man einen Hafen absperrt, dah. κλεῖθρον ἔχειν durch Ketten abgesperrt sein. οἱ τὰ κλεῖθρα ἔχοντες die Hafenwache.
Κλεινίας, ὁ, 1) Sohn des Alkibiades u. Vater des berühmten Alkibiades; er stellte bei Artemision aus eignen Mitteln ein Kriegsschiff und fiel 447 v. Chr. in der Schlacht bei Koronea. **2)** Sohn des vorigen u. jüngerer Bruder des Alkibiades. **3)** sonst. Eigenname.
Κλεινόμαχος, ου, Ephoros in Sparta im J. 420.

κλεινός, 3. selten 2., **κλειτός,** 3. (κλείω, κλέω, κλέος), od. **κλῦτός,** 3. u. 2. (κλύω, ahd. *hlût,* laut, lat. *in-clu-tus*), alle drei bes. ep. u. poet. berühmt, ruhmvoll, ruhmreich, trefflich, prangend, gefeiert, gepriesen, erlaucht, edel, herrlich, hehr, hoch, stolz; iron. der schmucke, die edeln, Soph. El. 300. Aj. 375.

κλείς, κλειδός (κληίς für κλᾱϝις, lat. *clavis, claudo,* dt. *schließen* aus ahd. *sliozan, Schlüssel* aus ahd. *sluzzil*; vgl. I. κλείω), Acc. sg. **κλεῖν,** sp. **κλεῖδα,** Acc. pl. **κλεῖς,** u. sp. **κλεῖδας,** ep. u. ion. **κληΐς, ῖδος,** Akk. **κληῖδα,** bei den Tragg. **κλῄς, κλῃδος,** Akk. **κλῇδα, ἡ,** das Verschließende, dah. • 1) eigentl. der **Schlußriegel,** innerer Querriegel, den man von außen vorschob (vgl. ἱμάς), od. auch Schließbalken, Torriegel, ἐπιβλής u. ὀχεύς. Bildl. • a) καθαρὰν ἀνοῖξαι κλ. φρενῶν des Herzens aufrichtigen Riegel erschließen • b) χρυσέα κλὴς ἐπὶ γλώσσᾳ βέβακε ein goldnes (weil göttliches) Schloß liegt (den Eingeweihten in Eleusis) auf der Zunge; symbolisch wurde den Eingeweihten wohl auch ein Schlüssel auf den Mund gedrückt • 2) der **Schlüsselbolzen,** der Bolzen, welcher zwei sich begegnende Riegel zusammenschloß, κρυπτῇ κλ. durch einen geheimen Riegel • 3) bes. der **Schlüssel,** ein eherner, sichelförmiger Sperrhaken, welcher durch das Riemenloch der Türe gesteckt und dann herumgedreht wurde, wodurch der inwendig vorgeschobene Riegel zurückgeschoben wurde • 4) **Öse,** Öhr, ein schön gebogener (εὔγναμπτος) Drahtring, um die Zungen od. Haken od. Spangen aufzunehmen • 5) die **Ruderpflöcke** d. i. die am Seitenbord befindlichen senkrechten Pflöcke, um welche das Ruder befestigt wurde, so daß es bei der Bewegung festhing u. auch bequem zu handhaben war, ἐπὶ κληῖσι καθίζειν sich an den Ruderpflöcken niedersetzen • 6) übertr. • a) Schlüsselbein zwischen Hals und Brust • b) ἁλμυρὰν πόντου (εὐξείνου) κλῇδ' ἀπέραντον (Eur. Med. 213, siehe Il. 24, 545), ist der Hellespont • 7) N.T. symbol. Vollmacht, Vollgewalt.

Κλεισθένης, ους, ὁ, 1) letzter Tyrann von Sikyon aus dem Geschlecht der Orthagoriden, Vater der Agariste, 600—577 v. Chr. 2) Enkel des vorigen, Sohn des Megakles u. der Agariste, Haupt der Alkmeoniden in Athen, welcher die Demokratie in Athen gegen den Aristokraten Isagoras, der ihn vertrieben hatte, befestigte, aber 505 verbannt wurde. 3) sonst. Eigenn.

κλεισιάδες, αἱ, sp., ion. **κλισιάδες** (κλείω), Türflügel, Türe, meist bildl.: Gelegenheit, Eintritt zu etwas.

κλείσιον, κλεισίον, κλίσιον [ῐῐ], **τό** (vwdt. mit κλίνη), Hütte, Baracke; bes. Wirtschaftsgebäude od. Gesindewohnung im Gegens zum Herrenhaus.

κλειστός, s. κληστός.

Κλείταρχος, ὁ, 1) Haupt der makedonischen Partei in Eretria, vertrieben (durch Phokion?) um 343 od. 341 v. Chr. 2) Sohn des Historikers Deinon, Zeitgenosse u. Begleiter Alexanders des Großen; er schrieb ausgeschmückte ἱστορίαι.

Κλειτόμαχος, ὁ, aus Karthago, in seiner vaterländischen Sprache Hasdrubal genannt, nächst seinem Lehrer Karneădes Begründer der neuen akademischen Schule in der Philosophie, ca. 130 v. Chr.

κλειτός, 3., s. κλεινός. Als Eigenn.

Κλεῖτος, mit dem Bein. 1) der Schwarze, Sohn des Dropides, dessen Schwester Hellanīke die Amme Alexanders gewesen war, Feldherr u. Liebling Alexanders des Großen, dem er in der Schlacht am Granīkos das Leben gerettet. Er wurde von Alexander in der Trunkenheit getötet. Seine Heeresabteilung führte nach seinem Tode seinen Namen fort, dah. ἡ Κλείτου τάξις. 2) der Weiße, führte 323 die Veteranen Alexanders zurück, besiegte die Athener bei Amorgos, kämpfte dann 321 in Lydien, starb als Sieger über Antigonos bei Byzanz 318. 3) sonst. Eigenname.

I. **κλείω,** älter **κλῄω,** ion. u. ep. **κληΐω** [ῑ], Fut. κλείσω (κλῄσω usf.), Aor. ἔκλεισα, Pass. Perf. κέκλειμαι (u. sp. κέκλεισμαι), Aor. ἐκλείσθην (lat. *claŭ-do,* ahd. *sliu-z-u schließe,* s. κλείς), verschließen, verriegeln τί, ὀχῆας den Riegel vorschieben; festschließen; übertr. sperren, z. B. τί, τὸν τόπον [den Paß.

II. **κλείω,** s. κλέω.

Κλειώ, οῦς, ἡ, die Verkündigerin, Name einer Muse (später des Epos u. der Geschichte, dah. mit der Papierrolle dargestellt), Benennung des ersten Buchs von Herodots Geschichte.

κλέμμα, τό (κλέπτω), eigentl. Diebstahl, dann listiges Gebahren, Hinterlist, Kriegslist.

Κλεόβουλος, ὁ, 1) Tyrann von Lindos, einer der sieben Weisen Griechenlands. 2) sonst. Eigenn.

Κλεόμβροτος, ὁ, 1) Sohn des spartan. Königs Anaxandridas, Vater des Pausanias, des Siegers bei Platää. 2) Kl. I., Sohn des Pausanias, unglücklich im Feldzug gegen Theben 378 u. 376, zieht nach Phokis 374—71, fällt bei Leuktra. 3) Kl. II., Schwiegersohn u. Nachfolger des im J. 242 abgesetzten Leonidas, doch durch diesen, als er zurückgekehrt war, 240 verfolgt, auf Fürbitte seiner Gattin Chelonis begnadigt u. verbannt.

Κλεομένης, ους, ὁ. 1) Kl. I., König von Sparta um 500 v. Chr. 2) Sohn des Pausanias, Bruder des Pleistŏnax, für dessen Sohn Pausanias er die Vormundschaft führte. 3) Kl. III., seit 235 (227?) König von Sparta, verm. mit der Witwe des Agis III., versuchte gewaltsam eine Verfassungsreform im altspartanischen Sinn 226 v. Chr., mußte aber, bei Sellasia 222 geschlagen, nach Ägypten fliehen und starb 219 v. Chr. 4) aus Naukrătis, makedon. Statthalter in Arabien, habsüchtiger Getreidewucherer.

Κλεοπᾶς, ᾶ, unrichtig betont Κλεόπας (Kurzform für Κλεόπατρος) Jünger Christi. N. T.

Κλεοπάτρα, ἡ, 1) Nichte des Attălos, Gem. K. Philipps von Makedonien. 2) ältere Tochter des Ptolemaios Auletes, zur Mitregentin u. Gemahlin ihres ältern Bruders Ptolemaios bestimmt, aber 48 aus Ägypten vertrieben u. endlich nach ihrer gewaltsamen Zurückkunft durch Cäsar mit der Regierung Ägyptens für sich und ihren jüngern Bruder Ptolemaios betraut, bis sie, nach Verlust der Schlacht bei Aktium, 31, der Gefangenschaft durch Selbstmord entging. 3) sonst. Eigenn.

κλέος, τό (nur im Nom. u. Acc. sg. u. pl., wo es

κλέεα, κλεῖα, κλέᾱ u. κλέᾰ heißt), (alt κλεϝος, St. κλυ, s. κλύω), ep. u. poet., selten pros. **1)** **Ruf**, Sage, Gerücht, Gerede, Rede, Kunde, meist im Gegensatz zum sichern Wissen, τινός von etw. od. jmdm., ähnl. σόν od. ἐμόν von dir, von mir. **2)** Insbes. guter Ruf, **Ruhm**, Ehre, τινός jmds. od. von etwas, κλέος εἶναι πρός τινος Ruhm bringen von seiten jmds., κλ. καταθέσθαι Ruhm stiften • Pl. κλέα ἀνδρῶν ruhmvolle Taten von Helden (Inhalt der Epen).

Κλεοφῶν, ῶντος, ὁ, mit dem Bein. ὁ λυροποιός, einflußreicher Volksführer in Athen in der letzten Zeit des peloponnes. Krieges, von den Oligarchen hingerichtet, nach der Schlacht bei Aigospotamoi, 404 v Chr.

κλέπτης, ου, ὁ (κλέπτω), Dieb, heimlicher Entwender od. Räuber, u. zwar τινός von etwas, überh. heimlicher Verbrecher, Betrüger, z. B. ψηφοποιός Fälscher der Stimmen; Adj. geheim, hinterlistig, dah. Sup. **κλεπτίστατος**, 3.

κλεπτική, ἡ, Diebshandwerk, die Diebskunst. Von

κλεπτικός, 2. diebisch. [Verschlagenheit.

κλεπτοσύνη, ἡ (κλέπτης), ep. Verstellungskunst,

κλέπτω, κλέψω u. gew. -ψομαι, ἔκλεψα, κέκλοφα, κέκλεμμαι, ἐκλάπην, ion. poet. ἐκλέφθην, Adj. verb. κλεπτέον, ion. Impf. iter. κλέπτεσκε (lat. *clep-o*, got. *hlif-tus* Dieb).

I) Akt. u. **Pass.** • **1)** **stehlen,** entwenden. Iterativf. auf Dieberei ausgehen. Im bes. etwas heimlich tun • **a)** unterschlagen, τὰ δημόσια, τὰ κοινά öffentliches Gut • **b)** wegstehlen, τί, ähnl. τὴν νίκην erstehlen • **c)** heimlich einen Paß od. Ort besetzen • **d)** fortschaffen, entführen, abfangen, ἔκ τινος aus etwas, τινί mit etwas • **2)** heucheln, betrügen, betören, **täuschen,** zu täuschen suchen • Pass. • **a)** getäuscht werden, τινί von einem, θεοῖσι von den Göttern • **b)** sich täuschen, τῷ χρόνῳ durch das Alter verstandesschwach sein. • **3)** **a)** etwas **verheimlichen** • **b)** etw. heimlich durchsetzen, σφαγάς den Rachestreich mit geheimer List führen, μύθους falsche Gerüchte heimlich ausbringen.

II) Med. • **1)** = Akt. heimlich tun; προβαίνειν τὸ πρόσω κλεπτόμενος sich heimlich weiter stehlen, unbemerkt vorrücken • **2)** τῶν ἑαυτῶν von dem Ihrigen stehlen.

κλεψίφρων, 2. (κλέπτω, φρήν), ep. hinterlistig.

κλεψύδρα, ἡ, u. Dem. **κλεψύδριον,** τό, Wasseruhr, ähnlich wie eine Sanduhr. Das Wasser stiehlt sich gleichsam durch die feine Öffnung am Boden des Gefäßes hindurch.

κλέω, poet., im Pass. **κλέομαι** ep. u. poet., ep. Impf. 2. sg. pass. ἔκλε' = ἐκλέεο, ep. gew. **κλείω,** Kausativum zu κλύω (s. d.), **1)** Akt. bekannt machen, rühmen, preisen, τί od. τινά, od. mit Akk. mit Inf. **2)** Pass. bekannt, genannt, gerühmt werden, berühmt sein, τί als etwas.

Κλεώ, ion. poet. = Κλειώ.

κλέωσα, dor. lac. fem. part. praes. v. κλέω, κλείω, preisen, rühmen.

Κλέων, ωνος, ὁ, **1)** Sohn des Kleainetos, Gerbereibesitzer in Athen, spielte in den Jahren 429—422 als Volksführer eine große Rolle in Athen, bis er, bei Amphipolis besiegt, fiel. **2)** sonst. Eigenn.

Κλεωναί, αἱ, **1)** Stadt in Argolis, südw. von Korinth. Jetzt Trümmer bei *Kurtesi*. **2)** Stadt am Athos, in Chalkidike (vielleicht beim heutigen *Xeropotami*); Einw. **Κλεωναῖοι.**

Κλεώνυμος, ου, ὁ, **1)** S. des Sphodrias, Spartaner, fällt bei Leuktra. **2)** athenischer Demagog zur Zeit des pelop. Krieges, Feigling, dah. auch Κλεωνύμη u. ῥίψασπις genannt. **3)** sonst. Eigenn.

κλήδην, ep. Adv. (καλέω), unter Namensaufruf (ohne lautes Schreien).

κληδουχέω, poet. Schlüsselhalter sein, im bes. Vorsteherin des Tempels sein; bewachen.

κληδοῦχος, ὁ, ἡ, (κλῄς, ἔχω), poet. Schlüsselhalter, im bes. Schlüsselführer(in), Vorsteher(in) des Tempels; so Io der Hera, Eros der Kypris, Athene von Athen.

κληδών, κληδών, όνος, ep. u. ion. **κλεηδών,** ep. auch **κληηδών,** ἡ (κλέος, κλέω), **1)** **Ruf,** Kunde, Sage, Gerücht, τινός von jmdm., σὴ κλ. d. i. die Sage, von der du sprichst. **2)** insbes. günstiger Ruf, erwünschte Ansprache, erwarteter Zuruf an die beteiligte Person, πατρῴα das Rufen: Vater; mahnende Stimme jmds.; auch zufälliges günstiges Wort als gute Vorbedeutung u. vermeinte Götterstimme. **3)** poet. u. sp. überh. Rufen, Schreien.

κλῄζω u. **κληίζω.** **1)** (Wz. καλε-, κλη-) nennen, erwähnen. **2)** (zu κλέϝος, urspr. κλεΐζειν, κλείζειν) preisen, rühmen.

κλήθρη, ἡ, ep. die Erle.

κλῇθρον, κλήιθρον, s. κλεῖθρον.

Κληΐδες, αἱ, τῆς Κύπρου, nordöstl. Vorgebirge von Kypros mit kleinen Inselchen.

κληΐς, s. κλείς.

κληιστός, s. κληστός. **κληΐω,** s. κλείω.

κλῆμα, τό, u. Dem. dav. **κληματίς,** ίδος, ἡ (κλάω), ein abgebrochener od. leicht abzubrechender junger Zweig, Schößling, Reis, τὰ oder αἱ κλ. Reisig; bes. (ἀμπέλινος) Schoß, Zweig der Weinrebe.

Κλήμης, εντος, Klemens, Gehilfe des Ap. Paulus.

κληρονομέω (νόμος), seinen Anteil an der Erbschaft bekommen, Erbe sein, erben, τινός von etwas. Später auch τί, u. dah. τινός τι etwas von einem, sp. auch τινά, beerben.

κληρονομία, ἡ, die Beerbung, Erbteil, Erbschaft, im N. T. auch Erbe, Eigentum.

κληρο-νόμος, 2. (νέμομαι), seinen Anteil empfangend. Subst. ὁ, **a)** der Erbe, abs. od. τινός jmds. oder von etwas. **b)** überh. wer etwas für einen andern übernimmt.

κληρο-παλής, 2. (πάλλω), ep. durch das Schütteln der Lose zugeteilt od. zuzuteilen.

κλῆρος, ὁ. **1)** das **Los.** κλῆρον od. κλήροις πάλλειν losen; ähnl. κλήρῳ λαχεῖν erlosen, adv. ἀπὸ κλήρου **2)** das Verloste, der durchs Los erhaltene Anteil. Im bes. **a)** das **Ackerlos,** Landlos, welches an κληροῦχοι (w. s.) verteilt wurde. **b)** Erbgrundstück, überh. **Erbgut,** Erbe. **3)** das Losen, die Verlosung.

κληρουχέω (-οῦχος), einen Losteil Land (κλῆρος) als Kolonist einnehmen od. innehaben, Kolonist sein (s. κληρουχία).

κληρουχία, ἡ, **1)** Land- und Ackerverteilung an Bürger. **2)** Im bes. die Bürgerkolonie, d. h. die Inhaber eines an athenische Bürger verlosten eroberten Landstückes. Eine solche Kleruchie blieb dabei im Besitz des athen. Bürgerrechts. Daher κληρουχίας ἀναγράφειν Verzeichnisse behufs Landverteilung anlegen.

κληρουχικός, 3. die Ackerverteilung an Bürgerkolonisten betreffend, νόμος die lex agraria des C. Gracchus, τὰ κλ. χρήματα das Vermögen der abwesenden Bürgerkolonisten.

κληροῦχος, 2. (κλῆρος, ἔχω), **1)** ein erlostes Stück eroberten Landes besetzend. Subst. ὁ, Bürgerkolonist. **2)** poet. überh. Anteil habend, teilhaftig, τινός einer Sache.

κληρόω (κλῆρος). **1)** Akt. **a)** losen, das Los werfen. **b)** auslosen, durch das Los wählen. **2)** Med. **a)** sich zulosen lassen, durchs Los zugeteilt bekommen. **b)** durchs Los an der Wahl von etwas teilnehmen, z. B. τῶν ἐννέα ἀρχόντων (näml. ἀρχήν) κλ. an der Wahl der 9 Archonten, od. um die Richterstellen (πρὸ τῶν δικαστηρίων) losen. **3)** Pass. sp. durchs Los erhalten, „mich trifft das Los".

κλήρωσις, εως, ἡ, das Losen: **a)** das Auslosen. **b)** die Wahl durchs Los.

κληρωτήριον, τό, **1)** das Wahllokal, wo gelost wird. **2)** die Losurne, Stimmurne.

κληρωτός, 3. **1)** losbar, durchs Los zu vergeben. **2)** erlost, durchs Los bestimmt.

κλῄς, s. κλείς.

κλῆσις, εως, ἡ (I. κλείω), Schließung, Sperrung, auch im Plur., u. zwar abs. od. τινός von etwas.

κλῆσις, εως, ἡ (καλέω), **1)** Ruf, Zuruf, Anrede, Berufung, Einladung, τινός jmds. u. zu etwas. **2)** insbes. Einladung zu Tische. **3)** Vorladung vor Gericht, Klage. **4)** Benennung. **5)** N. T. die göttliche Heilsberufung zur Seligkeit.

κληστός, 3., ion. **κληιστός** (I. κλείω), **a)** verschließbar, βεβαίως fest zu verschließen. **b)** verschlossen, geschlossen, z. B. λιμήν.

κλητέος, 3. zu rufen, zu nennen.

κλητεύω (κλητός), vor Gericht laden, vorladen, τινά, bei jeder Klage war eine förmliche Vorladung (πρόσκλησις) zu erlassen u. diese dem Beklagten vor Ladungszeugen (κλήτορες) zuzustellen.

κλητήρ, ῆρος, ὁ, der Rufende: **a)** Herold. **b)** der Amtsbote. **c)** Ladungszeuge (vgl. κλήτωρ).

κλητική, ἡ, sc. πτῶσις, sp. der *Vocativus*.

κλητός, 3. (καλέω), bes. ep. **1)** aufgerufen, vorgeladen, berufen zu etwas, erlesen, abgeordnet. **2)** eingeladen, dah. gesucht, willkommen.

κλήτωρ, ορος, ὁ, Ladungszeuge (s. κλητεύω).

κλήω u. **κληίω,** s. κλείω.

κλίβανος [ῐ], ὁ, ion. **1)** Bratpfanne. **2)** N. T. der Ofen.

κλῖμα (κλῖμα), τό, sp. u. N. T. **1)** Neigung, insbes. die Neigung, Abdachung der Erdkugel gegen die Pole hin; dah. **2)** Himmelsgegend, Gegend, Land.

κλιμάκιον, τό, u. **κλιμακίς,** ίδος, ἡ, sp. Demin. zu κλῖμαξ.

κλιμακτήρ, ῆρος, ὁ, poet. die Leitersprosse.

κλῖμαξ, ακος, ἡ (κλίνω), **1)** Treppe, Leiter, im bes. Schiffsleiter, Sturmleiter; Geländer, z. B. an einer Brücke. ἀμφίπλεκτοι κλ. Umklammerungen, ein Kunstgriff beim Ringen, poet. st. κλιμακισμός. κλίμακες Βραυρώνιαι Terrassen, Landstraßen von Brauron, wo Artemis einen Tempel hatte. **2)** rhetor. die Steigerung.

κλίνη [ῑ], ἡ, u. Dem. dazu **κλινάριον** u. **κλινίδιον** [ῑ ῐ ῐ], τό (κλίνω), das Lager, worauf man sich legt, dah. **1)** Bett, Ruhebett, Feldbett, Bank, u. insbes. **a)** Tragbett, Sänfte, deren sich früher nur Kranke u. Frauen bedienten, bis der Luxus seit Alexander sie allgemeiner machte. **b)** Ruhebett für Verstorbene, Totenbahre, Bahre, worauf der Sarg steht. **c)** Bettgestelle, Lagergestelle, bes. Gestelle eines Speisesofas, auf welchem man bei Tische lag, Tischlager. **2)** sp. im plur.: der Möbelbasar, das Möbellager.

κλῑν-ήρης, 2. (Wz. αρ) sp., u.

κλῑνο-πετής, 2. (πίπτω), bettlägerig, ans Bett gefesselt.

κλινο-ποιός u. **κλινουργός,** ὁ, Hersteller von Betten und Sänften.

κλιντήρ, ῆρος, ὁ, ep. buk. sp. Lehnstuhl, Ruhebett.

κλίνω [ῑ], κλῐνῶ, ἔκλῖνα, κέκλῐκα, κέκλῐμαι, ἐκλίθην u. ἐκλίνην, κλιθήσομαι u. κλινήσομαι, episch Aor. pass. auch (ἐ)κλίνθην, Perf. pass. 3. pl. κεκλίαται (Wzl. κλι, lat. *clinare, clīvus*, ahd. *hline-n*, nhd. *lehnen*).

I) Akt. • **1)** trans. **neigen,** lehnen, anlehnen, hinlegen, τινί od. πρός τι an etwas • **2) beugen,** biegen, wenden; zum Weichen bringen, in die Flucht jagen, τάλαντα die Waage neigen, so daß die eine Schale steigt u. die andere sinkt, πόδα den Schritt lenken, μάχην der Schlacht eine Wendung geben, ὄσσε πάλιν die Augen seitwärts wenden, ἔκ τινος aus etwas herausgehoben.

II) intr. • **1) sich neigen,** sinken, ἐπὶ τὸ χεῖρον zum Schlechtern, schwenken • **2)** sich zu Tische legen.

III) Pass. sich lehnen, sich neigen, sich anlehnen, sich bücken, sich zurückbiegen, niedersinken, umfallen, πρός τινι, πρός τι u. παρὲξ ὁδοῦ, dah. Perf. u. Plqpf. pass. • **1)** gelehnt sein, sich stützen, τινί an, auf etwas • **2)** liegen, daliegen, ruhen, τινί auf etwas od. in jmds. Armen **3)** gelegen sein; weilen, wohnen, τινί u. πρός τι nach etwas zu, an, auf etwas, ἁλί am Meere.

IV) Med. ep. sich lehnen, liegen τινί.

κλῐσία [ῐ], ion. **-ίη,** ἡ, poet. u. sp., ep. Dat. κλισίηφι, eigtl. Ort, wo man sich niederlegen od. anlehnen kann, dah. **1)** (oft im Pl.) **Lagerhütte** (der Krieger), Baracke, Hütte (der Hirten), Erdhütte, Vorhof, **Gehöft. 2)** Lehnstuhl, Lehnsessel, gew. κλισμός. **3)** das Liegen beim Mahle, u. im N. T. die Abteilung der Gäste, die beim Mahle liegt.

κλισιάδες, αἱ, s. κλεισιάδες.

κλισίηθεν, ep. Adv., aus der Hütte, aus dem Zelte.

κλισίηνδε, ep. Adv., nach der Hütte, nach dem Zelte.

κλίσιον, τό, s. κλεισίον (κλείσιον).

κλίσις, ἡ, sp. die Biegung, **a)** Neigung, Schwenkung. **b)** poet. das Lager. **c)** gramm. Flexion; Flexionsform.

κλισμός, ὁ (κλίνω), ep. u. poet. Lehnstuhl mit

Rückenlehne (**θρόνος** ein Armsessel, **δίφρος** Sessel ohne Lehne).

κλῐτύς [ῡ, ep. in zweisilb. Kasus ῠ], ύος, ἡ, Acc. sing. ύν, plur. ῦς (κλίνω, w. s., lat. *cli-vus*, got. *hlains*, fränk. *Leite*, Hügel), ep. u. poet. Neigung, Abhang, Hügel.

κλοιός, ὁ (I. κλείω), das Halsband, od. auch Halseisen, mit dem man die Gefangenen schloß.

κλονέω, ep. poet. und sp. nur Präs und Imperf., in heftige Bewegung setzen, rasch vor sich (πρὸ ἕθεν) hertreiben, jagen, umdrängen, bedrängen, in Unordnung bringen, verwirren, teils abs., teils τινά od. τί.

κλόνος, ὁ, ep. u. poet., jede heftige und verworrene Bewegung, Gedränge, Gewühl, Kampfgetümmel.

κλοπαῖος, 3. poet. gestohlen.

κλοπεύς, ὁ (κλέπτω), poet. Dieb, heiml. Übeltäter.

κλοπή, ἡ (κλέπτω), poet auch im Plur. st. Sing., **1)** Diebstahl, Entwendung, Entführung, τινός jmds. od. von etwas, **τῶν ἱερῶν** Beraubung der Heiligtümer, im bes. mit u. ohne **χρημάτων** Unterschlagung von Geldern, Unterschleif. **2)** List, z. B. des Palamedes, welche den verstellten Wahnsinn des Odysseus entlarvte (Soph. Phil. 1025). **3)** heimliches Beginnen, **ποδοῖν** κλοπὰν ἀρέσθαι heimliche Flucht ergreifen; heimliche Besetzung eines Orts.

κλοπιμαῖος, 3. sp., u. **κλόπιος,** 3. ep. poet. (κλοπή), versteckt, heimlich, heuchlerisch; sinnberaubend, hinreißend.

κλοπός, 3. ep. = κλοπεύς, κλώψ.

κλοτοπεύω, ep., nur Il. 19, 149, nach dem Zusammenhang: tatlos schwatzen od. Worte machen.

κλύδαξις, εως, ἡ, sp. das Wogen, Kollern.

κλυδασμός, ὁ, sp. das Schaukeln, Wogen, der Wellenschlag.

κλύδων, ωνος, ὁ, u. Dem. dav. **κλυδώνιον,** τό, (κλύζω), Wogenschlag, Wellenschlag, Brandung. Übertr. stürmischer Andrang, Getümmel; ἔφιππος κλ. der Gespanne wirrer Knäuel.

κλυδωνίζομαι, N. T. Pass., von den Wogen umhergeworfen werden.

κλύζω, κλύσω, ἔκλῠσα, κέκλυσμαι, ἐκλύσθην, ep. Impf. iter. κλύζεσκον (Wurz. κλυ-δ-, altlat. *cluere*, d. i. *purgare*, wovon *clovaca*, *cloaca*, ahd. *hluttar* = *lauter*), **1)** Akt. u. Pass. **a)** anspülen, schlagen, u. zwar **ἐπί τινος** an etwas, **πρὸς αὐγάς** bei Sonnenaufgang, weil sich da der Wind zu erheben pflegt. **b)** bespülen, wegspülen, **τὰ κακά**, weil das Meerwasser reinigende Eigenschaften hat u. allen Unrat ins Meer spült, dann überh. ausspülen, reinigen, **τί**. **2)** Pass. wogen, Wellen schlagen, branden, **πρός τι**.

κλύμενος, buk. berühmt.

Κλύμενος, ὁ, Sohn des Presbon, König der Minyer in Orchomenos. Dav. auch **Κλυμένη,** ἡ, **a)** Tochter des Okeanos u. der Thetys, Geliebte des Sonnengottes u. Mutter des Phaëthon. **b)** Gemahlin des Phylakos u. Mutter des Iphiklos (Od. 11, 326). **c)** sonstiger weibl. Eigenname.

κλύσμα, τό (κλύζω), ion. **1)** die Flüssigkeit, womit etwas abgespült wird, das Klystier. **2)** sp. Ort, wo die Wellen anspülen, Brandung.

κλυστήρ, ῆρος, ὁ (κλύζω), ion. Klystierspritze.

Κλῠται-μήστρα, ion. **-στρη** (früher unrichtig -μνήστρα geschr.), ἡ, Tochter des Tyndareos u. der Leda, Schwester der Helĕna, Gem. des Agamemnon, welche, von Aigisthos verführt, durch diesen ihn mit Kassandra beim Empfangsmahl erschlagen ließ (nachhomer. Sage: ihn selbst im Bade erschlug) u. nebst Aigisthos von ihrem Sohne Orestes getötet wurde.

Κλυτιάδης u. **Κλῠτίδης,** ου, ὁ, Sohn des Klytios, **1)** = Peiraios, ähnlich ἐς Κλυτίοιο. **2)** = Dolops. **3)** = Tisamenos.

κλῠτο-(ϝ)εργός, 2. ep. berühmte oder herrliche Werke schaffend.

κλῠτό-πωλος, 2. ep. mit berühmten Rossen, Beiw. des Hades.

κλῠτός, s. κλεινός.

κλυτο-τέχνης, ου, ὁ, ep. kunstberühmt.

κλυτό-τοξος, 2. ep. mit berühmtem od. herrlichem Bogen, Beiw. des Apollon.

κλύω (lat. *clu-o*, *clue-o*, *in-clu-tus*, dt. *Lud-wig* aus *Chludwig* kampf-berühmt, *alem.* Dial. *losen* (*hlosen*) = hören, lauschen), ep. u. poet. (Präs. noch nicht bei Hom.), Impf. ἔκλυον ep. u. poet. als Aorist, dazu imper. κλῦθι, κλῦτε, u. mit ep. Redupl. κέκλῠθι, κέκλῠτε • **1)** **hören,** erfahren, (im Opt.) zu wissen wünschen, wohl auch = gehört haben, wissen, od. auch wie ἰδεῖν u. ähnl. Inf. bloß zur größern Versinnlichung hinzugefügt (z. B. Aisch. Ag. 266). Teils abs., teils τί u. τινός, κατὰ γλῶσσαν von andern, doch auch τινά od. τινός, auch τινός τινος etwas von jmdm., od. τινά u. τινός mit Part., αὐδήσαντος ihn reden hören, doch auch ἔκ, πρός, ἀπό τινος, od. ein indir. Nebens. mit εἰ u. ähnl. od. ein Inf. • **2)** **anhören,** erhören, τινός ihm gehorchen, dah. auch τινός τινος etwas von jmdm., doch auch τινὶ ἀρῆς auf jmds. Gebet hören; Il. 24, 335 ᾧ Dat. commodi (ἔκλυες erhörtest jedesmal), od. τί, u. zwar οὐκ ἀπὸ γλώσσης nicht obenhin anhören • **3)** sich nennen hören, heißen, **im Rufe stehen,** τὸ ὑπερκόπως κλ. εὖ zu viel Ruhm haben, dagegen κακῶς in übelm Rufe stehen. Teils abs., teils πρός τινος, teils mit Part. od. folg. ὡς u. Optat.

Κλώδιος, ὁ, Publius Cl. Pulcher, Feind des Cicero, der im J. 52 bei Bovillae durch Milo seinen Tod fand. Seine Schwester ἡ **Κλωδία** war die Gemahlin des Q. Metellus Celer († 61); viell. die Lesbia Catulls.

κλώζω, nur Präs. u. Impf., glucksen, zischen.

Κλῶθες u. **κλῶθες,** αἱ, die Spinnerinnen, dämonische Gewalten, welche den Faden der Geschicke vor der Geburt den Sterblichen zuspinnen (vgl. Μοῖρα).

Κλωθώ, οῦς, ἡ, Klotho, die älteste der drei Moiren, die den Lebensfaden spinnt.

κλώθω (u. poet. Med.), κλώσω, ἔκλωσα, κέκλωσμαι, ἐκλώσθην (meist in Kompos.), ion. poet. sp. spinnen, τί.

κλωμακόεις, εσσα, εν (κλῶμαξ, ὁ, der Steinhaufen), ep. felsstufig.

κλών, s. κλάδος.

κλωψ, poet. = κλοιός, s. d.

Κλωπᾶς, ᾶ, männl Eigenname im N. T.

κλωπεία, ἡ = κλοπή, Diebstahl, Beutemachen.
κλωπεύω, = κλέπτω, stehlen; ἄνδρας abfangen.
Κλωπίδαι, οἱ (κλώψ), poet. erdichteter attischer Demos, 'Diebinger'.
κλωπικός, poet. = κλοπιμαῖος.
κλωστήρ, ῆρος, ὁ (κλώθω), poet. sp. Knäuel.
κλωστός, 3. poet. u. sp. gesponnen.
κλώψ, κλωπός, ὁ, = κλέπτης, Dieb, im Krieg auch Marodeur, d. h. wer einem Heere folgt um zu plündern, Xen. An. 4, 6, 17.
κνᾱκός, 3. dor. st. κνηκός, buk. isabellfarbig, gelblich.
κνάκων, ὁ, buk. der Fahle, d. i. der Bock.
κνάπτω od. **γνάπτω,** walken, kratzen, zerreißen.
κναφεῖον, sp., ion. **κναφήιον,** τό, = γναφεῖον.
κναφεύς, έως, ὁ, älter für γναφεύς, Walker.
κναφευτική, ἡ (verst. τέχνη), die Walkerkunst.
κνάφος, ὁ (κνάπτω), ion. sp. eigentl die stachelige Karde des Walkers, womit er das Tuch aufkratzt, dann die Stachelfolter, ein Marterwerkzeug.
κνάω, κνῶ, κνῇς usw., inf. κνῆν, med. κνῆσθαι, ion. κνᾶν, ep. Impf. κνέε u. κνῆ st. ἔκνη, 1) Akt. ep. u. ion. schaben, reiben, abschaben, τί. 2) Pass. u. Med. sich schaben od. kratzen, κνώμενος gekitzelt.
κνεφάζω (κνέφας), poet. verdunkeln, τί.
κνεφαῖος, 3. poet. finster, dunkel. Von
κνέφας, τό, Gen. ep. κνέφαος, Dat. att. κνέφᾳ (vgl. *crepusculum*), die Dunkelheit, Finsternis, dah. mit u. ohne σκότιον: a) das Abenddunkel, Abenddämmerung. b) bei Xen. auch (ἅμα κνέφᾳ) die Morgendämmerung.
κνήθομαι, Pass. gejuckt werden, ein Jucken empfinden.
κνήμ-αργος, 2. buk. weißbeinig.
κνήμη, ἡ (der Art. fehlt oft), (ahd. *hamma,* Schenkel), Unterschenkel, Wade, Schienbein.
κνημιδο-φόρος, 2. (φέρω), ion. Beinschienen tragend.
κνημίς, ῖδος, ἡ (κνήμη), Beinschiene, vom Knie bis an die Knöchel, a) zum Schutze im Kriege, aus zwei metallenen Rundplatten bestehend, welche durch Schnallen od. Spangen, ἐπισφύρια, zusammengehalten wurden. b) zum Schutz gegen die Dornen usw., rindslederne Gamaschen, wie sie noch heute beim röm. Landvolk üblich sind.
κνημός, ὁ (zu κνήμη), ep. eigtl. Biegung, im bes. im Pl. Bergabhänge, Waldschluchten, vorz. des Idagebirges.
κνησιάω, Desider. von κνάω, Lust zum Kratzen haben, ein Jucken empfinden, τί an etwas.
κνῆσις, εως, ἡ (κνάω), das Kratzen, der Kitzel.
κνῆστις, ιος, ὁ, Dat. κνήστῑ st. κνήστιι (κνάω), ep. 1) Schabmesser. 2) Reibeisen.
κνίδη, ἡ, buk. Brennessel.
Κνίδιος, ὁ, 1) Sohn des Knidis (Thuk. 5, 51). 2) s. Κνίδος.
Κνίδος, ἡ, Stadt in Doris in Kleinasien, eine Kolonie der Lakedämonier, auf dem Vorgebirge Triopion, mit dem Apollonheiligtum, in dem die Bundes- und Festversammlungen der asiat. Dorer stattfanden, jetzt Ruinen auf *Kavo Krio.* Die Einw. οἱ **Κνίδιοι,** urspr. Dorer, dah. befreundet mit Tarentinern u. Kyrenäern.
κνίζω (vgl. κνάω, κνήθω), Aor. act. (ἔ)κνισα, Perf. pass. κέκνισται, Aor. pass. ἐκνίσθη, ion. poet. u. sp. 1) Akt. eigtl. kratzen, ein Jucken od. Brennen verursachen, dah. stechen, am Herzen nagen, ärgern, reizen, kränken, peinigen, τινά od. τί. 2) im Pass. auch absol. von Liebe, Eifersucht gepeinigt werden.
κνῖσα, ep. **κνίση** od. **κνίσση,** ἡ (aus κνιδ-σ-ᾱ, verw. lat. *nidor* aus *cnidos,* Dunst, Brandgeruch, viell. zu κνίζω stechen, also eigtl. was in die Nase sticht). 1) Dampf, Fettdampf, Bratengeruch, insbes. Opferdampf. 2) das den Dunst bewirkende Fett, in das man die Opferstücke wickelte.
κνῑσάω, mit Opferduft anfüllen.
κνῑσήεις, εσσα, εν, ep. fettdampfend.
κνίσμα, τό, 1) das Abgeschabte, der Brocken. 2) sp. poet. das Kneifen (als Liebkosung), die Neckerei.
κνισωτός, 3. poet. fettdampfend.
κνύζα, ἡ, = κόνυζα, buk. Dürrwurz, Alant.
κνυζέομαι, poet. sp. Med., knurren, winseln.
κνυζηθμός, ὁ, ep. sp. Gewinsel der Hunde (aus Furcht).
κνύζημα, τό, ion. das Wimmern, Lallen der Kinder.
κνυζόω, ep. (κνύος Krätze), schäbig machen, dah. ὄσσε die Augen triefend machen.
κνώδαλον, τό, ep. u. poet. wildes od. schädliches Tier, Untier, Ungetüm.
κνώδαξ, ᾰκος, ὁ, sp. Zapfen, zugespitzter Stab.
κνώδων, οντος, ὁ, bes. poet. eigentl. der Ritzer, διπλοῖ die an beiden Seiten des Schwertes da, wo der Griff an die Schärfe stößt, befindlichen Zähne od. Schwerthaken, wie sie auch an Jagdspießen angebracht wurden. Dann im Sing. überh. das Schwert.
Κνωσός od. **Κνωσσός,** ἡ *Gnossus,* Hauptstadt der Insel Kreta, Residenz des Minos, eine Stunde landeinwärts vom heutigen Ἡρακλεῖον od. *Candia,* bedeutende Ruinenstätte. Die Einw. οἱ Κνώσιοι.
κνώσσω, ep. poet. fest schlafen.
κοάλεμος, ὁ, poet. sp. einfältiger Mensch; personif. Gott der Dummheit.
κόβαλος, ὁ, poet. gaunerisch, spitzbübisch.
κόγχη, ἡ, u. ion **κογχύλιον,** τό, 1) die Muschel, z. B. in den libyschen Bergketten, die aus Nummulitenkalk bestehen; auch Muschelschale. 2) poet. Hirnschale.
κογχυλιάτης, ου, ὁ, λίθος, Muschelkalkstein.
κοδράντης, ου, ὁ, N. T. das lat. *quadrans,* das Viertel bes. des Asses = 1 Pfennig.
Κόδρος, ὁ, Sohn des Melanthos, der Sage nach letzter König von Attika um 1068 v. Chr., welcher bei einem Einfall der Herakliden in Attika sich selbst opferte; seine Nachkommen **Κοδρίδαι.**
κόθεν u. **κοθέν,** ion. = πόθεν u. ποθέν.
κόθορνος, ὁ, 1) ein hoher, den ganzen Fuß bedeckender u. bis zur Mitte des Beins hinaufreichender doppelsohliger Jagdstiefel, der vorn zugeschnürt ward. 2) eine ähnl. von Aischylos eingeführte Fußbekleidung der Schauspieler in Heldenrollen mit hohem Absatz, um die ganze Gestalt zu erhöhen. 3) weil derselbe auf beide Füße paßte, übertr. ein Achselträger.
κόθ-ουρος, 2. (οὐρά, vgl. κόλουρος), ep. stumpfschwänzig; stachellos.
Κοθωκίδης, ὁ, Einw. des att. Demos Κοθωκίδαι.
κοί = καὶ οἱ.

κοίῃ, ion. = att. *ποίᾳ* Adv. wieso denn?

Κοῖλα, τά, 1) *τῆς Εὐβοίας*, die Scheren Euböas, d. h. die ins Meer hineingreifenden Klippen, welche den Südteil Euböas vom Vorgebirge Kaphareus bis herum an die Westseite der Insel umgeben. Sie bilden mehrere Felsenbuchten u. waren ein Schrecken für die Schiffer. **2)** *τῆς Χίης χώρης*, wahrsch. der Busen auf der Westseite der Insel Chios an der schmalsten Stelle der Insel.

κοιλαίνω (*κοῖλος*), Aor. *ἐκοίλᾱνα*, ion. u. sp. *ἐκοίληνα*, aushöhlen, *ἡ διήγησις κοιλαίνεται* die Darstellung leidet an einem Zuwenig.

κοιλάς, *άδος, ἡ*, sp. Höhlung, Schlucht.

Κοίλη, ἡ, 1) das Hohltal, Demos in Attika, zur Phyle Hippothontis gehörig, außerhalb des Melitischen Tores, nordöstl. von Athen. **2) Κοίλη Συρία,** *ἡ*, Kölesyrien od. das hohle Syrien, eigtl. das lange Tal zwischen Libanon u. Antilibanon, dann das ganze östliche angrenzende Land vom seleukidischen Syrien bis nach Ägypten und Arabien zu.

κοιλία, ion. **-ίη,** *ἡ* (*κοῖλος*), die Höhlung, insbes. **a)** die Bauchhöhle, der Unterleib, die Darmpartie, *τὴν κ. ἐξαιρέειν* eigentl. die Bauchhöhle ausleeren, d. h. die Eingeweide herausnehmen. **b)** im N. T. der Mutterschoß, u. übhpt. das Innere. Dav.

κοιλιο-λυσία, *ἡ*, sp. die Leibesöffnung, Durchfall.

κοιλιο-πώλης, *ου, ὁ*, poet. Darm-, Wursthändler.

κοιλο-γάστωρ, *ορος, ὁ, ἡ*, poet. hohlbauchig, gefräßig.

κοῖλος, 3. ion. u. poet. *κόϊλος* u. zerd. *κοιιλος* 3. (aus *κοϝιλος*, lat. *cavus*, nhd. *hohl*) • **1) hohl,** ausgehöhlt, daher auch geräumig, tief, *χρυσός* hohles (d. i. zu Gefäßen verarbeitetes) Gold, *χωρία* die tiefen Stellen im Meere • **2)** (nach innen) gebogen, **vertieft,** tiefliegend, im Talgrund gelegen, *ὁδός* Hohlweg, *ποταμός* ein tiefliegendes Strombett mit steilen Ufern, bei Arr. aber ein angeschwollener Fluß, *λιμήν* von Anhöhen eingeschlossen, *κοίλη ναῦς* Schiffsbauch; *Λακεδαίμων* u. *Ἄργος* im Peloponnes zur Unterscheidung von vielen gleichnamigen Städten, weil in einem Bergkessel liegend. Ebenso *ἡ κοίλη Ἦλις*, das eigtl. Elis, neben dem pisatischen und triphylischen • Subst. *τὸ κοῖλον* tiefe Stelle, die **Bucht,** *τὰ κοῖλα* die Vertiefungen, Höhlen; vgl. *Κοῖλα*.

κοιλότης, *ἡ*, sp. die Vertiefung.

κοιλώδης, 2 sp. = *κοῖλος*.

κοίλωμα, *τό*, sp. = *κοιλότης*.

κοιλ-ωπός, 2. (*ὤψ*), poet. hohl anzuschauen, hohl.

κοιμάω, ion. **-έω** (St. *κει* in *κεῖμαι*), Nbf. **κοιμίζω.**

I) Akt. • **1) zur Ruhe legen,** zu Bette bringen, einschläfern, in Schlaf bringen, dah. auch zur ewigen Ruhe betten • **2)** übertr. **beruhigen,** ruhen heißen, stillen, lindern, besänftigen, zähmen.

II) Med.-Pass. Fut. *κοιμήσομαι* u. Aor. pass. *ἐκοιμήθην*, ep. auch med. *κοιμήσατο, κοιμήσωνται*, • **1)** sich zu Bette legen, sich zum Schlafen hinstrecken, **sich schlafen legen,** einschlafen, **schlafen,** schlummern, ruhen, *ἔν τινι* an einem Orte, *ὕπνῳ ὕπο* in den Armen des Schlafes, *χάλκεον ὕπνον* den ehernen Schlummer, d. i. den Todesschlaf schlafen, dah. auch: die Augen (im Tode) schließen; übertr. nachlassen, aufhören **2)** sich lagern, um Wache zu halten • **3)** trans. sp. erschlafen, durch Schlaf erwerben.

κοίμημα, *τό*, poet. das sich Lagern, das Schlafen, im bes. im Plur. der Beischlaf, die Umarmungen, *τινός* jmds., *τινί* mit jmdm., *αὐτογέννητα* mit der eigenen Mutter.

κοίμησις, *εως, ἡ*, das Schlafen, auch im Plur.

κοιμίζω, s. *κοιμάω*.

κοινᾱνέω, s. *κοινωνέω*. **κοινῇ,** s. *κοινός*, II, z. E.

κοινοβωμία, *ἡ* (*κοινός, βωμός*), poet. Gemeinschaftlichkeit des Altars.

κοινο-γενής, 2. aus der Gemeinschaft zweier verschiedener Gattungen erzeugt, u. **κοινογονία,** *ἡ*, gemeinschaftliche Zeugung zweier verschiedener Gattungen.

κοινό-λεκτρος, 2. poet. u. **κοινο-λεχής,** *ὁ, ἡ*, poet. gemeinsames Lager habend, ehelich; subst. Bettgenosse, Bettgenossin.

κοινολογέομαι (wie v. *κοινό-λογος*), sich besprechen, Unterhandlungen pflegen, sich unterreden, verabreden, unterhandeln, sich beteiligen, abs. od. *τινί* u. *πρός τινα* mit jmdm. Dav.

κοινολογία, *ἡ*, sp. Verabredung, Übereinkunft, *πρός τινα* mit jmdm.

κοινό-πλους, 2. zsgz. aus *οος*, poet. zusammenfahrend.

κοινό-πους, *πουν*, Gen. *ποδος*, poet. gemeinsam (gehend).

κοινοπρᾱγία, *ἡ* (*πραγέω* v. *πράσσω*), sp. gemeinsames Handeln, gemeinschaftliche Unternehmung.

κοινός, 3. poet. auch 2. (aus *κομjος*, zu lat. *cum, com-*), u. ältere Form **ξῡνός,** 3., ep. ion. u. poet., ep. u. ion. auch **ξῡνήιος** (zu *ξύν*) **gemein.**

I) von Dingen • **1)** Adj., **gemeinsam,** gemeinschaftlich, *τινί* od. *τινός* jmdm. Demnach im Ggs. zu *ἴδιος*: alle Menschen angehend, öffentlich, den Staat betreffend, *ἱερόν* allgemein besucht, *θυσίαι* gemeinschaftliche Opfer bei den allgemeinen Festversammlungen, *παρρησία* als gemeinsames Recht, *πρόφασις* allgemein gültig, *τύχαι* Mißgeschicke, in die alle Menschen geraten können, aber *κοινότεραι* die auf beiden Seiten gleichmäßigern, *πρᾶξις* zu allgemeinem Gebrauch, doch auch Staatsgeschäfte, ähnl. *αἱ κ. προαιρέσεις* Staatshandlungen, *ἡ προαίρεσις τῶν κοινῶν* Politik, *κ. πράγματα* allbekannte, *κοινόν τι πρῆγμα* etwas fürs allgemeine Beste, *ἀγῶνες κοινότατοι* Prozesse von allgemeinstem Interesse. Und so *κοινὴν παρέχειν τὴν πόλιν* die Stadt als Gemeingut hinstellen, od. als offene Zufluchtsstätte für alle, u. überh. *κοινόν τι παρέχειν* etw zur gemeinsamen Sache machen • **2)** Subst. *τὸ κοινόν* u. *τὰ κοινά* • **a)** das Gemeinsame, Allgemeine, **Ganze,** *κοινὰ πρὸς τύχην* was man mit dem Glücke teilt, insbes. *τὰ κοινά* die Gesamtheit des Staates, die öffentlichen Angelegenheiten, das Gemeinwesen, Gesamtwohl, die Staatsverwaltung, dah. *πρὸς τὰ κ. ποσελθεῖν* od. *τοῖς κ.* u. ähnl., (*τὰ*) *κοινὰ πράσσειν* Staatsgeschäfte treiben, doch auch überh. teilnehmen, *κοινὰ ποιεῖν* im allgemeinen Interesse handeln. Im bes. **α)** die allgemeinen staatsbürgerlichen Rechte, **β)** die Staatsverwaltung, γ) die öffentlichen Gelder, Kassen, das Staatsgut. Ähnl. • **b)** τὸ κοινόν das Gemeinsame, die Gesamtheit der **Gemeinde,** das versammelte Heer, der Bund (auch: der Gemeinplatz, die Sentenz). Dah. ἄνευ τοῦ πάντων κοινοῦ ohne die Einwilligung aller. Im bes. **α)** die leitende Behörde, der Kriegsrat, **β)** das Gemeingut, die gemeinsame Kasse; auch die gemeinsame Beute, ξυνήια das Gemeingut des ganzen Heeres • **c)** ἡ κοινή (διάλεκτος) die hellenistische Sprache, welche auch die des N.T. ist. • **d)** Praepos. Verbindungen: **α)** εἰς (τὸ) κοινόν gemeinschaftlich, zum allgemeinen Wohle, ἐς τὸ κ. δοῦναι zur Beratung bringen, τιθέναι ins Mittel stellen, κατατίθεσθαι zum Preis aussetzen, **β)** ἐκ u. ἀπὸ (τοῦ) κοινοῦ von Staats wegen, auf Staatskosten, **γ)** ἐν κοινῷ öffentlich, ἐν κοινῷ κεῖσθαι eine gemeinsame Aufgabe sein, doch heißt ἐν τῷ κ. auch im Staatsschatze, ἐν τοῖς κ. in den öffentlichen Kassen • **e)** Adv. κοινά gemeinsam, ähnl. τὰ τεύχη κοίν' ἐμοὶ τεθάψεται d. h. mit mir.

II) von Personen • **1)** gemeinsamen Stammes, **verwandt,** verschwistert, κοινῶν παίδων κοινὰ ἐκπεφυκότα pleonast. für κοινοὶ παῖδες • **2)** Teilnehmer, **Genosse,** κοινὸς ἐν κοινοῖσι λυπεῖσθαι ξυνών vereint mit einem leiden in vereintem Schmerz. Dah. κοινὸν ποιεῖν τινα st. κοινωνὸν ποιεῖν • **3)** wer mit jedermann umgeht • **a)** im schlimmen Sinne: gemeine Dirne (dah. auch gemein, unrein) • **b)** im guten: l e u t s e l i g, freundlich, überh volkstümlich (dies auch von Sachen), ferner: gleichgestimmt, u n p a r t e i i s c h.

III) Adv. **κοινῇ** (poet. ξυνῇ) u. **κοινῶς** • **1) gemeinsam,** auf gemeinsamen Beschluß od. Kosten, zugleich mit, mit u. ohne σύν τινι u. μετά τινος; κοινῶς ἔχειν τινί ein gemeinsames Recht für jmdn. aufstellen • **2)** im allgemeinen, öffentlich, im S t a a t s i n t e r e s s e, διδόναι τι etwas für das Gemeinwohl hingeben, πολιτεύεσθαι als Staatsmann handeln.

κοινότης, ητος, ἡ, Gemeinschaftlichkeit; Leutseligkeit.

κοινό-τοκος, 2. derselben Zeugung, verbrüdert.

κοινοτροφικός, 3. zur gemeinschaftlichen Erziehung gehörig.

κοινο-φιλής, 2. poet. dasselbe liebend.

κοινό-φρων, 2. (φρήν), poet. g l e i c h g e s i n n t, überh. in Gemeinschaft, einträchtig, τινί mit jmdm.

κοινόω (κοινός). **1)** Akt. **a)** g e m e i n s a m m a c h e n, auch gemein machen, entweihen. **b)** m i t t e i l e n, bekannt machen. **2)** Med. **a)** sich in Gemeinschaft begeben, s i c h v e r b i n d e n, etwas gemeinschaftlich betreiben, sich beteiligen, etwas gemeinschaftlich besitzen, **b)** s i c h m i t t e i l e n, in Kenntnis setzen, zur Beratung mitteilen, beraten, um Rat fragen.

Κόιντος, ὁ, der röm. Name Quintus.

κοινών, ῶνος, ὁ, s. κοινωνός.

κοινωνέω, u. dor. **κοινᾱνέω** (κοινωνός), **1)** A k t. **a)** etwas gemeinschaftlich besitzen, A n t e i l h a b e n, teilhaftig sein, zu teilen haben, t e i l n e h m e n, nehmen, genießen, τινός an, von etwas oder jmdm., τινί mit jmdm., etwas mit jmdm. teilen. **b)** Gemeinschaft machen od. haben, sich abgeben, sich anschließen, mit dabei sein, zusammenhängen, übereinkommen, abs. od. τινί mit etwas od. jmdm., auch mit folg. εἴτε — εἴτε; γυναικί mit ihr zu tun haben. **2)** M e d. teilnehmen lassen, τινός an etwas.

κοινώνημα, τό, u. **κοινώνησις,** ἡ, Gemeinschaft, Verkehr, Umgang.

κοινωνία, ἡ, G e m e i n s c h a f t, Teilhaben, Verbindung, Vereinigung, Umgang; Fähigkeit Gemeinschaft zu halten. Im bes. **1)** E h e g e m e i n s c h a f t. **2)** T e i l h a b e r g e s c h ä f t. **3)** N. T. Beteiligung an der Hilfeleistung.

κοινωνικός, 3. **1)** der Gemeinschaft dienend, g e m e i n n ü t z i g; δίκη κ. ein Prozeß wegen Gesellschafts-, Kompanieverpflichtungen. **2)** mitteilend, freigebig.

κοινωνός, 2. u. **κοινών,** ῶνος, ὁ (dies nur subst. u. im Nom. u. Acc. plur.) (κοινός), **1)** Adj poet. g e m e i n s a m, κοινωνῷ ξίφει im gemeinsamen Morden. **2)** Subst. ὁ, ἡ, Gesellschafter, G e f ä h r t e Gehilfe, guter Freund, (gemeinschaftlicher) Teilnehmer, Mitbeteiligter, G e n o s s e, οἱ κ. die Bundesgenossen.

κοιν-ωφελής, 2. sp. gemeinnützig.

κοῖος u. **κοίως,** ion. st. ποῖος, ποίως, (lat. *quâ-lis*).

Κοῖος, ὁ, **1)** S. des Uranos und der Gaia, Titane. **2)** Fl., fließt in die Balyra in der Nordebene von Messene.

κοιρανέω (κοίρανος), ep. u. poet. h e r r s c h e n, schalten u. walten, den Herrn spielen; Anführer, Befehlshaber sein; poet. τινός u. τινί, gew. ἀνά, διά, κατά τι in, über etw.

κοιρᾰνίδης [ῐ], ου, ὁ, ἡ, poet. H e r r s c h e r s p r o ß, Plur. H ä u p t e r d e r S t a d t (als Chor auftretend).

κοίρᾰνος, ὁ (verw. dt. ***Heer***, aus ahd. *heri*, got. *harjis*), Heerführer, Befehlshaber, G e b i e t e r, Herrscher, Herr.

κοιτάζομαι (nicht att.), sich lagern, nisten.

κοιταῖος, 3. auf dem Lager liegend, κ. γίγνεσθαι übernachten. Subst. τὸ κ. das Lager eines Tieres.

κοίτη, ἡ, dor. **κοίτα,** ion. u. poet. **κοῖτος,** ὁ (κεῖμαι), **1)** das Schlafengehen, das Schlafen, der S c h l a f, κοῖτον ποιεῖσθαι schlafen. **2)** das **Lager,** Nachtlager, **Bett,** Ruhebett, Schlafstätte, Ruhestätte. Oft im Pl. N. T. Beilager; ἔχειν Leibesfrucht. **3)** sp. die K i s t e, Lade.

κοιτίς, ίδος, ἡ, sp. Demin. Kistchen, Körbchen.

κοιτών, ῶνος, ὁ (κοίτη), poet. sp. Schlafgemach, Kammer.

κόκκινος, 3. scharlachrot, karmoisinrot; τὸ κ. das Scharlachtuch, -gewand, N. T. Von

κόκκος, ὁ, ion. **1)** Kern od. Korn von Früchten, bes. der Granate. **2)** die Scharlachbeere.

κοκκύζω, eigentl. kuckucken, dann k r ä h e n; dor. κοκκύσδω

κόκκυξ, ῡγος, ὁ (lat. *cuculus*, ahd. *gauh*), der Kuckuck.

κολάζω u. Med. **-ομαι,** Adj. verb. κολαστέον (κόλος), eigtl. beschneiden, stutzen, dah. **1)** einschränken, b ä n d i g e n, im Zaum halten, **in Zucht halten;** Pass. κεκολασμένος durch Schaden gewitzigt, κεκολασμένος περί τι enthaltsam in betreff einer Sache • Subst. τὸ κεκολασμένον die Enthaltsamkeit. 2) meistern, warnen, züchtigen, strafen, bestrafen, u. zwar zur Besserung, τινί mit etwas, dah. πᾶσι κακοῖς alle Zuchtmittel anwenden, doch auch διά τινος durch etwas, ferner ἔν τινι bei etwas, τινὸς ἕνεκα wegen etwas, od. mit ὅτι, εἰ, endlich μετὰ λόγου mit Vernunft.

κολακεία, ἡ (κολακεύω), das Schmeicheln, die Schmeichelei, Lobhudelei, Kriecherei, κολακείᾳ τινός τι ποιῆσαι in feiger Hingebung an jmdn.; auch: Blendwerk, Lügenkunst.

κολακευτικός, 3. (-εύω), u. **κολακικός,** 3. (κόλαξ), schmeichlerisch, kriechend; Subst. ἡ κολακευτική die Kunst zu schmeicheln.

κολακεύω, schmeicheln, den Hof machen, (durch Schmeicheln) einnehmen, verführen, abs. ὁ κολακεύων der Schmeichler, τὸ κολακεῦον das Schmeichelnde, die Eitelkeit Kitzelnde, oder τινά jmdm., τινί mit etwas. Pass. sich den Hof machen lassen.

κόλαξ, ακος, ὁ, Schmeichler, Schmarotzer.

κολαπτήρ, ῆρος, ὁ, sp. der Steinschlägel, Meißel, von

κολάπτω, schlagen, meißeln.

κόλασις, εως, ἡ, u. sp. **κολασμός,** ὁ (κολάζω), a) Züchtigung, Bestrafung, Strafe. b) Qual, Pein.

κόλασμα (κολάζω), u. **κολαστήριον,** τό (κολαστήρ = κολαστής), Züchtigungsmittel, Strafmittel, Strafwerkzeug, κολαστηρίου ἕνεκα um sie zurechtzuweisen.

Κολασσαί, gemeine Form st. Κολοσσαί.

κολαστής, οῦ, ὁ (κολάζω), der Züchtigende, Zurechtweisende, Zuchtmeister; μείζων τῶν ἡμαρτημένων schärfere Züchtigung als meine Sünden.

κολαφίζω, N. T. sp. beohrfeigen, mißhandeln.

κολεός, ὁ, ep. ion. u. poet. **κολεόν** u. ep. **κουλεόν,** τό, die Scheide des Schwertes, welche von Metall, bisw. von Silber war.

κόλλα, ἡ, der Leim.

κόλλαβος, ὁ, sp. u. **κόλλοψ,** οπος, ὁ, Rinderschwarte, bes. daraus bereiteter Wulst, Wirbel der Lyra, zum Aufspannen der Saiten.

κολλάω (κόλλα), 1) Akt. zusammenleimen, übertr. befestigen, ketten, πρός τινα an etw. 2) Pass. N. T. sich an jmdn. eng anschließen.

κολλήεις, εσσα, εν (κόλλα), ep. u. **κολλητός,** 3. (κολλάω), zusammengeleimt, verbunden; zusammengefügt oder -gesetzt, fest, bes. zusammengeschweißt, abs. od. τινός aus etwas.

κόλλησις, εως, ἡ (κολλάω), eigentl. das Zusammenleimen, dann mit σιδήρου das Zusammenschweißen.

κολλούριον (gew. κολλύριον), τό, sp. Augensalbe.

κόλλοψ, s. κόλλαβος.

κολλυβιστής, οῦ, ὁ, der Geldwechsler.

κόλλυβος, ὁ (sem. Lw.), Scheidemünze; Agio, Aufgeld.

Κολλυτός, ὁ, Demos im Osten Athens, außerhalb der Stadt gelegen und zur Ägäischen Phyle gehörig. Der Einw. ὁ **Κολλυτεύς.**

κολοβός, 2. = κόλος, s. d.

κολοβότης, ητος, ἡ, sp. Verstümmelung; Verschlucken einer Silbe beim Sprechen, Kürze des Atems.

κολοβόω, verkürzen.

κολοιός, ὁ (κολῳός), ep. u. sp. die Dohle.

κολόκυνθα. auch -η, att. **κολοκύντη,** ἡ, runder Kürbis.

κολοκυνθο-πειρατής, ὁ, sp. Seeräuber auf einem Kürbisschiff.

κόλον, τό, poet. u. sp. 1) Darm. 2) Wurst.

κόλος, 2. ep. ion. u. buk. verstümmelt, abgestumpft, βοῦς mit abgestoßenen Hörnern, ohne Hörner, δόρυ ohne Spitze, μάχη abgebrochen.

Κολοσσαί, αἱ, Stadt in Großphrygien am Lykos, im J. 66 n. Chr durch Erdbeben zerstört, j. *Chonas*: Einw. **Κολοσσαεῖς** (Κολασσ.).

κολοσσιαῖος, 3. sp. kolossal, riesig. Von

κολοσσός, ὁ, 1) Bildsäule, dor. Synonym für att. ἀνδριάς. 2) Kolossalstatue, Koloß. Die Bdtg. des Riesenhaften geht erst aus von der riesigen Statue des Helios in Rhodos, die die dor. Rhodier mit ihrem Ausdruck bezeichneten.

κολοσυρτός, ὁ, ep. poet. eigtl. ein schwirrender, dann mit Pfeifen vermischter Lärm, bei Hom. stets der Jagdlärm, die Hetze, poet. ein schreiendes Geschwärm.

κολουρίς, ίδος, (κόλουρις), ἡ, poet. der Fuchs, Fem. von.

κόλουρος, 2. (κόλος, οὐρά), 1) mit gestutztem Schwanze, dem die Schwanzfedern ausgefallen sind. 2) abgestumpft. 3) αἱ κ. γραμμαί zwei Kreise durch die Äquinoktial- u. Solstitialpunkte, die an den Polen sich kreuzen.

κόλουσις, ἡ, das Verstümmeln, Beschneiden, Verkürzen.

κολούω, Pass. Perf. κεκόλουμαι, Aor. ἐκολούθην, poet. -σθην (κόλος), eigentl. verstümmeln, beschneiden, doch nur übertr. kürzen, lähmen, verkleinern, beschränken, beeinträchtigen, gefährden, mit etwas kargen, nicht aufkommen lassen, Einhalt tun, niederwerfen, μεσσηγύ in der Mitte abbrechen, τί u. τινά.

Κολοφών, ῶνος, ἡ, wichtige Stadt in Ionien, unweit Ephesos, mit dem Hafen Notion durch Mauern verbunden, durch seine Reiterei berühmt; jetzt geringe Ruinen in dem Flecken *Chilli* od. *Zille*. Die Einw. οἱ **Κολοφώνιοι,** dah. **Κολοφωνίων λιμήν,** Hafen bei Torōne auf der Halbinsel Sithonia in Chalkidike.

κολπίας, ου, ὁ, poet. bauschig.

κόλπος, ὁ (ahd. *welben*, nhd. *wölben*), eigtl. die Wölbung, dah. 1) **der Busen** des menschlichen Körpers. 2) der **Bausch** (die Busenfalte) des Kleides, bes. des Frauenkleides (dah. ὑπὸ κόλπῳ, ὑπὸ κόλπου, ὑπὸ κόλπον im Busen versteckt). 3) **Meerbusen,** die Bucht, Bai. 4) übertr. der Schoß des Meeres, der Erde, od. der Talgrund.

κολπόω, buk. sp. u. poet. einen Bausch od. Busen bilden, bauschen, krümmen, übertr. εἴς τι schwellend hineinwehen. Pass. sich krümmen, ausgebuchtet sein.

κολπ-ώδης, 2. poet. u. sp. busenartig, d. i. a) mit Vertiefungen od. Krümmungen versehen, buchtenreich. b) buchtenartig, wie eine Bucht, von einem bedeutenden Einschnitt des Gebirges.

κόλπωμα, τό, sp. der Bausch.

κολυμβάω, untertauchen, ins Wasser (εἴς τι) springen.

κολυμβήθρα, ἡ, **1)** Schwimmanstalt, Badeort, Badestelle. **2)** überh. Teich, N. T.

κολυμβητήρ, ῆρος, ὁ, poet. u. **κολυμβητής,** οῦ, ὁ, Taucher, Schwimmer.

Κόλχος, ὁ der Kolcher, Einw. von Kolchis, bei Hdt. oft König Aietes. **Κολχίς,** ἡ (*Αἶα*), Landschaft am Kaukasos, an der Ostküste des Schwarzen Meeres, Hauptfluß Phasis. Schauplatz der Sage vom goldenen Vlies. *Κολχίς,* ἡ heißt auch die Kolcherin Medea. Adj. **Κολχικός,** 3.

κολῳάω, (κολῳός), ep. kreischen, kreischend schelten, zetern, keifen.

κολώνη, ἡ, poet. u. sp., u. **κολωνός,** ὁ, ion. u. sp. (lat. *culmen, collis,* alts. *holm,* nhd. Halde), der **Hügel,** die Anhöhe. Insbes. • **1)** τῶν λίθων Steinhügel, als Denkmal • **2)** ep. u. poet. (κολώνη) der Grabhügel. Eigenn. **Κολωναί,** Stadt in Troas, u. bes. **Κολωνός,** ὁ, ein stumpfer Felshügel aus weißlichem Kalk (daher ἀργής), eine gute halbe Stunde von Athen entfernt, an der Straße über Phyle nach Theben. Auf ihm lag das Heiligtum der ἵππιοι θεοί (bes. des Poseidon), u. er gab dem Demos den Namen **Κολωνός.** Sophokles stammte aus diesem Gau (*Κολωνῆθεν*), den er im Drama Oidipus auf Kol. verherrlichte • Der Κολωνὸς ἀγοραῖος, zur Phyle Antiochis gehörig, lag in der Stadt Athen.

κολωνία, ἡ, sp. N. T. das lat. *colonia,* die Kolonie.

κολῳός, οῦ, ὁ (κολοιός), ep. Gekreisch, zänkischer Lärm, Gezänk, κολῳὸν ἐλαύνειν endlos kreischen.

κομάω, ion. auch **-έω** (κόμη). **1) langes Haar tragen;** κάρη auf dem ganzen Kopf, ὄπιθεν od. τὰ ὀπίσω am Hinterkopfe, also vorn geschoren, dag. τὰ ἔμπροσθε vorn. In Athen trugen die Jünglinge langes Haar nur bis ins 18. Jahr, wo sie ἔφηβοι wurden. Es später noch zu tragen galt als Hoffart. Dah. **2)** übertr. κ. (ἐπί) τινι stolz sein auf etwas, **prunken,** prangen, einherstolzieren, um etwas buhlen.

I. **κομέω,** s. d. vorherg.

II. **κομέω,** mit Impf. 3. dual. κομείτην st. ἐκ., Iterativf. κομέεσκον (verw. mit κάμ-νω sich abmühen). ep. besorgen. warten, pflegen.

κόμη, ἡ, dor. **κόμα** (lat. *coma*), das Haar, Haarwuchs, die Mähne; ἐπίσειστος das lange Haar an der tragischen Maske. Bisweilen das Haupt selbst. **b)** übertr. ep. Laub, Blätter, Blüten.

κομήτης, ου, ὁ (κομάω), **1)** Adj. langes Haar tragend, langhaarig, übertr. befiedert, begrast, neu belaubt, Eur. Bacch. 1055. **2)** Subst. ὁ κ. sp. der Haarstern, Komet.

κομιδή, ἡ (κομίζω) • **1)** ep. Besorgung, **Sorge,** Wartung. Pflege, οὐ κατὰ νῆα ἦεν ἐπηετανός da mir auf dem Schiffe fortdauernde Pflege fehlte. Dav. als Adv. der Dat. **κομιδῇ (κομιδῆ) genau,** besonders, geradezu, ganz und gar, **gänzlich,** durchaus, gar sehr; in der Antwort: allerdings, gewiß • **2)** ion. u. sp. das Herbeischaffen, die Zuführung, **Zufuhr,** Transport, Transportmittel, εἴς τι wohin, das Sammeln, εἰς τὴν κ. auf die Zeit der Ernte hin • **3)** das **Fahren,** Hinüberfahren, die Fahrt, Überfahrt, Ankunft, Rückzug, Heimkehr • **4)** (vom Medium) ion. das Wiedererhalten, Wiederbekommen, Wegnehmen, Herausziehen eines Geschosses aus der Wunde.

κομίζω (zu II. κομέω, u. κάμνω), Aor. act. ep. auch ἐκόμισσα u. κόμισα, Med. fut. ion. κομιεῦμαι, **besorgen** • **1)** Akt. ep. versorgen, warten, pflegen, ernähren, ξένον; im Med. bei sich aufnehmen, **pflegen,** bewirten, im bes. wieder zu sich nehmen • **2) bestellen,** bringen, führen, **geleiten;** in Sicherheit bringen, wegbringen, davontragen, bekommen, überbringen, im bes. (πάλιν) zurückbringen, -führen, wieder verschaffen; ὁ κομίσας der Überbringer, τὰ σαυτῆς ἔργα κόμιζε, ἱστόν τ' ἠλακάτην, κτήματα, σεαυτὸν ἂν κομίζοις du kannst dich von hinnen heben, νεκρόν; im Med. **an sich bringen,** in Empfang nehmen, sich erwerben, δόξαν ἐσθλήν, τόκους Zinsen eintreiben; im bes. • **a)** herausschaffen, -holen **b)** sich wohin bringen lassen • **c)** wiederbekommen, zurücknehmen, τοὺς νεκροὺς ὑποσπόνδους **3)** insbes. im Pass. gebracht werden, **kommen, reisen,** sich begeben, dahinsegeln, im bes. (ἐπ' οἶκον od. πάλιν) zurückkehren, εἰς τὴν ἀγοράν, οἴκαδε. [schaffer. Herzubringer.

κομιστήρ, ῆρος, ὁ (κομίζω), poet. u. sp. Herbei-

κομιστής, ὁ, poet. dass.; νεκρῶν Leichenbestatter.

κόμιστρον, τό (κομίζω), poet. eigentl. Trägerlohn, dann Lohn für Errettung.

κόμμα, τό (κόπτω), **a)** das Schlagen, der Schlag; das Gepräge. **b)** sp. Abschnitt, kleines Glied einer Periode.

κόμμι, τό, ion indekl., (ägypt. Lw.) Gummi.

κόμμος u. **κομμός,** ὁ (κόπτω), das an die Brust Schlagen, Trauerklage. Im Drama: Klaggesang, dann überhaupt Wechselrede zwischen Chor u. Schauspieler.

κομμόω, sp. putzen, = I. κομέω. Dav.

κόμμωμα, τό, sp künstlicher Schmuck, Putz.

κομμωτικός, 3. putzkundig od. gekünstelt; ἡ κομμωτική die Putzkunst, od. die Toilettenkünstlerin.

κομμώτρια, ἡ, Putzmädchen, Zofe. [lassen.

κομοτροφέω. sp. (κόμη), die Haare lang wachsen

κομπάζω u. **κομπέω** (κόμπος). **1)** laut reden, großsprechen, prahlen. **2)** sich brüsten, stolz einhergehen, stolz sein. Redensarten: μῦθον κ. eine stolze Antwort geben; ὅσοιπερ κομποῦνται so viele, als prahlerisch angegeben werden. Davon

κόμπασμα, τό, poet. u. **κομπασμός,** ὁ, sp. prahlende Rede, Prahlerei.

κομπαστής, ὁ, sp. der Prahler.

κομπο-λᾰκέω, poet. bombastisch, prahlerisch reden.

κομπός, ὁ, poet. der Großsprecher.

κόμπος, ὁ, **1)** ep. u. poet. klingendes Geräusch, Klirren, Stampfen, Knirschen. **2)** Lärmen mit Worten, Großsprecherei, Ruhmredigkeit, Prahlerei. In gutem Sinne: das Rühmen, Ruhm, κόμπος πάρεστι ich darf mich rühmen.

κομπο-φακελο-ρρήμων, 2. poet. mit Bündeln prunkvoller Rede um sich werfend, prunkbündelwortig.

κομπώδης, 2. großprahlerisch. Subst. τὸ ἀνθρώπειον κομπῶδες die dem Menschen so natürliche Prahlerei.

κομψεία, ἡ (im Plur.), Spitzfindigkeit. Von
κομψεύω, 1) Akt. herausputzen, zur Schau tragen, *τί*. **2)** Med. etwas (*τί*) witzig ausdrücken; *τὰ τοιαῦτα* mit solchen Scherzen (Spitzfindigkeiten) Staat machen. Von
κομψός, 3., Adv. **-ῶς,** Komp. *-ότερον*, geputzt, stattlich, herrlich, ausgesucht, nett, zierlich, fein, geistreich (poet. auch listig), *κομψότερον ἔχειν* sich besser befinden.
κονᾰβέω, ep., nur Aor. 1. *κονάβησα*, u. **κοναβίζω,** ep. tönen, dröhnen, schallen, klingen, widerhallen.
κόνᾰβος, ὁ (vgl. *κανάζω* tönen), ep. poet. u. sp. Gelärm, Getöse.
κονδυλίζω, mit der Faust schlagen, bes. ins Gesicht; ohrfeigen. Von
κόνδῠλος, ὁ (*κόνδος*, Knolle), eigentl. das Knochengelenk, dann die geballte Hand, der Faustschlag, im bes. Knöchelstoß ins Gesicht, Ohrfeige, *κόνδυλον ἐντρίβειν* jmdm. einen Schlag ins Gesicht versetzen.
κονία, ion. u. ep. **κονίη** [*ῐ*, doch in der Arsis des sechsten Fußes auch *ῑ*], ep. u. poet., u.
κόνις, *εως*, ion. *ἡ*, Dat. ep. *κόνῑ* st. *κόνιι* (*κονία*). **1) Staub,** Erdstaub (oft im Pl. *ἐν κονίῃσι βάλλειν τινά* = einen töten), Staubgewölk, *κονίη ἐκ κρατὸς ὀρώρει* es wirbelt Staub über sein Haupt empor. Übertr. zur Bezeichnung einer großen Menge od. des Vergänglichen. **2)** Erde, dah. vom Grabe; Sand, Flußsand. **3)** mit *αἰθαλόεσσα* Asche. **4)** über Asche gegossenes Wasser, Lauge.
κονῑᾱτός, 3. mit Kalktünche überstrichen, ausgetüncht.
κονιάω (*κονία*), eigentl. bestäuben, dann mit Kalk überstreichen, tünchen, *τί*.
κονιορτός, ὁ (*κόνις, ὄρ-νυμι*), **1)** der Staubwirbel, Staubwolke, Staub. **2)** aufgewehte Asche. **3)** ein schmutziger Mensch.
κόνις, s. *κονία*.
κονίσ(σ)αλος, ὁ (*σάλος*), ep. Staubwolke, Staubwirbel.
κονίω [*ῑ*], **1)** Akt. trans. ep. u. sp. mit Staub bedecken, bestäuben, *τί*. Im Pass. *φεῦγον κεκονιμένοι* mit Staub umwirbelt, als Bezeichnung hastiger Flucht. **2)** Akt. intr. ep. u. poet. eigentl. Staub erregen, von schnell laufenden Rossen und Menschen, *κονίοντες πεδίοιο* hinstäubend durch das Gefilde. **3)** Med. sich mit Sand bestreuen.
κοννέω, poet. kennen, verstehen.
κοντός, ὁ (*κεντέω*, Lw. *contus*), Stange, im bes. **a)** Ruderstange zum Fortstoßen kleiner Fahrzeuge od. beim Landen gebraucht. **b)** Lanze.
κόντος, ὁ, sp. das Holz des Speers.
κοντο-φόρος, 2. sp. Spieße tragend.
Κόνων, *ωνος*, ὁ. **1)** Sohn des Timotheos, athen. Feldherr im peloponn. Kriege, 413 Flottenführer, entrinnt bei Aigospotamoi nach Kypros; mit persischer Hilfe siegt er bei Knidos 394 über den Spartaner Peisandros, baut Athens Mauern wieder auf, scheint später auf Kypros gestorben zu sein. **2)** ein Samier, um 280, Mathematiker u. Astronom, Freund des Archimedes, nahm das Haar der Berenike unter die Sternbilder auf.
κοπάζω, (*κόπος*), ion. u. sp. müde werden, ermüden, vom Sturm: sich legen, abs. od. mit Part.
κόπανον, τό, poet. = *κοπίς*.
κοπετός, ὁ (*κόπτομαι*), sp. das mit Schlagen an die Brust verbundene Wehklagen. Auch Plur.
κοπεύς, ὁ (*κόπτω*), Meißel.
κοπή, ἡ, das Hauen, Stoßen; N. T. das Gemetzel.
κοπιάω, sp. (*κόπος*), müde, überdrüssig werden, m. Part. etwas zu tun; N. T. auch sich abarbeiten.
κόπις, ὁ, poet. Schwätzer.
κοπίς, *ίδος*, *ἡ* (*κόπτω*), **1)** poet. u. sp. das Schlachtmesser, Schlachtbeil. **2)** im bes. ein kurzer, wie eine Sichel leicht gekrümmter Säbel der Perser, vgl. *ἀκινάκης*.
κόπος, ὁ (*κόπτω*), **1)** Zerschlagenheit von der Anstrengung, Ermüdung, Mattigkeit. **2)** poet. auch = *κοπετός*.
κοπόω, sp. trans. ermüden; Pass. müde werden od. sein.
κόππα, τό, aus semitischem *Qōph*, urspr. im Alphabet zwischen *π* u. *ρ* stehend, ϙ, lat. q. Q; Zahlzeichen für 90.
κοππατίας, *ου*, ὁ, poet., u.
κοππα-φόρος, 2. sp. Bezeichnung edler Pferde, welche am Schenkel ein *κόππα* (= lat. *Q* = *Κόρινθος*) eingebrannt hatten.
Κόπρειος, ὁ, aus Kopros, einem Demos in Attika, welcher zur Hippothontischen Phyle gehörte.
κοπρέω (*κόπρος*), ep. düngen.
κοπρία, ἡ, Misthaufen; im N. T. var. zu
κόπρια, von *κόπριον, τό*, sp. Dünger, Mist, Unrat.
κόπριος, 3. schmutzig.
κοπρο-λόγος, ὁ, Unratsammler, Abfuhrunternehmer.
κόπρος, ἡ u. sp. auch **ὁ, 1)** der Mist, Dünger, überh. Kot, Schmutz; verächtl. aus Hirse gebackenes Brot, weil dies in kurzer Zeit verdirbt u. ungenießbar wird. **2)** ep. Düngerstreu, Düngerplatz, Viehhof.
κοπρο-φόρος, 2. (*φέρω*), misttragend, *κόφινος* ein Mistkorb.
Κοπτός, οῦ, ἡ, auch **Κοπτώ, οῦς, ἡ,** Stadt in Ägypten.
κόπτω, Perf. att. *κέκοφα*, ep. *κέκοπα*, Pass. Perf. *κέκομμαι*, Aor. *ἐκόπην*, Fut. *κοπήσομαι* u. Fut. 3 *κεκόψομαι* (St. *κοπ*).

I) Akt. • **1) stoßen, schlagen,** hauen, fällen, zerschlagen, zertrümmern, verwunden, schlachten, hinschlachten, *τί κατά τι* in etwas, daher *τινά τι* jmdn. in etwas, *πρός τινα* auf etwas niederschmettern, *ἀπό τινος* von etwas abhauen, Pass. Stöße erhalten • **2)** hämmern, **schmieden,** im bes. prägen • **3)** anschlagen, anklopfen, anpochen an die Türe, *τί* • **4)** belästigen; hart mitnehmen, verletzen. Pass. *κοπτόμενός τινι* ermattet durch etwas, *κεκομμένος φρενῶν* wahnsinnig.

II) Med. • **1) sich schlagen,** hauen, *τί* an etwas, *τινί* mit etwas • **2)** sich vor Trauer an die Brust schlagen, **trauern,** N. T. *τινά* betrauern • **3)** für sich (*sibi*) schlagen, prägen lassen, *τί*.
κοπ-ώδης, 2. ermüdend.
κόπωσις, *εως*, *ἡ*, sp. Ermattung.
Κόρακος πέτρη, ἡ, der Koraxfelsen (d. i. Rabenstein) in Ithaka.
κόραξ, *ακος*, ὁ (lat. *corn-ix, cor-vus*, dt. *Rabe* aus ahd. *hra-ban*). **1)** der Rabe, u. sprichw. *ἐς κόρακας ἀπιέναι* sich zum Geier, an den Galgen scheren

u. ἄπαγ' ἐς κόρακας scher dich zum Kuckuck, zum Henker. 2) sp. Enterhaken, Fangeisen.

κοράσιον, τό, Demin. von κόρη, sp. u. N. T. das Mägdlein.

κορβᾶν, indekl., u. **κορβανᾶς,** ᾶ, ὁ (hebr. *qorbān*), Opfergabe, N. T.

κορδακισμός, ὁ, das Tanzen des κόρδαξ, u. **κόρδαξ,** ακος, ὁ (viell. verw. mit κραδάω schwingen), ein unanständiger Tanz, der zunächst dem Chore der älteren attischen Komödie eigen war. Er kam später häufig bei festlichen Gelagen, wenn die Köpfe erhitzt waren, zur Aufführung.

Κορδύβη, ἡ, *Corduba,* Stadt in Spanien, j. *Cordova.*

κορέννυμι, Fut. κορέσω, Aor. ἐκόρεσα, Perf. pass. κεκόρεσμαι, Aor. pass. ἐκορέσθην, ep. Fut. κορέω, Aor. med. opt. 3. pl. κορεσαίατο, Perf. act. part. κεκορηώς (mit pass. Bdtg.) u. pass. κεκόρημαι, auch ion. (κόρος) • 1) Akt. **sättigen,** satt machen, τινά, τινί u. τινός mit od. von etwas • 2) Med. mit Aor. pass. u. med. • a) **sich sättigen,** satt werden, τινός von u. an etwas, θυμόν sich (innerlich) erlabt, seine Lust gestillt haben • b) satt, ü b e r d r ü s s i g w e r d e n, satt od. genug bekommen, τινός an etwas, τινί mit etwas, z. B. ὕβρει mit Stolz erfüllt sein, oder mit Part. τάμνων des Hauens satt sein, κλαίουσα ἐκορέσσατο sie weinte sich satt.

κόρευμα, τό, poet. der Jungfrauenstand.

κορεύομαι, poet. Fut. κορευθήσῃ, als Jungfrau leben.

I. **κορέω,** fegen, säubern, auskehren, reinigen.

II. **κορέω,** s. κορέννυμι.

κόρη, poet. **κόρα,** ion. **κούρη,** bei Trag. auch **κούρα,** dor. **κώρα,** (aus κορϝα), ἡ. 1) Fem. v. κόρος, daher a) die J u n g f r a u, das **Mädchen.** Als Eigenname **Κόρη,** ἡ, die Tochter der Demēter u. des Zeus, Persephŏne, (Proserpĭna), welche Hades (Pluto) in die Unterwelt entführte, b) T o c h t e r, c) junge F r a u. 2) übertr. a) die P u p p e, b) die P u p i l l e, der Augapfel, κόρας διαφέρειν die Augen hier- u. dorthin werfen, c) langer über die Hand hinausreichender Ärmel des persischen Gewandes.

κόρηθρον, τό, sp. Besen.

Κορησός, auch Κορησσός geschr., ἡ, hoher Berg in Ionien, bei Ephĕsos, mit Stadt u. Hafen gleichen Namens.

κορθύομαι, ep. Med, sich erheben. Von

κόρθυς, ἡ, buk. die Erhöhung, der Haufen, verw. mit κόρυς, κορυφή.

κορίζομαι, (κόρη), poet. tändeln, liebkosen.

Κόρινθος, ἡ u. ὁ, ehem. Ephўre, Stadt auf dem Isthmos, Adj. **Κορίνθιος,** 3., dav. ὁ **Κορίνθιος,** der Einw. von Korinth, u. ὁ Κορινθίων θησαυρός das Schatzhaus der K. zu Delphi. Adv. **Κορινθόθι,** zu Korinth.

Κόριννα, ἡ, lyr. Dichterin aus Tanagra, oft in Theben weilend, ca. 509 v. Chr., Schülerin des Pindaros, den sie später fünfmal im Agon besiegt haben soll.

κόριον, τό, buk. = κόρη, Mägdlein.

κορκορυγή, ἡ, poet, dumpfer Schall, Kriegslärm.

Κόρκῡρα u. ähnl., s. Κέρκῡρα.

κόρμα, τό, sp. das Weizenbier der Kelten.

κορμός, ὁ (κείρω), ep. ion. poet. sp. abgehauenes Stück, Klotz, Kloben, Stamm.

Κόροιβος, der Sieger in den olymp. Spielen, mit dessen Aufzeichnung die Olympiadenrechnung 776 v. Chr. begann.

I. **κόρος,** ὁ (zu κορέννυμι), 1) Sattsein, Sättigung, Ü b e r d r u ß, Ekel; κόρος ἐστί man wird etwas satt, hat genug. 2) Übermaß, Ü b e r m u t, Hochmut, T r o t z; πρὸς κόρον aus Übermut. Personif. **Κόρος,** der Trotz als Sohn der ὕβρις.

II. **κόρος,** ὁ, ep. u. poet. **κοῦρος,** dor. buk. **κῶρος** (κορϝος, verw. lat. *creo* u. *cresco*), der w a f f e n f ä h i g e, freie M a n n, Kriegsmann, e d l e r J ü n g l i n g, Junker, vom herrschenden Stande, ebenbürtig, frei geboren, dah. überh. adligen Blutes (Il. 6, 59). Auch als Adj. jugendfrisch, jugendlich, rüstig, κοῦροι θηρητῆρες. 2) der S o h n, ὁ Διὸς Ἀλκμήνας κόρος Alkmenes Sproß v. Zeus; Διὸς κοῦροι Kastor u. Polydeukes.

III. **κόρος,** ου, ὁ, N. T. hebr. *kōr,* Getreidemaß, = 10 att. μέδιμνοι.

κόρρη u. **κόρση,** ἡ, 1) S c h l ä f e am Kopfe, ἐπὶ κόρρης, κατὰ κόρρης τύπτειν, πατάσσειν hinter die Ohren schlagen, eine Ohrfeige versetzen. 2) poet. Haarlocke.

Κορσωτή, ἡ, Stadt am linken Euphratufer in [Mesopotamien.

κορυβαντιάω, nach Art der Korybanten verzückt sein.

Κορύβᾶς, αντος, ὁ, Priester der phrygischen Kybĕle, deren Kultus mit rasenden Tänzen, wilden Gebärden u. lärmender Musik gefeiert wurde. Sie heißen τρικόρυθες wegen ihres dreifachen Helmrandes, der aussah, als trügen sie drei Helme übereinander. Übertr. ὁ τῆς ποιητικῆς κορ. = ἐνθουσιασμός.

κορυδαλλίς, ἡ, buk., **κορυδαλλός,** ὁ, buk. u. sp., u. **κορυδός,** att., sp. **κόρυδος,** ὁ, ἡ (κόρυς), Haubenlerche.

κόρυζα, ἡ, sp. eigtl. der Schnupfen, Nasenschleim, (verw. ahd. *hroz,* nhd. *Rotz*); D u m m h e i t, Einfalt.

κορυζάω, immer den Schnupfen, e i n e t r i e f e n d e N a s e h a b e n; stumpfsinnig sein.

κορυθ-άιξ, ῑκος, ὁ (ᾰ, ἀίσσω), ep. und

κορυθ-αίολος (v. αἰόλλω), 2. ep. h e l m s c h ü t t e l n d.

Κορύλας, α, ὁ, Herrscher von Paphlagonien um 400 v. Chr.

κόρυμβος, ὁ (nicht in att. Prosa), Plur τὰ κόρυμβα (verw. mit κορυφή), das Oberste, die K u p p e. Im bes. a) mit ἄκρα, die äußersten, hervorragenden Spitzen am Steuerborde mit Verzierungen, die K r ö n u n g. b) buk. Blütentraube.

κορύνη, ἡ (ῠ, bei Eur. auch ῡ), nicht in att. Prosa, K e u l e, Streitkolben, ξύλων von Holz, σιδηρείη mit Eisen beschlagen.

κορυνήτης, ου, ὁ, ep. sp. (κορυνάω), und

κορυνη-φόρος, ὁ (φέρω), Keulenträger, K e u l e n s c h w i n g e r. Im bes. von den Leibtrabanten des [Peisistratos.

κορυπτίλος, buk. stößig. Von

κορύπτω, buk. sp. mit den Hörnern stoßen.

κόρῠς, ῠθος, ἡ, Akk. κόρῠθα (ep. u. sp.) u. κόρυν, Dat. pl. κορύθεσσιν (verw. κορυφή), ep. poet. sp. 1) der H e l m; er bestand aus einer Kappe oder

Haube, einem Stirn- u. Nackenschirme, hatte Backenstücke u. einen Helmbügel mit Helmbusch, sowie einen Riemen, mit welchem man ihn unter dem Kinn befestigte. Er war von Erz u. inwendig mit einem weichen Stoffe gefüttert, während κυνέη aus Leder u. weicheren Stoffen verfertigt war. **2)** bildl. das Haupthaar, Eur. Bacch. 1186.

κορύσσω, ep. poet. u. sp., (κορυθ- eigtl. mit Helm versehen), **1)** Akt. rüsten, verstärken, anschwellen lassen, anfachen, entzünden. **2)** Pass. u. Med. **a)** sich erheben, anschwellen. **b)** sich wappnen, sich rüsten, abs u. τινί mit etwas, von Lanzen mit u. ohne χαλκῷ, mit Erz beschlagen, u. mit eherner Spitze.

κορυστής, οῦ, ὁ, ep. der Gerüstete, Gewaffnete.

κορυφαῖος, 3. (κορυφή), zu oberst, dah. der Erste, das Haupt, der Häuptling, im Plur. die Vornehmsten, die Hauptmächte. Der Chorführer, Sprecher des Chors; u. v. Sachen: hauptsächlich.

Κορυφάσιον, τό, Vorgebirge in Messenien.

κορυφή, dor. **-φά,** ἡ (κόρυς) eigentl. der äußerste Teil einer Sache, das Höchste, Gipfel, auch das Ende, ἐκ μιᾶς κ. an einem Ende. Im bes. **1)** der Scheitel od. Wirbel am Kopf, übertr. die Gewalt, Macht. **2)** Berggipfel, κατὰ κορυφήν von der Höhe herab. **3)** sp. der Scheitel, die Spitze eines Winkels.

κορυφόω, sp. etwas zum Gipfel bringen, oben darauf (ἐπί τινος) setzen, darauf aufführen. Im Pass. ep. sich gipfeln, sich hoch auftürmen.

Κορώνεια, ἡ, Stadt in der Nähe des Kopaissees in Böotien, jetzt *Diminia*, bekannt durch den Sieg **a)** der Böoter über die Athener 446 v. Chr. **b)** der Spartaner über die verbündeten Böoter, Athener, Argeier usw. 394 v. Chr. Die Einw. οἱ **Κορωναῖοι.**

I. **κορώνη,** ἡ, ep. poet. sp. alles Gekrümmte (κορωνός krumm, lat. *curvus; corona* ist Lw.), daher **1)** der Türring, vermittels dessen man vor dem Verschließen die Tür anzog u. um den man dann den Riemen des Riegels schlang. **2)** das gekrümmte, in einen Haken auslaufende Ende des Bogens, woran man die Sehne befestigte.

II. **κορώνη,** ἡ (lat *cornix*), ep. sp. die Krähe, εἰναλίη die Seekrähe; s. κόραξ.

κορωνίς, ίδος, ἡ (κορωνός krumm), gekrümmt, **a)** ep. vorn u. hinten geschweift, Beiw. der Schiffe. **b)** buk.: krummhörnig, **c)** sp. als Subst. der Schluß, Schlußstein.

κοσκινηδόν, Adv. sp. wie beim Sieben.

κοσκινό-μαντις, ἡ, buk.: die Siebwahrsagerin, von

κόσκινον, τό, Sieb.

κοσκυλμάτιον, τό, poet. Lederschnitzel; übertr. glatte Worte, Wortgekräusel (vgl. lat. *quisquiliae*).

κοσμέω (κόσμος), ep. Aor. 1. pass. 3. pl. κόσμηθεν (auch dor.), ion. Plqpf. pass. 3. pl. ἐκεκοσμέατο, **ordnen** • **1)** in Ordnung bringen, einrichten, **anordnen,** befehlen, im Med. für sich ordnen. Im Pass. gerechnet, gezählt werden, τὰ τέκνα εἰς Πέρσας. Im bes. • **a)** τράπεζαν u. ähnl. den Tisch decken, servieren • **b)** staatliche Verhältnisse gesetzlich ordnen. Im Pass. mit ἐχυρώτερον sich wohlgeordnetere Verhältnisse schaffen, od. mit ὑπό τινι in wohlgeordn. V. geleitet werden unter jmdm. Dah. τὰ κοσμούμενα die Anordnungen • **c)** milit.: in Reih u. Glied stellen, ἐπὶ τάξεις in Reihen, πένταχα in fünf Scharen. Im Pass. φθὰν μέγ' ἱππήων κοσμηθέντες sie hatten sich lange vor den Reisigen geordnet • **2)** jmdn. mit etwas versehen, mit Schönheit ausstatten, zieren, **schmücken,** χρυσῷ, δόμον τριπόδεσσιν, ἐπὶ τὸ μεῖζον übertreibend ausschmücken, τὰ οἰκεῖα die Landesgebräuche in Ehren halten; im Med. sich od. das Seine rüsten, schmücken, τὰς κεφαλάς. Im bes. • **a)** ὅπλοις u ἐν ὅπλοις ausrüsten, im Pass. κεκοσμημένοι in Gala • **b)** dem Toten als letzte Ehre die Kleidung ordnen, mit κόσμῳ ihn auf ehrenvolle Weise begraben, τάφον die Bestattung besorgen, insbes das Grab mit Blumen schmücken, κεκοσμημένος τὴν ἐπὶ θανάτῳ, verst. στολήν od. κόσμησιν.

κόσμημα, τό, u. **κόσμησις,** εως, ἡ, das Schmücken, der Schmuck, bes. **a)** der kriegerische Schmuck, die Ausrüstung. **b)** die Anweisung, Bildungsvorschrift (im Plur.). **c)** τάξεις καὶ κοσμήσεις ψυχῆς geordnete u. schöne Zustände der Seele.

κοσμητήρ, ῆρος, ὁ, **κοσμητής,** οῦ, ὁ, u. ep. **κοσμήτωρ,** ορος, ὁ (κοσμέω), **1)** der Ordner, Gebieter, λαῶν. **2)** der da schmückt, putzt.

κοσμητική, ἡ, die Kunst zu schmücken.

κοσμητός, 3. (κοσμέω), ep. schön geordnet.

κοσμικός, 3. weltlich, d. i. sinnlich, irdisch (N. T.).

κόσμιος, 3. u. 2., (κόσμος). **1)** (von κόσμος = Ordnung) sich in die Ordnung fügend, ordentlich, geordnet; in sittlicher Beziehung: besonnen, gesittet, anständig, mäßig, gutgesinnt. Subst. τὸ κόσμιον gute Sitte, Anstand, Sinn für Sittsamkeit. **κοσμίως,** gehörig, wie sichs gebührt. **2)** (von κόσμος = Welt) der Welt angehörig; ὁ κ. Weltbürger.

κοσμιότης, ητος, ἡ, Schicklichkeit.

κοσμο-κράτωρ, ὁ, N. T. Herr der Welt. d. i. der Teufel.

κοσμο-πλάνος, ὁ, sp. Verführer der Welt.

κόσμος, ὁ (aus κονσμος, lat *censeo* anordnen) • **1) Ordnung,** κόσμῳ τιθέναι ordnen; κόσμῳ; ἐν κόσμῳ, κατὰ κόσμον in Ordnung, in gehöriger Ordnung; dann ethisch: nach Gebühr, mit Anstand, πολλῷ κ., aber (ἐν, σὺν) οὐδενὶ κόσμῳ, οὐδένα κόσμον ohne alle Ordnung, durcheinander, auch: unmäßig, u. οὐ κατὰ κόσμον ungeziemend, auf unverschämte Art. Im bes. • **a)** die Staatsordnung, ἐκ τοῦ αὐτοῦ κ. nach der bisherigen Einrichtung • **b)** die militärische Ordnung, ἐν κόσμῳ ἔχειν in Reih' u. Glied stehen haben, u. so auch: die Mannszucht • **c)** die von jmdm. beobachtete Ordnung, jmds. Art u. Weise, insbes. seine Bauart, Arr. An. 7, 16, 1 • **2)** oft im Pl. • **a) Schmuck,** Zierat. Im bes. *α)* Frauenschmuck, *β)* Waffen, als die Zier des Mannes, *γ)* Totenschmuck • **b)** überh. Zier, Glanz, Lob, auch Ehrerbietung, Hochachtung • **3)** die **Weltordnung,** das geordnete Weltall, die Welt, welche zuerst Pythagoras so genannt haben soll. Im bes. der gestirnte Himmel, Isokr. Paneg. 179 • **4)** Im N. T. auch Erde, Erdkreis; Welt = Menschengeschlecht, die weltlich Gesinnten, endl. das Irdische • 5) κόσμοι hießen bei den Kretern zehn hohe Beamte, die den (fünf) laked. Ephoren entsprachen.

κόσος, ion. = att. πόσος, w. s.

Κοσσαῖοι, **οἱ**, räuberisches Gebirgsvolk in den nördl. Gebirgsteilen von Susiana, j. *Chusistan*.

κόσσυφος, **ὁ**, Amsel.

κοταίνω, poet. f. κοτέω, w. s.

κότε, **κοτέ**, **κότερα**, **κότερον**, ion. = att. πότε, ποτέ, πότερα, πότερον, w. s.

κοτέω, fast nur ep., Perf. part. κεκοτηώς mit Präsensbdtg., gew. im Med. **κοτέομαι**, Aor. κοτέσσατο u. ähnl., conj. 3. sg. κοτέσσεται (κότος), grollen, zürnen.

κοτήεις, **εσσα**, **εν**, ep. voll Groll, grollend.

κοτινη-φόρος, 2. buk. wilde Ölbäume tragend.

κότινος, **ὁ**, der wilde Ölbaum.

κότος, **ὁ** (verw. ahd. *hadu* Kampf, nhd. *Hader*), ep. u. poet. (sp.) Groll (χόλος ausbrechender Zorn), Haß, κότον ἐντίθεσθαί u. τίθεσθαί τινι Groll gegen jmdn. fassen, ἔχειν τινί ihn gegen jmdn. haben, u. ἐνιέναι τινί einem Groll einflößen, dag. κότον ἐντρέπειν εἴς τινα den Groll auf jmdn. wenden.

Κοτύλαιον **ὄρος**, **τό**, Geb. in Euböa, im O. von Eretria, der Gipfel 774 m hoch.

κοτύλη, **ἡ**, jede Höhlung, dah. 1) ep. ein kleines Gefäß für Flüssigkeiten, Napf, Schälchen, kleiner Becher. 2) ein Maß für Flüssiges u. Trockenes, ca. $1/_4$ Liter (0,274 l). 3) ep. die Hüftpfanne, d. i. Knochenhöhle, worin der Kopf des Hüftknochens sich bewegt.

κοτυληδών, **όνος**, **ὁ**, Dat. pl. ep. κοτυληδονόφιν, Saugfänger, d. i. Saugwarzen an den Fängen des Meerpolypen od. Tintenfisches.

κοτῦλ-ήρυτος, 2. (ἀρύω), ep. eigentl. mit Bechern zu schöpfen, dah. stark-, reichlich fließend.

Κοτύρτα, **ἡ**, St. in Lakonien, am Boiatischen Meerbusen.

Κότυς, **υος**, **ὁ**, 1) K. in Thrake v. 383—359, Schwiegervater des Iphikrates, aber 361 im Krieg mit Athen, 359 ermordet. 2) auch Könige der Odrysen, von Klein-Armenien u. a. führten diesen Namen.

Κοτύωρα, **τά**, Kolonie v. Sinōpe im Tibarenerland am Pontus, östl. vom Vorgeb. Iasonion, j. *Ordu*, in der Bucht Persembah. Einw. **Κοτυωρῖται**.

κοῦ u. **κού**, s. ποῦ, πού.

κοὐ(κ), Krasis aus καὶ οὐ(κ).

Κούαδοι, **οἱ**, *Quadi*, die Quaden, ein germanischer (nach Arr. keltischer) Volksstamm an der Donau, im heutigen Mähren.

κουλεόν, **τό**, s. κολεός, ὁ.

κοῦμι od. **κοῦμ(ι)**, aram (Imper. fem.): stehe auf! [N. T.

Κούναξα, **τά**. Ort am östl. Ufer des Euphrat, unterhalb des j. *Feludschah*, wo am 3. Sept. 401 v. Chr. Kyros gegen s. Bruder Artaxerxes Sieg u. Leben verlor.

κουρά, **ἡ**, a) das Abscheren des Haupt- od. Barthaares. b) poet. die abgeschnittene Haarlocke.

κουρεῖον, **τό**, die Barbierbude, wo man sich Haupthaar u. Nägel schneiden ließ. In solchen kamen müßige Leute zusammen, um zu plaudern.

κουρεύς, **έως**, **ὁ** (aus κορσεύς, von κείρω), der Barbier, welcher Haupt- u. Barthaar beschneidet.

κούρη, **ἡ**, s. κόρη.

κουρήϊος, 3. ep. jungfräulich, jugendlich.

κούρητες, **ων**, **οἱ**, ep. = κοῦροι, v. der waffenfähigen Mannschaft, vgl. II. κόρος.

Κουρῆτες, **οἱ**, 1) alter Volksstamm in Ätolien mit der Hauptstadt Pleurōn, welcher von den Ätolern nach Akarnanien gedrängt wurde u. von da dieselben in ihrer Hauptstadt Kalȳdon angriff. 2) Diener des idäischen Zeus u. der Rhea Kybĕle in Kreta, welche den kleinen Zeus pflegten u. sein kindliches Geschrei durch Waffenlärm dem Kronos verbargen; dah. sp. Waffentanz πρύλις, πυρρίχη der Kureten-Priester. Von Eurip. mit den Korybanten vermischt. — Adj. **Κουρητικός**, 3.

κουρίας, **ου**, **ὁ**, ἐν χρῷ glattrasiert, kurzgeschoren, sp.

κουριάω, Desider., sp. die Schur (κουρά) nötig haben, einen langen Bart haben, sich das Haar lang wachsen lassen, wie es bes. Erwachsene in Sparta u. später die Philosophen taten.

κουρίδιος, 3. (κοῦρος = II. κόρος), ep. u. ion. jugendlich, mit ἄλοχος ebenbürtig, rechtmäßig, ehelich; sp. bräutlich.

κουρίζω, ep. ein κοῦρος, also rüstig sein.

κούριμος, 3. poet. u. sp. a) zum Haar- od. Bartscheren nötig. b) geschoren. [Schopf.

κουρίξ (κουρά), ep. Adv., an den Haaren, beim

Κούριον, **τό**, Stadt auf der Südseite der Insel Kypern. Der Einw. **ὁ** **Κουριεύς**.

κοῦρμι, **τό**, = κόρμα.

κουρο-βόρος, 2. (βιβρώσκω), poet. kinderverzehrend, πάχνη das geronnene Blut der verzehrten Kinder.

κοῦρος, s. II. κόρος. Dav. als Kompar. **κουρότερος**, 3. ep. rüstiger, auch als Subst. ein jugendlicherer, rüstigerer Mann.

κουρο-τόκος, poet. Kinder gebärend.

κουρο-τρόφος, 2. (τρέφω), ep. u. poet. streitbare Männer ernährend od. großziehend. Als Subst. ἡ κ. die Pflegerin streitbarer Männer.

κουστωδία **ἡ**, N. T. das lat. *custodia*, die Wache.

κουφίζω, (κοῦφος). 1) trans. a) erleichtern, entlasten, mildern, beschwichtigen, trösten, helfen, τινός von etwas befreien. Pass. sich erleichtert fühlen, sich aufrichten. b) aufheben, emporrichten, τινά, insbes. einen Leichnam, um ihn zu waschen u. anzukleiden, dah. = bestatten, od. τί, z. B. ἅλμα einen leichten Sprung tun. 2) intr. poet. u. sp. leicht sein, übertr. eine Erleichterung fühlen, z. B. in der Krankheit.

κούφισις, **εως**, **ἡ**, u. sp. **κουφισμός**, **ὁ**, poet. u. sp. **κούφισμα**, **τό**, die Erleichterung, τινός für jmdn. od. etwas.

κουφολογία, **ἡ** (κουφο-λόγος, λέγω), leichtsinnige, leere Großsprecherei.

κουφό-νοος, **-νους**, 2. poet. leichten Sinnes, munter, von Vögeln.

κοῦφος, 3., ep. Adv. **κοῦφα**, leicht (Ggs. βαρύς). 1) unbepackt, leicht bewaffnet, ungehindert, gewandt, geschwind. 2) leicht zu ertragen, leicht verdaulich, sanft; leicht bereit, willig. 3) wenig, gering, nichtig; κοῦφα δαπάνα es kostet wenig, es ist leicht. 4) eitel, grundlos, flüchtig, leichtsinnig, leichtfertig; ep. κουφότερον leichteren Herzens.

κουφότης, ἡ, die Erleichterung, Leichtigkeit.
κόφῖνος, ὁ, Korb.
κοχλίας, ὁ, buk. u. sp. **1)** die Schnecke. **2)** die Schraube. **3)** das Schöpfrad.
κοχλίδιον, τό, u. **κοχλίς,** ἡ, Dem. v. κόχλος, sp. kleine Schnecke.
κόχλος, ὁ (zu κόγχη), **1)** Muschel mit gewundenem Gehäuse, Schnecke. **2)** das gewundene Meerschneckengehäuse, vor Erfindung der Trompeten als Blasinstrument gebraucht.
κοχυδέω, buk. Impf. iter. κοχύδεσκε, in Fülle hervorströmen.
Κόως, ἡ, s. Κῶς. **κράατα,** s. κάρα.
κράβ*β*ατος, ὁ, sp. N. T. das Ruhebett.
κραγγάνομαι, ion. schreien (Var. κραυγάνομαι).
κραδαίνω, ep. poet. u. sp., u. ep. **κραδάω** (verwandt κόρδαξ, lat. *cardo*), schwenken, schwingen, schleudern, übertr. erschüttern, in Furcht setzen, τί. Im Pass., Aor. sp. ἐκραδάνθην, schwanken, zittern, τί an etwas.
κραδία, -ίη, ἡ, s. καρδία.
κράζω, (lautmalend, vgl. κόραξ u. κραυγή), att. nur Perf. 2. κέκρᾱγα mit Imper. κέκραχθι in Präsensbdtg., u. Plqpf. ἐκεκράγειν, Fut. κεκράξομαι, u. in Kompos. der Aor. 2. ἔκρᾰγον, dazu im N. T. auch Fut. κράξω, Aor. 1. ἔκραξα u. (von κέκραγα gebildet) ἐκέκραξα, krächzen, übertr. kreischen, **schreien,** laut rufen.
Κρᾶθις, ὁ, **1)** Fluß bei Ägä in Achaja, j. *Crata.* **2)** Fluß in Unteritalien bei Sybaris, j. *Crati.*
κραίνω, ion. u. poet., Fut. κρᾰνῶ, med. inf. κρανέεσθαι in pass. Bdtg., Aor. act. ἔκρᾱνα, ep. ἔκρηνα, Perf. pass. 3. sg. κέκρανται, Aor. pass. ἐκράνθην, Fut. κρανθήσομαι, u. **κραιαίνω,** ep. u. buk., Aor. act. ἐκρήηνα, imper. κρήηνον, inf. κρηῆναι, pass. 3. pl. buk. ἐκράανθεν (St. κρα). **1)** trans. **a) vollenden,** vollführen, zustande bringen, vollziehen, entscheiden, erfüllen, ἔτυμα Wirkliches, d. h. verwirklichen. Pass. erfüllt werden, überh. werden, sein, **b) herrschen,** regieren, handhaben, τινός über etwas. **2)** intr. poet. sich erfüllen.
κραιπαλάω, berauscht sein, Kopfweh haben. Von
κραιπάλη, ἡ, *crapŭla*, Taumel, Rausch, Kopfweh als Folge des Weinrausches.
κραιπνός, 3, ep. Adv. **κραιπνά. 1)** reißend, hinwegraffend. **2)** hurtig, schnell, geschwind, behend. **3)** übertr. heftig, hitzig.
κραιπνό-συτος, 2. poet. schnell dahineilend.
κραιπνο-φόρος, 2. poet. schnell fortführend.
κρακτικός, 3. (κράζω), sp. zum Schreien od. Krähen [geneigt.
κράμβη, ἡ, Kohl.
κράμβος, 3. poet. trocken, dürr, nüchtern.
κρᾱ́νᾰ, ἡ, dor. = κρήνη.
Κρανάη, ἡ, gegenüber der phönik. Kolonie Migonion, bei Gytheion, kl. Felsinsel (j. *Marathonisi*, Fenchelinsel), wo Paris mit der entführten Helena gerastet haben sollte. — **Κραναοί** hießen die Athener zur Pelasgerzeit. Von
κραναός, 3. ep. poet. hart, steinig, felsig, rauh.
κράνεια, ep. u. ion. **-είη,** u. auch **-ία,** ἡ (lat. *cornu-s*), ep. u. sp. Hartriegel, Kornelkirschbaum. Seine Frucht diente als Schweinefutter, sein Holz wegen der Härte zu Bogen u. Lanzenschäften.
κρανέϊνος, 3. von Hartriegel od. von Kornelkirschholz gemacht (s. κράνεια).
Κράνειον, τό, Zypressenhain mit Gymnasion vor Korinth.
κρανιάς u. **κρανίς,** ἡ, buk. (dor.) st. κρην., zum Quell gehörig, αἱ Κρανιάδες (sc. νύμφαι), Quellnymphen.
Κράνιοι, οἱ, Stadt auf Cephalonia u. deren Einw., j. *Krania* im SO v. Argostoli.
κρᾱνίον, τό (κάρα, κάρηνον), **1)** Hirnschale, Hirnschädel, Schädel. **2)** im N. T. die Schädelstätte.
Κραννώνιος u. **Κρανώνιος,** ὁ, Einwohner der Stadt **Κραννών,** jetzt *Paläo-Larissa* b. Hadjilar in Thessalien; hier unterlagen dem Antipatros u. Krateros die Griechen 322 v. Chr.
κρανο-ποιέω, poet. Helme schmieden, von
κράνος, εος, τό (κάρα), eigentl. die Kopfbedeckung, dann insbes. die der Soldaten, der Helm, gew. mit Metallplatten belegt, doch auch bloß von Leder, gew. ohne Busch (mit Busch hieß er vorzugsweise κόρυς).
Κράντωρ, ορος, aus Soloi in Kilikien, Schüler der Akademiker Xenokrates u. Polemon, ca. 320 v. Chr.
κράντωρ, ορος, ὁ, poet. (κραίνω), Beherrscher.
Κράπᾰθος, ἡ, s. Κάρπαθος. **κρᾶς,** s. κάρα.
κρᾶσις, εως, ἡ (κεράννυμι), Mischung, Verbindung, insbes. von Wärme u. Kälte: die Temperatur.
κράσπεδον, τό, der Rand, Saum, N. T. auch Troddel; ἄκροισι λαίφους κρασπέδοις mit den äußersten Segelrändern, d. h. in vorsichtiger Fahrt, im Sturme die Segel einziehend. Dav.
κρασπεδόω, poet. umsäumen.
κρᾶτα, Nom. u. Acc. sg., s. κάρα.
κρᾰταί-βολος, 2. (κραταιός, βάλλω), poet. kräftig geworfen.
κραται-γύαλος [ῐ], 2. (κραταιός), ep. mit starken, gewölbten Bruststücken, vom Panzer.
κραταιίς, ἡ (κράτος, κραταιός), ep. das Übergewicht, Wucht, teils als personif. Begriff von der Schwerkraft des Steins, teils als völliger Eigenn. **Κραταιίς** od. **Κράταιΐς,** ἡ, die 'Gewaltige', Mutter der Skylla, die rohe Naturkraft in der ungeheuren Gewalt der Meereswogen.
κραταί-λεως, Gen. ω, 2. (κραταιός, λᾶας), poet. hartsteinig, felsig.
κραταιόομαι, N. T. erstarken. Von
κρᾰταιός, 3. (κράτος), ep. poet. u. sp. stark, kräftig, gewaltig, mächtig, machtvoll.
κραταί-πεδος, 2. (κραταιός), ep. mit hartem Boden, festgestampft. [hartumpanzert.
κραταί-ρῑνος (ῥινός), 2. ep. mit harter Schale,
Κράτερος, ὁ, **1)** Sohn des Alexander aus Orestis, Feldherr u. Freund Alexanders d. Gr.; er führte die Veteranen aus Asien heim 324, siegt mit Antipatros bei Lamia über die Griechen, fällt im Kampfe gegen Perdikkas in Kleinasien. **2)** des Antigonus Gonatas Bruder, Sammler historischer Urkunden, historischer Schriftsteller.
κρατερός, 3. u. **κρατερῶς,** s. καρτερός.
κρᾰτερό-φρων, ονος, 2. (φρήν), ep. von starkem, mutigem Sinne, mutig, unerschrocken.
κρᾰτερ-ῶνυξ, υχος, ὁ, ἡ (ὄνυξ), ep. starkklauig, [starkhufig.
κράτεσφι, s. κάρα.

κρατευταί, οἱ (von κρατεύω festhalten, befestigen), ep. Stützsteine, steinerne Aufsätze als Stützen für die Bratspieße an beiden Seiten des Opferaltars.

κρᾰτέω (κράτος), Herr sein (ἀνάσσειν u. βασιλεύειν König sein) • 1) stark, mächtig sein, Macht, Gewalt haben, beherrschen, besitzen, auch Herrscher bleiben, οἱ κρατοῦντες die Herrscher, οἱ κρατούμενοι die Beherrschten; τινός, τὸ κρατοῦν τῆς πόλεως die höchste Gewalt im Staate, σαυτοῦ, τῶν ἐπιθυμιῶν, ἑνὸς λόγου nur über ein Wort gebieten, nur noch ein Wort zu sagen haben; τὴν διήγησιν ἐπὶ τῆς ἀληθείας die Erzählung in den Schranken der Wahrheit halten, μέγα κρατεῖν sehr mächtig sein. Mit Dat. jmdm. als Herrscher gelten • 2) mächtiger, stärker sein, vorherrschen, unterwerfen, überwältigen, übertreffen, besiegen, Sieger sein, sich geltend machen, durchdringen; abs. ὁ λόγος κρατεῖ die Sage erhält sich, οἱ κρατοῦντες die Sieger, auch impers. es ist besser, mit Inf., teils τινός über jmdn. od. etwas, z. B. τῶν πραγμάτων, δὸς τοῖς φίλοις γνώμης κρατῆσαι laß den Rat der Freunde siegen, ὁ Ἀκεσίνης κρατεῖ τοῦ Ὑδραώτου τῇ ἐπωνυμίᾳ der Ak. gibt seinen Namen nicht an den H. ab, ὁ λόγος κρ. τοῦ ἔργου der Ruf übersteigt die Wirklichkeit, teils τὶ durch Sieg erwerben, doch auch über etwas obsiegen, u. τινά einen niederkämpfen, πάντα in allem, πολλά gewöhnlich, τὰ πλείω meistens, ὡς ἐπὶ πλεῖστον in weitester Ausdehnung; oder auch mit Part. Im Pass., besiegt, gefangen, errungen werden, ἐκ τοῦ δίψους Durst erleiden • 3) Im N. T. u. sp. auch ergreifen, beobachten, sich an jmdn. halten, bekennen, τὸν λόγον, τῆς ἐλπίδος.

κρᾱτήρ, ῆρος, ion **κρητήρ, ὁ** (κεράννυμι) • 1) **Mischkessel,** Mischkrug, unsern Terrinen od. Bowlen ähnlich, in welchem man gewöhnlich $^2/_5$ Wein mit $^3/_5$ Wasser mischte und ihn daraus in die Trinkbecher goß, dah. κρητῆρα κεράσαι od. κεράσασθαι, den Wein im Kruge mischen, κρητῆρας πίνειν Mischkrüge trinken, vgl. „eine Bowle trinken", κρητῆρας στήσασθαι die Mischkrüge aufstellen, ἐλεύθερον zur Feier der Freiheit • 2) überh. ein Gefäß zu Flüssigkeiten, Kessel, Krug aus Ton • 3) von der Gestalt • a) der Wasserkessel (κάθυδρος κρ.), der sich durch das Zusammenströmen von Quellen (ποτῶν ῥεύματι) bildet • b) meist Plur., Krater eines Vulkans.

κρατηρίζω, die Trankopfer ausgießen, bei den Mysterien.

Κράτης, ητος, ὁ, 1) der Schöpfer der alten att. Komödie in Athen. 2) aus Theben, berühmter cynischer Philosoph u. Schüler des Diogenes, ca. 330 v. Chr. 3) ὁ Μαλλώτης, Stifter der pergamen. Grammatikerschule, ca. 167 v. Chr. nach Rom gesandt, † ca. 145.

Κρατησίκλεια, ἡ, Mutter des spartan. Königs Kleomenes III.

Κρατησιππίδας, spartan. Nauarch im pelop. Kriege.

Κρατῖνος, ὁ, Sohn des Kallimēdes aus der att. Phyle Öneïs, einer der vorzüglichsten Dichter der ältern att. Komödie, starb Ol. 89, 2 = 423.

κρατιστεύω, der Beste sein, bes. sich als solchen beweisen, hervortun, im bes. obenan stehen, der Vornehmste, Angesehenste sein, teils abs., teils τινός (u. sp. τινά, τί) jmdn. übertreffen.

κράτιστος, ep. **κάρτιστος,** 3. (Superl. von κρατύς (κράτος), gew. zu ἀγαθός gezogen), der **stärkste,** gewaltigste, mächtigste; übertr. der **tüchtigste,** beste, vortrefflichste, nützlichste, sicherste, τί in od. an etwas, auch ἔν τινι in etwas, od. mit Inf. od. dem Part., κράτιστα ἡγεῖσθαι mit Part. es fürs Beste halten daß, κράτιστον od. κράτιστα (erg. ἐστίν) mit Inf. es ist das Sicherste, Beste • Subst. οἱ κράτιστοι die Angesehensten, die Edeln, (τὸ) κράτιστον das beste Gut, der beste Teil, die Tüchtigsten, die Kerntruppen, die Hauptmacht, τὰ κράτιστα das Beste, die Mächtigsten, die fruchtbarsten Teile, die besten Gegenden • Adv. (τὰ) κράτιστα aufs beste, schönste, vortrefflich.

κράτος [ᾰ], **εος, ους, τό** (dt. *hart* aus ahd. *harto* sehr = gr. κάρτα), ep. auch **κάρτος,** poet. oft im Pl. st. des Sg. • 1) **Stärke** • a) Kraft, Macht, Oberbefehl, Herrschaft (auch angemaßte, Soph. Ant. 485). Im Pl. κράτη καὶ θρόνοι Herrschgewalt, σὰ κράτη dein Thron, ὠγύγιον κρ. die urzeitliche Ahnengewalt, κράτει νικηφόρῳ im Geleit ersiegter Obmacht, dag. κρ. ὅδιον αἴσιον die Kraft bei der Ausfahrt infolge einer glückverheißenden Vorbedeutung, ἐν κράτει Ὀδρυσῶν ἐγένετο er wurde der mächtigste König der Odryser • b) abstract. pro concret. δίθρονον das Herrscherpaar, u. τῆσδε γῆς φίλον κρ. von Menelaos • c) Adv. κατὰ κράτος aus allen Kräften, im Sturm, ähnlich ἀνὰ κράτος mit aller Gewalt • d) poet. personif. **Κράτος, τό** • 2) Übermacht, Überwindung, **Sieg,** auch Gewalttätigkeit, κράτος σὸν παρεὶς ἐμοί deine bessere Einsicht mir opfernd, od. mit Gen. πρὸς ἰσχύος κράτος den Sieg der Gewalt herbeiführend, τῶν δρωμένων Sieg beim Unternehmen, ἀριστείας als Preis des Heldentums, κρ. ἰσόψυχον ἐκ γυναικῶν der von den gleichgesinnten Frauen ausgehende Sieg.

κρᾱτός, s. κάρα.

κρᾰτύνω, ep. **καρτύνω** (κρατύς). 1) Akt. a) stärken, befestigen, **sichern.** b) poet. = κρατέω, α) herrschen, mit τὰ πρῶτα der erste sein, lenken, handhaben. β) einer Sache (τινός) mächtig sein, sie besitzen, gewinnen. 2) Med. sich (*sibi*) befestigen, sichern, τί, z. B. φάλαγγας sich starke Reihen bilden.

κρᾰτύς, ὁ (s. κράτος), ep. = κρατερός, nur im Nom. mächtig, gewaltig.

κραυγάζω, u. ion. **κραυγανάομαι** od. **κραυγάνομαι,** ion. schreien, krächzen, von

κραυγή, ἡ (vgl. κράζω, κρώζω, *crōcire*), das Geschrei, Klaggeschrei, Wehruf, Kriegsgeschrei, (sp. auch Gebell), oft im Plur.; κραυγὴν ποιεῖν, κραυγῇ χρῆσθαι ein Geschrei machen, σὺν κρ. u. bloß κραυγῇ mit Geschrei, Lärmen, aufschreiend.

κρε-άγρα, ἡ, poet. Fleischgabel, Zange.

κρεάδιον (κρεάδιον, ᾱ), **τό,** im Plur. ein bißchen Fleisch (κρέας), verächtlich vom Wildbret.

κρεανομέω, Fleisch vom Opfertier unter die Gäste verteilen. [fleisch.
κρεανομία, ἡ, sp. Verteilung von Fleisch, Opfer-
κρεα-νόμος, 2. poet. (κρέας, νέμω), Opferfleisch verteilend.
κρέας, τό (κρεϝας, lat. *cruor* u. *crudus*, dt. *roh* aus ahd. *hrō*), Gen. κρέατος u. κρέως, Dat. κρέαϊ u. κρέᾳ, Nom. u. Akk. pl. κρέατα, κρέαα, κρέα; Gen. κρεῶν, κρεάων u. κρειῶν, Dat. κρέασι u. κρέεσσι. Fleischstück, Fleisch, gew. im Pl. zur Mahlzeit bereitete Fleischspeisen.
κρεᾶ-τόμος, 2. poet. mordend, κακά.
κρεῖον, τό (κρέας), ep. Fleischbank, Hacktisch, worauf das Fleisch vor dem Braten zerlegt wurde.
Κρειοντιάδης, αο, ὁ, ep. st. Κρεοντιάδης, Sohn des Kreon.
κρείσσων, 2. dor. u. neuion. **κρέσσων** (aus κρέτjων), neuatt. **κρείττων,** lak. κάρρων (für κάρjων), (Kompar. zu κρατύς, vgl. κράτιστος, Wzl. κρετ, κρατ, καρτ, s. κράτος) • 1) **stärker,** mächtiger, vorzüglicher, besser, κρείσσω εἶναι besser daran sein, κέρδη κρείσσον' ἢ μορφὴ καλή, auch prolept. διεκόσμησε τῇ ἄλλῃ παρασκευῇ κρείσσονι so daß sie nun besser war • 2) **überlegen,** Sieger, Herr, κρείσσους od κρείσσω, κρεῖσσον γίγνεσθαι, κρείσσους u. ähnl. εἶναι überlegen sein, Sieger sein, übersteigen, κρείττω ποιεῖν τὸν ἥττω λόγον. Konstr. • a) τινός, z. B. ἀγχόνης ärger als der Strang = mehr als hängenswert, χρημάτων über Geld erhaben, λόγου über alle Beschreibung gehend, τοῦ ἐμὲ ἀνιᾶν imstande mich zu betrüben, τοῦ δικαίου gleichgültig gegen das Recht, ἐκπηδήματος nicht zu überspringen • b) τινί od. τί an etwas, auch ἔκ τινος u. κατά τι od πρός τι, doch τινί auch jmdm., od. mit Inf • 3) Subst. κρείττων τις ἢ κατ' ἄνθρωπον eine übermenschliche Gestalt, οἱ κρείσσονες die Bessern, Vornehmern; die Obrigkeit, τὸ κρεῖσσον das Mächtigere, τὰ κρείσσω die Vorteile • 4) Adv. **κρεῖσσον** gewaltiger, ärger, besser. [Kinder.
κρεισσότεκνος, 2. poet. höher geachtet als die
κρείων, οντος, ὁ, Fem **κρείουσα,** ἡ, ep. Herrscher, Gebieter, Gebieterin, auch der Gebietende, als ehrender Beiname des edelgeborenen, dem Menelaos ebenbürtigen freiwilligen Dieners Eteōneus.
Κρείων, s. Κρέων. **κρειῶν,** s. κρέας.
κρεκτός, 3. poet. geschlagen, gespielt (e. Instrument), von
κρέκω, inf. äol. κρέκην, poet. (vgl. κερκίς), schlagen, insbes. a) ein Gewebe schlagen, weben. b) die Laute schlagen.
κρεμάθρα, ἡ, poet. Hängematte, Hängekorb.
κρέμᾰμαι, s. κρεμάννυμι, 2.
κρεμάννυμι • 1) trans. das Akt., att. Fut. κρεμῶ, -ᾶς, Aor. ἐκρέμᾰσα, ep. Fut. κρεμάω, -όω (St. κρεμ, got. *hramjan* kreuzigen, ahd. *rama* Gestell, nhd. *Rahmen*), **aufhängen,** herabhängen, aufknüpfen lassen, ἔν τινι in etwas, πρός τι an etwas, ἔκ τινος von etwas herab • 2) intr. das Dep. **κρέμᾰμαι,** mit Impf. ἐκρεμάμην, 2. sg. ep ἐκρέμω, Aor. pass. ἐκρεμάσθην, **aufgehängt werden,** aufgehängt sein, hangen, schweben, insbes. als Weihgeschenk aufgehängt sein od. dahängen, ἀπό τινος, ἀπὸ ὑψηλοῦ od. ὑψόθεν in der Höhe (von einer Säule herab) od. πρός τινι, ὑπέρ, ἐπί τινος an, über, auf etwas, so auch ἔκ τινος, z. B. ἐκ τῶν ὤμων von Panzern, deren Gewicht nur auf den Schultern liegt; übertr. ὄρος κρέμαται ὑπὲρ ποταμοῦ erhebt sich unmittelbar am Fluß, hängt über.
κρημάς, άδος, ἡ, poet. abschüssig; s. κρημνός.
κρεμαστός, 3. (κρεμάννυμι), aufgehängt, aufgeknüpft, hängend, sei es an einer Säule, wie bei der Züchtigung der Sklaven, sei es an einer Schlinge erhängt, mit u. ohne αὐχένος, d. h. mit dem Halse, ὑπό τινι an (unter) etwas; ἀρτάνη schwebende d. i. in der Höhe angebrachte Schlinge, oder κλινίδιον Sänfte. Dav. **Κρεμαστη,** Ort bei
Κρεμμυών, s. Κρομμυών. [Abȳdos.
κρέξ, κός, ἡ (κρέκω), Vogel mit spitzigem, sägeförmigem Schnabel.
κρεο-βόρος, 2. poet. fleischessend.
κρεο-δαίτης, ὁ, sp. der Fleischverteiler.
κρεοκοπέω, poet. Fleisch hauen, zerfleischen.
Κρεόντειος, Κρεοντίς, s. Κρέων.
κρεουργέω (κρεουργός), sp. zerstückeln.
κρεουργηδόν, (-γός), ion. Adv., in od. zu Koch-
κρεουργία, ἡ, sp. die Schlachtung. [stücken.
κρεουργός, 2. (aus κρεο-εργός), poet. Fleisch zerlegend, bes. das der Opfertiere für die Gäste, κρ. ἦμαρ Tag des Opferfestes.
Κρέουσα, ης, ἡ, 1) Tochter des Erechtheus, Gattin des Xuthos, M. des Ion. 2) Gattin des Pandion, M. des Aigeus. 3) T. des Kreon, s. Κρέων, 2.
κρεο-φάγος, 2. (φαγεῖν), fleischessend, sich vom
κρέσσων, s. κρείσσων. [Fleisch nährend.
Κρεῦσις, ιος u ιδος, ἡ, böotische Hafenstadt am Korinth. Meerbusen, jetzt *Kreisa*.
κρεῶν, s. κρέας.
κρέων, ὁ, poet. = κρείων, Herrscher.
Κρέων, Vok. Κρέων u. Κρέον, ep **Κρείων,** οντος, ὁ, 1) Sohn des Menoikeus, nach des Laïos Tode König von Theben; an seiner Statt bekommt Ödipus die Herrschaft, die aber nach dessen Abgang wieder an Kreon fällt (Soph Ant). Adj. dav. **Κρεόντειος,** 3. 2) König von Korinth, dessen Tochter Glauke (auch **Κρεοντίς,** ίδος, u. **Κρέουσα** genannt) den Iason heiratet. 3) älterer König von Theben, Vater der Megăra. 4) sonst. Eigenn.
Κρεώφῦλος, alter Rhapsode, angeblich Lehrer des Homer.
κρήγῠος, 2. (κρη + γυ „hohle Hand") eigl. was Haupt und Hand hat, herzerfreuend, erwünscht.
κρήδεμνον, τό, ep. u. poet. (κάρη, 1. δέω), 1) oft im Plur. die Kopfbinde, das Kopftuch, kurzes Schleiertuch, um Augen und Wangen verschleiern zu können; noch jetzt bei den Orientalinnen gebräuchlich. Als Zauberschleier diente dem Odysseus der Schleier der Meergöttin Ino. 2) übertr. a) die Burgzinnen u. Mauern über der Stadt. Auch im Plur. b) die Deckelbinde eines irdenen Weinfasses.
κρῆθεν (κάρα) mit κατά, ep. vom Kopfe, von oben her, von oben bis unten, vom Gipfel, ganz u. gar.
Κρηθεύς, ῆος, ὁ, 1) Sohn des Aiŏlos, Erbauer von

Iolkos in Thessalien, Bruder des Salmoneus, Gemahl der Tyro. **2)** sonst. Eigenname.

κρήμναμαι, poet. u. sp. Nbf. = κρέμᾰμαι, s. κρεμάννυμι, 2.

κρημνο-ποιός, ὁ, poet. Bildner halsbrechender, [hochtrabender Worte.

κρημνός, ὁ (κρεμάννυμι), jäher Abhang, Berghöhe, Anhöhe, Abgrund, abschüssiger Uferhang; κατὰ τῶν κρ. aus der Höhe herab, „kopfüber". Als Eigenn. dav.

Κρημνοί, οἱ, Handelsstadt am Asowschen Meere, jetzt das Dorf *Stari-Krim* bei Mariapul.

κρημνώδης, 2. abschüssig, mit steilen Abhängen, steil. Subst. τὸ κρ. der Abhang.

κρηναῖος, 3. ep. u. poet. zur Quelle gehörig, *Νύμφαι* Quellnymphen, *ποτόν* ein Born zum Trinken; übertr. immerfort strömendes Naß wie aus Quellen.

κρήνη, ἡ (vgl. κρουνός), Quell, Brunnen. Sie wurden als κουροτρόφοι heilig gehalten: auch mit Gen. οἴνου; ep. Adv. **κρήνηνδε,** zu od. nach der Quelle.

κρηνίς, ἴδος, ἡ, poet. Demin. zu κρήνη. Davon

Κρηνίδες, ων, αἱ, „Brunnen", thasische Kolonie am thrak. Strymon, später von Philipp neu angelegt u. d. N. *Φίλιπποι*. In der Nähe Goldbergwerke u. Schlachtfeld 42 v. Chr. Paulus gründete hier 51 n. Chr. eine der ersten Gemeinden.

κρηπίς, ῖδος, ἡ, **1)** männlicher Schuh, Halbstiefel. **2)** Grundlage, βωμῶν Altargrund, insbes. steinerner Grund- u. Einfassungsbau für etwas, z. B. für ein Grab eine Platte, für den Hafen der Quai, für einen Graben die Böschungsmauer. Auch übertr. wie das deutsche „Grundlage, Grund".

κρῆς, s. κρέας. **Κρής,** s. Κρήτη.

κρῆσις, ion. = κρᾶσις.

Κρηστών, ῶνος, ἡ, Stadt auf der chalkidischen Halbinsel. Die Einw. **Κρηστωναῖοι** u. **Κρηστωνιῆται, οἱ,** Adj. dav. **Κρηστωνικός,** 3. Dah. die Landschaft zwischen Axios u Strymon im nördl. Mygdonien (Makedonien) ἡ **Κρηστωνική** u. **Κρηστωνία,** bei Thuk. auch **Γρηστωνία** geschrieben.

κρησ-φύγετον, τό (κρησ- Dach) Zuflucht unter ein Dach, Zuflucht, Zufluchtsort.

Κρήτη, ἡ, auch **αἱ Κρῆται,** große Insel im Mittelmeere, bei Hom. mit 90 Städten (dah. ἑκατόμπολις), berühmt durch die Gesetzgebung des Minos, j. *Kandia* (s. zu Κνωσός). Der Einw. **Κρής,** Κρητός, ὁ, Nom. pl. **οἱ Κρῆτες,** später als geschickte Bogenschützen u. als Läufer berühmt, sonst als verschlagene, lügenhafte Schwindler berüchtigt: Κρῆτες ἀεὶ ψεῦσται κακὰ θηρία, γαστέρες ἀργαί Tit. 1, 12. Fem. dazu **Κρῆσσα,** ἡ, Adj. **Κρητικός** u. **Κρήσιος,** 3., dah. Κρητικὸν u. Κρήσιον πέλαγος ein Teil des Ägäischen Meeres. Adv. **Κρήτηθεν** von Kr., **Κρήτηνδε** nach Kr. Dah.

κρητίζω, sp. überlisten, u.

κρητισμός, ὁ, sp. Lug u. Trug.

κρητήρ, s. κρατήρ. **κρῖ,** s. κριθαί.

κρίβανος, ὁ, sp. Backofen, = κλίβανος.

κρίζω, Aor. ἔκρικον, ep. kreischen, knacken, krachen, zerbrechen, gellend lachen

κριθάω, poet. sich in Gerste gütlich tun u. dah. übermütig sein, κριθῶν πῶλος ein Pferd, welches der Hafer sticht.

κρῑθή, ἡ, (lat. *hordeum,* ahd. *gersta*), gew. im plur. **αἱ κρῑθαί,** u. (im Nom. u. Akk.) ep. **κρῖ, τό,** Gerste, auch als Pferdefutter.

κρίθινος [ῑθ], 3. von κρίθη bereitet, οἶνος Gerstenwein, Bier, ein bei Ägyptern, Armeniern, Germanen beliebtes Getränk.

Κριθώτη od. **Κριθωτή,** St. am Hellespont, sp. *Καλλίπολις,* j. *Gallipoli,* gegenüber v. Lampsakos.

κρίκος, ὁ, ep. ion. sp. = κίρκος, lat. *circus,* der Ring, Reif, **1)** zum Spielen. **2)** unten am Jochbalken. **3)** Siegelring. **4)** Armring, Armband. **5)** Halsring, -kette.

κρῖμα, poet. u. sp., u. N. T. **κρίμα, τό,** das Urteil, insbes. die richterliche Entscheidung.

Κρίμισος (Κρίμησος, -μισ(σ)ός), **ου, ὁ,** Fl. im NW. von Sizilien, im Gebiete von Segesta, wo Timoleon die Karthager schlug, j. *Fiume di S. Bartolomeo* od. *Freddo.*

κρίμνον (κρῖμνον), **τό, a)** grobes Mehl. **b)** Krume.

κρῖνος, τό, ion., u. **κρίνον, τό,** sp. die Lilie.

κρίνω [ῑ] (St. κρι, lat. *cerno, dis-crimen,* dt. **rein** aus ahd. *(h)reini*), ep. Fut. κρινέω, Aor. pass. **ἐκρίνθην,** u. 3. pl. ἔκρῐθεν, inf. κρινθήμεναι, **scheiden • 1) trennen • a)** unterscheiden, sondern, dah. auch ordnen, ἄνδρας κατὰ φῦλα; Med. u. Pass. sich sondern, untereinander entscheiden, μάχῃ, Ἄρηι, d. h. sich messen, kämpfen, es zur Entscheidung kommen lassen, βίᾳ durch Waffengewalt, ὁπότε μνηστῆρσι καὶ ἡμῖν μένος κρίνηται Ἄρηος, auch πρός τινι od. τινα mit jmdm., περὶ τῆς ἀρετῆς **• b) sichten,** auslesen, auswählen, vorziehen, ἄνδρας ἀριστῆας λόχονδε, κρίνοντες τὸν Ἀπόλλω πρὸ Μαρσύου, ep. auch im Med., sich (*sibi*) auswählen, ἀρίστους; κεκριμένος od. κριθείς *probatus,* aber auch bestimmt, z. B. οὖρος ein bestimmter Wind. Im bes. vom Richter: für einen (τινά) stimmen **• 2) urteilen** (mit u. ohne παρ' ἑαυτῷ **• a)** beurteilen, auch deuten, auslegen, τὴν εὐδαιμονίαν πρὸς ἀργύριον, τὰς θεάς, ebenso im Med., ὀνείρους **• b)** für etwas halten oder erklären, ἀνδρῶν σε πρῶτον κρίνοντες, pass. Ἑλλήνων ἕνα κριθέντ' ἄριστον, auch mit A. c. I. **• c)** entscheiden, schlichten, bes. von Streitigkeiten, νείκεα, τοῦτο γὰρ τύχη κρινεῖ, λέχη sich für die Eherechte entscheiden. Dah. **• 3)** vom Richter: **richten • a)** richterlich entscheiden, abs. ὁ κρίνων der Richter, mit Akk., δίκην, ἀγῶνα, σκολιὰς θέμιστας krumme d. i. ungerechte Richtersprüche fällen, κρίσεις Urteile, τὰ ἄριστα die besten Entscheidungen, τὰ δημόσια in Staatsprozessen richten, δίκῃ nach dem Recht, κατὰ τὸν νόμον, ἀπὸ τῆς αὐτῆς διανοίας nach denselben Grundsätzen, θανάτου die Entscheidung über Leben u. Tod haben **• b)** vor Gericht fordern, anklagen, τουτονί, ὁ κρινόμενος der Angeklagte, θανάτου auf Leben u. Tod, πρὸς βίαν ernstlich **• c)** verhören, ausforschen, μὴ κρῖνε neben ἐξετάζω Soph. Ai. 586 **• d)** verurteilen, auch vom Volke, beschließen; pass. vor Gericht gestellt, verhandelt werden, gerichtet, überführt, verurteilt werden, κλοπῆς wegen Unterschlagung, θανάτου zum Tode, περὶ θανάτου auf den Tod, δίκῃ durch Rechtsspruch, τὴν κρίσιν in eine

Untersuchung genommen werden, ὑπέρ τινος in jmds. Interesse, od. mit Inf.

κρῑο-πρόσωπος, 2. ion. mit einem Widdergesicht.

κριός, ὁ (aus κριϝος, zu κέρας „gehörnt"). **1)** der Widder, Schafbock. **2)** der Sturmbock, Mauerbrecher, ein starker, langer Balken, der vorn die Gestalt eines Widderkopfs hatte und mit Eisen beschlagen war.

Κρῖσα, ἡ, Stadt in Phokis, südwestlich von Delphi, 1½ St. landeinwärts vom Meere, bes. bekannt das fette *Κρισαῖον πεδίον*, so daß *Κρῖσα* auch selbst *βουνόμος ἀκτά* heißt. Die Stadt wurde im ersten heil. Krieg 590 durch die Amphiktyonen zerstört, die Einw. zogen teils nach Amphissa, teils nach *Κίρρα*, Hafenstadt von Delphi, jetzt *Krisso*. Dav. Adj. **Κρισαῖος,** 3., dah. κόλπος, der Krisäische Meerbusen, ein Teil des Korinthischen, an der Küste von Phokis, jetzt *Mare di Lepanto*.

κρίσις, εως, ion. ιος, dat. ῑ st. ι, ἡ (κρίνω) • **1) Scheidung,** Zwiespalt, Streit, περί τινος • **2) Entscheidung** • **a)** Ausschlag, κρίσιν λαμβάνειν, ἔχειν seine Entscheidung finden, ποιεῖν sie herbeiführen, τινός u. εἴς τι für etwas, τόξου des Schießens, διά τινα durch jmdn., κρίσιν εἶναι ἔν τινι von etwas abhängen • **b)** die Erprobung, **Beurteilung,** ὅπου ἀνδρῶν κρίσις wo es die Probe der Männer gilt, οὗ (δρόμου) πρώτη κρίσις dessen Entscheidung die erste, d. h. der zuerst an die Reihe kam • **c) Urteil**, Antwort, Bestimmung, ἔκ τινος von jmdm., od. mit folg. ὅτι od. ὡς m. Gen. abs. Im bes. • **a)** Gerichtsurteil κρίσεως τυγχάνειν abgeurteilt werden; τὰς κρ. ποιεῖσθαι von den Parteien: sich gerichtliche Entscheidungen holen, u. ποιεῖν von den Behörden: den Prozeß machen • **b) Prozeß,** Gericht, Verurteilung • **c)** Anklage, Verhör. Konstr. τινός über jmdn., τινί jmdm., ἔν τινι nach etwas (einem Gesetze) od. vor etwas (einem Gerichte), παρά τινα bei jmdm., περί τινος über etwas. N. T. auch = aram. *dînâ*, Ortsgericht von 7 Männern, Gegens. Synedrion in Jerusalem; ferner = hebr. *mishpāt*, Recht, Rechtskraft.

Κρίσων, ωνος, ὁ, aus Himera, Athlet u. Olympionike im Wettlauf, 448, 444 u. 440 v. Chr.

Κρίταλλα, ἡ, Stadt in Kappadokien, östl. des Halys, auf der Königsstraße Sardes-Susa.

κριτέον, s. κρίνω.

κριτήριον, τό, **1)** entscheidendes Kennzeichen, Merkmal, Prüfstein. **2)** Ort des Gerichts, Gerichtshof, Richterstuhl. **3)** sp. das Zeichen, Signal des Gerichts. **4)** N. T. Gegenstand des Streits, plur. Rechtshändel.

κριτής, οῦ, ὁ (κρίνω), Beurteiler, **1)** Richter, Schiedsrichter, bes. bei Wettkämpfen, selten = **δικαστής.** ἀπὸ τοῦ ἴσου unparteiischer, ἀσφαλής unbestechlicher. **2)** poet. auch Ausleger. N. T. wie hebr. *shōphēt* alttest. Richter = Führer des Volks. auch Ausleger.) N. T. wie hebr. *shōphet* alttest. Richter = Führer des Volks.

Κριτίας, ου, ὁ, Sohn des Kallaischros, Dichter u. Sophist, Schüler des Sokrates, wurde einer der 30 Tyrannen (404) u. fiel bei der Befreiung Athens durch Thrasybūlos.

κριτικός, 3. zum Beurteilen gehörig, ὁ κρ. der Beurteiler, ἡ κρ. die Kunst der Beurteilung.

Κριτό-λᾱος, ὁ, **1)** peripatetischer Philosoph, bekannt als Teilnehmer an der Gesandtschaft, welche die Athener 155 nach Rom schickten. **2)** sonst. Eigenname.

κρῑτός, 3., Adj. verb. von κρίνω, ep. u. poet. ausgewählt, auserlesen, abs. u. τινί für jmdn.

Κρίτων, ωνος, ὁ, **1)** Athener, Schüler u. Freund des Sokrates. **2)** ein Dichter der neueren att. Komödie.

Κριώα, ἡ, attischer Demos der antiochischen Phyle; Einw. ὁ **Κριωεύς.**

κροαίνω, s. κρούω.

Κροῖσος, ὁ, Sohn des Alyattes, König von Lydien, von Kyros entthront, den er überlebte.

κροκάλη, ἡ, poet. das steinige Meeresufer (vgl. II. κρόκη).

κρόκεος, 2. poet. **1)** safranfarbig od. -gelb. **2)** vom Safran; κρ. ἄνθος Safranblüte.

I. **κρόκη,** ἡ (κρέκω), Einschlagfaden beim Gewebe; dah. **a)** Einschlag. **b)** Faden. **c)** Gewebe, Gewand.

II. **κρόκη,** ἡ, abgerundeter Kieselstein, vgl. κροκάλη.

κροκήϊος, 3. ep. = κρόκεος.

κροκίζω, sp. safranartig sein.

κροκό-βαπτος, 2. poet. und [safrangelb.

κροκο-βαφής, 2. poet. (βάπτω), safrangefärbt,

κροκόδῑλος, ὁ (-δειλος, aus κροκό-δρῖλος, v. II. κρόκη, κροκάλη u. δρῖλος, eig. Strandwurm). **1)** die Eidechse, bes. mit χερσαῖος, u. dah. zunächst ionische Benennung der großen Eidechse in den ägyptischen u. indischen Gewässern: das Krokodil. Es war in Ägypten dem krokodilköpfig dargestellten Gotte Sebek heilig. **2)** sp. ein verfänglicher Trugschluß, der Krokodilschluß, dessen Gegenstand das Krokodil war.

Κροκοδίλων (-δείλων) **πόλις,** ἡ, das spätere Arsinoë am Mörissee, jetzt *Medinet el Fajum*.

κροκόεις, εσσα, εν, poet. = κρόκεος.

κροκονητική, ἡ (I. κρόκη, II. νέω), die Kunst den Faden des Einschlags zu spinnen.

κροκό-πεπλος, 2. ep. poet. safrangewandig.

κρόκος, ὁ, der Safran, eine im Süden wachsende Pflanze, die ein rotgelbes Gewürz gibt und auch als Färbemittel gebraucht wird. Er galt, weil er das erste Erwachen der Natur begleitete, als Blume der Demēter.

κροκόω (I. κρόκη), poet. sp. umwinden, bekränzen.

Κροκύλεια, τά, Gau auf Ithaka.

κροκύς, ύδος, ἡ (κρόκη), ion. poet. u. sp. Wollflocke, Fädchen, Fäserchen.

κροκ-ύφαντος, ὁ (κρόκη), sp. Gewebe. [Gewebe.

κροκώδης, 2. von der Art des Einschlags beim

κροκωτός, ὁ (κρόκος), poet. Safrangewand.

κρόμμυον, τό, ep. u. ion. **κρόμῡον,** Zwiebel, Gartenlauch.

Κρομμυών, ῶνος, ὁ, auch *Κρεμμυών*, Ort u. Kastell in Megaris, später zu Korinth gehörig. Adj. davon **Κρομμυώνιος,** 3., dah. ἡ Κρομμυωνία ὗς, das kr. Schwein Phaia, welches Theseus erlegte.

κρονικός, 3. poet. sp. uralt, altmodisch, von

Κρόνος, ὁ, Sohn des Uranos u. der Gäa, Gemahl

der Rhea, Vater des Zeus, Poseidon, Hades usw., beherrschte vor Zeus das Weltall, als das goldene Zeitalter auf Erden war, wurde aber, von diesem entthront, in den Tartaros gestürzt. Dav. **Κρονίδης,** dor. **Κρονίδας, ου, αο, εω, α, ὁ,** u. **Κρονίων, ίωνος** u. **ίονος**, ὁ, Sohn des Kronos d. i. Zeus, entw. allein od. mit Ζεύς verbunden. **Κρόνια, ων, τά,** Fest zu Ehren des Kronos am 12. Tage des Hekatombaion, wohl ein Fest der Lust wie die römischen Saturnalien, die dah. auch selbst **Κρονιάδες** ἡμέραι heißen.

κρόσσαι, αἱ, ep. u. ion. Kragbalken, **1)** ep. Kämpfer, hervorstehende Zinnen- od. Gesimsträger. **2)** ion. Stufen, Absätze der Pyramiden.

Κροσσαίη, χώρη, ion. u. **Κρουσίς,** γῆ, ἡ, Landstrich in Makedonien, unweit Potidäa, an der Ostküste des Thermäischen Meerbusens.

κροτᾰλίζω (κρόταλον), **1)** ep. u. ion. klappern, rasseln, rasseln lassen, abs., u. ὄχεα mit den Wagen daherrasseln. **2)** sp. abs. Beifall klatschen.

κρότᾰλον, τό (κρότος), ep. ion. poet. u. sp. Klapper, Klapperblech, Becken (als musik. Instrument). Übertr. poet. Schwätzer.

κρόταφος, ὁ (κρότος), „Stelle, wo die Schlagader klopft", Schläfe am Kopfe, gew. im Pl.; poet. auch der Berggipfel.

κροτέω (κρότος), **1)** ep. = κροταλίζω. **2)** klopfen, schlagen, anschlagen, stampfen, τί, u. zwar τινί, mit etwas. Im bes. mit u. ohne τὼ χεῖρε die Hände zusammenschlagen, klatschen, Beifall klatschen, dav. κρ. τινά einen beklatschen, ihm Beifall zuklatschen. **3)** sp. zusammenschmieden.

κρότημα, τό, poet. ein verschlagener Mensch.

κροτησμός, ὁ, poet. das Zusammenschlagen, Anprallen an die Schilde.

κροτητός, 3. (Adj. verb. von κροτέω), poet. dahingerasselt, dahinrasselnd; geschlagen.

κρότος, ὁ, das Geräusch, welches durch ein Zusammenschlagen zweier Körper entsteht, überh. Getöse, Lärmen, ἐν κρότοις unter Gelärm. Im bes. auch das Klatschen mit den Händen, Beifallgeklatsche, Beifall, doch auch im Hohn; bisw. im Plur.

Κρότων, ἡ, in Großgriechenland am Äsarus, achäisch-spartan. Kolonie 710 v. Chr., reiche blühende große Stadt, Hauptsitz des Pythagoras u. der Athletik und Gymnastik, zerstörte Sybaris 510, aber dann von den Lokrern am Saprasfl. besiegt u. zurückgekommen, 359 durch Römer kolonisiert; j. *Crotona*. Die Einw. **Κροτωνιᾶται,** ion. **Κροτωνιῆται, οἱ**; das Gebiet **Κροτωνιᾶτις, ἡ.**

κροῦμα, τό (κρούω), der durch Schlagen hervorgebrachte Schall, das gespielte Tonstück.

κρουνός, ὁ (vgl. κρήνη), ep. poet. sp. Quelle, Born, laufender Brunnen; Kanal u. überh. Strom.

Κρουνοί, οἱ, wie Χαλκίς u. Φεαί in Elis, zweifelh. Namen, wahrsch. Entwässerungsgräben an der Westküste von Triphylia. Außerdem N. pr. einer arkad. Quelle u. einer Seestadt am Ostabhang des Hämus.

κρουνο-χυτρο-λήραιος, ὁ, poet. ein 'Wasserkrug-alfanzer', der einen Strom leerer Worte aussprudelt.

κρουπεζο-φόρος, 2. (κρούπεζα Holzschuh), poet. Holzschuhe tragend. [trügen

κρουσι-δημέω, poet. das Volk täuschen und be-

κροῦσις, εως, ἡ (κρούω), poet. sp. das Schlagen, Stampfen. Im bes. das Schlagen eines Saiteninstruments, Saitenspiel.

Κρουσίς γῆ, s. unter Κροσσαίη.

κρουστικός, 3. zum Schlagen geschickt; übertr. ergreifend, heftig, eindringlich.

κρούω, κρούσω, ἔκρουσα, κέκρουκα, κέκρουμαι (sp. -ουσμαι), Aor. pass. immer ἐκρούσθην (St. κρουσ), mit der ep. Nebenf. **κροαίνω, 1)** Akt. u. Pass. **a)** stoßen, um sich stoßen, stampfen, scharren, pochen, abs. od. τί od. πρός τι. Pass. θύρα κρούεται es wird an die Tür gepocht. **b)** zusammenschlagen, τί. **2)** Med. mit **πρύμναν**, das Schiff rückwärts rudern, auch vom Schiffe selbst: durch umgekehrtes Rudern, mit dem Schnabel gegen den Feind, sich zurückziehen, od. heranrudern ans Land.

κρύβδα, ep. u. poet., **κρύβδην, κρύφα** (◡◡), **κρυφαίως, κρῠφῇ,** u. ep. **κρῠφηδόν,** Adv. (κρύπτω), heimlich, verborgen, abs., od. τινός ohne Vorwissen

κρύβομαι, sp. poet. = κρύπτομαι. [od. Wissen jmds.

κρῠερός, 3. ep. u. poet., u. **κρῠόεις, εσσα, εν** (κρύος), ep. eiskalt, eisig, übertr. schauerlich, schauervoll; grausig.

κρῡμός, ὁ, ion. poet. sp., u. **κρύος,** εος, τό (Wurz. κρυσ in **κρύσταλλος**, *crusta*), ep. u. poet. **1)** Eiskälte, Frost, auch Frostzeit. **2)** übertr. poet. der Schauder.

κρυόεις, εσσα, εν, s. κρυερός.

κρυπτάδιος, 3. u. 2. ep. u. poet., u. **κρυπτός,** 3., **κρῠφαῖος,** 3. u. **κρύφιος,** 3. u. 2. (κρύπτω), verborgen, vergraben, heimlich, geheim, trügerisch, abs κρυπτᾷ ἐν ἥβᾳ verborgen blühend, d. i. fern vom Vaterhause u. vor den Nachstellungen dort geborgen; oft so, daß wir im Deutschen ein Adv. erwarten, z. B. κρύφιος οἰκουρῶν geheim hausend; od. ἀπό τινος vor jmdm., ἔν τινι in etwas. Subst. τὸ κρυπτόν u. (τὰ) κρυπτάδια die Heimlichkeiten.

κρυπτεία, ἡ. **1)** Abteilung spartanischer Jünglinge, welche ihre militärische Ausbildung durchmachten. **2)** diese militärische Ausbildung selbst. Die jungen Spartaner mußten zwei Jahre lang bei spärlicher Kost und unter Waffen das Land durchstreifen und sich dabei möglichst verborgen halten; Überfälle auf Heloten waren dabei gestattet.

κρυπτεύω (κρυπτός), **1)** Akt. **a)** poet. verstecken. **b)** sich verstecken, sich in einen Hinterhalt legen, auflauern. **2)** Pass. poet. -εύομαι, man lauert mir auf. [Gang.

κρυπτή, ἡ (auch κρύπτη), sp. N. T. ein bedeckter

κρυπτός, 3., s. κρυπτάδιος.

κρύπτω (St. κρυφ), κρύψω, ἔκρυψα (sp. κέκρυφα), κέκρυμμαι, ἐκρύφθην, κρυπτέον, ep. Aor. iter. κρύψασκε (var. κρύπτασκε, Impf.), poet. v. Aor. 1. pass. 3. pl. ἔκρυφθεν, Aor. 2. pass. ἐκρύφην (ἐκρύβην), sp. Aor. 2. act. ἔκρῠβον). Sg. Nbnff. κρύφω u. κρύβω • **1)** Akt. trans. **verbergen,** verhüllen, verstecken, bergen, decken, im bes. senken, γῇ in die Erde, übertr. **verhehlen,** verschweigen; τινά jmd. u. vor jmdm., dah. τινά τι etwas vor jmdm., u. zwar τινι jmdm. od. mit od. in etwas, ἔν τινι, εἴς od. κατά τι in etwas, πρός τινα gegen jmdn., ἔκ τινος von etwas weg • 2) Akt. intr. verborgen bleiben • 3) Med. • a) sich od. das Seinige, etwas von sich verbergen, verhüllen, τινί mit etwas • b) in seinem Schoße bergen, bei sich behalten, τί.

κρυσταλλίζω, N. T. wie Kristall glänzen.

κρυσταλλό-πηκτος, 2. poet. u. **κρυσταλλοπήξ,** ῆγος, ὁ, ἡ, poet. gefroren, von

κρύσταλλος, ὁ (κρύος, lat. *crusta*, ahd. *(h)rosā* Kruste, Eis). 1) das Eis, διὰ τοῦ κρ. über das Eis. 2) sp. alles dem Eise Ähnliche, Durchsichtige, bes. der Bergkristall (Quarz).

κρύφα, κρυφαίως, κρυφῇ, κρυφηδόν, s. κρύβδ.

κρυφαῖος u. **κρύφιος,** s. κρυπτάδιος.

κρυφείς u. ähnl., s. κρύπτω. **κρύφω,** sp. = κρύπτω.

κρυψί-νους, 2., zsgz. aus -νοος, seine Gedanken verbergend, versteckt.

κρύψις, εως, ἡ (κρύπτω), poet. sp. das sich Verstecken, das Verbergen.

κρωβύλος, ὁ (auch κρώβυλος betont), eigtl. Höcker, Knauf, dah. 1) Haarbeutel, Schopf, Zopf, in welchen das lange Haar zusammengefaßt, u. der am Hinterkopf, mehr oder weniger hoch emporgehoben, befestigt wurde. 2) Haarbüschel, Feder auf dem Helme.

κρώζω (κράζω), ep. poet. sp. krächzen.

Κρωπιά, Κρωπειά, ἡ, attischer Demos der Leontischen Phyle zwischen Aigaleos u. Parnes.

κρωσσός, ὁ, poet. u. sp. 1) Krug, Mischkrug, Salbgefäß, mit u. ohne μύρου. 2) buk. Aschenkrug.

κτάομαι, ion. **κτέομαι,** Dep. med., ion. perf. 3. pl. κεκτέαται (ἐκτ.), **sich** (*sibi*) **erwerben,** in seinen Besitz bringen, verschaffen; von unangenehmen Dingen: sich zuziehen. Im Perf. sich erworben haben, besitzen, κτώμενος beim Erwerben, ὁ κεκτημένος der Erwerber; ἔχων τε καὶ κεκτημένος einer, der schon etw. Schlimmes hat u. noch etw. dazu bekommen wird, Soph. Ant. 1278; sonst auch: der Besitzer. Teils τινά od. τί, z. B. χάριν Dank ernten, τὴν δυσσέβειαν, δειλίαν den Vorwurf der Gottlosigkeit, Feigheit sich zuziehen, ähnl. φόνον (im Perf.) einen Mord begangen haben u. nun dessen schuldig sein, teils τινά τινα, τινὰ ὥς τινα od. τινά τι einen zu einem od. etwas machen od. zu etwas haben, z. B. τινὰ πειθόμενον sich einen unterwürfig machen, od. ἃς ὁμήλικας (verst. ἡμῖν) κεκτήμεθα mit denen wir aufgewachsen sind, teils als Akt. τινί τι jmdm. etwas erwerben, ἐκ τοῦ δικαίου auf rechtmäßige Weise. Im Pass. ἐκτήθην u. κέκτημαι erworben werden (τινί) durch etwas, κεκτημένος gewonnen.

κτέανον, τό, ep. poet. u. buk., und

κτέατα, τά, Dat. pl. κτεάτεσσι, ep. poet. Erwerb, Besitz, Vermögen.

κτεάτειρα, ἡ, poet. die Erwerberin.

κτεατίζω (κτέατα), ep. buk. sich erwerben.

κτείνω, attisch Fut. κτενῶ, Aor. 1. ἔκτεινα, Perf. 2. ἔκτονα (meist in Komp.), ep. Präs. conj. 1. sg. κτείνωμι, Fut. κτενέω u. κτᾰνέω, med. κτανέεσθαι (in pass. Bdtg.), ep. u. poet. die Aor. ἔκτᾰνον, κτᾰνεῖν, u. ἔκτᾰν, ας, α, ἔκτᾰμεν, 3. pl. ἔκτᾰν, conj. 1. pl. κτέωμεν, inf. κτάμεναι u. κτάμεν, part. κτάς, med. in pass. Bdtg. ἔκτᾰτο, inf. κτάσθαι, part. κτάμενος, pass. 3. pl. ἔκτᾰθεν, spät. Perf. ἐκτόνηκα (St. κτεν, κτᾰν, κτᾰ) • 1) Akt. **töten,** morden, umbringen, zu Boden strecken, hinrichten lassen, ὁ κτανών, κτείνας der Mörder, Tötende, τινά jmdn., τινί mit etwas. Aor. auch ich habe töten wollen • 2) Pass. ion. κτείνομαι getötet werden, τινί von jmdm. (κτανέεσθαι, ἔκτᾰτο, κτάσθαι, κτάμενος, ἔκταθεν, s. o.); in Prosa statt dessen fast immer (ἀπο)θνήσκω, τινί od. ὑπό τινος ich werde getötet.

κτείς, κτενός, ὁ (St. κτεν für πκτεν-, zu πέκω, lat. *pecten*) der Kamm, u. bildlich die Hand mit den Fingern, dah. χερῶν κτένες die Finger.

κτενίζω, ion. poet. sp. kämmen; Med. ion. sich (*sibi*) kämmen, τί.

κτενισμός, ὁ, poet. sp. das Kämmen.

κτέομαι, s. κτάομαι.

κτέρας, τό. 1) Sing. ep. (nur Nom.) Besitz. 2) Pl. **κτέρεα,** τά, ep., eigentl. Besitz, dann alles, was man den Toten als Eigentum mitgibt und zugleich auf dem Scheiterhaufen verbrennt, überh. Leichenbestattung, letzte Ehre, Totenehre, Totenfeier, κτ. κτερίζειν die Totenfeier halten.

κτερεΐζω, ep., Aor. conj. -ίξω, u. **κτερίζω,** ep. u. poet., Fut. κτεριῶ, Aor. ἐκτέρισα, 1) einen Toten (τινά) feierlich bestatten, seine Bestattung feiern od. ehren, u. zwar τινί durch etwas. 2) ep. κτέρεα κτ. eine Totenfeier halten.

κτερίσματα, τά, poet. = κτέρεα.

κτῆμα, τό (κτάομαι), das Erworbene, Erwerb, Besitz, Besitztum, Besitzung, Habe, Eigentum, Vermögen, im besond. a) Grundbesitz. b) Schatz, Gut, übertr. gute Eigenschaft. c) von Personen: der zum völligen Eigentum Gewordene, Geknechtete, der Sklave, z. B. des Eros, die Dienerin. d) im Plur. Güter, Hab u. Gut; Schätze, Kostbarkeiten. Konstr. τινός jmds., τινί für jmdn., doch auch in etwas bestehend, und κατά τι in einer Gegend befindlich, εἴς τι für etwas.

κτηματικός, 3. sp. begütert, Grundbesitzer.

κτηνηδόν, ion. Adv., nach Art des Viehes.

κτῆνος, εος, τό (κτάομαι), Besitz, im Plur. Vermögen, Habe. Im bes. Zugtier, im Plur. Haustiere, überh. zahmes Vieh usw., z. B. Schafe usw., Viehherde.

κτησείδιον, τό (κτῆσις), sp. kleines Besitztum.

Κτησίας, ου, ὁ, Arzt aus Knidos, der um 416 v. Chr. nach Persien ging und eine pers. Geschichte in 23 Büchern u. über Indien schrieb.

κτήσιος, 3. den Besitz betreffend, zum Eigentum des Hauses gehörig, χρήματα κτ. Besitztum, βοτόν ein Schaf von der Hausherde, aus der Herde, aber κτ. βωμός der Altar des Zeus κτήσιος od. ἑρκεῖός des Beschützers von Haus u. Hof.

κτῆσις, εως, ion. ιος, ἡ (κτάομαι), a) die Erwerbung, der Erwerb, die Beschaffung, Verfertigung, τινός von etwas, κατ' ἔργον κτῆσιν gemäß der von uns beschafften Erwerbung (Öchalias), λέχους der Erwerb der Ehe, d. h. das der Ehefrau Zukommende, b) das Erworbene = κτῆμα, der Besitz, die Besitzung, im Pl. das Vermögen, im bes. die Berechtigung, τῆς ἐργασίας zum Betriebe.

Κτησι-φῶν, ῶντος, ὁ, Sohn des Leosthenes aus Athen, beantragte nach 338 v. Chr. die Verdienste des Demosthenes durch einen goldenen Kranz anzuerkennen und wurde deshalb von Äschines angegriffen, gegen den sich Demosthenes in der Rede *περὶ στεφάνου* glänzend verteidigte im J. 330.

κτητικός, 3. **1)** zum Erwerb gehörig, geschickt, erwerbsam. **2)** sp. besitzanzeigend, *ὄνομα*.

κτητός, 3. **1)** ep. u. poet. erworben u. daher angehörig, *τινί*. **2)** zu erwerben, zu gewinnen, u. dah. erwünscht, *τινί*.

κτήτωρ, ὁ, ἡ, sp. N. T. der Besitzer.

κτίδεος, 3. (*κτίς, ἡ = ἰκτίς*, Iltis), ep. iltisledern.

κτίζω (St. *κτι*, in *ἐυκτίμενος*, lat. *situs* gegründet, gelegen, ahd. *sedal*, Wohnsitz, *siedeln*). **1)** bebauen, bewohnbar machen, gründen, im bes. mit Kolonisten besetzen, kolonisieren, teils abs. *οἱ κτίσαντες* das Stammvolk, teils *τί* etwas, u. zwar *τινί* jmdm., od. *ἐπί τινος* irgendwo. **2)** Übertr. **a)** poet. überh. machen. **b)** zuerst schaffen, vom Weltenschöpfer, *ὁ κτίσας*, überh. ins Werk setzen, ausführen.

κτίλος [ῐ], ὁ, ep. der Widder.

κτιλόομαι, Med., ion. sich (*sibi*) zähmen, sich kirre machen, *τινά*.

κτίννυμι, *κτιννύω* u. ähnl., Nebenf. zu *κτείνω*, s. d. u. *ἀποκτείνω*.

κτίσις, εως, ἡ, ion. **κτιστύς,** ύος, ἡ, u. sp. **κτίσμα,** τό (*κτίζω*), **1)** die Gründung, Pflanzstadt. **2)** im N. T. u. sp. das Geschöpf, die Schöpfung, Kreatur; 1. Pt. 2, 13 Ordnung.

κτίστης, ου, ὁ (*κτίζω*), u. poet. **κτίστωρ,** ὁ, Gründer, Schöpfer, häufig im Sinn von Wiederhersteller.

κτιστύς, s. *κτίσις*.

κτίτης, ὁ, poet. der Ansiedler, Bewohner.

κτῠπέω, selten in Prosa, Aor. 1. *ἐκτύπησε*, Aor. 2. *ἔκτῠπον*, **1)** intr. krachen, prasseln, erdröhnen, widerhallen, abs. od. *τινί* von etwas, im bes. donnern, *κτύπησε Ζεύς*. **2)** trans. durch Stampfen erdröhnen lassen, daher *κτυποῦντα θύρσον*.

κτύπημα, τό, poet. u. **κτύπος,** ὁ, Schlag, Geräusch, Lärmen, Getöse, auch Geschrei, (*Διός*) das Donnern, der Donner, poet. auch das Schlagen von etwas.

κύαθος, ὁ (*κυέω* fasse), Schöpfgefäß, **1)** womit der Mundschenk den Wein aus dem Mischkrug in den Becher schöpfte, ähnlich einer Tasse mit hochaufragendem Henkel. **2)** als bestimmtes Maß für trockene u. flüssige Gegenstände, ca $^1/_2$ Deziliter.

κυαμευτός, 3. durchs Bohnenlos erwählt (s. *κύαμος*).

κυαμεέω, durch Bohnen auslosen, d. h. erwählen.

κύαμος, ὁ (*κυέω*). **1)** die **Bohne.** Sie wurde in Athen beim Losen u. Verlosen der Ämter gebraucht (s. *κυαμευτός*), wobei die weißen die Treffer, die schwarzen die Nieten bildeten, dah. *ἀπὸ κυάμου καθιστάναι* durchs Bohnenlos erwählen, und *κυάμῳ λαχεῖν* erwählt werden, *βουλὴ ἡ ἀπὸ τοῦ κυάμου* der durch das Bohnenlos gewählte Rat der Fünfhundert. **2)** die eßbare, bohnenartige Frucht des bei den Indern und Ägyptern heiligen Lotos.

κυαμο-τρώξ, ῶγος, ὁ, (*τρώγω*), poet. Bohnenfresser.

κυαν-άμπυξ, ὁ, ἡ, poet. buk. mit dunklem Stirnband.

κυαν-αυγής, 2. poet. u. sp. glänzend schwarz, finster.

κυαν-έμβολος, 2. poet. dunkelgeschnäbelt.

κυάνεος, 3. (*κύανος*), poet., auch ῡ, **stahlblau,** bläulichschwarz, überh. dunkelfarbig. **Κυάνεαι,** αἱ (näml. *πέτραι*, poet. auch *ἀκταί*), die Schwarzen Felsen od. Inseln am Eingange in den Pontos Euxeinos, für die Seefahrer gefährlich, indem sie zusammenschlugen und die Schiffe zertrümmerten (dah. *Συμπληγάδες, συνδρομάδες, σύνοδοι* die Zusammenstoßenden). Erst seit der Durchfahrt der Argonauten auf der Argo waren sie fest.

κυανο-ειδής, 2. poet. schwärzlich.

κῡᾰνό-πεζα, ἡ, ep. stahlblaufüßig.

κυανό-πεπλος, 2. ep. dunkelgewandig.

κυανο-πλόκαμος, 2. sp. ep. dunkelgelockt.

κῡᾰνό-πρῳρος, 2. u. 3. ep., (poet. fem. auch *κυανόπρῳρα*), u. **κῡᾰνοπρῴρειος,** 2. ep. dunkel- od. schwarzgeschnäbelt (vom Schiffe).

κυανό-πτερος, 2. poet. schwarzgefiedert.

κύανος u. **κυανός,** ὁ [ῠ]. **1)** Lasur- od. **Blaustein,** *lapis lazuli*, in der Tartarei gewonnen u. über Babylon bezogen; auch *Σκυθικός* beigenannt. **2)** daraus bereitete Ultramarinfarbe. **3)** mit Kupfererzen, bisweilen mit Kobalt, blaugefärbter Glasfluß, Smalt. *ἄπυρος κ.* Kupferlasur, von Kypros, welche durch die Phoiniker mit Glas verbunden wurde. **4)** die blaue Kornblume, Zyane.

κυανό-στολος, 2. buk. schwarzgekleidet.

κυαν-όφρυς, υος, ὁ, ἡ, buk. mit schwarzen Augenbrauen.

κῡᾰνο-χαίτης, ου, ep. auch *κυανοχαῖτα* (als Nom.), ὁ, ep. mit dunkeln Haaren, **a)** schwarzmähnig. **b)** dunkelgelockt, Beiw. des Poseidon, auch bloß *ὁ κ.* Schwarzhaar.

κυανό-χροος, 2. poet. u. **κυανόχρως,** ὁ, ἡ, poet. dunkelfarbig.

κῡᾰν-ῶπις, ιδος, ἡ (*ὤψ*), ep. u. poet. dunkeläugig, Beiw. der Amphitrite, dunkelfarbig.

Κυαξάρης, ους od. ου, ion. εω, ὁ, **1)** Sohn und Nachfolger des Astyăges, Oheim des Kyros (Xen.). **2)** Sohn des Phraortes, Enkel des Deiŏkes, von 634 v. Chr. an 40 Jahre lang König in Medien.

κυβᾰλικός, 3. poet. verachtet, schuftig (zw. LA.).

κῠβεία, ἡ (*κυβεύω*), Würfelspiel. N. T. betrügerisches Falschspiel.

Κυβέλα, dor. st. -λη, ion. **Κυβήβη,** eine griechisch-lydische Göttin, als Lebensspenderin orgiastisch verehrt; sie galt als die große Mutter aller Götter, bei den Römern Magna Mater, Ops genannt, u. so floß ihr Kultus mit dem der griechischen Göttermutter Rhea zusammen, später auch mit dem der Naturgottheiten Gaia, Demēter, Aphrodite, Urania, Artemis, mit der thrakischen Kotys, endlich mit der ägypt. Isis — der Name soll von einem phryg. (mythischen?) Berg *Κύβελα, ων* herrühren; vergl. *Δινδυμήνη*.

κῠβερνάω (verw. *guberno*), Steuermann sein, steuern, als Steuermann lenken, übertr. regieren, leiten, abs. u. *τί*.

κυβερνήσια, τά, sp. Steuermannsfest.

κυβέρνησις, ἡ, das Steuern, die Führung, Leitung, Regierung.

κυβερνήτειρα, ἡ, sp. poet. Lenkerin, Fem. zu

κυβερνητήρ, ῆρος, ὁ, ep. poet., u. **κῠβερνήτης,** ου, ὁ, (κυβερνάω), *gubernator,* Steuermann, Pilot, der aber nicht bloß steuerte, sondern auch die Leitung des ganzen Schiffes unter sich hatte. Übertr. Lenker, Staatsoberhaupt.

κυβερνητήριος, 3. = κυβερνητικός.

κυβερνητικός, 3. zum Steuern des Schiffes od. in der Steuermannskunst geschickt. Dav. κυβερνητική, ἡ, die Steuermannskunst.

κυβευτής, οῦ, ὁ (κυβεύω), der Würfelspieler. Dav.

κυβευτικός, 3. im Würfelspielen geschickt.

κυβεύω (κύβος), würfeln, Würfel spielen, übertr. ein (gefährliches) Spiel wagen, περί τινι um etwas.

Κυβήβη, s. Κυβέλα.

κυβιστάω (κύβη, ἡ, Haupt), kopfüber stürzen, sich überschlagen, ein Rad schlagen, od. mit dem Kopf voran herabstürzen, εἰς μαχαίρας sich mit dem Kopf zwischen die Schwerter stürzen, was in einer Art des Waffentanzes vorkam; dah. sprichw. sich in Gefahr begeben.

κυβίστησις, εως, ἡ, sp. Purzelbaum, Radschlagen.

κυβιστητήρ, ῆρος, ὁ, a) ep. poet. u. sp. der sich auf den Kopf stellt, ein Rad schlägt, Gaukler, Springer, Tänzer. b) ep. der sich mit dem Kopf in etwas hineinstürzt, Taucher.

κύβος, ὁ, 1) ein kubischer Körper. 2) Würfel, u. zwar der auf allen sechs Seiten bezeichnete, während es der ἀστράγαλος nur auf vieren war. Übertr. ἀνερρίφθω κύβος es sei gewagt, das lat. *alea iacta esto.* 3) das Wagen.

κῠδάζω, schmähen, beschimpfen.

Κυδαθηναιεύς, ὁ, Einw. aus Kydathenä, einem städtischen Demos der Pandionischen Phyle, der südliche Teil der alten Stadt.

κῠδαίνω, ep. poet. sp. (κῦδος), trans. eigtl. berühmt machen, dah. 1) ehren, auszeichnen, verherrlichen, τινά. 2) jmdn. in einen preiswürdigen Zustand versetzen, also a) beglücken, erheben, z. B. durch Herstellung u. Erhöhung der äußern Schönheit. b) erfreuen, θυμόν.

κῠδάλιμος, 2., **κύδιμος,** 3., und **κῠδρός,** 3. (κῦδος), alle ep. u. poet. (κυδρός auch pros.), erhaben, herrlich, ruhmvoll, geehrt, berühmt, edel. Kompar. poet. **κῡ́διον** besser. Superl. **κῡ́διστος,** 3. der ruhmvollste, ruhmwürdigste, rühmlichste, geehrteste.

κῡδάνω [ᾰ], ep. 1) ehren, = κυδαίνω. 2) sich rühmen, stolz sein, = κυδιάω.

κῡδι-άνειρα, ἡ (κυδ-ρός), ep. Adj. fem., eigtl. mit ruhmvollen Männern, dann Männer verherrlichend, ehrend.

κῡδιάω, ep. Part. κυδιάων, -όων, intr. sich rühmen, stolz sein, stolz einherschreiten.

κύδιμος u. **κύδιον, -ιστος,** s. κυδάλιμος.

Κύδνος, ὁ, Fluß in Kilikien, der Tarsos durchströmt, jetzt *Karasu.*

κυδοιδοπάω, poet. Lärm, Verwirrung machen.

κῠδοιμέω, ep. 1) intr. Getümmel erregen, toben, 2) trans. in Verwirrung setzen, durcheinanderjagen.

κῠδοιμός, ὁ (κυδάζομαι d. i. lärmen), ep. poet. sp. 1) Gewühl, Gedränge, Getümmel, bes. Schlachtgetümmel, Schlachtgetöse, -gewühl, auch Verwirrung, Bestürzung. 2) personif. der Dämon des Kriegsgetümmels in sichtbarer Erscheinung.

κῦδος, εος, τό, ep. poet. ion. 1) Machtfülle, Macht, Sieg, Siegesfreude, Ruhm, Ehre, auch Majestät, Herrscherglanz, Zierde, Stolz jmds. 2) preiswürdiger Erfolg oder Zustand, Gelingen, Gedeihen, Wohlstand, Glück, Schönheit, Körperkraft, Kraft, Gewalt.

Κύδραρα, τά, Stadt in Phrygien an der lydischen [Grenze.

κυδρός, s. κυδάλιμος.

Κύδωνες, οἱ, ein Volksstamm an der Nordwestküste von Kreta; daselbst die Stadt **Κῠδωνία,** ἡ, in der Nähe des jetzigen *Kanea,* deren Einw. ὁ **Κυδωνιάτης.** Dav. Adj. **Κυδωνικός,** 3. u.

κυδώνιον μῆλον, τό, der Quittenapfel, Quitte.

κυέω, κυήσω usf., nachhom. auch **κύω** (St. κυ, lat. *in-ci-ens,* trächtig), u. Pass. **κυίσκομαι,** befruchtet, schwanger, trächtig werden od. sein, abs. od. τινά od. τί mit einem Jungen, ἐκ, ἀπό τινος von jmdm. Übertr. schwanger gehen, fruchtbar sein, in sich tragen, auf etwas bedacht sein, abs. od. τί, u. zwar κατά τι einer Sache nach.

Κύζικος, ἡ, Halbinsel an der Propontis, j. *Chiziko,* mit der gleichnamigen Stadt, j. Ruinen von *Balkis.* Ihre Stateren (οἱ **Κυζικηνοί**) waren eine der gangbarsten Goldmünzen in Hellas, zur Zeit des Kroisos = ca. 45 M., im 4. Jahrh. ca. 22 M. an Wert. Sie hatten auf der einen Seite die Kybĕle, auf der andern einen Löwen, und waren von vorzüglichem Gepräge. Adj. **Κυζικηνικός,** 3.; sprichw. Κ. βάμμα von besonderer Unschicklichkeit, die nicht errötet.

κύημα, τό (κυέω), die Frucht im Mutterleibe, die Bürde.

κύησις, εως, ἡ, Schwangerschaft.

Κυθέρεια, *Cytherēa,* ep. poet. buk., Beiname der Aphrodite, später volksetymol. mit Κύθηρα in Verbindung gebracht, vgl. dies.

Κύθηρα, τά, auch ἡ **Κυθηρίη** νῆσος, die jetzige Insel *Cerigo* an der lakonischen Küste, gewährte Schutz gegen die Seeräuber; deshalb hatte Sparta hier die Behörde der **Κυθηροδίκαι.** — Bekannt war die Insel durch ihren Kultus der phoinikischen Aphrodite, die in der Stadt **Κύθηρα** einen Tempel hatte und selbst **Κυθήρη** hieß, die Einw. der Stadt u. Insel οἱ **Κυθήριοι,** vom Adj. **Κυθήριος,** 3. aus Kythera gebürtig. Adv. **Κυθηρόθεν** aus K.

Κύθηρος, ὁ, Demos der pandionischen Phyle in Attika; daher Κύθηρόνδε nach K.

Κύθνος, ἡ, eine der Kykladen, südl. von Euböa, von Dryopern (wie Süd-Euböa und Argolis) bewohnt, jetzt *Termia.* Die Einw. οἱ **Κύθνιοι.**

κυΐσκομαι, s. κυέω.

κυκάω, Part. praes. ep. κυκάων od. -όων, 1) rühren, einrühren, mischen, vermischen, abs. od. τί, u. zwar τινί mit etwas. 2) Übertr. untereinander mengen, verwirren, τί. Im Pass. in Unordnung geraten, von Pferden: scheu werden, vom Flusse u. von Wellen: aufgerührt od. in Aufruhr sein, durcheinander tosen. 3) Med. poet. sich einen Mischtrank (κυκεών) bereiten.

κυκεών, ῶνος, ὁ, Akk. κυκεῶ u. ep. **κυκειῶ,** st. κυκεῶνα, **1)** ein Mischtrank, Rührtrank, eine Art dicker Kaltschale aus Gerstengraupen, geriebenem Ziegenkäse u. Wein, der in Griechenland zur Stärkung u. Erfrischung genossen ward, weil die Kraft des Weines durch jene Zutaten gemäßigt war; je nachdem man ihn dicker oder dünner herstellte, wurde er getrunken od. gegessen und heißt drum bald *ποτόν* (Il.), bald *σῖτος* (Od.) **2)** Übertr. sp. der Wirrwarr.

κυλλάμῑνος, ἡ, buk. sp. Saubrot, eine Pflanze.

κυκλάς, άδος, ἡ, poet. kreisförmig, im Kreislauf wiederkehrend. Davon

Κυκλάδες, αἱ, die Kykladischen (d. h. rings um Delos liegenden) Ring-Inseln im Ägäischen Meer. Die Ausdehnung des Namens war im Altertum eine schwankende; gewöhnlich werden dazu gerechnet Andros, Tenos, Mykonos, Syros, Gyaros, Keos, Kythnos, Belbina, Seriphos, Siphnos, Paros, [Naxos.

κυκλεύω, sp. N. T. umringen.

κυκλέω (κύκλος). **1) trans. a)** auf Rädern, also auf Wagen fortbewegen, herbei- od. fortschaffen, -führen, **b)** im Kreise drehen, dah. *βάσιν ἐπί τινι* einen umkreisen, od. *ὁδοῖς ἑαυτὸν εἰς ἀναστροφήν* sich im Umdrehen zur Rückkehr wenden. **2)** intr. (mit verst. *ἑαυτήν*), sich drehen, kreisen. **3)** Med. **a)** sich im Kreise drehen, sich ringsherum auftürmen, von der Welle, od. abrollen, von Tag und Nacht. **b)** einen Kreis bilden.

κύκλησις, ἡ, die Umwälzung.

κυκλικός, 3. meist sp. u. **κύκλιος,** 2. (u. 3.), dasselbe wie κυκλόεις.

Κυκλοβόρος, ου, ὁ, der ringsum Fressende, ein im Frühling reißender Wildbach in Attika.

κυκλόεις, εσσα, εν, poet. (κύκλος), kreisförmig, kreisrund, rund, z. B. *ὕδωρ* vom kreisförmigen See (ὁ τροχοειδής) beim Berge Kynthos auf Delos. Im bes. im Kreise tanzend, dah. *κύκλιοι παῖδες, κύκλιοι χοροί*, Knaben od. Chöre, welche unter Gesang um den Altar eines Gottes, insbes. des Dionȳsos, im Kreise tanzen.

κυκλόθεν, Adv. von allen Seiten, ringherum her.

κύκλος, ὁ (aus *quequlos*, redupl. aus *quel* drehen, verw. *πέλομαι, πόλος*, engl. *wheel* Rad aus ags. *hweowol*), Pl. *οἱ κύκλοι*, u. heterokl. *τὰ κύκλα* • **1) Kreis** • **a)** Ring, Umkreis, auch Halbkreis, *κύκλον τάσσεσθαί τινα* einen Kreis mit etwas bilden, bes. als Schiffsmanöver: Kreisstellung, mit dem Steuerbord nach innen, um so den feindlichen Schiffen im Rücken den *διέκπλους* unmöglich zu machen, Thuk. 2, 83 • Adv. *ἐς κύκλους περιιππεύειν* rings umschwärmen, (*ἐν*) *κύκλῳ* im Kreise, rund od. rings herum, teils abs., teils mit *τινός* od. *περί τι*, nicht selten mit *πάντῃ, πανταχῇ* od. *πάντοθεν*; *οἱ κύκλῳ βασιλεῖς* alle Könige ringsum, ähnl. *ἡ κύκλῳ χώρα περί τι* • **b)** übertr. Zirkel, Kreis, **α)** eine im Kreise herumstehende Menge, *corona*, *κ. τυραννικός* von Fürsten. Im bes. **β)** *κ. ἱερός* die Geronten, Richter, *ἱερός* genannt, weil ihr Platz dem Zeus u. der Themis heilig war, **γ)** *δόλιος* der trügliche Kreis, welchen die Jäger um das Wild schließen, **δ)** der Umkreis eines Landes, **ε)** der Kreislauf der Dinge (*τῶν ἀνθρωπηίων πρηγμάτων*) • **2) alles kreisförmig Gestaltete.** Daher • **a)** (*ὀμμάτων*) die Augenkreise, Augenhöhlen, das Auge • **b)** der Ring od. Reifen von Metall auf dem Schilde, bes. der äußerste Reif, Rand; auch der Schild selbst • **c)** das Rad • **d)** die kreisförmige Mauer, Ringmauer einer Stadt; insbes. in Attika: der von Festungswerken eingeschlossene Teil des Landes, der Ring des Peiraieus usw.; *τὸ τεῖχος τοῦ κύκλου* die Mauer des kreisförmigen Werkes • **e)** die runde Scheibe, **α)** der Sonne, des Mondes, **β)** als Schale, Schüssel • **f)** mit *ὁ ἄνω* das Himmelsgewölbe, der Himmel, mit *νυκτός* der nächtliche Himmel • **g)** sp. (mit u. ohne *τῶν ζῳδίων*) der Tierkreis.

κυκλόσε, ep. sp. Adv., im Kreise, ringsherum.

κύκλο-τερής, 2. (vgl. *τορνόομαι*), radförmig oder rund gedreht od. gearbeitet, rund, u. zwar mit Kunst, mit *πάντα* ganz rund, kreisrund, *ἀσπίδος τρόπον* wie ein Schild, prolept. *κυκλοτερὲς τόξον τείνειν* spannen, daß er sich zu einem Kreise krümmt.

κυκλοφορέομαι, sp. sich im Kreise drehen.

κυκλόω, (κύκλος), **1)** Akt. u. Pass. **a)** kreisförmig machen, rund biegen, im Kreis bewegen od. drehen, **b)** kreisförmig umschließen, umzingeln. **2)** Med. **a)** einen Kreis bilden (um sich darin zu besprechen), od. mit *τὸ ἀπ' ἑσπέρης κέρας* mit dem westlichen Flügel in einem Ringe vordringen. **b)** sich rings um jmdn. aufstellen, ihn rings umgeben, umzingeln, *τινά*, *ἐς μέσον* ihn in die Mitte nehmen.

κύκλωμα, τό, poet. sp. das Rundgedrehte, Rad, *rota*; Rundung, mit *βυρσότονον* die Pauke.

Κυκλώπιος u. **Κυκλωπίς,** s. Κύκλωψ.

κύκλωσις, εως, ἡ (κυκλόω), **a)** das Umringen, Einschließen, die Umzingelung, Einschließung. **b)** abstract. pro concr. die Einschließungstruppen.

κυκλωτός, 3. poet. sp. gerundet.

Κύκλωψ, ωπος, ὁ, der Kyklope, bes. Polyphēmos, der mächtigste unter ihnen, ein Sohn des Poseidon. Die Kyklopen, Leute mit einem kreisrunden Stirnauge, sind ein riesenhaftes Wundervolk, welches ohne Kenntnis des Ackerbaues und ohne bürgerliche Verbindung lebt. Ihre Wohnsitze setzte das Altertum nach Sizilien in die Gegend des Ätna, wo noch jetzt eine Felseninsel *Isola dei Ciclopi* heißt. Adj. **Κυκλώπιος,** mit Fem. **Κυκλωπίς,** ίδος, ἡ, näml. *ἑστία*, d. i. Mykēnä, welches von Kyklopen erbaut sein sollte ('Kyklopenmauern').

κυκνό-μορφος, 2. poet. von Schwanengestalt.

κυκνό-πτερος, 2. poet. mit Schwanenfittichen.

κύκνος, ὁ, der Schwan, Diener des Apollo und darum wahrsagend, der bes. vor seinem Tode den Schwanengesang erhebt (vgl. Plat. Phaed. 85[a]), doch sangen Schwäne auch (*κύκνος μελῳδός*), als Latona gebar. Eigen sollte ihnen außerdem eine große kindliche Liebe sein.

κύλινδρος, ου, ὁ, sp. Zylinder, Walze, Rolle, Bücherrolle.

κυλίνδω, neuatt. **κυλινδέω,** beide nur Präs. u. Imperf., alle anderen Formen von **κυλῑ́ω,** *κυλίσω, ἐκύλῑσα, κεκύλῑσμαι, ἐκυλίσθην, κυλισθήσομαι, κυλιστός* (κυλινδέω, St. *quel*, *κυλ*, sich drehen, vgl. κύκλος, κυλλός) • 1) Akt. rollen, **wälzen**, empor-, herab-, zu-, fortrollen, -wälzen, werfen, eigtl. u. übertr. (z. B. ἐλπίδας, hegen), τινί jmdm. od. an etwas, ὑπέρ τινος über etwas, βυσσόθεν vom Grunde empor • 2) Pass. geschleudert werden, sich hin- od. herumwälzen, dahinrollen, mit κάτω herabrollen od. -kollern, sich stürzen, übertr. sich herwälzen, τινί gegen jmdn., sich herumtreiben, ἔκ τινος aus etwas, ἔν τινι in etwas, τινί τι in etwas herab, aber κατὰ κόπρον im Schmutz, in Asche (Zeichen der heftigsten Trauer), περί τι um etwas.

κύλιξ, ἴκος, ἡ [ῠ], (viell. = *calix*), die Trinkschale, der Becher, runde Tasse mit zwei Henkeln und einem leichten Untersatze, meist von Ton, ἐπὶ τῇ κύλικι u. ἐπὶ τῆς κύλικος beim Becher, beim Trinken. Übertr. das in einem Becher Dargereichte, der Trank.

κύλισμα, τό, u. **κυλισμός, ὁ,** sp. N. T. das Wälzen.

κυλίχνη, ἡ, poet. sp. Demin. v. κύλιξ.

κυλίω, sp. s. κυλίνδω.

Κυλλάραβις, ἡ, Gymnasium bei der Stadt Argos, auch γυμνάσιον τὸ **Κυλλαράβιον** genannt nach *Κυλαράβης* (*Κυλλ.*), dem Sohne des Sthenelos.

Κυλλήνη, ἡ, dor. **Κυλλάνα,** 1) Kalkgebirge an der Nordostgrenze Arkadiens, 2374 m hoch; auf seinem Gipfel stand ein Tempel des Hermes, dem das Gebirge als seine Geburtsstätte heilig war, u. der davon den Bein. ὁ **Κυλλήνιος** führte; am Fuße Nagelfluhgerölle bis 1500 m. Jetzt *Ziria*, mit Schwarzkiefern u. Eibenbaumsträuchern. Adj. dav. dor. **Κυλλάνιος,** 3. 2) Hafenstadt u. Schiffswerfte der Eleer, jetzt *Glarenza*. Der Einw. ὁ **Κυλλήνιος.** 3) Stadt in Äolis, nahe bei Kyme.

κύλληστις, ιος, Acc. plur. ion. ῑς, ὁ, ägyptisches Brot aus ὄλυρα, einer Art Mais.

κυλλο-ποδίων [ῐ], ονος, ὁ, Vok. -πόδῑον (πούς), ep. der Krummfüßige, der Hinkende, Beiw. des Hephaistos.

κυλλός, 3. krumm, N. T. auch verstümmelt.

κυλοιδιάω, buk. u. sp. die Augenlider geschwollen haben.

Κύλων, ωνος, ὁ, aus Athen, 640 v. Chr. olympischer Sieger im δίαυλος, strebte um 610 v. Chr. vergeblich nach der Tyrannis in Athen. Seine Anhänger wurden mit Vorwissen des Megakles an den Altären ermordet: *Κυλώνειον ἄγος*.

κῦμα, τό (κυέω, κύω, lat. *cumulus*), 1) die Welle, Woge, der Wellenschlag, Brandung, im Sing. kollektiv statt des Plur., mit Genet. ἀνέμων die von Winden erregten Wogen. Oft wie im Deutschen im übertr. Sinne. 2) poet. = κύημα, Frucht im Mutterleib, Geburt.

κῡμαίνω, Fut. κυμᾰνῶ, Aor. ἐκύμηνα, 1) intr. wallen, wogen, Wellen schlagen, fluten. Übertr. a) wogen, vom Heere, κυμῆνάν τι, d. h. ein Teil, der in Unordnung geraten, über die gerade Linie hinausgekommen ist. b) vom Kriege: aufwogen. 2) trans. sp. in heftige Bewegung setzen.

κῡμᾰτίης, ου, ὁ, ion. für **-ίας,** 1) akt. ion. Wellen erregend. 2) pass. ion. u. poet. in Wallung geraten, Wellen schlagend.

κῡματο-āγής, 2. (Ϝαγ-, ἄγνυμι), poet. wie Wogen brandend, ἆται des Unheils wogende Brandung.

κῡματο-πλήξ, ῆγος, ὁ, ἡ (πλήσσω), poet. wogengepeitscht. [sich in Wogen auftürmen.

κῡματόω (κῦμα), 1) Akt. sp. überfluten, τί. 2) Pass.

κυματ-ωγή, ἡ (ἄγνυμι), ion. u. sp. Ort der Brandung, Meeresstrand. [dungen.

κυματώδης, 2. sp. wellenartig; voll Wogen, Bran-

κύμβᾰλον, τό, die Zymbel.

κύμβᾰχος, 2. ep. (κύμβη), 1) Adj. vorgeneigten Kopfes, kopfüber. 2) Subst. ὁ κ. der Helmscheitel, woran der Helmbusch befestigt ist.

κύμβη, ἡ, Topf, Becken; = κεφαλή.

κυμβίον, τό, kleiner Becher, Trinkgeschirr.

Κύμη, ἡ. 1) Φρικωνίς (von Φρίκιον bei Thermopylai) die größte Stadt von Aiŏlis. Dazu ἡ **Κυμαία,** das Gebiet v. *Κύμη*. 2) von ihnen mit den euböischen Chalkidiern begründet (daher *Χαλκιδική*), Stadt in Campanien am lacus Avernus = *Cumae*; unter Augustus *colonia Iulia*; Sitz der berühmten Sibylla Cumana. Mutterstadt von Dikaiarchia (Puteoli), Neapolis, Zankle = Messana. Einw. von beiden ὁ **Κυμαῖος.** [χαλκίς genannt.

κύμινδις, ιδος, ὁ, Nachthabicht, von den Göttern

κύμῑνον, τό, sp. N. T. der Kümmel.

κυμο-δέγμων, 2. poet. Wogen aufnehmend.

κυναγία, s. κυνηγέσιον, u. **κυναγός,** ὁ, u. ähnl., s. κυνηγέτης u. ähnl.

κῠνά-μυια u. **κυνό-μυια,** ἡ, ep. u. sp. Hundsfliege, Schimpfwort, d. i. unverschämtes Geschmeiß.

κυνάριον, τό, Dem. von κύων, Hündchen.

κυνάς, άδος, ἡ, buk. Hundshaar.

κύναστρον, τό, sp. Hundsstern.

κυνέη u. **κυνῆ,** ἡ (verst. δορά). 1) mit αἰγείη Kappe von Ziegenfell, Kopfbedeckung des Landmanns, ähnl. mit Θεσσαλίς schirmförmiger Hut der Wanderer, Landleute u. Hirten. 2) **Helm,** zumeist aus Leder, doch mit Metall **beschlagen,** bisw. ganz von Metall. 3) der **Pschent, die** Doppelkrone (weiße und rote) von Ober- und Unterägypten. d) κυνέη Ἄϊδος der Helm des Hades, von den Kyklopen verfertigt, machte, ähnl. der Tarnkappe Siegfrieds, unsichtbar.

κῠνεος, 3. (κύων), ep. hündisch, unverschämt.

κῠνέω, Aor. 1. ἔκυσα, ep. ἔκυσσα, κύσ(σ)α (St. κυσ), ep. poet. u. sp. küssen, τινά, τί, auch τινά τι einen an od. auf etwas küssen.

κυνῆ, s. κυνέη.

κυνηγεσία, ἡ, sp. **κυνηγέσιον, τό, κυνήγιον, τό,** sp. **κυνηγία** u. dor. **κυνᾱγία,** ἡ, poet. 1) die Jagdpartie, Jagd, Jägerei, im eigtl. Sinne u. übertr., 2) abstr. pro concret. der Jagdzug, die Meute.

κυνηγετέω (dor. κυνᾱγ.), u. sp. **κυνηγέω,** 1) jagen; aufsuchen, aufspüren, τί. 2) zur Jagd benutzen.

κυν-ηγέτης, ου, ὁ, dor. **κυνᾱγ.** (ἡγέομαι), u. **κυν-āγός,** poet., pros. **κυν-ηγός,** ὁ, ἡ (ἄγω), eigentl. Hundeführer, Jäger(in), insbes. Beiw. der Artemis.

κυνηγετικός, 3. zur Jagd gehörig, der Jagd kundig, ἡ κυνηγετική die Jägerei.

κυνήγιον u. **-ί α,** s. κυνηγεσία.

κυνηδόν, poet. sp. Adv. (κύων), nach Hundeart.

Κυνήσιοι, οἱ, u. **Κύνητες,** οἱ, iberisches Volk.

Κύνθιος, 3. kynthisch, d. h. zum Berge *Κύνθος* auf Delos gehörig.
κυνία, ἡ, äol. poet. = *κυνέη*.
κυνίδιον, τό, das Hündchen.
κῠνῐκός, 3. (*κύων*), hündisch. Zur Verspottung ihrer Lebensart hießen so die Schüler des Antisthenes, bes. Diogenes *ὁ κύων*. Daher *τὸ κυνικόν* sp. auch das den Kynikern Eigentümliche.
Κυνίσκος, ὁ, ion. **1)** das Hündchen, Bein. des spartan. K. Zeuxidāmos. **2)** sp. der Kyniker.
κυνο-θαρσής, 2. buk., od. **κυνο-θαρσύς,** εῖα, ύ, poet. hundsfrech.
κυνο-κέφαλος, 2. hundsköpfig, Bezeichnung eines fabelhaften Volkes in Äthiopien.
κυνό-μυια, s. *κυνάμυια*.
κῡνο-ραιστής, οῦ, ὁ (*ῥαίω*), ep. u. ar. Hundelaus.
Κῦνος, ἡ, Stadt der opuntischen Lokrer, der Hafen von Opus, Ruinen bei *Livanitis*.
Κυνόσ-αργες, εος, τό, Gymnasium auf der Ostseite Athens, am Fuße des Lykabettos, oberhalb des Ilissostales, Demos Diomeia, dem Herakles geweiht, wo sich die unehelichen Kinder übten, daher *εἰς K. συντελεῖν* zur Klasse der unehelichen Kinder gehören. Antisthenes der Kyniker hielt dort seine Vorträge.
κυνόσ-βατος, ἡ, buk. Hagebuttenstrauch.
Κυνὸς κεφαλαί, zwei Hügel b. Skotussa in Thessalien, wo 364 Pelopidas erschlagen, 197 Philipp V. v. Makedonien von Flaminius geschlagen wurde.
Κυνόσ-ουρα, ἡ (Hundeschwanz), **1)** ein Stadtteil Spartas. **2)** Vorgebirge an der Ostseite der Insel Salamis, der Insel Psyttalia gegenüber. **3)** = *Κυνοσουρία*.
Κυνοσουρία, auch **Κυνουριακή** u. **Κυνουρία,** *γῆ*, ἡ, südwestliche Landschaft von Argolis mit der Stadt Thyreä, jetzt *Zakonia*, lange ein Gegenstand des Kampfes, zuletzt spartanisch, so benannt von **Κυνούριοι,** οἱ, einem pelasgischen Volk, welches teils hier, teils in Arkadien seinen Sitz hatte.
κυνο-σπάρακτος, 2. poet. von Hunden zerfleischt.
Κυνὸς od. **Ἑκάβης σῆμα,** τό, Vorgebirge am thrakischen Chersones, im Hellespont b. Madytus; Grabmal der in einen Hund verwandelten Hekabe.
Κυνουρία, s. *Κυνοσουρία*.
Κύνουρος, S. des Perseus, Stammvater der *Κυνουρεῖς* in Sparta.
κυνό-φρων, 2. poet. unverschämt.
κύντερος, 3., ep. Komp. zu *κύων*, schamloser, frecher, dreister, verwegener. Superl. ep. u. poet. **κύντατον,** das Allerfrechste, Verwegenste.
κῠν-ώπης, ου, ὁ, Vok. *κυνῶπα*, ep., Fem. dazu **κυνῶπις,** ιδος, ἡ (*ὤψ*), ep. u. poet. hundsäugig, d. i. schamlos.
κυοφορέω (*κυο-φόρος*, schwanger), sp. schwanger sein, *ἔκ τινος* von jmdm., vgl. *κυέω*.
Κῠπᾰρισσήεις, εντος, ὁ, alte Stadt Nestors in Triphylien an der messenischen Grenze.
κῠπᾰρίσσῐνος, neuatt. **-ττινος,** 3. von Zypressenholz, zypressen.
κῠπάρισσος, neuatt. **-ττος,** ἡ, die Zypresse, im Orient ein ziemlich hoher Baum, duftet in der heißesten Jahreszeit einen lieblichen u. gesunden Harzgeruch aus, dah. *εὐώδης*. Wegen seines Harzgehaltes verwest er schwer und wurde zu Bildsäulen, Bauwerken u. zum Schiffsbau verwendet.
Κυπάρισσος, ἡ, St. am Parnaß in Phokis, unweit Delphi, früher Eranos, später Apollonias, auch Antikyra, jetzt *Arachovo*.
κυπασσίς od. **-ττίς,** ἴδος (*κύπασσις*), ἡ, poet. Waffenrock, Kriegsgewand.
κῦπειρον, τό, ep., u. **κύπειρος,** ὁ, buk. u. sp. Cypergras, eine Wiesenpflanze.
κῦπελλον, τό (*κύπη* Höhlung, lat. *cūpa, Kufe*), ep. u. poet. bauchiges Trinkgefäß, oft = *δέπας*, Becher, Pokal, Kelch, gewöhnl. von Metall.
κύπερος, ὁ, ion. eine Würzpflanze.
Κύπρος, ὁ, Insel im östlichen Teile des Mittelmeeres, jetzt *Cipro*. *Κύπρονδε* nach K. hin. Ihre Einw., **οἱ Κύπριοι,** hebr. *Kittîm*. — Bekannt ist die Insel durch den Dienst der orientalischen Aschera = *Ἀφροδίτη*, bes. in Paphos u. Amathûs; daher diese selbst **Κύπρις,** ιδος, ἡ, Akk. *Κύπριδα* u. *Κύπριν*.
Κύπρια (*ἔπη*), τά, Epos, welches die dem Inhalt der Ilias vorausgehenden Ereignisse umfaßte.
κυπτάζω, Frequent. von *κύπτω*, sich zu etwas od. jmdm. bücken, sich mit ihm zu schaffen machen.
κύπτω (St. *κῡφ*), *κύψω, ἔκυψα, κέκῡφα*, sich bücken, sich vorwärts od. vornüber neigen, den Kopf hängen lassen, im Perf. *κέκυφα* gebogen sein.
κυρβᾰσίη, ἡ, ion. spitze persische Mütze, Turban.
κύρβεις, εων, οἱ, in Athen die Steinsäulen (nach And. Holzpfeiler) mit den Gesetzen des Solon, dreiseitig weiß angestrichen u. um eine Achse drehbar; *αἱ θυσίαι ἐκ τῶν κύρβεων* die altherkömmlichen Opfer.
κυρέω, s. *κύρω*.
κυρήβια, τά, **1)** Hülsen der Feldfrüchte. **2)** Kleie.
Κυρήνη, ἡ, Hauptstadt des fruchtbaren Tafellands Kyrenaïka (*ἡ Κυρηναίη χώρη*), griechische Kolonie von Thera, nach Karthago die größte Stadt Nordafrikas, j. weitläufige Ruinen. Die Einw. **οἱ Κυρηναῖοι.** Adj. **Κυρηναϊκός,** 3.; **οἱ Κυρηναϊκοί** die Kyrenaiker, die von Aristippos aus Kyrene, einem Schüler des Sokrates, begründete kyrenaische oder hedonische Philosophenschule.
Κυρήνιος, P. Sulpicius Quirinus, röm. Konsul i. J. 12 v. Chr., vielleicht 2 v. Chr., gewiß 6 n. Chr. legatus pro praetore Syriae (Landpfleger), wo er nach Verbannung des Archelaos in Judäa den Zensus hielt.
κυριακός, 3. N. T. den Herrn betreffend, heilig; sp. *ἡ κυριακή* (sc. *ἡμέρα*), der Tag des Herrn, Sonntag.
κυριεύω, Herr sein od. werden, sich bemächtigen, beherrschen, *τινός*.
κύριος, 3., poet. auch 2. (*κῦρος*) • **1)** von Sachen: **a) stark,** entscheidend, gültig, *τὸ κύριον* das Entscheidende, die Hauptsache • **b) berechtigt,** im bes.: bestimmt, *τάφος* d. i. das von den Eltern bestimmte, *ἡμέρη* der anberaumte Termin, auch *κυρίη τῶν ἡμερέων* u. sp. nur *ἡ κυρία* • **2)** von Personen: **gewaltig,** berechtigt, bevollmächtigt, *κ. εἶναι, καταστῆναι* in seiner Gewalt haben, beherrschen, imstande sein, *κύριός εἰμι* es steht mir zu Gebote, *κυριώ-*

τερον, κυριώτατον εἶναι, κύριον γίγνεσθαι od. καταστῆναι Herr werden, entscheiden, κύριον ποιεῖν τινα einem unbeschränkte Vollmacht erteilen, bes. von Gesandten od. einem, z. B. dem Areopag, die endgültige Entscheidung übertragen. Teils mit Inf. mit od. ohne τοῦ, teils mit Part. κυρίους εἶναι πριαμένους auf rechtsgültige Art kaufen dürfen, κύριος ἦν πράσσων ταῦτα • **3)** Adv **κυρίως** in entscheidender, rechtskräftiger Weise, **mit Fug u. Recht;** κυρίως ἔχειν gesetzliche Geltung haben, κ. παραλαμβάνειν τὰς πόλεις über die Städte unumschränkter Herr werden • **4)** Subst. • **a)** ὁ **κύριος** der **Herr,** auch als Anrede, Gebieter, Besitzer. Im bes. der rechte Herr, dessen Gegenwart unerläßlich ist, Soph. OC. 288, 1643, u. κύριος ἐμῶν τε καὶ σῶν πιστωμάτων das Unterpfand unseres ehelichen Bündnisses; im N. T. auch Bezeichn. Christi • **b)** ἡ **κυρία,** **α) Herrin,** **β)** (ἐκκλησία) regelmäßige Volksversammlung od. deren Termin, jährl. zehn (Ggs. συγ- oder κατάκλητος oder κατακλησία), **γ)** die Macht, ταμιεῖον über die Schatzkammer; Entscheidung • **c)** τὸ **κύριον,** **α)** die Gewalt, doch auch die bestimmte Zeit, τὰ κύρια τῆς γῆς die unverletzlichen Satzungen des Landes, **β)** der entscheidendé Teil im Staat, der **Souverän.**

κυριότης, ἡ, N. T. Wesen des Herrn, Herrschgewalt; auch Träger der Herrschgewalt.

κυρίττω (κύρω), mit den Hörnern stoßen, stößig sein; poet. χθόνα das Land stoßen, d. h. ans Land getrieben werden.

κύρμα, τό (κύρω), ep. was man antrifft oder findet, Fund, Fang, Raub, Beute. [And. κῦρμα.]

Κύρνος, ἡ, **1)** Korsika (phönik. *qeren* Horn), von ligur. Korsen bewohnt, auf der Ostseite Phokäer 560, verdrängt durch Karthager 544, dann besetzt durch die Römer 259—231; bes. Provinz erst durch Diokletian. Der Einw. ὁ **Κύρνιος.** **2)** Stadt in Euböa. **3)** Name eines Megarers, an den manche Sentenzen des Theognis gerichtet sind.

Κῦρος, ὁ (altpers *Kurūsh*, hebr. *Kōresh*). **1)** ὁ ἀρχαῖος der ältere Kyros, Sohn des Kambyses, Gründer des Perserreichs, 558—529 v. Chr., Eroberer Lydiens 549, Babylons 538; Entlassung der Juden (Serubabel). Von ihm handelt Xenophons romanhafte *Κύρου παιδεία*. **2)** ὁ νεώτερος, Sohn des Dareios Nothos u. der Parysatis, bekannt durch seine Empörung gegen seinen Bruder Artaxerxes; Bericht in Xenophons Ἀνάβασις. Er fiel in der Schlacht bei Kunaxa am 3. Sept. 401 v. Chr. Davon **Κύρειος,** 3. den Kyros betreffend, τὸ Κ. στράτευμα meist das Heer der Griechen, welches mit Kyros den Zug gegen Artaxerxes unternahm; doch auch überh die Truppen des Kyros.

κῦρος, εος, τό (St. κυρ), u. **κύρωσις,** εως, ἡ (κυρόω). **1)** die entscheidende Macht. **2)** die Entscheidung, Vollführung, der Abschluß; κῦρος ἔχειν, **a)** entscheidenden Einfluß haben, **b)** intr. unabänderlich feststehen. **3)** die entscheidende Auslegung. **4)** die Wirksamkeit; κύρωσις οὐδεμία ἐγίγνετο es kam kein Abschluß zustande.

κυρόω, **1)** Akt. bestätigen, genehmigen, überh. festsetzen, beschließen, entscheiden, τί, von der höchsten Gewalt im Staate, dann aber auch von den Göttern. **2)** Med. etwas von sich, τὸ πᾶν das ganze Geschäft, zur Geltung bringen, vollenden, τινί durch od. mit etwas.

κυρτεύς, έως, ὁ, poet. Reusenfischer. Von

κύρτη, ἡ, ion. sp. u. **κύρτος,** ὁ, Fischreuse (eigtl. Geflecht, lat. *crātes*, ahd. *hurt*, nhd. *hürde*).

κυρτός, 3. (St. κυρ, *curvus*), ep. poet. u. sp. gebogen, krumm.

κυρτόω, krümmen, wölben, κυρτωθέν überhangend. Pass. sich krümmen.

κύρτωμα, τό, sp. die Krümmung.

Κυρού-πολις, εως, ἡ, auch **Κυρ-έσχατα** genannt als äußerste Grenzfestung, Stadt in Sogdiana am Iaxartes, nach griech. Auffassung von Kyros d. Ä. erbaut (mißverstand. aus Kuru-Khshaêthra d. i. regnum Curorum, des arischen Stammes der Kuru), in der Gegend des heutigen *Maraseiun*. Einw. -πολῖται.

κύρω, Impf. ep. κῦρε st. ἔκυρε, Fut. κύρσω, Aor. 1. ἔκυρσα, Med. κύρομαι, u. **κυρέω,** κυρήσω usf., nicht in att. Prosa, bes. ion. poet. • **1)** intr. (wie stets bei Hom.) • **a) treffen,** begegnen, auf jmdn. od. etw. stoßen, zusammenstoßen, -geraten, τινί, auch treffen wollen, zielen, ἐπί τινι auf etw., u. zwar τινί mit etwas, übertr. γνώμῃ ἐπεικάζων erratend • **b) eintreffen,** zu teil werden, sich ereignen, τινί, u. zwar ἔκ, ἀπό τινος • **c)** gerade angelangt sein, zufällig od gerade sein (wie τυγχάνω), **sich befinden,** überh. sein, oft mit dem Partiz. ὡς κυρεῖς ἔχων wie du gehst u. stehst, od. selbst im Partiz. mit εἶναι, εὖ gut stehen, od. τί κυρεῖ was wird aus ihm, ἔν τινι sich in einem Zustande befinden, ἔκ τινος aus etwas entstehen od. kommen • **2)** trans. od. meist m. Gen. • **a)** etwas **erreichen,** erlangen, empfangen, sich zuziehen, πολλὰ πολλῶν κυρεῖ viel hilft viel, τῆς δίκης seine Strafe, ἔκ, πρός τινος von jmdm., poet. auch τί • **b)** bis wohin reichen, μελάθρον bis an die Decke.

κύρωσις, εως, ἡ, s. κῦρος.

κύστις, ιος u. ιδος, ἡ (κυέω), Blase, Harnblase.

Κυτίνιον, τό, Stadt inmitten von Doris, beherrschte die Straße nach Lokris; beim heut *Gravia*.

κύτισος, ὁ u. ἡ, buk. Cytisus, eine Kleeart.

I. **κύτος,** εος, τό (κυέω), Höhlung, Hohlraum; Gefäß, Urne.

II. **κύτος,** εος, τό (st. σκύτος), Haut, Rumpf, Leib; ἀνδρεῖον Menschenleib, poet. Schild, Panzer.

Κυτώνιον, τό, Stadt in Mysien.

Κύτωρος, ἡ, Stadt in Paphlagonien, j. *Cotru*.

κυφός (κύπτω), 3. ep. poet. sp. vornübergebogen, gebückt, τινί von od. vor etwas.

Κύφος, ἡ, Stadt in Perrhäbia im nordöstlichen Thessalien.

κύφων, ωνος, ὁ (κυφός), poet. sp. jedes krumme Holz, insbes. **a)** das Krummholz am Pfluge. **b)** das Halseisen.

κυψέλη, ἡ (κύπη, vgl. κύπελλον), ion. poet. sp. der [Kasten.

Κύψελος, ὁ, **1)** Sohn des Eetion, angebl. in einer Lade (κυψέλη) von seiner Mutter Labda vor den Bacchiaden versteckt, als Jüngling vertrieb er letztere u. regierte 39 J. mild als Tyrann in Korinth, bis 658 v. Chr.; sein S. Periandros folgte ihm. **Κυψελίδης,** ὁ, Sohn des Kypsĕlos. Dav. **Κυψελίδαι,** οἱ, berühmtes Geschlecht in Korinth, das seine Abstammung vom Lapithen Kaineus herleitete. **2)** sonst. Eigenn.

κύω, s. κυέω.

κύων, Gen. κῠνός, ὁ, ἡ, Dat. pl. κυσί, ep. κύνεσσι, Vok. κύον u. κύων (lat. *canis* für *cvanis*, got. *hun-ds*) • **1) Hund,** Hündin • **a)** gezähmte, κ. θηρευταί Jagdhunde, βοτῆρες Herdenhunde, τραπεζῆες Tisch- od. Haushunde • **b)** herrenlose, wilde (wie noch jetzt im Orient), welche das Aas fraßen u. daher ὠμησταί u. ähnl. hießen • **2)** Im bes. • **a)** κύων Ἀΐδαο Hund des Hades = Kerberos • **b)** κύων Ὠρίωνος, κύων Σείριος der Hund des Orion, Hundsstern, Sirius, der mit seinem Herrn zugleich unter die Sterne versetzt war u. als Vorbote hitziger Krankheiten u. Seuchen galt • **3)** Übertr. • **a)** Schimpfwort • **b)** Bild für die Erinyen, die wie Jagdhunde dem Missetäter folgen • **4)** überh. Ungetüm, Untier, so Seehunde und die Rätsel vortragende Sphinx κύων ῥαψῳδός.

κῶ, ion. = att. πῶ.

κὠ, Krasis aus καὶ ὁ.

κῶας, τό, Plur. κώεα, Dat. κώεσιν, ep. poet. u. ion., u. Demin. davon **κῴδιον,** τό, *vellus*, weiches, zottiges Fell, Schaffell, Vlies, als Sitz oder Decke gebraucht. Im bes. κῴδιον χρυσοῦν das (goldene) Vlies, welches Iason mit den Argonauten von Äa holte, wo es ein Drache bewachte, u. κῴδιον Διός Fell eines dem Zeus Meilichios geopferten Widders.

κωδάριον, poet. Dem. zu κώδιον, κῶας.

κώδεια, ἡ, ep. poet. sp. Kopf, bes. Mohnkopf.

κῴδιον, τό, auch κώδιον geschr., s. κῶας.

κώδων, ωνος, ὁ u. ἡ. **1)** ὁ, die Klingel; sie wurde beim Wachtdienst von den überwachenden Runden verwendet, um die Wachsamkeit der Posten zu prüfen, die auf das Klingeln zu antworten hatten; auch wurde die Klingel gelegentlich von einem Posten zum andern getragen. **2)** ἡ, poet. die Erzdrommete, nach ihrer weiten Mündung so benannt. Da die Etrusker für die Erfinder derselben galten, heißt sie Τυρσηνική. Dav.

κωδωνόκροτος, 2. poet. viel Lärm machend.

κωδωνο-φαλαρό-πωλος, 2. poet. am Kopfschmuck des Pferdes Schellen hängen habend.

κώθων, ωνος, ὁ, irdener Krug, etwas hoch und bauchig, Trinkgeschirr der Krieger im Feld; auch Trinkgelage.

κώκῡμα, τό, poet. (nur im Plur.), u. **κωκῡτός,** ὁ, ep. poet. u. sp. Jammerklage, Jammerruf, das Jammern, Wehklagen, ἐπὶ κωκυτῷ dem Wehklagen ergeben, jammernd. Als Eigenname **Κωκῡτός,** ὁ, der Heulstrom, welcher aus der Styx floß u. in den Achĕron mündete.

κωκύω (ῠ, vor σ immer ῡ), κωκύσω, ἐκώκυσα, **1)** intr. ep. u. sp. jammern, wehklagen, schluchzen, heulen, bei Hom. immer von Frauen. **2)** trans. poet. beweinen, bejammern, τινά od. τί, besonders von der Totenklage.

κωλακρέτης, ου, ὁ, (κείρω, sp. κωλαγρέτης), Zwölfmänner in Athen, Speisemeister bei öffentl. Mahlzeiten, vor Kleisthenes auch Finanzbeamte (s. ἀποδέκτης), später Verteiler des ἡλιαστικόν, Zahlmeister.

κώληψ, ηπος, ἡ, ep. Kniekehle.

Κωλιάς, άδος, ἡ, Vorgebirge in Attika südlich vom Phaleron mit Tempel der Aphrodite, die darum auch ἡ Κωλιάς heißt. **Κωλιάδες γυναῖκες,** αἱ, die dort wohnenden.

κῶλον, τό, **1)** ein Glied des menschlichen Leibes, τὰ κ. μεθιέναι niedersinken; insbes. der Fuß, das Bein, τὰ κ. κάμπτειν die Füße sinken lassen, sich niederlassen, κῶλον ἕλκειν seinen Fuß gleichsam gewaltsam fortreißen, ähnl. κ. ταχύπουν ἄγειν u. λευκὸν κ. ἐξακοντίζειν mit nacktem Fuße enteilen bei heiligen Handlungen, bes. bei bacchischem Dienste. N. T. Plur. Leichnam. **2)** ion. u. poet. übertr. ein Teil, διαύλου die zweite Hälfte der Laufbahn, dah. die Seite der Grundfläche von einem Bauwerk od. einer Mauer.

κώλῡμα, τό, **κωλῡ́μη,** ἡ, u. **κώλῡσις,** εως, ἡ (κωλύω), Hindernis, Verhinderung, Abhaltung, auch hemmender Zauber, teils abs. ἐπὶ κωλύμῃ um es zu hindern, κωλύματα σβεστήρια Vorkehrungen zum Löschen, teils τινός von etwas od. von seiten jmds., od. mit Inf. od. Akk. m. Inf. mit u. ohne μή. Dav. das Demin.

κωλυμάτιον, τό, sp. Hindernis, Haken.

κωλυσιεργέω, sp. hindern, verhindern, hintertreiben.

κωλῡτής, οῦ, ὁ (κωλύω), der Hemmende, κ. γίγνεσθαί τινος jmdn. od. etwas hindern, an etwas hinderlich werden, gegen etwas auftreten.

κωλῡτικός, 3. zum Hindern geeignet, hinderlich, τινός an etwas.

κωλύω, [ῠ, vor Kons. immer ῡ], κωλύσω usf., κωλύσομαι in pass. Bdtg. • **1) hindern,** hemmen, wehren, hintertreiben, zurückhalten, Schranken setzen; τὸ κωλῦον das Hindernis, auch mit αὐτόν für ihn, οἱ κωλύσοντες Leute, die Widerstand leisten können, οὐδὲν κωλύει es hindert nichts, es steht nichts im Wege, meinetwegen, auch mit τό γ' ἐμόν von meiner Seite, ähnl. τί κωλύει; τινός u. ἀπό τινος an od. von etwas, auch τινά τι od. τινός τι, z. B. κἀκείνων τους μισθοφόρους jene an der Werbung von Söldnern hindern, od. mit Inf. od. A. c. I., od. mit Part., od. εἰ, ἤν, od. ὅπως μή, ferner mit τινί durch etwas, auch τούτῳ ᾧ insoweit als • **2)** hindern wollen, entgegentreten, Gegenvorstellungen machen • **3)** ausschließen von etwas, τοῦ ἀγῶνος vom Wettkampf • **4)** verbieten, versagen, verweigern.

κῶμα, τό (zu κεῖμαι), ep. u. poet. tiefer, fester [Schlaf.

κωμάζω, buk. κωμάσδω, Fut. κωμάσω u. -άσομαι, Aor. ἐκώμᾱσα, Perf. κεκώμᾱκα, an einem lustigen Gastmahle u. Gelage, κῶμος, teilnehmen, ein Zechgelage od. einen fröhlichen Umzug halten, nach einem Schmause lärmend u. musizierend einherziehen, schwärmen, Mutwillen treiben.

κωμ-άρχης, älter **κώμαρχος,** ου, ὁ (κώμη), Ortsvorsteher, Schulze.

κωμαστής, οῦ, ὁ (κωμάζω), Zecher, Nachtschwärmer, der mit einer Flötenspielerin Herumziehende.

κώμη, ἡ (vwdt. dt. *Heim*). **1)** das Dorf, die Dorfgemeinschaft, der Flecken, im Gegensatz zur Stadt, welche

Mauern u. eine Burg hat, dah. ἀτείχιστος genannt; κατὰ κώμας dorfweise, aus einzelnen Dörfern bestehend, in Flecken angelegt, κατὰ κ. οἰκεῖν in Flecken wohnen. **2)** Quartier einer Stadt, Viertel, wie Athens, im N. T. auch die Einw.

κωμήτης, ου, ὁ, Dorfbewohner, Landmann; poet. Bewohner.

κωμικός, 3. (κῶμος), zur Komödie gehörig, κ. δορυφόρημα Statist in der Komödie. Subst. ὁ κ. der Lustspieldichter, Komiker, bes. Aristophanes; τὸ κ. das Komische, Scherzhafte.

κὤμμασι = καὶ ὄμμασι.

κωμό-πολις, ἡ, sp. N. T. Marktflecken.

κῶμος, ὁ. 1) der Dionysische Festzug, urspr. ἐν κώμαις gefeiert, also ein ländliches Vergnügen, wobei Lobgesänge auf Bakchos gesungen und unter Masken allerlei Mutwille getrieben wurde. **2)** poet. überh. ein großer Zug. **3)** übertr. **a)** fröhliches **Gelage,** Festschmaus, Gastmahl, κώμοις χρῆσθαι ἐς ἀλλήλους Freudengelage untereinander halten, ἐν κώμῳ εἶναι = κωμάζειν, **b)** (bes. lärmende) Schar junger Leute, auch wildes Heer (der Hekate). **c)** dionysischer Festgesang, übertr. Ständchen, Serenade.

κώμυς, υθος, ἡ, buk. ein Bündel.

κωμῳδέω (κωμῳδός), eigentl. eine Komödie dichten, dann dem Gelächter preisgeben, verspotten.

κωμῳδία, ἡ, die Komödie, das Lustspiel, hervorgegangen aus den κώμοις (w. s.); ὥσπερ ἐν κωμῳδίᾳ, d. h. wie komische Dichter einander im Streben nach dem Beifall der Menge zu überbieten suchen.

κωμῳδικός, 3. zur Komödie gehörig.

κωμῳδο-διδασκαλία, ἡ, poet. das Einüben der Komödie durch den

κωμῳδο-διδάσκαλος, ὁ, Komödiendichter.

κωμῳδο-ποιός, od. **κωμῳδιοποιός, ὁ,** der Komödiendichter. Von Sokrates oft mit Bezug auf Aristophanes (in den Wolken), Kratinos, Ameipsias, Eupolis gebraucht, die ihn alle als leeren Schwätzer angegriffen hatten.

κωμ-ῳδός, ὁ (κῶμος, ἀοιδός), **1)** der komische Schauspieler; κωμῳδοῖς (χορηγοὺς καθιστάναι) = κωμῳδίᾳ für die K. **2)** der Komödiendichter.

κώνειον, τό, Schierling, der, als Trank bereitet, zum Tode Verurteilten gegeben wurde, Schierlingstrank, Gifttrank.

κῶνος, ὁ (eig. spitz, verw. lat. *cōs*), **1)** (mathem.) der Kegel. **2)** buk. der [kegelförmige] Zapfen der Pinie. **3)** ἡ κῶνος die Pinie selbst.

κώνωψ, ωπος, ὁ, die Mücke, Stechmücke, *culex*.

Κῶπαι, αἱ, Stadt auf einer Insel (j. *Gla*) des Kopaïssees, die später durch einen Damm verbunden ward. Die Einw. οἱ **Κωπαιῆς.** Adj. **Κωπαΐς,** ἴδος od. **Κωπᾶς,** ᾶδος, ἡ, aus Kopai stammend (ἔγχελυς, ἡ, aus dem Kopaïssee, d. f.); dazu

Κωπαΐς, ἴδος, ἡ, λίμνη, der eben genannte vom Kephissos gebildete Kesselsee in Böotien. Er bedeckte im Winter ein Gebiet von etwa 230 qkm; im Frühjahr floß das Wasser durch ungefähr 25 Spalten des Kalkbodens ab und ließ nur vier kleinere Seen zurück; das so entwässerte Gebiet wurde jährlich angebaut. Reste von alten Entwässerungsanlagen sind vorhanden; im 19. Jhdt. wurde fast das ganze Seengebiet trockengelegt.

κωπεύς, pl. ion. **κωπέες, οἱ,** Hölzer, um Ruder daraus zu machen, Ruderholz.

κώπη, dor. **κώπα, ἡ** (St. καπ in κάπτω, lat. *capulus*, ahd. *hefte* Heft), Griff, Stiel zum Fassen, dah. **1)** ep. u. poet. Schwertgriff, Degengefäß, zuweilen von Silber, bisw. = Schwert. **2)** ep. der Schlüsselgriff. **3)** der Rudergriff, κώπῃσιν, κώπαις mit Ruderschlag, ἐμβαλέειν κώπῃς sich auf die Ruder werfen, νερτέρᾳ προσήμενος κώπῃ am niedern Ruder sitzend, übertr. von einem Manne niedern Standes; κώπας ἐλαύνειν rudern.

κωπήεις, εσσα, εν, ep. mit einem Griffe od. Gefäß versehen.

κωπηλατέω, poet. sp. ein Ruder bewegen.

κωπ-ήρης, 2. (κώπη, St. ἀρ, s. ἀραρίσκω), mit Rudern versehen, πλοῖον ein Ruderfahrzeug (auch bloß κωπῆρες), poet. das Ruder haltend.

κώρα u. **κῶρος,** s. κόρη u. II. κόρος.

κωροσύνα, ἡ = κουροσύνη, buk. kindische Freude.

κώρῠκος, ὁ, ep. poet. sp. lederner Sack, Beutel, worein man auf Reisen Lebensmittel packte.

Κώρῠκος, ὁ, 1) Vorgebirge bei Erythrä in Ionien mit einem Hafen, jetzt *Koraka*; seine Anwohner hießen **Κωρυκαῖοι,** deren Name zur Bez. eines Spähers, Auskundschafters, Spions diente. **2) Κωρύκιον ἄντρον, τό,** die korykische Tropfgrotte, 3 Stunden nördlich von Delphi unter dem höchsten Gipfel des Parnaß östl. von Lykoreia. Hier feierten die korykischen Nymphen (**Κωρύκιαι** Νύμφαι) die nächtlichen Orgien des Dionysos auf der Doppelspitze des Parnassos (κορυφαῖς Κωρυκίαις), der auch **Κωρυκὶς πέτρα** heißt.

Κῶς, Gen. **Κῶ,** Akk. **Κῶν** u. **Κῶ,** ep. auch **Κόως, ἡ,** eine zu den Sporaden gehörige Insel des Ikarischen Meeres bei Doris in Kleinasien, welche früher Meropis hieß, mit einer gleichnamigen, von Argos, Epidauros, Megara gegründeten Stadt, mit Weinbau, Purpurfärberei u. Weberei von feinsten Frauengewändern (*Coa vestis*); j. *Stancho* od. *Ko*. Sie galt als Stammsitz der Asklepiaden u. hatte eine Arztschule, aus der Hippokrates hervorging, mit Heiligtum des Asklepios. Adj. **Κῷος,** 3., die Einw. οἱ **Κῷοι** (od. **Κῶοι**). Adv. **Κόωνδε,** nach Kos.

κῶς u. **κώς,** s. πῶς, πώς.

κωτίλλω, 1) poet. durch glatte Worte berücken, beschwatzen, τινά. **2)** ep. poet. sp. überh. schwatzen, [plaudern, kosen.

κωτίλος, 3. buk. geschwätzig.

Κωφήν, ῆνος, ὁ. 1) Nebenfluß des Indus, j. **Kabul.** **2)** Mannesname.

κωφός, 3. (St. κάφ, in κεκαφηώς), kraftlos, stumpf an Sinnen, unempfindlich. Im bes. **a)** gelähmt an der Zunge, stumm, stumm geboren, taubstumm, sprachlos, lautlos, still, κῦμα κωφόν die stille od. matte Woge, von der feierlichen Stille des nur in der Tiefe bewegten Meeres vor dem Sturme, daher **Κωφὸς λιμὴν τῶν Τορωναίων,** im Gebiet von Torone, auf Pallene, κωφὴν γαῖαν ἀεικίζει er mißhandelt gefühllose Erde, d. h. einen Leichnam. **b)** taub, schwer hörend. **c)** poet. pass. was nicht gehört wird, verschollen.

κωφότης, ἡ, Stumpfsinn, Taubheit.

Λ

Λ, λ, *λάβδα,* später *λάμβδα, τὸ,* entspr. orient. *lāmed,* der elfte Buchstabe des griech. Alphabets, als Zahlzeichen *λʹ* 30.

Λᾶ, *ᾶς, ᾷ, ᾶν,* ep. *Λάας, αν,* uralte sagenberühmte Stadt in Lakonien, erst am Meere auf dem Vorsprunge das Asiabergs mit Tempel der Athene Asia, SW von Gytheion (j. Ruinen der mittelalterl. Burg *Passava*), später verfallen u. ½ Stunde landeinwärts neue Ansiedelung gegründet.

λᾶας, *ὁ,* Gen. *λᾶος* u. *λάου,* Dat. *λᾶϊ,* Akk. *λᾶαν,* Gen. plur. *λάων,* Dat. *λάεσσι* (eigentl. *λᾶϝας,* St. *λᾱϝ*), ep. u. poet. **1)** der Stein, Feldstein, das Felsstück, wie Kämpfende dergleichen aufeinander warfen; im bes. der steinerne Diskos. **2)** der Steinblock, Fels, Steinsitz.

λάβα, *ἁ,* äol. = *λαβή.*

Λάβδακος, *ὁ,* Sohn des Polydōros, Enkel des Kadmos, mythischer König von Theben, Vater des Laïos, welcher desh. ***Λαβδάκειος παῖς*** od. ***Λαβδακίδης,*** Nachkomme des Labdakos, heißt, sowie seine Familie *Λαβδάκεια δώματα.* Doch heißen nun auch Ödipus, der Sohn des Laïos, u. seine Angehörigen ***Λαβδακίδαι*** (Gen. plur. dor. *-δᾶν*).

Λάβδαλον, *τό,* Kastell von Syrakus, wie es scheint außerhalb der Mauern von Epipolä, im Westen der Stadt gelegen.

λᾰβή, *ἡ* (*λαβεῖν*), **1)** poet. sp. das Ergreifen, Anpacken des Gegners beim Ringen. **2)** Stelle des Angriffs, Angriffspunkt, Blöße. **3)** der Griff, das Degengefäß, der Henkel (*ἀμφίστομος* beiderseits der Mündung).

Λαβιηνός, *ὁ* (T. Attius L.), Legat Cäsars in Gallien, fiel in der Schlacht bei Munda i. J. 45.

λαβρ-ᾰγόρης, *ου, ὁ* (*λάβρος, ἀγορεύω*), ep. ein dreister Schwätzer.

Λάβρανδα, *τά,* Flecken Kariens, nordöstlich von Mylassa.

λάβραξ, *ᾰκος, ὁ* (*λάβρος*), der Meerwolf, ein sehr gefräßiger Fisch.

λαβρεύομαι, Dep. med., ep. vorlaut schwatzen.

λάβρος, 2., Superl. *λαβρότατος* (nicht in att. Prosa), ungestüm, sich überstürzend, heftig, stark, reißend.

λαβροστομέω (*στόμα*), poet. = *λαβρεύομαι.*

λαβρό-συτος, 2. poet. heftig daherfahrend.

λαβρότης, *ητος, ἡ,* sp. Heftigkeit, Ungestüm.

Λαβύνητος, *ὁ,* nach Hdt. 1, 77fg. 188 Gatte der Nitōkris, der jener die Taten u. Bauten des Nebukadnezar zuschreibt, welcher von 604—561 v. Chr. König von Babylon war.

λαβύρινθος, *ὁ* (Fremdwort), das Labyrinth auf Kreta, Bauwerk des Daidalos für den kretischen Minotauros, aus dem Theseus nach Erlegung des M nur durch den Faden der Ariadne sich zurückfand. Übertr. Irrgebäude, Irrgarten, auch Irrgänge eines geistigen Produktes. od. eines Netzes.

Λαβώτας, spart. Harmost in Herakleia im J. 409.

λᾰγᾰρός, 3. (f. *σλαγαρός,* ahd. *slach* schlaff, *slank* schlank, lat. *laxus* u. *langueo,* vgl. *λήγω*), schlaff, schmächtig, dünn.

Λάγγων, *ωνος, ὁ,* Stadt in Elis.

λᾱγέτης, *ου, ὁ* (*λαός, ἄγω*), poet. Volksführer.

λάγηνος auch ***λάγυνος,*** *ἡ,* sp. Flasche.

λᾰγῖνος, 3. (*λαγώς*), poet. vom Hasen.

λαγκία, *ἡ,* sp. (kelt.) *lancea,* die Lanze.

λαγνεία, *ἡ,* Ausschweifung, Wollust, sinnliche Lust.

λαγνεύω, geil sein, Unzucht treiben, von

λάγνος, 2. geil, wollüstig.

λᾰγο-δαίτας, *ου, ὁ* (*δαίνυμαι*), poet. Hasenverzehrer.

λαγός, ion. f. *λαγώς,* s. d.

λάγυνος, *ὁ* u. *ἡ,* s. *λάγηνος.*

λαγχάνω (St. *ληχ:λᾰχ,* vgl. *λάχος*), att. Fut. *λήξομαι,* Aor. *ἔλᾰχον,* Perf. act. *εἴληχα,* Plqpf. *εἰλήχει,* Perf. pass. part. *εἰλημμένος,* Aor. pass. *ἐλήχθην,* ep. Aor. conj. 3. sg. *λάχῃσι,* und redupl. *λελάχω* (s. 1, c), Perf. *λέλογχα* (auch ion. u. sp.), 3. pl. ep. *λελόγχᾰσι,* ion. Fut. *λάξομαι* • **1)** trans. **erlosen** • **a)** mit u. ohne *κλήρῳ, πάλῳ, τῷ κυάμῳ,* durchs Schicksal als Anteil erhalten; durchs Los getroffen, erwählt werden, wie die Archonten und andere Beamte in Athen, daher *τινί* für jmdn., *εἴς τι* wohin • **b)** überh. **erhalten,** empfangen, erlangen; im Perf. innehaben, besitzen. *τί* oder *τινά,* doch auch *τινός* einer Sache **teilhaftig werden,** zu etwas gelangen, od. mit Inf., oder *πρός τινος* bei etwas (z. B. den Posten) erhalten; im bes. in der attisch. Gerichtssprache *λαγχάνειν δίκην τινί* eine Klage anbringen gegen einen (da das Los über die Reihenfolge der Prozesse entschied), *πρός τινα* bei jmdm. u. *τινός* wegen einer Sache • **c)** ep. im redupl. Aor. conj. *λελάχητε, -ωσι* teilhaftig machen, *τινά τινος* ihm die Ehre von etwas geben • **2)** intr., poet. durchs Los zufallen oder zu teil werden, *εἴς τινα* oder *εἴς τι* auf jmdn. od. etwas durchs Los fallen.

λαγω-βόλον, *τό* (*λαγώς*), buk. der Hasenwerfer, Stock zum Werfen der Hasen.

λαγώειος, 3. sp., u. ***λαγῷος,*** 3. poet. sp. (*λαγώς*), vom Hasen, Hasen-; *τὰ λαγῷα* (sc. *κρέα*), Hasenfleisch, Stücke Hasenbraten.

λαγών, *όνος, ἡ,* gewöhnl. im Plur. *αἱ λαγόνες,* die Weichen, Dünnen (zwischen Rippen u. Hüften).

λᾰγώς od. ***λαγῶς,*** *ώ, ῴ, ώ* u. *ών,* plur. *λαγῴ* usf. [and. immer *perispom.*], ***λαγωός,*** ep. u. sp., u. ion. ***λαγός,*** *ὁ,* der Hase (eig. Schlappohr, v. *λαγ-αρός* u. *οὖς*). Sprichw. ist *λαγὼ βίον ζῆν* wie ein gehetzter Hase leben.

λάδανον, *τό,* s. *λήδανον.*

Λάδη, *ἡ,* eine kleine Insel an der ionischen Küste, Milet gegenüber. Einw. *-αῖοι.*

Λαέρτης, *ου,* ep. *αο,* od. ***Λαέρτιος*** u. ***Λάρτιος,*** *ὁ,* Sohn des Arkeisios, König von Ithăka, Vater des Odysseus, der daher *ὁ* ***Λαερτιάδης*** heißt.

λάζομαι, ep. buk., opt. 3. pl. *λαζοίατο,* imper. 2. sg. *λάζευ,* u. Impf. 3. sg. *λάζετο,* und

λάζῠμαι, poet. Nebenf zu *λαμβάνω,* s. d.

λάθα, s. *λήθη.*

λᾱθι-κηδής, 2 (*λαθεῖν, κῆδος*), ep. poet. sp. Sorgen vergessen machend, stillend.

λᾱθί-πονος, 2. (*λήθη, πόνος*), poet. **1)** intr. das

Leid vergessend. 2) akt. das Leid vergessen machend, τινός von etwas, es hindernd.
λάθομαι s. λανθάνω II.
λᾱθοσύνα u. buk. **λᾶθος** = λήθη, w. s.
λάθρα, λάθρᾳ, ion. u. ep. **λάθρη,** Adv. (λαθεῖν), heimlich, vor jmdm., im stillen, verstohlenerweise, tückisch, meuchlings.
λαθραῖος, 3. u. 2., Adv. **-αίως,** heimlich, unbemerkt, ungeahnt, auch prolept. λ. ὄμμα so daß es unbemerkt war.
λάθυρος, ὁ, pl. τὰ λάθυρα, Erbse, Wicke.
λᾶιγξ, ιγγος, ἡ (Demin. von λᾶας), ep. Steinchen.
λαιδρός, 3. keck, dreist.
λαικάζω, poet. huren.
λαῖλαψ, ἄπος, ἡ, ep. poet. u. sp. a) abstr. der Windsturm, Od. 9, 68 λαίλαπι, wofür sonst σὺν λαίλαπι. b) konkr. der Sturmwind, mit Wirbel u. dichtem, finsterm Gewölk, Orkan, Regensturm.
λαιμαργία, ἡ, Gefräßigkeit.
λαιμό-ρυτος, 2. poet. aus der Kehle fließend.
λαιμός, ὁ, ep. poet. u. sp., Kehle, Gurgel, Schlund.
λαιμο-τόμος, 2. (τέμνω), poet. kehlabschneidend, überh. Tod bringend.
λαιμό-τομος, poet. 2. abgeschlachtet, abgetan. Dazu
λαιμό-τμητος, 2. poet. mit abgeschnittener Kehle.
λαῖνα, ἡ, sp. = lat. *laena*, grober Mantel.
λᾱΐνεος, 3. u. **λάϊνος,** 2. (λᾶας), ep. poet. u. sp. steinern, λ. χιτῶνα ἕννυσθαι gesteinigt werden.
λάιον, τό, s. λήιον.
λαιός, 3. (λαιϝός, lat. laevu-s), poet. sp. links, ἡ λαιά (näml. χείρ) die linke Hand, Linke.
Λάϊος (Λᾷος), ὁ, Sohn des Labdakos, König von Theben, Vater des Ödipus, der ihn erschlug. Er hatte in Eleon ein Orakel oder wenigstens ein Weissagergeschlecht. Adj. dav. **Λαΐειος,** 3.
λαιοτομέω, buk., s. λᾳοτ.
λαΐς, ἡ, dor. (poet.) = ληίς, s. λεία.
λαισήιον, τό (λάσιος), ep. u. ion. Tartsche, ein Schild aus rohen, behaarten Tierhäuten (ἀσπίς aus Rindsleder).
Λαιστρῡγόνες, οἱ, die Lästrygonen, ein mythisches Volk, später nach Sizilien (in Leontini, jetzt *Lentini*), od. nach Latium bei Formiä (j. *Mola di Gaëta*) verlegt. Adi. davon **Λαιστρυγόνιος,** 3.
λαιτμα, τό (nur Nom. u. Acc. sg.), (λαιμός), ep., mit u. ohne ἁλός od. θαλάσσης, Meeresschlund, das tiefe Meer.
λαῖφος, εος, το, 1) ep. zerlumptes Kleid, schlechtes Gewand. 2) poet. Segeltuch, Segel.
λαιψηρο-δρόμος, 2. poet. schnell laufend.
λαιψηρός, 3. ep. u. poet. schnell, geschwind, hurtig. Adv. λαιψηρά.
Λάκαινα, Λακεδαίμων u. ähnl., s. Λάκων.
λακάζω, poet. schreien, lärmen, mit Krachen zerbrechen.
λακέρυζα, ἡ, ep. u. poet., fem. Adj. krächzend, kläffend, von der Krähe u. vom Hund.
Λακετανοί, οἱ, Völkerschaft in Hispania Tarraconensis, dem heutigen Katalonien.
λᾱκέω, dor. (vgl. ἐπι-ληκέω), = λάσκω, s. d.
Λακιάδαι, ῶν, οἱ, ein attischer Demos und dessen Bewohner; Heimat des Kimon.
Λακίνιον, ου, Vorgeb in Bruttium, mit Tempel der Hera Λακινία od. -ιάς.
λακίς, ίδος, ἡ, poet. sp. u. **λάκισμα,** τό, poet. (lat. *lacer*), Fetzen, Riß.
λακιστός, 3. (λακίζω), sp. zerrissen.
λακκό-πλουτος, ὁ, sp. zisternenreich, Bein. des Kallias, der einen vergrabenen Schatz gefunden hatte.
λάκκος, ὁ (aus λακϝος, lat. *lacus*), Wasserloch, Grube, Zisterne, wohl auch als Keller benutzt.
Λάκμων, ωνος, ὁ, der nördliche Teil des Pindosgebirges, j. *Liaka*, östl. von Mezzovo.
λαx-πάτητος, 2. (λὰξ πατέω), poet. mit den Füßen zertreten.
λακτίζω (λάξ, *lecken*), 1) mit der Ferse od. dem Fuße, Hufe schlagen, stoßen, treten, ausschlagen, zappeln, abs. u. τί od. πρός τι, und zwar ποσί. 2) mit Füßen treten, mißhandeln, τινά. Sprichw. πρὸς κέντρα wider den Stachel lecken (s. κέντρον).
λάκτισμα, τό, poet. das Stoßen, Treten, die Verletzung, τινός von etwas.
λακτιστής, οῦ, ὁ (λακτίζω), der mit dem Fuße ausschlägt, ἵππος ein ausschlagendes störriges Pferd.
Λάκων, ωνος, ὁ, Fem. **Λάκαινα,** ἡ, **Λακωνικός, Λακεδαιμόνιος,** 3. lakonisch, lakedaimonisch. Adv. **Λακωνικῶς,** auf lakedaimonisch, den Lakedaimoniern eigen, in lak. Sprache. Als Subst. • 1) τὸ Λακωνικόν • a) das lakedaimonische Volk, der lak. Staat • b) das lakonische Wesen in Reden u. Handlungen • 2) ὁ, ἡ Λ. der Lakedaimonier, die Lakonierin, eigtl. die freien Bewohner der Städte um Sparta, im Gegens. zu den allein vollberechtigten Spartiaten, doch oft auch unter Einbeziehung der Spartiaten. Stadt und Landschaft selbst hieß **Λακεδαίμων,** ονος, ἡ, (eigtl. ἡ Σπάρτη) am Eurōtas in einer von Bergen umschlossenen Ebene. Die Landschaft hieß auch ἡ **Λακωνική.** Dazu **Λακωνισμός,** ὁ, Hinneigung zu Lakedaimon, u. **Λακωνιστής,** οῦ, ὁ, wer den Lakedaimonier spielt od. es mit den Lakedaimoniern hält, beide von λακωνίζω.
λακωνίζω, 1) den Lakedämoniern nachahmen, bes. in Tracht, Haar u. Bart, mit Stock u. grobem Mantel einhergehen, dann politische Grundsätze der Lak. lobpreisen od. oligarchisch gesinnt sein, ohne ihre Tugenden zu besitzen, abs. od. πρός τινα gegen jmdn. 2) es mit den Lakedämoniern halten.
λαλαγέω (λάλος), poet. u. buk., Part. praes. λαλαγεῦσα, zwitschern, singen, von Vögeln.
λαλέω (λάλος), schwatzen, plaudern, plappern, N. T. laut werden, reden, sprechen, lehren, anweisen; teils abs., teils τί.
λάλημα, τό, poet. Geplauder, Plaudereien, und abstr. pro concret. Schwätzer(in).
λαλιά, ἡ, 1) Gerede, Geplauder, flüchtige Unterhaltung; Erzählung. 2) N. T. Redeweise, Dialekt.
λάλλαι, αἱ, buk. Kiesel.
λάλος, 2., Superl. λαλίστατος, 1) geschwätzig, plauderhaft, auch von Vögeln, die viel schreien od. zwitschern. 2) sp. mit Sprache begabt.
λαμά u. **λεμά,** hebr. *lâmmâh*, aram. *lemā*: warum.

Λάμαχος, ὁ, 1) Sohn des Xenophanes, athen. Feldherr im pelop. Kriege, befreit Sinōpe nach 440, scheitert 424 bei Herakleia, 415 mit nach Sizilien gesandt, wo er (nach Verschmähung seines verständigen Rates) fiel 414. 2) sonst. Eigenn.

λαμβάνω (St. σλαβ, λᾰβ: ληβ, vgl. λᾰβή u. λάζομαι), ep. Aor. 2. act. ind. ἔλλαβον u. λάβον, iter. λάβεσκον, conj. 3. sg. λάβῃσι, Aor. 2. med. ind. ἐλλαβόμην, u. inf. redupl. λελαβέσθαι, ion. Fut. λάμψομαι od. λάψομαι, Perf. act. λελάβηκα, med. u. pass. λέλαμμαι, Aor. pass. ἐλάμφθην od. ἐλάφθην, Adj. verb. λαμπτέος, poet. Fut. (dor.) λᾱψοῦμαι, Perf. pass. auch λέλημμαι, u. im N. T. Fut. λήμψομαι, Aor. act. auch ἔλαβα, imp. λάβε (auch sp.), u. Aor. pass. ἐλήμφθην, **nehmen.**

I) trans. • 1) fassen • a) anfassen, **ergreifen,** χεῖρα, ἔγχος, ἐν χεροῖν δέπας, ἀγκάς umarmen, γαῖαν ὀδάξ ins Gras beißen, oft mit Gen. des Teils, der angefaßt wird, γούνων λαβὼν κούρην, τῆς ζώνης τὸν Ὀρόντην. Im Med., sich an etw. halten, **anfassen,** ἀρχῆς, χειρός, neben τινά τινος auch τινός τινος, übertr. τῆς ἐλπίδος, auch mit χαλεπῶς tadeln. Part. λαβών häufig pleonast., λαβὼν κύσε χεῖρα, oft geradezu durch mit zu übersetzen, στρατὸν λαβὼν ἔπακτον ἔρχεται • b) ergreifen, **packen,** fangen (auch im Med.), υἷας Πριάμοιο δύω, dann auch erbeuten, rauben, erobern, ἐκ πόλιος δ' ἀλόχους καὶ κτήματα πολλὰ λαβόντες • c) erwischen, **ertappen** über einer Tat, κἂν λάβῃς μ' ἐψευσμένον, δρῶσ' ἐλήφθης, ἐπ' αὐτοφώρῳ auf frischer Tat, auch im guten Sinn: antreffen, erfinden • d) übertr. von der Gottheit: **befallen,** begeistern, von Gemütszuständen u. ä., μένος ἔλλαβε θυμόν, λαμβάνει τὸ στράτευμα ἔνδεια, auch umgekehrt ὀργὴν, ἐλπίδα λαβεῖν • e) übertr. mit dem Geist erfassen, **begreifen,** φρενὶ λαβόντες τὸν λόγον, oft mit νῷ, ἐν νῷ, ἐν διανοίᾳ, λογισμῷ u. ä. • 2) allg. **erreichen,** erlangen, κλέος, auch προθυμίαν, φρόνησιν, ψόγον, ποινάς usf.; im bes. τὴν Ἴδην ἐς ἀριστερὴν χέρα den Ida zur linken Hand erreichen, links liegen lassen; auch geradezu kaufen, πόθεν ἄν τις τοῦτο τὸ χρῖσμα λάβοι • 3) freundlich annehmen, τὸν ἱκέτην • 4) als philos. t. t. (als ausgemacht) annehmen, dann erklären, bestimmen, u. überh. als etw. aufnehmen, auslegen, ὀργῇ καὶ φόβῳ τὸ γεγονός, τοῦτο πρὸς ἀτιμίαν ἔλαβε ὁ δῆμος legte so aus; auch eine Schriftstelle erklären, auslegen • 5) annehmen, was gegeben wird, **nehmen,** ἄποινα, τόξα, χρήματα, μισθούς (doch auch ohne diese beiden Zusätze abs. sich bestechen lassen; im N. T. auch erheben, eintreiben), abs. ὁ λαβών der Schuldner; παρά τινος von jmdm. abnehmen; γυναῖκα, mit dopp. Akk. τὴν θυγατέρα γυναῖκα; ἐσθῆτα anlegen, ἐπωνυμίαν erhalten • 6) auf sich nehmen, **übernehmen,** κακόν, λύπην, ὅρκον; πιστὰ δοὺς καὶ λαβών, δίκην gestraft werden, doch auch strafen, dah. δίκας λαβεῖν καὶ δοῦναι, τέρψιν genießen, αἰτίαν, ἔγκλημα sich zuziehen • 7) Redensarten: ἀρχήν Anfang nehmen, ἔργον ἰατρικόν sich als Arzt niederlassen, πάλιν μῦθον λάζετο wieder zurücknehmen, πεῖραν Versuch machen, N. T. ὑπόμνησίν τινος gedenken, συμβούλιον beraten, τὸ χάραγμά τινος sich aufdrücken lassen; λαμβάνειν τινὰ ἀραῖον durch Fluch binden, ebso. πίστει τινά durch eine Verpflichtung, τὶ ποθεινότερον etw. heiß ersehnen.

II) intr. καιρὸς λ. tritt ein, Thuk. 2, 34, wie καταλαμβάνειν.

I. **Λάμια** (Λαμία), ἡ, Stadt in Phthiotis (Thessalien), 30 Stadien vom Spercheios entfernt, jetzt *Zeitun*, bekannt durch den nach ihr benannten Krieg der Athener gegen Antipater von Makedonien, 323 bis 322.

II. **Λάμια,** ας, ἡ, ein mythisches gieriges Gespenst, Ungeheuer, mit dem man Kindern drohte, daher Hexe, Popanz. [**Λῆμνος,** u. ä.

Λᾱμνόθεν, Λᾶμνος, u. ähnl. dor. = Λημνόθεν,

Λάμος, ὁ, Sohn des Poseidon, König der myth. Lästrygonen u. Erbauer der Stadt Telepўlos.

λαμπαδηδρομία u. **λαμπαδηφορίη,** ἡ, ion. eigtl. das Fackeltragen, dann der Fackellauf, ein bei Nacht von Jünglingen zu Fuß od. seit Sokrates' Zeit auch zu Pferde gehaltener Wettlauf mit brennenden Fackeln, wobei es teils galt, mit der brennenden Fackel am Ziele anzukommen, teils sie einem anderen brennend zu übergeben. Es geschah dies z. B. zu Athen an den Festen der Licht- u. Feuergötter, an den Hephästeen, dem Feste des Pan, den großen u. kleinen Panathenäen, Prometheen, Bendideen, doch auch an andern Orten.

λαμπαδη-φόρος, 2. (φέρω), poet. sp. Fackelträger.

λαμπάδιον, τό, kleine Fackel.

λαμπαδοῦχος, 2. (ἔχω), poet. fackelhaltend, ἁμέρα vom Hochzeitstage.

λαμπάς, άδος, ἡ (λάμπω). 1) Subst. a) die **Fackel;** λαμπάδος ἱερὸν ὄμμα von der Sonne, κεραύνιοι Blitzstrahlen; λαμπάδων ἀγών Fackelwettlauf, b) der **Fackellauf,** dah. λαμπάδα ποιεῖν, ἐπιτελεῖν einen Fackellauf veranstalten, s. λαμπαδηφορίη; λαμπὰς ἀφ' ἵππων Fackelritt. 3) poet. Adj. von Fackeln erleuchtet, λ. ἀκταί das Fackelgestade, wo am Meeressaume die Nachtfeiern der Eleusin. Mysterien unter Fackelschein gehalten wurden. 3) sp. auch feurige Lufterscheinung. 4) N. T. Lampe.

λαμπετάω, part. Praes. άων, -όων, s. λάμπω.

Λαμπετίδης, ου, ὁ, ep. st. Λαμπίδης, Sohn des Lampus = Dolops.

λάμπη, ἡ, poet. sp. Moder.

λαμπηδών, όνος, ὁ, sp. das Leuchten.

Λαμπροκλῆς, έους, 1) Sohn des Sokrates. 2) Dithyrambendichter.

λαμπρός, 3. (λάμπω) • 1) von Sachen: **leuchtend,** glänzend, strahlend, schimmernd, klar, rein, ἱππόδρομος die Himmelsbahn, σελήνη heller Mondschein, übertr. auf Luft, Schall, Stimme: **hell,** deutlich, **laut,** überh. **prächtig,** vollkommen, vollständig, λαμπρὰ ταῦτα συμβαίνει es trifft glänzend, τινί für jmdn. • 2) von Personen: glänzend, **herrlich,** stattlich, prunkend, auch heiter, übertr. hervorleuchtend, ausgezeichnet, ruhmvoll, **berühmt,** angesehen, τινί, κατά τι, ἔν τινι durch, in etwas, ἔν τισι unter gewissen Leuten; aber πρὸς χρήματα λ. unbestechlich.

Subst. οἱ λαμπροί ausgezeichnete Männer, τὸ λαμπρόν der Glanz, Prunk, τὰ λαμπρότατα die glänzendsten Taten • Adv. λαμπρόν u. **λαμπρῶς,** glänzend, Superl. λαμπρότατα mit allem Glanze. Übertr. deutlich, offenkundig, entschieden, mit klaren Worten, mit glänzendem Erfolge, νικᾶν einen glänzenden Sieg davontragen, τροπὴ λ. γίγνεται die Niederlage wird vollständig.

λαμπρότης, ητος, ἡ, Glanz, Helligkeit, Pracht, Prunk, übertr. Ruhm, Ansehen, glänzende Tapferkeit, auch im Plur.

λαμπροφωνίη, ἡ, ion. die helle, laute Stimme.

λαμπρό-φωνος, 2. (φωνή), mit heller Stimme, laut deklamierend, im Superl.

λαμπρύνω [ῡ], 1) erleuchten, herausputzen; verbreiten, kund tun, auch Pass. 2) Med. a) sich (*sibi*) glänzend machen, polieren, τὰς ἀσπίδας. b) sich in Glanz u. Prunk zeigen, prunken, freigebig sein, τί u. τινί, mit, in etwas.

λαμπτήρ, ῆρος, ὁ (λάμπω), Leuchter, Laterne, Fackel, Licht, in alten Zeiten eine Art Kandelaber, worein man dürres Holz legte u. es zum Leuchten anbrannte.

λαμπτηρουχία, ἡ (wie von λαμπτηροῦχος), poet. das Besorgen der Zimmerbeleuchtung.

Λαμπτρεύς, έως, ὁ, Einw. von Lampträ, einem Demos der Erechtheïschen Phyle in Attika.

λάμπω u. **λαμπετάω.** 1) intr. Akt. u. Med. leuchten, glänzen, schimmern, strahlen, blitzen, funkeln. Übertr. auf den Schall: hell schallen.

λαμυρία, ἡ, Dreistigkeit. [schelmisch.

λαμυρός, 3. unverschämt, gierig, gefräßig, lüstern,

Λάμψακος, ἡ, Stadt Mysiens am Hellespont.

λανθάνω, ep. u. ion. **λήθω,** dor. **λάθω** (St. ληθ [λᾱθ]: λᾱθ, vgl. λήθη, λάθρα).

I) **Akt.,** ep. Impf. iter. λήθεσκον, Aor. 2. λάθον, conj. 3. sg. λάθῃσι, u. redupl. λελάθῃ (s. 2) • 1) intr. **verborgen sein** od. bleiben, teils abs., bes. Part. λαθών heimlich, unbemerkt, teils τινά vor jmdm., ἔλαθεν αὐτὸν μὴ ποιεῖν es entging ihm (d. h. er vergaß) zu tun, teils mit ὅτι od. Relativs., οὐ λανθάνεις, ὅτι λέγεις ich merke wohl, was du sagst, teils u. bes. mit Part. mit u. ohne Akk., wo das Part. die Haupthandlung ausdrückt, λανθάνειν aber entw. durch Adv. wie unbemerkt, heimlich, od. „ohne daß ich, du usw. merktest, ohne zu merken" auszudrücken ist, ἐλάνθανε φίλος ὤν es blieb geheim, daß er unser Freund ist, ἔλαθε διαφυγών er entrann unbemerkt, ἐλάνθανον αὐτοὺς ἀφικόμενοι sie waren ahnungslos, ohne es zu merken, gekommen • 2) trans. im ep. redupl. Aor. einer Sache (τινός) vergessen machen, λελάθῃ ὀδυνάων.

II) **Med. λανθάνομαι,** ep. poet. u. sp. (att. gewöhnl. ἐπι-, s. d.), ep. u. poet. **λήθομαι,** dor. **λάθομαι,** Fut. poet. λελήσομαι, buk. λᾱσεῦμαι, Aor. ep. λαθόμην u. redupl. λελαθόμην, buk. auch ἐλᾱσάμην u. ἐλάσθην, inf. λασθῆμεν, Perf. ep. u. ion. λέλασμαι, **vergessen,** τινός jmds. od. einer Sache, od. mit Relativs., auch τινί für jmdn. nichts wissen u. dah. ihm nichts sagen; Soph. El. 1249 λησόμενος (Part. fut. mit pass. Bdtg.) zu vergessen, zu verschmerzen.

Λανούιον, τό, sp. Lanuvium in Latium.

λάξ (λακτίζω, verw. *lacertus*), ep. poet. sp. Adv., mit der Ferse, mit dem Fuße stoßend od. schlagend, auch pleon. mit hinzugef. ποδί. [grab.

λαξευτός, 3. N. T. aus d. Felsen gehauen, Felsen-

λάξις, ιος, ἡ (λάχ-ος, λαγχάνω), ion. Landschaft = κλῆρος.

λάξομαι, ion. statt λήξομαι, s. λαγχάνω.

λᾱο-δάμας, αντος, ὁ (δάμνημι), poet. völkerbezwingend, Ἄρης.

Λαοδίκεια (-κία), phryg. St. am Lykos (einst Diospolis, sp. Rhoas), genannt nach Laodike, Gattin des Antiochus II., im J. 66 n. Chr. mit Kolossä u. Hierapolis durch ein Erdbeben zerstört, von Mark Aurel wieder aufgebaut, Sitz einer Christengemeinde. Einw. **Λαοδικεύς.**

Λᾱο-δίκη, ἡ, 1) Tochter des Agamemnon, bei den Tragg. Ἠλέκτρα. 2) sonst. Eigenn.

λᾱο-δόκος, 2. poet. volkaufnehmend.

Λᾱο-μέδων, οντος (bei Soph. Λᾱμέδοντος zu sprechen), ὁ, Sohn des Ilos, Vater des Priamos, Lampos, der Hesiŏne usw., König von Troja, welchem Poseidon u. Apollon auf Zeus' Befehl ein Jahr lang um Lohn dienten u., da sie denselben nicht erhielten, sein Land durch ein Seeungeheuer u. eine Pest verheerten. Dav. das Patron.

Λᾱομεδοντιάδης, ου, ὁ, 1) Sohn des L., a) = Priamos. b) = Lampos. 2) sonst. Eigenn.

λᾷον, τό, buk. λάιον, λήιον, s. d.

λᾱο-πᾰθής, 2. poet. vom ganzen Volk erlitten.

λᾱοπόρος, 2. poet. das Volk übersetzend, μηχαναί Bauten (v. l. λεωπόρος).

λᾱός, ὁ, ion. ληός, att. λεώς. 1) Volksmenge, Volk = *plebes* (im Ggs. zu δῆμος = Gemeinde als politisches Gebilde). 2) bei Hom. im Pl.: Leute, Mannen, Untertanen, Kriegsvolk, doch auch Schiffsvolk, Landleute, Arbeitsleute.

Λᾶος, ὁ, St. in Lukanien am Fl. Laos.

λᾱο-σσόος, 2. (σεύω), ep. poet. die Mannen anfeuernd.

λαο-φθόρος, 2. poet. volkverderbend.

λᾳο-τομέω (λᾷον), buk. die Saat abmähen.

λαο-τρόφος, 2. poet. volkernährend, das Wohl des Volkes fördernd.

λᾶον, s. λᾶας.

λᾱο-φόνος, 2. (φεν-) buk. das Volk tötend.

λᾱο-φόρος, 2. ep. buk. das Volk tragend, κέλευθος Heerstraße.

λαπαδνός, 3. poet. = ἀλαπαδνός, schwach.

λάπαθον, sp. Ampfer.

λαπάρη, ἡ (Fem. von λαπαρός schmächtig), ep. u. ion. die Bauchhöhle, die Weichen zwischen Rippen u. Hüften.

λαπαρός, 3. sp. schmächtig, mager; weich. Dav.

λαπαρότης, ητος, ἡ, sp. Weichheit.

λαπάσσω, Fut. λαπάξω, poet. u. sp. 1) ausleeren, plündern (vgl. ἀλαπάζω). 2) weich machen, erweichen.

λαπίζω, sp. sich stolz od. übermütig benehmen, prahlen, großtun, τί womit.

Λᾰπίθαι [ῐ], οἱ, kriegerischer Volksstamm in Thessalien, bekannt durch den Kampf mit den Kentauren auf der Hochzeit des Peirithoos.

λάπισμα, τος, τό (λαπίζω), sp. Ruhmredigkeit, Prahlerei, Aufschneiderei.

λάπτω (lat. *lamb-o*, ahd. *lefza* Lefze, und *laffan* lecken, vgl. λαφύσσω), ep. ar. sp., Fut. λάψω, lecken, schlürfen.

Λάρῑσα (u. **Λάρισσα**), ἡ, ion. **Λήρισαι,** αἱ, Name vieler Städte, bes. **1)** Akropolis von Argos mit Tempel des Zeus Λαρισαῖος u. der Athena. **2)** St. am Peneios in Thessalien, Sitz der Aleuaden; heute *Lárîsa.* **3)** in Phthiotis nahe dem Malischen Busen am Othrysabhang, ἡ κρεμαστὴ Λ., Heimat des Achilleus. **4)** in Achaia am Larisosfluß eine Festung Τεῖχος, früher Λάρισα, deren Mauerreste noch vorhanden sind. **5)** in Troas. **6)** Αἰγυπτία, Stadt in Aiolis bei Kyme, mit dem Beinamen Phrikonis. **7)** In Assyrien an der Ostseite des Tigris, j. Ruinen von *Nimrud* mit berühmten Resten altassyrischer Kunst. Einw. ὁ **Λαρισαῖος.**

Λάρῑσος (-σσος), Fl. in Achaia an der Grenze von Elis, j. *Risso.*

λάρκος, ὁ, Korb; vgl.

λάρναξ, ἄκος, ἡ, Kasten, Truhe, Lade, auch Sarg, Aschenkrug.

λᾰ́ρος, ὁ, ep. poet. sp. die Möwe, ein gefräßiger Seevogel; auch übertr. Gimpel, Dummkopf.

λᾱρός, 3. (aus λᾰϝ-αρός, St. λαυ in ἀπολαύω), ep. Superl. λᾱρώτατος (d. i. λαερώτατος), genußreich, köstlich, lecker, wohlschmeckend.

Λάρτιος, s. Λαέρτης.

λᾰρυγγίζω, aus vollem Halse schreien. Von

λάρυγξ, ὁ, poet. sp. u. N. T. Kehlkopf, Schlund.

Λᾶς = Λάας, s. Λᾶ.

λάσδομαι, alte Var. zu λάζομαι.

λᾱσεῦμαι u. **λασθῆμεν,** buk. = λήσομαι u λᾰθέσθαι, s. λανθάνω II.

Λασθένης, ους, der Olynthier, welcher mit Euthykrates seine Vaterstadt 348 an Philipp verriet u. dann bei ihm lebte.

λάσθη, ἡ (Il. λάω), ion. Spott, Neckerei.

λασι-αύχην, ενος, ὁ, ἡ, ep. poet. mit dichtbehaartem Nacken, mähnig.

λάσιος, 3. **1)** dicht behaart, rauh, zottig, wollig; bei στήθεα, κῆρ Zeichen der Mannheit u. vorzüglicher Leibeskraft; θῆρες von wilden, reißenden Tieren. **2)** dichtbewachsen mit Buschwerk, Sträuchern. Subst. τὰ λάσια waldige Gegenden.

Λασιών, ῶνος, ὁ, Grenzfeste in Elis gegen Arkadien.

λάσκω (f. λάκ-σκω, St. λᾰκ, lat. *loquor*), ep. poet. ar. sp., Aor. 2. ἔλᾰκον, ep. λᾰ́κον u. λελακόμην, (N. T. auch Aor. 1. ἐλάκησα), Perf. in Präsbdtg. λέληκα, partic. λεληκώς, fem. λελᾰκυῖα, tönen, **a)** krachen, knacken, N. T. platzen. **b)** gellend schreien, kreischen, bellen, belfern. **c)** ertönen lassen, verkünden, reden, teils abs., teils τί, u. zwar ἔς τινα für jmdn.

Λασόνιοι, οἱ, ein Volk in Lydien nach Lykien zu.

Λάσος, ὁ, Dichter u. Musiker aus Hermiŏne, Zeitgenosse des Peisistratos, Lehrer des Pindaros.

Λατῖνοι, οἱ. **1)** die Latiner. **2)** die lateinisch Sprechenden

Λᾱτοίδᾱς, ᾱ, ὁ, dor. = Λητοΐδης, ου, ὁ, der Sohn der Leto, Apollo.

λᾱτομέω (λᾱ-τόμος), sp. N. T. aus Stein hauen. Dav.

λᾱτομία, ἡ, sp. der Steinbruch.

λᾰ́τρεία, ἡ, poet. u. sp., u. **λατρεύματα,** τά, poet. eigentl. Dienst um Lohn, dann **1)** gezwungener Dienst, Frondienst, u. λατρεύματα πόνων Fronarbeiten. Im bes. λατρεία θεοῦ ein Gott geleisteter Dienst, dah. auch ohne θεοῦ sp. u. N. T. der Gottesdienst. **2)** Kultstätte, πολύχρυσα λατρεύματα Sitz der Verehrung mit reichen Weihgeschenken (wie sie dem delphischen Orakel zuströmten). **3)** Diener, Dienerin.

λᾰ́τρεύω (λάτρον), eigentl. um Lohn dienen, dann überh. dienen, Menschen wie Göttern, sowohl von Freien als von Sklaven, abs. od. τινί od. τινά; übertr. fort u. fort preisgegeben sein, od. frönen.

λάτρις, ιος, ὁ, poet. Frondner, Knecht. Poet. auch ἡ, die Dienerin. Von

λάτρον, τό, poet. Dienstlohn (entl. lat. *latro* Söldner).

λᾱ-τύπος, ὁ (λᾶς, τύπτω), poet. Steinhauer.

Λατώ, s. Λητώ.

λαυκανίη, ἡ, ep. Kehle, Schlund.

Λαύρειον u. **Λαύριον,** τό, Berg im südlichsten Teile Attikas, reich an Silbergruben. Adj. dav. **Λαυρεωτικός,** 3.

λαύρη, ἡ, ep. poet. u. sp. Gasse, offene Straße, Od. 22, 128 Seitengang, Korridor, an der einen Seite des Hauses, vorne u. hinten in den Hof mündend, in der Mitte durch die ὀρσοθύρη in den Männersaal.

λαφυγμός, ὁ (λαφύσσω), poet. das Verschlingen, die Schlemmerei.

λάφῡρα, τά (St. λαβεῖν), Beutestücke, Siegesbeute.

λαφυραγωγέω, sp. als Beute wegführen, mit der Beute einherziehen.

λᾱφῡροπωλέω, Beute verkaufen.

λαφῡρο-πώλης, ου, ὁ (πωλέω), Beuteverkäufer, bei Xen. lakedämonische Beamte, welche für den Verkauf der Beute sorgten.

λᾰφύσσω (λάπτω), ep. u. sp. gierig verschlucken, hinabschlingen.

Λαφύστιος, ὁ, Bein. des Zeus, der Opferheischende, als Athamas v. d. Minyern verehrt auf dem hohen rauhen Berg Laphystion b. Koroneia, u. in Halos in Phthiotis.

λαχαίνω (λαχή), buk. poet. aufgraben.

λαχανίζομαι, Gemüse sammeln. Dav.

λᾰχᾰνισμός, ὁ, das Gemüsesammeln. Zu

λάχανον, τό, gew im plur., Gartenkraut, Gemüse, Kohl.

Λαχάρης, Tyrann in Athen 296 v. Chr., im folgenden Jahre von Demetrios Poliorkētes vertrieben.

λάχεια, ἡ, ep. Beiw. von νῆσος, ἀκτή (Od. 9, 116. 10, 509), niedrig, flach; od. es ist ἐλαχεῖα zu lesen: klein.

Λάχεσις, εως, ιος, ἡ (λαγχάνω), die das Lebenslos bestimmende Parze.

λαχή, ἡ, poet. das Graben, Grab.

Λάχης, ητος, ὁ, Sohn des Melanippos, aus d. Demos Aixōne, eroberte 427 v. Chr. Mylä auf Sizilien, landete 426 in Lokris, wo er glücklich kämpfte, war als ein rascher Eroberer bekannt, ein Jahr danach abberufen, von Kleon angeklagt, doch später Hoplit in Böotien, mit Nikias für den Frieden tätig 421; er fällt mit Nikostratos bei Mantineia 418. (Platos Dialog.)

λάχνη, ἡ, ep. poet. sp., u. **λάχνος,** ὁ, ep. Wolle,

wolliges Haar; Milchhaar, Flocken; einzeln u. borstig emporstehende Haare (Il. 2, 219).

λαχνήεις, εσσα, εν, ep. poet., dor. **λαχνάεις,** 3., wollig, haarig, zottig.

λαχνόγυιος, 2. poet. mit zottigen Gliedern.

λαχνόομαι (λάχνη), poet. Pass. wollig werden.

λαχνώδης, 2. poet. = λαχνήεις, w. s.

λάχος, εος, τό (λαγχάνω), **1)** poet. Los, Todeslos. **2)** das einem Zugefallene, Anteil, Teil. Im bes. auch die Unterabteilung eines Heerhaufens.

λάψομαι, ion. (var. λάμψομαι), u. λᾱψοῦμαι, dor. poet. st. λήψομαι, s. λαμβάνω.

I. **λάω,** ep. Defekt. (verw λεύσσω, *lux,* dav. abgel. ἀλαός „blind"), Part. λάων u. Impf. 3. sg. λάε sehen, blicken.

II. **λάω,** dor. **λῶ,** 2. sg. λῇς, inf. λῆν (St. ϝλη lat. *volo,* verw. λιλαίομαι), dor. wollen.

λαώδης, 2. sp. volksmäßig, populär.

λέαινα, ἡ, Fem. zu λέων, die Löwin. bildl. für die Grausame.

λεαίνω, Aor. att. ἐλέᾱνα, ion. ἐλέηνα, ep. **λειαίνω,** Fut. λειανέω, Aor. λείηνα (λεῖος), **1) a)** glatt machen, glätten, polieren, ebnen, τί. **b)** übertr. ion. mildern, in ein milderes Licht stellen. **2)** glatt reiben, zerreiben, zermalmen, vernichten, verwüsten.

Λεβάδεια, ἡ, böot. Stadt mit einem Orakel des trophonischen Zeus, jetzt *Livadhia.*

Λέβεδος, ἡ, ionische Bundesstadt an der Küste Lydiens, östl. von Myonnēsos.

λέβης, ητος, ὁ, nicht in att. Pros., **1)** Kessel, Becken, teils als ehernes Gefäß zum Kochen, oft als Geschenk oder Kaufpreis erwähnt, teils Waschbecken, Handbecken zum Waschen der Hände u. Füße, ehern, zuweilen silbern; auch die Badewanne (Äsch. Ag. 1129). **2)** überh. tieferes Gefäß, bisw. mit Henkeln versehen, dah. auch Krug, insbes. Aschenkrug, Totenurne.

λεγεών (λεγιών), ῶνος, ὁ (ἡ), sp. N. T. das lat. *legio.*

λέγμενος, s. I. λέγω u. (λέχω), Med.

I. **λέγω,** als Simplex selten, att. pros. nur in Kompos. (ἐκ-, ἐπι-, κατα-, συλ-), Fut. λέξω u. λέξομαι, Aor. ἔλεξα u. ἐλεξάμην, Perf. act. εἴλοχα (-λεχα), med. u. pass. εἴλεγμαι, Aor. pass. ἐλέγην, Fut. pass. λεγήσομαι, Adj. verb. λεκτός u. λεκτέος, daneben ion. u. Koine auch λέλεγμαι u. ἐλέχθην, ep. Wurzelaor. ἐλέγμην zählte mich u. λέκτο überzählte bei sich. **1)** Akt. **lesen,** d. i. **a)** auflesen, sammeln, **b) dazu zählen,** darunter rechnen, aufzählen, ἔν u. μετά τισι unter einige, εἴς τι zu etwas. **2)** Med. ep. für sich. bei sich, sich zählen, μετά τισι unter.

II. **λέγω** (ders. Stamm wie das vorige), Fut. med. λέξομαι auch in pass. Bdtg., Aor. med. ἐλεξάμην selten, zählen, erzählen, sagen • **1) sagen** • **a)** Akt. **sprechen,** reden, abs., λέγω parenth. mein' ich, nämlich, ebenso λέγουσι, τορῶς λέγω; rede ich deutlich? πῶς λέγεις; λέγε εἴ τι λέγεις, οὐδὲν λέγει er lügt, aber auch es hilft zu nichts, was er sagt, λέγοις ἂν (ἤδη) sag's doch (endlich), οὐ λέγω das will ich nicht sagen, das sei ferne, πέρα ἢ λέγω fester als ich's mit Worten sagen kann, εὖ, καλῶς λέγειν schön sprechen, recht haben, κακῶς λέγειν schimpfen, ὡς εἰπεῖν so zu sagen; mit Akk., λέγειν τι etw. Wesentliches sagen, recht haben, οὐδὲν λέγειν s. oben, εἴ τι λέγεις, τί δεῖ λέγειν; was soll ich sagen? aber auch wie soll ich mich hier ausdrücken? τί τοῦτο λέγω; was meine ich damit? ὅπερ λέγω wie gesagt, χαίρειν λέγειν gehen lassen, Verzicht leisten. Im bes. λόγους λέγειν Reden halten, auch Redensarten machen, λόγον λέγειν eine Sage haben, λόγον ἐκ λόγου λέγειν vom einen aufs andere kommen; auch von Sachen, aussagen, τὰ γράμματα λέγει, ὥσπερ τοὔνομα λέγει. Mit Praepp., A. c. I. od. ὅτι, ὡς, εἰ. ὅπως u. a. indir. Nebensätzen, oft mit Prolepse des Subj. des Nebens.; das Part. λέγων oft pleonast. bei ἔφη • **b)** Med. = διαλέγεσθαι **sich unterreden,** unterhalten, τί u. abs., μηκέτι νῦν δήθ' αὖθι λεγώμεθα od. μηκέτι ταῦτα λεγώμεθα, herkömmliche Formel, um ein Gespräch abzubrechen. • **c)** Pass. gesagt werden (von jedem Gerede), dah. λέγεται mit ὅτι, Nom. m. Inf od. A. c. I., man sagt, **es soll,** auch mit Part., οὐδὲ λέξεται πρὶν ὤν man wird von seinem früheren Dasein nicht einmal sprechen, οἱ λεγόμενοι die, von denen man sagt, dah. abs. ὁ λεγόμενος der verbreitete, insbes. der sogenannte (auch mit ὀνόματι), τὸ λεγόμενον nach dem Sprichwort, τὰ λεγόμενα die Überlieferungen, Sagen, Gerüchte • **2) heißen.** befehlen, mit A. c. I., ἔλεγε θαρρεῖν • **3)** von einem etw. sagen, **nennen,** ἄνανδρον τὴν πόλιν. Daraus ergibt sich • **a)** κακὰ λ. τινά Übles von einem reden, ähnl. τὰ ἔσχατα, ἐκεῖνο οὐ σὲ λέγω jenes behaupte ich nicht von dir, οὐδαμοῦ τινα für nichts achten, u. so εὖ, κακῶς λέγειν τινά Gutes, Böses nachsagen, doch εὖ λέγειν τινά auch freundlich zusprechen, auch ihn preisen (mit u. ohne εὖ), bisw. mit Part., ἐκεῖνον ὡς παρόντα νῷν daß er hier angekommen ist • **b)** meinen, verstehen, wenn eine Erklärung zugesetzt wird (oft mit φράζειν zusammengestellt), σὺ δ', ὦ Ποίαντος παῖ, Φιλοκτήτην λέγω, τῶν μὴ εἰδότων πάντων λέγεις ἢ καὶ τῶν εἰδότων; verstehst du die Unkundigen unter den „allen" oder auch die Wissenden? • **4) eine Rede halten,** lehren, beschreiben, melden, insbes. • **a)** vom Redner, kunstgemäß sprechen (Gegens. λαλεῖν), ὁ λέγων Sprecher, Antragsteller, ὁ συνεχῶς λέγων der gewöhnliche Staatsmann, οἱ ἐπὶ τῶν προγόνων λέγοντες, δεινὸς λέγειν, λέγειν τὰ ψηφίσματα beantragen, τὰ ἄριστα raten, τὰ Φιλίππου die Sache führen, εἰς δέον zweckmäßig raten, εἰς φῶς klar, εἰς τὸ φανερόν öffentlich sagen, κατά τινος jmdn. anklagen, καθ' ἕκαστα sich in Einzelheiten verlieren; im allgem. auch oft dem ποιεῖν gegenübergestellt • **b)** vom Vorleser: vortragen, vorlesen, singen, λαβὲ τὸ βιβλίον καὶ λέγε, λέγειν ποιήματα, θέλω λέγειν Ἀτρείδας.

λεηλασία, ἡ, das Plündern, die Ausplünderung.

λεηλᾰτέω (wie v. λε-ηλάτης, λεία u. ἐλαύνω), Beute, bes. Vieh wegtreiben, Beute machen, plündern.

λεία, ἡ, ion. **ληίη,** poet. **ληίς,** dor. **λᾱΐς,** ίδος, ἡ (St. λαϝ in λάω, ἀπολαύω). **1) Beute,** Beutevieh, Kriegsbeute, Jagdbeute, dah. ἀνθρώπους καὶ λείαν, und λείας βουκόλων φρουρήματα die von Hirten gehüteten Beuterinder. Von Menschen:

λείαν ποιεῖσθαι od. θέσθαι τινά einen zur Beute machen, τὴν χώραν alles im Lande zur Beute machen. Aber λείαν ἄγειν Beute wegtreiben, τινός jmdm. Sprichw. ἡ Μυσῶν λεία die Myserbeute, von einer Besitzung ohne Verteidiger, die jedem Räuber preisgegeben ist, entlehnt vom Schicksal Mysiens, als Telephos, sein König, abwesend war. 2) ep. Beutemachen, Plündern.

λειαίνω, s. λεαίνω.

Λείβηθρον, τό, alte thrakische Stadt in Pieria (Makedonien).

λείβω (*līb-are,* ahd. *slīfan* gleiten). 1) tropfen lassen, gießen, flüssig machen, erweichen, ausgießen, vergießen. Im Pass. a) tropfenweise fließen. b) benetzt, befeuchtet werden. c) aufgelöst, geschmolzen werden. 2) im bes. ep. und poet. Wein einer Gottheit zu Ehren als Trankopfer ausgießen. Vgl. auch εἴβω.

λειμακώδης, 2. ion. wiesenartig, grasreich. Von

λεῖμαξ, ἄκος, ὁ, poet. = λειμών.

λεῖμμα, τό (λείπω), ion. sp. der Rest.

λειμών, ῶνος, ὁ (vgl. λῐμήν), jeder feuchte, grasreiche Ort, Au, Weide, Wiese, Flur.

λειμώνιος, 3., mit bes. Fem. **λειμωνιάς,** άδος, ἡ, poet. zur Wiese gehörig, γῆ feuchter Wiesenboden. Ἰδαῖα πίσεα der feuchte Wiesengrund Trojas, aber Νύμφαι ἔνυδροι λειμωνιάδες Nymphen der Teiche auf der Au.

λειμωνόθεν, ep. Adv., von der Wiese her.

λειο-γένειος, 2. (γένειον), ion. mit glattem Kinn, unbärtig.

λεῖος, 3. (λειϝος, lat. *lēv-is* „glatt", verw. dt. *Schleim*), glatt, geglättet, im bes. 1) von Örtern: eben, flach, kahl, ohne Gebüsche, Sträucher, dah. λ. ποιεῖν ebnen. 2) als Subst. λεῖα, a) glatte Stoffe, glatte, schlichte, ungefärbte Gewebe. b) sp. die ebenen, flachen Teile. 3) übertr. frei von etwas τινός, und schlicht von der Darstellung. Adv. **λείως,** sanft, ruhig, gelassen, κωτίλλων mit glatten Worten.

λειότης, ἡ, Glätte.

λείουσι, dat. plur. v. λέων, s. d.

λειπο- in Zsstzgn., siehe λῐπο-.

λείπω (St. λειπ : λιπ, lat *līqu-i, re-līqu-us,* dt. *leihen*), Fut. med. λείψομαι überh., Aor. med. ἐλιπόμην ep. auch in pass. Bdtg., ep. Aor. pass. 3. pl. λίπεν (st. ἐλίπησαν, Var. Il. 16, 507), ion. Impf. iter. λείπεσκε, nur sp. Aor. ἔλειψα, lassen • 1) **verlassen,** zurücklassen, hinterlassen, bes. von Verstorbenen, u. dann auch im Med., etw. von sich als Andenken hinterlassen, ion. mit u. ohne μνημόσυνον (-α); überh. übrig lassen, schonen, auch verschmähen, φάος ἠελίοιο d. i. sterben, ähnl. ψυχὴ λέλοιπεν (sc. ὀστέα), so auch Od. 14, 213 με zu λέλοιπεν zu ergänzen. Oft mit Appos., als etw., τὰ τελευταῖα als die letzten • 2) verlassen, **im Stiche lassen,** auch unterlassen, nicht bezahlen, u. v. Dingen, ausgehen, τὴν ἑαυτοῦ φύσιν seiner Natur untreu werden, λίπον ἰοὶ ἄνακτα, dah. oft intr. **ausgehen,** fehlen. schwinden, οὔ τί πω ἔλιπεν ἐκ τοῦδ' οἴκου πολύπονος αἰκία, μικροῦ λείποντος beinahe, οὐ λείπει τὸ μὴ οὐ βαρύστον' εἶναι es betrübt genug um schwer zu stöhnen • 3) Med.-Pass. **λείπομαι** zurückgelassen werden • a) **zurückbleiben,** übrig bleiben, auch mit μετόπισθε, κατόπισθε, ὁ λειπόμενος der übrige, οἱ λειπόμενοι die Hinterbliebenen, λείπεται mit A. c. I. *reliquum est* • b) im Stiche gelassen werden, einsam bleiben, bar sein, **ermangeln,** σοῦ λελειμμένη ohne dich • c) Dah. überh. zurückbleiben hinter, bes. im Wettlauf, mit Gen., λελειμμένος οἰῶν, τῶν ἵππων, δουρὸς ἐρωήν einen Speerwurf, ἐς δίσκουρα, dann übertr. **nachstehen,** schwächer sein, unterliegen, πολὺ τῶν πεζῶν λειπόμενοι, πλήθει ἡμῶν λειφθέντες.

λειριόεις, εσσα, εν, ep. poet., u. **λείριος,** 3. poet. lilienartig, fein, zart, von

λείριον, τό, poet. sp. Lilie.

λειρός, 3. poet. fein, mager, bleich, zart.

λεϊστός, s. ληιστός.

λειτουργέω (-γός), 1) ein öffentliches Amt im Staate verwalten u. die damit verbundenen Kosten bestreiten (z. B. bei gewissen Volksfesten), überh. Dienste leisten, Staatslasten bestreiten, Leistungen tragen, mit u. ohne τῇ πόλει für den Staat, u. zwar τινί durch od. mit etwas, od. auch τί etwas, z. B. λειτουργίας Leiturgien leisten, συνεκκαίδεκα mit 15 Genossen. 2) sp. den Dienst versehen, die Obliegenheiten verrichten. 3) im N. T. den Gottesdienst verrichten, Gott dienen, dienen.

λειτούργημα, τό, sp. u. **λειτουργία,** ἡ, 1) Leistung für das Volk, den Staat, Staatsleistung, Staatslast, τινός von etwas. Sie bestanden in Athen in Choregie, Gymnasiarchie, Lampadarchie, Trierarchie, Stammspeisung u. Kriegssteuern für jeden Bürger von 3 und mehr Talenten Vermögen. Mehrere derselben kehrten regelmäßig wieder (ἐγκύκλιοι), u. nur ausgezeichnete Verdienste, nicht aber höheres Alter, befreiten von ihnen. 2) sp. überh. Dienst, Dienstleistung. 3) N. T. auch der Gottesdienst.

λειτουργικός, 3. sp. N. T. dienstbar.

λειτουργός, ὁ (λειτός, λήϊτος, v. λαός, u. St. ἐργ.), sp. Diener, Arbeiter, im N. T. ein Diener Gottes u. Jesu Christi.

λειχήν, ὁ, die Flechte.

Λειχ-ήνωρ, ορος, ὁ, sp. ep. Leckmann.

Λειχο-μύλη, ἡ, sp. ep. Leckmühle.

Λειχο-πίναξ, ακος, ὁ, sp. ep. Tellerlecker, kom. Mäusename.

λείχω, Aor. ἔλειξα (St. λειχ : λῐχ, lat. *li-n-go,* ahd. *lec-chôn* lecken, got. *bilaig-ôn* ἐπιλείχειν), poet. ion. ar. sp. lecken, τινός von etwas.

λείψανον, τό (λείπω), meist im Plur., Überbleibsel, Trümmer, Überreste, bes. von den irdischen Resten Verstorbener.

Λειψύδριον, τό, ein Kastell im Gau Päonia in Attika, in der Gegend des heutigen *Kasha.*

λείων, s. λέων.

λεκάνη, ἡ, die Schüssel; dazu die Demin.

λεκᾰνιον, τό, u. **λεκάριον,** τό, sp. Schüsselchen.

λεκιθίτης, ὁ, ἄρτος, aus Hülsenfrüchten (λέκιθοι) gebackenes Brot.

λεκτέος, 3., Adj. verb. zu λέγω, zu sagen.

λεκτικός, 3. (λέγω), 1) zum Reden geschickt, beredt. 2) sp. den sprachlichen Ausdruck betreffend, sprachlich.

Λεκτόν, τό, u. **Λέκτος,** ἡ, Vorgebirg u. Stadt in Troas am Fuße des Ida, jetzt *Kap Baba.*

λεκτός, 3. (I. u. II. λέγω), **1)** poet. erlesen, τινός aus einer Anzahl. **2)** poet. u. sp sprechbar, πάντα τινί, d. h er ist jeder Rede fähig.

λέκτρον, τό (λέχος), Lager, Bett. Im bes. Ehebett, Ehebund. **λέκτρονδε** zu Bette.

Λέλεγες, οἱ, alter Volksstamm, zerstreut in den Küstenstrichen Griechenlands wie in Kleinasien seßhaft u. unter andern auf der Südküste von Troas, um Pedăsos u. Lyrnessos, mutige Seefahrer, auch auf Kreta u. a. Inseln; allmähl. vermischten sie sich mit den Griechen.

λελογισμένως, Adv. des Part. perf. von λογίζομαι, ion. poet. u. sp., nach der Berechnung, nach reiflicher Erwägung, mit folg. ὅκως ἄν.

λεμά (s. λαμά), warum.

λέμβος, ὁ, Nachen, das im Schlepptau nachgezogene Rettungsboot.

λέντιον, τό, sp. N. T. (das lat. *linteum*) leinenes Tuch.

λέξις, εως, ἡ (λέγω), *dictio,* **1)** Wort, Rede; das Reden, der Vortrag. **2)** Ausdrucksweise, Redeweise, Stil; κατὰ λέξιν wörtlich.

λεοντέη, ἡ, ion., verst. δορά, zsgz. **-τῆ,** Löwenhaut.

λεόντειος, 3. poet. buk. sp. vom Löwen, dah. λ. δέρμα.

Λεοντιάδης, ου, **1)** S. des Eurymachos, Führer der Thebaner bei Thermopylä. **2)** Haupt der Oligarchen in Theben, Polemarch 383, überliefert dem Phöbidas die Kadmea, 379 von Pelopidas ermordet.

Λεοντῖνοι, οἱ, Stadt an der Ostseite von Sizilien, jetzt *Lentini.* Das Gebiet ἡ **Λεοντίνη,** der Einw. ὁ **Λεοντῖνος.**

Λεοντίς, ίδος, spät. Schreibg. f. Λεωντίς, ίδος, s. d.

Λεοντο-κέφαλος (od. ον), fester Platz in Phrygien.

λεοντο-φυής, 2. poet. von Löwen erzeugt, ἄγρα ein Löwenfang.

λεοντό-χασμα, τό, sp. Löwenkopf mit offenem Maul, als Wasserspeier an den Tropfleisten der Dächer.

λεοντώδης, 2. löwenartig, τὴν φύσιν von Charakter.

λέπαδνον, τό, Jochriemen, breite lederne Gurte, womit das Joch unter dem Halse der Zugtiere befestigt wurde, überh. Joch.

λεπαῖος, 3. (λέπας), poet. felsig.

λέπ-αργος, 2. poet. buk. weißlich.

λέπας, τό, poet. kahler Fels, Berg, Vorgebirge; mit u. ohne Κιθαιρῶνος der Kithäron, vgl. Ἀκραῖον λέπας.

λεπιδωτός, 3. ion. u. sp. schuppig, geschuppt. Als Subst. ὁ λ. Name eines großen Nilfisches.

λεπίς, ίδος, ἡ, ion. u. sp., u. sp. **λέπος,** τό (λέπω), Schuppe, Schale, Hülse, übertr. u. zwar kollektiv Schuppenhaut, doch auch Metallplatten.

λέπρα, ion. **-ρη,** ἡ, ion. u. sp. der Aussatz. Dazu

λεπράς, άδος, ἡ, buk. uneben, steinig.

λεπράω, poet. sp. beschmutzen.

Λέπρεον u. **Λέπριον,** τό, auch **Λέπρεος,** ὁ, Stadt im südlichen Elis. Ihre Ruinen südlich vom heutigen *Strovitzi.* Die Einw. **Λεπρεᾶται,** ion. **Λεπρεῆται,** οἱ.

λεπρός, ὁ (λέπος u. λέπρα), sp. u. N. T. schuppig, schorfig, bes. krätzig, aussätzig.

λεπταλέος, 3. (λεπτός), ep. poet. dünn, zart, fein.

λεπτ-επίλεπτος, 2. poet. übermäßig dünn; Kompar. immer noch dünner.

λεπτό-γεων, τό, der magere Boden.

λεπτό-δομος, 2. poet. zart gebaut.

λεπτό-θριξ, τριχος, poet. feinbefiedert.

λεπτο-λόγος, 2. poet. mit feinsinniger Rede begabt.

λεπτο-μερής, 2. sp. aus feinen Teilchen bestehend.

λεπτό-μιτος, 2. poet. feinfädig.

λεπτό-πρυμνος, 2. (πρύμνα), poet. mit schlankem Hinterdeck.

λεπτός, 3. (λέπω), eigtl. geschält, dah. **a)** ausgeschält, enthülst, Il. 20, 497. **b)** gew. dünn, mager, zart; τὰ λεπτὰ τῶν προβάτων Kleinvieh, Schafe u. Ziegen. **c)** fein, klein, schwach (körperlich u. geistig). **d)** scharf, scharfsinnig, νοῦς, λόγος; κατὰ λεπτόν gründlich, genau. Subst. **a)** ἐπὶ λεπτὸν τετάχθαι in dünner Linie aufgestellt sein. b) τὸ λεπτόν (sc. νόμισμα) im N. T.: Kupfermünze = $^1/_8$ As = $^1/_2$ Pf., Heller.

λεπτοσύνη, ἡ, poet. Dünnheit, Schlankheit.

λεπτότης, ἡ, Dünnheit, Magerkeit; übertr. Scharfsinn.

λεπτουργέω, feine Arbeit machen, fein unterscheiden.

λεπτοψάμαθος, 2. poet. mit feinem Sande.

λεπύριον, τό, buk. Dem. von λέπυρον, kleine Schale.

λέπω, λέψω, ἔλεψα, ep. poet. schälen, abschälen.

Λέρνα, ης, ἡ, Quelle u. See gleichen Namens im S. v. Argos, in welcher Gegend auch die darnach benannte **Λερναία** ὕδρα, auch verächtlich durch θρέμμα Λερναίας ὕδρας, d. h. das Untier d. l. Hydra, bezeichnet, sich aufhielt.

Λέρος, ἡ, eine der Sporaden, jetzt *Lero.*

Λέσβος, ἡ, Insel des Ägäischen Meeres, reich an Wein, mit fünf Städten: Mytilene. Antissa, Pyrrha, Erĕsos, Methymna, bes. durch die äolischen Einwanderer blühend geworden, jetzt *Metelino.* Die Einw. οἱ **Λέσβιοι,** Fem. **Λεσβίς,** ίδος u. **Λεσβία,** ας, ἡ, die Lesbierin. Adv. **Λεσβόθεν** aus L.

λέσχη, ἡ, ep. ion. poet. sp. (v. St. λεχ in λέχος), **1)** die Herberge, Volksherberge, Karawanserei. **2)** die Halle, Gemeindehalle, wo man zur geselligen Unterhaltung zusammenkam, ein öffentliches und immer offenes Gebäude. **3)** die Unterhaltung, das Gespräch, Geplauder; mit σύγκλητος auch außerordentlich berufene Versammlung. Dav.

λεσχηνεύω, Zwiegespräche pflegen, sich unterhalten, τινί mit jmd.

Λετρῖνοι, Ort in Nord-Elis (Ruinen b. Aionni). Die Einw. ebenso.

λευγἄλέος, 3., Adv. **-έως,** ep. (St. λυγ, *lūgeo,* vgl. λυγρός), elend, **a)** erbarmungswürdig, jammervoll. **b)** kläglich, erbärmlich. **c)** schwach, unglücklich. **d)** übertr. unheilvoll.

Λευΐ(ς), auch **Λευείς,** hebr. *Lēvî,* Gen. Λευΐ, Akk. Λευΐν (είν), **1)** dritter Sohn des Patriarchen Jakob u. der Lea. **2)** ein Ahne Christi. **3)** ein Sohn Simeons. **4)** S. des Alphäus, Zöllner, vermutl. = Apostel Matthäus. — **Λευΐτης** **1)** Nachkomme des

Levi. 2) Levit (nicht aus Aarons Stamm), Priesterdiener. Adj. λευϊτικός.

λευκαίνω (λευκός), Aor. sp. ἐλεύκανα, ep. poet. buk. ar. u. sp. weiß machen, im bes. **a)** ὕδωρ schäumen machen, ῥόθια Iph. Taur. 1387 besser ἐκλευκαίνετε, schlagt zu Schaum die Wellen, τινί mit etwas. **b)** buk. u. sp. weiß färben, bleichen. **c)** poet. hell machen, erhellen.

λευκ-ανθής, 2. (ἄνθος), poet. weißblühend, weiß.

λευκανθίζω, ion. sp. weiß aussehen.

Λευκᾶνός, ὁ, lat. *Lucanus*, Bewohner von **Λευκανία,** Lucania in Unteritalien.

Λευκάς, άδος, ἡ, **1)** mit πέτρη: Weißenfels, der weiße, glänzende, von der untergehenden Sonne noch zuletzt beleuchtete fabelhafte Fels diesseits des Okeanos. **2)** Insel an der Westküste Akarnaniens mit einer gleichnamigen Stadt, j. *Santa Maura*; ursprüngl. Halbinsel, bis die Korinther, welche die Insel kolonisierten, die Landenge (ὁ Λευκαδίων ἰσθμός) durchstachen. Adj. **Λευκάδιος,** 3; οἱ Λ. die Einw., u. ἡ Λευκαδία das Gebiet der Stadt L.

λεύκ-ασπις, ιδος, ὁ, ἡ, mit weißem Schilde, weiß beschildet, ὁ λ. φώς eigentl. Adrastos, doch zugleich sein Heer, dessen Schilde nach argivischer Landesart weiß d. h. silberfarben waren, gleichwie später die makedonischen Kerntruppen nach ihren weißen Schilden λευκάσπιδες hießen. [Riedgras.

λευκέα, ἡ, sp. spanischer Hanf oder Flachs, *esparto,*

λεύκη, ἡ (λευκός), **1)** die Weißpappel. Mit ihr pflegte man sich bei der bacchischen Feier zu bekränzen. **2)** der weiße Ausschlag od. Aussatz.

Λευκαὶ στῆλαι, Sammelplatz des karischen Bundes, wahrsch. am karischen Marsyas, Nebenfl. des Mäander. **Λευκὴ ἀκτή, 1)** Reede u. Ort in Thrakien an der Propontis, gegenüber Chalkedon. **2) Λευκὰ ἀκτά** od. **Λευκή,** eine Insel an der Donaumündung, j. *Phodonisi,* od. am Ausfluß des Borysthenes, dem Achilleus geweiht.

λευκ-ήρετμος, 2. poet. mit weißen Rudern.

λευκ-ήρης, 2. (ἀρ in ἀραρίσκω, ohne sinnhaltige Kraft dieses Bestandteils, vgl. z. B. πενθήρης) weiß.

Λευκίμμη, ἡ, Vorgebirge bei Kerkyra, *Kap Bianco.*

Λεύκιος, ὁ, der röm. Männername *Lucius.*

λεύκ-ιππος, 2. poet. u. **λευκό-πωλος,** 2. poet. u. sp. mit weißen Rossen, was in Athen für besonders stolz galt, übertr. vom Tage, der mit leuchtendem Gespann dahinfährt.

Λευκο-θέα, ion. **-έη,** ἡ, eigentl. die glänzende Göttin, Bein. der Ino als Meergöttin, s. Ἰνώ.

λευκό-θριξ, τριχος, ὁ, ἡ, poet. sp. weißhaarig, von den weißen Wollflocken, welche die Bacchantinnen den Rehfellen anhefteten.

λευκο-θώραξ, ακος, ὁ, ἡ, mit weißem (vielleicht linnenem) Panzer.

λευκό-ιον, τό, buk. sp. die Levkoie.

λευκο-κύμων, 2. poet. weißschäumend.

λευκό-λιθος, 2. sp. von weißem Stein, von Marmor.

λευκό-λινον, τό, ion. u. sp. Weißflachs.

λευκο-λόφας, ου, ὁ, poet. mit weißem Federbusche.

Λευκὸν τεῖχος, der eine der drei Teile von Memphis, so benannt, weil er von Steinen, nicht von Ziegeln erbaut war.

Λευκονοεύς, ὁ, Bewohner von Λευκονόη, Demos der leontischen Phyle in Attika.

λευκό-πηχυς, εως, ὁ, ἡ, poet. mit weißem Ellbogen, weißarmig. [füßig.

λευκό-πους, ποδος, ὁ, ἡ, poet. barfuß; sp. weiß-

λευκό-πτερος, 2. poet. weißgeflügelt, übertr. mit weißen Segeln.

λευκό-πωλος, 2., s. λεύκιππος.

λευκός, 3. (λευκ : λύκ, lat. *lūceo, lū-na,* dt. *Licht* aus ahd. *lioht*). **1)** leuchtend, schimmernd, klar, blank, silberglänzend, weiß schimmernd. **2)** gew. von der Farbe: weiß, weißlich, bleich; γῆ λ. Kreide, λίθος λ. Marmor. **3)** Glück bringend, λ. ἡμέρα Glückstag, beim Los: Treffer.

λευκο-στεφής, 2. poet. weiß umwunden.

λευκό-στικτος, 2. poet. weißgefleckt.

Λευκόσυροι, οἱ, die Kappadoker am Pontus.

λευκό-σφυρος, 2. buk. weißfüßig.

λευκότης, ἡ, die weiße Farbe.

Λεύκουλλος, ὁ, Lucius Licinius Lucullus, röm. Feldherr, durch seinen Reichtum bekannt.

λευκο-φαής, 2. poet. weißleuchtend.

λεύκ-οφρυς, υος, 2. (ep.) eigentl. mit weißen Augenbrauen, übertr. weißflimmernd.

Λεύκοφρυς, υος, ἡ, Stadt Kariens am Mäandros bei Magnesia, mit einem berühmten Tempel der Artemis (Λευκοφρυήνη).

λευκο-χίτων, ωνος, 2. sp. ep. in weißer Umhüllung.

λευκό-χρους, 2. poet. weißfarbig.

λευκόχρως, ωτος, ὁ, ἡ, poet. weißfarbig.

λευκόω (λευκός), weißen, weiß anstreichen. Med. sich (*sibi*) weiß anstreichen; putzen, polieren, etwas τί.

Λεῦκτρα, ων, τά, **1)** Stadt in Böotien, berühmt durch Epaminondas' Sieg über die Spartaner 371 v. Chr. Überreste beim heutigen Dorfe *Parapunghia.* **2)** arkad. Stadt südlich von Megalopolis an der lakonischen Grenze, auch **Λεῦκτρον** genannt. **3)** Stadt in Lakonika an der Westküste.

λευκ-ώλενος, 2. ep. poet. = λευκόπηχυς.

λεύκωμα, τό, die weiß angestrichene Tafel nebst Inhalt, die Bekanntmachung.

λευρός (verw. λεῖος), 3. ep. u. poet. weit, eben, breit, πέτρα weit sichtbar.

λεύσιμος, 2. (λεύω), poet. die Steinigung betreffend, ihrer wert, ἀρά der mit Steinigung verbundene Fluch, δίκη Strafe der Steinigung.

λευσμός, ὁ (λεύω), poet. die Steinigung.

λεύσσω (λευκjω, λευκός, südd. *lugen*), sehen, schauen, spähen, anschauen, anblicken, wahrnehmen. Übertr. **a)** seinen Blick auf etwas richten, (geistig) betrachten. **b)** benüten. **c)** mit verst. ἥλιον od. φῶς leben, οὐ λ. verb. mit θανών d. h. weil gestorben.

λευστήρ, ῆρος, ὁ (λεύω), ion. poet. sp. der Steiniger, Peiniger, Henker.

λευχ-ειμονέω (εἷμα), weiß gekleidet sein.

λεύω (s. λᾶας), Fut. λεύσω, Aor. act. ἔλευσα, pass. ἐλεύσθη, steinigen, τινά, mit u. ohne πέτροις.

Λέχαιον, τό, einer von den beiden Hafenplätzen Korinths, westl. vom Isthmos, mit der Stadt durch eine doppelte Mauer verbunden, j. *Pelagio.* Von

λέχαιος, 3. poet. im Lager befindlich.

λεχε-ποίης, ου, ὁ, ep., gewöhnl. (λέχω, ποία), grasbreitend, vom Flusse: grasbettig, da der Asopos schilfreich war.

λεχ-ήρης, 2. poet. ans Bett gefügt, bettlägerig.

λέχος, εος, ους, τό (St. λεχ, s. λέχω), im Sing. u. Plur., ep. u. poet. **Lager,** Lagerstätte, Bett, Nest. Im besond. **1)** Ehebett, mit u. ohne νυμφικά, νυμφίδια Vermählung, τὸ σὸν λέχος deine Ehe, d. h. die, von der du sprichst, im Pl. auch die Eherechte, Eur. Med. 642; überhaupt Liebesgenuß. Konkret die Lagergenossin, Verlobte, Gattin, daher λ. ξυστᾶσα, u. mit u. ohne κρύφιον das Kebsweib. **2)** das Totenbett, die Bahre, zur Ausstellung der Leiche • Adv. **λέχοσδε** ins Bett, zu Bette.

λέχριος, 3., (vgl. λικριφίς, *obliquus*), poet. quer, schräg, schief, seitwärts, auf die Seite geneigt, übertr. πάντα λέχρια alles ist schräg u. quer d. i. geknickt u. hingesunken.

λέχω (λέχος, λόχος, lat. *lectus,* dt. *legen, liegen*). **1)** Akt. hinlegen, einschläfern. **2)** Med. auch mit Wzl.-Aor. ἔ-λεκ-το etc., sich legen zum Schlaf, liegen; sich lagern, belagern, im Hinterhalt liegen, müßig liegen.

λεχώ, όος, akk. dor. u. ion. λεχοῦν, ἡ (St. λεχ, λέχω), poet. sp. die Wöchnerin.

Λεω-κόρειον (-ριον), τό, ein im innern Kerameikos zu Athen gelegener uralter Tempel der „volkpflegenden" Gottheit, nach etymologisierender Sage der Töchter des Leos, welche zur Abwendung einer Hungersnot vom Vater geopfert wurden.

λέων, οντος, ὁ (lat. *leon-,* dt. *Löwe, Leu* aus ahd. *lewo*), Dat. pl. ep. λείουσι, ep. **λίς,** ὁ, Akk. **λῖν,** auch λίν gesch. (dies nur Nom. u. Akk.), der Löwe.

Λέων, 1) Flecken an der Ostküste Siziliens zwischen Thapsos u. dem Hafen Tragilos. **2)** ein spart. König, ca. 600 v. Chr. **3)** athen. Flottenführer z. Z. des Alkibiades, erklärt sich vor Samos gegen die Vierhundert, ist Strateg bei den Arginusen 406, durch die Dreißig hingerichtet. **4)** Platoniker aus Byzanz, hielt es gegen Philipp 340; später von diesem verdächtigt, starb er freiwillig. **5)** ein Ephoros in Sparta 418.

Λεωνίδας, ου u. ᾱ, ion. **Λεωνίδης,** εω, ὁ, **1)** Sohn des Anaxandridas, König Spartas, der 480 die Thermopylen gegen Xerxes verteidigte. **2)** sonst. Eigenname.

Λεωντίς (später Λεοντίς geschr.), ίδος, ἡ, eine der zehn Kleisthenischen Phylen von Attika.

λεω-πόρος, 2. poet., Var. zu λαοπόρος, s. d.

λεωργός, 2. poet. übermütig, frevelhaft; subst. Frevler.

λεώς, ώ, ὁ, s. λαός.

Λεωσθένης, ους, ὁ, athen. Feldherr im lamischen Kriege (322).

λεω-σφέτερος, 2. ion. einer von ihrem Volke, Landsmann.

Λεω-τυχίδης, ου, ὁ, ion. **Λευτυχίδης, 1)** Eurypontide u. Nachfolger des Demarātos als König von Sparta seit 491, Befehlshaber bei Mykăle 479; von den Aleuaden später bestochen, floh er nach Tegea, wo er starb. **2)** sonst. Eigenname.

λεω-φόρος, 2. poet. ion. att. (φέρω), ὁδός die Heerstraße.

λήγω (σληγ : σλᾰγ (vgl. ἄ-λληκτος), λαγαρός, lat. *laxus, langueo,* ahd. *slah* „schlaff"). **1)** ep. trans. aufhören lassen, beruhigen, abhalten von etwas. **2)** intr. aufhören, endigen, ruhen, nachlassen, ablassen, frei werden. Subst. τὰ λ. Ausgang, Ende.

Λήδα, ας, ion. **Λήδη,** ἡ, Tochter des Thestios, Gem. des Tyndareos, Geliebte des Zeus, Mutter des Kastor u. Polydeukes, der Helena u. Klytämestra.

λήδανον, auch **λάδανον,** τό, assyr. *ladunu,* ion. orientalisches Baumharz od. Gummi.

Ληθαῖον πεδίον, τό, poet. Gefilde bei Lebadea in Böotien.

λήζομαι, poet. = ληίζομαι, w. s.

ληθαῖος, 3. vergessen machend; zur Lethe gehörig; ληθαίη ἄκατος, poet. = der Kahn des Charon.

Ληθαῖος, ὁ, poet. Nebenfluß des Mäander in Kleinasien, an dem nahe bei Magnesia die Stadt Leukophrys mit berühmtem Artemistempel lag.

ληθάνω, ep. s. ἐκλανθάνω.

ληθεδανός, 3. sp. vergessen machend.

λήθη, ἡ, dor. **λᾰ́θα,** poet. Nebenff. (dor.) **λᾱθοσύνα** u. **λησμοσύνα, λῆστις,** εως, ἡ (St. ληθ : λᾰθ, lat. *lăt-ēre* verborgen sein), das Vergessen, **Vergessenheit,** Vergeßlichkeit, μετὰ λήθης in Vergessenheit, λήθην ἔχειν in Vergeßlichkeit versunken sein, ἐν λήθῃ τινὸς εἶναι etwas vergessen, ähnl. λήθην τινὸς ποιεῖσθαι etwas in Vergessenheit stellen, aber ἐμποιεῖν es in Vergessenheit bringen, ähnl. λησμοσύναν θέσθαι machen, daß man vergißt, auch mit dopp. Gen. ὕπνου (Gen. des Mittels) u. τῶν κακῶν (Gen. der Wirkung). Auch ἐκ πολέμων τῶν νῦν aus den eben beendigten Kämpfen heraus, d. h. nach ihnen, od. λῆστιν ἴσχειν τι etwas vergessen. Personif. Fluß der Vergessenheit in der Unterwelt.

λήθω u. **λήθομαι,** s. λανθάνω I. u. II.

ληιάς, άδος, ἡ (ληίς, s. λεία), ep. die Erbeutete, die Gefangene.

ληι-βότειρα, ἡ (λήιον, βόσκω), ep. saatabweidend.

ληΐζω, att. **λῄζω,** Impf. ἔλῃζον, Perf. pass. part. λελησμένος, u. als Dep. med. **ληΐζομαι,** λῄζομαι, Aor. med. ἐλησάμην, episch Fut. ληίσσομαι, Aor. ληίσσατο, ion. u. sp. ἐληΐσατο, Adj. verb. ληϊστός u. λεϊστός (s. bes.) (ληίς), Beute machen, plündern, παῖδας λῄσασθαι (Soph. El. 543 Verm.), rauben, dah. **a)** zur Beute machen, als Beute fortführen, erbeuten, im Kriege gewinnen. **b)** ausplündern, verwüsten, verheeren. Teils abs., z. B. ληιζόμενον ζῆν vom Raube leben, teils τί od. τινά, u. zwar ἔκ τινος aus etwas, παρά τινος von jmdm. aus.

ληίη u. **ληίς,** ίδος, s. λεία.

λήιον, τό, dor. **λάιον,** ep. ion. ar. sp. die auf dem Felde stehende Frucht, Feldfrucht, Saat, auch das Saatfeld, λήιον σίτου Getreidefeld.

ληιστήρ, ῆρος, ὁ, ep., u. **ληιστής,** οῦ, ὁ, ep. ion. poet., u. **ληίστωρ,** ορος, ὁ, ep. (ληίζομαι), **1)** Adj. räuberisch, plündernd. **2)** Subst. Beutemacher, Plünderer, bes. Seeräuber. Dies zu sein gegen nicht befreundete Ausländer galt nicht als schimpflich.

ληιστός, 3. u. verk. **λεϊστός,** 3. (ληίζομαι), ep. einzufangen.

ληιστύς, ύος, ἡ, ion. das Beutemachen, Plündern.
ληίστωρ, ὁ, s. ληιστήρ.
ληῖτις, ιδος, ἡ, ep. sp. Beutemacherin.
λήιτον, τό (ληός, λαός), (ion.) bei den Achäern: das Gemeindehaus, Stadthaus, = πρυτανεῖον.
ληκύθιον, τό, Demin. von
λήκυθος, ἡ, 1) eine gehenkelte Ölflasche zum Anhängen. 2) sp. Rednerschmuck, Rednerschminke.
Λήκυθος, ἡ, Kastell bei Torone in Makedonien, j. *St. Kiriaki.*
λῆμα, τό (zu II. λάω), ion. poet. sp. Wille, Begehr, Willenskraft, Mut, Entschlossenheit, Verwegenheit, Dreistigkeit, mit u. ohne φρενῶν, auch im Pl., μητρῷον λῆμα der Mutter arge Art, ὑπὸ λήματος aus Mut. Auch konkret: dreiste Seele.
λημάω, Triefaugen haben, blödsichtig sein.
λήμη, ἡ, Augenbutter, übertr. ein Dorn im Auge, Pfahl im Fleische; λήμην τοῦ Πειραιῶς nannte Perikles die Insel Ägina.
λῆμμα, τό (St. λαβ, λαμβάνω), 1) das Empfangene, Einnahme, Gewinn, persönlicher Vorteil, Profit, im bes. der aus dem Staatsbeutel, z. B. die Theorika od. der Gerichtssold. 2) sp. in der Rhetorik: Annahme, Voraussetzung, *sumptio.*
λημνίσκος, ὁ, sp. wollenes Band, wollene Binde, *taenia, infula.*
Λῆμνος, ἡ, Insel im Norden des Ägäischen Meeres, wegen des Vulkans Mosychlos dem Hephästos geheiligt, jetzt *Stalimĕne.* Die Einw. **οἱ Λήμνιοι,** vom Adj. **Λήμνιος,** dor. **Λάμνιος,** 3. lemnisch. Sprichw. Λ. ἔργα Greueltaten (Herod. 6, 138), und πῦρ, φλόξ ein starkes verzehrendes Feuer, doch Soph. Phil. 800 vom Vulkan Mosychlos.
λῆμψις, ἡ, N. T. s. v. a. λῆψις, s. d.
Λήναια, τά, ein Fest des Dionysos im Monat Gamelion, ion. Ληναιών (Jan.), am Λήναιον, der ältesten Kultstätte des Dionysos in Athen.
Λήναιον, τό, ein dem Dionysos geweihter Bezirk in Athen, früher Λίμναι, mit zwei Tempeln des Gottes u. dem ihm geweihten Theater, ἐπὶ Ληναίῳ am Lenäon, auf der Bühne.
Ληνᾶΐτης, ὁ, poet. adj. zu den Lenäen gehörig.
ληνός, ἡ, ep. buk. sp. die Kelter, Keltertrog.
λῆνος, τό, poet. (*lana*) die Wolle.
ληξι-αρχικόν, τό (λαγχάνω), sc. γραμματεῖον, die Beamtenlosungsliste, auf Grund deren die Einzelgemeinden ihre Kandidaten für die Beamtenstellen der Gesamtgemeinde auslosten od. präsentierten.
I. **λῆξις,** εως, ἡ (λήγω), poet. das Aufhören.
II. **λῆξις,** εως, ἡ (λαγχάνω), a) die Auslosung, ausgeloste Abteilung. b) der Anteil. c) das Anhängigmachen einer Klage.
ληπτέος, 3. (λαμβάνω), zu nehmen.
ληπτός, 3. zu fassen, a) begreiflich. b) annehmbar.
ληρέω (λῆρος), nicht gescheit sein, töricht schwatzen, ungereimte Dinge reden, faseln; Possen treiben, mit der Neg. das Ding beim rechten Namen nennen, abs., od. τινί u. μετά τινος mit jmdm., τὰ πολλά meistens.
λήρημα, τό (ληρέω), u. **λῆρος,** ὁ, leere Possen, Tand, Geschwätz, unbedeutende Kleinigkeiten, auch von Personen als abstr. pro concr.: Schwätzer, Windbeutel, aber τινὰ λῆρον ἀποδεικνύναι einen als unbedeutend, sein Schicksal als ein Kinderspiel erscheinen lassen, u. zwar πρός τι im Verhältnis zu etwas.
Λήρισαι, αἱ, s. Λάρισα.
ληρώδης, 2. läppisch.
λησί-μβροτος, 2. (λήθω, βροτός), ep. die Menschen heimlich beschleichend, Betrüger.
λησμοσύνα, dor., s. λήθη.
ληστ-άρχης, ου, ὁ, sp. Räuberhauptmann.
ληστεία, ἡ, Räuberei, bes. Seeräuberei, Plündern, Räuberleben; im Plur. Streifzüge, ληστείας ποιεῖσθαι Raubzüge machen.
ληστεύω (ληστής), Raubzüge machen, Räuberei treiben, rauben, plündern, ausplündern. Im bes. den kleinen (Guerilla-)Krieg führen, der in Überfällen, Streifzügen, Beutemachen usw. besteht. Dem. 4, 23. Abs. od. τί, τινά, u. zwar ἔκ τινος von wo aus.
ληστήριον, τό, 1) die Räuberbande, das Streifkorps. 2) sp. die Räuberei.
ληστής, οῦ, ὁ (ληίζομαι), der Räuber, Plünderer, auch als Adj. mit ἀνήρ. Im bes. a) Seeräuber, Kaper. Thuc. 2, 32. 3, 51. b) Streiftruppen, auch Freibeuter, od. Leute, denen das Kriegshandwerk nur Mittel zum Rauben u. Plündern ist (Dem. 2, 19); im übertr. Sinne, wie unser: Räuber, oder als Schimpfwort vom alles wagenden u. jeder Gefahr trotzenden Übeltäter (Soph. Phil. 643).
ληστικός, 3. u. **ληστρικός,** 3. räuberisch, τρόπῳ λ. nach Art der Räuber, λ. ξιφίδιον der Stockdegen, ἡ ληστρική, mit u. ohne ἡμιολία, das Räuberschiff. Subst. τὸ λ. das Raubgesindel, die Kaper. Adv. **ληστικῶς,** Komp. ληστικώτερον u. ληστρικώτερον, nach Art der Seeräuber, raubschiffartig.
λῆστις, ἡ, = λήθη, w. s.
ληστρίς, ἡ (sc. ναῦς), das Raubschiff.
Λητοΐδης, ου, ὁ, ep. poet. Sohn der Leto = Apollo.
λητουργέω u. **λητουργία,** att. neben λειτ-, s. d.
Λητώ, όος, zsgz. οῦς, ἡ, Vok. Λητοῖ, dor. **Λᾱτώ,** Leto, Latona, Tochter des Köos u. der Phöbe, von Zeus Mutter des Apollon u. der Artemis, die sie unter einer Palme, einem Lorbeerbaume u. einem Ölbaume, welche ihre heiligen Zweige schützend über sie streckten, auf Delos gebar. Adj. dav. **Λητῷος,** 3.
λῆψις, εως, ἡ (λήψομαι), das Nehmen, a) die Ergreifung, Besitznahme, Einnahme, Gefangennahme. b) das Erhalten, Annehmen, Bekommen; die Forderung, τινός von etwas. c) der Anfall einer Krankheit.
λιάζομαι, ep. Aor. ἐλιάσθεν (λιάσθεν = ἐλιάσθησαν) 1) seitwärts abbiegen, ausbiegen, sich entfernen, entweichen, entschwinden 2) sich abwärts beugen, ausgleiten, sinken, fallen. Über Il. 23, 879 s. συλλιάζομαι.
λίᾱν, ion. **λίην** [ῑ]. 1) **gar sehr,** sehr stark, heftig, ganz u. gar, οὐ λίαν nicht unbedingt, nicht schlechthin, λ. διδόναι μεταβολάς die größten Veränderungen herbeiführen. 2) **zu sehr,** allzu sehr, übermäßig, ἡ λίαν μωρία die allzu große Torheit, τὸ λίαν das Übermaß. 3) καὶ λίαν = καὶ μάλα ja gewiß, nur zu sehr, und allerdings, λίαν γε ja, gar sehr.

λῐαρός, 2. ep. lau, warm, übertr. mild, gelind, [angenehm.
λίβα, s. λιβάς.
λίβανος, ὁ u. ἡ (hebr. *lĕbōnâ*, eigentl. der weiße), 1) ion. Weihrauchbaum. 2) poet. sp. u. N. T. der Weihrauch, der bes. aus Syrien u. Arabien kam.
Λίβανος, ὁ, hebr. *hal-Lĕbānôn*, „Weißberg", wohl von den weißschimmernden Kalk- nnd Kreidewänden, Schneegebirge, Libanon.
λιβανωτός, ὁ, (semit. Lehnwort; vgl. phönik. *lebonat* = hebr. *lĕbōnâ*), 1) der Weihrauch, ein Gummiharz von λίβανος (w. s.), als Räucherwerk (wie noch jetzt) bei religiösen Zeremonien gebraucht; ἄρρην männlicher (d. h. der beste) Weihrauch (in Tropfen). 2) N. T. Räucherfaß.
λιβανωτο-φόρος, 2. (φέρω), ion. sp. Weihrauch tragend, τέρματα wahrsch. die Küste von Aden.
λῐβάς, άδος, ἡ (λείβω), poet. sp. mit metapl. Gen. λιβός, u. Akk. λίβα, jede tröpfelnde Feuchtigkeit, Tropfen, δακρύων, überh. Gewässer, ἱερά bei Soph. Phil. 1215 der heilige Landesstrom Spercheios.
λιβερτῖνος, ὁ, sp. = *libertinus*.
Λιβία, ἡ, sp. = lat. *Livia*.
λίβος, τό (λῐβάς, λείβω), poet. Tropfen.
Λίβιος, sp. das lat. *Livius*.
Λιβύη, ἡ, **Libyen;** von einigen als ein Teil Asiens betrachtet, bezeichnet es • 1) ganz **Afrika** • 2) die nördliche Küste von Afrika, die Landschaften Kyrenaïke, Marmarike u. den libyschen Nomos, wie denn schon Hdt. Libyen von Asien durch den Arabischen Meerbusen getrennt sein läßt, wogegen andere den Nil als Grenze annehmen. Seine äußerste Südgrenze bildet bei Hdt. Habesch (Abessinien) • 3) den libyschen Nomos allein; hier waren viele griech. Kolonien, dah. auch ἡ Λιβύη ἡ Ἑλληνική genannt, wie denn auch Hom. das an Ägypten angrenzende Küstenland bis an den Okeanos darunter versteht • 4) ἡ ἐντὸς Λιβύη, das ganze innere Afrika im Gegens. zur Nord- u. Ostküste • 5) Der Einw. **Λίβυς,** υος, ὁ, berühmt bes. in Kyrenaïke u. Barka wegen der trefflichen Pferde und der Kunst im Wettfahren. Fem. dazu **Λίβυσσα,** ἡ, dah. von den Gorgonen, welche jenseits Libyens auf Inseln in der Nähe der Hesperiden wohnten • 6) Adj. **Λιβῠκός,** 3., Λιβυκὸν οὖρος das Libysche Gebirge, welches sich Hdt. bis an die Südküste Libyens reichend (s. oben) denkt • 7) **Λιβύᾱθε,** dor. buk. = Λιβύηθεν von Libyen her.
Λίβυσσα, ἡ, 1) Fem. zu Λίβυς, s. Λιβύη. 2) bithynische Seestadt an der Propontis, wo Hannibal gestorben sein soll.
Λιβυστικός, 3. poet. = Λιβυκός, s. Λιβύη.
Λιβυφοίνῑκες, οἱ, die Mischbevölkerung der phönikischen Kolonien an der nordafrikanischen Küste, bes. Karthager. (Gegens. Συρο-φοίνικες).
λίγα, s. λιγύς.
λιγαίνω, 1) intr. ep. poet. hell schreien, tönen. 2) trans. buk. poet. sp. singen, besingen.
Λιγγονικά, τά, das Gebiet der *Lingones*, eines Volkes keltischer Abkunft am Fuß der Vogesen u. um die Quellen der Matrona u. Mosa.
(λίγγω), nur im Aor. 1. λίγξε u. ἔλιγξε (St. λιγ, vgl. λιγύς), ep. laut rauschen, schwirren, tönen.
λίγδην, ep. Adv. (Wz. σλιγ, dt. *schleichen*), oberflächlich berührend, streifend.
Λίγηρ, ηρος, ὁ, sp. der *Liger* in Gallien, die Loire.
λῐγνύς, ύος, ἡ, poet. sp. der Rauch, Qualm.
λιγυ-κλαγγής, 2. poet. hellklingend.
λιγύ-μολπος, 2. ep. hellsingend.
λιγυ-πνείων (od. λιγὺ πν.), ep., **λιγύ-πνοιος,** 2. (πνοιή), ep., u. **λιγύ-πνους,** 2. poet. hellsausend, -pfeifend.
λῐγῠρός, 3. bes. ep. poet. u. sp. = λιγύς, s. d.; λιγυρὸν ὑπηχεῖ ein helles Lied erklingt.
λῐγύς, λιγεῖα (ep. gew. λίγεια betont), λιγύ, fast nur ep. u. poet., hell- oder lauttönend, hellstimmig, lautsingend, hellklingend, lautkreischend, hellpfeifend, hellschwirrend, sausend, mit πνείων hell säuselnd. Adv. **λίγα, λιγέως** u. **λιγύ,** laut, hellauf, helltönend, vernehmlich, also auch kräftig u. nachdrücklich.
Λίγυς, υος, ὁ, das Volk der Ligurer zwischen Pyrenäen u. Alpen, am Busen von Genua; Adj. Λιγυστικός, 3. ligurisch, und ἡ Λιγυστική Ligurien.
Λιγυστιάδης, ὁ, poet. „lieblicher Sänger", Beiname des Mimnermus.
λιγύ-φθογγος, 2. ep. poet. lautrufend.
λιγύ-φωνος, 2. ep. helltönend, kreischend.
λίην, s. λίαν.
λιθάζω, sp. N. T. = λιθοβολέω, steinigen.
λίθαξ [ῐ], ακος, 2. ep. poet., **λίθεος,** 3. ep. u. **λίθινος,** 3. (λίθος), steinig, steinern, von Felsen, von Stein, spez. auch aus Marmor gehauen od. gemacht; λίθινα χυτά von Glas od. Glasporzellan, λ. ἕστηκε er steht als steinerne Bildsäule da.
λιθάς, άδος, ἡ ep. (λίθος), Stein; poet. auch Steinregen.
λίθεος u. **λίθινος,** s. λίθαξ.
λιθίδιον, τό (λίθος), Steinchen, Edelstein.
λιθοβολέω, sp. N. T. mit Steinen werfen, steinigen.
λιθο-βόλος, ὁ (βάλλω), Steinwerfer; a) Krieger, welche, unterschieden von den Schleuderern, die Steine aus freier Hand warfen. b) sp. eine Wurfmaschine. Dagegen
λιθόβολος, 2. poet. gesteinigt.
λιθο-γλῠφος, ἡ (γλύφω), sp. Steinschneider.
λιθο-δόμος, ὁ (δέμω), Steinarbeiter, Maurer.
λιθο-κόλλητος, 2. (κολλάω), poet. u. sp. mit Edelsteinen besetzt. Soph. Trach. 1261.
λιθο-κόπος, ου, ὁ, Steinhauer, Steinmetz.
λιθό-λευστος, 2. (λεύω), poet. sp. gesteinigt, Ἄρης der Steinigungstod, in heroischer Zeit entweder als von Fürsten verhängte Strafe, od. als gewaltsame Ermordung durch die tobende Menge.
λιθολόγημα, τό (λογέω), Bau mit Steinen, Mauer.
λιθο-λόγος, ὁ (λέγω) = λιθοδόμος.
λιθο-ξόος, ὁ (ξέω), poet. sp. Steinmetz.
λιθό-ρρῑνος, 2. (ῥινός), ep. steingepanzert.
λίθος [ῐ], ὁ u. ἡ, Stein. 1) nach der Form a) Steinblock, Felsen, steinerner Sitz, Feldstein, b) Steinscheibe, Diskus, Steintafel, Gesetztafel, Götzenbild. 2) nach dem Stoff a) Marmor, b) Edelstein. 3) Übertr. a) λ. ζῶν von Christus: lebendiger Baustein, b) das Harte, Gefühllose: λ. τινὰ ποιεῖν einen unempfindlich machen, einen zum Stein verstummen machen. c) das Feste, Standhafte.

λιθο-σπᾰδής, 2. (σπάω), poet. ἀρμός, durch Wegziehen der Quadersteine entstandene Öffnung.
λιθό-στρωτος, 2. (στρώννυμι), **1)** poet. steingemauert. **2)** steingepflastert; τὸ λ. Fußboden von musivischer Arbeit, N. T.
λιθοτομία, ἡ, gew. im Plur., (wie von λιθο-τόμος, τέμνω), der Steinbruch, bei Herod. bes. die von Tura u. Massarah in Ägypten.
λιθουργός, 2. (St. ἐργ), zum Behauen der Steine gehörig. Subst. ὁ, Steinhauer, Steinmetz.
λιθοφορέω, Steine herbeitragen. Von
λιθο-φόρος, 2. sp Steine tragend, führend, schleudernd.
λιθώδης, 2. steinähnlich, steinhart; steinig.
λικμάω (λικμός = λίκνον die Futterschwinge), ep. **1)** worfeln, d. i. das Getreide mit der Worfschaufel reinigen. **2)** sp. N. T. zerstreuen u. zermalmen.
λικμητήρ, ῆρος, ὁ, ep. der Worfler, Getreidereiniger.
λίκνον, τό, **1)** ep. Wiege. **2)** sp. Getreideschwinge, um das Korn von der Spreu zu reinigen. **3)** poet. u. sp. der heilige Korb mit den Erstlingsfrüchten bei Opferfesten.
λικνο-φόρος, ὁ (φέρω), Korbträger, Kistenträger, insbes. wer bei (bacchischen) Festen u. Mysterien in Prozession den heiligen Korb (s. λίκνον, 3) trägt.
λικριφίς [ῐ] (s. zu λέχριος), ep. Adv., von der Seite, seitwärts.
Λίλαια, ἡ, phokische Stadt an der Quelle des Kephissos, bei Paläo-kastro.
λιλαίομαι (aus λι-λασ-jομαι, zu II. λάω, verw. lat. *lascivus*, dt. *Lust*), ep. Dep., Perf. λελιημένος, heftig begehren, verlangen, streben, wünschen, sich sehnen.
λιμά, versch. LA. statt λαμμᾶ (s. λαμά), warum?
λῑμαίνω (λιμός), ion. Hunger leiden.
λιμένιον, τό (λιμήν), sp. ein kleiner Hafen.
λιμενίτης, ου, ὁ, und **λιμεν-ορμίτης,** ου, ὁ, poet. am Hafen befindlich, hafenbeschützend. Von
λῐμήν, ένος, ὁ, Dat. pl. ep. auch λιμένεσσι (vgl. λειμών), der **Hafen,** die Meeresbucht. Übertr. **1)** felsige Bucht. **2)** weite Fläche, Sammelplatz, Lände; dah. auch Schlund des Hades. **3)** Zufluchtsort, Schirmstätte, wie „Hafen" auch im Deutschen gebraucht wird. ***Καλοὶ λιμένες,*** j. *Kalous limenias*, Hafen u. Stadt an der Südküste von Kreta.
λιμηρός, 3. buk. poet. sp. hungrig, mit Hunger verbunden. Auch als Beiname der Stadt Ἐπίδαυρος in Lakonien, s. Ἐπίδαυρος, b.
λιμνάζω (λίμνη), sp. einen stehenden See bilden, stagnieren, nicht abfließen.
Λίμναι, s. λίμνη. Davon
λιμναῖος, 3. ion. sp. mit bes. fem. buk. λιμνάς, sp. λιμνᾶτις, ιδος, in Sümpfen, Seen lebend, ὄρνιθες Sumpfvögel. Als Eigenn. ***Λιμναία,*** ἡ, Flecken in Akarnanien, j. Ruinen von *Kentromatia*.
λίμνη, ἡ, dor. **-να** (vgl. λιμήν). **1)** stehendes Wasser, **Sumpf,** Teich; überh. See, Landsee. **2)** Bei Hom. **a)** Bucht des Okeanos. **b)** überh. Meeresbucht. ***Λίμναι,*** αἱ, Platz in Athen, dessen Fläche sich nach dem Ilissos zu absenkte, mit zwei Tempeln des Dionysos, spät. *Ληναῖον*.
λιμνῆτις, ιδος, buk. fem. = λιμναία, s. λιμναῖος.
λιμνο-θάλαττα, ἡ, sp. Sumpf aus Meerwasser.
λιμνουργός, 2. sp. in Sümpfen arbeitend.
λιμνο-χαρής, 2. sp. ep. sich des Sumpfes freuend, gern darin lebend. [Natur.
λιμνώδης, 2. seeartig. Subst. τὸ λ. die seeartige
λῑμο-θνής, ῆτος, ὁ, ἡ (θνῄσκω), poet. vor Hunger sterbend.
λιμοκτονέω, hungern lassen, durch Hunger töten.
λῑμοκτονία, ἡ, eig. das Töten durch Hunger, im Plur. Fasten, Hungerkur.
λῑμός, ὁ, **1)** Hunger, ὑπὸ (τοῦ) λιμοῦ, λιμῷ aus, vor Hunger; Mangel an Nahrung u. Lebensmitteln, Hungersnot. **2)** heftige Eßbegier (ep. u. poet. ἡ). **3)** überh. Verlangen, ἐμποιεῖν τινι jmdm. erregen, u. zwar τῶν παρ' ἐμοί nach meinen Gunstbezeigungen.
λιμπάνω, (zu λείπω), nur Präs u. Impf., Akt. (spät) u. Med. lassen, verlassen.
λῑμώττω (λιμός), poet. sp. hungrig sein, hungern.
λινάριον, τό (λίνον), sp. Fangnetz.
Λίνδος, ἡ, **1)** Stadt auf der Insel Rhodos, j. *Lindo*. Die Einw. οἱ ***Λίνδιοι.*** **2)** *Λίνδιοι,* οἱ, Gegend um Gela in Sizilien.
λίνεος, 3., zsgz. **λινοῦς,** ῆ, οῦν (λίνον), linnen, aus Leinen od. Flachs gemacht, θώραξ Linnenpanzer, mit Metallplatten auf Brust u. Rücken.
λινό-δεσμος, 2. poet. dasselbe wie
λινό-δετος, 2. (δέω), poet. mit (flächsenen) Stricken gebunden, χαλινοί Ankertaue.
λῑνο-θώρηξ, ηκος, ὁ, ep. linnengepanzert (s. λίνεος).
λινό-κροκος, 2. poet. von Flachs gewebt, leinen.
λίνον [ῐ], τό (lat. *līnum*, dt. *Lein* aus got. *lein*, ahd. *līn*). **1)** die Leinpflanze, der Lein, Flachs, **2)** alles, was aus Flachs bereitet ist, **a)** Faden, Schnur, insbes. **α)** die Angelschnur, **β)** Lebensfaden, den die Schicksalsgöttinnen den Menschen spinnen. **b)** das geflochtene Zuggarn od. Netz der Fischer und Vogelsteller, **c)** das aus Flachs Gewebte: Leinwand, Linnen, insbes. Leintuch, leinenes Bettuch, Bettlaken. **d)** der Docht, N. T.
λινο-πόρος, 2. (πορεύομαι), poet. durch die Segel streichend.
λινοπτάομαι, poet. ein λιν-όπτης sein, d. h. am Stellnetz aufpassen, auf dem Anstand stehen.
λινό-πτερος, 2. poet. mit leinenen Segeln.
λινο-ρραφής, 2. poet. von Leinwand zusammengesetzt.
Λίνος u. **λίνος,** ὁ, Linosgesang. **1)** Klagegesang, bes. in Kleinasien u. Ägypten. **2)** Volkslied bei freudigen Anlässen.
λινουργός, 2. (St. ἐργ), sp. Flachs, Leinwand bearbeitend; ὁ λ. der Leinweber.
λινοῦς, s. λίνεος.
λινο-φθόρος, 2. poet. Leinwand zerreißend.
λίπα (St. λῐπ, s. λίπος u. vgl. ἀλείφω), fast nur ep. u. sp. Adv. fett, glänzend, mit u. ohne ἐλαίῳ von Öl, u. nur bei ἀλείφειν u. χρίειν.
λῐπαίνω, poet. u. sp., Aor. pass. ἐλιπάνθην, fett machen, befruchten.
Λιπάρα, ἡ, die größte der Liparischen od. Äolos-Inseln bei Sizilien, jetzt *Lipari*. Die Einw. οἱ ***Λιπαραῖοι.***

λῐπαρέω, (λιπαρής). 1) festhalten, ausharren, sich an etwas binden. 2) Im bes. a) wiederholt fragen, unablässig bitten, lange flehen, b) mit διάγειν standhaft aushalten; ἱστορέων mit Fragen bestürmen.

λῐπᾰρής, 2. (s. λίπα u. λίπος), a) klebrig, anhaltend, beharrlich, mit δεόμενοι stürmisch im Bitten, inbrünstig. b) freigebig, reichlich, πρὸς τὸ λιπαρές bis zum überschwenglichen Lobe. Adv. **λιπαρῶς** ἔχειν m. folg. Inf. od. Akk. m. Inf. auf etwas bestehen; begierig, erpicht sein, λιπαρῶς ἐγκεῖσθαι eifrig anliegen.

λιπαρίη, ἡ, ion. Beharrlichkeit, Ausdauer.

λιπαρό-ζωνος, 2. poet. mit glänzendem Gürtel.

λιπαρό-θρονος, 2. poet. mit glänzendem Sitze.

λῐπᾰρο-κρήδεμνος, 2. ep. poet. mit glänzender, schimmernder Hauptbinde.

λῐπᾰρο-πλόκαμος, 2. ep. poet. mit glänzenden d. i. gesalbten Flechten.

λῐπᾰρός, 3., Adv. **-ῶς** (λίπα), 1) fett, fruchtbar, gesegnet, wohlgenährt, λιπαροὶ τρεφόμενοι d. h. so genährt, daß sie λ. werden (v. LA., and. φερόμενοι), voll, prall (nicht runzelig), od. auch gesalbt, von Öl u. Salbe glänzend, geschmeidig, τί an etwas. 2) übertr. a) glänzend, schimmernd, prächtig, schön. b) reichlich, reichgesegnet, wohlhabend, behaglich.

λιπαρό-χρως, 2. buk. von glänzender Haut.

λιπάω (λίπα), ep. **λιπόω** Hom. τ 72, von Salben [glänzen.

λῐπό-γαμος, 2. poet. die Ehe verlassend.

λῐπο-θῡμέω (wie v. λιπόθυμος), sp. in Ohnmacht sinken, entkräftet, ohnmächtig sein.

λῐποθυμία, ἡ, sp. Ohnmacht, vgl. λιποψυχία.

λῐπό-ναυς u. **-νεως,** ὁ, ἡ, poet. schiffverlassend.

λῐπο-ναύτης, ὁ, buk. die Schiffer verlassend.

λῐπο-πάτωρ, ὁ, ἡ, poet den Vater verlassend.

λῐπος, ους, τὸ (St. λιπ : λῐπ, „kleben", lat. *lippus* „triefäugig", dt. *bleiben* aus ahd *bi-lîban*), Fett; αἵματος des geronnenen, verspritzten Bluts.

λῐπο-στρατία, ion. **-ίη,** ἡ, u. **λιποστράτιον, τό,** versäumter Kriegsdienst, Nichtgestellung.

λιποταξία, ἡ, u. **λιποτάξιον,** ου, τό, Fahnenflucht.

λῐποψῡχέω (wie v. λιπόψυχος), augment. ἐλιποψ., 1) = λιποθυμέω. 2) übertr. ion. kleinmütig werden.

λῐποψυχία, ας, ἡ, ar. sp Ohnmacht.

λιπόω, s. λιπάω.

λίπτομαι, poet. ep., Part. perf. λελιμμένος, wonach verlangen, τινός.

I. **λίς,** = λέων, w. s.

II. **λίς,** ἡ, ep. Adj. fem. zu λισσός, w. s., nur λὶς πέτρη glatter Fels.

III. **λίς,** ep. (zu λίνον), nur Dat. λιτί u. Akk. λῖτα, ungefärbte Leinwand, als Decke über Sessel, Überzug über einen nicht im Gebrauch befindlichen Wagen, sowie als Hülle eines Toten und einer Totenurne gebraucht.

λίσπος, 3. (verw. dt. *schlicht*) geschliffen, übertr. gerieben, abgefeimt. Dav. **αἱ λίσπαι,** Würfel, welche zwei Gastfreunde in der Mitte durchschnitten u. deren Hälften sie als Erkennungszeichen für sich und ihre Kinder aufbewahrten; vgl. σύμβολον 3, b.

λισσάς, ἡ, s. λισσός.

λίσσομαι, (λιταί), Dep. med., Imperf. auch ἐλλισσόμην, iterat. λισσέσκετο, Aor. 1. ep. ἐλλῐσάμην, conj. 2. sg. λίσῃ, imper. λίσαι, Aor. 2. ἐλῐτόμην, Adj. verb. λιστός, 3., bitten, flehen, anflehen, beschwören, τινός bei jmdm. (einem Gotte), od γούνων bei den Knien.

λισσός, 3. ep. (s. λίσπος). 1) glatt. Dazu als Fem. **λισσάς,** άδος, ἡ, poet. u. buk., bei Sp. auch Subst., glatter Fels. 2) poet. schroff.

λιστος, 3., Adj. verb. zu λίσσομαι, der sich erbitten läßt (alte v. LA. Il. 9, 497 für στρεπτοί).

λιστρεύω, ep. umgraben.

λίστρον, τό, ep. Schaufel.

λῖτα, s. III. λίς

λῐταί, αἱ (lat. *litare* ist Lw.), die Bitten, das Gebet, ἐν λιταῖς bittweise, λιτὰς προστροπαίους ἔχειν τινί bei einem dringend heiße Bitten vorbringen, u. zwar τινός für jmdn. Personif. sind sie Töchter des Zeus, des Beschützers der Schutzflehenden, welche hinter der Ate hinkend hergehen, um wieder gut zu machen, was diese verschuldet hat.

λιταίνω, pot. (λίτανος) und

λῐτανεύω, Impf. ep. ἐλλιτ., bitten, flehen, konstr. wie λίσσομαι, w. s.

λιτανός, 3. poet. bittend.

λίταργος, 2. poet. schnell, beweglich.

λιτί, s. III. λίς.

λῑτός, 3. (II. λίς), sp. glatt, schlicht, einfach. Adv. **λιτῶς,** sp. schlicht, ohne Übertreibung.

λίτομαι [ῐ], ep. u. poet., seltene Nbf. zu λίσσομαι.

λιτότης (λιτός), ἡ, sp. Einfachheit, schlichte Lebensweise; rhetor. Figur wie *non humilis*, οὐκ ἀθεεί, *non sine dis*.

λίτρα, ἡ, sp. N. T. (verw. lat. *libra*), Pfund, als Silbergeld = einer halben Mine od. 50 Drachmen.

λίτρον, τό, durch Dissim. aus νίτρον. w. s.

λῐχᾰνός, ὁ (λείχω), mit oder ohne δάκτυλος, der Leck-, d. i. Zeigefinger.

Λίχας, ου, ion. **Λίχης,** ὁ, 1) Diener des Herakles, der, mit Hyllos zugleich aufgezogen, sogar παιδαγωγός des Hyllos gewesen sein soll. 2) Sohn des Arkesilãos, reicher und gastfreier Spartaner, Zeitgenosse des Sokrates. Er wurde mehrmals zu Gesandtschaften verwendet. 3) sonst. Eigenname.

λιχμάω (λείχω), ep. poet. sp. belecken, τί. Im med. buk. auch züngeln.

λιχνεύω (λίχνος), sp. belecken, benaschen, τί; übertr. lüstern sein. Auch Med.

λιχνεία, ἡ, Leckerei, Gefräßigkeit, auch übertr.

λίχνος, 2. (λείχω), lecker, lüstern.

λίψ, λιβός, ὁ, ion. der West-Südwestwind, im N. T. auch für die Gegend, den Südwest.

λιψουρία, ἡ, poet. Verlangen zu pissen.

λοβός, ὁ, eigentl. Hülse, Schote, dann ein wie eine Schote herabhängender Teil eines Körpers, dah. a) ep. u. sp. das Ohrläppchen. b) der Leberlappen.

λογάδην, Adv. (λογάς), mit Auswahl; fast wie ein indeklin. Adj. ἕρυμα λίθων λ. πεποιημένον aus zusammengelesenen Steinen. [Gerede.

λογάριον, τό, Dem. von λόγος, λ. δύστηνα elendes

λογάς, άδος, ὁ, ἡ (λέγω), ausgelesen, zusammengelesen. aufgelesen oder auserwählt. Als Subst. *λογάδες* Auserlesene, die Elite.

Λογγῖνος, *ὁ*, Dionysius Cassius Longinus v. Athen, 213—273, Platoniker, Philosoph, Historiker, Grammatiker, Rhetor, Berater der Königin Zenobia u. dah. auf Befehl Aurelians hingerichtet.

λογεία, *ἡ* (v. *λογεύω*, sammeln), N. T. Steuer, Kollekte.

λογεῖον, *τό*, die Mitte des *προσκήνιον* im attischen Theater, der Sprechplatz.

λογεύς, *έως*, *ὁ*, sp. Redner.

λογία od. **λογιά,** unrichtig f. *λογεία*, s. d.

λογίδιον, *τό*, sp. kleine Rede.

λογίζομαι, Dep. med., Fut. *-ιοῦμαι*, Aor. *ἐλογισάμην*, Perf. med. u. pass. *λελόγισμαι*, Aor. pass. *ἐλογίσθην*, Adj. verb. *λογιστέον* (*λόγος*) • **1) rechnen, berechnen,** in Rechnung stellen, Rechnung ablegen, überrechnen, zusammenrechnen. Insbes. **a)** abrechnen *τινί* mit jmdm., herausrechnen; anrechnen, *τινί τι* • **b)** übertr. darunter rechnen od. zählen, fest auf etw. rechnen, *τί* od *τινά*, so auch *τινά τι* einen als od. für etw., oder mit Inf., A. c. I., Part., oder indir. Frage • **2) erwägen,** bedenken, betrachten, berücksichtigen, überlegen, nachdenken, anerkennen, *ὀρθῶς λ.* Grund wozu haben, *τί* u. *περί τινος*, od. Inf., A. c. I., od. Nebens. mit *ὅτι*, *ὡς*; *πρὸς ἑαυτόν* bei sich. Präs. u. Perf. auch in pass. Bdtg., z. B. *τὸ λελογισμένον* das Erwogene, die Erwägung, *λόγος λελογισμένος* stichhaltiger Grund • **3)** schließen, urteilen, auch beschließen: insbes. **denken,** meinen, hoffen.

λογικός, 3. (*λόγος*). **1)** den Ausdruck, die Rede betreffend; insbes. **a)** prosaisch (Gegens. *ποιητικός*), **b)** *ἡ λογική* (*τέχνη*) die Kunst des Ausdrucks, Dialektik. **2)** die Vernunft betreffend, vernunftbegabt, **vernünftig,** zur Vernunft gehörig; *πᾶν τὸ λογικόν* die ganze vernünftige Welt; *τὰ λογικά* die vernunftbegabten Wesen. **3)** das Denken betreffend; *ἡ λογική* (*τέχνη*) die Wissenschaft des Denkens, die Logik, *οἱ λογικοί* die Logiker, Philosophen. Kompar. *λογικώτερος* auch: zu feineren Definitionen od. genaueren Beweisen gehörig od geeignet. **4)** N. T. *λατρεία* vernünftiger Gottesdienst • Adv. *λογικῶς* sp. mit Worten, durch die Rede; dialektisch, logisch.

λόγιμος, 3. auch 2. (*λόγος*), ion. u. sp. der Rede od. der Beachtung wert, namhaft, angesehen, abs. und *παρά τινι*.

λόγιος, 3. (*λόγος*), *doctus*, gelehrt, bewandert, beredt, insbes. bei Herod. geschichtskundig. Subst. **a)** *ὁ λ.*, bei Arr. der Wahrsager, Seher. **b)** *τὸ λόγιον*, das Gespräch, die Erzählung, insbes. (mit u. ohne *χρησμοῦ*) die Weissagung, das Orakel, der Orakelspruch (Spruch), auch mit folg. Inf.

λογιότης, *ητος*, *ἡ*, sp. Redegabe.

λογισμός, *ὁ* (*λογίζομαι*) • **1)** im Sg. u. Pl. die **Rechnung,** *τινός* von etw., aber *εὐθυνῶν* die Rechnungsablage, *ἐκ λογισμοῦ* durch Nachrechnen, *λογισμὸν ἀποφαίνεσθαι* eine Rechnung machen. Im Pl. bes. die Rechenkunst (nicht die Arithmetik, s. *λογιστικός*) • **2) Berechnung** • **a)** Erwägung, das Denken, Urteil, Schluß, im Pl. bes. Erwägungen, Pläne, auch Klugheit, *λογισμῷ* u. *λογισμοῖς χρῆσθαι*, *λογισμὸν ἑαυτῷ διδόναι*, *λογισμῷ συντιθέναι* in Berechnung zusammenstellen, erwägen, *ἐς λογισμὸν ἀναφέρειν* zur Einsicht bringen, *ἐς λ. κατακλείεσθαι* zu einem Abschluß gedrängt werden, *λογισμὸν ἐνδέχεσθαι* Berechnung zulassen. Dagegen *τῶν λογισμῶν ἐκπίπτειν*, *ἔξω τῶν ἑαυτοῦ λογισμῶν εἶναι* seine Besonnenheit verlieren oder verloren haben, *λογισμῷ*, *ἐκ λογισμοῦ*, *σὺν λογισμῷ*, *μετὰ τοῦ λ.* mit, bei der Überlegung, auch durch kalte Berechnung im Gegens. zu *τὸ πάθος*, od. mit geistigen Waffen, im Gegens. zu *τοῖς ἔργοις*, u. *κατ' ἀνθρώπινον λ.* od. *ἀνθρωπίνοις λογισμοῖς* nach menschlichem Ermessen, (*ξὺν*) *οὐδενὶ λογισμῷ* ohne (ruhige) Überlegung • **b)** das Vermögen zu schließen, die Vernunft.

λογιστής, *οῦ*, *ὁ* (*λογίζομαι*), Berechner, Beurteiler, *τινός* von etwas. Im bes. *οἱ λ.* die (zehn) Rechnungsrevisoren, eine Oberrechnungsbehörde in Athen, welche zugleich mit den Euthynen den Beamten bei Niederlegung ihres Amtes die Rechnung abzunehmen u., was sie unrichtig fanden, vor Gericht zur Entscheidung zu bringen hatten.

λογιστικός, 3., **1)** im Rechnen erfahren, geübt, *ἡ λογιστική* die Rechenkunst, und zwar die gemeine, praktische (*ἀριθμητική* die theoretische). **2)** zum Nachdenken, Überlegen geschickt, geeignet, denkend.

λογογραφέω, sp. (gerichtliche) Reden schreiben, *τινί* für jmdn., *ἐπί τινι* gegen jmdn.

λογο-γράφος, *ὁ*, **1)** Chronist, Geschichtsschreiber, Erzähler begründeter od. beglaubigter Nachrichten u. Traditionen in Prosa, zum Unterschied von *ποιητής*. Im bes. heißen die Vorläufer Herodots so, Hekatäos, Pherekydes, doch auch er selbst. **2)** Redenschreiber um Lohn, Anwalt.

λογο-δαίδαλος, *ὁ*, der Redekünstler.

λογομαχέω, N. T. mit Worten streiten. Dav.

λογομαχία, *ἡ*, N. T. das Wortgezänk.

λογοποιέω, Märchen od. falsche Nachrichten erfinden, erdichten, ausstreuen, abs. *οἱ λογοποιοῦντες* die Neuigkeitskrämer, *λογοποιοῦσι περιιόντες* sie laufen mit Neuigkeiten umher, od. *περί τινος* über einen, u. *τί* etwas.

λογο-ποιία, *ἡ*, sp. das Worte-machen, die Neuigkeitskrämerei.

λογο-ποιός, *ὁ*, **1)** = *λογογράφος* 1, w. s. (auch v. Herodot). **2)** Fabeldichter, wie Äsop. **3)** Redenschreiber. **4)** Neuigkeitskrämer.

λόγος, *ὁ* (*λεγ*, *λέγω*) • **I) das Sprechen,** daher • **1)** die **Sprache,** als Ausdruck der Gedanken nur dem Menschen zukommend (im Gegens. zur *φωνή*, der Stimme, die als Ausdruck von Empfindungen auch den Tieren eigen ist) • **2)** die mündliche Mitteilung, das **Wort,** und zwar *vox* das gesprochene (denn das grammatische heißt *ῥῆμα*, *ὄνομα*), der Spruch, Lehr- oder Grundsatz, *μένει* bleibt bestehen, (N. T. Ausspruch Gottes, Befehl, *δέκα λ.* 10 Gebote; Weissagung durch Prophetenmund, *πίστεως* Glaubenslehre), das Sprichwort, die Behauptung, **Beweis,** od. der mündliche Auftrag, **Vorschlag, Versprechen** (hier mit Inf. fut.), u. im Sg. od. Pl. **Rede, das Ge-**

rede, Vorwände, Ausflüchte, nur im Pl. Besprechung, Unterredung, Beratung. Im bes. **Erzählung**, Nachricht, Gerücht, Ruf. Man sagte dah. • **a)** im Nom. λόγος ἐστὶ περί τινος, πλεῖστος λόγος ἦν αὐτοῦ παρά τινι, ὧν λόγος κρατεῖ τοῦ ἔργου ihr Ruf übersteigt die Wirklichkeit, λόγοι γίγνονται; λόγος mit u. ohne ἐστί, od. λόγος ἔχει, κρατεῖ usw., es geht die Sage, mit A. c. I. od. ὅτι, u. zwar πρός τινας bei od. unter einigen, ὁ. λ. κατέχει τινὰ ὅτι es geht über ihn die Sage, daß er, λόγος τινὸς ἦν παρά τινι ἐπί τινι, λόγος μείζων ἔχει τινά jmd. hat einen guten Ruf in der Welt • **b)** im Gen. λόγου od. λόγων ἔχεσθαι an einer Rede, einem Grunde festhalten, λόγου μείζων, κρείσσων größer als sich sagen läßt, unbeschreiblich, λόγου ἄξιος der Rede wert, ἐκ λόγου πλαστοῦ zum Scheine, ähnl. (τοῦ) λόγου ἕνεκα nur um etwas zu sagen, zum Scheine, lat. *dicis causa*, ἐπὶ σμικρῶν λόγων um geringfügiger Worte willen • **c)** im Dat. (τῷ) λόγῳ εἰπεῖν, τῷ λ. διεξιέναι, τούτῳ τῷ λόγῳ πλείστῳ χρῆσθαι, τῷ δικαίῳ λόγῳ od. λόγοις δικαίοις χρῆσθαι, τῷ λ. δικαίως χρ. unparteiisch reden, dag. τῷ λ. ὑπερηφάνως χρ. sich voll Übermut aussprechen, aber λ. κοινοῖς χρ. gemeinsame Beratung halten, λόγοισι πυνθάνεσθαι, ἐν λόγοις γίγνεσθαι πρός τινα mit jmdm. in Unterhaltung treten, ἐν λόγοις εἶναί τινι, πολὺς ἦν ἐν τοῖς λόγοις er führte fleißig das Wort. Dah. λόγῳ (auch τῷ λ.) u. λόγοις im Gegensatz zur Tat oder zu einer eidlichen Versicherung: dem Vorgeben nach, zum Scheine; im Gegens. zum bloßen Glauben: deutlich, ausdrücklich, in Wahrheit; im Gegensatz zum Selbsterlebten = ἀκοῇ vom Hörensagen; bei κακά dagegen: schlimm, um es auch nur zu sagen; ἐν λόγῳ bloß in der Erzählung, ἐν οὐδενὶ λόγῳ ohne Ruhm, ἐν ἑνὶ λόγῳ auf einmal, τῷ σῷ λόγῳ nach deiner Behauptung: κρεῖσσον ἢ λόγοισιν besser od. mehr als mit Worten zu beschreiben • **d)** im Akk. λόγον od. λόγους ποιεῖσθαι, πρός τινα, περί τινος über etwas, ὑπέρ τινος für jmdn., ähnl. λ. πορίσασθαι od. λόγους λέγειν, λόγον ἐκ λόγου λέγειν von einem aufs andere kommen, λόγον προσφέρειν τινί, τὸν λόγον καταστήσασθαι περί τινος sich in der Rede etwas zur Aufgabe gestellt haben, οὐκ ἐλάττω λόγον ἀναλίσκειν mit Part.: nicht weniger Worte verschwenden bei od. mit etwas. Aber λόγους πλάττειν teils Nachrichten ersinnen, teils Schikanen machen, θρασεῖς λόγους ἐπαίρεσθαι sich in Prahlereien ergehen, τοὺς λ. ἀφελέσθαι τινός einen Lügen strafen, λόγον παρέχειν ἐπί τινα, μή od. λ. π. ὑπό τινος ein Gerücht mit einem od. bei jmdm. veranlassen, λόγον ἔχει er steht in dem Rufe; ἐς λόγους ἐλθεῖν, ἰέναι, ξυνελθεῖν τινι, ἐς λόγους ἐμπίπτειν sich in Erörterungen einlassen • **3)** das was gesagt wird od. gesagt werden kann • **a)** der Stoff zum Reden, der **Vorfall**, die **Sache**, (τὸν) πάντα λόγον = πᾶν τὸ γεγονός, τὸν ἐόντα λ. die Sache, wie sie war (wie λόγος ἀληθής), u. so auch λ. ohne Zusatz, das Sachverhältnis, die Sache, ἄλλος λόγος (ἂν εἴη) das ist od. wäre etwas anderes, ἡμῖν πρὸς λόγον ἐστί es dient uns zur Sache, ὁ λόγος ὁ ἐς ἡμᾶς καθεστώς das bei uns zur Sprache Gebrachte, μηδένα λόγον ὑπολείπειν • **b)** Gelegenheit, **Erlaubnis zu sprechen**, λόγον αἰτεῖσθαι, λ. ποιεῖν τινι παρά τινι, λ. διδόναι, ähnl. λόγου μεταδιδόναι od. λόγον προτιθέναι περί τινος, ἐν τῷ ἐμῷ ὕδατι in meiner Sprechzeit; λόγων ὑπείκειν τινί jmdm. das Wort lassen, λόγου τυχεῖν Gelegenheit erhalten sich zu rechtfertigen • **c)** die gehaltene Rede, dah. auch die **Beredsamkeit**, Redekunst, auch ἡ τῶν λόγων τέχνη, die Redeweise, aber οἱ ἔξωθεν λόγοι die nicht zur Sache gehörigen Reden • **d)** die geschriebene Erzählung, **Geschichte**, Geschichtswerk, überh. **Schrift**, Buch, ἐν τῷ λόγῳ in dem Buche, ἐν ἄλλῳ λόγῳ an einem andern Ort meiner Geschichte, ähnlich ἑτέρωθι τοῦ λ., ἐν τοῖσι πρώτοισι τῶν λ. Auch im Gegens. zu ᾠδαί: prosaische Darstellung, zu μῦθος: beglaubigte Geschichte, sonst aber auch = αἶνος Fabel • **e)** die ausgeführte Abhandlung, **Untersuchung**, philosophische Erörterung; der aufgestellte Lehrsatz, die **Lehre**, das System, Philosophie • **f)** Begriffsbestimmung, **Begriff** einer Sache.

II) das **Berechnen** • **1)** die **Rechenschaft**, (οἱ) λόγοι περὶ τῶν πεπολιτευμένων, ὁ λ. γίγνεταί τινος παρά τινος es wird jmd. für etwas verantwortlich gemacht, λόγον ἀπαιτεῖν τινα, τὸν λ. τινὸς λαμβάνειν παρά τινος, λόγον ὀφείλειν τινί, λόγον od. λόγους διδόναι, ἀποδοῦναι, ἀποτίθεσθαι, ἀναφέρειν, ἀποφέρειν, ὑπέχειν, u. zwar τινός, περί τινος od. mit folg. ὅτι, ὡς; διὰ λόγων ἀφικέσθαι ἑαυτῷ mit sich zu Rate gehen • **2)** die **Berechnung**, ἅπαντα νικᾷ λόγον, παρὰ λόγον gegen die Berechnung, wider Erwarten, ὁ, ἡ, τὸ π. λ. unerwartet, ἄνευ τοῦ ξύμπαντος λόγου τοῦ ἐν τῷ πολέμῳ πρὸς τὴν Ἀθηναίων πόλιν mit Ausnahme der gesamten Berechnung (der Summe der Verbündeten), die in diesem Kriege auf den Staat der Athener kam, dah. auch die Summe, ἐς ἑξήκοντα ταλάντων λόγον bis zur Summe von usw; u. so auch οἱ λόγοι die Rechnungen. Übertr. • **a)** die Erwägung, Meinung, **Grund**, Bedingung, α) δίκαιοι λόγοι Rechtsgründe, β) ἄνευ λόγου ohne guten Grund, ἐκ σμικροῦ λόγου, aber μετὰ λόγου in förmlicher Verhandlung, γ) λόγῳ in ruhiger Erwägung (Soph. OC. 369), τῷ ἐκείνων λόγῳ nach ihrem Sinne, κοινῷ λόγῳ nach aller Ansicht, ἐπὶ ἄλλῳ λόγῳ unter anderer Bedingung, τίνι δικαίῳ λόγῳ; mit welchem Rechte? σὺν ἀφανεῖ λόγῳ aus grundlosem Wahne, ἐν τοῖς λόγοις in Gedanken. δ) λόγον ἔχειν einen (vernünftigen) Grund haben, od. auch Beziehung haben, λόγον ἂν ἔχοιμι dazu hätte ich Grund = Recht, u. von Personen: Einsicht haben, denken, von Sachen: vernunftgemäß sein, dav. λόγον ἐχόντως nach vernünftigen Grundsätzen, πρὸς λόγον der Vernunft entsprechend, ebenso κατὰ τὸν ὀρθὸν λ., mit dem Artikel ὁ κατὰ λόγον, aber οὐδὲ πρὸς ἕνα λόγον ohne den mindesten Grund • **b)** die Berücksichtigung, **Bedeutung**, mit ἐπὶ τῷ πλήθει auch die höchste Gewalt über etwas, überh. das Verhältnis, die Proportion, α) οὐδὲ εἷς περὶ τούτου λόγος bei diesem kommt nicht einmal das in Betracht, auch bloß μείων λόγος τινός es kommt nicht viel darauf an, *λόγος οὐδεὶς γίγνεται* (verst. *τούτου*) man fragte nichts darnach, β) *οὐ λόγον ποιεῖσθαι* od *ἔξω λόγου τιθέναι τινά* nicht im mindesten nach jmdm. fragen (ebenso *ἔξω λόγου τίθεσθαί τι* außer Berechnung lassen), *οὐδενὸς λόγου πριαίμην*, d. h. um keines Dinges Wert (viell. *ποιοίμην*?), u. so *λόγου οὐδενὸς γίγνεσθαι πρός τινος* von jmdm. für nichts angesehen werden, aber *λόγου ἐόντες πρός τινος* bei jmdm. in Ansehen stehend, u. *λόγου πλείστου ἐόντες* die Angesehensten, γ) *ἐν λόγῳ τιθέναι* in Betracht ziehen, *ἐν οὐδενὶ λ. ποιεῖσθαί τι* od. *τινα* jmdn. od. etwas nicht beachten, *ἐν ἀνδραπόδων λόγῳ ποιούμενος εἶχέ τινας*, *ἐν συμμάχων λ. λέγονται εἶναι*, *σὺ ἐν ἀνδρῶν λόγῳ*; (ironisch) du willst ein Mann sein? (N. T. u. sp. *κατὰ λόγον* billigerweise, *παρὰ λ.* unverdienterweise), δ) *λόγον ποιεῖσθαι* berücksichtigen (u. als Pass. dazu *λόγος γίγνεταί τινος*), das Gegent. *οὐδένα λ. ποιεῖσθαι* od. *ἔχειν τινός*, ähnl. *λ. ἐλάττω ποιεῖσθαί τινος*, dag. *ἀνὰ λόγον* von entsprechender Beschaffenheit; *ἐς, πρὸς λόγον, κατὰ λόγον τινός* im Verhältnis zu etwas, in Betreff, *τῶν χρημάτων* des Geldpunktes, *ὁ κατὰ λ.* der verhältnismäßige, *ἐς τούτου λόγον ἐλθεῖν* sich bis dahin in seiner Kühnheit versteigen • **3)** das Vermögen zu denken, die **Vernunft**, *ὁ λ. αἱρέει* die Vernunft lehrt, abs. u. *τινά*, doch auch: es beliebt, gefällt ihm, mit A. c. I., *λόγῳ συντιθέναι* vergleichen, *κατὰ λόγον* vernunftgemäß, *τὸ πρὸς λόγον* das Vernünftige, *μετὰ λόγου, μετὰ τοῦ αὐτοῦ λόγου* m. demselben Sinne, *λόγος ὀρθός* richtiger Sinn • **4)** Im N. T. in Johanneischen Schriften das personifizierte Wesen Gottes, der Sohn Gottes.

λογχάριον, *τό*, sp Demin. von

λόγχη, *ἡ*. **1)** die Speerspitze, d. i. die 20 bis 30 cm lange, dreieckige, eiserne Spitze am Wurfspieße (Schaft *ξυστόν*). Gew. befand sich aber auch am unteren Ende noch eine Spitze, um den Speer in die Erde stoßen zu können, u. es hatte demnach ein Speer zwei *λόγχας*. **2)** überh. Speer, Wurfspieß, übertr. *λόγχη πεδιάς* ein Speerkampf im Blachfeld, wo Mann gegen Mann die Waffe führt, u. weil *λόγχαι* auch als Waffenzier die Auszeichnung der Führer bedeuten, *σὺν ἑπτὰ λόγχαις* mit sieben Speeren d. i. Führern.

λογχ-ήρης, *ὁ*, poet. = *λογχοφόρος*.

λόγχιμος, 2. (*λόγχη*), poet. den Speer betreffend, *κλόνος* Speergetümmel.

λογχο-ποιός, *ὁ* (*ποιέω*), Speerverfertiger.

λογχο-φόρος, *ὁ*, der Speerträger, als Leichtbewaffneter.

λογχωτός, 3. (*λογχόω*), poet. mit einer Spitze versehen, zugespitzt.

λοετρόν, s. *λουτρόν*. **λοετροχόος,** s. *λουτροχόος*.

λοιβή, *ἡ*, dor. *-βά* (*λείβω*), fast nur ep. poet. u. sp., eigtl. das Träufeln, Sprengen, dah. im bes. Trankopfer, gew. mit Wein u. mit Brandopfer verbunden, auch *λ. Ἅιδα* von der Totenspende, welche den Gestorbenen eigtl. auf deren Grabe, doch auch sonst von den Angehörigen ausgegossen wurde, = *χοή* (w. s.).

λοίγιος, 2. ep. unheilvoll. Neutr. subst. *λοίγια* Verderbliches.

λοιγός, *ὁ*, ep. u. poet. Verderben, Unheil, Untergang, Vernichtung, Tod.

λοιδορέω, *-ήσω* u. s. f., **-έομαι** (*λοίδορος*), **1)** Akt. u. Pass. schelten, lästern, schimpfen, schmähen, ausschelten; einen Verweis geben, tadeln, abs., od. *τινά* auf jmdn. **2)** Med.-Pass. mit Aor. *ἐλοιδορησάμην* u. *ἐλοιδορήθην* (in akt. Bdtg.): **a)** sich gegenseitig schmähen. **b)** = Akt., abs., z. B. *λοιδορούμενος* schimpflich, oder *τινί* auf jmdn., auf etwas.

λοιδορία, *ἡ*, das Schelten, die Schmähung, die Schimpferei, Schmährede, Verleumdung, auch Schmähsucht, *λοιδορίας μισθωτός* aus Schmähsucht erkauft, abs., od. *τινός* u. *παρά τινος* jmds.

λοίδορος (lat. *lūdus*, altlat. *loidos*), poet. sp. schimpfend, *ὁ λ.* (N. T.) der Lästerer.

λοιμικός, 3. sp. pestartig. Von

λοιμός, *οῦ, ὁ*, **1)** Pest, tödliche Seuche. **2)** übertr. ein verderblicher, allgemein schädlicher Mensch.

λοιμώδης, 2. pestartig.

λοιμώττω, sp. an der Pest leiden.

λοιπός, 3. (*λείπω*), übrig gelassen, übrig geblieben, **übrig,** der Rest, *τινός* von etwas, *ὑπό τινος* durch etwas, od. mit Inf.; Subst. *ὁ λοιπός* der andere, noch übrige (von zweien); *οἱ λ.* die übrigen, *οἱ λ. περὶ αὐτόν* seine sonstige Umgebung, *τὴν λοιπήν* (*ὁδόν*), den übrigen Weg, *τὸ λοιπόν* der Rest, ähnl. *τὰ λοιπά* die übrigen Orte, die rückständigen Teile, mit Gen. *τοῦ βίου* das übrige Lebenslos, *τῆς πολιτείας* der fernere Gang der Ereignisse. Adv. • **1)** *τὸ λοιπόν, τὰ λοιπά, τοῦ λοιποῦ* (sc. *χρόνου*) u. *εἰς τὸ λοιπόν* in der übrigen Zeit, hernach, nunmehr, sonst, übrigens, dann, fortan, für die Zukunft, **künftig** • **2)** *λοιπόν*, sp. zuletzt, übrigens.

λοισθήιος, 3. ep., st. *λοίσθιος*, den letzten betreffend, subst. *τὰ λοισθήια* der letzte Preis.

λοίσθιος, 3. u. 2. poet., u. **λοῖσθος,** 2. ep. u. poet., räumlich u. zeitlich der äußerste, hinterste, letzte; der schlimmste, abs. u. *τινός* von etwas, *λοῖσθον δόρυ* die 'Borthölzer' vom Geländer des Decks; *τύμβευμα* die innere, zur Ruhestätte der Toten bestimmte Kammer. Subst. *τὰ λοίσθια τοῦ βίου* Lebensende. Adv. *λοίσθιον* zuletzt.

Λοκροί, *οἱ*, **1)** Bewohner der Landschaft Lokris, *Λοκρίς*, in Hellas, welche sich in zwei Stämme teilten, **a)** *οἱ ἠοῖοι*, die östlichen, ursprünglich ein Staat, dann geteilt in α) opuntische mit der Hauptstadt Opūs, β) epiknemidische am Gebirge Knemis, die oft allein *Λοκροί* heißen, u. **b)** *οἱ ἑσπέριοι* od. *οἱ Ὀζόλαι*, die ozolischen. **2)** *Λοκροὶ οἱ Ἐπιζεφύριοι*, Stadt in Unteritalien, Kolonie der ozolischen Lokrer, am Gebirge Zephyrion. Überreste beim heutigen *Motta di Burzano*.

Λοξίας, Gen. *ου*, ion. *εω*, *ὁ*, Bein. des Apollo, u.

Λοξώ, Beiname der Artemis als weissagender Gottheiten; *τὰ Λοξίου* was L. auftrug.

λοξο-βάτης, *ου*, spätep. schräg, schief gehend.

λοξός, 3. (St. *λεκ*, vgl. *λέχριος, λικριφίς*), poet. u. sp. seitwärts gebogen, abgewandt, schief, schräg, *σχῆμα* von der Ekliptik der Sonnenbahn, *λ. τὴν τάξιν παρατείνειν* seine Linie schief in die Front ausdehnen. Es hieß aber die Schlachtordnung *λ.*, wenn sie den einen Flügel, um nicht in der Front angegriffen zu werden, dem feindlichen näher bringt u. mit ihm allein den Kampf eröffnet, während sie den andern zurückhält. Übertr. u subst. λοξά dunkle, zweideutige Aussprüche des Orakels.

λοξότης, ητος, ἡ, sp. Schiefheit, Zweideutigkeit.

λοπάς, άδος, ἡ, poet. ar. sp. Kochgeschirr, Schüssel.

λοπός, ὁ (λέπω), ep. Schale, Hülse.

Λούγδουνον, τό, sp. Stadt in Gallien, *Lugdunum*, [Lyon.

λουέω, ep. = λούω.

Λοῦκα, ἡ, Stadt Oberitaliens, j. *Lucca*.

Λουκᾶς (Nebenf. v. Λούκιος, *Lucius*), Begleiter des Paulus u. Arzt, Evangelist u. Verf. der Apostelgesch., N. T.

Λουκιανός, ὁ, bekannter griech. Satirenschreiber; geb. um 120 n. Chr. in Samosata, gest. um 180.

Λούκιος, 1) aus Kyrene, Lehrer u. Prophet der Christen in Antiochia. 2) ein andrer Christ, Rö. 16, 21; von manchen dem Lukas gleichgesetzt.

Λουπερκάλια, τά, *Lupercalia*, Sühn- u. Reinigungsfest, im Februar zu Rom gefeiert.

Λουσιάτης u. **Λουσιεύς,** ὁ, aus Λουσοί in Nord-Arkadien, wo jetzt *Sudhena*

Λουσιεύς, έως, ὁ, 1) = Λουσιάτης (Xen.). 2) Einw. des att. Demos Λουσιά (Dem.).

Λουτάτιος, ὁ Κάτλος Λ., Quintus Lutatius Catulus Capitolinus, Haupt der Optimaten in Rom, Gegner Cäsars, starb 61 v. Chr.

λουτήρ, ῆρος, ὁ, sp. Badewanne, Waschfaß.

λουτρο-δάϊκτος, 2. poet. im Bade getötet.

λουτρόν, ep. **λοετρόν,** τό (eigtl. λοϝετρόν, zu λούω), gew. im Pl. 1) *lavatio*, das Baden od. Waschen, a) **das Bad,** νυμφικόν am Hochzeitstage, ὅσιον das Sühnungsbad, bei den Gestorbenen: ἁγνὸν λ. λούειν, λουτροῖς ἐπασκεῖν, κοσμεῖν (τινά). b) Badeplatz, Badewasser, sp. die Taufe. 2) Trankopfer, Totenspenden.

λουτρο-φόρος, Wasser zum Waschen oder Baden bringend, bes. am Hochzeitstag; dah. χλιδή, die Hochzeitsfeierlichkeit.

λουτρο-χόος, 2. ep. **λοετροχόος,** 2. (χέω), Badewasser vergießend, τρίπους der Kessel, worin das Wasser zum Baden gewärmt wurde. Subst. der das Bad zubereitende Sklave, Badediener.

λουτρών, ῶνος, ὁ (λουτρόν), poet. u. sp. Badezimmer, Badehaus.

λούω (λόϝω, lat. *lăvo* u. *luo*, ahd. *louga*, nhd. *Lauge*), attisch Präs. u. Impf. auch λοῦμεν, λοῦτε, λοῦσιν, ἐλοῦμεν, λοῦμαι, λοῦται, λοῦνται usf., λοῦσθαι, λούμενος, Fut. λούσω u. λούσομαι, Aor. ἔλουσα u. ἐλουσάμην, Perf. pass. λέλουμαι, Aor. pass. ἐλούθην, Adj. verb. λουτός, dazu episch **λόω** (d. i. λόϝω) u. **λοέω** (d. i. λοϝέω), Impf. λόε u. λόεον, Fut. λοέσσομαι, Aor. λοέσσαι, λοέσσας u. λοέσσατο, λοεσσάμενος, ferner Fut. dor. λουσῶ u. Perf. pass. λέλουσμαι im N. T. • 1) Akt. **waschen,** baden, τινά, τινί od. τινά τι einen mit etwas, ἔν τινι in etwas, λουτρόν τινα das Bad für jmdn. besorgen. N. T. τινὰ ἀπὸ τῶν ἁμαρτιῶν abwaschen, reinigen von den Sünden • 2) Med. **sich waschen,** sich baden, ἔν τινι in etwas, τινός u. ἀπό τινος aus, von etwas, θερμῷ (sc. ὕδατι) warm baden.

λοφιή, ἡ (λόφος), ep. u. ion. Mähne der Pferde, Nackenborsten der Schweine.

λόφος, ὁ, 1) der Hals, Nacken, von Zugtieren u. von Menschen. 2) der Helmbusch, mit u. ohne τῆς κόρυθος, gew. ein Busch von Pferdehaaren, später auch Federbusch; übertr der auf dem Wirbel emporragende Haarschopf, u. bei Vögeln die Kuppe. 3) Hügel, Anhöhe, Spitze, Bergspitze.

λοχ-ᾱγέτης, ὁ, poet. = λοχαγός.

λοχᾱγέω (dor.), u. ion. **λοχηγέω** (-γός), einen λόχος anführen, als Hauptmann dienen, abs. od. mit λόχον, u. zwar τινί bei einem Feldherrn.

λοχᾱγία, ἡ, Amt, Würde eines Lochagen (s. das folg.).

λοχ-ᾱγός, ὁ (λόχος u. ἡγέομαι), der Lochage, Anführer eines λόχος, Hauptmann, Rottenführer; auch überh. Anführer eines Heerhaufens.

λοχάω, (λόχος). 1) intr. a) einen Hinterhalt legen, b) im Hinterhalt liegen. 2) trans. τινά einen durch einen Hinterhalt bedrohen, ihn belauern, auch τί einen Ort mit einem Hinterhalte belegen, ihn in einen Ort legen.

λοχεία, ἡ, = λόχευμα, das Gebären, die Geburt.

λοχεῖος, 3. u. 2., u. **λόχιος,** 3. u. 2. (λόχος, λοχεύω), poet. u. sp. zur Geburt od. zum Gebären gehörig, Ἄρτεμις als Beschützerin der Gebärenden, Μοῖραι die Moiren meiner Geburt, d. h. die mit meinem Werden mir zugeteilt wurden; θάλαμοι (-μαι), die Höhle, der Ort der Geburt, von der Hüfte des Zeus. Subst. ἡ λοχεία die Gebärende, Wöchnerin, die als unrein galt; τὰ λοχεῖα der Geburtsort.

λόχευμα, τό, poet. die Geburt, κάλυκος ἐν λοχεύμασιν in des Kelches Schoß, vom Keimen; das Geborene.

λοχεύω (λόχος), 1) Akt. a) poet. entbinden. b) ep. gebären. 2) Med. erzeugen; gew. 3) Pass. poet. u. sp. a) entbunden werden, niederkommen, abs., od. τινί in etwas. b) geboren werden, τινός von jmdm.

λοχηγέω, s. λοχαγέω.

λοχίζω, 1) ion. u. sp. eigtl. in Lochen (λόχοι) abteilen, dann überh. einteilen, u. zwar κατὰ τέλεα. 2) in einen Hinterhalt legen, Pass., Aor. λοχισθέντες, aus einem Hinterhalt überfallen werden.

λόχιος, s. λοχεῖος.

λοχισμός, ὁ, sp. das Legen von Hinterhalten.

λοχίτης [ῑ], ου, ὁ (λόχος), 1) zu einem u. demselben Lochos, zu derselben Schar gehörig, Soldat derselben Kompanie, οἱ λ. die Mannschaft eines Lochos. 2) poet. überh. Kriegskamerad, bewaffneter Begleiter, Leibwache.

λόχμη, ἡ (λόχος), Sing. u. Plur., ep. poet. u. sp. Wildlager, Dickicht, Gebüsch.

λόχμια, τά, sp. s. v. a. αἱ λόχμαι.

λοχμώδης, 2., mit Buschwerk bewachsen.

λόχος, ὁ (λεχ, λέχος). 1) **Hinterhalt,** Versteck, λόχονδε in den H. (ἐνέδρα, *insidiae*), κοῖλος od. πυκινός vom troischen Pferde. 2) das Auflauern, die Überlistung. 3) die im Hinterhalt lauernde Schar, die Lagernden, auch das Lagern. Insbes. poet. das Liegen im Kindbett, Niederkunft, Geburt. 4) überh. die **Rotte,** Schar. Im bes. eine Abteilung Fußvolk von 80 bis 100 Mann, etwa eine Kompagnie, bestehend aus zwei πεντηκοστύες und vier ἐνωμοτίαι; zwei

Lochen bildeten eine τάξις, zwei τάξεις eine μόρα. Auch gab es später Reiterlochen, von denen zwei eine ἴλη machten. 5) allg. eine **Abteilung**, *caterva*, auch αἱ ἐν τοῖς λόχοις συντέλεια die steuerpflichtigen Genossenschaften.

λόω, s. λούω.

λῡγαῖος, 3. poet. dunkel.

λυγγούριον, τό, sp. Bernstein; plur. Bernsteinschmuck.

λύγδην (λύζω, St. σλυγ, ahd. *sluccan*), poet. Adv., unter Schlucken, schluchzend.

λύγδινος, 3. poet. marmorweiß, von

λύγδος, ἡ, (zu **λευκός**), **poet. sp. weißer Marmor.**

λῠγίζω, Fut. -ίσω, dor. -ίξω, dor. -ιξῶ, Aor. pass. ἐλυγίχθην (St. λυγ in λύγος), poet. sp. **1)** Akt. buk. beugen, besiegen. **2)** Pass. sich drehen.

λυγισμός, οῦ, ὁ, sp. Beugung beim Ringen.

Λυγκεύς, έως, ὁ, **1)** Sohn des **Aigyptos**, Gemahl der Hypermestra, Vater des Abas, König von Argos. **2)** Sohn des Aphäreus, einer der Argonauten, berühmt u. sprichwörtlich durch die Schärfe seines Gesichts.

Λυγκησταί, οἱ, Volk in Λυγκηστίς, an der westl. Grenze Makedoniens, mit der Hauptstadt ἡ **Λύγκος**, am Fl. Bevus.

I. **λύγξ**, λυγγός, ἡ (s. λύγδην), das Aufstoßen, der Schlucken, *singultus*.

II. **λύγξ**, λυγκός, ὁ, *lynx*, der Luchs.

λύγος, ἡ (λυγίζω), ep. poet. sp. *vimen*, junger, biegsamer, zum Flechten geeigneter Zweig, Rute, Gerte; in μόσχοισι λύγοισιν ist λ. Appos., mit weidenen Gerten.

λῠγρός, 3., Adv. **-ῶς** (vwdt. lat. *lugeo*), ep. poet. ion. sp. traurig, trübselig, jammervoll, jämmerlich, kläglich, erbärmlich, elend, unglücklich, unselig, unheilvoll, verderblich. Subst. **τὰ λυγρά** Trübsal, Elend, Verderben, **λυγρὰ ἰδυῖα** die frevelnde.

Λῡδία, ἡ Lydien, Landschaft an der Westküste Kleinasiens mit der Hauptstadt Sardes, durchflossen vom goldreichen Paktōlos; früher von phryg. Μηίονες bewohnt, dah. lange Μηονία genannt; seit Gyges 713 v. Chr. überwog der alte Name Lud (1. Mos. 10). Nach Kroisos' Niederlage war L. persische Provinz. Der Einw. ὁ **Λυδός**. Adj. **Λυδός**, 3. u. **Λύδιος**, 3. u. 2.

λῡδίζω, poet. die Lyder in Sprache u. Tracht nachahmen. Dav. das Adv.

Λῡδιστί in lydischer Tonart, d. h. der höchsten.

Λυδία, ἡ, **1)** Purpurhändlerin aus Thyatira, von **Ap. Paulus bekehrt, N. T. 2)** sonst. **Frauenn.**

Λῡδίας, ion. **Λυδίης**, ὁ, Fluß Makedoniens, jetzt *Wardhari*.

λύθρον, τό, od **λύθρος**, ὁ (St. λυ in λῦμα, λούω), ep. u. nur im Dat., eigtl. Besudelung = λῦμα; das aus den Wunden rinnende Blut, Mordblut, u. mit αἷμα der mit Blut vermischte Staub, Schlachtenstaub. **2)** sp. allg. Blut.

λῠκάβας, αντος, ὁ, Jahr.

Λυκαβηττός, ὁ, Berg nordöstl. v. Athen.

λύκαινα, ἡ, ar. sp., fem. zu λύκος, Wölfin.

Λύκαιον, τό, verst. ὄρος, Gebirge im Süden von Arkadien, Hauptsitz des Kultus des arkadischen Zeus, des Ζεὺς **Λύκαιος**; der Gipfel hieß Olympos, mit dem Altar des Zeus, j. *Dhiaforti*. Dav.

Λύκαια, **τά**, Fest des lykäischen Zeus mit Kampfspielen.

Λυκάμβης, ου, ὁ, auf Paros, welcher seine Tochter Neobule dem Archilochos zur Ehe versprochen, aber sein Wort nicht gehalten hatte; dah. (angeblich) von Archil. mit seiner Familie in Jamben so geschmäht, daß er sich mit letzterer erhängte.

Λυκᾱονία, ἡ, Landschaft Kleinasiens auf dem Nordabhange des Tauros, j. *Ejalet Karaman*. Die Einw.

Λυκάονες, **οἱ**, welche sich durch ihre Raubzüge lästig machten u. bes. barbarisch redeten, **λυκαονιστί**, NT.

Λυκᾱονίδας, ᾱο, ὁ, buk. Nachkomme des Λυκάων.

Λυκάριος, Ephoros in Sparta im J. 414.

λῠκ-αυγές, **τό** (λυκ, *lux*, αὐγή), sp. die Dämmerung.

Λυκάων, ὁ, **1)** Sohn des Pelasgos, König der Arkäder, den Zeus erschlug, weil er ihm die Eingeweide eines geschlachteten Knaben vorsetzte. **2)** Sohn des Priamos. **3)** sonst. Eigenn.

λυκέη, **-κῆ**, ἡ, ep. sp., verst. **δορά**, eigtl. Adj. von λύκος, die Wolfshaut.

Λύκειον, **τό**, Lyceum, Gymnasium zu Athen im NO vor der Stadt, in der Nähe eines Tempels des Apollon Lykeios, wo Aristoteles lehrte.

Λύκειος, ὁ (Wurz. λυκ, *luceo*, wohl = Λυκηγενής), **1)** Beiname des Apollon als Lichtgottes, der aber auch dem flüchtigen Mörder Reinigung u. Schutz vor Blutrache gewährt. Er war Schutzgott von Argos und hatte hier ein von Danaos gestiftetes Heiligtum. **2)** λύκειος ἀγορά Hauptplatz der Stadt Argos am Fuße der Larisa. Die Alten deuteten das Wort auf λύκος, als Wolfstöter λυκοκτόνος; dah. der Wolf auf den Münzen von Argos; dah. Äsch. Sept. 130 = 145 so viel als vernichtend.

λύκειος (von λύκος) δορά, ἡ, poet. Wolfshaut.

λῠκη-γενής, 2. (λυκ, *lux*), ep. der Lichtgeborene, Beiw. des Apollon als Lichtgottes, später gedeutet: der in Lykien Geborene.

Λυκία, ἡ. **1)** Gebirgslandschaft im südwestl. Kleinasien. Die Bevölkerung nannte sich Termilen od. Tremilen, ihre Grabdenkmäler, teilweise in Felsen, zeigen eine eigentümliche Architektur; Hauptst. Xanthos. Das Volk stand später unter Persien, blieb aber hinter seinen Bergen ziemlich selbständig. Adj. **Λύκιος**, 3. u. die Einw. **οἱ Λύκιοι**, unter Sarpēdons Führung das wichtigste Hilfsvolk der Troer. Adv. **Λυκίηθεν**, aus Lykien. **2)** bei Homer auch ein Landstrich am Flusse Aisēpos unter troischer Oberherrschaft, dah. seine Einwohner selbst Troer heißen. Adv. **Λυκίηνδε**, nach Lykien.

λυκιδεύς, έως, ὁ, buk. u. sp. junger Wolf.

λυκιο-εργής, 2. (St. ἐργ), ion. von lykischer Arbeit.

Λύκιος, ὁ, **1)** lykisch, s. Λυκία. **2)** poet. = Λύκειος, 1.

λυκο-κόλλητος, 2. poet. mit Wolfszaun, d. i. mit Eisenstacheln versehen (var. λιθοκόλλ.).

λυκο-κτόνος, 2. (κτείνω), poet sp. der Wolfstöter, *Lupercus*, Beiname des Apollon als Beschirmers der Herden.

Λῠκο-μήδης, ους, ὁ, **1)** König der Dolŏper auf

Skyros, Vater der Deïdameia, Großvater des Neoptolemos. **2)** sonst. Eigenname.

Λυκομίδαι, οἱ, altattisches Priestergeschlecht, welches u. a. im Demos Phylä eine mit dem Dienste der eleusinischen Gottheiten in Verbindung stehende Weihkapelle hatte.

λυκό-ποδες, ων, οἱ, die Trabanten des Tyrannen, (weil sie Wolfsfelle an den Füßen trugen).

λυκο-ῤῥαίστης, ου, ὁ (ῥαίω), poet. Wölfe zerreißend.

λύκος, ὁ (= ϝλύκος, got. *vulfs*) *lupus*, der Wolf, oft als Bild der Wildheit u. Gier; Schakal (vgl. Her. 2, 67. 122). Bei den Persern war er ein dem Ahriman heiliges Tier, welches daher beim feierlichen Opfer zur Bekräftigung eines Vertrags mit geschlachtet wurde. Bei den Griechen vielfach Symbol des Apollon, teils als Licht-, teils als Herdengottes; der eherne Wolf in Delphi sollte ein Andenken daran sein, daß einst ein Wolf einen Tempelräuber getötet.

Λύκος, ὁ, **1)** der große Zab (syr. *zaba* = Wolf), östlicher Nebenfluß des Tigris im Norden Assyriens. **2)** ein Fluß Phrygiens, der in den Mäander fließt, jetzt *Tschoruk*. **3)** ein Fluß in Sarmatien, der in das Asowsche Meer mündet, wahrsch. der heutige *Kalmius*. **4)** Sohn des Königs Pandion in Athen, nach welchem Lykien benannt sein soll. **5)** sonst. Eigenname.

Λυκοῦργος, ep. ***Λυκό-οργος, ὁ.*** **1)** König der thrakischen Edōnen, welcher den Bakchos u. seine Verehrerinnen verfolgte. Zur Strafe wurde er von Zeus geblendet. **2)** Gesetzgeber Spartas aus dem Königshause der Prokliden im 9. Jhdt. **3)** Sohn des Lykŏphron, Redner u. Finanzmann in Athen, Freund des Demosthenes, Staatsschatzmeister, schuf Terēren, Pentēren u. Prachtbauten. **4)** sonst. Eigenn.

λυκόφανος, ὁ, sp. eine Pflanze.

Λυκόφρων, **1)** Tyrann von Pherä, siegt über die Dynasten von Larisa, 404. **2)** Schwager u. Mörder des Alexander von Pherä, Tyrann 359, von Philipp von Maked. gestürzt. **3)** S. des Lykos aus Chalkis, gelehrter Dichter in Alexandreia unter Ptolemaios Philadelphos, Verf. der Alexandra od. Kassandra (in dunkler Sprache).

λυκόφων, ονος od. ωνος, ὁ, = λυκόφανος, s. d.

λυκόω (λύκος), (auf wölfische Art) zerreißen, dav. λελυκωμένος von Wölfen zerrissen.

Λύκτος, ἡ, St. im östl. Teile von Kreta.

Λυκώρεια, ἡ, Hauptgipfel des Parnaß (etwa 2500 m), unten Kalkfels, oben bewaldet u. fast immer schneebedeckt, noch jetzt τὸ Λυκέρι gen.; darunter lag in einem Hochtal ein gleichnamiger Ort, j. *Liakura*. Einw. ***Λυκωρείτης, -ωρεύς, -ώρειος.***

λῦμα, τό (St. λυ, vgl. λούω, lat. *lustrum*), ep. poet. sp., im Plur. das Abgewaschene, Unreinigkeit, Schmutz, Befleckung, insbes. das unreine Wasser, das nach der Reinigung ins Meer gegossen wurde, Reinigungswasser. **2)** übertr. eine Schmach. **3)** poet. Verderben.

λῦμαίνομαι, Dep. med. (Präs. auch in pass. Bdtg.), Fut. λυμανοῦμαι, Aor. ἐλυμηνάμην, Perf. λελύμασμαι (in akt. u. pass. Bdtg.), Aor. pass. ἐλυμάνθην (λύμη), **1)** eine Schmach antun, mißhandeln, zu Schanden machen, schänden, entehren, τἄλλα πάντα sonst alle mögliche Schmach antun. **2)** Unheil stiften, Verderben bringen, zu Grunde richten, verwüsten, vergeuden, verhunzen. **3)** überh. schaden, schädigen, verletzen, schwächen, zu schaffen machen.

λῦμαντήριος, 3. poet. verletzend, beschimpfend, τινός jmdn.

λυμαντής, οῦ, ὁ, poet. (λυμαίνομαι), u. ***λυμεών,*** ῶνος, ὁ (λύμη), Verderber, Verführer, Schänder, Bedränger, Peiniger, übertr. Marter (λυμεών auch als Schimpfwort).

λύμη, ἡ (s. zu λῦμα), **1)** Besudelung. **2)** Mißhandlung, Beschimpfung, unwürdige Haltung, βίου in der Beköstigung, ἐπὶ λύμῃ zum Schimpf. **3)** Schädigung, Belästigung, Nachteil, Verstümmelung, αἰσχρῶς λύμῃ διακείμενος übel zugerichtet.

λῡπέω (λύπη) • **1)** Akt. in Trauer versetzen, **betrüben**, schmerzen, kränken, zu Leide tun, Verdruß erregen, beunruhigen, zu schaffen machen, belästigen, verletzen, quälen, ärgern, empören, beleidigen, τὸ λυποῦν das Belästigende, τινά τι jmdn. in etwas, od. τινί in, durch etwas, ἐπί τινι zu etwas, od. mit ὅταν, εἰ, indir Frages., Part. • **2)** Med.-Pass. ***λῡπέομαι,*** Fut. λυπήσομαι (ion. λυπηθήσομαι), Aor. ἐλυπήθην, Perf λελύπημαι, **sich betrüben**, betrübt, gekränkt werden, **trauern**, Unannehmlichkeiten, Herzeleid haben, sich grämen, in Sorge geraten, übelnehmen, Entrüstung od. Groll empfinden, unwillig sein, τινί, τί, πρός τι, ἐπί τινι bei, um etwas, γνώμῃ im Geiste, λύπην Mißbehagen empfinden, λύπας Pein erdulden, od. mit Part. od. Frages.

λύπη, ἡ **Leid,** d. i. **a)** Betrübnis, Kummer, Schmerz, Trauer, Traurigkeit, Gram, λύπῃ u. ὑπὸ λύπης vor Schmerz od. Trauer, teils abs., teils ἀπό τινος von jmdm., ὑπέρ τινος über jmdn., u. ähnl. ist Thuk. 2, 44 vor ὧν zu ergänzen τούτων. **b)** Pein, Kränkung, ἐρωτική gekränkte Liebe; ion. auch die dadurch hervorgerufene traurige Lage.

λύπημα, τό, poet. sp. Kränkung, Schmerz.

λῡπηρός, 3., Adv. **-ῶς** (λυπέω), allg. att., u. daneben ep. poet. ion. ar. sp. ***λῡπρός,*** 3., Adv. **-ῶς**, **1)** akt. (bes. λυπηρός) betrübend, zu Leid, mit Ärger, kränkend, schmerzlich, beschwerlich, drückend, lästig, verhaßt; streng, hart, unfreundlich, abs., od. τινί jmdm. Subst. τὸ λ. das Unangenehme, τὰ λ. die Beschwerden. **2)** pass. (bes. λυπρός), betrübt, niedergeschlagen, voll Trauer, traurig, elend. Subst. τὸ λ. Trübsinn.

λύρα, ἡ, die Leier, **1)** Lyra, ein vier-, dann siebensaitiges Instrument, welches in der Form der Kithara (s. κίθαρις) ähnlich war, aber einen tiefern Schallboden u. vollern Klang hatte. **2)** als Eigenname ein Sternbild nördl. vom Äquator zwischen dem Herkules, dem Drachen u. dem Schwane. **3)** auch lyrische Poesie. Dav.

λυρικός, ὁ, sp. der lyrische Dichter.

Λυρναῖος, ὁ, poet. von Lyrna, einem unbekannten Ort, den Einzelne dem folg. gleichsetzen.

Λυρνησσός, ἡ, Stadt in Troas.

λυρο-ποιός, ὁ, Leierfabrikant.

λυρ-ῳδός, ἡ, sp. Leiersängerin.

Λύσ-ανδρος, ὁ, **1)** Sohn des Aristokrĭtos, spartanischer Feldherr, Tapferkeit u. List mit staatsmännischem Blick vereinigend, siegt über die athen. Flotte bei Notion 407 u. bei Aigospotamoi 405, hungert Athen aus 404, hilft 397 dem Agesilāos auf den Thron u. fällt bei Haliartos 394; begraben bei Panopeus in Phokis. **2)** sonst. Eigenn.

Λυσανίας*, ίου, ὁ,* **1)** S. des Ptolemaios, 40 v. Chr. Herr von Chalkis am Libanon, 34 v. Chr. ermordet auf Anstiften Kleopatras. **2)** Tetrarch in Abilēne z. Z. Joh. des Täufers (Ev. Luc. 3, 1).

Λυσίας*, ου, ὁ,* **1)** Sohn des Kephălos aus Syrakus, geb. um 445 in Athen, seit 430 in Thurii, Schüler des Tisias in Rhetorik u. Sophistik, dah. auch *ὁ ῥήτωρ* u. *ὁ σοφιστής* gen., 412 wieder in Athen als Schildfabrikant, entschiedener Demokrat, durch die Dreißig seines Vermögens beraubt, hilft er die Demokratie herstellen und schrieb dann berühmte Prozeßreden im genus tenue; stirbt ca. 378. **2)** einer der athen. Strategen bei den Arginusen i. J. 406, auch Leon u. Lysanias gen. **3)** römischer Chiliarch, Claudius Lysias, N. T.

λυσί-ζωνος*,* 2. buk. den Gürtel lösend.

λυσί-κακος*,* 2. poet. schmerzenlösend.

Λυσικλῆς*, έους, ὁ,* athen. Staatsmann, gest. 428.

Λυσι-μάχη*, ἡ,* poet. die „Schlachtenlöserin", Bezeichnung des Friedens.

Λυσί-μαχος*, ὁ.* **1)** Vater des Aristeides. **2)** Sohn des Aristeides. **3)** Ankläger des Isokrates (*π. ἀντιδόσ.*). **4)** aus Akarnanien, Pädagog Alexanders d. Gr. **5)** Sohn des Agathokles aus Krannon, Feldherr u. Leibwächter Alexanders d. Gr., nach dessen Tode König von Thrakien und Makedonien, verheiratet mit Arsinoë, T. des Ptolemaios; er fiel 281 v. Chr. in den Kämpfen gegen Seleukos, König von Syrien.

Λυσιμέλεια*, ἡ* (sc. *λίμνη*), See in der Nähe von Syrakus.

λῡσι-μελής*,* 2. ep. u. poet. Glieder lösend, erschlaffend (volksetymologisch auch als Sorgenlöser erklärt).

λύσιμος*,* 2. poet. u. ***λύσιος****,* 3. lösend, befreiend.

Λύσ-ιππος*, ὁ,* berühmter Bildhauer u. Erzgießer aus Sikyon, von dem allein Alexander sich seine Statue in Erz verfertigen ließ. Dieselbe kam später nach Rom. Er schuf unter vielen Statuen auch Kolosse, z. B. des Herakles, 30 Ellen hoch, in Tarent, u. große Gruppen; an 1500 Arbeiten in Erzguß; von ihm ist auch der sog. *ἀποξυόμενος* gefertigt.

λύσις*, εως,* ion. *ιος, ἡ* (*λύω*), Lösung, d. i. **a)** Auslösung, Loskauf od. Losgebung eines Gefangenen od. eines Leichnams, od. überh. jmds., der festgehalten wird; das Fortkommen, übertr. Erlösung, Befreiung, **b)** Auflösung; *φυσικὴ λύσις* vom Tod; übertr. Zerstreuung, Widerlegung, **c)** Erschlaffung. **d)** sp. Unterbrechung der Rede, Abschweifung. **e)** Scheidung (der Ehe), N. T.

λυσιτέλεια*, ἡ,* sp. Nutzbarkeit, Nutzen, Ertrag, Gewinn.

λῡσιτελέω*,* augm. *ἐλυσιτ.*, nützen, nützlich, vorteilhaft sein, Vorteil gewähren, mit *μᾶλλον* besser sein, teils abs. *τὸ λυσιτελοῦν* der Vorteil, *πρὸς τὸ λ.* gemäß unserm Vorteile, teils *τινί*, u. zwar *πρός* od. *εἴς τι* zu etwas, od. mit Part. daß er.

λῡσι-τελής*,* 2. (*λύω, τέλος*), die Kosten einbringend, ersetzend, dah. sich lohnend, vorteilhaft, *τὸ λ.* [der Vorteil.

λυσιτελούντως*,* vorteilhaft, nützlich.

λυσι-ῳδός*, ὁ,* sp. eine Art theatralischer Pantomimen.

λύσσα*,* neuatt. ***λύττα****, ἡ* (zu *λύκος* in der Bdtg. Hundswut) Hundswut, Wut, Raserei, Tollheit.

λυσσαίνω*,* poet., u. ***λυσσάω****,* neuatt. ***λυττάω****,* wütend, toll sein, rasen, toben, auch heftig erzürnt sein.

λυσσάς*, άδος,* poet. Adj. fem., wütend, rasend.

λύσσημα*, τό,* poet. das Gerase, die Raserei.

λυσσητήρ*, ῆρος, ὁ,* ep. u. ***λυσσώδης****,* 2. (*λύσσα*), ep. u. poet. wütend, rasend, toll.

Λυταῖος*, ὁ,* poet. Beiname des Poseidon, nach *Λυταί*, einem Orte in Thessalien.

λυτήρ*, ῆρος, ὁ* (*λύω*), poet. Schiedsrichter; Befreier.

λῡτήριος*,* 2. poet. erlösend, befreiend, im bes. sühnend, abs. od. *τινός* von etwas.

λύτρον*, τό,* Lösungs-, Sühnungsmittel, *τινός* wovon; gew im Plur. Lösegeld (N. T. auch im Sg.).

λυτρόω*,* gegen Lösegeld freigeben, erlösen.

λύτρωσις*, ἡ,* sp. N. T. das Loskaufen, die Erlösung.

λυτρωτής*, ὁ,* N. T. der Erlöser.

λύττα u. ***λυττάω****,* s. *λύσσα* u. *λυσσαίνω*.

λυχνεῖον*, τό,* der Leuchter.

λυχνία*, ἡ,* sp. der Leuchterstock.

λυχνίδιον u. ***λυχνίον****, τό,* sp. Demin. von *λύχνος*.

λυχνο-καΐη*, ἡ,* (*καίω*), ion. das Lampenfest, welches in Saïs zur Trauerfeier um Osiris gehörte u. das nächtliche Suchen der Isis nach Osiris bedeutete.

λυχνο-πώλης*, ὁ* (*πωλέω*), poet. Lampenkrämer.

λύχνος*, ὁ,* poet. ***λύχνον****, τό,* im Plur. *λύχνα* (St. *λυκ*, lat. *lux*, ahd. *lioht* Licht), **1)** Leuchte, tragbarer Leuchter (dadurch unterschieden von *λαμπτήρ*), Lampe. **2)** poet. auch Fackel.

λυχνο-φόρος*, ὁ,* sp. Leuchter- od. Laternenträger.

λύω (lat. *luo* büße, zahle, *re̜-luo* löse wieder ein, *so-luo* löse, *lues* Auflösung, dt. *los, löse*), (im Präs. u. Impf. att. *ῡ*, bei Hom. *ῠ*, in den Temp. *ῡ* vor *σ*, sonst *ῠ*), ep. Perf. pass. opt. 3. sg. u. pl. ***λελῦτο, λελῦντο*** (st. *-υῖτο, -υῖντο*), Aor. pass. 3. pl. ***λύθεν****,* u. ein med. Wurzelaor. in pass. Bdtg. ***λύμην, λύτο*** u. ***λῦτο, λύντο*****, lösen • 1) losmachen • a)** Akt. lockern, befreien, bes. einen Gefangenen losgeben, abs., z. B. neben *ἐφάπτουσα* (den Knoten) lösend oder schürzend, mit Akk., insbes. *ἀσκόν, κλῇθρα, ἐπιστολάς*, dah. auch öffnen; von Kleidern: ausziehen, sofern sie durch Spangen zusammengehalten sind; bildl. *λύων ἐφάπτων* lösend, schürzend • **b)** Im Med. **α)** sich (*sibi*) etw. losmachen, *ἵππους* ausspannen, *ἔντεα ἀπ' ὤμων*, **β)** einen Gefangenen für sich auslösen, loskaufen, *ἄνδρα ἀνδρί* Kopf gegen Kopf, überh. befreien; doch auch etw. wieder einlösen • **c)** Im Pass. mit *ἀνὴρ ἀντ' ἀνδρός* Mann gegen Mann ausgewechselt, ***λελύσθαι*** frei, ungebunden, einfach sein • **2)** auflösen, **trennen,** *τὴν τάξιν*. Im Pass geborsten, gerissen sein, von Leichnamen: verwesen, überh. getrennt werden, sich trennen. Im bes. • **a)** *γυῖα, γούνατα, μένος* schwächen, auch töten; im Pass. *ὑπὸ ὕπνου λελυμένος*, aber *βλέφαρα* die Augen schließen, eigtl. sie erschlaffen lassen (im Tode, zweifelh., Vermut. *πλευρά*) • **b)** etw. vernichten, **zerstören,**

beseitigen, entfernen (vom Eide, Gesetze u. dgl.), brechen, überh. beendigen, im Pass. ein Ende nehmen, prol. τὸ τέλος βίου • **c) beilegen,** schlichten, beheben, lindern, auch abs. • **d)** einen Vorwurf u. dgl. entkräften, eine Schuld bezahlen (vgl. *solvere*), λελυμένος schuldfrei, übertr. eine Verbindlichkeit einlösen, erfüllen, auch vergelten, u. τέλη λ. τινὶ φρονοῦντι es frommt einem Einsicht zu haben, dah. • **e)** poet. auch = λυσιτελεῖν.

λῶ, s. II. λάω.

λωβάομαι, Dep. med., (λώβη), schmählich, schimpflich handeln, freveln, abs. u. τινά od. τί, seltener τινί jmdn. oder etwas beschimpfen, höhnen, äffen, an jmdm. freveln, ihn od. es mißhandeln, martern, verstümmeln, beschädigen, verletzen, schimpflich enden, auch λώβην τινὰ λ.

λωβεύω, ep. höhnen, verspotten, τινά. Von

λώβη, dor. **-βα,** ἡ, **1)** jede schimpfliche Behandlung in Wort u. Tat, **a)** Beschimpfung, Schmähung, Kränkung, Schimpf, Schmach, σοὶ λώβη, verst. ἐστίν, mit folg. αἴ κε. **b)** Leid, Qual, schimpfliche Behandlung, Mißhandlung, Verstümmelung, Frevel, ἐπὶ λώβᾳ zu kränkender Beleidigung, u. im Plur. λώβαις mit Schmach. **2)** konkret: Gegenstand der Schande.

λωβητήρ, ῆρος, ὁ, poet. auch ἡ (λωβάομαι), ep. u. poet. **1)** akt. **a)** Beschimpfer, Lästerer. **b)** Verderber, Vernichter. **c)** Rächer. **2)** pass. ep. schändlicher Mensch, Schandbube.

λωβητός, dor. **-βᾱτός,** 3. (λωβάομαι), ep. u. poet. **1)** pass. **a)** geschändet, mit Schmach bedeckt, εἶδος Schmachgestalt, λωβητόν τινα τιθέναι einen beschimpfen. **b)** gemißhandelt, gequält. **2)** akt. schimpflich, schmählich.

λῷος, 3. buk. erwünscht. Dazu

λωίων, zsgz. **λῴων,** 2. u. dav. ep. ein neuer Kompar. **λωίτερος,** 3. (= λωϝίων, von II. λάω), verwendet als Kompar. zu ἀγαθός, erwünschter, vorteilhafter, zuträglicher, angenehmer, besser, rätlicher, abs. u. τινός mehr als etwas. Adv. **λῷον,** vorteilhafter, besser, mehr. Superl. dazu **λῷστος,** 3. der beste, edelste, ὦ λῷστε mein Bester, iron. teures Freundchen.

λῷος, ὁ, makedonischer Monat, der letzten Hälfte des ἑκατομβαιών u. der ersten des μεταγειτνιών entsprechend, nicht aber dem βοηδρομιών, wie fälschlich Dem. 18, 157 (unecht) steht.

λώπη, ἡ (λέπω), ep. Hülle, dah. Mantel, Gewand, bes. ein wollenes Gewand.

λωποδυτέω, Kleiderdieb sein, Kleider stehlen, was bes. in Bädern geschah, überh. wie ein gemeiner Straßenräuber plündern, abs. od. τινά.

λωπο-δύτης, ου, ὁ (δύω), einer, der in fremde Kleider schlüpft, Kleiderdieb, Kleiderräuber; auch überh. Räuber, Straßenräuber.

λῶπος, τό, buk. u. sp. = λώπη.

Λώρυμα, τά, Hafenstadt u. Bergkastell in Karien.

λῷστος, s. λωίων.

λωτίζομαι (λωτός), poet. Med., sich die Blüte d. h. das Beste nehmen.

λώτινος (λωτός), 3. buk. aus Lotos gemacht.

λώτισμα (λωτίζομαι), τό, poet. die Blüte.

λωτόεις, εσσα, εν, Akk. zsgz. λωτοῦντα (and. λωτεῦντα), ep. mit Lotos bewachsen, lotosumblüht, s. λωτός.

λωτός, ὁ. **1)** der Lotos, Steinklee, ein kleeartiges Futterkraut. **2)** der Lotosbaum u. seine purpurrote Frucht von der Größe einer Olive, die süß wie Feigen schmeckt und noch heute unter dem Namen *Jejuba* zur Nahrung dient u. ein berauschendes Getränk liefert. **3)** der ägyptische Lotos, lilienartige Nilpflanze, deren eine Gattung weiße, die andere, die sich nicht mehr in Ägypten findet, rosenrote Blüten trägt. Sie war die heiligste Pflanze der Ägypter, wie sie auch bei den Indern eine wichtige symbolische Pflanze ist. **4)** der Zürgelbaum in Nordafrika mit hartem, schwarzem Holze, welches zu Flöten verarbeitet wurde, dah. **5)** übertr. ὁ λ. die Flöte.

λωτο-τρόφος, 2. poet. kleereich.

λωτο-φάγοι, οἱ, Lotosesser, wie die Genossen des Odysseus, welche in Libyen (s. λωτός 2) Lotos aßen u. von dessen Genusse so bezaubert wurden, daß sie ihrer Heimat vergaßen u. der Heimkehr entsagten. Als Eigenn. **Λωτοφάγοι,** οἱ, die Lotophagen, ein fabelh. Volk.

λωφάω, (lat. *levis, levare*). **1)** sich erholen, rasten, nachlassen, aufhören, abs. οἱ λίθοι die Steine, d. h. das Werfen derselben, od. τινός u. ἀπό τινος von etwas, τινί bei einem. **2)** poet. auch trans. erleichtern; befreien.

λώφησις, εως, ἡ, das Nachlassen, die Entfernung, τινὸς ἀπό τινος einer Sache von etwas.

λῴων, s. λωίων.

M.

M, μ, τὸ μῦ, entspr. dem orient.-hebr. Mem, der zwölfte Buchstabe des griech. Alphabets, als Zahlzeichen μ′ 40.

μ', apostroph. st. με u. ep. selten st. μοι.

μᾰ́ (vgl. μάν = μήν u. μέν), Beteuerungspartikel mit dem Akk. der Gottheit od. Sache, bei der man schwört, bes. oft μὰ Δία beim Zeus, wahrlich. Es bleibt aber der Name der Gottheit, wenn man sie aus Scheu nicht nennen will, auch bisw. weg u. steht bloß μὰ τόν, ähnl. wie Sokrates μὰ τὸν κύνα schwur. — Der Akk. ist von gedachtem ὄμνυμι abhängig. Vor μά steht oft auch οὐ od. ναί, worauf der Schwursatz entw. mit οὐ od. mit ἦ eingeleitet wird; bei bloßem μά geht öfters dem οὐ, οὐδέν u. s. w. noch ἀλλά voran = allerdings, aber nicht — z. B. Xen. Mem. 3, 4, 3.

μᾶ, 1) äol. u. dor. Kurzform (poet.) für μᾶτερ. **2)** buk. Ausruf unwilliger Verwunderung: ei!

μάγαδις, ιδος, ἡ, Dat. μαγάδιδι u. μαγάδῑ = die Magadis, ein Saiteninstrument mit 20 Saiten, welches zwei Oktaven umfaßte, bei dem die linke Hand die tieferen Saiten, die rechte die denselben im

Achtklange entsprechenden höheren griff, dah. οἷον μαγάδι(δι) wie mit der Magadis, d. h. in der Oktave.

Μαγαρσός, ἡ, Flecken in Kilikien an der Mündung des Flusses Pyrămos u. Hafen von Mallos mit einem Tempel der Athene, welche davon den Namen ἡ **Μαγαρσίς** hatte.

μαγάς, άδος, ἡ, sp. der Steg auf einem Saiteninstrumente.

μαγγάνευμα, τό, Gaukelei.

μαγγανεύω (μάγγανον, τό, das Zaubermittel), blauen Dunst od. Gaukeleien vormachen, betrügen, ἐπί τινα.

Μαγδαληνή, ἡ, aus Magdala, einer Stadt in Galiläa.

Μάγδωλος, ἡ, Stadt in Unterägypten beim Ausgang der Karmelschluchten, jetzt vom See Menzaleh beim Ras el Moych bedeckt.

μαγεία, sp. u. N. T. μαγία, ἡ (μαγεύω), Zauberei, im Plur. Blendwerke.

μαγειρικός, 3. zum Koch gehörig; ἡ μαγειρική, die Kochkunst.

μάγειρος, ὁ (μάσσω), der Koch.

μάγευμα, τό, poet. = μαγεία. Dav.

μαγευτικός, 3. zauberisch, ἡ -κή die magische Kunst. Von

μαγεύω, poet. u. sp. ein μάγος sein, als Zauber anwenden, τί. Sp. auch durch magische Künste bezaubern, beschwören.

μαγικός, 3. sp. dem Magier gehörig, λόγοι der Unterricht der Magier (s. μάγος). [sp. Tisch.

μαγίς, ίδος, ἡ, 1) geknetete Masse, Brot. 2) poet.

Μάγνης, ητος, ὁ. 1) der Einwohner der östlichen Halbinsel Thessaliens, **Μαγνησία,** auch Μαγνησίη χώρη, am Ägäischen Meer zwischen dem Meerbusen von Pagasai u. dem Thrakischen Meer, mit gleichnamiger Hauptstadt. Adj. **Μαγνητικός,** 3. 2) Bew. der Stadt **Μαγνησία** od. **Μαγνησίη,** ἡ, am Maiandros in Karien. 3) St. am Sipylos in Lydien am Hermonflusse; östlich davon liegt der berühmte Niobefelsen (hettitische Göttin). 4) Dichter der alten att. Komödie, um 460.

Μαγνῆτις λίθος, ἡ, der Magnet.

μάγος, ὁ, mit u. ohne ἀνήρ. 1) Mitglied der Priesterkaste bei den Medern u. Persern; urspr ein besonderer Stamm, wurden sie durch Zoroaster in drei Klassen (Lehrlinge, Meister u. vollendete Meister) eingeteilt u. bildeten einen geschlossenen Orden mit großem polit. Einfluß. Die Wissenschaft hielten sie als Geheimnis inne, u. kein Fremder durfte ohne besondere Erlaubnis des Fürsten daran teilnehmen. Bes. aber legten sie sich die Gabe der Weissagung bei. 2) der Zauberer, Gaukler. Später hießen so bei Babyloniern, Medern, Persern Weise, Lehrer, Ärzte, Priester, Astrologen, Wahrsager, Traumdeuter, Vogeldeuter, Zauberer, im N. T. die oriental. Astrologen (heil. drei Könige), aber auch Zauberer.

μαγο-φόνια, τά, ion. das pers. Magierblutfest.

Μαδιάμ, ἡ, hebr. *midjân,* midianit. Gegend in Arabien. [j. *Maito.*

Μάδυτος, ἡ, Hafenstadt des thrakischen Chersones,

μάζα, ἡ, auch **μᾶζα** betont (für μαγ-ja, vgl. μάσσω), der aus Gerstenmehl in einer Form getrocknete Teig, der beim Verzehren angefeuchtet wurde, Gerstenbrei, Gerstenbrot, wogegen ἄρτος das gebackene Brot aus Weizenmehl.

μαζός, ὁ, ep. ion. u. poet., u. **μασθός,** gew **μαστός,** ὁ (verw lat. *mad-ēre,* triefen), 1) die Brustwarze, auch bei dem Mann, bes. aber bei der Frau, daher auch die Mutterbrust, μαζὸν ἐπέχειν die Brust reichen. 2) (μαστός) Hügel, Anhöhe.

μάθημα, τό (μανθάνω), das Gelernte, der Gegenstand des Lernens u. Unterrichtens, ποῖον μάθημα; was soll ich hören? dah. a) die Lehre, der Unterricht, die Schule, teils abs. ἀπὸ μαθημάτων γινόμενος so oft er vom Lernen frei war, teils τινός u. περί τινος in, von etwas. b) die Kenntnis, Wissenschaft, Kunde, oft im Pl., τὰ δέ μοι παθήματα μαθήματα γέγονε die Leiden machten mich klug. c) sp. im pl. spez. die mathematischen Wissenschaften, die Mathematik.

μαθηματικός, 3. sp. zur Mathematik, Astronomie gehörig. Subst. ὁ μ. der Mathematiker, Sternkundige.

μάθησις, εως, ἡ, u. poet. τὸ **μάθος** (μανθάνω), das Lernen, 1) das Erlernen, Erkennen, die Erkenntnis, σοὶ μάθησις οὐ πάρα du willst nicht lernen, nimmst keine guten Lehren an, μάθησιν ποιεῖσθαι περί τινος Notiz nehmen wovon, sich Kenntnisse erwerben, lernen. 2) der Unterricht, die Unterweisung, τινός worin, worüber. 3) poet. die Kenntnis.

μαθητεύω, N. T. u. sp. a) jmds. Schüler sein, τινί. b) jmdn. zum Schüler machen, ihn unterrichten.

μαθητής, οῦ, ὁ (μαθεῖν), der Schüler, *discipulus,* Lehrling, τινός jmds. u. in etwas.

μαθητιάω, poet. ein Schüler werden wollen, lernbegierig sein.

μαθητικός, 3. zum Lernen gehörig, gelehrig.

μαθήτρια, ἡ, sp. N. T. Jüngerin, Gläubige.

μάθος, τό, s. μάθησις.

μαῖα, ἡ (s. μᾶ, μήτηρ, *mater*), ep. poet. 1) Mütterchen, ep. stets im Vokat. als freundliche Anrede an alte Frauen. 2) Amme, Hebamme. 3) als Eigenn.

Μαῖα od. **Μαιάς,** άδος, ep. u. poet. Tochter des Atlas, Mutter des Hermes von Zeus.

Μαίανδρος, ὁ, Fluß in Phrygien u. Karien, wo er die nach ihm benannte, zwischen Lydien u. Karien gelegene Ebene (Μαιάνδρου πεδίον) im westl. Laufe durchströmt, mündet ins Ikarische Meer; j. *Mendere,* lat. *Maeander.*

Μαιάς, άδος, ἡ, poet. = Μαῖα.

Μαῖδοι, οἱ, Völkerschaft im Westen Thrakiens, am westl. Ufer des Strymon u. dem südl. Abhange des Gebirges Skomios.

μαιεύομαι u. sp. **μαιόομαι** (μαῖα), Dep. med., Hebamme sein, entbinden, abs u. τινά.

μαιευτικός, 3. zum Entbinden gehörig, ἡ μαιευτική die Hebammenkunst; sp. μαιευτικός (διάλογος) Gespräch zur Entwicklung von Begriffen.

Μαιῆται u. -ῆτις, s. Μαιῶται.

Μαικήνας, α, ὁ, C. Cilnius Mäcenas.

μαιμακτηριών, ῶνος, ὁ, eigtl. Sturmmonat, der fünfte Monat im attischen Jahr (Okt./Nov.), von Ζεὺς μαιμάκτης (v. μαιμάσσω stürmen), dem Gott der Winde, u. einem Feste desselben so benannt.

μαιμάω (μαίομαι, verw. *muot* Mut), ep. u. poet. im Präs. oft ep. zerd., Aor. μαίμησε, mit u. ohne δεινόν heftig verlangen, toben, stürmen; abs., od. τινός nach etwas, περὶ δούρατι am Speer d. h. ihn kampfbegierig halten.

Μαιναλία, ἡ, Gegend in Arkadien, im Gebirge (j. *Mänalon Roïnon*). Einw. οἱ Μαινάλιοι.

Μαινάλιος, 3. poet. vom Gebirge *Μαίναλον* in Arkadien, *M.* θεός, Bein. des Gottes Pan.

μαινάς, άδος, ἡ (μαίνομαι), ep. u. poet. die Rasende, Wütende, insbes. als Eigenn. die bacchisch Begeisterte.

μαινίς, ίδος, ἡ, poet. ar. kleiner Meerfisch, der wie der Hering eingesalzen ward.

μαινόλης, ου, äol. **-ας,** Fem. **-όλις,** -όλιν, poet. 1) begeisternd. 2) begeistert, verzückt, rasend.

μαίνομαι, att. Dep. pass., Fut. μᾰνοῦμαι, Aor. ἐμάνην (ep. u. buk. auch ἐμήνατο), Perf. μένηνα in Präsensbdtg. (buk. auch μεμάνημαι) (St. μᾰν, μεν, μένος), in Gedanken versunken sein, in Wahnsinn versetzt werden, **rasen, wüten,** wahnsinnig, toll, unsinnig, von Sinnen, verblendet, töricht, einfältig sein; überh. in Leidenschaft, leidenschaftlich erregt sein, schwärmen; bes. von Bakchanten, Wahrsagenden, Liebenden, τινί u. ἐπί τινι gegen jmdn. od. von etwas, z. B. τῇ τόλμῃ tollkühn sein. ὑπό, ἔκ τινος von jmdm. od. von [etwas.

μαίνω, Aor. act. ἔμηνα rasend machen.

μαίομαι, Dep. med., Fut. μάσομαι u. μάσσομαι, Aor. ἐμασάμην, ep. mit σσ (verw. mit μέμαα), ep. poet., in Kompos. auch ion., 1) tastend suchen, untersuchen, erspähen, aussuchen, ausersehen, abs. od. τί u. τινά, od. mit Inf. 2) streben, [trachten.

μαιόομαι, sp. = μαιεύομαι.

Μαῖρα, ἡ, 1) Tochter des Proitos u. der Anteia, gewöhnlich Begleiterin der Artemis, doch später von ihr getötet, als sie von Zeus Mutter des Lokros wurde. 2) sonst. Eigenn.

μαίωσις, εως, ἡ (μαιόομαι), sp. die Entbindung, τινός von jmdm.

Μαιῶται, ion. **Μαιῆται,** οἱ, gemeinschaftlicher Name für die Völkerschaften am Asowschen Meer, welches selbst ἡ **Μαιῶτις,** ion. **Μαιῆτις** λίμνη heißt. Adj. dav. **Μαιήτης,** ὁ, mäotisch.

μαίωτρα, τά, sp. Hebammenlohn.

μάκαρ, αρος, ὁ poet. auch ἡ, u. mit bes. Fem. **μάκαιρα,** Superl μακάρτατος, in Prosa gebräuchlichere Nbf. **μακάριος,** 3., Superl. μακαριώτατος (verw. lat. *macto*, mache groß, *macte*). 1) urspr. ep. grundbesitzend, begütert. 2) **glückselig,** selig, glücklich, τινός od. τί an etwas, περὶ κῆρι von ganzem Herzen; als Subst. οἱ μάκαρες die Seligen, Götter, auch Verstorbene. τὸ μακάριον sp. = die Gottheit, od. der Zustand der Seligen, τινί jmdn. glücklich zu preisen. Anrede: μακάριε, Argloser, Unschuldiger; Μακάρων od. μακάρων νῆσος, νῆσοι, αἶα, Aufenthalt der verstorbenen Heroen.

μακαρία, ἡ, die Seligkeit, seliges Glück.

μᾰκᾰρίζω, Akt. u. Pass., glücklich, selig preisen, überh. preisen, τινά τινος od. τί τινος etwas von jmdm., d. h. jmdn. um od. wegen etwas, auch τινὰ κατά τι u. τινὰ ὅτι.

μακάριος, s. μάκαρ.

μακαριότης, ἡ, Glück der Seele, Seligkeit.

μακαρισμός, ὁ, das Seligpreisen.

μακαριστός, 3. (-ίζω), glücklich gepriesen oder zu preisen, überh. selig, vollkommen.

μακαρίτης [ῑ], ὁ, poet. sp., u. Fem. **μακαρῖτις,** ἡ, buk. sp. der Selige, die Selige, von jüngst Verstorbenen.

μᾰκεδνός, 3. ep. = μακρός, schlank.

μακεδονίζω, sp. makedonisch gesinnt sein. Von

Μακεδών, όνος, ὁ, der Makedonier. Vor Philipp ein rohes, von den Griechen verachtetes Volk.

Μακεδονία, ἡ, im Norden von Griechenland. **Μακεδονὶς** γῆ bei Hdt. bedeutet das Stammland der Maked., ἡ ἄνω Μακεδονία bei Arr. ist das Oberland von Maked., d. h. die höhere Gebirgsgegend auf der Nord- u. Westseite. Adj. **Μακεδονικός,** 3. Adv. **Μακεδονικῶς** auf makedonische Weise. **Μακεδονιστί,** sp. Adv. in makedonischer Sprache.

μακέλα od. **-λη,** ἡ, ep. buk. dasselbe wie

μάκελλα, ἡ (vgl. δίκελλα), ep. poet. sp. Hacke, Schaufel, Grabscheit, Spaten, einzackige Pike, Διός vom Blitz des Zeus. [Fleischmarkt.

μάκελλον, τό, sp. N. T. das lat. *macellum*, der

μᾱκεστήρ od. **μᾱκιστήρ,** poet. Adj., μῦθος langgedehnte Rede.

μάκιστος, dor. st. μήκιστος, s. μακρός. Als Eigenn. 1) *M.*, ὁ, Berg auf Euböa. 2) *M.*, ἡ, Stadt in Triphylia, beim heut. *Moptitza.*

μακκοάω, poet. einfältig, von Sinnen sein, von Μακκώ, blödsinnige Alte, vgl. *Maccus.*

μᾶκος, τό, dor. = μῆκος.

μακρ-αίων, ωνος, 2. poet. langlebend, langdauernd, μακραίωνες als Beiw. der Moiren, uralt, u. als Subst. αἱ μ. von den Nymphen, welche, obschon sterblich, doch sehr lange (zehnmal so lange als ein Palmbaum) leben.

μακράν u. **μακρήν,** s. μακρός g. E.

μακρ-αύχην, ὁ, ἡ, poet. langhalsig, lang.

μακρηγορέω (-ήγορος) = μακρολογέω.

μακρημερίη, ἡ (eig. Fem. v. μακρ-ημέριος langtägig), ion. die Zeit der längsten Tage.

μακρό-βιος, 2. ion. ar. sp., u. **μακρο-βίοτος,** 2. poet. langlebend; οἱ μακρόβιοι, ion. Beiname eines äthiopischen Stammes.

μακρόθεν, Adv. sp. N. T. von weitem, weitab.

μακροθυμέω, N. T. u. sp. langmütig sein, εἴς τινα, Lc. 18, 7 καὶ μακροθυμεῖ ἐπ' αὐτοῖς auch wenn er es lang bei ihnen hinzieht.

μακροθυμία, ἡ, sp. N. T. die Langmut. Von

μακρόθῡμος, 2., Adv. -ύμως, N. T. u. sp. langmütig.

μακρο-κέφαλος, 2. ion. langköpfig. Μακροκέφαλοι, οἱ, N. e. Völkerschaft im Südosten des Schwarzen Meeres.

μακρολογέω (μακρό-λογος), weitläufige Reden halten, weitläufig sein, ἔν τινι unter d. i. vor jmdm.

μακρολογία, ἡ, Langrednerei, das Halten langer Reden.

μακρό-πνοος, -πνους, 2. poet. = μακρ-αίων.

μακρό-πονος, 2. sp. mit langen Mühen, mühselig.

μακρός, 3. (St. μακ, lat. *mācer*, dt. *mager*), Komp. poet. u. Xenoph. μάσσων, 2., Superl. auch μήκιστος, dor. μάκιστος, 3., lang • 1) vom Raume:

lang sich hinstreckend, u. dah. **groß**, z. B. τὰ τείχη, bes. in Athen die nach dem Peiraieus laufenden Mauern, ναῦς, πλοῖον das Kriegsschiff, μακρὰ κύματα; ferner schlank; hoch, tief; weit, fern. Subst. τὰ μάσσω das Weitere, τὰ μακρότατα die entferntesten Gegenden • 2) von der Zeit: **lange dauernd,** μακρὸν ἦν mit folg. Inf., es wäre zu umständlich gewesen • 3) Adv. • a) **μακρῶς,** Superl. sp. μακροτάτω, u. Komp. auch μᾶσσον (s. oben), sp. μακροτέρω, weit, weit weg, weitläufig • b) **μακρόν, μακρά,** α) vom Raum: weit, weithin, auch langatmig, langweilig; bei βοᾶν laut, bei χαίρειν ἐᾶν gänzlich, μακρότερον, μᾶσσον weiter, μακρότερον u. μακρότερα weitschweifiger, ἐπὶ μακρόν weithin in langem Zuge, ἐπὶ μακρότερον in weiteren Kreisen, noch mehr, ἐπὶ μακρότατον möglichst weit zurückgehend, μήκιστον am am weitesten, διὰ μακροῦ weithin, ähnlich διὰ μακρῶν weitschweifig, διὰ μακροτέρων ausführlicher, β) von der Zeit: lange, διὰ μακροῦ in langer Zwischenzeit, lange hernach, οὐ διὰ μ., μήκιστα endlich, ἐπὶ od. ἐς μήκιστον auf lange, γ) vom Grade: ὅσον ἐπὶ μακρότατον u. ἐφ' ὅσον μ. od. nur ὅσον μ. soweit als möglich, ἐπὶ μήκιστον am meisten, ὅτι μάκιστον so sehr nur, εἰς τὰ μακρότατα auf das äußerste • c) **μακράν,** ion. **μακρήν,** α) vom Raum: verst. ὁδόν, weit, fern, abs. od. τινός von etwas, β) von der Zeit: verst. ὥραν, lange, τοὔργον οὐ μακράν verst. ἀπόν was bald geschehen kann, gew. ἐς μακρήν od. εἰς μακράν auf lange, οὐκ εἰς μ.; übertr weitschweifig • d) **μακρῷ** bei Komp. u. Superl. beiweitem.

μακρό-χειρ, ὁ, sp. mit langer Hand, Langhand.

μακρο-χρόνιος, 2., sp. N. T. langlebig.

μακρο-ψῡχία, ἡ, sp. *vastus animus,* Unersättlichkeit.

Μάκρωνες, οἱ, Volk am Pontos, SO von Trapezus, am Nordabhang des heutigen Makurdaghi; später Sannen, Tzannen, j. *Dschannen* genannt.

μάκτρα, ἡ, (μάσσω), Backtrog, Mulde.

Μακτώριον, τό, St. im Süden Siziliens, j. *Mazzarino.*

μᾱκύνω, dor. = μηκύνω.

μάκων, ἡ, dor. = μήκων.

μᾰκών, s. μηκάομαι.

μάλα, I) **gern, sehr,** recht, durchaus, völlig. Es dient • 1) zur Verstärkung: bei Subst. usf., μάλα συμφορά ein großes Unglück, καιρός gute Gelegenheit, πάντα allesamt, bei Komp., weit, bei Adv., πάγχυ ganz u. gar, πάνυ, εὖ, αὐτίκα, ἀεί, πάλιν, αὖ, αὖθις (bei Hdt. so auch μάλα ohne αὖ); οὐ μάλα durchaus nicht, mit πως gar nicht sehr, mit τί ganz u. gar nicht; καὶ μάλα noch dazu, od. mit Part., so sehr auch, ebenso εἰ μάλα wenn auch noch so sehr • 2) zu Antworten: allerdings, sicherlich, zuweilen mit τοί.

II) **Kompar.** μᾶλλον (poet. μάλιον u. μαλιώτερον, lat. *melius*), **mehr,** stärker, eher, **lieber,** τεθνάναι βούλεσθαι μᾶλλον ἢ ζώειν; abs. bes. mit δέ, vielmehr, ἄκουε δή, μᾶλλον δ' ἀποκρίνου, häufig bei αὐτίκα, ἆσσον immer näher, μᾶλλον — μᾶλλον, πολὺ μᾶλλον, ἔτι μᾶλλον u. ähnl., oft zum Kompar. gesetzt, noch, viel, auch vor ἤ, um den vorausgegangenen Kompar. wieder aufzunehmen. Mit τί, μᾶλλόν τι, οὐδὲν μᾶλλον od. οὐδέν τι μᾶλλον ἢ (οὐ) um nichts mehr, τοσῷδε μᾶλλόν τι um soviel mehr; ἐπὶ μᾶλλον immer mehr, καὶ μᾶλλον desto mehr. Oft fehlt der Satz mit ἤ, od. es steht der Gen., παντὸς μᾶλλον um jeden Preis, u. ähnl.

III) **Superl.** μάλιστα, **am meisten,** besonders, am liebsten, vor allem • 1) zur Verstärkung, μάλιστα δέ τ' ἔκλυον αὐτοί, μάλιστα πάντων ἀνθρώπων, εὐδοκιμεῖ μάλιστα τῶν μαθητῶν; ἐν τοῖς μάλιστα am allermeisten, d. h. von denen, die so etwas tun, so auch ἐκ τῶν μάλιστα, τὰ μάλιστα u. ἐς τὰ μάλιστα am meisten, καὶ μάλιστα εἰ zumal wenn, ὅσον, ὡς, ὡς οἷόν τε μ. so sehr als möglich; bisw. μάλιστα μὲν — μᾶλλον δέ. Bes. a) in Fragesätzen, τί μάλιστα; *quid potissimum?* eigentlich • b) in Antworten, mit u. ohne γέ, jawohl, allerdings • 2) bei Zahlangaben, ungefähr, höchstens, ἐν ἔτεσι πεντήκοντα μάλιστα, bei Hdt. ὡς μ. κη od. κου, bei Arr. auch mit ὑπὲρ πέντε; auch bei ungefähren Ortsangaben, bei ἔνθα u. ἐνταῦθα.

μαλακαί-πους, 2. buk. mit zartem Fuß einherschreitend.

μαλακ-εύνητος, 2. poet. sanftgebettet.

μᾰλᾰκία, ἡ (-κός), 1) Weichheit, Weichlichkeit, Verweichlichung, Feigheit, Mangel an Tatkraft. 2) N. T. leibliche Schwäche.

μᾰλᾰκίζομαι, Med.-Pass. mit med. u. (gewöhnl.) pass. Aor., u. **μαλθακίζομαι,** mit pass. Aor. (μαλακός, μαλθακός), verweichlicht, weichlich, schlaff, (auch krank, kränklich), träge, untätig sein od. werden; auch milder gestimmt werden, sich erbitten lassen

μαλακο-γνώμων, 2., poet. weichen, milden Sinnes.

μᾰλᾰκός, 3, u. **μαλθακός,** 3. (verw. lat. *mollis* aus **moldvis*, nhd. *mild*) • 1) **weich,** sanft, zart, locker; **mild,** einschmeichelnd, nachgiebig, schlaff. μαλθακόν τινα ἐπόψεσθαι einen mürbe machen, μαλακὸς τὴν ψυχήν weichherzig, εἴς τι zu etwas. Subst. τὰ μαλακά, μαλθακά, μαλακώτατα Weiches, Sanftes, das Weichste, ἐπὶ μαλθακοῦ auf Weichem; μαλακά weiche, weichliche Kleider N.T. • 2) **weichlich,** unentschieden, träge, verzärtelt, von Personen und Sachen, οὐδὲν μ. ἐνδιδόναι nicht nachlassen, ἔν τινι in etwas, πρός τι zu, gegen etwas, περί τινος in Betreff einer Sache. Subst. ὁ μαλθακός der Weichling, τὰ μαλθακά der Sinnengenuß, üppiges Wohlleben • Adv. **μαλακῶς** u. **μαλθακῶς,** Kompar. μαλακώτερον u. μαλακωτέρως, Superl. μαλακώτατα, 1) *molliter,* weich, mild, sanft, süß • 2) weichlich • a) schwach, nicht energisch, lässig, träge, μ. χρῆσθαί τινι nachgiebig gegen jmdn. sein • b) buhlerisch, φιλεῖν • c) ἔχειν (τὸ σῶμα) kränklich, angegriffen od. schlaff, müde sein • 3) sp. fein, elegant.

μαλακότης, ἡ, = μαλακία.

μαλακτήρ, ῆρος, ὁ, sp. (μαλάττω) Erweicher, χρυσοῦ καὶ ἐλέφαντος der Gold- u. Elfenbeinarbeiter (das Elfenbein wurde durch eine Flüssigkeit, ζῦθος, erweicht).

μαλακύνομαι, Pass. = μαλακίζομαι, saumselig sein.

μαλάττω u. **μαλθάσσω,** Fut. -άξω, Aor. pass. -άχθην (μαλακός, μαλθακός) 1) Akt. a) weich, geschmeidig machen, erweichen, zum Nachgeben bewegen. b) mildern, besänftigen, trösten. c) Linderung verschaffen, erleichtern, τινά jmdm. d) mit glatten Worten täuschen, τινά. 2) Pass. a) weich gemacht, erweicht werden, ἔν τινι in etwas. b) übertr. sich erweichen lassen, sich rühren lassen, ἔς τι zu etwas, πρός τι durch die Rücksicht auf etwas. c) erleichtert, befreit werden, τινός von etwas. d) verweichlicht, feige werden, τινί u. ὑπό τινος von etwas; weichlich sein, sich schlaff, träge, feig zeigen od. benehmen.

μαλάχη, ἡ, die Malve.

Μαλέα, ion. **-έη,** ἡ, u. **Μαλέαι,** ep. **Μάλεια** u. **Μαλειαί,** auch **Μαλειάων** ὄρος, 1) Vorgebirge von Lakonika, Südostspitze des Peloponnes, früher berüchtigt wegen gefährlicher Schiffahrt, j. *Kap Malia.* 2) ἄκρα Vorgebirge an der Südspitze der Insel Lesbos, j. *Kap Maria.*

μᾰλερός, 3. (zu μάλα), ep. u. poet. heftig, gewaltig, stark; verzehrend; poet. auch pass. bewältigt, μέλαθρα πυρί.

μάλευρον, τό, buk. = ἄλευρον Weizenmehl.

μάλη, ἡ (vgl. μασχάλη), die Achsel, Achselhöhle, nur in ὑπὸ μάλης unterm Arme, bildl. versteckt.

μαλθακία, ἡ, = μαλακία.

μαλθακίζομαι, s. μαλακίζομαι.

μαλθακός, s. μαλακός. **μαλθάσσω,** s. μαλάττω.

Μαλιεύς, s. Μηλίς.

μᾰ́λινος, 3. (μᾶλον = μῆλον II.) aeol. vom Apfelbaum.

μάλιστα, μάλιον, μαλιώτερον, u. **μᾶλλον,** s. μάλα.

μαλκίω, vor Frost erstarrt sein; zagen.

Μάλλιος, 1) Gajus Manlius (Mallius), Genosse Catilinas, fiel in der Schlacht bei Pistoria, 63 v. Chr. 2) vielleicht M. Manilius, Konsul 605 = 149 v. Chr. (Plut. Tib. Gr. 11).

Μαλλοί, ῶν, οἱ, Volk im N.-W. Indiens im jetzigen Multan.

μαλλός, ὁ, ep. poet. Zotte, Flocke von Wolle, auch mit πλοκάμων, überh. Wollenvlies.

Μαλλός, ἡ, Stadt Kilikiens, östl. von der Mündung des Pyramos. Der Einw. ὁ **Μαλλωτής.**

μᾱλο-δροπεύς, ὁ (μᾶλον = μῆλον II, δρέπω), äol. poet. Äpfelpflücker.

Μαλόεις, ὁ, 1) ein Ort im Norden von Mitylene. 2) Bein. des Apollo, der als Beschützer der Herden unter diesem Namen in Mitylene ein Heiligtum hatte.

μαλο-πάρῃος, 2. buk. apfelwangig, rundwangig.

μᾶλος, 3. poet. zottig, wollig(?), var. zu

μᾱλός, 3. poet. weiß (vgl. μῆλοψ).

μᾱλο-φορέω, buk. Äpfel tragen.

Μάλχος, ὁ, Diener des Hohepriesters.

Μαμμάκῡθος, ὁ (κεύθω), poet. n. pr. masc., Muttersöhnchen, Memme, sprichwörtl. für Dummkopf. Von

μαμμάω, poet. an der Mutterbrust saugen; überh. [essen.

μάμμη, ἡ, (lat. *mamma*), sp. N. T. Großmutter.

μαμωνᾶς, ᾶ, ὁ, N. T. der Reichtum, Mammon.

μάν, s. μήν.

Μανασσῆς, ῆ, ὁ (hebr. *Mĕnaschschè* vergessen machend), 1) Sohn d. Joseph. 2) Sohn d. Königs Hiskia.

μάνδρα, ἡ, buk. Stall.

μανδραγόρας, ου, ὁ, Alraun, eine betäubende Pflanze.

Μανδροκλῆς, έους, Samier, baute dem Dareios die Brücke über den thrak. Bosporus.

Μανερῶς, ῶτος od. **Μανέρως,** ωτος, ὁ, 1) S. des ersten ägypt. K. Seb, frühzeitig gestorben u. beklagt; dah. 2) ein Klagegesang bei den Ägyptern, von den Griechen ihrem Λίνος verglichen, s. d.

μανθάνω (St μαθ, μενθ, verw. mit μεν, μένος), Fut. μαθήσομαι, Aor. 2. ἔμαθον, Perf. μεμάθηκα, Adj. verb. **μαθητός** u. **μαθητέον,** Fut. buk. **μεμαθεῦμαι** (?), Aor. ep. **ἔμμαθον** u. **μάθον** • 1) lernen, erlernen • 2) kennen lernen, erfahren, hören, vernehmen, wahrnehmen, bemerken, erkennen, einsehen, verstehen, begreifen • 3) fragen, forschen, sich erkundigen. μανθάνω mir geht ein Licht auf, ich verstehe, gut! οἱ μανθάνοντες die Schüler, τί etwas, z. B. τί μαθών, was fällt dir ein, was wandelte dich an daß, warum? u. dah. auch in der orat. obliqua, τί μαθών anst. ὅτι τί μ. daß ich mir einfallen ließ, nicht ruhig zu bleiben, τινός, ἀπό, ἔκ, παρά, πρός, ὑπό τινος von jmdm. od. etwas, τινί durch etwas, περί τινος über etwas, ἐπί τινι auf etw., als etwas, od. mit ὅτι, ὡς, εἰ, od. indir. Frages., dem Inf. u. dem Partiz.

μᾰνία, ion. **-ίη,** ἡ (μαίνομαι), Raserei, Wahnsinn, Wut, auch mit νοῦσος, überh. Wahnwitz, Tollheit; in gutem Sinne: Begeisterung. Auch im Plur. μανίαις in Wahnwitz.

Μᾰνία, ἡ, 1) Gem. des Zenis aus Dardănos, Statthalterin in Äolis ca. 399 v. Chr. 2) sonst. weibl. Eigenname.

μανιάκης, ου, ὁ, sp. goldnes Arm- od. Halsband.

μανιάς, άδος, ἡ (μαίνομαι), poet. rasend, wahnsinnig.

μανιάω, ar. sp. an Wahnsinn leiden.

μᾰνικός, 3., Adv. **-κῶς** (μανία), u. **μᾰνιώδης,** 2. rasend, mit Raserei, wütend, toll, wahnsinnig, unsinnig, auf wahnsinnige, unsinnige Art, auch überspannt, ὁ μ. Enthusiast, τὸ μανιῶδες die schwärmende Begeisterung.

μανίω, s. μηνίω.

μάννα, τό, N. T. das Manna, hebr. *mān*, süßer Ausfluß der Manna-Tamariske, der durch den Stich eines Insektes hervorgerufen wird und in kleinen Kügelchen abfällt.

μαννο-φόρος, 2. (μάννος Halsband), buk. ein Halsband tragend (var.).

μᾰνός, 3. (aus μᾰν-Ϝός, verw. μόνος), einzeln, spärlich, locker, dünn, selten; leicht. Adv. **-ῶς,** Komp. μανότερον (ώτερον).

μᾰνότης, ἡ, sp. Dünnheit, Lockerheit, Leichtigkeit.

μαντεία, ion. **μαντηίη,** ἡ, **μαντεῖον,** ep. **μαντήιον,** τό, oft im Plur., u. **μάντευμα,** τό (μαντεύομαι), 1) (μαντεία) das Weissagen, die Gabe des Weissagens, die Sehergabe. 2) die Ahnung, Weissagung, Prophezeiung, insbes. mit u. ohne τοῦ θεοῦ die Götterstimme, der Götterspruch, Orakelspruch, τινός jmds. u. für jmdn., auch die Art der Weissagung. 3) (μαντεῖον) Orakelstätte, das Orakel.

μαντεῖος, 3., s. μαντικός.
μαντευτός, 3. vom Orakel befohlen, ἐκ Δελφῶν.
μαντεύω, sp., gew. **μαντεύομαι,** Dep. med., Perf. μεμάντευμαι in akt. u. pass., u. Aor. ἐμαντεύθην in pass. Bdtg., Adj. verb. μαντευτέον (μάντις). **1)** einen Götterspruch verkünden, **weissagen,** überh. voraus-, vorhersagen, vorherverkünden, prophezeien, auch Sehersprüche austeilen zur Belehrung u. Warnung, τινί jmdm., τί etwas, dah. auch τινί τι, auch τινά τι einen als etwas. **2)** sich weissagen lassen, **ein Orakel befragen.** Im bes. sich etwas wahrsagen, **ahnen,** vermuten (τί) od. die Zukunft erforschen, περί τινι um etwas, auch τοῦτο darum.
μαντηίη u. **μαντήιον,** s. μαντεία.
μαντικός, 3., Adv. **-κῶς,** u. poet. **μαντεῖος,** 3. den Wahrsager (μάντις) betreffend, des Wahrsagers, wahrsagerisch, prophetisch, weissagend, γένος Sehergeschlecht, Wahrsagerfamilie. Dav. als Subst. ἡ μαντική (auch mit τέχνη) die Kunst des Wahrsagens, Wahrsagekunst, Gabe der Weissagung, Seherkunst, überh. Weissagung abs., u. τινός durch etwas od. einen, im bes. τῶν ἱερῶν d. h. aus dem Verlauf des Opfers, der Art der Verbrennung u. der Beschaffenheit der Eingeweide.
Μαντίνεια, ion. u. ep. **Μαντινέη,** ἡ, Stadt in Arkadien, berühmt durch den Sieg der Spartaner über die Argiver 418 v. Chr. und durch den Sieg u. Tod des Epaminondas im Juli 362 v. Chr. Jetzt *Paleopoli.* Die Einw. οἱ **Μαντινεῖς,** ion. -έες. Adv. **Μαντινικός,** 3. aus Mantinea.
μαντιπολέω, poet. weissagen. Von
μαντι-πόλος, 2. poet. = μαντικός.
μάντις, εως, ion. ιος, ep. auch μάντηος (St. μαν, μένος), ὁ u. ἡ, eigtl. ein Verzückter, von einem Gott Begeisterter, der in die Zukunft sieht; Adj. Weissagungsgabe besitzend, dah. Subst. **Seher,** Wahrsager, Prophet, Traumdeuter, Opferdeuter, μ. κακῶν Unglücksprophet. Überh. vorhersehend, ahnend, τινός etwas.
μαντοσύνη, ἡ, ep. poet. **1)** Seherkunst, Wahrsagekunst, auch im Plur. **2)** = μαντεία, 2.
μαντόσυνος, 3. poet. vom Orakel ausgehend.
μᾱνύω, dor. = μηνύω.
μάομαι, μῶμαι, poet. (imper. μῶσο od. μώσο, inf. μῶσθαι, part. μώμενος), ion. u. poet. Perf. **μέμονα** (mit Präsensbdtg.), inf. μεμονέναι, Plqpf. μεμόνει, dazu für du. u. pl. (wie von **μέμαα**) μέμᾰτον, μέμᾰμεν, μέμᾰτε, μεμάασι, imper. μεμᾰ́τω, part. μεμαώς [ᾰ], μεμᾰῶτος, μεμᾱότε, μεμᾱότες, Plqpf. μέμᾰσαν, (vgl. μαίομαι, μαιμάω) • **1)** hastig auf etwas losgehen, **anstürmen,** eilen, μεμαώς eilig, hastig, auch adv. bei ἔβη usw., τινί mit etwas, ἐπί τινι gegen jmdn. • **2) streben,** trachten, begehren, heftig verlangen, überh. wollen, beabsichtigen, μεμαώς begierig, eifrig, gierig, τινός nach etwas, τί etwas erstreben, sich etwas erkühnen, ἶσα θεοῖσι den Göttern es gleich tun wollen; διχθά od. δίδυμα zwiefach streben, schwanken; auch mit Inf.
μάραγνα, ἡ, poet. die Peitsche.
μάραθον, τό, der Fenchel, dem von den Alten geheime Kräfte beigelegt wurden, dah. bei Mysterien gebraucht.
Μάραθος, ἡ, Stadt Phönikiens, Arădos gegenüber, j. Ruinen b. *Merakin.*
Μᾰρᾰθών, ῶνος, ὁ u. ἡ, Ort u. Gemeinde im östl. Attika, berühmt durch die Niederlage der Perser 490; dah. Μαραθωνομάχαι od. -μάχοι Marathonkämpfer = treffliche Krieger. Μαραθῶνι in u. bei M. Jetzt *Marathona.* Der Einw. ὁ **Μαραθώνιος.**
μᾰραίνω, Fut. μαρανῶ, Aor. act. ἐμάρανα, pass. ἐμαράνθην, Perf. pass. sp. μεμάραμμαι u. -ασμαι (St. μαρ, lat. *mar-ceo, mor-ior,* got. *maur-thr* Mord, lat. *mor-bus*), **1)** Akt. auslöschen, übertr. aufreiben, vernichten, tilgen, τί u. auch τὶ τοιαῦτα etwas so. **2)** Pass. allmählich erlöschen, zu brennen aufhören, übertr. dahinschwinden, abzehren, versiegen, vertrocknen.
Μαρακοί, οἱ, Volksstamm in Ätolien.
Μαράκανδα, τά, Hauptst. der pers. Prov. Sogdiana, jetzt *Samarkand.*
μαρὰν ἀθά (aramäisch), (unser) Herr kommt. Besser zu trennen **μαράνα θά** (unser) Herr komm! N. T. 1. Cor. 16, 22, vgl. Phil. 4, 5.
μαργαίνω, (μάργος), ep. rasen, ἐπί τινι gegen jmdn.
Μάργανα, τά, Ort in Triphylien, Einw. Μαργανεῖς.
μαργαρίτης [ῑ], ου, ὁ, sp. N. T. die Perle.
μαργάω, poet. (μάργος), rasen; rasend begehren.
Μαργίτης [ῑ], ου, ὁ, Name eines einfältigen Menschen, der Gegenstand eines angeblich homerischen komischen Gedichts war.
μαργόομαι, poet. = μαργάω.
μάργος, 3. (auch 2.), ep. poet. rasend, toll, töricht, unbesonnen, im bes. toll vor Begierde, gierig. Dav.
μαργότης, ἡ, Wollust.
Μάρδις od. **Μέρδις,** ὁ, gewöhnl. Σμέρδις, altpers. Bardiya, Sohn des ältern Kyros, auch = Pseudosmerdis.
Μάρδοι (alte La. Μαρδόνιοι), οἱ, kriegerisches Gebirgs- u. Räubervolk in Medien u. Hyrkanien im Masiosgeb., j. *Mardindagh,* in welchem auch die Μαρδόνιοι (Mygdonier), wohnten (wenn nicht diese Namen appellative Adjektiva sind).
Μαρδόνιος, ὁ, Sohn des Gobryas, Anführer der Perser, der 479 bei Platää fiel.
Μάρεια, ion. **-έη,** ἡ, Stadt in Unterägypten, beim See **Μαρία** od. Μαρεῶτις, j. *Birket Mariût,* die Gegend war durch Weinbau berühmt. Adj. Μαρεώτης.
Μᾶρες, οἱ, Volk an der Nordküste von Pontos.
Μαριάμ, indecl. u. **Μαρία,** ας, *mirjâm* = Trotz, Schwester Mosis, dann überh. israelit. Frauenname.
Μαριανδῦνοί, οἱ, Volk im nordöstl. Teil von Bithynien an der Küste des Pontos, leibeigene Untertanen der St. Herakleia.
Μάριος, **1)** C. Marius, Besieger der Cimbern und Teutonen, Gemahl der Julia, einer Tante Cäsars, Gegner des Sulla, starb 86. Adj. dav. **Μαριανός,** 3., u. seine Parteigänger οἱ **Μαριανοί.** **2)** C. Marius, der jüngere genannt, Adoptivsohn des vorigen.
Μάρις, ιος, ὁ, Fluß in Dacien, jetzt *Marosch,* der aber nicht unmittelbar in die Donau, wie Herodot glaubt, sondern in die Theiß mündet.

Μάρκελλος, M. Claudius Marcellus, Gegner Cäsars.

Μάρκιος, Q. Marcius Rex, führte 63 den Befehl gegen Catilinas Feldherrn Mallius.

Μαρκομάνοι, οἱ, germanischer Volksstamm, der z. Zt. Ariovists noch in Südwestdeutschland wohnte, bald darauf Böhmen besiedelte.

Μάρκος, ου, ὁ, Evangelist.

μαρμαίρω (St. μαρ glänzen), ep. poet. u. sp., nur Präs. u. Impf., glänzen, flimmern, funkeln, strahlen, abs., u. τινί von etwas.

μαρμάρεος, 3. ep. poet., u. **μαρμᾰρόεις,** εσσα, εν, poet. flimmernd, glänzend, strahlend, glitzernd.

μάρμαρος, ὁ u. ἡ. **1)** Stein, Felsblock. **2)** Unter dem Einfluß von μαρμάρεος, μαρμαίρω glänzender Stein, Marmor, τυκτή bearbeiteter; dann auch adjektivisch = μαρμάρεος.

μαρμᾰρῠγή, ἡ (μαρμαρύσσω schimmern = μαρμαίρω), bes. im Plur., der Glanz, das Gefunkel, übertr. μ. ποδῶν das Geflimmer der Füße, bei raschen Bewegungen

μαρμαρ-ωπός, 2. poet. funkelnden Auges.

μάρνᾰμαι, ep. u. poet. Med., opt. μαρναίμεϑα (Var. -νοίμεϑα), imper. μάρναο, inf. μάρνασϑαι, part. -νάμενος, Impf. ἐμάρναο, -νατο usf. (St. μαρ, vgl. μαραίνω), ep. u. poet. Dep., nur im Präs. u. Impf. gebräuchl., streiten, kämpfen, sich bekämpfen, fechten, hadern, περί τινος um od. über einen, aber ἔριδος πέρι aus Zwietracht.

μάρπτις, ὁ, poet. der Räuber.

μάρπτω (St. μαρπ), Fut. μάρψω, Aor. ἔμαρψα, ep. u. poet. **1)** packen, fest greifen, fassen, ergreifen, antreffen, halten. **2)** berühren, erreichen, prägnant ἕλκεα, ἅ κεν μάρπτῃσι κεραυνός die Wunden, welche der treffende Blitz schlägt.

μάρσιπος, ὁ, Beutel, Sack, Tasche, τινός mit etw.

Μαρσοί, οἱ, Marsi, Volksstamm in Mittelitalien.

Μαρσύας, ion. **-ύης,** εως, ὁ, **1)** Quell in Großphrygien, den Herod. auch Καταρρήκτης nennt, u. der nach kurzem Lauf sich mit dem Mäander vereinigt, so benannt von **2) Μαρσύας,** ὁ, einem Silen aus Phrygien, Sohne des Olympos, der von Apollon in einem musischen Wettstreit besiegt und lebend geschunden wurde. **3)** Geschichtschreiber Makedoniens aus Pella, Stiefbr. des Antigŏnos, mit Alexander erzogen, dann Feldherr des Demetrios Poliorkētes, schrieb die Gesch. Makedoniens bis 332.

Μάρτιος, ὁ, μήν, das lat. *Martius*, der Monat März. Adj. **Μάρτιος,** 3. märzlich.

μαρτυρέω, μαρτυρήσω usf., Fut. pass. μαρτυρήσομαι u. -ηϑήσομαι (μάρτυς) • **1)** Akt. • **a) Zeugnis ablegen,** zum Beweis dienen, dafür sprechen, beipflichten, τινί u. ὑπέρ τινος für jmdn., auch τινὶ τῇ γνώμῃ für jmds. Ansicht, περί τινος über etwas, πρὸς τὸ ἀγαϑόν dafür, daß es gut sei, od. mit ὅτι, ὡς, u. zwar τινί durch etwas, ὑπό τινος vor od. wegen etwas • **b) bezeugen,** bestätigen, zeigen, bekennen, τί od. mit Inf., τινί jmdm.; N. T. μ. τὴν καλὴν ὁμολογίαν das rühmliche Bekenntnis bezeugen, d. i. als Märtyrer sterben • **2)** Pass. • **a) bezeugt werden,** τινί jmdm., ὅτι daß, u. persönl. μαρτυροῦμαι m. Inf. es wird von mir bezeugt, daß ich • **b)** ein gutes Zeugnis erhalten, ἔν τινι, διά τινος in, durch etw., ὑπό τινος u. auch τινί von jmdm.

μαρτύρημα, τό, poet. = dem folg.

μαρτυρία, ion. **-ίη,** ἡ, u. **μαρτύριον,** τό, **1)** das Bezeugen. **2)** Zeugnis, Beweis, Zeichen. Im Plur. μαρτυρίῃσιν nach den Zeugenaussagen, teils abs., selbst ohne Kopula, „ein Beweis", worauf ein Satz mit od. ohne γάρ folgt: als nämlich usw.; teils τινός für etwas, περί τινος über etwas, od. mit folg. Inf., ὅτι od. indir. Nebens. **3)** τὸ μ. N. T. die Verkündigung des Evangeliums, die Predigt.

μαρτῠ́ρομαι, Dep. mit Aor. ἐμαρτῡράμην, sich bezeugen lassen, jmdn. zum Zeugen od. überh. Zeugen aufrufen; heilig versichern, beteuern, beschwören, u. dah. auch: bezeugen, abs. od. τινά, u. zwar περί τινος wegen etwas, od. mit folg. Inf., ὅτι, ὡς od. indir. Nebens.

μάρτυρος, ὁ, ep., u. **μάρτυς,** ὁ u. ἡ, Gen. ῠρος, Akk. ῠρα u. υν, Dat. pl. μάρτυσι (St. μερ, μαρ in μέριμνα, lat. *me-mor*). **1)** Merker, der Zeuge, die Zeugin, u. von Sachen: der Beweis, dah. bei Fem. u. Neutr., abs. μετὰ μαρτύρων in Gegenwart von Zeugen, ἐν μάρτυσι vor Zeugen, od. τινός u. περί τινος von od. für etwas, τινί für jmdn, κατά τινος gegen jmdn., ἔν τινι bei etwas, od. mit folg. ὡς. **2)** im N. T. Blutzeuge, Märtyrer.

μᾱρύομαι, buk. = μηρύομαι.

Μαρώνεια, ἡ, **1)** Stadt an der Südküste Thrakiens, j. *Marogna.* Der Einw. **Μαρωνίτης** (-νείτης), ὁ. **2)** auch eine der Wohnstätten attischer Bergwerkssklaven am Lauriongebirge.

μασάομαι, poet. sp. u. N. T. kauen, knabbern, beißen, verzehren.

μάσασϑαι ἐπὶ χερσί, s. ἐπιμαίομαι.

μάσδα u. **μασδός,** dor. st. μάζα, μαζός.

Μάσης, ητος, ἡ, Stadt an der Südküste von Argolis, NW v. Hermione, j. Bucht v. *Kiladia.*

μασϑός, ὁ, s. μαζός.

Μάσκας (u. -ᾶς), α, ὁ, ein Kanal des Euphrat (nicht Nebenfluß).

Μασσαγέται, οἱ, kriegerisches Nomadenvolk an der nordöstl. Küste des Kaspischen Meeres, im Norden des heutigen Chiwa.

Μασσαλία, ἡ, v. den Phokäern um 600 gegründet, früh mit Rom befreundet, im Bürgerkrieg 49 von Cäsar belagert und erobert, lat. *Massilia*, j. *Marseille.* Einw. **Μασσαλιώτης** u. **Μασσαλιήτης,** ὁ, Adj. **Μασσαλιωτικός,** 3.

Μασ(σ)ανάσσης, ὁ, sp. ostnumidischer König, starb 148 v. Chr. Geb., lat. *Massinissa.*

μάσσομαι, Fut. von μαίομαι, w. s.

μάσσω u. neuatt. **μάττω** (aus μάκ-jω, lat. *macerare*), u. Med., kneten, Teig einmachen, zubereiten, abs. u. τί, Part. perf. μεμαγμένος, auch als Pass.

μάσσων, s. μακρός.

μάσταξ, ᾰκος, ἡ (μαστάζω = μασάομαι zu lat. *mandere*). **1)** ep. poet. das Kauwerkzeug, die beiden Kiefer, der Mund. **2)** ep. buk. Atzung, Häppchen. **3)** Heuschrecke.

μάστειρα, ἡ, poet. Fem. zu μαστήρ, w. s.

μαστεύω, u. ep. u. poet. **ματεύω** (μάομαι), suchen, aufsuchen, aufspüren, sich bemühen, forschen, trachten, erstreben.

μαστήρ, ῆρος, ὁ (μάομαι), poet. ein Suchender, Späher, gew. verbal: um zu suchen, τινός jmdn. od. auch etwas.

μαστήριος, 3. poet. zum Erspähen geschickt.

μαστῑγέω, s. μαστιγόω.

μαστῑγίας, ου, ὁ (μάστιξ), ein Züchtling, Mensch für die Peitsche.

μαστῑγο-φόρος, 2., Peitschenträger, wie Aias, aber insbes. ein Polizeidiener.

μαστῑγόω, reg., mit med. Fut. μαστιγώσομαι in pass. Bdtg., ion. auch **μαστῑγέω,** nebst **μαστίζω,** ep. poet. sp, Aor. μάστιξα, buk. dor **μαστίσδω,** u. ep. auch **μαστίω,** **1)** Akt. die Geißel schwingen, geißeln, peitschen, prügeln, züchtigen, abs. od. τινά, od. mit Inf., um usw. **2)** Med. μαστίομαι, sich (*sibi*) peitschen, τί.

μαστικτήρ, ῆρος, ὁ, u **μαστίκτωρ,** ορος, ὁ, poet. der Geißelnde, μ. καρδίας λόγον herzzerschneidend.

μάστιξ, ῑγος, ἡ, ep. auch **μάστις,** ιος, Dat. μάστῑ st. μάστιι, Akk. μάστιν, ἡ (μάσσομαι), die Geißel, Peitsche, ὑπὸ μαστίγων unter Peitschenhieben, διπλῆ eine mit zwei Riemen, Doppelgeißel, auch wohl bloß aus einem doppelt genommenen Riemen bestehend, im Plur. auch die Peitschenriemen; übertr. Strafe, Plage, τινός von jmdm.

μαστίχη, ἡ, sp. das Harz des Mastixbaumes.

μαστίω, s. μαστιγόω. **μαστός,** ὁ, s μαζός.

μαστροπεύω, verkuppeln.

μαστροπός, οῦ, ὁ, Kuppler.

μασχάλη, ἡ, Achselhöhle. Dav.

μασχαλίζω, poet. verstümmeln. Bei einem Meuchelmord glaubte der Mörder sich gegen die Rache des Ermordeten zu sichern, wenn er den Leichnam zerstückelte und ihm die abgeschnittenen Glieder unter die Achseln legte.

μασχαλιστήρ, ῆρος, ὁ (μασχάλη), Schulterriemen, Achselband.

μᾰτᾴζω od. **ματάζω,** poet. sp., u **ματαιάζω,** sp. (μάτην), töricht handeln, freveln; Unsinn schwatzen.

ματαιολογία, ἡ, sp. N. T. leeres Geschwätz. Von

ματαιο-λόγος, 2. N. T. sp. leeres Geschwätz vollführend, hohle Schwätzer.

ματαιο-πονέω, vergeblich arbeiten, sich mühen.

ματαιοπονία, ἡ (ματαιο-πόνος), sp. unnütze Beschäftigung, fruchtlose Grübelei (der Philosophen).

μάταιος, 3. u. 2., Adv. **-αίως** (s. μάτην). **1)** eitel, nichtig, unbegründet, unwahrscheinlich. **2)** unverdient, vergeblich, unnütz, zwecklos. **3)** töricht, betört, von Wahn befangen, unbesonnen, leichtsinnig. **4)** lügenhaft, prahlerisch. **5)** unanständig, frevelhaft. Subst. μάταια, eitle Traumbilder.

ματαιότης, ἡ, sp. N. T. Leichtsinn, Hinfälligkeit, Eitelkeit, Nichtigkeit.

ματαιόω, sp. N. T. vergeblich machen; pass. betört werden, in eiteln Wahn verfallen.

μάταρις, ἡ, sp. e. Art Wurfspieß (kelt.), lat. *metara*

ματάω, ep. u. poet. (zu μάτην), **1)** vergeblich tun, fehlen, verfehlen, sich täuschen, im bes. einen Fehlhieb tun. **2)** untätig sein, zögern, zaudern; sich nicht erfüllen. [μᾰτήρ = μαστήρ, s. d.

μάτειρα, poet. aufsuchend; Erspäherin, Fem. zu

ματεύω, u. buk. **μάτημι,** = μαστεύω.

μάτη, ἡ, poet. = ματίη. Dav.

μάτην, dor. **μάτᾱν,** Adv. vergeblich, nichtig. **a)** umsonst, ohne Erfolg, zwecklos, fruchtlos. **b)** ohne Grund, grundlos, ohne weiteres; νοσῶν wahnsinnskrank; bei Subst. mit dem Artik. der vergebliche, nichtige, u. ohne Artik. λόγῳ μάτην nach nichtiger Sage, ἄκοιτις vergeblich so geheißen, πήματα unverdiente.

μάτηρ, s. μήτηρ.

μᾰτίη, ἡ (ματάω), ep vergebliches Beginnen, Unbesonnenheit, Torheit.

Μᾰτιηνοί, οἱ, Volk im nordwestl. Teil Mediens, der jetzt *Aserbeidschân* heißt. Ein Teil desselben saß auch in der östlichen Hälfte des späteren Galatiens, j. *Morimene.* Nach ihnen hieß das benachbarte Gebirge Ματιηνὰ ὄρη, u. der See von Urmia der blaue od. matianische. [schwester.

μᾱτρο-κασιγνήτη, ἡ, dor. st. μητρ., poet. Mutter-

μᾱτρο-φόνος, 2. poet. (dor.) die Mutter mordend.

μάττω, s μάσσω.

Μαυρουσία, ἡ, sp. die Landschaft Mauretanien in Nordafrika; Einw. ὁ Μαυρούσιος.

μαυρόω = ἀμαυρόω, ep. poet., verdunkeln, erniedrigen.

Μαύσσωλλος, später Μαύσωλος geschr., ὁ, **1)** Dynast von Karien zur Zeit des Xerxes. **2)** Nachk. des vorigen, S. des Hekatomnōs, Satrap von Karien um 360 v. Chr., dem seine Gattin Artemisia in Halikarnaß ein prächtiges Grabmal (Μαυσσώλλειον) errichtete, eines der sieben Weltwunder. Dah.

Μαυσώλειον, τό, sp. überh. prächtiges Grabmal, Mausoleum. [*forte*).

μαφόρτιν u. **-φόρτιον,** τό, sp. Mantel (lat. *ma-*

μάχαιρα, ἡ, u. Dem. dav. **μαχαίριον,** τό, **μαχαιρίς,** ίδος, ἡ, poet. sp., u. sp. **μαχαιρίδιον,** τό (Wurz. μαχ, lat. *macto*), großes Messer neben dem Schwerte am Gürtel, Schlachtmesser, Opfermesser zum Schlachten der Opfertiere, doch auch zum Kämpfen im Handgemenge, kurzes, gekrümmtes Schwert, Dolch; selbst zum Getreidemähen (u. als Schermesser).

μαχαιρο-ποιός, ὁ, Schwertfeger.

μαχαιρο-πώλιον, τό, sp. Ort, wo Messer od. Säbel verkauft werden.

μαχαιρο-φόρος, 2. (φέρω), schwerttragend; ὁ μ. der Schwertträger.

μαχαίτας, ὁ, aeol. u. **μαχᾱτάς,** dor. = μαχητής.

μᾱχανᾱ́, ἁ, dor. = μηχανή, ἡ.

μάχη, ἡ (St. μαχ) • **1)** Kampf, Streit • **a) Schlacht,** Treffen, Gefecht, εἰς od. κατὰ (τὰς) μάχας zum od. im Schlagen, μάχῃ od. ἐν (τῇ) μάχῃ in einer **Feldschlacht,** ἐκ μάχης durch eine (geordnete) **Feldschlacht,** διὰ μάχης ἔρχεσθαι es auf eine **Schlacht ankommen lassen,** τινί sich jmdm. zur **Schlacht stellen, eine Schlacht anbieten,** ähnl. μάχην ξυμβάλλειν τινί od. μάχην ποιεῖσθαι od. ποιεῖν **eine Schlacht liefern, kämpfen,** so auch μάχας συμπαρατάσσεσθαι aber μάχην seltener μάχῃ νικᾶν, κρατεῖν **eine Schlacht gewinnen,** u. μάχας, seltener μάχῃ ἡττᾶσθαι **Schlachten od. die Schlacht verlieren,** κατά τινος, πρός τινα **gegen einen, mit einem,** ὑπέρ τινος **für etwas,** περί τινος **wegen etwas.**

Im bes. **Zweikampf**, ἰσχὺς μάχης Kampffähigkeit • **b) Zank**, Hader, Streitigkeit, Widerspruch • **c)** Anstrengung • **2) Kampfart** **3) Kampfplatz**, Schlachtfeld, Walstatt.

μαχήμων, ep., = μάχιμος.

μάχηνδε, buk. Adv., in den Kampf.

μᾰχητής, οῦ, ὁ, ep. poet. sp., teils Adj. mit ἀνήρ (v. μαχητός) **kriegerisch**, teils Subst., Kampfheld, Krieger, Streiter.

μαχητικός, 3. = μάχιμος.

μᾰχητός, 3. (μάχομαι), ep. zu bekämpfen, bezwingbar.

μάχῐμος, 3. u. 2. (μάχη), **streitbar**, **a)** kriegerisch, kampflustig, zum Kriege geneigt, im Kriege geübt. **b)** kampffähig. Subst. οἱ μ. die streitbaren, waffenfähigen Männer, Kriegerklasse, τὸ μ. der streitbare Teil des Heeres, die streitbare Heeresmacht. **c)** zum Kriege gehörig, ναῦς Kriegsschiff, ἐς τὸ μ. zum Kriegswesen.

μάχλος, 2. ep. poet. sp. buhlerisch; übertr. üppig, wild. Dav.

μαχλοσῠ́νη, ἡ, ep. u. ion. üppiger Liebesgenuß, Buhlschaft, Unkeuschheit.

μάχομαι (St. μαχ, daneb. μαχε(σ) u. μαχη), Dep. med., att. Adj. verb. μαχητός u. μαχητέον, auch μαχετός u. μαχετέον; ep. Präs. **μαχέομαι** (ion.?), mit part. μαχειόμενος u. μαχεούμενος, Impf. iter. μαχέσκετο, Fut. μαχέσσομαι od. μαχήσομαι u. μαχέομαι, Aor. ἐμαχέσσατο od. ἐμαχήσατο u. ἐμαχέσατο, ion. Fut. μαχέσομαι od. μαχήσομαι, Aor. ἐμαχεσάμην od. -ησάμην, **kämpfen** • **1) Krieg führen**, mit u. ohne ἐναντίον u. ähnl., Τρωσί, häufig mit Praepp., πρός, ἐπί usw., καθ' ἕνα Mann für Mann, κατὰ σφέας für sich allein, μετὰ (ἐν) πρώτοισι unter den Vordersten, μετὰ Βοιωτῶν mit den B. verbündet, gemeinschaftlich mit den B., ἐκ χειρός handgemein werden; μάχας Schlachten, μάχῃ, μαχομένους νικᾶν • **2) wettkämpfen**, ἄριστα, πύξ; allg. hadern, streiten, ἐπέεσσι, dah. auch widerstreiten, widersprechen, ἐν τοῖς λόγοις, σοὶ πάντες μαχόμεσθα.

μᾶχος = μῆχος, s. μηχανή.

μάψ (μαπέειν, vgl. ἐμμαπέως), ep. Adv., **rasch**, hastig, **blindlings**, voreiliger-, unbesonnenerweise, ungehörig, sorglos, frech.

μαψίδιος, 2. poet., eitel, vergeblich, nichtig, lügenhaft, φάτις übler Ruf.

μαψι-λόγος, 2. ep. umsonst redend, bedeutungslos schreiend, οἰωνοί.

μαψυλάκας, ὁ, ἡ (μάψ, ὑλάω), poet. vergeblich bellend, schreiend.

Μεγάβυζος, ὁ, **1)** in der Anab. Amtsname der Priester der ephesischen Artemis. **2)** Eigenn. verschiedener Perser.

μέγαθος, s. μέγεθος.

μεγά-θῡμος, 2. ep. poet. **hochherzig**, hochgesinnt, im bes. **mutvoll**, **mutig**, stolz.

μεγαίρω, ep. u. poet. (μέγας), Aor. ἐμέγηρα, zu groß achten, **mißgönnen**, versagen, **verweigern**, verwehren, abs., od. τινί jmdm., u. zwar τί etwas, od. mit Inf. u. Akk. mit Inf., doch auch τινί τινος (βιότοιο das Leben versagen).

μεγᾰ-κήτης, 2. (κῆτος), ep. großschlundig, **geräumig**, weit, groß, von Fischen, vom Meer, auch vom Schiffe, hier viell. richtiger mit großem Seetier (als Abzeichen); spätep. auch vom troianischen Pferde.

Μεγα-κλῆς, ion. **Μεγακλέης**, Gen. έος, **1)** Sohn des Alkmeon, Vernichter der Kylonischen Partei. **2)** Enkel des vorigen, eine Zeit lang Gegner des Peisistratos. **3)** Enkel des vorigen, Großvater des Alkibiades mütterlicherseits, Herod. 6, 131. **4)** Bruder des vorigen u. der Mutter des Perikles, Großvater der Gattin Kimons.

μεγαλᾱγορία, ἡ, dor. st. μεγαληγ.

μεγαλᾱνορία, ἡ, poet. (dor.) Hochmut.

μεγαλᾱ́νωρ, poet. (dor.) = -ήνωρ.

μεγαλαυχέω u. Med. -έομαι (-χος), **stolz werden**, sich brüsten.

μεγαλαυχία, ἡ, die **Prahlerei**, Großsprecherei, Übermut, Plur. Äußerungen der μεγ.

μεγάλ-αυχος, 2. (αὐχέω), prahlerisch, u. mit τοῖς λόγοις ruhmredig.

μεγαλεῖος, 3., Komp. -ειότερος, Adv. -οτέρως (μέγας), **großartig**, herrlich, prächtig, schön, von Menschen: **anmaßend**, **aufgeblasen**. Subst. τὸ μεγ. Vornehmheit (der Haltung, des Charakters), im N. T. μεγαλεῖα τοῦ θεοῦ die Großtaten Gottes.

μεγαλειότης, ἡ, die Herrlichkeit, Erhabenheit, N. T. u. sp.

μεγαληγορέω (-γόρος), großsprechen von sich, **prahlen**.

μεγαληγορία, ἡ, poet. u. sp. Großsprecherei, Lobeserhebung; ποιητική vom großen Stil der Poesie.

μεγαλ-ηγόρος, 2. (ἀγορεύω), großsprecherisch, prahlend. Subst. τὸ μ. die Prahlerei; prahlerische, großsprecherische Worte.

μεγαλ-ήνωρ, dor. -άνωρ, ορος, poet. stolz.

μεγαλ-ήτωρ, ορος, 2. ep. poet. hochherzig, übermütig = μεγάθυμος.

μεγαλίζομαι, ep. Med., nur Präs. (μέγας), sich groß machen, sich überheben, stolz sein, θυμῷ, u. τί in etwas.

μεγαλοδωρεά, ἡ, sp. Freigebigkeit.

μεγαλό-δωρος, 2. poet. sp. freigebig.

μεγαλό-θῡμος, 2. hochherzig, vgl. μεγάθυμος.

μεγάλ-οιτος, 2. buk. sehr unglücklich.

μεγαλο-κίνδυνος, 2. ar. in große Gefahren sich stürzend, gefährliche Dinge unternehmend.

μεγαλο-κλόνος, 2. sp. laut-, stark tönend.

μεγαλο-μερής, 2. großteilig; großartig, prachtvoll; Adv. μεγαλομερῶς.

μεγαλό-μητις, ὁ, ἡ, poet. erhabenen Mutes.

μεγαλόνοια, ἡ (μεγαλό-νους), Großheit der Gedanken.

μεγαλό-πολις, ι, poet. sp. eine große Stadt bildend.

Μεγαλοπολίτης, ὁ, Einwohner von Megalopolis, **Μεγάλη πόλις**, der v. Epaminondas 371 gegründeten Hauptstadt Arkadiens am Helisson, 50 Stadien im Umfang, Geburtsort des Polybios u. Philopömen, durch Kleomĕnes von Sparta fast ganz zerstört; Ruinen b. j. Dorf *Sinanu*. Das Gebiet dav. **Μεγαλοπολῖτις**, ιδος, u. **Μεγαλοπολιτική**, ἡ.

μεγαλο-πόνηρος, 2. ar. im Großen schlecht, boshaft im großen Stil.

μεγαλοπραγμοσύνη, ἡ, sp. Neigung od. Geschick zu großen Taten.

μεγαλο-πράγμων, 2. auf große Taten sinnend, überh. von hervorragendem Geiste.

μεγαλοπρέπεια, ion. **-είη,** ἡ, Hoheit der Gesinnung, im bes. Prachtliebe, od. vom Ausdrucke: Pracht, Erhabenheit.

μεγαλο-πρεπής, 2. **1) a)** wohlgeziemend, wohlanständig, **b)** edel handelnd, großmütig, freigebig, **c)** vortrefflich, ausgezeichnet. **2) a)** ansehnlich, schön, **b)** köstlich, prächtig, prachtvoll, herrlich. Subst. τὸ μ. die edle Gesinnung, das Anständige.

μεγαλο-σθενής, 2. ep. u. poet. von großer Stärke.

μεγαλό-σπλαγχνος, 2. poet. mit großer Leber, zornig.

μεγαλό-στονος, 2. poet. tiefe Seufzer auspressend.

μεγαλο-σχήμων, 2. poet. = μεγαλοπρεπής.

μεγαλό-τεχνος, 2. sp. groß in der Kunst; Techniker, Ingenieur.

μεγαλό-τολμος, 2. sp. kühn.

μεγαλουργία, ἡ, sp. Großartigkeit.

μεγαλ-ουργός, 2. (St. ἐργ), sp. Großes verrichtend, τὸ μ. die Großartigkeit.

μεγαλοφρονέω u. Med. **-έομαι** (μεγαλόφρων), seinen Sinn auf Höheres richten, großtun.

μεγαλοφροσύνη, ἡ, hoher Sinn, Seelengröße, Kühnheit, im tadelnden Sinne: Stolz, Hochmut.

μεγαλό-φρων, ονος, 2., Superl. -φρονέστατος, mutig, stolz, πρός τινα gegen jmdn.

μεγαλο-φυής, 2. sp. von großer, edler Natur, hochbegabt, talentvoll; überh. großartig, erhaben (im Ausdruck).

μεγαλο-φυΐα, ἡ, sp. edle Natur od. Gesinnung, Erhabenheit.

μεγαλοφωνία, ἡ, sp. Großartigkeit der Sprache. Von

μεγαλό-φωνος, 2. von starker Stimme.

μεγαλοψῡχία, ἡ, Größe der Gesinnung, Seelengröße. Von

μεγαλό-ψῡχος, 2. Kompar. -ψυχότερος, von hoher, edler Gesinnung, τὸ μ. der hohe Sinn, das Hochherzige.

μεγαλύ̄νω (μέγας), **1)** Akt. groß, mächtig machen, verstärken, τινά, erhöhen, τί, auch groß darstellen, vergrößern, preisen, rühmen, τί od. τινά, u. zwar παρά τινι bei jmdm., ἐπί τινι wegen etw. **2)** Med. sich groß machen, sich erheben, τινί über etwas; in tadelndem Sinne: großtun, sich brüsten.

μεγαλ-ώνῠμος, 2. (ὄνομα), poet. einen großen Namen verleihend, od.: vielgepriesen.

μεγάλως, u. ep. ion. sp. **μεγαλωστί,** s. μέγας.

μεγαλωσύνη, ἡ, N. T. die Erhabenheit, Majestät.

μεγ-άνωρ, ορος, ὁ, ἡ, poet. hochmütig.

Μέγᾰρα, ων, τά, **1)** jetzt *Megara,* ehedem Hauptstadt der Landschaft **Μεγαρίς,** ίδος, u. **Μεγαρική,** ἡ, auf u. am Korinth. Isthmos. Der Einw. **Μεγαρεύς,** ὁ, u. **Μεγαρικός,** Μεγαρικοί auch die Anhänger des Sokratikers Eukleides. Adj. **Μεγαρικός,** 3. megarisch, M. betreffend. Adv. **Μέγαράδε,** nach M., **Μεγαρόθεν,** von oder aus M. **2)** Stadt an der Ostküste Siziliens, τὰ Ὑβλαῖα gen., nördl. von Syrakus, zu dessen Gebiet es gehörte. Einw. οἱ Μεγαρεῖς, auch Μεγαρῆς οἱ Ὑβλαῖοι.

Μεγάρα, ion. Μεγάρη, ἡ, Tochter des Königs Kreon in Theben, Gemahlin des Herakles.

Μεγαρεύς, έως, ὁ, **1)** Sohn Kreons, welchen dieser auf Teiresias' Geheiß opferte, womit er Ares versöhnte u. die Stadt rettete. **2)** s. Μέγαρα, 1 u. 2.

μέγαρον, τό, ion. **1)** bei Hom. **a)** Versammlungssaal der Männer, **Männersaal** im vorderen Teil des Hauses, worin die Mahlzeiten gehalten wurden. **b)** übertr. im Pl. Haus, auch (Sg. u. Pl.) einzelne Räume, wie Frauengemach, Schlafzimmer. **2)** ion. der innere, abgeschlossene Raum des Tempels, das Allerheiligste, wo das Bild der Gottheit stand. Ep. **μεγᾰρόνδε, a)** in od. nach dem Männersaal. **b)** nach dem Frauengemach.

μέγας, μεγάλη, μέγα (lat. *māg-nus,* dt. *michel* groß, noch in Namen wie Michelstadt, Michelfeld), Komp. **μείζων,** 2., ion. **μέζων** (aus μεγίων), lak. μέσδων, N. T. auch μειζότερος, Sup. **μέγιστος,** 3., **groß,** dah. • **1)** erwachsen, hoch, lang, schlank, dick, weit, breit, geräumig • **2)** übertr. gewaltig, bedeutend, hervorragend, mächtig, erhaben, im tadelnden Sinne: zu groß, übermäßig; teils abs., teils τινί, auch mit μεγέθει an Größe, ähnl. περί τι. Dah. οἰωνός ein Vogel, der etwas Wichtiges bedeutet, μῦθος, aber μεγάλοι λόγοι vermessene Worte, Überhebung. Im bes. μεγάλοι Δαναοί die Fürsten, μεγάλοι βασιλῆς die Atriden, wogegen μέγας βασιλεύς Großkönig, Titel u. Bezeichnung des Königs von Persien, od. μεγάλαι θεαί Demēter u. Persephŏne, μέγας δαίμων Poseidon, μεγάλα μάτηρ Kybele, θάλασσα μ. der weite Ozean, im Ggs. zu den Binnenmeeren, Σκιπίων ὁ μέγας *P. Scipio Africanus,* Αἴας ὁ μείζων der Telamonide im Ggs. zu dem Oïliden • **3)** Subst. • **a)** οἱ μεγάλοι die Großen, (τὰ) μεγάλα, (τὰ) μέγιστα die Hauptpunkte, wichtigsten Angelegenheiten, höchsten Güter, die heiligsten Rechte (göttliches u. menschliches Recht), auch wohl die größten Gefahren, od. die höchsten Ehrenstellen, Belohnungen; ὃ μέγιστον u. τὸ μέγιστον was das Wichtigste ist, mit Inf. als Apposit., auch abs. in der Hauptsache, μέγιστα es ist das Wichtigste • **b)** Adv. steht ἐπὶ μέγα zu einer hohen Stufe, hoch, sehr, od. ein großer Teil, ἐπὶ τὸ μεῖζον mit Übertreibung, παρὰ μέγα εἶναι von Bedeutung sein • **4)** Redensarten: μέγα εἰπεῖν, λέγειν Vermessenes sagen, u. τὰ μεγάλα λέγειν rühmen, μέγα ποιεῖσθαί τι etwas hoch anschlagen, ähnl. ἐν μεγάλῳ τίθεσθαί τι, μέγα τι κομπάζειν sich sehr blähen, μέγα ἀκοῦσαι hoher Ruhm, μέγα φρονεῖν hohen Mutes, stolz sein, μέγα δύνασθαι viel vermögen, μεῖζον, ἐς τὰ μέγιστα ἀνήκειν auf das Äußerste (in die höchste Not) gekommen sein, μεγάλα ζημιοῦν, μεγάλα ἁμαρτάνειν, ἀδικεῖν, ὡς μέγιστα αἰτεῖν, μεγάλα βαίνειν, μεγάλα βοᾶν laut schreien. Proleptisch μέγας αὔξομαι, αἴρομαι zur Größe erheb' ich mich; zur Verstärkung der Negation in οὐδὲν οὔτε μικρὸν οὔτε μέγα od. οὔτε μείζονα οὔτ' ἐλάσσονα • **5)** Adv. **μεγάλως,** u. ep. ion. sp. **μεγᾰλωστί,** Kompar. **μειζόνως,** ion. **μεζόνως,** u. **μεῖζον,** Superl. **μέγιστον** u. τὰ μέγιστα groß, **sehr,** gewaltig, mächtig, laut, weit; ausgezeichnet, in hohem Grade, in hoher Lebensstellung, u. μειζόνως mehr, in größerem Maßstabe, weitläufiger, auch zu sehr, u. λαμβάνειν sehr wichtig nehmen. Auch wie *μέγα*, zur Verstärkung der Adjj. (superlativisch, u. beim Superl.) bei weitem.

Μεγα-σθένης, *ους, ὁ*, Geschichtschreiber um 300 v. Chr., der ein Buch über Indien schrieb.

μεγα-σθενής, 2. poet. von großer Stärke.

μεγ-αυχής, 2. poet. sehr ruhmvoll.

Μεγαφέρνης, *ου* (pers. *bagafrâna* mit Gottesglanz) ein Perser.

μέγεθος, *εος, ους, τό*, ursprgl. u. ion. **μέγαθος** (*μέγας*), Größe. **1)** Leibesgröße, Länge, Höhe; *μ. λαμβάνειν* groß werden. Adv. Akk. an Größe. Im Pl. auch die Größen, d. h. Gegenstände von körperlicher Ausdehnung. **2)** übertr. Bedeutung, Macht, Erhabenheit.

μεγιστᾶνες, *οἱ*, sp. N. T. die Vornehmen, Häuptlinge.

Μεγιστεύς, *ὁ*, poet. Liebling des Anakreon.

Μεγιστίας, *ὁ*, Seher des Leonidas in den Thermopylen.

μεγιστό-τῑμος, 2. poet. am höchsten geehrt.

Μεδεών, *ῶνος, ὁ*, **1)** Stadt Böotiens, am Fuße des Berges Phönikion, nahe b. Onchestos, jetzt Ruinen bei *Megalo Mulchi* am Kopaïs. **2)** Stadt Akarnaniens, beim heutigen *Katuna*.

μεδέων, s. *μέδω*.

μέδιμνος, *ὁ*, ion. *ὁ* u. *ἡ* (St. *μεδ*, gleichsam *μεδόμενος* der Messende, lat. *mod-ius*, ahd. *mez, mâza* Maß), das Hauptmaß des Trocknen, Scheffel, 48 *χοίνικες* od. 6 römische modii enthaltend, der attische etwa $52^1/_2$ Liter. Er war in den verschiedenen Städten verschieden. *κατὰ μέδιμνον* scheffelweise.

Μεδμαῖοι, Bew. von *Μέδμα*, einer Kolonie der Lokrer in Bruttium.

Μέδουσα, *ης, ἡ*, eine der Gorgonen, durch Perseus enthauptet.

μέδω u. **μέδομαι** (*μεδ*, lat. *meditor*, dt. *messen*), Part. auch *μεδέων*, Fut. *μεδήσομαι*. **1)** denken, ausdenken, sinnen, aussinnen. **2)** sorgen, bedacht sein. **3)** walten über, herrschen. Subst. *ὁ μέδων* Fürsorger, Walter, Herrscher.

Μέδων, *οντος, ὁ*, sagenhafter König v. Athen.

μεζόνως u. **μέζων,** s. *μέγας*.

μεθ-αιρέω, ep. herübernehmen, Iterativf. des Aor. *μεθέλεσκε* griff jedesmal darnach, fing ihn jedesmal auf.

μεθ-άλλομαι, ep. Dep. med., nur Part. aor *μετάλμενος*, darauf losspringen, nachspringen, einholen.

μεθ-ᾱμέριος, 2. dor. (poet.) = **μεθημερινός**.

Μεθᾶνα, *ἡ*, [◡ – –], Stadt u. Bergfestung zwischen Epidauros u. Troezen auf der gleichnamigen Halbinsel am Hermionischen Busen (auch *Μεθώνη* geschr.).

μεθ-αρμόζω, poet. u. sp., u. sp. **-ττω,** Fut. *μεθαρμόσω* usf., **1)** Akt. umstimmen, umändern, bes. zum Bessern, also: bessern. **2)** Med. (für etwas anderes) annehmen.

μέθεξις, *εως, ἡ*, die Teilnahme.

μεθ-έπομαι (*ἕπομαι*), ep. u. poet., Fut. *μεθέψομαι*, Aor. part. *μετασπόμενος*, **a)** hinter einem hergehen, nachfolgen, abs. **b)** übertr. poet. gehorchen, *τινί*.

μεθ-έπω (*ἕπω*), ep. u. poet., Impf. 3. sg. *μέθεπε*, Aor. 2. act. part. *μετασπών* (auch in tmesi), **1)** abs. **a)** hinter einem geschäftig sein, nachfolgen, nachsetzen, **b)** überhaupt wohin gehen, kommen. **2)** trans. **a)** feindl.: nachsetzen, verfolgen, **b)** im freundlichen Sinne: jmdm. nachfolgen, *τινί*; auch gehorchen, *τινί*; od. mit jmdm. sein, ihn unterstützen, *τινά*. **c)** überh. suchen, aufsuchen, m. Akk. **d)** kausativ: jmdn. (*τινά*) hinter jmdm. (*τινά*) gehen lassen, die Rosse hinter ihm hertreiben.

μεθ-ερμηνεύω, sp. aus einer Sprache in die andere übersetzen, *κατὰ λέξιν* wörtlich

μέθη, *ἡ* (*μέθυ*), das übermäßige Trinken, die Trunkenheit, der Rausch, *διὰ μέθης ποιεῖσθαί τι* es bei etwas auf einen Rausch anlegen.

μεθ-ήκω, poet. gehen nach jmdm. od. etwas, holen, *τινά* u. *τί*.

μέθ-ημαι, ep. zwischen einigen (*τισί*) sitzen.

μεθ-ημερινός, 3. was bei Tage geschieht, bei Tage, täglich; *φυλακαί* Tagewachen, *γάμοι*, euphemistisch für Ausschweifungen Dem. 18, 129.

μεθημοσύνη, *ἡ*, ep. Nachlässigkeit, Fahrlässigkeit, auch im Plur.

μεθ-ήμων, *ον*, Gen. *ονος* (*μεθίημι*), ep. poet. nachlässig.

μεθ-ιδρύομαι, sp. sich von einem Orte weg nach einem andern hin verfügen.

μεθ-ίημι (s. *ἵημι*, ῐ), ep. Präs. ind. 2. u. 3. sg. *μεθιεῖς, εῖ*, conj. 3. sg. *μεθιῇσι* (*μεθίησι*), inf. *μεθιέμεν(αι)*, Impf. *μεθίεις, ίει*, 3. pl. *μέθιεν* (*μεθίεν*) st. *μέθιεσαν*, Aor. *μεθέηκα*, conj. *μεθήω(-είω)*, inf. *μεθέμεν* (auch in tmesi), ion. **μετ-ίημι,** Inf. act. 3. sg. *μετίει*, Fut. *μετήσομαι* in pass. Bdtg., Perf. part. *μεμετιμένος* st. *μεθειμένος*, loslassen • **1)** trans. • **a)** etw. Angespanntes, Festgehaltenes nachlassen, **fahren lassen,** übertr. aufgeben, *εἰ μὲν γάρ κέ σε νῦν ἀπολύσομεν ἠὲ μεθῶμεν, χόλον Ἀχιλλῆϊ, κρήδεμνον ἐς ποταμόν* werfen, *ὅπλα, χεροῖν τὸν παῖδα*, auch *ἐκ χερός, ναῒ θοὸν εἰρεσίας*, besser *εἰρεσίαν* dem S. rasches Rudern freigeben, *μέθες ἐμὲ ἐπὶ τὴν θήρην* laß mich auf die Jagd! *τὴν Περσίδα γλῶσσαν* = reden, *λόγον μεθέντι* dem das Wort entfahren, *πολλὰ τῶν δακρύων* fließen lassen, *βέλος* schießen, *ἄγκυραν* fallen lassen, *βλαστόν* sprießen lassen, auch mit dopp. Akk., *μὴ χεῖρα, τινὰς ἀζημίους*, auch fortschicken, *γυναῖκα* • **b) verlassen,** *μή χωσαμένη σε μεθείω* • **c) überlassen,** preisgeben, *Ἕκτορι νίκην*, mit *πάλιν* zurückerstatten, dah. übertr. vernachlässigen, versäumen, *αἰδῶ, φροντίδας, τὴν ἀρχήν*, dah. auch erlassen, *προσοφειλόμενον φόρον* den schuldigen Tribut; vergeben, *τὰς ἁμαρτάδας*; erlauben, lassen, *μεθεῖσά μοι λέγειν ἃ χρῄζοιμι, ἐμὲ οὖν μέθες ἰέναι* • **2)** intr. **nachlassen,** ablassen, erschlaffen, auch im Med. sich losmachen, abstehen von etw., *μεθιέναι βίῃ, χαλεποῖο χόλοιο Τηλεμάχῳ*, mit Inf. od. Part., *κλαύσας καὶ ὀδυράμενος μεθέηκε, μέθεσθε δ' ἤδη* laßt mich ziehen!

μεθ-ιστάνω, sp. N. T. = *μεθίστημι*.

μεθ-ίστημι, ion. **μετ-ίστημι,** sp. Perf. *μεθέστᾰκα*, umstellen.

I) trans. • **1) entfernen,** absetzen, auch in die Verbannung schicken, milder als *ἐκβάλλω*, ferner verpflanzen, verlegen, *τὸν πόδα εἰς* ἄλλην χθόνα d. i. auswandern, ἑαυτὸν ἐκ τοῦ ζῆν μεθιστάναι sich das Leben nehmen; Med. von sich wegstellen, entfernen, fortschieben, insbes. mit u. ohne ἐξοστρακισθέντα technischer Ausdruck für die Entfernung jmds. durch den Ostrakismos • 2) übertr. abbringen, umstimmen, **umwandeln**, umgestalten (dag. κινεῖν gewaltsam umstürzen), losmachen, befreien, τὰ νόμιμα, ἐκ τοῦ παρόντος κόσμου τὴν πόλιν μεταστήσας.

II) intr. das Med. **μεθίσταμαι** • **1)** sich umstellen, **übertreten,** abfallen, sich trennen (poet. τινί von jmdm.); wegziehen, verbannt werden (ὁ μεθεστώς der Verbannte), abseits treten • **2)** übertr. **sich ändern,** sich legen. Teils abs. od. mit φυγῇ, ἑτάροισι μεθίστατο trat zu den Freunden hin, ἐκ τυραννικοῦ κύκλου μεταστάς, μετέστημεν φόβου ablassen, φρενῶν ändern, τῆς τύχης εὖ μετεστεώσης.

μεθό, st. μεθ' ὅ.

μεθοδεία (-δία), ἡ, N. T. Arglist, Pl. Ränke, Schliche.

μέθ-οδος, ἡ, der Weg der Untersuchung, die Darstellungsweise.

μεθ-ομῑλέω, ep. Umgang haben, verkehren, τινί mit jmdm.

μεθ-όριος, 3. (ὅρος), *confinis*, eigentl. zwischen zwei Grenzen liegend, dah. auf der Grenze liegend, das *confinium*, Grenzland, Grenzgebiet, Grenze, τινός von etwas. Subst. ἡ μεθορία das Grenzgebiet, die Grenze, ähnl. τὸ μεθόριον u. τὰ μεθόρια die Grenze od. Grenzen.

μεθ-ορμάομαι, ep. Pass., nur Aor. 1. part. μεθορμηθείς, nachsetzen, verfolgen, nachstreben.

μεθ-ορμίζω, ion. **μετορμίζω. 1)** Akt. eigtl. von einem Ankerplatz an den andern bringen, übertr. aus einer Lage in die andre bringen. **2)** Med. von einem Orte nach einem andern steuern, den Ankerplatz verlegen, übertr. nach Mühen in den Hafen der Ruhe einlaufen.

Μεθουριάς, άδος, ἡ, Insel zwischen Aegina u. Attika.

μέθῠ, ῠος, τό (ahd. *metu*, Met), ep. u. poet., gew. nur Nom. u. Akk., berauschendes Getränk, insbes. Wein.

Μεθύδριον, τό, arkad. Stadt am Maloitas, mitten in Arkadien, Ruinen beim j. *Palati*. Der Einw. **-δριεύς,** έως, ὁ.

μεθυ-πλήξ, πλῆγος (μέθυ, πλήσσω), poet. vom Wein getroffen, trunken.

μεθύσκω (μέθυ), Aor. ἐμέθυσα, in Wein trunken machen, berauschen. Gew. im Med. **μεθύσκομαι,** mit Aor. ἐμεθύσθην, äol. Inf. μεθύσθην, ungemischten Wein trinken, berauscht werden, sich betrinken, berauscht, trunken sein, abs., u. τινός von etwas. Vgl. μεθύω.

μεθυσο-κότταβος, 2. sp. trunken vom Kottabos, einem Becherspiel beim Symposion.

μέθυσος, 3. poet. sp. N. T. berauscht.

μεθ-ύστερος, 3. ep. poet. später; οἱ μεθύστεροι die Nachkommen. Adv. (τὸ) μεθύστερον **a)** später, hernach. **b)** zu spät.

μεθυστικός, 3. (μεθύω), trunksüchtig.

μεθυτρόφος, 2 (τρέφω), poet. Wein ziehend, hervorbringend.

μεθύω (μέθυ), nur Präs. u. Impf., **1)** vom Weine trunken sein, berauscht sein, = μεθύσκομαι, s. d. **2)** übertr. durch u. durch getränkt sein, berauscht sein od. werden, τινί u. ὑπό τινος mit od. von etwas, ἐκ τοῦ αἵματος N. T. von vergossenem Blute.

Μεθώνη, ἡ, **1)** Stadt an der Südwestspitze Messeniens, jetzt *Modon*. **2)** griech. Stadt Makedoniens am Thermäischen Meerbusen, von Philipp 352 erobert, jetzt *Eleftero-khori*. Die Einw. οἱ **Μεθωναῖοι. 3)** Stadt auf Magnesia in Thessalien, ep. **Μηθώνη. 4)** St. in Argolis, = Μεθάνα, s. d.

μεῖγμα, μῖγμα (μίγμα), τό, Mischung.

μείγνυμι, -νύω (St. μειγ : μῐγ, lat. *misceo* aus *mikско*, dt. *mischen*), früher μίγνυμι, wie auch die Tempusformen statt richtig mit ει noch oft mit ι geschrieben werden, u. **μίσγω** (f. μίγ-σκω), Fut. med. μείξομαι auch in pass. Bdtg., episch Impf. iter. med. μισγέσκετο, vom Aor. pass. 3. pl. ἔμειχθεν u. μίγεν, conj. 3. sg. μιγήῃ, 3. pl. μιγέωσι, inf. μειχθήμεναι und μῐγήμεναι, und ein Wurzelaor. ἔμικτο, μίκτο (ἔμεικτο, μεῖκτο), ion. Perf. pass. 3. pl. μεμίχαται.

I) Akt. • 1) mischen, im bes. würzen • **2)** übertr. unter- od. durcheinander bringen, verbinden, vereinigen, χεῖράς τε μένος τε Fäuste u. Mut, d. i. handgemein werden, τινί in etwas bringen, z. B. ἄλγεσι.

II) Med. u. **Pass. • 1)** vermischt werden, sich mischen, γῇ begraben werden • **2)** übertr. in etwas (τινί) dringen, etwas berühren, σύν τινι mit etwas belastet werden • **3)** sich unter mehrere mischen, mit jmdm. zusammenkommen, umgehen, **verkehren,** leben, abs. ἔσω hereinkommen, ἀνδράσι λωτοφάγοισι, ξενίῃ in Gastfreundschaft. Im bes. • **a)** im feindlichen Sinne: handgemein werden, Τρώεσσιν, in etw. dringen, eingehen, auch Ἄρῃ sich im Kampfe treffen • **b)** von sinnlicher Liebe: sich in Liebe vereinigen, abs., od. Ἰάσωνι, (ἐν) φιλότητι καὶ εὐνῇ.

μειδάω, Aor. **μείδησε,** ep. Nebenf. zu μειδιάω, wovon

μειδίᾱμα, τό, sp. das Lächeln.

Μειδίας, ου, ὁ, **1)** Schwiegersohn der Mania, Tyrann v. Skepsis. **2)** der Anagyrasier, S. des Kephisodōros, insultiert tätlich öffentlich den Demosthenes, 354, nachdem er 8 Jahre früher in sein Haus eingebrochen war, ohne daß dieser sein Recht durchsetzen konnte.

μειδιάω, ep. (σμ- vgl. φιλο-μμειδής, mhd. *smielen* „lächeln", lat. *mirus, mirari*) lächeln, von der zum Lachen verzogenen Miene (γελᾶν laut lachen).

μειζόνως, μειζότερος u. **μείζων,** s. μέγας.

μεικτός, richtige Schreibung f. μικτός (μείγνυμι), gemischt, unrein, unlauter.

μεῖλας, s. μέλας. [Spielsachen u. a.

μείλια, τά, ep. Sühngaben; sp. Weihgeschenke,

μείλιγμα, τό (μειλίσσω), ep. poet. sp. Beschwichtigungsmittel des Hungers = Futter; Sühngabe, Sühnopfer, an Tote; dann Wonne, Herzenslust.

μειλικτήριος, 2. poet. = μειλίχιος.

μείλινος, 1) ep. = μέλινος. **2)** poet. = μειλίχιος.

μειλίσσω, ep. poet. sp., inf. ep. μειλισσέμεν, nur Präs. (μείλιχος), **1)** Akt. begütigen, besänftigen, τινά, u. zwar πυρός eigentl. vom Feuer her, durch das Feuer des Scheiterhaufens. **2)** Med. mildern, beschönigen, eine unangenehme Mitteilung auf Kosten der Wahrheit versüßen.

μειλῐχίη, ἡ, ep. Milde, πολέμοιο Lauheit des Kampfes.

μειλίχιος, 3. u. **μείλιχος,** 2. ep. poet. sp. (μείλια), mild, mit ποτά vom Honig; sanft, freundlich, liebreich, gewinnend. Subst. μειλιχίοις (sc. ἐπέεσσι), mit schmeichelnden Worten. Im bes. Bein. des Zeus, als des durch Sühnungen zu Besänftigenden, unter welchem Namen er in Athen an dem Feste Διάσια verehrt wurde.

μειλιχό-γηρυς, 2. poet. mit lieblicher Stimme, lieblich tönend, süßredend.

μειξέλλην, ὁ, sp. Halbgrieche.

μεῖξις (μῖξις), εως, ion. ιος, ἡ (μείγνυμι), Vermischung, Umgang, Begattung, absol., u. τινός jmds. u. mit jmdm.

μειξο-βάρβᾰρος, 2. mit Barbaren vermischt.

μειξό-θηρ, ὁ, poet. Halbtier.

μειξό-θροος, 2. poet. mit gemischtem Geschrei.

μειξο-λυδιστί, Adv. in halblydischer Tonart.

μειξό-μβροτος, 2. poet. Halbmensch.

μειξο-πάρθενος, 2. ion. u. poet. Halbjungfrau (halb Schlange).

μειονεκτέω (μειον-έκτης), eigentl. weniger haben, dah. den kürzern ziehen, hintangesetzt werden, im Nachteile, in schlechter Lage sein.

μειονεξία, ἡ, die schlechtere Lage, der Nachteil.

μειόνως, s. μικρός.

μειόω (μείων), **1)** Akt. verkleinern, verringern, τί. **2)** Pass. verkleinert werden, geringer werden, abnehmen, geringer sein, τί an etwas, z. B. τὶ τῆς τοῦ σώματος ἰσχύος an Körperkraft etwas geringer sein. **3)** Med. **a)** sich in schlechterer Lage befinden, u. zwar τινός jmdm. nachstehen. **b)** = Akt. verkleinern, τί.

μειρακιεύομαι, sp. sich kindisch d. i. mutwillig betragen, πρός τι einer Sache Trotz bieten.

μειρακίζομαι, sp. od. **μειρακιόομαι,** Med., mit ἐς ἡλικίαν ins Knabenalter kommen, in dem Alter von 14 bis 20 Jahren stehen.

μειράκιον, τό, u. Demin. dav. **μειρᾰκίσκος,** ὁ (μεῖραξ Mägdlein), der Knabe, zarte Jüngling, bes. von 14 bis 20 Jahren, doch auch überh. junger Mann, u. dies bisw. im verächtlichen Sinne, wie unser „der Knabe!".

μειρακιώδης, 2., Adv. -ωδῶς, **a)** den Jüngling betreffend, in der Jugend. **b)** knabenhaft, kindisch, läppisch, töricht.

μειρακύλλιον, τό = μειράκιον.

μείρομαι, ep. Präs. mit Perf. act. 3. sg. ἔμμορε, Perf. pass. εἵμαρμαι, sp. μέμορμαι, Adj. verb. sp. εἱμαρτός, 3. (St. μερ in μέρος, μερίζω, lat. *mereo* ich erhalte (als) Anteil; *mereor* ich erwerbe mir meinen Anteil) • **1)** Präs. ep. sich zuteilen lassen, zum Anteil erhalten, empfangen, τί • **2)** Perf. act. ep. **ἔμμορε, teilhaftig sein,** erhalten haben, τινός • **3)** Perf. u. Plqpf. pass. **εἵμαρται, εἵμαρτο, durch das Schicksal** od. Verhängnis **ist bestimmt,** mit Inf. oder A. c. I. τινί jmdm. Part. εἱμαρμένος u. Adj. verb. εἱμαρτός durch das Schicksal bestimmt, od. πρὸς θεῶν εἱμαρμένα τῶν Ἡρακλείων πόνων die von den Göttern verhängten Bestimmungen über die Mühen des Herakles; ähnl. sp. τὸ μεμορμένον. Am häufigsten ἡ **εἱμαρμένη** (verst. μοῖρα), selten τὸ εἱμ., *fatum,* das Schicksal, εἱμαρμένης θάνατος vom Schicksal bestimmter Tod.

μείς, ὁ, s. μήν.

μείωμα, τό (μειόω), Fehlbetrag, Defekt, τινός, an etwas, u. zugleich als Appos. zu εἴκοσι μνᾶς Xen. An. 5, 8, 2.

μείων, s. μικρός.

μείωσις, εως, ἡ, sp. Verminderung, Verkleinerung, μ. τῆς σαρκός Beschneidung; Abnahme, Schwinden.

μελάγ-γαιος, 2. ion., u. **μελάγγειος,** 2. sp. schwarzerdig, von schwarzem, lockerem Boden.

μελάγ-κερως, 2. (κέρας), Äsch. Ag. 1127 mit schwarzen Hörnern.

μελάγ-κροκος, 2. poet. mit schwarzen Segeln.

μελαγ-χαίτης, α, ὁ, poet. schwarzhaarig.

μελάγχῐμος, 2. poet. stürmischdunkel, schwarz

μελαγ-χίτων, ὁ, ἡ, poet. schwarz gekleidet, traurig.

Μελάγ-χλαινοι, οἱ, eigtl. die Schwarzgekleideten, Nachbarn der Ἀνδροφάγοι, beide an der Nordgrenze des Skythenlandes, nicht näher bestimmbar, viell. finnische, nach Prokop gotische Stämme.

μελαγχολάω (-λος), an schwarzer Galle, an der Milzsucht leiden, schwermütig, wahnsinnig sein, rasen.

μελαγχολία, ἡ, die Gallsucht, Milzsucht; der Wahnsinn, Tiefsinn, Melancholie, *atra bilis.*

μελαγχολικός, 3. zur Raserei geneigt. Von

μελάγ-χολος, 2. poet. **1)** mit schwarzer Galle bestrichen, prolept. bei ἰός. **2)** sp. übertr. melancholisch.

μελάγ-χροος, 2. sp., ion. Nom. plur. metaplast. -χροες, u. ep. **μελαγ-χροιής,** 2., **μελανό-χροος,** 2. ep. mit nom. pl. -χροες, **μελάγ-χρως,** ωτος, ὁ, ἡ, u. poet. u. sp. **μελανό-χρως,** οος, ὁ, ἡ, dunkelfarbig, schwarz, im bes. auch von der bräunlichen Gesichtsfarbe eines kräftigen, viel im Freien lebenden Mannes.

μέλαθρον, τό, ep. u. poet., ep. Gen. μελαθρόφιν Dachgebälke, Dach, Wohnung, Haus, αἴδεσσαι μέλαθρον scheue das (gastliche) Obdach; Delphi als Mittelpunkt der Erde heißt dah. auch μέσον γᾶς μ.

μελαίνω u. ep. **μελάνω** (μέλας), **1)** trans. schwarz machen, schwärzen, τί. **2)** intr., u. ep. Pass. μελαίνομαι, schwarz werden, dunkeln, τί, an etwas, ὄπισθεν hinter (dem Pfluge) her.

μελαμ-βαθής, 2. poet. schwarz u. tief.

Μελαμβόρειον πνεῦμα, τό, sp. der schwarze Nordwind, Nordwest, Mistral.

μελαμ-πάγής, 2. (πήγνυμι), poet. schwarz geronnen, schwarz.

μελάμ-πεπλος, 2. poet. schwarzgewandig.

Μελάμ-πους, ποδος, ὁ, Sohn des Amythäon, berühmter Seher aus Pylos, Bruder des Bias. Er wollte seinem freienden Bruder die Pero verschaffen u. geriet dabei ein Jahr lang in die Gefangenschaft der Hirten des Iphiklos, worauf er nach Pylos zurückkehrte u. an Neleus Rache nahm, der ihm sein Vermögen zurückhielt. Sodann siedelte er nach Argos über, heilte hier die Töchter des Königs Proitos vom bacchischen Wahnsinn u. erhielt dafür ein Drittel des Reiches. Von ihm gilt, was Od. 11, 291 erzählt wird.

Μελάμ-πῦγος, 2. mit schwarzem, schwarzbehaartem Hintern, eigentl. Bein. des Herakles.

μελαμ-φαής, 2. poet. schwarz scheinend, schwarz.

μελάμ-φυλλος, 2. poet. schwarzbelaubt.

μέλαν, τό, s. μέλας.

μελάν-αιγις, ιδος (od. μελαν-αιγίς, ίδος), ὁ, ἡ, poet. u. sp. mit schwarzer Ägis.

μελαν-αυγής, 2. poet. = μελαμφαής.

μελάν-δετος, 2. (δέω), ep. u. poet. mit schwarzen Bändern, dunkelgestreift, indem der Griff des Schwerts dunkle Holzringe hatte, die durch glänzende Metallscheiben getrennt waren.

Μελαν-δῖται, οἱ, Einwohner von Melandia, im SO des kleinen Balkan, j. *Istrandscha-Dagh;* auch Μελανδέπται.

μελαν-ειμονέω, sp. schwarze Kleider, Trauertracht anlegen, tragen. Von

μελαν-είμων, 2. poet. sp. = μελάμπεπλος.

μελ-ανθής, 2. poet. schwarz blühend, schwarz.

μελανία, ἡ (μέλας), Schwärze, schwarzer Fleck, schwarze Wolke.

Μελαν-ιππίδης, ου, ὁ, aus Melos, Zeitgenosse des Sokrates, Dithyrambendichter in Athen.

μελανό-ζυξ, υγος, ὁ, ἡ, poet. mit schwarzen Ruderbänken.

μελανό-θριξ, -τριχος, ὁ, ἡ, ion. schwarzhaarig.

μελανό-πτερος, 2., poet. u. **μελανο-πτέρυξ,** υγος, 2. poet. schwarz gefiedert.

μελάν-ουρος, ὁ (μέλας, οὐρά), ion. Schwarzschwanz, e. Meerfisch.

μελανο-φορέω, sp. schwarze Kleider tragen, sich schwarz kleiden.

μελανό-χροος u. **μελανό-χρως,** s. μελάγχροος.

μελάν-υδρος, 2. (ὕδωρ), ep. von dunklem Wasser (weil tief).

μελάνω, s. μελαίνω.

μέλᾱς, μέλαινα, μέλᾰν; ep. auch **μεῖλας** (St. μελαν, verw. dt. das *Mal* = „Zeichen"). **1)** dunkelfarbig, dunkel, schwarz, düster, trübe. **2)** übertr. finster, schrecklich. Als Subst. in **a)** τὸ μ. δρυός dunkle Eichenrinde, **b)** die Schiffe infolge ihres dunkeln Anstrichs, **c)** die Tinte.

Μέλας, ανος, ὁ, **1)** ein Fluß in Thrakien, der nördlich von Kardia in den Μέλας κόλπος (s. d.) mündet. **2)** ein Fluß in Thessalien, der in der Nähe v. Heraklea u. Trachis in den Sinus Maliacus fällt, jetzt *Mavra-Neria.* **3)** Fluß in Böotien, zwischen Orchomenos u. Aspledon. **4)** Name von Personen.

Μέλας κόλπος, ὁ, ein Busen des Ägäischen Meeres zwischen der thrakischen Chersones u. dem Festlande, jetzt Golf von *Saros* (vgl. Μέλας, 1).

μέλδομαι (St. μελδ aus σμελδ, ah. *smilzu*), Med., ep. schmelzen lassen.

μέλε, ὦ μέλε, nur poet. **1)** mein Lieber, mein Guter. **2)** du Narr, du Tropf.

Μελέ-αγρος, ὁ, 1) Sohn des Öneus u. der Althäa, welcher den kalydonischen Eber erlegte. Aber als die Ätoler (von Kalȳdon) u. die Kurēten (von Pleurōn) um Kopf u. Haut des Ebers in Streit gerieten u. er einen der Brüder der Althäa tötete, fluchte ihm die Mutter, u. er zog sich vom Kampfe zurück, trotz angebotener reicher Ehrengeschenke, bis er doch noch zuletzt Kalydon von den Kureten rettete, aber nun ohne jene Geschenke. **2)** Sohn des Neoptolemos, Anführer einer Abteilung Fußvolk im Heere Alexanders, die nach ihm benannt wurde. **3)** sonst. Eigenn.

μελεδαίνω (μέλω), ion. u. poet. besorgen, behandeln, kurieren, τινά, sich kümmern.

μελεδήματα, τά (Sing. selten), ep. u. poet., **μελεδών,** ῶνος, ἡ, ep. u. poet. u. **μελεδώνη,** ἡ, ep. Sorge, Kummer, Bekümmernis, τινός von etwas u. um jmdn.

μελεδωνεύς, ὁ, buk., u. **μελεδωνός,** ὁ u. ἡ, ion., sp. (μελεδαίνω), Wärter, Wärterin, Verwalter.

μελεΐζω, sp. zergliedern, zerstückeln.

μελεϊστί, ep. Adv. (μέλος), gliederweise, Glied für Glied.

μελεο-παθής, 2. poet. Unglück erduldend.

μελεό-πονος, 2. poet. Unheil verübend.

μέλεος, 3. u. poet. 2., **1)** ep. eitel, vergeblich, nichtig, mühelos. Als Adv. μέλεον umsonst. **2)** poet. unglückselig, unglücklich, abs., od. τινός in Bezug auf od. um etwas od. jmdn. [Sinnes.

μελεό-φρων, ονος, ὁ, ἡ (φρήν), poet. unseligen

μελετάω (μέλει), μελετήσω usf. • **1) sorgen,** auf etwas denken, nachsinnen, überdenken • **2) sich bestreben,** bemühen, sich auf etwas legen, sich einer Sache ergeben, etwas anstreben • **3)** einüben, ausüben, **sich üben;** μεμελετηκώς geübt, τί etwas, z. B. τὰς τάξεις Reih und Glied halten, od. τινός u. τινί in od. mit etwas, auch mit Inf. od. ὡς, ferner Part. u. ὡς. Im bes. • **a)** etwas als Gewerbe treiben • **b)** studieren, meditieren, präparieren, im Schilde führen, planen, τινί τι gegen jmdn. etwas • **c)** Redeübungen halten, deklamieren. Pass. τὸ δέος μελετηθέν die Furcht, die sie schon lange beschäftigte u. beherrschte, ἐκ παρέργου als Nebengeschäft eingeübt werden, u. so auch πρὸς τὸν ἥλιον μεμελετῆσθαί σφισι τὰς πορείας von jmdm. eingeübt sein nach dem Stande der Sonne, sich auf dem Marsche nach dem Stande der Sonne richten.

μελέτη, ἡ (μέλω), u. **μελέτημα, τό** (μελετάω), Sorge, Fürsorge, τινός jmds. u. für etwas, dah. τινός τινος. **1)** Bekümmernis. **2) Bemühung,** Eifer, das Denken auf etwas, Vorbereitung. **3)** Übung, sorgfältige Arbeit, Beschäftigung, Studium, μελέτης βραχύτητι weil er nur kurzer Vorbereitung bedurfte; τινός jmds. od. von, auf, für etwas, ähnl. πρός τι od. mit Inf., dah. μελέτῃ πόνων mit mühevoller Übung, μελέτην ποιεῖσθαί τινος etwas üben, studieren, aber τὰς μ. ποιεῖσθαι ihre Übungen machen, u. ταύτην μελέτην ἐποιησάμην ich habe daraus eine Übung gemacht. Im bes. Redeübung.

μελετηρός, 3. (μελετάω), gern u. fleißig übend.

μελετητήριον, τό (μελετάω), sp. Übungsort.

μελέτωρ, ορος, ὁ (μέλω), poet. Fürsorger, Tröster, ἀμφί τινα, Rächer.

μεληδών, όνος, ἡ, ion. poet. = μελεδών.
μέλημα, τό, poet. u. sp. (μέλω), Sorge u. Gegenstand der Sorge.
Μελησίας, ου, ὁ. **1)** V. des aristokr. Thukydides (2). **2)** S. des letzteren, aus dem Demos Alopĕke.
Μέλητος, s. Σωκράτης.
μέλῐ, ῐτος, τό (lat. *mel*, got. *milith*), Honig.
Μελίβοια, ἡ, Küstenstadt der thessalischen Landschaft Magnesia am Fuße des Ossa, Wohnort des Philoktetes.
μελί-βρομος, 2. poet. (βρέμω) süßtönend.
μελί-γηρυς [ῑ], υος, ὁ, ἡ, meist ep. u. poet. süßstimmig, lieblich tönend.
μελί-γλωσσος, 2. poet. honigzungig, süßredend.
μέλιγμα, τό, buk. **a)** Gesang. **b)** Tonwerkzeug.
μελίζω u. Med. (μέλος), poet. dor. (buk.) μελίσδω, **1)** besingen, τί. **2)** buk. singen, spielen, lispeln.
μελίη [ῐ], ἡ, ep. **1)** die Esche. **2)** meton. der aus Eschenholz verfertigte Lanzenschaft, überh. der Speer. [lieblich.
μελι-ηδής, 2. (ἡδύς), ep. poet. honigsüß, übertr.
μελί-κρητον, τό, ep. u. **μελί-κρᾱτον,** poet. (κεράννυμι), Honiggemisch, Trank aus Milch u. Honig (nach andern zugleich aus Wein od. Öl), welcher den Seelen der Toten u. den unterirdischen Göttern dargebracht wurde.
μελικτάς, ὁ, buk. (μελίζω), Flötenspieler.
μελίνη, ἡ (lat. *milium*), italienische Hirse, Fennig, bes. in Südeuropa angebaut, im Sg. u. Plur. Im Plur. bei Xen. An. 2, 4, 13 auch die Fennigfelder. Dav. **Μελῑνο-φάγοι,** οἱ, die Fennigesser, ein thrakisches Volk nordwestlich von Byzanz.
μέλῐνος, 3. (μελίη), ep. auch **μείλῐνος** (so immer Il.), eschen, von Eschenholz.
μελί-πηκτον, τό, sp. Honiggebäck, -kuchen.
μελί-πνοος, 2. buk. süßtönend.
μελί-ρρῠτος, 2. poet. honigströmend.
μελίσδω, dor. buk. = μελίζω, s. d.
μέλισμα, τό, buk. (-ίζω), der Gesang.
μέλισσα, neuatt. **-ττα,** ἡ (μέλι), **1)** die Biene, Imme, ὁ τῶν μ. ἡγεμών der Weisel. **2)** poet. *mel*, auch für Honig. Vgl. μελίκρητον. Dav.
μελίσσιος, N. T. von Bienen gemacht; κηρίον Honigkuchen.
μελισσονόμαι, αἱ, poet. Priesterinnen, Dienerinnen am Heiligtum der Artemis.
Μέλισσος, ὁ, Sohn des Ithagenes aus Samos, bekannt durch seinen Seesieg über die Athener 440 u. als eleatischer Naturphilosoph u. Schüler des Parmenides.
μελισσο-τρόφος, 2. poet. Bienen nährend.
Μελιταία od **Μελίτεια,** ἡ, feste Stadt in Phthiotis; Einw. οἱ Μελιτα(ι)εῖς.
μελίτεια, ἡ, buk. Melisse, Bienenkraut.
Μελῑτη, ἡ, **1)** athenisches Stadtviertel, im Westen der Stadt; Einw. ὁ **Μελιτεύς,** έως. **2)** die Insel Malta; Adj. Μελιταῖος, 3. sp. maltesisch, Malteser. **3)** die heutige Insel *Meleda* an der illyr. Küste.
μελι-τερπής, 2. poet. süß-, lieblich ergötzend.
Μελῑτίδης, ὁ, poet. Name eines beschränkten Menschen, sprichw. Dummkopf, Einfaltspinsel.
μελιτόεις, εσσα, εν, poet. (μέλι) voll Honig, honigsüß, angenehm; Fem. **μελιτόεσσα,** ἡ, ion., verst. μᾶζα, Honigkuchen.
μελιτόομαι, Pass., mit Honig vermischt werden.
μελιτο-πώλης, ου, ὁ, poet. Honighändler.
μελιττουργός, ὁ, Bienenvater, -züchter.
μελιτώδης, 2. (μέλι), buk. sp., honigartig, honigsüß; auch Bein. der Persephone.
μελίτωμα, τό (μελιτόομαι), sp. ep. Honiggebäck, -kuchen.
μελί-φθογγος, 2. poet. süß-, lieblich tönend.
μελί-φρων, 2. ep. poet. (φρήν), süßgesinnt, οἶνος usw., honigsüß, indem die Wirkung als eine der Sache anhaftende Eigenschaft dargestellt wird.
μελί-χλωρος, 2. honiggelb.
μελίχροος, -χρους, 2. poet. **a)** honigfarben, honiggelb. **b)** = μελιχρός.
μελιχρός, 3. poet. buk. sp. (μέλι), honigsüß, übertr. süß. [s. εἴρην.
μελλ-είρην, ενος, ὁ, lak. (sp.) dem Mannesalter nahe,
μέλλημα, τό, **μέλλησις,** ἡ, u. sp. **μελλησμός,** ὁ, (μέλλω). **1)** die Absicht, die Regung zum Handeln, das Vorhaben; τῇ μ. (Dat. modi) = μέλλοντες bei dem Vorhaben, τὴν μ. ἔχουσι φοβεράν sie erleben vor dem Angriff etwas Furchtbares. **2)** das Zögern, die Verzögerung, Frist; διὰ βραχείας μ. in kurzer Frist.
μελλητής, οῦ, ὁ (μέλλω), Zauderer.
μελλ-ιέρη, ἡ, sp. Novize für den Priesterdienst (der Artemis in Ephesus).
μελλ-ίρην, ενος, ὁ, s. μελλείρην. [lächelnd.
μελλιχό-μειδος, 2. äol. (μείλιχος, μειδιάω), süß
μελλό-γαμος, 2. poet., und
μελλό-νυμφος, 2. poet. im Begriff zu heiraten, verlobt, überh. auch von Sachen: bräutlich. Subst. ἡ μ. die Braut.
μελλώ, οῦς, ἡ, poet. = μέλλησις.
μέλλω, **I)** *is sum qui*, ich befinde mich in der Lage, **bin im Begriff,** ἔμελλε, *debebat*, c. Inf.
II) bei einer zukünftigen Handlung: *(fact)urus sum* • **1)** im Begriff sein, dah. • **a) vorhaben,** wollen • **b)** im Ggs. zur wirklichen Tat: **zögern,** Bedenken tragen, τί μέλλεις μὴ οὐ γεγωνίσκειν (*narrare*) τὸ πᾶν. So besonders im Fut. u. Aor. • **c)** im Pass. aufgeschoben werden, in der Zukunft liegen • **2)** bes., doch nicht immer, was durch Schicksal od. Berechnung zu erwarten ist od. war, bes. im Impf. **müssen, sollen,** wollen, mögen, οὐκ ἄρ' ἔμελλεν ἐπανελθεῖν; εἰ μέλλει πράξειν τὰ δέοντα wenn es seine Schuldigkeit tun soll; μέλλει πού τις ἄλλον ὀλέσσαι mag doch. Cft abs., wo aber der Inf. meist aus dem Zusammenhange zu ergänzen ist, τί δ' οὐκ ἔμελλον; warum sollte ich nicht? natürlich • **3)** Als Adj. μέλλων bevorstehend, als Subst. τὸ μ. u. τὰ μ. mit u. ohne ἔσεσθαι, γενήσεσθαι das Künftige, das Vorhaben, die **Zukunft.** Im bes. auch • **a)** das künftige Jahr • **b)** das vom Schicksal Bestimmte, meist mit Inf. fut., doch auch praes. u. aor. • **c)** ὁ μέλλων (sc. χρόνος), gramm. die Zukunft.
μελο-γράφος, ου, ὁ, poet. Liederschreiber, -dichter.
μελο-ποιέω, poet. sp. ein Lied, eine Melodie machen, in Musik setzen.
μελοποιία, ἡ, das Komponieren, Vertonen.

μελο-ποιός, ὁ (ποιέω), Liederdichter, lyrischer Dichter.

μέλος, εος, ους, τό 1) das Glied, oft im Plur., κατὰ μέλεα Glied für Glied. 2) lyrisches Gedicht, welches man zur Begleitung eines Instrumentes sang, Lied, Ode, Gesang (auch Singweise), ἐν μέλει ποιεῖν im Liede darstellen; übertr. wie unser „Klagelied", Klageruf; auch: Ton des Redners.

μελοτυπέω (wie v. μελο-τύπος, τύπτω), poet. durch Gesang ausprägen, singen.

μέλπηθρα, τά, ep. (μέλπω), Ergötzlichkeit, Spiel, κυνῶν od. κυσίν von unbestatteten Leichnamen.

Μελπομένη, ἡ, Name einer der neun Musen, efeubekränzt, mit der tragischen Maske; Benennung des vierten Buchs von Herodots Geschichte.

μέλπω, μέλψω, ἔμελψα, (μέλος), ep. poet. 1) Akt. a) singen, abs., od. τί etwas. b) tanzen, bei Tanz u. Spiel feiern, besingen, τινά. 2) Med. singen, ἐν χορῷ singen u. tanzen, einen Chorreigen aufführen. Bildlich Ἄρηι dem Ares Tänze aufführen, d. h. tüchtig kämpfen.

μελύδριον, τί, poet. buk. Demin. v. μέλος.

μέλω (hierher ὦ μέλε mein Guter! Vok. zu Nom. *μέλος, verw. lat. *melior*), bes. oft unpers. in der 3. sg. **μέλει,** ep. Präs. inf. μελέμεν, Impf. μέλε, Fut. inf. μελησέμεν, Perf. **μέμηλε** mit Präsensbdtg., Plqpf. μεμήλει, und Med. **μέλομαι,** ep. u. poet. (pros. in ἐπι-, μεταμέλομαι), imper. μελέσθω, Fut. μελήσομαι, Aor. ἐμελήθην, Perf. μεμέληται, ep. Perf. μέμβλεται, Plqpf. μέμβλετο • 1) *cordi, curae esse,* **Sorge machen,** am Herzen liegen (auch mit hinzugef. μετὰ φρεσί), ferner anheimfallen, bestimmt sein, obliegen. • 2) Im persönl. Gebrauche, bes. poet. Med.: ich übernehme die Sorge, walte darüber, **besorge** etwas; es geht mich etwas an, ich halte es mit jmdm., = φροντίζειν. Teils abs., teils πᾶσι δόλοισιν ἀνθρώποισι μέλω, Ἀργὼ πᾶσι μέλουσα, οἷς οὔτι μέλει πολεμήϊα ἔργα, θεοῖσι εἰ δίκης μέλει, περὶ στρατιῆς τῆσδε θεοῖσι μελήσει; im Med. ἐμοὶ δέ κε ταῦτα μελήσεται, αἴν μοι μέλεσθαι (imper.) die du mir in deine Obhut nehmen magst, τὰ λοιπά μοι μέλον bleibe ferner mein Hort, od. mit ὅτι, ὅπως, ὡς, ὄφρα, ὥστε, εἰ μή, od. mit Inf. od. Part., u. zwar im Dat. μελήσει τινὶ ποιοῦντι σμικρότατα. • 3) Das Part. • a) präs. **μέλον** eine Herzenssache steht umschreibend mit u. ohne ἐστί τι, ἐστί oder εἶναι, z. B. οἶμαί τι μέλον näml. εἶναι ich glaube, daß es auch ihm eine Herzenssache sei, als Acc. abs. ὡς μέλον αὐτοῖς, ὅπη • b) perf. **μεμηλώς** dagegen hat bei Hom. persönl. Bdtg.: bedacht; μέγα πλούτοιο μεμηλώς; μεμελημένος besorgt um, ergeben.

μελῳδέω, ein Lied, ein Stückchen spielen, und zwar γλαφυρόν. (συμφοράν im Gesang vortragen.) Wie

μελῳδία, ἡ, der Gesang, von

μελ-ῳδός, 2. (ᾠδή), 1) singend. 2) melodisch.

μεμβράνα, ἡ, N. T. (lat. Lw.) Pergament.

μεμελημένως, Adv. part. perf. pass. zu μέλω, sorgfältig, bedeutsam.

μεμετρημένως, sp. Adv., mit Beobachtung des rechten Maßes.

μεμηχανημένως, poet. Adv., listigerweise.

Μέμνων, ονος, ὁ. 1) Sohn des Tithōnos und der Eos, König der östlichen Aithiopen, soll die Königsburg in Susa erbaut haben, welche von ihm τὰ **Μεμνόνια** hieß, wie Susa selbst τὸ Μεμνόνιον ἄστυ. Spätere deuteten das Kolossalstandbild des Pharao Amenophis III. in Ägypten (um 1400 v. Chr.), das bei Sonnenaufgang erklang, auf Memnon (Μέμνονος κολοσσός). 2) Sonstiger Männername.

μεμπτός, 3. u. 2., Kompar. -τότερος, Adv. -τῶς (μέμφομαι), 1) pass. zu tadeln, tadelhaft, tadelnswert, über den man sich beschweren kann, verächtlich, auf verächtliche Art; oft mit Negat. untadelig, nicht zu verachten, nicht übel usw.; abs., od. τί, κατά τι, ἔν τινι in einer Hinsicht, in bezug auf etwas, in etwas. 2) akt. tadelnd, εἶναι verargen.

Μέμφις, ιδος, ion. ιος, Dat. ion. ῑ, ἡ, ägypt. *Mennefer* guter Wohnort, als Hauptstadt Ägyptens, mit 150 Stadien Mauerumfang, durch einen 100 Stadien langen Damm gegen den Nil geschützt, sehr volkreich; im Mittelalter zerstört u. bis auf wenige Reste verschwunden, beim Dorfe *Mitraheni.* Der Einw. ὁ **Μεμφίτης.**

μέμφομαι, 1) tadeln, vorwerfen, sich beschweren, schelten, schmähen. 2) unzufrieden sein, geringschätzen, zürnen.

μεμψιμοιρέω, 1) sich über sein Schicksal beklagen. 2) tadeln, τινί τι jmdm. etwas vorwerfen.

μεμψι-μοιρία, ἡ, sp. Unzufriedenheit mit seinem Los, Klage über sein Schicksal, Nörgelei. Von

μεμψί-μοιρος, 2. (μοῖρα), wer sein Schicksal tadelt, klag-, tadelsüchtig, unzufrieden, mürrisch. Subst. τὸ μεμψίμοιρον, Tadelsucht, Unzufriedenheit.

μέμψις, εως, ἡ (μέμφομαι), Tadel, Vorwurf, Grund zu Tadel od. Unzufriedenheit.

μέν, postpositive Part., abgeschwächt aus μήν, dah. I) bes. ep. u. ion. in urspr. Bdtg. bekräftigend oder bestätigend (determinativ), **wahrlich,** fürwahr, sicherlich, beim Imper. doch ja, gleich, gew. zurückweisend hinter Demonstrativen, od. bei Personalpron. ich wenigstens, ich gewiß, ὁ μέν eigtl. ja der war es welcher, oder bei andern Partikeln, ἦ μέν, bes. beim Schwur, gewiß u. wahrhaftig, ἀλλὰ μέν = ἀλλὰ μήν, μὴ μέν fürwahr nicht, οὐδὲ μέν mit u. ohne vorhergehende Negat.: aber auch nicht, οὐδὲ μὲν οὐδέ ep. doch wahrlich auch nicht, καὶ μέν u. wirklich, καὶ τοῦτο μέν dieses nun, worauf δέ folgt; μὲν δή traun wirklich, während in γὲ μέν, γέ das vorhergehende Wort, μέν den ganzen Satz bekräftigt, allerdings, freilich.

II) **korrelat.** einem δέ od. einer ähnlichen Partikel entsprechend u. anakoluthisch selbst einem καί od. τέ, wo es das deutsche **zwar** (altdeutsch *ze ware*), wohl, gewiß bezeichnet, aber nicht bloß Entgegengesetztes u. Verschiedenartiges, sondern auch Gleichartiges u. Verwandtes verbindet, u. dah. wohl auch bei Wiederholungen desselben Wortes steht, wo wir im Deutschen einesteils — andernteils, teils — teils, sowohl — als auch, bei ὁ μὲν — ὁ δέ dieser — jener, der eine — der andere, bei τοτὲ μὲν — τοτὲ δέ einmal — ein andermal, bald — bald sagen, od. die Sätze u. Satzglieder ohne alle Verbindungsglieder aneinanderreihen. Regelmäßig steht μέν beim Abschluß einer Erzählung: wohl, freilich, od. bei μὲν οὖν • 1) im ersten Glied eines Gegensatzes τοῦτο μὲν οὖν dies nun — ἄλλα δέ • 2) demnach, also • 3) in Antworten nein, vielmehr, allerdings, μὲν ἄρα sonach, also.

Μέν-ανδρος, ὁ, 1) Feldherr der Athener im pelopONN. Krieg. 2) Sohn des Diopeithes aus Athen, Lustspieldichter seit 322 v. Chr. 3) Anführer der Mietsoldaten im Heere Alexanders, dann Satrap von Lydien. 4) sonst. Eigenn.

Μενάπιοι, οἱ, Volksstamm in Belgien zwischen Schelde u. Rhein.

Μένδη, ἡ, Stadt auf der Halbinsel Pallēne in Chalkidike. Adj. u. Einw. **Μενδαῖος.**

Μένδης, ητος, ὁ, 1) ägyptische Stadt im mittleren Delta. 2) Name ihres Lokalgottes in Widdergestalt, dah. mit Pan verglichen, viell. Osiris. Verehrt bes. 3) im ägyptischen νομὸς **Μενδήσιος,** welcher nebst der Stadt Mendes im mittleren Delta am Meere lag. Die Einwohner desselben hießen οἱ **Μενδήσιοι** u. ein Nilarm Μενδήσιον στόμα od. κέρας.

μενεαίνω, (μένος), ep., Aor. μενέηνα ohne Augm., 1) heftig verlangen, begehren, mit Inf. praes. od. aor., seltner fut. 2) zürnen, grollen, abs. u. τινί, ἔριδι im Streite. [Speeren standhaltend.

μεν-εγχής (-έγχης), 2. (μένω, ἔγχος), poet. den

μενε-δήιος, 2. ep. (μένω), dem Feinde standhaltend, dah. streitbar, wehrhaft. [haltend.

μενέ-κτυπος, 2. poet. den Schlachtenlärm aus-

Μενέ-λᾱος, od. att. **Μενέλεως,** ὁ, 1) Sohn des Atreus, Bruder des Agamemnon, Gemahl der Helĕna. 2) ein Bruder Philipps von Makedonien u. Heerführer im athen. Dienst, Dem. 4, 27. 3) sonst. Eigenn. 4) **Μενελάιος λιμήν** Hafenstadt in Marmarika (Kyrenaïka).

Μενέ-ξενος, ὁ, ein athen. Jüngling aus vornehmer Familie, Anverwandter des Ktesippos, Schüler des Sokrates; ein Dialog Platos führt seinen Namen.

μενε-πτόλεμος, 2. ep. u. poet. im Kampf aushaltend, streitbar, wehrhaft.

μενετέον, s. μένω. Dazu

μενετός, 3. wartend; οὐ μ. εἰσι sie warten nicht.

μενε-χάρμης, ου, ὁ, u. **μενέ-χαρμος,** 2. ep. = μενεδήιος.

Μέν-ιππος, ὁ, 1) berühmter kynischer Philosoph aus Gadăra in Syrien, geb. 270 v. Chr., Sklave, Verfasser beißender Spottschriften, gemischt aus Prosa u. Poesie (von M. Terentius Varro in seinen *saturae Menippeae* nachgeahmt), der sich der Sage nach erhängte, als man ihm seine durch Wucher erworbenen Schätze geraubt hatte. 2) Sophist aus Stratonīke, Begleiter Ciceros. 3) sonst. Eigenname.

μενο-εικής, 2. ep. herzerfreuend, erwünscht, genügend, reichlich.

Μενοικεύς, έως, ὁ, Vater des Kreon in Theben; ebenso dessen einer Sohn, der auch Megareus heißt.

μενοινάω (μένος) im Sinne haben. 1) wünschen, gedenken. 2) bedenken, überlegen.

Μενοιτιάδης, ου, ὁ, Sohn des Menoitios, eines Argonauten, = Patroklos.

μένος, εος, τό (μεν, μέ-μον-α, lat. *mens, mon-eo,* dt. *mahnen, meinen*) Trieb, Lebenstrieb, 1) Eifer, Verlangen, Wille. 2) a) Ungestüm, Wildheit, Zorn, b) Mut, Tapferkeit. 3) Lebenskraft, Stärke, Gewalt, μέλαν μ. dunkles Geblüt. Bisweilen auch wie ἴς, βίη, die Person umschreibend, μένος Ἀλκινόοιο.

μέν-τοι, u. mit ἄν, aber bloß äußerlich verbunden, **μεντἄν,** auch μεντ᾽ ἄν geschrieben, postpositive Part. a) allerdings, freilich, natürlich, wirklich, gewiß, fürwahr, bes. in Antworten. b) doch, jedoch, denn doch, indes, gleichwohl, aber. [denn eigentlich?

μενοῦνγε, N. T. ja freilich, ja doch, ja vielmehr,

μένω (lat. *maneo*), ep. Impf. iter. μένεσκον, Fut. μενέω (auch ion.), ep. u. poet. **μίμνω** (für μιμένω), part. dat. pl. μιμνόντεσσι, u. ep. **μιμνάζω,** bleiben • 1) intr. • a) **dableiben,** zurückbleiben, μετόπισθεν, οἴκοι, κατὰ χώραν; ἀπό τινος fernbleiben • b) standhaft bleiben; milit. an seinem Platze bleiben, ausharren (Ggs. φεύγειν), μενέω καὶ τλήσομαι ἔμπης, dann allg. **beharren,** ἐπὶ τοῖς ἑαυτοῦ sich begnügen, beschränken • c) festbleiben, Bestand haben, in Kraft bleiben, ὁ νόμος, τὰ ὁμολογήματα μένει • d) (untätig) verweilen, νηυσὶν ἔπι γλαφυρῇσι, sich ruhig verhalten, sich beruhigen • e) **warten,** mit Praepp. od. mit εἰσόκε, ἕως od. A. c. I. • 2) trans. **erwarten,** • a) den Feind erwarten, ihn bestehen, Τρῶας • b) abwarten, auf etw. warten, βοὴν σάλπιγγος, ἡμέρας φάος, ὁπλίτας; auch bevorstehen.

Μεριδάρπαξ, γος, ὁ (μερίς, ἅρπαξ), sp. ep. Brosamendieb, Krumenräuber, Name e. Maus.

μερίζω, dor. μερίσδω, Fut. μεριῶ, Aor. act. ἐμέρισα, Perf. med.-pass. μεμέρισμαι, Aor. pass. ἐμερίσθην, Adj. verb. μεριστός (μερίς), 1) Akt. u. Pass. teilen, zuteilen, τινί τι; Pass. geteilt werden od. sich wegen der Menge der Geschäfte gleichsam teilen müssen, abs. u. κατὰ μέρος. 2) Med. sich in etwas teilen, sich entzweien.

μέριμνα, ἡ (St. μερ, μαρ, vgl. zu μάρτυς, lat. *memor-ia*), ep. poet. u. sp. Sorge, Besorgnis, abs., od. τινός um jmdn., od. mit Inf. Von

μεριμνάω, sorgen. 1) besorgt sein, τί um etwas, πολλά viele Sorgen haben. 2) besorgen, τί etwas. 3) viel u. angestrengt nachdenken, u. περί τινος über etwas grübeln.

μερίμνημα, τό, poet. = μέριμνα.

μεριμνητής, οῦ, ὁ, poet. der Ausgrübler, Auffinder, λόγων der klügsten Gründe.

μεριμνο-φροντιστής, ὁ (μέριμνα, φροντίζω), poet. sorgenvoller Grübler.

μερίς, ίδος, ἡ, *portio,* Teil, Erbteil; Gattung, Partei; εἴς od. πρός τι Beihilfe, Förderung. Vgl. μέρος.

μερισμός, ὁ, 1) Teilung, Verteilung, Zuweisung. 2) (begriffliche) Zergliederung. 3) im N. T. auch Trennung, Scheidung.

μεριστής, οῦ, ὁ, sp. N. T. der Teiler.

μεριστός, 3. geteilt.

μέρμερος, 2. (St. μερ, *memor*), merkwürdig, fast nur ep. poet. **1)** schrecklich, entsetzlich, verderblich. **2)** grämlich, mürrisch. **3)** sp. mühevoll, schwierig.

μερμηρίζω, ep., Aor. 1. μερμήριξα (μέρμηρα, ή, = μέριμνα), **1)** intr. sorgen, unruhig sein, hin u. her sinnen, überlegen, erwägen, mit δίχα u. διάνδιχα unschlüssig, zweifelhaft sein, zwischen zwei Entschlüssen schwanken, zögern, gew. (ἐν) φρεσί, κατὰ φρένα u. ähnl. Konstr. περί τινος od. mit folg. ὡς, ὅπως, ἤ — ἤ (ob — oder) od. dem Inf. aor. **2)** trans. ersinnen, ausdenken, beschließen, τί u. τινά.

μέρμις, ῑθος, ἡ (μηρύω, μήρινθος), ep. Band, Schnur.

Μερμνάδαι, οἱ, lydische Königsdynastie, welche nach der assyrischen der Herakliden (Sandoniden) 1221—761 durch Gyges (—678) begründet wurde.

Μερόη, ἡ, Hauptstadt der sogenannten Insel Meroë in Äthiopien; Ruinen südlich von *Schendy* in Senaar.

Μέροπες, οἱ, ep. poet. Bew. der Insel Meropis = Kos.

Μεροπίς, ίδος, ἡ, früherer Name der Insel Kos.

μέρος, εος, ους, τό (St. σμερ, lat. *mereor* seinen Anteil erhalten), *pars*, **Teil** • **1)** der gebührende **Anteil,** *portio*, dah. • **a)** Rücksicht, Beziehung, Stellung, Standpunkt, Rolle, Aufgabe, Pflicht, ἐν οὐδενὸς μέρει für nichts gelten, ἐν προσθήκης μέρει als Zugabe, u. mit γίγνεσθαι zur Nebensache werden, μεῖζον μ. νέμειν mehr Gewicht einräumen, aber τὸ ἐπιβάλλον μ. τινὸς μετειληφέναι einer Sache seinen Tribut gezahlt haben, dag. ἐν μέρει τινὸς εἶναι die Stelle von etw. vertreten, κατὰ τὸ μέρος τινός an Stelle von jmdm. od. etw. sein, ἐν τῷ σῷ μέρει, ἐν τῷ μέρει, ἐν τῷ μέρει τινός auch von jmds. Standpunkte aus, οὐκ ἐλάχιστον ἐν ὑμῖν μ. (ἐστί) es hängt wesentlich von euch ab • **b)** die **Reihe,** ἐν (τῷ) μέρει, κατὰ μέρος, κατὰ μέρη, *suo loco*, in seiner bestimmten Reihe, der Reihe nach, abwechselnd, πρὸς μέρος nach Verhältnis, παρὰ (τὸ) μέρος außer der Reihe, über Gebühr, od. auch abwechselnd, τὸ σὸν μέρος was dich betrifft, ἐν τῷ μ. meinerseits, auch bloß τὸ μέρος seinem Anteil nach, nach unsern Kräften • **2)** Teil eines Ganzen, **Stück,** τὰ δύο μέρη zwei Drittel, μέρος τι zum Teil, οὐδὲν μέρος nichts, δείματος μέρος eine Spur von Furcht; im bes. τὸ μέρος τῶν ψήφων der verfassungsmäßige fünfte Teil der Stimmen, das Minimum derselben; dah. auch • **a)** Volksteil, Klasse, Partei (so auch oft μερίς), οὐκ ἀπὸ μέρους nicht aus einer bestimmten (bevorrechteten) Klasse • **b)** Landesteil, Bezirk, Gegend, bes. im N. T. • **c)** sp. Akt (eines Schauspiels) • **3)** Adv. τὸ μέρος u. κατὰ μέρος zum Teil, einesteils, πλέον μέρος zum größeren Teil, N. T. μέρος τι einigermaßen, ἀνὰ μέρος sp. abwechselnd, der Reihe nach, ἀπὸ μέρους teilweise, ἐκ μέρους stückweise, τὸ ἐκ μ. Stückwerk, τὰ ἐπὶ μέρους sp. die Einzeldinge, Einzelfragen.

μέροψ, οπος, ὁ, ep. u. poet. (nach Herkunft u. Bdtg. unsicher, nach den Alten μερίζειν ὄπα die Laute scharf abteilen, artikulieren, nach and. zu βροτός sterblich); ep. u. poet. etwa: hinfällig, schwach.

μεσ-άγκυλον, τό, verst. ἀκόντιον, poet. u. sp. ein Wurfspieß, in dessen Mitte ein Riemen, ἀγκύλη, befestigt war, um die Waffe mit um so größerer Schwungkraft schleudern zu können, urspr. barbarische, bes. persische Waffe, die aber seit den Kriegen in Asien auch bei Griechen vorkam.

μεσαι-πόλιος, 2. ep. halbgrau, eigentl. mit Grau gemischt, von einem, der dem Greisenalter nahe [ist.

μεσαίτερος, αίτατος, s. μέσος.

μέσ-ακτος, 2. poet. in der Mitte zwischen zwei Ufern, Küsten.

μεσαμβρίη, s. μεσημβρία. Dazu

Μεσαμβρίη, ἡ, **1)** Stadt Thrakiens am Pontos Euxinos, an der Grenze von Mösien, j. *Missioria*. **2)** Stadt Thrakiens an der Küste des Ägäischen Meeres, im Gebiet der Kikonen.

μεσαμβρινός, 3. buk. = μεσημβρ.

μεσαμέριον, buk. Adv., des Mittags.

μέσατος, 3. poet. = μέσσατος, s. μέσος.

μέσ-αυλος, s. μέσσαυλος. **μέσσων,** s. μέγας.

μεσεύω, sich neutral verhalten.

μεσηγύ [ῠ, Od. 4, 845 in arsi ῡ], **μεσσηγύ** und **μεσσηγύς,** ep. poet. Adv. (μέσος), vom Raum: in der Mitte, dazwischen; von der Zeit: inzwischen, unterdessen, teils abs., teils τινός zwischen etwas.

μεσήεις, εσσα, εν (μέσος), ep. mittelmäßig.

μεσημβρία, st. μεσημερία, ion. **μεσαμβρίη,** ἡ, (μεσ-ημ-β-ρία, μέσος, ἡμέρα), **1)** als Tageszeit: der Mittag, μεσημβρίας, τῇ μεσημβρίῃ, ἐν μεσημβρίᾳ mittags, zur Mittagszeit. **2)** als Himmelsgegend: die Mittagsseite, der Süden.

μεσημβρινός, buk. **μεσᾱμβρινός,** 3. mittägig, **1)** zur Mittagszeit; τὸ μεσ. **a)** buk. adv. mittags. **b)** sp. das Mittagessen. **2)** südlich; τὰ μεσημβρινά die südlichen Gegenden.

μεσιτεύω, sp. u. N. T. vermitteln. Von

μεσίτης, ὁ, sp. u. N. T. der Vermittler, Mittler, Bürge.

μεσο-βασιλεύς, ὁ, sp. das lat. *interrex*, d. h. der Senator, welcher die Wahlkomitien zu halten hatte, wenn zufällig keine Konsuln vorhanden waren, die sie halten konnten.

μεσό-γαια, ἡ, **μεσόγεια,** ἡ, u. **μεσόγειος,** ἡ, das in der Mitte gelegene Land, Binnenland, Innere eines Landes, ἐκ τῆς μ. von der Landseite. Von

μεσό-γαιος, 3. ion. sp. mitten im Lande.

μεσό-δμη, ἡ (δέμω, also st. μεσοδόμη), ep. Mittelbau, Mittelgebälk, Querbalken, **a)** von Wand zu Wand der Zimmer (δοκοί waren die Längsbalken). **b)** von Bord zu Bord des Schiffes, κοίλη mit einer Einkerbung für den aufrechtstehenden Mast. [Fleck treffend.

μεσο-λαβής, 2. poet. die Mitte d. i. den rechten

μεσό-λευκος, 2. weißgestreift.

μεσ-όμφᾰλος, 2. poet. eigtl. in der Mitte wie der Nabel, im Mittelpunkt, ἑστία der Herd mitten im Hause, im Hofraum. Im bes. dachte man sich Delphi u. sein Orakel als den Mittelpunkt der Erde, dah. μ. auch delphisch od. das von der Erdenmitte Gegebene heißt.

μεσο-νύκτιος, 2. poet. ar. sp. mitternächtig. Neutr. subst. τό, sp. die Mitternacht, buk. μεσονύκτιον als Adv. in der Mitternacht.

μεσοπορέω, sp. in der Mitte gehen, auf hohem Meere fahren.

μεσό-πορος, 2. poet. in der Mitte durchzogen.

μεσο-πόρφυρος, 2. sp. mit Purpur gemischt.

Μεσο-ποταμία, ἡ, das Zwischenstromland, insbes. das Land zwischen Tigris u. Euphrat.

μέσος, ep. u. poet. **μέσσος** (St. μεθ, für μεθjος, lat. *med-ius,* dt. *Mitte*), mit dem alten Superl. **μέσσᾰτος,** 3., als Posit. u. dem gebr. Kompar. μεσαίτερος, Superl. μεσαίτατος, 3. • **1) mitten • a)** vom Raum: in der Mitte, der m i t t l e r e, ὁ μ. ποταμός die Mitte des Flusses, aber διὰ μέσης τῆς πόλεως mitten durch die Stadt. Auch prolept. ἤρεισε πλευραῖς μέσσον ἔγχος d. h. so, daß es mitten in den Rippen stak. Teils abs., teils τινός, z. B. μέσον ποιεῖν τί τινος etwas in die Mitte von etwas, d. h. zwischen etwas bringen, ähnl. μέσον τινὰ λαμβάνειν τινῶν, teils ἀπό τινος von od. zwischen etwas • **b)** von der Zeit: μέσον ἦμαρ, μέσον ἡμέρας, u. so μέσσα ἀκτίς, μέση φλόξ vom Strahl des Mittags, d. h. der Mittagsgegend • **2)** übertr. • **a) mittelmäßig,** mittlern Standes, οἱ μέσοι u οἱ διὰ μέσου der Mittelstand • **b) gleichmäßig,** unparteiisch • **3)** Subst. (τ ὸ) μ έ σ ο ν u. τ ὰ μ έ σ α die **Mitte • a)** der Mittelpunkt • **b)** der Zwischenraum, Abstand • **c)** das Mittelmäßige, der Mittelweg, Mittelstand • **d)** die Mäßigung, τῆς σπουδῆς • **e)** die Neutralität, der neutrale Teil • **f)** die Vermittlung, Aussöhnung, τῆς ἔχθρης. Teils abs., teils τινός od. τινῶν. Und man sagte dah. μέσσῳ, ἐν μέσῳ, ἐς μέσον (καθιέναι *in medium proferre*), κατὰ (τὰ) μ., διὰ μέσου in der, in die Mitte, ἐν μέσῳ, διὰ μέσου, ἀνὰ μέσον auch dazwischen, u. mit dem Artik. der dazwischen liegende, z. B. αἱ διὰ μ. πόλεις, ἐν τῷ διὰ μέσου in der Zwischenzeit, ähnl. τὰ ἐν μ. die Zwischenzeit, od. διὰ μ. γίγνεσθαι dazwischentreten, ἐν τῷ μέσῳ ἑαυτὸν παρέχειν öffentlichen Zutritt zu sich gestatten, aber ἐν μέσῳ κεῖσθαι öffentlich ausgesetzt sein als Kampfpreis, mit τινί auch: es läßt jmd. etwas dahingestellt sein, ἐν μ. θέσθαι τι, ἐν μ. ποιεῖν od. ποιεῖσθαί τινα. Ähnl. ἐς μέσον τιθέναι, *in medio proponere,* εἰς μέσον παρελθεῖν u. ähnl., ἐς μ. ἰέναι auch den Plan betreten zum Streite, ἐς (τὸ) μέσον φέρειν, δεικνύναι, λέγειν u. ähnl. Aber ἐς μ. δικάζειν unparteiisch richten. Endlich ἐκ μέσου zur Hälfte, aber ἐκ μ. ἀνελεῖν von etwas absehen, u. ἐκ τοῦ μ. καθῆσθαι, ἕξεσθαι mit u. ohne τινί sich nicht mehr um jmds. Angelegenheiten kümmern; ἐκ μ. γενέσθαι sich in die Einsamkeit zurückziehen. Als Adv. μέσον in der Mitte • **4)** Adv. **μέσως, mitten,** übertr. m i t t e l m ä ß i g, einigermaßen; μ. ἔχειν αὐτοῦ von einem Flusse, seine Mitte halten zwischen Quellen und Mündung, seine mittlere Breite haben.

μεσότης, ητος, ἡ, sp. die M i t t e, **a)** das Mittelmaß, die Mäßigkeit, Mäßigung. **b)** gramm. das Medium.

μεσό-τοιχον, τό, N. T. die Zwischenwand.

μεσοτομέω (μεσό-τομος, τέμνω), zur Hälfte teilen.

μεσουράνημα, τό, sp. N. T. Zenit, Meridianshöhe.

μεσ-όφρυον, τό, sp. die Stelle zwischen den Augenbrauen.

μεσόω (μέσος), die Mitte od. Hälfte bilden od. halten, in der Mitte sein, h a l b s e i n, teils abs. μεσοῦσα ἡ ἡμέρα Mittag, teils mit Gen., teils mit Part.

Μέσπιλα, ἡ, (eigentl. ein Partiz. *maschpil* = „zerstört"), nach Xen. Eigenn. für die Ruinen der 612 v. Chr von Kyaxares zerstörten Stadt N i n i v e, noch j. *Nûnia* od. *Erki-Ninive* genannt, ἡ Νίνος, gegenüber dem heutigen Mossul, neben Kojundschik.

μέσπιλον, τό, die Mispel.

Μεσσάπιοι, οἱ, od. **Μεσσάπιον ἔθνος, 1)** Einw. von Calabrien in Unteritalien. **2)** Bew. einer Stadt im ozolischen Lokris (Thuk. 3, 101).

Μεσσάπιον, τό, Berg Böotiens, bei Anthēdon.

μέσσατος, s. μέσος.

μέσσ-αυλος, ὁ, od. τὸ -ον, **1)** ep. Subst. Gehöft, gew. in einer Umfriedigung, daher auch von der Höhle des Kyklopen, die von einem eingezäunten Hof umgeben war. **2)** poet. u. sp. μέσαυλος, 2., Adj., bes. ἡ μέσαυλος (θύρα), att. auch μέτ-αυλος, die aus dem Hof in die Frauengemächer führende Tür.

Μέσση, ἡ, Stadt u. Hafen in Lakonien bei Tänaron in der Nähe des heutigen *Mezabo.*

μεσσηγύ, s. μεσηγύ.

Μεσσηίς, ίδος, ἡ, Quelle bei Therapne in Lakonika.

Μεσσήνη, dor. **Μεσσάνα,** ἡ, eigentl. „Mittelland", **1)** bei Hom. kleiner Landstrich um Pherä im spätern Messenien. **2) Μεσσήνη, Μεσσηνίη,** auch **Μεσσηνὶς** γῆ, die südwestliche Landschaft des Peloponnes. Die Einw. οἱ **Μεσσήνιοι. 3)** Μεσσήνη, dor. Μεσσάνα, früher Δάγκλη, Ζάγκλη, jetzt *Messina* an der Meerenge von Rhegion.

μεσσ-ήρης, 2. poet. = μέσος.

Μεσσίας d. h. hebr. *māschîach,* aram. *mĕshîchâ* = χριστός, der Gesalbte.

μεσσο-πᾰγής, 2. (πήγνυμι), ep. bis zur Mitte (κατ' ὄχθης im Ufer) steckend, μ. ἔθηκε bohrte bis zur Mitte hinein, var. zu

μεσσο-πᾰλής, 2. (πάλλω), ep. bis zur Mitte geschwungen.

μέσσος, s. μέσος.

μεστός, 3. **1)** v o l l, angefüllt. **2)** s a t t, überdrüssig, τὸ δ' Ἄργος αὐτοῦ μεστόν man sieht ihn überall in Argos; μ. θυμόν (Akk. d. Bezugs) des Zornes satt; μ. θυμούμενος des Zürnens satt.

μεστόω, erfüllen, anfüllen, τινά od. τί τινος einen od. etwas womit.

μέσφα, ep. buk. sp. Adv. = μέχρι, b i s, m. d. Gen.

μετά (got. *mith,* ahd. *miti*) • **I) Adv. • 1) inmitten,** • **2)** h i n t e r h e r • **3)** a u ß e r d e m.

II) Praep. (über μέτα s. unten bes.) • **1)** beim Gen. **inmitten • a)** örtlich (soziativ): z w i s c h e n, u n t e r, **mit,** neben, μετὰ νεκρῶν im Reiche der Toten, οἱ μετά τινος die Angehörigen, Umgebung, Genossen, οἱ μετὰ Ἀριαίου A. u. seine Soldaten; insbes. mit jmds. Hilfe, auch unter jmds. Vermittlung, Befehl, Zustimmung; μετά τινος γενέσθαι, εἶναι auf jmds. Seite stehen, in jmds. Interesse liegen (z. B. μετ' ἐμοῦ ἐστιν) • **b)** übertr. zur Angabe des Mittels, der Art u. Weise: m i t, **unter;** nach, durch, gemäß, μετὰ δέους aus Angst, ἡ μετὰ τοῦ μαλακισθῆναι κάκωσις die aus feigem Benehmen entspringende Erniedrigung, μετὰ τοῦ θαρσεῖν, μετ' ἀδείας in Sicherheit od. unter dem Schutze der Straflosigkeit, μετὰ τιμῆς, ἐνδείας in Ehren, Armut, μετὰ τῶν ἐλπίδων, μετὰ ἀδικίας, μετὰ καιροῦ nach den Umständen, μετὰ ἀληθείας, μετὰ (τοῦ) λόγου bei der vernünftigen Forschung, nach förmlicher Verhandlung • c) auch konzess. bei, trotz, μετὰ τούτων πάντων νικηθῆναι • d) bei Bezeichnung gleichzeitiger Zustände: mitten — bei, bei, μετὰ τοῦ γυμνάζειν, μετ' οἴνου, μετὰ ἀνοκωχῆς • 2) beim Dat., nur poet. u. gew. beim Pl., fast wie ἐν: mitten, unter, zwischen, seltener zu etwas od. jmdm. noch hinzu • 3) beim Akk. • a) örtlich: α) mitten zwischen . . hinein, unter, nach, zu, auf, φεύγειν μετὰ νῆας; in Prosa nur μετὰ χεῖρας ἔχειν τι etwas unter den Händen haben, wofür ep. u. poet. μετὰ χερσίν, β) **hinter,** hinter — her, ἕπεσθαι μετά τινα; auch final: πλεῖν μετὰ χαλκόν um E. zu holen • b) zeitlich: **nach,** μεθ' ἡμέραν nach Tagesanbruch, doch bei Plut. auch: am nächsten Tage, μετὰ μικρόν, μετ' ὀλίγον in kurzem, μετὰ τοῦτο, τὰ μετὰ ταῦτα die Folgen • c) übertr., α) **nächst,** πρῶτος μετ' ἐμέ, β) gemäß (selten), μετὰ σὸν κῆρ nach d. Herzen • 4) in Zusammensetzungen (häufig durch Tmesis vom Verbum getrennt • a) Teilnahme (-έχω, -λαβεῖν) • b) inmitten, zwischen (-αίχμιος, -ωπον) • c) hinter, hinterher (-φρενον, -μέλεια, -θέω) • d) Veränderung (-τίθημι, -βάλλω, -βαίνω).

μέτα heißt das vorige Wort, 1) wenn es seinem Substantiv nachsteht; doch steht bei der Elision auch dann μετ' 2) wenn es für μέτεστι, μετῆν steht.

μετα-βαίνω (auch in tmesi), (s. βαίνω), ion. Impf. iter. μεταβαίνεσκε, 1) intr. an einen andern Ort hinübergehen, übersiedeln, dah. weiter fortschreiten nach dem Ende, u. übertr. zu einem andern Gegenstande, andern Gesange übergehen, od. auch: *alium adire,* dann: sich verwandeln, abs. od. ἔς, ἐπί τι. 2) kausat. im 1. Aor. μεταβῆσαι, poet. wohin versetzen.

μετα-βάλλω (auch in tmesi), herumwerfen, I) **trans.** • 1) umwerfen, **umwenden,** νῶτα den Rücken zur Flucht, auch etw. anderswohin (εἴς τι) nehmen, im Med. u. Pass. sich wenden, umkehren, ἐπ' ἀσπίδα linksum • 2) **verändern,** vertauschen, τὰς φυλὰς ἐς ἄλλα ὀνόματα. Im bes. • a) übersetzen • b) zum Abfall bewegen, eigtl. zur Sinnesänderung bringen • c) Im Med. das Seinige ändern, insbes. die Kleider, ἱμάτια, auch vom Warenaustausch (sc. τὰ ὤνια), umsetzen, Handel treiben; τινὰ πρός τινα einen Herrscher gegen einen andern eintauschen; insbes. bei Xen. τὰ ὅπλα, τὸ δόρυ auf den Rücken werfen, nehmen (zur Flucht).

II) **intr.** mit erg. ἑαυτόν • 1) **sich ändern,** umschlagen, anderer Meinung werden, das Part. μεταβαλών häufig umgekehrt; auch im Med. u. Pass., sich ändern, wechseln, πρὸς τὸ χεῖρον, πρὸς τὸ βέλτιον, insbes. seine Meinung ändern, auch mit μεταβολήν eine Sinnesänderung erfahren, abfallen; τὸ μεταβαλλόμενον der Wechsel • 2) ar. sp. auswandern.

μετα-βάπτομαι, Aor. pass. -βαφέντες, sp. sich verfärben, durch Eintauchen verändern.

μετά-βασις, εως, ἡ, Übergang, Veränderung; die fortschreitende Umwandlung, Entwicklung.

μετα-βιβάζω, hinüberbringen, wechseln, verändern, umstimmen, τί.

μετα-βλητέον, s. μεταβάλλω.

μετα-βλητός, 3. (μεταβάλλω), sp. veränderlich, wandelbar.

μεταβολή, ἡ (μεταβάλλω). 1) der Umsatz (der Ware), übertr. das Eintauschen, τινός von jmdm. 2) die **Veränderung,** Umwandlung, Umgestaltung, Umwälzung, der **Wechsel,** sp. die Abwechslung, im Pl. die Wechselfälle, häufiger Wechsel, im bes. Temperaturwechsel, Besitzwechsel, der Übergang, ἡ ἐναντία μ. der Umschlag ins Gegenteil, ἐκ μεταβολῆς umgekehrt, μεταβολὴν od. -λὰς ἔχειν, ἐκδέχεσθαι, λαμβάνειν, εἰς μ. καταστῆναι Veränderungen, Wechsel der Dinge od. des Schicksals erfahren, μεταβολὰς διδόναι, ποιεῖν Veränderungen herbeiführen, hervorbringen. 3) Veränderlichkeit. 4) milit. Schwenkung.

μετα-βουλεύω. 1) Akt. u. Med. nachher beschliessen. 2) anders beschließen, seinen Entschluß ändern.

μετ-άγγελος, ὁ, ἡ, ep. Bote, *internuntius* (doch eher μετ' ἄγγελος zu schreiben).

Μεταγειτνιών od. **μεταγειτνιών,** ῶνος, ὁ, der zweite Monat im attischen Jahre, etwa halb August u. halb September.

μετα-γενής, 2. sp. nachgeboren, jünger.

μετα-γιγνώσκω od. -γινώσκω eigtl. hinterher einsehen. 1) Ansicht, Entschluß ändern; 2) bereuen. 3) widerrufen.

μετάγνοια, ἡ, poet., **μετάγνωσις,** εως, ἡ, ion. u. sp., u. **μετάνοια,** ἡ (μετανοέω), die Sinnesänderung, Reue, Buße, Bekehrung.

μετα-γράφω, 1) Akt. a) umschreiben, in einem Schreiben ändern, τί. b) abschreiben. 2) Med. sich (*sibi*) etwas (τί) aus einer Sprache (ἔκ τινος) umschreiben, d. h. übersetzen lassen.

μετ-άγω, 1) sp. trans. von einem Ort weg (ἀπό od. ἔκ τινος), wo anders hin (ἐπί od. εἴς τι) führen, versetzen, wohin ziehen, hinüberspielen, wegbringen, übertragen, τί, u. zwar τῷ λόγῳ angeben, daß sich etwas an einem bestimmten Orte statt an einem andern befinde; auch umwandeln. 2) intr. nachrücken, nachmarschieren.

μετα-δαίνυμαι, ep. Med., Fut. -δαίσομαι, mitessen, mitschmausen.

μετα-δήμιος, 2. ep. mitten im Volke od. daheim in der Gemeinde sich befindend, κακόν Unglück unter dem Volke.

μετα-διαιτάω, sp., augm. μετεδιῄτησα, redupl. μεταδεδιῄτ., ἑαυτὸν ἐς δίαιταν τὴν Μηδικήν seine Lebensart u. Sitten verwandeln u. die der Meder annehmen.

μετα-διδάσκω, sp. anders belehren.

μετα-δίδωμι, mitteilen, teilnehmen lassen; zur Teilnahme an etwas nötigen.

μετα-δίομαι, poet. = μεταδιώκω.

μετα-δίωκτος, 2. ion. eingeholt.

μετα-διώκω, 1) trans. verfolgen, nachsetzen, einholen, τινά. 2) intrans. bald od. schnell nachkommen.

μετα-δοκεῖ, Aor. μετέδοξε, impers. es ändert sich die Absicht, τινί für jmdn., er wird andern Sinnes, abs., und mit Inf. u. μή (wo der Inf. die alte Ansicht, μή die neue ausdrückt); μεταδεδογμένον als Part. abs. da mein Entschluß geändert ist, mit Inf. u. μή wie im Akt.

μετα-δοξάζω, seine Ansicht od. Gesinnung ändern.

μετα-δόρπιος, 2. ep. poet. während des Mahles, bei Tische.

μετάδοσις, εως, ἡ (-δίδωμι), das Mitteilen, Beitrag, Beisteuer, abs., u. τινός jmds. od. von etwas.

μετα-δοτέον, s. μεταδίδωμι.

μετα-δοῦν, poet. = -δοῦναι, s. μεταδίδωμι.

μεταδρομάδην, ep. Adv. (μετάδρομος), nachlaufend, verfolgend.

μεταδρομή, ἡ, poet. Verfolgung.

μετάδρομος, 2. (-δραμεῖν), poet. auf der Ferse folgend, verfolgend, τινός etwas, näml. um es zu strafen.

μέταζε, Adv. ep. hernach, hinterher, später.

μετα-ζεύγνυμι, umspannen, ἵππους.

μετάθεσις, εως, ἡ (-τίθημι), Umstellung, Umänderung, Veränderung, N. T. Entrückung.

μετα-θέω, nachsetzen, verfolgen, τινά.

μεταιβολία, ἡ, poet. = μεταβολή.

μετα-ΐζω, ep. st. μεθίζω, sich unter die andern setzen.

μετ-αίρω, 1) trans. poet. von seiner Stelle (ἔκ τινος) wegheben u. anderswohin setzen, τί. 2) intr. von dannen gehen, N. T.

μετ-ᾱΐσσω, ep. poet. (nur abs. u. im Part. präs. od. aor.), nachspringen, nachstürmen.

μετ-αιτέω, sein Teil wovon (τινός) verlangen, überh. beanspruchen, τί.

μετ-αίτιος, 2. u. poet. auch 3., mitschuldig, die Hand im Spiele habend, teilhabend, auch im guten Sinne: zu etwas verhelfend, abs., od. τινός von, zu etwas, od. mit Inf.

μετ-αίχμιον, τό (αἰχμή), ion. poet. sp. 1) der Zwischenraum, Abstand zwischen zwei Heeren, im besond. ein streitiges Grenzland, welches gleichsam zwischen zwei schlagfertigen Heeren d. h. Staaten liegt. 2) poet. überh. mitten.

μετα-καθέζομαι, sp. sich wo anders hin (ἐπί τι) setzen.

μετα-καλέω, 1) Akt. ab-, anderswohin-, od. zurückrufen, τί od. τινά, dah. übertr. abwenden, abbringen, ἑαυτόν τινος sich einer Sache entschlagen, davon ablassen. 2) Med. N. T. zu sich herbeirufen.

μετα-κιᾰθεῖν, ep. (nur im Ind. aor.), (κίω), 1) nachgehen, nachfolgen, abs., oder nach einem (τινά) gehen, näml. um ihn zu holen; im feindl. Sinne: nachsetzen, verfolgen, τινά. 2) anderswohin gehen, besuchen, durchstreifen, τινά od. τί.

μετα-κῑνέω, 1) Akt. u. Pass. a) vom Platze rücken, versetzen, τί. b) übertr. abwenden. c) abändern. 2) Med. sich fortbewegen, a) vom Platze rücken, ausrücken. b) sich abwendig machen lassen, τινός wovon, NT.

μετακίνησις [ῑ], εως, ἡ, sp. eigtl. das Fortrücken, die Umstellung.

μετακῑνητός, 3. abzuändern.

μετα-κλαίω, ep. u. poet., Fut. -κλαύσομαι, 1) hinterdrein beklagen. 2) poet. im Med.: zugleich beweinen.

μετα-κλίνομαι, ep. Aor. pass. -κλινθέντος, sich anderswohin (auf die andere Seite) wenden, umschlagen. [werden.

μετα-κοιμίζομαι, poet. verändert u. beschwichtigt

μετά-κοινος, 2. poet. gemeinschaftlich.

μετα-κομίζω, weg u. anderswohin schaffen, wohin (ἔς τι) bringen, tragen, auch übertr. πόλιν εἰς Ἀχαιούς.

μετα-κοσμέω, sp. umordnen, umformen, anders stellen, wechseln, τί.

μετακόσμησις, εως, ἡ, die Umstellung, veränderte Schlachtstellung, Umänderung, Umgestaltung, abs. od. τινός von etwas.

μετα-κόσμια, τά, sp. Raum zwischen Himmel u. Erde, die Zwischenwelt.

μετα-κύμιος, 2. poet. zwischen die Wellen tretend, sie abwehrend.

μετα-λαγχάνω (s. λαγχάνω) durch das Los einen Anteil (μέρος) an etwas (τινός) bekommen, überh. etwas (τινός) bekommen.

μετα-λαμβάνω. 1) Akt. a) mit einem etwas nehmen, Anteil nehmen oder haben, überh. bekommen, τί u. τινός; auch jemandes Umgang genießen, b) etwas anderes nehmen, umtauschen, eintauschen, wechseln, verändern; mit Inf. etwas statt eines andern unternehmen, c) nach einem etwas nehmen, wiederholen. 2) Med. sich etwas zueignen, beanspruchen.

μετ-αλγέω, poet. bereuen.

μετα-λήγω, ep, immer mit ᾱ vor λ, deshalb auch μεταλλ. geschr. (v. λήγω, St. σληγ), nachher aufhören, ablassen, τινός von etwas.

μετά-ληψις, ἡ, a) die Teilnahme, der Genuß, τινός an etwas. b) die Vertauschung.

μεταλλᾰγή, ἡ (-άσσω), Veränderung, Wechsel, Wandlung, ἡμέρης Wandlung des Tages, v. einer Sonnenfinsternis.

μετάλλακτος, 2. poet. verändert.

μετ-αλλάσσω, att. -άττω, 1) trans. a) umtauschen, abändern, verändern, τί. b) (mit u. ohne βίον), sterben. 2) intr. ion. wechseln.

μεταλλάω, ep. poet. forschen, neugierig sein, dah. τί wonach sich erkundigen, u. τινά jmdn. ausfragen, u. so auch τινά τι einen wonach, od. τὶ ἀμφί τινι nach etwas über einen.

μεταλλεία, ἡ, sp. Aufsuchen der Metalle, Bergbau.

μεταλλεύς, έως, ὁ (μέταλλον), sp. = μεταλλευτής, Bergmann.

μεταλλεύω, nach Metallen graben.

μεταλλικός, 3. die Bergwerke betreffend.

μέταλλον, τό, (die Etym. der Alten μετὰ ἄλλα sehr zweifelhaft) im Sg. u. Pl. Grube, Bergwerk, χρύσεα, ἀργύρεα μ. Gold-, Silberbergwerk, ἐργάσιμα abbaubare, im Betrieb befindliche; sp. auch Steinbruch, ἁλός Salzbergwerk.

μετα-μάζιος, 2. (μαζός), ep. poet. zwischen den Brüsten, στῆθος die Kerbe der Brust (μεταμάζιον richtiger Acc. sing. zu ἔβαλε).

μετα-μανθάνω (s. μανθάνω), 1) umlernen, statt des Früheren etwas anderes lernen. 2) verlernen, τί.

μετ-αμείβω u. Med. -ομαι, poet. = μεταλλάσσω.

μετα-μείγνυμι, ep. u. **μετα-μίσγω,** ep., Fut. μεταμείξω (-μίγνυμι, -μίξω), dazwischen, darunter mischen, τί, u. zwar τινί unter etwas.

μεταμέλεια, ἡ, u. **μετάμελος,** ὁ, die Reue, Sinnesänderung.

μετα-μέλει. 1) Akt. impers., μοί ich besinne mich anders, es reut mich, πράξεως od. πράξαντι. Acc. abs. μεταμέλον da es sie reute. 2) **μεταμέλομαι,** μεταμελήσομαι, μετεμελήθην, hinterher Kummer haben, bereuen, πράξει, ἐπὶ τῇ πράξει, πράξας.

μετα-μίγνυμι u. **μετα-μίσγω,** s. μεταμείγνυμι.

μετα-μορφόω, sp. u. N. T. umgestalten. Dav.

μεταμόρφωσις, εως, ἡ, sp. Verwandlung in eine andre Gestalt.

μετ-αμπίσχομαι, Kleider wechseln, übertr. von Zuständen, in die man versetzt wird.

μετ-αμφιάζω, umkleiden; verwandeln. Med. Fut. -άσομαι, Aor. -ημφιάσω, einen andern (τινά) anziehen, μετά τινα nach einem.

μετ-αμφιέννυμι, ein Kleid wechseln; Med. a) etwas anderes anziehen. b) sp. = Akt.

μεταμώνιος, 2 (verw. μάτην) ep. poet. eitel, vergeblich, ungebraucht, μεταμώνια τιθέναι vereiteln, μεταμώνια βάζειν in den Wind schwatzen.

μετ-αναγιγνώσκομαι, Pass., Aor. -εγνώσθην, poet. umgestimmt werden, θυμοῦ von seinem Groll, τινί Dat. comm. jemand zuliebe, d. h. ihn aufgeben.

μετ-ανάγω, poet. hinwegführen, anderswohin führen.

μετα-ναιετάω, ep. unter welchen (τισί) wohnen.

μετα-ναιέτης, ου, ὁ, ep. = μετανάστης.

μετα-ναίω, Fut. -νάσσω, poet. seinen Wohnort ändern, auswandern.

μετ-ανάστασις, εως, ἡ (μετανίσταμαι), Umsiedelung, Auswanderung, Wohnungswechsel, Aufbruch.

μετα-νάστης, ου, ὁ (ναίω), ep. u. ion. der von einem Orte nach einem andern Lande zieht, der Ausgewanderte, Flüchtling, Fremdling, Landstreicher.

μετα-νίσομαι (od. **-νίσσομαι**), ep. u. poet. 1) hinüberwandeln, βουλυτόνδε zum Nachmittag hinüber (über den Meridian). 2) einem (τινά) nachgehen.

μετ-ανίστᾰμαι, intrans. Med. mit Fut. -αναστήσομαι, u. Aor. 2. act. -ανέστην, von einem Orte weg u. anderswohin ziehen od. gehen, den Platz räumen od. wechseln, übergehen; von einem Lande: Einwohnerwechsel erleiden, abs. und παρά τινος von jmdm.

μετα-νοέω, hinterher bedenken, seinen Sinn ändern, bereuen, Reue empfinden, Buße tun, sich bekehren (N. T. u. kirchl. Schriftst.).

μετά-νοια, ἡ, s. μετάγνοια.

μετα-ξῠ́, 1) Adv. in der Mitte, **dazwischen,** zwischenein, **inzwischen,** derweil, vom Raum u. von der Zeit, ὁ μ. χρόνος die Zwischenzeit, τὸ μ. der Zwischenraum, die Zwischenzeit, τὸ μ. τῆς χώρας die Gegend dazwischen, auch mit Part. für die völlige Gleichzeitigkeit, μ. **δειπνῶν** mitten im Essen, μ. ἐπαινούμενος ἔκλεψε er stahl, während er gelobt wurde, dah. μ. πορευόμενος, λέγων, πίνων u. ähnl., während des Marsches, der Rede, des Trinkens. 2) Praep. b. Gen. **inmitten,** zwischen, während, τὰ μεταξὺ τούτου unterdessen.

μετα-παιδεύω, sp. umbilden.

μετα-παύομαι, ep. Med., dazwischen aufhören, ausruhen.

μετα-παυσωλή, ἡ, ep. Zwischenruhe, Erholung.

μετα-πείθω, umstimmen.

μεταπεμπτέος, 3. herzuholen, herbeizuschaffen.

μετάπεμπτος, 2. herbeigeholt, herbeigerufen, herbeordert, vorgefordert, berufen, abgerufen.

μετα-πέμπω, 1) Akt. poet. nachschicken, absenden. 2) Akt. u. gew. Med. **μετα-πέμπομαι,** nach jmdm. oder etwas schicken, jmdn. herbei- od. zu sich rufen, zu sich kommen lassen od. bescheiden, einladen, herbeischaffen, an sich ziehen, herbeiholen, abberufen. [rufung.

μετάπεμψις, εως, ἡ, das Herbeiholen, die Abbe-

μετα-πέτομαι, sp. anderswohin fliegen.

μετα-πηδάω, sp. hin u. her springen.

μετα-πίπτω, umfallen, umschlagen, gew. übertr. anders ausschlagen, ausfallen; wieder gestürzt werden, stürzen, herabsinken; auch im guten Sinne: sich verändern, im bes. mit u. ohne ταῖς γνώμαις andern Sinnes werden, teils abs., teils τί an etwas, ἐπί τι zu etwas.

μετα-πλάσσω, umformen.

μετα-ποιέω, 1) Akt. anders machen, verändern, auch verdrehen, τί. 2) Med. Anspruch machen; abs. od. τινός auf etwas.

Μεταπόντιον, τό, griech. Stadt in Unteritalien, früher Μέταβον, lukan. bed. Handelsstadt am Casuentus an Apuliens Grenze, Kolonie viell. der Pylier od. Achäer unter Leukippos, jetzt Ruinen nördl. von der Mündung des Basiento. Die Einw. οἱ **-ποντῖνοι** u. **-πόντιοι.**

μετα-πορεύομαι, nachgehen, verfolgen, rächen.

μετά-πρᾱσις, εως, ἡ (πιπράσκω), sp. häufiges Verkaufen. [zeichnet.

μεταπρεπής, 2. ep. unter einigen (τισίν) ausge-

μετα-πρέπω (auch in tmesi), ep. unter einigen (τισί) hervorragen, sich auszeichnen, u. zwar τινί mit od. durch etwas, auch mit Inf.

μετα-πτοιέω, poet. aus Furcht sich wegflüchten.

μετάπτωσις, εως, ἡ (-πίπτω), sp. der Umschlag, die Änderung, ἐπί τι zu etwas.

μετα-πτωτός, 3. sp. veränderlich, unbeständig.

μετα-πύργιον, τό, der Raum (die Mauer) zwischen (zwei) Türmen einer Festung.

μετα-ρριπίζω, sp. umwerfen, hin- u. herschleudern.

μετα-ρρυθμίζω, umgestalten.

μεταρσιο-λεσχία, ἡ (vgl. λέσχη), sp. das Schwatzen über die Dinge der Luft, der philosophische Schwindel.

μετ-άρσιος, 2. u. 3. (μεταίρω), = μετέωρος, in der Schwebe, 1) in die Höhe-, emporgehoben, hoch; νηῦς auf hoher See befindlich; häufig als Vertreter eines Adv., z. B. μ. ἐσπάτο, χολαὶ μ. διεσπείροντο platzten in der Luft. 2) übertr. a) τὰ μ. die überirdischen Dinge. b) poet. hochmütig.

μεταρσιόω, ion. in die Höhe heben.

μετα-σκευάζω, in eine andere Gestalt bringen, verändern.

μετα-σκευωρέομαι, umändern.

μετα-σπάω, poet. anderswohin ziehen.

μέτασσαι, αἱ (μετά, gebildet wie ἔπισσαι nachgeborene Töchter), die Lämmer mittleren Alters, die Mittelgattung zwischen den Frühlingen u. den Spätlingen, Sommerlämmer.

μετα-σσεύομαι, ep. st. μετασεύομαι, Aor. 3. sing. μετέσσυτο, teils abs. nacheilen, rasch folgen, teils τινά auf jmdn. hineilen.

μετάστασις, εως, ἡ (μεθίστημι), **1)** das Umstellen, die Veränderung, u. so insbes. **a)** Verfassungsänderung. **b)** Übergang in eine andere Existenz. **2)** das Wegstellen, die Entfernung, Verbannung, **ἐτῶν δέκα** auf zehn Jahre, der Wegzug, **μ. διδόναι** warten bis etwas vorüber ist. Im bes. ἡλίου die Umkehr des Helios auf seiner Bahn bei dem Streite zwischen Atreus u. Thyestes.

μετάστατος, 2. ion. weggestellt, entfernt, gehoben, beseitigt.

μετα-στείχω, poet. nach einem gehen, um ihn zu holen.

μετα-στέλλομαι, sp. zu sich holen lassen.

μετα-στενάζω, poet. reuevoll klagen.

μετα-στένω u. Med. **-ομαι,** ep. u. poet. **1)** hinterher beseufzen, reuevoll beklagen, τί. **2)** mit, zugleich beklagen, τί.

μετα-στοιχί [ῑ], ep. Adv., in einer Reihe, schnurgerade nebeneinander.

μετα-στρατοπεδεύω u. Med. **-ομαι,** ein anderes Lager beziehen, aufbrechen.

μεταστρεπτικός, 3. zum Umkehren geschickt.

μετα-στρέφω, Aor. pass. μετεστρέφθην u. μετεστράφην. **1)** Akt. **a)** trans. umkehren, herumdrehen, **umwenden,** wenden, μεταστρέψας umgekehrt, πρός τι nach etwas hin, bes. übertr. zurückfallen lassen, od. τὶ μετά τι d. h. nach etwas, u. ἔκ τινος aus etwas, **b)** intr. umlenken, einlenken, **nachgeben,** sich kehren an, τινός. **2)** Pass. **sich umdrehen,** umwenden, umkehren, umsehen, milit. gegen den Feind hin, u. vom Feinde ab; πρός τινα u. ἐπί τι zu jmdm. od. zu etwas; übertr. umschlagen, sich ändern, anders werden.

μεταστροφή, ἡ, das Umkehren.

μετάσχεσις, εως, ἡ (μετέχω), das Teilnehmen, τινός an etwas.

μετα-σχηματίζω, umgestalten, deuten, εἰς ἐμαυτὸν erkläre durch mein Beispiel. Med. εἴς τινα sich verwandeln in —, N. T.

μετα-τάσσω, att. **-τάττω,** umstellen, anders aufstellen, τινά, gew. im Med. **μετα-τάττομαι,** eine andere Stellung annehmen, d. i. **a)** die Schlachtordnung ändern, u. zwar brachyl. ἄλλῃ πῃ d. h. sich anderswo aufstellen. **b)** zu einem andern (παρά, πρός τινα) übertreten.

μετα-τίθημι • 1) Akt. • **a)** ep. dazwischen-, **darunterstellen,** übertr. κέλαδον, d. h. erregen unter uns • **b) umstellen,** verlegen, unterschieben, wechseln, überh. untereinandersetzen, verändern, umstimmen, ἐπί τινος von etw., ἀντί τινος statt etw., εἴς τι wohin • **2)** Med. • **a)** etwas von sich **umändern,** zurücknehmen, widerrufen, aufheben, abschaffen, eine Behauptung, seinen Platz, seinen Sinn, seinen Standpunkt ändern, τί, od. (sp.) τινός, od. mit A. c. I. • **b)** etwas von sich (τὸ κείνων κακόν d. i. das dir von jenen angetane Böse) jmdm. (τινί) zugute (κέρδος) schreiben, etwas von sich einer Sache (τινί) unterschieben • **c) sich ändern,** sich abwenden • **d)** = Akt.

μετα-τίκτω (in tmesi), poet. hernach gebären.

μετα-τρέπω, poet. umkehren, umändern; im Med.

μετα-τρέπομαι, ep. sp., Aor. 2. μετετρᾰπόμην (in tmesi), sich zurückwenden oder umwenden, übertr. sich an etwas kehren, etwas beachten, abs. u. τινός etwas. Dazu

μετατροπαλίζομαι, ep. sich oft umwenden.

μετα-τροπή, ἡ, poet. die Umkehr, Veränderung.

μετά-τροπος, 2. poet. umgekehrt, verändert; μ. ἔργα, ep. Werke, Taten der Vergeltung (der Wiederherstellung).

μετ-αυδάω, ep. buk. **a)** inmitten anderer sprechen, gleichviel ob zu allen od. nur zu einem, abs. od. τισί od. τί τισι. **b)** anreden, τινά.

μετ-αῦθις, Adv. poet. nachher, darauf.

μέτ-αυλος, s. μέσσαυλος.

μετ-αυτίκα, nur ion., Adv. gleich darauf.

μετ-αῦτις, ion. = μεταῦθις.

μετα-φέρω u. ion. **μετα-φορέω** (s. φέρω), **1)** Akt. u. Pass. **a)** weg u. anderswohin bringen, verlegen, übertragen, von einem weg auf jmdn. wälzen, anwenden auf einen od. etwas, τί, u. zwar ἐπί, εἴς τινα od. τι auf jmdn. od. etwas, nach etwas, ἔκ τινος von etwas. Im bes. γνώμην sich bekehren. **b)** herüber u. hinüber bringen, durcheinanderwerfen, hierhin u. dorthin stellen, τί od. τινά. **2)** Med. von dem Seinigen herüberbringen, τί, u. zwar **δεῦρο ἔκ τινος.**

μετά-φημι, ep. **1)** in einer Versammlung (τισί) sprechen, wobei auch nur einer angeredet sein kann. **2)** τινά jmdn. anreden, nur Il. 2, 795 (besser προσέφη).

μεταφορά, ἡ (-φέρω), das Übertragen der Bedeutung von einem Wort auf das andere, figürlicher Ausdruck, Metapher.

μετα-φράζω, 1) sp. Akt. in einen andern Ausdruck übertragen, übersetzen, τί. **2)** Med. ep. zusammen überlegen, dah. unter uns, im Rate.

μετάφρασις, εως, ἡ, sp. Übertragung in einen andern Ausdruck, Umschreibung.

μετά-φρενον, τό, auch Plur., eigentl. das was hinter dem Zwerchfelle (φρένες) liegt, der obere Teil des Rückens, der Rücken.

μετα-φυτεύω, sp. umpflanzen, verpflanzen, verwandeln, umschaffen.

μεταφυτέω, ion. die Natur ändern, veredeln.

μετα-φωνέω, ep. = μετάφημι 1.

μεταχειρίζω u. Med. **-ομαι,** (χείρ), zwischen d. h. in die Hände nehmen, sich befassen, unternehmen, unter den Händen haben, handhaben, ausüben, leiten, behandeln, pflegen.

μετά-χρονος, 2. sp. später geschehen, nachzeitig.

μετα-χωρέω, poet. auch in tmesi, weg- und anderswohin gehen, weggehen, fortziehen, abtreten, insbes. übergehen, sich zu jmdm. schlagen, auf seine Seite treten, abs., od. ἐπί τι zu etwas, παρά τινι zu jmdm, od. ἔκ τινος von etwas.

μετα-ψαίρω, poet. wegscharren, wegschieben.

μετ-εγγράφω, poet. sp. korrigieren, verändern.

I. **μέτ-ειμι** (s. εἰμί). **1)** zwischen od. unter mehreren sein, dazwischen sein, abs. u. τινί. **2)** unpers. **μέτεστι** u. μετῆν, im Inf. **μετεῖναί τινί τινος** od. **τινὶ μέρος** (τινός), **τὸ ἴσον, πλέον, οὐδέν,** od. mit Inf. jmd. **hat** teil, Anteil, das Recht an, auf, bei etwas, Genuß von jmdm., es gehört ihm, er teilt, ist teilhaftig. Im Part. μετεόν, ὡς μετόν τινί τινος da oder als ob er teil oder Anspruch daran habe.

II. **μέτ-ειμι** (s. εἶμι), Präs. auch in Futurbdtg., ep. Aor. 1. med. part. μετεισάμενος, ion. Impf. μετήισαν, u. **μετ-έρχομαι** • **1)** ep. nur μετεισάμενος, dazwischen hingehen • **2)** dazukommen, hinkommen, **hinzugehen,** sich wohin wenden, auch weggehen; feindl. daraufIosgehen, anfallen, τινί zu jmdm., jmdn., εἴς τι zu etwas, πόλινδε, πόλεμόνδε nach der Stadt, in den Kampf, ἀπό τινος von etwas weg • **3) nachkommen,** nachfolgen, nahen, einer Sache oder jmdm. nachgehen, jmdn. oder etwas aufsuchen, besuchen, holen, sich um etwas bewerben, etwas erstreben, sich einer Sache befleißigen, sie ausüben, treiben. Im bes. • **a)** jmdn. **angehen,** sich ihm nahen, mit Bitten, Gelübden, Opfern, ihm Opfer darbringen, auch mit Inf. od. mit τῶν θεῶν im Namen der Götter • **b)** jmdn. **verfolgen,** ereilen, rächen, strafen (mit hinzugef. δίκην, ἄποινα also mit dopp. Akk.: von einem etw. fordern), u. zwar τινί mit, durch etwas, auch jmdm., d. h. auf seinen Befehl.

μετ-εἶπον, μετ-έειπον, ep. unter mehreren reden, abs., τισί, u. μῦθόν τισι.

μετ-εκβαίνω, iter. ion. -βαίνεσκε, hinübergehen od. -steigen, umsteigen, ἔκ τινος εἴς τι.

μετ-εμβιβάζω, ἐς ἄλλην ναῦν τινα jmdn. auf ein anderes Schiff bringen.

μετ-ενδύω, sp. ein anderes Kleid (κάνδυν) anziehen.

μετ-εννέπω, buk. = μεταυδάω.

μετ-εξανίσταμαι, sp. sich anderswohin begeben.

μετ-εξ-έτεροι, 3. ion. u. sp. (nämlich mitten heraus aus zwei Parteien), überh. einige, statt ἕτεροί τινες mit u. ohne **αὐτῶν.**

μετ-έπειτα, Adv., ep. ion. (auch **-έπειτεν**) u. sp. nachher, hernach, hintendrein.

μετ-έρχομαι, s. II. μέτειμι.

μετ-έσσυτο, s. μετασσεύομαι.

μετ-εύχομαι, poet. Aor. imper. μέτευξαι, umwünschen, seinen Wunsch ändern.

μετ-έχω, Fut. μεθέξω, Aor. μετέσχον, Perf. μετέσχηκα, Adj. verb. μεθεκτέον, nebst **μετ-ίσχω, teil-** oder **Anteil haben,** teilhaftig sein, teilnehmen, sich beteiligen, Gemeinschaft haben, mitschuldig sein, verbunden sein, im bes. Mitglied sein; Genuß haben; genießen, oder von unangenehmen Dingen: betroffen werden, fühlen; μοῖραν, μέρος, **τὸ ἴσον, πλεῖστόν τινος,** od. bloß **τινός** an etwas, von jmdm., z. B. τῶν ἴσων gleiche Ehre, gew. τῆς ἴσης καὶ ὁμοίας gleiche Rechte u. Gesetze genießen oder haben, ᾠδῆς mit einstimmen, τινῶν in die Zahl von einigen mit aufgenommen werden, auch τί dabei abbekommen, erhalten, (ξύν) τινι mit jmdm.

μετεωρίζω (μετέωρος), **1)** Akt. **a)** in die Höhe heben od. ziehen, aufschwingen, erhöben, τί od. τινά. **b)** übertr. jmdn. (τινά) erheben, ihn ermutigen, seine Seele mit hohen Gedanken durchdringen; aufblähen. **2)** Med.-Pass. mit Aor. μετεωρίσθην, **a)** in die Höhe steigen, aufwirbeln. **b)** auf die hohe See gelangen. **c)** hochmütig, stolz werden. **d)** durch Besorgnisse unruhig werden, sich umtreiben lassen, N. T.

μετεωρο-λέσχης, ου, ὁ (λέσχη), ein Schwätzer über die Dinge in der Luft, ein philosophischer Schwindler, verächtl. Ausdruck.

μετεωρολογία, ἡ, Lehre von den Erscheinungen am Himmel, von hohen Dingen; dann unnützes Gerede, Geschwätz.

μετεωρο-λόγος, 2. = μετεωρολέσχης.

μετεωρο-πορέω, in der Luft, in den Höhen wandeln.

μετ-έωρος, 2., Adv. -ώρως, ep. **μετ-ήορος,** 2. (ἀείρω, St. ἀϝερ) • **1)** in der Schwebe, **in die Höhe gehoben,** emporgehoben, bei ἀίξασκε u. ähnl. in die Höhe, empor, überh. hoch. Insbes. • **a)** von Gemächern: im obern Raum befindlich • **b)** von Schiffen: entfernt vom Lande, auf hoher See, mitten im Hafen, doch auch emporgehoben, nicht von der Last niedergedrückt • **2)** übertr. • **a)** aufgeregt, in Spannung, erschreckt, erstaunt • **b)** auf schwindelnder Höhe, schwankend, ungewiß, unsicher. • Subst. • **1)** τὸ μ. die Höhe, Anhöhe, ἐν μ. auf hoher See • **2)** τὰ μ. die Höhen; die überirdischen Dinge, Himmels- u. Lufterscheinungen, τὰ μετεωρότατα die höchstgelegenen Plätze.

μετεωρο-σκόπος, 2. nach überirdischen Dingen schauend.

μετ-ήορος, s. μετέωρος.

μετ-ήσεσθαι, μετ-ίημι, s. μεθίημι.

μετ-ίστημι, s. μεθίστημι.

μετ-ίσχω, s. μετέχω.

μετοικεσία, ἡ, poet. u. N. T. erzwungene Auswanderung, bes. Βαβυλῶνος die babyl. Gefangenschaft.

μετ-οικέω, **a)** sich als Schutzverwandter wo ansiedeln, als Hintersasse in einem Lande oder bei jmdm. (**ἔν τινι, παρά τινι**) wohnen, Metöke sein (s. μέτοικος). **b)** seine Wohnung mit einer andern vertauschen, ausziehen, seine Wohnung wohin (**εἴς τι**) verlegen.

μετοίκησις, εως, ἡ, **μετοικία,** ἡ, u. **μετοικισμός,** ὁ, sp. **1)** die Übersiedelung, der Umzug, die Wanderung. **2)** das Wohnen (bes. μετοικία), ἄνω auf der obern Welt.

μετ-οικίζω, 1) sp. in einen andern Wohnort verpflanzen, umsiedeln. **2)** Med. = μετοικέω.

μετοικικός, 3., s. μέτοικος.

μετοίκιον, τό, das jährliche Schutzgeld, die Niederlassungsgebühr des μέτοικος, die in Athen 12, für Witwen 6 Drachmen betrug.

μετοικισμός, ὁ, s. μετοίκησις.

μετ-οικοδομέω, sp. umbauen, anders bauen, τί.

μέτ-οικος, 2. (οἶκος) u. dav. sp. **μετοικικός,** 3. übersiedelnd, einheimisch, abs., u. **τινί** bei jmdm. Im bes. μετοικικὸς ἄνθρωπος = ὁ μέτοικος. Als Subst. **ὁ μέτοικος** der Übersiedler, Insasse, Niedergelassene. Im bes. hießen in Athen die Fremden so, die gegen Entrichtung des μετοίκιον als Schutzverwandte dort lebten, in gewissem Maße auch zu den allgemeinen Steuern beigezogen wurden, persönlich frei waren und Gewerbe treiben durften, sonst aber von den politischen Rechten der Bürger ausgeschlossen waren. Im Kriege dienten sie meist als Seesoldaten, doch die Vermögenderen unter ihnen auch als Hopliten.

μετ-οίχομαι, ep. u. poet. Dep. med. **1)** dazwischen- od. hindurchgehen, ἀνά τι durch etwas. **2) a)** nachgehen, folgen, abs. **b)** nach jmdm. gehen, ihn herbeiholen, od. nach etwas gehen, etwas erstreben, zu erlangen suchen, τινά od. τί. **c)** darauf losgehen, jmdn. angreifen, τινά.

μετ-οκλάζω, ep. unstät kauernd, wechselnd hocken, seine Lage ändern.

μετ-ονομάζω, Akt. umnennen, den Namen ändern; gew **μετ-ονομάζομαι,** ion. μετονν., Pass., umgenannt werden, sich umnennen, auch mit ὄνομα der Name wird ein anderer, u. zwar ἐκ u. ἀντί od. ἐπί τινος aus od. nach etwas.

μετ-οπάζω, ep. (in tmesi), zugesellen, τινὶ ἀρχόν jmdm. einen Führer.

μετ-όπιν, poet. u. **μετ-όπισθε(ν),** ep, Adv. **1)** vom Raume: hinten, von hinten, hinter dem Rücken, rückwärts, hinterwärts, auch von der Himmelsgegend, u. zwar vom Abend, weil man sich bei Bestimmung der Himmelsgegend gegen Osten wandte; abs., u. τινός hinter etwas. **2)** von der Zeit: nachher, hinterdrein, später, mit λελειμμένοι hinterblieben. Mit dem Art. ὁ μ. der nachherige, künftige.

μετοπωρινός, 3. sp. herbstlich.

μετ-όπωρον, τό, die nach der ὀπώρα (im engeren Sinne) folgende Zeit, der Herbst, πρὸς τὸ μ. gegen den Herbst.

μετ-ορμίζομαι, s. μεθορμίζω.

μετ-ουσία, ἡ (I. μέτειμι), und

μετοχή, ἡ, ion. u. sp. (μετέχω), **1)** Gemeinschaft, Teilnahme, Anteil, Mitbesitz. **2)** sp. Partizip.

μετ-οχλέω od. (v. LA.) **μετ-οχλίζω,** Aor. -ισσα, ep. eigentl. mit Hebeln d. i. mit Gewalt wegbringen, wegstoßen, τί.

μέτοχος, 2. (μετέχω), teilhabend, mitschuldig; Teilnehmer, Genosse, Gefährte, abs., u τινός an etwas.

μετρέω (μέτρον), Perf. pass. 3. plur. ion. μεμετρέαται st. μεμέτρηνται, **I)** Akt. u. Pass. **1)** messen, ausmessen (buk. auch: zählen), τί, u. zwar τινί mit etwas, bildl. πέλαγος d. h. das Meer durchfahren. Pass. ausgemessen, ausgerechnet werden, herauskommen. **2)** übertr. bemessen, abschätzen, τί, u. zwar τινί nach etwas. **II)** Med. **1)** sich zumessen lassen, τί. **2)** prüfen, τί.

μέτρημα, τό, poet. u. sp das Zugemessene, das Maß.

μέτρησις, εως, ἡ, die Messung.

μετρητής, ὁ, der Metretes, ein Maß, 39 Liter enthaltend.

μετρητικός, 3. zum Messen gehörig; ἡ μ. mit u. ohne τέχνη, die Meßkunst.

μετριάζω, (μέτριος), gemäßigt sein, sich mäßigen, τί in etwas

μετρικός, 3. sp. metrisch; ἡ μ. die Metrik.

μετριο-πάθεια, ἡ, sp. Mäßigung in der Leidenschaft, Selbstbeherrschung.

μετριοπαθέω, sp. seine Leidenschaften mäßigen, sich beherrschen. N. T. sich nachsichtig beweisen.

μετριο-πότης (πότος), im Trinken mäßig, nüchtern.

μέτριος, 3. (μέτρον), **mäßig,** d. i. • **1)** innerhalb eines bestimmten Maßes • **a)** wenig, gering, πῆχυς die gemeine Elle der Hellenen im Ggs. zur größeren königlichen • **b)** Subst. τὰ μέτρια διενεχθέντες d. i. in unbedeutenden Dingen, sonst τὰ μ. ein mäßiges Vermögen • **2)** das rechte Maß habend • **a)** passend, hinreichend, μὴ μ. αἰών ein Leben mit Übeln ohne Maß. Subst. τὸ μ. das rechte Maß, auch mit Inf., πέρα τοῦ μ. maßlos • **b)** übertr. **α)** (φύσει) maßvoll, gemäßigt, bescheiden, herablassend, milde, billig, verständig, **β)** Subst. οἱ μέτριοι die guten Bürger (aber ἄνδρες μ. mittlere Leute), τὸ μέτριον u. τὰ μ. Gemäßigtes, Gebührendes, Mäßigung, Mittelweg, μέτρια προκαλεῖσθαι mäßige Forderungen stellen, μέτρια δουλεύειν, ἐν μετρίοις τίθεσθαί τι poet. in den gebührenden Schranken halten, ἐπὶ μετρίοις unter billigen Bedingungen, ἀπὸ μετρίων sp. in bescheidenen Verhältnissen • **3)** Adv. **μετρίως** • **a)** in mäßigem Grade, nicht allzusehr, leidlich, αἰσθάνεσθαι • **b)** in rechtem Maße, **α)** mäßig, angemessen, ziemlich bedeutend, εἰπεῖν ganz vernünftig reden, ἔχειν ganz gut sein, **β)** mit Mäßigung, gemäßigt, ruhig, ehrbar, μ. ἔχειν Maß halten, in gemäßigter Verfassung sein, οὐ μ. προσφέρεσθαι die Grenzen der Mäßigung überschreiten.

μετριότης, ητος, ἡ, die Mäßigkeit, τινός in etwas, Bescheidenheit, im Pl. das (gute) Mittelmaß.

μέτρον, τό (St. με, lat. *mê-tare, mētiri*), das **Maß,** *modus* • **1)** bestimmtes Maß für trockene und flüssige Dinge, Werkzeug zum Messen (wie μέδιμνος u. μετρητής), im Pl. Maß u. Gewicht • **2)** das Mäßige, das rechte Maß, die dadurch bestimmte Quantität, μέτρον τι ein gewisses Quantum; N. T. πεπιεσμένον καὶ σεσαλευμένον ein voll gerüttelt M.; übertr. Richtschnur • **3)** jedes Meßbare od. Gemessene: • **a)** Last • **b)** Umfang, Ausdehnung, Strecke, Länge, Entfernung, θαλάσσης Seeraum • **c)** der Punkt, wo das Maß vollendet wird, Ziel, auch das volle Maß, ἥβης die Blüte der Jugend, • **4)** Silbenmaß, Versmaß, εἰς μέτρα τιθέναι in Verse setzen, ἐν μέτρῳ in Versen.

μετρο-νόμος, ου, ὁ, Eichmeister, οἱ μ. in Athen Aufsichtsbehörde von zehn Mitgliedern (fünf in der Stadt, fünf im Piräus) über Maße u. Gewichte.

Μέτων, ωνος, ὁ, Sohn des Pausanias, Astronom in Athen, der mit seinem Heliotropion auf der Pnyx beobachtete u. vom 13. Skirophorion 432 eine Ausgleichung des Sonnen- und Mondjahrs herstellte; sein Zyklus (19 J. = 235 Monate = 6940 Tage) vermochte jedoch die ältere Oktaëtēris nicht zu verdrängen.

μετ-ωνυμία, ἡ, sp. Veränderung des Namens, Umnennung; als rhetor. t. t. Gebrauch eines Wortes od. Namens statt eines andern.

μετωπηδόν (μέτωπον), Adv. in Front, eine lange Front bildend.

μετώπιος, 2. ep. an der Stirn, = ἐν τῷ μετώπῳ.

μέτ-ωπον, τό (ὤψ), **1)** die Stirn, auch von Tieren, z. B. Pferden, **2)** übertr. die Vorderseite, Seite der Grundfläche. Im bes. die Front des Heeres, τὸ μ. in der Front, ἐν μ. mit der Front nach vorn, in Frontmarsch, in ausgedehnter Linie, ἐπὶ μετώπου auf der Front, vorn, dem Feind entgegen, κατὰ μέτωπον auf, vor der Front, od. gegen die Front, von vorn, εἰς μ. παράγειν neben dem Vordermann bzw. der Vorgruppe aufmarschieren u. so in die Front zu stehen kommen.

μετωπο-σώφρων, 2. poet. mit züchtiger Stirn.

μεῦ, s. ἐγώ

μέχρι, poet. u. sp. auch μέχρις, **bis,** so lange bis • **1)** Adv., μέχρι ὅποι bis wieweit, μ. ἐνταῦθα insoweit, οὕτω μ. πόρρω st. μ. οὕτω πόρρω soweit, μέχρι τότε bis dahin, oft zu Praepp. gesetzt, μέχρι ἐς ἠῶ • **2)** Praep. beim Gen. • **a)** örtlich: μ. θαλάσσης, μέχρι οὗ u. ὅτου bis dahin wo (bei Hdt. gew. = μέχρι u. dah. mit d. Gen. verb.), μ. τούτου, τούτων insoweit • **b)** zeitlich: μ. ἡλίου δυσμῶν, τέο μέχρι; bis wielange? ebenso μ. ὁπόσου, μέχρι πολλοῦ lange Zeit, (τὸ) μ. ἐμοῦ bis auf meine Zeit, aber μ. τῆς ἐκείνου ζωῆς für sein ganzes Leben • **c)** übertr. von Ziel u. Grad: μέχρι ὁπόσου bis zu welchem, μ. τοσούτου bis zu solchem Grad, μ. τοῦ δικαίου innerhalb der Grenzen des Rechts, παρασκευαὶ μ. ἡδονῆς mit dem Ziele der Lust • **3)** Konj. mit Indik. od. Konj., gew. mit ἄν, bis (daß), solange als.

μή, nicht, verneint nicht wie οὐ das Wirkliche, sondern das bloß Gedachte od. erst noch Kommende. Es steht prohibitiv • **1)** als **Adv.** • **a)** beim Wunsch, dem Befehl, dem Verbote • **b)** in Fragesätzen, sowohl in direkter Frage, wenn man eine verneinende Antwort erwartet, doch nicht, etwa gar, als in indirekter: ob nicht, daß nicht • **c)** in Absichts- und andern abhängigen Sätzen nach ὡς, ἵνα usw. sowie bei den Spätern, z. B. Arr., auch nach ὅτι st. οὐ, ferner in Bedingungssätzen u. so auch bei Part. u. Adj., die mit wenn, wenn auch aufzulösen sind; bisw. ist das Part. zu ergänzen, Thuk. 6, 86, μὴ μεθ' ὑμῶν = ἄνευ ὑμῶν; in Relativsätzen, wenn sie allgemeine, wiederholte Fälle oder eine Bedingung enthalten, u. endlich in Folgesätzen bei ὥστε mit dem Inf. • **d)** beim Inf. mit u. ohne Artikel, wenn er substantivisch die Stelle des Subjekts oder Objekts vertritt oder nach den Verben: vermuten, zweifeln, abhalten, widerstreben, hindern • **2)** als **Konj.** = *ne,* außer in Fragesätzen in Absichtssätzen: **daß nicht,** damit nicht, nach fürchten, sich hüten, daß (eigtl. ob nicht). Ellipt. steht es in μή μοι sage mir das ja nicht, u. τί μή u. ähnl., od. in μὴ ὅτι, μὴ ὅπως nicht nur, mit folg. ἀλλὰ καί, wenn das minder wichtige Glied dem wichtigeren vorangeht; auch: nicht nur nicht, geschweige, wenn eine Verneinung bei dem beiden Gliedern gemeinsamen Prädikate nachfolgt • **3)** verbunden heißt es als μὴ δή bald: nicht sofort, bald: ja nicht, nur nicht; als μή τοί γε wirklich nicht einmal; μή που doch nicht etwa; μὴ ὅτι nach vorhergegangener Negat. außer, ausgenommen. Im bes. • **a)** in μὴ οὐ gehört οὐ entweder zu einem einzelnen Begriffe oder es ist durch daß nicht, ob nicht etwa, wohl nicht, wenn nicht, daß, u. elliptisch es mag doch wohl nicht zu übersetzen, u. steht besonders *post negata verba negantia,* od. wenn ein anderes eine Negation ausdrückendes Wort, wie αἰσχρός = οὐ καλός, vorher steht, (bei Arr. freilich auch, wenn οὐ od. eine Negation nicht vorausgeht) • **b)** οὐ μή dagegen ist als nachdrückliche Verneinung zu fassen: nimmermehr, gewiß nicht, wahrlich nicht, οὔ σε μὴ προδῶ od. προδῶμεν; οὔ σοι μὴ μεθέψομαί ποτε; dann auch οὐδεὶς μή st. οὐ μήτις u. ä., endlich οὐ μή wie *neutiquam* als Adv. gebraucht. Das Genauere s. in den Grammatiken; von den mit μή zusammengesetzten Wörtern gilt hinsichtlich des Sinnes u. Unterschiedes von οὐ dasselbe wie vom Simplex.

μηδαμά, μηδαμῆ, μηδαμόθεν u. **-θι, μηδαμός, -οῦ** u. **-ῶς, μηδαμόσε,** s. μηδείς.

μη-δέ, 1) ion. **aber nicht,** *sed non.* **2)** auch nicht, *neque,* **und nicht,** auch wohl nicht, überhaupt nicht, nicht. Es steht in att. Prosa gew. nach negativen Sätzen u. setzt die Negation fort, doch Hom. u. Hdt. kennen diese Regel nicht. **3)** auch nicht, selbst nicht, *ne — quidem,* **nicht einmal,** hier des Nachdrucks wegen auch wiederholt, μηδέ τε und auch nicht. **4)** μηδὲ — μηδέ auch nicht, und nicht, selbst nicht — noch (aber: weder — noch heißt μήτε — μήτε).

I. **μήδεα,** τά (μήδομαι), ep. u. poet. **a)** Ratschläge, Anschläge, Entwürfe, auch abstr. Klugheit, Verschlagenheit. **b)** mit σά das Denken an dich.

II. **μήδεα,** τά (St. μαδ, vgl. lat. *madeo*), ep. die männliche Scham.

Μήδεια, ἡ, Tochter des Aietes, Königs von Kolchis, Gemahlin des Iason, den sie durch Zauberkünste unterstützt u. vor Verfolgung durch Aietes durch Schlachtung ihres Brüderchens Apsyrtos gerettet hat; in Iolkos bewirkt sie die Rache an Pelias durch dessen Töchter, dann kommt sie mit Iason zu Kreon in Korinth, dessen Tochter Kreūsa (Glauke) Iason heiraten will. Deshalb vergiftet M. die Braut u. des Iason Kinder u. entflieht auf einem Drachenwagen nach Athen.

Μήδειος, 3. poet. = Μῆδος.

μηδ-είς (εἷς, sp. μηθείς), **μηδεμία, μηδέν** (sp. μηθέν), ion. **μηδ-αμός,** 3. (nur im Pl.), ep. **μήτις, μήτι,** *nullus,* eigtl. auch nicht einer, **keiner,** niemand, nichts, ὁ, ἡ μηδέν einer, der so gut wie nichts ist, ein Wicht; τὸ μηδέν das reine Nichts, Nichtige (auch der Nichtsnutz), so gut wie nichts, verloren, μηδὲν λέγειν so gut wie nichts, nichts von Bedeutung sagen, μηδὲν ἄλλο ἤ nichts anderes als • Adv. **μηδέν** u. μηδέν τι **in nichts,** in keinem Stücke, μηδὲν ἧττον um nichts od. nicht minder, auch als verstärkte Negation: gar nicht. Vgl. μή. Ferner (als Adv. v. altem ἀμός = τις, vgl. ἀμῆ, ἀμόθεν • **1) μηδαμά, μηδαμῆ** u. **μηδαμῶς** • **a)** auf keine Weise, **keineswegs,** durchaus nicht, ja nicht, nein, auch nirgends, nirgendshin • **b)** bei Hdt.: nie, niemals • **2) μηδαμόθεν,** nirgendsher, mit ἄλλοθεν nirgends anders her • **3) μηδαμοῦ** u. sp. μηδαμόθι nirgends, durchaus nicht, μηδαμοῦ εἶναι πρός τινα für nichts geachtet werden im Vergleich mit jmdm. • 4) **μηδαμόσε** nirgendshin.

μηδέποτε, s. μήποτε, **μηδέπω,** s. μήπω.

μηδ-έτερος, 3. keiner von beiden. Mit Präposit. getrennt, z. B. μηδὲ μεθ' ἑτέρων st. μετὰ μηδετέρων.

μηδετέρωσε, auf keine von beiden Seiten hin.

Μηδία u. **μηδίζω,** s. Μῆδος.

μηδισμός, ὁ, Vorliebe für die Meder d. i. Perser, Mederfreundschaft, medische Gesinnung.

Μήδοκος, ου, Odrysenfürst von ca. 405—391 = Amadokos I.

μήδομαι, Fut. μήσομαι, Aor. ἐμησάμην, ep. u. poet. Dep. med. (vgl. μέδομαι), *meditor*, Il. 2, 360, ermessen, erwägen, sinnen, aussinnen, ersinnen, beschließen, bereiten, bes. Böses, abs. u. τί, u. zwar τινί jmdm., doch auch τινά u. ἐπί τινι gegen [einen.

μῆδος, τό, s. μήδεα.

Μῆδος, ὁ, der Meder, oft = Perser, ὁ Μ. der König der Perser, **Μηδίς,** ίδος, ἡ, die Mederin, Bew. von **Μηδία,** auch **Μηδία γῆ,** u. **Μηδική,** ἡ, Medien, einer Landschaft in Asien, welche das heutige Irak und Adserbeidschan umfaßte. Aber τὸ **Μηδίας τεῖχος** die medische Mauer, welche zwischen Tigris u. Euphrat Babylonien von Mesopotamien trennte, eigtl. eine babylonische, gegen die Meder erbaute Mauer. Adj. **Μηδικός,** 3. medisch, πόλεμος, teils der persische Krieg im allgemeinen, teils der zweite persische Krieg, in welchem 480 v. Chr. die Thebaner zu den Persern übertraten. τὰ Μ. der Perserkrieg, die Zeit der Perserkriege. Dav. **μηδίζω,** medisch d. i. persisch gesinnt sein.

μηδο-φόνος, 3. poet. sp. Meder tötend.

μηθ-είς, -έν, spätere Form für μηδείς, -έν.

Μήθυμνα, ἡ, Stadt auf der Nordküste von Lesbos, j. *Molivo*. Der Einw. ὁ **Μηθυμναῖος.**

Μηθώνη, ep. St. in Thessalien, s. Μεθώνη, 3.

μηκάομαι, ep. Dep. med., nur Aor. part. μᾰκών, Perf. μέμηκα mit Präsensbdtg., part. μεμηκώς, u. fem. verkürzt μεμᾰκυῖα, vom Perf. dann ein neues Impf. ἐμέμηκον, meckern, zunächst von Ziegen, dann auch von Schafen (βληχᾶσθαι blöken, das forttönende Geschrei), dann überh. von Tieren u. selbst von Menschen, quäken, schreien, od. in der Jägersprache: klagen.

μηκάς, άδος, ἡ, ep. u. poet. meckernd. Dazu **μηκασμός,** ὁ, sp. das Gemecker.

μηκ-έτι, Adv. nicht mehr, nicht länger, ferner, od. weiter nicht, nicht wieder, bei Arr. auch statt οὐκέτι, s. μή.

Μηκιστεύς, Gen. ep. έος, Akk. ῆ, ὁ, **1)** Thebaner, Sohn des Talaos, Br. des Adrastos, V. des Euryalos. **2)** Achäer, S. des Echios, Gefährte des Teukros, [von Pulydamas getötet.

μήκιστος, 3., s. μακρός.

μῆκος, εος, ους, τό, auch im Plur. (St. μακ in μακρός, μάσσων), Länge, Verlängerung, Weite, λόγων μῆκος Wortschwall, dah. μήκει λόγων in einer langen Rede, ἐν μήκει χρόνου innerhalb langer Zeit, εἰπὲ μὴ μῆκος sage ohne Umschweif. Bes. **1)** Körperlänge, hoher oder schlanker Wuchs. **2)** beim Heere im Gegens. zu βάθος die Ausdehnung der Front von rechts nach links, Breite.

μή-κοτε, ion. = μήποτε, s. d.

Μηκύβερνα, ἡ, Stadt nahe bei Olynthos in Chalkidike, jetzt *Molivoburgo*. Die Einw. **οἱ Μηκυβερναῖοι.**

μηκύνω (μῆκος), verlängern, **1)** Akt. **a)** ausdehnen, in die Länge ziehen od. spinnen, **λόγους** mit u. ohne **μακροτέρους,** weitläufig sein. **b)** mit βοήν ein Geschrei weithin ertönen lassen. **2)** Pass. **a)** sich in die Länge ziehen, **b)** lang werden, aufwachsen, N. T.

μήκων, ωνος, ἡ (dor. μᾶκων), ahd. *mâgo*, mhd. *mân*, Mohn, Mohnkopf, Mohnsaft, Mohnkorn.

μηλέα u. **μηλέη,** ἡ, ep. sp. (Od. 24, 340 zweisilbig zu sprechen) (Il. **μῆλον**), der Apfelbaum.

μήλεος u. **μήλειος,** 2. (I. μῆλον), ion. u. poet. vom Schafe, μήλεα verst. **κρέα** Lämmerfleisch.

Μήλιος πόντος, ὁ, poet. das Ägäische Meer (bei Μῆλος), nach and. der Malische Meerbusen, vom folg.

Μηλίς, ίδος, ἡ, γῆ, auch Μ. χώρη Landschaft Thessaliens an dem Malischen Meerbusen (ὁ Μηλιεὺς od. Μηλιακὸς κόλπος, auch Μηλὶς λίμνη u. Μαλιεὺς κόλπος genannt), der Nordwestspitze von Euböa gegenüber, etwa in Gestalt eines Hufeisens von Bergzügen eingeschlossen, Ausgang des Spercheiostals. Die Einw. (οἱ **Μηλιέες, Μηλιῆς** od. Μηλιεὺς λεώς) waren ein tapferes, im Schleudern u. Speerwerfen erfahrenes Völkchen mit einer kriegerischen Verfassung, in drei Stämmen: Παράλιοι, Ἱερῆς, Τραχίνιοι. Im Fem. **Μηλιάδες** νύμφαι d. h. die Berg- u. Flußnymphen der Malier.

Μηλόβιος, ου, ὁ, einer der Dreißig in Athen.

μηλο-βοτήρ, ῆρος, ὁ, ep. u. **μηλο-βότης,** ου, ὁ, poet. Schäfer.

μηλό-βοτος, 2. (βόσκω), **1)** nur zur Schafweide benutzt, unbebaut. **2)** poet. Schafzucht treibend.

μηλο-θύτης, ου, ὁ, poet. der Schafe Opfernde, βωμοί Altäre, an denen man Schafe opfert.

I. **μῆλον,** τό (altn. *smali* kleines Vieh u. mhd. *smal* parvus), ep. poet. ein Stück kleines Vieh, Kleinvieh, Viehherde, Schafe u. Ziegen, Schaf- u. Ziegenherden, ἔνορχα, ἄρσενα Schafböcke, Widder.

II. **μῆλον,** τό, **1)** Apfel, *mālum*, überh. Kernobst, Obst. **2)** buk. Brüste, Wangen.

μηλο-νόμας u. **-ος,** ου, ὁ, poet. = μηλοβοτήρ.

μηλο-πάρῃος, 2. buk. rundwangig.

μηλο-πέπων, ονος, ὁ, Quittenmelone d. i. Zucker- od. Ananasmelone.

Μῆλος, ἡ, die südwestlichste, runde, fruchtbare Insel im Ägäischen Meere mit heißen Quellen u. einer Stadt gleichen Namens, jetzt *Milo*. Adj. Μήλιος, 3., s. oben. Die Einw. **οἱ Μήλιοι** (416 v. Chr. als Anhänger Spartas von den Athenern besiegt u. geknechtet).

μηλο-σκόπος, 2. ep. (μῆλον I., σκέπτομαι), herdenschauend, **κορυφή** Berggipfel, von dem aus man die Schafherden überblickt.

μηλό-σπορος, 2. poet. mit Äpfelbäumen bepflanzt.

μηλοσφαγέω (wie von μηλο-σφάγος, σφάζω), poet. u. zwar **ἱερά** Opferschafe schlachten.

μηλο-τρόφος, 2. poet. Schafe haltend.

μηλο-φόνος, 2. (φεν, φονεύω), poet. Schafe mordend.

μηλο-φόρος, 2. (φέρω), poet. u. sp. apfeltragend,

οἱ μ. die Apfelträger, eine Art Leibwache des Perserkönigs von 10000 Mann, so benannt, weil sie silberne und goldene (vergoldete) Äpfel d. h. Knöpfe unten an der Lanze hatten.

μῆλ-οψ, οπος, ὁ, ἡ, ep. apfel-, quittenfarbig, d. i. goldgelb.

μηλωτή, ἡ, sp. N. T. Schafspelz.

μήν, abgeschwächt μέν u. **μάν** (woraus μά), traun, **fürwahr,** in Wahrheit, ja gewiß, allerdings, freilich, aber, denn doch, meist verbunden mit andern Partikeln, z. B. ἦ μήν ja wahrlich, zur Einleitung von Schwüren; καὶ μήν, **a) und wirklich,** und fürwahr, und doch, doch siehe!, **b)** aber auch; οὐδὲ μ. auch nicht, οὐ μ. οὐδέ aber freilich nicht auch, freilich gar nicht, οὐ μ. ἀλλά indessen, aber dennoch *(verum tamen)*, sondern, ἀλλὰ μ. u. ἀλλὰ μ. γε aber doch, aber ferner, überdies; τί μήν; warum nicht? ganz gewiß, γὲ μήν aber vollends, häufig abgeschwächt = δέ.

μήν, μηνός, ion. Nom. **μείς,** ὁ (St. μηνσ, der 'Messer', lat. *mens-is*, got. *mēna* Mond, *mēnoths*, ahd. *mânôt*, nhd. *Monat*), der **Mond, Monat.** Insbes. • **1)** Festmonat • **2)** N. T. Neumond, wie hebr. *chodesh*. Er begann bei den Attikern jedesmal mit dem Neumond u. hatte 3 Dekaden (ἱστάμενος, μεσῶν, φθίνων μήν). τελευτῶντος τοῦ μηνός während der Monat (der Mondschein) zu Ende ging, τούτου τοῦ μ. in diesem Monat, τοῦ μ. monatlich, auch τοῦ μ. ἑκάστου, aber μηνῶν τεσσάρων vier Monate lang, binnen vier Monaten, ähnl. ἑνδέκατον μῆνα τουτονί volle elf Monate, δέκα μῆνας zehn ganze Monate, μηνὸς τετάρτῃ φθίνοντος am vierten Tage im letzten Drittel des Monats. Ggs. ἱσταμένου, μεσοῦντος für die 1. u. 2. Dekade.

μηνάς, άδος, ἡ. poet. und

μήνη, ἡ, ep. u. poet. der Mond.

μηνιαῖος, 3. poet. u. sp. monatlich.

μῆνιγξ, ιγγος, ἡ, sp. Häutchen, bes. Hirnhaut.

μηνιθμός, ὁ, s. μῆνις.

μήνῖμα, τό (μηνίω), **1)** ein Gegenstand des Zornes, bes. der Götter. **2)** Zorn, Groll.

μῆνις, ιος, ἡ (W. μεν in μαίνομαι, μέμονα, *memini mens*), u. ep. **μηνιθμός,** ὁ, Zorn, Groll, das Grollen, Unwille, Rache; χθονία beurkundet durch die der Erde entsteigenden Traumbilder; τινός jmds. u. woher entsprungen, über etwas, τινί gegen jmdn.

μηνίω, μηνίσω usf., u. Med. -ομαι (dor. μᾱν.) [ῐ, aber ῑ in der Arsis u. vor σ], nicht in att. Pr., **1)** fort u. fort zürnen, grollen, teils abs., teils τινί jmdm., εἴς τι gegen etwas, aber τινός wegen etwas, ähnl. ἔκ τινος u. τινὸς ἕκατι, τί in bezug auf etwas. **2)** ion. u. sp. seinen Zorn bezeigen, Vorwürfe machen, τινί jmdm.

μηνο-ειδής, 2. (εἶδος), halbmondförmig, mondsichelförmig, μηνοειδὲς τῶν νεῶν eine halbmondförmige Aufstellung der Schiffe, τεῖχος, bes. von Reservemauern zur Ausfüllung der Breschen. Subst. sp. τὸ μηνοειδές die halbmondförmige Schlachtordnung.

μηνο-φόρος, 2. buk. (μήνη, φέρω), Akk. pl. -ρως, eine Mondsichel (als Zeichen) tragend, Bläßkalb.

μήνῡμα, τό, u. **μήνῡσις,** εως, ἡ (μηνύω) die Anzeige, Angeberei.

μηνῡτήρ, ῆρος, ὁ, poet., gleich dem folg.

μηνῡτής, οῦ, ὁ (μηνύω), der Angeber, Denunziant, Verräter; Bote, Melder; μ. γίγνεσθαι zum A., V. werden, mit ὅτι die Anzeige machen, daß.

μήνυτρον, τό, gew. im Plur., Belohnung für eine Anzeige.

μηνύω, μηνύσω usf. [ῡ], etwas Verborgenes anzeigen, angeben, eine Anzeige (über ein Verbrechen) machen, verraten, aufdecken, offenbaren, kundtun, bezeugen, hindeuten.

Μῃονίη, ἡ, ion. st. Μαιονία, alter Name für Lydien, der Sage nach so benannt von **Μηίων,** einem alten Könige von Phrygien und Lydien. Später Name für einen Teil Lydiens. Die Ew. **οἱ Μῄονες,** u. als Fem. ἡ **Μῃονίς,** ίδος.

μή-ποτε, auch μή ποτε geschr., ion. **μή κοτε, μηδέποτε, a)** nicht je, niemals, zu keiner Zeit. **b)** (μή ποτε) daß nicht etwa, damit nicht einmal, daß niemals; nach Wörtern der Furcht, Besorgnis: daß einmal, in der Frage: ob nicht etwa, ob nicht einmal. **c)** sp. vielleicht, wohl.

μήπου, Konj. daß nicht irgendwo, irgendwie, vielleicht.

μήπω, auch μή πω geschr., u. **μηδέπω,** noch nicht, μηδεπώποτε noch niemals. (μή πω auch: damit nicht etwa, damit nicht irgend.)

μή-πως, auch μή πως geschr., **1)** daß od. damit nicht irgendwie od. etwa; nach den Verbis des Fürchtens: daß etwa; auch mit Auslassung eines regierenden Verbums. **2)** in der Frage: ob nicht etwa.

μῆρα, τά, s. μηρός.

μήρινθος, ἡ, ep. u. sp. (μηρύομαι), Faden, Schnur.

μηρία, τά (μηρός), ep. u. poet. Schenkelstücke, welche inwendig am Ende des Rückgrats oberhalb der Hüften u. Nieren herausgeschnitten u. als der schmackhafteste Teil des Tieres mitsamt den Knochen in doppelte Fetthaut gewickelt u. darüber hin noch mit anderm saftigen Fleisch belegt auf die Altäre gelegt u. hier den Göttern zu Ehren verbrannt wurden (μηρός der fleischige Schenkel als Ganzes).

Μηριόνης, αο, ὁ, S. des Melos aus Kreta, tapferer Waffengenosse des Idomeneus.

μηρός, ὁ, bes. ep. u. poet., im Plur. heteroklit. ep. auch **μῆρα, τά,** der obere fleischige Teil der Hüfte (verw. lat. *membrum*), der Schenkel, überh. die Hüfte, das Schenkelbein. Im bes. bei Herod. 3, 103 auch die Schenkelmuskeln, u. bei Soph. Ant. 1011 st. μηρία, w. s.

Μηρός, ὁ, der heilige Götterberg der Inder, altind. *Meru*, im Himālaja.

μήρῡμα, τό, sp. der Faden, die Schnur.

μηρύομαι, buk. μᾱρ., Aor. ep. μηρυσάμην, ep. Dep. med., winden, zusammenlegen, einreffen, τί.

μήστωρ, ωρος, ὁ, ep. (μήδομαι), **1)** Ersinner, Bereiter, Walter; kundig, abs. od. τινός, ἀυτῆς der Schlacht, φόβοιο der zu ergreifenden od. zu bewirkenden Flucht. **2)** Berater, ὕπατος, θεόφιν ἀτάλαντος göttergleich.

μήτε, und nicht, gew. μήτε — μήτε, eigentl. wie

das eine nicht, so das andere nicht, dah. weder — noch, μήτε — τε od. καί einerseits nicht — anderseits, nicht nur nicht — sondern, nicht — und. Auch οὔτε — μήτε, wenn das zweite Glied μή erfordert. (Zuweilen fehlt das erste μήτε.)

μήτηρ, dor. **μάτηρ,** μητρός, μητρί, ep. auch μητέρος, μητέρι, Akk. μητέρα, Vok. μῆτερ, Pl. μητέρες, -τέρων, -τράσι, -τέρας (lat. *mater*, ahd. *muotar*), die **Mutter,** αἱ μ. Mutter und Großmutter. Auch von Tieren oder von Gegenden, dah. γῆ, πόλις das Mutterland, die Mutterstadt, Geburtsort, Heimat. μ. μεγάλη, *Magna Mater* = Rhea od. Kybele.

μήτι, s. μῆτις u. μή τις u. μηδείς.

μητιάω u. Med. **-άομαι,** (μῆτις), Fut. u. Aor. fehlen, u. ep. poet. **μητίομαι** (nur Fut. u. Aor.), intrans. nachdenken, trans. ausdenken, ersinnen, beschließen, Med. bei sich beschließen, im Sinne haben, ersinnen, erdenken, anstiften, bereiten, abs. od. τί od. mit Inf., u. zwar τινί jmdm., doch auch τινά (κακά).

μητίετα, ὁ, ep. st. μητιέτης (μητίομαι), der Berater, nur v. Zeus (and. -έτα).

μητιόεις, εσσα, εν, ep. sinnreich, übertr. vom Subj. auf φάρμακα.

μητίομαι, s. μητιάω. **μῆτις,** s. μηδείς.

μῆτις, Gen. ιος, att. ιδος, ἡ, Dat. ep μήτῑ st. μήτιι ep. u. poet. **1)** das Vermögen zu raten, Klugheit, Einsicht. **2)** konkret: kluger Plan, Rat.

μή-τοι, meist getrennt geschrieben, gew. mit γε doch ja nicht, durchaus nicht.

μήτρα, ion. **μήτρη,** ἡ (μήτηρ), im Sing. u. Plur. Gebärmutter, Mutterleib.

μητρ-αγύρτης, ου, ὁ, sp. Bettelpriester der Göttermutter Kybele, welcher mit Zymbeln, Trommeln u. Pfeifen umherziehend Gaben einsammelte. Dah. als Adj. bettelpriesterlich, βασιλεύς Ptolemaios, dessen Lieblingsbeschäftigung dies war.

μητρ-αλοίας, od. N. T. **μητραλῴας,** ου, ὁ (ἀλοιάω), der seine Mutter schlägt, der Muttermörder.

μήτρη, s. μήτρα.

μητρίς, ἡ, verst. γῆ, πόλις, Mutterland.

Μητρόδωρος, ὁ, **1)** aus Chios, Philosoph um 330 v. Chr. **2)** aus Lampsakos, bedeutender Schüler Epikurs um 280 v. Chr. **3)** aus Skepsis in Mysien, Rhetor u. Staatsmann im Dienste des Mithridates Eupator um 100 v. Chr. **4)** sonst. Eigenn.

μητρόθεν, dor. **μᾱτρόθεν** (μήτηρ), ep. ion. poet. sp. von der Mutter her, seitens der Mutter.

Μητροκλῆς, έους, ὁ, kynischer Philosoph des 3. vorchristl. Jhdts.

μητροκτονέω, poet. die Mutter töten. Von

μητρο-κτόνος, dor. **μᾱτρ.,** 2. (κτείνω), meist poet. muttermörderisch.

μητρολῴας, richtiger als μητραλῴας. s. μετραλοίας.

μητρο-πάτωρ, ορος, ὁ, ep. ion. u. sp. der Mutter Vater, Großvater von mütterlicher Seite.

μητρό-πολις, εως, ion. ιος, dor. **μᾱτρ.,** ἡ, die Mutterstadt, **a)** der Stammsitz, das Mutterland, in Rücksicht auf ihre Töchterstädte od. Kolonien, überh. Hauptplatz, Hauptstadt, vorzüglich von den größeren Städten Asiens. **b)** der Geburtsort, das Heimatland, Soph. OC. 707, zugleich mit Rücksicht auf die Autochthonie der Athener.

μητρο-φόνος, 2. u. **-φόντης,** ὁ, poet. muttermörderisch, ὁ μ. der Muttermörder.

μητρυιά, ᾶς, ion. **-υιή,** ἡ, Stiefmutter, wie im Deutschen von einer lieblosen, kargen Mutter.

μητρῷος, dor. **μᾱτρ.,** ion. **μητρώιος,** 3. (μήτηρ), mütterlich, die Mutter betreffend, u. mit einer den Dichtern geläufigen Vertauschung der attributiven Formen ὄγκον ὀνόματος μητρῴου Stolz auf den Mutternamen oder die Mutterwürde, φόνος der Mord, den ihre Mutter verübt. Im bes. die Göttermutter, Kybĕle betreffend, dah. **Μητρῷον,** τό, Tempel der Kybĕle in Athen, in welchem sich deren Bildsäule von Pheidias u. das Staatsarchiv befand. [Mutterbruder, Oheim.

μήτρως, ωος, ὁ, dor. μάτρ. (μήτηρ), ep. ion. u. poet.

μηχανάω, Akt. nur poet., part. ep. μηχανάοντες, gew. Dep. med. **μηχανάομαι,** μηχανήσομαι, ἐμηχανησάμην, μεμηχάνημαι (auch in pass. Bdtg.), Adj. verb. μηχανητέον, ep. Präs. μηχανάεσθε, -άασθε, -άονται, -όωνται, opt. -άοιτο, -όῳτο, ion. 3. pl. μηχανῴατο, part. μηχανόμενος (μηχανή) • **1)** ausklügeln, sich etwas erkünsteln, **künstlich verfertigen** od. zubereiten, sich (künstlich od. mühsam) herbeischaffen, verschaffen, bereiten • **2) aussinnen,** ersinnen, ausfindig machen, berechnen, Mittel anwenden, einen Anschlag machen, eine List ersinnen, Ränke schmieden • **3)** (künstlich od. listig) **bewerkstelligen,** erwerben, ins Werk setzen, verüben, erregen, τί od. mit Inf. od. ὅπως u. zwar τινί, ἐπί τινι, ἐπί, εἰς, πρός τινα gegen jmdn., πρός τι, ἐπί τινι einer Sache gemäß, zu etwas, τινί u. ἔκ τινος, durch etwas, auch im Pass. μεμηχανημένον ἐξ ἀδίκου mit Unrecht erworben.

μηχᾰνή, ἡ, **μηχάνημα,** τό, poet. **μῆχαρ,** τό, u. **μῆχος** (dor. **μᾶχος**), τό • **1) Werkzeug,** Maschine. Im bes. • **a)** Belagerungsmaschine, bes. Sturmbock, Mauerbrecher oder Wurfmaschine, beweglicher Turm auf Rädern • **b)** Theatermaschine, dah. μηχανὴν αἴρειν (ἐν τραγῳδίᾳ), mit Hilfe der Theatermaschine zur Lösung des Knotens einen Gott *(deus ex machina)* auftreten lassen • **2)** übertr. *ars,* **Mittel,** Art u. Weise, Erfindung, weise Einrichtung, Anordnung, Veranstaltung, Wirkungsweise, Hilfsmittel, Rat, τίς μ.; wie ist's möglich? πάσῃ μ. auf jede mögliche Weise, μηδεμιᾷ μ. um alles in der Welt nicht, οὐδεμία μ., οὔ τι μῆχός ἐστι mit ὅπως, ὡς od. Inf. mit u. ohne ὥστε, es ist keine Möglichkeit, es ist vergeblich, es hilft nichts • **3) Kunstgriff,** listige Erdichtung, Schein, ἀπὸ μηχανῆς gekünstelt; Anschlag, Ränke, **List,** Arglist. Konstr mit τινός zu, gegen, von etwas, πρός τινα gegen jmdn.

μηχανητικός, 3., **μηχανικός,** 3., **μηχανιώτης,** ὁ, ep., u. **μηχανόεις,** εσσα, εν, poet. (μηχανή), fähig, sich in jeder Lage zu helfen, erfinderisch, gewandt, τινός in etw, Ränkeschmied. Subst. **a)** ὁ μηχανικός der Maschinenbauer. **b)** ἡ μηχανική (sc. τέχνη), die Maschinenkunst. **c)** τὸ μηχανόεν das Erfinderische der Kunst, das Geschick zur Kunst.

μηχανο-ποιός, ὁ, Maschinen-, bes. Kriegsmaschinenbauer, Ingenieur.

μηχανο-ρραφέω, poet. Ränke schmieden.
μηχανο-ρράφος, 2. (ῥάπτω), poet. ränkevoll.
μηχανο-φόρος, 2. (φέρω), sp. Maschinen tragend, ναῦς ein mit Kriegswerkzeugen beladenes Schiff.
μῆχαρ u. **μῆχος,** s. μηχανή.
μία, s. εἷς.
μιαίνω, Fut. μιᾰνῶ, Aor. ἐμίᾱνα (ion. ἐμίηνα), Perf. act. part. sp. μεμιαγκώς, pass. μεμίασμαι (sp. auch μεμίαμμαι), Aor. 1. pass. ἐμιάνθην, ep. 3. plur. μιάνθην (-θεν) st. ἐμιάνθησαν, beflecken, und zwar **1)** mit Farbe bestreichen, färben, τί τινι. **2)** besudeln, verunreinigen, entweihen.
μιαιφονέω (φόνος), eigtl. sich mit Mord beflecken, dah. trans. ermorden.
μιαιφονία, ἡ, Mordtat.
μιαι-φόνος, 2., mordbefleckt, mordtriefend, überh. greuelvoll, gottlos. Subst. Mörder.
μῐᾰρία, ἡ, Gottlosigkeit. Von
μῐᾰρός, 3. (μιαίνω), befleckt, besudelt, verunreinigt, bes. durch Blutschuld, dann überh. in moralischer Hinsicht von Personen u. Handlungen: gottlos, verrucht, verworfen, gräßlich.
μίασμα, τό (μιαίνω), Befleckung, bes. durch Mord u. andere Verbrechen, Greuel, mit τινός Greuel ob jmds. od. von jmdm., ὁμογενές Befleckung mit verwandtem Blute, u. dah. mit dem Inbegriff von αἷμα. Auch von Personen: der Greuelfleck.
μιασμός, ὁ, sp. N. T. Befleckung.
μιάστωρ, ορος, ὁ (μιαίνω), poet. **1)** Beflecker, γῆς, abs. Bösewicht. **2)** Rächer, mit Dat. der Person, die von der Rache getroffen wird.
μῑγάζομαι, ep. Nbf. zu μείγνυμαι, sich vermischen, sich gesellen, vereinigen, φιλότητι.
μῑγάς, άδος, ὁ (μείγνυμι), gemischt, vermischt, untereinander.
μίγδα ep. u. **μίγδην,** ep. poet. Adv., gemischt, untereinander, abs., u. τισί unter einige gemischt.
μῖγμα (μεῖγμα), τό, sp. N. T. die Mischung.
μίγνυμι, μιγνύω u. ähnl., s. μείγνυμι.
Μίδας, α, ion. **Μίδης,** εω, ὁ, König von Phrygien, berühmt durch seinen Reichtum an Gold, Freund des Bakchos, der ihn wegen eines törichten Wunsches mit „Eselsohren" zierte.
Μίδεια, ἡ, alter Name von Lebadēa; adj. f. Μιδεᾶτις, ἡ, buk Beiname der Alkmene, Tochter des Ἠλεκτρυών, Königs von Mideia.
Μίεζα, ἡ, makedon. Ort. südwestl. von Pella.
Μιθραδάτης, ου, ὁ, auch Μιθριδάτης, häufiger persischer Name; so **1)** Satrap von Lykaonien u. Kappadokien, Anhänger Kyros' des Jüngern. **2)** Sohn des Ariobarzanes, Gründer des pontischen Reichs, dah. Κτιστής, 337—302; Mithr. V. Εὐεργέτης, 156 bis 121, Römerfreund; Mithr. VI. der Große, Eupator, König von Pontos, 121—64, erbitterter Feind der Römer, der nach langem Kampfe gegen sie endlich in Pantikapäum sich in sein eigenes Schwert stürzte.
Μίθρης, ὁ, bei den Persern Herr des Lichts, Mithras, Gott des Guten, der die Weltordnung erhält, später überh. Sonnengott.
μικκός, 3. dor. (buk.) = μικρός.
μικρο-κίνδυνος, 2. ar. sich in kleine Gefahren begebend.
μικρολογέομαι, Dep. med. (-λόγος, s. σμικρολόγος), kleinlich sein, knausern.
μικρολογία, ἡ (σμικρ.), Kleinigkeitskrämerei, im bes. Knauserei, filziger Geiz.
μικρο-λόγος, 2, kleinlich, pedantisch. Subst. ὁ, Kleinigkeitskrämer, Knauser, Geizhals, Filz.
μικρό-λῡπος, 2. (λύπη), sp. über Kleinigkeiten schon ärgerlich, leicht reizbar.
μικρο-μερής, 2. aus kleinen Teilchen bestehend, feinteilig.
μικρο-πολίτης, ὁ, Bürger einer kleinen Stadt (od. eines kleinen Staats).
μικρο-πόνηρος, 2. ar. schlecht, Verbrecher im [kleinen.
μικρο-πρέπεια (πρέπω), ἡ, ar. sp. kleinliche, niedrige Denkart, Kleinlichkeit.
μῑκρός, 3., ion. u. auch att. **σμῑκρός** (ahd. *smāhi* klein, *smāhen* verkleinern, schmähen, lat. *mīca* Bißchen), Kompar. ἐλάττων (s. bes.) u. **μείων** (s. μινύθω, lat. *minus*, dt. *minder*) od. μικρότερος, Superl. μικρότατος • **1)** Adj., **klein,** kurz, schwächlich, gering, μικρὸν φρονεῖν demütig sein, μεῖον ἔχειν weniger haben (als andere), im Nachteile sein, οὐδέν τινι μεῖον ἔσται. • **2)** Subst. σμικρόν τι eine Kleinigkeit, eine kleine Zeit, (τὸ) σμικρόν u. bes. (τὰ) σμικρά geringes Vermögen, Kleinigkeiten, ἐπὶ σμικροῖς auf schwachem Stabe, (οἱ) σμικροί die Geringeren, auch „die Kleinen" = die Kinder • **3)** Adv. **μικρόν,** seltener μικρά, Kompar. **μειόνως,** ein wenig, unbedeutend, etwas, kaum, σμικρότατα ganz u. gar nicht, μηδὲ μικρόν nicht im mindesten, οὐ μεῖον nicht in geringerem Grade od. Maße, μηδὲν μεῖον nichtsdestoweniger, μικροῦ beinahe, fast, σμικρῷ τινι um ein weniges, ἐν σμικρῷ ποιεῖν, ποιεῖσθαί τι sich wenig um etwas kümmern, ἐπὶ μικρόν auf ein weniges beschränkt, ἐπὶ μικροῦ in kleinem, κατὰ μικρόν od. μικρά in kleine Teile, einzeln, eine kleine Strecke (rein als Akk.), in der Kürze, allmählich, κατὰ τὸ σμικρότατον auch nur im mindesten, μετὰ μικρόν in kurzem (auch bald darauf), παρὰ μικρόν zur Not od. beinahe.
μικρό-στομος, 3. ar. sp. enghalsig (Lampe).
μικρότης, ητος, ἡ, u. **σμικρ.,** ἡ, die Kleinheit, Wenigkeit, geringe Anzahl, Geringfügigkeit, Unbedeutendheit, Kleinlichkeit.
μικρο-φιλότιμος, 2. sp. kleinlich eitel, -ehrgeizig.
μικροψῡχία, ἡ, kleinliche Gesinnung, Kleinlichkeit.
μικρό-ψῡχος, 2. engherzig, kleinlich, kleinmütig.
μικτός, s. μεικτός, 3.
μῖλαξ, ακος, ἡ, s. σμῖλαξ, Winde.
Μιλᾶτίς, ἡ, buk. = Μιλησία, s. d. folg.
Μίλητος [ῑ], dor. **Μιλᾶτος,** ἡ, **1)** Stadt in Kreta, j. *Milato*, Mutterstadt von **2)** Stadt in Ionien, Handelsstadt am Maiandros mit vier Häfen, selbst Mutterstadt von vielen ion. Städten am Schwarzen Meer (Kyzikos, Sinōpe, Abȳdos, Tomoi, Olbia) u. v. Naukrătis; Vaterst. von Thales, Anaximandros, Anaximĕnes, Hekataios, durch die Perser zerstört 494, durch Alexander 334. Südlich sind die Ruinen von Didyme, einem Orakeltempel des Apollon. Adj. **a) Μιλήσιος,** 3., dah. **α)** οἱ Μ. die Einw. der Stadt, **β)** ἡ **Μιλησία,** Mileserin; Gebiet von Milet, **b)** sp. **Μιλησιακός,** 3., insbes. τὰ Μιλησιακά, milesische Geschichten, Romane.

μίλιον, τό, sp. N. T. die röm. Meile = 1000 Doppelschritt.

μιλτ-ηλῐφής, 2. (ἀλείφω), ion. rot angestrichen, Beiw der an den Seiten mit Mennig angestrichenen Schiffe.

Μιλτιάδης, ου, ὁ, 1) Sohn des Kypsĕlos aus Athen, kolonisierte 559 den thrakischen Chersones. 2) Brudersohn des vorigen, 490 Sieger bei Marathon. 3) sonst. Eigenname.

μιλτο-πάρῃος, 2. ep. rotwangig, vgl. μιλτήλιφής.

μίλτος, ἡ, Rötel, Mennig. Dav.

μιλτόω, poet. mit Mennig bestreichen. Med. ion. sich schminken.

Μιλτώ, οῦς, ἡ, Bein. der jüngern Aspasia, von ihrer blühenden Gesichtsfarbe.

Μιλυάς, άδος, ἡ, älterer Name für ganz Lykien, später auf eine kleine Landschaft nördlich von Lykien beschränkt. Die Einw. **οἱ Μιλύαι,** früher Bew. von ganz Lykien, später ins Innere zurückgedrängt.

Μίλων, ωνος, ὁ, 1) berühmter Athlet aus Kroton, der sechs olympische u. sieben pythische Siege davontrug. 2) Titus Annius M. Papinianus, Volkstribun 57, Feind des Clodius, den er am 20. Jan. 52 tötete, dann durch Cicero erfolglos verteidigt, nach Massilia verbannt, endete später in Apulien als Bandenführer.

Μίμας, αντος, ὁ, Gebirge Ioniens, eigtl. ein Nebenzweig des Tmōlus, zwischen Smyrna u. Kolophon ins Meer tretend, mit den Vorgeb. Korykeion, Argennon, Meliana.

μῑμέομαι, Dep. med., n a c h a h m e n, nachmachen, nachäffen, nachbilden, τινά od. τί, auch mit ὡς u. Gen. abs. sich gebärden als ob. Dav.

μῑμηλός, 3. sp. 1) akt. im Nachahmen geschickt, τινός. 2) pass. nachgebildet.

μίμημα, τό, das Nachgeahmte, die Nachahmung, *imāgo,* das Abbild, im Plur. bei Eur. auch die nachahmenden Töne.

μίμησις, εως, ἡ (μιμέομαι), das Nachahmen, die Nachahmung; dichterische Darstellung.

μῑμητής, οῦ, ὁ, Nachahmer, Nacheiferer.

μῑμητικός, 3. zum Nachahmen geschickt, überh. nachahmend. τὸ μ. die genaue Wiedergabe der Wirklichkeit; ἡ μιμητική die nachahmende, darstellende Kunst.

μῑμητός, 3. nachahmungswert.

μιμνάζω, ep. Nbf. zu μίμνω, μένω, bleibe.

Μίμνερμος, ου, ὁ, aus Kolophon, Elegiendichter 630—590, der subjektiv sentimental zuerst die erotische Elegie ausbildete.

μιμνήσκω, A k t. im Simplex poet. (pros. ἀνα-, ὑπο-), Fut. μνήσω, Aor. ἔμνησα (St. μεν, μνα, lat. *re-min-iscor,* got. *ga-mun-an* gedenken), e r i n n e r n, mahnen, τινά, u. zwar τινός an etwas; gew. **μιμνήσκομαι,** Pass. (poet. auch Med.), Fut. μνησθήσομαι, Aor. ἐμνήσθην, Perf. **μέμνημαι** mit Präsensbdtg., *memini,* conj. μεμνῶμαι, -ώμεθα, opt. μεμνῄμην, -ῇο, -ῇτο oder -ῴμην, -ῷο, -ῷτο, Fut. 3. μεμνήσομαι (*meminero,* werde eingedenk sein), ferner poet. Fut. μνήσομαι, Aor. ἐμνησάμην (auch ion.), iter. μνησάσκετο, Perf. ind. 2. sg. μέμνηαι u. μέμνῃ, opt. 3. sg. μεμνέῳτο, u. ion. Perf. imper. 2. sg. μέμνεο st. μέμνησο, Plqpf. 3. pl. ἐμεμνέατο • 1) **sich erinnern,** im Gedächtnis haben, eingedenk sein, g e d e n k e n, bedacht sein, achtgeben, τινός einer Sache, auf etwas, od. jmds., od. τί, τινά, u. τί τινος an etwas von jmdm., od. mit Part. ἀκούσας gehört zu haben, ὅσον οὐδεὶς πρότερον μέμνηται γεγονός wie nie seit Menschengedenken, aber mit Inf. von einer noch auszuführenden Handlung, μέμνησο σωφρονεῖν sei darauf bedacht verständig zu sein • 2) mündlich od. schriftlich in Erinnerung bringen, ins Gedächtnis rufen, gedenken, Erwähnung tun, **erwähnen,** in Vorschlag bringen, b e a n t r a g e n, bezeichnen, τινός u. ὥς τινος, τί od. περί, ὑπέρ τινος od. Inf., auch μέμνημαι, ὅτε ich gedenke der Zeit, da, od. ὡς, u. zwar εἴς, πρός τινα (τινί vortragen) bei jmdm.

μίμνω, s. μένω.

μῑμο-λογέω, sp. Mimen vortragen, dem Leben nachgeahmte Szenen vorführen.

μῖμος, ὁ, sp. auch ἡ, 1) S c h a u s p i e l e r (in), Mime, mit u. ohne τῶν γελοίων Schauspieler, welche bei Festgelagen Mimenspiele, bes. aus den alten (heitern) Mythen, aufführten. 2) poet. = μίμησις. 3) der M i m u s, eine von dem Syrakusaner Sophron um 450 v. Chr. begründete Dichtungsart in dialogisch-dramatischer Form mit Darstellungen aus dem Volks- u. Landleben.

μιμῳδός, ὁ, sp. Mimensänger.

μιν [ῐ u. in der Arsis ῑ] (enklitisch), ep. u. ion. Akk. sg. des Pron. der 3. Pers. (vgl. I. οὗ), 1) = αὐτόν, αὐτήν, i h n, s i e, e s (selten auf Plur. bez.); auch μὶν αὐτόν ihn selbst. 2) refl. für ἕ, αὐτόν μιν = ἑαυτόν.

Μίνδαρος, ὁ, spart. Admiral seit 411, bei Abȳdos von Thrasybūlos u. Thrasyllos, dann doppelt von Alkibiades b. Kyzikos geschlagen, 410 †.

μίνθη, ἡ, sp. Minze.

Μίντουρνα, ἡ, u. **Μιντοῦρναι, αἱ,** Minturnae, St. in Latium.

Μινύαι, οἱ, alter äolischer Volksstamm, der in Thessalien das mächtige Reich der Minyer gründete, mit der Hauptstadt Orchomenos, welches deshalb auch **Μινύηιος** heißt; dah. das Schatzhaus des Minyas, von welchem wie von seiner Akropolis noch Reste bei dem heutigen *Skripu* vorhanden. Es heißt aber auch der Fluß Anigros in Elis **Μινυήιος.**

μινύθω, ep. poet., u. nur Präs. u. Impf., Iterativf. μινύθεσκον (St. μει: μι, μείων, lat. *min-uo*), 1) ep. t r a n s. v e r m i n d e r n, verkleinern, verringern, schwächen, τινά od. τί. 2) ep. u. poet. i n t r a n s. geringer werden, d a h i n s c h w i n d e n, versiegen, zerstört werden.

μίνυνθα, [ῐ], ep. Adv., auf eine kleine Weile, nur kurze Zeit.

μῐνυνθάδιος, 2. ep. kurze Zeit dauernd, kurzlebig, von kurzem Dasein.

μῐνῡρίζω, u. poet. Dep. med. **μῐνύρομαι** (lat. *minurio*), zwitschern, leise singen, wimmern, winseln, leise klagen.

μινυρίστριος, 3. poet. u. **μῐνῡρός,** 3., poet. w i m m e r n d, klagend, ntr. pl. schwache, klagende Töne.

μινύω, poet. = μινύθω; pass. abnehmen, schwinden.

Μῑνῴα, ion. -ῴη (Μινώα, Μινώη), ἡ, 1) Stadt an der Westküste Siziliens, später Heraklēa Minōa genannt. 2) kleine Insel bei Megăra.
Μίνως [ῐ], Gen. -ωος u. -ω, Akk. -ωα u. -ω od. -ων, ὁ, Sohn des Zeus u. der **Europa, Bruder** des Rhadamanthys, Vater des **Deukalion** u. der Ariadne, Großvater des Idomeneus in **Knosos;** mächtiger König in Kreta, weiser Gesetzgeber, nach dem Tode Richter in der Unterwelt.
μιξ- am Anfang von Kompositis, s. μειξ-.
μῖξαι, μῖξις, μίξω u. ähnl., s. μείγνυμι, μεῖξις.
μῑσαγαθία, ἡ, sp. Haß gegen die Guten.
μισαδελφία, ας, ἡ, sp. Bruderhaß.
μισ-αθήναιος, 2. die Athener hassend.
μισ-αλαζών, ὁ, sp Feind der Windbeutelei.
μῑσανθρωπία, ἡ, der Menschenhaß, Gehässigkeit.
μῑσ-άνθρωπος, ὁ, der Menschenhasser.
μισχ-άγκεια, ἡ, (μίσγω, ἄγκος), ep. kesselförmige Schlucht, wo **Bergströme zusammenlaufen, Talkessel.**
Μισγολαΐδης, ου, ὁ, Ephoros in Sparta i. J. 410.
μίσγω, s. μείγνυμι.
μῑσ-έλλην, ηνος, ὁ, ἡ, Griechenfeind.
μῑσέω, μισήσω usf., regelm., doch hat das med. Fut. μισήσομαι poet. auch pass. Bdtg. (μῖσος), hassen, mit Haß verfolgen, verabscheuen, verschmähen.
μίσημα, τό, poet. Gegenstand des Hasses, Greuel.
Μισηνοί, οἱ, die röm. Villenbesitzer um Misenum in Campanien, j. *Punta di Miseno.*
μῑσητός, 3. (μισέω), **a)** gehaßt, verhaßt. **b)** hassenswert. **c)** haßerregend.
μισθαποδοσία, ἡ, N. T. **Entlohnung, Vergeltung.**
μισθ-αποδότης, ου, ὁ, N. T. der Lohnherr, Vergelter.
μισθαρνέω (μισθ-άρνης, ἄρνυμαι), um Lohn dienen, gedungen od. bestochen handeln, feil sein. Dav.
μισθαρνητικός, 3. zum Lohnarbeiten gehörig, ἡ μ. Gewerbe des Lohndieners. Dazu
μισθαρνία, ἡ, Lohndienst, Feilheit.
μίσθιος, 3. u. 2. poet. sp. besoldet, gemietet, zu mieten.
μισθοδοσία, ἡ, das Besolden, die Soldzahlung.
μισθοδοτέω, Sold geben, löhnen, abs. u. τινί od. τινά.
μισθο-δότης, ου, ὁ (δίδωμι), Soldgeber, Lohnherr.
μισθός, ὁ, im Sg. u. Pl. (got. *mizdô,* ahd. *mēta,* nhd. *Miete*) • **1) Lohn,** Sold, Bezahlung, Besoldung, Miete, μισθοῦ, ἐπὶ μισθῷ, μετὰ μισθοῦ um Lohn, für Sold, τινός jmds. u. für etwas, auf eine gewisse Zeit, ὑπέρ τινος für jmdn., ὑπό, παρά τινος von jmdm., ἔκ τινος aus od. von etwas gezahlt. Im bes. • **a)** Ehrensold, Schulgeld, Honorar, Gehalt. • **b)** Soldatenlöhnung, Soldzahlung. μισθὸν ἔχειν Geld zum Solde haben, μισθὸν od. μισθοὺς φέρειν Gewinn ziehen, Sold beziehen, öfters φέρεσθαι • **c)** (βουλευτικός) das Taggeld der Ratsmitglieder, für jeden Sitzungstag eine Drachme • **2)** Belohnung, τινός für etwas, euphemistisch (wie „Lohn") auch für Strafe.
μισθο-φορά, ἡ, der Sold, als erhaltener od. zu erhaltender, Besoldung, Löhnung; μισθοφορὰν λέγειν von der Verwendung der Gelder zur Besoldung von Truppen sprechen.
μισθοφορέω (-φόρος), **etwas als Sold erhalten,** Sold erhalten, Mietling sein, im bes. Söldner sein, um Sold dienen.
μισθοφορία, ἡ, Lohndienst; sp. auch Sold.
μισθο-φόρος, 2. (φέρω), Lohn davontragend, für Sold dienend, ὄχος Söldnerhaufen. Subst. ὁ μ. Söldner, Mietsoldat, dah. wie ξένοι oft unterschieden von den Soldaten aus dem eigenen Volke.
μισθόω (μισθός). **1)** Akt. **verdingen,** vermieten, τινί jmdm. od. bei jmdm., τινός um eine Geldsumme, ἐπί τι zu etwas; ἑαυτόν τινι sich jmdm. verkaufen, von jmdm. kaufen lassen, in Sold treten bei jmdm. **2)** Med. **für sich mieten,** dingen, in Sold nehmen, erkaufen, in Pacht haben, ὁ μισθωσάμενος der Lohngeber, Unternehmer, Pächter, τινός um eine gewisse Summe. **3)** Pass. gedungen, in Sold genommen, besoldet od. auch erpachtet werden, τὰ μεμισθωμένα das Erpachtete, ἐπί τινι zu etwas.
μίσθωμα, τό, u. **μίσθωσις,** εως, ἡ, **1)** bedungener Lohn, Löhnung, Pachtgeld, ἐπὶ μετρίαις μισθώσεσι um geringe Pachtgelder, ἀπὸ μισθωμάτων θύειν, d. h. so daß der Mindestfordernde das Opfer übernimmt. **2)** überh. Verdingung, Pachtvertrag, Mietung, μισθώματα μισθοῦν Pachtverträge abschließen. **3) Mietzins, Abgabe. 4) N. T. Mietswohnung.**
μισθώσιμος, 2. um Lohn zu haben.
μισθωτικός, 3. zum Lohndienst gehörig.
μισθωτός, 3. (μισθόω), gemietet, gedungen, erkauft, in Sold genommen. Subst. ὁ μ. Mietling, Tagelöhner, Lohndiener, Söldner, erkaufter Verräter.
μῑσο-βάρβαρος, 2. die Barbaren hassend.
μισο-γόης, ὁ, sp. Feind der Gauklerei.
μισο-γύνεια, ἡ, sp. Weiberhaß.
μισό-γυνος, 2. sp Weiberfeind.
μῑσό-δημος, 2. Volksfeind; Superl. der ärgste Feind der Demokratie.
μῑσό-θεος, 2. poet. u. sp. götterhassend.
μισο-καῖσαρ, ὁ, sp. Feind des Cäsar.
μῑσολογία, ἡ, Redehaß.
μῑσό-λογος, 2 Redehasser, Redefeind, Feind wissenschaftl. Untersuchungen.
μισοπονέω (μισό-πονος), Arbeit hassen.
μῑσοπονηρέω, Schlechtigkeit hassen, wie
μισοπονηρία, ἡ, sp. Haß des od. der Schlechten, v.
μισοπόνηρος, 2. das Schlechte hassend.
μῖσος, εος, zsgz. ους, τό, **1)** *odium,* Haß, Feindschaft, Groll, μίσει von Haß geleitet, abs., od. τινός jmds. u. gegen etwas od. jmdn., letzteres auch ἔς τινα. **2)** Gegenstand des Hasses, abs., u. εἴς τινας bei jmdm., Scheusal
μισό-σοφος, 2. Weisheit hassend.
μισο-σύλλας, ὁ, sp. den Sulla hassend.
μῑσο-τύραννος, ὁ, ἡ, Tyrannen hassend; Tyrannenfeind.
μῑσό-τυφος, ὁ, sp. Feind der Aufgeblasenheit.
μῑσό-χρηστος, 2. das Gute, die Guten **hassend.** Superl. der ärgste Feind der G.
μισο-ψευδής, ὁ, sp. Feind der Lügen.

μιστύλλω, (μίτυλος), ep. in kleine Stücke zerschneiden, zerstückeln, τί.

μίτος, ὁ, ep. poet. sp. der Faden des Aufzugs, der Aufzug, παρὲκ μίτον bis über den Aufzug hinaus, durch die Kette, κατὰ μίτον ununterbrochen, fortlaufend.

μἶτρα, ep. u. ion. **μίτρη,** ἡ, Bund, **1)** Leibgürtel, wollener Gurt der Krieger um den Unterleib, auch mit Metallplatten belegt. **2)** ion. poet. u. sp. Kopfbund, eine Art von Kopfbinde mit Bändern an den Backen herunter, welche die Orientalen u. bei den Griechen u. Römern Frauenzimmer u. weichliche Männer trugen.

μιτρη-φόρος, 2. (φέρω), ion. einen Kopfbund tragend.

Μιτυλήνη, spätere Form für Μυτιλήνη, s. d.

μίτυλος, 3. buk. verstümmelt.

μιτώδης, 2. poet. fadenartig gedreht.

μνᾶ, ᾶς, ion. **μνέα,** ἡ, die Mine, **1)** als Gewicht, 100 Drachmen wiegend, die äginäische ca. 600 Gramm, die solonisch -attische 436—432 Gr. **2)** als Münze, mit u. ohne ἀργυρίου, der sechzigste Teil eines Talents, die äginäische ca. 108 Mk., die solonisch-attische dagegen 78,6 Mk.; eine Goldmine hatte den zehn- bis zwölffachen Wert.

I. **μνάομαι,** ep. poet. u. ion. Med. (att. pros. nur προ-μν. bei Xen.), nur Präs. u. Impf. mit dem ion. part. μνεώμενος. **1)** ep. = μιμνήσκομαι, w. s.; φύγαδε auf Flucht denken. **2)** ion. u. sp. sinnen auf, trachten nach etwas, τί.

II. **μνάομαι,** ep. ion. sp. nur Präs. u. Impf. iter. μνάσκετο (aus βνάομαι, zu böot. βανά = γυνή), freien, werben um eine Frau, τινά (att. μνηστεύω).

μνᾶσι-δωρέω, dor., aus Dankbarkeit Geschenke bringen (ein Orakelwort). [Xenophons.

Μνάσιππος, ου, ὁ, Nauarch der Spartaner z. Z.

μναστεύω, dor. st. μνηστεύω.

μναστήρ, ῆρος, dor. (I. μνάομαι), gedenkend, sinnend auf, τινός.

μνᾶστις, ἡ, dor. = μνῆστις, s. μνεία. **μνέα,** s. μνᾶ.

μνεία, ἡ, **μνήμη,** ἡ, **μνημοσύνη,** dor. μνᾶμ., **μνῆστις,** ιος (dor. μνᾶστις), ἡ, ion. u. poet. (μιμνήσκω) • **1)** das sich Erinnern, Erinnerungsvermögen, **Gedächtnis,** μνήμῃ u. μνήμης ὕπο aus der Erinnerung, im Gedächtnis, aus dem Gedächtnis, μνήμη γίγνεται man erinnert sich, μνείαν, μνῆστιν, μνήμην ἔχειν Gedächtnis besitzen, eingedenk sein, εἰς μνήμην ἰέναι ins Gedächtnis kommen, einfallen; ὡς μνήμης ἔχει wie sein Gedächtnis ihm treu ist • **2)** das Gedenken, Andenken, die **Erinnerung,** ἡ ἔπειτα μνήμη das Andenken der Nachwelt, der Nachruhm; μνήμην παρέχειν u. παρέχεσθαι ein Andenken stiften od. sichern, μνήμην od. μνείαν ποιεῖσθαι Erwähnung tun, zur Sprache bringen, aber πρός τι seine Erinnerung einer Sache anpassen, μνήμην ἐπασκεῖν die Erinnerung pflegen, das Andenken bewahren, τινός jmds. u. an jmdn. od. etwas, ähnl. περί τινος, aber ὑπέρ τινος wegen jmdm., τινί jmdm., u. πρός τινα gegen jmdn., πρός τι Vergleichung einer Sache im Gedächtnis gegen eine andere • **3)** die **Erwähnung,** Schilderung, Erzählung.

μνῆμα, μνημεῖον, ion **μνημήιον,** τό (μιμνήσκω) u. τὸ **μνημόσυνον** od. τὰ **μνημόσυνα** (von éiner Sache), Andenken, Denkmal, Erinnerungszeichen, im bes. Grabdenkmal, Grabmal, überh. Grabstätte, Grab.

μνήμη, s. μνεία.

μνημόνευμα, τό, sp. Gegenstand der Erinnerung, des Wissens, wie

μνημονευτός, 3. erinnerlich, erwähnenswert; gerühmt, gepriesen, von

μνημονεύω, regelm., Fut. pass. μνημονεύσομαι u. -θήσομαι, **1)** sich erinnern, im Gedächtnis haben, wie μιμνήσκομαι; konstr. mit τί, selten τινός. **2)** in Erinnerung bringen, ins Gedächtnis rufen, erwähnen; teils abs. οἱ μνημονευόμενοι die welche die Geschichte kennt, τὸ -νον die bekannte Äußerung, τὰ -να die Nachrichten, teils τινός u. ὥς τινος, teils τί od. περί, ὑπέρ τινος od. Inf. mit u. ohne τοῦ od. ὡς, u. zwar ἔς, πρός τινα bei jmdm. Dah. beim Pass. (mit Fut. pass. u. med.) persönlich, οὐ τοσοῦτος λοιμὸς ἐμνημονεύετο γενέσθαι man hatte keine Kunde von einer so heftigen Seuche.

μνημονἶκός, 3. (μνήμων), gew. im Superl. u. iron. ein gutes Gedächtnis habend od. der gut auswendig gelernt hat; τὸ μνημ. u. τὰ μν. die Erinnerungskunst, Mnemonik, Gedächtniskraft; μνημονικὸν ἁμάρτημα *lapsus memoriae.*

Μνημοσύνη, ἡ, ep. poet. sp., dor. Μνᾱμοσύνᾱ, personif. Mutter der Musen.

μνημοσύνη, ἡ, s. μνεία. **μνημόσυνον,** τό, s. μνῆμα.

μνήμων, dor. **μνάμων,** ονος, 2. (μιμνήσκω), eingedenk, sich erinnernd, bedacht.

Μνήσ-αρχος, ὁ, aus Samos, Steinschneider, Vater des Pythagoras, der deshalb ὁ **Μνησαρχίδης** heißt.

Μνησι-θείδης, ὁ, **1)** einer der Dreißig in Athen. **2)** sonst. Eigenn.

μνησικακέω (μνησί-κακος), des erlittenen Bösen eingedenk sein, Böses nachtragen, im Bösen gedenken, grollen, Rache üben. Im bes. mit der Negat., Amnestie erteilen, besonders von der Amnestie nach dem Sturze der Dreißig in Athen, teils abs., teils τινί jmdm., teils τί od. τινός etwas, auch τινί mit Partiz., παρά τι während etwas.

μνησικακία, ἡ (-κέω), sp. der alte Groll.

μνησί-κακος, 2. des Bösen gedenkend, nachtragend, rachsüchtig.

μνησι-πήμων, 2. (πῆμα), poet. des Leides gedenkend, πόνος die aus Erinnerung an böse Tat entstehende Angst, Reue.

μνηστεία, sp., **μνήστευμα,** τό, poet. u. **μνηστύς,** ύος, ἡ, ep. poet. das Freien, Werben. ἐπὶ τὴν μ. um zu werben.

μνηστεύω (dor. μνᾱστ.) u. Med. (μνηστήρ), **1)** Freier sein, werben, mit u. ohne γυναῖκα od. τὸν γάμον τινός, sich um eine Frau bewerben, abs., od. τινά um eine, auch νυμφίον τινί für eine um einen Bräutigam werben. **2)** überh. sich um etwas Mühe geben, bes. sich um ein Amt bewerben, τί od. mit Inf. **3)** erwerben.

I. **μνηστήρ,** ῆρος (I. μνάομαι), poet. eingedenk, τινός.

II. **μνηστήρ,** ῆρος, ὁ, Dat. plur. μνηστήρεσσι (II. μνάομαι), der Freier, abs. u. τινός.

μνηστηρο-φονία, ἡ, sp. der Freiermord, Titel des 22. Buches der Odyssee.

μνῆστις, s. μνεία.
μνηστός, 3. (II. μνάομαι), ep. poet. sp. gefreit, vermählt, ehelich.
μνηστύς, ἡ, s. μνηστεία.
μνήστωρ, ορος, ὁ, ἡ, poet. eingedenk.
μνοΐα, μνωΐα, μνῴα, ἡ (δμώς) die öffentlichen staatlichen Sklaven in Kreta, der Sklavenstand.
μογγι-λάλος (v. μόγγος heiser), var. zu μογιλάλος.
μογερός, 3. poet. (μόγος), mühsam, kümmerlich, elend, vgl. μοχθηρός.
μογέω, ep. u. poet. (μόγος), **1)** sich abmühen, abquälen, abs. μογέων mit Mühe; ἔκ τινος von etwas ermüdet sein. **2)** trans. mit Mühe bestehen, zustande bringen, erdulden, erleiden. [redend.
μογι-λάλος, 2., sp. u. N. T. mit schwerer Zunge
μόγῐς [in arsi ῑ] u. **μόλῐς,** Adv. mit Anstrengung, mit Mühe, kaum, zur Not, endlich, doch endlich, allenfalls noch. μάλα μόλις sehr schwer, μόγις πάνυ ungern genug, οὐ μόλις ohne Mühe, ohne Zögern.
μόγος, ὁ, ep. u. poet. Arbeit, Mühe, Mühsal, μόγῳ mit od. aus Anstrengung; auch Elend, Not.
μογοσ-τόκος, 2. ep. Weh erzeugend.
μόδιος, ἡ, sp. das lat. *modius*, Scheffel.
μόθαξ, ακος, ὁ, in Sparta ein Knabe nicht echt bürgerlicher Geburt, der an der Spartiatenerziehung (ἀγωγή) teilnimmt; erhält er später ein κλῆρος, so wird er Vollbürger. [getümmel.
μόθος, ὁ, ep. Toblust, Getümmel, insbes. Schlacht-
μόθων, ωνος, ὁ = μόθαξ.
μοθωνικός, 3. poet. u. sp. sklavenartig, gemein.
μοῖρα, ἡ (St. μερ in μείρομαι) • **I)** der **Teil** • **1)** als Ggs. des Ganzen, das Stück, Glied, z. B. ἡ Περσέων (d. h. Kappadokien), od. Il. 10, 252 πλέων νὺξ τῶν δύο μοιράων d. h. τὸ πλέον τῆς νυκτός, ἤγουν δύο τῶν τριῶν μοιρῶν. Im bes. die Stelle, ἐν οὐδεμιῇ μοίρῃ ἄγειν τινά keine großen Stücke auf einen halten, μοῖραν ποιεῖσθαι μηδαμῶς τινα jmdn. ganz außer Achtung setzen; allgemeiner ἐν κληρονόμου μοίρῃ an Stelle, anstatt eines Erben • **2)** das Teil, **Anteil,** αἰδοῦς μοῖραν οὐκ ἔχειν keine Scheu im Herzen tragen; das Gebührende, Schickliche, μοῖραν νέμειν τινί einem die gebührende Sorge widmen, ἐν μοίρῃ, κατὰ μοῖραν wie sich's gebührt, παρὰ μοῖραν wider Gebühr Dah. bes. βίου, βιότου Lebensanteil, Lebenslos, Lebensdauer, mit u. ohne ἡ πεπρωμένη u. bisw. auch im Pl., das beschiedene Los, **Schicksal,** Verhängnis, auch die von Geburt an eingepflanzte Eigentümlichkeit; dah. θεία μ., καθαμερία des heutigen Tages Geschick, μοῖρα κιγχάνει es schreitet göttliche Fügung ein, μοῖρα ἔχει τινά es ergreift jmdn. das Geschick, ähnl. ξύνεστί τινι; ὅσον μοίρας παροίχει wie weit verfehlst du dein Geschick. Im bes. • **a)** mit u. ohne ἐσθλή das Glück, τῇ σεωυτοῦ μοίρῃ zu deinem eigenen Glücke, οὐ πάνυ μοίρας εὐδαιμονῆσαι πρώτης es ist einer gar nicht von seiten höchsten Glücks zu preisen, d. h. er ist äußerst unglücklich • **b)** das beschiedene Todesgeschick, θανάτου od. Ἀΐδος, πρὸς διπλῆς μοίρας durch ein zwiefaches Todeslos, αὐτόχειρι μοίρᾳ durch Tod von eigener Hand.

II) personif. ***Μοῖρα,*** früher (bei Hom., Aisch.) meist im Sg., Schicksalsgöttin, μεγάλη, κραταιή, später mehr im Pl. die Schicksalsmächte (speziell Κλωθώ die Spinnerin, Λάχεσις die Loserin u. Ἄτροπος die Unabwendbare), welche dem Menschen das Geschick des Lebens zuteilen.
μοιράω, poet. sp. zuteilen.
μοιρη-γενής, 2. ep. nur Il. 3, 182, zum Glücke Geborener, Glückskind.
μοιρίδιος, 3. (μοῖρα), poet. vom Schicksal bestimmt.
Μοίριος λίμνη, ἡ, der Mörissee (Μοῖρις v. ägypt. *mer-ur*, „der große Kanal"), alter, jetzt trocken liegender See im heutigen Fajum, um 1900 v. Chr. angelegt; der heutige See *Birket-el-Kerun* ist vielleicht sein letzter Rest.
μοιρογνωμόνιον, τό (μοῖρα „Grad", γνώμων), sp. Teilzeiger, Gradmesser.
μοιρό-κραντος, 2. poet. vom Schicksal bestimmt,
Μοῖσα, ἡ, buk. dor. = Μοῦσα. [vollendet.
μοιχ-άγρια, τά (ἄγρα), ep. Strafe, welche der (ertappte) Ehebrecher erlegen muß.
μοιχαλίς, ίδος, ἡ, sp. N. T. **a)** ehebrecherisch, übertr. treulos, ἡ μ. die Ehebrecherin. **b)** Ehebruch.
μοιχάω, zum Ehebruch verführen, übertr. listig in seine Gewalt bringen. Med. N. T. = μοιχεύω.
μοιχεία, ἡ (-εύω), Ehebruch.
μοιχεύτρια, ἡ, Ehebrecherin.
μοιχεύω, 1) Ehebruch treiben, abs., u. τινά mit jmdm. Im Pass. zum Ehebruch verführt werden oder sich verführen lassen. **2)** übertr. im N. T. Götzendienst treiben.
μοιχίδιος, 3. durch Ehebruch gezeugt. Subst. μοιχίδια = ἔργα μοιχιδίων Taten von in Ehebruch Erzeugten (wenn nicht τέκνα zu ergänzen).
μοιχός, ὁ, Ehebrecher.
μολεῖν, Aor. 2. (zu βλώσκω), nebst Fut. μολοῦμαι, Perf. μέμβλωκα, meist ep. u. poet., hingegangen, gekommen sein, (gleich) kommen, im eigentl. Sinne u. übertr., abs. od. τί u. εἴς τι, τινί zu jmdm., ἀπό τινος aus etwas entsprungen sein, διὰ μύθων sich überlegt haben.
μολίβδωμα, τό, sp. Arbeit von Blei.
μόλιβος, s. μόλυβδος. **μόλις,** s. μόγις.
Μολιονίδαι, οἱ, sp. = τὼ Μολίονε, s. Μολίων.
Μολίων [ῑ], ίονος, ὁ, **1)** Sohn der Moliŏne, der Gemahlin des Aktor, im Dual. τὼ Μολίονε Eurytos u Kteatos. **2)** ein Troer.
μολοβρός, ὁ, ep. Schmutzferkel, Schmutzkerl.
Μόλος, ὁ, Sohn des Deukalion, Vater des Meriŏnes aus Kreta.
Μολοσσοί u. **Μολοττοί,** οἱ, Volk in Epeiros. κύων Μ. eine Art Bullenbeißer, große Schäferhunde; Adj. -σσικός, 3., das Land ἡ Μολοσσία.
Μολόχ, ὁ, hebr. *mōlech*, Götze der Ammoniten.
μολπαῖος, 3. poet sangreich, wohlklingend.
μολπή, dor. **-πά,** ἡ (μέλπω), ep. poet. u. sp. **1)** Reigengesang, Spiel mit Gesang u. Tanz, ἤρχετο μολπῆς sie führte den Vortanz, dah. auch **2)** Gesang, Saitenspiel, Tanz, μολπῇ mit tanzendem Schritt; auch Getön allein, σύριγγος Pfeifengetön, u. im Plur. ἐν μ. μελέων in Tönen von Liedern.
μολπηδόν, poet. Adv., mit Reigenspiel.

μολύβδαινα, ep. sp. u. **μολυβδίς,** ίδος, ἡ, Bleikugel, **1)** im Gebrauch der Fischer, um die Angel zu beschweren. **2)** im Gebrauch der rhodischen Schleuderer.

μολύβδινος, 3. sp. von Blei, bleiern.

μόλυβδος, ὁ, ep. **μόλῐβος,** ὁ, Blei, μολύβδῳ δεδεμένοι mit Blei eingegossen.

Μολύκρειον, τό, Stadt in Ätolien am Eingange des Korinth. Meerbusens, nahe b. Vorgeb. Ἀντίρριον (auch Ῥίον Μολυκρικόν), j. *Kukio Rastro* od. in dessen Nähe.

μολύνω, besudeln. Pass. mit Perf. μεμόλυσμαι, befleckt werden. Dav.

μολυσμός, ὁ, sp. N. T. Befleckung.

μομφά, ἡ, dor. st. **μομφή** (μέμφομαι), poet. u. N. T., Tadel, μομφὰν ἔχειν τινός sich über etwas zu beklagen haben.

μον-άμπυκος, 2. poet. u. **μον-άμπυξ,** υκος, ὁ, ἡ, poet. mit einem Stirnbande.

μοναρχέω, ion. **μουν.** (μόναρχος), **1)** akt. Alleinherrscher sein, unumschränkt gebieten, ἔν τινι in einem Staate. **2)** pass. ar. sp. unter unumschränktem Befehle, unter einheitlicher Leitung stehen, nur einen Befehlshaber haben.

μοναρχία, ion. **μουναρχίη,** ἡ, auch im Plur., Alleinherrschaft, Monarchie, überh. Herrschaft eines einzelnen, dah. auch die éines Heerführers über die Truppen, od. Bezeichnung des lat. *dictatura,* abs., od. τινός über ein Land.

μοναρχικός, 3. monarchisch, = μονάρχου eines unumschränkten Gebieters.

μόν-αρχος, ion. **μούν-αρχος,** ὁ (ἄρχω), Alleinherrscher, unumschränkter Herr u. Gebieter.

μόνας, κατὰ μ., s. μόνος g. E.

μονάς, άδος (μόνος), **1)** Adj. ὁ, ἡ, poet. vereinzelt, einsam. **2)** Subst. ἡ, die Einheit.

μοναυλέω, sp. auf dem μόν-αυλος, einer kleineren Flöte, spielen.

μονᾰχῆ od. **μονᾰχῇ** u. **μονᾰχοῦ** (μόνος), Adv. einzeln, allein, nur.

μονή, ἡ (μένω), das Bleiben, Verweilen, der Aufenthalt, das Zaudern, ἐπὶ μονῇ zum Bleiben, τὴν μ. ποιεῖσθαι verweilen, ἡ μ. γίγνεταί τινι es zaudert jmd.

μον-ήρης, 2. (ἀραρίσκω), ar. sp. einsam, vereinzelt.

μόνιμος, 2. (μένω), bleibend, standhaltend, standhaft, ausdauernd, haltbar, fest, beständig. Von Soldaten, bes. Hopliten, den Feind mit festem Fuß erwartend. Subst. μόνιμον ein beständiger Gegenstand.

μόν-ιππος, ὁ, das Reitpferd, eigentl. Einzelpferd, im Gegens. zu den paarweise angespannten Wagenpferden.

μονο-γενής, ion. **μουν.,** 2. (γένος), einzig geboren, einziges Kind, τινί jmdm.

μονό-γραμμος, 2. sp. allein aus Linien bestehend.

μονο-δέρκτης, 2. poet. einäugig.

μον-όδους, ὁ, ἡ, poet. mit éinem Zahne.

μονο-ειδής, 2. (εἶδος), von éiner Gestalt, eingestaltig, einartig.

μονό-ζυξ, υγος, ὁ, ἡ, poet. einspännig, allein.

μονο-ήμερος, 2. sp. ep. eintägig, einen Tag dauernd.

μονό-κερως, ων, sp. einhörnig.

μονό-κλαυτος, 2. poet. von einem einzelnen geweint.

μονό-κροτος, 2. Dreiruderer, der nur eine Doppelreihe von Ruderern besetzt hat.

μονό-κωλος, 2. ion., ar., sp. eingliedrig, insbes. **a)** einstöckig. **b)** einheitlich. **c)** einförmig, eintönig.

μονό-κωπος, 2. poet. allein rudernd.

μονό-λῠκος, ὁ, sp. ein einzelner Wolf.

μονο-μάτωρ, ὁ, ἡ, poet seiner Mutter beraubt.

μονομαχέω, ion. **μουν.,** **1)** mit einem einzelnen kämpfen, einen Zweikampf bestehen, abs., u. τινί mit jmdm. (insbes. als Gladiator kämpfen). **2)** von einem Kampf, den ein Volk ohne Bundesgenossen gegen ein anderes besteht.

μονομαχία, ἡ, sp Einzelkampf, Zweikampf, insbesond. **1)** Gladiatorenkampf. **2)** sp. Leichenspiele mit Gladiatorenkämpfen u. Aufführungen, ἐπί τινι zu Ehren jmds.

μονο-μάχος, 2 poet. u. sp. eigentl. Einzelkämpfer, dann insbes. bei den Römern Gladiator.

μόνον, μονονουχί u. **μονονού,** μονονούκ, s. μόνος.

μονό-ξῠλος, 2. aus einem einzigen Stücke Holz, πλοῖον „Einbaum", ein kleiner, aus éinem ausgehöhlten Baumstamm bestehender Nachen.

μονό-παις, αιδος, ὁ, ἡ, poet. κόρος, das einzige Kind.

μονό-πεπλος, 2. poet. bloß mit dem Oberkleide bedeckt.

μονό-πωλος, 2. poet. mit éinem Rosse (fahrend).

μονό-ρρυθμος, 2. poet. vereinzelt, Gegens. κοινός.

μόνος, 3., ion. **μοῦνος,** dor. **μῶνος** (aus μόν-Ϝος, **allein,** alleinig, einzig, einzeln, vereinzelt, bloß, nur, im bes. alleinstehend, **einsam,** verlassen, getrennt, von jmdm., ähnl. ἀπό τινος. Adv. **μόνον** einzig, allein, bloß, **nur,** οὐ μόνον nicht nur, mit folg. ἀλλὰ καί u. bisw. οὐδέ, aber μόνον οὐ od. οὐχί *tantum non,* beinahe, **fast,** auch **μονονουχί,** μονονούκ, **μονονού;** ferner κατὰ μόνας allein für sich, einzeln. Eigtl. Adv. **μόνως** = μόνον.

μονο-σάνδαλος, 2. sp. mit einer Sandale.

μονοσιτέω (wie v. μονό-σιτος), nur éine Hauptmahlzeit halten.

μονό-σκηπτρος, 2. poet. allein herrschend.

μονο-στιβής, 2. poet. allein gehend.

μονό-στῐχος, 2. sp. aus éinem Vers bestehend.

μονό-στολος, 2. poet. allein gesandt, allein.

μονό-τεκνος, 2. poet. mit éinem Kinde.

μονό-τονος, 2. u. Adv (τείνω), sp. eintönig, mit der immer gleichen Spannung.

μονο-τράπεζος, 2. poet. an einem abgesonderten Tische.

μονό-τροπος, 2. poet. u. sp. einsam.

μονοτροφία, ἡ, das Alleinfüttern.

μον-όφθαλμος, 2. sp., ion. **μουν.,** einäugig.

μονό-φρουρος, 2. (φρουρά), poet. allein bewachend.

μονό-φρων, 2. (φρήν), poet. eine Ansicht allein habend.

μονο-φυής, 2. ar. sp., aus einem Wuchse, in eins gewachsen, aus einem Stück.

μονό-χᾱλος, 2. (zu χηλή), poet. einklauig, mit ungespaltenem Hufe.

μονο-χίτων, ωνος, ὁ, ἡ, ar. sp. im bloßen Unterkleid.

μονό-χορδος, 2. sp. einsaitig; τὸ μ-ον Monochord,

eine gespannte Saite zur Tonmessung (b. den Pythagoreern *κανών*).

μονό-ψηφος, 2. poet. allein entscheidend.

μονόω, ion. *μουνόω* (*μόνος*), einzeln machen, allein lassen, vereinzeln, *γενεήν* das Geschlecht einzeln fortpflanzen, d. h. so, daß immer nur éin Sohn vorhanden ist. Im Pass. allein gelassen, vereinzelt, abgeschnitten werden, Prät. auch: allein, isoliert, verlassen sein, abs., u. *τινός* von jmdm., *μετά τινος* mit jmdm., *ἐμουνοῦντο* (Herod. 8, 123) sie standen einzeln, es hatte jeder nur éine Stimme.

μονῳδέω (*μον-ῳδός*), poet. sp. ein Solo singen, einen Monolog halten.

μονῳδία, *ἡ*, poet. Gesang einzelner, von einzelnen vorgetragener Gesang, Sologesang.

μόνωσις, *εως*, *ἡ* (*μονόω*), das Alleingelassenwerden, die Trennung, u. zwar *ἀπό τινος* von jmdm.

μονώτης, *ου*, *ὁ*, ar. sp. vereinzelt, einsam; ausschließlich zugewendet, *τινί*.

μον-ώψ, *ῶπος*, od. (ion.) *μουν.*, *ο*, *ἡ*, poet. einäugig.

μόρα, *ἡ*, eine größere Abteilung, 500—900 Mann des spartanischen Fußvolks.

μορία, *ἡ*, der heilige, von Athene selbst auf Athens Burg gepflanzte Ölbaum. Ebenso hießen nun auch die von diesem abstammenden der Athene heiligen öffentlichen Ölbäume *αἱ μορίαι* (*μόριαι*) od. *αἱ μορίαι ἐλαῖαι*; sie standen unter der Aufsicht des Areopags, u. ihr Ertrag wurde verpachtet. Dav. ***Μόριος***, *ὁ*, Beiname des Zeus als Beschützers der heiligen Ölbäume.

μόριμος, s. *μόρσιμος*. [Schelde u. Sambre.

Μορῖνοι, *οἱ*, belgischer Volksstamm zwischen

μόριον, *τό* (*μείρομαι*), Teil im Gegensatz zum Ganzen, vgl. *μέρος*; insbes. **a)** von einer militärischen Abteilung. **b)** von Körperteilen: Glied, des Körpers. **c)** *τὰ ἐλλιπῆ μόρια* die für sich unselbständigen Redeteile, wie z. B. eine Konjunktion.

Μόριος *Ζεύς*, *ὁ*, Zeus als Beschützer der heiligen Ölbäume, *μορίαι*, s. *μορία*.

μορμολύκειον, *τό*, u. ***μορμών***, *όνος* (*ῶνος*), *ἡ*, Popanz, Gespenst.

μορμολύττομαι, Dep. med., mit dem Popanz (*μορμών*) kleine Kinder schrecken, wie dies bes. die Wärterinnen taten, dann überh. erschrecken, in (eitle) Furcht setzen, *τινά*, *πλείω* noch ärger.

μορμορωπός, 2. (*μορμώ* = *μορμών*, *ὤψ*), poet. schrecklich, gespensterhaft.

μορμύρω (redupl. aus *μύρω*), ep., nur Präs., stark fließen, aufsprudeln, *ἀφρῷ* schäumend.

μορμώ, buk. Schreckruf: *huhu!*

μορμών, *ἡ*, s. *μορμολύκειον*.

μορόεις, *εσσα*, *εν*, ep., nach den Alten maulbeer-, d. h. dunkelfarbig; eher Maulbeeren (*μόρον*, *morum*) ähnlich, beerenähnlich, beerenreich.

μόρος, *ὁ*, ep. ion. u. poet. (*μείρομαι*), Los, Geschick, bes. Todeslos, dah. mit *θάνατος* verb. u. allein: der Tod.

μόρσιμος, 2. ep. ion. u. poet., u. ***μόριμος***, 2. ep. u. poet. (*μόρος*), vom Schicksal bestimmt, verhängt, auch mit Inf. Im bes. zum Tode bestimmt, *ἦμαρ* der Tag des Verhängnisses, der Todestag.

μορύσσω, ep. Perf. pass. part. *μεμορυγμένος* (andere *-χμένος*), beschmutzen.

Μόρυχος, *ου*, *ὁ*, ein als Schlemmer berüchtigter, tragischer Dichter in Athen; daher das Adj. ***Μορύχιος***, 3.

μορφή (dor. *-φά*), *ἡ*, **1)** schöne Gestalt, Leibesbildung, Ansehen, dah. auch vom Menschen selbst, übertr. *μ. ἐπέων* Anmut der Worte, da *μ.* häufig die schöne Gestalt bezeichnet; dann überh das Äußere einer Sache, die Form, Art, *δεινὰ μορφά* ein Grauenbild, von der scheußlich verstümmelten Leiche Agamemnons. **2)** bei Plato u. Sp. Idee, Wesen. **3)** ion. auch Qualität.

μόρφνος, *ον* (od. *μορφνός*, *όν*) ep nur Il. 24. 316, Subst. u. Name einer Adlerart, Sumpfadler, oder Adjekt.: dunkelfarbig, dunkel.

μορφόω, sp. gestalten, bilden; Pass. im N. T. eine Gestalt annehmen. [in Lakedämon.

Μορφώ, *οῦς*, *ἡ*, die Schönheitsspenderin, Aphrodite

μόρφωμα, *τό*, meist poet., = *μορφή*, s. d.

μόρφωσις, *εως*, *ἡ*, sp N. T. das Gestalten, Gestalt (das wahre Wesen od. der Schein einer Sache).

μορφώτρια, *ἡ*, poet. die Bildnerin.

μόσσυν, *ῦνος*, *ὁ*, Dat. plur metapl. *μοσσύνοις*, hölzerner Turm. Davon hatten, weil sie in hölzernen, turmähnlichen Häusern wohnten, die ***Μοσ(σ)ύνοικοι*** ihren Namen, ein Volk in Asien am Pontos Euxeinos westl. von Trapezunt.

Μόσυχλος, *ὁ*, Vulkan auf Lemnos.

μοσχάριον, *τό* (*μόσχος*), sp Kälblein, Demin.

μόσχειος, 2. u. poet. ***μόσχιος***, 3., vom Kalbe, *κρέα* Kalbfleisch.

μοσχίον, *τό*, buk. Kälblein, Demin.

Μόσχοι, *οἱ*, Völkerschaft in Kolchis.

μοσχο-ποιέω, N. T. ein Kalb machen. Von

μόσχος, *ὁ*, Schoß, Rute. Übertr. der Sprößling, junge Mensch, junge Löwe, junger, noch nicht ins Joch gespannter Stier (z. B. der Apis), gew. *ὁ* u. *ἡ* das Kalb.

Μόσχος, häufiger Eigenn, bes. der bukolische Dichter aus Syrakus ca. 250 v. Chr., Schüler des Bion, der um 270 dichtete.

Μοτύη, *ἡ*, alte Stadt im westl. Sizilien, auf der gleichnam Insel, j. *S. Pantaleone.*

Μούκιος, *ὁ*, **1)** P. Muc. Scävola. Konsul 133 v. Chr. u. rechtskundiger Mann. **2)** Q M. Scävola, Augur, ausgezeichnet durch seine Rechtskenntnis u. hierin Ciceros Lehrer.

μουνάξ, ep. u. ***μουνόθεν*** (*μόνος*), ion. Adv. einzeln, allein, *μουνόθεν μοῦνος* ganz allein.

μουναρχέω, ***μουναρχίη***, ***μούναρχος***, ***μουνογενής***, ***μουνομαχέω***, ***μοῦνος***, ***μουνόφθαλμος***, ***μουνόω***, s. *μοναρχέω* usw.

Μοῦνδα, *ἡ*, Stadt in Hispania Baetica, in der Nähe von Cordova, j *Pedro de Muñoz.*

μουνό-κωλος, 2. ion. einstöckig.

μουνό-λιθος, 2. ion. aus éinem Steine.

μουνομαχίη, *ἡ*, ion. der Zweikampf, *μ. ἐπασκέειν* nur im Zweikampf fechten.

μουνο-φυής, 2 ion. aus einem Wuchse, in eins gewachsen, aus éinem Stücke.

Μουνυχία, ion. *-ίη*, *ἡ*, richtiger ***Μουνιχία*** geschrieben, **1)** eig. 'Einsamland', Halbinsel bei Athen mit befest Hafenstadt u. einem zwischen dem Piräus u. Phaleron gelegenen Hafen. Adv. ***Μουνυ-***

χίασι(ν) zu M. **Μουνυχίαζε** nach M. **2)** Beiw. der Artemis, die in M. einen Tempel hatte; *ἐν Μουνυχίας* in diesem Tempel.
Μουνυχιών od. richtiger **Μουνιχιών,** *ῶνος, ὁ*, der zehnte Monat des att. Jahres (Ol. 113, 2 der Zeit vom 18. April bis 18. Mai 326 entsprechend).
Μουρήνας, *α, ὁ*, L. Licinius Murena, Konsul 62.
Μοῦσα, *ἡ*, die den Sänger begeisternde Nymphe des Gebirges, dah. *Ὀλυμπιάδες, Ἑλικωνιάδες Μοῦσαι*, **1)** Göttin des Gesanges u. der Dichtkunst, wie deren bei Hom. schon mehrere, später neun genannt werden, Töchter des Zeus u. der Mnemosyne, Begleiterinnen des Dionysos. In Athens Akademie stand ein Altar derselben. **2)** appellat. Gesang, Musik, Poesie, *θεία* göttlicher Feierklang; überh. Kunst u. Wissenschaft, feine Bildung.
Μουσαῖος, *ὁ*, altathenischer Sänger, Seher u. Priester, angebl. Verfasser von Reinigungs- u. Weiheliedern, Hymnen u. Wahrsagungen.
μούσειος, 2. poet. die Musen betreffend, *ἕδρα* = *μουσεῖον, τό*, **1)** Musenort, Musensitz. **2)** Schule (als Büchertitel, *λόγων*):
μουσ-ηγέτης, *ὁ*, der Musenführer (Apollo).
μουσίσδω, buk. (dor.), u. Med. poet. *μουσίζομαι*, musizieren, ertönen lassen.
μουσικός, 3. (*Μοῦσα*), *musicus*, **musisch,** musikalisch, harmonisch, künstlerisch, fein; bes. von Wettkämpfen in der Musenkunst, d. h. in der Tonkunst (Kunst der Aulöden, Auleten u. Kitharisten), der Dichtkunst (z. B. rhapsodischer Vortrag Homerischer Gedichte), Tanzkunst. *ἡ* **μουσική** (*τέχνη*) u. *τὰ μουσικά* Musenkunst, insbes. Tonkunst, Musik, aber auch Dichtkunst, Kunst und Wissenschaft, Geistesbildung; *τὴν μουσικὴν νικᾶν* in den musischen Wettkämpfen siegen. *ὁ μ.* der Tonkünstler.
μουσο-μήτωρ, *ορος, ἡ*, poet. Musenmutter.
μουσο-πάτακτος, 2. sp. von den Musen getroffen od. begeistert.
μουσο-ποιός, 2. **1)** ion. Liederdichterin, wie Sappho. **2)** poet. Adj. singend.
μουσο-πόλος, *ὁ*, poet. der Dichter.
μουσουργός, *ἡ* (St. *ἐργ*), Tonkünstlerin, Sängerin, Flöten-, Zither- u. Harfenspielerin, wie sie im Orient zum Hofstaate gehörten.
μουσόω (*Μοῦσα*), poet. sp. harmonisch durchbilden mit Hilfe der Musenkünste, dah. *τὸ μεμουσωμένον* die feine gesellige Sitte.
μοχθέω (*μόχθος*), Adj. verb. *μοχθητέον*, **1)** intr. sich abmühen, sich abquälen, Leid empfinden, Kummer, Sorge haben, leiden, krank sein, *ὁ ἀεὶ μοχθῶν* der stets Mühselige, od. *τινί* durch od. an etwas, *περί τι* um etwas, *ἐπί τινι* über etwas. **2)** trans. mit Mühe bestehen, mühsam zu stande bringen, erdulden, ertragen, erleiden, *τί*, u. zwar *μετὰ πόνων* unter Mühen.
μόχθημα, *τό*, poet. klägliche Beschaffenheit, jämmerlicher Zustand einer Sache, Unbrauchbarkeit, überh. Schlechtigkeit, Unwürdigkeit.
μοχθηρία, *ἡ*, üble Beschaffenheit, Unbrauchbarkeit, Untauglichkeit; moralische Schlechtigkeit, Verworfenheit, niedriger Stand.
μοχθηρός, 3., Adv. **-ρῶς**, mühevoll, mühsam, kummervoll, kümmerlich, elend, schwächlich, in jämmerlichem od. elendem Zustande, zerrüttet, krank, erbärmlich, nichtswürdig, schlecht.
μοχθητέον, s. *μοχθέω*.
μοχθίζω (*μόχθος*), ep. poet. leiden, *τινί* an etwas arbeiten, sich bemühen.
μόχθος, *ὁ*, selten in Prosa, Anstrengung, Mühe, auch: Not, Elend.
μοχλευτής, *ὁ* (*μοχλεύω*), poet. mit dem Hebel Bewegender, mühsam herbeischaffend.
μοχλεύω, ion. poet. u. sp., u. **μοχλέω,** ep. weghebeln, mit Hebeln wegrücken.
μοχλίον, *τό*, sp. u **μοχλός,** *ὁ* (vgl. *ὀχλέω*), der Hebel, Hebebaum, überh. Schwungpfahl, lange, starke Stange. Im bes. bei Türen: der Querriegel, Riegel, d. h. der Querbalken, der zum Verriegeln der Türe diente, *μ. ἐμβάλλειν* den Riegel vorschieben.
Μοψόπιος, *ὁ*, poet. Bewohner Attikas, das nach einem König *Μόψοπος* einst *Μοψοπία* hieß.
μύ u. **μῦ,** Interj. des Schluchzens. [die Spitzmaus.
μῦγαλῆ, zsgs. aus *μυγαλέη, ἡ* (*μῦς, γαλῆ*), ion. u. sp.
Μυγδονία, ion. **-ίη,** *ἡ*, maked. Landschaft = *Ἠμαθία*.
μυγμός, *ὁ* (II. *μύζω*), ar. sp. Stöhnen, Seufzen.
μυδαλέος, 3. ep. u. poet. durchnäßt, benetzt, triefend, *τινί* von etwas.
μυδάω (*ῠ, μύδος, ὁ*, Schlamm, St. *μυδ*, mhd. *smuz*, engl. *smut* u. *to sm.*), poet. **1)** feucht sein, abs., od. *τινός* von etwas. **2)** von der Nässe verderben, modern, verwesen.
μυδροκτυπέω, poet. Eisen schmieden.
μυδρο-κτύπος, 2. poet. glühendes Eisen schmiedend.
μύδρος, *ὁ*. **1)** poet. glühende Metallmasse, mit u. ohne *διάπυρος* (Anaxagoras hielt die Sonne dafür), im bes. glühende Eisenmasse, dah. *μύδρους αἴρειν χεροῖν* die Feuerprobe als Gottesurteil durchmachen. **2)** ion. ar. sp. überh. Metallklumpen.
μυελόεις, *εσσα, εν*, ep. markig.
μυελός, *ὁ*, Mark, Rückenmark, mit *κόμης* das Hirn, übertr. die Kraft, u. *μ. ἀνδρῶν* Männermark, von nahrhafter Speise.
μυέω (*μύω*). **1)** einreihen, insbes. in die eleusinischen Mysterien, *ταῖν θεαῖν* der Demeter und Kore; *ὄργια* in Geheimdienste. **2)** übertr. unterrichten, lehren.
I. **μύζω,** (zu *μύδος*), saugen, vgl. *ἐκμυζάω*.
II. **μύζω,** (lat. *mugio*), stöhnen, seufzen, vgl. *ἐπιμύζω* u. *μυγμός*.
μύησις, *εως, ἡ* (*μυέω*), sp. Einweihung (in die Mysterienkulte).
μύθευμα, *τό*, sp. = *μῦθος*.
μυθέω, poet., part. *μυθεῦσα*, erzählen; gew.
μυθέομαι, ep. u. poet. Med., 2. sing. ep. *μυθέαι* u. *μυθεῖαι*, Impf. iterat. *μυθέσκοντο*, u. poet. **μυθεύω** (*μῦθος*), **1)** intr. reden, sprechen, sagen, **2)** trans. aussprechen, erzählen, Auskunft erteilen, plaudern, dann auch überh. beraten. *κατὰ θυμόν* aus der Seele. [mystisch.
μυθικός, 3. sp. zur Sage (*μῦθος*) gehörig, sagenhaft,
μυθίσδω, dor. (buk.) = *μυθέω, -έομαι*.
μυθο-γράφος, *ὁ*, sp. Fabeldichter, Sagenschreiber.
μυθολογεύω, ep. = *μυθέομαι*, von längerer Erzählung.

μυθολογέω, Adj. verb. -γητέον, wie μυθέομαι, reden, erzählen, bes. **a)** v. Fabelhaftem, erdichten, zur Mythe gestalten, von der Vorzeit erzählen. **b)** von ausführlicher Darstellung u. Unterhaltung, bes. über Mythen, ein religiöses Gespräch führen. Dav.

μυθολόγημα, τό, fabelhafte Erzählung.

μυθολογία, ἡ, Sagengeschichte.

μυθολογικός, ὁ, Fabeldichter. Von

μυθολόγος = **μυθο-ποιός,** ὁ, der Sagendichter, Sagenerzähler.

μῦθος, ὁ, Wort, Rede. Insbes. **1)** Geheiß, Auftrag. **2)** Gespräch, Unterredung, auch mit sich selbst = Überlegung. **3)** Erzählung, Nachricht, Gerücht. Insbes. in Prosa **a)** Erzählung aus alter Zeit: Sage, Geschichte, auch heilige Geschichte, Legende. **b)** fabelhafte, unglaubliche Erzählung, Märchen, Fabel, Tierfabel, Mythus. Insbes. auch die dem Drama zugrunde liegende Erzählung, die sog. Fabel.

μυθώδης, 2. sagenhaft, fabelhaft, τὸ μ. die sagenhafte Natur, ἐπὶ τὸ μ. zu fabelhaften Unglaublichkeiten.

μυῖα, ἡ (lat. *musca*, ahd. *mucca*), Fliege, u. zwar Stuben-, Stech-, Schmeißfliege; poet. χαλκῆ μυῖα ein Kinderspiel, ähnl. dem Blindekuhspiel.

Μῠκάλη, ἡ, Vorgebirge Ioniens, Samos gegenüber, berühmt durch den Sieg der Griechen über die Perser 479 v. Chr., j. *Capo Santa Maria.*

Μῠκαλησσός, ἡ, Stadt in Böotien; Einw. ὁ **Μυκαλήσσιος.**

μῡκάομαι, (dt. *muhen*), Dep. med., Aor. ep. μύκον st. ἔμῡκον, Perf. μέμῡκα. **1)** brüllen. **2)** dröhnen, krachen, brausen.

μῡκηθμός, ὁ, ep. poet. sp., u. **μύκημα, τό,** poet. u. sp. (dies auch im Plur.), Gebrüll.

Μῠκῆναι u. auch **Μυκήνη** u. **-να, ἡ,** Stadt in Argolis, Residenz Agamemnons, später von Argeiern u. Tegeaten zerstört; j. Ruinen beim Dorfe *Charbati,* durch H. Schliemann gründlich untersucht. Dav. Adj. **Μυκηναῖος,** 3. Die Einw. οἱ *M.* Adv. **Μυκήνηθεν,** von M.

μύκης, ητος, ὁ (μῦκος, Schleim), poet. ion. sp. eigentl. der Pilz, dann von der Gestalt der Deckel am unteren Ende der Degenscheide, das Ortband.

μυκητής, ὁ (μυκάομαι), buk. der Brüllende.

Μύκοι, οἱ, Völkerschaft am Kaukasos, in der Nähe von Baktriana.

Μύκονος, ἡ, kykladische Insel, j. *Mykono.*

μυκτήρ, ῆρος, ὁ (St. μυκ in ἀπομύσσω, lat. *mungo, mucus*), Nasenloch, Nüster, übertr. Nasenrümpfen, Hohn. Davon

μυκτηρίζω, sp. verhöhnen. N. T. Pass. sich verspotten lassen.

μυκτηρόκομπος, 2. poet. schnaubend.

Μυλαί, αἱ, Seestadt bei Messana in Sizilien, jetzt *Melazzo.*

μύλαξ, ακος, ὁ (μύλη), ep. eigentl. der Mühlstein, dann überh. großer, abgerundeter Stein.

Μύλασα, τά (auch etwa *Μύλασσα* geschr.), Stadt in Karien, jetzt *Melasso.* Der Einw. ὁ **Μυλασεύς** (-ασσεύς).

μῠλη, ἡ (lat. *mola, molo,* ahd. *muli* Mühle, u. *mal-an* mahlen), ep. poet. die Handmühle, d. h. zwei runde übereinandergesetzte Steine, von denen der oberste vermittels Hebels (von Sklaven u. Sklavinnen) gedreht wurde.

μῠλή-φᾰτος, 2. (St. φεν), ep. von der Mühle zermalmt, gemahlen. [**μύλινος** = μύλαξ.

μυλίας, ου, ὁ, u. N. T. **μυλικὸς λίθος,** auch

Μύλιττα, ἡ, die assyrische Göttin Bēlît, dargestellt als säugende Mutter, Symbol der schaffenden Naturkraft, von den Griechen mit Aphrodite Urania verglichen.

μῠλο-ειδής, 2. ep. dem Mühlstein ähnlich.

μύλος, ὁ, N. T. u. sp. **1)** Mühle. **2)** = μύλαξ, Mühlstein, ὀνικός der obere.

μυλωθρός, οῦ, ὁ, Müller.

μῠλών, ῶνος, ὁ, Mühlenhaus, Ort, wo die Mühle ist.

Μύνδος, ἡ, Küstenstadt Kariens, nordwestlich von Halikarnaß, jetzt *Gümüschlü-liman.* Adj. **Μύνδιος,** 3. Der Einw. ὁ *M.* [Abhaltung.

μῡνη, ἡ (ἀμύνω, w. s.), ep. Vorwand, vorgeschützte

μύξα, ἡ, ep. ar. sp. Schleim; abgestandenes Zeug, „Kohl". Davon als Demin.

μυξάριον, τό, sp. Schleimtröpfchen.

μυξωτῆρες, οἱ (= μυκτῆρες), ion. sp. die Nasenlöcher.

μυο-κτόνος, 2. sp. ep. u. pros. mäusetötend.

μυομαχία, ἡ, sp. Mäusekrieg.

Μυονεῖς, οἱ, Einw. von Myonia, einer Stadt der ozolischen Lokrer.

Μυόν-νησος, ἡ, Vorgebirge mit gleichnamigem Ort an der Küste Ioniens, westl. von Lebĕdos.

Μυοῦς, οῦντος, ἡ, Stadt Kariens, am südl. Ufer des Mäander. Ihre Ruinen j. *Pallatiá.* Die Einw. **οἱ Μυούσιοι.**

Μύρα, ων, τά, lykische Seestadt.

μύραινα, ἡ, poet. Muräne, ein Meeraal.

μυρ-εψός, ὁ (μῦρον, ἕψω), sp. Salbenbereiter.

μῡριάκις, Adv. eigentl. zehntausendmal, dann für unzähligemal, auch zur Verstärkung von μύριοι, Tausend u. aber Tausend.

μυριακισ-μυριοστός, 3. sp. der hundertmillionste.

μῡρί-ανδρος, 2. von od. mit od. für zehntausend Menschen, Einwohner(n), Zuschauer(n).

Μυρίανδρος u. **Μυρίανδος, ἡ** (vgl. Maryandiner in Bithynien), Stadt in Syrien am Meerbusen von Issos, der nach ihr auch **Μυριανδρικὸς** κόλπος heißt.

μῡρι-άρχης, ου, ion., u. **μῡρί-αρχος,** ὁ, Befehlshaber über 10 000 Mann.

μῡριάς, άδος, ἡ, u. **μυριοστύς,** ύος, ἡ (μυρίος), Myriade, Zahl od. Menge von 10 000; ἑξήκοντα μ. also = 600 000, bei σίτου mit weggelassenem μεδίμνων, bei Geldsummen mit weggel. δραχμῶν, überh. im Plur. Unzahl, τινός von etwas; poet. auch als Adj. unzählig.

μῡρι-ετής (-έτης), οῦς, 2. poet. zehntausendjährig.

μυρίζω (μύρον), poet. sp. salben; im Med. (auch ion.) sich (*se* u. *sibi*) salben.

μῡρίκη [ῐ, in arsi auch ῑ], ἡ, ep. ion. buk. u. sp. die Tamariske, ein in südl. Gegenden häufiger Strauch, ἐκ. μ. aus Tamariskenholz.

μῡρίκῑνος [ρῐ], 3. ep. von der Tamariske, ὄζος ein Tamariskenzweig.

Μῡρίνη u. **-να, ἡ, 1)** Tochter des Teukros, Gemahlin des Dardanos, eine Amazone. 2) Hafenstadt Mysiens, j. *Sandarlik.* 3) Stadt auf Lemnos. Die Einw. **οἱ Μυριναῖοι.**

μῡριό-καρπος, 2. poet. mit tausendfacher Frucht.

μυριό-κρανος, 2. poet. vielköpfig.

μῡριό-λεκτος, 2. unzähligemal gesagt.

μυριό-ναυς, ὁ, ἡ, poet. mit ungezählten Schiffen.

μῡριό-νεκρος, 2. sp. mit Tausenden von Toten.

μυριόντ-αρχος, ὁ, poet. = μυριάρχης.

μυριο-πλασίων, 2. sp. zehntausendfach.

μυριο-πληθής, 2. poet. unzählig.

μῡρίος [ῑ], 3., 1) Sg. unendlich viel, unzählig, unendlich groß, unendlich. 2) Pl. a) tausendfach, mannigfach; αἱ μ. πόλεις von Menschenmassen wimmelnde; μυρία εἰδέναι tausendfältige Erfahrung besitzen. Adv. μυρία tausendfach. b) mit zurückgezog. Akz. μύριοι, 3. zehntausend; aber μύριος ἵππος oder ἀσπίς zehntausend Reiter, Mann.

μῡριοστός, 3. der zehntausendste.

μῡριοστύς, s. μυριάς.

μυριο-ταγός, ὁ, poet. = μυριάρχης (LA. zw.).

μῡριο-τευχής, 2. poet. mit unzähligen Kriegern gerüstet. [großes Lastschiff.

μῡριο-φόρος, 2. (φέρω) ναῦς, Zehntausendpfünder,

μυρι-ωπός, 2. poet. mit unzähligen Augen.

Μύρκῑνος, ἡ, Landstrich u. Festung am Strymon, nördlich v. Amphipolis. Die Einw. **Μυρκίνιοι.**

μυρμηκιά, ἡ, sp. der Ameisenhaufen.

μύρμηξ, ηκος, ὁ, dor. (buk.) μύρμᾱξ, 1) Ameise. 2) In Indien, fabelte man, gebe es goldgrabende Ameisen, welche größer als Füchse seien.

Μυρμιδόνες, οἱ, ein achäischer Volksstamm in Thessalia Phthiotis, welcher unter Achilleus' Herrschaft stand.

μυρο-θήκιον, τό, sp. Salbenbehälter, -büchse.

μύρομαι (vgl. μορμύρω *murmuro*), fließen, ep. buk. Med., in Tränen zerfließen, jammern, klagen, abs., und ἀμφί τινα in jmds. Umgebung.

μύρον, τό, oft im Plur., wohlriechendes Öl, Salbe, Balsam; auch Salbenwein.

μυρόω, poet. u. sp. = μυρίζω.

μυροπωλεῖον, u. sp. **μυροπώλιον,** τό (-πώλης), Salbenladen.

μυρό-χριστος, 2. poet. mit Duftöl gesalbt.

μυρρίνη, ἡ, ion. poet. u. sp. auch **μυρσίνη,** ἡ, Myrtenzweig, auch kollekt. im Sing. für Myrtenzweige, bes. zu Kränzen benutzt.

Μυρρινούσιος, ὁ, Einwohner aus Μυρρῖνοῦς, einem att. Demos der Pandionischen Phyle, j. Ruine bei *Markopulo.*

Μύρσιλος, ὁ, Tyrann von Lesbos.

μυρσίνη, ἡ, s. μυρρίνη. Dav.

μύρσινος, 3. poet. von Myrten, und

μυρσινο-ειδής, 2. ep. (μυρσίνη, εἶδος), myrtenähnlich.

Μυρτίλος, ὁ, 1) Sohn des Hermes u. der Kleobūle, der treulose Wagenlenker des Oinomāos, von Pelops statt des verheißenen Lohns ins Meer gestürzt. 2) sonst. Eigenn.

μύρτον, τό, Myrtenbeere, als Gewürz gebraucht.

Μυρτῷον, πέλαγος, das Myrtoische Meer, zwischen Kreta und Attika, nach Myrtilos (od. nach einer Amazone Myrto) benannt.

Μύρων, ωνος, ὁ, 1) aus Eleutherä, berühmter Erzgießer in Athen, Mitschüler des Phidias u. Polyklētos bei Ageladas von Argos, Erzbildner von Athleten (der δισκοβόλος) u. Tieren (ἡ βοῦς); der Satyr im Lateran zu Rom soll ein Originalwerk von ihm sein. 2) sonst. Eigenn.

Μυρωνίδης, ου, ὁ. Sohn des Kallias, ausgezeichneter Feldherr der Athener und berühmt durch seinen Sieg über die Böoter bei Oinophȳta 456.

I. **μῦς,** μυός, ὁ, (lat. *mūs, mūris,* ahd. *mūs*), die Maus; buk. auch der Muskel, *musculus.*

II. **μῦς,** ὁ (μύω schließen), poet. der Mundknebel.

μύσαγμα, τό, poet. die Befleckung.

μῠσᾰρός, 3. (μύσος), ion. poet. sp. abscheulich, scheußlich; unsauber.

μυσάττομαι, Dep. pass., Aor. part. μυσαχθεῖσα (μύσος), Abscheu od. Ekel haben, verabscheuen, τί.

Μῡσία, ion. **-ίη,** ἡ, Provinz im nordwestlichen Kleinasien, welche sich zu Homers Zeit vom Aisēpos bis an den Olympos erstreckte, später aber in Groß- u. Kleinmysien geteilt war. Die Einw. **οἱ Μῦσοί.** Doch bei Homer auch ein Volksstamm in Europa, urspr. an der Donau, später *Μοισοί, Moesi* genannt. Adj. **Μύσιος,** 3. mysisch; τὸ Μύσιον (sc. μέλος, ἐπιβόημα), ein Lied schwermütigen Charakters. (Über ἡ Μυσῶν λεία s. λεία.)

μύσος, τό [ῠ], poet. u. sp., etwas was Ekel, Abscheu verursacht, bes. übertr. abscheuliche, verbrecherische Handlung od. Rede, Freveltat.

μυστ-αγωγέω, sp. in die Mysterien einführen.

μυσταγωγία, ἡ, sp. Einführung in die Mysterien.

μυστ-αγωγός, ὁ (μύστης, ἄγω), sp. der in die Mysterien Einweihende; bei den eleusinischen Mysterien ein attischer, selbst vollständig eingeweihter Bürger, welcher andere im Zeremoniell der Mysterienordnung unterrichtete.

μύσταξ, ακος, ὁ, lakon. W., sp. der Schnurrbart od. Schnauzbart, frz. *la moustache.*

μυστήρια, τά (μύστης). 1) der **Geheimdienst** einer Gottheit oder deren Fest. Insbes. die eleusinischen Mysterien der Demēter. Die großen (μεγάλα) wurden vom 15. bis 27. Boēdromion, im Anfang September, in Athen gefeiert. 2) N. T. (auch im Sg.) das Geheimnis, die Geheimlehre, das Sakrament. 3) sp. allgem. heilige Ordnungen, Gesetze.

μυστηριῶτις, ἡ, adj. an den (Eleusin.) Mysterien stattfindend, **σπονδαί** Waffenstillstand.

μύστης, ου, ὁ (μυέομαι), im allgem. der Geweihte, u. zwar der in die eleusinischen Mysterien Eingeweihte. Im bes. aber der, der die großen Mysterien zum erstenmal begeht, im Gegensatz zu dem Epopten, welcher durch die wiederholte Begehung die letzte Vollendung bekommt.

μυστικός, 3. mystisch, geheimnisvoll, geheim; insbes. bei den Mysterien vorkommend, Ἴακχος Hymnos der Eingeweihten auf den Dionȳsos. Subst. τὰ μ. das die Mysterien Betreffende, die Mysterien.

μυστῐλάομαι, poet. (v. μυστίλη, Stück ausgehöhlten Brotes), mit einem Stück Brot Suppe schöpfen, **τῶν δημοσίων,** aus dem Staatsgute schöpfen, d. h. unterschlagen. [aufnehmend.

μυστο-δόκος, 2. (δέχομαι), poet. die Geweihten

μυσώδης, 2. sp. abscheulich, vgl. *μυσαρός.*
Μῠτιλήνη, Hauptstadt von Lesbos, j. *Kastro;* der Einw. ὁ **Μυτιληναῖος,** später **Μιτυλήνη** u. **Μιτυληναῖος** geschrieben.
μυττωτός, ὁ, Brühe aus Knoblauch u. ä.
μυχθίζω, buk. poet. sp. schnauben, spotten, *χείλεσι* die Lippen zum Spott verziehen. Dav.
μυχθισμός, ὁ, poet. das Röcheln, Stöhnen.
μύχιος, 3. ep. poet. u. sp. (*μυχός*), innerlich, im Innersten gelegen, *intimus,* dah. *μύχιόν τι χρέμπτεσθαι* u. ähnl., d. h. tief aus der Brust, u. poet. entfernt. Superl. ep. **μυχοίτατος,** 3. im innersten Winkel (*ἷζε* saß er), d. h. am weitesten vom Eingange.
μυχμός, ὁ (vgl. *μύζω*), ep. das Seufzen, Gestöhne.
μυχόθεν (*μυχός*), poet. Adv., aus dem Innern des [Hauses.
μυχοίτατος, s. *μύχιος.*
μῠχόνδε, ep. Adv., ins Innerste.
μῠχός, ὁ. 1) der innerste Ort, das Innere, Innerste, der Winkel, Schlucht, Bucht. 2) überh. ein verborgener, dunkler Ort. **a)** Versteck, **b)** Schatzkammer.
μυχώδης, 2. poet. mit verborgenen Räumen.
μύω [ῠ̆], (verw. *μυέω*), Aor. *ἔμῠσα,* Perf. (*συμ*)*μέμῠκα.* 1) sich schließen, insbes. **a)** von den Augen, dah. auch von den Personen, sich d. h. seine Augen schließen, *μύσας* mit geschlossenen Augen. **b)** sp. sich fest ineinanderfügen (v. Steinen). 2) übertr. einschlummern, sich enden.
μυών, ῶνος, ὁ (*μῦς*), ep. Muskelknoten, Muskelmasse, die Stelle am Körper, wo mehrere Muskeln ineinander laufen.
μυωπάζω, ar. N. T. kurzsichtig sein.
I. **μύωψ,** *ωπος,* ὁ, ἡ (*μύω, ὤψ*), die Augen schließend, blinzelnd, kurzsichtig.
II. **μύωψ,** *ωπος,* ὁ (zu *μυῖα*), 1) Bremse. 2) Stachel, Sporn; übertr. Anreiz, Anreizer.
Μῶα, dor. lak. = *Μῶσα, Μοῦσα.*
μωκάομαι, Med. sp. verspotten, höhnen.

μῶλος, ὁ (vgl. lat. *mōles*), ep. Arbeit, insbes. (*Ἄρηος*) der Kampf, das Kampfgetümmel.
μῶλυ, *υος, τό,* ep. ein fabelhaftes Wunderkraut.
μώλωψ, *ωπος,* ὁ, ar. sp. N. T. die Strieme.
μωμάομαι, ep. poet. u. sp. Dep. med., Inf. praes. dor. *μωμῆσθαι,* Fut. *μωμήσομαι,* Aor. med. *ἐμωμησάμην,* pass. *ἐμωμήθην* = *μωμεύω,* s. d.
Μώμεμφις, *ιος,* ἡ, Stadt in Unterägypten, jetzt *Menouf.*
μωμέομαι, ion. poet., Part. *μωμεύμενος,* und
μωμεύω (*μῶμος*), ep. tadeln, schmähen, höhnen.
μωμητός, 3. poet. sp. tadelnswürdig.
μῶμος, ὁ, ep. poet. sp. Tadel, insbes. ein Schimpf, Schandfleck; dav. *Μῶμος,* die personifizierte Tadelsucht.
μῶν (*μή, οὖν*), Fragepartikel, eigentl. doch nicht etwa?, wo eine verneinende Antwort erwartet wird, *μῶν ἠνιξάμην;* du verstehst mich doch? Auch *μῶν οὐ, μῶν μή, μῶν οὖν* kommen vor.
μῶνος, dor. = ion. *μοῦνος* = att. *μόνος.*
μῶνυξ, *ῠχος,* ὁ, ἡ (f. *σμῶνυξ* vom St. *sem,* s. *εἷς,* u. *ὄνυξ*), Beiw. der Pferde, einhufig, mit ungespaltenem Hufe.
μώνυχος, 2. poet. = dem vorigen.
μώομαι, Imper. *μώεο* od. *μῶσο,* s. *μάομαι.*
μωραίνω, Fut. *μωρᾰνῶ,* Aor. *ἐμώρᾱνα* (*μωρός*), 1) Akt. **a)** stumpfsinnig, einfältig, töricht sein u. handeln; *πεῖραν* einen tollen Versuch machen. **b)** dumm machen, als dumm erweisen, zum Narren machen, N. T. 2) Pass., Aor. *ἐμωράνθην,* **a)** dumm werden, zum Narren werden. **b)** den Geschmack verlieren, fade werden, N. T.
μωρία, ion. **-ίη,** ἡ (*μωρός*), Stumpfheit, Einfalt, Dummheit, Torheit, *μωρίᾳ* törichterweise.
μωρολογία, ἡ, sp. N. T. das Einfältigreden.
μῶρος, 3. u. 2., u. **μωρός,** 3., Adv. **-ρῶς** (lat. *mōrus* ist Lw.), stumpfsinnig, einfältig, töricht; im N. T. auch: gottlos.
Μῶσα, ἡ, buk. = *Μοῦσα.*
Μωσῆς u. **Μωϋσῆς,** *έως,* hebr. *mōshèh,* Moses.

N.

N, ν, νῦ, der dreizehnte Buchstabe des griech. Alphabets, entspr. oriental. *nun,* als Ziffer *ν'* 50.
νᾶα, dor. acc. sg. von *ναῦς,* = *νῆα.*
Νάβις, *ιδος,* grausamer Tyrann von Sparta.
ναέτας, ὁ (*ναίω*), poet. Bewohner.
Ναθῶς, *ῶ,* ἡ, ägyptischer Gau im östl. Delta.
ναί u. verst. **ναιχί** (*νή,* lat. *nae, ne*), bejahende u. beteuernde Partikel in affirmativen Sätzen, bes. in Antworten u. in Schwüren, ja, o ja, wahrlich, fürwahr, teils abs., teils mit u. ohne *μά* mit dem Akk., wahrlich bei —; *ναὶ καὶ οὔ* ja u. nein.
Νᾱϊάς, *άδος,* ἡ (*νάω*), Fluß- od. Quellnymphe.
ναΐδιον, *τό,* sp. Dem. v. *ναός,* Tempelchen.
ναιετάω, nur Präs. u. Impf., ep. Nebenf. (mit dem Part. *ναιετάων, άουσα, -όων, -όωσα* u. dem Impf. iter. *ναιετάεσκον, -άασκον*) zum I. *ναίω:* wohnen (α 404 bestehen) u. bewohnen; *εὖ* (*ἐὺ*) *ναιετάων* wohnlich.

νάιος, dor. u. poet., ep. u. poet. auch **νήιος,** 3. (poet. auch 2.), u. pros. **νηίτης,** *ου,* ὁ, zum Schiff (*ναῦς*) gehörig, des Schiffes, aus Schiffen bestehend, *στρατός* ein Flottenheer, *στόλος* die Flotte, *τέχνη* Steuerkunst, *ἐμβολαί* Schiffsangriff. Subst. *τὸ νήιον* (mit u. ohne *δόρυ*) Schiffsbauholz, Schiffsbalken.
ναΐς, *ίδος,* ἡ, s. *νηιάς.*
ναιχί, *ναίχι* s. *ναί.*
I. **ναίω,** poet., ep. inf. *ναιέμεν,* Impf. iter. *ναίεσκε,* Aor. 1. act. *ἔνασσα* u. *νάσσα,* pass. *ἐνάσθην* (aus *νασjω,* vgl. *νεσ* in *νέομαι, νίσομαι, νόστος*). 1) intrans. **wohnen,** sich aufhalten, weilen, sich befinden; von Örtlichkeiten: bewohnt sein, gelegen sein; von Gemütszuständen: innewohnen; *τινί, ἔν, ἐπί, ὑπό τινι* in, an, auf, unter etwas, *παρά τινι* u. *μετά τινος* bei, mit jmdm., *τινί* jmdm.; poet. auch = *εἰμί.* 2) trans. **bewohnen,** *τί;* mit Aor. 1. act. *νάσσα,* zu bewoh-

nen geben, wohnbar einrichten, *τί τινι*, dah. Aor. pass. *ἐνάσθην* sich ansiedeln, *τινί* an einem Orte.
II. **ναίω,** ep., s. *νάω*.
νάκη, *ἡ*, ep. sp., u. **νάκος,** *εος, τό*, ion. poet. sp. das wollige Fell, Vlies.
νακτός, 3. (*νάσσω*), sp. festgestampft; gefilzt.
νᾶμα, *τό* (*νάω*), das Fließende, Fluß, Quell, Flüssigkeit; übertr. Strom von Tränen od. von Feuer.
νᾶμέρτεια, dor. st. *νημέρτεια, ἡ*, poet. Bewahrheitung, Erfüllung, *τινός* von etwas.
νᾶμερτής, 2. poet. (dor.) = *νημερτής*.
Νάνναχος, *ὁ*, poet. ein sagenhafter alter phrygischer König; sprichw. *τὰ Νεννάκου κλαίω* wie Nannakos weinen.
νάννος u. **νᾶνος,** sp. Zwerg, auch zwerghaftes [Tier.
ναννώδης, 2. sp. zwergartig.
Νάξος, *ἡ*. **1)** die größte der Kykladen, jetzt *Naxiá*, poet. *Δῖα*, Sitz der Verehrung des Dionysos, 490 v. Persern verwüstet, 453 von athenischen Kleruchen besetzt. Adj. **Νάξιος,** 3. **2)** Stadt im NO Siziliens, Kolonie von Chalkis auf Euböa, dah. auch *ἡ Χαλκιδική* genannt.
νᾱός, *ὁ*, att. **νεώς** m. Akk. *νεών* u. *νεώ*, ion. u. sp. **νηός** (aus *ναϝ-Ϝος*, zu *ναίω*), Götterwohnung, Tempel, insbes. das eigentliche Tempelhaus, wo das Bild der Gottheit zu stehen pflegte, so daß *ναός* ein Teil des *ἱερόν* ist.
ναός, Gen. st. *νηός*, s. *ναῦς*.
νᾱο-φύλαξ, *ἄκος, ὁ*, poet. Tempelhüter, Diener zur Beaufsichtigung des Tempels.
ναπαῖος, 3. (*νάπη*), poet. sp. waldschluchtig.
Νάπαρις, *ὁ*, nördl. Nebenfl. des Ister.
νάπη, *ἡ*, u. **νάπος,** *εος, τό*, waldiger Talgrund, Waldtal, Wald, Forst, Tal.
νᾶπυ, *υος, τό*, Senf.
Νάρ, *ὁ*, Nar, Fl. in Umbrien, Nebenfl. des Tiber.
Νάρβων, *ωνος, ἡ*, Stadt in Südgallien, Narbonne. Davon [Adj. fem. narbonensisch.
Ναρβωνῖτις, *ιδος, ἡ*, Gallia Narbonensis, auch
νάρδος, *ἡ*, sp. N. T. eine indische Baldrianart; das davon gewonnene Nardenöl.
Ναρθάκιον, *ου, τό*, Berg u. Ortschaft in Phthiotis.
ναρθηκο-πλήρωτος, 2. poet. den Narthexstengel füllend. [*θηξ*), Stockträger.
ναρθηκο-φόρος, *ὁ* (*φέρω*), Weihstabträger (s. *νάρ-*
νάρθηξ, *ηκος, ὁ*, **1)** Narthexrohr von einer hochwachsenden Doldenpflanze des südl. Europa, *ferula communis*, Steckenkraut, dessen Mark als Zunder diente, dah. die Sage, daß Prometheus den himmlischen Funken im Narthex geholt. Es diente **a)** zu Stäben oder Stöcken, wie sie die Bakchanten bei den Bakchosfesten als *θύρσοι* trugen. **b)** zu Gerten, als Züchtigungsmittel in den Knabenschulen. **2)** sp. *ν. ἐλεφάντινος* elfenbeinerne Kapsel für Medikamente. Alexander legte in ein solches Kästchen die Aristotelische Rezension des Homer, die davon *ἡ ἐκ τοῦ νάρθηκος* (*ἔκδοσις*) hieß.
ναρκάω, erstarren, gelähmt werden.
νάρκη, *ἡ*, der Krampfroche (eigentl. das Erstarren).
νάρκισσος, *ὁ* (buk. auch *ἡ*), (v. *ναρκάω*, wegen des betäubenden Geruchs), poet. u. sp. der Narkissos, mehrere Arten einer schön blühenden Pflanze, darunter viell. auch unser *narcissus*. Als Eigenn. **1)** ein schöner Jüngling aus Thespiä in Böotien, der die Liebe der Echo verschmähte und dafür von den Göttern in diese Blume verwandelt wurde. **2)** der Günstling des Kaisers Claudius. **3)** N. T. ein Römer.
ναρκώδης, 2. sp. erstarrt.
Ναρσῆς, *οῦ, ὁ*, der oström. Feldherr Narses.
νᾶσιῶτις, *ιδος, ἡ*, dor. f. *νησιῶτις*, s. *νησιώτης*.
νασμός, *ὁ*, poet. = *νᾶμα*.
νᾶσος, *ἡ*, dor. f. *νῆσος*, s. d.
νάσσω, ep. poet. sp., Aor. act. *ἔναξα*, Perf. pass. *νένανμαι* (u. *νένασται*), festdrücken, feststampfen, *νεναγμένος* fest.
ναυᾱγέω, ion. **ναυηγ.,** Perf. *νεναυήγηκα* (*ναυαγός*), Schiffbruch leiden, scheitern.
ναυᾱγία, ion **ναυηγίη,** *ἡ*, der Schiffbruch.
ναυᾱ́γιον, *τό*, sing. nur sp, ion. **ναυήγιον, 1)** Wrack, Schiffstrümmer. **2)** Schiffbruch, *ναυαγίῳ περιπίπτειν*, Schiffbruch leiden.
ναυ-ᾱγός, ion. **-ηγός,** 2. (*ἄγνυμι*), schiffbrüchig.
ναυαρχέω (*ναύαρχος*), Schiffsbefehlshaber sein, den Befehl zur See führen, abs., u. *τινός* Schiffskapitän, Befehlshaber eines Schiffes sein.
ναυαρχία, *ἡ*, das Flottenführeramt, Admiralsamt.
ναυαρχίς, *ίδος, ἡ*, sp. mit u. ohne *τριήρης* das Admiralschiff.
ναύ-αρχος, *ὁ* (*ἄρχω*), **a)** Schiffsbefehlshaber, Flottenführer, Admiral, unter welchem die Schiffskapitäne, Trierarchen, als Befehlshaber einzelner Schiffe standen, bes. bei den Lakedämoniern, Persern usw. In Athen war der offizielle Ausdruck dafür *στρατηγός*, weil hier die Strategen auch den Oberbefehl zur See führten. **b)** Schiffsoberster, Schiffskapitän.
ναυ-βάτης *ου, ὁ* (*βαίνω*), **1)** Subst. der zu Schiffe reist, **a)** Schiffspassagier. **b)** Schiffsmann, Matrose, Seemann, Ruderknecht, Schiffer, teils abs., teils mit *νεώς*, od. auch mit *ἑπτὰ ναυσί* sieben Segel führend. **2)** Adj. poet. zur Schiffahrt od. Marine gehörig, *στόλος* Flottenfahrt, *ὁπλισμός* Schiffsausrüstung, Schiffsbemannung.
ναύ-δετον, *τό*, poet. Schiffsseil.
ναυηγέω, -γίη, -ήγια, s. *ναυαγ*.
ναυκληρέω (*ναύκληρος*), eigtl. ein Schiff besitzen; übertr. *πόλιν* den Staat lenken.
ναυκληρία, *ἡ* (*ναυκληρέω*), **1)** das Leben eines Schiffspatrons, die Schiffahrt. **2)** poet. u. sp. das Schiff des *ναύκληρος*. [rig.
ναυκληρικός, 3. sp. dem Kapitän (*ναύκληρος*) gehö-
ναυ-κλήριον, *τό*, Seefrachtschiff, od. poet. Ankerbucht.
ναύ-κληρος, *ὁ*, (aus *ναύκραρος* durch Dissim., mit volksetymol. Anlehnung an *κλῆρος*), mit u. ohne *τῆς νεώς*, Schiffspatron, Schiffsherr, Reeder, Schiffskapitän, der sein Schiff u. Plätze darin an andere Personen vermietet, übertr. poet. Führer.
ναυκρᾱρία, *ἡ*, Schiffshauptmannschaft, Gemeinschaft athenischer Bürger unter einem *ναύκρᾱρος* (s. d.), die ein Schiff zu stellen hatte.
ναύ-κρᾱροι, *οἱ*, (auch *ναύκλαροι*), urspr. 'Schiffshaupt' (v. *ναῦς* u. St. *κρασ* s. *κράσπεδον*), Vorsteher einer *ναυκραρία*, deren es in alter Zeit 48 gab

(jede der vier Phylen hatte drei τριττύες, jede τριττύς vier ναύκραροι); jede hatte ein Schiff u. zwei Reiter zu stellen. Kleisthenes nahm ihnen die Finanz- u. Kriegsverwaltung ab u. erhöhte ihre Zahl auf 50. S. auch τριηραρχία u. συμμορίαι.

ναυκρᾱρικός, 3. ar. zur Naukrarie gehörig, der N.

ναυκρᾰτέω (ναυκρατής), zur See die Oberhand gewinnen od. haben.

ναυ-κρᾰτής, 2. ion. u. **ναυ-κράτωρ, ορος,** ὁ, **1)** zu Schiffe die Oberhand, die Seeherrschaft habend, Seebeherrscher, Meister zur See, abs. u. mit τῆς θαλάσσης. **2)** ναυκράτωρ, poet. auch Schiffsgebieter = ναύκληρος.

Ναύκρατις, ιος, ἡ, Stadt in Unterägypten, am rechten Ufer des kanobischen Nilarms, von Milesiern ca. 550 v. Chr. gegründet, daher dort allein Griechen sich ansiedeln u. Handel treiben durften.

ναῦλον, τό (ναῦς), Fahrgeld, Frachtgeld.

ναυλοχέω, 1) ion. poet. u. sp. intr. im Hafen vor Anker liegen, ἔν u. πρός τινι, περί τι irgendwo. **2)** att. trans. mit den Schiffen auflauern, belauern, τινά.

ναυλόχια, τά, sp. Dem. zum folg.

ναύ-λοχος, 2. (λόχος), ep. poet. u. sp. eigtl. den Schiffen zum Lager dienend, dah. schiffbergend, Beiw. des Hafens od. Strandes. Dah. Subst. (τὰ) ναύλοχα (sp. auch ναύλοχον) Ankerplätze.

ναυμᾰχέω (ναυμάχος), zur See kämpfen, einen Seekrieg führen, eine Seeschlacht liefern.

ναυμᾰχησείω, Desider. zum vorigen, eine Seeschlacht wünschen.

ναυμᾰχία, ion. **-ίη,** ἡ (ναυμάχος), Seeschlacht, Seekampf, ν. ποιεῖσθαι u. ποιεῖν eine Seeschlacht liefern.

ναύ-μαχος, 2. (μάχη), ep. ion. u. sp. zum Seekampfe brauchbar od. geschickt.

ναυ-μάχος, 2. poet. zu Schiffe kämpfend.

Ναύ-πᾰκτος, ἡ, d. i. Schiffswerfte, feste Hafenstadt der ozolischen Lokrer im Korinth. Meerb.; von dort zogen die Herakliden in den Peloponnes, durch Athen wurden dort Messenier angesiedelt 455 v. Chr.; j. *Lepanto.*

ναυπηγέω (ναυπηγός), **1)** Akt. u. Pass. Schiffe bauen, zimmern. **2)** Med. **a)** sich (*sibi*) Schiffe bauen, od. bauen lassen, und zwar mit od. ohne νέας u. ähnl. **b)** = Aktiv.

ναυπηγήσιμος, 2. (auch 3.) u. sp. **ναυπηγικός,** 3. zum Schiffsbau gehörig od. brauchbar, ξύλα Schiffsbauholz, πέλεκυς τῶν ναυπηγικῶν eine Axt wie die der Schiffszimmerleute, eine Schiffszimmeraxt.

ναυπηγία, ion. **-ίη,** ἡ, mit u. ohne νεῶν u. ähnl., Schiffbau, Bau von Schiffen.

ναυ-πηγός, ὁ (πήγνυμι), Schiffsbaumeister, Schiffszimmermann.

Ναυπλία, ion. **-ίη,** ἡ. **1)** Seehafen von Argos, Adj. **Ναύπλιος,** 3. **2)** ein Felsen bei Delphi.

Ναύπλιος, ὁ, **1)** König auf Euböa, Vater des Palamedes; um diesen zu rächen, lockte er die von Troja heimkehrenden Griechen durch trügerische Leuchtfeuer in die ihnen verderblich werdende Brandung. **2)** sonst. Eigenn. **3)** Adj. zu Ναυπλία, s. d.

ναύ-πορος u. **ναυ-πόρος,** s. ναυσίπορος.

ναῦς, ἡ, ion. **νηῦς,** flekt. att. Gen. νεώς, Dat. νηί, Akk. ναῦν, Du. Gen. νεοῖν, Pl. Nom. νῆες, Gen. νεῶν, Dat. ναυσί, Akk. ναῦς, episch Gen. νηός u. νεός, Dat. νηί, Akk. νῆα u. νῆ'(α) u. νέα, Pl. Nom. νῆες u. νέες, Gen. νηῶν u. νεῶν, Dat. νήεσσι u. νέεσσι u. νηυσί, Akk. νῆας u. νέας, Gen. u. Dat. auch ναῦφι, dor. Sg. Gen. νᾱός, Dat. νᾶΐ, Pl. Nom. νᾶες, Gen. νᾱῶν, u. spät ναῦς als Nom. pl. (lat. *navis*), das **Schiff;** μακρά Kriegsschiff, μεγάλη Lastschiff, κατὰ μίαν ναῦν τεταγμένοι ein Schiff hinter dem andern aufgestellt.

ναῦσθλον = ναῦλον, τό, Fahrgeld. Dav.

ναυσθλόω, poet. **1)** Akt. in einem Schiffe bringen, schicken, wegführen, τινά. **2)** Med. **a)** = Akt. **b)** zu Schiffe fahren, schiffen.

ναυσίη, ἡ, poet. = ναυτία.

ναυσι-κλειτός, 3. ep., u. **ναυσι-κλυτός** (and. ναυσίκλυτος), 2. ep. poet. schiffsberühmt, d. h. durch Schiffahrt od. zur See berühmt.

ναυσι- (ion. **νηυσι-**)**πέρητος,** 2. (περάω), ion. worüber nur mit Schiffen überzusetzen ist.

ναυσί-πομπος, 2. poet. schiffgeleitend.

ναυσί-πορος, 2. u. poet. **ναύ-πορος,** 2. von Schiffen befahren, schiffbar; aber

ναυσι-πόρος, 2. poet. u. **ναυ-πόρος,** poet. zu Schiffe fahrend.

ναυσί-στονος, 2. poet. ὕβρις, der durch die (Niederlage der) Schiffe bejammernswerte Hochmut, die jammervolle Schmach der Schiffe.

ναυσι-φόρητος, 2. poet. zu Schiffe fahrend.

ναύ-σταθμον, τό, u. sp. **ναύ-σταθμος,** ὁ, Ort, wo Schiffe aufgestellt werden, Sammelplatz für die Schiffe, Flottenstation, Ankerplatz, Reede, bei Plut. auch (ὁ ν.) die versammelten Schiffe, die Flotte.

ναυστολέω, poet. u. sp. **1)** Akt. **a)** intr. in einem Schiffe fahren, segeln, reisen, ἔκ τινος von woher, πρός τι wohin; überhaupt fahren, gehen, reisen. **b)** trans. **α)** zu Schiffe senden, bringen, τί, u. zwar εἴς τι verschiffen. **β)** ein Schiff lenken, überh. lenken, πόλιν. **2)** Med. zu Schiffe fahren, reisen, τί wohin. Davon

ναυστόλημα, τό, poet. u. **ναυστολία,** ἡ, poet. die Schiffahrt. Von

ναύστολος, 2. (στέλλω), poet. schiffend.

Ναύτακα, τά, Stadt in Sogdiana, jetzt *Karshi.*

ναύτης, ου, ὁ Seefahrer, Matrose.

ναυτία, ἡ (ναῦς), *nausea,* **1)** ar. sp. die Seekrankheit, das Erbrechen. **2)** poet. überh. Ekel.

ναυτιάω, eigentl. die Seekrankheit haben, dah. Neigung zum Erbrechen haben, Ekel, Übelkeit empfinden.

ναυτικός, 3. (ναῦς, ναύτης) • **1) zum Schiff,** zur Schiffahrt od. zum Seewesen **gehörig,** ἐρείπια Wrack, Schiffstrümmer, ἡ ἀπόβασις das Landen mit Schiffen, ἡ ξυμμαχία Bündnis mit einer Seemacht, ὄχλος Seemannsvolk, κίνδυνος, ἀγών Seekampf, ἀρχή Seeherrschaft, στρατός u. ähnl. Schiffsheer • Subst. • **a)** ὁ ν. der Seemann • **b)** τὸ ν. das Seewesen, die Schiffsmacht, Seemacht, Flotte • **c)** τὰ ν. das Seewesen, der Flottendienst, die Flotte, auch ein dem Seehandel geliehenes Kapital; ὁ δανεισμὸς ἐπὶ ναυτικοῖς Zins für ein dem Seehandel geliehenes Kapital, welcher den gewöhnlichen Zinsfuß weit überstieg • 2) seekundig, schiffahrttreibend; ἡ ναυτική die Schiffahrtskunde, Nautik.

ναυτιλία, ion. **-ίη**, ἡ, Schiffslenkung, Schiffahrtskunst, überh. Schiff- od. Seefahrt, Seeunternehmung, z. B. die Argonautenfahrt.

ναυτίλλομαι, Dep. (nur Präs. u. Impf.), Seefahrt treiben, ἐπισμυγερῶς εἵνεκα πατρός seine Seefahrerei nach seinem Vater soll ihm schmählich bekommen, überh. segeln, abs., od. ἔς τι wohin, τινί mit etwas, z. B. ὑπτίοις σέλμασι mit gestürztem Bord d. h. zugrunde gehen; auch zu Schiffe befahren, θάλατταν.

ναυτίλος, poet. 1) Subst. ὁ der Schiffer, wie ναυβάτης, w. s. 2) Adj. ὁ u. ἡ, zur Schiffahrt gehörig, σέλμα, πλάτη.

ναυτίς, ίδος (ναῦτις, ιδος), sp. fem. zu ναύτης.

ναυτιώδης, 2. sp. Erbrechen erregend, auch übertr.

ναυτο-δίκαι, Richterkollegium für Handelsprozesse (δίκαι ναυτικαί), ebenso zur Einleitung von Prozessen wegen angemaßten Bürgerrechts (δ. ξενίας), welche dann vor den Heliasten geführt wurden.

ναύ-φαρκτος, 2., Var. zu ναύφρακτος, s. d.

ναύ-φθορος, 2. poet. schiffbrüchig.

ναῦφι, ep. Gen. u. Dat. plur. v. ναῦς, s. d.

ναύ-φρακτος, 2. poet. von Schiffen beschirmt.

νάφθα, τό, indekl., sp. eine Art Erdöl, auch Μηδείας ἔλαιον genannt.

νάφω, dor. = νήφω, s. d.

νάω [ᾰ] u. **ναίω**, ep., nur Präs. u. Impf. (verw. I. νέω u. lat. *nare*), fließen, überfließen, voll sein, abs., u. τινί von etwas.

νέα, s. ναῦς.

Νέα πόλις, s. Νεάπολις.

νε-άγγελτος, 2. poet. eben erst verkündigt.

νεᾱ-γενής, 2. dor. (poet.) = νηγενής, s. νεόγονος.

νεάζω (νέος), poet. u. sp. intr. jung sein od. werden, τὸ νεάζον das junge Geschlecht, übertr. jugendlich, kräftig handeln.

νε-αίρετος, 2. (αἱρέω), poet. neu od. jüngst eingenommen, neu eingefangen.

νε-ᾱκονής, 2. poet. (ἀκόνη), u. **νε-ᾱκόνητος**, 2. poet. (ἀκονάω), neu geschärft, frisch geschliffen.

νε-ᾱλής, 2., (αλ- „wachsen“, z. B. ἀλ-δαίνω), 1) frisch, jung. 2) unerfahren.

Νεάνδρεια u. **-ειον**, äol. St. in Troas, Ew. -εῖς.

Νε-άνθης, ους, ὁ, aus Kyzikos, Rhetor u. Geschichtschreiber aus der Zeit von Attalos I.

νεᾱνίας, ου, ὁ, (zu ἀπ-ηνής, also „Junggesicht“), Jüngling, junger Mann, bis etwa zum 41. J.; oft auch mit dem Nebenbegriff des Mutwillens u. der Anmaßung.

νεᾱνίευμα, τό, 1) mutvolle Handlung. 2) jugendlich übereilte Tat.

νεᾱνιεύομαι (νεανίας), Dep. med., sich jugendlich oder übermütig betragen, sich jugendlich unterfangen, prahlen, blenden wollen, abs. oder mit Inf.

νεᾱνικός, 3., Adv. **-κῶς** (νεανίας), nach Art eines Jünglings, jungen Mannes, jugendlich, d. h. a) frisch, lebhaft, kräftig, tatkräftig, mutig, kühn, stark. b) mutwillig, übermütig, töricht.

νεᾶνις, ion. **νεῆνις**, ιδος, ἡ, Jungfrau, Mädchen.

νεᾱνισκεύομαι, Dep. med., im Jünglingsalter sein, seine Jugendjahre hinbringen.

νεᾱνίσκος, ὁ, ion. **νεηνίσκος**, = νεανίας, bes. der junge, starke, kräftige Mann.

νε-αοιδός, 2. poet. jung singend; ὁ, ἡ, jugendliche(r) Dichter(in).

Νεάπολις, εως, ἡ, Name mehrerer Städte, bes. 1) in Kampanien. 2) im Strymonischen Meerbusen. Einw. οἱ **Νεαπολῖται**.

νεᾱρός, 3., Adv. **-ῶς** (νέος), jung, jugendlich, zart, frisch; τὸ ν. die jugendliche Frische; ὁ ν. der Knabe, Jüngling.

Νέ-αρχος, ὁ, 1) Sohn des Androtīmos, aus Kreta, wohnhaft zu Amphipolis, Admiral und Geschichtschreiber Alexanders des Großen. 2) sonst. Eigenn.

νέας, ep. u. ion., s. ναῦς.

νέατος, 3. (zu νειός), bes. ep. poet. der letzte, äußerste, unterste, auch mit Gen. νέαται Πύλου zu äußerst an der Grenze von P., vor Pylos; ἡ νεάτη (sc. χορδή) die unterste (bei uns die höchste) Seite.

νεατός, οῦ, ὁ, Bestellung des Brachfeldes.

νέβρειος, 3., poet. vom Hirschkalbe, aus Hirschknochen.

νεβρίζω, sich ein Hirschkalbfell umhängen.

νεβρίς, ίδος, ἡ, poet. ein Hirschkalbfell, Kleidung des Bakchos u. der Bacchantinnen.

νεβρός, ὁ u. ἡ, mit u. ohne ἐλάφου das Junge vom Hirsche, das Hirschkalb, πέδιλα νεβρῶν d. h. von Hirschkalbfellen. Wird als Sinnbild scheuer Furcht gebraucht, u. sprichw. war ὁ ν. τὸν λέοντα (näm. αἱρεῖ), wenn etwas gegen alles Wünschen u Erwarten eintrat.

Νέδᾱ, ᾱς, u. **Νέδη**, ης, ἡ, ein Fluß, der im Lykaiongebirge im südl. Arkadien entspringt.

νέες u. **νέεσσι**, ep. ion., s. ναῦς.

νεη-γενής, 2. (γένος), ep. neugeboren, jung, klein.

νεη-θαλής, 2. (θάλλω), poet. frisch, grünend, blühend, sprossend.

νε-ήκης (and. -ηκής), 2. ep., u. **νε-ηκονής**, 2. poet. (ἀκόνη), neu geschärft, frisch geschliffen.

νε-ήλατα, τά (ἐλαύνω), Kuchen aus frisch gemahlenem Mehle, der mit Honig eingemacht u. mit Rosinen u. Kichererbsen bestreut an die, welche Mysterien feierten, verteilt wurde.

νέ-ηλυς, υδος, ὁ, ἡ (ἤλυθον), ep. u. ion. eben erst angekommen, Ankömmling.

νεηνίης, **νεῆνις**, **νεηνίσκος**, s. νεανίας.

νεή-φατος, 2. ep. neu gesprochen, unerhört.

νείαιρα, ἡ, ep. poet. (zu νειός) die untere, γαστήρ der Unterleib.

νειᾰτος, ep. = νέᾰτος, s. d.

νεικεστήρ, ῆρος, ὁ, ep. = νεικητήρ.

νεικέω u. **νεικείω** (νεικεσ-), νεικέσ(σ)ω, ἐνείκεσ(σ)α, iter. νεικείεσκον. 1) intr. streiten (bes. mit Worten), zanken, hadern. 2) trans. tadeln, schelten, kränken.

νεικητήρ, ῆρος, ὁ, ep. Zänker, Schelter, Tadler.

νεῖκος, εος, ους, τό, u. poet. **νείκη**, ἡ, Zank, Streit, Zwietracht. 1) mit Worten: Wortwechsel. 2) tätlich: Kampf, Schlacht. 3) Anlaß zum Hader, Grund zu Beschuldigungen.

Νεῖλος, ὁ, der Nil.
νειόθεν, ep. sp., u. **νειόθι,** ep., s. νέος.
νειός, ἡ, verst. γῆ, ep. eigtl. Niederung, Acker, frisch gepflügtes Brachfeld, Brachland.
νεῖρος, τό, poet. u. **νεῖρα,** ἡ (vgl. νείαιρα), poet. der Unterleib.
νείφω, oft falsch νίφω geschr. (eigentl. σνείφω, s. ἀγάννιφος, lat. *nix, nivis* f. *nigvis*, ahd. *sniuvit*), inf. νειφέμεν ep. **1)** schneien, **παρά τινι** bei jem. **2)** beschneien, τινί mit etwas. Pass. beschneit werden.
νεκάς, άδος, ἡ (νέκυς, νεκρός), ep. Leichenhaufe.
νεκραγωγέω, sp. Tote fahren, von Charon.
νεκρικός, 3. (νεκρός), sp. die Toten betreffend, totenartig, τὰ ν. Totengeschäfte.
νεκρο-δέγμων, ὁ, poet. Tote aufnehmend.
νεκρο-δοχεῖον, τό, sp. Leichenbehältnis.
νεκρο-μαντεῖον, τό, sp. = **νεκυομαντήιον.**
νεκρο-πομπός, 2. poet. u. sp. Schattengeleiter.
νεκρός, 3., dor. Acc. pl. νεκρός, u. ep. ion. u. poet. **νέκυς,** υος, ὁ, Dat. sing. νέκυι, Dat. pl. νεκύεσσι u. νέκυσσι, Acc. pl. νέκῦς u. νέκυας (lat. *nex, necare*), **1)** Adj. tot, gestorben; abgestorben, τινί für etwas, träg, wirkungslos, nutzlos, bes. im N. T. **2)** Subst. ὁ ν. **a)** der Tote, Abgeschiedene, Bewohner der Unterwelt. **b)** die Leiche, der Leichnam, abs., u. τινός jmds.
νεκροστολέω, sp. Tote überfahren.
νεκροσυλία, ἡ, Totenberaubung.
νεκρο-φόρος, 2. (φέρω), sp. Leichenträger.
νεκρόω, sp. N. T. entkräften.
νεκρώδης, 2. (εἶδος), sp. leichenhaft.
νέκρωσις, ἡ, sp. N. T. das Abgelebtsein, Tod.
νέκτᾰρ, ἄρος, τό, der Nektar, Göttertrank; übertr. mit μελισσᾶν vom Honig.
νεκτάρεος, 3. ep. poet. nektarisch, d. i. göttlicher Art.
νέκυια (νεκυία), ἡ (νέκυς), sp. **a)** Totenopfer, um die Toten aus der Unterwelt heraufzubeschwören. **b)** Titel v. Odyssee 11. **c)** Totensühne, Totenfest.
νεκυο-μαντήιον, τό, ion. u. **-μαντεῖον,** sp. Totenorakel durch Totenbeschwörung.
νέκυς, s. **νεκρός.**
Νέμαυσος, ἡ, St. in Südgallien, j. *Nîmes*.
Νεμέα, ἡ, Tal u. Ort in Argolis zwischen Kleonä u. Phliūs, mit einem Heiligtum des Zeus (ὁ Νέμειος), nebst einem Haine, wo in jeder Olympiade zweimal die Nemeïschen Spiele (τὰ **Νέμεια**) gefeiert wurden (Νεμέᾳ νικᾶν). Adj. Νέμειος, -εος, Νεμεαῖος, -ειαῖος, f. Νεμεάς.
νεμέθω, ep. u. poet. Nbf. zu νέμω, weiden; im Med. fressen.
νεμεσάω, ep. auch **νεμεσσάω** u. Dep. med. **νεμεσίζομαι** (nur im Präs. u. Impf.) (νέμεσις). **1)** Akt. gerechten Unwillen empfinden, unwillig werden, **zürnen,** sich ärgern, ungehalten sein, verübeln, τινί jmdm., auf od. über jmdn., τί etwas od. mit οὕνεκα od. Inf. Insbes. auch scheuen, ehren, τινά u. τί. **2)** Med. **νεμεσάομαι,** ep. auch **νεμεσσάομαι,** Fut. νεμεσήσομαι, Aor. ἐνεμεσησάμην u. ἐνεμεσήθην, **a)** auf sich selbst unwillig werden, **sich entrüsten,** sich empören, für Unrecht halten, sich scheuen, sich schämen, τί od. mit Inf. od. A. c. I. **b)** = Akt. [geneigt.
νεμεσητικός, 3. ar. zum Unwillen, zur Entrüstung
νεμεσητός, 3., ep. auch **νεμεσσητός,** 3., **1)** zu verargen, zum Vorwurf gereichend, unrecht, ungebührlich, abs. od. mit Inf. Subst. τὸ ν. das Tadelnswerte. **2)** dessen Urteil man scheut, zu scheuen. (Dor. νεμεσσᾱτός.)
νεμεσίζομαι, ep. Dep. med., nur Präs. u. Impf., **1)** (wie **νεμεσάω**) **a)** unwillig gegen einen werden, ihm zürnen, **τινί.** **b)** einem etwas verübeln, verargen, verdenken, τινί τι. **2)** (wie νεμεσάομαι) sich schämen, sich scheuen, scheuen, fürchten, τινά oder τί.
νέμεσις, εως, ion. ιος, ἡ, Dat. ep. νεμέσσῑ st. νεμέσει (νέμω), **A) 1)** gerechter Unwille, Tadel, od. Zorn über Ungebühr, Ahndung, Vergeltung. **2)** das was Unwillen od. Tadel erregt od. erregen kann, tadelnswert, was gottlos ist oder die Götter kränkt, οὐ ν. man darf es nicht verargen, es ist kein Wunder, mit Inf. oder Akk. m. Inf. **3)** subj. Scheu vor Tadel od. Schande, Ehrgefühl. **B)** als Eigenn. **Νέμεσις,** εως, ἡ, die Rachegöttin, Göttin der Vergeltung des Übermuts.
νεμεσσάω, -σσήθη u. ähnl., **νεμεσσητός,** s. νεμεσάω, νεμεσητός. **νεμέσσι,** s. νέμεσις.
νεμέτωρ, ὁ, poet. der Richter.
νέμησις, ἡ, sp. das Verteilen.
νέμος, εος, τό (νέμω, lat. *nemus*), ep. u. poet. Weide, Hain.
νέμω (St. νεμ, dt. *nehmen* aus ahd. *neman*, lat. *numerus* aus *nom-esos*), ion. Fut. act. νεμέω, med. νεμέομαι, sp. Fut. νεμήσομαι in med. u. pass. Bdtg., u. ep. ion. poet. buk. **νωμάω,** νωμήσω usf., buk. Impf. iter. νώμασκεν, **teilen • 1)** austeilen, **verteilen,** κρέα, κύπελλα, μέρη, dah. auch zuweisen, zuerkennen, gewähren, θεῶν τὰ ἴσα νεμόντων was einem gebührt, ἔλαττόν τινι zurücksetzen, πολύ τινι viel auf jmdn. halten, ὤραν τινός Sorge tragen; im Med. unter sich teilen, bes. vom Erbgut, erben, οὐσίαν πρὸς ἀλλήλους **• 2)** Akt. u. Med. **sich aneignen,** innehaben, besitzen **• a)** beherrschen, verwalten, lenken, ὁ πάντα νέμων Ζεύς, κατὰ κράτος, ἐξ ἴσου gleich behandeln, ἰσχὺν ἐπὶ σκήπτροις die Kraft am Stabe lenken d. h. unterstützen; übertr. bes. νόον ἐνὶ στήθεσσι od. φρεσί d. i. überlegen **• b)** bebauen, benutzen, genießen, u. dah. bewohnen, γῆν, πόλιν, μέταλλα ausbeuten, im Med. τεμένη, ἄλσεα, Ἰθάκην. Im Pass. leben, ὑπό τινι jmdm. gehören **• c)** nur im Akt., wofür ansehen, achten, ἐγὼ δ' ἐμαυτὸν παῖδα τῆς τύχης νέμων, τάνδε οὐκ ἔτι πόλιν, dah. auch einen od. etw. annehmen, προστάτην als Schutzherrn **• 3) als Weide zuteilen • a)** weiden lassen, hüten, ποίμνια, auch übertr., χόλον nähren **• b)** abweiden, beweiden, τὰ ὄρη; pass. τὸ ὄρος νέμεται αἰξί; übertr. verheeren, verzehren, πυρὶ νέμειν πόλιν **• c)** Med. auf die Weide gehen, fressen, vom Vieh, ἄνθεα ποίης, u. Menschen, essen, verzehren, τῶν νεμόμεσθα ἄνερες, übertr. auf Feuer, Geschwüre u. dgl.: um sich fressen, sich verbreiten.
νεο-άλωτος, 2. ion. = **νεαίρετος,** frisch gefangen.

νεο-αρδής, 2. (ἄρδω), ep. frisch bewässert.
νεό-γαμος, 2. (γαμέω), neu vermählt, eben erst verheiratet, junger Ehemann, junge Ehefrau.
νεο-γενής, 2. eben erst entstanden.
νεό-γιλλος, od. **-γῖλος,** 3. ep. buk. sp., **νεο-γνός,** 3., u. **νεό-γονος,** poet. neugeboren, jung, klein.
νεό-γραπτος, 2. buk. neu gemalt.
νεο-δαμώδης, ὁ (δᾶμος, dor. st. δῆμος), Gen. pl. -ώδων (u. -ωδῶν), Neubürger, Bezeichnung der Heloten in Sparta, einige Zeit nach ihrer Freilassung. Subst. τὸ νεοδαμῶδες, das Wort Neodamode.
νεό-δαρτος, 2. (δέρω), frisch abgezogen.
νεο-δίδακτος, 2. sp. neu einstudiert.
νεο-δμής, ῆτος, ὁ, ἡ, poet. u. **νεόδμητος,** 2. (δαμάζω), poet. **1)** neu überwältigt, neu angejocht, d. h. neuvermählt, νεόδμ. γάμοι der neue Hochzeitsbund. **2)** νεόδμητος, poet. auch frisch getötet.
νεό-δρεπτος, 3. poet. u. **νεό-δροπος,** 2. poet. neu gepflückt, frisch bekränzt.
νεό-ζυγος, 2. poet. u. **νεο-ζυγής,** 2. poet. neu angejocht, übertr. neu vermählt.
νεο-θᾱλής, 2. poet. (dor.) st. νεοθηλής, s. d.
νεο-θᾱ́ξ, ᾶγος, dor. = νεόθηκτος.
νεόθεν, poet. Adv., s. νέος.
νεό-θηκτος, 2. sp. neu geschärft.
νεο-θηλής, 2. (θάλλω), ep. u. poet., u. **νεόθηλος,** 2. poet., **1)** frisch blühend, aufgrünend, keimend. **2)** neu entstanden.
νεοίη, ἡ, ep. Jugend, Jugendhitze, vgl. νεότης.
νεο-κατάστατος, 2. neu angesiedelt.
νεο-κηδής, 2. ep. voll frischen Kummers, frischer [Sorge.
νεό-κλωστος, 2. buk. frisch gesponnen.
νεό-κοτος, 2. poet. (vgl. ἀλλόκοτος), frisch, neu, wie νέος.
νεο-κράς, ᾶτος, ὁ, ἡ, poet. neu gemischt, d. i. neu [vereinigt.
νεό-κτιστος, 2. u. poet. **νεό-κτιτος,** 2. (κτίζω), neu gegründet, neu erbaut.
Νεοκωμίτης, ου, ὁ, Einw. der von Cäsar kolonisierten Stadt Comum, welche nun Neocomum hieß, jetzt *Como*.
νεο-λαία, ἡ, poet. u. sp. die junge Mannschaft, u. als Adj. jung.
νεόλλουτος, 2. (λούω), ep. frisch gewaschen, eben [erst gebadet.
νέομαι, ion. **νεῦμαι,** (νεσ-, dt. *ge-nes-en*), nur Präs. u. Impf. 2. u. 3. sg. νεῖαι, νεῖται, 2. sg. conj. νέηαι. Präs. meist mit Fut. Bdtg. u. **νίσ(σ)ομαι,** gehen, weggehen, zurückkehren.
νεο-μηνία, sp. = νουμηνία, s. d.
Νέον τεῖχος (Neuburg), **a)** äolische Stadt Mysiens, jetzt *Ainadsjik*. **b)** Kastell Thrakiens.
νεο-παθής, 2. poet. in frischem Schmerz.
νεο-πενθής, 2. ep. in frischer Trauer, in jungem Grame.
νεό-πηκτος, 2. (πήγνυμαι), sp. ep. frisch geronnen.
νεό-πλουτος, 2. mit neuem Reichtum prunkend.
νεό-πλῡτος, 2. (πλύνω), ep. poet. ion. neu gewaschen.
νεό-ποκος, 2. (πέκω), poet neugeschoren.
νεο-πολίτης, ου, ὁ, Neubürger.
νεο-πρεπής, 2. (πρέπω), sp. sich für jugendliche Leute eignend, jugendlich, von jugendlichem Sinn.
νεό-πριστος, 2. (πρίω), ep. frisch zersägt od. zerschnitten.
Νεο-πτόλεμος (b. Soph. viersilbig, εο͡), ὁ, **1)** Sohn des Achilleus, welcher den Priamos am Altar des Zeus erschlug und später Hermiŏne, Tochter des Menelaos, heiratete. Von ihm sollte mütterlicherseits Alexander abstammen. **2)** Sohn des Antikles, auf Antrag des Redners Lykurg bekränzt. **3)** sonst. Eigenname.
νεό-πτολις, ἡ, poet. die junge Stadt od. Burg.
νεό-ρραντος, 2. (ῥαίνω), poet. frisch genäßt.
νεό-ρρῡτος, 2. (ῥύω, ἐρύω), poet. frisch gezogen, eben aus der Scheide gezogen.
νεό-ρρῡτος, 2. (ῥέω), poet. frisch vergossen.
νέ-ορτος, 2. poet (ὄρνυμαι), neu erstanden, neu abgeschnitten, neu.
νέος, νέα, ion. ep. **νέη, νέον** (νεϝος, lat. *novus*, dt. *neu*) • **1)** Pos. **neu,** frisch, zart, jung, unerfahren, unbesonnen; ungewöhnlich, unerwartet, schrecklich. Subst. οἱ νέοι u. οἱ νεώτεροι junge Leute, bisw. bis zu 40 Jahren, in der Regel älter als die ἔφηβοι; τὸ νέον die Jugendzeit, τὰ ν. Neues. Wegen νέα vgl. ἕνη. ἐκ νέων von neuem, ἐκ, ἀπὸ νέου od. ἐκ νέων von Jugend an • **2)** Kompar. **νεώτερος** • **a)** jünger, ν. πράγματα Neuerungen, Umsturz, auch bloß ν. τι od. νεώτερα, νεώτερόν τι τῶν περὶ τὴν κατάστασιν ein Umsturz der Verfassung; οἱ ν. mit u. ohne γενεῆφι oder φύσει die jungen Leute • **b)** zu jung, τὸ ν. die zu junge Mannschaft • **3)** Superl. • **a)** **ὁ νεώτατος,** mit u. ohne γενεῇ, der jüngste • **b)** **νέατος** u. **νείατος,** s. bes. • **4)** Adv. • **a)** **νέον, τὸ νέον** u. **νεωστί, neu,** frisch, **neulich,** erst neuerdings, jüngst, νῦν νεωστί jetzt eben, ν. πρό kurz vor, ὁ νεωστί der jüngere, neueste. Sup. νεώτατα in jüngster Zeit • **b)** **νέατον** zuletzt • **c)** **νέωτα** (für νεοϝ(ε)τ-α von ἔτος), mit εἰς übers Jahr • **d)** **νεόθεν** poet. von neuem, νεόθεν νέος vom neuen aus (betrachtet) neu = ganz unerhört, ep. **νειόθεν** von unten herauf, ἐκ κραδίης tief aus dem Herzen • **e)** **νειόθι** (ion.) ep. zu unterst, ν. λίμνης tief unten im See.
νεός st. νεώς, s. ναῦς.
νεο-σίγαλος, 2. poet. frisch glänzend.
νεό-σμηκτος, 2. (σμήχω), ep. u. sp. frisch abgerieben, d. i. frisch poliert.
νεο-σπαδής, 2. poet. frisch gezogen.
νεο-σπάς, άδος, ὁ, ἡ, poet. frisch gebrochen.
νεό-σπορος, 2. poet. eben erzeugt.
νεοσσεύω (νεοσσός), sp., att. **νεοττεύω,** nisten; brüten. Med. sich einnisten. Pass. gebrütet werden.
νεοσσιά, ion. **-ιή,** att. **νεοττιά,** ἡ, das Nest.
νεόσσιον, τό, att. **νεόττιον,** τό, Küchlein, Junges; Herzenskindchen.
νεοσσός, neuatt. **νεοττός,** ὁ, (aus νεϝο-κjός = *novicius*), das Junge, urspr. von Vögeln, doch auch von anderen Tieren, selbst von Menschen.
νεό-στροφος, 2. (στρέφω), ep. neu geflochten.
νεο-σύλλεκτος, 2. (συλλέγω), sp. neu gesammelt.
νεο-σφαγής, 2. (σφάζω), poet. u. sp. frisch erstochen, eben abgeschlachtet.
νεό-τευκτος, 2. ep., **νεο-τευχής,** 2. (τεύχω), ep. u. buk. neu gemacht, neu verarbeitet.

νεότης, ητος, ἡ (νέος), Jugend, insbes. a) Jugendalter. b) junge Mannschaft. c) jugendlicher Sinn, Leichtsinn.
νεό-τμητος, 2. u. buk. νεό-τμᾱτος, frisch geschnitten, neu.
νεο-τόκος, ἡ, poet. u. sp. die eben erst geboren hat.
νεό-τομος, 2. (τέμνω), poet. frisch geschnitten, neu, frisch geschlagen.
νεο-τρεφής, 2. poet., und
νεό-τροφος, 2. poet. frisch genährt, neugeboren.
νεοττεύω, νεοττία, νεόττιον, νεοττός, s. νεοσσ.
νεουργός, 2. u. sp. **νεουργής,** 2. = νεότευκτος, w. s.
νε-ούτατος, 2 (οὐτάω), ep. frisch od. eben verwundet.
νεό-φονος, 2. poet. eben getötet; frisch vergossen.
νεό-φυτος, 2. sp. N. T. neu bekehrt.
νεο-χάρακτος, 2. (χαράσσω), poet. frisch eingedrückt.
νεοχμός, 2. ion. poet. sp. neu, unerhört (eigentl. neu im Lande, v. νέος u. d. Stamm v. χαμαί).
νεοχμόω (vom vor.) = νεωτερίζω, w. s.
νεόχμωσις, εως, ἡ, sp. Neuerung, Erneuerung.
νεόω, (νέος), poet. neu machen.
νέποδες, ων, αἱ, ep. 1) nach alten u. neuen Erklärern = schwimmend mit den Füßen, νηξίποδες, schwimmfüßig, φῶκαι. 2) buk. die Jungen, Kinder, Brut.
Νέπως, ὁ, Κορνήλιος, röm. Geschichtschreiber.
νέρθε u. **-θεν,** s. ἔνερθε.
Νερούιοι, οἱ, die Nervier, ein gallisches Volk.
νέρτερος, 3. auch 2. (= ἐνέρτερος, zu ἔνεροι, w. s., vgl. νειός), poet. der tiefere, untere, im bes. unterirdisch, in der Unterwelt herrschend od. befindlich, ἡ ν. θεός Persephone, πλάκες die Unterwelt, οἱ ν. die Toten.
Νέρων, ωνος, ὁ, Kaiser Nero.
Νέσσος, ὁ, 1) Kentaur, s. Ἡρακλῆς. 2) s. d. folg.
Νέστος, od. (früher b. Arr.) **Νέσσος,** ὁ, Fluß in Thrakien, der Thasos gegenüber ins Ägäische Meer fällt, j. *Mesto*.
Νέστωρ, ορος, ὁ, Sohn des Neleus u. der Chloris, König in Pylos, unter den Helden vor Troja durch sein hohes Alter (schon über das dritte Menschenalter herrschte er) u. seine Weisheit u. Beredsamkeit hervorragend. Adj. dav. **Νεστόρεος,** 3. dem Nestor gehörig. Patron. **Νεστορίδης,** ου, ὁ, Sohn des Nestor.
νεῦμα, τό (νεύω), der Wink, νεύματι χρῆσθαι einen Wink geben, ἀπὸ νεύματος προστάττειν durch einen Wink befehlen.
νεῦμαι, s. νέομαι.
νεῦρον, τό, u **νευρά,** ion. **-ρή,** ἡ, ep. Gen. u. Dat. νευρῆφι(ν) (*sneuro-m, lat. *nervus*, dt. *Schnur*, aus ahd. *snuor*). 1) Sehne. 2) Schnur aus Sehnen bes. zur Befestigung der Pfeilspitzen am Schaft, auch für Schleudern. 3) **νεῦρα, τά, νευρή,** ἡ, u. **νευρείη,** ἡ, Bogensehne aus gedrehtem Darm, Bogen. 4) Faser. Übertr. Spannkraft, Stärke.
νεύρινος, 3. aus Sehnen gemacht.
Νευρίς, γῆ, ἡ, Land der Νευροί, eines Volkes im innern Polen u. Litauen bis zum Dniepr hin.
νευρορραφέω, eigtl. mit Sehnen zusammennähen, insbes. einzelne Teile der Schuhe nähen.
νευρο-ρράφος, ὁ, der Schuhflicker.
νευρο-σπαδής, 2. poet. u. **νευρό-σπαστος,** 2. ion. von der Sehne zurückgezogen, Pfeile; von Fäden gezogen, Gliederpuppen.
νευρο-σπαστέω (vom folg.), sp an Sehnen, Saiten ziehen, — in Bewegung setzen, erregen.
νευροσπάστης, ου, ὁ, sp. Puppen-, Marionettenspieler.
νευρώδης, 2. sehnig.
νευστάζω, ep verläng. Form zu νεύω.
νευστέον, Adj verb. zu I. νέω schwimmen.
νεύω, (lat. *nuo*), **nicken,** d. i. 1) **sich** wiederholt **neigen,** auf- u. abbeugen, schwanken, τινί mit etwas, auch κεφαλάς od. κάρα mit den Köpfen schwanken, infolge Kraftlosigkeit, überh. sich wohin (εἴς τι) neigen, od. mit κάτω vor Scham die Augen niederschlagen. 2) **winken,** a) als Zeichen des Mißfallens κεφαλῇ den Kopf schütteln, weil einem eine Sache nicht gefällt, od. ὀφρύσι mit den Brauen winken; τινί jmdm. zunicken, winken, εἴς τι sp. auf etwas deuten, b) als Zeichen des Beifalls, des Befehls, zusagen, gewähren, versprechen, τί τινι od. mit Inf.
νεφέλη, ἡ, u. **νέφος,** εος od. νέφους, τό, selten in Prosa (lat. *nubes, nebula*, nhd. *nebel*). 1) **Wolke,** Gewölk, Nebel, oft im Pl. ἐκ νεφέων auch vom Sitze der Wolken, überh. Dunkel; od. übertr. κυανέη, φονία, θανάτοιο Todesdunkel, dag. ἄχεος od. ὀφρύων ὕπερ eine Wolke düstern Schmerzes auf der Stirn, πολέμοιο Wetterwolke des Krieges. 2) übertr. (νέφος) **dichte Menge,** Schar, Getümmel.
Νεφέλη, ἡ, Gemahlin des Athamas, Mutter des Phrixos u. der Helle.
νεφελ-ηγερέτα, αο, ὁ, ep. u. sp. st. νεφεληγερέτης (ἀγείρω), der Wolkensammler, Beiw. des Zeus, der die Wolken zu einem Wetter zusammentreibt.
νεφόω, sp. bewölken, verfinstern.
νεφρῖτις, ιδος, ἡ (von νεφρός, ahd. *niero*, Niere), mit νόσος die Nierenkrankheit.
νεφρός, οῦ, ὁ, Niere, Pl. N. T. ἐρευνῶν νεφροὺς καὶ καρδίας Nieren u. Herzen, d. h. die geheimsten Gedanken erforschend.
I. **νέω,** inf **νεῖν,** Fut. νεύσομαι (-σοῦμαι), Aor. ἔνευσα, Perf. νένευκα, Adj. verb. νευστέον, ep. Impf. ἔννεον (st. ἔσνεον), ion. Praes. inf. νέειν (St. νευ aus ält. σνευ, vgl. νάω), u. ep. **νήχω** mit ep. u. sp. Med. **νήχομαι,** Fut. νήξομαι, schwimmen.
II. **νέω,** später **νήθω,** dor. die Tempora νήσω, ἔνησα u. νήσαντο, νητός (St. νε, lat. *neo*, dt. *nähen*, aus ahd. *nājan*, nhd. *Naht*), spinnen, τινί τι einem etwas. (Das Med. νέομαι s. u. κατανέομαι.)
III. **νέω,** Perf. pass. νένημαι (u. νένησμαι), Aor. νησθῆναι, Adj. verb. νητός, u. ion. u. ep. **νηέω** (-**νηνέω**), Aor. 1. ep. νήησα, a) häufen, zusammenbringen, anhäufen, aufhäufen, auf einen Haufen zusammenhäufen, aufschichten, τί, z. B. πυράν errichten. b) νηέω, beladen, befrachten, τί. c) νηέομαι, für sich od. das Seine (sein Schiff) beladen.
IV. **νέω,** s. νέομαι.
νεω-κορέω, den Tempel fegen; auch scherzhaft für: ihn ausplündern. Von
νεω-κόρος, ὁ (κορέω), eigentl. Tempelfeger, daher Tempelwärter, Tempelaufseher, auch Priester,

später Ehrenamt; bes. seit Hadrian geizten orientalische Städte danach (vgl. Münzen), νεωκόροι der Kaisertempel zu heißen.

νεωλκέω (νε-ωλκός, ἕλκω), sp. das Schiff (τί) aufs Land ziehen, ins Trockene (ins νεώριον) bringen od. schaffen. Es geschah dies durch Walzen, u. die Schiffe ruhten dann auf einem Gestelle.

Νέων, ωνος, ἡ, alte Stadt in Phokis am östlichen Fuße des Tithorea, jetzt Trümmer bei *Palea Fiva.*

νε-ώνητος, 2. (ὠνέομαι), poet. sp. jüngst gekauft u. zwar τινί von jmdm., bes. von Sklaven u. übertr. von neu auftretenden Demagogen.

νε-ώρης, 2. poet. (ὄρνυμαι), neu erstanden, neu.

νεώριον, τό (νεωρός), Schiffsbergungsplatz, oft im Plur. die Schiffswerfte, das Schiffsarsenal, Schiffslager.

νέ-ωρος, poet. = νεώρης (conj.).

νεωρός, ὁ (ναῦς u. ὤρα), Aufseher über die Schiffe.

νεώς, s. ναός u. ναῦς.

νεώσ-οικοι, οἱ, Schiffshäuser, Schiffsbehälter, Docks, die einzelnen Abteilungen des νεώριον (w. s.), in denen man einzelne Schiffe aufbewahrte, ausbesserte und baute.

νεωστί, νέωτα, νεώτατα, s. νέος.

νεωτερίζω u. **νεοχμόω** (νεώτερος, νεοχμός) • **1)** Akt. **neuern,** ändern, rütteln an etwas, insbes. etwas Feindseliges unternehmen, auf Neuerungen sinnen, unruhig werden, Unruhe od. Aufruhr stiften od. erregen, sich empören, τί, z. B. τὴν πολιτείαν die Verfassung ändern, ἄττα ein wenig, u. zwar περί τινος, εἴς u. κατά τινα gegen jmdn.; περί τι an etwas, πρός τι bei etwas, ἔν τινι in etwas, εἴς τι zu etwas (Neuem) führen. οἱ νεωτερίζοντες Unruhestifter, Revolutionäre • **2)** Pass. **sich ändern,** νεωτερίζεταί τι es tritt eine Veränderung ein in etwas, doch auch: es wird ein Mutwille, Übermut ausgeübt, im bes. es wird ein Umsturz vorbereitet oder es wird etwas erschüttert, κατά τινα gegen jmdn., εἴς τι nach einer Seite hin, nach Art von etwas, ἐπὶ μακρότερον in weiteren Kreisen.

νεωτερικός, 3. sp. (νεώτερος), jugendlich.

νεωτερισμός, ὁ (-ρίζω), **a)** Neuerung, Umsturz der Verfassung, Staatsumwälzung, Aufruhr, Empörung. **b)** Neuerungslust, revolutionäre Gesinnung.

νεωτεριστής, οῦ, ὁ (νεωτερίζω), sp. Unruhstifter, [Aufwiegler.

νεωτεροποιία, ἡ = νεωτερισμός, a.

νεωτερο-ποιός, 2. zu politischen Veränderungen geneigt, revolutionär.

νή, Beteuerungswort in bejahenden Schwüren, mit dem Akk. ja, wahrhaftig, wahrlich, νὴ τὸν πατέρα bei meinem Vater (schwör' ich's dir). (Ob es absolut gebraucht wurde, ist zweifelhaft.)

νη- (lat. *ne-*, got. *ni*, ahd. *ne* nein), untrennbares verneinendes Präfix, wie ἀν-.

νῆάδε, ep. Adv., nach dem Schiffe.

νηγάτεος, 3. ep. Adj. von zweifelhafter Abstammung, viell. neu geschaffen (γέγαα), neugefertigt, neu (and.: prächtig).

νή-γρετος, 2. (νη, ἐγείρω), ep. unerwecklich, fest, tief. Neutr. sing. als Adv. bei εὕδειν ohne aufzuwachen.

νη-δεής, 2. (δέος), poet. furchtlos.

νήδυια, ων, τά (νηδύς), ep. Eingeweide.

νήδυμος, ον, ep. stets Beiw. des Schlafs, wahrsch. tiefumhüllend, tief, fest. Sp. dafür ἥδυμος = ἡδύς, als man νήδυμος nicht mehr verstand.

νηδύς, ύος, ἡ, Akk. νηδύν u. νηδύα [ῠ in d. dreisilbigen, ῡ̆ in den zweisilbigen Kasus], ep. ion. poet. sp. die Bauchhöhle, der Bauch und alles darin Befindliche; der Magen; Mutterleib.

νηέω, s. III. νέω.

νήθω, s. II. νέω.

νηιάς, άδος, ep., u. **νηΐς, ΐδος, ἡ,** ep. u. **ναΐς, ΐδος,** poet. att. pros. u. sp. (νάω), die Najade, Quellnymphe.

Νήιον, τό, Teil des Gebirges Νήριτον, w. s.

νήιος u. **νηίτης,** s. νάιος.

νῆις, ῐδος, ὁ, ἡ, Akk. νήιδα (νη, ἰδεῖν, εἰδέναι), ep. poet. unwissend, unerfahren.

Νήισται πύλαι, αἱ, ein Tor in Theben.

νη-κερδής, 2. (νη, κέρδος), ep. nutzlos, unnütz.

νήκεστος, 2. ep. unheilbar; ntr. Adv.

νη-κηδής, 2. poet. sorgenfrei.

νηκουστέω, ep. Aor. 1. νηκούστησα (νή-κουστος, νη, ἀκούω), nicht hören, nicht gehorchen, τινός.

νηκτήρ, ῆρος od. **νήκτης, ου, ὁ,** sp. Schwimmer.

νηκτός (νήχω), 3. poet. u. sp. schwimmend, des Schwimmens kundig; τὸ ν. poet. Schwimmkunst.

νηλεής, ep. u. poet., u. ep. **νηλειής,** Adv. **νηλεῶς** (νη, ἔλεος), **a)** unbarmherzig, grausam, ὕπνος wenn man während desselben ins Unglück kommt. **b)** ohne Mitleid zu finden, erbarmungslos. **c)** ἦμαρ, unentrinnbar (v. νη u. ἀλέομαι).

νηλειτής u. **νηλεῖτις, νηλῖτις,** s. νηλιτής.

Νηλεύς, ῆος, ὁ, Sohn des Poseidon u. der Tyro, Vater der Pero u. des Nestor, Gründer von Pylos. Dav. Adj. **Νηλήιος,** 3. u. Patronym. Νηληιάδης u. -λείδης, ου, ὁ, Sohn des Neleus = Nestor, u. im Plur. die Nachkommen des Neleus, welche später nach Athen flohen, unter ihnen Alkmäon.

νηλής, 2. ep. u. poet., zsgz. aus νηλεής, s. d.

νηλίπους, οδος, ὁ, ἡ (aus νηλιπό-πους, v. νη-ἦλιψ 'ohne Fußbekleidung'), poet. barfuß.

νηλῑτής, 2. (νη, ἀλῑτεῖν), od. **νηλειτής** geschr. (νη, ἀλείτης, and. νηλείτιδες od. νηλίτιδες), ep. schuldlos, unsträflich.

νῆμα, τό (II. νέω, lat. *nemen*), im Sing. u. Plur. das gesponnene Garn. Poet. auch: das Gewebe.

νημερτής, 2. (νη, ἁμαρτάνω), ep. u. poet., u. ep. Adv. **-τέως,** unfehlbar, untrüglich, unabänderlich; wahrhaftig, der Wahrheit gemäß, ohne Falsch. Neutr. im Sing. u. Plur. als Adv.

νηνεμία, ion. **-ίη ἡ,** Windstille, bisw. mit γαλήνη; νηνεμίης zur Zeit der Windstille.

νήνεμος, 2. (νη, ἄνεμος), ep. poet. sp. windstill, ruhig.

νῆνις, ιδος, ἡ, Dat. sg. νήνι, ion. = νεᾶνις.

νῆξις, εως, ἡ (νήχω), sp. das Schwimmen.

νηός, ὁ, s. ναός u. ναῦς.

νη-πενθής, 2. (νη, πένθος), **1)** ep. u. sp. kummerstillend, φάρμακον vom Opium. **2)** ion. ohne Trauer, ohne Klage. Adv. -πενθέως.

νηπιάας, s. νηπιέη.

νηπιάζω, kindisch sein, Kind sein, sp. N. T.

νηπῐαχεύω, ep., u. buk. **νηπιάχω,** Kind od. kindisch sein, Kinderspiele treiben.

νηπίαχος, 2., s. νήπιος.
νηπιέη, ἡ, ep. Akk. plur. νηπιάας, wie v. νηπιάα, Kindesart, im Plur. kindische Träumereien, überh. Torheit, Einfalt.
νήπιος, 3., **νηπίαχος,** 2., **νηπύτιος,** 3. (St. νη-πϝ(πυ), verw. πινυτός), ep. eigtl. **1)** nicht geklärt, **a)** töricht, unwissend, einfältig, ahnungslos. **b)** unkundig, laienhaft. Subst. **νήπια** Torheit. **2)** noch nicht geklärt. **a)** unmündig, jung. **b)** übertr. kindisch. Subst. **τὸ νήπιον** das unmündige Kind.
νή-πλεκτος, 2. mit ungeflochtenem Haar.
νη-ποινεί (-νί), Adv. ungestraft. Von
νή-ποινος, 2. (νη, ποινή), ep. ohne daß Ersatz gegeben wird, ungerächt. Neutr. als Adv. ungestraft, d. h. ohne dafür Ersatz od. Entgelt zu geben.
νηπύτιος, s. νήπιος.
Νηρεύς, έως, ep. ῆος, ὁ, **1)** Sohn des Pontos u. der Gaia, Gemahl der Doris, der im Ägäischen Meere unter Poseidon herrschte, Vater von 50 Töchtern, welche **αἱ Νηρηίδες** od. **Νηρῇδες** heißen. Die bekannteste ist Thetis. **2)** N. T. ein Christ in Rom.
Νήρικος, ἡ, Stadt auf Leukas, j. *Santa Maura.*
Νήριτον, τό, Gebirge in Ithaka.
νήριτος, 2. (νη u. ἀρι zu ἀρι-θμός), zahllos, unendlich, vgl. εἰκοσινήριτος.
νηριτοτρόφος, 2. poet. Muscheln nährend.
Νήσαιον u. **Νησαῖον πεδίον,** s. Νίσαιον.
νησαῖος, 3. poet. eiländisch, insularisch.
νησίδιον, τό, **νησίς,** ῖδος, ἡ, ion. u. sp., u. **νησίον,** τό, N. T., Demin. von **νῆσος,** kleine Insel, Inselchen.
νησίζω, sp. eine Insel bilden.
νῆσις, ἡ (II. **νέω**), das Spinnen.
νησιώτης, ου, ὁ, mit dem poet. u. ion. Fem. **νησιῶτις,** ιδος, ἡ, u. **νησιωτικός,** 3. ion. poet. u. sp., **1)** Adj. auf der Insel befindlich, **πόλισμα** auf einer Insel (od. Halbinsel) gelegen. **2)** Subst. ὁ νησιώτης, der Inselbewohner, Insulaner, abs., u. **περί τι** um etwas, **τὸ νησιωτικόν** die insulare Lage.
νησο-μαχία, ἡ, sp. Inselschlacht.
νῆσος, dor. **νᾶσος,** ἡ, vielleicht die Schwimmende, dah. Insel, Eiland, auch von einer Halbinsel, **ἐπὶ νήσων πλεῖν,** d. h. nach den Inseln des Ägäischen Meeres, den Kykladen, ἡ Δωρὶς ν. der Peloponnes, abs. oder **ἔν τινι,** oder **περί τι** in einer Gegend.
νῆσσα, ἡ (lat. *ana(t)-s*, ahd. *anut*), die Ente.
νηστεία, ion. **νηστηίη,** ἡ, das Fasten; im N. T. insbes. der jüdische Versöhnungstag um Ende Sept. Von
νηστεύω (νῆστις), sp. fasten.
νηστική, ἡ (II. **νέω**), die Spinnkunst.
νῆστις, ὁ, ἡ, Gen. ion. u. ep. **ιος,** att. **ιδος,** Akk. pl. -ῖς u. -**εις** (νη, ἔδω, ἐσθίω), ep. poet. u. sp. **1)** nicht essend, nüchtern, sich enthaltend, abs., u. **τινός** von etwas. **2)** akt. Hunger verursachend.
νησύδριον, τό = **νησίδιον.**
νητός, 3. (III. **νέω**), ep. aufgehäuft.
νῆττα, att. = **νῆσσα.**
νηῦς usw., s. **ναῦς.**
νηφάλιος, 3. poet. u. sp., u. poet. **νήφων,** ονος, nüchtern, ohne Wein.
νήφω, dor. νάφω (vwdt. ahd. *nuoh-turn*) = nüchtern, nicht trunken sein, übertr. besonnen sein, abs., u. **ὑπό τινος** durch etwas.
νήχω, s. I. **νέω.**
νίζω, poet., ep. u. sp. **νίπτω** (aus νιγjω, St. νῐγ, νῐβ), Fut. νίψω, Aor. ἔνιψα, Perf. pass. **νένιμμαι,** 3. sg. **νένιπται,** Adj. verb. **νιπτός. 1)** Akt. u. Pass. benetzen, **waschen,** reinigen, abwaschen, abspülen, übertr. sühnen, **τινά τι** einen an etwas, d. h. einem etwas, **τινά τινι** einen durch etwas, **τὶ ἀπό τινος** etwas von einem, **τί τινι** etwas von etwas. **2)** Med. **sich waschen,** sich baden, sich abwaschen, **χεῖρας** die Hände vor dem Mahl, vor dem Gebet, **τινός** aus etwas, auch **ἐκ ποταμοῦ** mit Flußwasser.
Νίκαια, ἡ, **1)** Stadt Indiens an der Grenze des Gebiets der Paropamisaden, j. *Rehram.* **2)** Stadt am Hydaspes. **3)** ein Kastell in Lokris, nahe dem Thermopylenpasse. **4)** das heutige *Nizza.*
Νικ-άνωρ, ορος, ὁ, **1)** Sohn des Parmenion. **2)** alexandrinischer Grammatiker. **3)** aus Antiochia, ein Almosenpfleger in Jerusalem.
Νικάτωρ, ορος, ὁ, eigentl. der Sieger, dah. Bein. von Seleukos, König von Syrien von **312—281** v. **Chr.**
νικάω (buk. νίκημι), Fut. inf. buk. **νικᾱσεῖν** • **1)** intr. **siegen,** den Sieg davontragen, den Preis od. Prozeß gewinnen, die Oberhand behalten, besser sein, sowohl in physischer als geistiger Hinsicht. Präs. oft = Perf., Sieger sein, **νικᾷ ἵμερος,** teils abs. ὁ **νικήσας** u. **νενικηκώς** der Sieger, **ἐκ τῆς νικώσης** (verst. ψήφου) nach der Stimmenmehrheit, und so ὁ, ἡ ν. der Bessere, Beste, Schönste, teils **τινί,** (ἐν) **μάχῃ,** od. adv. **τὸ μέσον** im Mitteltreffen; impers. **νικᾷ** es geht durch, wird beschlossen, mit Inf. • **2)** trans. • **a)** etwas (τί) **ersiegen,** gewinnen, **νίκην, μάχην, τοὺς ἀγῶνας, Ὀλύμπια, πάντα, πολύ** entschieden siegen, **τὴν γνώμην** mit seiner Meinung durchdringen • **b) besiegen,** übertreffen, jmdn. fortreißen zu m. Inf.; Recht behalten trotz jmds., d. h. gegen jmdn., **τὸ δεῖμα** d. h. sie stillen, ἅπαντα mehr als alles sein, **κατὰ πάντα** in jeder Beziehung, **κατὰ κράτος** durch Gewalt, ferner **τινά τι,** z. B. **νικᾶν τινα ἡδονήν** jmdm. eine Gunst abzwingen, **νίκην τινά** einen Sieg (im Rechtsstreite) über jmdn. davontragen, **ἀρετή με** (= **κρείσσων μοι δοκεῖ**) **τῆς ἔχθρας** gilt mir mehr als; im Pass. wie **ἡσσᾶσθαι** auch mit Gen., **κρατεῖς τοι τῶν φίλων νικώμενος.** Von
νίκη [ῑ], dor. **νίκα,** ἡ, **1) a)** der Sieg, die Oberhand, sowohl in der Schlacht als im Wettkampfe u. vor Gericht usw., **b)** die Früchte des Sieges, ἡ **πρόσθεν** (νίκη) die Früchte des früheren Sieges; im Pl. der Siegesruhm. **c)** der Grund zum Siege. **2)** personif. **Νίκη,** die Siegesgöttin, *Victoria,* u. ihr Bildnis.
νίκημα, τό, sp. (νικάω), Sieg, Siegespreis.
Νικήρατος, ου, **1)** V. des Nikias. **2)** S. des Nikias, s. d.
νικητήριον, τό (νικάω), **a)** Siegespreis. **b) νικητήρια ἑστιᾶσθαι** das Siegesfest durch ein Gastmahl feiern.
νικητικός, 3. zum Siege dienlich, **παρασκευή** Anstalten zum Siege.

νῑκηφορέω, poet. als Sieg od. Siegeszeichen tragen.
νικηφορία, ἡ, poet. Erlangung des Sieges, Sieg.
νῑκη-φορος, 2. (φέρω), den Sieg davontragend, Sieger, Siegerin, siegreich, den Sieg bringend, abs., u. τινός in etwas.
Νικίας, ου, ὁ, 1) Sohn des Nikēratos, Staatsmann u. Feldherr in Athen, der den bekannten Frieden betrieb, aber vor Syrakus 413 v. Chr seinen Tod fand, bekannt durch seinen auf 100 Talente geschätzten Reichtum. Sein Sohn *Νικήρατος* wurde von den Dreißig hingerichtet. Adj. dav. **Νικίειος,** 2. als Bein des 422 zwischen Sparta u. Athen geschlossenen Friedens. 2) Freund des Dichters Theokrit. 3) sonst. Eigenn.
Νικόπολις, εως, ἡ, Name mehrerer Städte, bes. der von Augustus zum Andenken an den Sieg bei Aktium in Epirus gegründeten.
νῖκος, τό, sp. u. N. T. = *νίκη*.
νίν, (poet.) att. enklit. Acc. sing., dual. u. plur. des dritten Personalpronomen, = *μίν* (w. s.), ihn, sie, es, sie (vgl. I. *οὗ*).
Νῖνος, ἡ, Niniveh, alte Hauptstadt Assyriens, auf der östl. Seite des Tigris, Mosul gegenüber, 612 v. Chr. zerstört. Der Einw. ὁ **Νίνιος.**
Νιόβη, ἡ, Tochter des Tantalos u. der Diōne, Gemahlin des Amphīon von Theben.
νιπτήρ, ῆρος, ὁ (νίπτω), das Waschbecken, N. T.
νίπτρον, τό (wie eben), poet. Waschwasser.
νίπτω, s. *νίζω*.
Νιρεύς, έως, ep. ῆος, ὁ, Sohn des Charops u. der Aglaja, nächst Achill der schönste Held vor Troja.
Νίσαια, ἡ, 1) Hafenstadt von Megara, gegründet von *Νῖσος*, dem alten Herrscher von Megaris; dav. poet. Adj. *Νισαῖος*, 3. 2) **Νίσαιον (Νήσαιον)** od. **Νισαῖον πεδίον,** in der medischen Provinz Rhagiana mit den Stutereien des pers. Königs, dah. οἱ od. αἱ *N.* ἵπποι.
νίσομαι u. **νίσσομαι,** s. *νέομαι*.
Νῖσος, ὁ, Sohn des Pandion, König von Megara.
Νίσῡρος [ῑ], ἡ, kleine sporadische Insel bei Kos, j. *Nizzaria*. Die Einw. οἱ **Νισύριοι.**
νίτρον, τό, (hebr. *netr*), Salpeter, Natron.
νῑφάς, άδος, ἡ, ep. ion. poet. sp., u. **νῑφετός,** ὁ, ep. ion. ar. sp. (σνιφ-, vgl. *νείφω*, lat. *ningit*, *nix*, St. *snigv*, got. *snaivs*, ahd *sneo*), 1) (νιφάς) poet. Adj. u. bes. Fem. zu *νιφόεις*, beschneit, schneeig, *πέτρα* der Parnes. 2) Subst. ἡ *νιφάς* u. ὁ *νιφετός* (oft im Plur.) mit u. ohne *χιόνος*, Schneegestöber, fallender Schnee, *νιφάδες* Schneeflocken.
Νῑφάτης, ου, ὁ, 1) ein (Schnee-)Gebirge in Armenien. 2) ein Feldherr der Perser gegen Alexander.
νιφετ-ώδης, 2. sp. mit Schneefall verbunden.
νιφό-βολος, 2. poet. u. sp. schneebedeckt.
νιφόεις, εσσα, εν (νιφάς), ep. u. poet. schneeig, schneereich.
νῑφο-στιβής, 2. (στείβω), poet. über Schneemassen dahingehend od. -fahrend.
νίφω, s. *νείφω*.
νίψις, ἡ, sp. das Waschen.
νοερός, 3. 1) dem Denken eigen, intellektuell; **νοερὰ** *δύναμις* die Denkkraft. 2) = *νοητός*.
νοέω u. Med. **νοέομαι,** ion. (u. buk.) Aor. act. *ἔνωσα*, Perf. act. *νένωκα* med.-pass. *νένωμαι*, Aor. pass. *ἐνώθην* (νόος) • 1) **wahrnehmen,** bemerken, erkennen, sehen, einsehen • 2) **denken,** bedenken, erwägen, überlegen, sich vorstellen, *τί* etwas • 3) ausdenken, sinnen, **ersinnen,** vorhaben, beabsichtigen, im Sinne haben, meinen • 4) von Sätzen, Aussprüchen usw. bedeuten, besagen, bezwecken; **νοέων** verständig, bedachtsam, einsichtig, **νοέειν πρόσσω καὶ ὀπίσσω,** d. i. was geschehen kann u. geschehen ist, *τί* od. *τινά*, z. B. *ἄλλα* andern Sinnes sein oder anderes ersinnen, od. mit *ὅπως*, *ὡς* od. Inf. od. Akk. mit Part., und zwar *τινί*, *ἔν*, *μετά τινι* in, mit etwas, bes. *θυμῷ*, *ἐν*, *μετὰ φρεσί*, doch *κακά τινι* jmdm. übelwollen.
νόημα, τό, 1) Gedanke, Sinn, Gesinnung, Sinnesart. 2) Willensmeinung, Vorhaben, Entschluß, Ratschluß (meist im Plur.). 3) Denkkraft, Verstand, Klugheit.
νοήμων, 2., Gen. **ονος** (**νοέω**), ep. ion. u. sp. bei Verstande seiend, bedachtsam, verständig.
νόησις, ἡ, 1) das Wahrnehmen, Verstehen, Begreifen, Denken. 2) Denkkraft, Vorstellung, Begriff. 3) Gesinnung, Gemüt.
νοητός, 3. (**νοέω**), geistig wahrnehmbar.
νοθᾱ-γενής, 2. poet. unehelich geboren.
νοθεία, ἡ, sp. uneheliche Geburt.
νόθος, 3. unehelich, unecht, außer der Ehe erzeugt, nicht von legitimer Geburt. In Athen gehörte zur Legitimität der Geburt, daß beide Eltern attische Bürger waren. Die *νόθοι* hatten hier einen abgesonderten Übungsplatz und kein Erbfolgerecht; übertr. unecht.
νοΐ, νοός, s. *νόος*. [Gedanke.
νοΐδιον u. **νοίδιον,** τό, poet. Demin. von **νοῦς,** feiner
νομαδικός, 3. sp. umherstreifend, nomadisierend.
νόμαιον, τό, u. Plur., ion. Brauch, Gebrauch.
Νομαντία, ἡ, Stadt Numantia in Hispania Tarrac., j. Ruinen bei *Puente de Don Guarray*. Die Einw. οἱ **Νομαντῖνοι.**
νομ-άρχης, ου, ὁ (νομός, ἄρχω), ion. u. sp. Gauvorsteher bei Ägyptern u. a.
νομάς, άδος, ὁ, ἡ (**νέμω**), 1) Adj. auf der Weide umherschweifend, auf der Weide verirrt, übertr. auf dem Weideplatz ausgesetzt, u. vom Wasser: hier- u. dahin fließend (in den Gräben). 2) Subst. οἱ *Νομάδες* od. *ν.* Nomaden, wandernde Hirtenvölker, insbes. a) mit u. ohne οἱ *Λίβυες* od. *τῶν Λιβύων* die Numider d. i. nomadischen Bewohner der afrikanischen Nordküste. Dav. ὁ *Νομάς* der Numider, insbes. Numiderkönig, u. das Adj. *τὰ Νομαδικά* d. i. numidische Händel. b) *N.* οἱ *Σκύθαι* die Nomaden Turans. c) οἱ *Σαγάρτιοι*, w. s.
νόμευμα, τό, poet. die Herde, das Vieh (vgl. **νομή**).
νομεύς, έως, ep. ῆος, ὁ (νέμω), 1) mit u. ohne *ἀνήρ*, der Weidende, der Hirt im allgemeinsten Sinne, im bes. der Unterhirt, im Gegensatz des oberen. 2) nur im Plur. ion. Schiffsrippen.
νομευτικός, 3. zum Viehweiden gehörig. [hüten, *τί*.
νομεύω (νομεύς), Fut. dor. *νομευσῶ*, weiden,
Νομᾶς, s. *Νουμᾶς*.
νομή, ἡ (νέμω), 1) die Weide, d. i. a) Weideplatz, Viehweide, Trift, Weidegrund, *ν.* *ὕλης* Waldtrift, b) das geweidete Vieh, weidende Viehherde, Weide-

vieh, **c)** sp. das Abweiden, Umsichfressen, Umsichgreifen; **νομὴν ἔχειν** um sich fressen, N.T. **2)** Verteilung, Teilung, insb. **a)** Austeilung, Verbreitung, z. B. **ἐπέων ἔνθα καὶ ἔνθα** der Wechsel der Worte hüben u. drüben, hin u. her; **b)** das Zugeteilte, Geschenk, (θεοὶ) πάσας νομὰς εἶχον d. i. sie ordneten alle Gaben, d. i. die einem jeden Wesen zuerteilten Kräfte u Güter.

νομίζω (νόμος), Fut. ion. **νομιεῖται** in pass. Bdtg. • **1)** im Brauch haben, **gewohnt sein,** pflegen, od. auch einen Gebrauch, eine Sitte, ein Gesetz festsetzen, verordnen • **a)** teils abs. νομίζεται es ist Sitte, Brauch, man ist gewohnt, es ist gerecht, mit **πρῶτον** es gilt als erstes Gesetz. Dah. νομιζόμενος herkömmlich, **νενομισμένος** eingerichtet, geregelt, ἐς ἀρετήν nach den Grundsätzen der Tugend. Subst. τὰ νομιζόμενα die herkömmlichen Gebräuche, mit **θεοῖς** die den Göttern gebührenden Opfer, im bes. auch die Begräbnisfeierlichkeiten, τὰ νομισθέντα αἰεί der nie unterlassene Brauch, **νενομισμένον** (Arr. 1, 23, 7 als Appos.) als einen bestehenden Gebrauch • **b)** teils τινά, z. B. **θεόν** an einen Gott, als durch den νόμος geheiligt, glauben, ähnl. μαντικήν, τὰ θεῖα, δίκην, teils τινί, wo ν. = χρῆσθαι konstruiert ist, an einer Sitte festhalten, überh. an etwas festhalten, ἥρωσι οὐδέν keinen Heroendienst im Brauch haben. Im Pass. **τὰς πόλεις νομίζεσθαι** eigtl. nach den hergebrachten Gesetzen verwaltet werden, aber **οὐ νομίζεσθαι** keine Geltung haben, von Personen • **2) wofür halten,** anerkennen, **glauben,** meinen, teils abs. teils **τί** u. τινά, z. B. **οὔτε θεοὺς οὔτ' ἀνθρώπους** weder Götter noch Menschen achten, u. zwar **τινά** od. τί für jmdn. od. etwas, teils **τινός** als jmdm. gehörig betrachten, teils mit ὅτι, teils mit Inf. od. A. c. I., u. wenn νόμιζε, wie Xen. An. 6, 6, 24, = εὖ ἴσθι ist, auch mit dem Part.

νομικός, 3. (νόμος), die Gesetze betreffend, rechtskundig, **τὰ ν.** Rechtssachen. N. T. **ὁ ν.** der Schriftgelehrte.

νόμιμος, 3. u. 2. (νόμος) • **1) gebräuchlich,** üblich, gesetzmäßig, mit Fug u. Recht, **gesetzlich,** auf gesetzliche Art, ordentlich, regelmäßig, ehrlich, z. B. vom Kampfe u. von den Kampfspielen, in welchen **κατὰ νόμον** nach Kampfregeln gestritten wurde • **2)** die Gesetze beobachtend, rechtlich, rechtschaffen, loyal, brav • Subst. **τὸ νόμιμον** u. bes. im Pl. **τὰ ν.** das Gebräuchliche, der Brauch, die Sitte, das Recht, die herkömmlichen Gesetze, die gesetzlichen Anordnungen, Pflichten, Grundsätze, auch die üblichen Abgaben; **τὰ περὶ** od. **πρὸς** od. **εἰς θεούς νόμιμα** bestehende Religionsübungen, **νόμιμον ποιεῖν** u. **ποιεῖθαι** zur Sitte, zum Gesetz machen, **τινί** für jmdn.; **τῶν νομίμων εἴργειν** aus dem Schutz der Gesetze ausschließen, ächten, für vogelfrei erklären.

νόμιος, 3. (νομή), ep. poet. die Weide, die Hirten betreffend, „Herr der Weiden", Bein. des Apollo als Herdengottes.

νόμισις, εως, ἡ (νομίζω), Brauch, **τῶν ἐς τὸ θεῖον,** d. h. die religiösen Bräuche.

νόμισμα, τό (νομίζω), **1)** poet. allgemein gültige Einrichtung, Brauch, abs., od. **εἴς τι** in Ansehung, in Gemäßheit von etwas. **2)** die in einem Staate gültige Münze, das gemünzte Geld, *nummus.*

νομιστέον, s. νομίζω.

Νομίστρων, ωνος, Stadt in Lukanien, j. *Nusco.*

νομο-γράφος, ὁ, Gesetzschreiber, Gesetzgeber.

νομο-δείκτης, ου, ὁ (δείκνυμι), sp. und

νομο-διδάκτης, ὁ (διδάσκω), sp. der Gesetzeslehrer, Rechtslehrer.

νομο-διδάσκαλος, ὁ, N. T. Gesetzeslehrer, Schriftgelehrter.

νομοθεσία, ἡ, die Gesetzgebung, kollekt. die gegebenen Gesetze.

νομοθετέω (-θέτης), gesetzlich anordnen, feststellen, Gesetze geben, z. B. **καινά** ein neues Gesetz geben. Im Pass. eingeführt, zur Sitte werden.

νομοθέτημα, τό, die Anordnung.

νομοθέτης, ου, ὁ (τίθημι), Gesetzgeber. In Athen wurden insbes. diejenigen so genannt, welche in bezug auf ein neues vorgeschlagenes Gesetz zu prüfen hatten, ob es angenommen u. an die Stelle eines alten gesetzt werden oder ob das alte bleiben solle. Sie wurden aus der Mitte der Geschwornen genommen, u. es gab außer den jährlich erwählten, welche verfassungsmäßig im Anfang des Jahres die Gesetze zu revidieren hatten, auch nicht selten außerordentliche, eine Art von Verfassungskommission.

νομοθετικός, 3. gesetzgeberisch; ἡ **νομοθετική,** Gesetzgebungskunst.

νομοθετητέος, 3. gesetzlich anzuordnen.

νομός, ὁ (νέμω), ep. poet. **1)** = **νομή. νόμος ὕλης** Waldweide. **νομόνδε,** ep. adv. zur Weide. **2) a)** der angewiesene Wohnsitz, Aufenthalt. **b)** Bezirk, Gau, Kreis, Provinz.

νόμος, ὁ (νέμω) • **1)** das **Zugeteilte,** bes. in der Redensart: ἐν χειρῶν νόμῳ im Handgemenge, ähnl. ἐς χειρῶν ν. ins H. • **2)** das Angeordnete • **a)** der **Brauch,** das Herkommen, Satzung, bes. mit u. ohne **θεῶν** u. ähnl. die göttlichen Satzungen; **λαμπαδηφόρων** die Satzungen des L. od. die einzelnen Stationen welche durch Ablösung durchlaufen werden • **b)** Grundsatz, Regel, dah. sowohl das rechtsbeständige, für alle gültige **Gesetz,** insbes. die alten Gesetze (Plut. Cleom. 14), als die Willkürmaßregel des einzelnen kraft seiner Gewalt. Man sagte dah. **ὁ νόμος** ohne Kopula: es ist Sitte, (τοῖς) **νόμοις χρῆσθαι** nach rechtsbeständigen Gesetzen handeln, od. der Sitte gemäß handeln, doch auch Gesetze (willkürlich) aufstellen, (τῷ) νόμῳ, **τοῖς νόμοις** *more patrio,* od. nach den Gesetzen des Staats, und, im Ggs. zu φύσει, nach Menschensatzung, ähnl. ἐν τῷ νόμῳ, ἐν (τοῖς) νόμοις nach der Art, kraft des Gesetzes, ἐκ τοῦ ν. nach Gesetz, ähnl. **σὺν** τῷ νόμῳ, κατὰ (τὸν) ν., ὑπὸ τοῖς **νόμοις** auf gesetzlichem Wege. Dag. **παρὰ τοὺς νόμους** gegen die Gesetze, ἄνευ νόμου ohne gesetzliche Berechtigung • **3)** im N. T. • **a)** das Mosaische Gesetz, οἱ ἐκ νόμου die Juden, ἐν νόμῳ ἁμαρτάνειν trotz Gesetzeskenntnis, Ggs. πληροῦν, φυλάσσειν, πράσσειν, πονεῖν, τηρεῖν • b) bloß das Sittengesetz, bes. Ep. Jacobi; dag. • c) in Ep. ad Hebr. bes. das Ritualgesetz • d) auch = das Alte Testament und die christliche Religion • 4) die Satzweise, **Tonart,** Δώριος die ernste, einfache, dorische, ὄρθιος eine scharfe; ferner: Sangweise, Gesang, Musik, νόμῳ τινί melodisch, ὑπὸ νόμου unter der Musik; pl. Melodien, Musikliteratur, μετὰ τῶν πολεμικῶν ν. unter kriegerischen Gesängen.

νομο-φύλακες, οἱ, Gesetzeswächter, in Athen eine aus 7 Männern bestehende Behörde, welche Rat, Volksversammlung u. Beamte zu beaufsichtigen u. Gesetzesvorschläge zu prüfen hatte.

νομοφυλακέω, die Gesetze überwachen.

νόος, ὁ, zsgz. **νοῦς,** im N. T. auch 3. Deklin. νοός u. νοΐ • 1) der **Sinn,** als das Vermögen geistiger Wahrnehmung: Besinnung, **Verstand,** Vernunft, Einsicht, Klugheit, überh. Geist, auch von der Gottheit als dem alles ordnenden weltbildenden Geiste, νοῦν ἔχειν, νόον (νοῦν) ἐχόντως (auch νουνεχόντως geschr., N. T. νουνεχῶς) verständigerweise, (νοῦν) ἔχειν u. προσέχειν τινί, πρός τι, πρός τινι od. mit ὅπως: seinen Sinn auf etwas richten, doch auch Lust haben zu etwas, u. πρός τινα sich zu jmdm. hinneigen, sonst mit Inf. mit u. ohne ὥστε, νῷ ἔχειν τινά sich besinnen auf jmdn., νῷ οὐδὲν χρῆσθαι, νόῳ mit Bedacht oder auch im Gedächtnis, ähnl. σὺν νόῳ mit Überlegung, οὐδενὶ ξὺν νῷ • 2) das Vermögen des Wollens, Seele, Gemüt, Herz, insbes. **Gesinnung,** Denkungsart; νόῳ u. ἐν νῷ λαβεῖν τι etwas zu Herzen nehmen, bedenken, ähnl. εἰς νοῦν βάλλειν, ἐπὶ νοῦν βάλλεσθαι, εἰς νοῦν ἀποβάπτειν, τίθεσθαι, mit Inf. od. ὡς, auch ἐν νόῳ γίνεταί μοι mit Inf.; ferner ἐπὶ νόον ποιέειν in den Sinn geben, ähnl. τρέπειν, ἐν νόῳ (νῷ) ἔχειν im Sinne haben, beabsichtigen, doch auch im Sinne d. h. bei sich behalten, τῷ νῷ λέγω ich sage, wie ich's meine, νόῳ im Herzen, κατὰ νόον nach Wunsch, ἐκ παντὸς (ἅπαντος τοῦ) νόου von ganzem Herzen • 3) das Ergebnis dieses Vermögens: **Gedanke,** Meinung, Absicht, Grund, od. auch Redesinn, Bedeutung.

νοσερός, 2. poet. ar. u. sp. = **νοσηρός.**

νοσέω (νόσος), kranken, **krank sein,** heimgesucht sein, im Aor. u. Perf. auch krank geworden, erkrankt sein. Subst. τὸ νοσοῦν die Krankheit. Im bes. (φρενομόρως od. μάταν) νοσοῦν in Wahnsinn verfallen sein, im Irrsinn sein od. reden. Übertr. wie „kranken": in einem übeln Zustande, gebrechlich, schwach, **zerrüttet sein,** leiden, unglücklich, gefährdet sein, am Rande des Abgrundes stehen, im bes. ein Tor sein. τί od. τινί od. περί τι od. πρός τι an, in bezug auf etwas, ἔκ, ἀπό, ὑπό τινος von etwas od. jmdm. angesteckt, in einen übeln Zustand gebracht, besessen sein.

νοσηλεία, ἡ, 1) = **νόσος.** 2) poet. Krankheitsstoff, Eiter. 3) sp. Krankenpflege.

νοσηλός, 3. ion. krank, kränklich.

νόσημα, τό, = **νόσος,** s. d.

νοσηρός, 3. (νοσέω), krank, kränklich, ungesund.

νόσος, ion. **νοῦσος,** ἡ, u. (von νοσέω) **νόσημα,** τό, u. poet. u. sp. **νοσηλεία,** ἡ, die Krankheit, das Kranksein. Im bes. mit u. ohne λοιμώδης die Seuche, ferner mit u. ohne μανιάς, λυσσώδης der Wahnsinn, ἱερά Fallsucht, Epilepsie (θήλεα s. unter θῆλυς); ἡ νοσηλεία die Wundeneiterung. Übertr. Übel, Not, Gefahr, Leiden, Qual, Leidenschaft, Laster, u. von einer Person: Pest.

νοσοτροφία, ἡ, Krankenpflege.

νοσσεύομαι (νεοσσός, vgl. att. νεοττεύω), ion. Med., nisten, sich einnisten. |die Brut.

νοσσιά (-σία), ἡ, sp. N. T. das Nest; die Jungen,

νοσσίον, τό, sp. N. T. das Küchlein.

νοσσός, sp. N. T. = νεοσσός, s. d.

νοστέω (νόστος), ep. ion. poet. sp. 1) zurückkehren, heimkehren, u. Od. 4, 610 brachylog. auf der Heimkehr wohin kommen, im besond. glücklich davonkommen. Auch verst. durch ὀπίσω. 2) poet. überh. gehen, fahren, reisen.

νόστιμος, 2. ep. poet. u. sp. zur Rückkehr gehörig, dah. a) die Heimkehr bringend, ἦμαρ der Tag der Rückkehr od. Heimkehr. b) der Heimkehr fähig, heimkehrend.

νόστος, ὁ (νέομαι), ep. u. poet., auch im Plur., die Rückkehr, Rückkunft, bes. Heimkehr, νόστοις bei der Heimkehr, auch überh. der Gang, φορβῆς nach Nahrung, das Kommen, Gelangen; bes. die Rückkehr der Helden von Troja, welche in besonderen Gedichten (Νόστοι) von ep. Dichtern geschildert worden war.

νόσφι, u. vor Vokalen od. um Position zu bilden auch **νόσφιν,** nur selten auch apostrophiert **νόσφ',** ep. u. poet. 1) **Adv.** entfernt, gesondert, fern, weg, seitab, beiseit (im Verborgenen), abs. u. ἀπό τινος. 2) **Präp.** mit dem Gen. a) fern von, weg von. b) allein, ohne, außer, mit βουλεύειν einen Sonderbeschluß fassen, anders als jmd. denken. Dav.

νοσφίζω, Aor. Med. ἐνοσφισάμην, ep. auch ἐνοσφίσθην (νόσφι), meist poet. 1) Akt. **entfernen,** trennen, wegbringen, wegräumen, rauben, Raub verüben, τινά τινος jmd. einer Sache berauben, z. B. βίου, dah. poet. auch töten. 2) Med. (ep. auch Pass.) a) **sich entfernen,** sich trennen, fortgehen od. verlassen, b) übertr. sich abwenden von jmdm., abgeneigt sein, verleugnen, τινός von jmdm., od. τί etwas, τινά jmdn., c) für sich entwenden, unterschlagen, τί, d) jmdn. einer Sache berauben, τινά τινος.

νοσώδης, ῶδες, (νόσος), krankhaft, kränklich; verderblich, ungesund, krank machend; τὸ νοσῶδες das Ungesunde.

νοτερός, 3. (νότος), 1) naß, feucht, regnerisch; τὸ νοτερόν die Feuchtigkeit. 2) poet. befeuchtend.

νοτίζομαι (νότιος), Pass. naß werden, τινί von etwas.

νοτίη, ἡ, ep. u. **νοτίς,** ίδος, ἡ, 1) die Nässe, Feuchtigkeit, ὕδατος νοτίς Wasserstrahl. 2) sp. Ausdünstung, im Plur. der Regen.

Νότιον, τό, Hafenstadt von Kolophon, bei welcher Lysander 407 über die att. Flotte siegte.

νότιον, τό, die Feuchtigkeit; δ 785 das Uferwasser.

νότιος, 3. u. 2. (νότος). 1) ep. poet. sp. **naß,** feucht, regnerisch. 2) südlich, θάλασσα das Indische Meer, von dem das heutige 'rote Meer' ein Ausläufer ist.

νοτίς, s. νοτίη.
νοτιώδης, 2. sp. = νοτερός.
νότος, ὁ (zu lat. *natare*). **1)** Regenwind; daher für die Griechen **2)** Süd(west)wind; schließlich **3)** Süden, Südwesten, **πρὸς νότον τινός** im Süden von etw.
νοτώδης, 2. ion. = νοτερός.
νουθεσία, ἡ, poet. sp. = **νουθέτημα,** Ermahnung.
νουθετέω (wie v. νου-θέτης, νοῦς, τίθημι), den Kopf zurechtsetzen, ans Herz legen, zu Gemüt führen; mahnen, gute, weise Vorschriften geben, belehren, verwarnen; schelten.
νουθέτημα, τό, u. **νουθέτησις,** ἡ, Ermahnung, Warnung, τἀμὰ ν. die mir erteilten.
νουθετικός, 3. warnend, λόγοι Worte der Warnung, warnende Vorschriften.
Νουκερία, ἡ, Stadt in Kampanien, südöstl. d. Vesuv, Nuceria, heute *Nocera.*
Νο(υ)μᾶς, ᾶ, ὁ, der röm. König Numa Pompilius.
νου-μηνία, ἡ, att. zsgz. st. νεομηνία, **a)** Neumond. **b)** Anfang des Monats, νουμηνία κατὰ σελήνην beim wirklichen Neumonde, περὶ νουμηνίαν zur Zeit des Neumondes, ἀπὸ νουμηνίας vom ersten des Monats an.
νοῦμμος, ὁ, sp. das lat. (*nummus*) *sestertius.*
νουν-εχόντως, u. **νουν-εχῶς,** sp. N. T. klug, bedächtig.
νοῦς, s. νόος. **νοῦσος,** s. νόσος. **νύ,** s. νῦν.
νυγμός, ὁ, sp. das Stechen, der Stich.
νυκτεγερτέω, sp. (wie v. νυκτ-εγέρτης, ἐγείρω) = [νυκτερεύω.
νυκτερευτικός, 3. (von νυκτερευτής, der bei Nacht Wachende), zu nächtlichen Verrichtungen geschickt, κύων zum nächtlichen Jagen brauchbar.
νυκτερεύω (νύκτερος), die Nacht wachend zubringen, sich die Nacht aufhalten, überh. wachen.
νυκτερινός, 3. u. poet. **νύκτερος,** 2. sowie **νύχιος,** 3. u. 2. poet. (νύξ), nächtlich, in der Nacht, φυλακή Nachtwache, u. poet. ἅλς νύχιος von nächtl. Fahrt. Übertr. **a)** im tiefen Schlafe, wie er nachts zu kommen pflegt, u. **b)** mitternächtig, nördlich (Soph. OC. 1248).
νυκτερίς, ίδος ἡ (νύξ, νύκτερος), Fledermaus.
νύκτερος, 2., s. νυκτερινός.
νυκτερ-ωπός, 2. poet. = νυκτωπός, w. s.
νυκτηγορέω, poet. bei Nacht reden, sich in der Nacht verabreden. Dav. **νυκτηγορία,** ἡ, poet. nächtliche Versammlung u. Rede darin.
νυκτ-ηρεφής, 2. (ἐρέφω), poet. mit Nacht bedeckt, schwarz, unglücklich.
νυκτί-βρομος, 2. poet. die Nacht durchtosend.
νυκτι-κλέπτας, ὁ, poet. nächtlicher Dieb.
νυκτί-πλαγκτος, 2. (πλάζω), poet. nachts umhertreibend, nachtstörend, εὐνή durch nächtlichen Sturm gestört.
νυκτι-πόλος, 2. poet. u. sp. nächtlich wandelnd.
νυκτί-σεμνος, 2. poet., **νυκτί-φαντος,** 2. poet. u. **νυκτί-φοιτος,** 2. poet. nächtlich.
νυκτι-φρούρητος, 2. poet. des Nachts bewachend, nächtlich lauernd.
νυκτογραφία, ἡ (-φέω, wie v. νυκτο-γράφος), sp. das Schreiben, Studieren bei Nacht, im Plur.
νυκτο-θήρας, ου, ὁ, der Nachtjäger.
νυκτομαχέω, sp., bei Nacht kämpfen.
νυκτομαχία, ion. **-ίη,** ἡ, nächtliche Schlacht.
νυκτοπορέω (νυκτο-πόρος, πορεύομαι), des Nachts marschieren. Dav.
νυκτοπορία, ἡ, Nachtmarsch, Reise bei Nacht.
νυκτοφυλακέω, des Nachts bewachen, τὰ ἔξω außerhalb des Lagers Nachtwache halten.
νυκτο-φύλαξ, ακος, ὁ, Nachtwache, Nachtposten
νυκτ-ωπός, 2. poet. eigentl. nächtlich blickend, überh. nächtlich.
νύκτωρ (νύξ), Adv. des Nachts, bei Nacht, im Traume, im Gegens. zu κατ' ὄμμα.
νυμφαγωγέω, sp. die Braut aus dem Hause der Eltern führen, γάμους heiraten. Von
νυμφ-αγωγός, ὁ, ἡ (ἄγω), poet. u. sp eigentl. der dem Bräutigam die Braut zuführt: der Brautführer, dann auch die Brautführerin.
Νύμφαι, αἱ, niedere, mehr dienende weibliche Gottheiten; bes. Wasser-, Berg-, Baumnymphen.
νυμφαῖον, τό, sp. Nymphengrotte, ein den Nymphen heiliger Platz. Von
νυμφαῖος, 3. poet. den Nymphen heilig.
νυμφεῖος, 3. u. 2. (νύμφη), poet. bräutlich. Subst. **a)** τό u. τά, das Brautgemach. **b)** Plur. der Brautstand. **c)** Plur. Geschenke der Braut u. die Braut selbst.
νύμφευμα, τό, poet. Braut; Plur. poet. die Ehe, τινός mit jmdm.
νυμφευτήριος, 3. poet, bräutlich; Neutr. plur. Ehe.
νυμφευτής, ὁ, **1)** Brautführer. **2)** poet. Bräutigam, Ehemann.
νυμφεύτρια, ἡ, poet. sp. Brautjungfer.
νυμφεύω u. Med. **-ομαι, 1)** heiraten, sich vermählen, von der Frau u. dem Manne, abs., τινί mit einem, od. τί eine Ehe eingehen. Im Pass. geheiratet werden, verheiratet sein, ἔκ τινος od. παρά τινι. **2)** poet. u. sp. auch verloben.
νύμφη, ἡ, dor. **νύμφᾱ,** Vok. ep. νύμφᾰ. **1)** Verlobte, Braut, dah. Καδμεία νύμφα von Semele als Zeus' Verlobter. **2)** überh. Jungfrau, Mädchen. **3)** mit und ohne γυνή, auch von der schon länger vermählten, junge Frau; N. T. auch Schwiegertochter.
νυμφήια, τά, buk. Hochzeit.
νυμφίδιος, 2. poet., **νυμφικός,** 3., **νύμφιος,** 2. poet. (νύμφη), bräutlich, ehelich.
νυμφίος, ὁ (νύμφη), der Verlobte, Bräutigam, mit u. ohne νεωστί junger Ehemann.
νυμφό-κλαυτος, 2. (κλαίω), poet. beweinte Braut, Tränenbraut, wie sie Helena den Troern war.
νυμφο-κομέω, poet. Brautschmückerin sein, auch sich selbst als Braut schmücken. Von
νυμφο-κόμος, ὁ, ἡ, poet. brautschmückend; bräutlich, hochzeitlich.
νυμφό-ληπτος, 2. (λαμβάνω), von den Nymphen benommen, verzückt, verrückt.
νυμφό-τιμος, 2. (τιμάω), poet. brautehrend.
νυμφών, ὁ, sp. N. T. Hochzeitssaal, υἱοὶ τοῦ νυμφῶνος Hochzeiter, Hochzeitsgesellen.
νῦν, verstärkt **νυνί** (lat. *nunc,* ahd. *nu,* nhd. *nun*), Adv. • **1) jetzt,** soeben, nun, νῦν δή, νυνδή jetzt eben, gerade jetzt, jetzt wirklich, jetzt endlich einmal, δὴ νῦν eben, nun denn, νῦν ἤτοι eben jetzt erst, νῦν μὲν — αὖθις δέ jetzt — dann wieder, bald — bald; ὁ νῦν der jetzige, jetzt

lebende, μέχρι τοῦ νῦν bis jetzt, τὰ νῦν τὰ νῦν jetzt; ähnl. τὰ νῦν τάδε u. τὸ νῦν εἶναι, νυνί eben jetzt, die unmittelbare Gegenwart • **2)** **unter solchen Umständen,** nun also, daher • **3)** die Wirklichkeit im Gegensatz zu einer bloßen Annahme, bes. im log. Untersatz wie *nunc (autem)*, νῦν δέ nun aber, so aber; καὶ νῦν auch ohnehin schon, so auch jetzt.

νύν, νύ [ῠ], enklit., aus dem vorigen entstanden, wie das deutsche enklit. nun (nu) vom betonten; zur Bezeichnung der Folge: darauf od. Folgerung: νύν daher also, auch bei Imperativen wie bei δή, ἄγε, φέρε; bei Vermutung: wohl, οὔ νύ τοι doch wohl nicht; νύ ep. oft = *videlicet,* wie man leicht denken kann, natürlich.

νύξ, νυκτός, ἡ (lat. *nox, noct-is,* dt. *Nacht*) • **1)** die **Nacht.** Sie ist den Alten Mutter des Tages, dah. νύκτες ἡμέραι τε, u. zerfällt schon bei Homer in drei Teile (Nachtwachen), dah. τρίχα νυκτὸς ἔην es war im letzten Drittel der Nacht. Ähnl. πλέων νύξ der größere Teil der Nacht, πολλῆς ν. bei völliger Nacht, oder im Pl. (eben weil es mehrere Teile sind) πόρρω τῶν νυκτῶν bis tief in die Nacht; περὶ, ἀμφὶ, ἐς μέσας νύκτας um Mitternacht (stets ohne Art.), ἐπὶ μ. ν. gegen M., (τὴν) νύκτα, τὰς νύκτας, διὰ νύκτα oder νυκτός die Nacht (Nächte) hindurch, ferner (τῆς) νυκτός, τῶν νυκτῶν, νυκτί, ἐν, ἐπὶ νυκτί, ἀνὰ, ἐς (τὴν) νύκτα des Nachts, ὑπὸ νύκτα beim Eintritt der Nacht u. während der Nacht, ἐκ νυκτός u. ἐκ τῶν νυκτῶν nach Anbruch der Nacht, aber παρὰ νύκτα ἐγένετο s. παρά III, 4 • **2)** das Dunkel der Nacht, überh **Finsternis, Dunkel,** insbes. von der Blindheit, der Ohnmacht, dem Tode, dah. auch das finstere Totenreich und als Bild des Schreckens in νυκτὶ ἐοικώς • **3)** personif. die Göttin der Nacht, Tochter des Chaos, bei der man auch wohl schwor.

νυός, ἡ (für σνυσος, lat. *nurus* [f. *snusus*], ahd. *snur*), ep und sp. **1)** Schwiegertochter, Schnur. **2)** überh. die durch Heirat Verwandte, Schwägerin.

Νῦσα, ἡ, **1)** das heilige Waldgebirge Nysa, wo Dionysos von den Nymphen erzogen sein soll, nach Hom. in Böotien, nach Herod. in Äthiopien, nach Arr. in Indien und so noch anderwärts. Insbes. **2)** in Euböa. Dav. *Νυσαῖον ὄρος*, von wo Dionysos an Festtagen Theben besuchte u. wovon die muntern Tänze, die von Satyrn u. Nymphen hier aufgeführt wurden, **Νύσια** hießen. **3)** ein Ort in Thrakien in der später zu Makedonien gehörigen Landschaft Paeonia. Dav. **Νυσήιον,** τό, ein Berg daselbst.

νύσσα, ἡ, ep. buk. Ziel in der Rennbahn, **1)** der Endpunkt, als äußerstes Ziel der Laufbahn, nach dessen Erreichung die Umkehr stattfindet. **2)** Anhaltspunkt, als letztes Ziel des ganzen Wettlaufs, welches nach der Umkehr wieder erreicht werden mußte. **3)** buk. Scheidewand.

νύσσω, att. **-ττω,** Fut. νύξω, Aor. ἔνυξα, νύξα, ep. u. sp. einen Stoß geben; stechen, verwunden, durchstechen, durchstoßen, anstoßen.

νυστάζω (νεύω), Aor. ἐνύστᾰσα u. sp. -αξα, nicken, schlummern, schlafen, übertr. schläfrig sein, zaudern.

νύχευμα, τό, poet. das Nachtwachen.

νυχεύω, poet. die Nacht durchwachen.

νυχθ-ήμερον, τό, sp. N. T. Zeit von 24 Stunden, ν. πεποίηκα ich habe 24 St. zugebracht.

νύχιος, s. νυκτερινός. **νώ,** dual. zu ἐγώ, s. d.

νωδός, 3. (νη, ὀδούς), **1)** poet. buk. ar. sp. zahnlos. **2)** sp. = νωθής.

νωδυνία, ἡ, poet buk. Schmerzlosigkeit.

νώδυνος, 2. (νη, ὀδύνη), poet. schmerzstillend.

νώθεια, ἡ (νωθής), Langsamkeit, Trägheit, Faulheit, Stumpfsinn.

νωθής, 2. u. **νωθρός,** 3., Adv. **-θρῶς,** unbekümmert, gleichgültig, träge, schlaff, langsam, schwerfällig.

νωθρότης, ητος, ἡ, Trägheit.

νῶι, Nom. u. Akk. Dual. zu ἐγώ, s. d. [hörig.

νωίτερος [ῐ], 3. ep. unser beider, uns beiden ge-

νωλεμές u. **νωλεμέως,** ep. Adv., rastlos, unablässig, unaufhörlich, immerfort, gew. mit αἰεί, Od. 9, 435 dicht, fest.

νωμάω, s. νέμω. **νῷν,** s. ἐγώ.

νώνῠμος, 2. ep. u. poet., u. **νώνυμνος,** 2. ep. (νη, ὄνυμα, ὄνομα), namenlos, ruhmlos, unbekannt.

νῶροψ, οπος, ὁ, ἡ, ep. nach den Alten blendend, funkelnd, glänzend, stets in der Verb. νώροπι χαλκῷ.

νῶσαι, νώσωνται, ion. poet. st. νοήσ-.

νωτ-άκμων, ονος, 2. sp. ep. einen Amboß als Rücken habend, mit amboßhartem Rücken.

νωτιαῖος, 3. (νῶτον), zum Rücken gehörig.

νωτίζω, Aor. ἐνώτῐσα, poet. den Rücken wenden, im Rücken lassen, entfliehen, überspringen.

νῶτος, ὁ (selt. att.), u. **νῶτον,** τό, dies bes. im Plur. u. zwar auch statt des Sing., **1)** der Rücken, insbes. **a)** die Schultern, mit denen man trägt, wie z. B. Herakles an der Stelle des Atlas den Himmel, νῶτον ἐπιστρέφειν sich umkehren, τὰ νῶτα ἐντρέπειν, μετὰ νῶτα βάλλειν fliehen. Auch bildlich νῶτα θαλάσσης u. ähnl. **b)** die Rückenstücke von geschlachteten Tieren als das Leckerste.

νωτο-φόρος, ὁ (φέρω), verst. ὄνος od. ἡμίονος, auf dem Rücken tragend, das Lasttier.

νωχελής, 2. poet. u. sp. träge.

νωχελίη, ἡ, ep. Langsamkeit, Trägheit.

Ξ.

Ξ, ξ, τὸ ξεῖ (ξῖ), der vierzehnte Buchstabe des griech. Alphabets, entspr. dem orientalischen Samech, bed. als Zahlzeichen ξ' = 60.

ξαίνω (verw. mit ξέω, lat. *sentis*), kratzen, bes. ἔρια Wolle krempeln; poet. auch spinnen. Übertr. durchwalken, d. i. prügeln.

Ξανθίππη, ἡ, Frau des Sokrates, deren Ruf übrigens durch die spätere Sage der fabulierenden Griechen ganz unverdient entstellt worden ist.

Ξάνθιππος, ὁ, **1)** aus Athen, Sohn des Ariphron, Vater des Perikles, verwandt mit den Alkmäoniden, befreundet mit Kleisthenes u. Aristeides, siegt mit Leotychĭdes b. Mykăle 479. **2)** Sohn des Perikles. **3)** der spartanische Truppenführer, welcher 255 vor Karthago den Regulus schlug.

ξανθό-θριξ, τριχος, ὁ, buk. u. sp., u.

ξανθο-κόμης, ου, ὁ, buk. blondhaarig.

ξανθός, 3., gelb, goldgelb, goldrot, rötlich, od. bräunlich, von Personen; von den Haaren: blond; dah. z. B Beiw. der Demēter, von Rossen: falb, isabellenartig. Als Eigenn.

Ξάνθος, **1)** ὁ, Name eines Flusses **a)** bei Troja von den Göttern Ξ., von den Menschen Σκάμανδρος genannt. **b)** in Lykien, der in das Mittelmeer mündet, von den Anwohnern Sirbes, Sibros gen., j. *Essenide*. An dessen Mündung **2)** ἡ, die Stadt gl. N, lykisch Arĭna, mit vielen Denkmalüberresten, bei *Günik*. Die Einw. οἱ Ξάνθιοι. **3)** ὁ, Pferdename. **4)** Personenname.

ξανθό-χρους, 2. buk. mit gelber Farbe.

ξάντης, ὁ, (zu ξαίνω), der Wollkrempler.

ξαντική, ἡ, die Kunst des Wollkrempelns.

ξειν-απάτας, ου, ὁ, poet. (st. ξεν.), den Gastfreund betrügend (wie Iason den Äetes).

ξεινηίη, ξεινήιον, ξεινία, ξεῖνος, s. ξεν-.

ξεινοδοκέω, ion. = ξενίζω 1, w. s.

ξεινο-δόκος, ὁ (δέχομαι), ep. Gastfreunde aufnehmend. Subst. Gastherr, Wirt.

ξεινοσύνη, ἡ, ep. = ξενία, w. s.

ξεναγέω, einen Fremden herumführen; Mietstruppen anführen.

ξεν-αγός, ὁ (ξένος, ἡγέομαι), Führer der Fremden, d. i. insbes. der (lak.) Hilfstruppen u. fremden Mietstruppen.

Ξεναίνετος, ου, ὁ, athen. Archon des Jahres 397.

ξεν-απάτης, ου, ὁ, poet. = ξειναπάτας.

ξένη, ἡ, s. ξένος.

ξενηλασίαι, αἱ (ἐλαύνω), Fremdenausweisungen, abs., u. τινός jmds., eine spart. Einrichtung, von Lykurg getroffen, zur Festhaltung der altdorischen Sitten.

ξενία, ἡ, ion. **ξενίη** u. **ξεινίη,** (zweifelh. ξεινηίη), ep. auch **ξεινοσύνη,** ἡ (ξένος). **1) Gastfreundschaft,** Gastrecht; zwischen zwei Völkern: freundschaftliche Beziehungen. **2)** Stand eines Fremden, dah. τῆς ξενίας ἀγωνίζεσθαι u. προσκαλεῖσθαι einen Prozeß wegen Anmaßung des Bürgerrechts haben, vgl. δωροξενία; ξενίας γραφή eine diesbezügliche Klage; ξενίαν ἀποφυγεῖν in einer γραφῇ ξενίας freigesprochen werden. **3)** gastliche Aufnahme, sp. Gastzimmer, Herberge.

ξενίζω, ion. **ξεινίζω,** Fut. ξενίσω (ξένος). **1) gastlich aufnehmen,** zu Gaste laden, bewirten, beherbergen, beschenken. **2)** intr. fremd sein, von dem Gewöhnlichen abweichen. **3)** sp. befremden, Pass. Anstoß nehmen, erstaunt sein, τινί od. ἐπί (ἐν) τινι über etwas.

ξενικός, 3. u. ion. **ξεινικός,** 3., poet. auch 2. (ξένος), **1)** den Fremden od. Gastfreund betreffend, gastlich, θεός Beschützer des Gastrechts, φιλία Gastfreundschaft. **2)** fremd, ausländisch; τὸ ξ. das Söldnerheer.

ξένιος, 3. u. 2., ion. **ξείνιος** u. **ξεινήιος,** 3. (ξένος), die Gastfreunde od. Gastfreundschaft betreffend, **gastlich,** in Gastfreundschaft mit jmdm. (τινί) stehend, insbes. Beiw. des Zeus: Schützer des Gastrechts. Subst. **1)** ἡ ξεινίη od. ξενία (τράπεζα) der gastliche Tisch, dah. ἐπὶ ξεινίῃ u. ἐπὶ ξενίᾳ καλεῖν τινα jmdn. zu Gaste bitten, bewirten. **2)** τὸ ξένιον und τὰ ξένια, **a)** Gastgeschenke, insbes. Bewirtung, dah. ἐπὶ ξένια καλεῖν zu Gaste laden, ἐπὶ ξ. παραλαβεῖν τινα jmdn. als Gast aufnehmen, ξείνια προθεῖναί τινι jmdn. gastlich bewirten, **b)** ironisch: Lohn, Vergeltung.

ξένισις, εως, ἡ, u. **ξενισμός,** ὁ (ξενίζω), gastliche Bewirtung; ξενίσεις ποιεῖσθαι bewirten.

ξενιτεύω, sp. in der Fremde leben.

ξενο-, vgl. ξεινο-.

ξενο-δαΐκτής, οῦ, ὁ, poet. = ξενοκτόνος.

ξενο-δαίτης, ου, ὁ, poet. Fremde fressend.

ξενοδοκέω, poet. u. **ξενοδοχέω,** sp. N. T. = ξενίζω.

ξενοδοχία, ἡ, sp. Aufnahme u. Bewirtung von Gastfreunden oder Fremden.

ξενόεις, εσσα, εν (ξένος), poet. von Fremden viel besucht, prolept.

Ξενο-κράτης, ους, ὁ, Sohn des Agathēnor aus Chalkēdon, Philosoph, der 25 Jahre lang in der Akademie zu Athen lehrte u. 314 v. Chr. starb.

ξενοκτονέω, poet. u. sp., ion. **ξεινοκτονέω,** die Fremden töten, Fremdenmord begehen.

ξενο-κτόνος, 2. (κτείνω), der die Fremden umbringt, poet. τέχνη ξ. das Geschäft der Fremdenopfer.

ξενολογέω (ξενο-λόγος), Mietsoldaten sammeln od. werben, τινί für jmdn ; übertr. Anhänger werben.

ξενόομαι, ion. ξεινόομαι, **1)** Med. poet. gastlich aufnehmen, τινά. **2)** Med. u. Pass mit Fut. med. ξενώσομαι, Aor. ἐξενώθην, Perf. ἐξένωμαι, **a)** sich gastfreundlich mit jmdm. (τινί) verbinden u. verbunden sein. **b)** gastlich aufgenommen werden, τινί u. παρά τινι von jmdm.; abs. ἐξενωμένος der Gastfreund geworden ist. **c)** poet. ausgewiesen werden, außer Landes gehen, sein.

ξενοπαθέω (wie v. ξενο-παθής), sp. scheu tun, „fremdeln".

ξένος, 3., poet. auch 2., ion. stets u. zuw. poet. **ξεῖνος** • **1)** Adj. **fremd,** ausländisch, im bes.

nichtgriechisch, übertr. fremdartig, ungewöhnlich, neu, unwissend, fremd in —, unbekannt, τινός mit etwas • **2)** Subst. • **a)** ὁ ξένος, **α)** **der Fremde,** Fremdling, fremder Ankömmling, Nichtbürger. Er stand unter dem Schutze des Ζεὺς ξένιος, **β)** der sich in Lohn u. Dienst eines andern begeben hat, Mietling, Mietsoldat, **Söldner,** **γ)** der **Gastfreund,** sowohl Gast als Wirt. ξ. πατρῷος ein Gastfreund vom Vater her. Überh. Freund, Genosse • **b)** ἡ ξένη die Fremde, u. zwar **α)** die Ausländerin, **β)** (χώρα) fremdes Land, fremder Staat. Adv. **ξένως** ἔχειν τινός ein Fremdling, d. i. unerfahren sein in etwas.

ξενό-στασις, εως, ἡ (ἵστημι), poet. Fremdenherberge.

ξενό-τῖμος, 2. poet. Fremde ehrend. [halten.

ξενοτροφέω (wie v. ξενο-τρόφος), Mietstruppen

Ξενοφάνης, ους, ὁ, Begründer der eleatischen Schule, Gegner des Polytheismus; er stammt aus Kolophon, geb. um 570, gest. um 480 v. Chr.

ξενοφονέω, poet. die Fremden töten.

ξενο-φόνος, 2. der die Fremden umbringt.

Ξενο-φῶν, ῶντος, ὁ, **1)** Sohn des Gryllos, geb. zu Athen ca. 445 od. später, bekannt als Schüler des Sokrates, als Geschichtschreiber u. als Führer der 10000 Griechen aus Asien; er starb, nachdem s. S. Gryllos b. Mantineia gefallen war, in Korinth ca. 354. **2)** sonst. Eigenname. [berge.

ξενών, ῶνος, ὁ, Gastzimmer, auch Gasthaus, Her-

ξένωσις, εως, ἡ, poet. Versetzung in einen fremden Zustand, Neuerung.

Ξέρξης, ου, ὁ, Sohn des Dareios Hystaspis u. der Atossa, von 485—465 König von Persien.

ξερός, 3., s. ξηρός. [späne.

ξέσμα, τό, (ξέω), sp. Schnitzel, Span, plur. Hobel-

ξέστης, ὁ, sp. N. T. = dem lat. *sextarius*, ein Maß für flüssige u. trockne Dinge, der sechste Teil des röm. Congius = ungefähr 0,547 Liter; überh. hölzerner Krug.

ξεστός, 3. (ξέω), geglättet, poliert, behauen, insbes. glatt behauen od. gezimmert; schmuck, blank.

ξέω (att. ξῶ, -ξοῦντι), Aor. 1. ἔξεσα, ep. mit σσ, Adj. verb. ξεστός (s. d.), (vgl. ξαίνω u. ξύω), eigtl. schaben, dann polieren, glätten, behauen.

ξηραίνω, (ξηρός), austrocknen, trocken machen, trocken legen.

ξηραλοιφέω, eigentl. trocken salben, Kunstausdruck von Ringern, welche sich vor den Leibesübungen mit Öl einrieben.

ξηραντικός, 3. (ξηραίνω), geschickt zum Austrocknen, austrocknend.

ξηροβατικός, 3. fähig auf dem Trocknen zu gehen.

ξηρός, 3, ep. **ξερός,** trocken, dürr, sp. schlapp, saftlos, ξηρὸς Κρᾶθις das trockne Bett des Kr., auch mit Genet. ξ. ὕδατος wasserleer, ohne Wasser. Subst. (τὸ) ξηρόν, τὰ ξηρά das Trockne (auch getrocknete Früchte), ἐπὶ τοῦ ξ. ποιεῖν aufs Trockne setzen, τὸ ξ. τοῦ ποταμοῦ die seichte Stelle im Flusse, u. im Plur. ἐν ξηροῖσιν vermittels trockner Gaben; ξηρὰ κοιλία, harter Leib, Neigung zur Verstopfung. N. T. ἡ ξηρά das trockne, feste Land, ξηρὰ χείρ eine vertrocknete Hand.

ξηρότης, ητος, ἡ, die Trockenheit.

ξηροτροφικός, 3., auf dem Trocknen lebend.

ξιφ-ήρης, 2. (St. ἀρ, ἀραρίσκω), poet. u. sp., u.

ξιφη-φόρος, 2. (φέρω), poet. sp. mit dem Schwert versehen, ein Schwert tragend. [Dolch.

ξιφίδιον, τό, Dem. von ξίφος, kurzes Schwert,

ξιφιστήρ, ῆρος, ὁ, sp. das Degengehenk.

ξιφο-δήλητος, 2. (δηλέω), poet. durch das Schwert getötet, θάνατος ein Tod durch das Schwert.

ξιφο-κτόνος, 2. (κτείνω), poet. mit dem Schwert tötend, mordbewehrt.

ξίφος [ῐ], εος, ους, τό, der Degen, poet. auch im Plur. von éinem, das Schlachtschwert mit gerader Klinge (zum Unterschied von μάχαιρα), zweischneidig, von Erz, zum Stoß und zum Hieb verwendbar, an einem Gurt über die Schultern getragen, περὶ ξίφει am Schw., vom Schw. durchbohrt.

ξιφουλκία, ἡ, sp. das Schwertziehen.

ξιφουλκός, 2. (ἕλκω), poet. das Schwert ziehend.

ξόανον, τό (ξέω), Schnitzwerk, bes. für den heiligen Gebrauch bestimmtes (oft hölzernes) Götterbild, nicht selten vergoldet.

ξουθό-πτερος, 2. poet. mit gelben Flügeln.

ξουθός, 3. poet. **1)** zart tönend od. hell singend; [**2)** schnell.

ξυγ . . ., s. unter συγ . . .

ξυήλη, ἡ (ξύω), **1)** Schnitzmesser, Schabeisen, Raspel zum Holzglätten. **2)** kurzes, gekrümmtes (also sichelförmiges) Schwert der Lakedämonier.

ξυλεύομαι, poet. = **ξυλίζομαι.**

ξυληγέω (ξυλ-ηγός), Holz herbeischaffen.

ξυλίζομαι (ξύλον), (für sich) Holz holen, ἔκ τινος.

ξύλινος, 3. (ξύλον), von Holz, hölzern.

ξυλλ . . ., s. συλλ . . .

ξυλο-θήκη, ἡ, sp. Holzbehälter. [Holzaxt.

ξυλο-κόπος, 2. (κόπτω), Holz hauend, **πέλεκυς**

ξύλον, τό (ξύω), **1)** das abgehauene od. gespaltene **Holz,** dah. **a)** der Stumpf eines Baumes, u. so auch ion. der Baum selbst. **b)** Baumwollenstaude; ἀπὸ ξύλων aus Baumwolle gemacht. **2)** aus Holz Gemachtes (meist im Plur.): **a)** Scheitholz, Brennholz. **b)** Holzblöcke, Balken, Bohlen, überh. Holzwerk, ξ. ναυπηγήσιμα Schiffsbauholz. **c)** Schaft (Xen. Anab. 1, 10, 12, zweifelh.). **d)** Stock, Stab, Knittel, Prügel, besond. der unförmliche Stock der Kyniker. **e)** Fußblock, Halsblock, ein Werkzeug, um je nach Umständen Hals, Hände u. Füße zu fesseln (vgl. ποδοκάκη). **f)** im N T. das Kreuz.

ξῠλουργέω (-ουργός), ion. Holz bearbeiten, Holzarbeiten machen.

ξυλουργία, ἡ, poet. die Zimmermannskunst.

ξυλουργικός, 3. die Holzbearbeitung betreffend; τὰ ξυλουργικά Zimmermannsarbeit.

ξυλοφορέω, sp. einen plumpen Stock tragen.

ξυλοχίσδομαι, buk. = **ξυλίζομαι.**

ξύλοχος, ἡ (aus ξυλό-λοχος: Waldlager), ep. poet. Waldrevier, Forst, Gehölz, Gebüsch, Dickicht.

ξύλωσις, εως, ἡ, Holzwerk.

ξυμ . . . u. **ξύν** u. die damit zusammengesetzten Wörter s. unter συμ . . ., σύν usw.

ξυνήϊος, ξυνός, ξυνῇ, s. **κοινός.**

ξυνωνίη, ἡ, ion. = **κοινωνία.**

Ξυπέτιος, ου, u. **Ξυπεταιών,** όνος, ὁ, Bewohner des att. Demos Ξυπέτη od. Ξυπεταίη in der Kekrop. Phyle bei Phalēron.

ξυρέω, sp. (N. T.) **ξυράω,** Fut. -ήσω, Perf. pass.

ἐξύρημαι, u. Med. ξυρέομαι u. sp. ξύρομαι (ξυρόν), scheren, glatt scheren, rasieren. Sprichw. ἐν χρῷ ins Leben schneiden, abs. u. τί.

ξυρ-ήκης, 2. poet. kahlgeschoren.

ξυρόν, τό (ξύω), nicht in att. Pr., das Schermesser. Sprichw. ἐπὶ ξυροῦ ἀκμῆς auf Messers Schärfe, Rande, auf der Kippe, d. h. auf einer so schmalen Fläche, daß es sofort nach einer von beiden Seiten ausschlagen muß, also auf dem Punkte der Entscheidung, ähnl. ἐπὶ ξυροῦ τύχης.

ξυστίς, ἴδος, ἡ (ξύω), Staatskleid, Festkleid, purpurnes Schleppkleid, wie es von Wettfahrern u. Athleten beim Festzug, von Fürsten im Drama, von Frauen u. sonst von hervorragenden Personen getragen wurde.

ξυστόν, τό (ξύω), eigentl. geglättete Stange, dah. **a)** der Speerschaft, bei Homer von Eschenholz (μελίη), sp. gew. vom Kornelkirschbaum wegen seiner Härte. Es steht Her. 1, 52 als Appos. zu αἰχμή, u. Her. 2, 71 auch bei ἀκόντια, wo letzteres aber zweifelhaft ist. **b)** überh. der Speer, Wurfspieß, insbes. der Reiterei, od. mit ναύμαχα Schiffsspeer, lang u. vorn mit Eisen beschlagen.

ξυστός, ὁ (σύν u. ἵστημι), ein bedeckter Säulengang in den Gymnasien.

ξυστός, 3. geglättet, wie ξεστός.

ξυστο-φόρος, ὁ (φέρω), Lanzenträger.

ξύω (vgl. ξέω), Aor. ἔξῦσα, pass. ἐξύσθην, schaben, abschürfen, glatt scheren; überh. glätten, polieren, τί, u. zwar τινί mit etwas.

O.

O, ο, genannt ὂ μῖκρόν, der Reihe nach der fünfzehnte Buchstabe des griech. Alphabets, entsprechend dem oriental. Ain, als Zahlzeichen ο′ = 70.

ὀ- am Anfang der Wörter ist zuweilen

1) ὀ copulativum (vgl. ἀ copulativum), ein mit, gleich — bezeichnend, in ὄαρ, ὄ-θριξ, ὄ-πατρος.

2) ὀ protheticum (vgl. ἀ u. ἐ prothet.) als rein lautlicher Vorschlag vor ρ, λ, μ, ν, Ϝ, z. B. in ὀρέγω neben lat. *rego*, in ὀμόργνυμι v. St. μεργ.

ὁ, ἡ (dor. ἁ), **τό** (St. *so*, got. *sa* der, *sô* die, *that* das, *si* sie, altlat. Akk. *sum, sam, sōs* = eum, eam, eos), ep. u. zum Teil poet. im Sg. gen. **τοῖο**, Du. gen. dat. **τοῖν**, Pl. nom. **τοί** u. **ταί**, gen. fem. **τάων**, dat. **τοῖσι** (dies selten auch att. pros.) u. **τῇσι**, **τῇς** (**ταῖσι**), ferner dor. bei den Tragg. im Sg. gen. **τᾶ** u. **τᾶς**, dat. fem. **τᾷ**, acc. **τάν**, im Pl. gen. fem. **τᾶν**, acc. masc. **τώς** **der, die, das.**

I) Demonstrativpron. (bes. bei Hom.) **dieser, jener** (bekannte), od. er (sie, es), auch ὅ, ἥ, οἵ, αἵ betont. Im bes., u. zwar hier im allg. Gebrauch, mit μέν, δέ: der eine, der andere; bisw. entspricht dem ὁ μέν kein ὁ δέ, sondern ein Subst od. es steht auch ὁ δέ ohne ὁ μέν, selbst nach einem relat. Vordersatze, ὅστις ἦν — ὁ δ'. Bemerkenswert sind noch • **1) τὸν καὶ τόν** od. τὸ καὶ τό den u. den, das u. das. Ferner • **2)** abs. • **a) ἐκ τοῦ** von da an, seitdem • **b) τῷ** (Instrum.) od. **τῷ** (Dat.) (meist ep.) darum, deswegen, relativ: weil; ferner: auf diese Weise, so, in diesem Falle, dann, auch: in diesem Augenblicke • **c) τῇ** da, dort, **τῇ μὲν — τῇ δέ** auf der einen — auf der andern Seite, seltener: dahin, dorthin, relativ: wo • **d) τό** deswegen, **τὸ μὲν — τὸ δέ** teils — teils, bald — bald • **e) ἐν τοῖς** bei Superl., z. B. **πλουσιώτατος, βαρύτατα** adv. bei weitem.

II) Artikel vor Subst., selten bei Hom., wo es als Demonstr. gemeint ist od. mit der Nebenbdtg.: hier, da, dort; vor Eigenn. bes. in dem Sinne: der eben erwähnte, genannte, vor Zahlwörtern, vor ganzen Sätzen, vor Pronom. u. Fragewörtern verschiedener Art, vor Adj., Adv. u. Inf., die er zu Subst. od. Adj. erhebt. Vor adv. Redensarten auch pleonastisch, wie in τὸ ἀπὸ τούτου seitdem, τὸ παλαιόν ehemals, τὸ νῦν εἶναι für jetzt; elliptisch, um eine Abstammung oder sonst ein Verhältnis auszudrücken: ὁ Πολύβου, οἱ ἐκείνου seine Leute. Ähnlich mit Praepp. οἱ ἀμφί, περί τινα jmds. Umgebung, Anhang, οἱ ἀπό τινος, οἱ ἔν τινι die Bewohner. Im Neutr. bezeichnet τό mit dem Gen. den Ausspruch jmds., aber auch eine bloße Umschreibung, τὸ τῶν θεῶν, τὸ τῆς τύχης für οἱ θεοί, ἡ τύχη; u. τά mit Gen. die Angelegenheiten usw. Mit Praepp. τὰ ἐν ἀνθρώποις der Lauf der Welt, τὰ καθ' αὐτόν was ihm gemäß ist.

III) Relativ, s. I. ὅς.

ὀά u. **ὀᾶ**, poet. wehe!

Ὄα = Ὦα, ὁ, att. Demos der Phyle Pandionis, dah.

Ὄαθεν, von Oa. Vgl. Οἴη.

ὄαρ, αρος, ἡ, ep. zsgz. **ὦρ**, Dat. pl. ep. ὀάρεσσι u. ὤρεσσι (aus ὀ cop. u. St. σερ reihen, also gebildet wie lat. *coniunx*), Genossin, vorzügl. Gattin.

ὀαρίζω, ep. sp. trauliche Unterredung haben, kosen, plaudern, τινί mit jmdm.

ὀαριστής, οῦ, ὁ, Gesellschafter, τινός.

ὀαριστύς, ύος, ἡ, ep. (ὀαρίζω), u. **ὄαρος**, ὁ, meist ep. u. poet, trauliche Unterhaltung, Gekose, traulicher Verkehr, τινός mit jmdm., metaph. πολέμου des Krieges Gekose, d. Kampf auf Leben u. Tod; dann überh. Unterhaltung, Rede, Gesang.

Ὄασις, ἡ, (ägypt. = 'Oase'), Stadt in der großen Oase El Wah in Oberägypten, j. *Charjeh.*

ὄβας, Akk. ὄβαν, auch ὀούας geschr., sp. die röm. *ovatio.*

ὀβελίζειν (ὀβελός, 3), sp. als unecht bezeichnen.

ὀβελίσκος, ὁ, **1)** kleiner Spieß, Bratspieß. **2)** sp. auch eine Münze. Demin. von

ὀβελός, ὁ, nicht in att. Pr., **1)** im Plur. der Spieß, Bratspieß. **2)** ion. Spitzsäule, viereckiger, nach oben sich verjüngender u. in einer kleinen Pyramide endigender Pfeiler, wie sie in Ägypten vor den Tempel-Pylonen häufig sind. **3)** sp. kritisches Zeichen zur Bezeichnung unechter Verse u. Stellen.

ὀβολός, ὁ, urspr. ein mit einer Marke versehener

Metallstab, dann **Obol**, eine Münze in Attika, der sechste Teil einer Drachme = 12 Pf., 5 attische = 3 äginetischen; *ἐν τοῖν δυοῖν ὀβολοῖν* auf dem gewöhnlichen, mit 2 Obolen bezahlten Theaterplatze.

Ὀβριάρεως, ὁ, ep. = *Βριάρεως*.

ὀβρίκᾰλᾰ [ῐ], τά poet. die Jungen von Tieren.

ὀβρῐμο-εργός, 2. (St. *Ϝεργ*), ep. gewalttätig.

ὀβρῐμο-πάτρη, ἡ (*πατήρ*), ep. Tochter des gewaltigen Vaters, Bez. der Athene.

ὄβρῐμος, 2., poet. auch 3. (St. *βρι* in *βρίθω, βριαρός*), ep. u. poet. stark, gewichtig, schwer, gewaltig, ungestüm.

ὀγδοαῖος, 3. sp. am achten Tage.

ὀγδόατος, 3. ep. s. *ὄγδοος*.

ὀγδοήκοντα, u. ep. (ion.) zsgz. **ὀγδώκοντα,** Num. indecl., achtzig, *οἱ ὀγδ.* eine wenig bekannte Behörde in Argos.

ὀγδοηκοστός, 3. der achtzigste.

ὄγδοος, 3. (mit Syniz. bei Hom. auch zweisilbig), ep. verl. *ὀγδόατος*, 3. (für *ὄγδοϜος*, von *ὀκτώ*), der achte, *octavus*.

ὀγδώκοντα, s. *ὀγδοήκοντα*.

ὀγδωκοντα-έτης, 2. poet. sp. achtzigjährig.

ὅ-γε, ἥ-γε, τό-γε, ep. u. ion. betontes ὁ, ἡ, τό, der hier, die hier, das hier od. da, oft bloß durch er, sie, es od. dort zu übersetzen. Abs. *τῇγε* hierher gerade, *τόγε* deshalb gerade.

Ὄγκᾱ, ἡ, poet. Beiname der Athene.

ὀγκάομαι (lat. *uncare*), sp. brüllen.

ὀγκηρός (*ὄγκος* II), 3. umfangreich, aufgeblasen, prunkvoll. Kompar. adv.

ὄγκιον, τό, ep. Hakenkiste, Kiste für Eisenwerkzeug.

I. **ὄγκος,** ὁ, ep. (St. *ἀγκ*, lat. *uncus, aduncus*), die Biegung, Krümmung, dah. der Haken, bes. Widerhaken od. Bart an der Pfeilspitze.

II. **ὄγκος,** ὁ (v. St. *ἐγκ* in *ἤνεγκον*), das Getragene, Tragbare, Last, Masse, Dicke, Aufgetriebenheit, Haufen, Schwere, Gewicht, Würde, Stolz, Ernst; im üblen Sinne **a)** Schwall von Worten, Prahlerei, Ausführlichkeit. **b)** Dünkel, Hochmut, Prunk. **c)** Beschwerlichkeit, Last.

ὀγκόω (II. *ὄγκος*), aufblasen, schwellen.

ὀγκώδης, 2. dick, schwülstig.

ὀγμεύω, eigentl. eine Furche ziehen, dann eine (Treiber-)Reihe bilden, *στίβον* den Jagdpfad hinziehen.

ὄγμος, ὁ (*ἄγω*, lat. *agmen*), ep. buk. eigtl. gerade Linie dah. **a)** Furche **b)** der Schwaden.

Ὀγχηστός, ἡ (ὁ), Stadt am Kopaïssee in Böotien, j. Kloster *Mazaraki*.

ὄγχνη, ἡ, ep. sp. **a)** Birnbaum. **b)** Birne.

ὀδαῖα, τά (*ὁδός*), ep Reisewaren, Kaufmannsgüter, womit man unterwegs Handel treibt.

ὀδάξ, ep. poet. Adv. (ὀ copul. u. *δάκνω*), beißend, mit den Zähnen, *λάζεσθαι γαῖαν* u. ähnl. umkommen (ins Gras beißen), aber *ὀδ. ἐν χείλεσι φῦναι* beißend in die Lippen gewachsen sein, d. h. sich fest in die Lippen beißen.

ὀδάω (vgl. *ὀδαῖα*), poet. verkaufen.

ὅ-δε, ἥ-δε, dor. **ἅ-δε, τό-δε,** Dat. pl., ep. auch **τοῖσδεσ(σ)ι** (auch *τοίσδ.* geschrieben), ion. *τοισίδε*, bei Tragg. in d. lyr. St. dor. *ἅδε, τᾶσδε, τᾷδε*. Pron. demonstr. der ersten Person, eigtl. **der da,** im Zusammenhang gew. auf das Folgende hinweisend • **1)** örtlich: **da** od. **hier, dieser** (hier), *ἔγχος τόδε* der Speer da, *ὅστις ὅδε* wer hier, *ἐγὼν ὅδε* ich bin da od. hier, dah. für die 1. Pers. (wie *οὗτος* du da für die 2.), bes. *ἀνὴρ ὅδε* od. nur *ὅδε* = *ἐγώ*, der Sprechende, auch = *αὕτη* sie • **2)** zeitlich: der **jetzige,** gegenwärtige, vorliegende, *ἥδε ἡ ἡμέρα* der heutige Tag, *τάδε* die gegenwärtigen Zustände, auch das zunächst Bevorstehende, Folgende • **3)** Adv.: **a)** *τῇδε*, dor. *τᾷδε* (*hac*), dadurch, hier, dort, so, auf folgende Art • **b)** *τόδε* hierher, deshalb, darum • **c)** *τοισίδε* auf diese Art, mit diesen Worten • **d)** *ἀπὸ τοῦδε, ἐκ τοῦδε* von nun an, *ἐκ τῶνδε* nun, darauf, noch weiter, trotzdem, *μέχρι τοῦδε* bis hierher, *ἐπὶ τάδε* diesseits, *εἰς τόδε* bis zu dem Grade, aber auch: bis auf den heutigen Tag • **e)** *οἵδε καὶ οἵδε* sp. diese u. jene, alle möglichen Leute.

ὁδεύω (*ὁδός*), des Weges gehen, reisen, wandern.

ὁδηγέω, poet. sp. N. T., den Weg weisen. Von

ὁδ-ηγός, ὁ (*ἡγέομαι*), sp. Führer.

Ὀδησσός, οῦ, ἡ St. in Mösien, j. *Varna*.

ὁδί, ἡδί, τοδί, verstärktes *ὅδε* [ῑ].

ὅδιος, 2. (*ὁδός*), poet. den Weg betreffend.

ὅδισμα, τό, poet. der Weg.

ὁδίτης, ου, ὁ, ep. poet. u. sp. der Reisende, Wanderer, auch mit *ἄνθρωπος* der Wandersmann.

ὀδμή, ἡ (*ὄζω*), ep. ion. poet. Geruch, Duft; vgl. *ὀσμή*.

Ὀδόακρος, ου, ὁ, sp. der Germanenfürst Odoaker, der dem weström. Reich ein Ende machte, 476 bis 493.

ὁδοιπορέω, Impf. *ὡδοιπόρεον* (*-πόρος*), **1)** intr. die Straße ziehen, gehen, reisen, marschieren, wandern, wandeln, übertr. *επ' ἄκρων* (verst. *δακτύλων*) einherstolzieren. **2)** trans. durchwandern, *τί*.

ὁδοιπορία, ion. **-ίη,** ἡ, Reise, Weg, Marsch, bes. Landreise, im Gegens. der Seefahrt.

ὁδοιπόριον, τό, ep. Reiselohn (eine Mahlzeit nach glücklich vollendeter Seefahrt).

ὁδοι-πόρος (*περάω*), ep. poet. u. sp. = *ὁδίτης*.

ὁδοιπορικῶς, sp. nach Reiseart. [Dav.

Ὀδόμαντοι, οἱ, thrakische Völkerschaft zwischen Strymon u. Pangäosgeb.

ὁδό-μετρον, τό, sp. Wegmesser.

ὀδοντο-φυής, 2. poet. aus den Zähnen entstanden.

ὀδοντόω, sp. mit Zähnen versehen; Part. pf. pass. gezahnt, ebenso *ὀδοντωτός*, 3.

ὁδοποιέω, Impf. *ὡδοποίουν*, Perf. *ὡδοπεποίηκα* (zw., and. *ὡδοποι-*) (*-ποιός*), einen Weg machen, bahnen, gangbar machen, ebnen.

ὁδοποιία, ἡ, der Wegbau.

ὁδο-ποιός, ὁ, Straßenbauer; Plur. in Athen eine fünfgliedrige Behörde für Instandhaltung der Straßen, Straßenmeister.

ὁδός, ἡ, der Gang, **Weg** • **1)** vom Orte: **Straße,** *ἱππηλασίη* Fahrweg, *λαοφόρος* Heerstraße, *ἡ ἱερή* der Weg nach Eleusis u Delphi; übertr. *ὁ ψευδής, ἄδικος*, sprichw. *ὁδοῦ πάρεργον* unterwegs, beiläufig. Adv. *ὁδῷ, ἐν ὁδῷ*. Im bes. • **a)** Zugang • **b)** Fährte • **c)** *τοῦ ποταμοῦ* **Flußbett** • **2)** von der Handlung: **Gang, Fahrt, Reise, Marsch,**

auch zur See, doch insbes. ὁδῷ auf dem Landwege, dah. ὁδὸν ἐλθέμεναι, κατὰ (τὴν) ὁδόν auf dem Marsche, unterwegs, ähnl. ἐν ὁδῷ u. ἐπὶ τῇ ὁδῷ, (παρὰ) πᾶσαν τὴν ὁδόν, τῆς ὁδοῦ auf dem Wege, τῆσδε τῆς ὁδοῦ für diesen Gang. Im bes. • **a)** Abreise, Heimweg, καθ' ὁδόν auf dem Heimwege • **b)** Wegstrecke, ἡμέρας Tagemarsch • **3)** übertr • **a)** letzter Gang • **b)** Auskunft, Art u. Weise der Erklärung • **c)** Verfahrungsart (mit verst. βουλευμάτων), Art u. Weise, Mittel, Ausweg • **d)** Ausführung, ὁδῷ βαδίζειν seinen Gang gehen, glücklichen Fortgang haben.

ὀδός, ὁ, s. I. οὐδός, Schwelle.

ὁδ-ουρός, ἡ, poet. die Geleiterin.

ὀδούς, όντος, ὁ s. ὀδών.

ὁδο-φύλαξ, ακος, ὁ, ion. Straßenwächter.

ὁδόω (ὁδός), ion. u. poet. den Weg zeigen, leiten, τινά, u. zwar mit Inf. Im Pass. angewiesen, angebahnt werden.

'Οδρύσαι, ῶν, οἱ (Sing. 'Οδρύσης), mächtiges Volk in Thrakien in der Gegend von Abdēra, im heutigen *Rumili,* als gute Reiter bekannt. Zur Zeit des Demosthenes gab es drei Reiche: **1)** unter K. Berisădes (359—356) u. s. Nachf. Ketriporis u. s. Söhnen, am obern Hebros. **2)** ostwärts von Maroneia, Korpili u. a. Stämme, unter Amadŏkos II. **3)** unter Kotys † 359 u. s. S. Kersobleptes (359—341) die Apsinthii u. andere Stämme, hinter dem Chersones und der Propontisküste, zeitweilig an den Küsten mächtig.

ὀδῠνάω, poet. betrüben, schmerzen.

ὀδύνη, ἡ, oft im Plur. (äol. ἐδύνη, St. ἐδ in ἔδω, was nagt), Schmerz, Qual, teils vom Körper, teils von der Seele, dah. auch Leid, Betrübnis, Traurigkeit, abs., od. τινός um jmdn.

ὀδῠνηρός, 3. schmerzhaft, betrübend.

ὀδῠνή-φᾰτος, 2. (St. φεν), ep. schmerztötend.

ὄδυρμα, τό, poet. u. **ὀδυρμός,** ὁ, Klage.

ὀδύρομαι, Dep. med., ὀδυροῦμαι, ὠδυράμην (sp. ὠδύρθην), ὀδυρτός, **1)** intr. Schmerz empfinden, trauern; laut klagen, wehklagen, jammern, abs., oder τοιαῦτα solches, u. τινός, ἀμφί τινα um jmdn., τινί gegen jmdn., einem vorklagen. **2)** trans. beklagen, bejammern, betrauern, aus Sehnsucht nach etwas trauern, τινά od. τί.

ὀδυρτικός, 3. ar. sp. zum Jammern, Klagen geneigt, weinerlich; τὸ ὀδ. die Weinerlichkeit.

'Οδυσσεύς, έως, ep. auch **'Οδυσεύς,** ῆος, έος, äol. εῦς, ὁ, lat. *Ulixes,* Sohn des Laërtes und der Antikleia, König der Insel Ithaka, Gemahl der Penelope, Vater des Telemachos, Held der homerischen Odyssee.

'Οδυσήιος, 3. Dav. **'Οδύσσεια,** ἡ, die Dichtung vom Odysseus (Odyssee).

(ὀδύσσομαι), ep. Dep. med. (St. ὀδυσ, verw. lat. ŏdium, ōdisse), nur im Aor. ὠδυσάμην, part. ὀδυσσάμενος, und Perf ὀδώδυσμαι (mit Präsensbdtg.), zürnen, grollen, τινί, ὀδυσσάμενος, Od. 19, 407, ein Zürnender u. vielen Verfeindeter.

ὄδωδα, s. ὄζω.

ὀδών, όντος, ὁ (St. ὀδοντ, W. ἐδ, äol. ἔδοντες, lat. *dens,* got. *tunthūs,* ahd. *zand*), Zahn, beim Eber Hauer; im engeren Sinn: Schneidezahn (Backenzahn: γομφίος); χείλεσι διδόναι ὀδόντας sich in die Lippen beißen.

ὁδωτός, 3. (ὁδόω), poet. zu wandeln, gangbar, ausführbar.

ὄεσσι, s. ὄις.

'Οζόλαι, οἱ, s. Λοκροί.

I. **ὄζος,** ὁ (got. *asts*), Ast, Zweig, Sproß.

II. **ὄζος,** ὁ, ep. Gefährte, Diener, ὄ. Ἄρηος.

ὄζω, äol. buk. ὄσδω, poet. ὄσδομαι, Perf. **ὄδωδα** (mit Präsensbdtg.), Plqpf. ep. ὀδώδει, poet. ὠδώδει, (St. ὀδ, lat. *odor,* u. *ol-eo*), riechen, duften, abs. od. θεσπέσιον, u. zwar τινός von, nach etwas od. jmdm., ἄνθεος *flore vini.*

ὅθεν, Adv. (ὅς), **1)** von wo, von woher, von wannen, wovon, u. statt des Relat. von wem, od. per attract. für: von daher, wo (ἐντεῦθεν οὗ), od. dahin, von wo. **2)** woran, weshalb, wodurch.

ὅθεν-περ, Adv. woher eben, gerade von wo, woher.

ὅθι u. **ὅθι-περ,** Adv. (ὅς), wo, woselbst, da wo, u. per attract.: dahin wo, worauf; auch mit Gen. ὅθι αὐλῆς wo im Hofe (selten in Prosa).

ὀθνεῖος, 3., poet. auch 2, ausländisch, fremd.

ὄθομαι, ep. Dep., nur im Präs. u. Impf. (stets mit Negat.), nach etwas hinsehen, sich an etwas kehren, sich etwas daraus machen, es scheuen, sich darum kümmern, abs., od. τινός um jmdn., od. mit Inf. od. Part. ῥέζων es zu tun.

ὀθόνη, ἡ, ep. u. sp., oft im Pl. (vielleicht aus ϝεθονη zu frz. *vêtue,* ahd. *wat*), **1)** Linnen, feine Leinwand. **2)** Leinenzeug, Schleier, leinenes Gewand; Segel. Dav.

ὀθόνιον, τό, meist sp. kleines Stück Leinwand, **a)** als Linnenkleid. **b)** als Totenbinde. **c)** als Segel; plur. Leinwand, Segeltuch.

ὀθ-ούνεκα, poet. Konj. (ὅτου ἕνεκα), **a)** weil. **b)** daß.

ὄ-θριξ, ὄτριχος, ὁ, ἡ (ὁ *copul.* = ἀ), ep. gleichhaarig, von gleicher Haarfarbe.

"Οθρυς, υος, ἡ, hohes Gebirge im thessal. Phthiotis, j. *Katavothry.*

οἴ, auch wiederholt οἰοῖ, poet. Ausruf des Schmerzes, auch der Verwunderung, weh! ach! o!, **1)** abs. οἰοῖ. **2)** mit Nom., wenn das Mitleid auf die eigene Person geht. **3)** gew. **οἴμοι** (οἴμ') **a)** weh mir, auch οἴμοι μοι. **b)** mit Nom. od. Dat., wenn das Mitleid auf die eigene Person geht, u. Gen. der Person od. Sache, welche den Anlaß dazu gibt. **c)** mit Gen., wenn das Mitleid auf eine fremde Person od. Sache geht. Vgl. auch ὤμοι unter ὤ.

I. **οἷ,** Adv. (Lokativ v. ὅς), wohin, übertr. wohinaus, zu welchem Grade, zu welcher Höhe, u. zwar τινός von, in etwas.

II. **οἷ,** s. II. οὗ.

οἰαδή, s. οἰοσδή.

οἰᾱκίζω, steuern, lenken, regieren.

οἰᾱκο-νόμος, 2. poet. das Steuer lenkend; ὁ, der Steuermann.

οἰακοστροφέω, poet. das Steuer wenden. Von

οἰᾱκο-στρόφος, 2. (στρέφω), poet. das Steuerruder drehend od lenkend.

Οἰανθεῖς, οἱ, Einw. der Stadt Ōanthe der ozol. Lokrer, am Eingang des Krissäischen Meerbusens; j. Ruinen bei *Galaxidhi.*

οἴαξ, ᾱκος, ion. **οἴηξ,** ηκος, ὁ, **1)** der Griff bes.

das Querholz des Steuerruders, dah. (oft im Plur.) das Steuerruder selbst, eigentl. u. übertr. **2)** ep. die Jochringe, durch welche die Zügel oder Leinen zum Maule der Zugtiere gehen, oder die Holznägel an den Enden des Jochs.

Οἰᾶτις, s. Οἴη.

οἴγνυμι, Impf. med. ep. ὠΐγνυντο, u. **οἴγω,** Aor. ep. ὤιξα u. ᾦξα, ep. u. poet. (eig. stoßen, schieben, in Prosa meist ἀν-οίγνυμι, s. d., u. **διοίγνυμι**), öffnen, aufschließen, τί, u. zwar τινί, auch οἶνον das Weinfaß öffnen.

οἶδα, Perf. des St. Ϝειδ: Ϝιδ, Aor. ἔϜιδον, εἶδον (lat. *video*, dt. *wissen*, got *wait*) mit Präsensbdtg., att. 2. sg. selten οἶδας, auch poet. u. sp., ep. Perf. ind. 1. pl. ἴδμεν (auch ion.), 3. pl. ἴσασι, ἴσασι [ῑ], conj 1. sg. εἰδέω, 1. pl. εἴδομεν, 2. pl. εἴδετε, inf. ἴδμεναι u. ἴδμεν, part. fem. ἰδυῖα, Plqpf. 1. sg. ᾔδεα, 2. sg. ᾐείδης (-εις), 3. sg. ᾔδεε(ν) u. ᾐείδη (-ει), 3. pl. ἴσαν, Fut. auch εἰδήσω (auch ion.), inf. εἰδησέμεν, ferner ion. Perf. ind. im pl. οἴδαμεν, οἴδασι, conj. εἰδέω u. εἰδῶ; poet. im Plqpf. pl. ᾖσμεν, ᾖστε, ᾖσαν; böot. imper. ἴττω st. ἴστω; seit Aristot. Aor. εἴδησα erfuhr, bekam zu wissen, u. spät (N. T.) im Perf. οἶδας, οἴδαμεν, -ατε, im Plqpf. pl. ᾔδειμεν, ᾔδειτε, ᾔδεισαν — eigentl. *vidi, novi*, dah. • **1) wissen, verstehen,** kennen (εἰδήσειν kennen lernen), φρεσί, ἐνὶ φρεσί, κατὰ φρένα, κατὰ θυμόν, χάριν Dank wissen, σαφῶς τινα einen genau kennen; bei Hom. häufig v. der Erfahrung: μυρία εἰδώς, oder von der Gesinnung: φίλα, ἀθεμίστια εἰδέναι, oder vom Naturell: ἄγρια εἰδώς. Konstr. mit ὡς, ὅτι, ὅπως, auch ὅ (= ὅτι) u. rel. Nebens.; mit indir. Frages. od. Part., οἶδα ἄνθρωπος ὤν; häufig ist die Prolepse das Subj. des Nebens., οἶδα τὴν γῆν, ὁπόση ἐστίν; konstr. mit Inf. nur bei zukünftigen, vermuteten Dingen. Als Zwischensatz der Rede eingeschaltet erscheint εὖ, σάφ' ἴσθι, ähnl. auch οἶδα, οἶδ' ἐγώ, εὖ οἶδ' ὅτι usw., οὐκ οἶδ' ὅπως, und so steht οἶσθ' ὡς mit folg. Imper. ποίησον, u. als Beteuerung ἴστω Ζεύς, od. αὐτὸς εἰδείης. Das Part. **εἰδώς** absol. bedeutet Sachkundiger, Erfahrener; so Soph. Tr. 1267 ἔργων des Hergangs kundig • **2) sich auf etwas verstehen,** können, ep. auch τινός, mit Inf.

οἰδαίνω, sp., **οἰδάνω,** ep. poet., = οἰδάω.

οἰδαλέος, 3. (οἰδάω), poet. geschwollen, gedunsen.

οἰδάω, ep. u. ion. **οἰδέω** (auch att.), Perf. ᾤδηκα, 3. pl. buk. ᾠδήκαντι, **1)** Akt trans. (οἰδάνω), schwellen machen, anschwellen, νόον, d. i. aufregen. **2)** Akt. intr. u. **οἰδάνομαι,** schwellen, anschwellen, aufgedunsen sein, abs., od. τινί von etwas, τί an etwas, οἰδεόντων τῶν πρηγμάτων bei der allgemeinen Gärung.

οἴδημα, ατος τό, ar. sp. Geschwulst.

Οἰδί-πους [ῐ], Gen. ποδος, που, πόδᾱο, πόδᾱ u. πόδεω (eigtl. Schwellfuß), Sohn des Laïos u. der Epikaste od. Iokaste, Vater des Eteokles, Polyneikes, der Antigŏne u. Ismēne. Von seinem Vater infolge eines Orakels ausgesetzt, wurde er in Korinth erzogen, erschlug sodann unwissend seinen Vater, löste das Rätsel der Sphinx, wurde König in Theben u. heiratete unwissentlich die eigene Mutter. Er blendete sich deshalb u. floh, von Theben vertrieben, nach Athen, wo er in Kolonos (Demos des Sophokles) lebend in den Hades einging. Adj. Οἰδιπόδειος, 2.

οἶδμα, τό (οἰδάω), ep. u. poet. das Aufschwellen, insbes. des Gewässers, dah. Wogenschwall, Brandung, überh. das Meer.

οἴεος, 3. ion. fem. **-έη** (οἶς), vom Schafe, Schafs-.

οἰέτης, εος, 2. ep. (ὁ cop., ἔτος), gleichalterig.

ὀιζυρός, 3., ep. ion. poet., att. **οἰζυρός,** Komp. ep. (wegen des Versbedürfnisses) -ρώτερος, Superl. -ρώτατος, jammervoll, arm, elend, traurig, unglückselig.

ὀιζύς, ῦος, ἡ, ep., Dat. -ζυῖ st. -ζύι, att. (poet.) **οἰζύς** (οἴ), ep. u. poet. Weh, Elend, Jammer, Leiden, Drangsal, Not.

ὀιζύω, ep. (ῐ Präs., ῡ Fut. u. Aor.), **1)** sich jämmerlich abmühen, jammern, wehklagen, περί τινα um jmdn. herum. **2)** unter Jammer erdulden, elend, unglücklich sein, leiden, abs., u. τί etwas.

Οἴη, u. **Ὄη,** ἡ, **1)** Ort auf Ägina. **2)** att. Demos der Öneïschen Phyle an den Abhängen des Aigaleōs, auf der Thriasischen Ebene gelegen. Dav. Adj. **Οἰᾶτις** (st. Οἰῆτις) νομός, u. Adv. **Οἰῆθεν** Οἴηθεν), aus Öe.

οἰήιον, τό, ep. u. **οἴηξ,** ὁ = οἴαξ, w. s.

οἰηκίζω, ion. st. οἰακίζω (οἴαξ), eigentl. mit dem Steuerruder, dann überh. lenken, handhaben.

οἴησις, εως, ἡ (οἴομαι), Glaube, Meinung; Ruf.

οἰΐς, ἴδος, ἡ, buk. Schäfchen, Lämmlein.

οἶκα, s. ἔοικα. **οἴκαδε,** s. οἶκος.

οἰκειοπρᾱγία, ἡ, das Betreiben eigener Geschäfte, das für sich Leben (Gegenteil πολυπραγμοσύνη).

οἰκεῖος, ion. **οἰκήιος,** 3., **häuslich** • **1)** zum Hause (οἶκος) od. Hauswesen gehörig, πένθος στένειν d. h. im Hause, weil es bloß die Familie angeht. Subst. τὸ οἰκ. die eigene Behausung, τὰ οἰκ. das Hauswesen • **2)** zur Familie gehörig, **verwandt,** befreundet, vertraut, auch wohl zum Gefolge gehörig, wie Lichas zu dem des Herakles. Abs., τινός, τινί, πρός τινα, u. so οἰκείως ἔχειν τινί, πρός τινα freundlich zu einem stehen. Subst. τὸ οἰκ. das Verwandte, Befreundete, κατὰ τὸ οἰκ. nach Familienverwandtschaft, οἱ οἰκεῖοι die Verwandten • **3)** jmdm. (τινί u. τινός) angehörig, **eigen,** eigentümlich, οἰκεῖον γίγνεσθαι zum Eigentum d. h. in Besitz genommen werden. Dah. τὰ οἰκ. das Eigentum, Vermögen. Insbes. • **a)** heimisch, vaterländisch, πόλεμος, στρατός. Subst. ἡ οἰκεία (verst. γῆ od. χώρα od. πόλις) eigener Grundbesitz; Heimat, Vaterland, Vaterstadt • **b)** häuslich, privat, (τὰ) οἰκεῖα häusliche Verhältnisse od. Angelegenheiten, häusliches Wohl • **4)** wozu geeignet, **passend,** angemessen, vorteilhaft, οἰκείως διακείμενος vorzüglich geeignet.

οἰκειότης, ion. **οἰκηιότης,** ητος, ἡ, das Angehörige, dah. **1)** die Verwandtschaft, die enge Verbindung, Freundschaft, abs., u. πρός τινα mit jmdm.; μεγίστη, mit etwas πρός τι. **2)** sp. vom Ausdruck (Plur.): die Eigentümlichkeit.

οἰκειόω, ion. **οἰκηιόω** (οἰκεῖος), **1)** Akt. u. Pass. zu eigen machen, gewinnen, einverleiben, τινά, u. zwar ἔς τι in etwas. Pass. zu eigen gemacht, befreundet, vertraut, geläufig werden, abs. u. τινί, sp. πρός τι. 2) Med. a) sich als verwandt betrachten. b) sich zueignen, zu sich nehmen, sich gewinnen, τί od. τινά. c) τινί jmdm. vertraut werden.

οἰκείωσις, εως, ἡ, die Aneignung, οἰκείωσίν τινος ποιεῖσθαι sich etwas zueignen.

οἰκετεία, ἡ, N. T. sp. Hausgesinde, Dienerschaft.

οἰκετεύω, poet. bewohnen. Von

οἰκέτης, ου, ὁ (οἶκος), der Hausbewohner, Insasse, dann der Hausgenosse, d. h. jeder, der dem Hausherrn gehorcht, Mitbewohner des Hauses. (Dah. im Plur. ion. u poet auch Frauen u. Kinder darunter begriffen sind.) Insbes. Diener, Sklave, im Gegens. zu δεσπότης. Im Plur. gew. Hausgesinde, Dienerschaft.

οἰκετικός, 3. (-έτης), dem Sklaven eigen, ἐσθής Sklaventracht.

οἰκέτις, ἡ, a) poet. Dienerin. b) buk. Hausfrau.

οἰκεύς, έως, ep. ῆος, ὁ, ep. u. poet. Hausgenosse, = οἰκέτης.

οἰκέω (οἶκος), Fut. med. οἰκήσομαι in pass. Bdtg., ion. immer ohne Augment, Perf. pass. 3. pl. οἰκέαται (= ᾤκηνται) in Präsensbtg., 1. Aor. pass. 3. pl. dor. und ep. ᾤκηθεν st. ᾠκήθησαν, part. pf. p. dor. οἰκημένος, **hausen** • 1) intr. • a) **wohnen,** liegen, abs., od. mit Praepp. • b) **haushalten,** wirtschaften, walten, eingerichtet sein, leben, teils abs. od. καλῶς, ὅμοροι Grenznachbarn sein, teils ἐπὶ σφῶν αὐτῶν für sich, μετά τινος unter etwas od. mit jmdm., bes. mit einer Frau, ἔξω τινός frei von etwas sein, ἐς πλείονας sich auf mehrere stützen • 2) trans. • a) **bewohnen** • b) bewirtschaften, **verwalten,** regieren, διά τινος in seiner Regierung eine gewisse Politik befolgen. Dah. Pass., α) bewohnt werden, gelegen sein, **liegen,** mit u. ohne εὖ gut bewohnt d. i. bevölkert sein, οἰκουμένη πόλις volkreich, aber ἡ **οἰκουμένη** (χώρα od. γῆ) teils bewohntes Land, teils die ganze (von Griechen) bewohnte Erde; dann **Erdkreis, Welt,** β) bewirtschaftet, eingerichtet, verwaltet werden, γ) ep. u. sp. angesiedelt werden; bes. ion. Perf. als Ansiedler wohnen, u. so sogar auch trans.: bewohnen, τὰς νήσους.

οἰκήιος, οἰκηιότης, οἰκηιόω, s. οἰκεῖος usw.

οἴκημα, τό (οἰκέω), Wohnung, Haus, Gebäude, Zimmer, bes ein einzelliger Bau, Kammer, Gemach, Schlafzimmer, Halle, dah. auch bloß Abteilung eines Gebäudes, Stockwerk. Im bes. a) liederliches Haus. b) Gefängniszelle. Gefängnis, Käfig od. Behälter für Tiere. c) Kapelle, Tempelzelle. d) Werkstatt. [Zustande.

οἰκήσιμος, 2. sp. bewohnbar, in bewohnbarem

οἴκησις, εως, ἡ (οἰκέω), 1) das Wohnen, Bewohnen, die Niederlassung, κατὰ τὴν χώραν das Landleben. 2) Behausung, Wohnung, Haus, Wohnsitz. 3) (im Plur.) Hauswesen.

οἰκητήρ, ῆρος, ὁ (poet.), ferner **οἰκητής,** οῦ, ὁ, u. **οἰκήτωρ,** ορος, ὁ (οἰκέω), Bewohner, Einwohner, Ansiedler, Kolonist, abs. od. τινός u. ἔν τινι.

οἰκητήριον, τό, poet., sp. u. N. T. Wohnsitz, Wohnung.

οἰκητός, 3. (οἰκέω), poet. u. sp. bewohnt.

οἰκία, s. οἶκος.

οἰκιακός, 3. sp. N. T. = οἰκεῖος, häuslich, οἱ οἰκιακοί die Hausgenossen; dem Hausherrn untergeben.

οἰκίδιον, τό = οἰκίσκος, ὁ.

οἰκίζω (οἶκος). 1) Akt. a) einen Ort (τί) bewohnt machen, **erbauen,** anlegen, gründen, anbauen, sich niederlassen, mit Kolonisten besetzen, eine Niederlassung gründen, im bes. wiederherstellen, wiederaufbauen. Im Prät. pass. gegründet, gelegen sein, liegen, b) jmdn. (τινά) wohnen lassen, ansiedeln, u. zwar εἴς τι. 2) Med. seinen Wohnsitz aufschlagen, **sich ansiedeln** od. niederlassen, wohnen, ἐπί τινος auf etwas; οἱ ᾠκισμένοι die Ein- oder Anwohner.

οἰκίον, τό, ep. ion. (nur der Form nach) Demin. v. οἶκος, 1) Haus, Wohnung, Wohnsitz, Aufenthalt. 2) ep. poet. von Tieren: Lager, Nest.

οἴκισις, εως, ἡ, u. **οἰκισμός,** ὁ (οἰκίζω), die Ansiedelung, Niederlassung, Gründung (einer Stadt od. Kolonie).

οἰκίσκος, ὁ, Demin. von οἶκος, kleines Häuschen, Zellchen, Kämmerchen, Vogelbauer.

οἰκιστήρ, ῆρος, poet. u. **οἰκιστής,** οῦ, ὁ (οἰκίζω), Gründer einer Niederlassung, Kolonisator, als welche z. B. von Sparta Eurysthenes u. Prokles galten. Überh. Pflanzer, poet. Bewohner.

Οἰκλῆς, έους, ὁ, N. eines Helden: Patron. Οἰκλείδης, ὁ, Sohn des Oikles = Amphiaraos.

οἰκο-γενής, 2. im Hause geboren.

οἰκοδεσποτέω, sp. N. T. Hausherr sein, regieren. Von

οἰκο-δεσπότης, ὁ, sp. N. T. Hausherr, Familienhaupt.

οἰκο-δεσποτικός, 3. sp. dem Hausherrn gehörig, gebührend, geziemend.

οἰκοδομέω, οἰκοδομήσω usf., ion. ohne Augment, Adj. verb. οἰκοδομητέον (s. οἰκοδόμος). 1) Häuser bauen, überh. bauen, erbauen, errichten, künstlich anlegen, befestigen. 2) übertr. auf etwas (ἐπί τι) begründen. N. T. gründen, in der christl. Lehre; Pass. zunehmen an Glauben, Frömmigkeit u. ä.

οἰκοδομή, ἡ, sp N. T. 1) die Errichtung, Erbauung, der Aufbau. 2) das Gebäude, der Bau, die Behausung 3) N. T. übertr. die geistliche Erbauung.

οἰκοδόμησις, εως, ἡ, **οἰκοδομία,** ἡ, u. **οἰκοδόμημα,** τό, der Bau, 1) zunächst οἰκοδόμησις u. οἰκοδομία der Hausbau, überh. a) das Bauen, Errichten, τινός von etwas, κατά τι an etwas. b) die Bauart, τῇ οἰκοδομήσει dem Baue nach. 2) das erbaute Haus (zunächst οἰκοδόμημα), Bauwerk, Gebäude.

οἰκοδομητικός, 3., Fem. sc. τέχνη, Baukunst.

οἰκοδομικός, 3. zum Bauen gehörig, τὰ οἰκ. das Bauwesen. [werker.

οἰκο-δόμος, ὁ (δέμω), der Baumeister, Bauhand-

οἴκοθε(ν), οἴκοθι, οἴκοι, οἶκονδε, s. οἶκος.

οἰκονομέω (οἰκονόμος), sp. Perf. οἰκονόμη, eigentl. 1) das Hauswesen leiten, dann überh. verwalten, einrichten, anordnen, τί. 2) (auch Med.) verwenden, τὴν ὕλην von der Verwendung der Stoffe durch den bildenden Künstler für seine Zwecke.

οἰκονομία, ἡ, **1)** Verwaltung des Hauses, Bewirtschaftung, Haushaltung, überh. Verwaltung. **2)** die Einrichtung, περί τι mit etwas; Anordnung, Ordnung, auch Naturordnung, -gesetz. **3)** N. T. die Verteilung; Heilsordnung.

οἰκονομικός, 3. zur Verwaltung des Hauswesens geschickt, wirtschaftlich, ἡ οἰκονομική die Haushaltungskunst, τὰ οἰκονομικά u. οἰκονομικαὶ πράξεις das Finanzwesen, die Staatswirtschaft.

οἰκο-νόμος, 2. (νέμω), das Haus verwaltend, poet. auch im Hause wohnend od. sich befindend. Subst. Haushalter, Wirt, auch Hausverwalter, N. T. Verwalter, ὁ οἰκ. τῆς πόλεως der Stadtkämmerer.

οἰκό-πεδον, τό, eigentl. Hausboden, Flur, dann im Plur. Häuserruinen, Trümmer eingefallener Gebäude.

οἰκο-ποιός, 2. (ποιέω), poet. zur Wohnung machen, τρυφή wohnliche Bequemlichkeit.

οἶκος, ὁ (dial. Ϝοῖκος, lat. *vīcus*, dt. *Weich*-bild „Stadtgebiet"), **οἰκία,** ion. -ίη, ἡ, **Haus** • **1)** insbes. das eigene **Wohnhaus** • **a)** Wohnung jeder Art, dah. sowohl vom Tempel als der Lagerhütte, Höhle, u. bei Tieren: Lager, Nest; οἶκος auch von der Residenz pers. Satrapen. Adv. κατ' οἶκον, οἴκους, οἰκίας, οἰκίαν, ἐν οἰκίᾳ im Hause, ὁ, ἡ, τὸ κατ' οἶκον • **b)** einzelne Teile: Zimmer, Gemach, dah. oft οἶκοι auch von einem Hause, u. τὰ οἰκία von den Prachtgebäuden der Fürsten (aber ep. Behausungen von Menschen u. Tieren) • **2)** der **Hausstand,** die Haushaltung, insbes. • **a)** Haus u. Hof, Hab und Gut, Vermögen, indem οἶκος nach attischem Rechte das Gesamtvermögen, οἰκία gew. das Wohnhaus bezeichnete • **b)** Familie, Geschlecht, Herkunft, auch Hausgesinde • **3)** die **Heimat,** das Vaterland, κατ' οἶκον daheim, in der Heimat, doch Xen. An. 2, 4, 8 nach seiner Provinz, in seine Statthalterschaft • **4)** Adv. **a)** **οἴκοθεν** vom Hause, d. i. **α)** aus der Wohnung, **β)** aus eigenen Mitteln, oder von Hause aus, d. i. von Geburt her, gleich aus dem Vaterhause, mit μαθεῖν auch: aus eignem Antriebe, von selbst, **γ)** vom Hause her, aus der Heimat, aus dem Vaterlande, αἱ οἴκοθεν ἁμαρτίαι die aus dem Innern des Staats hervorgehenden Fehler • **b)** **οἴκοι** (alter Lokativ) u. ep. auch **οἴκοθι** zu Hause, daheim, in der Heimat, τὰ οἴκοι die häuslichen Umstände, die Heimat, die Lage daheim, οἱ οἴκοι die Landsleute, ἡ οἴκοι δίαιτα der eigene Unterhalt, aber ἡ οἴκοι ἀπονόστησις die Rückkehr nach Hause, eigentl. die Wiederankunft zu Hause • **c)** **οἴκαδε** u. ep. auch **οἶκόνδε** nach Hause, heim, d. i. **α)** in die Wohnungen, pleon. auch mit πρὸς αὐτόν, **β)** heimwärts, in die Heimat, ins Vaterland, οἶκόνδε ἄγεσθαι (die Braut) heimführen, τὰ οἴκαδε ποθεῖν per attract. = τὰ οἴκοι sich nach Hause sehnen, **οἴκαδε παρασκευαζόμενος** brachylog. für ὡς οἴκαδε ἀπιὼν παρ., ὁ οἴκαδε πλοῦς, ἡ οἴκ. ὁδός.

οἰκός, s. ἔοικε.

οἰκό-σιτος, 2. (σιτέομαι), sp. **1)** zu Hause an des Vaters Tisch essend. **2)** einheimisch.

οἰκό-τριψ, ῐβος, ὁ, der im Hause aufgezogene [Sklave.

οἰκουμένη, ἡ, s. οἰκέω.

οἰκουργός, 2. das Haus besorgend, häuslich. N. T. (var.).

οἰκουρέω (οἰκουρός), das Haus hüten nach Art sorgfältiger Hausfrauen, zu Hause bleiben u. wachsam sein, übertr. die innern Staatsangelegenheiten besorgen, daheim den Staat verwalten.

οἰκούρημα, τό, poet. u. **οἰκουρία,** ἡ, poet. u. sp. der Dienst des **οἰκουρός,** das Hüten, Beschirmen des Hauses, überh. das zu Hause Bleiben, die Untätigkeit.

οἰκούριος, 2. poet. zum Haushüten gehörig. Subst. τὰ οἰκούρια Lohn für die Haushut.

οἰκ-ουρός, 2. (II. οὖρος), das Haus hütend, häuslich, wirtschaftlich; im übeln Sinne: müßig, untätig.

οἰκοφθορέω (οἰκο-φθόρος), das häusliche Vermögen zugrunde richten. Pass. ion. sp. (ohne Augment) um seine Habe gebracht werden, überh. in Zerrüttung geraten.

οἰκοφθορία, ἡ, Zerrüttung des Hauswesens, Verlust am Vermögen.

οἰκο-φύλαξ, ὁ, poet. = οἰκουρός.

οἰκτείρω (οἰκτερῶ, ᾤκτειρα, Fut. im N. T. οἰκτειρήσω), unrichtige Schreibung statt οἰκτίρω.

οἰκτίζω, οἰκτιῶ, ᾤκτισα, ᾠκτίσθην, u. **οἰκτίρω,** Fut. οἰκτιρῶ, Aor. ᾤκτιρα (οἶκτος), **1)** Akt. u. (selten) Pass. bemitleiden, bedauern, beklagen, bejammern, teils abs., teils τινά od. τί, u. zwar τινός wegen etwas, seltener mit Inf. od. εἰ (für den Fall daß). **2)** Med. (οἰκτίζομαι), wehklagen, jammern.

οἰκτιρμός, ὁ (auch Plur.), poet. sp. N. T. = οἶκτος.

οἰκτίρμων, ονος, 2. poet. N. T. mitleidig.

οἴκτισμα, τό, poet., u. **οἰκτισμός,** ὁ, poet. = οἶκτος.

οἴκτιστος, 3., Superl. v. οἰκτρός, s. d.

οἶκτος, ὁ, **1)** das Bejammern, Wehklagen, Beklagen, Bedauern, Mitleid, Erbarmen, Jammern, οἶκτον ἔχει παρά τινι es findet jmd. Mitleid bei jmdm., οἶκτος λαμβάνει τινά τινος jmdn. erfaßt Mitleid mit jmdm., auch ἀπό τινος von jmdm. Oft im Plur. u. im bes. mit κήδειοι von der Totenklage od. Trauer.

οἰκτρός, 3., Komp. -ότερος, Superl. -ότατος, u. ep. u. sp. **οἴκτιστος,** 3. **a)** bejammernswert, bedauernswert, kläglich, jammervoll, jämmerlich, elend. **b)** klagend, jammernd, trauernd. Abs. od. mit folg. Inf., auch τινί in den Augen jmds. Adv. οἰκτρῶς, οἰκτρά u. οἴκτιστα.

οἰκώς, ion. = ἐοικώς.

οἰκωφελίη, ἡ (ὠφελέω), ep. häuslicher Sinn, welcher den Wohlstand mehrt.

Ὀϊλιάδης, ου, ὁ, Sohn des Oïleus, Königs in Lokris, = Aias.

οἶμα, ατος, τό, ep. (St. οἰ, s. φέρω), das Anstürmen, [Anfall, Wut.

οἶμαι, s. οἴω.

οἰμάω, ep., Aor. οἴμησε (οἶμα), anstürmen, losfahren, darauf losstürmen, abs. u. μετά τινα.

οἴμοι, s. οἴ.

I. **οἶμος,** ὁ, auch **οἴμη,** ἡ (vgl. παροιμία), Gesang, Lied, Sage.

II. **οἶμος,** ὁ u. ἡ, (Ϝοῖμος, verwdt. mit ἵεμαι) Gang, Weg, Pfad; Streifen, Landstrich.

οἰμωγή, ἡ, u. poet. **οἴμωγμα,** τό (auch Plur.),

das Weherufen, Wehklagen, Jammern, Seufzen, Schluchzen, Wehklage, Wehruf, Jammergestöhn, οἰμωγῇ unter Wehrufen, Seufzen.

οἰμώζω, Fut. οἰμώξομαι, Aor. ᾤμωξα, Perf. pass. part. οἰ(ᾠ)μωγμένος, eigtl. οἴμοι rufen, dah. **1)** intr. wehklagen, in laute Klagen ausbrechen, jammern, wimmern, klagen, μέγα sehr, ἐλεεινά kläglich, u. mit folg. εἰ, ἐάν. Im bes. οἰμώξεται er soll ach u. weh schreien, d. h. es soll ihm übel bekommen, οἰμώζειν τινὶ λέγειν einem sagen, daß er sich an den Galgen schere, οἰμωξόμενον καλεῖν τινα jmdn. mit Strafe bedrohen. **2)** trans. beklagen, τινά u. τί.

οἴνα, dor., s. οἴνη.

οἰν-άνθη, ἡ, poet. u. dem. **οἰνανθίς,** ἴδος, ἡ, poet. die Trageknospe des Weinstocks, u. überh. Blätter u. Blüten des Weinstocks, die ganze Rebe.

οἰνάρεος, 3. poet. zum Weinstocke gehörig.

οἰναρίζω, poet. Weinstöcke beschneiden.

οἰνάριον, τό [ᾰ], Demin. von οἶνος, **1)** ein wenig Wein. **2)** geringer Wein.

οἰνάς, άδος, ἡ, poet. Weinstock, Rebe.

Οἰνεύς, έως, ion. ῆος, ὁ, Sohn des Porthaon, König von Pleurōn in Ätolien. Ihm sandte Artemis wegen eines unterlassenen Opfers einen Eber, der seine Saaten verheerte. Sein Sohn Meleagros erlegte denselben. — Ein anderer seiner Söhne war Tydeus, der deshalb **Οἰνείδης,** ου, ὁ, heißt. Seine Tochter war Deïaneira.

οἴνη, ἡ, ep. u. poet. der Weinstock.

Οἰνηΐς, ΐδος, ἡ, Name einer att. Phyle.

οἰνηρός, 3. (οἶνος), ion. u. poet. Wein enthaltend, κεράμιον ein Weingeschirr.

Οἰνιάδαι, οἱ, bedeutende Stadt in Akarnanien am Ausfluß des Acheloos. Ihre Ruinen bei *Trigardo-Kastro*.

οἰνίζομαι, Impf. οἰν. (οἶνος), ep. sp. Med., sich Wein verschaffen od. kaufen, abs. u. zwar τινί um etwas, u. οἶνον Wein herbeischaffen.

οἰνο-βαρής, 2. ep. poet. sp. u. ähnl. das Part.

οἰνοβαρείων, ep. vom Weine schwer, weinberauscht, trunken.

οἰνο-δόχος, 2. poet. (δέχομαι), Wein aufnehmend, — fassend, — enthaltend.

οἰνο-δότας, ὁ, poet. Weinspender.

Οἰνόη, ἡ, **1)** attischer Demos der Hippothontischen Phyle bei Eleutherä, Grenzfestung gegen Böotien. **2)** Flecken in Attika bei Marathon, zur Äantischen Phyle gehörig.

Οἰνό-μαος, ὁ, Sohn des Ares, König von Pisa in Elis, Vater der Hippodameia, um welche er die Freier ein Wettrennen halten ließ. Pelops, der vierzehnte der Bewerber, siegte und führte den Tod des Önom herbei. Sophokles und Euripides haben den Stoff dramatisch bearbeitet.

οἰνόμελι, ιτος, τό, sp. Gemisch aus Wein u. Honig, Honigwein.

οἰνό-πεδος, 2. (πέδον), ep. was Weinland ist, weintragend, weinreich. Subst. τὸ οἰν. Weinland, Weinberg.

οἰνο-πλάνητος, 2. poet. weinbetört.

οἰνο-πληθής, 2. (πλῆθω), ep. voll Wein, weinreich.

οἰνο-ποιΐα, ἡ, sp. Weinbereitung.

οἰνοποτάζω, ep. poet. Wein trinken.

οἰνο-ποτήρ, ῆρος, ὁ, ep. mit ἀνήρ Weintrinker.

οἰνο-πότης, ὁ, dass., poet sp. u. N. T.

οἰνο-πωλέω, sp. Weinhändler sein, einen Weinhandel treiben.

οἶνος, ὁ (Ϝοῖνος, lat. *vi-num,* St. *vi* in ἰτέα, lat. *vitis*), der Wein (bei Hom. nur dunkelfarbiger, Rotwein), der in Krügen od. Schläuchen aufbewahrt u. oft mit Myrrhen gemischt wurde. Der Name wurde aber auch gebraucht von dem Getränk aus Dattelsaft (Palmwein), Gerste (Bier) od. Lotos. Im Plur. die Weinsorten. παρ', ἐν οἴνῳ, μετὰ οἴνου beim Wein, im Rausch. Sprichw. οἶνος ἀληθής ἐστι Trunkene reden die Wahrheit. Im N. T. übertr. **1)** οἶνος τοῦ θυμοῦ τοῦ θεοῦ der Zornwein Gottes. **2)** Weinberg.

Οἰνοῦσσαι, αἱ, fünf Inseln zwischen Chios u. dem asiat. Festland, j. *Spermadori* od. *Egonuses*.

οἰνοφλυγία, ἡ, sp. u. N. T. die Trunksucht.

οἰνό-φλυξ, γος, ὁ, ἡ, stark weintrinkend.

Οἰνό-φυτα, τά, Stadt in Böotien am linken Ufer des Asōpos, beim heut. *Inia* (Sieg Athens über die Böoter 456).

οἰνοχοέω, Impf. ep. οἰνοχόει u. ἐϜοινοχόει, ἐῳνοχ., ep. auch **οἰνοχοεύω** (nur Präs.), (-χόος), Wein einschenken, Mundschenk sein, sein Amt als Mundschenk verrichten, u zwar τινί jmdm., doch bisw. auch so, daß der Begriff von οἶνος verschwunden ist u. νέκταρ dabeisteht od. zu ergänzen ist. Bildl. steht dah. auch ἐλευθερίαν dabei. Elliptisch steht es Od. 21, 142, wo ὁ οἰνοχόος zu ergänzen ist.

οἰνο-χόη, ἡ, Schöpfkanne, ein Gefäß, um Wein aus dem Mischkruge in die Trinkgefäße zu gießen.

οἰνοχόημα, τό (-χοέω), sp. Austeilung von Wein, Bewirtung mit Wein, wie dies bei den Dionysien an das Volk in Athen geschah, οἰν. παρέχειν.

οἰνο-χόος, ὁ (χέω), der Weinschenk, Mundschenk, welcher den gemischten Wein aus dem Mischkruge in die Becher füllte u. rechts herum reichte. Bei den Persern ein Hofamt.

οἰνό-χυτος, 2. (χέω), poet. eingeschenkt, πῶμα ein Trunk Wein.

οἶν-οψ, οπος, ὁ, ἡ (St. ὀπ), ep. wie Wein aussehend, weinfarbig, mit roten Wangen u. Lippen, weinrot, Bakchos; dann dunkel- od. schwarzrot, endlich überh. dunkel, dah. Beiw. von Tieren od. dem Efeu, den Augen u. insbes. dem Meere, welches bei heftigerem Wogenschlage einen dunkelroten Schein annimmt.

οἰνόω (οἶνος), ep. ion. poet. ar. sp. **1)** mit Wein berauschen. **2)** Pass. mit Perf. οἴνωμαι u. ᾤνωμαι, von Wein berauscht, trunken werden.

οἰνών, ῶνος, ὁ, Weinkeller.

οἰνωπός, 2. u. 3. (ὤψ), poet. u. sp. = οἶνοψ.

οἴνωσις, εως, ἡ, sp. Trunkenheit, übermäßiger Weingenuß.

Οἰνωτρία, ἡ, der Südwesten Italiens (Bruttium u. Lukanien), Einw. -ωτροί; -ωτρίδες νῆσοι bei Elea (Pontia, Ischia?).

οἰνώψ, ῶπος, ὁ u. ἡ (ὤψ), poet. = οἶνοψ.

οἷο, s. II. ὅς.

οἰο-βουκόλος, 2. poet. nur ein Rind weidend.

οἰο-βώτας, ὁ (βόσκω), poet. einsam weidend, φρενός, Gen. relat., seinen Sinn, menschenscheu (von Aias).

οἰό-ζωνος, 2. poet. einzelner Wandersmann, weil ζώννυσθαι (s. ζώνη) zum Wandern gehört.

οἰόθεν, s. οἶος. **οἰοῖ,** s. οἴ. **οἴομαι,** s. οἴω.

Οἰόν, οῦ, τό, Bergfeste im N. v. Lakonika (Skiritis).

οἱονεί = οἷον εἰ, sp. wie wenn, gleichsam, gewissermaßen.

οἰο-νόμος, 2. poet. allein weidend; übertr. einsam.

οἰοπολέω, poet. einsam leben.

I. **οἰο-πόλος,** 2. (οἶος u. πέλω), ep. u. poet. eigtl. einsam seiend, dah. einsam, öde, verlassen.

II. **οἰο-πόλος,** 2. (οἶς), ep. Schafe weidend.

οἶος, οἴη, οἶον (zshg. mit οἰνός = altlat. *oenus, unus,* got. *ain-s*), ep. u. poet. **a)** einzig, allein, abs., od. ἔν τινι, μετά τινων unter einigen, auch mit νόσφιν od. δίχα τινός. **b)** einsam, verlassen, τινός od. ἀπό τινος von jmdm. Adv. **1)** **οἶον,** allein (aber Il. 9, 355 ist οἶον masc.). **2)** **οἰόθεν** οἶον vom Einsamen aus (betrachtet) einsam = ganz allein.

οἷος, **οἵα** (ion. οἵη), οἷον (ὅς; oft οj bei Tragikern: scheinbare Kürzung des Diphthongs!) • **1) wie beschaffen,** von welcher Art, was für einer, wie; per attract. mit dem Subst. verbunden: οἷον ἔμβολον eine Art von Keil, od. mit οὐδέν, z. B. in οὐδὲν οἷον τὸ ἐρωτᾶν das Beste ist zu fragen; auch in einem Satze mehrmals gesetzt, z. B. οἵῳ ὄντι μοι περὶ σὲ οἷος ὢν περὶ ἐμέ wie ich gegen dich und wie du gegen mich handelst, od. assimiliert mit einem Casus obliq., auf welchen es sich bezieht: τοιούτῳ οἵῳ ἐγώ, od. οὐ χἀτέρας οἵας γ' ἐμοῦ, st. οἵα γ' ἐγώ εἰμι. Endlich als Ausruf = μεγάλα, δεινά • **2)** in Ausruf- u. Kausalsätzen = ὅτι τοῖος, daß du so, u. dies auch bei mehrmaliger Wiederholung in demselben Satze: οἷ' ἔργα δράσας οἵα λαγχάνει κακά; οἵα weil solches, nach dem was, οἷόν σε als einen der (*quippe quem*), u. so auch οἵα δή, Hdt. 1, 86, wo andere οἱαδή lesen. Ähnl. auch im Vordersatze: οἷος ἐκείνου θυμὸς ὑπέρβιός ἐστι, od. ἀφόρητος οἷος γίνεται κρυμός unerträglich, was für eine Kälte da ist • **3)** mit dem Infin: von der Art um (τοιοῦτος ὥστε), **fähig,** tüchtig, beschaffen, im stande, auch mit dem Art., wenn das Beziehungswort ausgelassen ist, u. mit εἶναι können, pflegen, mit od. ohne vorhergeh. τοιοῦτος: oft **οἷός τε** im stande, u. bes. im Neutr. sg. u. pl., bei den Att. auch οἷόντε geschrieben und oft mit weggel. Kopula: es ist möglich. Bisw. mit Dat., jmdm., od. zur Verstärkung des Superl., möglichst, so sehr als möglich (so auch οἷον allein) • **4)** Adv. **a)** **οἷον** u. **οἷα** wie zum Beispiel, οἷάτε sowie, gleichwie, gewissermaßen wie, dergleichen, οἷον δή wie doch, da ja. Oft bei Zahlen = ungefähr, u. mit Partiz. = ἅτε, da, weil ja • **b)** **οἵως** auf welche Art, οἷος ὢν οἵως [ἔχεις.

ὄιος u. **οἰός,** s. ὄις.

οἱοσ-δή, οἱαδή, οἱονδή, auch οἷος δή geschrieben, solcher, solche, solches, wie denn, wie ja, solches wie erwähnt ist.

οἱόσ-περ, οἵαπερ, οἷόνπερ, auch οἷός περ geschrieben, gerade welcher Art, wer eben, wie auch. Adv. οἷόνπερ, οἵάπερ gerade wie = wie, ὥσπερ. [sam.

οἰό-φρων, ονος, ὁ, ἡ, poet. einsamen Sinnes, ein-

οἰο-χίτων, ωνος, ὁ, ἡ, ep. im bloßen Leibrocke (ohne Mantel).

οἰόω, ep. verlassen; Pass. Aor. οἰώθην.

οἵ-περ, Adv. gerade wohin, wohin eben, abs. od. mit Genet. ὁδοῦ.

ὄϊς, ὁ, ἡ, zsgz. **οἶς,** flekt. att. οἰός, οἰί, οἶν, οἶες, οἰῶν, οἰσίν, οἶς, episch ὄιος, ὄιν, ὄιες, ὀίων, ὀίεσσι, οἴεσι u. ὄεσσι, ὄις (ὄϜις, lat. *ovis,* got. *av-ethi* Schafherde, ahd. *auwi* ovicula), Schaf, sowohl männliches (dies auch bes. durch ἀρνειός, ἄρσην bez.) als weibliches (auch durch θῆλυς bes. hervorgehoben).

οἴσπη, ἡ, zsgz. st. οἰσύπη (οἶς), ion. Schmutzwolle.

οἰστέος u. **οἰστός,** 3, Adj. verb zu φέρω, **a)** zu tragen, zu ertragen, erträglich. **b)** davonzutragen.

ὀιστεύω, Aor. 1. ὀίστευσα (οἰστός), ep. Pfeile schießen, τόξῳ vom Bogen, absol., od. τινός nach jmdm.

ὀιστο-δέγμων, 2. poet. Pfeile enthaltend.

οἰστός u. **ὀιστός,** ὁ (viell. zu οἰ(σ), φέρω) der fliegende Pfeil, das Geschoß. Er bestand aus Holz oder Rohr, war oben mit einer metallenen, bisw. dreizackigen Spitze u. mit Widerhaken versehen u. unten gefiedert.

οἰστός, s. οἰστέος.

οἰστράω (u. sp. auch **-έω**), οἰστρήσω, poet u. ohne Augm. (οἶστρος), eigentl. von der Bremse, **1)** trans. durch den Stich unruhig machen, dann überh. aufstacheln, od. τινὰ ἔκ τινος jmdn. aus etwas forttreiben. **2)** intrans. außer sich geraten, rasen, toben.

οἰστρ-ήλατος, 2. poet. = οἰστροπλήξ.

οἴστρημα, τό, poet. der Stich.

οἰστρο-δίνητος, 2., **οἰστρο-δόνητος,** 2., **οἰστρό-δονος,** 2 alle drei poet = οἰστροπλήξ.

οἰστρο-πλήξ, ῆγος, ὁ, ἡ, poet. von der Bremse gestochen, wütend, bes. von der Io.

οἶστρος, ὁ, **1)** ep. poet. u. sp. die Bremse **2)** übertr. Stich, Stachel, Wutanfall, οἴστροισι in bacchischer Aufregung, u. poet. οἶστρος ὁ ποτώμενος Ἀργόθεν, st. ἡ οἴστρῳ Ἀργ. ποτωμένη.

οἰσύϊνος, 3. (v. οἰσύα die Weide. = οἶσος aus ϜοῖτϜος, stammverw. mit Ϝιτέα, ahd. *wīda*) von Weiden gemacht, aus Weidengeflecht, weiden.

οἴσυιον, τό, Weide, ἐν τοῖς οἰσυίοις unter d. W.

Οἰσύμη, ἡ, Stadt in der südlichsten Spitze des makedon. Piĕris, südöstl. vom heut. Ortana.

Οἴτη, ἡ, Gebirge Thessaliens, der Schauplatz der Selbstverbrennung des Herakles. Zwischen dem Ostabfall des Öta und dem malischen Meerbusen liegt der Thermopylenpaß. Dav. Adj. **Οἰταῖος,** 3. Dah. die Einw. des Distrikts Ötäa in Thessalien, wo es an Lokris grenzt, οἱ Οἰταῖοι.

οἶτος, ὁ (εἶμι), ep. u poet. der Gang, das Los, Geschick, Schicksal, gew. im übeln Sinne u. meist mit κακός od. κακῶν: Unglück, Leiden, Tod.

Οἴτυλος, ἡ, Stadt in Lakonien an der Küste, j. *Vitylo.*

οἴφω, sp. (vgl. ὀπυίω), heiraten, beschlafen, τινά.

Οἰχαλία, ion. **-ίη,** ἡ, **1)** Stadt in Thessalien am Peneios. Dav. Adv. **Οἰχαλίηθεν** [ῐ], von Öch., u. Subst. **Οἰχᾰλιεύς,** ῆος, ὁ, der Öchalier (b. Hom.). **2)** auf Euböa im Distrikt von Eretria (Soph.).

οἰχέω u. **οἰχέομαι,** sp. Nbf. zu οἰχνέω u. οἴχομαι, s. d.

οἰχνέω, ep. u. poet., nur Präs. u. Impf., 3. plur. praes. οἰχνεῦσι, Impf. iter. οἴχνεσκον (οἴχομαι), fortgegangen sein, fort sein, fortgehen, kommen; auch übertr. dahingehen, wie εἶμι.

οἴχομαι, Impf. ᾠχόμην, Fut. οἰχήσομαι, Perf. οἴχωκα, οἰχωκώς u. ᾤχημαι (sp.), ion. Impf. οἰχόμην, Plqpf. οἰχώκεα, Perf. med. οἴχημαι, Dep. med., sich aufmachen, **gehen,** kommen, bes. sich wegbegeben, **weggehen,** abreisen; übertr. vergehen, verschwinden, untergehen; θανών umkommen, scheiden, sterben • 2) Präs. meist in der Bdtg. des Perf.: weggegangen, **fort sein,** dah. übertr. dahin sein, des Todes sein, verloren sein, εἴς ἐπί, κατά, μετά, πρός τι od. τινα, od. κατά, ἐπί τινος wohin, ἔκ, ἀπό τινος woher, auch mit Partiz., wo es die Eile ausdrückt u. durch weg, fort, im Nu, flugs war er fort (ἀπιών, φεύγων), übersetzt werden kann, πλέων er segelte fort, θύελλα προφέρουσα der Sturmwind riß mit sich fort, παραφέρων er trug es eilends davon, ὁ οἰχόμενος der Abgegangene, Abwesende u. übtr. der Gestorbene.

οἴω u. **ὀίω,** gew. Med. ep. **ὀίομαι,** att. **οἴομαι** (verw. lat. *omen*), 2. sg. οἴῃ u. οἴει, u. **οἶμαι,** Adj. verb. **οἰητέον,** ep. (doch nur in Od.) ὀϊσάμην st. ᾠισ., seltener ᠠὠίσθην (ι meist lang in ὀίω u. ὀίομαι), **ahnen,** vermuten (etwas Zukünftiges), dah. hoffen oder fürchten, dann überh. **meinen, glauben,** gedenken, auch: gesonnen, gewillt sein. Teils • **1)** abs. u. zwar • **a)** in dem Sinne: so wie ich mich erinnere • **b)** in Erwiderungen auf eine negative Frage: das will ich meinen, versteht sich • **c)** als Zwischensatz eingeschoben: *opinor*, mein' ich, glaub' ich • **d)** οἴεσθαι δεῖ u. χρή man sollte es meinen • **e)** sich äußern, Vermutungen hegen, Od. 17, 586. Il. 1, 561 • **f)** impers. ὀίεταί μοι ἀνὰ θυμόν es schwant mir im Herzen. Teils • **2)** konstr. • **a)** mit A. c. I., wo der Ind. praes. bisw. auch in Futurbdtg. steht, u. das Subj., sobald es leicht zu ergänzen ist, wohl auch ausgelassen wird, od. auch das Obj. fehlt, wie Il. 5, 252, wo als Obj. ἐμέ zu ergänzen ist • **b)** mit dem Inf., bes. in οἴομαι δεῖν ich bin gemeint = gesonnen, ich will • **c)** in der Bdtg. fürchten, mit μή u. Opt. • **d)** mit Akk. etwas meinen, glauben, ahnen, erwarten; doch hängt der Akk. oft von einem leicht zu ergänzenden Inf. ab.

οἰωνίζομαι, Dep. med., ohne Augment (οἰωνός), aus der Beobachtung der Vögel Vorbedeutungen abnehmen, dann überh. wahrsagen, prophezeien.

οἰώνισμα, τό, poet. sp. Vogelzeichen.

οἰωνιστήριον, τό, Vogelzeichen, Vorzeichen.

οἰωνιστής, οῦ, ὁ, ep. sp. **1)** Adj. der Vogelzeichen kundig. **2)** Subst. der Vogeldeuter, der aus dem Fluge u. der Stimme der Vögel die Zukunft deutet.

οἰωνο-θέτας, ου, ὁ, poet. Vogelschauer (der die Bedeutung der Vogelzeichen bestimmt).

οἰωνό-θροος, 2. poet. von Vögeln ertönend.

οἰωνο-κτόνος, 2. (κτείνω), poet. vogeltötend, vom strengen Winter.

οἰωνό-μαντις, εως, ὁ, poet., und

οἰωνο-πόλος, ὁ, ep. poet. sp. = οἰωνιστής, w. s.

οἰωνός, ὁ (zu Wz. οἰσ „Draufgänger"). **1)** ein **Raubvogel,** wie Adler, Geier, Habicht, u. überh. ein großer Vogel. **2)** Zeichenvögel, aus deren Flug, Stimme, Sitz, Tun man den Götterwillen deutete. Dah. ἐπ' οἰωνοῖς καθήμενος u. οἰωνῶν ὁδοῖς κραίνων in den Vogelbahnen begriffen od. deren kundig. **3)** übertr. Vorzeichen, Vorbedeutung: ἐν οἰωνῷ od. πρὸς οἰωνοῦ τίθεσθαι, als (gute) Vorbedeutung betrachten.

οἰωνοσκοπέω, poet. = οἰωνίζομαι.

οἰωνοσκοπία, ἡ, sp. Vogelschau.

οἰωνο-σκόπος, ὁ, poet. sp. = οἰωνιστής.

ὄκα, dor. = ὅτε.

ὀκέλλω, = κέλλω, Aor. 1. ὤκειλα, **1)** trans. auf den Strand treiben, τί, u. zwar πρός τι. **2)** intr. stranden, ἔς τι.

ὄκῃ, ion. st. ὅπῃ. **ὄκκα,** dor. = ὅτε.

ὀκλαδιστί, poet. u. **ὀκλαδόν,** ep. Adv. auf den Fersen sitzend, kauernd, hockend.

ὀκλάζω, in die Knie sinken, auf die Fersen niederhocken, sich niederkauern, abs. u. ἐπί τινος, ἐς γόνυ.

ὄκλασις, εως, ἡ, das Niederhocken, in die Knie Sinken.

ὀκνέω, mit Adj. verb. ὀκνητέον, ep. auch **ὀκνείω,** anstehen, zögern, Bedenken tragen, sich besinnen, nicht gern mögen, sich scheuen, fürchten, besorgt sein, abs., od. τί u. περί τινος etwas, um etwas, od. mit Inf. od. μή.

ὀκνηρός, 3., Adv. **-ῶς,** Komp. -ότερον, **1)** bedenklich, widerwillig, saumselig, zögernd, furchtsam, abs. u. ἔς τι. **2)** akt. Bedenken erregend, beängstigend, lästig, peinlich.

ὄκνος, ὁ, Zögern, Zaudern, Saumsal, Trägheit, Verdrossenheit, Bedenklichkeit, Furcht, Scheu, teils abs., z. B. ὄκνῳ εἴκων saumselig, u. οὐκ ὄκνῳ unverzagt, teils τινός von etwas, od. mit Inf., z. B. ὄ. ἦν ἀνίστασθαι es kostete Mühe aufzustehen.

ὀκόθεν, ὀκοῖος, ὀκόσοι, ὀκότερος, ὄκου u. ähnl., ion. st. ὀπ-.

ὀκου-δή, ion. Adv., in irgend einem Winkel.

ὀκριάομαι, ep. Impf. 3. plur. ὀκριάοντο, -όωντο (ὀκρίς), eigtl. schroff gemacht werden, übertr. aufgebracht, erbittert werden.

ὀκρί-βας, αντος, ὁ (βαίνω), Bock, Staffelei, dann Gerüst od. Tribüne (βῆμα), von der herab Dichter und Schauspieler sich dem Publikum vorstellten, dann auch die Bühne = σκηνή.

ὀκριόεις, εσσα, εν (ὀκρίς), ep. u. poet. voll Spitzen, scharfzackig.

ὀκρίς, ίδος, ἡ, poet. (ἄκρα), spitzig, schroff.

ὀκρυόεις, εσσα, εν, ep. st. κρυόεις, eigentl. kalt, übertr.: schauerlich, abscheulich.

'Οκτάβιος, 1) M. Octavius, Volkstribun 133. **2)** C. Octavius, Vater des Augustus.

ὀκτα-ήμερος, 2., N. T. achttägig.

ὀκτάκις, Adv. achtmal.

ὀκτακισ-χίλιοι, 3. achttausend.

ὀκτά-κνημος, 2. (κνήμη), ep. achtspeichig.

ὀκτα-κόσιοι, 2. achthundert.

ὀκτα-μηνιαῖος, 3. sp. u. **ὀκτά-μηνος,** 2. acht Monate alt.

ὀκτα-πλάσιος, 3. poet. achtfach.

ὀκτά-πλεθρος, 2. sp. 800 griech. Fuß lang.

ὀκτά-πους, ποδος, ὁ, ἡ, poet. sp. achtfüßig.
ὀκτά-ρρῑμος, 2. mit acht Deichseln, ἅρμα von beweglichen Türmen, an deren unterstem Stockwerke die Räder u. Deichseln angebracht waren.
ὀκτάς, άδος, ἡ, sp. Achtzahl, Achter.
ὀκτώ, οἱ, αἱ, τά (lat. *octo*, got. *ahtau*), Indekl. acht, ἐπὶ ὀκτώ acht Mann hoch.
ὀκτω-καί-δεκα, οἱ, αἱ, τά, Indekl. achtzehn.
ὀκτωκαιδεκά-δραχμος, 2. achtzehn Drachmen wert (der Scheffel).
ὀκτωκαιδεκα-έτης, ους, ὁ, sp. achtzehnjährig.
ὀκτωκαιδεκαπλασίων, 2. sp. achtzehnfach.
ὀκτωκαιδέκατος, 3. (-δεκα), der achtzehnte, ὀκτωκαιδεκάτῃ verst. ἡμέρῃ am achtzehnten.
ὀκτωκαιδεκέτης, ους, ὁ, achtzehnjährig.
ὀκτωκαιεικοστός, 3. der achtundzwanzigste.
ὀκτώ-πους, 2. achtfüßig; acht Fuß lang; acht Quadratfuß enthaltend.
ὄκως, s. ὅπως.
ὀλαί, αἱ, att. sp. = οὐλαί.
'Ολβία, ἡ, **1)** blühende See- u. Handelsstadt an der Mündung des Hypanis (Bug) und des Borysthenes (Don), Kolonie der Milesier, dah. auch *Μιλητόπολις* od. *Βορυσθενίς* gen., j. Ruinen von *Stomagil* b. *Oczakow* Einw. Ὀλβιοπολῖται, Adj. Ὀλβιανός. **2)** St. in Südgallien, heute *Éoubes* bei Hyères.
ὀλβίζω (ὄλβος), poet. **1)** glücklich preisen, *τί* od. *τινά*. **2)** beglücken.
ὀλβιο-δαίμων, 2., Gen. ονος, ep. von der Gottheit gesegnet, Günstling der Götter.
ὀλβιό-δωρος, 2. poet. Glück spendend.
'Ολβιοπολῖται, s. Ὀλβία.
ὄλβιος, 3., Adv. **-ίως** (ὄλβος), selten in att. Prosa, glücklich, glückselig, von Göttern beglückt, gesegnet, reich, begütert, glänzend, **ὄλβιον ποιεῖν τι** etwas mit Gedeihen segnen. Subst. ὄλβια Glücksgüter, Segen, Glück, mit Inf. ζωέμεναι Segensfülle fürs Leben.
ὀλβο-δότας, ου, ὁ, poet. u. Fem. **ὀλβο-δότειρα,** ἡ, poet. Glück, Reichtum spendend, abs., od. *τινί* jmdm., u. *τινός* von etwas.
ὄλβος, ὁ, **1)** gesegneter Zustand, Wohlstand, Reichtum, Segen, vorzüglich von äußeren Glücksgütern. **2)** Gedeihen, Heil, Glück, Glückseligkeit, Lebensglück.
ὀλβο-φόρος, 2. poet. glückbringend.
ὀλεθρεύω, s. ὀλοθρεύω.
ὀλέθριος, 3. u. 2., **1)** akt. verderblich, unheilvoll, abs., ἦμαρ Tag des Verderbens, od. *τινί* u. *τινός* für jmdn. **2)** pass. poet. u. sp. unglücklich, unselig, nicht würdig.
ὄλεθρος, ὁ (ὄλλυμι), Verderben, Unglück, Untergang, Verlust, Tod, als Appos. ὄλεθρον zum Verderben, ähnl. ἐπὶ (τῷ) ὀλέθρῳ, εἰς ὄλ. zum Verderben, zum Zeichen des Untergangs, od. Soph. Ant. 1291 zum Tode des Sohnes; *οὐκ εἰς ὄλ.;* zur Hölle mit dir. Im bes. Niederlage. Teils absol., teils *τινός* jmds. od. von etwas, von Personen u. zwar meist als Prädikat, unglückselig, verrucht, verdorben, doch auch erbärmlicher Mensch, Bösewicht, Taugenichts, γραμματεύς verfluchter Schreiber.
ὀλείζων, Kompar. zu ὀλίγος, s. d.
ὀλέκω, s. ὄλλυμι.
ὀλεσί-θηρ, ηρος, ὁ, ἡ, poet. Wild tötend.
ὀλετήρ, ῆρος, ὁ, ep. Fem. **ὀλέτειρα,** ἡ, sp. ep. poet. (ὄλλυμι), Verberber, Mörder.
ὀλῐγάκις, Adv. (ὀλίγος), wenige Mal, selten.
ὀλιγ-ανδρέω, Mangel an Männern oder Menschen haben, veröden.
ὀλιγανδρία, ἡ, sp. und
ὀλιγανθρωπία, ἡ (-πος), Menschenmangel, εἰς ὀλιγανθρωπίαν καταστῆσαι die Einwohnerzahl vermindern. Von
ὀλιγ-άνθρωπος, 2. menschenarm, schwach bevölkert.
ὀλιγᾰριστία, ἡ (wie v. ὀλιγ-άριστος, ἄριστον), sp. die Gewohnheit wenig zu frühstücken.
ὀλιγ-αρκής, 2. (ἀρκεῖν), sp. mit wenigem zufrieden, anspruchslos.
ὀλιγαρχέομαι (ὀλιγ-άρχης), Dep. pass., Aor. -αρχηθῆναι, oligarchische Verfassung haben, in einer Oligarchie leben.
ὀλιγαρχία, ion. **-ίη,** ἡ, Oligarchie, oligarchische Verfassung, d. i. die Herrschaft Weniger, z. B. die Herrschaft der Dreißig in Athen im J. 404 v. Chr. u. die derselben vorhergehende der 400; **κατ' ὀλιγαρχίαν** = **ἐν ὀλ.** in einer Oligarchie, **τῆς ὀλ. εἶναι** Parteigänger der Ol., **μετέχειν** an einer oligarchischen Regierung teilhaben.
ὀλιγαρχικός, 3., Adv. **-ῶς** (ὀλιγ-άρχης), oligarchisch, d. i. **a)** der Oligarchie ergeben, oligarchisch gesinnt, bei den Römern: Anhänger der Nobiles, Optimat. **b)** die Oligarchie betreffend.
ὀλῐγαχόθεν, ion. Adv., von wenigen Orten her, u. zwar *τινός* eines Landes.
ὀλῐγηπελέω (ὀλιγη-πελής), ep. (nur im Part.), schwach, ohnmächtig, eigentl. sich wenig regend sein.
ὀλῐγηπελίη, ἡ, ep. Schwäche, Ohnmacht.
ὀλίγιστος, s. ὀλίγος.
ὀλιγογονία, ἡ, geringe Nachkommenschaft.
ὀλῐγό-γονος, 2. (γονή), ion. ar. wenig erzeugend, wenig trächtig.
ὀλιγο-δεής, 2. sp. wenig bedürfend, genügsam.
ὀλιγοδρῠνέω (ὀλιγο-δρανής, δράω), ep. nur im Part. = ὀλιγηπελέω.
ὀλιγοδρᾰνία, ἡ, poet. Ohnmacht.
ὀλιγοετία, ἡ (ὀλιγο-Ϝέτης), die geringe Zahl der Jahre, die Jugend.
ὀλιγό-πιστος, 2., N. T. kleingläubig, Subst. -πιστία.
ὀλίγος, 3. (zu **λοιγός**), mit Komp. -ώτερος (sp.) u. irreg. Komp. **ὀλείζων** (ὀλίζων), Superl. **ὀλίγιστος,** 3., Adv. N. T. ὀλίγως • **1)** Adj. zunächst von der Menge (u. so im Superl. stets), **wenig,** dann aber auch vom Raume, der Zeit, der Größe usw., gering, klein, kurz, niedrig, seicht (von Flüssen), leise (von der Stimme). Bisw. ist es mit zu wenig zu übersetzen, so mit Inf. ὀλίγοι ἀμύνειν zu wenig, um zu helfen, od. in **ὀλίγας** (verst. **πληγὰς**) **παίειν** • **2)** Subst. • **a)** ὀλίγον τι ein Weniges, ὀλίγα Weniges, wenig Vermögen • **b)** οἱ ὀλίγοι **α)** die Minderzahl, die Oligarchen od. = die Aristokraten, **β)** κατ' ὀλίγους in kleinen Abteilungen, doch steht κατ' ὀλίγους auch = ὀλίγοι • **3)** Adv. Redensarten • **a)** **ὀλίγον** (τι) u. **ὀλίγῳ,** z. B. mit **πρότερον, ὕστερον,** um weniges, wenig, kurze Zeit darauf • **b)** **ὀλίγου** (δεῖν) wenig fehlt, beinahe,

fast • c) ὀλίγα ein wenig, selten • d) δι' ὀλίγου durch d. i. in einem geringen Zwischenraume, nahe, oder kurze Zeit hindurch, kurz darauf, schnell, ἡ δι' ὀλ. die kurze • e) εἰς ὀλίγον auf einen beschränkten Raum hin, auf kurze Zeit, doch auch unter oligarchische Zwingherrschaft, und mit ἀφίκετο es fehlte wenig und es kam • f) ἐν ὀλίγῳ in einem kleinen Raume, in kurzer Zeit; aber ἐν ὀλίγοις unter wenigen, z. B. μέγας d. i. groß wie wenige, größer als die meisten • g) ἐξ ὀλίγου nahe oder seit kurzem, plötzlich, ἡ ἐξ ὀλ. die plötzliche, aber ὡς ἐξ ὀλ. soweit es die kurze Zeit erlaubte • h) ἐπ' ὀλίγον ein wenig • i) κατ' ὀλίγον allmählich, langsam, od. in kleinen Abteilungen, mit einem kleinen Teile • k) μετ' ὀλίγον bald darauf • l) παρὰ ὀλίγον nahe daran, beinahe (auch ἦλθε κρατῆσαι beinahe hätte er sich bemächtigt), doch παρ' ὀλ. ποιεῖσθαί τι etwas gering achten, παρ' ἡμέρας ὀλίγας alle paar Tage • m) πρὸς ὀλίγον auf eine kurze Zeit. (ἐλάσσων, ἐλάχιστος u. ἥκιστα s. u. d., μείων s. μικρός).

ὀλιγο-σθενέω, poet. kraftlos werden.

ὀλιγοσῑτία, ἡ, sp. das Wenigessen.

ὀλιγοστός, 3. (ὀλίγος), poet. u. sp. 1) der wenigste, kleinste, χρόνος. 2) einer aus wenigen, in der Minderzahl befindlich.

ὀλιγότης, ητος, ἡ (ὀλίγος), die geringe Anzahl.

ὀλιγο-φιλία, ἡ, ar. sp. Mangel an Freunden.

ὀλιγο-χρόνιος, 2. (u. 3.), u. **ὀλιγό-χρονος,** 2. sp. kurzwährend, kurzlebig; Subst. τὸ ὀλιγοχρόνιον, sp. die kurze Dauer, Kurzlebigkeit; τὸ ὀλιγοχρονιώτερον das kürzere Zeit Dauernde.

ὀλιγό-ψυχος, 2. sp. N. T. kleinmütig.

Ὀλίγυρτος, ὁ, fester Platz im nordöstl. Arkadien auf einem gleichnamigen Berge.

ὀλιγωρέω (ὀλίγωρος), gering achten, geringschätzen, sich nicht kümmern, lässig sein, sich sorglos zeigen, vernachlässigen, verachten, abs., u. τινός jmdn. od. etwas.

ὀλιγωρία, ion. **-ίη,** ἡ, 1) Vernachlässigung, Leichtsinn, Versehen, Vergehen. 2) Rücksichtslosigkeit, Geringschätzung, ἐν ὀλιγωρίᾳ ποιεῖσθαι nicht beachtenswert finden.

ὀλίγ-ωρος, 2. (ὥρα), rücksichtslos. Adv. **ὀλῐγώρως** gleichgültig, ὀλ. ἔχειν τινός etwas gering achten.

ὀλίζων, s. ὀλίγος.

Ὀλιζών, ῶνος, ἡ, Küstenstadt der thessalischen Landschaft Magnesia.

ὀλισθαίνω, sp. u. **ὀλισθάνω,** (dt. *Schlitten* aus ahd. *slito*), Aor. ὤλισθον u. ὠλίσθησα, gleiten, ausgleiten, fallen, entfallen, entgleiten. Dav.

ὀλίσθημα, τό, der Fall.

ὀλισθηρός, 3. schlüpfrig, glatt.

ὀλίσθησις, εως, ἡ (-σθαίνω), sp. das Ausgleiten; Plur. die Ausgleitenden.

ὄλισθος, ου, ὁ, sp. Schlüpfrigkeit.

ὁλκάς, άδος, ἡ (ἕλκω), eigentl. das Zugschiff, d. h. das Lastschiff, weil man dieses schleppte (zog), ὁλκ. σιταγωγός Getreide-, Lastschiff.

ὁλκή, ἡ (ἕλκω), das Ziehen, dah. a) der Zug, vom Feuer. b) der Schluck, Trunk. c) sp. das Ziehen der schwerern Waagschale, Gewicht.

ὅλκιον, τό (ἕλκω), sp. weites Trinkgefäß aus Erz.

ὁλκός, ὁ (ἕλκω), der Zug, das Ziehende, d. i. 1) poet. der Riemen, τμητοῖς ὁλκοῖς im Geschleife der Riemen. 2) die Hebemaschine, Walze für Schiffe, d. i. Maschinen, um Schiffe aus dem Wasser aufs Trockene zu bringen od. umgekehrt, od. sie übers Land zu ziehen, u. dah. heißen ion. u. poet. die Schiffswerften selbst so. 3) etwas Geschlepptes, Geschleiftes.

ὁλκός, 3. ziehend.

ὄλλῡμι u. **ὀλλύω,** poet. (in Prosa in den Komp. ἀπ-, δι-, ἐξ-).

I) **trans.** im Akt., Fut. ὀλῶ, -εῖς, Aor. 1. ὤλεσα, Perf. ὀλώλεκα, Plqpf. ὠλωλέκειν, episch Fut. ὀλέσω u. ὀλέσσω, ion. Fut. ὀλέω, -έεις usw., poet. Nbf. **ὀλέκω,** Impf. ὄλεκον, iter. ὀλέκεσκεν (verw. lat. *abolere*) • 1) **zugrunde richten,** verderben, vernichten, zerstören, vertilgen, töten • 2) **verlieren,** um etwas kommen, τί od. τινά.

II) **intr.** im Med. **ὄλλῠμαι** u. **ὀλλύομαι,** att. Fut. ὀλοῦμαι, Aor. 2. ὠλόμην, Perf. 2. ὄλωλα, Plqpf. ὠλώλειν u. ὀλ., ion. Fut. ὀλέομαι, ep. Aor. 2. iterat. ὀλέσκετο, ep. u. poet. Nbf. **ὀλέκομαι** • 1) **zugrunde gehen,** untergehen, vernichtet werden, verderben, umkommen, sterben, dahinschwinden, κατ' ἄκρης durchaus, od. mit dem Akk. der nähern Bestimmung κακὸν οἶτον od. μόρον eines elenden Todes, od. mit dem Dat. instr. ὀλέθρῳ ἀδευκέι eines bittern Todes, auch ὑπό τινι, od. ὑπό, διά τινος durch od. von etwas od. jmdm. Perf. ὄλωλα mit Präsensbdtg.: **ich bin vernichtet,** zugrunde gerichtet; οἱ ὀλωλότες die Toten • 2) verloren gehen, ἔκ τινος aus etwas.

ὅλμος, ὁ (St. Ϝελ in εἴλω, εἰλύω, lat. *volu-men, voluta,* ahd. *wella*), 1) ep. Walze, d. i. ein Zylinder von Holz od. Stein, wahrsch. um den Boden zu ebnen. 2) ion. hoher Zylinder, Mörser.

ὀλόεις u. **ὀλοιός,** s. ὀλοός.

ὀλοθρευτής, ὁ, N. T. der Verderber.

ὀλοθρεύω, (var. ὀλεθρεύω), N. T. = ὄλλυμι.

ὀλοί-τροχος, att. auch **ὀλοίτροχος,** und ep. **ὀλοοίτροχος,** ὁ (St. Ϝελ in εἰλύω), der Wälzstein, ein (künstlich behauener?) Felsblock, der von den Bergen auf den Feind herabgerollt wurde.

ὁλοκαυτέω und **ὁλοκαυτόω** (ὁλό-καυτος, καίω), Augm. ὡλοκ., Aor. ὡλοκαύτησα, ein Brandopfer darbringen, abs., od. etwas (τί) als Brandopfer darbringen, u. zwar nach u. nach die Stücke des ganzen Tiers.

ὁλοκαύτωμα, τό, N. T. sp. das Brandopfer.

ὁλοκληρία, ἡ, Unversehrtheit, sp. N. T. Von

ὁλό-κληρος, 2. in seinen Teilen ganz vollständig, unversehrt.

ὁλο-κληρόω, sp. völlig unversehrt, ganz unverletzt sein.

ὁλο-λαμπής, 2. sp. ganz leuchtend, -strahlend.

ὀλολυγαῖος, 3. poet. schreiend, klagend. Von

ὀλολῡγή, ἡ, poet. **ὀλόλυγμα,** τό, u. poet. u. sp. **ὀλολυγμός,** ὁ (ὀλολύζω), lautes Aufschreien, bes. der Weiber, teils Festgeschrei, Gebet mit Klaggesang, od. jubelnd, teils überh. Geheul.

ὀλολῡγών, ἡ, buk. das Käuzlein, andre: Wendehals.

ὀλολύζω, ὀλολύξομαι, ὠλόλυξα, (St. ὀλολυγ, lat. *ululare,* verw. ὑλάω u. ὑλακτέω), laute, langgezogene Schreie ausstoßen, schreien, mit lauter Stimme die Götter anrufen, bes. von Weibern beim Opfer für Athene. **1)** bei fröhlichem Anlaß: aufjauchzen. **2)** bei traurigem: aufjammern, ein lautes Klagelied anstimmen. Überh. heulen, wehklagen.

ὀλο-μελής, 2. sp. mit ganzen Gliedern, unzerstückelt.

ὀλοός, 3., Sup. **ὀλοώτατος,** 3. u. 2., ion. u. ep. auch **ὀλοιός,** poet. **ὀλόεις,** εσσα, εν (ὄλλυμι), **1)** verderblich, widrig, zerstörend, schädlich, Unheil stiftend, tödlich, heillos, grausam, unselig. Subst. ὀλοά das verderbliche Weib, od. ὀλοὰ στένειν, d. h. ὀλοοὺς στόνους. **2)** poet. verdorben.

Ὀλοοσσών, όνος, ἡ, Stadt im nördl. Thessalien, u. zwar in Perrhäbia, später Elasson, j. *Alassona.*

ὀλοό-φρων, ονος, ὁ, ἡ, ep. (ὀλοός, verderblich, u. φρήν), Unheil sinnend, verderblich, arggesinnt; Bein. des Atlas, Aietes, Minos.

ὀλο-πόρφυρος, 2. ganz purpurn.

ὅλος, ep. **οὖλος,** 3. (für σολϝος, vgl. ep. οὖλος, altlat. *sollus* ganz, *solidus*) **ganz,** völlig, gänzlich, über u. über, ὅλη πόλις eine ganze Stadt, ὅλη ἡ πόλις od. ἡ πόλις ὅλη die ganze Stadt, die Stadt im ganzen od. insgesamt, ὅλος Ἡρακλῆς der ganze, leibhaftige H., ὅλα τὰ πράγματα das Ganze, die ganze Lage, die Verdienste im ganzen, ὅλον εἶναι ἔν τινι ganz mit einem beschäftigt, ganz von ihm eingenommen sein • Subst. τὸ ὅλον od. τὰ ὅλα das Ganze, die ganze Macht, das ganze Unternehmen, das ganze Wesen, der ganze Staat, All, Weltall, τοῖς ὅλοις in der Hauptsache, δι' ὅλων sp. der ganzen Länge nach • Adv. (τὸ) ὅλον **gänzlich,** im ganzen, überhaupt, **ganz u. gar,** im allgemeinen, mit einem Worte, so auch καὶ ὅλως.

ὀλο-σίδηρος, 2. sp. ganz eisern.

ὀλο-σχερής, 2. Adv. **-σχερῶς, 1)** ganz, gänzlich **2)** bedeutend, wichtig.

ὀλό-σχιστος, 2. ganz gespalten.

ὀλο-τελής, 2., sp. N. T. vollkommen.

Ὄλουρος, ου, ὁ, St. in Achaia b. Pellene.

ὀλοφυγδών, όνος, ὁ, buk. Blase, Blatter.

ὀλοφυδνός, 3. (ὀλοφύζω = ὀλοφύρομαι), ep. wehklagend, jammernd.

ὀλοφυρμός, ὁ, u. **ὀλόφυρσις,** εως, ἡ, das Jammern, Jammergeschrei, die Wehklage, im Plur. wehmütige Klagen, das Klagen.

ὀλοφύρομαι, (verw. ὀλολύζω), Aor. auch ὠλοφύρθην in akt. Bedeutg. **1)** intr. klagen, jammern, wehklagen, wimmern; τινός sich jmds. erbarmen, Mitleid haben mit jmdm.; ὀλοφυρθείς zum Jammern bewogen. **2)** trans. beklagen, bejammern, beweinen, bedauern, bemitleiden.

ὀλοφυρτικός, 3. ar sp. zum Jammern geneigt.

ὀλοφώιος, 2, ep. (nur im Neutr. plur.) verderblich, furchtbar. Subst. ὀλοφώια grimme Künste, Ränke. [Golde.

ὀλό-χρυσος, 2. sp. ganz golden, von gediegenem

Ὄλπαι, αἱ, u. **Ὄλπη,** ἡ, Hügel u. Feste in Amphilochia in Akarnanien, an der Stelle des heutigen *Hellenikuli* Die Einw. οἱ **Ὀλπαῖοι.**

ὄλπη u. **ὄλπις,** ἡ, buk. Ölflasche.

Ὀλυμπία, ἡ, Bezirk in Elis (Pisatis) am nördl. Ufer des Alpheios oberhalb des Kladĕos, auf Kosten des Deutschen Reichs großenteils ausgegraben, mit dem **Ὀλυμπιεῖον** (τό), einem Tempel des olympischen Zeus (Goldelfenbeinstatue, von Pheidias verfertigt), Schauplatz der alle vier Jahre gefeierten Olympischen Spiele **(τὰ Ὀλύμπια).** In ihnen siegen hieß Ὀλύμπια νικᾶν, der Sieger selbst hieß ὁ **Ὀλυμπιο-νίκης.** Adj. **Ὀλυμπιακός** u. **Ὀλυμπικός,** 3. die olympische Festfeier betreffend, olympisch • Subst. **Ὀλυμπιάς,** ἡ • **1) Olympiade,** Zeitraum von vier Jahren (Olympiadenrechnung seit 776 v. Chr. bis 394 n. Chr.) • **2) Olympiadenjahr** • **3)** die Spiele zu O., auch der Sieg in O. • Adv. **Ὀλυμπίασιν** = ἐν Ὀλυμπίᾳ. Es gab aber dergleichen Olympien auch noch anderwärts, z. B. zu Aigai in Makedonien, wo sie Archelāos eingeführt hatte.

Ὀλυμπιάς, άδος, ἡ, **1)** die Olympiade, ein Zeitraum von 4 Jahren, von einem olympischen Feste zum andern. Als erstes Jahr der Olympiadenrechnung gilt 776 v. Chr. Vgl. Anh. **2)** die Festfeier zu Olympia (s. oben). **3)** der Sieg zu Olympia. **4)** als Adj. die olympische (s. oben). **5)** Tochter des molossischen Königs Neoptolemos, Gemahlin Philipps II. u. Mutter Alexanders d. Gr.

Ὀλυμπιεῖον u **Ὀλύμπιον,** τό, **1)** Tempel und Feste in Sizilien, 1500 Schritte von Syrakus entfernt. **2)** ein prachtvoller Tempel des olympischen Zeus auf der Südseite der Akropolis in Athen. den Hadrian vollenden ließ.

Ὄλυμπος, ὁ, ep. u. ion. **Οὔλυμπος,** ὁ. **1)** 2970 m hohes Gebirge an der Grenze von Thessalien u. Makedonien, jetzt *Elimbos*; **der Wohnsitz der Götter;** daher übertr. mit u. ohne **θεῶν** = Himmel. Dav. als Adj. ion. **Οὐλυμπικός,** 3. u. **Ὀλύμπιος,** 3. **olympisch,** Beiw. der Götter, bes. des Zeus. Ein bes. Fem. dazu ist **Ὀλυμπιάς,** άδος, ἡ, u. ein ep. Adv. **Οὔλυμπόνδε** zum Ol. hin. **2)** Berg an der Grenze von Mysien, Phrygien u. Bithynien, jetzt *Keschisch Dagh.* **3)** Ein Mysier, Erfinder der Flötenmusik. [Feigenbaum.

ὀλύνθη, ἡ, sp. dialektisch = ἐρινεός, wilder

ὄλυνθος, ὁ, ion. u. sp. die Feige, welche noch vor dem Blatte sich ansetzt und deshalb unreif bleibt.

Ὄλυνθος, ἡ, Hauptst. auf der Halbinsel Chalkidike, von Philipp zerstört 348, jetzt *Aio-Mamas.* Dav. οἱ **Ὀλύνθιοι,** die Einwohner, und als Adj. **Ὀλυνθιακός,** 3. Olynth betreffend.

ὄλῡραι, αἱ (wohl verw. mit οὐλαί), Speltkörner od. Durra, eine Maisart, aus welcher die Ärmeren in Ägypten wie noch heute Brotkuchen bereiteten, bei Hom. als Pferdefutter erwähnt.

ὁμαδέω, (ὅμαδος), sich unter großem Lärm versammeln, lärmen, durcheinander reden u. schreien.

ὅμᾰδος, ὁ (ὁμός), meist ep. u. poet. **1)** die lärmende Menschenmenge, Getümmel, Gewühl. **2)** Lärm, Geräusch, Getöse, zumeist von einer durcheinander schreienden Menschenmenge, doch auch übertr. vom Tosen des Sturmes. **3)** die Menge, βίβλων.

ὅμ-αιμος, 2. ion. poet. u. sp., u. **ὁμ-αίμων, ονος,** 2. ion. und poet., von gemeinschaftlichem Blute, blutsverwandt, abs., u. τινός mit jmdm. Im bes. von leiblichen Geschwistern. Als hyperbol. Ausdruck auch im Kompar. Als Subst. Bruder, Schwester, im Plur. Geschwister.

ὁμαιχμία, ion. **-ίη,** ἡ, Waffenbrüderschaft, Kriegsbündnis.

ὅμ-αιχμος, ὁ (αἰχμή), Waffengefährte.

ὁμαλής, 2. u. **ὁμαλός,** 3. (ὁμός). **1)** Adj. gleich, eben, glatt, übertr. geebnet, von dem Staat, wo bei zwei Nebenbuhlern die eine hervorragende Größe weggeräumt worden ist, überh. nicht hervorstechend, **mittelmäßig. 2)** Subst. **a) τὸ ὁμαλόν, α)** ein ebener Ort, Ebene, ὁμαλώτατον der ebenste Teil, **β)** = τὸ ὁμαλές, **b) τὸ ὁμαλές,** sp. Gleichmäßigkeit, gleichmäßige Haltung **3)** Adv. **ὁμαλῶς,** eben, gleich, gleichmäßig, auf gleiche Weise, zugleich; nach sittlichen Grundsätzen, Is. 4, 151.

ὁμαλίζω, gleich —, gleichmäßig machen, ausgleichen.

ὁμαλισμός, ὁ, sp. das Gleichmachen; gleichmäßiger Ton.

ὁμαρτέω (ὁμοῦ u. St. ἀρ, ἄρτιος), ep. u. poet. mitgehen, sich anschließen, zusammentreffen, teils gleichkommen, gleich schnell sein, teils ein u. dasselbe tun, teils zusammengeraten, abs. od. τινί u. σύν τινι.

ὁμαρτήδην, ep. u. **ὁμαρτῇ,** ep. poet. zusammen, zugleich.

ὁμαυλία, ἡ, poet. das Zusammenliegen.

ὅμ-αυλος, 2. poet. zusammenstimmend, vereint.

Ὀμβρικοί, οἱ, ital. Volksstamm, die Umbrer. Das Land Ὀμβρική, *Umbria*.

ὄμβριος, 3. (ὄμβρος), ion. poet. sp. zum Regen gehörig, regenartig, ὕδωρ ion. auch τὸ ὄμβριον allein, Regenwasser, χάλαζα Hagelguß.

ὀμβρο-κτύπος, 2. (κτυπέω), poet. mit Regen die Wasser schlagend, ζάλη der an die Schiffe schlagende Wogenschwall.

ὄμβρος, ὁ (lat. *imber*), Regen, bes. **a)** heftiger mit Gewitter, daher Regenguß, Platzregen, Gewitterregen, auch Διὸς ὄμβρος genannt, weil Zeus Regengott ist. **b)** poet. überh. das Naß, also außer dem Regen auch (im Plur.) reichliches Quellwasser, Soph. Ant. 827, od. heftiger Schneefall, u. übertr. μέλας ὄμβρος χαλάζης ein schwarzer Hagelguß.

ὀμβρο-φόρος, 2. poet. sp. Regen bringend.

ὁμείρομαι, N. T. begehren = ἱμείρομαι, τινός.

ὁμ-ευνέτης, ου, ὁ, poet u. **ὁμ-ευνέτις, ιδος,** ἡ, Akk. **ιν,** poet. beisammen schlafend, Gatte, Gattin.

ὁμ-ηγερής, 2. (ἀγείρω), ep. versammelt, zusammen.

ὁμηγυρίζομαι, ep. Dep. med., versammeln, τινὰ εἴς τι.

ὁμ-ήγυρις, εως, ion. **ιος,** ἡ (ἄγυρις), ep. u. poet. Versammlung.

ὁμηλικίη, ἡ, ep. poet. **a)** das gleiche Alter, gleiche Jugend **b)** konkr. Altersgenossenschaft, teils Menschen von gleichem Alter, Altersgenossen, bes. die Jugendfreunde, Gespielen, teils von einzelnen, Altersgenosse oder -in.

ὁμ-ῆλιξ, ἴκος, ὁ, ἡ, ep. poet. ion. u. sp. von gleichem Alter, gleichalterig, abs., od. τινός mit jmdm., u. zur größern Veranschaulichung χρόνῳ der Zeit nach. Subst. Altersgenosse.

ὁμηρεία, ἡ, das Unterpfandgeben, ἐς ὁμ. zum Unterpfand.

ὁμηρεύω, 1) poet. zusammentreffen, zusammengehen, τινί mit jmdm. **2)** als Geisel dienen, τινί jmdm. **3)** zum Unterpfand nehmen. Dazu

ὁμηρέω, ep. = ὁμηρεύω, 1. Von

ὅμηρον, τό, Pfand, Geisel; häufiger **ὅμηρος,** ὁ (St. ἀρ, ἀραρίσκω), Bürgschaft für die Erhaltung der Einigkeit, Pfand, Unterpfand, Geisel, τινός jmds. od. für etwas, aber νεικέων gegen den Hader, d. h. damit er aufhöre, od. mit Inf. fut. u. τοῦ.

Ὅμηρος, ὁ, Homer. Adj. dav. **Ὁμήρειος** u. **Ὁμηρικός,** 3. homerisch, τὸ Ὁμ. das Homerische, die bekannten Homerischen Worte, nach Homer. Adv. **-κῶς,** sp. in homerischer Art, mit Homers Worten.

ὁμιλαδόν (ὅμιλος), ep. Adv., in Schlachtordnung, scharweise.

ὁμιλέω (ὅμιλος) • **1)** zusammen sein, Gemeinschaft, Umgang haben od. pflegen, sich abgeben, umgehen, **verkehren,** τινί, πρός τινα (seltener σύν τινι) mit jmdm., ἀπὸ τοῦ ἴσου auf gleichem Fuße, πρός τι zu etwas, ἐπί τινι wegen etwas, insbesondere • **a)** erotischen Verkehr pflegen (τινί) • **b)** schriftlich (διὰ γραμμάτων) verkehren • **c)** übertr. befreundet, vertraut sein (τινὶ ἔν τινι mit, in etwas) • **2)** im feindl. Sinne: aneinandergeraten, **zusammentreffen,** handgemein werden, kämpfen (τινί mit jmdm.) • **3) sich sammeln,** versammeln, zusammenkommen, hineingeraten, verweilen (περί τινα um jmdn.) **4) verhandeln,** in Unterhandlung treten mit jmdm., mit ihm (τινί u. πρός τινα) reden od. sprechen, u. so auch τί eine Verhandlung führen, πρός τι gegen etwas, τινί durch od. mit etwas **5) sich** mit etwas **beschäftigen,** teilnehmen an etwas, z. B. πολέμῳ am Kriege.

ὁμίλημα, τό, = ὁμιλία.

ὁμιλητής, οῦ, ὁ, Gesellschafter, Vertrauter, Anhänger, Schüler.

ὁμιλητικός, 3 gesellig, umgänglich.

ὁμιλητός, 3. poet. mit wem man umgehen kann.

ὁμιλία, ion. **-ίη,** ἡ, **1)** das Zusammensein, Gemeinschaft, Umgang, Verkehr, Verbindung, Freundschaft, abs., od. τινός u. πρός τινα mit jmdm. Im bes. **a)** sinnlicher Verkehr, fleischliche Gemeinschaft, τινός mit jmdm. **b)** geistiger Verkehr, Unterhaltung, Unterricht. **2)** Zusammenkunft, Versammlung, Genossenschaft, Kreis, Verein.

ὅμιλος, ὁ (ὁμο-μιλ, lat. *mīl-it-es* = „die in Trupps gehenden"). **1)** Schar, Haufe, Versammlung, Heer in Schlachtordnung. **2)** Insbes. Kriegerschar, Getümmel der Schlacht, Kampfgetümmel; καθ' ὅμιλον im Getümmel.

ὁμίχλη, ep. **ὀμίχλη,** ἡ (verw. niederd. u. engl. *mist* Nebel, Dunkel), Nebel, Nebelgewölk, Dunst, dichte Luft, übertr. ὀμ κονίης Staubwolke.

ὄμμα, τό (St. ὀπ, ὄψομαι) • **1)** akt. das **Auge,** der Blick, überh. **Antlitz,** Angesicht, ὄμμα ἔχειν, τίθεσθαί τινι seinen Blick auf etwas heften. Adv. ὄμμα im Blicke, κατ' ὄμμα von Angesicht zu Angesicht, Aug in Auge, κατ' ὄμματα wie ἐν ὄμμασιν vor den Augen, ἀπ' ὀμμάτων aus eigener Ansicht, ὡς ἀπ' ὀμμάτων soviel der Augenschein abnehmen läßt, ἐξ ὀμμάτων ὀρθῶν mit richtig sehenden Augen (Ggs. τυφλῶν) ebenso ὀρθοῖς ὄμμασι. Übertr. ἱερὸν ὄμμα αὐγᾶς das heilige Strahlenauge der Sonne, ὄμμα νυκτός Schein der Nacht, Lichtblick, φήμης der frohen Kunde, u. von befreundeten Menschen wie *ocellus*, „Augenstern", Liebstes, Kleinod. **2)** pass. das, was man sieht, der **Anblick.** κατ' ὄμμα von Ansehen.

ὀμματο-στερής, 2. poet. **1)** blendend. **2)** augenlos.

ὀμματόω, poet. aufklären.

ὄμνυμι u. **ὀμνύω,** att. Fut. ὀμοῦμαι, ῇ, -εῖται, inf. -εῖσθαι, Aor. 1. ὤμοσα, Perf. ὀμώμοκα, Plqpf. ὠμωμ- u. ὀμωμόκειν, Perf. pass. 3. sg. ὀμώμο(σ)ται, Aor. ὠμό(σ)θην, Fut. ὀμοσθήσεται, dazu ep. Präs. imper. 2 sg. ὄμνυθι, Aor. ὤμοσσα, ὄμοσσα u. ὄμοσα, u. sp. das Fut. auch ὀμόσω • **1) schwören,** eidlich geloben, mit einem Eide versichern, abs. od. mit Akk. • **a)** des Inhalts: ὅρκον, z. B. τὸν βουλευτικὸν ὅρκον den Ratseid, od. θεῶν πίστεις unter Anrufung der Götter Versicherungen der Treue • **b)** der Person oder Sache, die man zu Zeugen anruft, bei der man schwört: Ἐννοσίγαιον, Στυγὸς ὕδωρ, oder mit κατά τινος (καθ' ἱερῶν bei den Opfern) ἔν τινι u. εἴς τι, u. zwar gew. τινί, seltener πρός τινα jmdm., ihm zuschwören • **2) beschwören,** τί, z. B. εἰρήνην den Friedenseid leisten, od. mit Inf. (gew. Fut.) ἦ μήν (μέν) od. μή, ὑπέρ τινος in jmds. Namen, ἐπὶ τούτοις unter der Bedingung.

ὁμο-βώμιος, 2. auf gemeinschaftlichen Altären verehrt, gemeinsam.

ὁμο-γάλακτος, ὁ, mit metaplast. Nom. Plur. ὁμογάλακτες, sp. Milchbruder; überh. Geschlechtsverwandter.

ὁμό-γαμος, 2. poet. **1)** eine gemeinschaftliche Frau habend. **2)** zusammen verheiratet.

ὁμο-γάστριος, 2. ep. aus demselben Mutterleibe, leiblich.

ὁμο-γενέτωρ, ὁ, poet. der leibliche Bruder.

ὁμογενής. 2. (γένος), **1)** von gleichem Geschlechte, verwandt, τινί mit jmdm.; ὁμογενῆ μιάσματα Befleckung mit verwandtem Blute. Subst. ἡ ὁμογενής die Verwandte, Base. **2)** akt. zugleich erzeugend Soph. OR 1362, [var. ὁμολεχής] (μητρός).

ὁμό-γλωσσος, att. **-ττος,** 2. einerlei Sprache redend, in der Sprache übereinstimmend, abs., u. τινί mit jmdm.

ὁμό-γνιος, 2. (γένος), die Blutsverwandtschaft schützend, θεοί Stammesgötter.

ὁμογνωμονέω, gleichgesinnt sein, einig handeln, od. auch beistimmen, folgen, abs., od. τινί jmdm. od. etwas, u. zwar τί in etwas.

ὁμο-γνώμων. 2., Gen. ονος, Adv. -μόνως (γνώμη), gleichgesinnt, absol., u. τινί jmdm., ὁμογνώμονά τινα λαμβάνειν jmdn. für seine Meinung gewinnen, ähnl. ποιεῖν τινι.

ὁμό-δαμος, 2. poet. desselben Volkes, stammverwandt.

ὁμο-δέμνιος, 2. poet. Lagergenosse.

ὁμο-δίαιτος, 2. sp. zusammenlebend, τινί m. jmdm.

ὁμοδοξέω (ὁμό-δοξος), übereinstimmen, τινί mit etwas.

ὁμοδοξία, ἡ, Gleichheit der Meinungen.

ὁμό-δουλος, ὁ, ἡ, Dienstgenosse, τινός.

ὁμο-εθνέω, sp. desselben Volkes sein, von

ὁμο-εθνής, 2. ion. ar. sp. **1)** desselben Stammes, Landsmann. **2)** von derselben Art, Gattung.

ὁμοειδής, 2. sp. gleichartig, angemessen.

ὁμοζυγέω, sp. zusammengespannt sein, gemeinsam ziehen, — handeln.

ὁμο-ήθης, 2. von gleichem Charakter.

ὁμόθεν, Adv. (ὁμός), **1)** aus demselben Orte, aus demselben Stamme, auch ἐξ ὁμόθεν aus demselben Fleck, d. h. nahe beieinander gewachsen. **2)** in, aus der Nähe.

ὁμοθῡμᾰδόν, Adv. einmütig.

ὁμοθυμέω, einmütig sein.

ὁμοιάζω, N. T. gleich sein.

ὁμοίιος, ep. (poet.) Nebenf. zu ὁμοῖος im Mask. u. Ntr. [ῐ, Gen. sg. ὁμοιΐου od. ὁμοιίοο], Adj. zu πόλεμος, γῆρας, νεῖκος, kausat. gleichmachend, keinen verschonend, schonungslos, gemeinsam.

ὁμοιο-γενής, 2. sp. derselben Art, gleichartig.

ὁμοιομέρειαι, αἱ, sp. das Gleichartige, die aus ähnlichen Teilen bestehenden Urstoffe.

ὁμοιο-παθέω, ar. sp. erfahre Ähnliches, τινί wie jmd., es ergeht mir gleich wie jmdm.

ὁμοιο-παθής, 2. in ähnlichem Zustand befindlich.

ὁμοιο-πρεπής, 2. poet. eine gleiche, ähnliche Miene zeigend.

ὁμοῖος, 3., spät. att. **ὅμοιος,** 3. (ὁμός; ὁμοίιος s. d.)

I) gleich, gleichartig, ähnlich, derselbe, gewachsen, übereinstimmend, gleichbleibend, u. vom Boden: eben, flach, abs. od. τινί jmdm. oder etwas, oft brachylogisch, κόμαι Χαρίτεσσιν ὁμοῖαι st. ταῖς τῶν Χαρ.; ferner mit πρός τι für, zu etwas; ἔς τινα für jmdn., u. zwar τί, ἔν τινι in etwas, od. mit Inf., z. B. ὅμοιοι ἦσαν θαυμάζειν sie schienen sich zu wundern, od. εἰ, εἴτε, auch mit οἷος, ὥσπερ, τε — καί, καί (als, wie). Subst. • **1)** ὁ ὅμοιος und οἱ ὅμ. der Gleiche, seinesgleichen, Standesgenossen, Leute in gleicher Lage. Im bes. hießen in Sparta die wenigen (zu Agis' III. Zeit etwa 100) Vollbürger so • **2)** (τὸ) **ὅμοιον** u. (τὰ) ὅμοια • **a)** das Gleiche, das Gleichnis, πάνυ ὅμ. ein recht passendes Gleichnis • **b)** die gleiche Lage, τῶν ὁμ. ἡμῖν ἀξιοῦσθαι • **c)** die Gleichheit, spez. Übereinstimmung mit der Wirklichkeit, Naturwahrheit • **d)** Adv. Redensarten, *α)* ἐκ τοῦ ὁμοίου auf gleiche Weise, wiederum, οὐκέτι ἔσται es wird von größerem Gewicht sein, *β)* ἐν (τῷ) ὁμ. auf gleichem Boden, in gleicher Weise, unter gleichen Bedingungen, ebenso, mit καθειστήκει es blieb sich gleich, mit κρίνειν, ποιεῖσθαι für gleich achten, στρατεύεσθαι einen ähnlichen Feldzug machen, οὐκ ἐν ὁμ. minder groß, *γ)* ἐς τὸ ὁμοῖον auf den gleichen Fuß, ἐς τὰ ὁμοῖα auf die gleichen Zwecke, *δ)* ἐπὶ τοῖς ὁμ. bei Gleichheit • **3)** τὴν ὁμοίην (verst. δίκην od. χάριν) u. τὰ ὁμοῖα διδόναι, ἀποδιδόναι, ἀνταποδιδόναι Gleiches mit Gleichem vergelten, ähnl. τοῖς ὁμοίοις ἀμύνεσθαι, τὴν ὁμ. φέρεσθαι, ζητεῖν, τῆς ἴσης καὶ ὁμοίας μετέχειν. Adv. ἐπὶ τῇ ἴσῃ καὶ ὁμοίᾳ mit voller Gleichberechtigung.

II) gemeinsam, gemeinschaftlich, bei νεῖκος u. ähnl., bei δίκη auf Gleichheit gegründet.

III) Adv. • **1)** *ὅμοιον, ὁμοῖα,* gleich, ähnlich, ὅμοιον ὥστε gleich wie; auch mit Dat. • **2)** *ὁμοίως* gleich, auf gleiche Weise, ebenso wie, teils abs., teils mit Dat. od. ὡς, ὥσπερ, ὡσπερανεί, τε — καί, καί, auch ὁμοίως μὲν — ὁμοίως δέ ebensowohl — als auch.

ὁμοιότης, ητος, ἡ, Ähnlichkeit, durchgängige Gleichheit, insbes. Gleichgestelltsein, Gleichberechtigung, Gleichartigkeit der Verhältnisse, meist im Plur., sp. auch: ähnliche Gestalt.

ὁμοιό-τροπος, 2., Adv. **-τρόπως,** gleichartig, in gleichartiger Weise, abs., od. τί in etwas; Subst. ὁμοιότροπα Ähnlichkeiten, u. zwar τινί mit etwas.

ὁμοιόω (ὅμοιος). **1)** Akt. Med. u. Pass. ähnlich machen, **a)** ähnlich darstellen. **b)** vergleichen, zusammenstellen. **2)** Pass. sich gleichstellen, sich vergleichen, sich angleichen.

ὁμοίωμα, τό, Abbild, Bildnis, Gleichnis.

ὁμοίωσις, εως, ἡ, **a)** das Ähnlichmachen. **b)** das Ähnlichwerden, τινί. **c)** das Ähnlich- oder Gleichsein, die Ähnlichkeit.

ὁμό-κᾱπος, ὁ, sp. Bewohner desselben Gartens (κῆπος) od. Hofes, Hofgenosse.

ὁμό-κᾰπος, ὁ, ar. (κάπη), aus derselben Krippe —, zusammenessend (var. -καπνος).

ὁμοκλάω, ep., u. **ὁμοκλέω,** ep. u. poet., beide ohne Augm., Impf., ὁμόκλεον, u. 3. sg. ὁμόκλα, Aor. 1. ὁμόκλησα, iterat. ὁμοκλήσασκον, anrufen, zurufen, teils um zu drohen u. zu schelten, teils um anzutreiben, dah. auch ermuntern, antreiben, ermahnen, befehlen, abs., od. τινί jmdm. u. mit etwas, od. mit Inf., etwas zu tun.

ὁμο-κλή, ἡ (καλέω), ep. poet. **1)** der gemeinsame Befehl, überh der drohende Zuruf. **2)** lauter Zuruf, Ermunterung, Drohruf.

ὁμοκλητήρ, ῆρος, ὁ (ὁμοκλέω), ep. der Zurufende, [Ermahner.

ὁμό-κλῑνος, 2. (κλίνη), ion. auf demselben Lager liegend (bei Tische), Tischnachbar.

ὁμό-λεκτρος, 2. poet. u. **ὁμολεχής,** 2. poet. zusammengebettet.

ὁμολογέω (ὁμόλογος, 2., übereinstimmend) • **1)** dasselbe sagen, **übereinstimmen,** seltener im Med., unter einander übereinstimmen, sich gegenseitig verstehen, sonst = Akt., dah. • **a) beistimmen,** abs. ὁμολογούμενος sich selber treu, folgerichtig, παρέχειν ὁμολογοῦντά τινα jmdn. überzeugen, od. τινί, πρός τινα mit jmdm., u. zwar τί τινι, περί τι, ἐπί τινι in, über etw. • **b) zugestehen,** zugeben, einräumen, gutheißen, anerkennen. Teils abs., bes. parenthetisch, u. im Pass. ὁμολογεῖται es wird allgemein anerkannt, man sagt allgemein (τινί, πρός, παρά τινος, παρά τινι), ὁμολογούμενος zugestanden, τὰ ὁμ. allgemein anerkannte Sätze, διὰ τῶν μάλιστα ὁμ. πορεύεσθαι von allgemein anerkannten Wahrheiten ausgehen; teils τί, u. so auch τὴν ὁμολογίαν ein Zugeständnis machen; teils mit Inf. u. A. c. I., u. so im Pass. persönlich ὁμολογεῖται es wird zugestanden, daß er; teils mit ὡς, ὅτι, auch mit Part., ὁμολογεῖται πρῶτος γενόμενος • **2) zusagen,** versprechen, einen Vertrag schließen, dah. im Pass. τὰ ὁμολογούμενα, ὡμολογημένα u. τὰ ὁμολογηθέντα das Zugeständnis, die Verpflichtung • **3)** überh. mit jmdm. od. etwas (τινί) übereinstimmen, einer Sache entsprechen, κατά τι in bezug auf etwas • **4)** N. T. ὁμ. ἔν τινι sich zu jmdm. bekennen.

ὁμολόγημα, τό, u. **ὁμολογία,** ion. **-ίη,** ἡ (ὁμολογέω). **1) Übereinstimmung,** Eintracht. **2) Zugeständnis,** Geständnis, Eingeständnis, angenommene Behauptung, τοῦτο δ' ἔστι τὸ ὁμ. damit wird zugegeben. **3) Übereinkunft,** Zusage, Verabredung, Vergleich, Vertrag, Konvention, Bedingung, insbes. **Vertrag,** Kapitulation, d. h. Übergabe einer Stadt unter gewissen Bedingungen; ὁμολογία γίγνεται od. ποιεῖται es wird eine Verabredung getroffen, ein Vergleich geschlossen, ähnl. ὁμολογίᾳ χρῆσθαι einen Vertrag schließen, eine Übereinkunft treffen, u. zwar πρός τινα mit jmdm., περί τινος über etwas, od. mit Inf. mit u. ohne ὥστε.

ὁμολογουμένως, Adv. part. praes. pass. von ὁμολογέω, **1)** eingestandenermaßen, anerkannt, anerkanntermaßen, abs., u. ἐκ, ὑπὸ πάντων nach dem einstimmigen Urteile aller. **2)** übereinstimmend, τινί mit etwas, entsprechend, gemäß.

Ὁμολωεύς, S. des Amphīon; dav. **-ωία,** T. des Enyeus, delphische Prophetin; und Beiname der Demēter u. Athene in Theben; **-ώια,** τά, Festspiele in Theben; **-ώιος,** Adj. **1)** Bein. des Zeus in Theben. **2)** böot. Monatsname; **-ωΐς,** T. der Niobe, nach welcher ein Tor Thebens benannt ist **-ωΐδες** πύλαι; **-ωόν,** ein Berg (auch Ὁμόλη) in Thessalien.

ὁμο-μήτριος, 3. (μήτηρ), von derselben Mutter.

ὁμό-νεκρος, ὁ, ἡ, sp. ein Todesgenoß.

ὁμονοέω (ὁμό-νοος), eines Sinnes sein, gleichgesinnt, einig sein, in Übereinstimmung mit etwas handeln, übereinstimmen, abs., od. τινί, mit περί τινος über, τί in etwas.

ὁμονοητικός, 3. zur Eintracht gehörig.

ὁμόνοια, ἡ (-νοος), gleiche Gesinnung, in gutem u. bösem Sinne, gew. Eintracht, Einmütigkeit; περὶ ὁμονοίας wegen Herstellung der Eintracht. Auch personif. = röm. Concordia.

ὁμο-νόως u. **ὁμόνως,** Adv. einträchtig, einmütig.

ὁμόομαι (ὁμός), ep., nur im Aor. pass. inf. ὁμωθῆναι sich vereinigen, τινί in etwas.

ὁμο-παθής, 2. von gleicher Empfindung.

ὁμο-πάτριος, 2. (πατήρ), von demselben Vater.

ὁμό-πλοια, ἡ, sp. gemeinsame Schiffahrt.

ὁμό-πτερος, 2. meist poet. gleichgefiedert, verwandt, ähnlich. [gehörig.

ὁμό-πτολις, εως, ὁ, ἡ, poet. derselben Stadt an-

ὁμοργάζω, ep. Nebenf zu

ὀμόργνυμι, ep., Fut. ὀμόρξω, Aor. ὤμορξα, ep. ὄμορξα, u. med. ὀμόρξατο (zu ἀμέργω). **1)** Akt. abwischen, abtrocknen, τί, u. zwar τινός von etwas. **2)** Med. sich abwischen, τί τινος.

ὁμορέω, sp., ion. **ὁμουρέω,** Grenznachbar sein, angrenzen, τινί an jmdn. od. etwas.

ὅμ-ορος, 2., ion. **ὅμ-ουρος,** 2. (ὅρος), angrenzend, πόλεμος Krieg an der Grenze, abs., od. τινί an jmdn. od. etwas. Subst. ὁ Grenznachbar, Nachbar, τινός u. τινί jmds. od. von etwas, ἡ ὅμορος das Grenzland, die Nachbarstadt, τὸ ὅμ. die Nachbarschaft, κατὰ τὸ ὅμ. wegen der Nachbarschaft.

ὁμορροθέω (ὁμό-ρροθος), poet. sp. eigentl. mitrudern, dann übertr. übereinstimmen.

ὁμός, 3. ep. (St. σεμ, vgl. ἅμα, lat. *simul*, dt. *sam* in *gleich-sam*), ebenderselbe, gleich, ähnlich. Adv. **ὁμῶς, a)** zusammen, zugleich, zusamt, c. dat. zugleich, zusammen mit..., oft bei zwei durch τε — καί verbundenen Subst. **b)** = ὁμοίως in gleicher Weise, ebenso.

ὁμόσε, Adv. **a)** nach einem u. demselben Orte hin, in die Nähe hin, darauf zu, zusammen, beisammen, mit ἰέναι, χωρεῖν, ἔρχεσθαι, θεῖν, φέρεσθαι geradezu darauf losgehen, angreifen, μάχη ἦλθεν ὁμ. d. i. beide Teile stießen zusammen, τινί jmdm. (dem Feinde) entgegen od. zu Leibe gehen, entgegenrücken, auf ihn losgehen, ihn anfallen, mit ihm handgemein werden, ähnl. συμμειγνύειν, aber γίγνεσθαι ihm nahe kommen, τῷ ἔργῳ dem Kampfe geradezu entgegengehen, ἔς τι an einen Ort vorrücken. **b)** sp. = ὁμοῦ.

ὁμο-σίπυος, ὁ, ar. (σιπύη Brodkorb), Tischgenosse.

ὁμοσιτέω, ion. sp. zusammen speisen, τινί.

ὁμό-σιτος, 2. ion. sp. Tischgenosse, μετά τινος.

ὁμό-σκευος, 2. (σκευή), gleich gerüstet, gleiche Waffen führend, τινί mit jmdm.

ὁμοσκηνία, ἡ (ὁμό-σκηνος), die Zeltgenossenschaft.

ὁμο-σκηνόω, in éinem Zelt od. Haus sein, u. zwar τινί mit jmdm.

ὁμό-σπλαγχνος, 2. poet. von derselben Mutter stammend, brüderlich; οἱ ὁμ. die Blutsverwandten. [Tischgenosse.

ὁμό-σπονδος, 2. gemeinschaftlich spendend, d. h.

ὁμό-σπορος, 2. (σπείρω), poet. pass. **1)** zusammengesät, übertr. blutsverwandt. Subst. ἡ ὁμ. die Schwester, οἱ ὁμ. die Blutsverwandten. **2)** zusammen besät, γυνή früher eines andern Weib.

ὁμοσπόρος, 2. akt. dasselbe Weib besitzend, Ehegenosse.

ὁμοστιχάω (ὁμο-στιχής, στείχω), ep. zugleich gehen, τινί mit jmdm.

ὁμό-στολος, 2. **1)** (στέλλω), poet. mitziehend, Gefährte, τινός jmds. **2)** (στολή), poet. gleichgekleidet, gleich.

ὁμο-ταχής, ές, adv. -χῶς, sp. gleich schnell.

ὁμό-τεχνος, 2. (τέχνη), dasselbe Gewerbe treibend, kunstverwandt. Subst. Künstler derselben Art, Berufsgenosse, τινί mit jmdm.

ὁμοτιμία, ἡ, sp. Gleichheit an Rang u. Ehre.

ὁμό-τιμος, 2. gleich geehrt, gleich an Würde, abs., u. τινῶν unter einigen.

ὁμό-τοιχος, 2. poet. Wandnachbar.

ὁμο-τράπεζος, 2. an einem Tische sitzend, essend od. spendend, d. h. Tischgenosse. Bei den persischen Königen u. Satrapen hießen so die, welche als ihre besonders Getreuen galten.

ὁμό-τροπος, 2. von gleichem Charakter, gleichartig, ähnlich.

ὁμό-τροφος, 2. (τρέφω), **a)** gleicher Nahrung. **b)** zusammenlebend, τινί mit jmdm.

ὁμοῦ, (ὁμός) Adv. **1)** zusammen, an demselben Ort, zugleich, zusammengenommen; ὁμοῦ καί ebenso wie. **2)** uneigtl. Praep. b. Dat. zusammen mit, zugleich mit. **3)** nahe, τινός bei etwas; ὁμοῦ γίγνεσθαι nahekommen, zusammenkommen, sich vereinigen; προσιέναι ἀλλήλοις handgemein werden; φέρεσθαι ἐπί τινα auf jmdn. eindringen. **4)** sp. bei Zahlangaben und ähnl. Ausdrücken: nahe bei, beinahe.

ὁμουρέω u. **ὅμουρος,** s. ὁμορέω u. ὅμορος.

ὁμοφρονέω (-όφρων), gleichgesinnt sein, abs. u. τινί, πόλεμος -νέων einmütig beschlossener Krieg.

ὁμοφροσύνη, ἡ, ep. u. sp. Einmütigkeit, Eintracht; auch im Plur.

ὁμό-φρων, 2. (φρήν), ep., poet. sp. N. T. gleichgesinnt, einträchtig.

ὁμο-φυής, 2., Akk. -ῆ (φυή), von gleicher Natur, τινός mit etwas.

ὁμό-φυλος, 2. (φῦλον), **1)** gleichen Stammes, φιλία Stammesfreundschaft. Subst. ὁ ὁμ. der Stammgenosse, οἱ ὁμ., τὸ ὁμ. die Stammverwandten, die Stammverwandtschaft, auch die Tiere derselben Gattung. **2)** ar. gleichen Geschlechtes, eiusdem sexus. **3)** von gleicher Gattung. Subst. τὸ ὁμ. das Gleichartige.

ὁμοφωνέω, ion. (-νος), gleiche Sprache haben, τινί mit jmdm.

ὁμοφωνία, ἡ, sp. Gleichheit der Sprache, der Stimme, des Gesangs, πρός τινα mit jmdm.; der Gleichklang, das Unisono.

ὁμό-φωνος, 2. **1)** die gleiche Sprache habend od. redend, abs., od. τινί mit jmdm. **2)** übertr. einstimmig, in Einklang mit etwas.

ὁμοχροίη, ἡ, ion. die glatte Oberfläche der Haut.

ὁμό-χροος, 2., **ὁμόχρους,** 2., Gen. -οος, u. **ὁμόχρως,** ὁ, ἡ, alle drei seit Aristot., von gleicher Farbe.

ὁμοχρονέω (ὁμό-χρονος), sp. gleichen Takt halten.

ὁμό-ψηφος, 2. **1)** das gleiche Stimmrecht habend, gleich stimmberechtigt, τινί u. μετά τινος mit jmdm. **2)** gleichstimmend, übereinstimmend, gleicher Meinung, τινί mit jmdm., doch auch ὁμ. εἶναί τινι etwas billigen, κατά τινος gegen jmdn.

Ὀμφάλη, ἡ, Tochter des Iardanos, Königin von Lydien, der Herakles dienen mußte.

ὀμφαλόεις, εσσα, εν, ep. poet. mit einer nabelförmigen Erhöhung oder mit einem Knopfe in der Mitte, gebuckelt.

ὀμφαλός, ὁ (lat. *umbili-cus*, ahd. *nabalo*). **1)** der Nabel. **2)** jede nabelförmige Erhöhung in der Mitte einer Fläche, dah. **a)** der Schildbuckel, s. ἀσπίς, lat. *umbo*. **b)** der Jochknauf; auch der Knopf am Ende des Stabes der Bücherrolle. **c)** überh. Mittelpunkt, Mitte, *α)* θαλάσσης die entlegene Insel der Kalypso. *β)* γῆς Delphi, eigtl. ein weißer Stein in der Form eines abgestumpften Kegels im Tempel zu Delphi, den die Delphier für den Mittelpunkt der Erde ansahen. *γ)* sp. Schlußstein, Scheitel, Mitte eines Bogengewölbes.

ὄμφαξ, ἄκος, ἡ. **1)** die Brustwarze. **2)** ep. u. poet. Herling, unreife, saure Weintraube.

ὀμφή, dor. **ὀμφά,** ἡ, ep. poet. u. sp. **1)** Gottesstimme, göttliche Offenbarung, mittelbare od. unmittelbare, vermittels der Sprache, also entweder Orakelspruch eines Wahrsagers od. ein durch einen Seher gedeutetes Wahrzeichen im Traume, im Vogelfluge usw. **2)** überh. Stimme, Rede, insbesond. die salbungsvolle, gleichsam prophetische Rede (des Ödipus), κατ' ὀμφὴν σήν deiner Aufforderung zufolge. [Recht).

ὁμωμότης, ου, ὁ, *coniurator,* Eideshelfer (im att.

ὁμ-ώνυμος, 2., Adv. -ωνύμως (ὄνυμα, ὄνομα), gleichnamig, denselben Namen habend, unter die gleiche Benennung gehörend, τινί mit etwas, ὁμώνυμόν τινί τι ὀνομάζειν etwas nach etwas benennen. Subst. ὁ ὁμ. der Namensbruder, τινός u. τινί.

ὁμ-ωρόφιος, 2. unter éinem Dache wohnend.

ὅμως, (ὁμός), gleichwohl, dennoch, doch.

ὁμῶς, s. ὁμός.

ὁμ-ωχέτης, ου, ὁ (ἔχω), böot. gemeinschaftlich besitzend, gemeinsam verehrt, wie ὁμοβώμιος.

ὀν— äol. = ἀνα—.

ὄναρ, τό (nur Nom. u. Acc. sing.), **1)** der Traum, wie ὄνειρος, w. s. **2)** Adv. (= κατ' ὄναρ sp. u. N. T.) im Traum (Gegens. ὕπαρ), οὐδ' ὄναρ auch nicht im Traum, auch nicht im entferntesten.

ὀνάριον, τό, sp. N. T. Eselchen.

ὄνᾱσις, ἡ, dor. = ὄνησις, s. d.

ὄνεαρ, τό, ep. Nbf. zu

ὄνειαρ, richtig **ὄνηαρ, ατος, τό,** ep. (ὀνίνημι), alles was nützt od. labt, Hilfe, Beistand, Heil, Labsal, Erquickung; im Plur. Speisen d. i. Erquickungen, auch Kostbarkeiten.

ὀνείδειος, 2. (ὄνειδος), ep. tadelnd, scheltend.

ὀνειδίζω, (ὄνειδος), Fut. med. auch in pass. Bdtg., schelten, schmähen, Vorwürfe machen, verweisen, tadeln, vorwerfen.

ὀνείδισμα, τό, ion. = ὄνειδος.

ὀνειδισμός, ὁ, sp. N. T. Schmähung, Beschimpfung.

ὀνειδιστήρ, ῆρος, ὁ, poet. u. **ὀνειδιστής,** ὁ, Schimpfer, Tadler.

ὀνειδιστικός, 3. sp. schmähsüchtig; Neutr. subst. Schmähsucht, Schmähung.

ὄνειδος, εος, ους, τό (got. *ga-naitjan*, „schmähen", ahd. *neizzen* „belästigen"). **1)** im Sg. u. Pl. Vorwurf, Tadel, Schmähung, Nachrede, Schimpf. **2)** Gegenstand des Vorwurfs, Schmach, Schandfleck.

Ὄνειον, τό, u. **Ὄνεια, τά,** Bergkette südlich dem Isthmus gegenüber, von Korinth bis Kenchreä sich erstreckend, eine den Zugang zum Peloponnes beherrschende Position.

ὄνειος, 3. (ὄνος), vom Esel, γάλα Eselsmilch.

ὀνειραΐ, ὀνείρατος, ὀνείρατι u. ähnl., s. ὄνειρος.

ὀνείρειος, 3. (ὄνειρος), ep. den Traum betreffend, **πύλαι** das Traumtor.

ὀνειρο-κρίτης, ου, ὁ, buk. Traumdeuter. Dav.

ὀνειροκριτικός, 3., sp. zur Traumdeutung gehörig, Träume auslegend, **πινάκιον** Traumbuch od. Traumtafel.

ὀνειρό-μαντις, εως, ὁ, poet. Traumdeuter.

ὄνειρον, τό, s. ὄνειρος.

ὀνειροπολέω, Träumereien haben, träumen, insbes. leere Einbildung, nichtige Hoffnung hegen, τί von etwas, ἐν τῇ γνώμῃ in seinen Gedanken.

ὀνειρο-πόλος, ὁ, ep. ion. Traumdeuter, Traumseher, einer, der sich eigens hinlegt, um (auch für andere) durch Inkubation Träume als Wahrzeichen zu erhalten.

ὄνειρος, ὁ, mit der Nbf. **ὄνειρον, τό** (vgl. τὸ ὄναρ). **1)** der **Traum,** das Traumgesicht, ὀνείροις im Traume, **a)** leere Einbildung, Träumerei, Wahn, nichtiges Ding, Possen, **b)** bedeutsame Ahnung, Wahrtraum. **2)** ep. Traumbild, -gestalt. **3)** sp. Traumgott (personifiziert). [schienen.

ὀνειρό-φαντος, 2. (φαίνομαι), poet. im Traum er-

ὀνειρό-φρων, ονος, 2. poet. Träume verstehend.

ὀνειρώττω (ὄνειρος), träumen, τί von etwas.

ὀνεύω (ὄνος), aufwinden, τί, u. zwar ἔκ τινος von

ὄνηαρ, s. ὄνειαρ. [etwas aus.

ὀνήιστος, 3. ion. Superl. (v. St. ὀνη : ονᾰ in ὄνηαρ, ὀνίνημι) der Nützlichste, Wackerste, Beste.

ὀνηλάτης, ου, ὁ, Eseltreiber.

Ὀνησί-κριτος, ὁ, aus Astypalaia, Steuermann auf dem Admiralschiffe Alexanders des Gr. und Verfasser einer lügenhaften Schrift über die Expedition an den südlichen Küsten Asiens.

ὀνήσιμος, 2. (ὀνίνημι), poet. nützlich, ersprießlich (Soph. Trach. 1013 von den Leiden erlösend).

ὀνησί-πολις, εως, ὁ, ἡ, poet. staatsfördernd.

ὄνησις, εως, ion. **ιος,** ἡ (ὀνίνημι) Nutzen, Vorteil, Gewinn, Stütze, Hilfe, überh. Glück, Wohlfahrt, abs., u. τινός von etwas, τινί für jmdn.

ὄνθος, ὁ, ep. poet. Mist, Kot.

ὀνία, ἁ, äol. poet. = ἀνία, Leid, Trauer.

ὀνικός, 3., N. T. bei ὁ μύλος, der obere Mühlstein.

ὀνίνημι • **1)** Akt. Als Impf. braucht man ὠφέλουν, **nützen, helfen,** frommen, fördern, einen Gefallen tun, teils abs. ὤνησας du hast mir einen Gefallen getan, ὡς ὤνησας wie gütig!, teils τινά, τί, u. zwar μέγα, πλεῖστα u. ähnl. sehr, bedeutend, od. τινί durch etwas, τί in etwas, εἴς τι zu etw., auch mit τοῦτο ὅτι od. mit Partiz. dadurch daß **2)** Med. u. Pass. **ὀνίνᾱμαι, Nutzen haben,** Vorteil, Genuß, Freude haben, sich erfreuen, sich laben, genießen. Teils abs., z. B. beim Schwur als Verwünschung: μὴ ὀναίμην ich sei des Segens bar!, od. als Segenswunsch: ὄναιο des Himmels Segen über dich!, möge es dir gut gehen. Dav. das Part. **ὀνήμενος** ein Gesegneter (Ggs. οὐλόμενος, s. d.). Teils τινός von, an etwas, etwas, od. von jmdm., od. auch τί einen Vorteil erlangen, u. mit Partiz. wenn usw.

ὄνομα, τό (in crasi τοὔνομα), ep. u. ion. **οὔνομα,** dor. ὄνυμα, (lat. *nomen* = ahd. *namo* = nhd. *Name;* vgl. ὀνομάζω) • **1) Name,** Benennung. ὄνομα, ὀνόματι namens, mit Namen, καλεῖν τινα ὄνομα = **τιθέναι (τίθεσθαι) τινὶ ὄνομα** jmdm. einen Namen geben, τινός jmds., von etwas, τινί für etwas, ἐπί τινι an etwas haftend, u. περί τινος • **2)** Name, **Ruf** (als *vox media*) Ruhm, ὄνομά τινος ἐγένετο ἔν τισι jmd. hat unter einigen Ruhm erlangt • **3)** Begriffsbezeichnung (Ggs. ῥῆμα Redensart, Redewendung), **Wort,** μετὰ καλῶν ὀν. unter schönen Worten, u. so im Ggs. zu ἔργον leeres Wort, Vorwand, (τῷ) ὀνόματι u. ὄνομα u. sp. ἀπ' ὀνόματος dem Namen nach, zum Schein, ἐν ἀτίμῳ ὀνόματι unter schimpflichem Namen, ἐπὶ τῷ ὀνόματι ὡς infolge der Meinung, daß • **4)** als gramm. Kunstausdruck: *nomen.*

ὀνομάζω, ion. **οὐνομάζω** u. **οὐνομαίνω,** Fut. οὐνομανέω, ὠνόμηνα (ὄνομα) • **1)** Akt. u. Pass.

a) namhaft machen, beim Namen **nennen** od. rufen, **benennen,** herzählen, aussprechen, bezeichnen, auch zusagen, versprechen, (τὸ) ὄνομα mit dem Namen, dah. τόδε so, ἀπό od. ἔκ τινος von, nach etwas, ἔν τινι, πρός τινα von, zu jmdm. Pass. genannt werden, **heißen,** gesagt werden herstammen, bekannt werden, τὰ ὀνομαζόμενα die genannten Dinge, ὀνομαζόμενος u. ὠνομασμένος sogenannt • **b)** ernennen, machen, τινὰ θεράποντα jmdn. zu seinem Diener • **2)** Med. jmdn. (τινά) od. den Seinen nennen, z. B. παῖδα seinen Sohn.

ὄνομαι (verw. lat. *nota*, ὀνειδίζω), 2. sg. ὄνοσαι, imper. ὄνοσο, Fut. ὀνόσομαι, ep. σσ, Aor. ep. ὠνοσάμην, ὀνοσάμην und ὀνόσσασθαι, sowie ὤνἄτο und ὀνοσθῇς, Adj. verb. ὀνοστός, schimpfen, schelten, schmähen, tadeln, sich beklagen, unzufrieden sein, geringschätzen, verschmähen, verwerfen.

ὀνομαίνω, ep. ion., selten att. pros. = dem vor.

ὀνομα-κλήδην, s. ἐξονομακλήδην.

Ὀνομα-κλῆς, έους, **1)** einer der dreißig Tyrannen. **2)** Ephoros in Sparta im J. 424.

ὀνομα-κλήτωρ, ορος, ὁ, sp. *nomenclator*, der Diener, der (dem Herrn) die Namen der Leute zu nennen hat.

ὀνομά-κλῠτος, 2. ep. poet. mit berühmtem Namen, berühmt. (And. -κλυτός).

Ὀνομά-κριτος, ου, Seher u. Dichter z. Z. des Peisistratos, Sammler u. teilweise Fälscher der Orakel des Musaios u. Orpheus, auch der Homer. Gedichte; daher verbannt, mit Hippias in Susa, wo er durch falsche Sprüche den Krieg gegen Athen angefacht haben soll.

Ὀνομάντιος, ου, ὁ, Ephoros in Sparta im J. 412.

Ὀνόμ-αρχος, ου, ὁ, Feldherr der Phoker im dritten heil. Kriege, plündernd u. siegreich selbst über Philipp, bis er 352 von diesem besiegt von seinen Leuten erschlagen wurde.

ὀνομασία, ἡ, Benennung, Ausdruck.

ὀνομαστί (ὀνομάζω), ion. οὐν., Adv. namentlich, mit od. bei Namen, αὐτὸς ὀν. nach dem eignen Namen.

ὀνομαστικός, 3. zum Nennen gehörig, dienend; sp. als gramm. Kunstausdruck ἡ ὀνομαστική (sc. πτῶσις) der Nominativ.

ὀνομαστός, 3., ion. οὐν. (ὀνομάζω), **1)** zu nennen, οὐκ. ὀν. dessen Nennung nicht wert ist, dessen Name schon verderblich klingt, also unnennbar. **2)** namhaft, bedeutend, berühmt, ἐπί τινι wegen etwas, παρά τινι bei jmdm.

ὀνοματοθετέω, sp. = ὀνομάζω.

ὀνομᾰτο-λόγος, ὁ, sp. das lat. *nomenclātor*.

ὀνοματο-ποιέω, ar. sp. benennen, einen Namen geben, τί etwas.

ὄνος, ὁ, ἡ, (verw. mit lat. *asinus*, got. *as-ilus*), **1)** der Esel, die Eselin, κανθήλιος Lastesel, ἄγριος der Waldesel, wilde Esel. Sprichw. τῶν ὄνων ὑβριστότερος, frecher u. störrischer als ein Esel. **2)** von seinem Lasttragen entlehnt: **a)** ion. Drehesel, Winde od. Haspel zum Aufziehen. **b)** der obere Mühlstein (μύλος der untere).

Ὀνόσανδρος, ου, Platoniker ca. 40 n. Chr., Verfasser einer Schrift στρατηγικός.

ὀνοστός, 3., ep. Adj. verb. von ὄνομαι, zu verschmähen, verächtlich.

ὀνοτάζω u. Med., ep. u. poet. = ὄνομαι.

ὀνο-φορβός, ὁ (φέρβω), ion. Eselhüter.

Ὀνόχωνος, ὁ, Fl. in Thessalien, der auch Ὀγχηστός heißt u. in den See Boibeïs mündet.

ὄντως, Adv. part. praes. v. εἰμί = τῷ ὄντι, bes. Plat. **1)** wahrhaft, wesentlich, eigentlich; τὸ ὄντως ὄν das wirklich wesenhaft Seiende. **2)** überh. Allgemeingültiges bezeichnend, in Wirklichkeit, wahrhaft, vollkommen.

ὄνυμα, ὀνυμάζω, mit Fut. ὀνυμάξω u. **ὀνυμαστός,** äol. = ὄνομα usw.

ὄνυξ, υχος, ὁ (lat. *unguis*, dt. *Nagel*), Nagel, Kralle, Klaue, Huf.

Ὀνώριος, ου, ὁ, der weströmische Kaiser Honorius, Sohn des Theodosius, 395—423 n. Chr.

ὀξίνης, ου, ὁ, poet. sp. säuerlich; übertr. mürrisch. Subst. saurer Wein.

ὄξος, ους, τό (ὀξύς), Weinessig, überh. säuerliches Getränk, insbes. Essigwasser, das gew. Getränk der Soldaten im Felde u. der Sklaven.

ὀξῠ-βελής, 2. (βάλλω), ep. poet. sp. scharf gespitzt.

ὀξυ-βόας (ης), ου, ὁ, poet. hell schreiend.

ὀξύ-γοος, 2. poet. laut klagend.

ὀξυ-δερκής, 2. ion. u. sp. scharf sehend, scharf blickend, übertr mit τὴν ψυχήν scharfsichtig.

ὀξύη, ἡ, die Buche; poet. Speerschaft, Speer.

ὀξύ-θηκτος, 2. (θήγω), poet. scharf geschliffen, Soph Ant. 1301 vermutl. ὀξυθήκτῳ βωμία περὶ ξίφει.

ὀξυθῡμέω (-ύθυμος), poet. jähzornig sein. Dav.

ὀξυθῡμία, ἡ, poet. der Jähzorn.

ὀξύ-θῡμος, 2. poet. ar. sp. jähzornig, leicht aufzubringen. Subst. τοὐξύθυμον (τὸ ὀξ.) der Jähzorn.

ὀξυ-κάρδιος, 2. poet. jähzornig.

ὀξῠ-κώκῡτος, 2. (κωκύω), poet. laut beweint.

ὀξυλαβέω, schnell sein.

ὀξυ-μέριμνος, 2. poet. scharfsinnig ausgedacht.

ὀξυ-μήνῐτος, 2. poet. racheergrimmt.

ὀξύ-μολπος, 2. poet. hell singend, hell klingend, laut gellend.

ὀξύνω (ὀξύς), Perf. pass. ὤξυμμαι, Plqpf. ὤξυντο, Aor. ὠξύνθην, ion. poet. u. sp. schärfen, τὸ στόμα die Zunge. Pass. erbittert werden.

ὀξυόεις, εσσα, εν, ep. (ὀξύς), spitzig (von der Lanze); andere von ὀξύη, aus Buchenholz.

ὀξυ-πευκής, 2. poet. scharf, bitter.

ὀξύ-πους, ποδος ὁ, ἡ, poet. schnellfüßig.

ὀξύ-πρῳρος, 2. poet. mit scharfer Spitze.

ὀξυρεγμία, ας, ἡ, poet. sp. saures Aufstoßen (vom Magen her).

ὀξύ-ρροπος, 2. (ῥέπω), schnell beweglich, rasch hingerissen, πρός τι zu etwas; reizbar.

ὀξύς, εῖα, ύ (vgl. ἀκίς u. lat. *ocris*), **scharf,** dah. • **a)** spitzig, scharf, schneidend, von Orten: abschüssig, steil • **b)** übertr. herb, sauer, schneidend, brennend, durchdringend, stechend, schmerzhaft, empfindlich; gellend, hell, laut • **c)** heftig, hitzig, feurig, leidenschaftlich, aufbrausend, lebhaft, rasch, geschwind, auch rasch vorübergehend, rasch verlaufend • **d)** scharfsinnig • **e)** poet. = stark in der Farbe, grell, hochrot • Subst. ἡ ὀξεῖα (προσῳδία) hoher Ton, gramm.: Akut als Akzent. τὸ ὀξύ die Spitze; durchdringender Ton, τὸ ὀξύτατον die abschüssige Stelle, τὰ ὀξέα das Plötzliche, τὸ ἐμπλήκτως ὀξύ das wahnsinnige Drauflosgehen • Adv. **ὀξύ, ὀξέα** u. **ὀξέως,** Komp. ὀξύτερον • **a)** scharf, scharfen Auges; laut • **b)** hitzig, energisch, schwungvoll, rasch, schnell, plötzlich • **c)** scharfsinnig, genau.

ὀξύ-στομος, 2. poet. mit spitzem Schnabel, mit scharfer Schneide, scharfstechend; scharfzahnig.

ὀξύ-σχοινος, ὁ, ep. scharfe, spitze Binse, *schoenus mucronatus.*

ὀξύτης, ητος, ἡ (ὀξύς), **1)** Schärfe, scharfe Bestimmtheit, τῆς φράσεως. **2)** Hitze, Heftigkeit, Leidenschaftlichkeit, dah. **a)** Schnelligkeit, Raschheit, schnelle Bewegung, mit ἐς κινδύνους das schnelle Eingehen auf Gefahren. **b)** übermütiges Betragen. **c)** τοῦ καιροῦ, Drang der Umstände.

ὀξύ-τονος, 2. (τείνω), poet. sp. scharf gespannt, scharf durchdrungen, od. durchdringend, laut sausend, hell tönend.

ὀξύ-φρων, ονος, ὁ, ἡ (φρήν), poet. mit einsichtigem Sinne.

ὀξυ-φωνία, ας, ἡ, ar. sp. scharfes leidenschaftliches Sprechen.

ὀξύ-φωνος, 2. (φωνή), poet. ar. lautstimmig, hell tönend.

ὀξύ-χειρ, ρος, ὁ, ἡ, geschwind mit den Händen, behend.

ὀξύ-χολος, 2. poet. u. sp. jähzornig.

ὀξυ-ωπής, 2. sp. scharfsichtig, vgl. ὀξυδερκής.

ὄον, τό (ὄϝον), Frucht des Sperberbaums, einer Art Wildbirne, von den Griechen eingemacht gegessen.

ὅου, s. I. ὅς. **ὅπα,** s. ὅπῃ.

ὀπᾱδέω, poet. u. sp. = ὀπηδέω.

ὀπᾱδός, ὁ, ἡ, u. **ὀπάων,** ion. **ὀπέων,** ονος, ὁ (ἕπω, St. *sep,* s. d.), ep. ion. poet. u. sp. Begleiter(in), dah. **a)** Waffengenosse, doch stets in untergeordnetem Verhältnisse, also Waffenträger, Knappe, Diener. **b)** Verfolgerin, Jägerin.

ὀπάζω (ὀπαδός). **1)** zum Begleiter geben, folgen lassen, zugesellen, mitgeben, überh. geben, verleihen. **2)** folgen, d. i. verfolgen, bedrängen, andringen. Im Pass. gedrängt, angeschwellt werden.

ὀπαῖος, 3. (ὀπή), **θυρίς; κεραμίς,** bes. ἡ ὀπαία Dachziegel mit dem Loch zum Abzug des Rauchs; Neutr. τὸ ὀπαῖον, sp. eine gewölbte Öffnung im Tempel, durch welche das Innere sein Licht erhielt. Vgl. ἀνοπαῖα.

ὄ-πατρος, 2. ep. (ὁ copul. u. **πατήρ**), vom gleichen Vater abstammend, mit **κασίγνητος** verb.

ὀπάων u. **ὀπέων,** s. ὀπαδός.

ὅπερ, st. ὥσπερ, w. s.

ὀπή, ἡ (ὄπωπα), poet. sp. N. T. **1)** Luke, Lichtöffnung, Fenster. **2)** Erdloch. **3)** Felshöhle.

ὅπῃ, auch **ὅπη** geschrieben, dor. **ὅπα,** ep. **ὅππῃ,** ion. **ὅκῃ** (πῇ, eigentl. Dat. locat.), nebst **ὁπῃοῦν** u. **ὁπήποτε,** Adv. **1) wo,** woselbst, u. wenn der Nebenbegriff der darauf folgenden Ruhe damit verknüpft ist, auch wohin, mit dem Konj: wohin immer; abs. od. mit dem Gen., z. B. ὅπῃ τῆς γῆς wo auf der Erde, ὅπῃ ἄλλῃ τῆς Ἀσίας wohin sonst in Asien. Ähnl. ὁπήποτε Εὐρώπης an irgendwelchem Orte Europas. **2) wie,** auf welche Weise, inwiefern. Ähnl. **ὁπῃοῦν,** auf welche Art es auch sei, wie sonst.

ὀπηδέω, ep. u. ion. (ὀπηδός), begleiten, mitgehen, in jmds. Besitz sein, τινί u. ἅμα τινί, ἔκ τινος von jmdm. her. Von

ὀπηδός, ὁ, ep. ion. = ὀπᾱδός.

ὁπηλίκος, 3. wie alt, wie groß auch immer, wie sehr auch immer.

ὁπηνίκα, Zeitpartikel, relativ u. indirekt fragend (ἡνίκα), **1)** eigentl. in welchem Moment, auch mit Gen. τῆς ὥρας zu welcher Stunde; dann überh. = ὁπότε, wann. **2)** kausal: da, da einmal, weil.

ὀπίας, ὁ, **τυρός,** poet. Käse von Milch, die man durch Feigensaft (ὀπός) gerinnen gemacht hat.

ὀπίζομαι (nur Präs. u. Impf. mit u. ohne Augm.), ep. poet. Dep. med. (ὄπις), beachten, berücksichtigen, achten, scheuen; fürchten, τί u. τινά.

ὄπιθε u. **-θεν,** s. ὄπισθεν.

ὀπιθό-μβροτος, 2. poet. nach dem Sterblichen folgend, ihn überdauernd.

Ὄπικες, sp. **Ὀπικοί,** οἱ, die Osci, ein alter Volksstamm in Italien, in Kampanien u. Latium. Ihr Land ἡ **Ὀπικία.**

ὀπῑπεύω (ὀπι, vgl. ὄπιθεν u. ὀπ, vgl. ὄπ-ωπ-α), ep. sich wonach umsehen, nach jmdm. gucken, gaffen, etwas ausspähen, auflauern, abs. od. τινά, τί.

ὄπις, ῖδος, ἡ, Akk. ιν u. ιδα (ὄπωπα), ep. poet. ion. **a)** die Beachtung, u. zwar die, welche die Götter dem Menschen u. seinen Handlungen schenken, die Strafaufsicht od. die zu scheuende Hut der Götter. **b)** die Rücksichtnahme, Ehrfurcht, welche der Mensch den Göttern u. ihrer Macht schenkt, mit θεῶν die Gottesfurcht.

ὄπισθεν, vor Kons. (jedoch nicht in att. Pr.) auch **-σθε,** poet. auch **ὄπιθεν** u. **-θε,** Adv. • **1)** vom Orte • **a)** von hinten, **hinten,** hinterwärts, hinterher, im Rücken, **καταλείπειν** zurücklassen, **μένειν** zurückbleiben, **ποιήσασθαί τι** machen daß etwas im Rücken liegt • Subst οἱ ὄπ. die Hinterherkommenden, milit. die Nachhut, τὸ ὄπ., auch τοὔπ., u. τὰ ὄπ. die hinteren Teile, der Rücken, ἐκ τοῦ ὄπ. von hinten, im Rücken, ähnl. ἐν τῷ ὄπ. u. εἰς τὸ ὄπ. nach hinten, rückwärts. Übertr. **φρονέειν** dahinter etwas im Schilde führen, ὁ ὄπ. der Unterlegene (*inferior*), im Ggs. zu Sieger • **b)** mit Gen., der nach- od. vorsteht: hinter. Übertr. ὄπ. τινος ἑστάναι einer Sache nachstehen • **2)** von der Zeit: hinterdrein, hernach, **später,** in Zukunft, οἱ ὄπ. die Nachfolgenden, Spätern. Superl. ep. **ὀπίστατος,** 3. der hinterste, letzte.

ὀπίσθιος, 3. u. **ὀπισθίδιος,** 3. sp. der Hintere.

ὀπισθό-δομος, ὁ, Hinterhalle des Athenetempels auf der Burg in Athen, die als Schatzkammer diente.

ὀπισθο-νόμος, 2. (νέμω), ion. ar. sp. rückwärts weidend, βόες, weil ihre Hörner das Vorwärtsweiden hinderten.

ὀπισθό-πους u. **ὀπισθό-πος,** ὁ, poet. folgend. Subst. der Diener.

ὀπισθοφυλακέω (-φύλαξ), die Nachhut decken

od. bewachen d. i. führen, überh. den Nachzug, die Nachhut bilden.

ὀπισθοφυλακία, ἡ, **a)** die Bedeckung vom Nachtrabe der Armee, Amt des Führers der Nachhut. **b)** das Bewachen des Heeres von hinten, die Nachhut, der Nachtrab.

ὀπισθο-φύλαξ, ακος, ὁ, die Nachhut bildend. Subst. οἱ ὀπ. der Nachtrab, die Nachhut.

ὀπίστατος, 3., s. ὄπισθεν.

ὀπίσω, ep. **ὀπίσσω,** Adv. **1)** vom Orte: nach hinten, rückwärts, **zurück,** auf den Rücken, bisw. verst. durch πάλιν, ὀπ. λείπειν hinter sich zurücklassen, sich davon entfernen, πρόσσω καὶ ὀπ. ὁρᾶν den Blick vorwärts u. rückwärts richten, d. i. kluge Umsicht zeigen, ὁ ὀπ. der Nachfolgende, aber τὸ ὀπ. = ὀπ. = εἰς τοὐπίσω (τὸ ὀπ.) zurück, nach hinten, dah. κομιδὴ τὸ ὀπ. eine Rückkehr, ἐκ τῶν ὀπίσω sp. (von) hinten, im Rücken. **2)** von der Zeit: hinterdrein, hinterher, hernach, in Zukunft, auch εἰς ὀπίσσω. **3)** ion. auch = πάλιν wieder, wiederum, ὀπ. ἀποδιδόναι zurückgeben, wiedergeben. [Wagen).

ὁπλέω, ep. (ὅπλον), ausrüsten, anschirren (den

ὁπλή, ἡ (zu ὁπλότερος eigl. „die Extremität"), die Klaue, der Huf, sowohl der ungespaltene des Pferdes, Esels, Maultiers, als der gespaltene der Rinder.

Ὅπλητες, Name einer der vier altatt. Phylen, angebl. nach Ὅπλης, ητος, dem Sohne des Ion.

ὁπλίζω (ὅπλον). **1)** Akt. zurüsten, zurecht machen, dah. zubereiten, anschirren, **ausrüsten,** insbes. zum Kampf rüsten, τινί mit etwas, ἀπό τινος von etwas. Bei Thuk. auch schwere Rüstung geben, schwer bewaffnen, und bei Hdt. in Waffen halten, üben • **2)** Pass. u. Med. ausgerüstet werden, **sich rüsten,** sich anschicken, sich schmücken (zum Tanze), im bes. sich bewaffnen od. waffnen, τινί mit etwas; ὁ ὡπλισμένος der Bewaffnete. Übertr. sich wappnen, θράσος mit Mut • **3)** Med. auch • **a)** für sich (*sibi*) zurüsten, zubereiten, bereiten • **b)** ἵππους die Rosse anschirren.

ὅπλισις, εως, ἡ, **ὅπλισμα,** τος, τό, u. poet. u. sp. **ὁπλισμός,** ὁ, Rüstung, Ausrüstung, ναυβάτης Schiffsausrüstung, Schiffsbemannung. Insbes. **a)** Waffenrüstung, Bewaffnung, Art der Waffen, Waffen. **b)** das gerüstete Heer od. die gerüstete Kriegsflotte.

ὁπλῑτ-αγωγός, 2. (ἄγω), Hopliten führend, τριήρης, ναῦς Hoplitentransportschiff.

ὁπλῑτεύω, unter dem schwer bewaffneten Fußvolk od. als Hoplit dienen, ein Hoplit sein.

ὁπλίτης [ῑ], ου, ὁ (ὅπλον). **1)** poet. Adj. schwer bewaffnet. **2)** Subst. der **Hoplit,** d. i. schwerbewaffnete Krieger zu Fuß. Seine Waffen waren **a)** ὅπλον ein großer Schild, durch einen Riemen (τελαμών) gehalten. Zu Alexanders Zeit trugen sie die ἀσπίς, *clipeus* (einen runden) od. den θυρεός, *scutum* (einen länglichen Schild), **b)** ein eherner Helm u. Harnisch (κράνος u. θώραξ), **c)** Beinschienen (κνημῖδες), **d)** ein kurzer Säbel (μάχαιρα), **e)** ein langer Speer (δόρυ), die Makedonier die σάρισσα.

ὁπλῑτικός, 3. zu den Hopliten gehörig, aus Hopliten bestehend. Subst. **a)** τὸ ὁπλ., τὰ ὁπλ. u. ἡ ὁπλ. die Kunst, die schweren Waffen zu führen, ein Fechterstück, οἱ τὰ ὁπλ. ἐπιτηδεύοντες die Fechtkünstler. **b)** das schwerbewaffnete Fußvolk, die Hopliten. [Kämpfer.

ὁπλῑτο-πάλᾱς, ου, ὁ, poet. schwerbewaffneter

ὁπλο-θήκη, ἡ, sp. Zeughaus.

ὅπλομαι, ep. (ὅπλον), sich (*sibi*) zubereiten.

ὁπλομαχέω (ὁπλο-μάχος), in vollständiger Rüstung mit Waffen kämpfen.

ὁπλομαχία, ἡ, das Kämpfen mit den schweren Waffen, die Kunst (Übung, Unterricht) als Schwerbewaffneter in der Schlachtordnung zu kämpfen, überh. Taktik, Kriegskunst.

ὅπλον, τό (ἕπω), meist im Pl., **Gerät,** dah. im bes. • **1)** ep. Schiffsgerät, **Takelwerk,** bes. **Taue, Segel, Rahen,** τὰ ὅπλα κατατείνειν Segel u. Taue einziehen (**aber auch ein Tau anspannen**), u. ὅπλον ein **Tau,** ion. auch überh. von **Tauen** • **2)** ep. **Handwerkszeug,** bes. des Schmiedes • **3) Kriegsgerät,** Bewaffnung, Waffengattung, im Sg., u. τὰ ὑπηρετικὰ ὅπλα untergeordnete Waffengattungen, insbes. die Schleuderer u. Pfeilschützen. Insbes. • **a)** die **Waffen,** bes. die schweren Waffen der Hopliten (s. ὁπλίτης), Schild u. Lanze, aber ὅπλον ἐκ χειρός Handwaffe, Schwert; τοῖς ὅπλοις mit Waffengewalt, αὐτοῖς ὅπλοις, ἐν, ἐφ', ξὺν ὅπλοις, μεθ' ὅπλων, ὑπὸ τοῖς ὅπλοις, ὁ ἐπὶ τῶν ὅπλων (στρατηγός) der Militärstrateg im Unterschied von den Verwaltungsstrategen, ἐς, ἐπὶ τὰ ὅπλα ἔρχεσθαι, ἰέναι, τρέχειν, φέρεσθαι, τὰ ὅπλα ἁρπάζειν, λαμβάνειν, mit u. ohne εἰς τὰς χεῖρας, ἀναλαμβάνειν anlegen, παρέχεσθαι als Hoplit dienen, ἐν ὅπλοις μάχεσθαι, ὅπλα ἐπιφέρειν τινί, ἐπί τινι u. ἐπί τι, προβαλέσθαι fällen, ἐκλείπειν verlassen (z. B. um in den Rat zu gehen), ἀποβάλλειν, ἀφιέναι wegwerfen • **b)** konkr. = ὁπλῖται, πολλῶν μεθ' ὅπλων, ἐξέτασιν ὅπλων ποιεῖσθαι die Hopliten mustern • **c) Waffenplatz,** ἐφ' ὅπλοις, meist vor dem Lager gelegen, dah. auch die Vorderseite des Lagers, u. überh. das Lager, Wachtposten, Posten, dah. ἀπὸ τῶν ὅπλων fern vom Lager, ähnl. ἔξωθεν ἐκ τῶν ὅπλων, πρό, πρόσθεν τῶν ὅπλων; τίθεσθαι τὰ ὅπλα aufstellen d. i. ablegen, d. h. **α)** sich lagern, ἀντία gegenüber, **β)** Halt machen, ähnl. τὰ ὅπλα ἔκειτο, **γ)** überh. sich aufstellen, antreten, ἐν τάξει, ἐς τάξιν, ἀντία Front machen, μεθ' ἑτέρων sich einer Partei anschließen.

ὁπλο-ποιία, ἡ, sp. die Waffenanfertigung, Titel des 18. Buches der Ilias.

ὁπλοποιική, ἡ, die Kunst Waffen zu schmieden.

ὁπλότερος u. **ὁπλότατος,** 3. ep. (-τερος wie in ἡμέ-τερος, ursprüngl. nicht kompar. Suffix) etwa: rüstig, jugendfrisch, auch rüstiger.

ὁπλοφορέω, 1) Akt. Waffen tragen, τινί z. B. χειρί. **2)** Pass. sp. von Leibwachen begleitet werden.

ὁπλο-φόρος, 2. (φέρω), bewaffnet, τάξις Waffendienst. Subst. der Bewaffnete.

ὁποδαπός (ποδαπός), 3., indirekt fragend u. relativ, woherstammend, was für ein Landsmann.

Ὀπόεις, s. Ὀποῦς.

ὁπόθεν, ep. **ὁππόθεν,** Adv. *unde*, indirekt fragend

u. allgemein relativ (πόθεν), woher, von wannen, von woher, von wo, wovon, ὁπόθεν τύχοιεν von einem beliebigen Punkte, ὁπόθεν δήποτε wer weiß, weiß Gott woher; bisw. scheinbar für wo, *unde*.
ὁποθεν-οῦν, Adv. von woher nur immer.
ὁπόθι, s. ὅπου.
ὅποι, korrel. zu ποῖ, ep. auch **ὁππόσε, wohin,** ὅποι προσωτάτω so weit wie möglich; auch: dahin, wohin. Beim Gen. ὅποι γῆς, ὅποι γνώμης wo in der Welt, wo im Sinne hin. Bisw. scheinbar für wo od. wann, so ὅποι καθέσταμεν wohin angelangt wir Rast gemacht, ὅποι χρηστέον eigentl. wohin zu führen nötig sei.
ὁποῖος, 3., ep. auch **ὁπποῖος** (ποῖος), ion. **ὁκοῖος,** indirekt fragend u. allgemein relativ, was für einer etwa, welcherlei Art, wie beschaffen, auch: so beschaffen wie, ein solcher wie, wie, welcher, u. so relat. = οἷος, ὁποῖός τις, ὁποῖόν τι wie einer nur immer, wie es —, ὁποῖον ἄν was auch immer, ὁποῖος ἄν τις ὦ wie ich mich auch verhalten mag, ὁποῖον στάντα mag es sich gestellt haben wie es will, brachyl. τῶν κακῶν ὁποῖον οὐχί jedwede Art der Leiden.
ὁποιοσ-δή-ποτε, 3. und
ὁποιοσ-τισ-οῦν, ὁποια-τισ-οῦν, Gen. ὁποιουτινοσοῦν usw., mit Nachdruck gesetztes Indefinitum, irgend ein, jeder beliebige, πρίασθαι ὁποιουτινοσοῦν kaufen um jeden beliebigen, auch noch so hohen Preis, τοὺς ὁποιουστινασοῦν man mag sie nennen wie man will.
ὅποι-περ Adv. wohin gerade.
ὀπός, ὁ, der Saft der Pflanzen, insbes. der Saft des wilden Feigenbaums, den man teils zum Gerinnen der Milch gebrauchte, Feigenlab, teils zum Bestreichen der Pfeile, um die Wunden zu verschlimmern und offen zu erhalten; dah. ὀπὸν βλέπειν, poet. = sauer sehen, finster blicken.
ὀπός, Gen. von ὄψ.
ὁποσάκις, Adv. so oft als.
ὁποσά-πους, ποδος, ὁ, ἡ, sp. wie viel Fuß lang.
ὁπόσος, 3., ep. auch **ὁππόσος** u. **ὁπόσσος** (πόσος), ion. **ὁκόσος,** wie groß, ἐφ᾽ ὁπόσον inwieweit καθ᾽ ὁπόσον, sp. in dem Maße wie, in derselben Menge wie, u. bes. im Plur. wie viel, so viel als.
ὁποσοσ-οῦν, Neutr. ὁποσονοῦν usw., wie groß auch immer, im Gen. um was für einen hohen Preis auch immer, doch auch: auch nur noch das geringste, auch nur so wenige.
ὁπόσοσ-περ, wie viel immer, wie viel auch.
ὁπόσσος, s. ὁπόσος.
ὁποστοσ-οῦν, der wievielste auch immer, der allerletzte, von ὁπόστος, 3. der wievielste.
ὁπότε, ep. **ὁππότε** (πότε), ion. **ὁκότε,** u. mit ἄν, **ὁπόταν,** bei Hom. ὁππότε κε u. ὁπότ᾽ ἄν, Zeitpartikel, 1) dann wann, wann, zu welcher Zeit. 2) als, da. 3) so oft als, so oft (mit Opt.), ἦν ὁπότε manchmal. 4) wenn, im Falle wenn od. daß, insofern, wenn einmal, da einmal.
ὁπότερος, 3., ep. **ὁππότερος** (πότερος), ion. **ὁκότερος,** korrelat zu πότερος, u. **ὁποτεροσοῦν,** 1) welcher von beiden, von einzelnen Personen, u. im Plur. von zwei Parteien. 2) einer von beiden, im Plur.: einer von beiden Teilen, ὁπότεροι = ὁποτεροιοῦν. Adv. **ὁπότερα** (ὁκότερα) u. **ὁποτέρως** auf welche von beiden Arten, in welcher Weise, wie, mit folg. ἤ, εἰ, ob, oder ob.
ὁποτέρωσε, Adv. nach welcher von beiden Seiten hin, nach welcher Seite, wohin.
ὅπου (ποῦ), ion. **ὅκου,** poet. **ὁπόθι,** ep. **ὁππόθι** (πόθι). 1) **wo,** an welcher Stelle, dorthin od. dahin wo, auch worin, ἔστιν ὅπου an mancher Stelle, οὐκ ἔστιν ὅπου nirgends, ὅπου ἄν wo auch nur, wo nur, ὅπου μή wo nicht, außer. Auch mit dem Gen. τῆς πόλεως ὅκου an welcher Stelle der Stadt, ὅπου τῶν λεγομένων wo im Gespräche. 2) von Zeit u. Umständen: unter welchen Umständen, **wann,** zu der Zeit wo, indem; οὐκ ἔσθ᾽ ὅπου nie. 3) kausal, bes. mit γέ u. καί, wofern, insofern, dieweil, da, weil.
ὁπου-δή, sp. wer weiß wo.
ὁπου-οῦν, Adv. wo auch immer.
ὅπου-περ, wo gerade.
Ὀποῦς, οῦντος, ep. **Ὀπόεις,** εντος, ὁ, auch ἡ, Hauptstadt der opuntischen Lokrer, Vaterstadt des Patroklos. Die Einw. οἱ **Ὀπούντιοι.**
ὄππα, τό, äol. = ὄμμα.
ὅππη, ὁππόθεν, ὁπποῖος, ὁππόσος, ὁππότε, ὁππότερος, s. ὅπη usw.
ὁππόθι, s. ὅπου. **ὁππόκα,** dor. buk. = ὁπότε.
ὁπποσε, s. ὅποι. **ὅππως,** s. ὅπως.
ὁπποτέρωθεν, ep. Adv., von welcher von beiden Seiten her, welcherseits.
ὀπταλέος, 3. ep. (ὀπτός), gebraten.
ὀπτάνιον (and. ὀπτανεῖον), τό, poet. sp. Küche.
ὀπτάνομαι, Pass., sp. N. T. sich sehen lassen.
ὀπτασία, ἡ, sp. N. T. die Erscheinung.
ὀπτάω, buk. auch **ὀπτέω** (ὀπτός), braten, rösten, backen, dörren, πλίνθους Ziegel brennen, abs., od. τί etwas, od. τινός von etwas.
ὀπτήρ, ῆρος, ὁ (St. ὀπ, s. ὁράω), Späher, Kundschafter.
ὀπτήρια, τά, poet. sp. Geschenke beim Anblick einer Person, z. B. der Braut.
ὀπτίλος, ὁ, sp. das Auge.
ὀπτός, 3., gebraten, gekocht, geröstet, gebacken, gebrannt, πυρί am Feuer, σίδηρος ὀπτὸς ἐκ πυρός vom Feuer geglüht, gehärtet, ὀπτὴ πλίνθος Ziegelstein.
ὀπυίω, inf. praes ep ὀπυιέμεν(αι) st. ὀπυίειν, nur im Präs. u. Impf., ep. poet. u. sp. 1) Akt. ehelichen, heiraten, zur Frau nehmen oder haben, vom Manne, absol. ὀπυίοντες Verehelichte, ἀναφανδόν öffentlich, d. i. nach Brauch u. Sitte, od. τινά. 2) Pass. u. Med. sich verheiraten lassen, Ehefrau werden.
ὀπωπή, ἡ, ep. (St. ὀπ, s. ὁράω), a) Anblick; Anschauung. b) Sehkraft, Augenlicht.
ὀπωπητήρ, ῆρος, ὁ, ep. = ὀπτήρ.
ὀπώρα, ion. **-ρη,** ἡ (ὥρα), 1) Spätsommer, Nachsommer, Frühherbst, d. i. die Zeit vom Aufgange des Seirios (Ende Juli) bis zum Frühuntergange der Plejaden (Eintritt der stürmischen Jahreszeit, χειμών), τεθαλυῖα genannt, weil in ihr die Früchte zur Reife kommen. Dah. 2) konkr. Ernteertrag, „Herbst", Traubenertrag, Obst. 3) poet. reife Jugendzeit.
ὀπωρίζω, Fut. part. ion. ὀπωριεῦντες, Herbstlese halten, abs., u. τί von etwas.

ὀπωρῖνός (eigentl. ῐ), 3. ep. poet. frühherbstlich, ἀστήρ Hundstern, Seirios (s. ὀπώρα), Βορέης zur Herbstzeit, wo er regelmäßig weht, Trockenheit bringt u. die Früchte reift.

ὀπωρ-ώνης, ου, ὁ (ὠνέομαι), Obstpächter, -händler.

ὅπως, ep. auch **ὅππως,** ion. **ὅκως,** korrelat. zu πῶς • 1) Adv. *u. Konj.*, **wie,** auf welche Weise, je nachdem, *prout*, ὅπως κε wie nur immer, auch mit dem Gen. παιδείας ὅπως ἔχει; οὐκ ἔσθ' ὅπως auf keine Weise, unmöglich, nie, οὐκ ἔσθ' ὅπως οὐ jedenfalls, bisw. eingeschoben, ohne die Struktur zu ändern, οὐ γὰρ γένοιτ' ἂν ταῦθ' ὅπως οὐχ ὧδ' ἔχειν es muß sich notwendig so verhalten. Elliptisch steht οὐχ, auch οὔκουν (näml. ἐρῶ) ὅπως nicht nur nicht, geschweige, daß, u. οὐχ ὅπως — ἀλλὰ (καί) nicht nur nicht — sondern sogar, od. οὐχ ὅπως — ἀλλ' οὐδέ nicht nur nicht, sondern nicht einmal. Ähnl. μὴ ὅπως verst. λέγε. Seltener = ὡς bei Vergleichungen u. beim Superl., z. B. ὅπως ἄριστα aufs beste • 2) von der Zeit: wie, **als,** sobald als, so oft als, = ὅτε • 3) zur Angabe des Zweckes mit u. ohne ἄν (während ἵνα die Absicht bezeichnet), **daß,** damit, um zu, nach Worten, die ein Beraten od. Sorgen, Bestreben ausdrücken, oder kausal, ὅπως δή insofern offenbar (Od. 4, 109), selten nach „befehlen, bitten, überreden", wo gew. der Inf. folgt, od. nach einem verneinenden Verbum *dicendi* od. *sentiendi*, wo ὅπως = ὅτι steht, indem die Frage, die es andeutet, gleich einer Verneinung ist • 4) steht es wie im Deutschen in Sätzen, welche eine starke Besorgnis enthalten, ὅπως μή daß nur nicht.

ὁπωσ-δήποτε, ὁπωσ-οῦν, ὁπωστι-οῦν, Adv. wie auch immer, wie nur immer, irgendwie, od. Gott weiß wie, d. i. auf künstliche, nicht auf natürliche od. rechtliche Weise; dann aber auch: auch nur irgendwie, gleichviel wie, einigermaßen, οὐδ' ὁπωσοῦν u. οὐδ' ὁπωστιοῦν auch nicht im mindesten, keinesfalls, durchaus nicht. [ganz wie.

ὅπωσ-περ, auch **ὅκωσ-περ,** Adv. gerade wie,

ὅρᾱμα, ατος, τό (ὁράω), der Anblick, das Schauspiel; im N. T. die Erscheinung, Gesicht = Vision.

ὁράνιος, 3., s. οὐράνιος; **ὁράνω,** s. οὐρανός.

ὅρασις, εως, ἡ, sp. das Sehen, Gesicht, Anblick; im N. T. Erscheinung, Gesicht = Vision.

ὁρᾱτός, 3. zu sehen, zu schauen, sichtbar, τινί womit. Subst. (τὸ) ὁρ. u. τὰ ὁρ. etwas Sichtbares, das Sichtbare. Adv. ἐν ὁρατῷ sichtbar.

ὁράω, Med.-Pass. **ὁράομαι** (I. ϝορ zu Subst. ϝορᾱ, dt. *wahren, ge-wahren*. II. ὀπ, lat. **oc-ulus**. III. ϝιδ, lat. ***videre***, dt. *wissen* aus ahd. *wizzan*), att. u. allgem. augm. neben ἑωρ- auch ἑορ- und ὡρ-, ep. Akt. ind. **ὁρόω,** ὁράεις, -άᾳς u. -ᾷς, -άουσι, -όωσι, opt. ὁράοιτε, -όῳτε, part. ὁράων, -όων u. -ῶν, fem. -άουσα, -όωσα, Med. ind. 2. sg. ὅρηαι (wie v. ὅρημαι), ὁράεσθε, -άασθε, inf. -άεσθαι, -άασθαι, Impf. ὁράοντο, -όωντο, ferner vom Impf. act. 3. sg. ὅρα, med. 3. sg. ὁρᾶτο, Fut. 2. sg. ὄψεαι, u. das (auch poet. ion. u. sp.) Perf. act. ὄπωπα, Plqpf. ὀπώπεε, -πει, u. ion. zum Präs. **ὁρέω** im Akt. ind. ὁρέομεν, ὁρέουσι, conj. ὁρέωμεν, ὁρέωσι, part. ὁρέων, ἑουσα, ἑον, Impf. ὥρεον (ὥρας, ὥρα), ὡρέομεν usf., im Med. ind. ὁρέομαι, ὁρεόμεθα, ὁρέονται, conj. ὁρέωμαι, ὁρεώμεθα, ὁρέωνται, part. ὁρεόμενος, Impf. ὡρεόμην, ὡρεόμεθα, ὡρέοντο, **sehen** • 1) intr. **sehend sein,** schauen, blicken, achten, aufmerksam sein, mit πάλιν wegblicken • a) abs. ὁρᾷς; *viden'*, siehst du? nämlich wie schlecht du Wort hältst, Soph. El. 628, u. so steht es mit u. ohne ὡς parenthetisch in die Rede eingeschoben. Ähnlich οὐχ ὁρᾷς, ironisch, doch freilich, od. οὐχ ὁρῶ ich weiß nicht, ὅρα, *vide sis*, bedenke. Im Part. ὁρῶν nach eigener Anschauung, ὁρῶντα λέγω Hellsehendes, d. i. Klares reden • b) mit Praepp. εἴς τι od. εἴς τινα, ähnl. πρός τινα, πρὸς τὰ χρηστά, insbes. etwas einzig u. allein im Auge halten (dafür sp. auch ὁρᾶν τι), doch auch πρός τι ὁρᾶν nach etwas zu gerichtet sein, τὸ πρός τι ὁρῶν das nach etwas zu gelegene Stück • c) mit Frages. u. Relativs., mit ὅτι, ὡς wie, daß, mit ὅπως darauf sehen, zusehen, alles daran setzen daß, mit εἰ wohl aufmerken, ob, bei φίλως ὁρᾶν gern sehen wenn, mit μή u. ὅπως μή, α) mit Ind. zusehen, ob nicht, β) mit Konj. achthaben, sich hüten, daß nicht • 2) trans. sehen, **erblicken,** ansehen, wahrnehmen, erkennen, einsehen, wissen, auch achthaben, sorgen für etwas, z. B. φῶς = leben, daher οὐκέτ' ὄψεσθαι = tot sein, πάντα Soph. Ai. 379 alles ausspähend (andere: πάντα δρῶν), belauern, erspähen, oder τινά u. zwar mit Adj. od. Part. daß er, was bisweilen zu ergänzen ist, wie Thuk. 1, 80, wo zu τοὺς ἐν τῇ ἡλικίᾳ zu ergänzen ἐμπείρους ὄντας πολλῶν πολέμων, ähnl. auch mit dem Nom. des Part. od. mit Relativs. oder andern Nebens., oft unter Prolepse des Subj., selten mit A. c. I., und zwar ἐλεεινόν mit kläglichem Blick, δριμύ stechend, ἥδιον lieber sehen oder haben, oder (ἐν) ὀφθαλμοῖσιν vor Augen, παρ' ἃ τῷ λογισμῷ βέλτισθ' ὁρῶσί τι πράξουσιν gegen die eigene bessere Einsicht handeln, u. ὁρᾶν πρός τινα jmdn. mit einem vergleichen. Im Pass. gesehen werden, sichtbar werden, sich zeigen, erscheinen, μάλιστα ὤφθη es nahm sich am besten aus, ὁ ὁρώμενος τόπος die sichtbare sinnliche Welt.

Ὄρβηλος, ὁ, Gebirge im NO. Makedoniens zwischen Strymon u. Nestos an der Grenze von Thrakien, jetzt *Perin-Dagh*.

Ὄρβις, ιος, ὁ, Fl. in Südgallien, *Orbe*.

ὀργάζω (St. ἐργ in ἔοργα, ἐργάζομαι), weich machen, kneten, gerben, τί.

ὀργαίνω (ὀργή), poet., Aor. ὤργᾱνα, 1) trans. zornig machen, zum Zorn reizen, τί. 2) intr. zürnen.

ὀργανικός, 3. a) als Werkzeug geeignet. b) maschinenmäßig, λόγος stürmisch wirkend. Adv. **-κῶς** mit Instrumenten.

ὄργανος, 3. (ἐργ-), poet. wirkend, bildend. Dav. das Ntr.

ὄργανον, τό, 1) Werkzeug, Gerät, Instrument, Maschine, τινός, ἐπί τι von etwas, auch von Menschen gebraucht; insbes. **a)** das musikal. Instrument, παρεντείνειν es durch Anspannen der Saiten stärker stimmen. **b)** das Sinneswerkzeug, Organ. 2) poet. das Werk.

ὀργανοποιία, ἡ, Anfertigung von Werkzeugen, auch sp. von Kriegsmaschinen.

ὀργάς, άδος, ἡ (ὀργή), üppig fruchtbares, bewaldetes Land, im Plur. Marschland. Im bes. mit ἱερά der Gottheit geweihtes, fruchtbares, doch unbenutztes Land, wie das zwischen Attika u. Megara.

ὀργάω u. Med. **-άομαι, 1)** schwellen, strotzen, bes. vom schwellenden Heranreifen der Früchte, dah. τὰ παραθαλάσσια τῶν καρπῶν ὀργᾷ ἀμᾶσθαι d. h. sie stehen mit ihren Früchten zur Ernte reif. **2)** übertr. von Eifer glühen, *ardeo*, eifrig sein, leidenschaftlich bemüht sein, hitzig, heftig verlangen, abs. ὀργῶν leidenschaftlich.

ὀργή, ἡ, dor. **ὀργά,** auch im Pl. • **1) Trieb,** Erregung, Eifer; Neigung, Sinnesart, Charakter, ὀργὴν ἄκρος heftigen Charakters, αὐτόγνωτος ὀργά (frei)entschlossenes Trachten, nämlich nach dem, was das Gesetz verboten, κερτόμιοι ὀργαί frevle Necklust, ἀστύνομοι Sinn für staatliche Ordnung, ὀργῇ χαλεπῇ χρῆσθαι ein heftiges Temperament zeigen, ὀργὰς ἐπιφέρειν τινί jmdm. eine Neigung entgegenbringen • **2)** Insbes. • **a)** heftige Gemütsbewegung, Leidenschaft, Unwille, **Zorn,** Wut, τὰ τῆς ὀργῆς, ἐρωτική Eifersucht, prolept. εὐμενεῖς ὀργὰς κατασχεθεῖν gnädig den Zorn zurückhalten, ähnl. ὀργὴν ἔχειν, aber auch festhalten, dah. εἴς τι bis auf eine Gelegenheit, aber auch ὀργὴν (auch ὀργῇ) ἔχειν πρός τινα Mißstimmung gegen einen hegen, ihm zürnen, ebenso ἐν ὀργῇ (bei Thuk. auch einmal ὀργῇ), δι' ὀργῆς ἔχειν τινά; ὡς εἶχεν ὀργῆς u. ὀργῇ in seinem Zorne, sonst ὀργαῖς χρῆσθαι, ὀργὴ προσπίπτει τινὶ ἔν τινι, ferner εἰς ὀργὴν τίθεταί τι man zürnt auf etw., ὀργὴν ποιεῖσθαί τινι in Zorn geraten, empört sein, auch mit folg. εἰ u. ἄν, ähnl. ἐν ὀργῇ ποιεῖσθαί τινα über einen zürnen. Mit Praepp. adv.: δι', ἐξ, μετ', ὑπ' ὀργῆς, κατ' u. πρὸς ὀργήν aus Zorn, leidenschaftlich • **b)** Strafe.

ὄργια, τά, nicht in att. Pr. (St. ϝεργ). **1)** heiliges Opfer, Opferweihen. Insbes. **2)** geheime religiöse Gebräuche, Geheimdienst, mit welchem eine Gottheit verehrt wird, so der der Kabeiren, Kybĕle, Demēter, aber bes. der Bakchosdienst.

ὀργιάζω, 1) intr. ein Opfer od. eine gottesdienstliche Feier halten, abs. insbes. die bacchische Feier begehen. **2)** trans. einen Geheimdienst (ἱερά) halten od. eine Göttin (θεάν) in geheimem Dienste (τινί) verehren.

ὀργιασμός, ὁ, sp. die Feier der Orgien, besonders des Bakchos (περὶ τὸν Διόνυσον).

ὀργίζω, zornig machen, erzürnen; öfter

ὀργίζομαι, ὀργιοῦμαι (selten ὀργισθήσομαι), Aor. ὠργίσθην, Perf. ὤργισμαι, in Leidenschaft geraten, erbittert werden, sich zornig zeigen, **zürnen,** τινί jmdm., über jmdn. od. etwas, doch auch τινός über etwas, ähnl. διά τι od. τινα u. περί, ὑπέρ, ἀντί τινος wegen, über etwas od. jmdn., περί τι in bezug auf etwas, ferner mit folg. ἤν, ὅτι, od. mit Inf. u. τῷ, od. mit Part., τὸ ὀργιζόμενον τῆς γνώμης die aufgeregte Stimmung, ὀργ. κραυγῇ seinen Zorn durch Geschrei äußern, ähnl. ὅσον ὑπὸ βοῆς ἕνεκα soweit es eben durch Geschrei möglich war.

ὀργίλος, 3 (ὀργή), Adv. -ίλως, zornig, jähzornig.

ὀργιλότης, ητος, ἡ, ar. sp. Jähzorn.

ὀργυιά od. **ὀργυά,** ep. **ὄργυια,** ion. **ὀργυιή,** ἡ, (ὀρέγω), der Raum zwischen den Spitzen der nach beiden Seiten ausgestreckten Arme, die Klafter, ein Maß von 6 Fuß = 1,85 m (auch die Spanne des Doppelschrittes von 5 Fuß zu 328 mm = 1,64 mm); ἐν ἕνδεκα ὀργυιῇσι εἶναι 11 Klafter messen.

Ὀρδησσός, ὁ, Nebenfluß des Ister in Skythien, jetzt *Sereth.*

ὄρεγμα, τό, poet. das Ausstrecken, Darreichen, ὀρέγματα προτείνειν sich geschäftig regen.

ὀρέγω, ep. **ὀρέγνυμι** (ὁ prothet. u. St. ῥεγ., lat. *rego,* got. *rakja,* ahd. *rehhan,* nhd. *recken*).

I) Akt. • **1) recken,** strecken, ausstrecken, entgegenstrecken, εἴς τι zu etwas, τινί jmdm. • **2) reichen,** darreichen, geben.

II) Med. ὀρέγομαι u. ὀρέγνυμαι, Aor. ὠρέχθην u. (bes. poet.) ὠρέξατο, Perf. ὀρώρεγμαι, ep. 3. pl. ὀρωρέχαται, Plqpf. 3. pl. ὀρωρέχατο, **sich strecken,** sich od. das Seine, προτὶ δειρήν nach dem Halse zu, d. i. zum Schutze desselben, od. τινί mit etwas, χερσί mit den Händen langen (wohin), ποσί weit ausgreifen, im gestreckten Laufe sein (τρὶς ὠρέξατ' ἰών drei Schritte tat er), ἔγχει sich auslegen, oder τί etwas erlangen, reichen, treffen, gew. aber τινός od. mit Inf. nach etwas od. jmdm. reichen, langen, zielen, trachten, **streben,** sich bemühen. etwas wünschen, u. zwar τινί mit od. in etwas, δορί nach jmdm. zielen.

ὀρειβατέω, sp. Berge erklettern.

ὀρει-βάτης, ου, ὁ, poet., u. **ὀρεσσι-βάτης,** ου, ὁ, poet. durch die Berge streifend, auf Bergen hausend, wild.

ὀρει-δρόμος, 2. poet. durch die Berge streifend.

ὀρει-νόμος, 2. poet. auf Bergen hausend.

ὀρεινός, 3., **ὄρειος,** 3 (auch 2.), ion. **οὔρειος,** u. ep. u. poet. **ὀρέστερος,** 3. (ὄρος), **1)** aus Bergen bestehend, bergig, gebirgig, Bein. der Γᾶ, Mutter der Berge (*fera montium dea*). **2) a)** zum Berg gehörig, ὁδός ein Gebirgsweg, Weg über Gebirge. Subst. ἡ ὀρεινή (sc. χώρα), sp. Bergland. **b)** auf den Bergen befindlich od. lebend, im Gebirge, ταῦρος ein Bergstier, ποίμνιον Alpenherde, Θρᾷκες Gebirgsthraker. Subst. ὁ, ἡ ὀρ. der Gebirgsbewohner, Freund, Freundin der Berge, zur Bezeichnung der Wildheit im Gegensatz des Städtischen.

ὀρείφοιτος, 2. (ὄρος, φοιτάω), sp. poet. Berge durchstreifend.

ὀρεί-χαλκος, ὁ, ep. att. ar. sp. Bergerz, Kupferlegierung, später (seit dem 1. vorchristl. Jahrhund.) Messing.

ὀρεκτικός, 3. (ὀρέγομαι), ar. sp. zum Streben, Trachten geneigt, strebend.

ὀρεκτός, 3. (ὀρέγομαι), ep. sp. gestreckt.

Ὀρεξάρτης, ου, ὁ, Fluß im innern Asien, j. *Sir.* S. Ἰαξάρτης.

ὄρεξις, ἡ, das Verlangen, die Begierde.

ὀρεο-κόμος, ὁ, der Maultiertreiber, besser ὀρεωκ.

ὀρέομαι (St. ὀρ in ὄρνυμι), ep. poet. sich regen, bewegen, enteilen.

ὀρεοπολέω (ὀρεο-πόλος), sp. auf Bergen umherschweifen.

Ὀρέσθειον u. **Ὀρέστειον,** τό, Stadt in der arkadischen Landschaft Mänalia am Alpheios. Die Umgegend **Ὀρεσθίς,** ἡ.

ὀρεσί-τροφος, 2. ep. (τρέφω), auf Gebirgen groß geworden, berggenährt.

ὀρέσκοος, 2. poet., u. **ὀρεσ-κῷος,** 2. ep. (ὄρος u. κεῖμαι), auf Bergen sich lagernd, hausend, bergbewohnend.

ὀρεσσι-βάτας, ὁ, s. ὀρειβάτης.

Ὀρέσται, ῶν, οἱ, ein epirotisches Volk der Landschaft Molossis.

ὀρέστερος, s. ὀρεινός.

Ὀρέστης, ου, ep. ᾱο, ion. εω, Akk. auch αν, Vok. ᾰ, ὁ. **1)** Sohn des Agamemnon u. der Klytaimestra, Freund des Pylādes, rächte den Tod seines Vaters an Aigisthos u. Klytaimestra, wurde entsühnt u. herrschte dann in Mykenai. Adj. **Ὀρέστειος,** 3., bes. ἡ Ὀρέστεια Bezeichnung für die Aischyleische Trilogie Agamemnon, Choephoroi, Eumenidai. **2)** sonst. Eigenn.

ὀρεστιάς, άδος, ἡ (ὄρος), ep. bergbewohnend, Νύμφαι Bergnymphen.

Ὀρεστίς, ἡ, westl. Landschaft von Makedonien, an den Quellen des Haliakmon.

ὄρεσφι, s. ὄρος. **ὀρεύς,** ὁ, s. I. οὐρεύς.

ὀρεχθέω, (zu ῥοχθεῖν, ῥόχθος) röcheln, vom Meere: anbrausen, branden.

ὀρέω, ion., u. **ὄρηαι,** ep., s. ὁράω.

ὀρεω-κόμος, ὁ, der Maultierwärter, -besorger.

Ὀρθ-αγόρας, ου, ὁ, Flötenspieler aus Theben, Lehrer des Epaminondas im Flötenspiel.

ὀρθεύω, poet. = ὀρθόω.

Ὄρθη, ἡ, Stadt in Thessalien am Eurōpos, nach Strabo die Akropolis von Phalanna.

ὀρθήν, s. ὀρθός.

Ὀρθία, ἡ, Beiname der Artemis in Lakonien.

ὄρθιάδε, Adv. steil aufwärts.

ὀρθιάζω, poet. laut schreien. Von

ὄρθιος, 3. u. 2. (ὀρθός) • **1) aufrecht,** aufgerichtet, geradeauf, steil in die Höhe, abschüssig, ὀρθίας στῆσαι τρίχας die Haare emporrichten. Subst. u. Adv. ὄρθιον ἰέναι u. πρὸς τὸ ὄρθιον ἐκβαίνειν emporsteigen, emporklimmen, πρὸς ὄρθιον ἄγειν bergan od. einen steilen Weg führen, κατὰ τοῦ ὀρθίου auf dem abschüssigen Terrain herab • **2) geradeaus** gehend, ὄρθιον ἐπί τινα geradeaus auf jmdn. zu, τὰ ὄρθια die gerade Linie. Übertr. gerade, von geradem Charakter • **3)** von der Stimme: *altus,* hoch, **hell,** laut, νόμος scharfe Tonart, ein Gesang in hoher, feierlicher Weise u. im Spondeenrhythmos. Neutr. pl. ὄρθια ep. als Adv. hellauf • **4)** milit. von jeder Truppenaufstellung, deren Tiefe größer ist als die Breite, ὀρθ. λόχοι *(recti ordines)* Kompagnien in tiefer Kolonne, besonders zur Erstürmung steiler, von Feinden besetzter Höhen verwendet; dah. ὀρθίους ποιεῖσθαι od. ποιεῖν τοὺς λόχους die Lochen kolonnenweise aufstellen, ἄγειν sie kolonnenweise marschieren lassen.

ὀρθό-βουλος, 2. poet. recht ratend.

ὀρθο-γώνιος, 2. sp. rechtwinklig; Subst. τὸ ὀ. Rechteck.

ὀρθο-δαής, 2. (St. δα), poet. wohlkundig.

ὀρθο-δίκαιος, 2. poet. streng u. gerecht.

ὀρθο-έπεια, ἡ (ἔπος), die richtige Aussprache.

ὀρθό-θριξ, τρῖχος, ὁ, ἡ, poet. haarsträubend.

Ὀρθοκορυβάντιοι, οἱ, Völkerschaft in Medien, u. zwar in *Currimabad.*

ὀρθό-κραιρος, 3. ep. (κέρας), ep. **1)** mit geraden, aufwärts stehenden Hörnern, aufrechtgehörnt. **2)** Schiffe: vorn u. hinten geschweift.

ὀρθό-κρᾱνος, 2. poet. hochgescheitelt, hochgegipfelt.

ὀρθο-μαντεία, ἡ, poet. die rechte Wahrsagungskunst, überh. Weissagung.

ὀρθό-μαντις, ὁ, poet. wahrhafter Seher.

ὀρθο-νόμος, 2. poet. recht waltend.

ὀρθοποδέω, N. T. mit geraden Füßen gehen, recht wandeln, recht tun.

ὀρθό-πους, ποδος, ὁ, ἡ, poet. gerad-, steilfüßig, steil.

ὀρθός, 3. (ὀρθϝος, lat. *arduus*) • **1) aufgerichtet,** aufrecht, gerade, οὖς ὀρθὸν ἱστάναι das Ohr spitzen, dah. ὀρθὸς πρός τι gespannt auf etwas, ἐξ ὀμμάτων ὀρθῶν, ὄμμασιν ὀρθοῖς geraden, klaren Auges, mit dreistem Blick, ὀρθοὶ ἑστᾶσι sie halten die gerade Richtung inne, daher ὀρθὸς δίφρος ein gerade fahrender Wagen. Insbes. • **a)** ὀρθὴν (sc. ὁδόν) ἐλαύνειν gerade vorwärts fahren; übertr. ὀρθήν offen, δι' ὀρθῆς auf gerader Bahn, glücklich • **b)** sp. in mathem. Sinn: ὀρθὸς πρός τι senkrecht zu etw. stehend, bes. ὀρθή (mit u. ohne γωνία) rechter Winkel; adv. πρὸς ὀρθάς τινι senkrecht zu etw. • **c)** *Subst.* gramm. ἡ ὀρθή (sc. πτῶσις) der Nominativ • **2)** übertr. • **a)** noch aufrecht stehend, **unverrückt,** in gutem Stande, κατὰ od. ἐς (τὸ) ὀρθόν aufrecht, gerade aufs Ziel hin, zum Glück, zur Rettung, od. auch dem Gesetze gemäß • **b)** unter dem rechten Gesichtspunkte, **richtig,** φρήν volle Besinnung, ὀρθῷ λόγῳ wirklich • **c)** Subst. τὸ ὀρθόν, τὰ ὀρθά das Rechte, die Wahrheit, auch die richtige Betätigung, δίκης ἐς ὀρθόν der Wahrheit getreu • **3)** Adv. • **a) ὀρθῶς** • **α)** auf die rechte Art, **richtig,** λέγειν Recht haben • **β)** schicklich, gerecht, mit Recht, ἔχειν richtig, schicklich sein • **b) ὀρθά** richtig, wahr.

ὀρθο-στάδην, Adv. poet. u. sp., geradestehend, aufrecht.

ὀρθο-στάτης, ὁ, poet. der aufrecht Stehende, **a)** eine Art abgesondert stehender Pfeiler. **b)** eine Art Opferkuchen.

ὀρθό-στατος, 2. poet. aufrecht gestellt.

ὀρθότης, ητος, ἡ (ὀρθός), **1)** die gerade, aufrechte Stellung. **2)** die Richtigkeit, μετὰ ὀρθότητος mit Richtigkeit verbunden = richtig, auch: richtige, dem Zweck entsprechende Beschaffenheit.

ὀρθοτομέω, sp. N. T. eig. gerade schneiden, übertr. ὁ τὸν λόγον τῆς ἀληθείας das Wort der Wahrheit in gerader Richtung führen.

ὀρθόω (ὀρθός) • **1)** Akt. **a)** in die Höhe richten, **aufrichten,** gerade machen, erheben, aufführen, λόγον ἐπί τινι das Rechte treffen • **b)** übertr. emporbringen, erheben, zu Ansehen bringen, **verbessern,** glücklich führen, βίον τινός; auch wieder erheben, aufrichten, -schaffen • **2)** Pass. • **a) emporgerichtet werden,** gerade od. recht gerichtet werden, dah. treffen; in gerade Richtung gebracht werden, sich aufrichten, erheben, stützen, aufrecht bleiben, gerade stehen, ἐπί τινος auf etwas • **b)** übertr. gefördert werden, gut organisiert werden, sich emporheben, geraten, Erfolg haben, sich als richtig od. wahr erweisen, *πόλις ξύμπασα ὀρθουμένη* ein Staat, der im ganzen kräftig dasteht, *τὸ ὀρθούμενόν τινος* der Erfolg von etwas, *οἱ ὀρθούμενοι* die sich von andern richten d. i. lenken lassen.

ὀρθρεύω u Med. **ὀρθρεύομαι,** poet. u. sp., und **ὀρθρίζω,** sp. N. T. früh auf sein, wachen.

ὀρθρινός, 3. sp. u. N. T., **ὄρθριος,** 3. mit dem frühesten Morgen.

ὄρθρος, ὁ (zu ὀρθός), Morgendämmerung, Zeit vor Tagesanbruch, Morgen, Morgenzeit, *βαθύς* die erste Morgendämmerung, *ἔτι βαθέος ὄρθρου* mit dem ersten Morgengrauen, *ὄρθρου* frühmorgens, *ἅμα ὄρθρῳ* (stets ohne Artik.) mit der Morgendämmerung, *περὶ ὄρθρον* gegen die Morgendämmerung, um die Dämmerungszeit.

ὀρθ-ώνυμος, 2. poet. mit rechtem Namen, *κῆδος* eine Verschwägerung, die in Wahrheit eine Trauer ist.

Ὀρθωσίη, ἡ, Beiname der Artemis in Lakonien u. Arkadien.

ὄρθωσις, ἡ, das Aufrichten; übertr. die Leitung, Leistung; Erfolg, Glück.

ὀρθωτήρ, ῆρος, ὁ, poet. Aufrichter, Erhalter, Vollender.

ὄρια, τά, s. ὅρος.

ὀρίγανος, ἡ, od. **-ον,** τό, Dosten, ein scharf od. bitter schmeckendes Kraut, *origanum.*

ὀριγνάομαι (= ὀρέγομαι), poet. u. buk. sich strecken; *τινός* wonach langen, greifen, zielen, begehren, auch m. Inf.

ὁρίζω, ion. οὐρ. (ὅρος) • 1) trans. • a) **begrenzen,** abgrenzen, dah. trennen, scheiden, *τὴν Ἀσίην τῆς Λιβύης, τὰ πρός τινα* nach einem zu. Pass. begrenzt werden u. sein, *ὅροις ὑγροῖς.* Med. für sich oder von sich etw. abgrenzen, *ὅρον, τὴν ἀρχὴν μέχρι τινός* sein Reich bis wohin ausdehnen, doch auch für einen andern (*τινί*) etwas abgrenzen, bestimmen, mit Inf. *ἔχειν* zu seinem Besitz; bes. von heiligen Bezirken, die aus erobertem Gebiet für einen Gott ausgesondert und für welche Abgaben (*τέλη*) bestimmt werden • b) übertr. α) durchschneiden, durchsegeln, β) **bestimmen,** festsetzen, *νόμους, θάνατον ζημίαν, τὴν εἰρήνην ταύτην* den Frieden so auffassen. Pass. auch sich beschränken, erstrecken, *μέχρι τινός.* Insbes. γ) erklären, **definieren,** *οὕτω βούλει ὡρίσθαι τινὶ περί τινος* die Erklärung soll so gegeben sein, *ἡμῖν εὐσεβὴς ὡρισμένος εἴη,* so auch häufig im Med., *ὁρίζονται τοὺς εὐεργέτας ἄνδρας ἀγαθοὺς εἶναι, ὁρίζομαι νόμῳ τὸ δίκαιον* • 2) intr. **angrenzen,** *πρός τι* an etwas.

ὀρικός, 3. (ὀρεύς), zum Maultier gehörig.

ὀρίνω, aor. *ὤρῖνα* u. *ὄρινα,* s. *ὄρνυμι* I.

ὅριον, ον, τό, Grenze, bes. im Plur. Grenzen, Grenzgebiet; Thuk. 6, 74 sind **ὅρια** Schutzwerke für die Schiffe, Schiffslagerplätze.

ὅρισμα, τό, poet. = ὅρος.

ὁρισμός, ὁ (ὁρίζω), ion. ar. **1)** Begrenzung, Bestimmung. **2)** im bes. Prozeßwette, d. i. beiderseitige Niederlegung einer Summe Geldes, die der verlor, welcher vor Gericht Unrecht erhielt. **3)** Begriffsbestimmung, Definition. **4)** Verabredung, Vereinbarung.

ὁριστής, οῦ, ὁ (ὁρίζω), Landvermesser der zu verteilenden Ländereien.

ὁριστικός, 3. ar. sp. zum Begrenzen **gehörig,** begrenzend; gramm. *ἡ ὁριστική* (verst. *ἔγκλισις*), der Indikativ.

ὀρκάνη, ἡ, Umzäunung (= *ἑρκάνη, ἕρκος*), poet. Plur. Gefängnis.

ὁρκιᾱτομέω (ὅρκια-τόμος), poet. einen heiligen Bund schließen, u. zwar *τινί* mit jmdm., indem man dabei Tieren die Kehle abschnitt (*τέμνειν*) u. sie opferte (s. ὅρκος).

ὁρκίζω, 1) schwören lassen. **2)** beschwören, *obsecro, τινά τι* jem. bei etw.

ὅρκιος, 2. zum Eidschwur gehörig, d. i. **1)** beim Eid angerufen, Schützer des Eides, Eideshort, von den Göttern, bes. von Zeus. **2)** beeidigt, mit einem Eid gebunden **3)** *τὸ* **ὅρκιον** = ὅρκος.

ὅρκος, ὁ (zu ἕρκος), oft im Pl. • **1)** der **Eid,** Eidschwur, auch die Eidesformel, *μέγας, μέγιστος, καρτερός, δεινός, πάτριος* hergebrachter, üblicher Amtseid, od. *πατρῷα ὅρκια* das dem Vater eidlich gegebene Versprechen, *σὺν ὅρκῳ, δι' ὅρκων* eidlich, *πρὸς τῶν ὅρκων* bei den Eiden, ion. *ὑπ' ὅρκου* vermittels Eides, *ὅρκοι θεῶν* ein Schwur bei den Göttern, *ὅρκοι ξυναλλαγῆς* Versöhnungseid, oder mit Inf. fut. oder Akk. mit Inf. **Man sagte aber:** *ὅρκον ἐπελαύνειν, προσβάλλειν, προσάγειν τινί* einem einen (schweren) Eid auflegen, **zuschieben,** *ὅρκοις καταλαμβάνειν τινά* einen durch Eide verpflichten, *ὅρκον ἑλέσθαι, λαμβάνειν* u. *ἀπολαμβάνειν* den Eid abnehmen, u. so *ἡ πρεσβεία ἐπὶ τοὺς ὅρκους* die Gesandtschaft zur Abnahme des Eides, ferner: *ὅρκια, ὅρκον, ὅρκους ὀμνύμαι, ἀπομνύναι, κατομνύναι, διδόναι, τιθέναι, ποιεῖσθαι; τελευτᾶν* ihn vollständig leisten, d. i. alles das, wobei man schwört, aussprechen, endlich *ὅρκοι γίγνονται, ὅρκος ἁλίσκεται* der Eid wird der Falschheit überführt, ähnlich *ὅρκον λύειν* ihn rückgängig machen. Personifiziert erscheint *Ὅρκος* als Sohn der Eris u. Diener des Zeus *Ὅρκιος,* daher *Διὸς Ὅρκος* • **2)** das, wobei man schwört, der **Eideszeuge,** deren es bei einem feierlichen Schwure gewöhnlich mehrere gab, dah. *πολέας* bei vielen Zeugen, Hdt. *ὅρκον προσάγειν τινί* eigtl. einem den Gegenstand, wobei er schwöre, vorführen, ihn schwören lassen. Für die Götter war es die Styx, doch schwur Hera auch bei den Titanen; für die Menschen war es gew. Zeus, die Erde u. die Erinyen • **3)** (*ὅρκια*) das Schwurunterpfand, die Opfertiere bei feierlichen Verträgen. Daher geradezu **Vertrag,** Bündnis, *ὅρκια* und *ὅρκιον τέμνειν* einen Bund schließen, der durch Opfer von Lämmern bekräftigt wurde, auch *θάνατόν νύ τοι ὅρκι' ἔταμνον* ich schloß dir zum Tode den Eidvertrag ab. Ähnlich *ὅρκια τιθέναι, ποιεῖσθαι* einen Vertrag schließen.

ὁρκόω (ὅρκος), schwören lassen, beeidigen, *τινά,* u. zwar *ὅρκους* jmdm. einen Eid abnehmen, oder *πίστεσι μεγάλαις* unter feierlichen Beteuerungen schwören lassen.

ὅρκωμα, τό, poet u. **ὁρκωμοσία,** ἡ, sp. N. T. = ὅρκος.

ὀρκωμοτέω, poet. u. sp. (ὀρκ-ωμότης), einen Eid schwören, *θεόν* bei einem Gott, *τινί* jmdm.

ὀρκωτής, ὁ, der schwören läßt.

ὀρμᾱθός, ὁ = I. ὅρμος, Reihe, Kette; Od. 24, 8 ein Schwarm (Fledermäuse).

ὀρμαίνω, ep. u. poet., Aor. ὥρμηνα, = ὀρμάω.

ὀρμάω, ion. auch **ὀρμέω** (ὀρμή) • **I) Akt.** • **1)** trans. • **a)** in Bewegung setzen, **antreiben,** erregen. Dah. *στρατείαν* einen Feldzug in Bewegung setzen, d. h. ihn antreten, ähnl. *ὁδόν* • **b)** übertr. (bes. ὀρμαίνω) mit u. ohne *κατὰ φρένα, ἀνὰ, κατὰ θυμόν* im Geiste hin und her bewegen, überlegen, erwägen, auch mit *ὅπως, ἤ, εἰ — ἤ* (ob — oder) • **2)** intr. • **a)** mit u. ohne *δρόμῳ* sich in schnelle Bewegung setzen, sich rasch erheben, **aufbrechen,** sich anschicken, seinen Sinn auf etwas richten, beabsichtigen, begehren, beginnen, *ἐς φυγήν* sich auf die Flucht begeben, auch *ἐπ' οἶκον* nach Hause, *οἴκοθεν* vom Hause, oder mit Inf. mit u. ohne Art. • **b)** sich in Bewegung setzen, sich in Marsch setzen, losfahren, stürmen, **anstürmen,** vorgehen, eilen, *φυγῇ* fliehend eilen, ähnl. *ἐς φυγήν* od. *μάλιστα* am heftigsten, *Τρώων, εἰς δόμους, ἐπὶ τὸ ὀρθόν,* auch abs.

II) Med. u. **Pass. ὀρμάομαι,** Aor. ὡρμήθην (selten, fast nur ep. ὡρμησάμην), ion. Plqpf. 3. pl. ὡρμέατο (ὀρμ.) • **1)** sich in (schnelle) Bewegung setzen, **sich** (rasch) **aufmachen, aufbrechen** • **2)** mit u. ohne *ταχεῖς* • **a)** in rascher Bewegung sein, **laufen,** rennen, u. überh. hervorgehen, gehen, abgehen • **b)** bei feindl. Absicht: losbrechen, losziehen, **anstürmen,** angreifen, mit *ἀντία* entgegendringen, *βοηθόν* zu Hilfe kommen • **c)** übertr. sich getrieben fühlen, **sich anschicken,** beginnen, sich entschließen, bereit sein, begehren, etwas betreiben. Konstr. abs., od. *ἀπό, ἔκ τινος, ἀπ' ἐλασσόνων* mit geringeren Mitteln, insbes. das Part. ὀρμώμενος *ἔκ τινος, ἐντεῦθεν, αὐτόθεν, ὅθεν* usw. scheinbar pleon. in dem Sinne: von etwas aus, vorzüglich von einem militär. Stützpunkte aus operierend, oder *εἴς, ἐπί, πρός τι,* doch auch *ἐπί τινι,* oder bloß *τί* wohin, u. mit *ὁδόν,* doch *φυγαῖσιν* in rascher Flucht, Personen auch im Gen., *ὡρμήσατ' Ἀγήνορος; ἐκ παίδων εἰς ἥβην* aus dem Jünglingsalter ins männliche übergehen. Auch mit Inf. mit u. ohne Art., u. selbst mit Part. *ὥρμημαι διδάξων* ich will dir zeigen • **3)** (Pass.) angetrieben, angeregt werden, *τινός* (ep.), *ὑπό, πρός τινος* von jmdm. oder etwas.

Ὀρμένιον, *τό,* Stadt im thessalischen Magnesia, später zu der Stadt Demetrias gezogen.

ὀρμέω u. Med. **-έομαι** (II. ὅρμος), im Hafen od. in der Bucht ruhig u. sicher vor Anker liegen, ankern, abs., od. *τινί* mit etwas, *ἐν, πρός τινι, ἐς, παρά, περί τι* in, bei, an etwas, *κατά τι* nach etwas hin. Sprichw. *ἐπὶ τῆς αὐτῆς ὀρμεῖν τινι* vor demselben Anker wie jmd. liegen, auf demselben Grunde wie jmd. bauen. Übertr. sich stützen.

ὀρμή, ἡ (vgl. ὀρμαίνω, ὀρμάω). **1)** Anlauf, **Andrang,** Anfall, Angriff, **Ansturm,** Gewalt, *εἰς ὀρμὴν ἔγχεος ἐλθεῖν* in den Wurf der Lanze kommen, *ἐπί τινα* gegen jmdn. **2) Anstoß** zu etwas, *δαιμονίη* von einer übermenschlichen Macht, Angriff (eines Unternehmens), insbes. Aufbruch zur Reise, zum Marsch, Abreise, Abmarsch, Marsch, Zug. **3)** übertr. Aufregung, innerer Drang, Trieb, Antrieb, Lust, **Streben, Eifer,** Begierde, Entschluß, *καθ' ὀρμήν* mit Eifer, *ἀπὸ μιᾶς ὀρμῆς* von einem Drange beseelt, *μιᾷ ὀρμῇ* mit einem Schlage, einhellig.

ὅρμημα, ατος, *τό* (ὀρμαω), **1)** ep. *Ἑλένης* Gemütsbewegungen, Aufregungen (Reue) der H. **2)** Anlauf, Ziel. **3)** N. T. stürmische Gewalt.

ὀρμητήριον, *τό* (ὀρμάω), Stützpunkt, Anhaltepunkt, abs., u. *ἐπί τι* zu etwas.

ὀρμητικός, 3. (ὀρμάω), **1)** Neigung habend, begehrend, *δύναμις ὀρμητική* Begehrungsvermögen; **2)** sp. auf die Triebe, Affekte bezüglich.

ὀρμιά, ἡ (1 ὅρμος), poet. ar. sp. die (von Pferdehaaren geflochtene) Angelschnur.

ὀρμίζω (II. ὅρμος), **1)** Akt., Fut. ὀρμιῶ, Aor. ὥρμισα, ep. conj. 1. pl. ὀρμίσσομεν, in den Ankerplatz od. Hafen bringen, einlotsen, u. mit u. ohne *ἐπ' ἀγκυρῶν* u. ähnl. vor Anker legen, dem Schiffe durch Anker eine feste, sichere Lage geben, übertr. eine Sache (*τί,* z. B. *ἀσκούς*) in sichere Lage bringen, *ἔν τινι* in etwas. **2)** Med.-Pass. **ὀρμίζομαι** mit Fut. ὀρμιοῦμαι, Aor. ὡρμισάμην, seltener ὡρμίσθην, Perf. ὥρμισμαι, in den Ankerplatz einlaufen, anlanden, sich vor Anker legen, vor Anker liegen, von Schiffen u. Schiffenden, u. zwar *τινί* mit etwas, *ἔς, πρός* u. *ὑπό τι, ἔν* od *παρά τινι,* in, bei, an, unter etwas.

I. **ὅρμος,** ὁ (St. σερ, lat. *ser-tum* u. *series*), Reihe, Schnur, Kette, **Ringeltanz.** Im bes. **Halsband,** Halskette, an der sich abwechselnd Goldringel u. Bernsteinkorallen reihten.

II. **ὅρμος,** ὁ Ankerplatz, bes. der sichere Ankerplatz im Hafen, dah. Reede, Hafen, abs. *ὅρμον ποιεῖσθαί τι* einen Ort zum Ankerplatz nehmen, od. *τινός* für etwas.

Ὀρνεαί, ep. **Ὀρνειαί,** αἱ, Stadt in Argolis, an der Grenze v. Phliasia. Der Einw. ὁ **Ὀρνεάτης,** ion. **Ὀρνεήτης** (Periöken von Argos).

ὄρνεον, *τό* = ὄρνις, Vogel.

ὀρνίθειος [ῑ], 2. vom Vogel, vom Huhn, *κρέα* Geflügel.

ὀρνιθεύω, Vögel fangen.

ὀρνιθίας, ου, ὁ, rauher Nordwind, im März oft noch Nachwinter bringend. (Gegen ihn flogen die Zugvögel um diese Zeit.)

ὀρνιθικός, 2. sp. die Vögel betreffend.

ὀρνίθιον [ῐ], *τό,* Dem. von ὄρνις, ion. u. sp. Vögelchen, im Plur. Gevögel.

ὀρνιθό-γονος, 2 poet. vom Vogel entsprossen.

ὀρνιθο-κόμος, ὁ, poet. sp. Vogelwärter, -züchter.

ὀρνῑθο-σκόπος, 2. (σκοπέω), poet. die Vögel beobachtend, um deren Flug od. Stimmen zu deuten, *θᾶκος* Sitz der Vogelschau.

ὀρνῑθοτροφία, ἡ (-τρόφος), sp. das Vogelhalten, insbes. die Pfauenzüchterei.

ὄρνις [ῐ], ιθος (dor. ιχος), ὁ, ἡ, Acc. sing. ion. u. sp. ὄρνιθα, ep. Dat. pl. auch ὀρνίθεσσι, Acc. pl. auch ὄρνῑς u. ὄρνεις (vgl. ahd. *aro,* mhd. *are* Aar), **1)** Vogel jeder Art, groß u. klein, wild u. zahm, bisweilen als Appos. beim Namen des Vogels. 2) insbes. aber Hahn, Huhn, im Pl. Hühner, Federvieh, Geflügel. 3) der Weissagevogel, *oscen*, aus dessen Stimme od. Fluge od. Fressen man den Willen der Götter zu erforschen suchte. Dah. überh. 4) Vorbedeutung, ὄρνιθι αἰσίῳ unter günstigen Zeichen, Gegenteil ὄ. κακή. 5) Pl. auch Vogelmarkt.

ὀρνιχο-λόχος, ὁ (λοχάω), dor. Vogelsteller.

ὄρνυ' = ὄρνυε, od. ὄρνυο.

ὄρνυμι u. **ὀρνύω** (verw. lat. *orior*), ep. u. poet. • I) **trans.**, ep. Präs. imper. 2. sg. ὄρνυθι, inf. ὀρνύμεν(αι), Fut. ὄρσω, Aor. 1. ὦρσα, conj. 1. pl. ὄρσωμεν u. ὄρσομεν, inf. ὄρσαι, part. ὄρσας, iter. ὄρσασκε, und Aor. 2. redupl. ὤρορε (vgl. unten II), nebst **ὀρίνω**, Aor. ὤρινα u. ὄρινα, **erregen**, erwecken, bewegen • 1) von Personen • a) antreiben, sich erheben lassen, aufscheuchen, αἶγας, Ὀδυσσῆα ἀπ' ἐσχαρόφιν • b) geistig: erregen, ermuntern, anfeuern, aufregen, rühren, Ἀχαιούς • 2) von Sachen u. Zuständen: erregen, anstiften, χαλεπὴν θύελλαν, ἄσβεστον γέλω, mit Inf. ὦρσαν ἀεῖσαι.

II) **intr.** das Med. **ὄρνυμαι**, Impf. **ὠρνύμην**, Fut. ὀροῦμαι, -εῖται, Aor. 2. act. **ὤρορε** Il. 13, 78, Od. 8, 539 (sonst trans., s. o.), Aor. 2. med. **ὠρόμην**, 3. pl. ὄροντο, conj. ὄρηται, opt. ὄροιτο, part. ὀρόμενος, Wurzelaor. **ὦρτο**, imper. ὄρσο, inf. ὄρθαι, part. ὄρμενος, und gem. Aor. imper. 2. sg. ὄρσεο, ὄρσευ, Perf. act. ὄρωρε, conj. **ὀρώρῃ**, Plqpf. **ὠρώρει** u. ὀρώρει, Perf. med. **ὀρώρεται** mit Präsensbdtg., conj. ὀρώρηται, u. das Präs. **ὀρίνομαι** mit Impf. ὠρίνετο u. Aor. pass. ὠρίνθη u. **ὀρίνθη**, **sich regen**, sich rühren • 1) von Personen • a) in Bestürzung geraten, abs. od. ὑπό τινος • b) **sich erheben**, aufstehen, eilen, entschwinden; losstürmen, ἐκ λεχέων, ἐπ' αὐτούς, πόλινδ' ἴμεν • c) beginnen • 2) **sich regen**, erregt werden, **entstehen**, ausbrechen, im Perf. sich erhoben haben, sich regen, κονίη, κῦμα, οὐρανόθεν νύξ, Ἴρῳ κακῶς ὠρίνετο θυμός.

ὄροβος, ὁ, die Kichererbse.

ὀροδαμνίς, ἡ, buk. Zweig.

ὀροθεσία, ἡ, N. T. sp. Grenzbestimmung; Grenze.

ὀροθύνω, mit Impf. act. ep. ὀρόθυνε, pass. poet. **ὠροθύνετο**, u. Aor. act. imper. 2. sg. ep. **ὀρόθυνον** (Nbf. zu ὄρνυμι, vgl. d.), erregen, aufregen; antreiben, aufreizen, ermuntern.

Ὀρομάζης, ὁ, der gute Gott Ahuramazda der Perser. (And. Ὡρομάσδης.)

ὄρομαι, ep., Impf. ὄροντο, Plqpf. ὀρώρει Il. 23, 112 (St. ϝορ, lat. *ver-eor*, ahd. *war* intentus, *wart* custos, s. ὁράω), wahren, achthaben, Aufsicht führen.

ὀρο-μαλίδες, αἱ, buk. Bergäpfel.

ὄρος, εος, ους, τό, Pl. Gen. auch **ὀρέων**, dor. ὄρεων, Dat. ὄρεσι, ep. ὄρεσσι, Gen. u. Dat. ep. **ὄρεσφιν**, ep. u. ion. **οὖρος**, buk. **ὦρος, τό** (gew. von ὄρνυμι abgeleitet, also die Erhebung), **Berg**, Gebirg, Anhöhe, z. B. τὸ Πήλιον ὄρος, aber ἡ Αἴτνη τὸ ὄρος; abs. κατὰ ὄρη in den Gebirgen, od. als Appos. des Namens od. mit Gen. des Namens, auch mit τὰ εἰς τὸ πεδίον d. h. sich erstreckend.

ὅρος, ὁ, ion. **οὖρος, ὁ**, im Pl. auch **ὅρια, τά**, ion. **οὔρισμα, τό**, st. ὅρισμα (ὁρίζω) • 1) **Grenze**, Begrenzung, Ziel, ἐκτὸς ὅρων über die Grenze, ἐπὶ τοῖς ὁρίοις u. ἐπὶ τοῖς ὅροις auf der Grenze. Im bes. • a) τὰ ὅρια die Grenzgegend, das Grenzgebiet • b) οἱ ὅροι die Marken, Grenzsäulen, Grenzpfähle, Grenzzeichen, Wegmerkmale; aber auch die Steintafeln, welche, an den verpfändeten Grundstücken als Zeichen der Hypothek aufgestellt, Zeit, Gläubiger u. Summe eingegraben enthielten • 2) übertr. • a) Grenze der Zeit, Termin • b) Ziel, Schranke, ὅροι τῶν ἀγαθῶν das äußerste Glück, τὸν τοῦ δικαίου ὅρον ζητεῖν dem Rechte eine Schranke setzen, ihm nicht seinen vollen Lauf lassen • c) Bestimmung, Antrieb zu etwas, z. B. ὁδοῦ; überh. das Verhältnis • d) Definition • e) Glied (einer mathemat. Reihe).

ὀρός, ὁ (lat. *serum*), die Molken, der wäßrige Teil der geronnenen Milch.

Ὀροσάγγαι, οἱ, ion. poet. pers. Name, von Her. selbst 8, 85 als εὐεργέται βασιλέως erklärt (altpers. *hvarezangh*, von *hu* = εὖ u. St. *varez* = ϝεργ in ἔργον).

ὀρο-τύπος, 2. poet. den Berg schlagend, d. h. Bergtrümmer mit sich fortraffend.

ὀρούω (St. ὀρ, lat. *orior*, vgl. ὄρνυμαι), ep. poet. u. sp., intr. sich schnell erheben, **mit Macht** oder Ungestüm **herausfahren**, **auffahren**, losstürzen, τινί auf jmdn., ὀρούσας losfahrend; ἐκ κλῆρος ὄρουσεν (= κλ. ἐξόρουσεν) sprang heraus (Pl. Apol. 31 A ist ὀρούσαντες falsche Lesart für κρούσαντες).

ὀροφή, ἡ (ὄροφος, ἐρέφω), das Dach, die Decke, insbes. a) die Zimmerdecke. b) das Sparrwerk.

ὄροφος, ὁ (zu ἐρέφω), ep. u. sp. 1) das Rohr, womit man die Häuser deckt. 2) = ὀροφή.

ὀρόω, s. ὁράω.

ὄρπετον, τό, äol. (buk.) st. ἑρπετόν.

ὄρπηξ, ηκος, ὁ, ep., dor. ὄρπαξ, poet. ὅρπαξ (ἕρπω), 1) Sprößling, Zweig. 2) poet. Lanzenschaft, Lanze.

ὀρροπύγιον, τό, poet. sp. Hinterer, Steiß, Bürzel.

ὀρρωδέω, ion. **ἀρρωδέω**, Aor. ὠρρώδησα, schaudern, Angst haben, bange sein, fürchten, befürchten.

ὀρρωδία, ion. **ἀρρωδίη, ἡ**, Angst, Bangigkeit, Furcht, Zaghaftigkeit, abs. ἐν ὀρρωδίᾳ ἔχειν τι vor etwas in Angst sein.

ὀρσο-θύρη, ἡ, ep. die Hochtüre, in des Odysseus Hause hohe Seitentür, in der rechten Seitenwand des Männersaals zum Seitengang (λαύρη).

ὀρσο-λοπεύω, ep. u. **-λοπέω**, poet. quälen.

ὀρτάζω, s. ἑορτάζω.

ὀρτάλιχος, ὁ (ὀρταλίς, verw. mit ὄρνις), poet. das Junge eines Tieres, bes. eines Vogels.

ὀρτή, s. ἑορτή.

Ὀρτυγίη, ἡ, mythische Insel, von einigen auf die Insel Ortygia bei Syrakus bezogen; auch alter Name für Delos. Adj. dav. **Ὀρτύγιος**, 3., dah. Ὀρτυγία Beiname der Artemis, unter welchem sie auf dem ätolischen Berge Chalkis verehrt wurde.

ὄρτυξ, υγος, ὁ (urspr. ϝορτυξ), Wachtel.

ὀρυγαίνω (ἐρεύγομαι), poet. ausspeien, von sich geben, θυμόν die Seele aushauchen (Verm. st. ὀρμαίνει).

ὄρυγμα, ατος, τό (ὀρύσσω), gegrabene Vertiefung, Grube, Graben, Tunnel (Herod. 3, 60), ὀρύγματα ὑπόγαια unterirdische Gänge.

ὀρυκτός, 3. (ὀρύσσω), **1)** gegraben, ausgegraben, ὀρυκτὸν ποιεῖν ausgraben lassen. **2)** sp. durch Graben gewonnen.

ὀρυμαγδός, ὁ (ὠρύω?), ep. poet. Gebrüll, Getöse, Lärmen, Brausen, Krachen.

ὄρυξις, ἡ, das Graben.

ὄρυς, υος, ὁ, ion. gehörntes Tier (Bohrhorn) in Libyen, viell. Gazelle.

ὀρύσσω, att. **-ττω,** att. Fut. ὀρύξω, Aor. ὤρυξα, Perf. (act. ὀρώρυχα), med.-pass. ὀρώρυγμαι, Aor. pass. ὠρύχθην, Fut. pass. ὀρυχθήσομαι, Adj. verb. ὀρυκτός, ep. Aor. act. ὄρυξα, conj. 1. pl. ὀρύξομεν, Perf. pass. sp. ὤρυγμαι, Plqpf. ion. ὀρωρύγμην u. sp. ὠρύγμην (ὁ proth. u. St. ῥυκ, lat. *cor-rūgus* Kanal).
I) Akt. • **1) graben,** aufgraben, umgraben, durchgraben, durchstechen, **τάφρον** einen Graben ziehen. **2) ausgraben,** nach etwas graben, ὕδατα nach Wasser. **3)** poet. eingraben, verscharren.
II) Med. ion. für sich (*sibi*) ausgraben oder ausgraben lassen.

ὀρφάνευμα, τό, poet. Verwaisung, Waisenstand. Von

ὀρφανεύω, poet. Waisen erziehen, Pass. verwaist sein. [Waisenstand.

ὀρφανία, ἡ (ὀρφανός), auch im Plur., Verwaisung,

ὀρφανίζω, poet. zur Waise machen. Pass. mit Perf. ὠρφάνισμαι verwaist sein, τί in bezug auf etwas, u. zwar ἔκ τινος von seiten jmds.

ὀρφᾰνικός, 3. u. **ὀρφᾰνός,** 3. (lat. *orbus*, ahd. *arbja* der Erbe), **1)** verwaist, elternlos, vaterlos, ἦμαρ der Tag der Verwaisung, auch der Zustand, das Leben einer Waise, abs. od. τίνος, z. B. γονέων. **2)** die Waise betreffend, z. B. οἶκος ὀρφ. Vermögen einer Waise. **3)** beraubt, verlassen, entblößt, leer, u. zwar τινός von jmdm.

ὀρφανιστής, οῦ, ὁ (ὀρφανίζω), poet. Vormund; ὑπ' ὀ-ῶν unter der Gewalt der —.

Ὀρφεύς, έως, ὁ, der Sage nach Sohn des Oiagros, Königs von Thrake, u. der Muse Kalliŏpe, berühmter Sänger. Er versuchte, seine Gattin Eurydike aus der Unterwelt zurückzuführen. Seinen Tod fand er in Thrakien, wo ihn die Bacchantinnen zerrissen, weil er sich den Orgien widersetzte. Er galt zugleich als Urheber einer Theogonie u. religiöser Geheimlehren u. Mysterien; nach ihm sind **τὰ Ὀρφικά** benannt.

ὀρφναῖος, 3. ep. u. poet. finster, dunkel, auch nächtlich.

ὄρφνα u. **ὄρφνη,** ἡ (ἔρεβος), bes. poet. u. sp. Finsternis, Dunkel; Nacht.

ὄρφνῖνος, 3. dunkelrot, eine Farbenmischung von verbranntem Purpur u. Schwarz.

ὄρχαμος, ὁ (ἄρχω), ep. u. poet. Anführer, Heerführer, Aufseher.

ὄρχατος, ὁ (vwdt. ἕρκος), ep. poet. sp. geordnete Pflanzung, Garten, Weinberg, **φυτῶν** Baumfruchtgarten.

ὀρχέομαι, Dep. med., Fut. **ὀρχήσομαι,** Aor. ὠρχησάμην, ion. Impf. ὠρχεῦντο, eigentl. einen Reigen aufführen, dann überh. tanzen, und zwar urspr. Reigen, während χορεία vom Springen od. Hüpfen benannt ist, auch Solotänze aufführen.

ὀρχηδόν (ὄρχος), ion. Adv., der Reihe nach, männiglich.

ὀρχηθμός, ὁ, ep. u. sp., **ὄρχημα,** τό, poet., **ὄρχησις,** εως, ἡ, **ὀρχησμός,** ὁ, poet., u. ep. poet. u. sp. **ὀρχηστύς,** ύος, ἡ, Dat. ὀρχηστυῖ (ep.), der Reigentanz, Tanz, ὀρχήματα Νύσια, Κνώσσια: muntere Tänze, wie sie im bacchischen Thiasos auf der Flur von Nysa oder zu Ehren der Ariadne in Knossos üblich waren.

ὀρχηστήρ, ῆρος, ὁ, ep. u. sp., u. **ὀρχηστής,** οῦ, ὁ der Tänzer.

ὀρχηστικός, 3. zum Tanz gehörig; -κή (τέχνη) Tanzkunst, Pantomimik. [men.

ὀρχηστομανέω, sp. für mimischen Tanz schwär-

ὀρχήστρα, ἡ, **1)** die Orchestra, d. i. der Ort zwischen Bühne u. Zuschauerraum, wo die Chortänze u. Chorgesänge aufgeführt wurden. **2)** Platz auf dem Markt in Athen, wo Bücher feilgeboten wurden? (Plat. Ap. 26 C).

ὀρχηστρίς, ίδος, ἡ, die Tänzerin.

ὀρχηστύς, ἡ, s. ὀρχηθμός.

ὀρχίπεδα, τά, poet. Hodensack, Hoden.

ὄρχις, εως, ion. ιος, ὁ, die Hode.

Ὀρχομενός. 1) ὁ u. ἡ, klass. **Ἐρχομενός,** *Μινυήιος* od. *Βοιώτιος*, alter Hauptort des Reichs der Minyer in Boiotien, am Einfluß des Kephissos in den Kopaïssee, mit Kuppelgräbern und reichen Funden von kretischem Geschirr, von den Thebanern 367 v. Chr. zerstört, später wieder aufgebaut. **2)** Stadt Arkadiens, *Ἀρκαδικός* gen., nördl. von Mantineia. Die Einwohner von beiden **οἱ Ὀρχομένιοι** od. klass. **Ἐρχομένιοι.**

ὄρχος, ὁ (vwdt. ἕρκος), die Reihe, insbes. von Gartengewächsen, also eine Baumreihe, oder Geländer von Spaliergewächsen, Rebengeländer.

ὅς = ὅς.

I. **ὅς, ἥ,** dor. **ἅ, ὅ** • **1) Relativ**pron. (Grundform *jós*), ep. Gen. sp. auch ὅο (ὅου), ἕης, Dat. pl. auch οἷσι(ν), ἧσι(ν) u. ἧς, nebst **ὅσ-τε,** ep. auch **ὅτε, ἥτε,** dor. **ἅτε, ὅτε,** Nom. pl. neutr. auch τάτε st. ἅτε, u. Acc. plur. fem. τάστε, auch ὅ τε usw. geschrieben, **welcher,** welche, welches; der, die, das; uud ὅστε usf. der welcher, die welche usw., u. dah. auch und dieser, indem das τε die innere Beziehung des Haupt- und Nebensatzes anzeigt, wobei aber zu bemerken ist, daß ὅς τε auch und welcher bedeuten kann, während ὅς bisw. auch st. οἷος was für einer, od. (nach **οὕτω**) st. ὥστε oder **ὅτι** daß, damit er, um zu steht Konstr. wird es • **a)** mit dem Gen.; er folgt bes. gern nach dem Neutr., z. B. ἐς ὃ δυνάμιος bis zu welchem Punkte der Macht • **b)** mit verschiedenen Modis, selbst dem Inf. u. Part. worüber die Grammatiken einzusehen sind, die man auch über die Assimilation (Attraktion) vergleiche. Über ἦσαν οἵ usw. s. εἰμί. Ähnl. ist ἔστιν οὗ bisweilen, oder οὐδεὶς ὃς οὐχί jeder • **c)** Adv. steht es **α)** in **οὗ,** zunächst vom Orte: wo, da wo, dann auch übertr. in dem Falle wo, d. i. wann, ἀφ' οὗ, ἐξ οὗ, ἐξ ὧν nachdem, seitdem; doch letzteres auch: weshalb, wie ἀνθ' οὗ weswegen, warum, β) ᾗ, ᾇ, s. ᾗ, γ) ἐν ᾧ während, δ) δι' ὅ weshalb. ε) Wegen ἅτε s. dieses; ähnlich steht, wiewohl selten, auch ἃ δή sintemal • 2) **Demonstrativ**pron. = οὗτος, ep. (Grundform σός: ὅς, ident. mit dem sogen. Artikel, s. ὁ, ἡ, τό, I. u. II) **der,** später nur noch in einigen Redensarten, ὃς καὶ ὅς dieser und jener, οὓς μὲν — οὓς δέ diese, jene; καὶ ὅς und er, ἦ δ' ὅς sagt' er; absol. οὗ da, entspr. einem ἑτέρωθι dort.

II. **ὅς, ἥ, ὅν,** ep. ion. u poet. **Possessiv**pron. der 3. Person sing. (Grundform σϝός, lat. *suus*, got. *svês* ἴδιος) flekt. gew. οὗ, ἧς usf., daneben ep. auch gen. οἷο, Akk. ὅνδε, Dat. sing. fem. ἧφι (ᾗφι), mit der ep. Nebenf. **ἑός, ἑή, ἑόν** (Grundf. σεϝός, altlat. *sovos*) mit Gen. sing. ἑοῖο, Dat. pl. ἑοῖσι(ν) u. ἑῇσι(ν), **sein, ihr;** auch mit Art. τὸ ὃν μένος; auch für ἴδιος, Od. 9, 28 (ob auch für ἐμός, σός usw.? Od. 13, 320 ist unecht). Durch αὐτοῦ verstärkt, z. B. τοῖς οἷσιν αὐτοῦ den eigenen Kindern.

ὁσάκις, ep. **ὁσσάκι** [ᾰ] (ὁσός), Adv. wievielmal; wie oft, so oft.

ὁσαχοῦ, an so viel Orten als.

ὅσ-γε, ἥ-γε, ὅ-γε, welcher wenigstens, der doch, [der ja.

ὄσδω u. **ὄσδομαι,** äol. ion. poet. = ὄζω, ὄζομαι.

ὁσ-ημέραι, Adv. st. ὅσαι ἡμέραι (verst. εἰσί), eigtl. so viel Tage als sind, also Tag für Tag, alltäglich, täglich.

ὅσιος, 3. (auch 2.) • 1) *fas* • a) durch göttliches od. natürliches Gesetz bestimmt, **geboten** oder erlaubt, mit dem Inf. οὐχ ὅσιον ποιεῖσθαι, dah. Subst. (τὸ) ὅσιον u. ὅσια das menschlich Heilige, Fromme, und im Gegens. zu ἱερά (das den Göttern Geweihte) das Ungeweihte, Profane, u. so im Pl. auch das nicht geweihte Staatsgebäude, od. auch die heiligsten Pflichten, ὅσια ποιεῖν, δικάζειν, φωνεῖν, πανουργεῖν frommen Frevel üben, d. h. etwas als fromme Pflicht üben, was andern als ein πανούργημα erscheint • b) Subst. α) **ὁσία,** ion. **ὁσίη,** ἡ, das göttliche od. natürliche Recht, die heilige Sitte, der heilige Dienst, bes. in bezug auf das Verhältnis der Menschen zu den Göttern, οὐχ ὁσίη (ἐστί) mit folg. Inf., ὁσίας ἕκατι d. h. um sich der Pflicht gegen die Gottheit zu entziehen und den Schein des alten Opferbrauchs zu wahren; ähnl. ὁσίᾳ δίδωμι ἔπος τόδε. β) Personif. **Ὁσία** die Göttin der frommen Scheu, welche das Recht alles heiligen Dienstes und seiner Bräuche zu wahren hat • 2) als Eigenschaft von Menschen und Sachen: **fromm,** heilig, gewissenhaft, gerecht; geheiligt, abs. u. πρὸς θεῶν von seiten der Götter; οὐχ ὅσιος sündhaft, gottlos. Insbes. aber von Schuld gereinigt, entsühnt, **rein,** dah. χεῖρες Hände, die man vor einer heiligen Handlung nach Brauch gewaschen hat, λουτρά das sühnende Bad (die Abwaschung) des Toten, der begraben werden soll, ähnl. ὁσίοις καθαρμοῖς durch heilige Entsühnung • 3) Adv. **ὁσίως** nach göttlichem oder natürlichem Rechte, erlaubt, heilig, recht, rechtschaffen, ὁσιώτερον καταψηφίζεσθαι d. h. im Gewissen freier, ὁσίως ἔχει τινί es ist für jmdn. recht und gut, eine heilige Sitte.

ὁσιότης, ητος, ἡ (ὅσιος), 1) das den Göttern (πρὸς θεῶν) zu Leistende, Gottesdienst. 2) Heiligkeit, Frömmigkeit, Gewissenhaftigkeit.

ὁσιόω, entsühnen, Med. sich heiligen, heiligen Brauch üben, ἀμφί τι in betreff einer Sache.

Ὄσιρις, ιδος, ὁ, alter ägypt. Gott, der zum ersten Götterkreise gehörte, eigentl. die Sonne und als solche die zeugende Naturkraft, von den Griechen mit Bakchos zusammengestellt.

Ὄσκοι, οἱ, Osci, altitalische Völkerschaft.

ὀσμή, u. (nicht in att. Pr.) **ὀδμή,** ἡ (ὄζω, St. ὀδ), 1) Geruch, Duft 2) auch im Plur., mit u. ohne κακή, Gestank, abs., u. ἀπό τινος von jmdm. her, βάλλει er trifft die Nase.

ὅσος, 3., ep. u. poet. auch **ὅσσος** oder **ὅσσος τε,** u. ep. **ὁσσάτιος,** 3. • 1) **wie groß, wie viel,** oder so groß, so viel als, im Pl. **alle welche,** ὅση μὴ ἱερά (χώρα) alles nicht geweihte, bisw. mit hinzugef. Akk. πλῆθος, μέγεθος, korrel. zu τόσος od. τοσοῦτος (deutsch wie od. als) od. auch zu οὗτος, od. πάντες, πάντα, doch sind diese Worte fast noch öfter weggelassen; ὅσος τις wie groß irgend, od. ungefähr. Adjektiva, wie θαυμαστός, ἄφθονος, ἀμήχανος, πλεῖστος, verschmelzen oft mit ihm zu einem Begriffe wie *mirum quantum,* ὅσας πλείστας so viel als möglich, ἀμήχανος ὅσος unendlich groß, θαυμαστὸς ὅσος wunder wie viel, ähnlich ἄφθονοι ὅσοι im Überflusse. Oft steht es im Ausruf οἴκτιρε — ὅσον laß dich den Gedanken zum Mitleid bewegen, was für einen großen, θωυμάσια ὅσων τὸ μέγαθος λίθων eigtl. wunderbar, von was für großen Steinen, d. h. von wunderbar großen Steinen, od. ὅσσα τάδ' ἄσπετα πολλά wie das unaussprechlich viel ist. Konstr. wird es • a) mit dem Gen. • b) mit dem Inf. = ὥστε, mit u. ohne vorhergehendes τοσοῦτος, eigtl. groß genug um, insoweit als, auch mit ἐς τό u. Inf. Es steht oft brachylogisch, ὅσα ἔτη wie *quot-annis* jährlich, ὅσαι ἡμέραι = ὁσημέραι Tag für Tag, ἱππέων ὅσοι Reiter hinreichend ἔς τι. Subst. oder elliptisch steht es in ὅσον μεταξύ soviel Raum zwischen, u. in ἄλλοθί που ὅσης, verst. γῆς, irgendwo anders, wo • 2) Adv. • a) **ὅσον** od. **ὅσσον** u. **ὅσα,** ὅσσον τε, wie viel, **wie sehr,** insofern, od. nur, nach τοσοῦτον, τοσαῦτα, μέχρι τοῦδε (so weit) **als,** ὅσα γε wenigstens, bei Zahl- u. Maßbestimmungen: ungefähr, etwa, u. beim Kompar. u. Superl. um so viel als, und so ὅσον τάχιστα so rasch als möglich, ähnl. ὅσον τάχος schleunigst, u. zwar steht es häufig brachylogisch, ὅσον ἐπ' αὐτῷ, ὅσον ἐν ἐμοί soviel von ihm (mir) abhängt, ὅσα τἀνθρώπεια nach menschlicher Berechnung, ὅσον μέτριον (verst. ἐστί) mäßig, ein wenig, ὅσον αὐτίκα eben, bald, ὅσον μὴ καίνων nur eben nicht tötend; insbes. aber hat man häufig ὅσος aufzulösen in τόσος ὅσος ἱκανός ἐστι, daher ὅσον τύρσεσι so viel als dafür hinreichend war, ὅσον φυλακήν hinreichend zu bewachen, ἐχρῆτο ὅσα φρουρίῳ eigtl. so viel als d. i. er gebrauchte wie eine Festung, ὅσον θύματα, ὅσον ἐφόδιον soviel hinreichend war zu usw., daher ὅσον μόνον, ὅσον καί eben nur, οὐχ ὅσον οὐκ — ἀλλ' οὐδέ nicht nur nicht — sondern nicht einmal, ὅσον οὐ, ὅσον οὔπω oder οὐδέπω nur eben noch nicht, dah. **fast,** beinahe, sogleich. Dah. auch nicht selten mit folg. Inf., eigtl. soviel hinreicht um, also: insoweit nun • **b)** *ὅσῳ* um wie viel, um so mehr als, insofern, entspricht dem τοσούτῳ als, da, bei Kompar. **je;** doch liegt oft bloß der Begriff des Kompar. in der Stelle; noch öfter ist im entsprechenden Satze τοσούτῳ weggelassen, oder es geht st. τοσούτῳ μᾶλλον das gleichbedeutende οὐχ ἧσσον oder οὐδενὸς χεῖρον vorher, wo ὅσῳ durch je mehr zu übersetzen ist • **c)** in Verbindung mit Praepp.: ἐν ὅσῳ während, bis, ἐξ ὅσου wie weit oder so weit her, ἐς ὅσον soviel, insoweit, ἐφ' ὅσον soweit, soweit als, insofern als, ähnl. ὅσσον ἐπί und ὅσον τ' ἐπί, καθ' ὅσον soweit, insofern, πλὴν καθ' ὅσον nur insoweit, nur daß, παρ' ὅσον wie lange (auch: insofern als).

ὁσοσ-δή, ὁση-δή, ὁσον-δή, u. ***ὁσοσδήκοτε,*** ion. st. ὁσοσδήποτε, ich weiß nicht wie groß, ein gewisser.

ὅσοσ-περ, ὅση-περ, ὅσον-περ, auch ***ὅσος περ*** geschrieben, ebenso groß wie, so viel als, ebenso viel als, im Plur. alle welche gerade, so viel eben, nach τοσοῦτος wie, nach ἅπαντα welche. Es steht wie ὅσος mit dem Gen., der vorangeht, od. elliptisch mit zu ergänzendem Verbum. Adv. **1)** ***ὅσονπερ*** so sehr, ὅσαπερ gerade wie. **2)** ***ὅσῳπερ*** um so viel gerade, um wie viel, inwieweit gerade, insofern, je, entweder einem τοσούτῳ entsprechend, od. bei einem Kompar. u. Superl., welcher bisw. auch aus dem Vorhergehenden zu ergänzen ist.

ὁσοσ-ῶν, Neutr. ὁσονῶν, ion. st. ὁσονοῦν, wie groß auch nur, groß od. klein. Neutr. als Adv.: auch nur ein wenig.

ὅσ-περ, ep. auch ***ὅ-περ, ἥ-περ, ὅ-περ,*** Dat. poet. auch τῇπερ, Nom. plur. τοίπερ, Gen. τῶνπερ, auch ***ὅς περ*** geschr., konstr. wie I. ὅς, **1)** ganz, gerade der welcher, welcher nämlich, der eben, der ja, wer immer, wer auch, nach ὡυτός wie, oft jedoch nur durch welcher zu übersetzen. **2)** der doch, wo περ das Widerstrebende anzeigt, wie beim Part. u. in καίπερ. Adv. **1)** ***οὗπερ*** gerade wo, εἴσ' οὗπέρ εἰσι sei's, wo's sein mag, laß sie gewähren. **2)** ***ᾗπερ*** wie, ähnl. ἅπερ, w. s. unter ἅπερ.

ὅσπριον, τό, Hülsenfrucht, gew. im Plur.

I. ***ὄσσα,*** ἡ, selten in att. Pr. (ὄψ, *vox,* für ϝοκjα), **1)** das Gerücht, die Sage, im Gegens. zu der bestimmten Nachricht, ἐκ Διός od. Διὸς ἄγγελος genannt, weil sie auf unbegreifliche u. geheimnisvolle Weise sehr rasch u. allgemein sich verbreitet. **2)** Stimme, Klang, Schall. **3)** personifiziert und dann auch ***Ὄσσα*** geschr.: die Sage, als Botin des Zeus.

II. ***Ὄσσα,*** ἡ, Gebirge in Thessalien, j. ***Kissabos.***

ὅσσα, ὁσσάτιος, s. ὅσος, ***ὁσσάκι,*** s. ὁσάκις.

ὄσσε, τώ, Gen. ὄσσων, Dat. ὄσσοις u. ὄσσοισι (für ὀκjε, lat. *oc-ulus,* got. *augo*), Neutr. ep. u. poet. die Augen.

ὀσσίχος, 3. buk. Demin. wie klein.

ὄσσομαι, nur Präs. u. Impf. (= ὀκ-joμαι, s. ὄσσε), ep. Dep. med., **1)** sehen, doch nur mit dem geistigen Auge (θυμῷ), ahnen, τί, od. das Abwesende sich vergegenwärtigen, τί oder τινά. **2)** kausat. ahnen lassen, verkündigen, τί, insbes. Böses.

ὅσσος, s. ὅσος. ***ὅστε,*** s. I. ὅς.

ὀστάριον, τό, Demin. v. ὀστέον.

ὀστέινος, 3. knöchern, *osseus.*

ὀστέον, zsgz. ***ὀστοῦν,*** τό, ep. Gen. u. Dat. plur. ὀστεόφιν (lat. *os*), der Knochen, das Bein, im Plur. auch die Gebeine, d. i. der Leichnam; ferner die Gräten der Fische, die Schale der Krebse.

ὀστίον u. ***ὄστιον,*** τό, buk. = ὀστέον.

ὅσ-τις (ep. auch ***ὅτις***), ***ἥτις, ὅ(,)τι*** od. ***ὅττι,*** flektiert ep. Gen. ὅττεο, ὅττευ u. ὅτευ, Dat. ὅτεῳ (auch zweisilbig), Akk. ὅτινα, Pl. Nom. Acc. ntr. ὅτινα u. ἅσσα, Gen. ὅτεων, Dat. ὀτέοισιν, Akk. ὅτινας, u. ion. im Sg. Gen. ὅτεο, ὅτευ, Dat. ὅτεῳ, im Pl. Gen. ὅτεων, Dat. ὀτέοισιν u. fem. ὀτέῃσιν, — in manchen Ausgg. ὅς τις u. ὅ,τι geschr., wie ὅς τίς τε = ὅστε (χὤ τι = καὶ ὅ τι) • **1)** allgemein relativ: **wer —, was nur immer, jeder der,** od. wer es auch sein mag, dah. bisw. = εἴ τις u. wohl auch (im N. T. öfters) = ὅς welcher. Beim Superl. bezeichnet es den höchst möglichen Grad, ἥτις ἀγριωτάτη so leidenschaftlich wie du nur willst, insbes. das Neutr. ὅ τι, daher auch ὅ τι τάχος aufs schleunigste (s. ὅτι), u. ὅ τι πλέον ἦν αὐτῶν ἢ ἔλασσον mehr oder minder, auf u. ab. Mit δή bedeutet es: irgend welcher, wer es auch sei; mit καί: wer auch nur; mit μή: er (es) müßte denn (*nisi si*); mit ἔστιν, s. εἰμί • **2)** in indir. Frage: welcher, **wer, was,** ὅτου μῆνιν einen woher entsprungenen Z. = Z. worüber, ὅτου τοσήνδ' ἰυγήν warum da od. daß du ein solch Gestöhn usw., dah. ὅ τι warum, weshalb, abs. od. mit vorhergehendem Gen. • **3)** Adv. ἀνθ' ὅτου, καθ' ὅτι aus welchem Grunde, weshalb, ἐξ ὅτου seitdem, ἐξ ὅτου δή ich weiß nicht, aus welchem Grunde.

ὁστισ-δή, ἡτισδή, ὁτιδή, ***ὁστισδήποτε,*** ἡτισδήποτε usw., wer weiß welcher.

ὁστισ-οῦν, ἡτισ-οῦν, ὁτι-οῦν, irgend wer, irgend einer, wer es sei, jeglicher, ὁτιοῦν nur der geringste Punkt, nur im geringsten, μηδ' ὁτιοῦν nicht das Geringste.

ὅστισ-περ, ἥτισ-περ, ὅτι-περ, auch ***ὅστις περ*** usw. geschrieben, wer auch nur, wer immer, wer eben, gerade derselbe der, gerade der rechte.

ὀστο-φυής, 2. sp. ep. aus Knochen bestehend, knöchern.

ὀστρακίζω (ὄστρακον), durch den ὀστρακισμός verbannen.

ὀστρακίνδα, Adv. βλέπειν, poet. nach der Scherbe (beim Scherbenspiel) sehen, übertr. mit d. Ostrakismus drohen.

ὀστράκινος, 3. poet. sp. u. N. T. irden, tönern.

ὀστράκιον, τό, sp. eine Muschelart, Muschel, Schalentier.

ὀστρακισμός, ὁ (ὀστρακίζω), die Abstimmung durch Scherben, das Scherbengericht, wodurch man in Athen allzu hervorragende Männer durch eine Volksabstimmung (mit 6000 Stimmen) auf 10, später 5 Jahre aus Athen u. dessen nächster Umgebung verwies. Es galt diese Art der Verbannung weder als Strafe noch als Schande, eher als eine wenn auch unwillkommene Ehre.

ὀστρακό-δερμος, 2. spätep. poet. ar. sp. eine Scherbe als Haut habend, mit harter Haut.

ὄστρακον, τό (verw. mit ὀστέον), **1)** Gehäuse. **2)** Scherbe, insbes. irdene Scherbe, auf welche die Bürger in Athen den Namen dessen schrieben, dem sie das Exil zudachten, dah. heißt ὄστρακον auch die Verbannung durch jene Scherbenabstimmung. Vgl. ὀστρακισμός.

ὀστρακοφορία, ἡ, ar. sp. = ὀστρακισμός.

ὀστρειο-γραφής, 2. poet. mit Purpurfarbe bemalt.

ὄστρειον, τό, **a)** Auster, Muschel. **b)** Purpurfarbe.

ὀσφραίνομαι u. sp. **ὀσφράομαι,** Dep. med. mit Fut. ὀσφρήσομαι, Aor. 2. ὠσφρόμην (3. pl. Her. 1, 80 alte Var. ὤσφραντο), Adj. verb. ὀσφραντός (verw. mit ὄζω, *odor*), riechen, wittern, abs. od. τί, doch gew. τινός jmdn. od. etwas.

ὀσφραντήριος, poet. sp. riechend, witternd; μυκτῆρες Spürnase.

ὄσφρησις, εως, ἡ, der Geruch.

ὀσφύς, ύος, ἡ, die Hüfte, genauer: der Rücken vom Kreuze bis zum Steißbeine.

ὅτ-αν, bei Homer auch **ὅτ᾽ ἄν** geschr., u. **ὅταν-περ,** auch **ὅταν περ** geschr., **1)** mit Konj., wann etwa, zu der Zeit wo, im Fall daß, so oft als, so lange als, ὅταν τάχιστα sobald als. **2)** sp. auch m. Ind. fut. praes. u. sog. impf. N. T. u. aor. = ὅτε, wenn nun einmal, d. h. da.

I. **ὅτε,** ähnl. **ὅτε τε** u. **ὅτε περ,** dor. ὅκ(κ)α, (χὤτ᾽ für καὶ ὅτε), Konj. • **1)** von der Zeit: **wann, als,** da, nachdem, wenn, wo, so oft als, jedesmal wenn, wenn einmal. ὅτε μή wenn nicht, außer wenn, außer, οὐδὲν ἄλλο ὅτε μή in keiner andern Hinsicht außer, d. i. nur, πρίν γ᾽ (verst. ἤ) ὅτε δή bis daß, εἰς ὅτε κε für die Zeit wann u. wo, ὅτε δή als nun, als eben, ὅτε δή ῥα gleich nachdem od. sobald endlich, ὅτε καί auch schon aus diesem Grunde war es natürlich, daß. Nach den Verben μεμνῆσθαι, ἐπιλανθάνειν, ἀκούειν, εἰδέναι auch st. ὅτι, eigtl. die Zeit wo. **2)** von einem Grunde: ὅτε (γε), **da,** dieweil ja. **3)** ep. auch = ποτέ (?), einst.

II. **ὅτε,** ep. st. ὥστε, s. ὅς.

ὁ-τέ, Adv. (urspr. = ὅτε), zuweilen, dann u. wann, manchmal, gew. in Doppelsätzen mit ἄλλοτε bald — bald, jetzt — jetzt; ὁτὲ μὲν — ὁτὲ δέ = ποτὲ μὲν — ποτὲ δέ.

ὀτέοισιν, ὅτεο, ὅτευ, ὅτεῳ, ὅ τι, s. ὅστις.

ὁ-τῆμος(?), poet. adv. wann = ὁπηνίκα.

ὅτι, ep. auch **ὅττι** (ι niemals elidiert, s. I. ὅς), Konj. Neutr. v. ὅστις, vgl. lat. *quod*) • **1)** zur Einleitung von Objekts- u. Subjektssätzen: **daß,** oft: dadurch daß = διὰ τοῦτο ὅτι, τούτῳ ὅτι, ταύτην ὅτι usw., u. so = **weswegen,** was das betrifft daß. Es steht elliptisch • **a)** beim Adj. od. beim Part., z. B. **ὅτι** προηγγελμένην verst. ἐμεμαθήκει aus ἔμαθεν, oder in ὅτι ἐνδόντας abhängig vom vorherg. ἔλαβεν, oder in ὅτι καὶ κατὰ θάλασσαν, wo ein διανοοῦνται πειρᾶν zu ergänzen ist, oder so, daß aus dem Vorhergehenden ein Begriff, z. B. die Nachricht, herausgenommen wird • **b)** τί ὅτι N.T. warum? οὐκ ἔστιν ὅτι οὐ jedesmal, an jedem Schlachttag, (εὖ) οἶδ᾽ ὅτι, ἴσθ᾽ ὅτι offenbar, sicherlich, δῆλον ὅτι das sei gewiß, durch den Gebrauch zum bloßen Adv. geworden, daher auch δηλονότι geschr.; οὐχ ὅτι nicht allein, οὐ μόνον ὅτι nicht nur daß, ὅτι μή nach e. Negation: außer • **c)** beim Superl. der Adj. u. bes. der Adv. ὅτι τάχιστα so schnell als möglich, ὅτι μάλιστα so sehr als möglich, vgl. ὅστις • **2)** zur Angabe eines Grundes: darüber, daß, **weil,** da.

ὁτιή, poet. weil ja.

ὅτινα, ὅτου u. ähnl., s. ὅστις. **ὁτιοῦν,** s. ὁτισοῦν.

ὀτίς, ίδος, ἡ, ion. = ὠτίς, Trappe.

ὄτλος, ὁ (St. ταλ, τλα, vgl. τλῆναι), poet. die Qual.

ὄτοβος, ὁ (onomatop.), ep. poet. sp. Ton, Klang, Gebrause.

ὀτοβέω, poet. erschallen lassen.

ὀτοτοῖ, poet. u. sp. Ausruf des Schmerzes, ach! weh! *heu! heu!* Bisw. verdoppelt, od. ὀτοτοτοῖ usw.

ὀτοτύζω, poet. **a)** wehklagen, jammern. **b)** bejammern, τινά.

ὀτραλέος, 3., = ὀτρηρός.

Ὀτρεύς, έως, ὁ, ep. König von Phrygien.

ὀτρηρός, 3. ep. rührig, hurtig, rüstig, munter, emsig, geschäftig.

ὄτριχες, s. ὄθριξ.

ὀτρυντύς, ύος, ἡ, ep. Aufmunterung, Aufforderung.

ὀτρύνω, nur ep. u. poet., **1)** veranlassen, antreiben, senden, anregen, ermuntern; aufmuntern, τινά, **2)** betreiben, beschleunigen, τί.

ὅττεο, ὅττευ, ὅττι, ὅ,ττι, ὅτῳ, s. ὅστις. **ὅττι,** s. ὅτι.

Ὄτυς, υος = Κότυς, K. in Paphlagonien z. Z. Xenophons.

οὐ (viell. eine von verneinender Gebärde begleitete Interjektion), Verneinungswort, vor einem Spiritus lenis **οὐκ,** vor einem Spiritus asper **οὐχ,** ion. aber **οὐκ;** auch **οὔ** betont, wenn es nein bedeutet od. am Ende eines Satzes steht. Verstärkt **οὐχί,** ep. u. ion. **οὐκί, οὔπερ.** Es verneint durch **„nicht“, „nein“** etwas geradezu als Tatsache (vgl. dagegen μή), u. zwar • **1)** einzelne Worte, οὔ φημι, οὐ λέγω *nego*, οὐκ ἐθέλω, οὐ δώσω ich verweigere, οὐ κατά τι nicht vergleichbar mit etwas (sondern ungleich größer) • **2)** ganze Sätze, u. zwar steht es • **a)** in Fragesätzen, wenn der Fragende eine bejahende Antwort erwartet (*nonne*) • **b)** in abhängigen Sätzen mit ὅτι, ὡς, in Nebensätzen der Zeit und des Grundes, und in Relativsätzen, wogegen es • **c)** in hypothetischen Vordersätzen (mit εἰ usw.) nur ein einzelnes Wort verneint u. in Infinitivsätzen nach den Verben „sagen“ usw. nur steht, wenn entweder nur ein einzelner Begriff od. etwas mit Nachdruck verneint werden soll • **d)** N.T. οὐ mit 2. Pers. fut. ind. verbietend: οὐ ποιήσεις • **3)** Pleonastisch steht es nach den Verben des Zweifelns, Leugnens, od. nach ἤ bei vorangegangenem μᾶλλον • **4)** Elliptisch erscheint es endlich in Antworten, u. in vielen ähnl. Sätzen; aber bes. in οὐ μή nimmermehr! οὔ σε μὴ προδῶ; **οὐχ οἷον** nicht nur nicht; in **οὐχ ὅτι** = οὐ λέγω ὅτι ich meine nicht, daß — ἀλλὰ (καί) = nicht nur (nicht) — sondern auch oder — sondern nicht einmal, wenn auch — so doch nicht. Wegen οὐχ ὅπως s. ὅπως • **5)** Verstärkt wird es durch μήν, οὐ μήν gewiß nicht, οὐ μὴν — γέ jedoch — wenigstens nicht, οὐ μὴν οὐδέ aber (freilich) auch nicht, οὐ μὴν (μέντοι) ἀλλά jedoch, indessen; durch nachfolg. πάνυ, πάντως, πάμπαν = durchaus nicht; dann durch δή usw., οὐ μὲν δή — οὐδέ aber auch fürwahr nicht einmal, οὐ γὰρ δή που denn doch nicht etwa, οὐ γὰρ ἀλλά vielmehr, μόνον οὐ beinahe, οὐχ οὕτως — ἀλλά nicht so sehr — als vielmehr, οὐχ οὕτως τι — ὡς nicht so sehr — als, οὐχ ὥσπερ (während) dagegen • 6) Seine regelmäßige Stellung ist vor dem verneinten Begriff, οὐ πάνυ, πάμπαν ganz und gar nicht, sonst vor dem Verbum.

I. **οὗ,** Gen. sg. des **Personalpron.** 3. Pers. masc. u. fem., Dat. **οἷ,** Akk. **ἕ,** Pl. Nom. **σφεῖς,** ntr. **σφέα,** Gen. **σφῶν,** Dat. **σφίσι(ν),** Akk. **σφᾶς** u. **σφέα,** dazu episch Sg. Gen. εἷο, ἕο, εὗ u. ἕθεν, Dat. ἑοῖ Akk. ἑέ u. **μίν** (auch für das Ntr. sg. u. pl.), Pl. Gen. σφείων u. σφέων, Dat. σφίν u. σφ', Akk. σφέας u. σφάς, σφέ u. σφ', ion. Sg. οὗ, οἷ, μίν, Pl. σφεῖς, σφέων, σφί u. σφέας, σφέα, u. poet. noch **νίν** als Akk. sg. für alle drei Geschl.; nachhomerisch σφί u. σφέ auch singularisch (οὗ steht für σϝοῦ); die Formen sind meist enklitisch • 1) **Reflexiv**pron. (meist indirekt), **seiner, ihrer, sich,** ep. ἓ αὐτόν, att. gew. ἑαυτόν, οἱ σφῶν die Ihrigen, τὰ σφῶν ihre Heimat. *Sui, sibi, se* • 2) (nicht in Prosa) **Demonstr.** für αὐτοῦ usw., seiner, ihrer, ihm, ihr, sie, es (ausnahmsweise auch auf Sachen bezogen). *Eius, ei, eum* usw.

II. **οὗ,** Adv. wo, sp. auch = οἷ, wohin, s. ὅς.

οὐά, N. T. ach!

οὐαί, N. T. wehe!, auch wiederholt, m. Dat; auch Nom. Auch Subst. das Wehe, ἡ οὐαί, δύο οὐαί.

Οὐαλεντινιανός, οῦ, ὁ, der oström. Kaiser Valentinian III. 425—455.

Οὔαρος, ὁ, Varus, Grenzfluß zwischen Gallien u. Italien, heute *Var* bei Nizza.

οὖας, s. οὖς.

Οὐατίνιος, ὁ, Publius Vatinius, P. fil., 63 v. Chr. Quästor, 59 Volkstribun, 55 Prätor.

οὐατόεις, εσσα, εν, Gen. εντος (οὖας, οὖς), ep. poet. geöhrt, gehenkelt, mit Griffen versehen (Var. ὠτώεις). [*Beaucaire.*

Οὔγερνον, τό, St. in Südgallien, Ugernum, heute

οὐδάλλος, 3. buk. = οὐδέτερος.

οὐδαμά u. ähnl., s. οὐδαμοί.

οὐδαμόθεν (οὐδαμοί), nirgendsher, von keinem Orte her, von keiner Seite her, von niemandem; οὐδαμόθεν ἄλλοθεν nirgends sonst her.

οὐδ-αμοί, 3. (Zsstzg. οὐ-δ-αμο, alt ἀμός = τίς, εἷς), ion. u. sp. = οὐδένες, **keine,** auch: nichtswerte. Adv. **οὐδαμά, οὐδαμῇ** od. **οὐδαμῇ,** dor. οὐδαμᾷ od. οὐδαμᾶ, **οὐδαμόθι,** ion. u. sp. **οὐδαμοῦ** u. **οὐδαμῶς. 1)** • **a)** (außer οὐδαμῶς), an keinem Orte, **nirgends,** ἄλλοθι οὐδαμοῦ sonst nirgends, οὐδαμοῦ τῆς γῆς nirgends auf Erden; sp. auch nirgendshin • **b)** zu keiner Zeit, bei keiner Gelegenheit, **niemals** • **c)** übertr. **gar nicht,** οὐδαμοῦ λέγειν für nichts achten, φανῆναι od. εἶναι ein Nichts, wertlos sein, doch auch φανῆναι nirgends sich zeigen • **b)** (οὐδαμά od. -μῇ, οὐδαμῶς), auf keinerlei Weise, **keineswegs,** durchaus nicht, gar nicht, οὐδαμῇ οὐδαμῶς auf keine Weise irgendwie, ähnl. οὐδὲν οὐδαμῇ ἤ auf keine andere Weise als.

οὐδαμοῖ u. **οὐδαμόσε,** sp. auch **οὐδαμοῦ** nirgendshin, nach keiner Seite hin.

οὖδας, τό, ep. Gen. οὔδεος, Dat. οὔδεϊ u. οὔδει (St. ἑδ in ὁδός, s. οὐδός). ep. u. poet. der Boden, sei es in Zimmern u. Häusern, od der Erdboden, die Erde. Adv. **οὖδάσδε** zu Boden.

οὐ-δέ, Konj. • **1)** nicht aber, aber nicht, aber auch nicht (so bes. οὐδὲ μέν), **und nicht, auch nicht.** οὐδὲ γὰρ οὐδέ, οὐδὲ μὲν οὐδέ, οὐ μὴν οὐδέ (denn) ganz und gar nicht, durchaus nicht, auch wahrlich nicht, nun und nimmer; zu Anfang zweier Satzglieder οὐδὲ — οὐδέ auch nicht — und nicht, nicht einmal — noch auch (nie: weder — noch), οὔτε — οὐδέ weder — ebensowenig od. noch auch, οὐδὲ γάρ denn auch nicht, οὐδὲ πώποτε nicht jemals, durchaus nie, οὐδέ πῃ durchaus nicht, οὐδέ ποθι auch nicht irgendwo • **2)** auf ein einzelnes Wort sich beziehend: auch nicht, selbst nicht, **nicht einmal,** οὐδ' ὥς trotzdem nicht, οὐδὲ αὐτός, οὐδὲ οὗτος gleichfalls nicht, οὐδ' ἂν εἷς auch nicht einer, οὐδὲ δι' ἓν ἄλλο = δι' οὐδὲν ἄλλο wegen nichts anderem, οὐδ' ἂν ὅλως überhaupt nicht einmal.

οὐδ-είς, οὐδε-μία, οὐδ-έν, meist im Sing. und dah. oft kollektiv gebraucht, auch nicht einer d.i. **keiner, niemand, nichts.** • **1)** Als Subst. auch mit Gen., z. B. οὐδὲν λαμπρότητος nichts Glänzendes, ἤ τις ἢ οὐδείς, ἤ τι ἢ οὐδέν kaum einer, so gut wie nichts, οὐδεὶς ὅστις häufig als ein Wort, dah. Gen. οὐδενὸς ὅτου usw. keiner, οὐδεὶς ὅστις οὐ (*nemo non*), οὐδὲν ὅ τι οὐ alle ohne Ausnahme, jeder, alles Mögliche, ähnl. οὐδεὶς οὐ. Dag. οὐδεὶς πώποτε nie einer, nie jemand (*nemo unquam*). Im bes. οὐδὲν εἶναι, auch Plur. u. Mask., ein Nichts sein, aber von Urteilen: falsch sein. Daher δι' οὐδενὸς ποιεῖσθαι, τίθεσθαι für nichts achten, παρ' οὐδὲν εἶναι für nichts gelten, παρ' οὐδὲν ἄγειν als eine Kleinigkeit behandeln, und so παρ' οὐδέν so viel wie gar nicht, ähnlich ἐν οὐδενὸς μέρει εἶναι für nichts gelten. • **2)** Das Neutrum **οὐδέν** als Adv., eigtl. in nichts, dah. gar nicht, **durchaus nicht,** οὐδέν τι durchaus nicht, οὐδὲν οὐδαμοῦ s. οὐδαμοί, οὐδὲν ἄλλο ἤ nicht anders als, gerade wie. Dies οὐδὲν ἄλλ' ἤ *nihil aliud nisi* (selten ἄλλο οὐδὲν ἤ) wurde schon von den Griechen teilweise mißdeutet = ἀλλά (daher sogar οὐδὲν ἄλλο — ἀλλ' ἤ wie τί ἄλλο — ἀλλ' ἤ b. Plato); οὐδὲν μᾶλλον (*nihilo magis*) um nichts mehr d. i. ebensowenig, nichtsdestoweniger, trotzdem, οὐδὲν ἧσσον u. ἔλαττον (*nihilominus*) um nichts weniger, nichtsdestoweniger, d. i. ebensosehr, aber οὐδὲν βελτίων um nichts besser, οὐδενὸς od. οὐδενῶν βελτίων nicht besser als andere, οὐδενὸς ἥττων so gut als irgend einer.

οὐδέ-κω, ion. = οὐδέπω, s. d.

οὐδενόσ-ωρος, 3. ep. (οὐδεμιᾶς ὥρας ἄξιος), nicht beachtenswert, nichtswürdig, verächtlich.

οὐδέ-ποκα, dor. für das folgende.

οὐδέ-ποτε od **οὐδέ ποτε,** ion. **οὐδέ κοτε,** u.

οὐδεπώποτε, auch **οὐδὲ πώποτε,** Adv. auch nicht jemals, d. i. niemals, nie, gar nie; οὐδεπώποτε noch nie, bloß von der Vergangenheit, οὐδέποτε auch von Gegenwart u. Zukunft.

οὐδέ-πω u. **οὐδέ πω,** Adv. noch nicht, οὐδ. καὶ νῦν, οὐδὲ νῦν πω u. οὐδὲ νύ πω auch jetzt noch nicht.

οὐδ-έτερος, 3. (ἕτερος), **1)** auch nicht einer von beiden, d. i. keiner von beiden, oft im Plur keine von beiden Klassen, beide nicht, οὐδετέρων εἶναι neutral sein, ἐς οὐδέτερα nach keiner von beiden Seiten, weder für noch gegen, weder dies noch das Gegenteil, οὐδέτερα keins von beiden; bei Präpos. häufig getrennt, z. B. οὐδὲ μεθ' ἑτέρων st. μετ' οὐδετέρων. **2)** γένος **οὐδέτερον,** sp. gramm. das *genus neutrum*.

οὐδετέρωσε, ep. poet. sp. Adv., auf keine von beiden Seiten hin, nirgendhin (and. οὐδ' ἑτ.).

οὐδήποτε doch nicht gar?

I. **οὐδός,** ep. poet. ion. sp., (selten att. pros.) att. **ὀδός,** ὁ (St. ἐδ, vgl. οὖδας), die Schwelle, insbes. die untere Türschwelle (αὔλειος u. αὐλῆς die Hoftürschwelle, die Hof und Hausflur trennt); χαλκόπους ὀδός, Schwelle der Unterwelt.

II. **οὐδός,** ἡ, ep. = ὁδός, Weg, s. ὁδός. Hierher ist γήραος οὐδός, ep. Bahn des Alters, besser zu ziehen als zum vorigen.

Οὐεργίλιος, ὁ, Gaius Vergilius, 61 v. Chr. Proprätor in Sizilien bis 58, Verteidiger von Thapsus gegen Cäsar 46 v. Chr. Zu unterscheiden vom Dichter P. Vergilius Maro, geb. 15. Okt. 70 in Andes bei Mantua, † 22. Sept. 19 v. Chr. in Brundisium. [v. 69—79.

Οὐεσπασιανός, οῦ, ὁ, der röm. Kaiser Vespasian

Οὐηστῖνοι, οἱ, Vestini, Völkerschaft in Mittelitalien am Adriat. Meere. Οὐηστίνη, ἡ, das Gebiet der V.

οὖθαρ, ατος, τό (lat. *uber*, ahd. *ûtar*), ep. poet. ion u. buk. das Euter, die Zitzen, auch von der Mutterbrust; übertr. οὖθαρ ἀρούρης das fruchtbarste Land.

οὐθείς, οὐθέν, spätere Formen für οὐδείς, οὐδέν.

Οὐιβών, ῶνος, ἡ, Vibo, Hafenplatz in Bruttium, j. *Vivona*.

Οὐιμίναλις λόφος, ὁ, der collis Viminalis in Rom.

Οὐισίγοθοι, ων, οἱ, sp. die Westgoten.

Οὐίτιγις, γιδος, ὁ, sp. Vitigis, König der Ostgoten [(536).

οὐκ u. **οὐχί,** s. οὐ.

οὐκέτι, auch **οὐκ ἔτι** geschrieben (poet. ἔτι οὐ), Adv. **1)** nicht mehr, nicht wieder, nicht ferner, nicht weiter, nicht länger, mit πάγχυ, πάμπαν gar nicht mehr, auch verst. durch οὐδέ. **2)** nicht auch, nicht ebenfalls.

οὔκουν, *non igitur*, also nicht, = **οὐκ οὖν,** aber in leidenschaftlicher Frage; bes. mit 2. Pers. fut., Soph. OR. 676; auch: keineswegs. Bei Herodot οὐκ ὦν, wo aber ὦν zum folgenden Satz (nach der Begründung) gehört: 1, 11, 59.

οὐκοῦν, 1) in der Frage: nicht wahr? *nonne igitur*, in ruhiger Erörterung Xen. An. 1, 6, 7. Daraus wird dann **2)** folgernd: also, folglich; dann, = *ergo, igitur;* auch mit folg. Negation Dem. 16, 4; Xen. Anab. 6, 6, 14.

οὔκω, οὔκως, s. οὔπω, οὔπως.

οὐλαί od. **οὖλαι,** αἱ, ep. u. ion. u. **οὐλοχῦται,** αἱ (χέω), ep. mit u. ohne κριθέων, ganze ungeschrotete Gerstenkörner, welche geröstet u. mit Salz vermischt zum Voropfer zwischen die Hörner des Opfertiers gestreut wurden, dah. auch prolept. οὐλόχυται aus Körbchen geschüttete Opfergerste, οὐλοχύτας κατήρχετο er begann die heilige Handlung mit der Opfergerste.

οὐλαμός, ὁ (St. ϝελ in εἴλω), ep. u. sp. gedrängte Menge, Getümmel, Schar, Reihe.

οὖλε, ep. dem Sinne nach Imperat., grammat. aber Vokat. wie *macte* von *mactus*, v. III. οὖλος, Heil dir! *salve!* [ματος).

οὐλή, ἡ, die Narbe, zugeheilte Wunde (τοῦ τραύ-

I. **οὔλιος,** 2. (I. οὖλος), poet. wollig, kraus.

II. **οὔλιος,** 3. (II. οὖλος), ep. u. poet. verderblich, schädlich, ἀστήρ der fiebererregende Hundsstern.

οὐλό-θριξ, τριχος, ὁ, ἡ, ion. ar. sp. kraushaarig.

I. **οὐλο-κάρηνος,** 2. (I. οὖλος), ep. krausköpfig, mit dichtem Haupthaar.

II. **οὐλο-κάρηνος,** 2. (III. οὖλος), ep. mit vollständigem Kopf.

οὐλο-κόμης, ου, ὁ, sp. = οὐλόθριξ.

οὐλόμενος, eigentl. Part. Aor. 2. med. zu ὄλλυμι, verderblich, unselig, heillos.

οὖλον, τό, das Zahnfleisch. [Füßen.

οὐλό-πους, 2. (III. οὖλος), ep. mit vollständigen

I. **οὖλος,** 3. (aus ϝόλ-νος, lat. *vellus*), dicht gewunden, wollig, kraus (gekräuselt); ἄρτος gerollt; übertr. οὖλον κεκληγῶτες wirr durcheinander schreiend.

II. **οὖλος** (aus ὄλϝος, s. ὀλοός), verderblich, ὄνειρος ein verführender Traum, auch Bein. des Ares.

III. **οὖλος,** 3. (aus σόλϝος = ὅλος, *sollus*), ep. ion. ganz, voll.

οὐλό-τομος, 2. ep. zum Unheil angeschnitten; τὸ οὐλ. schlimmes, verderbliches Zauberkraut (Konj.)

οὐλόχυται, αἱ, s. οὐλαί. **Οὔλυμπος,** s. Ὄλυμπος.

οὐ-μεν-οὖν, auch **οὐ μὲν οὖν** geschr., Adv. (μέν bekräftigend) in Erwiderungen: nein wahrlich nicht, im Gegenteil, durchaus nicht, gar nicht, keineswegs.

οὑμός, mit Krasis st. ὁ ἐμός.

οὖν, ion. u. dor. ὦν (nie zu Anfang eines Satzes) • **1)** bestätigend: **allerdings,** wirklich, in der Tat, gewiß, jedenfalls, sicher, es bleibt dabei, immerhin, meinethalben, in der Antwort: freilich, allerdings, δ' οὖν gewiß aber ist daß, γὰρ οὖν ja freilich, ὡς, ὅπου, ἐπεὶ οὖν sowie, sobald einmal, sowie nun; dah. auch εἰ δ' οὖν wenn aber doch, wenn aber ja. Oft an Relative angehängt (s. ὁσοσοῦν u. ähnl.), u. ὥσπερ οὖν wie auch immer • **2)** bekräftigend, auf Vorhergehendes zurückweisend: wie gesagt, sag' ich, **nun, also,** einmal, denn doch, doch, in der Frage: τί οὖν; was nun? wie nun? wie so? was folgt daraus? nun denn? Bei Hdt. auch: ohne weiteres, sofort, dabei oft in der Stellung zwischen Praep. u. Verbum • **3)** folgernd: demzufolge, **demnach,** deshalb, **daher,** denn.

οὕνεκα, durch Krasis st. οὗ ἕνεκα, **I)** Adv. ep. u. poet. **1)** weswegen, weshalb. **2)** deswegen weil,

weil, auch mit vorhergeh. τοῦδ' ἕνεκα. 3) nach den Verben: εἰδέναι, ἐρεῖν u. ähnl. wie ὅτι, darüber od. inwiefern daß, daß nämlich. II) Präp. mit dem Gen. = ἕνεκα wegen, in Ansehung einer Sache, was betrifft.

Οὖννοι, οἱ, sp. die Hunnen.

οὔνομα, ep. (u. in einzelnen Herodotausg.), **οὐνομάζω, οὐνομαίνω, οὐνομαστός**, s. ὄνομα, ὀνομάζω usw.

οὐξ, st. ὁ ἐξ.

Οὔξιοι, οἱ, räuberisches Volk in Asien an der Grenze von Susiana u. Persis.

Οὐόλσκοι, οἱ, Volsci, Volksstamm in Latium.

οὖον, τό, sp. = ὄον, Arlesbeere.

οὔπερ, ep. verstärktes οὐ: mit nichten.

οὗπερ, verst. οὗ, wo gerade, wo eben.

οὔ-πῃ, auch **οὔ πῃ**, οὔ πῃ geschr., ep. u. poet., Adv. 1) nirgendwo, nirgends. 2) nirgendwie, in keiner Weise, keineswegs.

οὔποθι, d. i. οὔ ποθι, ep. nirgends.

οὔ-ποτε, d. i. **οὔ ποτε**, Adv. nie, niemals.

οὔ-πω, d. i. **οὔ πω**, ion. **οὔ κω**, noch nicht, auch übertr. bei τοσοῦτον: noch nicht so, bisw. auch: noch nie, οὔπω δὴ πολλοῦ χρόνου schon seit langer Zeit nicht; ὅσον οὔπω jeden Augenblick (*iamiam*), schon so gut wie. [nie.

οὐ-πώ-ποτε od. **οὔ πώ ποτε**, noch niemals, noch

οὔ-πως, οὔ πως, ion. **οὔ κως** (ep. poet. auch πω), auf keine Weise, ganz u. gar nicht, nimmermehr, keineswegs.

οὐρά, ἡ, Gen. ᾶς, ion. **οὐρή** (verw. mit ὄρρος Steiß, ahd. *ars*), 1) Schwanz, Schweif. 2) übertr. a) beim Schiffe: das Hinterteil = πρύμνα. b) der Nachtrab, die Nachhut; das Hintertreffen, ὁ κατ' οὐρὰν der Hintermann.

οὐραγέω (-γός), sp. beim Nachtrab sein. Dav.

οὐραγία, ἡ, sp. Nachtrab.

οὐρ-ᾱγός, ὁ (ἄγω), der Anführer des Nachtrabs.

οὐραῖος, 3. (οὐρά), ep. poet. ar. sp. zum Schwanz gehörig, τὰ οὐραῖα das Ende.

Οὐρανίδαι, οἱ, s. Οὐρανίωνες.

οὐράνιος, 3. u. 2., äol. **ὀράνιος**, 3. (οὐρανός). 1) **himmlisch**, am Himmel, im Himmel, vom Himmel, dah. τὰ οὐράνια σημεῖα himmlische Zeichen, d. i. Blitz u. Donner, τὰ οὐράνια die Erscheinungen, Veränderungen am Himmel. 2) übertr. poet. himmelhoch, ungeheuer. 3) Οὐρανία, Name einer Muse als Patronin der Astronomie, dah. mit dem Globus dargestellt. [Thronhimmel.

οὐρανίσκος, ὁ, Demin. von οὐρανός, sp. Baldachin,

Οὐρᾰνίωνες u. **Οὐρανίδαι, οἱ**, die Bewohner des Himmels, Beiw. der Götter. Auch ohne θεοί, οἱ, Οὐρανίωνες die himmlischen Götter, die Himmlischen. Insbes. Il. 5, 898 von den Titanen, als dem Göttergeschlechte, das mit Kronos von den Kroniden (Olympiern) besiegt u. in den Tartaros verstoßen ward.

οὐρανο-γνώμων, 2. sp. himmelskundig.

οὐρανόθεν u. **-θι**, s. οὐρανός.

οὐρᾰνο-μήκης, 2. (μῆκος), himmelhoch, in den Himmel ragend, sich bis zum Himmel erhebend.

οὐρανό-νῖκος, 2. poet. den Himmel besiegend.

οὐρανο-πετής, 2. sp. vom Himmel gefallen.

οὐρανός, ὁ, äol. ὄρανος u. ὤρανος, Gen. sg. ὀράνω u. ὠράνω (vielleicht prothet. ὀ aus ὀ-Ϝορανός, vgl. den ind. Himmelsgott *Varunas*), der **Himmel**, d. i. • 1) das **Himmelsgewölbe**, nach Hom. ehern, fest u. unvergänglich • 2) der Göttersitz; daher heben die Sterblichen ihre Augen u. Hände zum Himmel, wenn sie beten. Personifiziert **Οὐρανός** (Sohn des Erebos u. der Gaia). (N. T. auch im Pl.) • a) Himmelsgewölbe • b) Wohnsitz Gottes u. der Seligen; bei Plut. die Welten • 3) überh. der Luftraum über der Erde, ἐκ τοῦ οὐρανοῦ τρέφειν „einen von der Luft leben lassen" • Adv. • 1) **οὐρανόθεν**, ep. u. N. T. vom Himmel her od. herab, ἐξ und ἀπ' οὐρανόθεν • 2) **οὐρᾰνόθι**, ep. am Himmel, οὐρανόθι πρὸ vorwärts an dem Himmel, unter dem Himmel hin.

οὐρανοῦχος (ἔχω), 2. poet. den Himmel besitzend.

οὔρειος, s. ὀρεινός.

οὐρεσι-βώτης, ου, ὁ, poet. χῶρος, Ort, wo der Berg Weide gewährt (nach and. zu θῆρες: auf Bergen weidend) Soph. Phil. 1148.

οὐρεσί-φοιτος, 2. poet. 1) bergedurchschreitend. 2) auf Bergen wachsend.

I. **οὐρεύς**, ῆος, ὁ, ion. st. (sp.) ὀρεύς, Maultier.

II. **οὐρεύς**, vom II. οὖρος, ὁ, w. s.

οὐρέω (I. οὖρον), augment. ἐούρ-, Urin lassen, harnen, ἀντίον τινός in jmds. Gegenwart.

οὐρητικός, 3. (οὐρέω), ar. sp. Harn treibend.

οὐρήων, s. οὐρεύς u. II. οὖρος.

οὐρῐάχος, ὁ, ep. (οὐρά), ἔγχεος Schaftende.

οὐρι-βάτας, ὁ, poet. = ὀρειβάτης.

I. **οὐρίζω** (I. οὖρος), poet. eigentl. unter günstigen Wind, dann überh. Heil, Glück bringen, γᾶν κατ' ὀρθόν das Staatsschiff in die rechte Bahn

II. **οὐρίζω**, ion., s. unter ὁρίζω. [lenken.

οὐρί-θρεπτος, 2. poet. auf den Bergen erzogen.

οὔριος, 3. u. 2. (I. οὖρος), unter günstigem Winde, günstig, δρόμος der günstige d. i. rechte Weg, Ζεὺς οὔριος der günstigen Fahrwind, glückliche Fahrt gibt; subst. τὰ οὔρια (ἀκρωτηρίων) die (von den Giebeln wehenden) günstigen Wetterzeichen (Cic.). — **Adv.** ἐξ οὐρίων (verst. πνευμάτων), mit günstigem Winde, ähnl. οὐρίᾳ (verst. πνοῇ) mit vollem Winde.

οὐριο-στάτας, ὁ, poet. Glück verheißend.

οὔρισμα, τό, s. ὅρος.

I. **οὖρον, τό** (Ϝοῦρον, verw. lat. *urina*), ion. sp. Urin, Harn.

II. **οὖρον, τό**, ep. Anlauf, Zugstrecke, ἡμιόνοιιν eines Mauleselgespanns; im Pl. Ackerfurchen für Maultiere von einer Wendung bis zur andern, nach den Schol. 100 Fuß; οὖρον δίσκου die Wurfweite des Diskos, auch δίσκουρα.

I. **οὖρος, ὁ**. 1) Wind, u. zwar bes. Seewind. κατ' οὖρον in die Luft; besond. günstiger Wind, Fahrwind, mit ἴκμενος u. a. Beisätzen u. ohne diese, dah. prolept. οὖρον στρέψαν sie hatten den Sturm zu günstigem Fahrwind gedreht, κατ' οὖρον mit günstigem Winde. 2) übertr., bes. im Munde von Seeleuten, ist οὖρος = καιρός Glück, Heil, ῥείτω κατ' οὖρον es gehe seinen Lauf, *vogue la galère*.

II. **οὖρος**, ep. poet., mit der ep. Nbf. **οὐρεύς, ὁ**,

ep. Il. 10, 84 Gen. οὐρήων (St. Ϝορ, s. ὁράω), Aufseher, Hüter, Hort, **Führer**.

III. **οὖρος,** ὁ, ep. u. ion. st. ὅρος, Grenze, w. s.

IV. **οὖρος,** τό, ep. u. ion. st. ὄρος, τό, Berg.

οὐροί, οἱ (ὀρϜοι, viell. verw mit II. οὖρον), ep. Kielfurchen, = ὁλκοί, in welchen die Schiffe ins Meer getrieben od. geschoben wurden. Da sie leicht verschlämmten, reinigte man sie, wenn die Schiffe auslaufen sollten.

οὖς, τό, Gen. ὠτός, Dual. Gen. u. Dat. ὤτοιν, Plur. Gen. ὤτων, Dat. ὠσίν, ep. **οὖας,** ατος, τό (verw. lat. *auris, aus-culto,* got. *auso,* nhd. *ohr*), **1)** das Ohr, ἀπ' οὔατος dem Ohre fern od. zuwider, δι' ὠτός u. δι' ὤτων, πρὸς οὖς ins Ohr, zum Ohr, N. T. ἀκούειν εἰς τὸ ο., εἰς οὖς insgeheim; übertr. Verständnis. Τὰ βασιλέως ὦτα von einer Art geheimer Polizei bei den Persern. **2)** Ohr, Öse, Henkel. **3)** ion. τὰ ὦτα Herzklappen.

οὐσία, ion. **-ίη,** ἡ **1)** (τὰ ὄντα) Anwesen, Vermögen, Eigentum, Habe, von mehreren auch im Pl.; ἀφανής Barvermögen, φανερά Grundbesitz. **2)** Dasein, im Plur. die Lebenstage (Soph. Trach. 911). **3)** Wesenheit, Wesen, Wesen und Begriff, Wirklichkeit.

οὐτάζω, ep. u. poet., u. **οὐτάω,** ep. u. poet., ep. Wurzelaor. ind. 3. sg. οὖτα, inf. οὐτάμεναι u. οὐτάμεν, iter. οὔτασκε, part. med. οὐτάμενος in pass. Bdtg. verwunden, verletzen, τινά od. τί, auch ἕλκος eine Wunde schlagen, bes. mit Hieb- u. Stoßwaffen, auch bloß treffen, wenn es zu keiner Verletzung des Gegners kommt.

οὔ-τε, Adv. *neque,* und nicht, gew. οὔτε — οὔτε (selten οὔτε — οὐ) = *neque — neque,* **weder — noch,** οὔτε — τε (auch οὔτε — δέ od. sp. καί) = *neque — et* einerseits nicht — anderseits, nicht — und (aber), οὔτε — εἴτε einerseits nicht — anderseits wenn, οὔτε — οὐδέ weder — noch auch.

οὔτερος, st. ὁ ἕτερος, w. s.

οὐτιδᾰνός, 3. ep. u. poet. nichtswürdig, unnütz, verderblich; klein, geringfügig.

οὔ-τις, ινος, ὁ, ἡ, Neutr. **οὔτῐ** [ῐ zweifelh.], auch οὔ τις u. οὔ τι geschr., keiner, nichts; daher *Οὖτις* „Niemann" erdichteter Name des Odysseus. Das Neutr. **οὔτι** als Adv. **gar nicht,** keineswegs, ja nicht etwa, nichts etwa, wohl kaum, hoffentlich nicht.

οὔ-τοι, auch οὔ τοι geschr., Adv. gewiß nicht, doch nicht, doch gewiß nicht, freilich nicht, wahrlich nicht, auch οὔτοι τι.

οὗτος, αὕτη, τοῦτο, im Dual. fem. neben ταύτα u. ταύταιν auch τούτω u. τούτοιν, ion. im Gen. pl. fem. τουτέων, und att. verst. **οὑτοσί** (fragl. -σίν), **αὑτηί, τουτί,** Gen. τουτουΐ, ταυτησί usf. (Verdoppelung des Demonstrativstammes το [ὁ], vgl. τούτου), Pron. demonstr. der zweiten Person, dah. οὗτος du da! (wie ὅδε = ich) • **I) dieser,** diese, dieses; dieser-, diese-, dieses hier; **der da,** -hier, ein solcher, derjenige (vor ὅς), gew. auf das nächst Vorhergehende, seltener auf das Folgende hinweisend, dann aber auch auf etwas allen Bekanntes od. Besprochenes, wie es anderseits nicht selten pleon. nochmals auf ein vorhergegangenes Subst. hindeutet und oft durch ein hinzugefügtes und wiederholtes δέ noch verstärkt wird. Tritt es zum Subst., so steht gew. und in att. Prosa regelmäßig der Artikel. Es steht außerdem bei Pronomm., wie τοῦτ' ἐκεῖνο das ist es, jenes Bekannte, τίς δ' οὗτος; wer bist du (da)? ὅντινα τοῦτον wen du da, οὗτος ἐγώ da bin ich; bei Zahlen, wie im Lat. *hic,* um den Termin, von wo ab man rechnet, zu bezeichnen, ταῦτα τρία ἔτη vor drei Jahren, τρίτον ἔτος τουτί dies ist das dritte Jahr seit usw. Auch steht τοῦτο (dieser Grad, dieser Umstand) gern mit dem Gen., bes. in εἰς τοῦτο ὕβρεως u. ähnl. • **II)** Als **Adv.** steht • **1)** das Neutr. τοῦτο u. ταῦτα in τοῦτο μὲν — τοῦτο δέ, wofür ein bloßes δέ oder εἶτα oder τοῦτ' ἄλλο (andererseits), τοῦτ' αὖθις folgt, teils — teils, bald — bald, in καὶ ταῦτα und zwar, noch dazu (vgl. καί), ähnl. καὶ οὗτος und zwar, gew. ebenfalls; ferner in τοῦτο u. ταῦτα deshalb, deswegen = **διὰ ταῦτα** • **2)** τούτῳ hierin; ταύτῃ hier, οἱ ταύτῃ die Leute in dieser Gegend, τὰ ταύτῃ die dortigen Gegenden; auf diese Weise, in der Lage, deswegen, insofern • **3)** die Verbindungen εἰς τοῦτο bis jetzt, bis auf den heutigen Tag; ἐκ τούτου und ἐκ τούτων hieraus, hierauf, seitdem, infolgedessen; ἐν τούτῳ, ἐν τούτοις inzwischen, unterdessen, hierin, demgemäß; κατὰ τοῦτο deswegen, so; τὰ μεταξὺ τούτου in der Zwischenzeit; πρὸς τοῦτο, πρὸς ταῦτα dann, drum • **4)** das Adv. **οὕτω,** so vor Vokalen nur bei Hdt., att. auch vor Konson. zuweilen **οὕτως,** att. verst. **οὑτωσί** • **a)** auf diese Weise, **so,** folgendermaßen, bisw. mit dem Gen. οὕτω τρόπου ἔχειν, od. μόνον ἔχειν auf diese Weise beschränkt sein, od. entspr. einem Satze mit ὡς od. ὥσπερ, ebenso, od. vor ὥστε, an dessen Stelle auch ein Relativpron. ὅς, ὅστις bisw. tritt, nicht selten aber auch so, daß ὥστε fehlt od. ein Satz mit ὡς zu ergänzen ist. Es heißt auch oft = αὕτως in tadelndem Sinne: so obenhin (einmal mit hinzugef. εἰκῇ), **nur so,** so ohne weiteres, od. auf gewöhnliche Weise. Fast pleonastisch erscheint es zu Anfang eines Nachsatzes, wo es das Vorhergehende zusammenfaßt. Ähnl. steht es auch nach einem Partiz. = ἔπειτα: νικήσας οὕτως ἐπάνελθε nur od. erst als Sieger kehre wieder, also limitierend im logischen od. zeitlichen Sinn. Steht es dagegen vor dem Part., so ist vor das Part. entweder ein nämlich zu setzen od. dasselbe durch so daß, wenn so, nachdem, weil, sobald aufzulösen • **b) so sehr,** so gar • **c)** unter den Umständen, sonach, **daher,** deshalb, folglich; auch als verkürzter Bedingungssatz: wenn es sich so verhielte; dann (freilich), so, unter der Voraussetzung • **d)** οὕτως δή so — denn, so vollends, so freilich; καὶ οὕτως auch so (noch), trotzdem, so — denn, οὐχ οὕτως — ἀλλά nicht so sehr — als vielmehr, nicht sowohl — sondern, οὐχ οὕτως τι — ὡς nicht so sehr — als.

οὐχί, s. οὐ.

ὀφειλέτης, ου, ὁ (ὀφείλω), Schuldner; εἰμί mit Inf., verpflichtet sein. Fem. **ὀφειλέτις,** ἡ, poet. die Schuldnerin.

ὀφειλή, ἡ, die Schuld; im N. T. sowohl die Geldschuld, als die moralische Schuldigkeit, Pflicht.

ὀφείλημα u. **ὄφλημα, τό,** die Schuld, ἐς ὀφ. als Schuld.

ὀφείλω, Aor. pass. part. ὀφειληθείς, ep. **ὀφέλλω,** Impf. ὤφελλον u. ὄφελλον • **1) schuldig sein,** abs. od. τί, auch κακά wie unser „zu danken haben", od. mit Inf., z. B. σφάλλεσθαι dem Irrtum preisgegeben sein. Im Pass. ὀφείλεταί (ep. ὀφέλλεταί) μοί τι oder ὀφειλόμενόν ἐστί μοι ich habe etwas zu fordern, ich verdiene, beanspruche; mit Inf. auch ich muß; ὀφειλόμενος schuldig, χρημάτων σφίσιν ὀφειλομένων da sie Gelder ausstehen hatten, subst. τὰ ὀφειλόμενα die Schulden; ὀφειληθεῖσα χάρις schuldig geworden • **2) sollen,** müssen, dürfen, verpflichtet sein, τὴν ὑπόσχεσιν zur Erfüllung des Versprechens, gew. mit Inf., dah. • **a)** zur Bezeichnung eines unerfüllbaren Wunsches **ὤφελον,** ep. u d poet. **ὄφελον** (ich sollte) mit Inf. praes. (für die Gegenw.) oder aor. (für die Vergang.), oft mit ὡς, εἴθε, εἰ γάρ, αἴθε, ὤφελε Κῦρος ζῆν *utinam viveret C.!* ὤφελες ἐκλιπεῖν *utinam reliquisses*, verneint mit μή, bei μὴ κοινοῦ τινος ἀγαθοῦ αἰτίᾳ (näml. ἐλευθεροῦντες) ἐλευθεροῦν wir dürfen (sie) nicht anders als um eines allgemeinen Vorteils willen befreien • **b)** ep. so auch die Impf. ὤφελλον u. ὄφελλεν mit Inf. • **c)** sp. u. im N.T. steht ὄφελον mit Indik. verschiedener Tempora als Konjunktion: o daß doch, möchte doch.

I **ὀφέλλω,** ep., = ὀφείλω, s. d.

II. **ὀφέλλω** (ὄφελος), ep. u. poet., nur Präs u. Impf. (ὤφελλον u. ὄφελλον, pass. ὀφέλλετο) u. v. Aor. 1. act. opt. 3 sg. ὀφέλλειε, mehren, vermehren, vergrößern, bereichern, verstärken, segnen, τί, z. B. ἀρετήν, μένος, δέμας καὶ ἥβην, μῦθον noch mehr Worte machen, od. τινὰ τιμῇ jmdn. an Ehre erhöhen, ihm größere Ehre erzeigen.

ὄφελος, τό (nur im Nom. u. Akk. sg.). **1)** Förderung, **Nutzen,** Vorteil, Gewinn; οὐδὲν ὄφελος (sc. ἐστίν) es hilft nichts, nützt nichts, ὄφελός ἐστί τις jmd. taugt etwas, ὄφ. γίγνεσθαι nützlich werden, πολλά vielfach, μέγιστον, σμικρόν sehr viel, wenig, τινί jmdm., für jmdn. od. etwas, auch mit Inf. od. Part. **2)** konkr. eine heilbringende Person od. Sache, dah. Περσῶν ὅτιπερ ὄφελος was von den Persern nur irgend von Bedeutung war.

ὀφεώδης, 2. schlangenartig.

ὀφθαλμία, ἡ (ὀφθαλμός), Augenkrankheit, Augenentzündung, das Triefen der Augen.

ὀφθαλμιάω, an einer Augenkrankheit leiden.

ὀφθαλμο-δουλεία, ἡ, N. T. die Augendienerei.

ὀφθαλμός, ὁ (St. ὀπ in ὄψις, ὄψομαι). **1)** • **a)** der Augapfel, das **Auge** • **2)** übertr. • **a)** (bes. im Pl.) das **Gesicht,** Angesicht, dah. ἐς ὀφθαλμούς vor die Augen, vor das Gesicht, ἐν ὀφθαλμοῖς (ὁρᾶν u. ähnl.) mit seinen Augen od. auch vor Augen, ἐν ὀφθαλμοῖς ἔχειν τινά jmdn. im Auge haben, ὀφθαλμὸν ἔχειν εἴς τινα ein Auge auf jmdn. haben, τίσιν ὀφθαλμοῖς (ἑωρῶμεν) mit welchen Augen d. h. wie beschämt, **b)** im bes. οἱ ὀφθ. βασιλέως persische Beamte, welche dem Könige unmittelbar Bericht erstatteten u. so eine Art geheimer Polizei bildeten, **c)** Lichtblick, 'Trost', Hilfe, aufrichtender Gedanke.

ὀφθαλμό-τεγκτος, 2. poet. die Augen benetzend.

ὀφθαλμ-ώρυχος, 2. poet. Augen ausgrabend.

'Οφιονῆς, έων, οἱ, Völkerschaft in Ätolien.

ὄφις, εως, poet. auch εος, ion. ιος, ὁ, die **Schlange,** δράκοντος ὄφεος θέρος des Drachen Schlangensaat. Sie dienten, bes. ὁ παρείας, die dickbackige (braune) Schlange, den Bakchantinnen dazu, sich damit zu gürten, ähnl. zur Feier anderer Mysterien. Auch hielt man in Athen im Heiligtum der Athene Polias eine Hausschlange (οἰκουρός). Übertr. (wie im Deutschen) falscher Mensch, Heuchler.

ὀφιοῦχος, ὁ (ὄφις, ἔχω), sp. *Anguitenens,* Schlangenhalter, ein Sternbild.

ὄφλημα, τό, s. ὀφείλημα.

ὀφλισκάνω, Fut. ὀφλήσω, Perf. ὤφληκα, Aor. 1. ὤφλησα, doch gew. Aor. 2. ὦφλον (mit ὀφείλω verwandt), **schuldig sein,** eine Geld(strafe) verwirken, Strafe verdienen, sich schuldig machen, schuldig befunden, insbes. **verurteilt werden,** geziehen, bezichtigt werden, τί, dah. δίκην zu einer Strafe verurteilt, bestraft werden, δίκην, ἐρήμην in Abwesenheit (*in contumaciam*) zu einer Geldstrafe verurteilt werden, u. übertr. κακίαν, μωρίαν, ἄνοιαν für feig, töricht gelten oder gehalten werden, αἰσχύνην sich Schande zuziehen, γέλωτα Spott verdienen, sich lächerlich machen; τινός wegen etwas verurteilt werden, aber θανάτου das Leben verwirkt haben; τῆς φυλακῆς τὸ μείωμα δέκα μνᾶς als Betrag der Verringerung zehn Minen wegen der φυλακή zu zahlen haben usw. Bisw. τινί od. παρά τινι bei, von jmdm., ἀπ' ἐμᾶς φρενός in meinen Augen.

ὄφρα, ep. u. poet. I. **Adv.** (zum Relat.-stamm gehörig): eine Weile, eine Zeitlang, indessen.

II. **Konj. 1)** temporal: **a) während,** so lange als. **b) bis,** bis daß, mit Ind., od. Konj., auch mit κέν u. ἄν. **2)** final: **damit,** auf daß, mit Konj. u. Opt. u. Ind. Fut., auch mit ἄν u. κέν.

ὀφρυάω (ὀφρύς, 3), poet. hügelig sein.

ὀφρύη, ἡ, ion. poet. = ὀφρύς: **1)** Braue. **2)** Hügel, Höhenzug; ψάμμης od. τῆς ψάμμου Dünen, Wüste.

'Οφρύνειον (u. 'Οφρύνιον), τό, Stadt in der Landschaft Troas, jetzt *Fren-Kevi.*

ὀφρυόεις, εσσα, εν, ep. hügelig, hügelbekränzt.

ὀφρύς, (-ῦς), ύος, ἡ, Akk. plur. ὀφρῦς u. ὀφρύας (ὀ-φρύς, ahd. *brâwa,* nhd. *Braue*), **1)** meist im Plur. die Augenbrauen, überh. die Stirn. **2)** übertr. poet. sp. würdevoller Ernst, Stolz, Hochmut. **3)** ep. u. sp. erhöhter Rand, Erhöhung, Anhöhe, Höhe, Hügelrand, Terrasse.

ὄχα, ep. Adv. (ἔχω, vgl. ἔξοχα), nur in der Verbdg. ὄχ' ἄριστος, eigtl. hervorragend, dah. bei weitem.

ὀχάνη, ἡ, sp. u. **ὄχανον, τό** (ὄχος, ἔχω), ion. u. sp. Handhabe, an den Schilden, bestehend aus zwei Querbändern in der Mitte des Schildes, durch welche man den Arm steckte, um den Schild zu tragen.

ὀχεῖον, τό, sp. Zuchthengst, -stier, -bock.

ὄχεσφι, s. ὄχσα.

ὀχετεύω (ὀχετός), durch einen Kanal leiten, übertr. ableiten, u. zwar πρός τι nach etwas

ὀχετ-ηγός, 2. ep. poet. (ὀχετός, ἄγω), einen Graben ziehend, Wasser ableitend.

ὀχετός, ὁ (ὄχος, s. ὄχημα), Kanal, Rinne, Röhre, Wasserleitung, auch Darmkanal.

ὀχεύς, έως, ep. ῆος, ὁ, ep. u. sp. (ἔχω), Halter, d. i. Werkzeug zum Festhalten, dah. **a)** Helmriemen, Sturmband, womit der Helm unter dem Kinn festgebunden wurde. **b)** (metallne) Spangen des Leibgurts. **c)** die Riegel, die das Tor verschlossen hielten.

ὀχεύω (eigentl. = ὀχέομαι), **1)** Akt. bespringen, belegen, τί. **2)** Med. sich begatten.

I. **ὀχέω** (ἔχω). **1)** tragen, reichen, übertr. νηπιάας kindische Träumereien hegen; im Pass. vom Ton hingetragen werden, widerhallen. **2)** ertragen, dulden.

II. **ὀχέω** (lat. *veho*), fahren, führen; meist Med. sich fahren lassen und wie lat. *vehor* fahren (intrans.), reiten, schwimmen u. ä.

I. **ὄχημα, τό** (I. ὀχέω) Träger, Halter; Grund, Boden.

II. **ὄχημα, τό** (II. ὀχέω). **1)** Fahrzeug. (Wagen od. Schiff). **2)** das Fahren, Reiten u. ä.

ὄχησις, ἡ (wie II. ὄχημα), das Fahren, Reiten.

ὀχθέω, ep. Aor. ὤχθησα (verw. ἄχθος), unwillig, unwirsch, aufgebracht sein, μέγα gewaltig.

ὄχθη, ἡ, u. ion. poet. u. sp. **ὄχθος,** ὁ, eigentl. die Erhöhung, gew. im Plur. Anhöhe, Berg, Hügel, Rand, bes. ein hoher u. felsiger Rand am Wasser, mit u. ohne ποταμοῖο, ἁλός, Uferrand, das steile Ufer, Anhöhe am Gestade, Gestade.

ὀχλαγωγία, ἡ, sp. die Art, die Masse zu unterhalten, πυλαϊκή durch Possen.

I. **ὀχλέω,** ep., 3. plur. ὀχλεῦνται ion. st. ὀχλοῦνται, u. **ὀχλίζω,** ep., Aor. 1. opt. ὀχλίσσειαν (ὀχλεύς, Hebel), eigtl. forthebeln, dah. überh. wegwälzen, fortrollen, fortschaffen, τί, u. zwar ἐπί τι auf etwas, ἀπό τινος von etwas weg.

II. **ὀχλέω** (ὄχλος), ion. poet. ar. sp. beunruhigen, stören, belästigen, abs., u. τινά jmdm. zusetzen; dafür pros. ἐνοχλέω.

ὀχληρός, 3. (ὄχλος), störend, beschwerlich, lästig, abs., u. τινί für jmdn. od. etwas.

ὄχλησις, εως, ἡ, sp. Belästigung, Beeinträchtigung, Störung.

ὀχλίζω, s. I. ὀχλέω. **ὀχλικός,** s. ὀχλώδης.

ὀχλοκρατία, ας, ἡ, sp. Pöbelherrschaft.

ὀχλοποιέω, N. T. einen Volksauflauf erregen.

ὄχλος, ὁ. **1)** **Haufe,** Menge, Gedränge, Gewühl, μάταιος eitler Wortschwall. **2)** im bes. die Menschenmenge, die Masse, der Volkshaufe, auch der Pöbel, milit. der Troß, die Schiffsmannschaft, ἐν ὄχλῳ vor dem Volke, vor der Menge, doch auch im großen Haufen, ἐν τοῖς ὄχλοις in den Versammlungen, insbes. in den Volksversammlungen. **3)** Beunruhigung, **Belästigung,** ὄχλον παρέχειν beschwerlich fallen, lästig werden, δι' ὄχλον εἶναι od. γίγνεσθαί τινι lästig sein, belästigen.

ὀχλώδης, 2. u. sp. **ὀχλικός,** 3., **1)** dem großen Haufen ähnlich, ihn betreffend, ihm angehörig, volkstümlich, δόξα Wahn der Menge, βωμολοχία auf den großen Haufen berechnet. Als Subst. τὸ ὀχλῶδες das Massenhafte. **2)** beunruhigend.

ὀχμάζω (wie ἐχμάζω), poet. **1)** Akt. halten, anhalten, zügeln, festhalten, fesseln. **2)** Med. (für sich) zügeln.

ὄχνη, ἡ, buk. u. sp. = ὄγχνη.

I. **ὄχος,** ου, ὁ (ἔχω), ep. Halter, Bewahrer, λιμένες νηῶν ὄχοι.

II. **ὄχος,** ου, ὁ (f. Ϝόχος, zu *veho*), ep. ion. poet., und **ὄχεα,** τά (f. Ϝόχεα), ep. u. poet., dat. ὀχέεσσι u. ὄχεσφι, Fuhrwerk, Fahrzeug, vom Schiff und bes. vom Wagen (auch der plur. ὄχεα von Einem W.); τροχαλοὶ ὄχοι ἀπήνης des Wagens schnelle Räder.

ὀχυρός, 3. (ἔχω, = ἐχυρός), haltbar, kräftig, insbes. fest, befestigt, abs., u. ἔς τι zu etwas. Subst. ἐν ὀχυρῷ an einem festen, sichern Platze. τὰ ὀχυρά feste Plätze. Adv. **ὀχυρῶς,** in Sicherheit.

ὀχυρότης, ητος, ἡ, sp. Haltbarkeit, Festigkeit einer befestigten Stadt od. eines Landes.

ὀχυρόω u. Med. **-όομαι** (ὀχυρός), fest machen, befestigen, eine Stadt (τί), u. zwar τινί durch od. mit etwas, τείχεσιν mit festen Mauern umgeben, φύλαξιν sie besetzen.

ὀχύρωμα, τό, Bollwerk, Verschanzung, auch übertr.

ὄψ, ὀπός, ἡ (Ϝεπ in εἶπον, lat. *vox*), ep. u. poet. **1)** Stimme, Ton. **2)** Ausspruch, Rede, Botschaft.

ὀψ-αμάτης, ὁ, buk. bis spät in den Tag hinein mähend.

ὄψανον, τό, poet. = ὄψις.

ὀψάριον, τό, sp. N. T. Zukost, gesottener od. gebratener Fisch.

ὀψέ, Adv. (verw. mit ὄπισθε), hinterdrein, hintennach, nachher, lange nachher, spät; zuletzt, endlich, auch mit u. ohne ἄγαν zu spät. Im bes. mit u. ohne τῆς ἡμέρας spät am Tage, am Abende, auch ἐς, μέχρι ὀψέ, u. mit Gen. τινός, z. B. τῆς ὥρας. Komp. ὀψιαίτερον später, Superl. **ὀψιαίτατα** am spätesten.

ὀψείω, ep. Desider. von **ὄψομαι** (s. ὁράω), zu sehen wünschen, τινός etwas.

ὀψία, ἡ (ὄψιος), sp. der Abend, die Späte, im N. T. die Zeit von 6 Uhr abends bis zu dem Beginn der Nacht, im weitern Sinne die nachmittägige Zeit von 3 bis 6 Uhr.

ὀψιαίτατα, s. ὀψέ.

ὀψιαίτατος, s. auch unt. ὄψιμος.

ὀψιγαμίου δίκη, ἡ, sp. Klage wegen verspäteter Heirat (bei den Lakedämoniern).

ὀψί-γονος, 2. ep. ion. u. poet. nachgeboren, jung, dah. auch später lebend, u. οἱ ὀψ. mit u. ohne **ἄνθρωποι,** die Nachkommen.

ὀψίζω (ὀψέ), spät kommen, sich verspäten.

ὀψί-καρπος, 2. sp. spät fruchttragend.

ὀψί-κοιτος, 2. (κοίτη), poet. spät schlafen gehend, von Augen: spät geschlossen.

ὀψι-μαθής, 2. (μανθάνω), spät lernend oder erlernend, τινός; pedantisch, anspruchsvoll, anmaßend.

ὄψιμος, 2. u. **ὄψιος,** 3., Superl. ὀψιαίτατος (ὀψέ), **1)** spät, ὑετός im März u. April vor der Ernte N. T; **τέρας** spät eintreffend. **2)** sp. verspätet, zu spät.

ὄψις, εως, ει, ion. ιος, ῑ, ἡ (St. ὀπ s. ὁράω) • **1)** **das Sehen,** Erblicken, Anschauen, bald *visus*, die **Sehkraft,** bald *ōs*, das **Gesicht,** Angesicht, Auge (hier auch im Pl.), Blick, Miene, bald *conspectus*, die Wahrnehmung, u. das dadurch erworbene Wissen, auch mit τῆς διανοίας das Auge des Geistes. Dah. ὄψει ἰδεῖν, ἐς ὄψιν ἐλθεῖν, ἄγειν, ähnl. ἐν ὄψει vor Augen, πρὸς ὄψιν beim Anblick, ἐς ὄψιν für die Augen, durch den Augenschein, ἐξ ὄψεως μήκους aus Sehweite • 2) das **Aussehen** (auch im Plur.), die äußere Erscheinung, der Umriß, der **Anblick**, insbes. • **a)** das Schauspiel • **b)** mit und ohne τοῦ ἐνυπνίου, τοῦ ὀνείρου, das Traumgesicht. Dah. ὄψιν ἔχειν, παρέχεσθαι einen Anblick gewähren, πλείω τὴν ὄψιν παρέχειν mehr ins Auge fallen, u. adv. τὴν ὄψιν dem Äußeren nach, von Ansehen, ähnl. ἀπ' ὄψεως, daher ἀπὸ τῆς φανερᾶς ὄψεως nach dem äußern Anblick, doch heißt ἀπὸ ταύτης τῆς ὄψεως auch infolge dieses Sehens; endlich πλήθει ὄψεως durch das Massenhafte ihrer Erscheinung.

ὀψι-τέλεστος, 2. (τελέω), ep. spät erfüllt, spät erfüllbar.

ὄψον, τό, (ἕψω), alles, was zum Brote gegessen wird, insbes. Fleisch, Fisch, doch auch Gemüse, abs., od. τινί zu etwas, u. so die Leckerbissen, dah. übertr. die Würze.

ὀψοποιέω u. Med. (-ποιός), Speisen zubereiten, kochen, bes. Fleisch; ὀψοποιίαν πολυτελεστέραν teurere Küche führen. [kunst.

ὀψοποιΐα, ἡ, Bereitung leckerer Speisen, Koch-

ὀψοποιικός, 3. kochkundig, -ική mit u. ohne τέχνη die Kochkunst.

ὀψο-ποιός, ὁ (ποιέω), Kochkünstler, Koch.

ὀψό-πωλις, ιδος, ἡ, sp. die Fischhändlerin.

ὀψο-φάγος, 2., Sup. ὀψοφαγίστατος (φαγεῖν), wer viel Fleisch genießt, Fleischesser, Fresser.

ὀψ-ωνέω, augm. u. redupl. ὠψων. (ὀψ-ώνης, ὠνέομαι), Fische, Fleisch kaufen, abs. u. zwar πολλοῦ für Fleisch viel ausgeben, od. τί. Dav.

ὀψωνία, ἡ, sp. das Einkaufen der Zukost, bes. des Fleisches, der Fische; und

ὀψώνιον, τό, sp. N. T. Zukost zum Brot, Fische, Fleisch; Kost, Sold; allgem. Lohn.

Π.

Π, π, τὸ πεῖ (πῖ), entspr. orient. Phe, der sechzehnte Buchstabe des griech. Alphabets, als Zahlzeichen π' 80.

πᾶ u. **πά,** dor. st. πῇ, πή. **πᾶγά,** dor. st. πηγή.

Πᾰγᾰσαί, αἱ, Küstenstadt der thessalischen Landschaft Magnesia, j. Überreste bei *Volo.*

Πάγγαιον, τό (ὄρος), Gebirge Makedoniens zwischen Strymon u. Nestos mit Gold- u. Silberbergwerken, j. *Pirnari.*

παγ-γέλοιος, 2. ganz lächerlich, παγγέλλοιά τινα sehr lächerliche Dinge.

παγετός, ὁ, ion. auch im pl., Reif, Eis. Dav.

παγετώδης, 2. poet. u. sp. eisartig, eiskalt.

πάγη, ἡ (πήγνυμι), Schlinge, Netz, übertr. poet. Fallstrick, List.

παγιδεύω, sp. N. T. Fallstricke legen, übertr.

πάγιος, 3. (πήγνυμι), gedrungen, prall, fest; Komp. -ιώτερα. Adv.: παγίως bestimmt.

παγίς, ίδος, ἡ, meist poet. Vogelgarn, Falle; ὡς π. unvermutet; bildl. Fallstrick, Schlinge, Reizung.

παγ-καίνιστος, 2. (καινίζω), poet. stets erneut.

πάγ-κᾰκος, 2. ganz schlecht, verrucht, Superl. παγκάκιστος: Erzschurke, Bube; von Sachen: sehr schädlich, abs. u. τινί. Adv. **παγ-κάκως,** auf ganz elende Art.

πάγ-κᾰλος, 2. u. 3. ganz schön, außerordentlich schön, wunderschön, reizend. Adv. **παγκάλως,** sehr schön, sehr mit Recht. [Früchten.

πάγ-καρπος, 2. poet. fruchtreich, von allerlei

παγ-κευθής, 3. poet. alles bergend.

πάγ-κλαυτος, 2. (κλαίω), poet. **1)** akt. stets weinend, stets tränend. **2)** pass. allbeweint.

παγκληρία, ἡ, poet. die ganze Erbschaft.

πάγ-κληρος, 2. poet. ganz geerbt.

πάγ-κοινος, 2. poet. **a)** allen gemein, κλίποι gastlich, d. i. viele Fremde an den Festen aufnehmend. **b)** für jedermann gültig. Subst. πάγκοινον ein Gemeinplatz.

παγ-κοίτας, ου, ὁ, poet. allbettend.

παγ-κόνῖτος, 2. (κονίω), poet. staubumhüllt.

παγ-κρᾰτής, 2. (κράτος), poet. allmächtig, allgewaltig, allbesiegend, vollständig überwindend, siegreich.

παγκρατιάζω, die Übungen des παγκράτιον durchkämpfen, ringen.

Παγκρατιανὴ πύλη, ἡ, sp. die alte porta Aurelia im Westen Roms beim Janiculum.

παγκρατιαστής, οῦ, ὁ, ein Ringer u. Faustkämpfer, der das παγκράτιον (w. s.) treibt.

παγ-κράτιον, τό, eigentl. der Gesamtkampf, d. i. der Ring- u. Faustkampf, wo das Schlagen mit unbewehrter Faust (πυγμή) u., war der Gegner zu Boden geschlagen, das Ringen (πάλη), nach Gelegenheit ebenfalls verbunden mit Schlagen, sich vereinte.

παγ-κρότως, poet. Adv., mit vielem Geräusch.

πάγος, ὁ (πήγνυμι), **1)** (feste) Felsenspitze, Riff, Höhe, Hügel. Mit Ἄρεος od. Ἄρειος s. unter Ἄρειος. **2)** auch im Plur. das Geronnene, Eis, Reif, Frost, πάγοι ποταμῶν die Eisdecken der Flüsse.

πάγ-ουρος, ὁ, poet. ein Meerkrebs.

παγ-χάλεπος, 2. sehr schwer, od. äußerst schwierig. Adv. **-χαλέπως,** sehr schwierig, **ἔχειν** sehr aufgebracht sein.

παγ-χάλκεος, 2. ep. und **πάγ-χαλκος,** 2. ep. und poet. ganz ehern; π. τέλη Abgaben, Gaben.

πάγ-χρηστος, 2. zu allem brauchbar.

πάγ-χριστος, 2. (χρίω), poet. ganz durchsalbt. Subst. πάγχριστον Zaubergewand, Zaubermittel, u. zwar τᾶς πειθοῦς Liebeszauber.

παγ-χρύσεος [ῡ], 2. ep. poet. u. **πάγ-χρῡσος,** 2. poet. ganz golden, z. B. δίφρος, wie ihn Pelops von Poseidon erhalten hatte.

πάγχῠ, Adv. ep. ion. poet. buk., überall, durchaus, gänzlich, sehr. [an den Ufern des Paddar.

Παδαῖοι, οἱ, indische Völkerschaft oberhalb Guzerat

πάδη, lakon. = πήδα, 2. sg. imper. v. πηδάω.
Πάδος, ὁ, der Po.
παδωᾶν, lakon. gen. pl. fem. part. praes. = πηδωσῶν, von πᾱδάω = πηδάω.
πάθη, ἡ, **πάθημα** u. **πάθος**, εος, ους, τό (πάσχω), was jmdm. widerfährt: **Erlebnis**, Erfahrung, Begegnis, dann überhaupt • 1) das Geschick, u. insbes. das Mißgeschick, **Unglück**, Leid, Verlust, sowohl von körperlichen Leiden od. Schädigungen, als von Seelenleiden, Kummer, Gram; sprichw. πάθος μάθος durch Schaden wird man klug • 2) Erfahrung, **Eindruck**, insbes. Gemütsbewegung, Stimmung, **Leidenschaft**, ἴδιον persönliches Interesse, διὰ πάθους leidenschaftlich (zweifelh.), κατὰ πάθος unter der Herrschaft der Leidenschaft, κ. π. τῆς πληγῆς unter der Einwirkung des äußeren Eindrucks (vgl. πληγή), abs., u. κατά, περί τι, πρός τι sp. Mitgefühl für etw. • 3) das **Ereignis**, abs., u. τὸ ἀμφί τινα die Erscheinung, σελήνης πάθημα Mondfinsternis, Arr. 3, 7, 6 (sie fand in der Nacht vom 20. bis 21. Sept. 331 statt u. war eine fast totale, dah. τὸ πολύ); auch Trauerszene, Schreckensszene u. selbst Ort der Trauer, Xen. Kyr. 7, 3, 6 • 4) rhetor. Reizbarkeit, Kunstgefühl; affektvoller Ausdruck od. Darstellung d. Leidenschaft • 5) gramm. • a) das Passivum • b) der Lautwandel • c) die Flexion.
παθητικός, 3. u. **παθητός**, 3., beide seit Aristot., a) zum Leiden od. Empfinden geschickt, für Eindrücke empfänglich, empfindend. b) affektvoll, gefühlvoll, leidensfähig; τὸ παθητόν die Empfindung. c) gramm.: passivisch, passiv.
Παίαν od. **παιάν**, ᾶνος, ion. **Παιήων** od. **παιήων**, ονος, **Παιών**, **παίων**, ῶνος, ὁ • 1) bei Hom. der Götterarzt, von dem die Ärzte der Heroen **Παιονίδαι** heißen, dann Beiw. des Apollon und Asklepios als der Unglück heilende Gott, überh. Arzt, Heiland, Retter, τινός in etwas • 2) der **Paian**, d. i. • a) Gebet in der Not, auch wohl Totengesang (π. Ἐρινύων), insbes. aber Schlachtgesang, vor der Schlacht an Ares, nach ihr an Apollo gerichtet • b) Heilgesang, Jubellied, als gute Vorbedeutung vor, als Danklied nach einer Unternehmung oder Gefahr. Dergleichen Loblieder wurden später nicht bloß Apollo, sondern auch andern Göttern (ἐπὶ θεοῖς) u. selbst Fürsten gesungen • c) selten poet. Klagelied, Trauergesang.
Παιανιεύς, έως, ὁ, Bürger des zweigeteilten Demos Παιανιεῖς (καθύπερθεν u. ὑπένερθεν, Ober- u. Unter-) od Παιανιά, der zur Pandionischen Phyle in Attika gehörte.
παιᾱνίζω (od. **παιωνίζω**), Aor. auch dor. ἐπαιάνιξα, a) einen Heilsruf, Festgesang an die Götter richten. b) einen Kriegsgesang, Schlachtgesang anstimmen. c) einen Lobgesang, Siegesgesang anstimmen, was nach dem Trankopfer (ἐπ' αὐτῇ) u. vor dem Siegesmahl zu geschehen pflegte. Dah. ἐπί τινι etwas mit Festgesang begehen, feiern.
παιᾱνισμός (παιωνισμός), ὁ, der Schlachtgesang.
παῖγμα, τό (παίζω), poet. Spiel, Scherz; λωτοῦ Flötenspiel.
παιγνιά (-ία), ion. **παιγνίη**, ἡ, Spiel, Spaß, Spott.
παιγνιήμων, ονος, 2. ion. Freund von Scherzen.
παίγνιον, τό (παίζω), 1) das Spielzeug. 2) buk. auch konkr. mit κακόν, arger Schelm.
παιγνιώδης, ῶδες, scherzhaft; τὸ π. muntre Laune.
παιδαγωγεῖον, τό (-γός), das Schullokal, die Schulstube.
παιδαγωγέω, eigentl. Kinder beaufsichtigen od. erziehen; führen, leiten, hofmeistern, τινά od. τί, z. B. τὸν πότον das Trinken, u. zwar ὁμιλίᾳ, d. h. nicht als συμποσίαρχος, der zu bestimmen hatte, wie viel od. wie wenig getrunken werden sollte. Dav.
παιδαγωγία, ἡ, Zucht, oder auch Krankenpflege, welche letztere auch ἡ παιδαγωγικὴ τῶν νοσημάτων heißt.
παιδ-ᾰγωγός, ὁ (ἄγω). 1) Knabenwärter, Aufseher, gew. ein Sklave, der die Knaben (vom siebenten Jahre an) in die Schule od. auf den Turnplatz u. wieder nach Hause führte u. sie stets unter Aufsicht hatte; sp. auch verächtlich „Schulmeister". 2) übertr. sp. Führer, Zuchtmeister, Vorbereiter, εἰς Χριστόν.
παιδάριον, τό, u. **παιδίον**, τό, Dem. v. παῖς, so daß a) τὸ παιδάριον das Kindchen (Knabe wie Mädchen) bedeutet, das gehen kann u. zu sprechen anfängt, dag. b) τὸ παιδίον überh. das Kind, welches sich noch unter den Händen der Mutter od. Amme befindet, dann überh. Kind, ἐκ παιδαρίου, ἐκ παιδίου von Kindheit od. von Kindesbeinen an (*a puero*), παιδία ταῖς φρεσί Kinder an Verstand. c) παιδάριον sp. auch Bursche.
παιδαριώδης, ῶδες, kindisch.
παιδεία, ἡ, **παίδευμα**, τό, u. **παίδευσις**, εως, ἡ (παιδεύω). 1) (παιδεία u. παίδευσις) Auferziehung, **Erziehung**, Unterweisung, Unterricht, Zucht, τὴν παιδείαν ἐπιδείκνυσθαι eine Probe von seiner Erziehung od. Zucht ablegen. N. T. Zucht durch Leiden. Pl. die Erziehungsmittel, Erziehungsmethoden. 2) das durch Erziehung Gewonnene (hier auch παίδευμα), wissenschaftliche Ausbildung, **Bildung**, Kenntnisse, Wissenschaft, Einsicht, Kunstfertigkeit, Ausübung der Kunst. 3) poet. Bildungsstätte, Schule, τινός für ein Land. 4) (τὸ παίδευμα) der Zögling.
παιδεῖος, 3. = παιδικός.
παιδεραστέω, Knaben lieben.
παιδ-εραστής, οῦ, ὁ (ἔραμαι), der Knabenliebende, Knabenliebhaber; auch Knabenschänder.
παιδεραστία, ἡ, Knabenliebe.
παίδευμα, τό, u. **παίδευσις**, ἡ, s. παιδεία.
παιδευτέος, 3. zu belehren.
παιδευτήριον, τό, sp. Bildungsstätte.
παιδευτής, οῦ, ὁ, der Erzieher, Züchtiger.
παιδευτικός, 3. zum Erziehen gehörig.
παιδευτός, 3. anzuerziehen, erlernbar.
παιδεύω (παῖς) • 1) ein Kind erziehen; dah. • a) heranziehen, **erziehen**, bilden, ausbilden, anweisen, unterrichten, belehren, lehren, τινὰ κακόν einen roh erziehen, τἆλλα κακά die übrigen (Taten) zu bösen heranziehen, τινά τι einen in etwas, dah. auch τὴν παιδείαν jmdn. durch Unterricht bilden, gew. aber τινί u. ἔν τινι in etwas, ἔν τινι auch an jmdn. od. etwas, εἴς τι zu etwas,

εἰς τὸ ἄρχειν zum Regenten, od. mit Inf. od. ὥστε mit Inf. od. mit ὅπως. Pass. τινί od. τί in, über etwas, z. B. τὰ προσήκοντα über die Pflichten belehrt werden • b) N. T. züchtigen mit Worten u. Schlägen • 2) Akt. = Med. erziehen = unterrichten lassen, τί u. ἔν τινι in etwas, aber ἐν τινος (sc. σχολῇ) bei jmdm., in jmds. Hause • 3) gewöhnen, abhärten, τινί an od. durch etwas.

παιδία, ἡ, Kindesalter, Jugendzeit.

παιδιά, ἡ (παῖς), Kinderspiel, Spiel, Scherz, μετὰ παιδιᾶς im Scherz (vgl. παίζω, παῖγμα, παιγνιά, παίγνιον).

παιδικός, 3., u. ep. u. poet. **παιδνός,** 3. (παῖς), das Kind betreffend, vom Kinde herrührend, kindlich, knabenhaft, kindisch, τροφή Kindespflege. Im bes. παιδικός die Knabenliebe betreffend, dah. λόγος die Liebesgeschichte. Subst. a) παιδνός = παῖς Kind, Knabe. b) τὰ παιδικά Liebling, geliebter Gegenstand.

παιδιόθεν, N. T. von Kindheit an (auch mit ἐκ).

παιδίον, τό, s. παιδάριον.

παιδίσκη, ἡ, Dem. v. παῖς, mit u. ohne νέα, u. sp. Dem. davon **παιδισκάριον,** τό, 1) junges Mädchen, junge Tochter, junge Frau. 2) junge Sklavin, Freudenmädchen.

παιδίσκος, ὁ, = παιδάριον.

παιδιώδης, 2. sp. scherzhaft, lebenslustig.

παιδνός, 3., s. παιδικός.

παιδο-βόρος, 2. poet., -ροι μόχθοι des Kinderfraßes Greuel.

παιδογονία, ἡ, = παιδοποιία.

παιδο-γόνος, 2. poet. = παιδοποιός.

παιδόθεν, Adv. sp. von Kindheit an.

παιδοκτονέω, poet. Kinder morden.

παιδο-κτόνος, 2. (κτείνω), poet. knabenmordend, tötend. Subst. ὁ, ἡ, Kindermörder, Knabenmörderin.

παιδ-ολέτωρ, ορος, ὁ, ἡ (ὄλλυμι), poet., u. Fem. dazu **παιδ-ολέτειρα,** ἡ, poet. = παιδοκτόνος.

παιδο-λύμας, ου, ὁ u. ἡ, poet. Kinder verderbend.

παιδο-νόμος, ὁ, Knabenhüter; insbes. in Sparta u. anderwärts amtlicher Aufseher über die Erziehung der Knaben.

παιδοποιέω u. Med. **-έομαι,** Aor. ἐπαιδοποιησάμην (-ποιός), Kinder erzeugen od. gebären, abs., u. μετά τινος mit jmdm. Im Pass. erzeugt sein, ἔκ τινος aus einer Ehe. [erzeugung.

παιδοποιία, ἡ, das Kindererzeugen, die Kinder-

παιδο-ποιός, 2. ion. poet. u. sp. (ποιέω), Kinder zeugend, gebärend.

παιδοτριβέω, eigentl. ein παιδοτρίβης sein, dann überh. unterrichten, τινά, od. auf etwas ausgehen, τί.

παιδο-τρίβης, ου, ὁ (ῐ, τρίβω), der Lehrer der Knaben in der Gymnastik, Sportlehrer, dem es oblag, die Kinder körperlich schön u. stark zu machen, s. γυμναστής.

παιδο-τροφέω, poet. sp. Kinder ernähren, erziehen.

παιδοτροφία, ἡ, Kindererziehung. Von

παιδο-τρόφος, 2. (τρέφω), poet. sp. Kinder d. i. Sprößlinge nährend, ἐλαία immer sprossend.

παιδό-τρωτος, 2. poet. von Kindern verwundet πάθεα blutiges Leid von Kinderhand.

παιδουργέω, poet. = παιδοποιέω.

παιδουργία, ἡ, Kindererzeugung; auch konkr. δύστεκνος unheilvolle Mutter.

παιδο-φονία, ας, ἡ, sp. Kindermord, Ermordung des Sohnes.

παιδο-φόνος, 2. ep. ion. poet. nicht in att. Prosa, = παιδοκτόνος.

παίζω, dor. παίσδω (παῖς), Fut. παίσομαι, Aor. ἔπαισα usw., aber dor. u. sp. παιξοῦμαι (παίξομαι), Aor. ἔπαιξα, Perf. act. πέπαιχα, med.-pass. πέπαιγμαι, eigtl. sich wie ein Kind benehmen, dah. **spielen,** tändeln, **scherzen,** spotten, sein Spiel treiben, sich vergnügen, tanzen, jagen, τί etwas od. mit etwas spielen, auch etwas im Scherze sagen, τινί, εἴς od. πρός τι mit etwas, σπουδῇ od. σπουδάζων mit Ernst Scherz treiben. Pass. als Witz od. im Scherz erzählt werden.

Π- od. **παιήων, Παιονίδης,** s. Παιάν. [italien.

Παίλιγνοι, οἱ, Paeligni, Volksstamm in Mittel-

Παιονία, ion. ίη, ἡ, Land der **Παίονες,** οἱ, Sing. Παίων, ονος, ὁ, u. Fem. **Παιονίς,** ίδος, ἡ, die Päöner, ein über Makedonien u. Thrakien verbreiteter Volksstamm, später in 10 Völkerschaften (unter ihnen οἱ **Παιόπλαι**) zerteilt u. im nördl. Makedonien zwischen Strymon u. Axĭos seßhaft. Adj. dav. **Παιονικός,** dah. ἡ Παιονική, das päonische Gebiet.

παιπάλη, ἡ, poet. sp. feines Mehl, Mehlstaub; übertr. ein geriebener, abgefeimter Bursche.

παιπαλόεις, εσσα, εν, ep. angebl. rauh, unwegsam, od. zackig, zerklüftet, reich an Windungen, Klüften und Schluchten.

παῖς, ep. auch **πάϊς,** ὁ, ἡ, Gen. παιδός, Vok. παῖ, Gen. du. παίδοιν, pl. παίδων, Dat. pl. παισί, ep. Vok. sg. auch πάϊ, Dat. pl. auch παίδεσσι (aus πάϝιδ-ς, wie *puer* aus *pover*, verw. *pūbes, pusus*) **Kind** • 1) dem Alter nach: Knabe, Mädchen, Jüngling, junger Mann, Jungfrau, ἐκ παιδός, ἐκ παίδων von Kindheit an. Auch Adj. παῖς συφορβός ein junger Sauhirt • 2) der Abstammung nach: Sohn, Tochter, von Tieren das Junge, τινός u. ἀπό τινος; auch Schwiegersohn, insofern er die Stelle eines Sohnes ersetzen soll, und freundliche Anrede an Jüngere, „mein Sohn"; παῖς παιδός Kindeskind, Enkel, Bisw. παῖδες auch Abkömmlinge od. Zöglinge, Schüler • 3) dem Stande nach = *puer:* Bursche, Sklave, Diener.

παῖσα, äol. πᾶσα. **παίσδω,** dor. f. παίζω, s. d.

Παισός, ἡ, Stadt in Troas am Flusse Paisos, dem heut. *Beiram-Dere.*

παίστρα, ἡ (παίζω), Spielplatz.

Παιτική, ἡ, Landschaft im nördl. Thrake zwischen dem Hebros u. Melas. Die Einw. οἱ **Παῖτοι.**

παιφάσσω (παι-φακ-jω, vgl. lat. *făc-ula*), ep. sich blitzschnell hier u. dort zeigen, einherblitzen, schimmern.

παίω (lat. *pavio*), παίσω, ἔπαισα (sp. πέπαικα), ἐπαίσθην (Pass. att. pros. gew. πέπληγμαι, ἐπλήγην) • 1) Akt. trans. **schlagen,** hauen, stoßen, anstoßen, berennen, beschließen, **treffen,** verwunden, erschlagen, z. B. διπλῆν (sc. πληγήν) einen zweiten Stoß, ἀνταίαν, ὀλίγας (sc. πληγάς) vorn an die Brust, zu wenig od. nicht genug schlagen, **κάρα** sich vor die Stirn schlagen, *ἄρθρα τῶν κύκλων* sich in die Augenhöhlen stoßen, ferner *τινά τινι* mit etwas, *ἐπί τινι* wegen etwas, od. *κατά, εἴς, ὑπό τι* und *ὑπό τινος* an, in, unter etwas, aber *εἰς τὴν γῆν* einen zu Boden schlagen. Übertr. *τινὰ ἐν κάρᾳ* jmdn. vor die Stirn schlagen, ihm die Besinnung rauben, *δευτέραν ἐπὶ νόσῳ νόσον* Wunde auf Wunde schlagen • **2)** Akt. intr. anschlagen, anstoßen, u. zwar *τινί* mit etwas, *πρός* od. *κατά τι* an etwas • **3)** Med. sich schlagen, *τὸν μηρόν* die Hüfte (als Zeichen der Trauer od. des Staunens).

παιών (var. *παίων*), **παιωνίζω, παιωνισμός,** s. *παιάν, -ἀνίζω* usf.

παιώνιος, 3. (*παιάν*), poet. sp. heilend, rettend. Subst. *ὁ π.* Heiland, Retter, *τινός* von etwas.

πᾱκτά, *ἡ* (*πήγνυμι*), buk. geronnene Milch, Käse.

πᾱκτόω, ion. poet. verschließen, verstopfen, *τί*. Von

πᾱκτός, dor. st. *πηκτός*, w. s.

Πακτύη, *ἡ*, Stadt im thrakischen Chersones an der Propontis, j. *St. Georg.*

Πακτυϊκή, *ἡ*, mit u. ohne *γῆ*, Landschaft im östlichen Persien, j. *Kabul.* Die Einw. **Πάκτυες,** *οἱ*.

Πακτωλός, *ὁ*, Flüßchen in Lydien mit Goldkörnern, wegen des Silbergehaltes *λευκόχρυσος* und *ἤλεκτρον* genannt, *μέγας* wegen des Kybĕlekultes, j. *Sarabat.*

πάλα, dor. poet. = **πάλη,** das Ringen.

παλαγμός, *ὁ*, poet. Besprengung. Von

παλάζω (od. *-άσσω*), ep. Nbf. zu *πάλλω* mit dem präs. Perf. med. *πεπάλασμαι*, für sich schütteln lassen, *κλήρῳ* mit dem Lose, nämlich den Helm, in welchen die Loszeichen geworfen und worin sie geschüttelt wurden, bis die erforderliche Zahl herausgesprungen war, Il. 7, 171 u. Od. 9, 331.

παλάθη, *ἡ* (*πλάσσω*), ion. u. sp. Früchtebrot, eine kuchenartige feste Masse aus den schwarzen mit Milch gekochten Beeren des Vogelkirschbaums (od. aus Feigen).

πάλαι, (alter Lokativ, verw. *τῆλε*), Adv. **1)** vor alters, vor Zeiten, ehedem; *οἱ π.* die Menschen der alten Zeiten, *ὁ π.* der ehemalige, alte. **2)** schon lange, längst, sonst. **3)** überh. früher, vorhin, kurz vorher.

Παλαιγάμβρειον, *ου, τό*, St. in Aiŏlis (Mysien).

παλαι-γενής, 2. ep. u. poet. vor langer Zeit geboren, hochbejahrt.

παλαιμοσύνη, *ἡ* (*παλαίω*), ep. älter u. besser beglaubigt als *παλαισμ.*, Ringkunst.

Παλαίμων, Meergottheit, Melikertes.

παλαιο-μάτωρ, *ἡ*, poet. Stammesmutter.

παλαιό-πλουτος, 2. von alters reich, altbegütert.

παλαιό-πους, *ποδος, ὁ, ἡ*, poet. mit greisen Füßen, alt (var.)

πᾰλαιός, 3., Komp. *παλαιότερος* u. *παλαίτερος*, Superl. *παλαιότατος* u. *παλαίτατος* **alt,** d. i. • **1)** aus früheren Zeiten herrührend, seit alters bestehend, früher, längst dagewesen, veraltet, verschollen, dah. *πράξεις* Handlungen aus den Jugendjahren, insbes. als Beiw. von Personen, ein Mann der Vorzeit, ehemalig, auch ein Mann vom guten, alten Schlag, od. zur Unterscheidung von mehreren gleichnamigen, der ältere. Subst. • **a)** *οἱ π.* die Alten • **b)** *τὰ π.* die alten Begebenheiten. Adv. *τὸ παλαιόν* vor alters, ehemals, früher, sonst, *ἐκ* od. *ἀπὸ παλαιοῦ* von alters her, *ἐκ παλαιτέρου* aus früherer Zeit, schon ziemlich lange, *ἐκ παλαιοτάτου* am frühesten, ferner *παλαί' ἐξ ὅτου* u. *παλαιὸς ἀφ' οὗ χρόνος* seit undenklicher Zeit • **2)** alt an Lebensjahren, **hochbetagt,** hochbejahrt. Subst. *παλαιαί* Greisinnen, *παλαίτεροι* ältere Leute.

παλαιότης, *ἡ*, das Langehersein, Alter.

παλαιό-φρων, 2. poet. altklug.

παλαιόω, alt machen, N. T. für veraltet erklären; Pass. veralten.

Παλαιρεῖς, *έων, οἱ*, Einw. von Palairos, Küstenstadt Akarnaniens bei Leukas.

πάλαισμα, *τό* (*παλαίω*) das Ringen, **a)** der Wettkampf, Kampf. **b)** das Ringerstück, Fechterkunststück. **c)** übertr. Kunstgriff, listiger Anschlag, *δεινὸν π.* eine meisterliche Finte.

πᾰλαισμοσύνη, *ἡ*, (ep.) u. poet., spätere Form für *παλαιμοσύνη*.

παλαίστα, äol. = *παλαιστή* (od. *παλαστή*), *ἡ*, Handfläche, Breite von 4 Fingern (als Maß).

παλαιστής, *οῦ, ὁ* (*παλαίω*), der Ringer, übertr. **a)** Kämpfer od. Bewerber, Gegner, insbes. Brautwerber (Äsch.); **b)** Verschlagener, Verschmitzter.

παλαιστιαῖος, 3. ion. sp. (att. *παλαστιαῖος*), eine Handbreite (*παλαιστή*, att. *παλαστή*) lang, d. i. 4 Fingerbreiten, od. $\frac{1}{4}$ Fuß = ca. 0,08 m od. 80 mm.

πᾰλαιστικός, 3. sp. zum *παλαιστής* gehörig, dem Ringen ergeben.

Παλαιστίνη [ῑ], *ἡ*, gew. *Συρία ἡ Π.* (*καλουμένη*), Palästina, der südliche Teil der syrischen Küste, bei Herod. bald bloß Philistäa, bald auch Phönikien mit umfassend. Die Einw. *Σύροι οἱ* **Παλαιστινοί.**

πᾰλαίστρα, *ἡ* (*παλαίω*), die Ringschule, Turnhalle, Lokal für Ringer, Faustkämpfer u. Pankratiasten, überh. Kampfplatz, Übungsplatz der Jugend.

παλαίτατος, -τερος, s. *παλαιός*.

πᾰλαί-φᾰτος, 2. (*φημί*), ep. u. poet. **1)** vor langer Zeit gesprochen, längst verkündet, offenbart, z. B. *Δίκη*, d. h. die den Menschen durch die olympischen Götter von Anfang an geoffenbarte. Subst. *συννοῶν τάξ ἐμοῦ παλαίφατα* damit vergleichend die aus meiner Erinnerung (im Gegens. zu *τῇσδε* von ihr) bekannten alten Orakelsprüche. Dah. **2)** wovon die alte Sage spricht, uralt, fabelhaft, z. B. *δρῦς*.

παλαί-χθων, 2. poet. von alters her einheimisch.

πᾰλαίω (*πάλη*), ringen, den Ringkampf bestehen. Übertr. zu ringen haben, unterliegen; im Pass. poet. niedergerungen, besiegt werden.

παλαμάομαι, Dep. med., hantieren, verrichten, *τί*; *τινι* mit etwas.

πᾰλάμη, *ἡ* (lat. *palma*, ahd. *folma* flache Hand), bes. ep. u. poet. **1)** eigentl. die flache Hand, dann überh. die Hand, u. als Zeichen der Kraft: Faust. **2)** übertr. **a)** Kraft, Macht. **b)** Handhabe, Mittel, mit Inf. zu etwas. **3)** Werk der Hand, Ausübung, Veranstaltung, Unternehmen.

Παλαμήδης, *ους, ὁ*, Sohn des Nauplios, Königs

von Euböa, entlarvte den erkünstelten Wahnsinn des Odysseus u. wurde, weil Od. ihn nun haßte, später als Heerführer vor Troja auf dessen Betreiben als Verräter von den Griechen gesteinigt.

παλαμναῖος, 2. u. 3. (παλάμη), **1)** der mit eigener Hand Mord verübt hat, verrucht, dah. **a)** ὁ π., abs. u. τινός, der mit jmds. Blut Befleckte, der Mörder, und **b)** (τὸ) παλαμναῖον die Befleckung durch Blutschuld, Blutschuld. **2)** mit verst. δαίμονες Rächer einer Blutschuld, Bluträcher, Rachegeister, welche, wie die Erinyen, den Mörder verfolgen.

πᾰλάσσω, (παλακjω, verw. lat. *palūs, ūdis*), bespritzen, beflecken, besudeln, beschmutzen.

παλαστή u. **παλαστιαῖος,** s. παλαιστ-.

Παλάτιον, τό, sp. der palatinische Hügel in Rom.

παλεύω poet. sp. verlocken.

παλέω, Her. 8, 21 = παλαίω, ringen; εἰ παλήσειε wenn er im Gefecht gewesen wäre.

πάλη, dor. πάλᾱ, ἡ, der **Ringkampf,** die Ringerkunst, beim πένταθλον der Schlußkampf. Überh. der Kampf.

Παλῆς, ion. **Παλέες,** οἱ, die Einw. der Stadt Πάλη auf Kephallenia.

πάλι, s. πάλιν.

παλιγγενεσία, ἡ, sp. die Wiedergeburt, Erneuerung des Gemüts; Verklärung aller Dinge nach dem Weltgerichte; Auferstehung, N. T.

παλίγγλωσσος, 2. poet. **1)** widersprechend. **2)** mit fremder Sprache.

παλίγ-κοτος, 2. poet. **1)** wieder zürnend. **2)** gew. vom Schmerz: wieder auf- od. hervorbrechend, sich erneuernd. **3)** überh. feindselig, Subst. Gegner. Adv. **-κότως** συμφέρεσθαι, ion. von neuem ausbrechen.

παλιλλογέω, Plqpf. ἐπαλιλλόγητο, ion. ar. sp. wieder [erzählen.

παλίλ-λογος, 2. (λέγω), ep. wieder gesammelt.

παλιμ-βλαστής, 2. poet. u. sp. wieder sprossend.

παλίμ-βολος, 2. (βάλλω), umschlagend, unbeständig, falsch.

παλιμ-μήκης, 2. (μῆκος), poet. wieder d. i. noch einmal so lang.

παλιμ-πετές, Adv. (πετ, πέτομαι, πίπτω), ep. eigtl. rückfällig od. zurückfliegend, rückwärts.

παλίμ-πλαγκτος, 2. poet. zurückkehrend, -irrend.

παλιμπλαγχθείς, Part. aor. pass., ep., richtiger πάλιν πλαγχθείς geschr. (πλάζομαι), zurückgetrieben, näml. τῆς ὁρμῆς von seinem Unternehmen, also unverrichteter Sache.

παλίμ-ποινον, τό, poet. die Vergeltung.

παλιμ-προδοσία, ἡ, sp. der wieder d. i. andererseits verübte Verrat, Gegenverrat.

παλιμ-πρυμνηδόν, Adv. poet. mit ὠθεῖν, steuerwärts zurückstoßen.

παλίμ-φάμος, 2. poet. entgegnend.

πάλιν, sp. auch πάλι, Adv. [ᾰ], oft πάλιν αὖθις, ion. αὖτις, αὖ, ἄψ, ὀπίσσω, ἐξ ἀρχῆς, **zurück, wider,** d. i. **1)** rückwärts, ὁρᾶν wegsehen, εἰπεῖν erwidern, ποιεῖν zurückverwandeln, ἔρχεσθαι u. ähnl. zurückkehren, ἡ πάλιν ἀναχώρησις die Rückkehr. **2)** in umgekehrter Richtung wider, dagegen, andererseits, λέγειν od. ἐρέειν Widerspruch erheben, ἡ πάλιν ἀντίληψις das Dagegenempfangen. **3)** wieder, noch einmal, von neuem, dann (wieder), πάλιν ποτέ wieder einmal, ein ander Mal.

παλιν-άγρετος, 2. (ἀγρέω), ep. eigentl. zurückzunehmen, widerruflich.

παλιν-αυτόμολος, ὁ, Überläufer, der wieder zur früheren Partei zurückkehrt.

παλινδικία, ἡ (παλίν-δικος, 2. wieder rechtend), sp. Wiederaufnahme des Gerichtsverfahrens, Erneuerung eines Prozesses.

παλινδρομέω, Impf. ἐπαλ. (παλίν-δρομος, 2. rückläufig), sp. wieder, zurück einlaufen, nämlich in den Hafen.

παλιν-όρμενος, 2., ep., **παλίν-ορσος,** 2., ep., **παλίν-ορτος,** 2. poet. (ὄρνυμι), **1)** sich zurückbewegend, sich eilig wieder dagegen wendend, zurückgewandt, zurückgestürzt. **2)** sich wieder, sich dereinst erhebend.

παλίν-σκιος, 2. poet. sp. wieder u. wieder d. i. dicht beschattet, ἐν παλινσκίῳ an schattigem Ort.

παλινσκοπιά, ἡ, poet. das Zurückspähen.

παλινστομέω, poet. = παλιλλογέω.

παλίν-τιτος, 2. (τίνω), ep. zurückbezahlt, wiedervergolten, d. i. bestraft.

παλίν-τονος, 2. (τείνω), ep. ion. u. poet. rückwärts schnellend, elastisch, Beiw. eines Bogens, u. dah poet. selbst von Pfeilen: (= vom elastischen Bogen) geschnellt.

παλιν-τριβής, 2. (τρίβω), poet. eigentl. wiederholt gerieben, daher abgefeimt, durchtrieben.

παλίν-τροπος, 2. (τρέπω), poet. u. sp. **1)** zurückgewandt, zurückkehrend. **2)** sich zum Gegenteil wendend.

παλιν-τυχής, 2. poet. eine entgegengesetzte τύχη, also Unglück bringend.

παλινῳδέω, widerrufen, zu

παλινῳδία, ἡ, eigentl. das Wiederholen, Widerrufen eines Gesanges, dann überh. der Widerruf, die Wiederholung.

πᾰλίουρος, ὁ, poet. eine Art Dornstrauch.

παλιρ-ρόθιος, 2. ep u. **παλίρ-ροθος,** 2. poet. (ῥόθος), rückwärtsrauschend, zurückflutend, hin- und herwogend

παλίρροια, ἡ, ion. poet. sp. **1)** das Hin- u. Zurückfließen des Wassers, der Strudel. **2)** übertr. sp. das Schwanken.

παλίρ-ροπος, 2. poet. gekrümmt.

παλίρ-ρους, 2. u. **παλίρ-ρυτος,** 2. (ῥέω), poet. zurückflutend, αἷμα wieder (zur Vergeltung) fließend, neuvergossen.

παλίρ-ροχθος, 2. poet. rückwärts brandend, wider-[hallend.

παλί-σκιος = παλίνσκιος.

παλίσ-συτος, 2. (σεύω), poet. u. sp. schnell zurückfahrend, zurückkehrend.

παλ-ίωξις, ιος, ἡ (ἰωκή, ἰωχμός), ep. sp. das Wieder-Zurückdrängen, -Zurückschlagen im Kampfe.

Παλλάδιον, τό, s. Παλλάς.

παλλακεύομαι, Dep. med., **1)** ion. sich zur Nebenfrau nehmen, τινά. **2)** sp. zur Nebenfrau dienen.

παλλακή u. **παλλακίς,** ίδος, ἡ (viell. zu Πάλλας mit der Grdbdtg: „junge Frau"), Beischläferin, Nebenfrau, Kebsweib, Dirne.

Παλλακόπας, ὁ, ein (jetzt versandeter) Kanal des Euphrat, der das Wasser desselben, wenn er anschwoll, in die Ebene u. Sümpfe abführte.

Παλλάντιον, τό, Stadt in der arkad. Landschaft Mainalia, Ruinen südöstl. v. Tripolitza.

Παλλάς, άδος [ᾰς, ᾰδος], ἡ, Bein. der Athene, als kräftiger, rüstiger Jungfrau. Dav. **Παλλάδιον, τό,** 1) ein geschnitztes Pallasbild, einst auf der Burg von Troja aufbewahrt, dann von Odysseus u. Diomēdes geraubt, worauf man es sowohl in Athen als in Argos zu besitzen vorgab. 2) ein Platz in Athen, woselbst ein Ephetengerichtshof, τὸ ἐπὶ Παλλαδίῳ.

Πάλλας, αντος, ὁ, ep. 1) Vater der Selene. 2) Sohn des attischen Königs Pandion.

πάλ-λευκος, 2. (πᾶν), poet. ganz weiß.

Παλλήνη, ἡ, 1) westl. Landspitze der makedon. Halbinsel Chalkidike, jetzt *Kassandra.* 2) ein zur Antiochischen Phyle gehöriger, an der Straße von Marathon nach Athen gelegener Demos in Attika; Einw. ὁ **Παλληνεύς.** Adj. fem. dav. **Παλληνίς,** ἡ, a) das dortige Dorf. b) Bein. der Athene, die dort einen Tempel hatte.

πάλλω, poet. ion. sp. Aor. Akt. ἔπηλα, ep. πῆλε und red. -πεπαλών Perf. Pass. πέπαλμαι • 1) Akt. **schwingen,** schwenken, **schütteln,** schleudern, werfen, u. zwar τινί mit od. durch etwas, ἔν τινι in etwas, übertr. den Sinn durch Furcht erschüttern, zittern machen. Im bes. κλήρους ἐν κυνέῃ Lose im Helme schütteln, Pass. das Los wird geschüttelt od. geworfen; so auch ohne κλήρους **losen** od. κλήροις πάλλειν τι etwas erlosen • 2) Med., Aor. ep. 3. sg. ἔπαλτο u. πάλτο, redupl. imper. πεπάλεσθε, inf. πεπαλέσθαι, • a) **sich schwingen,** springen, hüpfen, zappeln, schwanken, klopfen, anprallen, τινί an, von, mit etwas. Übertr. **zittern,** πάλλεται ἦτορ mit ἀνὰ στόμα bis zum Munde herauf, das Herz will zerspringen • b) **für sich schütteln lassen,** κλήρῳ mit dem Lose, über sich losen lassen, losen, παλλομένων als man das Los warf.

παλμός, ὁ, ar. sp. das Schwingen, der Pulsschlag.

πάλος, ὁ ion. u. poet. das Schwingen u. = κλῆρος, das Los.

παλτόν, τό, der Speer, Wurfspieß, eine Art großer Lanzen bei den Persern, wo jeder Reiter deren eine, jeder Krieger zu Fuß deren zwei hatte, eine zum Werfen u. eine zum Stoßen. Von

παλτός, 3. (πάλλω). poet. geschwungen, πῦρ der Blitz.

Πάλτος, ἡ. Stadt in Syrien.

παλύνω (verw. πάλη Staub, *pulvis*), Perf. pass. πεπαλυμμένος, ep. u. poet. streuen, aufstreuen, τί, u. zwar ἐπί τινι. 2) bestreuen, bespritzen, τί τινι. 3) anrühren, zu Teig rühren (λεύκ' ἄλφιτα), kneten, τί. [Epirus.

Παλῶδες, τό, = Πηλώδης λιμήν, eine Bucht in

παμ-βασιλεύς, έως, ὁ, u. **παμ-βασίλεια,** ἡ, poet. Allherrscher(in).

παμ-βαφής, 2. poet. ganz mit Meerwasser angefüllt u. aufgeschwollen. [nährend.

πάμβοτος, 2. poet. u. **παμβῶτις,** ιδος, ἡ, poet. all-

Πάμῑσος, ὁ, südl. Nebenfluß des Peneios in Thessalien, j. *Piliuri.*

πάμ-μαχος, 2. allsiegend, allmächtig.

πάμ-μεγας, -γάλη, πάμμεγα, u. **παμ-μεγέθης,** -μέγεθες, a) sehr groß, sehr schwierig. b) sehr laut, überlaut.

πάμμειχτος (-μικτος), 2. poet. = παμμιγής.

παμ-μέλᾱς, λαινα, μελᾰν, ep. u. sp. ganz schwarz.

παμ-μήκης, 2. (μῆκος), sehr lang, sehr heftig.

πάμ-μηνος, 2. (μήν), poet. sp. allmonatlich, alle Zeit hindurch anhaltend mit etwas.

παμ-μήτωρ, ορος, ἡ (μήτηρ), poet. 1) echte Mutter, weil sie dem Sohne auch im Tode gefolgt ist. 2) Mutter aller.

παμ-μῑγής, 2. (μείγνυμι), poet. u. sp., sehr, d. h. aus allerlei Bestandteilen gemischt.

πάμ-μῑκρος, 2. sehr klein, ganz klein.

πάμ-μορος, 2. poet. ganz unglücklich.

παμ-πάλαιος, 2. ganz alt.

πάμ-πᾶν u. **παμ-πήδην,** poet. Adv., gänzlich, s. πᾶς.

παμ-πησία, ἡ, poet. der ganze Besitz.

παμ-πληθεί, Adv. sp. N. T., in ganzer Menge.

παμ-πληθής, 2. = πάμπολυς, w. s. [voll.

πάμπληκτος, 2. (πλήσσω), poet. ganz von Schlägen

παμ-ποίκῐλος, 2. ganz bunt schimmernd, künstlich gearbeitet.

πάμ-πολις, εως, ὁ, ἡ, poet. in den Städten, überall geltend.

πάμ-πολυς, πόλλη, πολυ, u. **παμ-πληθής,** 2. 1) sehr viel, sehr zahlreich, in ganzer Menge, eine ganze Menge. 2) sehr groß, übergroß. Neutr. als Adv. πάμπολυ sehr viel, sehr weit, sehr weit entfernt, ἐπὶ πάμπολυ sehr weit, eine große Strecke, ἐὰν πάμπολυ verst. πράττηται aufs höchste.

παμ-πόνηρος, 2. ganz schlecht, grundschlecht.

παμ-πόρφυρος, 2. poet. ganz purpurn.

πάμ-πρεπτος, 2. (πρέπω), poet. sehr ausgezeichnet, sehr ehrenvoll.

παμπρόσθη, Aesch. Ag. 714, wofür παμπορθῆ, πάμπροσθ', ἦ (zu allererst, wahrlich), u. a. vermutet worden.

πάμ-πρωτος, 3. ep. poet. allererster. Neutr. sing. u. plur. als Adv. zu allererst. [zehrend.

παμ-φάγος [φᾰ], 2. (φαγεῖν), poet. ar. sp. alles ver-

παμ-φαής, 2. (φάος), poet. ar. sp. ganz od. hell strahlend, schimmernd, blinkend, abs., u. τινί von etwas.

παμφαίνω, ep. sp. (Redupl. des ganzen Stammes φαν mit Dissim.), nur Präs. u. Impf., ep. 3. sg. conj. παμφαίνῃσι, leuchten, hell scheinen, hell strahlen. Dazu **παμφανάων,** -όων, όωσα, Gen. -όωντος, ep. Part., leuchtend.

παμ-φεγγής, 2. (φέγγος), poet. = παμφαής.

πάμ-φθαρτος, poet. alles verderbend.

πάμ-φλεκτος, 2. (φλέγω), poet. ganz lodernd; (Epitheton zu βωμοί auch wo sie nicht brennen wollten).

παμ-φόρος, 2., Superl. -φορώτατος (φέρω), alles tragend, fruchtreich, überaus einträglich.

Παμφῦλία, ἡ, Landschaft an der Südküste Kleinasiens, zwischen Kilikia u. Lykia u. Kleinphrygien, südlich von Galatia, am Meere, das heutige *Tekke* u. der westliche Küstenstrich von *Itschil.* Die Einw. οἱ **Παμφύλιοι** u. **Πάμφυλοι.** Doch führte

auch ein Stamm der Dorier diesen Namen; ferner als Mischung mit Achäern, Phönikern, Syrern ein Stamm in Kilikien, angeblich unter Amphilochos u. Kalchas von Troja her eingewandert.
πάμ-φῦλος, 2. aus allen Geschlechtern gemischt. ὁ Π., Name eines Herakliden, Sohn des Aigimios.
πάμ-ψῦχος, 2. (ψυχή), poet. voll Leben, mit vollem Bewußtsein, unsterblich.
Πᾶν, Pan, Sohn des Hermes od. Zeus, ein Feld-, Wald- u. Hirtengott
πάν-αβρος, 2. sp. ganz weichlich.
πᾰν-αγρος, 2. (ἄγρα), ep. sp. alles fangend, alles umspannend od. umgarnend.
Πᾰν-ᾰθήναια, τά, großes Fest der Athener, alle vier Jahre (in jedem dritten Olympiadenjahre) am 25.—28. Hekatombaion (Mitte August) mit Opfern, Aufzügen (πομπή) und Wettkämpfen aller Art der Ἀθηνᾶ Πολιάς zu Ehren gefeiert, zuerst Wettkämpfe, dann die eigentlichen Spiele im Odeion, ἑορτή, bes. die große Prozession (πομπή), bei der das safranfarbige Gewand (πέπλος) der Göttin an ihrem Geburtstag zur Umhüllung ihres Holzbildes, an einem Mast auf einem Rollschiff wie ein Segel befestigt, auf das Erechtheion gebracht wurde; s. auch κανηφόροι, θαλλοφόροι, σκαφηφόροι, σκιαδηφόροι. Am Schluß folgte ein Festbankett (ἑστίασις). Die πομπή stellt der Fries der Cella des Parthĕnon dar. Adj. **Παναθηναϊκός,** 3., bei den P. gebräuchlich. So heißt die von Isokrates in den P. des J. 339 v. Chr. gehaltene Lobrede auf Athen.
πᾰν-άθλιος, 3. poet. ganz elend.
πᾰν-αιθος, 3. (αἴθω), ep. rings strahlend.
πᾰν-αίολος, 2. ep. ganz schimmernd, poet. sehr mannigfaltig.
παν-αίσχης (-αισχής), 2. (αἶσχος) ar. sp. sehr häßlich.
πᾰν-αίτιος, 2., poet. sp. **1)** alles bewirkend. **2)** allein schuldig.
Παναίτιος, 1) tenischer Nauarch 480 v. Chr. **2)** Sohn des Nikagoras aus Rhodos, geb. um 180 v. Chr., Stoiker, ausgezeichnet als Lehrer u. Schriftsteller. **3)** sonst. Eigenname.
Πανάκεια, ἡ (Allheilerin), T. des Asklepios.
Πάνακτον, τό, fester Ort an der Grenze von Attika u. Böotien.
παν-αληθής, 2., Adv. poet. -ῶς, ganz wahr.
παν-αλκής, 2. poet. allkräftig, allmächtig.
πᾰν-ἄλωτος, 2. poet. = πάναγρος.
παν-αμέριος u. **παν-άμερος,** 2., s. πανημέριος.
πᾰν-άμωμος, 2. poet. sp. tadellos.
πᾰν-ἀπᾰλος, 2. ep. ganz zart, ganz jung.
πᾰν-άποτμος, 2. ep. ganz unglücklich.
πᾰν-άργυρος, 2. ep. poet. ganz silbern, von gediegenem Silber.
παν-άριστος, 2. ep. poet. durchaus der beste.
παν-άρκετος, 3. poet. zureichend, genugsam, ganz.
παν-αρμόνιος, 3. ganz passend, ganz harmonisch, τὸ π. ein Instrument mit allen Harmonien.
πᾰν-αρχος, 2. (ἄρχω), poet. allgebietend.
πᾰν-ἀφῆλιξ, Gen. ῐκος, ὁ, ἡ, ep. ganz ohne Jugendgenossen, τινὰ παναφήλικα τιθέναι jmdn. aller Gespielen berauben.
παν-άφθιτος, 2. poet. ganz unvergänglich.
παν-άφυλλος, ep. ganz blätterlos.
Πᾰν-αχαιοί, οἱ, die Gesamtachäer, Bezeichnung für alle Griechen, indem zu Homers Zeit der Name der Achäer als des herrschenden Stammes auch zur Bezeichnung der übrigen Stämme verwendet wurde.
πᾰν-αώριος, 2. ep. ganz unzeitig, allzu früh (sterbend).
παν-δαίδαλος, 2. poet. ganz kunstreich.
παν-δαισίη, ἡ (δαίς), ion. mit τελέη, ganz vollständiges Gastmahl, wo es an nichts gebricht.
παν-δακέτης, ου, ὁ (δάκνω), sp. alles beißend, bissig.
παν-δάκρῡτος, 2. poet. **1)** allbeweint. **2)** tränenreich, kummervoll.
παν-δᾰμάτωρ [μᾰ], ορος, ὁ, ep. poet. sp. der Allbändiger, Allbezwinger, Allgewaltige, δαίμων d. i. Zeus.
Πανδᾰρεος, ὁ, Sohn des Merops aus Milētos auf Kreta, Vater der Aëdon, sowie der Merŏpe und Kleothēra (Od. 20, 66).
Πάνδαρος, ὁ, S. des Lykāon, Bundesgenosse der Troer aus Λυκία 2, dessen Pfeilschuß den eben geschlossenen Vertrag zu nichte machte. Il. 4, 125.
Πανδαταρία, ἡ, Insel an der Küste von Latium, heute *Ventotene*.
παν-δείμαντος, 2. poet. allgefürchtet.
πάν-δεινος, 2. ganz gewaltig, ganz tüchtig.
παν-δερκέτης, 2. (δέρκομαι), poet. allschauend.
παν-δερκής, 2. poet. **1)** akt. allschauend. **2)** pass. allen sichtbar, auffallend.
πανδημίᾳ, poet. = πανδημεί, s. πανδήμιος.
πανδήμιος, 2. ep., u. **πάν-δημος,** 2., dor. **πάνδᾱμος,** dem ganzen Volke angehörig, **öffentlich,** allgemein, national, πτωχός Gemeindebettler, πόλις die Gesamtbewohnerschaft der Stadt, στρατός das Gesamtheer, στέγη od. στέγαι das Staatsgefängnis, dag. βόες die der Gesamtheit gehörigen, noch nicht verteilten Beuterinder. Übertr. gemein, z. B. Ἀφροδίτη (*Venus volgivaga*), die sinnliche Liebe. Adv. **πανδημεί** mit dem ganzen Volke, in Masse, mit dem ganzen Heerbann, mit dem Massenaufgebot.
Πάνδῑα, τά (Δῖα), Fest zu Ehren des Zeus in Athen, inmitten des Elaphebolion, zugleich Stammfest der Phyle Pandionis.
πάν-δῐκος, 2. (δίκη), poet. ganz dem Recht entsprechend, π. φρενί wie sich gebührt von Herzen = **πανδίκως,** Adv. poet. mit allem Rechte, in aller Ordnung, allen Ernstes, ganz recht (nach deiner Ansicht) handelnd, θανεῖν wie es ein ehrlicher Kampf auf Leben u. Tod mit sich bringt.
Πανδῑων, ονος, ὁ, **1)** Sohn des Erichthonios, Vater der Prokne u. Philomēla, sowie des Erechtheus u. Butes, König in Athen. Von ihm hieß eine Phyle in Athen ἡ **Πανδιονίς. 2)** Vater des Aigeus, Großvater des Theseus. **3)** Sohn des Kekrops, Vater des Lykos, König in Athen. **4)** sonst. Eigenn.
πανδοχεῖον u. **-δοχίον, τό,** Gasthaus.
πανδοχεύς, έως ὁ (πάν-δοκος), Gastwirt.
πανδοχεύω, ion., u. poet. πανδοκέω, alle aufnehmen od. bewirten, abs. u. τινά.
πάν-δοχος od. **παν-δόκος,** 2. (δέχομαι), poet. alle aufnehmend.

πανδοξία, ἡ, poet. vollkommener Ruhm.
πανδοχεῖον (-δοκίον), N. T. sp. Gasthaus, Karawanserei.
πανδοχεύς, ὁ, nachatt. = -δοκεύς, Gastwirt.
πάν-δυρτος, 2. = πανόδυρτος (δύρομαι), poet. **1)** stets jammernd, klagend, **2)** sehr beklagt.
Πανδώρα, ἡ, das erste, von Hephaistos gebildete, den Menschen zum Unheil geschickte Weib.
πάν-δωρος, 2. u. 3. ep. poet. alles gebend, allgebend
Πᾰν-έλληνες, οἱ, die Gesamtheit der Hellenen, u. verb. mit Ἀχαιοί die Griechen von Thessalien bis in den Peloponnes.
Πάνεμος, besser Πάνημος u. Πάνᾱμος, ὁ, dorischer Name eines Monats, welcher zum Teil dem att. Boëdromion entsprach, τετράδι τοῦ Π. φθίνοντος d. 25. Septbr.
παν-επίσκοπος, 2. poet. alles überschauend, bemerkend, allsehend.
πᾰν-εργέτᾱς, Gen. α, ὁ (St. ἐργ), poet. alles vollführend.
πᾰν-έρημος, 2. sp. verödet.
παν-έστιος, 2. sp. mit dem ganzen Hause od. Hausstande.
πάν-ετες, Adv. poet. das ganze Jahr hindurch.
παν-ευδαίμων, 2. sp. ganz glücklich.
πανηγυρίζω (πανήγυρις), **1)** Festversammlungen, Volksfeste feiern, abs., od mit πανηγύρις, u. zwar ἔς τι sich wohin begebend. **2)** in einer Volksversammlung eine Festrede, bes. eine Lobrede halten.
πανηγυρικός, 3. zur Festversammlung gehörig, **a)** zum Feste versammelt, ὁ π. mit u. ohne λόγος Festrede, wie solche von Gorgias, Lysias, Isokrates u. a. verfaßt wurden. **b)** geputzt, prahlend. Adv. **-κῶς,** prunkend, geziert, festlich.
πᾰν-ήγυρις, εως, ion. ιος, ἡ, Akk. pl. ιας, ῑς (ἄγυρις), Festversammlung, Volksfest. Übertr. heißt so: **a)** das Heer, Xen. Cyr. 6, 1, 10. **b)** jede große Versammlung; π. ὀφθαλμῶν eine „Augenweide".
πανηγυρισμός, ὁ (πανηγυρίζω), sp. die mit feierlichen Festversammlungen verbundenen Lustbarkeiten.
παν-ηγυριστής, οῦ, ὁ, sp. Festbesucher, -genosse.
πᾰν-ῆμαρ, ep. Adv. den ganzen Tag durch.
πανημερεύω, poet. den ganzen Tag etwas tun.
πᾰν-ημέριος, 3. (dor. πανᾱμέριος) u. **πᾰν-ήμερος,** 2. (dor. πανάμερος), den ganzen Tag hindurch dauernd od. etwas tuend, d. h. nicht bloß vom Morgen bis Abend, sondern auch den ganzen noch übrigen Teil des Tages. Im Deutschen setzen wir dafür meist das Adv. — Adv. **πανημερόν.**
Πάνημος, s. Πάνεμος.
παν-θέλκτειρα, ἡ, poet. die alle Bezaubernde, allberückend.
πάνθηρ, ηρος, ὁ, Panther.
πάν-θοινος, 3. (θοίνη), sp. jeglichen Schmaus, jegl. Speise bietend.
Πάν-θοος, ὁ, zsgz. **Πάνθους,** Gen. **Πανθόου** u. Πάνθου usf., Sohn des Othrys, Priester des Apollon zu Delphi, den Antēnor wegen seiner Schönheit nach Troja entführte u. Priamos hier zum Priester des Apollon machte. Als seine Söhne heißen Polydamas u. Euphorbos **Πανθοίδης. Πανθοίδης,** ὁ, auch sonst. Eigenname.
πάν-θρηνος, 2. poet. stets klagend, voller Klagen.
παν-θῡμᾰδόν, Adv. (θυμός), ep. ganz im Zorn, heftig erbittert.
πάν-θῠτος, 2. (θύω), poet. mit allerlei Opfer, also heilig zu verehren.
πᾱνικός, 3. sp. von Πάν herrührend, bes. ein panischer, d. h. plötzlich ohne eine sichtbare Veranlassung entstandener Schreck.
πᾰν-ίμερος [ῑ], 2., poet. ganz von Sehnsucht erfüllt.
πᾱνίσσομαι, buk. spulen (für πηνίζομαι).
Παν-ιώνιον, τό, der im Gebiete von Priēne gelegene Bundestempel der zwölf, später dreizehn ionischen Bundesstädte. Ihr panegyrisches Fest zu Ehren des helikonischen Poseidon hieß τὰ **Πανιώνια.**
παν-νύχιος, 3. ep. poet. ion., u. ep. poet. ion. sp.
πάν-νῠχος, 2. die ganze Nacht hindurch dauernd od. etwas tuend, dah. die ganze Nacht hindurch, Adj. st. Adv. Dah. **πάννυχα** in der Nacht.
παννῠχίς, ίδος, ἡ, nächtliches Fest, Nachtfeier, welche bes. weiblichen Gottheiten z B. der Göttermutter u. Demēter zu Ehren in ausgelassener Lust gehalten wurden. Bitter nennt so Elektra ihren nächtlichen Jammer.
παν-όδυρτος, 2. poet. sp. allbeklagt.
πάν-οιζυς, υ, poet. ganz unglücklich.
παν-οικεί (-κί), Adv. mit dem ganzen Hause.
παν-οικεσίᾳ, besser als **παν-οικησιᾳ,** u. ion. **πανοικίῃ,** Adv. mit dem ganzen Hause, mit allen Bewohnern.
παν-οικί, s. πανοικεί. **πανοικίῃ,** s. πανοικεσίᾳ.
παν-οίκιος, 2. sp. mit dem ganzen Hause.
παν-οίμοι, poet. verst. οἴμοι.
παν-όλβιος, 2. u. 3. u. **πάν-ολβος,** 2. poet. ganz glücklich.
παν-ομιλεί, poet. in ganzen Haufen.
πᾰν-ομφαῖος, 2. (ὀμφή), ep. der Allstimmige, Verkündiger aller Vorbedeutungen, Beiw. des Zeus, insofern die andern Götter bloß Verkündiger vom Ratschluß des Zeus sind.
Πανοπεύς, έως, ep. ῆος, ὁ, **1)** Stadt in Phokis am Kephissos an der Grenze Böotiens, j. Ruinen bei *Agio Vlasi* unweit *Dhavlia.* Die Einw. οἱ **Πανοπεῖς.** **2)** sonst. Personenname.
πᾰνοπλία, ion. **-ίη,** ἡ, die volle Rüstung des Schwerbewaffneten (s. ὁπλίτης), ausnahmsweise auch von der des Pferdes. Übertr. N. T. die geistliche Waffenrüstung. Von
πᾰν-οπλος, 2. poet. vollständig gerüstet, schwer gewaffnet.
παν-όπτης, ου, ὁ, poet. = **παντόπτης.**
πᾰν-ορμος, 2. ep. zum Landen ganz bequem.
Πάνορμος, ὁ, **1)** Hafen b. Rhion in Achaia, jetzt *Tekieh.* **2)** Stadt an der Nordküste Siziliens, j. *Palermo.* **3)** Hafen von Milet.
πᾱνός, ὁ poet. Holzspan, Fackel.
πανουργέω (πανοῦργος), Frevel verüben, abs., u. ὅσια frommen Frevel verüben, s. ὅσιος.
πανούργημα, τό, poet. sp. Missetat.
πανουργία, ἡ, **1)** Verschlagenheit, List, Schelmerei, Schurkerei, Tücke, Betrug. **2)** sp. Geschicktheit. Auch im Plur.
πᾰν-οῦργος, 2., Adv. **-ούργως,** u. poet. **παν-**

ουργός, 2. (St. ἐργ, vgl. κακοῦργος), eigentl. alles zu tun fähig, dah. **1)** geschickt, geeignet, auf eine gewandte Art. **2)** gew. im schlimmen Sinne: verschlagen, verschmitzt, durchtrieben, schlau, listig, rücksichtslos, skrupellos, schelmisch, ränkevoll, tückisch, boshaft. Subst. ὁ π. der Schurke, auch abgeschwächt: Schalk, τὸ π. die Bosheit, τὰ π. alles was schlau ist.

παν-όψιος, 2. (ὄψις), ep. vor aller Augen (Il. 21, 397 grammat. Epitheton zu ἔγχος, dem Sinne nach Adv.).

παν-σαγία, ἡ, poet. = πανοπλία, w. s. (im Dat.).

Πάνσας, ου, ὁ, G. Vibius Pansa, 43 v. Chr. Konsul, fiel 43 in einem Treffen gegen Antonius.

παν-σέληνος, 2. vollmondlich, ἡ π., verst. ὥρα, die Zeit des Vollmonds, Vollmond. ἡ π. αὔξησις, die Flut zur Zeit des Vollmonds.

πάν-σεμνος, 2. sp. ganz prächtig.

πάν-σμικρος, 2. ganz klein.

πάν-σοφος, 2. = πάσσοφος, ganz weise.

(παν-στρατιά), ἡ, ion. **(-ιή),** allgemeines Aufgebot, τινός von jmdm. Gew. πανστρατιᾷ od. -ιῇ, mit dem ganzen Heerbann, mit gesamter Macht, mit der ganzen Streitmacht. (Nom. kommt nicht vor.)

παν-συδίῃ (ep., att. πασσυδίᾳ) u. **παν-συδί, πασσυδί,** Adv. (σεύω), mit allem Eifer, mit aller Macht, mit dem ganzen Heere, ganz und gar.

πάν-συρτος, 2. (σύρω), poet vollgehäuft, τινός von etwas.

παντᾷ, s. πᾶς, Adv. 2.

παντ-αγήρως, ων, poet. gar nie alternd, ewig jung (zweif.).

Παντακλῆς, έους, **1)** Ephoros in Sparta i. J. 406. **2)** sonst. Eigenn.

Παντακύας, ου, ὁ, kleiner Fluß an der Ostküste Siziliens, j. *Fiume di Porcari.*

παν-τάλας, 3. poet. ganz elend.

παντά-πᾶσι(ν), s. πᾶς, Adv. 1.

παντ-αρκής, 2. poet. allein helfend.

πάντ-αρχος, ὁ, nach anderer LA. **παντ-αρχέτης,** ου, ὁ, poet. Allherrscher.

πανταχῇ u. **-χῆ, -χόθεν, -χόθι, -χοῖ, -χόσε, -χοῦ,** s. πᾶς.

παν-τελής, 2., Adv. **-λέως** u. **λῶς,** ganz vollendet, vollkommen, dah. in vollem Stande; vollständig, gänzlich völlig, ganz u. gar, durchaus, insbes. π. δάμαρ mit Kindern gesegnetes Eheweib; ἐσχάραι u. βωμοί ganz geweihte, heilige. Adv. auch εἰς τὸ παντελές.

παν-τευχία, ἡ, poet. = πανοπλία.

πάν-τεχνος, 2. poet. **1)** ep. in jeder Kunst erfahren. **2)** zu allen Künsten dienlich.

πάντη u. **πάντῃ,** s. πᾶς Adv. 2.

Παντικάπαιον, ου, τό, Stadt auf der taurischen Chersones (Krim).

Παντικάπης, ου, ὁ, Nebenfluß des Dniepr in Hylaia in Sarmatien.

πάν-τιμος, 2. poet. u. sp. allgeehrt.

παν-τλήμων, 2., dor. **παντλάμων,** Gen. ονος, poet. ganz unglücklich, allerelendester, schmerzensreichster.

παντο-γήρως, ων, Gen. ω, poet. alles zur Erschöpfung führend, viell. πανταγήρως.

παντοδᾰπός, 3. (πᾶς, vgl. ἀλλοδαπός), u. **παντοῖος,** 3., Adv. **-οίως,** von allerlei Art, allerhand, mannigfach, mannigfaltig, vielfältig, reich verziert, allerlei, auf allerlei Weise, verschiedenartig, jeglicher, παντοῖοι τελέθοντες unter mannigfacher Gestalt, παντοῖον γίγνεσθαι oder εἶναι allerlei Gestalten annehmen, allerhand Mittel versuchen, nichts unversucht lassen, teils abs. außer sich geraten od. sein, sich keinen Rat wissen, teils mit Partiz. od. Inf. alles Mögliche tun.

πάντοθεν, s. πᾶς Adv. 3.

παντό-θηρος, 2. poet. alles erjagend.

παντοῖος, 3., s. παντοδαπός.

παντο-κράτωρ, ορος, ὁ, N. T. u. sp. der Allmächtige.

παντο-κτίστης, ὁ sp. Urheber von allem, Schöpfer [der Welt.

παν-τολμος, 2. poet. u. sp. = παντότολμος.

παντό-μιμος, ὁ, sp. Gebärdenspieler, der bloß durch Tanz u. Gebärden eine Rolle od. ein Drama darstellt od. das, was der Schauspieler vorträgt, durch Gebärden versinnlicht.

παντο-μισής, 2. poet. allverhaßt.

παντο-πόρος, 2. poet. allgewandt.

παντ-όπτης u. **-τας, ου,** ὁ, poet. Allschauer.

παντο-πώλιον, τό, Trödelbude.

παντο-ρέκτης, ου (ῥέζω), poet. alles tuend, wagend, verwegen, dreist, kühn.

πάντοσε u. **πάντοτε,** s. πᾶς, Adv. 5, d u. e.

παντό-σεμνος, 2. poet. ganz ehrwürdig.

παντό-τεκνος, 2. poet. allgebärend, μήτηρ = Allmutter (*Magna mater*).

παντό-τολμος, 2. poet. alles wagend, vor nichts zurückschreckend.

παντουργός, s. πανοῦργος.

πάν-τρομος, 2. poet. ganz erzitternd.

πάν-τροπος, 2. poet. alles fliehen machend.

πάν-τροφος, 2. poet. allnährend.

πάντως u. **πάνυ.** s. πᾶς Adv. 1.

Πανύασσις (-ασις), ιδος, ὁ, ep. Dichter aus Samos od. Halikarnassos, ca. 468 v. Chr., Oheim des Herodot, durch Lygdămis umgekommen; dichtete Ἡράκλεια u. Ἰωνικά.

πᾰν-υπέρτατος, 3. ep. u. sp. alleroberster.

πᾰν-ύστατος, 3. meist ep. u. poet. allerletzter; Neutr. sing. als Adv. zum letztenmal; zu allerletzt, schließlich.

πανωλεθρία, mit Mann und Maus.

πᾰν-ώλεθρος, 2. (ὄλεθρος), ion. poet. sp., u. **πανώλης,** ῶλες (ὄλλυμι), poet. **1)** ganz od. von Grund aus vernichtet, prolept. πανωλέθρους ξυναρπάζειν d. h. zu ihrem gänzlichen Verderben. Übertr. ganz verdorben, grundböse, grundschlecht. **2)** Verderben bringend, voller Unheil.

πάν-ωρος, 2. poet. zu jeder Jahreszeit.

(πάομαι), (wohl verw. κτάομαι), Fut. πᾱ́σομαι, Aor. ἐπᾱσάμην, Perf. πέπᾱμαι u. Fut. 3. πεπᾱ́σομαι, fast nur poet. Dep. med., erwerben, besitzen, τί, z. B. νόσον mit der Krankheit des Neides behaftet sein. (Aber ἐπᾰσάμην s. πατέομαι.)

Παξοί, οἱ, zwei Inseln südlich von Kerkyra.

πᾱός, dor. st. πηός.

παπαί od. **παπαῖ,** Ausruf des Schmerzes od. der Verwunderung: wehe, weh' doch, bisw. wiederholt.

πᾰπαιάξ, poet. Ausruf des freudigen Erstaunens.

πάπας, ὁ, sp. = πάππας.
παππάζω, ep. Papa nennen, τινά jmdn., zu ihm Papa sagen.
πάππας, ου, ὁ, Vokat. πάππᾰ Papa, Vater, schmeichelnde Anrede nach Art der Kinder. So hat sich Herodot auch den skythischen Namen des Zeus *Παπαῖος* erklärt. [Ahne.
πάππος, ὁ (verw. mit πάππας), der Großvater;
Παππούας, ᾰ, ὁ, Bergkette in Nordafrika in der Nähe von Hippo Regius.
παππῷος, 3. großväterlich.
πάπραξ, ακος, ὁ, ion. ein thrakischer Sumpffisch.
παπταίνω, ep. poet. u. sp., Fut. ep. παπτᾰνέω, Aor. πάπτηνα, sich ängstlich umsehen, vorsichtig umsehen, sich vorsehen, überh. sich umschauen, nach etwas sehen, anstieren; δεινόν schreckliche Blicke um sich werfen.
πάπῡρος, ὁ u. ἡ, sp. **1)** die in Ägypten wachsende Papierstaude. **2)** aus deren Bast od. Rinde gefertigte Gegenstände, nämlich **a)** Bänder, Seile, Taue. **b)** feine Leinwand. **c)** Schreibpapier; Buch (sp. auch ῠ).
παρά, ep. u. poet. auch **παραί,** u. abgek. ep. u. poet. **πάρ** (πάρα betont, wenn es 1) seinem Kasus nachgesetzt in Anastrophe steht, od. 2) wenn es = πάρεστι, πάρεισι [v. I. πάρειμι, 4c] ist).
A) Adv. nur ep. **daneben,** dabei, daran.
B) als **Praeposition: bei, neben** • **I)** beim **Genet.** • **1)** örtlich: von seiten, **von — her, aus,** ὁ παρά τινος der Gesandte jmds., οἱ παρά τινος die Leute, die Umgebung jmds., παρ' ἀσπίδος unter dem Schilde hervorguckend. Auch: unweit einer Sache, = Dat., eigtl. unmittelbar von ihr ausgegangen, od. beim Pass. τὰ παρὰ Θηβαίων ἀπαγγελθέντα, ferner παρά τινος πίνειν d. h. aus dem Becher, den jmd. darreicht, trinken, u. παρ' Ἀθηναίων μαρτύρια θέσθαι von seiten der Athener, d. i. bei ihnen, παρ' ὑμῶν von eurer Seite • **2)** übertr. zur Angabe der Quelle, des Urhebers: **von,** teils bei Verben bes. alles Empfangens, auch geistigen, z. B. λαβεῖν, μαθεῖν, dann überh.: παρά τινος λέγειν in jmds. Auftrage od. Namen sprechen, teils bei Subst. ohne Verbum; dah. oft = dem bloßen Genet. od. Adj., ὁ παρ' ἡμῶν unser od. in τὰ παρά τινος die von jmdm. ausgehenden Dinge, d. h. die Güter, Geschenke, der Auftrag, Ansicht, παρ' ἑαυτοῦ von sich selbst, freiwillig.
II) beim **Dat.** meist bei Personen: **neben, bei,** vor, an, παρ' ᾧ ἀνάσσεται d. h. in dessen Händen, παρ' ἑαυτῷ γίγνεσθαι zu sich selbst kommen, παρ' ὑμῖν φυλάσσεται es haftet an euch, od. κρύψαι παρ' ὑμῖν vor euch, d. h. so, daß es bei euch nicht bemerkt werde. Prägnant: ἀποπεφευγότες ἦσαν παρά τινι; οἱ παρ' ἐμοί meine Leute, τὰ παρ' ἐμοί meine Güter, meine Lage, ἡ παρ' αὐτῷ δύναμις seine Macht, od. überh. παρά τινι in jmds. Hause, Heimat, doch auch mit u. ohne κριτῇ nach jmds. Urteil.
III) beim **Akk.** • **1)** örtlich • **a) entlang,** längs, **neben — hin,** παρὰ τὴν ὁδόν am Wege, παρ' ἄλληλα parallel, παρὰ πόδα vor den Füßen, augenblicklich, παρ' Ἅιδην κρύπτειν nach dem Hades hinab bergen, καταφυγὴ παρὰ φίλους Zuflucht bei Freunden; sodann übertr. • **b)** daran vorbei, über — hinaus, außer, abgesehen von, **gegen, wider,** παρὰ μοῖραν, π. μέλος, παρὰ τὸ δίκαιον, τοὺς νόμους, παρὰ φύσιν, παρὰ γνώμην, παρ' ἐλπίδα, παρὰ τὸ εἰωθός, παρ' ἡλικίαν, πολὺ παρὰ τὴν δόξαν • **c)** zur Bez. eines Zieles = πρός m. Akk. (bes. oft bei Hdt.): παρ' ἡμᾶς, παρὰ Κροῖσον • **d)** sp. auch gemäß, entsprechend, παρὰ τὰ μήκη • **2)** zeitlich: **während,** in, παρ' ἡμέραν Tag für Tag, ähnl. παρ' ἐνιαυτόν, παρ' ἦμαρ ἡμέρα, παρὰ τὴν ἐκείνου ἀρχήν; παρὰ τοὺς καιρούς bei den Zeitverhältnissen • **3)** übertr. • **a)** im **Vergleich zu,** vor, παρὰ τοὺς ἄλλους vor allen andern, π. πάντα vor allem, παρὰ τοσοῦτόν τινος in einem so kleinen Abstande von etwas, ähnl. παρ' ὀλίγον, παρὰ σμικρόν beinahe, fast, kaum • **b)** die Differenz bezeichnend: **um,** οὐ παρὰ μέγα, od. παρ' ἐλάχιστον mit Inf., um ein weniges konnte es so sein, τῷ παρὰ μικρόν um ein Haar; dag. παρὰ πολύ um viel, bei weitem, παρὰ τοσοῦτον so sehr, παρὰ χαλκοῦν um einen Pfennig, παρ' ὀλίγους πάντες alle bis auf einige, παρ' οὐδέν so viel wie gar nicht, bei θέσθαι u. ähnl., bei ἐλθεῖν es fehlt fast nichts daran daß, dah. παρὰ τριάκοντα ἀποφυγεῖν mit einer Minorität von dreißig Stimmen freigesprochen sein, oder παρὰ νύκτα ἐγένετο mit Inf.: es kam nur auf eine Nacht an, daß • **c)** kausal: infolge von etwas, παρὰ τὴν ἑαυτοῦ ἀμέλειαν d. i. **wegen** usw., παρὰ τοῦτο deshalb, παρὰ τὴν ἑαυτοῦ ῥώμην infolge, durch seine Stärke, οὐ παρ' ἓν οὐδὲ δύο nicht durch einen oder zwei Fehler • **d)** distrubutiv: παρὰ πέντε ναῦς je fünf Schiffe, παρὰ μέρος abwechselnd.
IV) In Zusammensetzungen bedeutet es • **1)** neben, παρίστημι • **2)** hin, hinzu, παραδίδωμι, παρέχω • **3)** darüber hinaus, παρατρέχω, auch übertr. (dtsch. ver-), παρακούω, παραγιγνώσκω • **4)** wider, παρανομέω • **5)** Veränderung (dtsch. um-), παραπείθω.
πάρα u. **πάρ,** s. παρά zu Anf.
παρα-βάδην, poet. παρβάδαν, Adv. überschreitend,
παρα-βαίνω (-βήσομαι, -έβην, -βέβηκα, βέβᾰμαι, -εβάθην), perf. act. παρβεβαώς. **1)** danebengehen, u. im Perf. mit τινί neben jmdm. (auf dem Wagen) stehen. **2)** vorbeigehen, also übertr. **a) übertreten,** zuwiderhandeln, verletzen, überh. sündigen, τοὺς νόμους den Gesetzen der Vätersitte untreu werden, seltner τινά sich an jmdm. vergehen, ihn verletzen, ἐπί τινι wenn es sich um etwas handelt, **b)** übergehen, vernachlässigen, abkommen von etwas (τί), **c)** sp. intr. übertreten (zum Christentum).
παρά-βακτρος, 2. poet. am Stabe.
παρά-βακχος, 2. sp. bacchischer Aufregung nahe.
παρα-βάλλω (auch in tmesi) **nebenhinwerfen** • **1)** trans. • **a) danebenlegen,** -werfen, -schichten, vorwerfen, umwerfen, Pass. daneben od. in Reihen gelegt sein; im Med. sich od. etwas von sich (eig. im Würfelspiel) daransetzen, **einsetzen,** wagen, überh. preisgeben, gefährden, hintergehen, täuschen, abs. (z. B. ναυμαχίᾳ eine Seeschlacht wagen) od. τὸν κίνδυνον die Gefahr

wagen; ähnl. das Seine (τὰ τέκνα) zum Pfand setzen • b) danebenhalten, dagegensetzen, **vergleichen,** τί τινι od. πρός, παρά τι, im Med. sich od. etw. von sich danebenhalten, wetteifern, vergleichen, auch mit ἐμαυτόν • c) **hinrichten,** τὼ ὀφθαλμώ die Blicke seitwärts werfen; τὠφθαλμὼ παραβάλλων starren Blicks • d) **niederlegen,** anvertrauen, auch im Med., τύχῃ καὶ ἐλπίσι πλεῖστον • 2) intr., sich wohin richten, **sich begeben,** bes. zu Schiffe, u. von Schiffen selbst: übersetzen, εἰς Σάμον, auch im Med.

παρα-βάπτω, sp. daneben d. i. zugleich mit färben.

παρά-βᾰσις, εως, ἡ, sp. **1)** das Ausschreiten d. h. der Versuch einen Schritt zu machen. **2)** die Übertretung, das Vergehen, sp. N. T. **3)** in der Komödie Parabase d. h. ein Intermezzo, in welchem der Chor, dem Publikum zugewandt (παραβὰς πρὸς τὸ θέατρον), mit Zerstörung der Illusion des Spiels als Vertreter des Dichters für diesen sprach, die Staatsgötter pries, Personen und Zeitrichtungen geißelte usw.

παρα-βάσκω, ep. Nebenf. von παραβαίνω u. nur im Impf., jedesmal der Wagenkämpfer des andern sein.

παραβάτης, ου, ὁ, ep. **παραιβάτης** (παραβαίνω), **1)** der Nebenstehende, der als Wagenkämpfer neben dem Wagenlenker auf dem Wagen steht. **2)** sp. die Fußsoldaten, die die Pferde der Gefallenen bestiegen. **3)** poet. der Übertreter, der Frevler.

παραβᾰτός, 3. (-βαίνω), poet. überschreitbar, verletzbar.

παρα-βιάζομαι, sp. Gewalt anwenden, περί τινος, insbes. **a)** gewaltsam durchbrechen, verdrehen, τί. **b)** N. T. τινα in jmdn. dringen, ihn zwingen.

παρα-βλαστάνω, daneben emporkommen.

παραβλήδην, ep. Adv. (παραβάλλω I, 1, a), hinwerfend, anspielend.

παράβλημα, τό, Schutzdecke.

παραβλητέος, 3. (-βάλλω), sp. zu vergleichen, vergleichbar, τινί. Ebenso

παραβλητός, 3. (-βάλλω), sp. verglichen, vergleichbar, τινί jmdm.

παρα-βλώσκω, ep. u. nur Perf. παρ-μέμβλωκα, zur Seite gehen, d. h. helfen, τινί.

παραβλώψ, ῶπος, ὁ, ἡ (-βλέπω), ep. sp. zur Seite blickend (aus Furchtsamkeit u. Schuldbewußtsein), schielend.

παρα-βοηθέω, zu Hilfe herbeiziehen oder eilen, helfen, unterstützen, bes. in der Schlacht.

παραβολεύομαι (-λος), N. T. aufs Spiel setzen, τῇ ψυχῇ sein Leben (var.).

παραβολή, ἡ, **1)** Abweichung vom rechten Wege, Wagnis. **2)** Vergleichung, Gleichnis, Denkspruch.

παράβολος, 2., Adv. **-βόλως** (βάλλω), gewagt, gefährlich, und vom Charakter eines Menschen bei Plut. auch: tollkühn, verwegen, u. ebenso das Adv.

παρα-βουλεύομαι, schlecht sorgen, τινί für jmd. (var.) N. T.

παράβυστον, τό, sc. δικαστήριον, **1)** ein Gerichtshof in Athen, wo die ἕνδεκα (s. d.) ihre Sitzung hielten, von so geringem Umfang, daß die Menschen darin nur eng zusammengepfercht Raum fanden. **2)** übertr. sp. ἐν παραβύστῳ im Geheimen.

παρα-βύω sp. hineinstopfen, hineinstoßen; (in die Hand) drücken.

παρα-βώμιος, 2. poet. u. sp. bei, neben den Altären.

παρ-αγγαρεύω, poet. durch den Extraboten verkünden.

παραγγελία, ἡ, **παράγγελμα,** τό, u. **παράγγελσις,** εως, ἡ, **1)** Ankündigung, Kunde; im bes. Meldung zu einem Amte, Bewerbung. **2)** die Weisung, Aufforderung, der Befehl, das Kommando, ἀπὸ od. ἐκ παραγγέλματος oder παραγγέλσεως auf einen mündlichen Befehl (nicht durch den Herold), damit es die Feinde nicht merkten, überh. auf Befehl, infolge eines Befehls. **3)** die Anstiftung von Parteiungen. **4)** N. T. die Lehre.

παρ-αγγέλλω • **1)** weiter melden, verkündigen, bekannt machen, **ankündigen,** anmelden, u. prägn.: sich als Bewerber melden, als Bewerber um ein Amt auftreten, τινί jmdm., ἀλλήλοις miteinander verabreden, ἔκ τινος woher, od. ἐπί τινι zu etwas einladen, z. B. ἐπὶ τὸ δεῖπνον, εἴς τι sich um ein Amt bewerben, od. mit Inf. od. ὅπως • **2)** (zu etwas) anweisen, die Weisung geben, auffordern, anordnen, **befehlen,** im bes. die Losung, Parole (τὸ σύνθημα) geben, εἰς τὰ ὅπλα zu den Waffen rufen, alarmieren, τὸ παραγγελλόμενον od. τὰ π. der gegebene Befehl, τινί u. πρός τινα jmdn., u. zwar τί, z. B. φίλα ταῦτά τινι jmdm. kommt die Aufforderung erwünscht, τὰ σιτία Verproviantierung, od. περί τινος in betreff einer Sache od. mit Inf.

παρα-γεύομαι, sp. dabei kosten, τινός.

παρα-γίγνομαι, ion. u. Koine **παρα-γίνομαι** [ῑ]. **1)** **dazukommen,** sich nähern, hinkommen, ankommen, erscheinen, eintreffen, stoßen auf etw., zu jmdm. stoßen; zu Hilfe kommen, mit u. ohne σύμμαχος; von Sachen: sich einstellen, erworben werden, τινί, εἴς od. ἐπί τινα, jmdm. od. zu jmdm., τινί u. εἴς τι auf od. zu etwas. **2)** **dabei sein,** zugegen, anwesend, zusammen sein, beiwohnen, τινί jmdm., bei jmdm., auch τινί mit Part. zugegen sein, als jmd.

παρα-γιγνώσκω (-γνώσομαι, -έγνων usf.), falsch od. unrecht urteilen, περί τινος über jmd., ὑπέρ τινος zu jmds. Gunsten.

παρ-αγκάλισμα, τό, poet. Liebesumfangen, von der Gattin.

παρ-αγκωνίζομαι, Dep. med., sp. neben sich fortstoßen.

παρ-άγορος, ὁ, ἡ, dor. st. παρήγ., Tröster(in).

παράγραμμα, τό, **1)** Beischrift, Zusatz. **2)** sp. das Paragramm, die Verschreibung, das Schreiben eines Buchstabens st. eines andern im Scherz od. Spott, z. B. *Κλωπίδαι* st. *Κρωπίδαι*, *Caldius Biberius Mero* st. *Claudius Tiberius Nero*.

παρα-γραφή, ἡ, **1)** daneben geschriebenes Zeichen. **2)** Einwand gegen die Gültigkeit einer eingereichten Klage, Einrede.

παρα-γράφω, daneben schreiben, schriftlich beigeben, οἱ παραγεγραμμένοι νόμοι in der Klage angezogene Gesetze. Der Kläger mußte nämlich die angeblich verletzten Gesetze der Klageschrift beigeben. Med. abschreiben lassen, od. gegen eine Klage eine Einrede machen.

παρα-γυμνόω, ion. sp. daneben enthüllen, aufdecken, von sich geben.

παρ-άγω, Perf. sp. παραγήοχα • **I) trans.** • **1)** daneben führen, d. i. • **a) vorführen,** herbeiführen, einführen (ἐπὶ τὴν σκηνήν auf die Bühne bringen), mit εἴσω hineinführen. Im bes. die Reihen entlang führen, vorbei-, aufmarschieren lassen (εἰς μέτωπον, ἐπὶ φάλαγγος in die Front), ἄλλοτε ἄλλῃ rechts u. links, παρ' ἀσπίδας links; εἰς τὰ πλάγια in Flanken (in Gestalt eines Π) nachrücken lassen; ἔξωθεν τῶν κεράτων den Flanken parallel aufmarschieren (od. hinter dem Karree in Parallele) • **b)** hingehen lassen, übertr. α) wozu **verleiten,** β) **hinziehen,** τὸν χρόνον • **2)** seitwärts vorbeiführen, auf die Seite **wegführen,** ablenken, falsch leiten, **verführen,** täuschen, τὴν ἀνάγκην sie nicht empfinden lassen, auch mit Inf. od. ἵνα (in eine Lage, wo). Im Pass. sich verführen lassen.

II) intr. sp., bes. N. T. • **1)** vorübergehen, vorbeigehen • **2)** weiterziehen • **3)** übertr. vergehen; so auch im Med., N. T.

παραγωγή, ἡ, **1)** das Vorbeiziehen oder die Fahrt an der Küste hin, um Räuberei zu treiben. **2) a)** die Abweichung, im bes ion. dialektische Verschiedenheit. **b)** die Überredung, Täuschung. **3)** Schlag der Ruder.

παρ-άγωγος, 2. sp. abgeleitet, auch in grammat. Sinne.

παρα-δαρθάνω, ep. Aor. mit Metath. παραδρᾰθέειν st. παραδαρθεῖν, neben od. bei jmdm. (τινί) schlafen, φιλότητι.

παράδειγμα, τό (παραδείκνυμι), was daneben gezeigt wird, Beispiel. **1)** zur Nachahmung: Vorbild, Muster, Modell, bes. für ausgeschriebene Bauten. **2)** zur Warnung: Warnung, Exempel, Mahnung. **3)** zum Beweis: Beweis, Beleg. Dav.

παραδειγματίζω, sp. einen zum Beispiel machen, züchtigen; der Schmach preisgeben, N. T.

παρα-δείκνυμι (δείξω, -έδειξα usf.), **1)** daneben vorzeigen, hinstellen, als (bedenkliches) Beispiel. **2)** anweisen, überweisen, φόρους. **3)** unabsichtlich zeigen.

παράδεισος, ὁ (altpers. *pairi-daêza* Park), **1)** Tiergarten, Park, Garten. **2)** Im N. T. Ort der Seligkeit, Paradies.

παραδεκτέος, 3. anzunehmen.

παρα-δέχομαι, ion. **-δέκομαι,** regelm., Dep. med., annehmen, passieren lassen, hinnehmen, in Empfang nehmen, erhalten od. aufnehmen, auf sich nehmen, z. B. μάχην den von andern begonnenen Kampf aufnehmen u. fortsetzen, od. in sich aufnehmen, sich durch etwas bilden od. erweitern.

παρα-δέω (δέω I.), sp. an der Seite anbinden.

παρα-δηλόω, nebenbei anzeigen.

παρα-διατριβή, ἡ, N. T. unnütze Beschäftigung.

παρα-δίδωμι (Koine, Präs. conj. auch -διδοῖ, Aor. conj. auch -δοῖ, Impf. pass. 3. sg. auch -εδίδετο), **hingeben,** darreichen, übergeben, verraten, überliefern, hinterlassen, bloßstellen, preisgeben, anvertrauen. Übertr. **1)** zurückgeben, **2)** weiter verbreiten, mitteilen, **3)** überlassen, lassen, zugeben, verstatten, gewähren, τινί τι od. m. Inf. τὰ ὅπλα die Waffen strecken, μέτρῳ γῆν τινι den Boden jmdm. richtig vermessen übergeben, διῶξαί τινα jmdn. verfolgen lassen.

παρα-διοικέω, sp. neben od. mit andern verwalten.

παρά-δοξος, 2. wider Erwarten, unerwartet, unglaublich, unbegreiflich, wunderbar, seltsam, sonderbar, auffallend, unsinnig; τὸ παράδοξον das Auffallende; die Seltenheit, Ausnahme.

παρα-δόσιμος, 2. sp. überliefert, vererbt.

παράδοσις, εως, ἡ (δίδωμι), das Übergeben, **1)** die Vererbung. **2)** die Übergabe, Auslieferung, τινός von jmdm. od. etwas. **3)** im N. T. auch die Überlieferung, mündliche Belehrung.

παρα-δοτέος, 3. (-δίδωμι), zu übergeben.

παρα-δοτός, 3. zu übergeben, lehrbar.

παραδοχή, ἡ (-δέχομαι), poet sp. das Übernommene, die Überlieferung, der Brauch.

παρα-δραθέειν, s. παραδαρθάνω.

παρα-δράω, ep. 3. plur. παραδρώωσι zerdehnt st. -δράουσι, Dienste leisten, τινί.

παραδρομή, ἡ (δρόμος), sp. das Durchlaufen, Durchziehen, τινός eines Landes.

παρα-δυναστεύω, neben jmdm. herrschen.

παρα-δύω, nur im Med. **-δύομαι** u. dem intr. Aor. 2. παρέδῡν, inf. ep. δύμεναι st. -δῦναι, vorbeischleichen od. -schlüpfen, ἔν τινι in etwas, διά τινος durch etwas, u. εἴς, ἐπί τι sich in etwas einschleichen, Umtriebe in etwas beginnen.

παρα-δωσείω, Desid. von παραδίδωμι, übergeben wollen.

παρ-αείδω τινί, ep. vor jmdm. (τινί) singen.

παρ-αείρω, poet. daneben aufhängen, φρένας, verkehren, verdrehen, Pass., Aor. παρηέρθην, ep an der Seite herabhängen. [zur Seite stellen, τινί.

παρα-ζεύγνυμι, daneben anspannen; übertr. sp.

παρα-ζηλόω, N T. zum Nacheifern, zur Eifersucht, zum Zorn reizen.

παρα-ζώννυμι, an der Seite angürten.

παρα-θαλασσίδιος, 2., u **-θαλάσσιος,** 3. am Meere gelegen. Nachbar des Meeres. ἄνδρες Küstenbewohner. Subst. ἡ π. die Seeküste.

παρα-θάλπομαι, poet. pass. erwärmt, getröstet werden, φρένα, u. zwar τινί durch etwas.

παρα-θαρρύνω, altatt. u. sp. **παραθαρσύνω,** beruhigen, Mut einsprechen, -einflößen, -machen, ermutigen.

παρα-θέλγω, poet. besänftigen, mit dem Nebenbegriff des Umstimmens.

παρά-θεσις, εως, ἡ (-τίθημι), sp. das Vorsetzen, vorgesetzte Gericht.

παρα-θέω (-θεύσομαι), **1) a)** längs od. an etwas hinlaufen, vorbeilaufen, beiläufig erwähnen. **b)** herzulaufen, herzukommen, angreifen. **2)** überholen, im Laufe zuvorkommen, τινά.

παρα-θεωρέω, 1) daneben betrachten, τί, u. τινὰ πρός τινα d. i jmdn. mit einem vergleichen. **2)** übersehen, verachten, N. T.

παρα-θήγω, sp. wetzen, schleifen, schärfen, stählen, τί od. τινά u. zwar τινί an etwas.

παρα-θήκη, ἡ, ion. sp N. T. = παρακαταθήκη.

παραί, ep. u. poet. = παρά s. d.

παραιβατέω, ar. sp. daneben, zur Seite stehen.

παραι-βάτης, ὁ, s. παραβάτης.

παραι-βάτις, ἡ, buk. die neben dem Schnitter hergehende Garbenbinderin (od. *Παραίβ*).

παραί-βολος, 2. ep. schief geworden, von der Seite geworfen; *παραίβολα κερτομεῖν* mit Seitenhieben necken.

παρ-αιθύσσω, poet. vorbeizischen, (unbedacht) entfahren (v. Worten).

παραίνεσις, εως, ἡ, der Zuspruch, die Ermahnung, Empfehlung, das Ratgeben, mit u. ohne *λόγων* die Ermahnungsrede, Anrede, Lehre, Vorschrift.

παραινετήρ, ῆρος, ὁ, sp. Ermunterer, Ratgeber.

παρ-αινέω, Fut. -έσω u. -έσομαι, Aor. -ῄνεσα, Perf. pass. -ῄνημαι, Aor. pass. -ηνέθην, zureden, etwas zur Aufmunterung sagen, empfehlen, auffordern, ermuntern, ermahnen, Rat erteilen, raten, heißen, befehlen, warnen. Pass. *τὰ παραινούμενα* die Ermahnungen.

παρ-αίρεσις, εως, ἡ, Wegnahme, Entziehung, *τινός* von etwas.

παρ-αιρέω (-αιρήσω, -εῖλον, -ῄρηκα, -ῄρημαι, -ῃρέθην), 1) Akt a) wegnehmen, wegreißen, *τί*, od. *τινός* ein Stück von etwas. b) aufheben, beseitigen. c) unrecht anwenden. 2) Med. für sich wegnehmen, sich mit Gewalt zueignen, überh. entreißen, abwendig machen, *τί* od. *τινά*, u. zwar *τινός* von jmdm. od. etwas, *τινί* durch etwas, *ἔν τινι* bei etwas.

παραίρημα, τό, das Weggenommene, der Streifen.

παρ-αισθάνομαι, Dep. med., nebenbei, unter der Hand vernehmen, *τινός* von jmdm.

παρ-αίσιος, 3. ep. Unglück andeutend, unheilvoll.

παρ-αΐσσω, ep. sp., Aor. ep. *παρῆιξα*, vorüberstürmen, abs., od. *τινά* an einem, *ἐπί τι* zu etwas.

Παραιτάκαι od. **Παραιτακηνοί**, ion. **Παρητακηνοί,** οἱ, 1) Bewohner des Grenzgebiets von Persien nach Medien zu, jetzt *Serhud* 2) medischer Volksstamm zwischen Oxos u Iaxartes über Baktrien u Sogdiana, deren Landesname Parvataka Bergland bedeutet (Arr. 4, 21, 1. 22, 1).

παρ-αιτέομαι, Dep. med. 1) sich erbitten, **bitten,** *τινά τι* (auch *τινός τι*) jmdn. od. von jmdm., auch mit Inf., etwas od. um etwas • Insbes. a) sich die Erlaubnis erbitten, mit Inf. od. mit *ὡς*, es durch Bitten dahin bringen daß, b) durch Bitten erweichen, versöhnen, besänftigen, c) durch Fürbitte erlösen, losbitten, dah. Fürsprache bei einem (*τινά*) einlegen, *περί τινος* für jmdn., d) sp. für etwas (*τί*) um Verzeihung bitten, sich für etwas entschuldigen. 2) **sich verbitten,** zurückweisen, ausschlagen, vermeiden.

παραίτησις, εως, ἡ, Bitte, das Losbitten, die Entschuldigung.

παραιτητής, ὁ, sp. der Fürbittende.

παρ-αίτιος, 2. auch 3., poet. u. sp. mitwirkend, Mitursache, *τινός* von etwas.

Παραιτόνιον, τό, Stadt an der Nordküste Afrikas zwischen Kyrēne u. Alexandrīa.

παραί-φασις, εως, ἡ, ep., u. **πάρ-φασις,** εως, ἡ, ep. st. *παρά-φ.*, 1) das Zureden, die Ermunterung, Zuspruch. 2) die Anlockung.

παραι-φρονέω, buk. = *παραφρονέω*, w. s.

παρ-αιωρέομαι, ion. u. sp. Pass. mit Perf. *παρῃώρημαι*, an der Seite herabhängen.

παρα-καθέζομαι, Dep. med., u. **παρα-κάθημαι,** Dep. med., sich daneben niedersetzen, dabeisitzen, im bes. müßig dabeisitzen; abs., u. *τινί* bei jmdm., *ἐπί τινι* auf etwas, *ἔν τινι* in etwas.

παρα-καθιδρύομαι, sp. neben jmdm. (*τινί*) aufgestellt werden.

παρα-καθίεμαι, poet. u. sp. an der Seite herabsinken lassen.

παρα-καθίζω, 1) Akt. (-καθιῶ, -εκάθισα), a) trans. dabei niedersetzen, *τινά* jmd. b) intr. daneben sitzen, *τινί* neben jmdm. 2) Med. **παρα-καθίζομαι** (-καθιζήσομαι, -εκαθισάμην), a) trans. jmd. (*τινά*), bei od. neben sich sitzen lassen. b) intr. dabei sitzen, *τινί* bei jmdm., = *παρακαθέζομαι*.

παρα-καθίστημι (-στήσω, -έστησα), daneben einführen, hinstellen, an die Seite stellen, beigesellen.

παρα-καίω, ion. sp. daneben anzünden.

παρά-καιρος, 2. zeitwidrig, gegen die Jahreszeit verstoßend.

παρα-καλέω herbei-, hinzu-, **dazurufen,** od. rufen lassen, rufen, insbes. 1) sich an jmdn. wenden, ansprechen, ihn zu Hilfe od. in den Kampf rufen, überh. anrufen, zurufen, aufrufen, berufen. 2) auffordern, einladen, ermahnen, zureden, ermuntern, antreiben, *τινά* od. *τί* jmdn. od. etwas, *εἴς*, *ἐπί τι* zu etwas od. mit Inf. od. (statt *παρακαλοῦντα λέγειν*) mit *ὅτι*, *τὰ παρακαλούμενα* die Forderungen, das Geheiß, übertr. anfachen; bitten (Koine mit *ἵνα* u. Konj.). 3) sp. u. N. T. trösten, bestärken.

παρα-καλπάζω (*κάλπη*, ἡ, Trab), sp. im Trabe nebenher laufen.

παρακάλυμμα, τό, sp. 1) das vor etwas Aufgehängte, um es zu verhüllen, Vorhang, *πρό τινος* vor etwas. 2) übertr. Vorwand.

παρα-καλύπτω, 1) N. T. Pass. verhüllt, verborgen sein. 2) Med. a) sich verhüllen. b) etwas von sich verschließen.

παρα-καταβάλλω, 1) ep., nur im Aor. 2. *παρακάββαλον*, bei od. vor jmdm. niederwerfen, hinlegen, *τί*, u. zwar *τινί* jmdm. 2) als t. t. (beim Gerichte) hinterlegen.

παρα-καταθήκη, ἡ, das bei jmdm. Niedergelegte, Depositum, Pfand, Geisel, inbes. das einem anvertraute Gut oder Kapital.

παρα-κατάκειμαι, daneben liegen, *τινί* bei jmdm.

παρα-κατακλίνω, neben einem (*τινί*) niederlegen, *τί*.

παρα-καταλείπω, sp. bei jmdm. (*τινί*) zum Schutz zurücklassen, *τινά*.

παρα-καταλέχω, ep. u. nur im med. Wurzelaor. *παρκατέλεκτο*, sich neben jmdm. (*τινί*) niederlegen, bei jmdm. sich lagern, ruhen.

παρα-καταπήγνυμι, daneben einrammen.

παρα-κατατίθημι, Med. etwas von sich od. für sich als Pfand od. zum Schutz niederlegen, od. in Verwahrung geben, zum Schutz übergeben, anvertrauen.

παρα-κατέχω, bei sich zurückhalten, im Zaum halten.

παρα-κατοικίζω, daneben wohnen lassen, übertr. dabei einflößen, *τί τινι*.

παρά-κειμαι, poet. *πάρ-κειμαι*, Impf. iterat. ep.

παρεκέσκετο, daneben od. dabei liegen, dabei stehen od. hingestellt sein, bereit liegen, Ἄϊδᾳ begraben sein; übertr. vorliegen, mit Inf. näml. die Wahl, abs., u. τινί jmdm. od. neben etwas. Insbes. gramm. sp. ὁ παρακείμενος (sc. χρόνος), das Präteritum, Perfekt.

παρακέλευμα, τό = παρακέλευσμα, s. παρακέλευσις.

παρα-κελεύομαι, Dep. med., **1)** gebieten, heißen, auftragen, anraten, empfehlen, glaublich zu machen suchen. **2)** zurufen, Ermutigungen zurufen, zusprechen, Ansprache halten, ermutigen, ermahnen, auffordern, antreiben.

παρακέλευσις, εως, ἡ, poet. u. sp. **παρακέλευσμα,** τό, ferner **παρακελευσμός,** ὁ, Zuruf, Ermunterungsruf, Aufmunterung, Ermahnung, abs., od. τινί an jmdn., παρά τινος von jmdm., ἐκ παρακελεύσεως unter gegenseitigem Zuruf, τὴν παρακέλευσιν ποιεῖσθαι ἔν τισι unter einigen die Aufmunterung ergehen lassen, παρακελευσμῷ χρῆσθαι sich anfeuern.

παρακελευστικός, 3. zurufend, ermunternd.

παρακελευστός (παρακελεύομαι), aufgerufen, zum Beistand jmds. (τινί) entboten, sein Helfer und Helfershelfer.

παρα-κινδύνευσις, εως, ἡ, Wagnis, mit Inf.

παρακινδυνευτικός, 3., Adv. **-κῶς,** gefährlich.

παρα-κινδυνεύω, wagen, sich in Gefahr begeben, teils abs. παρακινδυνεύων kühnen Mutes, παρακεκινδυνευμένος gewagt, gefährlich, teils m. folg. μή, teils τί od. εἴς τι.

παρακινδύνως, Adv. sp. unter Gefahren.

παρα-κινέω, 1) trans. daneben bewegen, in Bewegung setzen, rühren (auch verrücken). **2)** intrans. verdreht, außer sich geraten sein, ἐπί τινι über jmdm., d. h. von der Leidenschaft für jmdn (auch unruhig sein, u. εἴς τι in der Narrheit auf etwas verfallen). Dav.

παρακινητικῶς ἔχειν, sp. Spuren von Wahnsinn zeigen.

παρα-κίω, ep. (in tmesi), vorbeigehen, τινά.

παρα-κληΐω, ion. st. -κλείω, ausschließen, τινά.

παρά-κλησις, εως, ἡ (καλέω), **1)** die Herbeirufung, τινός jmds. **2)** Zuruf, Aufforderung, Aufmunterung, Anregung, ἐκ π. zufolge ergangener Aufforderung, verabredetermaßen, abs., u. πρός τινα an jmdn. **3)** sp. Ersuchen, (dringende) Bitte. **4)** N. T. Trost, kräftig erbauliche Ansprache.

παρακλητικός, 3. ermunternd. [N. T.

παρά-κλητος, ὁ, **1)** Sachwalter. **2)** Tröster, Helfer,

παρακλιδόν, ep. Adv., vorbeibiegend, ausweichend, d. h. die Wahrheit durch Ausschweife verhüllend.

παρα-κλίνω (ῑ, St. κλῐ, s. κλίνω), **1)** Akt. trans. seitwärts neigen, biegen, τί, z. B. τὴν πύλην ὀλίγον τι den Torflügel ein wenig aufmachen. **2)** Akt. intrans. ausbiegen, ausweichen, umschlagen. **3)** Pass. u. Med. buk. sich daneben legen.

παρακλίτης [ῐ], ου, ὁ, der neben jmdm. auf dem Ruhebette liegt, Tischnachbar.

παρ-ακμάζω, an Kraft abnehmen, verblühen, welk, hinfällig, alt werden, abs. οἱ παρηκμακότες (auch τοῖς σώμασι), die über die Vollkraft hinaus sind, gealtert, nicht mehr aktiv, ausgedient.

παρ-ακοή, ἡ, sp. N. T. der Ungehorsam.

παρα-κοίτης, ου, ὁ (κοίτη), ep. der Ehegatte.

παρά-κοιτις, ιος, ἡ, ep. Dat. -κοίτῑ, ep. Gattin.

παρά-κοιτος, 2. sp. daneben liegend, schlafend.

παρ-ακολουθέω, nebenhergehen, begleiten, folgen, sich an jmdn. hängen, abs., od. τινί (auch τινά bei hinzugef. κολακεύων), τινί auch übertr. einem Ereignisse mit seiner Aufmerksamkeit folgen, nachgehen; sich richten nach —; fassen, begreifen, verstehen, erkennen, wissen.

παρ-ακολούθησις, εως, ἡ, sp. **1)** das Folgen. **2)** das Verstehen, Begreifen, Erfassen.

παρ-ακολουθητικός, 3. sp. zum Folgen, Erfassen geschickt, einsichtig.

παρα-κομιδή, ἡ, **1)** sp. die Zufuhr, τῷ ποταμῷ auf dem Flusse, statt κατὰ τὸν π. **2)** die Vorbeifahrt.

παρα-κομίζω, 1) Akt. herbeibringen, herzuführen, hinschaffen, hinüberschaffen, τί od. τινά u. zwar ἔς τι wohin. **2)** Pass. hinübergeschafft werden, od. auch **a)** weiter ziehen, weiter wohin gelangen, weiter fahren. **b)** längs der Küste hinfahren, abs., od. etwas (τί) entlang hinfahren, überh. hinfahren.

παρ-ακονάω, nebenbei schärfen, übertr. zugleich ermutigen. [Wahnsinn.

παρακοπή, dor. **-πά,** ἡ (-κόπτω), poet. ar. sp. der

παράκοπος, 2. poet. wahnsinnig, wahnwitzig, auch mit hinzugef. φρενῶν.

παρα-κόπτω, poet. u. sp. **1)** abschlagen, abhauen, τί, nämlich Stücke davon. **2)** verschlagen, d. i. **a)** falsch prägen. **b)** τινὰ φρένας, wahnsinnig machen.

παράκουσμα, ατος, τό, Gehörtes; Lehre, Lehrsatz. Von

παρ-ακούω (s. ἀκούω, Fut. sp. auch -ακούσω), **1)** nebenbei, gelegentlich, heimlich hören, τὶ (παρά) τινος. **2)** nicht recht, falsch hören, verhören, mißverstehen, τί u. τινός. **3)** sp. u. N. T. überhören, nicht beachten, mißachten, ungehorsam sein, τινός u. τί.

παρα-κρεμάννυμι, Aor. part. -κρεμάσας, ep. sp. daneben hängen od. hangen lassen, τί.

παρά-κρημνος, 2. sp. an den Seiten abschüssig, steil.

παρα-κρίνομαι (ῑ, St. κρῐ, s. κρίνω), ion. u. sp., Pass. neben etwas hin geordnet werden, d. i. sich aufstellen, abs., od. παρακεκριμένος παρά τι neben etwas hin in Schlachtordnung aufgestellt.

παρα-κροτέω, sp. daneben stoßen od. schlagen.

παράκρουσις, ἡ, eigentl. das Danebenschlagen, **a)** Fehlgriff, Irrtum. **b)** der Betrug. Von

παρα-κρούω u. Med. **-ομαι,** Perf. pass. -κέκρου(σ)μαι, Aor. pass. -εκρούσθην, an die Seite stoßen oder schlagen, τινά, insbes. an die Waagschale stoßen, dah. berücken, täuschen, hintergehen, betrügen.

παρα-κτάομαι, ion. Dep. med., daneben erwerben od. annehmen, τί.

παρ-άκτιος, 3. (ἀκτή), poet. am Strande gelegen, auch = παρὰ τὴν ἀκτήν den Strand entlang.

παρα-κύπτω, sich nach etwas bücken, um es zu sehen, dah. **a)** hingucken, hinschauen, ἔς, ἐπί, κατά τι. b) poet. heimlich, geduckt hinter etwas (τινός) hervorschauen. c) neugierig beschauen, N. T.

παρα-λαμβάνω, Fut. ion. παραλάμψομαι. 1) hinzunehmen, **übernehmen,** unternehmen, in Empfang nehmen, erhalten, aufnehmen, in Besitz nehmen, einnehmen, **παιδεύειν τινα** einen zur Erziehung übernehmen, **τὰ παραλαμβανόμενα** die Unternehmungen, dah. a) milit. besetzen, erobern, unterwerfen, gewinnen, b) im bes. antreffen, vorfinden, τινά τι einen als etwas gelten lassen; dah. auch geistig behalten, vernehmen, sich merken, lernen. 2) an sich ziehen, zuziehen, zu, an, mit sich nehmen, aufbieten; insbes. auch einladen, an sich locken, εἴς od. ἐπί τι zu od. auf etwas.

παρα-λανθάνω, daneben entgehen.

παρα-λέγομαι, sp. N. T. wie *legere oram,* an einem Land hinfahren.

παρα-λείπω, 1) vorbeilassen, unterlassen, übergehen. Im bes. a) verschonen, freilassen. b) unbeachtet lassen, versehen, versäumen, τί u. τινά. 2) auslassen, nicht berühren, übergehen, abs. παραλέλειπται es ist noch zu erzählen übrig, od. τί, z. B. τι ἄσκεπτον etwas unerörtert lassen.

(παρα-λέχομαι), Med., ep. poet., Aor. 1. παρελέξατο, conj. 1. sing. παραλέξομαι st. -ωμαι, sich neben jmdn. (τινί) legen, sich jmdm. zugesellen; Lagergenossin sein, φιλότητι.

παρα-ληπτός, 3. annehmbar.

παρα-ληρέω, Verkehrtes reden, schwatzen.

παρ-άλιος, 2. u. 3., s. πάραλος.

παρ-αλιταίνω, sp. ep. sich verfehlen, irren.

παραλλᾰγαί, αἱ (παραλλάσσω), 1) Wechsel, Abwechslung, Ablösung. 2) Unterschied (sing. nur sp.).

παραλλάξ, Adv. (παραλλάσσω), 1) wechselnd, wechselseitig. 2) schräg hintereinander (in dieser Lage *****).

παράλλαξις, ἡ = παραλλαγή s. παραλλαγαί; **σκελῶν** das Hin- u. Herbewegen der Beine.

παρ-αλλάσσω, neuatt. **-αλλάττω,** 1) trans. nebeneinander abwechseln lassen, dah. a) umstellen, ändern, τί, im Pass. παρηλλαγμένος ungewöhnlich. b) bei u. an etwas od. jmdm. (Akk.) vorbeigehen, vorbeifahren. c) übertr. über etwas hinaustreten, etwas (τί) überschreiten, od. τινά jmdn. übertreffen, u. zwar τινί an etwas. 2) intr. od. abs. a) vorbei- od. vorübergehen, sich entfernen, entkommen, entschlüpfen, absol. od. mit διὰ χερῶν. b) darüber hinausgehen, sich hervortun, hervorragen, τινί an etwas. c) von etwas abweichen, verschieden sein, abs. [parallelogrammförmig.

παραλληλόγραμμος, 2. sp. mit parallelen Seiten,

παρ-άλληλος, 2., ar. sp., in ältern Schriftst. παρ' ἀλλήλας usw. geschr., nebeneinandergestellt, gleichlaufend, parallel, verglichen, gleich an etwas, τινί; ἐκ παραλλήλου aus einer Nebeneinanderstellung, Vergleichung. Adv. παραλλήλως, sp. in gleicher Weise, nebeneinander.

παρα-λογίζομαι, Dep. med., 1) falsch rechnen, bei der Rechnung durch einen Rechnungsfehler etwas (τί) unterschlagen, betrügen, täuschen, überlisten. 2) sp. außer Rechnung und Rücksicht stellen, vernachlässigen.

παρα-λογισμός, ὁ, Trugschluß.

παρά-λογος, 2., Adv. **-λόγως,** wider die Rechnung, dah. unerwartet, unvermutet. Subst. ὁ π. s. nachher; τὸ u. τὰ π. das Unerwartete, Übernatürliche, ἐκ τοῦ π. wider Erwarten. Adv. auch: auf unvernünftige Art.

παρά-λογος, ὁ, falsche Rechnung: a) die Unberechenbarkeit, Plur. die unberechenbaren Wechselfälle, τὸ πλείστῳ παραλόγῳ ξυμβαῖνον das gegen alle Berechnung Eintretende. Dah. b) die Überraschung, u. so teils das Aufsehen, τὸν π. παρέχειν Aufsehen erregen, teils die Enttäuschung.

πάρ-αλος, 2. u. **παρ-άλιος,** 2. u. 3. (ἅλς), seenahe, **am Meere gelegen,** ὄρνιθες Seevögel, στρατός Seemacht. Subst. 1) ἡ παραλία die Küste, das Gestade, das Küstenland. Insbes. hieß der Küstenstrich von Attika am Saronischen Busen u. Ägäischen Meer ἡ Παραλία od. Πάραλος, mit u. ohne γῆ, u. die Einw. οἱ **Πάραλοι** u. **Παράλιοι.** 2) ἡ Πάραλος eines der athenischen Staatsschiffe (wie Σῴζουσα u. Σαλαμινία), welche stets segelfertig lagen. Seine Mannschaft, die aus lauter athenischen Bürgern bestand, hieß οἱ **Πάραλοι.**

παρ-άλπιος, 3. sp. an den Alpen wohnend.

παρα-λῡπέω, beiläufig stören, (empfindlichen) Schaden zufügen, kränken, beschwerlich fallen, abs., od. τινά jmdm., u. zwar τί in etwas.

παράλυσις, ἡ, sp. Auflösung, insbes. Lähmung.

παραλυτικός, 3., N. T. (einseitig) gelähmt.

παρα-λύω, 1) Akt. u. Pass. an der Seite losmachen od. losmachen lassen, überh. wegnehmen, entziehen; übertr. erlösen, befreien, entbinden, entlassen, verabschieden, entsetzen, u. zwar **τινός** von etwas; lähmen, τί od. τινά. 2) Pass. a) frei sein. b) der Kräfte entbunden werden, erlahmen.

παρ-αμείβω, Impf u. Aor. ion. mit u. ohne Augm., 1) Akt. wechseln, fortgehen, vorübergehen, vorauskommen, übertr. übertreffen, τί. 2) Med., meist poet., Konj. Aor. **παραμείψεται,** sich (*sibi*) etwas umändern, dah. vorbei u. anderswohin gehen, vorbeigehen, -ziehen, -fahren, -fließen, absol., od. **τινά, τί,** vor jmdm., vor etwas, **τοῦτο παραμειβομένοις** hat man dies (Volk) hinter sich.

παραμείγνυμι (-μίγνυμι), u. **παρα-μίσγω,** dazu mischen, beimischen, **τί τινι.**

παρ-αμελέω, unbekümmert sein, nicht genug achten, außer acht lassen, vernachlässigen, abs., u. τινός jmdn. od. etwas.

παρα-μένω, ep. u. poet. **παρμένω,** u. **παρα-μίμνω,** dabei od. da bleiben, verweilen, ausharren, aushalten, ausdauern, dauern, verharren, bleiben, im bes. am Leben bleiben, abs. **παραμένων** andauernd, u. τινί, ἔν τινι neben, bei jmdm., περί τι bei etwas, πρός τι gegen, zu etwas.

παρ-άμερος, 2. dor. (ἡμέρα), täglich sich erneuernd, jeden Tag beschieden.

παρα-μετρέω, etwas (τί) mit einer andern Sache (τινί) messen, damit vergleichen.

παρα-μηρίδια, τά, Hüft- od Schenkelpanzer, zunächst für Pferde, die es aber damit auch zugleich für die Reiter waren.

παρα-μίγνυμι = παραμείγνυμι.
παρα-μιμνήσκομαι, ion. u. poet., Aor. poet παρεμνησάμην, Perf. παραμέμνημαι, dabei od gelegentlich Erwähnung tun, u. zwar τινός jmds.
παρα-μίμνω, s. παραμένω.
παρα-μίσγω, s. παραμείγνυμι.
παραμόνιμος, 2. u. **παράμονος,** 2. (-μένω), verbleibend, beharrlich, standhaft, treu.
παρά-μουσος, 2. poet. im Mißklang stehend.
παρ-αμπέχω (-ίσχω), poet. umhüllen, τί. Med. ion. sich mit etw. umhüllen, etw. zum Deckmantel machen, τί.
παρ-αμπυκίζω, lakon. **-ίδδω** (ἄμπυξ), mit einem Reif, einem Stirnband umgeben.
παρα-μυθέομαι, Dep. med., zureden, zusprechen, ermutigen, beschwichtigen, trösten, beruhigen; seine Ansicht umstimmen, einen Zustand tröstlich mildern u. ihm das Gehässige nehmen, also mildern, verringern, das Anstößige benehmen. Abs. od. τινί, τινά, τί, bisw. mit folg Inf. od. Part.
παραμυθία, ἡ, u. **παραμύθιον,** τό, das Zureden, **a)** die Überredung. **b)** Tröstung, Trost. **c)** Linderung, Beschwichtigung, abs., od. τινός für etwas, τινί in etwas.
παρα-μυκάομαι, poet. dabei brüllen.
παρ-αναγιγνώσκω, daneben (παρά τι) d. i. als Gegenstück von etwas vorlesen, τί; auch vergleichen.
παρ-αναδύομαι, sp. Med., dabei hervortauchen, ἔκ τινος.
παρα-ναιετάω, poet. an etwas (τί) anwohnen.
παρ-αναλίσκω, zwecklos aufwenden, opfern.
παρανάλωμα, τό, meist sp. unnützer Aufwand.
παρα-νέω, sp. = παρανήχομαι.
παρα-νηέω od. **-νηνέω,** ep. Intensivf. von παρανέω, dabei aufhäufen, τὶ ἔν τινι.
παρα-νήχομαι, ep. u. sp., Dep. med., seitwärts od. daneben hinschwimmen, abs., u. τινί neben etwas.
παρα-νικάω, poet. besiegen.
παρ-ανίσχω, **1)** trans. dabei in die Höhe halten, τὶ ἀπό τινος. **2)** intr. sp. hervorstehen.
παρα-νοέω, **1)** wahnsinnig, verrückt sein. **2)** poet. mißverstehen. Dazu
παράνοια, ἡ, Verrücktheit, Wahnsinn; γραφὴ παρανοίας, Klage auf Entmündigung. παρανοίας ἁλῶναι, des Wahnsinns überführt, entmündigt werden.
παρανομέω (παράνομος), Augm. παρεν. u. παρην., gesetzwidrig od. widerrechtlich handeln, die Gesetze verletzen, sich vergehen, freveln, etwas begehen. Im Pass. ungesetzlich beschlossen, bewilligt werden; auch von Personen: Gegenstand einer παρανομία werden.
παρανόμημα, τό, u. **παρανομία,** ἡ, Gesetzwidrigkeit, gesetzwidrige Handlungsweise, Überhebung (über die Gesetze u. das was Brauch ist), Frevel, Unrecht, absol., od. εἴς, κατά τι, od. mit folg. ὅτι.
παρα-νομίζω, unrichtig urteilen.
παρά-νομος, 2., Adv. **-νόμως,** gesetzwidrig, **a)** die Gesetze verletzend, dem Herkommen zuwider. **b)** widerrechtlich, unerlaubt, frevelhaft. Im bes. παρανόμων γράφεσθαι jmdn. wegen eines gesetzwidrigen od. schädlichen Gesetzvorschlags belangen. Es galt diese γραφὴ παρανόμων als ein Bollwerk der Demokratie, um Verfassungsveränderungen unmöglich zu machen.
παρά-νους, 2., zsgz. aus -νοος, poet. wahnsinnig.
πάρ-αντα (ἄντα), ep. Adv., seitwärts, quer, seitab.
παρα-νυκτερεύω, sp. die Nacht dabei (ἐπί τινος) Wache halten.
παρα-ξιφίς, ίδος, ἡ, sp. ein neben dem Schwerte getragener Dolch.
παρ-αξόνιον, τό, poet. Vorstecknagel an der Wagenachse außerhalb des Rades.
παρ-άορος, 2. poet. = παρήορος.
παρα-παιδαγωγέω, sp. vom falschen Wege abbringen, allmählich zum Bessern leiten.
παρα-παίω, eigentl. daneben schlagen, dann fehlgreifen, abirren; bes.: von Sinnen sein, verrückt sein, eine Tollheit begehen, faseln, τοῦτο darin.
παρα-πάλλομαι, poet. sich danebenschwingen.
Παραπάμισος, ὁ, fälschlich auch Καύκασος genannt, hohes Gebirge des innern Asiens, jetzt *Hindu Kusch,* u. südlicher das Gebirge von Guristan. (Der Name hieße richtig Παρωπάνισος; Griechen nannten das große Zentralgebirge auch Παρνασσός.) Die Umwohner **Παραπαμισάδαι,** οἱ, Bewohner des heutigen Kurdistan.
παρά-παν, Adv., gew. τὸ π., ganz u. gar, gänzlich, durchaus, überhaupt, kurz; bei Zahlbestimmungen: wenigstens.
παρ-απατάω, poet. verleiten, verführen.
παρ-ἀπᾰφίσκω, ep. Aor. παρήπαφον (auch in tmesi), verleiten, betören, τινά od. mit Inf.
παρα-πείθω (s. πείθω), mit ep. redupl. Aor. 2. παραιπέπιθον, conj. παραιπεπίθῃσι, part. παρπεπιθών, fem. παραιπεπιθοῦσα, eigtl. durch listige Reden umstimmen, daher **a)** überreden, beschwatzen, gewinnen, verleiten. **b)** besänftigen, begütigen, τινά od. τί, u. zwar mit folg. Inf. u. τινί mit etwas.
παρα-πειράομαι, Dep., poet. = versuchen, ausforschen, τινός.
παρα-πέμπω, **1)** vorbeischicken, -geleiten, -führen, od. nebenbei schicken (sp. hinüberwerfen). Übertr. übergehen, nicht beachten, τινά, ihm kein Gehör schenken. Mit ἑαυτόν τινι sp. sich einer Sache überlassen od. ergeben. **2)** wohin schicken, hersenden, bes. zu Hilfe schicken. **3)** wohin bringen, geleiten, begleiten, auch in einem feierlichen Zuge. Im Pass. unter sicherem Geleite fahren.
παρα-πέτασμα, τό, das Vorgebreitete, der Vorhang, übertr. Deckmantel.
παρα-πέτομαι, poet. u. sp., Aor. παραπτῆναι, vorbei-, vorüberfliegen.
παρά-πηγμα, ατος, τό, sp. das Angeheftete, der Anschlag, bes. eine Tafel, auf der Gesetze, Verfügungen, kalendarische Beobachtungen u. a. verzeichnet u. aufgestellt sind. Von
παρα-πήγνυμι, **1)** trans. (-πήξω, -έπηξα), daran anheften. **2)** intr. im Med. παραπήγνυμαι mit dem Perf. παραπέπηγα daneben gesteckt sein, fest haften, τινί an etwas.
παρα-πηδάω, herzuspringen; übertr. überspringen, übertreten.

παρα-πικραίνω, sp. N. T. trans. erbittern, gleichsam intrans. sich auflehnen. [Auflehnung.
παρα-πικρασμός, ὁ, sp. N. T. die Erbitterung, die
παρα-πίπτω (-πεσοῦμαι, -έπεσον, -πέπτωκα), 1) zufällig aufstoßen, dazwischenkommen, in den Wurf kommen, zufällig sich darbieten, eintreten, abs. u. τινί. 2) danebenfallen, verfehlen, fehlen.
Παραπίτα, ης, ἡ, Gemahlin des Pharnabazos.
παρα-πλάζω, ep. poet. sp. 1) Akt., Aor. παρέπλαγξα, vorbeitreiben, verschlagen, übertr. verwirren, τινά od. τί, u. zwar τινός von — weg. 2) Pass. παραπλάζομαι m. Aor. παρεπλάγχθην, abirren, abspringen; auch übertr. vom rechten Weg abkommen, γνώμας ἀγαθᾶς.
παρά-πλειος (-πλῃος, -πλεως), 3. fast voll.
παρα-πλευρίδιον, τό, die Bedeckung der Seiten der Rosse an den Streitwagen, Seitenharnisch.
παρα-πλέω (-πλεύσομαι, -έπλευσα, -πέπλευκα), ion. παραπλώω, mit Aor. παρέπλων, Perf. παραπέπλωκα. 1) die Küste entlang, am Ufer hin od. vorübersegeln od. -fahren, τί an etwas entlang od. vorbei, παρά τι neben etwas hin, dag. ἐπί τι wohin, ähnl. ταύτῃ, αὐτόσε, aber ἔξω τινός aus etwas heraus, ἐν ἀριστερᾷ das Ufer zur Linken, überh. weiter fahren. 2) an etwas heran, zu etwas hinsegeln, herbeifahren, anlanden.
παρα-πλήθω, ep. (in tmesi), daneben voll sein.
παράπληκτος, 2. poet. sp. seitwärtsgeschlagen, gelähmt, verrückt, wahnsinnig.
παραπλήξ, πλῆγος, ὁ, ἡ (παραπλήσσω), 1) ep. seitwärts geschlagen, im bes. von sanft abfallenden Ufern, an welche die Wellen seitwärts anschlagen, also: schräg bespült. 2) = παράπληκτος.
παρα-πλήσιος, 3. u. 2., Kompar. -σιαίτερος, Sup. -πλησιώτατος nahekommend, ziemlich übereinkommend, ziemlich od. fast gleich, fast ebenso, ziemlich ebensoviel, ähnlich, τί u. κατά τι an etwas, z. B. ναυσὶ παραπλησίαις τὸν ἀριθμόν mit einer etwa gleichen Anzahl von Schiffen, τινί jmdm. od. etwas. Auch mit folg. Relativ, καί, ὡσεί, ὥσπερ wie, als; τοιοῦτος (ἴσος u. ähnl.) καί- ein solcher (gleicher) od. dem ähnlicher. Adv. παραπλησίως = παραπλήσιον ebensoweit, παραπλήσια ähnlich, fast ebenso.
παραπλήσσω, daneben schlagen; übertr. im Perf. part. παραπεπληγμένος, poet. u. sp. betäubt, außer sich, verrückt, wahnsinnig.
παρά-πλους, zsgz. aus -πλοος, ὁ, das Vorbeifahren, a) die Vorüberfahrt, bes. die Küstenfahrt. b) überh. Fahrt, Überfahrt, abs., od. τινός nach etwas, im verkürzten Ausdruck: ἡ (χώρα) ἐν τῷ π. das Land, an dem man vorüberfahren mußte.
παρα-πλώω, s. παραπλέω.
παρα-πνέω, ep. vorbeiwehen (näml. neben der Bindeschnur), u. zwar ὀλίγον περ auch nur ein wenig.
παρα-ποδίζω, sp. die Füße verwickeln, hindern, hemmen.
παρα-ποιέομαι, Med. (*sibi*) nachmachen lassen, τί.
παρ-απόλλυμαι, Pass. mit Perf. 2. παραπόλωλεν, dabei umkommen.
παρα-πομπή, ἡ (-πέμπω), Schutzgeleite, τινός von etwas; auch überh. Transport.
παρα-πομπός, 2. sp. geleitend.
παρα-πόντιος, 2. poet. am Meere gelegen.
παρα-πορεύομαι, ar. sp. Dep., vorüber- od. vorbeigehen od. ziehen, absol., od. περί τινα um jmdn., auch überh. gehen od. reisen. N. T. durchziehen.
παρα-ποτάμιος, 3. u. 2. sp. am Fluß gelegen, παραποτάμια Uferländereien.
Παραποτάμιοι, Stadt in Phokis an der böot. Grenze, j. Ruinen bei *Belissi*.
παρα-πράσσω, poet. u. sp. -ττω, ion. -πρήσσω, 1) ion. daneben tun, τί. 2) poet. dabei tun, mit helfen, abs. u. τί. 3) sp. widerrechtlich (παρὰ τὸ προσῆκον) eintreiben, τί.
παραπρεσβεία, ἡ, Truggesandtschaft, pflichtwidrig verwaltete Gesandtschaft. Von
παρα-πρεσβεύω (auch Med. -ομαι), seine Pflicht als Gesandter übertreten.
παρά-πρισμα, τό (πρίω), poet. plur. Sägespäne.
παρ-άπτομαι, 1) poet Pass. sich anfügen, τινί einer Sache. 2) sp. Med. leicht berühren, verst. αὐτῶν u. zwar τινί mit etwas.
παρά-πτωμα, τό, N. T. u. sp. der Fehltritt, Fehler, Sünde.
πάρ-ᾱρος, 2. (dor. = παρήορος), buk. unsinnig.
παρα-ρράπτω, ion. annähen, verbrämen, τὶ περί τι.
παρα-ρρέω (-ρυήσομαι, -ερρύη, -ερρύηκε), 1) vorbeifließen, (unbeachtet) vorübergleiten. 2) abfließen, herabfallen, τινί an jmd. 3) übertr. entfallen, entgleiten. 4) (unbemerkt) eindringen, πρός τινα.
παρα-ρρήγνυμι. 1) Akt. an der Seite aufreißen, militär.: die Linie durchbrechen. 2) Pass.
παρα-ρρήγνυμαι, Fut. παραρρᾰγήσομαι, Aor παρερράγην, Perf. 2. παρέρρωγα, sp. auch παρέρρηγμαι, a) an der Seite losgerissen, abgesprengt, versprengt, zertrümmert werden, eine Bresche bekommen, dann überh. aufbrechen, platzen, b) übertr.: vor Zorn mit der Stimme überschnappen, kreischen. Subst. τὸ παρερρωγός, τὸ παραρρηγνύμενον u. τὸ παραρραγέν, a) die Stelle od. Lücke des Heeres, wo ein Teil abgesprengt ist, b) die Bresche, c) die Kluft, Schlucht.
παράρρηξις, εως, ἡ, sp. das Zerreißen, Zersprengen.
παρα-ρρητός, 3. (ῥηθῆναι), ep. beredbar, der sich durch Worte (ἐπέεσσιν) gewinnen läßt. Subst. τὰ π. Zureden, Ermahnungen.
παρα-ρρίπτω, poet. beiseite werfen, mit dem Part. λαμβάνων sich darüber hinwegsetzen, hinnehmen.
παρά-ρρῡμα, od. **παρά-ρῡμα,** τό, u. poet. **παράρρῡσις,** ἡ, Decke, Vorhang, Schutzbekleidung der Schiffe gegen die feindl. Geschosse.
παρ-αρτάω, ion. -έω, 1) Akt. sp. daneben-, an der Seite aufhängen; Perf. pass. an der Seite hängen. 2) Med. ion. a) sich (*sibi*) ausrüsten, in Bereitschaft setzen, τί. b) sich (*se*) bereit machen, Anstalt machen, ἔς τι od. mit Part. zu etwas.
παρασάγγης, ου, ὁ (persisches Wort, *parathanga*, Grenze, Mark, neupers. *Farsakh* od. *Farsang*), pers. Gehmeile, Wegstunde, nach der Zeit bemessen, daher verschieden lang, gew. = 30 Stadien oder $5^1/_2$ Kilom., doch in einzelnen pers. Provinzen auch = 40 Stadien. abs. u. mit dem Gen. τῆς ὁδοῦ.
παρα-σαίνω, poet. kosend locken (τινὰ εἴς τι).

παρα-σάσσω, Aor. παρέσαξε, ion. (daneben) hineinstopfen, τὶ παρά τι.

παρά-σειρος, 2. am Nebenseil laufend, dah. **a)** Beipferd. **b)** poet. Genosse, Gefährte.

παρα-σείω, an der Seite schütteln, mit u. ohne τὰς χεῖρας die Arme, Hände baumeln lassen, [schlenkern.

παρα-σεύομαι, sp. vorbeieilen.

παρα-σημαίνομαι, Med., von sich aus, für sich daneben bezeichnen, anmerken, insbes. siegeln, versiegeln, mit seinem Siegel versehen.

παρά-σημος, 2. (σῆμα), **1)** falsch bezeichnet od. geprägt, **a)** falsch gestempelt, gemünzt, αἴνῳ irrtümlich gepriesen. **b)** übertr. falsch, unecht, schlecht, nichtsnutzig; ῥήτωρ ein Redepfuscher. **2)** am Rande bezeichnet, also **auffällig**, gesucht, absonderlich, widersinnig, verkehrt. Dav. sp. Subst. **τὸ παράσημον, a)** Feldzeichen, Abzeichen des Schiffes, auszeichnendes Sinnbild. **b)** überh. Abzeichen, Merkmal.

παρασῑτέω, zugleich mit speisen.

παρά-σῖτος, ὁ, sp. der Mitesser, Schmarotzer, der andern schmeichelt und sich alles von ihnen gefallen läßt, um bei ihnen freien Tisch zu haben.

παρα-σκευάζω, ion. Plqpf. pass. 3. pl. παρεσκευάδατο, **zurechtmachen • 1)** Akt. u. Pass. • **a)** zubereiten, zurüsten, **ausrüsten,** einrichten, vorbereiten, anschaffen, durchsetzen. Im bes. • **b) geschickt machen,** fertig machen, veranlassen, anstiften, bearbeiten. Abs. od. δεῖπνον, νηΐ οἶνον καὶ ἄλφιτα, στρατείαν, εὐδαιμονίαν, δόξαν, auch ἑαυτόν sich bereit halten, tun als ob, od. mit Inf.; oft mit Adj. od. Part.: einen zu etw. machen od. bilden, τινὰ εὐσεβέστερον, τοὺς στρατιώτας τὰ σώματα ἄριστα ἔχοντας in den besten körperlichen Zustand setzen; mit Praepp. od. mit Inf. mit od. ohne ὥστε • **c)** Im Pass. Perf. mit οὕτω u. ä.: in solcher Lage, auch so eingerichtet sein, od. ohne οὕτω: entschlossen, gewohnt, bereit sein, παρεσκευασμένος ἀπειλεῖν zu (solcher) Drohung bereit. Oft impers. παρεσκεύαστο αὐτοῖς sie waren völlig ausgerüstet. Dag. ἦν τί σοι παρεσκευασμένον auch: es war von dir verabredet • **2)** Med. • **a) sich fertig machen,** bereit halten, anschicken, rüsten, (οἱ) παρεσκευασμένοι ein wohlgerüstetes Heer, mit Praepp. od. mit Inf. od. Part. fut. mit u. ohne ὡς, ὡς ἑλῶν ἐπὶ τὸν Ἀπρίην, auch ὡς αὐτίκα δεῆσον als ob sie gleich müßten, od. mit ὅπως u. ὡς • **b)** sich od. für sich (*sibi*) einrichten, vorbereiten, **verschaffen,** kaufen, gewinnen, auch sich zu etw. (τί) anschicken, auf etw. bedacht sein, τὴν γνώμην sich gefaßt machen, sich bereit halten, od ταῦτα (Lys. 7, 18) es ins Reine bringen.

παρασκευαστής, οῦ, ὁ, wer für etwas (τινός) arbeitet.

παρασκευαστικός, 3. geschickt etwas (τινός) herbeizuschaffen.

παρα-σκευή, ἡ, die **Instandsetzung,** Einrichtung, Vorbereitung, der Bedarf, δι' ὀλίγης π. mit geringen Mitteln, ähnl. διὰ τοιαύτης π. mit solcher Übereilung, νικητική Anstalten od. Mittel zum Sieg, αἱ μετὰ φόβου π. Im bes. • **1)** die **Ausschmückung,** Pracht • **2)** mit u. ohne ἐς πόλεμον od. πολεμιστήριος die **Rüstung,** Kriegsmacht, Stärke, ἡ μείζων π. die Verstärkung seiner Macht, ἡ π. τοῦ ναυτικοῦ die Flottenverstärkung, u. so auch ohne Zusatz: das Zubehör zur Flotte, die Flotte, dah. παρασκευῇ (Thuk. 4, 27) mit einer wohlausgerüsteten Flotte, aber mit τοξευμάτων der Vorrat an Wurfgeschossen, dah. ἐν π. εἶναι in der Rüstung begriffen sein, ähnl. ἡ π. ἐστί τινι. Und so sagte man: ἀπὸ ἀντιπάλου π. bei gleichen Kampfmitteln, ἐκ π. an Kriegsrüstung, oder geregelt, planmäßig • **3) Ränke,** Verabredung, ἀπὸ u. ἐκ π. verabredetermaßen, aber οὐκ ἀπὸ ἴσης π. ich bin nicht so gut darauf eingerichtet • **4)** Vorbereitung auf eine Rede • **5)** im N. T. u. sp. der Rüsttag, Tag vor dem Passah od. Sabbat, Freitag.

παρα-σκηνέω, neben jmdm. sein Lager aufschlagen, überh. in der Nähe jmds. wohnen od. sich aufhalten.

παρα-σκήνια, Räume neben der σκηνή, vorspringende Nebenräume zu beiden Seiten der σκηνή.

παρα-σκηνόω, 1) = παρασκηνέω. **2)** poet. φᾶρος ein Gewand zeltartig ausbreiten.

παρα-σκήπτω, sp. daneben od. dabei einschlagen.

παρα-σκιρτάω, sp. an jmdn. heranhüpfen.

παρα-σκοπέω, 1) poet. vom Ziel abirren, nicht verstehen, τινός. **2)** auf etwas sehen, τί.

παρα-σκώπτω, ep. u. sp. nebenbei d. i. versteckt spotten, πολλά; verspotten, τινά od. τί.

παρα-σοβέω, ar. sp. vorbeisausen, hastig vorbeigehen, παρά τι bei etwas.

παρα-σπάω (-σπᾰσω, -έσπᾰσα usw.), zur od. bei Seite reißen, τί, u. Soph. El. 732 verst. sein Gespann; übertr. hinüberziehen, τί, u. zwar ἐπί τινι zu etwas, od. abwendig machen, τινός von etwas, u. zwar πρὸς βίαν mit Zwang.

παρα-σπείρω, sp. daneben streuen, zerstreuen, verteilen, τισί, unter —, παρά τι durch, über etwas.

παρ-ασπίζω, poet. u. sp. mit dem Schild zur Seite stehen, beistehen.

παρασπιστής, οῦ, ὁ, poet. u. sp. Gefährte, bes. Waffengefährte.

παρασπονδέω (παράσπονδος), **1)** abs. vertragswidrig handeln. **2)** trans. sp. (gegen jmdn. τινά) den Bund brechen.

παρασπόνδημα, τό, sp. vertragswidrige Handlung, Wortbrüchigkeit.

παρά-σπονδος, 2. vertragswidrig, bundbrüchig, wortbrüchig.

παραστᾰδόν, ep. u. poet. Adv. (παρίσταμαι), daneben od. an die Seite herantretend.

παραστάδες, αἱ (παρίστημι), meist poet. Vorhof eines Tempels, Säulenhalle, = προπύλαια.

παράστασις, εως, ἡ **1)** (παρίστημι) das Danebenstellen: **a)** das Darlegen, Beweisen. **b)** das Ausstellen, Feilhaben der Kleinhändler. **c)** das Entfernen, Verbannen. **d)** als t. t. die Vorschußgebühr, die bei Einreichung gewisser Klagen zu bezahlen war. **2)** (παρίσταμαι) das Danebentreten, Dabeistehen: der Platz neben jmdm.; dann übertr.: **a)** das Außersichsein vor Leidenschaft, Freude, Trauer, insbes. der Wahnsinn. **b)** das Streben nach, Interesse für jmdn. πρός τινα. **c)** die Entschlossenheit, Kühnheit.

παραστατέω, poet. dabeistehen, übertr. **a)** mit πέλας jmdm. nahestehen, ihm viel gelten. **b)** ihm helfend zur Seite stehen, abs. od. τινί, u. zwar ἔν τινι in etwas.

παραστάτης, ου, ὁ (παρίσταμαι) der Nebenstehende, Nebenmann, bes. **a)** im militär. Sinne, dah. der Kampfgenosse, Helfer. **b)** der Nebenmann des κορυφαῖος in dem Chor.

παραστατικός, 3. sp. ermunternd.

παραστάτις, ιδος, ἡ (Fem. von -της), die Dabeistehende, zur Seite stehende Gehilfin.

παρα-στείχω, poet. **a)** daneben- od. vorbeigehen, τί an etwas. **b)** hineingehen, τί in etwas.

παρα-στρατηγέω, sp. den Nebenfeldherrn spielen, **a)** sich in die Angelegenheiten des Feldherrn einmischen. **b)** durch eine List vom Ziel ablenken, verführen, überlisten.

παρα-στρᾰτοπεδεύω, sp. neben od. an etwas od. jmdm. (τινί) das Lager aufschlagen, sich lagern.

παρα-σύνθετος, 2. sp. von einem zusammengesetzten od. abgeleiteten Wort abgeleitet.

παρα-σύρω, Aor. pass. sp. παρεσύρη, poet. sp. **1)** daneben fortziehen, mit fortreißen (im Vorbeigehen); übertr. verdrängen, beseitigen. **2)** herbeiziehen.

παρα-σφάλλω, seitwärts wegstoßen, daneben vorbeilenken.

παρα-σχίζω, ion. u. sp. neben etwas (παρά τι) einen Einschnitt machen, u. zwar τινί mit etwas.

παρα-τᾰνύω, ep. in tmesi, daneben hinbreiten, etwas (Breites od. Langes) davor hinstellen.

παράταξις, εως, ἡ, die Aufstellung der Soldaten zur Schlacht, Schlachtlinie, Schlachtordnung, offene Feldschlacht, ἐκ παρατάξεως in Schlachtstellung, durch eine geordnete Feldschlacht.

παρα-τάσσω u. **-τάττω. 1)** Akt. u. Pass. daneben od. nebeneinander stellen, **aufstellen,** dah. ὁ ἐν δεξιᾷ παρατεταγμένος der Nebenraum zur Rechten, im bes. in Schlachtordnung aufstellen, τινί jmdm. gegenüber, gegen jmdn., ähnl. πρός τι gegen etwas, aber ἐπί τινι auf etwas. **2)** Med. **a) sich aufstellen,** im bes. in Schlachtordnung, dah. überh. in den Kampf gehen, kämpfen, **b)** übertr. sich sträuben, πρός τινα, τινί gegen jmdn., πρός τι gegen etwas, μετά τινος auf jmds. Seite od. mit Inf. um zu, **c)** etwas (τὰς ναῦς) für sich in **Schlachtreihe aufstellen.**

παρα-τατικός, 3. (παρατείνω), sp. sich daneben ausdehnend; gramm. ὁ π. (sc. χρόνος), das Imperfekt.

παρα-τείνω. 1) Akt. trans. daneben **ausspannen,** an etwas hin ausdehnen, hinziehen, überh. ausdehnen, ausstrecken, verlängern, χάρακα einen Graben aufwerfen, τινί, παρά τι an etwas entlang, πρό τινος vor etwas entlang, διά τινος durch etwas. Übertr. durch Hinhalten **quälen,** martern, peinigen, τινά. **2)** Akt. intrans. u. Pass. sich neben etwas hinziehen, **sich erstrecken,** überh. sich ausdehnen, τί vor etwas. Übertr. **a)** in die Länge gezogen, verschoben werden, **b)** hingestreckt, abgespannt (ermüdet) werden, sich quälen lassen, umkommen vor, τινί von etwas.

παρα-τείχισμα, τό (-τειχίζω), Gegenmauer.

παρατεκταίνω, sp. daneben bauen; gewöhnl. im Med. **παρατεκταίνομαι,** ep. **a)** umzimmern, übertr. umändern, mit ἄλλως. **b)** falsch zimmern, übertr. ἔπος ein Wort fälschen, Lügen schmieden.

παρα-τέμνω, sp. der Länge nach abschneiden, lostrennen.

παρα-τηρέω, genau achtgeben, beobachten, τινά od. mit folg. ὅπως μή mit Umsicht entgegentreten.

παρατήρησις, εως, ἡ, sp. das Beobachten, N. T. μετὰ παρατηρήσεως so daß man äußerliche Kennzeichen beobachten könnte.

παρα-τίθημι, episch Präs. ind. 3. sg. παρτιθεῖ, Aor. act. ind. 3. pl. πάρθεσαν. conj. παραθήω (θείω), imper. παράθες, Aor. 2. med. part. παρθέμενος.

I) Akt. u. Pass. • 1) dabei-, daneben-, davorsetzen od. **stellen,** hinstellen, vorsetzen, auftragen, vorsetzen lassen, überh. darreichen, geben; verleihen, τινί jmdm. od. mit Inf. zu etwas **• 2)** danebenstellen, vergleichen, τινί od. πρός τι **• 3)** auseinandersetzen, darlegen, mitteilen.

II) Med. mit sp. Perf. παρατέθειμαι **• 1)** für sich, vor sich, **neben sich** setzen od **hinstellen,** für sich in Bereitschaft setzen, zu Hilfe nehmen, auch sich vorsetzen lassen, zu sich nehmen, überh. hinnehmen, ἔν τινι bei etwas **• 2)** bei einem niederlegen, deponieren **• a)** anvertrauen, anheimgeben, anempfehlen **• b)** übertr. für sich, d. i. für seine Behauptung, als Autorität, Quelle usw. anführen, erwähnen **• c)** beim Spiel etwas von sich daransetzen, dah. aufs Spiel setzen, wagen, preisgeben, τί.

παρα-τίλλω, poet. sp. ausrupfen, kahl machen, [τί an etwas.

παρά-τολμος, 2. sp. tollkühn.

παρά-τονος, 2. poet. an der Seite ausgestreckt.

παρα-τρέπω, I) Akt. **1)** seitwärts wenden od. lenken, ablenken, im bes. mit u. ohne ἄλλῃ von der bisherigen Richtung ablenken, ableiten, überh. umändern, u. insbes. anderen Sinnes machen, versöhnen. **2)** anders drehen, verdrehen, τί. **II)** Med. ἐκ τοῦ νοῦ von Sinnen kommen.

παρα-τρέφω, daneben, mit unterhalten, -ernähren, im Med.-Pass. sich mit füttern lassen, unterhalten werden.

παρα-τρέχω (s. τρέχω), ep. Aor ind. 3. du. παραδραμέτην, **1)** daneben hinlaufen, **vorbeilaufen,** auch militärisch abschwenken, abs., u. παρά τι bei etwas; übertr. übergehen, überholen τινά, τί. **2)** überlaufen, **a)** in der Darstellung über etwas hinwegeilen, **b)** im Laufe (πόδεσσιν) übertreffen, τινά, od. im Laufen zurücklegen, durchlaufen, τί. **c)** achtlos an etw. vorbeigehen **3)** hinzulaufen, hurtig herbeikommen.

παρα-τρέω, ep., Aor. 1. παρέτρεσσα, zur Seite scheuen, scheu zur Seite springen.

παρα-τρίβω [ῐ], ion. poet. u. sp. **1)** an etwas (τινί) reiben, τί (näml. auf dem Probiersteine). **2)** mit etwas (τινί) einreiben.

παρα-τροπέω, ep. Frequent. von παρατρέπω, immer vorbeibiegen, immer wieder ausweichen, τινά jmdm.

παρα-τροπή, ἡ, poet. das Abwenden. [artig.

παρά-τροπος, 2., **1)** poet. abwendend. **2)** sp. fremd-

παρα-τροχάζω, poet. = παρατρέχω.

παρα-τρώγω, Aor. -έτρᾰγον, poet. sp. benagen, benaschen, etwas (τινός) kosten.

παρα-τρωπάω, ep. umwenden, umstimmen, gewinnen.

παρα-τυγχάνω (-τεύξομαι, -έτυχον, -τετύχηκα, **1**) gerade dazu kommen, aufstoßen, sich darbieten. Teils abs. u. unpers. **παρατυχόν**, wenn sich Gelegenheit bot, mit folg. Inf. u. zwar ἐν καλῷ eine günstige. Subst. ὁ παρατυχών der erste beste, πρὸς τὸ παρατυγχάνον je nach den Umständen, ἐν τῷ παρατυχόντι vorkommendenfalls, bei günstiger Gelegenheit. Teils **τινί** auf jmdn. od. etwas. **2**) überh. gerade dabei od. in der Nähe sein, gerade anwesend, gegenwärtig, da sein, abs., od. **τινί** bei etwas, **εἰς καιρόν** zur gelegenen Zeit.

Παρ-αυαία, ἡ, am Flusse Αὖας od. Ἀῶος (*Aoon*) liegende Landschaft in Epeiros. Die Einw. **Παρ-αυαῖοι**, **οἱ**.

παρ-αυδάω, ep. **1**) zureden, trösten, abs. od. **τινά**, u. zwar **τινί** mit etwas. **2**) vorreden, anpreisen, **τί**.

παρ-αῦθι, **παρ-αυτόθι** u. **παρ-αυτόφι**, in einzelnen Ausg. f. **παρ' αὖθι** usf.

παραυλίζω, poet. daneben liegen. Von

πάρ-αυλος, poet. benachbart, nahe.

παρ-αυτά u. **παρ-αυτίκα** = παραχρῆμα, w. s.

παρα-φαίνω, **1**) daneben, dabei zeigen, **τί**. **2**) **τινί** jmdm. nach Hause leuchten.

παρα-φέρω u. Frequ. **παραφορέω**. **I**) **Akt.** trans. u. Pass. daneben hintragen, dah. **1**) **herbeitragen**, herzubringen, herbeischaffen, vortragen, vorbringen, erwähnen, erzählen, **τινί**. **2**) vorbei od. vorübertragen, **wegtragen**, von etwas ab u. anderswohin wenden (übertr. vom Richtigen weg, irre leiten), herumbewegen, **τὰς κώπας** rudern. **3**) **fortführen** mit sich fortreißen, vom Wege abführen, **τινά**.

II) **Akt. intr. sich unterscheiden**, ὀλίγων παρ-ενεγκουσῶν ἡμερῶν mit einem Unterschiede von wenigen Tagen.

παρα-φεύγω, ep. mit Inf. aor. **παρ-φυγέειν**, vorüberfliehen.

παρά-φημι (s. φημί), ep. poet., ep. auch **παραί-φημι** u. **πάρφημι**, mit Aor. 2. παρεῖπον [in arsi πᾱρ.], **1**) Akt. eigtl. παραστάντα τινὶ εἰπεῖν d. i. ermahnend ansprechen, **a**) zureden, raten, einreden, abs. od. **τί**, u. zwar **τινί**. **b**) bereden, beschwatzen, **τινά**. **2**) Med. bereden, **τινά**, u. zwar **ἐπέεσσιν**.

παρα-φθάνω, ep. u. sp., part. aor. **παραφθάς** u. med. -φθάμενος, zuvorkommen, im Laufe übertreffen, **τινά**, u. zwar **τινί** mit etwas. (*K* 346 ist mit der bessern Überl. -φθάνῃσι zu lesen st. -φθαίησι, -φθαίῃσι od. -φθῄσι).

παρα-φθέγγομαι, Dep. med., dazwischenreden, dreinreden.

παρα-φορά, ἡ, poet. sp. **διανοίας** Geistesverwirrung.

παρα-φορέω, s. παραφέρω.

παράφορος, 2. (φέρω), abirrend, wie toll, stürmisch, **πρός τι** nach od. auf etwas.

παρά-φραγμα, **τό** (-φράσσω), Gehege, Bollwerk, Brustwehr.

παρα-φρονέω, von Sinnen, sinnlos sein, mit u. ohne τῇ νόσῳ in Wahnsinn verfallen.

παραφρονία, ἡ, N. T. = παραφροσύνη.

παρα-φρόνιμος, 2. poet. (φρήν), ohne Verstand, toll.

παραφροσύνη, ἡ, Tollheit.

παρα-φρυκτωρεύομαι, verräterisch ein Feuersignal (φρυκτός) geben, **τινί** jmdm.

παράφρων, 2. poet. sp. verrückt, wahnsinnig, trügerisch, z. B. μάντις.

παρα-φυλάσσω u. **-ττω**, beobachten, bewachen, wachen, auflauern, abpassen, verhüten, abs. **οἱ παραφυλάσσοντες** die Wächter, od. **τινά**, u. dies auch mit beigef. Part. od. **τί**, auch mit Inf. mit und ohne **ὡς**, od. mit folg. **ὅπως μή** jmdn. beobachten u. verhüten, daß nicht (auch Med.).

παρα-φύομαι, ion. sp. im intr. Perf. 2. **παραπέφυκα**, an der Seite emporgesproßt od. entstanden sein.

παρα-χειμάζω, überwintern. Dav.

παραχειμασία, ἡ, sp. N. T. das Überwintern.

παρα-χέω, ion. sp. **1**) daneben, dazu gießen, ὕδωρ. **2**) daneben aufschütten, aufdämmen, ausgegrabene Erde (χοῦν) zu einem Damm verwenden.

παρα-χόω, Aor. -έχωσα, ion. daneben aufschütten, χῶμα.

παρα-χράομαι, Dep. med., ion. ar. sp., ion. auch **-έομαι**, 2. plur. ion. **παραχρᾶσθε**, ion. u. sp. **1**) es anders treiben, nicht so verfahren, **εἴς τινα**. **2**) nur nebenbei **gebrauchen**, geringschätzen, abs. **παραχρεόμενοι** voll Verachtung, oder **τί**, auch mit hinzugef. Part. u. **ὡς** als ob es.

παρα-χρῆμα (= παρὰ τὸ χρῆμα) = **παρ-αυτά** u. **παρ-αυτίκα**, Adv. auf frischer Tat, **auf der Stelle**, augenblicklich, sogleich, **sofort**, ohne weiteres; auch: gegenwärtig, soeben, od.: für den Augenblick, einstweilen, mit **διδόναι** bar bezahlen, mit Part. sogleich wenn, mit Artikel teils als Adv. **τὸ π.** — παραυτίκα, teils als Adj. augenblicklich, gegenwärtig, teils als Subst. **τὰ π.** das Gegenwärtige, **τὸ π. τῆς ὁμολογίας** der gegenwärtige Abschluß, **ἐκ τοῦ π.** auf der Stelle, aus dem Stegreife, **ἐν τῷ π.** im Augenblick, für den Augenblick.

παρά-χρους, 2. sp. von entstellter Farbe.

παρα-χωρέω, **1**) beiseite gehen, wegtreten, **abrücken**, Platz machen, ausweichen, im bes. **a**) den für den Redner bestimmten Platz räumen, abtreten. **b**) im militär. Sinne: sich von dem Posten entfernen. **2**) übertr. abtreten, abgeben, opfern, überlassen, freilassen, nachgeben, nicht streitig machen, zugestehen, den Vorzug einräumen.

παρα-χώρησις, ἡ, sp. das Abtreten.

παρα-ψαύω, sp. anrühren, **τινός**.

παρα-ψυχή, ἡ, Erfrischung, Trost. Von

παρα-ψύχομαι, buk. trösten.

παρ-βάδᾱν, poet. Adv. = **παραβάδην** überschreitend.

παρ-βάτης, poet. = **παραβάτης**.

παρ-βατός, 3. poet. = **παραβατός**.

παρδακός, 2. poet. naß, feucht.

παρδᾰλέη, ἡ, ep. poet. ion. st. **παρδαλῆ**, verst. δορά, Panther- od. Pardelfell.

πάρδᾰλις, **εως**, ion. **ιος**, ὁ, ἡ, bei Hom. auch **πόρδαλις** geschr., Panther, Pardel.

παρ-εγγράφω, darunter (ὑπό τι) etwas (τί) dazuschreiben; fälschlich einschreiben.
παρ-εγγυάω, 1) einhändigen, übergeben, empfehlen, τινά τινι. **2)** insbes. weitergeben, näml. in der Militärsprache, mündl. von Mann zu Mann die Parole od. den Befehl, u. so τὸ σύνθημα die Parole, Losung geben (τινί). Dah. überh. **a)** ein Zeichen geben, verheißen, mit folg. Inf. **b)** zurufen, auffordern, anfeuern, ermuntern, gebieten, befehlen, abs. wie Xen. An. 4, 7, 24, zur Eile auffordern, od. τινί u. zwar mit Inf. od. Akk. m. Inf.
παρ-εγγύη, ἡ, Zuruf, gegebene Parole.
πάρ-εγγυς, Adv. ar. sp. nahe dabei, τινός; τὸ π. das Nächstliegende.
παρ-εγείρω, sp. dabei aufregen.
παρ-εγκλίνω, ar. sp. **1)** trans. auf die Seite biegen, neigen. **2)** intr. sich auf die Seite biegen; abweichen, τινός.
παρ-έγκλῐσις, εως, ἡ, sp. das Seitwärtsbiegen, die Abbeugung.
παρ-εγχείρησις, ἡ, sp. Nebenarbeit, insbes. ein Stoff, den jemd. nach einem andern noch einmal behandelt.
παρεδρεύω, dabeisitzen, **a)** immer bei jem. (τινί) sein, Beisitzer sein. **b)** einer Sache eifrig obliegen, etw. beobachten, τινί.
πάρεδρος, 2. (ἕδρα), ion. poet. sp. danebensitzend, beigesellt od. verbunden, τινί; im bes. Tischgenosse, Gast. Als Subst. ὁ π. Beisitzer, überh. Beistand.
παρ-έζομαι, ep. Dep. med. im Präs. u. Impf., sich danebensetzen, danebensitzen, τινί bei jmdm., bes. um sich mit ihm zu besprechen.
πᾰρειά, ἡ, oft im Plur., ep. **πᾰρήιον, τό,** u. poet. u. ion. **παρηΐς, ΐδος,** ἡ, Plur. παρῇδες (v. παρά, παρ-αυσια verw. lat. ōs, neben dem Mund), **1)** die Wange, Backe (auch von Tieren), λευκή die erbleichende; poet. auch Hals. **2)** (παρήιον u. παρηΐς ἵππων) der Backenschmuck für Rosse, eine vom Gebisse aufwärts den Backenknochen entlang gehende Verzierung auf einem ledernen Riemen.
πᾰρείας, ου, ὁ, dem Asklepios heilige braune Schlange, gezähmt zu den Gaukeleien der Mysterien.
παρ-εῖδον, s. παροράω.
παρ-εικάζω, nebeneinanderstellen u. vergleichen, τινί.
παρ-είκω, mit Aor. 2. παρείκαθον, **1)** weichen, nachgeben, sich fügen, gestatten. **2)** impers. **παρείκει** es bietet sich Gelegenheit, es ist gelegen, tunlich, vergönnt, steht zu, abs. u. τινί; κατὰ τὸ ἀεὶ παρεῖκον auf dem jedesmal möglichen Wege.
I. **πάρ-ειμι** (s. εἰμί), ep. Präs. ind. 3. pl. παρέᾱσι, inf. παρέμμεναι, Impf. 3. pl. πάρεσαν, Fut. παρέσσομαι, ion. Präs. part. παρεών, nebst **πάρα** u. **πάρ** = πάρεστι, πάρεισι, dabei sein • **1)** zugegen, **anwesend sein** • **a)** sich bei jmdm. befinden oder aufhalten, μοί • **b)** beiwohnen, μάχῃ • **c)** zur Seite stehen, beistehen, helfen, καὶ λίην τοι ἔγωγε παρέσσομαι • **2)** gegenwärtig d. i. gekommen sein, u. überh. zu etw. kommen, **sich einfinden,** εἰς Ἀσίην, ἐπὶ δεῖπνον, πρὸς τὴν κρίσιν, Ὀλυμπίαζε, dah. auch prägn. ἐπὶ τὰς κώμας anrücken gegen; auch mit Part. fut. um zu. Dah. heißt πάρα abs sie ist erschienen, u. das abs. Part. παρών wird oft pleon. im Sinne von *coram* zum Verbum gestellt, bes. in Ausdrücken des Unwillens, οὐκ ἐᾷς θάπτειν παρών; λυπεῖται παρών • **3) vorhanden sein,** vorliegen, zu Gebote stehen, herrschen, εἴ μοι δύναμίς γε παρείη. Im Fut. bevorstehen • **4)** Insbes. • **a)** Subst. heißt ἡ παροῦσά τινι die Dienerin jmds., u. (ὁ) παρών od. (οἱ) παρόντες die Anwesenden, die Gäste, die Helfer (τινί jmds.), od. παρών ein Augen-, Ohrenzeuge, od. τὸ παρόν, τὰ παρόντα die Gegenwart, die Lage (εὖ θέσθαι sich schicken in die L.), das Vorhandene, die Umstände, die vorliegenden Anträge, die getroffenen Anstalten, bestehenden Ordnungen, od. das Besitztum, der Vorrat, mit εἰς τὸν βίον was sich zum Leben darbot; ferner was die Gegenwart bot, die damaligen Verhältnisse • **b)** Adv. Redensarten: **τὰ παρόντα** (adv. Akk.), sp. gegenwärtig, jetzt; πρὸς τὸ παρόν od. παρεόν nach dem vorliegenden Falle, gew. πρὸς τὰ παρόντα den gegenwärtigen Umständen gemäß, nach Lage der Dinge, ἐπὶ τοῦ παρόντος bei dem jetzt zu behandelnden Gegenstande od. bei der jetzigen Lage der Dinge. Ähnl. ἐν τῷ παρόντι in der gegenwärtigen Lage, ἡ ἐν τῷ π. σωτηρία die Sicherheit des Augenblicks, dah. auch gegenwärtig, jetzt, ἐπὶ τῷ π. unter den gegenwärtigen Umständen, ἐπὶ τοῖς παροῦσι für die vorliegenden Zwecke, ἐς τὰ π. in bezug auf die gegenwärtigen Umstände, ἀπὸ τῶν π. nach dem gegenwärtigen Stand der Dinge, u. (ὡς) ἐκ τῶν π. den (gegenwärtigen) Umständen gemäß, unter den jetzigen od. damaligen Umständen • **c)** impers. **πάρεστι, πάρα, πάρ,** es **ist möglich,** ist erlaubt, **steht frei,** ist vorhanden, abs. od. mit Inf. od. A. c. I.; mit τινί: es steht bei ihm, er hat Lust, mit οὐ: er kann sich nicht entschließen. Und so auch im Part. παρόν da es frei steht, erlaubt ist, bei, trotz der Möglichkeit, mit dem Dat. auch: er konnte, mußte
II. **πάρ-ειμι** (εἶμι), s. παρέρχομαι.
παρ-ειπεῖν, s. παράφημι.
παρ-ειρύω, ion. st. παρερύω, an der Seite ziehen, τί.
παρ-είρω, poet. daneben einschieben, dann prägnant erweitern, umbilden, νόμους.
παρ-εισάγω, daneben einführen (unvermutet, heimlich), τινά; vorführen, auftreten lassen (im Drama). Dav.
παρείσακτος, 2. sp. N. T. eingeschlichen.
παρ-εισδέχομαι, poet. ar. Dep., med. überdies d. h. als eine ungehörige Zutat od. als Überfracht aufnehmen, τινά.
παρ-εισδύομαι, mit Aor. 2. act. -έδυν, sp., und **παρ-εισέρχομαι** od. **παρεσέρχομαι,** Aor. -ῆλθον, sp. sich heimlich einschleichen, heimlich od. dazu hineinkommen, abs. u. εἴς τι.
παρ-εισπίπτω (-πεσοῦμαι, -έπεσον, -πέπτωκα), sp. daneben od. heimlich einfallen, daneben eindringen.
παρ-εισρέω, sp. heimlich sich einschleichen.
παρ-εισφέρω, zugleich mit in Vorschlag bringen, überh. dazubringen.
παρ-έκ u. **παρέξ,** auch **πάρεξ,** ep., ion. u. sp. **I) Adv. 1) daneben hin,** daneben hinaus,

daran vorbei od. hinaus, auch: nahe dabei. 2) übertr. **nebenaus, a)** neben dem rechten Wege od der Wahrheit hinaus abbiegend, **b)** ablenkend, abbrechend, **c)** mit ἤ mit Ausnahme von, ausgenommen.

II) Praep. 1) beim **Gen. außerhalb,** draußen vor, nicht weit von, außer. **2)** beim **Akk.** darüber hinaus, jenseits, daran vorbei, übertr. **a)** π. Ἀχιλῆα d. h. neben A. vorbei, ohne sein Wissen, **b)** π. νοον über die Vernunft hinaus, unbedacht.

παρ-εκβαίνω, poet. u. sp. darüber hinausschreiten, **a)** übertreten. **b)** abweichen; entarten.

παρ-έκβασις, εως, ἡ, sp. **1)** die Übertretung. **2)** die Abweichung, Abschweifung, Entartung, Karrikatur.

παρ-έκδυσις, εως, ἡ, sp. Entrinnen, Ausflucht.

παρ-εκκλίνω, intr. **1)** abbiegen, ausweichen, fliehen. **2)** abweichen, sich wandeln (von Lauten).

παρ-εκλέγω, heimlich einsammeln.

παρεκ-προφεύγω, ep. daneben wegfliehen, entgehen, τινά.

παρ-εκτείνω, Perf. pass. παρεκτέταμαι, sp. **1)** trans. daneben ausdehnen od ausstrecken, τί, u. zwar τινί neben jmdm., u. παρά τι neben etwas. **2)** intr. sich daneben ausdehnen, erstrecken; der Länge wie der Zeit nach: dauern, leben, μέχρι τινός.

παρ-εκτέον, s. παρέχω.

παρ-εκτός, N. T. = παρέκ, außerdem, außer, τινός.

παρ-εκτρέπω, poet. nebenbei abwenden.

παρ-ελαύνω (s. ἐλαύνω), ep. Fut. παρελάσσω, Aor. παρήλασα u. παρέλασσα, **1)** trans. vorbeitreiben, vorbeiführen, τινά, u. zwar εἴς τι. **2)** mit u. ohne ἐφ' ἅρματος, ἐπὶ τοῦ ἵππου, ἵπποισιν (im Wettfahren), νηί, **a)** vorbeifahren, herumfahren, vorbeireiten, davonreiten, vorbeisegeln, überh. daran vorüberziehen od. -gehen, auch bloß τινά od. τί vor jmdm. od. etwas, dah. auch jmdn. überholen. **b)** überh. sich begeben, im bes. heranreiten.

παρ-εληλυθώς, ὁ (sc. χρόνος), sp. gramm. das Perfekt.

παρ-έλκω u. **παρ-ελκύω** (-έλξω, -είλκυσα usf.), ep. poet. ion. sp., **1)** auf die Seite ziehen, beiseite bringen, ἑαυτὸν ἔκ τινος sich drücken, wegschleichen aus etwas. **2)** seitwärts d. i. an der Seite ziehen, d. h. neben dem Joche, an den Enden des Gespanns, überh. fortziehen, abs. **3)** hinziehen, zögern, säumen, τινί durch etwas. **4)** intr. sp. nebenherziehen, überflüssig sein.

παρ-εμβαίνω, sp. dazwischen, seitwärts eintreten.

παρ-εμβάλλω (-βαλῶ, -έβαλον, -βέβληκα usf.), **1)** trans eigtl. daneben hineinwerfen, dazwischen schieben, **a)** χάρακα eine Verschanzung aufwerfen. **b)** die Glieder des Heeres in Schlachtordnung aufstellen. **c)** daneben od. fälschlich einschieben, vorbringen; παρεμβεβλημένος eingeschoben, unecht. **2)** intr. **a)** sich in Schlachtordnung stellen. **b)** sich lagern.

παρ-εμβλέπω, poet. von der Seite darauf sehen.

παρεμβολή, ἡ (-βάλλω), das dazwischen Einschieben, insbes. das Einordnen od. Aufstellen eines Heeres, im bes. eines Lagers, dah. auch das Lager selbst, die Gemeinde, Kaserne in Jerusalem, N. T.

παρ-εμβύω, sp. daneben einschieben.

παρ-εμπίμπλημι, sp. noch dazu, heimlich anfüllen

παρ-εμπίπτω, dazukommen, von der Seite angreifen; dazwischenkommen, sich dazwischendrängen.

παρ-εμπλέκω, sp. dazwischen hineinflechten.

παρ-εμπολάω, poet. nebenbei hereinbringen, einschwärzen, τί, Gen. absol. (πόσεως) παρεμπολῶντος γάμους eine andere Ehe eingehen neben der rechtmäßigen.

παρ-εμπορεύομαι, sp. nebenher verschaffen.

παρ-έμπτωσις, εως, ἡ, sp. Dazwischenkunft, Eindringen (eingedrungener Fremdkörper).

παρ-εμφαίνω, nebenbei andeuten; mit zu verstehen geben. [lich, τινί.

παρ-εμφερής, 2. ar. sp. etwas od. ziemlich ähn-

παρ-ενδίδωμι, sp. wider das Recht nachgeben.

παρ-ενδύομαι, sp. heimlich hereinschlüpfen, sich einschleichen.

παρ-ενθεῖν, buk. dor. = παρελθεῖν.

παρ-ενθήκη, ἡ, ion. u. sp. Einschiebsel, Anhängsel, Zusatz; τοῦ λόγου Abschweifung. [nehmen.

παρ-ενθυμέομαι, sp. es sich weiter zu Herzen

παρ-ενοχλέω (mit Aug. παρηνωχλ.), dabei beschwerlich fallen, beunruhigen, belästigen; im bes. langweilen, absol. u. τινά, sp. τινί.

παρ-εντείνω, sp. daneben anspannen, τί, bes. ein musikalisches Instrument durch Anspannen der Saiten stärker stimmen, dah. übertr. τὸν Ἀναξαγόραν den Anax. u. seine Lehren an vielen Stellen anklingen lassen, ihn zur Belebung seiner Rede benutzen.

παρέξ u. **πάρεξ,** s. παρέκ.

παρ-εξάγω, ep. (in tmesi), daneben hinausführen, übertr. Il. 10, 391 täuschen, τινά τι d. h. einen in bezug auf etwas (σχῆμα καθ' ὅλον καὶ μέρος), u. zwar τινί durch etwas.

παρ-έξειμι, s. παρεξέρχομαι.

παρεξ-ειρεσία, ἡ, der Raum im Schiffe, wo keine Ruder mehr sind, also eigentl. der vorderste u. hinterste Teil, insbes. aber der Vorderraum, Vorderteil des Schiffes.

παρ-εξελαύνω (s. ἐλαύνω), ep. Aor. act. conj. 2. sing. παρεξελάσῃσθα, ion. Plqpf. 3. sing. παρεξεληλάκεε, **1)** trans. **a)** daneben-, vorbeitreiben, νῆα. **b)** an etwas (τί) vorüberfahren. **2)** intr. daneben heraus- u. vorbeifahren, überh. vorbeifahren, -reiten, ἐν νύσσῃ um das Ziel herumfahren; ἵππῳ zu Pferde; τινί auf jmdn. los; abs. ausrücken.

παρ-εξέρχομαι (s. ἔρχομαι), u. **παρ-έξειμι** (εἶμι), **1)** eigentl. an etwas vorbeigehen, abs., u. τινά u. τί an jmdm. od. etwas, auch παρά τι; πεδίοιο in der Ebene. **2)** übertr. poet. überschreiten, verletzen, τί. **3)** daneben-, unbemerkt herauskommen, -entweichen.

παρ-εξετάζω, vergleichen (zum Behuf der Prüfung).

παρ-εξευρίσκω, ion. dazu ausfindig machen, τί.

παρ-εξίημι, ion. u. sp. daneben verstreichen lassen, ἡμέραν.

παρ-επιδείκνυμαι, sp. mit etwas prunken, τί.

παρ-επιδημέω, sp. eine kurze Zeit od. mit andern an einem fremden Orte anwesend sein.

παρ-επίδημος, 2. sp. u. N. T. fremd; Eingewanderter, Fremdling, Gast.

παρ-επισκοπέω, sp. vergleichen.

παρ-επιστροφή, ἡ, sp. das Umwenden nach einer Seite hin.

παρ-έπομαι, Dep. med., an der Seite folgen, überh. folgen, od. τινί jmdn. begleiten.

παρ-εργάτης, ὁ, λόγων, poet. müßiger Schwätzer.

πάρ-εργον, τό, Nebenwerk, Nebenarbeit, Nebending, Zusatz, wenig ausmachende Nebensache, ἐν παρέργῳ θεῖναί τινα jmdn. als Nebensache behandeln, mit ὁδοῦ sprichw. unterwegs, beiläufig. Ähnl. ἐν παρέργῳ nebenbei, wie beiläufig, ἐκ παρέργου als Nebengeschäft, als Nebensache. Eigentl. Neutr. von

πάρ-εργος, 2. nebensächlich, dav. Adv. **παρ-έργως** beiläufig, oberflächlich, οὐ παρέργως sorgfältig.

παρ-έρπω, buk. unvermerkt heranschleichen.

παρ-έρχομαι, Dep. med., ep. Fut. παρελεύσομαι, Aor. inf. παρελθέμεν (dor. -ενθεῖν) u. **πάρ-ειμι**, dor. Inf. παρίναι, mit Adj. verb. παριτητέα • **1) vorübergehen**, -kommen od. -ziehen, vorbeifahren, -fließen, hinübergehen, abs., od. τί an etwas, τινά an jmdm., παρά τι an etwas entlang. Übertr. darüber hinauskommen, τί über etwas, dah. • **a)** einer Sache (τί) entgehen, sie zurückweisen können, u. τινά τι jmdm. in bezug auf etwas (σχῆμα καθ' ὅλον καὶ μέρος) entgehen • **b)** übergehen, τί • **c)** überschreiten, umgehen, hintergehen, verletzen, τί • **d)** τινά an jmdm. im Wettlaufe vorbeilaufen, ihm zuvorkommen; überh. ihn überholen, übertreffen, ποσίν • **e)** vorübergehen, vergehen, von der Zeit, u. mit τινά jmdm. entgehen, von etwas Gutem. Dah. παρελθών vergangen, τὰ παρελθόντα das Vergangene, im bes. das überstandene Leid, u. τὸ παρεληλυθός vergangene Dinge, auch adv. τὰ παρελθόντα in der Vergangenheit u. sp. ὁ παρεληλυθώς (χρόνος) gramm. das Perfekt • **f)** poet. παρέρχεταί τί τινα jmd. läßt etwas ungesagt sein • **2) durchwandern,** τί etwas u. durch etwas, ἐς τὸ πρόσω weiter • **3)** hinzu-, **hineingehen,** -kommen, folgen, mit u. ohne εἴσω od. εἴσω τινός u. ἔς τι ankommen, **herbeikommen.** Im bes. • **a)** anrücken, einmarschieren, einbrechen, auch mit verst. εἴσω τῶν πυλῶν (Plut. Ag. 15), ἐπὶ κακῷ in böser Absicht • **b)** Zutritt haben, eintreten • **c)** vortreten, auftreten, um zu sprechen, abs., od. εἰς τὸν δῆμον in der Volksversammlung, od. ἐς ἀγῶνα in einem Kampfe, auch τινί vor jmdm. • **d)** übertr. gelangen, τί u. εἴς τι zu etw., etwas erlangen, erreichen.

πάρ-εσις, ἡ (παρίημι), sp. N. T. das Vorbeilassen, Nachlassen, dah.: **a)** die Vergebung. **b)** die Erschlaffung.

παρ-έστιος, 2. (ἑστία), poet. am Herde, Hausgenosse.

παρ-ετέος, 3. Adj. verb. von παρίημι.

παρ-ευδοκιμέω, sp. an Ruhm überbieten, verdunkeln.

παρ-ευθύνω, poet. seitab lenken, überh. lenken.

παρ-ευκηλέω, poet. beruhigen.

παρ-ευνάζομαι, ep. Pass., daneben liegen od. schlafen, τινί bei jmdm.

πάρ-ευνος, 2. poet. bei jmdm. liegend.

παρεύρεσις, εως, ἡ, das Ersinnen einer Ausrede, Vorwand. Von

παρ-ευρίσκω, ion., dazu ausfindig machen.

παρ-ευτρεπίζω, poet. sp. gut einrichten, τί.

παρ-έχω, ep. Aor. 2. act. inf. παρασχέμεν (auch in tmesi, in arsi Od. 19, 113 ᾰ), mit Adj. verb. παρεκτέον, u. der ep. Nebenf. **παρ-ίσχω**, inf. παρισχέμεν, danebenhalten, d. i. • **1)** hinhalten • **a) hinreichen** • **b) darbieten,** darreichen, gewähren, verleihen, schenken, ἱερήια, δῶρα, λουτρά, Im Med. von sich aus darbieten, hergeben, beibringen, aufbieten, an den Tag legen, beweisen, in Aussicht stellen, προθυμίαν den Willen beweisen, ἐχυρά, πιστά Bürgschaft bieten, leisten, πίστιν den Glauben erwecken, ὄψιν ins Auge fallen, aber τὴν σεαυτοῦ δύναμιν was in deiner Macht steht, u. τὶ ἐχυρὸν etw. verbürgen; im bes. **α)** Zeugen od. Zeugnisse stellen od. anrufen, τινὰ μάρτυρα, u. zwar κατά τινος gegen jmdn. **β)** τιμήματα Entschädigungsforderungen einreichen • **c)** Med. **sich** (*sibi*) **etwas verschaffen,** erwerben, haben als etwas, ὅπλα als Hoplit dienen, od. mit dopp. Akk., πειθομένους τοὺς στρατιώτας den Gehorsam der Soldaten, (τὸ ὕδωρ) Ἀκεσίνην καλούμενον machen, daß es nun A. genannt wird • **d) preisgeben,** gestatten, bes. mit Inf., τὸ σῶμ' αὐτοῖσιν παρέχω τύπτειν. • **e)** verursachen, **veranlassen,** erregen, einflößen, ἀρετήν, φιλότητα, πράγματα Händel, zu schaffen machen, λόγον ὑπό τινος die Rede bei jmdm. erregen, τὴν τιμωρίαν, αἴσθησιν • **f)** zu etw. machen, **als etw. gewähren** od. zeigen, mit dopp. Akk., Τισσαφέρνην φίλον, ξυμμάχους δεχομένους, τινὰ ὁμολογοῦντα, aber φύλακα τινά τινι jmdn. einem zum Wächter überlassen • **g)** Gelegenheit geben • **2)** Im bes. • **a)** jmdn. anstellen, εἴς τι, zu einem gerichtlichen Termin • **b)** oft mit ἑαυτόν **α)** sich selbst darbieten, **sich zeigen,** ἐν τῷ φανερῷ öffentlich, ἐν τῷ μέσῳ öffentlich Zutritt zu sich gestatten, od. mit u. ohne χρῆσθαι Zutritt suchen, bereitstehen, τινί sich gebrauchen lassen, mit τινί u. εὖ ποιεῖν sich von jmdn. wohltun lassen, mit Inf. pass. z. B. καταγοητεύεσθαι sich von Marktschreiern betrügen lassen, **β) sich als etw. betragen,** m. dopp. Akk., ἑαυτὸν τοιοῦτον πολίτην, εὐπειθῆ, σπάνιον sich selten machen. Oft ist auch ἑαυτόν zu ergänzen, wie Hdt. 9, 17, od. mit folg. πατεῖν er ließ sich treten • **c)** im Med. mit u. ohne ἑαυτόν **sich hergeben,** sich als etw. darstellen, τί, ἀποκρινόμενος als ein Antwortender, τινὶ jmdm. od. einer Sache, auch εἴς τινα od. τι • **3)** impers. **παρέχει,** Fut. παρασχήσει (τινί), mit u. ohne Inf., **es ist möglich,** vergönnt, καλῶς die Gelegenheit ist günstig, u. so auch im Inf. od. unpers. Part. παρέχον da sich die Gelegenheit darbietet, ἄριστα καιρὸς παρασχών eine ganz günstige Gelegenheit.

παρ-ηβάω, im Prät. das Mannesalter überschritten haben, altern, verblühen, übertr. vom Schiffe, das ans Land gezogen u. gleichsam über sein Mannesalter d. h. die Zeit des Feldzugs hinaus ist.

παρηγορέω u. Med. **-ομαι** (παρήγορος, s. παράγορος), ion. poet. u. sp. zureden, ermuntern, **auffordern,** ermahnen, trösten, beschwichtigen, abs., od. τινά jmdn , auch τινά τι zu jmdm. etwas sprechen, u. zwar τινί mit od. durch etwas, od. mit Inf. **2)** sp. (als mediz. t. t.) lindern, erleichtern.

παρηγορία, ἡ (-ρέω), poet. u. sp. **a)** Zuspruch, Trost, Tröstung, ἀπό τινος von etwas. **b)** Linderungs-, Nährmittel, τινός für etwas, auch von dem das Feuer nährenden Öl.

παρ-ήγορος, 2. tröstend, vgl. παρ-άγορος.

παρήιον, παρηίς, s. παρειά.

παρ-ήκω, **1)** sich entlang ziehen, bis wohin reichen, sich erstrecken, u. zwar παρά τι an etwas entlang, u. in freierer Konstr. auch noch mit τὰ κατά τι = οἰκέουσι παρήκοντες, od. πρός τι nach etwas zu, ἔς τι od. μέχρι τινός bis zu etwas. **2)** mit ἔξω herauskommen, an den ihn Bewachenden vorbei.

παρ-ῆλιξ, ικος, ὁ, ἡ, sp. an Kraft abnehmend, alternd.

πάρ-ημαι, ep. u. poet. Dep. med., dabei-, danebensitzen, überh. dabei verweilen, wohnen, sich aufhalten, umringen, dabei od. anwesend sein.

παρηνώχλημαι, -ηνώχλουν u. ä., s. παρενοχλέω.

πάρηξις, εως, ἡ (παρήκω), poet. im Plur. das Ankommen, Anlanden.

παρηορίαι, αἱ, ep. die Riemen des Beipferdes

παρ-ήορος, 2. (παρ-αείρω), ep. poet. u. sp. daneben gekoppelt, dah. **1)** am Nebenseil, verst. ἵππος, das Beipferd, welches bei dem Zweigespann nicht am Joche, sondern nebenher, also auf der Wildbahn geht u. nur angehängt ist. **2)** daneben weithin ausgestreckt, ἔνθα καὶ ἔνθα in die Länge u. Breite. **3)** taumelnd, verwirrt (νόον im Geist), wahnsinnig, töricht.

παρῄς, ῇδος, ἡ, poet. = παρηίς, s. παρειά.

Παρητακηνοί, s. Παραιτάκαι.

παρθενεία, ἡ, poet., ***παρθένευμα,*** τό, poet. u. ***παρθένευσις,*** ἡ, sp. Jungfrauschaft, jungfräulicher Stand od. jungfräuliche Vergnügung.

παρθένειος, 2. meist poet., sowie ***παρθενικός,*** 3. u. ***παρθένιος,*** 3. u. 2., beide ep. poet. u. sp. (παρθένος), jungfräulich, unverheiratet, ὁ παρθένιος ἀνήρ der Mann, der eine Jungfrau (mich als J.) geheiratet hat. Subst. ὁ παρθένιος Jungfrauensohn; ἡ παρθενική Jungfrau; τὸ παρθένειον Jungfrauenlied; τὸ παρθένιον Jungfernkraut.

παρθενεύω (παρθένος), poet. **1)** wie eine Jungfrau behandeln. **2)** Med. ion. poet. u. sp. Jungfrau sein, u. Präs. st. Fut. Jungfrau bleiben.

παρθενία, ἡ, poet. u. sp. = παρθενεία.

παρθενικός, 3. u. ***παρθένιος,*** 3. u. 2. s. παρθένειος.

Παρθένιος, ὁ, **1)** Fluß in Paphlagonien, welcher in den Pontos mündet, j. *Bartin.* **2)** τὸ Παρθένιον Stadt in Mysien bei Pergamos. **3)** τὸ Παρθένιον ὄρος Gebirge auf der Grenze von Argolis u. Arkadien, j. *Rhoino.* **4)** τὸ Παρθένιον φρέαρ ep. Brunnen bei Eleusis.

Παρθενοπαῖος, ὁ, Sohn des Talaos (nach and. des Ares) aus Arkadien, der aber in Argos eine neue Heimat gefunden.

παρθεν-οπίπης [ῐ], ου, ὁ, Vok. -πῖπα (ὀπιπεύω), ep. Mädchenbegaffer.

παρθένος, **1)** ἡ, Jungfrau, Mädchen, dann auch junge Frau od. eine Person weiblichen Geschlechts. Im bes. heißen so **a)** die Eumeniden. **b)** mit ἱεραί u. Ἑστιάδες die vestalischen Jungfrauen in Rom. **2)** ὁ N. T. ein noch reiner Jüngling.

παρθενό-σφαγος, 2. (σφάζω), poet. vom Jungfraumord.

παρθενών, ῶνος, ὁ (παρθένος), **1)** poet. u. sp., im Plur. das Jungfrauengemach. **2)** im Sing. Παρθενών, ὁ, berühmter Tempel der Athene auf der Akropolis zu Athen.

παρθεν-ωπός, 2. poet. von jungfräulichem Ansehen.

Πάρθοι, οἱ, u. ***Παρθυαῖοι*** (altpers. *Parthuva*), οἱ, Bewohner einer südl. von Hyrkanien gelegenen kleinen Landschaft, Παρθία, turanische Nomaden. Später bildeten sie ein eigenes Reich mit 18 Provinzen, ἡ Παρθική, u. waren gefürchtete Feinde der Römer.

παρ-ιαύω, ep. (auch in tmesi), daneben schlafen, τινί bei jmdm., ἀμφί τινι hart neben jmdm.

παρ-ιέρη, ἡ, gewesene, nicht mehr amtierende Priesterin (der Artemis in Ephesus).

παρ-ίζω, ep. ion. u. buk. **1)** Akt. trans. danebensetzen, τινά, u. zwar τινί zu jmdm. **2)** Akt. intr. u. Med. sich daneben setzen, dabeisitzen, u. zwar τινί neben jmdm., ἔν τινι bei etwas.

παρ-ίημι (s. ἵημι) • **I) Akt.** u. **Pass.** • **1)** daneben **herablassen,** herabsenden, senken, hinstrecken, τί, z. B. πλευρόθεν πλευράν seine Seite an der Seite der Mutter. Im Pass. herabhangen. Übertr. abspannen, abstumpfen, lau werden lassen. Im Pass. erschlaffen, ermatten, dah. παρειμένος abgespannt, ermattet, abgestumpft, aufgelöst, τινί an etwas, ὑπό τινος von etwas • **2) vorbeilassen,** d. i. • **a)** durchlassen, einlassen, hinzulassen, den Zutritt gestatten, m. u. ohne εἴσω, τινά od. τί, u. zwar ἔς τι in etwas, πρός τι zu jmdm. Übertr. **α)** Raum geben, τινί einer Sache, u. zwar εἰς, ἐπί τι in etwas; παρεὶς κλύδωνα vorbei am Schwall. **β)** überlassen, freigeben, Freiheit gewähren, zulassen, zugestehen, lassen, vergönnen, abs. od. τί, od. Inf. m. u. ohne ὥστε, u. zwar τινί jmdm. • **b)** vorüberlassen, vorbeigehen od. verfließen lassen, abtreten, entlassen, τί. Im Pass. entlassen werden, τινός von etwas • **3)** übertr. **übergehen,** nicht achten, vergessen, vernachlässigen, beseitigen, abwerfen, aufgeben, sein lassen, abs. τὰ παρειμένα die begangenen Fehler, od. τί, auch τινά, z. B. ἑαυτήν sich aufgeben, um ihr ferneres Dasein unbekümmert sein, od. τινός = ἀμελεῖν einer Sache nicht achten, etwas unbenutzt lassen. Prägn. ἐκεῖνο παρεισίς, τί ὠφελήσει, st. παρεὶς λέξον.

II) Med. • **1)** sich etwas zugestehen lassen, sich ausbitten, ausbedingen, τί • **2)** weichen, zugeben, zugestehen, abs., u. τινί jmdm.

Παρικάνιοι, οἱ, Wüstenbewohner, nichtarische Nomaden, die zwischen Gedrosien u. Medien umherzogen u. so ebenso zu der 10. wie 17. med. Satrapie gehörten.

Πάριον, τό, Stadt in Mysien an der Propontis, östl. von Lampsakos, jetzt *Kemer.* Die Einw. οἱ ***Παριανοί.***

παρ-ιππεύω, **1)** vorbeireiten. **2)** an die Seite heranreiten, in die Flanken sprengen, mit der Reiterei einen Flankenangriff machen, überh. heran-, hinzureiten, abs., od. ἐπί τι zu etwas, ἐς κύκλους in Umkreisungen, also plänkelnd heranreiten, plänkeln.

παρ-ίπταμαι, sp. = παραπέτομαι, s. d.

Πάρις [◡◡], ιδος, ion. ιος, ὁ, auch Ἀλέξανδρος genannt, Sohn des Priamos.

παρ-ισόω, 1) Akt. gleichmachen. 2) Med., part. ion. παρισεύμενος, a) sich jmdm. (τινί) gleichstellen. b) sp. gleichkommen, τινί. 3) Pass. buk. verglichen werden.

παρ-ιστάνω u. **-ιστάω,** sp. u. N. T. = παρίστημι.

παρ-ίστημι, **danebenstellen.** **I) trans.** • 1) **aufstellen,** entfalten, τὰ ὅπλα seine Macht; auch herbeibringen, leisten • 2) **darstellen,** vorführen, häufiger im Med., τινά; übertr. Med. sich jmdn. verschaffen zum Beistand (συνήγορον), sp. auch jmdn. redend einführen. Insbes. aber 3) Med. auf seine Seite, in seine Gewalt bringen, **sich** (*sibi*) **unterwerfen,** u. mit ὥστε u. Inf. einen so zurichten, daß • 4) übertr. darlegen, beweisen, eingeben, τὸ δεινὸν τοῖς ἀκούουσι, ἀμφότερα τεκμηρίοις • 5) antreiben, anspornen, τὴν ὀργήν.

II) intr. u. reflexiv das Med. **παρ-ίστᾰμαι,** sp. Fut. ex. παρεστήξομαι, mit ep. Aor. conj. du. παρστήετον, part. παρστάς, Perf. inf. παρεστάμεναι, sich danebenstellen, **danebentreten,** hinzutreten, Perf. dabeistehen, beiwohnen, gegenwärtig sein, z. B. ζωγράφῳ einem Maler sitzen; von Ereignissen: nahe bevorstehen, sich ereignen, eintreten. Im besond. • 1) im guten Sinne: mit u. ohne εὖ od. σύμμαχον jmdm. **beistehen,** helfen, χερσίν; im üblen Sinne: ihm in den Weg treten, ihn bedrängen • 2) sich zu etwas verstehen, dah. ἐς τὴν γνώμην τινός auf jmds. Seite treten, übertreten, und so abs. **sich ergeben,** auch mit πολέμῳ sich unterwerfen 3) in den Sinn kommen, **einfallen,** παρίσταταί μοι mit u. ohne λογισμός es drängt sich mir der Gedanke auf, mit Inf. od. ὡς. Abs. παραστάς auf der Stelle, παρεστῶτος θέρους im Laufe dieses Sommers, τύχαι das Schicksal fügt es, τῶν παρεστώτων unter den gegenwärtigen Verhältnissen, u. ähnl. unpers. παρεστηκὸς ῥᾷον indem ihnen jetzt um so leichter in den Sinn kam • 4) sp. τὸ παρεστηκός die Gefaßtheit, mit der sich ein Heer in seiner Stellung behauptet.

παρ-ιστορέω, sp. daneben, beiläufig erfragen, erfahren.

παρ-ίσχω, s. παρέχω.

παρίσωσις, εως, ἡ (παρ-ισόω), die Gleichheit, bes. in der Rhetorik: die Gleichheit der Sätze od. der sich aufeinander beziehenden Glieder eines Satzes, Parallelismus.

παρ-ιτητέα, s. παρέρχομαι.

πάρ-κειμαι, poet. = παράκειμαι.

παρ-κύπτω, buk. st. παρακύπτω.

Παρμενίδης (-νείδης?), ου, ὁ, berühmter Philosoph aus Elea, lehrte um 500 v. Chr.

Παρμενίων, ωνος, ὁ, Sohn des Philōtas, Feldherr Philipps u. bes. Alexanders des Gr., später von ihm getötet.

παρ-μένω, s. παραμένω.

παρμόνιμος, 2. poet. = παραμόνιμος beharrlich.

Παρνᾱσσός (-ᾱσός), οῦ, ὁ, ep. u. ion. **Παρνησσός (-ησός),** Gebirge in Phokis, an der Grenze von Lokris, ca. 2460 m hoch, dessen zwei höchste fast immer beschneite Spitzen Τιθορέα u. Λυκώρεια mit der korykischen Höhle sind; oberh. Delphi die Felsen Φαιδριάδες; in der Nähe des Baches Pleistos befand sich die σχιστὴ ὁδός Soph. OR. 716. Der Berg heißt jetzt noch *Parnassos*, in Lokris *Elato* u. ein Teil desselben *Liakura*. Adj. **Παρνάσ(σ)ιος,** 3., Adv. **Παρνησ(σ)όνδε,** auf den Parnaß.

Πάρνης, ηθος, ὁ u. ἡ, wild- u. waldreiches langes Grenzgebirge zwischen Attika u. Böotien, eine bis zur See (bei Rhamnus) sich hinziehende Fortsetzung des Kithäron, mit einem von Athen befestigten Paß, 1413 m hoch, jetzt *Ozea*.

παρ-οδεύω, sp. vorübergehen, τί an etwas.

παρόδιος, 2. sp. am Wege gelegen, durchreisend.

πάρ-οδος, ἡ, 1) a) Weg an etwas vorbei, Übergangsort, Durchgang neben etwas (παρά τι), u. insbes. der Raum vom Munde bis zu dem Magen (Luc. Nigr. 33), dann überhaupt Zugang; sp. auch: Gang, Stockwerk. b) das Vorübergehen, Übergehen, der Übergang, Durchgang, Zugang, ἐν τῇ π. u. κατὰ τὴν π. im Vorbeigehen oder -ziehen, auf der Vorbeireise, auf dem Wege, ἐν π. beiläufig, nebenbei. c) übertr. Zutritt, Eingang, Gelegenheit, abs., od. ἐπί τι zu etwas. 2) das Auftreten des Chors.

παρ-οίγνυμι, poet. ein wenig öffnen.

πάροιθε, u. vor Vokalen **-θεν,** od. πάροιθ' (Lok. von πάρος), ep. u. poet. 1) **Adv.** a) vom Orte: **vorn,** an der Vorderseite, voran, von vorn, mit εἰρύσατο eine Schutzwehr davor bildend, οἱ π. die vordern. b) von der Zeit: **vorher,** zuvor, vormals, früher, einst, τὸ π. das frühere Mal. 2) **Präp.** mit Gen., von dem es bisw. durch mehrere Worte getrennt steht, **vor,** im Angesicht, gegenüber.

παρ-οικέω, 1) trans. danebenhin, die Küste entlang bewohnen, τί. 2) intr. a) in der Nähe, nebenan wohnen, Nachbar sein, τινί bei d. i. von etwas od. jmdm. b) als Fremder in einer Stadt wohnen, N. T. u. sp.

παρ-οίκησις, εως, ἡ, die Nachbarschaft.

παρ-οικία, ἡ, N. T. das Wohnen eines Fremden (Beisassen) in einem Orte, Aufenthalt in der Fremde.

παρ-οικίζομαι, ion. sp., Aor. παροικισθῆναι, sich daneben ansiedeln, τινί neben jmdm.

παρ-οικοδομέω, daneben bauen, weiter heranführen, τί, u. zwar ἑκατέρωθεν an beiden Seiten anbringen, u. ἡμῖν neben uns, d. h. eine Mauer neben der unsrigen.

πάρ-οικος, 2. danebenwohnend, Anwohner, Nachbar, πόλεμος d. h. in der Nähe der Heimat. Subst. ὁ π. der in einer Stadt lebende Fremde, Beisasse, N. T. u. sp.

παροιμία, ἡ (vwdt. mit I. οἶμος), Gemeinplatz, Sprichwort, Spruch, ὥσπερ ἡ π. wie man zu sagen pflegt. Davon

παροιμιάζομαι, sich eines sprichwörtlichen Ausdrucks bedienen, im Gleichnis, symbolisch reden.

παροιμιακὸς στίχος, ὁ, = katalekt. anapäst. Dimeter, am Schluß eines anapäst. Systems od. refrainartig eingeschaltet (◡◡–◡◡–|◡◡–◡).

παροιμιώδης, 2. sp. sprichwörtlich.

παροινέω (πάροινος), Impf. παρῴνουν u. ἐπαρῴν., Aor. ἐπαρῴνησα, Perf. πέπαρ , **1)** trunken sein, sich toll, wie ein Trunkener betragen. **2)** im Rausche gegen jmdn. mutwillig handeln, jmdn. mißhandeln, τινά u. εἴς τινα.

παροινία, ἡ, Streiterei beim Weine, überh. liederliches Leben und dem entsprechende Handlungen.

παρ-οινικός, 3., Adv. **-ῶς, παρ-οίνιος,** 2. beide poet. u. sp., u. **πάρ-οινος,** 2. zum Trinkgelag gehörig; liederlich. Subst. τὰ π. Trinklieder.

παροίτερος, 3., ep. Komp. zu πάρος, der vordere, frühere.

παρ-οίχομαι, Dep. med., Perf. παρῴχηκα od. -οίχωκα u. -ῴχημαι, **1)** vorbeigehen, vorübergehen, vergehen, τὰ παροιχόμενα das Vergangene (Präs. oft in Perf.-Bdtg.). **2)** übertr. **a)** entgehen, τί einer Sache. **b)** abkommen, τινός von etwas, es verfehlen, μοίρας sich in der Schicksalsbestimmung irren.

παρ-οκωχή, ῆς, ἡ (παρέχω), Darreichung, Lieferung, νεῶν παροκωχῇ gegen Stellung von Schiffen.

παρ-ολιγωρέω, ein wenig vernachlässigen.

παρ-ολισθαίνω, sp., Aor. παρώλισθον, auf die Seite hingleiten, herabgleiten.

παρ-ομαρτέω, sp. mitlaufen.

παρ-ομοιάζω, N. T. sp. gleichen.

παρ-όμοιος, 2. u. 3. entsprechend, d. i. was sich als ähnlich nebeneinanderstellen od. vergleichen läßt, gleichartig, ähnlich, τινί mit etwas, πρός τινι einem gegenüber, παρόμοιόν ἐστιν ὅπερ = π. ἐστι τούτῳ ὅπερ es ist damit wie mit.

παρ-ομοίωσις, εως, ἡ, sp. Anähnlichung (als rhet. Figur), Gleichklang.

παρ-ονομάζω, sp. **1)** ein Wort anders bilden, umbilden. **2)** jmdm. (τινά) einen Beinamen geben. Dav.

παρονομασία, ἡ, sp. eine kleine Veränderung eines Namens od. Wortes, bes. um ihm einen Nebensinn zu geben; daher dann ein Wortspiel, das auf der Klangähnlichkeit zweier bedeutungsverschiedener Wörter beruht.

παροξυντικός, 3. ermunternd, aufreizend, erbitternd, abs. u εἴς τι.

παρ-οξύνω, eigentl. woran schärfen, zuspitzen, doch nur übertr. anstacheln, od. reizen, aufbringen, erbittern, zum Zorne reizen. Im Pass. angeregt werden, sich angeregt fühlen, sich aufrütteln lassen, gestachelt, aufgereizt, erbittert werden, zürnen. Dav.

παρ-οξυσμός, ὁ, Reizung, Erbitterung.

Παροπάμισος u. **Παροπάνισος** = Παραπάμισος, s. d.

παρ-οπλίζομαι, sp. Pass., entwaffnet werden.

παρ-όραμα, τό, sp. das Versehen, wie

παρ-όρασις, εως, ἡ, das Übersehen, von

παρ-οράω (-όψομαι, -εῖδον, -εώρακα), **1)** an jmdm. (τινί) etwas (τί) sehen, überh. bemerken, gewahr werden, τί. **2)** hinsehen, die Augen wohin (εἴς τινα, πρός τι) richten. **3)** übersehen, nicht beachten, vernachlässigen, τί, u. zwar κατά τι, wegen etwas.

παρ-οργίζω, zum Zorne reizen.

παροργισμός, ὁ, N. T. rege gemachter Zorn.

παρ-ορμάω, antreiben, anspornen, ermuntern.

παρ-ορμέω, sp. vor Anker liegen.

παρόρμησις, εως, ἡ (-ορμάω), die Ermunterung.

παρορμητικός, 3. sp. anspornend.

παρ-ορμίζω, ans Gestade vor Anker legen, πλοῖα.

πάρ-ορνις, ῖθος, ὁ, ἡ, poet. gegen den Vogelflug unternommen, unglücklich.

παρ-ορύσσω, 1) Akt. daneben graben, τί. **2)** Med. nebeneinander, um die Wette graben, schaufeln, eine Vorübung der Athleten.

παρ-ορχέομαι, sp. falsch tanzen, τί.

πᾰρος (vgl. παρά), ion. u. poet. **I) Adv. 1)** der Zeit: **vorher,** früher, zuvor, auch (bes. bei Präs.) sonst. Mit dem Art. entweder als Adj. der, die, das vorige, frühere, od. mit τό als Adv. = πάρος das vorige Mal. — vorlaut Il. 23, 474 — Auch: eher, lieber, bes. οὐ πάρος — πρίν nicht eher als. **2)** vom Orte: *ante,* **vor,** voran, voraus, abs. u. m. Gen.

II) Konj., mit Inf. = πρίν, **bevor,** ehe.

III) Praep. beim Genet., dem es öfter nachfolgt als vorangeht, **vor** = πρό, übertr. auch: über etwas.

Πάρος, ἡ, kykladische Insel im Ägäischen Meere, mit berühmtem Marmor, jetzt *Paro.* Die Einw. *οἱ Πάριοι.*

παρ-οτρύνω, poet. sp. = παρορμάω.

παρ-ουσία, ἡ (παρεῖναι), **1)** Gegenwart, Anwesenheit, das Dabeisein, παρουσίαν ἔχειν erscheinen, ἀγαθῶν παρουσίᾳ weil ihnen Gutes innewohnt. Im besond. **a)** schickliche Gelegenheit = καιρός. **b)** anwesende Kriegsmacht (Thuk. 6, 86). **2)** Ankunft, im bes. um zu helfen, dah. Beistand, = βοήθεια. **3)** im N. T. u. sp. spez. die erwartete Wiederkunft Christi zum Weltgericht.

παρ-οχέομαι, Med. neben jmdm. (τινί) im Wagen sitzen.

παρ-οχετεύω, das Wasser (τὸ ὕδωρ) anderswohin ableiten; übertr. wovon ablenken, übergehen, τί etwas.

παρ-οχή, ἡ, alte La. für παροκωχή.

παρ-οχλέω, s. παρ-ενοχλέω.

πάρ-οχος, 2. mitfahrend; ἡ, poet. Brautjungfer.

παρ-οψίς, ίδος, ἡ (ὄψον), Nebenschüssel mit einer ausgesuchten Speise; kleine Schüssel, sp. N. T.

παρ-οψώνημα, τό, poet. leckerhaftes Nebengericht, übertr. εὐνῆς ihres Lagers Würze, d. h. daß sie daliegt als Leiche.

Παρρᾰσία, ion. **-ίη,** ἡ, Stadt u. Landschaft im südl. Arkadien; die Einw. *οἱ Παρράσιοι.*

Παρράσιος, ὁ, Sohn des Euēnor, berühmter Maler aus Ephesos um 400 v. Chr.; er lebte meistens in Athen und erhielt daselbst das Bürgerrecht.

παρρησία, ἡ (πᾶν, ῥῆσις), das Freiheraussagen, freie Sprache, freies Wort, im Plur. freie Äußerungen, überh. Redefreiheit, Erlaubnis frei zu reden, Freimütigkeit, Offenherzigkeit, Offenheit, Ungeniertheit; Unverschämtheit im Reden, Lästerzunge. Abs. μετὰ παρρησίας ohne allen Rückhalt, τίνι παρρησίᾳ; mit welcher Stirn? (denn die π. beruht auf dem Bewußtsein, selbst frei von Makel zu sein).

παρρησιάζομαι, augm. ἐπαρρ., redupl. πεπαρρ., Dep. med., frei herausreden, sich frei aussprechen, freimütig, offenherzig reden od. sagen.

παρρησιαστής, οῦ, ὁ, ar. sp freimütiger Sprecher.
παρρησιαστικός, 3. sp. freimütig.
Παρύσάτις, ιδος, ἡ, Tochter Artaxerxes' I., Stiefschwester u. Gemahlin des Dareios Nothos, Mutter Artaxerxes' II. u. Kyros des Jüngern.
παρ-υφαίνω, daranweben, übertr. τὰ παρυφασμένα ὅπλα Bewaffnete, welche von allen Seiten (den unbewaffneten Haufen) decken.
πάρ-φαμαι, s. **παράφημι.**
πάρ-φασις, s. **παραίφασις.** [τινί.
παρ-φεύγω, ep. st. παραφ., vorbei-, vorüberfliehen,
παρ-ῳδέω, sp ein Lied entstellt singen, verhöhnen.
παρ-ῳδός, 2. poet. nicht zum Gesange gehörig.
παρ-ωθέω (-ώσω, -έωσα), auf die Seite stoßen, zur Seite schieben, verdrängen, τινά od. τί; Med. von sich weg.
παρ-ωκεάνιος, 2. sp. am Ozean wohnend.
παρ-ωκεανίτης, ου, ὁ, sp. dass.
παρ-ωνύμιον u. poet. u. sp. **παρ-ώνυμον,** τό (ὄνυμα, ὄνομα), Beiname, Zuname.
παρ-ώνυμος, 2. sp. gramm. von einem Nomen abgeleitet.
Παρ-ωρεῆται, οἱ, Bewohner des Gebirgs, welches sich von Arkadien nach Elis hinzieht.
πάρ-ωρος, 2. (ὥρα), sp. **1)** außer der rechten Zeit, unzeitig **2)** über die rechte Zeit hinaus, zu spät. Adv. **πάρωρα.**
παρ-ωροφίς, ίδος, ἡ (ὀροφή), ion. der vorspringende Teil der Deckplatte oberhalb des Architravwulstes beim ägypt. Tempel: Kranzgesims.
πᾶς, πᾶσα (aus παντjα), **πᾶν,** Gen. pl. fem. ep. πασάων u. πασέων (zweisilbig), Dat. plur. ep. πάντεσσι • **1)** im Sg. **jeder,** teils als Adj., teils als Subst., παντὸς εἶναι jedermanns Sache sein, oft mit τίς jeder beliebige. Im Neutr. ἐν παντί in jedem Dinge, τὸ πᾶν alles, das Ganze, auch: die Hauptsache. Im Pl. **alle,** als Adj. od. Subst., πάντα alles. Mit ἅμα, ὁμοῦ alle ohne Unterschied. • **a)** Mit dem Artikel vor πᾶς bezeichnet es eine Gesamtheit, den einzelnen Teilen gegenüber, wie *cuncti, universi,* οἱ π. ἄνθρωποι die sämtlichen Menschen, τοὺς πάντας Πέρσας die persische Hauptmacht, τὸ πᾶν στῖφος die Hauptmasse. • **b)** Steht dagegen der Artikel vor dem Subst., so wird ein Bestimmtes bezeichnet, πᾶς ὁ πόλεμος der ganze (erwähnte, bevorstehende usf.) Krieg, ähnl. πᾶσα ἡ ὁδός dieser ganze Weg, πᾶν τοὐναντίον ganz das Gegenteil (davon) • **c)** Mit u. ohne Artikel bei Zahl- und Maßbestimmungen: im ganzen, ἐννέα πάντες, ἐν εἴκοσι ταῖς πάσαις ἡμέραις im ganzen in 20 Tagen, dah. auch τὰ πάντα εἴκοσι (nämlich ἔτη) volle 20 Jahre • **d)** Als Subst. τὰ πάντα das Universum, das Weltall, aber τὸ πᾶν (s. oben) alles, περὶ τοῦ παντός im allgemeinen • **2) ganz** d. i. mit allen seinen Teilen, völlig, lauter, πᾶσα (ἡ) ἀλήθεια, ἐν πολεμίοις τοῖς πᾶσι unter nichts als Feinden, daher steht es • **a)** oft so, daß wir es adverbiell übersetzen, so Τροίαν ἁλῶναι πᾶσαν d. h. gänzlich, ähnl. in πᾶσα πόλις, wo πᾶσα = πάμπαν, od. πᾶν ἐλευθεροῖ στόμα er hält durchaus den Mund rein • **b)** um den höchsten Grad zu bezeichnen: πᾶν κέρδος — ὅσον δυνατόν der höchste, πᾶσα ἀνάγκη die äußerste Not, u. so auch mit dem Gen. ἐν παντὶ ἀθυμίας in vollständiger Entmutigung, ἐπὶ πᾶν ἐλθεῖν, ἐς πᾶν κακοῦ, u. dah. ἐν παντὶ εἶναι in allen Nöten sein • **3)** = παντοῖος **allerlei,** ein beliebiger, irgendeiner, πᾶς ὅστις, πάντες ὅσοι, πάντα ἅ jeder beliebige, alle, *quotquot;* διὰ παντὸς πολέμου, διὰ πάσης ἀγωνίας durch jede Art von Kampf, ἀνθρώπους ἐκ πάντων d. h. aus allen Nationen, τὰ θύσιμα πάντα τρισχίλια d. h. von jeder Art, von Rindern, Schafen u. Ziegen, ὁ πᾶς λόγος die allgemeine Sage, und κερδαίνειν ἀπὸ παντός von allem, ohne Rücksicht darauf, ob ehrenhaft od. nicht. Im bes. πᾶσι δέκα mit allem zehnfach, u. πάντα γίγνεσθαι d. i. alle (möglichen) Gestalten annehmen. Dag. τὰ πάντα Gesamtheit, Akk. überall, (τὰ) πάντα ἦν αὐτοῖς er war ihr eins u. alles, dah. auch τὰ πάντα ἦν οἱ ἐν τῷ λόγῳ er war der Hauptgegenstand seiner Erzählung. (ἡ διὰ πασῶν verst. χορδῶν συμφωνία die Oktave in der Musik) • **4)** Adverb. stehen • **a)** πᾶν, τὸ πᾶν, πάντα im ganzen, in allem, gänzlich, überhaupt. Und so auch τὰ πολλὰ πάντα fast ganz, oder παντὸς μᾶλλον ganz gewiß, μάλιστα πάντων am allermeisten. Ähnl. πάντων δεινότατον, u. so öfter bei Superl. • **b)** τῷ παντί in jeder Hinsicht, überhaupt; auch als Dat. der Differenz = unendlich, τῷ παντὶ πλέονες unendlich überlegen • **c)** διὰ παντός durchgängig, immer. Ähnl. • **d)** ἐν παντί, ἐν πᾶσι in allem, durchaus • **e)** ἐπὶ πᾶν im allgemeinen • **f)** κατὰ πάντα in allen Beziehungen, ähnl. ἐς τὸ πᾶν gänzlich, u. ἄχρι παντός • **g)** περὶ und πρὸ παντὸς über alles • **h)** παντὸς εἵνεκα od. οὕνεκα um des Ganzen (Vaterlandes) willen • **i)** ἐπὶ πᾶσιν sp. nach allem, schließlich • **5)** eigtl. Adv. • **a) πάντως, πάμπαν** (redupl. πᾶν), poet. **παμπήδην, παντάπασι(ν),** auch **τὸ π.,** eigtl. alles in allem, ep. πάγχυ, att. **πάνυ, πανταχῶς,** auf alle Weise, **völlig, ganz u. gar;** in der Antwort, oft mit γέ: ohne Zweifel, gewiß, mit δήπου ja freilich, mit μὲν οὖν ganz gewiß, ähnl. mit γοῦν; καὶ πάνυ ganz u. gar. Verstärkt durch ἐπὶ μάλα od. verb. mit λίην zu sehr, od. mit τί, z. B. οὐδεὶς πάνυ τι keiner seit geraumer Zeit. Mit Negg. οὐ πάνυ (nicht πάνυ οὐ) gar oder durchaus nicht (selten: nicht sehr), οὐδὲ πάνυ ganz u. gar nicht (st. καὶ οὐ πάνυ), οὐδὲν πάντως keineswegs, οὐ πάμπαν nimmermehr. Mit dem Artik. ὁ πάνυ Περικλῆς der allbekannte P., auch abs., der vortreffliche • **b) πανταχῇ** od. **-χῆ, πάντῃ** od. **-τη,** dor. **τᾷ, πανταχοῦ** u. sp. **πανταχόθι,** allenthalben, **überall,** überallhin, insbes. im **Quadrat** (Thuk. 3, 68), an allen vier Seiten (Hdt. 2, 124), od. nach zwei Dimensionen, nach Breite u. Höhe (Hdt. 2, 78), mit κύκλῳ u. ἐν κύκλῳ ringsum. Übertr. auf alle Weise, in jeder Art, auf alle Fälle, gänzlich, πανταχῇ δρῶντες verfahrend, auf welcherlei Weise wir wollen. Auch mit dem Genet πανταχόθι τοῦ σώματος in allen Teilen des Körpers, oder mit dem Artik. τὰ πανταχοῦ die Schätze der ganzen Welt • **c) πανταχόθεν, πανταχοῖ** u. **πάντοθεν** überallher, πάντοθεν (Sophokles OC. 1240) auch: von vielen Seiten,

weil dem Dichter bei dem Vergleiche Ödipus vorschwebt; überh. allenthalben, übertr. in jedem Betracht. Mit dem Art. der allseitige • **d)** **πανταχόσε** und **πάντοσε** überallhin • **e)** **πάντοτε** sp. N. T. immer, allezeit.

Πᾰσαργάδαι, οἱ, 1) der älteste Stamm der Perser, aus welchem die Feldherren derselben gewählt wurden. **2)** *αἱ Π.* im sogen. hohlen Persien gelegen, ihre Hauptstadt u. Residenz der pers. Könige mit dem Grabe des Kyros.

πασάων u. **πασέων,** s. **πᾶς.**

Πασι-κράτης, ους, ὁ, Fürst von Soli auf Kypros, nach Arr. aus Thurii in Unteritalien.

πασι-μέλουσα, ἡ, ep. von allen gepriesen, Bein. der Argo, richtiger **πᾶσι μέλουσα** geschr.

Πασιτίγρις, *ιδος, ὁ* (im Altpers. der kleine Tigris), Fluß in Sogdiana, Elaios im Oberlauf, j. *Kuren.*

Πασι-φᾰ́α, *ἡ,* dor. lakonische Orakelgöttin, welche zu Thalamä einen Tempel hatte, wo die Orakel durch Träume (*incubatio*) erteilt wurden; *ἐκ Πασιφάας* aus dem Tempel der P.

πασσαλεύω, poet. annageln, anheften, aufhängen, *τί,* u. zwar *τινί* an etwas.

πάσσᾰλος u. **πάτταλος, ὁ** (St. *παγ* in *πήγνυμι,* lat. *pālus* = *paxillus*), ep. Gen. *πασσαλόφι,* ep. ion. poet. u. sp. hölzerner Haken, um etwas daran aufzuhängen (während mit *ἧλος* zwei Dinge zusammengenagelt werden), Pflock, kleiner Pfahl.

πάσ-σοφος, 2. = *πάνσοφος,* gar weise.

πασ-συδί u. **πασ-συδίᾳ,** s. *πανσυδίῃ.*

πάσσω, att. *πάττω* (lat. *quatio*), flekt. *πᾰ́σω, ἔπᾰσα, πέπασμαι, ἐπάσθην, -παστός,* ep. u. sp. daraufstreuen, -legen, -sprengen, *τί* etwas, u. *τινός* von etwas.

πάσσων, s. *παχύς.*

παστάς, *άδος, ἡ* (aus **παρ-στάς, παραστάς,** ähnl. geb. lat. *postis* aus *por-stis*), das daneben stehende, daran gebaute, d. h. **1)** Pfosten, Türpfeiler. **2)** Vorhalle, ein galerieartiger Seitenbau, der sich bei Hdt. 2,169 an eine der beiden Seiten des Säulenhofes anschloß u. auch selbst mit Säulen geschmückt war. **3)** überh. Vorsaal, so **a)** bei Xen. die Speisehalle. **b)** die Schlafhalle für Frauen, das Brautgemach, dah. bei Sophokles vom Grabgemach der Antigone.

παστήρια, τά, poet. Eingeweide.

παστός, 3. **1)** Adj. verb. zu *πάσσω.* **2)** sp. subst. *ὁ π.* = *παστάς,* 3. b.

πάσχα, τό, sp. N. Γ. (aram. *pāsʼchâ,* hebr. *pèsăch* Verschonung) das Paschaopfer, Paschalamm, am 14. Nisan, dem Gedenktag des Auszugs aus Ägypten; Paschamahl, Paschafest der Juden.

πάσχω (aus *παθ-σκω,* St. *πενθ: πᾰθ*), ep. Aor. conj. 2. sg. *πάθῃσθα,* 3. sg. *πάθῃσι,* inf. *παθέειν,* Perf. ind. 2 pl. *πέπασθε* (*πέποσθε*) = *πεπόνθατε* • **1)** überh. **einen Eindruck empfangen, erfahren,** erleben, mir begegnet, mir widerfährt, abs. z. B. im Partiz. *τά γ' ἔργα μου πεπονθότ' ἐστὶ μᾶλλον ἢ δεδρακότα* d. i. mehr erlittene als vollbrachte; mit *πάθος* ein Schicksal erfahren; *οὐδὲν θαυμαστὸν πάσχω* es ist nicht zu verwundern, daß es mir so geht, *ὑικὸν πάσχει* es geht ihm wie den Schweinen, *ἄξια τῆς προσδοκίας* einen der Erwartung entsprechenden Empfang finden, *ἐπιλέληστα καὶ ὧν ἡ ψυχὴ πάσχουσα ἐπεθύμει* er hat auch die Eindrücke vergessen, unter welchen die Seele (immer) begehrte, *τοιαῦτα πάσχουσι ὑπὸ τῶν καμήλων* so geht es ihnen beim Anblick der Kamele; *πρός τι* sp. sich verhalten zu etwas. Im bes. heißt es dann • **2)** im übeln Sinne: etwas (Übles) erfahren, **erleiden,** erdulden, teils abs. mit u. ohne *κακῶς* übel daran sein, Unrecht erleiden, beleidigt werden; besond. büßen, Strafe erleiden, u. im gerichtl. Sinne: eine Leibesstrafe erleiden, im Gegensatz zu *ἀποτεῖσαι* (eine Geldstrafe zu erlegen haben), dah. sprichw. *παθόντα γνῶναι* durch Schaden klug werden, *ἐν τῷ παθεῖν εἶναι* in Schaden gekommen sein, daher *τὸ παθεῖν* die Beleidigung, *ὁ παθών* der Beleidigte, teils *οὐλήν* zu einer Wunde kommen, *ἔκ, πρός, ὑπό τινος* von jmdm., auch von etwas. Im bes. • **a)** als Ausdruck großer Verlegenheit od. Not, *τί πάθω; τί πάθωμεν;* wie wird es uns ergehen? was soll ich anfangen? *τί ἂν πάθοι τις;* was soll man weiter machen? Ähnl. im Part. *τί παθόντε λελάσμεθα* was ist uns widerfahren, daß wir, u. so steht oft *τί παθών* in dem Sinne: was focht ihn nur an, was fiel ihm ein, daß er, warum? • **b)** *π. τι* euphemistisch, umkommen, fallen, sterben, dah. *μή τι πάθῃ* daß ihm nur nichts zustoße. Ähnl. im *τιμῶμαι πάσχειν ὁτιοῦν* ich will nicht gesund hier stehen, oder mit Part. *δράσαντάς τι π.* nach einer Tat fallen • **3)** im guten Sinne, doch hier nie ohne eine nähere Bestimmung, die wenigstens im Zusammenhange liegen muß, mit u. ohne *εὖ*: Gutes erleiden od. empfangen, **sich wohlbefinden,** Wohltaten genießen, teils abs., teils *ἀγαθόν* od. *ἀγαθά* Wohltaten, Dienste, od. *ἡδύ* eine angenehme Empfindung haben, *πολλὰ φιλικά* viele Beweise der Freundschaft erhalten, auch *τὴν ἡμέραν* den Tag wohl durchleben, u. zwar *ὑπό τινος* von jmdm.

πατά (ion.), skythisches Wort für *κτείνειν.*

Πατάβιον, τό, Stadt in Venetia, lat. *Patavium,* jetzt *Padua.*

πᾰτᾰγέω, poet. ar. sp. klappern, plätschern, tosen, rauschen; keck lärmen. Von

πᾰ́τᾰγος, ὁ (*πατάσσω*), ep. poet. ion. ar. sp., jedes durch Aneinanderschlagen, Brechen usw. entstandene Geräusch: Krachen, Klappern, Klatschen, Lärm, Getöse, Getümmel, *τινός* von etwas. Es galt dies bes. als charakteristisches Merkmal der Barbaren, wenn sie in die Schlacht rückten.

Πάταικοι, οἱ, auch **Παταϊκοί** betont, eigentlich schützende Götter, phönikische Gottheiten von lächerlicher Zwerggestalt, deren Bilder an dem Schiffsbug angebracht waren.

Πάταρα, τά, Seestadt Lykiens mit einem Orakel des Apollo.

πᾰτάσσω (*πάταγος*). **1)** trans. einen Schlag versetzen, verwunden; *τινὰ πληγήν* jmdm. einen Streich geben. **2)** intr. schlagen, klopfen.

πᾰτέομαι, ep. ion. u. poet. Dep. med. Fut. *πάσομαι,* Aor. *ἐπᾰσάμην,* ep. auch *πάσσασθαι,* Plqpf. ep. *πέπαστο,* Adj. verb. *ἄ-παστος,* kosten, genießen, essen, speisen, verzehren, *τί* od. *τινός.*

πατέω (*πάτος*), **1)** auf etwas treten, dah. **a)** betreten, *τί,* darin wandeln. **b)** niedertreten, zertreten, übertr. „mit Füßen treten", besudeln, verletzen, verderben, τί od. τινά, u. zwar τινί mit etwas. c) abnutzen, durchdreschen, eifrig studieren. 2) herantreten, πρός τι an etwas.

πατήρ, ὁ (lat. *pater,* got. *fadar,* ahd. *fatar*), **Vater,** ὁ ποιητός der Adoptivvater zum Unterschiede von ὁ γόνῳ, φύσας π. der natürliche Vater. Übertr. 1) Urheber, Gründer, τινός von etwas, dah. im Pl. auch die Ahnherren, Vorfahren, Stammväter, Stammvolk. 2) Versorger, Vormund. 3) überh. Wohltäter, auch im allg. ehrende Anrede • Adv. **πατρόθεν,** vom Vater her, väterlicherseits, nach dem Vater, mit dem Namen des Vaters, τὰ π. die vom Vater ererbten Eigenschaften.

Πατησιάδης, ου, ὁ, Ephoros in Sparta im J. 416.

πατησμός, ὁ (πατέω), poet. das Zertreten.

Πάτμος, ἡ, eine kleine felsige sporadische Insel, südl. von Samos, j. *Patmo* od. *Palmosa.*

πάτος, ὁ (verw. πόντος „Seeweg", lat. *pons, pont-is*), ep. u. sp. 1) das Treten, der Tritt. 2) der betretene Weg, Pfad.

Πάτουμος, ἡ, Stadt am Rande der Arabischen Wüste, das Pithôm des A. T., welches die Israeliten mit bauen halfen (2. Mos. 1, 11), am Kanal des Necho zwischen Bubastis u. Arsinoe, j. *Abu-[Kescheid.*

πάτρα, -ρη, ἡ s. πατρικός.

πατρ-αδέλφεια, ἡ, poet. Verwandtschaft durch die Bruder- u. Schwesterkinder des Vaters.

Πάτραι, αἱ, Stadt in Achaja am Korinth. Meerbusen, jetzt *Patras.* Die Einw. **Πατρέες,** zsgz. **Πατρεῖς,** Dat. Πατρεῦσιν.

πατρ-αλοίας, od. sp. N. T πατραλῴας, ου, ὁ (ἀλοιάω), den Vater schlagend, gegen die Eltern sich versündigend, ein Rabensohn.

πατριά, ᾶς, ion. **-ιή,** ῆς, ἡ, 1) Abstammung, Geschlecht. 2) Volk; Volksstamm, Kaste. 3) Familienstamm, bei den Israeliten die zwölf Stämme.

πατρι-άρχης, ου, ὁ, sp. N. T. der Stammvater.

πατρίκιος, ὁ, sp. das röm. *patricius,* eigtl. alle zu den *patres,* den Senatoren, Gehörenden und ihre Nachkommen, dann der Erbadel im Gegens. zu der Gemeinde u. den Neubürgern.

πατρικός, 3., **πάτριος,** 3. u. 2. (πατήρ), mit bes. Fem. **πατρίς,** ίδος, ἡ, u. **πατρῷος,** 3. u. 2., ep. u. ion. **πατρώιος,** 3., nebst dem Subst. **πάτρα,** ion. **πάτρη,** ep. ion. u. poet. väterlich, d. i. • 1) (und zwar bei dem seltenen πατρικός, welches gew. nur in Prosa vorkommt, stets) • a) *patrius,* vom Vater od. Vorfahren ererbt, **väterlich,** vaterländisch, heimisch (πατρῷος, *paternus* u. *patrius,* auch alt u. poet. heimisch); βασιλεῖαι πατρικαί Erbkönigtümer; πατρικοὶ ἐχθροί Erbfeinde, φίλοι vom Vater her befreundet, ähnl. ξένος, u. ἀρεταὶ πατρικαί die Ehren seines Hauses, die Erbtugenden, ähnl. ἀρετή, φρόνημα, und so bei δόξα (ἀρχή, hier auch πατρία). Ähnl. πατρῷα πήματα die vom Vater her geerbten Leiden, ebenso π. ἆθλος, usw. Als Subst. heißt hier (τὸ) πατρώιον ein väterliches Erbgut, u. ähnl. τὰ π. das väterliche d. h. das vom Vater ererbte Vermögen, doch auch die von den Eltern od. Vorfahren übernommenen Gebräuche u. Sitten = πάτρια • b) von dem Vater her üblich, dah. α) πάτριον mit u. ohne ἐστί, u. mit u. ohne τινί, oft mit folg. Inf., es ist hergebrachte Sitte, **herkömmlich,** mit τινί es ist ein Stammerbteil, überh. er ist gewohnt, β) Subst. τὸ πάτριον das Herkömmliche, τὰ πάτρια die Vätersitte, das alte Herkommen, im bes. die althergebrachten Opfer u. Gebräuche, doch auch die angestammten Rechte u. Vorzüge, oder die vaterländische Geschichte, oder ἱερὰ πάτριά ἐστι d. h. sind Familienmitglieder, τὰ πάτρια ποιεῖν das alte Herkommen beobachten, κατὰ τὰ π. nach den alten Bräuchen, nach vaterländischer Sitte • c) **einheimisch,** heimisch, vaterländisch, so πάτριος νόμος, θυσία usw., insbes. θεοὶ πατρῷοι die Stamm- oder Staatsgottheiten, Schutzgötter des Stammes (*gentilicii*), Götter der Heimat, wie insbes. Zeus u. Apollon heißen. Ähnl. πατρῷα ἕδη θεῶν d. i. die von der Väter Zeit her geweihten u. vor dem Palast stehenden Statuen u. Altäre der Götter, insbes. Apollons • d) Mit ἄρουρα, χθών, ἄστυ verb. heißt **πατρία** od. **πατρίς** u. **πατρωίη,** ähnl. wie ἡ **πάτρα, πάτρη** od. **πατρίς** (auch im Plur.) ohne γῇ usw., die Heimat, das **Vaterland,** die Vaterstadt, wogegen ἡ **πάτρη** auch, sowie ἡ **πατριή** (s. πατριά), γένος u. φρατρία Stamm, Geschlecht, Verwandtschaft vom Vater od. den Eltern her bezeichnet • 2) steht πατρῷος, selten πάτριος = **τοῦ πατρός** sowohl im Sinne des Gen. subj. wie des Gen. obj., τάφοι Gräber der Väter, aber φόνος Mord am Vater. • 3) Adv. **πατρικῶς,** ar. sp. väterlich = wie ein Vater.

πατριώτης, ου, ὁ, mit dem fem. **πατριῶτις,** ιδος (πάτρα), aus derselben Heimat, einheimisch, auch von leblosen Dingen. Subst. ὁ π. der Landsmann.

πατρόθεν, s. πατήρ.

πατρο-κασίγνητος, ὁ, ep. Vaters Bruder, Oheim.

Πάτρο-κλος, ὁ, Gen. auch -κλῆος, Akk. -κλῆα, Vok. -κλεες, -κλεις, Sohn des Menoitios u. der Sthenĕle, aus Opūs, Freund und Gefährte des Achilleus. Dav. Adj. -κλειος, Fem. ἡ Πατρόκλεια der Gesang von P. Il. 16.

πατροκτονέω (-κτόνος), poet. sp. den Vater morden.

πατροκτονία, ἡ, sp. Vatermord.

πατρο-κτόνος, 2. (κτείνω), poet. u. sp. vatermörderisch u. subst. Vatermörder; auch Mörder eines fremden Vaters; aber χείρ die Mörderhand des Vaters. [werden.

πατρονομέομαι, Pass. väterlich regiert, besorgt

πατρονομία, ἡ, sp. väterliche Gewalt.

πατρο-νόμος, 2. sp. väterlich waltend, regierend; οἱ π. eine mit der Sorge für Erziehung u. Zucht der Jugend betraute Behörde in Sparta.

πατρο-παράδοτος, 2. sp. u. N. T. von den Vorfahren überliefert.

πατρο-στερής, 2. poet. des Vaters beraubt.

πατροῦχος, 2. (ἔχω), ion. mit παρθένος, die Erbtochter, die allein des Vaters Vermögen geerbt hat.

πατρο-φόνος, 2. poet., **πατρο-φονεύς,** έως, ὁ, ep., u. **πατρο-φόντης,** ου, 2. poet. (φονεύω), vatermordend, Vatermörder.

πατρώιος, s. πατρικός.

πάτρων, ωνος, ὁ, sp. der röm. *patronus* d. h. Schutzherr, teils gegenüber dem Klienten, teils über Gesellschaften, Gemeinden und ganze Länder.

πατρωνυμικός, 3. sp. u.

πατρ-ωνύμιος, 2. poet. dem Vater gleich benannt; τὸ π. (sc. ὄνομα), gramm. das Patronymikum.

πατρωός, ὁ, sp. Stiefvater.

πατρῷος, s. πατρικός.

πάτρως, (lat. *patruus,* ahd. *fatureo* „Vatersbruder"), Gen. ωος u. ω, Dat. ῳ, Akk. ων, ὁ, ion. Vaters Bruder, Oheim.

παττ.... s. πασσ....

Πάτταλα, τά, indischer Name (altind. *Pôtala* d. i. Schifferstation) der Stadt auf dem Indusdelta, welches Παταληνή heißt; Ew. -λεῖς.

παῦλα, ἡ (παύω), Rast, Ruhe, Ende, Erlösung, τινός von etwas.

Παῦλος, ὁ, **1)** L. Aemilius Paulus Macedonicus, 168 v. Chr. Konsul u. siegreicher Feldherr gegen Perseus. **2)** Saulus aus Tarsus, S. eines Pharisäers u. röm. Bürger, Zeltfertiger, erst Verfolger, dann eifriger Apostel des christlichen Glaubens, starb um 67 als Märtyrer in Rom. **3)** Sergius Paulus, Prokonsul v. Cypern, durch Paulus bekehrt.

παυράκι, Adv. poet. wenigemale, selten.

παυρίδιος, 3. ep. Demin. von

παῦρος, 3. (= lat. *parvus,* verw. lat. *pauper, paucus, paulum*), ep. u. poet., gew. im Pl., k l e i n, gering, w e n i g.

παυσ-άνεμος, 2. poet. windstillend.

Παυσανίας, ου, ὁ, ion. **-νίης, 1)** S. des Kleombrotos, Anführer der Spartaner bei Platää, Eroberer von Kypros und Byzanz, später wegen Verdachts des Verrats vor die Ephoren geladen, überführt, verurteilt, † 467. **2)** Sohn des Pleistoanax u. Enkel des vorigen, König von Sparta 408—394, † 385. **3)** aus der Landschaft Orestis, Mörder des Königs Philipp von Makedonien 336; dann gekreuzigt. **4)** sonst. Eigenn.

παυσί-λυπος, 2. poet. und

παυσί-πονος, 2. poet. Schmerz od. Drangsal stillend.

παυστέον, s. παύω.

παυστήρ, ῆρος, ὁ, poet. u. **παυστήριος,** ὁ, poet. (παύω), Endemacher, Beender, Erlöser, abs., u. τινός von etwas.

παυσωλή, ἡ, ep. = παῦλα, w. s. Von

παύω, Fut. med. παύσομαι auch in pass. Bdtg., Adj. verb. παυστέον u. ἄπαυστος, dazu ep. Präs. inf. παυέμεν u. -έμεναι, Impf. iter. παύεσκεν u. παυέσκετο, Fut. inf. παυσέμεν, Aor. conj. 3. sg. παύσῃσι, 1. plur. παύσομεν ● **1)** Akt. trans. **aufhören machen,** befreien, aus dem Wege räumen; ein Ziel setzen, absetzen, beseitigen, beendigen, zurückhalten, abhalten, besänftigen, stillen; τινά u. τί, τινός u. ἀπό, ἔκ τινος von etwas, od. mit Inf. od. dem Part., z. B. γελῶντά τινα ● **2)** Akt. intr. nur im Imperat. παῦε, παύετε, laß, laßt ab; still! mehr poet., doch auch bei Plato u. Luk., der es sogar mit folg. Partiz. hat ● **3)** Pass. u. Med. ● **a)** b e f r e i t w e r d e n, sich beruhigen, ruhen ● **b) aufhören,** nachlassen, a b l a s s e n, abstehen, oder auch gestürzt werden (ὑπό τινος), (ein Amt) verlieren. Teils abs. πέπαυμαι ich habe aufgehört, höre auf, schweige, πέπαυται es ist vorbei, πεπαύσομαι gleich lasse ich davon ab, παῦσαι sei ruhig; teils τινός, τοῦ σίτου Brot zu essen, od. περί τινος von jmdm. (nämlich zu erzählen), od. mit Partiz., z. B. ὀφείλοντες aufhören schuldig zu sein. Es ist ein solches Part. zu ergänzen bei Soph. Ant. 884: ἀοιδὰς καὶ γόους λέγων.

Παφλαγονία, ἡ, Landschaft in Kleinasien am Halys, auch ἡ Παφλαγονική genannt, bekannt durch Maultierzucht u. Metallgruben. Die Einw., οἱ **Παφλαγόνες,** scheinen von den Griechen (v. παφλάζω) als Barbaren bezeichnet zu sein. Adj. dav. **Παφλαγονικός,** 3.

παφλάζω (redupl. φλάζω, φλάω), ep. poet. Blasen werfen, sprudeln, brausen.

Πάφος, ἡ, Stadt auf Kypros mit einem berühmten Tempel der Aschera (Aphrodite), an der Stelle des heutigen *Kukla;* 60 Stadien davon die Seestadt Paphos, N. T. Adj. **Πάφιος,** 3. ὁ Π. Bewohner von Paphos; ἡ Παφίη poet. Aphrodite, nach ihrem berühmten Heiligtum in Paphos.

πάχετος, πάχιστος, s. παχύς.

Πάχης, ητος, ath. Feldherr, Eroberer von Mytilene 427; später wegen seines Verfahrens vor Gericht geladen, tötet er sich selbst.

πάχνη, dor. **-να,** ἡ (πήγνυμι), **1)** gefrorener Tau, Reif, auch im Plur. **2)** überh. das Geronnene, insbes. poet. das geronnene Blut.

παχνόω, ep. poet. sp. mit Reif bedecken; erschaudern machen, mit Unwillen erfüllen; Pass. g e r i n n e n, sich erstarrend zusammenziehen, übertr. d e n M u t v e r l i e r e n.

πάχος, εος, ους, τό (παχύς), die Dicke, dicke Masse, Stärke, Wucht.

παχύ-δερμος, 2. (δέρμα), dickhäutig, auch bildlich.

Πάχυνος, ὁ, ἡ, Vorgeb. im SO. v. Sizilien, jetzt Kap *Passāro.*

παχυντικός, 3. sp. dick —, fest machend. Von

παχύνω, Part. pf. pass. sp. πεπαχυμμένος, d i c k m a c h e n, mästen, anschwellen, τί. Med. übertr. stumpfsinnig machen, N. T. Pass. sp. dick —, fest werden.

παχύς, εῖα, ύ, (verw. ahd. *bungo* „Knolle"), Komp. auch πάσσων, Superl. πάχιστος; ep. Nebenf. **πάχετος,** 2. d i c k, d i c h t, fett, fleischig, stark, plump. Subst. τὰ παχέα die Dicke, übertr., wohl genährt, wohlhabend, reich, οἱ π. die Reichen.

παχύτης, ητος, ἡ, auch im Plur. = πάχος.

πέδα, dor. u. äol. st. μετά.

πεδ-αίρω, πεδ-αίχμιος, poet. = μετ-.

πεδ-άορος, poet. = μετήορος.

πεδ-άρσιος, poet. u. sp. = μετάρσιος.

πεδάω, (πέδη), πεδήσω usf., ep. Präs. 3. sg. πεδάει, -άᾳ, Impf. iter. πεδάασκε, -άασκε, Aor. ἐπέδησε u. πέδησε, eigentlich Fußfesseln anlegen, in Ketten legen, dah. überh. binden, festbinden, f e s s e l n, übertr. **a)** h e m m e n, anhalten, zurückhalten. **b)** umstricken, verstricken, zwingen, τί od. τινά, u. zwar τινός od. ἀπό τινος von etwas, od. mit Inf.

πεδ-έρχομαι, buk. = μετ.

πεδ-έχω, äol. = μετέχω.

πέδη, dor. **πέδα,** ἡ (vgl. *im-ped-īre, ped-īca*), F u ß - f e s s e l, teils bei Pferden der Spannstrick, wodurch den weidenden Pferden die Vorderfüße gefesselt werden, teils bei Menschen die Fußeisen, bei Soph. OR. Riemen in durchbohrten Füßen, überh. die Fessel. Übertr. Zwang, Bann.

πεδήτης, ου, ὁ, poet. u. sp. der Gefesselte.

Πεδιακοί, οἱ, ar. die Besitzer (Bewohner) des Flachlandes von Attika.

πεδιάς, s. πεδινός.

Πεδιεῖς, οἱ, 1) Einw. von Pedieia, einer Stadt in Phokis, j. Ruinen von *Palea-Fiva*. **2)** bei Plut. = Πεδιακοί.

πεδι-ήρης, 2. poet. flächenreich.

πέδῑλα, τά (πούς), nicht in att. Pr., **1)** Fußbekleidung, und eine bloße Sohle, ὑπόδημα, in die man hineintrat und welche den Fuß umschloß. **2)** Halbstiefel.

πεδῑνός, 3. meist sp., mit bes. Fem. **πεδιάς, άδος, ἡ,** flach, eben, auch: auf der Ebene, im Blachfelde, π. λόγχη d. i. im Blachfelde (wo Mann gegen Mann kämpft) geschleudert. Subst. ἡ πεδιάς verst. γῆ die Fläche, Ebene.

πεδίον, τό (πέδον), Fläche, Ebene, Gefilde, Feld; hom. πεδίοιο durch das Gefilde; πεδίονδε ins Gefilde, auf die Erde als Bewegungsziel bei οὐρανόθεν; das Weichbild einer Stadt. Insbes. im Pl. **1)** die ebene Gegend in Attika. **2)** in Rom das Marsfeld.

πεδιο-νόμος, 2. poet. die Gefilde bewohnend.

πεδι-οπλό-κτῠπος, 2. poet. mit den Hufen die Erde schlagend.

πεδο-βάμων, 2. poet. = πεδοστιβής.

πέδον, τό (πεδ, πούς, lat. *peda* „Fußspur"), ep. poet. **1)** Erdboden, Boden, πρὸς πέδῳ am Boden, πέδῳ dem Boden zu, ἐς π. auf den Boden. **2)** = πεδίον teils als Umschr. von Städten mit dem Genet. od. Adj. Boden, Flur, Grund von etwas, teils ohne Genet. Strand, Land, Plan, od. Ebene. Adv. dav. **1) πέδοι,** poet., **πέδονδε,** ep. u. poet., u. **πεδόσε,** poet. auf den Boden nieder, zu Boden. **2) πεδόθεν,** ep. u. poet. von Grund aus, d. i. von Grund des Herzens.

πεδο-ρραντήριος, 2. poet. den Boden mit Blut bespritzend.

πεδο-στιβής, 2. (στείβω), poet. den Boden betretend.

πέζα, ἡ (πέδjα, πούς), ep. sp. der Fuß, d. h. das untere Ende einer Sache; poet. auch Grund, Talsohle.

πέζ-αρχος, ὁ, Anführer des Fußvolks.

πεζ-έταιροι, οἱ, die Garde zu Fuß, das schwerbewaffnete Fußvolk (die φάλαγξ) der Makedonier.

πεζεύω (πεζός), zu Fuße gehen, seinen Weg zu Lande machen, abs. u. διά τινος. Pass. sp. zu Fuß überschritten werden.

πεζῇ u. **πεζικός,** s. πεζός.

πεζομαχέω (-χος), zu Lande kämpfen, ein Treffen liefern, abs., u. τινί jmdm.

πεζομαχία, ion. **-ίη, ἡ** (-έω), **1)** Kampf zu Fuß d. h. zwischen Fußsoldaten, im Gegens. zur ἱππομαχία. **2)** Kampf zu Lande, Landschlacht, Landtreffen, im Gegens. zur ναυμαχία.

πεζο-μάχος, 2. (μάχομαι), sp. zu Lande d. i. als Landsoldat kämpfend.

πεζονομικός, 3. zum Halten von Landtieren gehörig.

πεζο-νόμος, 2. poet. auf dem Lande gebietend.

πεζός, 3. (aus πεδ-jός, St. πεδ, vgl. πούς u. *ped-it-*), u. **πεζικός,** 3. • **1) zu Fuß gehend,** im Ggs. • **a)** zu πτηνός: ungeflügelt • **b)** zu ἱππεῖς od. ἵπποι: zu Fuße gehend od. einherziehend • **2)** Subst. • **a)** (ὁ) Fußgänger, **Infanterist,** im Pl. Fußvolk • **b)** mit u. ohne στρατός das Fußvolk, die Infanterie, ähnl. ἡ π. δύναμις od. τὸ π. • **2)** zu Lande gehend, auf dem Lande lebend, π. ζῷον Landtier; reitend, überh. reisend, dah. Subst. • **a)** ὁ π. u. τὸ π. mit u. ohne στρατός od. στράτευμα **Landheer,** im Gegensatz zur Seemacht, ähnl. π. στρατιά, π. τάξις, δύναμις • **b)** τὸ od. τὰ π. der Landkrieg od. der Dienst zu Fuß, τὰ π. κράτιστοι als Infanteristen am tüchtigsten • **3)** sp. auf dem Erdboden bleibend, d.h. • **a)** einfach, alltäglich • **b)** prosaisch, λέξις *pedestris oratio.* • Adv. **πεζῇ,** eigtl. Dat. fem. (erg. ὁδῷ) zu Fuß, zu Lande.

πειθ-ανάγκη, ἡ, sp. Überredung od. Gehorsam aus Zwang.

πειθ-άνωρ, ορος, ὁ (ἀνήρ), poet. (dem Manne) gehorchend.

πειθαρχέω und Med. **-ομαι** (πείθαρχος), einem Obern, Herrscher, Vorgesetzten, den Eltern gehorsam sein, folgen, überh. gehorchen, abs., oder τινί jmdm. (auch τινός), u. περί τι in etwas.

πειθαρχία, ἡ, Gehorsam gegen Staat u. Gesetz; sprichw. war die π. der Spartaner.

πειθαρχικός, 3. ar. sp. u. **πείθαρχος,** 2. poet. gern, willig gehorchend, gehorsam, insbes. den Vorgesetzten.

πειθ-ήνιος, 2. (ἡνία), sp. dem Zügel gehorchend, gehorsam, lenksam, μὴ π. widerspenstig.

πειθός, 3. N. T. überredend. Von

πείθω (St. πειθ: πῐθ, vgl. *fīdo, fīd-es, fīdus*) • **1)** Akt., ep. Fut. **πεπῐθήσω,** Aor. 2. **πεπῐθον,** conj. 3. sg. **πεπίθησι,** sowie poet. u. buk. **ἔπῐθον** (über πιθήσεις, πιδήσας s. πιθέω), **zureden,** dah. **überreden,** bereden, **überzeugen,** bewegen, besänftigen, begütigen, teils abs. πείθων durch Überredung in Güte, ταῦτα ἔπειθε, teils τινά od. τί, z. B. ἑαυτόν sich für überzeugt halten, glauben, od. Soph. OC 803. ἐμέ (näml. zu folgen) u. τόσσδε (näml. zu trauen), u. so auch τί τινος u. τί τινι etwas von jmdm. od. etwas, od. τινά τι jmdm. in, von, zu etwas, od. mit Inf. m. u. ohne ὥστε, od. mit ὡς, ὅπως • **2)** Med. u. Pass., Aor. ep. u. poet. (selten pros.) **ἐπῐθόμην,** u. ep. **πεπῐθόμην,** (über πέποιθα s. c) • **a)** sich überreden lassen, überredet, überzeugt werden, u. dah. • **b)** (insbes. πείσεσθαι. πεισθῆναι, πιθέσθαι u. πεπιθέσθαι) **gehorchen,** folgen, od. • **c)** (namentl. πέπεισμαι u. das bes. ep. u. sp. Perf. 2. **πέποιθα,** mit ep. conj. 1. pl. **πεποίθομεν,** Plqpf. 1. sg. **πεποίθεα,** 1. pl. ἐπέπιθμεν) überzeugt sein, glauben, **trauen,** vertrauen. Teils abs. πειθόμενος u. πεπεισμένος folgsam, bereitwillig, teils mit Praepp., auch bloß τί zu, in etwas, besonders mit dem Neutr. der Adj. u. Pron., od. τινί, z. B. χαλινοῖς sich vom Zaume leiten lassen, νυκτί der Nacht Folge leisten, d. i. sich zur Ruhe begeben, ähnl. γήραϊ, od. τινός = ἀκούειν auf jmdn. hören, ion. u. poet. (kaum att. pros.; Thuk. 7, 73 ist σφῶν v. πάντα abhängig), od. τινί mit dem Part., z. B. οἷσι μαρναμένοισι auf welche er sich im Kampfe verläßt (doch Hdt. 2, 145 gehört λεγομένοισι zu χρᾶσθαι), od. mit Inf. mit u. ohne ὥστε, A. c. I. oder ὡς, ὅπως, poet. auch mit Inf. fut. als Objekt.

πειθώ, όος, zsgz. οῦς, Akk. ώ, ἡ (πείθω). **1)** Überredungsgabe, das Überzeugen, die Überredung, Beschwatzung, Bezauberung, überh. Veranlassung, τίνος ἀγγελίας πειθοῖ; auf welcher Botschaft Kunde hin? **2)** Überzeugung, **a)** Zuversicht. **b)** Gehorsam, Folgsamkeit. **3)** personif. **Πειθώ** Göttin der Überredung.

πείκω, (zu πέκω) ep. kratzen, zupfen, krempeln.

πεῖνα, ep. u. auch bei Plat. **πείνη,** ἡ, Hunger, Hungersnot. Davon

πεινατικός, 3. sp. hungrig.

πεινάω, zsgz. πεινῶ, -ῇς, -ῇ usw., inf. πεινῆν (sp. πεινᾶν), Fut. πεινήσω, Aor. ἐπείνησα, (N. T. πεινάσω, ἐπείνασα), Perf. πεπείνηκα, ep. Präs. inf. πεινήμεναι, dor. Präs. ind. 3. pl. πεινῶντι, part. dat. sg. πεινᾶντι u. ä., hungrig sein, hungern; übertr. heftig verlangen, abs., od. τινός nach etwas.

πεῖρα, ion. πείρη, ἡ (= περja; zu idg. *per, lat. *perī-tus, ex-perior, peri-culum*, dt. *Ge-fahr*) • **1)** der **Versuch,** die Probe, die dadurch erlangte Erfahrung, πείρᾳ bei einem Versuch, durch die Erfahrung, ähnl. ἀπὸ πείρης, πεῖραν λαμβάνειν, ποιεῖσθαι, καθιέναι, πείρᾳ προσομιλεῖν, ἐπιθέσθαι eine Probe machen, versuchen, jmdn. auf die Probe stellen, πεῖραν λαμβάνειν, λαβεῖν probieren, od. aus Erfahrung wissen, πεῖραν διδόναι, παρέχειν eine Probe, einen Beweis liefern, od. mit verst. αὑτῶν (Dem. 18, 195) wirklich erprobt werden, εἰς πεῖραν ἔρχεσθαι teils zum Erproben schreiten, teils eine Probe bestehen, erfahren, erleben, ἐν πείρᾳ γίγνεσθαι Bekanntschaft, Umgang haben, πεῖραν ἔχειν eine Probe od. Erfahrung haben. Mit folg. ὅτι, ὅπως, εἰ • **2)** das Wagnis, die **Unternehmung,** πείρᾳ bei einer Unternehmung, dah. (listiger, feindlicher) Anschlag; Überfall, Scharmützel, teils abs. πεῖραν ἀφορμᾶν zum Überfall eilen, πείραις χρῆσθαι sich in Scharmützel einlassen, teils τινός gegen jmdn.

πειρά, ἡ, poet. die Schärfe, Spitze.

πειράζω, ep. (nur Präs.) u. sp. (Aor. act. ἐπείρασα, pass. ἐπειράσθην, Perf. pass. πεπείρασμαι), Intens. zu πειράω, s. d.

Πειραιεύς, Gen. ῶς, Dat. εῖ, Akk. ᾶ, ὁ, der bedeutendste in die Festungswerke der Stadt miteingeschlossene Hafen Athens. Die Einwohner der Hafenstadt οἱ **Πειραιεῖς** oder οἱ ἐν (τῷ) Πειραιεῖ (οἰκοῦντες); Lok. **Πειραιοῖ** im P.; **Πειραιόθεν** aus dem P.

Πειραιός, ὁ, u. **Πείραιον,** τό, Hafenbucht an der östl. Küste des korinthischen Gebiets.

I. **πειραίνω,** ep. u. poet. = περαίνω, vollenden.

II. **πειραίνω,** ep. (II. πεῖραρ), Aor. ἐπείρηνα, anbinden, knüpfen, τί, u. zwar ἔκ τινος an etwas.

I. **πεῖραρ,** ατος, τό (Wz. περ, verw. πείρω). **1)** Ende, Rand, Grenze, γαίης. **2)** Ziel, Ausgang, Entscheidung, πεῖραρ ἑλέσθαι sich eine Entscheidung holen; ἑκάστου πείρατα das Entscheidende, die Hauptsache jeglichen Dinges; τέχνης Ziele, d. i. Erzeugnisse u. Werkzeuge, Mittel der Kunst.

II. **πεῖραρ,** ατος, τό. **1)** Seil, Leitseil, Tau, insbes. das Tauende, das jmd. in den Händen hält; νίκης πείρατ' ἔχονται die Leitseile des Sieges werden gehalten, πολέμοιο πεῖραρ ἐπαλλάξαντες ἐπ' ἀμφοτέροισι τάνυσσαν sie spannten das Kriegsseil abwechselnd über beide Parteien. **2)** übertr. Schlinge, ὀιζύος ὀλέθρου.

πείρᾱσις, εως, ἡ, u. **πειρασμός,** ὁ, sp. N. T. (πειράω), Versuchung, Zumutung.

πειραστικός, 3. ar. sp. zum Versuchen, Probieren [gehörig.

πειρατέον, s. πειράω.

πειρατήριον, τό, poet. **1)** Versuch, Gefahr, φόνια π. νικῶν = δίκην φόνου d. h. im Blutgerichte. **2)** sp. Aufenthalt der Seeräuber. Von

πειρατής, οῦ, ὁ, sp. das lat. *pīrata*, und dav.

πειρατικός, 3. sp. dem Seeräuber gehörig.

πειράω, (zu πεῖρα), ep. Fut. πειρήσω usf., gew. im Med. **πειράομαι,** Fut. dor. πειρασοῦμαι, Aor. ἐπειρᾱσάμην u. gew. ἐπειρᾱ́θην (auch in pass. Bdtg.), Perf. πεπείρᾱμαι in med. u. pass. Bdtg., ep. u. ion. πειρήσομαι usf., Aor. (pass.) inf. πειρηθήμεναι, ion. **πειρέομαι,** opt. 3. pl. πειρῴατο, Fut. πειρήσομαι usw., Plqpf. 3. pl. ἐπεπειρέατο, **versuchen,** u. Med. eig. sich an etw. versuchen, d. i. • **1)** streben, sich bemühen, **unternehmen,** abs. od. τί, τὰ ἐνθάδε, od. mit Inf. od. ὡς, ὅπως, μή, bei Hdt. auch mit Part. • **2)** versuchen, **erproben,** auf die Probe stellen, prüfen, ausforschen, abs. u. τινός, im bes. • **a)** sich versuchen, einen Angriff wagen, einen necken, sich mit ihm messen • **b)** jmdn. in Versuchung führen, zu verführen suchen, bes. zur Unzucht • **c)** erproben, u. bes. im Perf. erfahren, erleben, erleiden, abs. πειραθεῖσα aus Erfahrung, doch πειραθείς auch mit Anträgen verfolgt, od. τινός jmdn. od. etw., auch mit Part., ὀργιζομένου jmds. Zorn erfahren, od. τινά jmdn., τί etwas, ferner τινί bei ἀντιβίην π. sich mit jmdm. messen. Mit Inf. od. εἰ od. indir. Fragesatz.

πείρη, ἡ, s. πεῖρα.

Πειρήνη, ἡ, Quelle zu Korinth, auf der Burg, mit wohlschmeckendem Wasser u. einem schönverzierten Quellbecken. [πειράω, s. d.

πειρητίζω, ep. Intens. (nur Präs. u. Impf.) zu

Πειρί-θοος, zsgz. ους, ὁ, bei Soph. **Περίθους,** Sohn des Ixion od. des Zeus u. der Dia, aus Larissa in Thessalien, Gem. der Deïdameia, V. des Polypoites, König der Lapithen u. Freund des Theseus, nahm teil an der kalydon. Jagd u. dem Kampfe mit den Kentauren; er wollte mit Theseus die Persephone aus der Unterwelt entführen, wurde aber dort in Ketten gelegt.

πείρινς, ινθος, ἡ (nur im Akk.), ep. Wagenkasten zum Aufbewahren bes. der Lebensmittel, zugleich als Sitzkasten auf den Wagen gebunden.

Πεῖρος, ὁ, Fluß Achajas, der sich in den Meerbusen von Paträ ergießt.

πείρω, poet. u. sp., Aor. 1. ἔπειρα, Perf. pass. πέπαρμαι, Aor. pass. ἐπάρην (vgl. lat. *per*, nhd. *fahren, führen, Furt*). **1) durchbohren,** durchstechen, τί od. τινά τινι, od. τινὰ διὰ χειρός jmdm. die Hand durchbohren. Im Pass. ἥλοισι πεπαρμένος mit Nägeln beschlagen. Übertr. ὀδύνῃσι von Schmerzen durchdrungen. **2)** übertr. κέλευθον den Pfad durchschneiden, zurücklegen, κύματα durchfahren, durchsegeln, u. πτολέμους καὶ κύματα bis ans Ende bestehen.

πεῖσα, ης, ἡ, ep. (πείθομαι), Gehorsam, Ruhe.

Πείσ-ανδρος, ὁ, **1)** aus Acharnä, Haupt einer oligarchischen Hetärie in Athen, Verfolger des Alkibiades und einer der 400, nach deren Sturze er fliehen mußte. **2)** spartan. Nauarch, † 394 bei Knidos. **3)** sonst. Eigenname.

πεισί-βροτος, 2. poet. die Menschen lenkend.

Πεισί-στρατος, ὁ. **1)** Sohn des Hippokrates, seit 560 v. Chr. Tyrann in Athen bis zu seinem Tode 527. In dieser Zeit zweimal, zusammen 16 Jahre in der Verbannung. Seine Nachkommen sind (οἱ) **Πεισιστρατίδαι** (meist ohne Artikel). **2)** Ein Sohn des Hippias u. Enkel des vorigen. **3)** sonst. Eigenname.

πεῖσμα, τό (πενθ-σμα, dt. *Band, binden*), das Tau, Seil, bes. das Halttau, womit das Schiff vom Steuerbord aus am Lande befestigt wurde; auch ein aus Weidenruten geflochtenes Bindseil.

πεισμονή, ἡ, sp. N. T. = πειθώ.

πειστέον, man muß gehorchen, Adj. verb. zu πείθομαι.

πειστήριος, 3. poet. u. **πειστικός,** 3. (πείθω), zum Überreden geeignet, einnehmend.

Πείσων, ωνος, ὁ, **1)** einer der Dreißig in Athen. **2)** das lat. *Piso*, z. B. Cn. Calpurnius P., Pompejaner, u. L. Calpurnius P., Cäsars Schwiegervater, ferner L. Calpurnius Bestia, ein Anhänger Catilinas, L. Calpurnius P. Frugi, Schwiegersohn des Cicero.

πέκω, Aor. act. ἔπεξα, med. ἐπέξατο, ep. u. poet. (vgl. lat. *pecto* u. *pecten*), **1)** Akt. **a)** kämmen. **b)** buk. scheren, τί. **2)** Med. sich kämmen.

πελᾰγίζω (πέλαγος), fast nur ion. u. sp. **1)** wie ein See sein: **a)** austreten. **b)** überschwemmt sein. **2)** auf hoher See sein, übers Meer fahren.

πελάγιος, 3. auch 2., am, im, auf dem Meere verweilend od. gelegen, auf, in die offene See. θεοὶ πελάγιοι Meergötter. Subst. πελάγιος, ὁ, Seewind.

πελαγισμοί, οἱ, sp. Seekrankheit.

πέλαγος, εος, ους, τό (verw. lat. *planus*, dt. *flach*, „eben"), eigentl. das ebene Meer, lat. *aequor*, Meer, offene, hohe See. Übertr. **1)** von einem weiten, gefahrvollen Wege. **2)** vom Unheil, wo uns die Wellen über dem Haupte zusammenschlagen. **3)** von einer Menge oder Fülle.

Πελαγών, όνος, ὁ, der Pelagonier, Bewohner von **Πελαγωνία,** ἡ, Landschaft in Makedonien.

πελάζω u. **πελάω** (πέλας) • **1)** trans., nur bei Dichtern, das Fut. πελάσω u. πελῶ, ᾷς, Aor. act. ἐπέλᾰσα, ep. auch ἐπέλασσα, conj. 1. pl. πελάσσομεν, Aor. med. opt. 3. pl. πελασαίατο, **nähern,** nahe bringen, ἀδάμαντι sein Wort stahlfest machen; hinzuführen od. -bringen, nähern lassen, heranziehen, niederstrecken, versenken, τινί, εἴς τι, ἔν τινι, an, zu, in etwas, ähnlich οὐδάσδε zu Boden strecken • **2)** intr. = Pass. **πελάζομαι,** Perf. part. πεπλημένος, Aor. ἐπελάσθην (ep. 3. pl. πέλασθεν), ἐπλάθην u. ep. 3. sg. πλῆτο, 3. pl. ἔπληντο, πλῆντο, (poet. Nebenff. **πελάθω** u. **πλάθω** u. **πίλνᾰμαι**) **sich nähern,** nahen, hinzugehen, sich gesellen, wohlwollend begegnen, ferner erreichen, berühren, treffen, auch mit ἐγγύς, τινί, τινά τι, τινός, auch τινὸς ἐγγύς od. εἴς τι, ἐπί τινι zu, an etwas od. jmdn., ἀπό τινος von etwas wegflüchtend.

πελάθω, poet. Nbf. zu πελάζω, intr., s. d. 2.

πέλᾰνος, ὁ (verw. lat. *planus*) poet., ein mehr od. weniger flüssiger Mehlteig, Brei, der je nachdem in die Flamme geworfen oder als eine Art Spende gegossen werden konnte; in festerem Zustand ein flaches rundes Gebäck, auf einer Pfanne hergestellt, unsern Eierkuchen ähnl., der Opferkuchen. **2)** poet. Blut.

Πελαργικόν, τό (mit u. ohne τεῖχος), das 'Storchennest' (πελαργός), Gelände am Fuß der Akropolis, das von der alten Befestigung bedeckt und eingeschlossen gewesen war (alte La. Πελασγικόν).

πελαργός, ὁ, der Storch.

πέλας, (Wz. πελα „sich nähern", πλησίον), nahe, nahe dabei. τινός an, bei jmdm. od. etwas, selten τινί u. nur wenn es heißt: zur Hilfe nahe stehen; **ὁ πέλας,** der Nahestehende, Nachbar, Nächste, Neben- od. Mitmensch, der Freund, nächste Verwandte, doch auch bloß der andere, ἡ τῶν π. das Nachbarland.

Πελασγοί, οἱ, die Pelasger, Ureinwohner Griechenlands, die sich von ihren urspr. Sitzen um Dodōna in Epeiros aus über den Peloponnes, Attika, Thessalien, Lemnos usw. verbreiteten, doch später teils in den eindringenden Fremden aufgingen, teils nach Thrakien (Kreston u. an der Propontis), teils nach Kleinasien um Kyme u. Kreta auswanderten. Dav. **Πελασγία,** ion. **-ίη,** ἡ, **1)** alter Name für Hellas. **2)** = **Πελασγιῶτις,** ιδος, ἡ, Landschaft in Südthessalien — und die Adj. **Πελασγικός,** 3. u. **Πελασγίς,** ίδος, Fem. — Über τὸ Πελασγικόν (τεῖχος) s. Πελαργικόν.

πελάτης, dor. -ας, ου, ὁ (πελάζω), **1)** poet. der sich Nähernde, insbes. der Anwohner, Τμώλου, oder λέκτρων Versucher zum Ehebruche. **2)** der Leibeigene, Tagelöhner, Mietknecht, Dienstmann jmds., der als armer Bürger bei einem Wohlhabenden taglöhnert u. so in einem Abhängigkeitsverhältnis zu ihm steht. Dah. sp. auch als Übersetzung des röm. *cliens* Klient.

πελάτις, ιδος, Akk. ιν, ἡ, sp. die Klientin in Rom.

πελάω, s. πελάζω.

πέλεθρον, s. πλέθρον.

πέλεια, ἡ (viell. zu πελιός „blauschwarz"), ep. u. poet., u. ep. ion. poet. u. sp. **πελειάς,** άδος, ἡ, **1)** die wilde Taube, von schwarzblauer Farbe, scheu und raschen Flugs. **2)** πέλειαι Name der drei ältern dodonäischen Priesterinnen, symbol. als die wahrsagenden Tauben dort. **3)** πελειάδες = πλειάδες.

πελειο-θρέμμων, 2. (τρέφω), poet. Tauben nährend.

πελεκάω od. **-κκάω,** Aor. ep. πελέκκησα, eigentl. (mit der Axt πέλεκυς) behauen, spalten, τί, u. zwar τινί mit etwas. Ähnl.

πελεκίζω, sp. N. T. mit dem Beil enthaupten.

πέλεκκον, τό, ep. der Stiel der Axt.

πέλεκυς, εως, ὁ, ion. Gen. sg. -εος, ep. Dat. pl. πελέκεσσι, Akk. πελέκεας (indogerm. Lehnwort aus Mesopotamien), **Beil, Axt,** auch Hammer.

πελέμ-αιγις, ιδος, poet. die Ägis schwingend. Von

πελεμίζω, poet., Aor. 1. πελέμιξα, Aor. pass. πελεμίχθην (St. πέλ, auf etwas schlagen, s. πάλλω u. vgl. πόλεμος. **1)** Akt. **schwingen,** schwenken, überh. in heftige Bewegung setzen, erschüttern, z. B. τόξον den Bogen hin und her biegen. **2)** Pass. sich heftig bewegen, erbeben, erzittern, zurückgestoßen werden, zurückfliehen.

Πελίας, ion. **-ίης,** ου, ὁ, Sohn des Kretheus (od. des Poseidon u. der Tyro), Herrscher zu Iolkos, der seinen Bruder Neleus vertrieb u. seinem andern Bruder Asion die Herrschaft von Iolkos entzog u. dessen Sohn Iason zwang, ihm von Kolchis das goldene Vlies zu holen, aber später durch denselben u. durch Medeia seinen Tod fand. Letztere beredete nämlich die Töchter desselben (τὰς **Πελιάδας** κόρας), ihn zu zerstückeln u. zu kochen, um ihn verjüngen zu können.

πελιδνός, 3. poet. u. sp. = att. πελιτνός, s. πελιός.

Πελῖνα, ἡ, Stadt in der thessal. Landschaft Hestiaiotis. Ihre Ruinen beim heutigen *Gardhiki.*

πελιός, 3. u. **πελιτνός,** 3. (vgl. πελλός, lat. *pallidus,* ahd. *falo* falb), dunkelfarbig, blauschwarz, fahl; blutunterlaufen.

πέλλα, ἡ, ep. poet. der Milcheimer.

Πέλλα, Stadt in der makedon. Landschaft Botiaia, durch Philipp Residenz der makedon. Könige, j. *Palatizza* bei Alaklisi. Der Einw. ὁ **Πελλαῖος.**

Πελλήνη, ἡ, Stadt in Achaja zwischen Sikyon u. Aigeira, j. Ruinen bei *Trikala.* Der Einw. ὁ **Πελληνεύς** od. **-ναῖος.**

Πέλλιον, τό, Stadt in der illyr. Landschaft Dassaretia, jetzt *Pliassa* (= Πήλιον, 2).

πελλός, 3. buk. = πελιός, πελιτνός, schwärzlich, [grau.

πέλμα, τό, (lat. *pellis,* dt. *Fell*), sp. Fußsohle.

Πελοπίδας, ου, ὁ, Sohn des Hippokles, berühmter Feldherr der Thebaner; als Parteigenosse des Ismenias 382 durch die Oligarchen verdrängt, stellt er 379 die Demokratie wieder her. Mit Epameinondas Führer der Thebaner in ihrer Glanzzeit, fällt er 364 im siegreichen Kampfe gegen Alexander von Pherä bei Kynoskephalä.

Πελοπόννησος, ἡ, d. i. Πέλοπος νῆσος, die Pelopsinsel, der Peloponnes, jetzt die Halbinsel *Morea.* Der Einw. ὁ **Πελοποννήσιος.** Dav. **Πελοποννησιακός,** 3. peloponnesisch, bes. mit πόλεμος vom Pelop. Kriege; τὰ Π. die Zeit dieses Kriegs. Πελοποννασιστί dor. in pelop. Mundart.

Πέλοψ, οπος, ὁ, **1)** Sohn des Lyderkönigs Tantălos, daher ein Phrygier genannt, Gemahl der Hippodameia, die er im Wettrennen gewann und mit ihr das Reich Elis, von wo aus er später einen großen Teil des Peloponnes beherrschte; τὸ Πελόπιον Heiligtum des P. Seine Söhne waren Atreus und Thyestes, und die von diesen Abstammenden hießen οἱ **Πελοπίδαι,** berüchtigt durch das Unheil, welches sie in Atreus' Nachkommen, Agamemnon usw., verfolgte. **2)** sonst. Eigenn.

πελτάζω (πέλτη), als Peltast dienen, s. πελταστής.

Πέλται, αἱ, Stadt im nördl. Phrygien, j. *Peletis.*

πελτάριον, τό, sp. Demin. zu πέλτη, Schildchen.

πελταστής, οῦ, ὁ (πελτάζω), u. **πελτο-φόρος,** ὁ, sowie οἱ **πελταστικοί,** vom Adj. **πελταστικός,** 3., der **Peltast,** ein Krieger, der einen kleinen Lederschild (πέλτη) u. einen kurzen Speer, das ἀκόντιον, führte (dah. auch ἀκοντισταί genannt).

πέλτη, ἡ, **1)** ein kleiner, leichter, mondförmiger Schild ohne Schildrand, meist aus Flechtwerk mit einem Überzug von Leder. Ihn führten bes. die Peltasten (s. πελταστής) u. außerdem die Thraker, Amazonen u. andere Asiaten. **2)** schildähnliches Brett, Xen. Anab. 1, 10, 12.

πελτο-φόρος, 2., s. πελταστής.

πέλω, ep. u. poet., ep. Impf. 3. sing. πέλεν, Aor. synk. ἔπλε (?, nur Il. 12, 11; alte var. ἦεν), gewöhnlich **πέλομαι,** poet., imper. πέλευ. Impf. iter. πελέσκετο, Aor. synk. 2. sg. ἔπλεο, ἔπλευ, 3. sing. ἔπλετο, part. -πλόμενος (St. πελ, drehen, wenden, vgl. πόλος, lat. *colere*). **1)** eigtl. in Bewegung sein, sich regen, **sich bewegen,** nahen, kommen, gehen. **2)** wie εἶναι, **sein,** stattfinden, **sich befinden,** abs. od. mit Adj. u. Part als Formwort od. mit Adv. κακῶς übel ergehen, ähnl. εὖ gut ausfallen, τινί jmdm., ἔκ τινος daraus hervor, an etwas od. jmdm., ἔν τινι in etwas, πρός, ἐπί τινι zu, bei etwas. **3)** im Impf. = ἐγένετο ist geworden, od. τινὶ ἐνὶ φρεσί ihm in den Sinn gekommen.

πέλωρ, τό (verw. nhd. *wal* f. hval), ep., nur Nom. u. Akk., Ungeheuer, furchtbares Ungetüm.

πελώριος, 3. ep. poet. ar. sp., u. **πέλωρος,** 2. u. 3. ep. ungeheuer, riesenhaft, gewaltig, sehr groß. Subst. πέλωρος u. πέλωρον das Ungeheuer, Schreckbild.

Πελωρίς, ίδος, ἡ, Nordostspitze von Sizilien, j. *Capo di Messina.*

πέμμα, τό (πέσσω), Backwerk, im Plur. Näschereien des Nachtisches; bes. Opferkuchen.

πεμπάδ-αρχος, ἡ (ἄρχω), Gruppenführer einer Gruppe von 5 Mann.

πεμπάζω u. Med. **-ομαι,** ep. poet. sp., Aor. conj. 3. sing. ep. πεμπάσσεται (πέμπε äol. st. πέντε), sich an den fünf Fingern zählen, d. h. überh. zählen, τί.

πεμπαστής, ὁ, poet. der Zählende.

πεμπάς, άδος, ἡ (πέντε), die Fünfzahl, im bes. eine Anzahl von Fünf. (Die Schreibung πεμπτάς ist zw.)

πέμπε, Gen. πέμπων, äol. = πέντε.

πεμπταῖος, 3. fünftägig, fünf Tage alt, od. Adj. st. Adv. am fünften Tage.

πέμπτος, 3. (πέντε), *quintus,* der, die, das fünfte, ἡ πέμπτη der fünfte Tag; τὸ πέμπτον (sc. μέρος) das Fünftel; π. μετὰ τοῖσιν als Fünfter, π. καὶ δέκατος der fünfzehnte.

πεμπτός, 3. abgeschickt.

πέμπω, ep. Praes. inf. πεμπέμεναι u. πεμπέμεν, Fut. inf. πεμψέμεν, Aor. med. opt. 3. pl. πεμψαίατο, ion. Impf. iter. πέμπεσκε, dor. Fut. πεμψῶ, **schicken,** senden, dah. • **1) absenden,** zusenden, hinschicken, mit πάλιν zurückschicken, von Sachen auch loslassen, werfen; abs., bes. in dem Sinne: Gesandte schicken, dah. ὁ πεμπόμενος der

Gesandte, Bote, πέμψαντός τινος im Auftrage jmds., πέμψασιν ἡμῖν ἀντέπεμψεν, od. mit zu ergänz. Objekt αὐτόστολον πέμψαντα (sc. στόλον) indem er selbst ausrüstend ein Schiff entsandte, κοινῷ κηρύγματι πέμψας verst. nach uns. Mit Akk., ἕταρον, κακόν, ὄλβον, ἰαχάν, τοξεύματα, auch τινά τι einen als etw., ferner τήνδε τὴν ὁδόν dieses Weges od. κελεύθους. Von leblosen Gegenständen, z. B. der Erde, welche Früchte entsendet, d. h. keimen läßt. Mit Praepp., insbes. ἐπί τινα nach jmdm., um ihn zu holen, μετὰ τοιαύτης αἰτίας unter dem Gewicht einer solchen Anklage; auch mit Inf. od. τινά mit Part bes. des Fut. um etw. zu tun. Im Med. (nicht in klass. Prosa) • **a)** τινά nach jmdm. schicken, ihn holen lassen, u. so auch im Pass., πεμφθείς einer nach dem geschickt worden ist • **b)** in seinem Interesse schicken, od. heimrufen • **c)** = Akt. • **2)** von sich wegschicken, **entlassen**, versetzen, fortjagen, heimsenden, teils abs. od. mit zu ergänz. Obj., z. B. Od. 4, 29 mit zu ergänz. σφωέ u. folg. Inf. (ἄλλον ἱκανέμεν zu einem anderen), teils τινά • **3) geleiten** (an Bord bringen, tragen), begleiten, führen, teils abs. ὁ πέμπων der Geleiter, bes. von Göttern, z. B. von Hermes, gebraucht, teils τινά u. τί, z. B. mit u. ohne πομπήν einen Festzug geleiten, eine Prozession halten, βοῦς im öffentl. Umzug die Opfertiere führen, Βοηδρόμια die B. durch einen Festzug begehen, u. zwar τί wohin.

πεμπ-ώβολον, τό (πέντε, ὀβελός), ep. Fünfzack, Feuergabel mit fünf meist zum Greifen gekrümmten Zinken zum Festhalten der Fleischstücke beim Brandopfer.

πέμφιξ, ῖγος, ἡ, poet. Odem, Hauch; Strahl.

πέμψις, εως, ion. ιος, ἡ (πέμπω), die Absendung, τινός jmds. od. von etwas.

πενέστης, ὁ, Dienstmann, Tagelöhner; Name der Leibeigenen in Thessalien.

πένης, ητος, ὁ, Komp. πενέστερος, Sup. -έστατος (πένομαι), u. **πενιχρός,** 3. der von seiner Hände Arbeit leben muß, unbemittelt, arm, dürftig. Adv. πενιχρῶς ärmlich.

(**πένθεια,** ἡ, poet. = πένθος, alte LA. f. ἀπένθεια.)

πενθείω, ep., s. πενθέω.

πενθερά, ἡ, Mutter der Frau, Schwiegermutter.

πενθερός, ὁ (St. πενθ, verw. *binden*), ep. poet. u. sp. Vater der Frau, Schwiegervater; auch der Verschwägerte.

Πενθεύς, έως, ὁ, Sohn des Echīon u. der Agaue, dem der greise Kadmos noch lebend die Regierung von Theben übertragen, wurde von den Mänaden zerrissen.

πενθέω, πενθήσω, ἐπένθησα, πεπένθηκα, ep. Präs. 3. dual. πενθείετον, inf. πενθήμεναι (πένθος), klagen, trauern, beklagen, betrauern, abs. u. τινά, γαστέρι, d. h. durch Fasten, auch τινά mit Part.

πένθημα, τό, poet. = πένθος.

πενθ-ήμερος, 2. fünftägig, κατὰ πενθήμερον je fünf Tage, (nach unserer Zählung alle vier Tage).

πενθ-ημι-μερής, fünfhalbteilig; τομή die Cäsur im dritten Fuß (des Hexam. u. iamb. Trimeters).

πενθήμων, 2. (πενθέω), poet. leidvoll, leidbereitend.

πενθ-ήρης, 2. poet. klagend, trauernd.

πενθητήρ, ὁ, poet. u. **πενθήτρια,** ἡ, poet. der, die Klagende, Trauernde.

πενθητήριος, 3. poet zum Trauern gehörig.

πενθικῶς, Adv. (πένθος), traurig, voll Trauer, π. ἔχειν trauern, abs., u. τινός über —.

πένθιμος, 2. u. 3. poet. u. sp. trauernd, zur Trauer gehörig; πένθιμα Trauerkleider.

πένθος, εος, ους, τό (Nebenf. von πάθος, zu πάσχω, St. πενθ: πᾰθ), **Leid,** d. i. **1)** Trauer, Betrübnis, Kummer, dah. ὁ ἐν π. der Trauernde, „in Trauer", πένθος προθεῖναι Trauer halten, πένθος ποιεῖσθαι Trauer anstellen od. anlegen lassen. Mit Gen. τινός jmds. u. um jmdn., auch περί τινος über jmdn. Sie wird nicht selten personifiziert gedacht. **2)** Gegenstand der Trauer, **Trauerfall,** Elend; Trauer weckende Tat, dah. Missetat. **3)** sp. Trauerzeit, Bußtag.

πενία, ep. u. ion. **-ίη,** ἡ (πένομαι), **1)** Armut, Unbemitteltheit, Mangel, im Plur. eigentl. ärmliche Umstände. **2)** kollekt. die Armen. **3)** personif. die Göttin der Armut.

πενιχρός, 3., u. πενιχρῶς, s. πένης.

πένομαι, (verw. dt. *spannen, spinnen?*), Dep., nur im Präs. u. Impf. **1)** intr. **a)** arbeiten, beschäftigt sein, abs., u. περί τι mit etwas, nur ep. **b)** sich durch Arbeit od. Dienen sein Brot verdienen, daher überh. in Not, arm, dürftig sein, entbehren. **2)** trans. ep. bereiten, zurichten, besorgen, τί.

πενταδραχμία u. **πεντάδραχμος,** s. πεντεδρ.

πεντ-άεθλον, τό, ion. statt πένταθλον, Fünfkampf, die allseitige gymnastische Übungsweise der Griechen (ἅλμα, ποδωκείην, δίσκον, ἄκοντα, πάλην).

πεντ-άεθλος, 2., s. πένταθλος.

πενταετηρικός, 3. sp. alle fünf Jahre zu feiern.

πενταετηρίς, ἡ = πενταετία.

πεντα-έτης u. **πεντέτης,** ους, 2. od. **πενταετής,** 2. und ep. **πενταέτηρος,** 2. (ἔτος), fünfjährig, ἀπὸ πενταέτεος verst. παιδός d. h. vom fünften Jahre an. Neutr. sing. πεντάετες od. πενταετές als Adv., fünf Jahre lang.

πενταετία, ἡ, sp. Zeitraum von fünf Jahren (Plut. Per. 13 die Zeit von Ol. 85,4—86,4 = 435—431 v. Chr.

πέντ-αθλον, τό, s. πεντάεθλον.

πέντ-αθλος u. ion. **πεντάεθλος,** ὁ, **1)** der Pentathlist, d. h. der den Fünfkampf (s. πεντάεθλον) Übende, auch der Sieger im Fünfkampfe. **2)** übertr. der in allen Stücken andere zu übertreffen sucht.

πεντάκις (πέντε), Adv. fünfmal.

πεντάκισ-μύριοι, 3. fünfzigtausend.

πεντάκισ-χίλιοι [χῑ], 3. fünftausend. Im bes. in Athen 411 die 5000 Bürger, welche an die Stelle der Volksgemeinde traten, deren Wahl und Versammlung jedoch ganz von dem Rate der Vierhundert abhing.

πεντά-κλινος, 2. (κλίνη), sp. mit 5 Lagern, für 5 Lager.

πεντακοσι-άρχης, ου, ὁ, sp. u. **πεντακοσίαρχος,** ὁ, sp. (ἄρχω), der Anführer einer Pentakosiarchie, d. h. einer 500 (od. genauer, da noch Fahnenträger, Nachhutführer, Trompeter, Adjutanten u.

Herolde dazukamen, einer 512) Mann starken Abteilung Soldaten.
πεντᾰκόσιοι, ep. (ion.) **πεντᾱκόσιοι** u. **πεντηκόσιοι**, 3. fünfhundert, π. καὶ χίλιοι 1500. Im bes. in Athen Bezeichnung der βουλή, des Rates der 500.
πεντακοσιο-μέδιμνος, 2. wer von eignem Lande mindestens 500 Medimnen von trockenen Produkten (od. ebensoviel Metreten von nassen) erntet, demnach ein Steuerkapital von 1 Talent vertritt, also zur ersten Solon. Steuerklasse gehörig, höchstbegüterter Bürger, früher mit dem Vorrechte zum Archontat, was aber schon Aristides änderte; τὸ π. (sc. τέλος), die Steuer der höchsten Klasse.
πεντά-πηχυς, υ, Gen. εος, ion. fünfellig, von fünf Ellen.
πεντα-πλάσιος, 3. ar. sp., u. **πεντα-πλήσιος**, 3. ion. fünffach, fünfmal so groß.
πεντάπολις, ιος, ἡ, ion. die Gegend der fünf Städte (Lindos, Ialysos, Kamiros, Kos, Knidos).
πεντα-σταδιαῖος, 3. sp. fünf Stadien lang.
πεντά-στομος, 2. ion. u. sp. mit fünf Mündungen.
πένταχα, ep. u. **πεντᾰχοῦ**, ion. Adv., fünffach, in fünf Teile.
πεντα-χοῦς, 2. (Il. χοῦς) fünf Kannen enthaltend.
πέντε, οἱ, αἱ, τά (äol. πέμπε, vgl. πεμπ-τός, lat. *quinque*, dt. *fünf*, aus ahd. *funf*), indekl., fünf.
πεντεδραχμία, ἡ, fünf Drachmen.
πεντέ-δραχμος, 2. ion. u. sp. fünf Drachmen wert, fünf Drachmen schwer, im Gewichte von 5 Dr. (s. δραχμή).
πεντε-καί-δεκα, οἱ, αἱ, τά, indekl., fünfzehn.
πεντεκαιδέκατος, 3. N. T. der fünfzehnte.
πεντεκαιδεκα-ναΐα, ἡ, Zahl von 15 Schiffen.
πεντεκαιεικοστός, 3. der fünfundzwanzigste.
πεντεκαιπεντηκοντα-ετής, οῦς, 2. fünfundfünfzigjährig.
Πεντέλειον, τό, fester Ort des nördl. Arkadiens.
πεντέ-λοιπος, ὁ, sp. der von fünfen übrig ist.
πεντε-τάλαντος, 2. fünf Talente betragend.
πεντ-ετηρίς, ἴδος, ἡ, 1) ein Zeitraum von fünf Jahren, διὰ πεντετηρίδος alle fünf Jahr. 2) ein alle vier Jahre wiederkehrendes Fest, bei Herod. 6, 111 wahrsch. die Panathenäen; 3) das Opfer [an solchen Festen.
πεντέτης, s. πενταέτης.
πεντήκοντα, οἱ, αἱ, τά, indekl., fünfzig, οἱ ὑπὲρ π. ἔτη die Männer im reifsten Mannesalter, also einsichtsvoll und erfahren.
πεντηκοντα-ετής u. **-έτης** u. **πεντηκοντα-έτις**, ιδος, ἡ, s. πεντηκοντούτης.
πεντηκοντά-παις, παιδος, ὁ, ἡ, poet. aus fünfzig Kindern bestehend oder mit fünfzig Kindern.
πεντηκονταρχέω, Kommandant von fünfzig Ruderern sein. Von
πεντηκόντ-αρχος, ου, ὁ, Befehlshaber von fünfzig Mann, bes. von fünfzig Ruderern.
πεντηκόντ-ερος, ἡ, s. πεντηκόντορος.
πεντηκοντήρ, ῆρος, ὁ, Anführer einer Abteilung von urspr. 50 Mann (der Hälfte eines Lochos), ein nur bei den Lakedämoniern vorkommender Name.
πεντηκοντό-γυος, 2. (γύα), ep. von fünfzig Hufen oder Morgen, fünfzighufig. [Klaftern.
πεντηκοντ-όργυιος, 2. (ὄργυια), ion. von fünfzig
πεντηκοντ-ορος, ion. **πεντηκόντερος**, ἡ (St. ἐρ in ἐρέσσω), mit u. ohne ναῦς, die fünfzigrudrige Galeere, der Fünfzigruderer, Kriegsschiff mit einer Ruderbank von 25 Ruderern auf jeder Seite.
πεντηκοντούτης, 2., zsgz. aus πεντηκοντα-έτης, ους, 2., auch mit bes. Fem. **πεντακοντα-έτις**, ιδος, ἡ, fünfzigjährig.
πεντη-κόσιοι, s. πεντακόσιοι.
πεντηκοστεύω, den Fünfzigsten (πεντηκοστή, a) (als Einfuhrzoll) eintreiben; pass. den F. bezahlen.
πεντηκοστο-λόγος, ὁ, der Zolleinnehmer.
πεντηκοστός, 3. (πεντήκοντα), fünfzigster. Dah. ἡ πεντηκοστή **a)** das Fünfzigstel, ein Zoll. **b)** verst. ἡμέρα, N. T. das Pfingstfest.
πεντηκοστύς, ύος, ἡ, eine Anzahl von Fünfzig, bes. im militär. Sinne u. bei den Lakedämoniern üblich, κατὰ πεντηκοστῦς zwei Reihen von fünfzig Mann Tiefe bildend.
πεντ-ήρης, ἡ, verst. ναῦς (St. ἀρ, ἀραρίσκω), ion. u. sp. ein Fünfdecker, d. i. ein Kriegsschiff mit fünf Ruderbänken an jeder Seite.
πεντηρικός, 3. dasselbe; subst. τὸ π., verst. πλοῖον.
πεντώβολον, τό, ein Fünfobolenstück.
πεπαίνω, Aor. pass. ἐπεπάνθην, Fut. pass. πεπανθήσομαι (πέπων), 1) Akt. **a)** trans. reifmachen, τί; übertr. besänftigen, lindern. **b)** intr. poet. reifen. 2) Pass. reif werden, reifen, übertr. erweicht, besänftigt werden.
πεπαίτερος, s. πέπων. [machen.
πέπανσις, εως, ἡ (πεπαίνω), sp. das Reifen, Reif-
Πεπάρηθος, ἡ, fruchtbare nordsporadische Insel mit gutem Wein, im N. v. Euböa, mit 3 Städten, einer gleichnamigen, j. *Skopĕlos, Panormos, Selinus.*
πέπειρος, s. πέπων.
πέπερι, πεπέρεως, τό, Pfeffer.
πεπλο-γραφία, ἡ, sp. Beschreibung des Peplos, Titel einer Schrift des Varro nach ihrem bunten Inhalt.
πέπλος, ὁ u. poet. **πέπλωμα**, τό (*pallium*). **1)** urspr. jedes gewebte Tuch, dah. **Hülle, Decke, Teppich**, ἐν πέπλοις im Gewebe. **2)** ein ziemlich eng anliegendes **Gewand** der Frauen, das mit dem Oberteile quer über die Brust geworfen und mit Spangen befestigt wurde, so daß die Arme bloß blieben. Bei den Männern vorzugsweise Opferkleid, überh. Staatskleid. Als kostbarstes Prachtstück der Prozession bei den Panathenäen, s. Παναθήναια.
πεποίθησις, ἡ, sp. N. T. das Vertrauen.
πέπων, ον, Gen. ονος, Komp. πεπαίτερος, u. poet. u. sp. **πέπειρος**, 2. u 3. (St. πεπ in πέσσω, *coquo*), **1)** eigentl. von der Sonne gekocht, dah. reif. **2)** übertr. **a)** weich, mild, gemildert, sanft. **b)** lieb, traut. **c)** Weichling, Feiger.
πέρ, enklit. Partikel (abgek. aus πέρι). **1) durch u. durch**, vgl. *parumper*, sehr, ganz, πρῶτόν περ zum allerersten Male. **2)** durchaus, **gänzlich**, jedenfalls, doch wenigstens, bei Part. u. bei Adj., wo ὤν zu ergänzen, wie sehr, wie sehr auch, obgleich, obschon, bei Subst. selbst, sogar, bei εἰ, ἐάν u. ähnl. wenn überhaupt, wenn anders (vgl. εἴπερ), πρίν περ noch ehe, διότι περ eben aus dem Grunde weshalb, διό περ deshalb gerade, u. so bei Relat.: **gerade**, eben, ὅσπερ

gerade der welcher, welcher ja, nur, immer, ὅτε περ wenn gerade, zur selben Zeit wo, οἷός περ ganz so beschaffen wie, ὅσος περ soviel immer.

πέρᾱ, ἡ, poet. das jenseitige Land.

πέρᾱ, Adv. (alter Kasus, vgl. πέραν u. *fern*), **darüber hinaus,** vom Raum: weiter, von der Zeit: länger, vom Maß: über etwas, außer, wider, od. mehr, darüber, auch: fester. Beim Gen., π. πεσούσης ἡμέρας Nachmittag. Komp. **περαίτερος** u. Adv. **περαιτέρω** noch weiter, in höherem Grade, mehr, mit ἤ als od. mit Gen., τοῦ μετρίου über das rechte Maß, über Gebühr, τοῦ δέοντος mehr od. länger als billig, τῶν ὅρων weiter als bis zur Grenze, zu weit.

πέρᾱθεν, Adv. von jenseits her.

Περαιβία, Περαιβοί, s. Περρ-.

περαίη, ἡ, verst. χώρη, ion. st. περαία (πέρα), die jenseitige Küste.

περαίνω, Fut. περᾰνῶ, Aor. ἐπέρᾱνα, Perf. pass. πεπέρασμαι, ανται, Aor. pass. ἐπεράνθην, Adj. verb. περαντέον, poet. **πειραίνω,** mit Aor. ἐπείρηνα, Perf. pass. 3. sg. πεπείρανται (πέρα), zu Ende bringen, **vollenden,** vollbringen, ausführen. Im bes. **1)** ausrichten, erreichen, nützen, τί. **2)** vom Wege: ans Ziel führen, führen, ἐπί τι. **3)** eine Rede weiter ausführen, überh. erörtern, erzählen, auch rezitieren, τί u. περί τινος; Pass. zu Ende gebracht werden, zustande kommen, in Erfüllung gehen, geschehen, τινί durch etw. **4)** sp. begrenzen.

περαῖος, 3. ion. sp. jenseitig; s. περαίη, ἡ.

περαιόω (περαῖος). **1)** Akt. **a)** trans. auf das jenseitige Ufer od. Land hinüberbringen, **übersetzen,** τί u. τινά, u. zwar εἴς od. ἐπί τι wohin, **b)** intr. = **2)** Med.-Pass. **περαιόομαι,** Fut. περαιώσομαι, Aor. ἐπεραιώθην, Perf. πεπεραίωμαι, sich übersetzen lassen, übersetzen (intr.), **hinüberfahren,** überh. hinübergehen, vordringen, τί u. διά τινος über etwas, εἴς, ἐπί τι nach etwas, ἐπί τινα zu jmdm., ἐπί τινι auf etwas rechnend.

περαιτέρω, s. πέρα.

περαίωσις, ἡ (-όω), sp. das Übersetzen.

πέρᾱν, ion. πέρην (vgl. πέρᾱ u. περαίη). **1)** Adv. **a) drüben,** jenseits, am jenseitigen Ufer, auf der anderen Seite, **b) hinüber,** ἡ π. γ. das gegenüberliegende Land, τὸ π. τοῦ ποταμοῦ das andere, jenseitige Ufer des Flusses, u. bloß τὰ π. das was jenseits ist od. geschieht, **c)** mit περᾶν = πέρα weiter vordringen. **2)** Praep. mit Gen., dem es bisw. auch nachsteht, jenseits, gegenüber von, hinüber.

πέρας, ατος, τό (πέρα), das Äußerste, Grenze, Ende, Ziel, Ausgang, abs. ἐπὶ π. ἄγειν (ohne Art.) zum Ziele, zu Ende, durchführen, πέρας ἔχειν die äußerste Vollendung erreicht haben, od. τινός von etwas. Auch = τέλος Adv., endlich, zuletzt.

περάσιμος, 2. poet. sp. u. **περᾱτός,** 3. sp., ion. **περητός** (versch. LA.), (περάω), zu überschreiten, durchgangbar, passierbar.

πέρᾱσις, εως, ἡ (περάω), poet. das Hinübergelangen, übertr. Erlösung, τινός von etwas.

περάτη, ἡ, verst. γῆ (τὸ πέρας), ep. die Gegend an der Grenze, ἐν π. am Rande der Bahn, am Horizonte, insofern die Nacht schon weit vorgerückt war.

περατός, 3., s. περάσιμος.

περατόω, sp. begrenzen, beenden.

I. **περάω** (πέρα), περᾱ́σω, ἐπέρᾱσα, πεπέρᾱκα, ep. mit den Präsensff. περάουσι, -όωσι, περάειν, -άαν, Impf. iter. περάασκε, -άασκε (ρᾰ), ion. Fut. περήσω, Aor. ἐπέρησα, ep. Fut. inf. περησέμεναι. **1)** trans. **a) hinüberbringen,** verkaufen (ep. = πιπράσκω), **b) durchdringen,** durchschneiden, durchschreiten, passieren. **2)** intr. **a) hindurchkommen,** eindringen, ans Ende von etwas (τινός) gelangen, **b) hinüberkommen,** -gehen, -fahren, sich begeben, gehen.

II. **περάω,** Fut. περᾰ́σω, inf. περάειν, -άαν, Aor. (ἐ)πέρασ(σ)α, Perf. pass. πεπέρημαι, verkaufen, s. πιπράσκω.

Πέργαμον, τό, u. **Πέργαμα,** τά, ep. **Πέργαμος,** ἡ, die Burg, u. insbes. **1)** die von Troja, sowohl allein, als mit ἐπὶ Τροίᾳ, die die Unterstadt Troja überragende, Πριάμου. **2) Πέργαμον,** τό, Stadt in Mysien am Kaystros, jetzt *Bergama*, wohin auch Asklepios von Epidauros gekommen sein soll.

Περγασῄ, ἡ καθύπερθεν u. ἡ ὑπένερθεν, Doppeldemos der Erechtheïschen Phyle; **-σῆθεν** aus P.

Πέργη, ἡ, Stadt in Pamphylien, j. *Murtan*. Die Einw. **οἱ Περγαῖοι.**

Περδίκκας, ion. **-ης,** Gen. ου, ion. εω, ὁ, **1)** Perd. I., ein Argeier, Gründer der makedonischen Dynastie um 700 v. Chr. **2)** Perd. II., Sohn Alexanders I., König von Makedonien, von 455—414. **3)** Sohn des Orontes aus Orestis, Feldherr Alexanders d. Gr., nach dessen Tode Reichsregent, 321 von seinen eigenen Soldaten ermordet.

πέρδιξ, ῑκος, ὁ, ἡ (πέρδομαι), das Rebhuhn.

πέρδομαι, poet. farzen.

Περεγρῖνος, ου, ὁ = Peregrinus (Proteus), ein kynischer Philosoph des 2. christl. Jahrh.; Held einer Schrift Lucians.

πέρηθε, ion. Adv. = πέραθεν.

πέρην, s. πέραν. **περ-θέτω,** äol. = περι-θέτω.

πέρθω, ep. u. poet., Fut. πέρσω, Aor. 1. ἔπερσα, Aor. 2. ἔπρᾰθον, inf. -πρᾰθέειν, in pass. Bdtg. Fut. πέρσομαι, Aor. 2. ἐπράθετο u. vom Wurzelaor. inf. πέρθαι Il. 16, 708, **1)** zerstören, verheeren, verwüsten, vernichten. **2)** erbeuten, plündern.

περί (lat. *per*, dt. *ver-*) • **A) Adv.** • **1) ringsum,** herum, περὶ δὲ στοναχίζετο δῶμα u. a. • **2)** außerordentlich, **überaus,** eigtl. durch u. durch, sehr, meist **πέρι** betont (περικαλλής, -δείδω, -λυπος, vgl. *per-magnus* u. *parum-per*), bes. bei φιλεῖν, ἐχθαίρειν, κῆρι im **Herzen,** θυμῷ, bei scheinb. Tmesis auch περί. Abgek. **πέρ,** s. d.

B) Praep. (wird πέρι betont: a) wenn es hinter einem Subst. in Anastrophe steht, b) wenn es = περίεστι, περίεισιν ist) • **I)** beim **Gen.** • **1)** eigtl. räumlich: **um;** gewöhnlich • **2)** übertr.: **in betreff,** wegen, **über,** von, vor, letzteres besonders bei Wertbestimmungen, περὶ πολλοῦ ποιεῖσθαι d. h. hochachten, u. περὶ παντός höher als alles anschlagen. Bisw. bei Subst. *αἰτία περί τινος* die Ursache von etwas, *τὰ περί τινος* der Zustand, das Schicksal, der Verlauf von etwas od. jmdm., auch bloß = *τί*.

II) beim **Dat.**: • **1)** örtlich • **a) um, herum,** bei, vor, neben, prolept. *περὶ δουρὶ πεπαρμένη*, d. h. so daß es um den Spieß herum liegt, ähnl. *περὶ ξίφει πεπτῶτα* • **b)** wie *circa* auch in — herum, innerhalb, *ἑλισσομένη περὶ καπνῷ* im Rauch herumwirbelnd, *π. χειῇ* im Loche herum • **2)** übertr. (selten): für, um, bes. bei den Verben besorgt sein, wagen, Gefahr laufen (u. den entgegengesetzten, z. B. *θαρρεῖν*): *δεδιέναι περί τινι* fürchten für, *περὶ αὑτῷ σφαλέντα* an sich selbst gescheitert.

III) beim **Akk.** • **1)** örtlich; **um, um-herum,** in-herum, in der Nähe, bei, *περὶ αὐτὰ καταρρεῖ* sie fällt rings (um sich selbst) herab, u. bei Subst., *αἱ περὶ τὰ στενὰ μάχαι* Kämpfe in der Meerenge, *αἱ περί τινα συμφοραί* das Unglück mit jmdm., *ἡ περί τινα ἀρετή* Verdienste um einen, *νόμοι οἱ περὶ τοὺς γάμους* Ehegesetze; insbes. aber *οἱ περί τινα* die Umgebung, Leute, Anhänger, Partei jmds., dah. *ἐν τοῖς περὶ αὐτὸν ἔχειν* in seinem Gefolge haben, *οἱ περὶ Κέκροπα* K. u. seine Richter • **2)** zeitlich: um, **gegen,** *περὶ τούτους τοὺς χρόνους* • **3)** übertr. • **a)** um etw. beschäftigt, **in betreff,** in bezug, *εἶναι, γίγνεσθαι, σπουδάζειν περὶ τὰ ἐπιτήδεια, εὐσεβεῖν περὶ τοὺς θεούς, λέγειν περί τι, οἱ περὶ τὰς τελετάς* die mit den Weihen Vertrauten, *τὰ περί τινα* die Vorfälle, Geschichte von jmdm., *τὰ περί τι* der Verlauf, die Verhältnisse um etw., *τὰ περὶ τὰς ναῦς* das Seewesen, *τὰ περὶ τὰς τάξεις* die Taktik, *τὰ περὶ τοὺς θεούς* der Kultus, überh. = *τί*. Vgl. *ἀμφί* • **b)** übertr. bei Zahlangaben: etwa, **ungefähr.**

πέρι, siehe II. *περί* zu Anf.

περι-αγγέλλω, Aor. pass. ep. *-ηγγέλην*. **1)** umher, überall verkündigen, ankündigen, anmelden. **2)** rings umher den Befehl schicken, auffordern, befehlen, anbefehlen.

περι-αγείρομαι, Med., für sich ringsum einsammeln.

περι-άγνυμι, ep. (auch in tmesi), ringsum zerbrechen. Pass. übertr. von der Stimme: rings sich brechen, ertönen.

περιάγω u. Med. ***-ομαι,*** Adj. verb. *-ακτέον*. **1)** trans. **a) herumführen,** bei sich herumtragen, mit etwas herumziehen, **b)** herumdrehen, *τὴν κεφαλήν*, **c)** übertr. in der Rede auf etwas zurückführen od. bringen, irre machen, u. *ἄλλην ὁδόν* auf einem andern Wege, *κύκλῳ* im Kreise. **2)** intr. sich herumtreiben, Koine.

περιαγωγή, *ἡ*, das Umwenden, Umdrehen, der Umschwung.

περι-ᾄδω, sp. von allen Seiten singen.

περι-αιρετός, 3. abnehmbar.

περι-αιρέω (*-αιρήσω, -εἷλον* usf.). **1)** Akt. u. Pass. **a)** etwas rundherum od. gänzlich **wegnehmen,** im bes. die Mauern eines Orts niederreißen, schleifen lassen, **b)** überh. wegnehmen, aufheben, abschaffen, *τί* od. Inf. mit *τό*, u. zwar *τινός* von etwas, auch *τινά* jmdn. überwältigen; Pass. **beraubt, entblößt werden. 2)** Med. **a)** sich (*sibi*) etwas (*τί*) abnehmen, abziehen, **b)** etwas (*τί*) ablösen, z. B. *βιβλίον ἓν ἕκαστον* das Siegel abnehmen, entsiegeln, **c)** überh. wegnehmen; entreißen, *τί τινος* etwas von etwas.

περί-ακτος, 2. sp. umhergetragen, allerwegen bekannt; bes. *αἱ περίακτοι* (*μηχαναί*) eigentl. rings drehbar, prismatische in Zapfen drehbare Säulen beiderseits der Bühne, welche auf den Flächen kulissenartige Dekorationen zeigten, getrennt von der Hauptbühne durch zwei Wege, links den in die Fremde, rechts den in die Stadt führenden. (*περιακτέον*, s. unter *περιάγω*.)

περι-αλγέω, sehr Schmerz empfinden, schmerzlich ergriffen sein, abs., u. *τινί* von etwas.

περι-αλγής, 2. (*ἄλγος*), sehr von Schmerzen gefoltert.

περι-αλείφω, ringsum bestreichen.

περί-αλλα, poet. Adv., vor anderem, *ὡς* ganz gewaltig.

περι-αμπέχω u. ***-αμπίσχω,*** **1)** Akt. umgeben, *τί μετά τινος* nebst etwas. **2)** Med. sich einhüllen, *ἔξωθεν* äußerlich, u. zwar *τί* in etwas.

περι-αμύνω, sp. ringsum beschützen.

Περί-ανδρος, *ὁ*, Sohn des Kypsélos, Tyrann von Korinth 628—584 v. Chr.

περίαπτον, *τό*, Amulett, das bes. Kranken umgehängt wurde, Ntr. zu

περίαπτος, 2. umgehängt, äußerlich angehängt.

I. ***περι-άπτω,*** **1)** Akt umhängen, anhängen, übtr. *τί*, im guten Sinne: erteilen, verschaffen, im übeln: zufügen, z. B. *αἰσχύνην* Schande machen, *αἰτίαν* die Schuld zuschieben od. *τὴν ἀνελευθερίαν* den Vorwurf niedriger Gesinnung zuziehen, u. zwar *τινί* jmdm. od. an etwas. **2)** Med. sich (*sibi*) um- od. anhängen, *τί*.

II. ***περι-άπτω,*** sp. N. T. rings anzünden, *πῦρ*.

περι-αρτάω, sp. = *περιάπτω*, umhängen.

περι-αστράπτω, sp. N. T. um jmdn. blitzen.

περι-αυτολογία, *ἡ* (*περὶ αὑτοῦ λέγειν*), sp. Ruhmredigkeit.

περι-αυχένιος, 2. (*αὐχήν*), ion. sp. um den Hals gehend, *στρεπτός* Halskette. Subst. *τὸ περιαυχένιον*, sp. Halsband, Halskette.

περι-βαίνω (*-βήσομαι, -έβην, -βέβηκα*), ep. nur Aor. 2. *περίβην* (auch in tmesi), ep. poet. u. sp. herumgehen, umgehen, umwandeln, vom Schalle: zu Ohren dringen; od. auch um jmdn. sich herumstellen, herzu- od. davortreten, beschützen, beschirmen, abs., od. *τινός, τινί* jmdn. od. jmdm.; sp. das Pferd besteigen.

περι-βάλλω, ion. Plqpf. pass. 3. pl. *περιεβεβλέατο* (auch in tmesi), **herumwerfen** • **1)** umziehen, **umgeben** • **a)** umlegen, **anziehen,** ein Kleid u. dgl., *περιβεβλημένος τι* mit etw. bekleidet, in etw. eingepackt, aber *ἐν τῷ περιβεβλημένῳ τούτῳ* in dieser Umgebung; dah. auch übertr. von der Königswürde, weil deren Insignien bei den Persern in einer Tiara mit weißer Binde u. einem purpurnen Obergewande bestanden, u. so überh. von einer Würde, beilegen, verleihen, *τινί τι*. Bildl. auch in Wendungen wie *ἤδη με περιβάλλει σκότος* u. oft. Im Med. **sich (*sibi*) umwerfen,** anziehen, mit *ὄπισθεν* sich auf den Rücken hängen, *τινί* über etw.; übertr. sich etw. beilegen, anmaßen, sich bemächtigen, zueignen, auch mit ἑαυτῷ • b) **herumziehen,** τεῖχος τῇ πόλει umbauen; im Med. zu seinem Schutze herumführen, τάφρον sich mit einem Graben umgeben, bes. von Befestigungswerken, τί od. τινί um etw., z. B. τεῖχος τὴν πόλιν • c) Med. sich (*se*) herumdrehen, κύκλῳ im Kreise, μακράν einen weiten Umweg machen; dah. sich herumlegen, etw. **umzingeln,** einschließen, τί • d) umgarnen, im Netz fangen, πλῆθος πολλὸν τῶν ἰχθύων, dann umarmen, umfassen, aber auch verstricken, stürzen, oft übertr. τινὰ τοῖς κακοῖς, ταῖς συμφοραῖς ins Unglück stürzen, δίκῃ in einen Prozeß verwickeln, ähnl. καταδίκῃ • 2) ep. darüber hinauswerfen, übertreffen, μνηστῆρας δώροισι • 3) intr. umsegeln; Σούνιον, aber ναῦν περί τι das Schiff an etw. festrammen.

περί-βαρυς, υ, poet. sehr schwer.

περι-βιβάζω, sp. jmdm. aufs Pferd helfen.

περί-βλεπτος, 2. sehr angesehen, überaus geachtet, aller Augen auf sich ziehend, berühmt.

περι-βλέπω, bei Sp. auch im Med., ringsum besehen, anschauen, τινά, übertr. Rücksicht nehmen, τί auf etwas.

περί-βλεψις, εως, ἡ, sp. Aufsicht, ἐπί τινος bei etwas.

περί-βλημα, τό, Umwurf, Bedeckung.

περι-βλύζω, sp. ringsum sprudeln, -rauschen.

περι-βόητος, 2 1) ringsumher ausgeschrieen, a) verschrieen, verrufen. b) allgemein besprochen, bekannt, berühmt, διά τι und τινί durch etwas. 2) poet. umschrieen, allgemeines Jammergeschrei erregend (vom Pestgotte).

περι-βόλαιον, τό, poet. u. sp., **περι-βολή,** ἡ, u. **περί-βολος,** ὁ, 1) das Umfassen, die Umarmung, χειρῶν περιβολὰς ποιεῖσθαι sich umarmen. 2) die Biegung, der Bogen, Umkreis, Umfang. 3) das Umgebende, die Ringmauer, das Gehege; auch Umgebung, Hof. 4) der Umwurf, Mantel, Schleier, das äußere Gewand, überh. Decke, insbes. Wagendecke. 5) (περιβολή) das Trachten nach etw.

περί-βολος, 2. poet. herumgelegt.

περι-βομβέω, sp. umrauschen, umsummen.

περί-βουνος, 2. sp. mit Hügeln umgeben.

περι-βραχῑόνιος, 2. (βραχίων), um den Arm gehend. Subst. τὸ π. Armband, Armschiene.

περι-βρύχιος, 2. (βρύχιος), poet. überschwemmend, οἴδματα rings sich wölbender Wogenschwall.

περι-βύω, sp. überallher stopfen od. unterlegen.

περι-γίγνομαι (-γενήσομαι, -εγενόμην, -γέγονα u. -γεγένημαι), ion. u. Koine -γίνομαι • 1) darüber kommen, obsiegen, **übertreffen,** überlegen sein, beherrschen, τινός, selten τινά jmdn., über jmdn. od. etwas, τινί od. κατά τι durch, in, an etwas, so ähnl. auch mit Nom. part. od. mit Inf. • 2) sich als Vorteil ergeben, zuteil werden, τὰ περιγιγνόμενα das Ergebnis, der Ertrag (ἔκ τινος), περιγίγνεταί τί τινι jmd. hat etwas od. den Vorteil voraus, erreicht etwas, od. περιεγένετο mit folg. ὥστε u. Inf. das Ergebnis war, daß • 3) übrig bleiben od. sein, am Leben bleiben, überleben, sich retten, noch vorhanden sein, noch möglich sein, οἱ περιγιγνόμενοι die Übriggebliebenen.

περι-γλᾰγής, 2. (γλάγος), ep. voll Milch.

περι-γληνάομαι (γλήνη), buk. umherschauen.

περί-γλωσσος, 2. poet zungenfertig, geschwätzig.

περι-γνάμπτω, ep. herumbiegen, umschiffen, τί.

περι-γραπτός, 2. umschrieben, begrenzt, ἐκ περιγραπτοῦ aus einem engumschriebenen Bezirk.

περιγραφή, ἡ, der Umriß, Umgrenzung, Umfang.

πέρι-γράφω, ringsum durch Linien bezeichnen: 1) umzeichnen. 2) begrenzen, beschränken. 3) in Umrissen schildern. 4) ausstreichen, tilgen, ausscheiden.

περιδεής, 2. (δέος) sehr furchtsam, erschrocken, voll Angst. Subst. τὸ περιδεές die Angst. Adv. περιδεῶς ὑποπτεύειν von argwöhnischer Furcht erfüllt sein, ξυναπονεύειν ängstliche Bewegungen machen.

περι-δείδω, ep. Aor. περί(δ)δεισα, Perf. περιδείδια (mit Präsbedtg.), nebst **περι-δίω,** ep. (in tmesi), sehr fürchten, in Angst, sehr besorgt sein.

περί-δειπνον, τό, das Leichenmahl, welches am neunten Tage nach der Beisetzung, an demselben Tage, wo man auch den Manen des Verstorbenen Opfer brachte, gew. im Hause des Verstorbenen gehalten wurde.

περι-δέξιος, 2. = ἀμφιδέξιος, ep. poet. sp. beidrechts, sehr geschickt.

περι-δέραιον, τό, poet. sp. Halsband.

περι-δέω (-δήσω, -έδησα, -δέδεκα usf.), 1) Akt. sp. umbinden, τινί τι jmdm. etwas. 2) Med. ion. u. sp. a) sich (*sibi*) etwas umbinden, τί. b) einen mit etwas umhüllen, τινά τινι.

περι-δίδωμι, ep. in Fülle geben; Med., Aor. 2. conj. 1. dual. περιδώμεθον, von dem Seinigen etwas darum geben, wetten, τινός um etwas, ἐμῆς αὐτῆς mein Leben als Pfand od. Preis setzen, mit folg. Inf., welcher die Folge bezeichnet.

περι-δῑνέω, im Kreise herumdrehen, Pass. sich herumdrehen.

περι-δίω, s. περιδείδω.

περίδραξις, εως, ἡ, sp. das Umfassen, Umspannen (mit der Faust). Von

περι-δράσσομαι, sp. mit den Händen umfassen.

περι-δρομή, ἡ, poet. u. sp. der Umlauf; das Umschwärmen eines Feindes.

περίδρομος, 2. (-δραμεῖν), ep. und poet. 1) akt. rings herumlaufend, gerundet, kreisförmig. 2) pass. a) rings umlaufen, umgeben, umschlossen, τινί. b) umlaufbar, d. i. freiliegend, freistehend. Als Subst. **περίδρομος,** ὁ, allgem., a) die Galerie, der Gang um etwas herum. b) der Umkreis, Rand.

περι-δρύπτομαι, ep. Pass., Aor. περιδρύφθην, sich (*sibi*) etwas (τί) zerschinden.

περι-δύω, ep. Aor. ind. περίδυσε, rings ausziehen, τί.

περι-εζωσμένος, 3. (-ζώννυμι), ringsumgürtet, bereit, fertig.

I. **περί-ειμι** (εἰμί). 1) **ringsherum sein,** τινί um etw., es umgeben. 2) über sein, **überlegen sein,** ἐκ περιόντος mit überlegener Macht, τῷ περιόντι τοῦ ἀσφαλοῦς mit mehr als hinreichender Sicherheit, τὸ περιὸν τῆς χρείας das über das Bedürfnis Hinausgehende, aber τινός über jmdn. od. etwas, τινί in, durch etwas. 3) **übrig sein** od. bleiben, noch am Leben sein, τὸ περιόν der Rest, τῷ περιόντι θέρει im noch übrigen Sommer, d. h. gegen Ende des S. Vgl. auch περιέρχομαι 1, b. 4) impers. **περίεστί τινί τι** od. Inf. etwas ergibt sich für jmdn., das Ergebnis ist. Vgl. περιγίγνομαι.

II. **περί-ειμι** (εἶμι), s. περιέρχομαι.

περι-είργω, ion. u. altatt. **περι-έργω,** umschließen, umfriedigen, ringsherum einschließen, einengen, umgeben, mit u. ohne ἐν κύκλῳ, abs. od. τί, τινά.

περι-είρω, ion. aufreihen, τί, u. zwar περί τι an etwas, darum befestigen.

περι-εκτικός (περι-έχω), 3. sp. umfassend, in sich fassend; Superl. -κώτατος das meiste in sich fassend.

περι-έλᾰσις, ιος, ἡ, ion. das Umherziehen, Umherfahren, Weg zur Umfahrt um die Stadt.

περι-ελαύνω, 1) Akt. u. Pass. a) trans. herumtreiben, von allen Seiten in die Enge treiben, περιελαυνόμενος sp. auch: der Reiterei überall zugänglich, b) intr. herumreiten, herumfahren, herumziehen, umringen. 2) Med. a) sich herumlegen, für sich, um sich her zusammenziehen.

περι-ελίττω, ion. **περι-ειλίσσω,** bei Plat. auch **περιειλίττω,** nebst **περι-ειλέω.** 1) Akt. herumwickeln, a) **umwickeln,** herumschlingen, τί τινι od. περί τι um etwas, b) sp. herumführen, sich tummeln lassen, ἵππον. 2) Med. a) sich (*sibi*) etw. (τί) umwickeln, κατά τινα für jmdn., b) sich (*se*) herumschlingen, herumwinden, τινί, περί τι, κατά τινος um etwas.

περι-έλκω, herumziehen, -schleppen, in eine andere Richtung ziehen, τινά, u. zwar τί in bezug auf etwas, mit etwas. Im Pass. sich herumzerren lassen, ὑπό τινος.

περι-έπω, Impf. περιεῖπον, Fut. περιέψω, Aor. περιέσπον, inf. περισπεῖν, u. Aor. pass. περιέφθην, Fut. περιέψομαι in pass. Sinne (auch in tmesi), ion. um etwas herum d. h. mit etwas od jmdm. beschäftigt sein. 1) besorgen, verwalten, bedienen, pflegen. 2) ehren, schätzen, in Ehren halten.

περι-εργάζομαι, Dep. med., etwas Überflüssiges, Unnützes tun, sich unnütz machen, vorwitzig handeln, freveln, τί, sp. sich in fremde Dinge einmischen, τινί mit etwas, od. mit Nom. part.

περιεργία, ἡ, übergroße Geschäftigkeit, unnötiges Getue, geschäftige Unruhe; Spitzfindigkeit.

περί-εργος, 2. (ἔργον), mit übertriebener od. unnützer Sorgfalt handelnd, das Maß überschreitend, oder sich um fremde Dinge bekümmernd, vorwitzig, abs., u. τινί bei od. mit etwas, od. beim Partiz. = Adv. überflüssiger-, unnötigerweise, od. περίεργον mit verst. ἐστί u. folg. Inf. es ist überflüssig, unnütz. Subst. τὸ **περίεργον,** a) die übertriebene Sorgfalt, τινός in etwas; Neugierde, Vorwitz. b) sp. τὰ π. Zauberkünste, u. ὁ **περίεργος** Zauberer.

περι-έργω, s. περιείργω.

περι-έρρω, poet. umherirren, umgehen.

περι-έρχομαι u. **περί-ειμι,** inf. -ιέναι, Adj. verb. -ιτέον (das Präs. bisw. in Bdtg. des Fut.) • 1) intr. (περίειμι) **herumgehen,** umhergehen, herumreisen, herumziehen, (περιέρχομαι) umgehen, umringen; insbes. mit u. ohne κύκλῳ oder ἐν κύκλῳ der Reihe nach die Runde machen, der Reihe nach kommen, bes. durch Erbschaft kommen od. fallen an einen. Übertr. • a) von der Rede, dem Gerüchte: umlaufen, in der Rede Umschweife machen • b) von der Zeit: wieder eintreffen, πάλιν περιιόντι τῷ θέρει als der Sommer sich wieder einstellte, u. im Prät. verflossen sein, um sein • c) übergehen, umschlagen, ἐς τοὐναντίον. Teils abs, teils mit Appos. als etwas (in der Rolle) herumgehen (vom Schauspieler), u. zwar ἔκ τινος statt jmds., teils τινός um etwas, für etwas, κατὰ νώτου τινί im Rükken jmds., ὁδῷ und ähnl. auf einem Wege, und prägnant κατά, εἴς τι herumgehen und wohin kommen, übertr. hineingeraten, εἴς τι • 2) trans. τί u. τινά umgehen, **umwandeln,** umschließen, umfließen, od. herumgehen, herumziehen in etwas, erreichen, treffen jmdn., oder mit u. ohne κύκλῳ rings umgehen, vermeiden. Im bes. • a) τὰς φυλακάς die Runde machen • b) τὰς πρεσβείας sich den Gesandtschaften hier- und dorthin unterziehen • c) ion. auch täuschen, τινά, und zwar τινί durch etwas.

περι-έσχατα, τά, ion. *ora,* der Umkreis, in dessen Mitte sich jmd. befindet.

περι-έχω, Fut. περισχήσω, med. περιέξομαι, ep. Aor. 2. med. περισχόμην, imp.περίσχεο, Nbf. **περι-ίσχω.**

I) Akt. • 1) **rings ergreifen,** umfassen, umarmen, umgeben, umringen, enthalten, od. feindlich rings einschließen, umzingeln (τὸ περιέχον sp. der Luftraum) • Pass. sp. umschlossen werden, enthalten sein in etwas ἔν τινι • 2) **überragen,** überlegen sein, obsiegen, τινός jmdn., od. τί etwas, τινί mit etwas od. jmdm., in etwas, κατά τι etwas gegenüber • 3) impers. **περιέχει** intr. ist enthalten, ἐν γραφῇ steht in der Schrift. N. T.

II) Med. sich an etwas **festhalten,** mit Liebe hängen, nach etwas streben, dringend bitten, od. jmdn. od. etwas beschützen, beschirmen, τινός od. τί, τινά od. mit Inf.

περι-ζαμενῶς, Adv. ep. sehr heftig, grimmig.

περί-ζυγα, τά, Riemen im Vorrat.

περίζωμα, τό, sp. der Gürtel, Schurz. Von

περι-ζώννυμαι, poet. ar. sp. Med. 1) sich (*sibi*) höher aufschürzen, τί, z. B. die Toga od. das ἱμάτιον, um den rechten Arm frei zu bekommen und sich freier bewegen zu können. 2) sich (den Schurz) umlegen, anziehen, τί. 3) übertr. N. T. τί sich mit etwas gürten, waffnen. — περι-εζωσμένος s. bes.

περιζώστρα, ἡ, buk. = περίζωμα.

περι-ηγέομαι, Dep. med., ion. u. sp. herumführend. zeigen, τί τινι Fremdenführer sein.

περιήγησις, εως, ἡ, ion. sp. 1) das Herumführen u. die damit verbundene Erklärung, Beschreibung. 2) ion. der Umriß, äußere Umfang.

περι-ηγητής, οῦ, ὁ, sp. der (Fremde) Herumführende, a) um ihnen die Sehenswürdigkeiten eines Ortes zu zeigen, Erklärer, *Cicerone.* b) der die Sehenswürdigkeiten von Orten u. Ländern Beschreibende, Reiseführer (Schriftsteller), Perieget.

περι-ήκω, herumgekommen sein, häufig als Perf. von περιέρχομαι dienend, w. s.

περι-ήλῠσις, εως (St. ἐλυθ- in ἐλήλυθα), ἡ, ion. u. sp. 1) Umwanderung, Umlauf. 2) die Umschließung, τινός jmds. oder von etwas.

περιημεκτέω, ion. in großem Jammer sein, heftigen Unwillen empfinden, voll Erbitterung oder ganz außer sich sein, τινός über jmdn., τινί über etwas, od. mit Nom. part. u. ὡς weil er.

περι-ηχέω, ep. u. sp. ringsumher tönen oder erdröhnen. Dav.

περι-ήχησις, ἡ, sp. das Rauschen rings umher.

περι-θαμβής, 2. sp. sehr erstaunt, erschrocken.

περι-θειόω (θεῖον), sp. rings mit Schwefel räuchern.

περί-θεσις, ἡ (περιτίθημι), sp. das Herumsetzen, die Umlegung eines Schmucks, z. B. das Umwinden τοῦ διαδήματος um den Kopf od. Hut.

περι-θέω, mit u. ohne ἐν κύκλῳ, herumlaufen, sich herumziehen, sich im Kreise herumdrehen, abs., od. τί in od. um etwas, πρός τι zu etwas.

Περι-θοίδης, ου, ὁ, Einwohner von Perithödä, einem att. Demos der Öneïschen Phyle.

Περίθους, s. Πειρίθοος.

περι-θριγκόω, sp. umzäunen.

περί-θῡμος, 2. poet. ion. u. sp., Adv. **-ύμως,** sehr zornig, im größten Zorne.

περι-ιάπτω, buk. ringsum verletzen.

περι-ιάχω, ep. in tmesi, ringsum tönen, widerhallen.

περι-ίζομαι, ion. Dep. med., sich herumsetzen, rings herumsitzen, um jmdn. sitzen, τινά.

περι-ιππεύω, sp. herumreiten, τί um etwas, ἐς κύκλους rings umschwärmen.

περι-ίστημι (auch in tmesi) • **I) trans. herumstellen** • 1) mit u. ohne κύκλῳ rings aufstellen, στρατὸν περὶ πόλιν, auch τινί; im Med. • a) um sich herumstellen, herumtreten lassen, κύκλῳ um sich einen Kreis bilden lassen, auch sich mit etw. umgeben, ἑαυτῷ τι • b) sich um etw. herumdrehen, es vermeiden, μάχας νομικάς, sp. u. N.T. • 2) übertr. rings herum zuziehen, **bereiten,** zufügen, κινδύνους Καρχηδονίοις, εἴς τινα auf einen (andern) übertragen, τὸν λόγον εἴς τι die Rede auf einen (andern) Gegenstand bringen • 3) umstellen, **ändern,** ἐκ τούτων εἰς τοῦτο τὰ πράγματα.

II) intr. u. refl. das Med. **περι-ίσταμαι,** ep. Aor. ind. 3. pl. περίστησαν, conj. 3. pl. περιστήωσι (-είωσι), sich herumstellen, mit und ohne κύκλῳ **rings herum treten,** umgeben, umzingeln, οἱ περιεστῶτες die Umstehenden; übertr. • 1) rings drohen, bedrohen, umfangen, sich bemächtigen, übergehen, erwachsen, abs. od. τὸν λόφον, ἡμᾶς, aber auch mit Dat. • 2) sich umstellen, **umschlagen,** abs. oder τινί, τοὐναντίον τινί für jmdn. den entgegengesetzten Erfolg haben, den entgegengesetzten Eindruck machen, gew. ἔς τι, aber ἐς τοῦτο dermaßen, u. ἔκ τινος an etw.

περι-καής, 2. sp. ganz brennend, sehr hitzig, sehr heiß.

περι-καθαίρω, ringsum reinigen.

περι-κάθαρμα, τό, sp. N. T. Pl. τοῦ κόσμου der Auswurf der Menschheit.

περι-καθέζομαι und

περι-κάθημαι, ion. **περι-κάτημαι,** Dep. med., sich herumsetzen, herumsitzen, τινί um etwas, Wache halten, umzingelt halten, belagern, τινά u. τί.

περι-καίω u. **-κάω,** Perf. pass. -κέκαυμαι, rings brennen, versengen.

περι-καλλής, 2. Superl. -έστατος, sehr schön, wunderschön.

περι-κάλυμμα, τό, Hülle.

περι-κᾰλύπτω (auch in tmesi), herumhüllen, rings umhüllen, einhüllen, abs. od. τινά, u. zwar ἔν τινι = τινί mit etwas, insofern das Kleid den Körper umgibt, übertr. κῶμά τινι d. i. in Schlummer versenken.

περι-καταλαμβάνομαι, sp. Pass., ringsherum eingeengt werden, nämlich in einem engen Wege.

περι-καταρρέω, ringsherum herunterfließen, übertr. verfallen; ringsum überfließen, berstend voll sein von etw., τινί.

περι-καταρρήγνυμι, Med. sich (*sibi*) rings herabreißen, τὸν πέπλον als Zeichen der Trauer.

περι-κάτημαι, s. περικάθημαι.

περι-καῶς, Adv. sp. heftig erglüht.

περί-κειμαι, Dep. med., 1) rund herumliegen, umgelegt sein, abs. od. um etwas liegen, etwas (τινί) umgeben, jmdn. (τινί) umfaßt halten. Übertr. ep. οὐδέ τί μοι περίκειται = οὐδέ τι πλέον ἔχω auch habe ich nichts dadurch gewonnen. 2) als Pass. ion. u. sp. umgeben od. angetan sein, = περιτέθειμαι, od. an sich hängen haben, anhaben, aufhaben, τί, u. zwar περί τινι um od. an etwas.

περι-κείρω u. Med. **-ομαι,** ion. u. sp. ringsum scheren, τί.

περι-κεφαλαία, ἡ, sp. N. T. die Kopfbedeckung, der Helm, übertr. der Schutz.

περι-κήδομαι, ep. Med., sehr besorgt, bekümmert sein, τινός für jmdn., od. τινί τινος für jmdn. um etwas.

περί-κηλος, 2. (κᾶλον), ep. sehr trocken.

περι-κίων [ῐ], ον, Gen. ονος, poet. mit Säulen umgeben.

περι-κλαίω, sp. um etwas herumstehend weinen.

περί-κλασις, ἡ, sp. 1) das Umbrechen, Brechung. 2) das Umbiegen (von hoch zu tief in derselben Silbe).

περι-κλάω, sp. umbrechen, umbiegen, ablenken, τὶ εἴς τι. Im Pass. schief od. schräg gestellt werden.

περι-κλειτός, 2. poet. u. buk. = περικλυτός.

Περι-κλῆς, έους, ὁ, Vok. Περίκλεις, 1) Sohn des Xanthippos u. der Agariste, berühmter Staatsmann in Athen, starb 429 v. Chr. 2) Sohn des Vorigen von der Aspasia, als Feldherr bei den Arginusen zum Tode verurteilt. 3) ein Parier, Freund des Dichters Archilochos.

περι-κλῄω, ion. **-κληίω,** Med. **-κλῄομαι,** ringsumher einschließen, im Kreise umgeben, umzingeln, abs. τὸ περικληίον οὖρος der Gebirgskranz.

περι-κλῑνής, 2. sp. sich rings neigend.

περι-κλύζω, ganz umspülen, umwogen.

περί-κλυστος, 2. u. 3. ep. poet. sp. rings umspült.

περι-κλυτός, 3. ep. wovon man ringsum hört od. spricht, hochberühmt, herrlich.

περι-κνημίς, ῖδος, ἡ, sp. Beinschiene.

περι-κομίζω, herumtragen, -führen, ἔς τι wohin. Pass. herumfahren.
περί-κομμα, τό, Dem. -κομμάτιον, τό, poet. Gericht aus gehacktem Fleisch.
περί-κομπος, 2. poet. sehr prahlend (var.).
περί-κομψος, 2. poet. überaus zierlich, gar nett.
περι-κοπή, ἡ, **1)** das Behauen, die Verstümmelung, das Trepanieren, übertr. das Beschneiden, Einhalttun, τινός von etwas. **2)** Anzug, Einrichtung; Schmuck, Prunk.
περι-κόπτω, abhauen, verstümmeln, τί, im Pass. verstümmelt werden, τί an etwas. Übertr. **a)** mißhandeln, übel mitspielen, bes. durch feindliche Einfälle Schaden zufügen, die Äcker verwüsten, die Zufuhr abschneiden, plündern, abs. od. τινά, τί. **b)** beschneiden, gleichs. die Flügel stutzen, Einhalt tun, hemmen, τί. Im Pass. abgeschnitten werden, τινός von etwas, τί in bezug auf etwas.
περι-κρατής, 2. N. T. sp. mächtig, τινός.
περί-κρημνος, 2. sp. ringsum abschüssig.
περι-κρούω, ringsum schlagen u. so herabschlagen.
περικρύβω, N. T. späte Nebenf. für
περι-κρύπτω, sp., ringsherum verdecken, dah. verstecken, verheimlichen, verhehlen, τί od. mit indir. Nebens. Med. sich zu Hause halten.
περι-κτείνω, ep. ringsum töten (and. περὶ κτ.).
περι-κτίονες [ῐ], οἱ, **περι-κτίται,** οἱ, (κτίζω), ep. poet. = ἀμφικτίοντες, Adj. herumwohnend. Subst. die Nachbarn.
περι-κτυπέομαι, sp. (ep.) rings erdröhnen, -widerhallen.
περι-κυκλόομαι, ion. -έομαι (N. T. auch -όω), Med. rings einschließen, umzingeln.
περι-κύκλωσις, εως, ἡ, die Umzingelung.
περι-κύμων, 2. poet. umflutet.
περι-λαμβάνω, 1) umfassen, d. i. **a)** umarmen, τινά. **b)** feindlich einschließen, umzingeln, von allen Seiten fassen, überflügeln, in seiner Gewalt haben, auffangen, τινά, u. zwar τινί mit etwas, ὄψει überblicken. **c)** einfassen, eindecken, ringsum besetzen. **d)** logisch: in sich begreifen, einschließen, mit umfassen, τινί τι etw. in etw. **2)** übertr. im Geiste umfassen, zusammenfassen, vollständig darstellen, τί, u. zwar τινί in etwas.
περιλαμπής, 2. sp. sehr glänzend.
περι-λάμπω, sp. **1)** trans. mit u. ohne κύκλῳ, umleuchten, umstrahlen, τινά od. τί, u. zwar τινί mit etwas; **2)** intr. ringsum glänzen od. strahlen.
περί-λείμματα, τά, das Übriggelassene, u. zwar ἔκ τινος von etwas.
περι-λείπομαι, Pass., übrig bleiben; ebenso ep. in tmesi περὶ—λίπωνται.
περι-λείχω, sp. rings belecken, ablecken, τί, und zwar τινός von etwas.
περι-λέπω, ep. u. ion. (auch in tmesi), rings abschälen, τί.
περι-λεσχήνευτος, 2. ion. = περικλυτός, w. s.
περι-λιμνάζω, mit einem Sumpf umgeben, τί.
περι-λιχμάομαι, Med. sp. = περιλείχω, w. s.
περί-λοιπος, 2. übrig gelassen, übrig.
περι-λούω, sp. ringsherum abwaschen.
περί-λυπος, 2. übertraurig, höchst niedergeschlagen.
περι-μαιμάω, ep, nur Part. praes. περιμαιμάουσα, -ώωσα, ringsum hastig absuchen, τί.
περι-μάκτρια (-μάσσω), ἡ, sp. die ringsum Einreibende, (durch Zaubermittel) Reinigende.
περι-μανής, 2. sp. ganz wahnsinnig, -rasend.
περι-μάρναμαι, ep. kämpfen, τινός um jmdn. (and. περὶ μ.).
περι-μάσσω, sp. ringsum abwischen, mit Zaubermitteln einreiben.
περιμάχητος, 2. umstritten, Gegenstand des Streites, τινί für jmdn.
περι-μάχομαι, ringsum kämpfen.
περι-μένω, abwarten, bleiben, erwarten, teils abs., u. zwar ἔν τινι an einem Orte, od. mit folg. ἕως, ἄχρις, ἔστε od. Inf., teils τινά od. τί.
περί-μεστος, 2. übervoll, τινός von etwas.
περι-μετρέω, sp. ringsherum messen, τί.
περί-μετρος, 2. ep. u. sp. über das Maß hinaus, übermäßig groß. Subst. ἡ π., verst. γραμμή, u. ion. u. sp. τὸ π. Umkreis, Umfang.
Περιμήδα, ἡ, buk. Name e. myth. Zauberin u. Giftmischerin.
περι-μήκης, 2. ep. ion. u. sp., u. ep. auch **περι-μήκετος,** 2. sehr lang, sehr hoch, mit μεγέθει von sehr bedeutender Größe.
περι-μηχανάομαι, ep. Dep. med., 3. plur. zerd. περιμηχανάονται, -όωνται, überaus listig bereiten, anlegen, ersinnen, τί.
περι-μινύθω, ep. in tmesi, sich rings verringern, abnehmen.
περι-μυκάομαι, sp. rings umbrüllen.
περι-ναιέται, οἱ, ep. = περικτίονες, w. s.
περι-ναιετάω, ep. poet. **1)** ringsum wohnen. **2)** intr. bewohnt werden, liegen.
περι-ναίομαι, poet. rings bewohnen.
περι-νεύω, sp. sich umbiegen, sich auf die Seite neigen.
περι-νέω, -νήσω, ion. u. **περινηέω,** ion. **a)** rings aufhäufen od. aufschichten, τί. **b)** umhäufen, haufenweise umgeben, τί.
περί-νεως, νεω, ὁ (ναῦς), der auf dem Schiff Überzählige, der keine Dienste tut, der Fahrgast.
Πέρινθος, ἡ, Stadt in Thrakien an der Propontis, später Herakleia, jetzt *Eski Eregli* genannt. Von Philipp 341 hart bedrängt, wurde sie durch Unterstützung des Perserkönigs gerettet. Die Einw. οἱ **Περίνθιοι.**
περι-νίσομαι (-νίσσομαι), poet. herumgehen.
περι-νοέω, poet. sp. über die Maßen sich ausdenken, μεγάλα ταῖς ἐλπίσιν große Hoffnungen hegen.
περινόησις, εως, ἡ, sp. Umsicht, Überlegung.
περίνοια, ἡ, im Plur., die Überklugheit.
περι-νοστέω = περιέρχομαι.
πέριξ (περί). **1)** Adv. ringherum, rings von allen Seiten, Soph. Ant. 1301 βωμία π. den Altar umfassend (wo jedoch ansprechend β. περὶ ξίφει vermutet ist). Mit dem Art. ringsherum befindlich, umliegend, benachbart. Subst. τὰ π. die Gegend ringsherum, Umgegend, Umgebung. **2)** Praep. **a)** mit dem Gen. rund um, an, in. **b)** mit dem Akk. ringsum.
περίξεστος, 3. ep. ringsum behauen, d. i. geglättet, [glatt.

περι-ξέω, buk. glätten.

περι-ξυρέω, ion. u. sp. ringsherum scheren, *τί*.

περι-ξύω, ringsum abschaben. Med. sich rein schaben.

περι-οδεύω, sp. **1)** herumgehen, umwandeln, *τί*. **2)** übertr. **a)** von allen Seiten beschauen, rings betrachten, durchgehen, prüfen. **b)** Perioden machen, in großen Satzgefügen schreiben.

περί-οδος, ἡ • **1) das Herumgehen • a)** der Besuch, der unter den Römern übliche Morgenbesuch (*salutatio matutīna*) der Klienten bei ihren Patronen, *ἰατρική* der ärztliche Besuch • **b)** feindl. der Einfall in ein Land (*incursus*) • **2)** der **Umweg,** Umfang, Umkreis • **3)** der **Umlauf,** der Kreislauf, regelmäßige Bewegung, z. B. bei den Griechen die regelmäßige Wiederkehr des Jahres (in 8 Jahren das 3te, 5te u. 8te), wo ein Monat von 30 Tagen einzuschalten war; od. der Kreislauf der vier großen (olymp., pyth., nem., isthm.) Festspiele, *τὴν περίοδον νικᾶν* in allen vier Spielen Sieger sein; *περίοδος πυρετοῦ* ein periodisches Fieber, wie das Wechselfieber u. dgl.; bei Mahlzeiten: der Gang • **4)** sp. geregelte Lebensweise, Diät • **5)** grammat. die Periode, der gegliederte Satz.

περί-οιδα, ep. defekt. Perf. mit Präsbdtg. (s. *οἶδα*), besser wissen od. verstehen, kundiger sein, *τινί* od. *τί* auf, an od. in etwas, od. mit Inf., u. zwar *τινός* als jmd., *βουλῇ ἄλλων* an Rat andere übertreffen.

περι-οικέω, herum, umher, um jmdn. oder etwas herum, an etwas wohnen, abs. od. *τινά*, *τί* od. *τινί*.

περιοικίς, ἡ, s. *περίοικος*.

περι-οικοδομέω, 1) Akt. **a)** rings umhegen, umfriedigen, mit einer Mauer umgeben. **b)** rings umbauen. **2)** Pass. rings umbaut d. i. eingehegt, eingemauert werden, abs., od. *ἔν τινος* in dem Tempel eines Gottes.

περί-οικος, 2. mit bes. Fem. **περιοικίς,** *ίδος*, ἡ, **a)** umwohnend, anwohnend, von Ortschaften, Städten, Ländern: daranliegend, umliegend, Nachbarstadt. Subst. *ἡ περιοικίς*, verst. *χώρα*, die Umgegend. **b)** *οἱ περίοικοι* die Umwohner, Nachbarn. Im bes. in Sparta: Periöken, persönlich freie Bevölkerung ohne Bürgerrecht; dah. *π.* auch politisch abhängig.

περι-οίχομαι, ep. herumgehen, -laufen.

περι-οπτέος, 3., Verbaladj. zu *περιοράω*, **1)** um sich zu sehen, darauf zu sehen, *περιοπτέον τινί* mit folg. *ὅπως* jmd. muß darauf sehen, daß. **2)** ion. u. sp. zu übersehen, zu dulden, mit Inf., od. mit Partiz. *περιοπτέος ἐστὶν ἀπολλύμενος* man muß bei seinem Untergange gleichgültig zusehen.

περί-οπτος, 2. sp., Adv. sp. *-ως*, von allen Seiten gesehen, bewundert.

περι-οράω. 1) Akt. u. Pass. **a)** umhersehen, *τί* nach etwas, es abwarten. Im Pass. mit Aufmerksamkeit behandelt werden, *ὑπό τινος*. **b)** über etwas wegsehen, es ruhig mit ansehen, zusehen, ruhig geschehen lassen, dulden, lassen, abs., *τί* od. *τινά*, u. zwar mit Part. od. Adj., od. auch mit Inf. **2)** Med. sich (bedenklich) umsehen, d. i. **a)** zuwarten, abs. od. mit indir. Nebens. **b)** besorgt sein, *τινός* um jmdn. **c)** ausweichen, zu vermeiden suchen, scheuen, *τί*.

περι-οργής, 2., Adv. poet. **-ῶς** (*ὀργή*), in leidenschaftlicher Aufregung, sehr heftig, zornig.

περί-ορθρον, *τό* (*ὄρθρος*), der herannahende Morgen, die Morgendämmerung.

περι-ορίζω, sp. genau bestimmen, ringsum abgrenzen, absondern.

περι-ορμέω, sich ringsum vor Anker legen.

περι-ορμίζω, 1) Akt. vor Anker legen, *ναῦν*. **2)** Med. vor Anker gehen, *τί* um etwas herum, herumfahren.

περι-ορύττω, ringsherum graben.

περι-ορχέομαι, sp. herum- od. umtanzen.

περιουσία, ἡ (*περίειμι*), oft im Plur., **a)** Überfluß, Größe, Vorrat. Im bes. Geldvorrat, Reichtum, Plur. Überschüsse, abs., u. *τινός* von od. an etwas, *ἀπὸ π.* bei reichlichen Mitteln, *ἐκ π.* bei einem großen Überfluß, zum Überfluß, d. i. ohne Not, aus Mutwillen, *εἰς π.* um sich zu bereichern, zum eignen Vorteil. **b)** Übermaß, Überlegenheit, abs. *περιουσίαν ἔχειν* überlegen sein, od. *τινός* von etwas. **c)** das Gerettetsein.

περιούσιος, 2. (*περίειμι*), **1)** ep. übergroß; im Ntr. adverb. übermäßig (auch *περιώσιον* geschr.). **2)** übertr. im N. T. vorzüglicher als andere, auserlesen, eigentümlich.

περι-οχέομαι, sp. Pass. rings beritten, beschritten werden.

περι-οχή, ἡ, **1)** das Umfassen; das Ganze, der Inhalt. **2)** Umgebung, Rand, Wand (eines Gefäßes). **3)** sp. N. T. Abschnitt, ein selbständiges Stück. **4)** in der Rhetorik = *περίοδος*, 6.

περιπαθέω, sp. heftig aufgeregt, aufgebracht sein.

περι-παθής, 2. (*πάθος*), sp. traurig, rührend.

περι-παπταίνω, buk. furchtsam umherschauen.

περι-πατέω, umhergehen, herumgehen, auf- u. abgehen, umherwandeln, wandeln. N.T. auch leben. Dav.

περιπατητικός, 3. sp. zum Herumwandeln oder Spazieren geneigt; *ὁ π.* peripatetischer Philosoph, s. *περίπατος*, 2.

περί-πατος, ὁ, **1)** das Hin- u. Hergehen, Spazierengehen. **2)** der Spaziergang, als Ort, *οἱ π.* Säulengänge oder Hallen, in denen man gegen Sonne u. Regen geschützt auf- u. abging; auch Wandelgang (auf e. Schiffe), Promenade(ndeck). Im bes. *αἱ ἐν τοῖς π. διατριβαί* die Schule der Peripatetiker (*οἱ ἐκ τοῦ περιπάτου*), deren Begründer, Aristoteles, an einem solchen Orte zu lehren pflegte.

περι-πείρω, Aor act. *περιέπειρα*, Perf. pass. *-πέπαρμαι*, sp. durchbohren, anspießen, *τινί* an etwas; *ἑαυτὸν ὀδύναις* sich Schmerzen bereiten. N. T.

περι-πέλομαι, ep. Dep. med., nur im synk. Aor. med. part *περιπλόμενος*, **a)** abs. sich herumbewegen, im Kreise umlaufen, umlaufen, *περιπλομένων ἐνιαυτῶν* im Kreislauf der Jahre. **b)** *τί* etwas umgeben, umzingeln.

περίπεμπτος, 2. poet. umhergeschickt. Adv. *περίπεμπτα θυοσκεῖς* d. h. nicht selbst, sondern durch Sendung nach allen Seiten.

περι-πέμπω, 1) von allen Seiten her schicken, umherschicken. 2) um etwas herum schicken, überh. abschicken, schicken.

περι-πέσσω, eigentl. umbacken; beschönigen, überkleistern.

περι-πετάννυμι, Perf. pass. περιπέπταται, rings herum darüber breiten.

περι-πέτεια, ἡ, ar. sp. das plötzliche Umschlagen der Glückumstände, zum Guten, od. zum Bösen, der Umschwung, die Wendung; überh. merkwürdiger Zufall, unerwartetes Ereignis.

περιπετής, 2. (-πίπτω), ion. poet. u. sp. 1) abs. rings herumfallend, περιπετέα ἐποιήσαντο σφίσι αὐτοῖσι τὰ πρήγματα sie bewirkten, daß das Unglück über sie selbst hereinbrach; insbes. a) hineingeraten, τινί in etwas, ἐμφυλίοις πολέμοις, περιπετῆ γίγνεσθαι (= περιπίπτειν) in etwas geraten, in jmds. Hände fallen, in die Macht od. Gewalt jmds. geraten; περιπετῆ ποιεῖν τινα ἑαυτῷ jmdn. in seine Gewalt bringen. b) wovon umhüllt, πέπλοις. c) hingesunken, τύχαι. 2) pass. ἔγχος ein Schwert, in das jmd. sich stürzt.

περι-πέτομαι u. poet. **περι-ποτάομαι,** Dep. med., herumfliegen, umflattern, auch übertr. τί.

περι-πευκής, 2. ep. ganz herbe, sehr schmerzlich.

περι-πήγνῡμι, 1) Akt. etwas rings befestigen, τινί τι. 2) Pass. περιπήγνῠμαι rings herum steif od. fest werden, anfrieren.

περι-πίμπλημι, Aor. pass. περιεπλήσθην, ganz füllen.

περι-πίμπρημι, durch ringsum angelegtes Feuer verbrennen, τινά.

περι-πίπτω (-πεσοῦμαι, -έπεσον, -πέπτωκα) • 1) auf einen fallen, so daß man περὶ αὐτόν liegt, dah. • a) sich über einen werfen Xen., ἐπὶ αὐτῷ über einen fallen Plut. • b) über einen herfallen, ἑαυτῷ sich selbst ins Unglück stürzen Hdt.; sich werfen auf, angreifen • 2) begegnen, **zusammentreffen,** -stoßen, bes. von Schiffen Hdt., περὶ ἀλλήλας an einander scheitern Hdt., auch absol. scheitern Hom.; ἐν σφίσι περιπεσόντες dadurch, daß sie unter sich selbst aneinander gerieten Thuk.; τοῖς ἑαυτοῦ λόγοις π. sich in seiner eigenen Rede verfangen Aesch. • 3) συμφοραῖς, νόσῳ **geraten in,** hineinstürzen, γνώμησι Hdt. anheimfallen; τραύμασι empfangen • 4) plötzlich umschlagen.

περι-πίτνω, poet. = περιπίπτω.

περι-πλανάομαι, Med. umirren, τί, d. i. a) in etwas herumirren, od. b) Umwege machen, umherschweifen, ταῦτα = ταύτας τὰς πλάνας.

περι-πλάττω, darüberkleben, anbilden.

περι-πλέκομαι, Aor. pass. att. περιεπλάκην, ep. περιπλέχθην, sich um etwas winden od. schlingen, etwas od. jmdn. umschlingen, umfassen, umarmen, abs. od. τινί, z. B. περιπλέκεται αὐτοῖς τὰ δεσμά sie werden von Fesseln bestrickt.

περίπλεκτος, 2. verschlungen.

περί-πλεος (od. περι-πλέος), 2. poet. ganz voll.

περι-πλευμονία, ἡ, att., sp. **περιπνευμονία,** Lungenentzündung.

περί-πλευρος, 3 poet. an der Seite.

περι-πλέω, ion. **περιπλώω,** umfahren, herumsegeln, herumfahren, umkreisen, umherfahren, mit u. ohne κύκλῳ.

περί-πλεως, 2. (Ntr. pl. περίπλεα u. -πλεω), und

περι-πληθής, 2. ep. u. sp. sehr voll, übervoll, im Überfluß, sehr bevölkert, abs., u. τινός von jmdm.

περι-πλήθομαι, buk. voll werden.

περι-πλοκή, ἡ, poet. u. sp. die Umarmung, Verwicklung, Umschweife in der Rede.

περι-πλόμενος, s. περιπέλομαι.

περί-πλους, zsgz. aus -οος, ὁ, das Herumfahren, die Umschiffung, Fahrt um etwas, abs. ἐκ π. mittels einer Flankenwendung, od. τινός von od. um etwas, od. auch ἡμερῶν von so u. so viel Tagen (vgl. Thuk. 2, 97).

περι-πλύνω, ganz abwaschen.

περι-πλώω, s. περιπλέω.

περι-πνευμονία, ας, ἡ, sp. = περιπλευμονία.

περι-πνέω, poet. sp. ringsumwehen.

περι-πόθητος, 2. sp. sehr erwünscht, von Personen: liebenswürdig.

περι-ποιέω, 1) Akt. a) machen, daß jmd. oder etwas übrig bleibt, erretten, erhalten, abs. mit zu ergänzendem Objekt, wie Lys. 13, 63, wo αὐτούς zu ergänzen ist, od. τινά, τί. b) herbeischaffen od. -führen, verschaffen, bringen, zuziehen, τί. 2) Med. a) etw. von sich (z. B. τὴν ψυχήν sein Leben) erhalten. b) etwas für sich erhalten, sich erübrigen, sich verschaffen, erwerben, verdienen, τί, bisw. mit hinzugef. ἑαυτῷ.

περιποίησις, ἡ, a) das Erhalten, Erwerben, die Gewinnung. b) das Erworbene, Eigentum, N. T.

περιπόλ-αρχος, ὁ (περίπολος), der Befehlshaber der Grenzwache.

περι-πολέω, sich um etwas herumbewegen, herumwandeln, herumschwärmen, durchstreifen, abs. od. τί u. κατά τι, u. zwar μετά τινος von der Leibwache, die jmdn. begleitet.

περιπόλιον, τό, Standquartier der περίπολοι, dah. fester Platz, Kastell, Standort.

περί-πολος, 2. (πολέω), herumgehend, die Runde machend. Dav. 1) οἱ π. die Streiftruppen, Streifkolonnen, im bes. in Athen: die Grenzwächter, welchen Dienst die Epheben nach erreichtem 18. Jahre ein oder zwei Jahre lang zu verrichten hatten. 2) ἡ π. a) die Begleiterin. b) verst. ναῦς, sp. das Wachtschiff bei den Rhodiern, wahrsch. dasselbe was in Athen ἡ Πάραλος (w. s) u. Σαλαμινία.

περι-πορεύομαι, umhergehen, -reisen.

περι-πόρφυρος, ἡ (πορφύρα), sp. die *toga praetexta*, d. h. die mit Purpurstreifen verbrämte Toga, Tracht der Konsuln u. höhern Beamten, welche auch die Knaben bis zur Anlegung der *toga virilis* u. die Mädchen bis zur Verheiratung [trugen.

περι-ποτάομαι, s. περιπέτομαι.

περι-πρό, ep. Adv., ringsum voraus, vor sich her u. um sich her, links u. rechts vor sich her.

περι-προχέομαι, ep. Pass., Aor. part. περιπροχυθείς rings überströmend.

περι-πταίω, sp. ringsum anstoßen.

περί-πτυγμα, τό, poet. der Deckel, und

περί-πτυξις, ἡ, sp. das Umarmen, von

περι-πτύσσω, umfalten, rings umschließen u. verbergen, im bes. **1)** umschlingen, umarmen. **2)** feindlich umringen, einschließen.

περι-πτυχή, ἡ, poet. die Umgebung.

περιπτυχής, 2. poet. herumgefaltet, d. i. rings umhüllend, od. übertr. herumgeschmiegt.

περίπτωμα, τό (-πίπτω), Zufall.

περι-ρραίνομαι, sp. Med., sich rings besprengen, sich reinigen, wie man es vor jeder Annäherung an die Gottheit durch Waschung sich u. den Kleidern zu tun pflegte.

περιρραντήριον, τό, Gefäß mit Sprengwasser, Weihkessel, wie sie an den Eingängen der Tempel standen.

περι-ρρέω (-ρυήσομαι, -ἐρρύη u. -ἔρρευσα, -ερρύηκα), ep. **1)** rings herumfließen, rings umfließen, umströmen, mit u. ohne κύκλῳ, abs. od. τινά od. τί. **2)** Übertr. von allen Seiten heruntergleiten, herabgleiten, herunterfallen, abs. od. ἔς τι. **3)** von allen Seiten überströmen, im Überfluß vorhanden, überflüssig sein.

περι-ρρήγνυμαι, Med. u. Pass., **1)** sich (*sibi*) ringsum abreißen, Arr. 7, 24, 3 mit zu ergänzendem τὴν ἐσθῆτα, zum Zeichen der Trauer. **2)** ringsum sich (*se*) brechen, teilen, abs., od. κατά τι an etwas; auch rings losbrechen, τινί um jmdn.

περι-ρρηδής (Ϝραδινός), 2. ep. τραπέζῃ über einen Tisch hin taumelnd.

περιρροή, ἡ (περιρρέω), das Herumfließen, der Umlauf.

περί-ρροος, 2. ion., u. **περί-ρρυτος,** 2. (auch 3.), **1)** rings umflossen vom Meere, meerumspült. **2)** poet. auch herumfließend.

περί-σᾱμος, 3. (σᾶμα = σῆμα), poet. u. buk. sehr kenntlich, berühmt.

περι-σείομαι, sp. = περισσείομαι.

περί-σεπτος, 3. (σέβομαι), poet. sehr verehrt.

περισθενέων, ep. nur Part., übermächtig, von

περι-σθενής, 2. poet. überstark.

περι-σκελής, 2. (σκέλλω), poet. sp. sehr spröde, übertr. verhärtet, unbiegsam.

περι-σκέπτομαι, Dep. med., und **περι-σκοπέω,** Med. **-ομαι,** umherspähen, sich umsehen, abs. u. πρός τι. Übertr. zusehen, beobachten, betrachten, überlegen, teils abs. εὖ περισκεψάμενος mit aller Umsicht, περιεσκεμμένος vorsichtig, teils τί, teils mit folg. εἰ od. indir. Frages.

περί-σκεπτος, 2. ep. (v. folg., vgl. σκέπας, σκέπη), rings geschützt.

περι-σκέπω, buk. sp. ringsum bedecken.

περί-σκεψις, εως, ἡ, sp. Umschau, Umsicht.

περι-σκηνόω, poet. (ein Gewand) wie ein Zelt darum ausbreiten.

περι-σκιάζω, sp. rings umschatten, verfinstern.

περι-σκοπέω, s. περισκέπτομαι.

περι-σμαραγέομαι, Pass. umtost werden.

περι-σπαίρω (σπαίρω zucken), sp. herumzappeln, τινί um etwas od. jmdn.

περι-σπασμός, ὁ, sp. das Herumziehen; **a)** anderweitige Beschäftigung. **b)** in der Kriegssprache: Schwenkung, Ablenkung.

περι-σπάω (-σπᾰσω, -έσπᾰσα usf.), **1)** Akt. u. Pass. **a)** ringsum wegreißen, **α)** wegziehen, ablenken, abwendig machen. **β)** milit. eine Schwenkung machen lassen. **b)** gramm. zirkumflektieren; ἡ περιεσπωμένη (sc. προσῳδία), der Zirkumflex. **2)** Med. **a)** (τὰς ὄψεις sein Auge) da- und dorthin richten. **b)** sich (*sibi*) etwa (τί) herabziehen od. herabreißen. **c)** sp. sich mit einer andern Sache sehr beschäftigen.

περι-σπειράω, sp. rings umwickeln, umgeben, umzingeln; Med. umzingeln lassen.

περισπερχέω, ion., zweifelh. LA., Vermutung: περισπερχθέντων von **περι-σπέρχομαι,** Dep. pass., in heftige Bewegung geraten, τινί über etwas.

περι-σπερχής, 2. (σπέρχω), poet. sp. übereilt.

περί-σπλαγχνος, 2. buk. großherzig.

περι-σπογγίζω, sp. mit dem Schwamm ringsum waschen, -reinigen.

περι-σπούδαστος, 2. (σπουδάζω), sp. eifrig gewünscht, gesucht; sehr beliebt, τινί bei jmdm.

περι-σσαίνω, Impf. περίσσαινον, ep. umwedeln, umschwänzeln, abs. mit zu erg. αὐτόν, od. τινά.

περισσάκις, neuatt. περιττ., Adv. ungerade.

περισσεία, ἡ, N. T. u. sp. = περίσσευμα.

περι-σσείομαι, ep. Pass., ringsumher sich bewegen, rings umflattern.

περίσσευμα, τό, N. T. sp. der Überfluß, die Fülle, das Erübrigte.

περισσεύω, neuatt. **περιττεύω, 1)** im Überfluß vorhanden, überflüssig sein, abs. τὰ περισσεύοντα τῶν λόγων die überflüssigen Worte, od. τινί wo jmdm. (die Mittel) übergenug zu Gebote stehen. **2)** an Menge übertreffen, überflügeln, τινός jmdn. **3)** N. T. auch übrig sein, sich auszeichnen, durch etwas τινί, u. trans. machen, daß jmd. Überfluß habe, reichlich geben, überhäufen.

περισσός, 3., neuatt. **περιττός,** Adv. **περισσῶς,** Komp. -σσότερον u. -σσοτέρως (πέριξ) • **1)** über das Gewöhnliche hinausgehend, **übermäßig,** außergewöhnlich, vortrefflich, Gen. comparat. τινός größer als, übertreffend, bes. Soph. El. 155 über welches du dich mehr grämst. Subst. **τὸ π.** das Außerordentliche, die Mehrzahl, Übermacht, τὰ π. τῶν ἀρκούντων mehr als genug ist Xen., οἱ π. die Mehrzahl • **2)** über das rechte Maß hinausgehend, nicht Maß haltend, περισσὰ δρᾶν od. πράσσειν vorwitzig (über Maß u. Kraft) handeln; ἐκ τοῦ π. überflüssig, unnütz • **3)** über ein bestimmtes Maß od. eine bestimmte Zahl hinausgehend, dah. τὸ π. das Übrige, **ἐκ τοῦ π.** vom Überschusse. Im bes. die ungerade Zahl.

περισσότης, att. **-ττότης,** ητος, ἡ, die Ungeradheit.

περισσό-φρων, 2. poet. von ausnehmendem Verstande.

περίσσωμα, τό, Überflüssiges, Zuviel; Ausscheidung, [Exkremente.

περισταδόν, Adv. (περιίσταμαι), ringsherumstehend, von allen Seiten, ringsum.

περί-στασις, ἡ, sp. **1)** der Umstand, Zustand, die (äußere) Lage, das Befinden; insbes. die schwierige Lage, Not. **2)** (prunkvolle) Einrichtung, Erscheinung, Pracht.

περιστατικός, 3. sp. die äußern Umstände betreffend, durch die äußern Umstände bewirkt.

περι-σταυρόω, mit u. ohne κύκλῳ, rings verpalisadieren, verwahren, τί, u. zwar τινί mit etwas. Med. sich verschanzen.

περι-στείχω, ep. sp. rings umgehen od. umwandeln, *τί*.

περι-στέλλω, **1)** besorgen, pflegen, wahren, aufrecht erhalten, in guten Stand setzen, unterstützen, *τινά* od. *τί*, vom Schild auch: jmdn. decken. **2)** Im bes. als stehender Ausdruck: einen Gestorbenen bestatten, ihn zurechtlegen, bekleiden, ausschmücken, bis zur öffentlichen Ausstellung, ihm die letzte Pflicht erweisen. Daher **a)** *ξίφος εὖ* ein Schwert gut umpflöcken, dessen Griff im Boden befestigt ist. **b)** überh. vergraben, verstecken, *τί*, u. zwar *τινί* mit etwas; auch *ἑαυτόν τινι* sich in etwas hüllen, um unerkannt zu bleiben.

περι-στενᾰχίζομαι, ep. Med. (auch in tmesi), rings umstöhnen, ertönen od. erschallen, *τινί* von etwas.

περι-στένομαι, ep. Pass. (*στενός*), rings beengt, d. i. geschwellt sein, strotzen; dagegen

περι-στένω, ep. rings umstöhnen, umtönen.

περιστερά, *ἡ*, die Taube, bei den Syrern unverletzbar, das heilige Tier der phönikischen Astarte u. der babylonischen Ishtar.

περιστερεών, *ῶνος, ὁ* (v. vor.), Taubenschlag.

περι-στεφανόω, poet. ion. u. sp., u. **περι-στέφω,** ep. poet. sp., ringsum bekränzen, umgeben, *τί*, u. zwar *τινί* mit etwas.

περι-στεφής, 2. poet. u. sp. (mit *κύκλῳ*). **1)** umkränzt, *τινός* mit etwas umgeben, auch *τινί*. **2)** poet. umkränzend.

περι-στίζω, Aor. *περιέστιξα*, ion. **a)** rings umstecken, *τί*, u. zwar *τινί* mit etwas. **b)** im Kreise herumstellen, *τί*, u. zwar *κατά τι* an etwas.

περι-στιχίζω, poet. und

περι-στοιχίζω u. Med. **-ομαι,** rings mit Netzen umstellen, daher übertr. umgarnen.

περι-στρατοπεδεύω und Med. **-ομαι,** rings um etwas (*τί*) od. jmdn. (*τινά*) od. *ἐν κύκλῳ τινός* ein Lager aufschlagen, rings umlagern, einschließen, sp. auch *τινί*.

περι-στρέφω und ion. Med. **περι-στρωφάομαι,** **1)** Akt. u. Pass. ringsum od. im Kreise drehen, herumdrehen od. -rühren, *τινά* od. *τί*, u. zwar *τινί* mit etwas. **2)** Med. sich herumdrehen, herumgehen, *τί* bei etwas.

περι-στροφή, *ἡ*, das Umkreisen.

περίστῡλον, *τό*, sp. der Säulengang. Von

περί-στῡλος, 2. ion. poet. sp. (von innen) rings mit Säulen umgeben, u. zwar *τινός* (mit Säulen) von etwas.

περι-σῡλάομαι, Pass. gänzlich beraubt werden, *τί* einer Sache, *ὑπό τινος* von jmdm.

περι-σύρομαι, Med. sich (*sibi*) herumziehen.

περι-σφαλής, 2. (*σφάλλω*), sp. sehr schlüpfrig.

περισφύρια, *τά*, ion. Fußknöchelbänder.

περι-σχίζω (-*σχίσω*, -*έσχῐσα* usw.), ringsum spalten, zerreißen, *τί*, auch abreißen jmdm. etwas *τινά τι*; im Pass. sich spalten, d. i. sich teilen, abs., od. *τί* um eine Gegend d. i. sie von beiden Seiten umfließen, od. *ἔνθεν καὶ ἔνθεν* zu beiden Seiten, *ἐν κόσμῳ περιεσχίζοντο* sie wichen geschickt aus.

περι-σχοίνισμα, *τό*, sp. der mit dem Seil umzogene u. eingeschlossene Ort.

περι-σῴζω, am Leben erhalten, retten, *τινά*.

περι-σωρεύομαι, sp. Pass., rings umhäuft werden.

περι-τάμνομαι, s. *περιτέμνω*, 2.

περι-ταφρεύω, mit einem Graben od. Wall einschließen, *τινά* od. *τί*. Subst. *περιτεταφρευμένον* eine von Gräben eingeschlossene Gegend.

περι-τείνω, um etwas (*περί τι*) spannen, *τί* umspannen, *τί τινι*. Part. pf. pass. *περιτεταμένος*, sp. ringsum gespannt, weit.

περι-τειχίζω, mit u. ohne *κύκλῳ* od. *ἐν κ.*, rings mit einer Mauer umgeben, insbes. eine Belagerungsmauer um etwas (*τί*) aufführen, durch eine Mauer einschließen, u. so überh. umschließen, umzingeln, einschließen, belagern. Dav.

περιτείχισις, *εως, ἡ*, **περιτειχισμός,** *ὁ*, u. **περιτείχισμα,** *τό*. **1)** die Umschließung mit einer Mauer, Ummauerung, Einschließung, *ἡ οὐ π.* die unterlassene E., abs., od. *τινός* eines Orts, u. *καθ' αὑτούς* die eigene. **2)** konkr. die Ringmauer, Befestigung, Verschanzung, insbes. die Belagerungsmauer.

περι-τελέω, ep. rings vollenden.

περι-τέλλομαι, ep. u. poet. Dep. med., nur im Präs. u. bloß von der Zeit, zum Kreislauf am Himmel sich erheben, davon überh. *περιτελλομένων ἐνιαυτῶν*, *π. ὥραις* im Umlauf oder Umschwung der Jahre, teils von jährlich wiederkehrenden Festtagen, teils vom Laufe der Zeiten.

περι-τέμνω, **1)** Akt. rings beschneiden (auch d. israel. Ritual). **2)** Med., ion. u. ep. **περιτάμνομαι,** **a)** sich (*sibi*) beschneiden od. beschneiden lassen, durch Einschnitte verwunden. **b)** für sich etwas abschneiden (und fortschleppen), also rauben, *τί*. **3)** Pass. rings abgeschnitten werden, **a)** im milit. Sinne. **b)** beraubt werden, *τί* einer Sache.

περι-τέχνησις, *εως, ἡ*, die (vorzügliche) Kunst, Verschmitztheit, *τινός* einer Sache.

περι-τίθημι (ep. nur in tmesi). **1)** Akt. **a)** herumstellen, **herumlegen,** od. auch umherlegen, *ξύλα* die Scheite gleichmäßig in den Feuergefäßen verteilend Hom., u. zwar *τινί* jmdm. u. um etwas, **b)** übertr. die Königswürde od. Herrschaft **beilegen,** überh. zulegen, verleihen, *τινί τι*. **2)** Med. sich (*sibi*) umlegen, tragen, *τί*, u. zwar *τινί* an od. auf etwas.

περι-τίλλω, ion. u. sp. ringsum berupfen, entblättern, *τί*. Im Pass. auch mit *τί* an etwas berupft od. kahl gemacht werden.

περί-τμημα, *τό*, Schnitzel, Abfall.

περι-τομή, *ἡ*, N. T. u. sp. die Beschneidung, die Beschnittenen, Auserlesenen; Zustand der Reinheit.

περι-τραχήλιον, *τό*, sp. das Halsband.

περι-τρέπω (auch in tmesi), ep. auch **-τροπέω,** **1)** Akt. trans. umkehren, übertr. umstürzen, umstoßen, zunichte machen; *αἰτίαν εἴς τινα* die Schuld auf einen wälzen. **2)** Akt. intr. ep. u. sp. poet. u. Pass. im Kreise sich umwenden, sich umkehren, nämlich aus Furcht, daher flüchtig sich umwenden, u. zwar *πολλά* oft, od. von den Horen: den vollendeten Kreisgang (des Jahres) von neuem beginnen; auch sich um etwas drücken.

περι-τρέφομαι, ep. Pass., rings um etwas (*τινί*) gerinnen od. sich ansetzen.

περι-τρέχω. **1)** intr. rings herumlaufen, überhaupt herumlaufen, rings durchgehen. **2)** trans. durchlaufen, *τί*, u. zwar *τῇ διανοίᾳ*; auch in einer Rede vieles durchgehen od. erwähnen.

περι-τρέω, ep. Aor. *περίτρεσα*, ringsum zittern, rings zerstäuben od. sich zersetzen.

περι-τρίζω, Perf. *-τέτριγα*, sp. ringsum knarren.

περίτριμμα, *τό* (*-τρίβω*), ein geriebener oder durchtriebener Mensch, *ἀγορᾶς* ein abgefeimter Marktschreier.

περι-τρομέομαι, ep. Med., rings zittern, *σάρκες μελέεσσι* das Fleisch an den Gliedern.

περι-τροπέω, s. *περιτρέπω*.

περιτροπή, *ἡ*, der Umschwung, Wechsel, *ἐν π.* in umgehender Reihenfolge.

περι-τρόχαλος, 2. ion. sp. u. **περί-τροχος,** 2. ep. im Kreise herumlaufend, d. i. kreisrund, *περιτρόχαλα κείρεσθαι* sich eine Art Tonsur scheren.

περι-τρώγω, poet. ar. sp. ringsum benagen.

περιττ . . ., s. *περισσ . . . .*

περι-τυγχάνω, zufällig begegnen, dazukommen, darauf stoßen, begegnen, treffen, finden, zustoßen.

περι-τυμπανίζω, sp. die Handpauken (*τύμπανον*) schlagen, *τινά* um jmdn. herum.

περι-υβρίζω, ion. poet. sp. sehr übermütig behandeln, sehr mißhandeln, verhöhnen.

περι-φαίνομαι, ep. u. sp. Pass., nur im Inf. u. Part., ringsum sichtbar sein, *ἐν περιφαινομένῳ* verst. *χώρῳ* an einer freiliegenden Stelle.

περιφάνεια, *ἡ*, **1)** heller Glanz, -Schimmer. **2)** Deutlichkeit, genaue Kenntnis, *τινός* von etwas. **3)** sp. Berühmtheit, Trefflichkeit.

περι-φανής, Adv. *-ῶς*, u. poet. **περί-φαντος,** 2. (*φαίνομαι*), von allen Seiten sichtbar, deutlich, offenbar, augenscheinlich, vor aller Augen, daher auch ausgezeichnet, glänzend, berühmt, abs. od. *τινί* jmdm., *ἔς τι* nach etwas hin, *ἔκ τινος* von od. durch etwas, *περιφανῶς ἐχθρά* die sich (offenbar) feindlich bewiesen hat.

περιφέρεια, s. *περιφορά*.

περιφερής, 2. sich herumdrehend, kreis-, kugelförmig, rund.

περι-φέρω (*-οίσω*, *-ήνεγκον* usf.), ion. Aor. *περιήνεικα*) • **1) herumtragen,** *πόδα* mit dem Fuß einen Kreis beschreiben Xen., herumreichen (bei Tisch), *βλέμμα* herumschweifen lassen Plut., *τὴν κεφαλήν* herumdrehen Eur.; hin u. her, auf u. ab tragen, herumschleudern; übertr. in Umlauf bringen, bekannt machen. Im Pass. • **a)** hin u. her getragen werden, schweben • **b)** sich herumtreiben, sich im Kreise bewegen Plat., *εἰς ταὐτόν* auf dieselbe Stelle zurückkehren Plat. • **c)** *ἐνιαυτός* ablaufen Hdt. • **d)** von Gerüchten: von Mund zu Mund gehen Plat. • **e)** *π. τῷ μεγέθει* schwindlig vor Plut. • **2)** überh. **wohin bringen,** *εἰς ἑαυτόν τι* etwas von sich abhängig machen Plut.; *π. με οὐδὲν εἰδέναι* nichts bringt mich dahin zu wissen = entsinne mich nicht Hdt.; *π. με μνήμη* die Erinnerung bringt mich darauf Plat. • **3)** aushalten, *τί* Thuk.

περι-φεύγω, hier- u. dorthin entfliehen, entkommen, abs. od. *τί*; insbes. (einer Krankheit entfliehen), davonkommen, genesen.

περι-φθείρομαι, in Verkommenheit herumziehen, umherschlottern.

περι-φλεγής, 2., Adv. **-γῶς,** sehr brennend, hitzig; *καῦμα* Fieber.

περι-φλεύομαι, Pass., Perf. *-πέφλευσμαι* (*φλεύω* = *φλύω*), ion. ringsum verbrannt, versengt werden.

περί-φοβος, 2. Adv. **-φόβως,** sp. sehr erschrocken, sehr in Furcht.

περιφοίτησις, *ἡ*, sp. das Umherwandern.

περιφορά, *ἡ*, u. sp. **περιφέρεια,** *ἡ* (*περιφέρω*), **1)** das Herumtragen, insbes. das Herumgegebene, der Gang (von Speisen). **2)** das Herumgehen, der Kreislauf, Umkreis, Umlauf, *περιφορὰ δρόμου* der Umfang, die Rundung des Laufes d. h. des äußern Randes, auf welchem das Rad umläuft, *τὰ μὴ ἐν τῇ αὐτῇ π. ὄντα* die sich nicht gleichmäßig mit den andern Gestirnen umdrehen. Übertr. geselliger Kreis, gesellige Unterhaltung, Plut. Per. 5 zweifelh. **3)** Weltkreis. **4)** Öffnung.

περι-φορέω, ion. = *περιφέρω*.

περιφόρητος, 2. (*φορέω*), sp. herumgetragen.

περιφορητός, 3. ion. herumtragbar.

περίφραγμα, *τό* (*φράσσω*), sp. Umfriedigung, Zaun, Gitter.

περιφραδής, 2. ep. u. poet. sehr bedachtsam, gar klug, geschickt. Adv. ep. **-δέως,** vorsichtig, sorgfältig.

περι-φράζομαι, ep. u. sp. Med., von allen Seiten d. i. sorgfältig überlegen od. bedenken, *τί*.

περί-φρασις, *εως*, *ἡ*, sp. Umschreibung.

περι-φράσσω (*-φράξω*, *-έφραξα*), mit u. ohne *ἐν κύκλῳ*, **1)** Akt. ringsum einschließen, umhegen, umzäunen, überh. einengen, *τί* od. *τινά*, u. zwar *τινί* durch oder mit etwas. **2)** Med. sich (*sibi*) etwas (*τι*) als eine Vormauer errichten.

περι-φρονέω, darüber hinausdenken, d. h. sich darüber hinwegsetzen, verachten, *τί* etwas, *τινός* jmdn.; kom. (die Sonne) umsinnen.

περιφρόνησις, *εως*, *ἡ*, sp. die Verachtung.

περι-φρουρέομαι, Pass. ringsum bewacht, umschlossen werden.

περίφρων, *ονος*, *ὁ*, *ἡ*, Vok. *ον* u. *ων*, ep. u. poet. (*φρήν*), **1)** ep. sehr umsichtig, verständig, sinnig. **2)** poet. stolz, übermütig.

περι-φύομαι, Fut. *περιφύσομαι*, Aor. *περιέφυν*, part. *-φύς*, Perf. *περιπέφυκα*, intr. herumwachsen, sich anhängen, ganz d. i. fest umschlingen, teils abs. u. so auch Od. 24, 236, wo *ἑὸν πατέρα* von *κύσσαι* abhängt, teils *τινί*.

περι-φωνέω, sp. wiedertönen.

περιχαμπτός, 3., verd. LA. Aesch. Suppl. 878; viell. *περίκομπα* od. *περίχαννα* eitle Prahlereien.

περι-χαρακόω, rings verpalisadieren, befestigen, *τί*.

περιχαρής, 2. (*-χαίρω*), entzückt von Freude, auch übererfreut, allzuerfreut, abs. od. mit *ὡς* u. Gen. abs. Subst. *τῷ παραχρῆμα περιχαρεῖ* wegen der augenblicklichen hohen Freude, *ὑπό τοῦ π.* aus Freude.

περί-χαυνος, 2. poet. sehr töricht, eitel, stolz.

περι-χέω. **1)** Akt. darum-, darüber gießen, schütten, ausgießen, verbreiten, *τί*, u. zwar *τινί* über jmdn. od. etwas. Insbes. *χρυσόν τινι* etwas vergolden. **2)** Med. sich über etwas verbreiten, abs. u. *τινί*, *περικέχυταί μοι τὸ κάλλος αὐτῶν* ich bin von ihrer Schönheit umflossen; auch umgeben, von einer Menschenmenge, *τινά* u. *τινί*.

περι-χορεύω, poet. u. sp. umhertanzen, umtanzen.

περι-χρῡσόω, ion. rings vergolden, in Gold einfassen. [ἔμβασις).

περί-χυμα, τό (-χέω), sp. Begießung, Dusche (Gegens.

περι-χώομαι, ep. Aor. med. *περιχώσατο*, heftig zürnen, *τινί* jmdm., u. zwar *τινός* wegen jmds.

περι-χωρέω, ion. poet. sp. (*κύκλῳ*), *obeo*, herumgehen, mit *εἴς τινα* der Reihe nach an jmdn. kommen.

περί-χωρος, 2. (*χώρα*), benachbart; *ὁ*, der Nachbar; N. T. *ἡ π.*, verst. *χώρα*, die Nachbarschaft, Umgegend u. ihre Einwohner.

περί-ψημα, τό, N. T. sp. Unreinigkeit, Auswurf.

περι-ψῑλόομαι, ion. Pass., ringsum kahl gemacht d. i. entblößt werden.

περί-ψυκτος, 2. sp. sehr kühl.

περιωδυνία, *ἡ*, übermäßiger Schmerz. Von

περι-ώδῡνος, 2. (*ὀδύνη*), **1)** großen Schmerz verursachend, sehr schmerzhaft. **2)** großen Schmerz leidend.

περι-ωθέομαι (*περιέωσμαι, περιεώσθην*), Pass., ausgestoßen, v e r s t o ß e n, überh. gequält werden, *τινί* um etwas willen.

περι-ωπή, *ἡ* (*ὤψ*), **1)** U m s c h a u, *specula*, Rundschau, Warte. **2)** Umsicht, *περιωπήν τινος ποιεῖσθαι* Umsicht in etwas anwenden.

περι-ώσιος, 2. ep. poet. richtiger *περιούσιος*, von *περίειμι*, nur im Neut. sing. u. plur. als Adv. ü b e r m ä ß i g, *π. ἄλλων* viel mehr als die andern.

περκνός, 3. ep. sp. gesprenkelt, scheckig, und Subst. *ὁ π.* eine (dunkelfarbige) Adlerart.

Περκώτη, *ἡ*, Stadt in Mysien, j. *Bergas*. Davon

Περκώσιος, *ὁ*, aus P.

περ-οίχομαι, ep. = *περι-*, ringsum gehen.

περόνᾱμα, τό, buk. u. **περονᾱτρίς,** *ἡ*, buk. das mit Spangen befestigte Gewand.

περονάω, *περονήσω* usf., ep. buk. sp., Aor. stets ohne Augm., **1)** Akt. d u r c h s t e c h e n, durchbohren, *τινά*, u. zwar *τινί* mit etwas. **2)** Med. sich (*sibi*) etwas (*τί*) durchstechen, u. zwar *ἐνετῇσι* mit Spangen, dah. etwas mit einer Spange befestigen u. anheften, u. zwar *ἀμφί*, d. h. *ἀμφ' ὤμοις*.

περόνη, *ἡ*, ep. ion. poet. u. sp, u. **περονίς,** *ἴδος*, *ἡ*, poet. (*πείρω*), eigentl. Spitze, Stachel, Bolzen, Stift, dann insbes. **1)** die S p a n g e, S c h n a l l e mit ihrer Spitze u. Zunge, welche zum Festhalten des Kleides, doch bisw. auch gleich unserer Nadel zum Stechen diente, zuweilen von Gold. **2)** das Wadenbein.

περόνιον, τό, sp. Bolzen, Stift.

περπερεύομαι, N. T. u. sp. windbeuteln, schwindeln, sich aufspielen, sich aufblähen.

Περραιβοί, οἱ, Gebirgsstamm im nördlichen Thessalien. Von ihnen hieß Nord-Thessalien *ἡ* **Περραιβία.**

περσέα, *ἡ*, sp. Pfirsich.

Περσέπολις, *εως*, *ἡ*, alte Hauptstadt Persiens, nahe am Araxes, j. *Istachr.*

περσέ-πτολις, *ὁ*, *ἡ* (*πέρθω*), poet. Städte zerstörend.

Περσεύς, *έως*, ion. u. ep. *ῆος*, neuion. *έος*. **1)** Sohn des Zeus und der Danaë, tötet die Medusa und verwandelt Atlas in einen Berg, rettet die Tochter des Kepheus, Andromĕda; deren Sohn ist Elektryon, Vater der Alkmene, Mutter des Herakles. Nachkommen *οἱ* **Περσεΐδαι,** bes. Sthenelos, *ὁ* **Περσηιάδης,** *ου*. Adj. **Περσεῖος,** 3., buk. *Περσήϊος*. **2)** Sohn Nestors bei Hom. **3)** König von Makedonien seit 179 und von 171—168 Feind der Römer, die ihn bei Pydna besiegten. Adj. sp. *Περσικός, πόλεμος* Kr. mit Perseus.

Περσεφόνη, poet. auch **Περσεφόνεια,** od. **Φερσεφόνη, Φερσέφασσα** u. **Φερσεφάττη,** *ἡ*, auch **Κόρη** genannt, Tochter des Zeus u. der Demēter, Gemahlin des Hades u. daher Beherrscherin des Schattenreichs. *Proserpina.*

I. **Πέρσης,** *ου*, *ὁ*, **1)** Bruder des Hesiod. **2)** sonst. Personenname.

II. **Πέρσης,** *ου*, *ὁ*, Fem. **Περσίς,** *ἡ*, der **Perser,** die Perserin, eigtl. Bewohner von **Περσίς** (altpers. *Pârsa*, hebr. assyr. *Pâras*, arab. *Fars*), *ἡ*, der Hauptprovinz des persischen Reiches, des heutigen *Farsistān*, dann überh. der Bewohner des großen Perserreichs. Im Plur. *οἱ Π.* oft für Persien, im Sg. für den König Persiens. Dav. • **1)** Adj. **Περσικός,** 3., mit Fem. **Περσίς,** wie oft auch *Πέρσης* als Adj. steht. Dav. *Περσικὸν ὀρχεῖσθαι* (*ὄρχημα*) einen (pantomimischen) persischen Tanz aufführen, wo die Tänzer die Schilde zusammenstießen, auf die Knie fielen und nach dem Takte der Musik (bes. der Flöte) wieder aufsprangen; *αἱ Περσικαί* (sc. *ἐμβάδες*) poet. persische Schuhe, Pantoffeln; *ὁ Περσικὸς πόλεμος* d. h. • **a)** bei Arr. der Krieg, welchen Alexander gegen Persien führte • **b)** bei Isokr. und Plut. der bekannte frühere Krieg zwischen Persien u. Griechenland; wohin auch *οἱ Π. μῦθοι* gehören u. *τὰ Περσικά* d. h. die Zeit dieser Perserkriege od. die Perserkriege selbst • **c)** der Krieg mit Perseus, s. *Περσεύς*, 3. • **2)** Adv. **Περσιστί** od. **περσιστί** nach persischer Art, bes. in persischer Sprache. Endlich • **3)** **Περσίζω** od. **περσίζω** sich als Perser gehaben, sie nachahmen, mit u. ohne *τῇ φωνῇ* persisch sprechen. Dazu

περσονομέομαι, poet. von Persern beherrscht werden, von *περσο-νόμος*, 2. poet. Perser beherrschend.

περτοῦσα, s. *Πέτρα*, 3.

πέρῠσι, u. vor Vok. **-σιν** (*πέρα*, mhd. *vert, vernet, vern* anno superiore), Adv. im v o r i g e n J a h r e, vorm Jahre. Dav.

περυσινός, 3. vom vorigen Jahre, jährig.

περ-φερέες, *οἱ*, ion. die Überbringer = *θεωροί*, w. s.

πεσδᾶ, dor. (buk.) st. *πεζῇ*.

πέσημα, τό, poet. **1)** der F a l l, Sturz. **2)** das Herabgefallene, abs., u. *τινός* von etwas, auch im Plur.: die Trümmer.

πέσος, τό, poet. Fall; im Plur. Wucht, Schwere.

πεσσεία, *ἡ*, das Brettspiel.

πεσσευτής, *ὁ*, der das Brettspiel Spielende.

πεσσευτικός, 3. zum Brettspiel gehörig, *ἡ πεσσ.* die Kunst des Brettspiels, s. *πεσσός*.

πεσσεύω, mit den Steinen im Brett spielen.

πεσσονομέω, poet. eigentl. die Spielsteine regieren, übertr. etwas anordnen, lenken. Von

πεσσός, *ὁ*, **1)** der S t e i n im Brettspiel, im Plur.

das Steinespiel, ähnl. unserm Damen- od. Schachspiele. **2)** bei Eur. Med. 68 *οἱ πεσσοί* der Ort, wo man *πεσσοῖς* spielt.

πέσσω (*πεκjω, Labiovelare, St. *πεπ-* in *πέπων, πόπανον*; vgl. lat. *coquo — popina*), att. ***πέττω,*** Fut. *πέψω*, Aor. *ἔπεψα*, ep. Präs. inf. *πεσσέμεν*, ion. Perf. pass. *πέπεκται*, Aor. pass. *ἐπέφθην*. **kochen,** backen *σιτία, ἄρτους*; Med. *πέμματα π.* sich Kuchen backen Hdt. **1)** von der Sonne: zum Reifen bringen Od. 7, 119. **2) verdauen** Plut., übertr. *χόλον* in sich fressen, daran zu verdauen haben Hom.; *κήδεα* in sich verschließen; *γέρα* behaglich genießen Hom.; *βέλος* an der Pfeilwunde zu leiden haben Hom.

πέτᾰλον, τό, gew. Plur., das Blatt; die Platte.

πέταμαι, poet. u. sp. pros. = *πέτομαι*.

πετάννυμι (verw. lat. *pătēre*), ausbreiten, entfalten, öffnen, *τί*, u. zwar *τινί* u. *εἴς τινα* gegen jmdn. Im Pass. geöffnet werden oder sich ausbreiten. Übertr. *θυμόν* das Herz jmds. erweitern d. i. schwellen, erheitern.

πετάομαι (2. sg. *πετᾶσαι*), sp. Nebenf. zu *πέτομαι*.

πέτασμα, τό (*πετάννυμι*), poet. das Ausgebreitete, die Decke.

πετεινός (*πέτομαι*), ion. poet. u. sp., u. ep. ***πετεηνός*** u. ***πετηνός*** (poet. buk.), 3. **a)** fliegend, geflügelt, befiedert; subst. *τὰ π.* N. T. die Vögel, ep. das Geflügel, die Vögel. **b)** ep. von jungen Vögeln: flügge.

πέτευρον, τό, buk. Hühnerstange, Wiemen.

πέτηλον, τό, ion. poet. = *πέταλον*, Blatt.

πέτομαι (*πετ-, πετεηνός, ποτηνός*, lat. *peto, penna* aus **petna*), Dep. med. Fut. *πτήσομαι*, Aor. synk. *ἐπτόμην, πτέσθαι, ἐπτάμην, πτάσθαι*, u. *ἔπτην, πτῆναι*, nebst den Nebenff. ***ποτάομαι, ποτέομαι,*** Perf. 3. pl. *πεποτήαται*, ***πωτάομαι,*** ep. poet. buk., u. sp. ***ἵπταμαι*** (nur Präs. u. Impf.). **1) fliegen,** schweben, eilen, eigentl. u. übertr., (haltlos) schwanken, *πέτῃ* dein Gemüt wallt stürmisch auf Eur. **2)** von leblosen Dingen auch: entfliegen, **entfallen,** fallen.

πέτρα, ion. ***πέτρη, ἡ,*** ferner ***πέτρος, ὁ,*** **1)** (eigtl. *πέτρα*, doch auch *πέτρος*), Felsgebirge, Fels, Klippe, Riff, auch Felsenhöhle, Grotte (= *ἄντρον*). Insbes. **a)** *δίλοφος* vom Parnassos, der auch *Δελφίς* heißt. **b)** *δίδυμοι, δισσαί* die Symplegaden. **2)** (eigtl. *πέτρος*, doch auch *πέτρη*) ein (größerer) Stein, Felsstück, Felsblock, Felssitz, *ἐν πέτροισι πέτρον ἐκτρίβειν* an einer härteren u. weicheren Steinart Feuer anschlagen, wie es noch heute hie u. da bei den Griechen üblich ist. Auch Bild der Festigkeit od. Gefühllosigkeit. Über das Sprichwort *οὐκ ἀπὸ πέτρης* s. *δρῦς*. Als Eigenn.

Πέτρα, ἡ, **1)** Ortschaft gegen Argolis zu im korinthischen Küstengebiet (Her.). **2)** Stadt im Gebiete von Rhegium (Thuc.). **3)** ***Π. πετροῦσα,*** wohl eine Bergfeste, viell. der heutige *Monto pertuso*, südöstlich vom Vesuv (Prokop).

πετράεις, *εσσα, εν*, dor., ***πετραῖος,*** 3. ep. u. poet., ***πετρήεις,*** *εσσα, εν*, ep., ***πέτρινος,*** 3. ion. u. poet. felsig, steinig, bald aus Fels bestehend, bald voll von Felsen od. Steinen, bald auf Felsgrund ruhend (*λουτρά*), bald Felsen bewohnend (*Σκύλλη*).

πετρηδόν, Adv. sp. felsendick.

πετρ-ηρεφής, 2. (*ἐρέφω*), poet. mit Felsen überwölbt.

πετρ-ήρης, 2. (*ἀρ-αρίσκω*), poet. aus Felsen gefügt, = *πετραῖος*, s. d.

πετροβατέω (*πετρο-βάτης*, Felsen erkletternd), sp. Felsen besteigen, den Felsen hinaufklettern.

πετροβολία, ἡ, das Werfen oder Schleudern mit Steinen.

πετρο-βόλος, 2. Steine schleudernd.

πετρο-ρριφής, 2. poet. vom Felsen gestürzt.

πέτρος, ὁ, s. *πέτρα*.

πετρόω, poet. steinigen.

πετρώδης, 3. felsig, steinig.

πέτρωμα, τό, poet. Steinigung od. Herabstürzung vom Felsen.

πεττεία u. ähnl., jungatt. = *πεσσεία* usw., s. d.

πευθώ, ἡ, poet. Kunde.

πευκάεις, *εσσα, εν*, dor. port. = *πευκήεις*.

πευκᾰλιμος, 3. ep. scharf, eindringend, klug, verständig.

πευκεδᾰνός, 3. ep. Beiwort des Krieges, herbe, bitter, Unglück bringend.

Πευκελαῶτις, ἡ, Landschaft Indiens am Ostufer des Indus, auch *Πευκέλα* genannt. Die Provinzialhauptstadt hieß Puschkalavatî (vulg. Pukhalaôti), jetzt *Pakkheli*, die Gegend Pukhli.

πεύκη, dor. ***πεύκα, ἡ*** (vwdt. mit *pungo*, ahd. *fiuhta*), **1)** (Nadelbaum), Fichte, auch koll. Fichtenwald. **2)** poet. aus der Pechfichte gemacht, die Fackel.

πευκήεις, *εσσα, εν*, poet. u. ***πεύκινος,*** 3. poet. fichten; aber *π. Ἥφαιστος* die Pechlohe des Feuers, u. *π. δάκρυ* das Harz od. Pech, welches von der brennenden Fichte od. Fackel tröpfelt.

πευστήριος, 3. poet. zum Erforschen geeignet, *ἡ θυσία* d. h. zum Erforschen des göttlichen Willens geeignet.

πεφασμένος, 3. (eigtl. Part. perf. pass. v. *φαίνω*) u. Adv. ***-μένως,*** offenbar, sichtbarlich.

πεφοβημένως, Adv. vom Part. perf. von *φοβέομαι*, erschrocken, voll Schrecken, furchtsam.

πεφροντισμένως, sp. sorgfältig.

πεφυλαγμένως, Adv. vom Part. perf. von *φυλάσσω*, vorsichtig.

πεφυρμένως (*φύρω*), Adv. sp. gemischt, ohne Unterschied und Auswahl.

πέψις, *εως, ἡ* (*πέσσω*), sp. das Kochen, insbes. **a)** die Verdauung. **b)** das Reifen.

πῇ od. ***πῆ,*** dor. ***πᾶ*** od. ***πᾷ,*** neuion. ***κῇ*** (alte Instrumentale u. Dative vom St. *πο*, vgl. *ποῦ*) • **1)** dir. u. indir. Fragewort • **a)** örtlich: **α) wohin?** abs., u. mit Gen. *οὐκ ἔχω πᾷ κλιθῶ* woran ich mich lehnen soll. *πῇ γάρ*; wohin denn? *πῇ ποτε*; wohin in aller Welt? **β) wo?** *πῇ γῆς οἰκημένοι*; Hdt.; *πᾷ ποκ' ἄρ' ἦσθα*; wo in aller Welt warst du? • **b)** von der Art u. Weise: **wie? auf welche Weise?** dah. *πῇ μενεῖς*; worauf willst du warten? od. *πῇ τελευτῆσαι* in welcher Art zu Ende bringen, *πᾷ δ' αὖ φορεῖ νιν* wie behutsam (Soph.) od. auch inwiefern? warum? wozu? • **2)** als Indefinitum *πῇ μὲν — πῇ δέ* • **a)** an einigen Punkten — an andern • **b)** teils — teils, bald — bald, *πῇ μὲν — ἔπειτα δέ* an der einen Stelle — dann.

πή od. ***πῄ,*** ion. ***κῄ,*** nebst ***ποί,*** enklit. Adv. **1)** des

Orts: irgendwohin, irgendwo, auch mit Gen. ἤ πῃ με πολίων ἄξεις; gewiß führst du mich in irgend eine von den Städten? οὐδέ πῃ ἀσπὶς ἔην aber nirgends gab es einen Schild, πῃ ἄλλῃ irgend anders wohin, od. irgend anders wo. **2)** der Art u. Weise: auf irgend eine Weise, irgendwie, etwa, οὔτε od. οὐδέ πῃ u. οὐδέ τί πῃ nicht irgendwie, εἴ πῃ ἄλλῃ wenn sonst, bei Zahlbegriffen: μάλιστά κῃ so ziemlich, ungefähr, ähnl. ταῦτά κῃ.

Πηγαί, αἱ, (*Pagae*), Hafenstadt in Megaris, beim heutigen *Alupochori.*

πηγαῖος, 3. u. 2. (πηγή), zur Quelle gehörig; ὕδωρ πηγαῖον Quell-, Brunnenwasser.

πήγανον, τό, poet. sp. die Raute.

Πήγᾰσος, ὁ, das Flügelroß des Perseus, Adj. -άσειος, buk. Fem. Παγασίς κράνα Hippokrene.

πηγεσί-μαλλος, 2. (πῆγος von πήγνυμι), ep. dichtwollig.

πηγή, dor. **πᾱγά,** ἡ, meist im Plur., Quell, Quelle, bes. von dem Ursprung der Flüsse u. dadurch von κρηνή, Born, unterschieden, dann auch Guß von Quellwasser bei Libationen, u. mit γάλακτος u. ἐκ μόσχων der Weiheguß von Milch, und überh. Strom, Fluß, Wasser, plur. Gewässer, τινός von etwas. Übertr. Ursprung, u. bildl. mit dem Gen. ὤτων vom Gehör, insofern es die empfangenen Laute dem Geiste nahe bringt.

πῆγμα, τό, poet. u. sp. das Zusammenbefestigte, Gerüst, Gestell; γενναίως παγὲν ὅρκον die gewissenhafte Eidesleistung.

πήγνῡμι, dor. πάγνυμι (πηγ : πᾰγ, lat. *compāges: pa(n)g-ere*, ahd. *fuogan* fügen). • **1)** trans. Fut. πήξω, Aor. ἔπηξα, Perf. pass. (sp.) πέπηγμαι, Aor. pass. ἐπάγην (ep. sp. ἐπήχθην), Adj. verb. πηκτός **festmachen** • **a)** Flüssiges **gerinnen, gefrieren lassen,** ῥέεθρον; übertr. ἀνθρώπους erstarren lassen Xen.; Med. τορούς selbst Käse machen • **b) befestigen,** fest eintreiben, σκηνήν aufschlagen (auch Med.), κεφαλήν aufspießen; übertr. ὄμματα heften, ὅρους festsetzen • **c)** zusammenfügen, zimmern, bauen, νῆαι (auch Med.) • **2)** intr. das Pass. **πήγνῠμαι** m. Fut. πᾰγήσομαι, Perf. 2. act. πέπηγα, ep. Aor. 2. 3. sg. πάγη, 3. pl. πάγεν, v. Aor. 1. ἐπήχθην (auch poet. u. sp.), 3. pl. πῆχθεν, u. v. Wurzelaor. 3. sg. ἔπηκτο **fest werden** • **a)** gefrieren, **erstarren,** θάλασσα, ἅλες, übertr. ἄρθρα sind steif • **b) feststecken,** δόρυ, ξίφος πέπηγεν, σκηνὴ ἔοικε πεπηγυῖα Hdt.; übertr. ὄμματα πέπηγεν haften Plat., auch mit Inf. fest darauf gerichtet sein zu, ἀρέσκειν • **c)** übertr. bekräftigt werden, von Dauer sein, ὅρκος, τὰ παρόντα πεπηγέναι; ψυχὴ καὶ σῶμα παγέν bilden eine Einheit.

πηγός, 3. ep. = εὐπηγής, fest, dicht, stramm, prall, wohlgenährt. [Eis erzeugend.

πηγῠλίς, ίδος, ἡ (πήγνυμι), ep. eisig, eiskalt, oder

Πήδαιον, τό, Ort in Troas, wahrsch. am Fuße des Ida in der Gegend von Thebe.

πηδάλιον, τό (πηδόν), das Steuerruder, der Steuerremen, eine Stange wie die Ruder, doch länger u. mit breiterem Blatt (πηδόν), deren die Homerischen wie noch später die kleineren Schiffe eine, größere Fahrzeuge aber zwei hatten (die Alten kannten unser festes Steuerruder nämlich nicht); πηδάλια ἱππικά, Stangen im Pferdezaum.

Πήδασος, ἡ, auch -όν, -ά, Hauptsitze des lelegischen Stamms, zum Dardănervolk gehörig; speziell **1)** Stadt in Karien, zwischen Halikarnassos, Milet u. Stratonikeia (auch **Πήδασα,** τά, genannt). Die Einw. οἱ **Πηδασέες. 2)** Stadt in Troas am Satnioeis, Residenz des Königs Altes, von Achilleus zerstört. **3)** Stadt in Messenien, das spätere Methōne, nach andern Korōne.

πηδάω, Fut. πηδήσομαι, Aor. ἐπήδησα usf. (St. πηδ : πεδ, s. πούς), springen, hüpfen, mit εἴσω, hinein-, hinabspringen. Übertr. **a)** hinstürmen; sprichw. ὑπὲρ τὰ ἐσκαμμένα übers Ziel schießen (s. σκάπτω); τί etw. durchstürmen, μείζονα (πηδήματα) größere, wildere Sätze machen. **b)** von Geschossen: fahren, fliegen. **c)** vom Herzen: klopfen, schlagen, d. i. in Unruhe geraten.

πήδημα, τό, poet. u. sp. der Sprung; übertr. vom Herzen, π. ἔχειν Herzklopfen, d. i. Unruhe haben, und zwar τί in betreff einer Sache. Nachklass. Sprichw. ἰδοὺ Ῥόδος, ἰδοὺ τὸ πήδημα, *hic Rhodus, hic salta.* [Teil des Ruders.

πηδόν, τό (πέζα), ep. das Ruderblatt, der untere

πηκτίς, ίδος, ἡ, lydische Harfe, ähnl. der Magadis, welche zwei Oktaven umfaßte.

πηκτός, 3. (πήγνυμι), befestigt, **a)** poet. fest hineingesteckt, -gepflanzt, τινί in etwas. **b)** ep. poet. u. sp. zusammengefügt, festgezimmert, geronnen.

Πηλείων, ωνος, ὁ, **1)** s. Πηλεύς. **2)** sp. ep. Name eines Frosches, eig. „Sohn des Sumpfbewohners" (πηλός).

Πηλεύς, έως, ep. u. ion. ῆος u. έος, ὁ, Sohn des Aiakos, heiratete erst die Antigŏne, Tochter des Königs Eurytion in Phthia, und wurde dadurch Herrscher der Myrmidonen u. Vater der Polydōra, später aber heiratete er die Nereïde Thetis, an deren Vermählungsfeste alle Götter teilnahmen. Thetis gebar ihm den Achilleus, welcher daher **Πηλείδης,** αο u. εω, ὁ, u. ep. **Πηληιάδης,** Gen. αο od. εω (hier fünfsilbig zu lesen), od. **Πηλείων,** ωνος, ὁ, heißt. Dav. Adv. **Πελειωνάδε,** zum Peleussohne = ἐς Ἀχιλλῆος. — Das Adj. von Πηλεύς ist ion. **Πηλήιος,** 3., st. Πήλειος.

πήληξ, ηκος, ἡ, ep. der Helm.

πηλίκος, 3. (ἡλίκος), wie groß? wie alt?

πήλινος, 3. (πηλός), aus Ton od. Lehm gemacht, lehmicht, tönern (Soldaten u. Offiziere als Kinderspielzeug Dem. 4, 26).

Πήλιον, τό, **1)** Gebirge an der Küste Thessaliens, südl. vom Ossa, jetzt *Zagora.* Dav. Adj. **Πηλιάς,** άδος, ἡ, vom Berge P., so z. B. μελίη die pelische Lanze, welche dem Peleus von Chiron geschenkt wurde, und **Πηλιῶτις,** ιδος, ἡ, am P. gelegen. **2)** Stadt in der illyrischen Landschaft Dassaretia, jetzt *Pliassa,* auch **Πέλλιον** geschr.

πηλο-δομέω, poet. aus Lehm od. Erde bauen. Von

πηλός, ὁ. **1)** Ton, Lehm, Mörtel. **2)** Kot, Schmutz, Schlamm, Morast.

Πηλούσιον, τό, Stadt an der östl. Nilmündung, welche gleichf. **τὸ Πηλούσιον** hieß, j. *Tineh.*

πηλόω, sp. beschmutzen, beschmieren.

πῆλοι, Adv. äol. = τηλόσε, τηλοῦ, weithin, in der Ferne.

πηλώδης, 2. lehmartig, kotig, morastig, schlammig, πηλῶδες lehmichter Boden.

πήλωσις (πηλόω), εως, ἡ, sp. Beschmieren, Bestreichen mit Schmutz, Kot (πηλός).

πῆμα, τό, ep. poet. u. sp. im Sing. u. Plur., **a)** Unglück, Unheil, Leid, Not, Verderben, π. ἄτης, **νόσου** das in ἄτη oder νόσος bestehende Leid. **b)** ep. das Ertragen, δύης, κακοῖο. **c)** konkr. von Personen: Unheil bringend, Unheil, Lästerung.

πημαίνω (keine Perfecta). **1)** Akt. u. Pass. ein Leid zufügen, beschädigen, verletzen, verderben, vom Pfeile (Soph. Trach. 715), verwunden, unvorsätzlich treffen, in der Il. überh. feindlich angreifen, zum Angriff vorgehen, und so auch Il. 3, 299 ὑπὲρ ὅρκια dem Schwurbündnis entgegen angreifen. **2)** Med. sich Leid zuziehen, sich schaden.

πημονή, ἡ, meist poet., u. **πημοσύνη,** poet. = πῆμα. [*Salambria.*

Πηνειός, ὁ, Penēus, Hauptfluß Thessaliens, jetzt

Πηνέ-λεως, Gen. ep. έωο statt εω, Dat. εῳ, att. st. Πηνέλαος, Sohn des Hippalkmos, Heerführer der Böoter vor Troja.

Πηνε-λόπη, ep. **Πηνελόπεια,** ἡ (als πήνην λέπουσα, *tēlas retexens,* von den Alten gefaßt), Tochter des Ikarios u. der Periboia, Gemahlin des Odysseus, Mutter des Telemachos.

πήνη, ἡ (lat. *pannus,* got. *fana* „Stück Zeug, Tuch"), Gewebe.

πηνίζομαι, buk. (πήνη), weben.

πηνίκα, Adv. zu welcher Zeit? um wie viel Uhr? dann überh. wann?

πηνίον [ῐ], τό (πήνη), ep. der auf die Spule gezogene Faden des Einschlags, der Einschlag.

πῆξις, ἡ, **a)** das Festmachen, Befestigen. **b)** das Festwerden, Gerinnen, πῆξιν λαβεῖν hart werden, fest werden.

πηός, ὁ, ep. der Verwandte, bes. der Verschwägerte.

πήρα, ion. **πήρη,** ἡ, ep. u. sp. Reisesack, Ranzen von Leder, wie ihn Ärmere und Bettler an einem Riemen über die Schulter trugen.

Πηρείη, ἡ, die Gegend von Pherä in Thessalien, wo Apollon bei Admētos als Hirt diente.

πηρός, 3. (πῆμα), ep. poet. sp. bresthaft, gebrechlich, insbesond. Il. 2, 599 blind.

πηρόω, πηρώσω usf., verstümmeln. Im Pass. verstümmelt werden, abs., od. τί an etwas; insbes. von der Erblindung. Übertr. πεπηρῶσθαι mangelhaft sein, τινί jmdm., u. ταύτῃ in diesem Punkte.

Πηρώ, οῦς, ἡ, Tochter des Nēleus u. der Chlōris, Gemahlin des Bias, berühmte Schönheit.

πήρωσις, εως, ἡ (πηρόω), sp. Verstümmlung, bes. der Glieder und Sinneswerkzeuge, bes. von der Blindheit.

πῆχθεν, ep. st. ἐπήχθησαν, s. πήγνυμι.

πηχυαῖος, 3. u. **πήχυιος,** 3. poet. ellenlang, τὸ π. das Einellige; πήχυιον χρόνον eine kurze Spanne Zeit.

πῆχυς, εως, ion. εος, ὁ, Pl. πήχεις, εων, ion. πήχεες, πηχέων (sp. auch πηχῶν), εσιν, εις. **1)** eigentl. Ellenbogen, insbes. **a) Unterarm,** Gegens. βραχίων Plat. **b)** der ganze Arm Hom. Trag. **2) die Elle. 3)** übertr. **a)** Bügel, Bug, in der Mitte des Bogens, welcher die beiden Bogenhörner verband; τὸν ἐπὶ πήχει ἑλών den Pfeil auf dem Bügel festhaltend, **b)** im Plur. **Hals** an der Lyra, d. h. die beiden gebogenen Enden od. Griffe, zwischen denen der Steg, ζυγόν, angebracht ist, **c)** Zollstab Aristoph.

πιάζω, buk. u. sp., Aor. act. buk. ἐπίαξα, pass. im N. T. ἐπιάσθην (Nebenf. zu πιέζω), *capio,* fassen, anfassen.

πῑαίνω, poet. buk. sp., Fut. πιᾰνῶ, Aor. act. ἐπίᾱνα, pass. ἐπιάνθη (St. πῑ, vgl. πίων), **1)** eigentl. fett machen, mästen, im Pass. gemästet werden, sich mästen, abs. od. mit Part.; von Früchten: reif u. voll werden. **2)** übertr. **a)** erfreuen, τινά. **b)** bereichern, τινά.

πῖαρ, τό, nur Nom. u. Akk. (vgl. πίων), ep. Fett, Talg, auch fette, fruchtbare Erde (Od. 9, 135), viell. auch das fetteste Stück der Herde; πῖαρ ἐξελεῖν den Rahm abschöpfen.

πίασμα, τό, poet. Mast, Dünger.

Πῑγκιανὴ πυλίς, ἡ, die porta Pinciana im Norden Roms. [πιδήεις.

πῑδακόεις, εσσα, εν, poet. u. **πιδακώδης,** 2. sp. =

πῖδαξ, ακος, ἡ (zu πιδύω), ep. ion. poet. u. sp. Quell, Quelle, Born.

πῑδήεις, εσσα, εν, ep. quellreich.

πῑδύω, sp. hervorquellen.

πιέζω, mit der ep. und sp. Nebenform **πιεζέω,** Impf. πιέζευν, u. Präs. part. pass. πιεζεύμενος. **1)** drücken, **pressen, quetschen, a)** χειρί zusammendrücken Hom., **b)** ἐν δεσμοῖς zwingen in Hom.; Pass. eingezwängt in Hom.; übertr. χόλον niederkämpfen. **2)** niederdrücken (vom Gewicht), übertr. **bedrängen, zusetzen, in die Enge treiben, in Verlegenheit bringen, bes. Hdt. u. Trag.; Pass. in Not geraten, leiden. 3) mit Nachdruck behaupten, hervorheben, widerlegen. 4)** Theokr. u. N. T. festnehmen, -halten, fassen (χειρός).

πίειρα, ἡ, s. πίων.

Πιερία, ion. **-ίη,** ἡ, auch **Πιερίς,** ίδος, ἡ, genannt, Landschaft Makedoniens an der Grenze Thessaliens, nördl. vom Olympos, als Heimat des Orpheus bekannt. Früh blühte hier der Dienst der Musen, die deshalb auch **αἱ Πιερίδες** heißen. Ein Berg darin, od. in Thessalien, heißt gleichfalls τὸ Πιέριον verst. ὄρος, u. von ihm kam die in Hellas geschätzte **Πιερικὴ πίσση.** Die Einw. **οἱ Πίερες,** siedelten sich, von den Makedoniern vertrieben, am Pangaion an, so daß es nun auch hier einen **Πιερικὸς κόλπος,** d. h. pierischen Talgrund, gab.

πιθάκνη, ἡ, u. **πιθάκνιον,** τό, Dem. zu πίθος, ὁ, w. s.

πῑθανο-λόγος, 2. = πιθανός, wovon -λογία, ἡ, das Vorbringen von Gründen.

πῑθανός, 3., Adv. **-ῶς,** Komp. -ώτερον (πείθω), **1)** akt. (leicht) überzeugend od. überredend, dah. Glauben findend, Vertrauen genießend oder besitzend, wahrscheinlich, ähnlich, sprechend, glaubwürdig, zuversichtlich od. einschmeichelnd, angenehm, π. δοκεῖ τινί τις ὡς — πράξας jmd. glaubt einem zutrauen zu dürfen, daß er. **2)** pass. leicht zu überzeugen, gehorsam. folgsam, ergeben, vertraut.

πιθανότης, ἡ, einnehmendes Wesen; Wahrscheinlichkeit.

Πιθεύς, έως, ὁ (unrichtig Πιτθεύς), Bew. des Demos Πίθος der kekropischen Phyle.

πῖθέω, ep. Nbf. zu πείθομαι, nur im Fut. πιθήσω (τάχ' οὐκ εὖ πᾶσι πιθήσεις prägnant für: es soll dir nicht gut bekommen allen zu gehorchen statt mir allein) u. Aor. part. πιθήσας folgend, gehorchend; ὑποσχεσίῃσι bestimmt, getrieben durch V.

πίθηκος, ὁ (verw. lat. *foedus* häßlich), der Affe, auch als Bez. von dem, der etwas nur äußerlich spielen, es aber nicht wirklich sein kann, αὐτοτραγικός ein leibhaftiger Tragödienaffe.

πιθηκοφαγέω, ion. Affen(fleisch) essen.

πιθηκο-φόρος, 2. sp. das Zeichen des Affen tragend.

πιθ-οιγία, ἡ, sp. Faßöffnung, der erste Tag des Frühlingsfestes Anthesterien.

πίθος, ὁ (verw. mit lat. *fĭdēlia* u. deutsch *Butte*), mit u. ohne κεράμιος, großes, oben offenes, verschließbares, meist irdenes Gefäß, Krug, Faß, Tonne zur Aufbewahrung des Weines u. anderer Dinge, auch wohl gelegentlich als Kerker dienend. Silberne werden als Weihgeschenke erwähnt. Abs., u. τινός mit etwas. Über das Sprichw. ἐν π. ἡ κεραμεία s. κεραμεία.

πικραίνω, Fut. πικρᾰνῶ, scharf, bitter machen, verbittern. Pass., Aor. ἐπικράνθην, bitter werden, sich ärgern.

πικρία u. **πικρότης,** ἡ (πικρός), die Schärfe, Bitterkeit, Erbitterung, Härte.

πικρό-γᾰμος, 2. ep. dem das Heiraten verbittert od. verleidet wird.

πικρό-γλωσσος, 2. poet. mit scharfer Zunge gesprochen.

πικρό-καρπος, 2. poet. von bitterer Frucht.

πικρός, 3. u. 2., Komp. -ότερος, Superl. -ότατος, Adv. **-ῶς,** -ότατα (St. πικ, vgl. ποικ-ίλος). **1)** schneidend, stechend, spitz, scharf, durchdringend, heftig, **2)** bitter, herbe, widerlich, widrig, unangenehm, mit bitterm Hohne. **3)** streng, hart, mit Härte, verhaßt. **4)** schmerzhaft, von bitterem Schmerz erfüllt, traurig, so Σίγειον, wegen der dort ausgestellten Leiche des Achilleus, od. ἐμοὶ πικρὸς τέθνηκεν mir macht sein Tod Kummer, πικροτάτους ἰδόντι δεσμοὺς τοὺς ἐμούς ihm, der die bittern Folgen meiner Fesselung erkannte.

πικρότης, ἡ, s. πικρία.

πικρό-χολος, 2. poet. voll bitterer Galle.

πῖλέω (πῖλος), poet. u. sp. filzen, zusammendrücken, -pressen, kneten. Davon

πίλησις, εως, ἡ, Filzen, Dichtmachen, Zusammenpressen, Druck.

πιλητική, ἡ, die Kunst des Filzens.

πῖλίδιον, τό (πῖλος), kleiner Filzhut.

πίλνᾰμαι, ep. Nbf. zu πελάζω, intr.

πῖλον, τό, sp. *pilum,* Wurfspieß (?).

πῖλος, ὁ, u. Dem. dav. sp. πῑλίον, τό (lat. *pīleus,* ahd. *filz*), **1)** gefilzte Wolle, Filz. **2)** das aus Filz Gemachte, wie das Futter in Helmen, Schuhen u. a., Filzhut (für Reisende, die allein bei den Griechen Hüte trugen), Filzdecken (Xen.), Zelte (Her.), Filzpanzer (Thuk.) usw.

Πίλωρος, ἡ, Küstenort der makedon. Landschaft Sithonia am Sinus Singiticus, j. *Port Vurvuri.*

πῑμελή, ἡ (πί̄ων, lat. *opīmus*), ion. poet. u. sp. Fett.

πῑμελής, 2. sp. fett.

πῑμελώδης, 2. (εἶδος), sp. fettartig, fettig.

πιμπλάνω, 3. sg. med. πιμπλάνεται füllt sich, ep. Nbf. zum folg.

πίμπλημι (πλη: πλᾰ, vgl. πλήθω, πλέως, *plenus,* got. *fulls*), 3. pl. πιμπλᾶσι, Impf. ἐπίμπλασαν, Fut. πλήσω, Aor. ἔπλησα, Perf. act. πέπληκα, med.-pass. πέπλησμαι, Aor. pass. ἐπλήσθην, Fut. pass. πλησθήσομαι, episch Präs. imper. 2. sg. πίμπληθι, Fut. inf. πλησέμεν, Aor. act. πλῆσα, pass. 3. pl. πλῆσθεν, u. ein med. Wurzelaor. 3. sg. πλῆτο, 3. pl. πλῆντο in refl.-pass. Bdtg., nebst poet. ion. **πίπλημι,** part. πιπλάς, Impf. pass. 3. pl. ἐπιπλέατο (Var.), *impleo* • **1)** Akt. **füllen,** anfüllen, sättigen, reichlich versehen mit, τινός, selten τινί, mit etwas • **2)** Pass. mit d. ep. Aor. med. πλῆτο, πλῆντο sich füllen, voll werden, τινός u. τινί • **a)** befruchtet werden, τινός von etwas • **b)** satt werden, mit Ekel erfüllt sein, τινί bei od. vermöge etwas • **c)** N. T. (von der Zeit) abgelaufen sein, (von Verkündigungen) in Erfüllung gehen • **3)** Med. mit Aor. 1. sich (*sibi*) etwas (τί) füllen, δέπας οἴνοιο Hom., θυμόν sich sättigen Hom., τινός Hom.; λέκτρ' ἐπλήσω (LA) zur Frau nehmen, Soph. OC. 528.

πίμπρημι, 3. plur. πι(μ)πρᾶσι, imper. πίμπρη, mit der ep. poet. Nebenf. **πρήθω,** wovon die andern Tempora: πρήσω, ἔπρησα, πέπρησμαι, πεπρήσομαι, ἐπρήσθη (St. πρη : πρᾰ), **1)** blasen, hauchen, **a)** anblasen, anschwellen, τί. **b)** aussprühen, τί, u. zwar ἀνά τι aus etwas empor. **2)** ansprühen, πυρί mit Feuer, πυρός (Gen. mater.) mit hauchendem Feuer erfüllen, τί, u. so ohne πυρί od. πυρός anbrennen, anzünden, verbrennen, verwüsten, τί. Pass. im N. T. von Fieber glühen oder anschwellen.

πινακηδόν, Adv. poet. nach Art von Brettern, brettweise.

πῖναξ, ᾰκος, ὁ, mit Dem. **πινακίδιον** u. **πινάκιον,** τό, u. sp. **πινακίς,** ίδος, ἡ. **1)** Brett, Planke Od. 12, 67; spez. Teller, Schüssel κρειῶν Od. 1, 141. **2) Schreibtafel,** eine hölzerne Tafel mit einem Wachsüberzuge, bes. **a)** Rechen- und Zeichentafel **b)** Zeichnung, Gemälde Hdt., **c)** Landkarte, Erdkarte, **d)** Verzeichnis, Liste, Register.

Πίναρα, τά, lykische Stadt am Fuße des Berges Kragus, jetzt *Minara.*

πῖναρός, 3. (πίνος), poet. u. sp. schmutzig.

Πίναρος, ὁ, Fluß Kilikiens, welcher bei Issos mündet, jetzt *Mahersy.*

Πίνδᾰρος, ὁ, lyrischer Dichter, bes. von Siegeshymnen, geb. um 520 bei Theben, † nach 442; sein Haus 335 wie die Tempel geschont.

Πίνδος, 1) ὁ, Hauptgebirge des nördl. Griechenlands; Πινδόθεν, poet. Adv. vom P. her, herab. **2)** ἡ, Stadt in Doris.

πίνη, sp. poet. = πείνη, πεῖνα, Hunger.

πίνος, ὁ, poet. u. sp. Schmutz; übertr. von einer altertümlich schmucklosen oder derben Ausdrucksweise. Dav.

πινόω, sp. beschmutzen; übertr. πεπινωμένος schlicht und schmucklos.

πινύσκω, poet., nur Präs., verständig machen, τινά.

πῑνύσσω (πινυτός), ep. klug machen, witzigen, τινά.

πῑνῠτή, ἡ, ep. Verstand, Klugheit.

πῑνῠτός, 3., ep. poet. verständig. klug, einsichtsvoll.

πινυτό-φρων, 2. poet. verständigen Sinnes, weise.

πίνω [ῐ] (πῑ, πῐ u. πω, πο, vgl. lat. *bibo* u. *potus*), Fut. πίομαι [ῐ], Aor. **ἔπῐον,** imper. **πίε** u. **πῖθι,** Perf. act. πέπωκα, pass. πέπομαι, Aor. pass. **ἐπόθην,** Fut. pass. ποθήσομαι, Adj. ποτός u. ποτέον, ep. Präs. inf. πῑνέμεναι u. πῑνέμεν, Impf. iter. πίνεσκε, Aor. conj. 2. sg. πίῃσθα, inf. πιέμεν [ῐ, in arsi ῑ] u. **πιέειν,** im N. T. Fut. 2. sg. πίεσαι, Aor. imper. πιέ, inf. πεῖν, πῖν (auch andere Sp.), **trinken,** zechen, auch einsaugen Hdt., τινός von etwas.

πῑνώδης, 2. poet. = πιναρός.

πῖον, πῑότατος, πῑότερος, s. πίων.

πιότης, ἡ, ar. sp. N. T. die Fettigkeit.

πιπίσκω, Fut. πίσω, poet. u. sp. zu trinken geben, tränken, τινά τι.

πιπράσκω (zu περάω) (Fut. att. u. ion. durch ἀποδώσομαι od. πωλήσω, Aor. durch ἀπεδόμην od. ἐπώλησα ersetzt), Perf. act. πέπρᾱκα, pass. πέπρᾱμαι, Fut. 3 πεπρᾱ́σομαι Aor. Pass. ἐπράθην, Adj. πρᾱτός, ion. **πιπρήσκω,** πέπρημαι, ἐπρήθην, mit den ep. Nbff. **περάω,** Inf. περάαν, Aor. ἐπέρασσα od. ἐπέρᾱσα, Perf. pass. πεπέρημαι, u. **πέρνημι,** Impf. iterat. 3. sg. πέρνασχ' st. πέρνασκε, Präs. pass. part. περνάμενα, **verkaufen,** ausführen, spez. τινά als Sklaven, um einen Preis τινός; übertr. verraten; πέπραμαι **ich bin verraten u. verkauft** Soph.

πίπτω (St. πετ wie πέτομαι, lat. *peto*), ep. Fut. πεσέομαι (auch ion.), inf. πεσέεσθαι, Aor. πέσον, conj. 3. sg. πέσῃσι, inf. πεσέειν, Perf. part. πεπτεώς zweisilbig Od. 22, 384 u. Il. 21, 503), poet. πεπτώς, u. sp. (im N.T.) Aor. auch ἔπεσα, fallen • 1) herabfallen • a) **niederfallen,** sich niederwerfen, stürzen (auch wiederholt, Xen. An. 4, 5, 7), ἐξ ἵππων χαμάδις, ἔραζε, χαμαί (auch übertr. wirkungslos verhallen), ἐπὶ γᾶν, πρὸς οὖδας, bes. aber mit ἐν (weil zugleich der Begriff des Liegenbleibens mit ausgedrückt ist), ἐν κονίῃσι, auch bloß πεδίῳ, dann ἐπὶ χθονί, πρὸς πέδῳ, μετὰ ποσσὶ γυναικός; auch πτῶμα einen Sturz tun, bildl. ἐκ δρόμου aus der Rennbahn fallen, also auf falschem Wege sein • **b) in etw. geraten,** ἐς νόσον, aber auch ἐν μέσοις ἀρκυστάτοις (Soph. El. 1476), auch übertr. ποῖ γνώμης πέσω; auf welche Ansicht soll ich kommen? • c) verfallen, fehlen, irren • 2) sich stürzen, **losstürmen,** einbrechen, angreifen, ἐνὶ νήεσσι, ἐν κτήμασι, πρὸς μῆλα, auch ἀμφὶ σὸν γόνυ • 3) **dahinsinken** • a) unterliegen, umkommen, (in der Schlacht) fallen, ὑπό u. πρός τινος, mit u. ohne θανόντες, od. εἰς ταφάς • b) schwinden, sich legen, abnehmen, ἄνεμος πέσε, übertr. ἐκ θυμοῦ τινι aus dem Herzen, d. h. die Gunst verlieren, dah. überh. in Mißachtung od. Vergessenheit geraten, unglücklich werden • 4) vom Fallen der Würfel: ausfallen, **ablaufen,** καλῶς, εὖ πεσὸν θήσομαί τι ich werde etw. in eine gute Lage versetzen.

πίρωμις, ägypt. *pi-romi,* Mensch = καλὸς κἀγαθός, nach Her. 2, 143.

Πῖσα, ἡ, alte Hauptstadt in Pelops' Reiche und Quelle bei Olympia. Adj. dav. Πισάτης, ὁ, poet., Π. πατήρ = Oinomaos; Fem. **Πισᾶτις,** ιδος, ἡ.

Πίσης, ου, dor. ᾱο, ὁ, Flüßchen bei Olympia.

Πισίδαι, οἱ, kriegerisches Gebirgsvolk in Pamphylien; Adj. Πισίδιος 3., Land ἡ Πισιδία.

πῖσος, εος, τό (s. πίνω), ep., nur Nom. u Acc. pl., reichlich bewässerter Ort, Aue, Wiese.

πίσσα, att. **πίττα,** ἡ (lat. *pix*), Pech, Harz. Dav.

πισσ-ήρης, 2. poet. von Pech, pechig, *piceus.*

πισσόομαι, sp. Pass., sich mit Pechpflaster enthaaren.

πιστακός, 3. N. T. La. für πιστικός.

πίστευμα, τό, poet. = πίστις; κύριος πιστευμάτων das Unterpfand unseres ehelichen Bündnisses.

πιστευτικός, 3. (-εύω), auf bloßem Glauben beruhend.

πιστεύω (πίστις). 1) a) Vertrauen fassen, **vertrauen,** voll Vertrauen sein, sich verlassen, absol. u. τινί, τάδε darin, πάντα in allem, **b)** fest glauben, daß; **sich** darauf **verlassen,** daß mit Inf., ὅτι, ὡς; bes. im N. T. glauben an: ἔν τινι, εἰς u. ἐπί τινα, **c)** zutrauen Hdt. Im Pass. πιστεύομαι man glaubt mir, ich genieße, finde Vertrauen, ὑπό τινος von jmdm. **2) anvertrauen;** übergeben, hingeben, τί τινι; Pass. man vertraut mir an, τί. **3)** nachgeben, sich fügen Soph.

πιστικός, 3., Adv. -ῶς (πίστις), treu, echt, treulich, voll Vertranen; νάρδος echte, unverfälschte, N. T. (v. l. πιστακή von der Pistazie).

πίστις, εως, ἡ, ion. ιος, Dat. ῑ, Acc. pl. ῑς (St. πιθ in πείθω), *fides* • **1) Treue,** Glaube, **Vertrauen,** Zutrauen, ebensowohl das Ansehn, als die Überzeugung, ἐν πίστει in guten Treuen, treulich; ἐν π. κληρονόμος bei den Römern ein Erbe durch *fideicommissum,* d. h. ein Erbe, dessen Anspruch auf die Erbschaft auf der fides u. Pietät des eigtl. Erben beruhte; πίστεως ἕνεκα um sich seiner Treue zu versichern, πίστιν ἔχειν Vertrauen besitzen, πίστιν παρέχεσθαί τινι sich bei jmdm. Glauben erwerben durch etwas, πίστιν φέρειν, ἴσχειν Glauben schenken, π. ἐστὶν ἔν τινι man kann dem Mittel trauen, ἦν τινί τι ἐς πίστιν πρός τινα es verschaffte etwas jmdm. das Vertrauen jmds. • **2)** (hier oft im Pl.) Beglaubigung, **Beweis,** bindendes Unterpfand, Bürgschaft, bes. eidliche Zusicherung, dann Treubündnis, **Vertrag,** πρός τινα mit jmdm., oder αἱ πίστεις ἐς σφᾶς αὐτούς die gegenseitigen Garantien, auch mit Inf.; μεγάλαι sind feierliche Versicherungen, πίστις ὅρκων θεῶν der Schwur, πίστιν θεῶν ὀμόσαι, π. χειρός der Handschlag, dah. χειρὸς πίστιν ἐμβάλλειν durch Handschlag versprechen, πίστιν (μεγίστην) διδόναι die feierliche Versicherung geben, doch auch die Sicherheit verbürgen, τινός für etwas, dah. ἐκ τοῦ ἱεροῦ τῆς ἀναστάσεως, d. h. τῆς ἀν. ἐκ. τ. ἱερ., u. (τὰς) πίστεις ποιεῖσθαι einen Vertrag schließen, aber λόγων πίστιν ἐφαρμόσαι die anvertrauten Bestellungen treu ausrichten, πίστει λαμβάνειν τινά jmdn. unter Abnahme eidlicher Versicherung annehmen • **3)** sp. als Göttin die römische *Fides.*

I. **πιστός,** 3. (πείθω) • **I)** Glauben erweckend, **glaubwürdig,** zuverlässig, treu, aufrichtig, vertraut, teils abs., teils τινί od. ἔς τινα, ἐπί τινι bei etwas, auch mit Inf., ἔργα πιστότερα d. i. größere Beweise von Treue Subst. • 1) οἱ π. die Getreuen (auch die Gläubigen) • 2) **τὸ πιστόν** u. τὰ πιστά • a) die Zuverlässigkeit, τὸ πιστὸν τῆς ἀληθείας die zuverlässige Wahrheit, οὐκέτι πιστὰ γυναιξίν den Weibern ist nicht mehr zu trauen. Ähnl. Lys. 7, 35 • b) das Mittel, sich Zutrauen zu verschaffen, die Beglaubigung, der Beweis, die feierliche Versicherung, der Eidschwur, Bürgschaft, überh. Pfand der Treue, Geisel, u. so auch das Treubündnis, der Bund, *foedus*, abs. od. τινός von etwas, aber (τὰ) πιστὰ θεῶν die Versicherung bei den Göttern, oder ἔς τι für etwas, oder mit Inf. Man sagte demnach: π. τινὸς διδάσκειν die Beglaubigung von etwas angeben, τὰ π. διδόναι καὶ λαμβάνειν (seltener λ. καὶ δ.) sich gegenseitiger Treue versichern, πιστὰ ἀξιοῦν γενέσθαι den Eid der Treue verlangen, πιστὰ θεῶν ποιεῖσθαι bei den Göttern schwören, τὰ π. ποιεῖσθαι einen Vertrag einhalten, τὰ π. ἐγένετο der Bund ward geschlossen.

II) Glauben od. Vertrauen hegend, trauend, **vertrauend,** τινί od. mit Inf. Subst. τὸ π. die Zuversicht, das Vertrauen, Bewußtsein, abs. oder τινός von etwas, τῆς ἐλευθερίας freier Männer. Dah. τὰ π. ἐμφῦσαι φρενί — πιστεῦσαι αὐτῷ.

II. **πιστός,** 3. poet. (πιπίσκω), trinkbar, flüssig.

πιστότης, ητος, ἡ, die Treue.

πιστόω (πιστός). 1) Akt. jmdn. (τινά) zuverlässig machen, **sich zur Treue verpflichten,** z. B. ὅρκοις. 2) Pass. a) versichert werden, sicher werden, mit ἐνὶ θυμῷ, od. **fest vertrauen,** πιστωθείς im Vertrauen, mit folg. ὅτι, b) sich jmdm. (τινί) verbürgen. 3) Med. a) sich gegenseitig Sicherheit geben, das Gelöbnis der Freundschaft geben und empfangen, b) sich (*sibi*) jmdn. (τινά) treu machen, sich jmds. versichern, u. zwar ὑπό τινος durch etwas Soph.; ἐπέεσσιν sich zur Treue verpflichten, näml. τινί Hom.

πίστρα, ἡ, poet., u. πίστρον, τό, poet. das Trinkgefäß.

πίστωμα, τό, 1) poet. ar. sp. = πίστις, Versicherung, Bestätigung, Beglaubigung. 2) poet. konkr. = Getreuer.

πιστωτέος, 3. sp. für wahr zu halten.

πίσῦνος, 2. (πείθω), vertrauend auf jmdn. od. etwas, τινί.

πίσυρες, äol. = τέσσαρες, w. s., vier.

Πῐτάνη, ἡ, 1) Hafenstadt an der äolischen Küste Mysiens, jetzt *Sanderli.* 2) ein bevorzugtes Quartier der Stadt Sparta, wahrscheinlich teils innerhalb, teils außerhalb der Stadt gelegen, dessen Bewohner sich lange einen selbständigen Gemeindeverband erhielten. Adj. dav **Πιτανήτης,** od. **Πιτανάτης,** ὁ.

Πιτθεύς, έως, ep. ῆος, ὁ, 1) Sohn des Pelops, Herrscher von Trözene, Vater der Aethra, der Mutter des Theseus. 2) unrichtige späte Schreibung f. Πιθεύς, s. d.

πιτνάω u. **πίτνημι,** ep. u. poet. Nbf. zu πετάννυμι, Präs. part. πιτνάς, ep. Impf. act. 3. sg. πίτνα, med. 3. pl. πίτναντο, ausbreiten, ausstrecken, χαῖται πίτναντο flatterten.

πίτνω, poet. Nbf. zu πίπτω, nur im Präs. u. Impf., fallen (einzelne betonen πιτνεῖν, πιτνών u. fassen ἔπιτνον als Aor. eines Präs. πιτνέω).

πίττα, s. πίσσα.

Πιττακός, ὁ, einer der sieben Weisen (geb. 651, gest. 569), aus Mytilēne, dem er eine neue Verfassung gab. Adj. Πιττάκειος, 3. τὸ Π. Ausspruch des P.

πιττόω, s. πισσόομαι.

Πιτύας, ου, Ephoros in Sparta i. J. 405.

Πιτύεια, ἡ (Fichtenstadt), Stadt Mysiens zwischen Priapos u. Parion, j. *Schamelik.* (Lampsakos soll früher Πιτυόεσσα geheißen haben, woh. das Bild des Kroisos Herod. 6, 37 von der Fichte zu erklären ist).

πίτυλος, ὁ (πίπτω), poet. Ruderschlag und das damit verbundene Geräusch, κατῆρες πίτυλον ἐπτερωμένον bereit stehend in bezug auf d. i. für den beschwingten R. Übertr. das Toben, bes. von heftiger, mit äußerer Anstrengung verbundener Gemütsbewegung; das Geriesel; Schwingen der Speere, das Schlagen.

πίτῦρα [ῐ], τά, Kleie.

πίτῦς [ῐ], υος, ἡ, Dat. plur. ep. πίτυσσιν st. πίτυσι (vgl. lat. *pīnus*), die Fichte, Föhre, Kiefer, Rottanne. Über das Sprichw. Herod. 6, 37 s. unter Πιτύεια. Als Eigenn. eine Geliebte des Pan, die in eine Fichte verwandelt ward.

πιφαύσκω u. Med. **-ομαι** [ῐ], ep. u. poet (St. φα, φάϝος), erscheinen lassen, zum Vorschein bringen, zeigen, anzeigen, teils absolut: ein Zeichen geben, τινί jmdm., teils τί; verkündigen, erklären, melden, ἔπος, ἔπεά τινι.

πίων [ῑ], ὁ, ἡ, πῖον, τό, Gen. πίονος, mit bes. Fem. **πίειρα** [ῑ], Komp. u. Superl. (bes. ep. u. poet.) **πιότερος,** 3. u. **πιότατος,** 3. (St. πῑ schwelle), fett, *pinguis*, d. i. 1) feist, wohlgenährt. 2) übertr. a) fruchtbar, ergiebig, mit δρῦς pechreich, = πεύκη, mit ποτόν (Most) klebrig süß. b) reich, begütert, wohlhabend, stattlich, prächtig.

πλαγιάζω, sp. eigentl. in die Quere oder auf die Seite richten, dann übertr. drehen und wenden nach den Umständen, τί.

πλαγί-αυλος, ὁ, buk. die Querflöte.

πλάγιος, 3. (πλάγος die Seite, lat. *plaga*). 1) schief, schräg, **quer,** seitwärts, ἐς πλάγιον in die Quere, milit. πλαγίους λαβεῖν τινας jmdn. in die Flanke fassen, ἐμβάλλειν εἰς πλαγίους τινάς in die Seite fallen. Adv. ἐκ πλαγίου zur Seite, in die Flanke, auf den beiden Flanken; ἐκ τῶν πλαγίων auf der Seite. Subst. **τὰ πλάγια** die Flanken eines Heeres, εἰς τὰ πλ. an den Flanken, εἰς τὰ πλ. παράγειν gegen die Flanken, τοῖς πλαγίοις ἐπιέναι flankierend aufrollen. 2) zweideutig, unehrlich Eur. Pol.

πλαγκτός, 3. u. 2. (St. πλαγ, πλήσσω), *planctus*, ep. u. poet. 1) eigtl. irrend, dah. übertr. geistesverwirrt, irre, toll. 2) akt. zusammenschlagend. Davon **Πλαγκταί** (verst. πέτραι) die Schlag- od. Prallfelsen.

πλαγκτοσύνη, ἡ, ep. das Umherschweifen. Von

πλάζω (πλαγγ, lat. *plango*) 1) schlagen. 2) aus der Richtung herausschlagen, verschlagen, Pass.

verschlagen werden, umherirren, von Sachen: abprallen.

πλάθανον, τό, buk. Kuchenbrett.

πλάθω, poet., sp. auch πλάθομαι [ᾰ], poet. Nbf. zu πελάζω, intr. sich nähern, τινί.

πλαίσιον, τό, ein (meistens rechtwinkliges) Viereck, ἐν ὑψηλῷ πλαισίῳ auf einem viereckigen Gerüste; besonders heißt so das Karree od. die Stellung des Heeres im Viereck, wodurch es nach allen Seiten eine Front hatte u. in der Mitte Raum für das Gepäck und die Kampfunfähigen. Auf dem Marsche ward sie dann gewählt, wenn das Heer jeden Augenblick kampffertig sein sollte. Bei den Persern bildete gewöhnlich jedes Volk ein eigenes πλ.

πλακερός, 3. buk. breit.

Πλακίη, ἡ, pelasg. Kolonie östl. von Kyzikos an der Propontis.

Πλάκος, ὁ, ein östl. Seitenarm des Idagebirges, der von dem Gipfel Gargăros (im Süden) ausgeht.

πλακοῦς, οῦντος, ὁ (St. πλακ in πλάξ), (platter) Kuchen.

πλανάω, ion. auch **πλανέω.** 1) Akt. πλανήσω usf., **irre führen,** hin und her oder herumführen, übertr. täuschen. 2) Med.-Pass. **πλανάομαι** mit Fut. πλανήσομαι (sp. -θήσομαι), Aor. ἐπλανήθην, Perf. πεπλάνημαι, irre gehen, **sich verirren,** bes. umherirren, umherschweifen, -streifen τήνδε χθόνα durch dieses L. Eur., sich herumtreiben, ἔπη sich verbreiten Soph.; übertr. **a)** abschweifen ἐν τῷ λόγῳ Hdt., ἀπὸ λόγου Plat., **b)** den Zweck verfehlen, λόγοι πλ. sind erfolglos Xen., **c)** schwanken, unsicher sein, sich irren.

πλάνη, ἡ (vgl. πλάνος), das Verirren, Herumirren, Herumschweifen, die Irrfahrt, Wanderung, das (zwecklose) Umherziehen. Übertr. Irrsal, Irrwahn, im N. T. auch Verderbtheit.

πλάνημα, τό (πλανάω), poet. das Irren, der Irrweg, ψυχῆς Geistesverirrung.

πλάνης, ητος, ὁ, u **πλανήτης,** dor. **πλανᾱ́τας,** ου, ὁ (πλανάω), der Herumschweifende, ohne festen Wohnplatz (Seiende), umherirrend, wandernd, mitunter besuchend, κατ' ἄστυ vom Hirten, welcher deshalb eine höhere Geltung beansprucht. Im bes. mit verst. ἀστήρ der Planet, Wandelstern.

πλάνησις, ἡ (πλανάω), das in die Irre Treiben, Verschlagen, τῶν νεῶν.

πλανητός, 3. (πλανάω), umherirrend.

πλανοδία, ἡ, ep. Irrweg; od. Adj. **πλανόδιος,** 3. auf Irrwegen gehend (Hymn. Merc. 75).

πλάνος, 1) Adj. ὁ, ἡ, **a)** umherirrend, umherschweifend. **b)** trügerisch, täuschend. 2) Subst. ὁ, **a)** Landstreicher, Vagabund, Gaukler, Betrüger. **b)** = πλάνης, s. d. **c)** = πλάνη, s. d.

πλανο-στιβής, 2. poet. durchirrt.

πλάξ, ακός, ἡ (verw. dt. *Fluh*, „Felswand"), poet. u. sp. Tafel, Platte, Felsenplatte, δικόρυφος zweihäuptige = Parnaß; Ebene, Fläche, Plateau; auch Meeresfläche, u. Flur des Hades.

πλάσις, εως, ἡ, sp. u. **πλάσμα, τό,** Bildung, Gestaltung, Gebilde, auch Bildungsfähigkeit. Im bes. künstliche Art des Vortrags, überh. der Stil, u. πλάσμα das Erdichtete, Gebildete, Vorstellung, Dichtung, Bild.

πλάσσω, neuatt. **πλάττω** (St. πλᾰθ), Fut. πλάσω u. πλάσομαι, Aor. ἔπλᾰσα u. ἐπλᾰσάμην, Perf. med.-pass. πέπλασμαι, Aor. pass. ἐπλάσθην, Adj. πλαστός, **I)** Akt. u. Pass. **1)** formen, bilden, *fingere*, ausarbeiten, umgestalten, τί od. τινά, u. zwar εἴς τι, insbes. verächtl.: künsteln, drechseln, zustutzen, fabrizieren, klauben an etwas (τί). **2)** erdichten, ersinnen, vorgeben, willkürlich machen, τί. **II)** Med. **1)** sich verstellen, τινί mit etwas, τί od. πρός τι hinsichtlich einer Sache. **2)** trans. für sich od. zu seinem Vorteil etwas (τί) ersinnen, erdichten, erheucheln, verstellen.

πλάστης, ου, ὁ, Bildner, Former, bes. Bildhauer.

πλάστιγξ, ιγγος, ἡ. **1)** die Waagschale; εἰς τὴν αὐτὴν πλάστιγγα τιθέναι τινί τι etwas gleichsetzen, auf dieselbe Stufe stellen mit. **2)** poet. das Joch der Pferde. **3)** die Peitsche (Aesch. Cho. 290, v. l. μάστιξ).

πλαστική, ἡ, die Plastik, Bildnerei.

πλαστός, 3. (πλάσσω), geformt, gebildet, übertr. erdichtet, erlogen, untergeschoben, abs. u. τινί Adv. **-ῶς** fälschlich, angeblich.

πλαταγέω, buk. klatschen, schlagen.

πλατάγημα, τό, buk. das Geklatsch.

πλαταγώνιον, τό, buk. Klatschblatt, Mohnblatt.

Πλάταια, ἡ, u. att. meist **Πλᾰ́ταιαι,** αἱ, Stadt in Böotien am Asōpos, jetzt *Paläo Kastro.* Dav. Loc. adverb. **Πλαταιᾶσιν** „bei Pl." vom Siege der Griechen über Mardonios (479), auch τὰ **Πλαταιικά;** Adj. **Πλαταιικός,** 3. u. **Πλατᾰϊκός,** 3, Gebiet auch ἡ **Πλαταιική** u. ἡ **Πλαταιίς** (γῆ). Einw. ὁ **Πλαταιεύς,** Nom. pl. Πλαταιεῖς, att. **-αιῆς,** ion. **-αιέες.**

πλαταμών, ῶνος, ὁ, ep. poet. ar. sp. platte Fläche, Steinplatte.

πλᾰτάνιστος, ἡ, ep. ion. sp., u. **πλάτᾰνος,** ἡ (πλατύς), die Platane, der morgenländische Ahorn.

πλατανιστοῦς, οῦντος, ὁ (aus -όεις), poet. Platanenhain. (Bei Theogn. 882 nach einigen Name eines Baches, der vom Taygetos herabkommt.)

Πλάτεα, ἡ, νῆσος, Insel an der kyrenäischen Küste, j. *Bomba.*

πλατεῖα, ἡ (πλᾰτύς), poet. u. sp. der breite Weg, die Straße.

πλατειάσδω (buk.), dor. st. -άζω, breit aussprechen.

πλάτη, ἡ, dor. **πλάτα** (vgl. πλάτος, πλᾰτύς), poet. u. sp. Platte, bes. das Ruderblatt, dann überh. Ruder, u. so auch poet. für Ruderschiff, [Ruderfahrt.

πλᾱτίον, dor. st. πλησίον.

πλάτος, τό, u. sp. **πλατύτης,** ἡ, die Breite, der Umfang, im Akk. oft abs. in, von der Breite, an Breite, ἐς πλ. διαχωρεῖν sich erweitern.

πλᾱτός, 3. poet. (πελάζω), nahbar.

πλάττω, s. πλάσσω.

πλατυγίζω, poet. das Wasser mit der breiten Ruderfläche schlagen, übertr. großsprechen, prahlen.

πλᾰτύνω (πλατύς), breit machen, ausbreiten, erweitern. Med. sp. sich ausdehnen, sich verbreitern.

πλατύ-νωτος, 2. ep. poet. sp. mit breitem Rücken.

πλατύ-ρροος, 2. poet. breit strömend.

I. **πλᾰτύς,** εῖα, ύ, platt, flach, χεὶρ πλατεῖα Hand-

fläche, breit, weit; insbes. a) αἰπόλια weitgeschart, d. i. zerstreut weidend. b) großen Körpers, breitschultrig. Subst. τὸ πλ. die Breite.
II. **πλατύς, εῖα, ύ,** ion. ar. sp. salzig, brackig.
πλάτυσμα, τό (πλατύνω), sp. 1) Verbreiterung. 2) Dachziegel, Platte.
πλατυσμάτιον, τό, sp. Demin. v. vorigen.
πλατύτης, s. πλάτος.
Πλάτων, ωνος, ὁ, 1) Sohn des Kodriden Ariston u. der Periktiŏne, geb. am 26. oder 27. Mai 427 in Athen, hieß eigentl. Aristokles, von 408 an Schüler des Sokrates, nach dessen Tod zu Eukleides nach Megara. Von dort aus drei Reisen nach Sizilien: 388 zu Dionysios I.; durch einen Spartaner zu Aegina als Sklave verkauft, von dem Kyrenäer Annikeris befreit. Gründet 387 im Haine d. Heros Akademos seine Schule (Akademie). Zweite sizil. Reise 367 zu Dionys II., baldiges Zerwürfnis, dritte Reise zu diesem 361. Höfische Umtriebe bringen ihn in Lebensgefahr, aus der ihn die tarentinischen Pythagoreer befreien. † 347. 2) Dichter der älteren und mittleren att. Komödie, blühte um 400 v. Chr.
πλέγμα, τό (πλέκω), das Geflochtene, Geflecht, Flechtwerk, teils Korb (Arr. An. 5, 7, 3 mit Steinen beschwert statt eines Ankers), teils Netz, teils geflochtene Hürden, Faschinen (Arr. An. 4, 21, 5); im N. T. auch: die Haarflechte.
πλέες, Akk. πλέας, ep. = πλείονες, νας, s. πολύς.
πλεθριαῖος, 3. so groß od. so lang als ein Plethron, von der Größe eines Pl. = 100 (griech.) Fuß.
πλεθρίζω, sp. ein πλέθρον machen, — abschreiten, durchgehen.
πλέθρον, ep. **πέλεθρον, τό** (πελ, πέλομαι). 1) Längenmaß (eig. die Länge der Furche, die der Pflugstier in einem Ansatz zieht, bis er umwendet). 2) Flächenmaß. 3) = lat. *iugerum*; vgl. die Tabellen am Schlusse.
Πλειάδες, ion. **Πληιάδες, αἱ** (volksetym. πελειάδες), selten Sg. ἡ Πλειάς, άδος, die Pleiaden od. sieben Töchter des Atlas u. der Pleïone, welche, von Zeus unter die Sterne versetzt, das Siebengestirn im Bilde des Stiers bilden. Sie sind die Sterne der Schiffahrt, die durch ihren Auf- und Untergang (Mai, Anf. November) bestimmt wurde; durch Volksetymologie als Tauben (πελειάδες) gedeutet. Römisch *vergiliae* Wandelsterne.
πλεῖν, att. = πλέον, aber fast nur vor ἤ.
πλειότερος, ep. von **πλεῖος,** s. unter πλήρης.
Πλεισθένης, ους, ὁ, Sohn des Atreus, Vater des Agamemnon u. Menelāos, die von ihm οἱ **Πλεισθενίδαι** heißen (v der gew. abweichende Sage).
πλειστάκις, s. πολύς.
πλειστ-ήρης, 2. poet. sehr vielfach.
πλειστηρίζομαι, poet. die Schuld am meisten auf jmdn. werfen.
Πλειστο-άναξ, und sp. **Πλειστῶναξ,** ακτος, ὁ, Sohn des Pausanias, König von Sparta seit 458 unter der Vormundschaft des Nikomēdes.
Πλειστόλας, α, ὁ, Ephŏros in Sparta i. J. 421.
πλειστό-μβροτος, 2. poet. volkreich.
Πλειστός, ὁ, kleiner Fluß in Phokis, jetzt *Heropotamo.*
πλεῖστος u. **πλείων,** s. πολύς. **πλείω,** s. πλέω.
πλεκτανάω, poet. umflechten. Von
πλεκτάνη, ἡ, poet. ar. sp. das Flechtwerk, Netz, Windung.
πλεκτικός, 3. zum Flechten gehörig. Von
πλεκτός, 3. geflochten, gedreht. Subst. poet. πλεκτή, ἡ, das Tau.
πλέκω, Aor. pass. ἐπλέχθην u. ἐπλάκην, Fut. pass. πλεχθήσομαι (St. πλεκ, *plecto*, dt. *flechten*), 1) Akt. a) flechten, stricken, drehen, schlingen, knüpfen; πεπλεγμένος verwickelt, kompliziert. b) übertr. anzetteln, schmieden, τί. 2) Med. sich (*sibi*) [drehen, τί.
πλέξις, ἡ, das Flechten.
πλέον, s. πολύς.
πλεονάζω, πλεονάσω, ἐπλεόνασα, mehr od. übermäßig d. h. übermütig werden, sich Übergriffe erlauben, sich überheben, abs., od. ἔν τινι in etwas, τινί von etwas; Überfluß haben, wachsen, reichlich da sein; mehren. Im Pass. (vereinzelt) übertrieben werden.
πλεονάκις, öfter, s. πολύς, B.
πλεοναχῇ, nach mehreren Seiten hin.
πλεονεκτέω (-νέκτης), Fut. -ήσω usf. (Pl. Laches 192 E jetzt πλέον ἐκτήσεται), nebst Adj. verb. πλεονεκτητέον, = πλέον ἔχω. 1) mehr Anteil, einen Vorzug voraus haben, **im Vorteil,** überlegen, voraus **sein,** τινός u. abs. 2) sich den besten Teil zueignen, τῶν ὠφελίμων von den Vorteilen Thuk., sich bereichern, gewinnen, **übervorteilen,** τῆς εὐηθείας Vorteil ziehen aus Dem. 3) **mehr haben wollen,** seinen Vorteil wahrnehmen, habsüchtig sein, abs. τὸ πλ. die Habsucht. Im Pass. übertroffen, **übervorteilt** (χιλίαις δραχμαῖς um Dem.), beeinträchtigt, mißhandelt werden. Dav.
πλεονέκτημα, τό, u. **πλεονεξία,** ion. **-ίη, ἡ** (auch im Pl.). 1) das Mehrhaben, Vorsprung, die Bevorzugung, **Überlegenheit,** Oberhand, Vorteil, Gewinn. 2) (πλεονεξία) das Mehrhabenwollen, Begehrlichkeit, **Habsucht,** Eigennutz, Vergrößerungssucht, Herrschsucht, Übervorteilung, Anmaßung, Betrug, πλεονεξίᾳ u. ἐπὶ πλεονεξίᾳ aus Eigennutz, um seine Lage zu verbessern, od. um die unumschränkte Herrschaft auszuüben (Xen. Kyr. 8, 5, 24).
πλεον-έκτης, ου, ὁ, Superl. πλεονεκτίστατος (πλέον, ἔχω), a) abs. habsüchtig, eigennützig, anmaßlich, anmaßend. b) τινός der jmdn. übervorteilt, ihm überlegen ist. Als Adv. dazu (von πλεονεκτικός) **πλεονεκτικῶς** eigennützig.
πλεονεκτητέον, s. πλεονεκτέω.
πλεονεξία, ἡ, s. πλεονέκτημα.
πλεόνως, πλεῦν, s. πολύς, B.
πλέος, s. πλήρης.
πλεύμων, ονος, ὁ; oft ion. Plur. ep. u. poet. *pulmones*, Lunge; überh. Eingeweide.
πλευρά, ep. u. ion. **πλευρή, ἡ,** u. **πλευρόν, τό,** (meist im Plur.), 1) die Seite des menschlichen od. tierischen Leibes, Rippen, bisw. zur Umschreibung hinzugefügt, wie in μέγας πλευρὰ βοῦς, weil μάστιξ folgt u. diese die πλ. vornehmlich trifft. 2) übertr. die Seite, von Örtlichkeiten, dem Lager od. der Flanke, dem Flügel eines Heeres.

πλευρῖτις, ιδος, ἡ, verst. νόσος, poet. ar. sp. Seitenstechen.

πλευρόθεν (πλευρά), poet. Adv., von der Seite her (näml. von der Mutter her).

πλευροκοπέω (wie von πλευρο-κόπος), poet. die Seite zerschneiden.

πλευρόν, τό, s. πλευρά.

πλεύρωμα, τό, poet. Rippe, Rippen-, Seitenstück.

Πλευρών, ῶνος, ἡ, Stadt der Kurēten in Ätolien am Euēnos, Ruinen beim heutigen *Ghyftokastro.* Der Einw. (ὁ) **Πλευρώνιος.**

πλευστέον, Adj. verb. v. πλέω.

πλευστικός, 3. buk. zum Schiffen geeignet. Von

πλέω (aus πλεϝω, St. πλευ [πλεϝ]: πλυ, lat. *pluit,* dt. *fließen, Flut*), part. πλέων (Od. 1, 183 einsilbig), ep. **πλείω,** u. ep. ion. poet. **πλώω,** Fut. πλώσομαι, Aor. ἔπλωσα, Perf. πέπλωκα, ep. Wurzelaor. ἔπλων, part. (ἐπι)πλώς • 1) intr. • a) **zur See fahren,** segeln, abs. u. mit Praepp., ἐνὶ πόντῳ, ἐπὶ πόντον, ἐπί τι auch nach etw., um es zu holen, ἐπ' ἄνδρας, κατά τι in den Gewässern von etw., ὑπέρ τινος auf der Höhe von etw. ankommen, Ἰλιόθεν, ὅποι u. dgl.; übertr. ἐν κακοῖς, u. ἐπὶ ταύτης ὀρθῆς auf dem unversehrten Staatsschiffe, d. h. Hand in Hand mit dem Wohle des Staates • b) ion. schwimmen • 2) trans. **befahren,** ὑγρὰ κέλευθα, τὴν θάλασσαν, dah. τὸ πεπλευσμένον der befahrene Teil des Meeres, aber auch στόλον eine Fahrt tun.

πλέων, s. **πολύς.**

πλέως st. πλέος, s. πλήρης.

πληγή, dor. **πλᾱγά,** ἡ, u. poet. ar. sp. **πλῆγμα, τό** (πλήσσω). 1) Schlag, Stoß, Streich, **Hieb.** 2) Spur des Schlags, **Wunde,** Narbe. 3) **Schlägerei** Hdt. 2, 63. 4) übertr. a) **πληγῆσι νότου durch das Anstürmen des Südw.** Soph., b) Διὸς πλ., Blitz, aber auch gottgesandtes Unglück Soph.; göttliche Strafe, c) Eindrücke der Objekte auf die Sinne Plut.

πλῆθος, εος, ους, τό (zu πίμπλημι) • 1) **Fülle, Menge,** große Anzahl, Masse, Haufe • a) Menschenmenge, bisw. pleon. mit πολύ, die große Menge, Volkshaufe, dah. • b) mit und ohne συνελθόν die Volksversammlung, die Demokratie • c) die Mehrheit, Mehrzahl, ἀπ' ἐλάσσονος πλ. bei ihrer geringen Zahl • d) die Truppenmasse, das Heer, die gemeinen Soldaten. Auch im Pl. gebraucht: Volksversammlungen, Truppenmassen, doch ἐς τὰ οἰκεῖα πλήθη auch = ἐς τὸ πλῆθος in betreff ihrer eigenen Stärke. Es wird häufig als Kollekt. mit dem Pl. des Verb. verbunden. Abs. (τὸ) πλῆθος oder (τῷ) πλήθει an Zahl, κατὰ τὸ πλῆθος hinsichtlich ihrer Zahl, πλείω ἢ κατὰ τὸ ἡμέτερον πλ. mehr als wir für unsere Anzahl bedürfen, ὡς ἐπὶ τὸ πλῆθος meistenteils, gewöhnlich, ἐς τὸ πλῆθος γίγνεσθαι zu einer bedeutenden Anzahl steigen, ἐπὶ τὸ πλῆθος εἰπεῖν, ἐν τῷ πλήθει, oder mit τινός, z. B. πλήθει ὄψεως durch das Massenhafte ihrer Erscheinung • 2) Auch von Gegenständen u. Abstr.: χρυσοῦ, πόνου • 3) **Umfang,** Ausdehnung im Raume, ὄρος πλήθεϊ μέγιστον, auch von der Zeit, χρόνου od. μηνῶν.

πληθυντικός, 3. sp. vermehrend; gramm. ὁ πλ. (sc. ἀριθμός), Plural. Adv. **πληθυντικῶς** in der Mehrzahl.

πληθύνω, poet. u. sp Fut. πληθῠνῶ, Aor. act. ἐπλήθῡνα, pass. **ἐπληθύνθην,** 1) Akt. trans. voll machen, anfüllen; mehren, vergrößern, erweitern. Pass. sp. sich mehren, zunehmen, zahlreich werden, poet. πάντοθεν πληθύνομαι ich werde allerseits gedrängt. 2) Akt. intr. voll sein, sich füllen, zunehmen, wachsen.

πληθύς, ύος, ἡ, ep. u. sp., mit ep. Dat. πληθυῖ (ῡ im Nom., sonst ῠ), = πλῆθος, τό, s. d.

πληθύω u. Med., nur Präs. u. Impf. 1) = πλήθω. 2) zunehmen, wachsen.

πλήθω (s. πίμπλημι), Perf. πέπληθα. 1) intr. voll sein od. werden, reich sein, sich füllen, anschwellen, wachsen, ὁ πλ. χρόνος der Jahre hohe Zahl, ἡ πλ. σελήνη der Vollmond, λόγος und λόγοι das Gerücht vervielfältigt sich, herrscht allgemein. 2) sp. trans. (an-)füllen.

πληθώρη, ἡ, ion. 1) Fülle, mit ἀγορῆς die Zeit, wo der Markt voll ist, die Morgenstunden, vor Mittag. 2) Sättigung, τινός in etwas.

Πληιάδες, s. Πλειάδες.

πλήκτης, ου, ὁ (πλήσσω), sp. der Schlagende, Scheltende; als Adj. handfest, κατὰ χεῖρα; streitsüchtig; im N. T. auch scheltend.

πληκτίζομαι, ep. sp. Dep. med., sich schlagen, streiten, τινί mit jmdm.

πλῆκτρον, τό, dor. πλᾶκτρον (πλήσσω), Werkzeug zum Schlagen, dah. 1) ion. Ruderstange. 2) Schlagfeder, Werkzeug aus Holz od. Elfenbein zum Spiel der Lyra. 3) poet. das Geschoß.

πλημμέλεια, ἡ (-λής), u. **πλημμέλημα, τό** (-λέω), der Fehler, das Versehen, sowohl Vergehen, Frevel, als Irrtum, abs., od. τινός jmds., περί τι in etwas.

πλημμελέω, fehlen, sich vergehen, freveln, abs., od. τί in einen Fehler verfallen, τοιαῦτα πλ. sich so albern gebärden, ἔς od. περί τινα gegen jmdn., παρά τι etwas unternehmen, was einer Sache zuwiderläuft. Im Pass. beleidigt, versehen, gefrevelt werden, ὑπό τινος von jmdm., τὰ πλημμεληθέντα die Verfehlungen, τινί jmds., ἔς τινα gegen jmdn.

πλημ-μελής, 2. (πλήν, μέλος), d. i. der Tonweise zuwiderlaufend, fehlerhaft, frevelhaft, εἴς τι, z. B. εἰς αὐτὸ τοῦτο an sich, od. mit Inf.

πλήμμῡρα, ἡ, sp. u. N. T. u.

πλημμυρίς [ep. ῠ, sonst ῡ], ίδος, ἡ (πλη Ablaut zu πλω in πλώω u. μύρομαι. Doppelschreibung des μ, weil die Alten im ersten Teile πλήν sahen), ep. poet. ion. u. sp. die Flut.

πλημμῡρέω, sp. u. **πλημ(μ)ύρω,** ion. poet. Flut haben, zum Überfließen voll sein, überfluten.

Πλημ-μύριον, τό, Vorgebirge auf Sizilien, südlich von Syrakus, j. *Punta di Gigante.*

πλήμνη, ἡ, ep sp. die Nabe des Rades, worin die Wagenachse läuft u die Speichen stecken.

πλημονή, ἡ, ältere Form des späteren πλησμονή.

πλημυρίς u. **πλημύρω,** s. πλημμυρίς, πλημμυρέω.

πλήν, dor. πλάν. 1) Adv. **außer,** ausgenommen, nur; ein andrer als. Dann wie eine Konj. ausgenommen daß (*nisi quod*), nur daß, außerdem, überdies, indessen (bes. πλὴν ἀλλά sp. wie οὐ μὴν ἀλλά), jedoch (oft = ἀλλά), gleichwohl, mit Verb. od. Inf. od. Partiz. od. zu ergänz. Verb., verstärkt bisweilen durch οὐ, γὲ δή, ἤ, εἰ, εἰ μή, ἐάν, ὅτι, ὅταν. 2) Praep. b. Gen. außer, ausgenommen, über, zuw. durch als zu übers., πλὴν Νέωνος = πλὴν παρὰ Νέωνος οὐδεὶς παρῆν nur von der Heeresabteilung des N. war niemand da.

πλήξ-ιππος, 2. (πλήσσω), ep. Rosse peitschend, Rossetummler.

πλήρης, 2. (s. πίμπλημι) u. att. **πλέως,** α, ων, ion. u. ep. **πλέος,** η, ον, ep. **πλῆος** od. **πλεῖος,** 3., Komp. πληρέστερος u. ep. πλειότερος, Sup. -έστατος. 1) vollvollzählig, voll von Menschen, vollständig, vollkommen, von Schiffen: vollständig ausgerüstet d. i. bemannt. 2) reichlich versehen, angegefüllt, gesättigt, satt. πόνου πολλοῦ πλέῳ geschäftige Abenteurer. 3) beschmutzt, besudelt.

πληροφορέω, N. T. erfüllen, volle Überzeugung verschaffen, vollständig erweisen. Im Pass. vollbracht, überzeugt werden. Davon

πληροφορία, ἡ, N. T. Fülle, volle Überzeugung.

πληρόω u. Med. **-όομαι** (πλήρης), *impleo*, vollmachen • 1) **füllen,** anfüllen, ausfüllen, τινός, selten τινί, ναῦν πλ. bemannen, im Med. sein Schiff bemannen od. bemannen lassen • 2) übertr. • a) vollzählig machen, **ergänzen,** ἀπαρτιλογίη damit die Summe rund ist, mit verst. τὰ στάδια scheinbar intr. ἡ ὁδός πληροῖ der Weg hat die angegebene Länge, Hdt. 2, 7, ähnl. νόμοι πληρούμενοι die einzelnen Stationen wurden mit Ablösung durchlaufen, Aisch. Ag. 313, πολλοὶ ἐπληρώθημεν wir kamen vollständig zusammen. Daher auch • b) **voll entrichten,** τροφεῖα, χρείαν Schaden wieder gut machen • c) **vollenden,** μῆνας, ἐνιαυτόν, ὁ καιρὸς πεπλήρωται ist erfüllt, Pass. in Erfüllung gehen • d) **stillen,** sättigen, ψυχὴν βορᾶς, θυμόν, ἐπιθυμίας.

πλήρωμα, τό, u. **πλήρωσις,** εως, ion. ιος, ἡ, das Anfüllen mit. 1) die Fülle, Ausfüllung, Sättigung, das Aufschichten. 2) die Erfüllung (νόμου, N. T.), 3) Vervollständigung, volle Zahl, ἐς τὰ ὀκτὼ ἔτεα τῆς πλ. zur Vervollständigung der acht Jahre. 4) übertr. Befriedigung. Im besond. von Schiffen: die Ausrüstung, Besatzung, Bemannung, Schiffsmannschaft. Im Plur. die Mannschaften, Leute, Ruderer.

πληρωτής, οῦ, ὁ, der Füllende (der die Zahl der Beitragenden voll macht).

πλησιάζω, regelm., bei Sp. auch das Med., u. poet. vom Pass. der Aor. opt. πλησιασθείην in gleicher Bdtg. 1) näher bringen Xen.; Pass. näher kommen Eur. 2) intr. a) abs. nahe sein; mit Dat. **sich nähern,** nahe kommen; b) in Verbindung treten mit, **verkehren,** bekannt sein; spez. als Schüler verkehren mit; οἱ πλησιάζοντες die Freunde, c) sexuell verkehren.

πλησιαίτατος, -τερος, s. πλησίος.

πλησιασμός, οῦ, ὁ, ar. sp. Annäherung.

πλησίος, 3. (πέλας), ep. ion. u. poet., Komp. πλησιαίτερος, Superl. πλησιαίτατος (auch in attischer Prosa), **nahe,** benachbart, angrenzend. Subst. (ὁ) πλ. der Nächste, Nebenmensch, Nachbar. Neutr. **πλησίον,** allgem. als Adv. und Praep. b. Gen., Komp. πλησιαιτέρω und πλησιαίτερον, Superl. πλησιαίτατα nahe, nahe dabei, in der oder in die **Nähe,** πλησίον, πλησιαίτερον γίγνεσθαι nahe, näher kommen, mit dem Artikel ὁ πλησίον = πλησίος benachbart, der Nahestehende, Nächste, Mitmensch.

πλησιό-χωρος, 2. nahe, benachbart, Nachbar, abs. u. τινός u. τινί.

πλησ-ίστιος, 2. (πίμπλημι, ἱστίον), 1) ep. u. poet. akt. die Segel füllend d. i. schwellend. 2) pass. sp. mit vollen Segeln.

πλήσμιος, 3. sp. sättigend, Überdruß erregend.

πλησμονή, ἡ (πίμπλημι), 1) Fülle, Überfülle. 2) Anfüllung, Sättigung, Befriedigung, besond. Übersättigung, Überfüllung mit Speisen.

πλήσσω, neuatt. **πλήττω** (aus πλᾱκjω, vgl. πληγή, verw. lat. *plēcto* u. *plango*), ist im Simpl. sp., dafür att. gew. im Präs. act. παίω, τύπτω, pass. τύπτομαι, ep. (poet. ion. sp.) Fut. πλήξω u. πλήξομαι, Aor. 1. ἔπληξα, πλῆξα und ἐπληξάμην, Aor. 2. red. act. ἐπέπληγον, inf. πεπληγέμεν, med. πεπλήγετο, Perf. 2. πέπληγα, part. πεπληγώς, -υῖα stets in akt. intens. Bdtg., in pass. Sinne erst bei Spät. (fragliche Var. An. 6, 1, 5), **schlagen,** hauen, stoßen, treffen, μετάφρενον ἠδὲ καὶ ὤμω, μάστιγι, πληγῇ τινα, doch auch πληγήν, dah. pass. πληγὴν πεπληγμένος; prägn. ἵππους εἰς πόλεμον. Das Med. ep. sich schlagen (mit Aor. πλήξατο u. πεπλήγετο), als Ausdruck der Trauer, der Erregung, στῆθος, τὼ μηρώ. Im bes. • 1) stampfen, prägn. χορὸν ποσίν den Reigen, κονίσαλον ἐς οὐρανόν bis an den Himmel emporstampfen • 2) Pass. von der Türe: aufgeschlagen werden, aufspringen • 3) zurückstoßen, -schlagen, -treiben • 4) **treffen,** verwunden, von Verwundungen jeder Art, ξίφεϊ, Διὸς πληγέντι κεραυνῷ, ἐχίδνης ἀγρίῳ χαράγματι gebissen • 5) Bes. im Pass. • a) aus dem Felde geschlagen, besiegt werden, ἐν πολλαῖς μάχαις • b) übertr. verwirrt, erschüttert, heimgesucht, **erschreckt werden,** δαίμονος χολῇ βαρείᾳ, ἱμέρῳ, νόσοις, auch bestochen, verlockt werden, δώροισι πληγέντες, dah. stürzen, (ver)-fallen in etw., τινί, *incido*.

πλινθεύω (πλίνθος), 1) Akt. a) zu Ziegeln machen, zu Ziegeln brennen, τί. b) aus Ziegeln machen od. bauen, τί, u. zwar ὅθεν τὰ τείχη von woher die Ziegel an den Mauern nehmen. 2) Med. sich (*sibi*) Backsteine bereiten, ἔκ τινος.

πλινθηδόν (πλίνθος), ion. Adv., dachziegel- oder schuppenförmig.

Πλινθινήτης, Gen. εω, κόλπος, der P. Busen, benannt nach der Stadt Plinthine in Ägypten in der Nähe des spätern Alexandreia.

πλίνθινος, 3. (πλίνθος), von Ziegeln gemacht, aus Ziegel- oder Backsteinen.

πλινθίδιον, τό, sp. u. **πλινθίον,** τό, eigentl. Demin. von πλίνθος, Ziegel, dann übertr. a) Viereck. b) viereckige Aufstellung des Heeres.

πλίνθος, ἡ der Ziegel, sowohl der rohe, an der Luft getrocknete, γηίνη, Luftziegel, als der gebrannte Ziegelstein, Backstein, auch κεραμίνη od. ὀπτὴ πλ. genannt, der Lehmstein, Brandstein, u. zwar sowohl Mauerziegel als Dachziegel. Im Sg. auch als Kollekt.

πλινθ-υφής, 2. (ὑφή „das Gewebe") poet. backsteingefügt = πλίνθινος.

πλίσσομαι, ep. Dep. med., nur Imperf., ausschreiten, traben, τινί mit etwas.

πλοιάριον, τό, Demin. zu πλοῖον, Schifflein, Kahn.

πλόϊμος u. **πλώϊμος,** 2. nebst poet. **πλώσιμος,** 2. (πλέω, πλώω), seetüchtig, beschiffbar, schiffbar, πλόϊμά ἐστιν man kann mit Schiffen fahren, πλωϊμώτερα ἐγένετο παρά τινα die Schiffahrt zu jmdm. wurde lebhafter, u. πλωϊμωτέρων ὄντων indem mehr Schiffahrt stattfand.

πλοῖον, τό (zu πλόος, πλέω) u. Demin. **πλοιάριον, τό.** 1) kleineres **Fahrzeug,** Schiff, gew. Transport- od. Lastschiff, von ovaler Gestalt und flach, m. großen, geräumigen Bäuchen (Räumen). 2) überh. Schiffe, jede Art von Fahrzeugen, also auch Triēren (μακρὰ πλ. Hdt. Thuk.) od. seetüchtige Bote.

πλοκαμίς, ῖδος, ἡ, buk. 1) Dem. von πλόκαμος, s. d. 2) überh. das lockige Haupthaar.

πλόκᾰμος, ep. ion. poet. u. sp., u. ep. **πλοχμός,** ὁ (πλέκω), im Sing. u. Plur. geflochtenes Haar, Haarflechte, Locke.

πλοκή, ἡ (πλέκω), 1) Geflecht, Gewebe. 2) übertr. a) Verflechtung, Verwicklung (einer dramatischen Handlung), Schwierigkeit. b) poet. Bestrickung, Betrug, List.

πλόκος, ὁ (πλέκω), poet. Geflecht, a) Locke. b) Kranz, ῥοδέων ἀνθέων. c) Halsband, Kette, χρυσήλατος.

πλόος, ὁ, att. zsgz. **πλοῦς** (πλέω), Nom. pl. πλοῖ • 1) **Schiffahrt,** Seefahrt, bes. Abfahrt, Rückfahrt (ἔκ τινος), Wettfahrt (τῷ πλ. περιγίγνεσθαι auf der Wettfahrt zuvorkommen), κατὰ πλοῦν auf der Fahrt, zur See, κατὰ πλ. εἶναι unterwegs sein, οὐ πλοῦν οὔτε ὁδὸν πολλὴν ἀπέχει es ist weder zu Schiffe noch zu Lande weit entfernt, daher ὅσον πλοῦν wie weit, ἡγεμὼν τοῦ πλ. Wegweiser, ἧς μῆκός ἐστι πλόος ἡμέραι τέσσερες dessen Länge vier Tage Fahrt beträgt, ἐλάχιστον πλοῦν ἀπέχει δύο ἡμερῶν es ist die kürzeste Strecke, nur zwei Tage, entfernt, ähnl. ὁ πλ. ἐπ' ἡμέρας τέσσεράς ἐστι d. i. μῆκος an Länge, ὁ πλ. ὁ ἐπ' οἶκον, ähnl. wie ὁ οἴκαδε πλ. die Heimfahrt. Sprichw. ist τὸν δεύτερον πλοῦν ποιεῖσθαι, πραγματεύεσθαι ἐπί τι d. i. eine verunglückte Unternehmung von neuem, mit zweckmäßigeren Mitteln beginnen • 2) **Fahrzeit,** Fahrwind, πλοῦς ἐστι es ist günstige Zeit, günstiger Wind zur Fahrt (ähnl. πλ. γίγνεται, πλῷ χρῆσθαι), abs. u. εἴς τι wohin zu.

πλου-δοκέω, sp. auf guten Fahrwind warten.

πλούσιος, 3., Adv. -ίως (πλοῦτος), reich, wohlversehen, reichlich strömend, reich besetzt, begütert, vornehm, weil alter ererbter Reichtum mit als ein Merkmal der εὐγενεῖς galt, abs., und τινός u. τινί mit od. an etwas.

Πλούτ-αρχος, ὁ, 1) Tyrann von Eretria, der Ol. 106, 3 = 354 die Athener gegen Kleitarchos zu Hilfe rief, später (350) aber, als er von Athen abfiel, von Phokion vertrieben ward. 2) Schriftsteller aus Chärонēa in Böotien, geb. um 46 n. Chr., in Rom Lehrer des Kaisers Hadrian, begünstigt von Trajan, durch Hadrian Prokurator von Griechenland, in Chäronēa Archon und Oberpriester des Apollon Pythios, † ca. 120 n. Chr. Er verfaßte βίοι παράλληλοι u. ἠθικά (s. d.).

πλουτέω (πλοῦτος), reich sein, reich werden, Überfluß haben.

πλουτίζω (πλοῦτος), reich machen, bereichern, beglücken, τινά u. τί, u. zwar τινί mit etwas, ἀπό τινος von etwas, im eigentl. Sinne u. übertr. Im Pass. auch reich werden.

πλουτίνδην, ar. sp. Adv., nach dem Vermögen.

πλουτο-γᾰθής, 2 poet. durch Reichtum erfreuend.

πλουτο-δότης, ὁ, ep. sp. Reichtumspender.

πλουτοκρατία, ἡ (wie von πλουτο-κρατής), Herrschaft der Reichen, d. h. eine die Reichen begünstigende Staatsverfassung.

πλουτο-ποιός, 2. sp. Reichtum schaffend, bereichernd.

πλοῦτος, ὁ u. sp. τὸ πλοῦτος N. T. Reichtum. 1) Vermögen, 2) kostbares Besitztum, Pracht, Luxus. 3) Überfluß, Fülle, Glück. 4) aus dem Reichtum entspringender Einfluß: Geldmacht, Übergewicht. 5) das reicher Werden: Wachstum. 6) im N. T. übertr. Reichtum Gottes.

πλουτό-χθων, ὁ, ἡ, γόνος, poet. Frucht aus reicher Erde.

Πλούτων, ωνος, ὁ, der Reiche, milderer Name statt Hades, Gott der Unterwelt, Sohn des Kronos u. der Rhea, Bruder des Zeus u. Poseidon.

πλοχμός, ὁ, s. πλόκαμος.

πλῠνοί, οἱ (πλύνω), ep. poet. sp. Waschtröge, in die Erde gegrabene und ausgemauerte Wasserbehälter, in welche das Wasser aus dem Flusse durch Rinnen immer herzufloß, daher ἐπηετανοί genannt.

Πλυντήρια, τά, das Fest der Reinigung des alten Xoanon u. Peplos der Athene Polias in Athen am 25. Thargelion, wahrsch. mehrere Tage lang (dah. auch ἕκτῃ φθίνοντος) in geheimnisvoller Feier begangen.

πλυντική, ἡ, die Kunst des Waschens.

πλύνω, Impf. iter. πλύνεσκον, Fut. πλῠνῶ, Aor. ἔπλῡνα, Fut. ep. πλῠνέω, Perf. pass. inf. buk. πεπλύσθαι (-ύνθαι) (St. πλυ in πλέω, ahd. *flouwen* „spülen, waschen"). 1) spülen, waschen, reinigen, abs. u. τί. 2) übertr. schelten, τινά „jmdm. den Kopf waschen"

πλύσις, ἡ, das Waschen.

Πλωθειεύς od. **-θεύς,** έως, ὁ, Einw. des att. Demos *Πλωθειά* von unbestimmter Lage.

πλωΐζω, Schiffahrt treiben.

πλώϊμος u. **πλώσιμος,** s. πλόϊμος.

πλωτήρ, ῆρος, ὁ (πλώω), der Schiffer.

πλωτικός, 3. in der Schiffahrt gewandt, mit Superl.; subst. ὁ πλ. der Seemann.

πλωτός, 3. 1) ep. ion. poet. ar. sp. schwimmend. 2) ion. u. sp. schiffbar.

πλώω, s. πλέω. **πνείω,** s. πνέω. Dav.

πνεῦμα, τό, u. meist poet. **πνοή,** ἡ, ep. **πνοιή,** Sg. u. Pl., **der Hauch** • 1) Luftstrom, **Wind,** bes. Fahrwind, Thuk. 2, 97 • 2) **Atem,** Schnauben der Rosse, Aisch., τὸ πν. ἄνω ἔχειν außer Atem sein, πν. μετέωρον schwerer Atem (*anhelitus sublimis* bei Horaz), daher auch • **a)** von Blumen: Duft • **b)** vom Feuer: Lohe • **3) Leben,** ἀφῆκε τὸ πν. gab den Geist auf N. T. • **4)** übertr. • **a)** πνεῦμα ταὐτὸν βέβηκεν der gleiche Hauch der Liebe weht, Soph. • **b)** der Hauch als Bild des Nichtigen, dah. πνοαῖσιν ἐφεῖναί τι etwas den Winden geben, d. h. dem blinden Zufall überlassen. Und so zeugmatisch: πνοαῖσιν ἢ κόνει κρύπτειν • **c)** πνεῦμα συμφορᾶς der Lauf der Umstände Eur., und ὥσπερ πνοαῖς ὑπείκειν wie den Winden, so den wechselnden Launen des Volkes nachgeben • **d)** poet. auch der Klang, und • **e)** im N. T. πνεῦμα belebendes Prinzip, Gesinnung, **Geist,** auch τοῦ κόσμου; u. = Engel; Geist Gottes, Jesu; heiliger Geist ἅγιον. Davon

πνευματικός, 3., Adv. -ῶς, **1)** sp. den Wind, die Luft betreffend, πν. πραγματεία Abhandlung über den Luftdruck, Lehre vom Luftdruck. **2)** N. T. geistig, geistlich, vom heiligen Geist ergriffen oder stammend.

πνευμάτιον, τό, Demin. v. πνεῦμα, sp. etwas Geist, Geist, Lebenshauch.

πνεύμων, ονος, ὁ, = πλεύμων, Lunge.

πνευστιάω, sp. schwer atmen, keuchen, atemlos sein.

πνέω, ep. meist **πνείω** (πνευ : πνυ, eigtl. *πνευω, *πνεϝω, ahd. *fnehan*), Fut. sp. auch πνεύσω, Perf. med. ep. u. ep. πέπνῦμαι, gew. im Part., Plqpf. 2. sg. πέπνῦσο in Bdtg. d. Impf. (-πνύνθη, -πνῦτο s. ἀναπνέω) • **1)** Akt. **wehen,** blasen, hauchen • **a)** duften, ἡδύ, τινός nach etw. • **b) atmen,** schnauben, keuchen (Aisch.), u. so oft übertr., μένος Mut schnauben, μένεα πνέων mutbeseelt, κότον vor Zorn schnauben, ebenso Ἄρη, πῦρ, χάριν Liebe atmen (Aisch.), μέγα πν. sich stolz brüsten • **c) leben,** οἱ πνέοντες die Lebenden (Soph.) • **2)** Perf. Med. **πέπνῦμαι,** πεπνῦσθαι, πέπνῦσο u. πέπνῦο, belebt, beseelt sein; **Verstand haben,** klug, besonnen sein, πεπνυμένος, 3., verständig, klug, besonnen.

πνιγεύς, έως, ὁ, poet. ar. sp. Ersticker; Ofen, od. Deckel zum Ersticken der Flammen.

πνῖγηρός, 3. (πνίγω), zum Ersticken, erstickend heiß, od. auch eng, klein.

πνῖγος, πνίγους, τό, die erstickende Hitze.

πνίγω (πνῖγ : πνιγ). **1)** Akt. trans. **a)** ersticken, erwürgen, in Plat. Gorg. 522 a vielleicht ein Brechmittel eingeben. **b)** dämpfen, schmoren. **2)** Pass. intr. πνίγομαι, πνῖγήσομαι, ἐπνίγην, πέπνιγμαι, ersticken, ertrinken; Alpdrücken haben.

πνιγώδης, 2. sp. = πνιγηρός, erstickend heiß.

πνικτός, 3. sp. N. T. erstickt, erwürgt.

πνοή u. **πνοιή,** ἡ, s. πνεῦμα.

Πνύξ, ἡ, att. Πυκνός usf., sp. Πνυκός (zu πυκνός?), regelmäßiger Versammlungsort der Athener, ehe das Theater des Dionȳsos zu diesem Zwecke gebraucht wurde; er lag auf einem Hügel westl. der Akropolis, dem Areopag gegenüber, mit einem in den Felsen gehauenen Rednerplatz (βῆμα).

πόα, ep. u. ion. **ποίη,** ἡ, Kraut, Gras, Weide; Grasplatz.

ποάζω, sp. grasreich sein, Gras tragen.

ποδ-αβρός, 2. ion. weichfüßig.

ποδ-ᾱγός, 2., ion. **ποδηγός** (πούς, ἡγέομαι), poet. der Führer, Diener; poet. auch Adj. führend.

ποδ-άγρα, ἡ, Fußschlinge, Fußfessel. Sp. auch Podagra, Fußgicht. Dav.

ποδαγράω, am Podagra leiden.

ποδαγρικός, 3. sp. am Podagra leidend.

Ποδᾰλείριος, ὁ, Sohn des Asklēpios, Bruder des Machaon, aus Trikke in Thessalien, berühmter Arzt.

ποδᾰ-νιπτήρ, ῆρος, ὁ, ion. u. sp. Fußbecken.

ποδᾰ-νιπτρα, τά, ep. poet. sp. mit u. ohne ποδῶν, Fußbad.

ποδᾰπός, 3. (St. ποδ = *quod,* Suff. -απο- = lat. -*inquo*, vgl. ἀλλοδ-απός). **1)** woher gebürtig, von woher? aus welchem Lande? **2)** sp. wie beschaffen?

Ποδ-άργη, ἡ (die Schnellfüßige), eine der Harpyien, von Zephȳros Mutter der Rosse Xanthos und Balios.

ποδ-άρκης, 2. ep. poet. (ἀρκέω) = ποδώκης.

ποδ-ενδῠτος, 2. poet. den Fuß umhüllend.

ποδεών, ῶνος, ὁ (πούς), ion. sp. **a)** Bein od. Zipfel einer Tierhaut. Wenn die Wein- od. Ölschläuche aus Tierhäuten gefertigt waren, dienten jene als Schlauchmündungen. **b)** überh. Zipfel, Streifen.

ποδ-ηγός, s. ποδ-αγός.

ποδ-ηνεκής, 2. (ἤνεγκον), ep. u. ion., und

ποδ-ήρης, 2. (St. ἀρ), **1)** bis auf die Füße reichend od. hinabwallend, sie deckend, dah. στῦλος grundfest. **2)** Subst. τὰ ποδήρη die Fußzehen, Füße.

ποδ-ήνεμος, 2. (ἄνεμος), ep. poet. windfüßig, windschnell.

ποδιαῖος, 3. fußgroß.

ποδίζομαι (πούς), Perf. pass. part. πεποδισμένος, vom Pferd: am Fuß angebunden werden, u. zwar ἐπί τινι an etwas.

ποδιστήρ, ὁ, poet. = ποδηνεκής.

ποδο-κάκη (-κάκκη), ἡ, der Fußblock.

ποδουχέω, poet. lenken, führen (zw. LA.).

ποδό-ψηστρα, τά (ψάω), poet. was zum Fußabwischen dient, Fußteppiche.

ποδώκεια, ἡ, auch im Plur., ep. poet. und sp., u. poet. **ποδωκία,** ἡ, Schnelligkeit der Füße.

ποδ-ώκης, 3. (ὠκύς), schnellfüßig, schnellaufend, fußschnell, überhaupt geschwinden Schrittes.

ποητής = ποιητής.

ποη-φάγος, 2. (πόα), ar. sp. Gras, Kräuter essend.

ποθεινός, 3. poet. auch 2. (ποθέω), Sehnsucht erweckend, erwünscht, ersehnt, willkommen, begehrenswert, liebenswürdig, ποθεινότερος heißer ersehnt, τὸ ποθεινότατον τῆς ψυχῆς ἦθος die ersehnteste Art, das Ideal der Seele, abs., u. τινί jmdm. od. für etwas, z. B. δακρύοισι d. i. beweinenswert, od. mit Inf. zu etwas.

πόθεν (St. πο = *quo*, s. ποῦ) Frageadverb. **1)** zur Feststellung **a)** der Herkunft: woher? von wo? **b)** des Grundes: wodurch? weshalb? warum? **2)** in abwehrendem Sinne ganz absol.: woher auch? Wie sollte es auch? Wie könnte das sein? — Bisw. ist es mit einer andern Frage in eine verschmolzen. So in τίς πόθεν εἰς ἀνδρῶν, wo ἀνδρῶν auch zu τίς gehört, od. τοῦ ποτε τεύξομαι σιτονόμου πόθεν ἐλπίδος st. τοῦ ποτε (καὶ) πόθεν τ. σιτ. ἐλπ.

ποθέν, enklit. Adv., irgendwoher, verb. mit ἄλλοθεν anderwärts her, ἀπὸ ἐχυροῦ ποθεν von irgend einem festen Punkte aus, ἐνθένδε ποθὲν ἤρξατο eig. irgend daher, d. i. ungefähr damit.

ποθ-έρπω, dor. (buk.) st. προσέρπω.

ποθ-έσπερος, 2. dor. (buk.) st. προσέσπερος, u. τὰ ποθ. gegen Abend.

ποθέω, buk. (dor.) ep. inf. ποθήμεναι st. ποθεῖν, Imperf. iter. ποθέεσκε, Fut. ποθήσω u. ποθήσομαι od. ποθέσομαι, Aor. 1. ἐπόθησα u. ἐπόθεσα, ep. πόθεσα, Adj. verb. ποθητός (πόθος). 1) verlangen, wünschen, begehren, lieben, **sich sehnen,** bes. nach etwas Fernem od. Vermißtem, ποθουμένᾳ sehnsuchtsvoll Soph. 2) zurückverlangen, **vermissen,** entbehren.

ποθή, ἡ, ep. = ὁ πόθος.

πόθι, s. ποῦ. **ποθί,** s. πού.

ποθ-ίκω, dor. buk. = προσ-ήκω.

πόθ-οδος, s. πρόσοδος.

ποθ-οράω, όρημι, poet. äol. dor. = προσοράω.

πόθος, ὁ. 1) Verlangen, Wunsch, Sehnsucht, σὸς π. nach dir Il. 17, 439; πόθῳ, πόθοισι aus Sehnsucht; spez. Liebessehnsucht. 2) Personif. Aesch.: Πόθος u. Πειθώ Kinder der Kypris.

ποῖ (Lok. vom St. πο, *quŏ*, vgl. πῇ, ποῦ), Adv. der Frage: **wohin,** absol. u. mit Gen. ποῖ γῆς ἥκω; ποῖ φρενῶν ἔλθω; was soll ich denken? ποῖ ἄλλοσε; wohin anders? ποῖ ποτε; wohin in aller Welt? auch ohne Verbum ποῖ Κλυταιμήστρα; wo ist Kl. hin? von der Zeit: ποῖ μενεῖς; bis wohin, worauf willst du warten? u. ποῖ δεῦρο; wohin hieher, d. h. wozu? modal: πῶς καὶ ποῖ τελευτᾷ was für einen Ausgang nimmt es mit ihm Aesch. Ag. 735; vgl. Choeph. 528; für die Übersetzung oft = **wo?** (sog. Lok. des Ziels): ποῖ τελευτήσω τάδε; wo soll ich damit aufhören?

ποί, enkl. Adv., irgendwohin, μολοῦσά ποι irgendwohin gegangen, ἐπιβαίνειν ποι τῆς χώρας an irgendeinen Punkt des Landes, ποὶ ἄλλοσε irgendwo anders hin; auch zuweilen mit irgendwo zu übersetzen; s. ποῖ a. E.

ποία (ποιά), s. πόα. **ποιάεις,** s. ποιήεις.

Ποίας [_◡̄], αντος, ὁ, Sohn des Phylakos, Vater des Philoktetes. Davon **Ποιάντιος,** ὁ, von Poias abstammend.

ποιέω, (oft ist die erste Silbe inschriftl. und auch handschriftl. vor *e*-Laut ohne ι geschrieben, ποεῖς, ποήσω usf., u. im Vers als Kürze gemessen), Imperf. iterat. ποιέεσκον, Aor. ep. auch ohne Augm., **schaffen** (πράττειν geschäftig sein, betreiben)

I) Akt. u. **Pass.** • **1) zustande bringen,** veranlassen im weitesten Sinne, machen, stiften, veranstalten, leisten usf. Bes. • **a)** opfern • **b)** (ἐν μέτρῳ) dichten • **c)** den Fall setzen, annehmen. Teils abs., teils τινά od. τί, z. B. ἁρπαγήν plündern lassen (dag. ἁρπ. ποιεῖσθαι plündern), τροπάς, φυγήν τινος, τέλη τῶν νεῶν die Schiffe in Geschwader teilen; u. zwar mit Partiz., od. mit Inf., A. c. I., od. ὅκως, ὅκως — ὡς, od. mit. Praepp. Im Pass. πεποιημένος fertig gemacht, fertig, auch gedichtet usw. τὰ ποιεύμενα τῷ θεῷ das was dem Gotte zu Ehren geschah, od. τῶν τὰ κέρεα τοῖσι φοίνιξι οἱ πήχεες ποιεῦνται d. h. deren Hörner zu Griffen an den Phoinixleiern verarbeitet werden • **2)** τινά od. τί • **a)** mit einem prädik. Akk. jmdn. od. etwas **zu etwas machen,** zu etwas erklären, ἔγκλημα zum Verbrechen machen, δεινά es empörend finden, τί od. mit Inf. u. zwar τινί jmdm., daher θεὰν ἄκοιτιν θνητῷ • **b)** mit prädik. Adj. μείζω, πλέον, λεῖα, ὁμαλόν ebnen, ὄλβια segnen, ἐπιτελέα, ἀνάστατον verwüsten, zerstören, ἔνδηλόν τί τινι περί τινος jmdm. einen Beweis von etwas geben, ἄμεμπτον jmdn. zufrieden stellen (auch ποιεῖσθαι), τειχήρεις in die Mauern treiben • **c)** mit Praepp. τὶ ἔν τινι eingeben, ἐν αἰσχύνῃ beschämen, ἔξω βελῶν außer Schußweite aufstellen, ἐς ὀλίγους in die Hände weniger bringen, ἐπὶ τοῦ ξηροῦ aufs Trockene setzen, κατόπιν τινός hinter etwas bringen, ὑπό τινι jmdm. in die Hände spielen • **3)** = πράττω **tun, handeln,** wirken, gelten, verrichten, vorhaben, leisten, sich Mühe geben, wie es überh. oft den Begriff des vorhergehenden Verbums vertritt, u. dies auch im Med., ποιοῦ λέγων so tue es u. rede nur. Teils abs. im Gegens. zu πάσχω, od. verb. mit πράττω. Daher im Pass. τὰ ποιούμενα das was geschieht, die Vorgänge, die Handlungen, Taten (*facinora*), auch mit τινί jmds. Teils mit Adv. ἀσφαλέστερον sicherer zu Werke gehen, καλῶς ποιεῖν abs. bes. in καλῶς ποιῶν, einer Höflichkeitsformel, welche bald: glücklicherweise, Gott sei Dank, bald: meinethalben, in Gottesnamen bedeutet (daneben εὖ, καλῶς ποιῶ mit Part. es ist schön von mir, daß ich —), od. τί wohl an etwas tun, recht handeln, od. εὖ Wohltaten erweisen, κακῶς feindlich behandeln, schaden, u. zwar τινά od. τί, ähnl. mit Adj. ἀγαθά, κακόν, u. zwar τινά jmdm., welches bisw. zu ergänzen ist, wie Hdt. 1, 36, od. τὸ παρὸν εὖ (= θέσθαι) sich in die Umstände finden, u. ähnl. ταὐτά τινα jmdn. ebenso behandeln, dah. ἀργύριον τὠυτὸ τοῦτο es ebenso mit dem Silber machen, od. auch πᾶν, πάντα, seltener πολλὰ ποιεῖν alles aufbieten, mit folg. ὥστε (μή) u. Inf., ähnl. τί οὐκ ἐποίησε gew. von einer vergeblichen Anstrengung, dah. πάντα πεποίηται es ist so gut wie alles getan od. vorbei, auch von etwas Zukünftigem; Σπαρτιητικά spartanische Sitte befolgen, τὰ πρὸς θεούς in bezug auf die Götter handeln; μυστήρια nachmachen. Statt τί steht auch der Inf. mit u. ohne ὥστε, z. B. αἰσχύνεσθαί τινα jmdn. zur Scham bringen, A. c. I. od. ὅπως, ὅπῃ, ὡς. Sp. auch ποιέω πρός τι wirksam sein für, wirken gegen.

II) Med. ποιέομαι • **1) sich** (*sibi*) od. für das Seinige **etwas schaffen,** machen, bewerkstelligen, erzeugen, bauen, od. von sich aus vorbringen, leisten, ausführen, aufwenden, betreiben, τί, ähnl. dem Akt., nur mit leiserer od. stärkerer Beziehung auf das Subjekt, od. so, daß jenes veranlassen, das Medium die Ausführung bezeichnet (πόλεμον, εἰρήνην); oft aber ist die Wahl des Akt. od. Med. in der Willkür des Schriftstellers gelegen, od. tritt αὐτῷ noch hinzu. Es steht daher oft so, daß es den einfachen Verbalbegriff umschreibt, dah. heißt ἁρπαγὴν π. plündern, δήλωσιν an den Tag legen, beweisen, τὰς ἐπαυρέσεις genießen, τοὺς κινδύνους πρός τινα den Kampf zu einem hinleiten, zu ihm hinüberspielen, οἰκείωσίν τινος sich etwas zueignen usw.; u. zwar τινί od. πρός τινα mit jmdm. • 2) sich jmdn. od. etwas **zu etwas machen** (z. B. zum Mitbürger, Bürger), **wählen**, als etwas darstellen, für etwas erklären, **halten**, glauben, meinen, dah. τινὰ παῖδα jmdn. an Kindes Statt annehmen, auch pleon. θετὸν υἱόν, ähnl. μητέρα, od. συμφοράν τι. Verbunden • a) mit Adjektiven u. Adverbien, ἀμέμπτους τινάς jmdn. zufrieden stellen, ἄτιμα beeinträchtigt erachten, δυσχερές, εἰ etwas Mißliches darin finden, wenn, ἔμπροσθέν τινός τι etwas höher achten als, ἐμποδών sich etwas hinderlich sein lassen, ἐκποδών verbannen, οὐδὲν ἐνδεές nichts sparen, ἐνθύμιον bedenklich finden, ἐπάρατον verfluchen, εὐπρεπὲς ποιούμενος so daß es ein würdiges Ansehen für ihn gewann, ἐξαίρετά einen Wert geben, μέγα, μεγάλα mit Inf. für die Hauptsache halten, προυργιαίτερον τὸ ἑαυτῶν ihren Vorteil veranstalten, φίλα ποιέεσθαί τινι sich bei jmdm. beliebt machen, μηδαμῶς außer Achtung setzen = ἀτιμάζειν • b) mit Kasus u. Praep. ἑαυτοῦ sich zueignen, πολλοῦ einen hohen Wert darauf legen, δι' οὐδενός für nichts achten, ἐν βουλῇ τι über etwas beraten, ἐν ὀργῇ τινα einem zürnen, ἐν ἀδείᾳ sichern, ἐν ἀπορρήτῳ τι etwas geheim halten heißen, ἐν ἐλαφρῷ, ἐν ὁμοίῳ für leicht, gleich halten, ἐν ὀλιγωρίᾳ mißachten, ἐς ἀσφάλειαν sich versichern, ἐς φυλακήν in Gewahrsam bringen; überh. in etwas aufnehmen, zu etwas gewinnen, παρ' ὀλίγον neben d. i. gleich einer geringen Sache achten, gering achten, τοιοῦτον παρά τινι zu Achtung od. Einfluß bei jmdm. wieder verhelfen, περὶ παντός über alles stellen, περὶ πολλοῦ, πλείονος, πλείστου hochachten usw., πρό τινός τι etwas einer Sache vorziehen, πρός τι einer Sache anpassen, πρός τινος einer Sache gemäß achten, πρός τινα zu jmdm. so gesinnt machen, ὑπ' ἑωυτοῦ od. ὑφ' ἑαυτῷ τινα sich jmdn. unterwerfen • 3) sich gegenseitig etwas tun, liefern usw. mit u. ohne ἀλλήλοις, σφίσιν αὐτοῖς • 4) sich machen lassen, τί, auch abs. ὁ ποιησάμενος der (es) sich hat machen lassen.

ποίη, s. πόα.

ποιήεις, ep., dor. (poet.) **ποιάεις**, εσσα, εν, und **ποιηρός**, 3. poet., grasig, grasreich, kräuterreich.

ποίημα, ατος, τό (ποιέω), u. Demin. dav. sp. **ποιημάτιον**, τό, das Gemachte, das Werk, die Arbeit, dah. insbes. a) die Wirkung, das Erzeugnis. b) das künstlich Geschaffene, α) Metallarbeit. β) Werkzeug (Herod. 4, 5). γ) das Dichtwerk, Gedicht. δ) Schriftwerk, Buch.

ποιηρός, s. ποιήεις.

ποίησις, εως, ion. ιος, ἡ (ποιέω), das Machen. 1) allgem. a) den Vorgang bezeichnend: Betätigung, Schaffen, Herstellung, Verfertigung. b) das Ergebnis: Schöpfung. 2) insbes. a) das Schaffen d. Dichters: α) Vorgang: Poesie, Dichtkunst. β) Ergebnis: Dichtung. Dichtwerk, bes. von der Ilias. π. ψιλή Dichtung ohne musikalische Begleitung, π. ἐν ᾠδῇ D. mit mus. Begltg., gesungenes Lied. b) überh. jede Musenkunst. c) das zum Bürger Machen: Aufnahme ins Bürgerrecht. d) das zum Sohne Machen, κατὰ ποίησιν durch Adoption.

ποιητέος, 3. (ποιέω), zu tun, tunlich, gut.

ποιητής, οῦ, ὁ (ποιέω), 1) Schöpfer, Urheber, Verfertiger, Ernnder, Erdichter, Dichter, ἐπῶν, **μελῶν**, epischer, lyrischer. 2) N. T. der Täter.

ποιητικός, 3., Adv. **-ῶς**, 1) zum Schaffen gehörig, geeignet, schaffend (τινός etwas), schöpferisch, *efficiens*. 2) zur Dichtkunst gehörig, dichterisch, poetisch; βίος π. eines Dichters; ἡ π. die Dichtkunst.

ποιητός, 3. (ποιέω), 1) zu machen; auch zu machen möglich. 2) gemacht, gefertigt, χῶμα aufgeworfen; insbes. gut gearbeitet, wohl gefertigt, festgebaut, bei Hom. oft mit πύκα, εὖ. 3) künstlich gemacht, insbesond. nicht natürlich, angenommen, dah. π. παῖς, πατήρ, Adoptivsohn, -vater.

ποιηφαγέω (ποιη-φάγος), ion. rohe Erdgewächse (Herod. 3, 100 Reis) essen.

ποιη-φάγος, 2. sp. Gras, Kräuter fressend.

ποικιλ-είμων, 2. (εἷμα), poet. in buntem Kleide.

ποικιλία, ἡ (ποικίλος), u. **ποίκιλμα**, τό (ποικίλλω), Mannigfaltigkeit, bes. im Plur. Buntheit, farbige Verzierungen, ποικίλμασι an Prachtschimmer, insbesond. bunte Arbeit, durch Malerei, Stickerei, Schnitz- od. Bildwerk, Abbildung.

ποικίλλω, Aor. ἐποίκῖλα, Perf. pass. πεποίκιλται, Adj. verb. ποικιλτέος (ποικίλος), bunt machen, insbes. vom Sticken, Malen: kunstreich arbeiten oder bilden, τί. Übertr. mit τοῖς ὀνόμασι ausschmücken, rühmen, im übeln Sinne: Umschweife machen, πρός τινα, überh. verfänglich, verschlagen, listig reden od. handeln.

ποικιλό-γᾱρυς, 2. dor. poet. von mannigfaltigem Klang.

ποικιλό-δειρος, 2. ep. mit buntem Halse.

ποικιλο-δέρμων, 2. poet. mit buntem Felle.

ποικιλό-θριξ, τριχος, ὁ, ἡ, poet. mit buntem Haar.

ποικιλό-θρονος, 2. poet. auf buntem, reich geschmücktem Thron.

ποικῖλο-μήτης, ου, ὁ, Vok. -μῆτα (μῆτις), ep. voll erfindungsreicher Anschläge, erfindungsreich, listig.

ποικῖλό-νωτος, 2. poet. mit buntem d. i. schillerndem Rücken.

ποικιλό-πτερος, 2. poet. mit bunten Flügeln.

ποικίλος [ῐ], 3. (πικ, schneiden, schnitzen, schmücken, vgl. πικρός • 1) **bunt**, vielfarbig, gefleckt • 2) insbes. **bunt gearbeitet**, überh. kunstreich gearbeitet, mit Ornamenten verziert (νῶτα), durch Zusammenstellung verschiedener Stoffe, dah. χαλκῷ mit Erz verziert, prolept. bei δεσμός künstlich verschlungen. Subst. (τὸ) ποικίλον ein buntgesticktes Kleid • 3) Übertr. • a) verschiedenartig, πολλοί γε καὶ π. von allen Arten und Gattungen, ποικίλως ἔχειν verschieden sein Xen. Plat. • b) verwickelt, vieldeutig, **verschlagen**, gewandt (mit Inf.), schlau, abs., u. τί in etwas • 4) bes. ἡ **Ποικίλη**, auch ἡ μακρά (στοά), v. Peisianax (ἡ Πεισιανάκτειος στοά) **an** der Nordseite der ἀγορά **erbaute Halle in Athen;** geschmückt mit Gemälden des Polygnōtos, rechts: die Schlacht v. Marathon • **5)** Neutr. als Adv. **ποικίλως** • **a)** bunt • **b)** mit mannigfachen Anschlägen, **listig,** klug.

ποικιλο-σάμβαλος, 2. (σάμβαλον, äol. = σάνδαλον), poet. mit bunten Sandalen, Schuhen.

ποικιλό-στολος, 2. (στολή), poet. bunt gekleidet, bunt, auch festlich geschmückt.

ποικιλό-φρων, 2. poet. verschlagenen Sinnes.

ποικιλτέον, s. ποικίλλω.

ποικιλτής, οῦ, ὁ (ποικίλλω), der Buntwirker, Sticker, der gestickte Kleider macht.

ποικιλ-ῳδός, 2. (ᾠδή), poet. rätselsingend.

ποιμαίνω, Impf. iter. ποιμαίνεσκον, Fut. ποιμᾰνῶ, Aor. sp. ἐποίμᾱνα, Perf. pass. poet. πεποίμανται, **1)** Akt. auf die Weide treiben, weiden, hüten, Hirt sein, u. zwar von Schafen, abs, u. zwar ἐπί τινι bei etwas, od. τί etwas. **2)** Med. weiden, von Herden. **3)** übertr. pflegen, ἔρωτα, zügeln, mäßigen, zerstreuen, und im Med. seine Herden weiden.

ποιμᾰνόριον, τό, poet. die Männerschar. Von

ποιμ-άνωρ, ορος, ὁ, poet. Männerhirt, Heerführer.

ποιμενικός, 3. u. poet. **ποιμνίτης,** ὁ, zum Hirten gehörig, ländlich, ὑμέναιος Hirtenlied; ἡ ποιμενική die Weidekunst. Von

ποιμήν, ένος, ὁ (verw. mit πῶυ Herde), **1)** Hirt, besond. des kleinen Viehes, Schafhirt, Schäfer. **2)** übertr. **a)** Hüter, Lenker, Gebieter, λαῶν Völkerhirt. **b)** vom Winde, als dem die Schiffe treibenden Hirten (Äsch.).

ποίμνη, dor. **-να,** ἡ (ποιμήν), u. **ποίμνιον, τό,** weidendes Vieh, Herde, bes Schafe, Schafherde, ἐς τὰ π. τρέφειν διδόναι bei den Herden ernähren lassen.

ποιμνήιος, 3., ep. zur Herde gehörig, σταθμός Stall der Herde.

ποίμνιον, τό, s. ποίμνη.

ποιμνίτης, s. unter ποιμενικός.

ποινάομαι (ποινή), poet. Med., Fut. poet. ποινασόμεσθα, Aor. pass. part. ποιναθεῖσα, sich rächen, τινά an jmdm.

ποινάτωρ [ᾰ], ορος, ὁ, poet. der Rächer.

ποινή, dor. **-νά,** ἡ (verw. mit τίνω, τίσις, τεῖσαι), Bezahlung, Sühnegeld, **Buße,** Sühnopfer, Vergeltung, Genugtuung, welche den Beleidigten entschädigen u. versöhnen soll, bes. für begangenen Mord, dah. **Blutgeld,** welches der Mörder der Familie des Gemordeten zahlt, überh. **1) Rache,** Strafe, der Rachegeist. **2) Ersatz,** τῶν ποινήν, ὄ zur Entschädigung dafür, daß Hom.

ποινῆτις, ιδος, ἡ, poet. Rächerin.

ποίνιμος, 2. poet. sp. rächend, ahndend, teils von den Erinyen, welche bes. die Verletzung der Pietätspflichten rächen, teils πάθεα d. h. Leiden zu rächender Vergeltung.

ποιολογέω, buk. Ähren lesen.

ποιο-νόμος, 2. (νέμομαι), poet. grasweidend; aber **ποιόνομος,** 2. poet. mit grasigen Wiesen.

ποῖος, 3., ion. **κοῖος** (πο), *qualis*, fragendes Pronom. in dir. u. indir. Frage, **wie beschaffen?** welch einer? was doch für einer? aber ποῖον χρόνον in wie langer Zeit. Subst. = τίς meist mit Artikel zur näheren Bestimmung eines Nomens: τὸ ποῖον . . . φάρμακον; Aesch., τῷ ποίῳ τινὶ προσήκει wie ist das Ding beschaffen, dem es zukommt?, τὸ ποῖον; welches ist das? Plat., mit Inf. ποῖοί κ' εἶτε ἀμυνέμεν wie wäret ihr aufgelegt zu helfen? Hom.

ποιός, 3., irgend wie beschaffen, irgend einer; τὸ ποιόν die Qualität.

ποιότης, ἡ, **1)** die Qualität, Eigenschaft. **2)** sp. Grundstoff, Element.

ποιπνύω (Intensivbildg. zu πέ-πνυ-μαι „ich habe Verstand", s. πνέω) ep. poet. **1)** sorgsam sein, sich eilen, sich tummeln. **2)** dienen, aufwarten.

ποίφυγμα, τό, poet. das Geschnaubte, Drohwort.

ποιώδης, 2. ion. u. sp. = ποιήεις, w. s.

ποκά u. ähnl., dor. st. ποτέ.

ποκίζομαι, buk. für sich scheren.

πόκος, ὁ (πέκω), ep. poet. u. sp. die abgeschorne Schafwolle, das Vlies, auch die einzelne Flocke.

πολέες st. πολλοί, s. πολύς.

πολέμ-αιγις, ιδος, poet. die Kriegsägis führend.

πολεμαρχεῖον, τό, der Gerichtshof des Polemarchen.

πολεμαρχέω, Polemarch sein.

πολεμαρχία, ἡ, Amt u. Würde des Polemarchen.

πολέμ-αρχος, ὁ (ἄρχω), **1)** zu Athen: der dritte Archon, bis auf die Perserkriege Kriegsoberster, aber ohne den Oberbefehl, später mit der Jurisdiktion über die Nichtbürger betraut. **2)** in Sparta: Anführer einer Mōra. **3)** in Mantinea, Theben u. thessalischen Städten eine Behörde. **4)** als Eigenn. Bruder des Lysias, der durch die Dreißig hingerichtet wurde.

πολεμέω, regelm., nur Fut. med. in pass. Bdtg, u. ebenso Fut. 3. πεπολεμήσεται, mit Adj. pass. πολεμητέα (πόλεμος). **1)** Akt. intr. **Krieg führen,** kämpfen, streiten, τινί, ἐπί, πρός τινα od. τι gegen jmdn. od. etwas, σύν τινι, μετά τινος od. τινα vereint mit jmdm., ἐπί τινος unter jmdm. **2)** Akt. trans. **a)** mit innerm Akk.: πόλεμον einen Krieg führen, **b)** m. Akk. der Person: **bekriegen,** bekämpfen, τινά (außer Din. 1, 36) erst nachatt. **3)** Pass. mit Fut. med. πολεμήσομαι (Thuk.) unter sich Krieg führen, **sich verfeinden,** ὅσα, τὰ ἔπειτα ὡς ἐπολεμήθη die (nachherigen) Kriegsereignisse, τὰ παρ' ὑμῶν πολεμεῖται der Krieg von eurer Seite.

πολεμήιος, 3. ep. = πολεμικός.

πολεμησείω, den Krieg wünschen.

πολεμίζω mit Fut. πολεμίξω, ep. poet. = πολεμέω.

πολεμικός, 3., **πολέμιος,** 3., **πολεμιστήριος,** 3. u. 2. (πόλεμος) • **1) kriegerisch,** zum Kriege gehörig od. gemacht (πολεμιστήριος eigentl. dem Kriege eigen); τεύχεα, ὅπλα, ἅρμα, ἵπποι ἐμπειρία, τέχνη, πόνοι, ἔργα Kriegsübungen, Kriegsdienst, bei Hom. auch Werke des Kampfes = Krieg. Subst. • **a)** ἡ πολεμική die Kriegskunst • **b)** τὸ π. das Kriegerische, Schlachtsignal (*classicum*), Kriegsgeschrei • **c)** τὸ u. τὰ π. (insbes. πολεμιστήριον) Kriegsmittel, Waffengattung, aber τὰ π. Kriegswesen, -kunst, -dienst, -unternehmungen. Oft im Akk. abs. τὰ π. ἀγαθός, ἄλκιμος usw., dah. τὰ π. διαφέρειν sich im Kriegführen auszeichnen • 2) zum Kriege geschickt, **kriegskundig**, kriegerisch • 3) (πολεμικός u. πολέμιος) **feindlich**, dem Feinde gehörig, feindselig, verderblich. Teils abs., z. B. πατρίς ein Vaterland, welches sie wie Feinde verfolgte, φρυκτοί Feinde meldende Signale; τινί u. τινός. Subst. • **a)** ὁ **πολέμιος** der **Feind**, im Sg. bisw. kollektiv = οἱ π., u. zwar τινός u. τινί, (οἱ) πολεμιώτεροι die schlimmeren Feinde. (οἱ) πολεμιώτατοι die größten Feinde, Todfeinde, τὰ τῶν πολεμίων der Zustand, die Stärke, Rüstungen der Feinde, τὰ ἐκ τῶν π. Nachrichten über die Feinde, eigentl. aus dem Lager derselben, ähnl. ἡ ἐκ τῶν π. τροφή • **b)** ἡ **πολεμία,** mit od. ohne χώρα, das feindliche Gebiet, **Feindesland,** abs., od. τινί für jmdn.; ἑαυτῶν bei Xen. An. 4, 7, 19 hängt nicht von π., sondern von dem zu einem Begriff verbundenen π. χώρα ab • **c)** πολέμιόν τι ein feindliches Heer, aber τὸ πολέμιον, τὰ π. die Feindseligkeit, u. τὰ π. auch Unternehmungen des Feindes, dag πολεμικὸν ἔρις etwas Feindschaft Erregendes, der Streit, u. so auch πολεμικά Eigenschaften, welche zur Feindschaft leiten • **4)** Adv. **πολεμικῶς** u. **πολεμίως** kriegerisch, feindlich, ἔχειν abs. u. πρός τινα feindlich gegen jmdn. gesinnt sein, φύσει von Haus aus.

πολεμιστής, οῦ, ὁ (πολεμίζω), ep. poet. (auch πτολεμιστής) u. sp. Krieger, Kriegsheld, Streiter, Kämpfer, auch adj. bei ἀνήρ, ἵππος.

πολεμό-κλονος, 2. ep. im Kampfe sich tummelnd.

πολεμό-κραντος, 2. poet. den Krieg vollendend.

πόλεμόνδε, s. πόλεμος.

πολεμο-ποιέω, Krieg erregen. Von

πολεμο-ποιός, 2. (ποιέω), ar. sp. Krieg u. Zwist anstiftend, erregend.

πόλεμος, ep. auch **πτόλεμος,** ὁ (πελεμίζω, πάλλω, St. πελ), bei Hom. Kampf, eigtl. Schlachtgetümmel, überh. **Krieg,** Schlacht, Treffen, Zwist, Hader. ἴδιος ein auf eigene Faust unternommener, τὰ εἰς, πρός, ἀμφὶ τὸν π., τὰ ἐν τῷ π. die Kriegsbedürfnisse, Kriegsübungen, der Kriegsdienst, τὰ τοῦ π. der Stand des Krieges gegen jmdn., πρός, ἐπί τινα, aber ἐπί τινος in einem Lande • Adv. **π(τ)όλεμόνδε,** ep. in den Krieg, in den Kampf.

πολεμο-φθόρος, 2. poet. durch Krieg zerstörend.

πολεμόω (πόλεμος), **1)** Akt. verfeinden. **2)** Med. sich zum Feinde machen, τινά. **3)** Pass. verfeindet, entfremdet werden, u. zwar mit folg. ὅτι dadurch daß.

Πολέμων, ωνος, ὁ, **1)** aus Samos od. der Troas gebürtig, Schriftsteller, Geograph u. Reiseschriftsteller um 200 v. Chr. **2)** sonst. Eigenn.

πολεύω (πέλω), **1)** poet. trans. umwenden, umwühlen, τί. **2)** ep. intr. sich umherbewegen, sich aufhalten, verweilen, κατά τι in etwas.

πολέω, 1) Akt. poet. umdrehen; umkreisen, umwandern, bewohnen, τί oder ἀμφί τι. **2)** Med. sich herumtreiben, sich drehen; sp. sich um einen festen Punkt bewegen, rotieren, περί τι. Vgl. πολεύω u. πωλεύω.

πολέων st. πολλῶν, s. πολύς.

πόληες u. ä., s. πόλις.

πολιαίνομαι, poet. grau werden.

πολί-αρχος, ὁ, poet. Beherrscher einer Stadt.

πολιά-οχος, s. πολιοῦχος.

πολιάς, άδος, ἡ, Fem. adj. von πόλις, ion. poet. u. sp. die Städtische, Stadtbeschützende, Beiname von Göttinnen, bes. der Athene; dah. auch bloß ἡ πολιάς. (So wurde sie in Athen u. anderswo in besondern Tempeln verehrt.)

πολιάτης, ᾱ, dor. = πολίτης.

πολιεύς, έως, ὁ, der Städtische, Stadtbeschützer, Bein. des Zeus.

πολίζω, ep. Aor. πόλισσα, Plqpf. pass. πεπόλιστο (πόλις), eigentl. eine Stadt gründen, dann überh. gründen, anlegen, bauen, τί, auch mit τὸ χωρίον einen Ort durch Gründung einer Stadt anbauen.

πολιήτης m. poet. Gen. plur. -ητᾶν, s. πολίτης.

πολιῆτις, s. πολῖτις. **πόλινδε,** s. πόλις.

πολιο-κρόταφος, 2. ep. u. poet. mit grauen d. i. grauhaarigen Schläfen.

πολιορκέω (wie von πολί-ορκος, ἕρκος), regelm. (über das med. Fut. s. 2), Adj. verb. πολιορκητέος. **1)** Akt. eine Stadt, dann überh. etwas od. jmdn. einschließen, umlagern (mit u. ohne πέριξ), umzingeln, **belagern,** überh. bedrängen, aushungern. **2)** Pass. mit Fut. med. πολιορκήσομαι, selten Fut. pass., **a)** blockiert, belagert, bedrängt, gezüchtigt werden, **b)** sich belagern lassen, **eine Belagerung aushalten,** μετά τινος mit jmdm.

πολιορκητέος, 3. zu belagern, zu bedrängen.

Πολιορκητής, οῦ, ὁ, der Städtebestürmer, Bein. von Antigonos' Sohn Demetrios, geb. 337 v. Chr., befreit Athen von Kassandros 307, erobert durch neue Kriegsmaschinen das kypr. Salamis (daher sein Beiname), nennt sich König 306; stirbt nach wechselvollen Schicksalen als Gefangener des Seleukos 283 in Apameia.

πολιορκητικός, 3. sp. zur Belagerung gehörig, Belagerungs-.

πολιορκία, ion. **-ίη,** ἡ (πολιορκέω), die Umzingelung, Einschließung, Belagerung (einer Stadt), sp. auch Bedrängung.

πολιός, 3. u. 2. (verw. πελ-ιδνός u. πελλός), **1)** weißlich, grau, unter anderm vom Meere am Gestade, wo es brandend schäumt, bes. aber vom Haar, dah. altersgrau; sp. πολιαί (sc. τρίχες), graue Haare, Alter, poet. auch Sing. **2)** poet. überh. hell.

πολι-οῦχος, 2. ion. poet. u. sp., **πολισσ-οῦχος,** 2. poet. u. **πολιά-οχος,** 2. poet., auch πολί-οχος, 2. poet. (πόλις, ἔχω), stadtbeschirmend, Stadtbeschützer, -beschützerin, Bein. der Götter, insbes. der Athene, vgl. πολιάς.

πολιό-χρως, ωτος, ὁ, ἡ, poet. von graulicher Haut.

πόλις, ἡ, ep. auch Sg. G. πόλιος (auch zweisilb.), πτόλιος u. πόληος, D. πόληι u. πτόλεϊ, A. πτόλιν, Pl. N. πόλιες u. πόληες, G. πολίων, D. πολίεσσι, A. πόλιας (auch zweisilbig: πόλῑς), u. πόληας, ion. Sg. G. πόλιος, D. πόλῑ, Pl. πόλιες, πολίων, πόλισι, πόλῑς, u. poet. G. sg. auch πόλεος • **1) Stadt,** κατὰ πόλεις in, auf, für die einzelnen Städte od. Stadtgemeinden, ἕκαστοι κατὰ πόλιν **jeder in seiner Stadt.** Der Name folgt entw. im Gen. od. als Appos. im Nom. Insbes. • **a)** die Vaterstadt od. Hauptstadt, in diesem Sinne nicht selten ohne Artikel. Dah. bei Hom oft v. Troja, bei den Attikern von Athen • **b)** die Burg, befestigte Stadt = ἀκρόπολις, bes. die zu Athen, z. B. Lys. 13, 80, während die übrige Stadt ἄστυ heißt. Doch braucht Arr. ἡ ἄλλη πόλις auch = ἡ κάτω πόλις von der Unterstadt, im Gegensatz zur Kadmeia. Auch in dieser Bdtg. oft ohne Artikel, als altertümlicher Ausdruck • **c)** überh. das heimische Gebiet, Heimat, Vaterland, daher z. B. von der ganzen Insel Lemnos, mit u. ohne πατρία, κατὰ πόλιν daheim • **2)** die Stadtgemeinde, **Bürgerschaft,** die Bürger, der **Staat,** u. bes. der Freistaat, im Gegens. zu einer βασιλεία od. τυραννίς, Xen. Kyr. 8, 2, 28 vgl. mit Soph. Ant. 737, τὰ τῆς πόλεως die Staatsangelegenheiten, Staatsverwaltung, ἄτιμος τῆς πόλεως der Rechte des Aktivbürgers verlustig, τῇ πόλει διαλέγεσθαι = τοῖς πολίταις, d. h. öffentlich. Es fehlt oft bei ἡ αὐτῶν (Auch hieß ein Spiel so.) • **3)** Als Adv. ***πόλινδε*** in die Stadt. Als Eigenname ***Πόλις,*** ἡ, fester Platz in Lokris Ozolis, an der Grenze Ätoliens, jetzt *Karutes*.

πόλισμα, τό (πολίζω), u. Demin. sp. ***πολισμάτιον,*** τό, Stadt, Städtchen, poet auch: Staat, Bürgerschaft, Burg. Eigentl. bei Eur. Θήβας καὶ πόλισμα ἑπτάστομον. [**b)** gesellig.

πολισσο-νόμος, 2. poet. **a)** die Stadt regierend.

πολίσσοος, 2. ep. stadt-, städtebeschützend.

πολισσ-οῦχος, s. πολιοῦχος.

πολιτ-άρχης, ὁ, sp. N. T. Stadtvorsteher.

πολῑτεία, ion. ***-τηίη,*** ἡ, u. ***πολίτευμα*** [ῐ], τό • **1)** (bloß πολιτεία) das Verhältnis eines (freien) Bürgers zum Staate, das **Bürgerrecht,** ἐπὶ πολιτείᾳ οἰκεῖν als Bürger leben • **2)** das Benehmen eines Bürgers, pl. sp. das öffentliche Leben, öffentliche Tätigkeit; die politischen oder staatlichen Grundsätze der Bürger, insbes. der Staatsmänner, die Politik, **Staatsverwaltung,** Regierung, auch als milderer Ausdruck für die Gewaltherrschaft der 400 u. der 30 in Athen, teils τῆς τότε πολιτείας καθισταμένης als die damalige Staatseinrichtung im Werke war, τῆς πολιτείας ἅπτεσθαι das Staatsruder ergreifen, ἐκπίπτειν von ihm entfernt werden, teils ἐπί τινος unter jmdm. • **3)** die Staatseinrichtung • **a) Staatsverfassung,** Verfassungsform, τὰ κατὰ τὴν πολ. die politischen, sozialen Verhältnisse • **b)** bei den Rednern insbes. die demokratische Republik • **c)** Schrift über die Staatsformen, über den Staat • **4)** im allgem. • **a)** (πολίτευμα) das Bürgertum, Bürgerzahl • **b)** Staatsgewalt • **c)** (πολιτεία) der Staat, Verfassungsstaat, οἱ ἔχοντες τὴν π. die Machthaber • **d)** geordnetes Staatsleben (Gegens. πόλεμος) • **e)** Lebenswandel.

πολῑτεύω (πολίτης) • **1)** Akt. **Bürger sein,** eine Staatsverfassung haben, εὖ im Besitz der trefflichsten Verfassung leben, σωφρονέστερον eine vernünftigere Verfassung einführen, κατ' ὀλιγαρχίαν eine oligarchische Verfassung haben, auch mit τί, z. B. ἐλεύθερος τὰ πρὸς τὸ κοινόν im Gemeinwesen freisinnig verfahren, od. τὰ ἄλλα ἔς τινα andere Maßregeln gegen jmdn. ergreifen • **2)** Med. u. Pass. • **a)** = Akt. Staatsbürger sein, sein Bürgerleben führen, u. zwar κατά τι nach etwas • **b)** regieren, den Staat verwalten, **Staatsmann sein,** teils abs. τὸ π. das politische Handeln, **οἱ πολιτευόμενοι** die Staatsmänner, teils ἔν τινι in einer Verfassung, **πρός τι** in seiner Politik nach etwas streben, sich nach etwas richten, od. auch τί etwas als Staatsmann tun • **c)** (Pass.) entweder vom Staate: verwaltet werden, od. πεπολιτευμένα das staatsmännische Wirken, Politik, u. mit τινί jmds. öffentliche Wirksamkeit.

πολιτηίη, s. πολιτεία.

πολίτης [ῑ], ου, ὁ, Gen. pl. ῶν u. poet. auch ᾶν, ep. ion. u. poet. auch ***πολιήτης,*** Gen. εω (πόλις), Bürger. **1)** Einwohner einer selbständigen Stadt, eines Stadtstaates, Inhaber des Bürgerrechts in diesem, Bürger im ursprgl. Sinne. **2)** Untertan eines Herrschers, Bürger eines Reiches, Staatsbürger. Auch Mitbürger, Landsmann.

πολῑτικός, 3. • **1) bürgerlich,** d. i. den Bürger betr., oder aus Bürgern bestehend, στρατεύματα Bürgermilizen. Subst. τὸ π. die Gesamtheit der Bürger od. Einwohner • **2)** staatsbürgerlich, d. i. • **a)** den Staat od. die Staatsverwaltung betreffend, staatlich, **politisch,** λόγος Staatsrede, ξύλλογος Staatsversammlung, ζῷον ein auf staatsbürgerliche Gemeinschaft angewiesenes Wesen, od. • **b) staatskundig,** staatsmännisch, parlamentarisch, τέχνη die Staatskunst. Subst. (ὁ) π. der Staatsmann, bes. praktische Staatsmann, ἡ π. die Staatskunst, τὸ π. das ganze Gemeinwesen, τὰ π. die politische Lage, die Staatsgeschäfte, **Politik** • **3)** Adv. ***πολιτικῶς*** • **a)** patriotisch (Isokr.) • **b)** der Würde des Staates angemessen, streng rechtlich (Dem.).

πολῖτις, ιδος, ἡ, Fem. zu πολίτης, die Bürgerin, Mitbürgerin; poet. πολιῆτις.

πολιτο-γραφέω, sp. zum Bürger machen.

πολιτο-γραφία, ἡ, sp. die Bürgerrechtserteilung.

πολίχνη, ἡ, u. Demin. dazu ***πολίχνιον,*** τό (πόλις), kleine Stadt, Städtchen. Als Eigenn. ***Πολίχνα,*** ion. ***Πολίχνη,*** Stadt **a)** in Troas. **b)** bei Klazomenä in Ionien. **c)** in Kreta (j. *Lampe*). Die Einw. Πολιχνῖται.

πολλάων, πολλάκις, πολλάκι, s. πολύς.

πολλαπλασιάζω, sp. vervielfachen, multiplizieren; ὁ πολλαπλασιάζων ἀλλήλους der Faktor.

πολλα-πλάσιος, ion. ***-πλήσιος,*** 3. u. (sp.) 2. (πολύς), vielmal od. weit mehr, stärker, größer, abs. od. mit folg. Gen. od. ἤ. Neutr. pl. als Adv. weit mehr (eigtl. weit mehreres von dem, was das Verbum besagt). Adv. ***πολλαπλασίως,*** sp. weit mehr, erst recht. Davon

πολλαπλασιόω, vervielfältigen.

πολλαπλασίων, 2. sp. = πολλαπλάσιος.

πολλαπλασίωσις, ἡ, die Vervielfältigung.

πολλα-πλοῦς, 3. mannigfaltig. [Art.

πολλαχῇ, vielerorts, vielmal, oft; auf vielfache

πολλαχόθεν, πολλαχόθι, πολλαχόσε, πολλαχοῦ, πολλαχῶς, πολλέων, πολλός, s. πολύς.

πολλοστη-μόριον, τό, sp. ein Teil von vielen, daher ein kleiner, kleinster, geringster Teil.

πολλοστός, 3. (Superlativf. v. πολύς), einer aus vielen, dah. klein, gering, μόριον od. μέρος ein kleiner Bruchteil, der kleinste, geringste, der tausendste Teil. (Auch: lange.)
πόλος, ὁ (πέλω), eigentl. die Umdrehung. **1)** die Achse. Sp. auch Endpunkt der Erd- oder der Weltachse: Pol. **2)** Gewölbe, Himmelsgewölbe. Insbes. **3)** die Sonnenuhr. **4)** weibl. Kopfputz in Zylinderform.
πολύ-ἄθλος, 2. sp. der in vielen Kämpfen siegt, streitbar, kampflustig.
πολυ-αίμων, 2. poet. voll Blut.
πολυ-αίνετος, 2. poet. viel belobt.
πολύ-αινος [ῠ], 2. ep. viel belobt, weit gepriesen.
πολυ-ᾶιξ od. **-άιξ** [ῐ im Nom. u. Vok., sonst ῑ], ῖκος, ὁ (ἀική, ἀίσσω), ep. voll heftiger Bewegung, stürmisch, mühevoll, anstrengend.
πολυανδρέω (πολύανδρος), menschenreich sein.
πολυανδρία, ἡ, Reichtum an Männern od. Menschen; εἰς π. zur Vermehrung der Bevölkerung.
πολυάνδριον, τό, sp. Begräbnisplatz für viele, Friedhof.
πολύ-ανδρος, 2. poet. sp. menschen- od. volkreich, [bevölkert.
πολυ-άνθεμος, 2. poet. u. **πολῠ-ανθής,** 2. ep. u. sp. blüten- u. blumenreich; blumig. bunt.
πολυανθρωπία, ἡ, die Volksmenge.
πολυ-άνθρωπος, 2., Adj. mit Superl. = πολύανδρος. [habend.
πολυ-άνωρ, ορος, 2. poet. [ᾰ], viele Männer (Freier)
πολῠ-άργῠρος, 2. ion. u. sp. reich an Silber; dann überh. reich an edlen Metallen, an Geld.
πολῠ-ᾱρητος, 2. (ἀράομαι), ep., att. auch **πολυ-άρᾱτος,** sehr erfleht, viel gewünscht.
πολυ-αρκής, 2. (ἀρκέω), ion. u. sp. für vieles hinreichend, segensvoll, reich ausgestattet.
πολυ-άρματος, 2. (ἅρμα), poet. wagenreich.
πολυ-αρμόνιος, 2. mit vielen Melodien.
πολύ-αρνι, ep. metapl. Dat. zu πολύαρνος, 2. ep. lammreich, herdenreich.
πολυαρχία, ἡ (πολύ-αρχος), Herrschaft od. Kommando vieler, Vielherrschaft, Mangel an Einheit im Oberbefehl.
πολύ-αστρος, 2. poet mit vielen Sternen.
πολυ-αύχενος, 2. poet. mit vielen Hälsen.
πολυ-ᾱχητος, 2. poet. viel tönend.
πολύ-βᾰτος, 2. poet. viel begangen, betreten.
πολυ-βαφής, 2. poet. viel untergetaucht.
πολυ-βενθής. 2 ep. sehr tief.
Πολύβιος, ὁ, aus Megalopolis, Hipparch des achäischen Bundes, 166 als Geisel nach Rom gesandt. Hier Freund der Scipionen u. Lehrer des jüngern Scipio Africanus, wird er 150 auf des letzteren Verwendung in die Heimat entlassen u. wirkte für die Griechen außerordentlich viel Gutes; starb 122. Von seinen 40 Büchern ἱστορίαι, die bes. die röm. Geschichte 220—168 behandelten, sind die ersten 5 vollständig erhalten.
Πόλῠβος, ὁ, **1)** König in Korinth, welcher den Ödipus erzog. **2)** sonst. Eigenname.
πολύ-βοτος, 2. poet. vielnährend.
πολύ-βοτρυς, υος, ὁ, ἡ, poet. traubenreich.
πολύ-βουλος, 2. (βουλή), ep. poet. reich an Rat, wohlberaten.
πολῠ-βούτης, ου, ὁ (βοῦς), ep. an Rindern reich.
πολύ-βροχος, 2. poet. mit vielen Stricken.
πολῠ-γηθής, 2 (γῆθος), ep. poet. viel erfreuend, freudenreich; buk. auch Eigenname.
πολύ-γλωσσος, 2. poet. und sp. vielzüngig, **a)** δρῦς die Eiche in Dodona, weil aus dem mannigfachen Rauschen ihrer Blätter geweissagt ward. **b)** prolept. βοή, viele Zungen in Bewegung setzend, Geschrei vieler Zungen.
πολύ-γναμπτος, 2 buk. u. poet. vielfach gewunden, gekrümmt; kraus.
πολυ-γνώμων, ον, 2. viel wissend, sehr verständig.
Πολύγνωτος, ου, ber. Maler aus Thasos, seit 463 in Athen eingebürgert, hatte in der Ποικίλη die Marathonschlacht (mit wirklichen Porträts) gemalt u. in der Lesche zu Delphi das rauchende Troja, die zur Heimfahrt gerüsteten Griechen und des Odysseus Hadesfahrt, mit Tartaros und Elysium.
πολύ-γομφος, 2. poet. mit vielen Nägeln verbunden.
πολυγονέομαι (πολυγόνος), sp. Pass., sich weit fortpflanzen.
πολυγονία, ἡ, viel erzeugende Kraft, Fruchtbarkeit.
πολυ-γόνος, 2. (γονή), vielträchtig, fruchtbar.
πολυ-γράμματος, 2. poet. **1)** buchstabenreich, mit vielen Buchstaben gezeichnet, gebrandmarkt, = στιγματίας. **2)** sp. sehr gelehrt.
πολύ-γραφος, 2. sp. vielschreibend.
πολύ-γωνος, 2. u. **-γώνιος,** 2. (γωνία), sp. vielwinklig, vieleckig. Komp. πολυ-γωνότερος, mit mehr Winkeln, Ecken. Subst. **πολυγώνιον** Vieleck.
πολῠ-δαίδᾰλος, 2. ep. kunstreich, d. i. sowohl künstlich gearbeitet als kunstfertig.
πολυ-δάκρῡος, 2. ep. u. poet., **πολύ-δακρυς,** υος, ὁ, ἡ, ep. u. poet., **πολυ-δάκρῡτος,** 2. ep. u. poet., viel beweint, tränenreich, sehr beweinenswert.
πολυ-δάπανος, 2. (δαπάνη), **1)** viel Aufwand machend, verschwenderisch. **2)** viel Aufwand erfordernd, kostspielig.
πολῠ-δειράς, άδος, ὁ, ἡ, ep. eigtl. vielhalsig, dann vielgipfelig.
Πολυ-δέκτης, ου, ion. εω, ὁ, **1)** König von Serīphos, welcher den ausgesetzten Perseus aufnahm u. ihn zu den Gorgonen nach Libyen sandte, später aber von diesem mit Hilfe des Medusenhauptes in Stein verwandelt wurde. **2)** sonst. Eigenname. **3)** Bein. des Hades.
πολυ-δένδρεος, 2. ep. u. **πολύ-δενδρος,** 2. poet. mit heteroklit. Dat. πολυδένδρεσσι, baumreich, waldig.
πολύ-δεσμος, 2. ep. vielgebunden, gut gefügt.
Πολῠ-δεύκης, ους, ὁ, Akk. -κεα u. κη, Pollux, Br. des Κάστωρ, w. s. Demin. dav. **Πολυ-δεύκιον,** τό.
πολῠ-δίψιος, 2. (δίψα), ep. sehr durstend, wasserarm, Beiw. der Hochebene von Argos.
πολύ-δονος, 2 poet. viel herumgetrieben; viel herumtreibend.
πολύ-δρομος, 2. poet. weit herumirrend.
πολυδωρία, ἡ, Freigebigkeit, als Eigenschaft der persischen Könige gegen Gesandte usw.
πολύ-δωρος, 2. (δῶρον), ep. brautschatzreich, insofern die Eltern viele Brautgeschenke von den Freiern erhalten u. diese zum Teil der Tochter

wieder als Ausstattung mitgegeben haben. Als Eigenname

Πολύδωρος, ὁ, **1)** Sohn des Kadmos u. der Harmonĭa, König von Theben, Vater des Labdăkos. **2)** sonst. Eigenname. — *Πολυδώρη*, T. des Peleus, M. des Menesthios.

πολύ-εδρος, 2. (ἕδρα), sp. mit vielen (über einander erhöhten) Sitzen.

πολυ-ειδής, 2. (εἶδος), vielgestaltig, mannigfaltig. Subst. τὸ π. = ἡ πολυειδία die Verschiedenartigkeit.

πολυ-έλικτος, 2. poet. vielfach gewunden, mannigfach.

πολυ-επής, 2. (ἔπος), poet. sp. sprüchereich.

πολύ-εργος, 2 buk. sehr arbeitsam.

πολυ-ετής, 2. poet. sp. vieljährig.

πολύ-ευκτος, 2. (εὔχομαι), viel od. sehr gewünscht, vielerfleht, vielersehnt, wünschenswert.

Πολύευκτος, ὁ, **1)** aus Sphettos, Freund des Demosthenes u. eifriger Anhänger der Volkspartei. **2)** sonst. Eigenname.

πολυ-εύ-σπλαγχνος, 2. sp. sehr mitleidig.

πολυ-εύχετος, 2. ep. = πολύευκτος.

πολύ-ζηλος, 2. poet. u. **πολυ-ζήλωτος,** 2. poet. vielbeneidet, hochgefeiert, hochverehrt, vielgeliebt.

πολύ-ζυγος, 2. (ζυγόν), ep. mit vielen Ruderbänken.

πολῠ-ηγερής, 2. (ἀγείρω), ep. weit und breit zusammenberufen (versch. LA).

πολυ-ήκοος (ἀκούω), 2. vieles gehört habend, Vielhörer.

πολυ-ήμερος, 2. sp. vieltägig.

πολυ-ήρᾰτος, 2. (ἐράω), ep. poet. vielgeliebt, sehr erwünscht, lieblich, reizend.

πολῠ-ηχής, 2. (ἦχος), ep. poet. sp. **a)** vieltönig, tonreich. **b)** laut hallend od. tosend.

πολυ-θαρσής, 2. (θάρσος), ep. sp. sehr kühn, sehr mutig.

πολύ-θεος, 2. poet. vielen Göttern gehörig.

πολύ-θερμος, 2. sp. sehr warm.

πολύ-θηρος, 2. poet. wildreich.

πολυ-θρέμμων, 2. poet. vielnährend, nahrungsreich.

πολύ-θρηνος, 2. poet. = πολυδάκρυος.

πολύ-θρους, 2. poet. mit vielem Geschrei.

πολυ-θρύλητος, 2. vielfach besprochen.

πολύ-θυρος, 2. (θύρα), **1)** sp. mit vielen Öffnungen, durchlöchert, zerfetzt. **2)** poet. vielblätterig, vielfach.

πολύ-θυστος, 2. poet. (Konj.) u. **πολύ-θῡτος,** 2. (θύω), poet. opferreich, π. σφαγὰς τεύχειν der Opfertiere viele schlachten.

πολῠϊδρείη, ἡ, ep. das Vielkundigsein, πολυιδρείῃσι νόου mit Klugheitsmaßregeln; aus, durch Klugheit.

πολύ-ιδρις, ιος, ὁ, ἡ, ep. poet. ar. vielkundig, sehr klug, sinnreich.

πολύ-ιππος, 2. ep. rossereich.

πολῠ-καγκής, 2. (vgl. κάγκανος), ep. poet. sehr trocknend, glutheiß.

πολυ-κανής (καίνω), 2. poet. viele tötend.

πολύ-καπνος, 2. poet. vielräucherig, rußig.

πολυκαρπία, ἡ, reicher Ertrag an Früchten, eine reiche Ernte.

πολύ-καρπος, 2. reich an Früchten, **a)** fruchtbar. **b)** viel erntend.

πολυκέρδεια, ἡ, ep. Dat. plur. -κερδείῃσιν, große Schlauheit, List.

πολῠ-κερδής, 2. (κέρδος), ep. reich an Ränken, verschlagen, gewinnsüchtig.

πολύ-κερως, ωτος, ὁ, ἡ, poet. hörnerreich, φόνος an vielem Vieh verübt.

πολύ-κεστος, 2. ep. reich gestickt.

πολυ-κέφαλος, 2. vielköpfig.

πολυ-κηδής, 2. (κῆδος), ep sorgenvoll, kummerreich.

πολυ-κήτης, 2. buk. an Ungeheuern reich.

πολυ-κίνητος, 2. sp. viel bewegt, stark bewegt.

πολύ-κλαυστος u. **πολύ-κλαυτος,** 2. u. 3. (κλαίω), ep. poet. sp. **a)** viel beweint, -beklagt. **2)** buk. sehr klagend.

Πολύ-κλειτος, ὁ, **1)** aus Sikyon, Bildhauer und Meister in der Darstellung menschlicher Schönheit, Nebenbuhler des Pheidias, Haupt der argiv. Schule; berühmt war sein δορυφόρος u. διαδούμενος, u. der Koloß der Hera aus Goldelfenbein in Argos. Er wirkte um 430 v. Chr. **2)** aus Larissa, Geschichtschreiber zur Zeit Alexanders d. Gr.

πολυ-κλήις, ῖδος, od. **-κληίς,** ῖδος, ἡ (κλεῖς), ep. = πολύζυγος, vielruderig.

πολύ-κληρος, 2. ep. mit großem Erbteil, reich begütert.

πολύ-κλητος, 2. (καλέω), ep. von vielen Orten, weit herbeigerufen = πολυηγερής, w. s.

πολύ-κλυστος, 2. (κλύζω), ep. viel bespült, reich an Meeresströmungen, viel aufwogend.

πολύ-κμητος, 2. (κάμνω), ep. mühsam bereitet, -geschmiedet, -gebaut.

πολύ-κνημος, 2. ep. mit vielen Waldschluchten, waldreich.

πολύ-κοινος, 2. poet. vielen gemein, viel aufnehmend, d. i. viele od. alle umfassend.

πολυκοιρᾰνίη, ἡ, ep. die Vielherrschaft, von

πολυ-κοίρανος, 2. poet. über viele herrschend, vielbeherrschend.

πολύ-κρᾱνος, 2. poet. vielköpfig.

πολυ-κρατής, 2. poet. der sehr mächtige.

Πολυκράτης, ους, ὁ. **1)** Sohn des Aiakes, Tyrann von Samos in der 2. Hälfte des 6. Jh.; hatte eine prächtige Hofhaltung (Anakreon) und eine Leibwache; mit einer Flotte von 100 Fünfzigruderern unterwarf er Nachbarinseln und Städte, verbündete sich mit Amăsis von Ägypten u. Kambȳses; unterlag Aufständischen und wurde schließlich durch den pers. Satrapen Oroites hinterlistig in Magnesia hingerichtet, 522. **2)** sonst. Eigenname.

πολύ-κροτος, 2. ep. poet. sp. laut tönend, laut lärmend.

πολύ-κρουνος, 2. poet. sp. vielquellig; στόματα viele Mündungen von Brunnenröhren.

πολυ-κτέανος, 2. poet. u. **πολυ-κτήμων,** ον, ονος (κτῆμα), ep. poet sp. viel besitzend, güterreich, hochmögend, hochgestellt.

πολύ-κτητος, 2. poet. reich, vielbesitzend.

πολυ-κτόνος, 2. (κτείνω), poet. viele tötend; Mörder vieler.

πολυ-κῡμων (κῦμα), 2. poet wogenreich.

πολυ-κώκυτος, 2. poet. klagenreich.

πολύ-κωπος, 2. (κώπη), poet. vielruderig.

πολῠ-λήιος, 2. (λήιον), ep. an Saatfeldern reich, flurenreich.

πολύ-λλιστος, 2. ep. poet. (λίσσομαι), viel angefleht.

πολυλογία, ἡ, vieles Reden, Geschwätzigkeit.
πολυ-λόγος, 2. (λέγω), gesprächig, geschwätzig.
πολυ-μαθής, 2. (μανθάνω), der viel gelernt hat, kenntnisreich.
πολυμαθία, Gelehrsamkeit, Vielwisserei.
πολυ-μέριμνος, 2. sp. sorgenvoll.
πολυ-μερῶς, Adv. sp. N. T. vielfältig.
πολύ-μετρος, 2. poet. groß, reich, reichlich.
πολυ-μηκάς, άδος, ἡ, ion. viel meckernd.
πολύ-μηλος, 2. ep. u. poet. schafreich, herdenreich.
πολύ-μητις, 2. ep. reich an Klugheit, Auskunftsmitteln, erfindungsreich, listig.
πολυμηχανίη, ἡ, ep. Reichtum an Hilfsmitteln, Klugheit. Von
πολυ-μήχανος, 2. ep. u. poet. = πολύμητις.
πολυ-μῑσής, 2. sp. viel gehaßt.
πολύ-μῖτος, 2. poet. bunt gewebt.
πολυ-μνήμων, 2. sp. sich vieler Dinge erinnernd.
πολυ-μνήστη, ἡ (μνάομαι), ep. viel umworben.
πολύ-μνηστος, dor. **-μνᾱστος,** 2. (μιμνήσκω), poet. **1)** akt. wohl eingedenk. **2)** pass. oft erwähnt od. zu erwähnen, in der Erinnerung haftend.
Πολ-ύμνια, ἡ, eine der neun Musen, die hymnenreiche Tochter des Zeus.
πολύ-μορφος, 2. sp. = πολυειδής.
πολύ-μουσος, 2. sp. musenreich, woran viele Musen beteiligt sind.
πολύ-μοχθος, 2. poet. mühevoll, leidenvoll (Soph. OC. 1231 ist zu π. aus dem folg. κάματος zu ergänzen); Mühe verursachend.
πολύ-μῡθος, 2. ep. poet. = πολυλόγος.
πολύ-ναος, 2. buk. mit vielen Tempeln.
πολυ-ναύτης, ου, ὁ, poet. mit vielen Schiffern und Schiffen.
πολυ-νεικής, 2. poet. viel streitend.
Πολυνείκης, ους, Bruder des Ἐτεοκλῆς, w. s.
πολυ-νιφής, 2. poet. viel beschneit.
Πολυξένη, ἡ, Tochter des Priamus, die sich auf des Achilles Grab geopfert hat.
πολύ-ξενος, 2. u. 3. poet. von vielen Fremden besucht, gastfrei.
πολύ-ξεστος, 2. poet. viel gehobelt, sorgfältig geglättet (var.).
πολυ-οινέω, ep. reich an Wein sein. Von
πολύ-οινος, 2. (Ϝοῖνος), weinreich.
πολυ-όμμᾰτος, 2. sp. vieläugig.
πολυ-όρνῑθος, 2. (ὄρνις), poet. reich an Vögeln; Beiw. der Insel Leuke wegen der vielen Möwen, Schwäne u. Kraniche dort.
πολυοψία, ἡ, eine Menge von Fleisch, bes. Reichtum an Fischen; im Scherz: ein gutes Fleischjahr.
πολύ-οψος, 2. (ὄψον), sp. reich an Fleischgerichten, lecker.
πολυπάθεια, ἡ, sp. Reichtum an Eindrücken.
πολυ-παθής, 2. sp. vielen Leiden, Eindrücken ausgesetzt; Sup. -θέστατος.
Πολυπαΐδης, ὁ, Freund des Dichters Theognis.
πολυ-παιδία, ἡ, Kinderreichtum.
πολῠ-παίπᾰλος, 2. ep. (vgl. παιπαλόεις), sehr verschmitzt, gerieben.
Πολυπᾰμονίδης (-παμμον-), ᾱο, ὁ, ep. erdichteter Name von
I. **πολυ-πάμων** od. **πολυ-πάμμων,** 2. (πάομαι erwerben), ep. reich begütert.
II. **πολυ-πάμων,** 2. poet. (πῆμα), von vielem Leid heimgesucht, schwergeprüft.
πολυπειρία, ἡ (πολύ-πειρος), der Besitz großer, reicher Erfahrung. [fahren.
πολύ-πειρος, 2. (πεῖρα), poet. u. sp. viel-, sehr er-
πολυ-πείρων, ονος, 2. (I. πεῖραρ), ep. viel begrenzt, aus mancherlei Gegenden.
πολυ-πενθής, 2. ep. poet. sp. **1)** trauervoll. **2)** viel betrauert.
Πολυπέρχων, οντος, ὁ, Sohn des Simmias, General Alexanders des Großen und nach dessen u. Antipatros' Tode im J. 319 Regent von Makedonien, konnte sich aber nicht halten, † in Lokris nach 303.
Πολυ-πημονίδης, αο, ὁ, Leidenreich, alte var. f. -πᾰμονίδης, (s. d.) ω, 305.
πολυ-πήμων, ονος, 2. ep. poet. sehr schädlich.
Πολυπήμων, -ονος, ὁ, poet. Vater des Prokrustes, oder dieser selbst, s. Προκρούστης.
πολύ-πηνος, 2. poet. von dichtem Gewebe.
πολυ-πῖδαξ, ἄκος u. metapl. -πιδάκου, ὁ, ἡ, ep. u. poet. quellenreich. [voll.
πολύ-πικρα, ep. als Adv. sehr bitter d. i. schmerz-
πολυ-πῑνής, 2. (πίνος), poet. sehr schmutzig.
πολύ-πλαγκτος (πλάζω), ep. u. poet. **1)** weit umherirrend, viel gewandert, von Jahren: sich viel umrollend (insofern sie neunmal ihren Kreislauf geendet). **2)** weit verschlagend, ἄνεμος.
πολυπλανής, 2. meist poet. **1)** trans. viel irren machend, in viele Irrtümer führend. **2)** = dem folg.
πολυ-πλάνητος, 2. ion. u. poet., u. **πολύ-πλανος,** 2. poet. u. sp. viel od. weit umherirrend, unstet.
πολύ-πλεθρος, 2. sp. **1)** viele πλέθρα (Acker) besitzend, im Sup. der größte Landbesitzer. **2)** poet. viele πλέθρα groß.
πολύ-πλευρος, 2. sp. vielseitig (geom.).
πολυπλήθεια, ἡ, ion. **-ίη,** große Menge.
πολυπλοκίη, ἡ, poet. Verschlagenheit. Von
πολύ-πλοκος, 2. (πλέκω), sehr verflochten od. verschlungen, übertr. **a)** verwickelt, schwierig. **b)** verschlagen, listig.
πολυ-ποίκιλος, 2. poet. sp. u. N. T. sehr bunt, mannigfaltig.
πολύ-πονος, 2. mühenreich, unruhvoll, **a)** viel Not habend, mühereich, geplagt. **b)** Not machend, leidvoll, quälend. Subst. τὸ π. die steten Mühen. Adv. sp. **-όνως,** mit vieler Anstrengung.
πολυ-πόταμος, 2. poet. mit vielen Flüssen.
πολυ-πότνια, ep. fem. hochehrwürdig.
πολύ-πους, ποδος, ὁ, ἡ, ep. u. poet. **πουλύπους,** vielfüßig, mit vieler vereinter Füße Kraft, von der den Missetäter rasch und sicher ereilenden Erinys. Als Subst. ὁ π. der Vielfuß, Polyp.
πολυπρᾱγμονέω, ion. **-πρηγμονέω** (πολυπράγμων), **vielerlei Dinge treiben,** sich vielgeschäftig zerstreuen, dah. **1)** sich in allerlei Händel mischen, sich um etwas unnötigerweise bekümmern, etwas Unerlaubtes betreiben, Händel u. Ränke anfangen, mit staatsgefährlichen Plänen umgehen. **2)** sich mit fremden Angelegenheiten beschäftigen, neugierig u. vorwitzig

sein, neugierig fragen, ausspionieren. **3)** genau erforschen Pol. Plut.

πολυπρᾱγμοσύνη, ἡ, Vielgeschäftigkeit, insbesond. vorwitzige u. ungehörige Unternehmungssucht, oder ein unberufenes Einmischen in alle Dinge.

πολυ-πρᾱ́γμων, ον, Gen. ονος (πράσσω), vielgeschäftig, insbes. sich in Dinge mischend, die einen nichts angehen, sich in fremde Angelegenheiten mengend, neugierig, vorwitzig.

πολυπρηγμονέω, s. πολυπραγμονέω.

πολυ-πρόβᾰτος, 2. ion. schafreich, herdenreich.

πολυ-πρόσωπος, 2. sp. mit vielen Personen, worin viele Rollen sind.

πολύ-πτῠχος, 2. (πτύξ), ep. u. poet. faltenreich, übertr. schluchtenreich.

πολύ-πῡρος, 2. ep. poet. weizenreich.

πολύ-ρραφος, 2. poet., und buk. **πολύ-ρραπτος,** 2. (ῥάπτω), stark genäht.

πολύ-ρρην, ηνος, 2. ep. u. **πολύ-ρρηνος,** 2. ep. (für πολύϝρην, s. zu ἀρήν, ἀρνός), schaf-, herdenreich.

πολύ-ρριζος, 2. sp. wurzelreich.

πολύ-ρροθος, 2. poet. sehr rauschend.

πολύ-ρρῠτος, 2. poet. reichlich fließend.

πολύς, πολλή, πολύ, (zu πίμπλημι, dt. *viel* aus ahd. *filu*), ep. auch **πουλύς,** πουλύ, u. ep. ion. u. poet. **πολλός,** πολλόν, flekt. ep. (u. zum Teil poet.) sg. Gen. πολέος, Akk. πουλύν (masc. u. fem.) u. πολλόν, pl. Nom. m. πολέες u. πολεῖς, ntr. πολέα, Gen. m. πολέων, fem. πολλάων u. πολλέων, Dat. πολέσσι, πολέσι u. πολέεσσι, Akk. πολέας (auch zweisilbig), πολεῖς u. πολῦς.

A) Positiv • **I)** das **Adj.** • **1)** als Adj. von Zahl, Raum, Zeit, Kraft, Größe: **viel,** häufig, weit, breit; mehrmalig, lange, allgemein; reichlich, heftig, lebhaft; groß, gewaltig, laut, voll (von der Stimme), teuer (dies bes. πολλοῦ); neben Attributen wird es durch καί verbunden, πολλαὶ καὶ καλαί viele schöne —; seltener πολλὰ ἄλλα. Es steht aber • **a)** pleonast. mit πλήθει, od. prolept. bei ηὔξετο • **b)** so, daß man ein Adv. erwartet, πολλὸς αἰνεόμενος viel d. i. oft gelobt, πολλὸς ἔκειτο d. h. weithin, πολλὸς ἦν λισσόμενος er bat dringend, ähnl. πολὺς ἔγκειται, ῥέει • **c)** ohne Artikel in dem Sinne: ein großer Teil; πολλαὶ τριήρεις; oft mit d. Gen. πεσόντων τῶν πάντων πολλῶν da überh. viele blieben, πολὺ τοῦ στρατεύματος, τῆς γῆς πολλή eine große Strecke Landes, ähnl. πολλὴ τῆς ὁδοῦ, u. so πολλή mit zu ergänzendem ὁδός u. folg. Inf. auch Xen. An. 6, 3, 16 • **d)** mit dem Artikel teils in dem Sinne: jene (besprochenen) vielen, teils die vielen, die es gibt, so τὰ πολλὰ πνεύματα die vielen Winde, die es überh. gibt, ὁ πολὺς βίος des Lebens Fülle, teils der, die, das meiste, größte, τὸ πολὺ πλῆθος die Hauptmasse, ὁ στρατὸς ὁ πολλός der größte Teil des Heeres, ähnl. νῆες αἱ πολλαί od. ὡς ὁ πολὺς λόγος; oft mit dem Gen. τὸ πολὺ τοῦ ἔργου der größte Teil der Arbeit • **e)** als vollständiges Prädikat: πολύς oder πολλὸς εἰμί, z. B. πολὺς ἦν ἐν τῇ φιλοσοφίᾳ er lebte ganz in der Philosophie, πολὺς καὶ τολμηρός ἐστιν ἄνθρωπος ein gewaltiger, gefährlicher Mensch, auch mit τὲ καί u. τέ—τέ verb. • **2)** als Subst. • **a)** (οἱ) **πολλοί** (bei Hom. meist ohne Artik.) die meisten, die **Mehrzahl,** die Menge, insbes. die große Menge, die Masse, die demokratischen Elemente, ἐς τοὺς π. in der öffentlichen Meinung; doch heißt es auch: jene zahlreichen, od. bes. wenn es als Appos. nachsteht: größtenteils • **b)** (τὸ) **πολύ** (πολλόν) ein großer Teil, der größte Teil, die Mehrheit, die Hauptmasse, οὐκ ἐν πολλῷ in engem Raume, auch ὡς τὸ π. großenteils • **c)** (τὰ) **πολλά** der größte Teil, die meisten, alles • **3)** als Adverb • **a)** πολύ (πολλόν) πολλά viel, **vielfach, oft;** weit, bei weitem, sehr, stark, heftig. Ähnl. τὸ πολύ meistens, gewöhnlich, od. τὰ πολλά u. ὡς τὰ πολλά, *fere,* meistens, in der Regel, τὰ πολλὰ πάντα großenteils, fast ganz. Nicht selten steht πολύ, πολύ τι u. πολλῷ so beim Komp. u. Superl., **weit,** bei weitem, u. so auch bei δεύτερον od. πρίν viel eher; ähnl. ἔμπροσθεν, od. bei προλαμβάνειν einen großen Vorsprung gewinnen. Und so steht auch πρὸς πολλῷ zum größern Teile u. παρὰ πολύ dabei • **b)** διὰ πολλοῦ in weiter Entfernung, od. auch: nach langer Zeit • **c)** ἐκ πολλοῦ von weitem, aus der Ferne, od. auch: seit langer Zeit, ἐκ πολλοῦ μελέτη eine lange Übung • **d)** ἐπὶ πολύ (πολλόν) ἐπὶ τὸ π., ὡς ἐπὶ τὸ π. weithin, weit, auch: zu weit; ferner: auf lange, od. vielfach, meistenteils, in der Regel, im Durchschnitt, im Überflusse; oft an Stelle eines Akk. = πολὺ μέρος, ἐπὶ πολὺ τῆς δόξης ἐποίει τισί eigentl. einen großen Teil ihres Ruhms bewirkte ihnen. Ähnl. ἐπὶ τὰ πολλά nach vielen Seiten hin, mit τινός auf vielen Punkten von etwas. Dagegen ἐπὶ πολλῷ eigentl. um hohen Zins, dah. mit schweren Opfern, teuer • **e)** ἐς πολλά in vieler Hinsicht • **f)** κατὰ πολλά in vielen Beziehungen • **g)** παρὰ πολύ bei weitem, bes. beim Komp. (s. oben), od. bei ἡσσᾶσθαι, νικᾶν, dah. τὰ παρὰ πολύ ein entscheidender Sieg • **h)** πρὸ πολλοῦ vor langer Zeit, πρὸ πολλῶν τιμᾶσθαι mit folg. Inf.: viele Opfer bringen, daß • **i)** πρὸς πολύ überall, πρὸς πολλῷ s. oben.

II) die eigentl. **Adverbia** • **1)** **πολλάκις,** ion. u. poet. auch **πολλάκι,** *saepe,* **πολλᾰχῇ,** auch **πολλαχῇ,** u. **πολλαχοῦ,** πολλαχῇ ἄλλῃ von vielen andern Seiten, abs. u. τῆς γῆς; πολλάκις mit εἰ, ἐάν, μή, ἵνα μή = etwa, vielleicht, ja, durchaus. (Ähnl. πολλαχόθι) • **2)** **πολλαχόθεν** von vielen Seiten (her), aus vielen Gründen • **3)** **πολλαχόσε** an viele Orte • **4)** **πολλαχῶς** auf mehrfache Weise.

B) Komparativ: πλείων aus πλε-ίων, πλεῖον, πλέων, πλέον, att. πλείων, πλέον (vor ἤ auch πλεῖν), episch Pl. Nom. πλέες, Dat. πλεόνεσσι, Akk. πλέας, u. ion. Sg. Nom. ntr. πλεῦν, Gen. πλεῦνος, Akk. m. πλεῦνα, Pl. πλεῦνες, πλεῦνα, πλεύνων, πλεῦνας.

I) Adj., *plus,* **mehr,** auch **zu viel,** weiter, länger, größer, stärker, πλείονος teurer. Bisw. • **1)** mit dem Teilbegriffe: πλέων νύξ ein größerer Teil der Nacht (als zwei Drittel), αἱ πλ. νῆες die Mehrzahl der Schiffe, u. so τὸν στρατὸν τὸν πλέω • **2)** als Appos. αὐτοὶ οὐ πλείους, τῷ ἄλλῳ τῷ πλέονι für den übrigen Teil, näml. des Restes

• 3) pleon. mit τὸν ἀριθμόν, od. wiederholt πλείων καὶ πλείων immer mehr. Teils abs., teils mit Gen. od. mit u. ohne ἤ, πλείω ἑβδομήκοντα mehr als 70.

II) mit dem Artik. als **Subst.** • 1) (οἱ) πλ. die **Mehrheit,** *plures,* die Mehrzahl, die Übermacht, die meisten, im bes. die Volkspartei, jene mehreren, d. h. jene Schar auf der entgegengesetzten Seite (Il. 5, 673; 10, 506) • 2) τὸ πλ. das Weitere, Größere, **Mehrzahl,** Überzahl. im bes. das Gemeinwesen, das Volk; τὸ πλέον τοῦ χρόνου die meiste Zeit • 3) τὰ πλ. noch weiteres, oft als Adv.

III) **Adv.** • 1) das Neutr. • a) πλέον od. πλεῖον, πλέον τι, τὸ πλέον, πλείω, τὰ πλείω mehr (auch = μᾶλλον), weiter, zum größern Teile (auch πλέον μέρος), in der Regel, πλέον εἶναι od. γίγνεσθαί τινι jmdm. helfen od. nützen, mit Neg. nichts mehr ausrichten, ähnl. πλέον τι od. οὐδὲν ποιεῖν etwas od. nichts weiter ausrichten, πλέον ἔχειν Vorteil haben, doch auch übervorteilen; aber πλεῖον οὐδὲν ἔχειν in der besten Lage sein, πλέον φέρεσθαι höher gelten • b) διὰ πλείονος länger, ὁ διὰ πλ. der längere • c) ἐκ πλείονος aus größerer Entfernung, oder seit längerer Zeit • d) ἐν πλείονι reiflicher • e) ἐπὶ πλέον u. τὸ ἐπὶ πλέον mehr, weiter, weiterhin, länger, größer, besser, in höherem Maße, ἐπὶ πλέον τι auch: bedeutend zu hoch, ἐπὶ πλεῖον τῆς ἄλλης Θρᾴκης über ein größeres Gebiet als die übrige Thrake; ἐπὶ πλέον ἐστί erstreckt sich weiter, ὡς ἐπὶ τὸ πλεῖον in der Regel • f) ἐς τὸ πλεῖον weiter, οὐδὲν ἐς πλέον ποιεῖν mit dem Part. nichts ausrichten, ἐς πλέον πίπτειν weiter gelangen • g) περὶ πλείονος wünschenswerter, wertvoller, bes. mit ποιεῖσθαι s. ποιέω • h) οὐ τὸ πλέον ἤ weniger — als, nicht sowohl — als vielmehr • 2) eigtl. Adv. • a) ion. **πλεόνως** zu sehr, stark • b) **πλεονάκις** öfter.

C) **Superlativ: πλεῖστος,** 3 • I) **Adj.,** *plurimus,* der, die, das **meiste,** größte, längste, stärkste, auch **sehr viel,** sehr groß, πλείστη γῆ eine sehr große Strecke, πλεῖστόν τι ποιεῖν etwas am höchsten bringen, πλεῖστός εἰμι τῇ γνώμῃ am meisten der Meinung sein. Verstärkt durch ὅσος außerordentlich viel, ὡς, *quam,* so viel als möglich usw., ὅτι möglichst weit. Oft mit dem Gen. ὁ πλεῖστος τοῦ βίου, ähnl. τοῦ χρόνου, u. als Appos. οἱ ψιλοὶ οἱ πλεῖστοι die Leichtbewaffneten großenteils.

II) **Subst.** • 1) (οἱ) πλ. die meisten, die Mehrzahl, der große Haufe, abs., u. γῆς • 2) (τὸ) πλ. die Hauptmasse, der größte Teil, πλείστου ἄξιος.

III) **Adv.** • 1) das Neutr • a) πλεῖστον, πλεῖστα, τὰ πλεῖστα **am meisten,** meistens, höchstens, **sehr oft,** u. zur Verstärkung des Superl. bei weitem, πλ κάκιστος • b) διὰ πλείστου in weitester Entfernung, od. auch seit sehr langer Zeit • c) εἰς πλεῖστον am meisten, τινός in etwas • d) ἐκ πλείστου am längsten • e) ἐπὶ πλεῖστον den größten Teil, am weitesten, auf lange Zeit, ἐκ τοῦ ἐπὶ πλ. seit den ältesten Zeiten, ὡς ἐπὶ πλ. so weit, so lange, so gut als möglich, abs., oder τινός, ὡς ἐπὶ πλεῖστον ὁμίλου so weit hin als möglich in der Versammlung • f) κατὰ τὸ πλεῖστον, sp., meistens, über den größten Teil des Gebietes hin • g) περὶ πλείστου im höchsten Grade, bei ἡγεῖσθαι, ποιεῖσθαι s. d. • 2) eigtl. Adv. **πλειστάκις** sehr oft.

πολυσαρκία, ἡ, Wohlbeleibtheit. Von

πολύ-σαρκος, 2. (σάρξ), ar. sp. fleischig, wohlbeleibt.

πολυ-σινής, 2. (σίνομαι), poet. sehr schädlich.

πολυσιτία, ἡ, Fruchtbarkeit an Getreide.

πολύ-σιτος, 2., buk. viel essend.

πολύ-σκαρθμος, 2. (σκαίρω), ep. eigentl. stark springend, dah. behend, hurtig.

πολυ-σπερής, 2. (σπείρω), ep. eigtl. weit ausgesäet, d. h. weit zerstreut.

πολύ-σπλαγχνος, 2. N. T. sehr mitleidig.

Πολυ-σπέρχων, richtig Πολυπέρχων, s. d.

πολύ-σπορος, 2. poet. u. sp. saatenreich.

πολυ-στάφυλος, 2. (σταφυλή), ep. poet. traubenreich, weinreich.

πολυ-στεφής, 2. (στέφω), poet. reich bekränzt.

πολυστομέω (πολύ-στομος), poet. viel reden.

πολύ-στονος, 2. ep. u. poet. (στόνος), a) seufzerreich, d. i. viel seufzend, unglücklich. b) viele Seufzer erregend od. auspressend.

πολύ-στροφος, 2. poet. sp. vielfach zu drehen, biegsam.

πολύ-στυλος, 2 sp. mit vielen Säulen.

πολυ-σχιδής, 2. sp. vielgeschlitzt, von einer luxuriösen Fußbekleidung.

πολύ-σχιστος, 2. (σχίζω), poet. vielgespalten.

πολύ-τεκνος, 2. poet. ar. sp. viele Kinder habend, π. ἅμιλλα d. h. im Kindersegen.

πολυτέλεια, ion. **-είη,** ἡ, die Kostspieligkeit, großer Aufwand, Verschwendung, Pracht, Üppigkeit, auch im Plur.

πολυ-τελής, 2., Adv. **-ῶς,** Komp. -έστερον, a) sp., viel Aufwand machend, prächtig lebend, verschwenderisch. b) was viel Aufwand erfordert viel kostet, mit vielem Aufwande, kostbar, kostspielig, teuer, prächtig, auch zu kostspielig.

πολυ-τερπής, 2. poet. hoch erfreuend, sehr ergötzend.

πολυ-τέχνης, ου, ion εω, ὁ, poet. vieler Künste kundig, kunstreich.

πολυτεχνία, ἡ, Kunsterfahrenheit. Von

πολύ-τεχνος, 2. (τέχνη), sp. 1) kunstvoll, kunstreich. 2) viele Künste in Anspruch nehmend.

πολυ-τίμητος [ῑ], 2. (poet. auch 3.), **πολύ-τιμος,** 2. poet. u. sp., u. ep. **πολύ-τιτος,** 2. hochgeschätzt, vielgeehrt, kostbar.

Πολυτίμητος, ὁ, Fluß in Sogdiane, jetzt *Seraffchân,* d. i. der goldführende Fluß.

πολύ-τλας (nur Nom.), ὁ (τλῆναι), Adj 1) ep. vielduldend, standhaft, ausdauernd, von Odysseus. 2) poet. der vielkecke, verwegene.

πολυ-τλήμων, ὁ, ἡ, ep. poet. viel aushaltend, verwegen.

πολύ-τλητος, 2. (τλῆναι), ep. der viel erduldet od. erlitten hat.

πολυ-τρήρων, ονος, ὁ, ἡ (ἡ τρήρων Taube), ep. taubenreich.

πολύ-τρητος, 2. (τρητός, τιτραω), ep. poet. sp. mit vielen Löchern.

πολυτροπία, ion. **-ίη,** ἡ, ion. u. sp. Gewandtheit, Klugheit.

πολύ-τροπος, 2. (τρέπω), vielgewandt, verschlagen, τὸ πολ. die Geistesgewandtheit; von Sachen: mannigfaltig. Adv. -ως auf mancherlei Weise.
πολύ-τροφος, 2. sp. gemästet; akt. nahrhaft.
πολυ-ύμνητος, 2. poet. sp. u. **πολύ-υμνος,** 3. ep. poet. viel besungen.
πολυφαγία, ἡ, ar. sp. das Vielessen, die Gefräßigkeit.
πολῠ-φάρμᾰκος, 2. ep. vieler Heil- od. Zaubermittel kundig.
πολύ-φᾰτος, 2. poet. = dem folg.
πολύ-φημος, 2. (φήμη), ep. poet. sp. vielstimmig, dah. **a)** mit ἀγορή, ἀλία, reich an Reden, ἀοιδός erzählungsreich. **b)** vielbesprochen, berühmt, ἐς π. ἐξενεῖκαι ins Stadtgespräch bringen.
Πολύφημος, ὁ, **1)** Sohn des Poseidon und der Nymphe Thoōsa, einer der Kyklopen (s. Κύκλωψ), von Odysseus geblendet. **2)** Sohn des Elătos, ein Lapithe aus Larissa, der am Argonautenzug teilnahm.
πολύ-φθορος, 2. (φθείρω), poet. pass. in schweres Verderben gestürzt, voller Mord u. Verderben.
πολυ-φθόρος, 2. poet. akt. vielen verderblich.
πολυφιλία, ἡ, im Plur. der Besitz vieler Freunde.
πολύ-φιλος, 2. vielen befreundet.
πολύ-φιλτρος, 3. buk. der vielen Liebeszauber erfahren hat.
πολύ-φλοισβος, 2. ep. mit großem Wogenschwall, vielbewegt.
πολύ-φονος, 2. poet. mörderisch.
πολύ-φορβος, 2. u. 3. (φορβή), ep. vielernährend, nahrungsreich.
πολυ-φραδής, 2. poet. sehr verständig, sehr weise.
πολυφροσύνη, ἡ, ion. u. poet. Schlauheit.
πολύ-φρων, ονος, ὁ, ἡ (φρήν), ep. sehr verständig, sehr klug, weise.
πολύ-φωνος, 2. ar. sp. geschwätzig, vielstimmig; sp. ep. als n. propr „Schreier".
πολύ-χαλκος, 2. ep. reich an Erz, erzgesegnet, erzumstrahlt, οὐρανός.
πολυ-χανδής, 2. buk. vielfassend.
Πολυχάρης, ους, ὁ, **1)** einer der Dreißig in Athen. **2)** ein Messenier. **3)** sonst. Eigenn.
πολύ-χειρ, ειρος, ὁ, ἡ, poet. ar. vielhändig, Beiw. der Erinys, welche in sich die Kraft vieler Hände vereint, um den Missetäter sicher zu bewältigen.
πολυχειρία, ἡ, eigentl. der Besitz vieler Hände, d. i. von Arbeitern, Gehilfen.
πολυχορδία, ἡ, Menge von Saiten.
πολύ-χορδος, 2. (χορδή), eigentl. vielsaitig, dann überh. vielstimmig.
πολυ-χρήματος, 2. sp. wohlhabend, reich.
πολυ-χρόνιος, 2. (χρόνος), lange während, lang, dauerhaft, πολυχρόνιον etwas Starkes, (τὸ) πολυχρονιώτερον der dauerndere Teil.
πολύ-χρῡσος, 2. goldreich, voller Schätze, sehr reich, λατρεύματα d. h. reich an kostbaren Gaben u. Weihgeschenken, wodurch bes. das delphische Orakel weltberühmt war, οἱ π. die steinreichen Leute.
πολύ-χυτος, 2. sp. mannigfach.
πολύ-χωρος, 2. sp. viel fassend, geräumig.
πολύ-χωστος, 2. poet. hoch aufgeschüttet.
πολυ-ψάμαθος, 2. poet. sandreich.
πολυψηφία, ἡ (πολύ-ψηφος, 2.), die Stimmenüberzahl.
πολυ-ψήφῑς, ῑδος, ὁ, ἡ, poet. kiesreich.
πολυ-ώδυνος, 2. buk. großen Schmerz verursachend.
πολυ-ώνυμος, 2. (ὄνυμα = ὄνομα), vielnamig, bes. von Dionȳsos, der z. B. auch Lyaios, Euan, Dithyrambos usw. hieß.
πολυ-ωπός, 2. ep. (ὀπή), mit vielen Löchern, maschig.
πόμα, τό, ion. u. sp. = II. πῶμα (πίνω), Trank, Getränk.
πομπαῖος, 3. (πομπή), poet. geleitend, führend; οὖρος günstiger Wind.
πομπεία, ἡ (πομπεύω), läppische Spötterei, ausgelassene Hanswurstiade, wie sie von den Männern an den Festen des Bakchos, von den Frauen an denen der Demēter frei getrieben wurde.
πομπεῖα, τά (πομπή), heilige Gerätschaften, bestehend in Gefäßen mancher Art, Bechern usw., wie sie bei den Festzügen gebraucht wurden.
πομπεύς, ὁ, s. πομπός.
πομπεύω, **1)** poet. geleiten, begleiten, führen, τινά, doch auch τέχνην, als Begleiter, κῆρυξ, welche Hermes schützt, sein Amt treu verwalten. **2)** im bes. den einer Gottheit bestimmten Gaben das Geleit geben, dah. in feierlichem Aufzug einherziehen, u. so auch **a)** einherstolzieren. **b)** beschimpfen, τινός jmdn. **3)** sp. (bei den Römern) einen Triumphzug halten, im Triumphzug aufführen.
πομπή, ἡ, dor. -πά (πέμπω). **1)** **die Sendung,** von Sachen **die Lieferung.** Im bes. **a) das Geleit,** mit dem Nebenbegriff des Schutzes und Wegweisens, auch vom **günstigen Wind,** Eur., **b) die Entsendung in die Heimat, Entlassung, Heimsendung, c)** übertr. **Schickung, Fügung,** θείῃ πομπῇ χρεόμενος **durch göttliche Schickung. 2) festlicher Aufzug,** *pompa,* **Festzug, Prozession,** πομπὴν πέμπειν **einen feierlichen Aufzug halten,** συμπέμπειν **die Prozession mitmachen;** sp. auch der **römische Triumphzug. 3)** der **Heereszug,** τείνειν leiten, Aisch. Sept. 613, Eur.
Πομπήιοι, οἱ, Stadt Kampaniens, 79 n. Chr. vom Vesuv verschüttet.
Πομπήιος, ὁ, Cn. Pompejus Magnus, Sohn des Cn. Pompejus Sextus, 106—48 v. Chr.
πομπῐκός, 3. zum feierlichen Aufzug gehörig.
πόμπῐμος, 2. auch 3., poet. u. sp. (πομπή), **1)** akt. entsendend, geleitend, fortbringend, abs., u. (τῶν) φίλων Liebes bringend. Als Beiname des Hermes: Seelenführer. **2)** pass. entsendet, δωμάτων aus dem H., τινί an jmdn.
πομπός, ὁ, ἡ, ep. ion. poet. u. sp., u. **πομπεύς,** έως, ion. ῆος, ὁ (πέμπω), **I)** als Adj. **a)** herbeiführend, zugführend, führend, ἀρχαί die zugführenden Fürsten. **b)** Kunde bringend, πῦρ Signalfeuer. **II)** als Subst. **1)** einer der jmdn. herbeiholen soll, Geleiter, Begleiter, Führer od. Führerin. Im bes. **a)** von Hermes: der Seelenführer. **b)** Geleiter des Festzugs (Thuk. 6, 58). **2)** Bote.
Πομπώνιος, ὁ, M. Pomponius, röm. Ritter und Freund des C. Gracchus.

πομφόλυξ, ὕγος, ἡ, Blase, Wasserblase.
πονάω, dor. (poet. buk.) = πονέω.
πονέω, u. Med. (welches Hom. stets braucht) **πονέομαι,** (πόνος), πεπόνημαι in akt. u. pass. Bdtg., Adj. verb. πονητέον, ep. Impf. Aor. u. Plqpf. ohne Augm., Präs. part. πονεύμενος (auch ion.), Aor. πονήσατο, conj. πονήσομαι, ion. perf. pass. 3. pl. πεπονέαται • 1) intr. Mühe haben, **arbeiten,** sich anstrengen, geschäftig sein, dienen; in Bedrängnis, in Gefahr sein, bedrängt werden, **leiden,** Schmerz empfinden. Im bes. • a) schriftstellerisch tätig sein (Isokr.) • b) mit Anstrengung kämpfen (Hom., Arr.) • c) im Perf. müde sein. Teils abs. πονοῦντα ἐργάζεσθαι sich mit Anstrengung erwerben, τὸ πονοῦν der Schmerz, ἄλλως od. μάτην sich verlorene Mühe machen, teils τί an etwas, od. mit πόνους Arbeiten verrichten, Leiden erdulden, ähnl. ἄλλα, τάδε, ἅ; mit Praepp., z. B. εἴς τι, πρός τι zu etw., um etw. zu erreichen, πρὸς ὑπερβολήν mit dem Bestreben, andere zu übertreffen; mit dem Partiz. λισσόμενος mit Bitten, od. mit ἵνα, endlich ὥστε u. Inf. unter der Bedingung, daß. Im Pass. bedrängt, gequält, beschädigt werden, abs. τὸ πονούμενον der bedrängte Teil • 2) trans. • a) poet. Schmerz verursachen, τινά jmdm., schmerzen, ihn quälen • b) **erarbeiten,** durch Arbeit u. Mühe erwerben, τί • c) etwas sorgfältig **bearbeiten,** verfassen, eifrig betreiben, besorgen, τί, πάνθ' ὁμοῖα αὑτῷ in allen Dingen gleicherweise für sich selbst sorgen.
πόνημα, τό (πονέω), poet. Arbeit, Werk.
πονήρευμα, τό, Schurkenstreich.
πονηρεύομαι (πονηρός), Dep. med., sich schlecht erweisen, Schlechtigkeiten begehen.
πονηρία, ἡ, schlimmer Zustand, Untüchtigkeit, Gemeinheit, Schlechtigkeit, Bosheit.
πονηρός, 3., Adv. **-ῶς,** Superl. -ότατα (πονέω, πόνος), Not machend, mühselig, beschwerlich, dah. 1) **unbrauchbar,** untauglich, unfruchtbar, in schlechtem Zustand, krank, leidend, unglücklich, πονηρὰ πράγματα schlimmer Stand der Dinge Thuk., π. πράττειν — πονηρῶς ἔχειν sich in schlimmer Lage befinden. 2) schädlich, **gefährlich,** schlecht gesinnt, πρός τινα, feindlich. 3) böse, boshaft, **lasterhaft,** verbrecherisch, nichtswürdig, feig, πονηρὰ χρώματα Feigheit verratende Blässe Xen. • Subst. **πονηρόν, τό** Übel, eine boshafte Kreatur, τὰ π. schlechte Handlungen, Verbrechen. Betonung πόνηρος bei den Att. in phys. Bedeutung, Adv. πονήρως.
πόνος, ὁ (πένομαι) • 1) schwere, **harte Arbeit,** spez. • a) **Kampfarbeit,** Kampfeshitze bei Hom. = μάχη, π. ἔχειν = μάχεσθαι • b) Anstrengung, Mühe, π. θεῖναι, θέσθαι, παρέχειν τινι einem Arbeit und Mühe machen • c) körperl. Training, **Strapazen,** militär. Schliff • 2) **Mühsal,** Not, Pein, Leiden, Krankheit; σὺν πόνῳ πολλῷ unter vielen Schmerzen, πόνος ἐστί τινι es macht jmdm. Mühe. Im Gen. τῶν πόνων πωλεῖν τι um Mühe verkaufen (d. i. verleihen), u. in der sprichw. Redensart: πρὸ πάντων χρημάτων καὶ (πάντων) πόνων πρίασθαι um jeden Preis in der Welt kaufen. Oft gehäuft, πόνοι πρόγονοι πόνων die Not ist Erzeugerin von neuen Kriegsnöten, od. πόνος πόνῳ πόνον φέρει Mühe bringt zur frühern Not noch neue Not; λατρεύματα πόνων Fronarbeiten Soph. Tr. 357 • 3) das **Erarbeitete,** durch Anstrengung Erworbene, τοὺς ἡμετέρους πόνους ἔχει er hat unser sauer Erworbenes Xen. An. 7, 6, 9.
Ποντία, ἡ, Insel an der Küste von Latium, heute *Ponza.*
ποντιάς, s. πόντιος.
ποντίζω (πόντος), poet. ins Meer stürzen, ins Meer versenken.
ποντικόν (δένδρεον), τό, s. Πόντος a. E.
πόντιος, 3. poet. ar. sp., mit poet. bes. Fem. **ποντιάς,** άδος, ἡ (πόντος), zum Meer gehörig, des Meeres, *Χρύση* das Meereiland Chr., u. als Beiw. des Poseidon (γαιάοχος): der Meeresherr.
πόντισμα, τό, poet. das ins Meer Nachgeschickte (von einer Totenspende).
ποντόθεν (πόντος), ep. Adv., aus dem Meere.
ποντο-μέδων, οντος, ὁ, poet. der Meerbeherrscher.
πόντονδε (πόντος), ep. u. poet. Adv., ins Meer.
ποντοπορεύω, ep. inf. -έμεναι st. -ειν, u. **ποντοπορέω,** ep. poet. sp. das Meer durchfahren, auf dem Meere fahren od. reisen.
ποντο-πόρος, 2. (πείρω), ep. u. poet. das Meer durchfahrend, meerdurchsegelnd.
πόντος, ὁ, ep. Gen. ποντόφιν (verw. πάτος u. lat. *pons*), a) das Meer, bes. *altum*, die offene See, dah. πόντος ἁλός die offene Fläche, Höhe der Salzflut. b) von einzelnen Meeren, z. B. ὁ ἔξω π. im Gegens. zu dem Ägäischen Meere: das Kyprische.
Πόντος (εὔξεινος volksetymol. zu ἄξεινος = pers. schwarz), ὁ. 1) das Schwarze Meer. 2) Landschaft: a) der Küstenstrich zwischen Halys u. dem Vorgebirge Iasonium, als ein Teil Kappadokiens, *Ποντοκαππαδοκία* genannt (Xen.), b) das Bosporanische Reich. Dav. 3) Adj. **Ποντικός,** 3. in, von, aus dem Lande Pontus; δένδρεον wahrscheinl. der Vogelkirschbaum, *prunus avium* L. Hdt. 4, 23; τὰ Ποντικά das Pontische Reich.
πόπανον, το (vwdt. mit πέσσω), Gebäck.
πόπαξ, poet. = πόποι.
Ποπίλλιος, ὁ, 1) P. Popillius Laenas, Kons. 132, durch C. Gracchus verbannt. 2) C. Pop. Laenas aus Picenum, Mörder des Cäsar. 3) C. Pop., Mitbewerber des Cäsar um eine Kriegstribunenstelle.
πόποι, Interj. verw. mit παπαί, ep. poet. Ausruf des Staunens, selten des freudigen, od. des Unwillens: o weh! sonderbar! unbegreiflich, schrecklich! entsetzlich!
ποππύσδω, buk. und **ποππυλιάσδω,** buk. (dor.) st. -ζω, einen schnarrenden (Flöten-)Ton hervorbringen, schnalzen mit der Zunge (bei Blitz), „bst, bsch" rufen.
πόρδαλις, s. πάρδαλις.
πορεία, ἡ (πορεύω), das Gehen, a) die Reise, Wanderung, der Weg, im bes. der Zug, Marsch, κατὰ τὴν π., ἐκ τῆς π. auf dem Marsche, abs., u. εἴς τι wohin. b) im N. T. Lebenswandel. c) die Art des Einhergehens, der Gang.
πορεῖν, Inf. aor., Ind. ἔπορον, ep. πόρον (St. πορ

in πορίζω, πόρος). 1) Akt. ep. u. poet. verschaffen, verleihen, darreichen, gewähren. 2) Vom Pass. das Perf. **πέπρωται** (auch in Prosa) impers. es ist vom Schicksal gegeben, verhängt, beschieden, mit Inf. od. Akk. mit Inf., u. zwar τινί jmdm. Davon das Part. πεπρωμένος zugeteilt, bestimmt, u. zwar τινί zu etwas, auch persönl. als ein von der Gottheit vorherbestimmter, d. h. seiner Bestimmung gemäß • Subst. ἡ πεπρωμένη u. τὸ π. das Geschick, Schicksal, die Bestimmung, ἐς τὸ π. nach dem Schicksalsschlusse.

πόρευμα, τό, poet. Gang, Reise.

πορεύσιμος, 2. (πορεύομαι), gangbar, zu betreten, fahrbar, abs. u. τινί.

πορευτός, 3. a) poet. wandernd; b) sp. gangbar, fahrbar.

πορεύω (πόρος) • 1) Akt., in Prosa selten, Fut. πορεύσω, Aor. ἐπόρευσα, **in Gang bringen** (εἰς ὁδόν), in Bewegung setzen, übersetzen, *tradūco*, schikken, bringen, führen, στρατιὰν ὡς Βρασίδαν, ἐπ εὐστόλου νεώς • 2) Med.-Pass. **πορεύομαι** sich in Bewegung setzen, gehen, **marschieren, reisen,** wandern, antreten, kommen, fortgehen, im wirkl. Sinne u. übertr.; auch getrieben, geführt werden. Teils abs., teils τί, ὑπέροπτα frevelhafte Pfade wandeln, τὴν ἐναντίαν τινί den entgegengesetzten Weg von jmdm. (in der Politik) einschlagen, od. ἔς, ἐπί, παρά, πρός τι wohin (aber πρὸς βίαν mit Gewalt), εἴς, παρά, πρός τινα zu jmdm., doch ἐπί, παρά, πρός τινα auch gegen jmdn., ποδοῖν zu Fuße, ταὐτά τινι denselben Weg mit jmdm., κατὰ τέχνην nach der Kunst geführt werden, zu Lande (auch κατὰ γῆν) oder zur See reisen, ἐπί τινος auf etwas, aber ἐπ' οἴκου nach Hause zurückkehren, διὰ τῶν ὁμολογουμένων von den anerkanntesten Wahrheiten ausgehen, ὑπό τινος von etwas getrieben.

Πορθᾱνίδᾱς, ᾱ, ὁ, od. **Πορθᾱονίδᾱς,** ᾱ, ὁ, poet., Oineus als Sohn des Πορθάων, ονος, oder **Πορθεύς,** Königs von Kalydon.

πορθέω (πέρθω), πορθήσω usf., zugrunde richten, zerstören, vertilgen, verwüsten, verheeren, plündern, auch bestürmen (Herod. 1, 162).

πόρθημα, τό, sp., u. **πόρθησις,** ἡ, die Verheerung.

πορθητής, ὁ, poet. u. sp., und

πορθήτωρ, ορος, ὁ, poet. der Zerstörer, Plünderer.

πορθμεία, ἡ, sp. Überfahren, Transport zu Wasser.

πορθμεῖον, ion. **πορθμήιον,** τό, 1) Überfahrtsort, Überfahrt, Fährplatz; **πορθμήια Κιμμέρια,** Flecken auf der östl. Landspitze der Krim. 2) Fahrzeug zum Überfahren, Fähre, Transportschiff. 3) Fährgeld, gew. im Plur.

πόρθμευμα, τό, poet. die Überfahrt, ἀχέων der Acheron.

πορθμεύς, έως, ep. ῆος, ὁ (πορθμός), der Fährmann, welcher Reisende über ein Wasser fährt, bes. von Charon, im Plur. überh. die Schiffsleute.

πορθμεύω, meist ion. u. poet. 1) Akt. trans. überfahren, übersetzen, überh. fortschaffen, fortfahren, bringen, τινά od. τί, z. B. **διωγμόν** d. h. sie ausdehnen, ἴχνος, **πόδα,** *profero,* vorschreiten. 2) Akt. intr. u. Pass. sich übersetzen lassen, übersetzen.

πορθμίς, ίδος, ἡ, poet. = πορθμεῖον, 2. Fahrzeug.

πορθμός, ὁ, (πείρω, περάω), 1) Überfahrtsort, Überfahrtsweg, Überfahrt über ein Gewässer, u. da diese an schmalen Stellen zu geschehen pflegt, schmale Meeresstelle, Meerenge, Sund, teils abs. κατὰ μέσον τὸν π. mitten auf der Überfahrt, od. τινός, z. B. Ἕλλης πορθμός Hellespont. 2) die Überfahrt.

Πορθμός, ὁ, 1) der Eurīpos zw. Euböa u. dem Festlande (Soph. Ant. 1143). 2) Hafenort u. fester Platz der Eretrier auf Euböa, j. *Porto Bufalo.* 3) sp. die Meerenge zwischen Italien und Sizilien, die Straße von Messina.

πορίζω (πόρος) • 1) Akt. eigtl. zuwege bringen, **bringen** Soph. El. 1266 (Konjektur Dindorfs) • a) zur Stelle bringen, **beschaffen,** anschaffen, herbeischaffen, aufbringen, hersenden, liefern, geben, gewähren, reichen, zahlen, verleihen, gestatten • b) **zustande bringen,** vollbringen, verfertigen. Im Pass. τὸ ποριζόμενον das was er sich schafft • 2) Med. **πορίζομαι** (bisw. αὑτοῖς oder ähnlich) • a) **sich verschaffen,** erlangen, erwerben, bereiten, auch abs., z. B. Xen. Kyr. 8, 1, 26, wo τὰ κέρδη hinzuzudenken ist • b) etwas **aus eigenen Mitteln gewähren,** hergeben, darbieten, an die Hand geben, τινί; ehren.

πόρῐμος, 2. (πορεῖν), u. **ποριστικός,** 3. (ποριστής), geeignet od. geschickt herbeizuschaffen, reich an Hilfsmitteln, sinnreich, abs., u. **τινός** wer etwas leicht herbeizuschaffen weiß.

πόρις, s. πόρτις.

πορισμός, ὁ (πορίζω), sp. a) Herbeischaffung, **τινός** von etwas. b) Erwerb. c) Erwerbsmittel.

ποριστής, οῦ, ὁ (πορίζω), a) Urheber, Ratgeber, τινός von etwas. b) die Gelder aufbringend. Im bes. c) eine Finanzbehörde in Athen, welche die Geldmittel für außerordentliche Fälle zu beschaffen hatte.

ποριστικός, s. πόριμος.

πόρκης, ου, ὁ, ep. Zwinge, Ringhalter, d. h. der Ring um den Speerschaft, um die eiserne Spitze festzuhalten.

Πόρκιος, ὁ, 1) M. Porcius Cato, mit dem Bein. Censorius. Dav. *Πορκία Βασιλική*, die von ihm erbaute erste Basilika Roms, welche an die Curie grenzte, also dem Comitium zunächst lag u. bei der Verbrennung der Leiche des Clodius eingeäschert wurde. 2) P. Festus, Prokurator v. Judäa, Nachfolger des Felix, von ca. 60 nach Chr. an.

πορνεία, ἡ, Hurerei, Ehebruch; N. T. Götzendienst, Abfall von Gott.

πορνεύω u. **πορνεύομαι,** Med., sich zur Unzucht brauchen lassen; Götzendienst treiben. Von

πόρνη, ἡ, u. **πόρνος,** ὁ (zu **πέρ-νημι,** eig. käuflich), feile Dirne, Buhlerin, Buhler; N. T. Götzendienerin, z. B. Babylon. Dav.

πορνίδιον, τό, poet. sp. Dirnchen.

πορνο-βοσκός, ὁ u. ἡ (βόσκω), Kuppler(in).

πόρος, ὁ (περάω, πορεῖν). 1) **Durchgang,** Übergang, dah. a) vom Wasser α) Furt, auch Brücke (Hdt.), β) Meerenge, Sund, γ) Meeresstraße, dann Fahrwasser, überh. δ) Meer, Fluß, **Flußbett,** b) allg. **Weg, Pfad, Straße, Fahrt,** ἐν π. auf der Handelsstraße, π. ἀγχίπλουν φεύγειν ein nahes Ziel für die Flucht haben, Eur., c) Poren der Haut. 2) übertr. Mittel zu etwas, Hilfsmittel, **Hilfsquelle**, Geldquelle. 3) Das Erwerben, Beschaffen von Geld, Xen.

πόρπᾰμα, τό, poet. das (mit einer πόρπη befestigte) Kleid.

πόρπᾱξ, ακος, ὁ, poet. u. sp. die Handhabe, an der man den Schild faßte u. handhabte, Riemen an der inneren Schildwölbung.

πορπάω, Aor. imp. πόρπᾱσον, anheften.

πόρπη, ἡ, ep. poet. u. sp. die Spange, Schnalle, vgl. auch περόνη.

πόρρω (zu πρό, lat. *porro*), poet. **πόρσω,** ferner **πρόσω,** ep. auch **πρόσσω,** Kompar. πορρωτέρω u. προσωτέρω, sp. auch πορρώτερον, dor. πόρσιον, auch τὸ πρ., Superl. πορρωτάτω u. προσωτάτω od. προσώτατα, Adv. • 1) **vorwärts** • a) vom Ort: weiterhin, weiter fort, auch mit d. Artik. τὸ πρ. u. εἰς τὸ πρ., abs. od. τινός od. mit der Praep. ἐπί τι, πόρρω τινός u. ἐς τὸ πρ. τινός tief hinein in etwas, πρόσω ἦν τῆς νυκτός es war tief in der Nacht, ähnl. πόρρω τῶν νυκτῶν, μέχρι πόρρω τῆς ἡμέρας; π. τῆς ἡλικίας weit über das passende Alter hinaus, ähnl. γάμου, od. ἰέναι τοῦ πρόσω (partit. Gen.) eine Strecke Wegs vorwärts, π. προβαίνειν τοῦ ποταμοῦ. Übertr. ἐλαύνειν τινός es weit worin bringen. Etwas anders: πορρωτάτω ἱκανοῦ mehr als hinreichend, προσωτέρω τοῦ καιροῦ weiter als angemessen, οὐ προσωτέρω Ἰσσηδόνων nicht weiter als bis zu den Iss. • b) von der Zeit: künftighin • 2) weit von etwas, **weit,** auch: zu weit, fern, übertr. abweichend, verschieden, teils abs. πόρρω εἶναί τί τινι jmd. habe sich von einer Sache entfernt, τὰ πρόσω od. πόρρω entfernte Orte, aber τὰ προσωτάτω auf der äußersten Fahrt, ἐς τούτους προσώτατα ἀπίκετο st. οὗτοί εἰσιν ἐς οὓς πρ. ἀπ. d. h. am entferntesten, teils τινός und ἀπό τινος, πόρρω εἶναί τινος einer Sache fern stehen.

πόρρωθεν, Adv. a) vom Raume: von fern her, aus der Ferne (z. B. vom Wirken der hoch oben thronenden Gottheit), von weitem, in der Ferne, iron. θαῦμα πόρρωθεν ἰδεῖν d. h. niemals. b) von der Zeit, seit langem, seit langer Zeit her, lange vorher.

πορρωτέρωθεν, Adv. von früher, von rückwärts, aus der fernen Vergangenheit her, weiter zurück.

πορσαίνω, ep. poet., Fut. part. πορσᾰνέουσα (dafür gew. πορσυνέουσα gelesen), u. **πορσύνω,** ep. poet. ion., vereinzelt auch in att. Prosa, Fut. πορσῠνέω, -νῶ, Aor. act. ἐπόρσῠνα, pass. ἐπορσύνθη (πορεῖν), bereiten, vollbringen, ausführen, gewähren, verleihen; auch: durch seine Nachricht bieten d. h. verkünden.

πόρσιον, πόρσω, s. πόρρω.

πόρτις, ιος, ὁ, ἡ, ep. u. poet., **πόρταξ,** ἄκος, ἡ, ep., u. **πόρις,** ιος, ἡ, ep. u. poet. (verw. nhd. *Farre* u. *Färse*), 1) Kalb, junges Rind, Färse. 2) übertr. auch a) ἡ π. Kuh, u. b) ὁ, ἡ, junger Sproß, Sohn, Tochter.

πορφύρα, ion. -ρη, ἡ, die Purpurschnecke, dann a) der Purpursaft, der Purpur. b) die damit gefärbten Stoffe, dah. Purpurteppiche, u. insbes. Purpurkleid, wie es Könige u. Fürsten trugen, also Zeichen der königlichen Würde u. auch wohl selbst für diese gesetzt (auch der Purpurstreif der röm. Toga).

πορφύρεος, έα, ion. έη, ον, zsgz. **πορφυροῦς,** ᾶ, οῦν, 1) purpurn, purpurfarbig in den verschiedensten Nüancierungen, dah. auch violett, bläulich, blaurot, rot, dunkelrot schimmernd, insbes. Beiw. der Wogen, der rötlich-schwarzen Wolken, des farbenschillernden Regenbogens, 2) blutrot, blutig. 3) ἐσθὴς πορφυρᾶ die toga purpurea der Römer.

πορφυρεύς, έως, ὁ, ion. u. sp. 1) der Purpurfischer, Fänger der Purpurschnecke. 2) der Purpurfärber.

πορφυρευτικός, 3. poet. den Purpurfischern dienend, eigen, zur Purpurfischerei benutzt.

πορφύριος, ία, ιον, dor. poet. = πορφύρεος.

πορφυρίς, ίδος, ἡ (πορφύρα), das Purpurkleid.

πορφυρο-ειδής, 2. poet. = πορφύρεος.

πορφυρό-πωλις,-ιδος, ἡ, N. T. die Purpurhändlerin.

πόρφυρος, 3. poet. = πορφύρεος, -ροῦς, 3.

πορφυρό-στρωτος, 2. poet. mit Purpurdecken überbreitet.

πορφύρω, 1) ep. (redupl. aus φύρω) durcheinandergemengt, daher unruhig, aufgeregt sein, wallen, eigtl. vom Meer, übertr. vom Herzen. 2) buk. sp. (πορφύρα) purpurfarbig sein, glänzen.

ποσάκις, sp. Adv., wievielmal?

ποσα-πλάσιος, 3. wievielfach?

ποσά-πους, ποδος, ὁ, ἡ, wievielfüßig? wie viele Quadratfuß enthaltend?

πόσε, ep. Adv. wohin? (sonst ποῖ).

Ποσειδεών, spätere Schreibung für Ποσιδεών, [s. d.

Ποσειδῶν, ep. u. poet. **Ποσειδάων,** Vok. Πόσείδαον, ion. **Ποσειδέων,** dor. **Ποσειδᾶν** (-δάν) u **Ποτεῖδαν,** poet. auch **Ποσειδαόνιος** (od. **Ποσειδαώνιος**), θεός genannt, *Neptunus,* Sohn des Kronos u. der Rhea, jüngerer Bruder des Zeus, Gemahl der Amphitrite, Beherrscher des Meeres, der Stürme oder günstigen Fahrwind sendet, so daß ihn die Seefahrer durch Opfer (bes. von schwarzen Stieren, doch auch von Ebern und Widdern) verehren. Er erschüttert die Erde u. umfaßt sie zugleich mit seinem Elemente (γαιήοχος) und ist Schöpfer u. nach Soph. auch Bändiger des Rosses, u. dah. Erfinder u. Aufseher der Wettkämpfe mit Rossen, sowie Haus- und Landesgott Nestors und seiner Pylier. Adj. dav. **Ποσῑδήϊος,** 3., dem Poseidon geweiht. Daher **Ποσῑδήιον** ep. ion. Poseidonsplatz, u. att. **Ποσειδώνιον,** τό, Tempel des P. Dav. als Eigenn. • 1) **Ποσειδώνιος,** ὁ • a) aus Apamēa gebürtig, aber in Rhodos lebend, stoischer Philosoph und Schüler des Panaitios • b) andere Griechen • 2) **Ποσειδωνία,** ἡ, später Paestum, Stadt an der Westküste Lukaniens, wo jetzt noch großartige Ruinen sich finden; der Einw. ion. ὁ **Ποσειδωνιήτης** • 3) **Ποσειδώνιον,** τό, Vorgebirge an der Westküste von Pallene in Makedonien.

Ποσιδεών, ῶνος, ὁ, sp. Ποσειδεών geschr., ion. Ποσιδηϊών, der sechste Monat des attischen Jahres, unserm Dez. — Januar entsprechend.

I. **πόσις,** ιος, Dat. ει, ep. auch εϊ, Acc. plur. ιας,

ὁ (aus πότις, lat. *pot-is, pot-ens,* got. *faths* Herr), fast nur ep. u. poet. der Herr, der Ehegatte, Gemahl.

II. **πόσις,** **εως,** ion. ιος, ἡ (πίνω), Trank, Trinken, Trinkgelage.

πόσος, 3., ion. **κόσος,** äol. πόσσος (aus ποτjo-), wie groß? wie bedeutend? wie viel? wie weit? wie lange? ἐπὶ πόσῳ u. πόσου wie teuer? πόσου auch: wie weit? πόσῳ bei Komp. um wie viel? πόσον als Adv. wie weit entfernt, in dir. u. indir. Frage. [Quantität.

ποσός, 3. irgendwie groß, -wie viel. τὸ ποσόν die

ποσόω, sp. das Quantum angeben, zusammenzählen, berechnen.

ποσσ-ῆμαρ, ep. Adv., in wieviel Tagen?

ποσσί-κροτος, 2. (πούς, κροτέω), ep. mit den Füßen gestampft (beim Tanze).

ποσταῖος, 3. am wievielten Tage?

πόστος, 3. (πόσος), der wievielte?

Ποστούμιος, ὁ, Postumius, insbes. **1)** A. Postumius Albinus, Konsul 151, schrieb eine röm. Geschichte in griechischer Sprache. **2)** Sp. Postumius Albinus, Kons. 148.

ποτ-άγω, u. **ποτ-αείδω,** dor. st. προσάγω, προσᾴδω.

ποταίνιος, 2. u. 3. ion. u. poet. frisch, neu; unerwartet, ungewöhnlich, unerhört.

ποτ-αμείβομαι, dor. = προσαμείβομαι, erwidern.

ποτ-αμέλγω, buk. noch dazu melken.

ποτάμιος, 3., poet. auch 2., poet. ion. sp. dem Flusse angehörig, ἵπποι die Flußpferde, in Ägypten dem Set u. der Thueris heilig, πλοῖα Flußfahrzeuge.

ποταμός, ὁ, u. das ep. Demin. dav. **ποτάμιον,** **τό** (zu πέτομαι, das Herabstürzen des Wassers). **1)** der **Fluß,** Strom (auch vom Okeanos); sowohl vom Bergstrom u. Gießbach als vom Kanal u. Flußbett (ἐν κοίλῳ ὄντι τῷ π.) gebraucht. Sprichw. ἄνω ποταμῶν von außerordentlichen Ereignissen Trag. Adv. dazu ist **ποταμόνδε,** in den Fluß. **2)** personifiz. der Stromgott. **3)** als Eigenn. Ποταμός, ὁ, Demos der att. Phyle Leontis; dav. Lok. τὸ **Ποτομοῖ** χωρίον.

Ποτάμων, ωνος, ὁ, Sohn des Lesbonax aus Mytilene, Rhetor in Rom unter Tiberius.

ποταμοφόρητος, vom Flusse fortgerissen, N. T.

ποτᾱνός, 3. dor. st. ποτηνός, s. πτηνός, von

ποτάομαι, s. πέτομαι.

ποταπός, 3. N. T. = ποδαπός.

ποτ-αυλέω, s. προσ-αυλέω.

ποτ-ᾷφος, s. προσηῷος.

πότε, ion. **κότε,** (πο, ποῦ), Adv. der Frage, **wann?** zu welcher Zeit? auch ἐς πότε bis wann?

I. **ποτέ,** ion. **κοτέ,** enklit. Adv., **1)** zeitlich: **irgend einmal,** je, jemals, endlich einmal, einst, sowohl von der Vergangenheit als Zukunft, ἀεί ποτε von jeher, ποτὲ μὲν — ποτὲ δέ, auch ἐνίοτε δέ u. ähnl., bald — bald, εἴ ποτε καὶ ἄλλοτε wie nur jemals, mit superl. Begriff. **2)** vermutend: vielleicht, etwa, doch wohl, am Ende (vgl. πού, 2). **3)** verallgemeinernd, bes. nach Relativen u. Negationen: nur immer, ὅστις ποτέ u. ὅστις δήποτε wer nur immer, οὔποτε, οὐδέποτε. οὐδεπώποτε gar niemals.

II. **ποτέ,** enklit. Verstärkungsartikel, fast wie ein Suffix (vgl. *utpote* u. τίπτε, *suopte* . .), in Fragen u. Aufforderungen: denn eigentlich, denn nur: τίς ποτε wer in aller Welt? τί ποτέ ἐστι was ist das nur? εἰπέ ποτε so sag doch endlich.

Ποτείδαια (unrichtig Ποτίδαια), ion., Gen. -αίης. Akk. -αιαν, ἡ, korinthische Kolonie auf Chalkidike. Von Athen 432 abgefallen, eroberten sie die Athener nach zweijähriger Belagerung wieder; 364 gewann sie Timotheos von neuem für Athen, aber Philipp griff sie 356 mit Erfolg an u. schenkte sie 351 den Olynthiern; Kassandros baute sie wieder auf Κασσανδρεία, jetzt *Pinaka.* Der Einw. ὁ **Ποτειδαιάτης,** ion. **-αιήτης,** **εω,** gutatt. **Ποτειδεάτης.** Adj. dav. τὰ **Ποτειδεατικά** (-δαιατ-), die potidäischen Begebenheiten.

Ποτειδᾶν, dor. st. Ποσειδῶν.

ποτεῖδον, **ποτένθης,** buk. st. προσεῖδον, προσέλθῃς.

ποτ-ελέξατο, buk. redete an, s. προσλέγομαι.

ποτέομαι, s. πέτομαι.

ποτ-ερίσδω, st. προσερίζω, buk. streiten.

πότερος, 3., ion. **κότερος** (πο, ποῦ, lat. *uter* für **quo-teros*, ahd. *hwedar* welcher von beiden) • **1)** welcher od. wer von beiden? in dir. u. indir. Frage *uter* • **2)** ohne Frage (selten): einer von beiden, *alteruter* • **3)** Als Adv. • **a)** **πότερον,** *utrum,* u. **πότερα (κότ.),** in der Doppelfrage πότερον . . . ἢ . . ., πότερα . . . ἢ . . . ob — oder ob, lat. *utrum — an.* Bisw. folgt ein doppeltes π., od. in geschärfter Wendung statt des ἤ ein ἀλλά, ἀλλὰ δῆτα, od. es wird das zweite Satzglied ganz verschwiegen, wie Xen. mem. 4, 4, 7 • **b)** **ποτέρως,** auf welche von beiden Arten? wie? • **c)** **ποτέρωθι,** Adv. auf welcher von beiden Seiten oder Stellen? u. **ποτέρωσε,** auf welche von beiden Seiten?

ποτ-έρχομαι, **-έχω,** dor. = προσ-.

ποτή, ἡ, ep. u. **πότημα,** **τό,** poet. (πέτομαι), das Fliegen, der Flug, ποτῇ im Fluge, beim Auftauchen.

ποτήρ, ῆρος, ὁ, poet. (πίνω), Trinkgefäß, Becher. Dav. Deminut.

ποτήριον, **τό,** ion. poet. u. sp. Trinkgefäß, Becher; bildlich Kelch.

ποτής, ῆτος, ἡ, ep. (aus ποτο-τής, πίνω), Trank, Getränk. [zehrend.

πότης, ου, ὁ, poet. Trinker, λύχνος viel Öl ver-

ποτητός, 3., ep. befiedert; nur τὸ π. der Vogel.

ποτί, s. πρός.

ποτι-βάλλω, **ποτι-βλέπω,** s. προσβ.

Ποτίδαια u. ähnl., spät für Ποτειδ., s. d.

Ποτιδάν, ᾶνος, ὁ, dor. = Ποσειδῶν.

Ποτιδᾱνία, ἡ, Kastell der Apodotoi im nordöstlichen Teile von Ätolien, vielleicht die Ruinen von *Lykokhorio.*

ποτι-δέγμενος, s. προσδέχομαι.

ποτι-δέρκομαι, **-δεύομαι,** **-δέω,** s. προσδ.

ποτι-δόρπιος, 2. dor. u. ep. st. προσδ. (δόρπον), ep. zur Abendmahlzeit dienlich, prägnant Od. 9, 234: zur Bereitung des Mahles u. zur Beleuchtung dienlich.

ποτίζω, dor. ποτίσδω, trinken lassen, tränken.

ποτι-κάρδιος, 2. buk. im Herzen.

ποτι-κιγκλίσδομαι, buk. mit dem Steiße wackeln.

ποτικός, 3. (πότος), sp. trinklustig.

ποτί-κρᾶνον, τό, buk. das Kopfkissen.
ποτι-λέγω, buk. st. προσλέγω.
ποτι-μάσσω, buk. st. προσμάσσω.
πότιμος, 2. (πίνω), trinkbar, dann überh. **süß,** angenehm. [τινά.
ποτι-μυθέομαι, buk. st. προσμυθέομαι, anreden,
ποτι-νίσομαι od. **-νίσσομαι,** ep. u. poet., herankommen, s. προσ-νίσ(σ)ομαι.
ποτι-πίπτω, poet. st. προσπίπτω, hinfallen, τί vor etwas (um anzuflehen).
Ποτίολοι, ων, Puteoli, jetzt *Pozzuoli*, Stadt in Kampanien.
ποτι-πτήσσω, Perf. part. **ποτιπεπτηώς,** ep. sich senkend, herablassend, τινός gegen etwas.
ποτι-στάζω, dor.-poet. noch dazu tröpfeln, darauf träufeln, τί etwas.
ποτι-τέρπω, ep. (dor.) st. προστ., dazu ergötzen, unterhalten, τινά.
ποτι-τρόπαιος, poet. (dor.) st. προστρ.
ποτι-φωνήεις, εσσα, εν, ep. (dor.) st. προσφ., fähig anzureden, Sprache bekommend.
ποτι-φύω, buk. st. προσφ.
ποτι-χρίμπτομαι, poet. daranstreifen.
ποτι-ψαύω, poet st. προσψαύω, berühren.
πότμος, ὁ, ep. u. poet. (πίπτω), eigentl. das Zufallende, daher das Los, Geschick, Schicksal, Schickung, **δαιμόνων,** d. i. göttliche, selten Glück, meist im schlimmen Sinne u. ohne κακός Verhängnis, Todeslos, Tod.
πότνια, ἡ, nur Nom., Akk. u. Vok., synk. **πότνα,** ep. ion. u. poet. (vwdt. *potens*, πόσις I), **1)** Adj. geehrt, ehrwürdig, hehr, ein weibl. Ehrentitel, bes. von Göttinnen. **2)** als Subst. Herrin, Beherrscherin, τινός von etwas.
Πότνιαι u. **πότνιαι,** αἱ, die höheren Gottheiten, **a)** euphem. Benennung der Eumeniden (Her., Soph.). **b)** Demēter u. Kore, als die Thesmophoren. Dag.
Ποτνιαί, ῶν, Stadt in Böotien.
ποτνιάδες, αἱ, poet. = πότνιαι, nach and. (v. ποτνιάομαι) die heftig Flehenden, dann Rasenden.
ποτνιάομαι, Dep. med., sp. **1)** zu einer Göttin, πότνια, flehen, jammern, schreien, vorzugsweise von Frauen, abs. od. τί, od. mit Inf. **2)** durch Bitten abwenden, sich verbitten.
πότ-ορθρον, τό, dor. gegen Morgen.
ποτός, 3. (πίνω), trinkbar. Dah. **ποτόν,** τό, u. **ποτά,** τά, *potio*, Trank, Getränke, Λύκιον Wolfsbrunnen; ποτὸν πῖον der Most.
πότος, ὁ (πίνω), das Trinken, der Trank, bes. *compotatio*, das Trinkgelag.
ποτ-όσδω, buk. (dor.) st. προσόζω, wonach (τινός) riechen, duften.
ποττώς, dor. st. ποτὶ τώς, πρὸς τούς.
ποῦ, ion. **κοῦ,** nebst ep. u. poet. **πόθι** (lat. *u-bi*, für **quo-bi*, zum Interrogativstamm πο- = *quo-*, τίς- = *quĭ-s*), Adv. der Frage • **1) wo?** (wo der Grieche anders denkt als wir, auch: wohin?): **ποῦ γῆς** wo in aller Welt? • **2)** übertr. scheinbar st. **πῶς, τίνος ἕνεκα wie, auf welche Weise?** in welcher Hinsicht? • **a)** abs., **ποῦ σὺ στρατηγεῖς τοῦδε,** mit welchem Recht (Soph. Ai. 1100) hast du ihm zu befehlen? **ποῦ σὺ μάντις εἶ σαφής;** wo hast du dich bewiesen als untrüglichen Propheten? ποῦ χρὴ τίθεσθαι ταῦτα; ποῦ δ' αἰνεῖν; wo soll man das unterbringen (wie nennen od. ansehen)? wie gutheißen? Soph. Phil. 451 • **b)** mit dem Gen. ποῦ γνώμης ποτ' εἶ; wo bist du nur mit den Gedanken hin? Antig. 42; ποῦ σοι τύχης ἕστηκεν; welches Los ist ihm durch dich geworden? Ai. 102.
πού, ion. **κού,** nebst d. ep. **ποθί,** enklit. Adv. **1)** lokal: irgendwo, wo, abs., u. καί που καί u. hier u. da, hin u. wieder; mit dem Gen., z. B. πού αὐτοῦ ἀγρῶν irgendwo hier auf den Feldern Hom. **2)** vermutend: irgendwie, irgend, oft bei ungefähren Angaben, oder in Behauptungen: **etwa,** ungefähr, höchstens (mit u. ohne μάλιστα); **vielleicht,** vermutlich, wahrscheinlich, wohl, doch wohl, ja wohl, gewiß; ἦ που wohl gar.
πουλῠ-βότειρα, ἡ, ep. (ion.) st. πολυβ., viel ernährend, Nahrungsfülle spendend.
Πουλυ-δάμας, αντος, ὁ, Vok. -δάμᾱ od. -δάμαν, tapferer kluger Trojaner.
πουλυ-μιγής, 2. poet. sp. vielfach gemischt.
πουλῠ-πινής, 2 poet. sehr schmutzig.
πουλύ-πους, πουλύ-ποvος, s. πολύπ.
πουλύς, ύ, s. πολύς.
Ποῦρα, τά (indisch die Stadt, vgl. πόλις), Hauptstadt von Gedrosien, jetzt *Pura*.
πούς, ὁ (St. πεδ : ποδ, lat. *ped-*, dt. *Fuß*), ep. G. D. Du. ποδοῖιν, Dat. Pl. auch ποσσί u. πόδεσσι • **1)** im eigtl. Sinn • **a)** der **Fuß,** *pes*, bisw. das Bein, von Raubvögeln die Kralle (die Fänge), ποδός beim Fuße, ἐκ ποδός vom Fuße aus, mit dem Fuße, ποδί oder ποσί oft pleon. bei βῆναι usw., doch steht ποδί auch bei ἐπιβῆναι für λάξ mit kräftigem Fuße • **b)** meton. der Fußtritt, Schritt, Gang, Lauf, ποσίν, *cursu*, bes. im Wettlauf, ὡς ποδῶν ἔχει mit u. ohne τάχιστα so schnell er kann. Dah. bildl. ἀφ' ἡσύχου ποδός ruhig, gleichgültig, τὰ ἐν (τὰν) ποσί oder προπάροιθε, πρόσθεν, πρὸ ποδῶν od. πρὸς ποσί was vor den Füßen liegt, das Nächstliegende, Augenblickliche, ἐν π. γίγνεσθαι in den Weg kommen, ἐπὶ πόδα ἀναχωρεῖν mit dem Gesicht dem Feinde zugekehrt sich zurückziehen, ferner ἐπὶ τοὺς πόδας καταβάλλειν sich (jmdm.) zu Füßen werfen, κατὰ πόδα, πόδας (τινός) (auch ἐκ ποδός) auf dem Fuße, auf der Stelle, doch auch im vollen Laufe, od. die Füße entlang, von unten auf u. dah. allmählich, παρὰ πόδα u. πόδας neben den Füßen, ganz nahe, sofort, ὑπὸ πόδας ποιεῖσθαί τι od. τινα mit Füßen treten, καθίζειν sich jmdm. zu Füßen setzen, sich unterwerfen, περὶ πόδα angemessen (eigtl. dem Fuß passend) • **2)** übertr. auf Lebloses • **a)** der Fuß des Berges, auch im Pl. • **b)** der Fuß einer Bank, eines Sitzes, Sofas usw. • **c)** ep. poet. u. sp. mit und ohne νεώς die Schote, das Segeltau. Es dient vorzüglich zum Geschäfte des Umreffens • **3)** als Längenmaß: der Fuß, und zwar der gemeingriechische äginäisch-attische im Durchschnitt 315—308 mm, der olympische 297—321 mm, der römische 296 mm. Dah. auch • **a)** sp. der Versfuß • **b)** mit χρόνου die Dauer der Zeit • **4)** als Flächenmaß: der Quadratfuß.

ποώδης, 2. sp. grasähnlich, grasgrün.

πρᾶγμα, ion. **πρῆγμα,** poet. auch **πρᾶγος,** εος, τό, nebst **πρᾶξις,** εως, ion. **πρῆξις,** ιος, ἡ (πράσσω) • 1) insbes. ἡ πρᾶξις Verrichtung, u. prägnant: die fruchtbringende Verrichtung, welche als Handlung bisw. ausdrücklich von πρᾶγμα, der gegebenen Tatsache, unterschieden wird; doch oft stimmen auch beide Wörter überein), **das Handeln,** die Tätigkeit, περί τινος in etw., **Tat, Geschäft,** Verhandlung, abs., und πρός τινα mit jmdm., Ausführung, πρὸς πρᾶξιν hinsichtlich der Vollziehung (des Mordes), κατὰ πρῆξιν wegen eines Geschäftes, ἐν τοῖς πρ. εἶναι die Sache ernstlich betreiben, οὐ πρῆγμά ἐστί τινί τε καί τινι jmd. hat nichts mit einem zu schaffen, πρᾶγμα oder πράγματα ἔχειν Geschäfte haben, sich abmühen (mit Part. bei etwas), Händel, Not haben, τινί Anstoß finden für jmdn., und zwar πρός τινος bei jmdm., περί τινος mit etwas, πρᾶγμα od. πράγματα παρέχειν abs. u. τινί, auch mit folg. Inf., zu schaffen machen, beunruhigen, τινί ein Land. Dah. im bes. • a) die Schwierigkeit, σὺν πράγμασι, ἄνευ πραγμάτων • b) List, Ränke, Verräterei, abs., u. ἐπί τινα gegen jmdn. • c) im Pl. mit u. ohne πολιτικαί politische Tätigkeit, das Amt, auch Kriegstaten • d) die Eintreibung, τοῦ μισθοῦ • 2) wie εὖ πράττειν u. ähnl.) das **Befinden,** die **Lage,** τὴν σὴν πρᾶξιν; τὸ σὸν τί ἐστι πρᾶγμα; ποῦ ποτ' εἰμὶ πράγματος; auch mit folg. ὅτι. Im Pl. die **Verhältnisse,** Lage der Dinge, die Wirklichkeit, im Gegensatz der Wünsche, τοῖς πράγμασι χρῆσθαι, insbes. • a) schwierige Verhältnisse, der Unfall, εἰς πράγματα ἐμπίπτειν, u. ähnl. ἐς πράγματα προάγειν τινά • b) die Vermögensumstände • c) mit und ohne τῆς πόλεως oder τὰ πολιτικά die Staatsverhältnisse, *res,* Macht, Hegemonie • 3) das, was herauskommt bei etwas, die Wirkung, der **Erfolg,** οὔτις πρῆξις ἐγίγνετό τινι, οὔτις πρ. πέλεταί τινος, u. so πρῆγμα εἶναι vorteilhaft sein, τινί • 4) (πρᾶγμα) die **Tatsache,** das Ding, Hergang, Vorgang, überh. etw., das, od. als Neutr. des Adj. zu übersetzen und dah. auch zur Umschreibung dienend, πρᾶγμα βλάβης die Unheilstat, τὰ πρ. ὅλα alles; auch zur Umschreibung einer Person: τὰ Ἑλλήνων πρήγματα der Hellene, ähnl. τὸ Σωκράτους πρᾶγμα. Im bes. • a) prägnant: etwas Großes, Wichtiges, dah. πρᾶγμά (ἐστί) τινι es liegt jmdm. daran, οὐδὲν πρᾶγμά (ἐστι), πρῆγμα ποιεῖσθαί τι etwas wichtig nehmen. Auch von Personen: μέγιστον πρ. εἶναι παρά τινι alles bei jmdm. gelten • b) speziell mit u. ohne τῆς πόλεως, die Staatsangelegenheiten, das Staatswesen, Politik, die Staatsverfassung, Regierung, οἱ ἐν τοῖς πρ. (ὄντες) die Machthaber. Im besond. πρ. νεώτερα Umsturz.

πραγμᾰτεία, ἡ (-τεύομαι), Betätigung, Beschäftigung mit einer Sache, Interesse, Bemühung für sie, abs., u. τινός jmds. od. für etwas, περί τι mit etwas. Im bes. a) Tätigkeit, τοῦ βίου des gewöhnl. bürgerlichen Lebens, Geschäftigkeit, Wissenstrieb, das Tun u. Treiben, die Mühe, ἡ μάταιος die unnütze Weitläufigkeit. b) der Anschlag, περί τινα mit jmdm. c) Abhandlung, Buch, Schreiben.

πραγματειώδης, 2. wie ein Geschäft aussehend.

πραγματεύομαι, ion. **πρηγματεύομαι** (πρᾶγμα), Dep. med. mit Aor. pass. u. Perf. in akt. u. pass. Bdtg., *ago,* 1) Geschäfte haben, geschäftig sein, sich mit etwas beschäftigen, eine Sache, ein Geschäft, Handel, Geldgeschäft treiben, mit etwas zu schaffen haben, sich um etwas bemühen, auf etwas ausgehen, abs., od. πολλά viel, ταῦτα mit diesem, sonst ἐπί τινι, περί τι um etwas, od. mit Inf., u. zwar τινί für jmdn. 2) eine Tätigkeit mit etwas fortsetzen, zustande bringen, ausführen, τί. Im Perf. pass. ausgearbeitet sein, τινί von jmdm.

πραγματικός, 3. sp. 1) = πρακτικός. 2) zweckmäßig. 3) pragmatisch, a) ἱστορία, ἱστορίας τρόπος die realen Tatsachen bietend, ohne Übertreibung u. Ausschmückung, tatsächlich. b) προαίρεσις die pragmatische Richtung, die den innern Zusammenhang der geschichtlichen Ereignisse ins Auge fassende Methode der Geschichtschreibung.

πραγμάτιον, τό, poet. sp. Geschäftchen.

πραγματώδης, 2. mühsam, beschwerlich, lästig.

πρᾶγος, τό, s. πρᾶγμα.

πραέος, πραέων, v. πραΰς, Nebenf. zu πρᾶος, s. d.

Πραινεστῖνος, 3. Praenestinus; ἡ πύλη Πραινεστίνα, die porta Praenestina im Osten Roms:

Πραίσιοι, οἱ, 1) Einw. von Praisos, Stadt auf Kreta, auf einer Stelle, die noch Πραισούς heißt. 2) indisches Volk am Ganges.

πραιτώριον, τό, sp. N. T. das lat. *praetorium,* auch Amtswohnung des Statthalters.

πρακτήριος, 2. poet., und

πρακτικός, 3., Adv. -κῶς (πράσσω), 1) das Handeln betreffend, praktisch, aufs Praktische gerichtet, zu Geschäften geschickt, gewandt, *agilis* (Stoiker), fürs tätige Leben brauchbar, werktätig, geschäftig, tatkräftig, tüchtig. 2) wirksam, bewirkend, vollbringend, erlangend, παρά τινος von jmdm. 3) geneigt, bereit etwas auszuführen, τινός.

Πράκτιος, ὁ, Fluß in Troas, jetzt *Borgus.*

πρᾱκτός, 3. (πράσσω), sp. zu tun, zu erwirken, was getan werden kann, erreichbar, tunlich.

πράκτωρ, ορος, ὁ, ἡ, u. ep. (ion.) u. poet. **πρηκτήρ,** ῆρος, ὁ (πράσσω), 1) der handelnde Held, Täter, Verrichter, Vollbringer, Anstifterin, τινός von etwas. 2) im bes. a) Geschäftsmann, Handelsmann. b) Geldeintreiber, insbes. Eintreiber des Blutgeldes, dah. Rächer, τινός von etwas. c) im N. T. der Gerichtsdiener.

Πράμνειος u. Πράμνιος (poet.) οἶνος, ὁ, pramnischer Wein, ein starker herber Rotwein, über dessen Namen und Heimat jedoch die Nachrichten verschieden lauten.

πράν, buk. (dor.) Adv. = πρώην, ehedem, jüngst.

πρᾱνής, 2. dor. att., u. ep. poet. ion. ar. sp. **πρηνής,** 2., (zu πρό), vorwärts geneigt, a) vorwärts, kopfüber, häuptlings, prolept. πρηνὲς καταβαλέειν τι etw. herabstürzen, ähnl. πρ. ἔπεσε u. dgl. b) schräg, u. von Anhöhen: abhängig, abschüssig, steil, κατὰ τοῦ πρανοῦς den Abhang hinunter, εἰς τὸ πρ. gerade hinab, πρανῆ καταβαίνειν abschüssige Hänge hinabeilen.

Πραξιεργίδαι, οἱ, ein attisches Priestergeschlecht, welches die gottesdienstlichen Gebräuche am Feste der Plynteria u. Kallynteria verwaltete.

Πράξιλλα, ion. Πρήξ., lyr. Dichterin aus Sikyon z. Z. des Peisistratos.

πρᾶξις, ἡ, s. πρᾶγμα.

Πραξιτέλης, ους, ὁ, Sohn des Kephisodot aus Athen, berühmter Bildhauer u. Erzgießer, lebte in der 1. Hälfte des 4. Jahrh.

πρᾶος (πρᾷος), 2. u. **πρᾱΰς,** εῖα, ύ, ion. **πρηΰς,** Adv. **πράως** od. **πρᾴως** (Komp. -ότερον, πρηΰτερος, Superl. -ότατα) u. **πραόνως** (St. πραι, πρῑ, got. *frijōn,* nhd. *freien* lieben, got. *frijōnds,* nhd. *Freund*). **1) zahm, sanft, sanftmütig, gelind. 2)** mild, mit **Milde, 3) gelassen, mit Gelassenheit,** mit Gleichmut, ohne **Entrüstung, ohne Bitterkeit. 4) wohlwollend, günstig, gewogen, gern, willig,** abs., od. τινί gegen jmdn. Subst. τὸ πρᾷον die Milde.

πρᾳότης (πραότης), ητος, ἡ, Sanftmut, Milde, Gelindigkeit, Ruhe, abs., od. πορείας ruhiger (würdevoller) Gang.

πρᾱπίς, ίδος, ἡ, gewöhnl. im Plur., ep. u. poet. das Zwerchfell = φρένες, dann als Sitz des Gefühls das Herz, u. als Sitz des Verstandes, Verstand, Sinn, Geist.

Πράς od. **Πρᾶς,** Πραντός, ἡ, St. in Südthessalien.

πρᾱσιά, ion. **-ιή,** ἡ, ep. u. sp. (πράσον), eigtl. Lauchbeet, dann überh. Gemüsebeet. N. T. Mark. 6, 40 hebraïsierend wiederholt πρασιαὶ πρασιαί = beetweise.

Πρασιαί, αἱ, **1)** ein att. Demos der Pandionischen Phyle an Attikas Ostküste, jetzt *Prassa.* **2)** Stadt an der Ostküste von Lakonien.

Πρασιὰς λίμνη, ἡ, See in Thrakien, nahe beim Strymon. Meerbusen, jetzt *Pakino.*

πράσιμος, 2. (πιπράσκω), käuflich.

πρᾶσις, εως, ion. **πρῆσις,** ιος, Dat. ῑ, ἡ (πιπράσκω), Verkauf, ταῖς πράσεσιν bei den Versteigerungen.

πράσον, τό, lat. *porrum,* Lauch.

Πρασσαῖος, ὁ (πράσσον = πράσον), sp. ep. „Lauchgrün" od. „Grünrock", Name e. Frosches.

πράσσω, seit Xen. att. **πράττω,** ion. **πρήσσω** (St. πρᾱκ, πρᾱγ), Fut. med. πράξομαι auch in pass. Bdtg., Perf. act. πέπρᾱγα trans. (Xen. Hell. 1, 4, 2) u. intr. (es ist mir ergangen), u. πέπρᾱχα (Var. -ᾱκα) trans. (erst sp. auch intr.).

I) trans. • 1) (ep.) durchdringen, durchfahren, zurücklegen, τί, od. ὁδοῖο ein Stück Weges • **2)** mit etw. zu Ende kommen, überh. • **a) betreiben, vollbringen,** ausführen, bewerkstelligen, bewirken, **tun,** verursachen, verrichten, erlangen, erwerben • **b) zu Werke gehen,** wagen, vornehmen, vorhaben, betreiben, besorgen, verwalten, dahin arbeiten, unterhandeln, überh. handeln, **wirken.** Teils abs. ἐπὶ τῷ πράττειν, οἱ πράξαντες die Urheber, teils τί, z. B. πολλόν viel Wesens machen, καλά ruhmvoll handeln, ἐναντία τινί, μικρά sich mit geringen Dingen, σωτήρια mit heilsamen Maßregeln abgeben, τὴν φιλίαν an einem Bündnisse arbeiten. Teils τινός (Gen. part.) sich mit etwas befassen, oder περί τινα in betreff jmds., περί τινος in betreff einer Sache, τινί jmdm. od. mit etwas (ähnl. ξύν τινι), ἔς τινα nach einem hin, od. Verbindungen unterhalten mit jmdm., πρός τινα mit jmdm. oder gegen jmdn., πρός τι hinsichtlich etwas, doch auch gegen etwas, od. mit Inf., ὅπως od. indir. Nebens. Im Pass. getan, durchgesetzt, verabredet, beschlossen werden, im Werke sein, zustande kommen, stattfinden, gelingen, dah. τὰ πρασσόμενα die Unternehmungen, τὰ πραχθέντα, (τὸ) πεπραγμένον, τὰ πεπρ. die Handlungen, das Benehmen, die Unterhandlungen, der geschlossene Vertrag, τὰ ἑαυτῷ πεπρ. was er angerichtet hat. Im Med. im eigenen Interesse etw. tun, betreiben, οὐδ' ἐν ἀργοῖς οὐδὲ τοῦτ' ἐπραξάμην ich hab' auch dies nicht ungetan gelassen • **c)** Im bes. Sinne • **α)** prägn. sich etwas (τί) zum eigentlichen Geschäfte machen, Plat. Crit. 47 B • **β)** etwas Schlimmes im Schilde führen, verschaffen (zuschanzen), τινί (Soph. Aj. 446), od. heimlich betreiben, insbes. τινί jmdm. in die Hände arbeiten, es mit ihm halten • **γ)** mit u. ohne τὰ τῆς πόλεως, τὰ πολιτικά, oder mit πολιτεύεσθαι, politisch tätig sein, gew. Staatsgeschäfte treiben, dah. εὖ τὰ πολιτικὰ πρ ein geschickter Staatsmann sein (wie τὰ ἰατρικά als Arzt sein Glück machen), auch Sachwalter sein. Dah. τὰ ἄριστα das Beste der Stadt im Auge haben, und abs. οἱ πράττειν δυνάμενοι im Gegensatz zu denen, welche bloß Reden halten: die zu handeln vermögen, wirkliche Staatslenker, Gewalthaber • **3)** mit ποιεῖν drückt zwar πράττειν bisw. die Tätigkeit an sich aus, während ποιεῖν das Beginnen einer bestimmten Handlung bezeichnet, öfter aber stehen beide Worte gleichbedeutend. Daher auch, wiewohl selten, εὖ πράττειν = εὖ ποιεῖν in dem Sinne: sich verdient machen, od. τινά τι, πρός τινά τι einem etwas antun od. zufügen. Im bes. u. häufiger aber heißt • **a)** πράττειν τινά τι von jmdm. etwas **fordern,** gew. χρήματα, φόρους, μισθόν, aber παρά τινος es von jmdm. erlangen. Im Pass. gemahnt werden, ὑπό τινός τι; daher auch πρ. τι allein: *exigo,* Tribut einfordern od. eintreiben, daher φόρον τὸ ἑκάστοισι ἐπιβάλλον die auf jedes einzelne Volk fallende Beisteuer, u. absol. eintreiben, nämlich Tribut für den Staat • **b)** das Med., sich (*sibi*) **eintreiben,** beitreiben, einfordern, insbes. Abgaben, Tribut, τινά τι, doch auch τὶ ἀπό und ἔκ τινος. Bes. χρήματα brandschatzen, u. ähnl. τὰ δίκαια die verdiente Strafe an jmdm. nehmen, oder sich auswirken.

II) intr. zu Ende, ans Ziel kommen, in einem Zustande sich befinden, **sich verhalten, sich befinden,** selten mit τί in bezug auf etwas, so χρόνον die Zeit hinbringen, κοινά teilnehmen, μεγάλα groß tun, τὰ ἄριστα sehr glücklich sein, ähnl. πολλὰ καὶ ἀγαθά es geht ihm sehr gut, χαλεπώτατα, αἴσχιον, ταπεινά in dürftigen Umständen, ohne Macht sein, τὸ σὸν μέρος ὅτι ἂν τύχωσι, τοῦτο πρ. es wird ihnen, was dich anlangt, ergehen, wie es sich trifft; ὅ τι πρ. wie es ihm ergehe. Gewöhnl. mit εὖ, καλῶς, κακῶς, καταδεέστερον und ähnl. mit Praep., wie in ἐκτὸς ἄτας, sich wohl, übel, in schlechteren Umständen, außer Gefahr befinden; ähnl. πράττει οὕτω so ergeht es ihm. Bisw. mit τί, κατά τι, ἔς τι od. mit Part. Glück haben bei etw., ἄριστά τι eine Sache so gut als möglich machen, u. zwar τινί für etwas.

πράτιστος, buk. (dor.) u. **πρᾶτος** = πρῶτος.

πρᾱτός, 3., poet. Adj. verb. von πιπράσκω, verkauft.

πράττω, s. πράσσω.

πρᾱΰμητις, ὁ, ἡ, poet. sanftmütig, huldvoll, gnädig.

πρᾱΰνω [ῡ], Aor. ἐπράϋνα, ion. **πρηΰνω** (πραΰς), besänftigen, beschwichtigen, τινά od. τί. Pass. gelinder werden, sich mildern.

πραϋπάθεια u. **πραΰτης**, ἡ, N.T. u. sp. = πραότης.

πρᾱΰς, s. πρᾶος. [u. Stiel.

πρέμνοθεν, Adv. poet. von Grund aus, mit Stumpf

πρέμνον, τό, der Stamm, Stumpf.

πρεπόντως, Adv. des Part. v. πρέπω, angemessen, würdig, ohne Schande, abs., τινί u. τινός jmds.

πρεπτός, 3, poet. ausgezeichnet, ehrenreich.

πρέπω • 1) **hervorschimmern**, hervorstechen, sich auszeichnen, überh. erscheinen, aussehen, abs., od. mit Praepp., od. mit Part. bisw. bloß als Umschr., so ἀγγέλλων πρέπει = ἀγγέλλει. Ähnl. folgt der Inf. ἰδεῖν d. h. von Ansehen. Dah. • 2) **ähneln**, gleich sein, τινί τι jmdm. an etwas • 3) **geziemen**, sich schicken, passen, gew. impers. πρέπει es ziemt sich, od. auch es ist angemessen, wahrscheinlich, abs. od. τινί, selten εἴς τινα, u. zwar mit Akk. m. Inf. od. Inf. Statt des Inf. beim Dat. steht, wiewohl selten, auch das Part., häufig aber steht **πρέπον** mit u. ohne ἐστί st. πρέπει u. dies statt des Dat. od. Akk. m. Inf. ausnahmsweise auch mit dem Gen., wie ἄξιον. Überh. steht das Part. = einem Adj. u. bedeutet: angemessen, geziemend, schicklich, τὸ πρέπον der Anstand, τὰ πρ. die Würde, doch auch das Gebührende (Thuk. 4, 98 von der Erlaubnis, die Toten zu sammeln).

πρεπώδης, 2., Sup. πρεπωδεστάτην (εἶδος), geziemend, passend, τινί für jmdn. od. etwas, πρεπωδέστερα γυναικί, nämlich als irgend eine andere [Kunst.

πρέσβα, s. πρέσβυς.

πρεσβεία, ἡ, u. **πρέσβευμα**, τό (nur Plur.), poet. u. sp., u. **πρέσβευσις**, εως, ἡ (πρεσβεύω), 1) poet. das Recht des Ältesten, Vorrang des Alters, Erstgeburt. 2) Gesandtschaft. Sendung, Botschaft, die Gesandten, πρεσβαίᾳ ἦλθον sie kamen vermittels einer G., schickten Gesandte. 3) das Amt eines röm. Legaten.

πρεσβεῖον, ep. (ion.) **πρεσβήιον**, τό (πρεσβεύω), im Sing. u. Plur., ein Geschenk für die Ältesten, Ehrengeschenk, überh. Vorrang, Vorsitz.

πρέσβειρα, ἡ, ep. poet. Fem. zu πρέσβυς, s. d.

πρεσβευτής, οῦ, ὁ (πρεσβεύω, 2), im Plur. selten οἱ πρεσβευταί, gewöhnl. οἱ πρέσβεις, εων (v. πρέσβυς, s. d.), der Gesandte, Botschafter, wozu man ältere Männer wählte. Bes. sp. der römische Legat.

πρεσβεύω (πρέσβυς) • 1) intr. • a) **der älteste** od. älter **sein**, abs. od. τινός als jmd., ἀπό τινος nach jmdm.; übertr. den ersten Platz einnehmen, den Vorzug haben, der Beste sein, herrschen über • b) **Gesandter sein**, α) sich als Gesandter irgendwo aufhalten, gesandtschaftliche Geschäfte treiben, τινί, doch auch mit Akk., εἰρήνην als Ges. über den Frieden verhandeln; auch im Med., Thuk., β) Med. Gesandte schicken, durch Gesandte verhandeln, ἐπί τινι, ὑπέρ τινος über, wegen etwas, γ) bei den Römern: Legat sein • 2) trans. • a) **ehren**, hochachten, erheben, loben, πλέον höher achten, od. τὶ πρό τινος etwas vorziehen, den Vorzug geben, ἔν τινι bei etw. Im Pass.: den ersten Platz einnehmen, τινός wegen etw. • b) sp. besorgen, τί.

πρεσβήιον, τό, s. πρεσβεῖον.

πρέσβις, ἡ, = πρεσβεία, 1.

πρέσβιστος, s. πρέσβυς.

πρέσβος, εος, τό, poet. Versammlung, insbes. der Geronten; Gegenstand der Verehrung.

πρεσβυγένεια, ἡ, ion. sp. die Erstgeburt.

πρεσβῠ-γενής, 2. (γένος), ep. poet. u. sp. älter an Geburt, erstgeboren; πρεσβυγενεῖς hießen in Lakedämon die Mitglieder des Rats der Alten, die Senatoren.

πρέσβῠς, ὁ (Nom., Akk. u. Vok. mit bes. Fem.-formen, ep. **πρέσβα**, u. poet. **πρέσβειρα**, ἡ, ferner **πρεσβύτης**, ου, ὁ, u. **πρεσβῦτις**, ιδος, ἡ • 1) **alt**, bejahrt, erwachsen, πρεσβύτερος, πρεσβύτατος, poet. auch πρέσβιστος • Subst. der Alte, **Greis**, τὸ πρεσβύτερον die alte Mannschaft • 2) übertr. **ehrwürdig**, hehr, mächtig (ὁ πρέσβυς τινῶν auch: der mächtigere unter einigen), dringend, gewichtig, **wichtig**, πρεσβύτερα ποιεῖσθαι u. πρεσβυτέρως τιμᾶν höher schätzen, für wichtiger halten, πρεσβύτερον κακοῦ κακόν Schlimmeres als Schlimmes • 3) der Pl. **πρέσβεις** • a) Gesandte, zu πρεσβευτής gehörig, s. d. • b) poet. Greise, = γέροντες • 4) im N. T. οἱ πρεσβύτεροι die Ältesten des jüdischen Volks, Beisitzer im

πρεσβυτέριον, τό, Rat der Ältesten des jüd. Volks, auch die Vorsteherschaft einer christl. Gemeinde, die Ältesten der apostolischen Kirche, in der Apokal. die 24 Ältesten um Gottes Thron.

πρεσβυτικός, 3., greisenhaft, nach Art der Greise; altväterisch; auch im Adv.

πρεσβῡτο-δόκος, 2. poet. Alte aufnehmend

Πρεττανία, ἡ, sp. Britannien, u. **Πρεττανός**, ὁ, sp. Britannier. Adj.

Πρεττανικός, 3., Subst. ἡ Πρεττανική Britannien.

πρευμένεια, ἡ, poet. Sanftmut, Huld, Gunst.

πρευμενής, 2 u. Adv. **-ῶς**, poet. (für πρηϋμενής von πρηΰς = πρᾶος), sanftmütig, huldvoll, gnädig; angenehm, willkommen, abs. u. τινί.

πρῆγμα, πρηγματεύομαι, πρηκτήρ, πρῆξις, πρήσσω, s. πρα-.

πρήθω, nur Präs. u. Impf., Nebenf. zu πίμπρημι, s. d.

πρηνής, s. πρανής.

πρῆσις, s. πρᾶσις.

πρηστήρ, ῆρος, ὁ (von πρήθω), Verbrenner, Wetterschlag, zündender Blitzstrahl, Blitz (κεραυνός zerschmetternder), sp. überh. Unwetter, Schirokko.

πρητήριον, τό, ion. st. πρατ. (πρατήρ, πιπράσκω), Kaufplatz, Markt.

πρηΰνω, s. πραΰνω. **πρηΰς,** s. πρᾶος.

Πρίαμος [ῐ], ὁ, Sohn des Laomĕdon, König von Troja, von Neoptolemos getötet. Er hatte 50 Söhne, u. 19 derselben von seiner Gemahlin Hekabe. Dav.

Πρῐαμίδης, Gen. εω u. ᾱο, ὁ, **a)** Sohn des Pr., z. B. Hektor. **b)** poet. buk. u. sp. im Plur. auch von den Trojanern.

Πρίᾱπος, ep. u. buk. **-ηπος, 1)** ὁ, Gott der Gärten u. Weinberge, Sohn des Dionysos. **2)** ἡ, mysische Stadt an der Propontis, jetzt Ruinen bei *Karabogha.*

πρίασθαι (πρῐ), Dep. Aor. med. **ἐπριάμην** (zum Präs. ὠνέομαι), 2. sg. auch ἐπρίω st. ἐπρίασο, conj. πρίωμαι, opt. 3. sg. πρίαιτο, **kaufen,** erkaufen, abkaufen, spez. dingen, mieten, pachten; auch bestechen; παρά τινος von jmd., τινί für jmd. (auch durch etwas), τινός um etwas: μικροῦ wohlfeil, πολλοῦ teuer, πάντων χρημάτων καὶ πόνων alles in der Welt darum geben, οὐδενὸς λόγου um keinen Preis.

πρίζω = πρίω.

Πριήνη, ἡ, Stadt der Ionier in Karien, um deren Besitz Athen Ol. 85, 1 = 440 mit Milet Krieg führte, j. die Ruinen *Samsum Kalesi.* Die Einw **οἱ Πριηνέες.**

πρίν [ῐ] Komparativ zu πρό, Adv. und Konj.

I) Adv. der Zeit **1)** zuvor, vorher, vormals, ehedem, bevor, sonst, **früher;** eher, lieber, oft in dems. Sinne τὸ πρ., seltener τὰ πρ. od. ἐν τῷ πρ.; ὁ πρίν der vormalige, frühere, von Personen auch: der verstorbene, weiland; τῶν πρ. ἐντόπων aller, die bisher hierher gekommen Soph. **2)** bei Arr. auch = πρό vor, mit dem Genet.

II) Konj. bevor, ehe, bis, bis daß, als bis, ion. mit, att. meist ohne ἤ. Oft verstärkt durch γέ, δή, od. καὶ δή, noch ehe, u. mit vorhergeh. πάροιθεν, πρόσθεν, πρότερον, οὐ πρότερον — πρίν nicht eher — als bis. Es steht auch ellipt. πρὶν ὥρη, verst. ἐστί.

πρίνινος, 3. ep. poet. sp. hart, fest, derb, von

πρῖνος, ἡ (u. ὁ), die Steineiche.

πριστός, 3. ep. poet. sp. gesägt, zerschnitten. Von

πρίω [ῑ], Aor. ἔπρῑσα, Perf. pass. πέπρισμαι, Aor. ἐπρίσθην, **1)** sägen, u. zwar δίχα auseinander, τί. Davon auch **2)** mit den Zähnen beißen od. packen, u. so überh. im Pass. fest gepackt, fest angebunden sein, τινί mit etwas, ἔκ τινος an etwas.

πρίων [ῑ], ονος, ὁ, poet. u. sp. die Säge.

πρό (lat. *pro,* dt. *ver-*) • **I) Adv.** • **1)** örtlich: **vorn, voran,** auch mit Adv. οὐρανόθι πρό am Himmel vorne, d. h. unter dem Himmel hin, ähnl. Ἰλιόθι πρό; aber πρὸ φόωσδε hervor ans Licht • **2)** zeitlich: vorher, ἠῶθι πρό vor dem Morgenlichte her.

II) Praep. beim Genet., bisw. vom Kasus getrennt • **1)** örtlich: **vor,** auch: vor — her, vor — hin, πρὸ χειρῶν vor sich her in den Händen (über πρὸ ὁδοῦ γίγνεσθαι s. προγίγνομαι), πρὸ τῆς Κιλικίας vor den Grenzen Kilikiens • **2)** zeitlich: **vor,** πρὸ καιροῦ zu früh, πρὸ πολλοῦ lange vorher, πρὸ τοῦ δέοντος vor der nötigen Zeit, πρὸ τοῦ vordem, ὀλίγον πρὸ τούτων, od. mit dem Artik. αἱ πρὸ αὐτῆς. Im bes. sp. auch = πρότερον mit dem Dat., πρὸ μιᾶς ἡμέρας, τριῶν ἐτῶν • **3)** Übertr. • **a)** = ὑπέρ **zum Schutz** (vor jmdm. od. etwas stehend), dah. für, zum Besten jmds. od. von etwas, u. so auch gegen, z. B. πρὸ τοξευμάτων zum Schutze gegen sie • **b)** = ἀντί an Stelle, für, **statt,** πρὸ ἐλευθερίης anstatt der bisherigen Freiheit; im Namen jmds. • **c)** zur Angabe eines Vorranges (*prae*): **vor** (Soph. OR. 10 u. OC. 1524), mehr als, lieber als, bes. bei Komparativ. u. komp. Begriffen u. neben ἄλλος st. ἤ, z. B. αἱρεῖσθαί τι πρό τινος, πρὸ τῶν πατρίων πρεσβεύειν höher achten als, u. so auch: im Verhältnis gegen, ἄλλο ὁτιοῦν πάσχειν πρὸ τοῦ ἀδικεῖν • **d)** zur Angabe der Veranlassung, doch mehr scheinbar, πρὸ τῶνδε darum d. i. dafür, πρὸ φόβοιο wegen, infolge der Flucht Il. 17, 667.

III) In Zusammensetzungen: vorwärts, *pro,* in die Ferne, eher, anstatt u. bloß verstärkend (-μιγῆναι, -διδάσκω, -μανθάνω).

προ-αγαπάω, sp. vorher, zuerst lieben.

προ-αγγέλλω, vorher verkündigen od. anzeigen mit Inf. fut. Im Pass. vorher bekannt, vorher verraten werden. [forderung, τινός zu etwas.

προάγγελσις, εως, ἡ, Vorherverkündigung, Auf-

προαγόρευσις, ἡ, sp. das Vorhersagen. Von

προ-ἀγορεύω, Fut. **προερῶ** (ion. -ερέω), Aor. **προεῖπον** u. -εῖπα, Perf. act. **προείρηκα,** pass. -είρημαι, Aor. pass. προυρρήθην (auch in tmesi). **1) vorhersagen, a)** weissagen, **b)** vorher erwähnen, **-erzählen, -beschreiben, -bestimmen,-** gebieten, ἔν τινι in od. durch etwas • Im Pass. ταῦτά μοι προειρήσθω soweit das Vorwort, u. subst. τὰ προειρημένα die vorerwähnten Begebenheiten, ἀπὸ προειρημένου nach einer Verabredung. **2)** vor jmdm. sagen, reden, **öffentlich** laut od. feierlich **bekannt machen** (den Krieg), anzeigen, auftragen, befehlen, heißen, zumuten, bes. vom Herolde: **ausrufen,** τὰ προειρημένα das Angeordnete.

προ-αγρυπνέω, sp. schlaflos sein, wachen, τινός für jmdn., anstatt jmds., damit er schlafen könne.

προ-άγω • **1) trans. vorwärts** oder **weiter führen** • **a)** geleiten, bringen, auch ans Licht bringen, im Med. etw. von sich (τί) bis wohin (εἴς τι) bringen • **b)** bringen zu, **erheben,** steigern, auch im Med., bes. zu Ehren **bringen** • **c)** veranlassen, bestimmen, verführen, verleiten, εἴς τι, od. mit Inf. Im Pass. sich veranlaßt fühlen od. auch ergeben sein, εἴς τι • **d)** Kinder erziehen, Dem. • **2)** intr. (eigtl. mit zu ergänz. ἑαυτόν) • **a) vorwärts** oder **weitergehen,** ziehen, auch zu weit gehen, vorgehen, angreifen • **b)** übertr. vorangehen, auch mit ἐπὶ πολύ, τινί mit etw., sp. τινός vor jmdm. hergehen, treten vor; N. T. τινά, τί vorangehen • **3)** **προηγμένος** (bei den Stoikern) s. bes.

προαγωγεία, ἡ, die Verführung.

προ-αγωγεύω, verkuppeln.

προαγωγή, ἡ, **1)** die Fortführung, ἐκ προαγ. nach Umständen. **2)** die Bevorzugung, Auszeichnung; der Rang.

προ-άγων, ωνος, ὁ, Vorkampf, Vorspiel, Vorbereitung, τινός von etwas.

προ-αγωνίζομαι, Dep. med., doch das Perf. προηγωνισμένος auch in pass. Bdtg., vorher kämpfen, abs., od. τί etwas, z. B. eine Schlacht liefern.

προαγωνιστής, οῦ, ὁ, sp. Vorkämpfer.

προ-ἀδῐκέομαι, Pass., eher beleidigt werden od. Unrecht leiden, οὐδέν in nichts.

προ-αιδέομαι, ion. **-εῦμαι,** Dep., Plqpf. 3. pl. ion. προαιδέατο st. προῄδηντο (att. -ῃδεσμένοι ἦσαν), Dank schulden (πρό für früher erzeugte Wohltaten), u. zwar τινί jmdm.

προαίρεσις, εως, ἡ, freiwillige Wahl, **a)** freier Wille, das Wollen, Entschluß, Neigung, eingeschlagene Richtung, Gesinnung, Denkweise. **b)** Tendenz, bewußte Absicht, Rolle (u. Anspruch darauf), Motive, Charakter. **c)** Richtung, Methode (vgl. πραγματικός, 3). **d)** philosophische Sekte. **e)** im Plur.: die selbstgewählten Bestrebungen, Beschäftigungen, überh. Wege, Richtungen, τινός jmds. u. von, auf etwas, τῶν κοινῶν die Politik.

προαιρετικός, 3. zum Wählen, Entschließen geeignet. ἕξις προαιρετική Willensrichtung, Gesinnung. Von

προ-αιρέω. **1)** Akt. herausnehmen, entnehmen, ἐντεῦθεν. **2)** Med. **a)** sich (*sibi*) herausnehmen, auswählen, wählen, vorziehen, lieber wollen, bisw. durch μᾶλλον mit folg. ἤ verstärkt, **b)** sich vornehmen, beschließen, τί od. mit Inf.

προ-αισθάνομαι (-αισθήσομαι, -ῃσθόμην, -ᾔσθημαι), vorher od. voraus merken, -innewerden, -erkennen, -ahnen, od. Nachricht erhalten, -erfahren.

προ-αίσθησις, εως, ἡ, sp. das Vorgefühl.

προ-αιτιάομαι, N. T. vorher beschuldigen.

προ-ακοντίζω, vorschleudern, Pass. hervor-, weit schießen.

προ-ακούω. **1)** vorher hören, abs. od. ὅτι. **2)** hören, τί, u. zwar τινί für jmdn.

προ-ᾰλής, 2. (ἀλ in ἅλλομαι), ep. abschüssig, jäh.

προ-αλίσκομαι vorher gefangen oder verurteilt werden.

προ-αμαρτάνω, sp. N. T. vorher sündigen.

προ-αμῡ́νομαι, Dep. med., vorher abwehren od. sich zur Wehr setzen, abs., od. τινά gegen jmdn., u. zwar τινός hinsichtlich einer Sache.

προάν, buk. dor. = πρώην, jüngst.

προ-αναβαίνω, zuerst besteigen, τί.

προ-ανάγομαι, Med., vorher in See gehen.

προ-αναιρέω, vorher wegnehmen; vorher töten, τινός vor jmdm.

προ-αναισιμόομαι, ion. Perf. -αναισίμωμαι, von der Zeit: vorher verflossen sein, mit πρότερον ἤ und Inf.

προ-ανακῑνέω, sp. vorher in Bewegung setzen; Pass. von Kämpfen, die das Vorspiel (πρό) von wichtigeren Kämpfen bilden sollen.

προ-ανακρίνω, ar. vorher ausforschen, untersuchen, prüfen; die Voruntersuchung führen.

προ-ανακρούομαι, sp. in Musik, Gesang und Rede als Vorspiel vorausschicken, präludieren.

προ-ᾰνᾱλίσκω (-αναλώσομαι, -ανήλωσα, -ανήλωκα usw.), **a)** vorher aufwenden, vorher vertun od. verzehren, τί. **b)** vorher erschöpfen, vorher aufreiben.

προ-αναρπάζω, vorher aus dem Wege schaffen.

προ-ανασείω, sp. **1)** vor sich schwingen, -erheben. **2)** vorher erregen od. aufwiegeln, τινά jmdn., u. zwar τινί durch etwas.

προ-αναστέλλω, sp. vorher hemmen od. mäßigen.

προ-αναφωνέω, sp. vorher aussprechen.

προ-αναχώρησις, εως, ἡ, der frühere Abzug.

προ-ανύτω, vorher ausrichten.

προ-απαγορεύω, Aor. προαπεῖπον, zu früh ermatten.

προ-απαντάω, zuvor oder im voraus entgegenkommen, abs. od. τινί.

προ-απειπασθαι, sp. vorher absagen, -künden.

προ-απέρχομαι, Dep., Aor. προαπῆλθον, u. **προ-άπειμι,** inf. -ιέναι, vorher weggehen, vorher wieder abziehen, zuerst abziehen, abs. od. mit folg. πρίν; (τοῦ βίου) vorher sterben.

προ-απεχθάνομαι, sich vorher verfeinden.

προ-απηγέομαι, ion. st. προαφηγ., vorher erzählen, τί.

προ-αποβάλλω, sp. vorher verlieren.

προ-αποθνήσκω, Aor. προαποθανεῖν, zuvor zugrunde od. verloren gehen, zuvor als Opfer fallen, sterben, teils abs., nämlich vor der bestimmten Zeit, teils τινός vor jmdm., eher als etwas.

προ-αποθρηνέω, sp. vorher beklagen.

προ-αποκάμνω = προαπαγορεύω.

προ-απολαύω, sp. vorher genießen.

προ-απολείπω, intr. vorher nachlassen.

προ-απολήγω, sp. vorher aufhören, -versagen.

προ-απόλλῡμι, nicht aufkommen lassen, τινά. Im Pass. προαπόλλυμαι m. Aor. προαπωλόμην u. Perf. 2. προαπόλωλα, vorher als Opfer fallen, -untergehen od. verloren gehen.

προ-αποπέμπω, **1)** Akt. u. Pass. **a)** vorausschicken od. -senden, τινά, u. zwar ἔς τι wohin. **b)** vorher absenden, u. zwar τινός von etwas. **2)** Med. vor sich vorausschicken, τινά, u. zwar ἔν τινι in etwas.

προ-αποπνέω, sp. vorher ausdünsten.

προ-αποσβέννυμαι, sp. vorher erlöschen.

προ-αποστέλλω = προαποπέμπω, w. s.

προ-αποσφάζω, sp. vorher abschlachten od. morden.

προ-αποτρέπομαι, Med. m. Aor. προαπετράποντο, sich vorher abwenden, vorher ablassen, mit Part., weil es = παύομαι ist, von etwas.

προ-αποφαίνομαι, Med., zuerst eröffnen.

προ-αποχωρέω, vorher weggehen.

προ-αρπάζω, vorwegnehmen.

προ-άρχομαι, Med., sp. zuerst anfangen, mit Inf.

προ-ασκέω, vorher einüben, τινά.

προ-ασπίζω, sp. mit vorgehaltenem Schilde jmdn. decken, ἄλλος ἐπ' ἄλλῳ einer über den andern.

προ-άστειον, poet. **προ-άστιον, τό,** auch im Plur., die Gegend vor der Stadt, **a)** Vorstadt. **b)** Landgut. Von

προ-άστειος, 2. sp. vor der Stadt gelegen.

προ-αύλιον, τό, sp. N. T. der Platz vor dem Hause.

προ-αφαιρέω u. Med., sp. vorher wegnehmen, vorwegnehmen.

προ-αφικνέομαι, Perf. προαφῖγμαι, vorherkommen, früher gegangen sein, u. zwar ἔς τι od. αὐτόσε wohin.

προ-αφίσταμαι, Med., nur intr. m. Fut. -αποστήσομαι, Aor. -απέστην, Perf. -αφέστηκε, eher abstehen od. ablassen, schon vorher abfallen, abs.

od. mit folg. πρίν, od. τινός, z. B. τὸ ταμίαν ὄντα προαποστῆναι τοῦ ἄρχοντος sich als Quästor vor dem Prokonsul aus der Provinz entfernt zu haben.

προ-βάδην, Adv. ep. poet. sp. **1)** vorwärtsgehend. **2)** vorangehend.

προ-βαίνω, mit ep. Part. προβιβάς (andere προβιβῶν), wie von προβίβημι. **1) vorschreiten,** vorwärts gehen, τινός vor jmdm. voraus, ποσί (πόδα, κῶλον). **2)** von der Zeit, den Gestirnen: **vorrücken;** insbes. ἡλικίᾳ προβεβηκότες im vorgerückten Alter Stehende. **3)** übertr. fortschreiten, **Fortschritte machen,** von Arbeiten, Unternehmungen (auch von der Erzählung des Schriftstellers); προέβαινε τὸ ἔθνος ἄρχον καὶ ἐπιτροπεῦον es herrschte und beaufsichtigte (bloß) in fortschreitender Abstufung Hdt. 1, 134.

προ-βακχήιος, ὁ, poet. (ion.) st. προβάκχειος, u.

πρό-βακχος, ὁ, poet. (var.) Reigenführer der Bacchen.

προ-βάλλω, Aor. ep. stets πρόβαλον, iter. προβάλεσκε. **I) Akt.** • **1) vorwerfen,** vorstrecken (z. B. die Zunge), davorstellen, treiben (von Pflanzen), hinwerfen, τινί τι, τινός vor etw. Übertr. • **a)** ἔριδα d. h. beginnen, ἦχον hervorbringen • **b)** vorlegen (eine Aufgabe) • **c)** sich vorhalten, vergegenwärtigen (mit u. ohne ἑαυτῷ) • **d)** jmdm. vortragen zur Besprechung • **2) wegwerfen,** niederwerfen, übertr. aufs Spiel setzen, preisgeben, ἑαυτόν sich verloren geben.

II) Med. • **1)** vor sich hinwerfen, -schütten, οὐλοχύτας, dah. θεμείλια den Grund legen. Übertr. vorschlagen zur Wahl, im Pass. aufgestellt, vorgeschlagen werden, ὑπό τινος • **2)** etw. vor sich halten, zu Schutz od. Abwehr, dah. **sich decken,** schützen, abs. z. B. Dem. 4, 40 parieren, od. ὅπλα Schild u. Speer, τάφρον vor sich ziehen, od. τινά sich durch jmdn. decken lassen (aber auch jmdn. vorschieben), auch πρό τινος (eig. τὴν ἀσπίδα) vor jmdn. halten, ihn schützen, u. τὶ πρό τινος etw. als Bollwerk vor etw. aufführen, auch τί τινος etw. vorschützen für etw. Übertr. • **a)** τὴν ἐλπίδα in der besten Zuversicht sein • **b)** für sich anführen, sich berufen auf, ἔθνος erwähnen, τὸν Ὅμηρον, auch von Zeugen; auch im Pass. vorgehalten, vorgeworfen werden, ἐς ἐνθυμίαν τινί jmdm. ins Gewissen geschoben werden • **3)** sp. von sich fernhalten, verabscheuen • **4)** sich über jmdn. hinausschwingen, übertr. **übertreffen,** σεῖο νοήματος.

πρόβασις, εως, ion. ιος, ἡ (προβαίνω), **a)** sp. das Vorwärts- od. Aufwärtsgehen, im Plur. die Gänge, πρὸς τὰ σιμά bergan. **b)** ep. übertr. das gehende Gut, die Herden, im Gegens. zu κειμήλια.

προβατεία, ἡ, sp. Schafzucht.

προβάτειος, 3. (πρόβατον), sp. vom Schafe, Schaf-.

προ-βατεύω, sp. Vieh, bes. Schafe halten.

προβατική, ἡ. N. T. verst. πύλη, das Schaftor.

προβάτιον, τό, sp. Dem. von πρόβατον, w. s.

προβατο-γνώμων, 2. (γιγνώσκω), poet. Kenner der Herde.

προβατο-κάπηλος, ὁ, sp. eigtl. Kleinhändler, zunächst mit Vieh, dann überh. Krämer, ein verachtetes Gewerbe.

πρόβατον, τό (προβαίνω), gew. im Plur., zahmes Weidevieh, die Viehherde, Vieh, u. zwar bei den Ioniern alle Arten von eßbarem Herdenvieh, Rinder, Schafe, Schweine, Ziegen, τὰ λεπτὰ τῶν πρ. Kleinvieh, Schafe u. Ziegen, bei den Att. aber hauptsächlich Kleinvieh, insbes. Schafe, Schafherde.

προβατο-πώλης, ου, ὁ, poet. Schafhändler, Kleinviehhändler.

προ-βέβουλα, ep. def. Perf. vom ungebr. προβούλομαι, lieber wollen, vorziehen, τινά τινος jmdn. einem andern.

προ-βιβάζω, vorwärts geleiten oder führen (mit πρόσω), übertr. hinführen, weiter bringen, τινὰ εἴς τι. N. T. **a)** jmdn. hervorziehen. **b)** antreiben, im voraus unterrichten.

προ-βιβάς, s. προβαίνω.

προ-βλέπω u. Med., sp. N. T. vorsehen, anordnen.

πρόβλημα, τό (προβάλλω) • **1)** das Vorspringende, **Vorsprung,** Vorgebirge, Klippe • **2)** das Vorgehaltene, **Schutzmittel,** Verteidigungsmittel, mit Gen. obj. gegen: χειμώνων Plat. • **a) Schutzwehr,** Vormauer, **Bollwerk,** Damm, bildl. φόβον, αἰδοῦς Schutz, den Furcht u. Scheu bieten Soph.; insbes. Gebälk, zum Schutze einer Brücke, od. ins Meer gesenkte Steine (Arr. Anab. 2, 21, 7) • **b)** Schutzwaffe, Schutz, Harnisch, Schild, insbes. auch Speer • **c)** Vorwand, dah. πρ. λαμβάνειν τινά sich hinter jmd. verstecken Soph. • **d)** Hindernis, τινός gegen etwas • **3)** das Vorgelegte, die wissenschaftliche Aufgabe, **Streitfrage,** das Problem. Dav.

προβληματουργική, ἡ, die Kunst, Mittel (Waffen, Geräte) zur Abwehr zu verfertigen.

προβληματώδης, 2. sp. problematisch, schwierig.

προβλής, ῆτος, ὁ, ἡ (-βάλλω), ep. u. poet. vorstrebend, vorspringend, hervorragend, στῆλαι Strebepfeiler. Subst. ὦ προβλῆτες o Vorsprünge!

πρόβλητος, 2. (-βάλλω), poet. hingeworfen, preisgegeben, τινί.

προ-βλώσκω, ep. inf. -σκέμεν, Aor. πρόμολον, herausgehen, abs. u. θύραζε.

προ-βοάω, ep. u. poet. laut schreien.

προ-βοηθέω, ion. vorher zu Hülfe eilen, εἴς τι wohin.

προ-βόλαιος, 2. buk. vorgehalten, vorgestreckt. Subst. ὁ, ion. (= πρόβολος, s. πρόβλημα, 2, b), Speer.

προβολή, ἡ, u. **πρόβολος,** ὁ (προβάλλω), **1)** = πρόβλημα, 1 u. 2, a—c, s. d. **2)** (προβολή) das Vorhalten der Waffen, die Auslage, das Ausfallen, ἐν προβολῇ mit gefällten Speeren, τὰ δόρατα εἰς προβολὴν ἀποτείνειν d. i. zum Angriff fällen. **3)** προβολή heißt im bes. auch eine öffentliche Anklage wegen eines Staatsvergehens nach einer vorläufigen Entscheidung des Volkes.

προ-βοσκίς, ἡ, sp. der Elefantenrüssel.

προβοσκός, andere πρόβοσκος, ὁ (βόσκω), ion. Weidknecht, Unterhirt.

προ-βούλευμα, τό, Vorbeschluß des Rats, ein Ratsgutachten, bes. in Athen; denn hier durfte nichts von einem Privaten an das Volk gebracht werden, was nicht erst dem Rate vorgelegen hatte. Hatte dieser darüber beraten, so brachte er es in Form eines Gutachtens an die Volksversammlung zur Abstimmung.

προ-βουλεύω, im voraus beraten. 1) in der Staatsverwaltung: a) vom Rate in Athen: vorberaten, einen Vorbeschluß fassen. b) die erste Stimme im Rate haben. 2) privat. vorher überlegen, sich vorsehen, sorgen.

προ-βουλό-παις, παιδος, ἡ, poet. die vorsorgende Tochter.

πρό-βουλοι, οἱ, Vorberater, Beratungskommissionen, entw. a) Gesandte einzelner Staaten zur Beratung über das Gemeinwohl von Hellas (z. B. der achäische Bundesrat), od. im bes. die 12 Gesandten, welche als Stellvertreter ihrer Städte zum Panionion (s. *Πανιώνιον*) abgeschickt wurden; oder b) in Athen der Verfassungsausschuß mit vollziehender Gewalt, welcher aus 10 Männern bestand u. 411 eingesetzt wurde, um Anträge zur Änderung der Verfassung einzubringen. c) allgem.: Berater, Fürsorger, Behörde.

προ-βωθέω, ion. var. zu προβοηθέω.

προ-βώμιος, 2. poet. vor dem Altar befindlich, τὰ πρ. der Raum vor dem Altare.

προ-γαστρίδιον, τό, sp. das Bauchkissen.

πρόγαστρος, 2. sp. u. **προγάστωρ,** Komp. προγαστρότερος, poet. sp. mit vorstehendem Bauche, Dickbauch.

προ-γένειος, 2. buk. mit vorstehendem Kinn.

προ-γενής, 2. (γένος), ep. poet. u sp. vor andern geboren, alt, bejahrt, θεοί die ältesten Beschützer des Stammes, näml. Ares u. Aphrodite Soph. Ant. 938.

προ-γεννήτορες, οἱ, poet. die Ahnen.

προ-γηράσκω, sp. vor der Zeit altern.

προ-γίγνομαι. 1) hervorkommen, zum Vorschein kommen. 2) eher geboren werden, vorher od. früher geschehen, vorhergehen, vorher sein. Part. προγεγενημένος, früher lebend, verflossen. Subst. οἱ προγεγενημένοι die Vorfahren, τὰ προγιγνόμενα die frühern Vorgänge, τὰ προγεγενημένα Vergangenheit, Vorzeit.

προ-γιγνώσκω u. sp. προγῑνώσκω. 1) im voraus erkennen, -einsehen, -bedenken. προγνούς vorherbedacht. 2) einen Vorbeschluß fassen. 3) N. T. von früherer Zeit her kennen, vor Zeiten anerkennen, vor Zeiten geneigt sein. Dav.

πρόγνωσις, ἡ, sp. N. T. das Vorauswissen.

προγονικός, 3. sp. von Voreltern überkommen.

I. **πρό-γονος,** ὁ, (γίγνομαι), der Vorhergeborne, der Ahnherr, Ahn, Stammvater, gew. im Plur. die Voreltern, Ahnen, Vorfahren; von Schafen: die Frühzucht, die älteren. Übertr. Erzeuger.

II. **πρό-γονος,** ὁ, ἡ (γονή), sp. Stiefsohn, Stieftochter.

πρόγραμμα, τό, das Verzeichnis der Verhandlungsgegenstände, Verhandlungsfolge, Tagesordnung, öffentlicher Anschlag.

προ-γραφή, ἡ, meist sp. schriftliche Bekanntmachung durch Anschlag, Ankündigung, der Auktionsanschlag. Im bes. bei den Römern. a) die Ächtung, weil hier der Name des Geächteten auf einer Tafel bekannt gemacht u. seine Güter durch den Quästor sub hasta verkauft wurden, während ihn selbst jedermann töten konnte. b) Anmeldung für die Wahl, Kandidatur.

προ-γράφω. 1) zuerst schreiben Thuk. 1,23,4; προγεγραμμένος vorher erwähnt. 2) vorschreiben, aufschreiben, auf die Tagesordnung setzen; mit seinem Namen auf eine Liste setzen, od. öffentlich u. vor aller Augen hinschreiben. 3) im bes. a) κρίσιν τινί einem eine schriftliche Vorladung vor Gericht zufertigen; φρουράν τινι einem eine Wache, einen Garnisonsdienst ansetzen, bestimmen, b) in die Acht erklären, τινά (s. προγραφή), mit u. ohne ἐπὶ θανάτῳ Pol. Plut., c) zum Ersten des Senats (*principem senatus*) jmdn. bestimmen (*legere*) Plut., d) Ep. Gal. 3, 1: vormalen.

προ-γυμνάζω, poet. sp. vorher üben; Med. sp. sich vorher üben.

προ-δαείς, ep. Part. aor. (s. *ΔΑ*), vorherwissend.

προ-δανείζω, vorher leihen, vorschießen, τινί τι. Pass. eigtl. vorhergeliehen, wie ein Kapital angelegt, verwendet werden, τινί auf etwas, εἴς τι zu etwas.

προ-δαπανάω, sp. vorher verwenden, verbrauchen.

προ-δείδω, poet., Aor. part. προδείσας, im voraus fürchten, abs. od. τί, u. zwar τινί wegen etwas.

προ-δείελος, 2. buk. vor abends (tuend).

προ-δείκνυμι u. ion. -νύω, ion. Aor. -έδεξα. 1) vor sich hinweisen, vorweisen, anweisen, z. B. γαῖαν σκήπτρῳ den Pfad vor sich mit dem Stabe suchen, τὸν ζωστῆρα die Art u. Weise den Gürtel anzulegen und zu tragen von sich aus anweisen. 2) vorherzeigen, d. i. a) vorher beweisen. b) vorher ankündigen.

προ-δειμαίνω, ion. = προδείδω.

προδέκτωρ, ορος, ὁ, ion. st. -δείκτωρ (-δείκνυμι), der Voranzeiger, τινός für jmdn.

προ-δέρκομαι, poet. vorhersehen.

πρό-δηλος, 2., Adv. **-δήλως,** klar vor Augen liegend, ganz deutlich, ganz od. recht offenbar od. bekannt, unzweifelhaft, τινί jmdm., u. zwar mit folg. ὅτι. Neutr. plur. auch st. Sing. u. ohne Kopula, od. ἐκ προδ. = προδήλως.

προ-δηλόω, sp zuvor od. Künftiges zeigen, verraten, τί od. ὅτι, u. zwar τινί jmdm. oder durch etwas. Dav.

προ-δήλωσις, ἡ, sp. das Vorherbekanntmachen.

προ-διαβαίνω, vorher übersetzen.

προ-διαβάλλω, im voraus in ein schlechtes Licht stellen, τινά.

προ-διαγιγνώσκω, Aor. προδιέγνων, vorher überlegen, sich vorher klar machen, vorläufig beschließen, τί.

προ-διαλέγομαι (-διαλέξομαι, -διείλεγμαι, -διελέχθην), sich vorläufig besprechen.

προ-διαναπαύομαι, vorher ausruhen, -sich erholen.

προ-διασπείρω, ar. vorher ausstreuen, -verbreiten.

προ-διαφθείρω, vorher vernichten od. bestechen. Pass. zuvor zugrunde gehen.

προ-διδάσκω (-διδάξω usf.), 1) Akt. u. Pass. vorher rechtzeitig unterrichten, belehren (vor dem Schaden), einlernen, τινά, τί, u. so auch τινί τι jmdm. etwas, u. zwar τινί durch etwas. 2) Med. für seine Zwecke anlernen od. lehren, τινά τι.

προ-δίδωμι, 1) trans. a) vorher geben, ausbezahlen, b) hingeben, preisgeben, ausliefern, überliefern, treulos verraten, im Stich lassen, verlassen, c) aufgeben, fahren lassen, verlieren. 2) intr. a) untreu werden, treulos fliehen, abfallen, übergehen, b) den Dienst versagen, nicht mehr halten (von Wällen), c) (von Flüssen) versiegen, ausgehen, austrocknen.

προ-διεργάζομαι, ar. vorher bearbeiten, — empfänglich machen.

προ-διερευνάομαι, Med., vorher auskundschaften.

προ-διερευνήτής, οῦ, ὁ, vorausgeschickter Kundschafter.

προ-διηγέομαι, Dep. med., mit pleon. hinzugef. πρότερον, zuvor erzählen.

πρό-δικος, 2. (δίκη), Schiedsrichter, Verteidiger, bei Äsch. Kriegführer. (In Lakedämon hießen οἱ πρ. die Vormünder der Könige).

Πρόδικος, ein Sophist aus Keos, Zeitgenosse des Sokrates, der sich bes. mit dem Unterrichte in der Beredsamkeit beschäftigte u. in seiner Schrift ὧραι (die Lebensalter) unter anderm die Erzählung von Herakles am Scheidewege verfaßt hatte.

προ-διοικέω, u. Med., vorher anordnen.

προ-διώκω, zum Verfolgen vordringen.

προ-δοκαί, αἱ (δέχομαι), ep. Ort, wo man auflauert, ἐν προδοκῇσιν an seinem Standorte, auf dem Anstande.

προδοκεῖ, impers., Perf. pass. προδέδοκται u. Plqpf. προεδέδοκτο od. προὐδ., es ist früher beschlossen worden, τινί von jmdm. Subst. τὰ προδεδογμένα der frühere Beschluß.

πρό-δομος, ὁ, ep. poet. sp. das Vorhaus, der vordere Teil des Hauses, d. h. alles, was zwischen dem Männersaale (μέγαρον) u. dem Hofe (αὐλή) war, also die αἴθουσα mit inbegriffen.

προδοσία, ion. -ίη, ἡ, der Verrat, die Verräterei, ἐπὶ προδοσίᾳ φεύγειν wegen Hochverrats verbannt sein.

πρόδοσις, εως, ἡ, das Vorausbezahlen, das Handgeld.

προδότης, ου, ὁ, Akk. dor. auch αν, nebst poet. Fem. **προδότις,** ιδος, ἡ (-δίδωμι), der Verräter, die Verräterin, überh. der Treulose, der jmdn. im Stich läßt.

προ-δοτικός, 3. sp. verräterisch.

πρόδοτος, 2. (-δίδωμι), poet. verraten, preisgegeben, verlassen. [vertretend.

πρό-δουλος, 2. poet. an Sklavenstatt, Sklavenstelle

προδρομεύω, ar. ein πρόδρομος sein, bei der Aufklärungstruppe dienen.

προδρομή, ἡ (-δραμεῖν), das Vorlaufen, das Vorauslaufen.

πρόδρομος, 2. (δραμεῖν), 1) vorauseilend, eilig, Vorläufer. Im bes. 2) vorausgeschickte Truppen, Vorposten, Vorhut, Leichtbewaffnete oder Reiter, welche aufklären, Einfälle machen oder scharmützeln sollten; im makedon. Heere eine besondere Schar leichter Reiterei, als Vortrab u. in der Schlacht benützt.

προ-δυστυχέω, zuvor unglücklich sein.

προδωσ-έταιρος, 2. poet. die Freunde verratend, preisgebend.

προεδρεύω (-ρος), Vorsitzender, insbes. Mitglied des Ratsausschusses, sein.

προεδρία, ion. -ίη, ἡ, 1) der vorderste Sitz, im bes. der erste Platz, Vorsitz, d. h. das Recht, bei den heiligen Spielen, im Theater u. bei sonstigen öffentl. Festlichkeiten auf den vordersten Zuschauerbänken zu sitzen. 2) sp. überh. die Bevorzugung, das Vorrecht, der Vorrang.

προ-εδρικός, 3. ar. die πρόεδροι betreffend, gegen den Ratsausschuß, gerichtet, γραφή.

πρό-εδρος, ὁ (ἕδρα), der Vorsitzende, im Plur. bisw. als besondere Behörde od. als Ausschuß, um Wahlen oder, wie in Athen, mit ihrem ἐπιστάτης die Rats- od. Volksversammlung zu leiten.

προ-εέργω, ep. st. προείργω, τινά, ihm den Weg vertreten.

προ-εθίζω, Perf. pass. προείθισμαι, mit sp. Adj. verb. προεθιστέον, vorher gewöhnen.

προ-εικάζω, sp. 1) vorher vermuten, τί. 2) vorher vergleichen, τινί τι.

I. **πρό-ειμι** (εἶμι), s. προέρχομαι.

II. **πρό-ειμι** (εἰμί), ep. (nur in tmesi) u. sp. vorher sein, τὰ προεόντα das Frühergewesene, das Vergangene.

προ-εισέρχομαι, vorher hineinkommen.

προ-εισπέμπω, vorher hineinschicken.

προ-εισφέρω, vorher od. für andere steuern, die Steuer vorstrecken, vorschießen.

προ-εκδίδωμι, sp. vorher herausgeben.

προ-εκθέω, heraus und vorlaufen, hervorstürzen, hervorbrechen, rasche Ausfälle machen.

προ-εκκομίζω, ion. sp. vorher hinausschaffen, τί, u. zwar ἔς τι.

προ-εκλέγομαι, Pass., im voraus einkassiert wer-

προ-εκπέμπω, sp. vorher hinaussenden. [den.

προ-εκπηδάω, sp. hervorspringen, τινός aus etwas.

προ-εκπίπτω, sp. vorher hervorstürzen, hervorbrechen.

προ-εκπλέω, sp. vorher auslaufen od. absegeln.

προ-εκπλήσσω, sp. vorher erschrecken oder in Staunen setzen. [od. erklären, τί.

προ-εκτίθεμαι, sp. Med., vorher auseinandersetzen

προ-εκτρέχω, sp. vorauslaufen.

προ-εκφοβέω, sp. vorher in Schrecken setzen.

προεκφόβησις, εως, ἡ, vorhergegangene Einschüchterung.

προ-ελαύνω, vorrücken, vorausreiten, vorreiten, abs., u. τινός vor jmdm. reiten. Im Pass. ὡς πρόσω τῆς νυκτὸς προελήλατο als die Nacht schon vorgerückt war.

προ-ελπίζω, poet. sp. N. T. vorher hoffen.

προ-εμβαίνω, sp. zuerst einsteigen.

προ-εμβάλλω (-βαλῶ, -έβαλον, -βέβληκα usf.), 1) trans. vorher hineinwerfen od. -schicken, τινά, und zwar εἴς τι in etwas. 2) intr. sich voran hineinstürzen, zuerst einfallen, vorher angreifen, vorher aufstoßen.

προ-εμπί(μ)πλημι, sp. vorher füllen, zuvor befriedigen.

προ-ενάρχομαι, N. T. vorher anfangen.

προεννέπω, s. προὐννέπω.

προ-ενοίκησις, εως, ἡ, das frühere Darinwohnen.

προ-ενσείω, sp. und [stoßen.

προ-εντυγχάνω, sp. vorher auf jmdn. od. etwas

προ-εξαγγέλλω u. -ομαι, Pass. vorher hinausverkündigt, gemeldet werden, τινί jmdm., u. ἔκ τινος von jmdm.

προ-εξάγω, 1) Akt. mit *πρότερον* früher hinausführen, *τινά* jmdn. (ep. auch in tmesi, *φόωσδε*). 2) Med. früher (als andere), zuerst auslaufen, *νανσί* mit den Schiffen.

προ-εξᾱΐσσω, ion., att. **προεξᾴσσω**, Aor. part. -*ᾴξαντες*, vorher herausstürmen, aus der Schlachtordnung, zu weit vorgehen, *τινί* mit etwas.

προ-εξαλείφω, ar. vorher, zu früh ausstreichen, auslöschen.

προ-εξαμαρτάνω, vorher sich vergehen, fehlen.

προ-εξανάγομαι, Med. früher (als andere) auf die hohe See hinausfahren (var.).

προ-εξανίστᾰμαι. 1) im Kriege: intr. vor den andern aufstehen und gegen den Feind aufbrechen. 2) beim Wettkampfe: voreilig in die Schranken rücken, zu früh starten. 3) übertr. vorher zur Besinnung kommen.

προ-εξέδρη, ἡ, ion. besonderer (von andern abgesonderter), hervorragender Sitz, Altan, *τινός* von etwas.

προ-έξειμι u. **προ-εξέρχομαι**, sich eher auf den Weg machen, vorher ausziehen, überh. ausrücken, *τινός* aus etwas, *τινί* mit etwas od. um etwas.

προ-εξελαύνω, sp. = *προέξειμι*.

προ-εξεπίσταμαι, poet. genau vorherwissen.

προ-εξομολογέομαι, sp. vorher bekennen.

προ-εξορμάω, vorher aufbrechen.

προ-επαγγέλλω, sp. vorher ankündigen, Med. N. T. vorher verheißen.

προ-επαινέω, Aor. inf. -*αινέσαι*, vorher billigen, mit Gen. absol. wenn usw.

προ-επανασείω, Aor. pass. -*εσείσθη*, vorher drohen, als Drohmittel vorhalten, Pass. *ἀπό τινος* von seiten jmds.

προ-επιβουλεύω, zuerst heimlich angreifen, *τινί*. Im Pass. ein Opfer der Hinterlist werden.

προ-επίσταμαι, vorher wissen, *τί*.

προ-επιχειρέω, zuerst angreifen, dem Angriffe zuvorkommen.

προ-εργάζομαι, augm. -*ηργ*. u. -*ειργ*., redupl. -*ειργ*., vorarbeiten, *τινί* jmdm. Im Pass. vorher ins Werk gesetzt, geltend gemacht werden, Part. *προειργασμένος* früher erworben, schon getan, *τινί* von jmdm. Subst. *τὰ προειργασμένα* die früheren Taten.

προ-ερέσσω, ep. Aor. *προέρεσσα*, 1) intr. vorwärts weiter rudern, *ἔς τι*. 2) trans. (geringere Lesart: *προερύσσαμεν*) etwas (*τί*) vorwärts rudern, u. zwar *εἴς τι* od. *ἤπειρόνδε*, um dort den Sturm vorübergehen zu lassen.

προ-ερύω, ep. Aor. 1. *προέρυσσα*, 1) vorwärts, weiter ziehen, *νῆα ἅλαδε* d. h. vom Ufer herab ins Meer. 2) von der hohen See durch Rudern ans Land bringen, s. *προερέσσω*.

προ-έρχομαι, Dep., Perf. opt. *προεληλυθοίην*, u. **πρό-ειμι**, inf. -*ιέναι* (bisw. in Bdtg. des Fut.) • 1) **vorgehen**, vorwärts gehen, fortmarschieren, vorrücken; aufbrechen, abziehen, sich zurückziehen, Arr. An. 1, 12, 9, sich auf die Flucht begeben, sich fortmachen, Xen. Kyr. 3, 1, 4. Übertr. • a) vor sich gehen, fortschreiten, Fortschritte machen, *πρ. ὁ πότος* es kommt zum Trinken, ferner übergehen, gelangen, ausarten • b) in der Rede: fortfahren, od. herausrücken; ähnl. *προϊὼν καὶ ἀναγιγνώσκων* beim Weiterlesen • c) von der Zeit: hingehen, ablaufen, vorgerückt sein, *προϊόντος* od. *προελθόντος τοῦ χρόνου* im Verlauf der Zeit, ähnl. *τῆς πόσεως, τοῦ ᾄσματος* • 2) hervorgehen, herausgehen, od. einherschreiten, ferner: **auftreten** in einer Versammlung als Redner od. im Theater; von Flüssen: vorwärts fließen • 3) **vorangehen**, voranmarschieren. Gebraucht teils abs., od. mit Adv. *εἴσω* nach innen, *ἐνταῦθα* so weit, *οἷ ἀσελγείας* wie weit in der Frechheit, teils *τί, βραχύ τι* eine kurze Strecke, *πολύ, μέγα* weit, auch sich weit ausdehnen, *ὀλίγον* ein wenig, *ὀλίγον τοῦ ᾄσματος εἰς τὸ πρόσθεν προελθεῖν* etwas weiter vorgerückt sein im Gedichte, ähnl. *ὀλίγα βήματα, ἓξ σταδίους* od. *τὴν πρὸς τὰ φρούρια* verst. *ὁδόν*, teils *τινός*, da die Bdtg. einen Komparativ enthält, z. B. *τοῦ καιροῦ* weiter als angemessen, od. jmdn. übertreffen, teils *εἴς τι, εἰς τοῦτο* so weit, *ἐς τὸ ἐγγυτέρω* näher, *εἰς τὸ πρόσθεν* vorwärts, *ἐς ἐπικαμπήν* in eine Biegung, u. and. Praepp.

προ-εσάγομαι, ion. Med. mit d. Aor. *προεσάξαντο*, sich (*sibi*) vorher etwas (*τί*) hereinschaffen, näml. vom Lande in die Stadt.

προ-εσβάλλω, intr. ion. vorhereinfallen, *ἔς τι* (var.).

προ-εσθίω, vorher essen.

προετικός, 3. (*προΐημι*), wegwerfend, im bes. verschwenderisch.

προετοιμάζω u. **-ομαι** (ion. ohne Augment), (für sich, zu seinem Gebrauch) vorkehren, vorarbeiten lassen, *τί*.

προ-ευαγγελίζομαι, N. T. sp. vorher eine frohe Botschaft bringen. [überschauen.

προ-εφοράω, sp. vorher übersehen, zum voraus

προ-έχω, zsgz. *προὔχω*, ep. Impf. 3. sg. *πρόεχε* (auch in tmesi), u Med. **προ-ΐσχομαι** • 1) trans. • a) schützend **vorhalten**, *τί*, im Med. α) vor sich halten, vor sich haben (auch über-, umwerfen, von Kleidern), bes. flehend vorhalten, β) übertr. vorstellen, vorbringen, vortragen, mit u. ohne *πρόφασιν* **vorschützen**, vorspiegeln, als Grund anführen, od. auch anbieten • b) vorher haben od. besitzen, *τί* • c) vorher wissen, kennen • d) voraus haben od. erhalten, *τί τινος* vor jmdm., *ἔκ τινος* von jmdm. • 2) intr. a) **hervorragen**, -stehen, -springen, abs. od. *ἔς τι*. Subst. *τὸ προέχον* des Vorderteil • b) voraus sein, einen Vorsprung haben, *τινί* um etw. Übertr. hervorragen, **sich hervortun** oder auszeichnen, übertreffen, im Vorteil sein, *τινός* vor jmdm., *τινί* in, um etw., *ἅπασι* in allen Dingen; *ὁ προὔχων* der Hervorragende, Überlegene, Mächtige, Übermächtige, *τὸ πρ*. das Hervorragende • 3) impers. *οὐ προέχει* mit Inf. es bringt keinen Vorteil, nützt nichts.

προ-ηγεμών, *όνος*, ὁ, **προηγητήρ**, *ῆρος*, ὁ, poet., u. **προηγητής**, *οῦ*, ὁ, der Führer, im bes. bei Dem. Vortänzer, *ἐκ πρ*. an des Führers Hand, abs., u. *τινός* von etwas.

προ-ηγέομαι, Dep. med., vorangehen u. den Weg zeigen, überh. Führer sein od. vorangehen, vorausziehen, abs. od. *τὴν πρὸς τοὺς ἐναντίους* verst. *ὁδόν*; *τὰ προηγούμενα*, sp. das Leitende, die Vorlage.

προ-ηγμένος, 3. (προάγω), als terminus der Stoiker: vorgezogen, vorzüglich, od. doch: unverwerflich, vgl. ἀπο-προάγω.
προηγορέω (προ-ήγορος), vor andern u. für andere sprechen, sie verteidigen, Sprecher sein. Subst. τὸ πρ. wie
προηγορία, ἡ, sp. die Rolle des Sprechers.
προ-ήγορος, ὁ, sp. Fürsprech, Anwalt.
προηγουμένως, sp. Adv., vorläufig; vorzüglich, ganz besonders.
προ-ήκης, 2. (ἀκή = ἀκίς), ep. vorn abgeschärft, scharfkantig.
προ-ήκω, meist in Perf.-Bdtg., **1)** vorrücken u. vorgerückt sein, räumlich u. zeitlich, auch übertr. vom Alter u. von Zuständen. **2)** voranstehen, überlegen sein, hervorragen, abs., u. τινί in etwas.
προῆμαρ, Adv. poet. den ganzen Tag hindurch.
προ-ήσθησις, ἡ (ἥδομαι), Vorfreude.
προ-ησσάομαι, sp. vorher überwunden werden.
προ-θαλής, 2. ep. vorzüglich, herrlich wachsend.
προ-θέλυμνος, 2. ep. poet. sp. (**θέλυμνον,** Grundlage), **1)** (vgl. πρόρριζος) von Grund aus, mit Stumpf und Stiel. **2)** Schicht vor (od. auf) Schicht habend = starkgeschichtet, fest, σάκος, vgl. τετραθέλυμνος.
προ-θεραπεύω, vorher zu Diensten sein, sich verpflichten, τινά.
πρό-θεσις, ἡ, sp. **a)** Aufstellung, Schaustellung; ἄρτοι τῆς προθ. die Schaubrote, N. T. **b)** Vorsatz, Entschluß. **c)** sp. gramm. Präposition.
προ-θέσμιος, 3. vorher bestimmt, festgesetzt.
προ-θεσμία, ἡ, verst. ἡμέρα, **a)** Verjährungsfrist, Verjährung, welche bei Staatshandlungen, z. B. für den Urheber eines Gesetzes od. Beschlusses, in Athen ein Jahr betrug, in andern Fällen fünf Jahre, bei Staats- u. Kriminalverbrechen jedoch gar nicht stattfand. **b)** Verfallstermin in Privatsachen, der in Fällen, wo der Urteilsspruch auf Schadenersatz, Aushändigung od. Geldbuße ging, dem Verurteilten gesetzt ward. Nach demselben konnte er vom Kläger gepfändet werden. **c)** überh. festgesetzter Termin, Frist; Schluß.
προ-θεσπίζω, poet. u. sp. vorher weissagen, voraussagen.
προ-θέω. Impf. ep. (ion.) iter. προθέεσκε, voranlaufen, Vorläufer sein, vorauslaufen, τινός. — προθέουσι Il. 1, 291 von äol. προθ-ίημι = προσίημι.
προ-θνῄσκω, Aor. inf. προθανεῖν, vorher sterben, τινί jmdm., poet. auch: für jmdn. sterben.
προ-θρῴσκω, ep., nur Aor. part. προθορών, vorspringen, hervorspringen.
πρό-θῦμα, τό, poet. das Voropfer.
προθῡμέομαι, προθυμήσομαι u. -ηθήσομαι, προεθυμήθην, προτεθύμημαι, (πρόθυμος). **1)** bereit sein, geneigt sein, wollen, begehren, erstreben. **2)** sich anstrengen, sich Mühe geben, eifrig arbeiten. **3)** mutig sein, eifrig sein, gutes Mutes sein.
προθῡμία, ion. **-ίη** (ῐ, Il. 2, 588 ῑ), ἡ, hom. auch im Pl. • **1) Geneigtheit,** Lust, Eifer, Bereitwilligkeit, Entschluß, τῆς σωτηρίης zu retten Hdt. **2)** freudiger Mut, Entschlossenheit; überh. aufgeregte Stimmung. **3) Neigung,** Ergebenheit, Hingebung, Dienstwilligkeit, **guter Wille.** Phrasen: τὰ τῆς πρ. Leistungen, Äußerungen des guten Willens, πάσῃ πρ. mit allem Eifer, ὑπὸ προθυμίας vor Eifer, κατὰ τὴν πρ., ἐκ τῆς πρ. nach dem Willen, auf Betrieb. τῆς πάρος πρ. wegen der früheren Bereitwilligkeit, προθυμίαν λαβεῖν ἔργου etwas übereilt, leidenschaftlich angreifen Soph. Trach. 669.
πρό-θῡμος, 2. geneigt. **1)** willens, begierig, voll Eifer, **eifrig,** ernstlich, willig, **bereitwillig,** unverdrossen (οὐ πρ. unlustig), entschlossen zum Handeln (Eur. I. T. 910), eifrig fördernd, sehr tätig, im bes. guten Mutes, mutig. **2) geneigt,** zugeneigt, zugetan, ergeben, gewogen; τὸ πρόθυμον = προθυμία z. B. Parteieifer (Thuk. 3, 82). **3)** Adv. **προθύμως,** Komp. προθυμότερον, Superl. προθυμότατα, geneigt, recht von Herzen, gern, eifrig, mit Eifer, auch im schlimmen Sinn: leidenschaftlich; ᾧ προθυμότατα so treu ich kann, προθύμως ἔχειν πρός τι große Lust zu etw. haben Plat.
προθύραιος, 3. ep. vor der Türe, τὰ πρ. = πρόθυρα.
πρό-θῠρον, τό (θύρα), gew. im Plur., **1)** die Vordertür, die von der Straße auf den Hof hineinführt, Torweg. **2)** der Platz vor der Tür, Eingang des Hauses, Vorhof, ἐν ἰδίοις πρ. an den Eingängen der Privathäuser. Er gehörte gew. nicht zum Areal des Hauses.
προ-θύω, und Med. **-ομαι,** vorher opfern, insbes. von den προγαμείοις, dem Opfer vor der Hochzeit; poet. auch: für jmdn. opfern.
προ-ϊάλλω, ep und buk. (nur im Impf., ohne Augment), weg-, fortsenden, entsenden.
προ-ϊάπτω, ep. u. poet. hinsenden, entsenden, hinwerfen.
προ-ΐζομαι, ion. Med., den Vorsitz einnehmen.
προ-ΐημι, ep. Aor. ind. προέηκα, inf. προέμεν, med. opt. πρόοισθε, προεῖσθε, πρόοιντο st. προεῖντο, **vor-, fortschicken** • **1)** fortsenden, aus-, hinschicken, ἑτάρους • **2) entlassen,** losgeben, fahren lassen, schleudern, ὀϊστούς, ἔπος, πόδα προέηκε φέρεσθαι so daß er hinfiel, ὕδωρ προΐει ἐς Πηνειόν, im Med. von sich entsenden, fallen lassen, d. i. • **a)** aussprechen, φωνήν • **b)** darbringen, Opfer bringen, schenken • **c)** anvertrauen, überlassen, leihen • **3) preisgeben,** verschleudern, ἑαυτὸν ἐπί τι, χρήματα, εὐεργεσίαν, häufig im Med. • **a)** aufgeben, preisgeben, vernachlässigen, τὴν Κέρκυραν τοῖς Καρχηδονίοις, auch mit Prädikatsakk. im Adj. od. Part., selten τινός, auch mit Inf. • **b)** sich preisgeben, sich hingeben, auch ἑαυτοὺς εἴς τι sich in etw. einlassen • **4)** verleihen, **erlauben,** εἰ προεῖεν αὐτῷ οἱ θεοὶ πειρᾶσθαι, auch im Med.
Προικοννησος, s. Προκόννησος.
προΐκτης, ου, ὁ (zu προΐξ), ep., mit u. ohne ἀνήρ, Bettler.
προΐξ, zsgz. προίξ, Gen. προικός, Akk. προῖκα, ἡ, die Gabe, das Geschenk. Im bes. Heiratsgeschenk, **Mitgift** einer Frau, Ausstattung. Als Adv. ep. **προικός** (Gen. des Preises) u. att. **προῖκα** (als Geschenk) unentgeltlich, ohne Ersatz, ohne Geschenke zu nehmen, **umsonst,** unbestochen, προῖκα ἀφιέναι freigeben, freien Eintritt gestatten.

προ-ϊππεύω, sp. vorreiten, Vorreiter sein, vorausreiten, voraussprengen.

προ-ΐστημι. I) trans. • 1) vorstellen, hinstellen, τινὰ πρό τινος, mit Inf.; Pass.; hingestellt, bestimmt werden (βέλεα), näml. um schützende Hilfe zu bringen. Im Med. • **a)** vor sich hinstellen • **b)** übertr. etw. als Grund hinstellen, **vorschützen,** τοῦ ἀγῶνος τὴν πρὸς ἐμὲ ἔχθραν • **2)** übertr. τινά τινος jmdn. **an die Spitze** von etw. **stellen,** im Med. jmdn. zu seinem Vertreter machen, zum Beschützer für sich erwählen.

II) intr. Med. προ-ΐσταμαι • **1) davortreten,** sich voranstellen, abs. • **2)** übertr. • **a)** gegenübertreten, sich entgegenstellen, τινί jmdm. • **b) vor etw. treten,** Perf. stehen, α) um ihn zu schützen, τύχης ἀναγκαίας vor dem Sklavenlos, β) um ihn anzuflehen, jmdn. (τινά) bitten um etw. (τί), λιπαρεῖ χερί mit reich spendender Hand • **c) an die Spitze** von etw. **treten,** Vorsteher sein, befehligen, leiten, beschützen, in die Hand nehmen, abs. u. τινός, φόνου den Mord übernehmen, τινί gegen jmdn., Dat. incomm. Dah. οἱ προεστῶτες die Vorsteher, Führer, abs. u. τινός od. ἔν τινι, οἱ προστάντες mit od. ohne τῶν πολιτειῶν die Parteiführer, Häupter der Hetairien • **d)** προεστάναι τινός sp. etw. vertreten.

προ-ΐσχομαι, s. προέχω.

Προιτίδες πύλαι, αἱ, poet. eines der Tore in Theben.

πρόκα (Adv. zu verlorenem προ-κός, lat. *pro-cus* in *reci-pro-cus*), immer mit **τε,** auch **πρόκατε** geschr., ion. u. stets in der Vbdg. καὶ πρ. τε, alsbald, sogleich, plötzlich.

προ-καθέζομαι, sp. Dep. mit Aor. -καθεσθῆναι, vorsitzen, den Vorsitz führen, τινῶν.

προ-καθηγέομαι, sp. den Weg zeigen, führen.

προ-κάθημαι, ion. **προκάτημαι,** Med., vorne sitzen, u. zwar πρό τινος vor etwas, übertr. eine schützende Stellung einnehmen, hüten, schützen, abs., und zwar ἔν τινι bei etwas, od. τινός etwas, auch vorgesetzt sein, jmdm. τινός.

προ-καθίζω, ion. **προκατίζω,** intr. davor niedersitzen, sich niederlassen, insbes. sich öffentlich od. feierlich niedersetzen, um Gericht zu halten, ἔς τι auf etwas. Im Med. zur Sitzung gehen, ἔς τι wohin.

προ-καθίημι, vorher abschicken, vorher stürzen.

προ-κάθισις, εως, ἡ, sp. das öffentliche Sichniedersetzen, Sitzen auf der Erde.

προ-καθίστᾰμαι, intr. mit Perf. -έστηκα, dastehen vor (dem Tor).

προ-καθοράω, Fut. -κατόψομαι, ion. vorausspähen.

προ-κακοπαθέω, poet. vorher Unglück erleiden.

πρό-κακος, 2. poet. sehr schlimm.

προ-καλέομαι, Med. u. Pass. (Fut. προκαλοῦμαι, Aor. med. προκαλεσάμην, pass. προεκλήθην, Perf. προκέκλημαι), ep. Aor. med. ind. προκαλέσσατο, conj. 3. sg. προκαλέσσεται (Il. 7, 39).

I) Med. zu sich hervorrufen, d. h. • **1) herausfordern,** τινά, u. zwar τινί, τί, ἔς, ἐπί τι zu etw. od. mit Inf. Im bes. • **a)** (χάρμῃ od. μαχέσασθαι) zum Kampfe, χερσί od. ἐς χεῖρας zum Faustkampfe; eine Kriegserklärung ergehen lassen, den Feind zum Kampf verlocken • **b)** zu einem Rechtsspruche, zu einer richterlichen Ausgleichung (ἐς κρίσιν, δίκην u. ä.), doch auch bloß αὐτὰ ταῦτα eben dazu, nämlich um Rede u. Antwort darüber zu geben, od. überh. zur Verantwortung ziehen od. fordern, ἐπί τινα sich berufen auf jmdn., an ihn appellieren • **c)** sich erbieten zu etwas. **2)** • **a)** überh. Aufforderungen ergehen lassen, **Forderungen stellen,** *invito,* auffordern, einladen, abs. od. τινά, u. zwar τί, z. B. μέτρια mäßige Forderungen stellen, od. ἔς, πρός, ἐπί τι, od. ὑπέρ τινος für jmdn., ἔν τινι vor jmdm. • **b)** hervorrufen, veranlassen, bewirken, τί, u. zwar ἐπὶ μέγα es vermehren, vergrößern.

II) Pass. aufgefordert werden, ἔς τι zu etwas, περί τινος wegen etwas.

προ-καλίζομαι, ep. Nbf. zum vorigen, nur imper. -καλίζεο u. Impf. -καλίζετο.

προ-καλινδέομαι, s. προκυλίνδομαι.

προκάλυμμα, τό, nur im Plur., der Vorhang, im bes. **a)** der Vorhang vor dem Bette im Schlafgemache, ἐκ τῶν πρ. ἔπλευσεν sie verließ den alten Ehebund. **b)** die Schutzvorhänge, Schutzdecken, Schirm bei Mauern, um die Geschosse des Feindes abzuhalten. **c)** sp. Hülle. **d)** übertr. Deckmantel, Verhüllung.

προ-καλύπτω, zur Verhüllung etwas vorhängen od. vorhalten, verhüllen, verstecken, decken; πρὸ τῆς ψυχῆς ὀφθαλμοὺς (Akk. d. Bezugs) προκεκαλυμμένοι ihre Seele ist hinter Augen versteckt.

προ-κάμνω (-καμοῦμαι, -έκαμον, -κέκμηκα), **1)** vorher arbeiten, sich im voraus abmühen, τινί wegen etwas, daher vorher ermatten od. ermüden, u. zwar ταῖς γνώμαις vor der Ausführung mutlos werden, od. τί vorher an etwas leiden. **2)** für jmdn. (τινός) sich mühen, ringen, u. zwar τινί mit etwas.

προκάς, άδος, ἡ, ep. = πρόξ. [versprechen.

προ-καταγγέλλω, sp. N. T. vorher ankündigen,

προ-καταγιγνώσκω. 1) ein Vorurteil haben, eine nachteilige Ansicht haben, τινός gegen jmdn. **2)** im voraus jem. schuldig finden. **3)** in einer Ansicht befangen sein, daß mit A. c. I.

προ-καταγωγή, ἡ, sp. das vorhergegangene Einlaufen in den Hafen, die früher geschehene Landung, ἔν τινι. [untergehen.

προ-καταδύομαι, Aor. -έδυν, sp. vorher versinken,

προ-καταθέω, voraus herablaufen, vorher streifen (um Beute zu machen).

προ-κατακαίω, vor einem her (marschierend) anzünden, verbrennen, verheeren.

προ-κατακλίνομαι, sp. Med., sich oberhalb jmds. (τινός) bei Tische niederlegen, über jmdm. sitzen, den Rang vor ihm haben.

προ-καταλαμβάνω vor andern fassen od. ergreifen, dah. **1) a)** τινά jmdn. **vorher abtun,** Thuk. 1, 33, 3: daß sie uns vorher beseitigen, um dann euch anzugreifen; doch auch ihn vorher in Beschlag nehmen, gewinnen, einnehmen, **b)** τί etwas **vorher** od. vor jmdm. in Besitz nehmen, **einnehmen,** besetzen, τοῖς σταυροῖς vorher verrammeln. Oft mit φθάνειν verbunden. **2)** vorher in Beschlag nehmen, d. i. **a)** bewirken, mit Inf. u. τό, **b) zuvorkommen,** vorbauen, verhüten, abs., od. *τί* einer Sache, od. mit folg. *ὅπως μή* mit Ind. Fut.

προ-καταλέγομαι, ion. Aor. pass. part. *-καταλεχθείς*, vorher besprochen od. beschrieben.

προ-καταλύω, 1) Akt. vorher auflösen, aufheben, mit Füßen treten, *τί*, u. zwar *ἔν τινι* bei etwas. 2) ion. Med. sich (*sibi*) etwas aufheben, *τὴν ἔχθρην* sich versöhnen.

προ-καταπίπτω, sp. vorher herabkommen.

προ-καταρτίζω, sp. N. T. im voraus bereit machen.

προ-κατάρχομαι, Med., *τῶν ἱερῶν τινι* für einen die Opfer beginnen (ihm die Darbringung der Opfer ermöglichen).

προ-κατασκέπτομαι, sp. Dep. med. vorher erspähen od. auskundschaften, *τί*, *ὁ προκατασκεψόμενός τι* der vorausgeschickte Kundschafter von etwas.

προ-κατασκευάζω, 1) Akt. vorher zurecht machen, *τί* etwas, u. zwar *τί* zu etwas, *τινί* jmdm. 2) Med. sich (*sibi*) verschaffen.

προ-καταστρέφω, sp. vorher umwenden; übertr. (sc. *τὸν βίον*) vorher od. zu früh abscheiden, sterben.

προ-κατατρίβω, sp. vorher erschöpfen, aufreiben.

προ-καταφεύγω, 1) zuvor fliehen od. entkommen. 2) einen Vorsprung auf der Flucht gewinnen, abs. od. mit *φθάνειν* verb., *τινά*, u. zwar *ἔς τι* wohin.

προ-καταχράομαι, Dep. med., Perf. inf. *-κατακεχρῆσθαι* in pass. Bed., vorher verbrauchen od. verschwenden.

πρόκατε, s. *πρόκα*.

προ-κατέχω, 1) Akt. vorher in seine Gewalt bekommen, vorher besetzen, inne haben, *τί*. 2) Med. a) ep. vor sich herabhalten = herunterfallen lassen. b) sp. voreingenommen sein.

προ-κατηγορέω, vorher anklagen od. angreifen, *περί τινος* über etwas, dah. *περὶ τούτων* über seine angeblichen zukünftigen Taten.

προκατηγορία, *ἡ*, vorhergegangene Anklage, *τινός* gegen jmdn.

προ-κάτημαι, προ-κατίζω, s. *προκάθ*.

πρό-κειμαι, Impf. *προὔκ.*, ion. einzelne Formen wie von **προκέομαι,** 3. pl. *προεκέατο* st. *προὔκειντο*, def. Dep., welches zugl. als Perf. pass. von *προτίθημι* dient • 1) **vor jmd.** od. **etwas liegen,** abs. od. *τινός* od. *πρό τινος*, auch weiter als etwas, z. B. *τῆς ἐχομένης γῆς* weiter als die angrenzende (libysche od. syrische) Küste, od. prägnant: *ἐν τῇ θαλάσσῃ* = *προτεῖνον εἰς τὴν θ.*, *ὥστε κεῖσθαι ἐν τῇ θ.* Dann überh. **daliegen,** dastehen; sich vorn befinden, vorn stecken; insbes. zu beliebigem Gebrauch frei daliegen, bereit liegen • 2) übertr. • a) **vorliegen,** bevorstehen, *τὸ* (*τὰ*) *προκείμενον* (*-να*) die vorliegende Sache, Behauptung; *τῶν προκειμένων τι πράσσειν* das Nötigste besorgen • b) offen stehen, *ἡ πρ. ξυμμαχία* d. h. allen offen stehend • c) **öffentlich aufgestellt,** bestimmt sein, z. B. als Strafe gelten (von Gesetzen), *τὰ προκείμενα* das einmal (jmdm.) Bestimmte, Soph. OC. 1512 • d) hingestreckt daliegen, *ὁ προκείμενος* der Hingestreckte, insbes. im Unglück, in Schmach sich befinden • e) *πρόκειταί τινι* es liegt jmdm. ob, mit Inf.

προ-κήδομαι, def. Dep., poet. u. sp. Fürsorge tragen, sorgen für jmdn. (*τινός*). [jmdn.

προ-κηραίνω, poet. bang sich härmen, *τινός* um

προ-κηρύσσω, öffentlich ausrufen, *τί*, durch einen Herold ausrufen lassen, abs. (den Tod als Strafe), od. überh. kundtun, *σαφῆ* deutlich, u. zwar *τινί*, auch mit Inf.

προ-κινδῡνεύω. 1) sich vor andern in Gefahr begeben, Vorkämpfer sein, in den ersten Reihen kämpfen, *τοῦ στρατοῦ* an der Spitze des Heeres fechten. 2) für andere sich in Gefahr begeben, schützen, verteidigen, *τοῖς σώμασιν* Leib u. Leben für etwas wagen.

προ-κῑνέω, augm. *προὐκ.*, vorwärts bewegen, vorwärts rücken lassen, *τί*. Pass. vorrücken.

προ-κλαίω, augm. *προὔκλ.*, 1) ion. u. poet. zuvor, zum voraus beklagen, *τινά*. 2) poet. laut jammern, *ἀγχοῦ* = *ἀγχοῦ ὄν* über das was nahe war.

πρόκλησις, *εως*, ion. *ιος*, *ἡ* (*-καλέω*), 1) die Herausforderung, *ἐκ πρ.* nach vorhergegangener Herausforderung. 2) Aufforderung, Vorschlag, *ἔς τι* zu etwas; insbes. 3) in der Gerichtssprache: a) die feierliche Aufforderung, Provokation, *εἰς βάσανον* zur peinlichen Befragung. b) die Berufung, Appellation.

προ-κλίνω [ῑ], poet. vorwärts neigen u. so schützen, *τί*, u. zwar *ἔς τι*.

Πρόκλος, *διάδοχος*, Neuplatoniker, geb. 411 n. Chr. in Konstantinopel, suchte das Heidentum in Ansehen zu erhalten, † 485.

πρό-κλῠτος, 2. ep. früher gehört, uralt.

προ-κλύω, poet. vorausḣören, *τί*.

Πρόκνη, T. des att. K. Pandīon, Gem. des Tereus in Daulis, M. des Itys; von Tereus für tot erklärt, der ihre Schwester Philomēle heiratete; Prokne erfuhr durch diese die Wahrheit, u. beide setzten den Itys dem Tereus zum Mahle vor. Er verfolgte nun beide, u. so wurden diese auf ihre Bitte verwandelt: Philomēle in eine Nachtigall, Prokne in eine Schwalbe, Tereus aber in einen Wiedehopf (od. Habicht).

προ-κολακεύω, vorher schmeicheln.

προ-κόλπιον, *τό*, sp. der Busen im Kleide.

προ-κομίζω, ion. sp. vorausführen, vorwärtsschaffen.

Προκόννησος (u. **Προικόννησις**), *ἡ*, Insel in der Propontis mit berühmten Marmorbrüchen, j. *Marmora*. Der Einw. *ὁ* **Προκοννήσιος.**

προκοπή, *ἡ*, poet. das Gedeihen, Fortschreiten.

Προκόπιος, *ου*, *ὁ*, der Geschichtschreiber Prokop aus Caesarea in Palästina, Sekretär des Belisar [(† 562).

Προκόπτᾱς, *ὁ*, poet. = *Προκρούστης*.

προ-κόπτω, 1) trans. eigentl. durch Schlagen (im Walde) Bahn brechen, (das Schiff) fortrudern, dah. anbahnen, vorwärts bringen, abs., od. *τινί* jmdm., aber *τινός* (Gen. part.) hinsichtlich einer Sache = etwas, u. zwar *μέγα μέρος* einen großen Schritt. 2) Pass. vorrücken, u. zwar *ἀνωτέρω* weiter vor, ähnl. *ἐς τὸ πρόσσω*. 3) intr. Fortschritte machen, sich günstig entwickeln.

πρόκριμα, *τό*, sp. N. T. das Vorurteil. Von

προ-κρίνω, vor andern auswählen, vorziehen, *τινός* vor einem andern, unter andern. Im Pass. den Vorzug, den ersten Rang haben.

Πρόκρις, *ιδος,* ἡ, Tochter des Erechtheus, Königs in Attika, Gemahlin des Kephălos, dem sie aber untreu ward u. zu Minos nach Kreta floh. Von da zurückgekehrt, tötete sie K. auf der Jagd, weil er sie für ein Wild hielt.

πρόκρῐσις, ἡ, die Vorwahl, Auswahl einer Anzahl von Bürgern, aus denen dann durchs Los die endgültige Wahl getroffen wurde.

πρόκρῐτος, 2. auserwählt, vorgewählt, s. πρόκρισις.

πρό-κροσσος, 3. u. 2., ep. u. ion. (κρόσσα), stufenweis, staffelförmig aufgestellt (κλιμακηδόν).

Προ-κρούστης, *ου,* ὁ, Bein. des Räubers Polypēmon in Attika, welcher die Wanderer in ein Bett legte u., waren sie zu lang, etwas abschnitt, waren sie zu kurz, sie auf dem Amboß ausdehnte.

προ-κτάομαι, sp. vorher erwerben. Perf. im pass. Sinn.

προκυκλέω, poet. intr. hervorrollen, hervorkugeln.

προ-κυλίνδομαι, ep., **προκυλινδέομαι** u. **προκαλινδέομαι,** Med. sich vorwärts wälzen, fortrollen. Übertr. sich vor jmdm. niederwerfen, wie dies bes. die Perser taten, wenn der König an ihnen vorbeiging.

προ-κύλισις, *εως,* ἡ, Fußfall, Niederfallen zur Erde, Wälzen am Boden.

προκύπτω, poet. sp. hervorgucken, heraussehen.

προ-κυρόω, N. T. vorher bestätigen.

πρό-κωπος, 2. poet. u. sp. das Schwert am Griff haltend, überh. bereit, schlagfertig.

προ-λάζυμαι, poet. Dep. vorausnehmen, vorher genießen.

προ-λαμβάνω, poet. προ-λάζυμαι • **1) zuvor erhalten,** zum voraus erhalten (z. B. als Handgeld Dem.) • **a)** zunächst vornehmen τι • **b) zuvor wegnehmen,** an sich reißen, sich bemächtigen; π. ὅπως vorbeugen, daß Dem.; bes. im voraus gewinnen, dem Feinde einen Vorteil wegnehmen; übertr. α) in seinem Urteil vorgreifen, ein Vorurteil fassen Dem. β) annehmen, sich vorstellen, meinen, mit A. c. I. • **2)** vorziehen τί τινος • **3) einen Vorsprung gewinnen** Thuk. 7, 80, 3, zuvorkommen, τινὰ λόγῳ Dem., auch τινὰ ὥστε Dem.; τί z. B. γόους Eur.; mit Gen. τῆς ὁδοῦ ein Stück Weg zuvork. Hdt., τῆς φυγῆς auf der Flucht einen Vorsprung gewinnen Thuk.; πολλῷ π. einen großen Vorsprung gewinnen Thuk.

προ-λέγω, **1)** ep. u. buk., Perf. pass. part. προλελεγμένος, vor andern auserwählen. **2)** voraussagen, vorherverkündigen; sp. auch mündlich od. schriftlich vorausschicken, *praefari.* **3)** öffentlich bekannt machen, erklären, verkünden. **4)** befehlen.

προ-λείπω, **1)** trans. verlassen, zurück-, im Stiche lassen, aufgeben, unterlassen, τί od. τινά u. zwar mit folg. Inf. od. ἔν τινι in etwas. **2)** intr. versagen, u. zwar τινί jmdm.

προ-λεσχηνεύομαι, Perf. προλελεσχήνευμαι, ion. Dep. med., sich vorher besprechen, verabreden, τινί mit jmdm.

πρό-λεσχος, 2. poet. weit ausholend im Reden.

προ-λεύσσω, poet. deutlich vor sich sehen, näml. in der Ferne; mit indir. Nebens.

πρό-ληψις, ἡ, **1)** die Vorwegnahme. **2)** in der epikureischen und stoischen Erkenntnislehre ein durch viele gleichartige Wahrnehmungen zustande gekommenes Erinnerungsbild und in diesem Sinne: allgemein herrschende Vorstellung (Gegensatz: ὑπόληψις, . .), bei Cic. *praenotio, anticipatio, notio, notitia.* Dah. überh. **3)** Vorstellung, Vermutung. **4)** in der Rhetorik: Vorwegnahme eines Einwandes, *praesumptio* od. *ante occupatio.*

πρόλογος, ὁ, sp. Prolog, in der Tragödie der erste Teil der Handlung vor dem ersten Chorgesang, bei Eurip. auch nur monologischer Vorbericht.

προ-λοχίζω, Fut. -ιῶ, vorher mit einem Hinterhalt besetzen, τί, sich auf etwas in Hinterhalt legen, u. mit hinzugef. ἐνέδραις mit Hinterhaltsposten. Im Pass. αἱ προλελοχισμέναι ἐνέδραι die vorher gelegten Hinterhalte.

προ-λυπέομαι, sich vorher betrüben, vorher Unlust empfinden. Dav.

προ-λύπησις, ἡ, die vorhergegangene Kränkung.

προ-μαλάττω, ar. sp. vorher erweichen; übertr. weich stimmen.

προ-μανθάνω, Aor. προὔμαθον, **a)** vorher lernen, ἔς τι zu etwas durch frühere Studien unterstützt sein. **b)** fortlernen, mit Inf., u. zwar τινί durch etwas.

προμαντεία, ion. -τηίη, ἡ, *praerogativa,* der Vorrang bei der Orakelbefragung, d. i. das Vorrecht, das Orakel (zu Delphi) vor den übrigen Fragern, deren Reihenfolge durch das Los bestimmt wurde, befragen zu dürfen, wie es die Delphier gewöhnl. bei besonderen Verdiensten erteilten.

προ-μαντεύω, sp., ion. poet. u. sp. Med. **-ομαι,** Impf. προεμ., **a)** vorher weissagen, vorhersagen, abs. od. ὡς od. Akk. m. Inf., u. zwar τινί jmdm. **b)** voraussehen, ahnen, mit Inf.

πρό-μαντις, *εως,* ion. *ιος,* ὁ, ἡ, **1)** der Priester od. die Priesterin, welche an der Stelle u. im Namen der Gottheit das Orakel verkündet, so in Delphi die Pythia **2)** poet. die Vorherverkündende, von der Dike, welche durch den Traum eine μαντεία des Kommenden geschickt hatte.

προ-μαρτύρομαι, sp. N. T. im voraus bezeugen.

προμαχέω, ep. **προμᾰχίζω** (πρόμαχος), u. ep. poet. u. sp. **προ-μάχομαι.** **1)** vor den andern kämpfen, Vorkämpfer sein, in der ersten Reihe kämpfen, auch plänkeln, τινός vor jmdm., ἀπὸ τῶν ἁρμάτων von den Streitwagen absteigen und plänkeln. **2)** für etwas (τινός) kämpfen, verteidigen.

προμαχεών, *ῶνος,* ὁ, Schutzwehr, Bollwerk, in Babylon 10 Ellen höher als die Mauer u. je zwei einander gegenüberstehend, die zugleich den Torwachen als Aufenthaltsort dienten.

πρό-μαχος, 2., vorkämpfend, δόρυ Lanze des Vorkämpfers, wie sie z. B. der siegreiche Herakles trug. Subst. ὁ, οἱ πρ. Verteidiger, Vorkämpfer, d. h. der in der ersten Reihe kämpft, abs. oder τινός jmds.

προ-μείγνυμαι (-μίγνυμαι), ep. Pass. m. Aor. inf. προμῐγῆναι, vorher (πρό) jmdm. (τινί) beiwohnen.

προ-μελετάω, vorher treiben.

προ-μεριμνάω, sp. N. T. vorher sorgen.

προ-μετωπίδιον u. **προ-μετώπιον,** τό, 1) ion. (abgezogene) Stirnhaut, ἵππων von Pferden; sp. Stirnknochen mit den Hörnern (von Stieren, Opfertieren). 2) Stirnband, Stirndecke, der Stirnpanzer bei Pferden.

προμήθεια, att. **προμηθία,** ion. **-ίη,** poet. είη, ἡ, a) Vorsicht, abs. od. mit Inf. b) Fürsorge, Rücksicht, teils abs. ἐν πολλῇ πρ. ἔχειν τινά jmdn. mit großer Achtung behandeln, teils σῇ d. i. für dich, Soph. OC. 333, od. ἔχειν πρ. τινός Sorgfalt anwenden auf, für jmdn. od. etwas.

προμηθέομαι, Dep. pass., Aor. προὐμηθήθην (προμηθής), wohl voraus bedenken, besorglich od. besorgt sein, Fürsorge hegen, berücksichtigen.

προμηθεύς, έως, ὁ (προμηθής), der Vorbedachte, Vorsichtige; die Vorsicht. Als Eigenn.

Προ-μηθεύς, έως, ὁ, Sohn des Titanen Iapĕtos u. der Klymĕne od. der Gaia = Themis (nach andern der Asia, welche aber nach Her. seine Gemahlin war), V. des Deukalion, schuf die Menschen u. entwandte dem Zeus das Feuer, der ihn zur Strafe dafür durch Hephaistos an den Kaukasos (Paropanisos) anschmieden ließ. **Τὰ Προμήθεια,** das Prometheusfest.

προ-μηθής, 2. (dor. μᾶθος „Sorge") vorbedacht, sich um etwas (τινός) kümmernd, vorsichtig, abs., ἔς τι für etwas. Subst. τὸ πρ. die Vorsicht.

προμηθία, s. προμήθεια.

προ-μήκης, 2. (μῆκος), vorn länglich, τί an etwas.

προ-μηνύω, poet. u. sp. zuvor verraten, τί τινι.

προ-μήτωρ, ορος, ἡ, poet. die Stammutter.

προ-μῑγῆναι u. **προ-μίγνυμαι,** s. προμείγνυμαι.

προ-μνάομαι, Dep. med., augment. προὐμν., für einen werben, bitten; ἡ προμνησαμένη die Freiwerberin, Ehestifterin. Übertr. bitten, anraten, ahnen lassen, abs. od. τί, z. B. τοιαῦτα, verst. λέγων, dessen Begriff in προμν. liegt, od. mit Inf., u. zwar τινί jmdm.

προ-μνηστῖνοι, ep. einzeln hintereinander, wie bei der Brautwerbung (**προμνηστεία**) dem Freier mehrere Frauen einzeln hintereinander zugeführt wurden.

προ-μνήστρια u. **προμνηστρίς,** ίδος, ἡ, die Freiwerberin, Ehestifterin.

πρόμος, ὁ, ep. u. poet. (πρό, ähnl. lat. *primus*), 1) poet. Führer, Vorsteher, Fürst, so heißt Helios πρ. θεῶν, Theseus γᾶς πρόμος. 2) Vorkämpfer, τινί gegen jmdn.

προ-μοχθέω, poet. vorher arbeiten.

πρό-ναιος, 3. u. **πρό-νᾱος,** 2., att. = ion. προνήϊος, s. d.

προ-ναυμᾰχέω, ion. für jmdn. (τινός) zur See kämpfen, jmdn. zur See decken.

προ-νέμω, poet. vorwärts strecken, offen ausstrecken; Med. vorwärts um sich fressen, greifen, sich weiter verbreiten.

προ-νεύω, sich vorwärts neigen.

προ-νέω, vorstrecken, poet. Med. vorausschreiten.

πρό-νεως, 2. att., wie πρό-ναιος u. πρό-νᾱος, 2. =

προ-νήιος, 3. ion. vor dem Tempel befindlich, dah. a) ὁ πρ. Vorhalle vor der Cella (ναός). b) ἡ **Προνηίη** (att. Προνᾱία od. Προνάα od. Πρόνεως) Bein. der Athene, deren kleiner Tempel für die, welche auf der heiligen Straße durch Phokis nach Delphi kamen, vor dem Apollontempel daselbst wie eine Vorhalle lag, ἐν Προνηίης d. i. Ἀθηναίης νηῷ.

προ-νηστεύω, ion. u. sp. vorher fasten.

προ-νῑκάω, vorher (be)siegen, τὸ προνενικηκέναι der vorausgegangene Sieg.

προ-νοέω, augm. προεν. u. προὐν., ep. προν. 1) **vorher bemerken,** sehen, erkennen, τί od. τινά mit Part. 2) **vorher bedenken,** ersinnen, ausdenken, überlegen, τί od. ὅτι; im Med.-Pass. sich vorsehen. 3) für etwas **Sorge tragen,** a) Akt. sorgen, etw. im Auge haben, abs. od. τί, τὸ παραγγελλόμενον für Ausführung des Befehls, τινός für jmdn., auch mit Inf. od. ὡς μή. b) Med.-Pass. vorsorgen, daran denken, τὰ συμφέροντα ὑπὲρ τῶν μελλόντων die geeigneten Maßregeln für die Zukunft im voraus ergreifen, doch τί auch: ein wenig, u. τινός für etw.

προνοητικός, 3., Adv. **-κῶς,** zur Vorsicht gehörig od. geneigt, vorsichtig, mit Vorsicht, weislich, καὶ τοῦτο προνοητικόν auch dies ist ein Beweis ihrer Fürsorge (näml. der Götter).

πρόνοια, ion. **-οίη,** ἡ (προνοέω). 1) (auch im Pl.) **die Voraussicht,** τινός von etwas, ἔς τι betreffs einer Sache. 2) die Vorsehung, θεοῦ die göttliche; die **Vorsicht, Klugheit,** ἐκ προνοίης mit Vorbedacht, vorsätzlich, im Ggs. zu κατὰ τύχην Hdt. 8, 87; ἀπὸ προνοίας nach einem wohlüberlegten Plane. 3) **Fürsorge,** Sorge, Sorgfalt, Gedanke, τινός an etwas, πρόνοιαν ἔχειν, ποιεῖσθαί τινος u. περί τινος od. m. Inf. Sorge tragen für etwas, achten auf etwas. 4) Ἀθηνᾶ **Πρόνοια,** irrig st. προναία, s. προνήιος.

προνομαία, ἡ (προνέμω), sp. der Rüssel des Elefanten.

προνομεύω, sp. Futter holen, fouragieren.

προ-νομή, ἡ (νέμω), das Futterholen, die geordnete Beitreibung von Futter und Verpflegung durch die Truppenführung (im Gegens. zu der Plünderung einzelner).

προ-νόμιον, τό, das Angeld, d. h. eine Leistung, ehe die gesetzliche Verbindlichkeit eintritt.

πρό-νομος, 2. poet. vorwärts weidend.

πρό-νοος, zsgz. **πρόνους,** 2., Komp. **προνούστερος,** ion. u. poet. vorsichtig, einsichtig.

προνύξ, Adv. poet. die ganze Nacht hindurch.

προνωπής, 2. poet. schwach, hinfällig.

προ-νώπιος, 2. (πρό, ἐνώπιον), poet. sp. außerhalb der Wände befindlich, draußen; Subst. **προνώπιον** u. Plur., Vorhalle, Vorhof.

πρόξ, προκός, ἡ, ep. poet. ar. sp. (zu περκ-νός), das Hirschkalb, Rehkalb.

πρό-ξεινος, s. πρόξενος.

προξενέω, Impf. προὐξ., jmds. (τινός) Proxenos sein, dah. jmds. (τινός) guten Freund machen, u. übertr. verschaffen wollen, geben, zurichten, Soph. OT. 1483, vermitteln, jmdn. zuführen, empfehlen, einer Sache das Wort reden, abs., od. τινός jmds., τί etwas, τινά jmdn., u. zwar τί als etwas, od. mit Inf., τινί jmdm.

προξενία, ἡ, Staatsgastfreundschaft, Amt, Stellung, Funktion, Schutz des Proxenos, w. s.

πρό-ξενος, ion. **πρόξεινος,** ὁ. **1)** der Gastfreund von Staats wegen, **Staatsgastfreund,** angesehene Bürger, in manchen Staaten selbst Fürsten, welche von einem auswärtigen Staate beauftragt waren od. die Pflicht übernommen hatten, die Angehörigen dieses auswärtigen Staates od. dieser Stadt gastlich aufzunehmen, ihre Rechte zu wahren u. überh. ihnen mit Rat u. Tat beizustehen, also Konsuln. **2)** Gönner; ἡ πρόξενος Hausfrau Aesch.

Πρόξενος, 1) Thebaner, Schüler des Gorgias, Gastfreund des Xenophon u. Kyros, von den hinterlistigen Persern mit Klearchos ermordet. Xen. An. 2, 6, 16. **2)** sonst. Eigenn.

προ-ξυγγίγνομαι, Dep. med., eine vorläufige Zusammenkunft halten, τινί mit jmdm.

προ-οδοποιέω, ar. sp., Perf. προωδοπεποίηκα, einen Weg bereiten, bahnen, τινί.

πρό-οδος, ἡ, das Vorrücken, der Vormarsch, Marsch, ἐκ πρ. auf dem Marsche.

πρό-οιδα, zum voraus wissen, vorher wissen, — kennen.

προ-οικονομέω, ar. sp. vorher einrichten, — anordnen.

προοιμιάζομαι, ein Vorspiel, eine Einleitung, einen Anfang machen, überh. einleiten, beginnen. Im bes. eine Vorrede machen, die Rede eröffnen. Im Pass. zur Einleitung gesprochen werden, τινί von jmdm.

προ-οίμιον, τό (οἶμος), das Vorspiel in der Musik, dah. **1)** ein einleitender Gesang, u. überh. ein Lobgesang, Loblied. **2)** überh. Einleitung, Beginn, Anfang, Vorrede, προοίμιον χορεύσασθαι zur Einleitung ein Tänzchen machen. Daher im Pl. mit δυσφροίμια von der alten Schuld der Väter, aus welcher das jetzige Unglück stammt. **3)** weil man durch das Vorspiel die Zuhörer zu locken u. zu gewinnen sucht, Vorspiegelung.

προ-οίχομαι, Dep. med., vorausgezogen sein.

προ-όμνυμι, Aor. part. προὐμόσας, vorher beschwören.

προ-ομολογέω, vorher zugestehen.

πρό-οπτος, s. προὔπτος.

προ-ορᾱτός, 3. vorauszusehen.

προ-οράω u. Med. **-άομαι,** Adj. verb. πρόοπτος (s. προὔπτος bes.) u. **προοπτέον,** ion. Präs. part. προορέων, nom. pl. προορέοντες • **1)** vor sich blicken, in die Ferne od. in der Ferne sehen, fern erblicken, das, was vor den Augen ist, sehen Thuk. 7, 44 • **2)** vorher- od. **voraussehen,** in die Zukunft sehen, vermuten, argwöhnen, ahnen od. auch vorher ahnen lassen, vorbedeuten (Hdt. 7, 140), mit Part. daß es, τινός (Thuk. 4, 64, 1 im besorgten Hinblick auf), τὸ προορᾶν deine Voraussicht Hdt. 9, 79 • **3)** (bes. im Med.) • **a) sich vorsehen,** Vorsorge od. Vorkehrungen treffen, im voraus bedacht sein • **b)** im Auge haben, an etwas denken, berücksichtigen, sich kümmern, besorgen, τινός um, für etwas od. jmdn., τί etwas.

προ-ορίζω, sp. N. T. vorher bestimmen.

προ-ορμάω, u. Dep. pass. **-άομαι,** Fut. -ορμήσομαι, Aor. -ωρμήθην, vorrücken, vorausgehen, vorausfahren.

προ-ορμίζω, vor etwas (πρό τινος) vor Anker legen.

προ-ορχηστήρ, ῆρος, ὁ, sp. thessal. = προστάτης.

προ-οφείλω, zsgz. **προὐφείλω,** Fut. προοφειλήσω, **1)** Akt. von früher her, also längst verschulden, κακόν τί τινι bei jmdm. etwas Schlimmes, von ihm einen schlimmen Lohn verdienen. **2)** Pass. von früher her verschuldet werden, schuldig, rückständig sein, aus früherer Zeit her vorliegen, εὐεργεσία so daß dafür jetzt Dank u. Hilfe gefordert werden könnte.

πρό-οψις, εως, ἡ (προοράω), der vorhergegangene Anblick, ἄνευ προόψεως αὐτῶν wenn sie vorher nicht gesehen werden.

προ-παιδεία, ἡ, vorläufiger Unterricht, Vorbildung; von

προ-παιδεύω, vorher unterrichten, unterweisen, ἔν τινι in etw.

πρό-παππος, ὁ, Urgroßvater.

πρό-παρ, poet. = προπάροιθεν.

προ-παραβάλλομαι, Med. vorher in Reihen legen, τί, u. zwar σφίσιν für sich.

προ-παρασκευάζω, 1) Akt. vorher zubereiten, τί, u. zwar τινί jmdm. **2)** Med. **a)** sich im voraus rüsten, ἐκ πολλοῦ seit lange. **b)** für sich vorbereiten, τί Vorkehrungen treffen.

προ-παρέχω, 1) Akt. vorher darbieten, τινά τι einen als etwas, u. zwar τινί jmdm. **2)** Med. im voraus versehen mit etwas, τί.

προ-πάροιθεν, u. **-θε,** ep. u. poet. **1) Adv.** *ante,* **a)** vom Raume: vorn, voran, davor, voraus, vorwärts. **b)** von der Zeit: zuvor, vorher.

2) Präp. mit **Gen.,** der nach u. vor steht, vom Raume: **a)** vor, πρ. νεός am Vorderteile (des Schiffes) nieder, so daß der Wurf über das Schiff hinausging; auch von der Zeit. **b)** davor hin, entlang, längs.

πρό-πᾱς, ᾱσα, ᾱν, ep. u. poet. ganz, Plur. gar alle.

προ-πάσχω, Fut. προπείσομαι, Aor. προὔπαθον, Perf. προπέπονθα, vorher erfahren od. empfinden, gew. vorher leiden, zuvor beeinträchtigt od. beleidigt werden, abs., od. τί etwas, u. zwar ὑπό τινος von jmdm.

προ-πάτωρ, ορος, ὁ (πατήρ), Vorvater, Stammvater, Ahnherr, Vorfahr.

πρό-πειρα, ἡ, vorläufiger Versuch.

προ-πέμπω, augm. προέπ. u. προὔπ., Plqpf. pass. προὐπέπεμπτο (auch in tmesi) • **1)** vorher-, voran-, **vorausschicken,** weiter schicken, dah. • **a)** fortschicken, hinsenden, herschicken, προπέμπεται ὥς τινα mit Inf. es ist ein Bote mit dem Befehl an jmdn. ausgeschickt worden. Im Med. α) von sich wegschicken, β) weiter marschieren lassen • **b)** übertr. zuführen (durch eine Nachricht), bringen, hinreichen, τί • **2)** hinausgeleiten od. -begleiten, überh. **geleiten,** das Geleite geben, bes. von Leichenbegängnissen, οἱ προπέμψαντες φίλων das Geleit der Freunde. Bildl. τὸν ἕνα ψωμὸν ἑνὶ ὄψῳ jeden Brotbissen mit einem Fleischbissen geleiten, Xen. • **3)** verfolgen, Xen.

προ-περιπατέω, sp. vorher spazieren gehen.

προ-πέρυσι, Adv. vor zwei Jahren.

προ-πετάννυμι, Aor. part. προπετάσας, davor ausbreiten, -stellen, τινά, u. zwar τινός vor jmdn., um ihn zu decken.

προ-πετάομαι, od. **-πέτομαι,** sp. vor etwas (πρό τινος) herfliegen, ihm voranfliegen.

προ-πέτεια, ἡ, Voreiligkeit, Keckheit.

προ-πετής, 2. (προπίπτω), vornüber fallend od. liegend, in Schlaf gesunken (ζῇ, näml. Herakles, während ihn Hyllos tot glaubte), überh. zerfallen. Übertr. **a)** bereit, geneigt, in Bereitschaft. **b)** voreilig, unbesonnen. Adv. **-τῶς,** Komp. προπετέστερον, voreilig.

προ-πέτομαι, s. προπετάομαι.

προ-πηδάω, sp. vorspringen, hervorspringen, τινός aus etw. od. vor jmdm.

προ-πηλακίζω, Fut. -ιῶ, Aor. προύπ. u. προεπ., vor sich in den Kot (πηλός) treten, dah. übertr. mit Schmach zurückstoßen, schnöde abfertigen, schmählich behandeln, beschimpfen, entehren, mit Hohn verfolgen, vorwerfen, τινά od. τί, u. zwar ἔν τινι an od. in etwas.

προπηλάκισις, ἡ, u. **προπηλακισμός,** ὁ, schimpfliche Behandlung, schmähliche Abfertigung, Herabwürdigung, abs., od. τινός jmds., εἰς πρ. ἄγειν τι etwas mit Füßen treten.

προ-πίνω [ῑ]. **1)** vorher trinken. **2)** vortrinken, zutrinken, auf jemds. Wohl trinken. Gew. schenkte man bei Griechen u. Barbaren dem Freunde, welchem man zutrank, den Becher u. noch andere Liebesgaben. Dah. **3)** beim Trunke etwas schenken, im übeln Sinne: leichtsinnig hingeben od. preisgeben.

προ-πίπτω (-πεσοῦμαι, -έπεσον, -πέπτωκα), ep. poet. u. sp., u. poet. **προ-πίτνω,** eigentl. vorwärts fallen, dann hinstürzen, ἔν τινι, od. vorwärts biegen od. legen, beim Rudern s. v. a. mit großer Anstrengung tun, abs. Übertr. **a)** von Bittenden, eigtl. sich niederwerfen, τινί vor jmdm., dann beschwören, bitten, abs., od. τινί jmdn. **b)** von Sachen: vorfallen, vorkommen. **c)** sich hinreißen lassen.

προ-πιστεύω, vorher trauen.

πρό-πλασμα, ατος, τό (-πλάσσω), sp. Vorbild, Modell.

προ-πλέω, ion. **προ-πλώω,** vorher abfahren, vorausegeln.

πρόπλους, 2., zsgz. aus -οος, voransegelnd, vorausgesandt (von Schiffen). Subst. αἱ πρόπλοι die vorausgeschickten Schnellsegler.

προποδίζω, ep. sp. (πρό, πούς) vorwärts schreiten.

προ-ποιέω, a) vorher machen. **b)** zuvortun, überh. zuvorkommen, abs. od. τί, u. zwar τινί jmdm., ἔς τινα an jmdm.

προ-πολεμέω, für jmdn. od. etwas (τινός u. ὑπέρ τινος) Krieg führen; τὸ προπολεμοῦν der Wehrstand.

προ-πόλευμα, τό, poet. der Dienst.

πρό-πολος, ὁ (πολέω), **1)** ion. poet. u. sp. der Diener, u. ἡ πρ. die Dienerin; insbes. Tempeldiener, Priester. **2)** poet. der Vorsteher.

πρό-πομα, τό, sp. Vortrunk, Trunk vor der Mahlzeit.

προ-πομπεύω, sp. in einem feierlichen Aufzuge, in Prozession vor einem hergehen, abs., oder in Prozession (πομπήν) jmdm. (τινός) vorangehen.

προπομπή, ἡ, das Voranschicken, dah. **a)** das (feierliche) Geleite, die Begleitung. **b)** der feierliche Aufzug, die Prozession.

προ-πομπός, ὁ (poet. auch ἡ), (-πέμπω), Geleiter(in), Begleiter(in), oft als Appos. zum Geleite, zur Bedeckung.

προ-πονέω, I) Akt. **1)** vorher arbeiten, sich vorher anstrengen, abs. τὰ προπεπονημένα die frühere Mühe, od. τινός vor etwas. Auch pleon. mit hinzugef. πρῶτον. **2)** für jmdn. (τινός) sich anstrengen oder Beschwerden ertragen (auch Vorarbeiten für jmdn. [τινί] machen). **II)** Med. weit in Not geraten sein.

πρό-πονος, 2. poet., sehr mühevoll (anst. πρόγονος konjiz. Soph. Ai. 1197).

Προ-ποντίς, ίδος, ἡ, Vormeer des Pontos, jetzt *Marmarameer*.

προ-πορεύομαι, Dep. pass. vorausziehen, vorangehen, abs. u. πρό τινος.

προ-πορίζω, sp. vorher verschaffen.

πρόποσις, εως, ἡ (-πίνω), auch Plur., sp. das Zutrinken.

προπότης, ὁ, poet. der Zutrinker, Zecher.

πρό-πους, ποδος, ὁ, sp. eigentl. der Vorderfuß, dann Ausläufer eines Gebirges.

προ-πράσσω, poet. ar. sp. = προποιέω.

πρό-πρεμνα, Adv. (πρέμνον), poet von Grund aus.

προ-πρηνής, ep. vorwärts, vornüber geneigt, προπρηνέα τινὰ ἐκτανύειν jmdn. aufs Angesicht hinstrecken, προπρηνέα den sich bückenden, beim Bücken.

προ-προκυλίνδομαι, ep. **1)** sich fort und fort wälzen, τινός vor jmdm., d. i. sich als Bittflehender vor seinen Füßen hin u. her wälzen. **2)** immer weiter sich wälzen, d. i. langsam u. mit Mühe sich fortschleppen.

πρό-πρυμνα, Adv., poet. gänzlich (var. -πρεμνα).

προ-πύλαια, auch **πρό-πυλα,** τά, u. **πρόπυλον,** τό (πύλη), der Vorhof, **Vorbau.** Im bes. **1)** in Ägypten, Pylone, trapezförmig sich nach oben verjüngende, turmähnliche Flügelgebäude Hdt. **2)** τὰ προπύλαια, τὸ πρόπυλον τῆς ἀκροπόλεως in Athen, **die Propyläen** (Westeingang zur Akropolis) ganz aus pentelischem Marmor gebaut, mit fünf Toren u. zwei Flügelgebäuden.

προ-πυνθάνομαι, Dep. med., Aor. part. προπυθόμενος, Perf. pass. προπεπυσμένος, vorher Kunde erhalten, vorher erfahren, abs. od. τί, ὅτι, u. zwar ἔκ τινος woher.

πρό-πυργος, 2. poet. θυσίαι, Opfer für die Befestigungen der Stadt.

προ-ρέω, ep. st. προρρέω, vorwärts fließen, dahinfließen od. -strömen, abs. od. (εἰς) ἅλαδε.

πρόρρησις, εως, ἡ, **1)** das Vorhersagen, ἐκ προρρ. nach offener Kriegserklärung, offen. Im bes. die Prophezeiung. **2)** der ergangene Befehl, die Dienstanweisung.

προ-ρρητος, 2. poet. vorher gesagt od. geraten, τινί jmdm.

πρό-ρριζος, 2. bis zur Wurzel, mit der Wurzel, von Grund aus, ganz u. gar.

πρός, ep. (dor.) **προτί,** u. ep. u. poet. **ποτί** (προτί ist die älteste Form, aus welcher vor Vok. [προτήγον u. ä.] πρός entstand; daneben ποτί, woraus kret. πός.

I) Adv. dazu, obendrein, bes. mit δέ u. καί, καὶ πρός γε und außerdem.

II) Praep., bei Dichtern bisw. dem Kasus nachgesetzt • **1)** beim **Gen.** (separat.) • **a)** örtlich: **von — her, von — aus, von,** dah. ὁ πρὸς Σάρδεων ἤλεκτρος. Im Deutschen oft zu übersetzen mit nach — hin, nach — zu, gegen, bei, πρὸς μεσημβρίας südlich, südwärts, εἰσὶ πρὸς θαλάσσης d. h. am Meere gelegen, νῆσοι πρὸς Ἤλιδος bei E. • **b)** übertr. von der Abstammung, dem Urheber, der Veranlassung oder auch der Gemäßheit, also von — her, **von seiten,** von, *α)* οἱ πρὸς γένους die Verwandten, οἱ πρὸς αἵματος die Blutsverwandten, *β)* beim Pass. u. Intrans. = ὑπό, dah. πρὸς τῶν πνεόντων μηδενὸς θανεῖν ὕπο, od. ellipt. αὐτὴ πρὸς αὐτῆς (τέθνηκε); ähnl. πρός τινος ἀκούειν, πρὸς ἄλλης ὑφαίνειν d. h. im Dienste einer andern, πρὸς Διὸς εἰρύαται d. i. von Zeus her. Und so beim Schwören, Bitten, **bei,** πρὸς (τῶν) θεῶν, *per deos,* bei den Göttern, ja selbst mit fehlendem Gen. wie in πρός σ' ὅ τι — ἄντομαι statt ἄντομαί σε πρός (τούτου), ὅ τι. Ähnl. in πρὸς θεῶν ὅσια, od. bei Sachen adv. πρὸς δίκης mit Recht. Aber πρὸς Διός εἰσι ξεῖνοι d. i. unter seinem Schutz, *γ)* **gemäß,** entsprechend, würdig, vorteilhaft, πρὸς γυναικός nach Art eines Weibes, οὐδαμῶς πρὸς σοῦ keineswegs deiner würdig, τὸ πρὸς κείνου das was für ihn spricht, dah. πρός τινος εἶναι oder γίγνεσθαι auf jmds. Seite sein, u. ohne ἐστί od. εἶναι in κακοῦ πρὸς ἀνδρός mit Inf. es ist eines schlechten Mannes Art, u. πρὸς κακοῦ γόους ἀνδρὸς ἐξηγεῖτ' ἔχειν. Ähnl. steht ποιεῖσθαί τι πρός τινος etwas einem für vorteilhaft halten, oder bei Sachen: πρὸς λόγου εἶναι zur Sache dienen, πρὸς ἀτιμίας λαβεῖν τι etwas als eine Schmach ansehen, u. adv. πρὸς θυμοῦ dem Wunsche gemäß • **2)** beim **Dat.** • **a)** örtlich: **vor, neben, an, bei,** in der Bewegung, wenn der Begriff der darauf folgenden Ruhe mitbezeichnet werden soll • **b)** übertr. *α)* vom Verweilen bei einer Sache, daher γίγνεσθαι, εἶναι πρός τινι mit etwas beschäftigt sein, ὅλος ἦν πρὸς τῷ εἰρημένῳ λόγῳ, *β)* **außer,** πρὸς τούτοις **außerdem,** πρὸς τοῖς ἄλλοις noch dazu, πρὸς τῷ ξυστρατεῦσαι außerdem daß er, u. mit zu ergänzendem Inf. πρὸς τῷ νέῳ außerdem daß er jung ist • **3)** beim **Akk.** • **a)** örtlich: **nach — hin, nach, auf — zu, zu, gegen,** gegenüber, πρός τινα ὀμνύναι jmdm. zuschwören, πρὸς δαίμονα wider den Willen der Götter. Auch bei Verben der Ruhe, wenn der Begriff der Bewegung noch einwirkend ist, und so steht auch τὰ πρὸς τάφον κτερίσματα st. τὰ πρ. τ. ἐκτερισμένα • **b)** zeitlich: gegen, auf, πρὸς ἡμέραν, πρὸς ὀλίγον auf kurze Zeit • **c)** übertr. *α)* in Beziehung, mit Rücksicht auf, **in Vergleich mit,** im Verhältnis zu (auch im Sinne der mathem. Proportion), eigtl. auf etwas hinblickend, μικρὸς πρός τινα, πρὸς τὰ πυνθάνομαι nach dem was ich frage, πρὸς τὸ πλέον εἴκειν gegenüber der Mehrheit nachgeben, πρὸς ἑαυτὸν συντάσσεσθαι d.i. in seinem Kopfe, überh. πρὸς ἑαυτόν bei sich, in Gedanken, aber πρὸς τί; wozu? warum? πρὸς ταῦτα darum, oder τὰ πρὸς τὸν πόλεμον das Kriegswesen, τὰ πρὸς πόλιν τε καὶ θεούς; οὐδὲν πρὸς ἡμᾶς geht uns nichts an, *β)* sp. bei Zahlangaben, gegen, ungefähr, πρὸς ἑβδομήκοντα, *γ)* sp. **bei.** *δ)* Adv. πρὸς τὰ μάλιστα aufs äußerste, πρὸς πάντα überhaupt, πρὸς ἡδονήν gern, πρὸς ὀργήν heftig, πρὸς βίαν mit Gewalt, πρὸς οὐδὲν δίκαιον wider das Recht.

III) in **Zusammensetzungen** bedeutet es • **1)** Bewegung auf etw. hin (προσέρχομαι, προσάγω) • **2)** Häufung (προσαδικέω, προσαιτέω) • **3)** Dabeisein (πρόσειμι) • **4)** Angemessensein (προσθύμιος).

προ-σάββατον, τό, N. T. sp. der Tag vor dem Sabbath.

προσ-αγγέλλω, sp. **1)** die Nachricht bringen, melden, anmelden, τί od. Akk. m. Inf., u. zwar τινί jmdm. Im Pass. προσηγγέλθη τις προσάγων es ward gemeldet daß. **2)** angeben, τι ὥς τινος.

προσ-αγόρευσις, εως, ἡ, sp. Anrede, Stimme, Zuruf, Namensruf, Gruß, die Begrüßung, abs., oder τινός jmds., von jmdm., von etwas.

προσαγορευτέος, 3. zu benennen, τινί mit etwas.

προσ-αγορευτικός, 3. sp. anredend; πτῶσις προσαγ. Vokativ. Von

προσ-αγορεύω, Fut. **προσερῶ,** Aor. 2. **προσεῖπον,** ep. **προσέειπον,** u. im opt. dor. u. ep. auch **προτιείποι,** od. Aor. 1. **προσεῖπα.** **1)** ansprechen, **anreden,** das Wort ergreifen, überh. sagen, aussprechen, reden. Im bes. freundlich anreden, daher mit u. ohne χαίρειν mit einem Gruße anreden, begrüßen. **2)** mit Nennung des Namens (ὀνομαστί) anreden, mit einem Namen belegen, **nennen,** benennen, bezeichnen, proklamieren; ὁ προσαγορευόμενος der sogenannte. **3)** erwähnen Plat.

προσ-άγω, Fut. med. προσάξομαι auch in pass. Bdtg., **hinzuführen** • **1)** trans. **hinführen,** herbeibringen, τὰ ἔξωθεν ἰσχυρότερα von außen eine stärkere Macht. Dah. • **a)** vorführen, einführen, mit u. ohne πρὸς τὸν δῆμον, Gesandte beim Volk (in Athen durch Vermittlung des Rates), ähnl. abs. zur Audienz beim König, aber auch τινά τι einen vor jmds. Richterstuhl bringen, u. so auch abs. zum Tode abführen • **b)** darbringen, θυσίας, δῶρα, übertr. ὅρκον τινί zuschieben • **c)** anwenden, brauchen • **d)** verursachen, τόδε πῆμα • **e)** hinzutun, zufügen, Pass. sich anschließen • **f)** Med. **an sich ziehen,** umarmen, od. übertr an sich locken, gewinnen, sich verschaffen, auch unterwerfen **g)** jmdn. zu etw. bringen, bestimmen, τίς σε προσήγαγε χρεία; auch im Med., mit Inf. • **2)** intr. (sc. στράτευμα, αὐτόν, ναῦν u. ä.) **heranrücken,** vorrücken, andringen, sich nähern, abs. u. ἑαυτόν sich daran wagen, πρὸς τὸ κέρας in der Flanke angreifen; sp. heranfahren, landen.

προσαγωγεύς, ὁ, der Vermittler.

προσαγωγή, ἡ, **1)** trans. das Herbeischaffen, Heranbringen, Heranziehen, die Gewinnung, τινός jmds., Zwang. **2)** intr. der Zutritt, die Audienz, u. im bes. = πρόσοδος feierlicher Zug zum Tempel, verbunden mit Darbringung von Opfern od. Geschenken.

προσαγωγός, 2. anziehend, anlockend, τινί für jmdn., τὸ προσαγωγότερον die anziehendere Manier.

προσ-ᾴδω, Fut. buk. ποτ-αείσομαι, eigentl. dazu od. zu jmdm. singen, dann übertr. etwas (τί) sagen od. tun, was stimmt, übereinstimmen, harmonieren, τινί mit jmdm.

προσ-αιθρίζω, poet. in die Luft senden.

προσ-αιρέομαι (-αιρήσομαι, -ειλόμην, -ῄρημαι), Med. **a)** auch mit hinzugef. ἑαυτῷ, sich jmdn. (τινά) dazunehmen, zugesellen, wählen, abs. näml. zum Gefährten od. Genossen. **b)** von sich, aus ihrer Mitte durch Wahl beigeben, wählen, τινά jmdn., abs. als Gehilfen, od. τί als etwas, u. zwar τινί jmdm.

προσ-αΐσσω, ep. u. poet., Aor. poet. προσῇξε, part. ep. προσαΐξας hinzuspringen od. -stürzen.

προσ-αιτέω, 1) noch dazu verlangen, τί, z. B. μισθόν eine Erhöhung des Soldes, eine Zulage verlangen, überh. mehr fordern, um mehr bitten, u. zwar τινά jmdn. **2)** anbetteln, um Almosen bitten, betteln, abs. od. τινά, u. zwar τινός um etwas.

προσαίτης, ὁ, sp. N. T. der Bettler.

προσ-αιτιάομαι, sp. Dep. med., noch dazu beschuldigen od. anklagen.

προσ-ακούω, dazu hören.

προσ-ακτέον, s. προσάγω.

προσ-αλείφω, ep. u. sp., ep. Impf. προσάλειφεν, daranstreichen, τί, u. zwar τινί jmdm., ihn mit etwas bestreichen.

προσ-άλλομαι, Dep. med., hinzu- od. hinanspringen.

προσ-άμβασις, εως, ἡ, poet. st. προσανάβ., im Plur. die Stiegen.

προσ-αμύνω, ep. u. sp. zur Abwehr hinzugehen, abs., od. τινί jmdm. zu Hilfe kommen, helfen.

προσ-αναβαίνω, ar. sp. weiter hinaufschreiten.

προσ-αναγκάζω, Adj. verb. προσαναγκαστέον, dazu nötigen, zwingen

προσ-αναγορεύω, noch dazu verkünden.

προσ-ανάγω, sp. intr. sich nähern, τῇ γῇ.

προσ-αναζητέω, ar dazu, auch genau prüfen.

προσ-αναιρέω, 1) Akt. **a)** noch dazu eine Antwort geben (vom Orakel). **b)** noch dazu aufheben, τἀληθές. **2)** Med., Aor. προσανείλοντο, noch dazu auf sich nehmen, übernehmen, τινί τι.

προσ-αναισιμόω, ion. (Plqpf. -αναισίμωτο), dass. wie προσαναλίσκω, w. s.

προσ-αναλαμβάνω, noch dazu aufnehmen; überh. an sich nehmen, 'anlegen'.

προσ-ᾰνᾱλίσκω, Aor. -ανήλωσα, noch außerdem verwenden, noch dazu verwenden od. daran wenden, überh. vertun, τί. Im Pass. darauf gehen, τινί.

προσ-αναπαύομαι, sp. **1)** dabei ruhen, überh. sich erholen. **2)** übertr. sich bei etwas beruhigen, mit etwas zufrieden geben, τινί.

προσ-αναπληρόω, dazu ausfüllen.

προσ-αναρρήγνυμι, sp. noch dazu (näml. zu der vorhandenen Krankheit) zersprengen, τὸ σῶμα d. h. etwas im Leibe; τραῦμα eine Wunde durch Herausziehen des Geschosses vergrößern.

προσ-ανασείω, sp. noch dazu aufrühren, aufregen, aufreizen, τινί gegen jmdn.

προσ-αναστέλλω, sp. noch dazu anhalten, τί.

προσ-ανατίθεμαι, Med. **1)** noch dazu übernehmen, τί. **2)** im N. T. sich mit jmdm. beraten, sich an jmdn. wenden.

προσ-ανατρέφω, sp. durch Nahrung wieder zu Kräften bringen, wieder erquicken.

προσ-άνειμι, inf. -ιέναι, noch dazu hinaufziehen.

προσ-ανειπεῖν, noch dazu ansagen, mit folg. ὅτι.

προσ-ανέρπω, sp. an etwas (τινί) hinaufkriechen.

προσ-ανερωτάω, noch dazu befragen.

προσ-ανέχω, sp. dagegen anfahren.

προσ-αντέλλω, poet. dazu aufsteigen.

προσ-άντης, πρόσαντες (ἄντην), steil hinangehend, schroff, abschüssig, ἐν ἠρέμα προσάντει an sanft ansteigendem Abhang; übertr. stracks zuwiderlaufend, rauh, widrig, schwierig, feindlich, abs., u. τινί jmdm.

προσ-απαγγέλλω, außerdem ankündigen.

προσ-απαιτέω, sp. noch dazu abverlangen.

προσ-απειλέω, noch dazu drohen.

προσ-αποβάλλω, noch dazu verlieren.

προσ-απογράφω, außerdem schriftlich anklagen, τινά.

προσ-αποδείκνυμι, außerdem beweisen, ὅτι.

προσ-αποδίδωμι, 1) Akt. noch dazu wiedergeben. **2)** Med. sp. dazu verkaufen.

προσ-αποκτείνω, außerdem noch töten, τινά.

προσ-απολαύω, zugleich genießen.

προσ-απόλλῡμι u. **-ύω. 1)** noch dazu, ebenfalls, zugleich verderben oder ins Verderben stürzen, vernichten, töten. **2)** noch dazu verlieren. Im Pass. **προσ-απόλλῠμαι,** mit umkommen, noch dazu verloren gehen.

προσ-αποστέλλω, dazu d. i. nachschicken, τί.

προσ-αποστερέω, noch dazu berauben.

προσ-αποφαίνω, noch dazu zeigen.

προσ-άπτω, dor. u. ep. **προτιάπτω, 1)** Akt. trans. anknüpfen, anheften, anfügen, anlegen, ansetzen. Übertr. **a)** hinzufügen, beifügen. **b)** beilegen, zuschreiben. **c)** verschaffen, verleihen, gewähren. **2)** Akt. intr. sich anreihen, sich anpassen, τινί an etwas. **3)** Med. **a)** sich anfügen, sich befassen mit. **b)** anrühren, berühren. **c)** von der Glut: in Brand setzen.

προσ-αράσσω, sp. anschlagen an etwas, τί τινι; intr. anstoßen, anprallen an etwas, τινί.

προσᾰρηρώς, υῖα, ός, ep. Part. perf. von προσαρίσκω, Perf. inf. -ᾰρᾰρέναι, intr. angefügt, aufgeschmiedet.

προσ-αρκέω, poet. u. sp. befriedigen, gewähren, τί, u. τινί jmdm. helfen.

προσ-αρμόζω, att. **-αρμόττω, 1)** trans. anfügen, anlegen, ansetzen, τί u. zwar τινί u. περί τινι. Übertr. hinzufügen, anpassen, τί τινι. **2)** intr. zu etwas passen, πρός τι.

προσ-αρτάω, 1) Akt. daran hängen, τινί an etwas; widmen. **2)** Pass. geknüpft sein an etwas, übertr. ergeben sein, anhangen, τινί einer Person od. Sache, verknüpft sein mit etwas, πρός τινι; sp. Perf. προσήρτημαί τι etwas an sich hängen haben.

προσ-άρχομαι, = ἐπάρχομαι, die Erstlinge weihen, τινί; dann überh. = widmen, darreichen, schenken.

προσ-άσσω od. **-άττω,** att. = προσ-αΐσσω, s. d.

προ-σάττω, Aor. med. προεσάξαντο, vorher ausrüsten, zum voraus anschaffen (vgl. προεσάγομαι).

προσ-αναίνομαι, poet. daran hinschwinden.

προσ-αυδάω, ep. u. poet., Imperf. 3. sg. προσηύδα, ep. dual. προσαυδήτην, ansprechen, anreden, τινά τι (z. B. μὶν ἔπεα πτερόεντα) u. τινά τινι jmdn. womit.

προσ-αύλειος, 2. poet. in der Nähe des Landgutes vorkommend. [Flöte blasen.

προσ-αυλέω, poet. sp., buk. ποτ-αυλέω, dazu die

προσ-αύω, poet. anbrennen, verbrennen, τί, und zwar τινί mit etwas.

προσ-αφαιρέομαι, Aor. προσαφείλετο, noch dazu für sich wegnehmen.

προσ-αφικνέομαι, Dep. med., Perf. προσαφῖγμαι, noch dazu anlangen.

προσ-αφίστημι, Aor. inf. προσαποστῆσαι, noch weiter abtrünnig machen, τί, u. zwar τινός von jmdm.

προσ-βαίνω (-βήσομαι, -έβην, -βέβηκα), dor. Aor. 3. sg. προσέβᾱ, ep. 3. pl. προσέβᾰν, u. Aor. mixt. med. προσεβήσετο. **1)** hinzuschreiten, hinanschreiten, mit Akk. des Ziels u. des Weges (ὄρος, ἀταρπόν, κλίμακα. **2)** gelangen zu etwas. **3)** treten auf etwas. **4)** Übertr. poet. von Gemütserregungen u. Leiden: befallen.

προς-βάλλω, dor. u. ep. **προτι-βάλλω,** in tmesi auch **ποτι-βάλλω** • **1)** trans. hin- od. **dazuwerfen,** -legen, -bringen • **a)** θηρία τινί hetzen auf, Dem.; λόχον πύλαισι werfen gegen, anrücken lassen gegen, Aisch. • **b)** gerichtet halten auf (ὄμματα), dah. vom Blick, treffen, Plat. Theait. 153 e • **c)** von der Sonne, ἀκτῖσι beleuchten, Hom. • **d)** übertr. *α)* darbieten, στέρνον, μ' ἀνάγκῃ προσβάλῃς zwingen, mit Inf., Soph., *β)* **verschaffen,** verursachen, Ὀλυμπιάδα die Ehre eines olymp. Sieges (Hdt.), κέρδος, ἄσην Betrübnis bereiten (Hdt.), ὅρκον αὑτῷ sich auferlegen (Soph.), κακόν zufügen (Aisch.), δεῖμα einjagen (Eur.). Im Med. von sich etw. (τί) verursachen od. beitragen, τινός von etw., *γ)* aufmerksam sein auf, verstehen (Soph.) • **2)** intr. mit verst. ἑαυτόν, u. Med. sich wogegen werfen, **anstürmen, anfallen,** angreifen, zusammenstoßen. Im bes. • **a)** ep. Med. schelten (Hom.) • **b)** anrücken, bestürmen • **c)** heransegeln, landen.

πρόσβᾰσις, εως, ἡ (-βαίνω), das Hinzugehen, Vorrücken, Zugang, insbes. das Hinaufgehen, Hinaufsteigen, dah. im Plur. ἐν ταῖς προσβ.

προσβᾰτός, 3. (-βαίνω), zugänglich, ersteigbar, abs., u. τινί jmdm.

προσ-βιάζομαι, Med. u. Pass., **1)** Med. noch dazu nötigen. **2)** Pass. hinangedrängt werden (nämlich an das umfriedigte Grundstück).

προσ-βιβάζω (-βιβῶ, -εβίβασα), dazu hinführen, dazu bringen, τινά, u. zwar τινί durch etwas.

προσ-βλέπω, ansehen, anblicken, betrachten, sehen, τινά od. τί, auch τινί jmdm., od. τινί mit etwas.

προσ-βοάομαι, ion. Med., Aor. προσεβώσατο st. προσεβοήσατο, zu sich laut herrufen.

προσ-βοηθέω, ion. **-βωθέω,** Aor. -βωθῆσαι, zu Hilfe herbeikommen oder -eilen, helfen, abs. οἱ προσβοηθοῦντες die herbeieilende Schar (τινός von jmdm.), die Hilfstruppen.

προσβολή, ἡ (-βάλλω), **1)** trans. das Hinzu- od. Daraufwerfen, **a)** das Anstoßen. **b)** die Umarmung. **2)** intr. **a)** das Hinzugehen, der Angriff, Anfall, die Bestürmung. **b)** das Anlegen, Landen, die Landung (von Schiffen). **c)** der Ort zum Angreifen od. Anlegen, Angriffspunkt, Landungsplatz, abs., oder τινός auf etwas, von etwas.

πρόσ-βορρος, 2. poet. u. sp. gegen den Nordwind [gelegen.

προσ-βωθέω, s. προσβοηθέω.

πρόσ-γειος, 2. sp. der Erde (γῇ) nahe.

προσ-γελάω anlachen, auch γέλων προσγελᾶν.

προσ-γίγνομαι u. **-γίνομαι,** Dep. med. dazu werden, dazukommen. **1)** zu teil werden, widerfahren, treffen, eintreten, ἀνάγκη τινί es wird jmdm. Zwang angetan, doch auch: *succedit,* zu statten kommen, gelingen, im Aor. zugegen, anwesend, da sein. **2)** sich an etwas oder jmdn. anschließen, sich zugesellen, vereinigen, beitreten, sich für jmdn. entscheiden, sich ihm zuwenden.

προσ-γράφω, hinzuschreiben, mit daraufsetzen, hinzufügen.

προσ-δανείζομαι, Med., sich (*sibi*) dazu leihen, überh. borgen, abs. od. τί, für etwas τινί.

προσ-δαπανάω, sp. N. T. noch dazu aufwenden.

πρόσ-δεγμα, τό (-δέχομαι), poet. Aufnahme, pleon. bei δέχεσθαί τινα d. h. hinsichtlich ihrer Aufnahme.

προσδεῖ u. **προσ-δέομαι,** s. προσδέω.

προσ-δέρκομαι, Dep., ep. poet., Aor. προςέδρᾰκον u. -εδέρχθην (in akt. Bed.), dor. u. ep. **ποτι-δ.,** = προσβλέπω.

πρόσ-δετος, 2. poet. angebunden.

προσ-δέχομαι, ion. **-δέκομαι,** dor. u. ep. **ποτι-δέχομαι,** ep. vom Wurzelaor. part. ποτιδέγμενος. **1) annehmen,** aufnehmen, empfangen, zulassen, hereinlassen, billigen, darauf eingehen, οὐ πρ. ablehnen, sich abkehren von etw. **2)** (auch προσδοκάω), begehren, erwarten, warten, harren, hoffen, sich einbilden, vermuten, gewärtig sein, **befürchten,** abs. od. τινά, τί, z. B. παρὰ ἃ προσεδέχετο seiner Erwartung entgegen Thuk.; auch Part. Fut. od. Inf. Im bes. προσδεχομένῳ τινί ἐστι, γίγνεταί τι es kommt jmdm. nicht unerwartet, er hat es erwartet, οὐ προσδεχομένων ἀλλ' ἤ indem sie nicht anders dachten, als daß.

προσ-δέω (I. δέω; προσδήσω usf.), ion. u. sp. anbinden, τινά u. τί, u. zwar τινί an etwas.

προσ-δέω (II. δέω; προσδεήσω) • **I) Akt.** noch dazu bedürfen, λύπης Eur.; gewöhnl. impers. **προσδεῖ,** es fehlt noch dazu, es ist außerdem nötig, man braucht, bedarf es dazu, τινός od. mit Inf., οὐδενὸς ὑμῖν προσδεῖ πόρου ihr bedürft weiter keiner Mittel Dem. 1, 19; doch auch mit πρός τι, *opus est.*

II) Med. προσδέομαι, Dep. pass., Inf. u. Impf. 3. sg. auch att. bisw. προσδέεσθαι, προσεδέετο, buk. Präs. ποτιδεύομαι • **1) nötig haben,** jmds., etwas, auch τί u. οὐδέν, od. mit Inf. • **2) noch mehr begehren,** noch dazu nach etwas streben, τινός • **3)** erbitten, **bitten,** τί, od. mit Inf., A. c. I., u. zwar τινός von jmdm., **daher** οὐδὲν τῶν (st. τούτων ἃ) ἐκεῖνος ἡμέων προσεδέετο Hdt.; **auch** τινός τινος etwas von jmdm.

προσ-δηλέομαι, ion. Med., noch dazu zugrunde richten, τινά.

προσ-διαβάλλω, noch dazu verleumden, in ein schlechtes Licht stellen, τινά, u. zwar εἴς τι in bezug auf od. wegen etwas.

προσ-διαλέγομαι, Dep. pass. (-διαλέξομαι, -διελέχθην), sich in ein Gespräch einlassen mit jmdm., in einem Gespräche sein, seinerseits auch antworten, abs. u. τινί.

προσ-διανέμω, noch dazu od. überh. zuteilen, τί, u. zwar κατ' ἄνδρα.

προσ-διαπράττομαι, Med. außerdem erlangen.

προσ-διαφθείρω, zugleich, mit zugrunde richten.

προσ-διδάσκω, dazu lehren.

προσ-δίδωμι, noch hinzugeben, außerdem geben, noch hinzufügen, darreichen, τί.

προσ-διορίζω, noch dazu bestimmen, -behaupten.

προσ-δοκάω, u. ion. auch **προσδοκέω** (= προσδέχομαι, 2.), erwarten, τί, od. m. (Akk. u.) Inf.

προσ-δοκέω, noch dazu scheinen, od. dafür gehalten werden.

προσδόκητος (-δοκητός), 2. poet. = προσδόκιμος.

προσ-δοκία, ἡ, die Erwartung, Vermutung, Hoffnung, Furcht, u. zwar τινός von od. auf etwas, διαθηκῶν προσδοκίαι Erbschleicherei; auch τινός mit ὡς u. Partiz., od. mit folg. μή, ὡς, z. B. πρ. οὐδεμία ἦν, μή, niemand dachte daran, daß, προσδοκίαν παρέχειν ὡς die Vermutung wach halten, daß.

προσ-δόκῐμος, 2. erwartet, zu erwarten, abs., od. τινί jmdm., od. auch mit etwas, ἐπὶ Μίλητον, ἐς Κύπρον nach Milet, Kypros zu kommen, auch mit Part. δύναμιν μεγάλην ἔχων ἐστὶ πρ. er wird mit einer großen Macht erwartet.

προσ-εάω, dazu herankommen lassen, N. T.

προσ-εγγίζω, sp. N. T. sich nähern.

προσ-εγγράφω, noch hinzu einzeichnen, τί.

προσ-εγκελεύομαι, Dep. med., sp. noch zureden.

προσ-εδαφίζω, poet. am Boden befestigen.

προσεδρεία, ἡ, das Davorliegen, die Belagerung, *obsidio;* poet. sorgfältige Pflege.

προσεδρεύω, dabeisitzen, τινὶ πρός τι jmdm. wo aufwarten, überh. mit Beharrlichkeit bei etwas (τινί) bleiben.

προσ-εδρία, ἡ, poet. dasselbe wie προσεδρεία.

πρόσ-εδρος, 2. (ἕδρα), poet. sp. daneben sitzend d. h. befindlich, λιγνύς, der den Herakles umfangende, vom Brandopfer ausgehende Qualm.

προσ-εθίζω (-εθιῶ, -είθισα), **1)** Akt. wozu gewöhnen, und zwar τινά jmdn., u. τί zu etwas, z. B. τοὺς κοινῶνας ἐγκράτειαν, u. zwar πόνους usw. φέρειν, was dann von ἐγκρ. abhängt. **2)** Med.-Pass. sich gewöhnen, τινί an etwas.

προσ-εικάζω (-ῄκαζον, -εικάσω, -ῄκασα), ähnlich machen, nachbilden, τί τινι etwas in etwas ausdrücken, übertr. vergleichen, τί τινι etwas mit etwas, od. οὐκ ἔχω προσεικάσαι πλὴν Διός verst. αὐτῷ mit Zeus ist niemand zu vergleichen außer er selbst.

προσ-είκελος, 3. ion. sp. ähnlich, einem τινί, an etwas τί, auch προσίκελος.

προσ-ειλέω, ep. poet. sp., u. ep. **προτι-,** hinandrängen od. -treiben, χεῖρα π. Hand anlegen.

πρόσ-ειλος, 2. (εἵλη), poet. der Sonnenhitze ausgesetzt, sonnig.

I. **πρόσ-ειμι** (εἰμί), **1)** dabei, daran sein, eigen sein, beiwohnen (jmd. besitzt etwas), zur Seite stehen, verbunden oder verknüpft sein, treffen, überh. vorhanden sein, τὰ προσόντα τινί jmds. Eigenschaften, τὰ προσόνθ' ἑαυτῷ seine Fehler, auch τί in bezug auf etwas, τὰ χέρσῳ was unsere Lage auf dem festen Lande betrifft, oder ἐπί τινι jmdm. beiwohnen. **2)** noch dazu vorhanden sein, noch dazu- od. hinzukommen.

II. **πρόσ-ειμι** (εἶμι), s. προσέρχομαι.

προσ-εῖπον, -έειπον u. **-εῖπα,** s. προσαγορεύω.

προσ-εΐσκομαι, poet. Pass., Perf. 2. sg. (mit Präsensbdtg.) προσῄϊξαι, ähnlich sein, gleichen.

προσ-εισκρίνω, sp. dazu einführen.

προσ-εισπράττω, sp. noch dazu eintreiben oder einfordern, τί.

προσ-εισφέρω, sp. dazu mitbringen.

προ-σείω, vor sich hin, vorwärtsschütteln, τί, übertr. vorhalten, τί.

προσ-εκβάλλω, weit fortwerfen, τί, dazu vertreiben.

προσ-εκκαίω (-εκκαύσω, -εξέκαυσα), sp. dazu entzünden, entflammen, τί.

προσ-εκπέμπω, dazu herausschicken, noch dazuschicken, τινά.

προσεκτῐκός, 3., Komp. -κώτερος, darauf achtend, aufmerksam.

προσ-εκτίνω [ῐ] noch dazu bezahlen.

προσ-εκτυφλόω, sp. noch dazu blenden.

προσ-εκχλευάζω, noch dazu verlachen.

προσ-έλασις, εως, ἡ, sp. das Herankommen, -treiben.

προσ-ελαύνω (-ελῶ, -ήλασα, -ελήλακα usf.), intr. verst. ἑαυτόν, ἵππον usw., heranreiten, heranfahren, überh. anrücken, heranziehen, ἐξ ὅσου so weit heran als. Pass. sp. angeheftet werden.

προσελέω, s. προυσελέω.

προσ-ελευστέον, sp. Adj. verb. v. -έρχομαι.

προσ-έλκομαι, an sich ziehen.

προσ-εμβαίνω, poet. noch (dazu, im Tod) mit Füßen treten, mit verfolgen, τινί jmdn.

προσ-εμβάλλω, noch dazu hineinwerfen, hinzufügen, τινά.

προσ-εμπικραίνομαι, ion. mit Fut. med. προσεμπικρανέομαι in pass. Bdtg., mehr aufgebracht werden, τινί auf jmdn.

προσ-εμπίπτω, sp. noch darauffallen, τινί auf etw.

προσ-εμφερής, 2. gleichkommend, ähnlich, τινί.

προσ-εμφορέω, sp. noch dazu hineintragen, -einflößen, -verursachen.

προσ-ενεχυράζω, noch dazu verpfänden.

προσ-εννέπω, poet. anreden, begrüßen.

προσ-εντείνω mit πληγάς, noch dazu Schläge geben.

προσ-εντέλλομαι, Dep. med., Aor. part. προσεντειλάμενος, außerdem auftragen, mit Inf.

προσ-εξαιρέομαι, ion. Med., Imperf. προσεξαιρέετο, sich noch jmdn. (τινά) herauslesen.

προσ-εξανδραποδίζομαι, sich noch dazu zu Sklaven machen.

προσ-εξανίσταμαι, im intr. Aor. 2. προσεξανέστην, sp. noch dazu sich aufrichten.

προσ-εξασκέω, sp. weiter üben, mit Inf.
προσ-εξεργάζομαι, noch dazu ausführen.
προσ-εξετάζω, zugleich prüfen.
προσ-εξευρίσκω, noch hinzu erfinden.
πρόσ-εξις, ἡ, die Aufmerksamkeit.
προσ-έοικα, def. Perf. mit Präsensbdtg., inf. προσεοικέναι u. -εικέναι, part. προσεοικώς u. -εικώς, Plqpf. προσεῴκειν (vgl. προσ-είσκομαι), ähnlich sein, scheinen, gleichen, τινί jmdm. od. etwas, (τὰ) οὐ προσεικότα ἐμοί das mir nicht Gleichende, wie es mir nicht geziemt, u. so auch ohne ἐμοί od. σοί.
προσ-επαίρομαι, sp. Pass., dazu gehoben d. i. ermutigt werden, mit Inf.
προσ-επαιτιάομαι, sp. Dep. med., außerdem beschuldigen, τινά, mit ὡς u. Partiz.
προσ-επεῖπον, sp. noch dazu sagen, hinzusetzen.
προσ-επεξευρίσκω = προσεξευρίσκω.
προσ-επιβάλλω, hinzufügen.
προσ-επιδίδωμι, noch hinzufügen, τινί τι.
προσ-επιζητέω, sp. noch dazu suchen.
προσ-επικτάομαι, ion. ar. sp. erwerben noch zu jmdm. (τινί).
προσ-επιλαμβάνω, meist sp. **1)** Akt. **a)** noch dazu nehmen, vermehren, τινί τι jmdm. etw. **b)** zugleich bekommen, τί. **2)** Med. zugleich teilnehmen mit jmdm. (τινί) an etwas (τινός).
προσ-επισκώπτω, sp. noch dazu verspotten.
προσ-επίσταμαι, noch dazu verstehen, außerdem wissen.
προσ-επιστέλλω, außerdem beauftragen, einen Nebenauftrag geben. [w. s.
προσ-επιφωνέω, sp. (vgl. προσεπεῖπον), hinzusetzen,
προσ-εργάζομαι, Dep. med., augm. -ηργ. u. -ειργ., red. -είργ., **1)** dazu (τινί) verarbeiten, τί, dazu arbeiten, oder für etwas (τί) wirken. **2)** sp. dazu umbringen, τινά.
προσ-ερείδω, sp. **1)** dagegen anstemmen. **2)** intr. auf, gegen etw. stoßen.
προσ-ερέσθαι, Aor. med. (εἴρομαι), Dep. med., noch dazu fragen, τί.
προσ-ερεύγομαι, Dep. med., ep. eigentl. anspeien, aber übertr. von Meereswellen: brausend anschlagen, u. zwar τί an etwas.
προσ-ερέω u. **-ρῶ,** s. προσαγορεύω.
προσ-έρπω, poet. u. sp., προσερπύζω, sp. heranschleichen, nahen, bes. mit δόλῳ von tückischer Hinterlist, od. vom Schmerz.
προσ-έρχομαι, Dep., Fut. sp. auch -ελεύσομαι, u. **πρόσ-ειμι** (inf. -ιέναι), **hinzugehen,** -kommen, vorrücken, angreifen, πρὸς τοὺς ἱππέας, überh. herannahen, bisw. mit ἐγγύς. Abs., z. B. δεῦρο πρόσελθε, πρόσιθ' ἀτρέμας, u. mit Praepp. Im bes. • **1)** hinaufsteigen, vom Wasser: steigen • **2)** jmdn. überfallen, ereilen • **3)** sich an jmdn. wenden, bes. ihn als Lehrer aufsuchen, überh. besuchen, auch sich den Göttern nahen, τινί, doch auch τινά u. τί, πάντας βωμούς, δῶμα καὶ βρέτας τὸ σόν; übertr. zustimmen, beistimmen • **4)** als Redner auftreten, τῷ δήμῳ, τῇ βουλῇ, ἐναντίον τινός vor jmdn., bei Dem. auch von den Richtern als den Vertretern des Volks • **5)** sich mit etw. befassen, τῇ πολιτείᾳ, πρὸς τὰ κοινά • **6)** einkommen, eingehen, von Geldern, Abgaben, dah. τὰ προσιόντα die Einkünfte.
προσ-ερῶ, s. unter προσαγορεύω.
προσ-ερωτάω, weiter fragen, mit folg. εἰ ob.
προσ-εταιρίζομαι, ion. u. sp. Med., sich zum Genossen nehmen, τινά.
προσεταιριστός, 3. zugesellt, für seine Zwecke gewonnen.
προσ-έτι, Adv. noch dazu, überdies, außerdem.
προσ-ευπορέομαι, Pass. herbeigeschafft werden.
προσ-ευρίσκω, Aor. προσηῦρον, poet. u. sp. erfinden, finden, τινὰ πιστόν jmdn. als treuen Teilnehmer, Helfer für seine Pläne, u. zwar ἐκ πολλῶν.
προσ-ευχή, ἡ, N. T. u. sp. **1)** Gebet. **2)** Bethaus.
προσ-εύχομαι, Dep. med. **1)** zu einer Gottheit flehen, beten, erflehen, abs., od. τινί zu jmdm., od. πρός τι einer Gegend zugewandt, indem man sich beim Gebet nach der Gegend hin zu richten pflegte, wo man sich die Gottheit dachte, ferner τί etwas, od. mit Akk. m. Inf. **2)** ion. poet. anbeten, verehren, τινά.
προσεχής, 2. ion. u. sp. daranhangend, zusammenhangend, daranstoßend, daranliegend, benachbart, nahe, abs., od. τινί an etwas, welches bisw. zu ergänzen ist, wie Her. 3, 13 τῇ Αἰγύπτῳ zu προσεχέες, übertr. sp. entgegenliegend, ausgesetzt.
προσ-έχω, mit der Nebenf. **προσ-ίσχω,** außerdem haben, dann **hinhalten,** hinrichten, herführen, τί od. τινά, u. zwar πρός τι an etwas. Im bes. • **1)** τὰς νέας die Schiffe nach dem Lande hinhalten, gew. scheinbar intr. hinlenken, landen, abs., od. τί, τινί, ἐς, πρός τι • **2)** (τὸν νοῦν, τὴν γνώμην) den Geist, das Augenmerk, die Aufmerksamkeit lenken, aufmerksam sein, auf etwas, τινί, auch beobachten, auf etwas **achten** • **3)** sich auf etwas legen, einer Sache ergeben sein, sich mit etwas beschäftigen, sich um etwas kümmern, u. bei Personen: jmdm. Gehör od. Glauben schenken, sich an ihn halten, ihm geneigt sein, ihn achten, οὐ πρ. ihm Widerstand leisten; mit u. ohne ἑαυτῷ auch: bei sich nachsinnen, auf der Hut sein vor jmdm. ἀπό τινος; τινί sich anschließen an —. Teils abs., teils τινί jmdm., auf jmdn., od. einer Sache, auf etwas, u. zwar περί τινος über etwas, od. mit folg. ὡς, ὅπως • **4)** Med. u. Pass. sich anhängen, woran hangen bleiben, womit behaftet sein, ὑπό τινος von etwas, u. τινί an etwas.
προσ-ζεύγνυμαι, poet. sp. Pass., angejocht werden.
προσ-ζημιόω, noch obendrein bestrafen.
πρόσ-ηβος, 2. (ἥβη), dem reifen Jünglingsalter nahe.
προσηγορέω (-ήγορος), poet. anreden, grüßen.
προσηγόρημα, τό (-ρέω), poet. der Gruß.
προσηγορία, ἡ, **1)** Anrede. **2)** das Nennen, Benennung, Bezeichnung. **3)** sp. gramm. das *nomen appellativum* = ὄνομα προσηγορικόν.
προσ-ήγορος, 2., dor. **προσάγορος, 1)** akt. poet. anredend, anflehend, Παλλάδος εὐγμάτων die Pallas mit Gelübden; Plat. auch: übereinstimmend. **2)** pass. angeredet od. begrüßt, überh. bekannt.
προσηκόντως, Adv. angemessen, würdig, schicklich, passend, abs., od. τινί einer Sache.
προσ-ήκω • **1)** herbei-, **herzugekommen sein.**

dasein, od. auch sich erstrecken, τινί zu jmdm., ἐπί τι bis wohin • 2) übertr. **zukommen, zustehen**, angemessen sein, sich gebühren, **geziemen**, obliegen, teils τινί od. (seltener) τινά, u. zwar τὰ μέγιστα sehr viel, od. mit Inf., Akk. od. Dat. m. Inf., wobei der Inf. häufig auch zu ergänzen ist. • 3) In der Regel impers. **προσήκει** τινί mit u. ohne τινός es geht jmdn. an, kommt ihm zu, gebührt ihm etwas davon; davon das Part. • a) **προσήκων**, ουσα, ον, als Adj. angehörend, οἱ πρ. (γένει od. κατὰ γένος) die Angehörigen, Verwandten, *consanguinei*, od. auch ererbt, verdient, gebührend, ἡ μὴ πρ. (γῆ) das Ausland, dah. τὸ od. τὰ πρ. das Gebührende, Pflicht, τὰ μὴ πρ. das nicht Gehörige: abs., od. τινί jmdm., aber προσήκων φιλίᾳ der Anspruch auf eure Liebe hat, od. τὰ πρ. περί τινα was sich in bezug auf jmdn. gebührt • b) Oft unpers. **προσῆκον** od. ὡς προσῆκον (sc. ἐστίν), teils abs., da es sich ziemt, teils mit τινί, od. Inf., Dat. u. Akk. m. Inf. Im bes. (ὡς) οὐ od. οὐδὲν προσῆκον ohne Grund, ohne Berechtigung, ohne daß es jmdn. etwas angeht.

προσ-ηλόω, annageln. τί, vernageln, τί.

προσήλυτος, ὁ (προσελθεῖν), sp. hinzugekommen; im N. T. der Proselyt, Judengenosse, zum Judentume übergetretener Heide.

πρόσ-ημαι, inf. προσῆσθαι, poet. Dep., dabeisitzen, τινί bei, an etwas, auch τί, z. B. von der Mißgunst, καρδίαν sich in das Herz hineinschleichen.

προ-σημαίνω, 1) a) vorher ein Zeichen geben, vorher anzeigen, ein Vorzeichen für Zukünftiges (τί) geben, vorher andeuten, vorhersagen, abs. od. τί od. mit εὖτ' ἄν, od. indir. Nebens., u. zwar τινί jmdm. Im Pass. als Vorzeichen, als Vorbedeutung erscheinen, ἐπί τινι in bezug auf etwas. b) impers. eine Vorbedeutung tritt ein. 2) befehlen, entbieten, τί od. m. Inf.

προσ-ήνεμος, 2. (ἄνεμος), dem Winde ausgesetzt.

προσ-ηνής, 2. 1) gut, freundlich, süß, lockend. 2) tauglich, brauchbar, τινί zu etw. u. von etw.

προσ-ηχέω, sp. dazu hallen, ἔκ τινος von woher.

προσ-ηῷος, 3., buk. **ποτ-αῷος**, gegen Morgen gelegen, östlich; dah. **Προσηῴα**, Bein. der Artemis, von der Lage ihres Tempels in Artemision.

προσ-θακέω, poet. einen Sitz einnehmen, ἕδραν.

πρόσθεν, πρόσθε (ep. poet., auch att. Pros.) u. vor Vokal ion. u. att. auch πρόσθ' (προτί, πρός).

I) Adv. • 1) vom Raume: von vorn, **vorn, voran**, vorwärts, π. ποιεῖσθαι höher anschlagen Plat., ἔχειν vorhalten Il. 17, 7, βάλλειν u. ἐλαύνειν von vorn nach hinten zu treiben Hom. u. intr. zuvorkommen, überholen; τὸ, τὰ πρ. die Vorderlinie, das Vordertreffen, die vorderen Heeresteile, od. auch vorwärts liegende Orte, εἰς τὸ πρ. vorwärts, weiter, voraus, od. vor die Vorderseite, εἰς τὸ πρ. ἄγειν vorziehen, den Vorzug geben, ἐν τῷ πρ. τινός (in dem Raume) vor jmdm., ὁ πρ. Adj. der vordere, Subst. der Vordermann, οἱ πρ. die Vorderen, Vornstehenden, Vordermänner • 2) von der Zeit: **vorher, vormals**, vor Zeiten, sonst, früher, od. auch eher, lieber, bisw. mit folg. ἤ, πρίν, ὁ πρ. γεννηθεὶς der Erstgeborene OC. 375. Ähnl. τό, τά, τῷ, εἰς τὸ πρ. vorher, früher, aber τὰ πρ. auch das Frühere, Vorhergegangene, Vergangene, und so ὁ πρ. der Frühere, Vorhergehende. Subst. der Ahn, οἱ πρ. die Männer der Vorzeit.

II) Praep. beim Gen., der oft auch voransteht, für Raum, Vorzug, Zeit: **vor**, vor jmdm. her, od. vor jmdm. od. etwas, zum Schutze, für, dah. ἵστασθαι πρ. τινός jmdn. schützen Hom.

πρόσθεσις, εως, ἡ (-τίθημι), das Hinzusetzen, die Hinzusetzung, das Daransetzen, Ansetzen, die Anlegung; insbes. als t. t. die Addition.

πρόσθετος, 2. u. **προσθετός**, 3. angesetzt, κόμαι falsche Haare.

προσ-θέω, hinzulaufen, zulaufen, hinzueilen, abs. u. τινί, sei es um zu helfen, sei es um jmdn. anzugreifen.

προσ-θήκη, ἡ, u. **πρόσ-θημα**, τό (-τίθημι), Zusatz, abs. u. πρός τινι, d. i. a) Zugabe, ἐν προσθήκης μέρει als Z., Anhang, insbes. Abschweifung von der Hauptsache, Einschiebsel in eine Erzählung. b) Vermehrung, u. so auch Verstärkung, dah. Beistand, τινός jmds.

προσ-θιγγάνω, Fut. προσθίξομαι, Aor. προσέθιγον, poet. berühren, anfassen, anrühren, abs., od. τινός jmdn., etwas.

πρόσθιος, 3. (πρόσθεν), der vordere, οἱ πρ. πόδες die Vorderfüße. ὀδόντες Vorderzähne (Ggs. γόμφιοι).

προσθό-δομος, 2. poet. früher das Haus bewohnend.

προσ-θροέω, poet. anreden.

προσ-ιδρύω, danebenstellen.

προσ-ιζάνω, poet. u. sp., od. προσ-ίζω, dabeisitzen, daran haften, anliegen (v. e. Kleid).

προσ-ίημι, (-ήσω, -ῆκα, -εἶκα usf.). 1) Akt. hinzulassen, τινά, πρός τι. 2) Med. a) zu sich heran- od. hereinlassen, zu sich lassen, herankommen lassen, α) den Zutritt erlauben, jmds. Besuch annehmen, ἐς ταὐτὸ ἡμῖν in unsern Kreis, β) (οἶνον, σῖτον) zu sich nehmen, (φάρμακον) einnehmen Xen., b) **zulassen**, sich gefallen lassen, dulden ξενικὰ νόμαια annehmen Hdt., τὰ κεκηρυγμένα eingehen auf Thuk. 4, 38, 1; ἧτταν sich besiegen lassen Xen.; mit Inf. wagen u. erlauben; οὐ π. mißbilligen, nichts wissen wollen von, sich nicht getrauen, c) für sich gewinnen, anziehen, gefallen τινά, Hdt. 1, 48. προθ-ίημι äol. = προσίημι; hierv. Il. 1, 291 προθέουσι.

προσ-ίκελος, s. προσ-είκελος.

προσ-ικνέομαι, poet. heran-, hinzukommen. Dav.

προσίκτωρ, ορος, ὁ, poet. a) der flehend zu den Tempeln Kommende. b) der, zu dem man flehend kommt.

προσ-ιππεύω, herzu-, hinzu-, heranreiten, heransprengen.

προσ-ίστημι, 1) trans. (-ίστην, -στήσω, -έστησα), poet. dagegenstellen od. kehren. Gewöhnl.

2) intr. das Med. **προσ-ίσταμαι** mit Fut. προσστήσομαι, Aor. 2. προσέστην, Perf. προσέστηκα, sich hinzustellen, dazutreten, herantreten, sich einstellen (zu etwas πρός τι), erscheinen, dabeistehen, zur Seite stehen, abs. od. τινί od. τί. Übertr. a) jmdm. beikommen, in den Sinn kommen, τινί u. τινά. b) sich widersetzen, sich ent-

gegenstellen, zuwider sein, Anstoß erregen, τινί od. πρός τι.

προσ-ιστορέω, sp. in der Erzählung noch hinzufügen, mit Akk. m. Inf., u. zwar ἔν τινι in etwas.

προσ-ίσχω, s. προσέχω.

προσιτός, 3. sp. zugänglich.

προσ-καθέζομαι, Fut. προσκαθεδοῦμαι, und

προσ-κάθημαι, ion. προσκάτημαι, und

προσ-καθίζω, sich vor etwas legen, davor- od. dabeisitzen, davor- od. dabeiliegen od. lagern, insbes. vor einer Stadt sitzen, sie belagern, teils abs., oft im Part., um das Beharrliche dabei auszudrücken, dah. πολιορκίᾳ προσκαθεζόμενοι durch Anwendung einer Belagerung, od. mit Appos. πολεμίων προσκαθημένων da ihr als Feinde an den Grenzen standet, teils τί, od. τινί vor etwas, doch τινί auch mit etwas. Übertr. τινί beharrlich bei etwas bleiben, anliegen, abs. u. τινά.

προσ-καθοπλίζω, sp. noch dazu bewaffnen, näml. zu den früheren, τινά.

πρόσ-καιρος, 2. sp. zeitlich, vergänglich, veränderlich, kurz.

προσ-καλέω. 1) **hinzurufen,** ὃ π. αὐτούς wozu ich sie berufen habe Act. Ap. 13, 2. 2) anrufen, rufen, τινά. 3) Med. a) **zu sich rufen,** zu Hilfe rufen Hdt. 1, 69, b) jmdn. (τινά) vor Gericht zitieren od. laden lassen, **vorladen,** abs., od. δίκην πρός τινα eine Klage einreichen gegen jmdn., od. εἰς δίκην δημοσίαν gegen jmdn. eine Staatsanklage anstellen Xen., od. πρός τινα vor einen Richter spez. als Zeugen laden.

προσ-καρτερέω, 1) ausdauern, ausharren, τινί bei etwas. 2) anhangen, treu sein, τινί. 3) stets bereit, zur Verfügung sein, N. T.

προσκαρτέρησις, ἡ, N. T. die Ausdauer.

προσ-καταβλημα, τό (καταβάλλειν bezahlen), die Nachzahlung.

προσ-καταισχύνω, sp. noch dazu schänden, τί.

προσ-καταλέγω, sp. hinzuerwählen, d. i. hinzufügen.

προσ-καταλείπω, 1) dabei mit hinterlassen, τί, u. zwar τινί jmdm. 2) noch dazu einbüßen, τί.

προσ-κατανέμω, sp. noch zuteilen.

προσ-καταριθμέω, sp. noch dazu zählen.

προσ-κατασκευάζω, noch dazu einrichten, zuziehen.

προσ-κατατίθημι, bar bezahlen.

προσ-κατηγορέω, noch dazu schuld geben, noch dazu verklagen, τί od. ὡς, ὅτι, u. zwar τινί od. τινός jmdm., jmdn.

προσ-κάτημαι, s. προσκάθημαι.

προσ-κατοικίζω, sp. noch dazu ansiedeln, als Ansiedler hineinlegen, τινὰ ἔς τι.

πρόσ-κειμαι, ion. **-κέομαι,** Impf. 3. plur. -εκέατο st. -έκειντο • 1) darangestellt, angesetzt, angelegt sein, **daran liegen, davor gelegen sein,** daran sitzen, dabei stehen, dabei sein, in der Nähe sein; insbes. • a) umschlingen Soph. • b) zum Weibe gegeben sein Hdt. • c) ὁ π. ἵππος das innere Nebenpferd, dem καμπτήρ am nächsten Soph. • 2) verbunden sein, **zusammenhängen,** τινί sich angeschlossen haben Hdt., auch οἴνῳ, φιλονικίῃ; τῷ δήμῳ für das V. Partei nehmen Thuk.; τῷ λεγομένῳ Glauben schenken Hdt. • 3) bildl. auf einem, etw. liegen • a) auf dem Nacken sitzen, zusetzen, **mit Bitten anliegen** Hdt.; milit. bedrängen, herfallen über Hdt.; verfolgen; τὸ προσκείμενον die Angreifer Hdt. • b) sich gelegt haben auf, **eifrig betreiben,** verfallen sein auf, sein Augenmerk richten auf Thuk. 1, 93; ἄγραις der Jagd obliegen Soph. Ai. 406; προσκείμενος eifrig Thuk. • 4) **zugeteilt sein** (τιμή Hdt.), obliegen (τέχνη), auch mit Inf. es kommt zu; **gebühren** χάρις Soph. OT. 232.

προ-σκέπτομαι, s. προσκοπέω.

προσ-κερδαίνω, aor. sp. -εκέρδᾱνα, noch dazu gewinnen.

προσ-κεφάλαιον, τό, Kopfkissen.

προσ-κηδής, 2. (κῆδος), 1) ep. sorgsam, traut, *diligens.* 2) ion. verwandt, verschwägert, τινί.

προ-σκήνιον, τό, sp. die Vorderbühne.

προσ-κηρυκεύομαι, Dep. med., einen Herold zu einem schicken, d. i. Unterhandlungen anknüpfen.

προσ-κηρύσσω, sp. durch einen Herold herbeirufen.

προσ-κλαίω, poet. dazu weinen (var.).

προσ-κληρόω, sp. durchs Los zuteilen; Pass., durch göttl. Fügung zufallen, N. T.

πρόσ-κλησις, ἡ, Vorladung vor Gericht; vgl. **-κλισις.**

προσ-κλίνω [ῑ], dor. u. ep. auch **ποτικλίνω** mit Perf. pass. ποτικέκλιμαι, ep. u. sp. 1) Akt. daranlehnen, -legen, τινί an etwas. 2) Pass. im N. T. sich auf jmds. Seite stellen.

πρόσκλισις, εως, ἡ, sp. N. T. κατὰ -ιν aus Zuneigung, Geneigtheit, Parteirücksicht.

προσ-κλύζω, mit den Wellen anschlagen, bespülen, anspülen; im Pass. bespült werden, τινί von etwas.

προσ-κνάομαι, Inf. -κνῆσθαι, Med. sich reiben.

προσ-κοινόω, sp. anmachen; annieten, an etw. τινί.

προσ-κολλάομαι, Pass. angeleimt werden; τινί an etwas, eng anhängen.

προσ-κομίζω, Fut. -ιῶ, 1) Akt. u. Pass. a) heranbringen, hinbringen, herbeiführen, τί, u. zwar πρός τι wohin, πρός τινι zu etwas, damit vereinigen. Im Pass. auch: hindurchgesteuert werden, διά τινος durch etwas. b) übertr. gewinnen, τί τινι. 2) Med. etwas (τί) auf seine Seite bringen, für sich einführen, sich aneignen.

πρόσκομμα, ατος, τό (-κόπτω), sp. N. T. Anstoß, Fehltritt; Verlockung; Hemmung, Hindernis.

προ-σκοπέω u. Med. **-έομαι,** nebst Depon. med. **προ-σκέπτομαι** mit Plqpf. προὔσκεπτο (in pass. Bdtg.), 1) a) vorher schauen, eher beobachten. b) sich vorher umsehen, vorsehen, vorher überlegen, voraus überdenken, erwägen, bedenken, abs. od. τινός für jem., od. ὅτι, ὡς od. indir. Nebens., auch ἐπὶ σεωυτοῦ bei dir, vorher bedacht sein, Vorkehrungen treffen, abs. od. mit Inf. 2) vorzugsweise im Auge haben, τί. Dav.

προ-σκοπή, ἡ, das **Auskundschaften,** εἰς πρ. auf Kundschaft.

προσ-κοπή, ἡ, 1) sp. Anstoß, Verstoß, Fehltritt. 2) N. T. Anlaß zur Sünde.

πρό-σκοπος, ὁ (σκοπέω), der vorausgeschickte Kundschafter.

προσ-κόπτω, sp. u. N. T. anstoßen τινί od. πρός τι woran, N. T.; übertr. a) sündigen, fehlen. b) Anstoß nehmen, sich ärgern, unwillig sein, τινί u. ἔν τινι. c) Anstoß geben, erregen, ärgern, τινί u. τινά.

προσ-κορής, 2. sp. Überdruß erregend, lästig, langweilig.

προσ-κοσμέω, 1) Akt. sp. noch mehr schmücken, τί. 2) Med. ar. sich beiordnen, τινί sich anschließen.
προσ-κρεμάννυμι, sp. etwas anhängen an etw., knüpfen an etw., τινί τι.
πρόσκρουμα (-κρουσμα), τό, u. sp. **πρόσκρουσις,** εως, ἡ, Anstoß, Mißhelligkeit, πρός τινα mit jmdm.
προσ-κρούω, anstoßen, d. i. Anstoß geben od. nehmen, sich Haß zuziehen, od. Unwillen hegen, mit **πρόσκρουσιν,** abs. Kränkungen erleiden, Perf. προσκέκρουκα mit jmdm. zerfallen sein; Unglück haben in einer Unternehmung, ἔν τινι.
προσ-κτάομαι, Dep. med., hinzu erwerben, noch dazu sich verschaffen, sich od. für sich gewinnen, erlangen, erobern.
προσ-κτίζω, sp. dazu bauen.
προσ-κυλίω, poet. sp. N. T. herzuwälzen.
προσ-κῡνέω, Aor. act. προσεκύνησα, u. bes. poet., προσέκυσα. 1) bei den Persern vor dem König, bei den Griechen vor der Gottheit oder etwas Heiligem sich niederwerfend den Boden od. Füße, Kleidsaum usf. küssen, niederkniend huldigen, fußfällig verehren, anbeten, grüßen, τινά od. τί, sp. auch τινί. 2) die Hand an den Mund legen und sie mit einem Kusse gegen einen andern ausstrecken, um ihm seine Ehrfurcht zu bezeigen.
προσ-κύνησις, εως, ἡ, Niederfallen, Fußfall, göttliche Verehrung, Anbetung.
προσκυνητής, ὁ, N. T. sp. der Anbeter.
προσ-κύπτω, sich wohin neigen.
προσ-κυρέω, Fut. προσκύρσω, Aor. 1. προσέκυρσα, poet. sp. wohin gelangen, u. zwar ὅσα bis wie weit d. i. was ich je erfahren.
πρόσ-κωπος, 2. rudernd, ὁ πρ. der Ruderer.
προσ-λαγχάνω, δίκην τινί jmdn. noch dazu verklagen, s. λαγχάνω. [anreden.
προσ-λαλέω, sp. zu jmdm. (τινί) schwatzen, ihn
προσ-λαμβάνω, Fut. -λήψομαι, 1) mit anfassen, mit Hand anlegen, auf sich nehmen, τινά od. τί; sp. jmdm. bei etw. behilflich sein, beistehen, τινί τινος. 2) dazunehmen, mitnehmen, als Freund annehmen, an sich ziehen, sich zugesellen, hinzufügen, außerdem erlangen, gewinnen, noch hinzu bekommen, τινά od. τί.
προσ-λάμπω, hinleuchten.
προσ-λέγομαι, ep., u. buk. (dor.) **ποτιλέγομαι,** 1) bei sich reden. 2) anreden.
προσ-λεύσσω, poet. hinblicken, anblicken, erblicken, τινά u. τί.
(προσλέχω), nur ep. im med. Wurzelaor. 3. sg. -έλεκτο sich neben jmdn. legen.
πρόσ-ληψις, ἡ, 1) das Dazunehmen, die Aufnahme. 2) sp. in der Logik, der zweite, zum Vordersatz hinzugenommene Satz, *assumptio*. [einem Orte.
προσ-λῐπαρέω, sp. verharren, verbleiben, τινί an
προσ-λογίζομαι, Dep. med., mit Adj. verb. **-λογιστέα,** hinzurechnen, τί, zu etwas τινί.
προσ-μανθάνω, Aor. προσέμαθον, poet. u. sp dazulernen od. vernehmen.
προσ-μαρτυρέω, τινί τι jmdm. etwas bestätigen.
προσ-μάσσω, buk. ποτι-μάσσω, Fut. -μάξω, poet. darankleben, Pass. fest ankleben, τινί an etwas.
προσ-μάχομαι, Dep. med., 1) dagegen ankämpfen, bestürmen, abs. od. τινί. 2) fortkämpfen.
προσ-μείγνυμι, -γνύω u. **προσμίσγω.** 1) trans. eigentl. zumischen, dann übertr. **verbinden,** anschließen, κίνδυνόν τινι in Gefahr bringen Aesch. 2) intr. a) **sich verbinden,** vereinigen, zu jmdm. stoßen, τινί, b) **sich nähern,** herangehen, herankommen (mit ἐγγύς Thuk. 4, 93), sich einstellen, erreichen, gelangen, im bes. landen, c) anrücken, **angreifen,** zusammentreffen, handgemein werden, bestürmen, teils abs., z. B. ἄποροι προσμίσγειν schwer erreichbar, näml. den Feinden Hdt. 4, 46; τινί u. πρός τι.
προσ-μειδιάω, sp. zulächeln, τινί jmdm.
πρόσμειξις (-μιξις), ἡ, der Zusammenstoß, Angriff.
προσ-μένω, dabeibleiben, a) stehen bleiben, verweilen, verharren, bleiben, warten. b) erwarten, abwarten.
προσ-μεταπέμπομαι, Med. noch dazu sich kommen lassen.
προσ-μηχανάομαι, noch dazu ersinnen, poet. -μεμηχανημένος künstlich angefügt.
προσ-μίγνυμι u. **πρόσ-μιξις,** s. προσ-μείγνυμι u. -μειξις.
προσ-μῑσέω, noch dazu, obendrein hassen.
προσ-μισθόομαι, Med. sich (*sibi*) hinzumieten od. -dingen, τινά.
προσ-μολεῖν, Inf. aor. (-βλώσκω), heran-, herzukommen, abs., u. τί wohin.
προσ-ναυπηγέομαι, ion. stets **νέας, πλοῖα,** 1) Med. sich noch mehr Schiffe bauen. 2) Pass. sp. Plqpf. πλοῖα προσενεναυπήγητο es waren noch mehr Schiffe gebaut worden, u. zwar τινί jmdm.
προσ-νάχω, buk. anspülen. Vgl. προσνήχομαι.
προσ-νέμω, 1) Akt. u. Pass. zuteilen, τί τινι, widmen, τινά τινι. Im Pass. zugeteilt sein, nur so mitlaufen. 2) Med. etwas von sich (χάριν) noch erweisen, τινί, u. zwar πρός τινι zu etwas. 3) Poet. herbeitreiben.
πρόσ-νευσις, εως, ἡ, sp. das Zunicken, der Beifall. Von
προσ-νεύω, sp. zunicken, Beifall geben.
προσ-νέω u. sp. προσ-νήχομαι, hinzuschwimmen, vgl. προσνάχω.
προσ-νῖσομαι od. **-νίσσομαι,** dor. **ποτινίσσομαι,** Dep. med., ep. u. poet. hinzugehen, einkommen, ἐς Ὀρχομενόν nach O.; θεούς τινι den G. womit nahen; auch vom Feinde: heranrücken.
προσ-νωμάω, poet. sich hinzubewegen.
προσ-ξυμβάλλομαι, Med. mit dazu beitragen, τί.
προσ-ξυνοικέω, sich zugleich ansiedeln.
προσόδιος, 2. poet. sp. zu einer Prozession gehörig. Von
πρόσ-οδος, dor. **πόθοδος,** ἡ. 1) der Zugang. 2) Zutritt, oder das Hinzugehen, Vorwärtsgehen, Vordringen, die Annäherung, **Ankunft,** der Anlauf, Angriff, τὴν πρ. ἀπείπασθαι jmdn. wegbleiben heißen Hdt. 1, 205; πρ. ποιεῖσθαι angreifen l. c. 7, 223. Insbes. a) **der feierliche Aufzug,** Festzug zum Tempel, unter Gesang u. Musik, um Opfer u. Gebete zu verrichten, b) das öffentliche **Auftreten** des Redners, dah. τὴν πρ. (ἀπο)γράφεσθαι sich (beim Rate) zu einem Vortrage

schriftlich melden, τὴν πρ. ποιεῖσθαι als Redner in der Volksgemeinde auftreten. 3) im Sg. u. Pl. Einkommen, (reiche) Einkünfte, **Einnahme**, gutes Geschäft, **Erwerbsquelle**; π. λαμβάνειν einziehen.

πρόσ-οιδα (οἶδα), def. Perf. mit Präsensbdtg., noch dazu wissen, τί.

προσ-οικέω, dabei od. neben jmdm. wohnen, anwohnen.

προσ-οικοδομέω, anbauen.

πρόσ-οικος, 2. anwohnend, angrenzend, benachbart, abs., u. τινός an jmdn. od. etwas. Subst. ὁ πρ. der Nachbar, ἡ πρ. das Nachbarland.

προσ-οκέλλω, sp. *appellere*, anfahren, landen.

προσ-ολοφύρομαι, Dep. med., jmdm. (τινί) sein Leid klagen.

προσ-ομαρτέω, poet. begleiten, τινί.

προσ-ομιλέω, 1) verkehren, sich mit jmdm. unterhalten, mit ihm sprechen, ihn behandeln, teils abs., od. τὰ ἴδια im Privatleben, teils τινί mit jmdm., jmdn. 2) sich womit (τινί) befassen, etwas behandeln.

προσ-όμνυμι, Aor. προσώμοσα, noch dazu schwören.

προσ-όμοιος, 2. ziemlich gleich, gleich.

προσ-ομολογέω, zugestehen, bestimmen, insbes. von Besiegten, jede Forderung zu erfüllen versprechen, abs. u. τινί.

προσ-ομόργνυμαι, sp. Med., anstreichen, anreiben, (durch Ansteckung) mitteilen.

προσ-όμουρος, 2. ion. benachbart, τινί.

προσ-ονομάζω, ion. sp. benennen.

προσ-οράω u. Med. **-άομαι**, Fut. **προσόψομαι**, Aor. 2. **προσεῖδον**, inf. **προσιδεῖν** (auch med. προσιδέσθαι), hinsehen, ansehen, anschauen, anblicken, sehen, τί od. τινά, oft mit Part., od. τινά τι jmdn. für etwas ansehen, u. zwar τινί mit etwas, aber ἄλλον ἄλλῳ einen um den andern.

προσ-οργίζομαι, Dep. pass. ar. sp. noch mehr zürnen, -erbittert werden, τινί über etw.

προσ-ορέγομαι, ion., sich wonach ausstrecken; jmdm. (τινί) mit Bitten anliegen. (And. anbieten, verheißen.)

προσ-ορίζω, Fut. -οριῶ, Aor. -ώρισα, part. ion. u. poet. προσουρίσας, zu den Grenzen, zum Reich hinzufügen.

προσ-ορμίζω, Fut. -ιῶ, bei einem Orte vor Anker gehen lassen, τινά. Im Med. u. Pass. vor Anker gehen od. anlegen, landen.

προσόρμισις, εως, ἡ, das Vorankergehen, Beilegen, die Landung.

πρόσ-ορος, 2., ion. u. poet. **πρόσ-ουρος**, 2. *confinis*, angrenzend, benachbart, abs. u. τινί; τὰ πρόσορά τινι die an etwas grenzenden Teile (αὐτός πρ. sein eigener Nachbar, Ausdruck der Isolierung).

προσ-ουδίζω, Aor. -ουδίσαι, ion. poet. u. sp. an den Boden schleudern, τί.

προσ-ουρέω, anpissen.

προσ-ουρίζω, poet. = προσορίζω, dazu bestimmen.

πρόσ-ουρος, 2., s. πρόσορος.

προσ-οφείλω (-οφειλήσω, -ωφείλησα usf.) und **προσ-οφλισκάνω** (Fut. προσοφλήσω, Aor. προσῶφλον, inf. προσοφλεῖν, unrichtig προσόφλειν), 1) außerdem, noch dazu schuldig sein, τί, χάριν sich überdies bedanken müssen. Im Pass. προσοφειλόμενος noch rückständig. 2) sich noch dazu schuldig machen, verwirken, sich zuziehen, τί.

προσ-οχή, ἡ, sp. die Aufmerksamkeit.

προσ-οχθίζω, sp. N. T. worüber zürnen.

προσ-όψιος, 2. poet. sichtbar.

πρόσ-οψις, εως, ἡ, der Anblick, d. i. a) das Hinblicken auf etwas, die Aussicht, τινός auf jmdn., od. οὐκ οὔσης τῆς πρ. mit indir. Nebens. da es nicht zu übersehen war, wo usw. b) poet. u. sp. die äußere Erscheinung, das Antlitz.

προσπαθέω (προσπαθής leidenschaftlich ergeben), sp. mit Leidenschaft dabei sein, — betreiben.

προσ-παίζω, Aor. προσέπαισα, sp. auch προσέπαιξα, 1) spielen mit jmdm., seinen Scherz treiben, jmdn. bespötteln, abs. od. τινί, τινά. 2) jmdm. huldigen.

πρόσ-παιος, 2. (παίω), poet. ar. sp. dazustoßend.

προσ-παίω, sp. dranschlagen (Wellen), τινί.

προσ-παλαίω, mit jmdm. ringen.

προσ-παραβάλλομαι, sp. Pass., darangesetzt od. -geschoben werden.

προσ-παραγράφω, noch dazu-, daneben schreiben.

προσ-παρακαλέω, noch dazu berufen, im bes. zu Hilfe rufen, τινά.

προσ-παρασκευάζω, noch dazu bereiten, bauen od. rüsten, τί. Med. noch dazu für sich bereiten.

προσ-παρατίθημι, ar. sp. außerdem, überdies dazusetzen.

προσ-παρέχω u. **-έχομαι**, noch dazu gewähren, darleihen, τί, u. zwar τινί.

προσ-παροξύνω, sp. noch mehr erbittern, τινά.

προσ-πασσαλεύω, ion. poet. sp. am Nagel aufhängen, τί, u. zwar πρός τι an etwas; sp. annageln, aufnageln.

προσ-πάσχω, außerdem erfahren, τί.

πρόσ-πεινος, 2. N. T. sehr hungrig.

προσ-πελάζω, 1) Akt. ep. trans. nähern, in die Nähe bringen, an etwas treiben, τί, u. zwar τινί an etwas. 2) Akt. intr., Med. u. Pass. sich rasch nähern, τινί an etwas.

προσ-πέμπω, zuschicken, zusenden, hinschicken, abs. od. τινά, τί, u. zwar τινί, πρός τινα jmdm., zu jmdm.

προσ-περιβάλλω, 1) Akt. u. Pass. noch herumlegen od. aufführen, τί, u. zwar τινί um etwas. 2) Med. a) etwas (τί) noch dazu, mehr sich umlegen (wie ein Kleid), an sich reißen, um sich greifen. b) etwas von sich herumlegen, τινί um etwas.

προσ-περιγίγνομαι, als reiner Gewinn einkommen.

προσ-περιλαμβάνω, mit umfassen.

προσ-περονάω, anheften, befestigen.

προσ-πέτομαι, Dep. med., Fut. προσπτήσομαι, Aor. act. προσέπτην (-έπτᾱν), med. προσεπτάμην, conj. πρόσπτηται (-πτῆται), hinzufliegen, übertr. herbeikommen, befallen.

προσ-πεύθομαι, poet. = προσπυνθάνομαι.

προσ-πήγνυμι, poet. sp. anheften, τί τινι; im N. T. kreuzigen.

προσ-πιέζω, poet. andrücken.

προσ-πίλναμαι, ep. Dep. med. sich nähern, τινί.

προσ-πίπτω, poet. **προσ-πίτνω**, darauf-, dahin-, hereinfallen, d. i. • 1) sich hinstürzen, heranstürzen, auf etwas (τινί) stürzen, heran- od. daranstoßen • daher auch: **a)** gezogen werden nach . . πρός τι (von geom. Linien) • **b)** (Schiffe) angetrieben werden, ans Land kommen, anlanden • **2)** **niederstürzen** vor (βωμοῖσι, γόνασι), ihn beschwören τινά, **bitten;** jmdm. sich anschmiegen; umarmen τινί • **3)** über jmdn. od. etwas herfallen, andrängen, eindringen, einfallen, **angreifen,** abs. od. τινί, auch τινά, u. zwar δρόμῳ im Sturmschritt, auch einen Ausfall machen, ἔκ τινος aus etwas • **4)** von Dingen, Ereignissen **befallen,** zustoßen, hereinbrechen, entstehen ἀναλώματα Thuk. 7, 28, 4; widerfahren, vorkommen, an den Tag, in Umlauf kommen, sich verbreiten, zu Ohren kommen (von Gerüchten), τινί, abs. προσέπεσεν es kam die Nachricht. Im bes. einfallen, in den Sinn kommen, τινί.

προσ-πλάζω, ep. anschlagen, abs., od. τινί an etwas.

προσ-πλάσσω (-πλάσω, -πέπλασμαι), **1)** ion. daran bilden od. bauen, τί. **2)** sp. dazu erfinden.

πρόσ-πλᾱτος (Var. -πλαστος, -πελάζω), 2. poet. zugänglich.

προσ-πλέω, heran-, hinzu-, herzufahren, heransegeln, auf jmdn. zusegeln, darauf losfahren, anrücken, angreifen.

προσ-πληρόω, εἰς — ergänzen **auf** —; noch mehr Schiffe (τί) bemannen, πρός τινι zu anderen (auch im Med.). [befahrbar.

προσπλωτός, 3. ion. vom Meere aus (ἀπό τινος)

προσ-πλώω, ion. = προσπλέω.

προσ-πνείω, buk. anwehen.

προσ-ποιέω. 1) Akt. **hinzuverschaffen,** hinzugewinnen, erwerben, τινί τι. **2)** Med. **προσ-ποιέομαι,** sich machen lassen πόδα Hdt. 9, 37, **a)** φίλους gewinnen, sich geneigt machen, auch mit dopp. Akk.; ὑπηκόους sich untertan machen Thuk. 1, 8, **b)** **sich anmaßen,** beanspruchen τί, τινός, **c)** **vorschützen** (ἔχθραν Thuk. 8, 108), vorgeben; sich stellen als, sich ausgeben als (πολιτικοὶ εἶναι Plat.), τὸν νοσοῦντα den Kranken spielen; οὐ od. μὴ π. ignorieren, so tun als ob etw. nicht der Fall sei Thuk. 3, 47, 3.

προσποίησις, εως, ἡ, und sp. **προσποίημα,** τό, **1)** (προσποίησις) die Machterwerbung, Verstärkung, τινί für jmdn. (Thuk. 3, 82). **2)** der Anspruch, τινός auf etwas, bes. aber die Anmaßung, der prahlerische od. scheinbare Anstrich, Anschein, Schein, Verstellung, Heuchelei, Mummerei.

προσποιητός u. **προσποίητος,** 3. affektiert; Adv. **-ήτως,** gekünstelt, verstellt.

προσ-πολεμέω, gegen jmdn. Krieg führen, bekriegen, bekämpfen, abs. οἱ προσπολεμήσαντες die Gegner, od. τινί u. τινά.

προσ-πολεμόομαι, Med. sich zum Feind machen, τινά.

προσ-πολέομαι (πολέω), poet. ἄσσον ὧδε προσπολουμένας hierher näher tretend mit ihrem Gefolge, ihren πρόσπολοι.

προσπολέω, poet. Diener sein.

πρόσ-πολος, 2. (πέλομαι), poet. dienend. Subst. (ὁ, ἡ), der Diener, die Dienerin, auch wohl Gefährte u. im bes. Begleiterin, von Antigone Soph. OC. 746, od. von den Eumolpiden (w. s.) als den Dienern von Göttinnen, also: priesterlich.

προσ-πορεύομαι, sp. u. N. T. hinzugehen, τινί.

προσ-πορίζω, Fut. -ιῶ, hinzuschaffen, dazu anschaffen, τί, z. B. προσόδους neue Einkünfte. Auch Akt. für Med.

προσ-πορπᾱτός, 3. poet. (mit der Spange) angesteckt, befestigt.

προσ-πταίω, anstoßen, einen Stoß erleiden, abs. od. πρός τι, auch τί an etwas, z. B. τὸ γόνυ sich das Knie aufschlagen. Übertr. Anstoß finden, mit μεγάλως einen harten Stoß, schwere Verluste erleiden, hart mitgenommen, übel zugerichtet werden, *male mulcari*, abs., od. πρός τινα bei, von jmdm., τινί an, in, mit etwas, od. auch bei jmdm., διά τινος vermittels jmds.

πρόσπτυγμα, τό, poet. das Umarmte.

προσ-πτύσσομαι, ep. poet. u. sp., dor. u. ep. ποτιπτ., poet. Med. sich anschmiegen, sich fest andrücken, τινί an etwas. Übertr. **1)** sich herumschlingen, sich an jmdn. anschmiegen, anklammern. **2)** ihm freundliche Zuneigung beweisen, ihn umfassen, umarmen, küssen od. freundlich anreden, begrüßen. **3)** angehen, ihm anliegen, ihn bitten.

προσ-πτύω (-πτῡσω, -έπτῡσα), sp. anspucken, anspeien, abs., u. τινί jmdn. (auch Med.).

προσ-πυνθάνομαι, sp. nachforschen, im bes. noch dazu fragen, abs. od. mit indir. Nebens.

προσ-ραίνω, poet. ar. sp. noch dazu besprengen.

προσ-ράπτω, sp. annähen, flicken.

προσ-ρέω, ion. u. sp. herzuströmen, ἔκ τινος aus etwas; herbeistürzen.

προσ-ρήγνυμι u. **προσ-ρήσσω,** sp., Aor. im N. T. προσέρηξεν, anprallen.

πρόσ-ρησις, εως, ἡ, u. **πρόσ-ρημα,** τό (προσερεῖν), die Begrüßung.

προσ-ρητέος, 3. zu begrüßen.

προσ-ρίπτω, sp. hinwerfen, zuschleudern, preisgeben, τινά τινι (φωνήν τινι jmdm. ein Wort).

προσ-σαίνω, poet. anwedeln, schmeicheln, liebkosen, τινά.

προσ-σάττω, noch dazu ausrüsten, versehen.

προσ-σέβω, poet. noch dazu verehren.

πρόσσοθεν, Adv. ep. = πρόσθεν, ἐλαύνειν ἵππους, d. i. vor sich hertreiben.

προσ-στάζω, poet. ausgießen, τινί τι.

προσ-στατέω, poet. part. -τῶν gegenwärtig.

προσ-σταυρόω, s. προσταυρόω.

προσ-στείχω, ep. u. poet. hinzuschreiten, herannahen, abs., od. τί auf etwas zu.

προσ-στέλλω, fest anlegen, Med. sich anlehnen τινί; Perf. pass. part. προσεσταλμένος knapp oder fest anliegend, derb, prall; schlicht. [leumden.

προσ-συκοφαντέω, noch dazu, obendrein ver-

προσ-συλλαμβάνω, mit dazu beitragen, helfen.

προσ-συμ-, -συν-, vgl. προσ-ξυμ-.

προσ-σφάττω, sp. dabei schlachten.

πρόσσω, s. πόρρω.

προσ-σωρεύω, sp. dazu häufen.

πρόσταγμα, τό, u. **πρόσταξις,** εως, ἡ (-τάσσω), die Anordnung, der Befehl, abs., od. τινός an etwas, od. mit Inf.

προστακτικός, 3. sp. **1)** gebieterisch; zum Vorstand gehörig. 2) sp. gramm. (ἡ πρ. ἔγκλισις), der Imperativ.

προσ-ταλαιπωρέω, 1) bei, wegen etwas (τινί) Beschwerden ertragen. 2) noch länger aushalten.

πρόσ-ταξις, ἡ, s. πρόσταγμα.

προστασία, ἡ (-τέω), u. **προστατεία,** ἡ (-τεύω), die Vorstandschaft, Oberleitung, Leitung, im bes. Verwaltung eines öffentlichen Amtes, abs., u. τινός über jmdn.; sp. überh. Fürsorge.

πρό-στασις, ἡ, das Gepränge.

προσ-τάσσω, att. seit Xen. u. Plat. **-ττω,** ion. Plqpf. pass. 3. pl. προσετετάχατο • 1) dazuordnen, danebenstellen, πύλαις Aesch. Im Pass. προστεταγμένος in Reih und Glied gestellt. Im bes. • a) zuordnen, **zuweisen,** rechnen zu, unter jmds. Befehl od. Kommando stellen, anvertrauen, abs. od. τινά od. τί, u. zwar τινί, πρός τινι, ἔς τινα • b) jmdn. an die Spitze stellen, u. zwar ἐπί τινι über etw. • 2) etwas **anordnen,** auferlegen, anbefehlen, überh. **befehlen,** verlangen, aufgeben, den Auftrag geben, beauftragen. Im Pass. abs. ὥσπερ προσετάχθησαν wie ihnen befohlen war, auch τινί von jmdm. (Xen. Kyr. 8, 4, 9); οἱ προστεταγμένοι die damit Beauftragten, od. τὸ προσταττόμενον, τὰ προσταχθέντα der Befehl, Auftrag usw., τὰ προσταχθησόμενα die (zu erwartenden) Befehle. Oft impers. τοῖσι προσετέτακτο denen, welche den Auftrag hatten Hdt. 7, 39. Auch abs. προσταχθέν τινι mit Inf., da, während jmd. den Auftrag hatte, daß usw.

προστατεία, ἡ, s. προστασία.

προστατεύω und **προστατέω** (-άτης), 1) vorstehen, vorgesetzt, Vorsteher sein, regieren, leiten, gebieten, abs. ὁ πρ. der Vorgesetzte, Oberste, od. τινός an der Spitze von etwas stehen, etwas leiten, ὅπως, durch seine Leitung dafür sorgen daß; poet. beschützen. 2) poet. zeitlich, ὁ προστατῶν χρόνος (sc. ἐμοῦ) die vor mir stehende Zeit, Soph. El. 781 (Var. προσστατῶν).

προστᾰτήριος, 3. poet. sp. 1) vorstehend, schwebend, τινός vor etwas. 2) schützend, Unheil abwehrend, als Beiname des Apollon, s. προστάτης.

προστάτης, ου, ὁ, nebst Fem. **προστάτις,** ιδος, ἡ (προΐστημι), der **Vorsteher,** dah. • 1) der Vordermann, pl. die erste Linie • 2) poet. der vor einem Altar Stehende, der Flehende = ἱκέτης, dah. πρ. τοῦ θεοῦ Schützling Poseidons • 3) der **Beschützer**. Vertreter, Verteidiger, θεὸν προστάταν ἴσχων. Im bes. Beiname d. Apollon • 4) der **Vorstand,** Vorgesetzte, πρ. καὶ στρατηγός oberster Befehlshaber. Im bes. • a) τῶν Ἑλλήνων der Staat, welcher die Hegemonie hatte • b) τοῦ δήμου teils im allgemeinen Haupt der Volkspartei = δημαγωγός (ohne amtlichen Charakter), teils im bes. eine Behörde, wie viell. in Kerkyra, Megara, Syrakus • c) Rechtsbeistand, **Vormund, Patron,** Name des Bürgers, unter dessen Schutze in Athen (u. wohl auch in Orōpos) der Schutzverwandte stand, u. als dessen Schutzbefohlener er in die tabulae publicae eingeschrieben wurde, dah. Soph. anachronistisch sagt οὐ Κρέοντος προστάτου γεγράψομαι ich bedarf Kreons Vormundschaft nicht • d) τοῦ ἐμπορίου Marktvorstände, welche den Handel zu beaufsichtigen u. zu schützen hatten.

προ-στατικός, 3. zum προστάτης gehörig; vornehm, hervorragend.

προσ-τάττω, s. προστάσσω.

προ-σταυρόω u. **προσ-σταυρόω** (dieses zweifelh.), durch vorgezogenes Pfahlwerk absperren, mit Palisaden einschließen od. einsäumen.

προ-στέγιον, τό, sp. das Wetterdach, τινός von etwas.

προσ-τειχίζω, mit in die Mauer einschließen.

προ-στείχω, vorangehen, weggehen.

προσ-τεκταίνομαι, sp. Med., hinzuzimmern.

προσ-τελέω, Perf. -τετέλεκα, obendrein bezahlen, τί.

προ-στέλλω, 1) vorschieben, τί, u. zwar τινί an etwas, durch etwas decken. 2) Med. für sich jmdn. entsenden. 3) poet. im Pass. vorwärts gehen, ὁδόν einen Weg.

προστενάζω, poet. in tmesi, u.

προ-στένω, poet. voraus seufzen.

προ-στερνίδιον, τό (στέρνον), gew. im Plur., Brustharnisch der Pferde, Brustkissen der trag. Schauspieler.

πρό-στερνος, 2. poet. an der Brust.

προσ-τεχνάομαι, sp. Dep. med., noch dazu ersinnen.

προσ-τήκομαι, intr. Pass. mit Fut. προστᾰκήσομαι, Aor. προσετᾰκην, Perf. προστέτηκα (dor. προστέτᾱκα), anschmelzen, sich anheften, abs., u. τινί an etwas, Perf. fest woran hängen; ganz ergeben sein.

προσ-τίθημι, Aor. act. conj. ion. προσθέω usf., opt. (sp.) προσθοῖτο u. πρόσθοιτο, **daran-** od. **daraufsetzen,** -stellen, -legen, anlehnen, τὰς θύρας, πύλας schließen, κλίμακας πύργοις, übertr. • 1) **auferlegen,** beauftragen, πρῆγμά τινι, ἐπ' ἐμαυτῷ τὰς ἀράς, dann überh. beimessen, zuteilen, verleihen, verschaffen, ἀτιμίην τινί, τῷ θεῷ τὴν αἰτίαν, auch angewöhnen • 2) **hinzusetzen,** hinzufügen, anschließen, überh. Zusätze machen, vermehren, erweitern, ἑαυτόν τινι sich jmdm. anschließen, τινὰ γυναῖκά τινι eine Frau einem vermählen, ἀνάγκην τινί ihn zwingen; προστιθέναι τινὰ τῷ κατθανεῖν zum Tod verurteilen, πατράσι zu den Vätern betten, begraben; ποίαν προστιθεὶς (sc. τῷ ἥκειν) σπουδὴν λόγου d. h. mit welcher wichtigen Botschaft. Auch mit Inf., τινὰ σατραπεύειν mit u. ohne τό jmdn. als Satrapen einsetzen; in der Rede anfügen, ὅτι. Dah. 3) im Med. • a) sich gesellen, **sich anschließen,** beitreten, beistimmen, (sc. τὴν ψῆφον) τῇ γνώμῃ, τῷ νόμῳ, ἐναντίον gegen jmdn., auch günstig, geneigt sein, τῷ ἀστῷ • b) sich (*sibi*) beifügen, **gewinnen,** αὐτούς, φίλον, aber auch πολέμιον πρὸς τοῖς ἄλλοις sich jmdn. noch zum Feinde machen; τινὰ δάμαρτα eine zum Weibe nehmen, überh. sich zulegen, auferlegen, beilegen, ἰσχύν seine Macht vergrößern, τί πλέον welchen Vorteil sich zulegen; bisw. sogar mit ἑαυτῷ. • c) von sich aus hinzusetzen, -fügen, ἔχθρας ἑκουσίους πρὸς ταῖς ἀναγκαίαις, ψῆφόν τινι in jmds. Sache seine Stimme abgeben, ἐναντίον gegen ihn, aber ion. πόλεμον, μῆνίν τινι jmdn. feindl. angreifen, ihm zürnen.

προσ-τῑμάω, einer Strafe od. Abgabe noch hinzufügen, eine höhere Abgabe setzen, τὶ πρός τινι, z. B. τρεῖς χαλκοῦς πρὸς τοῖς χιλίοις drei Asse (statt des gewöhnl. einen) vom Tausend. Dav.
προσ-τίμημα, τό, die Straferhöhung.
πρόστιμον, τό, sp. die zuerkannte Strafe.
προ-στόμιον, τό, poet. die Mündung.
προσ-τρέπω und Med. **-ομαι,** jmdn. einer Sache zuwenden, sich an jmdn. wenden, *adeo,* ihn um etwas anflehen, τινά, auch τινά τι jmdn. als etwas anflehen, u. zwar τί um etwas, od. mit Inf.
προσ-τρέφομαι, poet., Pass., Aor. προσεθρέφθη, auferzogen werden, τί als etwas, τινί für etwas, ἔκ τινος von jmdm.
προσ-τρέχω, hinzulaufen, hinzukommen, im bes. heranströmen.
προσ-τρίβω, bes. poet. u. sp. **1)** Akt. eigentl. anreiben, dann überh. anhängen, zu teil werden lassen, beibringen, verschaffen, τί, od. τί τι etwas als etwas, u. zwar τινί jmdm. **2)** Med. trans. = Akt.
πρόστριμμα, τό, poet. das zugefügte Unglück.
προστρόπαιος, 2. (προστροπή), u. **πρόστροπος,** 2. (-τρέπω), sich an jemd. wendend, dringend bittend. Als Subst. der sich als Flehender, ἱκέτης, an einen Gott od. Menschen wendet, ein heiliger Schützling, abs. od. τινός.
προστροπή, ἡ (τρέπω), eigentl. das sich wohin Wenden, insbes. das eines Flehenden, dah. demütiges Flehen, u. zwar τινός an jmdn., dah. θεᾶς τήνδε πρ. ἔχειν das Geschäft haben, sich mit Gebeten an die Gottheit zu wenden, Priesterin der Göttin sein; u. so auch das Bittgesuch, τινός an jmdn.
προσ-τυγχάνω (-τεύξομαι, -έτυχον, -τετύχηκα), **1)** von ungefähr dazukommen, ὁ προστυχών der erste beste, jeder beliebige, ἐκ τοῦ προστυχόντος aufs Geratewohl, τὰ προστυγχάνοντα die entgegentretenden Gegenstände, abs., od. τινός von jmdm., ἔν τινι bei etwas. **2)** teilhaftig werden, bekommen, τινός etwas, u. τινός τινος jmdn. zu etwas.
προσ-τυχής, 2. zufällig begegnend.
προ-στῷον, τό (στοά), der bedeckte (schmale) Gang, die Säulenhallen, welche vor den verschiedenen Zimmern u. Gemächern lagen.
προσ-υβρίζω, noch dazu mißhandeln.
προ-συγγίγνομαι (-ξυγγ.), Dep. med., vorher mit jmdm. (τινί) zusammenkommen, sprechen.
προ-συμμίσγω, ion. vorher vermischen oder vereinigen, τί, u. zwar ἔς τι in etwas.
προ-συνοικέω, ion. u. sp. vorher zusammenwohnen, im bes. vorher verehelicht sein, τινί mit jmdm.
προσ-υπάρχω, noch dazu vorhanden sein.
προσ-υπεργάζομαι, sp. unvermerkt dazu einrichten.
I. **προ-σφάγιον, τό** (-σφάττω), ion. Totenopfer vor der Bestattung.
II. **προσφάγιον, τό** (πρός, φαγεῖν), sp. N. T. Zukost zum Brot, bes. Fische.
πρό-σφαγμα, τό (-σφάττω), poet. u. sp. **1)** poet. Schlachtung, Opferung. **2)** Schlachtopfer, Opfer, abs., od. τινός für jmdn.
προσ-φάσθαι, s. πρόσφημι.
πρόσ-φᾰτος, 2., nach der gew. Erkl. von φεν, πέφαμαι, frisch getötet (doch Il. 24, 757 auch als *affabilis* erklärt); überh. frisch, neu. Adv. **προσφάτως** u. **πρόσφατον,** neulich.
προ-σφάττω, vorher opfern, τινά.
προσ-φερής, 2., s. πρόσφορος.
προσ-φέρω, ion. Aor. pass. προσηνείχθην, sowie **προσ-φορέω, hinzu-, herbeitragen,** anbringen, anlegen, dah. • **1)** Akt. u. Pass. • **a)** anwenden, brauchen, auch im Med., χεῖράς τινι (auch bloß mit Händen nach jmdm. greifen), auch mit zu ergänzendem Dat.: ὡς οὐ προσοίσοντος τὰς χεῖρας (sc. ἐμοῦ u. αὐταῖς), λόγον, λόγους ein Gespräch anknüpfen, ἀνάγκην, βίην τινί Zwang, Gewalt brauchen, πόλεμόν τινι od. πρός τινα mit Krieg überziehen • **b)** etw. vortragen, eröffnen, λόγους τινί, περὶ συνηθείας, ἔπος • **c)** darbieten, erweisen, δῶρα, ἴαμα, vorsetzen, ἐμφαγεῖν zum Essen, τροφὴν καὶ φάρμακα τῷ σώματι • **d)** vermehren, vergrößern • **e)** einbringen, τέλη Abgaben **2)** im Med. u. Pass. • **a) sich nähern,** herankommen, von Schiffen: einlaufen, von Kriegern: heranrücken, angreifen • **b)** τινί **behandeln,** sich benehmen, betragen, begegnen, od. auch sich an jmdn. wenden, antworten, von Sachen: sich darbieten, vorkommen, auch nahe kommen, ähneln (auch εἴς τι) • **c)** zu sich nehmen, genießen • **d)** von dem Seinigen zubringen, προῖκά τί τινι etw. jmdm. als Mitgift • **e)** zutreten lassen, Zutritt gestatten, τινά.
προσ-φεύγω, sp. seine Zuflucht nehmen, τινί zu jmdm.
πρόσ-φημι, ep. poet. mit Inf. med. προσφάσθαι, anreden; abs., τινά u. τινά τι. [benennen.
προσ-φθέγγομαι, poet. anreden, begrüßen; auch:
προσφθεγκτός, poet. angeredet, begrüßt, τινός von jmdm., οὐ προσφθεγκτὸς φωνῆς ohne ein Wort des Zuspruchs.
πρόσ-φθεγμα, τό, meist poet. Anrede, Gruß, auch im Plur.
πρόσ-φθογγος, 2. poet. begrüßend.
προσ-φθονέω, sp. außerdem beneiden.
προσφίλεια, ἡ, poet. die Gewohnheit. Von
προσ-φιλής, 2., Adv. **-ῶς** (-έστερον, -έστατα), **1)** befreundet, beliebt, lieb, teuer, erfreulich, angenehm, willkommen, zur Freude od. Zufriedenheit, abs. u. τινί. **2)** liebevoll, liebreich, gewogen, zugetan, verpflichtet, freundlich, abs. προσφιλῆ τίθεσθαί τινα einen sich verpflichten, od. τινί gegen jmdn. od. etwas, ἀντί τινος für etwas.
προσ-φιλοσοφέω, sp. philosophieren, τινί zu d. i. mit jmdm., u. zwar τί über etwas.
προσ-φοιτάω, häufig hingehen, abs. od. πρός τι.
προσ-φορά, ἡ (-φέρω), das Herzubringen, **1)** die Darbringung, Darreichung; insbes. **a)** Beisteuer, Gabe, Geschenk. **b)** das Zusichnehmen (von Speisen). **c)** im N. T. Opfer. **2)** die Mehrung, Steigerung; auch Segnung.
προσ-φορέω, s. προσφέρω.
προσ-φόρημα, τό, poet. sp. Nahrung, Speise.
πρόσ-φορος, 2. u. **προσφερής,** 2. (-φέρω), **1)** (προσφερής), nahegebracht, dah. nahekommend, ähnlich, τινί jmdm. od. einer Sache. **2)** zuträglich,

ersprießlich, nützlich, angemessen, entsprechend, zweckdienlich, abs., od. *τινί* einer Sache, jmdm., auch in jmds. Augen (Soph. El. 227). Subst. *τὰ πρ.* das Nötige, *τὰ πρ. τῇ στρατιῇ* der Heeresbedarf.

προσ-φυής, 2., Adv. ion. **-φυέως, 1)** eigtl. daran gewachsen, dann übertr. befestigt, bei Hom. *ἐξ αὐτῆς*, d. i. am Lehnstuhle. **2)** zu etwas geboren, angemessen, wacker, *τινί*.

προσ-φύω, 1) Akt. daran wachsen machen, poet. *λόγῳ τι* bestätigen, beweisen. **2)** Med. **προσφύομαι,** angewachsen sein; übertr. fest daran hangen.

προσ-φωνέω, 1) anreden, begrüßen, abs. *τινά* u. *τινά τι*, N. T. *τινί* jmdn. **2)** benennen, *τινά τι*. **3)** sp. zueignen, dedizieren, widmen, *τινί τι*.

προσφώνημα, τό, poet. u. sp. Zuruf, Anrede, Stimme.

προσφώνησις, *ἡ*, sp. Anrede, im bes. Widmung, Dedikation einer Schrift, sofern sie mit der Anrede dessen beginnt, dem sie dargebracht wird.

προσ-χαίνω, poet. u. sp. eigentl. angähnen, dann: mit weit geöffnetem Munde zu jmdm. hinauf (*τινί*) ein Geschrei (*τί*) erheben, eine unterwürfige Huldigung darbringen.

προ-σχέθομαι, buk. vor sich halten.

πρόσχημα, *τό* (*προέχω*), das Vorgehaltene, d. i. **1)** Zierde, Kleinod, Prachtstück, Pracht, *τινός* von etwas (*τοῦ βίου* vornehmes Wesen, *τῆς ἀρχῆς* d. franz. *prestige*); dah. auch sp. Etikette, Hofzeremoniell. **2)** Deckmantel, Vorwand, ausgesprochener Grund od. Zweck, Bemäntelung, Einkleidung, Motive, abs., od. *τινός* von, für etwas, od. mit Inf., *τῷ προσχ.* unter dem Deckmantel, *πρόσχημα* (Akk. abs.) zum Vorwande, *μετὰ προσχήματος ἀξίου* unter dem ehrenvollsten Motive, (*τὸ*) *πρ. ποιεῖσθαι* den Vorwand nehmen, einen Vorwand brauchen.

Πρόσχιον, τό, Stadt Ätoliens am südl. Abhange des Arakynthos, an Stelle des ältern *Πυλήνη*, am heutigen Berge *Zygos*.

προσ-χόω (*-χώσω, -έχωσα, -κέχωσμαι*), vor etwas aufschütten, aus Erde od. Schutt einen Haufen od. Damm machen, Schanzen aufwerfen, abs., od. **πρός τινι** bei etwas, so **προσκεχωσμένον ταύτῃ πρὸς τὸ τεῖχος** d. h. noch dazu war ein Haufe od. Damm dort, so daß sie noch leichter als ohne dies angreifen konnten. Prägnant: *τὸν πρὸς μεσαμβρίης ἀγκῶνα* d. h. die südlich befindliche Nilbiegung durch Gegenschüttung von Dämmen erzwingen. Im bes. anschwemmen, Land ansetzen (von Flüssen), abs. od. *τί*; beim Pass. *ἔκ τινος* von etwas.

προσ-χράομαι, Dep. med., sich dazu bedienen, *τινί* einer Sache.

προσ-χρῄζω, poet., ion. **-χρηίζω, 1)** noch dazu bedürfen, *τινός* jmds. **2)** weiter begehren, verlangen, *τινός* od. *τί* etwas, *τινί* bei etwas. **3)** jmdn. (*τινός*) bitten, mit Inf.

πρόσ-χυσις, *ἡ*, N. T. Besprengung.

πρόσ-χωμα, *τό*, poet. = *πρόσχωσις*.

προσ-χωρέω, Fut. *προσχωρήσω* u. *-ήσομαι*, **1)** eigtl. nahekommen, sich nähern, abs. u. *τινί*. **2)** übertr. **a)** ähnlich sein, *τινί* u. *πρός τινα*, u. zwar in etwas, *τί*. **b)** beitreten, sich anschließen, nachgeben, *τινί* u. *πρός τινα* od. *πρός τι*, u. zwar zu einem Zweck, *ἔς τι*. **c)** sich ergeben, unterwerfen, abs. u. *τινί*.

πρόσ-χωρος, 2. benachbart, als Subst. Nachbar, abs., *τινός* u. *τινί*. (Soph. OC. 1065 Ortsnachbarn, Bewohner von Kolōnos.)

πρόσ-χωσις, *εως ἡ* (*προσχόω*), das Hinzu- od. Aufschütten, dah. **a)** die Aufschüttung (bes. eines Walles). **b)** die Anschwemmung.

προσ-ψαύω, poet. u. N. T., auch poet. **ποτιψαύω,** anrühren, berühren.

προσ-ψηφίζομαι, Dep. med., den weiteren Beschluß fassen od. Entscheid geben, mit Akk. m. Inf.

προσ-ψιθυρίζω, sp. zuflüstern, ins Ohr flüstern.

πρόσω u. ähnl., s. **πόρρω.**

προσῳδία, *ἡ*, der Zugesang: die Betonung, Akzentuation u. Quantität.

προσ-ῳδός, 3. poet. dazu erklingend, übereinstimmend.

πρόσωθεν, Adv. poet. u. sp. (*πρόσω*, s. *πόρρω*), von fern her, fern.

προσ-ωνυμία, *ἡ* (*ὄνυμα, ὄνομα*) = **προσηγορία,** w. s.

προσώπατα u. **-ώπασι,** s. **πρόσωπον.**

προσωπεῖον, *τό* (*πρόσωπον*), sp. die Maske.

Προσωπῖτις, *νῆσος*, *ἡ*, ägypt. Insel, die, zwischen dem kanobischen u. sebennytischen Nilarme u. einem beide verbindenden Kanale gelegen, einen besonderen Bezirk, *νομός*, bildete.

προσωπο-ληπτέω (*-λημπτέω*), N. T. die Person ansehen, berücksichtigen. Von

προσωπο-λήπτης (*-λήμπτης*), *ὁ*, N. T. sp. der auf die Person Rücksicht Nehmende, Parteiische.

προσωπο-ληψία (*-λημψία*), N. T. Ansehen der Person, Parteilichkeit.

πρόσ-ωπον, *τό* (*ὤψ*), ep. Pl. *προσώπατα*, Dat. *προσώπασι*. **1) Gesicht, a)** Antlitz, auch von einem Vogel, *κατὰ πρόσωπον* von vorn, mit *ἡμῖν* uns gegenüber, *ἡ κατὰ πρ. ἔντευξις* die mündliche Unterredung (Plat.), insbes. **α)** die Miene, *προσώπῳ* durch Mienen **β)** *τόλμης πρόσωπον* eine freche, kecke Stirn, **b)** übertr. Front, auch Fassade. **2)** das Äußere, das Aussehen, die **Maske,** *πρόσωπον εἰσιέναι* eine Maske vornehmen, dah. auch Rolle. **3)** die **Person,** *βλέπειν εἰς πρ.*, *πρ. λαμβάνειν*, **θαυμάζειν** parteiisch sein N. T.

προσώτατα, -τάτω, -τέρω, s. *πόρρω*.

προσ-ωφελέω, ion. poet. u. sp. Beistand leisten, *τινί* jmdm.

προσωφέλημα, *τό*, poet. u. **προσωφέλησις,** *εως*, *ἡ*, poet. Beistand, Hilfe, abs., u. *τινός* wobei.

προταινί, Adv. poet. vorn.

προ-τακτικός, 3. sp. voranstehend, voranzustellen.

πρόταχτοι, *οἱ*, sp. Vordertreffen, Vorhut.

προ-ταλαιπωρέω, im voraus Beschwerden, Ungemach erdulden, *τινί* weswegen.

προ-ταμιεῖον, *τό*, Gemach vor dem Magazin od. der Vorratskammer, Vorzimmer.

προ-ταμιεύω, sp. vorher sammeln.

προ-τάμνω, s. *προτέμνω*.

προ-ταρβέω, poet. **1)** vorher, zum voraus fürchten, *τί* u. m. Inf. **2)** für einen fürchten, besorgt sein, *τινός*.

προ-ταρῑχεύω, ion. sp. zuvor einsalzen.

πρό-τασις, *εως*, *ἡ* (*-τείνω*), sp. vorgelegte Frage, Aufgabe; Anliegen.

προ-τάσσω, spät. **-ττω,** Impf. u. Aor. προέτ. u. προὔτ., mit Adj. verb. προτακτέον **1)** voran-, an **die Spitze stellen,** in das erste Glied stellen, als Wortführer aufstellen Thuk. 3, 52, τινά, und zwar ἔν τινι bei etwas. Im Pass. die erste Stelle einnehmen, an deren Spitze stehen, τὸ προταχθέν, οἱ προτεταγμένοι das Vordertreffen Xen. **2)** zur Deckung jmdn. hinstellen. τινός, τινά, so τοῦ δεξιοῦ auf dem r. F. zur Deckung; im Pass. in der Flanke, zur Deckung der Flanken **dastehen,** überh. jmdn. schützen (Plut. T. Gr. 12). **3)** vorher bestimmen, im voraus als feststehend verkünden Soph. Tr. 164.

προ-τείνω. 1) vor sich ausstrecken, a) trans. hinreichen, schütteln, χεῖρα bittend ausstrecken, auch im Med., χεὶρ ἐκ χερὸς ὀρέγματα προτ. geschäftig regt sich Hand um Hand (Aisch.), **b)** intr. sich erstrecken (Plat. Critias 111 a). **2)** vorhalten, **darreichen,** λόγους vorzeigen (Plat.), ψυχήν das Leben einsetzen (Soph.). Im Med. sich darreichen lassen, als Belohnung fordern (Hdt.), insbes. **a)** verlockend vorhalten, verheißen, versprechen, auch im Med. sp., **b) vorschützen,** vorgeben, vorspiegeln (auch im Med.).

προ-τειχίζω, sp. (schon) vorher befestigen, vorher mit einer Mauer umgeben.

προτείχισμα, τό (τειχίζω), äußere Mauer, das Außenwerk einer Festung, überh. Vormauer, Schutzwehr.

προ-τέλειος, 2. (τέλη), vor der heil. Handlung; so bes. **προ-τέλεια, τά,** näml. ἱερά, poet. **a)** das einer Handlung vorausgehende Opfer, Voropfer, bes. das Opfer (γάμων) vor der Ehe; ναῶν Weiheopfer für die Flotte, näml. Iphigeneias Opferung. **b)** überh. Anfang, Beginn, τινός von etwas.

προ-τελέω (-τελῶ, -ετέλεσα), **1)** vorher vollenden. **2)** vorher bezahlen od. verwenden, τί. **3)** für einen (τινί) bezahlen, τί. **4)** sp. vorher einweihen, od. zur Einweihung vorbereiten.

προτελίζω (-τέλεια), τινά, poet. jmdn. als (vor)-hochzeitliches Opfer darbringen.

προτεμένισμα, τό (τέμενος), Vorbezirk des Tempels.

προ-τέμνω, ep. Aor. part. προταμών, **1)** Akt. **a)** vorher zerschneiden, vorschneiden, abs. **b)** vorn abschneiden od. behauen, τί, u. zwar ἔκ τινος von etwas aus, es zurecht hauen, mit der Axt aus dem Groben herauszimmern. **2)** Med. für sich d. i. vor sich hin aufschneiden od. -ziehen, τί.

προτεραῖος, 3. (πρότερος), am vorhergehenden Tage, ἡ πρ. der vorige Tag, ἐκ τῆς πρ. vom vorigen Tage her, τῇ πρ. tags od. am Tage vorher, entw. mit τινός d. i. vor etwas, od. mit folg. ᾗ (od. ἤ od. ἢ ᾗ) tags vorher ehe.

προτερέω (πρότερος), **1)** voran od. voraus sein (τῆς ὁδοῦ). **2)** übertr. **a)** zuvorkommen, vorher auf der Hut sein. **b)** voraus haben, etwas (τί) weiter gewinnen.

προτέρημα, τό, sp. Vorsprung, im Plur. Vorteile.

πρότερος, 3. (Komp. von πρό) • **1)** vom Raume: der voransteht, **vorne, vorder,** πρ. πόδες Vorderfüße • **2)** von der Zeit: vorhergehend, **früher,** πρ. παῖδες Kinder aus der vorigen Ehe, (ἄνθρωποι) die Vorfahren; bisw. so, daß man im Deutschen das Adv. erwartet, τῷ προτέρῳ γενομένῳ, ähnl. τοῖς προτέροις ἀναβᾶσι od πρότερος ἐπορεύετο. Auch Subst. πρότεροι die Vorfahren (s. oben), κάλλιστον τῶν προτέρων φάος schönster von allen früheren Tagen. τῇ προτέρῃ am vorigen Tage. Komp. προτεραίτερος als scherzh. Übertreibung von πρότερος. Teils τινός, z. B. πρότερος τούτων früher als diese, τῇ προτέρᾳ ἡμέρᾳ τῆς μάχης; ähnl. ἔξεστιν ἡμῖν προτέροις τῶν ἀπόντων ἀρίστου τυχεῖν d. h. eher als die Abwesenden; teils mit ἤ, z. B. τῷ προτέρῳ ἔτει ἤ • **3)** vom Wert: voranstehend, **überlegen,** τινός einer Person od. Sache • **4)** Als Adv. steht • **a) πρότερον** früher, **eher,** bisw. τὸ πρ. das vorige Mal, das letzte Mal, in früherer Zeit, od. τὰ πρότερα in früheren Zeiten. Oder ὁ πρότερον oft = ὁ πρότερος, z. B. ὁ πρότερον βασιλεύς, ἐν τῷ πρότερον χρόνῳ, οἱ πρότερον, teils abs., teils τινός vor, als etwas, auch τὸ πρότερον τῶν ἀνδρῶν τούτων vor der Zeit der menschlichen Könige, teils ἤ, πρίν u. bei οὐ πρότερον auch πρὶν ἤ, ἕως, auch τινί, z. B. πρ. πένθ' ἡμέραις ἤ d. h. 5 Tage eher als • **b) προτέρω** ep. weiter, weiter vorne, übertr. weiter, stärker.

προ-τεύχω, ep. Pass., nur Perf. προτέτυγμαι, vorher gefertigt od. gemacht d. i. geschehen sein, τὰ μὲν προτετύχθαι ἐάσομεν st. τὰ μὲν προτετυγμένα τετύχθαι ἐάσωμεν das schon Geschehene wollen wir geschehen sein (u. nun ruhen) lassen.

προτί, προτι-άπτω, -βάλλω, -ειλέω, s. πρός, προσάπτω, -βάλλω, -ειλέω.

προτι-εἴποι, s. προσαγορεύω.

προ-τίθημι, ep. [προθέουσι (Il. 1, 291) zu äol. προθίημι = προσίημι], Impf. 3. pl. πρότιθεν st. προὐτίθεσαν, ion. Praes. 3. pl. med. προτιθέαται • **1) voranstellen** • **a)** vor etw. hinstellen, Med. vor sich stellen, halten, zum Schutze, τὴν ἀσπίδα, dah. übertr. zur Schau tragen; häufig Med. = Akt. hingehen, vorhalten, einflößen, τί τινι. Im bes. auch jmdm. als Deckmantel für frühere Fehler etw. vorhalten, d. h. zugute kommen lassen • **b)** übertr. vorziehen, lieber wollen, τί τινος, dah. προθήσει χρημάτων sc. ἡμᾶς, auch mit Inf.; im Med. sich (*sibi*) vorziehen, auch pleon. τὶ πάρος τινος • **2)** vor- d. h. hinstellen, **vorsetzen,** vorlegen, δαῖτα, κυσίν zum Fraße; poet. vorwärtssetzen; im Med. sich aufstellen lassen, sich auftischen. Übertr. • **a)** aussetzen, aufstellen, darreichen, überbringen. • **b)** auflegen, auffordern, τί od. mit Inf., im Med. sich etw. auferlegen, sich zur Aufgabe machen, auch sich vornehmen, beschließen • **c)** überliefern, preisgeben, aufgeben • **3) öffentl.** aufstellen, **ausstellen,** bes. zum Verkauf, τὴν ἀρετὴν ὤνιον ὥσπερ ἐξ ἀγορᾶς, oft im Med. von dem Seinigen ausstellen, insbes. einen angehörigen Toten ausstellen, was im Hause auf einem Bett geschah. Überh. öffentl. bekannt machen, anordnen, τί od. mit Inf., auch im Med. öffentl. berufen, bekannt machen (lassen), auch einen Termin festsetzen, im bes. ἀγῶνα von sich aus veranstalten, od. πένθος μέγα sich in tiefe (öffentl.) Trauer werfen. Insbes. • **a)** προτιθέναι τί τι etw. als Strafe bestimmen, κρίσιν τινί verklagen • **b)** freistellen, erlauben, μυθήσασθαι, scheinbar abs. mit zu ergänz. Inf.,

Plat. Crit. 52 A • c) mit u. ohne ἐς μέσον zur Beratung vorlegen, überh. vorlegen, auch mit indir. Frages., (bei einer Behörde) anfragen, ob, od. mit Inf., γνώμην seine Ansicht vortragen, βουλήν zur Beschlußfassung vorlegen, λόγον περί τινος mittels öffentl. Aufforderung durch einen Herold zum Reden auffordern, σκοπεῖν τὸ συμφέρον πρ. ἐν κοινῷ die Beratungen über ihr Wohl öffentlich sein lassen. Im Pass. προτίθεται σκοπεῖν περὶ πραγμάτων (Dem. 3, 18) die Verhältnisse liegen der Beratung vor.

προ-τιμάω und Med. **-άομαι,** Fut. -τιμήσομαι in pass. Bdtg. **1)** Akt. u. Med. **vor andern ehren,** auszeichnen, mehr wert halten, höher achten, vorziehen, überh. besonders hochhalten, wertschätzen, Aesch. Ag. 1415 scil. παιδὸς μόρον; τινά u. τί τινός, **a)** mit Gen. sorgen für, **b)** mit Inf. u. ἤ ... vorziehen; ohne ἤ innig wünschen; mit πολλοῦ od. μεγάλων χρημάτων (Hdt. 1, 86) viel darum geben, daß. **2)** Im Pass. einen Vorzug haben, **eine hohe Stellung einnehmen unter,** τινός u. πρό τινος; πλέον π. τῶν ἄλλων mehr geehrt werden als die andern, Xen. An. 1, 4, 14.

προτίμησις, εως, ἡ, das Vorziehen, τινός von etwas.

πρό-τῑμος, 2. vor andern (τινός) geehrt, vorzüglich.

προτι-μυθέομαι, ep. u. buk. ansprechen, anreden, τινά.

προ-τιμωρέω, Impf. προετ., **1)** Akt. vorher beistehen, τινί. **2)** Med. sich vorher Hilfe schaffen, sich zuvor rächen, τινά an jmdm.

προτι-όσσομαι, ep., nur Präs. und Impf., **1)** hinsehen, ansehen, τινά; σ' εὖ γιγνώσκων πρ. aus deinem Anblick erkenne ich dich, deinen Charakter. **2)** im Geist voraussehen, ahnen, τί.

προ-τίω, poet. mehr ehren, vorziehen, τί u. τινά; abs. Soph. Ant. 22, wo τάφον von ἀτιμάσας abhängt.

πρό-τμησις, ιος, ἡ, ep. (τέμνω), wahrsch. Nabelgegend, Unterleib.

προ-τολμάω, zuerst wagen od. verüben.

προ-τομή, ἡ, sp. das Tiergesicht.

πρό-τονος, ὁ (προτείνω), ep. poet. sp. das Vordertau, gew. im Plur. die Vordertaue, Stagtaue, die vom Mastbaume aus nach dem zwiefachen Bord der πρῷρα gezogen waren u. dazu dienten, den Mastbaum aufzurichten, niederzulassen u. festzubinden.

προτρεπτικός, 3. ermahnend.

προ-τρέπω, Aor. pass. part. προτραπείς. **1) hinwenden, a)** hin- od. hineintreiben, versetzen, hinleiten, **b)** im Med. **sich hinbegeben,** hingehen, u. dah. übertr. **α)** sich an jmdn. wenden (Soph.), jmdn. flehentlich um Hilfe bitten; insbes. eine Gottheit verehren, **β)** sich bequemen, sich überlassen, ἄχεϊ (Hom.), ἐπί, εἴς τι zu etw. **2)** Akt. u. Med. veranlassen, dazu bringen, befördern, **ermuntern,** τινά od. τί, u. zwar τινί, ἐπί, εἴς, πρός τι, τὸ προτρέπον πείθεσθαι Antrieb zum Gehorsam; im Pass. überredet werden (Xen.). **3)** Med. noch weiter reizen, εἴπας τὰ κατὰ τὸν Τ. durch die Erzählung von T. (Hdt.).

προ-τρέχω (-δραμοῦμαι, -έδραμον, -δεδράμηκα), vor-, vorauslaufen, eine Strecke weit laufen, abs., od. τινός (sp. auch τινά) jmdm. od. einer Sache vorauseilen.

πρό-τριτα, Adv. drei Tage vorher.

προ-τροπάδην, Adv. (τρέπω), vorwärts gewandt, von der Flucht: immer vorwärts, ohne sich umzusehen, also eilig, über Hals u. Kopf.

προ-τροπή, ἡ, Antrieb, Ermunterung, Beweggrund.

πρό-τροπος, ὁ, sp. Beerenwein, der ungepreßt aus den Trauben quillt, od. von überreifen Trauben.

προ-τύπτω, 1) trans. poet. vorherschlagen, dah. προτυπὲν στόμιον d. i. vorher geschlagen (prolept. st. προτύπτουσα). **2)** intr. ep. vorwärts dringen, vorbrechen, τινί jmdm., u. ἀνά τι in od. durch etwas.

προὔθηκε, προὔκειτο u. ähnl., s. προτίθημι, πρόκειμαι u. ähnl.

προὔνῑκος (-νεικος), ὁ (προ, ἐνῑκ-, ἐνεγκεῖν), Lastträger; Wollüstling.

προὐννέπω d. i. προ-εννέπω, poet. **1)** vorhersagen, τί. **2)** laut, öffentlich sagen od. befehlen; χαίρειν willkommen heißen.

προὐξερευνάω, poet. vorher ausspüren, u. dav.

προὐξερευνητής, ὁ, poet. der vorausgeschickte Kundschafter.

προὐξεφίεμαι [ῑ], poet. vorher anbefehlen.

προ-ϋπάρχω, Impf. προϋπῆρχε, **1)** τινός mit etwas den Anfang machen, auch mit Dat. Im Pass. τὰ προϋπηργμένα frühere Verhältnisse od. Wohltaten. **2)** intr. vorher da sein, schon dastehen, vorbereitet sein, προϋπάρχων schon vorrätig, vorausgegangen, früher, τὰ προϋπάρχοντα das früher Geschehene.

προ-ϋπεξορμάω, sp. vor andern (πρό) auf jmdn. (ἐπί) losstürzen, πολὺ τῶν ἄλλων weit vor den übrigen.

προ-ϋπισχνοῦμαι, aor. -υπεσχόμην, sp. vorher versprechen.

προ-ϋποβάλλομαι, sp. vorher bereit sein.

προ-ϋπόκειμαι, sp. **1)** = προ-ϋπάρχω. **2)** vorher, früher verpfändet sein, γῇ.

προὖπτος oder **προὖπτος,** 2., zsgz. st. πρό-οπτος, offenbar, augenscheinlich, offen.

προὔργου, zsgz. aus πρὸ ἔργου, also: für das Werk, dah. Adj. u. Adv. zu einem Zwecke erforderlich, dienlich, günstig gelegen, nötig, πρ. τι γίγνεται es wird etwas gewonnen, τὰ πρ. Zweckdienliches. Komp. **προὐργιαίτερος,** 3. dringender, angelegener, förderlicher, wichtiger, τινί jmdm., οὐδὲν πρ. ποιεῖσθαι nichts für wichtiger halten, τὸ ἑαυτῶν προὐργιαίτερον ποιεῖσθαι ihren Vorteil voranstellen.

προυσελέω, poet. verhöhnen, schmählich behandeln, mißhandeln.

Προυσίας, ου, ὁ, König von Bithynien, 236—186, ein tüchtiger Fürst, der 190 auf Roms Seite trat, ohne Gewinn, u. deshalb nachher den Hannibal aufnahm. Seine Hauptst. Προῦσα, j. *Brusa.*

προὐτέθην, προὐχώρει, s. προτίθημι, προχωρέω.

προὐφείλω, s. προοφ. **προὔχω,** s. προέχω.

προ-φαίνω. I) Akt. trans. u. Pass. • **1) vorzeigen,** erscheinen lassen, σκέλη zum Himmel emporstrecken (Soph.); übertr. an den Tag bringen, zeigen, sehen od. hören lassen, vorweisen, äußern. • **2) vorher andeuten,** vorher ankündigen, offenbaren, τί od. ὅπως, ὡς, A. c. I., u. zwar τινί jmdm., ἔν τινι in etw., dah. • **a)** verheißen, versprechen, auch vorschlagen (Xen.). • **b)** vorbedeuten, vom Orakel.

II) Akt. intr. u. Med. ***προφαίνομαι,*** mit Fut. -φανοῦμαι u. -φανήσομαι, Aor. -εφάνην, Perf. -πέφασμαι • **1)** hervorleuchten (Hom.); auch ein Licht vorantragen (Plut. Cic. 22) • **2) erscheinen,** zum Vorschein kommen, sich öffentlich zeigen, hervortreten, ἀπό τινος von etw. her (entsprießen) (Soph. O.C. 246), οὐρανόθεν, dah. auch • **a)** hörbar werden (Soph.) • **b)** illuminieren • **3) sich erweisen,** beweisen.

προφανής, 2. vor andern sichtbar, sehr deutlich, offenbar, τινί jmdm., u. zwar ἔκ τινος von woher. Adv. ἀπὸ u. ἐκ τοῦ πρ. offen, öffentlich, im bes. auf offenem Wege, mittels offenen Angriffs, in offener Schlacht.

πρό-φαντος, 2. ion. poet. u. sp. **1)** vorher verkündet, offenbart, abs., u. ἔκ τινος von jmdm. her. Subst. τὸ πρ. das Orakel, die Weisung des Orakels. **2)** = προφανής.

προφασίζομαι, augm. προὐφ., Dep. med., Ausflüchte machen, vorschützen, vorgeben, sich entschuldigen, abs. od. τί, od. ὑπέρ τινος wegen etwas. Auch im Pass.

I. ***πρόφᾰσις,*** εως, ἡ (προφαίνω), poet. ion. die Vorweisung, Anweisung, der Rat, ἐπὶ προφάσει θηρός auf Grund des Rates des Nessos; vgl. Her. 2, 139.

II. ***πρόφᾰσις,*** εως, ion. ιος, ἡ (πρόφημι), Entschuldigung, u. zwar • **1) Entschuldigungsgrund, Grund,** Ursache, Veranlassung, abs. ἡ πρώτη πρ. die erste beste Veranlassung, mit Inf. mit u. ohne τοῦ, mit u. ohne ὥστε, od. mit folg. ἵνα, προφάσεις ἔχειν, διὰ πρόφασιν, ἐκ od. ἀπὸ προφάσεως aus einem Anlasse, βραχείᾳ πρ. unter einem unerheblichen Grunde, od. auch mit nichtigem Vorwande, εὐλόγῳ πρ mit einem scheinbaren Grunde, τῇ ἀληθεστάτῃ πρ., μὴ ξὺν πρ. Mit dem Gen. ἡ ἀληθὴς πρ. τινος das wahre Ziel von etwas, ἐπ' αὐτομολίας προφάσει in der Absicht überzulaufen • **2)** der angebliche Grund, der **Vorwand,** die Ausflucht. Teils abs. προφάσεις λέγειν vertrösten, od. πρόφασιν (Akk. abs.), (τῇ) προφάσει, ἐπὶ προφάσεως, ἐν προφάσει unter dem Vorwande, angeblich, auch προφάσιος τῆσδε, näml. εἵνεκεν, was aus dem Vorhergehenden zu ergänzen; doch heißt ἐπὶ προφάσιος auch (Hdt. 7, 150) unter gutem Vorwande, teils mit Gen. τῇ οἰκειότητος προφάσει angeblich wegen der Verwandtschaft, κατὰ θεωρίης πρόφασιν vorgeblich um sich auf Reisen umzusehen. Ähnl. τῇ ἐμῇ προφάσει unter dem Vorwande, es gelte mir. Teils mit folg. ὡς u. Part. od. Adj. verb.

προφερής, 2., Kompar. προφερέστερος, Superl. προφερέστατος u. προφέρτατος, bes. ep. poet. sp. eigentl. vorangestellt, dah. vorzüglich, vortrefflich, im bes. bei Soph. im Superl. der erste der Geburt nach; u. zwar τινί in, an, etwas, od. mit Inf.

προ-φέρω, ep. Praes. conj. 3. sg. προφέρῃσι, nebst Med. ***προφέρομαι,*** *profero,* **hervortragen** • **1)** vorwärtstragen, **forttragen,** wegführen, von Sturm u. Tod • **2)** hinführen, vorführen, **hinbringen,** σφάγια; dah. übertr. • **a)** hervorbringen, darstellen, ἔριδα anfangen, auch im Med., μένος zeigen • **b)** anführen, vorbringen, zitieren • **c)** αὐδάν äußern, ἐς μέσον vorschlagen, Plat., auch Med., u. so auffordern, einschärfen • **d)** ὀνείδεα vorwerfen, vorrücken, vorhalten • **e)** vom Orakel: verkündigen, befehlen, προὐνεχθέντος als ob es befohlen wäre, Aisch. Ag. 964 • **3)** Akt. intr. **sich hervortun,** hervorragen, voraus sein od. haben, sich auszeichnen, übertreffen, abs. od. μέγα τινός einen großen Vorsprung haben vor jmdm. od. etw., τινί in od. an etw., ἔς τι zu etw.

προ-φεύγω, ep., Aor. opt. 2. sing. προφύγοισθα, **a)** intr. fortfliehen. **b)** trans. entfliehen, entrinnen, τί.

προφητεία, ἡ, sp. u. N. T. **1)** Gabe der Weissagung, Ahnung. **2)** der Ausspruch eines Propheten.

προφητεύω (N. T. Aor. ἐπροφήτευσα), Prophet, Verkündiger od. Ausleger des Orakels sein, dah. prophetisch od. verzückt predigen, mahnen, enthüllen; prophezeien; οἱ προφητεύοντες τοῦ ἱεροῦ die Propheten des Heiligtums.

προ-φήτης, ου, ion. εω, ὁ (πρόφημι). **1)** Dolmetscher der Götter, insbes. **Verkündiger** der Orakelsprüche, dah. in Delphi der Priester, welcher die von der Pythia ausgestoßenen Laute in einen Spruch zusammenfaßte. **2)** überh. Prophet, **Wahrsager,** Seher, δόμων des Herrscherhauses, Ausleger geheimnisvoller Dinge. Im N. T. überh. Verkünder des Gotteswortes, Prediger, u. = Buch der Propheten.

προφητικός, 3. sp. N. T. prophetisch.

προφῆτις, ιδος, ἡ, die Prophetin.

προ-φθάνω, Aor. προὔφθην u. προὔφθᾰσα, zuvorkommen, abs., z. B. προφθάσας eiligst, oder mit verst. τί, z. B. καρδία προφθάσασα verst. μοῖραν das Ahnungsvermögen, welches dem Geschick zuvorkommt, od. mit πρίν.

προ-φοβέομαι, vorher befürchten, mit folg. μή.

προ-φοβητικός, 3. vorher fürchtend, ängstlich.

προφορά, ἡ (-φέρω), sp. der Vortrag, τινός von etwas.

προ-φράζω, ion. offen sagen, τί τινι.

πρόφρων, ὁ, ἡ, ep. u. poet. u. als bes. ep. Fem. ***πρόφρασσα,*** Adv. poet. ***προφρόνως*** u. ep. (ion.) ***-ονέως*** (φρήν), **a)** aus vollem Herzen, **aufrichtig,** ernstlich. **b)** aus eignem Antriebe, vorsätzlich, ohne Widerstreben, freudig, mit frohem Mute, getrost (auch ironisch, Od. 14, 406), angelegentlich, bereitwillig, willfährig, gern. **c)** geneigt, gütig, wohlwollend. Bei Homer meist so, daß es als adv. Bestimmung zum Verbum gehört.

προφυλακή, ἡ, u. ***προφύλαξ,*** ακος, ὁ, mit bes. Fem. ***προφυλακίς,*** ίδος, ἡ, **1)** die vor etwas aufgestellte Wache, dah. **a)** Vorwacht, äußerster Posten, Vorposten, διὰ προφυλακῆς unter Ausstellung von Wachtposten, αἱ προφυλακίδες νῆες *praesidiariae (naves)*, die Wachtschiffe. **b)** der Ort, wo eine solche aufgestellt ist. **2)** Schutz, Schutzwehr, Bollwerk, τινός, u. zwar πρός τι. Von

προ-φυλάσσω, ep. ion. altatt. u. sp., neuatt. ***-φυλάττω,*** **1)** Akt. vor etwas od. jmdm. Wache halten, auf der Vorhut od. auf Vorposten stehen, bewachen, teils abs., teils τινά, u. zwar ἐπί τινος bei etwas. **2)** Med. sich wovor wahren, Vorsichtsmaßregeln gegen jmdn. treffen, sich hüten, vorbauen, abs., od. τινά, τί vor, gegen jmdn., etwas.

προ-φύομαι, intr. Med. mit Aor. 2. προὖφυ, poet. vorher erzeugt sein, τινός vor jmdm.
προ-φυτεύω, poet. erzeugen, τί.
προ-φωνέω, poet. 1) ertönen lassen, τί. 2) vorhersagen, τί. 3) befehlen, τί od. mit Inf.
προ-χαιρέτω, poet. Imper., es lebe wohl, sei ferne.
προ-χαλκεύω, poet. vorher schmieden.
πρό-χειλος, 2. sp. mit vorstehenden Lippen.
προ-χειρίζομαι, Dep. med., 1) trans. sich zur Hand schaffen, bestimmen, wählen, τί od. τινά. 2) Pass. a) vorgenommen werden. b) vorherbestimmt werden, N. T.
πρό-χειρος, 2. Adv. **-χείρως,** zur Hand, auch pleon. mit χεροῖν; vor Augen, a) bereit, entschlossen, gefällig, entgegenkommend. b) nächstliegend, geläufig, gewöhnlich, leicht zu beschaffen, gering (auch nichts wert), abs. od. mit Inf., u. zwar τινί jmdm., τὰ πρόχειρα, sp. die laufenden Geschäfte. c) leichtfertig, leichtsinnig. — Adv. ἐκ προχείρου, auf der Stelle, leicht.
προ-χειροτονέω, a) vorher abstimmen, b) vorher wählen.
προ-χειροτονία, ἡ, Vorabstimmung (über das Gutachten des Rates, ob diesem ohne Verhandlung zuzustimmen sei oder ob die Sache verhandelt werden sollte); vgl. προβούλευμα.
προ-χέω (-χέω, -έχεα, -κέχυκα usf.), ep. ion. poet. u. sp. hervorgießen, hervorfließen lassen, ausgießen, vergießen, τί. Im Med., Impf. ep προχέοντο, sich ergießen, hervorströmen, -fließen, -stürzen.
πρό-χνυ, ep. Adv. (πρό, γόνυ), knielings, auf den Knien; im bes. in die Knie einsinkend, ganz entkräftet.
προχοαί, αἱ (προχέω), ep. poet. der Hinguß der Wellen, d. i. a) die Mündung. b) der bespülte Uferrand, u. zwar ἐν πρ. Ὠκεανοῖο d. i. da, wo seine Gewässer den Uferrand noch bespülen od. sich darüber ergießen.
προ-χοΐς, ίδος, ἡ, der Nachttopf. Von
πρό-χοος, zsgz. **πρόχους,** ἡ, Gefäß zum Ausgießen, Krug, Gießkanne, Wasserkrug, Weinkanne.
προ-χορεύω, poet. vortanzen. [τινός vor etwas.
προ-χρηματίζω, sp. vorher verhandeln, behandeln,
προ-χρίω, Impf. προὔχρ., poet. anstreichen.
πρό-χρονος, 2. sp. vorzeitig.
πρό-χυσις, ιος, ἡ, ion. sp. (-χέω), a) das Hingießen, Ausschütten, πρόχυσιν ποιέεσθαί τί τινι = προχέειν τί τινι darstreuen, d. i. Gerstenkörner (s. οὐλόχυται) einem Gotte. Dah. b) angeschwemmte Erde, Schwemmsand.
προ-χύται, αἱ, poet. = οὐλόχυται.
πρό-χύτης, ου, ὁ, poet. Becher.
προ-χωρέω. 1) eigtl. vorwärts gehen, **fortschreiten,** vorrücken, **herankommen;** auch von der Zeit u. von Handlungen, αἰών, πότος πρ. vorrücken. 2) übertr. **Fortgang haben,** von statten gehen, gelingen, gedeihen, οὕτως ὠμὴ πρ. steigert sich in solcher Wildheit Thuk. 3, 81, π. τῶν πραγμάτων als die Macht groß geworden war Thuk. 1, 16; ἐπὶ μέγα bekannt, berühmt werden. Von Opfern: gut ausfallen, günstig sein. Unpers. **προχωρεῖ** es geht von statten, gelingt; abs., u. τινί jmdm., u. mit Inf.
προ-ωθέω (-ώσω, -έωσα usf.), Perf. pass. 3. sg. sp. προῶσται, vorwärts, nach vorn stoßen, -schieben; übertr. antreiben, d. h. etwas zu tun ermuntern, τινά.
προ-ώλης, προῶλες (ὄλλυμι), hinweggetilgt, ἐξώλη καὶ πρ. ποιεῖν τινα jmdn. spurlos hinwegtilgen, mit Stumpf u. Stiel ausrotten, s. ἐξώλης.
πρό-ωρος (ὥρα), 2. sp. vorzeitig, verfrüht.
πρυλής, 2. ep. u. nur im Plur. πρυλέες, Dat. πρυλέσσι u. πρυλέεσσι, πρόμαχοι ὁμιληταί Vorkämpfer, im Gegens. der Wagenkämpfer u. der Leichtbewaffneten. Il. 5, 744 mit den Kämpfern von 100 Städten versehen, d. h. es war ein kämpfender Städtebund als Verzierung angebracht.
πρύμνα, ἡ, ion. u. altatt. **πρύμνη,** ep. **πρυμνή,** eigtl. Fem. v. Adj. πρυμνός, verst. ναῦς, dah. ep. πρύμνη νηῦς, wo man πρυμνή erwartete, der äußerste, hinterste Teil des Schiffes. 1) das **Hinterschiff,** Achterschiff, der Stern, Spiegel, wo der Sitz des Steuermanns ist; ἐν πρ. am Steuerruder, κατὰ πρύμνην über das Steuerbord hin, am Steuer; πρύμναν (ἀνα-)κρούεσθαι das Schiff rückwärts rudern • Adv. **πρύμνηθεν,** Hom. Tragg. vom St. her, λαμβάνειν d. i. am St., ἑστῶτας vor dem St. des Schiffes stehend, d. h. am Lande. 2) Spitze, Eur.
πρυμνήσιος, 3. poet. (πρύμνα), zum Schiffshinterteil gehörig, κάλως; gew. **πρυμνήσια, τά,** sc. δεσμά od. σχοινία, ep. poet. sp. Hintertaue od. Halttaue, mit denen das Schiff, wenn es am Lande lag, am Steuerbord befestigt und an der Küste angebunden wurde.
πρυμνητής (-ήτης), 1) Adj. poet. = πρυμνήσιος. 2) ὁ, poet. der Steuermann.
πρυμνόθεν, poet. vom untern Ende, vom Grunde aus (vgl. πρέμνοθεν).
πρυμνός, 3. ep. poet. Superl. πρυμνότατος, der **äußerste, letzte,** hinterste, unterste, βραχίων, δόρυ der äußerste, oberste Teil, das Ende des Armes od. des Speeres, σκέλος der Oberschenkel an der Hüfte; γλῶσσα, κέρας die Wurzel der Zunge od. des Hornes, ὕλην πρυμνὴν ἐκτάμνειν das Holz ganz unten dem Boden nahe abhauen, πρυμνὸς παχύς unten dick. Subst. τὸ πρυμνὸν θέναρος die Handwurzel.
πρυμνοῦχος, 2. poet. das Schiff festhaltend.
πρυμν-ώρεια, ἡ (ὄρος), ep. der unterste Teil, der Fuß des Berges.
πρυτανεία, ἡ (πρύτανις), die Prytanie, a) die Zeit von 35 od. 36 Tagen, während welcher jede der zehn Phylen in Athen, nach der Bestimmung des Loses, einmal im Jahr die Geschäfte des Rats leitete. b) der täglich wechselnde Oberbefehl.
πρυτᾰνεῖον, τό, u. **Πρυτανεῖον,** ion. **πρυτανήιον.** 1) Amtshaus des πρύτανις, des obersten Beamten, das **Stadthaus,** in welchem sich das Heiligtum der Hestia, der heilige Staatsherd, befand, u. welches deshalb als Mittelpunkt u. Herz des Staats galt. In Athen wurde im Pryt. die staatliche Ehrentafel gehalten, an der teils einmalig Geladene (Gesandte, πρόξενοι), teils ständige Gäste (die Prytanen, verdiente Bürger) teilnahmen. 2) übertr. heißt Athen selbst das Prytaneion von

Hellas. 3) ein **Gerichtshof** in Athen. 4) *τὰ πρυτανεῖα,* die **Gerichtsgebühren.**

πρυτανεύω (*πρύτανις*). 1) die Ratsgeschäfte leiten. 2) Übertr. an der Spitze von etwas stehen, leiten; *τὴν εἰρήνην* die Friedensverhandlungen leiten, *πρυτανεύεσθαι παρά τινος* an jmdm. seinen Herrn finden.

πρῠτᾰνηΐη, *ἡ*, ion. = *πρυτανεία*, s. d.

πρυτανήιον, *τό*, s. *πρυτανεῖον*.

πρύτανις, *εως, ὁ*, ion. *ιος*, auch ***Πρύτανις*** (äol. *πρότανις*, zu *πρό*) der **Prytan,** d. i. Fürst, Obmann, Vorsteher, Vorsitzender, Präsident. Im bes. 1) in Athen, a) zunächst *οἱ πρ. ναυκράρων* (w. s.), ein dem Archon beigegebener Rat, b) der Ratsausschuß, od. die 50 diensttuenden Mitglieder des Rats (s. *βουλή*), welche den zehnten Teil des Jahres die Geschäftsleitung und den Vorsitz im Rat u. in der Volksversammlung hatten; sie speisten täglich im *πρυτανεῖον*. 2) Kampfordner.

πρῴ u. ***πρῳαίτερος,*** s. *πρώιος*.

πρῴην, Adv. (zu *πρωΐ*, erstarrter Accus., erg. *ἡμέραν*), ep. auch ***πρωιζά,*** dor. *πρώαν, πρόαν, πράν*. 1) vorgestern, seit drei Tagen (Plat.); *χθιζά τε καὶ πρωιζά* seit gestern und vorgestern, sprichw. von Ereignissen, die sich in einer verhältnismäßig kurzen Zeit wiederholt haben. 2) jüngst, vor kurzem, neulich.

πρωθήβης, *ὁ*, ep. poet. sp., u. ***πρώθηβος,*** 3. ep. poet., zuerst ins männliche Alter tretend, eben erst erwachsen. Subst. der in den ersten Jahren des Jünglingsalters steht, der Jüngling.

πρωΐ, att. ***πρῴ*** (dt. *früh*, aus ahd. *fruo; zu πρό*), Adv.; Komp. *πρωΐτερον*, ***πρῴτερον*** u. ***πρωιαίτερον*** (*πρῳαίτερον*), Superl. *πρωΐτατα*, ***πρῴτατα = πρωιαίτατα*** und ***πρῳαίτατα,*** 1) früh am Tag, am Morgen, zeitig, *ἅμα πρωΐ* früh am Morgen; abs. *πρωιαίτατα* sehr früh (d. h. wenigstens noch vor Mittag), od. mit Dat. od. Genet. der Zeit, *τῆς ὥρας πρωΐτερον* zu einer frühern Stunde, *πρωΐτερον μέσων νυκτῶν* noch vor Mitternacht, *πρῳαίτατα τῆς ἡλικίας* in frühester Jugend. 2) vor der Zeit, zu früh, frühzeitig.

πρωιαίτερος, 3. s. *πρωΐ*.

πρώιζα od. ***πρωιζά,*** s. *πρῴην*.

πρώιμος, 2., ***πρωϊνός,*** 3. sp. u. ***πρωιος,*** 3. ep. ion. poet. ar. sp. u. N. T. **früh,** frühzeitig, insbes. a) frühmorgens, *ἡ πρωία* (s. *ὥρα*), die Frühe, N. T.; *πρωίας* in der Frühe, *δείλη πρωίη* der Frühnachmittag; *πρωινὸς ἀστήρ* Morgenstern. — Adv. *πρώιον* am heutigen Morgen. b) früh im Jahr.

πρωκτός, *ὁ*, poet. sp. After, Steiß.

πρών, *πρῶνος, ὁ*, Nom. plur. ep. u. poet. zerd. ***πρώονες*** (*πρό*), poet. ***πρηών,*** ep. u. poet. Vorsprung, Anhöhe, bes. Vorgebirge, bei Äsch. auch Gestade.

πρώξ, *ἡ*, buk. der Tautropfen.

πρῷος, 3. att. = *πρῷϊος*, 3., s. *πρώιμος*.

πρω-πέρυσι(ν), adv. vor zwei Jahren.

πρω-περυσινός, 2. von vor zwei Jahren her.

πρῴρα (*πρῷρα*), *ἡ*, u. ***πρῴραθεν,*** s. *πρῷρος*.

πρῳρᾰτεύω, poet. u. sp. zweiter Führer, Untersteuermann sein, von

πρῳράτης, *ου, ὁ*, zweiter Führer, Untersteuermann, der auf dem Vorderteil des Schiffes das Kommando über die Leitung des Schiffes führte, aber unter dem *κυβερνήτης* stand u. diesen auf Klippen u. dgl. aufmerksam zu machen hatte.

πρῳρεύς, *έως, ὁ* (*πρῴρα*), = dem vor.

πρῷρος, 3. (*πρό*), vorder, mit ***νηῦς*** das Vorderteil des Schiffes. Gew. Subst. *ἡ* ***πρῴρα*** (*πρῷρα*), ion. ***πρῴρη,*** mit u. ohne ***τῶν νεῶν*** u. ähnl., das vordere Ende des Schiffes, das Vorderschiff, Schiffsvorderteil, der Schiffsschnabel, Bug, bisw. mehr spitz zulaufend, dah. ***πρῴρην συνάγειν*** die Schiffswände konvergieren lassen, damit die ***πρ.*** spitz zulaufe. Adv. ***πρῴρᾱθεν*** am Schnabel, ***τὰ πρ.*** Vorderteil.

Πρωτᾰγόρας, *ου, ὁ*, Sophist aus Abdēra, geb. vor 480. Lange Zeit in Athen, Vertrauter des Perikles. Lehre von der Unmöglichkeit sicherer Erkenntnis: „Der Mensch das Maß aller Dinge". 417 in Athen wegen Asebie angeklagt. Entzieht sich der Anklage durch Auswanderung, findet unterwegs durch Schiffbruch den Tod.

πρωταγωνιστέω, sp. die erste Rolle haben, eigentl. und übertr.

πρώτ-αρχος, 2. (*ἄρχω*), poet. zuerst anfangend, allererst, *ἄτη* die Urschuld.

πρῴτατος, πρῴτερος, s. *πρώιος*.

πρωτεῖον, *τό*, auch im Plur. (*πρῶτος*), 1) der erste Preis, Ehrenpreis, abs., u. *τοῦ Μαραθῶνος* von der Schlacht bei M. 2) der erste Rang, hohe Stellung.

Πρωτεσί-λᾱος [*ῐ*], *ὁ*, ion. ***-λεως,*** Gen. *εω*, Sohn des Iphĭklos aus Phylăke in Thessalien, vor Troja zuerst, nach Späteren von Hektor, getötet. Es war ihm Elaius im Chersones heilig, wo er in der Nähe seines Grabes einen Tempel hatte, Orakel gab u. Krankheiten heilte.

Πρωτεύς, *έως*, ion. *έος, ὁ*, bei Hom. wahrsagender Meergott, der sich in alle möglichen Gestalten zu verwandeln vermochte, V. der Eidothea; bei Her. ist er König von Memphis in Ägypten; *Πρωτέως ἀκρωτήρια, τά*, das Vorgebirge d. Proteus, in Ägypten.

πρωτεύω (*πρῶτος*), der erste sein, den ersten Platz einnehmen, den Vorrang haben, der ausgezeichnetste sein, abs., od. *τινός* vor, unter andern.

Πρώτη, *ἡ*, Insel an der Westküste von Messenien, [j. *Produno*.

πρώτιστος, s. *πρῶτος*.

πρωτό-βολος, 2. poet. zuerst getroffen.

πρωτο-γενής, 2. erstgeboren.

Πρωτο-γένης, berühmter Maler aus Kaunos in Karien im 4. Jahrh., Zeitgenosse des Apelles.

πρωτό-γονος, 2. ep. poet. u. sp. erstgeboren, edel, alt, uranfänglich.

πρωτοκαθεδρία, N. T. u. ***πρωτοκλισία,*** *ἡ*, N. T. sp. der Vorsitz, Ehrenplatz.

πρωτο-κτόνος, 2. poet. zuerst tötend.

πρωτό-λεια, *τά* (*λεία*?), poet. die Erstlinge.

πρωτό-μαντις, *ἡ*, poet. die erste Weissagerin.

πρωτό-μορος, 2. poet. zuerst sterbend.

πρωτο-πᾰγής, 2. (*πήγνυμι*), ep. frisch gezimmert.

πρωτο-πήμων, 2. (*πῆμα*), poet. vom ersten Greuel, aus ihm erwachsen.

πρωτό-πλοος, zsgz. ους, 2. bes. ep. u. poet. **1)** zum erstenmal fahrend, neu gezimmert. **2)** zuerst od. voraus segelnd.

πρῶτος, 3., Superl. von πρό mit der meist ep. u. poet. Nebenf. u als Superl. davon **πρώτιστος,** 3. (ep. auch 2.) • **1)** Adj. der **vorderste,** *primus,* **erste,** u. πρώτιστος der allererste. Bisw. verstärkt durch πολύ od. pleon. bei προπονεῖν, προγράφειν. • **a)** Abs. πρώτῃ ἐν ὑσμίνῃ im Vordertreffen, πρώτῃ ἀγορῇ vorn in der Versammlung, ἐν πρ. ῥυμῷ vorn an der Deichsel, ähnl. (ἐν) πρ. θύρῃσιν, πρὸς πρώτην ἕω, od σὺν τοῖς ἱππεῦσι τοῖς πρώτοις, ἐνὶ τῷ πρώτῳ dem ersten besten, od. τινὰ πρῶτον καθιστάναι, πρῶτος παρέσομαι • **b)** konstr. m. Gen. od. Praepp., ἐν πρώτῃ τῶν ἡμερέων, μετά τινα nach jmdm., παρά τινι πρῶτον εἶναι bei jmdm. den ersten Rang haben, ἐν τοῖς πρῶτοι = die aller-, wo ein Partiz. ὄντες od. ein ähnl. zu ergänzen, z. B. ἐν τοῖς πρῶτοι κατέθεντο st. ἐν τοῖς καταθεμένοις πρῶτοι κατέθεντο • **2)** Subst. • **a)** οἱ πρ. die Ersten, Vornehmsten, od. auch = πρόμαχοι, auch πρῶτοι πρ. die Vorkämpfer, dah. τοὺς πρώτους ἀρίστους τάσσειν • **b)** τὸ πρῶτόν τινος der Anfang von etwas, aber πολλῷ πρῶτόν τινος ὑπάρχει ein weit vorzüglicheres Gut zu etwas ist, oder πρῶτον νομίζεται mit Inf. es gilt als erstes Gesetz • **c)** τὰ πρῶτα die größten Taten, der erste Preis (bei Hom. der Artikel hinweisend: der erste Preis hier), dag. τὰ πρ. φέρεσθαι den ersten Rang einnehmen, φρενῶν ἐς τὰ ἐμεωυτοῦ πρῶτα (Höhepunkte) οὔκω ἀνήκω ich habe noch nicht vollständig überlegt; auch von Personen, mit u. ohne ἐών, der ausgezeichnetste, erste • **3)** Adverb. **πρώτως** spät, dafür • **a)** ἐν τοῖς πρώτοις am meisten, ἐς τὰ πρῶτα auf das höchste • **b)** τὴν πρώτην das erste Mal, zuerst, in kurzem, u. mit u. ohne εἶναι fürs erste, ἀπὸ τῆς πρ. das zunächst Gelegene, τῇ πρώτῃ auch: am ersten Tag • **c)** **πρῶτον, πρῶτα,** ähnl. τὸ πρῶτον, τὰ πρῶτα, erstlich, erstens (gew. mit folg. ἔπειτα u. ähnl.), zuerst, zum erstenmal, anfangs, zunächst, vor allem. Ähnl. πρώτιστα zu allererst, τὰ πρ. dort zu allererst, wie bei Hom. auch τὸ πρῶτον, τὰ πρῶτα da od. dort das erste Mal od. zuerst heißt. Insbes. mit den Konjunkt. der Zeit ἐπεί, ἐπειδή, ὅτε, ἐπήν, ὁππότε κε, ὅταν, ἐξ οὗ u. Relativ. einmal, nachdem einmal, sobald als.

πρωτός, 3. sp. = πεπρωμένος, s. πορεῖν.

πρωτο-στάτης, ου, ὁ, der in der ersten Reihe od. als erster in der Reihe steht, **1)** der Vordermann, Flügelmann, οἱ πρ. die Vordersten, bei den Spartanern (u. dann den Persern) aus lauter Offizieren bestehend. **2)** im N. T. Vorstand, Führer.

πρωτο-τόκια, τά, N. T. das Recht der Erstgeburt. Von

πρωτό-τοκος, z. N. T. sp. erstgeboren. Dagegen

πρωτο-τόκος, Fem. (τίκτω), ep. zum erstenmal geboren habend od. werfend.

πρωτό-τυπος, 2. sp. gramm. ursprünglich, primitivus; τὸ πρ. Grund- od. Stammwort (Gegens. παράγωγος, abgeleitet).

πρώων, ονος, s. πρών.

(πταίρω) (lautmalende Wz. *pster,* lat. *sternuo*), gew. im Aor. 2. ἔπτᾰρον, πταρεῖν, dann Präs. **πτάρνυμαι,** niesen. Es galt als bedeutsam u. als günstiges Zeichen, so daß man den Niesenden Ζεῦ σῶσον (helf Gott!) zuzurufen pflegte.

πταῖσμα, τό, Anstoß, Versehen, Fehler, Fehltritt, bes. Unfall, Unglück, Niederlage, abs., od. τινός jmds., πρός τινα d. h. im Kampf mit jmdm., ἔν τινι wo od. zu einer Zeit.

πταίω (Erweiterung der Wz. πετ in πέτομαι u. πίπτ-ω), intr. anstoßen, anprellen. Übertr. **1)** einen Fehltritt begehen, fehlen. **2)** straucheln, **a)** Unglück haben, ins Unglück geraten, verunglücken, **b)** geschlagen, besiegt werden, unterliegen, **c)** scheitern, fallen, untergehen. περί τινι im Kampfe mit jmdm., περὶ σφίσιν αὐτοῖς durch eigene Schuld; sp. τὰ ἐπταισμένα erlittener Schaden, Verlust.

πτᾱνός, s. πτηνός. **πτάξ,** s. πτώξ.

πταρμός, ὁ, das Niesen, rechts vernommen ein glückbedeutendes Zeichen.

πτάρνυμαι, s. πταίρω.

πτελεατικός, 3. buk. οἶνος Ulmenwein, d. h. mit jungen (bittern) Ulmentrieben angesetzter. Von

πτελέα, ep. **-έη,** ἡ (verw. lat. *pōpulus, f.*), ep. poet. ar. sp. die Ulme, Rüster.

Πτελεός, ἡ (Ulm), **1)** achäische Hafenstadt in Thessalien am Pagasäischen Busen, jetzt *Ftelia,* Mutterstadt von **2)** Ort in Elis. **3)** Kastell bei Erythrai in Ionien.

Πτερέλαος, ὁ, ein König der Taphier.

Πτερίη, ἡ, Stadt u. Landschaft in Kilikien, wo der Halys (Kisil Irmak) aus dem Felsental des Kara Tepe tritt u. jetzt die Festung Egri Kaleh liegt, Schlüssel des nördlichen Kappadokiens. Die Einw. οἱ **Πτέριοι.**

πτέρινος, 3. u. 2. poet. sp. von Federn gemacht.

πτέρις, ιν, u. **πτερίς,** ίδος, ἡ, buk. sp. Farnkraut.

πτέρνα, ἡ (lat. *perna,* dt. *Ferse,* aus ahd. *fersna*). **1)** die Ferse. **2)** = πέρνα, ἡ, sp. ep. Schinken. Dah.

Πτερνο-γλύφος, ὁ, „Schinkenhöhler",

Πτερνο-τρώκτης, ὁ, „Schinkennager", und

Πτερνο-φάγος, ὁ, „Schinkenfresser", alle später Namen von Mäusen.

πτερόεις, ep. poet. sp. = πτηνός. Von

πτερόν, τό, gew. im Pl., **πτέρυξ,** ῠγος, ἡ (πέτομαι) • **1)** die Schwungfedern, die **Feder,** der **Flügel,** Fittich, das Gefieder, auch von den Flughäuten der Fledermaus Her. 2, 76, Sinnbild des Leichten u. Schnellen. Im bes. • **a)** von den Rudern • **b)** von den Waffen, Soph. Antig. 114: πτέρυξ Fittich (= Schild) aus weißem Schnee; gefiederter Pfeil Eur. Hel. 76 • **c)** πτέρυγες γόων Flügelrauschen der Klagen, Soph. El. 243 • **d)** von fallenden Schneeflocken • **2)** übertr. Vogelzeichen; πιστὸν ἐξ ὑμῶν πτερόν ein zuverlässiges von euch gegebenes Wahrzeichen, näml. eure Führung Soph. OC 97 • **3)** der Federbusch des Helms • **4)** von der Ähnlichkeit • **a)** die flügelartig vom Heft auslaufende Schneide der Klinge am Schlachtmesser Plut. Alex. 16 • **b)** der Panzerflügel, d. i. der untere Teil des Panzers, welcher den Unterleib deckte u. meist aus Panzerschuppen bestand, weil er, um die Bewegung nicht zu hindern, biegsam sein mußte Xen. Plut. • 5) übertr. der Schutz Eur.

πτερορρυέω (wie von πτερο-ρρυής, ῥέω), die Federn sinken lassen, die Schwungfedern, Flügel verlieren.

πτερο-φόρος, 2. poet. u. sp. befiedert, rasch.

πτεροφυέω, Federn bekommen. Von

πτεροφυής, 2. (φύω), Federn bekommend.

πτερόω (πτερόν), 1) mit Flügeln versehen, befiedern, τί, Pass. flügge werden. 2) übertr. a) ναῦς sie mit Rudern versehen, zur Fahrt bereit machen. b) die Seele erheben, ermutigen; ἐπτερωμένος beschwingt.

πτερυγίζω, poet. die Flügel bewegen, zu fliegen versuchen, flattern.

πτερύγιον, τό, sp. N. T. turmähnliche Spitze des Tempels od. Königspalastes.

πτερυγ-ωκής, 2. poet. flügelschnell.

πτέρυξ, s. πτερόν. Dav.

πτερύσσομαι, sp. Dep. med., mit den Flügeln (τινί) schlagen.

πτέρωμα, ατος, τό, die Befiederung, Beflügelung.

πτέρωσις, εως, ἡ, poet. ar., sp. (πτερόω), die Befiederung, das Gefieder.

πτερωτός, 3. u. 2., s. πτηνός.

πτηνός, 3. u. 2., dor. **πτᾱνός** (πέτομαι), nebst poet. **ποτᾱνός** (dor. st. ποτηνός), 3., u. **ποτητός,** 3. ep. (ποτάομαι), ep. poet. u. sp. **πτερόεις,** εσσα, εν (πτερόν), **πτερωτός,** 3. u. 2. (πτερόω), 1) mit Federn od. Flügeln versehen, flügge, befedert, beflügelt, beschwingt, geflügelt, fliegend, befiedert (Pfeile) = πτανὰ ὅπλα. Subst. ὁ πτηνός der Vogel, (οἱ) πτερωτοί, τὰ πτηνά oder ποτητά, die Vögel, das Geflügel. 2) übertr. a) flüchtig, scheu, u. daher hastig entfliegend, Beiwort der wilden Taube u. der Raubvögel. b) leichtgeschwungen, leicht. c) schnell enteilend, hurtig, schnell.

πτῆσις, εως, ἡ (πτῆναι), poet. u. sp. der Flug.

πτήσομαι u. ähnl., s. πέτομαι.

πτήσσω (St. πτηκ : πτᾰκ : πτωκ, vgl. πτάξ, πτώξ u. πτωχός), bes. ep. poet. sp., selten att. pros., Fut. πτήξω, Aor. 1. ἔπτηξα, Perf., immer intr., ἔπτηχα u. sp. πέπτηχα, ep. part. πεπτηώς, ῶτος, fem. πεπτηυῖα, (über den Aor. 2. -πτᾰκεῖν u. -πτήτην s. καταπτήσσω), u.

πτώσσω, ep. ion. u. poet., nur Präs. u. Impf., — 1) trans. niederbeugen, meist übertr. in Furcht u. Schrecken setzen, ἐχθρούς, θυμόν. 2) intr. sich niederducken, a) um einer Gefahr zu entgehen, sich verkriechen, verstecken, εἰς ἕνα χῶρον, βωμὸν ὕπο od. nur βωμόν am Altar. b) in Furcht u. Schrecken geraten, sich ängstigen, θυμόν in der Seele, τί vor etwas, d. i. etw. fürchten.

πτίλον, τό, Flaumfeder, Daunen: Flughäute von Schlangen; Ruder von Schiffen.

πτίσσω, Aor. ἔπτἴσα (St. πισ, verw. mit dem lat. *pinso, piso*), ion. u. sp. enthülsen, zerschroten, τί.

πτοάω, poet., = πτοιάω, w. s.

πτοέω (zu πτοία, verw. πτήσσω u. πτώσσω). 1) Akt. scheuchen, in Furcht und Schrecken setzen, ängstigen. 2) Pass. **πτοέομαι,** a) gescheucht, erschreckt werden, b) erschrecken, sich ängstigen, sich fürchten, zagen; τὸ πτοηθέν die Geistesverwirrung, c) bes. im Perf. **ἐπτόημαι,** in Unruhe, Aufregung, außer Fassung, erschrocken sein; sich von etw. imponieren lassen, d) leidenschaftlich erregt werden, εἴς, ἐπί u. πρός τι nach etwas verlangen.

πτοία (πτωϝιᾱ, hierher Ἀπόλλων Πτῷος, St. πετ in πέτομαι u. πίπτω), ἡ, Furcht, Leidenschaft.

πτοιάω, poet., u. **πτοιέω,** ep. u. poet., = πτοέω, s. d.

πτοίησις u. **πτόησις,** εως, ἡ, Eifer, Leidenschaft, abs., u. περί τι um etwas; N. T. Furcht

Πτολεμαῖος, ὁ, Name makedonischer u. bes. ägypt. Fürsten, insbes. 1) Pt. I. Soter, Sohn des Lagos, Vertrauter Alexanders des Großen und nach dessen Tod König von Ägypten von 323—284. 2) Pt. II. Philadelphos, Sohn des vorigen, König von 284—247. 3) Pt. III. Euergĕtes, Sohn des vorigen, König von 247—221 (Plut. Ag. 7 ff.). 4) Pt. Epiphanes, geb. 225, von den Römern vielfach unterstützt, stirbt 181. 5) Auch sonst Eigenn.

Πτολεμαΐς, ίδος, ἡ, Seestadt Phöniziens, auch Ἄκη, sp. Akko = *S. Jean d'Acre.*

πτόλεμος u. **-όνδε, -μίζω, -μιστής,** s. πολ.

πτολίεθρον, τό (πόλις), ep. poet. Stadt, mit dem Gen. des Städtenamens.

πτολι-πόρθης, ου, ὁ, poet. u. **πτολί-πορθος,** ὁ, ep. u. poet., ep. auch **πτολι-πόρθιος,** ὁ (πέρθω), Städte zerstörend, Städtezerstörer, Städteverwüster, stehendes ep. Beiwort von Helden od. des Ares, der Enyo.

πτόλις, s. πόλις.

πτόρθος, ὁ, Sprößling, Trieb, Zweig, Ast.

πτύγμα, τό (πτύσσω), ep. das Gefaltete, die Faltenhülle, πέπλοιο.

πτυκτός, 3. (πτύσσω), ep. gefaltet, zusammengelegt.

(πτύξ), πτυχός, ep. u. poet., u. **πτυχή,** ἡ, poet. (πτύσσω), das mehrfach über einander Gelegte, dah. 1) Falte, Schicht, Lage, *plica*. 2) übertr. Schlucht, Tal.

πτύον, τό, ep. Gen. πτυόφιν (πτύω), ep. poet. u. sp. die Worfschaufel, womit das ausgedroschene Getreide geworfelt wurde, so daß sich Körner u. Spreu trennten.

πτύρομαι, Pass., Aor. ἐπτύρην, scheu werden.

πτύσμα, τό (πτύω), sp. u. N. T. Speichel.

πτύσσω (πτύξ), πτύξω, ἔπτυξα, ἔπτυγμαι, ἐπτύχθην, πτυκτός, ep. poet. ar. sp. 1) Akt. in Falten legen, falten, zusammenlegen, schlingen, kreuzen, τί, u. zwar ἐπί τινι um jmdn. 2) Med. sich falten d. h. biegen, von Speeren, die mit großer Macht geschwungen werden.

πτυχή, ἡ, s. πτύξ.

Πτυχία, ἡ, kleine Insel bei Kerkyra, jetzt *Vido*.

πτύω [ῡ im Präs. u. Impf., sonst ῠ], πτύσω, ἔπτυσα, (κατά)πτυστος (lat. *spuo*, ahd. *spîwan*), spucken, ausspucken, ausspeien, auswerfen, abs. od. τί, u. zwar ἀντίον τινός vor jmds. Augen (in Gegenwart anderer auszuspucken galt bei Persern und Medern für unanständig). Übertr. hinwegstoßen, verabscheuen, προσώπῳ mit dem Blicke.

πτωκάς, s. πτώξ.

πτῶμα, τό (πίπτω), 1) Fall, Sturz, πτώματα πίπτειν einen Fall tun, einen Sturz erleiden. 2) das

Gefallene, der Leichnam, od. auch, wie Plut. Cat. mai. 14, der Fallende.

πτώξ, πτωκός, ὁ, ἡ (zu πτήσσω, πτώσσω), ep. u. poet., **πτάξ,** πτακός, ὁ, ἡ, poet., u. **πτωκάς,** άδος, ἡ, poet. **1)** *timĭdus,* scheu, schüchtern. **2)** ὁ u. ἡ πτ. der Hase, eigtl. der Ducker. **3)** (αἱ) πτωκάδες die (bis dahin) schüchternen Vögel, denn Philoktet hatte sich bisher von ihnen ernährt u. sie so durch seinen Bogen geschreckt.

Πτῷον (richtiger als Πτῶον), τό, ein Heiligtum des Apollon auf dem Gebirge Ptoon in Böotien.

πτώσιμος, 2. (πίπτω), poet. gefallen, geschlagen, abs., u. τινί durch etwas.

πτῶσις, εως, ἡ **1)** = πτῶμα. **2)** sp. gramm. Fall, Abwandlungsform von Nomen und Verbum, *Casus.*

πτωσκάζω, ep. = πτώσσω, intr. in Furcht sein, aus Furcht sich verbergen, fliehen.

πτώσσω, s. πτήσσω.

πτωτικός, 3. sp. gramm. was πτώσεις hat, flexibel; [deklinierbar.

πτωχεία, ἡ = πτωχηίη.

πτωχεύω (πτωχός), **a)** intr. ep. u. sp. betteln, προτί, κατά, ἀνά τι. **b)** ep. trans. erbetteln, τί.

πτωχηίη, ἡ, ion., att. -εία, Bettelhaftigkeit.

πτωχικός, 3. (πτωχός), bettelhaft, τὰ πτ. das Wesen der Bettler.

πτωχο-ποιός, 2. **1)** sp. bettelarm machend. **2)** poet. Bettler darstellend (auf der Bühne).

πτωχός, 3. u. poet. 2., Komp. πτωχίστερος poet., sp. -ότερος, (πτώσσω, πτήσσω, πτᾰκεῖν, eigentl. der sich duckt od. bückt), **a)** bettelnd, arm, mit u. ohne ἀνήρ ein Bettelmann, zu Homers Zeit mehr bemitleidet als verachtet. **b)** zum Bettler gehörig, δίαιτα Bettelbrot.

Πυανοψιών od. **Πυανεψιών,** ῶνος, ὁ, vierter Monat des attischen Jahres, unser Okt./Nov., so benannt vom Feste πυανόψια (πύανος, ἕψω Bohnenfest) zu Ehren Apollons.

πῡγαῖον, τό, ion. Steiß; Bürzel. [art.

πύγ-αργος, ὁ, ἡ, ion. sp. Weißsteiß, eine Antilopen-

Πύγελα, τά (Φύγελα), ionischer Ort auf lydischem Gebiete; Einw. οἱ Πυγελεῖς.

πῡγή, ἡ, poet. sp. = πυγαῖον, αἱ π. die Hinterbacken.

πυγίζω, buk. auf den Steiß schlagen.

πύγισμα, τό, buk. das Schlagen auf den Steiß.

πυγμαῖος, 3. (πυγμή), ep. ion. sp. daumenlang, u. mit ἀνήρ Däumling. Dav. **Πυγμαῖοι ἄνδρες,** die Pygmäen, ein fabelhaftes Zwergvolk in Indien oder Äthiopien.

πυγμαχέω, (-χος), ion. = πυκτεύω.

πυγμαχίη, ἡ, ep. der Faustkampf.

πυγ-μάχος, ὁ, ep. poet. = πύκτης, Faustkämpfer.

πυγμή, ἡ (lat. *pugnus, pugil*), **1)** die Faust, *pugnus.* **2)** der Faustkampf, πυγμῇ im Faustkampf (eigentl. mit der Faust).

πυγο-στόλος, 2. (πυγή, στέλλω) ep. sich den Steiß, den Hintern schmückend, putzsüchtig.

πῡγούσιος, 3. ep. eine Elle lang.

πυγών, όνος, ἡ (verw. mit πύξ), ein Ellenmaß, fünf Handbreiten, die Weite von der Spitze des Ellenbogens bis zur zusammengeballten Faust, = 20 δάκτυλοι od. ca. $^4/_5$ πῆχυς = 0,392 m umfassend.

Πύδνα, ἡ, auch Κύδνα, Stadt der makedon. Küste an der Westseite des Thermäischen Meerbusens, durch Konon seit 394 im Besitze Athens, aber 357 von Philipp erobert, Sieg des Aemil. Paulus über Perseus 168 vor Chr. Der Einw. ὁ **Πυδναῖος.**

πύελος, ἡ (f. πλύελος, zu πλύνω, eig. Waschtrog), ep. poet. sp. Trog, Mulde, Wanne, im bes. Freßtrog od. Badewanne, überh. jedes trogartige hölzerne Gerät; daher auch Sarg.

Πῡθ-ἀγόρας, ου, ὁ, **1)** Philosoph aus Samos, um 550 v. Chr., angeblich Schüler des Pherekȳdes. Er stiftete zu Kroton in Unteritalien eine Art Geheimbund. Die Anhänger von ihm heißen **οἱ Πῡθαγόρειοι,** u. die Satzungen od. Geheimlehren, welche P. aus Ägypten od. Indien entlehnt haben soll, **τὰ Πυθαγόρεια.** Seine Geschichte ist sagenhaft. **2)** sonst. Eigenname.

Πυθαγορικοί waren tatsächlich die esoterischen, Πυθαγορισταί die exoterischen Empedokleer.

Πῡθαεύς, s. Πυθώ.

Πῡθέας, ion. **Πυθέης,** ου, ὁ, **1)** athen. Redner zur Zeit Philipps und für diesen tätig. **2)** kühner Seefahrer aus Massalia zur Zeit Alexanders. **3)** sonst. Eigenname.

Πῡθία, Πύθια, Πυθιάς, Πύθιος, s. Πυθώ.

Πῡθιο-νίκης, ου, ὁ, der Sieger in den pythischen Spielen.

πυθμήν, ένος, ὁ (lat. *fundus,* dt. *Boden*), das Unterste einer Sache, der Grund, Boden, daher keulenförmige Stützen unter den Henkeln der Becher. Insbes. von einem Dreifuße: der Fuß, das Fußgestell, von einer Türe: die Grundlage, der Türpfosten.

Πυθό-δηλος, ὁ, Archon zu Athen Ol. 111, 1 (336 v. Chr.) (unrichtig -δημος bei Arr. An. 1, 1, 1).

Πυθό-δωρος, ὁ, **1)** athenischer Archon (Thuk.) Ol. 87,1 = 432/1 u. (Lys.) Ol. 94,1 = 404/3. **2)** sonst. Eigenname.

Πυθο-κλείδης, ου, ὁ, Sophist aus Keos, Lehrer des Perikles in der Musik.

Πυθο-κλῆς, έους, ὁ, Sohn des Pythodōros aus Athen, früher mit Demosthenes befreundet, später von Philipp erkauft, wurde zugleich mit Phokion hingerichtet.

πῡθό-κραντος, 2. poet. vom pythischen Gott geweissagt; also τὰ π. die Orakel.

πῡθό-μαντις, εως, ὁ, ἡ, poet. zu Delphi wahrsagend, ἑστία der apollinische Opferherd zu Delphi.

πυθό-χρηστος, 2. poet. u. sp. vom pyth. Gott geweissagt od. befohlen (var. -χρήστας, ὁ). Von

Πῡθώ, οῦς, ἡ, nebst der älteren Form **Πῡθών,** ῶνος, ἡ (von den Alten zu πυθέσθαι gestellt, s. Soph. OR. 71 u. 603), **Pytho,** ältester Name der Gegend am Parnassos in Phokis, wo das Orakel des pythischen Apollon war, daher = Δελφοί, u. ἐν Πυθοῖ im pyth. Tempel. Dav.

I) Adv. • **1)** **Πῡθώδε,** auch **Πυθῶδε** ep u. poet. nach **Pytho** • **2)** Πυθῶθεν, Πυθωνόθεν poet. von P. her.

II) Adj. **Πύθιος, Πῡθικός,** 3., u. **Πυθαεύς,** έως, ὁ, pythisch, delphisch, im bes. • **1)** Beiname des Apollon, der auch allein **ὁ Πύθιος** heißt, dah. ἐν Πυθίου im Heiligtum des pythischen Apollon • **2)** Dav. wieder substantiviert • **a)** **τὸ Πύ-**

θιον, ein Apollotempel, u. zwar **α)** bei Athen (Thuk.). **β)** bei Thria u. and. • **b)** *οἱ* ***Πύθιοι,*** vier von den spartanischen Königen gewählte ihnen beigegebene Kommissäre, welche den beständigen Verkehr des Staates mit dem delphischen Heiligtum unterhielten • **c)** *ἡ* ***Πυθία,*** ion. ***-ίη,*** verst. *ἱέρεια,* die Priesterin des Apollon in Delphi, welche die Orakelsprüche erteilte • **d)** *τὰ* ***Πύθια*** die pythischen Spiele, welche auf der zu diesem Zweck unbebauten Ebene von Krisa alle vier Jahre, u. zwar in jedem dritten Olympiadenjahre, dem pythischen Apollon zu Ehren gefeiert wurden. Das Anordnen derselben (*τιθέναι τὰ Π.*) lag den Amphiktyonen ob. Während ihrer Feier trat in Hellas Waffenruhe ein. Daher • **e)** *ἡ* ***Πυθιάς,*** *άδος,* **α)** die **Pythiade,** deren erste 586 v. Chr. fällt; etwa 394 n. Chr. hörten die Spiele auf, **β)** (sc. *ὁδός*), die Straße von Delphi nach Tempe für die kultische Theorie.

πύθω (Wurz. *πῡ,* lat. *pū-t-eo,* ahd. *fūl*), ep. **1)** Akt. (*πύσω, ἔπῡσα*) verfaulen machen, vermodern lassen, *τί.* **2)** Pass. ***πύθομαι*** faulen, verwesen, vermodern.

πύθων, *ωνος, ὁ,* sp. N. T. Adj., wahrsagend; Subst. Wahrsager, Bauchredner.

Πύθων, *ωνος, ὁ,* **1)** der von Apollo getötete Drache in Delphi. **2)** ein Redner aus Byzanz, dessen sich Philipp von Makedonien mehrmals zu diplomatischen Sendungen bediente. Er soll ein Schüler des Isokrates gewesen sein. **3)** sonst. Eigenname.

πύκᾰ, Adv. ep. u. sp. (St. *πυκ*), **1)** dicht, fest. **2)** übertr. sorgfältig, verständig, klug.

πυκάζω, dor. *πυκάσδω,* inf. *-άσδεν,* ep. ion. u. poet. **1)** trans. **a)** dicht od. fest machen, dicht zusammendrängen od. -schließen, **b)** dicht bedecken, verhüllen, verbergen, **c)** übertr. umhüllen, umfangen. **2)** intr. sich umhüllen.

πῠκῐ-μήδης, 2. (*πύκα, μῆδος*), ep. bedachtsamen Sinnes, wohlbedächtig, verständig.

πυκινός, 3., s. *πυκνός.*

πυκινό-φρων, 2. ep. poet. bedachtsamen, klugen Sinnes.

πυκνί, s. *Πνύξ.*

Πυκνΐτης, *ὁ,* poet. zur *Πνύξ* gehörig, sich auf der *Π.* versammelnd.

πυκνό-πτερος, 2. poet. in dichten Scharen herumfliegend, zahlreich.

πυκνός, 3., ep. poet. ***πῠκῐνός,*** 3. (zu *πύκα*). **1)** dicht, dick, **a)** fest, zusammengedrängt, dicht geschlossen, sicher verwahrt, **b)** häufig, zahlreich, z. B. *λέχος* mit mehreren Decken; *βέλεα, λᾶες* dicht geworfen, *φάλαγξ* dicht geschlossen. **2) a)** vom Körper: stark, groß, tüchtig, **b)** vom Geiste: klug, verständig; Il. 24, 744 gehaltvoll, tröstlich. Subst. *οἱ π.* vorsichtige Leute.

πυκνό-στικτος, 2. (*στίζω*), poet. dicht gesprenkelt, bunt gefleckt.

πυκνότης, *ητος, ἡ* (*πυκνός*), die Dichtigkeit, Häufigkeit, Menge, große Anzahl; vom Redner: Bündigkeit, Gedrängtheit.

πυκνόω (*πυκνός*), dicht machen, dicht aneinander stellen, fest machen, härten. Pass. dicht, fest werden, abs. *πνεύματι πυκνουμένῳ* in éinem Atem, od. *τινί* durch etwas. Dav.

πύκνωμα, *τό,* u. ar. sp. ***πύκνωσις,*** **1)** *ἡ,* die Dichtheit, das Dichtumgebende, die Kleidung. **2)** die häufige Wiederholung.

πυκταλίζω, poet. u. ***πυκτεύω,*** Faustkämpfer sein, den Faustkampf treiben.

πύκτης, *ου, ὁ* (s. *πυγμή*), *pugil,* der Faustkämpfer, der seinen Gegner mit Faustschlägen von der Stelle zu drängen u. zu treiben suchte.

πυκτικός, 2. **1)** zum Faustkampf od. Faustkämpfer gehörig; *ἡ πυκτική* die Kunst des Faustkämpfers. **2)** im Faustkampf tüchtig; *ὁ π.* geschickter Faustkämpfer, Plut. T. Gr. 2 v. Pollux.

πυκτοσύνη, *ἡ,* poet. Faustkampf.

πυλαγόραι, *οἱ,* ***πυλαγόρας*** u. ***πυλαγορέω,*** ***Πύλαι,*** ***πυλαία,*** *ἡ,* s. *πύλη.*

Πυλᾰ́δης, *ου, ὁ,* Sohn des Strophĭos u. der Anaxibia, einer Tochter des Atreus, Freund des Orestes, den er in Phokis brüderlich aufnahm.

πυλαϊκός, 3. sp. gauklerisch.

πῠλ-άρτης, *αο, ὁ,* ep. (St. *ἀρ,* s. *ἀραρίσκω*), der Torschließer, Beiw. des Hades, der die Tore der Unterwelt fest verschließt.

πῠλᾰωρός, *ὁ,* s. *πυλωρός.*

πῠ́λη, *ἡ* • **1)** eigentl. der Torflügel, dah. *αἱ* (doch auch *ἡ π.* z. B. von einem kleinen Stadttor), **Tor,** Pforte, bes. vom Stadttore, Tore des Lagers. In *ἔξω πυλῶν* u. *κατὰ πύλας* auch ohne Artikel. Poet. dient es mit dem Gen. zur Umschreibung: *πύλαι Ἀΐδαο* = der Tod, aber *πύλαι οὐρανοῦ* von den Wolken, u. *παρ' ἠελίοιο πύλας* vom Eintritt des Sonnenuntergangs. — Pl. auch Äste der **Pfortader** (Eur.) • **2)** übertr. **Eingang, Zugang,** Gebirgspaß, welche bisw. mit Mauern und Toren verschlossen und von Wachen besetzt waren, wie die kilikischen, s. *Κίλιξ* u. vgl. *Κάσπιος, Περσίς,* dagegen Xen. An. 1, 5, 5 wohl ein Kastell am Euphrat. Insbes. heißt aber • **3)** der berühmte Engpaß von ***Θερμοπύλαι*** (w. s.) ***Πύλαι.*** Dort bei Anthēla lagen das Heiligtum der amphiktyonischen Demēter, die Kapelle des Amphiktyon sowie der Sitz der Amphiktyonen, s. *Ἀμφικτύονες.* Davon • **a)** die amphiktyonischen Versammlungen, welche im Frühjahr u. im Herbst zu Anthēla u. Delphi gehalten wurden, *αἱ* ***Πυλαῖαι*** (sg. *ἡ πυλαία,* ion. *πυλαίη*), od. *ἀγοραὶ* ***Πυλάτιδες,*** ein Ausdruck, der dann auf jede derartige Versammlung der Amphiktyonen übertragen und von Dem. sogar auch vom Recht der Teilnahme an den amphikt. Versammlungen gebraucht werden. Dah. *τῆς π. ἐπιθυμεῖν* Sitz u. Stimme im Amphiktyonenrate haben wollen, u. *τὴν π. ἀποδοῦναι* jmdm. Sitz und Stimme zu Pylä wiedergeben • **b)** Ebendavon *ὁ* ***Πυλαγόρος*** u. ***Πυλαγόρας,*** im Pl. *οἱ* ***Πυλαγόροι*** od. ***πυλαγόραι*** amphiktyonischer Bundesgesandter (vgl. *ἱερομνήμων*). Sie wurden vom Volke gewählt. Und ein solcher Bundesgesandter sein hieß ***πυλαγορέω.***

πυλη-δόκος (*δέχομαι*), ep. an der Türe empfangend, lauernd.

Πυλήνη, *ἡ,* Stadt Ätoliens, später Proschion, in der Gegend vom jetzigen *Anatolikon.*

πυλίς, *ίδος, ἡ* (*πύλη*), ein kleines Tor, Pförtchen.

πύλος, *ὁ,* Torweg, Il. 5, 397 (var. *Πύλος*).

Πύλος, ἡ u. ὁ, **1)** in der Il. Stadt in Triphylien südlich vom Alpheios. **2)** *Π. Ἠλιακός*, Stadt am Ladon, Nebenfl. des Peneios, im O. von Elis, nahe dem j. *Agrapidochori.* **3)** in der Od. Stadt in Messenien, von Neleus gegründet unter dem Berge Ägalĕos; *ἠμαθόεις* scheint auf das ganze Reich zu gehen. — Dav. Adv. **Πυλόθεν,** von Pylos her, aus P., **Πύλονδε,** nach P. hin. Adj. **Πύλιος,** 3. aus P., pylisch, *οἱ Π.,* die Pylier. Ähnl. **Πυλοι-γενής,** 2. ep. aus Pylos stammend.

πυλ-ουρός, ὁ, s. *πυλωρός.*

πυλόω, mit Toren versehen, verschließen.

πύλωμα, τό, poet. Torverschluß, Tor.

πυλών, ῶνος, ὁ (*πύλη*), ar. sp. N. T. das große Eingangstor der Tempel u. Paläste, u. insbes. der vordere Teil des Hauses, wo der Eingang ist, Vorsaal, das röm. *atrium.*

πυλωρέω, sp. Türhüter, Torwärter sein.

πῠλ-ωρός, ὁ, ἡ, poet. sp., ion. **πυλ-ουρός,** ep. **πῠλᾰωρός,** ὁ (*πύλη* u. St. *Ϝορ*, wahren, warten, *ὅρεσθαι*), Torwart, Türhüter, insbes. Tempeldiener, *ναῶν π.*; überh. Wächter, Beschirmer.

πῠμᾰτος, 3. ep. u. poet. der äußerste, letzte, *ἐν πυμάτῳ* zuletzt. Das Neutr. *πύματον* u. *πύματᾰ* (in der Arsis einer Hauptcäsur auch vor einem Konsonanten *πύματᾱ*) als Adv. zuletzt, u. mit *ὕστατον* od. *ὕστατα* verb. zum allerletzten Male, od. *ὅτι πύματον* auf das äußerste, elendeste.

πύνδαξ, ακος, ὁ (verw. *πυθμήν*), sp. Boden (eines Gefäßes).

πυνθάνομαι (vgl. *πύστις, ἄπυστος — πευθήν, ἀπευθής*; zu *πυθ- — πευθ-* vgl. ahd. *biotan*, got. *faurbiudan* verbieten), ep. u. poet. **πεύθομαι,** Adj. verb. (*ἀνά*)*πυστον* u. *πευστέον*, dazu ep. Aor. 3. pl. *πυθοίατο*, u. redupl. 3. sg. *πεπύθοιτο*, Perf. ind. 2. sg. *πέπυσσαι*, ion. Aor. imper. *πυθεῦ* (*πύθευ*), u. dor. (poet.) Fut. *πευσοῦμαι*, Dep. med. • **1) sich erkundigen, erfragen,** anfragen, fragen, forschen, erforschen, bei jmdm. *τινός*, nach etwas *τινός* u. *τι*, daneben *τινά τινος, τινός τι, τὶ παρά — ὑπέρ — περί τινος* • **2) erfahren, vernehmen,** wahrnehmen, Nachricht bekommen, kennen lernen, herausfinden, merken; hören, **gehört haben** und noch hören, Kunde haben; wissen; mit Akk. u. Gen. der Person u. Sache, daneben *περί — παρά — πρός — ἔκ τινος*; bei unmittelbarer Wahrnehmung Gen. u. Part. (Thuk. 4, 6); sonst bei Tatsachen Akk. c. Part., bei Gerüchten A. c. I.

πύξ, zum Adv. erstarrter Nom. (zu *πυγ-μή*, pugnus), fäustlings, mit der Faust, im Faustkampf.

πυξίδιον, τό, Dem. v. *πυξίς.*

πύξῐνος, 3. (*πύξος*), von Buchsbaumholz.

πυξίον, τό, sp. Schreibtafel.

πυξίς, ίδος, ἡ (dt. *Büchse*, ahd. *buhsa*, Lw. aus dem den Griechen entlehnten lat. *buxus*), sp. Büchse, Tonne; insbes. (mechan.) der Pumpenstiefel.

πύξος, ἡ, sp. Buchsbaum u. -holz.

πῡός, ὁ, poet. Biestmilch, erste Muttermilch.

πῦρ, πῠρός, τό (ἡ *πυρά, πύρινος, πυρσός, πύρρος*, lat. *purus*, ahd. *fiur*, ags. *fyr*), Pl. metapl. *τὰ πυρά*, Dat. *τοῖς πυροῖς* • **1) das Feuer.** Insbes. • **a)** Herdfeuer • **b)** Opferfeuer • **c)** vom Scheiterhaufen • **d)** *πῦρ Λήμνιον* ein starkes, verzehrendes Feuer, Soph. Phil. 800, s. *Λῆμνος* • **e)** *θεῖον, δῖον, κεραύνιον, ἀστραπηφόρον* vom Blitz, *παλτόν* der geschwungene Strahl, dah. *πυρὶ καὶ στεροπαῖς* mit Flammenblitz • **f)** vom Glanz der Sterne, welche gleichsam Feuer sprühen, u. *εὐάλιον* vom Strahl der Sonne • **g)** vom Fackelscheine mit Euoiruf • **h)** *ἀνηκέστῳ πυρί* von unheilbarer Fieberglut • **i)** als Schmähung: Feuerbrand, Soph. Phil. 927 • **k)** überhaupt oft als Sinnbild einer alles mit sich fortreißenden Gewalt und Heftigkeit, dah. von Gefahr: *ἐκ πυρὸς αἰθομένοιο* d. h. aus großer Gefahr • **l)** sprichw. *α) ἐν πυρὶ γίνεσθαι* d. h. in Rauch aufgehen, Il. 2, 340, *β) εἰς πῦρ ἅλλεσθαι* von einem tollkühnen Waghals, Il. 10, 246 • **2)** im Pl. *τὰ π.* bes. die **Wachtfeuer.**

πῠρά, ion. **πῠρή,** ἡ (*πῦρ*), die Feuerstätte, Brandstätte, im bes. **a)** der Scheiterhaufen, Holzstoß, *εἰς τὴν π. σφάζειν*, so daß das Blut in die Grube, worin der Scheiterhaufen lag, läuft. **b)** der heilige Platz des Scheiterhaufens, die Ruhestätte, das Grab.

πῠρ-άγρα, sp., ep. (ion.) **-ρη,** ἡ (*ἀγρέω*), Feuerzange.

πυρακτέω, ep. u. **πυρακτόω,** sp. (*ἄγω*), im Feuer herumdrehen, glühend machen.

πυραμίς, ίδος, ἡ (wahrsch. ägyptisches Wort), die Pyramide.

πυραμο-ειδής, 2. ar. sp. pyramidenförmig oder -ähnlich.

Πύραμος, ὁ, Fluß Kilikiens, der bei Mallos in das Meer mündet, j. *Dschechun.*

Πύρᾰσος, ἡ, Stadt in Thessalia Phthiotis. Die Einw. **οἱ Πυράσιοι.**

πυργηδόν, ep. Adv. (*πύργος*), eigentl. turmweise, übertr. in geschlossenem Viereck, im Karree, in geschlossener Schar.

πυργηρέομαι, poet. in seinen Türmen belagert werden.

πυργίδιον, τό, poet., u. **πυργίον, τό,** sp. Dem. v. *πύργος.*

πύργῖνος, 3. poet. die Stadt betreffend.

πυργο-δάικτος, 2. poet. die Türme zerstörend.

πυργομαχέω (*πυργο-μάχος*), Türme bekämpfen, belagern, bestürmen.

πύργος, ὁ, u. poet. **πύργωμα, τό** (verw. *Πέργαμον*). **1)** ein **Turm,** *πύργος μέχρι οὗ ὀκτὼ πύργων*, eine in acht Stockwerken sich verjüngende vierseitige Pyramide, besonders **a) Festungsturm,** auch **Mauer mit Türmen, Burgmauer,** Mauerwerk, Zinnen. Dah. *οὔτε π. οὔτε ναῦς* weder zu Land noch zu Wasser, **b)** Belagerungsturm von Holz auf Rädern, aus welchem die Krieger (hinter Brustwehren) kämpften. Übertr. **c) Bollwerk,** Burg, Schloß, Festung, Schutzwerk, Schirm, Hort, z. B. Aias. **2)** eine viereckig geformte, geschlossene Kriegerabteilung, Kolonne, Schar, Hom.

Πύργος, ὁ, südlichste Stadt in der elischen Landschaft Triphylia.

πυργο-φύλαξ, ὁ, poet. Turmwart.

πυργόω u. **-όομαι** (*πύργος*), **1)** umtürmen, befestigen, *τί*, u. zwar *τινί* jmdm **2)** poet. auftürmen, bis in den Himmel erheben, rühmen, *τί*; auch: stolz, übermütig sein, *τινί* worauf.

πυργώδης, 2. poet. turmähnlich, turmhoch.
πύργωμα, τό, s. πύργος.
πυργῶτις, ἡ, poet. getürmt.
πυρ-δαής, 2. poet. brennend.
πυρεῖα, τά (πῦρ), ep. **πυρήϊα, τά**, Feuerzeug, Zündgerät, bestehend aus weichem und hartem Holz, die man gegeneinander rieb, od. einer weichen u. einer harten Steinart, aus welcher man Feuer schlug.
πυρέσσω u. **-ττω** (πυρετός), Aor. sp. ἐπύρεξα (-σα), fiebern, das Fieber haben.
πυρετός, ὁ (πῦρ), brennende Hitze, Glut, insbes. die Fieberhitze, das Fiebern.
Πυρετός, ὁ, skyth. Πόρατα, ein Nebenfluß des Ister, wahrsch. der *Pruth.*
πυρή, ἡ, s. πυρά.
πυρήϊα, τά, s. πυρεῖα.
πυρήν, ῆνος, ὁ (zu πυρός), ion. ar. sp. der Kern, z. B. der Olive.
Πυρήνη, ἡ, **1)** ion. St. im Lande der Kelten. **2)** sp. das Pyrenäengebirge; Adj. Πυρηναῖος, 3.
πυρη-φόρος, ep. = πυροφόρος.
πῡρία, ion. **-ίη, ἡ**, ion. sp. **1)** Dampf- od. trockenes Schwitzbad. **2)** der Ort dafür, Badewanne; Ofen.
πυριάτη, ης, ἡ, poet. sp. Biestmilch.
πυριατήριον, τό (πυρία), sp. Ort des Schwitzbades.
πυρι-γενέτης, ου, ὁ, poet. u. **πυρι-γενής**, 2. poet. in Feuer gearbeitet od. geschmiedet, hart; vom Feuer, im Feuer erzeugt (von Dionysos).
πῡρῐ-γόνος, 2. sp. Feuer erzeugend.
πυρί-δαπτος, 2. poet. vom Feuer verzehrt.
πυρι-έθειρα, poet. fem. feuerhaarig, feurig.
πυρι-ήκης, 2. (ἀκή), ep. mit μοχλός ein glühendes, spitziges Holz.
πῡρί-καυστος, 2. (καίω), ep. u. sp. feuergebrannt, gehärtet.
πυρῖμανέω (wie v. πυρι-μανής, μαίνομαι), sp. rasend d. i. heftig aufflammen.
I. **πύρινος**, zsgz. **πύρνος**, 3. (πῡρός), aus Weizen. Vgl. πύρνος.
II. **πύρινος**, 3. (πῦρ), sp. feurig.
πυρι-πνέων, ουσα, ον, poet., und
πυρί-στακτος, 2. poet. Feuer sprühend.
πυρί-φατος, 2. poet. = πυρί-δαπτος.
πυρι-φλεγής, 2. feuerbrennend, καῦμα hitziges Fieber.
πυρῐ-φλέγων, οντος, ὁ, poet. von Feuer brennend.
πυριφλεγέθων, οντος, ὁ, der Feuerstrom der Unterwelt, der einen großen See, siedend von Wasser u. Schlamm, bildet, mit dem nach Plato die Lavaströme zusammenhängen.
πυρί-φλεκτος, 2. poet. in Feuer verbrannt.
πυρ-καϊά, ep. u. ion. **πυρκαϊή, ἡ** (καίω), **1)** Scheiterhaufen = πυρά. **2)** das angezündete Feuer, Brand, Feuersbrunst. **3)** Brandstiftung, πυρκαϊᾶς δίκη. **4)** bei Lys. die aus abgebrannten Stämmen wild ausschlagenden Ölbäume. **5)** sp. Vulkanausbruch u. vom Himmel niedergehendes [Feuer.
πυρναῖος, 2. buk. gelb.
πύρνος, ὁ, u. **τὰ πύρνα** (verst. σῖτος, σιτία, vgl. πύρινος), ep. poet. sp. Weizenbrot, Weizen; Brot.
πυρο-βόλοι, οἱ, sp. Brandpfeile.
πῡρο-γενής, 2. (πῡρός), sp. aus Weizen geworden, entstanden.
πυρο-ειδής, 2. feuerähnlich, feuerartig, feurig.
πυρόεις, 3. poet. u. sp. feurig; ὁ π. der Planet Mars.
πῡροπωλέω (πυρο-πώλης), Weizen verkaufen.
πῡρός, ὁ, u. **πῡροί, οἱ**, der Weizen, bei Hom. auch als Pferdefutter; **a)** Winterweizen, χειμερινός, im Kerne weich u. schwer, gesät um den Untergang der Plejaden, **b)** Sommerweizen, ἠρινός dagegen gesät Ende Januar, manche Sorte erst im März, der in drei Monaten reifte, hart u. leicht im Kerne.
πῡρο-φόρος, 2. u. ep. auch **πῡρηφόρος**, 2. (φέρω), Weizen tragend od. hervorbringend.
πῠρόω (πῦρ), anbrennen, glühend machen, im Feuer reinigen; verbrennen, zu Asche brennen, in Schutt u. Asche legen, mit Feuer verwüsten, τί. Übertr. πυρωθείς entflammt, τί in etwas.
πυρ-παλαμάω, ep. eig. mit Feuer hantieren, übertr. listige, arge Streiche treiben (vgl. διαπ.).
πύρ-πνοος, zsgz. **ους**, 2. poet. feuerschnaubend, eigentl. u. übertragen.
πυρπολέω (πυρπόλος), **1)** Wachtfeuer halten, z. B. von Hirten, die dies für sich, nicht wegen der Schiffe tun, die der Küste sich nähern. **2)** = πυ- [ρόω, w. s.
πυρπόλημα, τό, poet. der Brand.
πυρ-πόλος, 2. (πέλω), poet. mit Feuer herumgehend, mit Feuer verwüstend.
Πύρρα, ἡ, Stadt im Westteile der Insel Lesbos.
πυρράζω, N. T. feuerrot sein.
πυρραῖος, 3. buk. = πυρρός.
πυρρίχη, ἡ, der Waffentanz, wobei zwei Reihen bewaffneter Männer unter Gesang mit gemessenem Schritt u. rhythmischer Bewegung gegeneinander anrückten, bald vordringend, bald zurückweichend u. durch rasche Wendungen des Leibes die Art u. Weise ausdrückend, wie man im Kampfe den feindlichen Waffenstößen u. Geschossen ausweicht.
πυρριχίζω (-ίχη), sp. den Waffentanz tanzen.
πυρρίχιος, 3. sp. den Waffentanz betreffend, pyrrhichisch, ὄρχημα = πυρρίχη. Subst. der Pyrrhichius, ein Metron ⏑⏑.
πυρριχιστής, οῦ, ὁ, wer die πυρρίχη tanzt.
πύρριχος, 3. buk. = πυρρός.
πυρρό-θριξ, τριχος, poet., u. buk. **πυρρό-τριχος**, 2. mit rötlichen Haaren.
πυρρός, 3. (πῦρ), feuerrot.
Πύρρος, ὁ, König von Epirus 295—272, bekannt durch seine Kriege gegen Rom u. Sparta.
Πύρρων, ωνος, ὁ, Philosoph aus Elis um 310—270 v. Chr., Urheber der skeptischen Schule, deren Hauptgrundsatz der war, daß man sich jedes bestimmten Urteils enthalten müsse (ἐποχή).
πυρσαίνω, poet. feuerrot machen.
πυρσεύω, entzünden; ein Feuersignal geben, z. B. durch eine angebrannte Fackel.
πυρσό-νωτος, 2. poet. mit rötlichem Rücken.
I. **πυρσός, ὁ** (πῦρ), ep. ion. poet. u. sp. Feuerbrand, ein in der Nacht gegebenes Signal, Feuerzeichen, Feuersignal, schon in der ältesten Zeit im Gebrauch, ἐς πυρσόν τινα τοῦτον (ἀποβλέπω) d. h. auf ihn wie auf einen Leuchtturm.

II. **πυρσός**, 3. poet. u. sp. = πυρρός.
πυρσο-χαίτης, ου, poet. mit rötlichem Haar.
πυρσώδης, ῶδες, poet. wie ein Feuerbrand (I. πυρσός) hell brennend.
πυρφορέω, poet. **a)** eine Fackel **tragen**. **b)** sengen und brennen. Von
πυρ-φόρος, 2. (φέρω) • **1)** Feuer tragend, insbes. • **a) fackeltragend**, wie Artemis mit zwei Fackeln u. Prometheus mit einer abgebildet wurde • **b)** Subst. der **Feuerträger**, im laked. Heer der Priester, welcher in Sparta beim Auszugsopfer das Feuer vom Altar des Zeus Hāgētor bis zur Grenze u. an der Grenze wieder von dem doppelten Opfer des Zeus u. der Athene das Feuer nahm, es dem Heere vorantrug u. vor dem Erlöschen bewahrte. Dah. sprichw. ἔδει μηδὲ πυρφόρον περιγενέσθαι = es sollte kein einziger gerettet werden Hdt. • **2)** **Feuer schleudernd**, die verheerende Fackel **schwingend, Tod u. Verderben verbreitend**. Dah. • **a)** π. ἀστεροπητής **flammende Blitze schleudernd**, u. so überh. vom Blitze • **b)** mit οἰστός, βέλος **Brandpfeil**, Brandgeschoß. [hitzig.
πυρώδης, ῶδες, feuerähnlich, feuerartig, feurig,
πυρ-ωπός, 2. poet. sp. von feurigem Ansehen.
πύρωσις, ἡ, N. T. u. sp. die Feuersglut der Prüfung.
πύσμα, ατος, τό (πυνθάνομαι), sp. Frage.
πύστις, εως, ἡ (πυνθάνομαι). **1)** das Fragen, die Nachforschung, die Frage, πύστεις ἐρωτᾶν Fragen stellen, Verhör, Befragung. **2)** das Erfragte, die Auskunft, Kunde.
πῶ, Adv., auf welche Weise? wie?
πώ, ion. κώ, enklit. Adv. der Zeit: je, irgend, noch, gew. in Vbdg. mit einer Negation, οὔ πω noch nicht, od. in einem negativen Fragesatze.
πώγων, ωνος, ὁ (πω + γων zu γένυς, eigtl. was vor dem Kinn ist), der Bart, u. zwar der Wangen und Kinn bedeckende Backenbart, zu Lukians Zeit charakteristisches Abzeichen d. Philosophen. Übertr. mit φλογός ein Feuerschweif.
Πώγων, ὁ, Hafen v. Trözen, j. Reede v. *Paros*.
πωλέομαι (zu πέλομαι), Dep., fast nur ep. u. poet., Präs. 2. sg. πωλέ' f. έεαι, part. πωλεύμενος, Impf. πωλεύμην, iter. πωλέσκετο, häufig wohin kommen, wohin gehen, -ziehen, εἴς, ἐπί τι, μετά τινα, δεῦρο.
πωλέω. **1)** Akt. zum Verkauf bieten, feilbieten, verkaufen, u. zwar τινός um, für etwas, πολλοῦ, πλείονος teuer, teurer, doch auch ἀξιώτατον verst. σῖτον, od. ähnl. τιμιώτερον ὀβολῷ, δραχμῇ, einen Obolos über den Ankaufspreis fordern, um eine Drachme im Preise steigen. **2)** Pass. m. Fut. πωλήσεται, feilgeboten, verkauft werden; τὰ πωλούμενα die Waren.
πώλης, ου, ὁ, poet. Verkäufer, Händler.
πωληταί, οἱ, die Verkäufer, athen. Finanzbehörde, welche die staatlichen Einnahmen, Domänen und Zölle verpachteten und die für den Staat auszuführenden Arbeiten verdingten.
πωλητήριον, τό, Verkaufsbude.
πωλικός, 3. (πῶλος), poet. u. sp. von jungen Pferden, ἀπήνη ein roßbespannter (nicht mit Maultieren, wie die ἀπῆναι sonst); übertr. jungfräulich.
πωλοδαμνέω, (πωλο-δάμνης, δαμάζω), poet. ein Fohlen od. Junges abrichten, ἔν τινι nach etwas, eigentl. u. übertr., erziehen.
πῶλος, ὁ, ἡ, u. Demin. dav. πωλίον, τό (lat. *pullus*, got. *fula(n)*, ahd. *folo*), **1)** das junge Pferd, Fohlen, Füllen, *pullus equīnus*. **2)** poet. u. sp. überh. das Junge, junges Mädchen, Jüngling.
Πῶλος, **1)** aus Agrigent, Schüler des Gorgias, welcher über die Redekunst schrieb. **2)** aus Ägīna, trag. Schauspieler in Athen. **3)** sonst. Eigenname.
I. **πῶμα**, τό (eigtl. „Schützer“, ahd. *fōtar* „Hülle, Behälter“), ep. u. sp. der Deckel, abs., od. τινός von etwas.
II. **πῶμα**, τό (πίνω, lat. *potio*, *potus*), das Trinken, der Trank, Trunk, das Getränk.
πωμάζω, poet. mit einem Deckel (πῶμα) schließen, zudecken.
Πωμεντῖνος, 3. zu Suessa Pometia (in der Nähe der pomptinischen Sümpfe) gehörig; dah. τὸ Π. (πεδίον), ager Pometinus.
πώνην, äol. Inf. = πίνειν.
πώ-ποτε, auch πώ ποτε geschrieben, irgend einmal, irgend je; noch, jemals, je, ὁ π. der jemalige, der je vorhanden gewesene, gelebt habende; gew. nach einer Negat. nicht einmal, je, noch nie, niemals, οὐ πώποτε εὐχετόωνται ἀκήριοι παρφυγέειν je unversehrt vorübergekommen zu sein.
πώρινος λίθος, ὁ, ion. Tuffstein, eine Marmorart, dem parischen an Farbe und Dichtheit ähnlich, aber leichter. Von [Marmorart.
πῶρος, ὁ, ein Kalkstein, **a)** der Tuffstein. **b)** eine
Πῶρος, ὁ, **1)** ein indischer Fürst, dessen Land zwischen dem Hydaspes und dem Akesīnes lag, tapferer Gegner Alexanders d. Gr. **2)** ein anderer, aber feiger (κακός) indischer Fürst.
πωρόω (πῶρος), sp. versteinern; übertr. verhärten, abstumpfen, N. T. Davon
πώρωσις, ἡ, sp. N. T. die Verhärtung, Verstockung.
πῶς, ion. κῶς (πο in πόθι), **1)** Adv. der dir. u. indir. Frage: **a) wie?** auf welche Art und Weise? **b) warum?** (eigentl. wie geht es zu daß). Bisw. mit zu ergänz. Verbum od. durch ποτέ verstärkt u. mehrfach wiederholt, od. mit Gen. wie einer Sache nach, πῶς νῦν; (Od. 18, 223) wie nun? was würde man sagen? wie würde man urteilen? πῶς τε; ep. und wie? (auch verdoppelt: wie einerseits, wie andererseits?), πῶς (γὰρ) οὔ; warum nicht? allerdings. **2)** im Ausruf: **wie!** = wie sehr. **3)** sp. πῶς μή mit Ind. Fut. = ὅπως μή.
πώς, ion. κώς, enklit. Partik., auf irgend eine Art und Weise, irgendwie, irgend, einigermaßen, ziemlich (auch iron.), ungefähr, fast, etwa, zufällig, überhaupt, ὧδέ πως etwa so, ungefähr auf folgende Art, τεχνικῶς πως mit einer gewissen Kunst oder Geschicklichkeit, οὐ μέν π. schlechterdings nicht.
πωτάομαι, s. πέτομαι.
πῶυ, εος, τό (verw. πῶμα, eigtl. „das Gehütete“), ep., Dat. pl. πώεσι, die (Kleinvieh-)Herde, u. zwar stets von Schafen, während ἀγέλη die Großviehherde ist, dah. mit οἰῶν u. μήλων.

Ρ.

Ρ, ϱ, τό, ῥῶ, entspr. oriental. resch, der siebzehnte Buchstabe des griech. Alphabets, als Zahlzeichen ϱ' 100. Die mit ϱ beginnenden Wörter hatten oftmals in der ältesten Sprache ein Digamma (seltener ein σ) als Anlaut.

ῥά, vor Vokalen **ῥ',** s. ἄρα.

ῥαββεί (-ί) u. **ῥαββουνεί** (-ί), **ῥαββονί,** im N. T. Meister, Ehrentitel der jüdischen Gesetzlehrer.

ῥαβδίζω, poet. sp. mit der Rute schlagen.

ῥαβδίον, τό, poet. sp. Demin. v. ῥάβδος, Stäbchen.

ῥαβδομαχία, ἡ (wie v. ῥαβδο-μάχος), sp. Kampf mit dem Stabe, einer Art von Rapieren.

ῥαβδονομέω, Imperf. 3. sing. ῥαβδονόμει, poet. das Richteramt führen bei Kampfspielen, den Kampf lenken. Von

ῥαβδο-νόμος, 2. sp. den Stab [als Richter] haltend. Im bes. der röm. Liktor mit dem Rutenbündel.

ῥάβδος, ἡ (Ϝραβ-, vgl. ῥαπίς), Rute, Stab, Stock. Im bes. **a)** ep. Wanderstab. **b)** Zauberstab, Zauberrute (um die Menschen einzuschläfern und zu erwecken, s. ψυχοπομπός), auch der Kirke u. Athene. **c)** ep. die Angelrute. **d)** ep. im Plur. Stäbchen, Stift, Draht, um das Leder am Schilde festzuhalten. **e)** sp. im Pl. die röm. *fasces*, u. N. T. der Richterstab.

ῥαβδουχία, ἡ, sp. das Vortragen der *fasces* (des Rutenbündels) von seiten der Liktoren, konkr. im Plur. die Liktoren mit dem Rutenbündel.

ῥαβδοῦχος (ἔχω), ὁ, Stab- oder Stockträger. Im bes. **1)** ep. Könige. **2)** die Kampfordner (Hellenodiken) mit ihren Dienern bei den gymnischen Kämpfen. **3)** die Polizeidiener. **4)** in Rom die Liktoren, Magistratsdiener.

ῥαβδο-φόρος, ὁ, sp. = ῥαβδοῦχος 3 u. 4.

ῥαβδωτός, 3. (ῥαβδόω, mit Streifen versehen), der Länge nach gestreift.

Ῥάβεννα, ης, ἡ, sp. die Stadt Ravenna.

Ῥάγαι, αἱ, Stadt u. Landschaft des östl. Medien, jetzt Ruinen von *Rai* bei Teheran.

ῥαγδαῖος, 3. (ῥάγδην, ῥήγνυμι), poet. ar. sp. heftig, ungestüm, abs. u. πρός τι.

ῥᾱγίζω, buk. Trauben lesen.

ῥαδαλός, 3. (Ϝραδ-, vgl. ῥαδινός), ep. schwank.

Ῥᾰδάμανθυς, υος, ὁ, Sohn des Zeus u. der Europe, Bruder des Minos, wegen seiner Gerechtigkeit in das elysische Gefilde versetzt und einer der drei Richter der Unterwelt. [öls.

ῥαδινάκη, ἡ, ion. persische Benennung eines Stein-

ῥᾰδῐνός, 2. (Ϝρᾰδινός, äol. βραδ.), bes. ep. u. poet. schlank, beweglich.

ῥᾴδιος, 3., (ῥεῖα aus *ῥᾶια viell. zu ἀπηύρα und demnach Grundbedeutung „reißend, rasch"), poet. auch 2., ep. u. ion. **ῥηΐδιος,** 3., Komp. ῥᾴων, ῥᾷον, ep. u. ion. ῥήιστος, ep. auch ῥηΐτατος, leicht, ohne Mühe, mühelos, bequem, u. von Personen auch: geneigt, leicht zu behandeln. Adv. ῥᾴδιον, **ῥᾳδίως,** ion. **ῥηιδίως,** ep. **ῥέα, ῥῆα** u. **ῥεῖα,** Komp. ῥᾷον, Superl. ῥᾷστα, ep. ῥηΐτατα. **1)** leicht, auf leichte Weise, ohne Mühe oder Schwierigkeit. **2)** leichthin, ohne weiteres. **3)** leichtsinnig, gleichgültig. **4)** sanft.

ῥᾳδιουργέω (-γός), leichtsinnig handeln, ein sorgloses Leben führen, müßig gehen, gemächlich leben, abs. od. τί, z. B. τὰ μέγιστα die leichtsinnigsten, unbesonnensten, schlechtesten Streiche machen.

ῥᾳδιούργημα, τό, sp. N. T. leichtsinnige Handlung, Bubenstück; Fälschung.

ῥᾳδιουργία, ἡ, 1) die Leichtigkeit, durch Belehrung gewonnene Gewandtheit, Xen. Cyr. 1, 6, 34. **2)** der Leichtsinn, **a)** die Leichtfertigkeit, dah. die Arbeitsscheu, Trägheit, Schlaffheit, Hang zum Vergnügen, αἱ ῥ. die kurzweiligen Beschäftigungen; Bequemlichkeit. **b)** Schlechtigkeit, der Unterschleif, die Fälschung, leichtsinnige Handlung, Schelmstreich.

ῥᾳδι-ουργῶς, sp. Adv., Komp. ῥᾳδιουργότερον (St. ἐργ), leichtfertiger, in einer anstößigern Weise.

ῥᾰθάμιγξ, ιγγος, ἡ (ῥαίνω), ep. der Tropfen, übertr. κονίης Körnchen von Staub.

ῥαθαπῡγίζω (πυγή), poet. einen Tritt auf den Hintern geben.

ῥᾳθῡμέω (-μος), leichtsinnig, sorglos sein, sorglos dahinleben, der Muße pflegen, dem Vergnügen nachgehen.

ῥᾳθῡμία, ἡ, leichter Sinn. **1)** Leichtsinn, Gleichgültigkeit. **2)** Sorglosigkeit, Fahrlässigkeit. **3)** Neigung zu bequemem Leben, Trägheit. **4)** Neigung zum Genußleben, Vergnügungssucht, Zügellosigkeit, Ausschweifung; ῥᾳθυμίᾳ od. ἀπὸ ῥ. mit leichtem Mut, gleichgültig.

ῥᾴθῡμος, 2., Adv. **-θύμως,** Komp. -ότερον u. -οτέρως (ῥᾴδιος, θυμός), mit leichtem Herzen, sorglos, unbekümmert, lässig, leichtfertig, von Sachen: gemächlich, abs. u. περί τι. Subst. τὰ ῥ. die Sorglosigkeit. τὰ ῥᾳθυμότατα das Bequemste.

ῥαιβός, 3., krumm.

ῥαΐζω (ῥᾴων, ῥᾴδιος), Aor. inf. ῥαΐσαι, leichter, besser werden, bei Arr. auch von der Krankheit, die sich für jmdn. (τινί) bessert.

Ῥαίκηλος, ου, ἡ, Ort am thermäischen Meerbusen, von Pisistratus gegründet.

ῥαίνω, Fut. ῥᾰνῶ, Aor. act. ἔρρᾱνα, pass. ἐρράνθην, Perf. pass. 3. sg. ἔρρανται, ep. Aor. imper. ῥάσσατε, Perf. 3. pl. ἐρράδαται, Plqpf. 3. pl. ἐρράδατο, ep. poet. u. sp. besprengen, bespritzen, τί, u. zwar τινί mit etwas. Subst. τὰ ῥαινόμενα Land, das bewässert werden muß.

ῥαιστήρ, ῆρος, ep. ἡ, sonst ὁ, ep. poet. u. sp. der Schmiedehammer, Hammer.

ῥαίω (ῥαισ), ep. u. poet., Fut. ῥαίσω usw., ep. inf. ῥαισέμεναι, Aor. 1. pass. ἐρραίσθην, zerschlagen, zerbrechen, zerschmettern, im besond. jmdn. scheitern lassen, τί, τινά. Im Pass. zerbersten, zerspringen, zerschmettern, scheitern, abs. ῥαιομένου bei meinem Scheitern, od. τινί jmdm. Übertr. bei Soph. gehudelt werden, sich abquälen müssen.

ῥακά, hebr. *rîk*, aram. *rêqâ* leer, eitel; als Schimpfwort N. T. eitler Mensch, Tor.
ῥάκιον, τό, poet. sp. Demin. zum *ῥάκος*, s. d.
ῥακιο-συρραπτάδης, ου, ὁ (*συρ-ράπτω*), poet. Lumpenzusammenflicker, Flickschneider.
ῥάκις, ιδος, ἡ, poet. (wie *ῥάκος*) zerfetztes Gewand.
ῥακό-δυτος, 2. poet. lumpig, zerrissen.
ῥάκος (*Ϝρ.*), *εος, τό* (verw. *Ϝρήγνυμι*), Lumpen, Fetzen, Lappen, zerrissenes, schlechtes Kleid, Kittel, überh. Tuch od. Trümmer, Laken
ῥάκωμα, τό = *ῥάκος* Lumpenzeug.
ῥάμνος, ἡ, poet. sp. eine Art Dornstrauch.
Ῥαμνοῦς, οῦντος, ὁ, attischer Demos zwischen Marathon u. Orōpos. *Ῥαμνοῦντι* zu Rh.
ῥάμφος, ους, τό, poet. ar. sp. der Schnabel.
ῥανίς, ἡ (*ῥαίνω*), poet. ar. sp. der Tropfen.
ῥάντης, ὁ (*ῥαίνω*), sp. der Besprenger.
ῥαντίζω, N. T. (*ῥαίνω*), besprengen.
ῥαντισμός, ὁ, sp. N. T. die Besprengung.
ῥάξ, ῥαγός, ἡ (lat. *fragum*), die Weinbeere, Beere.
ῥαπίζω (*ῥαπίς* die Rute), mit dem Stocke od. der Rute schlagen, ohrfeigen, abs. od. *τινά*.
ῥάπισμα, τό, sp. N. T. der Backenstreich, die Ohrfeige.
ῥαπτός, 3. zusammengenäht, geflickt, gesteppt, Neutr. plur., verst. *κώδια*, weiche Teppiche.
ῥάπτω (St. *ῥαφ*), *ῥάψω, ἔρραψα, ἔρραμμαι, ἐρράφη, ῥαπτός*, ep. Aor. *ῥάψα*, **1)** zusammennähen, zusammenfügen, -machen, *τί*, einnähen, *ἔν τινι*. **2)** übertr. anzetteln, listig bereiten, *τί*, u. zwar *τινί, ἐπί τινι* jmdm., über jmdn., *ἐπί τινι* auch: [ob, wegen etwas.
ῥάσσατε, s. *ῥαίνω*.
ῥάσσω (St. *ῥαχ*), att. **ῥάττω,** Fut. *ῥάξω*, Aor. 1. *ῥάξας*, stoßen, schlagen.
ῥᾷστος, s. *ῥάδιος*.
ῥαστώνη, ion. **ῥηστώνη, ἡ, 1)** eigentl Leichtigkeit, übertr. Willfährigkeit, Gefälligkeit, *τινός* gegen jmdn. **2)** Erleichterung, Erholung, abs., od. *τινός* von etwas. Im bes. **a)** vorteilhafter Umstand, Vorteil, abs., od. *εἴς τι* zu etwas. **b)** behaglicher Zustand, Behaglichkeit, Muße. **c)** Liebe zur Ruhe, Trägheit.
ῥαφάνη, ἡ, sp. ep. u. **ῥαφανίς, ῖδος, ἡ,** poet. sp. Rettig, kleine Rübe.
ῥάφανος, ἡ, 1) Kohl. **2)** Rettig.
ῥαφεύς, έως, ὁ (*ῥάπτω*), poet. der Anstifter, *τινός* von etwas.
ῥαφή, ἡ (*ῥάπτω*), die Naht, abs., od. *τινός* von etw.
ῥαφίς, ίδος, ἡ, poet. sp. N. T. die Nähnadel; *τρῆμα ῥαφίδος* Nadelöhr.
ῥαχά, hebr. = *ῥακά*.
ῥαχία, ἡ, ep. u. poet., ion **ῥηχίη, ἡ** (*ῥήσσω*), **1)** Steilufer, an das die Brandung schlägt, **2)** Brandung.
ῥαχίζω, Imperf. *κάρράχιζε* st. *καὶ ἐρρ*, meist poet. eigtl. das Rückgrat spalten, dann überh. zerstückeln, zerhauen, abs., od. *τινά*.
ῥάχις, ιος, att. *εως, ἡ,* Rückgrat, Rückenstück, übertr. *τοῦ οὔρεος* Grat, Kamm, Rücken des Berges.
ῥάχος u. **ῥαχός, ἡ,** sp., s. *ῥηχός*.
ῥαψῳδέω (*ῥαψῳδός*), Rhapsode sein (s. *ῥαψῳδός*), dann überh. Gedichte vortragen, hersagen, herunterleiern.
ῥαψῳδία, ἡ, 1) das Absingen oder Vortragen von Gedichten, bes. epischen. **2)** das von einem Rhapsoden vorgetragene Gedicht od. Buch, die Rhapsodie.
ῥαψ-ῳδός, ὁ, ἡ (*ῥάπτω, ᾠδή, ῥάπτω* in der Bedeutung erdenken, ersinnen, kunstreich erfinden). **1)** Rhapsode, eigentlich einer, der kunstreich ein Lied erfindet, dann insbes. Leute, welche die alten epischen u. vorzüglich die Homerischen Gedichte öffentlich vortrugen od. sangen. **2)** als Adj. u. übertr. poet. *ἡ ῥ. κύων* das singende Untier, von der Sphinx, weil sie das von den Musen gelernte [Rätsel hersang.
ῥάων, ῥέα, s. *ῥάδιος*.
Ῥέα (einsilbig), ep. u. ion. **Ῥεῖα** u. **Ῥείη, ἡ,** Rhea od. Kybēle, Tochter des Uranos u. der Gaia, Gemahlin u. Schwester des Kronos, Mutter des Zeus, Poseidon, Hades, der Hestia, Demēter u. Herē; die *μεγάλη θεά* od. Göttermutter, als solche mit ihren Kindern in Griechenland verehrt; *Ῥέας κόλπος*, poet. das Ionische Meer.
ῥέγκω, poet. sp., u. **ῥέγχω,** ion. sp. schnarchen.
ῥέδη, ἡ, N. T. vierrädriger Wagen, *rheda*.
ῥέεθρον, τό, ep. ion. u. poet., u. kontr. **ῥεῖθρον** (*ῥέω*), das Fließende, Fluß, Bach, Gewässer, *παρθενόσφαγον* Blut der geschlachteten Jungfrau; auch Flußbett.
I. **ῥέζω** (St. *Ϝεργ, *Ϝρεγ-jω, ἔοργα, ἔρδω*), Präs. nicht bei att. Dichtern, Impf. *ἔρεζον* u. *ῥέζον*, iter. *ῥέζεσκον*, Fut. *ῥέξω*, Aor. act. *ἔρρεξα* u. *ἔρεξα* u. *ῥέξα*, conj. 1. pl. *ῥέξομεν*, pass. part. *ῥεχθέν*, Verbaladj. *ἄ-ρεκτος* 2. **1) wirken, machen,** tun, verüben; erledigen; im bes. **antun,** *τινά* u. *τινί, κακῶς* mißhandeln, *εὖ* wohltun, *τί ῥέξοντες*; verst. *ἔλθωμεν*, was soll's? was werden wir damit ausrichten? **2)** insbes. etwas (*τί*) als Opfer darbringen, **opfern,** *τινός* wegen etwas.
II. **ῥέζω,** poet. u. sp. färben.
ῥέθος, εος, τό, ep. im Plur. Nasenlöcher, Mund, Gesicht, aus denen die Seele entfliegt, poet. im Sg. das Angesicht.
ῥεῖα, s. *ῥάδιος*. **Ῥεῖα** u. **Ῥείη,** s. *Ῥέα*.
ῥεῖθρον, τό, s. *ῥέεθρον*. [nach Eleusis.
Ῥεῖτοι, οἱ, kleine Salzseen an der Straße von Athen
ῥεκτήρ, ῆρος, ὁ, ep. (*ῥέζω*), Täter.
ῥέκτης, ου, ὁ, sp. ein tatkräftiger Mann.
ῥέμβομαι (verw. lat. *vergo*, nhd. *renke*), Dep. pass., sp. sich herumtreiben, umherirren, *ἔν τινι*.
ῥέος, τό, poet. (*ῥέω*). das Fließende, Fluß, Gewässer.
ῥέπω, Fut. *ῥέψω*, Aor. *ἔρρεψα*, Imperf. ep. *ῥέπε* st. *ἔρρ.* (Wz. *Ϝρεπ*, lat. *repente*), rasch sich neigen, von der Waagschale: sinken. den Ausschlag geben, hinüberschwanken, abs. *αἴσιμον ἦμάρ τινος* d. h. sein Unglück ward beschlossen, od. *εἴς, ἐπί τι* zu etwas, *εἴς τινα* auf jmdm.; ähnl. *ταύτῃ* dahin.
ῥεῦμα, τό (*ῥέω*). **1)** das Fließen. **2)** die Strömung, das Stromwasser, die Fluten. **3)** Wogen, Wellen. **4)** das Gewässer, die Quelle, der Bach, Fluß, Strom. **5)** sp. Rheuma, gichtischer Fluß. **6)** übertr. mit u. ohne *πυρός*, vom Feuerstrome, Ausbruch des Ätna, Lavastrom, od. vom Weine, od. *ῥ. κατασκήπτει ἐς τὴν γαστέρα* der Durchfall, die Diarrhöe. **7)** bildl. *ῥεῦμα στρατοῦ* des Heeres gewaltige Masse, u. so *πολλῷ ῥ.* mit ihrem gewaltigen (Heeres-)Strom.

ῥευστικός, 3. sp. flüssig, fließend.

ῥέω (ῥευ : ῥῦ aus σρευ : σρυ, ahd. *stroum*). Aor. selten ἔῤῥευσα, ep. Impf. auch ἔῤῥεεν u. ῥέεν, Aor. ῥύη, dor. Präs. 3. pl. ῥέοντι, poet. u. sp. auch im Med., part. poet. (orac.) ῥεούμενος • **1) fließen,** strömen, rinnen, sich ergießen, herabfließen, triefen, abs. od. τινί von etw., αἵματι, χρυσῷ, μέγας ἐῤῥύη von starker Strömung; übertr. • **a)** πόλις überfließen von, schwimmen in, Eur. • **b)** entströmen, fliegen, βέλεα, Il. 12, 159, τρίχες ausfallen, Od. 10, 393 • **2)** zerfließen, **zerrinnen,** übertr. • **a)** zerfallen, zergehen, ἄδηλον, Soph., σῶμα, Plat. • **b)** ausströmen, sich verbreiten, λεώς strömt in gewaltigen Massen, Aisch. • **c)** hinströmen, sich (hin)stürzen, losstürzen, Plut., πολὺς κατά τινος in gewaltigem Redefluß sich gegen jmdn. ergehen • **d)** sprichw. ῥείτω (and. ἴτω) κατ' οὖρον soll seinen Lauf gehen, Soph.

Ῥήγιον, τό, griechische Stadt in Unteritalien, jetzt *Reggio*. Die Einw. **οἱ Ῥηγῖνοι.**

ῥῆγμα, τό (Ϝρῆγμα, von ῥήγνυμι), Bruch der fleischigen Teile u. Blutgefäße im Körper; die Spalte, Riß, Kluft, Zusammenbruch, Einsturz, N. T.

ῥηγμίς, ῖνος, ἡ (ῥήγνυμι), Steilufer, an dem die Woge sich bricht, die Brandung; vgl. ῥαχία.

ῥήγνῡμι (Wzl. Ϝρηγ : Ϝρᾰγ, vgl. ῥώξ).

I) trans. Perf. pass. sp. ἔῤῥηγμαι • **1) reißen,** zerreißen, abreißen, niederreißen, zerbrechen, durchbrechen (eine Schlachtlinie), zerschmettern, zersprengen, τί, auch Med. • **2) losbrechen lassen,** entfesseln • **a)** φωνήν, αὐδήν in einen Ruf ausbrechen, das Schweigen brechen; auch Med. • **b)** δακρύων νάματα in eine Flut von Tränen ausbrechen Soph. Trach. 919; κλαυθμόν Plut., • **c)** Med. ἔριδα ausbrechen lassen Hom.; in der Fechtersprache: niederschlagen Dem.

II) intr. selten das Akt. (Il. 18, 571: auf den Boden stampfen, tanzen), gew. das Med. Pass. ῥήγνῠμαι • **1)** sich brechen, **zerreißen,** bersten, scheitern (von Schiffen), platzen (auch bildl. vor Neid), sich spalten, von Pferden: zu Tode od. zu Schanden geritten sein (franz. *crever*), von Hoffnungen: vereitelt werden • **2)** ausbrechen, hervorbrechen, hervorstürzen, hereinbrechen, losbrechen, τινί über jmd.; außer sich geraten, teils abs. (Soph. OR. 1076 ist zu ῥηγνύτω als Subj. κακά zu ergänzen), teils ἔκ τινος von jmdm. aus, εἴς τι in etwas.

ῥῆγος, εος, τό (ῥέζω „färben"), ep. gew., eigtl. gefärbtes Tuch, Decke, Teppich. Im bes. im Pl. kostbare rauche u. gefärbte wollene Tücher, als Unterbetten verwendet, oder auf die Sessel gelegt.

ῥηΐδιος, u. **-ίως, ῥηΐτερος, ῥήϊστος** u. **ῥηΐτατος,** s. ῥᾴδιος.

ῥηκτός, 3. (ῥήγνυμι), ep. zerreißbar, verletzbar, τινί.

ῥῆμα, τό (für Ϝρῆμα, *verbum*, St. Ϝερ, s. I. εἴρω), das **Gesagte,** Gesprochene, **a)** Wort, Spruch, Ausspruch, Redensart, Phrase, Satz, τῷ ῥήματι dem Wortlaut nach. **b)** Sage, Erzählung, Botschaft, Kunde; Unterhaltung, Gespräch. **c)** im N. T. Lehre, Sache, Rechtssache, Handlung. **d)** sp. gramm. das Verbum.

ῥηματικός, 3. sp zum Verbum gehörig, von einem Verbum abgeleitet.

ῥημάτιον, τό, poet. sp. Wörtchen.

Ῥήνεια, ion. **Ῥηνέη,** ἡ, eine der kykladischen Inseln westl. von Dēlos, jetzt *Großdelos*.

Ῥῆνος, ὁ, der Rhein, bei Arr. ὁ Κελτικός genannt (der gallische), zum Unterschiede von dem italischen (jetzt *Reno* bei Bologna).

ῥήξ, γός, ὁ, sp. = lat. *rex*.

ῥηξηνορίη, ἡ, ep. Kraft, Mut, die Männerscharen zu durchbrechen, stürmische Kraft. Von

ῥηξ-ήνωρ, ορος, ὁ (ῥήγνυμι, ἀνήρ), ep. Männerreihen durchbrechend.

ῥηξί-θεμις, ιδος, ἡ, sp. Streitausbruch (var.).

ῥῆξις, εως, ἡ, poet. u. sp. das Durchbrechen, Brechen.

ῥῆσις, εως, ion. ιος, ἡ (für Ϝρῆσις, St. Ϝερ, s. I. εἴρω), **1)** das Sagen, Sprechen, die Rede, Sage, Art zu reden, abs. u. ἀπό τινος. **2)** das Gesagte, Gesprochene. Im bes. die aufgetragene Rede, ῥ. τινος ἀπειπεῖν im Namen jmds. ansagen. **3)** term. techn. für die dialogischen Stellen der Tragödie.

I. **ῥήσσω,** att. ῥάττω (ῥάσσω), stoßen, stampfen.

II. **ῥήσσω** (aus Ϝρηγ-jω, ῥήγνυμι), sp. N. T. sprengen, zerreißen.

ῥηστώνη, s. ῥαστώνη.

ῥητέον, Adj. verb. zu I. εἴρω, man muß sagen.

ῥητήρ, s. ῥήτωρ.

ῥητορεία, ἡ, kunstvolle Rede, nach allen Regeln der Rhetorik, künstliche Beredsamkeit, im Ggs. zur natürlichen.

ῥητορεύω (ῥήτωρ), Redekunst treiben und Reden halten.

ῥητορικός, 3., Adv. **-κῶς** (ῥήτωρ), zur Redekunst gehörig, in derselben bewandert, beredt, rednerisch, rhetorisch, auf rhetorische Art. Subst. ἡ ῥ. die Redekunst, Beredsamkeit, abs. ἐπὶ ῥητορικῇ der Redekunst wegen, u. πρός τινα an jmdn.; ὁ ῥ. der Redekünstler.

ῥητός, 3. Adv. **-ῶς** (Ϝρητός v. St. Ϝερ, s. I. εἴρω), **1)** geredet, gesagt, bes. ausdrücklich benannt, festgesetzt, bestimmt, ἐπὶ ῥητοῖσι unter gewissen Bedingungen, auf diese Bedingungen, nach Regeln. **2)** sagbar, was gesagt werden darf, was sich zu sagen geziemt, ῥητά Öffentliches, ῥητὰ καὶ ἄῤῥητα Öffentliches wie Geheimes, dann wie *dicenda tacenda,* was jmdm. in den Mund kommt. οὐ ῥητόν unaussprechlich. **3)** rational (ausrechenbar), von Zahlen.

ῥήτρα, ion. **ῥήτρη,** ἡ (für Ϝρήτρα, St. Ϝερ, s. I. εἴρω), Verabredung, Vertrag, Vergleich; lakedäm. Gesetz.

ῥήτωρ, ορος, ep. **ῥητήρ,** ῆρος, ὁ (St. Ϝερ, s. I. εἴρω), *orator,* Redner, Sprecher, abs., od. τινός von etwas. Im bes. **a)** der Volksredner, Staats-, Volksmann, οἱ περὶ τὸν Θουκυδίδην ῥ. Thukydides und seine Partei. **b)** in der βουλή die, welche dort das Wort zu führen pflegten. **c)** überh. Redekünstler, Redemeister.

ῥηχίη, s. ῥαχία.

ῥηχός, ἡ, ion. Dornenzaun, Hag.

ῥῑγᾰλέος, 3. poet. schaurig, kalt, entsetzlich.

ῥῑγεδᾱνός, 3. (ῥῖγος, vgl. lat. *frigidus*), ep. zum Erstarren, entsetzlich.

ῥῑγέω, (ῥῖγος), ep. u. poet., Aor. ἐῤῥίγησα u. ep. ῥίγησα, Perf. ἔῤῥῑγα mit Präsensbdtg., wovon 3. pl. dor. ἐῤῥίγαντι, 3. sg. conj. ep. ἐῤῥίγησι, vor Frost schaudern, dann übertr. **1)** intr. schaudern, sich entsetzen, erschrecken, starr werden, starren. 2) trans. mit Schrecken wahrnehmen, zurückbeben, fürchten.

ῥίγιον [ῑ], ep. Kompar. von ῥῖγος, nur im Neutrum, Superl. **ῥίγιστος,** 3., ep. 1) frostiger, kälter. 2) übertr. schauderhafter, schrecklicher, entsetzlicher, τὰ ῥίγιστα das Schrecklichste, Schlimmste.

ῥῖγος, εος, ους, τό (σρῖγες, *frīgus, oris*), Kälte, Frost.

ῥῑγόω, kontrah. att. auch in ω, ῳ st. ου, οι, Präs. ῥιγῶς, ῷ, ῶμεν, conj. ῥιγῷ, inf. ῥιγῶν (doch auch -οῦν), part. ῥιγῶσα, Fut. ῥῑγώσω, Aor. ἐρρίγωσα, ep. Fut. inf. ῥιγωσέμεν, frieren, Frost empfinden.

ῥίζα, ἡ (Ϝριδjα, *rādix*, got. *vaúrts*, ahd. *wurza*), die Wurzel, übertr. a) die des Auges. b) überh. bildl. für Ursprung, Stamm, ἐσχάτα ῥ. von Ismēne u. Antigŏne.

ῥιζόθεν, Adv. sp. von der Wurzel aus.

ῥιζο-τόμος, ὁ (τέμνω), poet. sp. Wurzelschneider, Wurzelsammler.

ῥιζόω (ῥίζα), wurzeln lassen, d. i. fest machen, befestigen, τί u. zwar τινί durch od. mit jmdm.; im Perf. pass. a) eingewurzelt, befestigt sein, γῆθεν im Grunde. b) ἀλωὴ ἐρρίζωται d. h. ist angelegt. Davon

ῥίζωμα, τό, poet. = ῥίζα, u.

ῥίζωσις, ἡ, sp. das Wurzelschlagen. runzelig.

ῥικνός, 3. poet. (ῥῖγος), erstarrt, eingeschrumpft,

ῥίμφα (verw. ahd. *ringi* leicht, *gering*), ep. u. poet. Adv. leicht, hurtig, rasch.

ῥιμφ-άρματος, 2. poet. mit schnellem Wagen fahrend, ἅμιλλαι die Hast wettrennender Wagen.

ῥίνη [ῑ], ἡ, die Feile.

ῥῑνηλᾰτέω (ῥιν-ηλάτης, ῥίς, ἐλαύνω), poet. mit der Nase spüren, aufspüren, τί.

ῥινός, ἡ (Ϝρινός, vgl. zu ταλαύρινος), auch im Plur., ep. u. poet., u. **ῥῑνόν,** τό, ep. 1) die Haut am Leibe des Menschen. 2) die abgezogene Haut der Tiere, das Fell, insbes. die Rindshaut, u. zwar auch rohe, ungegerbte (βοῶν), künstlich verarbeitete, Il. 16, 636, *corium*. 3) das aus Rindsleder Gemachte (βοῶν), der Schild.

ῥῑνο-τόρος, ὁ, ep. (τορέω), der den Schild Durchbohrende, Schilddurchbrecher.

ῥίον (Ϝρισον, dt. *Riese*), τό, ep. 1) die Bergkuppe, der First, das Felsenhaupt, das in einsame Höhe emporragt. 2) das Vorgebirge (Od. 3, 295).

Ῥίον, Vorgebirge in Achaja, nebst dem ihm gegenüberliegenden Ἀντίρριον od. Ῥίον Μολυκρικόν im ozol. Lokris, welche den Eingang in den korinth. Meerbusen bilden, auch τὰ Ῥία genannt.

Ῥῖπαι, αἱ, fabelhaftes Gebirge am Nordrande Skythiens, dicht bewaldet, von Finsternis umflossen u. wilde Stürme (ῥιπὰς ἀνέμων) entsendend. Adj. Ῥιπαῖος, 3. daher τὰ Ῥιπαῖα ὄρη = Ῥῖπαι.

ῥῑπή, ἡ, ep. poet. u. N. T. (ῥίπτω), Wurf, λᾶος Steinwurf, überh. Schwung, Stoß, Kraft, Gewalt, Andrang, auch im Plur. Anlauf, Gestürme, abs., u. ῥ. ἀνέμων, ψυχῆς Seelenstürme. Im bes. a) bei Äsch. der Flügelschlag, od. mit ἄστρων die Strahlen. b) N T. ἐν ῥιπῇ ὀφθαλμοῦ im Augenblick.

Ῥίπη, ἡ, Stadt in Arkadien bei Stratos.

ῥιπίζω, poet. sp. in Schwung setzen, anfachen.

ῥῖπος, τό, Her. 2, 96 (ῥίπεϊ : ῥιπί) var. zu ῥίψ, s. d.

ῥιπτάζω u. **ῥιπτέω,** s. ῥίπτω.

ῥῑπτός, 3. poet. geworfen, μόρος der Todessturz.

ῥίπτω (St. Ϝρῑπ-, ῥιπή), Pass. Aor. poet. u. sp. ἐρρίφην, ῥῑφήσομαι, dazu ep. Impf. iter. ῥίπτασκον, Aor. ῥῖψα, iter. ῥίψασκον, part. dor. ῥίψαις, nebst **ῥιπτέω,** ion. 3. plur. auch ῥιπτεῦσι, u. ep. poet. u. sp. Frequ. **ῥιπτάζω.** 1) trans. **werfen,** schmeißen, schleudern, stürzen, stoßen. Im bes. a) hinwerfen, hinstürzen, wegwerfen, abwerfen, ablegen, übertr. fallen lassen, ausstoßen (Worte), vernachlässigen, b) hin u. her werfen, umherschleudern, wälzen, c) hinabwerfen, herabstürzen, d) herauswerfen, bannen, τινὰ ἐκ γῆς; ein Kind aussetzen OT. 719. Im Pass. übertr. mit γνώμῃ schwanken. 2) intr. sich hinabwerfen, **sich herabstürzen.** abs. u. κατά τινος.

ῥίς, ῥῑνός, ἡ, die Nase, im Plur. eigentl. die Nasenlöcher, dann auch die Nase, die Nasen.

ῥίσκος, ὁ, poet. sp. Kiste; insbes. Sarg.

ῥίψ, ῥῑπός, ἡ. Dat. plur. ep. ῥίπεσσι st. ῥιψί, ep. poet. u. ion., eigentl. Rohr, Schilf, Binse, dann bes. im Pl. Weidengeflechte, Decke von Rutengeflecht, Rohrmatte.

ῥίψ-ασπις, ιδος, ὁ, der Schildwegwerfer, Feigling.

ῥῖψις, εως, ἡ, das Schleudern; das Sichwerfen, Niederfallen.

ῥιψο-κίνδῡνος, 2. (ῥίπτω), sich in Gefahr stürzend, waghalsig; Subst. ὁ ῥ. der Wagehals.

ῥίψ-οπλος, ὁ, poet. = ῥίψασπις.

ῥοά, ἡ, sp. für ῥοιά, Granatapfel.

ῥοδάνη, ἡ, sp. ep. Faden, Einschlag.

ῥοδᾰνός, 3. (vgl. ῥαδαλός, ῥαδινός), ep. schwankend.

Ῥοδανός, ὁ, die *Rhône* in Gallien.

ῥόδεος, s. ῥοδόεις, 3.

Ῥόδιος, ὁ, Fluß in Troas, wahrsch. der heutige Dardanellenbach am alten Schlosse.

ῥοδο-δάκτυλος, 2. ep. u. poet. rosenfingerig, a) Beiname der Eos, von den fünf blaßroten, senkrecht am Horizonte aufsteigenden Lichtstreifen, die man in Kleinasien und Griechenland vor dem Aufgange der Sonne wahrnimmt. b) des Ganymēdes, um die außerordentliche Zartheit u. Schönheit seiner Finger zu bezeichnen.

ῥοδόεις, εσσα, εν, ep. poet., u. **ῥόδεος,** 3. poet. sp. (ῥόδον), *roseus*, rosig, von Rosen, ἄνθεα ein Lieblingsschmuck der Aphrodite, ἔλαιον Rosenöl, welches auch gegen Fäulnis gebraucht wurde.

ῥοδό-κολπος, 2. poet. mit rosigem Busen.

ῥοδό-μᾱλον, τό, buk. Rosenapfel (nach andern: Rosenwange). [Rose.

ῥόδον (Ϝρ.), τό (orient. Lw. lat. *rosa*, gr. Lw.), die

ῥοδό-πᾱχυς, 2. buk. (πῆχυς), rosenarmig.

Ῥοδόπη, ἡ, ein Gebirge Thrakiens, welches sich vom Skomios-Gebirge ab fast bis zur Mündung des Nestos hinzieht, j. *Despoto*.

Ῥόδος, ἡ, Insel des Ägäischen Meeres, früher mit drei dorischen Städten Lindos, Ialysos, Kamiros, aus deren Vereinigung erst 408 v. Chr. die Stadt Rhodos entstand, jetzt *Rhodis*. Der Einwohner ὁ **Ῥόδιος.** Sie dienten bei den Persern als Schleuderer. (Nachklass. Sprichwort ἰδοὺ Ῥόδος, ἰδοὺ τὸ πήδημα hic Rhodus, hic salta!)

ῥοδό-χρως, ὁ, ἡ, buk. rosenfarbig

ῥοή, ἡ (ῥέω), Flut, Fluß, Strömung, Woge; Saft.

ῥοθέω, poet. (ῥόθος), rauschen, lärmen, murrend äußern, murren, abs. od. τινί gegen jmdn., u. zwar ταῦτα in dieser Art.

ῥοθιάς, άδος, fem. poet. zu

ῥόθιος, 2. (ῥόθος), ep. poet. u. sp. lärmend, rauschend.

ῥόθιον, τό, u. **ῥόθος,** ὁ, poet. **1) a)** verst. κῦμα, im Sing. u. Plur. die rauschende Woge, das Wogengebrause, der Wogenschwall. **b)** das Plätschern od. Rauschen der Ruder, lauter Ruderschlag. **2)** poet. sp. Angriff, Sturm, stürmischer Andrang.

ῥοιά, ion. **ῥοιή,** ἡ, die Granate, sowohl Baum als Frucht.

ῥοιβδέω, ep. (mit Geräusch) einschlürfen. Poet. mit Geräusch schwingen. Dav.

ῥοίβδησις, ἡ, poet. = dem folg.

ῥοῖβδος, ὁ, poet., u. **ῥοῖζος,** ὁ, ep. u. sp., ep. u. ion. auch ἡ, ein schwirrendes Geräusch, Sausen, Zischen, Schwirren.

ῥοιζέω (ῥοῖζος), Aor. ep. ῥοίζησε, ep. ar. sp. zischeln.

ῥοιζηδόν, Adv. sp. u. N. T. mit rauschender Schnelligkeit.

ῥοίζημα, τό, sp. = ῥόθιον, ῥ. ἑνί in einem Zuge.

ῥοιζό-θεμις, ιδος, ἡ, sp. ein lärmender, geräuschvoller Rechtshandel (var.).

ῥοῖζος, s. ῥοῖβδος.

Ῥοῖκος, ὁ, aus Samos um Ol. 35 = 640, Erfinder des Erzgusses.

ῥοϊκός, 3. (ῥέω) sp. flüssig; übertr. schlaff, weichlich.

ῥοικός, 3. poet., buk. ar. gekrümmt, krummbeinig.

Ῥοίτειον, τό, **1)** Vorgebirge u. Stadt Mysiens am Hellespont, j. *Intepeh.* **2)** Ort Arkadiens.

ῥόμβος, ὁ (zu ῥέμβομαι), poet. u. sp. kreisförmige Bewegung, Zauberkreisel, die Rolle, poet. auch das Tamburin; Geräusch des Kreisels, Surren, Summen.

ῥομφαία, ἡ, sp. u. N. T. großes breites Schwert; bildl. großer Schmerz.

ῥόος (aus σρόϝος v. ῥέω), ὁ, ep. u. ion., att. zsgz. **ῥοῦς, 1)** die Strömung, κατὰ (κὰρ) ῥόον die Strömung entlang, stromabwärts, das Gegenteil πρὸς ῥόον, παρὰ ῥόον Ὠκεανοῖο neben der Strömung, die aus dem Ok. ins Meer geht. **2)** das strömende Wasser, Flut, Fluß, Welle.

ῥόπαλον, τό (ῥέπω), **1)** der Wurfstecken, den der Hirt nach dem Vieh schleudert. **2)** ein dick auslaufender Stock, Knüttel. **3)** Keule, abs., od. im Plur. mit ξύλων von Holz, παγχάλκεον Streitkolben von Erz, insbes. der des Herakles u. das Bild, die Gestalt desselben. **4)** = ῥόπτρον, τό, w. s.

ῥοπή, ἡ (ῥέπω). **1)** die Senkung der Waagschale, das Überschlagen derselben nach einer Seite, **Ausschlag. 2)** übertr. **a)** was den Ausschlag bewirkt: **Gewicht,** Ausschlag, Einfluß, Anstoß, Veranlassung, **b)** der entscheidende, kritische Augenblick, höchste Gefahr, Entscheidung, Krisis; ῥ. βίου Neige des L.; Phrasen: ἐπὶ ῥοπῆς μιᾶς εἶναι auf der Schwebe stehen, μεγάλη ῥ. ἐστι es ist von großem Gewichte, μεγάλας τὰς ῥοπὰς ποιεῖν einen gewaltigen Ausschlag geben, das Gegent. μικρᾶς ῥοπῆς γίγνεσθαι, μεγάλην od. οὐ μικρὰν ῥοπὴν φέρειν, ποιεῖν, προστιθέναι τινὶ πρός τι für jmdn. einen großen Ausschlag geben zu etwas, μικρὰ ῥ. ἐστί τινος jmd. od. etwas hat geringe Bedeutung.

ῥόπτρον, τό, **a)** der Klopfer, Ring an der Haustüre. **b)** die Handpauke. **c)** Stellholz in der Falle; Falle.

Ῥουβίκων, ωνος, ὁ, Rubico, Grenzflüßchen zwischen Gallia cisalpina u. Italia an der Küste des Adriatischen Meeres, j. *Pisatello.*

Ῥούβριος, ὁ, P. Rubrius Varro, Volkstribun mit C. Gracchus 122 v. Chr., mit C. Marius vom Senat für einen Feind erklärt.

ῥοῦς, s. ῥόος.

Ῥουσκίνων, ωνος, ὁ, Fluß u. Stadt in Gallia Narbonensis, die St. heute *Roussillon,* der Fl. *Tet.*

Ῥούτουλοι, οἱ, Rutuli, e. Stamm in Ardea in Latium.

Ῥοῦφος, ὁ, der röm. Name Rufus; spez. Musonius Rufus aus Volsinii, Lehrer des Epiktet, berühmter Stoiker im 1. christl. Jahrh.

ῥοφέω (St. σροφ, lat. *sorbeo*) schlürfen, schlucken, ausschlürfen.

ῥοχθέω (ῥόχθος), ep. rauschen, brausen.

ῥοώδης, 2. stark brandend.

ῥύαξ, ακος, ὁ (ῥέω), Strom, (πυρός) Feuerstrom, von der Lava eines Vulkans.

ῥύγχος, εος, τό, buk. die Schnauze.

ῥύδην, sp. u. **ῥυδόν,** ep. Adv. (ῥέω), stromweise, haufenweise, übermäßig.

ῥυθμίζω, eigentl. **1)** ins Ebenmaß bringen, dah. ordnen, genau abwägen, beurteilen, τί, z. B. τὴν λύπην den eigentlichen Sitz der λύπη zu treffen suchen. **2)** auch τὶ πρός τι etwas nach etwas einrichten; ἑαυτὸν ἐς τὸ ἀφελές sich ein schlichtes Aussehen geben. **3)** zurichten, ὧδε.

ῥυθμικός, 3. rhythmisch. Von

ῥυθμός [ῐ, zuw. ῡ], ὁ (ῥέω), **1)** Zeitmaß, Rhythmus, Takt, Silbenmaß, μετὰ ῥυθμοῦ, ἐν ῥυθμῷ nach dem Rhythmus, nach dem Takte, ῥυθμοὺς σαλπίζειν nach dem Takte auf der Trompete blasen (τακτικοὶ ῥ. im Takt ausgeführte milit. Bewegungen). **2)** das Ebenmaß, das schöne Verhältnis der Teile, die Proportion. **3)** überh. die Gestalt, Form.

ῥῦμα, τό, **1)** (für ϝρῦμα von ϝερύω, ἐρύω), Zug, Zugseil, Bogensehne, ἐκ τόξου ῥύματος einen Bogenschuß weit voraus, innerhalb eines Bogenschusses. **2)** (ῥύομαι), Schutz, πύργου Turmschutz, schützender Turm.

ῥύμη, ἡ (zu ἐρύω). **1)** Schwung, Umschwung, τῆς τύχης. **2)** Wucht, Geschwindigkeit eines sich bewegenden Körpers; Andrang, Anlauf, Angriff, ῥύμῃ, mit, durch Heftigkeit, Gewalt. **3)** sp. N. T. Straße, Gasse.

ῥύμμα, τό (ῥύπ-α), **1)** Schmutz. **2)** Seife, Lauge.

ῥυμός, ὁ (für ϝρυμός von ϝερύω, ἐρύω, dah. eigtl. Zugholz), ep. ion. u. sp. die Deichsel, welche einfach am Wagen befestigt war. An ihr, u. zwar an einem an der Spitze befindlichen Pflock durch einen Riemen od. Strick u. Ring quer befestigt, befand sich das Joch.

ῥυμουλκέω, sp. am Zugseil ziehen, ein Schiff bugsieren.

ῥύομαι (vgl. ἐρύομαι, ἔρυμαι), Dep. med. Fut. ῥύσομαι, Aor. ἐρρυσάμην, ep. Präs. inf. ῥῦσθαι, Impf. iter. 2. sg. ῥύσκεν, Aor. ῥῦσάμην, mit σσ oder σ, und ohne σ: 3. pl. ῥύᾰτο [ῡ], Aor. 2. 3. sg. ἔρρυτο, im N. T. Aor. pass. ῥυσθῆναι (in att. Prosa nur bei Thuk.). **1)** **retten, erretten, erlösen, heilen, überh. schützen, beschirmen, bewahren, behüten, bedecken,** μίασμα **Rettung schaffen durch Entfernung des** μ.; τὰς αἰτίας **die Schuld wieder gut machen** Thuk. 5, 63. **2) abwehren,** aufhalten, hemmen τινά, z. B. Ἠῶ.

ῥύπα, τά, das Schmutzige, metapl. Plur. (ep.) von ῥύπος, ὁ, der Schmutz.

ῥυπαίνω (ῥύπα), beschmutzen; beflecken, entehren; Aor. pass. ῥυπανθήτω soll sich mit Sünden entstellen, N. T.

ῥυπαρεύομαι (ῥυπαρός), beschmutzt sein; Aor. pass. ῥυπαρευθήτω er soll unrein sein (var.), N. T.

ῥυπαρία, ἡ, sp. N. T. im übertr. Sinne: der Schmutz, die schmutzige Gesinnung.

ῥῠπαρός, 3. sp. schmutzig.

ῥῠπάω, Part. praes. ntr. pl. ep. ῥυπάοντα, -όωντα, (ῥύπος), ep. poet. u. sp. schmutzig —, beschmutzt sein.

Ῥύπες u. **Ῥύπαι,** ῶν, αἱ, Stadt in Achaja zw. Aigion u. Erineos. Ihr Gebiet ἡ **Ῥυπική.**

ῥύπος, ὁ, Schmutz, Unsauberkeit. Dav.

ῥυπόω, ep. beschmutzen; Part. perf. ῥερυπωμένος.

ῥυσιάζω, poet. u. sp. wegreißen.

ῥυσί-βωμος, 2. poet. die Altäre beschützend.

ῥῦσιον, τό, auch im Plur. (Ϝρ., ἐρύω), ep. poet. u. sp. das Weggeschleppte, Geraubte, dessen Besitz erst mit Gewalt gesichert werden muß, dah. bei Äsch. (Ag.) Helena so genannt wird. Im bes. (b. Hom.) **a)** was man dem Beleidiger wegnimmt, um ihn zur Genugtuung zu zwingen: Pfand, Entschädigungsbeute. **b)** was man den Beleidigten wegnehmen läßt (bei Soph.), Lösegeld, Ersatz für etwas, φόνον φόνου ῥ. τείσω ich werde zum Ersatz Mord (den ich begangen) mit Mord büßen.

ῥύσιος, 2. poet. zur Rettung gehörig.

ῥῡσί-πολις und **-πτολις,** ὁ, ἡ, poet. die Stadt beschützend.

ῥύσις, ἡ, das Fließen; αἵματος der Blutfluß, N. T.

ῥυσμός, ὁ, ion. poet. = ῥυθμός, Takt, Gang; Gemütsart, Charakter.

ῥῡσός, 3. (Ϝρ., ἐρύω, also zusammengezogen), zusammengeschrumpft, runzelig, λιταί, näml. infolge der Reue und Selbstanklage. (Andre Form ῥυσσός, 3.)

ῥυστάζω (Ϝρ.), ep. Frequent. von ἐρύω, Impf. iterat. ῥυστάζεσκεν, verst. durch πολλά, oft hin- u. herschleifen, mißhandeln, τινά, u. zwar περί τι um etwas, κατά τι in etwas.

ῥυστακτύς, ύος, ἡ, ep. das Herumzerren, die Mißhandlung.

I. **ῥῡτήρ,** ῆρος, ὁ (Ϝρ-, ἐρύω), ep. poet. sp. eigentl. der Ziehende, dah. **1)** ῥ. βιοῦ der Spanner des Bogens, Schütze, u. ungenau οἰστῶν der Schneller der Pfeile. **2) a)** im Plur. die Zugseile, Stränge, an denen die Zugtiere ziehen. **b)** der Roßzaum, Zügel, ἀπὸ ῥυτῆρος ohne, d. i. verhängten Zügels, τῶν ῥ. ἀντιλαμβάνεσθαι in die Zügel fallen. **3)** überh. Riemen, Seil; Peitsche (att. pros.).

II. **ῥῠτήρ,** ῆρος, ὁ, ep. u. poet. (σρ., ῥύομαι), Beschützer, Bewacher, τινός.

ῥῠτίς, ίδος, ἡ (ῥυσός), **1)** die Falte, Runzel. **2)** N. T. der Makel, Fehler.

I. **ῥῡτός,** 3. (ῥέω), fließend, sich ergießend, stark strömend. Subst. τὸ ῥ. das Trinkhorn.

II. **ῥῡτός,** 2. (ἐρύω, Ϝρ.), ep. herbeigeschleift.

ῥῠτωρ, ορος, ὁ, poet. der Beschützer.

ῥωγᾰλέος, 3. ep. (ῥώξ), zerrissen, durchlöchert.

ῥωγάς, ἡ, πέτρα, buk. Felsenkluft.

Ῥωμαϊστί, adv. sp. u. N. T. in römischer, lateinischer Sprache.

ῥωμαλέος, 3. stark, fest, gewaltig, abs., u. ἔν τινι in etwas. Komp. -ώτερος.

ῥώμη, ἡ (zu ῥώννυμι) Kraft, Stärke. **1)** mit u. ohne σώματος Körperkraft; μιᾷ ῥώμῃ durch die Stärke eines einzelnen. **2)** Macht, Gewalt, von Staaten u. Herrschern, auch Heeresmacht, Truppen. (Bei Soph. auch die Stütze eines einzelnen.) **3)** mit u. ohne τῆς ψυχῆς Geistes- od. Seelenstärke, Amt, Zuversicht, ῥ. τις γίγνεταί τινι es wächst einem der Mut.

Ῥώμη, ἡ, sp. Rom. Die Einw. οἱ **Ῥωμαῖοι.** Ῥωμαῖον γίγνεσθαι παρά τινος von jmdm. das römische Bürgerrecht bekommen.

Ῥῶμος, ὁ, sp. Remus.

Ῥωμύλος, ὁ, sp. Romulus.

ῥώννυμι (ῥω, ῥωσ, ῥώμη, ἄρρωστος). **1)** Akt. sp. **stärken, kräftigen,** αὑτόν **sich erholen. 2)** Pass. **a) gestärkt, stark, kräftig werden;** sich angeregt fühlen. Im Perf. stark, kräftig, bei Kräften sein, *valeo*, im bes. gesund sein, μᾶλλον eine bessere Gesundheit haben. Dah. als gew. Schluß in Briefen: ἔρρωσο (*vale*), lebe wohl, u. dav. ἐρρῶσθαι φράζειν, λέγειν τινί, jmdm. ein Lebewohl sagen, insbes. spöttisch, Λοκροῖς die Lokrer Lokrer sein lassen, **b)** steif u. fest **entschlossen sein** zu Thuk. 2, 8, Mut u. Entschlossenheit haben, sich anstrengen. Das Part. ἐρρωμένος s. u. d. W. Dav. τὸ ἐρρωμένον die Tatkraft.

ῥώξ, ῥωγός, ἡ, und **ῥωχμός,** ὁ, beide ep. und sp. (ῥήγνυμι) Riß, Spalte, Kluft, Vertiefung, im bes. mit μεγάροιο Luken, Hausgang zwischen Waffen- u. Schatzkammer im Hause des Odysseus.

ῥώομαι, ep. Dep. med., Impf. 3. plur. ἐρρώοντο u. ῥώοντο, Fut. ῥώσομαι, Aor. ἐρρωσάμην, sich kräftig, heftig od. mit Anstrengung, dah. **sich schnell bewegen, flattern, sich tummeln,** im bes. schnell gehen, hineilen, rennen, stürmen, od. auch tanzen, abs. od. ἀμφί τινα, περί τι, u. ὑπό τινι dicht neben jmdn. hin laufen (um ihn zu stützen u. seinen mühsamen Gang zu erleichtern).

ῥωπήιον, τό, ep. = ῥώψ, s. d.

ῥωπικά, τά, sp. der Tand.

ῥωπο-γραφία, ἡ (ῥώψ od. ῥῶπος), sp. Malerei von kleinen Gegenständen, Genremalerei.

ῥωπο-περπερήθρας, ου, ὁ (ῥῶπος u. πέρπερος = ἀλαζών), poet. eitler Windbeutel.

ῥῶπος, ὁ, Flitterstaat, Tand.

ῥωχμός, ὁ, s. ῥώξ.

ῥώψ, ῥωπός, ἡ, (verw. mit ῥαπίς), ep. niedriges Strauchholz und ein damit bewachsener Ort, dah. Gebüsch, Gesträuch, Reisig.

Σ.

Σ, σ, τὸ σῖγμα, σίγμα, entsp. orient. sin, der achtzehnte Buchstabe des griech. Alphabets, als Zahlzeichen σ' = 200.

σ', apostrophiert **1)** st. *σέ*, selten st. *σοί*. **2)** st. *σά*, doch stets mit vorhergehendem Artikel.

σᾶ, s. *σῶς*.

Σαβάζιος, *ὁ*, eine thrakisch-phrygische Gottheit, deren orgiastische Feier von Männern u. bes. von Weibern aus dem niedern Volke begangen wurde. Teils dem Dionȳsos, teils dem Zeus nahe kommend erscheint *Σ.* später als Beiname des Zeus, des Dionysos od. auch als Dionysos selbst.

σαβαχθανεί u. ***σαβαχθάνι***, aram. du hast mich verlassen, N. T.

σαβαώθ, hebr. (sc. Herr) der Heerscharen, N. T.

σαββατισμός, *ὁ* (*σαββατίζω*, v. *σάββατον*) sp. N. T. Sabbatfeier, Sabbatruhe.

σάββατον, *τό*, mit Dat. plur. *σάββασι*, Sabbat, Woche, auch *τὰ σάββατα* der Sabbat, die Woche, sp. N. T.

Σαβῖνοι, *οἱ*, sp. die Sabiner in Mittelitalien.

σαβοῖ, bacchischer Ausruf (vgl. *Σαβάζιος*).

Σαγαλασσός, *ἡ*, Stadt Pisidiens, j. *Aghlasan*.

σάγαρις, *εως*, ion. *ιος*, Acc. plur. *ῑς* st. *εις*, *ἡ*, das Doppelbeil, eine zweischneidige Streitaxt der skythischen Völker u. der Amazonen, *ἀξίνη σάγαρις* Doppelbeil mit Namen Sagaris.

Σαγάρτιοι, *οἱ*, ein persisches Volk im Berglande Kohestan.

Σαγγάριος, *ὁ*, Fluß Bithyniens, j. *Sakarija*.

σάγη (zu *σάττω*), *ἡ*, poet. sp. **1)** die Waffenrüstung. **2)** überh. Ausrüstung.

σαγηνεύς, *ὁ*, sp. der Netzfischer.

σαγηνεύω, mit der *σαγήνη* Fische fangen, insbes. viele mit einem Male umzingeln u. fangen, eine Fangjagd machen, bestricken.

σαγήνη, *ἡ*, sp. großes Schleppnetz.

σαγηφορέω (*σάγος*), sp. den Soldatenmantel tragen.

σάγμα, *τό* (*σάττω*), poet. sp. **1)** das Aufgepackte, der Haufen; Decke, Mantel. **2)** poet. das Schildfutteral. **3)** sp. der Packsattel.

σάγος, *ὁ*, sp. das *sagum*, ein wollener Mantel, Plaid (kelt.).

Σαδδουκαῖοι, Gegner der Pharisäer, ließen vom Alt. Test. nur die Glaubens- u. Sittenlehren gelten, leugneten die Unsterblichkeit, die Auferstehung des Leibes und jenseitige Vergeltung, Geister u. Engel u. Prädestination, sp. N. T.

Σάδοκος, *ὁ*, S. des Sitalkes, K. der Thraker.

σαθρός, 3. durchlöchert, anbrüchig, faulig, morsch, schadhaft, gebrechlich; unredlich, trügerisch, schlecht, abs. u. *ἔς τινα*, *σαθρόν τι* ein schlechter, zaghafter Gedanke.

σαίνω, Aor. *ἔσηνα*, dor. *ἔσᾶνα*, ep. poet. u. sp. **1)** wedeln, eigentl. von den Hunden, und zwar *οὐρῇ*. **2)** übertr. schmeicheln, liebkosen, auch schmeichelnd sich nahen, leise herandrängen (*παιδὸς φθογγος*), abs. od. *τινά*, *τί*, u. zwar *τινί* mit etwas, oder *ἀπό τινος*, z. B. *ἀπ' ὀμμάτων*, u. mit *φαιδρά* jmdm. mit den Augen lächelnd zuwinken. **3)** N. T. *σαίνεσθαι* sich irre machen lassen. [*Σαπαῖοι*.

Σάϊοι, *οἱ*, ion. poet. thrakische Völkerschaft =

I. ***σαίρω*** auskehren, wegkehren; *τὰ σαιρόμενα* Land, das gejätet werden muß.

II. ***σαίρω***, part. perf. dor. *σεσᾱρώς*, die Zähne fletschen, grinsen.

Σαΐς, *εως*, ion. *ιος*, Dat. *ῑ*, *ἡ*, Stadt in Unterägypten, mit einem Heiligtum der Neith, wo die Könige von S. begraben wurden, Hauptstadt des *νομὸς Σαΐτης* im westl. Delta. Der Einw. *ὁ* ***Σαΐτης***. Dah. *οἱ Σαῖται* die 26. manethonische Dynastie, Gegendynastie der äthiopischen. Von ihr läßt Herod. eine Nilmündung *στόμα* ***Σαϊτικόν*** heißen. Doch lag Saïs bedeutend westlicher als der Her. 2, 17 bezeichnete Kanal.

Σάκαι, *οἱ* (Sing. *ὁ Σάκης*), ein Skythenstamm in den Gebirgen östl. von Baktriane u. Sogdiane, in der jetzigen kleinen Bucharei, im westl. Teile der Wüste Gobi, in Kaschgar u. Kleintibet. Sie gehörten als Reiter wie als Bogenschützen zu den besten Truppen des persischen Heeres. [am Kur.

Σακεσίναι, *οἱ*, Bewohner des nordöstl. Armeniens

σακέσ-παλος, *ὁ* (*σάκος*, *πάλλω*), ep. Schildschwinger.

σακεσ-φόρος, *ὁ* (*σάκος*, *φέρω*), poet. Schildträger, Beiw. des Telamonischen Aias wegen seines großen Schildes.

σακίον u. ***σακκίον***, *τό*, Dem. von *σάκ(κ)ος*, ein aus Ziegenhaaren gemachtes Zeug, Sack, Beutel.

σᾱκίτας, *ᾱ*, *ου*, *ὁ*, buk. (dor.) st. *σηκίτης*, *ου*, im Stall gefüttert, jung.

σακκέω, ion. (durch ein Gewebe) durchschlagen, durchseihen, u. zwar *τινί* durch etwas.

σάκκος u. ***σάκος***, *ὁ* (semit.), poet. ion. sp. N. T. ziegenhärenes Zeug; Sack, Kleid.

σάκος, *εος*, *τό* (vwdt. mit *σάττω*), ep. poet. ion. sp. der Schild, u. zwar die größte u. schwerste Gattung derselben (s. *ἀσπίς*), wie ihn z. B. Aias trug.

σάκτωρ, *ορος*, *ὁ* (*σάττω*), poet. der Vollstopfer.

Σαλαβακχώ, *ἡ*, poet. Eigenn. einer schönen Hetäre in Athen.

σαλακωνεία, *ἡ*, sp. Prahlerei, Protzerei.

σαλακώνισμα, *τό*, sp. prahlerische Handlung od. Geberde (var.).

Σαλαμιν-αφέτης, *ὁ* (*ἀφίημι*), poet. der Salamis preisgibt, Salamisverräter.

Σαλᾰμίς, *ῖνος*, *ἡ*, **1)** Insel an der Küste von Attika im Saronischen Meerbusen, welche früher einen eigenen Staat bildete u. deshalb auch als uralter Wohnsitz des Heroengeschlechts der Äakiden *θείη* heißt. Später fiel es unter Athens Herrschaft u. wurde durch den 480 vor Chr. hier erfochtenen Seesieg der Griechen über Xerxes berühmt; jetzt *Koluri*. Der Einw. *ὁ* ***Σαλαμίνιος***, u. *ἡ* ***Σαλαμινία*** bez. **a)** sp. die Schlacht bei Salamis. **b)** eines der attischen Staatsschiffe. **2)** Stadt in Kypros mit eigenen Fürsten, jetzt *Porto Constanza*.

Σαλαρία πύλη, ἡ, sp. das Tor von Rom, an dem die via Salaria begann, außerhalb der alten porta Collina, im Norden der Stadt.

σαλάσσω, poet., Part. Perf. pass. σεσαλαγμένος, Nbf. zu σαλεύω.

Σαλείμ, ὁ, *Salem*, Ort in Peräa von unbestimmter Lage. Vgl. Σαλήμ.

σᾰλεύω (σάλος), **1)** Akt. trans. schwankend od. wankend machen, erschüttern, τί. **2)** Akt. intr. u. Pass. hin- u. herschwanken, wanken, schweben.

Σαλήμ, ἡ, Salem, wohl Bez. für Jerusalem, N. T., Hebr. 7, 1.

Σαλμακίς, ίδος, ἡ (verst. ἄκρα), auf einem Felsen gelegene Burg von Halikarnassos.

Σαλμῠδησσός, οῦ, ὁ, der Küstenstrich von dem Vorgebirge Thynios bis zur Mündung des Bosporos, durch seine Sandbänke u. Untiefen für die Schiffahrt gefährlich u. darum bes. von Seeräubern bewohnt, daher ist Ares dort heimisch.

Σαλμώνη, ἡ, nordöstl. Vorgebirge von Kreta gegen Rhodos.

Σαλμωνεύς, ῆος, ὁ, ep. poet. Sohn des Aiŏlos u. der Enarēte, Bruder des Kretheus, herrschte erst in Thessalien u. zog dann nach Elis.

σᾰλος, ὁ (σαλεύω), das Schwanken, Wanken, die Erschütterung, der Schwindel, unruhige Bewegung, Unruhe, im eigtl. Sinne u. übertr. Im bes. die hohe See (κυμάτων). **1)** der Wogenschwall des vom Sturme aufgeregten Meeres, φοίνιος die mörderische Flut. **2)** sp. der Ankerplatz.

Σαλούστιος, ὁ, sp. der röm. Geschichtsschreiber Sallustius.

σαλπιγγο-λογχ-υπηνάδης, ὁ (σάλπιγξ, λόγχη, ὑπήνη), poet. „Trompetenlanzenknebelbart“, spött. Bez. eines kriegerisch prahlenden Bramarbas.

σαλπιγκτής, s. σαλπικτής.

σάλπιγξ, ιγγος, ἡ, **1)** die Trompete, Drommete, ein gerades, unten in eine trichterförmige Öffnung auslaufendes u. oben mit einem Mundstücke versehenes Blasinstrument von Metall. **2)** das Trompetenzeichen, Trompetensignal, ὑπὸ σάλπιγγος, σαλπίγγων, ἅμα σάλπιγξι unter Trompetenschall.

σαλπίζω, Fut. σαλπίγξω (sp. u. N. T. -ίσω, -ιῶ), Aor. ἐσάλπιγξα, ep. σάλπιγξα, sp. N. T. ἐσάλπισα, Perf. pass. sp σεσάλπισται, trompeten, auf der Trompete blasen, ῥυθμούς nach dem Takte. Scheinb. impers. ἐσάλπιγξεν (ὁ σαλπικτής) das Signal ward gegeben.

σαλπικτής, weniger gut σαλπιγκτής, οῦ, ὁ (σαλπίζω), der Trompeter; σαλπικτὴν καλεῖν Alarm blasen lassen.

σαλπιστής, οῦ, ὁ, sp. st. σαλπικτής.

Σάλυες, οἱ, Saluvii, Volksstamm im südlichen Gallien.

Σαλώνιος, ὁ, **1)** M. Porcius S., zweiter Sohn des Cato Censorius, von der Salonia Vater zweier Söhne, des L. u. M. Cato, von welchen L., nicht M., Cato 89 v. Chr. Konsul war. **2)** sonst. Eigenn.

σᾶμα, τό, u. ähnl., dor. = σῆμα usw.

σάμαινα, ἡ (Σάμος), sp. ein Schiff mit schweinsrüsselförmig gebogenem Schnabel, das Wahrzeichen der Samier u. ihrer Schiffe.

Σαμάρεια, ας, hebr. *shōmĕrôn*, aram. *shāmerain* (-*în*), N. T. **1)** ephraim. Stadt, jetzt ein Dorf *Sebustieh* od. *Sabastiye*. **2)** die Landschaft Samaria zwischen Judäa und Galiläa; ihre Einw. hießen Σαμαρεῖται (fem. Σαμαρείτιδες).

σάμβαλον, τό, poet. = σάνδαλον.

σαμβύκη, ἡ, ar. sp. ein dreieckiges ägyptisches Saiteninstrument. Davon

σαμβῡκίστρια, ἡ, die Sambykespielerin.

Σάμη, ἡ, ep. auch **Σάμος,** ἡ, eine nur durch eine schmale Meerenge von Ithaka getrennte und zu Odysseus' Reich gehörige Insel, später Kephallenia, jetzt *Cefalonia*. Die Einw. οἱ **Σαμαῖοι.**

Σάμινθος, ἡ, Ortschaft od. Berg in Argolis, Mykenä gegenüber, viell. beim jetzigen Phiklia.

Σαμνῖται, selt. Form für Σαυνῖται.

Σάμος, ἡ (vgl. σάμος). **1)** = Σάμη, w. s. **2)** mit u. ohne Θρηικίη, nach Hom. **Σαμοθράκη,** ion. Σαμοθρηίκη, ἡ, Samothrake, Insel des Ägäischen Meeres an der Küste von Thrake, jetzt *Samothraki*. Die Einw. (ion.) οἱ **Σαμοθρήικες,** u. Adj. dav. **Σαμοθρηίκιος,** 3. **3) Σάμος,** u. ion. auch **Σαμίη,** ἡ, jetzt *Samo* od. *Susam Adassi*, wichtige Insel des Ägäischen Meeres an der ion. Küste mit einem berühmten Heiligtum der Here. Die Einw. οἱ **Σάμιοι,** Erfinder des Trierenbaus 704 v. Chr.

σαμφόρας, ὁ, poet. e. Pferd, das ein Σ (σάν) als aufgebranntes Zeichen trägt.

σάν, dor. Name für σῖγμα, doch eigentl. einen rohern Zischlaut bezeichnend u. dem hebr. Sin od. Schin entsprechend.

Σαναχάριβος, ὁ, Sanherib, König von Assyrien v. 705—681 v. Chr., zog 701 gegen Juda u. Ägypten.

σανδάλιον, τό, ion. poet. sp., Demin. v.

σάνδαλον, τό, ep. poet. sp. (wohl Fremdwort), Sandale, Halbschuh oder Pantoffel, Sohle (von Holz) mit einem schmalen Oberleder, welches die Zehen einschloß u. durch Riemen befestigt war.

σανδαράκινος, 3. ion., sp. mit σανδαράκη, Sandarach, rotem Operment (Realgar) gefärbt, hellrot.

Σάνη, ἡ, **1)** Stadt auf der Pallene südl. v. Potidäa. **2)** Stadt auf der Athoshalbinsel, Kolonie der Andrier.

σανίς, ίδος, ἡ, u. Dem. davon **σανίδιον,** τό. **1)** das **Brett,** die **Bohle,** u. als Dem. das **Brettchen,** **a)** eine mit Gips od. Wachs überzogene Schreibtafel, dann ein Verzeichnis (Lys.), **b)** ein hoher Bretterverschlag, eine Art Zwischenboden, der an einer Seitenwand angebracht war Hom., **c)** im Pl. Hom. u. Trag. die **Türflügel,** Türe, **d)** Schiffsverdeck. **2) Pfahl,** πρὸς σανίδα προσπασσαλεύειν (od. προσδιαπασσαλεύειν) an einen Pfahl nageln, eine der Kreuzigung entsprechende Strafe Hdt., dag. σανίσι προσδεῖν eine Art Pranger Plut.

σάος = σόος, s. σῶς.

σαοφροσύνη u. **σαόφρων,** s. σωφ.

σαόω, s. σώζω, s. d.

Σαπαῖοι, οἱ, Völkerschaft in Thrakien am Geb. Pangaios im Flußtale des Gangas od. Gangites; das Land ἡ Σαπαϊκή, z. Z. des Demosthenes unter Ketriporis u. s. Brüdern.

σαπέρδης, ου, ὁ, sp. ein gemeiner eingesalzener Fisch vom Schwarzen Meere, unserm Hering vergleichbar.

σαπρός, 2. (σήπω), in Fäulnis übergehend, anbrüchig; ranzig, faul, eigentl. u. übertr. Dav.
σαπρότης, ἡ, Fäulnis.
σάπφειρος, ὁ (hebr. *sappīr*), sp. N. T. Saphir.
Σαπφώ, οῦς, ἡ, Sappho, griechische Dichterin aus Lesbos, um 600 v. Chr.
Σάραβος u. **Σάραμβος,** ὁ, berühmter Weinschenk in Platää.
Σαράγγαι, οἱ = Δράγγαι, w. s.
Σάρᾱπις u. **Σέραπις,** ιδος, ὁ, sp. ägyptische Gottheit der unterirdischen Seelen, deren Dienst erst unter den Ptolemäern in Aufnahme kam; Arr. erwähnt ihn als einen babylonischen Gott. In seinen Tempeln, bes. in dem zu Kanōbos, legte man sich unter feierlichen Zermonien zum Schlafe nieder u. holte sich durch Träume Rat über die Zukunft. Sein Heiligtum hieß **τὸ Σαρᾱπεῖον, -πιεῖον, -πιον.**
σαργάνη, ἡ, poet. u. sp. Band, Geflecbt, Korb.
Σαρδανάπαλος, u. bei Her. **Σαρδανάπαλλος,** ὁ, assyrisch *Assurbanipal*, König von Assyrien von 668—626, der Sammler der großen Bibliothek von Ninive.
σαρδάνιος, 3. (wahrscheinl. zu II. σαίρω), σ. γέλως grimmiges Lachen, σαρδάνιον μειδιᾶν grimmig lachen.
Σάρδεις, εων, αἱ, ion. **Σάρδιες,** ίων, ισι, ῑς, eigtl. Erhebung, 'Burg', Hauptstadt Lydiens am Fl. Paktōlos u. dem Geb. Tmōlos (beide goldreich), war die Residenz der lyd. Könige und nach der Einnahme durch die Perser die der persischen Satrapen mit einer auf dem Tmolos gelegenen beinahe unzugänglichen Burg, jetzt *Sart*. Die Einw. **οἱ Σαρδιανοί,** ion. **-ηνοί.** Adj. **Σαρδιανικός,** 3. poet. sardisch, „sardische Purpurfärberei“.
σάρδιον, τό, der Karneol, ein Edelstein.
σαρδόνυξ, νῠχος, ὁ, sp. N. T. (σάρδιον u. ὄνυξ), rot- u. weißschillernder Edelstein, Sardonyx.
Σαρδώ, Gen. οῦς od. όνος, Akk. ώ u. όνα, ἡ, die Insel **Sardinien,** *Sardinia*. Die Einw. **οἱ Σαρδόνιοι,** Adj. dav. **Σαρδόνιος,** 3. u. **Σαρδονικός,** 3.; **Σαρδόνιος** γέλως, od. σαρδάνιον μειδιᾶν sprichw. ingrimmig, höhnisch lachen (Hom.), aus Verzweiflung (Plut.); σαρδάνιος zu σάρδιον, einer Hahnenfußart, deren Genuß Krämpfe erzeugt und Zuckungen; seit Plato leitet man das Wort von σαίρω (zähnefletschend) ab; σαρδάνιος wird unter dem Einfluß von Σαρδόνιος zu σαρδόνιος.
σάρῖσα, ἡ, sp. Pike, Lanze, eine Art Speer, welcher etwa 14 Ellen, d. h. über 6 m lang war und von den Schwerbewaffneten im makedon. Heere getragen wurde; seit Alexander auch in Griechenland allgemein gebraucht.
σαρισσ-φόρος, ὁ, sp. Pikenträger, im maked. Heere auch eine Reitertruppe.
σαρκάζω, poet. sp. am Fleische zerren, zerfleischen.
σαρκασμο-πιτυο-κάμπτης, ὁ (σαρκασμός zähneknirschender grimmiger Hohn, πίτυς, κάμπτω), poet. iron. Bildung: Hohnlächelfichtenbeuger, vgl. Σίννις.
σαρκίδιον, τό, ar. sp., u. **σαρκίον,** τό, ion. ar. sp. Demin. (σάρξ), das Fleischstückchen, τινός von etwas.
σαρκίζω (σάρξ), ion. entfleischen (nämlich δέρμα), das Fleisch abschaben.
σαρκικός, 3. sp. N. T., u. **σάρκινος,** 3., fleischig, fleischern; fleischlich, sinnlich, sündhaft.
σαρκο-παγής, 2. (σάρξ, πήγνυμαι), poet. aus Fleisch gefügt, fleischig.
σαρκο-φάγος, 2. sp. fleischfressend, insbes. **1)** von Raubvögeln, die von den Alten auch insofern besonders beobachtet wurden, weil man in ihrem Fluge und sonstigen Verhalten Vorbedeutungen fand. **2)** λίθος, ein bei Assos (Troas) gebrochener Stein, der die Leichname bald aufzehrte; dah. **3)** ein solcher Sarg, u. überh. Sarg.
σαρκώδης, 2., fleischartig, aus Fleisch bestehend, fleischig, von
σάρξ, σαρκός, ἡ, ep. Dat. plur. σάρκεσσι, das Fleisch, oft im Plur., eigentl. die einzelnen Fleischteile, dann die Masse, während es im Sing. nicht selten so viel als Leib, Körper ist. Im N. T. insbes. auch das Sterbliche, Ungöttliche, Sündliche.
σαρόω (σάρον Besen), sp. N. T. = σαίρω.
Σαρπηδών, όνος, ep. auch ήδοντος, Vok. **Σαρπῆδον,** ὁ, **1)** nach Hom. Sohn des Zeus und der Laomedeia, od. nach späterer Sage (bei Herod.) der Europa, also Bruder des Minos, Herrscher der Lykier. **2)** Sohn des Poseidon, Bruder des Poltys in Thrakien, welchen Herakles an einem Vorgebirge Thrakiens, am Golf von Saros tötete, wovon dasselbe **Σαρπηδονίη** ἄκρη hieß, das heutige *Kap Paxi*.
Σάρτη, ἡ, Stadt Makedoniens an der Südspitze der Halbinsel Sithonia, jetzt *Kartali*.
Σαρωνικὸς πορθμός, der Saronische Meerbusen zwischen Argolis u. Attika, j. *Golf von Egina*.
Σάσπειρες, οἱ, skythisches Volk, zwischen Medien u. Kolchis.
σατάν u. **σατανᾶς,** ᾶ, ὁ, hebr. *sâtân*, Widersacher, N. T. **1)** der oberste abgefallene Engel, Feind Gottes u. Christi. **2)** boshafter Mensch, Satan.
σατίνη, ἡ, poet. Streitwagen.
Σατνιόεις, εντος, ὁ, großer Waldbach Mysiens, in der Nähe des Vorgebirges Lekton vom Ida kommend.
σάτον, τό, sp. N. T. hebr. Maß = $^1/_3$ βάτος = ca. 13 Liter.
Σάτραι, οἱ, thrakisches Volk auf dem Pangaiosgebirge zwischen dem Nestos u. Strymon.
σατραπεία, ion. **-πηίη,** ἡ, **1)** das Amt, die Würde eines Satrapen. **2)** die Provinz eines Satrapen, (pers.) Statthalterschaft.
σατραπεύω, Satrap od. Statthalter, auch Statthalterin sein, als Satrap herrschen, abs., od. τινός über, von etwas, τί in bezug auf etwas. Von
σᾰτρᾱ́πης, ου, ὁ, Satrap (pers. *khshatra-pâvan* = Beschützer des Reichs), dah. persische Benennung der Provinzialstatthalter. Sie waren gew. Verwandte des Königs od. sonst verdiente Männer, u. hatten nicht allein als Statthalter die Provinz zu verwalten, sondern führten auch im Kriege als Feldherren die Truppen an. Übertr. großer, vornehmer Herr, der ebenso hochmütig als üppig ist.
σᾰτρᾱπικός, 3. sp. dem Satrapen (u. ὕπαρχος) eigen, üppig, z. B. αὐλαί Sitze der Üppigkeit, ähnl. προστάγματα. Dag. γάμοι Heirat mit der ausländischen Tochter eines Unterbeamten (des Seleukos).

σάττω, Aor. ἔσαξα, med. 3. pl. ἐσάξαντο, Perf. pass. σέσαγμαι, ion. Plqpf. pass. 3. plur. ἐσεσάχατο, vollstopfen, bepacken, ausrüsten, bes. von der Waffenrüstung, doch auch überh. hinlänglich versehen, belasten, τινά, u. zwar τινί od. τινός mit etwas; τεῖχος ausbessern.

σᾰτῡρικός, 3. (Σάτυρος), **1)** sp. satyrhaft, spöttisch, ἄνθρωποι σατυρικοὶ τοῖς βίοις Leute, die aus Spott Profession machen. **2)** zum Satyrspiel gehörig, μέρος das Satyrdrama als vierter Teil der Tetralogie.

σατυρίσκος, ὁ, buk. kleiner Satyr.

Σάτυρος, ὁ. **1)** im Plur. die **Satyrn** (halb Menschen, halb Ziegenböcke), sind Gefährten des Bakchos u. tragen auf dem Kopfe Efeukränze und in den Händen den Thyrsos und die Flöte. Ein Hauptwesenszug ist ihre sinnliche Lüsternheit (Verfolgung der Nymphen). **2)** Σ. Κηφισιεύς, ein Athener u. Werkzeug (nicht Mitglied) der 30 Gewalthaber in Athen, einer der Elfmänner.

σαυλόομαι, poet. sp. vornehm tun. Von

σαῦλος, 3. ep. poet. geziert einhergehend, tänzelnd; leicht.

σαυνιάζω, sp. mit dem Wurfspieß werfen. Von

σαύνιον, τό, sp. Wurfspieß (barbarischer Völker).

Σαυνῖται, οἱ, *Samnites,* die Samniter, Volksstamm in Mittelitalien.

σαύρη, ἡ, s. σαῦρος.

Σαυρομάται, οἱ, *Sarmatae,* Stamm der Sarmaten. Sie hatten die Steppe inne, wo jetzt die donischen Kosaken wohnen, vielleicht auch noch einen Teil der Steppe von Astrachan, u. zogen sich bis in die Gegend hin, wo der Don u. die Wolga sich einander nähern, nach Prokop mit den Goten identisch.

σαῦρος, ὁ, ion. und sp., und **σαύρη,** ἡ, ion. die Eidechse.

σαυρωτήρ, ῆρος, ὁ, ep., ion. sp. Fuß des Speeres, zugespitzt u. mit einem eisernen Schuh, um ihn in die Erde stoßen zu können.

σαυτοῦ, σαυτῆς, s. σεαυτοῦ usw.

σάφα, σαφέως, s. σαφής.

σαφήνεια, ἡ, Deutlichkeit, Zuverlässigkeit. Von

σαφηνής, Adv. **-ῶς,** ion. **-έως,** ion. poet. = σαφής.

σαφηνίζω, Fut. σαφηνιῶ, deutlich machen, erklären, erläutern, anzeigen, δεῖ τὴν βασιλείαν με σαφηνίσαντα καταλιπεῖν d. h. ich muß mich über die Vererbung meines Königreichs erklären.

σαφηνιστικός, 3. sp. zum Deutlichmachen geeignet.

σαφής, 2., Ad. **σαφῶς,** ion. **σαφέως,** u. meist poet. **σάφα. 1)** Adj. **deutlich, offenbar,** hell, klar, *clarus,* einleuchtend, augenscheinlich, entschieden, unzweifelhaft, bestimmt, sicher, gewiß, wahrhaft, wahrhaftig, zuverlässig, σαφές ἐστι es steht fest, σ. ἔχειν τι mit etwas im reinen sein. **2)** Subst. τὸ σαφές (τινος) das Genauere, die zuverlässige Angabe, τὰ σαφέστατα die bestimmtesten Nachrichten. **3)** Adv. mit εἰδέναι, ἐπίστασθαι sich verstehen, τινός auf etwas, u. οὐ σάφα εἰδώς unerfahren, ungeübt, mit folg. Inf., σ. φρονεῖν gewiß sein, ἐγκαλεῖν begründete Beschuldigungen vorbringen.

I. **σάω,** ion. (dafür sp. **σήθω,** vgl. auch ἠθμός), durchseihen, sieben, διά τινος durch etwas.

II. **σάω,** s. σῴζω. **σαώτερος,** s. σῶς.

σαωτήρ, ὁ, poet. = σωτήρ.

σβέννῡμι (St. σβες u. σβη). **1)** Akt. u. Pass. trans. löschen, auslöschen, übertr. dämpfen, stillen, unterdrücken, τί. **2)** Med.-Pass. **σβέννῠμαι,** intr. **a)** erlöschen, übertr. sich legen. **b)** versagen, ermatten.

σβέσις, ἡ, sp. (σβέννυμι), das Auslöschen.

σβεστήριος, 3. (v. σβεστήρ, ὁ, der Auslöscher, s. σβέννυμι), zum Auslöschen dienlich, κωλύματα, s. d. W. Subst. τὸ σβ. Löschmittel.

σε-αυτοῦ, ῆς, zsgz. **σαυτοῦ,** ῆς, ion. σεωυτοῦ, ῆς, nur im Gen., Dat. u. Akk. Sg. (denn im Plur. sagte man ὑμῶν od. σφῶν αὐτῶν, u. Hom. sagt auch im Sing. noch stets σοὶ αὐτῷ), deiner selbst, dir selbst, dich selbst, im reflexiven Sinn, d. h. wenn es das Subj. des Satzes bezeichnet; ἐν σαυτῷ γενοῦ kehre zu deinem bessern Selbst um (und handle deinem Charakter gemäß), οἱ σεαυτοῦ die Deinigen.

σεβάζομαι, ep. (Aor. σεβάσσατο), poet. sp. u. N. T. = σέβω.

σέβας, τό (nur im Nom. u. Akk.; Plur. σέβη, s. σέβω), ep. u. poet. **1)** ehrfurchtsvolle Scheu vor Göttern u. Menschen, Verehrung, Scheu, Scham, abs. od. mit Inf. **2)** Staunen, Bewunderung. **3)** Gegenstand frommer Scheu oder des Staunens, **a)** die heilige Macht, τινός eines Gottes, θεῶν ἁγνὸν σέβας ihr heiligen Himmelsmächte. **b)** der Gegenstand heiliger Verehrung, des Staunens, abs., u. τινός für jmdn., auch von Sachen: der Stolz jmds.

σέβασμα, τό, sp. N. T. Heiligtum.

σεβάσμιος, 2. sp. verehrungswürdig, ehrwürdig.

σεβασμός, οῦ, ὁ, sp. Scheu, Ehrfurcht.

σεβαστός, 3. sp. N. T. erhaben, kaiserlich; Σεβαστός, ὁ, der Kaiser Augustus.

Σεβεννύτης νομός, ὁ, im Delta in Ägypten, südl. von Busiris, der jetzigen Stadt *Sam-en-hut.* Dav. **Σεβεννυτικόν** στόμα ein Nilarm.

σεβίζω, poet., Aor. ἐσέβῐσα, u. **σεβίζομαι** mit Aor. part. σεβισθείς (in akt. Bdtg.) = dem folg.

σέβω, poet. att. pros. u. sp., u. allgem.

σέβομαι (m. poet. Aor. part. σεφθείς, akt.), **1)** Scheu haben, sich scheuen, sich schämen, abs., u. τί vor etwas, u. zwar τινί in etwas. **2)** Ehrfurcht haben, in Ehrfurcht sein, verehren, bes. göttlich, dah. fromm sein, fromme Pflicht üben, heilig halten, ehren, hochachten, pflegen, abs., od. τί etwas u. vor etwas, z. B. τὰς ἀρχάς die Gerechtsame des Herrschers heilig halten.

ΣΕΔ (dazu ἕδος, lat. *sedeo,* dt. *sitzen*). Daraus:

I) ἵζω (aus urspr. σίσδω, dor. ἵσδω), Impf. iterat. ἵζεσκον, Aor. med. poet. ἵσατο, akt. sp. auch **ἰζῆσαι,** intr., mit der Nbf. **ἱζάνω** [ᾰ], Akt. u. Med. (im Simpl. nicht in att. Prosa, s. καθίζω) • **1)** trans. nur Akt. (Hom. u. Aisch. Eum. 18), sitzen lassen • **2)** intr., Akt. u. Med., **sich setzen,** sich lagern, sich in Hinterhalt legen, **sitzen,** abs. u. mit Praepp., auch bloß τί, θρόνον, βωμόν, νάπος, ἐπὶ δεῖπνον zu Tische, ἐπ' ἀμφοτέρους πόδας auf beiden Füßen sitzen d. i. kauern.

II) ἕζομαι (aus ἑδ-ϳομαι), dor. konj. ἕσδωμαι, ep. u. poet. Dep. (in Prosa καθέζομαι, s. d.), Impf. ἑζόμην auch mit aorist. Bdtg.), Fut. ep. (ἐφ)έσσεσθαι (Soph. OC. 195 ist als Aor. pass. conj. ἑσθῶ überl., wofür andere ἑστῶ, ἧ στῶ u. noch anders lesen), **sich setzen**, sitzen, abs., mit Praepp. od. τί, z. B. εἰρεσίας ζυγόν die Ruderbänke besetzen lassen, u. ἐφέστιοι am Herde, oder θύραζε an die Türe. Übertr. sich niedersenken (κῆρε ἐπὶ χθονί), od. ἐκ τοῦ μέσου ἡμῖν ἕζεσθε mengt euch nicht in unsere Angelegenheiten.

III) εἶσα (aus ἐ-σεδ-σα, vgl. med. ἑέσσατο), ep. ion. u. poet. Aor. 1., imper. εἶσον, inf. ep. u. poet. ἕσσαι, part. ἕσας, ion εἴσας, Med. εἰσάμην u. ἑσάμην, 3. sing. ep. ἑέσσατο, part. εἰσάμενος u. ἑσάμενος (auch ἑσσ. geschr. Var. Thuk. 3, 58), **setzen**, sitzen heißen, dann ● 1) stellen, umstellen, legen ● 2) an einen Ort bringen, sich ansiedeln lassen, τί etwas begründen, errichten, übertr. εἰς τόδ' αὔχημα zu diesem Stolze emporheben; im Med. bei sich gründen, zu sich setzen, τινά.

σέθεν, σεῖ', σεῖο, s. σύ.

σειληνικός, Σειληνός, u. ä., s. σιληνικός usf.

σειρά, ion. **σειρή,** ἡ, Seil, Strick, Schnur, Kette, Schlinge, Lasso.

σειραῖος, 3. poet., **σειρᾱ-φόρος,** 2. poet. u. sp., **σειρηφόρος,** 2. ion., u. **σειρο-φόρος,** 2. poet., mit u. ohne ἵππος, das Leinroß, d. h. das an der Leine ziehende, mittels der Zügel geleitete, zur Hand laufende Pferd (auch Kamel), wogegen ζύγιοι die am Joche ziehenden sind. Ein Viergespann hatte 2 ζύγιοι u. 2 σειραῖοι.

Σειρήν, ῆνος, ἡ, richtiger **Σιρήν, 1)** gew. im Plur. **αἱ Σειρῆνες,** Sirenen, bei Homer zwei schönsingende Zaubervögel, wohnhaft zwischen Aiaia und dem Skyllafelsen, welche durch ihre schöne Stimme die Vorüberfahrenden an sich lockten und töteten. Später werden drei od. vier genannt und als geflügelte Jungfrauen od. als Vögel mit jungfräulichen Gesichtern auf den Seirenussen unweit Capreae, od. auch am Vorgebirge Pelōris auf der Nordostspitze von Sizilien angesiedelt. **2)** sp. übertr. der Zauber, die Anmut.

σειρη-φόρος, s σειραῖος.

σείριος, 3. poet. heiß, κύων der Hundsstern *Sirius*.

σειρός, ὁ, s. σιρός.

σεισάχθεια, ἡ (wie v. σεισ-αχθής, σείω u. ἄχθος), sp. Abschüttelung der Schuldenlast, Schuldenerlaß.

σεισίχθων, ονος, ὁ, poet. u. sp. Erderschütterer.

σεισμός, ὁ, mit u. ohne χθονός, **1)** das Erdbeben. **2)** überh. heftige Bewegung, Erschütterung.

σείω (St. σεισ, σεισμός, σεισάχθεια). **1)** Akt. trans. **schütteln,** erschüttern, schwingen, rütteln, hin u. her bewegen, schleudern, ζυγόν abschütteln Hom.; bes. **a)** pochen, klopfen, mit und ohne σανίδας, θύραν, **b)** σείει ὁ θεός erregt ein Erdbeben, **c)** übertr. in Unruhe, Angst versetzen Soph.; aufhetzen Plut. **2)** Akt. intr. u. impers. σείει es ist ein Erdbeben. **3)** Med. u. Pass. sich heftig bewegen, **wanken,** beben, zittern, erschüttert, zerrüttet werden, abs. od. ἔν τινι.

Σεκυών u. **-ώνιος** = Σικυών, -ώνιος.

σελαγέω u. Med. poet. glänzen, strahlen.

σελάνα, σελάννα u. **σελαναία,** s. σελήνη u. -ηναῖος.

σέλας, αος, τό, Dat. σέλαϊ u. σέλᾳ od. σέλαι, Nom. plur. σέλα (σϝέλας), ep. poet. u. sp. Licht, Glanz, Schein, Feuer, Strahl, Blitzstrahl, Funke.

Σελασία, u. **Σελλασία,** ἡ, Stadt an der nordöstl. Grenze von Lakonien; die Schlacht bei S., 221 v. Chr., brach Spartas Macht für immer.

σελασ-φόρος, 2. poet. hellstrahlend.

σέλαχος, ους, τό, gew. Plur. τὰ σελάχη, Knorpeltiere, bes. Fische.

Σελγεῖς, οἱ, Bewohner der Stadt Selge, in Pisidien am südl. Abhange des Tauros, jetzt Ruinen von *Budschak*.

σελευκὶς τριήρης, ἡ, sp. eine Art Dreidecker.

Σέλευκος, ὁ, **1)** S. Nikator, Heerführer Alexanders, 312 König von Syrien, 281 von Ptolemaios Keraunos ermordet. Er war Vater des Antiochos. **2)** S. Kallinikos, Sohn Antiochos' II., König von Syrien, 246—225 (Plut. Ag. 7). **3)** sonst. Eigenname.

σεληναῖος, 3. poet. u. sp. **1)** mondlich, νύξ eine helle Mondnacht. **2)** ἁ Σελαναία, poet. u. buk. = σελήνη, 3.

σελήνη, ἡ (dor. σελᾱ́να, äol. σελάννα aus *σελασ-να zu σέλας). **1)** der **Mond,** λαμπρὰ ἦν es war heller Mondschein, πλήθουσα der Vollmond, νέα der Neumond, νουμηνίᾳ κατὰ σελήνην beim wirklichen Neumonde zum Unterschiede vom Kalendermonde, ἡ σ. ἐκλείπει od. τῆς σελήνης τὸ πολὺ ἐκλιπὲς ἐγένετο es trat eine Mondfinsternis od. eine fast totale (τὸ πολύ) M. ein. Thuk. 7, 50 am 27. Aug. 413 10 ½ Uhr abends. **2)** als Göttin **Luna,** Tochter des Hyperīon u. der Theia, Schwester des Helios und der Erde, welche später mit Artemis identifiziert wurde.

σεληνιάζομαι, sp. N. T. mondsüchtig sein.

σελήνιον, τό, sp. kleiner Mond, Mondsichel.

σέλῑνον, τό, ep. poet. sp. Eppich, Milchpetersilie.

Σελῑνοῦς, οῦντος, ὁ, **1)** Fluß, **a)** in Elis, der in den Alpheios fließt, jetzt Fluß von *Krestona*. **b)** bei Ephesos. **2)** Stadt an der Südküste Siziliens, jetzt Überreste bei *Castelvetrano*. Die Einw. **οἱ Σελινούσιοι** od. **Σελινούντιοι.** Sie werden Megarer genannt, weil Selinus von Megara aus gegründet war.

σελίς, ίδος, ἡ, poet. sp. **a)** Papyrusstreifen. **b)** Blatt, Tafel. **c)** Gedicht.

Σελλασία, ἡ, s. Σελασία.

Σελλήεις, εντος, ὁ, **1)** Fluß in Elis zwischen Peneios u. Alpheios, j. *Paluki* **2)** Fluß in Troas.

Σελλοί, οἱ, die alten Bewohner der Umgegend von Dodōna in Hellopia, aus welchen auch die Priester des Heiligtums genommen wurden, die dann als Herkommen eine strenge Einfachheit in ihrer Lebensweise beibehielten u. auf der Erde schlafend prophetische Träume erwarteten.

σέλμα, τό, poet. **1)** Verdeck, Ruderbank; übertr. mit σεμνόν der Thron. **2)** Getäfel, Gebälk.

Σεμέλη, dor. **-λα,** ἡ (verw. mit χαμαί, urspr. der thrakische Name der Erdgöttin), Tochter des Kadmos, Mutter des Dionysos von Zeus, welcher ihr auf ihre Bitten einst in seiner ganzen Herrlichkeit als Gott erschien u. sie dadurch mit seinen Blitzen tötete. Das Gemach, wo dies geschah (auf der kadmeïschen Burg), bewahrte zum Andenken daran stets eine dampfende Glut.

σεμίδᾰλις, εως, ἡ, sp. N. T. Feinmehl, *similia*. Dav. **σεμιδᾰλίτης,** sp. aus feinstem Weizenmehl bereitet, Semmel-.

Σεμίρᾰμις [μῐρ], εως, ἡ, 1) sagenhafte Gemahlin u. Nachfolgerin des Ninus, Stifterin des assyrischen Reichs. 2) mitregierende Tochter des Belochos um 780 v. Chr., welche vielleicht die bei Her. erwähnte ist.

σεμνο-δότειρα, poet. fem. Ruhmspenderin.

σεμνολογέω u. Med., in feierlichem u. hohem Tone reden. Von

σεμνο-λόγος, ὁ, großartiger Redner, iron.

σεμνό-μαντις, εως, ὁ, poet. der würdige Seher, iron.

σεμνομυθέω, poet. = σεμνολογέω.

σεμνός, 3. (*σεβνος zu σέβω). 1) **ehrwürdig,** verehrt, heilig, hehr, erhaben, majestätisch, Beiname namentl. d. Eumeniden od. Erinyen, dah. ἐπὶ τῶν σεμνῶν θεῶν im Heiligtum der E. 2) allgem. von Personen a) glorreich, würdevoll, **ernst,** angesehen, vornehm; Subst. τὸ σεμνόν die Würde, πρὸς δόξαν die auf Schein berechnete, b) im übeln Sinne: **hochmütig,** stolz, anmaßend, apart, iron. μάλα σεμνῶς ὀνομάζων er sprach das große Wort aus. 3) von Dingen: **herrlich,** prächtig, kostbar, elegant.

σεμνό-στομος, 2. poet. feierlich redend.

σεμνότης, ητος, ἡ (σεμνός), die Heiligkeit, Würde, Majestät, Feierlichkeit, im bes. würdevoller Stolz, [Selbstgefühl.

σεμνό-τιμος, 2. poet. = σεμνός.

σεμνο-τῡφία, ἡ (τῦφος), sp. Vornehmtuerei, Dünkel ein σεμνός zu sein.

σεμνόω, ion., u. allg. **σεμνύνω** (σεμνός), 1) Akt. eigtl. ehrwürdig machen, dah. mit Majestät umgeben, herausstreichen, übertreiben, τί, u. zwar περί τινα, z. B. ταῦτα περὶ ἑωυτόν sich mit solcher Majestät umgeben. 2) Med. a) seine Würde behaupten. b) sich erheben, stolz sein, sich brüsten, in die Brust werfen, große Ansprüche machen.

Σέξτιος, ὁ, *Sextius;* daher τὰ Σέξτια ὕδατα, *Aquae Sextiae*, heute *Aix*.

σέο, s. σοῦ.

σεπτήρια, s. στεπτήρια.

σεπτός, 3. poet. = σεμνός.

Σέραπις, s. Σάραπις.

Σερβωνὶς λίμνη, ἡ, See Unterägyptens unweit der Landenge von Arsinoë, mit einem Ausbruche (Lagune) zum Mittelländischen Meere, j. *Sebakat Bardoil*, doch fast verschwunden.

Σερίφιος, ὁ, Einw. von **Σέρῖφος,** ἡ, einer der kleinsten u. unfruchtbarsten Kykladen, westl. v. Paros.

Σερμύλη, ἡ, Stadt auf Sithonia in Chalkidike, j. *Ormilia*. Die Einw. **οἱ Σερμύλιοι.**

Σερουίλιοι, urspr. patrizische Familie in Rom. Zu ihnen gehörte 1) Q. Servilius Caepio u. 2) P. Servilius Vatia Isauricus, Konsul mit Cäsar 48 v. Chr.

Σερούιος, ὁ, Servius; Σ. Γάλβα, von Cato wegen seiner Treulosigkeit als Proprätor in Spanien angeklagt.

Σέρρειον, τό, Vorgebirge Thrakiens, Samothrake gegenüber, τεῖχος Kastell gleichen Namens, j. *Megri*.

σεσωφρονισμένως, poet besonnen.

σεῦ, s. σύ.

Σεύθης, ου, ὁ, Name mehrerer Odrysenfürsten, von denen Seuthes I, Sohn des Sparadokos, seit 424; Seuthes II. S. des Maisades, v. 405—ca. 385; Seuthes III. v. 330—313 regierte.

σεῦτλον, τό, sp. ep. (att. **τεῦτλον**), ein Küchenkraut, Mangold. Davon **Σευτλαῖος,** ὁ, N. eines Frosches.

σεύω (W. σσευ : σσυ in heftige Bewegung setzen), ep. u. poet. (ep. ἔ-σσευα vgl. ἐσσυμένως u. λαόσσοος, daher ὀτέ σσεύαιτο Il. 17, 463).

I) **trans.** im Akt. u. Med., Impf. ep. σεῦε, Aor. act. ἔσσευα u. σεῦα, med. ἐσσευάμην u. σευάμην • 1) **treiben,** jagen, hetzen, vertreiben, rasch fortführen, heraustreiben (herausspritzen lassen Hom.; auch Med. Hom.) • 2) **schleudern,** werfen; schwingen.

II) **intr.** das Med.-Pass. **σεύομαι** (poet. 3. sg. σεῦται, Var.) mit dem Impf. ἐσσευόμην, den Aor. ἐσσευάμην, σευάμην, gewöhnl. ἐσσύμην, ἔσσυο, ἔσσυτο, ἔσυτο u. σύτο, part. σύμενος, u. ἐσσύθην, ἐσύθην, u. dem Perf. ἔσσυμαι, ἐσσυμένος, oft in Präsensbdtg. (deshalb auch ἐσσύμενος bet.), Plqpf. ἐσσύμην (mit den augment. Aoristformen zusammenfallend) (über das Perf. 2. act. ἔσσουα s. u. ἀποσεύω) • 1) **eilen,** eilig kommen, fortrennen, hervorstürzen, entfliehen, sich entfernen, mit πάλιν zurückeilen • 2) übertr. **streben,** begehren, τινός nach etw. u. Inf.; Part. ἐσσυμένος (ἐσσύμενος) heftig strebend, trachtend, begierig, eilig, hastig.

σεωυτοῦ usw., s. σεαυτοῦ.

σηκάζω, Aor. pass. 3. plur. σήκασθεν dor. u. ep. st. ἐσηκάσθησαν, eigentl. (Schafe) in die Hürden (σηκοί) treiben, dann überh. einsperren, einschließen, κατά τι.

Σηκοάνας u. **Σηκουάνας,** α, ὁ, der Fl. Sequana, heute *Seine*.

σηκο-κόρος, ὁ (κορέω), ep. der den Schafstall fegt, Stallknecht.

σηκός, ὁ, 1) Einfriedigung, dah. ein eingeschlossener Ort, Hürde, Stall. 2) poet. u sp. eingehegter, geweihter Raum unter freiem Himmel, wie ihn die Heroen u. so auch z. B. Chryse hat, Kapelle; überh. Heiligtum. 3) Umzäunung, nebst dem davon umfaßten Land samt den Pflanzen u. Bäumen. Insbes. 4) der umzäunte Stumpf eines heiligen Ölbaums (s. μορία), Ölbaumstumpf.

σήκωμα, τό, 1) poet. ar. sp. geeichtes Maß für Trockenes und Flüssiges, Gewicht; Gegengewicht. 2) poet. = σηκός, 2.

Σηλυμβρία od. **Σηλυβρία,** ion. **-ίη,** ἡ, Stadt an der Propontis zwischen Byzantion u. Perinthos, j. *Silviri*. Der Einw. ὁ **Σηλυμβριᾱνός.**

σῆμα, σημεῖον, ion. **-ήιον,** nebst **σημαντήριον,** τό, poet. **σήμαντρον,** τό (σημαίνω), u. sp. **σημαία,** ἡ (σῆμα), das Denkzeichen, **Zeichen,** u. zwar • 1) das Kennzeichen, Merkmal, Grenzzeichen, ἔξω τῶν σημείων außerhalb der Schranken • 2) mit u. ohne δαιμόνιον das von einer Gottheit gesendete Vorzeichen, Wetterzeichen (οὐράνια Donner, Blitz), ἱερά beim Opfer, Wunderzeichen, überh. Vorbedeutung, κακόν

• 3) das hinterlassene Zeichen, die Spur, τὰ σ. τιθέναι τῇ πόλει die Stadt abstecken, einen Grundriß machen • 4) das Zeichen, Signal, ἀπὸ σημείου auf ein Zeichen τοῦ πυρός ein Feuerzeichen • 5) das Abzeichen, z. B. auf der Tiara od. auf Schilden, die Wahrzeichen, Insignien, Verzierungen der Schiffe, das Feldzeichen, Panier od. Fahne (im bes. σημαία), βασίλειον das königliche (persische) Panier, ein goldener Adler mit ausgebreiteten Flügeln, übertr. τυραννίδος σημεῖα die Fahne der Tyrannis • 6) das Siegel (insbes. σήμαντρον u. σημαντήριον), bildl. σημαντήριον οὐδὲν διαφθείρειν d. h. das Übergebene treu bewahren • 7) das Grabmal, Grab (bes. σῆμα). Über Κυνὸς σῆμα s. unter Κυνὸς σ. • 8) symbolisches Zeichen, Bilder, λυγρά schädliche • 9) Beweis (bes. σημεῖον), auch mit εἰ, od. Partiz., ob, daß, auch mit weggel. Kopula • 10) (σημεῖον) mathem. t. t. Punkt.

σημαίνω (σῆμα), ep. Fut. σημανέω (auch ion.), Aor. σήμηνα • 1) **ein Zeichen geben,** dah. • a) ein Signal geben, durch ein Zeichen befehlen, auch τί, z. B. ἀναχώρησιν zum Rückzug, τὸ πολεμικόν, σιωπήν, od. mit Inf., A. c. I., ὅτι. Auch σημαίνει (ὁ σαλπικτής) es wird das Signal gegeben • b) überh. Befehl geben, befehlen, τινί, τινός (ep.), ἐπί τινι jmdm., über jmdn., od. mit Inf. od. ὅτι, od. indir. Nebens. • c) von Göttern und andern Ereignissen = προσημαίνω ein Vorzeichen geben, von Sachen: ein Vorzeichen sein, Vorbedeutung haben, πρὸ τῶν μελλόντων vor dem, was in der Zukunft, also ehe etwas geschieht, d. h. in bezug auf die Zukunft, od. mit Inf. • 2) etwas Geschehenes oder Vorhandenes bezeichnen • a) zeichnen, **anzeigen,** ankündigen, melden, bezeichnen, schildern. Als verstärktes σήμηνον auch σημήνας γενοῦ • b) zeigen, beweisen, teils abs., teils τί, τινά mit Partiz., ὅτι, ὡς, εἰ, oder indir. Nebens. • c) Med. α) sich (*sibi*) od. das Seine, z. B. κλῆρον sein Los bezeichnen, im bes. sich (*sibi*) zeichnen lassen, versiegeln, β) vermuten.

σημαντήριον, σήμαντρον, τό, s. σῆμα.

σημαντρίς, ίδος, ἡ (σημαίνω), ion. Siegelerde.

σημάντωρ, ορος, ὁ (σημαίνω), „der ein Merkmal gibt", also der Hirt, der seine Herde zeichnet, mit zu ergänzendem ἵππων der Rosselenker; dann: Führer, Gebieter, Herrscher.

σημᾰτουργός, ὁ, poet. der Zeichenbildner.

σημειο-γράφος, ὁ, sp. der Geschwindschreiber.

σημεῖον u. **σημήιον,** τό, s. σῆμα.

σημειο-φόρος, ὁ, sp. der Fahnenträger.

σημειόω, 1) Akt sp. = σημαίνω. 2) Med. sp. N. T. anzeigen.

σήμερον, att. **τήμερον** (s. d.), heute; N. T. ἡ σήμερον (m. u. ohne ἡμέρα), dass.; τὸ σήμ. das Wort heute.

σημικίνθιον, τό, s. σιμικ.

Σημωνίδης, ου, ὁ, von Samos, Führer einer samischen Kolonie nach Amorgos, wo er dann blieb (dah. der Amorginer genannt), bekannt als Jambendichter, lebte vor 600 v. Chr. (unrichtig Σιμωνίδης gen.; vgl. dies).

σηπεδών, όνος, ὁ (σήπω), die Fäulnis.

Σηπιάς, άδος, ἡ, Vorgebirge in der thessal. Landschaft Magnesia, j. *Aio Ghiorgi.*

σήπω, σήψω, ἔσηψα, faulen machen; dazu

σήπομαι, Pass. mit Fut. σᾰπήσομαι, Aor. 2. ἐσάπην dav. ep. 3. sg. conj. σαπήῃ st. σαπῇ, u. Perf. 2. σέσηπα (vgl. σᾰπρός), faul werden, verfaulen, verwesen, brandig werden (von Körperteilen).

σῆραγξ, σήραγγες, αἱ (II. σαίρω), Schlünde, im bes. ausgehöhlte Klüfte unter der Meeresfläche.

σηρικός, 3. sp. N. T. seiden; s. σιρικός.

σής, σεός, Plur. σέες, σέων, σέας, sp. Nbf. σητός, Plur. σῆτες, ὁ, die (Kleider- u. Bücher-)Motte.

σησαμαῖος, 3. sp. aus Sesam bestehend.

σησάμῐνος, 3. von Sesam gemacht, aus Sesam.

σήσᾰμον, τό, die Sesamschote, Schotenfrucht der Sesampflanze, einer Pflanze aus der natürlichen Familie der Bignonien. Sie wurde wegen des eiförmigen gelben Samens häufig angebaut, der teils wie Hirse zubereitet, teils mit andern Substanzen gemischt, teils geröstet mit Honig genossen od. zu Öl gepreßt wurde, welches fett, süß und dem Mandelöl ähnlich ist.

σησαμό-τῡρον, τό, sp. ep. Sesamkäse.

Σηστιώδης, ῶδες, sp. nach Art eines gewissen Sestius, d. i. albern, abgeschmackt.

Σηστός, ἡ, europ. Stadt am Hellespont, der asiat. Stadt Abydos gegenüber, jetzt *Jalowa.*

Σητία, ἡ, Setia, St. in Latium. Adj. **Σητῖνος,** 3., ἡ Σητίνη, Gebiet von Setia.

Σήτιον ὄρος, τό, das Vorgebirge Setium westl. der Rhonemündung, heute *Cette.*

σητό-βρωτος, 2., N. T. von Motten zerfressen.

σῆψις, εως, ἡ (σήπομαι), sp. Fäulnis.

σθενᾰρός, 3. ep. u. poet. kraftvoll, ausdauernd.

Σθενέβοια, ἡ, lykische Königstochter.

Σθένελος, 1) S. des Kapăneus, Waffengenosse des Diomēdes, Führer vor Theben u. Ilion. 2) S. des Perseus u. der Andromeda, V. des Eurystheus.

σθένος, εος, ους, τό, fast nur ep. poet. 1) Stärke, Kraft, Gewalt, Mut, dah. wie βίη u. ähnl. mit Gen. der Person oder Sache zur Umschreibung, z. B. Ἰδομενῆος der mächtige, gewaltige, ähnl. σθ. ποταμοῦ, od. σθ. ἐπινίκειον der Sieg. 2) überh. Vermögen, Macht, abs. u. τινός, z. B. νίκας Siegesobmacht, d. h. Macht zu siegen; insbes. Heeresmacht, Heer, daher σθένει mit Übermacht, dag. παντὶ σθένει mit ganzer Macht.

σθενόω, N. T. sp. stärken.

σθένω (s. zu σθένος), poet. u. nur Präs. u. Imperf., a) stark sein, bei voller Kraft, noch ungeschwächt sein, vermögen, auch über sich vermögen, imstande sein. b) bedeutend, angesehen sein, herrschen, gelten. Teils abs., teils τινί od. ἔν τινι an, in etwas, doch ἔν τινι auch wo, ferner mit Akk. der Neutr., z. B. μεῖζον mehr gelten, od. mit Inf., u. zwar τινῶν unter, vor einigen.

σιά, ἁ, lakon. = ἡ θεά.

σιαγών, όνος, ἡ, die Kinnlade,

σίᾰλον [ῐ], τό, der Speichel.

σίᾰλος [ῐ], ep. fett; subst. ὁ, mit u. ohne σῦς, ein Mastschwein.

Σίβυλλα, (wahrscheinl. orientalisch), eine Seherin, dav. **Σιβύλλεια,** τά, sp. mit u. ohne γράμματα, die sibyllinischen Weissagungen od. Bücher, welche von Asien zur Solons Zeit nach Griechenland und von da nach Rom kamen, wo sie nun auf Palmblättern geschrieben in Hexametern die Schicksale des röm. Staates in zweideutigen Ausdrücken weissagten. Dav.

Σιβύλλειος, ον, sp. mit βίβλοι die sibyllinischen Bücher, s. oben; ὁ, der aus den sibyllinischen Büchern Weissagende. [orakelsüchtig sein.

σιβυλλιάω, poet. nach sibyllin. Orakeln verlangen,

σιβυλλιστής, ὁ, sp. der aus den sibyllinischen Büchern Weissagende.

σῖγα (σιγή), poet. Adv., schweigend, im stillen, leise, heimlich, im Dunkeln, u. in der Aufforderung wie unser „still!" σῖγ' ἔχοντες (γελῶσι) d. i. innerlich.

σῖγάζω (σιγή), jmdn. (τινά) schweigen heißen, zum Schweigen bringen.

σιγαλόεις, εσσα, εν, ep. glänzend, schimmernd, von der Politur.

σῖγάω, Fut. σιγήσομαι, Aor. ἐσίγησα usf. regelm. (s. σιγή, vw. *schweigen*), **σιωπάω** (σιωπή), Fut. σιωπήσομαι (sp. σιωπήσω), Aor. ἐσιώπησα usf. regelm., **1)** intr. schweigen, still, (übertr.) ruhig sein, verstärkt in σιγῶντα ἔχειν sich schweigend, ruhig verhalten, nichts gegen etwas tun, teils abs. σίγα still, teils πρός τι zu etwas, ἔν τινι während etwas, bei etwas zu reden aufhören, od. mit Part. od. εἰ, ἡνίκα. **2)** trans. verschweigen, *taceo*; τί, u. zwar πρός τινα gegen jmdn., jmdm. etwas verschweigen.

Σιγγαῖοι, οἱ, Volk am Athos.

Σιγγηδών, όνος, ἡ, Singidunum, Stadt am Zusammenfluß von Donau und Save in der röm. Provinz Moesia, heute *Belgrad*.

Σίγγος, ἡ, Stadt Makedoniens an der Westküste des Sinus Singiticus, am heut. Kap Sykia.

Σίγειον, τό, Nordwestspitze Kleinasiens, Vorgebirge u. alte Stadt; πικρόν weil dort Achilleus u. Patroklos begraben sein sollten. Jetzt *Jenischehr*.

σῖγή, dor. **σιγά** (eig. *σϝιγη, St. svi-g, mhd. *swîgen*), und

σιωπή, ἡ • **1)** Subst. das **Schweigen,** die Verschwiegenheit, Ruhe, σιγὴν u. σιωπὴν ἔχειν od παρέχειν still schweigen, σ. ποιεῖσθαι Sch. gebieten Hdt. 6, 130, σιγὴν τιθέναι περί τινος etwas verschweigen, τίς ἀξίαν μεταβάλοιτ' ἂν ὧδε σιγὰν λόγων wer möchte angemessen handeln, wenn er die Rede hier verstummen ließe Soph. **2)** Als Adv. **σιγῇ, σιωπῇ** u. **διὰ σιγῆς, a)** in der Stille, schweigsam, **still,** ruhig, σιγῇ νῦν still jetzt!, σιγῇ ἔχειν sich ruhig verhalten, σιωπῇ διάγειν ruhig bleiben, τὰ σιγῇ βουλευόμενα die stillen Gedanken, abs., od. ἐφ' ὑμέων stille für euch, **b)** stillschweigend, **heimlich** Hdt. 7, 237, τινός vor jmdm.

σῖγηλός, 3. poet. u. **σιωπηλός,** 3. poet. u. sp. schweigsam, σ. σοφός d. h. einer, der seinen Zorn verbirgt, οὐ σ. redselig, τά τ' ἐκ ποδῶν σιγηλὰ καὶ γλώσσης ἄπο σῴζοντες sie hemmten ihren Fuß u. ihre Zunge, damit von diesen kein Geräusch und Laut ausgehe u. ihren Aufenthalt verrate.

σίγλος, ὁ, hebr. *shekel*, seit 143 v. Chr. ca. 13—14 Gr. = 2,50 Mk., auch σίκλος; der medische, ein Silberstück = $^2/_3$ Golddareikos (στατὴρ Δαρεικός von 8,385 Gr. Durchschnittsgewicht) = $1^1/_4$ att. Drachme = ca. 1 Mk.

σῖγμα, auch σίγμα, τό, meist indekl., doch neben τὰ σῖγμα auch τὰ σίγματα, **1)** ein Abzeichen auf Schilden. **2)** (nach der ältesten Form des Buchstabens σ [C]) Name der runden Speisesofas.

Σίγριον, τό, westl. Vorgebirge der Insel Lesbos, jetzt *Kap Sigri*.

σιγύννης, ου, ὁ (Fremdwort), ion. **a)** = δόρυ Wurfspieß, Jagdspieß. **b)** der Krämer.

Σιγύνναι, ein Volk des Altertums, nach Herodot am Ister in Europa, nach Orpheus und Strabo in Asien wohnhaft; Nomaden in der ungarischen Ebene.

σιδάριος, 3. u. **σίδᾱρος,** dor. = σιδήρεος, σίδηρος.

σιδαρο-νόμος, 2. (νέμω) poet. das Schwert schwingend.

σιδαρό-πλακτος, 2. poet. (dor.) vom Eisen getroffen.

Σίδη, ἡ, Stadt Pamphyliens, jetzt Ruinen *Eski Adalia*. Die Einw. **οἱ Σιδῆται.**

σῐδηρεία, ἡ (σιδηρεύω Eisen schmieden), Eisenarbeit, Arbeit in Eisenbergwerken.

σῐδήρεος, έα, ion. u. ep. έη, εον, att. zsgz. **σιδηροῦς,** ᾶ, οῦν, ep. **auch σιδήρειος,** (dor. σιδάριος), 3. (σίδηρος), **1)** von Eisen, eisern, stählern. **2)** hart wie Eisen, rauh, fest, stark, unverwüstlich, unermüdlich, gefühllos. [Waffe.

σιδήριον, τό (σίδηρος), eisernes Werkzeug, eiserne

σιδηρο-βρώς, ῶτος, ὁ, ἡ (βιβρώσκω), poet. eigentl. eisenfressend, d. i. Stahl angreifend od. schärfend.

σιδηρό-δετος, 2. ion. poet. mit Eisen befestigt od. beschlagen.

σιδηρο-κμής, ῆτος, ὁ, ἡ (κάμνω), poet. mit dem Eisen bearbeitet, schwertgemordet.

σιδηρο-μήτωρ, ἡ, poet. eisenerzeugend, αἶα.

σιδηρό-νωτος, 2. poet. mit eisernem Rücken.

σίδηρος, dor. **σίδᾱρος** [ῐ], ὁ, **1)** Eisen, Stahl, auch als Bild der gefühllosen Härte. **2)** metonym. alles aus Eisen Gefertigte, wie Waffen, Schwerter, Sicheln, Angeln; überh. scharfes Instrument, eisernes Gerät, od. Xen. Hell. 3, 3, 7 der Eisenladen.

σιδηροῦς, 3. att. = σιδήρεος.

σιδηρο-τέκτων, ονος, ὁ, poet. der Eisenarbeiter.

σιδηροφορέω u. Med. **-έομαι,** ein σιδηρο-φόρος sein, d. h. Waffen tragen, in Waffen einhergehen, abs., od. περί τι in der Gegend von etwas.

σιδηρό-φρων, poet. eisernen Sinnes.

σιδηρόω (σίδηρος), Plqpf. pass. ἐσεσιδήρωτο, mit Eisen beschlagen, schützen.

Σιδοῦς, οῦντος, Festung im Korinthischen an der Bucht von Kenchreä.

Σιδοῦσσα, ἡ, Feste im Gebiet von Erythrä.

Σῑδών, ῶνος, ἡ, hebr. *Zîdôn* („Mutter von Tyros u. Arados" auf Münzen), alte Stadt Phönikiens, jetzt *Sâidâ*, doch weiter westl. gelegen. Der Einw. ὁ **Σῑδών,** όνος, u. **Σῑδώνιος,** ep. **Σῑδόνιος,** vom Adj. **Σιδώνιος,** ep. **Σιδόνιος,** 3. sidonisch, aus Sidon. Dav. ἡ **Σιδονίη,** die Landschaft Sidonia in Phönike od. das Küstenland der Phöniker mit der Hauptstadt Sidon. Adv. **Σιδονίηθεν,** aus Sidon.

σίζω, ep. poet. sp., Aor. buk. σίξα, zischen, vom Tone glühender Körper, die ins Wasser getaucht werden; auch pfeifen, pfeifend gebieten.

Σιθωνίη, ἡ, die mittlere der drei Landzungen der Halbinsel Chalkidike, jetzt *Longos.*

Σικανός, ὁ, **1)** unbekannter Fluß in Iberien. **2)** Mannesname.

σικάριος, ὁ, N. T. *sicarius,* Meuchelmörder, pl. Bezeichnung der römerfeindl. jüdischen Nationalpartei.

Σικελία, ἡ, die Insel Sizilien. Sie hieß früher **Σικανία,** ion. **-ίη,** ἡ, von den aus Iberien eingewanderten Sikanern, bis im 11. Jahrh. die Sikeler (οἱ **Σίκελοί**) aus Italien kamen u. jene aus dem Norden der Insel verdrängten. Die Einw. heißen οἱ **Σικελοί** (s. oben), aber die in Sizilien angesiedelten Griechen **Σικελιῶται.** Adj. dav. **Σικελός** u. **Σικελικός,** 3. sizilisch. Dav. τὸ **Σικελικὸν** (πέλαγος, das die Insel im O. u. S. umgebende Meer.

σίκερα, τό, indekl. N. T. sp. ein Rauschtrank.

σίκῖνις, ιδος, ἡ, poet. u. sp. ein Tanz der Satyrn.

Σικινήτης (-νίτης), ου, ὁ, poet. sp. Einw. der kleinen sporadischen Insel Σίκινος.

Σικουανοί, οἱ, keltisches Volk in Gallia Belgica, im südl. Elsaß, der Freigrafschaft u. Burgund.

σικύα, ἡ, **1)** der Kürbis. **2)** der Schröpfkopf.

σικυός u. **σίκυος,** ὁ, Gurke.

Σικυών, ῶνος, ἡ u. ὁ, Stadt in der Landschaft **Σικυωνία,** im Peloponnes, jetzt Ruinen bei Vasilika. Adj. u. Gentil. **Σικυώνιος,** 3.

Σιλανός, ὁ, D. Iunius Silanus, Konsul 62.

Σιληνίαι (πέτραι), αἱ, poet. Strand der Insel Salamis beim Vorgeb. Tropaion.

σιληνικός, 3. u. **σιληνώδης,** 2. (auch σειλ- geschrieben), silenenhaft, silenenartig (vgl. σατυρικός).

Σῑληνός, ὁ (auch Σειληνός geschr.). **1) Silen,** Sohn des Hermes od. Pan und einer Nymphe, Erzieher u. Gefährte des Bakchos, ein jovialer, gewöhnlich berauschter Alter. Es gab eine eigene Art großer Silenenbilder, **Σιληνοί,** die sich öffnen ließen u. zur Aufbewahrung kleiner kostbarer Statuen benutzt wurden Plat. Symp. 215 a. b. **2) Σιληνοί,** den Satyrn ähnliche Waldgottheiten.

σιλλι-κύπριον, τό, ion. der Wunderbaum = κίκι. Die Pflanze soll dem *ricinus communis* entsprechen.

σίλλος, ου, ὁ, sp. die Augen verdrehend, schielend.

Σίλλοι, Titel der Spottgedichte des Skeptikers Timon von Phlius.

σίλλυβος, ὁ, sp. Troddel, Quaste, Anhängsel; insbes der Pergamentstreifen an Schriftrollen mit Angabe von Titel und Verfasser. [stinkendes Insekt.

σίλφη, ἡ, sp. die Schabe, ein fettig aussehendes,

σίλφιον, τό, ion. poet. sp. haupts. die Pflanze *laserpicium,* deren Stengel gegessen u. deren wohlriechender Saft als Würze u. Arznei gebraucht wurde.

σιμβλεύω, poet. die Bienen in Stöcke setzen, übertr. wie in einem Bienenkorb sammeln.

σίμβλος, ὁ, meist ep. poet. der Bienenstock.

σιμικίνθιον, τό (var. σημικ.), das lat. *semicinctium,* Schürze, N. T.

Σιμίας, richtiger als **Σιμμίας,** ου, ὁ, **1)** aus Theben, früher Schüler des Pythagoreers Philolāos, später eifriger Anhänger des Sokrates. Er soll selbst 23 Dialoge geschrieben haben. **2)** Gegner und Neider des Perikles. **3)** sonst. Eigenname.

Σῑμόεις, εντος, ὁ, Simois, **1)** ein kleiner Nebenfluß des Skamandros in Troas. **2)** der Flußgott des Simois.

σῑμός, 3., **1)** mit oben eingedrückter u. unten aufgeworfener Nase, stumpfnäsig (Gegenteil γρυπός, mit Habichtsnase); τὸ σιμόν die Stumpfheit. **2)** aufwärts gebogen, πρὸς τὸ σιμόν, τὰ σιμά bergan. **3)** eingebogen, hohl, γαστήρ.

Σῖμος, ὁ, **a)** aus Larissa, aus dem Dynastengeschlechte der Aleuaden. **b)** sonst. Eigenname.

σῑμότης, ητος, ὁ, u sp. **σίμωμα,** τό, **a)** die Stumpfnäsigkeit, die Stumpfnase. **b)** vom Schiffe: die schweinsrüsselartige Form des Schnabels.

Σίμων, ωνος, ὁ, **1)** berüchtigter Sophist in Athen um 425. **2)** Name zweier Jünger Jesu, des Simon Petrus u. des Simon Zelotes. **3)** sonst. Eigenn.

Σιμωνίδης, ου, ὁ, **1)** Sohn des Leoprĕpes, lyrischer, elegischer, epigrammatischer Dichter, der, in Keos 559 v. Chr. geboren, bald in Athen, bald in Thessalien bei den Skopaden, bald in Syrakus bei Hiero lebte u. 469 v. Chr. starb. — Vgl. Σημωνίδης. **2)** sonst. Eigenname.

Σινᾶ, τό (Σιναῖον), *Sinăi,* Name eines Felsgebirges auf der nach ihm benannten Halbinsel, die zwischen Asien u. Afrika die Brücke bildet.

σιναμωρέω, ion. poet. sp. beschädigen, verwüsten, verheeren; verletzen, verderben, τί u. τινά.

σινάμωρος, 2. ion. poet. sp. (σίνομαι u. -μωρος, vgl. ἐγχεσίμωρος, ἰόμωρος), schädlich, verderblich, einer Sache τινός.

σίνᾱπι, εως, τό, sp. N. T. der Senf.

Σινδίμανα, τά, Stadt Indiens, jetzt *Sihwan.*

Σίνδοι, οἱ, Volk des asiat. Sarmatiens in dem östlich vom kimmerischen Bosporus gelegenen Landstriche, welcher ἡ Σινδική hieß; auch Ζικχοί genannt.

σινδών, όνος, ἡ, **1)** ein feines gewebtes Zeug aus Indien u. Ägypten, feine Leinwand. **2)** aus dieser verfertigte Gegenstände, **a)** leinenes Untergewand zum Unterschiede von ἱμάτιον, welches wollen war. **b)** leinenes Tuch, auch, wie in Soph. Antig., fadenartig zu einer Schlinge gedreht, od. als Fahne od. Segel verwendet, od. zur Einhüllung Toter.

σινέομαι, ion. Nebenf. = σίνομαι (?), s. d.

σίνηπι, τό, ar. sp. = σίναπι, Senf.

σινιάζω, N. T. sp. im Sieb schütteln, sieben, sichten.

σίνις, ιδος, ὁ, poet. u. **σίντης,** ὁ (σίνομαι), ep. poet. räuberisch, raubend, reißend, beschädigend, als Subst. der Schädiger, Verwüster, Räuber. Dav.

Σίνις od. **Σίννις,** ιδος, ὁ, berüchtigter Räuber auf dem Isthmos von Korinth, der die Vorübergehenden an die beiden Enden zweier niedergebogenen Fichten band und sie so in die Höhe schnellen ließ, daß sie zerrissen wurden. Theseus tötete ihn auf dieselbe Weise.

Σινόεσσα u. **Σινούεσσα,** ἡ, Sinuessa, St. an der Südgrenze von Latium.

σίνομαι, gew. nur Präs. u. Imperf., ep. Impf. iter.

σινέσκοντο, ion. Impf. 3. pl. ἐσινέατο u. Aor. 1. ἐσίναντο (s. σίνις), 1) eigtl. wegraffen, daher rauben, räuberisch anfallen, berauben, ausplündern, τινά, τί, u. zwar τινί jmdm. 2) überh. verwüsten, beschädigen, verletzen, schaden, τινά.

σίνος [ῐ], εος, τό, ion. poet. ar. Beschädigung, Schaden, Unheil, Schuld, abs., u. τινί für jmdn.

σίντης, ὁ, s. σίνις.

Σίντιες, οἱ, thrakischer Volksstamm in Lemnos.

Σιντοί, οἱ, Thrakier in Makedonien.

Σινώπη, ἡ, milesische, später den Persern unterworfene Kolonie in Paphlagonien am Pontos Euxeinos, die unter eigenen Königen stand, selbst wieder Kolonien ausgesandt u. sich ein größeres Gebiet mit einer Hafenstadt usw. erworben hatte, dah. εἰς Σ, τῆς Σ. auch vom Gebiete od. von S. und seiner Umgebung. Jetzt *Sinub*. Die Einw. οἱ **Σινωπεῖς**, Akk. έας u. εῖς. Im Sing. ὁ **Σινωπεύς**, έως, wie vorzugsweise der Kyniker Diogenes genannt wurde.

σίον, τό, buk. das Wassermerk, eine Pflanze.

σιός, Gen. τῶ σιῶ, ὁ, lakon. st. θεός, im Sing. von Zeus, aber ναὶ τὼ σιώ bei den Dioskuren, Kastor u. Polydeukes, bei denen vorzüglich die Lakedämonier zu schwören pflegten.

Σίπυλος [ῐ], 1) ὁ, ein Gebirgszweig des Tmōlos an der Grenze von Lydien und Phrygien, jetzt *Sipuli-dagh*. 2) ἡ, Stadt an diesem Berge.

Σιρήν, richtige Schreibung st. Σειρήν, s. d.

σιρικός, 3. sp. N. T. seiden (var. σηρ.); τὸ σηρ. Seidengewand.

Σῖρις, ιος, ἡ, 1) Stadt in Päonien, zwischen Strymon u. Angites, jetzt *Seres*. Die Einw. οἱ **Σιροπαίονες**. 2) Stadt u. Fluß in Lukanien; sp. Hafenstadt von Herakleia. Der Einw. ὁ **Σιρίτης**.

Σίρμιον, τό, sp. Stadt an der untern Save, in der röm. Provinz Pannonia, heute *Mitrowika*.

σῖρός, ὁ, auch σειρός geschr., Silo, Grube, worin einige Völker Thrakiens ihr Getreide aufzubewahren pflegten, *sirus*.

σισύρα, ἡ (◡◡‿), u. ion. **σίσυρνα**, ἡ, dicker, zottiger Rock, Flausrock. [gend.

σισυρνο-φόρος, ὁ (φέρω), ion. einen Flaus tra-

Σίσυφος [ῐ], ὁ (zu σοφός, ἀσύφηλος). 1) Sohn des Aiŏlos u. der Enarēte, Vater des Glaukos (u. des Odysseus, indem S. mit der Antikleia heimlich Umgang pflog). Odysseus heißt daher verächtlich τᾶς **Σισυφιδᾶν** γενεᾶς der vom Sisyphidenstamme Soph. Ai. 190; vgl. Phil. 417. S. war Erbauer von Ephўra oder Korinth. Weil er die Geheimnisse der Götter verriet, mußte er im Hades einen stets wieder entrollenden Stein bergan wälzen. Von S. soll Kreon in Korinth abstammen, dah. **Σισύφειος** 3. = korinthisch. 2) Beiname des Derkylidas, weil er μάλα μηχανητικός zu sein schien.

σῖτα, τά, s. σῖτος.

σῖτ-ἄγωγός, 2. Getreide zuführend, πλοῖον, ναῦς, ὁλκάς Getreideschiff.

Σιτακηνός, s. Σιττάκη.

Σιτάλκης u. -ας, Gen. ου, ion. εω, ὁ, 1) Sohn des Teres, König der Odrysen in Thrakien von ca. 450—424; τὸν Σ. ᾄδων einen Gesang zu Ehren des S. singend. 2) Führer der Thraker unter Alexander dem Gr.

σῑτάριον, τό (σῖτος), sp. ein wenig Getreide.

σιτευτός, 3. gemästet.

σῑτεύω, ion. u. sp. mit ion. Impf. iter. σιτεύεσκον, und **σῑτίζω**, 1) Akt. u. Pass. füttern, beköstigen, Kost geben, mästen, abs. od. τί. 2) Med.-Pass. σῑτίζομαι u. gew. **σιτέομαι**, Dep. mit ep. Impf. iter. σιτέσκοντο, u. buk. Aor. σιτήθην (in akt. Bdtg.), seine Mahlzeit halten, speisen, essen, verzehren; gespeist, beköstigt werden, abs. od. τινί, z. B. σίτοις Speise genießen, gew. τί, z. B. τὰ δημόσια öffentliche Speisung haben, u. übertr. ἐλπίδας φεύγοντος ἀνδρός sich von den Hoffnungen eines Verbannten = mit leeren Hoffnungen speisen.

σιτηγέω, Getreide od. Speise zuführen.

σῖτ-ηγός, 2. = σιταγωγός; Neutr. Getreideschiff.

σῑτηρέσιον, τό (σιτηρός, also eigentl. aus Getreide bereitet), 1) die Verpflegung, tägliche Beköstigung der Krieger im Waffendienste, welche ursprüngl. wahrsch. in Naturalien bestand, dann aber gewöhnlich in Geld entrichtet wurde u. ebensoviel als die Löhnung (s. μισθός) betrug. 2) sp. in Rom auch außerordentliches Geschenk (Weingeld, Trinkgeld) für die ärmeren Bürger.

σίτησις, εως, ion. ιος, Dat. ῖ, ἡ (σιτέομαι), 1) das Sichnähren, die Nahrung. 2) öffentliche Speisung, auf Staatskosten, als Auszeichnung verdienten Männern verliehen, ja auf ihre Nachkommen übertragen, nach Umständen viell. auch in Geld verwandelt (Plut. Arist. 27).

σιτία, ἡ, sp. Teig, Gebäck.

σιτίζω, s. σιτεύω.

σιτικός, 3. (σῖτος), ar. sp. das Getreide betreffend; σ. ἐμπόριον der Kornmarkt, Getreidehafen bei Athen; σ. νόμος *lex frumentaria*, wie die des C. Gracchus.

σιτίον, s. σῖτος.

σιτιστά, τά, sp. N. T. Mastvieh.

σιτοβόλιον, τό (σῖτος, βάλλω), sp. Getreidemagazin, wie sie C. Gracchus zur Unterstützung der Plebs anlegen ließ.

σιτοδεία, ion. **-δηίη**, ἡ (wie von σιτο-δεής), Getreidemangel, -teuerung, überh. Nahrungsmangel.

σιτοδοτέομαι (σιτο-δότης), pass. Getreide zugemessen erhalten. [Getreide.

σιτολογία, ἡ (σιτο-λόγος), sp. das Beschaffen von

σιτομετρία, ἡ (σιτο-μέτρης), sp. Getreidespende aus den Staatsmagazinen gegen einen geringen Preis. [Kost.

σιτο-μέτριον, τό, Portion Getreide; N. T. Proviant,

σῖτο-νόμος, 2. (νέμω), poet. Nahrung spendend, ἐλπίς Aussicht auf Unterhalt.

σιτοποιέω (-ποιός), 1) Akt. Getreide herrichten d. h. zum Gebrauch fertig machen, daher τινί jmdn. beköstigen, für seinen Unterhalt sorgen. 2) Med. für sich Getreide herrichten, essen.

σιτοποιΐα, ἡ, die Zubereitung der Speisen, des Brotes.

σιτοποιικός, 3. zur Zubereitung des Brotes gehörig, ὄργανον ein Werkzeug zum Brotbereiten.

σιτο-ποιός, 2. (ποιέω), das Essen bereitend, ἡ σ. die Frau zum Bereiten des Essens, aber ὁ σ. der Bäcker.

σιτοπομπία, ἡ (wie v. σιτο-πομπός), die Kornzufuhr, Zufuhr der Lebensmittel.
σῖτο-πώλης, ου, ὁ, Getreidehändler, die in Athen, welches bedeutender Getreidezufuhr bedurfte, bei Todesstrafe nicht über 50 φορμοί (ein φορμός = ein μέδιμνος = 52,5 l.) auf einmal einkaufen u. einen μέδιμνος nur um einen ὀβολός über den Einkaufspreis verkaufen sollten.
σῖτος, ὁ, der Plur. metapl. σῖτα, u. **σιτίον,** τό, **1)** Weizen, überh. Getreide, dah. τοῦ σίτου ἀκμάζοντος s. ἀκμάζω, dann mit u. ohne πεποιημένος, μεμαγμένος od. ὀπτός das daraus Bereitete, Mehl, Brot, ἐπὶ τῷ σίτῳ zum Brot. **2)** überh. Speise, Nahrung, Kost, dah. auch vom κυκεών (w. s.), im Plur. *cibaria,* Lebens- od. Nahrungsmittel, Hauptgericht, Proviant, Eßwaren, Essen, bald im Gegens. zu den Fleischspeisen, bald zum Getränke, bei Tieren: Futter, abs., od. τινός für eine bestimmte Zeit. **3)** Mahlzeit, μετὰ τὰ σιτία.
σῖτουργός, 2. = σιτοποιός.
σῖτο-φάγος, 2. (φαγεῖν), ep., ion. u. sp. Getreide od. Brot essend. Subst. Kornspeiser.
σιτο-φόρος, 2. (φέρω), ion. den Speisevorrat tragend, mit Nahrungsmitteln beladen.
σῖτο-φύλακες, οἱ, die Getreidepolizei in Athen, Aufseher über den Getreidemarkt und die Kornhändler, früher fünf in der Stadt und fünf im Piräus, zu Aristoteles' Zeit zwanzig in der Stadt und fünfzehn im Piräus.
σίττα, buk. Zuruf der Hirten: he! bsch! bsch!
Σιττάκη, ἡ, Stadt im südlichen Landstrich Assyriens (Sitakene), jetzt *Scheriat el-Beida.* Die Einw. des ganzen Landstrichs hießen οἱ **Σιττακηνοί.**
σῖτ-ώνης, ου, ὁ (ὠνέομαι), Proviantmeister der Stadt, eine in Athen bei Kriegsgefahr, Mißwachs usf. gewählte außerordentliche Behörde, welche die Stadt vor Hungersnot zu bewahren hatte.
Σῖφαι, αἱ, Flecken an der Südküste Böotiens.
σιφλόω, ep. eigentl. verstümmeln, insbes. blenden od. überh. verderben.
Σίφνος, ἡ, eine der Kykladen, westl. v. Paros, j. *Sifno.* Die Einw. οἱ **Σίφνιοι.**
σίφων, ὁ, poet. der Weinheber, Weinschlauch; sp. Wasserröhre, Springbrunnen, Feuerspritze.
σιώ, lak. = θεώ, Dual; s. σιός.
Σιών (als Stadt ἡ), *ẓijjôn,* **1)** der höchste Hügel in Jerusalem. **2)** die Stadt Jerusalem. **3)** Berg Zion = himmlischer Sitz Gottes, N. T.
σιωπάω usf., s. σιγάω.
σιωπή, s. σιγή. **σιωπηλός,** s. σιγηλός.
σκάζω (St. σκαγ, mhd. *hinke*), ep. u. sp. hinken.
σκαιός, 3., lat. *scaevus,* **1)** link; subst. σκαιῇ mit der Linken. **2)** abendlich, westlich, weil sich der griechische Vogelschauer mit dem Gesicht gegen Norden kehrte. Als Eigenn. **Σκαιαὶ πύλαι** das Westtor von Troja, auch Δαρδάνιαι genannt. **3)** übertr. **a)** linkisch, derb, ungeschickt, verkehrt, einfältig. **b)** unglücklich, schlimm.
σκαιοσύνα (dor. st. -νη), ἡ, poet. u. **σκαιότης,** ἡ, das linkische Benehmen, **a)** Ungeschick, Unverstand, Stumpfsinn. **b)** unschickliches, grobes Betragen, Ungeschliffenheit.
σκαίρω, ep., u. dav. **σκιρτάω,** Fut. dor. σκιρτᾱσῶ, springen, hüpfen, mit ποσί tanzen.
σκαληνός, 3. (verw. σκολιός), **1)** uneben, schief. **2)** ungleichseitig.
σκάλλω (lat. *scalpo,* nhd. *schälen*), ion. u. sp. scharren, graben, behacken.
σκαλμός, ὁ (σκάλλω), poet. sp. (der abgeschabte) Pflock, Ruderpflock.
Σκάμανδρος, ὁ (σκ macht bei Hom. nie Position), **a)** der Fluß Skamander in Troas, göttlicher Name Ξάνθος, jetzt *Mendere-Su.* **b)** der Flußgott Xanthos. Dav. **Σκαμάνδριος,** 3., poet. auch 2., **a)** Adj. skamandrisch, am Skamander, bei πεδίον, λειμών = Τρωϊκός. **b)** Subst. Eigenn. von Personen.
Σκαμβωνίδης, ου, ὁ, Einw. v. Skambonidä, Flecken Attikas zwischen Athen u. Eleusis.
σκᾱνά, dor. st. σκηνή.
σκανδαλίζω, N. T. sp. einen Anstoß zur Sünde, ein Ärgernis geben. Im Pass. sich ärgern. Von **σκάνδαλον,** τό, N. T. sp. Ärgernis, Veranlassung zum Sündigen.
Σκάνδεια, ἡ, Hafenort an der Südküste der Insel Kythēra, jetzt *Cerigo.*
σκαπανεύς, έως, ὁ, sp. = σκαφεύς, der Grabende.
σκαπανεύω, ion. = att. σκάπτω.
σκαπάνη, ἡ, buk. = σκαφεῖον.
Σκάπτη Ὕλη (Grubenwald), Bergstadt auf dem Pangaios zwischen Strymon u. Nestos.
σκᾶπτον, τό, dor. = σκῆπτρον.
σκάπτω, σκάψω, ἔσκαψα, ἔσκᾰφα, ἔσκαμμαι, ἐσκᾰ́φην graben, bepflügen od. behacken, τί. Subst. τὰ ἐσκαμμένα ein Aufwurf, kleiner Graben, womit der Sprung eines einzelnen Agonisten bezeichnet wurde. Wer weiter als die Zeichen aller übrigen sprang, war Sieger. Dah. ὑπὲρ τὰ ἐσκ. πηδᾶν sprichw., d. h. über das Ziel.
σκαρδαμύττω (σκαίρω), blinzeln, zwinkern, ὅσον χρόνον σκ. d. i. einen Augenblick.
σκάρος, ὁ, sp. ein Meerfisch.
Σκάρφη, ἡ, Stadt in Lokris nicht weit von Thermopylä. Überreste zwischen Andera u. Molo.
Σκαῦροι, οἱ, Bein. mehrerer röm. gentes, wie der gens Aurelia u. insbes. der Aemilia. Am bekanntesten wurde M. Aemilius Scaurus.
σκαφεῖον, τό, das Grabscheit.
σκαφεύς, ὁ, poet. der Grabende.
σκάφη, ἡ, ion. u. sp., u. **σκάφος,** ους, τό, nebst ep. poet. Demin. **σκαφίς,** ίδος, ἡ, u. sp. **σκαφίδιον,** τό (σκάπτω, *Schaff*), jeder ausgehöhlte Körper. Daher **1)** (σκάφη u. σκαφίς) Wanne, Trog, Mulde, Napf, Butte. **2) a)** mit u. ohne ναυτικόν od. νεώς Schiffsbauch, Rumpf, Deck. **b)** überh. Schiff, z. B. das Argoschiff, insbes. kleines Fahrzeug, Kahn, Nachen (insbes. σκάφος, σκαφίδιον).
σκαφη-φόρος, ου, comm. Napfträger, besond. die Frauen u. Töchter der Metöken u. Freigelassenen, welche an den Panathenäen Krüge zum Opfer im Festzuge trugen.
σκαφίδιον u. **σκαφίς,** ίδος s. σκάφη.
σκαφίον (σκάφιον), τό, poet. sp. = σκαφεῖον.
σκεδάννῡμι, hom. **κεδάννῡμι,** sowie ep poet. sp. **σκίδνημι,** dazu **κίδναμαι** (verw. *sci-n-do, scandula, scheiden*) • **1)** Akt., Fut. poet. u. sp. σκεδάσω, Aor.

ep. σκέδασα u. ἐκέδασσε, **zerstreuen**, zersprengen, verscheuchen (κήδεα), auseinandertreiben, -jagen, od. -gehen lassen, trennen, zerreißen, zertrümmern, übertr. αἷμα jmds. Blut vergießen ● **2)** Med. u. Pass. **σκεδάννῠμαι**, ep. ion. u. sp. **σκίδνᾰμαι**, u. **κίδνᾰμαι**, **sich zerstreuen**, zerstreut werden, auseinandergehen, sich verteilen, sich auflösen Hom., sich ausbreiten (λόγου Hdt. 4, 14), vom Staube: emporwirbeln, ἅμα ἡλίῳ σκιδναμένῳ mit Sonnenaufgang Hdt. 8, 23; ὕψοσε in die Höhe spritzen Hom.

σκέδᾰσις, εως, ἡ, ep. Zerstreuung, σκέδασιν θεῖναι Zerstreuung anrichten, = σκεδάσαι verjagen.

σκεθρῶς, Adv., poet genau, sorgfältig.

Σκείρων, richtig **Σκίρων**, ωνος, ὁ, ein Räuber, welcher zwischen Megara u. Attika auf einem Felsen (den Σκειρωνίδες πέτραι) hauste u. an einer abschüssigen Stelle desselben die Vorüberreisenden zwang, ihm die Füße zu waschen, worauf er sie ins Meer stürzte, bis er denselben Tod durch Theseus fand, der zur Sühne τὰ Ἴσθμια stiftete. Von ihm soll der Skeironische Weg (**Σκειρωνὶς ὁδός**), der sich sechs Meilen lang von Megara am Fuß der Oneïschen Berge nach dem Isthmos u. nach Korinth längs der Küste hinzog, seinen Namen haben. Dav.

Σκειρωνικός, 3. megarisch.

σκελετός, 3. sp. ausgetrocknet, dürr. Subst. ὁ σκ. ausgetrockneter Körper, Skelett, Mumie. Dav.

σκελετώδης, 2. sp. skelettartig.

σκελίς, ίδος, ἡ (σκέλος), Hinterfuß u. Hüfte eines Tieres, ὑῶν Schinken.

σκέλλω (St. σκελ, σκλη in σκληρός), **1)** Akt. trans. ep. mit Aor. 1. opt. σκήλειε (wie von σκάλλω), ausdörren, τί. **2)** Pass. σκέλλομαι mit Aor. ἔσκλην, Perf. ἔσκληκα, intr. verdorren.

σκέλος, εος, ους, τό, der Schenkel, das Schenkelbein, im engern Sinne das Schienbein, auch überh. das Bein, von Menschen und Tieren. Übertr. τὰ μακρὰ σκ. die beiden **langen Mauern** zwischen Athen u. Peiraieus; ähnl. zw. Megara u. Nisaia.

σκέμμα, τό, s. σκέψις **σκεπάζω**, s. σκεπάω.

σκέπαρνον, τό, ep. poet. sp. das kleine Hackebeil, unserm Diestel od. Schlichtbeil ähnlich.

σκέπας, τό, s. σκέπη.

σκέπασμα, τό, Decke (bei Xen. versch. LA.).

σκεπαστήριος, 3. sp. zum Bedecken geeignet, bedeckend.

σκεπάω, ep., 3. plur. σκεπάουσι, -όωσι, **σκεπάζω** (σκέπη), u. sp. **σκέπω**, **1)** Akt. **a)** decken, bedecken, schützen, verhüllen, verbergen, τί, τινός gegen etwas, ὑπό τινι unter etwas. **b)** schirmend abhalten, τί. **2)** Med. ion. sich verbergen, Zuflucht, Schutz finden.

σκέπη, ἡ, ep. **σκέπᾰς**, αος, τό, Decke, Bedeckung, Schutz, τινός gegen, vor etwas, ἐν σκέπῃ τοῦ φόβου, πολέμου in Schutz d. i. sicher vor der Gefahr, dem Kriege.

σκεπηνός, 3. sp. gedeckt, geschützt.

σκεπτικός, 3. sp. von σκέπτομαι, zur Betrachtung gehörig; bes. Plur. οἱ σκεπτικοί die Vorsichtigen (auch ἀπορητικοί die Verlegenen, u. ἐφεκτικοί die Zurückhaltenden), die nicht ja noch nein sagen, die behaupten, man könne nichts bestimmt behaupten, eine philos. Sekte, nach Pyrrhon von Elis.

σκέπτομαι, s. σκοπέω.

σκέπω, s. σκεπάω.

σκερβόλλω, poet. schmähen, lästern.

σκευαγωγέω, mit Sack u. Pack flüchten, d. h. mit Weib u. Kind u. allem beweglichen Gute, u. zwar ἐκ τῶν ἀγρῶν, mit u. ohne ἐς τὴν πόλιν, vom Lande in die Stadt, bei feindlichen Einfällen. Von

σκευ-αγωγός, ὁ, **a)** Gepäck bringend. **b)** der Packknecht.

σκευάζω, σκευάσω usf., ion. Perf. u. Plqpf. pass. 3. pl. ἐσκευάδαται u. ἐσκευάδατο (σκευή), **I)** Akt. **1)** bereiten, verfertigen, zurecht machen, zubereiten, zurichten, abs. od. τί, u. zwar τινί jmdm., μετά τινος mit etwas. **2)** ausrüsten, versehen, im bes. bewaffnen, bekleiden, schmücken, putzen, τινά jmdn., u. zwar τινί mit etwas. Im Pass. κούφως ἐσκευασμένοι in ihrer leichten Rüstung. **II)** Med. sich (*sibi*) ausdenken, auf etwas ausgehen, stiften, τί.

σκευάριον, τό, Kleidungsstück, Kleidung.

σκευᾰσία, ἡ (σκευάζω), die Zubereitung, bes. der Speisen.

σκευαστός, 3. verfertigt, künstlich.

σκευή, ἡ, u. **σκεῦος**, ους, τό (σκυ), alles, womit jmd. od. etwas ausgerüstet ist, dah. ● **1)** insbes. σκευή (περὶ τὸ σῶμα) die Bekleidung, **Kleidung**, Gewand, Tracht, Kostüm, Schmuck, Ausstattung; auch Vermummung, Verkleidung; ἡ σκευὴ πᾶσα Gala, der volle Schmuck ● **2) Rüstung**, mit und ohne τῶν ὅπλων die Waffenrüstung, Waffen, dah. ψιλή die leichten Waffen, u. vom Pferde das Geschirr, Zeug ● **3)** insbes. σκεῦος, das Gefäß, Gerät, die Gerätschaft, im Pl. bewegliche Habe, das Hausgeräte, Mobilien, Werkzeuge. Daher insbes. ● **a)** mit u. ohne πολεμικά Kriegsgerätschaften, Kriegsrüstung (τῶν Περσῶν), Heergeräte, Gepäck, Bagage ● **b)** mit u. ohne τῆς νεώς das Schiffsgerät, Takelzeug ● **c)** im N. T. auch von Menschen: das Werkzeug.

σκευοποίημα, τό, das Zubereitete, insbes. der szenische Apparat, durch σκευοποιέω von

σκευοποιός, ὁ, poet. ar. sp. Anfertiger von Theatergerätschaften, Masken u. Kostümen.

σκευουργία, ἡ (wie von σκευουργός), die Verfertigung von Gerätschaften.

σκευοφορέω (σκευοφόρος), das Gepäck tragen, Packknecht sein, doch auch von Tieren. Med. sp. das Gepäck mit sich führen, καμήλοις auf Kamelen.

σκευοφορικός, 3. zum Tragen des Gepäcks gehörig, τὸ σκ. βάρος die Last, die einem Lasttiere aufgelegt wird, die Ladung des Gepäcks. Von

σκευο-φόρος, 2. (φέρω), Gepäck tragend, mit dem Heergeräte beladen; πλοῖα Packboote. Subst. **a)** οἱ σκ. die Lastträger, Packknechte, der Train. **b)** τὰ σκ. die Packtiere, das Last- od. Zugvieh, überh. der ganze Troß, dah. auch von Menschen.

σκευοφυλακέω, sp. ein σκευο-φύλαξ sein, das Gepäck bewachen.

σκευωρέομαι, Dep. med., ein σκευ-ωρός (St. Ϝορ, ὥρα, II. οὖρος) sein, d. h. **1)** nach dem Gepäck sehen, dann überh. durchspionieren, durchspähen, *τί*. **2)** das Gepäck besorgen, dann übertr. etwas (*τί*) anzetteln, z. B. *τὰ ἔν τινι* in einem Lande Wühlereien anfangen.

σκευωρία, *ἡ* (*σκευωρός, -ρέομαι*), ar. sp. Sorgfalt, sorgfältige Einrichtung od. Behandlung; übertr. List, Tücke.

σκέψις, *εως, ἡ,* u. ***σκέμμα,*** *τό* (*σκέψασθαι*, s. *σκοπέω*), Betrachtung, Nachdenken, Überlegung, Untersuchung.

σκηνάω u. ***σκηνόω*** (für ein Präs. *σκηνέω* keine sichere Stelle), **1)** Akt. **a)** in einem Zelte sein od. sich aufhalten, überh. sich lagern, ein Lager haben, wohnen, u. prägnant: *εἴς τι* wohin ziehen u. sich lagern. **b)** eigentl. in einem Zelte, dann überh. schmausen, tafeln, speisen. **2)** Med. **a)** seine Wohnung nehmen, *ἔν τινι* **b)** sich eine Hütte (*καλύβην*) bauen lassen.

σκηνή, *ἡ*, nebst ***σκήνημα*** u. ***σκήνωμα,*** *τὸ* (*σκῆνος, σκηνάω, -όω. σκαιός, σκιά*) • **1)** ein bedeckter Ort, dah. • **a)** das **Zelt,** Prachtzelt, gewöhnl. Kriegszelt • **b) Hütte,** Wohnung, Behausung, Haus (Xen. An. 3, 5, 7); Marktbude, Bude. (Im N. T. auch die Stiftshütte, ferner das Götzenhaus des Moloch, übertr. der Leib als Behausung der Seele) • **c) Laube,** Laubgang, Allee • **d)** Brettergerüst, mit u. ohne *τραγική*, die **Bühne.** Im spätern, steinernen Theater bezeichnet es insbes. den Teil des Theaters, wo die Schauspieler stehen u. handeln, dah. *ὁ ἀπὸ τῆς σκ.* der Theaterheld, *οἱ ἀπὸ σκηνῆς* allgem. die Schauspieler, *τὰ ἀπὸ σκηνῆς, πολλῇ τῇ σκ. χρῆσθαι* zahlreiche Ausdrücke, die von der Bühne entlehnt sind, gebrauchen, *ὁ ἐπὶ τῆς σκ. ἑκάστου βίος* was sie im geheimen treiben • **e)** der Wagenhimmel, rings mit Vorhängen; der Wagenvorhang, Bettvorhang Dem., dann Zeltwagen Aesch. • **2)** der Aufenthalt in dem bedeckten Orte, die Mahlzeit, der Schmaus (im Zelte) Xen.

σκηνίδιον, *τό*, das kleine Zelt.

σκηνοβατέω (wie v. *σκηνο-βάτης*, Bühnenbetreter), sp. auf die Bühne bringen.

σκηνογραφία, *ἡ*, sp. **a)** Kulissenmalerei. **b)** eine Erzählung wie auf dem Theater.

σκηνογραφικός, 3. sp. perspektivisch, nach Art der Kulissenmalerei.

σκηνοπηγία, *ἡ*, ar. der Zeltbau, im N. T. das Laubhüttenfest.

σκηνοποιέω, ar. sp. Zelte aufschlagen, u. darin wohnen.

σκηνο-ποιός, *ὁ*, sp. N. T. der Zeltmacher.

σκῆνος, *τό*, N. T. u. sp. das Gehäuse, die Behausung (der Seele).

σκηνο-φύλαξ, *ακος, ὁ*, Zelt-, Lagerwächter.

σκηνόω, s. *σκηνάω*.

σκηνύδριον, *τό*, sp. = *σκηνίδιον*.

σκήνωμα, *τό*, s. *σκηνή*.

σκηπάνιον, *τό*, ep. poet. = *σκῆπτρον*, Stab.

Σκηπίων, spätere Schreibung für richtiges *Σκιπίων*, s. d.

σκηπτός, *ὁ* (*σκήπτω*), ein plötzlicher Sturm, gew. mit Donner u. Blitz; Wetterstrahl; übertr. plötzlich hereinbrechendes Unheil.

σκηπτουχία, *ἡ*, poet. sp. Zeptertragen, Oberbefehl.

σκηπτοῦχος, 2. (*σκῆπτον*, ahd. *scaft* = *σκῆπτρον*, u. *ἔχω*), **1)** das Zepter tragend oder haltend. Subst. *ὁ σκ.* der mit dem Zepter Geschmückte, der Herrscher. **2)** bei den Persern u. an andern asiatischen Höfen ein hohes, von Eunuchen bekleidetes Hofamt: gleichs. Kammerherr u. Generaladjutant.

σκῆπτρον, *τό* (*σκήπτω, σκᾶπτον, σκίπων*, lat. *scapus* (ahd. *scaft*) *scipio*), Stab. **1) Stock,** Wander- od. Bettelstab Hom. Trag. Übertr. Stütze (wie Stecken u. Stab), so Soph. OC. 848 u. 1109. **2)** als Zeichen irgend einer Würde, das **Zepter,** welches der Priester und Seher, Herolde, Richter, in den Händen haben mußten. Beim Schwören hielt man es empor. **3)** übertr. die königliche Gewalt, **Herrscherwürde,** *σκῆπτρα τάδε* dieses Herrscheramt, *σκῆπτρα καὶ θρόνοι* volle Herrschergewalt.

σκήπτω (*σκαπ, σκᾶπον*, ion. *σκῆπτον*, lat. *scāpus*, Schaft, ahd. *scaft*). **1)** trans. **a) stützen,** lehnen, hinstellen, Med. u. Pass. sich stützen, sich lehnen, *τινί* mit od. auf etw., sarkast. Il. 14, 457 er wird von meinem Speer durchbohrt sterben, **b)** Akt. u. Med. **vorschützen,** zum Vorwand gebrauchen, entschuldigen, *τὶ πρός τινα* u. *τί τινι*, Inf., Part., *ὅτι, ὡς,* **c)** hinwerfen, **schleudern,** herabfahren lassen, auch im Med., *βαρὺν κότον τῇ γῇ* (Var. Aisch. Eum. 801). **2)** intr. sich mit Nachdruck auf etw. werfen, sich hinwerfen, hinstürzen, herabfahren wie der Blitz, hereinbrechen.

σκηρίπτομαι (Mischform aus *σκήπτομαι* u. *στηρίζομαι*), ep. Dep. med., sich anstemmen, *τινί* mit etwas.

σκῆψις, *εως, ἡ* (*σκήπτω*), der Stützgrund, Grund, Vorwand; Einrede, Einwand, Entschuldigung, teils abs. *σκῆψιν ποιεῖσθαί τι* etwas zum Stützgrund nehmen, *σκῆψιν οὐκ οὖσαν τιθέναι* einen Scheingrund (für sein Unrecht) bringen, teils *τινός* zu etwas, od. *κατὰ φόνον τινὰ σκῆψιν* wegen eines Mordes, u. zwar *τινί, πρός τινα* gegen jmdn.

Σκῆψις, *ἡ*, St. in Troas; Einw. *ὁ Σκήψιος*.

σκιά, ion. ***σκιή,*** *ἡ*, der Schatten, *ὑπὸ σκιῇ* im Schatten, ähnlich *ὑπὸ σκιᾶς* im (Waldes-)Schatten. Insbes. **a)** Schemen, von den Toten im Hades; Schattenbild (von der den andern nicht vernehmbaren Athene, welche mit Aias sprach). **b)** überh. ein wesenloser, bloß scheinbarer oder wertloser Gegenstand, daher sprichw. von der äußersten Furchtsamkeit: seinen eignen Schatten fürchten, od. vom Streiten um eine Kleinigkeit: um den Schatten (des Esels) kämpfen, dah. Demost. 5, 25 mit *περὶ τῆς ἐν Δελφοῖς σκιᾶς* den Vorsitz bei den Spielen u. das Recht der Vorfrage des Orakels bezeichnet.

σκιαγραφέω, einen bloßen Umriß machen.

σκιᾱγρᾰφία, *ἡ*, das Schattenbild, täuschendes Bild einer Sache, Blendwerk.

σκιαδη-φόρος, 2. (*σκιάδειον* Sonnenschirm), Sonnenschirmträger, bes. die Frauen u. Töchter der Freigelassenen u. Metöken, welche im Festzug der Panathenäen den Bürgerinnen Schirme trugen.

σκιάζω u. ep. ***σκιάω,*** Impf. pass. 3. plur. *σκιάοντο, -όωντο* (*σκιά*), beschatten, überschatten, in Dunkel hüllen, τί (Eur. I. T. 1151 ist wohl ὄμματ' ἐσκίαζον zu lesen). Im Pass. beschattet, schattig, dunkel werden, abs., u. τινί von etwas.

Σκίαθος, ἡ, Insel bei Euböa, jetzt *Sciatho*.

σκιᾰμαχέω (wie von σκια-μάχος), mit einem Schatten d. h. einem bloß vorgestellten Gegner kämpfen, wie in der Fechtschule, also Lufthiebe führen, Nutzloses tun; dah. pass. ἔπη σκιαμαχούμενα nicht ernstlich gemeinte Worte. [Spiegelfechterei.

σκιᾰμαχία, sp. das Fechten gegen einen Schatten,

σκιαρό-κομος, 2. (κόμη), poet. laubbeschattet.

σκιαρός, 3. dor. = σκιερός.

σκῐάς, άδος, ἡ, sp. das Schattendach, rundes Zeltdach, Pavillon, von den Griechen als Zeichen von Weichlichkeit betrachtet.

σκίασμα, τό, sp. die Beschattung.

σκιατροφέω = σκιητροφέω.

σκιατροφία, ἡ, sp. weichliche Erziehung.

σκιάω, s. σκιάζω.

σκίδναμαι u. **σκίδνημι,** s. σκεδάννυμι.

σκῐερός, 3., u. ep. poet. **σκιόεις,** εσσα, εν (σκιά), a) schattig, schattenreich, beschattet, dunkel. b) kaus. beschattend, Schatten gebend, μέγαρα schattige Kühle gewährend, u. also für südliche Länder: wohnlich u. angenehm.

σκιή, s. σκιά.

σκιητροφέω (wie von σκιη-τροφής od. σκιη-τρόφος), augm. ἐσκιητρ., ion. 1) Akt. im Schatten d. i. im Hause, hinter dem Ofen erziehen, verweichlichen. 2) Pass. im Schatten leben, verzärtelt aufwachsen.

σκίλλα, ἡ, poet. sp. die Meerzwiebel.

Σκιλλοῦς, οῦντος, ὁ, Stadt in Elis Triphylia, südl. von Olympia, wo der aus Athen verbannte Xenophon ein Landgut von Sparta geschenkt erhielt; ἐν Σκ. in Skillus' Umgegend.

σκίμ-πους, ποδος, ὁ (f. σκιμπό-πους), Gestell eines (geringeren) Bettes, niedriges schmales Bett.

σκῐο-ειδής, 2. schattenartig.

σκιόεις, s. σκιερός.

Σκῑπίων (Σκηπ.), ωνος, ὁ, Scipio, insbes. 1) P. Cornelius Scipio Africanus maior (ὁ μέγας), der den Hannibal bei Zama schlug. 2) P. Corn. Sc. Aemilianus Africanus minor, Schwager der beiden Gracchen. 3) P. Corn. Sc. Nasīca Corculum, Gegner der Zerstörung Karthagos. 4) P. Corn. Sc. Nasica Serapio, ein Gegner des Gracchus.

σκίπων, ωνος, ὁ (*scipio*), ion. poet. u. sp. Stab.

Σκῑράδιον ἄκρον, τό (σκῖρος, ὁ, Gips), ein Salamis gegenüberliegendes Vorgebirge.

Σκιράς, ἡ, Bein. der Athene, s. Σκιροφοριών.

σκῑραφεῖον, τό (σκίραφος der Würfelbecher), Ort zum Würfelspiel, Spielhölle.

Σκῑρῖτις, ιδος, ἡ, Landstrich in den nordwestl. Grenzgebirgen Lakoniens. Die urspr. arkadischen Einw. οἱ **Σκιρῖται,** besser gestellte Periöken, stellten mit ihren leichten Waffen ein besonderes Kontingent zum spartan. Fußvolk, wo sie besonders zum Vorpostendienst im Lager, zur Vor- u. Nachhut auf dem Marsche verwendet, überh. auf die gefährlichsten Punkte, z. B. in der Schlacht auf den linken Flügel neben den König gestellt wurden.

Σκῑροφοριών, ῶνος, ὁ (σκίρον, weißer Sonnenschirm, bei Prozessionen zu Ehren der Athene Σκιράς getragen), der zwölfte att. Monat = Juni/Juli.

σκιρτάω, s. σκαίρω.

σκίρτημα, τό, poet. u. sp., u. **σκίρτησις,** εως, ἡ, sp. das Springen, der Sprung.

σκιρτητής, ὁ, buk. der Springer, Tänzer.

Σκίρων, Σκιρωνίς, s. Σκείρων.

σκιώδης, 2. poet. = σκιοειδής.

Σκιώνη, ἡ, Stadt am Thermaischen Meerbusen auf Pallene, 421 den Spartanern von den Athenern wieder abgenommen, welche nun ihr Land den Platäern schenkten, nachdem sie die Männer getötet u. Weiber u. Kinder zu Sklaven gemacht hatten. Die Einw. οἱ **Σκιωναῖοι.**

σκληρο-καρδία, ἡ sp. N. T. Härte des Herzens, Verstocktheit.

σκληρός, 3. (von σκέλλω), verdorrt, **hart,** rauh, trocken, dürr, ἐν σκληρῷ in rauher Gegend; spröde, ungelenk, von Lauten: heiser, dünn, rauh; übertr. herb, streng, starr, verstockt, unerbittlich, heftig, graus; unheilbringend, schädlich, bei Soph. Tr. 1260 spröde, d. h. durch die vielen Mühsale gehärtet. Subst. τὸ u. τὰ σκλ. das Harte, Herbe, Unangenehme, die harten Worte.

σκληρότης, ἡ, die Schwere, der harte, rauhe Sinn.

σκληρο-τράχηλος, 2., sp. N. T. halsstarrig.

σκληρύνω, sp. N. T. verstockt machen.

σκνιπαῖος, 3. = κνεφαῖος, buk. dunkel, ὁδίτης ein im Dunkeln Gehender.

σκολιός, 3. (zu σκέλος) krumm, gekrümmt, verrenkt, verdreht, σκ. θέμιστες Urteile, wobei man das Recht bog oder verdrehte, also ungerechte, unredliche, abs. u. ὑπό τινος; aber χωρίον unebenes Gelände. Subst. τὸ **σκολιόν** Querlied, Trinklied, wie es bei Gastmahlen unter Lyrabegleitung ohne bestimmte Reihenfolge gesungen zu werden pflegte. Dav.

σκολιότης, ἡ, Krümmung, Biegung.

Σκολοπόεις, εντος, ὁ, Ort bei Mykăle.

σκόλοψ, οπος, ὁ, ep. 1) ein zugespitzter, aufrechtstehender Pfahl, Spitzpfahl, Palisade, an Mauern oder in der Erde gegen den Feind, bes. gegen die Kavallerie, wie die sogen. spanischen Reiter; bei Arr. spitzige Fußeisen (*murices ferrei*); Dorn. 2) poet. bei Eur. Bacch. 983 der Baum.

σκολύθριον, τό, kleiner Sitz, Schemel.

Σκόμβρον od. **Σκόμιον, τό** — ὄρος, Gebirge im Norden von Makedonien, jetzt *Corbetsca-Planina*.

σκόπ-αρχος, ὁ (ἄρχω), der Befehlshaber der Kundschafter.

Σκόπᾱς, ᾱ, ὁ, 1) Sohn des Kreon aus der jüngeren Linie der Skopaden, der dadurch bekannt wurde, daß sein Tod bei einem Trinkgelage durch den Einsturz des Gebäudes erfolgte. Simonides hielt sich bei ihm auf u. feierte in einem Gesange einen von demselben gewonnenen Sieg, wie er auch später einen Threnos auf seinen Untergang dichtete. **Σκοπάδαι,** ein durch Reichtum berühmtes thessalisches Dynastengeschlecht, zu Krannon u. zu Pharsalos ansässig. 2) aus Paros, 392—352, berühmter Bildhauer u. Architekt, Miterbauer des Mausoleion in Halikarnassos.

σκόπελος, ὁ (vgl. σκοπέω, σκοπιή), ep. poet. ion. sp. eig. Spähort, Warte, dann Klippe, Fels im Meer, dann überh. Bergspitze, Anhöhe, Fels.

σκοπέω u. Med. **σκοπέομαι** (beide nie ep., aber att. nur im Praes. u. Impf.), nebst Dep. med. **σκέπτομαι** (ep. ion. sp., selten att.), (St. σκεπ, ursprgl. *spec*, lat. *specio*, dt. *spähen*) • **1) spähen,** umherschauen, im Auge haben, betrachten, sehen, ἄστρον, πλοῦν, auch τινά τι jmdn. als etw. erspähen d. h. erwählen, δεῖ τοὺς σατράπας τοιούτους σκοπεῖν, μετά τινα nach jmdn., κατά, ἔς τι nach etw., ὑπ' αὐγάς bei Lichte besehen, ἐς μακρότατον möglichst weit (zurück), πολλά oft, Med. für sich besehen, σκοπεῖσθαι εἰς τένοντα sich bis zur Ferse beschauen • **2)** Akt. u. Med übertr. die Lage betrachten, **überlegen,** forschen, prüfen, berücksichtigen, auch sorgen, abs. ἐσκεμμένος nach überlegtem Vorschlag, ὥσπερ ἐσκεμμένους wie verabredet, dann τὰ πράγματα, παντὸς χρήματος τελευτήν, αὐτὰ μετριώτατα zur gerechten Befriedigung, ἐν πλείονι reiflicher, ὡς αὐτὰ ἐφ' ἑαυτῶν σκέψασθαι μεγάλα groß schon an u. für sich betrachtet, ähnl. ἐφ' ἑαυτῆς für sich selbst, πρός τι im Vergleich mit, mit Rücksicht auf, dag. πρὸς ἑαυτόν bei sich, ἔκ τινος nach etw., ähnl. πορρωτέρωθεν aus der entfernten Vergangenheit her; Perf. ἔσκεμμαι auch pass. erwogen sein • **3)** Med. **sich erkundigen,** fragen, τινός bei jmdm. Konstr. mit εἰ, ἐάν, αἴ κεν (ob), ὅπως, ὡς, ὅτι, μή (σκόπει μή sieh zu daß nicht, hüte dich!), od. mit Inf., relat. Nebens. od. indir. Frages.

σκοπή u. **σκοπιά,** ion. **-ιή,** ἡ (lat. *specŭla*), **1)** das Spähen, die Umschau, σκοπιὴν ἔχειν. **2)** der Ort, von dem aus man weit umhersehen kann: Warte, gew. auf einer Anhöhe, dah. Bergwarte, auch von einem Felsen (Od. 10, 97), u. im bes. **a)** Περσέος σκ. die Perseuswarte. **b)** ein Ort bei Ilios, wo eine Warte stand (Il. 22, 145).

σκοπιάζω (σκοπιά), ep. u. poet. Nbf. zu σκοπέω, buk. auch Med., von einem hohen Orte aus sich umsehen, spähen, ausspähen, τί nach etw., ἄνδρας auskundschaften.

σκοπός, ὁ, ἡ (σκέπτομαι), **1)** der Späher, Wächter, überh. Spion, Auflaurer. **2)** der Aufseher, Vogt, Soph. Aj. 945 von den Atriden; auch im guten Sinne Kundschafter, Bote, von einem, der jmds. zuerst ansichtig geworden ist. **3)** das Ziel, wonach man schießt, übertr. Zweck, Absicht, ἀπὸ σκοποῦ gegen den wahren Zweck, gegen unsere Absicht und Meinung.

σκορακίζω (aus (ἐ)ς κόρακας), Fut. ιῶ, zu den Raben (an den Galgen) gehen heißen, fortjagen, beschimpfen. Dav.

σκορακισμός, οῦ, ὁ, sp. Beschimpfung, Verwünschung.

σκορδινάομαι (zu κόρδαξ), poet. sp. sich recken, sich strecken, sich ungeduldig benehmen.

σκόροδα, τά (Sing. ion.), der Knoblauch.

σκοροδ-άλμη, ἡ (ἅλμη), poet. u. sp. Salzlauge mit Knoblauch.

σκορπίζω, sp. N. T. zerstreuen.

σκορπίος, ὁ, der Skorpion.

σκοταῖος, 3. u. 2., **σκοτεινός,** 3. (σκότος), dunkel, finster, vom Blinden: in Dunkel gehüllt, blind, überh. in prädikativem Gebrauch: in der Dunkelheit, in der Dämmerung. Subst. ἐν σκοτεινῷ im Finstern, ἀνὰ τὸ σκ. in dem dunkeln Raume, τὰ σκ. das Dunkle. Übertr. **a)** in Schatten gestellt. **b)** heimlich. **c)** schwer verständlich.

σκοτίζομαι, sp. N. T. verfinstert werden.

σκότιος, 3. ep. poet. u. sp. = σκοτεινός.

σκοτο-μήνιος, 2. ep. (μήνη), mondlos, finster, vom Mond nicht erhellt (Gegensatz σεληναῖος).

σκότος, ὁ, u. att. auch **σκότος,** ους, τό (dt. *Schatten*, aus ahd. *scato*). **1)** Finsternis, Dunkel, Dunkelheit, Nacht, **a)** das Todesdunkel, die Nacht des Hades, der Hades, **b)** das Dunkel des Auges od. Geistes, Schleier, Verblendung, **c)** das Dunkel, Heimlichkeit der List, Versteck, ἐν σκότῳ u. ä. heimlich; σκότου δεῖ τι es muß etwas das Licht scheuen, ὑπὸ σκότου κατέχειν τι etwas verbergen, verheimlichen. **2)** Als Eigenn. ὁ Σκότος das Düster, Vater der Eumeniden.

Σκοτοῦσσα, ἡ, Ort in der thessal. Pelasgiotis mit einer Heilquelle; Einw. **Σκοτουσσαῖοι.**

σκοτόω, verfinstern, in Nacht legen, τί vor etwas. Im Pass. es wird mir dunkel vor den Augen, ich werde ohnmächtig.

σκοτώδης, 2. finster.

σκυβαλικτός, 3. poet. verachtet, ἀργύρια Lumpengeld. Von

σκύβαλον, τό, sp. N. T. Kehricht, Unrat, Auswurf.

Σκυβελίτης, ὁ, sc. οἶνος, sp. Beerenwein (ungepreßt), vgl. πρότροπος.

σκυδμαίνω, ep., mit Inf. σκυδμαινέμεν, u.

σκύζομαι, ep. buk. Dep. (nur Präs. u. Impf.), (vgl. σκυθρός bei σκυθρωπός), murren, zürnen, zornig od. unwillig sein.

Σκύθαι, οἱ, die **Skythen,** ein großer Volksstamm im Norden von Europa u. Asien, welcher meistens nomadisch (οἱ Νομάδες Σκύθαι), u. bes. in der skythischen Steppe (ἡ ἔρημος τῆς Σκυθικῆς, τὰ ἔρημα) d. i. in Turan lebte. Ἕλληνες Σκ. d. h. ein aus Griechen u. Skythen gemischtes Volk, Σκ. ἀροτῆρες od. γεωργοί in der Ukraine, βασιλήιοι die königlichen, deren Gebiet τὰ βασιλήια heißt. Und so waren auch die Taurier in der Chersonesos Taurica (der jetz. *Krim*) ein skythischer Volksstamm, bekannt dadurch, daß sie alle Fremden der Artemis, eigtl. der Upis, opferten. Der Sing. ὁ **Σκύθης** bez. insbes. • **1)** bei Hdt. ihren angeblichen Stammvater • **2)** bei Xen. den König der Sk. • **3)** einen rohen Menschen. — Da sie gute Bogenschützen waren, so hießen **Σκύθαι τοξόται** (zweifelh. LA.) auch die nach Art der Skythen eingeübten Bogenschützen, in Athen speziell so die Polizeidiener. Adj. davon **Σκυθικός,** 3., den Skythen od. zu den Skythen gehörig; insbes. ἡ **Σκυθική,** mit u. ohne χώρα, das Skythenland, auch ἡ **Σκυθὶς** γῆ od. **Σκυθία.** Adv. ion. **σκυθιστί** in skyth. Sprache. Ebendav.

σκυθίζω, poet. das Haar glatt scheren wie die Skythen.

Σκυθῖνοι, οἱ, Volk Asiens an den westl. Grenzen Armeniens, im heutigen *Kars*.

σκυθράζω, poet. zornig, unwillig, traurig sein.

σκυθρωπάζω, finster, zornig, unwillig, mürrisch, traurig aussehen.

σκυθρ-ωπός, 2. (σκυθρός, 3. finster, ὤψ), finster od. mürrisch aussehend od. blickend, finster, verdrießlich, niedergeschlagen, traurig, von Personen u. Sachen, abs., od. ἐν ὄμμασι = ὄμμασι den Augen, und ἐπί τινι über etwas. Adv. **-πῶς,** mürrisch, ἔχειν mürrisch aussehen. [Wesen.

σκυθρωπότης, ἡ, ion. sp. finstres Aussehen od.

σκῠλᾰκεία, ἡ (σκυλακεύω, s. σκύλαξ), sp. im Plur. u. mit κυνῶν das Hundehalten, die Hundezucht.

σκυλάκευμα, τό, poet. = σκύλαξ.

Σκυλάκη, ἡ, Stadt östl. von Kyzikos an der Propontis.

σκῠλᾰκώδης, 2. hundeartig, τὸ σκ. das hündische (kriechende) Wesen.

σκύλαξ, ᾰκος, ὁ, ἡ, mit u. ohne κύων, junger Hund, auch überh. Hund, und Ἅιδου τρίκρανος σκύλαξ vom Kerberos; sp. überh. Junges (eines Tiers).

Σκύλαξ, ακος, ὁ, 1) aus Karyanda, karischer Seefahrer, von Dareios Hystaspis mit ausgesandt (ca. 480) zur Küstenerforschung vom Indus bis zum Arab. Meerbusen. 2) ein jüngerer Geograph aus Karyanda, wahrsch. im 4. Jahrh. v. Chr. 3) ein Astronom aus Halikarnassos, Zeitgenosse des Panaitios im 2. Jahrh. v. Chr.

σκύλευμα, τό, s. σκῦλον.

σκῠλεύω (σκῦλον), den getöteten Feind der Waffen berauben, überh. ausplündern, ausziehen, abziehen, plündern, abs., τινά, τί, u. zwar ἀπό τινος von jmdm.

Σκύλλα, bei Hom. gew. **Σκύλλη,** ἡ, 1) Tochter der Krataiïs, ein Meerungeheuer, später lokalisiert an der italienischen Küste am Eingange der Sizilischen Meerenge im Tyrrhenischen Meere der Charybdis gegenüber. 2) Tochter des Nisos, von welcher das östliche Vorgebirge von Argolis den Namen **Σκυλλαῖον** hatte, jetzt *Scyli*.

σκύλλω, poet. sp. zerfleischen, plagen, N. T. Med. sich abmühen, plagen.

σκυλμός, ὁ, sp. das Zerzausen; Belästigung, Qual.

σκῦλον u. σκύλον (verw. σκῦτος), τό, u. **σκύλευμα** Raub, Beute, gew. im Plur. bes. die dem getöteten Feinde abgenommenen Waffen, *spolia*, erbeutete Waffen, Waffenbeute, überh. Beutestücke. [Leder.

σκῦλος u. **σκύλος,** τό, poet. buk. Haut, Fell,

σκύμνος, ὁ (nicht in att. Prosa), das Junge des Löwen, auch des Wolfes; poet. auch von Menschen (gl. σκύλαξ).

Σκῦρος, ἡ, ärmliche, unfruchtbare Insel des Ägäischen Meeres östl. von Euböa, jetzt *Skyro*. Die Einw. **οἱ Σκύριοι.** Adv. **Σκυρόθεν,** von Sk.

σκῠτάλη, ἡ, u. **σκύτᾰλον,** τό. 1) Knüttel, Stock. 2) Briefstab, s. 3. 3) langer, schmaler Lederstreifen, der um einen Stab gewickelt und dann der Länge des Stabes nach beschrieben wurde; diente den Ephoren zur Übermittlung geheimer Botschaften an auswärtige Heerführer, die einen gleich dicken Stab hatten, mittels dessen sie die Botschaft entziffern konnten: Geheimbotschaft.

σκυτάλιον, τό, poet. sp. u. **σκυταλίς,** ίδος, ἡ, ion. sp. 1) kleiner Stock od. Stab, Stäbchen. 2) Stäbchen, kleine Speiche.

σκυταλιωτός, 3. sp. mit Stäbchen od. Speichen versehen. [Schuster.

σκῠτεύς, έως, ὁ (σκῦτος), Lederarbeiter, Riemer,

σκῠτεύω, ein Schuhmacher sein, das Schuhmacherhandwerk treiben.

σκῠτικός, 3. zur Schusterei gehörig, ἡ σκυτ. (τέχνη) die Schusterei.

σκυτινός, 3. (σκῦτος), ledern.

σκυτο-δεψός, ὁ, der Gerber.

σκῦτος, εος, ους, τό (Wurz. σκυ bedecken, lat. *obscu-rus*). 1) die zubereitete Haut, Leder. 2) (gew. Plur.) die Peitsche.

σκῠτοτομεῖον, τό (σκυτοτόμος), Schusterwerkstätte, wo man (in Athen) zusammenkam, um zu plaudern.

σκυτοτομέω = σκυτεύω.

σκυτοτομία, ἡ, die Schusterei.

σκυτο-τομικός, ὁ, u. **σκυτο-τόμος,** ὁ (eig. Lederschneider), = σκυτεύς.

σκυτοτραγέω, sp. am Leder nagen.

σκύφειος (-ιος), 3. poet. pokalförmig.

σκῠφος, ου, ὁ, u. **σκύφος,** εος, τό, ep. poet. ar. sp. 1) eine Art Becher, in Gestalt einer riesigen Tasse mit Kreis- od. Spitzboden u. zwei wagrecht abstehenden Henkeln, dem Herakles geweiht. 2) poet. u. buk. ein Milchgefäß.

σκωληκό-βρωτος, 2. sp. N. T. von Würmern zerfressen.

σκώληξ, ηκος, ὁ (σκολιός), ep. poet. u. sp. der sich krümmende Wurm, bes. der Regenwurm.

σκῶλος, ὁ, ep. Spitzpfahl.

Σκῶλος, ὁ, 1) böotischer Flecken am rechten Ufer des Asōpos im Gebiete der Platäer. 2) Flecken Makedoniens in der Nähe von Olynth.

σκῶμμα, τό (σκώπτω), Spott, Scherz, Witz, Scherzrede, Spottgedicht.

σκωπτικός, 3. sp. spöttisch, τὸ σκ. Spottsucht.

σκώπτω (verw. dt. *Schimpf*). 1) intr. spotten, scherzen. 2) trans. verspotten, höhnen, seinen Mutwillen auslassen.

σκώψ, σκωπός, ὁ, Nom. plur. σκῶπες, ep. ar. sp. (eig. 'Spottvogel'), Ohreule, Käuzchen.

σμᾶμα, τό, buk. (att. σμῆμα, σμάω), Schmieren, Salbe, Seife.

σμᾶνος, τό, buk. = σμῆνος.

σμάραγδος, ἡ, mit u. ohne λίθος, der Smaragd, ein Edelstein, doch nicht unser Smaragd, sondern ein hellgrüner, durchsichtiger Flußspat od. Kristall, überh. grüner Glasfluß, *smaragdus*.

σμᾰρᾰγέω, ep. poet., u. **σμαραγίζω,** ep. (σμαραγή), erdröhnen, dröhnend brüllen, dröhnend erbeben, brausen, abs. u. ἀπ' οὐρανόθεν.

σμάω, kontr. σμῇς, ῇ, ῆν usf., ion. σμᾶται, mit der ep. u. sp. Nebenf. **σμήχω,** 1) Akt. abwischen, abreiben, τί, u. zwar ἔκ τινος. 2) Med. a) sich (*sibi*) abwaschen, abreiben, τί. b) sich einreiben od. salben, τί etwas, mit etwas.

σμερδᾰλέος, 3. ep. poet. u. sp., u. **σμερδνός,** 3. ep. u. poet. (Wurz. *smard*, lat. *mordere*, ahd. *smerzan* schmerzen), furchtbar, fürchterlich, gräßlich, grauenvoll. Neutr. sing. u. plur. als Adv.

σμῆνος, ους, τό (ἑσμός), Bienenschwarm, Bienenstock.

σμῆξις, εως, ἡ, Abreiben, Reinigen, Bürsten.

σμηρίζω, sp. glätten, schleifen. Davon

σμήρισμα, τό, sp. das Einschleifen; die luftdicht eingeschliffene Röhre.

σμήχω, s. σμάω.

σμικρο-λόγος, 2. auf Kleinigkeiten achtend, kleinen [Geistes.

σμικρολογία, σμικρός, σμικρότης, s. μικρ.

σμῖλαξ, ακος, ὁ u. ἡ, 1) der Taxus- od. Eibenbaum. 2) eine dem Efeu ähnliche, zu Kränzen sehr beliebte Windenart mit weißen, lilienartig duftenden Blüten.

σμίλευμα, τό, poet. (σμιλεύω, schnitzen), Schnitzel.

σμιλευτός, 3. poet. geschnitzt.

σμίλη, ἡ, u. sp. Demin. davon **σμιλίον**, τό, Messer, Instrument für Ärzte, Schuster usw.

Σμινθεύς, ῆος, ὁ, ep. Bein. des Apollon, angebl. des Vertilgers der Feldmäuse, σμίνθοι.

σμινύη, ἡ, zweizackige Hacke, Karst.

σμυγερός, 3. poet. = μογερός, mühselig, *miser*. Adv. **-ρῶς**, elend, in Qual.

σμύρνα u. ion. **σμύρνη**, ἡ, ion. poet. u. N. T. = μύρρα, 1) die Myrrhe, Myrte, der gewürzhafte Myrtenbaum, einheimisch im südlichen Europa u. im mittleren Asien, u. hier ein Baum von mittlerer Größe, bei uns ein Strauch. 2) das aus den Wunden desselben heraussträufelnde Harz, auch im Plur., od. δάκρυον τῆς σμ. (d. h. des Baumes) genannt. Man gebrauchte es zu Räucherwerk, Parfümerien, Einbalsamieren der Leichen u. als Balsam für Wunden.

Σμύρνα, ἡ, Stadt in Kleinasien, deren Trümmer sich am nordöstlichen Ende der Bai von Smyrna (Ismir) finden, 330 Stadien nördl. v. Ephesus; auch Ζμύρνα (Münzen). Die Einw. **οἱ Σμυρναῖοι**.

σμυρνίζω, sp. N. T. mit Myrrhen würzen.

σμύχομαι (dt. *schmauchen* vom Raucher), ep. Pass., durch ein Schmochfeuer (**πυρί**) allmählich verzehrt werden.

σμῶδιξ, ιγγος, ἡ (verw. σμάω), ep. eine mit Blut unterlaufene Strieme oder blutige Schwiele.

σοβαρός, 3., Adv. **-ρῶς**, eigtl. schnell, dann hochfahrend, erhaben, stolz, hochmütig, anmaßend, prunkend, prahlend, prunkvoll, abs. u. πρός τινα. Subst. τὸ σ. das Schwülstige, **ἔν τινι** in etwas.

σοβέω, 1) intr. **a)** eilig gehen, eilen, **ἔς** τι. **b)** stolz einherschreiten. **2)** sp. trans. schnell bewegen, verscheuchen, wegjagen. **3)** Pass. sp. in leidenschaftlicher Bewegung sein.

Σογδιανή, ἡ, Landschaft in Asien zwischen dem Oxos u. Iaxartes, das heutige Buchara, von dem ein Teil noch *Sogd* heißt. Die Einw. **οἱ Σογδιανοί** u. **Σόγδοι**. Doch auch am untern Indos eine indische Völkerschaft **Σόγδοι**.

Σόδομα, τά, Sodom, j. *Usdun*, als Bezeichnung der Felsen am Südende des Toten Meeres.

σοέω, poet. = σεύω; Impf. 3. sg. σόει.

σόη, s. σῴζω. **σοῖο**, s. σός.

Σόλλιον, τό, Stadt in Akarnanien.

Σολόεις, εντος, ὁ, 1) Vorgebirge an der Westküste Mauritaniens, j. *Kap Cantin*. **2)** Stadt an der Nordküste Siziliens, j. *Castello di Solanto*.

Σόλοι, οἱ, **1)** bei Herod. Stadt an der Nordküste von Kypern, ihre Ruinen im Flecken *Aligora*. 2) bei Xen. Küstenstadt Kilikiens, j. *Mesetlü*. Der Einw. ὁ **Σολεύς**, έως.

σολοικία, ἡ, sp. = σολοικισμός, w. s.

σολοικίζω (σόλοικος), fehlerhaft sprechen, φωνῇ in einer Sprache.

σολοικισμός, ὁ, sp. Verstoß gegen die Sprachgesetze, übertr. Verstoß, insbes. gegen die Gesetze der Natur, **τινός** von etwas, z. B. ἡδονῶν ein unnatürlicher Genuß.

σόλοικος, 2. (angebl. v. der kilik. Stadt Σόλοι, wo man ein schlechtes Griech. sprach), eigtl. einer, der fehlerhaft spricht, dann überh. roh, ungebildet, bäurisch, ungereimt, τῷ τρόπῳ.

Σολομών und **-ῶν**, -ῶντος, hebr. *shĕlōmô* = Friedensfürst Salomo, sp. N. T.

σόλος, ὁ, ep. eine eiserne Scheibe, Meteoreisenstein? (der Diskos war gewöhnlich von Stein).

Σολύγεια, ἡ, κώμη, Dorf im korinthischen Gebiet auf dem Berge ὁ **Σολύγιος** λόφος beim jetzigen *Galataki*.

Σόλυμοι, οἱ, mythische Völkerschaft in Vorderasien, bes. in der Umgegend von Termessos.

Σόλων, ωνος, ὁ, Sohn des Exekestides u. Nachkomme des Kodros, geb. ca. 640, einer der sieben Weisen und Athens Gesetzgeber 594 v. Chr., der 10 Jahre lang Ägypten, Kreta u. Kleinasien bereiste u. auch nach Sardes zu Krösus gekommen sein soll. Von den erhaltenen Fragmenten seiner Elegien ist bes. „Salamis" berühmt.

σόος, 3., s. σῶς.

σορός, ἡ (vgl. σωρός), **1)** bei Hom. Urne zur Aufbewahrung der Totengebeine; später Sarg. **2)** poet. sp. übertr. altes Weib.

σός, σή, σόν usf., ep. Gen. sg. masc. σοῖο, pl. fem. σέων, ep. u. dor. auch **τεός**, 3. (τεός d. i. τεϝός, lat. *tuus*, von τύ, älterer Form für σύ) • **1)** subjektiv **dein**. Beim Subst. att. gew. mit dem Artikel. Ohne Subst. steht es • **a)** σός **dein Sohn**, σός εἰμι **ich gehöre dir als Sohn an, bin dir untertan** • **b)** ἡ σή **deine Frau** • **c)** σόν ἐστι **es ist deine Sache** (*tuum est*), od. τὸ σόν **deine Sache, deine Art, dein Geschick u. ä.**, τὸ σὸν σκόπει **überlege deinerseits, auch abs.** τὸ σὸν τοῦτο **nach diesem deinem Ausdrucke** • **d)** τὰ σά **das Deinige, dein Eigentum, deine Angelegenheiten, auch deine Reden, dein Beginnen, dah.** ἐπὶ σοῖσι **bei deinem Besitze,** ἐκ τῶν σῶν **aus deinem Gebiete,** τὰ σὰ λέγειν **das Wort für dich führen,** ἢν τῶν σῶν δεήσῃ **wenn du es deinerseits fehlen lässest** • **e)** (οἱ) σοί **die Deinigen, deine Verwandten, Kriegsleute,** οἱ ὀρθῶς σοί **die du mit Recht die Deinen heißest** • **2)** obj. **dich betreffend,** σῇ ποθῇ, προμηθίᾳ, εὐνοίᾳ **aus Sehnsucht nach dir, Sorge für dich, Wohlwollen gegen dich. Ähnl.** σὸς πόθος **und** τὸ σὸν ἄχος **das Leid um dich.**

σουδάριον, τό (lat. Lw. *sudarium*), N. T. sp. Schweißtuch.

Σουεσσίωνες, οἱ, Suessiones, Volksstamm in Gallien.

Σούηβοι, οἱ, germanischer Volksstamm, *Suebi*.

σοῦμαι, kontrahiert aus σόομαι, poet. u. sp. (imper.

σούσθω u. σοῦσθε), nur Präs., sich in Bewegung setzen, eilen, vgl. σεύω.

Σουνιάδης, ου, ὁ, athen. Archon Ol. 95, 4 = 397.

Σουνιάρᾱτος, ὁ (ἀράομαι), poet. auf Sunion angefleht, Bein. d. Poseidon.

Σούνιον, τό, auch ὁ γουνὸς ὁ **Σουνιακός,** 1) die südöstlichste Spitze von Attika, dem Poseidon geweiht u. mit einem Tempel der Athene. 2) Demos u. befestigter Ort gleichen Namens, jetzt *Kap Colonna*.

Σοῦσα, ων, τά, seit Kyros Winter- u. Frühlingsresidenz der pers. Könige mit der Burg *Μεμνόνιον*, dah. die Stadt auch *ἐν Σ. Μεμνονίοις* heißt, j. Ruinen von *Sus*. Es war die Hauptstadt der pers. Provinz **Σουσιανή,** des heutigen *Chusistan*. Die Einw. **οἱ Σουσιανοί** und **Σούσιοι,** dah. ὁ **Σούσιος** bei Xen. auch der König der Susier. Als Fem. ἡ **Σουσίς** a) = Susa. b) = die Susierin, d. h. Panthea, wogegen ἡ **Σουσία** (γῆ) das Gebiet von Susa ist. Zu unterscheiden von

Σουσία, ἡ, Stadt in Aria an der Grenze von Parthien, j. Ruinen *Thus*.

σοφία, ion. **-ίη,** ἡ (σοφός) • 1) das Verstehen, Wissen, dah. die Kenntnis, **Geschicklichkeit,** Kunstfertigkeit, Kunstübung, Kunst, *περὶ σοφίας* in der Musik, Xen. An. 1, 2, 8 • 2) die Schlauheit, **Klugheit,** Einsicht, auch = σόφισμα schlauer Anschlag, dah. *σοφίην* an Gewitztheit, *σοφίῃ, οὐκ ἀγνωμοσύνῃ* auf eine schlaue, gar nicht unverständige Weise, *σοφίῃ* durch Klugheit, Schlauheit, List • 3) die **Weisheit,** insbes. • a) die in allem Denken u. Dichten schöpferische Geistestätigkeit, **Wissenschaft,** Gelehrsamkeit, auch Dichtkunst, wissenschaftliche und künstlerische Bildung • b) die **Kenntnis** in den höheren Wissenschaften • c) das sich der Gründe bewußte Schaffen, Sach- od. **Fachkenntnis,** dah. *οὐ σοφίᾳ, ἀλλὰ φύσει* • d) das **höchste, wahre Wissen;** *ἡ καλουμένη σοφία* d. h. die praktische Lebensweisheit, das praktische Wissen, auch *ἡ περὶ τὸν βίον σ.* genannt (während *ἐπιστήμη* das theoretische ist), die höchste Kenntnis im Verein mit der reinsten Gesinnung, die **Philosophie.**

σοφίζω (σοφός). 1) Akt. weise machen, belehren, ausklügeln, schlau erwägen. 2) Med. sich aus- od. herausklügeln, nachgrübeln, klug aussinnen od. aussprechen; *οὐδὲν σοφιζόμεσθα τοῖσι δαίμοσι* wir erklügeln nichts den Göttern gegenüber, d. h. unsere Weisheit ist erfolglos, wenn wir sie gegen die Götter richten.

Σόφιλλος, ὁ, Vater des Dichters Sophokles.

σόφισμα, τό, alles klug od. listig Ausgesonnene, List, Pfiff, listiger Ausweg, Ausflucht, Winkelzug, Vorspiegelung, Täuschung, und abs. eine ausgeklügelte Vorkehrung, künstliches Mittel, Kunstgriff, kluge od. listige Erfindung, Kunststück, teils abs., teils *τινός* mit, in etwas, *εἴς, πρός τινα* gegen jmdn.; im bes. a) verfängliche Rede od. Deutung, *εἴς τι.* b) *τὰ τῆς θεοῦ σ.* das verfängliche u. widersinnige Verfahren, welches die Göttin in dem Brauche, sich Menschen opfern zu lassen, bekundet. [lehren, leben.

σοφιστεύω, meist sp., Sophist sein, als Rhetor

σοφιστής, οῦ, ὁ (σοφίζομαι, der „Klügler"), auch mit ἀνήρ • 1) der **Weise,** Meister, Künstler, jeder, der im Besitze einer Wissenschaft od. Kunst ist, auch Tonkünstler, Gesangskundiger (Pind.); dann • 2) der **Philosoph,** Gelehrte. Im bes. nannten sich aber im Perikleischen Zeitalter • 3) die Lehrer der praktischen Lebensweisheit u. insbes. die Lehrer der Redekunst als Redekünstler so, ein Name, der dann auch später den Lehrern der Beredsamkeit u. Philosophie in Rom eigen blieb; auch Schulmeister. Weil aber die **Sophisten** durch rhetorische u. dialektische Kunstgriffe in üblem Ruf kamen, bezeichnet das Wort dann oft • 4) den **Klügler,** Prahler, Aufschneider, Betrüger, Gaukler.

σοφιστικός, 3. die Sophisten betreffend, sophistisch, *βίος* L. eines Sophisten; *ἡ σ.*, mit und ohne *τέχνη*, die Sophistik. Übertr. täuschend, *πρός τι.* Adv. **-κῶς,** nach Art der Redekünstler.

Σοφοκλῆς, έους, εῖ, έα, Vok. εις, ὁ, 1) Sohn des Waffenfabrikanten Sophillos aus Kolōnos in Attika, geb. 497/6, berühmter tragischer Dichter, starb 91 J. alt 406/5. Er hat ca. 125 Stücke geschrieben u. etwa 25 Preise (niemals den dritten) gewonnen. 2) Sohn des Sostratides, nebst Eurymedon Anführer der athenischen Flotte im Peloponnesischen Kriege.

σοφό-νους, 2. sp. klugen Sinnes.

σοφός, 3., Adv. poet. u. sp. **σοφῶς** (σοφία, σοφίζω, Σίσυφος). 1) **geschickt,** kundig. 2) gelehrt, erfahren, einsichtsvoll, weise, verständig. 3) klug, gewandt, gebildet; **schlau,** spitzfindig, *τινί* an u. durch etwas, od. mit Inf., z. B. *λέγειν* im Reden. 4) Subst. a) *ὁ σοφός*, mit u. ohne *ἀνήρ*, der **Weise,** Kunstkenner (s. *σοφία*), u. mit u. ohne *ὁ λεγόμενος* der Sophist, b) *σοφόν τι* etwas Wunderbares, c) *τὸ σ.* Wissen, Klugheit, Witz, Kunststück, *τὸ σοφὸν οὐ σοφία* die klügelnde Weisheit ist nicht Weisheit Eur. Bacch. 392, d) *τὰ σ.* Kluges, Klugheit, *τὰ τί σοφά* worauf bezieht sich dieses Wissen?

σόω, s. σῴζω.

σπαδίζω (σπάω), Aor. σπαδίξας, ion. abziehen, *τί τινος* etwas von jmdm.

σπαθάω, 1) anzetteln, anstiften, *τί.* 2) sp. verzetteln, vergeuden, *τί.*

σπάθη, ἡ. 1) Weberwerkzeug zum Festschlagen des Einschlags. 2) breites Schwert. 3) ion. breiter, flacher Streifen, *φοίνικος* von Palmholz.

σπάκα (ion.), pers. = κύων.

σπάλαξ, ακος, ὁ, sp. = ἀσπάλαξ, Maulwurf.

Σπανία, ἡ, Spanien, N. T. Sonst Ἱσπανία.

σπανία, ἡ, poet. = σπανιότης.

σπανιάκις, Adv. sp. selten.

σπανίζω u. Pass. **-ομαι** (σπάνις), wenig haben, Mangel haben od. leiden, ermangeln, abs., u. *τινός* woran.

σπᾰνιος, 3., Komp. -ώτερος, selten, wenig, spärlich, spärlich zugemessen, gesucht, rar, mit *φαίνομαι* ich erscheine selten, mit u. ohne *ἰδεῖν* der sich selten sehen läßt, dag. *σπάνιόν ἐστι* mit Inf. es ist eine Seltenheit, mit *ἰδεῖν* man sieht selten; subst. *τὸ σπ.* die Seltenheit. Als Adv. steht σπάνιον neben **σπανίως**, Komp. σπανιώτερον, selten.

σπᾰνιότης, ητος, u. **σπάνις**, εως, ἡ (zu πένομαι), das seltene Vorkommen, die Wenigkeit, Beschränktheit, der Mangel, τινός von od. an etwas, σπ. ἀργυρίου Geldmangel.

σπανιστός, 3. poet. (-ίζω), kärglich.

σπανοσιτία, ἡ, Mangel an Verpflegung.

σπαράγματα, τά (σπαράσσω), poet. u. sp. abgerissene Stücke, im bes. zerfetzte Leichname, Stücke von zerrissenen Körpern.

σπαραγμός, ὁ, poet. und sp. **1)** das Reißen, **a)** Zerren am Zügel des Pferdes. **b)** das Reißen, der Krampf. **2)** das Zerreißen, Abreißen der Glieder oder Stücke, die Zerfleischung, auch im Plur., wenn sie von mehreren od. an mehreren ausgeübt ist od. sein würde.

σπαράσσω. **1)** zerren, zerreißen, zerraufen, herabreißen, τὶ ἀπό τινος. **2)** quälen, schmähen, angreifen, τινά u. τί.

σπάργᾰνα, τά (σπάργω wickeln), poet. u. sp. die Windeln, übertr. u. ion. das Geschenk der ersten Kindheit, das Eingebinde. [kind.

σπαργανιώτης, ὁ, ep. in Windeln gehüllt, Wickel-

σπαργανόω, poet. u. sp. einwindeln, τί.

σπαργάω, schwellen, strotzen, übertr. von Begierde erfüllt sein, abs. u. πρός, ἐπί τι.

σπαρνός, 3. poet. (σπείρω?), = σπάνιος.

σπάρτα, τά (ἡ σπάρτος), Taue, Seile, Stricke, Schnüre, überh. Geflochtenes.

σπάρτη, ἡ, poet. sp. aus σπάρτος gedrehter Strick, überh. Schnur.

Σπάρτη, ἡ, Hauptstadt in Lakonien (s. Λάκων), Residenz des Menelaos. Adv. **Σπάρτηθεν**, aus Sparta, **Σπάρτηνδε**, nach Sp. hin. Der Einw. ὁ **Σπαρτιάτης**, s. Λάκων. Fem. dazu ἡ **Σπαρτιᾶτις**, die Spartanerin.

σπάρτος, ἡ, die Pfrieme, ein Strauch, aus dessen Ruten man später Stricke u. Seile flocht; vgl. τὰ σπάρτα.

σπαρτός, 3. (σπείρω), gesät, insbes. von den aus den Drachenzähnen, welche Kadmos gesät, entstandenen Sparten, welche als Ahnherren der Thebaner galten. Dah. σπ. ἄνδρες Feinde von Böotien her. Poet. auch: erzeugt.

Σπάρτωλος, ἡ, Stadt nördl. von Olynth.

σπασμός, ὁ, u. **σπάσμα**, τό, im Sing. u. Plur. (σπάω), das Zucken der Muskeln u. Nerven, der Krampf, im Plur. τὰ σπάσματα die Ausdehnung der Muskeln u. Nerven. Übertr. ein gewaltsames Zucken od. Aufwallen, τῆς θαλάσσης.

σπαταλάω, sp. N. T. schwelgen.

σπάω (σπασμός, σπαδών, lat. *spatium*, *Spanne*) • **1)** Akt. u. Pass. • **a)** herausziehen, **ziehen**, rupfen, raufen (κόμην), zerren. Im Pass. ἐσπασμέναις μαχαίραις mit gezogenen d. i. blanken Schwertern, σπασθέντος (sc. ἔγχεος) als die Lanze herausgezogen wurde (Il. 11, 458), aber τὸν μηρὸν ἐσπάσθη er verstauchte sich die Hüfte, πέδονδε zu Boden gerissen werden • **b)** von Tieren: zerreißen • **c)** übertr. **α)** wohin ziehen od. locken, τινά, **β)** πάλον Los ziehen, Aisch., dah. erlangen, bekommen, **γ)** einsaugen, einschlürfen, saugen, auch in Med. • **2)** Med. • **a)** für sich ziehen u. ä., ἄορ sein Schwert ziehen, ἐσπασμένος τὸ ξίφος mit gezücktem Schwerte • **b)** an sich ziehen, reißen, sich aneignen • **c)** sich zerren lassen, sich sträuben • **d)** poet. u. sp. = 1 c γ.

σπέεσι, ep. Dat. plur. v. σπέος.

σπεῖος, s. σπέος.

σπεῖρα, ἡ (s. σπάρτα), poet. u. sp. alles Gewundene, meist im Pl., dah. **1)** die Windungen der Schlangen. **2)** δικτυόκλωστοι netzgesponnene, d. h. Windungen des Netzgeflechts; das Schlingennetz. **3)** Tau, Sturmtau, das beim Sturm hinter dem Schiffe nachgeschleppt wurde, um dessen Gang etwas zu regeln. **4)** Rotte, u. zwar der dritte Teil der Kohorte. **5)** Pl. buk. βόειαι der Schlagriemen der Faustkämpfer.

σπείραμα, τό, poet. Windung.

σπειρίον, τό, ein leichtes Kleid, Demin. von

σπεῖρον, τό, ep. Tuch zum Umhüllen, dah. **a)** Leichentuch, im Plur. Gewänder. **b)** überh. Tuch, dah. Segeltuch, Segel.

σπείρω (σπερ : σπαρ aus σπρ, vgl. lat. *sperno*, dt. *sprühen* u. *spreizen*), σπερῶ, ἔσπειρα, ἔσπαρκα, ἔσπαρμαι, ἐσπᾰρην, σπαρτός, m. ion. iter. Impf. σπείρεσκον. **1)** säen, **a)** Samen ausstreuen, hineinsäen, besäen, **b)** zeugen. **2)** übertr. ausstreuen, verstreuen, fortschleudern, aussprengen, verbreiten. Im Pass sich zerstreuen.

σπεκουλάτωρ, ορος, ὁ, N. T. das lat. *speculator*, Späher, in der Kaiserzeit Ordonnanzsoldat.

σπένδω (lat. *spondeo*), Perf. (act. sp. ἔσπεικα) ἔσπεισμαι in med. u. pass. Bdtg., Aor. pass. sp. ἐσπείσθην, dazu ep. Präs. conj. 2. sg. σπένδησθα, Impf. iter. σπένδεσκε, u. Aor. σπεῖσα, conj. σπείσομεν, iter. σπείσασκε • **1)** sprengen, **ausgießen, spenden**, ein Trankopfer bringen, indem man aus dem Becher, ehe man selbst trank, einen Teil des Weines zu Ehren eines Gottes ausgoß, abs., οἶνον, auch σπονδήν, λοιβάς, u. zwar θεοῖς • **2)** unter Trankopfer zustande bringen • **a)** im Akt. bei Thuk. feierlich einen Vertrag schließen, mit Inf. etw. tun zu dürfen. Dah. im Perf. u. Plqpf. pass. σπονδὰς ἐσπεῖσθαι der Vertrag solle gelten, οἷς ἔσπειστο den in den Vertrag Einbegriffenen. Gew. aber • **b)** im Med. feierlich **sich ausbedingen**, erbitten, nach (feierlicher) Übereinkunft (gew. nach gegenseitig abgelegten Eiden) gestatten, versprechen, überh. **einen Vertrag**, Bund, Frieden **schließen**, Waffenruhe gewähren, teils abs. u. hier auch mit συντίθεσθαι verbunden, teils σπονδάς Verträge schließen, od. brachyl. νεῖκος = νείκους διάλυσιν sich aussöhnen, od. ἡμέρας, μῆνας, χρόνον auf Tage, Monate, Zeit, teils τινί, πρός τινα od. μετά τινος jmdm., mit jmdm. od. etwas, teils mit Inf. mit u. ohne ὥστε.

σπέος, τό, ep., mit Gen. σπέεος, Dat. σπέϊ, und **σπεῖος**, Gen. σπείους, Dat. sing. σπῆι u. σπῆει, plur. σπέσσι, σπέεσι u. σπήεσσι, *specus*, Höhle, Grotte, auch im Plur. von éiner, weil es die κευθμῶνας ἀνὰ σπέος bezeichnet. (σπέος ist umfassender als ἄντρον, die einzelne Höhlung).

σπέρμα, ατος, τό (σπείρω). **1)** der Same **a)** von Pflanzen, der zu säende Same: Saatgut, **b)** von

Menschen u. Tieren. 2) das Gesäte, die Saat, Sproß, Nachkömmling, Stamm (Soph. Ant. 981 als Acc. des Bezugs: der Abkunft nach). 3) das Säen, die eheliche Umarmung.

σπερματικός, 3. sp. samenartig; stoisch: λόγος σπερματικός der die Materie gestaltende Teil der Weltseele (eigentl. die wie ein Same ausgestreute Weltvernunft); die die Einzelwesen schaffenden, einzelnen Naturkräfte; die sie gestaltenden Samenkeime sind die λόγοι σπερματικοί.

σπερμολογία, ἡ, sp. Windbeutelei, eitles Großtun, ναυτική im Seewesen.

σπερμο-λόγος, 2. eigentl. Samenkörner auflesend, von einer Art Krähen, dann der Zungendrescher.

Σπερχειός, ὁ, *Sperchīus,* 1) Fluß in Thessalien, der in den Golf von Zeitun fällt, jetzt *Elladha.* 2) Flußgott, Sohn des Okeanos u. der Ge, Vater des Menesthios.

σπερχνός, 3. poet. hastig. Von

σπέρχω. 1) a) Akt. intr. drängen, andrängen, einherstürmen, b) Akt. trans. drängen, c) Pass. sich drängen, andrängen, anstürmen, heftig darauf losstürzen, daherfahren. 2) Im Part. eilig, rasch, hastig, od. mit ἐρετμοῖς mit den Rudern eilen, d. i. schnell rudern. 3) Übertr. von Gemütszuständen, z. B. σπερχόμενος u. σπερχθείς heftig aufgeregt, leidenschaftlich bewegt, *iratus,* so: in Hitze geraten, aufgebracht werden, zürnen.

σπέσσι, s. σπέος.

σπεύδω, s. σπουδάζω.

Σπεύσιππος, ου, ὁ, Schwestersohn Platons, geb. ca. 395, reiste mit diesem nach Sizilien u. wurde dessen Nachfolger in der Akademie; wegen körperl. Schwäche trat er 339 zurück u. endete 334 aus Lebensüberdruß.

σπευστικός, 3. ar. sp. eilig, hastig, überstürzt.

σπῆει, σπήεσσι u. **σπῆι,** s. σπέος.

σπήλαιον, τό (vgl. σπέος), die Höhle.

σπηλαιώδης, 2. höhlenartig.

σπῆλυγξ, υγγος, ἡ, ar. buk. u. sp. poet. = σπήλαιον.

σπῖδής, 2. (verw. lat. *spissus*), ep. langgezogen.

σπῐθᾰμή, ἡ, die Spanne, d. h. die Weite zwischen dem ausgespannten Daumen u. dem kleinen Finger, die Hälfte eines πῆχυς, dah. πέμπτης σπ. von vier u. einer halben Elle = 2,08 m Höhe.

Σπιθραδάτης od. **Σπιθριδάτης,** ου, ὁ (*Spitradata* Geschenk des Reinen), 1) Feldherr des Pharnabazos. 2) des Dareios Kodomannos.

I. **σπῐλάς,** άδος, ἡ, ep. poet. sp. 1) Klippe, Riff, Fels. 2) als Adj.: γῆ σπιλάς Tonerde, Ton; ohne γῆ, poet. tönernes Estrich.

II. **σπιλάδες** (σπῖλος), Schmutzflecken, von Menschen, N. T. (nach and. zu I. σπιλάς, „Klippen", die verführen).

σπίλος, ὁ (verw. lat. *spina,* dt. *Speidel* „Keil"), ar. sp. Felsen, Klippe.

σπῖλος (σπίλος), ὁ, sp. N. T. Fleck, Schmutz-, Schandfleck.

σπιλόω, N. T. sp. beflecken.

σπινθήρ, ῆρος, ὁ, ep. poet. sp. der Funke.

σπίνος, ὁ, poet. sp ein kleiner Vogel, Fink.

Σπιταμένης, ους, ὁ, 1) Feldherr der Sogdianer. 2) Baktrer, Schwiegervater des Seleukos.

Σπιτάμης, 1) Meder, Schwiegersohn des Astyages, Mann der Amytis. 2) Perser.

σπλαγχνίζομαι, N. T. sich erbarmen (s. σπλάγχνον, 2).

σπλάγχνον, τό (zu σπλήν), gew. im Pl. 1) die Eingeweide, bes. die edleren Teile: Herz, Lunge, Leber. 2) übertr. a) Herz, Gemüt, bei Äsch. Ag. 995 das Ahnungsvermögen, b) ἐκ σπλάγχνων aus eigenem Fleisch u. Blut.

σπλήν, ηνός, ὁ (lat. *lien*), die Milz. Dav.

σπληνιάω, sp. milzsüchtig sein.

σπληνώδης, 2. ion. sp. milzsüchtig.

σπογγιά (-ία), ἡ, u. **σπόγγος,** ὁ, (dt. *Schwamm,* lat. *fungus* ist Lw.), Schwamm.

σπογγίζω, mit dem Schwamm abwischen.

σποδεῖος, 3. (σποδός), poet. aschgrau.

σποδέω, poet. ausstäuben, beseitigen, aufreiben.

σποδιά, ion. -ιή, ἡ, ep. poet. u. sp. = σποδός.

σποδίζω, in der Asche rösten. Von

σποδός, ἡ, ep. ion. poet. u. sp. 1) die Asche, bes. Glutasche oder Altar-, Opferasche, Totenasche. 2) ἡ χαμᾶθεν σπ. der Staub.

σπολάς, άδος, ἡ, Koller, lederner Brustharnisch, der unter dem Harnisch (θώραξ) getragen wurde.

σπονδαρχίαι, αἱ, ion. (σπόνδ-αρχος), das Recht der ersten heiligen Spende, welches Spartas Könige als die Priester des Staates hatten.

σπονδειάζω, sp. den Spondeus verwenden; übertr. σπονδειάζων (vom Winde) ruhig, mild.

σπονδεῖος, 3. sp. zur Opferspende gehörig, ὁ σπ. scil. πούς der Spondeus ‒ ‒, dessen Rhythmus zur Feierlichkeit stimmte; Neutr. τὸ σπ. sp. Schale zur heiligen Weinspende, Weihwassergefäß.

σπονδή, ἡ (σπένδω) • 1) Weinspende, **Trankopfer,** Weiheguß, ungemischter Wein (auch Milch, Honig, Öl), σπ. ποιεῖν, ποιεῖσθαι, σπένδειν Trankopfer darbringen, beim Mahl dreimal, näml. am Anfange u. beim Übergange vom δεῖπνον zum πότος, κῶμος, συμπόσιον sowie am Schluß des Ganzen, daher ἄχρι τῶν σπονδῶν beim Schlusse des Gastmahls (δεῖπνον) • 2) im Pl. • a) mit Trankopfern feierlich geschlossener Vertrag, **Bündnis,** Bund, insbes. Friedensvertrag, Friede, Waffenstillstand, σπ. γίγνονται wird geschlossen, εἰσί er besteht, ἐξεληλύθασιν ist abgelaufen, ἐν ταῖς σπ. während der Dauer eines Vertrags, im Frieden, während des Waffenstillstandes, ἔς τι auf eine bestimmte Zeit • b) **die Vertragsurkunde** • c) mit u. ohne Ὀλυμπιακαί, Ἰσθμιάδες, der **Gottesfriede,** die Waffenruhe, wie sie durch die σπονδοφόροι verkündigt wurde.

σπορά, ἡ, s. σπόρος.

σποράδην (σπορά, σπείρω), Adv. zerstreut, hie und da, vereinzelt, im bes. mit οἰκεῖν in vereinzelten kleinen Gemeinden.

σποράς, άδος, ὁ, ἡ (σπείρω), zerstreut, vereinzelt; αἱ Σποράδες (νῆσοι) die Inseln an der kleinasiatischen Küste (im Gegens. zu den rings um Delos gruppierten Κυκλάδες, s. d.).

σπόριμος, 2. besät, τὰ σπ. N. T. Saatfelder.

Σπόριος Ποστούμιος d. i. Spurius Postumius Albinus, Konsul 148 v. Chr.

σπόρος, ὁ, **σπορά,** ἡ (σπείρω), u. **σπορητός,** ὁ

(σπορά), 1) das Säen, die Saatzeit. 2) die Saat, Frucht, ἐπὶ σπορᾷ δράκοντος da, wo die Drachenzähne gesät wurden und aus ihnen die Sparten (s. σπαρτός) erwuchsen, d. i. Theben; auch Same N. T.; übertr. a) Geburt, Geschlecht; Stamm. b) Sproß, Sprößling.

σποῦ, nach Herod. skythisch = das Auge.

σπουδάζω, Fut. σπουδάσομαι, Aor. pass. sp. ἐσπουδάσθην, u. **σπεύδω** (poet. auch σπεύδομαι), Fut. ep. σπεύσομαι, Aor. ep. σπεῦσα, conj. σπεύσομεν • 1) **eilen,** laufen, teils abs. eilend, schnell, ἄλλοι οἱ σπεύδοντες, od. mit πᾶσαν τὴν ὁδόν, od. ταῦτα deshalb, teils τινί mit etw., ἐρετμοῖς, od. mit Praepp., teils mit Inf. od. ἵνα • 2) Eile haben, sich beeilen, eifrig sein • 3) sich mühen, **sich befleißigen,** Sorge tragen, erstreben, *studeo,* etw. beschleunigen, eifrig betreiben, wünschen, im Med. (σπεύδομαι) für sich betreiben • 4) insbes. **Ernst machen,** ernsthaft sein, im Ernste reden od. meinen, ὡς σπουδάζεις worauf du dringst, u. mit πρός τινα mit jmdm. wichtige Geschäfte haben. Teils abs. σπουδάζων im Ernste, μάλιστα ἐσπουδασμένος mit der meisten Sorgfalt bereitet, σπουδασθείς geachtet, teils trans., οὐκ ἄξια πολλῆς σπουδῆς, od. τίς σοι ἔρος σπεύσει τελευτάν; was beschleunigst du so sehnlich das Ende? teils intr., τινί auf jmdn., περί τινος um jmdn. od. etw., d. h. um ihn kämpfen, περί τινα Freundschaft mit jmdm. haben, bei jmdm. als Lehrer studieren, περί τι sich um etw. mühen, πρός τινα od. τι, z. B. σπουδαζόμενος πρός τι abzielend auf etw., ἐπὶ θάνατον dem Tod entgegengehen, ἐφ' οἷς ἐσπούδακε (das Ziel ist zugleich Bedingung!), auch es auf jmdn. eifrig absehen. Konstr. mit Inf., ἐσπούδαζες ἄρχειν, od. mit αἴ κε, od. ὅπως, ὅπως μή, ἵνα μή sich hüten, daß nicht.

σπουδαιολογέομαι, Med. ein σπουδαιο-λόγος sein, sich über ernsthafte, wichtige Gegenstände oder Geschäfte unterreden.

σπουδαῖος, 3., Komp. u. Superl. bei Hdt. auch -έστερος, -έστατος (σπουδή), **eilig,** lebhaft. 1) von Personen: a) emsig, **eifrig,** strebsam, auf das Staatswohl bedacht Lys., **fleißig,** b) tüchtig, geeignet, wacker; auch tapfer, c) **ehrenwert,** hochgeschätzt, sittlich gut, trefflich, d) **ernsthaft,** ernst, würdevoll. 2) von Sachen: a) erstrebens-, beachtens-, schätzenswert, kostbar, wertvoll, vortrefflich (νόμοι), b) bedeutend, **wichtig,** nachdrücklich, ordentlich, gehörig; σπουδαῖόν ἐστί μοι mir liegt daran, c) mühsam. Adv. **σπουδαίως** eilig; σπουδαιότατα ganz und gar Hdt.

σπουδαρχέω, sp. sich eifrig um ein Amt bemühen, danach gierig sein.

σπουδαρχία, ἡ, sp. das Benehmen des σπουδάρχης, eifriges Streben nach Staatsämtern, Ämtersucht, auch im Plur.

σπούδασμα, τό (σπουδάζω), 1) Bestrebung, Beschäftigung. 2) Werk des Fleißes, Kunstarbeit, Kunstbau.

σπουδαστέος u. **σπουδαστός,** 3. eifrig zu betreiben, erstrebenswert

σπουδαστής, οῦ, ὁ (σπουδάζω), sp. der Anhänger, [Freund.

σπουδαστικός, 3. emsig.

σπουδή, ἡ (σπεύδω) • 1) **Eile,** Geschwindigkeit, Hast • a) Streben, Lust, Drang • b) Mühe, Anstrengung, Tätigkeit, Lebhaftigkeit, Emsigkeit, Sorgfalt, Aufmerksamkeit • 3) **Ernst,** Wichtigkeit, τὰ πρὸς σπουδήν der Ernst (im Gegens. zum Spiel); σπουδὴ λόγου wichtige Botschaft • 4) **Eifer** für eine Person, Dienstbeflissenheit, Wohlwollen, Anhänglichkeit, Anhang, σπουδὴν ὑπό τινος ἔχειν die Anhänglichkeit von jmdm. besitzen • 5) das **Studium.** Konstr. σπουδὴν ποιεῖσθαι, τιθέναι, ἔχειν, διὰ σπουδῆς oder ἐν σπουδῇ ἔχειν sich beeilen, befleißigen, bemühen, Fleiß, Mühe auf- od. verwenden, beabsichtigen, ἐν σπουδῇ ἐστί τινι es ist jmdm. Ernst, liegt ihm am Herzen, jmd. bemüht sich • 6) Adv. **σπουδῇ,** διά, ἀπό, ὑπὸ σπουδῆς, σὺν σπουδῇ, κατὰ σπουδήν • a) eilig, hastig, rasch, sogleich • b) eifrig, mit Lebhaftigkeit • c) mit Mühe, mit genauer Not, kaum • d) im Ernste, ernstlich, bei χαριεντίζεσθαι auch: in einer ernsthaften Sache Plat.

σπυρίς, ίδος, ἡ, ion. u. sp. Fischkorb, Reuse.

ς', στίγμα, späte Ligatur für στ u. Zahlzeichen für ἕξ.

Στάγιρος (nicht Στάγειρος), ἡ, Stadt Makedoniens auf der Ostküste von Chalkidike, Geburtsort des Aristoteles, j. *Stavra.* Der Einw. ὁ **Σταγιρίτης.**

στάγμα, τό (στάζω), poet. Geträufel, Tropfen.

σταγών, όνος, ἡ (στάζω), poet. u. sp. der Tropfen, insbes. a) mit u. ohne φόνου od. φοινία Blutstropfen, Blut. b) die Träne.

σταδαῖος, 3. poet. zur offenen Feldschlacht gehörig. [stehen.

στάδην, Adv. poet. stehend; στ. ἑστάναι steif da-

σταδιαῖος, 3. sp. ein Stadion lang, breit, hoch.

σταδιεύς, έως, ὁ, poet. sp. Wettrenner.

σταδιοδρομέω, wettrennen.

στάδιος, 3. (σταθερός, στάθμη zu ἵστημι), gestellt, stehend, ὑσμίνη, μάχη ein stehender Kampf, Nahkampf. Subst. • 1) ἡ σταδίη der **Nahkampf** Hom. • 2) στάδιον, τό, Pl. τὰ στάδια u. οἱ στάδιοι (äol. σπάδιον, von Wurz. σπα, spannen, lat. *spatium*), eigtl. Spanne, eine feststehende, bestimmte Strecke, das Stadion • a) die **Rennbahn,** Laufbahn zum Wettrennen, zunächst in Olympia, von 600 griech. Fuß Länge. Davon στάδιον ἀγωνίζεσθαι od. ἁμιλλᾶσθαι im Stadion wettrennen od. um die Wette laufen, übertr. Wettlauf • b) als **Längenmaß:** α) das gemeingriechische äginäisch-attische von 500 griech. Fuß zu 0,328 m = 164 Meter, deren 9 eine römische Meile ausmachen, β) das olympische von 600 Fuß zu 0, 320 = 192 Meter, γ) das griech.-röm. von 600 Fuß zu 0,296 m = 178 Meter, δ) das römische von 625 Fuß zu 0,296 m = 185 Meter

στάζω (σταγ, lat. *stagnum*), Fut. στάξω, dor. σταξῶ, 1. pl. -ξεῦμες, Aor. ἔσταξα, Perf. pass. (ἐν)έστακται, Adj. verb. στακτός, 1) trans. träufeln, gießen, übertr. einträufeln. 2) intr. tropfen, triefen.

στάθεν, poet. 3. plur. Aor. pass. = ἐστάθησαν; σταθέν ist part. dazu.

σταθερός, 3. (ἵστημι), stehend, fest, ruhig.

σταθευτός, 3. (στατός u. εὕω), poet. verbrannt.

σταθμάω, poet. gew. Med. **-άομαι,** ion. **-έομαι** (part. ion. σταθμεύμενος u. σταθμεόμενος), u. **σταθμόομαι** (στάθμη), **1)** nach der Richtschnur aus- od. abmessen, übertr. abschätzen. **2)** ermessen, erwägen, vermuten, schließen, **τινί** aus etwas (aber auch sich nach etwas richten), u. **τί** in etwas, od. **εἰ,** ὅπως, ὅτι. Von

στάθμη, ἡ (ἵστημι), **1)** die Richtschnur, Schmitze, bei uns mit Rötel od. Kreide, bei den Alten mit Mennig gefärbt, welche angezogen u. losgelassen die gerade Linie bezeichnet, auch Richtscheit, Lineal, **ἐπὶ στάθμην ἰθύνειν** etwas nach der Richtschnur gerade od. zurecht hauen, regulieren. **2)** Regel, Gesetz, Norm, **παρὰ στάθμην** gegen die Regel, gegen Recht.

σταθμητός, 3. (σταθμάω), maßgebend.

σταθμόομαι, s. σταθμάω.

σταθμός, ὁ, Pl. σταθμοί u. σταθμά (ἵστημι) • **1) Standort,** d. i. • **a)** Posten zum Stehen, **Stand** • **b) Stall,** Hürde, Adv. **σταθμόνδε** in die Hürde, in den Stall; u. mit Inbegriff der Hirtenwohnung: Gehöft, Viehhof • **c)** im Pl. Wohnsitz • **d)** Nachtquartier, **Rastort,** Halteplatz, Tagemarsch Xen., im pers. Reich Etappen z. B. für den König (βασιλήιοι στ.), jeweils 5 Parasangen = 24,5 km entfernt, **e)** poet. auch Schiffsstation • **2)** ein Ständer, aufrechtstehender **Pfosten,** insbes. Türpfosten (auch im Plur.), Pfeiler, Tür. • **3)** an der Waage • **a)** das **Gewicht** Il. 12, 434, überhaupt die Schwere, σταθμῷ nach dem Gewicht, **σταθμόν** an Gewicht, **σταθμὸς πέντε μνέαι** fünf Minen Gewicht • **b)** Waagbalken, **Waage.**

σταῖς, σταιτός, τό (verw. στέαρ), ion. u. sp. der Teig von Weizenmehl.

σταίτινος, 3. ion. u. sp. von Teig.

στάλαγμα, τό, poet. u. **σταλαγμός,** ὁ, poet. Tropfen.

σταλάσσω poet., u. **σταλάω,** poet. sp. = στάζω.

στάλιξ, ῐκος, ἡ, sp. Stellholz für Jagdnetze.

σταλτικός, 3. (στέλλω), sp. zusammenziehend, hemmend, verstopfend.

στᾰμῖνες, οἱ (ἵστημι), Dat. ep. σταμίνεσσι [ῐ], Od. 5, 252, ep. sp. stehende Hölzer, Ständer, Schiffsrippen.

στάμνος, ὁ, Krug, bes. Weinkrug.

στασιάζω (στάσις), aufstehen. **1)** intr. **a) sich auflehnen, empören,** Umtriebe machen, **τινί** gegen, **b)** spez. in den griech. Parteikämpfen: Parteikämpfe führen, **in P. gespalten sein,** uneinig sein, in Unruhe u. Aufruhr sein (def. von Aristot., Eth. N. 9, 6, 2), **c)** allg. sich zanken, **hadern τινί,** ἐπ' ἀλλήλοισι, πρός — ἐπί — κατά τινα. **2)** trans. aufwiegeln, zum Aufruhr anstiften.

στασί-αρχος, ὁ, poet. das Parteihaupt.

στασιασμός, ὁ, s. στάσις.

στασιαστής, ὁ, sp. N. T. der Aufwiegler, Empörer. Dav.

στασιαστικός, 3. u. Adv. **-ῶς,** s. στασιώδης.

στάσιμος, 2., stehend, feststehend, fest, bestimmt, ruhig, standhaltend, übertr. ernst; στάσιμον θεῖναι auf Zinsen ausstehen lassen. Subst. τὸ στάσιμον **a)** (sc. ὕδωρ) ion. stehendes Wasser. **b)** τὸ στάσιμον (μέλος) das Lied, welches der Chor nach seinem Einzug (s. πάροδος) in der Orchestra stehend singt.

στάσις, εως, ion. ιος, Dat. ῑ, ἡ (ἵστημι), u. **στασιασμός,** ὁ (στασιάζω) • **1)** (στάσις) • **a)** das **Stehen** • **b)** Standort, Standpunkt, **Stand,** οὐ βεβαίως τὴν στ. ἔχειν. Übertr. **α)** Stellung, Gestalt, στάσιν ἑστάναι τινός in jmds. Gestalt, Haltung dastehen, **β)** der philosophische Standpunkt, das philosophische System • **2)** das Aufstehen, dah. • **a) Aufstand,** politische Umwälzung, Parteikampf, insbes. die Unruhen in Athen seit der Niederlage bei Aigospotamoi, s. στασιάζω; überh. Entzweiung, Zwiespalt, **Zwist,** ἡ στ. γλώσσης Zungenfehde, ähnl. λόγου • **b)** metonym. die **Partei,** τῇ στάσει περιελαυνόμενος d. h. von seiner Partei, τὰς στάσεις ποιεῖσθαι Parteien bilden, κατὰ στάσιν aus Parteirücksichten, στ. τοῖς Συρακουσίοις ἐς φίλια die Partei für die Befreundung mit den S. • **c)** poet. überh. die Schar, dah. bei Aisch. vom Chor der Erinyen, • **d)** personif. der Parteihader.

στασιώδης, 2., **στασιαστικός,** 3., Adv. **-ῶς** (στασιαστής), u. **στασιωτικός,** 3. (στασιώτης), aufrührerisch, revolutionär. Subst. τὸ στασιωτικόν der Parteigeist, στασιαστικῶς ἔχειν πρός τινα zwieträchtig gegen jmdn. gesinnt sein.

στασί-ωρον, τό, poet. Hürde od. Hürdenwacht; var.

στασι-ωρός, ὁ, poet. Wächter des Gehöftes.

στασιώτης, ου, ὁ (στάσις), mit u. ohne ἀνήρ, Parteigenosse, verschworner Genosse, Verschworner, im Plur. die Rotte.

στασιωτικός, s. στασιώδης.

Στατανός, ὁ (sc. οἶνος), sp. Statanerwein (in Kampanien).

στατέον, Adj. verb. von ἵστημι, man muß stellen.

στατήρ, ῆρος, ὁ (ἵστημι). **1)** ein Goldstater, eine Münze im Werte von 24 att. Drachmen = ca. 20 Mark, 8,6 g schwer. Dem Goldstater war der pers. Dareikos (δαρεικός) an Wert gleich. **2)** Doppelstater, ὁ **Φωκαΐτης** od. Κυζικηνός, 40 Mark, 16,5 g. **3)** Silberstater, 2,25 Mark, 11 g. **4)** Im N. T. ist der Stater eine Silbermünze, ein hebr. Sekel, 2,50 Mark.

στατίζω, od. Pass. **-ομαι,** poet. sich stellen, stehen.

στατικός, 3. stellend, wägend; ἡ στατική (τέχνη), die Lehre vom Wägen, Gleichgewicht, Statik.

στατός, 3. ep. poet. u. sp. (ἵστημι), **a)** gestellt, stehend, ὕδωρ Pfütze von Regenwasser, ἵππος im Stall stehend. **b)** ὁ σ. verst. χιτών langes, ungegürtetes, gerade herabhängendes Untergewand.

σταυρός, ὁ, Pfahl, Schanzpfahl; N. T. das Kreuz.

σταυρόω, **1)** Palisaden errichten; im Pass. mit Palisaden versehen werden. **2)** sp. N. T. kreuzigen.

σταύρωμα, τό, u. **σταύρωσις,** εως, ἡ, der Palisadenbau, die Palisaden, das Pfahlwerk, die Verschanzung, ein mit Palisaden befestigter Ort.

σταφίς, ἡ, buk. u. sp. die Rosine.

σταφῠ́λη, ἡ, ep. das Lot in der Bleiwaage, die Bleiwaage, σταφύλῃ ἐΐσαι schnurgleich

σταφῠλή, ἡ, u. buk. ἡ **σταφυλίς,** die Weintraube.

στάχυς, υος, ὁ, ep. poet. sp. u. N. T. die Ähre, auch aufgegangene Saat, dah. γηγενής von den Sparten.

στέαρ, τό (vgl. σταῖς), Gen. στέᾱτος (zweisilbig), gestandenes oder geronnenes Fett, Talg, bei Xen. auch flüssiges Fett, Tran.

στεγάζω, bedecken, s. στέγω.

στεγᾰνός, 3. m. Komp. u. Sup., u. **στεγνός,** 3. nebst bes. ion. Fem. **στεγαστρίς,** ίδος, ἡ, **1)** akt. bedeckend, als Decke; dah. fest, dicht οὐ στ. nicht schließend; στεγανώτερος, besser deckend. **2)** bedeckt, u. zwar τινί von etwas. Subst. τὸ στ. ein bedeckter Ort, Haus, Zelt. Adv. **στεγανῶς,** durch den geschlossenen Raum.

στέγ-αρχος, ὁ, ion. poet der Hausherr.

στέγαστρον, τό, poet. u. sp. Decke, Ledermantel.

στέγη, ἡ, dor. **στέγα,** poet. u. sp. **στέγος,** ους, τό (στέγω lat. *tectum*, *tego*), nebst **στέγασμα,** τό (στεγάζω, die Decke, Bedeckung, insbes. **1)** Decke eines Gebäudes, das Dach, στέγαις auf dem Dache; auch Zeltdecke, Zimmerdecke. **2) das Obdach,** die Behausung, *domus*, Haus, Zelt, Gemach, Kammer; κατὰ στέγας im Haus, daheim, im stillen Gemach; spez. **a)** Tempelhaus (μουνόλιθος) Hdt., **b)** Steingewölbe Soph. Ant., **c)** Gefängnis, **d)** Graburne Soph. El.

στεγνός, 3., s. στεγανός.

στεγνόω, sp. verdichten, verlöten, kitten.

στέγω, Aor. ἔστεξα, nebst **στεγάζω,** Perf. pass. ἐστέγασμαι (lat. *tego*, ahd. *dach* u. *deckan*), decken, bedecken, mit einer Decke versehen, übertr. **a)** umschließen, beherbergen, bergen, festhalten. **b)** (σιγῇ) verbergen, verschweigen, schweigen. Im Pass. verschwiegen bleiben, mit seinem Geheimnis verborgen werden. **c)** schützen, schirmen, widerstehen, von Schiffen: ναῦς οὐ(δὲν) στέγουσα nicht wasserdicht; fernhalten, τί, gegen etwas verteidigen. Abs. u. τί, τινά. **d)** poet. tragen; N. T. ertragen, aushalten, abs. u. τί.

στείβω, στείψω, ἔστειψα, στειπτός (στίβος), meist ep. treten, betreten, festtreten, zertreten; τί, z. B. εἵματα ἐν βόθροισι um sie zu reinigen. Im Pass. ὁδοὶ στειβόμεναι betretene Wege, Straßen.

στειλειή, ἡ, ep. u. **στειλειόν,** τό, ep. (sonst στελεόν, zu στέλλω, dt. *Stiel* ist lat. Lw.), Stiel der Axt, πρώτη στ. das obere Ende des Stiels.

στεινόπορος, στεινός, στείνω, στεινωπός, s. στεν.; **στεῖνος** u. **στεινότης,** s. στενότης

στειπτός, 3. (στείβω), poet. festgetreten, dicht.

I. **στεῖρα,** ion. **στείρη,** ἡ (στεῖρος = στερεός, süddt. dial. *Storre* „Baumstumpf"), ep. Kielbalken, der Hauptbalken des Schiffes.

II. **στεῖρα,** ἡ, ep. buk. poet. sp. N. T. (s. στερεός), *sterilis*, unfruchtbar, ohne Nachkommen.

Στειριεύς, έως, ὁ, der Einw. des attischen Demos Στειριά in der Pandionischen Phyle, iron. Bezeichnung des Thrasybulos.

στεῖρος, 3. u. 2. ion. poet. = στερρός, s. στερεός.

στείχω (dazu **στοῖχος,** στίχος, dt. *steigen*), ursprgl. steigen, dann **1)** einherschreiten, einherziehen, schreiten, gehen, reisen, kommen. **2)** forteilen, aufbrechen. **3)** mit u. ohne ὁμοῦ mitgehen. Übertr. **a)** zu etwas schreiten, **b)** heranziehen, bevorstehen.

στεκτικός, 3. schützend.

στεκτός, 3. (στέγω), poet. zu bedecken, geheim zu [halten.

στέλεχος, εος, ους, τό (St. σταλ, στελ in στέλλω), **1)** das Stammende an der Wurzel eines Baumes, der Stumpf, od. der aus dem Baume geschnittene Klotz. **2)** Stamm, u. überh. Baum.

στέλλω (Erweitg. des St. στα „stellen"), ep. Fut. στελέω (auch ion.), Aor. στεῖλα, ion. Plqpf. 3. Pl. ἐστάλατο, stellen.

I) trans. • **1)** in Stand setzen, fertig machen, **ausrüsten,** versehen, bekleiden, schmücken, τινὰ ἐς μάχην, νῆα, τινὰ ἐσθῆτι, πομπήν halten, τὸν πλοῦν unter Segel gehen, τὰ ἐκ νεώς; Aor. fertig sein; im Med. sich anlegen, ankleiden, ἀμφὶ χρωτὶ πέπλους; im Pass. ausgerüstet, bekleidet werden, τὴν αὐτὴν ταύτην sc. σκευήν ebenso • **2) senden,** schicken; holen; beauftragen; fortschaffen, mitnehmen, abs. od. mit Praepp., ἐν λιταῖς bittweise, βίᾳ fortschleppen, od. mit Inf., μολεῖν, ἱκέσθαι. Im Med. zu sich bestellen, z. B. οἴκους in sein Haus. Im Pass. geschickt od. geholt werden, abs. ὥσπερ ἦν ἐσταλμένον, οἷπερ ὁδοῦ wohin des Wegs, ἐφ' ἀστάλη wozu er hinbeschieden ist • **3)** ep. u. poet. als Schifferausdruck: ἱστία das Segelwerk einziehen, einreffen, auch im Med., ihre Segel einziehen, dah. übertr. λόγον στέλλεσθαι zurückhaltend sprechen.

II) intr. Akt., Med. u. Pass. sich rüsten, **sich anschicken,** mit u. ohne ἀπιέναι aufbrechen, ausziehen, gehen, kommen, reisen, fahren, marschieren, insbes. einen Kriegszug unternehmen, ἐς Κέρκυραν, τὴν ἐπὶ τῆς Ἑλλάδος sc. ὁδόν, εὐθὺ τῆς πόλεως geradewegs nach Rom, κατὰ γῆν, πρὸς τὴν κρίσιν, περὶ τὰ ὄργια zu den Orgien.

στέμμα, τό (στέφω), Kopfbinde, bes. ep. der heilige Lorbeerzweig od. -kranz mit weißen Wollstreifen umwunden, *vitta*, Wollbinden der Opfertiere; poet. Königsbinde; bei den Römern die bekränzten Ahnenbilder, dah. übertr. Stammbaum.

στεμματόω, poet. bekränzen.

στέμφυλον, τό, poet. sp. **ausgepreßte** Oliven, Oliventrester.

στέναγμα, τό, poet. u. **στεναγμός,** ὁ, das Seufzen, Stöhnen, Geseufze. Von

στενάζω, Fut. στενάξω, Aor. ἐστέναξα, Adj. verb. poet. στενακτέον (II. στένω), fast nur poet. **a)** intrans. seufzen, stöhnen, wehklagen, abs. u. ἐπί τινι, übertr. tosen, brausen, dröhnen, ὑπό d. i. unter den Füßen. **b) trans.** beseufzen, beklagen, τινί u. τί, z. B. τὸν ἐμὸν πότμον d. h. mir die Totenklage anstimmen, ὀλοά = ὀλοοὺς στόνους. Der Aor. ἐστέναξας = Präs., weil die Wahrnehmung als eine vollendete hingestellt wird. Dav.

στενακτός, 3., poet. **1)** stöhnend, seufzend. **2)** beseufzt, zu beseufzen.

στεναχίζω u. **-χίζομαι,** ep., Präs. u. Impf., u.

στενάχω (Impf. iter. -άχεσκε), u. Med. ep., u. poet., Präs. u. Impf. = II. στένω.

στενό-πορθμος, 2. poet. an einer Meerenge gelegen.

στενοπορία, ἡ, Engpaß. Von

στενό-πορος, 2., ion. **στεινό-πορος,** 2. mit engem Weg, Paß, enger Öffnung; dah. τὸ στ. u. τὰ στ. Engpaß, Hohlweg.

στενός (zu στένω), ion. **στεινός,** 3., Komp. att στενότερος, ion. στεινότερος, sp. στενώτερος, Superl.

ion. στεινότατος, eingeengt, beengt, mit engen Wegen, eng, schmal, schmächtig, ὁδός Engpaß, Hohlweg, πόρος Meerenge. Subst. 1) στενή τις Παιονίας ein enger Streifen von P. 2) τὸ στενόν, τὰ στενά, a) Enge, enge Gegend, eingeschlossenes Gelände, Engpaß, Hohlweg, auch: die Engpässe, b) Meerenge; spez. die Bucht zwischen Attika und Salamis. c) τὸ στ. u. τὰ στενά beschränkte oder ärmliche Verhältnisse, Jämmerlichkeiten, Not, εἰς στενὸν αὐτῷ καταστήσεται τὰ τῆς τροφῆς er wird mit dem Unterhalt ins Gedränge kommen.

στενότης, ion. **στεινότης,** ητος, ὁ, u. ep. **στεῖνος,** εος, τό, poet. **στένος,** τό, 1) die Enge, Engigkeit, der enge, beengte Raum, die Enge des Raumes, Beschränktheit, geringe Breite, Schmalheit, Engpaß, στεῖνος ὁδοῦ Verengerung des Wegs, weil ein Teil desselben angeschwemmt und vertieft war. 2) übertr. (στεῖνος, στένος) Not, Bedrängnis (Il. 8, 476).

στενοχωρέω (στενό-χωρος), 2. ion. sp. in die Enge treiben, auf engen Raum zusammendrängen, auch übertr. beengen, τινά. Pass. beengt, geängstigt sein.

στενοχωρία, ἡ, enger Raum; Engpaß.

Στεντορίς, ίδος, ἡ, λίμνη, ein durch den Hebrosfluß gebildeter See in Thrakien zwischen Ainos u. Kypsĕla (jetzt *Isala*).

Στέντωρ, ορος, ὁ (Il. στένω), Grieche vor Troja mit gewaltiger Stimme.

Στενύ-κληρος, dor. **-κλᾶρος,** ἡ, Stadt im nördlichen Messenien, Residenz der Beherrscher des Landes.

I. **στένω,** ep. **στείνω** (στενός), nur Präs. u. Impf. Akt. eng machen, verengen; gewöhnl. im Pass. a) eng werden, sich verengen; zu enge werden. b) eingeengt werden, sich drängen. c) gedrängt voll sein, sich füllen, angefüllt sein, womit τινός u. τινί. d) bedrängt, belastet, beschwert sein, τινί womit.

II. **στένω** u. **στένομαι** (verw. *tonare* u. *stöhnen*), meist ep. u. poet. 1) intr. a) stöhnen, seufzen, jammern, wehklagen, τινί u. ἐπί τινι od. περί τινα um, wegen jmd., etw. b) laut tönen, brausen. 2) trans. beseufzen, beklagen, beweinen, τινά u. τί, τινός wegen.

στενωπός, ion. **στεινωπός,** 2. eng, ὁδός Engpaß. Subst. ὁ στ. die Enge, der Engpaß, Hohlweg, auch Gasse, Straße, und Meerenge.

στεπτήρια, τά (στέφω), Kranzfest, alle 9 Jahre in Delphi gefeiert zum Andenken an Apollons bekränzte Rückkehr von Tempe.

στέργηθρον, τό, poet. Neigung zur Liebe; Liebe.

στέργημα, τό, poet. Liebeszauber, Mittel Liebe zu erwecken (s. φίλτρον), u. zwar ἕθεν zu sich.

στέργω, Perf. act. ἔστοργα. 1) lieben, a) zärtlich, leidenschaftlich lieben, freundlich sein, treu zur Seite bleiben, Gefallen, Behagen finden, b) zufrieden sein, sich fügen, darein finden, sich ergeben, entsagen. 2) poet. bitten.

στερέμνιος, 3. fest, hart.

στερεός, 3., **στερρός,** 3. u. 2. u. **στέριφος,** 3. (dt. *starr*). 1) starr, fest, steif, hart, gediegen, stark, dauerhaft; στερρότερος τοῦ βέλους härter als daß ein Pfeil eindringen könnte. 2) übertr. a) starrsinnig, hart, hartnäckig, heftig, standhaft; ἁμαρτήματα aus Starrsinn entsprungen, b) stark, markig, c) unfruchtbar, d) τὰ στερεά Zahlen zur Berechnung fester Körper, Kubikzahlen.

στερεότης, ἡ (στερεός), die Starrheit, Festigkeit.

στερεό-φρων, 2. poet. starrsinnig.

στερεόω, fest machen, stark machen; Med. sich (*sibi*) fest od. dauerhaft machen, abhärten.

στερέω (στερ-, got. *stilan* für germ. **steran, stehlen*), (selten im Präs., bes. das Simplex, öfter ἀπο-), Fut. 3. (poet.) ἐστερήσομαι, poet. Aor. 2. pass. part. στερείς, Fut. pass. στερήσομαι (Var. -ηθήσομαι), ep. Aor. act. inf. στερέσαι, nebst **στερίσκω** (nur im Präs.) u. Pass. **στέρομαι** (nur im Präs. und Impf.). 1) Akt. berauben, entziehen, τινά, u. zwar τινός. 2) Pass. beraubt werden, verlieren, verlustig gehen, und στέρομαι beraubt sein, entbehren, abs. κού μὴ στερηθῇς, näml. τοῦ μαθεῖν, es soll dir nicht entzogen werden; τινός, z. B. τῆς πόλεως aus dem Staate verbannt werden, seltener τί, z. B. οἰκεῖα στέρεσθαι seines Eigentums beraubt sein.

στερέωμα, τό, N. T. Feste des Himmels, Firmament; Festigkeit τῆς πίστεως.

στέρησις, εως, ἡ, Beraubung, Verlust, τινός von [etwas.

στερητικός, 3. ar. sp. beraubend; aufhebend, verneinend, negativ.

στερίσκω, s. στερέω.

στέριφος, 3., s. στερεός.

στερκτέον (στέργω), sp. man muß damit zufrieden sein.

στερκτικός, 3. (στέργω), sp. liebevoll, τὸ στ. πρός τινα die Zärtlichkeit.

στερκτός, 3. (στέργω), poet. zu lieben, wünschens- [wert.

στέρνον, τό, s. στῆθος.

στερνοτυπής, 2. poet. κτύποι die schallenden Schläge auf die Brust. Dazu

στερνοτυπία, ης, ἡ, sp. das Schlagen an die Brust (vor Trauer).

στερνοῦχος, 2. (στέρνον, ἔχω), poet. breitbrüstig, χθών mit weitgedehnten Ebenen.

στέρομαι, s. στερέω.

στεροπή, ἡ = ἀστεροπή (zu ἀστραπή), a) Blitz, Blitzstrahl als leuchtender Glanz, wogegen κεραυνός der Donnerschlag als wirksame Kraft ist. Dah. b) das blitzähnliche Leuchten, Schimmer, Glanz.

στεροπ-ηγερέτᾰ, αο, ὁ (ἐγείρω), ep. der Blitzerwecker, Blitzschleuderer, Bein. des Zeus.

στέροψ, οπος, ὁ, ἡ (ἀστήρ), poet. leuchtend.

στερρός, 3., s. στερεός.

στερρότης, ητος, ἡ, ar. sp. die Härte, Festigkeit.

στεῦμαι (zu σταυρός), ep. u. poet. Dep., und zwar nur στεῦται, στεῦνται, στεῦτο, στεῦντο. 1) sich aufrecht halten. 2) behaupten, vorgeben, sich vermessen, sich anmaßen. 3) wollen verbunden mit einer Ausdrucksbewegung.

στεφάνη, ἡ (στέφω), fast nur ep. poet. sp. die obere Einfassung eines Gegenstandes, dah. 1) das Stirnband als weibl. Kopfschmuck, eine Art Diadem. 2) der eherne Helmrand u. geradezu der Helm. 3) die Umkränzung, der Rand an Bergen, Felsen, am Ufer; die Mauerzinne, Brustwehr.

στεφανηπλοκέω, poet. sp. Kränze flechten.
στεφανηφορέω, einen Kranz tragen
στεφανηφορία, u. dor. poet. **-ᾱφορία,** ἡ, das Tragen eines Kranzes.
στεφανη-φόρος, 2. kranzbringend, -tragend, bekränzt, insbes. ἀγών mit einem Kranz als Siegespreis, indem es zweierlei ἀγῶνες gab, θεματικοί mit einem ausgesetzten Preise, u. στ. mit einem Kranze als Belohnung des Siegers. Diese letzteren galten für weit ehrenvoller.
στεφανίτης, ου, ὁ, ἀγών = στεφανηφόρος.
στεφανό-πωλις, ιδος, ἡ, ar. sp. Kranzhändlerin, Blumenmädchen.
στέφανος, ὁ, u. **στεφάνωμα,** τό, poet. u. sp., u. poet. **στέφος,** τό (στέφω).

I) eigentl. die Einfassung, das **Band,** dah. (στεφάνη u. στέφανος) • 1) eine Stirnkrone, Diadem • 2) Rand am Helme, u. so poet. für den Helm selbst • 3) übertr. der Bergrand • 4) (στέφανος u. στεφάνωμα) Umkränzung, πολέμοιο die umzingelnde Flamme des Krieges, πύργων die Mauerkränzung.

II) der **Kranz,** u. zwar • 1) στέφος, dann der mit weißer Wolle umwundene Lorbeerkranz, auch wohl Lorbeer- od. Olivenzweig der Schutzflehenden, Opfernden u. Weissagenden, Ἀπόλλωνος od. θεοῦ (poet. Totenopfer) • 2) (στέφανος, στεφάνωμα) • a) der Siegeskranz, für die Sieger bei den öffentlichen Spielen Laubkränze, besond. aus den Zweigen des Ölbaumes, doch auch etwa für glückliche Kämpfer, Feldherren u. sonstige verdiente Bürger aus Gold. Dah. • b) übertr., mit u. ohne καλλίνικος, der Sieg, die Auszeichnung, der Preis • 3) der Kranz, u. zwar aus Blumen als Schmuck für Gräber u. Tote; aus Efeu, Weinreben, Baumzweigen u. ähnl. bei Festen u. fröhlichen Gelagen u. für die Bacchanten; in der Trauer mied man Kränze. — Dav.
στεφανώδης, 2. poet. kranzartig, zu Kränzen dienend od. geeignet.
στεφάνωμα u. **στέφος,** τό, s. στέφανος.
στεφανωτρίς, ίδος, ἡ, poet. sp. zu Kränzen gehörig, geeignet.
στέφω, pass. Aor. ἐστέφθην sehr selten in klass. Prosa, u. **στεφανόω** (στέφανος), ion. Praes. pass. 3. pl. στεφανεῦνται • 1) **dicht umgeben,** umhüllen, auch übertr. μορφὴν ἔπεσι, τύμβον λοιβαῖσι begießen • 2) **umkränzen,** krönen, eine Krone (Kranz) aufsetzen, überh. schmücken, zieren, wie dies bei heiligen Wagen od. Schiffen, bei Siegern, verdienten Männern od. auch ganzen Staaten (s. στέφανος) geschah. Im Pass. bekränzt werden, im Perf. u. Plqpf. bekränzt sein, sich herumwinden, περί, ἀμφί τι, doch τὰ Ὀλύμπια wegen des Sieges in den olymp. Festspielen (στεφανόω sp. geradezu belohnen). Im Med. • a) sich bekränzen, wie dies bei Gastmählern, Opfern, u. bei den Lakedaimoniern vor der Schlacht geschah, δάφνῃ in Delphi • b) sich (*sibi*) etw. bekränzen.
στῆθος, εος, ους, τό, ep. Gen. u. Dat. στήθεσφι, u. **στέρνον,** τό (St. στερ, verw. στόρνυμι, Fläche, ahd. *stirna* Stirn), auch im Pl. 1) die Brust, der breite flachgewölbte Oberteil des Leibes, von Männern, Frauen und Tieren. 2) bes. im Pl. das Innere, Mark u. Bein, od. die Brust als Sitz des Herzens u der Gefühle od. der Stimme, οὕτω διὰ στέρνων ἔχειν so gesinnt sein.
στήκω, neugebild. Präs. von ἕστηκα, N. T. stehen, feststehen, treu bleiben.
στήλη, ἡ (zu στέλλω), die **Säule,** od. auch aufrechtstehende Steintafel. Im bes. • 1) **Pfeiler,** Strebepfeiler, daher als Sinnbild der Regungslosigkeit • 2) **Grenzsäule,** u. dah. bei Soph. auch = νύσσα oder καμπτήρ die beiden Zielsäulen in der Rennbahn • 3) Grabsäule, **Grabstein** • 4) **Denksäule,** wie z. B. die Säulen des Herakles bei Tartessos (vgl. Ἡρακλῆς). Demnach • a) Ehrensäule, wie sie in Athen auf der Akropolis mit den Namen der verdienstvollen Männer aufgestellt zu werden pflegten. Ebendort wurden auch • b) die Schandsäulen aufgestellt mit den Namen der Staatsverräter und ihrer Vergehen • c) Gesetzessäulen, in welche man die Gesetze u. Beschlüsse des Volkes eingrub. Dah. αἱ θυσίαι ἐκ τῶν στ. die vom Volke bei besonderen Anlässen beschlossenen Opfer • d) Bundessäulen, worein man die Verträge eingrub; τὰς στ. καθελεῖν heißt daher: die Verträge aufheben, u. τὰς στ. πρός τινα γενομένας die mit jmdm. geschlossenen Verträge.
στηλίδιον, τό, sp. Demin. v. στήλη 3), kleine Grabsäule, kleines Grabmal.
στηλίτης [ῑ], ου, ὁ, der durch eine Schandsäule Gebrandmarkte, s. στήλη 4 b); στηλίτην ποιεῖν τινα jmds. Namen u. Bestrafung in Säulen eingraben.
στημονονητική, ἡ (sc. τέχνη), die Kunst den Faden od. Aufzug (στήμων) zu spinnen.
στημονοφυής, 3. (στήμων), von der Art od. Beschaffenheit des Aufzugsfadens.
στημορραγέω, poet. sich fadenweise lösen, reißen, zerfallen.
στήμων, ονος, ὁ (ἵστημι, lat. *stāmen*), der Aufzugsfaden am Webstuhl, die Kette.
στήριγμα, τό, poet. u. sp., u. **στηριγμός,** ὁ, sp. N. T. die Stütze, das Feststehen.
στηρίζω (στῆριγξ „Stütze", zu στερεός). 1) Akt. trans. a) stützen, feststellen; οὐρανῷ an den Himmel stemmen d. i. emporstrecken, b) bestärken, ermutigen. 2) Akt. intr. u. Med. gegen etwas sich stemmen oder stützen, hinlehnen, sich werfen, emporstrecken, erheben; σχολῇ lehnen in Kampfesruhe, κακὸν κακῷ ἐστήρικτο Unglück drängte sich an Unglück.
Στησί-μβροτος, ὁ, aus Thasos, Sophist in Athen zur Zeit des Perikles, welcher eine wenig zuverlässige Schrift über Themistokles, Thukydides u. Perikles geschrieben hat.
Στήσιος, ὁ (ἵστημι), sp. = lat. *Iupiter Stator,* dessen Tempel am Fuße des Palatinus.
Στησίχορος, ὁ, lyrischer Dichter aus Himera, gest. um 550.
στιβάδιον, τό, sp. Demin. v. στιβάς, w. s.
στῐβᾰρός, 3. (στείβω), Adv. **-ρῶς,** ep. poet. sp. eigentl. festgetreten, dah. dicht, derb, fest, gedrungen, stark.
στῐβάς, άδος, ἡ (στείβω), eine Streu, Stroh-, Laub- od. Binsenlager.
στῐβέω (στίβος), poet., durchspüren, Perf. pass. ἐστίβηται.

στίβη [ῑ], ἡ, ep. der Reif, bes. Morgenfrost.

στίβος, ὁ (στείβω), ep. poet. ion. sp. (Xen.) eigentl. der betretene Weg, dah. **a)** Spur des Weges, Fußpfad, Pfad. **b)** Spur des Fußes, Fußtritt, Fußstapfe, Fährte, κατὰ στίβον den Fußstapfen nach, Schritt vor Schritt hinterher, auf der Ferse, τίν' ἔχει στ. wohin er zu gehen pflegt, d. h. welchen Platz er bewohnt.

στιγεύς, έως, ὁ (στίζω), ion. der Brandmarker.

στίγμα, τό, ep. poet. ion. ar. sp. eigentl. der Stich, dann insbes. das Malzeichen, die Brandmarke, auf Stirn od. den Händen der entflohenen Sklaven, doch auch bisw. der gefangenen Feinde, *nota*. — Über ϛ s. vor Στάγιρος.

στιγματίας, ὁ (στίγμα), der Gebrandmarkte.

στιγμή, ἡ, **1)** Pünktchen; sp. u. N. T. χρόνου ein Augenblick. **2)** die Interpunktion; das Interpunktionszeichen.

στιγμός, ὁ, poet. das Stechen, Verwunden.

στίζω (στιγ, lat. *di-stinguo* = διαστίζω, dt. *steche*, aus ahd. *stihhu*) stechen, insbes. durch Punkte und Schnitte Zeichen und Buchstaben in die Haut einschneiden: brandmarken, tätowieren; τὰ ἔμπροσθεν πάντα ἀνθέμια ἐστιγμένοι an den vorderen Teilen ganz mit Blumen tätowiert.

στικτός, 3. poet. punktiert, bunt gefleckt, vom Hirsch, daher θῆρες Damwildbret, oder von den Hirsch- u. Rehfellen der Bacchanten.

στιλβότης, ητος, ἡ, sp. der Glanz.

στίλβω, 1) erglänzen, blinken, schimmern, abs., od. τινί von, ἔν τινι in etwas. **2)** poet. leuchten lassen.

Στίλβων, οντος u. ωνος, ar. sp. Bein. des Planeten Merkur.

στιλπνός, 3. ep. u. sp. glänzend, blinkend.

Στίλπων, ωνος, ὁ, Philosoph aus Megara, Schüler des Megarikers (Sokratikers) Eukleides um 320 [v. Chr.

στίξ, ἡ, ungebr. Nom., s. στίχος.

στιπτός, 3. (στείβω), poet. = στειπτός, versch. LA.

στῖφος, εος, ους, τό, eigentl. das Dichtzusammengedrängte, im bes. ein dichtzusammengestellter Haufe von Kriegern, der dichte Haufe, das Gedränge, die Masse, in Xen. Anab. bes. von Reitern, u. zwar Xen. An. 1, 8, 13. 26 von den 6000 Reitern des Feindes. Dah. τὸ πᾶν στ. der dichteste Haufe, u. στῖφος ποιεῖσθαι ein Karree bilden.

στιχάομαι, ep Dep. med. (στίχος), nur Impf. 3. pl. ἐστιχάοντο, -όωντο, in Reih' und Glied, in einer langen Reihe einherschreiten, daherziehen.

στιχίδιον, τό, sp. Verschen, Demin. von στίχος, b.

στιχομυθία, ας, ἡ, Dialog in ganzen (oder halben = ἀντιλαβαί) Versen wechselnd, bes. in leidenschaftlich aufgeregten Szenen des Dramas.

στίχος, ὁ, u. (wie v. στίξ, ἡ) ep. poet. Gen. sg., Nom. u. Acc. pl. **στιχός,** στίχες, στίχας, u. **στοῖχος,** ὁ (στείχω), die Reihe, Linie, κατὰ στοῖχον, στίχας der Reihe nach, in éiner Reihe od. Linie, in Reihen. Im besond. **a)** im Plur. die Schlachtreihe, Schlachtlinie, die Glieder, das Glied, κατὰ στίχας, Il. 16, 820, durch die Reihen od. Glieder. **b)** στίχος in Gedichten: ein Vers.

στλεγγίς, ίδος, ἡ, **1)** Striegel zum Salbölabreiben, *strigilis*. **2)** ein kammähnlicher Kopfschmuck, Prachtkamm mit erhabener Arbeit, gew. von Gold.

στοά, ᾶς, ἡ, neben **στοιά** (*στωϝ-ια, στῦλος). **1)** Galerie, **Säulengang, Halle.** Im bes. zu Athen, m. d. Namen ἡ τοῦ βασιλέως od. βασίλειος στ., neben dem **Markt** u. der Stoa des Zeus Eleutherios. Es pflegten hier vor dem ἄρχων βασιλεύς die Prozesse über religiöse Angelegenheiten verhandelt zu werden. Auch wurden hier Gesetze aufgestellt, dah. der Ausdruck τὰς στ. ἐμπιμπλάναι γραμμάτων; siehe auch ποικίλη. **2)** Σολομῶνος, die östl. Halle vom Tempel in Jerusalem. **3)** von der äußern Ähnlichkeit damit: lange Vorratskammern, insbes. **Rüstkammern, Zeughaus zur Aufbewahrung von Waffen. 4)** die **stoische Schule,** nach der στοὰ ποικίλη zu Athen, in der Zenon dieselbe gründete.

Στοβαῖος, ὁ, Einw. der makedon. Stadt Στόβοι, insbes. Ἰωάννης ὁ Στ., Verfasser zweier wertvoller Exzerptenwerke, der Ἐκλογαί u. des Ἀνθολόγιον, *Florilegium*, um 500 nach Chr.

στοιβάς, ἡ, falsche LA. st. στιβάς im N. T.

στοιβή, ἡ (στείβω), poet. ar. sp. Stopfen, Füllsel, überflüssiges Flickwort.

στοιχεῖον, τό (στοῖχος), eigtl. Stift, insbes. **a)** sp. an der Sonnenuhr, auch des Stiftes Schatten. **b)** der Buchstabe, dah. τὰ στ. die Anfangsgründe einer Wissenschaft, Elementarkenntnisse, überh. Elemente, Grundprinzipien, Grundstoffe (sp. auch Sing.). **c)** N. T. u. sp. auch: Gestirne; τοῦ κόσμου Elementargeister.

στοιχειώδης, 2. sp. zu den Elementen gehörig, elementar, einfach.

στοιχέω, (στοῖχος), **1)** in einer Reihe gehen od. stehen, marschieren; überh. gehen, wandeln, τινί mit jmdm. **2)** übertr. wandeln, τῷ πνεύματι nach dem Geiste, τοῖς ἴχνεσι den Spuren folgen, N. T.

στοιχηγορέω, poet. der Reihe nach erzählen.

στοιχηδόν, Adv. ar. sp. in Reihen, neben oder hintereinander.

στοιχίζω, in eine Reihe stellen; poet. übertr. aufstellen, darlegen.

στοῖχος, ὁ, s. στίχος.

στολάς, άδος, ἡ, poet. in Geschwadern ziehend.

στολή, dor. **-λά** (στέλλω), ἡ, das Kleid, Gewand, die Kleidung, bei den Soldaten die Rüstung. Im bes. bei den Persern ἡ (Περσικὴ oder βαρβαρικὴ) στολή ein langer, faltiger, bis auf die Füße hinabreichender Kaftan od. Talar.

στολιδόομαι (στολίς), poet. sich anziehen, τί.

στολιδωτός, 3. gefaltet, τί an etwas.

στολίζω (στέλλω), ep. poet. sp. in stand setzen, fertig machen, ausrüsten; bewaffnen.

στολίς, ίδος, ἡ, poet. sp. das Kleid; im Plur. die Falten des Kleides, πέπλων der Faltenwurf.

στόλισμα, τό, poet. Rüstung, Bekleidung, Anzug.

στολμός, ὁ (στέλλω), poet. Ausrüstung, Kleid, Gewand; auch von Kränzen.

στόλος, ὁ (στέλλω) • **1)** die Unternehmung • **a)** dah. **Reise,** Fahrt, Zug, ὁ οἴκαδε die Heimkehr, ἴδιος, δημόσιος Reise im eignen od. in des Volkes Interesse Hdt. Thuk., στόλον πλεῖν eine Fahrt tun, τὸν πατρῷον στόλον ἑσπόμην ich zog aus dem väterlichen Hause entlassen fort Soph. • b) im bes. mit u. ohne στρατιῆς, νεῶν, **Heereszug,** Feldzug, Seezug • 2) Anlaß zur Reise, τίνι στόλῳ aus welchem Anlasse Soph., oder τίς σ' ἐξῆρεν στόλος • 3) der Zug, das **Gefolge,** die Schar, das Volk, im bes. • a) das **Heer,** die Heeresmacht • b) mit u. ohne ναυτικός, ναυβάτης u. ähnl. das Schiffsheer, die **Flotte,** die Schiffe • 4) Trag. der Schiffsschnabel, χαλκήρης, oder ein Seitenbalken des ἔμβολος, Eur. I. T. 1135; mit κωπήρης Ruderzeug Aesch.

στόμα, τό (äol. στύμα), u. Demin. dav. **στόμιον,** τό • 1) (auch im Pl.) der **Mund,** das Maul, der Rachen • a) oft wie bei uns ein loser Mund, eine böse Zunge als Umschreibung für „Rede, Wort" dah. διὰ στόμα ἄγεσθαι, διὰ στόματος, ἀνὰ στόμα ἐν στόμασιν ἔχειν im Munde führen, lobend oder tadelnd, τᾶς εὐφήμου στόμα φροντίδος ἱέντες die stille Äußerung andachtsvoller Stimmung entsendend. Dag. στόμα θηλύνεσθαι keine harten Worte mehr sprechen können, und στόμα ὑπίλλειν τινί den Mund nach jmdm. schmiegen, ἐλευθεροῖ τὸ στ. er hält den Mund rein. Ähnl. ἴσχε δακὼν στόμα σόν bemeistere deinen Schmerz ihn verbeißend. Dag. τὸ στ. ὀξύνειν d. h. zu harten Äußerungen veranlassen. Es heißt daher ἐκ στομάτων = ἀπὸ φωνῆς laut, aber ἀπὸ στόματος εἰπεῖν oder λέγειν auswendig • b) bildl. mit πολέμοιο, ὑσμίνης der Rachen, Schlund des Kampfes, der Schlacht • 2) metaphor. im Sg. und Pl. **Mündung,** Eingang, Ausgang, eines Flusses, Meeres, Hafens, Grabens, einer Straße, λαύρης Gasse, Tempels; auch in Soph. Ant. der offene Vorplatz der Eingangstür des Grabmals, ἑπτάπυλον στόμα der sieben Tore Mund. Eigentüml. steht τὸ κάτω στ. von der Weite eines Grabens in der Tiefe • 3) das Vorderste, **die Vorderseite,** Spitze, dah. • a) (auch im Pl.) das Gesicht, Antlitz • b) der vordere Teil des Heeres, die Front, daher τοὺς ἀπὸ τοῦ στόματος συμπέμπειν, οἱ, αἱ κατὰ στ. die gerade gegenüber Stehenden. Ähnl. τὸ κατὰ στ. Dah. • c) κατὰ στόμα überhaupt von vorn, u. von der Lanze: an der Spitze vorn • d) (τὸ στόμιον) die Gebißstange, Zügel, übertr. mit παρέχειν d. h. das Klagen hindern, und στόμιον δέχεσθαι sich fügen, στ. Τροίας vom Heere.

στομαλίμνη, ἡ, sp. (wie λιμνο-θάλαττα Seen bildendes) Meerwasser, Haff; als Eigenn. *Etang de Berre* in Südfrankreich.

στομά-λιμνον, τό, buk. das Haff (nach andern Eigenn.).

στόμ-αργος, 2., poet. sp. zügellos, frech mit dem Munde, hochtrabend, prahlerisch, lästernd, ein Lästermund.

στοματουργός, 2. poet. mit dem Munde arbeitend, großsprecherisch, redefertig.

στόμαχος, ὁ (στόμα, verw. dt. *Magen*), ep. ar. sp. 1) Schlund, Kehle, Speiseröhre. 2) ar. sp. Magenmund, Magen.

στόμιον, τό, s. στόμα.

στομόω (στόμα), ion. poet. sp. 1) den Mund verstopfen, knebeln, τινά. 2) mit einer Schärfe versehen, bewaffnen, kräftigen, τινί mit etwas.

στόμφαξ, ακος, ὁ, poet. großsprecherisch, Großmaul.

στόμωμα, τό, a) poet. die Mündung. b) sp. die Härtung des Eisens, Schärfe.

στόμωσις, εως, ἡ (στομόω), poet. sp. eigt. das Schärfen, Wetzen, dann übertr. die Zungenfertigkeit.

στοναχέω, ep. poet. (Hom. nur Aor. inf.) seufzen; auch τί beseufzen.

στοναχή, ἡ, ep. poet. (στένω), das Seufzen, Stöhnen; auch im Plur.; στοναχὰς ἔχειν zu klagen haben, d. h. Kummer haben.

στοναχίζω (?) u. **στονάχω,** sp. poet. = στοναχέω.

στονόεις, εσσα, εν (στόνος), ep. poet. 1) mit Seufzen und Klagen verbunden, unter Seufzen, stöhnend, klagend, γῆρυς Jammergeschrei, übertr. vom Meere: tosend. 2) seufzerreich, jammervoll.

στόνος, ὁ (στένω), das Seufzen, Stöhnen, Gestöhn, der Seufzer, das Jammergeschrei, die Klagen, στόνῳ unter Ächzen, στ. auch mit ἡδύς ein Freudengeheul. Teils abs., teils τινός wegen jmds. Im bes. a) Röcheln der Sterbenden. b) Ächzen der Kämpfenden. Übertr. v. den flutgepeitschten Küsten, mit βρέμειν aufheulen, brüllen.

στόνυξ, υχος, ὁ, poet. die Spitze.

Στόρας, ὁ, Stura, Astura, Fl. in Latium.

στοργή, dor. **στοργά,** ἡ, Liebe, bes. elterliche und kindliche.

στόρνυμι u. **στρώννυμι** (στρῶμα, στρωτός, lat. *stratus* zu *sterno, stramen,* dt. *streuen*) (in Prosa meist in Komp., κατα, ὑπο-), Fut. στορῶ, -εῖς (dor. στορεσεῦντι, inf. στορεσεῖν) u. στρώσω, Aor. ἐστόρεσα (ep. στόρεσα) u. ἔστρωσα, Perf. pass. ἔστρωμαι, Aor. pass. ἐστρώθην, Adj. verb. στρωτός • 1) hinbreiten, hinstrecken, hinlegen, **ausbreiten,** τί z. B. ἀνθρακιήν den Kohlenhaufen schichten Hom., insbes. λέχος u. ähnl. ein Lager bereiten, dah. κλίνη ἐστρωμένη ein Ruhebett • 2) ebnen, bahnen, und zwar den Weg, mit πέτρᾳ ξεστῇ ihn pflastern. Übertr. • a) πόντον Hom., im Pass von der Welle: sich ebnen • b) τὸ φρόνημα d. Hochmut dämpfen Thuk. 6, 18, 4; ebenso ὀργήν Aesch. • 3) überdecken, bestreuen, einen Weg (τί), u. zwar τινί mit etwas.

στοχάζομαι, Dep. med. (στόχος), 1) nach jmdm. (τινός) zielen od. schießen. 2) übertr. a) aufs Ziel richten, etwas zu erzielen od. zu treffen suchen, nach etwas jagen, streben, sich nach jmdm. umsehen, abs. od. τινός. b) etwas od. jmdn. erzielen, treffen, erraten, erkennen, beurteilen, τινός od. τί. c) Rücksicht nehmen, τινός auf etwas. [Wurfspieß.

στόχασμα, τό, poet. das, womit man zielt, der

στοχαστικός, 3. im Vermuten geschickt.

στόχος, ὁ, poet. 1) das (aufgestellte) Ziel. 2) poet. das Zielen, die Mutmaßung.

Στράβων, ωνος, ὁ, der Geograph Strabo, geb. 66 v. Chr., gest. um 19 n. Chr.

στραγγάλη, ἡ (lat. *strangulare,* ahd. *strang*), sp. der Strang, Tod durch den Strang.

στραγγεύομαι, Med. sich drehen und winden, sich herumdrücken, zaudern, zögern.

στραγγουρικός, 3. von στραγγουρία, Harnzwang, herrührend.

στράπτω, τί, poet. = ἀστράπτω, w. s.

στρατᾱγέτᾱς, ὁ, dor. Heerführer, auch adj.

στρατ-άρχης, ion. = στρατηγός, Feldherr.

στρατάομαι, Imperf. 3. plur. ep. ἐστρατάοντο, -όωντο, sich lagern, vgl. στρατόομαι.

στρᾰτεία, ion. **στρατηίη**, ἡ (στρατεύω), **1)** der Heereszug, Kriegszug, der **Feldzug. 2)** mit besonderer Beziehung auf die Verpflichtung, der Kriegsdienst, Dienst; ἐν στρατείᾳ, ἐπὶ στρατείας im Felde, τὰς ἀπὸ στρατείας δίκας κρίνειν Kriegsgericht halten. **3)** selten (poet. u. sp.) das Heer = στρατιά.

στράτευμα, τό (στρατεύω), **1)** das **Heer,** die Kriegsmacht (= ἡ στρατιά), στρατεύματα *copiae*, auch von einem Heere; στράτευμα συναγείρειν, συλλέγειν sammeln, στράτευμα ἱππικόν Reiterheer, und ebenso πεζόν, ναυτικόν (s. στρατιά), πολιτικόν Bürgerheer. **2)** (selten, poet. u. ion.) der Kriegszug, Feldzug (= στρατεία).

στρατεύσῐμος, 2. zum Kriegsdienst gehörig, dienlich, geschickt, ἡλικία, ἔτη Dienstalter. Von

στράτευσις, εως, ἡ, ion. sp. = στρατεία.

στρατεύω u. med. **στρατεύομαι** (Aor. ἐστρατεύθη poet. in med. Bed.) mit Adj. verb. στρατευτέον (στρατός) • **1)** ins Feld od. **zu Felde ziehen,** ausmarschieren, ἐν τῷ ὁμοίῳ einen ähnlichen Feldzug machen, τινί mit etwas; τὸν πόλεμον den Krieg unternehmen. **2)** (bes. im Med.) zum Kriege kommen, im Heere mitziehen, **im** Heere, Kriege, **Felde dienen,** Kriegsdienste tun, als Söldner dienen, u. zwar (μισθοῦ) um Sold, ἐπί τινος auf etwas. Im bes. ein Heer an einen Ort (εἴς τι) führen; ἐστρατευμένος Veteran der Bildung.

στρατηγέω (στρατηγός) • **1) Feldherr sein, anführen,** kommandieren, τινός u. τινὶ εἴς τινα, Hdt. 6, 72, πάντα ὑπὲρ Φιλίππου den ganzen Krieg zum Vorteil Ph.s führen Dem.; auch πόλεμον στ.; τοῦτο στ. damit die Heerführung beginnen, darin sich als Anführer zeigen Xen. 7, 6, 40. Im bes. **a)** in Athen **Strateg sein,** deren es zehn gab (s. στρατηγός), daher Περικλέους δεκάτου αὐτοῦ στρατηγοῦντος unter der Anführung des P. u. neun anderer • **b)** in Rom Prätor sein, auch wohl bloß *praetor designatus* • **2)** überh. **führen,** lenken, eine Richtung geben, den Weg jmds. bestimmen, befehlen (Soph. Aj. 1100 auch: befehlen wollen), abs. od. τινός, aber ὑπέρ τινος jmdm. zum Heil. Im bes. mit Inf eine Kriegslist gebrauchen Plut. Im Pass. mit ὑπό τινος sich von jmdm. kommandieren lassen; τὰ στρατηγούμενα die Unternehmungen.

στρᾰτήγημα, τό, eine Feldherrntat od. -maßregel, bes. eine listige, dah. schlauer Plan, Kriegslist.

στρᾰτηγία, ion. **-ίη, ἡ** • **1)** das Amt des στρατηγός, **Feldherrnamt,** -würde, -stelle, -stellung, der **Oberbefehl,** ἐν ταῖς στρατηγίαις εὖ φερόμενος ein glücklicher Feldherr, prägnant ἔς τι die Sendung als Feldherr nach einem Orte. Im bes. • **a)** in Athen das Amt, die Amtsführung eines Strategen; ἐκστῆναι τῆς στρ. abstehen von der Bewerbung um die Feldherrnstelle (Strategie) • **b)** in Rom die Prätur Plut. • **2)** die Feldherrnkunst, -klugheit, -erfahrung, die dem Feldherrn nötigen Kenntnisse, **Kriegskunst,** das Kriegswesen, die Strategik, Taktik. Im bes. • **a)** das Feldherrntalent • **b)** die Führung des Heeres, im Ggs. zur Sorge für den Unterhalt desselben • **c)** konkr. der Plan des Feldherrn, die Waffentat.

στρᾰτηγιάω, Desider. v. στρατηγέω, Feldherr werden wollen.

στρᾰτηγῐκός, 3. mit bes. Femin. **στρατηγίς, ίδος**, ἡ (στρατηγός). **1)** dem Feldherrn gehörig, Feldherrn-, feldherrlich, des od. der Feldherren, τὰ στρ. die Feldherrnpflichten. Im bes. das lat. *praetorius* d. h. ein gewesener Prätor. Als Subst. ἡ στρατηγίς (ναῦς) das Admiralschiff. **2)** in der Feldherrnkunst erfahren, in der Führung eines Heeres geübt, kriegskundig, Subst. Strateg, στρ. ἀνήρ ein tüchtiger, ausgezeichneter Feldherr.

στρᾰτήγιον, τό (στρατηγός), **1)** Feldherrnzelt, bei Soph. vom Hauptzelte des Agamemnon, wo das Argeiervolk zur ἀγορά versammelt war, um über Aias' Taten zu beraten. **2)** Zusammenkunftsort der zehn ordentlichen στρατηγοί in Athen.

στρατηγίς, s. στρατηγικός.

στρατ-ηγός, ὁ (στρατὸς, ἄγω), *dux*, der **Heerführer, Feldherr,** Befehlshaber, Flottenführer, überh. Führer, bisw. mit ἀνήρ, bei Aisch. ein sieggekrönter Feldherr. Es gab in einem Heere gew. mehrere (bei den Korinthern sogar 15), die στρ. τοῦ πεζοῦ od. τῆς ἵππου, sowie die στρ. κατὰ πόλεις ἑκάστων, d. h. in einem Bundesheere von jedem Staat einen besonderen Strategen, dah die verschiedenen in Xen. An. Ein solcher Strateg erhielt die vierfache Löhnung eines Hopliten. Im bes. bildeten οἱ στρατηγοί • **1)** in Athen die oberste Militärbehörde, deren Mitglieder alljährlich nach den Phylen gewählt wurden und urspr. alle die Bestimmung hatten, ins Feld zu ziehen und abwechselnd Tag um Tag den Oberbefehl zu führen; dah. στρ. δέκατος ὤν als **Feldherr** neben neun anderen • **2)** hieß ein oberster Beamter in den Städten Kleinasiens so • **3)** bes. bei den Persern der Gouverneur einer Provinz • **4)** bei den Römern sp. der Oberfeldherr, Konsul; auch der Prätor als Veranstalter der Spiele • **5)** im N.T. τοῦ ἱεροῦ oberster Levit unter den Tempelwächtern.

στρατηίη, ἡ, s. στρατεία.

στρατηλασίη, ἡ, ion. **a)** Heereszug, ποιεῖσθαι unternehmen, ἐπί τι. **b)** das Heer selbst.

στρατηλατέω, ion. poet. sp. **a)** ein Heer ins Feld führen, ins Feld ziehen, abs. u. ἐπί τινα oder τι. **b)** poet. anführen, befehligen, τινός u. τινί.

στρατ-ηλάτης, ου, ὁ (ἐλαύνω), poet. sp. = στρατηγός Feldherr.

στρᾰτιά, ion. **-ιή**, ἡ, u. **στρᾰτός, ὁ**, ep. Gen. στρατόφιν (*στρτος zu στόρνυμι, lat. *stratus*). **1)** das **Heer** (ἀνὰ στρατόν im Lager; στρατιά Heer auf dem Marsch), **Kriegsheer,** Kriegerschar, Truppenmasse, Mannschaften, στρατιὰ πεζή, πεζική, κατὰ γῆν das Landheer, Landtruppen, ναυτική Schiffsheer, Seetruppen, Flotte, wobei πεζή sowohl als ναυτική bisw. wegbleiben; ἡ πλείων στρατιά die **Hauptmasse. 2)** ὁ στρατός heißt insbes. auch die Menge, der **Haufe,** die Schar, der Troß, ἐν πολλῷ στρατῷ unterm Volksgedränge. **3)** Heereszug = στρατεία 1. s. d.

Στρατίη, ἡ, St. in Arkadien.

στράτιος, 3. ion. poet. ar. sp. kriegerisch, Ζεὺς στράτιος der Zeus des Heervolkes, Nationalgott der Karier.

στρατιώτης, ου, ὁ (στρατιά), der Krieger, Soldat, bes. **a)** der gemeine Soldat, Söldner. **b)** die Fußtruppen, Dem. Phil. 1. Im Plur.: die Soldaten, Kriegsmänner, Krieger, Truppen; in der Anrede: ὦ ἄνδρες στρ.

στρᾰτιωτικός, 3. u. Fem. ***στρατιῶτις, ιδος, ἡ.*** **1)** Adj. zum Soldaten, Kriege, Kriegsdienste gehörig, **kriegerisch,** kriegslustig; soldatisch, σκηνή Krieger- od. Soldatenzelt, ἡλικία, ἔτη Dienstalter, Dienstjahre, ἀρωγή Kriegsunterstützung, (χρήματα) στρατιωτικά Kriegsgelder. **2)** Subst. **a)** ἡ στρατιῶτις (ναῦς) Soldaten(transport)schiff, **b)** τὸ στρατιωτικόν die Masse der Soldaten, das Heer, **c)** (τὰ) στρατιωτικά das Soldaten- od. Kriegswesen, soldatenmäßige, prahlerische Äußerungen. **3)** Adv. ***στρατιωτικῶς,*** Kompar. στρατιωτικώτερον, spez. brutal, ohne Anstand; mehr zu einer Landexpedition Thuk. 2, 83.

στρατολογέομαι (wie von στρατο-λόγος), sp. Soldaten werben. Pass. ausgehoben werden.

στρατό-μαντις, εως, ὁ, poet. der Seher des Heeres, von Kalchas.

στρατόομαι (s. στρατάομαι), poet. Aor. part. στρατωθέν, sich lagern, πρός, παρά τι.

στρατοπεδ-άρχης, ὁ, sp. N. T. Anführer des Lagers.

στρατοπεδεία u. ***στρατοπέδευσις,*** εως, ἡ, das Lagern, Lageraufschlagen, die Stellung, die ein Heer genommen hat, ἐν τῇ στρ. als sie im Lager waren, στρατοπεδείαν ποιεῖσθαι sich lagern lassen, ein Lager aufschlagen.

στρατοπεδεύω, Med. ***-ομαι*** (στρατόπεδον), sich lagern lassen, ein Lager aufschlagen, gelagert sein, sich lagern, auch von einer Flotte, überh. im Lager an einem Orte verweilen.

στρατό-πεδον, τό, der Boden, auf dem sich ein Heer gelagert hat, der Ort, wo ein Lager gestanden hat od. stehen kann, der Lagerplatz; daher überh. das **Lager,** Feldlager eines Heeres, od. auch Schanzen, Forts, Wall, **Festungswerk;** aber auch Kriegsheer, Heer im Feld. Als Eigenn. führten die den Karern u. Ioniern, welche die Grenzwacht hatten, vom König Psammetichos in Ägypten angewiesenen Quartiere am pelusischen Nilarme den Namen ***Στρατόπεδα,*** u. als später Amāsis dieselben nach Memphis übersiedelte, hieß dieser Hain bei Memphis gleichfalls στρατόπεδον.

στρατός, ὁ, ***στρατόφιν,*** s. στρατιά.

Στράτος, ὁ, Hauptstadt Akarnaniens, beim heutigen *Lepenu;* der Einw. Στράτιος.

στρατύλλαξ, κος, ὁ, sp. *imperatorculus.*

στρέβλη, ἡ (στρέφω), poet. die Winde.

στρεβλός, 3. (vgl. στρέφω), sp. ep., poet. ion. sp. verdreht, **1)** gekrümmt, gewunden. **2)** krumm. **3)** schielend. **4)** übertr. listig. Dav.

στρεβλόω, winden, anspannen, ausrenken, verdrehen, im bes. auf ein Folterwerkzeug, Rad, Leiter spannen, foltern, martern, teils als Strafverschärfung, teils um ein Geständnis zu erpressen.

στρεβλότης, ἡ, die Krümmung.

στρέμμα, τό (στρέφω), die Verrenkung.

στρεπτικός, 3. drehend. Von

στρεπτός, 3., Adj. verb. von στρέφω, **1)** geflochten, gewunden, χιτών wohlgezwirnt. Als Subst. ὁ στρ. **a)** Halskette, Halsband, bestehend aus zusammengedrehten, aneinandergereihten Gliedern, meistens von Gold, ein Schmuck, den besonders vornehme Orientalen, z. B. die Vornehmsten der Perser, trugen. **b)** Kringel, Brezel, ein Backwerk. **2)** was sich leicht drehen u. wenden läßt, gelenk, geläufig, u. dah. lenksam, lenkbar.

στρεπτο-φόρος, 2. ion. eine Halskette tragend.

στρεύγομαι, ep. Dep. pass., eigentl. tropfenweise ausgepreßt, daher allmählich erschöpft werden, sich abmartern, hinschmachten.

στρεφεδῑνέομαι, Aor. στρεφεδίνηθεν statt ἐστρεφεδινήθησαν, ep. Pass., u. poet. ***στροφοδῑνέομαι*** (wie v. στρεφε-δίνης, στροφο-δίνης), sich im Wirbel od. Kreise herumdrehen; schwindeln, τινί jmdm., τινός von etwas, weil στροφ. = κύκλῳ δινεῖσθαι.

στρέφω (verw. στρεβλός), Aor. pass. ep. poet., selten pros. ἐστρέφθην, dazu ep. Aor. act. στρέψα, iter. στρέψασκον, u ion. dor. pass. ἐστράφθην • **1)** Akt. trans. • **a) drehen,** im Kreise drehen; schwenken, **wenden;** biegen, verdrehen, verrenken, σφυρόν; εἴσω hineinzu, ἄνω καὶ κάτω das Untere zu oberst kehren; prolept. οὖρον durch Wenden günstigen Wind herstellen, im Med. etwas von sich zurückwenden, z. B. στράτευμα seinen Zug • **b)** übertr. στρ. τὰν ἐμὰν εὔκλειαν ἔχειν βιοτάν, d. i. τὰν ἐμὰν β. (ὥστε) ἔχ. εὐκλ. das Urteil über mein Leben ändern, daß es in den Ruf der Treue kommt • **2)** Akt. intr. u. Pass. • **a) sich wenden,** schwenken, drehen, umhertreiben, wälzen, sich umdrehen, umwenden, verrenken, mit κάτω (σέλματα) umwerfen, mit ἄνω καὶ κάτω sich vom Obersten bis zum Untersten kehren, mit u. ohne πάλιν umkehren, weggehen. Teils abs., z. B. στρεφθείς gedreht d. i. (fest) eingewickelt, ἐστραμμένος zusammengedreht, dicht geflochten, teils τί, ἄπορον στροφήν, ἀνὰ ὄγμους sich wenden durch die Furchen hin, prägnant εἰς φάλαγγα schwenken, um eine Phalanx zu bilden, Front zu machen • **b)** sich hin und her wenden • **c)** übertr. *α)* mit und ohne ἄνω καὶ κάτω sich hin u. her winden, sich sträuben, mit τοιαῦτα sich so winden, *β)* sich abwenden lassen, sich abwenden (vom Rechten), abs., dah. στραφείς verkehrt, aber τινός sich an etwas kehren.

στρηνιάω, Aor. ἐστρηνίασα, poet. sp. N. T. ausgelassen sein, üppig leben. Von

στρῆνος, ους, τό, poet. sp. N. T. Üppigkeit, Luxus.

στροβέω, poet. u. sp. (στρόβος), herumdrehen, dah. umtreiben, beunruhigen.

στρόβῑλος, ὁ = στρόμβος, Kreisel.

στροβιλώδης, 2. sp. kegelförmig.

στρόβος, ὁ (στρέφω), poet. der Wirbel, das Herumdrehen im Wirbel; poet. auch: der Gürtel.

Στρογγύλη, ἡ, eine der Liparischen Inseln, jetzt *Stromboli.*

στρογγύλος, 3. (vgl. στραγγάλη), eigtl. gewunden, rund, abgerundet, abgerieben oder abgeschliffen, **ναῦς, πλοῖον,** das Kauffahrteischiff, Frachtschiff, Lastschiff, breiter u. bauchiger gebaut, als die langen u. schmalen Kriegsschiffe.
στρογγυλότης, ἡ, die Rundung.
Στρομβιχίδης, ου, ὁ, Sohn des Diotīmos, athenischer Flottenführer 412—411 v. Chr.
στρόμβος, ὁ (στρέφω), ep. poet. sp. eigentl. ein gewundener Körper, dah. der Kreisel, poet. auch: Schneckengehäuse, Wirbelwind.
στρουθάριον, τό, sp. u. **στρουθίον, τό,** sp. u. N. T. der Spatz, Spätzlein, Demin. von
στρουθός, äol. στροῦθος, ὁ u. ἡ (lat. *turdus* f. *tursdus*, mhd. *drostel* = nhd. *Drossel*), **1)** der Sperling, der Aphrodite heilig. **2)** ὁ μέγας od. (ion.) κατάγαιος στ. der Strauß. (Bei Äsch. Ag. 145 vom Adler?)
στροφάλιγξ, ιγγος, ἡ, ep. poet. Wirbel.
στροφαλίζω, ep., Frequ. von στρέφω, oft drehen, ἠλάκατα, d. i. spinnen.
στροφάς, άδος, ὁ, ἡ (στρέφω), poet. sich drehend, κέλευθοι ἄρκτου die Kreisbahn der Bärin am [Himmel.
στροφεῖον, τό, die Ankerwinde.
στροφή, ἡ, das Drehen, Umdrehung, Wendung; die List, Schlauheit.
στρόφιγξ, ιγγος, ὁ u. ἡ, der Zapfen.
στρόφιον, τό, Binde, s. στρόφος.
Στρόφιος, ὁ, **1)** (bei Homer) Vater des Skamandrios. **2)** Vater des Pylădes von der Anaxibia, einer Schwester des Agamemnon, Herrscher von Phokis, wo Orestes nach Agamemnons Ermordung (s. Äsch.) Aufnahme fand.
στροφίς, ίδος, ἡ, poet. Band, Gürtel.
στροφοδινέομαι, s. στρεφεδινέομαι.
στρόφος, ὁ, ep. poet. ion. sp., u. dav. **στρόφιον, τό,** *funis* (στρέφω), Band, Strick, Seil, mit ἀορτήρ ein Tragband (am Ranzen). Das Dem. davon τὸ στρόφιον, Binde, ist ein Kopfschmuck der griech. Priester, ähnlich der μίτρα der persischen Könige. Kallias trug diesen Ornat als δᾳδοῦχος bei den Mysterien u. so auch in der Schlacht.
στρόφωμα, τό, sp. u. Dem. **στροφωμάτιον, τό,** sp. Scharnier.
Στρύμη, ἡ, thasische Küstenstadt in Thrakien.
Στρῡμών, όνος, ὁ, Fluß Thrakiens, jetzt *Struma*, türk. *Karasu*. Er entspringt auf dem Skomios (Skombros)-Gebirge u. mündet in den Strymonischen Meerbusen j. B. von Rendina. Seine Anwohner **οἱ Στρυμόνιοι.** Von ihm kamen die Nordwinde, **πνοαὶ ἀπὸ Στρυμόνος** od. ion. **Στρυμόνιος ἄνεμος**; poet. Στρυμόνιον **πέλαγος** der vom Strymon gebildete große See Presias.
στρῡφνός, 3., sauer, übertr. mürrisch.
στρυφνότης, ἡ, sp. mürrisches Wesen.
στρώματα, τά (Sing. ion.), u. **στρωμνή,** ἡ (στρώννυμι), das Ausgebreitete, der Teppich, die Decke. Insbes. die Lagerbedeckung, Bettzeug, Matratze, Bettdecken, Bettpolster, das Bett, Lager.
στρωμάτιον, τό, sp. Demin. v. στρῶμα, kleine Decke; weicher Teppich.
στρωματό-δεσμος, ὁ, Bettsack, Mantelsack, in welchem man die Bettpolster und Bettdecken zusammenschnürte u. den man sich von Sklaven auf Reisen nachtragen ließ.
στρωμάτο-φύλαξ, ακος, ὁ, sp. der die Aufsicht über Bett- u. Tischzeug hat.
στρωμνή, ἡ, s. στρώματα.
στρώννυμι, s. στόρνυμι.
στρῶσις, ἡ, sp. Ausbreiten, Pflasterung.
στρώτης, ὁ, sp. der die Betten u. Tischlager zurechtlegt.
στρωτός, 3. (στρώννυμι), poet. ausgebreitet, hingelegt.
στρωφάω, ep. ion poet., Frequ. von στρέφω, **1)** Akt. ep. = στροφαλίζω, spinnen. **2)** Med. sich hin u. her wenden, κατά τινα gegen jmdn., umherschweifen, sich aufhalten, verkehren, verweilen.
στυγ-άνωρ, ορος, ὁ, ἡ, poet. die Männer hassend.
στυγερός, 3., Adv. **-ῶς,** ep. u. poet. = στυγνός, 1.
στυγερ-ώπης, ες, ep. mit abscheulichem, scheußlichem Blick.
στῠγέω, ep. poet. ion. sp., Aor. ep. ἔστῠγον u. ἔστυξα (s. u.), poet. ἐστύγησα, Perf. (ἀπ)εστύγηκα (in präs. Bdtg.), Aor. pass. ἐστυγήθην, Fut. στυγήσομαι (in pass. Bdtg.), **1)** hassen, verabscheuen, zuwider finden, verschmähen, fürchten, sich scheuen. **2)** ep. im Aor. 1. ἔστυξα kausativ: furchtbar machen.
στύγημα, τό, poet. Gegenstand des Hasses, Abscheus.
στυγητός, 2. poet. verhaßt, τινί; N. T. abscheulich.
στύγιος, 2. u. 3., sowie **Στύγιος,** 3., s. Στύξ.
στυγνάζω, sp. N. T. trübe, verdrießlich sein. Von
στυγνός, 3. (στυγέω), **1)** verhaßt, verabscheut; bes. **a)** abscheulich, schrecklich, grausig, unheilvoll; **b)** schmählich, erbärmlich; **c)** grausam; **d)** feindselig, grollend; **e)** traurig, düster, finster, unglückselig. — Mit ὁρᾶν seine Miene war finster, od. τινί jmdm., u. zwar τινί in etwas, auch = Adv. στυγνὸν οἰμώξας trauervoll seufzend. **2)** akt. στυγνὸς εἴκων δῆλος εἶ du gibst offenbar ungern nach.
στυγνότης, ητος, ἡ, sp. finsteres Wesen, Verdrießlichkeit; Traurigkeit, Schmerz.
στύγος, τό, poet. Haß, Gegenstand des Hasses.
στυλίς, ίδος, ἡ, sp. Stange mit einem Segel.
στῦλος, ὁ, poet. ion. sp. (Wurz. **στυ,** verw. mit **στα**), Säule, Pfeiler, übertr.: Stütze.
στύμα, τό, äol. = στόμα.
Στυμφαία, ἡ, thesprotische Landschaft benannt nach dem Gebirge **Στύμφη,** einem Ausläufer der keraunischen Gebirgskette.
Στύμφαλος, ion. **Στύμφηλος,** ἡ, **1)** Stadt in Arkadien am Flusse gleichen Namens, j. bedeutende Ruinen bei *Kionia*. Der Einw. ὁ **Στυμφάλιος.** **2)** Dav. **Στυμφηλὶς λίμνη,** ἡ, der Stymphalische See, j. See von *Zaraka*, dessen Abfluß der Stymphalos ist.
Στύξ, Στῠγός, ἡ (vgl. ψευσί-στυξ, στύγος, eigtl. „die Verhaßte"). **1)** Fluß od. See der Unterwelt; die Götter schwuren bei ihr ihren furchtbarsten u. heiligsten Eid. Adj. **Στύγιος,** 3. u. **στύγιος,** 2. u. 3., poet. der Styx od. der Unterwelt zugehörig, stygisch, übertr. verhaßt, abenteuerlich. **2)** als Nymphe Tochter des Okeanos u. der Tethys. **3)** Arkadischer Bergbach Hdt. 6, 74.

στυππεῖον, auch στυπεῖον geschr., τό (στύππη = *stuppa*), Werg; auch Plur.
στυππειο-πώλης, ὁ, poet. Werghändler, Strickhändler.
στυπτηρίη, ἡ (στύφω zusammenziehen), ion. Alaun, *alumen,* Alaunstein od. -schiefer.
στυπτικός, 3. (στύφω, zusammenziehen), sp. verdickend, verstopfend.
Στύρα, τά, Stadt an der Südwestküste von Euböa; j. *Stura.* Der Einw. **Στυρεύς,** έως, ὁ.
στυράκιον, τό, s. II. στύραξ.
I. **στύραξ,** ἄκος, ἡ u. ὁ, der Gummistrauch oder -baum, welcher das wohlriechende Gummiharz Storax gibt.
II. **στύραξ,** ἄκος, ὁ, u. Dem. dav. **στυράκιον,** τό, **1)** mit u. ohne ἀκοντίου, das untere Ende des Lanzenschaftes. **2)** der Lanzenschaft selbst, die Lanze, der Speer.
στυφελιγμός, ὁ, poet. Schlagen, Mißhandlung. Von
στῠφελίζω, ep. u. poet., Aor. ἐστυφέλιξα u. στυφ., **1)** schlagen, stoßen, erschüttern, zurückschlagen, abs. od. τί, τινά. **2)** wegschmettern, wegstoßen, wegdrängen, verjagen, τινά, τινί, u. zwar ἔκ, ἐκτός τινος. **3)** überh. hin- u. herstoßen, mißhandeln, τινά. Auch im Pass.
στυφελός, 3. u. 2. poet., **στυφελώδης,** 2. sp. ep. u.
στυφλός, auch **στύφλος,** 3. (auch 2.), poet. dicht, fest, hart, rauh; übertr. ernst, streng, derb.
στύφω, verdichten, fest, hart machen.
Στωικός, 3. (στοά), sp. die stoische Philosophie betreffend, ὁ Στ. λόγος die stoische Lehre, bei Plut. (Kleom.) auch Name derer, welche die Lehre bekennen. Subst. ὁ Στ., Anhänger der stoischen Philosophie, welche, von Zēnon aus Kition (um 308) in Athen gegründet, seit 155 v. Chr. auch in Rom Eingang fand. Ihr Hauptgrundsatz war: der Natur gemäß zu leben.
στωμυλιο-συλλεκτάδης, ὁ, poet. Geschwätzsammler.
στωμύλλω u. **Med.**, poet. u. sp. gesprächig sein, schwatzen, plaudern.
στώμυλμα, τό, poet. plur. nichtiges Geschwätz.
στωμύλος, 2. (στόμα), der ein gutes Mundwerk hat, redselig, geschwätzig.
σύ (lat. *tu*, dt. *du*), äol. u. dor. **τύ,** ep. **τύνη,** Sg. gen. ion., ep. u. poet. σέω, σεῦ, σέθεν (orthot. u. enklit.), σεῖο (stets orthot.) und τεοῖο (zweifelh.), dor. und äol. auch τεοῦς oder τεῦς, dat. σοί (auch enklit., aber bei Hom. stets orthot.), dor. u. ion. τοί (stets enklit.) u. τεΐν (orthot. oder auch τίν), acc. dor. τέ, τίν • Dual. nom. u. acc. σφῶι u. σφώ (ep. u. att.), gen. u. dat σφῶιν, zsgz. σφῷν (ep. u. att.), stets orthot. • Pl. nom. ep. und äol. ὔμμες, gen. ion. ὑμέων, ep. ὑμείων, dat. ep. u. poet. ὔμιν, äol. u. ep. ὔμμι(ν) u. ὔμμ', acc. ion. ὑμέας, äol. u. ep. ὔμμε (ὑμέων u. ὑμέας bei Hom. stets zweisilbig), verst. **σύγε, σύπερ,** Pron. pers. der zweiten Person, **du,** deiner, usw., ihr beide usw., **ihr,** usw., Verstärkt wird es nicht selten durch αὐτός. Beim Inf. kommt es vor, wenn derselbe statt des Imper. steht. Elliptisch erscheint es z. B. in μὴ σύ γε tue das ja nicht, oder in τί σοί; näml. συνέβη, οὐκ ἔγωγέ σε, näml. θελήσαιμ' ἂν θιγεῖν ἐμοῦ, u. wiederholt in σὲ δή, σέ, näml. καλῶ; versetzt in πρός σε θεῶν (*per deos te obsecro*).
Σύβαρις, εως, ion. ιος, **1)** Σ., ἡ, Stadt an der Küste Lukaniens, von den Krotoniaten 510 zerstört, aber 443 mit Hilfe griechischer, bes. attischer Kolonisten wiederhergestellt u. Θούριοι genannt, s. Θούριος. Der Einw. ὁ **Συβαρίτης. 2)** Σ., ὁ, ein Flüßchen Lukaniens, bei Thuk. rechter Nebenfluß des Krathis, j. *Cascali.* **3)** Σ., ἡ, Tochter des Themistokles.
σῠβόσῐον (-βόσειον), τό (σῦς, βόσις), ep. stets Plur. u. mit συῶν, eine Herde Säue.
Σύ-βοτα, τά, die Sautriften, eine Anzahl kleiner Inseln hart an der Küste von Epeiros (Thesprotis), j. *Sijvota.* Unterschieden wird τὰ ἐν τῇ νήσῳ Σ., ein Hafen von Σ. selbst, von τὰ ἐν τῇ ἠπείρῳ Σ., einem Hafenplatze im nahe gelegenen Thesprotis, auch Σ. λιμήν genannt.
σῠ-βώτης, ου, ep. εω, ὁ (βόσκω), Schweinehirt, Sauhirt.
σύγ-γαμος, 2., poet. sp. **a)** durch Ehe verbunden. **b)** eine gemeinschaftliche Frau habend, Nebenbuhler. **c)** verschwägert (?).
συγ-γείτων, ονος, ὁ, ἡ, poet. grenznachbarlich.
συγ-γελάω, poet. sp. mit-, zusammenlachen.
συγ- od. **ξυγγένεια,** ἡ (-νής), **1)** gleiche Abkunft, Verwandtschaft, insbes. Stammverwandtschaft, Stammverbindung, ἐς τὴν ξυγγ. οἰκειοῦντες sie dem Stammvolke wieder einverleibend. Abs., od. τινός mit jmdm., z. B. τοῦ θεοῦ (doch zweifelh.), od. πρός τινα. **2)** konkr. die Verwandten, die Sippschaft, das Geschlecht (auch von einer Person).
συγγενέτειρα, ἡ, poet. gemeinschaftliche Mutter.
συγ- od. **ξυγγενής,** 2., (γένος) • **1) mitgeboren, angeboren,** μῆνες **durchs ganze Leben begleitend** Soph. OT. 1082 • **2) mit u. ohne** φύσει **von demselben Geschlechte, anverwandt, verwandt, verschwistert,** insbes. **stammverwandt,** συγγενὴς φθόνος auch: **Haß der Stammverwandten** • **Subst.** • **a)** συγγενές τι Λαΐῳ **eine Blutsverwandtschaft mit L.** Soph.; ξυγγενέστερον bei ψυχή **eine verwandtere Sache** • τὸ σ. **das Verwandte, die Bande des Bluts, die Anverwandten, insbes. die Stammverwandtschaft,** τῷ ξυγγενεῖ **vermöge der Stammverwandtschaft, gew.** κατὰ τὸ ξ. **nach, gemäß, kraft, wegen der St.** • **Auch im Pl.** τὰ σ. **die Verwandtschaften** • **c)** ὁ od. οἱ σ. **der Verwandte, die V. insbes. Stammverwandten,** φύσει **die natürlichen** • **3) von derselben Art, ähnlich** • **4) am persischen Hofe u. bei Alexander d. Gr. Ehrentitel für verdienstvolle Männer (Vettern des Königs), zugleich eine (15000 Mann starke) Garde.**
συγγενικός, 3. ar. sp. **1)** naturgemäß, unserer (menschlichen) Anlage, Natur entsprechend. **2)** verwandtschaftlich, von der Familie herrührend, ihr eigentümlich, νόσημα eine Familienkrankheit, ἐγκλήματα Familienzwistigkeiten.
συγγενίς, ίδος, ἡ, sp. N. T. Verwandte.
συγ-γεννάω, zusammen erzeugen, im Pass. zugleich geboren werden, τινί mit etwas.
συγ-γηθέω, poet. sich mitfreuen.

συγ-γηράσκω, Aor. inf. poet. συγγηρᾶναι (-ᾶσαι), mit altern, zugleich mit etwas alt werden.

συγ- od. **ξυγγίγνομαι,** bei Hdt. **συγγίνομαι, zusammenkommen,** -treffen, zu jmdm. kommen, sich vereinigen, auch: vereinigt sein, bei jmdm. sein, mit jmdm. zusammen sein, leben, verweilen, mit jmdm. umgehen, **verkehren,** unterhandeln, sich unterhalten, sich in jmds. Nähe aufhalten. Im bes. **1)** jmdm. helfen, **beistehen,** dienen **2)** Schüler, Genoß, **Freund,** auch **Lehrer** jmds. **sein** τινί; οἱ συγγενόμενοι die Umgebung Xen. **3)** der Liebe pflegen, auch: ehelich verbunden sein, ehelich zusammenleben, ehelich beiwohnen; ἐπὶ γάμῳ sich ehelich verbinden, ἐκ διαφορᾶς nach einem Zerwürfnisse.

συγ- od. **ξυγ-γιγνώσκω,** bei Hdt. **συγγινώσκω. 1) mitwissen,** Mitwisser sein, wissen, finden, erkennen, παθόντες durch Leiden klug werden; sich überzeugen, συγγιγνώσκω ἐμαυτῷ ἠδικηκώς u. ἠδικηκότι ich bin mir bewußt; im Med. bekannt sein mit etw., τινί, bei Hdt. auch von sich wissen, von sich zugeben, εἶναι ἕσσων schwächer zu sein. **2)** mit beschließen, gleicher Meinung sein, **übereinstimmen,** gestehen, glauben, τὴν ἁμαρτίαν seinen Irrtum teilen, ταὐτά ebenso denken. **3)** Akt. u. Med., einräumen, zugestehen, u. dah. nachsehen, **verzeihen,** vergeben, τινί, mit εἰ od. Part., auch mit dem Nom. des Part., παθόντες für das Erduldete.

ξύγ-γνοια, poet. u. **συγ-** od. **ξυγγνώμη,** ἡ (συγγιγνώσκω), u. poet. **συγγνωμοσύνη,** ἡ, **Vergebung,** Verzeihung, Begnadigung, Nachsicht, συγγνωμοσύνην θέσθαι Nachsicht angedeihen lassen Soph. Tr. 1265, συγγνώμην, ξύγγνοιαν ἔχειν, ἴσχειν, ἀπονέμειν, ποιεῖσθαι Verzeihung haben, verzeihen; τινί jmd., τινός wegen, für etwas, od. mit ὅτι, εἰ, od. mit Inf.; τύχη συγγνώμην ἔχει verdient Verzeihung Soph. Tr. 328, συγγνώμην τι ἔχειν einige Entschuldigung haben. Dag. συγγνώμην λαμβάνειν, συγγνώμης τυγχάνειν Verzeihung erhalten, mit Partiz. dafür daß; συγγώμη mit u. ohne ἐστί es ist verzeihlich, verdient Nachsicht, u. zwar mit εἰ od. Inf. Ähnl. σ. γίγνεται ἔκ τινος.

συγγνωμονέω, sp. verzeihen.

συγγνωμονικός, 3. ar. sp. zum Verzeihen, zur Nachsicht geneigt, τινί.

συγ- od. **ξυγγνώμων,** 2. verzeihend, nachsichtig, τινί jmdm., τινός gegen od. wegen etwas, dah. συγγνώμονα ἔχειν τινά τινος sich für etwas auf jmdn. berufen, der nämlich dieselbe Ansicht hat, auch mit dem Inf. κολάζεσθαι gewährend daß usw. Subst. ξύγγνωμόν τι γίγνεται πρός τινος es findet einige Nachsicht von seiten jmds.

συγ- od. **ξυγγνωστός,** 2. poet. u. sp. verziehen, zu verzeihen, verzeihlich, συγγνωστά mit u. ohne Kopula, abs. oder mit Inf. Auch von Personen: entschuldbar, u. mit Partiz., ξυγγνωστοί εἰσι ποθοῦντες es ist verzeihlich, daß sie sich sehnen.

συγ-γομφόω, sp. zusammennageln.

σύγ-γονος, 2., poet. = συγγενής, s. d.

σύγγραμμα, τό, u. **συγ-** od. **ξυγγραφή,** ἡ (συγγράφω). **1)** das Aufschreiben, Aufzeichnen, die **schriftliche Aufzeichnung** (συγγραφή), u. das Aufgeschriebene (συγγράμματα). **2)** im bes. **a)** erklärende Bemerkung, Erläuterung, **b)** die abgefaßte **Schrift,** Abhandlung, Denkspruch, **c)** (συγγραφή) das **Geschichtswerk,** Geschichte, **d)** gesetzliche Bestimmung, **Statut, e)** (συγγραφή) schriftlicher Kontrakt, gew. v. Privatverträgen über Kauf, Miete, Lieferungen u. Leistungen. Dah. κατὰ συγγραφήν nach schriftlichem Vertrage.

συγγραμμάτιον, τό, sp. demin. Schriftchen, Büchlein (wie die neun des Herodot).

συγ- oder **ξυγγραφεύς,** έως, ὁ, der etwas aufschreibt. Im bes. **a)** Schriftsteller, Geschichtschreiber. **b)** οἱ ξ. ein Verfassungsausschuß, Kommission von 10 Männern, in Athen 411 eingesetzt, mit unbedingter Vollmacht den Entwurf einer neuen (oligarchischen) Verfassung an das Volk [zu bringen.

συγγραφή, ἡ, s. σύγγραμμα.

συγγραφικός, 3. sp. schriftstellerisch.

συγγραφικῶς, Adv., wie in Kontrakten, ganz genau.

συγ- od. **ξυγγράφω** u. Med. **συγγράφομαι** zusammenschreiben, schriftlich abfassen, **niederschreiben,** aufzeichnen, aufsetzen, bes. **1)** einen zusammengetragenen Stoff, insbes. vom Geschichtschreiber: **beschreiben,** verfassen, verfertigen, u. zwar τί etwas, περί τινος über jmdn. **2)** im Med. **a)** eine schriftliche Urkunde aufsetzen, einen Kontrakt machen, **b)** bes. **α)** den Namen des Antragstellers einem Volksbeschluß od. Gesetz hinzuschreiben, **einen Volksbeschluß ausfertigen, β)** einen Zusatz zu einem schon gestellten Antrag vorschlagen, schriftlich beantragen.

συγ-γυμνάζομαι, Med. Leibesübungen mit jmdm. anstellen, sich mit üben. Dav.

συγ-γυμναστής, ὁ, der Mitturner.

σύγε, s. σύ.

συγ-καθαγίζω, sp. mit opfern.

συγ- od. **ξυγκαθαιρέω,** ion. **συγκαταιρέω** (-καθαιρήσω, -καθεῖλον usf.), zugleich niederreißen, schleifen, mit herunternehmen, u. zwar τινί mit jmdm., übertr. **a)** zugleich mit umbringen, mit besiegen, stürzen helfen, demütigen, τί, τινά, u. zwar τινί, μετά τινος mit jmdm. **b)** τοὺς ἀγῶνας die Kämpfe mit bestehen helfen.

συγ-καθαρμόζω, poet. jmdn. (τινά) **mit bestatten.**

συγ-καθέζομαι, Dep., Impf. συνεκαθεζόμην, zusammensitzen, Sitzung halten.

συγ-καθείργνυμι, Aor. συγκαθεῖρξα, zusammen einsperren, -einschließen, τινά τι, übertr. jmdn. an etwas fesseln; Pass. sich einschließen lassen.

συγ-καθέλκομαι, poet. Pass., mit herabgezogen werden.

συγ-καθεύδω, zusammenschlafen, τινί mit jmdm.

συγ- oder **ξυγκάθημαι,** ion. **ξυγκάτημαι,** Dep. **1)** zusammensitzen, insbes. Sitzung halten, abs., u. ἔν τινι auf, in etwas, περί τινος in Unterhandlungen über etwas. **2)** bei od. neben jmdm. (τινί) sitzen, bei Her. 3, 68 zugleich mit einer im Harem wohnen.

συγ-καθίζω, 1) Akt. trans. zusammensetzen, τινά jmdn., N. T. **2)** Akt. intr. u. Med. **συγ-καθίζομαι,** sich zusammensetzen.

συγ-καθίημι, Aor. συγκαθῆκα, inf. συγκαθεῖναι, 1) trans. herunterlassen. 2) intr. sich herablassen (nämlich zu einer Antwort), sich einlassen worauf, abs. od. τινί; nachlassen.

συγ- od. **ξυγκαθίστημι,** 1) Akt. trans. (-καταστήσω, -κατέστησα) a) mit einsetzen, -einführen, -gründen, anordnen helfen, mit ordnen τί. b) poet. mit zum Stehen bringen, beseitigen, νόσον. 2) Med. intr. συγκαθίσταμαι (-καταστήσομαι, -κατέστην, -καθέστηκα), a) ar. mit eintreten, im Perf. sich mit befinden, Mitglied sein, ἔν τινι in etwas. b) sp. sich mit zum Streit od. Kampf stellen.

συγ-κακοπαθέω, sp. N. T. und

συγ-κακουχέομαι, N. T. zusammen leiden, τινί.

συγ- od. **ξυγκαλέω,** 1) Akt. zusammenrufen, versammeln, im bes. zum Kampfe rufen od. zugleich einladen, τινά, τί, u. zwar τινί mit jmdm. 2) Med. N. T. zu sich rufen.

συγκαλυπτέος, 3. poet. zu verschweigen, u.

συγκαλυπτός, 3. poet. von allen Seiten verhüllt, von

συγ-κᾰλύπτω, mit bedecken od. in Vergessenheit bringen; Med. sich verhüllen.

συγ- od. **ξυγκάμνω,** poet. u. sp. mit arbeiten, zugleich sich anstrengen, mit behilflich sein, helfen, im bes. zugleich Mühsale erdulden, sie teilen, abs. od. τί, u. zwar τινί jmdm.; poet. auch Mitleid haben.

συγ- od. **ξυγκάμπτω,** zusammenbiegen, krümmen, τί. Im Pass. ξυγκαμφθείς mit gebogenen Beinen.

συγ-κασιγνήτη, ἡ, poet. Mitschwester.

σύγ-κᾰσις, ἡ, poet. verschwistert.

συγ- oder **ξυγκαταβαίνω** (-καταβήσομαι, -κατέβην), 1) zusammen hinuntergehen, εἰς μονομαχίαν sich einlassen. 2) übertr. zusammenstimmen.

συγ-καταβάλλω, sp. zugleich zugrunde richten.

συγ-καταγηράσκω, mit jmdm. (τινί) altern, -alt werden.

συγ-κατάγω, eigentl. mit zurückbringen, im bes. jmds. Wiedereinführung unterstützen, u. zwar τινά.

συγ-καταδιώκω, zugleich mit verfolgen.

συγ-καταδουλόω u. Med. **-ομαι,** unterwerfen-, unterjochen helfen, τινά, τί, u. zwar jmdm.

συγ-καταδύομαι, sp. mit untergehen.

συγ-καταζεύγνυμι (-ζεύξω, -έζευξα, -έζευκται), poet. u. sp. zusammen verbinden, übertr. im Perf. pass. verstrickt sein, τινί in etwas.

συγ-καταθάπτομαι, Pass. zugleich begraben werden, τινί mit jmdm.

συγκατάθεσις, εως, ἡ (τίθημι), sp. N. T. Zustimmung, Übereinstimmung.

συγ-καταθετικός, 3. sp., Adv. **-κῶς,** beistimmend, beifällig.

συγ-καταθέω, einen Streifzug mitmachen.

συγ-καταθνήσκω, buk. poet. mit sterben.

συγ-καταίθω, poet. mit verbrennen.

συγ-καταινέω, billigen, beistimmen, τινί.

συγ-κάταινος, 2. zustimmend, τινί einer Sache.

συγ-καταιρέω, s. συγκαθαιρέω.

συγ-καταίρω, sp. zugleich anlangen, πρός τι.

συγ-κατακαίω (-καύσω usf.) mit od. zusammen verbrennen, τί. [sitzen.

συγ-κατάκειμαι, zusammen bei Tische liegen od.

συγ-κατακλείω, sp., ion. συγκατακληίω, mit einschließen ἔσω ἔν τινι.

συγ-κατακόπτω, sp. zusammen niederhauen.

συγ-κατακτάομαι, mit erwerben, erwerben-, erobern helfen, τί τινι.

συγ-κατακτείνω, Aor. 2. συγκατέκτανον, u. vom Wurzelaor. part. συγκατακτάς, poet. zugleich töten.

συγ- od. **ξυγκαταλαμβάνω,** Aor. -κατέλαβε, zugleich wegnehmen, mit in Besitz nehmen, mit erobern od. erbeuten, abs. u. τί; zugleich zu sich nehmen, -einnehmen, -aufnehmen.

ξυγ-καταλείπω φρουράν, eine gemeinschaftliche Besatzung zurücklassen, ἔν τινι.

συγ- od. **ξυγκαταλύω** τὸν δῆμον, sich zum Sturz der Demokratie verbinden, beim Umsturz der Demokratie helfen, die Volksherrschaft stürzen helfen.

συγ-καταμείγνυμι (-μίγν.), zusammenmischen, vereinigen.

συγ-κατανέμομαι, Med. mit jmdm. teilen od. besitzen, τί.

συγ-καταπλέκω, ar. sp. mit hineinverflechten.

συγ-καταπράττω, zustande bringen helfen.

συγ-καταριθμέω, sp. mit dazu zählen, rechnen.

συγ-καταρρίπτω, sp. zusammen niederwerfen, τί, im bes. geknicktes Getreide.

συγ-κατασκάπτω, mit zerstören.

συγ-κατασκεδάννυμι, Aor. med. -εσκεδάσατο, zugleich mit ausgießen.

συγ- oder **ξυγκατασκευάζω,** machen-, zustande bringen helfen, τί u. τί τινι etwas jmdm.

ξυγ-κατασκηνόω, in Zelte zusammenlegen, zusammenquartieren, τινά, näml. σὺν τοῖς ὑπηρέταις.

συγ-κατασκήπτω, sp. zugleich hervorbrechen.

συγ-κατασπάω (-σπᾰ́σω, -έσπᾰσα usf.), zugleich mit hinabziehen, verschlingen, τινά od. τί.

συγ-καταστασιάζω, sp. durch politische Intrigen unterdrücken helfen, πόλιν.

συγ- od. **ξυγκαταστρέφω,** 1) Akt., sp. zugleich mit umwenden, d. h. beschließen, τὸν βίον. 2) Med. mit unterjochen, unterwerfen helfen, τί.

συγ-κατατάττω, zugleich mit einreihen.

συγ-κατατήκομαι, sp. mit zerschmelzen, sich aufreiben an etw., τινί.

συγ-κατατίθεμαι, Med. etwas von sich mit aufstellen, teils abs. sich in Übereinstimmung befinden, beistimmen, teils τὴν αὐτὴν δόξαν περί τινος seinerseits dieselbe Ansicht über etwas aufstellen.

συγ-καταφλέγω, sp. zusammen, zugleich verbrennen, τί τινι.

συγ-καταψηφίζομαι, sp. Dep. med., 1) durch seine Stimme mit verurteilen, bei der Verurteilung mitwirken. 2) mit dazu wählen, -κατεψηφίσθη pass.

συγ-κάτειμι, sp. = συγκατέρχομαι. [im N. T.

συγ-κατεξανίσταμαι, sp. intr. Aor. συγκατεξανέστη, sich zugleich erheben.

συγ- od. **ξυγκατεργάζομαι,** Dep. med., 1) mit einrichten helfen, mit ausführen od. durchsetzen, im bes. mit erwerben, sich unterwürfig machen, erobernd helfen. 2) mit helfen, behilflich sein, beistehen, im Bunde sein, abs. od. τί, u. zwar τινί jmdm. od. für jmdn. 3) poet. mit umbringen.

συγ-κατέρχομαι, Aor. -κατῆλθε, mit hinabgehen, gleich hinabziehen, bei Lys. u. Aristoteles im bes. zugleich mit zurückkommen, von denen, welche nach dem Sturz der Dreißig nach Athen zurückkehrten.

συγ-κατεύχομαι, Dep. med. poet. sp. zusammen erflehen, mit erbitten, *τί*.

συγ-κατηγορέω, mit anklagen.

συγ-κάτημαι, s. *συγκάθημαι*.

συγ-κατοικέω, poet. sp. zusammen wohnen, übertr. zusammen hausen, *τινί* mit jmdm.

συγ- od. **ξυγκατοικίζω,** bei der Gründung helfen, bevölkern helfen; im besond. wiederherstellen od. wiedereinsetzen helfen, überh. zugleich gründen od. errichten, *τί* u. *τινά*.

συγ-κατοικτίζομαι, Fut. *-ιοῦμαι*, poet. Med., sich mit bedauern lassen, indem man mit jmdm. weint, seinen Kummer ausschütten, *τί* in betreff einer Sache.

συγ-κατορύττω, sp. mit begraben.

συγ-καττύω, sp. zusammenflicken.

σύγ- od. **ξύγκειμαι,** Dep. med. • 1) bei einander liegen, vereint sein • 2) (als Perf. pass. von *συντίθημι*) • a) **aufgehäuft,** aufbewahrt sein • b) **zusammengesetzt sein,** bestehen, auch herrühren, *ἔκ τινος* aus etwas. Im bes. *α*) künstlich geschaffen, gearbeitet, **abgefaßt sein,** hier der eigentliche Ausdruck von den Kompositionen der Dichter, *β*) **erdichtet,** ersonnen sein • c) verabredet, übereingekommen, **bestimmt sein,** *συγκείμενος* verabredet, bestimmt, *ἀπὸ ξυγκειμένου λόγου* infolge einer Verabredung Thuk. 8, 94; unpers. **σύγκειται,** *καθάπερ ξυνέκ.* gemäß der Übereinkunft Thuk., *συγκειμένου σφι* da, während es mit ihnen verabredet war • 4) Subst. *τὸ* od. *τὰ* **συγκείμενα** das Verabredete, die Übereinkunft, *κατὰ τὸ* od. *τὰ σ.*, *ἐκ τῶν ξ.* gemäß der Verabredung, nach der Übereinkunft, *εἰς τὸ συγκείμενον* auch: nach dem verabredeten Orte.

συγ-κελεύω, die Aufforderung unterstützen.

συγ-κεντέω, ion. sp. zusammen niederstechen, überh. niederbohren, *τινά*.

συγ- od. **ξυγκεράννυμι,** Aor. med. *συνεκεράσατο*, pass. *συνεκράθην*, ion. *-εκρήθην*, Perf. med.-pass. *συγκέκρāμαι*, ion. *-κέκρημαι*, zusammenmischen, vereinigen, 1) Pass. zusammengemischt, innig verschmolzen, eng angeknüpft, tief verknüpft, gekettet od. versenkt werden, u. zwar *ἀπό τινος* von oder aus etwas, *τινί* in, mit etwas, oder mit oder zwischen jmdm. 2) Med. a) sich mit jmdm. (*τινί*) verbinden, vertraut machen. b) für sich anknüpfen, *πρὸς Ξέρξεα φιλίην*.

συγ-κεραυνόω, poet. mit Blitzeskraft od. Blitzesschnelle zusammenschmettern, *τί*.

συγ-κερκίζω, zusammenweben.

συγ-κεφαλαιόω, 1) Akt. in ein Hauptergebnis zusammenfassen, summieren. 2) Med. a) zusammenfassen, zentralisieren. b) insgesamt übergeben.

συγ-κεχυμένως (*συγχέω*), Adv. sp. verworren.

συγ- od. **ξυγ-κινδῡνεύω,** 1) zugleich in Gefahr sein, *τινὶ ἔν τινι*. 2) Gefahren teilen, *τινί* mit jmdm.

συγ-κινέω, sp. N. T. mit bewegen, **-erregen, aufhetzen.** Pass. sich mit in Bewegung setzen, sich erheben, mit jmdm. *τινί*.

συγκλάω, zusammenbrechen, zerknicken, *τί*. Im Pass. perf. *συγκεκλασμένοι* sich sehr biegend, *τὰς ψυχάς*.

σύγ- od. **ξύγκλεισις,** *εως*, *ἡ*, 1) das Zuschließen, Verschließen, *τινός* von etwas. 2) das Zusammenschließen, die Dichtigkeit, *τινός* von etwas.

συγ- od. **ξυγκλείω,** altatt. **ξυγκλῄω,** ion. **συγκληΐω** • 1) Akt. trans. u. Pass. zusammenschließen • a) **eng aneinanderschließen,** zusammendrücken od. setzen, zusammendrängen, einengen (auch in die Enge treiben, nötigen), zusammenziehen, *τὸ οὐ ξυγκλῃσθέν* die offene Stelle, Lücke; *τὰς ἀσπίδας* ein Schirmdach bilden • b) **zuschließen** (*θύρας*), umschließen, einschließen, schließen • c) verdichten, verschwollen machen (*τοὺς ὀφθαλμούς* durch Faustschläge Dem. • d) jmdn. der Gewalt jmds. od. einer Sache übergeben (*εἴς* od. *ὑπό τινά, τι*), N. T. • 2) Akt. intr. **sich zusammenschließen,** *ξυγκλῄσαντες ἐχώρησαν*, sie marschierten in geschlossenen Reihen Thuk. 4, 35, 1 • 3) Med. **sich schließen.**

συγ-κληρονόμος, *ὁ*, N. T. u. sp. der Miterbe.

συγ-κληρόω, zusammenlosen, a) durchs Los verbinden, *τί*. b) durchs Los zuteilen, zuweisen.

σύγ-κληρος, 2. poet. angrenzend.

ξύγ-κλῃσις, *ἡ*, altatt. = *σύγκλεισις*.

συγ-κλητικός, 3. sp. *senatorius*, zum Senatorenstand gehörig; subst. der Senator.

σύγκλητος, 2. (*-καλέω*), zusammenberufen, u. zwar bei den Attikern bes. von außerordentlichen Volksversammlungen. Subst. sp. *ἡ σύγκλ.* der Senat (in Rom).

συγκληΐω u. **ξυγκλῄω,** s. *συγκλείω*.

συγ-κλινής, 2. poet. sich zusammenneigend; *τὸ σ. ἐπ' Αἴαντι*, das gegen A. sich drängende Heer (nach and. das gezückte Schwert).

συγ-κλῑνίαι, *αἱ*, sp. die abhängige Lage, Böschung gegeneinander geneigter Flächen u. Berge.

συγ-κλίνομαι, poet. Fut. pass. *συγκλῐθήσεται*, sich nebeneinander lagern, zusammenliegen.

συγ-κλονέω, ep. poet. sp. in Verwirrung bringen.

συγ-κλύζω, sp. überschwemmen, überfluten.

σύγκλυς, *ὕδος*, *ὁ* (*συγκλύζω*), eigentl. zusammengespült, übertr. zusammengelaufen.

συγ-κλώθω, sp. zusammenspinnen, durch das Schicksal mit jmdm. verbinden; jmdm. **bestimmen.**

συγ-κοιμάομαι, poet. u. sp. Dep. pass., im Bette, bes. im Ehebette mit schlafen, zur Seite ruhen.

συγκοιμήματα, *τά*, poet. Beischläfer.

συγκοίμησις, *ἡ*, der Beischlaf.

συγ-κοινόομαι, Dep. med., mitteilen, *τί τινι*, d. h. jmdn. (*τινί*) zum Teilhaber an etwas (*τί*) machen.

συγ-κοινωνέω, mit daran teilhaben, *τινός* u. *τινί*.

συγ-κοινωνός, 2. N. T. teil woran habend.

συγ-κολλάω, zusammenkitten, *τὶ ἔκ τινος*, zusammenlöten.

συγ-κόλλως, poet. Adv., übereinstimmend.

συγ-κολυμβάω, sp. mituntertauchen, mitschwimmen.

συγκομῐδή, *ἡ*, 1) akt. das Zusammentragen, Zusammenbringen, Herbeischaffen, Einbringen, *τινός* von etwas. 2) pass. der **Zusammenfluß.**

συγ- od. **ξυγκομίζω,** 1) Akt. a) zusammentragen, zusammenbringen, sammeln, einsammeln, herbeischaffen, heimbringen. b) **mitbringen,** mitheben, zugleich gewähren, im bes. einen

Toten, also mit bestatten. 2) Med. a) für sich zusammenbringen, πρὸς ἑαυτόν in sich vereinigen, εἰς τὴν ψυχήν seinem Herzen zu eigen machen. b) um sich versammeln, zu sich berufen.

συγ-κόπτω, Aor. pass. συνεκόπην zusammenschlagen, zerstoßen, zermalmen; zusammenhauen, durchprügeln, niedermetzeln, mit aus- od. abhauen, zerbrechen, zerstören.

συγ-κορυβαντιάω, mit verzückt, begeistert sein, mit schwärmen (wie Korybanten).

συγ-κοσμέω, zugleich schmücken od. zur Zierde gereichen, τινά. [τινά.

συγ-κουφίζω, sp. mit erleichtern, -tragen helfen,

σύγ- oder **ξύγκρᾱσις,** εως, ἡ (-κεράννυμι), die Mischung, Verschmelzung, abs. od. τινός, u. zwar ἔκ τινος, ἐπί τι od. ἐς τοὺς ὀλίγους καὶ τοὺς πολλούς d. h. oligarchischer und demokratischer Elemente.

συγ-κρατέω, sp. zusammenhalten, τί. [mente.

σύγ-κρᾱτος, 2. poet. sp. eng vermischt, verbunden.

σύγκριμα, τό, sp. das Zusammengesetzte, das Ganze.

συγ-κρίνω [ῑ], Adj. verb. συγκριτέον, 1) zusammen beurteilen. 2) beurteilen nach etwas, πρός τι, vergleichen, τινά od. τί, u. zwar τινί mit jmdm. 3) zusammensetzen, verbinden (Gegens. διακρίνω).

σύγκρῐσις, εως, ἡ, 1) Zusammensetzung, Komposition. 2) Zusammenstellung, Vergleichung.

συγκριτικός, 3., 1) zusammensetzend. 2) vergleichend; gramm. ὁ συγκριτικός u. τὸ σ. (sc. εἶδος), der Komparativ.

συγ-κροτέω, trans. zusammenschlagen, hämmern, sp. überh. zusammensetzen, herstellen, τί. Im Pass. a) eingepaukt, eingeübt, geschult (συγκεκροτημένος) werden, τί in etwas. b) bereitet, in Bereitschaft gesetzt werden.

σύγκρουσις, εως, ἡ, sp. das Zusammenstoßen; die Verfeindung, Entzweiung. Von

συγ- od. **ξυγκρούω,** 1) trans. zusammenschlagen, τί übertr. (zum Krieg) zusammenhetzen, miteinander verhetzen, verfeinden, τινά od. τί etwas in Verwirrung bringen, u. zwar τινί, πρός τινα mit jmdm. 2) intr. zusammenstoßen, zusammengeraten, abs., od. τί an od. mit etwas; τὸ ἀντίπρῳρον ξυγκροῦσαι das Zusammenstoßen mit den Schnäbeln, als Inf. epexeget. in Apposition zu τῇ ἀμαθίᾳ.

συγ-κρύπτω, 1) ringsum d. i. ganz verbergen, verheimlichen, verdecken od. verhüllen. 2) mit verbergen. Abs. od. τί, od. mit folg. εἰ.

ξυγ-κτάομαι, Dep. med., miterwerben, miterobern helfen, miterobern, mitverhelfen.

συγ- od. **ξυγκτίζω,** mit jmdm. (τινί) gründen, τί (Her. 4, 156 ist συγκτίζουσι anakoluthisch, angezogen von σφί, st. συγκτίζοντας).

συγκτίστης, ου, ὁ, ion. Mitbegründer der Kolonie, Mitansiedler.

συγ-κυβεύω, ion. u sp. mit jmdm. Würfel spielen, in symbolischer Darstellung: Δήμητρι d. i. mit der Erde, die bald Saat empfängt (gewinnt), bald Ernte spendet (verliert).

συγ-κυκλέω, umwälzen.

ξυγ- u. **συγ-κυνᾱγός,** ὁ, dor., att. **συγ-κύνηγος,** 2. poet. sp. mitjagend, Jagdgenosse.

συγ-κυνηγετέω, sp. mit jagen.

συγ-κύπτω, eigentl. sich zusammenbücken, übertr. sich zusammenziehen, zusammenbücken, unter einem Hute sein, unter éiner Decke stecken. N. T. auch sich krümmen.

συγ-κῦρέω, Aor. συνεκύρησα, ep. u. poet. συνέκυρσα, u. ion. Med. **συγκυρέομαι,** Perf. -κεκύρημαι, ep. poet. ion. sp. zusammenstoßen, d. i. a) an etwas (πρός τι) grenzen. b) zusammentreffen, in den Wurf kommen, zustoßen, widerfahren, sich ereignen, gleichzeitig geschehen, abs. τὰ συγκυρήσαντα die Begegnisse, Ereignisse, od. τινί, ἔς τινα jmdm., od. mit Inf. od. mit Part. c) sich fügen, τινί. Dav. [nis, Ereignis.

συγ-κύρημα, τό, sp. das Zusammentreffen, Begeg-

συγκυρία, ἡ, sp. N. T. der Zufall.

συγ-κωμάζω, poet. u. sp. mitschwärmen, im festlichen od. lustigen Aufzuge einherschwärmen.

σύγ-κωμος, ὁ, poet. Genosse des fröhlichen Fest-

συγ-κωμῳδέω, sp. verspotten helfen. [zugs.

συγ-χαίρω, sich mit freuen, insbes. Glück wünschen, τινί.

συγ- od. **ξυγχέω** (-χέω, -έχεα, -κέχῠκα usf.), Aor. ep. auch συνέχευα, u. vom Wurzelaor. 3. sg. σύγχῠτο (auch in tmesi), sp. συγχύνω, Impf. συνέχυνον, 1) zusammengießen oder -schütten, bes. unordentl. untereinander mischen, ineinander werfen, vermengen, τί. 2) übertr. in Unordnung, Verwirrung bringen, d.h. a) verwirren, beunruhigen, niederschlagen. b) verschütten, verwischen; vereiteln, vernichten, zerstören, umstoßen, aufheben, brechen, ruinieren. Im Pass. verwirrt werden od. sich widersprechen.

συγ-χορευτής, ὁ, der Mittänzer.

συγ-χορηγέω, sp. 1) eigentl. den Aufwand eines Chors mit bestreiten, dann 2) überh. mit u. ohne ἀφειδῶς freigebig beisteuern, schenken, abs. u. τινί zu etwas. 3) überh. helfen, τινί.

σύγ-χορτος, 2. poet. angrenzend.

συγ-χόω u. **συγ-χώννυμι** (-χώσω, -έχωσα, -κέχωσμαι), 1) verschütten, zuschütten, vergraben, τί od. τινά. 2) in Schutt verwandeln, dem Erdboden gleich machen, τί.

συγ-χράομαι, Dep. med., 1) sp. mitgebrauchen, zusammen verwenden, anwenden. 2) N. T. Umgang haben, verkehren, τινί mit jmdm.

συγ-χύν(ν)ω, sp. u. N. T. = συγχέω.

σύγ- od. **ξύγχῠσις,** εως, ἡ, Verwirrung, Zerstörung, Bruch, Störung. Im bes. mit τῆς πολιτείας Umsturz der Verfassung u. alles Bestehenden.

συγ-χωνεύω, zusammenschmelzen.

συγ-χώννυμι, s. συγχόω.

συγ- od. **ξυγ-χωρέω,** Fut. -ήσω u. -ήσομαι • **1) zusammengehen,** συγχωροῦσαι πέτραι die zusammenschlagenden Symplegaden • 2) übertr. • a) **übereinkommen,** sich vereinbaren, sich einigen, τινί u. πρός τινα, τινός wegen etw. • b) beitreten, α) **sich vergleichen** mit, ἀλλήλοις Nachsicht üben, πονηροῖς nachgeben, sich gefallen lassen, sich dreinschicken, β) einwilligen, zugestehen, gestatten, **erlauben,** bewilligen • c) aus dem Wege gehen, d. i. einräumen, abtreten, weichen, Συρηκοσίοισι τῆς ἡγεμονίης, τῷ Ἰνδῷ den Namen abtreten an den Indus • 3) unpers. συγ-

χωρεῖ es geht an, ist erlaubt, möglich, *ὅπῃ ἂν σ.* wie es eben angehe, *συγχωρηθὲν αὐτῷ* wenn es ihm gestattet würde.

συγχώρημα, τό, sp., u.

ξυγχώρησις, *εως, ἡ,* das Zugeständnis, **a)** Eingeständnis, Bewilligung, Erlaubnis. **b)** Anweisung, Vollmacht, mit *τοῦ* u. Inf. daß er.

σύδην (*σεύω*), ep. poet. Adv., anstürmend, heftig, [rasch.

σύειος, 3. (*σῦς*), vom Schweine.

Συέννεσις, *ιος, ὁ,* (Fremdwort), Titel (nicht Name) der kilikischen Fürsten.

συ-ζάω, zusammenleben, übertr. leben u. weben, *τινί* in etwas.

συ-ζεύγνυμι zusammenspannen, übertr. miteinander verbinden; insbes. verheiraten.

σύζευξις, *ἡ,* **1)** Verbindung. **2)** Kombination.

συ-ζητέω, zugleich untersuchen, disputieren. Dav.

συζήτησις, *ἡ,* sp. Besprechung, u. N. T. Wortwechsel.

συζητητής, *ὁ,* N. T. der Forscher, Sophist.

συζυγία, *ἡ,* **1)** Verbindung, enger Verkehr; das Paar. **2)** sp. gramm. die Konjugation.

συζύγιος, 3. poet. sp. dass. wie

σύ-ζυγος, 2. poet. ar. sp., u. **σύζυξ,** *ὁ, ἡ* (*συζεύγνυμι*), zusammengejocht, daher Subst. *ὁ, ἡ,* Genosse, Genossin; Gattin.

σύ-ζωμα, τό, poet. die Verbindung.

συ-ζώννυμι, poet. u. sp. zusammengürten, Med. sich umgürten.

συ-ζωοποιέω, N. T. zugleich lebendig machen.

Συήνη, ägypt. Sun, jetzt *Assuan,* die südlichste Grenzstadt Ägyptens, u. zwar *τῆς Θηβαΐδος,* d. h. zu Oberägypten gehörig.

συκάμῑνον, τό, poet. sp. die Maulbeere.

συκάμῑνος, *ἡ,* poet. sp. N. T. der Maulbeerfeigenbaum, die Sykomore.

συκῆ, *ἡ,* zsgz. aus ep. u. ion. **σῡκέη,** Gen. plur. ion. *συκεέων* (and. *συκέων*), Akk. *συκέας* (zweisilbig), (*σῦκον*), der Feigenbaum. Als Eigenn.

Συκῆ („Feigenhain") ein feigenbewachsener Platz in der Mitte des Abhangs von Epipolä bei Syrakus.

σύκινος, 3. (*συκῆ*) vom Feigenbaume (dessen Holz weich u. schwammig ist; daher) *σ. ἄνδρες* unnütze, schwache, *γνώμη* schwacher Verstand.

συκομορέα, *ἡ,* sp. N. T. der Maulbeerfeigenbaum.

σῦκον, τό, die Feige; poet. Warze (nach der Form).

συκοπέδιλος, 2. poet. feigenbeschuht, mit Sandalen aus Feigenholz (Anspielung auf *συκοφάντης*).

σῡκοτραγέω, sp. Feigen essen.

σῡκοφαντέω (*-φάντης*), ein Verleumder sein, falsch anklagen, verleumden, schikanieren, schwindeln, abs., u. *τινά* jmdn., *τί* über etwas. Dav.

συκοφάντημα, τό, = *συκοφαντία.*

σῡκο-φάντης, *ὁ* einer, der mit der Hand „die Feige" (d. i. eine unanständige Gebärde) macht (*σῦκον* = *αἰδοῖον*), dann falscher Angeber, Ränkeschmied, Schikaneur, politischer Kannegießer, Schwindler. Reichen Leuten preßten sie dadurch, daß sie dieselben mit Anklagen bedrohten, nicht selten Geld ab. Ihr Unwesen war schon zu Sokrates' Zeiten u. später in Athen arg.

σῡκοφαντία, *ἡ,* falsche Anklägerei, falsche Anklage, in Athen mit ziemlich hoher Geldstrafe belegt, aber doch geübt, bes. in fiskalischen Prozessen wegen widerrechtlichen Besitzes öffentlichen Gutes, Säumnis in Bezahlung fällig gewordener Schulden an den Staat, oder in Anklagen wegen fälschlich angemaßten Bürgerrechts.

συκοφαντικός, 3., Adv. **-ῶς,** verleumderisch, mit übelwollender Kritik.

σῡκο-φόρος, 2. sp. Feigen tragend.

σῦλα, s. *σύλη.*

σῡλαγωγέω, sp. N. T. als Beute zu sich herüberführen durch seine Lehre.

σῡλάω, *συλήσω* usw. (*συλήσομαι* auch pass.), ep. Impf. dual. *συλήτην,* (*σῦλον*), **1)** wegnehmen, herunternehmen, herausnehmen, *τί,* z. B. *τόξον* näml. aus dem Futteral, also ihn enthüllen, auch *τί τινος* etwas von etwas. **2)** im bes. getöteten Feinden die Waffen usw. weg- od. abnehmen dann überh. rauben, ausplündern, berauben, bestehlen, betrügen.

συλεύω, ep. poet., u. **συλέω,** = *συλάω.*

σύλη, *ης, ἡ,* nur Plur. **σῦλαι** u. **τὰ σῦλα, 1)** Raub, insbes. Tempelraub. **2)** Beschlagnahme der Fracht eines verschuldeten Kaufmanns. **3)** Kaperei, *σύλας ποιεῖσθαι* Kaperbriefe (gegen einen feindlichen Staat) ausstellen.

σύλησις, *εως, ἡ,* Plünderung, Beraubung.

συλήτωρ, *ὁ,* und Fem. **συλήτειρα,** *ἡ,* poet. Räuber, Räuberin.

συλλᾰβή, *ἡ* (*συλλαμβάνω*), das Zusammenfassen, od. Zusammengefaßte, bes. im Sprechen, dah. die Silbe.

συλλαβίζω, sp. Buchstaben od. Silben zusammen aussprechen, buchstabieren.

συλ-λαγχάνω (*συλλήξομαι, συνέλᾰχον, -είληχα*), durchs Los mit zugeteilt werden.

συλ-λαλέω, sp. N. T. sich unterreden.

συλ- oder **ξυλλαμβάνω,** mit Adj. verb. poet. u. sp. *ξυλληπτέον* • **1) zusammennehmen,** -fassen od. -raffen, wieder sammeln, vereinigen, im bes. zusammendrücken, zudrücken • **2)** mit sich nehmen, **fortschaffen,** gefangen nehmen, verhaften; abs. od. *τινά, τί, ἐπὶ θανάτῳ* zum Behuf des Todes, d. h. hinrichten lassen; übertr. geistig erfassen, verstehen, begreifen • **3)** Akt. u. Med. zugleich mit jmdm. eine Sache anfassen, mit Hand anlegen, unterstützen, beistehen, **helfen,** beitragen, abs. oder *τινί* jmdm. oder einer Sache, *τινός* von oder in etwas (im bes. auch *συλλαμβάνεσθαί τινος* mit Inf. jmdn. mit wozu [*πρός τι*] bewegen), *τί* in etwas, z. B. *πόλεμον ὑπὲρ τῶν πᾶσι συμφερόντων χρήμασι συλλ.* sich an dem im Interesse aller unternommenen Kriege mit Geld für euch beteiligen, doch auch *εἴς τι* u. *πρός τι* zu etwas.

Σύλλας, *α, ὁ,* L. Cornelius Sulla Felix, geb. 138 v. Chr., Sieger über Marius u. Diktator in Rom, † 78.

συλ- od. **ξυλλέγω,** Perf. act. *συνείλοχα,* pass. *συνείλεγμαι,* ion. u. sp. auch *ξυλλέλεγμαι,* Aor. pass. *συνελέγην,* ion. u. sp. öfter *συνελέχθην,* Aor. 1. med. ep. auch *συλλεξάμην* st. *συνελ.,* zusammenlesen • **1)** Akt. u. Med. • **a)** auflesen, (Nachrichten) **(ein)sammeln,** zusammenbringen, versammeln, auch übertr., *σθένος* seine Kräfte sammeln, Eur., ἑαυτὸν ἐκ τῆς ἀσθενείας sich erholen, Eur., im Med. das Seinige zusammenbringen • b) bes. milit. ein Heer zusammenbringen, -ziehen, im Med. bes. in der Bdtg. anwerben • 2) Pass. • a) **sich sammeln**, zusammenkommen, im Perf. zusammensein, οἱ συλλεγέντες die Versammelten • b) übertr. sich allmählich finden, συνελέγετο αὐτῷ ἡ πολυλογία er gewöhnte sich allmählich viel zu sprechen.

συλ-λείβομαι, sp. zusammenfließen.

σύλ-λεκτρος, ὁ, poet. u. sp. Bettgenosse, u. zwar τινί jmdm.

συλ-, auch **ξυλλήβδην,** Adv. (-λαμβάνω), zusammengenommen, im allgemeinen. ein- für allemal, überhaupt

συλ- od. **ξυλλήπτωρ,** ορος, ὁ, u. Fem dazu **συλλήπτρια,** ἡ (συλλαμβάνω), der Gehilfe, die Gehilfin, Teilnehmer oder -in, Beistand, Helfer.

σύλ- od. **ξύλληψις,** εως, ἡ (-λαμβάνω) das Erfassen, die Festnehmung, Gefangennehmung, Verhaftung, τὴν ξ. ποιεῖσθαι die Verhaftung vorbereiten.

συλ-λιάζομαι, aor. σὺν δ'ἐλίασθεν klappten, sanken zusammen, Il. 23, 879; vgl. λιάζομαι u. λιάσσω.

συλ- od. **ξυλλογή,** ἡ, u. **σύλ-** od. **ξύλλογος,** ὁ (-λέγω). 1) das **Sammeln,** Einsammeln, übertr. ἐν γενείου ξυλλογῇ τριχώματος im ersten Mannesalter Aesch. Im bes. a) das Erheben, Eintreiben der Abgaben, b) die Werbung, **Anwerbung,** das Zusammenziehen der Soldaten, des Heeres. 2) das Zusammenkommen, der **Auflauf,** die Zusammenrottung, κατὰ ξυλλόγους γίγνεσθαι sich zusammenrotten. 3) (σύλλογος) die **Versammlung,** Zusammenkunft (zur Beratung), σ. ἐπίκλητόν τινος ποιεῖσθαι einen besonderen Rat zusammenrufen Hdt.

συλ-λογίζομαι, Dep. med., sich zusammenrechnen, zusammennehmen, bei sich überlegen, bedenken, schließen, folgern, erkennen, die Folgerungen zusammenfassen, τί od. mit indir. Nebens. Dav.

συλλογισμός, ὁ, der logische Schluß, Syllogismus, aus Prämissen u. Schlußsatz bestehend.

σύλλογος, ὁ, = συλλογή, s. d.

συλ-λούομαι, sp. Med., zusammen baden.

συλ-λοχίζω, sp. zusammen in λόχους verteilen.

συλλοχίτης, ου, ὁ, ion. sp. ein Krieger aus demselben λόχος, Waffenbruder, τινί von jmdm.

συλ-λῡπέομαι, Fut. συλλυπηθήσομαι, Pass. sich mit betrüben, sein Beileid bezeigen, abs., od. τινί mit, über etwas aufgebracht sein.

συλ-λύω, poet. sp. mit od. zugleich lösen, δεσμά die Anker lichten, übertr. den Streit schlichten (näml. mit jmdm.).

σῦλον, τό, s. σύλη.

σῦμα, τό, lakon. st. θῦμα.

Σύμαιθος, ὁ, Grenzfluß zwischen Leontini u. Katăna, an der Ostküste Siziliens, j. *Giaretta.*

συμ- oder **ξυμβαίνω,** ion. Perf. inf. συμβεβάνει • 1) **zusammengehen,** zur Seite gehen, ποδί, übertr. zusammenpassen • 2) mit u. ohne ἐς τωὐτό, **übereinkommen,** einen Vertrag schließen, sich vertragen, sich einigen, unterhandeln, übereinstimmen, teils abs. mit πάλιν auf einen Vertrag wieder zurückkommen, teils τινί mit jmdm. od. einer Sache, od. χρόνῳ nach der Zeit, σχολῇ spät, teils τί irgendwie, οὐδέν in keinem Punkte, τἆλλα in den übrigen Punkten, εἰς τὸ μέσον auf eine in der Mitte liegende Auslegung, ἐς ἀίδιον für immer, κατὰ ἡσυχίαν in Ruhe, ἀπὸ τοῦ ἴσου unter billigen Bedingungen, πρός τινα mit jmdm., ὑπό τινος von jmdm. zusammengeführt, indem der passive Begriff in συμβῆναι liegt, wie in ξύμβασις ξυνέβη d. h. ward beschlossen, gerade wie das wirkliche Pass. „vereinbart werden" vorkommt. Auch folgt der Inf., Nom. oder Akk. mit Inf. mit u. ohne ὥστε • 3) zusammentreffen, gelingen, folgen, sich ergeben; zu teil werden, sich treffen, stattfinden, **sich ereignen,** widerfahren, *fieri,* der Fall sein. Im bes. • a) ausfallen, eintreffen, bes. von Prophezeiungen, u. zwar mit λαμπρά deutlich, τοὐναντίον im entgegengesetzten Sinne, τοῦδε χρόνου auf die Zeit treffen, dah. auch von der Zeit selbst mit ἐς τὴν ἀπονόστησιν auf die Rückkehr zutreffen d. h. bis dahin mutmaßlich verfließen • b) von Messungen u. ähnl. betragen, und so auch ausreichen, zureichen • c) mit Part. (wie τυγχάνω), γιγνόμενος ich werde zufällig • 4) Oft unpers. **συμβαίνει, es trifft sich,** gelingt. Teils abs., dah. τὸ συμβαῖνον, τὰ σ. das was folgt, τὰ συμβάντα Ereignisse, Begebenheiten, τὸ συμβεβηκός das Zufällige, die Nebensache, oder in συμβὰς κακῶς πόλεμος ein unglücklich geführter Krieg, teils mit τοῦτο, τοιαῦτα darin bestehen, so geschehen, ἔχθιστα sich verfeinden, χρήσιμον nützlich sein, αἴσχιον als eine größere Schande treffen, od. σ. τί τι es findet sich, κάθαρσις εἶναι τοῦτο συμβαίνει, teils τινί, ähnl. πρός τινα, aber περί τινα euphem. es stößt jmdm. etwas zu, für „er stirbt", παρά τι gegen od. im Vergleich zu etwas, μετά τινος unter einem gewissen Verhältnisse. Teils mit Inf., Dat. od. Akk. mit Inf., mit u. ohne ὥστε, bisw. pleon. mit γενέσθαι, εἶναι od. auch mit Part.

συμ-βακχεύω, die bacchische Feier mitbegehen.

σύμ-βακχος, 2. poet. mit begeistert.

συμ- od. **ξυμβάλλω,** ep. Aor. 2. auch σύμβαλον, u. Wurzelaor. act. 3. du. ξυμβλήτην, inf. ξυμβλήμεναι, med. (in intr.-pass. Bdtg.) ind. 3. sg. ξύμβλητο, 3. pl. ξύμβληντο, conj. 2. sg. ξυμβλήεαι (var. -εσαι), 3. sg. ξύμβληται (var. -βλῆται), part. ξυμβλήμενος (auch in tmesi), ion. Fut. συμβαλέω usf. (in alten Hdtausg. als Aor. inf. συμβαλέειν u. ä., jetzt συμβαλεῖν).

I) **trans. zusammenwerfen,** εἰς ταὐτό, daher • 1) **zusammentragen,** -bringen, βλέφαρα ὕπνῳ, ῥοάς, ἀσπίδας zusammenschließen, auch aufschütten, κριθαὶ ἵπποις συμβεβλημέναι, verschließen. Im bes. • a) versammeln, vereinigen, befreunden • b) übertr. πόλεμον, μάχην, ἔχθραν, ἔριν beginnen, ἔπη κακά entgegensetzen, dann aufeinanderhetzen, aufreizen zum Kampf, ἐμὲ καὶ Μενέλαον συμβάλετε μάχεσθαι, *incito* • c) eine Geldsumme zusammenbringen, um sie auszuleihen, dah. Geld vorstrecken u. so im Med. von dem Seinigen zusammenbringen, zusammenschließen, beisteuern, χρήματα αὐτῷ εἰς τὴν τροφήν; überh. Med. förderlich sein, helfen zu, μέγα εἴς τι, od. mit Part. dadurch daß, oder mit subst. Inf. vorangestellt (lat. *quod*): τὸ μὴ ἀγανακτεῖν ἄλλα τέ μοι πολλὰ ξυμβάλλεται dazu trägt bei, ist die Ursache • **d)** Med. überh. von dem Seinigen dazufügen, γνώμην mitraten, doch auch γνώμας in Erwägung ziehen, λόγους sich besprechen, vortragen; dah. auch • **e)** Med. einen Vertrag schließen, **vereinbaren**, verabreden, abs. od. ξενίαν Gastfreundschaft schließen oder stiften, πρός τινα • **2) zusammenstellen** • **a)** vergleichen, daraus folgern, vermuten, ahnen, z. B. τὸ μαντεῖον mit der Tatsache zusammenhalten, τινί, πρός τι. Oft nach μικρά, ἀξίη u. ä. (wie das lat. Sup. auf *-u*) steht der Inf. aor. act. statt des erwarteten συμβληθῆναι: μικρὰ συμβαλεῖν πρός τι gering im Vergleich zu, οὐδὲ ἀξίη περί τινος συμβαλεῖν nicht vergleichbar in, σοφώτερα ἢ κατ' ἄνδρα συμβάλλειν zu scharfsinnig für einen Menschen, od. als Inf. abs. ὕδωρ ἓν πρὸς ἓν συμβάλλειν wenn man von jedem einzeln das Wasser vergleicht. Im Pass. verglichen werden, τινί; πρός τι zurückgeführt werden auf etw. Häufig im Med. bei sich vergleichen, schließen, vermuten, urteilen, τῇδε auf folgende Art, συμβαλλόμενος ἐν Προκοννήσῳ εὕρισκον durch Vergleichung dessen, was in Pr. erzählt wird, πρὸς ἄλληλα • **b)** Akt. u. Med. erklären, verstehen, begreifen, ῥᾴδιον συμβαλεῖν, mit τί, Akk. mit Inf., indir. Nebens. • **c)** zusammenstellen, von Zahlen: zusammenrechnen, τοὺς μῆνας, im Pass. συμβέβληταί μοι ist von mir berechnet.

II) intr. u. Med. **zusammentreffen,** -fließen, sich vereinigen • **1)** verkehren, dann jmdm. begegnen. Insbes. aber • **2)** feindl. zusammenstoßen, handgemein werden, kämpfen, Ἄρης Ἄρει συμβάλοι, auch abs. συμβαλών im Treffen.

ξυμβασείω, richtiger -βησείω, Desider. von συμβαίνω, zu einem Vertrage geneigt sein.

συμ-βασιλεύω, sp. N. T. zugleich regieren, τινί.

σύμ- od. **ξύμβᾰσις,** εως, ion. ιος, ἡ (-βαίνω), das Zusammengehen, dah. Übereinkunft, Vergleich, Vertrag, Kapitulation, Bündnis, ἀπὸ ξυμβάσεως nach einem Vertrage, infolge desselben, ἡ διὰ μέσου ξ. der dazwischenliegende Vertragszustand. Bisw. im Plur.

ξυμβατήριος, 2. u. **συμ-** od. **ξυμβᾰτικός,** 3., Adv. **-ῶς,** auf einen Vergleich gerichtet, friedlich lautend, versöhnlich, λόγος Friedensvertrag, λόγοι versöhnliche Reden, Friedensvorschläge. Subst. οὐδὲν ξυμβατικόν nichts Versöhnliches, nicht irgend eine Nachgiebigkeit.

συμβησείω, s. συμβασείω.

συμ-βιάζομαι, Dep. med., zusammenzwingen, Perf. in pass. Bdtg. τὰ συμβεβιασμένα alle die gewaltsam Unterdrückten.

συμ- od. **ξυμβιβάζω,** zusammenbringen, zusammenhalten, **a)** verbinden, vereinigen, insbes. zu einer ξύμβασις, einem Vergleich bringen, aussöhnen, τινά τινι jmdn. mit jmdm. **b)** vergleichen, τινί τι, u. aus der Vergleichung folgern, schließen, vermuten; begreifen, erkennen. **c)** belehren, τινά, lehren, beweisen, m. ὅτι u. Akk. m. Inf. N. T.

συμβιβαστικός, 3. sp. zur Versöhnung gehörig.

σύμβιος, 2. sp. zusammenlebend; ὁ, ἡ, Gatte, Gattin.

συμ-βιόω zusammenleben, das Leben hinbringen, abs., od. τινί mit jmdm. od. etwas, etwas in seinem Leben genießen od. haben, bisw. verst. durch κοινῇ.

συμβίωσις, εως, ἡ, sp. das Zusammenleben, insbes. das eheliche.

συμβιωτής, ὁ, sp. Gesellschafter, Vertrauter.

σύμβλησις, εως, ἡ, sp. Deutung, insofern diese ein auf Vergleichung (συμβάλλειν) der Umstände beruhender Schluß ist.

συμβλητός, 3. (-βάλλω), sp. vergleichbar.

συμ-βοάω, 1) mitschreien, in das Geschrei einstimmen, τινί mit jmdm. **2)** zusammenrufen, anrufen, zurufen, ἀλλήλους einander.

ξυμβοήθεια, ἡ, gemeinsamer Beistand, **das** vereinigte Hilfsheer.

συμ-βοηθέω, auch **ξυμβ-, a)** zugleich mit andern zu Hilfe kommen, mit beistehen, verbunden sein. **b)** sich gegenseitig zu Hilfe kommen. **c)** zur Hilfe zusammeneilen, in Masse zu Hilfe ziehen, überh. zu Hilfe eilen od. ziehen, herbeieilen od. -kommen. Abs., od. τινί mit jmdm., doch auch mit etwas, ἐπί τινα zu jmdm., ἐς, ἐπί τι wohin.

ξυμβόλαιος, 3. vertragsmäßig, δίκη vertragsmäßig festgestelltes Rechtsverhältnis. Dav. Subst. **τὸ συμβόλαιον,** s. unter σύμβολον.

συμβολεύω, gemeinsame Mahlzeiten halten, die aus Beiträgen (συμβολαί) beschafft wurden.

συμβολέω, poet. sp. = συμβάλλομαι, zusammentreffen, τινί.

συμ- od. **ξυμβολή,** ἡ (-βάλλω), **1)** das Zusammentreffen, d. i. **a)** (auch im Plur.) das Zusammenfließen, der Zusammenfluß. **b)** die Vereinigung, Verbindung. **c)** das Aneinandergeraten von Kämpfenden, Treffen, Gefecht, Schlacht, τῇ σ. im Treffen. **2)** konkr. **a)** im Plur. die Gelenke. **b)** der Gürtelschluß, dah. ἐπ' ἄκρης τῆς σ. oben auf dem G. **3)** im Plur. Geldbeiträge, Beisteuer (bes. zu gemeinschaftlichen Mahlzeiten). [Weise.

συμβολικῶς, Adv., in figürlicher symbolischer

σύμ- od. **ξύμβολον,** τό, u. **συμ-** od. **ξυμβόλαιον,** τό • **1)** der **Verkehr,** Zutritt, πρός τινα zu jmdm., dah. τὰ τοῦ καθ' ἡμέραν βίου σ. die Verhältnisse des alltäglichen Lebens, privatrechtliche V. • **2)** die Verhandlung, der **Vertrag,** insbes. • **a)** der Privatvertrag über Mein u. Dein, δίκαι συμβολαίων Zivilklagen, Prozesse über Privathändel u. Schuldsachen, περὶ τῶν ἰδίων συμβολαίων ἀγών Rechtsstreitigkeit über verletzte Verträge. Insbes. *α)* die ausgestellte Schuldverschreibung selbst (συγγραφή) sowie *β)* die Schuld, das Darlehn, u. *γ)* sp. allgemein die Geschäftspapiere • **b)** der Staatsvertrag. Freundschafts- und Handelsbeziehungen zweier Staaten • **3)** das Wahrzeichen, **Kennzeichen.** Insbes. • **a)** Vorzeichen • **b)** Erkennungszeichen, vor allem die *tessera hospitalis*, ein Würfel od. ein kleines Täfelchen, das der Wirt seinem Gaste beim Abschied gab; man zerbrach sie in zwei Stücke, u. jeder von den beiden behielt seinen Teil zum Zwecke späterer Wiedererkennung (daher Plat. Symp. 191 D *ξύμβολον* = abgebrochene Hälfte); sodann auch die Erkennungszeichen von Eheleuten oder Boten u. überh. Anhaltspunkt, um etwas Unbekanntes zu erforschen • c) die bronzene Marke der Richter. Gegen ihre Vorzeigung wurde der Richtersold ausgezahlt • d) Mustergewichte u. Mustermaße, wonach die *σηκώματα* bestimmt u. geeicht (*σφραγίζω, χαράσσω τῷ χαρακτῆρι μολυβδίνῳ*) wurden.

σύμβολος 2., poet. 1) zusammentreffend; *οἱ σ.* die Begegnenden. 2) Subst. *ὁ σ.*: Merkmal, Wahrzeichen, = *σύμβολον*, 3.

συμβούλευμα, *ατος, τό,* = *συμβουλή*.

συμβουλευτής, *ὁ*, Berater.

συμβουλευτικός, 3. zum Raten gehörig, geschickt.

συμ- od. **ξυμβουλεύω.** 1) Akt. einen Rat erteilen, **raten,** durch seinen Rat unterstützen, seine Ansicht mitteilen, seine Meinung sagen, zu bereden suchen, bereden, *τινί τι*; spez. a) einen Antrag stellen, b) mit einem Ratsherr sein. 2) Akt u. Med. a) **sich beratschlagen,** überlegen, zu Rate gehen, *τινί* mit einem, b) **um Rat fragen,** zu Rate ziehen *τινί τι*.

συμ- od. **ξυμβουλή,** *ἡ*, u. **ξυμβουλίη,** ion. **συμβουλίη,** *ἡ*, Rat, Ratschlag, Beratschlagung, abs. u. *τινός, παρά τινος, αὕτη ἡ ἱερὰ ξ. λεγομένη εἶναι*, d. h. dies ist der Fall, wo das Sprichwort von der Heiligkeit des Rates (*συμβουλὴ ἱερὸν χρῆμα*) seine Anwendung findet.

συμβούλιον, *τό*, sp. u. N. T. 1) = *συμβουλή*. 2) die Ratsversammlung.

συμ-βούλομαι, Aor. *συνεβουλήθη*, zugleich wollen.

σύμ- od. **ξύμβουλος,** *ὁ* (auch *ἡ*), (*βουλή*), Ratgeber, Berater, Mitberater, ratender Beistand, insbes. der politische Ratgeber, Staatsmann.

Σύμη, *ἡ*, Insel zwischen Knidos u. Rhodos, j. *Symi*. Dav. Adv. **Σύμηθεν,** aus S.

συμ-μαθητής, *ὁ*, der Mitschüler, N. T. Mitjünger.

συμ-μαίνομαι, sp. mit rasen.

συμ-μανθάνω, mit lernen, der Aor. *συμμαθεῖν* nach *οὐδεὶς τόπος ἐπίσταται,* so daß ich mit erfahren könnte, was er weiß, also kein Ort weiß mir (von Aias) Bescheid zu geben, od. in *συμμαθόντι ἡδύ*, d. h. für den daran Gewöhnten.

συμ-μάρπτω, ep. u. poet., Aor. part. *συμμάρψας* (auch in tmesi), 1) zusammenraffen od. -fassen, *τινά, τί*. 2) zusammenknicken, *τί*.

συμ- od. **ξυμμαρτυρέω,** Mitzeuge sein, mit bezeugen, bestätigen, abs. u. *τινί*, u. zwar mit Part. *ἐσαγγείλας* durch seine Aussage.

ξυμ-μάρτυς (ξύμ-μαρτυς), *ῠρος, ὁ, ἡ*, Zeuge.

συμμάχεις, äol. part. praes. = *συμμαχῶν*.

συμ- od. **ξυμμαχέω** (*σύμμαχος*). 1) jmdm. (*τινί*) im Kampf, Kriege beistehen, Hilfe leisten, **mitkämpfen,** auf jmds. Seite kämpfen, Kampfgenosse, Bundesgenosse im Kriege sein od. werden, verbündet od. im Bunde sein, **sich verbünden,** einer Bundesgenossenschaft angehören, *δι' ὑμᾶς μὴ ξυμμαχήσαντας* durch euer Fernbleiben vom Bündnisse, mit *ἐλευθέρως* in einem freien Bundesverhältnisse stehen, *μαλακῶς* die Bundespflichten lässig erfüllen, auch mit *ὥστε* u. Inf. Hdt. 1, 98. 2) allg. **helfen,** unterstützen.

συμ- od. **ξυμμᾰχία,** *ἡ*, ion. **-ίη**. 1) die **Kampfgenossenschaft,** Hilfe, Beistand im Kriege, dah. Schutz- u. Trutz-, bes. Kriegsbündnis, überh. Bundesgenossenschaft, **Bündnis,** Bund, Verbindung, abs. *ἡ ἔξω* die auswärtige, *ναυτική* das Bündnis einer Seemacht, *οἱ ἀπὸ ξυμμαχίας αὐτόνομοι* die selbständigen Verbündeten, *σ. ποιεῖσθαι τινί* u. *πρός τινα*. 2) die Bundesgenossen, **Bündner,** Verbündeten, Bündnerheer. 3) das Land der Verbündeten, die Plätze der Verbündeten Thuk. 5, 33.

συμ- od. **ξυμμαχικός,** 3. 1) Adj. die Bundesgenossen betreffend, *θεοί* Bundesgötter Thuk. 3, 58; *νόμος* ein Gesetz für die Verbündeten der Römer (*socii Latini*) Plut; *στρατός* Bundesheer. 2) Adv. **συμμαχικῶς** nach Art von Bundesgenossen. 3) Subst. *τὸ* **συμμαχικόν** a) das Bundesheer, das Heer der Bundesgenossen, Thuk. 8, 9 die Bundesflotte, b) Bundespflicht, Bündnis, der Bundesvertrag, das Bundesverhältnis, c) die Bundeskasse, der Bundesschatz, d) im Pl. *τὰ ξ.* Bundeskontingente, Bundesangelegenheiten Xen. Kyr.

συμμαχίς, *ἡ*, s. *σύμμαχος*.

συμ- od. **ξυμμάχομαι,** zusammen kämpfen, im Verein mit jmdm., *τινί* (bei Herod. früher *συμμαχέομαι*).

σύμ- od. **ξύμμαχος.** 2. nebst bes. Fem. **ξυμμαχίς,** *ίδος, ἡ*. 1) Adj. **mitkämpfend,** zur Seite stehend, **verbündet,** helfend *τινί*; auch von Dingen, Plätzen usw., *συντυχίη σ.* günstig Hdt. 5, 65; *δορὶ σ.* mit Waffenhilfe Aesch., *σύμμαχα ἔχειν τὰ ἄκρα* von dem B. gedeckt werden, *τὰς πόλεις ξυμμαχίδας ποιεῖσθαι* zum Bunde ziehen, *αἱ ξ. νῆες* die Bundesflotte. 2) Subst. a) *ὁ*, auch mit *ἀνήρ*, Mitarbeiter, Mitkämpfer, Kampfgenosse, **Bundesgenosse,** Bundesglied; überh. Beschützer, Beistand. Im bes. *οἱ σύμμαχοι* Xen. Kyr. 6, 1, 1 = *οἱ ἐπικαίριοι* die Führer der verbündeten Scharen, b) *ἡ σύμμαχος* od. *ξυμμαχίς*, α) die Helferin, β) die Bundesgenossenschaft, γ) das Bundesland, c) *τὰ σύμμαχα* die Hilfsmittel, Mittel.

συμ-μεθίσταμαι, sp. intr. zugleich mit jmdm. seine Stelle ändern.

συμ-μείγνυμι, συμ-μειγνύω und **συμ-μίσγω.** 1) Akt. trans. *commisceo*, **zusammenmischen,** vermischen, verbinden, zugesellen, mitteilen, *τὶ καί τι* u. *τί τινι*; *τὰ στρατόπεδα* zusammenlegen Hdt. 4, 114; *κοινόν τι πρᾶγμα σ.* etwas gemeinsam besprechen Hdt. 8, 58; bes. *χεῖράς τινι* handgemein werden • 2) Akt. intr. u. Pass. sich vermischen, zusammentreffen Hdt. 8, 38 od. -stoßen, sich vereinigen, von Flüssen: ineinander fließen; im Pass. sich zugesellen, **beschieden sein,** *κακόν* Hdt. 7, 203. Im bes. • a) sich jmdm. nähern, **sich** zu ihm **gesellen,** mit ihm zusammenkommen, zu ihm stoßen, mit ihm Gemeinschaft, Verkehr haben, umgehen, verkehren, etw. zu tun haben mit Hdt. 6, 138; unterhandeln, sich in ein Gespräch einlassen, auch: sich begatten • b) aneinander geraten, **handgemein werden**, zum Kampf kommen, angreifen; *τινί*, *ἐς μάχην* od. *χεῖράς τινι*, *πρός τινα*; *ὁμόσε* auf einander losstürzen Xen.

σύμμειχτος, 2., s. *συμμιγής*.

σύμμειξις (-μιξις), ἡ, 1) die Mischung. 2) Umgang, Verkehr; Vermählung, *τινί* mit jmdm.

συμ- oder **ξυμμένω,** Perf. *συμμεμένηκα*, 1) zusammenbleiben, d. h. sich nicht zerstreuen. 2) bei jmdm. (*τινί*) zusammenbleiben, bei ihm bleiben. 3) mit u. ohne *ἰσχυρός* festbleiben, sich halten, bestehen, abs., u. *ἐς τοῦτο* bis jetzt.

συμ-μερίζομαι, sp. N. T. = *συμμετέχω*. [*τινί*.

συμ-μεταβαίνω, sp. mit übergehen, u. zwar *ἅμα*

συμ-μεταβάλλω, meist sp., 1) trans. zugleich mit ändern od. verändern, abs., u. *τινί* mit jmdm.; *τὴν ἐσθῆτά τινι* mit jmdm. Trauer anlegen. 2) intr. sich verändern, die Haltung, das Verhalten ändern.

συμ-μετακοσμέομαι, sp. Pass., sich mit jmdm. (*τινί*) anders einrichten od. tragen.

συμ- od. **ξυμμετέχω,** Fut. *συμμετασχήσω*, u. poet. **ξυμμετίσχω,** zugleich mit teilhaben oder -nehmen, zugleich Teilnehmer sein, zugleich mit jmdm. (*τινί*) bei etwas (*τινός*) beteiligt sein.

συμ-μέτοχος, 2. N. T. Anteil habend.

συμ- od. **ξυμμετρέομαι,** 1) Med. ab- oder ausmessen, ausrechnen, berechnen, *τί*, u. zwar *τινί* nach etwas. 2) Pass. zugemessen werden, zusammenstimmen, entsprechen, *τινί* jmdm. od. mit etwas, *τῷ μακρῷ χρόνῳ* d. i. hochbejahrt.

ξυμμέτρησις, εως, ἡ, Berechnung, *-μέτρησιν λαμβάνειν τινός* etwas ausrechnen; sp. das gegenseitige Abmessen, Abwägen.

συμμετρία, ἡ, das richtige Verhältnis, Ebenmaß, Maß. Von

σύμ- od. **ξύμμετρος,** 2., Adv. **-μέτρως** (*μέτρον*), 1) nach etwas abgemessen, d. h. verhältnismäßig, ebenmäßig, im rechten Maß, regelmäßig gebaut, insbes. a) vom Raume: *ὡς κλύειν* nah genug zum Hören, *οὐ ξ. πορεία* d. h. eine unverhältnismäßig weite. b) von der Zeit: gleich alt, Soph. OR 1113; zur rechten Zeit, Eur. Alc. 27. c) vom Maß: *ἐς πλάτος ξύμμετρον*, näml. *τῷ ὕψει*. 2) angemessen, passend, geeignet bequem, günstig, *τινί* jmdm. od. zu etwas, ähnl. *ἔς τι*. 3) Maß haltend, mäßig, auch mittelmäßig.

συμ-μητιάομαι, ep. Dep. med., inf. *-μητιάεσθαι*, *-άασθαι*, an der Beratung teilnehmen.

συμ-μηχανάομαι, Dep. med., 1) mit ausfindig machen, verschaffen, *τί*. 2) sp. zusammen Pläne machen, *τινί* mit jmdm.

συμ- od. **ξυμμιγής,** 2., u. **σύμ-** od. **ξύμμειχτος** (unrichtig *-μικτος*), 2. 1) zusammengemischt, vermischt, *χαλκώματα* eherne Geräte mit Zusatz von Gold u. Silber; allerlei, aller Art, aus allerlei Leuten bestehend, *ἔθνος* Mischvolk. 2) in gleichem Maße beigemischt, *τινί*. Adv. ion. **σύμμιγα,** untereinander; *τινί* gemeinsam, zugleich mit.

συμ-μίγνυμι, -μιγνύω, s. *συμμείγνυμι*, *-μειγνύω*.

σύμμικτος, richtig *σύμμεικτος*, s. *συμμιγής*.

συμ-μιμέομαι, zugleich nachahmen. Dav.

συμ-μιμητής, ὁ, N. T. der Mitnachahmende.

σύμμιξις, richtig *σύμμειξις*, ἡ, die Mischung.

συμ-μίσγω, s. *συμμείγνυμι*.

συμ-μνημονεύω, sp. zugleich gedenken, -sich erinnern, *ὅτι*.

σύμ-μολπος, 2. poet. zusammenstimmend.

συμ-μολύνω, sp. mit, auch beflecken, -besudeln.

συμμορίαι, αἱ. 1) die **Steuerklassen** od. -abteilungen, in Athen seit 378; 1200 der reicheren Bürger waren in 20 solcher Symmorien, jede aus 60 Teilnehmern bestehend, geteilt, mit einem Ausschuß von 300 der Reichsten an der Spitze. Auf jede Symmorie kamen 15 dieser Reichsten mit einem *ἡγεμών* (Führer) und *ἐπιμελητής* (Verwalter). (Auf gleiche Weise wurden seit 357 auch die trierarchischen Leistungen aufgebracht.) 2) Flottenabteilung (15 Schiffe).

ξύμ-μορος, 2. mitzinsbar, unterworfen; Vasall, die den Thebanern Unterworfenen.

συμ-μορφίζομαι und **-μορφόω,** N. T. ähnlich machen.

σύμ-μορφος, 2. sp. N. T. der Gestalt nach ähnlich.

συμ-μοχθέω, poet. mit dulden, *τινί* mit jmdm.

συμ-μυέομαι, sp. mit jmdm. (*τινί*) zugleich einweihen, *τινί* mit jmdm.

συμ-μύω, Perf. *-μέμυκε*, *-κώς* (ep. auch in tmesi), sich (zusammen-)schließen. [Mitleiden.

συμπάθεια, ἡ, sp. gleiche Empfindung, Stimmung;

συμπαθέω, 1) gleiche Stimmung, Empfindung haben, mitempfinden, in Übereinstimmung sein. 2) Mitgefühl oder Mitleid haben, abs., oder *τινί* mit etwas. 3) sp. in Wechselwirkung stehen mit etw., *τινί*.

συμ-παθής, 2. ar. sp. mitfühlend, Mitgefühl zeigend.

συμ-παιανίζω, einen Päan mit anstimmen.

συμ-παίζω, Fut. *-ξομαι*, ion. poet. u. sp. mit scherzen od. spielen, abs., od. *τινί* mit jmdm.

συμπαίκτωρ (*-παίστωρ*), ορος, ὁ, der Gespiele.

συμ-παίω, poet. zusammenstoßen.

συμ-παλαίω, sp. zusammen ringen, *τινί* mit jmdm.

συμ-πανηγυρίζω, sp. mit jmdm. (*τινί*) Feste feiern, feierliche Zusammenkünfte halten.

συμ-παραβύομαι, Aor. pass. part. *-βυσθείς*, sp. mit hineingestopft werden, sich mit eindrängen.

συμ-παραγγέλλω, sp. jmdn. bei der Bewerbung um ein Amt unterstützen, *τινί*.

συμ-παραγίνομαι (ion.) und **ξυμπαραγίγνομαι,** mit dazukommen, im bes. zu Hilfe ziehen od. eilen, u. zwar *τινί* mit etwas.

συμ-παραθέω, mit nebenherlaufen.

συμ-παρακαθέζομαι, sich zugleich danebensetzen.

συμ-παρακαλέω, 1) mit herbeirufen, zugleich einladen, *τινὰ εἴς τι*. 2) zugleich anrufen, *τινά*. 3) im N. T. mittrösten.

συμ-παράκειμαι, sp. mit daneben liegen, dazu gehören, *ταῖς ἀρχαῖς*.

συμ-παρακολουθέω, a) zur Seite gehen. b) einem Gedanken folgen, ihn verstehen.

ξυμ-παρακομίζω, geleiten, *τί*. Im Pass. *τοῦ ξυμπαρακομισθῆναι* um Geleit zu erhalten.

συμ-παρακύπτω, sp. sich mit nebenhin bücken.

συμ- oder **ξυμπαραλαμβάνω,** mit hinzuziehen, mit dazunehmen, als Genossen.

συμ- od. **ξυμπαραμένω,** bleiben, *τινί* in jmds. Händen, mit jem. fortleben.

συμ-παραπέμπω, = ξυμπαρακομίζω.
συμ-παραπλέω, sp. nebenherfahren.
συμ-παραπόλλυμαι, dabei mit umkommen.
συμ- od. **ξυμπαρασκευάζω,** mit zurecht machen, zu- od. ausrüsten, mit bewerkstelligen, zubereiten helfen, gemeinschaftlich ins Werk setzen od. handeln, u. zwar τινί τι.
συμπαραστατέω, poet. mit beistehen.
ξυμ-παραστάτης, ου, ὁ, poet. sp. Helfer, Beistand.
συμ- od. **ξυμπαρατάττομαι,** Med. mit jmdm. zugleich in der Schlachtreihe stehen, mit kämpfen, jmds. Bundesgenosse (im Kriege) sein, abs., oder τινί mit jmdm. od. jmds., u. zwar τί Schlachten schlagen (mit jmdm.).
συμ-παρατηρέω, dabeistehen u. beobachten.
συμ-παρατρέχω, sp. mit nebenher laufen.
συμ-παραφέρομαι, Aor. pass. συμπαρηνέχθην, mit fortgerissen werden, τινί.
I. **συμ-** od. **ξυμπάρειμι,** -εἶναι, mit zugegen oder anwesend sein.
II. **συμ-πάρειμι,** -ιέναι, mit darauf losgehen.
συμ-παρ-εισ-έρχομαι, sp. daneben mit eindringen.
συμ-παρέπομαι, Dep. med., mit nebenher folgen, b e g l e i t e n, zur Seite stehen, u. zwar ἐν ἴσῳ τούτῳ in gleicher Linie mit diesem, ἐπί τι wohin. Übertr. zugleich zuteil werden, beitreten, beiwohnen, τινί.
συμ-παρέχω, zugleich darbieten od. einflößen.
συμ-παρίπταμαι, sp. bei einem (τινί) nebenher fliegen.
ξυμ-παρίσταμαι, Med. intr., Fut. -στήσομαι, Aor. -έστην, poet. u. sp. mit zur Seite stehen, jmdm. τινί.
συμ-παρομαρτέω = συμπαρέπομαι, τινί.
συμ-παρορμάω, sp. mit anfeuern od. anreizen.
σύμ- od. **ξύμπᾱς,** ᾶσα, ἄν, nebst **συν-άπας,** das verstärkte πᾶς, gew. im Plur., doch bei Kollektivbegriffen auch im Sing., **g e s a m t**, in Gesamtheit, als Ganzes, **a l l e z u s a m m e n**, allesamt, im ganzen, alle, mit dem Artik. ὁ ξ. λόγος die Gesamtsumme; sonst der, die, das gesamte, ganze, allgemeine, die Gesamtheit. Subst. τὸ und τὰ σ. alles, das Ganze, der ganze Staat; auch mit folg. Inf., od. als Adv.: zusammen, im ganzen, in allem, im allgemeinen, überhaupt, kurz, τὸ ξ. εἰπεῖν um es kurz zu sagen. Dag. τοῖς ξύμπασι für die Gesamtheit, für das Ganze.
συμ-πάσχω, gleiches leiden; auch = συμπαθέω, 2.
συμ-πατάσσω, poet. zusammenschlagen.
ξυμ-πατέω, zusammentreten, τί.
συμ- od. **ξυμπείθω,** mit od. zugleich bereden, auch mit zureden, ü b e r r e d e n h e l f e n, zu etwas überreden, aufrufen, veranlassen, b e w e g e n.
συμ-πείρω, Perf. pass. inf. -πεπάρθαι, Aor. pass. part. -παρέντες, sp. durchbohren (v. einer Mehrzahl).
συμ- od. **ξυμπέμπω,** 1) m i t s c h i c k e n. -senden, überh. m i t g e b e n. 2) zugleich mitschicken oder absenden. 3) mit τὴν πομπήν die Prozession mitmachen, *prosequor*, τινί einer Gottheit zu Ehren.
συμ-πενθέω, 1) mit betrauern, τινά. 2) mittrauern, τινί.
συμ-πένομαι, mit arm sein.
συμ- od. **ξυμπεραίνω** u. Med. **συμπεραίνομαι,** 1) m i t a u s r i c h t e n, f ö r d e r n, schüren, abs. od. τί, u. zwar τινί mit od. für jmdn. 2) alles zusammenschaffend zustande bringen, zu Ende bringen, fertig machen, vollbringen, vollenden.
συμπέρασμα, τό, sp. Schlußfolge.
ξυμ-πέρθω, poet. mit zerstören.
συμ- od. **ξυμπεριάγομαι,** Pass. mit herumgeführt werden, abs., od. τινί mit etwas.
συμ-περιαγωγός, 3. mit herumdrehend.
συμ-περιλαμβάνω, zugleich umfassen, umarmen, mit einschließen, τινά, u. zwar ἔν τινι in etwas.
συμ-περινοστέω, sp. mit herumziehen, τινί.
συμ-περιπατέω, mit herumwandeln, τινί mit jmdm., u. zwar ἐκ τοῦ ἐπὶ θάτερα auf der einen Seite.
συμ-περιπλοκή, ἡ, sp. die Gruppierung.
συμ-περιστρέφω, sp. mit herumdrehen.
συμ-περιτειχίζω, sp. ringsum schanzen helfen.
συμ-περιφέρω, 1) A k t. m i t h e r u m t r a g e n. 2) Med.-Pass. mit Fut. -ενεχθήσομαι, Aor. -ηνέχθην, s i c h m i t h e r u m b e w e g e n, a) zugleich herumgedreht werden, μετά τινος od. τινί, τὴν περιφοράν den Umschwung, Kreislauf mitmachen. b) u m g e h e n, verkehren, τινί mit jmdm. c) sich nach jmdm. od. etwas schicken, sich in etw. fügen, τινί. d) jmd. od. etw. verstehen, befolgen, τινί, auch ihm schmeicheln. Dav.
συμπεριφορά, ἡ, sp. 1) Umgang, Verkehr. 2) Nachsicht, Nachgiebigkeit.
συμ-περονάω, sp. zusammennageln, τί τινι.
συμ- od. **ξυμπήγνῡμι,** 1) A k t. (-πήξω, συνέπηξα, dor. -έπᾱξα) z u s a m m e n f ü g e n, d. i. a) dicht, fest machen, γάλα gerinnen lassen. b) bauen, errichten, τί. 2) M e d. **συμπήγνῠμαι,** a) t r a n s. (Aor. -πήξασθαι), sich (*sibi*) etwas (τί) zusammensetzen od. -fügen. b) i n t r. mit Perf. 2. συμπέπηγα, fest werden, gerinnen. Perf. fest zusammengefügt sein; συμπεπηγὼς τὸ σῶμα gedrungen. Dav.
σύμπηκτος, 2. poet. ion. sp. festgefügt, fest.
ξύμ-πηξις, ἡ, ion. ar. sp. die Zusammenfügung; das Festwerden, Gerinnen.
συμ- od. **ξυμπιέζω,** zusammendrücken, zusammendrängen, -fassen, τί, auch im Pass.
συμ-πῑλέω, zusammenfilzen od. -stampfen, -pressen.
συμ-πίμπρημι, sp. miteinander verbrennen, τί.
συμ- od. **ξυμπίνω,** Fut. συμπίομαι, miteinander od. zusammen trinken, zechen, m i t t r i n k e n, an einem Trinkgelage teilnehmen, abs. od. παρά τινι.
συμ- od. **ξυμπίπτω** (auch in tmesi) • 1) **zusammenfallen,** zusammenbrechen (auch von Personen), abs. od. πρὸς αὑτήν in sich • 2) **zusammenstoßen,** im bes. mit u. ohne εἰς ἀγῶνα im Kampfe handgemein werden, angreifen. Teils abs., teils τινί, πρός τι, αὑτοῖς unter sich selbst • 3) vorfallen, **zustoßen,** gew. von unglücklichen Begebenheiten, abs. od. τινί jmdm., für jmdn., u. zwar, da συμπεσεῖν einen passiven Begriff enthält (angetan werden), ὑπό τινος. Oft unpersönl. **ξυμπίπτει** es vereinigt sich alles (ἔς τι), b e g i b t s i c h, ξυνέπεσεν ἐς τοῦτο ἀνάγκης es kam zu der notwendigen Kollision, mit A. c. I., mit u. ohne ὥστε. Dah. Subst. τά τινι od. περί τινα συμπίπτοντα die Ereignisse mit jmdm., Schicksale jmds., πρὸς τὸ συμπῖπτον ἀεί nach den jedesmaligen Umstän-

den • 4) **hineingeraten,** verfallen, *τινί* u. *ἔς τι* in etwas • 5) (*εἰς τὸ αὐτό*) od. *συνελθόν*, zusammentreffen, zufällig zusammenstimmen, **zutreffen,** abs. u. *τινί* mit etwas, für jmdn., *κατά τι* zu etwas.

συμπίτνω, poet., = dem vorigen.

συμ-πλᾰταγέω, ep. zusammenschlagen, *χερσί*.

συμ-πλάττω, zusammenformen.

συμπλεκτικός, 3. mit einflechtend. Von

συμ- od. ***ξυμπλέκω,*** Aor. pass. *συνεπλᾰκην*, dor. *-επλέχθην*. 1) Akt. trans. zusammenflechten oder -falten, **verbinden,** *εἰς τοὐπίσω* die Hände nach hinten zusammenfalten Thuk. 4, 4, 2. 2) Pass. a) umflochten werden, *τινί* mit etwas, b) sich verwickeln, **verfangen,** *ἴχνη* sich kreuzen Xen., auch von *πόλεμος* sich entspinnen, c) mit jmdm. zu tun haben, auf jmdn. stoßen, sich um ihn schlingen, u m a r m e n, im übeln Sinne: mit jmdm. **zusammengeraten;** herumringen, sich herumstreiten od. -schlagen, handgemein werden, in Kampf kommen, *τινί* mit jmdm., *πρός τι* gegen. 3) Akt. intr. sich verbinden, vereinen Eur.

συμ- od. ***ξυμπλέω*** (conj. sp. *-πλῇ*), Fut. *συμπλεύσομαι*, Aor *συνέπλευσα*, mitfahren, mit a u s s e g e l n, zugleich fortfahren, (zu Schiffe) mitfahren, mitreisen, geleiten, folgen: auch von Schiffen.

σύμ-πλεως, *ων*, att. ganz voll, *τινός* von etwas.

συμ-πληγάς, *άδος, ἡ*, ar. sp. Zusammenstoß, das Zusammenprallen; als Eigenn. (fast immer im Plur.) *οἱ* ***Συμ-πληγάδες,*** poet. sp. die Prallfelsen, s. *Κυάνεαι*.

συμ-πλήγδην, buk. Adv., zusammenschlagend.

συμ-πληθύω, ion. u. sp., u. ***συμ-*** od. ***ξυμπληρόω,*** 1) A k t. a) mit a n f ü l l e n, -ausfüllen, -füllen, erfüllen, abs. u. *τί*. Im bes. *τὰς νέας* mit der nötigen Mannschaft versehen, mit bemannen, u. zwar *τινί* mit jmdm. b) *τὰς ὑπηρεσίας* sie vollzählig machen, ergänzen (ähnl. vom röm. Senat), u. zwar *ἔκ τινος* aus, *ἔς τι* zu etwas. 2) P a s s. sich erfüllen; vollständig vollendet werden, *τινί* od. *ἔκ τινος*.

συμ-πληρωτικός, 3. sp. zum Anfüllen, zur Vervollständigung geeignet, genügend, um voll zu erhalten, etw. *τινός*.

συμπλοκή, *ἡ* (*-πλέκω*), eigentl. die V e r f l e c h t u n g. Im bes. a) die Umarmung. b) das Handgemenge, Gefecht, Kampf.

σύμ- od. ***ξύμπλοος,*** zsgz. *ους, ὁ, ἡ* (*-πλέω*), der S c h i f f s g e f ä h r t e, im Plur. die Schiffsleute; übertr. poet. (*ἡ*) die Gefährtin, *τινός* von etwas.

συμ-πνέω (*-πνεύσομαι, -έπνευσα, -πέπνευκα*), eigtl. zusammen atmen, übertr. sich zusammen verständigen, abs., od. *τύχαις* vereint vom Unglück betroffen sein.

συμ-πνίγω, sp. N. T. ganz ersticken, etwas od. jmdn. bis zum Ersticken drängen. Im Pass. fürs Geistige gefühllos werden.

συμ-ποδηγέω, zugleich leiten.

συμ-ποδίζω, Aor. act. *συνεπόδισα*, pass. *συνεποδίσθην*, mit den Füßen verwickeln, überh. verwickeln, f e s s e l n, *τί* od. *τινά*, u. zwar *ἔν τινι* in etwas, *ἔκ τινος* durch etwas.

συμ-ποιμαίνομαι, poet. zusammen weiden.

συμ- od. ***ξυμπολεμέω,*** am Kriege od. Kampfe teilnehmen, **Mitstreiter** sein, m i t k ä m p f e n oder -streiten, (im Kriege) beistehen, unterstützen. Hilfe leisten.

συμ- oder ***ξυμπολιορκέω,*** mit belagern oder blockieren, *τί*, u. zwar *τινί* mit jmdm.

συμ- od. ***ξυμπολῑτεύω*** u. Dep. med. ***-εύομαι,*** (in einem Staate) zusammenleben, *τινί* mit jmdm.

συμ-πολίτης, *ὁ*, poet. u. sp. der Mitbürger.

σύμ-πολλοι, 3. viele zusammen.

συμ- od. ***ξυμπομπεύω,*** an einem feierlichen Aufzuge (s. *πομπή*) teilnehmen.

συμ- oder ***ξυμπονέω,*** 1) die Arbeit teilen, mit jmdm. *τινί*. 2) mit jmdm. zugleich Mühsale, Beschwerden erdulden, abs., od. *τί* eine Last, u. zwar *τινί* mit jmdm.

συμ- od. ***ξυμπορεύομαι*** (*πορεύσομαι, -επορεύθην*), 1) m i t r e i s e n, b e g l e i t e n. 2) sp. ehelich beiwohnen.

συμ-πορθέω, poet. mit verwüsten.

συμ- od. ***ξυμπορίζω,*** 1) Akt. zusammenbringen, mit aussinnen u. verschaffen, *τί*, u. zwar *ἔκ τινος* von jmdm., *τινί* jmdm. 2) Med. sich (*sibi*) verschaffen, beschaffen, u. mit *κατὰ μικρόν* nur allmählich zusammenbringen, *τί*.

συμποσία, *ἡ*, poet. = *συμπόσιον*.

συμποσί-αρχος, *ὁ*, der Vorsitzende eines Trinkgelages, der den Gang u. die Mischung des Weines zu bestimmen hatte. Was er verordnete, mußte getrunken werden, denn er konnte auch Strafen diktieren. Außerdem hatte er auch die weiteren Belustigungen zu leiten. . Je seltener man wegen ihrer Mäßigkeit Lakedämonier hierzu wählte, desto bitterer ist die Bemerkung des Agasias in Xen. Anab. 6, 1, 30.

συμπόσιον, *τό*. 1) T r i n k g e l a g e, gemeinschaftl. Schmaus, G a s t m a h l, durch Trinklieder, häufig auch durch Flötenspielerinnen oder Tänzerinnen belebt. 2) das Speisezimmer, Tafelgemach (*συμπόσια συμπόσια*, N. T. verschiedene Tischgesellschaften).

συμπότης, *ου, ὁ* (*-πίνω*), Mittrinker, Trinkgenosse, T a f e l g e n o s s e, Tischgast, in der Anrede mit *ὦ ἄνδρες*.

συμποτικός, 3. zum Trinkgelag gehörig; als Subst. *ὁ*, guter Tischgesellschafter.

σύμπους, *ποδος*, acc. *-ποδα, ὁ, ἡ*, mit zusammengebundenen, mit geschlossenen Füßen.

συμ-πραγματεύομαι, sp. Dep. med., das Geschäft mit betreiben, sich persönlich beteiligen, *τοῖς δανειζομένοις* näml. um als Aufseher die Erfüllung der vertraglichen Bedingungen zu überwachen.

συμπράκτωρ, ion. ***συμπρήκτωρ,*** *ορος, ὁ*, H e l f e r, Gehilfe, Beistand, im bes. bei Eintreibung von Geldern, *ὁδοῦ* Fahrtgenosse.

σύμ-πραξις, *εως, ἡ*, sp. das Zusammenwirken, Helfen, Beistehen.

συμ- od. ***ξυμπράσσω,*** od. ***-ττω,*** ion. Med. ***-πρήσσομαι.*** 1) Akt. a) m i t w i r k e n od. **bewirken, zusammen arbeiten,** mit vollbringen helfen, zusammen wirken od. tätig sein, *τινί τι*, b) intr. **beistehen,** beitragen, in die Hände arbeiten, sich beteiligen, gemeinsame Sache machen, im

Einverständnisse sein, τινί, auch ὥστε Xen.; οἱ συμπράσσοντες Helfer, Verbündete, c) eine Lage mit einem teilen Eur. 2) Med. συμπρήσσομαι, mit rächen helfen, τί, u. zwar τινί mit jmdm. Hdt. 5, 94.

συμπρεπής, 2. poet. geziemend.

συμ-πρέπω, poet. sp. schicklich übereinstimmen.

συμ- od. **ξυμπρεσβεύω** u. Med. **-εύομαι,** an einer Gesandtschaft teilnehmen, sich einer Gesandtschaft anschließen.

συμ-πρεσβευτής, ὁ, u. **σύμ-** od. **ξύμπρεσβυς,** εως, ὁ, Mitgesandter, abs., u. τινί mit jmdm.

συμ-πρεσβύτερος, ὁ, N. T. der Amtsgenosse eines Presbyters, Mitälteste.

συμπρήκτωρ, συμπρήσσομαι, s. συμπράκτωρ, συμπράσσω. [(v. l.).

συμ-πρίω, τοὺς ὀδόντας, mit den Zähnen knirschen

συμ-πρίασθαι, Aor. zu συνωνέομαι (w. s.), mit kaufen, zusammenkaufen.

συμ-προάγω, sp. zugleich weiterführen, das Geleite geben.

συμ-πρόεδρος, ὁ, Mitvorsitzender.

συμ- od. **ξυμπροθυμέομαι,** Dep. mit Fut. med. -προθυμήσομαι und Aor. pass. συμπροεθυμήθην, gleich eifrig od. bereitwillig mit sein, mit in den Wunsch einstimmen, etwas eifrig mit betreiben od. betreiben helfen, behilflich sein; sich eifrig bemühen, mit dazu helfen, mit befürworten, abs. od. τί, od. mit Inf., Dat. m. Inf., od. ὅπως, u. zwar τινί jmdm.

συμ- od. **ξυμπροπέμπω,** Impf. συμπρούπεμπον, mit geleiten od. begleiten.

συμ-προσπίπτω, sp. jmdm. (τινί) mit einfallen, mit in den Sinn kommen.

συμ-πρύτανις, εως, ὁ, Mitprytan, Amtsgenosse im Ratsausschuß.

συμ-πτύσσω, poet. zusammenfalten.

συμ- od. **ξύμπτωμα,** τό (-πίπτω), eigentl. das Zusammenfallen, 1) Zufall, Begebenheit, bes. Unfall, Unglück, Widerwärtigkeit. 2) sp. Eigenschaft.

σύμ-πτωσις, εως, ἡ, sp. Einsturz, Zusammenbruch.

συμ-πυνθάνομαι, poet. mit fragen.

συμ-πυρόω, poet. mit verbrennen.

συμ-φαγεῖν, s. συνεσθίω.

συμ-φανής, 2. sp. ganz deutlich, klar ersichtlich.

συμφερόντως, Adv. (vom Part. praes. act. v. συμφέρω), zum Vorteil, τινί für jmdn., ἀλλήλοις zu gegenseitigem Vorteil.

συμφερτός, 3. ep. poet. zusammengetragen, d. i. vereint, ἀρετή d. i. eine durch Vereinigung erzeugte Kraft.

συμ- od. **ξυμφέρω** nebst **συμ-** od. **ξυμφορέω,** ion. Aor. act. συνήνεικα, Pass. praes. opt. 3. pl. συμφεροίατο, Aor. συνηνείχθην, **zusammentragen.**

I) Akt. • 1) trans. • a) **zusammenbringen,** sammeln, τοὺς νεκρούς, bes. mit εἰς ταὐτό, übertr. beitragen, beisteuern, ἐς μέσον • b) mit jmdm. zusammen ertragen, πενίαν • 2) intrans. • a) zur Seite, **beistehen,** bei Soph. auch willfahren, gelingen, κρείσσοσι, auch ἔς τι, πρός τι. • b) zweckmäßig, angenehm sein, sich schikken, ἄριστα, ἐπὶ τὸ βέλτιον, εὖ, καλῶς ἡμῖν ταῦτα, od. mit Inf. od. A. c. I., auch abs. ὡς ξυνέφερε ihrem Interesse gemäß, u. Adj. ξυμφέρων 3., nützlich, subst. τὸ **συμφέρον,** τὰ συμφέροντα Vorteil, Interesse, dah. z. B. οἶδα τὸ σ.; auch mit τινός jmds. Dah. • 3) unpers. **συμφέρει** • a) es trägt sich zu, ereignet sich, mit A. c. I., mit u. ohne ὥστε • b) es ist zuträglich, frommt.

II) Pass. • 1) **zusammentreffen,** zusammenkommen, τινί, verst. durch εἰς ταὐτό, doch dann auch: auf eins hinauslaufen. Im bes. • a) mit u. ohne γνώμῃ, ταῖς γνώμαις übereinstimmen, beipflichten, übereinkommen, u. verstärkt mit ὡυτός εἰμι (sc. ὥστε) ich bin der gleiche • b) sich vertragen, versöhnen, auch zusammenleben, -sein, abs., τινί od. κατὰ σφᾶς αὐτούς u. καθ' αὑτούς unter sich, τί in etw., od. ὥστε mit Inf. • c) mit πόλεμόνδε, μάχῃ aneinandergeraten, kämpfen • 2) auf sich übertragen d. h. • a) auf etw. stoßen, τί u. τινί • b) sich zutragen, ereignen, widerfahren, geschehen, im guten u. üblen Sinn, ἄμεινον, ἐς τὸ ἄμεινον, παλιγκότως wieder übel gehen, τινί, dah. τὰ συνενεχθέντα τινί jmds. Unglück. Dah. • 3) oft impers. **συμφέρεται** es begibt sich, trifft sich, auch mit Inf., s. oben.

συμ- od. **ξυμφεύγω,** a) mit jmdm. (τινί) fliehen, ihn auf der Flucht begleiten (auch mit φυγήν). b) überh. wohin fliehen od. seine Zuflucht nehmen, abs., od. ἔς τι wohin.

σύμ- od. **ξύμφημι.** 1) beistimmen, bestätigen, bejahen, gestatten, erlauben. 2) geloben, versprechen.

συμ-φθέγγομαι, sp. zusammentönen, τινί mit jmdm.

συμ-φθείρω, poet. u. sp. ganz zugrunde richten. Pass. auch sich fleischlich vermischen.

σύμφθογγος, 2. poet. einstimmig.

συμ-φιλέω, poet. mit lieben, die Liebe zu jmdm. teilen, d. h. bei Soph.: den Polyneikes ebenso lieben wie alle die übrigen. [eifern.

συμ-φιλοδοξέω, sp. zugleich in Ehrliebe wett-

συμ-φιλοκαλέω, sp. das Rühmliche mit befördern.

συμ-φιλολογέω, sp. mit od. zugleich Sprache u. Literatur treiben.

συμ-φιλονῑκέω (-νεικέω), Partei nehmen.

συμ-φιλοσοφέω, sp. mit jmdm. (τινί) die Philosophie treiben.

συμ-φιλοτῑμέομαι, Dep. pass., sp. 1) mit jmdm. voll Eifer darauf hinarbeiten. 2) aus Ehrgeiz unterstützen, abs., od. τινί etwas.

συμ-φλέγω, poet. u. sp. zusammen verbrennen.

συμ-φοβέομαι, Pass., Aor. ξυνεφοβήθη, mit in Schrecken gesetzt werden.

συμ-φοιτάω, gewöhnlich zusammenkommen oder -gehen, insbes. mit jmdm. in die Schule gehen, abs., od. τινί mit jmdm., συμπεφοιτηκώς, näml. εἰς τοῦ αὐτοῦ διδασκάλου, der Mitschüler. Dav.

συμφοιτητής, ὁ, der Mitschüler.

συμ-φονεύω, poet. mit morden.

συμ- od. **ξυμφορά,** ἡ, ion. **συμφορή** (συμφέρω) • 1) **Ereignis,** *fortuna*, Geschick, Zufall, ἄνθρωπος πᾶς ἐστι σ. ist ganz Zufall. Im bes. • a) mit u. ohne ἀγαθή od. ähnl. glückliche Fügung, Glück, τί πνεῦμα συμφορᾶς κεκτημένη; auch der Erfolg, τινός (zw.) • b) mit u. ohne ἄχαρις u. ἀμήχανος u. ähnl.: Unfall, **Unglück,** Mißgeschick, sei es ein körperliches Gebrechen wie bei Lys. Krüppelhaftigkeit, od. Wahnsinn wie bei Soph. in ἐν τῷ ξυμφορᾶς; od. eine erlittene Strafe, ein Makel, wie Thuk. 1, 127, od. als Zusatz zu ἔχθρας, oder zu φόνους καὶ γάμους von der Kindererzeugung mit Iokaste; ξυμφορᾶς τὸ ἀποβάν der unglückliche Ausgang, συμφορὰν ποιεῖσθαί τι d. h. es für ein Unglück halten. Häufig steht es, wie frz. *désastre*, von **Niederlagen,** u. insbes. mit u. ohne ἐν Ἑλλησπόντῳ von der Athens bei Aigospotamoi (405) u. ihren Folgen, dah. auch im Pl., und mit u. ohne ἔσχαται von der Dienstbarkeit u. Sklaverei; δεσποτικαί die Unfälle der Herren, Σικελική das Unglück (der Athener) in Sizilien • **2)** die böse Tat, insofern dieselbe gleichsam ein Mißgeschick ist.

συμ-φορεύς, ὁ, Begleiter des Polemarchen (lak.).

συμ- od. **ξυμφορέω,** s. συμφέρω.

συμφόρησις, εως, ἡ, sp. die Zusammendrängung, τινὸς εἴς τι.

συμφορητός, 3. zusammengebracht; δεῖπνον, ein Schmaus, Picknick, zu dem viele beigesteuert.

σύμ- od. **ξύμφορος,** 2., Adv. **-όρως,** Superl. -ρώτατα (συμφέρω). **1)** Adj. **zuträglich,** angemessen, passend, geeignet, förderlich, ersprießlich, günstig, vorteilhaft, mit Nutzen, abs., od. τινί jmdm., selten von Personen: ξυμφορώτατοι προσπολεμῆσαι die bequemsten Feinde in der Welt Thuk. 8, 96, 4, ξύμφορός τις ἡμῖν ἀπαράσκευος ὤν es ist unserm Interesse gemäß, daß jmd. ungerüstet bleibe l. c. 6, 84, 3. **2)** Subst. τὸ od. τὰ σ. das Zuträgliche, Nötige, der Vorteil, die Zweckmäßigkeit, τὸ τῇ πόλει ξύμφορον das Staatswohl.

συμφράδμων, ονος, ὁ, ἡ, ep. mit Rat beistehend, Ratgeber.

συμ- od. **ξυμφράζομαι,** ep. poet. u. sp., Fut ep. συμφράσσομαι, Aor. συμφρασσάμην, Perf. poet. ξυμπέφρασται, **1)** sich beratschlagen, βουλάς τινι Rat mit jmdm. halten, Abrede mit ihm nehmen. **2)** mit u. ohne θυμῷ bei sich beraten, überdenken, ausdenken, τί od. ὅπως. **3)** zur Besinnung kommen.

συμ-φράσσω (-φράξω, -έφραξα), zusammenstopfen, dicht anschließen, πίλους; auch von milit. Deckung.

συμ-φρονέω, ar. sp. **1)** zusammen harmonieren, bes. in politischer Hinsicht, es mit jmdm. (τινί) halten, auf seiner Seite sein; auch = kapitulieren. **2)** mit (durch) Erwägung etwas erkennen, merken, meinen, vermuten. **3)** sp. wieder zur Besinnung kommen.

σύμ-φρουρος, 2. poet. mit jmdm. zusammenseiend u. ihn dadurch schützend. Subst. μέλαθρον ξύμφρουρον ἐμοί mein schützendes Heim.

ξύμ-φρων, 2. poet. gleichgesinnt; auch: wohlwollend.

συμ- od. **ξυμφυγάς,** άδος, ὁ, ἡ, Mitverbannter, Mitvertriebener.

συμ-φυής, 2. zusammengewachsen, eng verbunden, zusammengearbeitet, -geschmiedet, -gelötet, übertr. **a)** einzig für etwas tätig. **b)** von gleicher Natur, verwandt.

συμφυΐα, ἡ, sp. der enge Zusammenhang.

συμ- u. **ξυμφύλαξ,** ακος, ὁ, Mitbeschützer. Im Plur. die Mitbenutzung, teils abs., teils τινός von etwas, u. τινί mit jmdm.

συμ-φυλάσσω od. **-ττω,** mit bewachen, τί.

συμ-φυλέτης, ὁ, N. T. der Landsmann.

σύμ-φυλος, 2. (φυλή), **1)** stammverwandt. **2)** sp. angemessen, passend.

σύμφυρτος, 2. poet. durcheinandergemengt. Von

συμ- od. **ξυμφύρω,** Aor. συνέφῡρα, zusammenkneten; Pass. vermengt, vermischt, vereinigt werden, bes. im Perf. pass. συμπεφυρμένος, τινί u. μετά τινος mit etwas, od. auch sp. τινί τι durch etwas entstellt werden an etwas.

συμ-φυσάομαι, zugleich wehen.

συμ- oder **ξυμφυτεύω,** mit einpflanzen, übertr. mit anzetteln, τί, u. zwar τινί mit etwas, ἔν τινι in etwas.

συμ- od. **ξύμφυτος,** 2. zusammengewachsen, angeboren, verbunden, vereint, νεικέων τέκτονα σύμφυτον d. h. den Urheber daraus entspringender Zwietracht, ξύμφυτον ἐμποιεῖν τι etwas jmdm. zur anderen Natur machen.

συμ-φύω, 1) trans. das Akt. (-φύσω, -έφυσα), zusammenwachsen lassen, zusammenschweißen, τινά, u. zwar εἰς τὸ αὐτό. **2)** intr. **συμ-φύομαι** mit Fut. συμφύσομαι, Aor. συνέφῡν, Perf. συμπέφῡκα zusammenwachsen.

συμ- od. **ξυμφωνέω,** zusammenstimmen, übereinstimmen, im Einklang stehen; N. T. τινὶ ἐκ δηναρίου mit jmdm. einig werden um einen Denar, um einen Denar dingen. Im Pass. übereinstimmend berichtet werden; ἔργον συμφωνούμενον μανθάνειν erfahren, daß man über eine Tat übereinstimmt d. h. über sie einstimmig berichtet.

συμφώνησις, ἡ, die Übereinstimmung, N. T.

συμφωνία, ἡ, das Zusammenstimmen, -klingen, **a)** die Übereinstimmung, Harmonie. **b)** sp. das Konzert, die Symphonie; Musik, N. T.

σύμ- oder **ξύμφωνος,** 2. zusammenstimmend, einstimmend, übertr. **a)** übereinstimmend, einstimmig, einverstanden, einträchtig, gleichgesinnt, abs., od. τινί mit jmdm., mit, in etwas, πρός τι zu etwas. **b)** folgerichtig. Adv. **συμφώνως,** in Übereinstimmung womit τινί, gemäß.

συμ-ψάω, inf. -ψῆν, Aor. act. συνέψησα, zusammenscharren, insbes. von einem Flusse: wegreißen u. mit Sand u. Schlamm bedecken.

συμ-ψεύδομαι, sp. mit jmdm. (τινί) täuschen.

συμ-ψηφίζω, a) Akt. N. T. zusammenrechnen. **b)** Med. zusammen beschließen. (Xen. Hell. 5, 3, 21 ist von u. seit Dind. verbess. ἥμισυν ψηφισάμενοι.)

σύμ-ψηφος, 2. zusammenstimmend, einer Meinung.

σύμ-ψῡχος, 2. N. T. einmütig.

σύν od. **ξύν** • **I) Adv. zusammen,** zugleich (doch oft in tmesi).

II) Praep. beim Dativ (dem es bisw nachsteht) **mit, samt,** im Bunde mit • **1)** beim Dat. sociativus • **a)** örtlich: **zusammen mit,** οἱ σύν τινι jmds. Gefährten, Umgebung, οἱ σὺν Ἀλεξάνδρῳ Al. u. seine Leute, Μένων καὶ οἱ σὺν αὐτῷ M. u. seine Untergebenen; προσβολή, συμφορὰ σύν τινι unter jmds. Befehl, Anführung vorgefallen; übertr. ξὺν (τῷ) θεῷ, σὺν θεοῖς mit Gottes Hilfe, aber auch: wenn es Gott gefällt (Xen.); σύν τινι εἶναι, γίγνεσθαι bei jmdm. sein, auch ihn unterstützen, vgl. σὺν τοῖς ὀρθῶς λεγομένοις εἶναι. Oft auch pleonast. bei Verben wie *συνεῖναι* od. *ἅμα* u. ä • **b)** zeitlich: **gleichzeitig mit** • **c)** übertr. *α*) vom Zusammentreffen: **übereinstimmend mit,** *σὺν πόθῳ ἡ χάρις, σὺν τῇ ἀξίᾳ* dem Range gemäß, *σὺν τοῖς νόμοις.* *β*) Vom Begleitumstand, der Art u. Weise: **unter,** *σὺν νόσοις, σὺν πόνοις, σὺν γήρᾳ* im Alter; ähnl. *ξὺν ἐπαίνῳ, σὺν δόλῳ, ξὺν τῷ δικαίῳ* gerechterweise, *σὺν τῷ ἀγαθῷ, σὺν μιάσματι.* Mit 1. a) u. c) *β*) nahe verwandt ist sein Gebrauch • **2)** beim Dat. instrumentalis: vermittels, **durch,** *τὰ Πέργαμα ξὺν τοῖσδε τόξοις πέρσας, σὺν μαχαίρᾳ μάχεσθαι; σὺν μεγάλῳ* mit großem Aufwand od. Opfer, *σὺν τοῖς φιλτάτοις* unter Aufopferung des Liebsten.

III) In **Zusammensetzungen** bedeutet *σύν-* • **1)** Gemeinschaft, *σύνδικος, συνήγορος* • **2)** Zusammenreihung, *σύντρεις, σύνοδος* • **3)** Übereinstimmung, *συμφωνέω, συμφρονέω* • **4)** Vollendung, *συγκεκροτημένοι.*

συν-αγανακτέω, sp. mit oder zugleich zornig oder unwillig werden.

συν-άγγελος, *ὁ,* ion. Mitgesandter.

συν- od. ***ξυναγείρω,*** **1)** Akt. sammeln, zusammenbringen; übertr. *ἑαυτόν* sich sammeln. **2)** Med. **a)** trans. für sich sammeln, zusammenbringen. **b)** intr., ep. mit Aor. part. *συναγρόμενος,* sich sammeln, sich versammeln, auch übertr. von geistiger Sammlung.

συν-αγελάζομαι, Med. sp. sich zusammenscharen.

συν-άγκεια, *ἡ,* sp. Bergschlucht, Talgrund.

συν- od. ***ξυνάγνυμι,*** ep., Aor. 1. *ξυνέαξα* (auch in tmesi), zusammenbrechen, zerbrechen, zermalmen.

συν- od. ***ξυναγορεύω,*** att. Fut. *-ερῶ* (*-αγορεύσω,* u. Aor. *-αγορεύσαντα* selten), Aor. *-εἶπον,* für etwas mitsprechen, *τινί,* beistimmen, *αὐτῷ ταῦτα* ihm hierin. Dann *τινί* verteidigen.

συναγυρμός, *ὁ,* das Einsammeln.

συν-άγχη, *ἡ,* sp. Entzündung der innern Muskeln des Schlundes, Halsentzündung.

συν- od. ***ξυνάγω,*** Impf. ep. u. poet. ohne Augm. • **1) zusammenführen,** -bringen, versammeln, zu einer Versammlung berufen, überh. sammeln. Sp. einen Schmaus, ein Picknick veranstalten (sc. *ἔρανον, θίασον*). Im Med. u. Pass. • **a)** mit *πλησίον τινός* nahe an etw. gebracht werden, *εἰς ἄνδρας, recipi,* unter die Männer aufgenommen werden • **b)** sich versammeln; im bes. sich verbinden, *πρός τι* • **c)** für sich sammeln. *τί* • **2) zusammenziehen** (*τὸ πρόσωπον* die Stirne runzeln), -stellen, u. mit u. ohne *ἐς ὀλίγον* od. ähnl. (in einen engen Raum) zusammendrängen, einschränken, beschränken, *τὰ τέρματα* einander nähern, *ἀνθρώπους ἐς κηδείαν* unter den Menschen Ehe stiften. Im Med. u. Pass. sp. gerinnen, gefrieren • **3)** übertr. • **a)** *Ἄρηα, ἔριδα Ἄρεος* u. ähnl., *φθόνον, μῖσος* erregen, anheben, *ἐπί τινα* gegen jmdn. • **b)** wie unser „sich sammeln", die Gedanken ordnen, *τί* od. *ἑαυτόν, εἰς ἓν χωρίον* gleichsam auf einen Punkt • **c)** zusammenstellen, bilden, verfassen, *τί,* od. versöhnen, *τινά* • **4)** buk. intr. zusammentreffen.

συναγωγεύς, *έως, ὁ,* u. ***συναγωγός,*** *ὁ* (eigentl. Adj.), **1)** Versammler, *οἱ σ. τῶν πολιτῶν* Bevollmächtigte die Bürger zu berufen, wie viele und wann es ihnen beliebe. **2)** Vereiniger, Vermittler, Wiederhersteller, *τινός* von etwas.

συναγωγή, *ἡ* (*συνάγω*), **1)** das Zusammenbringen, Aufsammeln, Sammeln, *ναυαγίων*; die Sammlung, N. T. Versammlungsort z. Gottesdienst. **2)** die Einberufung. **3)** die Einengung. **4)** Vorbereitung, *τοῦ πολέμου.*

συν-αγωνιάω, sp. mit jmdm. (*τινί*) in Aufregung, Angst, Furcht sein.

συν- od. ***ξυναγωνίζομαι,*** Fut. *-ιοῦμαι,* Dep. med., **1)** mitkämpfen, mitstreiten, abs., oder *μάχην, τινί* mit jmdm., d. h. an jmds. Seite, u. zwar *ἐπί τινος* auf etwas. **2)** übertr. Vorschub leisten, mitwirken, abs., od. *τινί* jmdm., u. zwar *τί,* in, *πρός τι* zu etwas.

συναγωνιστής, *οῦ, ὁ,* Kampfgenosse, Helfershelfer. *τινός* zu etwas.

συν-άδελφοι, *οἱ,* die, welche Brüder haben.

συν- od. ***ξυναδικέω,*** Unrecht mittun, Unrechtsgenosse werden, mit beleidigen, schädigen, abs., u. *τινί* mit jmdm. Pass. sp. *τινί* sich mit jmdm. mit verletzt fühlen.

συν- od. ***ξυνᾴδω,*** Fut. *ξυνᾴσεται,* **1)** eigtl. **a)** zusammen singen, mit jmdm. *τινί.* **b)** buk. zusammen besingen, *τινά.* **2)** übertr. übereinstimmen.

I. ***συν-αείρω,*** ep. = *συναίρω.*

II. ***συν-αείρω*** u. Med. (zu Il. *εἴρω*), aor. conj. *συναείρεται,* zusammenkoppeln, = schirren, *ἵππους ἱμᾶσιν.*

συν-αθλέω, sp. N. T. = *συναγωνίζομαι.*

συν- od. ***ξυναθροίζω,*** Fut. *συναθροίσω* usf., mit oder zugleich sammeln, versammeln, zusammenbringen, aufbringen, *τινά* od. *τί.* Pass. sich sammeln, zusammenkommen, *ψυχὴ ξυνηθροισμένη καθ' αὑτήν* eine Seele, die sich (aus den Gliedern des Leibes) sammelt od. in sich zusammenzieht.

συν-αθύρω, buk. u. sp. zusammen spielen.

σύν- od. ***ξύν-αιμος,*** 2. poet. blutsverwandt, teils abs., z B. *ὄμμα* Bruders Antlitz, *νεῖκος* der Hader blutsverwandter Männer, oder *Ζεύς* d. h. Schutzgott der Familie, teils *τινί* mit jmdm., u. zwar *τινί* durch etwas. Subst. *ὁ ξ.* der Bruder, *ἡ ξ.* die Schwester.

συν- od. ***ξυν-αινέω,*** **1)** mit, zugleich rühmen, *τί,* z. B. *χάριν* das Angenehme anerkennen. **2)** beistimmen, bewilligen, zugestehen, versprechen, abs., u. *τί* od. *τινί* etwas, auch *τί τινι* jmdm. etwas, od. mit Inf.

συν-αίνυμαι, ep. zusammennehmen, sammeln.

συν- od. ***ξυναιρέω,*** Aor. ep. *σύνελον.* **1)** zusammennehmen, d. i. **a) zusammenraffen,** *τί,* **b)** übertr. in der Rede (kurz) zusammenfassen, *συνελόντι* (verst. *τινί*) mit od. ohne *εἰπεῖν* um es **kurz** zu sagen, dah. sp. überh. kurz abmachen, **rasch** beendigen, **c)** geistig zusammenfassen, mit u. ohne *λογισμῷ,* begreifen, erfassen, berechnen, schließen. **2)** von allen Seiten erfassen, **a)** hinreißen, hinraffen, wegreißen, stürzen, **b)** (mit) **erobern,** zerstören, zerquetschen. aus dem Wege räumen.

ξυν-αίρω, ep. συναείρω, Aor. συνήειρα. **1)** Akt. zusammen od. mit aufheben. **2)** Med. **a)** ξυναίρομαι mit auf sich nehmen, mit Hand anlegen; mit wagen, mit teilen, sich mit beteiligen.

συν-αισθάνομαι, Dep. med., Aor. συνήσθετο, sp. zugleich wahrnehmen, τινά od. τινός mit Partiz. von jmdm. od. etwas, daß er od. es.

συν-αιτιάομαι, sp. mit beschuldigen.

συν- od. **ξυναίτιος,** 3. u. 2. mit bewirkend, Miturheber, Mitursache, im bes. zugleich schuld an etwas, τινός u. zwar τινὶ εἶναι jmdm. etwas mit verursachen.

συν-αιχμάλωτος, ὁ, N. T. sp. der Mitgefangene.

ξυν-αιωρέομαι, Pass. zugleich in der Schwebe sein, τινί mit etwas.

συν-ακμάζω, sp. zugleich blühen od. in der Blüte stehen, abs., u. τινί mit etwas.

συν-ακολασταίνω, sp. mit liederlich sein.

συν- oder **ξυνακολουθέω,** zugleich, mit folgen, begleiten, abs., u. τινί od. μετά τινος jmdn. od. etwas; auch verbunden sein mit etwas.

συν-ακούω, mit zuhören, mit vernehmen, zugleich hören, abs. od. τί od. τινός, z. B. ἀναβοώντων ἀλλήλων εἰς τὴν ἑτέραν ἐκ τῆς ἑτέρας πόλεως ihren wechselseitigen Ruf von einer Stadt zur andern, u. πρός τινι nahe an d. i. in etwas.

ξυν-ακροάομαι, Dep. med., mit, zugleich zuhören

συν-ακτέον, s. συνάγω.

συν-αλαλάζω, poet. u. sp. zugleich schreien od. begrüßen, zugleich Hurra rufen.

συν- od. **ξυναλγέω,** mit empfinden, mit leiden, mit erleiden, abs. od. τί, u. zwar τῇ ψυχῇ tief im Herzen, μετά τινος mit jmdm. [zweifelh.

συν-αλγηδόνες (αἱ), poet. die Schmerzensgenossen,

συν-αλείφω, sp. mit bestreichen.

συν- od. **ξυν-ᾱλίζω,** Aor. act. συνήλισα, pass. συνηλίσθην, Perf. pass. συνήλισμαι, ion. Aor. act. συνάλισα, Perf. pass. συνάλισμαι, inf. -αλίσθαι, zusammenbringen, versammeln, τινάς, im Pass. sich versammeln, zusammenkommen, εἴς τινα.

συν- od. **ξυναλλαγή,** ἡ, eigentl. wechselseitiger Austausch, d. i. Zwiegespräch, Verkehr, ὀλέθριαι Zusammentreffen mit Nessos, νόσου Krankheitsfall, δαιμόνων die von den Göttern verhängten Wechselfälle. Dah. **a)** Aussöhnung, αἱ ξ. der Friede, ὅρκοι ξυναλλαγῆς Versöhnungseide, od. mit λόγου u. nach einem Genet. γερόντων die Versöhnungsrede, Vermittlung der Greise. **b)** überh. Zustand

συνάλλαγμα, τό, **1)** Verkehr, Umgang. **2)** Übereinkunft, Vertrag.

συν- od. **ξυναλλάσσω. 1)** Akt. trans. miteinander in Verbindung bringen, d. h. eine Versöhnung zustande bringen. **2)** Akt. intr. verkehren, umgehen. **3)** Pass. **a)** sich aus- oder versöhnen, sich einigen, einen Vergleich schließen, sich abfinden; μετρίως unter erträglichen Bedingungen, **b)** im Perf. vereint, bei Soph. verehelicht sein.

συν-άλλομαι, sp. zusammen springen.

συν-αλοάω, sp. zerschlagen.

σύν-αμα (συνάμα), sp. Adv., zusammen, insgesamt

σύναμμα, τό (συνάπτω), sp. der Knoten.

ξυν-αμπέχω u. Med. **συναμπίσχομαι,** poet. umhüllen, verbergen.

συν-αμύνω, poet. mit beistehen.

συν- oder **ξυναμφότερος,** 3., **1)** im Sing. (nur Neutr.), aus beiden bestehend, beides vereinigt od. zugleich, dah. bei Dem. τοῦτο σ. die mit Olynth vereinigte Macht der Makedonier. **2)** im Plur. **a)** beide od. auf beiden Seiten zusammen. **b)** beide in gleicher Weise, wie Herod. 3, 97, wo es auf die Äthiopier u. ihre Nachbarn geht.

συν-άμφω, indekl. beide zugleich.

συν- od. **ξυναναβαίνω,** mit od. zugleich hinaufgehen, hinaufsteigen, im bes. bei Xen. u. Isokr. mit nach Asien (in das innere Asien) hinaufziehen, abs., od. τινί mit jmdm., u. zwar κατά τι.

συν-αναβοάω, zugleich aufschreien, τινί mit jmdm.

συν-αναβόσκομαι, sp. mit jmdm. (τινί) aufwachsen.

συν-αναγιγνώσκω, sp. zugleich lesen, τί, u. zwar τινί mit jmdm.

συν-αναγκάζω, 1) mit, zugleich nötigen, zwingen, τινά. **2)** zusammen erzwingen, τί.

συν-αναζεύγνυμι, sp. mit aufbrechen.

συν- od. **ξυναναιρέω, 1)** mit, zugleich zugrunde richten, töten, τί u. τινά. **2)** von der Pythia: durch einen Orakelspruch beistimmen.

συν-ανάκειμαι, N. T. mit zu Tische liegen.

συν-ανακεράννυμαι, sp. Pass., Aor. συνανεκράθην, vermischt werden, mit etwas τινί.

συν-ανακρίνω, ar. sp. mit jmdm. (τινί) untersuchen, prüfen, verhören.

συν-ανακυκλέομαι, sich zurückwälzen.

συν-ανᾱλίσκω, zugleich auf- od. verwenden, d. i. **a)** zusammen aufzehren, -essen. **b)** mit jmdm. die Kosten teilen. **c)** zugleich verlieren, mit dem Erworbenen die Erinnerung an den Dank, τὸ μεμνῆσθαι τὴν χάριν (τοῖς χρήμασι).

συν-αναμείγνυμαι, sp. N. T. Pass., sich unter eine Menge mischen; τινί mit jmdm. Umgang haben. [sich erholen, erquicken.

συν-αναπαύομαι, sp. N. T. mit jmdm. ausruhen,

συν- od. **ξυναναπείθω,** mit, zugleich bereden, zu etwas überreden, veranlassen, τινά, mit Inf.

συν-αναπλέκω, sp. mit hineinverflechten, τί τινι, eigentl. u. übertr.

συν-αναπληρόω, sp. zugleich anfüllen, -ergänzen.

συν-αναπράττω, eintreiben helfen, μισθὸν παρά τινος den Sold von jmdm.

συν-αναστρέφομαι, sp. Pass., mit jmdm. umgehen.

συναναστροφή, ἡ, sp. Verkehr mit jmdm., τινί.

συν-ανατήκω, sp. zugleich verschmelzen.

συν-ανατρέχω, sp., Aor. part. συναναδραμών, mit jmdm. (μετά τινος) einen Wettlauf machen.

συν-ανατρίβομαι, sp. mit jmdm. (τινί) sich reiben, -eng verkehren.

συν-αναφαίνομαι, sp. Pass., zugleich zum Vorschein kommen, sich mit in der Höhe zeigen.

συν-αναφθέγγομαι, sp. zugleich aufschreien.

συν-αναφύρω, sp. zugleich mitkneten, Pass. mit Aor. 2. part. συναναφυρείς, herumpatschen.

συν-αναχορεύω, sp. mit im Reigen tanzen.

συν-αναχρέμπτομαι, sp. Dep. med., mit heraufhusten u. ausspucken.

συν-αναχρώννυμαι, sp. Pass., mit angefärbt d. i. angesteckt werden, τινί mit jmdm.

συν-αναχωρέω, mit zurückgehen, *μετά τινος* mit jmdm., *ἔν τινι* bei, auf etwas.
συν-ανθέω, sp. = *συν-ακμάζω.*
συν- oder ***ξυνανίστημι,*** 1) Akt. trans. (Fut. *-στήσω*), mit aufstellen, aufbauen helfen, *τινί τι.* 2) Med. intr. *συν-ανίστᾰμαι* mit Aor. 2. *συν-ανέστην*, mit aufstehen, sich erheben, abs., od. *τινί* mit jmdm.
συν-ανοίγω, zugleich öffnen.
συν-αντάω, u. Med. *-άομαι,* Impf. dual. ep. *συν-αντήτην*, zusammentreffen, begegnen, auf jmdn. stoßen, zu etwas kommen, jmdm. entgegenkommen, sich einfinden bei ihm, abs. od. *τινί*, u. zwar *μετά τινος* mit etwas, *εἴς τι* wohinzu, wo. Dav.
συνάντησις, *ἡ*, poet. u. sp. die Begegnung.
ξυν-αντιάζω, poet. = *συναντάω.*
συν-αντιλαμβάνομαι, sp. N. T. mit (ab)helfen.
συν-αντλέω, poet. mühselig vollbringen.
συν-άντομαι, ep. u. poet. = *συναντάω.*
συν-ανύω, sp., u. poet. ***ξυνανύτω,*** intr. zugleich endigen, aufhören, enden, u. zwar *τινί* mit etwas (näml. das Leben), od. *πλέων* die Reise (sc. *ὁδόν*) zugleich hinkommen, *εἰς τὸ αὐτό.*
συν-αξιόω, zugleich wollen, mit Acc. c. inf.
συν-αοιδός, 2. poet. zugleich singend.
συναορέω, poet. begleiten.
ξυν-άορος, 2. poet. u. sp., ep. ***συν-ήορος,*** 2. *coniux* (viell. *ἀϝερ*, *ἀ* cop. u. Wz. *uer* „verbinden", vgl. *τετράορος*). 1) adj. zugesellt, verbunden. 2) Subst. Gatte, Gattin.
συν-απάγω, 1) Akt. mit wegführen, *τί*, u. zwar *τινί.* 2) Pass. sich mit hinreißen lassen, sich zugesellen, N. T.
συν-απαίρω, sp. wegfahren, absegeln mit jmdm., [*τινί.*
συν-άπας, 3., s. *σύμπας.*
συν-άπειμι, mit fortgehen, mit abreisen.
συν-απεῖπον, poet. zugleich ermatten (Konjektur).
συν-απεργάζομαι, mit bereiten helfen, mitwirken; den Eindruck verstärken.
συν-απίστημι, s. *συναφίστημι.*
συν-αποβαίνω, ion. u. sp. mit ans Land gehen (aus dem Schiffe), u. zwar *τινί* mit jmdm.
συν-αποβάλλω, sp. mit verlieren.
συν-απογράφομαι, sp. sich mit aufschreiben als Bewerber.
συν-αποδημέω, sp. zugleich verreisen.
συν-αποδύομαι, Med. (*-δύσομαι*, *-έδῡν*, *-δέδῡκα*), sp. eigentl. vom Fechter: sich durch Ablegung des Gewandes zum Kampfe rüsten, dann überh. sich anschicken, *πρὸς τὴν ἀρετήν* näml. durch Ablegung der bisherigen Üppigkeit.
συν-αποθνήσκω, mit oder zugleich sterben oder fallen, abs., u. *τινί* mit jmdm. od. etwas, *ἔν τινι* in etwas.
συν-αποκάμνω, poet., Aor. inf. *συναποκαμεῖν*, mit ermatten od. versagen, von Gliedern, nämlich alle zusammen.
συν-απόκειται, falsche La. Soph. OC. 1752, wofür Neuere *νὺξ ἐπίκειται* od. *ξυννπόκειται* lesen.
συν-απολαμβάνω, zugleich erhalten, *τί*, nämlich was man zu fordern hat.
συν-απολάμπω, sp. zugleich einen Glanz von sich geben, *μετά τινος.*

συν- od. ***ξυναπόλλυμι.*** 1) Akt. trans. mit zugrunde richten, mit ins Verderben ziehen, mit verlieren. 2) Med. intr. mit umkommen.
συν-απολογέομαι, seine oder eines andern Verteidigung mit führen.
συν-απομαραίνομαι, zugleich schwach werden, absterben, *τινί.*
ξυν-απονεύω *περιδεῶς ἴσα τῇ δόξῃ* = *ἴσα τῇ δόξῃ νεύματα* ihrer Gemütsstimmung entsprechende ängstliche Bewegungen machen, *τινί* mit etwas.
συν-αποπέμπω, zugleich fortschicken, *τί* (LA. zw.).
συν-αποπλέω, sp. mit jmdm. (*τινί*) abfahren.
συν-απορρήγνυμι, sp, Aor. *συναπέρρηξα*, mit abreißen.
συν-αποσβέννυμαι, intr., Aor. inf. *-αποσβῆναι*, sp. zugleich ausgehen, ein Ende nehmen.
συν-αποσπάω, sp. mit abreißen, abtrennen.
συν- od. ***ξυναποστέλλω,*** zugleich wegschicken, mit fortschicken, mit absenden, mitgeben.
συν-αποτελέω, mit vollenden.
συν-αποφέρω, meist sp. mit jmdm. davontragen, wegtragen.
συν- od. ***ξυνάπτω*** • 1) trans. **zusammenfügen,** zusammenknüpfen, *βλέφαρα* schließen, Perf. part. pass. *συνημμένος* zusammengeknüpft, *ἔκ τινος* an etw.; ferner: binden, verbinden, vereinigen, Med. etw. von sich verknüpfen, *τὸ κῆδος θυγατρός* eine Tochter verheiraten; mit angreifen, helfen, poet. auch im Med.; befreunden od. anpassen, von der Zeit: zusammenbringen, *χεῖρα* die Hand reichen, *στόμα* küssen, *ἐς βλάβην* d. i. verwickeln, *τοὔναρ ἐς φίλους* auf die Freunde deuten, *δύ' ἐξ ἑνὸς κακώ* aus einem Übel zwei machen. Im besond. • a) *πᾶσαν μηχανὴν συνάπτειν* alle Mittel in Bewegung setzen, *κακά τινι* jmdm. Übel zufügen • b) (*μάχην* od. *πόλεμον* u. ä.) anbinden, Streit anfangen, *τινί*, *πρός τινα*, auch *τινὰ ἐς μάχην* jmdn. zur Schlacht zusammentreffen lassen, od. bloß *τινάς* zum Kampf anregen • c) mit *λόγοισι* Rat pflegen • 2) intrans. **sich verbinden,** sich vereinigen, anhaften, zusammenstimmen, sich eignen, abs. od. *τινί*. Im bes. • a) *εἰς φιλίαν* Freundschaft schließen, *εἰς χορεύματα* sich zum Reigen verbinden • b) mit u. ohne *εἰς χεῖρας* handgemein werden.
συν- od. ***ξυναράσσω,*** Fut. *-αράξω*, Aor. *-ήραξα*, ep. *-άραξα* (oft in tmesi), ep. poet. ion. ar. sp. 1) trans. zusammenschlagen, aneinanderschlagen, zerschmettern, zerbrechen, *τί.* Im Pass. zerschmettert oder zerschlagen werden, u. zwar *τί* an etwas. 2) intr. sp. zusammenprallen, aufeinanderstoßen.
συν-αρέσκω, 1) trans. mitbilligen, *τί.* 2) intr. unpers. *συναρέσκει* es beliebt auch, *τινί* jmdm. 3) Med. *συναρέσκομαι* zustimmen, zufrieden sein, *τινί* womit.
συν-αριθμέω, 1) zusammenzählen. 2) ar. sp. mitdazuzählen, rechnen.
συν-άριθμος, 2. poet. sp. von gleicher Zahl.
συν-ᾱριστάω, zugleich mit od. bei jmdm. frühstücken.
συν-αριστεύω, poet. sich mit auszeichnen.
συναρμογή, *ἡ*, sp. die Verbindung.

συν-αρμόζω u. **συν-αρμόττω.** **1)** Akt. trans. u. Pass. zusammenfügen, aneinanderpassen, künstlich verfertigen, vom Auge: schließen. **2)** Akt. intr. zusammenpassen, harmonieren. **3)** Med. **a)** = 1, **b)** sich fügen, sich anbequemen.

συναρμολογέομαι, N. T. sich zusammenfügen.

συναρμοστής, ὁ, sp. Zusammenfüger.

συν- od. **ξυναρπάζω** (-αρπάσω, -ήρπασα usf.), mit fortreißen od. -schleppen, hin- od. wegraffen, ergreifen, mit wegnehmen, rauben, an sich raffen od. reißen, mit *φρενί* erlauschen, innewerden, *τί*.

συν- od. **ξυναρτάω,** **1)** Akt. **a)** zusammen aufhängen, *τί*. **b)** verbinden, *γένος* sich mit einem Geschlecht. **2)** Perf. pass. hängen bleiben, *περί τι* an etwas, u. zwar *κατ' ἀνάγκην* im Gedränge, verbunden sein mit etwas, *πρός τι*; *τινί* **a)** jmdm. auf den Fersen folgen. **b)** mit etwas unablässig beschäftigt sein.

συν-αρχαιρεσιάζω, sp. bei einer Amtsbewerbung unterstützen. [Kollege.

σύναρχος, 2. sp. mit gebietend; *ἀνήρ* Amtsgenosse,

συν- od. **ξυνάρχω,** zugleich gebieten, -herrschen, Mitanführer sein, die Herrschaft oder den Oberbefehl teilen od. führen, *τινί* mit jmdm., *τινός* von etwas. Im Part. *ὁ ξυνάρχων* Amtsgenosse, insbes. Mitfeldherr, abs., od. *τινός* jmds., von etw.

συν-ασκέω, zugleich od. zusammen einüben, *συνησκημένος* wohlgeübt.

συν-ασοφέω, poet. mit unklug handeln.

συνασπιδόω (*ἀσπίς*), **a)** = *συνασπίζω*. **b)** im Kampf einander beistehen.

ξυν-ασπίζω (*ἀσπίς*), poet. u. sp. die Schilde dicht aneinander halten, mit dicht aneinander gehaltenen Schilden in geschlossenen Reihen stehen (s. *συγκλείω*), sp. auch mit dem Schild decken.

συνασπισμός, ὁ, sp. das Fechten od. die Stellung in geschlossener Kampfreihe mit dicht zusammengehaltenen Schilden, s. *συγκλείω* u. *φάλαγξ*.

ξυν-ασπιστής, οῦ, ὁ, poet. Mitstreiter.

συν-ασχαλάω, poet. mit zornig werden.

συν-ασχολέομαι, sp. sich mit beschäftigen, *τινί*.

συν-ατιμάζομαι, sp. mit beschimpft werden, *τινί* mit jmdm.

συν-ατυχέω, sp. mit unglücklich sein.

συν-αυαίνω, Fut. -αυανῶ, trans., u. im Med. *συναυαίνομαι*, intr. zusammentrocknen.

ξυν-αυδάω, poet. beistimmen.

συν- od. **ξυναυλία,** ἡ (II. *σύναυλος*), das Zusammenklingen von Flöten, überh. Konzert; poet. *ξυναυλίαν κλάειν* miteinander klagen, *ξ. δορός* Zweikampf.

συναυλίζομαι, sp. zusammenwohnen. Von

I. **ξύν-αυλος,** 2. (*αὐλή*), poet. zusammenwohnend, *τινί* mit jmdm.; übertr. behaftet, *τινί* mit etwas.

II. **σύναυλος,** 2. (*αὐλός*), poet. zusammentönend.

συν-αυξάνω u. **συν-αύξω.** **1)** Akt. zugleich vermehren od. wachsen lassen, mit hervorbringen, überh. erhöhen, vergrößern; *τὴν ἀρχήν τινι* jmds. Herrscherglanz erhöhen. **2)** Pass. mit wachsen oder zunehmen, mit groß werden.

ξυν-αφαιρέω, mit Fut. med. -ήσομαι, mit wegnehmen, entreißen.

συναφή, ἡ (*συνάπτω*), ar. sp. **1)** die Vereinigung. **2)** *φλογός* Entzündung.

ξυναφής, 2. (*συνάπτω*), sp. zusammenhangend, in Zusammenhang stehend, *τινί* mit etwas (Arr. An. 7, 21, 6 ergänze *ἡ διακοπεῖσα διῶρυξ* dazu).

συν-αφίημι, sp. zugleich loslassen, entlassen.

συν- od. **ξυναφίστημι,** ion. **συναπίστημι.** **1)** trans. im Akt. mit oder zugleich abtrünnig machen, zum Abfall bewegen od. verleiten. **2)** intr. im Med. (ion. Präs. opt. 3. pl. *συναπισταίατο*), zugleich abtrünnig werden, abfallen.

συν-αφομοιόω, sp. mit ähnlich machen, *τινά τινι*.

συν-άχθομαι, Dep. mit Fut. *συναχθεσθήσομαι*, Aor. *συνηχθέσθην*, sich mit bekümmern, mit trauern, sich mit betrüben od. ärgern, u. zwar *τινὶ ἐπί τινι* mit jmdm. über jmdn. od. etwas, auch *τινί* mit hinzugef. Part.: daß er, od. mit folg. *ἦν*.

σύναψις, ιος, pl. ιες, ἡ (-άπτω), ion. Verbindung, Verknüpfung.

συν-δαΐζω, poet. mit töten, *τινά*.

συν-δαίνυμι, Aor. part. poet. *συνδαίσας*, *γάμους*, den Hochzeitsschmaus mit ausrichten.

συν-δαίτωρ, ὁ, poet. = *σύνδειπνος*.

συνδακρύω, **1)** meist poet. mit weinen. **2)** trans. sp. mit beweinen, *τί*.

συν-δανείζομαι, sp. zusammenborgen.

συν- od. **ξυνδειπνέω,** zusammen-, miteinander speisen, *οἱ ξυνδειπνοῦντες* die Tischgenossen.

σύν-δειπνον, τό, das Gastmahl.

σύν-δειπνος, 3. mit speisend. Subst. *ὁ σ.* Tischgenosse, Gast, *σύνδειπνον ποιεῖσθαι*, *ἄγεσθαί τινα* jmdn. zur Tafel ziehen, ähnl. *σ. λαβεῖν τινα πρὸς ἑαυτόν*.

συν-δεκάζω, zusammen bestechen, *τινά*, u. zwar *τινί* mit etwas.

συν-δέομαι, Fut. -δεήσομαι, Aor. -εδεήθην, mit bitten, *τινί* mit jmdm.

σύν- od. **ξύνδεσμος,** ὁ, Plur. *ξύνδεσμοι* u. metapl. *σύνδεσμα*, **1)** das Band, Verbindungsmittel, Bindemittel, Befestigungsmittel, *τινός* von etwas; *σύνδεσμα μελέων* Fugen der Gl. **2)** das Zusammengebundene, z. B. der Wulst des Haares; das Verbundene, *ἀδικίας* mit U., *σ. ἁμμάτων* was die Knoten verbindet, Bündel; *κακίας* Ausbund von Schl. N. T. **3)** sp. gramm. Konjunktion.

ξυν-δεσμώτης, ου, ὁ, der Mitgefangene.

σύνδετος, 2. zusammengebunden, angebunden.

συν- od. **ξυνδέω.** **1)** zusammenbinden, festbinden, knebeln, fesseln. **2)** miteinander verbinden, aneinanderfügen, verbinden od. verwickeln.

σύν-δηλος, 2. sp. (ganz) offenbar.

συν-δημαγωγέω, sp. das Volk (*τοὺς πολλούς*) gewinnen, *τινί* in Verbindung mit etwas, und zwar mit Inf.: etwas zu tun.

συν- od. **ξυνδιαβαίνω** (-βήσομαι, -έβην, -βέβηκα), mit od. zugleich hinübergehen, mit übersetzen, meist mit zu ergänz. Dat., z. B. Arr. An. 6, 7, 2 mit zu ergänz. *ξὺν τοῖς διαβαίνουσι τῶν Μαλλῶν*.

συν- od. **ξυνδιαβάλλω** (-βαλῶ, -έβαλον, -βέβληκα usf.), **1)** *unā traicio*, zusammen übersetzen, *τί* über etwas, *ἔκ τινος* von wo aus. **2)** mit verdächtigen od. anklagen, *τινά* od. *τί*, u. zwar *ὥς τι* als etwas.

συν-διαβιβάζω, mit überführen, *τινά.*

ξυν-διαγιγνώσκω, Aor. *ξυνδιέγνων*, mit jmdm. (*τινί*) beschließen, mit Inf.

συν-διάγω (-*άξω*, -*ήγαγον* usf.), sp. zugleich zubringen, mit verst. *βίον* zusammenleben, abs. u. *τινί.*

συν-διαθέω, mit durchlaufen.

συν- oder **ξυνδιαιτάομαι,** zusammenleben, zusammenwohnen, abs. u. *τινί.*

ξυνδιαίτησις, *εως, ἡ,* sp. das Zusammenleben, mit *οὐκ ἴση ἔς τινα* die Gewohnheit jmdn. nicht als seinesgleichen zu behandeln, u. zwar *κατά τινα* die bei jmdm. herrschende.

συν-διακινδῡνεύω, eine Gefahr mit bis zu Ende bestehen, einen Kampf bis zur Entscheidung mit wagen, -kämpfen, u. zwar *τινί, μετά τινος* mit [jmdm.

συν-διακομίζω, sp. mit überführen.

συν-διακοσμέω, mit in Ordnung bringen.

συν-διάκτορος, *ου, ὁ,* sp. Mitbegleiter.

συν-διακυβερνάω, mit regieren.

συν-διαλλάσσω, mit aussöhnen.

συν-διαλύω, mit auflösen, mit dämpfen.

συν-διαμένω, mit, zugleich dableiben.

συν-διαμνημονεύω, mit erwähnen.

συν-διαπεραίνω, vollenden helfen, *τὸν λόγον.*

ξυν-διαπολεμέω, den Krieg ausfechten helfen.

συν-δι-απορέω, sp. mit jmdm. (*τινί*) in Verlegenheit, in Zweifel sein; gemeinschaftlich untersuchen, *μετά τινος* mit jmdm., *περί τινος* etwas, od. mit indir. Fragesatz.

συν-διαπράττω, 1) Akt. mit durchsetzen, mit verrichten, mit besorgen od. versehen, *τί.* **2)** Med. mit jmdm. zugleich verhandeln, u. zwar *ὑπέρ τινος* für jmdn., jmdm. einen Vertrag schließen helfen.

συν-διασκέπτομαι, Aor. inf. -*διασκέψασθαι*, **συν-διασκοπέω** u. **-διασκοπέομαι,** mit oder gemeinschaftlich überlegen od. untersuchen, *τί*, u. zwar *μετά τινος* mit jmdm.

συν-διαστρέφω, sp. mit verderben.

συν- od. **ξυνδιασῴζω** (-*σώσω* usf.), erhalten-, retten-, oder aufrecht halten helfen, mit durchbringen, -erhalten.

ξυν-διαταλαιπωρέω, sich treu mit durchkämpfen.

ξυν-διατελέω, mit fortdauern.

συν-διατίθημι, sp. mit anordnen, *τινί τι.*

συν-διατρίβω, zusammen hinbringen, mit u. ohne *χρόνον*, zusammenleben, in jmds. Gesellschaft sein, abs. u. *τινί, μετά τινος*; *τινί* auch: sich mit etwas beschäftigen. Im bes. vom Umgang des Schülers mit dem Lehrer.

συν-διαφέρω (-*διοίσω*, -*διήνεγκον*, ion. -*διήνεικα*), **a)** sp. mit hinübertragen, *τί.* **b)** sp. mit bis zu Ende ertragen, erdulden, aushalten, *τί.* **c)** ion. *τὸ πόλεμον* den Krieg mitführen od. ausfechten helfen, u. zwar *τινί, ἅμα τινί* u. *μετά τινος* mit jmdm.

συν-διαφθείρω, mit zugrunde richten.

συν-διαφυλάττω, mit beschützen, erhalten.

συν-διαχειμάζω, sp. mit überwintern.

συν-διαχειρίζω, ion. besorgen helfen, *τί.*

συν-διέξειμι, durchgehen, besprechen, *τί τινι* etwas mit jmdm.

συν-διημερεύω, einen Tag mit jmdm. (*τινί*) ver- [leben.

συν-δικάζω, mit richten.

συνδικέω, Anwalt vor Gericht sein, abs., od. *τινί* jmds., auch als Anwalt jmdm. zu etwas (*τί*) verhelfen.

σύν-δικος, 2. **1)** gemeinsamen Rechtes, gemeinsam Aesch. **2)** vor Gericht beistehend, daher als Subst. *ὁ σ.* **Sachverwalter,** Syndikus einer Gemeinschaft. Im bes. **a)** bei Dem. Vertreter des Staates vor dem Rate der Amphiktyonen, **b)** bei Lys. eine nach dem Sturze der Dreißig eingesetzte Behörde zur Untersuchung der Rechtsansprüche, welche durch die Konfiskation geschädigten Demokraten an den Fiskus erhoben, **Staatsfiskale. 3)** Adv. poet. *ξυνδίκως = σὺν δίκῃ*, gerecht.

συν-διοικέω, mit jmdm. (*τινί*) verwalten; zugleich anordnen. [Nebens.

συν-διοράω, mit in Betracht ziehen, mit indir.

συν-δισκεύω, sp. mit jmdm. (*τινί*) den Diskos werfen.

ξυν-διώκω, mit verfolgen.

συν- od. **ξυνδοκεῖ,** *μοι*, Impers. **1)** von einem gesagt: es dünkt od. scheint mir auch, ist mir auch recht, ist auch meine Meinung, ich halte dasselbe davon, pflichte bei, habe nichts dawider, zweifle nicht daran. **2)** von mehreren gesagt: sie erkennen mit an, usf. Bisw. im Gen. abs. *ὡς ἐμοὶ τούτου συνδοκοῦντος* als sei dies auch meine Meinung, od. als abs. Akk. *συνδόξαν πᾶσι* u. ähnl: nach gemeinschaftlichem Beschlusse, *συνδόξαν τῷ πατρί* mit Genehmigung des Vaters.

συν-δοκιμάζω, mit prüfen.

συν-δοξάζω, N. T. sp. mit preisen, zu gleicher Herrlichkeit eingehen.

συν-δουλεύω, zugleich Sklave sein.

σύν-δουλος, *ὁ, ἡ*, auch **συνδούλη,** Mitsklave, Mitsklavin, *τινός*; Amtsgenosse; Mitchrist, Miterlöste.

συν- od. **ξυνδράω,** mittätig sein, mit handeln, mit verüben, abs., u. *τί* etwas, *τινί* mit jmdm.

συν-δρομάδες, *πέτραι, αἱ*, poet. = *Συμπληγάδες* d. h. die zusammenstoßenden, *concurrentes*, s. *Κυάνεαι*, bes. Fem. zu *σύν-δρομος*, s. d.

συνδρομή, *ἡ*, ar. sp. das Zusammenlaufen, N. T., sp. Anhäufung; Auflauf, Zusammenrottung gegen jemand.

σύνδρομος, 2. begleitend; zusammenstimmend. Dav. Adv. **συνδρόμως** u. **σύνδρομα,** zusammenlaufend, übereinstimmend, zusammentreffend.

συνδυάζομαι, meist sp. sich zu zweien verbinden, sich paaren. [*iugium.*

συν-δυάς, *ἡ*, poët. gepaart; subst. Vereinigung, *con-*

συνδυασμός, *ὁ*, ar. sp. Verbindung (von zweien), Kombination.

σύν-δυο, zwei zugleich, je zwei.

συν-δυστυχέω, gleiches Unglück haben.

συν-δώδεκα, poet. je zwölf.

συν-εγγυάω, sp. mit verloben.

ξύν-εγγυς u. **σύν-εγγυς,** Adv. nahe zusammen; **a)** räumlich: nahe bei, in der Nähe, abs., u. *τινός* von etwas; *ἐκ τοῦ σ.* aus der Nähe. **b)** zeitlich: sehr bald, *τινί.*

συν-εγείρω, Aor. act. *συνήγειρα*, pass. -*ηγέρθην*, sp. N. T. mit erwecken. [mitberaten.

συνεδρεύω, Sitzung halten, mit im *συνέδριον* sein,

συνεδρία, ἡ, u. **συνέδριον,** τό. 1) **Zusammensitzen,** Freundeskreis Xen., pl. geselliger Verkehr; speziell Terminus der Wahrsager: Geselligkeit der Vögel Aesch. 2) Sitzung, bes. **Ratssitzung,** a) vom bundesgenössischen Kriegsrat der Feldherren, b) vom Amphiktyonenrat, c) von der Festversammlung an den Eleutherien in Platää, d) von der Versammlung in Korinth 337 unter Philipp Plut., e) vom Senat in Rom, f) im N. T. συνέδριον α) das jüdische **Obergericht** der 72 = οἱ ἀρχιερεῖς καὶ οἱ γραμματεῖς καὶ οἱ πρεσβύτεροι, β) das Untergericht der Sieben. 3) Sitzungssaal, **Rathaus.**

σύν- od. **ξύνεδρος,** 2. beisammensitzend, zu Rate versammelt. Als Subst. ὁ, ἡ σ. Beisitzer, Beisitzerin, τινί neben jmdm., ἐπί τινι bei etwas. Insbes. Mitglied a) einer ständigen beratenden Versammlung als Bevollmächtigter, ξύνεδρος γίγνομαί τινι mit jmdm. in Unterhandlung treten, b) einer außerordentlichen, und so συνέδρους ἑλέσθαι ein Kollegium für Änderung der Verfassung bestellen.

ξυν-εείκοσι, ep. zwanzig zusammen.

ξυν-εθέλω, mit, zugleich, auch wollen.

συν- od. **ξυνεθίζω,** 1) Akt. trans. zugleich gewöhnen, gewöhnen, τινὰ πρός τι od. mit Inf.; angewöhnen, τί τινι. 2) Pass. (-είθισμαι, -εθίσθην) sich gewöhnen, m. Inf. od. Akk. u. Inf. 3) Akt. intr. sp. sich gewöhnen, ἔν τινι an etwas. Dazu das Verbaladj.

συνεθιστέον, man muß daran gewöhnen.

συνείδησις, ἡ, sp. N. T. 1) das Mitwissen, Bewußtsein. 2) das Gewissen. 3) die Gewissenhaftigkeit.

συν-είκων, 3., Part. von συνείκω, sp. nachgiebig, schmiegsam.

συν-ειλέω, zusammenpressen, zusammendrängen, in die Enge treiben, τί u. τινά, auch εἰς ἔλαττον. Pass. in die Enge getrieben werden. Med. sp. sich zusammenwickeln, sich zurückziehen.

I. **σύν-** od. **ξύνειμι** (εἰμί), mit Adj. verb. συνεστέον, **zusammensein** • 1) verbunden sein, begleiten (χρόνος Soph.); οἰζυῖ in Elend leben Hom.; ἵπποις Pferde halten, κακοῖς in Not sein, ähnlich ἡδοναῖς, λύπαις, ἀπορίᾳ; ὀνείρασιν σ. träumen Aesch.; νόσῳ σ. = νοσεῖν u. ä.; τὸ μὴ καλόν der sich dem Unglück ergeben hat Soph.; ὅτῳ γάμοι ξυνόντες der verstrickt befunden wurde in eine Ehe Soph. • 2) von Personen • a) **verkehren mit,** leben mit; bes. vom Verhältnis des Schülers zum Lehrer u. ä.; οἱ συνόντες Schüler, Anhänger, (Kriegs)-**kameraden** • b) einem raten, helfen Trag. • c) vom Verkehr der Geschlechter (ehelich u. unehelich) zusammen leben mit • d) unterhandeln mit Thuk. 4, 83, 3.

II. **σύν-ειμι** (εἶμι), s. συνέρχομαι.

συν- od. **ξυνείργω,** sp., ep. **συνεέργω,** mit dem ep. Aor. **συνεέργαθον,** zusammensperren, ein- od. um-, zuschließen, insbes. zusammenbinden, festbinden, τινά, τί, u. zwar τινί mit, εἴς τι in etwas, z. B. εἰς θάλαμον d. h. zur ehelichen Beiwohnung.

συν- od. **ξυνείρω,** 1) trans. zusammenknüpfen, aneinanderreihen, wiederholen. Insbes. hintereinanderweg vortragen (λόγους), aufsagen, τί. 2) intr. sich aneinanderreihen, anhalten, mit Part. ξυνεῖρον ἀπιόντες d. h. ohne Unterbrechung fortmarschierend.

συν-εισάγω, zugleich hereinschaffen oder hereinbringen, τί.

συν-εισβαίνω, Aor. -εισέβην, mit hineinsteigen.

συν-εισβάλλω u. **ξυνεσβάλλω,** intr. zugleich angreifen, einfallen, abs., und τινί, μετά τινος mit jmdm., ἔς τι in etwas.

συν-εισέρχομαι od. **ξυνεσέρχομαι,** Aor. -ῆλθον, zusammen hineingehen, σύν τινι mit jmdm., εἴς τι, poet. auch τί wohin, πρός τινα zu jmdm.

συν-εισηγέομαι, sp. mit einführen, -vorbringen.

συν-εισπίπτω, u. **συν-** od. **ξυνεσπίπτω.** 1) zusammen hineinfallen od. -kommen, mit hineinstürzen (freiwillig od. unfreiwillig). 2) sich mit auf jmdn. werfen, zugleich mit einfallen, eindringen, angreifen, kämpfen; φεύγουσι mit ihnen, als sie flohen.

συν-εισπλέω, mit hineinfahren.

συν-εισφέρω, Aor. -ήνεγκον, mit, zugleich hineinbringen, τί, im bes. beisteuern.

συν-εκβαίνω, gleichzeitig erklimmen, eine Anhöhe, ἐπὶ ὄρος.

συν-εκβάλλω, mit hinaustreiben, vertreiben- od. verbannen helfen, τί, τινά, u. zwar τινί, ἅμα τινί zugleich mit etwas, (ἔκ) τινος aus etwas.

συν-εκβιβάζω, herausschaffen helfen, τὶ ἔκ τινος.

συν-εκδημέω, sp. mit fortreisen.

συν-έκδημος, ὁ, sp. N. T. der Reisegefährte.

συν-εκδίδομαι. 1) mit übergeben. 2) Im bes. a) bei der Verheiratung mit ausstatten, näml. mit den armen Eltern, od. σὺν τῷ κυρίῳ d. h. mit dem, in dessen Gewalt sich rechtlich die zu Verheiratende befand, b) überh. mit verloben, verheiraten.

συνεκδοχή, ἡ, sp. Bezeichnung eines Begriffs durch bloße Andeutung, daher

συνεκδοχικός, 3. durch συνεκδοχή ausgedrückt. Adv. **-ῶς,** vermittels versteckter Anspielung.

συν-εκδύομαι, ion. Med., zugleich mit ausziehen, mit ablegen, τί.

συν-εκθερμαίνω, sp. beleben helfen.

συν-εκθνήσκω, Aor. -εκθανεῖν, poet. mit sterben.

συν-εκκαίδεκα, οἱ, αἱ, τά, je sechzehn.

συν-εκκαίω, sp. mit entzünden od. entflammen, τί.

συν-εκκλέπτω, poet. mit wegstehlen.

συν-εκκλησιάζω, sp. der Volksversammlung mit beiwohnen.

συν-εκκομίζω, mit hinaustragen, mit bestatten, den Leichenzug begleiten, abs. u. τινά, poet. mit aushalten.

συν-εκκόπτω, aushauen, fällen helfen, δένδρα.

συν-εκκρίνω, sp. mit, zugleich ausscheiden.

συν-εκκρούω, sp. mit bestürzt machen.

συν-εκλεκτός, 3. N. T. mit auserwählt.

συν-εκνήχομαι, sp. mit herausschwimmen.

συν-εκπέμπω, mit hinaussenden, -geleiten, τινά u. τί, auch τινὰ πομπούς Ehrengeleit Spartas für Themistokles. Passiv: als Begleiter mitgegeben werden.

συν-εκπίνω [ῑ], zugleich austrinken.

συν-εκπίπτω, **mit herausfallen.** 1) von den Stimmtäfelchen: κατὰ τωὐτό die Meinungen treffen zusammen Hdt., Ἀλέξανδρος συνεξέπιπτε τῷ πρώτῳ sein Los fiel mit dem ersten, οἱ πολλοὶ συνεξέπιπτον κρίνοντες Θ. die Stimmen der meisten entschieden sich für Hdt. 8, 123. 2) mit hervorstürzen, hervorgehen Plut. 3) geistig sich mit fortreißen lassen, ὑπό τινος von etwas, u. τινί mit jmdm. 4) mit herabfallen, mit verlöschen. 5) von tragischen Stücken: mit durchfallen.

συν- od. **ξυνεκπλέω,** Fut. -πλεύσομαι, Aor. -έπλευσα, ion. **συνεκπλώω,** Aor. inf. -πλῶσαι, mit aussegeln, mit fahren, τινί u. μετά τινος mit jmdm., ἐπί τινι zu einem Zweck.

συν-εκπληρόω, sp. zugleich ausfüllen, erfüllen.

συν-εκπνέω, Aor. inf. -πνεῦσαι, poet. zugleich den Geist, das Leben aufgeben, mit jmdm τινί.

συν-εκπονέω, poet. sp. zustande bringen helfen, τί; bei der Arbeit helfen, jmdm. τινί; überh. unterstützen, helfen.

συν-εκπορίζω, mit behilflich sein, τινί τι jmdm. zu etwas.

συν-εκπρήσσομαι, ion. rächen helfen, τινί τι jmdm. [etwas.

συν-εκσῴζω, retten helfen aus einer Gefahr, τινά.

συν-εκτάττω, aufstellen helfen in Schlachtordnung, τινάς.

συν-εκτέον, Adj. verb. von συνέχω, man muß zusammenhalten, τοὺς ἄνδρας.

συν-εκτικός, 3. sp. zusammenhaltend.

συν-εκτραχύνομαι, sp. reißend werden (v. Fluß).

συν-εκτρέφω, erziehen helfen, zugleich erziehen, mit jmdm. τινί; schüren helfen, eine Flamme.

συν-εκτρέχω, zusammen einen Ausfall machen; auch: jmdm. es gleich tun in etwas, τινὶ περί τι.

συν-εκφέρω, a) Akt. mit bestatten, den Leichenzug begleiten. b) Pass. sp. mit fortgerissen werden, τινί von etwas.

συν- od. **ξυνελαύνω.** 1) Akt. trans. u. Pass. mit- od. zusammentreiben, zusammenschlagen, z. B. ὀδόντας die Zähne zusammenbeißen. Im bes. a) zusammenbringen, zusammenhetzen, b) völlig zu etwas treiben oder bringen, z. B. ἔγγιστα θανάτου, c) antreiben, ermahnen. N. T. 2) Akt. intr. u. Med. a) zusammentreffen (im Streite), b) sich verengen.

ξυν-ελέγχομαι, sp. Pass., (von andern Beweisen) mit überführt werden, mit Part. daß.

συν- od. **ξυνελευθερόω,** mit befreien, befreien helfen, abs., od. τινά, τί, u. zwar τινός von jmdm.

συν-έλκω, zusammenziehen, τὶ ἐπί τι etwas über etwas.

συν- oder **ξυνεμβάλλω,** zugleich einen Einfall machen, εἴς τι.

ξυνεμβολή, ἡ, poet. 1) das Zusammenauswerfen, u. zwar πρυμνησίων der Taue in den Sand, d. h. das Befestigen derselben am sandigen Ufer. 2) das gleichzeitige Aufschlagen der Ruder.

συν-εμπίμπρημι, Aor. act. inf. -πρῆσαι, pass. -πρησθῆναι, poet. u. sp. zugleich anzünden.

συν-εμπίπτω, sp. mit oder zugleich hineinfallen, -kommen.

ξυν-έμπορος, ὁ, ἡ, Schiffsgenosse, Mitreisender, [Reisegefährte.

συν-ενδίδωμι, sp. nachgeben, abs. u. τινί.

συν-ενθουσιάω, sp. zur Begeisterung fortgerissen sein, ὑπό τινος von etwas.

συν-εξάγω, mit od. zugleich herausführen.

συν- od. **ξυνεξαιρέω,** mit herausnehmen, vertilgen, zerstören, τινά u. τί, u. zwar τινί mit jmdm., ἔκ τινος aus etwas.

συν-εξαίρω, sp. mit erheben, übertr. adeln helfen, τί.

συν-εξακολουθέω, sp. mit hinausgehen; von Leblosem: mit nachgetragen werden.

συν-εξακούω, poet. sp. zugleich mit jmdm. (genau) [hören, τί.

συν-εξαλείφω, sp. mit tilgen.

συν- od. **ξυνεξαμαρτάνω,** mit fehlen od. irren.

συν- od. **ξυν-εξανίστᾰμαι,** intr. zugleich aufstehen. 1) zugleich sich erheben vom Tisch od. Sitz. 2) zugleich aufbrechen. 3) zugleich emporkommen, aufkommen. Im bes. sich zugleich zum Kampf erheben, empören (auch bloß mit entrüstet sein, Plut. T. Gr. 10).

συν-εξαπατάω, Pass. mit (andern) getäuscht od. verleitet werden, ὑπό τινος.

συν- od. **ξυνέξειμι, συν-** od. **ξυνεξέρχομαι,** mit herausgehen, -kommen, -ausziehen, -ausrücken, zu Felde ziehen, τινί, μετά τινος mit jmdm., ἐπί τινα gegen jmdn., εἴς τι wohin.

συν-εξελαύνω, poet. zugleich mit jmdm. (τινί) hinaustreiben, vertreiben, τινά, τί.

συν-εξέρχομαι, s. συνέξειμι.

συν-εξετάζομαι, Pass. eigentl. zusammen ausgesucht u. geordnet werden, dah. gerechnet, gezählt werden, sich zugesellen, τινί zu jmdm., insbes. es mit ihm halten, ihm beistehen, und zwar ἐπί τινος bei etwas.

συν-εξευρίσκω, mit erfinden, τί.

συν-εξιχνεύω, sp. aufspüren helfen, τινί mit jmdm.

συν-εξομοιόομαι, sp. Pass., sich völlig gleich machen.

συν-εξορμάω, 1) trans. mit ermuntern od. antreiben, teils abs. bei Plut. Cat. 5, näml. mit den Treibern, teils τινά und πρός, ἐπί τι. 2) intr. zugleich mit aufbrechen, losbrechen, eindringen, gehen, abs., u. τινί mit jmdm.

συν-εοχμός, ὁ (συν-έχω), ep. Vereinigung, Fuge.

συν- od. **ξυνεπάγω,** I) Akt. 1) zugleich dagegenführen, τινά, u. zwar ἐπί τινα gegen jmdn. 2) mit herbeiführen od. -rufen, u. zwar μετά τινος mit jmdm.; übertr. mit herbei- od. antreiben. II) Med. mit sich herbeiführen, mit sich führen, τινά.

συν-επαείδω, poet. zugleich besingen.

συν- od. **ξυνεπαινέω,** 1) mit, zugleich loben, τινά. 2) einverstanden sein, gutheißen, genehmigen.

συν-έπαινος, 2. ion. u. sp. einverstanden, abs., od τινί mit etwas.

συν-επαίρομαι, sich mit erheben.

συν- od. **ξυνεπαιτιάομαι,** Dep. med., mit oder zugleich beschuldigen, τινά, u. zwar τινός einer Sache, od. mit Part. daß od. weil usw.

συν-επαιωρέομαι, sp. Pass., zugleich darüber schweben, ὑπέρ τινος.

συν- od. **ξυνεπακολουθέω,** mit, zugleich nachfolgen, von Personen u. Sachen.

ξυν-επαμύνω, zugleich mit helfen, τὰ πρός τινα im Kampf gegen jmdn.

συν- oder **ξυνεπανίστᾰμαι,** intr. Med. mit Aor. -επανέστην, sich zugleich empören, teils abs. οἱ

συνεπαναστάντες die Mitverschworenen, teils ἅμα τινί mit jmdm.
συν-επάπτομαι, s. συνεφάπτομαι.
ξυν-έπειμι, zugleich anfallen od. angreifen, τινί jmdn., μετά τινος mit jmdm.
συν-επεισπίπτω, sp. zugleich mit eindringen.
συν-επεισφρέσθαι, zugleich mit hineinlassen, τινά jmdn., τῇ Ἑλλάδι nach Hellas, Var. zu ἐπεισφρέσθαι Xen. Hell. 6, 5, 43.
συν-επελαφρύνω, ion. mit erleichtern, τί, u. zwar τινί jmdm., ihm in etwas mit beistehen.
συν-επερείδω, sp. 1) trans. mit darauf stützen od. richten, τί, u. zwar τινί auf jmdn., ἅμα τινί mit etwas; τὴν ὑπόνοιαν ἐπί τινι seinen Verdacht zugleich gegen jmdn. richten. 2) intr. sich darauf stützen, sich zugleich dagegen stemmen.
συν- od. ξυνεπεύχομαι, zugleich zu den Göttern flehen, zugleich geloben, mit Inf. fut.
συν-επηχέω, mit einstimmen.
συν-επιβαίνω, zugleich ersteigen, τινός etwas.
συν-επιβουλεύω, mit nachstellen.
συν-επιγαυρόω, sp. mit ermuntern, das Selbstgefühl heben helfen.
συν-επιδίδωμι, sp. mit, zugleich (freiwillig) hingeben, ἑαυτόν sich widmen (τινί jmdm.).
συν-επιθειάζω, sp. einer göttlichen Fügung mit zuschreiben; für göttlich anerkennen.
ξυν-επικαλέομαι, sp. Med., jmdn. (τινά) zugleich mit jmdm. (τινί) für sich anrufen, insbes. Götter, bei Arr. 6, 3, 1 Akesines u. Hydaspes.
συν-επικλάω, Aor. -έκλᾰσε, sp. mit brechen oder rühren.
συν-επικοσμέω, sp. mit ausschmücken.
συν-επικουρέω, mit abhelfen, einer Sache τινί.
συν-επικουφίζω, sp. mit aufhelfen.
συν-επικρύπτω, sp. verbergen, verstecken helfen.
συν-επικῡρόω, sp. mit jmdm. (τινί) bestätigen, τί.
συν- od. ξυνεπιλαμβάνω, u. häufiger Med. -ομαι, mit anfassen, mit Hand anlegen, beistehen, teils abs., teils jmdm. τινί, an etwas τινός, mit etwas τινί. Auch mit Gen. der Person, d. h. jmdn. ermutigen.
συν-επιλαμπρύνω, sp. mit glänzend machen, mit anfeuern.
συν-επιμαρτυρέω, sp. N. T. mit Zeugnis ablegen.
συν- od. ξυνεπιμελέομαι, Fut. -ήσομαι, Dep. pass., mit od. zugleich besorgen, mit Sorge tragen, Anordnungen mit treffen helfen, abs. ὁ συνεπιμελησόμενος ein Gehilfe od. τινός etwas, für etwas, od. mit ὅπως.
συν-επιμελητής, οῦ, ὁ, der mit Sorge trägt, Mitbesorger.
συν-επιρρέπω, sp. sich mit neigen, τινί zu etwas.
συν-επιρρώννυμι, sp. stärken, Kraft verleihen, τινά.
συν-επισκοπέω, nur Präs. u. Impf., das übrige von συνεπισκέπτομαι, Fut. -σκέψομαι, Aor. -εσκεψάμην, Perf. -έσκεμμαι, gemeinschaftlich untersuchen, betrachten, τί τινι od. mit Relativsatz.
συν-επισπάω, 1) Akt. sp. mit ziehen, τινὰ εἴς τι. 2) Med. mit sich ziehen, a) für sich gewinnen. b) mit sich ins Verderben reißen, τινά. (Dafür sp. auch Akt.)
συν-επισπεύδω, beschleunigen helfen, ἁμάξας das Fortbringen der Wagen.
συν-επίσταμαι, mit wissen, sich bewußt sein, wissen.
συν-επιστατέω, die Aufsicht mit haben.
συν-επιστενάζω u. -επιστένω, sp. mit darüber seufzen.
συν- od. ξυνεπιστρατεύω, gemeinschaftlich bekriegen, jmdn. τινί.
συν-επιστρέφω, mit herumdrehen, im Med. sich bewegen, verkehren, τοῖς ἤθεσι in gleichen Sitten.
συν-επ-ισχύω, mit dabei helfen od. beistehen.
συν-επιταχύνω, sp. mit antreiben, τινά.
συν-επιτελέω, ar. sp. vollenden helfen, τί.
συν- od. ξυνεπιτίθεμαι, sich mit an etwas od. jmdn. (τινί) machen, d. h. a) mit ausführen. b) mit über jmdn. herfallen, zugleich od. mit angreifen, seine Angriffe machen.
συν-επιτιμάω, sp. mit bestrafen.
συν-επιτρίβω, zugleich zugrunde richten, τί.
συν-επιφέρω, sp. mit beilegen.
συν-επιφθέγγομαι, sp. zugleich zurufen.
συν-εποκέλλω, sp. mit, zugleich ans Land treiben, τινά jmdm. ans Land helfen.
συν- od. ξυνέπομαι, mit od. zusammen folgen, sich angeschlossen haben, mitziehen, im Gefolge sein, abhängen. τινί τι jmdm. treu durch etwas folgen, ποίμναις τὰ πλεῖστα τοῦ βίου die meiste Zeit des Lebens hinter den Herden gehen. Übertr. 1) sich überzeugen lassen. 2) begreifen.
συν-επόμνυμι, zugleich schwören, mit Inf.
συν-επριάμην, Aor. zu συνωνέομαι, s. d.
συν-ερανίζω, fast nur sp. Beiträge sammeln; med. für sich.
συν-εράω, poet. u. sp. mit lieben, u. im Dep. συνέραμαι mit Aor. συνηράσθην, Gegenliebe schenken.
συν- od. ξυνεργάζομαι, 1) Med. mitwirken, mittätig, behilflich sein, abs., u. πρός τι zu etwas. 2) Pass. im Perf. verfertigt sein, ἔκ τινος aus etwas, u. abs. zusammengearbeitet sein von Steinen = behauen sein.
συνεργάτης, ὁ, poet. u. συνεργάτις, ἡ, poet. sp. Mitarbeiter(in), Helfer(in), τινί jmdm., τινός worin.
συνεργέω, augm. συνηργ., Mitarbeiter sein, mit helfen, mit beistehen, τί bei, zu etwas, τί τινι εἴς τι jmdm. zu etwas verhelfen; ἑαυτοῖς τὰ συμφέροντα sich gegenseitig zu ihrem Vorteil, ihrer Förderung behilflich sein.
συν-έργημα, τό, sp. Mithilfe, Unterstützung.
συνεργητικός, 3. sp. mitarbeitend, helfend.
συνεργία, ἡ, Mitarbeit, gemeinsames Wirken, Zusammenwirken.
συν- od. ξυνεργός (auch σύνεργος), 2., 1) Adj. behilflich, förderlich, πρός, εἴς τι zu etwas 2) Subst. Mitarbeiter od. -in, Gehilfe, Gehilfin, Teilnehmer, Helfer, Helfershelfer, abs., od. τινός jmds. u. bei, zu etwas, τινί für jmdn.
συν-έργω, s. συνείργω.
ξυν-έρδω, Fut. -έρξω, poet. mitwirken, mittun.
συν- od. ξυνερείδω. 1) Akt. trans. u. Pass. zusammenstemmen, dah. zusammendrücken, -drängen, -schließen, -binden. 2) Akt. intr. feindlich aneinandergeraten, zusammenstoßen mit etwas, stoßen an etwas.

συν-έριθος, ὁ, ἡ, Mitarbeiter, Gehilfe.

σύν-ερξις, ἡ, die eheliche Verbindung.

συν- od. **ξυνέρχομαι** (ep. auch in tmesi), **σύν-** od. **ξύνειμι,** Impf. 3. dual. ξυνίτην, pl. ep. ξύνισαν **mit- oder zusammengehen,** -kommen, mit u. ohne εἰς ταὐτό sich zusammenschließen, überh. sich bilden, ferner sich vereinigen, versammeln. Im bes. • 1) eingehen (Gelder) • 2) zusammenkommen um Rat zu pflegen, übereinkommen • 3) sich mit einem Weibe verbinden, συνελθοῦσα εἰς ταὐτό τινι vermählt mit jmdm. • 4) mit u. ohne ἔριδι, εἰς χεῖρας im Streite zusammengeraten, gegeneinander rücken, handgemein werden, kämpfen, ξυνιέναι auch im Anrücken begriffen sein (Thuk. 5, 59). Teils abs., z. B. ξυνελθόντες κοινῇ, od. ξυνιόντας βουλεύεσθαι, teils τινί, πρός τινα, συνιέναι εἰς χιλίους sich auf tausend belaufen, συνελθόντα ἐς τὸν ἀριθμόν zusammen an Zahl, περὶ ἔριδος aus Streitlust. Doch auch mit Akk. ξυνόδους ξυνιέναι Vereinigungen stiften, μετά τινος, τὴν στρατείαν, ähnl. wie πόλεμον στρατεύειν, zu dem Feldzuge zusammenkommen, u. wie ein Pass. mit ἔκ τινος gesammelt sein aus etwas, ἡ μάχη ξυνελθοῦσα ὑπό τινων = ξυνελθουσῶν γενομένη geliefert von jmdm.

συν-ερωτάω, sp. mit erfragen: συνηρωτημένος von einem in Frageform abgefaßten Syllogismus; dah. Perf. pass. aus Syllogismen bestehen.

συν-εσθίω, Aor. συμφαγεῖν, Tischgemeinschaft haben.

σύν- od. **ξύνεσις,** εως, ion. ιος, ἡ (συνίημι), 1) ep. u. sp. das Zusammentreffen, der Zusammenfluß. 2) (γνώμης) die Fassungskraft, Geisteskraft, Bewußtsein, Verstand, Weisheit, σύνεσις καὶ πρᾶξις Staatsklugheit. 3) poet. das Gewissen. 4) gramm. κατὰ σύνεσιν dem Sinne nach.

συν-εστιάομαι, fut. -εστιάσομαι, aor. -ειστιάθην, zusammen schmausen, τινός von etwas.

συν-εστίη, ἡ, ion. gemeinsamer Schmaus, Gastmahl (zweifelh.).

συν- od. **ξυνέστιος,** ὁ, 1) Herd- d. i. Hausgenosse. 2) als Bein. des Zeus: Beschützer des Herdes.

συν-εστώ, οῦς, ἡ, ion. das Beisammensein (zweif.).

συν-εταιρίς, ίδος, ἡ, poet. Genossin, Gefährtin.

συν-έταιρος, ὁ, ion. Gefährte.

συν- od. **ξυνετός,** 3. (συνίημι). 1) akt. verständig, einsichtsvoll, klug, gescheit, alles klar sehend, kennend, etw. τινός, in üblem Sinne: überklug. Subst. τὸ σ. Einsicht, Klugheit, Feinheit, *astutia*, Verschmitztheit. Im bes. bei δημοκρατία eine vernünftige Verfassung. 2) pass. (τὰ σ.) verständlich.

συν-ευδαιμονέω, mit glücklich sein.

συν-ευδοκέω, sp. N. T. mit beistimmen, billigen, Gefallen haben an etw., τινί.

συν-εύδω, ion. poet. mit, zugleich, zusammen schlafen, ὁ συνεύδων χρόνος die Zeit, in der ich schlafe.

συν- od. **ξυνευνάζομαι,** poet. u. sp. Pass., Aor. ξυνευνάσθην, u. ion. **συνευνάομαι,** Aor. συνευνήθην, bei jmdm. schlafen, zusammengebettet sein, sein Lager teilen, abs. od. τινί.

συν-ευνέτης, ου, ὁ, poet., mit poet. Fem. **ξυνευνέτις,** ἡ, u. **ξύν-ευνος** od. **σύνευνος,** ὁ, ἡ (εὐνή) poet. Bettgenosse, Beischläfer u. Fem.

συν-ευ-πάσχω, auch **σὺν εὖ πάσχω** geschrieben, seinen Vorteil mit haben, τινί durch etwas.

συν-ευπορέω, mit aushelfen, mit unterstützen, τινός (Gen. part.) mit etwas.

συν-ευτυχέω, poet. = συνευδαιμονέω.

συν-ευφραίνομαι, sp. sich mit freuen, τινί.

συν-εύχομαι, Dep. med., mit od. zugleich geloben, mit zu den Göttern flehen, mit beten, abs. od. mit Inf. fut.

συν-ευωχέομαι, sp. Pass., mit schmausen.

συν-εφάπτομαι, ion. **συνεπάπτομαι,** mit Hand anlegen od. angreifen, τινός an, bei etwas.

ξυν-εφέλκω, mit nach od. an sich ziehen, mit an sich nehmen, τινά, τί, auch: mit sich fortreißen, τινά.

συν- od. **ξυνεφέπομαι,** Aor. 2. συνεφεσπόμην, part. συνεπισπόμενος, zugleich mit folgen, τινί jmdm. aber auch δρόμῳ im Lauf.

συν-έφηβος, ὁ, der Jugendgenosse.

ξυν-εφίστᾰμαι, intr. Med., 1) im Perf. mit darüber gestellt sein; οἱ ξυνεφεστῶτες die Mitaufseher. 2) im Aor. 2. συνεπέστην, sich mit erheben, κατά τινος wider jmdn. N. T.

συνέχεια, ἡ, 1) die Beharrlichkeit, Beständigkeit, lange Dauer (auch konzentrierte Stellung). 2) sp. unmittelbare Folge, κατὰ συνέχειαν in unmittelbarem, direktem Zusammenschluß.

συν- od. **ξυνεχής,** 2., Adv. **-χές,** ion. **-χέως,** gew. **-χῶς.** 1) Adj. zusammenhangend, a) **ununterbrochen,** übertr. beharrlich, ausdauernd Xen. Plat., b) **dicht,** bei einander befindlich, häufig, dah. c) nahe, **benachbart,** d) von der Zeit: anhaltend, lange dauernd, beständig, **unaufhörlich,** unablässig, nacheinander, unausgesetzt, ohne Unterbrechung (δύναμις stehendes Heer). 2) Subst. τὸ ξ. die Fortdauer, mit τοῦ δήμου der fortwährende Umgang mit dem Volke, τὰ συνεχέστατα die bleibendsten Bedürfnisse. 3) Adv. κατὰ τὸ συνεχές sp ununterbrochen, stetig, sofort, auch συνεχές αἰεί Hom. Mit dem Adv. ὁ σ. λέγων der gewöhnliche Staatsredner (ep. ῡ.)

συν-έχθω, poet. mit hassen, den Haß teilen.

συν- od. **ξυνέχω,** ep. Impf. σύνεχον, Perf. συνόκωχα (gew. -όχωκα ediert), sp. Aor. pass. συνεσχέθην, nebst **συνίσχω** • 1) Akt. trans. **zusammenhalten,** verbinden, d. i. • a) beisammen behalten, in Ordnung halten, im bes. unter den Waffen halten • b) in sich schließen; τὸ συνέχον die Hauptsache • c) festhalten, erhalten; auch verhaftet halten, in die Enge treiben, N. T., in Schranken halten, bedrängen • d) beschäftigen, τινί an od. mit etwas, ἔν τινι bei, in, auf etwas • 2) Akt. intr. zusammenhangen, **zusammenstoßen** Hom., sich vereinigen, Part. perf. συνοχωκώς ἐπί τι zusammengebogen gegen etwas hin Hom. • 3) Pass. • a) **zusammengeraten,** in Berührung gekommen sein, zusammenhangen, einander gefaßt haben, aber auch in Zwist geraten sein, τινί mit jmdm., einander standhalten, ξυνεχόμενοι ἄνδρες ἀνδράσιν Mann gegen Mann

• b) in die Mitte genommen werden, behaftet sein, **bedrängt**, gequält, gepeinigt werden, leiden, τινί von, an etwas • c) mit etwas beschäftigt sein, etwas betreiben, in etwas begriffen sein, τινί u. ἔν τινι.

συν-εψιάω, poet. zusammen spielen, scherzen.

συν-έψω, Impf. -ήψε, sp. zusammen kochen, τί τινι etw. mit etw.

συν-ηβάω, poet. sp. mit jmdm. (τινί) in Jugendkraft stehen, die Jugend verleben, genießen.

σύν-ηβος, ὁ, poet. Jugendgenosse.

συν- od. **ξυνηγορέω** (συνήγορος), beistimmen, jmdm. od. etwas τινί; im bes. Verteidiger, Fürsprecher sein, τινί.

συνηγορία, ἡ, die Verteidigung, Verteidigungsrede, abs., od. (ὑπέρ) τινος jmds., für jmdn.

συν- oder **ξυνήγορος,** 2. (ἀγορά), mitsprechend, stimmend zu etwas (τινί). Subst. ὁ σ. der Anwalt, Verteidiger, insbes. οἱ σ. in Athen zehn Staatsanwälte, die mit den Rechnungsabnehmern (Logisten) zusammen die Rechnungen der Beamten zu prüfen und über den Befund an das Heliastengericht Antrag zu stellen hatten.

συν- od. **ξυν-ήδομαι.** 1) sich mit freuen, an jmds. Freude teilnehmen, Glück wünschen. 2) poet. u. N. T. sich sehr freuen.

συνήθεια, ἡ, die Gewohnheit, Gewöhnung, Sitte, Vertrautheit, Umgangsweise, Umgang, geselliger, vertrauter Verkehr, Leben in u. mit der Welt.

συν- oder **ξυνήθης,** 2. (ἦθος). 1) zusammengewöhnt, durch Gewohnheit **bekannt** u. lieb, gut bekannt. Subst. ὁ σ. der nahe Freund, gute Bekannte, Vertraute, u. zwar τινί mit jmdm. 2) an etwas **gewöhnt,** ξ. τι ἔχειν etwas in Übung haben. Subst. τὸ σ. lange Übung. 3) **gewohnt,** vertraut, gewöhnlich, natürlich, übereinstimmend, τινί jmdm., und zwar τινί in, mit etwas; ξυνήθη πεφυκότα wie sie zu wachsen pflegen, ξ. τι ποιεῖσθαι etwas gewöhnlich machen. Subst. τὸ σ. das Gewöhnliche. Ad. **συνήθως,** gewöhnlich, regelmäßig, σ. ἔχειν πρός τινα mit einem vertraulich verkehren.

συν-ήκοος, 2. mit hörend.

ξυν-ήκω, zusammengekommen sein.

συν-ηλικιώτης, ὁ, sp. N. T. u. **συν-ῆλιξ,** ὁ, ἡ, poet. Altersgenosse.

συν-ημερεύω, den ganzen Tag mit jmdm. (τινί) zusammen sein, u. zwar λέγων τί τινι sich täglich über etwas mit jmdm. unterhalten.

συνημοσύνη, ἡ, ep. (συν-ίημι), Übereinkunft, Vertrag, im Plur.

συν-ήορος, 2., s. συνάορος.

συνηρετέω (wie von συν-ηρέτης), poet. eigentl. zusammenrudern, übertr. Freund sein jmds., τινί.

συν-ηρεφής, 2. (ἐρέφω), ion. poet. u. sp. überdeckt, τινί von od. mit etwas.

συν-ηττάομαι, Pass. mit jmdm. (μετά τινος) besiegt werden.

συν-ηχέω, sp. mit dabei tönen, zugleich mit einstimmen, mit erschallen lassen, mit schreien, abs. od. τί, z. B. τὸ ὀξύ ihre durchdringenden Töne.

συν-θακέω, poet. zusammen-, dabeisitzen. Von

σύν-θᾱκος, 2. poet. beisitzend, θρόνων thronend, τινί neben jmdm.

συν-θάλπω, poet. u. sp. mit erwärmen, schmeicheln, τινά τινι jmdm. mit etw.

συν-θαμβέω, mit erstaunen, τινί nach, entsprechend etwas in Erstaunen geraten.

συν- od. **ξυνθάπτω,** mit od. zusammen begraben, mit bestatten, τινά, u. zwar τινί mit jmdm.

συν-θεάομαι, mit betrachten, in Augenschein nehmen, abs. u. τί. Dav.

συνθεατής, ὁ, der Mitbeschauer.

ξυν-θέλω, poet. u. sp. mit wollen.

συν-θεσίη, ἡ, ep. poet., gewöhnl. im Plur. 1) Übereinkunft, Vertrag. 2) der auf Übereinkunft beruhende Auftrag.

σύν-θεσις, εως, ἡ (συντίθημι), 1) die Zusammensetzung, -stellung, -fügung; insbes. a) von Buchstaben, Silben, Wörtern, Redegliedern, die Komposition. b) sp. Aussage, Satz. c) sp. Addition. 2) poet. sp. = συνθεσίη.

συνθετικός, 3. zum Kombinieren geeignet. Von

σύν- od. **ξύνθετος,** 2., 1) zusammengesetzt. 2) verabredet. Subst. ἐκ συνθέτου aus einer gewissen Bestimmung. 3) poet. erlogen.

συνθέω, Fut. συνθεύσομαι, 1) zusammenlaufen. 2) ep. übertr. glücklich ablaufen.

συν-θεωρέω, sp. mit besehen, -betrachten.

συν-θήγομαι, poet. mit gewetzt, angereizt werden.

συν- od. **ξυνθήκη,** ἡ u. **σύν-** od. **ξύνθημα,** τό (συντίθημι) • 1) die **Zusammensetzung,** ὀνομάτων; Gefüge, Verbindung • 2) die **Übereinkunft,** Vertrag, Bündnis; Anordnung, mit ξυμφορᾶς Fügung des Geschicks. Oft κατὰ (τὴν) od. (τὰς) ξυνθήκην (-ας), ἐκ τῶν ξ. den Verträgen gemäß, παρὰ τὰς ξ. gegen den Vertrag u. seine einzelnen Bestimmungen (daher der Pl.), aber ἀπὸ od. ἐκ συνθήματος auf Verabredung, doch auch auf ein verabredetes Zeichen, τὰς συνθήκας ποιεῖσθαι den Vertrag schließen, τῆς φιλίας Bundesvertrag. Im bes. • a) συνθῆκαι bei Lys. der Versöhnungsvertrag, welchen die Demokraten und Aristokraten 403 schlossen, mit seiner Amnestie • b) συνθῆκαι bei Isokr. der Antalkidische Friede (s. Ἀνταλκίδας), einmal auch der sogenannte Kimonische • c) bei Soph. πίστ' ἀεὶ ξυνθήματα Denkmäler des Treubundes • 3) (σύνθημα) das **Verabredete,** insbes. • a) das verabredete Zeichen, Signal • b) wie σύμβολον, die Parole, Losungswort • c) der anerkannte Satz, Grundsatz, die Satzung.

συνθηρατής, συνθηρευτής, οῦ, u. **σύν-θηρος,** ὁ, Jagdgenosse, Jagdgefährte, τινός nach jmdm., τινί mit jmdm., jmds.

συν-θηράω und **συν-θηρεύω,** mit oder zusammen jagen, auf der Jagd begleiten, mit zu fangen suchen, packen, haschen, abs., od. τινί mit jmdm. Poet. auch Med. (in tmesi).

ξυν-θλάω, Fut. act. -θλᾰσω, pass. -θλασθήσεται, sp. zusammenquetschen, zerschmettern, τί, u. zwar τινί mit etwas.

συν-θλῑβω, zusammendrücken; sp. einengen, einzwängen.

συν- od. **ξυνθνήσκω,** poet. u. sp. zugleich sterben.

συν-θοινάτωρ, ὁ, poet. der Mitschmausende.

συν-θρᾰνόω, poet. perf. Pass. -τεθράνωται, zerbrechen, zerschmettern.

συν-θραύω, Perf. -τέθραυ(σ)μαι, zerbrechen, zerschlagen.

συν-θριαμβεύω, sp. mit triumphieren.
συν-θρύπτω, N. T. erweichen, weich machen.
συν-θύω, mit jmdm. (*τινί*) opfern.
συν-ιερεύς, ὁ, sp. der Mitpriester.
συνιέω, s. *συνίημι*.
συν-ιζάνω, sp. **a)** sich setzen, sich senken, sich niederschlagen. **b)** einfallen, eindringen. Dav.
συνίζησις, ἡ, ar. sp. das Zusammensitzen, **a)** das Zusammenfallen, Einsinken, der Einsturz. **b)** (gramm.) das Zusammenziehen zweier Vokale in éine Silbe.
συν-ίζω, 1) ion. zusammensitzen, Sitzung halten. **2)** zusammensinken, einsinken, sich senken.
συν-, gew. **ξυνίημι** (ῐ ep., ῑ att.), 2. sg. att. *ξυνίεις* (mit Var. *ἱῃς, -ιεῖς*), 3. sg. auch *ξυνίει*, Impf. 1. sg. *συνίειν*, Fut. *ξυνήσω* usf. (s. *ἵημι*), ep. Impf. 3. pl. *ξύνιειν* st. *ξυνίεσαν*, Aor. *ξυνέηκα* st. *συνῆκα*, imper. *ξύνες*, poet. inf. praes. *συνιεῖν*, im N. T. Formen v. *συνιέω* u. *συνίω*.
I) Akt. • **1)** eigentl. zusammenschicken, dah. **zusammenbringen,** wider einander entflammen, *τινά*, u. zwar mit Inf. • **2) vernehmen,** hören, merken, achtgeben, w a h r n e h m e n, kennen, vermuten, v e r s t e h e n, einsehen, wissen, bes. recht verstehen, sicher sein, teils abs., z. B. *ἑλληνιστὶ τὰ πλεῖστα* d. h. griechisch Gesprochenes im allgemeinen verstehen, teils *τί* od. *τινός* etwas, jmdn., dah. auch *τί τινος*, od. mit *ὡς* od. anderen Nebens., od. Nom. part. statt des Inf. daß usw.
II) Med. • **1)** ep. (*συνώμεθα*) sich vereinigen, **übereinkommen,** *ἀμφί τινι* über, *ἐπί τινι* bei etw. • **2)** = Akt. vernehmen. **merken,** *τινός*.
συν-ικετεύω, sp. mit bitten, abs., oder *τινί* mit jmdm., u. zwar mit folg. *ὅπως*.
συν-ίππαρχος, ὁ, ion. Mitoberster der Reiterei, *τινί* mit jmdm.
συν-ιππεύς, ὁ, Kamerad bei der Reiterei.
σύνισαν, ep. 3. pl. **1)** = *συνῆσαν*. **2)** = *συνῄδεσαν*.
συν-ιστάνω u. **συν-ιστάω,** sp. Nebenformen v. *συνίστημι*, trans., s. d.
συν- od. **ξυνίστημι. I) trans.** • **1) zusammenstellen,** z u s a m m e n b r i n g e n, fest machen, gerinnen lassen; vereinigen, insbes. aufwiegeln, aufreizen • **2)** mit andern **bekannt machen,** u. so als t. t.: • **a)** e i n s t e l l e n, in die Lehre bringen, *τινά τινι* einen bei jmdm. • **b)** v o r s t e l l e n, empfehlen, *τινά τινι* • **3) zustande bringen,** gründen, *fundo*, ein Gebäude, v e r a n l a s s e n, sich erwerben, *τί*. Im bes. *θάνατον ἐπί τινι* den Tod über jmdn. verhängen; Med. • **a)** von sich aus, für sich zusammenstellen, anordnen, veranlassen, sich verschaffen, *βουλήν* einsetzen, *ἀγῶνας* bestehen • **b)** sp. errichten, konstruieren (von geom. Gebilden) • **4)** zur Verfügung stellen, *τινά, τί* • **5)** aus dem Zusammengestellten **nachweisen,** b e w e i s e n, *τί*, auch mit dopp. Akk.: einen als etwas, u. m. A. c. I., N. T. • **6)** Im Pass. gebildet, getrieben werden, *πρός τι*.
II) intrans. das Med. **συν-ίστᾰμαι,** Part. perf. ep. *συνεσταώς, -ότος* • **1)** sich zusammenstellen, **zusammentreten,** z u s a m m e n k o m m e n, sich verdichten, dah. vom Körperbau im Part. perf. *συνεστῶτα* festgebaut, *πρός τι*. Übertr. fest zusammenhängen, unversehrt stehen, *τινί* jmdm. (Thuk. 1, 90), überh. beruhen, *ὑπό τινος* auf etw., bestehen, *ἐκ τινος* aus etw. • **2) sich versammeln,** s i c h v e r e i n i g e n, zusammenstehen, Halt machen, sich anschließen, bisweilen mit *εἰς τὸ αὐτὸ, ἐς ἕν*, auch *λέχος τινί* einen Ehebund mit jmdm. schließen, sein Weib werden. Im bes. • **a)** s i c h z u s a m m e n t u n, zusammenrotten, verschwören. Dah. *οἱ ξυνεστῶτες* die Verschworenen, *τὸ ξυνεστηκός* die Verbindung, u. so auch *συνεστάναι τὴν βουλήν* d. h. zu einem politischen Parteiklub geworden sein, od. von den Getreidehändlern: *ἐπὶ τοὺς ἐμπόρους συνίστασθαι*, indem sie, wenn sie genug angekauft, den später einlaufenden Getreideführern durch Nichtkaufen die Preise herabdrückten • **b)** z u s a m m e n b l e i b e n, zusammenhalten, *συνεστηκυῖα δύναμις* ein stehendes od. schlagfertiges Heer, ähnl. *ξυνεστηκός τι* eine vereinigte Schar od. Masse, ein Trupp; *συνεστῶσα πόλις* ein auf die Dauer begründeter Staat • **c)** s t e h e n b l e i b e n, um zu kämpfen, standhalten, und so mit u. ohne *μαχόμενοι, μάχῃ* u. ähnl. handgemein werden, kämpfen, auch *γνῶμαι* einander gegenüberstehen • **d)** mit etw. z u k ä m p f e n h a b e n, mit etw. behaftet, in etw. geraten sein • **e)** ausbrechen, e n t s t e h e n, dauern, dah. *πολέμου ξυνεστῶτος* als das Kriegsunwetter sich zusammengezogen hatte, od. auch mit *ἔτι* während er noch dauerte, bei Hom. aber mitten in der Schlacht, ähnl. *τῆς μάχης συνεστώσης*, od. mit *κινδύνου*. Teils abs., teils mit *τινί, μετά τινος, πρός τινα* mit jmdm., *ἐπί τινα* gegen jmdn., *παρά τι* wider etw., *κατὰ σφᾶς αὐτούς* unter sich. *ἄλλοθεν* anderswoher, auch mit Inf.
συν-ιστίη, ἡ, ion. (*ἑστία*), Gastmahl (vgl. *συνεστ.*).
συν- od. **ξυνίστωρ,** ορος, ὁ, ἡ (*σύνοιδα*), m i t w i s s e n d, sich bewußt, oft mit weggel. Kopula: *οἱ κάτω ξυνίστορες* die Zeugen in der Unterwelt wissen, abs. od. *τί*, od. mit indir. Nebens. Subst. der Zeuge, abs. od. mit folg. *ὅτι*.
συν-ισχναίνω, poet. zusammenziehen, vermindern.
συν-ισχῡρίζω, Fut. *-ιῶ*, stärken, jmdn. *τινά*.
συν-ίσχω, s. *συνέχω*.
Σύννᾰδα, τά, od. **Συννάς,** άδος, ἡ, Stadt in Phrygien mit berühmten Marmorbrüchen: *λίθος Συνναδικός*, weißer Marmor mit roten Flecken und Adern.
συν-ναίω, poet. zusammenwohnen, abs. u. *τινί*.
συν-νακτός, 3. (*συννάσσω*), vollgepfropft.
σύν-νᾱος, 2. sp. zusammen in éinem Tempel wohnend.
συν-νάσσω, Aor. part. *συννάξας*, ion. zusammenpfropfen od. -drängen, *τί*.
συν-ναυαγέω, sp. zugleich Schiffbruch erleiden.
ξυν-ναυβάτης, ου, ὁ, poet., = *συν-ναύτης*, w. s.
συν- od. **ξυνναυμαχέω,** mit zur See fechten, *τινί* mit jmdm., *ἔν τινι* bei etwas.
συν-ναυστολέω, poet. mit jmdm. (*τινί*) zusammenfahren, jmds. Schiffsgenosse sein.
συν-ναύτης, ου, ὁ, der mit zu Schiffe fährt, Reisegenosse.
συν-νεάζω, poet. u. sp. mit jmd. (*τινί*) jung sein.
συν-νέμω, sp. **1)** Akt. **a)** mit zuteilen. **b)** einteilen, *εἴς τι* in etwas. **2)** Med. zusammen weiden.
συν-νενέαται, s. I. *συννέω*.

σύν-νευσις, εως, ἡ, sp. das sich Zusammenneigen, die Konvergenz. Von

ξυν-νεύω, 1) sp. sich zusammenneigen, hinneigen, πρός τι zu etwas; sich zusammenziehen, zusammenknicken. 2) poet. zunicken, versprechen.

ξυν-νέφελος, 2. umwölkt, τὰ ἐκ τοῦ οὐρανοῦ ξυννέφελα umwölkter Himmel.

συν-νεφέω, poet. umwölken; dunkel, finster machen.

συν-νεφής, 2. poet. u. sp. 1) umwölkt. 2) übertr. traurig, finster, betrübt.

I. **συν-** od. **ξυννέω,** u. ion. **συννέω** od. **συννηέω,** Perf. pass. συννένημαι, ion. 3. plur. συννενέἄται, zusammentragen, aufhäufen, aufschichten, τί, u. zwar ἔς τι wohin, ἐπί τινι über etwas.

II. **συν-νέω,** sp. zusammen spinnen, τινί.

III. **συν-νέω,** sp. zusammen schwimmen, τινί, = **συν-νήχομαι,** sp. zusammen schwimmen, τινί.

συν-νῑκάω, mit siegen, τινί u. μετά τινος mit jmdm.

συν- od. **ξυννοέω,** auch med. **-νοέομαι,** mit dem Verstande zusammenhalten, erwägen, nachdenken, abs. od. τάξ ἐμοῦ παλαίφατα, s. d. W.

ξύννοια, ion. **συννοίη,** ἡ, 1) das Nachdenken, der Gedanke. 2) poet. die Sorge.

συν-νομή, ἡ, das Zusammenweiden.

συν-νομίζω, derselben Meinung sein.

συν-νομοθετέω, mit Gesetzgeber sein.

σύν-νομος, 2. (νέμω), 1) zusammenweidend, -lebend, τινί, σ. λέοντε ein Löwenpaar. Im bes. ὁ, ἡ Genosse, Genossin, Gatte, Gattin, Buhle, αἱ σ. die Ehehälften. 2) benachbart, τινός u. τινί. 3) sp. zusammenpassend, -schließend, abgepaßt.

συν-νοσέω, poet. u. sp. dieselbe Krankheit oder Leidenschaft haben, τινί mit jmdm.

σύν-νους, zsgz. aus -οος, 2. bei sich nachdenkend, in gedankenvollem Ernste. Subst. τὸ σ. das nachdenkliche Wesen.

συν-νυμφοκόμος, 2. poet. die Braut mit schmükkend.

συν-οδεύω, sp. N. T. zusammenreisen.

συνοδία, ἡ, sp. N. T. (σύνοδος), das Zusammengehen, die Reisegesellschaft, Karawane.

συν- od. **ξυνοδοιπόρος,** ὁ, der Reisegefährte.

σύν- od **ξύνοδος,** ἡ (auch im Plur.). 1) die **Zusammenkunft,** a) das Zusammensein, Vereinigung, Gemeinschaft, der Verein, Gesellschaft, Genossenschaft, b) Versammlung, Beratung, Verhandlung, Konferenz, ἀπὸ ξυνόδου in einer Versammlung, ἐκ τῶν ξ. infolge der Konferenzen, c) der geschlechtliche Verkehr. 2) das Zusammentreffen, der Angriff, das **Handgemenge,** Gefecht, ἡ ξ. ἦν sie stießen zusammen, ξύνοδον ἐποτρύνειν das Angriffssignal geben. 3) (im Pl.) das Zustammenstoßen od. -fließen, χρημάτων der Einkünfte Hdt.

ξυν-οδύρομαι, Dep. med., mit wehklagen.

σύν-οιδα, def. Perf. mit Präsensbdtg., ion. Perf. 1. pl. συνοίδαμεν, Plqpf. sg. συνῄδεε, 2. pl. συνῃδέατε, **mit** od. **zugleich wissen,** τινί mit jem., selten von Sachen: λόγοις ξ. ich weiß von den Reden, daß sie Plat. Phaed. 92 D, τὶ um, von etwas; Konstr. τινὶ ποιήσαντι, auch Akk. Soph. OC. 948; miteingeweiht sein, — verschworen sein, — schuldig sein, bezeugen können; ὁ συνειδώς der Eingeweihte, Sachverständige, Mitverschworene; τὸ συνειδός das Vertrautsein mit einer Sache; σ. ἐμαυτῷ u. μοι bin mir bewußt, τί einer Sache, ταῦτα ἐψευσμένος (ἐψευσμένῳ) αὐτόν ihn darin getäuscht zu haben; auch εἰ, ὅτι.

συν-οικειόω, ar. sp. in nahe Verbindung bringen, τινί anpassen; ἑαυτῷ τι sich aneignen; Med. in Beziehung, Verbindung treten mit etwas, τινί; Pass. Perf. in innigem Verhältnis stehen.

συν- od. **ξυνοικέω,** 1) intr. a) zusammenwohnen, sich mit od. sich zusammen niederlassen, auch sich bei jmdm. häuslich niederlassen, sich bei ihm aufhalten, zusammenleben, abs. od. τινί, auch ὁμοῦ τινι. b) im Besitz von etwas leben, mit etwas od jmdm. (τινί) verbunden sein. Im bes. vom ehelichen Zusammenleben, vermählt sein, abs. z. B. τούτων συνοικησάντων γίγνεται aus dieser Ehe wird geboren, od. τινί. 2) trans. zusammen bewohnen od. bevölkern, τί, u. zwar τινί mit jmdm.; im Pass. bevölkert —, volkreich sein.

συνοίκημα, τό, ion. das Zusammenwohnen, konkret: Bevölkerung, Teil der Bevölkerung.

ξυν-οίκησις, εως, ἡ, u. **ξυν-οικία,** ἡ, das Zusammenwohnen. Im bes. ξυνοικία, ἡ, ein Miethaus.

συν-οικητήρ, ῆρος, ὁ, poet. u.

συν-οικήτωρ, ορος, ὁ, ἡ, poet. = σύνοικος.

ξυν-οίκια, τά, näml. ἱερά, das Vereinigungs- od. Theseïsche Gründungsfest in Athen, am 16. Hekatombaion (23. Juli) gefeiert.

συνοικία, ἡ, s. συνοίκησις.

συν- od. **ξυνοικίζω.** 1) in einem Haus zusammenleben lassen, θυγατέρα τινί zur Frau geben Hdt. 2) in einer Stadt **zusammensiedeln,** zu einer Gemeinde vereinigen; Pass. politisch vereinigt werden. 3) mit Kolonisten bevölkern, **gründen, kolonisieren;** an der Gründung teilnehmen; Pass. als Kolonist sich ansiedeln, niederlassen, auswandern, ἔς τι. 4) wiederherstellen, von neuem besiedeln.

ξυνοίκισις, εως, ἡ, die Vereinigung in eine Stadt, Konzentrierung.

συνοικισμός, ὁ, sp. a) die Kolonie. b) die Ehe.

συν-οικιστήρ, ῆρος, ὁ, poet. Mitgründer.

ξυν-οικοδομέομαι, Pass. 1) zusammengebaut werden. 2) N. T. mit erbaut werden.

σύν- od. **ξύνοικος,** ὁ, ἡ, u. -ον, τό, Mitbewohner, Mitinsasse, Hausgenosse, ὁ ἄπωθεν ξ. der ferne Stammbruder, überh. Genosse, Gesellschafter; auch von Zuständen.

συν-οικουρός, 2. poet. Gesellschafter.

συν-οικτίζω, bemitleiden, τινά.

συν-οίομαι, derselben Meinung sein.

συν-ολισθαίνω, Aor. -ώλισθον, Perf. -ωλίσθηκα, sp. mit od. zusammen gleiten od. fallen.

συν-όλλυμι, buk., Aor. συνώλεσα, poet. zugleich zugrunde richten; Med. **ξυν-όλλυμαι,** poet., Aor. ξυνωλόμην, mit umkommen.

συν-ολολύζω, zusammen ein Geschrei erheben.

σύν-ολος u. **ξύν-ολος,** 2. u. 3. ganz zusammen; Adv. τὸ σύνολον, sp. im ganzen, ganz u. gar, überhaupt.

συν-ομαίμων, 2. poet. blutsverwandt, ὁ σ. Bruder, ἡ σ. Schwester.

συν-ομᾶλιξ, ὁ, ἡ (ἧλιξ), buk. von gleicher Jugend.

συν-ομαλῡνω, sp. ganz eben machen.

συν-ομαρτέω, poet. (in tmesi), sp. mit od. zugleich folgen.
συν-ομιλέω, N. T. sich mit jmdm. besprechen.
συν- od. **ξυνόμνῡμι**, sp auch im Med. **συνόμνῠμαι**, mit schwören, d. i. **a)** zugleich heilig versichern. **b)** mit jmdm. schwören, sich eidlich verbinden, überh. sich verbinden. **c)** sich zusammen verschwören, sich verschwören; *οἱ ξυνομόσαντες* die Verbündeten, *ξυνομωμοκότες* die Verschworenen.
συν-ομοιοπαθέω, ar. dieselben Empfindungen haben, *τινί* mit etwas.
συν- od. **ξυνομολογέω**, **1)** theoretisch: übereinstimmen, zugeben, einräumen, *τινί* jmdm., *τί* etwas, in etwas. **2)** praktisch: vereinbaren, einen Vertrag schließen, *τινί τι* mit jmdm. über etwas.
συν-ομοπαθέω, sp. = *συνομοιοπαθέω*.
συν-ομορέω, N. T. an etwas angrenzen.
συν-οπᾱδός, 2. begleitend, folgend, abs. u. *τινί*; Begleiter.
σύν-οπλος, 2. poet. Waffengefährte.
συνοπτικός, 3. scharfsichtig. Von
σύν-οπτος, 2. sp. kennbar, sichtbar.
συν- od. **ξυνοράω**. **1)** zugleich od. zusammen sehen, mit zusehen, überh. ansehen, beobachten, *τινά*, *τί*, z. B. *ἀλλήλους* einander ansehen, sich gegenseitig sehen oder beobachten, Xen. An. 4, 1, 11 sich Feuersignale geben, einander zu Hilfe kommen, *τινί* mit jmdm. **2)** genau sehen, überlegen, einsehen, sicher erkennen, bemerken; mit Nom. part. *συνιδεῖν ἦν ἡ ἀρχὴ ἰσχυρὰ οὖσα*, wo *συνιδεῖν* = *δήλη*.
συν-οργίζομαι, Pass., Fut. *συνοργισθήσομαι*, Aor. *συνωργίσθην*, mit zürnen, den Unwillen mit fühlen.
ξυν-ορθόομαι, sp. Pass., mit vorteilhaft gestaltet, gefördert werden, *τινί* mit etwas, z. B. *ἐν τῷ καθ' ἕκαστον ἐκπονουμένῳ ξυνορθοῦται τὸ πᾶν* wenn das einzelne mit Sorgsamkeit ausgeführt wird.
σύν-ορθρος, 2. poet. in der Morgenfrühe, u. zwar *τινί* zugleich mit etwas, z. B. *αὐγαῖς* mit den Strahlen der aufgehenden Sonne.
συν-ορίνω, ep. (auch in tmesi), **1)** Akt. zugleich bewegen, rühren, *τί*. **2)** Med. mit, zugleich in Bewegung geraten, sich gegeneinander erheben.
συν-όρμενος, s. *συνόρνυμαι*.
συν-ορμίζω, zugleich vor Anker legen.
συν-όρνῠμαι, poet., intr. Med. mit dem Wurzelaorist (*συνῶρτο*), part. *συνόρμενος* zusammen aufbrechen.
σύν-ορος, 2. poet. ar. sp., u. poet. (ion.) **ξύνουρος**, zusammengrenzend, verwandt, *τινός* mit etwas.
συν-ορχέομαι, sp. zusammen tanzen.
συν- od. **ξυνουσία**, ion. **συνουσίη**, *ἡ* (*σύνειμι*), das Zusammensein, Umgang, Verkehr. Im bes. **a)** vom Verkehr zwischen Lehrer u. Schüler, dah. auch Gespräch, wissenschaftliche Untersuchung. **b)** vom geschlechtlichen Verkehr mit u. ohne *τῶν ἀφροδισίων*. **c)** vom geselligen Verkehr, Gesellschaft. Konstr. teils abs. (*ἡ σ.* der Besuch der Einwohner Soph. OC. 33), teils *τινός* od. *σή* mit jmdm., mit dir; *τινὸς πρός τινα* jmds. mit jmdm.

συνουσιάζω, sp. zusammensein, beiwohnen, insbesond. vom Beischlaf.
συνουσιαστής, *οῦ*, *ὁ*, der an jmds. lehrreichem Umgang teilnimmt, Schüler, *τινός*.
συν-οφρυόομαι, Dep. med., poet. u. sp. die Augenbrauen zusammenziehen, *συνωφρυωμένη* mit gerunzelter Stirn. [Augenbrauen.
σύν-οφρυς, 2. sp. mit zusammengewachsenen
ξυνοχή, *ἡ*, ep. u. sp. (-*έχω*), der Zusammenhang, **a)** die Verbindung, der Halt, *τινός* von etwas. **b)** das Zusammentreffen, *ἐν ξυνοχῇσιν ὁδοῦ*. **c)** im N. T. Angst, Beklemmung.
σύν-οχος, 2. poet. zusammenstimmend, *τινί*.
συν-οχωκός (richtig *συνοκωχός*), s. *συνέχω*.
σύν-οψις, *ἡ*, die zusammenfassende Übersicht, Überblick; Betrachtung, Erwägung.
ξύνταγμα, *τό*, s. *σύνταξις*.
συν-τᾰλαιπωρέω, poet. das Unglück (*τί*) mit teilen od. fühlen.
συν-τάμνω, s. *συντέμνω*.
συν-τανύω, poet., part. aor. äol. -*τανύσαις*, kurz zusammenfassen.
σύν- oder **ξύνταξις**, *εως*, *ἡ* und **ξύν-ταγμα**, *τό*, die Zusammenstellung, -fassung; die **Anordnung**, Einrichtung, Regelung, Organisation, System, *μίαν σύνταξιν εἶναι τὴν αὐτὴν τοῦ τε λαμβάνειν καὶ τοῦ ποιεῖν τὰ δέοντα* daß Geldempfangen u. schuldige Leistung in gleichem Verhältnis stehen müssen Dem. Im bes. • **1) Aufstellung**, Ordnung der Soldaten; *κατὰ σύνταγμα* in Reih u. Glied, *σ. ποιεῖσθαι* Truppen geordnet aufstellen Thuk. 6, 42; *σ. στρατιωτική* Kriegswesen Xen. • **2)** (*σύνταξις*) *Ἑλληνική* **Bundesheer**, und so überh. das Kontingent, die Schar • **3)** der Ansatz der Steuern • **4) Steuern**, Tribut der athenischen Bundesgenossen, so bezeichnet seit 376 statt *φόροι* • **5)** die **Beiträge** der Bundesgenossen, auch *νησιωτικαί* genannt • **6)** als milder Ausdruck für *μισθός*: Sold, **Pension**, **Jahrgeld** • **7)** gramm. Wortfügung, **Satzbau**; Satzlehre, *ὁ κατὰ σύνταξιν λόγος* der richtig gebaute Satz.
συν- od. **ξυνταράσσω**, att. -**ττω** (auch in tmesi). **1) zugleich verwirren**, *τινά*. Im Pass. mit in die Verwirrung und in das Verderben hineingezogen werden. **2)** in Verwirrung, Unordnung bringen, z. B. *τὸν λόγον* den regelrechten Gang der Rede. **3) beunruhigen**, aufstören, erregen, *πόλεμον* zum Kriege hetzen, Plut. überh. in Schrecken setzen; pass. in Verwirrung geraten, durcheinander kommen, über den Haufen geworfen werden.
σύντᾰσις, *εως*, *ἡ* (-*τείνω*), die Anspannung, Anstrengung; Heftigkeit, Aufregung.
συν- od. **ξυντάσσω**, att. -**ττω**, zusammenstellen • **1)** zusammenordnen, ordnen, **einrichten**, auch beiordnen, zuweisen, *τινὰ εἰς τὸ πολίτευμα* unter die Bürger aufnehmen. Im bes. • **a)** vom Schriftsteller: ausarbeiten, verfassen, im Med. seine Bücher ausarbeiten, *λόγους πρὸς ἑαυτόν* für sich, in seinem Kopfe zusammenstellen • **b)** Zucht üben (von Kindern), dann überh. ordnen, in Schlachtordnung aufstellen, zu einer Heeresabteilung vereinigen, ins Heer einstellen,

im Pass. gesammelt, gebildet werden. Im Med. *α)* mit u. ohne *ἐς μάχην* sein Heer zur Schlacht ordnen, *συνταξάμενος* mit schlagfertigem Heere. *β)* sich regeln, bes. bei Truppen, sich vereinigen, sich ordnen, *ὡς ἐκ παρόντων* so gut es eben geht, *συνταξάμενοι* in geordneter Linie, *συντεταγμένοι* in Schlachtordnung aufgestellt • **2) anordnen** • **a)** auftragen, befehlen (auch im Med.), dann vom Arzt: verordnen, verschreiben, *θεραπείαν* • **b)** verabreden, ausbedingen, übereinkommen, abs. *τινί*, *εἴς τι* od. mit A. c. I. od. *ὅπως*. Im Pass. *ἀτρέμα συνταττόμενος* vollständig sicher (andere: *συντεταμένος*).

συν-ταχύνω, ion. **1)** trans. (Her. 2, 133, sc. *τὸν θεόν*), beschleunigen. **2)** intr. eilen, sich beeilen.

συν- od. ***ξυντείνω*** (*-τενῶ*, *-έτεινα*, *-τέτᾰκα* usf.), **1)** trans. zusammenspannen, **a)** anspannen, anstrengen, *τί*, *τινά*, z. B. *ἑαυτόν* sich zusammennehmen. **b)** nach etwas (*εἴς τι*) hinspannen, beziehen od. lenken, übertr. mit angestrengtem Eifer erteilen, verhängen, *τί*. **2)** intr. **a)** sich anstrengen. **b)** auf etwas (*εἴς τι*) hin zielen, d. i. auf etwas hinauslaufen, aber auch wohin eilen u. sich steigern.

συν- oder ***ξυντειχίζω,*** **a)** gemeinschaftlich eine Mauer aufführen od. befestigen. **b)** an der Befestigung helfen, mit bauen helfen, *τί*.

ξυν-τεκμαίρομαι, Dep. med., Aor. *συνετεκμήρατο*, aus mehreren Zeichen abnehmen, prägnant: *ξυντεκμηράμενοι* (Thuk. 2, 76, 2) ihrer Vermutung nach.

συν-τεκνοποιέω, mit jmdm. (*τινί*) Kinder erzeugen.

συν-τεκταίνομαι, Dep. med. (ep. in tmesi, Aor. *σὺν — τεκτήναντο*), mit od. zugleich zimmern od. ersinnen.

συντέλεια, *ἡ*, **1)** die gemeinschaftliche Beisteuer, der Beitrag, *τινός* an etwas. Im bes. in Athen eine steuerpflichtige Unterabteilung einer *συμμορία* (w. s.), Steuergenossenschaft, 5, 6—15 Personen, welche zur Stellung eines Schiffes zusammentraten. **2)** sp. Beendigung, Ausführung, Vollendung. **3)** im N. T. die gemeinsame Vollendung, das Ende.

συν- od. ***ξυντελέω*** • **1)** trans. mit od. **zugleich vollenden,** — ausführen; spez. heilige Feste gemeinsam feiern • **2)** zu einem runden Ganzen vollenden, ganz ausführen, **vollbringen,** erreichen, *δαπάνην* ganz zusammenbringen Dem., *σ. εἰς τὰ ἑκατόν* an die 100 Wagen liefern Xen. Kyr. 6, 1, 50; Schriften abfassen; intr. bei zu erg. *ὁδόν*, zusammen hinkommen • **3) mitsteuern,** mit bezahlen, gemeinsame Abgaben entrichten, *σ. εἰς πόλεμον* gleiche Kriegssteuern entrichten Dem., dah. • **a) zu einer bestimmten Klasse gehören,** *εἰς τοὺς ἱππέας σ.* zum Ritterstand gehören • **b)** an eine Stadt (*εἰς Ἀθηναίους* oder *Θηβαίοις*) Tribut bezahlen, **tributpflichtig,** — untertänig sein.

συν-τελής, 2. zusammen Abgaben entrichtend, d. i. **a)** wozu gehörig, steuerpflichtig, unterworfen. **b)** beitragspflichtig, abs., u. *τινός* zu etwas, bes. zu einem Kriegsschiffe (s. *συντέλεια*).

συν- od. ***ξυντέμνω*** (*-τεμῶ*, *-έτεμον*, *-τέτμηκα*), ion. ***συντάμνω,*** **1)** eigentl. zerschneiden, dah. in seine Teile zerlegen, auseinandernehmen, *τί*. **2)** zusammenschneiden, zuschneiden, auch beschneiden, verkürzen, eine Einschränkung machen, *τί*, u. zwar *ἔς τι* im Interesse von etwas. **3) a)** sc. *ὁδόν* einen Weg abschneiden, d. i. ihn abkürzen, den kürzesten Weg einschlagen, *ἔς τι*, u. zwar *ἀπό τινος*. **b)** herbeieilen, herannahen oder -drängen; *τοῦ χρόνου συντάμνοντος* da die Zeit drängt. **c)** rasch einholen, *τινά*. **d)** schnell vollziehen.

ξυντεταγμένως, Adv. vom Part. perf. pass. von *συντάσσω*, verabredetermaßen, geordnet, *γίγνεσθαι* in Ordnung aufgestellt werden.

ξυντεταμένως, Adv. vom Part. perf. pass. von *συντείνω*, angestrengt, mit Aufbietung aller Kraft.

συν-τετραίνω, poet ion., u. Perf. pass. u. ***-τέτρημαι,*** s. *συντιτράω*.

συν-τεχνάζω, sp. mit unter einer Decke spielen, *τινί*; künstlich anlegen, *τί*.

σύν-τεχνος, *ὁ*, *ἡ*, Kunstgenosse, -genossin.

συν-τήκω, **1)** trans. im Akt. (*-τήξω*, *-έτηξα*) zusammenschmelzen, eng verbinden, *τινά*, übertr. zerschmelzen, auflösen, *τί*, u. zwar *τινί* in, durch etwas. **2)** intr. im Pass. ***συντήκομαι*** mit Fut. *συντᾰκήσομαι*, Aor. *συνετᾰ́κην* (poet. auch *συντηχθείς*) u. Perf. act. *συντέτηκα*, zerschmelzen, *τινί* mit jmdm., übertr. hinschmelzen, d. h. bildl. sich im Kummer verzehren, hinschmachten, *τὸ βλέμμα συντετηκός* d. i. erloschen. Dav.

σύντηξις, *εως*, *ἡ*, das Zusammenschmelzen, **a)** sp. die innige Verbindung. **b)** ar. sp. das Hinschwinden, die Auflösung (des Leibes durch Krankheit).

συν-τηρέω, sp. mit bewahren, im N. T. zugleich od. zusammen bewahren, übertr. im Gedächtnis behalten, verehren.

συν- od. ***ξυντίθημι,*** ep. Aor. med. 3. sg. *σύνθετο*, imp. 2. sg. *σύνθεο*, ion. Aor. med. *συνεθηκάμην* u. ähnl., zusammenstellen • **1) zusammensetzen,** *τὰ ὅπλα ἐν τῷ ναῷ*. Im bes. • **a)** hinzufügen, vereinigen, verbinden, *γέλων εἰς τοὺς λόγους* einmischen, *ἐν βραχεῖ* ins Kurze. Im Med. sich vereinen, verbinden, **übereinkommen,** dah. *α)* ein Bündnis, einen Vertrag schließen, vereinbaren, *β)* bei einer Verabredung tätig sein. Abs. od. *ταῦτα* darin, *ἃ ξυνέθετο* der Inhalt des Vertrags, *ξυνθέσθαι ἀλλήλοις μήτ' ἀδικεῖν μήτ' ἀδικεῖσθαι* • **2) zurechtlegen** • **a)** mit u. ohne *λογισμῷ*, *λόγῳ*, *ἐν ἑαυτῷ* in Gedanken zusammenstellen, *εἰς ἕν* in eins fassen, vergleichen, schließen, erwägen, auch erdichten, ersinnen, anstiften • **b)** Med. mit u. ohne *θυμῷ* sich im Geiste zusammenstellen d. h. merken, wahrnehmen, vernehmen, *φρεσὶ σύνθετο θέσπιν ἀοιδάν*.

συν-τῑμάω, Pass. mit geehrt werden.

συν-τινάσσω, sp. (auch in tmesi), erregen.

συν-τιτράω, sp. Perf. pass. *-τέτρημαι*, durchbohren, *κόλποι ἀλλήλοισι συντετραίνοντες τοὺς μύχους* die mit ihren Enden gegeneinander stoßen. Im Perf. pass. mit *εἰς ἀλλήλους* Öffnungen haben, die zueinander führen, auch *τινί*, durch Öffnungen verbunden sein mit etw.

συν-τιτρώσκω, Aor. *συνέτρωσα*, mit verwunden od. verletzen näml. mit mehreren Wunden zugleich.

συν-τλῆναι, def. Aor., poet. mit dulden.

συντομία, *ἡ*, knappe Fassung, Kürze.

σύν- od. **ξύντομος,** 2. (-τέμνω), beschnitten, abgekürzt, kurz, bündig. Subst. **a)** (ἡ) σύντομος verst. ὁδός ein kurzer Weg, ἔς τι, ἔκ τινος. **b)** (τὸ) συντομώτατον der kürzeste Weg, ähnl. τὰ σύντομα τῆς ὁδοῦ eigentl. die Abkürzungen des Weges, u. aav. τὰ ξυντομώτατα auf dem kürzesten Wege, auf der kürzesten Strecke. ● Adv. **συν-** od. **ξυντόμως,** Kompar. συντομώτερον, Superl. ξυντομωτάτως, kurz, d. i. **a)** zusammengedrängt, bündig. **b)** in kurzer Zeit, im Nu.

συντονολυδιστί, Adv. in streng lydischer Tonart.

σύν- od. **ξύντονος,** 2., Adv. **-τόνως,** Komp. -ώτερον (-τείνω), angespannt, angestrengt, kräftig, stark, rüstig, heftig, eifrig. Subst. τὸ σ. das Straffe. Poet. auch: übereinstimmend.

συν-τρᾰγῳδέω, sp. mit spielen od. aufführen helfen, τί.

συν-τράπεζος, ὁ, der Tischgenosse.

σύν-τρεις, -τρια, je drei, immer zu dreien.

συν-τρέφω, Fut. -θρέψω, Aor. act. -έθρεψα, pass. -ετρᾰ́φην, Perf. pass. -τέθραμμαι (2. pl. -τέτραφθε), mit oder zugleich ernähren oder erziehen, mit erziehen helfen. Im Pass. mit ernährt werden, überh. sich mit bilden, mit aufwachsen, zugleich entstehen.

συν- od. **ξυντρέχω,** Fut. -δραμοῦμαι, Aor. -έδραμον, Perf. -δεδράμηκα, **1)** zugleich, ebenfalls laufen. **2)** zusammenlaufen, **a)** sich vereinigen (von Gewässern, Menschen), sich zusammenziehen (von Wolken). **b)** übertr. z. B. ἀπὸ πολλῶν σ. ἡ δόξα der Ruhm ist Ergebnis vieler Eigenschaften, εἰς τωὐτό übereinstimmen, ebenso κριταῖς sich vereinigen über die Wahl von Richtern, τῇδε τοῦτο συντρέχει das Glück u. die Freude gehen Hand in Hand. **c)** feindlich zusammenstoßen, abs. u. εἰς χεῖράς τινι, poet. auch μόρῳ mit einem Todeslos.

συν-τριαινόω, poet. mit dem Dreizack zusammenschlagen, überh. zertrümmern, zerschmettern.

συν- od. **ξυντρίβω** [ῑ] zusammenreiben, mit od. gänzlich aufreiben, zerschlagen, zerbrechen, zerschmettern, zertrümmern. Im Pass. **a)** von Schiffen: scheitern, oder συντετριμμένοι πλευράς denen die Seiten zerschmettert waren, eigentl. an den S. zerschmettert. **b)** überh. geschlagen, zerschlagen, aufgerieben werden.

συν-τριηραρχέω, mit einem andern zusammen ein Kriegsschiff ausrüsten; von

συν-τριήραρχος, ὁ, Mit-Trierarch, s. das vor.

σύν-τριμμα, τό, sp. N. T. die Zermalmung, Verderben.

συντροφία, ἡ, sp. **a)** die gemeinsame Ernährung, gemeinschaftliche Erziehung. **b)** das Zusammenleben, der Verkehr.

συν- od. **ξύντροφος,** 2. (-τρέφω). **1)** mit jmdm., τινί, **zugleich ernährt** od. aufgezogen, **a)** Adj., γένος stammverwandt; von gleicher Lebensart, **b)** Subst. οἱ σ. die eine gemeinsame Erziehung genossen haben, von den μόθακες (Plut. Kleom. 8), dah. überh. ὁ σ. Milchbruder, Jugendgenosse. **2) zusammenlebend,** τινί, dah. **a)** von Personen: befreundet, vertraut, teilnehmend, **b)** von Tieren: mitweidend, τινός, **c)** von Sachen: organisch verbunden mit, eigen, eigentümlich gewohnt, πενίη. Subst. τὰ σύντροφα das Gewohnte, die Gewohnheit.

συν-τροχάζω, sp. zusammen laufen.

συν- od. **ξυντυγχάνω. 1)** Von Personen: zusammentreffen mit, **begegnen,** stoßen auf, τινί; mit Gen. Erfahrungen machen mit, an: κακῶν ἀνδρῶν Soph.; ὁ συντυχών = ὁ τυχών der erste beste **2)** Von Ereign.: **zutreffen,** sich treffen, — ereignen, widerfahren, zustoßen; συντυγχάνει es ereignet sich, τινί, m. Inf.

συν- od. **ξυντυχία,** ion. **συντυχίη,** ἡ, das Zusammentreffen, Eintreffen, Zufall, Ereignis, Begebenheit, Geschick, Zustand, teils absol. κατὰ συντυχίην zufällig, ἀπὸ τοιαύτης ξυντυχίας unter diesen Umständen, teils mit Adj. ἐρωτική ein Liebeshandel, od. τινός, bisweilen ein schlimmes Erlebnis, ἅμα τοῦ ἔργου τῇ ξυντυχίᾳ in dem Augenblicke des Ereignisses (d. h. der Niederlage u. Flucht), öfter ein glückliches, ἐπὶ συντυχίαις infolge günstiger Götterfügungen, συντυχίῃ χρησάμενος durch Glück.

συν-υμνέω, sp. mitsingen, -besingen.

συν-υπατεύω, sp. mit Konsul sein.

συν-υποδύομαι, sp. sich mit unterziehen.

συν-υποκρίνομαι, sp. N. T. zugleich sich verstellen, mit heucheln.

συν-υπομείγνυμι, sp. darunter mischen.

συν-υποτίθεμαι, sp. mit an die Hand gehen.

συν-υπουργέω, sp. N. T. behilflich sein.

συν-υφαίνω, zusammenweben od. -setzen (auch schriftstellerisch), mit anzetteln.

συνύφανσις, ἡ (-υφαίνω), das Zusammenweben.

συν-ωδίνω, 1) ar. N. T. mit, zugleich Geburtswehen haben. **2)** poet. sich mit betrüben.

συν- od. **ξυνῳδός,** 2. eigentl. zusammen singend, gew. übertr. übereinstimmend.

συν-ωθέω, zusammenstoßen od. -drängen.

συν- od. **ξυνωμοσία,** ἡ, u. **ξυνώμοτον, τό** (-όμνυμι), Eidgenossenschaft, überh. Bündnis, Verbindung, im bes. geheime Verbindung, z. B. die ἑταιρεῖαι (w. s.), politische, revolutionäre Klubs, dah. auch die Verschwörung, der Aufruhr.

συν- oder **ξυνωμότης,** ου, ὁ (-όμνυμι), Bundesgenosse, Eidgenosse, im bes. Mitverschworner, Glied einer Hetärie (s. ἑταιρεία), abs. ἐγένοντο ἐς τριακοσίους ξυνωμόται es hatten sich 300 verschworen, ἐπί τινι gegen jmdn.

ξυνώμοτον, τό, s. συνωμοσία.

συν-ωνέομαι, Impf. συνεωνούμην, Fut. συνωνήσομαι, Perf. συνεωνημένος (in med. u. pass. Bdtg.), nebst Aor. **συν-επριάμην,** coëmo, zusammenkaufen, aufkaufen, im bes. zusammenwerben.

συν-ώνυμος, 2. (ὄνομα), poet. u. sp. gleichnamig.

ξυνωρίζομαι, poet. sp. Med., eigentl. das Seinige zusammenspannen, χέρα seine Hand reichen.

ξυν-ωρικεύομαι, poet. mit dem Zweigespann fahren. Von

ξυν-ωρίς, ίδος, ἡ (s. zu ξυνάορος), **1)** Zweigespann, insbes. v. Pferden (wogegen ζεῦγος auch ein Drei- od. Viergespann sein kann), überh. Paar. **2)** poet. die Fessel.

συν- od. **ξυνωφελέω,** mit beistehen, nützen,

helfen, abs., od. τινά, u. zwar εἴς τι zu etwas. Pass. mit Nutzen oder Vorteil haben.
συνωχᾰδόν, Adv. ep. in einem fort, beständig.
Συοβοιωτοί, οἱ, poet. „Sauböoter", Schimpfwort.
Σύρα [ῠ], ἡ, die Syrerin.
Σῠρᾰκουσαι, ion. **Συρήκουσαι**, αἱ, Syrakus, Stadt auf Sizilien. Adj. dav. att. **Συρακόσιος**, 3., dav. 1) der Einw. att. ὁ **Συρακόσιος**, ion. **Συρηκόσιος**, sp. **Συρακούσιος**, auch kollekt. gebraucht. 2) ἡ **Συρακοσία**, das Gebiet von S.
Σύργις, ὁ, s. Ὕργις.
σύρδην, poet. fortreißend, zugweis.
Σῠρία, ion. **-ίη**, ἡ • 1) im engern Sinne das Land zwischen Euphrat u. dem Mittell. Meere, also auch mit Phönikien u. Palästina, j. aram. *Sûrja*, türk. *Sôristân*; im weit. Sinne reichte es bis zum Tigris, mit Mesopotamien, Babylon u. Assyrien; Σ. ἡ μέση τῶν ποταμῶν Mesopotamien; Σ. ἡ κοίλη zwischen Libanon u. Antilibanon s. Κοίλη • a) Die Einw. **οἱ Σύροι**, Fem. ἡ **Σύρα**. Bei Hdt. heißen die Kappadokier u. Assyrier **Σύριοι** (Συριηγενής aus Assyrien) • b) Adj. **Σύριος**, 3. syrisch, Σ. γράμματα d. h. Keilschrift; θεά Aschera, Astarte; αἱ Σύριαι πύλαι ein Seepaß zwischen Amanos u. dem Issischen Meerbusen Xen. An. 1, 4, 5 • c) Adv. **Συριστί** in syrischer Sprache, mit ἐπίστασθαι das Syrische (Assyrische) verstehen Xen. Kyr. 7, 5, 31 • 2) **Συρίη**, ἡ, bei Hom. mit νῆσος mythische Insel.
σύριγμα, τό, poet. u. sp., u. **σῦριγμός**, ἡ (συρίττω), das Pfeifen, insbes. Auspfeifen, dann der Ton der Pfeife od. der pfeifende Ton des Elefanten; überh. pfeifender, zischender Ton.
σῦριγξ, ιγγος, ἡ, eigentl. jede Röhre, dah. 1) die Pfeife, *fistula*, bes. die Hirten- od. Pansflöte, eine Rohrpfeife, nach Art unserer Papagenopfeife aus (urspr. 7) Röhren von ungleicher Länge u. Dicke, welche stufenweise abnahmen, bestehend. 2) ep. der Speerbehälter. 3) poet. die Büchse am Rade, Nabe. 4) poet. im Plur. die Blutadern.
σῦρίζω und **σῦρίττω**, buk. συρίσδω, Fut. -ίξομαι, pfeifen, d. h. a) auf der Syrinx blasen oder spielen. b) zischen (vom Winde). c) auspfeifen, auszischen.
Σῠρίζω (Συρία), syrisch reden, wie ein Syrer reden, sprechen, handeln.
Συριηγενής, 2. ep. in Syrien entstanden, syrisch.
σῦρικτάς, ὁ, buk. der Pfeifende.
συρμαΐζω, ion. u. sp. ein Abführmittel brauchen. abführen.
συρμαίη, ἡ (συρμός, σύρω), ion. a) eine ölgebende Rettichart. b) das daraus bereitete Öl zum Abführen.
συρμός, ὁ (σύρω), heftiger Zug, rasche Bewegung; Sturm, Strömung, Sturz.
Σῦρος, ἡ, u. **Σύρα**, ἡ, kykladische Insel, westl. von Delos, j. *Syra*.
Σύρος, ὁ, u. ähnl., s. Συρία.
Συροφοίνισσα (-φοινίκισσα), ἡ, N. T. Frau aus Syrophönizien. Gegens. Λιβυφοίνῑκες.
σύρραξις, εως, ἡ (συρράσσω), sp. der Zusammenstoß, Anprall.
συρ-ράπτω, Fut. -ρράψω usf., zusammennähen.
ξυρ-ράσσω, Fut. -ρράξω usf., zusammenstoßen, -prallen, im Kampf, τινί mit jmdm.; vgl. συναράσσω.
συρ-ρέω, auch **ξυρρ.**, Aor. συνερρύην, Perf. ξυνερρύηκα, zusammenfließen, zusammenströmen, -laufen, sich sammeln ρα. versammeln.
συρ-ρήγνῡμι, auch **ξυρρήγνυμι**, 1) trans. im Akt. u. Pass. zusammenbrechen, zusammenschlagen, zerbrechen, zerschlagen, zerschmettern. 2) intr. selten im Akt. (Hdt. 1, 80 ποταμοὶ συρρηγνῦσι, stürzen, tosen zusammen), gew. im Pass. **συρρήγνῠμαι** zusammenbrechen, zusammenstürzen, losbrechen, sich erheben; lebhaft werden, abs. od. κατά τι.
συρροή, ἡ (συρρέω), sp. Zusammenfluß, τινός.
σύ-ρρους u. **ξύ-ρρους**, 2. zsgz. aus οος, sp. zusammenfließend, zusammenhangend, τινί mit etwas.
Σύρτις, εως, ion. ιος, ἡ, die große Syrte, ein Busen an der Nordküste v. Afrika, mit sandigen Ufern, j. *Golf v. Sidra*.
συρφετός, ὁ (σύρω), Kehricht, Unrat, Haufe, Pöbel, Gesindel, τινῶν.
συρφετώδης, 2. sp. pöbelhaft.
σύρω, σὐρῶ, ἔσυρα, Aor. pass. ἐσύρην, buk. poet. sp. N. T. schleifen, schleppen, zerren, ziehen, wegreißen, τινά u. τί, διά τινος.
σῦς, ὁ, ἡ, an Stelle dieser lautnachahmenden ursprünglichen Form trat meist die den Lautgesetzen folgende Form ὗς, w. s.
συ-σκεπάζω, sp. mit-, ganz bedecken.
συ- od. **ξυσκευάζω**. 1) Akt. u. Pass. a) zusammenpacken, bes. das zur Reise Nötige, zurüsten, b) Pass. angestellt werden. 2) Med. u. Pass. a) das Seine zusammenpacken, aufpacken, sich marsch- od. reisefertig machen, u. dies auch vom Weggang aus dem Leben; συνεσκευασμένος u. συσκευασάμενος reisefertig, τὴν πορείαν sich zur Reise fertig machen, mit Inf. od. ὡς u. Part. fut. b) für sich ausrüsten, zurüsten, τὶ εἴς τι, im schlimmen Sinne: anzetteln, τί, z. B. τὰ πράγματα Intrigen, c) aufwiegeln, für sich gewinnen, durch List in seine Gewalt bringen, überrumpeln, bisw. mit εἰς ἑαυτόν.
συσκευασία, ἡ, die Zurüstung zum Marsche.
συ-σκευωρέομαι, Dep. med., mit ausrichten, zur Hand gehen, τί in etwas.
συ- od. **ξυσκηνέω** u. **συσκηνόω**, 1) mit jmdm. in einem Zelt zusammen sein, Hausgenosse sein, abs., u. τινί mit jmdm. 2) zusammen schmausen.
συσκηνία, ἡ, das Zusammenspeisen.
συ- od. **ξύσκηνος**, ὁ, der Zelt-, Haus-, Tischgenosse, auch mit ἀνήρ.
συ-σκηνόω, s. συσκηνέω.
συ-σκιάζω, dicht beschatten, überschatten.
σύ-σκιος, 2. ganz schattig, d. i. dicht mit Bäumen bewachsen od. dicht belaubt; τὸ σ. das Schattige, der Schatten.
συ-σκοπέω, gemeinschaftlich betrachten, untersuchen, τί.
συ- od. **ξυσκοτάζει**, impers., es wird ringsum dunkel od. finster, es dunkelt, wird Nacht, Gen. absol. ἤδη συσκοτάζοντος da die Nacht schon hereinbrach.
συ-σκῠθρωπάζω, mit mürrisch sein.

συ-σμηρίζω, sp. zusammenschleifen mit etwas, genau abpassen auf etwas, *τινί*.
συ-σπαράσσω, sp. N. T. ganz zerzausen.
σύσπαστος, 2. zusammenziehbar.
συ-σπάω (*συσπάσω*, *συνέσπᾰσα*), zusammenziehen od. -nähen, zuziehen.
συ-σπειράω (*-σπειράσω* usf.), **1)** Akt. zusammendrängen, bes. Truppen in dichtere Kolonnen aufstellen. **2)** Med. u. Pass. sich in sich zusammenziehen, sich zusammendrängen, dichte Kolonnen bilden, *συνεσπειραμένος* in einer tiefer gestellten Schlachtordnung.
συ-σπένδω, mit spenden.
συ-σπεύδω, poet. ion. u. sp., u. **συ-σπουδάζω,** sich mit bemühen, **1)** mit betreiben, beschleunigen helfen, abs. od. *τί* od. m. Akk. u. Inf., *τινί* jmdm. **2)** es eifrig mit einem halten, ihm helfen, *τινί*.
συ-σσεύω, ep. zugleich, zusammen antreiben.
συσ-σημαίνομαι, med., Imper. Präs. 3. pl. *-σημαινόσθων*, zugleich-, mitunterzeichnen, *τινί* mit jmdm.
σύσ-σημον, *τό*, poet. sp. N. T. das verabredete Zeichen; Kennzeichen, Beweis.
συσ-σιτέω, *-σιτήσω* usf., zusammen speisen, Tischgenosse sein, bes. von Soldaten im Lager.
συσσίτησις, *εως*, *ἡ*, sp. das Zusammenspeisen.
συσσίτιον, *τό* (*συσ-σιτέω*). **1)** die gemeinschaftliche Mahlzeit, in Kreta u. Sparta üblich. So speisten die Ephoren in ihrem Amtslokal, dem *ἀρχεῖον*. Im Pl. bezeichnet es, wie *φιδίτια*, bes. die spartanischen öffentlichen Mahlzeiten. **2)** der gemeinschaftliche Speisesaal.
σύσ-σιτος, *ὁ*, mitspeisend; Tischgenosse, Gast.
ξυσ-σῴζω, mit retten oder erretten, mit behüten.
σύσ-σωμος, 2. N. T. in einen Körper vereinigt.
συσ-σωφρονέω, poet. mit verständig gesinnt sein.
συ-στάδην, sp. u.
ξυ-σταδόν, Adv. (*συνίσταμαι*), zusammenstehend, *ξ. μάχαι* Mann gegen Mann.
συ- od. **ξυστασιάζω,** sich an Parteiungen beteiligen, im bes. mit in einem Komplott sein.
συστασιαστής, *οῦ*, *ὁ*, sp. N. T. Mitempörer.
σύ- od. **ξύστασις,** *εως*, *ἡ* • **1)** vom Akt. *συνίστημι* • **a)** das Zusammenstellen od. -fügen, im bes. *πρόσωπον* in Falten legen = Ernst Plut. • **b)** die **Anordnung,** das Aufstellen, *τινός* • **2)** vom intr. Med. *συνίσταμαι* das Zusammentreten • **a)** die Entstehung • **b)** Bekanntschaft, Vereinigung, **Zusammenkunft,** *κατὰ ξυστάσεις γίγνεσθαι* Zusammenkünfte halten, u. zwar *πρός τινα* mit jmdm. • **c) Komplott,** abs., u. *ἐπί τινα* gegen jmdn. • **d)** das Zusammengeraten, **Handgemenge,** Kampf, u. übertr. = *ἀγών*, mit *τῆς γνώμης* die Gemütsaufregung Thuk. 7, 71, 1; *τῶν σῶν φρενῶν* Kampf Eur. (Herwerden *ξύντασις*) • **e) Gestaltung, Bestand, Zustand, Festigkeit** • **f) Aufbau, Körperbau.** [Mitaufrührer.
συ-στασιώτης, *ου*, *ὁ*, ion. u. sp. Parteigenosse,
συ-στατικός, 3. sp. N. T. empfehlend.
συ-σταυρόω, N. T. mit kreuzigen.
συ-στεγάζομαι, Pass. ganz bedeckt werden, näml. *τὰ ὑπερέχοντα ἅπαντα* an allen hervorstehenden Körperteilen, u. zwar *τινί* mit etwas.
συ-στεγνόω, sp. verdichten, zusammenlöten.
συ- od. **ξυστέλλω. 1) zusammenordnen,** -legen, -stellen, zurückdrängen, zusammenziehen, *ἱστία* reffen. Im Pass. *συσταλέντες* zusammengeschmiegt, *συνεσταλμένος* zusammengedrängt, eingeschrumpft. **2)** übertr. **einschränken,** einschließen, verkürzen, verringern, *τί*, *ἐνδοτέρω* mehr, *εἰς ἐλάχιστα* auf das geringste Maß zurückführen. Im Pass. sich einschränken, *εἰς εὐτέλειαν* sich wohlfeiler einrichten Thuk. 8, 4. **3) niederbeugen,** entmutigen, demütigen, im Pass. sich gedemütigt fühlen, kleinlaut werden. **4)** ganz bedecken, umwickeln Eur., N. T.
συ-στενάζω, poet. u. N. T. mit seufzen.
συ-στεφανηφορέω, poet. zugleich mit jmdm. (*τινί*) Kränze tragen.
συ-στεφανόομαι, sich mit bekränzen.
σύστημα, *τό* (*συνίστημι*), eigentl. das Zusammengestellte, dah. **a)** Vereinigung, Gruppe, Kollegium, takt. Abteilung, *τινός* von etwas. **b)** sp. Zusammenfassung, Ganzes, System; Bildung, staatliches Gebilde. **c)** Staatsverfassung, -einrichtung.
συ-στοιχέω, sp. N. T. in derselben Reihe, auf derselben Linie stehen, entsprechen.
σύ-στοιχος, 2. sp. zusammengedrängt.
συστολή, *ἡ* (*συστέλλω*), sp. **1)** das Zusammenziehen, -drängen. **2)** die Einschränkung.
συ-στολίζω, poet. zusammen fertigen.
σύ-στομος, 2. sp. mit enger Mündung, enghalsig.
συ-στοναχέω, sp. ep. mitstöhnen.
συ-στρατεία, *ἡ*, gemeinschaftlicher Feldzug.
συ- od. **ξυστρατεύω,** u. Med., zugleich od. zusammen einen Feldzug machen, mit zu Felde ziehen, mit im Felde od. Kriege sein, am Zuge teilnehmen, mitziehen, mitmarschieren, sein Kontingent stellen, *ἀπὸ τοῦ ἴσου* mit verhältnismäßig gleicher Beteiligung. Dav.
συστρατηγέω, Mitfeldherr sein.
συ- od. **ξυστράτηγος,** *ὁ*, Mitfeldherr, abs., u. *τινός*.
συ-στρατιώτης, *ου*, *ὁ*, Kriegskamerad, Mitstreiter (für Christus).
ξυ-στρατοπεδεύομαι, Dep. med., zusammen ein Lager beziehen, u. zwar *σύν τινι* mit jmdm.
συ- od. **ξυστρέφω. 1)** Akt. zusammendrehen od. **zusammenziehen,** zusammenscharen, vereint zusammenhalten, **a)** zusammenraffen Act. Ap. 28, 3; *τὸν ἵππον* zusammenreißen, anspornen, *ἑαυτόν* sich zum Sprung ducken Plat. rep. 336 b, **b)** von Truppen: **sammeln;** *ἑωυτούς* sich formieren Hdt., **c)** *πρόσωπον* vor Schmerz verziehen. **2)** Pass. *συστρέφομαι* sich eng zusammenziehen, **sich zusammendrängen,** -scharen, -rotten, sich versammeln; übertr. *συνεστραμμένον ῥῆμα* ein zusammengedrängtes, kurzes, kraftvolles Wort.
συστροφή, *ἡ*, das Zusammendrängen, die Vereinigung; Gruppe, Rotte; im N. T. Auflauf, Komplott.
συ-σφάζω, poet., Aor. pass. inf. *συσφαγῆναι*, zugleich opfern, morden, *τινά τινι* jmdn. mit jmdm.
συ-σφαραγίζω, s. *σφαραγίζω*.
συ-σφίγγω, Perf. pass. *συν-έσφιγμαι*, sp. zusammenschnüren, -pressen.
συ-σχηματίζομαι, ar. sp. N. T. wonach gestalten, bilden; Med. sich wonach gestalten.

συ-σχολάζω, sp. seine Muße zusammen genießen, im bes. mit od. bei jmdm. (τινί) gelehrten Umgang pflegen, sein Schüler sein.
συφειός, ep. u. **συφεός,** ὁ, ep. u. sp. der Schweinestall, -kofen. Ep. Adv. **συφεόνδε,** in den Schw.
συ-φορβός, ὁ, s. ὑφορβός.
συχνός, 3. **a)** dicht, gedrängt, häufig, zahlreich, reichlich, lang, viel (oft mit dem Gen. aus einer Anzahl). **b)** vom Raume: weit, lang, dah. Adv. συχνόν eine beträchtliche Strecke, ἅρματα σ. διαλείποντα in weiten Zwischenräumen. **c)** von der Zeit: lange, geraum, langdauernd, anhaltend, ἡμέρας συχνάς mehrere Tage hintereinander.
σφαγεῖον, τό (σφάζω), poet. **1)** Schlacht- oder Opferbecken, worin man das Blut des Opfertieres auffängt. **2)** Opfertier.
σφᾰγεύς, έως, ὁ (σφάζω), **1)** der Schlächter, Mörder. **3)** der Mordstahl, das Schlachtschwert.
σφᾰγή, ἡ (σφάζω) das Schlachten • **1) Abschlachten,** die Niedermetzelung, überh. Mordtat, **Mord,** Erlegung, χειρὸς ἐνδίκους σφαγὰς κλέπτειν gerechten Mord mit heimlicher Hand vollziehen, πληγὴ ἀπ᾽ οἰκείας σφαγῆς mit eigner Hand beigebracht; σ. ποιεῖσθαι Blutbad anrichten • **2)** Opferung • **3)** konkret • **a)** die Todeswunde, σφαγῶν διελθών durch die Todeswunde (des Nessos) gedrungen, σφαγαὶ ἐμαί meine Todeswunde • **b)** das Opferblut • **c)** Fleisch des Gemordeten Aesch. Ag. 1599 • **d)** (wie σφάγια, τά) das Opfertier, von Menschen u. Tieren; πολυθύτους σφαγὰς τεύχειν der Opfertiere viele schlachten Soph. Tr. 756 • **e)** die **Kehle,** eigtl. der Raum zwischen den Schlüsselbeinen, wo man die Opfertiere zu schlachten pflegte Trag. Thuk. 4, 48.
Σφαγία, ἡ, s. Σφακτηρία. **σφαγιάζω,** s. σφάζω.
σφαγιασμός, ὁ, poet. u. sp. das Schlachten.
σφάγιον, τό. 1) Opfertier, durch ἐντέμνειν getötet und wild zerstückelt. **2)** im Pl. τὰ σφάγια das **Opfer,** häufig in der Verbindung τὰ σφάγια γίγνεται (ἐστί) καλά, καταθύμια, χρηστά das O. ist günstig, oft auch nur τὰ σφάγια γίγνεται. **3)** die aus den Bewegungen des Opfertieres gewonnenen **Vorzeichen** (wogegen ἱερά solche aus den Eingeweiden sind: Xen. An. 1, 8, 15). **4)** poet. das Schlachten, Opfern = σφαγή, 1, s. d.
σφάγιος, 3. (σφαγή), poet. tötend, mit μόρος die Entleibung.
σφαγίς, ίδος, ἡ, poet. Schlacht-, Opfermesser.
σφαδάζω u. **σφαδᾴζω** (verw. σφεδανός), zappeln, vor Ungeduld od. Schmerz sich unruhig gebärden, daher von einem verwundeten Pferde: sich bäumen, u. mit ἐπί od. πρός τι vor ungeduldigem Verlangen nach etwas stampfen od. zappeln, ungeduldig nach etwas verlangen.
σφάζω, ep. ion. poet. sp., att. **σφάττω** (*σφαγjω, σφαγή, σφαγεύς, σφάγιον), Fut. σφάξω, Aor. act. ἔσφαξα (ep. σφάξε), pass. att. ἐσφάγην (poet. u. ion. ἐσφάχθην), Fut. pass. σφαγήσομαι, Perf. pass. ἔσφαγμαι, Adj. verb. σφακτός, nebst **σφαγιάζω** (von σφάγιον), Aor. med. ἐσφαγιασάμην, pass. ἐσφαγιάσθην. **1)** Akt. u. Pass. in die Kehle stechen (von Opfertieren), dah. **a) schlachten,** opfern, auch mit ἐς ποταμόν d. h. so, daß das Blut hineinläuft, **b)** allg. **töten,** niederhauen, mit ἔσω totstechen, hinrichten. Im Pass. σφαγῆναι bei Eur. IT. 598 daß dieser getötet werden soll. **2)** Med. (σφαγιάζομαι) Opfer schlachten lassen, opfern lassen.
σφαῖρα, ἡ, 1) die Kugel, **2)** der Ball, σφαίρῃ ἔπαιζον sie trieben ein Reigenspiel mit dem Ball.
σφαιρηδόν, ep. Adv., nach Art einer Kugel, wie ein Ball.
σφαιρίζω (σφαῖρα), Ball spielen.
σφαιρικός, 3. Adv. **-κῶς,** sp. kugelförmig.
σφαιρίον, τό, sp. Demin. v. σφαῖρα.
σφαιρο-ειδής, 2. (εἶδος), kugelartig, rund, u. zwar τινός von etwas. Subst. τὸ σφ. ion. kugelförmige Gestalt.
σφαιρόομαι, Pass., im Perf. buk. rund sein.
σφακελίζω, den kalten Brand oder Knöchelfraß haben. Von
σφάκελος, ὁ, eigentl. *caries*, Knochenfraß, dann überh. Zuckungen, Krampf, Stoß.
Σφακτηρία u. **Σφαγία,** ἡ, Insel an der Wüstküste von Messenien, j. *Sfagia*.
σφακτός, 3. (σφάττω), poet. geschlachtet, gemordet.
σφαλερός, 3., Adv. **-ῶς,** was leicht zum Fallen bringt, dah. schlüpfrig, glatt, wankend, unsicher, unzuverlässig, trügerisch, nachteilig, gefährlich.
σφάλλω (verw. dt. *fallen*), fällen • **1) zu Fall bringen,** bes. von Ringern, dann überh. biegen, zur Seite drehen, ναῦς • **a)** niederwerfen, umstürzen • **b)** zugrunde richten, in Gefahr bringen, schaden. Dah. • **c)** im Pass. u. Med. (immer aor. ἐσφάλην), **zu Falle kommen,** wanken, stürzen, unterliegen, dann zugrunde gehen, scheitern, ins Unglück geraten, zu Schaden kommen • **2)** übertr. in Irrtum stürzen, **täuschen,** verführen, in Verlegenheit bringen, Pass. u. Med. (aor. wie oben) dem Irrtum verfallen, **sich täuschen, irren,** sich verfehlen, auch in der Rede stecken bleiben. Abs. σφαλείς im Unglück, σφαλέντων (sc. αὐτῶν) nach ihrem Unfall; τινὰ τῆς γνώμης σφάλλειν in seiner Meinung irre machen, γνώμῃ σφάλλεσθαι mit seiner Berechnung fehlschlagen, δόξης sich in seiner Meinung, Erwartung getäuscht sehen; ἔσφηλε es pflegt in Verlegenheit zu setzen; πολλά, τὰ πολλά, μεγάλα sehr, öfters, οὐδέν nie irren od. Unglück haben; μὴ ἐξ ἑκουσίας unvorsätzlich; τόδ᾽ ἐσφάλη ἔν τινι die Schuld liegt bei ihm; als Med. δέμας πρὸς γαῖαν mit ihrem Leibe zur Erde fallen.
σφάλμα, τό, eigentl. der Fall, Anstoß, daher **a)** Unfall, Unglück, Nachteil, Schaden, im bes. mißlungener Versuch, Niederlage, Schlappe. **b)** der Fehler, Fehltritt, das Versehen, τινός in etwas.
σφᾰρᾰγέομαι, ep. Med., Impf. σφαραγεῦντο, **1)** strotzen (vom Euter). **2)** prasseln, rauschen, zischen.
σφαραγίζω, ep. unter Getöse aufregen, lärmend herbeiführen.
σφᾶς, σφάς, σφέ, σφέα, σφέας, s. I. οὗ, doch σφάς auch von σφός.
σφάττω, s. σφάζω.
σφεδᾰνός, 3. (vgl. σφαδάζω), ep. u. poet. heftig, ungestüm.
σφεῖς, σφείων, s. I. οὗ.

σφέλας, τό, Nom. pl. -λᾶ, ep. **1)** Holzstück, Knüppel. **2)** Bank, Schemel, Ruderbank.

Σφενδαλεῖς, έων, οἱ, die Einwohner des attischen Demos oder Fleckens Sphendale, zur Hippothon tischen Phyle gehörig, an der böot. Grenze zwischen Tanagra u. Dekeleia.

σφενδονάω, mit der Schleuder werfen, schleudern.

σφενδόνη, ἡ (lt. *funda*). **1)** die **Schleuder,** aus Wolle oder Binsen, Haaren, Tiersehnen, Häuten gefertigt, u. in der Mitte breit, um das Geschoß (Steine, Pfeile, Bleistücke usw.) hineinzulegen. Die schmalen Enden wurden zusammengefaßt, die Schl. um den Kopf geschwungen u. dann das Geschoß fortgeschleudert, indem man das eine Ende fahren ließ. **2)** das Schleuderband (Il. 13, 600 zum Wundenverbinden), dann überh. die **Binde. 3)** der **Wurf,** σφενδόνας ἀπ' εὐμέτρου mit wohlgemessenem Wurfe. **4)** wegen der Ähnlichkeit mit der Schl., die **Fassung,** der **Kasten am Fingerring.**

σφενδονήτης, ου, ὁ (-δονάω), der Schleuderer, *fundĭtor*. In Xenophons Heere galten die Rhodier u. Kreter für die besten Schleuderer.

σφενδονητική, ἡ, die Fertigkeit zu schleudern.

σφετερίζομαι, Med. sich (*sibi*) aneignen, τί.

σφέτερος, 3., ep. auch **σφός,** 3. (s. I. οὗ), Pron. poss. gew. der 3. Pers. plur., **eigen, ihr,** ihrig, oft verstärkt durch αὐτῶν (bei Aesch. u. Sp. auch = sein; selten = dein, u. Xen. Cyr. 6, 1, 10 = ἡμέτερος unsere, nämlich die eigenen). Subst. **a)** οἱ σφ. die Ihrigen. **b)** (τὰ) σφέτερα mit u. ohne αὐτῶν das Ihre, ihr eignes Hab u. Gut, ihre eignen Angelegenheiten od. Sachen, im bes. bei Xen. ihre Partei.

σφέων, s. I. οὗ.

σφηκιά, ἡ, poet. Wespennest.

σφηκίσκος, ου, ὁ, poet. ar. sp. ein (dem Wespenstachel ähnliches) zugespitztes Holz, Spitzpfahl.

σφηκόομαι (σφήξ), ep. poet. sp. in der Mitte (wie die Wespen) eng zusammengezogen, geschnürt werden, τινί mit etwas.

σφήν, ηνός, ὁ, poet. u. sp. der Keil, *Spahn*.

σφηνόπους, -ποδος, 2. mit keilförmigen Füßen.

σφήξ, σφηκός, ὁ, die Wespe; auch Hornisse.

Σφήττιος, ὁ, Einw. des Demos Σφηττός an der Ostküste von Attika, der zur Akamantischen Phyle gehörte.

σφί, s. I. οὗ.

σφίγγω, Perf. pass. sp. ἔσφιγμαι, zusammenschnüren, umschließen, τινί mit etwas.

Σφίγξ, Σφιγγός, ἡ (mit Nbf. φίγξ u. φίξ, Akk. φῖγα, φῖκα, σφίγγα). **1)** Tochter des Typhon u. der Echidna, mit geflügeltem Löwenkopf u. dem Oberkörper einer Jungfrau, oft auch mit Schlangenschweif u. Vogelfüßen; urspr. eine Art Würgengel, dann lokalisiert bei Theben, wo sie jeden, der ihr Rätsel nicht löste, vom Felsen stürzte, bis Ödipus kam u. es löste. **2)** die ägyptischen Sphinxe, Sinnbilder der Stärke, waren meist männlich. Vgl. auch ἀνδρόσφιγξ.

σφίν, σφίσι, s. I. οὗ.

σφοδρός, 3. (vgl. σφαδάζω, σφεδανός), heftig, ungestüm, leidenschaftlich, eifrig, groß, schwer, drückend, gewaltig, entschieden. Komp. σφοδρότερον stärker, das Vorhergehende überbietend. Abs. od. ἐπί, πρός τι, ἔν τινι. Adv. **σφόδρα** u. **σφοδρῶς,** heftig, gewaltig, ungestüm, sehr, erklecklich, stark, eifrig, scharf, streng, genau, rasch, bereitwillig. In Antworten σφ. γε od. καὶ σφ. ja freilich, ja wohl, ganz gewiß, allerdings. Als Subst. τὸ σφόδρα die gewaltige Heftigkeit.

σφοδρότης, ητος, ἡ, das Ungestüm.

σφοδρύνομαι, poet. u. sp. heftig, ungestüm werden; τινί auf etwas pochen.

σφονδύλιοι [ῠ], οἱ, ep. die Wirbelknochen des Rückgrats. Ähnl. σφόνδῠλος, ὁ, doch heißt dies auch der Wirtel an der Spindel.

σφός, 3., s. σφέτερος.

σφρᾱγίζω, poet. ar. sp. **1)** Akt. besiegeln, bezeichnen, τινί mit etwas. **2)** Med. sp. u. N. T. versiegeln, verbergen; bestätigen, beglaubigen, verbürgen; jmdm. das Siegel verleihen, τινά. Von

σφρᾱγίς, ῖδος, ἡ, ion. **σφρηγίς,** ἡ, das Siegel, **a)** Petschaft, Siegelring. **b)** Siegelzeichen, Emblem. Im bes. das Staatssiegel als Zeichen des Herrschens. **c)** geschnittener Stein.

σφράγισμα, τό, das aufgedrückte Siegel.

Σφραγίτιδες, αἱ, weissagende Nymphen, benannt von ihrer Grotte Sphragidion auf dem Kithäron.

σφρῑγάω, strotzen, vollkräftig sein, übersprudeln.

σφυγή, ἡ (σφύζω), poet. das Wallen, αἵματος Blutstrom.

σφυγμός, ὁ (σφύζω), ar. sp. eigtl. heftiger Pulsschlag, Blutwallung; übertr. Zuckung; Gemütsbewegung.

σφυδρόν, τό, N. T. = σφυρόν, Knöchel.

σφύζω, buk. σφύσδω, sehr bewegt sein.

σφῦρα, ἡ, ep. ion. poet. ar. sp. der Hammer.

σφῠρ-ήλατος, 2. (ἐλαύνω), mit dem Hammer getrieben od. geschmiedet, von getriebener (Metall-)Arbeit, gediegen, im Gegensatz zu der gegossenen.

σφυρίς, ίδος, ἡ = σπυρίς, Körbchen.

σφῠρόν, τό, **1)** der Knöchel am Fuß. **2)** buk. das äußerste Ende.

σφώ, σφῴ u. **σφῶι** mit Gen. Dat. σφῶιν, σφῷν, dual zu σύ, ihr beide, euer beider usf.

σφωέ, enklit. ep. Acc. dual. zu σφεῖς (s. I. οὗ), Il. 17, 531 σφω od. σφω', u. **σφῴ,** Gen. u. Dat. σφωίν, auch verst. durch ἀμφοτέροιιν, sie beide, ihrer beiden, ihnen beiden.

σφωίτερος, 3. ep. **1)** euer beider. **2)** sein.

σχαδών, όνος, ἡ, poet. ar. sp. die mit Honig gefüllte Wachsscheibe, Wabe.

I. **σχάζω,** ritzen, schröpfen, zur Ader lassen.

II. **σχάζω,** hängen lassen, loslassen; anhalten.

σχαστηρία, ἡ (σχάζω), sp. Seil (zum Loslassen).

σχέδην, Adv. (σχεῖν), gemächlich, behutsam.

σχεδία, ion. **-ίη,** ἡ, (wahrsch. fem. zu σχέδιος, erg. ναῦς) das mit gerade zu Gebote stehendem Material gebaute Fahrzeug, **1)** bei Hom. das Handschiff, welches für einen Mann lenkbar ist. **2)** Floß, das von neben- u. übereinander befestigten Balken erbaut ist, im Notfall auch aus aufgeblasenen zusammengenähten Hammelfellen besteht. **3)** bei Her. u. poet. die Schiffbrücke.

σχεδιάζω, aus dem Stegreif (ἐκ τοῦ παραυτίκα) tun, machen, schreiben, sprechen. Dav.

σχεδίασμα, τό, sp. das ohne Überlegung aus dem Stegreif Getane, Geschriebene.

σχέδιος, 2. (σχεῖν, ἔχω), das, was zur Hand ist, nahe, βέλη Waffen zum Nahkampf.

σχεδόν, Adv., nebst ep. Advv. **σχεδίην** u. **σχεδόθεν** (σχεῖν, dah. eigtl. habhaft), **nahe. 1)** vom Orte: **a) in der Nähe,** abs. od. τινί u. τινός jmdm., τινός auch einer Sache, **b)** (σχεδόν) **in die Nähe,** τινός jmds. od. einer Sache, u. mit Inf. ἑλέσθαι so nahe, um sie greifen zu können, **c)** (σχεδόθεν) **aus der Nähe, d)** übertr. μάλα σχεδὸν ἐών ein naher Verwandter. **2)** von der Zeit: **nahe;** σχεδόν τι πρόσθεν kurz bevor. **3)** (σχεδόν nachhomerisch) beschränkend: beinahe, **fast,** ungefähr, dah. **a)** nur so viel, nur wenig, **b)** ziemlich genau, schier. σχεδόν τι fast wohl, wohl, **so ziemlich,** gerade das.

Σχερίη, ἡ, ein von Hom. angenommenes u. nordwestlich von Ithaka gedachtes Küstenland, wo die Phäaken wohnten.

σχερός, 3. (ἔχω), poet. zusammenhängend; vgl. ἐνσχ., ἐπισχ-.

σχέσις, εως, ἡ = σχῆμα, w. s.

σχετήριον, τό, poet. was hemmt, τινός Mittel gegen etwas.

σχετλιάζω (σχέτλιος), kläglich tun, jammern, ἐπί τινι über etwas, od. mit ὡς, εἰ.

σχετλιασμός, ὁ, Unmut, Leidenschaftlichkeit.

σχέτλιος, 3. auch 2. (σχετλίη Il. 3, 414 σχέτλιη zu lesen), aus σχετός, an-, aushaltend, also stark, gewaltig, ungestüm, kühn, verwegen, entsetzlich, frevelnd, frevelhaft, arg, hart, eigensinnig, starrköpfig, grausam, verderblich, unselig, schrecklich, böse. Adv. σχέτλια, σχετλιώτατα schrecklich, πρός τι hinsichtlich etwas, od. mit Acc. m. Inf.

σχῆμα, τό (σχέσις, σχεῖν), u. ion. Dem. dav. **σχημάτιον, τό,** nebst **σχηματισμός, ὁ** (σχηματίζω), die Haltung, insbes. • **1) Körperhaltung,** Stellung, Gebärde, Miene, Art und Weise, sich zu benehmen, Anstand, τύραννον fürstlich stolze Pracht, σχημάτιον die Tanztour, σχηματισμός die Verstellung • **2)** Außenseite, **Gestalt, Form,** dah. • **a)** Pracht • **b)** milit. σχῆμα εἰς σπεῖραν Aufstellung in kleineren Abteilungen • **c)** die Verfassung des Staates • **d)** gramm. u. rhetor. Wortform, Redefigur • **e)** sp. die geometrische Figur • **3)** übertr. **Beschaffenheit,** Lage, Verhältnis, Zustand, Standpunkt, ἐν πατρὸς σχήματι an Vaters Stelle, u. so bisw. als reine Umschreibung des Subst.

σχηματίζω, 1) Akt. eine Haltung geben, gestalten, z. B. τὸν βραχίονα γυμνὸν οἷον ἐφ' ὕβρει den Arm entblößt wie zu einer Gewalttat heben. **2)** Med., Perf. ἐσχημάτισμαι, **a)** sich verstellen, den Schein wahren, abs. **b)** sich gebärden od. stellen mit Inf. od. ὡς u. Partiz. **c)** etwas von sich formen od. putzen, u. zwar τινί mit etwas. **d)** sich gestalten.

σχηματοποιΐα, ας, ἡ, sp. Bildung der Körperhaltung; Gebärdenspiel, Pantomime.

σχίζα, ἡ, ep. poet. sp. gespaltenes Holz, Scheit. δρυός eichenes Scheit.

σχίζω (St. σχιδ, lat. *scĭd*, *scindo*, nhd. *scheiden*), Fut. σχίσω, Aor. act. ἔσχισα, pass. ἐσχίσθην, spalten, durchschneiden, trennen, τί, u. zwar τινί mit etwas. Im bes. vom Schuh: das Leder künstlich dazu ausschneiden. Pass. sich spalten, -trennen, -teilen, abs., od. τριφασίας ὁδοὺς eigentl. gespalten die drei Wege fließen, d. h. sich in drei Arme spalten.

σχινδάλαμος, ὁ (σχίζω), poet. sp. Splitter, Schnitzchen, λόγων Spitzfindigkeiten.

σχῖνο-κέφαλος, 2. poet. meerzwiebelköpfig, Bein. des Perikles, in bezug auf seinen spitzen Kopf, doch auch anspielend auf die zeltförmige Gestalt des Odeons.

σχῖνος, ἡ, 1) bei Herod. der Mastixbaum, *Lentiscus.* **2)** bei Plut. die Meerzwiebel, *Scilla.*

σχίσις, εως, ἡ, u. poet. u. sp. **σχισμός, ὁ** (σχίζω), das Zerschneiden, **a)** die Spaltung, vom Wege: der Seitenweg. **b)** der Todesstreich, τινί mit etwas.

σχίσμα, τό, sp. N. T. der Riß, Zwiespalt.

σχιστός, 3. (σχίζω), **a)** gespalten, bei Soph. ὁδὸς σχ. der Dreiweg von Delphi über den Abhang des Parnassos nach Daulis u. Lebadea. **b)** sp. geschlitzt; Subst. ὁ σχ. (sc. χιτών) Jacke.

σχοίνινος, 2. poet. von Binsen gemacht.

σχοινίον, τό, u. buk. **σχοινίς, ἡ,** ein aus Binsen geflochtenes Seil, Strick, Schiffstau.

σχοινισμός, ὁ, sp. die Einzäunung durch Seile.

σχοῖνος, ὁ (auch ἡ), ep. ion. poet. u. sp. **1)** eigtl. *iuncus*, Binse, Schmiele, dann als Kollektiv ein mit Binsen bewachsener Ort, Binsicht. **2)** alles aus Binsen Geflochtene: Strick, Seil, Tau. **3)** ein Maß, u. zwar **a)** in Griechenland ein Landmaß. **b)** in Ägypten ein Längenmaß, eigtl. von 4 ägypt. Meilen = 6300 m = 4,26 röm. Meilen. **c)** als parthisches Längenmaß = 60 Stadien. Her. rechnet es überall zu 60 Stadien = 11 Kilometer.

Σχοῖνος, ἡ, Stadt Böotiens östl. von Theben.

σχοινο-τενής, 2. (τείνω), ion. poet. sp. schnurgerade.

σχολάζω, (σχολή), **1)** sich Zeit nehmen, unentschlossen sein. **2)** Zeit, Muße, Ruhe haben, d. i. **a)** müßig, nicht beschäftigt sein. Im bes. von Orten leer, vom Boden unbebaut sein. **b)** Muße für etwas haben, sich einer Sache widmen. **c)** lehren, Vorträge halten.

σχολαῖος, 3., Komp. σχολαίτερος u. -αιότερος, Adv. **-αίως,** Komp. -αίτερον u. sp. -αιότερον, Superl. -αίτατα (σχολή), u. **σχολαστής, οῦ, ὁ,** sp. (σχολάζω), müßig, mit Muße, *otiosus*, gemächlich, langsam, ruhig, spät, τὴν πορείαν σχολαίαν ποιεῖσθαι den Marsch verzögern, οὐ σχολαίτερον ebenso rasch; τὸ σχολαιότερον die größere Langsamkeit.

σχολαιότης, ητος, ἡ, Langsamkeit.

σχολαστήριον, τό, sp. Ort der Muße, Studierzimmer, Lesezimmer.

σχολαστής, ὁ, sp. **1)** in Muße lebend. **2)** untätig, müßig.

σχολαστικός, 3., ar. sp. seine Muße den Wissenschaften widmend, im übien Sinne: Stubengelehrter, Bücherwurm. τὸ σχ. sp. Möglichkeit der Muße, Gelegenheit zur Muße.

σχολή, ἡ (σχεῖν, dah. eigentl. das Anhalten, die Rast) • **1) Ruhe, Muße** von Arbeiten u. insbes. von Staatsgeschäften, abs., τινός, od. mit Inf. σχολή τινι, oft ohne Kopula, er hat Zeit, er beschäftigt sich, ähnl. σχολὴ γίγνεταί τινι ἐπί τινος jmd. verstattet ihm Muße, od. σχολὴν διδόναι, παρέχειν Zeit geben, aber σχολὴν ἄγειν Muße haben, *otior*, im bes. Frieden haben; u. zwar mit Inf. od. ἐπί τινι zu etwas, ἀπὸ τούτων von der Sorge, ἀπὸ τῶν θορύβων. Doch heißt σχολὴν ἄγειν auch Zeit verlieren, säumen, Eur. Med. 1238. Dag. σχολὴν ἔχειν eigtl. im Zustand der Muße sein, und mit ἀμφ' αὐτόν für sich Muße haben, aber σχολὴν ποιεῖσθαι πρός τι sich mit etwas beschäftigen • 2) Beschäftigung während der Muße, **Studium**, insbes. die Vorträge und Unterhaltungen der Philosophen, und dann auch der Ort, wo sie gehalten wurden, philosophische Schule • 3) Langsamkeit, **Saumseligkeit**, σχολὴν τιθέναι säumen • 4) Adv. stehen • a) ἐπὶ σχολῆς in Muße, zu gelegener Zeit • b) σχολῇ mit Muße, α) langsam, spät, dah. σχολῇ ταχύς ein Oxymoron, ähnl. unserm „Eile mit Weile". β) *aegre*, mit Mühe, kaum, nie, ἄλλος schwerlich ein anderer • c) σχολῆς ἕνεκα sp. zum Zeitvertreib.

σχόλιον, τό, sp. kurze Erklärung, Kommentar, Scholion.

σῷ, s. σῶς.

Σῴζουσα, ἡ, hieß eines der Staatsschiffe (wie Πάραλος, Σαλαμινία) zur Zeit des Sophokles, Anspielung darauf Ant. 189.

σώζω, richtiger **σῴζω,** d. i. σωίζω (von σώιος, σῶς), vereinzelt Fut. σῴσω u. σωῶ, d. i. σωιῶ, Aor. ἔσῳσα u. ä., Perf. pass. σέσωμαι, σέσῳσμαι, σέσωσμαι, Adj. verb. ἄ-σωτος u. σῳστέον, σωστέον, ep. u. poet. **σαόω** (v. σάος) mit σαοῖ (als 3. sg. ind.), σάου (imper. 2. sg.), σάω (Imper. 2. sg. in Od., als Imperf. 3. sg. in Il.), conj. σαῷς, σαῷ, σαῶσι [nach ἔγνων, γνῷς usf., wie v. σάωμι, andere lesen σόῳς, σόῳ, σόωσι u. fassen σόωσι als zerd. Konj. aus σῶσι = σαόωσι, u. σόῳς, σόῳ als zerd. Opt. aus σῷς, σῷ = σαόοις, σαοῖς u. σαόοι, σαοῖ], Fut. act. σαώσω, inf. σαωσέμεν(αι), med. σαώσομαι, Aor. act. (ἐ)σάωσα, conj. σαώσετον, σαώσομεν, pass. ἐσαώθην, 3. pl. σάωθεν, ferner **σώω,** part. σώοντες, Impf. iter. σώεσκον, u. **σόω,** conj. 3. pl. σόωσι (vgl. oben u. σαόω).

I) **Akt. u. Med.** • 1) Akt. **unversehrt** od. am Leben **erhalten,** bewahren, retten, erretten, erhalten, verschonen, insbes. glücklich durchbringen, wohlbehalten heimführen. Übertr. • a) für sich behalten, verschweigen • b) τοὺς νόμους Gesetze halten, ähnl. αὐτὸν καὶ ἐψηφισμένα. Teils abs. od. τινά, τί, σώζοντες σιγηλὰ τά τ' ἐκ ποδῶν καὶ γλώσσης ἄπο d. h. hemmend, πλείω τινί mehr Rettung bringen, ὄκνῳ verzagt, τινός od. ἔκ τινος von etw., aber ἐκ τοῦ θείου nach dem göttl. Willen, ἀπὸ στρατείας die Heimkehr glücklich gewähren • 2) Med. • a) bei sich bewahren od. erhalten • b) sich (*sibi*) erhalten, τόδε die Freiheit; im bes. auch = *teneo*, im Gedächtnis behalten • c) = Pass.

II) **Pass.** sich erhalten, gerettet werden, am Leben bleiben, **sich retten,** glücklich wohin gelangen, glücklich heimkommen, noch da sein, abs. ὁ σωθείς der Überlebende, σῳζόμενος glücklich gerettet, heil, τῆς σῳζομένης μοίρας εὐδαίμονες, dann ὑπό τινος, διά τινα od. τι, τινί durch etw., τοῖς ἐμαυτῆς κακοῖς, ἐς τὸ σῶμα leiblich, καθ' ἡσυχίαν in aller Gemächlichkeit, παρὰ τὸ δίκαιον widerrechtlich; ἔκ τινος σῴζομαι mein Heil beruht auf jmdm.

σωκέω, poet. vermögen, imstande sein. Von **σῶκος,** ὁ (σῶς), ep. rettend, segenspendend.

Σω-κράτης, ους, Akk. η u. ην, ὁ. 1) Sohn des Bildhauers Sophroniskos u. der Hebamme Phainarĕte, geb. in Athen 469 od. 471, der, anfangs Bildhauer, sich später ganz dem Berufe widmete, begabte, wißbegierige Jünglinge zur Tugend anzuleiten. Auf eine von Melētos, Anўtos u. Lykon eingereichte Anklage wurde er 399 als Jugendverderber u. Staatsverbrecher zum Tode durch den Schierlingsbecher verurteilt. Dav. **Σωκρατικός,** οῦ, ὁ, Sokratiker, Schüler des S. Adv. **-κῶς,** nach Art des S. od. der Sokratiker. 2) sonst. Eigenname.

σωλήν, ῆνος, ὁ, ion. u. sp. die Röhre, Kolben.

σωληνάριον, τό, u. **σωληνίδιον,** τό, sp. Demin. von σωλήν.

σῶμα, τό • 1) bei Hom. stets der **Leichnam,** Aas; auch Hdt. und Att. • 2) der **lebendige Körper** von Menschen und Tieren, Leib • a) = **Leben,** σ. σῴζειν Dem.; ἀγωνίζεσθαι περὶ σ. um sein Leben od. um seine persönliche Freiheit kämpfen • b) **Person,** persönl. Existenz; oft umschreibend: α) = ἄνθρωπος Hdt. 1, 3, 2; τεκέων σ. = τέκνα Eur., τὸ σὸν σ. = σύ, τὸ ἐμὸν σ. = ἐμέ, τὰ πολλὰ σ. = οἱ πολλοί Soph. Ant. 676; ἐλεύθερα σ. = ἐλεύθεροι Xen. Hell. 2, 1, 19, β) meist von Sklaven: αἰχμάλωτα Dem., dah. σ. = Sklave Pol. • c) physischer Körper, überh. im Ggs. zu Geist: αἱ (διὰ) τοῦ σ. ἡδοναί sinnliche Vergnügen Xen. Plat. • 3) und so geradezu σ. = σάρξ N. T. Röm. 8, 13 • 4) seit Plato: das Ganze, die Gesamtheit einer Sache od. eines Dinges, Hauptsache; spez. **Substanz.**

σωμασκέω (wie von σώμ-ασκος), 1) körperliche Übungen anstellen, exerzieren, bei Athleten zugleich von der Diät. Ringer bedurften einer möglichst großen Fleischmasse, um durch ihr Gewicht den Gegner zu ermüden u. niederzudrücken. 2) sich auf etwas einüben, τί.

σωμασκία, ἡ, die Leibesübung.

σωματικός, 3. sp. u. N. T. körperlich, leiblich, sinnlich.

σωμάτιον, τό, Demin. v. σῶμα, der elende, arme Leib, Körperchen.

σωματο-ειδής, 2. körperlich, körperähnlich, körperartig, dicht, fest.

σωματο-φυλάκιον, τό, sp. Leichenkammer.

σωματο-φύλαξ, ακος, ὁ, sp. der Leibwächter, Trabant = δορυφόρος. Im bes. a) bei Alexander dem Gr. Gardeobersten, die Höchstgestellten der ἑταῖροι (s. ἑταῖρος, 1. d). b) die Schildknappen des Königs, als Wachposten hochgestellten Personen zum Schutze od. zur Auszeichnung vor od. in das Haus gestellt.

σῶος, s. σῶς.

σωπάω, dor. poet. = σιωπάω.

σώρακος, ὁ, poet. sp. Kiste, Korb.

σωρείτης, ὁ, sp. (σωρεύω, σωρός), gehäuft (*acervalis*); συλλογισμός der Häufelschluß, ein bekannter [Trugschluß.
σώρευμα, τό (σωρεύω), = σωρός.
σωρεύω, sp. anhäufen, anfüllen.
σωρηδόν, Adv. poet. sp. in Haufen.
σωρός, ὁ, der Haufen, abs., u. τινός von etwas.
σῶς, ὁ, ἡ, **σῶν,** τό (bildet den Akk. τὸν, τὴν, τὸ σῶν, den Pl. οἱ, αἱ σῷ, τοὺς, τὰς σῶς, τὰ σᾶ), aus ep. **σάος, σάον,** wozu der ep. Komp. **σαώτερος,** nebst ep. u. ion. **σόος,** σόη, σόον u. dem regelm.
σῶος, 3. (dies aus σώιος), **1)** heil, wohl, gesund, unversehrt, wohlerhalten, wohlbehalten, verwahrt, sicher, überh. erhalten, errettet, am Leben, Komp. σαώτερος heiler, näml. als im Gegenteil. **2)** entschieden, sicher.
σωστικός, 3. sp. rettend, erhaltend.
Σωστρατίδας, ου, Ephoros in Sparta i. J. 428.
σῶστρον, τό (σῴζω), Rettungslohn, Lohn für Erhaltung einer Sache. Im bes. **a)** Dankopfer für Errettung des Lebens. **b)** Belohnung für Zurückbringung eines entlaufenen Sklaven.
σώτειρα, ἡ, Retterin, Fem. zum folg.
σωτήρ, ῆρος, ὁ (σῴζω), auch Σωτήρ geschrieben, Vok. auch σῶτερ, u. bei den Tragg. als Adj. (= σωτήριος), auch von Sachen, u. selbst bei Fem., Retter, rettend, bes. von Göttern u. Göttinnen. Auch war es Bein. des Ptolemaios I., den dieser wegen seines rettenden Beistandes gegen Demetrios Poliorkētes von den Rhodiern im Jahr 304 erhielt; auch röm. Kaiser hießen später so. Im N. T. der Heiland.
σωτηρία, ion. **-ίη,** ἡ, **1)** die Rettung, auch im Plur., im bes. Mittel zur Rettung, und mit u. ohne νόστιμος glückliche Heimkehr. **2)** Erhaltung, Schutz, Begnadigung, Wohlergehen, Wohl, Heil, Gesundheit, abs., u. τινός von etwas. **3)** N. T. u. sp. auch die Erlösung, das (messianische) Heil im Diesseits u. Jenseits.
σωτήριος, 2. (σωτήρ). **1)** akt. **rettend,** erhaltend, heilsam, vorteilhaft, Beiname von Zeus (Σωτήρ), Apollon u. Artemis, die ἀποτρόπαιοι sind. Subst. (τὰ) σωτήρια, **a)** Maßregeln zur Rettung, die Rettung, **b)** verst. ἱερά Dankopfer für Errettung, Errettungsopfer, **c)** τὸ σωτήριον, N. T. u. sp., das (messianische) Heil. **2)** pass. gerettet, **heil,** heilbar Plut. Trag.
Σωτίων, ωνος, ὁ, aus Alexandria, Philosoph im ersten Jahrh. n. Chr.

Σω-φάνης, ους, ὁ, aus Dekeleia, zeichnete sich besonders in der Schlacht bei Plataä aus u. fiel im Kampfe mit den Edonen 465.
σωφρονέω, Adj. verb. σωφρονητέον (σώφρων), **a)** bei (gesundem) Verstande, verständig, vernünftig, klug, besonnen, weise sein od. handeln, besonnen bleiben, richtig urteilen, richtige Vorstellungen haben, abs., od. περί τινα von jmdm. **b)** nüchtern, mäßig, enthaltsam, bescheiden sein, sich bescheiden betragen, sich mäßigen, sich fügen, gehorchen, im bes. züchtig sein, τινί jmdm. die eheliche Treue bewahren.
σωφρονητικός, 3., s. σώφρων.
σωφρονίζω, Perf. pass. σεσωφρονίσθαι, Aor. pass. ἐσωφρονίσθην (σώφρων), zur Besonnenheit, zur Bescheidenheit, zum Gehorsam bringen, zu seiner Pflicht zurückführen, klüger, besonnener machen, bessern, züchtigen, zähmen, auch τὶ ἐς εὐτέλειαν etwas zur Wohlfeilheit, vernünftig beschränken. Im Pass. Mäßigkeit lernen, Perf. enthaltsam sein.
σωφρονικός, 3., s. σώφρων.
σωφρόνισμα, poet. und
σωφρονισμός, ὁ, sp. Witzigung, Warnung, Mahnung zur Mäßigung; Enthaltsamkeit.
σωφρονιστήρ, ῆρος, ὁ, sp. u **σωφρονιστής,** οῦ, ὁ (σωφρονίζω), zügelnder Lenker, Zuchtmeister, zügelnd, τινός.
σωφροσύνη, dor. **-να,** ep. **σαοφροσύνη,** ἡ. **1) gesunder Verstand,** vernünftige, klare Besonnenheit, Klugheit, richtige Erkenntnis. **2)** besonnene Zurückhaltung, Selbstbeherrschung, Mäßigung der Begierden, Enthaltsamkeit, Mäßigkeit, Nüchternheit, Anstand, Ordnung, Gehorsam, Sittsamkeit, Sittlichkeit, Moralität. **3)** der Ruf der Besonnenheit und Mäßigung.
σώφρων, 2., Adv. **σωφρόνως,** Komp. -έστερον, ep. **σαόφρων,** 2. nebst **σωφρονητικός** u. **σωφρονικός,** 3. (σῶς, φρήν, verw. mit lat. *sobrius?*), von gesundem Verstande, dah. **a)** vernünftig, verständig, weise, eine richtige Vorstellung habend, περί τινα, besonnen, bedachtsam. Subst. τὸ σ. die Besonnenheit, σωφρονέστατον das Vernünftigste. **b)** maßvoll, ordnungsliebend, wohlgeordnet, anständig, wacker, mäßig, enthaltsam, bescheiden, züchtig, in Zucht, keusch, gehorsam, ἐπὶ τὸ σωφρονέστερον λαμβάνειν besser in Erwägung ziehen. Subst. σωφρονητικόν die Bescheidenheit.
σώω, s. σῴζω.

T.

T, τ, τὸ ταῦ entsprechend orient.-hebr. *Taw,* der neunzehnte Buchstabe des griech. Alphabets, als Zahlzeichen τ' = 300.
τ', apostrophiert **a)** st. τέ, mit ἄν u. ἄρα in crasi τἄν, τἄρα. **b)** st. τοί.
ταβέρνα, ἡ, = lat. *taberna,* Gasthaus; dah. Τρεῖς Ταβέρναι, *tres Tabernae,* Ort 10 röm. M. südl. von Rom an der via Appia.
τἀγαθά, τἀγαθοῦ, τἄγαλμα u. ähnl., durch Krasis entst. aus τὰ ἀγαθά, τοῦ ἀγαθοῦ, τὸ ἄγαλμα u. a.

τᾱγεία, ἡ, u. poet. **τᾱγή,** ἡ (τάσσω), das Anordnen, die Herrschaft.
τᾱγεύω u. poet. **τᾱγέω,** anführen, im Med. poet. zum Anführer bestellen.
τάγμα, τό (τάσσω), das Aufgestellte, Reihenfolge; insbes. die Heeresabteilung, das Regiment, bei den Römern die Legion; Klasse.
τᾱγός, ὁ, var. Il. 23, 160 (statt οἵ τ' ἀγοί).
τᾱγός, ὁ (τάσσω), Gebieter; insbes. Titel thessalischer Beamter u. so des thess. Bundeshauptmanns.
ταγοῦχος, 2. poet. heergebietend.

τάδε, s. ὅδε. **ταθείς, τάθη,** s. τείνω. **ταί,** s. ὁ.
Ταίνᾰρον, τό, u. **Ταίναρος,** ὁ, Vorgebirge an der Südspitze von Lakonien, j. *Kap Matapan,* nebst einer Stadt gleichen Namens u. einem Tempel des Poseidon mit einem Asyl. ein Werbeplatz für alle Söldner Griechenlands.
ταινία, ἡ (ῐ, τείνω, lat. *tenuis*), Streif, d. i. **1)** Band, Binde, insbes. Kopfbinde, Diadēm. Ein Kranz mit Bändern diente als Siegespreis bei den öffentlichen Festspielen, doch wurden auch bloße Bänder als Zeichen besonderer Huldigung gegeben oder zugeworfen. **2)** sp. schmaler Landstrich.
ταινιό-πωλις, ἡ, die Bandhändlerin.
ταινιόω, mit Bändern schmücken. [tend.
τακερός, 3. (τήκω), poet. u. sp. schmelzend, schmach-
τακτικός, 3. (τάσσω), die Stellung eines Heeres betreffend, οἱ τ. ἀριθμοί die Musterungen der Abteilungen. Insbes. in der Stellung eines Heeres geschickt, in der Taktik erfahren, ein Taktiker, u. (τὸ od.) τὰ τ. die Kunst, ein Heer in Schlachtordnung zu stellen, die Taktik, auch taktische Schrift.
τακτός, 3., Adj verb. von τάσσω, festgesetzt, zugemessen, beordert, abs. u. παρά τινος.
τάκω, s. τήκω.
ταλα-εργός, 2. (τλῆναι, Ϝέργον), ep. arbeitskräftig, Beiwort des für bergige Gegenden brauchbaren Halbesels (buk. auch Beiw. des Herakles).
Ταλαϊονίδης, s. Ταλαός.
ταλαιπωρέω (-ρος), **1)** Akt. trans. **a)** plagen, quälen, mitnehmen, τινά. **b)** erdulden, τί. **2)** Akt. intr. u. Pass. sich anstrengen, -abmühen, -plagen, eine Last tragen, Mühseligkeiten ertragen, Ungemach erleiden, in Not, Elend, bedrückt sein, ins Gedränge geraten, leiden, geplagt, angestrengt, mitgenommen werden, erschöpft sein, auch mit Dat. eth.: οἱ πεζοί τινι ταλαιπωροῦσι, d. h. sein Fußvolk.
ταλαιπώρησις, εως, ἡ, sp. u. **ταλαιπωρία,** ion. **-ίη,** ἡ, Anstrengung, Beschwerde, Strapaze, Mühsal, Drangsal, Leiden, Not, Schmerz, Ermattung, abs., od. τινός jmds., ἔν τινι in etwas.
ταλαί-πωρος (ταλα-, τλῆναι), meist poet. Mühsal, Drangsal erduldend, elend, unglücklich, unselig; doch auch Mühe verursachend. Subst. τὸ τ., ion. Mühsal, Arbeit. Adv. **ταλαιπώρως,** poet., doch auch Thuk. u. sp. unter Beschwerden.
ταλαί-φρων (ταλα-, τλῆναι), poet. duldenden Sinnes, **a)** unglücklich, leidenreich. **b)** standhaft, ausdauernd.
ταλακάρδιος, 2. (τλῆναι, καρδία), ep. poet. duldenden Herzens, leidend, mühselig.
ταλαντιαῖος, 3. ein Talent schwer od. wert. Von
τάλαντον, τό (aus einem Pl. zu τάλας entwickelt) • **1)** akt. das Tragende, Wägende, die Waagschale, Pl. Waage • **2)** pass. das Gewogene, **Talent, Pfund** • **a)** ein Gewicht, **α)** bei Hom. stets mit χρυσοῦ, doch nicht näher zu bestimmen, **β)** im spätern Griechenland 36 Kilogr. betragend (äginäisch-attisches Handelstalent, allgemein üblich bis ins 1. Jahrh. v. Chr.), od. ungef. 26 Kilogr. (Solonisch-attisches Talent) • **b)** ein ursprünglich jenem Gewicht entsprechendes **Quantum** edlen Metalls (nicht Münze), wo gewöhnlich, **α)** ἀργυρίου zu ergänzen ist. Es enthielt 60 Minen, die Mine zu 100 Drachmen, nach unserm Geldwert ungef. entw. 6500 Mark (äginäisches Talent) od. 4715 Mark (Solonisches Talent), **β)** das Goldtalent dagegen galt je das Zehnfache. Außerdem kommt aber auch, **γ)** ein babylonisches vor, das 72 Minen u. 10000 Drachmen hatte, u. **δ)** ein euböisches mit 72 Minen des vorsolonischen Talents, wo 1 Mine $138^8/_9$ Solonische Drachmen enthielt, das ganze vorsolonische Talent also = $8333\,^1/_3$ solcher Drachmen war; **ε)** N.T. das syrische Pfund = ca. 985 Mark • **c)** überh. = Summe • **d)** sprichw. Ταντάλου τάλαντα d. h. **Tantalusqualen**; s. Τάνταλος.
ταλαντοῦχος, 2. (ἔχω), poet. die Waage haltend.
Ταλαός, ὁ, Sohn des Bias u. der Pero, Argonaut, aus Argos, Vater des Adrastos, Hippomĕdon u. des Mekisteus, welcher deshalb ὁ **Ταλᾱϊονίδης,** αο, ep. st. Ταλαΐδης heißt.
ταλα-πείριος, 2. (ταλα, τλῆναι, u. πεῖρα), ep. wer viele Prüfungen bestanden hat, erprobter Dulder.
ταλα-πενθής, 2. (ταλα, τλῆναι, πένθος), ep. poet. Leiden erduldend, unglücklich.
ταλαρίσκος, ὁ, buk., Demin. vom folg.
τᾰλᾰρος, ὁ (St. ταλ in τλῆναι d. i. tragen), ep. u. sp. Korb, teils Spinnkörbchen (ἀργύρεος), teils Frucht- u. Käsekorb, gew. aus Flechtwerk.
τάλᾰς, τάλαινα, τάλᾰν, Vok. τάλᾰν, att. auch τάλας, Sup. ταλάντατος (St. ταλ in τλῆναι), **1)** der viel ausgehalten oder viel erduldet hat, Leiden duldend, mühebeladen, elend, unglücklich, leidvoll, jammervoll. **2)** mühevoll, anstrengend. **3)** wie unser „elend" unselig, frech, dreist unverschämt.
ταλασία, ἡ, die Wollspinnerei. Zu
ταλάσιος, 3. (ταλ-, τλῆναι), zur (Woll)arbeit gehörig; ἔργα ταλάσια Wollarbeit.
ταλασιουργέω, Wolle spinnen.
ταλασιουργία, ἡ, die Wollspinnerei.
ταλασιουργικός, 3. zum Wollspinnen gehörig, ἡ τ. die Geschicklichkeit Wolle zu spinnen.
ταλασιουργὸς γυνή, Wollspinnerin.
ταλασί-φρων, 2. ep. poet., u. **ταλά-φρων,** 2. ep. ausharrenden Mutes, ausharrend, nicht zu ermüden, standhaft.
ταλάσσαι, s. unter τλῆναι.
ταλαύρῑνος, 2. (aus ταλά-Ϝρινος, vgl. ῥινός), ep. Schildträger; streitbar; Neutr. sing. als Adv.
τάλης, poet. wohl falsch überl. Herond. 3, 35 (nach Einzelnen: Vok. zu τάλας, ion. ?).
Ταλθύβιος, ὁ, der Herold des Königs Agamemnon vor Troja, in Sparta, wo er ein Grabmal hatte, später als Heros verehrt. Seine Nachkommen, aus welchen in Sparta die Herolde genommen wurden, hießen οἱ **Ταλθυβιάδαι.**
ταλιθά, N. T. Mädchen (aramäisch: *telīthâ*).
τᾱλικοῦτος, dor. = τηλικοῦτος.
τᾶλις, ιδος, ἡ, poet. blühendes Mädchen.
τἆλλα od. **τἄλλα,** zsgz. st. τὰ ἄλλα.
τᾀμά, mit Krasis st. τὰ ἐμά.
ταμεῖον, τό, sp. u. N. T. = ταμιεῖον, s. d.
τᾰμεσί-χρως, οος, ὁ, ἡ, Akk. -χροα, Plur. -χροας, ep. (ταμεῖν, χρώς), Leib durchschneidend od. zerfleischend.

τᾰμία [ῐ], ep. *-ίη*, als Adj. mit *γυνή* u. *ἀμφίπολος*, u. als Subst., Wirtschafterin, Schaffnerin.

ταμίας [ῐ], ep. u. ion. *-ίης*, ὁ (vielleicht zu *τημελεῖν*, *τημελής*). **1)** **Verwalter**, Schaffner, überh. Obwalter, Gebieter, Herr, Schirm. **2)** mit u. ohne *χρημάτων* der **Schatzmeister**. Im bes. **a)** die zehn *ταμίαι τοῦ ἱεροῦ* od *τῆς θεοῦ*, welche den Tempelschatz im Opisthodŏmos des Parthenons zu verwalten hatten. **b)** die **Quästoren** in Rom.

ταμιεία, ἡ, sp. die Quästur.

τᾰμιεῖον, τό (*ταμιεύω*), **1)** Vorratskammer, Niederlage. **2)** Schatzkammer, Kammer. **3)** sp. Staatsschatz.

τᾰμιευτικός, 3. zum Quästor od. zur Quästur gehörig, ἡ *ταμ. ἀρχή* die Quästur; *quaestorius*.

τᾰμιεύω, Impf. iterat. *ταμιεύεσκε* (*ταμίας*), **1)** Akt. **a)** bewirtschaften, treu bewahren (wie eine *ταμία*), *τί*, haushalten, sparsam sein, genau bemessen. **b)** Quästor sein. **c)** sp. *τινί*, jmdm. das *ταμιεύεσθαι* ermöglichen. **2)** Med. sich (*sibi*) etwas haushälterisch abmessen, aufsparen, einteilen, nach Gutdünken bestimmen, bei Xen. bes. von Feinden, die sich so darbieten, daß man mit einer beliebigen Anzahl derselben kämpfen kann.

ταμίη, ταμίης, s. *ταμία*, *ταμίας*.

τάμισος, ἡ, buk. Lab. **τάμνω,** s. *τέμνω*.

τᾶμος, ταμόσδε, buk. = *τῆμος* w. s.

Τάμυναι, αἱ, Stadt auf Euböa im Gebiet von Eretria, nahe bei Porthmos, jetzt *Alivari;* Sieg Phokions 350 v. Chr.

Ταμῶς, ῶ (od. **Ταμώς,** ώ), Ägypter aus Memphis, Statthalter in Ionien, später Befehlshaber der Flotte des jüngern Kyros.

τᾶν od. **τάν** (gekürzt aus *ὦ τάλαν*), Freund, Bester.

τἆν u. **τάν,** att. Krasis st. *τοὶ ἄν* u. *τὰ ἐν*.

Τάναγρα, ion. **Ταναγρη,** ἡ, Stadt Böotiens am linken Ufer des Asōpos, nahe der Mündung des Thermodon, auf steiler Höhe, wo der beste Wein Böotiens gedieh, eine industriereiche Stadt, wie auch die neuesten Ausgrabungen beweisen. Ihre Ruinen beim heut. *Grimala*. Der Einw. ὁ **Ταναγραῖος** u. **Ταναγρικός,** vom Adj. **Ταναγρικός,** 3. Es waren bei ihnen die Hahnenkämpfe sehr beliebt. Ihr Gebiet ἡ **Ταναγραϊκή.** Schlacht daselbst zwischen Sparta u. Athen 458.

τᾰνᾰ-ήκης u. **τανυ-ήκης,** 2. (*ταναός*, *ἀκή*, *ἀκίς*), ep. mit langer Schärfe, langschneidig, *ὄζοι* spitzig, lang ragend.

Τάναϊς, ιδος, ὁ, **1)** bei Her. in den Mäotissee mündender Grenzfluß zwischen Europa u. Asien, j. *Don,* den man in seinem obern Lauf wohl auch mit der Wolga verwechselte und aus einem See entspringen ließ. **2)** bei Arr. u. Plut. der Iaxartes, heutige *Sir* (an den beiden Strömen, dem Don u. Iaxartes, wohnen Alanen, in deren Sprache das Wasser Tan, Dan, Don heißt). **3)** Name der Stadt am ersteren, jedenfalls oberhalb des j. Asow, im Mittelalter durch Genuesen als Tena Handelsstation.

τἀναντία, att. Krasis st. *τὰ ἐναντία*.

τᾰνᾰός, 2. u. 3. (*ταναϜός*, *τανύω*), ep. und poet. gestreckt, mit langem Schafte, lang herabfließend, bei **πλόκαμος** ein Zeichen weichlicher Lebensweise.

τᾰναύπους (*ταvα(Ϝ)ός*), ep. u. **τανύ-πους, ποδος,** ὁ, ἡ (*τανύω*), poet. streckfüßig, d. h. **a)** ep. mit schlanken Beinen. **b)** poet. weit ausschreitend, schnell. Bein. der Erinyen, um die Sicherheit u. Schnelligkeit der Strafe anzudeuten.

τανα-ϋφής, 2. poet. lang gewebt, lang herabwallend.

τᾆνδον, auch **τἄνδον,** att. Krasis st. **τὰ ἔνδον, τἀνδρί, τἀνδρός,** st. **τῷ ἀνδρί, τοῦ ἀνδρός.**

τανηλεγής, 2., Beiw. des Todes (**τείνω** u. **ἄλγος**), sehr betrübend, sehr schmerzlich. (Neuere lesen: *ἀν-ηλεγής*, 2. sorglos, rücksichtslos).

τᾱνίκα, dor. = *τηνίκα*.

Τανίτης [ῑ], **νομός,** ὁ, ein Bezirk Unterägyptens, so benannt nach der Stadt Tanis, im A. T. Zoan, östl. vom Delta, an einem See (jetzt *Menezaleh*), Residenz einer alten Pharaonendynastie; dort wurde nach der Sage Moses erzogen; j. *Senn.*

Ταντᾰλίς, ίδος, ἡ, poet. Tochter des **Tantalus,** Niobe.

Τάντᾰλος, ὁ (**ταλ-ταλ-* dissimil. zu *ταντᾰλ-*, *ταντᾰλίζω*). **1)** Sohn des Zeus u. der Pluto, König von Phrygien u. Tischgenosse der Götter. Als er aber ihre Geheimnisse verriet u. einst seinen Sohn Pelops den Göttern zum Mahle vorsetzte, um ihre Allwissenheit zu prüfen, mußte er im Hades bis an den Hals im Wasser stehen u. dabei dennoch ewigen Durst leiden, oder ein Felsblock droht stets auf ihn niederzustürzen; Vater des Pelops u. der Niŏbe, die deshalb auch *Ταντάλου ξένα Φρυγία* heißt, und Großvater des Atreus u. Thyestes, die nun mitsamt ihren Nachkommen **οἱ Ταντᾰλίδαι** heißen, **οἱ δίφυιοι** *Τ.* von Agamemnon u. Menelaos, ein einzelner: **Ταντάλειος. 2)** sonst. Eigenn.

ταντᾰλόω, poet. schleudern, niederschmettern (mit Intensivredupl. v. *ταλ-*), od. zu Tantalos: *ταντᾰλωθείς* wie Tantalos niedergeschmettert, s. **Τάνταλος.**

τἀντός, att. Krasis st. *τὰ ἐντός*.

τανύ-γλωσσος, 2. ep. langzüngig.

τᾰνυ-γλώχῑν, ῖνος, ὁ, ἡ, ep. langgespitzt.

τανύ-δρομος, 2. poet. gestreckten Laufes.

τανυ-ήκης, s. *ταναήκης*. **τανῦν** = **τὰ νῦν.**

τανύ-θριξ, -*τριχος*, ὁ, ἡ, poet. langhaarig, struppig, borstig.

τᾰνύ-πεπλος, 2. ep. mit einem Schleppkleid, Zeichen von Vornehmheit u. Reichtum.

τανύ-πους, s. *ταναύπους*.

τανύ-πτερος, 2. ep. poet., **τανυ-πτέρυγος,** 2. poet., **τᾰνυ-πτέρυξ,** υγος, ὁ, ἡ, ep., und

τανῠσί-πτερος, 2. ep. poet. flügelbreitend, breitgeflügelt; schnell fliegend.

τᾰνυστύς, ύος, ἡ (*τανύω*), ep. das Spannen, **τόξον.**

τανύ-σφῠρος, 2. ep. schlank-, schnellfüßig.

τᾰνύ-φλοιος, 2. ep. poet. mit dünner Rinde, die in langen Stücken sich abschält.

τᾰνύ-φυλλος, 2. ep. langblätterig.

τᾰνύω, fast nur ep. u. poet., s. *τείνω*.

ταξιαρχέω, Taxiarch sein.

ταξί-αρχος u. **ταξι-άρχης,** ου, ὁ, Abteilungsführer, **Taxiarch. 1)** in Athen die zehn Unterfeldherren der von den zehn Phylen gestellten Infanterieabteilungen, vgl. *φύλαρχος*. **2)** In Xen. An. oft = **λοχαγός,** also Hauptmann, bei Thuk. alle

Offiziere unter dem στρατηγός. **3)** im Heere Alexanders d. Gr. der Anführer einer τάξις, etwa 1000 Mann Schwerbewaffneter, also **Oberst. 4)** römischer *centurio.*

Τάξιλα, τά, Stadt Indiens zwischen dem Indus u. Hydaspes, in der Nähe des jetzigen *Attok.* Die Könige ihres Gebietes führten den Namen *takshaçilâs* (benachbart der Dynastie Paurava, Πῶρος), Taxiles, dah. heißt bei Arr. der König Mophis od. Omphis **Ταξίλης.**

τάξις, εως, ion. ιος, ἡ (τάσσω) • **1)** die **Ordnung,** Anordnung, Einrichtung, insbes. • **a)** bestimmte Stellung, Platz, Rang, οἰκέτου τάξιν ἔχει, τὴν τάξιν ὑπέρ τινος ἑλόμενος seine Stellung zu jmds. Vorteil nehmen, ἡ τῆς εὐνοίας τάξις die Stellung als wohlgesinnter Bürger, aber ἐν φθόνου τάξει ποιεῖν d. h. aus Mißgunst; φυλακαὶ ἐν τῇ τάξει φυλαττόμεναι in der gehörigen Ordnung wechselnde Wachen; τάξις τοῦ σώματος geordnete Zustände des Körpers • **b)** Anordnung, Festsetzung, Vorschrift, τοῦ φόρου des Tributes • **c)** Ordnungszahl • **2)** im bes. • **a)** die militärische **Aufstellung,** geordnete **Stellung** od. Linie, Reih' und Glied, Glied, Schlachtreihe, bei Soph. Lagerreihe, τάξις γεγραμμένη Schlachtplan, ἄνευ τάξεως, ἐν τάξει, bei καθεύδειν bewaffnet, daher ὀλίγους ἐν τάξει ἔχειν. Dag. ἐπὶ τάξιας ὀλίγας γενέσθαι wenige Glieder tief sein, τάξιν ποιεῖν die Schlachtordnung aufstellen, τὰ ἀμφὶ τάξεις die Taktik • **b)** der einzelne Platz, der Posten in der Schlachtlinie, ἐκ τῆς τάξεως κινεῖσθαι • **3)** das **Aufgestellte.** Im bes. • **a)** die Aufgabe • **b)** das geordnete Heer, die **Schar** • **c)** eine Truppenabteilung, gew. vom Fußvolk, doch bisw. auch von Reitern, bei den Griechen bes. zu 200 Mann od. 2 Lochen, bei den Persern in Xen. Kyr. eine Kompanie von 100 Mann; bei dem Heer Alexanders d. Gr. nimmt man für die erste Zeit des Feldzugs 1500, für die spätere 3—4000 Mann für jede τάξις an; bei den Römern *centuria* zu 120 Mann • **d)** das Lager (Xen. Kyr. 8, 3, 34).

Τάοχοι, οἱ, Volk in Pontos in einem Nebentale des Akampsis (Dschoroch), dessen Hauptort noch jetzt *Taus-* od. *Tawasgerd,* altarmen. *Taihk* genannt.

ταπεινός, 3. **1)** vom Orte: **niedrig gelegen, flach,** eng (vom Eingang), **klein** (von Statur), ταπεινότερος ῥέων in einem niedriger gelegenen Bette. **2)** von Stand, Macht, Äußerem: **a) gering, arm, schlecht, b) ohnmächtig, schwach,** unbedeutend, ταπεινὰ πράττειν in gedrückten Verhältnissen leben; Subst. (τὰ) τ. niedrige Arbeiten. **3)** von der Gesinnung: **a) unterwürfig, demütig, b)** gemein, verächtlich; Subst. τὸ ταπεινόν das Niedrige, Gemeine. **4)** von der Stimmung: niedergeschlagen, ταπεινὰ πράττειν niedergedrückt sein.

ταπεινότης, ητος, ἡ, **a)** die Niedrigkeit, dah. ταπεινότητος εἵνεκα um niedriger zu sein; übertr. Geringfügigkeit, Unbedeutendheit, geringe Macht, Ohnmacht, Machtlosigkeit. Im Plur. ärmliche Verhältnisse. **b)** Schwächung, Demütigung, Entmutigung.

ταπεινοφρονέω, sp. niedrig gesinnt, kleinmütig, demütig sein.

ταπεινοφροσύνη, ἡ, sp. N. T. die Demut.

ταπεινό-φρων, 2. sp. N. T. demütig.

ταπεινόω (ταπεινός), erniedrigen, niederdrücken, demütigen, mutlos od. machtlos machen, schwächen, τινά, τί; sp. auch herabsetzen, verkleinern. Im Perf. pass. geschwächt, gesunken, niedergedrückt, niedergeschlagen sein.

ταπείνωσις, εως, ἡ, Schwächung, Demütigung.

τάπης, ητος, ὁ, ep. poet. sp., u. **τάπις,** ιδος, Akk. ιδα, ἡ, Teppich, Decke, bei Vornehmen von kostbarem Zeuge. (And. ταπίς.)

τἀπί, att. Krasis st. τὰ ἐπί. **τἀπό,** st. τὰ ἀπό.

Τάπουροι, auch **Τάπυροι, -ρροι,** οἱ, **Τάπουρρα,** τά, u. **Τόπειροι,** οἱ, Tapyri, mächtiges Volk in Großmedien bis zur Grenze Hyrkaniens und den portae Caspiae, im heutigen *Taberistan.*

τἄρ, ep. **1)** = τὲ ἄρ. **2)** = τ' (τοί) ἄρ.

τἆρα, auch τἄρα geschr., att. Krasis st. τοὶ ἄρα.

τάραγμα, τό, poet. u. sp., u.

ταραγμός, ὁ, poet., = ταραχή, s. d.

ταρακτικός, 3. sp. zu verwirren geeignet; (die Verdauung) störend, Durchfall verursachend.

ταράκτωρ, ὁ, poet. der in Verwirrung bringt.

Ταράξιππος, ὁ (eig. Pferde scheu machend) hieß die Stelle der Rennbahn in Olympia, wo das Grabmal des Pelops errichtet war.

Τάρᾱς, αντος, ὁ, **Stadt in Großgriechenland, lat.** Tarentum. Die Einw. οἱ **Ταραντῖνοι.**

ταράσσω, att. **ταράττω** (St. ταραχ in ταραχή, τραχ in τραχύς, θράσσω, Fut. med. ταράξομαι in pass. Bdtg. • **1)** durcheinanderrühren, -schütteln **aufrühren,** γάλα quirlen (vom Buttern), πόντον aufwühlen; im Pass. mit ἄνω κάτω durcheinandergeschüttelt werden • **2)** übertr. **verwirren,** in Unordnung bringen, irre machen, erschrekken, πάντα alles durcheinanderwerfen (vom Redner), δεινά Furchtbares bringt er vor mich verwirrend; in Pass. erschüttert, bestürzt, irre werden, in Unordnung, Verlegenheit, außer Fassung geraten, τὰ πράγματα ταραττόμενα Unruhen • **3)** aufrütteln, empören, **erregen, aufwiegeln,** νεῖκος, πόλεμον. Dah. im Pass. • **a)** in Aufruhr geraten. **b)** im Perf. τετάραγμαι nebst ep. Perf. act. **τέτρηχα** unruhig wogen, erschüttert, in Verwirrung sein, τὸ τεταραγμένον die Unordnung.

τᾰρᾱχή, ἡ, u. selten **τάραχος,** ὁ, **1)** Verwirrung, Unordnung, Störung, Unruhe, verwirrende Angst, Bestürzung, Schreck, ἐν ταραχαῖς εἶναι in Unruhen verwickelt sein. **2)** Aufwiegelung, Aufstand, Aufruhr, Wirren, Streit, Skandal.

ταραχώδης, 2. verworren, **a)** tumultvoll, unstet, sein Spiel treibend, wankelmütig, **b)** leicht in Unordnung geratend, beunruhigend; erregbar, leidenschaftlich; bestürzt, πρός τι. Subst. τὸ ταραχῶδες, sp. das Unstete, Störende, die Störung. Adv. **-ωδῶς,** unordentlich, Superl. ταραχωδέστατα διακεῖσθαι ein Spielball der meisten Leidenschaften sein.

ταρβαλέος, 3. poet. ängstlich, ταρβαλέος θνήσκω vor Angst vergehen.

ταρβέω, selten in Prosa, Aor. 1. ep. *τάρβησα*, intr. u. trans., **1)** intr. mit u. ohne *θυμῷ* in Furcht geraten, erschrecken, bangen, schüchtern sein, teils abs. *ταββήσασ' ἔχω* ich hege Bangigkeit, teils mit folg. Inf., Partiz. od. *μή*, *εἰ*. **2)** trans. vor etwas erschrecken, fürchten, scheuen, *τί*. (*ταρβεῖν* bez. das Gefühl der Furcht, *φοβεῖσθαι* die Flucht.)

τάρβος, εος, τό, ep. poet. u. sp. (verw. *torvus*), Schrecken, Angst, Scheu, Ehrfurcht.

ταρβοσύνη, ἡ, ep. Schrecken.

ταρβόσυνος, 3. poet. furchtsam.

Ταρῖχᾶνες, οἱ, Pökler (*τάριχος*), erdichteter Volksname.

ταρῖχεία, ἡ, sp. Einsalzen, Einpökeln; Pökelfleisch.

ταρίχευσις [ῑ], *ιος*, *ἡ* (*ταριχεύω*), ion. das Einbalsamieren, die Einbalsamierung.

ταρῖχευτής, οῦ, ὁ, ion. u. sp. der Einbalsamierer.

τᾰρῑχεύω (*τάριχος*), einpökeln, dörren, mit u. ohne *ἐξ ἅλμης*, überh. Früchte einmachen, im bes. einbalsamieren.

ταρῖχήιαι, Ταριχήιαι, αἱ, Anstalt zum Dörren der Fische, als des Hauptnahrungsmittels der Deltabewohner. Herod. unterscheidet die pelusischen u. die kanobischen (2, 15 u. 113).

ταριχηρός, 3. sp. eingepökelt, *κρέα* Pökelfleisch.

τάρῖχος, ὁ, att. *τό*, **1)** Salz-, Rauch-, Pökelfleisch. **2)** Kaviar. **3)** der einbalsamierte tote Leib eines Menschen, die Mumie.

Ταρκύνιος, ὁ, L. Tarquinius Superbus, König in Rom 534, entthront seit 510.

Τάρνη, ἡ, Stadt in Lydien, später Sardes.

Ταρούσκων, ωνος, ἡ, Tarusco, St. in Südgallien, j. *Tarascon.*

Ταρρακῖνα, ἡ, sp. u. **Ταρρακίνη, ἡ,** Stadt in Latium, j. *Terracina.*

I. **ταρρός** u. **ταρσός, ὁ** (*τέρσομαι*, dt. *Darre* zum Trocknen von Früchten), mit u. ohne *καλάμων* od. *καλάμου* Rohrgeflechte, Rohrkorb, Korbgeflechte, insbes. bei Hom. Käse-Darre.

II. **ταρρός** od. **ταρσός, ὁ, 1)** mit *ποδός* das Fußblatt d. h. der Teil des Fußes zwischen den Zehen u. dem Knöchel. **2)** mit u. ohne *τῶν κωπέων* od. *νεῶν* Ruderblatt, Ruder.

Ταρσός, ὁ, od. **Ταρσοί, οἱ,** Hauptst. Kilikiens am Kydnos, mit griech. Bildung u. Philosophenschulen, Vaterstadt des Apostels Paulus; jetzt *Tarso* oder *Tersus*. Der Einw. **ὁ Ταρσεύς.**

ταρτάρειος (-ριος), 3. poet. u. sp. tartarisch. Von

Τάρτᾰρος, ὁ (poet. auch *ἡ*), **1)** ein tiefer, finstrer Abgrund unter der Erde mit eisernen Toren u. ehernen Schwellen, in welchen Zeus die Titanen stürzte. Von der Ge wurde er Vater des Thanatos. **2)** poet. überh. Abgrund, mit Pl. *τάρταρα*.

ταρταρόω, N. T. in den Tartaros (die Hölle) stürzen.

Ταρτησσός, ὁ, ἡ, bei den alten Griechen sowohl der Fluß Bätis, jetzt *Guadalquivir*, als das um denselben gelegene südwestliche Spanien und die schon zu Strabos Zeit nicht mehr vorhandene Stadt daselbst, das alte phöniz. Tharschisch, zinn- und silberreich. Adj. dav. **Ταρτήσσιος,** 3. Die Einw. **οἱ Ταρτήσσιοι.**

ταρφέες, οἱ, Neutr. *έα, τά*, ep. def. Adj., zu dem sich poet. der Nom. sing. *ταρφύς* findet, mit bes. Fem. **ταρφειαί** (*ταρφεῖαι*) (*τρέφω*), eigentl. derb, dann: dicht, häufig; *ταρφέα* als Adv. oft.

Τάρφη, ἡ, Stadt in Lokris, später Pharygai genannt, beim heutigen *Pundonitza.*

τάρφεα, τά (s. *ταρφέες*), ep. das Dickicht.

ταρφύς, s. *ταρφέες*.

ταρχύω (vgl. *ταριχεύω*), ep., Fut. *ταρχύσω*, einbalsamieren z. B. Il. 7, 85, dann, mit u. ohne *τύμβῳ*, begraben, bestatten, *τινά*.

τάσις, *ἡ* (*τείνω*), sp. Spannung.

τάσσω, att. **τάττω,** Fut. med. *τάξομαι* poet. in Kompos. auch pass, Perf. med-pass. 3. pl. auch att. bisweilen in ion. Weise *τετάχαται*, Plqpf. *ἐτετάχατο*, stellen • **1) aufstellen • a)** einen Platz anweisen, insbes. in Reih' u. Glied, in Schlachtordnung stellen, abs. *τεταγμένος* in Reih' u. Glied, bes wohlgeordnet, *τεταγμένως* sp. regelmäßig, pünktlich; mit Akk., *τοὺς πρώτους ἀρίστους, πολλὰς τάξεις* verschiedene Stellungen einnehmen lassen, *ἐπὶ ὀκτώ* acht Mann tief, *κατὰ μίαν ναῦν* ein Schiff hinter dem andern, *ἐναντίον τί τινι, ἐκ πλαγίου* in der Flanke, *πεζῇ τάσσεσθαι* im Fußvolk dienen, *οὐδεμίαν κόσμον* in keiner geregelten Ordnung stehen. Im Pass. *ὑπό τινος* jmdm. untergeben sein, u. *σύν τινι, μετά τινος* jmds. Bundesgenosse sein, auch unter jmdm. stehen • Im Med. *α)* sich (auf-)stellen, *ἐπὶ ἀσπίδας πέντε* fünf Mann hoch, *ἐπὶ κέρως* in einer langen Linie, *ἐπὶ βάθος* in Tiefe, *β)* etw. von sich, *τὸ στράτευμα* sein (ihr) Heer aufstellen, ähnl. *ναῦς, κύκλον, κύκλον τῶν νεῶν* einen Kreis mit ihren Schiffen bilden • **b)** übertr. als etw. anstellen, bestellen, einsetzen, Pass. eingesetzt werden, einen Platz einnehmen, *ἐνταῦθα τῆς πολιτείας ἑαυτόν* die Politik zu leiten unternehmen, *σὲ ἐπὶ τοῦτο, τεταγμένος ἐπὶ τῶν πραγμάτων* • **c)** zu etw. rechnen, *εἰς τὴν δουλείαν* unter die Sklaven, auch mit bloßem Gen., *τῆς πρώτης* (sc. *τάξεως*); Pass. in etw. eintreten • **2) feststellen,** verordnen, bestimmen, beauftragen, befehlen, auferlegen, Pass. *τάσσομαι* ich werde beauftragt, *ἐτάχθη* es war bestimmt, *τὸ ταχθέν* der Befehl, *τὸ τεταγμένον* die Ordnung, *τὰ τεταγμένα* die Leistungen, bei Arr. die (herkömmlichen) Geschenke des Perserkönigs. Abs. od *χρήματα τοῖς πᾶσι, φόρον τινί*, od. mit Gen., *ἀργυρίου πολλοῦ* eine hohe Geldbelohnung festsetzen, oft mit Inf. od. Akk. mit Inf., *σὲ νῦν τάξω φυλάσσειν, ὁ ταττόμενος πορεύεσθαι*. Im Med. • **a)** sich (*sibi*) festsetzen, auferlegen, *ἀργύριον*, od. mit Inf., dah. auch unter sich festsetzen, bestimmen, *ὅπως ταξάμενοι ἀποδῶσιν* um sie in Fristen abtragen zu können • **b)** zu seinem Vorteil etw. festsetzen, auflegen, *φόρους* (Hdt. 3, 89), *ζημίην*.

τατᾶ, poet. (vgl. *τέττα*): Väterchen.

Ταΰγετον, τό, ep. u. ion. **Τηΰγετον,** hohes, rauhes, 3/4 Jahr mit Schnee bedecktes, fast ganz waldloses Grenzgebirge zwischen Lakonien und Messenien, mit Marmorbrüchen u. reich an Metallen; seine höchsten Spitzen *Ταλετόν*, 2409 m, u. *Εὐόρας*.

Ταυλάντιοι, οἱ, illyr. Völkerschaft im heutigen Albanien.

ταύρειος, 3. (auch 2.) (ταῦρος), vom Stier, z. B. αἷμα Stierblut, oft als tödlich von den Alten erwähnt. Im bes. von Stierhaut, rindsledern.

ταυρηδόν (ταῦρος), Adv. stier, d. i. starr.

Ταυρικός u. **Ταῦροι,** s. unter Ταῦρος.

Ταυροέντιον, τό, u. **Ταυρόεις, εντος, ὁ,** Tauroentum, St. in Südgallien, j. *Tarente.*

ταυρό-κερως, ω, ὁ, ἡ, poet. mit Stierhörnern, **θεός** der gehörnte Bakchos, der in den Mysterien eine Rolle spielte.

ταυρό-κρᾶνος, 2. poet. mit einem Stierkopfe.

ταυροκτονέω, poet. Stiere (zum Opfer) schlachten.

ταυρο-κτόνος, 2. (κτείνω), poet. Stiere würgend.

Ταυρομένιον, τό, St. an der Ostküste Siziliens, jetzt *Taormina.* Adj. Ταυρομενίτης.

ταυρό-μορφος, 2. poet. von Stiergestalt.

Ταυρο-πόλος od. **Ταυρο-πόλα** Ἄρτεμις, eigentl. Παρθένος, vgl. auch Her. 4, 103, viell. urspr. die Göttin des Taurosgebirges, später zu den Ταῦροι in die Krim verlegt, eine asiatische, blutige Opfer heischende Gottheit, welche im attischen Gau Halae Araphenides, wohin Orestes das ξόανον aus Taurien gebracht haben sollte, u. sonst mit orgiastischen Gebräuchen verehrt wurde.

ταυρό-πους, ὁ, ἡ, poet. stierfüßig.

ταῦρος, ὁ (lat. *taurus*), bei Hom. βοῦς τ. u. τ. βοῦς, Stier, Ochse, bei Äsch. bildl. für Gatte, bei Soph. vom Mörder, als nicht leicht einzufangen.

Ταῦρος, allgemeine noch jetzt herrschende Bezeichnung der Gebirge Vorderasiens, in seinen einzelnen Teilen jedoch verschiedene Namen führend. Er schied Pamphylien u. Kilikien in zwei Teile. Dagegen **Ταῦροι, οἱ,** Volk in der Krim, wahrsch. Überbleibsel der von den Skythen verdrängten Kimmerier. Adj. davon **Ταυρικός,** 3., z. B. οὔρεα das Taurische Gebirge, im südl. Teile derselben zu suchen. Als Subst. Ταυρική, ἡ, d. h. γῆ, das Land der Taurier.

ταυροσφαγέω, poet. = ταυροκτονέω.

ταυρο-σφάγος, 2. poet. Stiere schlachtend, ἡμέρα Stieropfertag.

ταυρόομαι (ταῦρος), poet. Perf. pass. τεταύρωσαι, in einen Stier verwandelt werden, übertr. mit ὄμμα stier blicken, τινί auf jmdn.

ταΰς, 3. poet. groß, viel (var.).

τᾱΰσιος, 3. dor. poet. = τηΰσιος, vergeblich.

ταύτῃ u. **ταυτί,** s. οὗτος. **ταὐτό,** s. αὐτός. **ταὐτόματον,** s. αὐτόματος.

Ταύχειρα, τά, Stadt Libyens, später Arsinoë, jetzt *Terkera.*

ταφεύς, έως, ὁ (θάπτω), poet. u. sp. der jmdn. bestattet, bei Soph. El. 1488 Totengräber, und zwar höhnisch von den Raben u. Hunden.

ταφή, s. I. τάφος. Dav.

τᾰφήιος, 3. ep. zum Begräbnis gehörig, φᾶρος Leichengewand, Sterbekleid.

Τάφιος, s. Τάφος.

I. **τάφος, ὁ,** u. **τᾰφή, ἡ** (θάπτω). **1)** die Bestattung, das **Begräbnis,** ἐς ταφήν behufs der Bestattung. Im bes. Leichenbegängnis, Totenfeier, ταφὰς ποιεῖν u. ποιεῖσθαι, τελέσαι die Bestattungsfeier begehen; τ. δαινύναι Leichenmahl geben; οἱ ἐπὶ τὰς τ. αἱρεθέντες die zur Besorgung der Leichenfeier erwählte Kommission. **2)** (bes. τάφος, im Pl. auch vom einzelnen G.), **Grab,** Grabstätte, Grabhügel, Grabmal; ἐν τάφῳ od. ἐν τάφοισι τιθέναι od. τίθεσθαι bestatten; τ. ἔμψυχος lebender Leichnam, Luc.

II. **τάφος, τό** (vgl. τέθηπα, verw. mit θάμβος), ep. Staunen, Verwunderung, *stupor.*

Τάφος, ἡ, Insel an der Westküste Akarnaniens, jetzt *Meganisi.* Dazu **Τάφιοι, οἱ,** ein lelegischer Volksstamm, als Handelsleute u. Küstenräuber geschildert, welche nördlich von Ithaka, teils an der Westküste Akarnaniens, teils auf den kleinen Inseln zwischen Akarnanien u. Leukadia, wohnhaft waren.

ταφρεία, ἡ, das Ziehen eines Grabens zur Befestigung, Grabenführung.

ταφρεύω, einen Graben ziehen.

τάφρη, ἡ, ion., u. **τάφρος, ἡ** (θάπτω), der Graben, bes. als Befestigungsmittel einer Stadt od. eines Lagers usw., im bes. auch die Grube.

τάχα, ταχέως, τάχιον u. **τάχιστος,** s. ταχύς.

ταχινός, 3. buk., poet. u. N. T. = **1)** schnell, nahe bevorstehend. **2)** unbeständig, unstet, flatterhaft; ταχινά als Adv.

τάχος, εος, ους, τό (ταχύς), Schnelligkeit, Geschwindigkeit, Eile, vom Ausdruck: rasche, lebendige Darstellung; ὡς εἶχε τάχους so schnell er konnte, ἀπὸ ποίου τάχους mit welcher Schnelligkeit, eigentl. von — aus. Adv. τάχος, ἐν, σὺν τάχει, διὰ, μετὰ τάχους in Schnelligkeit, schnell, schleunig, sehr bald, πρὸς, κατὰ τάχος so schnell es geht, rasch, eiligst, ᾗ od. ὡς, ὅσον, ὅτι τάχος so schnell als möglich. Vgl. ταχυτής.

ταχυ-άλωτος, 2. ion. schnell zu erobern.

ταχυ-βάτας, ὁ, poet. schnell gehend.

ταχυεργία, ἡ (ταχυ-εργός, rasch handelnd), Schnelligkeit im Handeln.

ταχυ-ήρης, 2. poet. schnell rudernd.

ταχύ-μορος, 2. poet. kurz dauernd.

ταχυναυτέω (wie von ταχυ-ναύτης), schnell segeln, ein Schnellsegler sein. Subst. τὸ ταχυναυτοῦν die Schnellsegler (der Flotte).

τᾰχΰνω (ταχύς), **1)** trans. poet. beeilen, beschleunigen, τί, zur Eile antreiben, τινά. **2)** intr. sich beeilen, schnell sein.

ταχυ-πειθής, 2. buk. leichtgläubig.

ταχύ-πομπος, 2. poet. schnell geleitend, schnell.

ταχυ-πόρος, 2. poet. schnell gehend.

ταχύ-ποτμος, 2. poet. raschem Tod verfallen.

ταχύ-πους, ποδος, ὁ, ἡ, poet. schnellfüßig.

ταχύ-πτερνος, 2. poet. schnellfersig, -füßig.

τυχύ-πτερος, 2. poet. schnell beschwingt.

ταχύ-πωλος, 2. ep. mit schnellen Rossen.

ταχύ-ρροθος, 2. poet. eilig sausend.

ταχύ-ρρωστος, 2. poet schnell sich bewegend.

τᾰχύς, εῖα, ύ, mit poet. gen. pl. fem. ταχεῶν, Komp. poet. u. sp. τάχιον, ion. u. sp. ταχύτερος, Superl. selten ταχύτατος, 3., **schnell,** d. i. • **1)** mit u. ohne πόδας, schnellfüßig, flink • **2) eilig,** rasch, teils abs. τ. ναῦς ein Schnellsegler, teils mit Inf. θέειν, ἰέναι, φρονεῖν u. ä., od. im Superl. mit εἰπεῖν. Nicht selten steht das Adj. st. des Adv., bes. das Neutr ταχύ schnell, sogleich, bald, ferner ἐκ ταχείας od. διὰ ταχέων als Adv. hurtig, od.

der Kompar.: schneller, eher, auch in dem Sinne: je eher, je lieber, so schnell als möglich, ἢν θᾶττον — θᾶττον sobald als — sogleich, ἵνα θᾶττον damit desto schneller, od. mit ἐπειδάν, ὡς sobald als, u. Superl. τὴν ταχίστην mit u. ohne ὁδόν auf dem schnellsten Wege, eiligst, od. mit Part. sobald nur; oder τάχιστα aufs schnellste, sehr schnell, ὅττι, ὅτι, ὡς, ὅσον, ᾗ τ. so schnell als möglich. Dag. in Verbindung mit den Zeitpartikeln ἐπεί, ἐπειδή, ἐπεάν od. ἐπάν, ἐπειδάν, ὅταν, ὡς, ὅπως, ἐάν, od. statt deren mit Part. oder Gen. abs.: sobald als • 3) Adv. • a) **ταχέως** u. **ταχύ** (s. o.) schnell, geschwind, alsbald • b) **τάχα** α) = ταχέως, bes. bei Homer, β) häufig mit Opt. u. ἄν vielleicht, auch mit ἴσως, ἐὰν τάχα wenn etwa.

ταχυτής, ῆτος, dor. -τάς, ᾶτος, ἡ (ταχύς), die Schnelligkeit, Geschwindigkeit, als Eigenschaft u. Fähigkeit einer Person usw., wogegen τάχος (s. d.) mehr den zeitweiligen Zustand bezeichnet.

τάων = τῶν, s. ὁ.

ταώς, ώ, ὁ, u. **ταών,** ῶνος, ὁ, richtiger mit Zirkumflex geschr. ταῶς, ταῶν (eigentl. ταϝών, semit. Wort), poet. u. sp. der Pfau, der, als er in Athen um 400 v. Chr. mehr aufkam, allgemeine Bewunderung fand und Neugierige von Lakedämon und Thessalien herbeilockte.

I. **τέ,** enklit. Partikel (lat. *que*). 1) beiordnende Konjunktion, und, τέ — τέ wie — so, τέ — καί sowohl — als auch. Seltener einfach gesetzt, hauptsächlich um Sätze anzureihen (so bes. Thuk.). 2) ep. indefinit. (τίς), nach allen Relativen u. Relativadverbien, nach γάρ, μέν, δέ, ἀλλά, ἐπεί, nach ἤ u. den Fragewörtern, unübersetzbar u. ohne bemerkbaren Unterschied des Sinns (davon sind in die allgem. Sprache nur ὥστε, οἷός τε, ἐφ' ᾧ τε, ἅ τε u. ἔς τε übergegangen).

II. **τέ,** dor. poet. = σέ, dich; τέ' = τεά, von τεός.

Τέᾶρος, ὁ, Fluß in Thrakien, j. *Teare*.

τέγγω (lat. *tingo*, dt. *tunken*). 1) benetzen, befeuchten; τ. πόδα vom Schiffe: das Segeltau benetzen = scheitern. 2) ausgießen, vergießen, fließen lassen. 3) Pass. a) sich ergießen, b) sich erweichen, sich rühren lassen.

Τεγέα, ion. **Τεγέη,** ἡ, Stadt in Arkadien, j. Ruinen bei den Dörfern Ibrahim Effendi u. Piali. Dort baute Skopas von Paros den berühmten Tempel der Athena Alea. Der Einw. ὁ **Τεγεάτης,** ion. **Τεγεήτης.** Sie sollen das Schmieden eiserner Waffen erfunden haben u. hatten nach langem u. tapferm Widerstande Spartas Oberhoheit anerkannt u. dafür als Ehrenplatz den linken Flügel des Bundesheeres eingeräumt erhalten. **Τεγεᾶτις,** ιδος, ἡ, das Gebiet von T. Adj. ion. **Τεγεητικός,** 3.

τέγεος, 2. ep. mit einem Dache versehen, θάλαμοι Schlafgemächer, d. i. Erdgeschoßwohnungen, welche gesondert von dem Palaste, aber im gleichen Hofraum standen.

τέγος, εος, ους, τό (στέγω), 1) Dach des Hauses, Decke des Zimmers. 2) Gemach, Zimmer, Saal.

τεεῖο (?), ep. = τεοῖο = σοῦ, s. σύ.

τεθαρρηκότως (θαρρέω), sp. dreist.

τέθηπα (θαφ, vgl. τάφος u. θάμβος), def. Perf. mit Plqpf. ἐτεθήπεα u. Aor. 2. ἔτᾰφον, part. ταφών. 1) staunen, erstaunen, sich verwundern. 2) betäubt sein. 3) trans. anstaunen.

τέθμιος, 3. dor. = θέσμιος, gesetzmäßig; Subst. τὸ τ. Satzung, Gesetz.

τεθμός, ὁ, dor. = θεσμός (τίθημι), Satzung, Brauch.

τεθορυβημένως (θορυβέω), Adv. mit Unordnung.

τεθριππο-βάμων, ὁ, poet., und

τεθριππο-βᾰτης, ου, ὁ (βαίνω), ion. auf einem Viergespann einherfahrend.

τέθρ-ιππον, τό, ein Viergespann, u. mit zu ergänz. ἅρμα auch ein vierspänniger Wagen. Von

τέθριππος, 2 (τέτταρα, ἵππος), poet. vierspännig.

τεθριπποτροφέω, ion. ein Viergespann halten.

τεθριππο-τρόφος, 2. (τρέφω), ion. ein Viergespann haltend.

Τεΐας, ᾱ, ὁ, sp. Ostgotenkönig Teja von 552—553.

τεῖδε, buk. = τῇδε, hier.

τεΐν, 1) st. σοί, s. σύ. 2) Herod. 5, 60 f. wird es teils = σοί, teils = hier, τῇδε, erklärt.

τείνω (St. τεν: τα, lat. *tendo*, dt. *dehnen*), Fut. med. τενοῦμαι in Kompos. auch in pass. Bdtg., ep. (u. poet.) Nbff. **τᾰνύω** u. pass. **τάνῠται** (nach der Konj. in -μι) mit Fut. τανύσω, Aor. ἐτάνυσσα u. τάνυσσα, Perf. pass. τετάνυσται, Plqpf. τετάνυστο, Aor. pass. ἐτανύσθη, 3. pl. τάνυσθεν, u. **τιταίνω** mit Aor. part. τιτήνας • 1) trans., *tendo*, **spannen,** Med. für sich spannen u. sich hin- od. ausstrecken • a) anspannen, straff anziehen od anbinden, ἔκ τινος an etwas • b) ausspannen, ausbreiten, hinstrecken, hinlegen (z. B. eine Lanze), hinstellen (z. B. einen Tisch); aber von der Schlacht ep. sie gleich schweben lassen; emporhalten • c) übertr. α) κανόνα das Webeschiff durch den Aufschlag hindurchziehen d. i. in Lauf setzen, β) ἅρμα u. ähnl. ziehen. γ) λόγον εἴς τινα mit der Rede auf jmdn. zielen, λόγους συχνούς seine Reden lang strecken, βίον das Leben hinziehen, δ) φόνον einen Mordanschlag machen, ε) überh. heftig **bewegen,** erregen • 2) Akt. intr. • a) mit zu ergänz. Obj. τὸ μὴ τείνειν ἄγαν nicht zu stramm spannen, mit μακράν die Rede weit ausdehnen • b) rein intr. α) mit ἄνω **aufstreben, hinauf** eilen od. laufen, mit ἑξῆς sich in gehörigen Reihen herunterziehen, εὐθύ τινος gerade auf etwas losgehen, τὴν ἐπί τινος den Weg auf etwas lossteuern, β) **sich erstrecken,** reichen, τὰ πρός τι od. τὰ εἴς τι bis zu, εἰς, ἐπὶ πᾶν über alles, εἴς τινα auf jmdm. beruhen, πρός, ἐπί τι auf etwas zielen, ausgehen (auch im Med.), ἐγγύς τι τείνειν τινός einer Sache ziemlich nahe sein • 3) Pass. • a) gespannt, straff gebunden werden, **sich anspannen,** im bes. (auch im Med.) in gestrecktem Laufe eilen, auch δρόμος τάθη τισί sie eilten in gestrecktem Laufe dahin, übertr. πρός τινα auf jmdn. seine Aufmerksamkeit richten • b) ausgebreitet werden, **sich** strecken, **ausdehnen** (ἐπὶ ἶσα μάχη τέτατο der Kampf erhielt sich in der Schwebe), τὸν αὐτὸν τρόπον in derselben Richtung. Übertr. sich ausbreiten, verbreiten, losbrechen.

τεῖος, s. τέως.

Τειρεσίας [ῐ], ου, ion. **-ίης**, αο, ὁ, Tiresias, Sohn des Euēres u. der Nymphe Chariklo, ein berühmter Seher in Theben.
τεῖρος, τό, ep. nur Plur. τείρεα, die Himmelszeichen, Gestirne (vgl. τέρας).
τείρω, ep. poet. sp., nur Präs. u. Impf. (St. τερ, lat. *tero*), reiben, zerreiben, übertr. **aufreiben**, quälen, ängstigen, erschöpfen, betrüben, ermüden, τινά, durch etwas τινί.
Τεισαμενός (unrichtig Τισ., s. τίνω), ὁ, **1)** ein elischer Seher aus dem Geschlecht der Iamiden, dem Sparta das Bürgerrecht verliehen; er focht bei Platää. Her. 9, 33f. **2)** sonst Eigenname.
τεῖσαι, τείσω u. ähnl., richtige Schreibung statt τῖσαι, τίσω u. s. f., s. τίνω.
Τεισίας (nicht Τισίας), ὁ, Rhetor u. Sophist aus Syrakus um 430 v. Chr.
τειχεσι-πλήτης, ου, ὁ, Vok. -πλῆτα (viell. zu **σπάλαξ**), ep. **Mauern einreißend, Mauerstürmer.**
τειχέω, poet. u. ion. = τειχίζω.
τειχ-ήρης, 2. (St. ἀρ, ἀραρίσκω), in Mauern eingeschlossen, τ. **ποιεῖν** τινα jmdn. an die Mauern treiben, in seine Mauern einschließen, Her. 1, 162 mit zu ergänz. τοὺς πολιήτας d. h. nachdem er sie im Kampfe besiegt hatte.
τειχίδιον, τό, Dem. von τεῖχος.
τειχίζω (τεῖχος), Fut. τειχιῶ u. τειχιοῦμαι, aor. med. ἐτειχίσσαντο, **mauern**, abs. od. τεῖχος, ἕρυμα. Dah. **1)** mit u. ohne τεῖχος, **eine Feste**, Befestigungswerke **bauen**, κύκλον eine kreisförmige Mauer bauen; auch im Med.; pass. τετείχιστο die Mauer war gebaut, τὰ τετειχισμένα die befestigten Plätze. **2)** mit einer Mauer umgeben, **befestigen**, χωρίον, τὴν πόλιν als Festung ausbauen. **3)** auch eine Stadt wieder **aufbauen**, ἐπί τινι auf etw.
τειχιόεις, εσσα, εν (τεῖχος), ep. ummauert.
τειχίον, τό, u. **τείχισμα**, τό, s. τεῖχος.
Τειχιοῦσσα, -ης, ἡ, Stadt, später Flecken bei Milet.
τείχισις, ἡ, u. **τειχισμός**, ὁ, (τειχίζω), die Aufführung od. Erbauung einer Mauer, der **Mauerbau**, Anlegung einer Befestigung, Schanzenbau, auch Errichtung einer Belagerungsmauer, dah. = **Befestigung, Belagerung**, τινός od. ἔκ τινος = ἔν τινι wegen des dabei stehenden **ἀποπλέων**, aber **ἐπί** τι Fortführung einer Mauer bis wohin.
τειχομαχέω (τειχο-μάχος), einen Mauerkampf beginnen oder kämpfen, Angriffe gegen die Mauern machen, abs. **u.** πρός τινα.
τειχομαχία, ion. **-ίη**, ἡ, der Mauerkampf, d. i. Angriff u. Verteidigung einer Festung (Berennung) wie Il. 12.
τειχο-μάχος, 2. sp. zum Mauerkampf gehörig.
τειχο-ποιός, ὁ (ποιέω), Erbauer einer Mauer, insbesond. ein Baukommissär, wie ihn in Athen jede Phyle hatte, um die vom Staate zum Bau od. zur Ausbesserung der Stadtmauer angewiesenen Gelder zu verwalten.
τεῖχος, εος, ους, τό (wie τοῖχος verw. mit lat. *fingere*, formen, bilden, *figulus* u. deutsch *Teig*), u. Dem. **τειχίον**, τό, u. **τείχισμα**, τό. **1)** Befestigungswerk, τειχίον die kleinere Mauer, τεῖχος **Ringmauer**, Stadtmauer, Festungsmauer. **2)** **Bollwerk, Verschanzung**, Wall, **Festung**, τὰ τ. auch von einem Kastell, doch auch als Mehrheit: befestigte Örter Hdt. Xen. Wegen μακρὰ τ. s. μακρός, Λευκὸν s. λευκός, Νέον τ. s. νέος.
τειχοσκοπία, ας, ἡ (τειχο-σκόπος mauerschauend), sp. Mauerschau d. h. Heerschau von der Mauer Trojas aus, Titel von Ilias 3, 121—244.
τειχοφυλακέω, sp. die Festung bewachen. Von
τειχο-φύλαξ, ἄκος, ὁ, ion. u. sp. Festungskommandant.
τειχύδριον, τό, Demin. zu τεῖχος, s. d.
τείως, s. τέως.
τεκμαίρω (τέκμαρ). **1)** Akt. u. Med. **bezeichnen**, bezeugen, anzeigen. **2)** Med. **a)** sich ein Zeichen nehmen, aus Zeichen **erkennen**, vermuten, schließen, folgern, urteilen; τεκμαιρόμενοι περί τινος nach einer bloßen Vermutung über ihn, **b) festsetzen**, bestimmen, verhängen.
τέκμαρ, τό. **1)** **Zeichen**. **2)** das Bezeichnete: **Ziel, Ende**, Grenze, Ausgang.
τέκμαρσις, ἡ (τεκμαίρομαι), Schlußfolgerung.
τεκμήριον, τό, **1)** **Zeichen, Kennzeichen**, Merkmal, Anzeichen, Wahrzeichen. **2)** **Beweis**, Beleg, **Zeugnis**, Bestätigung. Teils abs., teils τινός von od. für etwas, ähnl. περί τινος, aber ἔκ τινος jmds., od. mit folg. γάρ, ὅτι, ὡς. Oft ohne Kopula τεκμήριον δέ ein Beweis ist.
τεκμηριόω, **1)** Akt. eine Andeutung (τεκμήριον) geben, andeuten, bezeugen, beweisen. **2)** Med. sp. = τεκμαίρω 2. a.
τεκμηριώδης, 2. ar. sp. beweisartig, Beweis gebend.
τεκμηρίωσις, ἡ, sp. Beweis, Zeugnis.
Τέκμησσα, ης, ἡ, Tochter des phrygischen Königs Teuthras, die Aias auf einem Streifzuge in die umliegende Landschaft erbeutet hatte, u. die nun ihren Herrn mit treuester Hingebung liebte; ihr Söhnchen ist Eurysăkes.
τέκμωρ, τό, indekl. ep. = **τέκμαρ**.
τεκνίον, τό, sp. N. T. Kindlein.
τεκνογονέω, N. T. u. sp. Kinder gebären, -erzeugen.
τεκνογονία, ἡ, ar. N. T. Kindererzeugung.
τεκνο-γόνος, 2. poet. Kinder gebärend.
τεκνόεις, 3. poet., s. τεκνοῦσσα.
τεκνο-κτόνος, 2. poet. Kinder mordend.
τεκν-ολέτειρα, ἡ (ὄλλυμι), poet. die ihre Jungen verloren hat
τέκνον, τό (τεκ, τίκτω verw. mhd. *degen* „Knabe, Knappe") u. **τέκος**, εος, ους, Dat. plur. ep. τέκεσσι u. τεκέεσσι, τό das Geborene. **1)** **Kind**, Sohn od. Tochter. **2)** das **Junge** von Tieren. Oft als freundliche Anrede. u. zwar auch mit Adj. masc.
τεκνοποιέομαι, Med. (-ποιός) Kinder zeugen (von beiden Eltern).
τεκνοποιία, ἡ, die Kindererzeugung.
τεκνό-ποινος, 2. (ποινή), poet. Kinder rächend.
τεκνο-ποιός, 2. (ποιέω), γυνή, Kinder zeugend, fruchtbar.
τεκνοτροφέω, sp. N. T., augm. ἐτεκνοτρ. Kinder [erziehen.
τεκνοῦσσα, poet. kinderreich (Var. τεκοῦσα).
τεκνοφαγία, ἡ, sp. das Kinderfressen.
τεκνόω u. Med. **-όομαι**, poet. u. sp. (τέκνον), **Kinder zeugen** oder **gebären**, u. zwar κακῶς

schlechte, abs. oder τινά, von beiden Eltern. Auch Kinder haben, u. im Pass. Kinder bekommen. Übertr. überh. hervorbringen, im Pass. entstehen. Abs. od. τινά, τί, u. zwar τινός od. ἔκ τινος von od. mit jmdm.

τέκνωσις, εως, ἡ, Kindererzeugung, τέκνωσιν ποιεῖσθαι Kinder zeugen.

τέκος, s. τέκνον.

τεκταίνω, sp., gewöhnl. im Med. **τεκταίνομαι,** Aor. 1. ep. τεκτηνάμην (τέκτων), Dep. med., verfertigen, zimmern, bauen, abs, z. B. τὸ τεκταίνεσθαι das Zimmerhandwerk, od. τί, übertr. bereiten, schmieden, machen, τί, τινά, auch τινά τι einen zu etwas machen.

Τεκτονίδης, ᾶο, ὁ, Sohn des Tekton, d. h. des Schiffsbaumeisters, Polyneos. Od. ϑ 114.

τεκτονικός, 3. (τέκτων), im Bauen geschickt. Subst. **a)** (ὁ) τ. ein Baumeister. **b)** (ἡ) τεκτονική od. τὰ τ. die Baukunst.

τεκτοσύνη, ἡ, ep. poet. im Plur. die Baukunst.

τέκτων, ονος, ὁ (lat. *texere*), auch mit ἀνήρ, *faber*, Arbeiter od. Handwerker, bes. in Holz, dah. mit u. ohne δούρων Zimmermann, Baumeister, insbes. Schiffsbauer, doch auch Bildhauer, überh. Künstler. Im Plur. Bauleute, d. i. Zimmerleute und Maurer. Bei den Römern τεκτόνων ἔπαρχος *praefectus fabrum*, Chef der Pioniere. Übertr. überh. Urheber, u. mit χείρ die Meisterhand.

τελᾰμών, ῶνος, ὁ (τλῆναι), nicht in att. Prosa, eigentl. der Träger, dah. **a)** das Wehrgehenk, ein bisw. kostbar gearbeiteter lederner Schultergürtel (Bandelier), **b)** überh. ein Riemen, Streifen.

Τελαμών, ῶνος, König in Salamis, Sohn des Aiākos, Vater des Aias (von Eriboia) u. Teukros (von Hesione). Dah. **Τελᾰμωνιάδης,** ου, ὁ = Aias, u. als Adj. **Τελαμώνιος,** 3., wo es bald bei Αἴας steht zum Unterschied von Aias, Sohn des Oïleus, bald bei Τεῦκρος.

τελεαρχία, ας, ἡ, sp. das Amt des

τελέαρχος, ου, ὁ, sp. Polizeibeamter (in Theben).

τελέεις, poet. f. τελήεις, s. d.

τελέϑω (zu τέλλω), nur Präs. u. Impf., ep. poet. hervorkommen, erscheinen, sich zeigen, sein.

τέλειος, 3. u. 2., Adv. **τελείως,** u. **τέλεος,** 3. (auch 2.), Adv. **τελέως,** sp. auch τέλεον (vgl. auch τελήεις) (l. τέλος). **1) vollendet,** vollkommen, d. i. von Menschen: volljährig, reifen Alters; von Opfertieren: fehlerlos; αἰετός untrüglich, ὄψις οὐ τ. Traumgesicht, das nicht in Erfüllung geht; von Zahlen: vollzählig, voll; **δεῖπνον τ.** Königsmahl. **2)** akt. alles vollendend, **erfüllend,** von Göttern; τ. ἀνήρ Herr das Hauses, Aesch. Ag. 972.

τελειότης, ητος, ἡ, die Vollkommenheit.

τελειόω u. (mehr ironisch) **τελεόω** (τέλειος, τέλεος), vollkommen machen; daher **1)** Akt. **a)** vollenden, beendigen, τί. **b)** vollkommen zustande bringen, τί; fertig machen, τινά jmdm. die letzte Weihe geben, Her. 3, 86. **2)** Pass. **a)** von Sachen: vollbracht, ausgeführt werden, in Erfüllung gehen, gelingen, zustande kommen, zur Reife gelangen (von Früchten). **b)** von Personen: zur vollendeten körperlichen, geistigen, sittlichen Reife gelangen.

τελείωσις, εως, ἡ, ar. sp. N. T. **1)** Ausführung, Vollendung; Erfüllung. **2)** die Vollkommenheit.

τελειωτής, οῦ, ὁ, N. T. der Vollender.

Τελεμησσεῖς, οἱ, = Τελμησσεῖς, s. d.

τελεόμηνος, 2. poet. ar. mit vollen Monaten, d. i. vollständig abgelaufen.

τέλεος, s. τέλειος. **τελεόω,** s. τελειόω.

Τελέσιλλα, ας, ἡ, lyrische Dichterin aus Argos, ca. 510 v. Chr., soll durch ihre Hymnen die Argiverinnen zum Krieg begeistert haben.

τελεσιουργέω, sp. fertig bringen, vollenden. Von

τελεσι-ουργός, 2. (St. ἐργ), das Werk vollendend, überh. wirksam. Subst. τὸ διὰ πάντων τελεσιουργόν das durch alle seine Handlungen sich hinziehende Vermögen zu fördern.

τελεσσι-δώτειρα, ἡ, poet. die Geberin der Vollendung.

τελεσσίφρων, 2. (φρήν), poet. seinen Sinn oder Vorsatz durchsetzend, seinen Zweck erreichend.

τελεστήριον, τό (τελέω), **1)** Weihkapelle, ἐν Ἐλευσῖνι, Φλυῆσι im Demos Phlya für die eleusinischen Götter. **2)** τελεστήρια verst. ἱερά, Dankopfer, welche man nach glücklicher Beendigung einer Sache darbringt.

Τελέστης, ὁ, griechischer Dithyrambendichter aus Selinūs um 400 v. Chr.

τελεστικός, 3. (τελέω, 3), **1)** zu der Weihe oder den Mysterien gehörig. **2)** den Mysterien gewidmet, priesterlich, βίος.

τελεσφορέω, N. T. sp. die Frucht zur Reife bringen. Von

τελεσ-φόρος, 2. ep. u. poet. **1)** akt. Vollendung bringend, das Ziel erreichend, in Erfüllung gehend, das Ende entscheidend, χάριν δοῦναι durch Taten vergelten. **2)** pass. die Vollendung in sich tragend, vollständig, ἐνιαυτός volles Jahr.

τελετή, ἡ (τελέω), im Sing. u. Plur. (τῶν μυστηρίων) **1)** die Weihe, Weihung, Einweihung, bes. in Geheimlehren. **2)** religiöser Brauch (wie Festtänze, Eur. Bacch. 22), u. dah. überh. Fest, τελετὴν γενέσϑαι Veranlassung eines Festes werden; insbes. die Mysterien. **3)** sp. Religion, Offenbarung.

τελευταῖος, 3. (τελευτή), endigend, schließend, der äußerste, **letzte,** nach Ort, Zeit und Rang, ὕβρις der Gipfel des F.; βίος τ. das Leben, das dadurch zu Ende ist; oft adverbiell mit **zuletzt** zu geben; οἱ τ. **Nachhut,** Reserve; (τὸ) τελευταῖον u. τελευταῖα zum letztenmal, endlich.

Τελεύτας, αντος, ὁ, König von Phrygien, V. der Tekmessa.

τελευτάω (τελευτή), ion. Part. praes. auch τελευτέων, Fut. med. τελευτήσομαι auch in pass. Bdtg. • **1) vollenden,** zu Ende bringen, ἐέλδωρ, ὅρκον, λόγον, ἔργον, γάμον; pass. in Erfüllung gehen • **2)** bes. mit u. ohne βίον, αἰῶνα u. ä., das Leben beenden, **sterben,** getötet werden, ὑπό τινος od. ὑπὸ χερσίν τινος durch jmdn., μάχῃ in der Schlacht • **3)** intr. **zu Ende kommen** • **a)** fertig werden mit etw., λόγου (wie παύομαι, Thuk. 3, 59), und so auch βίου bei Xen. Kyr. 8, 7, 17) • **b)** von Zeiten: ablaufen, τελευτῶντος τοῦ μηνός • **c)** von Handlungen: zu Ende gehen, κατὰ νόον nach Wunsch, ἔς, πρός, ἐπί τι ausgehen in

• d) von Träumen: in Erfüllung gehen • e) von Ländern, Flüssen u. dgl.: auslaufen, endigen in, ἔς τι • f) Part. **τελευτῶν** schließlich, zuletzt (Ggs. ἀρχόμενος), τελευτῶν εἶπεν.

τελευτή, ἡ (τελέω), **1)** *finis*, das Ende, gew. zeitlich (βίου, βιότοιο u. dgl.) das Lebensende. **2)** Vollendung, Vollbringung, z. B. **θανάτου τ.** für **θάνατος**. **3)** Ausgang, Erfolg, Folgen, τινός. Vgl. auch I. τέλος, 1. u. 2.

Τελευτίας, ου, Br. des Agesilaos, tüchtiger Feldherr, Nauarch 392—390 im Korinth. Meerbusen, sp. 388 in Ägina, überfällt den Peiraieus, 383 besiegt er die Olynthier vor ihrer Stadt, wird aber 382 von ihnen besiegt und getötet.

τελέω (v. I. τέλος, St. τελεσ), ep. im Präs. auch **τελείω,** Fut. τελέσσω u. (auch ion.) τελέω, Aor. ἐτέλεσσα u. τέλεσα, u. ion. Präs. part. pass. τελεύμενος • **1)** Akt. trans. **beendigen** • **a)** zu Ende bringen, βίον u. ä. sterben, aber Antig. 1114 = διατελεῖν hinbringen; od. mit Partiz, z. B. διατμήξας vollständig durchschnitten haben • **b)** scheinb. intr., z. B. mit verst. **τὴν ὁδόν** den Weg vollenden, gelangen, od. wirkl. intrans. sich endigen, sich erfüllen • **2) vollenden,** wahr machen, erfüllen, befriedigen; vollbringen, vollziehen, zustande bringen, leisten, ἦμαρ den Tag heraufführen, von der Eos. — Im Pass. vollendet werden, sich erfüllen, geschehen, τετελεσμένον eigtl. schon einmal erfüllt, dah. erfüllbar, vollendbar • **3) einweihen** in Mysterien, τινά, dah. τελούμενος ein Einzuweihender, τετελεσμένος eingeweiht, τελεσθῆναι sich einweihen lassen, τινί in jmds. Mysterien od. in etwas, mit τελετάς mystische Feste feiern, s. τελετή. Im Pass. gefeiert, aber auch dem Tode geweiht werden • **4)** Schuldiges entrichten, **bezahlen;** aufwenden, Aufwand machen, und weil es in Athen bestimmte Steuerklassen gab, so heißt es auch εἴς τινας in eine bestimmte Klasse zahlen, überh. zu einer Klasse, Kategorie usf. (ἐς Βοιωτούς) sich zählen, zu ihnen gehören, dann prägn. mit ἔκ τινος εἴς τινα aus einer Klasse in die andere gebracht werden, daher εἰς γυναῖκας ἐξ ἀνδρός vom Mann zur Frau gemacht werden; doch heißt πρός τινα bis zu jmdm. gelangen, ihm gleichkommen.

τελήεις, εσσα, εν, ep. u. poet. **τελέεις,** vollkommen, tadellos (Opfertiere, Hekatomben); vollendend = Erfolg kündend (Weissagevögel), Erfüllung bringend, erfolgreich.

Τελῆς, ῆτος, ὁ, eine von den att. Komikern verspottete Memme.

τελικός, 3. sp. zum τέλος, zum Ende, Endzweck [gehörig.

τέλλω, ep. poet., kommt im Simplex nur im Präs., Impf. u. Aor. ἔτειλα vor (von den Komposita auch **-τελοῦμαι, -στειλάμην, -τέταλκα** u. **-τέταλμαι** aufgehen; entstehen, wandeln.

τέλμα, τό, **a)** Sumpf. **b)** Mörtel, Lehm.

τελματώδης, 2. sp. schlammig.

Τελμησσεύς od. **Τελμισσεύς,** ὁ, Einwohner der Stadt Telmessos od. **Τερμησσός** in Lykien an der karischen Grenze, berühmt durch ihre Wahrsager. Her. 1, 78. 84. Arr. An. 2, 3, 3.

I. **τέλος,** εος, ους, τό (vereinigt versch. St.: I. *quel* „drehen", verw. πόλος. II. zu Bdtg. 5. τελ zu τλῆναι) • **1)** das **Ende,** Grenze, dah. auch Vollendung, Ausgang, errungenes **Ziel,** Erfüllung, Beschluß, Vorsatz, **τέλος ἔχειν** beendigt sein, τέλος τι αὐτῶν ἔχειν zur Ausführung kommen, τέλος οὐδὲν ἐπράχθη, ἐπὶ τέλος ἔρχεσθαι, τέλος μύθων ἱκέσθαι zum Ziel, Hauptpunkt der Rede gelangen, ἐπὶ τέλει τινὸς εἶναι, τέλος ἐπιτιθέναι τινί, τέλος λαμβάνειν, τέλος ἐκφέρειν die Vollendung, Verwirklichung bringen, μισθοῖο d. h. wenn der verdiente Lohn ausgezahlt werden soll, τ. γίγνεται ἐπ' ἀρῇσιν die Verwünschungen gehen in Erfüllung, überh. τ. γίγνεταί τινος es geht zu Ende. Adverbial stehen • **a)** τέλος, **α)** am Ende (auch τέλει, doch zweifelh.), **β)** sp. ganz und gar • **b)** διὰ τέλους teils = τελέως vollkommen, teils bis ans Ende, immerfort • **c)** ἐς τέλος am Ende • **d)** πρὸς οὐδὲν τέλος zwecklos • **2)** die Vollendung, der Höhepunkt, **Zweck,** τέλος θανάτοιο also der volle Tod (aber βιότοιο τελευτή der Endpunkt der Lebensdauer, ähnl. wie τέρμα τοῦ βίου); γάμοιο τέλος das erreichte Ziel der Heirat, οὐ τέλος ἵκεο μύθων d. h. das Rechte ist nicht vollständig gesagt; ähnl. νόστοιο τέλος, πολέμου τέλος. Dah. auch der Höhepunkt, das Ideal (τ. τῶν ἀγαθῶν das höchste Gut), überh. das Äußerste, εἰς ἀνδρὸς τέλος ἰέναι zur männlichen Reife gelangen, dah. τέλος ἔχειν Vollmacht haben, τέλος ἐκφέρειν πρός τινα den Beschluß als Befehl geben • **3) Amt,** οἱ ἐν τέλει (ὄντες u. ähnl.), Behörden, Machthaber, auch Kriegsbeamten, ähnl. οἱ τὰ τέλη ἔχοντες, insbes. die Exekutivbeamten, ἐν τέλει γενέσθαι, εἰς τ. καταστῆναι ein Amt antreten, bei Aisch. selbst von einer Sklavenverrichtung, dah. τὰ τ. die vollziehenden Behörden, in Sparta die Ephoren • **4)** Pl. die **Weihen,** Mysterien, εἰς τέλη δεινότατος, τὰ νυμφικὰ τ. die volle Weihe der Ehe • **5)** die **Abgabe** • **a)** Steuer, Zoll, τέλος τι τελεῖν eine (bestimmte) Steuer zahlen, d. h. zu der oder jener Steuerklasse gehören; dah. • **b)** die Steuerklasse • **c)** im Pl. die Abgaben, Steuern, Zölle; im bes. sp. Plut. Agis 16 die monatlich zu entrichtenden Abgaben, ἔγκαρπα Abgaben an Früchten, πάγχαλκα der schuldige Zoll an (feindl.) Waffen; dann • **d)** überh. Gelder, Ausgaben, Kosten; δημοσίοις, ἰδίοις τέλεσι aus öffentlichen, eigenen Mitteln; τέλη λύειν (st. λυσιτελεῖν) frommen, τινί.

II. **τέλος,** ους, τό, die **Abteilung,** Schar, die in sich abgeschlossen ein kleines Ganzes bildet, also: das Geschwader, von Schiffen, oder eine Kriegsschar, im besond. ein Heereskörper von bestimmter Größe u. einerlei Waffen, ein Regiment, bes. mit u. ohne τῶν ἱππέων von Reitern, ein Reitergeschwader.

τέλοσδε, ep. Adv., zum Ziele, τινός von etwas.

τέλσον, τό, ep. Grenze, abgegrenztes Land.

τελωνέω, ein Zöllner sein, von

τελ-ώνης, ὁ (I. τέλος 5., ὠνέομαι), **1)** die Steuerpächter, d. i. Pächter der Staatsgefälle in Athen, meist eine größere Gesellschaft, mit einem τελωνάρχης, auf dessen Namen der Pacht lief, an der

Spitze. Sie mußten bei Übernahme des Pachtes Bürgen stellen. **2)** der Zolleinnehmer, Zöllner. Dav.

τελωνία, ἡ, die Zollerhebung.

τελωνικός, 3. zöllnerisch.

τελώνιον, τό, sp. N. T. Zollhaus.

τεμαχίζω, sp. in Scheiben (τέμαχος) schneiden, -einmachen, -einpökeln. Dav.

τεμαχιστός, 3. sp. in Scheibchen geschnitten, eingemacht.

τέμαχος, ους, τό nebst Demin. **τεμάχιον,** τό (τέμνω), ein abgeschnittenes Stück od. Stückchen, vorzüglich von eingesalzenem Fisch.

τεμένιος, 3. poet. zum geweihten Hain gehörig.

Τεμενίτης, ὁ, **1)** ursprüngl. Beiname des Apollon, dann Bezeichnung eines Bezirkes bei Syrakus ἡ Τεμενῖτις ἄκρα, wo Apollon eine herrliche Statue hatte, die spätere Neapolis. **2)** bei Xen. An. 4, 4, 15 ist Τημνίτης zu lesen.

τέμενος, εος, ους, τό (τέμνω), ein abgesondertes Stück Land, dah. **a)** Krongut, welches einem Herrscher ans dem Gemeingute gegeben ward, **b)** das einer Gottheit geweihte Land, heiliger Bezirk oder Hain, oft mit einem Tempelgebäude, auch wohl mit einem Gymnasion u. einer Rennbahn, wie der des Iolāos vor dem Proitidischen Tore Thebens. Metonym. hieß die Kapelle oder heilige Halle für das Götterbild auch selbst so. Im bes. führte aber der Bezirk des Apollon Temenites (w. s.) bei Syrakus diesen Namen.

Τεμέση, ἡ, ein erzreicher Ort auf der Insel Kypern oder, nach andern, in Unteritalien.

τέμνω (St. τεμ: τμη, verw. τένδω, lat. *tondeo*), ep. ion. u. dor. Nbf. **τάμνω,** Aor. act. ἔτἄμον, ep. τάμον, conj. 3. sg. τάμῃσι, inf. ταμέειν, u. med. ἐταμόμην, nebst ep. **τμήγω,** Aor. 1. part. τμήξας, Aor. 2. act. ἔτμαγον u. Aor. 2. pass. 3. pl. ἔτμᾰγεν (st. ἐτμάγησαν), **schneiden,** hauen, spalten, διχα entzwei, dah. • **1) zerschneiden • a)** zerlegen d. i. vorschneiden • **b)** zerhauen, d. i. **α)** verwunden, **β)** schlachten, ὅρκια (s. d.), u. so auch τάμνειν allein, mit Inf., beschwören er solle; ebenso im Med. sich (*sibi*) zerschneiden od. zerhauen, auch schlachten, ὅρκια • **c)** logisch teilen, zerlegen • **2)** mit u. ohne χωρίς τινος **abschneiden,** abhauen, fällen, brechen (lassen), λίθους, im Med. sich (*sibi*) abschneiden, fällen, brechen; dah. überh. absondern, abstecken, trennen, losreißen; als Grenze annehmen, τί, auch τί τι, od. ἀπό, ἔκ τινος; auch im Med. für sich absondern, ἄρουρν d. i. ein τέμενος, ἀμφὶ βοῶν ἀγέλας rings absondern d. i. wegtreiben • **3) beschneiden,** behauen, vom Chirurgen: schneiden, im Pass. sich schneiden lassen, τμῆμα τέμνεσθαι einen Schnitt bekommen. Dann übertr. ein Land verwüsten, τί, ähnl. τινός (gen. part.) etw. verheeren • **4)** διώρυχα einen Graben ziehen, ähnl. ὁδούς bahnen, anlegen, als t. t., oder auch einschlagen: überh. etwas **durchschneiden,** von der Bewegung durch einen Raum, Il. 13, 707 Subj. ἄροτρον • **5)** Pass. **sich trennen,** zerstreuen.

Τέμπεα, zsgz. **Τέμπη,** τα, reizendes, tief eingeschnittenes (durch Erdbeben entstandenes) $1^1/_2$ Stunden langes eingeschlossenes Tal zwischen den steilen Felswänden des Olympos u. Ossa, vom Peneios durchströmt, der für die Straße (am rechten Ufer) nur 4—7 m frei läßt. Adj. **Τεμπικός,** 3.

τέμω, ep. = τέμνω (Il. 13, 707).

τέναγος, εος, ους, τό, **1)** seichtes Wasser, Lache. **2)** seichte Stelle, Untiefe, unter Wasser stehendes Land, Sumpf. Dav.

τεναγώδης, 2. sp. unter seichtem Wasser stehend, seicht, sumpfig.

Τενέα, ας, Ort im Korinthischen, zwischen Korinth u. Mykenä.

Τενέας, ὁ, Fl. in Umbrien, Nebenfl. des Tiber.

Τένεδος, ἡ, Insel an der Küste von Troas mit einer Stadt gleichen Namens, j. *Tenedo* Der Einw. ὁ **Τενέδιος.**

τένθης, ου, ὁ, poet. Näscher, Feinschmecker.

τένων, οντος, ὁ (τείνω), meist im Dual u. Plur., die Flechse, Sehne, im bes. **a)** Nackenmuskel, der Nacken. **b)** Hackensehne, Hacke, Ferse.

τέο, τεο, τέοισι, s. τίς u. τὶς, **τεοῖο,** s. σύ.

τεός, s. σός.

τεοῦς, äol. u. dor. = σοῦ, v. σύ.

τερᾴζω, poet. (τέρας), Zeichen deuten.

τέραμνα = τέρεμνα, s. d.

τέρας, ἄτος (St. *queres*, dazu πέλωρ durch Dissim. statt πέρωρ), ep. αος, ion. εος, τό, Nom. pl. ep. τέραα, ion. -εα, sp. ep. τεράατα, Gen. τεράων, ion. -έων, Dat. ep. τεράεσσι, att. -ρασι; eigtl. außerordentliches Zeichen, widernatürliches, erschreckendes Zeichen. **1)** Vorzeichen, Wahrzeichen, z. B. Sternschnuppen, Donner, Blitz, Regenbogen, Raubvögel in der Luft. **2)** Wunder, Schreckbild. **3)** Geschöpf außerordentlicher Art, Ungeheuer, Scheusal. **4)** ungeheuerliche Behauptung.

τερα-σκόπος, 2. = τερατοσκόπος (σκοπέω), poet. Zeichen schauend u. deutend, vorahnend, ahnungsvoll, ὁ τ. der Zeichendeuter.

τεράστιος, 2. sp. (τέρας), widernatürlich, seltsam.

τερατεία, ἡ, Gaukelei, Aufschneiderei.

τερατεύομαι, Dep. med. Gaukeleien, oder blauen Dunst vormachen.

τερατολόγος, 2. **1)** act. Wunderdinge erzählend. **2)** pass. wovon Wunderdinge erzählt werden.

τερατο-σκόπος, ὁ, der Zeichendeuter.

τερατουργία, ἡ, sp. Gaukelei, Aufschneiderei. Von

τερατουργός, 2. sp. (St. ἐργ), Wundertäter, Zauberer.

τερατώδης, 2. einem Wunder od. Vorzeichen gleichend, wunderbar, bedeutungsvoll, außerordentlich. [schreckhaftem Aussehen.

τερατωπός (τέρας, ὤψ), 2. ep. von wunderbarem,

τερεβίνθινος u. **τερέβινθος,** s. τερμίνθινος.

τερέτισμα, τό (τερετίζω), sp. Geträller.

τέρεμνα, τά (auch τέραμνον aus τεραβ-νον, lat. *trabes, taberna*, dt. *Dorf*), poet. Halle, Gemach, Zimmer; Behausung.

τερετίζω (lautmalend), sp. zwitschern, trällern.

τέρετρον, τό (von τερέω, ahd. *drâ-jan* tornare, lat. *terebra*), ep. sp. der Handbohrer (s. τρύπανον).

τέρην, εινα, εν, Gen. ενος, ep. poet. (τείρω) abgerieben, gedreht; glatt, zart, weich, sanft.

τέρμα, τό (lat. *termen* = *terminus*). **1)** Ziel, z. B. in der Rennbahn oder beim Diskuswurf. **2)** Endpunkt. **3)** Grenzlinie, Grenze. **4)** Ziel des Strebens. **5)** Höhepunkt, Entscheidung.

Τερμερεύς, έως, ὁ, Einw. von τὰ Τέρμερα, einer Stadt Kariens.
Τερμησσός, ὁ, s. Τελμησσεύς.
τερμίνθινος, 3. vom Terpentinbaum od. -harz, χρῖμα, Terpentinöl. Von
τέρμινθος, ἡ, sp. der Terpentinbaum, aus dessen Stamme man das balsamische Harz, den Terpentin, gewinnt, vgl. τερεβίνθινος.
τερμιόεις, εσσα, εν (τέρμα), ep. umsäumt, χιτών, ἀσπίς betroddelt.
τέρμιος, 3. poet. (τέρμα), u. **τερμόνιος,** 3. poet. (τέρμων), der letzte, äußerste, χώρα das zuletzt betretene Land.
τέρμων, ονος, ὁ, poet. u. sp. (lat. *termo*, vgl. τέρμα), Grenze.
Τέρπ-ανδρος, ὁ, aus Antissa auf Lesbos um 676, Erfinder der siebensaitigen Lyra u. der dorischen Tonart. [freuend
τερπί-κέραυνος, ὁ (τέρπω), ep. sich am Blitze
τερπνός, 3., ergötzlich, erfreulich, zur Lust, abs., u. τινί für jmdn. Subst. τὸ τ. das Ergötzliche, πρὸς τὸ τ. angenehm, τὰ τ. die Vergnügungen, Freuden.
τέρπω, bes. ep. u. poet. (St. τερπ, got. *thraf-stja*, dt. *tröste*) • **1)** Akt. Fut. τέρψω, Aor. ἔτερψα, **sättigen, laben, erfreuen,** ergötzen, θυμόν, ἔν τινι in etwas, oder mit Partiz. **2)** Med. u. Pass., med. Fut. τέρψομαι, Aor. 1. ἐτερψάμην, conj. ep. τέρψομαι, Aor. 2. ep. ἐταρπόμην, conj. ταρπώμεθα, u. red. τετάρπετο, conj. τεταρπώμεσθα, pass. Aor 1. ἐτέρφθην, ep. auch τάρφθην, 3. pl. τάρφθεν st. -θησαν, Aor. 2. (ἐ)τάρπην, conj. 1. pl. τραπείομεν (st. ταρπήομεν), inf. ταρπήμεναι • **a)** sich sättigen, genießen, τινός, γόοιο sich satt klagen • **b)** überh. **sich erfreuen,** ergötzen od. vergnügen, τινί selten τί.
τερπωλή, ἡ, ep. poet. u. sp., = τέρψις, s. d.
τερσαίνω u. (buk.) **τέρσω** (St. τερσ, verw. lat. *terra* u. *torreo*, *tostare*, deutsch *dörren* u. *dürsten*), ep. poet. **1)** Akt., Aor. ep. τέρσηνα, trocknen, abwischen, τὶ ἀπό τινος. **2)** Pass. **τέρσομαι,** Impf. ἐτέρσετο, Aor. inf. ep. τερσήμεναι u. τερσῆναι, gedörrt, trocken werden, τινί von etwas.
τερψί-μβροτος, 2. ep. poet. Menschen erfreuend.
τέρψις, εως, ion. ιος, ἡ (τέρπω), eigentl. Befriedigung, dann Erheiterung, Ergötzung, Vergnügen, Genuß, Lust, Ergötzlichkeit, Kurzweil, abs., oder τινός von etwas, oder mit Inf.
Τερψι-χόρᾱ, ion. **-ρη,** ἡ, eigentl. die Tanzfrohe, eine der neun Musen; Bezeichnung des 5. Buches von Herodot.
τεσσᾰρά-βοιος [ρᾰ], ep. vier Rinder wert.
τεσσαρακαιδεκέτις, ιδος, ἡ, ar. vierzehnjährig.
τεσσαράκοντα u. **τετταράκοντα,** ion. **τεσσεράκοντα** (τέσσαρες), indekl. vierzig.
τεσσαρακοντα-ετίς, ίδος (att. ττ), Fem. vierzigjährig, μέχρι -τίδος bis zu einem Alter von vierzig Jahren, Fem. von
τεσσαρακοντούτης, ους, 2. (ἔτος), sp. vierzigjährig.
τεσσαρακοστός, 3. vierzigster. Im bes. τετταρακοστή ein Vierzigstel, bei den Chiern eine Münze, wahrsch. das V. eines Staters (= 20 Drachmen), dah. 1/2 Drachme.
τέσσαρες, Neutr. τέσσαρα, att. **τέτταρες, τέτταρα,** τεττάρων, dat. τέτταρσι, sp. auch τέτρασι (-άσι), ion. **τέσσερες,** ep. u. äol. auch **πίσυρες,** ρα, poet. dor. **τέτορες** (für τέτϝορες, lat. *quattuor*, got. *fidvōr*, ahd. *fior*), vier.
τεσσαρεσ-, τεσσαρακαίδεκα (att. -ττ-), Accus. τετταρασκαίδεκα, ion. (indekl.) **τεσσερεσκαίδεκα** vierzehn.
τεσσαρεσκαιδέκατος, N. T., ion. **τεσσερεσκαιδέκατος,** vierzehnter.
τεσσαρεσκαιδεκ-έτης, ους, ὁ, sp. vierzehnjährig.
τεσσερακοντ-όργυιος, 2. ion. von vierzig Klaftern.
τέσσερες, s. τέσσαρες.
τεταγμένως, Adv. wohl geordnet, regelmäßig.
τεταγών, Part. aor. 2. mit ep. Redupl. (St. τᾰγ, altlat. *tăgo* = *tango* engl. *take*), ep. ergreifend, τινός bei etwas.
τετανό-θριξ, τριχος, ὁ, ἡ (τετανός schlank, von τείνω), mit langem Haar, was als ein Zeichen von Weichlichkeit galt.
τεταρταῖος, 3. (τέταρτος), am vierten Tage; am vierten Tage auftretend, alle 3 Tage auftretend, πυρετός.
τεταρτη-μόριον, τό, der vierte Teil, τινός.
τέταρτος u. ep. **τέτρᾰτος** (τέσσαρες), *quartus*, der vierte. Subst. **a)** τετάρτη, eigentl. der vierte Teil (eines Maßes für Flüssigkeiten), ein Quart. **b)** τετάρτῃ am vierten Tage. Das Neutr. τέταρτον od. τὸ τ. das Viertel, und als Adv. zum viertenmal.
τετίημαι [ῐ], ep. Perf. pass. mit Präsensbdtg., nebst einem Part. perf. act. τετιηώς (ungebr. Präs. τιέω), mit u. ohne ἦτορ, bekümmert, mißmutig sein.
τετμεῖν, ep. def. Aor. 2., indic. ἔτετμον u. τέτμον (an)treffen, erreichen, τινά jmdn.; auch vom Alter, das jmd. erreicht; poet. τινός einer Sache teilhaftig werden (conj.).
τέτορες, s. τέσσαρες. **τετρα-αρχ-,** s. τετραρχ-.
τετρα-βάμων, 2. poet. vierfüßig.
τετρά-γυος, 2. ep. vier Morgen groß. Subst. (τὸ) τ. eine Hufe ins Geviert, wo jede der vier Seiten einen γύης ausmacht.
τετραγωνίζω, quadrieren, viereckig machen.
τετραγωνο-πρόσωπος, 2. ion. mit viereckigem Gesicht.
τετρά-γωνος, 2. mit vier Ecken oder Winkeln, viereckig. Übertr. fest, vollkommen, τινί an etwas; den Pythagoreern war τετρακτύς, die Vierzahl, u. das Quadrat Symbol des Vollkommenen u. Göttlichen. Subst. (τὸ) τ. das Viereck, Quadrat.
τετράδιον, τό, sp. N. T. ein Kommando aus vier Mann.
τετρά-δραχμον, τό, sp. das Vierdrachmenstück, eine Münze im Wert von 3 Mark.
τετρα-ένης, τετράενες, buk. und
τετρα-έτης, εος, 2. vierjährig (and. -ετής). Dav.
τετραετία, ἡ, sp. Zeit von vier Jahren.
τετράζυγος, 2. poet. vierspännig.
τετρᾰ-θέλυμνος, 2. ep. von vier Schichten, σάκος mit vier Lagen Rindsleder belegt.
τετραίνω, Fut. ion. τετρανέω, Aor. ep. τέτρηνα, u. von **τιτράω** (sp.) allgem. Aor. act. ἔτρησα, Perf. pass. τέτρημαι (St. τερ in τείρω), durchbohren, durchlöchern, τί, u. zwar τινί mit etwas. Im Pass. ὁ οὐρανὸς τέτρηται d. h. durchbohrt wie ein Sieb,

gibt reichlich befruchtenden Regen u. ἡ **τετρημένη**, ion. poet. das Sieb.
τετράκις, Adv. (τέσσαρες), viermal.
τετρακισ-μύριοι, 3. vierzigtausend.
τετρακισ-χίλιοι, 3. (auch durch γάρ getrennt) viertausend.
τετρά-κλῖνος, 2. sp. mit vier Lagern (κλίνη), für 4 L.
τετρα-κόρυμβος, 2. poet. mit vier Fruchtbüscheln, überh. reichtraubig.
τετρακόσιοι, 3. vierhundert, bei Kollektivbegriffen, wie ἀσπίς = ἀσπιδοφόροι, auch im Sing. Im bes. οἱ τ. die durch Pisander 411 in Athen eingesetzte oligarchische Regierung.
τετρά-κυκλος [ᾰ̄], 2. ep. poet. u. sp. vierräderig.
τετρά-μετρος, 2. aus vier Metren d. i. Versfüßen bestehend, in trochäischen, iambischen u. anapästischen Versen aber aus vier Doppelfüßen od. Dipodien, also achtfüßig, Neutr. subst. ein solches Versmaß.
τετρά-μηνος, 2. viermonatlich.
τετραμοιρία, ἡ, das Vierfache. Von
τετρά-μοιρος, 2. poet. vierteilig, νυκτὸς φρουρά vierte Nachtwache.
τετράορος, 2. (viell. ἀϜερ, ἀ cop. u. Ww. *uer* „verbinden“, vgl. συνάορος), ep. u. poet. **1)** zu vier verbunden od. zusammengespannt, vierspännig; ἵπποι vier nebeneinander gespannte Pferde, wie später in den Wettrennen. **2)** übertr. vierfüßig (von Acheloos).
τετρα-πάλαι, Adv. poet. vierfach lang, d. i. schon lange.
τετρα-πάλαιστος, 2. (παλαιστή, s. παλαιστιαῖος), ion. von vier Handbreiten, die einen Fuß ausmachten.
τετρά-πεδος, 2. sp. **1)** mit vier Flächen, λίθος der Quaderstein. **2)** von vier Fuß.
τετρά-πηχυς, υ, Gen. εος, vierellig.
τετραπλάσιος, 3. vierfach.
τετρά-πλευρος, 2. sp. vierseitig.
τετρα-πλοῦς, 3. vierfach. Adv. ep. u. sp. **τετραπλῇ**, vierfach.
τετρά-πολις, εως, poet. auch ιδος, ἡ aus vier Städten bestehend.
τετρά-πολος, 2. buk. viermal gepflügt.
τετράπους, ουν, οδος, 2. vierfüßig; vier Fuß lang; vier Quadratfuß enthaltend. Subst. **τὸ τετράπουν** vierfüßiges Tier.
τετρά-πτολις, poet. = τετράπολις.
τετρα-πυργία, ἡ, sp. Ort mit vier Türmen, Kastell.
τετρά-ρρυμος, 2. mit vier Deichseln (nebeneinander).
τετραρχέω (-ααρχ-), N. T. Vierfürst, Fürst sein. Von
τετράρχης, ὁ, sp., N. T. auch τετραάρχης, eigentl. wer den vierten Teil eines Reiches beherrscht, Vierfürst, dann überh. Fürst, dem βασιλεύς im Rang nachstehend.
τετραρχία, ἡ, **1)** das Amt, die Provinz eines Tetrarchen, insbes. im Plur. vier Landvogteien, wie sie Philipp 342 in den vier Teilen, in welche Thessalien zerfiel, einsetzte. **2)** bei Arr. eine Abteilung Reiterei, bestehend aus vier λόχοι od. zwei ἶλαι.
τετράς, άδος, ἡ, die Zahl vier u. eine Anzahl von vieren, insbes. der vierte Tag, τετράδα ἐπὶ δέκα τινός den vierzehnten.
τετράσι, sp. = τέσσαρσιν.
τετρα-σκελής, 2. (σκέλος), poet. vierbeinig.
τετρα-σύλλαβος, 2. sp. viersilbig.
τέτρατος, s. τέταρτος.
τετρᾰ-φάληρος, 2. ep. mit vier Wülsten od. Kämmen, der Helm.
τετρά-φᾰλος, 2. poet. mit vier Reifen od. schmalen Blechstücken, vierreifig.
τετρά-φῡλος, 2. ion. sp. in vier Stämme od. Phylen geteilt.
τέτραχα, τετραχῇ u. ep. **τετραχθά**, Adv. in vier Teile, vierfach.
τετρά-χυτρος (χύτρα), 2. sp. ep. vier Töpfe fassend.
τετρ-ήρης, Gen. ους, ἡ, verst. ναῦς (vgl. τριήρης), sp. Vierdecker, ein Schiff mit vier Ruderbänken übereinander, bes. zu Soldatentransporten u. als Kriegsschiff gebraucht.
τετρηρικός, 3. sp. vierruderig.
τετρ-ώβολον, τό, sp ein Vierobolenstück, als Richtersold statt des τριώβ. von Kallikrates in Athen eingeführt.
τετρωκοστο-μόριον, τό, dor. der vierzigste Teil.
τετρωκοστός, 3. dor. = τεσσαρακοστός.
τέτρωρος, poet. = τετράορος.
τετρ-ώροφος, 2. (ὀροφή), ion. von vier Stockwerken.
τέττᾰ, Vok. (vgl. τατᾶ, *tata*), ep. Liebkosungswort, freundliche Anrede an Ältere: Väterchen, Liebster.
τετταρ . . ., s τεσσαρ.
τέττιξ, ῑγος, ὁ (lautmalend). **1)** die Zikade, Baumgrille. **2)** Haarnadeln oder Nestel in Gestalt einer Zikade, bis in die Perserkriege allgemein üblicher Kopfputz der Athener als Autochthonen.
τετυφωμένως, Adv. des Part. perf. von τυφόω, auf verblendete Weise.
τεῦ, τευ, s. τίς, τὶς.
τευθίς, ίδος, ἡ, poet. u. sp. der Tintenfisch, der nach den Alten kein Herz (σπλάγχνον), dagegen einen degenförmigen Knochen im Rücken (ξίφος) hat.
Τευθρανία, ἡ, **1)** ion. Stadt im südl. Mysien, welche Dareios dem vertriebenen Könige Damarātos aus Sparta schenkte. **2)** Landstrich ebendaselbst.
Τεῦκρις, ιδις, ἡ, fingierter Deckname für eine reiche Dame bei Cicero.
Τεῦκρος, ὁ, **1)** Sohn des Telamon u. der Hesiŏne aus Salamis, Stiefbruder des Aias, berühmter Bogenschütze. **2)** Sohn des Skamander, König von Troas, nach welchem die Troer **οἱ Τευκροί** und Troas **Τευκρὶς αἶα** heißt. **3)** sonst Eigenn.
τεῦς, äol. dor. = σοῦ von σύ.
τευτάζω, emsig beschäftigt sein, περί τι mit etwas.
τευτλίον, τό, poet. Demin. von
τεῦτλον, τό, Mangold, ein Küchenkraut.
Τευτλοῦσσα, ἡ, eigentl. die mangoldreiche (τεῦτλον), kleine Insel an der Küste von Karien.
Τεύτονες, οἱ, sp. deutscher Volksstamm zwischen Elbe u. Oder.
τευχεσ-φόρος, 2. **τευχηστήρ**, ὁ u. **τευχηστής**, ὁ, alle poet., eine Rüstung tragend, gewappnet.
τευχέω, ep., nur inf. τετευχῆσθαι, gewappnet sein.
τεῦχος, εος, ους, τό (Nom. plur. τεύχεα Soph. Phil. 399 zweisilbig) Gerät, dah. **1)** im Plur. Kriegszeug, Rüstung, Waffen. **2)** Rüstzeug, überh.

Gerät, Gefäß. Im bes. Reisegerätschaften, Stimmurne, Graburne, Opferschale.
τευχοφόρος, poet. gewappnet.
τεύχω (τευχ : τυχ, τυκ), ep. poet. buk. • **1)** Akt., Impf. 3. du. ep. ἐτεύχετον st. -χέτην, Fut. τεύξω, Aor. 1. ἔτευξα u. ep. τεῦξα, Aor. 2. redupl. inf. τετυκεῖν, **bereiten** • **a)** zurecht machen, **fertigen, erbauen,** zurichten (δεῖπνον) • **b)** überh. veranlassen, **verursachen,** veranstalten, auch zeugen, βοήν ließ den Kriegsruf erschallen Hom.; στάσιν τ. streiten Aesch. P 189; **τινά τι** machen zu etw.; τί σε τ. was soll ich mit dir machen Soph. Phil. 1189 • **2)** Med., Fut. τεύξομαι (Il. 19, 208, vgl. unt. 3), Aor. 2. redupl. **τετύκοντο, τετυκέσθαι,** sich (*sibi*) bereiten δαῖτα • **3)** Pass., mit Fut. med. **τεύξομαι** (Il. 5, 653), Aor. **ἐτύχθη,** Perf. **τέτυγμαι,** 3. plur. **τετεύχαται,** Plqpf. (ἐ)τετύγμην, 3. pl. (ἐ)τετεύχατο, Fut. 3. τετεύξεται • **a)** bereitet, gemacht werden, im Perf. bereitet, gemacht, verfertigt sein, τινός aus etwas, τινί versehen mit • **b)** bes. oft wie *fieri*, **werden,** entstehen, sein, zuteil werden • **c)** Das Part. perf. pass. **τετυγμένος** = τυκτός gut gearbeitet, künstlich bereitet, **νόος** vollendet, vollkommen, wie er sein soll; **τετευχώς** verfertigt aus Hom. • **4)** Perf. **τέτευχα** von **τυγχάνω,** w. s.
τέφρα, ἡ, ion. **-η,** ἡ, Asche; sich damit Kleider und Haupt zu bestreuen war Zeichen der Trauer.
τεφρόω, sp. N. T. einäschern.
τεφρώδης, 2. sp. aschgrau.
τεχνάζω u. Med. **-ομαι,** nebst **τεχνάω** u. Med. **-ομαι** (auch Pass.). **1) künstlich verfertigen,** bearbeiten, gestalten, veranstalten. **2)** Übertr. **einen Kunstgriff** od. eine List **anwenden,** listig ersinnen, hinterlistig handeln, **sich verstellen,** abs. οἱ τεχνησάμενοι die Urheber des Anschlags; Od. 11. 613 möchte er (dies) nicht gefertigt haben u. auch nichts anderes folgen. Dav. [Gemachtes.
τέχνασμα, τό, Kunstgriff, List, etwas künstlich
τέχνη, ἡ (τεκ-, zu **τέκτων**) • **1)** auch im Pl. **Kunst,** Geschicklichkeit, **Geschick,** insbes. Kunstfertigkeit, teils mechanische, Handwerk, Gewerbe, teils Wissenschaft, auch Dichtkunst, mit u. ohne **μαντική** die Weissagekunst, Weissagung, prophetische Gabe, **βασιλική** Regierungskunst, Ἑρμοῦ Heroldsamt; **οἱ τὰς τ. ἔχοντες** die Künstler, **ἐπὶ τέχνῃ** berufsmäßig; **μετὰ τέχνης** in verständiger Weise, **ἄνευ τέχνης** in unverständiger Weise, **ἡ περὶ τἀνθρώπεια τ.** die Kunst mit Menschen umzugehen • **2)** auch im Pl., übertr. **Schlauheit,** Kunstgriff, List, Fallstrick, überh. listige Veranstaltung, **πάσῃ τέχνῃ** (καὶ μηχανῇ) auf jede Art (u. Weise), **μηδὲ μιῇ τ.** in keiner Weise, auf keinen Fall, **ἰθέῃ τ.** geradeswegs • **3)** (auch im Pl.) **Kunstwerk** • **4)** sp. grammatisches Lehrgebäude.
τεχνήεις, εσσα, εν, Adv. **-έντως** (τέχνη), ep. sp. kunstvoll, künstlich; ἱστὸν τεχνῆσσαι (st. τεχνήεσσαι) Od. 7, 110 am Webstuhl kunstverständig.
τέχνημα, τό (τεχνάω), kunstvoll Gefertigtes, **1)** Kunstwerk, Meisterwerk. **2)** kunstvoll Ersonnenes, **a)** künstliche Vorrichtung, Werkzeug. **b)** Kunstgriff, listiger Anschlag, List, Kniff.
τεχνήμων, 2. sp. künstlich.
τεχνητός, 3. sp. künstlich, absichtlich gemacht.
τεχνικός, 3., Adv. **-κῶς** (τέχνη), **1)** kunstvoll, kunstreich, künstlerisch, kunstgemäß. **2)** kunstverständig, fachmännisch, abs. od. περί und εἴς τι (auch περί τινος). **3)** vernünftig, verstandesmäßig.
τεχνίον, τό, Demin. von τέχνη, Künstchen, Gewerbchen.
τεχνίτης [ῑ], ου, ὁ (τέχνη). **1)** Verfertiger, Handwerker, Schöpfer. **2)** in einer Kunst Geschulter, Meister, Künstler, Sachverständiger; ἀμφί τι der einer Kunst Beflissene; περὶ τοὺς θεούς Magier. **3)** in üblem Sinne: verschmitzter Mensch, Betrüger.
τεχνολογία, ἡ, sp. kunstgemäße Behandlung, Aufstellung von Regeln für wissenschaftliche Behandlung, Methode, Methodik.
τεχνύδριον, τό, Demin. von τέχνη, ein kleine od. kleinliche Kunst.
τέῳ u. **τεῳ, τέων** u. **τεων,** s. τίς, τὶς.
τέως (bisw. einsilbig), ion. u. ep. **τῆος** od. **τεῖος, τείως,** Adv. **1)** demonstr. **a)** mit noch sichtbarer demonstr. Bed. bis zu diesem Augenblick, bis dahin, so lange, während dessen, indessen, unterdessen, einstweilen. **b)** eine Zeitlang, seither, bisher, anfangs, sonst, teils abs., teils einem ἕως, ὄφρα, ὡς δέ, ἔπειτα, ἐπεὶ δέ u. ähnl. entsprechend, od. einer sonstigen Zeitangabe; ὁ τ. der bisherige. **2)** relat. = ἕως wie lange.
Τέως, ω, ἡ, Stadt Ioniens, Samos gegenüber, Ruinen beim heutigen *Segigiek*. Der Einw. ὁ **Τήιος.**
τέωσπερ, Adv., verstärktes τέως, so lange als.
I. **τῆ,** ep. u. poet., da, da nimm, wie franz. *tiens*, stets ohne Obj. (Od. 10, 287 gehört der Akk. zu ἔχων), bald abs., bald mit einem Imperat.
II. **τῇ** (Instr.) od. **τῇ** (Dat.), s. ὁ, I. c) da, dort. Bei Her. auch relat.: wo u. wie, auf welche Weise, ἔστι τῇ eigentl. es gibt eine Weise wie, d. h. einigermaßen.
τήβεννος, ἡ, sp. die Toga, das Staatskleid des [röm. Bürgers im Frieden.
τήγ = τήν vor Gutt.
τῆδε, s. ὅδε, 3 a)
τήθη, ἡ, Großmutter (and. τηθή). Dav.
τηθίς, ίδος, ἡ, Vaters- od. Mutterschwester.
τῆθος, εος, τό, ep. u. sp. die Auster.
Τηθύς, ύος, ἡ (s. τήθη), Tochter des Uranos u. der Gaia, Gemahlin des Okeanos, Mutter der Stromgötter u. Okeaniden, u. weil das Wasser Urstoff aller Dinge ist, überh. Allmutter.
Τήιος, s. Τέως.
τηκεδών, όνος, ἡ (τήκω), ep. sp. Abzehrung.
τηκτός, 3. poet. geschmolzen, flüssig, bei Plat. u. sp. schmelzbar.
τήκω, dor. **τάκω** (τηκ : τακ, vgl. lat. *tābēs*, dt. *tauen* u. *ver-dauen*). **1)** trans. Akt. schmelzen, auflösen; **θυμόν** verzehren, οἰμωγὰν Ἀγαμέμνονα sich in Wehklagen um Ag. verzehren. **2)** intr. Pass. τήκομαι, ταχήσομαι, ἐτάκην τέτηκα (τέτηγμαι), **a)** zerschmelzen, flüssig werden, **b)** hinschwinden, vergehen, sich abzehren, hinsiechen.
τηλ-αυγής, 2. u. Adv. **-ῶς,** poet. u. sp. fernher od. fernerhin strahlend, weit sichtbar.

τῆλε, s. τηλοῦ.

Τηλεβόας, ου, ὁ, 1) Nebenfluß des Euphrat auf der Hochebene von Musch, j. *Karasu.* **2) Τηλεβόοι, οἱ,** ein Zweig der Lelĕger, welche Amphitryon in Vbdg. mit Böotern, Lokrern u. Phokern besiegte.

τηλε-βόλος, 2. Komp. -λώτερος, poet. u. sp. weit werfend, -treffend.

τηλεδαπός, 3. ep. (τῆλε), aus fernem Lande, fernher kommend, fremd.

τηλεθάω, ep. verläng. von θάλλω = ταλθάω, nur im Part. -θάων, -θάοντας, u. zerdehnt -όωντα, -όωσα, blühen, χαίτη τ. reichlich.

Τηλε-κλείδης, ὁ, Dichter der ältern att. Komödie, um 445 v. Chr.

τηλε-κλειτός, 3. (κλέω, κλείω), ep. u. **τηλεκλυτός,** 2. (κλύω), ep. fern od. weit berühmt.

Τηλέ-μαχος, ὁ, Sohn des Odysseus u. der Penelope, so genannt (in der Ferne streitend), weil er geboren wurde, als sein Vater zum Kriege nach Troja ausziehen wollte.

τηλέ-πλαγκτος, 2. u. (var.) **τηλέ-πλανος,** 2. weit umherirrend.

τηλέ-πομπος, 2. poet. weit hingesandt.

τηλέ-πορος, 2. poet. sich weit erstreckend.

Τηλέπυλος, ου, ep. St. der Lästrygonen, in der die Sonne nie untergeht; nach andern Adj. 2. weithin mündend; weittorig? Später, jedenfalls verkehrt, auf Formiae gedeutet.

τηλε-σκόπος, 2. poet. weitschauend.

τηλε-φανής, 2. (φαίνω), ep. u. poet. weithin strahlend, klar, auch fernhin schallend, fern.

τηλέ-φιλον, τό, buk. Fernliebchen, das Blatt des Mohnes.

Τήλεφος, ὁ, 1) Sohn des Herakles u. der Auge, der von Achilleus' Speer in Mysien verwundet, aber mit den Spänen desselben auch wieder geheilt wird u. dem Achilleus dafür seinen Rat über den Weg nach Ilios erteilt. Sein Sohn Eurypўlos heißt dah. **Τελεφίδης. 2)** sonst. Eigenn.

τηλίκος, 3. ep., ferner **τηλικόσδε, τηλικήδε, τηλικόνδε** u. **τηλικοῦτος** (auch als Fem.), **τηλικαύτη, τηλικοῦτο(ν)** (korrel. Demonstr. zu ἡλίκος), **1)** in solchem Alter, so alt, u. zwar so jung (Gelbschnabel) sowohl als so bejahrt (in grauen Haaren). Teils abs. od. mit hinzugef. φύσιν, teils mit Inf. **2)** so groß, so wichtig, so mächtig (häufig mit τοσοῦτος, auch mit τοιοῦτος verbunden), τηλικοῦτον so sehr, abs. od. mit ὥστε u. Inf.

Τῆλος, ἡ, Sporadische Insel zwischen Rhodos u. Kos, j. *Dilos.*

τηλοῦ, ep. poet. ion., u. **τῆλε,** ep. poet., Superl. ep. **τηλοτάτω,** nebst **τηλόθεν,** ep. poet. sp. **τηλόθι,** ep. buk., **τηλόσε,** ep. poet. (verw. πάλαι), Adv. **1)** in der Ferne, fern, weit, abs., od. τινός, ἔκ, ἀπό τινος fern von etwas od. jmdm., weit von — her. **2)** (insbes. τηλόσε, doch auch τῆλε) in die Ferne, weit weg, fern hin. **3)** (insbes τηλόθεν) aus der Ferne, von fern her.

τηλ-ουρός, 2. poet. fern.

τηλύγετος, 3. (nach Sinn und Herkunft ungeklärt), ep. poet. buk. in zartem Alter, jugendlich, zart, auch höhnisch: verzärtelt, Püppchen (nach and. fern geliebt, od. [den Eltern] spät geboren).

τηλ-ωπός, 2. (ὤψ), poet. von fern gesehen, dem Aug' entrückt, von fern vernommen.

τημελέω, pflegen, warten, τινός u. τί.

Τημενίτης, ὁ, Bew. v. Temenion in Argolis.

Τήμενος, ὁ, Sohn des Aristomachos, ein Heraklide. Seine Nachkommen, **οἱ Τημενίδαι,** herrschten zu Argos u. galten als die Gründer des makedonischen Reichs.

τήμερον, u. nichtatt. **σήμερον** (aus κjαμερον, Pronominalst. κjο, vgl. κεῖνος u. ἡμέρα) = *hodie,* altdt. *hiu-tac* = heute; ὁ τ. der heutige, τὸ τ. für heute.

τἠμῇ, att. Krasis st. τῇ ἐμῇ.

Τημνίτης, ὁ, Bew. v. Temnos bei Smyrna.

τῆμος, ep. poet. (Pronominalst. το mit Suffix μος), nebst **τηνικάδε, τηνικαῦτα, τηνίκα** (dieses poet. u. sp., jene allgem.), ***tum,*** Adv. da, dann, alsdann, darauf, zu dieser (Jahres-)Zeit, um diese Zeit, insbes. τηνικάδε so früh am Tage, um diese Tageszeit, teils abs., teils entspr. einem ἦμος, εὖτε, ὅτε, ὅταν, ἐπεί, ὅκως.

τηνάλλως od. **τὴν ἄλλως,** Adv. (eigentl. τὴν ἄλλως ἄγουσαν ὁδόν) **1)** in den Tag hinein, ohne Überlegung, vergebens, umsonst. **2)** in andrer Hinsicht, sonst.

τηνεί, (ep. u.) buk. Adv. **1)** dort. **2)** hier.

τήνελλα, onomatopoet., von Archilochos erfundener Zuruf an den Sieger, etwa: 'Hurra', 'Heil dem Sieger'; dah. sp. **τήνελλα καλλίνικε.**

τηνίκα, τηνικάδε, τηνικαῦτα, s. τῆμος.

τηνόθι, buk. Adv., dort, dann, von

τῆνος, τήνα, τῆνο, dor. (vgl. ἐκεῖνος), der da, der dort.

Τῆνος, ἡ, eine der Kykladen zwischen Andros u. Delos, j. *Tino.* Einw. u. Adj. **Τήνιος,** 3.

τηνῶ (τῆνος), buk. dorthin; τηνῶθε, buk. von dort.

τηξι-κάρδιος, 2. poet. herzschmelzend, aufreibend (and. τλησικάρδιος).

τῆος, s. τέως.

τῇ-περ, auch **τῇ περ** geschr., ep. u. ion. st. ᾗπερ, gerade wo, wie.

Τηρείης ὄρος, τό, Berg bei Kyzikos.

Τηρεΐος, 3. von Tereus; ἄλοχος, d. i. Prokne.

Τηρεύς, έως, ὁ, myth. König von Thrakien, s. Prokne.

τηρέω (τηρός) im Auge haben. **1)** beobachten, wahrnehmen. **2)** abwarten, abpassen. **3)** behüten, in Verwahrung nehmen, φυλακῇ in Haft halten. **4)** in Acht nehmen, seine Sorge richten auf, besorgen.

Τήρης, ου, ion. u. altatt. εω, ὁ, König der Odrysen (dah. Ὀδρύσης gen.), od. überh. von Thrakien um 450 v. Chr., Vater des Sitalkes u. Vorfahr des Seuthes; nicht zu verwechseln mit Τηρεύς, s. d.

τήρησις, εως, ἡ, Bewachung, Kerker, im bes. Aufbewahrung, Sicherung, z. B. ὀπώρας des Getreides gegen Kornwurm u. Mäuse, od. auch Aufbewahrung des Obstes; Beachtung.

Τηρίας, ὁ, Flüßchen bei Leontini an der Ostküste Siziliens.

Τηρίβαζος, ου, ὁ, s. Τιρίβαζος.

τηρός, 2. poet. behütend.

τητάομαι, meist poet., Pass. entbehren, darben, abs., u. τητώμενός τινος beraubt jmds. od. einer Sache.

τῆτες, Adv. (aus *κῆτες*, von *κjo* u. *ἔτος* [vgl. *τήμερον*], wie althochd. *hiu iâru* heuer), poet. u. sp. in diesem Jahre.

Τηΰγετον, *τό*, s. *Ταΰγετον*.

τηΰσιος, 3. ep. buk. (‿‿‿), vergeblich; Adv. **-σίως.**

τιάρα, *ἡ*, ion. *τιάρης* u. **τιήρης,** *ου*, *ὁ*, orientalische Kopfbedeckung, bes. der Perser, Turban, ein kleiner kegelförmiger Hut aus Byssos, welcher nur den Hinterkopf bedeckte.

Τιαραντός, *ὁ*, nördl. Nebenfluß des Ister.

τιαρο-ειδής, 2. (*εἶδος*), wie eine Tiara gestaltet.

Τιβαρηνοί, *οἱ*, skythisches Volk vom Stamm der Dschanen am Thermodon u. der Küste von Pontus mit der Hauptst. Kotyora.

Τιβεριάς, *άδος*, *ἡ*, galil. Stadt am Genezarethsee, von Herodes Antipas gegründet u. dem Kaiser Tiberius zu Ehren genannt; heute *Tabariyeh*.

Τιβέριος, *ὁ*, **a)** *Σεμπρώνιος*, Konsul 194. **b)** Gracchus usw.

Τίβερις, *ιδος* u. *εως*, Akk. *ιν*, *ὁ*, der Tiberfluß.

Τίβουρα, *τά*, Tibur, St. in Latium, j. *Tivoli;* Adj. *Τιβουρῖνος*, 3. u. *ἡ Τιβουρτίνη* Gebiet von Tibur.

Τίγρης, *ητος*, u. **Τίγρις,** *ιδος*, *ὁ*, d. i. Pfeil, syr. Digla, großer Fluß Armeniens u. Assyriens, jetzt *Didschleh*. Bei Xen. Anab. 4, 4 auch vom östl. Quellarme desselben gebraucht, bei Her. 5, 52 aber von den westlicheren Hauptquellen desselben in Sophene, von denen die eine den Fluß Ratman Su bildet; er mündete bis ins 12. Jahrh. n. Chr. direkt ins Meer.

τίγρις, *εως*, *ιος*, *ιδος*, *ὁ*, *ἡ*, ar. sp. Tiger.

Τιγυρινοί, *οἱ*, *Tigurini*, helvet. Volksstamm.

τιέω, ungebr. Präs., s. *τετίημαι*.

τίη, ep. (att. *τιή*), eigtl. *τί ἦ*, warum eigentlich? verstärktes *τί*.

τιήρης, s. *τιάρα*.

τιθαιβώσσω, ep. Honig bereiten (nach and. bauen, nisten).

τιθασεία, *ἡ*, die Zähmung. Von

τιθασεύω (τιθασσεύω), zahm machen, kirren, *τινά*, *τί*, u. zwar *τινί* durch etwas.

τιθασός, 2. zahm.

τίθημι, Nbf. **τιθέω** (*θη* : *θε*, im Präs. redupl. *τιθη* : *τιθε*, ai. *da-dhāmi*, lat. *con-dere*, *ab-dere*; *fēc-i* = *ἔ-θηκ-α*, dt. *tun*), att. Präs. opt. auch *τιθοῖμι* u. ä. sp., s. u., Impf. *ἐτίθην* od. *ἐτίθειν*, Aor. act. 1. pl. sp. auch *ἐθήκαμεν* u. ä., med. selten *ἐθηκάμην*, Perf. act. *τέθηκα* (*-θεικα*), pass. *κεῖμαι* (*τέθειμαι* sp., s. u.), ep. Präs. act. ind. 2. sg. *τίθησθα*, 3. pl. *τιθεῖσι*, inf. *τιθήμεναι*, med. part. *τιθήμενος*, Impf. act. 3. sg. *τίθει*, 3. pl. *τίθεσαν* u. (*πρό*)*τιθεν*, Fut. act. inf. *θησέμεναι*, med. 2. sg. *θήσεαι*, Aor. act. 3. sg. *θῆκε*, 1. pl. *θέμεν*, 3. pl. *θέσαν* und (*ἔ*)*θηκαν*, conj. sg. 1. *θήω* oder *θείω*, 2. *θήῃς*, 3. *θήῃ* od. *θῆσιν*, 1. pl. *θήομεν* od. *θείομεν*, inf. *θέμεναι*, med. ind. 2. sg. (*ἔν*)*θεο*, 3. sg. *θέτο* und *θήκατο*, 3. du. *θέσθην* usf., conj. *θήομαι* oder *θείομαι*, opt. *θείμην* usf., imper. 2. sg. *θέο* und (*ὑπό*)*θευ*, ion. u. poet. Präs. ind. 3. pl. auch *τιθεῖσι*, inf. *τιθεῖν*, Impf. 1. sg. *ἐτίθεα*, 3. sg. *ἐτίθεε*, Aor. *ἔθηκαν* u ä., med. 2. sg. *ἔθεο* u. *ἐθήκαο* u. ä., conj. *θέω*, *θέωμεν*, *θέωνται* (aber *θῇ*, *θῆται*), opt. *θέοιτο* u. ä. u. *θοῖτο*, im N.T. weitere Formen wie v. *τιθέω*, Optative wie *τιθοῖμι*, *τιθοῖτο* od. *τίθοιτο*, *συνθοῖτο* od. *σύνθοιτο*, Impf. 1. sg. u. 3. pl. *ἐτίθουν*, Aoriste wie *ἐθηκάμην*, *ἐθήκαντο* u. ä., Perf. med. = pass. *τέθειμαι*, **stellen, setzen, legen** • **1)** örtlich: **hinsetzen,** hinlegen, **hinbringen,** *πόδα*, *εὐνήν*, wie lat. *pono, loco, colloco* mit *ἐν*, selten *εἰς*, *ἱστία ἐν νηΐ*, *ἐν τάφῳ* bestatten, *ἐν χείρεσσι* einhändigen, geben; auch geistig, *ἐν στήθεσσι νόον*, *θυμόν*, u. so auch im Med. sich (*sibi*) oder bei sich festsetzen, *αἰδῶ καὶ νέμεσιν*, *κότον* • **2)** übertr. **einsetzen,** errichten, aufstellen, gründen, *ἀγάλματα*, *τέρματα*, *ἀγῶνα* ansetzen, *ἄεθλα* aussetzen, *εἰς τὸ κοινόν* zum Gemeingut aller machen, *ὄνομα* beilegen, gew. im Med. (seinem Kinde). Prägn. • **a)** Geld niederlegen bes. als Pfand, *ὁ θείς* Pfandgeber, *ὁ θέμενος* Pfandempfänger, *τόκον* Zinsen bezahlen • **b) anordnen, festsetzen,** bestimmen, *νόμον* (vom Gesetzgeber), dag. *νόμον τίθεσθαι* sich ein G. geben (vom Demos); abs. verfügen, anordnen, *οὕτω νῦν Ζεὺς θείη*, mit Inf. befehlen • **3)** *τὴν ψῆφον τιθέναι* eig. Rechensteine aufs Brett setzen, rechnen, zählen, dah. • **a)** Med. **abstimmen,** sein Urteil abgeben, *ἐπὶ φόνῳ*, *περί τινος*, dah auch *τίθ. τινι* (sc. *ψῆφον*) jmdm. seine Stimme geben, beistimmen, *κἀγὼ ταύτῃ τῇ γνώμῃ τίθεμαι* • **b)** meinen, **annehmen,** voraussetzen, *θῶμεν δύο εἴδη τῶν ὄντων*, auch mit Inf., *οὐ τίθημ' ἐγὼ ζῆν τοῦτον*, auch im Med. *θέμενος ἡδονὴν εἶναι ἀγαθόν* • **4)** einordnen, **wozu rechnen,** Med. für etwas halten, *τίθεσθαί τι ἐν αἰσχρῷ*, *τινὰ ἐν φιλοσόφοις*, *παρ' οὐδέν* nichtachten, auch *περὶ ἐλάττονος*, *οὐδαμοῦ* gar nicht, *εὐεργέτημα* als eine Wohltat • **5)** einsetzen, **machen,** verursachen, *φιλότητα*, Med. poet. umschreibend *σκέδασιν* = *σκεδάσαι* und oft, aber *πόλεμον* beilegen • **a)** von Personen (poet.): zu etwas machen, in ein Amt einsetzen, *βασιλέα*, *δέσποιναν*, Med. *θέσθαι τινὰ ἄκοιτιν* sich zur Frau nehmen; mit Adjj. (Prosa selten) *τοῖον ὅπως ἐθέλει*, *τινὰ ἀθάνατον καὶ ἀγήρατον*; dazu *ἀρὰν ἀληθῆ* den Fluch wahrmachen; mit Inf. *θῆκε νικῆσαι* ließ ihn siegen. Prägn. med. *παῖδα*(*υἱόν*) adoptieren • **b)** von Sachen: machen, bewirken, veranlassen, *δόρπον* bereiten, *ἔργα* verrichten, *ἄλγεα*, häufig auch im Med., sich bereiten usw., *μαρτύρια* sich verschaffen, *χάριν τινί* Gefallen erweisen, *εὖ*, *καλῶς τι* etw. für sich gut einrichten • **c)** milit. Med. *ὅπλα* in **Bereitschaft** halten, sich anlegen, sich kampffertig machen, aber auch zusammenstellen, d. i. Halt machen, *ἀντία* gegenüber, auch sich mit den Waffen lagern, Lager aufschlagen, oft bei Xen.

τιθηνέομαι, Dep. med., eigentl. Amme sein, dah. aufziehen, pflegen, warten, liebkosen, *τινά* u. *τί*.

τιθήνη, *ἡ*, u. **τιθηνήτειρα,** *ἡ*, poet. (*θῆ-σθαι* saugen), Amme, Wärterin, Pflegerin, *Διωνύσοιο* die Hyaden, Nymphen am Nysa, von denen D. gesäugt u. erzogen wurde.

τιθηνός, 2. poet. sp. nährend, pflegend, wartend.

Τιθορέα, *ἡ*, der nordwestl. Gipfel des Parnaß.

Τιθραύστης, *ου*, *ὁ*, **1)** pers. Flottenführer am Eurymedon 469 v. Chr. **2)** Nachfolger des Tissaphernes als Satrap in Kleinasien 395 v. Chr.

Τῑθωνός, ὁ, Sohn des Laomedon u. Gemahl der Eos, durch welche er Unsterblichkeit, aber nicht dauernde Jugend erhielt, dah. sprichwörtlich als Beispiel des höchsten Alters aufgeführt.

Τίκινον, ου, τό, Ticinum, Stadt in Gallia Cisalpina = *Pavia*.

τίκτω (für τι-τκ-ω, τκ Schwundstufe von τεκ : τοκ, vgl τέκνον), τέξομαι (τέξω), ἔτεκον (ἐτεκόμην), τέτοκα (sp. Aor. pass. τεχθῆναι). **1)** zeugen, **2)** gebären, von Tieren: werfen, ausbrüten; ἡ τεκοῦσα, τίκτουσα Mutter, ὁ τεκών Vater, οἱ τεκόντες Eltern. **3)** übertr. erzeugen, verursachen, hervorrufen.

τίλλω, ep. ion. poet. ar. sp., Aor. inf. τῖλαι, Perf. med.-pass. τέτιλμαι, **1)** Akt. rupfen, berupfen, zerrupfen, ausrupfen, τί, u. zwar ἔκ τινος. **2)** Med. sich ausrupfen, χαίτην als Zeichen der Verzweiflung, gew. der Trauer, dah. τίλλεσθαί τινα jmdn. (durch Haarausrupfen) betrauern.

τιλμός, ὁ, poet. das Zerraufen.

τίλφη, ἡ, sp. die Büchermotte.

τίλων, ὁ, ion. sp. eine Fischart, *tilo*.

Τίμαιος, ὁ, Historiker aus Tauromenion auf Sizilien, um 300 v. Chr.

τῑμαλφέω (τιμ-αλφής kostbar, ἀλφάνω), poet. ar. Ehre angedeihen lassen, ehren.

τιμᾶντα = τιμάεντα, s. τιμήεις unter τίμιος.

τιμά-ορος, 2., s. τιμωρός.

τιμάοχος, 2. ep. Ehre habend, verehrt; vgl. τιμοῦχος.

τῑμαρχία = τιμοκρατία, w. s.

τιμάω (τιμή), Fut. med. τιμήσομαι oft in pass. Bdtg., ep. u. poet. τίω [ῑ poet., ῐ ep.], ep. inf. τιέμεν, Impf. ἔτιον u. τῖον, τίον, iter. τίεσκον, Fut. τίσω, inf. τισέμεν, Aor. act. ἔτῖσα, med. ἐτίσατο, conj. 2. u. 3. sg. τίσεαι, τίσεται, Perf. pass. part. τετῑμένος (über τείσω usw. vgl. τίνω) • **1)** Akt. u. ep Med. • **a)** **schätzen, wertschätzen, ehren,** μὶν θεὸν ὥς, παλαιοτέρους ἀνθρώπους, τοὺς αὐτοῦ γεννήτορας, ἔν τινος αἴσῃ, ἐξ ἴσου τινί, πολλοῦ, πλείονος hoch, höher schätzen, auch (τὰ) μέγιστα, ἐς τὰ πρῶτα aufs höchste; im Pass. geehrt werden, Ehre haben, τιμῆς einer Ehre für wert gehalten werden, οἱ τιμώμενοι od. τετιμημένοι die Vornehmen, τὸ τιμώμενόν τινος ἀπό τινος die aus etw. entsprungene Achtung jmds. Im bes. mit πρό τινος vorziehen, ἀντὶ παντός etwas um jeden Preis tun wollen, u. prägn. χάριν τιμᾶν Ehre zollen, u. so ταὐτά τινι od. ähnl. Dah. • **b)** (durch ein Ehrengeschenk) **belohnen,** beschenken, δώροις καὶ τιμαῖς • **2)** **abschätzen,** den Wert bestimmen, mit Gen., πλοῖα τετιμημένα χρημάτων, auch vom Zensus des Vermögens; insbes. als t. t. • **a)** vom Richter: erkennen, **verurteilen,** αὐτῷ τῶν ἐσχάτων, θανάτου, φυγῆς, δώρων wegen Bestechung, ἀργυρίου τῆς ὕβρεως auf Geld wegen Mißhandlung, od. τί etw. einer Strafe für wert erachten • **b)** Med. vom Kläger: gegen jmdn. (τινί) auf eine Strafe (τινός) antragen, auch vom Beklagten (ἑαυτῷ), τούτου τιμῶμαι, ἐν πρυτανείῳ σιτήσεως; auch mit Inf., ἐγὼ πάσχειν ὁτιοῦν τιμῶμαι.

τῑμάωρ, ορος, ὁ, poet. = τιμωρός.

τῑμή, dor. **τιμά,** ἡ (τίω), nebst **τίμημα,** τό, u. **τίμησις,** εως, ἡ (τιμάω), **Schätzung.** Dah. • **1)** (bloß τιμή) **Preis, Wert,** Betrag, Bezahlung, τιμῆς gegen Bezahlung, τῆς τ. um den Preis, χωρὶς τιμὴ θεῶν der Preis, den wir den Göttern schuldig, ist abgesondert • **2)** Im bes • **a)** (τίμημα und τίμησις) das geschätzte Vermögen, das Vermögensverhältnis, ἀπὸ τιμημάτων τινός nach seinem Vermögen, ἡ ἀπὸ τιμήματος πολιτεία Timokratie, u. ἡ τίμησις die Vermögensschätzung der röm. Bürger, wie sie alle 5 Jahre stattfand, lat. *census* • **b)** (τιμή u. τίμημα) zunächst Bestimmung des Wertes für etwas Geraubtes als Entschädigung, dah. Buße, Genugtuung, τιμήματα παρέχεσθαι Entschädigungsforderungen geltend machen • **c)** überh. Strafe, Rache, Vergeltung, Strafbestimmung, vom Kläger od. Beklagten beantragte Strafe (s. τιμάω), dah. τ. τῆς καταδίκης die bei der Verurteilung zuerkannte Strafe, oder überh. • **d)** Schaden, Nachteil, οὐ σὴ τιμή das kommt nicht auf deine Rechnung • **3)** (τιμή) Wertschätzung, Ehre, Achtung, Belohnung, im bes. Ehrenrecht, Ehrenamt, Ehrendenkmal, τιμῇ κατέχειν in Siegesehre d. h. als glücklicher Sieger in seine Gewalt bringen, οὐκ ἐν τιμῇ στρατεύεσθαι d. h. als gemeiner Soldat. Im Pl. teils konkret: die hohen Würdenträger, θεῶν die Gerechtsame der Götter, u. mit πολιτικαί die höchsten Staatsehren, überh. (auch im Sg.) Verehrung, τὰς τιμὰς ἔχειν τινί sp. bei jmdm. in Ehren stehen, νέμειν τινί erweisen, θεῶν, insbes. Opfer.

τιμήεις, τιμηέστερος, τιμῆντα, s. τίμιος.

Τιμησίας, ου, ὁ (Her. I, 168 Τιμήσιος) aus Klazomenä, erster Begründer von Abdera.

τιμητεία, ἡ, auch τιμητία (τιμητεύω), sp. Amt des Zensors in Rom.

τιμητέον, s. τιμάω.

τιμητέος, 3., Adj. verb. von τιμάω, zu achten, zu berücksichtigen.

τῑμητεύω, sp. Zensor sein.

τῑμητής, οῦ, ὁ (τιμάω). **1)** Abschätzer, Taxator. **2)** sp. der röm. *censor*, deren es zwei gab, urspr. Patrizier, seit 403 auch Plebejer, ἐπὶ τῶν τ., d. h. vor, unter dem Vorsitz der Zensoren. Dav.

τῑμητικός, 3. sp. das lat. *censorius*, dah. ἀνήρ ein gewesener Zensor, ἀρχή die Zensur.

τίμιος, [τῑμῐ], 3, poet. auch 2., u. ep. u. poet. **τῑμήεις,** εσσα, εν, u. ep. **τιμῆς,** Acc. zsgz. τιμῆντα (τιμή), τιμηέστερος, -έστατος, geschätzt, geehrt, geachtet, standesgemäß; wertvoll, kostbar, teuer, abs., od. τινί jmdm. od. durch etwas, ähnl. παρά τινι. Subst. sp. τὰ τίμια Kostbarkeiten.

τιμιότης, ἡ, ar. sp. u. N. T. Kostbarkeit, Köstlichkeit, Wert.

Τιμό-θεος, ὁ, **1)** Sohn des Konon, Schüler des Isokrates u. Platon, berühmter Feldherr seit 375 v. Chr. neben Chabrias und Iphikrates, starb um 350 im Exil in Chalkis. **2)** aus Milet, Neuerer in der Musik, gest. 357 v. Chr. **3)** S. eines Griechen u. einer Jüdin (in Lystra, Lykaonien), Genosse des Apostels Paulus. **4)** sonst. Eigenn.

τιμοκρατία, ἡ (wie v. τιμο-κρατής), eine Staatsverfassung, deren Prinzip die Ehre od. der Zensus ist.

τιμοκρατικός, 3. timokratisch, d. h. sowohl zu

einer Verfassung gehörig, deren Prinzip die Ehre, als zu einer, deren Prinzip das Vermögensverhältnis ist.

Τιμοκρέων, οντος, ὁ, rhodischer Dichter, um 500 v. Chr.

Τιμόμαχος, ὁ, Maler aus Byzanz, zur Zeit Cäsars.

τῖμος, ὁ, poet. der Kaufpreis.

τιμοῦχος, ὁ (τιμή, ἔχω), sp. **Ehre habend, geehrt,** Titel der Ratsmitglieder von Massalia (vgl. the Honourables, Mitgl. d. engl. Parlaments).

Τίμων, ωνος, ὁ, **1)** bekannter Menschenfeind in Athen, zur Zeit des pelop. Krieges. **2)** Skeptiker aus Phlius, im 3. Jhdt. v. Chr., der sog. Sillograph, Verfasser von Spottgedichten auf die Philosophen.

τῑμωρέω u. Med. **τῑμωρέομαι** (τιμωρός) die Ehre wahren, dah. **1)** mit Dat. **a)** jmdm. **Genugtuung** verschaffen, ihn **rächen,** τινί τινα jmdn. an jmdn., σοὶ τοῦ παιδὸς τὸν φονέα, auch τῷ ἑταίρῳ τὸν φόνον wegen des Mordes, doch auch τινός u. ὑπέρ τινος. Im Pass. Genugtuung erhalten, εἴς τινα wegen jmdm. **b)** jmdm. b e i s t e h e n, helfen. **2)** mit Akk. **sich rächen,** ihn bestrafen, züchtigen, τινά τινος od. ἀντί, ὑπέρ τινος, ἑαυτόν sich selbst peinigen. Im Pass. gestraft werden, büßen, ὑπό τινος. **3)** poet. bloß schädigen, τινά τινι.

τιμώρημα, τό, s. τιμωρία.

τῑμωρητήρ, ῆρος, ὁ, ion. Helfer.

τιμωρητικός, 3. sp. zum Rächen od. Bestrafen geneigt.

τῑμωρία, ion. **-ίη,** ἡ, u. **τῑμώρημα,** τό (τιμωρέω). **1) Hilfe,** B e i s t a n d, τ. ποιεῖσθαι helfen, ἀπό τινος sich Beistand verschaffen. **2)** (auch im Pl.) Züchtigung, **Bestrafung,** Rache, (τὴν) τ. διδόναι, ἀντιδιδόναι u. ἀνταποδιδόναι Strafe abbüßen (τ. διδόναι τινί auch das Recht der Strafe verleihen), ὑπέχειν erleiden, τ. ποιεῖσθαι u. ἀναλαμβάνειν Strafe annehmen od. ausüben, τιμωρίαις μετιέναι τινά jmdn. mit Rasheplänen verfolgen, τιμωρίαν ἀποκτεῖναί τινα zur Rache töten, τιμωρίαν παρέχειν zur Rache Anlaß geben.

τῑμ-ωρός, 2., poet. **τιμά-ορος** (τιμή, St. Ϝορ, s. II. οὖρος), eigentl. die Ehre hütend od. wahrend, dann überh. **1)** b e s c h ü t z e n d, h e l f e n d. Subst. H e l f e r, Beschützer, τινί für jmdn. **2)** r ä c h e n d, bei λόγος zur Rache auffordernd. Subst. der R ä c h e r, τινός jmds. od. wegen etwas, τινί jmdm.

τίν, dor. st. σοί, σέ.

τινάκτειρα, erschütternd, poet. Adj. fem. wie

τινάκτωρ, ορος, ὁ, poet. Erschütterer, von

τινάσσω, ep. poet. sp. **1)** Akt. s c h w i n g e n, s c h ü t t e l n, rütteln, erschüttern, umstoßen, zerstreuen, τί u. τινά. Im P a s s. erschüttert werden, zittern, τινί von etwas. **2)** M e d. etwas von sich schütteln, πτερά ihre Fittiche, d. h. mit den Flügeln schlagen, τοῖς ὅπλοις mit seinen Waffen sich in Bewegung setzen.

τιννύω, sp. = τίνω, büße.

τίνῠμαι, ep. poet. sp. = τίνομαι, s. τίνω, 2.

τίνω (aus τίνϜω, dah. ep. u. ion. ῑ, att. ῐ), regelm. τείσω usw., wofür die Handschr. u. Ausg meist τίσω usw. bieten, ep. aor. conj. 2. pl. τείσετε, ion. aor. opt. 3. pl. τεισαίατο. **1)** Akt. **bezahlen,** z a h l e n, abzahlen, entrichten, τινὶ μισθόν Lohn, τιμήν eine Buße, χάριν Dank abstatten, δίκην od. δίκας bestraft werden, τινός wofür. Dah. insbes. **a)** b ü ß e n, ersetzen, erstatten, τινί τινος jmdm. wofür, auch τινά für einen. **b)** belohnen, εὐαγγέλιον Hom. **2)** Med. **τίνομαι** sich etwas bezahlen lassen, jmdn. wofür büßen lassen, ihn wofür **bestrafen,** züchtigen (τινά τινος od. ὑπέρ τινος), **sich** an ihm **rächen,** ihm etwas vergelten, auch τινά τι.

τί-πτε, u. vor einem aspir. Vokal **τίφθ',** ep. u. poet. w a s d e n n? w a r u m d e n n?

Τιρίβαζος, ου, ὁ, 401 v. Chr. Statthalter des Artaxerxes II. in Armenien, 392 Oberfeldherr in Kleinas., verhaftet den Konon, vermittelt u. publiziert den Frieden des Antalkidas 387; als er sich später in eine Verschwörung gegen den König einließ, kostete ihn deren Entdeckung das Leben.

Τίρυνς, θος, ἡ [ῐ], Stadt in Argolis, von den Kyklopen durch große Mauern befestigt (τειχιόεσσα), Residenz des Perseus u. Amphitryon, dah. Herakles nach einigen hier geboren sein od. doch die Stadt als Erbherr besessen haben soll. Jetzt Ruinen bei *Kophini.* Adj. davon **Τιρύνθιος,** 3. Die Einw. οἱ **Τιρύνθιοι.**

τίς, τί [ῐ], Fragepronomen, ep. u. ion. Gen. sg. τέο u. τεῦ, ion. Dat. sg. τέῳ, ep. u. ion. Gen. pl. τέων, ion. Dat. pl. τέοισι (τοῖσι), äol. Dat. sg. τίῳ, pl. τίοισιν; *quis, quae, quid?* • **1)** in direkter u. in abhängiger Frage: **wer, welcher, was,** w a s f ü r e i n e r, auch mit Gen. od. als Präd. τίς δ' οὗτος ἔρχεαι; wer bist du denn, der da kommt? τί τοῦτ' ἔλεξας; was soll, was heißt das? τίς ἐών mit folg. Verb. was ist er, daß er, od. τί ποιοῦντες ἀναλάβοιεν ἄν was müssen sie tun, um, oft in τί πάσχοντες u. τί μαθών (s. πάσχω u. μανθάνω). Ähnl. auch in καταμεμάθηκας τοὺς τί ποιοῦντας τὸ ὄνομα τοῦτο ἀποκαλοῦσιν, statt καταμ., τί ποιοῦσιν οὗτοι, οὓς τὸ ὄνομα τοῦτο ἀποκαλοῦσιν; etwas anders in τῶν τί σοφῶν des worauf wohl bezüglichen Wissens. Bisw. ellipt. • **a)** τί μοι ἔριδος; was habe ich vom Streit? od. • **b)** ἵνα τί (γένηται) ταῦτα λέγεις d. h. in welcher Absicht? Endlich auch bei Wünschen, deren Erfüllung man kaum hoffen darf, τίς ἂν δοίη möchte einer geben (*utinam aliquis duit*) • **2)** abs. τί wie? wozu? warum? weshalb? = unserem „was?" Aber ἐς τί wie lange?

τὶς, τὶ [ῐ, durch den Ictus ep. auch ῑ], enklit. indefin. Pronom., ep. u. ion. Gen. sg. τεο u. τευ, Dat. τεῳ u. (ep.) τῳ, Gen. pl. (ion.) τεων, u. Acc. pl. ntr. ep. ἄσσα (ὁπποῖ' ἄσσα, Od. 19, 218, welcherlei) • **1) jemand,** ein gewisser, **irgendeiner,** e t w a s • **a)** subst., ἤ τις ἢ οὐδείς, ἤ τι ἢ οὐδέν kaum einer, so gut wie nichts, od. mit Gen., wo es bisw. dem Sinne nach konstr. ist, wie in τὶς (= παῖς) ἦν γεννημάτων, εἴ τι γένοιτο wenn sonst was geschähe, od. mit zu ergänz. ἄλλο, wie Xen. mem. 4, 3, 9 • **b)** adj., wo wir es meist durch e i n, e i n e, e i n übersetzen, auch eine Art von . . ., gewissermaßen, σοφιστής τις so eine Art Sophist, συγγενεῖς τινες eine Art Verwandte, gewissermaßen verwandt, τοὺς αὐτοέντας τινάς die Mörder, wer sie auch sind, u. so auch wie das lat. *quidam,* ein rechter, wahrhafter • **2) man-**

cher, im Pl. einige, der Sg. auch kollektiv **man,** jeder • **3)** prägn., wie • **a)** in *λέγειν τι* etwas sagen, was sich hören läßt, recht haben, *ποιεῖν τι* etwas Tüchtiges tun, ähnl. auch von etw. Schlimmem, *σὺν τάχει τινί* ganz schnell • **b)** mit Adj., Pronom. u. Adv., etwas, gewissermaßen, ziemlich, gar, *πολλός τις, ἀπὸ σμικροῦ τεο,* u. *τί* mit Adv. einiger- od. gewissermaßen, etwa, *ἐγγύς τι* ziemlich nahe, *ἧττόν τι* um etwas weniger, *ὁμοῦ τι* zugleich fast. Bei *οὗτος* heißt es jmd. hier, *ὅ τις* der gewisse, *τοὺς δέ τινας* einige auch, *τὸ μέν τι* ein unbestimmter Teil, *καί τι καί* zum Teil auch, *μή τι* ja nicht, *μή τί γε δή* geschweige denn; bei *οἷος* was für einer, *οἷόν τι* ungefähr so, *πᾶς τις* jeder beliebige, ähnl. bei *ἕκαστος* ein jeder, *οὐδέν τι* ganz u. gar nicht, u. bei Zahlbegriffen: *ἑπτά τινες* etliche sieben, ähnl. *τινὲς δύο*, od. bei *εἷς*.

Τισαμενός, richtig *Τεισαμενός*, s. d.

τῐ̄σις, *εως*, ion. *εος, ἡ* (*τίνω*), Bezahlung, Ersatz, Entschädigung, Buße, Genugtuung. Dah. **a)** Strafe, Rache, *τίσιν διδόναι* od. *ἐκτίνειν* wie *poenam dare*, Strafe leiden, *τινός* wofür; auch personif. Rachegöttin (auch im Plur.). **b)** Belohnung, Vergeltung.

Τισαφέρνης od. ***Τισσαφέρνης,*** *ους, ει* (sp. auch *ου, ῃ*), *η* u. *ην*, Vok. *Τισσαφέρνη, ὁ*, persischer Satrap Ioniens u. Kariens, mit Sparta im Bund, 411 durch Alkibiades mit Athen in Unterhandlung, Begleiter des jüngeren Kyros nach Susa, den er bei Artax. verleumdet; nach der Schlacht bei Kunaxa ermordet er die griech. Feldherren 401, dann wollte er 400 die ionischen Städte erobern, welche von Sparta durch Thibron u. hernach durch Agesilaos Hilfe erhalten, der ihn am Paktōlos 395 besiegt; später wurde er abgesetzt, u. sein Nachfolger Tithraustes ließ ihn durch Ariaios hinrichten.

τιταίνω, meist ep. (poet. ion.), s. *τείνω*.

Τῑτάν, *ᾶνος*, ion. ***Τῑτήν,*** *ῆνος, ὁ*, im Plur. die Titanen, Söhne des Uranos u. der Gaia, ein früheres Göttergeschlecht, zu welchem Okeanos, Koios, Hyperion od. Helios, Iapĕtos (Vater des Prometheus) u. Kronos gehörten. Sie stürzten ihren Vater vom Thron u. beherrschten den Himmel, bis Zeus sie in den Tartaros schleuderte. Davon

τιτανο-κράτωρ, *ὁ*, sp. Titanenbezwinger.

Τῑτανο-κτόνος, 2. sp. ep. Titanen tötend.

τιτανώδης, 2. sp. titanenartig.

τίτανος, *ἡ*, Kalk, Gips; *τιτάνου ἀπόπλυμα*, sp. Kalkwasser, Gipswasser.

Τίτᾰνος, Ort od. Berg in Thessalien.

Τῑτᾰρήσιος, Nebenfluß des Peneios in Thessalien, j. *Saranto Poros*.

τίτας, *α, ὁ*, poet. rächend, Rächer.

Τῑτήν, s. *Τιτάν*.

τίτθη, *ἡ* (*θῆ-σθαι*, saugen), die Amme. Dazu

τιτθεύω Amme sein, *τιτθεία, ἡ*, der Ammendienst.

τιτθός, *ὁ*, Mutterbrust.

τίτλος, *ὁ*, N. T. (*titulus*), die Aufschrift.

τιτός, 3. (*τίνω*), ep. vergolten, *ἔργα* Rachewerk.

Τίτος, *ου, ὁ*, **1)** der röm. Kaiser Titus von 79—81 n. Chr. **2)** Genosse des Apostels Paulus (nicht Apostelg 18, 7), bekehrter Heide (nicht = Silvanus).

τιτράω, späte Nbf. zu *τετραίνω*, s. d.

τιτρώσκω, s. *τρώω*.

Τῐτυός, *ὁ*, Sohn der Gaia, ein Riese, welcher der Leto Gewalt antun wollte u. dafür von ihren Kindern getötet in der Unterwelt beständig von Geiern an der immer wieder nachwachsenden Leber zerfleischt wurde.

Τιτύριος, Q. Titurius Sabinus, Legat Cäsars in den gallischen Kriegen.

Τίτυρος, *ὁ*, buk. N. eines Ziegenhirten.

τῐτύσκομαι (st. *τιτύκ-σκομαι*, St. *τυκ, τυχ, τεύχω*), ep. u. buk., nur Präs. u. Impf., **1)** = *τεύχω*, machen, zurechtmachen, bereiten; *ἵππους* anschirren, anspannen. **2)** = *τυγχάνω, τυχεῖν*, **a)** zielen, hinzielen, abs. od. *τινός*. **b)** übertr. mit und ohne *φρεσί*, mit den Gedanken zielen, streben, bezwecken, auch von den beseelt vorgestellten Schiffen der Phäaken.

τίφθ', ep. = *τίπτε*, s. d.

τῖφος, *τό*, buk. ep. Sumpf.

τίω, s. *τιμάω*.

τλᾱ-, s. *τλη-*.

τλή-θῡμος, 2. poet. duldenden Sinnes, geduldig.

τλημοσύνη, *ὁ*, poet. u. sp. Geduld, Ausdauer. Von

τλήμων, *ονος, ὁ, ἡ*, dor. ***τλάμων*** (*τλῆναι*), **1)** ausdauernd, d. i. **a)** standhaft, ausharrend. **b)** unternehmend, kühn, keck, dreist, frech, unverschämt. **2)** im Dulden geübt, duldend, geplagt, leidvoll, elend, unglücklich. **3)** Mühe verursachend, reich an Strapazen, mühevoll. Adv. poet. u. sp. *τλημόνως* standhaft.

τλῆναι, defektiver Aor., selten in att. Prosa, ind. *ἔτλην, τλῆ, ἔτλαν* st. *ἔτλησαν*, imper. ***τλῆθι,*** part. *τλάς*, Fut. *τλήσομαι*, Perf. *τέτληκα* mit Präsensbdtg., plur. *τέτλαμεν*, imper. *τέτλαθι*, opt. *τετλαίην*, inf. *τετλάμεν(αι)*, part. *τετληώς, ότος*. Dazu der ep. Aor. ***ἐτάλασσα*** (St. *ταλ*, lat. *tuli, tollo*, got. *thula*, ahd. *dolêm, dultu* dulde), **1)** *tolero*, ertragen, erdulden, sich gefallen lassen. **2)** auf sich nehmen, über sich gewinnen, sich erkühnen, wagen. Konstr. *τί*, mit Inf. od. Part.

Τληπόλεμος, *ου, ὁ*, König u. Heros der Rhodier, Sohn des Herakles.

τλησι-κάρδιος, 2. poet. = *ταλακάρδιος*.

τλητός, 3., dor. *τλᾱτός* (*τλῆναι*), **1)** Akt. ep. zum Dulden fähig, standhaft. **2)** ep. u. poet. zu erdulden, erträglich, ***οὐ τλητός*** unerträglich.

τμήδην, ep. Adv. (*τέμνω*), einschneidend, streifend.

τμῆμα, *τό*, u. ***τμῆσις,*** *εως, ἡ* (*τέμνω*), die Zerschnittenheit, der Schnitt, Abschnitt, Stück, Teil. (*τμῆσις* auch das Zerstören.)

τμητός, 3. (*τέμνω*), **a)** poet. geschnitten, mannigfach (vom Riemengeschleif). **b)** ar. buk. sp. trennbar, teilbar.

Τμῶλος, *ὁ*, Gebirge Lydiens b. Sardes, j. *Bosdag*.

τό, Ntr. zu *ὁ, ἡ* (s. bes.) adv. deshalb; ***τὸ μὲν*** — ***τὸ δέ*** teils — teils, bald — bald.

τόδε, ep. Adv. (eigentl. Neutr. v. *ὅδε*), **a)** hierher, mit u. ohne ***δεῦρο***. **b)** deshalb.

τό-θεν, poet. Adv., **1)** von da her, von da ab. **2)** von wo.

τόθι, Adv. **1)** ep. poet. daselbst. **2)** poet. buk. wo.

I. ***τοί,*** ep. u. poet. = ***οἱ*** u. ***οἵ***, zu ***ὁ*** u. ***ὅς***.

II. **τοί,** ep. ion. dor. = σοί. Dazu

III. **τοί,** enkl. Part. (eig. Dat. ethicus zu σύ), also (sag' ich dir), traun, u. demnach: ja, ja doch, sicherlich, wahrlich, wirklich, zweifle nicht, glaube mir, indem es einer Äußerung den Ausdruck der Entschiedenheit beilegt. In Anreden hebt es die angerufene Person stark als solche hervor: nur, lediglich.

τοι-γάρ (τοίγαρ) od. **τοὶ γάρ,** ep. poet. u. ion., **τοιγαροῦν, τοιγάρτοι,** Partik., drum, denn, daher denn, demnach, also, darum also, deshalb, demzufolge, so denn wirklich, so zum Beispiel.

τοῖιν, ep. st. τοῖν, s. ὁ.

τοί-νυν, Adv., **1)** konklusiv: nun ferner, nun aber, gewiß nun, drum nun, so nun, also nun, gerade, daher, also, nun, wohl verstanden. **2)** anreihend: ferner; ἔτι τ. ferner aber, οὐ τ. ferner nicht.

τοῖο, ion. u. ep. st. τοῦ, s. ὁ.

τοῖος, ᾱ, ον, meist poet., **τοιόσδε,** ἄδε, όνδε, u. **τοιοῦτος,** -αύτη, -οῦτον, seltener -οῦτο, verstärkt **τοιουτοσί** (τοι bei Tragg. oft = τοj) • **1) ein solcher,** so beschaffen, von der Art, entweder wie er beschrieben worden od. wie folgt, ferner **fähig, tüchtig,** u. prägn. so schön, so trefflich, überh. vortrefflich, vorzüglich; dah. τοιουτοσί so edel wie oben geschildert worden ist, oder so schlecht, schlimm, erbärmlich, hart usw. Oft mit freierer Beziehung u. dem Sinne nach, dah. τὰ τοιαῦτα, Xen. Kyr 4, 5, 7, das zum πίνειν Erforderliche, od. τοιούτῳ, Xen. An. 3, 1, 30 = σκευοφόρῳ, τοιαυτί gerade so etwas (wie erwähnt wurde); nicht selten mit dem Artikel ὁ τ., τὸ τοιόνδε, ähnl. τοιόνδε τι folgendes, aber ταῦτα καὶ τοιαῦτα dies u. anderes dergleichen. Es steht teils abs. oder entspricht einem οἷος, ὁποῖος, ὅς, ὅπως, od. mit Inf. mit u. ohne ὥστε, oder Indik. mit ὥστε • **2)** Subst. (τὸ) **τοιοῦτον** mit u. ohne Gen., ein solcher Fall, etwas von der Art, οἱ τοιοῦτοι solche Leute • **3) Adv.** aber stehen • **a)** κατὰ τοιόνδε aus solchem Grunde, κατὰ τοιόνδε τι aus irgendeinem derartigen Grunde • **b)** ἐν τῷ τοιῷδε od. ἐν τῷ τοιούτῳ in solcher Lage (hier auch mit καιροῦ), bei solcher Gelegenheit, u. mit dem Gen. κινδύνου auf solchem Punkte der Gefahr. Ähnl. ἐν τοῖς τοιοῖσδε, ἐν τοῖς τοιούτοις • **c)** τοῖον, ep., es, also, so gar, so sehr.

τοιουτό-τροπος, 2. solcherlei, derartig.

τοιουτώδης, sp. von solcher Gestalt, Art.

τοῖσδεσι u. **τοῖσδεσσι,** s. ὅδε.

τοῖχος, ὁ (wie τεῖχος verw. mit lat. *fingere* und deutsch *Teig*), die Wand, Mauer, bes. **a)** des Hauses, Hofes, Turmes. **b)** die Schiffswand, Bord.

τοιχωρυχέω, die Wand durchbrechen, in Häuser einbrechen, Diebstahl begehen. Im Pass. bestohlen werden, πρός τινος.

τοιχωρυχία, ας, ἡ, das Durchbohren der Wand, der Einbruch, Diebstahl.

τοιχ-ωρύχος, ὁ (ὀρύσσω), der die Wand durchbricht, um zu stehlen, Spitzbube.

τόκα, dor. st. τότε.

τοκάς, άδος [ᾰ], ἡ (St. τεκ in τίκτω), ep. poet. sp. die Gebärerin, geboren habend, λέαινα eine Löwin mit Jungen, σῦς Mutterschwein, τοκάδα τὴν κεφαλὴν ἔχειν sein Kopf ist schwanger; fruchtbar.

τοκεύς, ὁ, der Erzeuger, Vater, ἡ τ. die Mutter, gew. im Plur.

τοκεῖς, οἱ, ion. έες, ep. ῆες, Gen. έων u. ήων, u. im Dual τοκῆε (τίκτω), die Eltern, *parentes.*

τοκίζομαι, Pass. auf Zinsen geliehen, u. bei Plut. auch: verzinst werden, ὑπό τινος. Dav.

τοκιστής, ὁ, der Wucherer. Von

τόκος, ὁ (St. τεκ in τίκτω), **1)** die Erzeugung, das Gebären, die Geburt. **2)** das Geborene, die Nachkommenschaft, der Sohn, die Jungen, Kinder; Brut. **3)** übertr. der Ertrag, Gewinn, insbes. von ausgeliehenem Gelde, Zinsen.

τόλμα, (ᾰ, Tragg. an lyr. Stellen ᾱ), sp. **τόλμη,** ἡ, auch im Plur. (τλῆναι), Mut etwas zu unternehmen, Unternehmungsgeist, Wagnis, die Dreistigkeit, Kühnheit, Tollkühnheit, Verwegenheit, Frechheit, im Plur. κακαὶ τ. Frevel, wie Giftmischerei u. dgl., abs. u. πρός, ἔς τι.

τολμάω, ion. auch **τολμέω,** ep. Aor. τόλμησα, buk. Präs. ind. 2. sg. τολμῇς, Fut. 2. sg. τολμᾱσεῖς. **1)** ertragen, **erdulden. 2) über sich gewinnen** od. vermögen, sich entschließen, sich nicht scheuen, unternehmen, bes. mit Mut u. Kühnheit unternehmen, wagen, sich erkühnen, keck, unbesonnen sein (auch mit Inf. od. Partiz.).

τόλμη, s. τόλμα. Davon

τολμήεις, εσσα, εν, ep. u. poet., Superl. τολμήστατε st. τολμηέστατε, u. **τολμηρός,** 3., Adv. **-ῶς,** Komp. -ότερον, **a)** duldend, standhaft. **b)** unternehmend, mutig, kühn, verwegen, dreist, keck, abs., od. τί in etwas. Subst. τὸ τολμηρόν der Unternehmungsgeist, τὸ τολμηρότερον der größere Mut.

τόλμημα, τό (τολμάω), das Wagnis, eine mutvolle, kühne Tat, kühnes Unternehmen.

τολμήστατος, 3. Superl. zu τολμήεις.

τολμητής, οῦ, ὁ, unternehmend; Wagehals.

Τολμίδης, ὁ, **1)** Sohn des Tolmaios, siegreicher Anführer der Athener, fiel in der Schlacht bei Koroneia 447 v. Chr. **2)** sonst. Eigenn.

Τολοφώνιοι, οἱ, die Einwohner von Tolophon, einer Stadt der ozol. Lokrer, beim j. *Kiseli.*

τολῡπεύω, ep. poet., Aor. ep. τολύπευσα, eigtl. die Wolle auf ein Knäuel (τολύπη) wickeln, daher übertr. anzetteln, od. etwas Mühsames (τί) vollenden, vollbringen, durchmachen.

τομαῖος, 3. u. 2. ep. poet. abgeschnitten, zubereitet; ἄκος geschnittenes, d. i. bereitetes Heilmittel; τὸ τομαῖον Zaubermittel.

τομάω, poet. Desiderat., (augenblicklich) den Schnitt verlangen.

τομεύς, ὁ (τέμνω), der Kneif, das Messer.

Τομεύς, Berg in Messenien bei Pylos.

τομή, ἡ, dor. **τομά** (τέμνω), **1)** das Schneiden, Beschneiden, Hauen, auch von ärztlicher Operation und der Entmannung. **2)** der Schnitt, Hieb. **3)** der abgeschnittene Teil, die Schnitte, u. insbes. **a)** die behauene Ecke. **b)** das Ende des Balkens, der Stumpf des Baumes.

τόμιος, 2. geschnitten, zubereitet; τόμια, τά, die herausgeschnittenen Eingeweide von Opfertieren, über denen Eide geschworen wurden.

τόμος, ὁ, poet. sp. Abschnitt, Stück.
τομός, 3. einschneidend, scharf, Komp. -ώτερος.
τόνος, ὁ (τείνω), **1)** das, womit man etwas spannt, Saite, Seil, Gurt. **2)** Spannung, Nachdruck, Wucht. **3)** die Hebung, **a)** der Klang der Stimme, **τόνος ψυχῆς** Töne gebende Saiten der Seele. **b)** die Hebung im Verse, das Versmaß. **c)** die Hebung der Farbe, der Farbenton, die Farbe (auch die politische).
τοξάζομαι, ep. Dep., Fut. -άσσομαι, schießen, τινός nach jmdm.
τοξάριον, τό, sp. Demin. von τόξον, w. s.
τοξ-άρχης, ου, sp. u. **τόξ-αρχος,** ὁ, der Anführer der Bogenschützen, Schützenführer (s. τοξότης).
τοξεία, ἡ, sp. Schieß- od. Schützenkunst.
τόξευμα, τό (τοξεύω), Geschoß (abgeschossener) Pfeil, im bes. **a)** Pfeilschuß (auch von Worten). **b)** Schußweite. **c)** im Plur. meton. die Bogenschützen.
τοξευτής, οῦ, ὁ, ep. der Bogenschütze.
τοξευτός, 3. poet. durch den Pfeil erschossen, verb. mit ἐκ Φοίβου δαμείς, u. zwar ὡς λέγουσιν, weil Paris den Pfeil abgeschossen, Apollon aber ihn gelenkt haben sollte.
τοξεύω (τόξον), mit dem Pfeile schießen, treffen, durchbohren, abs. ἐτόξευσε Luc. Nigr. 37, er pflegte zu schießen, od. τινά, τί, jmdn., etwas, auch εὔστοχα gut treffen, dag. τινός nach jmdm., ἔς τι nach etwas. Im Pass. geschossen od. getroffen werden, ἔς τι in etwas. Übertr. mit καθ' ὑπερβολάν es überschwenglich glücklich treffen.
τοξ-ήρης, 2. poet. mit Bogen u. Pfeil versehen.
τοξικός, 3. (τόξον), zum Bogen gehörig, im bes. des Bogenschießens kundig. Subst. ἡ τ. die Kunst des Bogenschießens. [bogengewaltig.
τοξο-δάμας, ὁ, poet. u. **τοξό-δαμνος,** 2. poet.
τόξον, τό. **1)** der **Bogen** aus Horn, Fischbein oder Holz mit einer Sehne aus Pflanzenfasern oder Tiersehnen. Da er aus zwei Teilen (πῆχυς Mittelstück u. κέρατα Bogenenden) bestand, so steht poet. oft der Pl. statt des Sg. **2)** im Pl. das **Schießgerät,** Bogen u. Pfeile, od. auch bloß **Geschoß,** Pfeile, übertr. ἡλίου Strahlen. **3)** meist im Pl. das Bogenschießen, die Kunst des Bogenschießens.
τοξοσύνη, ἡ, ep. u. poet. die Kunst mit dem Bogen zu schießen.
τοξο-τευχής, 2. poet. bogengerüstet.
τοξότης, ου, ὁ, Vok. τοξότα (τόξον), **1)** der Bogenschütze, von den Alten, besond. bei Homer, als Waffengattung verachtet. Sie gehörten zu den Leichtbewaffneten u. dienten vorzugsweise zum Eröffnen des Kampfes. Berühmt waren außer den Skythen u. Thrakern die Kreter, in Alexanders Heere mit den makedonischen zusammen 2000. **2)** der Amtsdiener, Gerichtsdiener, Gendarm, Polizist in Athen. **3)** sp. eine persische Münze mit dem Bild eines Bogenschützen. **4)** ein Sternbild, der Schütze.
τοξουλκός, 2. (ἕλκω), poet. den Bogen spannend.
τοξο-φόρος, 2. ep. ion. u. poet. den Bogen tragend, führend; als Subst. Bogenschütze.
τοπάζιον, ου, τό, sp. N. T. ein durchsichtiger, halbgrüner Edelstein, Topas, Chrysolith.
τοπάζω (τόπος), auf einen Ort od. Punkt hinzielen, dah. vermuten, erraten, abs. od. mit Akk. m. Inf. od. mit εἰ.
το-παράπαν, = (τὸ) παράπαν, w. s.
τοπικός, 3. ion. ar. sp. **1)** dem Orte eigen, örtlich. **2)** als t. t. topisch, die rhetor. τόποι betreffend (s. τόπος, 2); ἡ τοπική (sc. τέχνη) die Kunst, diese τόποι aufzufinden.
τοποθεσία, ἡ, sp. Beschreibung der Lage eines Ortes.
τοπομαχέω, sp. (wie v. τοπο-μάχος), den Feind durch feste Plätze oder Stellungen abzuhalten suchen.
τόπος, ὁ, **1)** Ort, Stelle, **a)** Landstrich, Gegend; im Plur. mit dem Genet. eines Ortes oft bloß zur Umschreibung; übertr. ὅδε ὁ τόπος diese Erde, diese Welt, ὁρατὸς τ. die sinnliche Welt. **b)** Örtlichkeit, Raum. **c)** Gelegenheit. **d)** Lebensstellung, Stand. **2)** als t. t. der Rhetorik u. Dialektik: **a)** Grundlage der Beweisführung und Reden. **b)** Thema od. Gegenstand einer Rede. **c)** κοινὸς τόπος ein gewöhnlich behandeltes Thema, Gemeinplatz.
τορεία, ἡ (τορεύω), sp. die Gravierung.
τόρευμα, τό, poet. sp. getriebene, gravierte Arbeit.
τορευτής, οῦ, ὁ, sp. der Graveur.
τορεύω (τορός), erhabene Arbeit in Metall ausführen, ziselieren, gravieren; überh. formen.
τορευτική, ἡ, sp. Gravierkunst.
τορέω, Aor. 1. (ἀντ-)ετόρησε, Aor. 2. ἔτορε (τείρω, verw. ahd. *drâjan*, lat. *tor-nare*), ep. poet. u. sp. durchbohren.
τόρμος, ὁ (τείρω), ion. u. sp. **1)** alles Gebohrte, Loch. **2)** = τόρνος, Stift.
τόρνευμα, τό, poet. u. sp. das Schwingen.
τορνεύω, drechseln, drehen.
τορνόομαι, ep. Med., Aor. 3. plur. τορνώσαντο, conj. τορνώσεται st. -σηται sich abzirkeln od. abrunden, d. i. im gezogenen Zirkelkreise anlegen, τί.
τόρνος, ὁ (τείρω, lat. *terebra*), **1)** ein Werkzeug zur Vorzeichnung eines Kreises od. Halbkreises, Kreisstift, wahrsch. ein Stift, den man in das Holz einsetzte, um mit einer daran befestigten Schnur die Zirkellinie zu beschreiben. **2)** sp. Kreiszentrum, Kugelachse.
τορός, 3., Adv. **-ῶς** (τείρω), eigentl. durchbohrend, durchdringend, dann von der Rede: laut, vernehmbar, vernehmlich, verständlich, deutlich, kräftig, stark, att. auch schnell. Das Neutr. sing. als Adv.
τορύνη, ἡ, der Quirl, die Rührkelle.
Τορώνη, ἡ, Stadt Makedoniens am jetzigen Golf v. Kassandhra. Ihre Ruinen noch Torone. Dav. **Τορωναίη** ἄκρη, das Vorgebirge v. T., gew. Derris genannt, jetzt *Kap Drepano*. Die Einw. **οἱ Τορωναῖοι.**
τοσαυτάκις s. τοσσάκι.
τόσος, 3., ep. u. poet. **τόσσος,** 3., **τοσόσδε, τοσήδε, τοσόνδε,** ep. **τοσσόσδε** usw.. 3., **τοσοῦτος,** -σαύτη, -σοῦτον u. -σοῦτο, ep. auch **τοσσοῦτος,** u. verstärkt **τοσουτοσί, τοσαυτηί, τοσουτονί** und τοσοσδί, 3., *tantus*, **so groß, so viel,** so weit, so lange, so stark, näml. als bemerkt worden ist od. werden wird, dah. τοσοίδε auch so

wenige, wie Xen. An. 2, 4, 4, teils abs. od. entsprechend einem ὅσος, ὅσοσπερ, ὡς, ὥστε, u. zwar sowohl subst. als adj., teils mit Inf. Im bes. bei εἰπεῖν, δεηθείς u. ähnl.: nur so viel, *tantum*, dah. τοσοῦτος ὁ ἡμέτερος λόγος. Adverb. stehen 1) mit Praepp. • a) διὰ τοσούτου in solcher Nähe, nach so langer Zwischenzeit • b) ἐκ τόσου, ἐκ τοσοῦδε von so lange her, seitdem • c) ἐν τοσούτῳ, ἐν τοσῷδε unterdessen • d) ἐπὶ τοσοῦτον so weit, so bedeutend • e) ἐς τοσόνδε, ἐς τοσοῦτον soweit, teils abs., teils τινός u. mit u. ohne τοῦ χρόνου auf so lange Zeit • f) κατὰ τοσοῦτον insoweit • g) μέχρι τοσούτου so weit, so lang • h) παρὰ τοσοῦτον in solchem Grade anders, so nahe, beinahe • 2) τόσῳ, τοσῷδε, τοσούτῳ • a) gew. mit Kompar.: desto, nach ὅσῳ μᾶλλον auch mit weggel. μᾶλλον • b) ohne Kompar., um so viel (προέχειν voraushaben), und mit folg. ὅσῳ so viel als • 3) τόσον, seltener τόσα, ferner τοσ(σ)όνδε u. τοσ(σ)οῦτον, so viel, so sehr, so weit, so lange Zeit, od. auch: nur insoweit, so wenig, u. mit u. ohne μόνον: nur bloß, οὐ τ. nicht sowohl. Teils absol. od. entspr. dem ὅσον, ὡς, teils τί an etwas • 4) das eigentl. Adv. τόσως so viel.

τοσουτ-άριθμος, 2. poet. so zahlreich.

τοσσάκι, apostr. τοσσάχ', ep., att. **τοσαυτάκις,** Adv. so vielmal, so oft.

τοσσῆνος, buk. = τοσοῦτος (vgl. τῆνος).

τό-τε, Adv. der Zeit. 1) von einem bestimmten Zeitpunkt der Vergangenheit: **damals,** zu der Zeit, τότε γε gerade damals, **ὁ τ.** der damalige, **οἱ τ.** die damals Lebenden, die Zeitgenossen, seine Zeit, u. so ἐν τῷ τότε mit u. ohne χρόνῳ in der damal. Zeit, damals; ἐκ τότε seit damals, εἰς τότε bis dahin. 2) abs. von der vergangenen Zeit: vormals, **ehemals,** vordem, od. von der nähern Vergangenheit: vorher, vorhin, vor kurzem. 3) in bezug auf einen Relativsatz mit ὅτε, εἰ, ἐπεί u. ähnl. od. nach Part.: da, dann, jetzt, erst, τῇ τόθ' ἡμέρᾳ, an diesem selben Tage, (ἢ) τότ' ἢ τότε dann u. wann, τότ' ἤδη da erst.

τοτέ, Adv. einmal, bisweilen, gew. τοτὲ μέν — τοτὲ δέ bald — bald, auch τοτὲ μέν — αὖθις δέ, od. ἄλλοτε, od. so, daß im zweiten Gliede zu größerem Nachdrucke ein bloßes δέ folgt, od. **τοτὲ δέ** ohne ein vorhergehendes τοτὲ μέν steht.

το-τηνίκα = τὸ τηνίκα, damals; dann.

τοτοῖ u. **τοτοτοῖ,** poet. Ausruf des Schmerzes.

τοῦ u. **του,** s. τίς, τὶς u. ὁ.

τοὔδαφος, durch Krasis aus τὸ ἔδαφος.

τοὐλάχιστον, τοὔμπαλιν, τοὔμπροσθεν, τοὐναντίον, att. Krasen st. τὸ ἐλ., ἔμπ., ἔμπρ., ἐν.

τοὔνεκα, ep. zsgz. aus τοῦ ἕνεκα, deshalb, deswegen.

τοὔνομα, τοὐντεῦθεν, τοὐπί, τοὐπίσω, τοὖπος, τοὖργον, att. Krasen st. τὸ ὄν., ἐντ., ἐπί, ὀπίσω, ἔπ., ἔργ., **τοὔτερον,** ion. st. τὸ ἕτερον.

Τουσκία, ἡ, Tuscia, heute *Toskana*, das Gebiet der **Τοῦσκοι,** Tusci.

τουτάκις, Adv. poet. = τότε.

τουτεῖ, dor. (buk.) st. ταύτῃ. **τουτί,** s. οὑτοσί.

τουτέστι, sp. = τοῦτ' ἔστι.

τουτόθε u. **τουτῶθεν,** buk. von dort, von dort her.

τόφρα (Korrel. von ὄφρα), ep. Adv. der Zeit, 1) so lange, während der Zeit, auch: so lange bis, bis dahin, bis zu der Zeit, einem ὄφρα, ἕως, πρίν, εὖτε, ὅτε δή entsprechend. 2) inzwischen, indessen, unterdessen.

τράγειος, 3. sp. vom Bocke, Bocks-, δέρμα. So buk. ἡ τραγεία (verst. δορά), Bocksfell.

τραγ-έλαφος, ὁ, Bockshirsch, ein fabelhaftes Tier.

τρᾰγήματα, τά (τρᾰγεῖν, τρώγω), Nachtisch, Naschwerk, Nüsse, Mandeln, Zuckergebäck, frz. *dragées.*

Τραγία, ἡ, u. **Τραγίαι,** αἱ, Insel bei Samos.

τρᾰγικός, 3. (τράγος), 1) bocksartig, bocksmäßig, 2) der Tragödie angehörig, tragisch, in der Tragödie, ἀνήρ ein Tragiker, tragischer Dichter, doch heißt τρ. allein auch ein Schauspieler in Tragödien, u. τρ. ἄγγελος ein Bote in der Tragödie d. h. einer, welcher darin nur eine untergeordnete Rolle spielt. Subst. τὰ τρ. die tragische Kunst, -Dichtung. Über **τρ διδασκαλία** s. διδασκαλία.

τραγίσκος, ὁ, buk. Böcklein. [gehörig.

τραγο-κουρικός, 3. sp. zum Scheren der Böcke

τραγο-κτόνος, 2. (κτείνω), poet. Böcke tötend.

τραγό-κτονος, 2. poet. αἷμα Blut des getöteten Bockes.

τραγό-πους, Acc. -πουν, poet. bockfüßig.

τράγος, ὁ (viell. v. τραγεῖν, **der Nager**), **mit und** ohne **τῶν αἰγῶν,** nicht in att. Prosa, der Ziegenbock, Bock; messen. = ἐρινεός wilder Feigenbaum.

τραγο-σκελής, 2. (σκέλος), ion. u. sp. bockschenkelig, bockfüßig.

τραγῳδέω (-δός), in der Tragödie behandeln od. erwähnen; auch eine Tragödie (z. B. Ἀνδρομέδαν) aufführen. Übertr. **a)** etwas (z. B. τὴν ἀρετήν) zum Gegenstande der Schaustellung machen, spielen (im Gegens. zur echten Tugend), absol. sp. Theater spielen, sich verstellen. **b)** etwas mit tragischem Pathos hererzählen od. darstellen. Dav.

τραγῳδητός, 3. poet. tragisch ausgedrückt.

τραγῳδία, ἡ (-έω), nach gewöhnl. Annahme **1)** eigtl. Bocksgesang, weil an den Dionysien die das Gefolge des Gottes bildenden Sänger des Dithyrambus u. der Dionysischen Chöre in Böcke verkleidet waren. Dann **2)** die ebenfalls ganz dem Dionysoskulte angehörige Tragödie, ernstes Drama. **3)** überh. ernstes, erhabenes Gedicht, tragisches Ereignis, traurige Geschichte, tragische Szene.

τραγῳδο-ποιός, u. **τραγῳδιοποιός,** ὁ, der Tragödiendichter.

τραγῳδός, ὁ (τράγος, ἀοιδός), eig. Bockssänger, s. τραγῳδία; dann **1)** tragischer Dichter u. Sänger, Tragödiendichter. **2)** tragischer Schauspieler, Tänzer im tragischen Chor; ἐν τοῖς τραγῳδοῖς bei, zur Zeit der Aufführung von Tragödien, καινοῖς τραγῳδοῖς bei Aufführung neuer Tragödien.

Τραϊανός, οῦ, ὁ, der röm. Kaiser Traian, von 98—117 n. Chr.

Τράλλεις, αἱ, Stadt in Karien, j. *Aïdin Güselhissar.*

τρᾱνής, 2. u. Adv. **-ῶς** (vgl. τετραίνω), poet. ar. sp. eigentl. durchdringend, dah. bestimmt.

τράπεζα, ἡ (st. τετράπεζα, Vierfuß), **1)** Tisch u., insofern er Speisen trägt, die Tafel, mit **ξενίη**

Symbol der Gastfreundschaft. Bei Hom. hatte jeder Gast seinen eigenen Tisch, doch bei zahlreichen Gastmählern kam wohl auch auf mehrere Gäste einer, **2)** bes. im Pl. Mahlzeit, Gericht, Gang, Schüssel. **3)** Altar, Tisch, der Sonne, bei Hdt. **4)** der Verkaufstisch, Laden, Wechslertisch, **Bank**, Wechselbank. **5)** die Platte.

τραπεζεύς, ep. Gen. ῆος, ὁ, zum Tisch gehörig, κύνες Haushunde, Luxushunde, zum Unterschied von den Hofhunden u. wilden Hunden.

τραπεζίτης (-ζείτης), ὁ, der Geldwechsler, Wechsler, Bankier.

τραπεζιτικός, 3. den Geldwechsler, Bankier betreffend, δίκη τρ. ein Prozeß in Bankangelegenheiten, -geschäften.

τραπεζο-κόμος, 2. sp. bei Tische aufwartend.

Τραπεζοῦς, οῦντος, ἡ, **1)** Stadt im südl. Arkadien, wo jetzt das Kloster *St. Anastasio* liegt. **2)** Stadt an der Südostküste des Schwarzen Meeres, eine Kolonie von Sinōpe, j. *Trebisonde,* die Einw. **οἱ Τραπεζούντιοι.**

τραπεζο-φόρος, 2. einen Tisch tragend; davon ὁ τρ., poet. Tischträger; τὸ τρ., sp. Kredenztisch.

τρᾰπέω (τρέπω), ep. Trauben treten, keltern, eigtl. Ableitung von τρέπω. Dav.

τραπητέον, sp. man muß sich wenden.

τρασιά, ἡ (τέρσομαι), poet. sp. Geflecht zum Obstdörren, Darre.

τραυλίζω, u. Med. **-ίζομαι,** poet. u. sp. lispeln, lallen, z. B. das R wie L.

τραυλός, 3., ion. u. sp. holperig redend, stammelnd, stotternd; zwitschernd.

τραυλότης, ητος, ἡ, sp. das Lispeln, Stammeln (s. τραυλίζω).

τραῦμα, ion. u. dor. **τρῶμα,** τό (τιτρώσκω), **1)** die Verletzung, Verwundung, Wunde; an Schiffen die Beschädigung, das Leck. **2)** überh. Schlappe, Niederlage.

τραυματίας, ου, ion. **τραυματίης,** ὁ, der Verwundete, der an einer Wunde Leidende, od. an seinen Wunden Verstorbene, bei Luc. auch übertr. die vom Pfeile der Rede Verwundeten.

τραυματίζω, ion. **τρωματίζω** (τραῦμα), verwunden.

τρᾰφερή, ἡ, ep. das feste Land; zu

τραφερός, 3. (τρέφω), buk. feist, od. nahrhaft.

τράφω, dor. = τρέφω.

τραχηλίζω, sp. N. T. eigentl. zurückbeugen, bloßlegen, d. h. offenbar machen.

τραχηλισμός, ὁ, sp. Umbiegen des Halses, Druck am Halse.

τραχηλοκοπέω, sp. den Hals abschneiden, enthaupten.

τράχηλος, ὁ, Hals, Nacken.

Τρᾶχίς, ion. **Τρηχίς,** ῖνος, ἡ, Stadt Thessaliens am Öta, in dem Distrikte Τρηχινίη, wo auch 6 Stadien von der alten Stadt entfernt das von den Spartanern gegründete Ἡράκλεια ἡ ἐν Τραχῖναις od. Τραχῖνι lag b. j. Dorf *Mustapha bey.* Die Einw. οἱ **Τραχίνιοι** vom Adj. **Τραχίνιος,** 3.

τρᾱχύνω, Perf. pass. τετράχυσμαι (auch -ῦμαι u. -υμμαι), inf. -ύνθαι, Aor. pass. part. τραχυνθείς, **1)** Akt. **a)** trans. rauh machen. **b)** intr. rauh sein. **2)** Pass. **a)** hart mitgenommen werden. **b)** übertr. verdrießlich, erbittert sein.

τρᾱχύς, εῖα, ύ, ep. u. ion. **τρηχύς,** Fem. ion. τρηχέη (buk. τρηχύς als Fem.), Adv. **τραχέως,** ion. **τρηχέως,** Komp. **τραχύτερον,** Superl. ion. τρηχύτατα (ταράσσω, τέτρηχα), rauh, hart, steinig, holperig, uneben. Im bes. χερσόνησος ἡ τρηχέη καλεομένη der östlichste Teil der Krim. Übertr. barsch, leidenschaftlich, **streng.**

τρᾱχύτης, ητος, ἡ, Rauheit, Unebenheit, übertr. Härte, Heftigkeit, Strenge.

τρᾱχύ-φωνος, 2. sp. mit rauher Stimme, — Sprache.

τρᾱχών, ῶνος, ὁ, sp. rauhe Gegend.

Τραχωνῖτις, ιδος, ἡ, rauhe Gegend zw. Antilibanon u. Arabien b. Botanaia südl. von Damaskus, von Räubern bewohnt.

Τρεβάτιος, C. Trebatius Testa, Freund Ciceros u. Cäsars.

τρεῖς, τρία, τριῶν, τρισί (St. τρι, lat. *tri, tres, tria,* got. *threis,* ahd. *dri*), **drei,** οἱ τρ. u. τὰ τρία die **drei** (Τρεῖς κεφαλαί, s. unter κεφαλή).

τρέμω, nur Präs. u. Impf., *tremo,* **zittern,** **a)** eigentl. leises Zittern des Bodens (ὑπό τινι), vom Zittern der Knie. **b)** übertr. sich fürchten, πρὸς δίκης mit **Recht.**

τρεπτός, 3. Adj. verb. v. τρέπω, sp. veränderlich, wandelbar.

τρέπω (St. τρεπ : τροπ : τραπ), Aor. 2. act. ep. u. poet. ἔτραπον, Perf. act. auch τέτραφα, med.-pass. 3. pl. poet. u. vereinzelt att. τετράφατο, plqpf. (ἐ)τετράφατο, Fut. pass. sp. τραπήσομαι, bei Hom. oft ohne Augm., bei Hdt. neben τρέπω auch **τράπω,** Impf. iter. τράπεσκε u. Aor. pass. ἐτράφθην (auch Od. 15, 80), drehen • **1)** trans. **wenden, kehren,** dah. • **a)** **hinwenden,** ὄσσε, κεφαλήν, μῆλα πρὸς ὄρος hintreiben • **b)** (πάλιν) **umwenden,** *verto,* zurückbringen, umstürzen, εὐτυχοῦντα, insbes. (ohne πάλιν) in die Flucht schlagen, ἐς φυγήν, τραπῆναι φυγῇ, u. im Med. (Aor. ἐτρεψάμην) einen von sich abwenden u. in die Flucht schlagen • **c)** **abwenden,** abhalten, verhindern, πάντα ἐς σέ alles auf dich abwenden • **d)** **ändern,** wandeln, umstimmen, auch im Med., τὰς γνώμας πρός τι • **2)** intr., selten das Akt. u. der Aor. 1. ἐτρεψάμην, vom Med. oft τρέψομαι, stets Aor. 2. ἐτραπόμην u. alle Passivformen, **sich wenden,** seine Richtung nehmen, ἐς τὸ πεδίον, τὸ τετραμμένον τῆς πόλεως πρός τι der nach etwas zu gelegene Teil der Stadt, ἐπί τινα auch sich an jmdn. wenden, d. i. ihm auftragen, mit Inf. Im bes. • **a)** sich begeben, **verkehren,** sich herumtreiben, auch einkehren, ἀνά τι, od. τὴν ὁδὸν einschlagen • **b)** sich zuwenden, sich beschäftigen, sich hingeben, ausgehen auf etwas, ἐπὶ ἔργα, εἰς ἀοιδήν, πρὸς ὕβριν, πρὸς ἀλκήν, auch geistig, πρὸς τὰ Ἑλληνικά, bes. seine Aufmerksamkeit auf etw. richten, ἐπὶ φροντίδας • **c)** mit u. ohne ἐς φυγήν, φυγῇ, φύγαδε, sich zur Flucht wenden, geschlagen werden, fliehen • **d)** **sich wegwenden,** τινός u. ἑκάς τινος • **e)** **sich ändern,** wechseln, abs. τετραμμένος umgestimmt, πάσας τὰς τροπὰς τῆς ψυχῆς τρ. alle Gemütsstimmungen durchmachen, auch mit Inf., κραδίη τέτραπτο νέεσθαι.

τρέφω, dor. **τράφω** (St. τρεφ), att. auch Aor. 2. ἔτρᾰφον (selten trans., meist intr. s. 2), Perf. act. τέτροφα (trans. u. intr.), Aor. 1. pass. ἐθρέφθην, gew. Aor. 2. pass. ἐτράφην, Fut. pass. sp. τραφήσομαι, ep. unaugm. τρέφον, θρέψα, τράφον mit inf. τραφέμεν, τράφη mit 3. pl. τράφεν, u. poet. Perf. 3. pl. τετράφαται u. τεθράφαται • **1)** trans. • **a)** fest od. **dick machen,** gerinnen lassen, γάλα • **b)** dick machen, **nähren,** füttern, aufziehen, u. Med. sich (*sibi*) aufziehen; vom Vieh: halten, von Pflanzen: ziehen, u. übertr. z. B. νόσον haben, φόβον hegen u. ä. • **2)** intr. (Aor. act. 2. (ἔ)τραφον, perf. τέτροφα, med. Fut. θρέψομαι u. alle Passivformen) • **a) festwerden,** gerinnen, gefrieren • **b) sich nähren,** (auf)wachsen, erzogen, alt werden, abs. τρεφόμενος ἀποθνήσκει noch als Kind, mit Praepp. ἀπό, ἐκ, πρός, ὑπό τινος, auch bloß τινός, πατρὸς τραφείς des Vaters Sohn, u. prägn. τεθραμμένος εἰς πολυσαρκίαν wohlgenährt bis zur Beleibtheit.

τρέχω (Stämme τρεχ u. δρεμ, δρᾰμ-ε), flekt. att. Fut. δραμοῦμαι, Aor. ἔδραμον, Perf. δεδράμηκα, dazu ep. u. poet. Aor. (ἔ)θρεξα, iter. θρέξασκον, u. Perf. 2. δέδρομα, u. ion. Fut. δραμέομαι, **laufen,** rennen, eilen, dringen, τρέχων im schnellen Schritte, mit περί wirbeln, ἐξ οὐρίων mit günstigem Wind. Übertr. **1)** gedeihen, τοῦ προσωτάτω bis zum Äußersten. **2)** (ἀγῶνα) Gefahr laufen, mit Inf. vom Wettlauf, ἔδραμε νικᾶν er trug den Sieg davon.

τρέω (St. τρεσ, lat. *terreo* f. *terseo*), fast nur ep. poet. sp., selten in att. Prosa, Aor 1. ἔτρεσα, ep. τρέσσα, Adj. verb. ἄ-τρεστος, bebend fliehen (so überall bei Hom.), zittern, beben, zagen, sich fürchten, abs., od. τινά, τί vor jmdm. od. etwas.

τρῆμα, τό (τετραίνω), Loch, Öffnung; ῥαφίδος Nadelöhr.

τρήρων, ωνος, ὁ, ἡ (τρέω), ep. poet. schüchtern.

τρῆσις, ἡ, das Durchbohren.

τρητός, 3. (τιτράω, durchbohren), durchbohrt.

Τρηχίς, s. Τραχίς. **τρηχύς** u. ähnl., s. τραχύς.

τρίαινα [ῐ], ἡ (τρεῖς), ep. poet. u. sp. der Dreizack, Waffe des Poseidon (eigentl. dreizackige Harpune zum Fischfangen).

τρῐαινόω, poet. eigentl. mit dem Dreizack, dann überh. erschüttern, τί, u. zwar τινί mit etwas.

τριᾱκάς, άδος, ion **τριηκάς,** ἡ (gleichsam ἡ τριακοντάς), ion. poet. u. sp. die Zahl Dreißig. Im bes. **a)** eine Anzahl von dreißig. **b)** mit u. ohne μηνός, der dreißigste Tag des Monats (sp. auch Monat). **c)** in Sparta die Vereinigung von dreißig Häusern od. Familien, Dreißigerschaft; ihrer zehn bildeten eine ὠβά (*tribus*), deren es dreißig gab.

τριακονθ-ήμερος, 2. sp. u. **τριηκοντ-ήμερος,** [ion. dreißigtägig.

τριᾱ́κοντα, ep. u. ion. **τριήκοντα,** οἱ, αἱ, τά, *triginta*, indekl. dreißig. Im bes. **1)** οἱ τρ. die dreißig Tyrannen, welche in Athen 403 eine blutige Schreckensherrschaft führten. Kritias war einer der mächtigsten unter ihnen. Außer ihm werden noch Eratosthenes, Pheidon, Theramenes öfters genannt. **2)** die aus 30 Mitgliedern bestehende Gerusia in Sparta.

τριᾱκοντα-έτης, zsgz. **τριακοντούτης,** ους, 2., auch mit bes. Fem. **τριακονταέτις** u. **τριακοντουτίς,** ίδος, ion. **τριηκοντοέτις** (-αέτις), ἡ, dreißigjährig.

τριακοντά-ζυγος, 2. buk. mit dreißig Quer-Ruderbänken.

τριακονταπλάσιος, 3. dreißigfach, dreißig Mal [so groß.

τριακοντ-αρχία, ἡ, die Herrschaft der Dreißig.

τριακοντόριον, ου, τό, =

τριακόντ-ορος, bei Her. **τριηκόντερος,** ἡ (ἐρέσσω), Kriegsschiff mit 30 Rudern, Dreißigruderer.

τριᾱκόσιοι, 3., ep. u. ion. **τριηκόσιοι,** dat. pl. fem. τριηκοσίῃσι, dreihundert. Im bes. **1)** οἱ τρ. ἱππῆς eine Elite von jungen Spartanern, s. ἱππεύς. **2)** der Ausschuß der Reichsten, welcher in Athen an der Spitze der Steuerklassen (Symmorien), u. zwar zu 15 in jeder Symmorie, stand, welcher die Vorschüsse zu leisten hatte. **3)** die Schar des Leonidas in den Thermopylen.

τριᾱκοστός, 3. (τριάκοντα), der dreißigste.

τριακτήρ, ῆρος, ὁ (τριάζω, siegen, eigtl. vom Faustkämpfer, dreimal zu Boden werfen, von τρεῖς), poet. der Sieger.

τριάς, άδος, ἡ (τρεῖς), die Dreizahl.

τριβακός, 3. (τρίβω), sp. abgeschabt, abgenutzt.

Τριβαλλοί, οἱ, thrakische rohe Völkerschaft im heutigen Serbien u. Bulgarien. Dav. **Τριβαλλικὸν πεδίον.** (In Athen Spitzname, wie unser „Polacken" u. ähnl.)

τρῐβή, dor. **τριβά,** ἡ (τρίβω), eigentl. das Reiben, dah. übertr. **a)** die Aufreibung, τινός von etwas. **b)** die Betreibung, Übung, häufiger Gebrauch, βίου die Führung des Lebens, das Lebenslos. **c)** das Verweilen bei etw., der Aufenthalt, Aufschub, die Verzögerung, teils abs. τριβὴν ἐνδιδόναι Zeit lassen, ἐς τριβὰς ἐλᾶν Winkelzüge machen, u. ellipt. μὴ τριβὰς ἔτι kein Zögern weiter, teils τινός die Länge, lange Dauer von etwas. **d)** der betretene Weg, die Straße, = τρίβος.

τρί-βολος, ὁ, sp. eine der Wassernuß ähnliche stachelige schädliche Landpflanze.

τρῖβος, ὁ u. ἡ (τρίβω), **1)** der betretene **Weg,** die Straße. Heerstraße. **2)** = τριβή.

τρίβω (St. τριβ : τρῐβ, ῐ nur in τρῐβῆναι, sonst ῑ, verwandt viell. mit lat. *trī-vi* von *tero* od. mit dt. *dreschen* aus ahd. *dreskan*), Fut. τρίψομαι auch in pass. Bdtg., buk. Präs. conj. τρίβωμες, inf. ep. τριβέμεναι, Fut. act. buk. 3. pl. τρίψοντι, Perf. pass. 3. pl. ion. τετρίφαται • **1) reiben,** κρὶ λευκὸν ἐν ἀλωῇ dreschen, μοχλὸν ἐν ὀφθαλμῷ herumdrehen • **2) durch Reiben abnutzen,** verbrauchen • **a)** Kleider u. Schuhe abtragen • **b)** ὁδόν viel betreten, durchwandeln • **c)** ein Land verwüsten • **d)** χρόνον verbringen, βίον hinschleppen; abs. verweilen, zögern • **3)** übertr. von Personen: schwächen, **aufreiben,** erschöpfen, quälen; im Med. • **a)** sich aufreiben, περὶ αὑτήν sich an sich selbst abnutzen; im Pass. aufgerieben, ermüdet werden, im Perf. erschöpft sein • **b)** sich kneten, massieren lassen • **4)** Pass. • **a)** zögern, verweilen • **b)** sehr beschäftigt sein mit, πολέμῳ, ἀμφ' ἀρετῇ sich gewöhnen.

τρίβων [ῐ], ωνος, ὁ, ἡ, u. Demin. dav. **τριβώνιον,**

τό, 1) Adj. (τρίβων), ion. poet. u. sp. gerieben, vertraut, geübt, τινός u. τί in, mit etwas. 2) Subst. ὁ τρ. u. τὸ τρ. der spartanische Mantel, kürzer und knapper als das ἱμάτιον, dabei aus grobem Zeug u. weniger dicht u. warm, dah. bes. als eine abgeschabte Kleidung von Ärmeren und seit Sokrates von Philosophen getragen. 3) sp. Mantel überhaupt.

τρί-γᾰμος, 2. buk. zum drittenmal verheiratet.

τρι-γέρων, ὁ poet. sehr alt.

τρῖγλα, od. **τρίγλη,** ἡ, sp. Seebarbe.

τρί-γληνος, 2. ep. aus drei augapfelähnlichen Perlen od. Gehängen bestehend.

τρί-γλῠφος, ἡ (γλύφω) u. **τρίγλυφον, τό,** poet. u. sp. der Dreischlitz, eine Verzierung am Friese dorischer Tempel, drei senkrechte parallele Hohlkehlen mit Tropfen darunter, gleichs. den Kopf der auf dem Architrav ruhenden Balken darstellend (zwischen diesen befanden sich die μετόπαι, *intertignia*), *triglўphus.*

τρι-γλώχῑν, ῖνος, ὁ, ἡ, ep. poet. sp. dreizackig.

τριγονία, ἡ, die dritte Generation. Von

τρί-γονος, 2. poet. dreimal geboren; poet. drei.

τρί-γωνος, 2. dreieckig. Davon **τρί-γωνον, τό,** 1) das Dreieck. 2) ein musikalisches Instrument.

τρί-δουλος, ὁ, poet. dreifacher Sklave, im dritten Geschlecht, übertr. ein Mann ganz niedriger Herkunft und Taugenichts.

τρι-έλικτος, 2. poet. dreimal d. i. vielfach gewunden.

τρι-έσπερος, 3. sp. von drei Abenden od. Nächten; auf drei Abende, drei Nächte lang.

τριετηρίς, ίδος, ἡ, ion. poet. u. sp. ein dreijähriges d. h. alle drei Jahre (wenn nicht vielmehr alle zwei Jahre, *tertio quoque anno*) wiederkehrendes Fest.

τρι-έτης, auch **τριετής,** οῦς, 2. dreijährig. Adv. **τρίετες,** drei Jahre lang.

τριετία, ἡ, sp. N. T. Zeit von drei Jahren (Plut. C. Gr. 2 sollte es διετίαν heißen).

τρί-ζυγος, 2. poet. dreifach.

τρίζω, Perf. τέτρῖγα, part. ep. -ώς, -ῶτος, ep. ion. und sp. Schallwort: zirpen, piepen, schwirren, zwitschern, knirschen; vgl. τρύζω.

τριηκάς, τριηκ . . ., s. τριακάς usw.

τριηκόστια, τά, sc. ἱερά, ion. Totenopfer am 30. Tage nach der Bestattung.

τριηραρχέω, (τριήραρχος), Trierarch, Schiffsbefehlshaber sein, abs. und τινός von einem Schiffe, od. τριηραρχίας Trierarchien leisten od. auf sich nehmen, z. B. εἰς Κύπρον, ἀπό τινος den Aufwand dazu von etwas bestreiten; in Athen eine der kostspieligsten Leistungen der Bürger.

τριηραρχία, ἡ, Besorgung und Führung eines Kriegsschiffes, und zwar zunächst einer Triere, s. τριηραρχέω.

τριηραρχικός, 3. den Trierarchen betreffend, νόμος das von Demosthenes als Vorstand des Seewesens im J. 340 zur Verbesserung des Trierarchienwesens eingebrachte Gesetz. Subst. τὸ τρ. das Trierarchienwesen.

τριήρ-αρχος, ὁ (ἄρχω), Trierarch, Schiffsbefehlshaber, in Athen insbes. der, welcher ein Kriegsschiff (Triere) auszurüsten u. gew. auch selbst zu kommandieren hatte (s. τριηραρχέω).

τριηρ-αύλης, ου, ὁ (αὐλέω), der Schiffspfeifer, welcher den Ruderknechten auf den Kriegsschiffen mit der Flöte den Takt zum Rudern angab.

τρι-ήρης, ἡ, verst. ναῦς, Gen. plur. ion. τριηρέων, att. τριήρων (sp. auch τριηρῶν) (St. ἀρ, ἀραρίσκω), der Dreidecker, ein Kriegsschiff, welches auf jeder Seite drei Reihen von Ruderbänken übereinander hatte.

τριηρῖται, οἱ, die Schiffsmannschaft (einer Triere).

τριηρο-ποιός, ὁ Trierenbauer; plur. in Athen eine Behörde von zehn Mitgliedern, die den Bau der Kriegsschiffe leitete.

τριθ-ημέρῃ, ion. = τρίτῃ ἡμέρᾳ, vorgestern.

Τρικάρανον, τό, Berg u. Festung in Phliasia.

τρι-κάρηνος, 2. ion. poet. dreiköpfig.

τρι-κέφαλος, 2. poet. sp. dreiköpfig.

Τρίκη u. **Τρίκκη,** ἡ, Stadt Thessaliens am Peneios, Wohnsitz der Asklepiaden, j. *Tricala.*

τρί-κλινον, τό, sp. Tischlager mit 3 Speisesofas, d. h. bei den Griechen, wo in der Regel nur zwei Personen auf einer κλίνη lagern, zu 6, bei den Römern zu 9 Personen, ἐν τρικλίνῳ εἶναι auf drei Polstern eingerichtet sein. Von

τρί-κλῖνος, 2. sp. mit drei Lagern (κλίνη).

τρι-κόρυθος, 2. poet., dasselbe wie

τρί-κορυς, υθος, ὁ, poet. mit dreifachem Helmrande, so daß es aussah, als ob drei Helme übereinander wären.

τρί-κρᾱνος, 2., poet. = τρικάρηνος, dreiköpfig, meist vom Kerberos.

τρικῡμία, ἡ, die dritte d. i. die große Woge, im Plur. Brandung. Übertr. Andrang.

τρι-λάγῡνος, 2. poet. drei Flaschen haltend.

τρί-λλιστος, 2. ep. (λίσσομαι), dreifach d. i. viel erfleht.

τριλογία, ας, ἡ, drei Tragödien, mit denen seit Aischylos die Tragiker in Athen beim Dionysosfest auftraten, wie Aischylos' Oresteia; da gew. noch ein Satyrdrama folgte, nannte man die Stücke auch τετραλογία.

τριλοφία, ἡ (λόφος), poet. u. sp. eigentl. dreifacher Helmbusch, dann: Helm mit dreifachem Helmbusch.

τρί-μετρος, 2. aus drei Metra (Dipodien) bestehend, sechsfüßig.

τρίμηνος, 2. (μήν), ion. poet. ar. sp. dreimonatlich. Subst. τὴν τρ. ἑκάστην je drei Monate.

τρῖμμα, τό (τρίβω), poet. Geriebenes, geriebener Mensch.

τριμοιρία, ἡ, dreifacher Sold.

τρί-μοιρος, 2. poet. dreigeteilt, dreifach.

τρί-μορφος, 2. poet. dreigestaltig.

Τρῖνακρία, alter Name von Sizilien, viell. entstanden aus dem homer. Θρινακίη, durch Anlehnung an τρεῖς u. ἄκρον, wegen der die Gestalt der Insel bestimmenden drei Vorgebirge.

τριξός, s. τρισσός.

τρί-οδος, ἡ, Dreiweg, Kreuzweg.

τρι-όδους, οντος, ὁ, ἡ, mit drei Zacken versehen; ὁ τρ. Dreizack, ein Fischergerät.

Τριόπιον, τό, bei Theokr. Τρίοπος κολώνη, Vorgebirge Kariens bei Knidos, j. *Kap Krio.* Es blühte hier außer den Kulten der Demēter, des Poseidon u. der Nymphen bes. der des Apollon, der deshalb auch ὁ **Τριόπιος** heißt. Die dorischen Städte feierten dort ihre National- u. Bundesfeste.

τρι-πάλαιστος, 2. ion. drei Handbreiten breit, d. i. $^1/_2$ Elle = 0,246 m.

τρί-παλτος, 2. poet. dreifach geschwungen.

τρι-πάροδος, 2. sp. mit drei Zugängen, mit drei Stockwerken.

τρι-πάχυντος, 2. poet. dreimal genäht, nämlich mit dem Blute des Geschlechts, also sehr blutdürstig.

τρι-πέτηλος, 2. ep. poet. dreiblättrig.

τρί-πηχυς, υ, Gen. εος, drei Ellen lang = 1,476 m.

τρί-πλαξ, 2. ep. dreifach.

τριπλασιάζομαι, sp. Pass., verdreifacht werden.

τρι-πλάσιος, 3., u. **τριπλασίων,** 2. sp. (vgl. zu διπλάσιος), *triplex*, dreifach, dreimal so viel, τινός als etwas, auch: dreimal so viel (als vorher). Sp. τριπλάσιος λόγος, das Verhältnis der Kuben, der dritten Potenzen.

τρί-πλεθρος, 2. drei Plethren lang oder breit, 300 griech. Fuß = ca. 95 m.

τρί-πλευρος, 2. sp. dreiseitig.

τρι-πλοῦς, ῆ, οῦν, 3., zsgz. aus -όος, dreifach, dreifältig. Im besond. vom Wege: gekreuzt. *Triplex*. Adv. **τριπλῇ,** ep. u. sp. dreifach, auf dreifache Art.

τρι-πόθητος, 2. sp. dreimal d. i. heftig ersehnt.

Τρί-πολις, εως, ἡ, reiche Stadt Phönikiens, am Libanonabhang, welche aus drei Teilen bestand, deren jeder ein Stadion von dem andern entfernt war und seine eigene Mauer hatte, j. *Tarâbulus*. Sie war gemeinschaftlich gegründet von Sidon, Tyros, Arados.

τρι-πόλιστος, 2. (πολίζω = πολέω), poet. dreimal d. i. vielmal umgewendet, vielberufen, οἶκτος.

Τριπολιτικός, ὁ, sp. Titel einer Schrift des Peripatetikers (Geographen u. Literarhistorikers) Dikäarch, um 310 v. Chr.

τρί-πολος, 2. (πολέω), ep. dreimal gepflügt od. pflügbar, also dreimal abzuernten.

τρί-πους, ποδος, ὁ, ἡ, ep. auch **τρίπος.** **1)** Adj. (Akk. τρίπουν), **dreifüßig**, **a)** auf drei Füßen Aesch. Ag. 80, **b)** drei Fuß lang. **2)** Subst. ὁ τρ. (Akk. τρίποδα), **a)** der **Dreifuß**, ein dreifüßiger Kessel, oft als Kampfpreis u. Ehren- od. Weihgeschenk, zuweilen von Gold. Die χορηγικοί erhält der siegreiche Choreg nebst einem Kranze. Von einem goldenen Dreifuße aus, der ein besonderes Schallgefäß hatte, weissagte auch Apollon und die Pythia, **b)** ein dreifüßiger Tisch, insbesond. **Schenktisch mit drei Füßen.**

τρίπτης, ου, ὁ (τρίβω), sp. der Reibende, bes. der im Bade frottiert.

Τρι-πτόλεμος, ὁ, Sohn des Eleusis, ward als Verbreiter des Ackerbaues und der Kultur gefeiert, nach Plato Richter in der Unterwelt.

τρί-πτυχος (πτύσσω), ep. poet. **a)** eigentl. aus drei Schichten od. Platten bestehend. **b)** übertr. dreifach.

Τρί-πυλον, τό, Name eines Tores zu Halikarnassos.

Τριπυργία, ἡ, Ort auf Ägina.

τρί-πωλος, 2. poet. mit drei Pferden.

τρί-ρρυμος, 2. poet. mit drei Deichseln.

τρίς [ῐ] (lat. *ter*), Adv. dreimal, oft eine unbestimmte Mehrheit bezeichnend, od. den Begriff des Adj. steigernd, sowie es zugleich die heilige Zahl ist, dah. τρὶς ἐννέα in feierlicher Sprache, εἰς τρίς bis zu drei Malen, bis auf drei Male.

τρισ-άθλιος, 3. poet. u. sp. dreimal d. i. sehr unglücklich.

Τρισ-αρεοπαγίτης, ὁ, sp. dreifacher Areopagit, d. i. sehr streng und ernst.

τρισ-άσμενος, 3. dreimal d. i. sehr gerne.

τρισ-καί-δεκα, οἱ, αἱ, τά, indeklin. dreizehn, sp. für att. τρεῖς (τριῶν, τρισί) καὶ δέκα.

τρισκαιδεκα-έτης, ες, dreizehnjährig.

τρισκαιδεκά-πηχυς, υ, buk. dreizehn Ellen lang.

τρισκαιδεκα-στάσιος, 2. ion. dreizehnfach, χρυσίον τρ. λογιζόμενον d. h. das Dreizehnfache des Silbers gerechnet.

τρισκαιδέκᾰτος, 3. ep. und sp. der dreizehnte. Subst. ἡ τρ. der dreizehnte Tag.

τρί-σκαλμος, 2. poet. u. sp. dreirudrig.

τρισ-κατάρᾱτος, 2. höchst verwünscht.

τρι-σκελής, ές (σκέλλω), poet. sp. sehr trocken, hart.

τρισ-κοπάνιστος, 2. (κοπανίζω, κόπτω), sp. ep. dreimal zerstoßen, d. i. sehr fein.

τρίσ-μάκαρ, ἄρος, ὁ, ἡ (viell. richtiger τρὶς μ. zu schr), ep. u. poet. dreimal glücklich, also höchst glücklich.

τρισμός (τρίζω), ὁ, sp. das Zirpen, Piepen, Quieken.

τρισ-μύριοι, 3. dreimal zehntausend, d. i. dreißigtausend.

τρισμυριοπλασίων, 2. sp. dreißigtausendfach.

τρισ-όλβιος, 3. poet. sp. = τρίσμακαρ.

τρί-σπονδος, 2. poet. dreifach gespendet, τρ. χοαί d. h. drei Güsse aus Wein, Milch, Honig (od. Öl), wie sie bei Libationen üblich.

τρισσός, att. **τριττός,** ion. **τριξός,** 3. (τρεῖς), dreifach, im Plur. drei.

τρί-στεγον, τό, sp. N. T. das dritte Stockwerk.

τρί-στοιχος, 2. ep. sp., u. Adv. **τριστοιχί** u. **-χεί,** ep. in drei Reihen.

τρίστομος, 2. (στόμα), sp. mit drei Mündungen.

τρι-σύλλαβος, 2. (συλλαβή), sp. dreisilbig.

τρισ-χίλιοι [χῑ], 3. dreitausend. Im bes. **οἱ τρ.** die dreitausend Bürger, welchen die Dreißig in Athen Teilnahme an den Staatsgeschäften u. das Vorrecht von dem Rate gerichtet zu werden zusagten.

τρισχιλιοστός, 3. der Dreitausendste.

τρι-σώματος, 2. poet. u. sp. dreileibig.

τριταγωνιστέω, den dritten Schauspieler machen, die dritte Rolle spielen.

τριτ-αγωνιστής, οῦ, ὁ, der Schauspieler, welcher die dritte Rolle u., da es in Athen in jedem Stück nur drei Schauspieler gab, die untergeordnete Rolle spielte, bloßer Figurant.

Τριταιεῖς, οἱ, **1)** Einw. von Τριταία, einer achäischen Stadt in der Nähe von Paträ, Her. 1, 145 u. Plut. **2)** **Τριταιεῖς** od. Τριτεεῖς bei Thuk. 3, 101, u. **Τριτέες,** οἱ, bei Herod. 8, 33, Einw. der Stadt Triteia in Phokis an der Grenze von Lokris.

τριταῖος, 3. (τρίτος), dreitägig, innerhalb dreier Tage, d. i. **a)** am dritten Tage, τριταῖοι ἐγένοντο ἔν τινι sie waren am dritten Tage an einem Orte. **b)** vor drei Tagen, Her. 7, 196. **c)** drei Tage alt. **d)** drei Tage lang. **e)** am dritten Tage, alle zwei Tage auftretend, πυρετός. **f)** überh. = τρίτος.

τρι-ταλαντιαῖος, 3. sp., u. poet. u. sp. **τρι-τάλαντος,** 2. drei Talente schwer (τάλαντον 2 a); drei Talente wert (τάλαντον 2 b).
τρι-τάλας, poet. sehr unglücklich.
τρίτατος, ep. poet. = τρίτος.
τριτη-μόριος, 3., mit bes. Feminin. (ion. u. sp.) **τριτημορίς,** ἡ (μοῖρα, μόρος), den dritten Teil ausmachend, τινός von etwas, τινί in Beziehung auf etwas. Subst. τὸ τρ. u. ἡ τριτημορίς, ίδος, der dritte Teil, das Drittel.
τριτο-βάμων, 2. poet. als dritter gehend.
Τριτο-γένεια u. **Τριτο-γενής,** ἡ, die Echtgeborene, Rechtbürtige (Tochter d. Zeus); Beiname d. Athene.
τρίτος [ῐ], 3. (τρεῖς), ep. u. poet. verl. **τρίτατος,** 3. (lat. *tertius*, got. *thri-dja*), der **dritte**, τρίτος αὐτός selbdritt, ἐκ τρίτων als dritter. Als Subst. • **1)** ὁ τρίτος ἀπό τινος der Großenkel, Urenkel • **2)** οἱ τρίτοι τῶν συμμοριῶν, welche ihrem Vermögen nach den dritten Rang einnehmen. • **3)** **τρίτη** • **a)** mit u. ohne ἡμέρα der dritte Tag, εἰς τρίτην übermorgen, aber τρίτην ἡμέραν entweder am dritten Tage od. vorgestern • **b)** τρίτην ἐπενδίδωμι, d. i. πληγήν Aesch. Ag. 1386 • **4)** ἐπὶ τῷ τρίτῳ beim dritten Signale Xen. • **5)** **τρίτα** • **a)** der dritte Preis • **b)** τὰ τ. λέγειν die dritte Rolle spielen Dem. • **6)** (τὸ) **τρίτον,** τρίτα u. ἐκ τρίτου, **drittens,** zum drittenmal.
τριτό-σπονδος, 2. poet. bei der dritten Spende, welche nach der Mahlzeit dem Ζεὺς σωτήρ gebracht wurde, dah. vollendend, glücklich.
τριτό-σπορος, 2 poet. zum drittenmal gesät.
τριττός, s. τρισσός.
τριττυαρχέω, ein τριττύ-αρχος (τριττυ-άρχης) oder Vorsteher einer τριττύς sein.
τριττύς, ύος, ἡ, das Drittel, insbes. der dritte Teil einer att. Phyle, enthält vier ναυκραρίαι.
Τρίτων [ῑ], ωνος, ὁ, **1)** der S. des Poseidon u. der Amphitrite, Meergott in Menschengestalt; später eine Anzahl unterer Meergötter als Diener Poseidons mit Fischschwänzen. **2)** Fluß in Libyen, aus den Sümpfen Tritoni(ti)s, Pallas, Libye durch den Tritonissee in die kleine Syrte abfließend, j. *Kabes* od. nach and. *El-Hammah*. **3)** ehemals Fluß in Böotien. **4)** Gott des Sees Tritonis, w. s.
Τριτωνιάς, άδος, ἡ, λίμνη, poet. = Τριτωνίς, 1.
Τριτωνίς, ίδος, ἡ, **1)** λίμνη, der See Tritonis in Libyen, s. die Erkl. zu Her. 4, 178 fg., wahrscheinl. eines der salzigen Binnenseebecken (Schott od. Sobcha) westlich hinter der kl. Syrte, dessen Abfluß der Fluß Triton (2) war. **2)** poet. u. sp. ep. = Τριτογένεια.
Τριτωνο-μένδητες, οἱ, sp. eine Art fabelhafter Seeungeheuer.
Τρι-φάσιος, 3. ion. (φαίνω), dreifach, dreifältig; auch geradezu = drei.
τρι-φίλητος, 2. buk. sehr geliebt.
Τριφύλιοι, οἱ, die Bewohner der Τριφυλία, des schmalen südlichen Küstenlandes von Elis; adj. fem. Τριφυλίς, ίδος.
τρί-φυλλον, τό, ion. sp. das Dreiblatt, der Klee.
τρί-φῦλος, 2. ion. sp. aus drei Stämmen bestehend, wie die Dorier.
τρίχᾰ, ep. auch **τριχθά,** ferner **τριχῇ** oder **τριχῇ** u. sp. **τριχῶς** (τρεῖς), dreifach, auf dreifache Art, in drei Teilen oder Abteilungen, τριχῇ ποιεῖσθαι in drei Teile teilen, τρίχα νυκτός im letzten Drittel der Nacht.
τριχ-άϊκες [ῐ], οἱ, ep. die dreistämmigen (v. ϝικ, ϝοῖκος), Bein. der Dorier, welche in drei Stämme geteilt waren.
τρίχαλκον, ου, τό, sp. eine Kupfermünze = 3 χαλκοῖ = ca. 5 Pf.
τρί-χᾱλος, 2. poet. dreifach gespalten.
τρίχες, s. θρίξ.
τριχῇ u. **τριχθά,** s. τρίχα.
τρίχινος, 3. (θρίξ), aus Haaren, hären.
τρι-χοίνικος, 2. drei χοίνικες zu 1,09 Liter = 3,3 L. enthaltend, also als Brot sehr groß (vgl. ζυμίτης), da man einen χοῖνιξ Getreide als tägliche Nahrung für den Mann rechnete.
τριχοῦ, ion. Adv., an drei Stellen.
τρίχους, 2. (II. χοῦς) drei Kannen haltend (ca. zehn Liter).
τριχόω (θρίξ), ar. sp. mit Haaren versehen, behaaren.
τρίχωμα, τό Behaarung, Haarwuchs.
τριχῶς, s. τρίχα.
τρῖψις, εως, ἡ (τρίβω), **1)** das Reiben, Frottieren, Kneten, Massieren, auch im Plur. **2)** ion. der Eindruck, den ein Körper beim Befühlen macht, zäher Widerstand, Härte.
τρι-ώβολον, τό (ὀβολός), drei Obolen = ½ Drachme = ca. 40 Pf., als Richtersold in Athen durch Kleon eingeführt, später Taggeld für den Besuch der Volksversammlung.
τρι-ώροφος, 2. ion. sp. (ὀροφή), dreistöckig.
τρι-ώρυγος, 2. drei ὀργυιαί hoch.
Τροζήν, Τροζήνιοι, s. Τροιζήν, Τροιζήνιοι.
Τροία, ion. **Τροίη,** ἡ, Troja • **1)** das **troische Land,** auch ἡ **Τρῳάς,** mit u. ohne γῆ, vom Vorgebirge Lēkton bis an den Hellespont, landeinwärts bis zum Ida, genannt nach **Τρώς,** Τρωός ὁ, dem Sohne des Erichthonios, mit dem Adj. **Τρῳός,** 3. dem Tros eigen • **2)** **Τροία,** auch Τροίη od. Τρώων πόλις, τὸ Τρωικὸν πόλισμα od. Ilios genannt, die **Hauptstadt** des Landes. Dav. • **3)** als Adj. • **a)** **Τρωικός,** 3. Dah. α) τὸ Τρ. πεδίον, die Ebene zwischen den Flüssen Skamandros und Simoeis, β) τὰ **Τρωικά** od. τὸ Τρωικὸν ἔργον der zehnjährige troische Krieg • **b)** **Τρῳός,** 3., ion. auch **Τρώιος,** 3., mit bes. Fem. **Τρωιάς,** άδος, ἡ, dem troischen Volke eigen, ἡ Τρωιάς, mit u. ohne γυνή, die Troerin. Doch heißen diese auch **Τρῳαί** u. **Τρῳάδες,** u. die Troer οἱ **Τρῶες,** Gen. Τρώων • **4)** Adv. • **a)** **Τροίηθεν** u. ἀπὸ **Τροίηθε,** von Troja her • **b)** **Τροίηνδε** nach Troja hin.
Τροιζήν, ῆνος, ἡ, in gutatt. Zeit u. deshalb auch in neueren Ausgaben **Τροζήν** geschr., Stadt im Süden von Argolis, mit dem Hafen Pōgon, beim b. *Dhamala*. Das Gebiet ἡ **Τροιζηνίς** od. **Τροιζηνία** (Τροζ-) γῆ. Die Einw. οἱ **Τροιζήνιοι** (Τροζήνιοι).
τρομερός, 3. (τρόμος), poet. **1)** zitternd. **2)** grausig.
τρομέω u. **-έομαι,** fast nur ep. u. poet., u. nur Präs. u. Impf., opt. 3. plur. τρομεοίατο, part. poet. τρομεύμενος (τρέμω), zittern, beben, zagen, sich

fürchten, *τί* u. *τινά* vor jmdm. od. etwas, aber auch *τί* an etwas (*φρένα*) u. *τινί* in etwas (*θυμῷ*).

Τρόμης, *ητος*, *ὁ*, „Hasenfuß" hieß des Redners Äschines Vater, nannte sich aber dann *Ἀτρόμητος*.

τρόμος, *ὁ* (*τρέμω*), das Zittern, Beben, dah. Angst, Furcht.

τροπάδην, adv. sp. fluchtartig.

τροπαῖος, 3., auch ***τρόπαιος***, **Sieg verleihend,** Beiname des Zeus; *τ. θύειν* Opfer wegen der Flucht der Feinde darbringen. Subst. **1)** *ἡ τροπαία*, die Seebrise, Seewind, übertr. m. *φρενός* die Sinnesänderung zum Schlimmen. **2)** ***τροπαῖον*** u. ***τρόπαιον***, *τό*, ein Sieges-**Denkmal;** man hing die Beute von Waffen oder Schiffsschnäbeln an Bäumen auf oder richtete sie auf Stangen u. Gerüsten in die Höhe und weihte sie dem Zeus; mit *νίκης* überh. Siegesbeute, *στῆσαι τ. κατά* od. *ἀπό τινος* über einen triumphieren, *τρ. τῶν ἐμῶν χερῶν* wegen Bewältigung meiner Hände Soph.

τροπαιοῦχος, 2. (*τρόπαιον*, *ἔχω*), sp. Siegeszeichen habend, verleihend, siegverleihend, Beiname des Zeus.

τροπαιοφορία, *ἡ*, sp. das Tragen der Siegeszeichen. Von

τροπαιο-φόρος, 2. sp. mit Triumphzeichen versehen.

τροπέω, ep. Nbf. zu *τρέπω*, frequentat., allemal umwenden.

τροπή, *ἡ* (*τρέπω*), die **Wendung** • **1)** im Pl. mit *ἠελίοιο* • **a)** Bahnwende der S. im Westen, um unterirdisch zum Osten zurückzukehren • **b) Sonnenwende,** *α*) *χειμεριναί*, am 21. Dez., *β*) *θεριναί* die Sommersonnenwende am 21. Juni • **2)** das Umwenden des Feindes, d. i. • **a)** das Schlagen des Feindes in die Flucht, der **Sieg** • **b)** das Geschlagenwerden des Feindes, die **Niederlage,** Flucht, auch im Pl., *τροπήν τινος ποιεῖν* od. *ποιεῖσθαι* jmdn. in die Flucht schlagen, od. *τροπὰς συμμάχου δορὸς καταρρηγνύναι* in die Reihen verbündeter Streiter einbrechen lassen • **3)** das Umschlagen, der **Wechsel,** die Wandelung, Änderung, *τ. δορός* Wendung des Kampfes Soph. A. 1275.

τροπικός, 3. (*τροπή*) sp. zur Wende gehörig. **a)** Subst. *ὁ τροπικὸς* (*κύκλος*) der Wendekreis; *τὰ τροπικά* (sc. *ζῷα*) die Sternbilder des Tierkreises, od. (sc. *σημεῖα*) die Solstitialpunkte. **b)** in der Rhetorik: tropisch, figürlich (s. *τρόπος*, **3.**).

τρόπις, *εως*, ion. *ιος*, *ἡ* (*τρέπω*), nicht in att. Prosa, der Kielbalken, *carina*, Schiffskiel. Der *τ. τῆς Ἀργοῦς* besaß die Gabe der Weissagung, weil ein Stück der heiligen Eiche zu Dodōna eingesetzt war.

τρόπος, *ὁ* (*τρέπω*) • **1)** die **Wendung,** Richtung, *πάντα τρόπον* bei Hdt. nach jeder Richtung • **2)** die Art u. Weise, das Wesen, der **Charakter,** die Sitte, Denkart, Gewöhnung, Benehmen, im Sing. u. Pl., *ἐχρήσατο τῷ τρόπῳ* er blieb dem Charakter treu, *τρόπων ἀνδρία*; auch mit Inf. • **a)** im Akk. Oft adverbial *τρόπον τινός* nach Art von etwas, *τὸν αὐτὸν τρ.* u. ähnl. auf dieselbe Art, ähnl. *πάντας τρόπους* auf jede Weise, aber Her. 4, 28 *τοὺς τρόπους* in seiner Art, u. so *τὸν τρόπον* auch: seinem Charakter nach • **b)** im Dat. steht ähnl. *παντὶ τρόπῳ* auf jede Weise, *οὐδενὶ τρόπῳ*, *τίνι*, *τῷ*, *ποίῳ τρ.* auf welche Weise, doch *τίνι τρόπῳ* auch: in welcher Lage, *τῷ τρ.* in welcher Absicht, *τρόποισι ποίοις* nach welchen Bräuchen, u. *τρόποις* auf diese Weise, *τῷ τρ.* nach der Sitte • **c)** mit Praepp. *ἀπὸ τρόπου* Unpassendes, sp. auch adv. unpassend, aber *ἀπὸ τῶνδε τῶν τρ.* auch durch diese Eigenschaften, *εἰς τὸν αὐτὸν τρ.* auf dieselbe Weise, *ἐκ τρόπου* in der Weise, *ἐκ παντὸς τρ.* mit allen Mitteln, od. auf jede Weise, aber *ἐξ οἵων τρόπων* bei welchen Gesinnungen, *ἐν τρόποις τινός* nach jmds. Art, *ἐν τούτῳ τῷ τρ.*, *κατὰ πάντα* od. *πάντας τρ.* auf alle Art, doch heißt *κατὰ τρόπον* auch nach Wunsch, *μετὰ ὁτουοῦν τρ.* unter welchen Verhältnissen auch immer, *παρὰ τὸν τρ.* gegen die sonstige Weise, *πρὸς τρόπον τινός* nach jmds. Sinne, *πρὸς τρόπον* sp. nach Wunsch • **3)** grammat.-rhetor. t. t.: Wendung, **Redefigur;** figürlicher Ausdruck, Stil • **4)** musikalischer t. t.: **Weise,** Melodie; Tonart.

τροπός, *ὁ* (*τρέπω*), ep. sp. **1)** der (gedrehte) Riemen, Ruderriemen, Stropp, als Bandschlinge, mit dem das Ruder um den am Seitenbord befindlichen Pflock od. Bolzen (*κληίς*) befestigt wurde. **2)** Ausbau, Balkon (an einem Schiff).

τροπο-φορέω, Aor. *ἐτρ.*, sp. N. T. jmds. Art ertragen, sich in jmdn., etwas schicken, *τινά*, *τί* (vgl. *τροφοφορέω*).

τροπόω (*τροπός*), poet. das Ruder mit dem Riemen anbinden. Dav.

τροπωτήρ, *ῆρος*, *ὁ*, = *τροπός*, 1.

τροφεῖα, *τά* (*τροφεύω* = *τρέφω*), **1)** Lohn für Ernährung, wie ihn z. B. die Ammen erhalten, Warte- od. Ammenlohn. **2)** poet. mit *βίου* Lebensunterhalt.

τροφέομαι, ep. Impf. *τροφέοντο*, anschwellen, sich türmen (var. Od. 3, 290).

τροφεύς, *ὁ*, s. *τροφός*.

τροφή, dor. ***τροφά***, *ἡ* (*τρέφω*). **1)** die **Ernährung,** leibliche Pflege, auch überh. **Pflege,** Erziehung, Lebensweise, *τροφαῖς ἀνύτομαι* wachse heran. **2)** mit u. ohne *τοῦ βίου* **Lebensmittel,** *βίου τροφαί* Beschaffung des Lebensunterhalts Trag., auch konkr. Ernährer; bes. Verpflegungsgelder, Löhnung. **3)** Lebensfristung, **Lebensweise,** Leben. **4)** konkr. Pflegling, **Sproß** Soph. OT. 1; Eur.

τροφίας, *ὁ*, sp. in der Mast befindlich.

τρόφιμος, 2. u. 3., **1)** ernährt, erzogen, *ὁ τρ.* Pflegling; wohlgenährt, drall. **2)** ernährend, nahrhaft.

τρόφις, Neutr. *τρόφι*, ep. u. ion, Gen. *ιος*, u. ep. ***τροφόεις***, *εσσα*, *εν* (*τρέφω*), wohlgenährt, daher *τρόφις* gewaltig, u. *τροφόεις* stark, groß.

τροφός, *ὁ* u. *ἡ*, ***τροφεύς***, *έως*, *ὁ*, Nom. plur. *ῆς*, der Ernährer, Pfleger, *ἡ τρ.* die Ernährerin, Erzieherin, Pflegerin, Wärterin, Mutter, Amme, im eigentl. u. uneigentl. Sinne.

τροφοφορέω, sp. N. T. wie eine Amme tragen, zärtlich hegen u. pflegen (var. *τροποφ.*, N. T.), pflegen.

Τροφώνιος, *ὁ*, Sohn des orchomenischen Königs Erginos, erbaute mit seinem Bruder Agamedes den delphischen Tempel. Nach seinem Tode wurde er bei Lebadēa in Böotien als weissagender Höhlengott verehrt.

τροχάζω u. ep. poet. **τροχάω**, Nebenff. zu τρέχω (vgl. dies), laufen, rennen.

τροχαῖος, ὁ (sc. πούς), der Trochäus, der Versfuß _∪.

τροχᾰλός, 3. poet. laufend, schnell.

τροχηλατέω, poet. verfolgen, jagen. Von

τροχ-ηλάτης, ου, ὁ (ἐλαύνω), poet. u. sp. der Wagenlenker [ᾰ].

τροχ-ήλᾰτος, 2. (ἐλαύνω), poet. sp. auf Rädern, räderrollig, σφαγαὶ Ἕκτορος Mord des am Wagen geschleiften H. Übtr. umherschweifend, μανία indem die Handlung der Person auf deren Eigenschaften übertragen ist.

τροχιά, ἡ sp. N. T. die Wagenspur, das Geleise.

τροχιλία, ἡ, sp. u. **τροχίλιον**, τό, ein Zylinder, Rolle, Winde, Rollenzug.

τροχίλος, ὁ (τρέχω), ion. poet. ar. sp. eine Art Kiebitz, ein schnell laufender Vogel.

τρόχις, ιος, ὁ, poet. der Läufer.

τροχοδινέω, poet. im Kreise drehen.

τροχο-ειδής, 2. poet. u. ion. kreis- od. radförmig, rund od. oval.

τροχός, ὁ (τρέχω), alles was läuft, dah. 1) das Rad am Wagen, ἡλίου des Sonnenwagens. 2) die Töpferscheibe. 3) Scheibe, runde Masse von Wachs od. Talg. 4) das Folterrad.

τρόχος, ὁ (τρέχω), poet. 1) der Umlauf, Umfahrt durch die Bahn. 2) bes. Plur. die Laufbahn, auch Laufübungen.

τρυβλίον, richtiger **τρύβλιον**, τό, poet. u. sp. die Schale, Schüssel.

τρῠγάω (τρύγη die Dürre, Fruchtreife), einernten, bes. von der Weinlese. überh. abernten, τί.

τρύγητος, ὁ, die Weinlese, Zeit der Weinlese.

τρυγήτρια, ἡ, die Winzerin.

τρῠγών, όνος, ἡ, poet. u. sp. die Turteltaube, sprichw. Plappermäulchen.

τρύζω, ep. poet. buk. zwitschern, girren; schwatzen, die Ohren voll schwatzen, τινί. Vgl. auch τρίζω.

τρῠμαλιά, ἡ, N. T. sp. das Loch.

τρύξ, τρυγός, ἡ, ion. poet. ar. sp. 1) der Weinmost. 2) die Hefe, der Bodensatz.

τρῠπᾰνον, τό, der Drellbohrer, auf dessen Kopf sich einer anstemmt, während andere unterhalb mit dem Riemen, der von seiner Mitte aus nach entgegengesetzten Richtungen um den Schaft des Bohrers geschlungen ist, die Spitze des Bohrers in Bewegung setzen, indem sie an den beiden Riemenenden abwechselnd ziehen.

τρῠπάω, ep. Präs. opt. 3. sing. τρυπῷ (St. τερ in τείρω), (durch)bohren, τί. Im Pass. durchbohrt od. durchlöchert sein, τί an etwas. Dav.

τρύπημα, τό, poet. ar. sp. das Loch; die Vertiefung, Höhlung.

τρῡσ-άνωρ, ορος, ὁ (τρύω), poet. Männer erschöpfend, angreifend.

τρῠτάνη, ἡ, die Zunge an der Waage, überh. die Waage, lat. *trutina*.

τρῠφάλεια, ἡ (τρυ f. qtru = lat. *quadru*, u. φάλος), ep. poet. buk. Helm mit vier Bügeln, s. φάλος.

τρῠφάω (τρυφή), 1) schwelgen, schwelgerisch, üppig, im Prunke, überh. nach Gutdünken leben, weichlich, verweichlicht, träge sein, abs., od. τὰ σώματα äußerlich. 2) stolz prunken, vornehm tun, den Herrn spielen, sich zieren, spröde tun, verwöhnt sein.

τρυφερός, 3. schwelgerisch, üppig, weichlich, zart, abs., u. τινί von, in etwas. Subst. τὸ τρυφερώτερον ein mehr üppiges Wesen. Ähnl. τρυφερόν mit Inf. ein weichliches Ding, τρυφερά Üppiges.

τρῠφή, ἡ (θρύπτω), auch im Plur., a) Schwelgerei, Üppigkeit, üppiges Leben, Wohlleben, Weichlichkeit, Leichtfertigkeit, übertr. von einem Lieblingsschriftsteller. b) Luxus, Prunk, Stolz.

τρύφημα, τό, poet. Gegenstand, worin man schwelgt.

τρῠφος, εος, τό (θρύπτω), ep. ion. u. sp. Stück, Bruchstück.

τρῡχηρός, 3. poet. zerlumpt, abgenutzt.

τρύχνος, 2. buk. zart.

τρῦχος, τό, poet. u. sp. Lumpen, Fetzen, Trauerkleid.

τρῡχόω, τρυχώσω usf., u. **τρύχω**, Fut. τρύξω (St. τερ), 1) Akt. u. Pass. aufreiben, erschöpfen, quälen, τινά u. τί jmdn. u. etwas, κατά τι in etwas, τινί durch etwas. 2) Med. sich aufreiben, schmachten, τινός nach jmdn.

τρύω, τρύσω usf. (ῡ, St. τερ, τείρω), aufreiben, erschöpfen, τινί durch etwas, ἔς τι zu etwas.

Τρῳαί, Τρῳάς, s. Τροία.

Τρώγιλος, ὁ, ein Hafen im Norden von Syrakus.

τρώγλη, ἡ, sp. ep. ar. poet. Höhle, Loch.

τρωγλο-δύται, älter **τρωγο-δύται**, οἱ, ion. ar. sp. 1) Höhlenbewohner, Bein. einer äthiopischen Völkerschaft. 2) Sing. sp. ep. N. einer Maus.

τρωγλο-δύων, οντος, sp. ep. in Löcher schlüpfend.

Τρωγύλλιον, Stadt u. Vorgebirge Ioniens zwischen Ephesus und dem Mäander bei Mykäle.

τρώγω, Fut. τρώξομαι, Aor. 2. ἔτραγον benagen, abfressen, überh. essen, τί, bes. ungekochte Speisen u. Hülsenfrüchte.

Τρωιάς, Τρωικός u. **Τρώιος**, 3, s. Τροία.

τρωκτά, τά (τρώγω), roh eßbare Früchte, insbes. Hülsenfrüchte, od. ὡραῖα Früchte zum Nachtische, Äpfel, Mandeln usw.

τρώκτης, ου, ὁ, fast nur ep. (τρώγω), Nager, Näscher, Betrüger, Gauner, Schelm.

τρῶμα, τρωματίας, τρωματίζω, s. τραυμ.

Τρωξάρτης, ὁ, sp. ep. „Brotnager", N. e. Maus.

τρώξιμος, 2. buk. eßbar.

Τρῳός, Τρώς, s. Τροία.

τρωπάω, ep. Frequentat. zu τρέπω, nur Präs. u. Impf., 1) Akt. drehen, wenden, häufig verändern, φωνήν. 2) Med. mit iter. τρωπάσκετο, sich wenden, sich zurückwenden, zurückwenden, πρός τι zu etwas, φόβονδε, od. m. Inf.

Τρώτιλον, τό, Ort in Sizilien, östl. von Megara Hybläa, j. *Trontello*.

τρωτός, 3., Adj. verb. von τιτρώσκω, τρώω, verwundbar, τινί durch etwas.

τρωχάω, ep. Frequent. v. τρέχω, laufen.

τρώω, ep., im Praes. meist τιτρώσκω (verw. τείρω, τορέω u. τραῦμα), eigentl. durchbohren, gewöhnl. verletzen, verwunden, übertr. betören, τινά, τί, u. zwar εἴς τι in, διά τινος durch etwas. Pass.

verwundet werden, zu Schaden kommen, eine Niederlage erleiden.

τύ, τύγα, dor. = σύ, σύγε, τὺ (enkl.) = σέ.

τυγχάνω (St. τευχ : τῠχ-ε), episch Aor. 1. (ἐ)τύχησα u. der Aor. 2. τύχον, conj. 1. sg. τύχωμι, 3. sg. τύχῃσι, u. spät. Perf. τέτευχα u. τέτυχα (über τέτευχα vgl. auch τεύχω, 4) • **1)** gew. mit Gen. • **a) treffen,** absol. od. τινός • **b)** übertr. antreffen, **erreichen,** erlangen, auf etwas stoßen, abs. τυγχάνων beim Empfangen, od. τινός, λόγου τυγχ. zur Sprache kommen, ion. u. poet. auch τί etw., u. τί τι od. τινός τινος als etw., ὁποίων τινῶν ἡμῶν ἔτυχον was für Menschen sie an uns gefunden haben, doch auch τινός, ἔκ, παρά, ὑπό τινος von jmdm. Im bes. *α*) den Zweck erreichen, Glück haben, ausfallen, teils abs. ὅς κε τύχῃ wem es glückt, μὴ τυχών wenn es nicht gelingt, teils τινός *β*) mit dem Partiz. καλοῦσα, εἰπών die rechte Benennung treffen • **2)** intr. **sich treffen** • **a)** zufällig sich befinden, πεδίοιο τετυχηκώς durch die Ebene sich erstrecken • **b)** zufällig zuteil werden, widerfahren, (poet. τυγχάνει τινί τι auch euphemist. f. sterben) • **c)** sich zufällig ereignen, zutragen. *α*) Teils τινί od. abs., z. B. ὁ τυχών mit u. ohne ἀνήρ der erste beste, οἱ τυχόντες die gemeinen Leute, τὰ τυχόντα der Zufall, ξύλα τὰ τυχόντα jedes beliebige Stück Holz. Davon der Acc. abs. **τυχόν** als Adv. zufällig, vielleicht, ebenso sp. **τυχόντως,** τυχόν — τυχόν sei es daß — oder daß, *sive — sive* (doch auch: vielleicht — vielleicht). *β*) Bisw. in persönl. Konstr. ὡς, ὅπως ἔτυχον, τύχοιεν, wie ein jeder konnte, ὅταν τύχω wenn mich die Laune anwandelt, ὅπῃ (überall) od. ὅποι, ὁπότε τύχοι wenn, od. ὡς ἔτυχε wie es sich gerade traf, εἰ τύχοι zufälligerweise, zum Beispiel; *γ*) bisw. mit einem Part., welches die Haupthandlung ausdrückt, zufällig, eben, gerade, etwa, πῶς ἔχοντα τυγχάνοι wie es sich gerade damit verhielt, auch im Imper. τύγχανε εὖ βουλευόμενος. Manchmal bloß zur Umschreibung, εἰ φρονοῦσ' ἐτύγχανες wenn du vernünftig wärst, τίς ὢν τυγχάνεις; wer bist du? Nicht selten ist das Part. zu ergänzen (bes. ὤν beim Adj.), so in ὅ τι ἂν τύχωσι, näml. λέγοντες, ἀληθῆ τύχοις, näml. εἰπών; ἀγροῖσι τυγχάνει er befindet sich auswärts, πρὸς ὀργὴν ἥντινα τύχητε in der ersten besten Aufwallung, ὅ τι ἂν ἕκαστος ἔτυχε, näml. δούς, ἡνίκ' ἂν τύχῃ, näml. εἴκων. Selten und erst spät (bei Plut.) folgt auch der A. c. I.

Τῡδεύς, έως, ion. ῆος u. poet. έος, ὁ, **1)** Sohn des Königs Oineus zu Kalўdon in Ätolien, Vater des Diomēdes, der deshalb ὁ **Τυδείδης** heißt. T. zog mit Polyneikes nach Theben, wo er von der Hand des Melanippos fiel. **2)** sonst. Eigenn.

τυῖδε (buk.), äol. Adv., hier, hierher.

τύκισμα, τό, poet. steinernes Werk.

τύκος, ὁ, ion. u. poet. eigentl. Steinaxt, Schlägel, Hammer, dann auch die Streitaxt, *bipennis.*

τυκτά, pers. Wort bei Her. 9, 110 = τέλειον (δεῖπνον βασιλήιον), Vollmahl.

τυκτός, 3., ep. Adj. verb. von τεύχω, **1)** *arte factus,* bereitet, mit Fleiß u. Absicht gemacht, künstlich, κακόν ein vollendetes, mit κρήνη eine künstliche, d. h. gefaßte u. umpflanzte. **2)** künstlich gearbeitet, wohl bearbeitet, s. v. a. εὔτυκτος, τετυγμένος.

Τύλλιος, ὁ, Tullius, Freigelassener und Freund Ciceros.

τύλος, ὁ, u. τύλη, ἡ (St. τυ, lat. *tu-ber, tu-mor*), Wulst, jede wulstartige Erhöhung, insbes. **a)** die verhärtete Haut, Schwiele. **b)** ein hervorragender Körper, Nagel, Pflock.

τυλόω (τύλος), **1)** Akt. zur Schwiele machen, verhärten lassen. **2)** Pass. buk. sp. zur Schwiele werden, Schwielen bekommen, verhärten; ion. übertr. mit σιδήρῳ mit eisernen Buckeln beschlagen werden.

τῡλωτός, 3. (τυλόω), ion. mit Buckeln beschlagen, knotig.

τύμβευμα, τό, poet. **1)** das Grab, λοίσθιον τ. die innere zur Ruhestätte des Toten bestimmte geräumige Kammer. **2)** poet. die zu (bestattende) Leiche. Von

τυμβεύω (τύμβος), poet. **1)** trans. beerdigen, τί, u. zwar τάφῳ im Grabe, wie es die Sitte erheischt, prägn. χοάς τινι jmdm. auf seinem Grabe ein Totenopfer ausgießen. **2)** intrans. im Grabe ruhen.

τυμβ-ήρης, 2. (St. ἀρ, s. ἀραρίσκω), poet. **a)** begraben. **b)** zum Grabe gefügt, grabartig.

I. **τύμβος,** ὁ, der über der Asche aufgeschüttete Erdhügel, Grabhügel, auf dem man die Totenopfer darbrachte; auch überh. Grab.

II. **τύμβος,** ὁ, in der Verbindg. mit γέρων ein alter Mann.

τυμβοχοέω, ep. u. ion. einen Grabhügel aufwerfen.

τυμβοχόη, ης (od. -χοή, ῆς), ἡ, ep. das Aufwerfen eines Grabhügels (Var. Il. 21, 323).

τυμβο-χόος, 2. (χέω), poet. grabaufschüttend.

τυμβό-χωστος, 2. (χώννυμι), poet. wie ein Grabhügel aufgeschüttet, gewölbt.

τυμβ-ωρύχος, ὁ, poet. u. sp. Grabräuber; übertr. Erzspitzbube.

τύμμα, τό, poet. (τύπτω), Schlag, Hieb, Wunde.

τυμπανίζω, sp. u. N. T. **1)** die Pauke schlagen. **2)** rädern (vgl. τύμπανον 2.); prügeln, foltern, martern.

τυμπάνιον, τό, sp. Demin. zu τύμπανον.

τυμπανισμός, ὁ, poet. sp. Paukenschlagen.

τυμπανίστρια, ἡ, Paukenschlägerin (s. τύμπανον).

τύμπανον, τό (τύπτω), **1)** Handpauke, Handtrommel. Sie hatte einen rauhen, Furcht erregenden Ton, u. war vorzugsweise beim Dienst der Rhea u. des Bakchos gebräuchlich, ὑπὸ τυμπάνοις unter Paukenschall. **2)** überh. runde Scheibe, auch ein Marterwerkzeug zum Rädern (vgl. τυμπανίζω).

Τυνδάρεος u. **-ρεως,** ὁ, Gen. att. -ρεω, Tyndareos, Sohn des Obălos u. der Nymphe Bateia aus Sparta, Gemahl der Lēda, die ihm Klytaimestra, Helĕna, Kastor u. Polydeukes gebar. Als Helena später von einer Schar Freier umlagert war, ließ er sie alle eidlich ihm versprechen, den Erwählten vor jeder Unbill zu schützen. Davon οἱ **Τυνδᾰρίδαι** Kastor u. Polydeukes, u. Adj. **Τυνδάρειος,** 3., dah. T. θυγάτηρ od. ἡ **Τυνδαρίς,** mit u. ohne κόρη, Klytaimestra od. Helena.

τύνη, ep. u. dor. st. σύ, w. s.

τυννός, 3. buk. poet. so klein, so gering, *tantillus.*
τυντλάζω, poet. den Weinstock behacken, —behäufeln.
τύπανον, τό, ep. poet. ar. sp. = **τύμπανον.**
τυπή, ἡ, ep. (τύπτω), Schlag, Hieb.
τυπικός, 3. sp. **1)** bildend. **2)** bildlich, figürlich. Adv. N. T. vorbildlich.
τύπος, ὁ, 1) Schlag, Stoß, Hieb. **2)** das dadurch Bewirkte, das Geformte, Bild, Statue, überh. Spur, Form, Gestalt, Gepräge, Charakter, bes. ein Umriß im Gegens. zu einer Erörterung im einzelnen, daher τύπῳ φράσαι, d. h. im Umriß. **3)** Inhalt, Gegenstand, Thema. **4)** sp. Eindruck. **5)** N. T. Vorbild, Beispiel.
τυπόω, bilden, einen Eindruck hervorrufen, Pass. einen Eindruck empfangen.
τυπτητέος, Adj. verb. zu τύπτω, zu schlagen.
τύπτω, ist in attischer Prosa (hier **παίω**) sehr selten (τυπ-, τύπος, τυπή, τύμπανον, lat. *stupeo, stuprum?*) u. nur in den Formen τύπτω, τύπτομαι, ἔτυπτον u. τυπτήσω nachweisbar, dazu ep. ion. poet. u. buk. der Aor. 1. act. (ἔ)τυψα, med ἐτυψάμην, Aor. 2. ἔτυπον (nur poet.), das Perf. pass. τέτυμμαι u. der Aor. 2. pass. ἐτύπην, u. aus später Prosa auch der Aor. 1. pass. ἐτύφθην • **1)** Akt. **schlagen, hauen, mit dem Stocke, dann • a)** bes. bei Hom. **stoßen, stechen, verwunden,** auch bildlich vom Leid: **treffen** Hom. • **b)** ἴχνια **trat in die Spuren** Hom.; λαίλαπι τ. **peitschen** Hom. • **2)** Pass. **Wunden erhalten,** ὅσα ἐτύπη **soviel er Wunden erhielt** Hom. • **3)** Med. **sich vor Trauer die Brust schlagen;** τινά **betrauern** Hdt.
τυπώδης, 2. ar. sp. die Grundzüge enthaltend, im Umriß. Adv. **-ωδῶς,** sp. summarisch.
τύπωμα, τό, poet. u. sp., u. **τύπωσις, ἡ,** sp. (τυπόω) das Bilden, Formen, u. das Gebildete, Geformte z. B. ein Aschenkrug.
τυραννεῖον, τό, u. Plur. sp. die Residenz des Herrschers.
τῠραννεύω u. **-έω,** ein τύραννος od. Herrscher sein, unumschränkte Gewalt haben, (unumschränkt) herrschen, beherrschen, im Fut. auch: zu herrschen pflegen; den Herrn spielen, unumschränkte Macht oder einen solchen Einfluß haben (Arr. 4, 10, 4) abs. od. τινός; im Pass. Tyrannen unterworfen sein, überh. beherrscht werden.
τυραννιάω, ar. sp. nach der Tyrannis streben.
τυραννικός, 3. den Herrscher betreffend, ihm gehörig, königlich, tyrannisch, despotisch, gewalttätig, τ. γένος das Geschlecht der Tyrannen od. Könige, d. h. überh. alle Könige, οἰκία Fürstengeschlecht, βίος Leben eines F.
τυραννίς, ίδος, ἡ, die Tyrannis, d. h. die Staatsverfassung, bei welcher ein **τύραννος** an der Spitze steht, die Gewaltherrschaft, Herrschaft, das Königtum, abs., od. τινός jmds., über jmdn. Ion. u. poet. Plur. auch als abstr. pro concr. also = οἱ τύραννοι, od. durch Herrschaft zu übersetzen.
τυραννοκτονέω, sp. Tyrannen töten, wie
τυραννοκτονία, ἡ, sp. Tyrannenmord, von
τυραννο-κτόνος (κτείνω), sp. den Tyrannen mordend.
τυραννο-ποιός, 2. Tyrannen machend.
τῠ́ραννος, ὁ, ἡ. 1) Subst. **a) Herr, Gebieter,** Herrscher, König; ἡ. τ. Prinzessin, **b)** bes. pl. das königliche Haus, der Herrscherstamm, dah. τῶν τ. aus dem Geschlecht der Tyrannen, **c)** derjenige, welcher sich die Herrschaft in einem freien Staate gegen Gesetz u. Volkswillen anmaßt: **Tyrann, Gewaltherrscher,** u. im schlimmen Sinne: **Despot, Zwingherr. 2)** Adj. **herrschend,** königlich, herrisch, tyrannisch, τύραννα δρᾶν Herrschermacht ausüben, τύραννον σχῆμ' ἔχων in fürstlich stolzer Pracht.
Τύρας, α, ion. ης, ὁ, der später Danastris genannte *Dnjestr*, an dessen Mündung die Stadt Τύρας (früher Ὀφιοῦσα), j. *Ackjermann.* Einw. **Τυρῖται.**
τυρβάζω, poet. u. sp. **1)** Akt. durcheinander rühren, verwirren. **2)** Med. sich durcheinander wirren, sich drängen, Sorge machen. Von
τύρβη, ἡ (vgl. *turba*), Gedränge, Getümmel, [Lärm.
τύρευμα, τό, poet. = τυρός.
τῡρεύω, einrühren, etwas Schlimmes anstiften.
Τυριάειον, τό, Stadt in Lykaonien, j. *Ilgün.*
Τυρογλύφος, ὁ, sp. ep. „Käsehöhler", N. e. Maus.
Τυρόδιζα, ἡ, St. im perinthischen Thrakien, jetzt *Feredschick.*
τυρόεις, ὁ [ῠ] (erg. ἄρτος), buk. Käsekuchen.
τῡρο-ποιέω, sp. Käse bereiten.
τῡρο-πώλης, ου, ὁ, poet. Käseverkäufer, -händler.
τῡρός, ὁ, auch im Plur., Käse, αἴγειος Ziegenkäse, ὁ χλωρὸς τ. auch der Platz des alten Marktes in Athen, wo frischer Käse feil war.
Τύρος, ἡ, Stadt Phönikiens, hebr. Zor, j. *Sur.* Adj. dav. **Τύριος,** 3. Die Einw. **οἱ Τύριοι.**
Τυροφάγος, ὁ, sp. ep. „Käsefresser", N. e. Maus.
Τυρρηνοί, οἱ, ion. u. altatt. **Τυρσηνοί,** dor. **Τυρσανοί. 1)** Seeräubervolk, urspr. in Lydien, dann auf verschiedenen griech. Inseln u. Küsten ansässig. **2) Etrusker,** Bewohner von **Τυρσηνίη,** später att. **Τυρρηνία** (*Etruria*). Adj. **Τυρρηνικός, Τυρσηνικός** u. **Τυρσηνός,** 3., mit bes. Fem. **Τυρσηνίς, ἡ,** Beiw. der Skylla; **πέλαγος Τυρσηνικόν an der Westküste Italiens. 3)** die pelasgischen Burg-Erbauer in Athen, die später vertrieben nach Thrakien zogen.
τύρσις, ion. u. auch att. ιος st. εως, ἡ, *turris,* der Turm.
Τυρταῖος, ὁ, aus Aphidnä, Sänger politischer Lieder in Sparta, lebte im 7. Jahrh. v. Chr.
Τυρώ, οῦς, ἡ, Tochter des Salmoneus, Königs in Elis, Gemahlin des Kretheus und von Poseidon Mutter des Pelias u. Neleus.
τῡρῶντα, buk. var. zu τῡροῦντα τῡρόεντα.
τυτθός, 2., ep. u. poet. klein, jung, **τυτθὰ κεάσαι** klein spalten. Das Neutr. **τυτθόν** als Adv. wenig, ein wenig, ein Weilchen, kaum.
Τυφάων, ep. = Τυφῶν, s. Τυφωεύς.
τυφλό-πους, ὁ, ἡ, poet. mit blindem irrendem Fuß. Von
τυφλός, 3. (verw. ahd. *dumb* = stumm, taub, dumm), **1)** akt. nicht sehend, blind, übertr. τά τ' ὦτα τόν τε νοῦν an Ohr u. Geist, ähnl. τὴν τέχνην, od. verb. mit **δύσορμα** von Orten, die dem Wasser keinen Zu- od. Abfluß gestatten, verstopft, verschlämmt; auch von Untiefen, wo das Landen

gefährlich ist. 2) pass. nicht gesehen, versteckt, heimlich, dunkel. Subst. τὰ τυφλὰ τοῦ σώματος der Rücken. Dav.

τυφλό-στομος, 2. sp. mit blinder, d. h. verstopfter Mündung.

τυφλότης, ἡ, die Blindheit.

τυφλόω (τυφλός), des Augenlichtes berauben, blenden, τινά od. ἕλκος eine Wunde durch Blendung beibringen. Im Pass. erblinden, eigtl. u. übertr., u. zwar τί an etwas.

τυφλώττω (τυφλός), sp. übertr. mit Blindheit geschlagen, stumpfsinnig sein.

τῦφος, ὁ (θύω, τύφω, *Dampf*), sp. eigentl. Qualm, dann übertr. Dunst, Schwindel; Dünkel, Aufgeblasenheit, Hoffart, Renommage. Dav.

τυφόω, umräuchern, übertr. benebeln, verblenden. Pass. benebelt, albern werden; Perf. τετυφῶσθαι ein Tor, ein Narr, wahnwitzig sein.

τύφω, Perf. pass. τέθυμμαι (vgl. mhd. *dimpfen*, dampfen), selten in att. Prosa, meist poet. 1) Akt. rauchen, dampfen, abs., od. καπνόν Rauch machen. 2) Med. glimmen, rauchen, schwelen (Eur. Bacch. 8 ist ζῶσαν φλόγα Appos. zu ἐρείπια τυφόμενα).

Τῡφωεύς, έως, u. **Τῡφῶς** od. **Τῡφώς,** Gen. u. Akk. ῶ, sowie **Τῡφῶν** (Τῡφάων), ῶνος, ὁ, Typhoeus, eigtl. der Dampfende, Symbol der feuerspeienden Berge u. verderblichen Stürme.

τυφών od. **τυφῶν,** ῶνος, ὁ, ar. sp. Wirbelwind, Windsbraut.

τυφωνικός, 3. ἄνεμος, N. T. Sturm- od. Wirbelwind.

τῡφῶς od. **τῡφώς,** ὁ, Gen. u. Akk. ῶ (τύφω), ion. poet. Wirbelwind, ein von Blitz u. Donner begleitetes Unwetter.

τύχη, dor. **τύχα,** ἡ (St. τυχ, τυγχάνω), das, was **zufällig eintrifft, Zufall,** Vorfall, Sg. u. Pl. • 1) Unglück, Unheil, als Ausrufung τῆς τύχης o über das Unglück! • 2) Glückliches Ungefähr, Glück, τῆς τύχης ἐκβαίνειν den Weg des Glücks verlassen • 3) Schickung, **Fügung, Los,** τ. λαμπρά glänzende Lage, ἀναγκαία τ. Soph. Aj. 485 das Los der Sklaverei, ἐν τούτῳ τύχης εἶναι in dieser Lage sein, ἐν τύχῃ γίγνεταί τινι der Erfolg wird zweifelhaft für jmdn. Im Pl. Schicksalsfügungen, ähnl. τὰ ἀπὸ τῆς τ., ἐς τύχας καταστῆναι sich dem Glückswechsel aussetzen • 4) Adv. Redensarten • a) τύχῃ zufällig, θείῃ τ. durch göttliche Schickung, ἀγαθῇ τύχῃ zu gutem Glück, zu Glück u. Heil, lat. *quod felix faustumque sit.* Daher heißt τἀγαθῇ (τῇ ἀγ.) τύχῃ auch mit ihrer Begrüßung • b) ἀπὸ τῆς ὁμοίας τ. bei gleichem Glücke, aber ἀπὸ τύχης zufällig • c) διὰ τύχην durch Zufall • d) ἐκ τύχης zufällig • e) ἐν τύχῃ glücklich, ähnl. ἐν τύχῃ γέ τῳ mit irgendwelchem glücklichen Spruche • f) ἐπὶ τύχῃσι χρηστῇσι bei glücklicher Wendung der Dinge (*rebus secundis*) • g) κατὰ τύχην zum Glück, zufällig • h) ξὺν τύχῃ mit günstigem Glücke • i) παρὰ τῆς τ. durch einen Zufall • k) πρὸς τῆς τύχης durch das Schicksal.

Τύχη, ἡ, als Eigenn., das Glück, die Göttin des Zufalls, τῆς Τ. παῖς Glückskind. Davon

τυχηρός, 3. poet. ar. sp. vom Glück abhängig, zufällig, insbes. glücklich. Subst. τὰ τ. die Glücksgüter, od. die Wechselfälle des Schicksals.

τυχόν u. **τυχόντως,** Adv. zufällig, aufs Geratewohl; vielleicht, s. τυγχάνω.

τύχος, ὁ, ion., var. zu τύκος, ὁ, Streitaxt.

τῶ u. **τῷ** (s. ὁ, I.): darum, deswegen; weil; dann.

τῶγ vor γ. κ. χ. = τῶν.

τὤγαλμα, τὠληθές, τὠμβλύ, τὠπό, τὠποβαῖνον, τὠρχαῖον st. τὸ ἄγ. usw.

τωθάζω, dor. τωθάσδω (verw. dtsch. *tadeln*), spotten, necken, τινά.

τὤνδρες, dor. = οἱ ἄνδρες.

τώς u. **τῶς,** ep. u. poet. Adv. = ὥς, so, *sic.*

τώς, dor. = τούς.

τὤστια od. **τὤστια,** buk. = τὰ ὀστᾶ.

Τωτίλας, α, ὁ, sp. der Ostgotenkönig Totila von 539—552.

Τωυγενοί, οἱ, sp. keltischer Volksstamm in Gallien.

τὠυτό od. **τωὐτό,** ion. = ταὐτό, s. αὐτός.

Υ.

Υ, υ, (spät erst ὖ ψιλόν genannt, zur Unterscheidung von dem auch ü gesprochenen οι) zwanzigster Buchstabe des griech. Alphabets, als Zahlzeichen υ' = 400.

Ὑάδες [⏑⏑⏑], ων, αἱ (ὗς, erst später auf ὕω bezogen), die Hyaden, ein Sternbild an dem Kopfe des Stiers, welches aus vier Sternen dritter und einigen vierter Größe besteht, eigentl. ein Rudel junger Wildschweine, dah. lat. *suculae.*

ὕαινα, ἡ (ὗς), ion. u. sp. die Hyäne.

Ὑακίνθια, τά, s. ὑάκινθος.

ὑακινθινο-βαφής, 2. (βάπτω), hyazinthenfarbig.

ὑᾰκίνθινος [ῐ], 3. ep. poet. und sp. hyazinthen, insbes. hyazinthenfarbig, d. i. schwarz- od. dunkelrot, violett.

ὑάκινθος [ὑᾰ], ὁ (vorhellenisch?), poet. u. sp. auch ἡ. 1) die Hyazinthe. 2) sp ein Edelstein, vielleicht der Saphir.

Ὑάκινθος, ὁ, des lakedämonischen Königs Oibalos (nach and. des Amyklas) Sohn, den Apollon liebte u. durch einen unglücklichen Wurf mit dem Diskos tötete. Aus seinem Blute entstand die Hyazinthe. Seinem Andenken galt eines der spartanischen Hauptfeste, τὰ Ὑακίνθια, welches drei Tage lang in Amyklä mit Aufzügen, Wettspielen usw. gefeiert wurde. [durchsichtig.

ὑάλινος, 3. poet. u. sp., u. **ὑαλοῦς,** 3. sp. gläsern,

ὕαλος, jedes durchsichtige Mineral, das Glas, s. ὕελος.

Ὑάμπεια, ion. **Ὑαμπείη,** ἡ, die östliche der beiden Φαιδριάδες genannten steilen Felsenwände am Parnassos oberh. der Kastaliaquelle östl. von Delphi.

Ὑάμπολις, ιος, ἡ, Stadt in Phokis links vom Kephissos, j. Überreste bei *Bogdana.*

ὑββάλλω, ep., s. ὑποβάλλω.

Ὕβλα, ion. **Ὕβλη,** ἡ, **1)** Großhybla, Stadt am Südabhang des Ätna in Sizilien, j. *Paternó*. Die Einw. οἱ **Ὑβλαῖοι. 2)** Kleinhybla oder Megara Hybla, zum Gebiet von Syrakus gehörig, beim heutigen *Cataro*. **3)** Hybla Heraea, Stadt im Süden Siziliens, zu Gelons Gebiet gehörig, das jetzige *Chiaramonte*.

ὑβός, 3. buk. [ῡ], buckelig.

ὑβρίζω, dor. ὑβρίσδω • **1)** intr. **übermütig** od. **frech werden** od. sein, reden, handeln, sich übermütig betragen, **Übermut treiben.** Im besond. • **a)** üppig werden, **schwelgen,** sich Ausschweifungen überlassen, seine Lust ungezügelt befriedigen • **b) freveln,** gewalttätig handeln, schmähen • **c)** von Pferden: sich aufbäumen, sich unbändig gebärden • **2)** trans. frech od. übermütig behandeln, mißhandeln, mit Füßen treten, **vergewaltigen,** verhöhnen, beschimpfen, entehren, schänden, τινά, δεινα τινά jmdn. grausam mißhandeln, τοιαῦτά τινα mit solchem Hohne jmdm. trotzen Soph.; Pass. ὑβριζόμενος ἀποθνήσκει er st. unter Hohn Xen.; **ὑβρισμένος**: auch • **a)** mit Prunk überladen (στολή) • **b)** arrogant, prahlerisch.

ὕβρις, εως, ion. ιος, ἡ, und **ὕβρισμα,** τό (ὑβρίζω). **1)** (ὕβρις), **a)** Übermut, **Hochmut,** Stolz, Frechheit, Frevel, Trotz, Hohn, Mutwille; von Eseln: Störrigkeit, **b) Zügellosigkeit,** Ausschweifung; ὕβρει, ἐφ' ὕβρει, πρὸς ὕβριν aus, mit Übermut, zum Spott, εἴς τινα gegen jmdn. **2) Freveltat,** Gewalttätigkeit, Vergewaltigung, Mißhandlung, Schmach, Schimpf, Beleidigung, περί τι bei etwas.

ὕβρισμα, τό, **1)** mutwillige Handlung usf., = ὕβρις, **2. 2)** poet. der Gegenstand des Frevels. **3)** poet. der frech Handelnde, Frevler.

ὑβριστέος, 3. zu mißhandeln.

ὑβριστής, οῦ, ὁ, **ὑβριστικός,** 3. (ὑβρίζω). **1)** übermütig, mutwillig, höhnend, frech, trotzig. **2)** gewalttätig, wild; ὑ. νάρθηκες voll neckenden Übermuts, was für die Träger gilt. Subst. ὁ ὑ. **a) Frevler,** Gewaltmensch, **b)** Spötter, τὸ ὑ. Übermut.

ὑγεία, ἡ, späte Form f. ὑγίεια, s. d.

ὑγιαίνω [ῡ], (ὑγιής), Fut. -ᾰνῶ, Aor. -ᾱνα, daher ὑγίαινε, *vale*, leb wohl; gesund sein, sich wohl befinden, sich es wohl sein lassen, auch gesund werden, übertr. bei gesundem Verstande sein, od. ὑγιαίνων οἶκος ein von krankhaften Begierden u. Leidenschaften freier Haushalt, u. so auch von einer Stadt; τὸ ὑγιαῖνον der verständige Teil.

ὑγίεια (bei Äsch. -εία), ion. **ὑγιείη,** ἡ (ὑγιής), auch im Plur. Gesundheit.

ὑγιεινός, 3. Adv. **-ῶς,** ion. u. poet. **ὑγιηρός,** 3., mit Superl. ὑγιηρότατος u. ion. ὑγιηρέστατος (von ὑγιήρης), **ὑγιής,** 2., Acc. sg. ὑγιᾶ u. ὑγιῆ, Superl. ὑγιεστάτην, Adv. **-ῶς, gesund,** d. i. **1)** (außer ὑγιής) der Gesundheit zuträglich, ὑγιεινῶς ποιεῖν τι aus Gesundheitsrücksichten. **2) munter,** wohl, kräftig, ὑγιὴς γίγνομαι τὸ δῆγμα ich werde vom Biß geheilt; **τὸ ὑγιές** der gesunde Zustand. Übertr. **a)** von gesundem Verstand, **gescheit,** verständig, wacker; οὐδὲν ὑγιὲς φρονεῖν, διανοεῖσθαι, λέγειν nichts Gescheites sagen usw., auch: kein wahres Wort sagen, **b)** von Dingen: in gutem Zustand, unversehrt (νῆες, Ἑρμαῖ).

ὑγραίνω, Aor. ὕγρᾱνα, benetzen, bewässern. Dav. **ὑγραντικός,** 3. befeuchtend, netzend.

ὑγρός, 3. (lat. *uveo* [für *ugveo*], *uvidus*). **1)** flüssig, **naß,** feucht, ὕδωρ, κέλευθα, ἄνεμοι ὑγρὸν ἀέντες, ἔλαιον, ὑγρὰ κοιλία Neigung zum Durchfall; von den Augen: feucht = schmachtend. **2)** übertr. **a)** von Personen: vollsäftig, **b)** von Gliedern: geschmeidig, **νῶτον,** flink, doch auch schlaff, matt, ἀγκών, χείρ, bes. ion. **c)** vom Charakter: biegsam, nachgiebig. **3)** Subst. **a)** ἡ **ὑγρή,** (τὸ) **ὑγρόν** od. (τὰ) ὑγρά die Feuchtigkeit, bes. das Meer, auch Saft. **b)** übertr. τὸ ὑγρόν fügsames Wesen.

ὑγρότης, ητος, ἡ, die Feuchtigkeit, *umor*, übertr. **a)** mit τῶν ὀμμάτων das Schmachtende. **b)** Weichheit, Geschmeidigkeit u. Beweglichkeit.

ὑγρώσσω, poet. naß, feucht sein.

ὑδᾰρής, 2. (ὕδωρ), wässerig, durch Wasser verdünnt, verfälscht, dah. falsch, verstellt.

Ὑδάσπης, ου, ὁ (altind. *Vitastâ*), Nebenfluß des Indus im Pendschab, j. *Behat* od. *Djalam*.

ὑδάτινος, 3. buk. sp. von Wasser, Wasser-, durchsichtig wie Wasser; ion. wässerig, wasserreich, feucht. [Bächlein.

ὑδάτιον, ου, τό, Demin. zu ὕδωρ, Wässerlein,

ὑδατο-θρέμμων, 2. (τρέφομαι), poet. im Wasser lebend.

ὑδατοποσία, ἡ, sp. = ὑδροποσία, s. d.

ὑδατοποτέω, sp. (ὑδατο-πότης) = ὑδροποτέω, Wasser trinken.

ὑδᾰτο-τρεφής, 2. (τρέφω), ep. im Wasser ernährt, Wasser liebend.

ὑδατώδης, 2. wasserreich, wässerig.

ὕδερος, ὁ (ὕδωρ), ion. ar. sp. die Wassersucht.

Ὕδη, ἡ, Stadt Lydiens, das spätere Sardes.

ὕδιον, τό, Demin. v. ὗς, Schweinchen.

ὕδος, εος, τό, ep. poet. = ὕδωρ.

ὕδρα, ion. **ὕδρη,** ἡ (ὕδωρ, vwdt. dt. ***Otter***), die Wasserschlange, insbes. die lernäische, s. Λέρνα. Davon sprichw. ὕδραν τέμνειν von unüberwindlichen Schwierigkeiten.

ὑδρ-αγώγιον, τό, sp. Wasserleitung.

ὑδραίνω (ὕδωρ), Aor. ep. ὕδρηνα, poet. ὕδρᾱνα, ep. u. poet. **1)** Akt. befeuchten, d. i. **a)** waschen, benetzen, τινὰ ὡς θανούμενον d. h. ihn mit dem heiligen Wasser zur Einweihung des Opfers besprengen. **b)** (die heiligen Spenden) ausgießen. **2)** Med. sich waschen od. reinigen, näml. vor dem Gebete od. Opfer.

Ὑδραώτης, ου, od. **Ὑάρωτις,** ὁ, Nebenfluß des Indus im Pendschab, jetzt *Iravatî*, *Irotî* od. *Rawî*.

Ὑδρέη, ἡ, ion. Insel an der Bucht von Hermiŏne bei Argolis.

ὑδρεία, ἡ (ὑδρεύω), **1)** das Wasserholen, μακρά aus der Ferne. **2)** sp. der Ort, wo man Wasser schöpft, Wasserbrunnen.

ὑδρεύω, gew. Med. **-ομαι** (ὕδωρ), (sich, *sibi*) Wasser schöpfen od. holen, abs. od. mit ὕδωρ.

ὑδρήιον (-εῖον, -ίον), τό, ion. Wassereimer.

ὑδρηλός, 3. (ὕδωρ), ep. poet. u. sp. **naß,** feucht, wässerig.

ὑδρία, ἡ, **1)** Wassereimer. **2)** überh. Urne, **a)** Aschenkrug. **b)** Stimmurne.

Ὑδριάς, άδος, ἡ, poet. νύμφη Wassernymphe, Quellnymphe.
ὑδρο-ειδής, 2. poet. = ὑδατώδης.
ὑδρόεις, εσσα, εν, poet. wässerig, das Wasser liebend.
ὑδρο-θήκη, ἡ, sp. Wasserbehälter.
Ὑδρομέδουσα, ἡ, sp. ep. „Wasserfürstin".
ὑδρό-μελι, ιτος, τό, sp. Gemisch aus Wasser u. Honig.
ὑδροποσία, ἡ, das Wassertrinken.
ὑδροποτέω od. **-πωτέω,** Wasser trinken.
ὑδροπότης od. **-πώτης,** ου, ὁ (πίνω), der Wassertrinker.
ὕδρος, ὁ, ep. ion. ar. sp. = ὕδρα.
ὑδροτροφικός, 3. die Wassertiere betreffend.
ὑδροφορέω, Wasser tragen.
ὑδρο-φόρος, 2. (φέρω), Wasser tragend. Subst. ὁ, ἡ, Wasserträger, -in.
Ὑδρό-χαρις, ἡ, sp. ep. „Wasserfroh", N. e. Frosches.
ὑδρό-χὔτος, 2. poet. wasserreich.
ὑδρωπικός, 3. sp. N. T. wassersüchtig.
ὕδρ-ωψ, ὁ, **1)** sp. = ὕδερος. **2)** ion. von Wasser sucht erzeugtes Wasser.
ὕδωρ (ὔ, in Hebung auch ῡ), ατος, τό (Gen. ὑδγτος, zu lat. *unda*, dt. *Wasser*, aus ahd. *wazzar*, got. *watō*) • **1) Wasser** jeder Art, bes. **Regenwasser, Trink-, Quellwasser;** pl. **G e w ä s s e r,** auch = *aquae* **Bäder, Badeort • 2) F a h r w a s s e r • 3) Schweiß** Hdt. 3, 104. Sprichw. ὕδωρ πίνειν **keiner großen Gedanken fähig sein,** ἐν ὕδατι γράφειν **seine Mühe verschwenden • 4) das Wasser** in der **Wasseruhr** (κλεψύδρα), wonach in Athen den vor Gericht Sprechenden ein bestimmtes Maß von Zeit zugemessen wurde, also = **Redezeit, -frist;** ἐν τῷ ἐμῷ ὕ. **während meiner Redezeit;** ὕ. ἐγχέω, παραδίδωμι, ἀποδίδωμί τινι, **einem das Wort erteilen;** ἐπίλαβε τὸ ὕ. **stelle die Wasseruhr ab.**
ὑέ, ὑεῖς, u. ä., s. υἱός.
ὕειος 3. = ὑικός, ὕεια κρέα Schweinefleisch.
Ὑέλη od. **Ὑελῆ,** ἡ, ion. Namensf. des att. Ἐλέα = lat. Velia, Stadt Lukaniens, j. Ruinen bei *Castell' a Mare della Brucca*, Geburtsort des Parmenides u. Zenon d. Ä.
ὑέλινος, 3. poet. sp. = ὑάλινος.
ὕελος, ὁ, ion. st. ὕαλος, Kristall, Alabaster.
ὑέτιος, 3., Superl. -τιώτατος, ion. u. sp. Regen bringend, regnerisch.
ὑετός [ῡ], ὁ (ὕω), der R e g e n, Regenschauer, Platzregen (ὑετώτατοι Her. 2, 25 var. zu ὑετιώτατοι).
ὕης, Bein. des Ἄττης (w. s.) in einer Beschwörungsformel.
ὕθλος, ὁ, meist Plur. Possen, Schnurrpfeifereien.
υἷα u. ähnl., s. υἱός.
ὑΐδιον, τό, = ὕδιον.
υἱδοῦς, οῦ, ὁ, = υἱωνός, Enkel.
ὑϊκός, 3. (ὗς), schweinisch, ὑικὸν πάσχει es geht ihm wie einem Schweine.
υἱοθεσία, ἡ, sp. N. T. die Annahme an Sohnes Statt, Adoption; die Kindschaft.
υἱός, ὁ (idg. *su-nus*, dt. *Sohn*, aus ahd. *sunu*), **mit allen regelm. Kasus, daneben aber einerseits die ep. Formen** υἷος (Gen.), υἷι, υἷα, υἷε, υἱάσι, υἷας, u. anderseits ep. u. att. (wie von υἱύς) υἱέος, υἱεῖ u. υἱέϊ, υἱέα, υἱέε, υἱέοιν, υἱέες u. υἱεῖς, υἱέων, υἱέσι (poet. auch υἱήεσσι), υἱέας u. υἱεῖς, in gutattischer Zeit stets, u. deshalb auch in neueren Ausg. ὑός geschrieben (ebenso episch, wo υἱός, υἱόν, υἱέ als ◡◡ gemessen sind); **Sohn, Liebling;** N. T. der einem andern Gehorchende, Anhangende, **S c h ü l e r;** υἱὸς τοῦ ἀνθρώπου symbol. das fünfte messianische Reich; bei Henoch der Messias; Christus nennt sich so.
υἱωνός, ὁ, ep. u. sp. Sohnessohn, Enkel, *nepos*.
Ὕκκαρα, τά, Stadt an der Nordküste Siziliens, jetzt *Muro di Carini*.
ὕλαγμα, τό (ὑλάσσω = ὑλάω), poet. sp., gew. im Plur., u. **ὑλαγμός,** ὁ, das Bellen, Gebell, übertr. Schmähwort.
ὑλαγωγέω, Holz fahren.
ὑλάεις, εσσα, εν, s. ὑλήεις.
Ὑλαίη, ἡ, ion. eigentl. Waldgegend, Landschaft im Südosten des europ. Sarmatiens, zwischen dem Borysthenes u. Hypakyris.
ὑλαῖος, 3. buk. poet. sp. im Wald lebend, vorkommen.
ὑλακή, ἡ, poet. u. sp. = ὑλαγμός.
ὑλακο-μωρος, 2., ep. durch Bellen sich bemerkbar machend, l a u t b e l l e n d.
ὑλακτέω (verw. ὀλολύζω, lat. *ululare*), poet. **ὑλάσκω,** u. ep. **ὑλάω** u. Med. **-ομαι** [ῐ], (nur im Präs. u. Impf.), b e l l e n, anbellen, abs. u. τινά, übertr. von κραδίη sich immer vernehmen, sich nicht beschwichtigen lassen, ungestüm herausschreien, abs. u. τί, u. zwar τινί jmdm.
Ὕλας, α, ὁ, poet. N. verschiedener Personen, insbes. eines schönen, von Herakles geliebten, von Nymphen geraubten Jünglings.
ὑλα-τόμος, buk. = ὑλοτόμος, ὁ, Holzhacker.
ὕλη, dor. ὕλα [ῡ], ἡ. **1)** H o l z, **a)** noch stehendes: G e h ö l z, Gesträuch, Buschwerk, W a l d (ἀγρίη Holzfrucht, wildes Obst, wilde Wurzeln), **b)** gefälltes: Bauholz, Brennholz, Reisig, Brennstoff. **2)** S t o f f, Materie, Rohstoff; Gerölle.
Ὕλη, Stadt am Kopaïssee in Böotien, Trümmer beim jetzigen *Senjena*.
ὑλήεις, εσσα, εν, ep. auch 2., dor. **ὑλάεις,** ep. poet. holzreich, bewaldet, waldig, bewachsen.
Ὑλίας, ὁ, Fluß in Unteritalien bei Croton, jetzt *Aquanile* od. *Lacaneta*.
ὕλιμος, 2. poet. waldig.
Ὑλλεῖς, οἱ, ein dor. Stamm. in Sikyon; dav. **Ὑλλίς,** ίδος, ἡ, Adj. poet., den Ὑλλεῖς eigen, überh. dorisch.
Ὕλλος, ὁ, **1)** Nebenfluß des Hermos in Lydien. **2)** Sohn des Herakles u. der Deïaneira, Stammvater der Ὑλλεῖς.
ὑλό-κομος, 2. poet. mit Wald bewachsen.
ὑλο-νόμος, 2. (νέμομαι), poet. in Wäldern weidend, wohnend, lebend.
ὑλο-τόμος, 2. (τέμνω), ep. poet. u. sp. Holz fällend, Holz bauend. Subst. (ὁ) Holzfäller.
ὑλό-τομος, 2. ep. im Walde gehauen (var.; vgl. οὐλότομος).
ὑλουργός, ὁ (St. ἐργ), poet. der Zimmermann.
ὑλο-φορβός, 2. (φέρβω), poet. im Walde weidend.
ὑλώδης, 2. h o l z r e i c h, bewaldet (bei Flüssen läßt es sich auf die bewaldeten Ufer beziehen).
ὑμ-άρτη, dor. Imper. statt ὁμάρτει.

ὑμεῖς, dor. ὑμέ st. ὑμᾶς, u. **ὑμείων,** ep., s. σύ.
ὑμεναιέω (-όω), poet. den Hochzeitsgesang anstimmen. Von
ὑμέναιος [ῡ], ὁ (zu ὕμνος, nicht zu ὑμήν). **1)** auch im Pl. der Hochzeitsgesang, Brautgesang, welchen die Begleiter der Braut unter Kithar- u. Flötenklang u. Tanz bei der Einführung in das Haus des Bräutigams sangen. Dah. überh. Hochzeit, Ehe. **2)** **Ὑμέναιος,** ὁ, poet. Hymen, der Hochzeitsgott. Dav.
ὑμεναιόω, buk. heiraten, τινά (vgl. ὑμεναιέω).
ὑμές, dor. st. ὑμεῖς.
ὑμέτερος, 3., ep. (dor.) auch **ὑμός** [ῠ], 3. **a)** *vester,* subj. euer, eurig, mit αὐτῶν euer eigener, mit ἑκάστου eines jeden von euch. Als Subst. τὸ ὑμ. euer Bestes, euere Art u. Weise, das was auf euch ankommt, eurerseits, τὰ ὑμ. euere Sache, οἱ ὑμ. die eurigen. Adv. ep. **ὑμέτερόνδε,** in euer Haus. **b)** obj. αἱ ὑμ. ἐλπίδες die auf euch gesetzten Hoffnungen, ἡ ὑμ. παρακέλευσις die an euch gerichtete Ermahnung.
ὑμήν, ένος, ὁ, **1)** Haut, Häutchen. **2)** Band, feines Band, Bändchen; insbes. Stimmband.
Ὑμήν, ένος, ὁ, poet. Ὑμέναιος, s. d. 2).
Ὑμησσός u. **Ὑμηττός,** ὁ, Berg im Süden Attikas, j. *Trelo Vuno,* 1027 m hoch, von Mitte Dezbr. bis Mitte März schneebedeckt, berühmt durch seinen Honig, Kräuterreichtum und Marmor; Heiligtum des Ζεὺς ὄμβριος (heute Kapelle des Hagios Elias, wo man um Regen betet) sowie des Apollon.
ὔμιν, ὔμμε, ὔμμι, u. ähnl., s. σύ.
ὑμνέω, ion., Perf. pass. 3. pl. ὑμνέαται (ὕμνος). **1)** ein Loblied (ὕμνος) singen, singen. **2)** im Liede besingen, preisen, rühmen, verherrlichen. **3)** in iron. u. tadelndem Sinne: herleiern, nachplappern, κακά sein Leidwesen herjammern. Im Pass.: erwähnt werden.
ὑμνητήρ, ῆρος, ὁ, poet. u. **ὑμνητής,** ὁ, der Verherrlicher, τινός.
ὑμνο-ποιός, 2. poet. Hymnen dichtend.
ὑμνο-πόλος, ὁ, poet. (Hymnen-)Dichter.
ὕμνος, ὁ (zu ὑμήν „Hochzeitsruf"), Gesang, Hochzeitsgesang, Lied, Lobgesang, bes. zum Preis eines Gottes.
ὑμνῳδέω, 1) einen Hymnus singen, poet. auch θρῆνον. **2)** poet. ein Orakel geben (zw.). Von
ὑμν-ῳδός, ὁ, poet. u. sp. Hymnensänger.
ὕμοιος (and. ὑμ), buk. = ὁμοῖος, s. d.
ὑμός [ῠ], 3., s. ὑμέτερος.
ὑο-μουσία, ἡ, poet. Schweinsmusik, Saugesang.
ὑόν, ὑός u. ähnl., s. υἱός.
ὑό-πρῳρος, 2. sp. mit schweinsrüsselförmig gebogenem Schnabel.
ὑο-φόρβιον, τό, sp. Schweineherde.
ὑπα- äol. = ὑπο-.
ὑπ-άγγελος, 2. poet. von Boten geholt.
ὑπ-αγκαλίζω od. **-ίζομαι,** poet. umarmen. Dav.
ὑπαγκάλισμα, τό, poet. **1)** die Umarmung. **2)** Gegenstand der Umarmung.
ὑπ-αγορεύω, Aor. ὑπηγόρευσα, sp. **1)** in die Feder sagen, diktieren, τί. **2)** an die Hand geben.
ὑπ-άγροικος, 2. poet. sp. etwas bäurisch, unmanierlich, gegen feine Art verstoßend.

ὑπ-άγω • **1)** trans. • **a) darunterführen,** **α)** mit u. ohne ζυγόν anspannen, dah. N. T. u. sp. aufbrechen, fortgehen; übertr. Med. sich (*sibi*) unterwerfen, bezwingen, τὴν πόλιν, **β)** den Beklagten unter den erhöhten Sitz des Richters führen, mit u. ohne ἐς δίκην, vor Gericht ziehen, anklagen, θανάτου (aber γλώσσῃ ὑπ. τι etw. im Munde führen) • **b) darunter wegführen, α)** örtlich: τινὰ ἐκ βελέων, dann heimlich fortschaffen, **β)** heimlich, listig zu etw. bringen, verlocken, verführen, täuschen, τινὰ ἐς ἐλπίδα; dah. im Med. schlau nach seinem Zwecke leiten, locken, τινά, u. mit Inf. Im Pass. betört, u. überh. zu etw. gebracht werden • **2)** intr. mit verst. ἑαυτόν • **a)** sich (langsam) zurückziehen, ep. gehen, hingehen, ὕπαγε abs. vor Imp. auf! vorwärts! N. T. • **b)** mit u. ohne ἔμπροσθεν od. ἰθύ τινος (s. Xen. An. 4, 2, 16) langsam vorrücken.
ὑπαγωγή, ἡ, **1)** das Hinunterführen, πρός τι, u. zwar διά τινος. **2)** die rückgängige Bewegung.
ὑπ-αείδω, ep. (nur in tmesi) u. poet., u. **ὑπᾴδω,** poet. u. sp. dazu singen od. tönen, τινί.
ὑπαί, s. ὑπό.
ὑπ-αιδέομαι, etwas Scheu haben.
ὕπαιθα, ep. Adv. (ὑπαί, ὑπό), darunter, daher **a)** seitwärts hin, seitwärts vorbei. **b)** mit Gen. seitwärts von jmdm. od. etwas, neben.
ὑπ-αίθρειος, 2. poet., **ὑπ-αίθριος,** 2., poet. auch 3., u. **ὕπαιθρος,** 2., unter freiem Himmel, übertr. offen. Subst. ἐν ὑπαίθρῳ, ὑπαίθροις, im Freien, im Felde.
ὑπ-αίθω, poet. von unten anzünden, verbrennen.
ὑπ-αινίττομαι, Dep. med. dunkel andeuten, ein wenig sticheln, τινά, τί auf jmdn., etwas.
ὑπ-αιρέω, s. ὑφαιρέω.
ὑπ-αΐσσω, ep., Fut. ὑπαΐξει, Aor. part. ὑπαΐξας, poet. ὑπ-ᾴσσω, Aor. part. -ᾴξας, darunter hervorspringen od. -fahren, herbeirennen, schnellend emporschießen; τινός unter etwas hervor.
ὑπ-αισχύνομαι, sich ein wenig schämen, τινά vor jmdm., τί wegen etwas.
ὑπ-αίτιος, 2. schuldig, an einer Sache schuld, τινός an etwas, τινί jmdm. verantwortlich, ihm Rede u. Antwort schuldig, aber ἐπιτιμήσει einen Vorwurf verdienend, auch ὑπαίτιόν ἐστί μοί τι πρός τινος (versch. LA.) ich habe mir eine Schuld gegen jmdn. zugezogen, es wird mir etwas von jmdm. als Schuld od. Verbrechen angerechnet.
ὑπακοή, ἡ, N. T. der Gehorsam.
ὑπ-ακούω, ep. Aor. ὑπάκουσα (auch in tmesi). **1) darauf hören,** anhören, (vom Richter), abs., od. τινός auf etwas, τινί jmdm. zuh. **2) Gehör** geben od. **schenken,** sich einlassen, auf etwas, τί. Im bes. **a)** antworten (bes. vom Türhüter), **b)** überh. **sich fügen,** folgen, gehorchen, untergeben od. untertan werden od. sein, auch bloß jmdm. entgegenkommen, jmds. Rat annehmen, τί sich auf etwas einlassen; καλούντων od. καλοῦσι einem Rufe, einer Einladung Folge leisten, μαθήμασιν lernen, **c)** von Sachen: von statten gehen, guten Erfolg haben, τινί.
ὕπ-ακρος, 2. beinahe der höchste, fast der vollkommenste.

ὑπακτικός, 3. (ὑπάγω), abführend, Stuhlgang schaffend.

ὑπ-αλείφω, aufstreichen, τί. Med. sich ein wenig salben.

ὑπ-αλεύομαι, ep. Dep. med., Aor. part. ὑπαλευάμενος, vermeiden, entgehen, entfliehen, entschlüpfen, τί.

ὑπ-αλλαγή, ἡ, **1)** poet. sp. Veränderung, Vertauschung. **2)** sp. eine Redefigur, wenn die einzelnen Teile des Satzes miteinander verwechselt zu sein scheinen.

ὑπ-αλλάττω, sp. heimlich vertauschen, wechseln.

ὑπ-άλπειος (Ἄλπεις), 2. sp. *subalpinus;* ἡ ὑπαλπεία (sc. χώρα). das Alpenvorland.

ὑπάλυξις, ιος, ἡ, ep. das Vermeiden, Entgehen. Von

ὑπ-αλύσκω, Aor. ὑπάλυξα, auch in tmesi, ep. u. poet. = ὑπαλεύομαι.

ὑπ-ανᾱλίσκω, Aor. -ανήλωσε, allmählich od. unvermerkt aufzehren, τί.

ὑπ-ανάστασις, ἡ, das jmdm. Platz-Machen.

ὑπ-ανατείνω, darunter hinstrecken.

ὑπ-αναχωρέω, allmählich od. unbemerkt zurückgehen.

ὕπ-ανδρος, 2. sp. N. T. verheiratet.

ὑπ-ᾱνέμιος, 2. dor. = ὑπηνέμιος.

ὑπ-ανίημι, sp., trans. u. intr., ein wenig nachlassen.

Ὕπανις, ιος, ὁ, Fluß im europ. Sarmatien, j. *Bug.*

ὑπ-ανίστᾰμαι, intr. Med. mit Fut. ὑπαναστήσομαι, Aor. ὑπανέστην, Perf. ὑπανέστηκα, ion. Präs. 3. pl. ὑπανιστέαται, sich erheben, aufspringen, od. ἐξ ἕδρης vom Sitze aufstehen, aus Ehrfurcht.

ὑπ-αντάω und **ὑπαντιάζω,** entgegengehen, -treten, -kommen, begegnen, finden, allmählich näher rücken, abs., od. τινός, τινί, τινά jmdm.

ὑπάντησις, ἡ, sp. N. T. das Entgegenkommen.

ὑπ-ᾰπαλος, 2. buk. weich.

ὑπ-απειλέω, versteckt drohen, τινί.

ὑπ-άπειμι, inf. -ιέναι, sich allmählich entfernen, unvermerkt abziehen.

ὑπ-άπτω, s. ὑφάπτω.

ὕπᾰρ [ῠ], τό, nur Nom. u. Acc. Sing., **1)** ein wahres Gesicht, wirkliche Erscheinung. **2)** Adv. in Wirklichkeit, wachend: οὐκ ὄναρ, ἀλλ' ὕπαρ.

ὑπ-άργυρος, 2., **1)** silberhaltig. **2)** käuflich.

ὑπαρκτέον, es muß vorhanden sein (s. ὑπάρχω, 3).

ὑπ-άρκτιος, 2. sp. gegen Norden liegend.

ὕπ-αρνος, 2. poet. mit einem Lamm unter sich, ein Lamm säugend.

ὕπ-αρξις, ἡ, sp. Habe, Vorrat.

ὑπ-αρπάζω, s. ὑφαρπάζω.

ὑπ-αρχή, ἡ, der Wiederanfang; sp. ganz = ἀρχή, ἐξ ὑπαρχῆς von Anfang an, od. wiederum, von neuem.

ὕπ-αρχος, ὁ, der Unterbefehlshaber, Unterführer, Unterstatthalter, τινός jmds. u. von etwas, gew. der Statthalter, Verweser, bei den Persern: Satrap, bisw. aber auch: ein dem Satrapen untergeordneter Beamter.

ὑπ-άρχω, ion. Perf. pass. part. ὑπαργμένος st. ὑπηργμ., • **1)** mit u. ohne πρῶτος, πρότερος, den Anfang machen, **anfangen, beginnen,** u. zwar so, daß ein anderer fortfährt, daher der erste sein, im bes. Streitigkeiten anfangen, abs., od. τινός (selten τί) etwas, oder mit Part. z. B. ἀδικοῦντες. Im Pass. ὑπῆρκτο αὐτοῦ man hat damit angefangen, τὰ ὑπαργμένα ἔκ τινος das, was bereits von jmdm. geschehen ist • **2)** von unten, d. i. aus dem Grunde hervorgehen, **erwachsen,** zuteil werden, τινί jmdm. • **3)** zugrunde liegen, **vorliegen,** da, **vorhanden sein,** überh. bestehen, sein • **4)** bereit, förderlich, gewogen sein, begünstigen. Teils abs. ὑπάρχων vorhanden, τὰ ὑπάρχοντα das Vorhandene, Vermögen, vorhandene Macht, im bes. das, was jmdm. durch die Gunst der Götter zuteil geworden ist. Dag. τὰ ὑπηργμένα παρά τινος das jmdm. von einem erwiesene Gute usw., τὸ ὑπάρχον der Vorzug, die Existenz. Teils τινί jmdm., ἔς τινά τι jmdm. einen Dienst, bes. Gutes erweisen, ähnl. ὑπάρχει καλά τινι πρός τινα jmd. hat Verdienste um jmdn., und τινός, z. B. ὧν ὑπῆρξαν für das, was sie (an Kyros) getan • **5)** impers. **ὑπάρχει,** mit u. ohne τινί, mit u. ohne Inf., es ist erlaubt, vergönnt, möglich, auch jmd. hat die Anlage, ὥσπερ ὑπῆρχε wie es eben ging. Oft als Part. abs. mit u. ohne ὡς, z. B. ὡς ὑπάρχον μοι weil es in meiner Gewalt stand, ὑπάρξαν τινί da jmd. die Eigenschaft hatte, καλῶς ὑπάρχον indem es günstig steht, ἱκανὸν εἶναι ὑπάρχον d. h. wenn es gerade vorhanden war, od. im Gen. ὑπαρχόντων verst. πλοίων Xen. An. 5, 1, 10. Bisw. mit Part. wie ἐθέλοντας ὑπάρχειν st. ἐθέλειν, ähnl. mit εἰδότας, ἐγνωσμένους, od. mit Inf. ἐπιχώριον εἶναι ὑπῆρχε es war landesüblich.

ὑπ-ασπίδιος [ῐ], 2. (ἀσπίς), ep. u. poet. unter dem Schilde, was der Schild deckt. Neutr. plur. als Adv.

ὑπασπίζω (ἀσπίς), poet. jmdm. (τινί) als Schildträger dienen.

ὑπασπιστήρ, ὁ, poet. schwer bewaffnet.

ὑπασπιστής, οῦ, ὁ, **1)** Schildträger, Waffenträger, d. i. der, welcher dem Hopliten od. doch dem Anführer die Waffen (Schild u. Speer) trug. Es gab ihrer gew. im Heere eine große Anzahl. **2)** der Leibwächter, Trabant, bei Luc. auch der Trabantenhauptmann. **3)** die Hypaspisten im makedon. Heere Alexanders, urspr. wohl auch Schildknappen, dann aber ein besonderes Korps mit leichterer Bewaffnung als die Phalanxsoldaten. Ihre Stärke betrug gegen 3000 Mann.

ὑπ-ᾴσσω, att. poet. = ὑπαΐσσω.

ὕπ-αστρος, 2. poet. unter den Sternen.

ὑπατεία, ἡ, sp. das Konsulat.

ὑπατεύω, sp. Konsul sein.

ὑπατικός, 3. sp. (ὕπατος), einem der Konsul gewesen ist angehörig, dah. ἐπαρχία eine von einem gewesenen Konsul als Statthalter (*proconsul*) verwaltete Provinz.

ὑπ-άτοπος, 2. etwas abgeschmackt, in tmesi ὑπό τι ἄτοπος Plat. Gorg. 493 C.

ὕπᾰτος, 3. (ὑπό). **1)** Adj. oberster, höchster, erhabenster, letzter: ἐν πυρῇ ὑπάτῃ ganz oben auf dem Scheiterhaufen, τινός hoch über etwas = *sublimis.* **2)** Subst. der Konsul in Rom. **3)** ἡ ὑπάτη die oberste Saite, die den tiefsten Ton gab.

ὑπ-αυλέω, sp. dazu die Flöte blasen.

ὕπ-αυλος, 2. (αὐλή), poet. im Gehöfte, σκηνῆς.

ὑπ-αυχένιον, τό (αὐχήν), sp. Kopfkissen, Nackenkissen. [Gesicht.

ὕπ-αφρος, 2. poet. mit ὄμμα, ein verschwollenes

ὑπ-άφρων, 2., Komp. ὑπαφρονέστερος, ion. ziemlich ungebildet.

ὕπεαρ, ατος, τό, ion. Schusterahle.

ὑπ-έγγυος, 2. ion. u. poet. unter Bürgschaft, verantwortlich, u. zwar πλὴν θανάτου auf alle Strafen hin, nur nicht den Tod.

ὑπ-εικάθω, Nebenf. (nicht Aor.) zu

ὑπ-είκω, ep. auch **ὑπο-είκω,** ep. Präs. imp. ὑπόεικε, inf. ὑποεικέμεν, Impf. ὑπόεικον, Fut. med. ὑποείξομαι und ὑπείξομαι, Aor. ὑπόειξα, conj. 1. pl. ὑποείξομεν, **weichen,** d. i. **1)** a u s w e i c h e n, **weggehen,** **τῶν νεῶν** von den Sch. Hom.; **τινὶ ἕδρης** vor einem den Sitz räumen Hom.; **τινὶ ὁδοῦ** Vortritt geben; **τινὶ λόγων** zuerst reden lassen, **λόγου ἀρχαίου** vom ersten Vorschlag abweichen Hdt. 7,160; aber Akk. entrinnen, **χεῖρας** Hom. **2)** übertr. **nachgeben,** sich fügen, sich unterordnen, n a c h s t e h e n, gehorchen, gewähren, **λόγοις τινὸς** jmds. Gründen nachgeben; mit Part. nachlassen; mit Inf. gestatten Soph.

I. **ὕπ-ειμι,** inf. -εἶναι (s. εἰμί), ep. Präs. 3. plur. ὑπέασι (auch in tmesi), **1)** darunter sein, versteckt od. unbemerkt dabei sein, übertr. z u g r u n d e l i e g e n, abs., od. τινί u. ὑπό τι unter jmdm. oder etwas, ὑφ' ἅρματι an den Wagen gespannt sein. **2)** = ὑπάρχω dabei sein, beiwohnen, innewohnen, zu G e b o t e, vor Augen, zur Seite s t e h e n, **ὕπεστί μοι** ich habe, bin im Besitz.

II. **ὕπ-ειμι,** inf. -ιέναι, s. ὑπέρχομαι.

ὕπ-ειξις, ἡ, das Ausweichen, die Nachgiebigkeit.

ὑπ-εῖπον, Aor. (vgl. ὑπαγορεύω), mit Perf. ὑπείρηκα, ὑπείρημαι, **1)** dazu, dabei sagen, als Vorrede sagen. **2)** versteckt sagen, zu verstehen geben, a n d e u t e n, erklären, erzählen, teils abs., teils τί od. Akk. mit Inf. od. ὅτι, ὡς. **3)** einen Sinn unterlegen, darunter verstehen.

ὑπείρ, s. ὑπέρ. **ὑπειρ-έχω,** s. ὑπερέχω.

ὑπείρ-οχος, 2. ep. u. ion. = **ὑπέροχος,** ü b e r r a g e n d, ausgezeichnet, **ἄλλων** vor andern.

ὑπ-είσας, ion. Part. aor. 1. st. ὑφέσας (s. ΣΕΔ III), in Hinterhalt legend, τινά, u. zwar κατά τι an etwas.

ὑπ-εισδύομαι, ion. intr. Med. mit Aor. 2. act. ὑπεισέδυν, sich hineinschleichen.

ὑπ-είσειμι (εἶμι), sp. heimlich hineingehen.

ὑπ-εισέρχομαι, 1) unvermerkt herankommen. **2)** sp. heimlich befallen, -einfallen, in den Sinn kommen.

ὑπ-έκ, u. vor Vok. **ὑπέξ,** ep. ion. buk. **1)** Präp. mit G e n. darunter heraus, u n t e n h e r v o r, unten weg, überh. heraus, hinweg. **2)** A d v. hinweg.

ὑπ-εκδύομαι, intr. Med. mit Fut. ὑπεκδύσομαι, Aor. ὑπεξέδυν, ion. poet. sp., nicht in att. Prosa, dahinter (hinter der Türe) h e r v o r s c h l ü p f e n od. wegkommen, heimlich emportauchen, abs., **τινός** (poet. auch τί), **διά τινος** aus etwas.

ὑπ-εκθέω, sp. entfliehen.

ὑπ-έκκαυμα, τό, Zunder, Zündmittel, übertr. Reizmittel, abs. u. **τινός, πρός τι.**

ὑπ-έκκειμαι, heimlich heraus- u. fortgeschafft sein, in Sicherheit gebracht sein, abs., u. ἔς τι wohin, τινί jmdm. (dient als Perf. pass. zu ὑπεκτίθεμαι).

ὑπ-εκκλέπτω, Aor. 2. pass. part. ὑπεκκλαπείς, sp. heimlich herausschaffen od. wegbringen, τί.

ὑπ-εκκλίνω, poet. sp. ausbiegen, ausweichen, τί.

ὑπ-εκκομίζω, 1) Akt. heimlich fortschaffen, **τινά** jmdn., ἔς τι wohin. **2)** Med. das Seinige (τί) heimlich fortschaffen, in Sicherheit bringen.

ὑπ-εκλαμβάνω, poet. heimlich aufnehmen.

ὑπ-εκπέμπω, heimlich fortsenden oder begleiten, τί u. τινά, u. zwar τί wohin.

ὑπ-εκπλέω, sp. heimlich zu Schiffe herausfahren.

ὑπ-εκπροθέω, ep. und nur im Präs., darunter heraus- u. voranlaufen, τινά jmd. überholen.

ὑπ-εκπρολύω, ep. darunter ablösen, abspannen, τί, u. zwar τινός von etwas.

ὑπ-εκπρορέω, ep. unten (aus der Tiefe) hervor dahinfließen.

ὑπ-εκπροφεύγω, ep. darunter heraus, heimlich entfliehen, entrinnen, abs. u. τί.

ὑπ-εκρέω, Aor. part. ὑπεκρυείς, darunter herausfließen, wieder fortgehen.

ὑπ-εκρίπτω, sp. heimlich herauswerfen.

ὑπ-εκσαόω, ep. u. **ὑπεκσῴζω,** poet. daraus unvermerkt erretten, τινά.

ὑπ-εκτίθεμαι, heimlich w e g - u. in Sicherheit b r i n g e n, bes. im Kriege Personen u. Sachen an einen sichern Ort bringen, fortschaffen, in Sicherheit bringen.

ὑπ-εκτρέπω, 1) Akt. heimlich wegwenden, τί u. zwar τινός. **2)** M e d. ausweichen, heimlich entgehen, vermeiden, verabsäumen, τί, od. mit Inf.

ὑπ-εκτρέχω (-δραμοῦμαι, -έδραμον, -δεδράμηκα), ion. u. poet. darüber hinauslaufen, überschreiten, e n t l a u f e n, entrinnen, τί.

ὑπ-εκφέρω (ὑπεξοίσω, -ήνεγκον usf.), ep. ion. sp. **1)** t r a n s. heimlich wegtragen, wegschaffen, entrücken, τινά; auch heimlich, sachte wegrücken, τί. **2)** i n t r. **a)** voraneilen. **b)** im Vorsprung sein, **τινί** um etwas.

ὑπ-εκφεύγω, darunter hervor- und herausfliehen, dah. **a)** h e i m l i c h e n t f l i e h e n, entkommen. **b)** einer Sache (τί) entgehen.

ὑπ-εκχωρέω, allmählich od. u n v e r m e r k t w e i c h e n, zurückweichen, ausweichen, abs. u. **τινί.**

ὑπ-ελαύνω, Aor. part. ὑπελάσας, verst. ἵππον, hinzu-, entgegenreiten.

ὑπ-εναντιόομαι, sp. Pass, Aor. ὑπηναντιώθη, ein wenig dagegen sein, widersprechen, abs. u. **τινί.**

ὑπ-εναντίος, 3. entgegenstehend, e n t g e g e n g e s e t z t, entgegen, widrig, abs. u. τινί. Subst. **a)** ὁ ὑπ. der Widersacher, Gegner, Feind. **b)** **τὸ ὑπ.** im Gegenteil. Adv. **ὑπεναντίως** auf entgegengesetzte Art, τινί.

ὑπ-ενδίδωμι, ein wenig nachgeben.

ὑπ-ενδύομαι, sp. darunter anziehen, **τί.**

ὑπ-ένερθε(ν), Adv. fast nur ep. u. poet. **unten,** unterhalb, unter, abs. u. **τινός.** Im bes. **in** der Unterwelt.

ὑπ-εξάγω (-άξω, -ήγαγον, -ῆχα), eigtl. unten weg herausführen, **1)** A k t. **a)** trans. retten aus einer Gefahr, **τινὰ ἔκ τινος οἴκαδε.** **b)** intr. sich allmählich, heimlich zurückziehen. **2)** Med. das Seinige in Sicherheit bringen.

ὑπ-εξαγωγή, ἡ, sp. das heimliche, unmerkliche Herausführen, -Weggehen, -Entschwinden.

ὑπ-εξαιρέω, ion. Perf. pass. ὑπεξαραίρημαι. **1)** Akt. herausnehmen, **a)** aus dem Innern hervorholen, **b)** entziehen, *αἷμά τινος* jmdm. das Blut entziehen, d. h. ihn töten. **2)** Med. **a)** für sich herausnehmen, -greifen, bewahren, retten, **b)** aus dem Wege räumen, unterdrücken, **c)** ausnehmen (von der Zählung), ausschließen, nicht mitrechnen, **d)** von sich herausnehmen, fahren lassen, unterdrücken, *φόβον*.

ὑπ-εξακρίζω, poet. allmählich od. langsam zur Höhe emportreiben (andere intr. emporsteigen).

ὑπ-εξαλέομαι, ep. Dep. med., Aor. inf. *-λέασθαι*, heimlich vermeiden, *τί*.

ὑπ-εξαναβαίνω, buk. heimlich entweichen.

ὑπ-εξανάγομαι, heimlich davonsegeln od. -fahren.

ὑπ-εξαναδύομαι, Aor. 2. *-έδυν*, ep. hervortauchen, *τινός* aus etwas.

ὑπ-εξανίστᾰμαι, sp. intr. Med. mit Aor. 2. act. *ὑπεξανέστην*, sich vor jmdm. (*τινί*) erheben, aus Achtung.

ὑπ-εξαντλέω, poet. von unten herausschöpfen.

ὑπ-έξειμι, s. ὑπεξέρχομαι.

ὑπ-εξειρύω, ion. st. ὑπεξερ., herausziehen, entreißen, retten.

ὑπ-εξελαύνω, ion. allmählich zurücktreiben (bei Her. 4, 120 erg. *τὰ κτήνεα*).

ὑπ-εξέρχομαι und **ὑπ-έξειμι,** heimlich od. allmählich darunter hervorkommen, wegziehen, sich heimlich entfernen, entweichen, sich zurückziehen, sich flüchten, herausziehen, *ὑπεξιέναι* auch sich heimlich entfernen wollen (Plut. Ag. 12), abs., od. *τινός* u. *ἔκ τινος* von etwas weg, *ἔς τι* wohin, *τινά* vor jmdm.

ὑπ-εξέχω, Aor. *ὑπεξέσχον*, ion. u. sp. heimlich sich auf- u. davonmachen, *ἔκ τινος*, *ἔς τι*.

ὑπ-εξίστᾰμαι, intr. Med. mit Fut. *-εκστήσομαι*, Aor. *-εξέστην*, Perf. *-εξέστηκα*, Plqpf. *-εστήκειν*, **1)** abs. aus dem Wege gehen, weichen, aufstehen. **2)** mit Gen.: *τῆς πόλεως* sie verlassen; *τῆς ἀρχῆς* sie abtreten, darauf verzichten. **3)** mit Dat.: jmdm. ausweichen, vor jmdm. od. etw. weichen. **4)** mit Akk. vermeiden, *τινά* od. *τί*.

ὑπέρ (lat. *s-uper*, dt. *über*), nach dem Subst. od. ohne Kasus **ὕπερ,** ep. auch **ὑπείρ über, für.**

I) Adv. sehr selten • **1)** poet. *ὕπερ* zum Schirm, zum Besten • **2)** N. T. noch mehr.

II) Praep. • **1)** beim Gen. • **a)** örtlich: **über,** über — hinweg, über — hin, über — hinaus, *ultra*, *ὑπὲρ τῶν ἄκρων*, *τὸ ὑπὲρ Τεγέης*, *ὑπὲρ πόλιος*, *ὑπὲρ κεφαλῆς* zu Häupten • **b)** übertr.: über, **für, um,** zu gunsten, zum Schutz, um — willen, wegen, bei, statt, in jmds. Namen, in Bezug, *de*, was anbetrifft, von • **2)** beim Akk. • **a)** örtlich: **über — hin, über — hinaus,** über — weg (auch von einem Ort, über welchen der Weg wohin führt, Dem 6, 36), ferner: jenseits; selten u. nur bei Späteren auch auf die Frage wo? • **b)** zeitlich: vor • **c)** übertr.: über das Maß, über das Vermögen hinaus, wider, gegen, *μόρον*, *τὸ ὑπὲρ αὐτόν* was erhabener ist als er, *ὑπὲρ ἄνθρωπον ἐφρόνησα*.

III) In Zusammensetzungen • **1)** örtlich: darüber, jenseits • **2)** zum Schutz • **3)** Steigerung od. Übertreibung.

ὑπέρα, ion. **ὑπέρη,** ἡ, im Plur. *ὑπέραι*, *αἱ*, ep. u. sp. (*ὑπέρ*), Lenktaue, Brassen, von den Enden der Rahe unmittelbar nach dem Schiffsbord heruntergehend, mit denen das Segel nach Bedürfnis gedreht wird. [bewundern.

ὑπερ-άγαμαι, Dep. pass., Aor. *-αγασθείς*, überaus

ὑπεράγᾱν (poet. in tmesi), poet. sp. über die Maßen, gar zu sehr, allzu (ungestüm).

ὑπερ-αγανακτέω, übermäßig zürnen.

ὑπερ-αγαπάω, außerordentlich lieben, *τινά*.

ὑπεραγόντως, Adv. sp. außerordentlich, übermäßig.

ὑπερ-ᾱής, 2. (*ἄημι*), ep. hochher-, niederbrausend.

ὑπερ-αίρω, eigtl. darüberheben, **1)** Akt. trans. **a)** emporheben, *τί*. **b)** überschreiten, überragen, übertreffen, *τί*, *τινά*, u. zwar *τινί* an etwas. **2)** Akt. intr. **a)** übertreten, sich ergießen, *εἴς τι*. **b)** sich überheben, überlegen sein wollen, *τινί* an etwas. **3)** Med. N. T. sich überheben; *ἐπί τινα* sich wider jmdn. erheben.

ὑπέρ-αισχρος, 2. überaus häßlich.

ὑπερ-αιωρέομαι, ion. u. sp. Pass., Aor. poet. *-αιωρηθείς*, hoch darüber schweben, *τινός* über etwas. Im bes. (mit den Schiffen) auf die Höhe eines Ortes (*τινός*) kommen, gegenüber erscheinen.

ὑπέρ-ακμος, 2. N. T. über die Jahre der Jugendkraft hinaus. [etwas.

ὑπερ-ακοντίζω, übertreffen, *τινά τινι* jmdn. in

ὑπερ-ακρίζω, poet. über etwas (*τινός*) hervorragen.

ὑπερ-άκριος, 2. (*ἄκρα*), ion. u. sp. über den Höhen liegend. Subst. **a)** *τὰ ὑπ.* die darüberliegenden Höhen, der Bergstrich. **b)** *οἱ ὑπ.* die Bewohner des gebirgigen Strichs vom südl. Fuß des Pentelikon bis zur Nordgrenze Attikas (arme Landbauern).

ὑπερ-αλγέω, ion. poet. u. sp. sich übermäßig betrüben, überh. in Jammer sein, abs., od. *τινός*, *τινι* u. *τί* um, über etwas, od. mit folg. *μή*.

ὑπερ-αλγής, 2. (*ἄλγος*), poet. u. sp. zu schmerzlich.

ὑπερ-αλκής, 2. sp. übermäßig stark od. fest.

ὑπερ-άλλομαι, Dep. med., ep. Wurzelaor. *ὑπεράλτο*, part. *ὑπεράλμενος*, darüber wegspringen. überspringen, *τινός* u. *τί* über etwas, etwas.

ὑπερ-ανατείνω, sp. darüber hinstrecken.

ὑπερ-ανίστᾰμαι, sp. intr. Med. mit Aor. 2. *ὑπερανέστην* u. Perf. *ὑπερανέστηκα*, hervorragen.

ὑπερᾱνορία, ἡ (*ὑπεράνωρ*), dor. Übermut.

ὑπέρ-αντλος, 2. poet. u. sp. überschwemmt, ganz leck; übertr. übermäßig, überbürdet.

ὑπερ-άνω, sp. u. N. T. Adv., oben, auch mit Gen., *ὑπ. εἶναί τινος* erhaben sein über etwas.

ὑπερ-άνωρ (-ήνωρ), ὁ, ἡ, ep. u. poet., u. **ὑπερ-ανόρεος,** 2. buk. übermännlich, stolz, gewalttätig.

ὑπερ-αποθνήσκω, für jmdn. sterben.

ὑπερ-απολογέομαι, Dep. med., die Verteidigung für jmdn. (*τινός*) führen.

ὑπερ-αρρωδέω, ion, s. ὑπερορρ., übermäßig fürchten, *τινί* für oder wegen etwas.

ὑπερ-ασθενής, ar. überaus schwach.
ὑπερασπίζω (ἀσπίς), sp. den Schild darüber halten, mit ihm beschützen, abs. u. τινός.
ὑπερ-αττικός, 3. Adv. -κῶς, sp. übertrieben attisch.
ὑπερ-αυξάνω, intr. sehr wachsen.
ὑπερ-αυχέω, sich übermütig brüsten, τὰ ὑπεραυχοῦντα die trotzige Überhebung.
ὑπέρ-αυχος, 2. übermäßig stolz.
ὑπεράφᾰνος, 2. dor. = -ήφανος.
ὑπερ-αχθής, 2. buk. überladen.
ὑπερ-άχθομαι, Dep. pass., Aor. part. -αχθεσθέντες, ion. u. poet. tiefen Kummer od. heftigen Unwillen empfinden, abs., u. τινί über etwas.
ὑπερ-βαίνω, ep. Aor. ind. 3. sg. ὑπέρβη, 3. pl. ὑπέρβᾰσαν, conj. ὑπερβήῃ. **1) darüberschreiten,** übersteigen, darüber hingehen; vom Flusse: über die Ufer treten, austreten; δόμους in das Haus eindringen Eur. **2)** übertr. **a) übertreten,** verletzen (νόμους, ὅρκους) Hom. **b) darüber hinausgehen** od. -kommen, übertreffen Plat., **c)** darüber hinweggehen, übergehen, nicht berühren.
ὑπερβαλλόντως, Adv. übermäßig.
ὑπερ-βάλλω, ep. Aor. 2. auch ὑπέρβαλον u. ὑπειρέβαλον • **1) darüber hinauswerfen,** im Werfen (δουρί) übertreffen, Φυλῆα, ἄκρον über die Höhe • **2)** übertr. über das Maß hinausgehen, dah. • **a)** von Flüssen usw.: übertreten, überschäumen, ἀρούρας • **b)** überbieten, τὰς ἀποφοράς die Abgaben von den Staatsländereien überbieten • **c)** übertreiben • **d) übertreffen,** sich auszeichnen, abs. ὑπερβάλλων übermäßig, τὸ ὑπερβάλλον das Übermaß, das Außerordentliche, τὰ ὑπ. allzugroße Macht, od. τινά, αἴσχει sehr häßlich sein, τοῦτο darin, od. mit Part.; auch im Med., übertreffen, sich auszeichnen, ἀλλήλους, τινὰ μάχῃ überwinden, u. abs. εἰ μή τις ὑπερβεβλημένην φύσιν ἔχοι • **3)** örtlich übertr. darüber hinausgehen, **übersteigen,** κορυφάς, auch vorbeigehen, u. von Schiffen: darüber hinausfahren, Μαλέην • **4)** Med. verschieben, verzögern.
ὑπερ-βαρής, 2. (βάρος), poet. überschwer.
ὑπερ-βασία, ep. -ίη, ἡ, ep. poet. sp. (ὑπερβαίνω), auch im Plur., Übertretung eines göttl. oder menschlichen Gesetzes, also: Frevel, Vergehen, Übermut, Trotz.
ὑπέρβασις, εως, ἡ, sp. (βαίνω), das Darüberhinweggehen, die Überschreitung, der Durchgang.
ὑπερ-βατός, 3. (ὑπερβαίνω), **1)** übersteigend, übertreffend. **2)** umgestellt, verstellt. **3)** übersteigbar.
Ὑπερβερεταῖος, ὁ, der letzte Monat des (im Herbst beginnenden) maked. Jahres, etwa unser September.
ὑπερ-βιάζομαι, Dep. med., **1)** intr. übermächtig sein. **2)** trans. sp. überwältigen.
ὑπερ-βιβάζω, sp. darüberbringen.
ὑπέρ-βιος, 2. (βία), ep. poet. übergewaltig, gewaltsam, gewalttätig, frevelhaft, trotzig, übermütig, auch bloß: eigensinnig. Neutr. sg. als Adv.: übermäßig, maßlos, freventlich.
ὑπερβολάδην, Adv. poet. übermäßig, übertrieben.
ὑπερβολή, ἡ • **1)** (ὑπερβάλλω) • **a)** der **Übergang** (über einen Berg), insbes. Übergangspunkt, Paß, u. überh. Anhöhe, τῶν ὀρῶν • **b)** das **Übermaß,** **α) das** Übermäßige, Außerordentliche, höchster Grad, Überfluß, Überfülle, τοῦτό ἐστιν ὑπ. μανίας das ist die Torheit auf die Spitze getrieben, τοσαύτην ὑπ. ποιεῖσθαι ὥστε soweit gehen, daß; Adv. ἐς ὑπερβολήν bis zum Übermaß, überaus, καθ' ὑπερβολήν überschwenglich (glücklich). **β)** Übertreibung. **γ)** Überbietung, u. dah. Überlegenheit, Vorrang, Übergewicht, auch die Möglichkeit zu überbieten, πρὸς ὑπερβολὴν πεποιημένος gearbeitet um andere zu übertreffen • **2)** (ὑπερβάλλομαι) Verzug, **Aufschub,** τοῦ κακοῦ. Dav.
ὑπερβολικός, 3. Adv. -κῶς, sp. übertrieben, übermäßig.
Ὑπέρ-βολος, ὁ, athenischer gemeiner Demagog aus dem Demos Perithoidai, 416 durch den Ostrakismos verbannt, u. 411 von samischen u. attischen Oligarchen ermordet.
Ὑπερ-βόρεοι (auch -εῖοι), οἱ, ein fabelhaftes glückliches Volk, das über dem Boreas wohnte, so daß der kalte Nordwind es nicht traf. Dah.
ὑπερβόρεος, 2. poet. vom Glück: überschwenglich.
ὑπερ-βριθής, 2. poet. überschwer.
ὑπερ-βρύω, sp. übervoll sein, τινί.
ὑπ-εργάζομαι, Dep. med., **1)** (Perf. auch in pass. Bdtg.) dienen, leisten, erweisen, abs. (mit dem Nebenbegriff heimlich) u. τί τινι. **2)** unterwerfen, τινί τι. **3)** sp. heimlich tun, τί.
ὑπερ-γέλοιος, 2. über die Maßen lächerlich.
ὑπερ-γήραος, kontr. ὑπεργήρως, poet., u.
ὑπέρ-γηρως, ων (γῆρας), poet. sp. überalt, sehr alt, steinalt.
ὑπέρ-δασυς, υ, übermäßig behaart.
ὑπερ-δεής, 2., nur Akk. ὑπερδέα st. -δεέα, ep. (δέομαι), überaus gering, unzureichend (an Zahl).
ὑπερ-δείδω, Aor. part. ὑπερδείσας, Perf. ὑπερδέδοικα, ion. poet. u. sp., u. **ὑπερ-δειμαίνω,** ion. übermäßig in Furcht-, überaus besorgt sein, beben, abs., od. τινός um jmdn., τινά vor jmdm.
ὑπέρ-δεινος, 2. überaus furchtbar, entsetzlich; τὸ ὑπέρδεινον die größte Gefahr.
ὑπερ-δέξιος, 2. eigentl. darüber zur rechten Hand gelegen, dann überh. überlegen, τινός; höher gelegen, hoch, τὰ ὑπ. die höher gelegenen Plätze, ἐξ ὑπερδεξίου aus der Höhe.
ὑπερ-διατείνομαι, Med. sich über die Maßen anstrengen.
ὑπερ-δίδωμι, dafür hingeben, τινός τι für jmdn. etwas.
ὑπερδικέω (δίκη), (vor Gericht) verteidigen, τινός etwas.
ὑπέρ-δικος, 2. poet., u. Adv. **-ίκως,** poet. (δίκη), überaus od. ganz gerecht.
ὑπ-ερεθίζω, poet. ein wenig reizen, locken.
Ὑπέρεια, ἡ, **1)** Quelle bei Pherä in Thessalien. **2)** mythischer Ortsname, älterer Wohnsitz der Phäaken.
Ὑπερείδης, ου, ὁ, **1)** Sohn des Glaukippos aus dem Demos Kolyttos, attischer Redner u. Gegner des Philipp von Makedonien, eifrig beim lamischen Kriege beteiligt u. daher 322 von Antipater getötet. **2)** sonst. Eigenn.
ὑπ-ερείδω, als Stütze oder Grundlage (βάθρον) unterlegen, τί τινι, auch etwas stützen.
ὑπ-ερείπω, 1) Akt. trans. sp. sachte untergraben, umstürzen, τί. **2)** Med. intr., ep. u. sp. mit dem ep. Aor. 2. -ήριπον, niederstürzen, niedersinken.

ὑπερ-έκεινα, Adv., N. T. darüber hinaus.
ὑπερ-εκπερισσοῦ, Adv., N. T. ganz über alle Maßen.
ὑπερ-εκπίπτω, sp. übertreiben.
ὑπερ-εκπλήττομαι, Pass., Aor. ὑπερεξεπλάγην, ganz außer sich, voll Erstaunen sein, τινά u. ἐπί τινι über jmdn. od. etwas.
ὑπερ-εκτείνω, N. T. über die Grenze hinausgehen.
ὑπερ-εκτίνω, sp. an jmds. Stelle (τινός) bezahlen.
ὑπερ-εκχύν(ν)ομαι, Pass., N. T. nach allen Seiten überfließen.
ὑπερ-εμπίμπλᾰμαι, Pass., Aor. ὑπερενεπλήσθην, sich überfüllen (mit Speise).
ὑπερ-εντυγχάνω, N. T. sp. Fürsprache tun.
ὑπερ-εξακισχίλιοι, über-, mehr als sechstausend.
ὑπερ-επαινέω, über die Maßen preisen od. loben, τινά, τί.
ὑπερ-επαίρω, sp. übermäßig erheben, loben.
ὑπερ-επιθῡμέω, heftig verlangen, mit Inf.
ὑπ-ερέπτω, ep., Impf. ohne Augm. ὑπέρεπτε, eigtl. von unten wegfressen, dann unten wegnehmen od. wegspülen, τί, u. zwar ποδοῖν unter den Füßen.
ὑπερ-έρχομαι, 1) überschreiten, τί. 2) übertr. poet. übertreffen, τινί wodurch.
ὑπερ-εσθίω, übermäßig essen, bes. von der Gefräßigkeit der Athleten.
ὑπερ-έσχεθον, ep. u. poet. Aor. = ὑπερέσχον, s. ὑπερέχω.
ὑπέρ-ευ, Adv. überaus gut.
ὑπερ-ευγενής, 2. ar. überaus vornehm.
ὑπερ-ευδαιμονέω, ar. sp. überglücklich, selig sein. Von
ὑπερ-ευδαίμων, 2. sp. über die Maßen glücklich.
ὑπερ-ευφραίνομαι, sp. Pass., Aor. ὑπερευφράνθην, sich übermäßig freuen. τί über etwas.
ὑπερ-εχθαίρω, poet. überaus hassen, τί.
ὑπερ-έχω, ep. auch **ὑπειρέχω** • 1) **trans.** über **etwas in die Höhe halten, darüber halten,** τί, **bes. zum Schutze, dah.** χεῖρα od. χεῖρας ὑπ. **beschirmen, u. zwar** τινός, τινί **über etwas od. jmdn.** • 2) **intr.** • a) **hervor-, heraus-, überragen** (ὤμους **mit den Sch. Hom.;** τὰ **ὑπερέχοντα die hervorragenden Teile), hervorstehen;** von Sonne und Sternen: **emporsteigen;** vom Meere: **darüber zusammenschlagen;** vom Heere: **überflügeln** τῶν πολεμίων, τὸ **ὑπερέχον** τῶν π. **der Punkt, wo die F. überflügeln Thuk. 3, 107** • b) **übertr. das Übergewicht, den Vorrang haben, die Oberhand behaupten, überwiegen, übertreffen,** τὸ **ὑπερέχον Übergewicht, Überschwenglichkeit. Im Pass. mit** ὑπό τινος **von jmdm. überragt werden.**
ὑπερ-ήδομαι, Aor. ὑπερήσθην, sich übermäßig freuen, große Freude haben, die größte Lust empfinden, τινί über etwas, od. mit ὅτι.
ὑπέρ-ηδυς, nur sp. u. nur im Superl. ὑπερήδιστος, über die Maßen angenehm. — Adv. **ὑπερηδέως,** Superl. ὑπερήδιστα, überaus gern, äußerst angenehm.
ὑπερ-ημερία, ἡ, Übertägigkeit, d. i. 1) Versäumung eines Zahlungstermins. 2) die darauf erfolgende Pfändung.
ὑπερ-ήμερος, 2. 1) übertägig, säumig, d. h. den vom Gericht festgesetzten Zahltermin versäumend, worauf die Auspfändung zu erfolgen pflegte. 2) von dem Gericht selbst: hinausgeschoben, vertagt. 3) überh. über eine bestimmte Zeit hinaus.
ὑπερ-ήμισυς, υ, im Sing. u. Plur., über die Hälfte, die größere Hälfte, τινός.
ὑπ-έρημος, 2. sp. fast wüste.
ὑπερ-ηνορέων, οντος, ὁ, eigentl. übermännlich, (κακῶς) nur tadelnd: übermütig. Zu
ὑπερ-ήνωρ u. **-ηνόρεος,** s. ὑπεράν.
Ὑπερησίη [ῠ, ῑ], ἡ, Stadt in Achaja, sp. Aigeira.
ὑπερηφανέω (ὑπερήφανος), 1) intr. ep. u. sp. übermütig, stolz sein oder handeln. 2) trans. sp. übermütig behandeln, schnöde verachten, τί.
ὑπερηφᾰνία, ἡ, Stolz, Hochmut, Übermut.
ὑπερ-ήφανος, 2. 1) hochsinnig, stolz, hochmütig, übermütig. 2) hervorragend, prächtig, herrlich.
ὑπερ-θαλασσίδιος, 2. (θάλασσα), ion. jenseits des Meeres gelegen, in den Küstengegenden.
ὑπερ-θαλάσσιος, 2. sp. jenseits des Meeres wohnend.
ὑπερ-θαυμάζω, sp. = ion. ὑπερθωυμάζω.
ὕπερθεν, ep. auch **-θε,** Adv. *desuper,* von oben her, bes. vom Himmel, dann überh. oben, oberhalb, *supra,* darüber, τὰ ὑπ. die obern Teile, abs. u. τινός, übertr. noch darüber hinaus, *amplius,* z. B. ἄπορα, also ratloser als ratlos, dah. ὑπ. γίγνεσθαί τινος etwas überwinden, ὕπερθεν εἶναι ἤ stärker sein als.
ὑπέρ-θεσις, εως, ἡ, sp. der Aufschub.
ὑπερ-θετικός, 3. sp. überbietend; gramm. superlativisch, τὸ ὑπ. (εἶδος) der Superlativ.
ὑπερ-θέω, darüber hinauslaufen; τί übertreffen.
ὑπερ-θνῄσκω, poet. sterben, für τινός.
ὑπερ-θρῴσκω, Fut. ep. u. ion. ὑπερθορέομαι st. -οῦμαι, Aor. 2. ep. ὑπέρθορον, inf. ep. u. ion. -θορέειν, ep. ion. u. poet. überspringen, darüber wegspringen, abs., u. τί, τινά, τινός über etwas od. jmdn.
ὑπέρ-θῡμος, 2., ep. poet., selten att. pros., hochgemut, überaus mutig, hochgesinnt, stolz.
ὑπερ-θῡ́ριον, τό, ep. u. **ὑπέρ-θῡρον,** τό, ion. u. sp. die Oberschwelle der Türe, Türsturz.
ὑπερ-θω(υ)μάζω, ion. übermäßig staunen.
ὑπερ-ιάχω, poet. überschreien, übertönen.
ὑπερ-ίημι, Fut. ὑπερήσω, ep. darüber hinaus werfen (näml. über τὸ σῆμα).
ὑπερ-ικταίνομαι, ep. eilen, sich überstolpern.
Ὑπεριονίδης, s. Ὑπερίων.
ὑπερ-ίπτᾰμαι, sp., nur Präs. u. Impf. = ὑπερπέτομαι, darüber hinfliegen.
ὑπερ-ίστᾰμαι, ion. poet. u. sp. intr. Med. mit Aor. 2. act. ὑπερέστην, über jmdm. (τινός) oder ihm zu Häupten stehen, übertr. schirmen, verteidigen.
ὑπερ-ίστωρ, ορος, ὁ, ἡ, poet. nur zu sehr wissend, *scientissimus.*
ὑπερ-ίσχῡρος, 2. sehr fest, über die Maßen stark.
ὑπερ-ίσχω, ep. poet. u. sp. Nbf. zu ὑπερέχω, s. d.
Ὑπερίων, [ῑ], ίονος, ὁ, der Hochwandler, 'Sohn der Höhe', Bein. u. Name des Hyperīon, eines Titanen, dann des Helios; **Ὑπερῑονίδης,** ου, ὁ, d. h. Sohn des H. = Helios.
ὑπερ-κάθημαι, def. Dep. med., daraufsitzen,

im feindl. Sinne, dah. auf lauern, durch die Stellung bedrohen, u. zwar ἐπί τινος auf etwas, τινός jmdn.

ὑπερ-καλλής, 2. (κάλλος), u. **ὑπέρ-καλος,** 2. ar. sp. überaus schön.

ὑπερ-κάμνω, poet. sich für etwas (τινός) abmühen.

ὑπερ-καταβαίνω, ep. Aor. -κατέβην, darüber hinabsteigen, u. zwar τί über etwas.

ὑπερ-κατάκειμαι, sp. darüber bei Tische liegen.

ὑπέρ-κειμαι, Dep. med., Fut. -κείσεται, 1) darüber hinausliegen, τινός, darüberliegen, landeinwärtsliegen, -wohnen. 2) sp. aufgeschoben sein.

ὑπερκεράω (κέρας), sp. überflügeln.

ὑπερ-κολακεύω, übermäßig schmeicheln.

ὑπέρ-κομπος, 2. poet. übermäßig lärmend, daher a) großprahlend, aber auch b) ausgezeichnet.

ὑπέρ-κοπος, 2., Adv. **-κόπως,** poet. ar. sp. übermäßig dreinschlagend, a) übermütig dreinfahrend, aber auch b) ausgezeichnet.

ὑπέρ-κοτος, 2., Adv. -ότως, poet. sehr zornig.

ὑπερ-κρέμᾰμαι, poet. über etwas (ὑπέρ τινος) hängen, schweben, Pass. zu

ὑπερ-κρεμάννυμι, poet. übertr. über einen (τινί verhängen, ihm auferlegen.

ὑπερ-κτάομαι, poet. Dep. med., sich erwerben od. zuziehen, u. zwar über Gebühr, durch eigne Schuld.

ὑπερ-κύδαντας, ep. def. Acc. plur., ruhmgekrönt, triumphierend (wegen des Sieges des Menelaos).

ὑπερ-κύπτω, darüber wegsehen od. hervorragen, ἔκ τινος aus etw. hervorgucken, sich darüber bücken, sich verneigen.

ὑπέρ-λαμπρος, 2. übermäßig laut, wundervoll.

ὑπερ-λίαν, N. T. sp. gar sehr, verstärktes λίαν.

ὑπερ-λῡπέομαι, ion. Pass., überaus betrübt sein.

ὑπερμαχέω (von ὑπέρ-μαχος, μάχη), poet. u. sp. kämpfen, τινός für jmdn. od. etwas (sp. auch τί), τινί mit jmdm., ταῦτα so.

ὑπερ-μάχομαι, Fut. -μαχοῦμαι, poet. u. sp. kämpfen, τινός für jmdn. od. etwas, τάδε so, ἀντί τινος um etwas.

ὑπέρ-μαχος, ὁ, poet. Verfechter, Verteidiger.

ὑπέρ-μεγας, -γάλη, -γα, poet. sp. sehr groß.

ὑπερ-μεγέθης, -μέγεθες, ion. **ὑπερμεγάθης,** von ungeheurer Größe, ungeheuer, sehr groß, übertr. a) ungemein schwierig. b) über alles Lob erhaben.

ὑπερ-μεθύσκομαι, ion. Pass., übermäßig sich berauschen, Aor. ὑπερεμεθύσθην ich bin übermäßig trunken.

ὑπερ-μενέων, -νέουσα, **-νέον,** ep. Part., und

ὑπερ-μενής, 2. ep. poet. übermächtig, allgewaltig, übermütig.

ὑπέρ-μετρος, 2. Adv. -ως, übermäßig; auch von Versen στίχος ὑπ.

ὑπερ-μήκης, 2. (μῆκος), ion. poet. u. sp. überaus lang u. hoch, überlang, übergroß.

ὑπερ-μισέω, übermäßig hassen.

ὑπέρ-μορον, ep. Adv., wie ὑπὲρ μόρον, über das Geschick hinaus, d. i. gegen die Fügung des Geschicks, durch Schuld od. Verdienst des Menschen.

ὑπερ-νέφελος, 2. sp. über die Wolken erhaben.

ὑπερ-νικάω, N. T. weit übertreffen.

ὑπερ-νοέω, poet. weiter im Sinn haben, τί.

ὑπερ-νότιος, 2. (νότος), ion. u. sp. (Gegent. von ὑπερβόρεος), jenseits des Südwinds.

ὑπέρ-ογκος, 2. 1) von zu großem Umfange, übertrieben, übermäßig groß, zu groß, zu hoch. Adv. ἐς τὸ ὑπ. bis zum Übermaß, übermäßig. 2) hoch-, übermütig, anmaßend, τὸ ὑπ. das hohe Selbstgefühl, *superbus.*

ὑπερ-οικέω, ion. u. sp. darüber hinaus od. jenseits wohnen, τινός jmds., od. τί oberhalb etwas.

ὑπέρ-οικος, 2. ion. oberhalb wohnend, τῆς χώρης, d. h. die, welche die oberen (nördlichen) Teile des Landes bewohnen.

ὕπερον, τό, u. ὁ **ὕπερος** (ὑπέρ), die Mörserkeule, überh. die Keule, der Prügel.

ὑπερ-οπλίζομαι, ep. Dep. med., Aor. opt. ὑπεροπλίσσαιτο, übermütig verachten, τί.

ὑπεροπλίη [ῐ], ἡ (ὑπέροπλος), ep. u. buk., meist im Plur. die Vermessenheiten, Trotz, Stolz.

ὑπέρ-οπλος, 2. ep. u. poet., überfertig, übergerüstet, dah. a) übermütig, keck, unbesonnen. b) übergewaltig, übermäßig, schrecklich; Ntr. auch adverbial.

ὑπερ-όπτης, ου, ὁ (St. ὀπ, zu ὁράω), 1) Verächter, τινός von etw. 2) stolz, hoffärtig, τινός auf etw.

ὑπεροπτικός, 3., Adv. **-ῶς,** u. poet. **ὑπέροπτος,** 2. über die Achseln ansehend, verachtend, hoffärtig, stolz. Subst. ὑπέροπτα πορεύεσθαι frevelhafte Pfade wandeln.

ὑπερ-οράω. 1) ion. von oben herabsehen od. erblicken. 2) darüber wegsehen, übersehen. Dah. 3) nicht beachten, vernachlässigen, keine Rücksicht nehmen, auf-, absehen von etwas. 4) hintansetzen, geringschätzen, Hohn sprechen.

ὑπερ-ορίζω, über die Grenzen weisen.

ὑπερ-όριος, 2. u. 3. jenseits der Grenze gelegen, im Auslande, auswärtig. Subst. ἡ **ὑπερορία** (γῆ) das außerhalb Attika gelegene Land, das Ausland; sp. das Ausland überhaupt, auch von Rom aus.

ὑπερ-όρνυμαι, Med. poet. über etwas (τινί) hereinbrechen.

ὑπερ-ορρωδέω, poet. sehr in Furcht sein.

ὑπερ-ουράνιος, 2. überhimmlisch, über dem Himmel gelegen.

ὑπερ-ούριος, 2. buk. = ὑπερόριος.

ὑπερ-οχή, ἡ (ὑπερέχω), das Hervorragen, a) ein hervorragendes Stück, Vorsprung. b) das Vorherrschen, Überwiegen, Überragen, die Überlegenheit, der Vorzug, das Übermaß. c) Steigerung. d) hervorragende Würde, hohe Stellung.

ὑπέρ-οχος, 2. poet. u. sp. (ὑπερέχω), a) hervorragend, ausgezeichnet. b) übermütig. Vgl. ὑπείροχος.

ὑπερ-οψία, ἡ (St. ὀπ, zu ὁράω), Verachtung, Hochmut, Geringschätzung.

ὑπερπαθέω, poet. (-θής), überaus betrübt sein.

ὑπερ-παίω, abs. darüber hinausgehen; übertreffen, -ragen, τινός od. τινά, τί, durch etw. τινί.

ὑπέρ-πᾰχυς, υ, ion. u. sp. zu dick, übermäßig dick, Plut. Cat. maj. 9 zu stark zum Kriegsdienst, von L. Veturius.

ὑπερ-περισσεύω, sp. N. T. Akt. übergroß werden, Med. über die Maßen Überfluß an etwas (τινί) haben.

ὑπερ-περισσῶς, Adv., N. T. über die Maßen.
ὑπερ-πέταμαι, sp. Dep., Aor. part. -πετασθείς, = dem folgenden.
ὑπερ-πέτομαι, Dep. med., Aor. ep. ὑπέρπτατο, poet. u. sp. ὑπερέπτη (dor. -έπτᾶ), darüber hinfliegen; herabschießen, abs., u. τί über, ἔς τι auf etwas.
ὑπερ-πηδάω, *transsilio*, darüber wegspringen, überspringen, dah. übertreffen, überschreiten, aber auch sich wegsetzen über etwas, τί.
ὑπέρ-πικρος, 2. poet. übermäßig herbe, widrig.
ὑπερ-πίμπλᾰμαι, poet. u. sp. Pass., Aor. ὑπερεπλήσθην, überfüllt sein, sich voll essen, τινός u. τινί von, mit etwas.
ὑπερ-πί̄νω, zuviel trinken.
ὑπερ-πίπτω, Aor. conj. ὑπερπέσῃ, ion. u. sp. darüber fallen, von der Zeit: vorübergehen.
ὑπερ-πλεονάζω, sp. N. T. überreichlich sein, überschüssig sein.
ὑπερ-πλήθης (-πληθής), 2. übermäßig viel.
ὑπερ-πληρόω, überfüllen.
ὑπερ-πλούσιος, 2. ar., u. **ὑπέρ-πλουτος,** 2. übermäßig reich; dazu
ὑπερ-πλουτέω, poet. u. sp. übermäßig reich, überreich sein.
ὑπέρ-πολυς, -πόλλη, -πολυ, sehr viel.
ὑπερ-πονέω, 1) übermäßig arbeiten, sich übermäßig anstrengen, insbes. Verdauungsbeschwerden haben (Gegens. ἐκπονεῖν). 2) für jmdn. (ἀντί τινος) etwas (τί) tragen. Im Med. für jmdn. (τινός) sich anstrengen od. opfern.
ὑπέρ-πονος, 2. sp. abgemattet, διά τι.
ὑπερ-πόντιος, 3. poet. jenseits des Meeres weilend, mit φοιτᾶν über das Meer dringen.
ὑπέρ-πτωχος, 2. ar. überaus arm.
ὑπερ-πωτάομαι, buk. = ὑπερπέτομαι.
ὑπερ-σπουδάζω, sp. Perf. ὑπερεσπούδακα, περί τι, sich außerordentlich anstrengen um etwas, auch mit Inf.
ὑπερστατέω, poet. = ὑπερίσταμαι.
ὑπερ-στένω, poet. worüber (τινός) seufzen (var.).
ὑπερ-συντελικός, ὁ (sc. χρόνος), sp. gramm. das Plusquamperfekt.
ὑπέρτατος, s. ὑπέρτερος.
ὑπερ-τείνω (-τενῶ, -έτεινα, -τέτακα usf.), 1) trans. (schützend) darüberspannen, τινί τι; oben darüber legen od. strecken, τινός über etwas, auch darüber ausdehnen, τί. 2) intr. a) hinausragen, ὑπέρ τινος über etwas. b) überwiegen, im Übergewicht, in der Mehrzahl sein.
ὑπερτελέω, poet. über das Ziel hinausgehen, überwinden, γάγγαμον dem Netz entspringen.
ὑπερ-τελής, 2. (τέλος), poet. über das Ziel, Maß hinaus, übergewaltig, abs., od. τινός wer das Ziel von etwas erreicht, etwas bestanden hat.
ὑπερ-τέλλω, ion. u. poet., Aor. part. -τείλας, sich über den Horizont erheben = ἀνατέλλω.
ὑπερτερία, ep. -ίη, ἡ, 1) das Obergestell eines Wagens zur Aufnahme größerer Lasten. 2) poet. Übermut.
ὑπέρτερος, 3., **ὑπέρτατος,** 3., Komp. u. Superl. von ὑπέρ. 1) Komp. a) oberer, höher, größer, b) vorzüglicher, erhabener, gewaltiger; οὐδὲν ὑπέρτερον nichts weiter, μάντεων ὑπέρτερον besser als durch Sehergabe. 2) Superl. oberster, höchster, größter, ältester, übermächtig; κεῖτο ὑπέρτατος er lag ganz oben.
ὑπερ-τίθημι (-θήσω usf.), ion. Impf. ὑπερετίθεα, u. Med. -τίθεμαι, ion. Aor. conj. ὑπερθέωμαι, ion. poet. sp. 1) mitteilen, anvertrauen, τί τινι. 2) (gew. Med.) aufschieben, vertagen, τί.
ὑπερ-τῑμάω, poet. u. sp. besonders ehren, τινὰ ὥς τινα.
ὑπέρ-τολμος, 2. poet. überaus kühn.
ὑπέρ-τονος, 2. poet. u. sp. übermäßig angespannt.
ὑπερ-τοξεύσιμος, 2. poet. zu überwinden.
ὑπερ-τρέχω, poet. u. sp., Aor. inf. ὑπερδραμεῖν, eigentl. im Wettlauf einholen, überholen, dann überwinden, u. vom Recht: überschreiten, τί; darüber weglaufen, über den Weg laufen.
ὑπ-έρυθρος, 2. etwas rot.
ὑπερ-ύψηλος, 2. übermäßig hoch, zu hoch.
ὑπερ-υψόω, sp. N. T. über alle Maßen erhöhen.
ὑπερ-φαίνομαι, intr. (-φανήσομαι, -εφάνην), sich oben zeigen od. zum Vorschein kommen, abs., u. τινός auf etwas.
ὑπερφαλαγγέω (φάλαγξ), überflügeln, durch größere Ausdehnung der Schlachtlinie. Abs. od. τινός.
ὑπερ-φέρω (-οίσω, -ήνεγκον, -ηνέχθην). 1) trans. hinübertragen, hinüberschaffen. 2) intr. überragen, den Vorzug haben, übertreffen, überlegen sein. διὰ τὸ πολὺ ὑπερενεγκεῖν wegen ihrer großen Vorzüge.
ὑπέρ-φευ (= ὑπερφυῶς, von φύω), poet. Adv., übermäßig, allzusehr.
ὑπερ-φεύγω, poet. in tmesi, darüber hinaus entfliehen.
ὑπερ-φθέγγομαι, sp. 1) überschreien, übertönen. 2) (mit lauter Stimme) verkünden.
ὑπερ-φίαλος, 2., Adv. -άλως (vgl. ὑπερφυής), ep. u. poet. überwüchsig, a) kraftvoll, vorzüglich, mutig. b) übernatürlich, durch göttliche Kraft. c) keck, maßlos, übermütig.
ὑπερ-φιλέω, übermäßig lieben, τινά.
ὑπερ-φοβέομαι, Dep. pass, sich übermäßig fürchten, μή.
ὑπέρ-φοβος, 2. sehr ängstlich, sehr besorgt.
ὑπερ-φρονέω, hochmütig, stolz sein, τινί auf etwas, dah. verachten, geringschätzen, τινά, τί od. τινός.
ὑπερφροσύνη, ἡ, sp. Stolz, Übermut. Von
ὑπέρ-φρων, 2., a) im übeln Sinne: hochmütig, ὧδ' ὑπέρφρονα so Stolzes. b) im guten Sinne: τὸ ὑπ. eine hochherzige Gesinnung.
ὑπερ-φυής, 2. (φύω), 1) überwüchsig, außerordentlich, übermäßig. 2) unnatürlich, abgeschmackt, abscheulich. 3) talentvoll, u. zwar τί an, ἔς τι bis zu etwas. Adv. **ὑπερφυῶς,** über die Maßen, ganz übermäßig, ausnehmend, ganz außerordentlich, mit aller Entschiedenheit, oft mit folg. ὡς.
ὑπερ-φύομαι, intr. mit Aor. 2. act. ὑπερέφῡν, ion. u. sp. hinauswachsen über jmdn., übertreffen, jmdn. an etwas τινά τινι.
ὑπερ-φυσάω, sp. übermäßig aufblasen. Med. sich sehr blähen.
ὑπερ-φωνέω, sp. überschreien, τινά.

ὑπερ-χαίρω, sich übermäßig freuen, *τινί* oder mit Part.
ὑπερ-χειλής, 2. sp. bis über die Lippen, über den Rand gefüllt, übervoll.
ὑπερ-χέομαι, sp. Pass. sich darüber ergießen, *εἴς τι, διά τινος.*
ὑπερ-χλίω, u. **-χλιδάω,** Soph. Tr. 281, poet. übermütig sein.
ὑπ-έρχομαι, Dep. mit Aor. act. *ὑπῆλθον,* ep. *ὑπήλυθον,* u. **ὕπ-ειμι,** inf. *-ιέναι,* ion. poet. u. sp. **1)** hinunter-, hineingehen, herabsteigen, *τί* in etwas. **2)** übertr. mit u. ohne *λάθρᾳ* unvermerkt hineingehen, heranschleichen, beschleichen, berücken, ergreifen. Im bes. sich an jmdn. anschmiegen, vor ihm kriechen, *τινά* od. *εἴς τι.* **3)** unvermerkt vorrücken, u. *ὕπειμι* bei Her. auch: sich allmählich zurückziehen.
ὑπέρ-ψυχρος, 2. sp. übermäßig frostig, auch übertr.
ὑπερῴα, ep. **-ῴη,** *ἡ,* ep. ar. sp. der Gaumen.
ὑπ-ερωέω, ep., Aor. *ὑπερώησα,* zurückgehen oder weichen.
ὑπερώιον, *τό,* ep., u. **ὑπερῷον,** im Sing. u. Plur., der obere Teil des Hauses, Oberstock, Obergemach, Söller, wo die Wohnungen der Frauen waren. Als ep. Adv. **ὑπερωιόθεν,** aus ihrem Obergemache. Dazu
ὑπερῷος, sp. Adj. (*ὑπέρ*), oben befindlich; oben wohnend.
ὑπ-ερωτάω, eine Frage unterschieben, *τί.*
ὑπ-εύδιον, *τό,* sp. die windstille Bucht, Ort, wo das Meer ruhig wird.
ὑπ-εύθυνος, 3. (*εὔθυνα*), **a)** rechenschaftspflichtig, verantwortlich, zur Verantwortung, *τινί* u. abs., od. *τινός* für etwas, *παρά τινι* jmdm. **b)** schuldig, *τινός.*
ὑπέχω, Aor. ep. auch **ὑπ-έσχεθον,** Adj. verb. *ὑφεκτέον* (s. bes.) **1)** unterhalten, vorhalten, hinhalten, unterlegen, *ὤμους τῶν ἵππων* darunterstemmen. **2)** übertr. **a)** bieten, gewähren, lassen, *ἑαυτόν τινι* sich jmdm. unterwerfen, sich hingeben, *ἑαυτὸν ἐξελέγξαι* sich ausfragen lassen, **b)** aushalten *ἄτην;* erleiden (*ζημίαν, κακόν*), *δίκην ὑπ.* Rechenschaft ablegen, Strafe erleiden (auch *τιμωρίαν ὑπ.*), ein Gericht über sich ergehen lassen (*τῇ πόλει* vom Staate); *αἰτίαν ὑπ.* schuldig sein; *λόγον* Rechenschaft geben.
ὑπ-ήκοος, 2. (*ἀκοή*), auf etwas hörend, hörig, gehorsam, untergeben, untertan, abhängig, auch von Ländern, aber *φόρῳ* zu Tribut verpflichtet. Subst. *οἱ ὑπ.* die Untertanen. Im bes. in Athen diejenigen Bundesgenossen, welche Tribut zahlen mußten u. keine eigne Gerichtsbarkeit mehr hatten; *τὸ ὑπ.* die Untertänigkeit.
ὑπ-ημύω, ep. nur Perf. 3. sing. *ὑπεμνήμῡκε,* sich neigen, niederbeugen, *πάντα* gänzlich.
ὑπ-ηνέμιος, 2. (*ἄνεμος*), poet. u. sp. windig, d. i. **a)** windschnell. **b)** übertr. nichtig.
ὑπ-ήνεμος, 2. (*ἄνεμος*), vor dem Wind geschützt.
ὑπήνη, *ἡ,* poet. u. sp. der Bart, u. zwar zunächst die sog. Fliege an der Unterlippe, dann die Behaarung der Ober- u. Unterlippe zusammen, der Schnurrbart (nie Backen- oder Kinnbart).
ὑπηνήτης, ου, *ὁ,* der, dem eben erst (*πρῶτον*) eine *ὑπήνη,* ein Schnurrbart keimt, der in der ersten Jugendblüte steht, bärtig.
ὑπ-ηοῖος, 3. (*ἠώς*), ep. gegen Morgen, frühmorgens, *στίβη ὑπ.* Morgenfrost. Adj. oft statt des Adv.
ὑπηρεσία, *ἡ,* u. **ὑπηρέτημα,** *τό* (-*ηρετέω*), **1)** (*ὑπηρεσία*) eigentl. der Dienst des Matrosen; gew. im Plur., doch auch im Sing., die fachmännisch ausgebildeten Seeleute (im Unterschied von den *ναῦται,* den Ruderern), dann überh. die ganze Schiffsmannschaft. **2)** überh. Dienstleistung, erwiesener Dienst, Liebesdienst, Dienstgeschäft, Arbeit, abs. u. *τινί* jmdm. geleistet.
ὑπηρέσιον, *τό* (-*ηρετέω*), das Sitzkissen auf der Ruderbank für die Matrosen zum Rudern, überh. Sitzbank.
ὑπηρετέω (*ὑπηρέτης*). **1)** Dienste leisten, bedienen, aufwarten, dienen. **2)** beistehen, helfen, unterstützen. **3)** willfahren, gehorchen. **4)** herbeischaffen, besorgen, leisten.
ὑπηρέτημα, *τό,* s. *ὑπηρεσία.*
ὑπηρέτης, ου, *ὁ,* mit dem poet. Fem. **ὑπηρέτις,** **ιδος** (*ἐρέτης*), Diener, Bedienter, Aufwärter, Gehilfe, Genosse, Beistand. Im bes. **1)** der Scharfrichter, Henkersknecht. **2)** Im Kriege teils der Diener des Schwerbewaffneten, welcher ihm Gepäck, Proviant u. den Schild trug, teils die Soldaten, welche zum unmittelbaren Dienst des Feldherrn bestimmt waren, Verpflegungsoffizier, Ordonnanzreiter, Adjutant. Zu einem Korps vereinigt bildeten sie die Leibwache des Befehlshabers. **3)** in Rom: der Liktor.
ὑπηρετικός, 3. (*ὑπηρέτης*), zum Dienen bestimmt, behilflich, förderlich, *εἴς τι, τινί* an etwas, *τὰ ὅπλα* untergeordnete Waffengattungen, wie Bogenschützen usw. Subst. **a)** *ἡ ὑπ.* Dienst, Dienstleistungen, *τινί* an jmdn. **b)** *τὸ ὑπ.* (*πλοῖον*) ein Beischiff, Ruderboot.
ὑπηρέτις, *ιδος,* poet. Fem. zu *ὑπηρέτης,* s. d.
ὑπ-ηχέω, dazu tönen, widerhallen, *τινί* wovon.
ὑπ-ίημι, s. *ὑφίημι.*
ὑπ-ίλλω (*ἴλλω, εἴλω*), poet. eigentl. von Tieren: den Schwanz einziehen, dann übertr. *στόμα τινί* den Mund nach jmdm. schmiegen, untertänig schweigen.
ὑπ-ισχνέομαι, Dep. med., Fut. *ὑποσχήσομαι,* Aor. *ὑπεσχόμην,* imper. *ὑπόσχου* (ep. *ὑπόσχεο,* auch in tmesi), Perf. *ὑπέσχημαι,* ion. Präs. part. *ὑπισχνεύμενος,* nebst ep. ion. u. poet. **ὑπ-ίσχομαι,** nur Präs. u. Impf., ep. Impf. 2. sg. *ὑπίσχεο,* verst. Form von *ὑπέχομαι,* dah. **1)** versprechen, verheißen, zusagen, geloben, *τί* od. *τινά,* od. mit Inf. (gew. Fut.) od. Akk. mit Inf., u. zwar *τινί* jmdm. Im bes. **a)** *θυγατέρα τινί* die Tochter einem Manne verloben, u. so auch von der Braut, die sich verspricht. **b)** *τί,* den Göttern. **2)** erklären, versichern, abs. od. mit Inf.
ὑπνο-δότειρα, *ἡ,* poet. Schlafgeberin.
ὑπνο-δότης, ου, *ὁ,* poet. Schlafgeber.
ὑπνομαχέω (wie von *ὑπνο-μάχος*), gegen den Schlaf kämpfen.
ὕπνος, *ὁ,* (**σύπνος* = lat. *somnus* aus **sopnus,* vgl. *sopor,* mhd. *ent-schweben,* einschlafen). **1)** Sg. u. Pl.

der **Schlaf, Schlummer,** *χάλκεος* Todesschlaf, *ὕπνον αἱρεῖσθαι* schlafen, *ὕπνῳ εὕδων* in tiefen Schlaf versenkt; *ὕπνον ἔχειν* in Schlaf (vollkommene Sorglosigkeit) versunken sein, *ἀπὸ πρώτου ὕπνου* zur Zeit des ersten Schlafes (ähnl. *περὶ πρῶτον ὕπν.*), *διὰ μέσων τῶν ὕπν.* mitten im Schlafe; *ὕπνοι* auch Schläfrigkeit (Arr.). **2)** personif.; der Gott des Schlafes, der Sohn der Nacht, Bruder des Todes.

ὑπνόω, Pass. **-όομαι,** Perf. *ὕπνωμαι*, ion. poet. sp., nicht in att. Prosa, schlafen, schlummern.

ὑπνώδης, 2. schläfrig.

ὑπνώσσω, schläfrig sein.

ὑπνωτικός, 3 (*ὑπνόω*), sp. einschläfernd. Subst. *τὸ ὑπν.* Mittel zum Einschläfern.

ὑπνώω, ep. u. poet. = *ὑπνόω*, schlafen.

ὑπό (lat. *sub*, got. *uf* „unter", ahd. *oba* „über"), in tmesi nachgestellt u. **ὕπο** betont.

A) Adv. • **1) darunter, unten,** bes. *ὑπὸ δέ* darunter weg, daran vorbei • **2)** heimlich, *clam*.

B) Praep. • **I)** beim Gen. • **1)** örtlich: **unter, unter — hervor,** unter — weg, bisw. prägnant: *τὸν μοχλὸν ὑπὸ σποδοῦ ἤλασα* ich stieß den Pfahl unter die Asche • **2)** übertr. • **a)** zur Angabe des Urhebers, **von,** bei Passiv. u. Verb. mit pass. Sinn, wie *θνήσκειν, πάσχειν, ἐκπίπτειν* u. ä., ebenso nach Subst. mit pass. Sinne, wie *ἀξίωμα, τιμή* usw. • **b)** zur Angabe der wirkenden Ursache, der begleitenden Umstände: **unter,** durch, vor, wegen, aus, z. B. *ὑπὸ ἴρηκος εἰσέπτατο*, ähnl. bei *φεύγειν, φοβεῖσθαι* usw Aber *ὑπὸ συρίγγων, ὑπὸ νόμου* nach dem Takte; *ὑπὸ μαστίγων* unter Geißelhieben, *ὑπὸ σκότου* im Dunkel, *ὑπὸ κήρυκος* unter Heroldsruf, doch bei Thuk. auch: nach den Worten eines Herolds.

II) beim Dat. • **1)** örtlich: **unter, unterhalb,** *sub*, *οἱ ὑπὸ τοῖς ἅρμασιν ἵπποι* Wagenpferde, *τείχει ὕπο* vor, an den Mauern, ähnl. *ὑπὸ Ἰλίῳ* u. *ὑπὸ βάσσαις*. Auch bei Verb. der Bewegung, wenn der Begriff der folgenden Ruhe mit ausgedrückt werden soll, so bei *πίπτειν* u. ähnl., *ὑπ' οἴδμασιν περῶν* hindurchdringend unter dem Wogenschwall • **2)** übertr. • **a)** von der Unterordnung, *ὑπό τινι εἶναι* jmdm. untergeben sein, von jmdm. abhängen, dah. (*οἱ*) *ὑπό τινι* die Untergebenen, od. *ὕπνῳ ὕπο* in den Armen des Schlafes, *ὑπ' Ἀριστοτέλει* unter Leitung des Ar., *λαβεῖν τινα ὑπὸ τοῖς νόμοις* jmdm. auf gesetzlichem Wege beikommen • **b)** = dem Gen., doch mehr poet. u. spät, vom Urheber, von der vermittelnden Ursache, den begleitenden Umständen: von, durch, unter, vor, bei, *τίκτειν τινὰ ὑπό τινι* ein Kind zur Welt bringen von jmdm., *ὑπ' αὐλῷ* unter Flötenklang, *ὑπὸ σκότῳ* im Finstern.

III) beim Akk. • **1)** örtlich: **unter** etwas **hin,** unter, **hinunter,** hinter, *ὑπὸ Τροίην ἐλθεῖν* d. h. unter die Mauern Tr. = nach Tr., ähnl. *ὑπὸ τὴν πόλιν παρατάξασθαι*, oder *ὑπὸ τὴν θύρην* hinter die Türe, *ὑπὸ δικαστήριον ἄγειν τινά* d. h. vor Gericht ziehen, ähnl. *ὑπὸ τὸν δῆμον* usw., u. so überhaupt zur Bezeichnung des Sich-Erstreckens unter etwas. Bisw. auch vom ruhigen Verweilen, wo man den Dat, erwartet, z. B *ὑπὸ σκηνὰς ὀχεῖσθαι* d. h. unter Zelten, od. *ὑπ' αὐγὰς ἠελίοιο* • **2)** zeitlich: **gegen,** um, während, z. B. *ὑπὸ νύκτα* im Verlauf der Nacht, *ὑπὸ τὸν παρεόντα πόλεμον, ὑπὸ τοὺς θανάτους* während der Zeit der Todesfälle, *ὑπὸ τὸν νηὸν κατακαέντα* um die Zeit, da der Tempel niederbrannte • **3)** übertr. = Dativ, von der Unterordnung, *εἶναι ὑπὸ βασιλέα* unter der Botmäßigkeit des Königs stehen, *οἱ ὑπό τινα* die Untergebenen, Untertanen jmds. Ähnl. *εἶναι* od. *καταφυγεῖν ὑπὸ τὸν στρατόν*. Es heißt hier oft zu, neben, bei, z. B. *τὸ παιδίον ὑφ' αὑτὴν ἔχειν*; so oft bei Plut.

IV) in **Zusammensetzungen** • **1)** unter, lokal (*-δέω, -άγω*) • **2)** etwas, demin. (*-βήττω, -δακρύω, -θερμος*) • **3)** heimlich (*-χαίρω, -νεύω*).

ὑπο-άμουσος, 2. den Musenkünsten ein wenig entfremdet.

ὑπό-βαθρα, *τά*, wie bei Wiegen runde Unterlage des Bettes, damit es schaukeln konnte.

ὑπο-βαίνω (*-βήσομαι, -έβην, -βέβηκα*), ion. u. ep. heruntergehen, *τί* unter etwas, zurückbleiben, *τινός* hinter etwas; auch übertr. vom Schriftsteller, *μικρὸν ὑποβάς* ein wenig weiter unten.

ὑπο-βάλλω, ep. Präs. inf. *ὑββάλλειν* st. *ὑποβ.* **1)** Akt. **a)** darunterwerfen, unterlegen, darunter hinhalten, **b)** übertr. **α)** in die Rede fallen, unterbrechen, **β)** an die Hand geben, vorlegen, angeben, erinnern (*ἑαυτῷ τι*). **γ)** gramm. unterordnen. **2)** Med. **a)** unter sich legen, *τί*, um darauf zu liegen, **b)** sich (*sibi*) ein Kind unterschieben, **c)** (von sich aus) etwas Falsches (z. B. *μύθους*) verbreiten, **d)** zu etwas (von sich) den Grund legen, begründen.

ὑπο-βαρβαρίζω, etwas unrichtig aussprechen.

ὑπο-βήττω, ion. sp. ein wenig husten.

ὑπο-βλέπω, **1)** Akt. **a)** scheel ansehen, *τινὰ ὥς τινα*. **b)** heimlich, still hinsehen, *εἴς τινα*, beobachten, *τί*, und mit *ταυρηδὸν πρός τινα* das Auge fest auf jmdn. richten. **2)** Med. finster blicken, *τινά* auf jmdn.

ὑπο-βλήδην, ep. Adv. (*ὑποβάλλω*), **1)** einwerfend, in die Rede fallend. **2)** *ὑ. σκέπτεσθαι*, von der Seite, schief, heimlich ansehen.

ὑπόβλητος, 2. (*ὑποβάλλω*), poet. u. sp., untergelegt, d. i. **a)** untergeschoben, unecht. **b)** verstellt, trügerisch. **c)** angestellt, angestiftet.

ὑποβολή, *ἡ* (*ὑποβάλλω*), das Darunterlegen, **a)** die Unterschiebung unechter, fremder Kinder. **b)** der Ersatz. **c)** die Verfälschung, das Nachmachen. **d)** das Eingeben, die Erinnerung, Warnung.

ὑποβολιμαῖος, 3. (*ὑποβολή*), untergeschoben, unecht, entlehnt, überh. trügerisch, *ὑποβολιμαῖος* auch = von einem untergeschobenen Kind herrührend.

ὑπο-βρέμω, poet. dabei tosen.

ὑπο-βρέχω, sp. etwas anfeuchten, *ὑποβεβρεγμένος* angetrunken, etwas berauscht.

ὑπόβρυχα, ep. u. ion. Acc. sing. von ungebr. *ὑπόβρυξ* (*βρύξ, ἡ*, sp. Meeresschlund), = dem folg.

ὑπο-βρύχιος, 3. u. 2. unter dem Wasser, überschwemmt; auch allgem. unter der Oberfläche, (= innerhalb eines Gewölbes).

ὑπό-γαιος, 2. ion. poet. u. sp. st. ὑπόγειος.
ὑπο-γάστριον, τό, poet. u. sp. der Unterleib, bei Fischen die untere Hälfte.
ὑπό-γειος, 2. (γῇ), unter der Erde, unterirdisch.
ὑπο-γίγνομαι u. **-γίνομαι** (-γενήσομαι, -εγενόμην, -γεγένημαι, -γέγονα), Dep. med., ion. u. sp. nach und nach werden od. entstehen, abs. u. τινί.
ὑπο-γλυκαίνω, poet. ein wenig süß machen, jmdm. etwas schmeicheln mit etwas, τινά τινι.
ὑπό-γλυκυς, υ, sp. etwas süß, süßlich.
ὑπόγραμμα, τό, Unterschrift; Inschrift am Fuße einer Säule.
ὑπο-γραμματεύς, έως, ὁ, Unterschreiber, in Athen gew. Staatssklaven od. Bürger der untersten Klasse, ein Lohndienst, der bei der nämlichen Behörde nicht über ein Jahr dauern sollte. [sein.
ὑπογραμματεύω, Unterschreiber, überh. Schreiber
ὑπο-γραμμός, ὁ, sp. N. T. das Vorbild.
ὑπο-γραφεύς, ὁ, sp. der Schreiber.
ὑπογραφή, ἡ, **1)** Unterschrift, Aufschrift am Fuße. **2)** das Einritzen von Figuren in Ton. **3)** Grundriß, Entwurf, Skizze, Umriß, vom Umkreis eines Orts. Bei den Römern pflegte er durch die Furche eines Pflugs bezeichnet zu werden, der rechts mit einem Stier, links mit einer Kuh bespannt war. **4)** das Untermalen der Augen, bes. der Augenlider u. -brauen, Schminken, wie es bei Persern u. griech. Frauen üblich war.
ὑπο-γράφω. 1) unten hinschreiben, unterschreiben, auch vom Titel eines Buches, der am Ende stand. **2)** unter jmds. Leitung schreiben, nachschreiben, protokollieren. **3)** jmdm. etwas vorschreiben, vorzeichnen, andeuten, einem als Unterlage oder Beispiel etwas darstellen, vorzeichnen. **4)** die Augen untermalen, schminken, s. ὑπογραφή.
ὑπό-γυιος od. **ὑπό-γυος,** 2. (γυῖον), unter den Händen, nahe bevorstehend, ἐξ ὑπογύου sogleich, plötzlich.
ὑπο-δαίω, ep. u. nur in tmesi, ὑπὸ δαῖον, darunter anbrennen, anzünden.
ὑπο-δακρύω, sp. ein wenig weinen, ein paar Tränen fallen lassen.
ὑπο-δαμάω, ep. poet., u. **ὑπο-δαμνάω** (in tmesi), ep. unterwerfen, überwältigen; Aor. pass. ὑποδμηθεῖσα (ἀνδρί von einem Manne) überwältigt.
ὑπο-δάμναμαι, Med. **1)** ep. sich (se) unterwerfen, sich demütigen. **2)** buk. sich (sibi) unterwerfen.
ὑπο-δεέστερος, 3., Kompar. vom ungebr. ὑποδεής, Adv. **-ερον** u. **-έρως. 1)** Adj. **a)** geringer, von niedrigerer Abkunft, τινός unter jmds. Stande, **b)** unbedeutender, geringfügiger, **c)** schwächer, zu schwach. **2)** Subst. **a)** οἱ ὑπ. die Schwächeren, **b)** ἐκ τῶν ὑπ. bei unzureichenden Kräften, ἐκ πολλῷ ὑποδεεστέρων mit viel geringeren Mitteln.
ὑπόδειγμα, τό (ὑποδείκνυμι), Merkmal, Bild, Beispiel, Muster.
ὑπο-δείδω, ep. poet. u. sp., Aor. 1. ὑπέδεισα, ep. auch ὑπέδδεισα, ὑποδδείσας, u. Perf. ὑποδέδοικα, ὑποδείδια, Plqpf. ὑπεδείδισαν, ein wenig fürchten, sich fürchten, abs. od. τινά od. τί vor jmdm. od. etwas.
ὑπο-δείκνυμι u. **ὑπο-δεικνύω** (-δείξω usf.), ion. Aor. part. ὑποδέξας st. ὑποδείξας, **a)** zeigen, andeuten, verabreden. **b)** Anleitung, Winke geben, τί für, zu etwas; Her. 1, 189 vorzeichnen, voraus deuten. **c)** beweisen, abs. od. τί, z. B. ἀρετήν den Schein der Rechtschaffenheit annehmen, u. zwar τινί jmdm.
ὑπο-δειμαίνω, ion. u. sp. = ὑποδείδω.
ὑπο-δειπνέω, sp. statt eines andern (τινί) ein Gastmahl einnehmen.
ὑπο-δέκομαι, s. ὑποδέχομαι.
ὑπο-δέμω, ion., Aor. inf. -δεῖμαι, als Grundlage darunterbauen, τί, u. zwar τινός aus etwas.
ὑποδεξίη od. **-δεξείη,** ἡ, ep. gastliche Bewirtung.
ὑποδέξιος, 3. (-δέχομαι), ion. u. poet. aufnehmend, geräumig.
ὑπόδεσις, εως, ἡ, u. **ὑπό-δημα, τό** (-δέω), **1)** (ὑπόδεσις) das Untenanbinden, Anziehen der Schuhe. **2)** das Daruntergebundene, die Sohle, Sandale, Schuh, Beschuhung, Schuhwerk, oft nur die Sohle die unter dem Fuße festgebunden wurde.
ὑπο-δέχομαι, ion. **ὑπο-δέκομαι,** Dep. med., Part. aor. -δεχθείς in akt. Bdtg. Eur. Her. 757, ep. vom Aor. 1. conj. -δέξομαι, st. -ωμαι, u. vom Wurzelaor. ἐδέγμην 2. sg. ὑπέδεξο, 3. sg. ὑπέδεκτο, inf. -δέχθαι, part. -δέγμενος. **1) aufnehmen, empfangen,** zu sich einladen, erwarten, λόγους anhören, insbes. **a)** freundlich, schützend im Hause empfangen, bewirten, ehren, **b)** feindlich empfangen, angreifen, **standhalten,** τινά, τί. **2)** schwanger werden. **3)** angrenzen. **4) auf sich nehmen,** übernehmen, zugestehen, dah. **a)** ertragen (βίας), vertragen, τί, **b)** sich anheischig machen, **versprechen,** τί od. mit Inf., gew. Fut.
ὑπο-δέω, part. -δῶν, öfter im Med. **ὑπο-δέομαι** (-δήσομαι, -εδησάμην, -δέδεμαι), sich (sibi) unterbinden, abs. od. τί, näml. die Sandalen od. Sohlen unter die Füße, dah. ὑποδεδεμένος auch allein: mit Sohlen versehen, beschuht, u. zwar τί od. τινί an etwas od. τὸν πόδα σανδάλῳ.
ὑπο-δηλόω, poet. u. sp. andeuten, τινά od. mit Nom. part., daß es.
ὑπό-δημα, τό = ὑπόδεσις, 2), Schuh, Sandale.
ὑπο-διδακτής, ὁ, sp. Unterlehrer.
ὑπο-διδάσκαλος, ου, ὁ = ὑποδιδακτής.
ὑπο-δίδωμι, nachgeben; herausgeben.
ὑπό-δικος, 2. strafwürdig, straffällig, schuldig, τινί vor jmdm.
ὑπο-δίφθερος, 2. sp. in ein Fell gekleidet.
ὑπο-δμώς, ῶος, ὁ, τινός, ep. unter jmdm. stehender Diener.
ὑπό-δοσις, ἡ, poet. das Nachlassen.
ὑποδοχή, ἡ (-δέχομαι), **1)** Annahme, Aufnahme, Empfang, bes. gastliche Bewirtung, aber auch feindlich, z. B. στρατεύματος. **2)** Annahme, Meinung. **3)** Förderung, Unterstützung.
ὑπό-δρα (ἔδρακον), ep. Adv., ἰδών finstern Blickes.
ὑπο-δράττομαι, sp. Med., sich unvermerkt einer Sache (τινός) zu bemächtigen suchen.
ὑπο-δράω, ep. u. sp., ep. Präs. 3. pl. -δράουσι, -ώωσι unter jmdm. handeln, ihm aufwarten, dienen, τινί.
ὑπο-δρήσσω, sp. ep. = ὑποδράω.
ὑποδρηστήρ, ῆρος, ὁ, ep. Diener, Aufwärter.

ὑπο-δρομή, ἡ, sp. 1) das Hinunterlaufen. 2) sp. die Zufluchtsstätte.

ὑπό-δρομος, 2. poet. unterlaufend, unter die Füße kommend.

ὑπό-δροσος, 2. buk. etwas betaut.

ὑπο-δύνω, ion. u. sp., u. **ὑποδύομαι**, intr. ep. Aor. mixtus ὑπεδύσετο • 1) **untertauchen**, d. i. unter etwas kriechen, hinuntergehen, schlüpfen unter (θάμνους), sich unter etwas stellen, sich bücken, um jmdn. auf die Schulter zu nehmen, τί in, τινί u. ὑπό τι unter etwas. Übertr. • a) sich jmdm. unterwerfen; aber auch: sich unter jmds. Schutz begeben, ὑπό τινα • b) **sich unterziehen**, πόνον, κίνδυνον; ἡγεμονίην übernehmen, unternehmen, τὴν πολιτείαν Staatslaufbahn ergreifen, τί od. m. Inf. • c) unterziehen, **anziehen**, εἵμασι unter die Kleider Hdt. 1, 15, 5 • d) sich einschleichen, einschmeicheln, eindrängen, durchdringen, κατά τι, sich durch etwas hindurchschleichen • e) den Schein, die Maske von etwas abnehmen, Rolle spielen Plat. • 2) **darunter hervortauchen**, hervorkommen, θάμνων; κακῶν entgehen. Davon

ὑπόδυσις, ἡ, poet. das Entrinnen und

ὑποδύτης, ὁ, sp. das Unterkleid.

ὑπο-δώριος, 2. sp. unterdorisch, dem Dorischen nahestehend; ἁρμονία, tiefer als die dorische Tonart.

ὑπο-είκω, s. ὑπείκω.

ὑπο-εργός, 2. poet. = ὑπουργός, dienstfertig, -bereit.

ὑπο-ζάκορος, ἡ, ion. Unterpriesterin, τινός.

ὑπο-ζεύγνυμι (-ζεύξω usf., auch in tmesi), 1) Akt. darunterjochen, anspannen, τί. 2) im Pass., poet. mit Aor. 2. inf. ὑποζυγῆναι, übertr. sich unterziehen, τινί einer Sache.

ὑπο-ζύγιον, τό, Joch-, Zug-, Last-, Packtier; später insbes. der Esel.

ὑπό-ζωμα, τό, starkes Tau, wie man es häufig etwas über Wasserspiegelhöhe um ein Schiff schlang, um dadurch die anbrandenden Wogen zu brechen oder einen etwaigen Zusammenstoß zu mildern.

ὑπο-ζώννυμι (-ζώσω usf.), Perf. pass. part. ὑπεζωμένος, sp. -εζωσμένος, ion. u. sp. 1) Akt. unten gürten, πλοῖον ein Fahrzeug mit dem ὑπόζωμα (s. d.) rings umbinden. 2) Med. (*sibi*) an- od. umgürten, τί.

ὑπο-θάλπω, poet. zu erwärmen anfangen, gelinde erwärmen, τινά.

ὑπο-θερμαίνω, ep. u. sp. ein wenig warm machen od. erhitzen. Im Pass., Aor. ὑπεθερμάνθη, etwas warm od. gelinde werden, τινί von etwas.

ὑπό-θερμος, 2. ion. u. sp. etwas erhitzt d. i. erbittert.

ὑπόθεσις, εως, ἡ (ὑποτίθημι), 1) Unterlage, Grund od. Grundlage, Grundidee, Prinzip, Grundfrage, Hauptaufgabe, Hauptfrage, Hauptgegenstand der Beratung, Aufgabe, Plan, Gegenstand, Fragepunkt, aufgestellte Bedingung, Voraussetzung, Vorschlag; Annahme, Ansicht, insbes. die einem Drama zugrunde liegende Fabel, das Thema. 2) Vorwand, Grund, Anlaß.

Ὑπο-θῆβαι, αἱ, Untertheben, das spätere Potniä in Böotien.

ὑποθήκη, ἡ, u. **ὑποθημοσύνη**, ἡ (ὑποτίθημι), das an die Hand Gegebene, a) Angabe, Rat, Ermahnung, Lehre, Warnung. b) Pfand, Unterpfand.

ὑπο-θορυβέω, anfangen zu lärmen, murren.

ὑπο-θράττω, sp. = ὑποταράττω, beunruhigen.

ὑπο-θρύπτομαι, sp. Pass., etwas schlaff sein, schwächlich nachgeben, ἔνια in einigen Stücken.

ὑποθυμίς, ίδος, ἡ, poet. Kranz aus duftenden Blumen, den man um Hals und Brust wand.

ὑπο-θωπεύω, ion. poet. u. sp. schmeicheln.

ὑπο-θωρήσσομαι, ep. Med., sich heimlich rüsten, τινί zu etwas.

ὑπ-οικοδομέω, sp. unten an etwas (τινός) bauen, es ausbessern.

ὑπ-οικουρέω, poet. sp. eigentl. sich im Hause verborgen halten, dah. 1) versteckt sein. 2) heimlich bearbeiten.

ὑπο-κάθημαι, ion. **ὑπο-κάτημαι**, 1) wohnhaft od. aufgestellt sein, ἔν τινι wo, od. τινά jmdn. erwartend, gegen jmdn. 2) im Hinterhalt liegen, Perf. zu

ὑπο-καθίζομαι, sich in Hinterhalt legen.

ὑπο-καίω, ion. u. sp. anbrennen, unter etwas Feuer anmachen, durch Feuer erhitzen, τί (Aesch. Ag. 67 verm. -κάων, näml. ἱερά).

ὑπο-κάμπτω (auch in tmesi), umbiegen, umlenken, unterhalb des Ziels umkehren, also es nicht erreichen, zurückbleiben.

ὑπο-κάρδιος, 2. buk. unter, am, im Herzen.

ὑπο-καταβαίνω (-βήσομαι, -έβην, -βέβηκα), allmählich herabgehen, sich hinabbegeben, abziehen.

ὑπο-κατακλίνω [ῑ], 1) jmdm. den unteren Platz auf der κλίνη, wo gew. je zwei lagen, anweisen. 2) Pass. übertr. sich fügen, τινί.

ὑπο-κατασκευάζω, sp. heimlich od. allmählich bereiten, künstlich gestalten.

ὑπο-κάτημαι, ion. st. ὑποκάθημαι, s. d.

ὑπο-κάτω, Adv. unterhalb, unter, u. zwar τινός von etwas od. von jmdm.

ὑπό-κειμαι (auch in tmesi) **darunterliegen**, 1) am Fuße, dicht daran liegen, ὑπό τι. 2) übertr. a) zugrunde liegen, als Grundlage, Voraussetzung festliegen. b) vorliegen, vorhanden sein, ἐλπίδες, auch obliegen. c) unterworfen sein, gehorchen. d) verfallen, verpfändet sein. 3) subst. Part. **τὸ ὑποκείμενον**, sp. a) Grundlage, Voraussetzung. b) Ort der Handlung (eines Dramas). c) (stoischer Terminus): Wahrnehmungsobjekt; Gegenstand der Behandlung od. Besprechung (vgl. ὑπόθεσις). d) (gramm.) Subjekt.

ὑπο-κηρύττομαι, Med. ausrufen lassen, übertr. prahlerisch anpreisen, τινὰ εἴς τινα.

ὑπο-κῑνέω, 1) trans. ein wenig d. i. sanft, leise bewegen (aber Il. 4, 423 lies ζεφύρου ὕπο κινήσαντος), übertr. ein wenig reizen, anreizen, beunruhigen. 2) intr. a) sich etwas bewegen, rühren. b) Perf. ὑποκεκίνηκα etwas verrückt sein.

ὑπο-κλαίω, poet. 1) dabei, dazu weinen. 2) nachweinen.

ὑπο-κλέπτω, poet. u. sp. heimlich entwenden od. verstecken; Pass. οἱ εὐνὰς ὑποκλεπτόμενοι die um ihr Ehebett betrogen sind.

ὑπο-κλίνομαι, ep. poet. sp. Pass., Aor. ὑπεκλίνθη, sich unter etwas (τινί) legen.
ὑπο-κλονέομαι, ep. Pass., sich vor jmdm. (τινί) fliehend drängen.
ὑποκλοπέομαι (ὑπό-κλοπος, 2. verborgen), ep. Med., sich verstecken.
ὑπο-κλύζομαι, sp. Pass., überschwemmt werden.
ὑπο-κνίζομαι, Perf. pass. sp. ὑποκέκνισμαι, Pass. einen heimlichen Reiz empfinden, im Part. mit gereizter Begierde.
ὑπο-κολακεύω, sp. ein wenig schmeicheln.
ὑπο-κόλπιος, 2. buk. im Schoße.
ὑπο-κονίομαι, poet. u. sp. sich zum Kampf rüsten.
ὑπο-κόπτω, sp. abhauen.
ὑπο-κορίζομαι, Dep. med., sich wie ein Kind gebärden, wie ein Kind sprechen; übertr. etwas verkleinern, Schlimmes mit einem mildernden, gefälligeren Namen belegen, beschönigen (verunglimpfen? Xen. Mem. 2, 1, 26 wohl unecht). Dav.
ὑποκοριστικόν, τό, sp. gramm. das Deminutivum.
ὑπό-κουφος, 2. sp. etwas flüchtig.
ὑπο-κρητηρίδιον, τό, ion. der Untersatz (unter das Mischgefäß).
ὑπο-κρίνομαι [ῑ], Dep. med. **1)** ep. u. ion., eigtl. auf eine Anfrage sein Urteil abgeben, Bescheid geben, antworten, erwidern. **2)** erklären, deuten. Im bes. **a)** als Redner vortragen, plädieren, τινί. **b)** den Schauspieler machen, eine Komödie aufführen, abs., od. τινά jmdn. spielen, darstellen, τραγῳδίαν, od. τὰ ἄλλα τοῦ δράματος sonst ihre Rollen wie die Schauspieler spielen. **c)** heucheln.
ὑπόκρῐσις, εως, ion. ιος, ἡ, **1)** ion. Antwort, Bescheid, abs. u. τινός. **2)** ar. sp. Aktion des Redners; Kunst des Schauspielers, ausdrucksvoller Vortrag, Ausdruck; nachbildende Darstellung. **3)** sp. N. T. Heuchelei, Rolle, die jmd. spielen will, ἐπὶ ὑποκρίσει zum Scheine.
ὑποκρῐτής, οῦ, ὁ, **1)** der Schauspieler, abs., od. τινός von, ἔν τινι in etwas. **2)** sp. N. T. Heuchler.
ὑπο-κρούω, poet. u. sp. den Takt dazu angeben, entgegnen; ins Wort fallen, unterbrechen.
ὑπο-κρύπτομαι, 1) Med. sich oder das Seinige verbergen, verstecken. **2)** Pass., Aor. ὑπεκρύφθη, unter etwas (τινί) versteckt werden.
ὑπο-κρώζω, sp. von innen krächzen, eigtl. vom Raben, dann von dem, der schwer Atem holt, ächzen.
ὑπό-κυκλος, 2. ep. unten berädert.
ὑπο-κυμαίνω, sp. ein wenig darunter wogen, wallen.
ὑπο-κύομαι, ep. Med., Aor. part. ὑποκυσαμένη, schwanger, trächtig werden.
ὑπο-κύπτω, ion. poet. u. sp. sich bücken, sich verbeugen, übertr. sich unter jmdn. od. unter das Joch beugen, abs. od. τινί.
ὑπό-κωφος, 2. etwas taub.
ὑπο-λαμβάνω • **1)** unten fassen, insbes. unter dem Arme nehmen, **auf den Rücken nehmen** • **2) aufnehmen,** z. B. das Kleid; meist übertr. • gastlich **aufnehmen,** in Schutz nehmen, mit Beifall aufnehmen, πόλιν zu gewinnen suchen • **b)** feindlich aufnehmen, auffangen, (als Beschwerdepunkt) **aufgreifen** (um zu **klagen**), **angreifen** • **c)** (λόγον, λόγους) eine Rede, einen Vorschlag gut od. unwillig (δυσχερῶς) **aufnehmen** und darauf **entgegnen,** bes. ins Wort fallen, unterbrechen • **d)** etwas (richtig) auffassen, meinen, glauben, vermuten, περί τινος od. Inf., A. c. I., ὡς, ὅτι • **3) heimlich** (ὅπλα) **wegnehmen,** entziehen, τί abtrünnig machen Thuk. • **4)** darunter, dabei **ergreifen,** befallen, γυῖα • **5)** zeitlich: darauf eintreten, folgen.
ὑπο-λάμπω, darunter hervorschimmern, scheinen, erscheinen, teils von der Sonne, teils vom Tagesanfange auf den Frühling u. den Anfang des Jahres übertragen, abs. od. εἴς τι.
ὑπο-λανθάνω, sp. darunter verborgen sein.
ὑπο-λᾱπτέον, auch in tmesi, dor. f. ὑποληπτέον.
ὑπο-λέγω, sp. s. ὑπαγορεύω u. ὑπεῖπον.
ὑπο-λείβω, poet. u. sp. dazwischen Trankopfer spenden.
ὑπ-ολείζων, s. ὑπολίζων.
ὑπόλειμμα, τό, ar. sp. N. T. Überrest.
ὑπο-λείπω • **1)** Akt. **zurücklassen,** vererben, übrig lassen, im bes. λόγον ὡς die Möglichkeit einräumen Thuk.; von Dingen: fehlen • **2)** Med. • **a)** etwas von sich zurücklassen • **b)** sich aufsparen • **c)** hinter sich zurücklassen, überh. zurücklassen, **übrig lassen,** am Leben lassen, ἔργον, doch auch τοῦ ἔργου etwas zu tun übrig lassen • **d)** freistellen, τινί, mit Inf. • **3)** Med. u. Pass. • **a) zurückbleiben,** τινός von der Nacht: entweichen. Subst. τὸ ὑπολειπόμενον das Zurückgelassene • **b) übrig bleiben,** übergangen werden. Im bes. **am Leben bleiben** • **c)** entblößt, beraubt werden, τινός.
ὑπό-λεπτος, 2. sp. etwas od. ziemlich dünn, -schmächtig.
ὑπο-λευκαίνομαι, ep. u. sp. Pass., weiß zu schimmern anfangen.
ὑπό-λευκος, 2. ar. sp. weißlich, dem Weiß ähnlich.
ὑπο-λήνιον, τό, sp. N. T. der Keltertrog.
ὑπόληψις, εως, ἡ (-λαμβάνω), **1)** das Aufnehmen, bes. der Rede eines andern, **a)** die Fortsetzung, ἐξ ὑπολήψεως einer nach dem andern. **b)** die Erwiderung, der Einwand. **2)** die Annahme, **a)** Mutmaßung, Meinung, Vermutung. **b)** ein aufgestellter Satz, Grundsatz, insbes. (im Gegensatz zu πρόληψις, s. d.) eine Annahme, die nicht auf direkter Wahrnehmung, sondern auf Folgerungen beruht, die aus Eindrücken abgeleitet sind. **c)** sp. der Argwohn.
ὑπ-ολίζων (richtig -ολείζων), 2. (v. ὀλίγος, s. d.), ep. etwas kleiner od. weniger, od. besser ὑπό Adv., darunter kleiner.
ὑπό-λιθος, 2. sp. etwas steinig.
ὑπο-λιμπάνω, sp. N. T. Nebenform von ὑπολείπω.
ὑπό-λιχνος, 2. sp. etwas leckerhaft.
ὑπο-λογίζομαι, Fut. -ιοῦμαι, Adj. verb. ὑπολογιστέον, Med. mitberechnen, mit in Rechnung, in Anschlag bringen, berücksichtigen, τί.
ὑπό-λογος, ον, in Rechnung kommend, und **ὑπόλογος,** ὁ, Anrechnung, Berücksichtigung, absol. μηδὲν ὑπόλογόν τι ποιεῖσθαι etwas für nichts rechnen, od. τούτου dieses Umstandes.

ὑπό-λοιπος, 2. zurückgeblieben, übrig geblieben, rückständig, übrig, bes. noch am Leben. Subst. τὸ ὑπ. der Rest, τὰ ὑπ. die noch übrigen Unternehmungen, die übrige Habe.

ὑπο-λόχᾱγος, ὁ, Anführer eines halben Lochos, d. h. von 50 Mann, Unterlochag.

ὑπο-λύω (-λῡ́σω usf.), ep. auch in tmesi, 1) Akt. darunter lösen, losbinden, im bes. a) die Zugtiere vom Joche, ausspannen. b) die Sandalen von den Füßen, entschuhen, τινά. Übertr. γυῖά τινος jmds. Beinen die Kraft rauben, sie wanken machen, lähmen. 2) Med. a) sich die Sandalen losbinden, ausziehen; b) heimlich erlösen, τινά, u. zwar τινός von etwas. c) ep. im Wurzelaor. ὑπέλυντο pass., wurden gelähmt, γυῖα.

ὑπο-μαλακίζομαι, nach u. nach weicher werden, ὑπομαλακιζόμενος λέγω, ich führe eine gelindere Sprache.

ὑπό-μαργος, 2. ion. u. sp., stets im Komp. ὑπομαργότερος etwas zu sehr rasend.

ὑπο-μάσσω, buk. darunter rühren.

ὑπο-μείγνυμι (-μίγνυμι), Aor. ὑπομεῖξαι (-μῖξαι), intr. sich einem Orte (τινί) heimlich nähern, dicht herankommen.

ὑπο-μειδιάω, sp. ein wenig lächeln.

ὑπο-μείων, 2. etwas geringer.

ὑπο-μέμφομαι, sp. versteckt tadeln.

ὑπο-μεμψίμοιρος, 2. sp. etwas unzufrieden mit seinem Schicksal.

ὑπο-μένω. 1) **zurückbleiben,** verweilen, ausharren. 2) **standhalten,** τινά, sich widersetzen. 3) warten, **erwarten,** τινά oder τί. 4) bestehen, aushalten, **ertragen,** πόνον, δουλείαν; οὐχ ὑπ. τὰς δωρεάς abweisen; **sich unterziehen.** Mit A. c. I. od. mit Part., darauf bestehen; οὐχ ὑπ. ὠφελούμενος lasse mir nicht helfen Plat.

ὑπο-μίγνυμι, s. ὑπομείγνυμι.

ὑπο-μιμνῄσκω, dor. ὑπομιμνᾱ́σκω (-μνήσω, -έμνησα, dor. -έμνᾱσα), 1) Akt. **erinnern,** a) in Erinnerung bringen, ins Gedächtnis zurückrufen, woran gemahnen, erwähnen, aufzählen, abs. od. τινά, u. zwar τινός od. τί an etwas, mit Part. od. mit ὅτι, εἰ, u. πρός τι zu, bei etwas. b) ermahnen, mahnen, τινά m. Inf. 2) Pass. **ὑπομιμνῄσκομαι,** mit Aor. ὑπεμνήσθην, **sich erinnern,** eingedenk sein, nicht vergessen, τί od. mit indir. Nebens.

ὑπό-μισθος, 2. sp. gedungen, τινός um etwas.

ὑπο-μνάομαι, ep., Impf. 2. pl. ὑπεμνάεσθε, -άασθε, heimlich um eine Frau (γυναῖκα) werben, um sie buhlen.

ὑπόμνημα, τό, u. **ὑπόμνησις,** εως, ἡ (ὑπομιμνῄσκω), a) Erinnerung, Erwähnung, Andenken. b) Mahnung, Ermahnung, abs., od. τινός an etw., πρός τινα an jmdn., ὑπόμνησιν ποιεῖσθαί τινός τινι jmdn. an etwas erinnern. c) im bes. ὑπόμνημα Denkmal. Denkschrift, Erinnerungsschrift, Chronik.

ὑπομνημάτιον, τό, sp. Demin. vom vor., Aufzeichnung, Notiz.

ὑπομνηματισμός, ὁ, sp. Denkschrift; insbes. ein schriftlich aufgezeichneter Beschluß des Areopags.

ὑπ-όμνυμαι, unter eidlicher Versicherung eines wichtigen Hindernisses Aufschub des gerichtlichen Termins nachsuchen.

ὑπομονή, ἡ (-μένω), ar. sp. Ausdauer, τινός bei etw.; Erduldung; duldende Hoffnung auf —, Χριστοῦ.

ὑπό-μωρος, 2. sp. etwas albern.

ὑπο-νείφω, nicht -νίφω, etwas schneien. Im Pass. νὺξ ὑπονειφομένη eine Nacht mit etwas Schneegestöber, u. zwar τινί bei etwas.

ὑπο-νήιος, 2. ep. am Gebirge Νήιον (w. s.) liegend.

ὑπο-νήχομαι, sp. darunter schwimmen.

ὑπο-νοέω, vermuten, ahnen, argwöhnen, argwöhnisch, mißtrauisch glauben, meinen; τινὰ ὡς φιλιππίζουσαν, od. τινὸς ὡς c. indic. von jmdm. vermuten, daß er; ἐπὶ τὸ φοβερώτερον argwöhnisch zu größeren Schreckbildern steigen; auch (vermutungsweise) deuten, erklären. Pass. ὑπονοεῖταί τι ἔκ τινος etwas wird erschlossen aus etwas.

ὑπόνοια, ἡ, 1) gefaßte Ansicht, Mutmaßung, insbes. falsche Auffassung, argwöhnische Vermutung, Verdacht, abs., od. τινός von etwas, od. mit folg. μή. 2) sinnbildlicher Ausdruck, Sinn.

ὑπονομηδόν, Adv. unter der Erde, durch unterirdische Kanäle.

ὑπόνομος, ὁ, unterirdischer Gang, Mine.

ὑπο-νοστέω, zurückgehen, dah. a) zurückstauen. b) sich senken, abnehmen, sich vermindern, ablaufen, sinken, abs. od. ὑπό τινος.

ὑπο-νύσσω, buk. ein wenig ritzen.

ὑπο-νυστάζειν, Var. zu νυστάζειν Plat. Symp. 223 D, ein wenig einnicken.

ὑπο-ξενίζω, sp. etwas fremdartig tun, bei Luk. Ikaromen. 1: in befremdlicher Weise von Himmels-Parasangen sprechen.

ὑπο-ξυράω, ion. u. **-ξυρέω,** ion. poet. sp. ein wenig scheren, bescheren, τί.

ὑπο-ξύω, poet. sp. leise schaben, leicht darüber hinstreifen. [τί.

ὑπο-πάσσω, Fut. -πάσω, ion. u. sp. unterstreuen,

ὑπόπεμπτος, 2. heimlich abgeschickt (als Spion).

ὑπο-πέμπω, 1) darunter schicken. 2) heimlich od. in versteckter, böswilliger Absicht (zum Zweck einer Täuschung) zu- oder hinsenden, nachschicken, anstellen, **anstiften,** τινά, u. zwar τινί u. πρός τινα.

ὑπο-πεπτηῶτες, s. ὑποπτήσσω. [färben.

ὑπο-περκάζω, ep. u. sp. sich allmählich dunkel

ὑπο-πετάννυμι, ep. in tmesi, Aor. part. -πετάσσας, ep. ion. sp. darunter ausbreiten, τί.

ὑποπέτασμα, τό, Matratze.

ὑπο-πετρίδιος, 2. poet. st. -πτερίδιος (v. πτερόν) beflügelt, beschwingt, ὄνειροι.

ὑπό-πετρος, 2. ion. u. sp. unten felsig od. steinig, mit steinigem, felsigem Boden. [ὑπωπ.

ὑποπιάζω u. **-πιέζω,** sp. N. T. unterdrücken; vgl.

ὑπο-πίμπλαμαι, Pass. mit Aor. ὑπεπλήσθην, 1) allmählich angefüllt od. voll werden, τινός von etwas. 2) schwanger werden, τέκνων in reicher Zahl Kinder bekommen.

ὑπο-πίμπρημι, ion. poet. sp., Aor. inf. ὑποπρῆσαι, von unten anzünden, in Brand stecken, τί.

ὑπο-πῑ́νω (-πίομαι, -έπιον, -πέπωκα), 1) ein wenig trinken. 2) allmählich trinken, ins Trinken kommen, sich dem Trunk hingeben, ὑποπεπωκώς ziemlich betrunken.

ὑπο-πίπτω (-πεσοῦμαι, -έπεσον, -πέπτωκα), 1) darunter geraten, sich hineindrängen, ἔς τι. 2) übertr. a) unterliegen, τινί, τὸ θράσος ὑπ. der Mut sinkt. b) sich unterwerfen, sich fügen, unterwürfig sein, τινί. 3) Perf. -πέπτωκα, sp. liegen unter, am Fuße von etwas, τινί. [gend.

ὑπο-πλάκιος, 3. ep. am Berge Πλάκος (w. s.) lie-

ὑπό-πλεος, 2. ion., u. sp. in der att. Form **ὑπό-πλεως,** ziemlich voll, τινός.

ὑπο-πλέω, Aor. ὑπέπλευσα, sp. N. T. zu Schiffe darunter hinfahren.

ὑπο-πνέω, Aor. ὑπέπνευσα, ar. sp. N. T. leicht wehen.

ὑπο-πόδιον, τό, sp. N. T. die Fußbank.

ὑπο-ποιέω, 1) Akt. darunter tun, heimlich verursachen, τί. 2) Med. a) durch Ränke für sich zu gewinnen suchen, anlocken, gewinnen, τινά. b) sich ankünsteln, erheucheln, τί.

ὑπο-πορεύομαι, sp. heimlich heranfahren.

ὑπο-πόρφυρος, 2. (πορφύρα), poet. purpurfarbig.

ὑπο-πρίασθαι, sp. heimlich vorwegkaufen.

ὑπο-πρίω, sp. insgeheim mit den Zähnen (τοὺς ὀδόντας) knirschen.

ὑπό-πτερος, 2. beflügelt, beschwingt.

ὑποπτεύω, ὑποπτεύσω usf, augm. ὑπώπτ., buk. conj. ὑποπτεύῃσι st. -ῃ, vermuten, ahnen, Verdacht oder Argwohn schöpfen, Verdacht oder in Verdacht haben, argwöhnisch, mißtrauisch sein, argwöhnen, beargwöhnen, besorgen, befürchten, fürchten, glauben, meinen. Im Pass. vermutet, gefürchtet, verdächtigt werden, in Verdacht sein.

ὑπ-όπτης, ου (St. ὀπ, s. zu ὑφοράω), argwöhnisch.

ὑπο-πτήσσω (-πτήξω, -έπτηξα, -έπτηχα), ep. Perf. part. plur. ὑποπεπτηῶτες, sich aus Furcht verkriechen, sich ducken, τινί unter etwas, daher schüchtern, blöde, demütig, untertänig sein, jmdn. scheuen, fürchten, vor ihm kriechen, abs. oder τινά, u. τινί vor jmdm. Achtung haben.

ὕπ-οπτος, 2. (s. zu ὑπόπτης), eigtl. von unten ansehend od. angesehen, daher a) argwöhnisch, mißtrauend, befürchtend, abs., oder τινί, ἔς, πρός τινα gegen jmdn. Subst. τὸ ὕπ. der Argwohn, Verdacht. b) übel angesehen, verdächtig, Verdacht erregend, bedenklich, verhaßt, abs. οὐχ ὕποπτον ἐγένετο es erweckte keinen Verdacht.

ὑπο-πτυχίς, ίδος, ἡ, sp. die Fuge.

ὑπό-πυρρος, 2. sp. rötlich, τί an etwas.

ὑπ-όρνυμι, ep. 1) trans., Aor. ὑπῶρσε (in tmesi), darunter, dabei od. allmählich erregen, erwecken, ἵμερον γόοιο. 2) intr. **ὑπόρνυμαι** mit Aor. 2. redupl. ὑπώρορε, Wurzelaor. ὑπῶρτο u. Plqpf. ὑπορώρει (auch in tmesi), allmählich sich erheben, entstehen, anheben, beginnen, τοῖον so tief erschütternd.

ὑπ-όροφος, 2. poet. = ὑπωρόφιος, s. d.

ὑπο-ρράπτω, poet. u sp. unternähen, hinzufügen.

ὑπο-ρρέω, darunter hinfließen, überh. a) sich einschleichen. b) unvermerkt geraten, εἴς τι in etwas. c) dahinschwinden. d) von der Höhe heruntersteigen, sich im stillen anschließen. e) untergraben.

ὑπο-ρρήγνυμαι, intr. mit Aor. ὑπερράγην, ep. sp. unten zerreißen; vom Äther: sich unterwärts öffnen, (vom Himmel) hervorbrechen.

ὑπό-ρρηνος, 2. (aus -Ϝρηνος, s. ἀρήν), ep. ein Lamm unter sich habend od. säugend.

ὑπο-ρρίπτω, sp. unterwerfen, vorwerfen.

ὑπ-ορρωδέω, sp. ein wenig fürchten, τί.

ὑπ-ορύσσω od. **-ττω,** ion. u. sp. a) untergraben, unterminieren, τί (bes. Mauern). b) übertr. allmählich zerstören.

ὑπ-ορχέομαι, poet. u. sp. nach Musik tanzen. Dav.

ὑπόρχημα, τό, ein Chorgesang in kretischen Versen, mit Tanz und Pantomimen.

ὑπό-σαθρος, 2. sp. ziemlich morsch.

ὑπο-σειραῖος, 2. poet. unter der Leine gehend, dah. an der Seite jmds. wandelnd.

ὑπο-σημαίνω, das Zeichen zu etwas geben, gebieten, τί, u. zwar τινί mit etwas. Übertr. andeu-

ὑπο-σίδηρος, 2. unten von Eisen. [ten, τί.

ὑπο-σκάζω, sp. etwas hinken.

ὑπο-σκελίζω, einem (τινά) das Bein (σκέλος) stellen, ihn zu Falle bringen, überlisten.

ὑπό-σκιος, 2. poet. u. sp. unter Schatten, schattig, beschattet, ὑπόσκιον τιθέναι τινί unter den Schatten von etw. bringen.

ὑπό-σκληρος, 2. sp. etwas derb.

ὑπο-σόλοικος, 2. sp. etwas fehlerhaft; etwas abgeschmackt, absurd.

ὑπο-σπανίζομαι, poet. u. sp. Med., Mangel leiden, Perf. ὑπεσπάνισται, mangeln, gebrechen.

ὑπο-σπάω (-σπάσω, -έσπασα usf.), unten wegziehen, allmählich zurückziehen.

ὑποσπείριον, τό, sp. wulstige Basis, Unterlage.

ὑπο-σπείρω, poet. sp. allmählich, dann u. wann od. heimlich ausstreuen.

ὑπό-σπονδος, 2 unter Waffenstillstand, während, kraft, infolge, trotz eines bestehenden od. abgeschlossenen Vertrags, unter dem Schutze des Vertrags, unter sicherm Geleit, unter gestellten Bedingungen, οἱ ὑπ. die in den Vertrag Einbezogenen.

ὑπο-σσαίνω, poet. ein wenig schwänzeln, wedeln, schmeicheln, freundlich tun.

ὑπο-σσείω, ep. st. ὑποσείω, unterhalb in Bewegung setzen, τί.

ὑπο-στάθμη, ἡ, Bodensatz, Hefe.

ὑπό-στασις, ἡ, poet. ar. sp. (*substantia*), 1) die Grundlage, a) Substanz, Materie, Stoff. b) Wesen, Natur, Eigenschaft. c) Vorsatz, Plan. 2) das Standhalten, die Standhaftigkeit, im N. T. die feste Zuversicht; der Mut.

ὑπό-στατος, 2. u. **ὑπο-στατός,** 3. poet. u. sp.

ὑπο-σταχύομαι, ep. gleich Ähren aufschießen, od. aufsprossen, übertr. sich vermehren.

ὑπό-στεγος, 2. unterm Dach, abs. oder mit δωμάτων st. ὑπὸ τὰ δώματα.

ὑπο-στέλλω, 1) herabnehmen, einreffen, Segel, στρατόν. 2) zurückhaltend sein (im Sprechen). Med, πρός τινα aus Scheu zurückhaltend sein, sich scheuen, aus Feigheit schweigen, hinter dem Berge halten; μηδὲν (πρὸς ὕβριν an Übermut nichts fehlen lassen) ὑποστειλάμενος nichts verschweigend.

ὑπο-στενάζω (Fut. -ξω), poet. u. sp., **ὑπο-στεναχίζω,** ep., u. **ὑπο-στένω,** poet. u. sp. 1) leise seufzen, dumpf stöhnen. 2) von der Erde: darunter dröhnen.

ὑπο-στηρίζω, Aor. -εστήριξα, sp. Stützen unten an etwas (τί) anbringen. [Komma.

ὑπο-στιγμή, ἡ, sp. gramm. Unterinterpunktion,

ὑπο-στολή, ἡ, sp. N. T. der Kleinmut.

ὑπο-στολίζω, sp. = ὑποστέλλω 1).

ὑπο-στοναχίζω, ep. = -στεναχίζω, s. ὑποστενάζω.

ὑπο-στόρνυμι, m. Aor. inf. ep. ὑποστορέσαι, u. **ὑπο-στρώννυμι** (auch **-στρωννύω**) (-στρώσω usf.), unterbreiten, darunter ausbreiten, τί τινι jmdm. etwas, ὑπέστρωτο med. hatte sich-, pass. war untergebreitet.

ὑπο-στρατηγέω, Unterfeldherr sein, τινί unter jmdm.

ὑπο-στράτηγος, ὁ (auch -γός betont), der Unterfeldherr, d. i. stellvertretender Feldherr, z. B. Taxiarch od. Lochag.

ὑπο-στρέφω. 1) trans. das Akt. **umkehren,** umwenden, (wieder) zurückwenden od. -lenken, zurückwerfen. 2) intr. das Akt., Med. u. Pass., ep. Fut. -στρέψεσθαι, Aor. part. -στρεφθείς), **sich umkehren,** sich umwenden, wenden, (allmählich) zurückweichen (Xen. An. 2, 1, 18, den Spieß umkehren). Übertr. τινός sich kümmern um.

ὑπο-στροβέω, poet. (in tmesi), bändigen, bezwingen.

ὑπο-στροφή, ἡ (-στρέφω), die Umkehr (beim Fahren), ἐξ ὑπ. unmittelbar nach der Kehr (um die νύσσα); der Rückzug, die Flucht, ἐς ὑπ. bei Dem : umgekehrt.

ὑπόστρωμα, τό, Unterlage, Teppich, Decke. Von

ὑπο-στρώννυμι, w. s. unter ὑποστόρνυμι.

ὑπο-συρίζω, poet. u. sp. dazu säuseln.

ὑπο-σύρω, sp. 1) nach unten zerren, τί. 2) unten vorziehen, τινά (τὸν πόδα, τὰ σκέλη) ein Bein stellen, u. so den Gegner zu Falle bringen.

ὑπόσχεσις, εως, ion. ιος, ἡ, u. ep. **ὑποσχεσίη,** ἡ (ὑπισχνέομαι), 1) das Versprechen, die Verheißung, abs. u. mit Inf. 2) **Beruf.**

ὑπο-ταγή, ἡ, sp. N. T. die Unterordnung.

ὑποτακτικός, 3. sp. unterordnend; gramm. a) ἡ ὑπ. (sc. ἔγκλισις), der *Subiunctivus* oder Konjunktiv. b) τὸ ὑπ. (sc. ἄρθρον), der *articulus postpositivus*.

ὑπο-τάμνω, s. -τέμνω. **ὑποτανύω,** s. -τείνω.

ὑπο-ταράττω, poet. sp. u. **ὑπο-θράττω,** sp. bestürzt machen, im Pass. erschüttert werden, erschrecken, abs u. πρός τι.

ὑπο-ταρβέω, ep. sich fürchten, τινά vor jmdm.

ὑπο-ταρτάριος, 2. ep. u. sp. unten im Tartaros wohnend.

ὑπότᾰσις, εως, ἡ, poet. (-τείνω), das Darunterhinstrecken, πεδίων ὑποτάσεις die unten d. i. unter dem Kithäron sich ausbreitenden Ebenen, die reich bebaut waren.

ὑπο-τάττω, sp. N. T. darunterstellen, unterordnen, unterwerfen.

ὑπο-τείνω (-τενῶ, -έτεινα, -τέτᾰκα), ep. **ὑπο-τανύω** (Aor. ὑπο-τάννσσαν, in tmesi), 1) trans. darunter hinbreiten od. hinlegen, darunterziehen. Übertr. a) Akt. u. Med. vorhalten, in Aussicht stellen, verheißen, mit Inf. b) Med. τί τινι jmdm. etwas zur Beantwortung vorlegen und ihn allmählich dazu bringen. c) anspannen, schärfen, τί. 2) sp. intr. sich unter etwas hinstrecken, -ziehen, gegenüberliegen (geom.), ὑπό τι.

ὑπο-τειχίζω, darunter eine Verschanzung, Mauer (Quermauer) bauen.

ὑποτείχισις, ἡ, das Darunterbauen einer Mauer.

ὑποτείχισμα, τό, die daruntergebaute Verschanzung, Quer- und Gegenmauer.

ὑπο-τελέω, entrichten, insbes. φόρον u. ähnl. Tribut, od. ἀξίην eine Buße, τινί; doch auch ohne bes. Zusatz: Tribut zahlen. [pflichtig.

ὑπο-τελής, 2. (τέλος), mit u. ohne φόρον, tribut-

ὑπο-τέμνω u. **-τέμνομαι,** ion. **ὑπο-τάμνομαι,** flekt. att. ὑπο-τεμῶ, -έτεμον, -τέτμηκα, Aor. ep. u. ion. ὑπέταμον, ὑποταμόμενος, unten abschneiden, heimlich durchschneiden, τί. Übertr. abschneiden, vereiteln, τί, z B. τὸ ἀπὸ τῶν νεῶν von den Schiffen abschneiden.

ὑπο-τίθημι, ep. Aor. med. impers. 2. sg. ὑπόθευ (auch in tmesi) • 1) **daruntersetzen** • a) darunterstellen, -legen, ἑαυτὸν τῷ φορτίῳ, von der Lanze: einlegen, τὸν ἴδιον κίνδυνον ὑποθείς auf eigene Gefahr, im Med. sich (*sibi*) unterlegen • b) hinhalten, ἐλπίδα erregen, vorspiegeln; öfter im Med., von sich aus unter den Fuß, an die Hand geben, **raten,** ermahnen, erinnern, abs., τί τινι, mit Inf., od. ὅπως • 2) übertr. • a) unterschieben • b) hin-, preisgeben • c) versetzen, **verpfänden,** ἑαυτόν ἔγγυον sich verbürgen; das Med. vom Gläubiger: als Pfand nehmen, auf Pfand leihen • d) als Grundsatz annehmen, voraussetzen; im Med. sich zum Grundsatz machen, sich vornehmen, dann **behaupten,** begründen • e) sp. etw. in Rechnung bringen, τινός.

ὑπο-τιμάομαι, Dep. med. (vom Beklagten) für sich eine geringere Strafe (als die vom Kläger beantragte) beantragen, „unterbieten", vgl. ἀντιτιμάομαι.

ὑπο-τλῆναι, poet. ertragen, dulden.

ὑπ-οτοβέω, poet. dabei erschallen lassen.

ὑπο-τοπάζω, sp., **ὑπο-τοπεύω** u. **ὑπο-τοπέω,** mit Med.-Pass. **-έομαι,** Aor. ὑπετοπήθην (in akt. Bdtg.), argwöhnen, vermuten, auch beargwöhnen. Konstr. mit τί, τινά, Inf., Akk. m. Inf. u. μή (die Form -εύω viell. ganz zu verwerfen).

ὑπο-τραυλίζω, sp. ein wenig stammeln.

ὑπο-τρέμω (auch in tmesi), u. **ὑπο-τρομέω,** ep., Impf. iterat. ὑποτρομέεσκον (auch in tmesi), unten an den Knien zittern, dabei erzittern, erbeben, τινά, vor jmdm. zurückbeben.

ὑπο-τρέφω, 1) Akt. ein wenig, allmählich od. unvermerkt nähren, -wachsen lassen. 2) Med. heimlich (bei sich) nähren. 3) Pass. nachwachsen.

ὑπο-τρέχω, Aor. ὑπέδραμον, Perf. -δεδρόμηκα, 1) darunter laufen, -schwimmen, insbes. unter den (zum Wurf emporgehobnen) Arm hinzulaufen, τινί, ὑπό τι, πρός τι. 2) den Lauf verrennen, auffangen, übertr. ankommen, befallen, τινί, τινά. 3) sich einschmeicheln. 4) vorbeisegeln, τί.

ὑπο-τρέω, Aor. ὑπέτρεσα, ep. poet. sp. zurückbeben, -weichen, -fliehen, abs., u. τινά vor jmdm.

ὑπο-τρομέω, s. ὑποτρέμω.

ὑπό-τρομος, 2. vor Furcht oder Schrecken zitternd, ὑπ. γίγνεσθαι zittern u. beben.

ὑπο-τροπή, ἡ, sp. das Zurückweichen, die Rückkehr.

ὑπό-τροπος, 2. ep. zurückkehrend, heimkehrend, ὑπ. ἱκνεῖσθαι zurückkehren.

ὑπο-τροχάω, buk. = ὑποτρέχω.
ὑπο-τυγχάνω, sp. erwidern.
ὑπο-τύπτω, Aor. ὑπέτυψα, ion. poet. u. sp. hinunterstoßen (den Schöpfeimer), bis auf den Grund stoßen, ἔς τι wohin, τινί mit etwas.
ὑπο-τύπωσις, ἡ, sp. N. T. Muster, Urbild, Vorbild.
ὑπό-τῡφος, 2. poet. (u. sp.) etwas hochmütig.
ὑπο-τύφω, allmählich anzünden, sp. Pass. im Verborgenen glimmen.
ὕπ-ουλος, 2., Adv. -ούλως (οὐλή), innerlich schwärend, dah. übertr. innerlich anbrüchig, überh. übertüncht, falsch, verstellt, verderbt, mit heimlicher Mißgunst, abs., od. mit κακῶν innerlich voll böser Geschwüre.
ὑπουράνιος, 2. unter dem Himmel, übertr. himmelansteigend, hoch umherfliegend.
ὑπουργέω (ὑπουργός), 1) Akt. Dienste leisten, helfen, behilflich sein, abs., u. τί etwas, zu etwas, liefern, gewähren, τὰ ἐπὶ τούτοις die dazu nötige Unterstützung gewähren, τινί jmdm. 2) Med. sich bedienen lassen. 3) Pass. τὰ ὑπουργημένα τινί das jmdm. Geleistete.
ὑπούργημα, τό, u. **ὑπουργία,** ἡ, geleisteter Dienst, Gefälligkeit, ἐμή mir erwiesen.
ὑπουργός, 2. (St. ἐργ), förderlich, mitwirkend, τινί bei, zu etwas; Subst. ὁ ὑ. Diener, Helfer, τινός.
ὑπο-φαίνω, 1) Akt. trans. ep. u. sp. ein wenig zeigen oder sehen lassen, τινί τι, insbes. etwas unten (τραπέζης unter dem Tische) hervorziehen, hervorholen. 2) Akt. intr. und Pass. sich allmählich zeigen, sichtbar werden, allmählich erscheinen, und zwar τί als etwas, besond. von Tages- u. Jahreszeiten: allmählich anbrechen, beginnen.
ὑπό-φαυσις, ιος, ἡ (zu St. φαϝ, vgl. πιφαύσκω), ion. eig. geringe Erhellung, durch eine Luke, Lichtöffnung; dann: Lichtung, Öffnung.
ὑπο-φείδομαι, Dep. med., ein wenig schonen, ὑποφειδόμενοι, εἰ mit Schonung versuchend, ob.
ὑπο-φέρω (ὑπ-οίσω, -ήνεγκον usf.), ion. Aor. ὑπήνεικα, 1) darunter wegtragen, a) davontragen, wegbringen, τινά, bes. aus Gefahren. b) übertr. aus der Ordnung bringen, verrücken, verwirren, im Pass. aus der Ordnung kommen, zerfallen. 2) abwärts fortführen od. -treiben, bes. von Flüssen, τί, εἴς τι, dah. Pass. herunterfahren, τινί in etwas, übertr. sich verleiten lassen, geraten. 3) von unten entgegenhalten, vorhalten, erregen, τί. 4) nachtragen, ὅπλα, von den ὑπασπισταί; übertr. aushalten, tragen, ertragen, erdulden, τί.
ὑπο-φεύγω (auch in tmesi u. zwar mit nachgesetzter Präpos.), heimlich entfliehen, überh. entkommen, entrinnen, entgehen, entweichen, zurückweichen, τινά, τί.
ὑπο-φήτης, ου, ὁ (φημί), ep. und buk. *interpres,* Prophet unter Zeus, d. i. seiner (dah. σοί) Zeichenorakel; *Μουσάων* Dichter.
ὑπο-φθάνω, ep. u. sp., Aor. ὑπέφθην, part. ὑποφθάς, u. ep. auch med. ὑποφθάμενος, vorauseilen, zuvorkommen, zuvor od. eher tun, abs., od. τινά jmdm. Mit dem Part. ist es durch eher u. das Part. durchs Verbum finitum zu übersetzen.
ὑπο-φθέγγομαι, Dep. med., leise sprechen, sich vernehmen lassen.
ὑπο-φθονέω, heimlich beneiden. Dazu
ὑπο-φθόνως, Adv. mit heimlichem Neid.
ὑπό-φονος, 2. (s. φονεύω, St. φεν), poet. heimlich tötend (versch. Lesart).
ὑπο-φορά, ἡ, der Vorwand; in der Rhetorik: Einwurf eines Gegners, den man anführt od. fingiert, um ihn sofort zu widerlegen.
ὑπο-φύομαι, pf. -πέφυκα, sp. darunter wachsen, nachwachsen.
ὑπο-φωνέω, sp. zurufen.
ὑπο-χάζομαι, ep. allmählich od. ein wenig weichen, s. χάζομαι.
ὑπό-χαλκος, 2. kupferhaltig.
ὑπο-χαράττω, sp. darunter eingraben, τί; vorzeichnen, vorschreiben.
ὑπό-χαυνος, 2. sp. etwas geschwollen, aufgeblasen; übertr. etwas eingebildet.
ὑπό-χειρ, ρος, ὁ, ἡ, poet. u. **ὑπο-χείριος,** 2. u. 3. unter der Hand od. Faust, zur Hand, dah. in jmds. Besitz, unterworfen, unterwürfig, untertan.
ὑπο-χέω (-χέω, -έχεα, -κέχυκα usf.), ep. ion. u. sp., Aor. ep. ὑπέχευα (auch in tmesi mit nachges. Präpos.), u. sp. Med. **ὑπο-χέομαι,** 1) darunterstreuen, ausbreiten, hinstreuen, τί, u. zwar ὑπό τινι unter etwas. 2) übertr. beibringen, τί τινι.
ὑπο-χθόνιος, 2. ep. poet. u. sp. unterirdisch.
ὑπ-οχλέομαι, ep. Pass. (in tmesi), daruntergewälzt werden.
ὑπο-χόνδριος, 2. unter dem Brustknorpel liegend; τὸ ὑπ. Sing. u. Plur. die obern Eingeweide.
ὑπο-χορηγία, ἡ, sp. Beihilfe.
ὕποχος, 2. (ὑπέχω), a) unterworfen, untertänig, jmdm. τινί (poet. auch τινός). b) schuldig eines Verbrechens, τινός.
ὑπό-χρεως, 2. verschuldet, verpflichtet, τινί jmdm.
ὑπο-χρίω, 1) Akt. unten bestreichen od. bemalen, schminken, τινά, u. zwar die Augen, s. ὑπογραφή. 2) Med. sich (*sibi*) untermalen, τί.
ὑπό-χρῡσος, 2. goldhaltig, reich.
ὑπο-χωρέω (auch in tmesi). 1) vor der Gewalt weichen, zurückweichen, a) zurücktreten, beiseite treten, Platz machen, sich fügen, τινί. b) sich zurückziehen, entweichen, weichen, fliehen, τινός von etwas. 2) unvermerkt vorrücken, weiter gehen. Xen. An. 4, 5, 19.
ὑπό-ψαμμος, 3. unterwärts Sand habend, sandig, Kompar. ὑποψαμμότερος ziemlich sandiger (als Ägypten).
ὑποψία, ion. -ίη, ἡ (ὕποπτος), Vermutung, Argwohn, **Verdacht,** Mißtrauen, im Pl. Verdachtsgründe, Verdächtigungen, Befürchtungen; ὑποψίας ἔχειν Zweifel zulassen, παρέχειν den Verdacht bestätigen, ἐς ὑποψίαν καθίστῃ es erregte (in ihnen) Verdacht, δι' ὑποψίας ἔχειν τινά jmdn. im Verdacht haben, beargwöhnen, ὑπ. πρὸς ἀλλήλους die gegenseitige Verdächtigung.
ὑπόψιος, 2. ep. (ὕποπτος), verhaßt, jmdm. τινός.
ὑπτιάζω (ὕπτιος), meist poet. u. sp. 1) Akt. trans. zurückbeugen. 2) Akt. intr. sich zurückbeugen, einherstolzieren. 3) Pass. sich zurückbeugen, zurücksinken.

ὑπτίασμα, τό, poet. u. sp. das Zurückbeugen, *χερῶν*; übertr. Fall, Ermordung.
ὑπτιασμός, ὁ, sp. das sich rückwärts Beugen.
ὑπτιόομαι, poet. sp. Pass., sich umkehren.
ὕπτιος, 3. (*ὑπό*, lat. *supīnus*), zurückgelehnt, rückwärts gebogen, auf dem Rücken liegend, rücklings, hintenüber, auch umgekehrt, z. B. von Schilden, deren Rückseite nach außen od. oben gekehrt ist, oder ironisch proleptisch: *σέλμασιν* mit umgeschlagenen Ruderbänken (des umgeschl. Schiffes), aber von einem Lande: flach hingestreckt.
ὑπ-ωλένιος, 2. buk. unter dem Ellbogen.
ὑπ-ωμοσία. *ἡ*, der Ankläger- od. Verschiebungseid, den der Gegner gegen ein neues Gesetz, welches eingebracht war, zu leisten hatte dafür, daß er dagegen aufzutreten beabsichtigte. Es wurde hierdurch das neue Gesetz, falls es schon angenommen war, vorläufig außer Kraft gesetzt, und war es noch nicht angenommen, so konnte es jetzt auch sein Urheber noch fallen lassen.
ὑπ-ώπια, τά (*ὤψ*), (selten im Sing.), **1)** der Teil des Gesichts unter den Augen; überh. das Angesicht. **2)** Schlag, Beule unter d. Augen, blutunterlaufene Stelle im Gesicht.
ὑπωπιάζω, sp. (einen ins Gesicht) schlagen, quälen.
ὑπ-ώρεια, ion. auch *ὑπώρεα* u. *ὑπωρέη*, *ἡ* (*ὄρος*), mit u. onne *τοῦ ὄρους* od. *οὔρεος*, der Bergabhang, od. auch der Fuß des Berges.
ὑπ-ωρόφιος, 3. u. 2., ep. poet. buk. u. sp. u. **ὑπώροφος,** 2. poet. sp. (*ὀροφή*), unter dem Dache, im Hause; Hausgenosse, Gastfreund.
ὕπ-ωχρος, 2. ion. ar. sp. etwas blaß, bleich.
Ὕργις, auch **Σύργις, ὁ,** Nebenfl. des Tanaïs in Skythien, jetzt *Donez*.
Ὑρίη [ῠ, ῑ], *ἡ*, **1)** Stadt in Böotien am Eurīpos. **2)** Uria, Stadt Iapygiens, zwischen Tarent und Brundisium, jetzt *Oro*.
Ὑρκανία, ἡ, persische Satrapie am kaspischen Meer, dichtbewaldet, feuchtwarm, wildreich, in der Ebene selbst Reis u. Oliven tragend. Dav. Adj. **Ὑρκάνιος,** 3., dah. *Ὑρκ. θάλασσα* der südöstliche Teil des Kaspischen Meeres. Die Einw. **οἱ Ὑρκάνιοι.** Sie waren als gute Reiter von den Persern geschätzt.
Ὑρμίνη [ῑ], *ἡ*, Stadt in Nordēlis.
ὗς, *ὑός*, *ὁ*, *ἡ* (lat *sus*, ahd. *sû Sau*, got. *sv-ein*, die lautnachahmende, mit *σ* anlautende Form blieb neben der den Lautgesetzen folgenden Form *ὗς*), Akk. sg. *ὗν*, pl. *ὗς* (in den zweisilb. Kasus *ῠ*), mit ep. Dat. pl. *ὕεσσι* u. Akk. pl. *ὕας*, u. **σῦς,** *συός*, *ὁ*, *ἡ* (*ἡ* bes. wo es aufs Geschlecht nicht ankommt), ep. Dat. pl. *σύεσσι*, Akk. pl. *σύας*, **Schwein,** wildes und zahmes (*ἄγριος*, *κάπρος* u. ä.), also Eber, Sau, Keiler, Bache. Sprichw. • **1)** *ὗς ποκ' Ἀθηναίαν ἔριν ἤρισε* oder *ὗς τὴν Ἀθηνᾶν*, *sus Minervam*, der Unverständige belehrt den Verständigen. **2)** *ὗς Κρομμυωνία*, s. *Κρομμυών* • **3)** *οὐκ ἂν πᾶσα ὗς γνοίη* (Plat. Lach. 196 d) als Umkehr des Sprichw. *κἂν κύων κἂν ὗς γνοίη* das weiß ja jedes Kind, vgl. Plat. *ἀντερασταί* 134 a • **4)** *Βοιωτία ὗς* vom dummen Boeotier.
ὑσγῖνο-βαφής, 2. (*ὕσγινον*, *βάπτω*), mit Kermes (der Farbstoff K. wird gewonnen aus einer Pflanze oder einer Art Schildlaus) gefärbt, scharlachrot. Subst. (*τὰ*) *ὑσγινοβαφῆ* Scharlachgewänder.
ὕσδος, äol. = *ὄζος*.
Ὑσιαί, ῶν, αἱ, **1)** Stadt in Böotien unw. Platää (nach Her. Demos von Attika), jetzt *Kalivia*. **2)** Städtchen von Argolis, südl. von Argos.
ὑσμίνη [ῑ], *ἡ*, nebst metapl. Dat. *ὑσμῖνι*, ep. Treffen, Schlacht, Feldschlacht. Adv. **ὑσμίνηνδε,** in die Schlacht.
ὕσπληξ, ηγος, *ἡ*, dor. **ὕσπλαγξ, a)** das Seil vor den Schranken der Wettläufer. **b)** die Schlinge des Vogelstellers.
ὑσσός, *ὁ* (viell. vwdt. mit *sudis* 'Pfahl'), sp. der Wurfspieß, das *pilum* der Römer.
ὕσσωπος, ἡ, auch **ὕσσωπον, τό,** sp. N. T. das Würzkraut Ysop.
Ὑστάσπης, ου, ῃ, ην, Vok. *-πη* u. *-πα*, ion. *Ὑστάσπεος* u. *εω*, *εϊ*, *εα*, Vok. *Ὕστασπες*, pers. *Vistâspas*, **1)** myth. frommer König und Gönner Zarathustras. **2)** V. des Dareios. **3)** S. des Dareios u. der Atossa, Führer der Baktrer und Saken gegen Griechenland. **4)** S. des Xerxes. **5)** V. des Pissuthnes, Thuk. **6)** Busenfreund des Kyros, in Xen. Kyrop. **7)** Baktrer z. Z. des Dareios Kodomannos.
ὑστάτιος, ὕστατος, u. ähnl., s. *ὕστερος*.
ὑστέρα, ion. **-ρη,** *ἡ* (lat. *uterus*), die Gebärmutter.
ὑστεραῖος, 3. (*ὕστερος*), nachherig, darauf folgend, am folgenden Tag geschehend. Subst. *ἡ* **ὑστεραία** (sc. *ἡμέρα*) der Tag nachher, der folgende Tag, im bes. der Nachtag nach dem Feste.
ὑστερέω u. **ὑστερίζω** (*ὕστερος*) • **1)** später, **zu spät kommen,** nachkommen, sich verspäten, abs. u. mit Dat., *τῇ διώξει*, auch mit Akk. d. Bez., *ὑ. τὸ εἰδέναι* später erfahren, bes. mit Gen., als jmd. od. etw. od. nach jmdm. od. etw., *ἡμέρῃ μιῇ τῆς συγκειμένης* einen Tag nach dem verabredeten kommen, *τῆς μάχης* zu spät zur Schlacht kommen, *τῆς Μυτιλήνης* zu spät zur Rettung von M. • **2)** hinten bleiben • **a)** örtl.: hinter jmdm. zurückbleiben, u. so *κεφαλῆς λεόντων* das Haupt der Löwen meiden • **b)** übertr. **α) nachstehen,** *τινὸς ἐμπειρίᾳ*. **β)** act. sp. u. Pass. *ὑστεροῦμαι*, *ὑστερήθην*, ermangeln, Not leiden, *τῆς δόξης*, abs. darben N. T.; *ἓν ὑστερεῖ σε* eines fehlt dir.
ὑστέρημα, τό, sp. N. T. u. **ὑστέρησις, ἡ,** N. T. sp. der Mangel, das Entbehren.
ὑστερό-ποινος, 2. poet. spät strafend.
ὕστερος, 3., Komp., u. **ὕστατος,** 3., Sup., ep. auch **ὑστάτιος,** 3. • **1)** Raum: der folgende, **nächste,** zweite, hintere, mit *τινός* hinter einem • **2)** Zeit: d. später kommende, **spätere,** nächste; *ὕστ. ἐλθεῖν*, *ἀφικνεῖσθαί τινος* später kommen als, *μάχης* zur Schlacht • **3)** Rang od. Wert: *γένει ὕ.* jüngern; *οὐδενός* geringer, *γυναικός* schwächlicher; *ὕ. γίγνεσθαι*, *εἶναι* zurückstehen, *τινός*, *τινί* um; Superl. öft. **zuletzt;** Subst. **οἱ ὕστερον** Nachkommen; *ἡ* **ὑστάτη** der letzte Tag od. Termin • **4)** Adv. **a) ὕστερον,** *ὕστερα*, *ἐς ὕστερον*, auch *ἐσύστερον*, *εἰς τὸ ὕστερον*, *ἐν ὑστέρῳ*, *ἐξ ὑστέρης* hernach, darauf, später, zu spät, auch künftighin, *τὸ ὕστερον* das letzte Mal, zum zweitenmal • **b) ὕστατον, ὑστάτιον,** *ὕστατα*, *τὰ ὕστατα* zuletzt, zum letztenmal.

ὑστερο-φημία, ἡ, sp. Nachrede, Nachruhm.
ὑστερο-φθόρος, 2. poet. spät schädigend.
ὕστριξ, ιχος, ὁ, ἡ, ion. u. sp. eigtl. „Haarsträuber", der Igel, das Stachelschwein.
ὑφ-ᾱγέο, dor. (buk.) st. ὑφηγοῦ.
ὑφάδιον, τό, poet. Dem. v. ὑφή.
ὕφ-αιμος, 2. (αἷμα), poet. blutunterlaufen, blutig.
ὑφαίνω (St. ὑφ [ῠ], verw. dtsch. *weban*). **1)** *texo*, weben, τί, u. zwar τινί mit etwas. **2)** übertr. (ἐνὶ φρεσί) Anschläge u. Reden: anspinnen, anlegen, ersinnen, aussinnen, τί, u. zwar τινί vor jmdm.
ὑφ-αιρέω (auch in tmesi), ion. ὑπαιρέω (-αιρήσω -εῖλον, -ήρηκα usf.), ion. Perf. pass. part. ὑπαραιρημένος, **1)** Akt. darunter od. unten wegnehmen, τί, übertr. entziehen, *surripio*, abschneiden, rauben, τί od. τινός von etwas abtun. **2)** Med. für sich wegnehmen, heimlich entwenden, rauben, stehlen, τί, u. zwar ἔκ τινος, Lys. 30, 26 entziehen durch Verwendung für Opfer. Im bes. aus dem Wege räumen, τινά.
ὕφ-αλος, 2. poet. u. sp. unterseeisch, unter dem Wasser befindlich.
ὕφ-αμμος, 2. sp. = ὑπόψαμμος, sandig.
ὑφάντης, ου, ὁ (ὑφαίνω), mit u. ohne ἄνθρωπος, der Weber.
ὑφαντικός, 3., Superl. -ώτατος, sich aufs Weben verstehend, ἡ -κή die Weberei.
ὑφαντός, 3., Adj. verb. von ὑφαίνω, gewebt. Subst. ὑφαντά mit Stickereien verzierte Gewebe.
ὑφ-άπτω, ion. **ὑπάπτω, 1)** Akt. von unten od. unvermerkt anzünden, in Brand stecken, τί, mit u. ohne πυρί, übertr. unvermerkt entflammen, τινά. **2)** Med. um sich greifen.
ὑφ-αρπάζω, ion. ὑπαρπάζω (-αρπάσω usf.), (auch in tmesi), heimlich, unvermerkt wegnehmen, entreißen, entwenden, τί, dah. auch **a)** jmdm. die Rede vom Munde wegnehmen. **b)** jmdm. unvermerkt einen Vorteil (τί) abgewinnen. **c)** prägn. durch Überraschung bewerkstelligen, τὸν πόρον.
Ὕφασις, ιος, ὁ, Fluß des indischen Pendschab jetzt *Bédschâs* od. *Vjâsa*.
ὕφασμα, τό, das Gewebe, abs. u. τινός.
ὑφάω, ep. Nbf. zu ὑφαίνω.
ὑφειμένως, Adv. des Part. perf. pass. von ὑφίημι, kleinlaut, demütig.
ὑφεκτέον, Adj. verb. v. ὑπέχω, man muß aushalten, τὴν δίκην sich der Strafe unterziehen.
ὑφ-έλκω, Impf. ὑφεῖλκον, ep. ὕφελκε, darunter wegziehn, heimlich hinziehn, τινά, τί, und zwar παρά τινα zu jmdm., ποδοῖιν an den Füßen.
ὑφ-έρπω, Impf. ὑφεῖρπον (auch in tmesi), poet. u. sp. darunterkriechen, beschleichen, sich verbreiten, τινά u. τινί; πολύ ich mußte immer wieder daran denken.
ὑφή, ἡ, = ὕφασμα, Gewebe.
ὑφ-ηγέομαι, buk. Präs. imper. 2. sg. ὑφαγέο, Dep. med., langsam vorrücken, vorausziehn, vorangehen, im bes. auf diese Weise vorzeichnen, vorzeigen, zeigen, wozu Anleitung geben, an die Hand geben, anleiten, einleiten, anführen. abs. u. τί,
ὑφήγησις, εως, ἡ, Anleitung, Vorzeichnung, Antrag, τινός jmds. u. von etwas.
ὑφηγητήρ, ῆρος, ὁ, poet. u. ὑφηγητής, οῦ, ὁ, poet. u. sp. Führer, Leiter, Lehrer, ὡς ὑφηγητοῦ τινος als ob jmd. den Weg zeigte, ὧν ὑφ. nach deren Angabe.
ὑφ-ηνιοχέω, sp. die Zügel führen. Von
ὑφ-ηνίοχος, ὁ, **a)** bei Hom. der Wagenlenker, als der dem Streiter Untergeordnete. **b)** bei Xen. der Unterwagenlenker (indem Abradatas in der Schlacht selbst Lenker des Wagens war).
ὑφ-ιζάνω, poet. u. sp., u. poet. **ὑφίζω,** eigtl. sich niedersetzen, dann überh. sich senken, einsinken.
ὑφ-ίημι, ion. ὑπίημι (oft in tmesi) • **1)** Akt. trans. • **a) herabsenden,** herablassen, senken, darunterlegen, -stellen, λόχον, ἱστόν, ῥάβδους, μαστοῖς säugen oder mit ὑπό τινι • **b)** übertr. **α)** heimlich senden, **anstiften. β)** hingeben, nachlassen, **zugestehen,** ταῖς γυναιξὶ ταῶνας, od. mit A. c. I.; pass. erniedrigt werden • **2)** Akt. intr. u. Med. • **a)** weichen, **nachstehen,** nachlassen, ablassen, ὀργῆς, schlaff, lässig, mutlos, demütig sein, ὑφειμένῃ πλέω mit eingezogenen Segeln, τοῦ ψυχροῦ verliert an Kälte, τῆς δυνάμεως weniger leisten als man kann • **b) zulassen,** zugestehen, mit Dat. u. Inf., u. abs. mit Inf. durch Schlaffheit verschulden • **c)** sich an jmdn. (τινί) anschmiegen, überh. sich einschleichen • **d)** zu etwas bereit sein.
ὑφ-ίστημι, ion. **ὑπίστημι,** • **1)** trans. • **a) darunter hinstellen,** herantreten lassen, τινά, aufstellen • **b)** übertr. aufstellen, γνώμας σοφάς oder δόλον heimlich ausführen • **c)** poet. ὑποσταθείς Halt machend (Gegens. φεύγων) • **2)** intr. das Med. **ὑφίστᾰμαι,** ep. Aor. ind. 3. pl. ὑπέστᾰν (st. -ησαν) • **a)** sich darunterstellen, **darunter treten,** sich aufstellen, Halt machen, sich in Hinterhalt legen (von der Milch: sich unten setzen) • **b) standhalten,** *maneo*, sich entgegenstellen, Widerstand leisten, abs., od. τινί jmdm., auch τινά den Kampf mit jmdm. bestehen • **c)** sich unter jmdn. od. etwas stellen, **α)** sich jmdm. (τινί) unterordnen, **β)** sich einer Sache unterziehen, **unternehmen,** abs., od. τινί, τί, z. B. Τέλητος ψυχήν ein Hasenherz beweisen, od. m. Inf., **γ)** sich anheischig machen, versprechen, abs. u. τί, z. B. ὑπόσχεσιν, od. mit Inf., der bisw. zu ergänzen ist, z. B. τὸ ἐλάχιστον ὑπισταμένῳ, näml. λήψεσθαι, u. zwar τινί jmdm., *polliceor* • **d)** vorhanden sein; τὰ ὑφεστῶτα die vorliegenden Geschäfte.
ὑφ-όρασις, εως, ἡ, sp. der Argwohn, Verdacht. Von
ὑφ-οράω, gew. **ὑφοράομαι** (Fut. ὑπόψομαι, Aor. ὑπεῖδον u. -ειδόμην), eigtl. mit niedergebogenen Augenbrauen sehen, daher scheel, argwöhnisch, verdächtig ansehen, τινά u. τί.
ὑ-φορβός [⏑–⏑], ὁ (ὗς, φέρβω), ep. u. **συ-φορβός,** ὁ, ep. u. sp. Schweinehirt, Sauhirt, auch mit ἀνήρ od. παῖς ein Knabe, der die Schweine hütet.
ὑφ-ορμέω, sp. in einem Hafen (heimlich) vor Anker liegen, um sich zu verstecken od. auflauern.
ὑφ-ορμίζομαι, Med.-Pass., Aor. -ωρμισάμην, in den Hafen einlaufen, sich vor Anker legen.
ὕφ-ορμος, ὁ, sp. Ankerplatz.

ὕφ-υδρος, 2. **1)** unter dem Wasser befindlich. **2)** sp. mit Wasser darunter, Wasser unter sich habend, sumpfig.
ὑψ-αγόρας, ep. **-ρης, ου, ὁ,** Vok. *-γόρη,* ep. u. sp. hoch d. i. stolz redend, prahlend. [stolz.
ὑψ-αύχην, ενος, ὁ, ἡ, mit hohem Nacken, hoch,
ὑψ-ερεφής (Akk. *έα* mit Synizese), 2. ep. u. poet., **ὑψ-ηρεφής,** 2. ep. (*ἐρέφω*), u. **ὑψ-όροφος** (*ὀροφή*), 2. ep. hoch oben gedeckt, hochgebaut, hoch, mit hohen Wänden u. Räumen.
ὑψηγορία, ἡ, sp. Großsprecherei, Prahlerei.
ὑψ-ήγορος, 2. poet. = *ὑψαγόρας.*
ὑψηλό-κρημνος, 2. poet. mit hohen Abhängen.
ὑψηλολογέομαι, Med. hochtrabend reden.
ὑψηλό-νους, 2. hohen Sinnes, *τὸ ὑψ.* der hohe Sinn.
ὑψηλός, 3. (*ὕψι*), hoch, hoch gelegen, -gebaut, -gewachsen, übertr. erhaben, *ὑψηλότερός τινος* erhaben über etwas; im üblen Sinn: hochtönend, hochtrabend. Subst. *τὸ ὑψ.* die Anhöhe, *τὰ ὑψ.* die Erhöhungen. Adv. **ὑψηλά** hoch, *ὑψ. ἅλλεσθαι* hohe Sprünge machen.
ὑψηλοφρονέω, N. T. u. sp. hoch hinaus wollen.
ὑψηλό-φρων, 2. hochsinnig, hochherzig.
ὑψ-ηρεφής, 2. ep. = *ὑψερεφής.*
ὑψ-ηχής, 2. ep. u. sp. hoch d. i. mit gehobenem Kopfe in die Luft wiehernd.
ὕψι, ep., **ὑψόθι,** ep., **ὑψόσε,** ep., u. **ὑψοῦ,** ep. ion. poet. u. sp. hoch, d. i. **a)** in der Höhe, oben, abs. od. *ὄρεσφι,* od. auch *ἐπ' εὐνάων* d. h. hoch am Ufer durch vorn (an der dem Meer zugekehrten Seite) hinabgelassene Ankersteine. **b)** (*ὕψι, ὑψόσε, ὑψοῦ*) in die Höhe, empor, hinauf, *βιβάς* stolz einherschreitend, als Ausdruck stolzer Selbstgefälligkeit. Komp. **ὑψίων,** 2. poet. u. sp. u. buk. **ὑψίτερος,** 3. höher; Sup. **ὕψιστος,** 3. poet. u. sp. höchster.
ὑψί-βατος, 2. (*βαίνω*), poet. hochbeinig.
Ὑψι-βόας, ὁ, sp. ep. „Lautschreier", Name eines Frosches.
ὑψι-βρεμέτης, ου, ὁ (*βρέμω*), ep. poet. sp. hochdonnernd, bei Hom. Beiw. des Zeus, bei Luc. der zank- u. streitsüchtigen Philosophen.
ὑψι-γέννητος, 2. poet. hochgewachsen.
ὑψί-ζυγος, 2. ep. u. sp. eigentl. auf hoher Ruderbank (am Steuer), hoch thronend od. waltend.
ὑψί-θρονος, 2. poet. hochthronend, hoch erhaben.
ὑψι-κάρηνος, 2. ep. hochgegipfelt, hochwipflig.
ὑψί-κερως, ων, ep. u. poet. hochgehörnt.
ὑψί-κομος, 2. ep. u. poet. hochbelaubt.
ὑψι-κόμπως, poet. Adv., prahlerisch.
ὑψί-κρημνος, 2. poet. mit hohen Abhängen.
ὑψι-μέδων, οντος, ep. poet. sp. hochwaltend, -beherrschend.
ὑψι-μέλαθρος, 2. ep. hochgebaut.
ὑψί-πεδος, 2. poet. hochgelegen.
ὑψῑ-πετήεις, εσσα, εν, ep. u. **ὑψι-πέτης, ου,** ep. poet. u. sp. hochfliegend, hochschwebend, hoch.
ὑψι-πέτηλος, 2. ep. hochbelaubt.
ὑψι-πετής, ές, poet. hoch. (*-πέτης,* s. *-πετήεις*).
ὑψί-πολις, 2. poet. die Stadt od. das Staatswohl fördernd, Vaterlands Zier; viell. auch: hoch im Staate stehend.
ὑψί-πους, Neutr. *-πουν,* Gen. *-ποδος,* poet. hochfüßig, hoch über der Erde, weil göttlichen Ursprungs.
ὑψί-πυλος, [ῐ], 2. ep. u. poet. hochtorig.
ὑψί-πυργος, 2. poet. hochgetürmt.
ὕψιστος, ὑψίτερος, ὑψίων, s. *ὕψι,* a. E.
ὑψόθε, buk., u. **ὑψόθεν,** (*ὕψος*), meist ep. u. poet. **1)** von oben her, abs. u. *ἔκ τινος.* **2)** oben, in der Höhe, *τινός* oberhalb.
ὑψόθι, ὑψόσε u. **ὑψοῦ,** s. *ὕψι.*
υψ-όροφος, 2., s. *ὑψερεφής.*
ὕψος, εος, ους, τό (*ὕψι*), **1)** die Höhe, *ὕψος* an Höhe, *εἰς ὕψος* aufwärts, abs. oder mit dem Gen. des Maßes. **2)** übertr. **a)** Spitze, Erhabenheit. **b)** hoher Gedanke, hohe Leistung.
ὑψοτάτω, Adv. (*ὕψι*) poet. am höchsten.
ὑψόω, sp. N. T. erhöhen. [Erhöhte.
ὕψωμα (*ὑψόω*), sp. N. T. die Höhe, Erhöhung; das
ὕω [ῡ], **1)** Akt. mit Aor. *ὗσε,* naß machen, regnen lassen, Regen senden, regnen, urspr. pers. v. *Ζεύς, ὁ θεὸς ὕει* (Hom., Her.), dann impers. *ὕει* es regnet, u. zwar *τινί* mit etwas od. jmdm., od. *τί* über etwas, *πολλῷ* stark. **2)** Pass. mit Fut. *ὕσεται,* Aor. *ὕσθη,* beregnet, durchnäßt werden, *ἡ γῆ ὕεται* die Erde bekommt Regen.

Φ.

Φ, φ, τὸ φεῖ (*φῖ*), jüngeres Zeichen für älteres *ΠΗ* d. i. ph, der 21ste Buchstabe des griech. Alphabets, als Zahlzeichen *φ'* = 500.
φαάντατος, 3. ep. der strahlendste, glänzendste, u.
φαάντερος, 3. poet. leuchtender, heller, unregelm. Steigerungsformen zu *φα-, φαεννός, φαεινός.*
Φάβιοι, οἱ, die patrizische *gens Fabia* in Rom, berühmt bes. durch Q. Fabius Maximus Cunctator, der unter anderm 209 Tarent eroberte, u. außerdem durch P. Fabius Maximus Allobrogicus, Proprätor in Hispanien (121 Konsul).
Φαβρίκιος, ου, ὁ, der röm. Name Fabricius; plur. **Φαβρίκιοι, οἱ,** Geschlecht der Fabricier in Rom, bes. berühmt durch Q. Fabricius Luscīnus, der 280 als Gesandter an Pyrrhos geschickt wurde u. hier seine Unbestechlichkeit bewährte.
φαγέδαινα, ἡ (*φαγεῖν*), krebsartiges Geschwür.
φαγεῖν, inf. des def. Aor. *ἔφαγον* zu *ἐσθίω* (s. *ἔδω*), ep. ind. *φάγον* (auch poet.), conj. 3. sg. *φάγῃσι,* inf. *φαγέμεν* u. *φαγέειν,* u. dazu im N. T. u sp. als Fut. *φάγομαι,* 2. sg. *φάγεσαι,* essen, verzehren, fressen, abs., od. *τί* etwas, *τινός* von etwas. Dav.
φάγος, ὁ, N. T. u. sp. der Fresser.
Φάγρης, ητος (*ὁ* od. *ἡ*?), Stadt Makedoniens am Pangäon, j. *Orfan.* [erschien, brach an.
φάε, f. *φάϜε,* Aor. 3. sg. v. St. *φαϜ* (*φάϜος, φάος*),

φᾰέθων, ουσα, ον, ep. u. poet. (St. φαϝ, φάϝος), u. **φαεινός,** 3. ep., Komp. φαεινότερος, poet. **φαεννός,** 3. äol. φάεννος, 3, Superl. φαεννότατος, 3., att. kontr. **φᾱνός,** 3. (v. φάος), leuchtend, glänzend, strahlend, schimmernd, licht, blinkend, im bes. φαέθοντα, im Gegens. zu πάννυχα, am Tage.

Φαέθων, οντος, ὁ, **1)** Sohn des Helios u. der Klymene. Auf sein Bitten überließ ihm der Vater auf einen Tag die Lenkung des Sonnenwagens; aber der Gewalt der feurigen Rosse nicht gewachsen, irrte er von der Bahn ab u. steckte Erde u. Himmel in Brand, so daß Zeus ihn, um weiteres Unheil zu verhüten, mit dem Blitz erschlug. **2)** der Planet Jupiter.

φαεινός, φαεννός u. **φάεννος,** s. φαέθων.

φαείνω, s. φαίνω, 2.

φαεσί-μβροτος, 2. ep. u. poet. (φαίνω, βροτός), den Sterblichen leuchtend.

φαεσ-φόρος, 2. poet. lichtbringend, erhellend.

Φαίαξ, ακος, ὁ, Plur. ep. **Φαίηκες, οἱ,** die Phäaken, ein fabelhaftes Volk in Σχερία (w. s.).

φαιδιμόεις, ὁ, ep., u. **φαίδιμος,** 2. ep. u. poet. hell, klar, stets übertr. herrlich, schön, stattlich, glanzvoll, berühmt, ruhmvoll.

Φαίδρη, ἡ, Tochter des Königs Minos in Kreta, Gemahlin des Theseus, die ihren Stiefsohn Hippolȳtos liebte.

φαιδρό-νους, 3. poet. heiteren Sinnes.

φαιδρός, 3. Adv. **φαιδρῶς,** hell, klar; gew. übertr. heiter, fröhlich, vergnügt, munter, lustig, abs., od. ἐπί τινι über etwas.

Φαῖδρος, ὁ, **1)** aus dem myrrhinusischen Demos, Liebling Platos, Freund des Lysias. **2)** Epikureer aus Athen, Lehrer des Cicero. **3)** sonst. Eigenn.

φαιδρόω u. **φαιδρύνω** (φαιδρός), hell machen, reinigen, rein waschen, übertr. erheitern, erfrischen. Im Pass., Aor. ἐφαιδρύνθησαν u. φαιδρωθέντα, heiter, vergnügt sein.

φαιδρύντρια, ἡ, poet. die Wäscherin.

φαιδρ-ωπός, 2., Adv. **-ωπῶς,** poet. (ὤψ), mit fröhlichem, heiterem Blick.

Φαίδων, ωνος, ὁ, aus Elis, früher Sklave, auf Veranlassung des Sokrates losgekauft, dann dessen eifriger Schüler u. nach dessen Tod Stifter der elischen Philosophenschule.

φαιλόνης, φελόνης, ὁ (dch. Metathesis entstanden aus φαινόλης = lat. *paenula*), Reisemantel.

Φαιναρέτη, Mutter des Sokrates, eine Hebamme (μαῖα), weshalb S. öfters bildl. von seiner (geistigen) μαιευτική spricht.

φαινόλης = φαιλόνης.

φαινολίς, ίδος, ep., äol. φαίνολις, ιδος, ἡ, leuchtend.

φαινο-μηρίς, ίδος, ἡ, poet. die Hüften weisend.

φαινοπροσωπέω, sp. sein Angesicht, sich selbst öffentlich zeigen.

φαίνω (St. φαν, verw. mit φᾰ in φῶς aus φαϝος), ep. Praes. inf. φαινέμεν • **1)** Akt. trans. u. Pass. **ans Licht bringen,** erscheinen lassen, sichtbar machen; κακὰ εἰς τὸ φῶς. Dah. übertr • **a)** ertönen lassen, ἀοιδήν • **b)** zeigen, kund machen, ὁδόν, ὀνείρατα καὶ τὸν πόρον, insbes. eine vorbedeutende Entscheidung (σημεῖον) geben, im Med. von sich aus, als das Seine zeigen, τὰ τόξα τοῖσιν Ἀργείοισι • **c)** vor Gericht anzeigen • **d)** zuweisen, bescheren, γόνον, παράκοιτιν • **e)** überh. an den Tag legen, offenbaren, kundtun, beweisen, ἀρετήν, νοήματα. Auch abs., od. mit Inf., der Soph El. 1359 zu ergänzen ist • **2)** intr. (selten), ep. poet., buk. u. sp. (nur Präs.), u. ep. **φαείνω** (nur Präs.) Licht geben, leuchten, scheinen, doch φαείνω auch trans. beleuchten • **3)** Med. intr. u. Pass. **φαίνομαι,** Fut. ion. φανέομαι, aor. 1. ἐφάνθην (pros. pass. wurde gezeigt, streng geschieden von intr. ἐφάνην erschien, nur zuw. bei Tragg. auch intr.), dazu episch Impf. φαίνετο, iter. φαινέσκετο, Aor. φάνην, 3. pl. φάνεν, conj. φανήῃς, inf. φανήμεναι, u. iter. φάνεσκε, Fut. 3. πεφήσεται (nur Il. 17, 155, wird erschienen sein), u. (von φαείνω) (ἐ)φαάνθη, 3. pl. (ἐ)φάανθεν, dor. Inf. Fut. φανήσειν, **ans Licht kommen, sich zeigen,** sichtbar werden, insbes. • **a)** an das Tageslicht kommen, entstehen, insbes. plötzlich, unvermutet kommen; ferner • **b)** erscheinen, scheinen, leuchten, strahlen, sich auszeichnen • **c)** offenbar, einleuchtend sein • **d)** sich melden, sich darstellen, auftreten, werden, bisw. = sein. Teils abs. φαινόμενοι die Anwesenden, ἅμ' ἠοῖ φαινομένηφιν sobald Eos erschien, τὸ φαινόμενον der Schein, das was sich jmdm. in der Erscheinung so zeigt, wogegen τὸ δοκοῦν ist: was er in seinen Gedanken dafür hält, φανεὶς λόγος ein längst bekannter Spruch; teils mit einer nähern prädikat. Bestimmung, sei es ein Adj., z. B. δύστηνος, ὡς ἐγὼ ἐφάνην zum Unglück, wie ich in der Tat geboren ward, od. mit ὅτι od. Part. mit u. ohne ὡς, z. B. ὡς τελῶν ἐφαίνετο er äußerte, daß er, wo φ. durch ein Adv. offenbar, wirklich zu übersetzen ist, od. φαίνομαι oft bloß zur Umschreibung dient, wie in φύσας φανῇ, od. mit Inf., wo φ. meist = δοκεῖν steht, mit dem es auch bisw. verbunden erscheint, selbst mit ἰδεῖν, d. h. von Ansehen. Oder mit τί, z. B. λαυκανίην er war entblößt an der Kehle, od. τὴν κέλευθον auf dem Pfade, od. ὁδὸν φανῆναι des Weges daher kommen, wie ἄφιξιν ἀφικέσθαι. Auch mit Praepp., z. B. τὰ φαινόμενα ἔκ τινος die Ergebnisse aus etw., οὐκ ἐν παύλῃ ἐφαίνετο es war noch kein Ende abzusehen, u. mit οὐδαμοῦ für nichts gelten.

Φαίνων, οντος, ὁ (φαίνω 2.), ar. sp. der Planet Saturn.

φαιός, 3., dämmerig, schwärzlich, grau, beim Kleide Farbe der Trauer.

φαιο-χίτων, ωνος, ὁ, ἡ, poet. schwärzlich gekleidet.

φαῖσι, äol. = att. φᾱσί, v. φημί.

Φαιστός, ἡ, Stadt auf Kreta bei Gortyn.

φάκελος u. **φάκελλος,** ὁ, Bündel, insbes. mit ὕλης u. ähnl., Reisigbündel.

φακῆ, ῆς, ἡ, **a)** Linse. **b)** Linsengericht.

Φάκιον, τό, Bergfeste der thessal. Landschaft Hestiaiotis am rechten Ufer des Peneios, j. *Alifaka.*

φακός, ὁ, poet. ion. sp. **1)** die Linse. **2)** der Leberfleck.

φᾰλαγγηδόν (φάλαγξ), ep. u. sp. Adv., reihenweis.

φᾰλάγγιον, τό (φάλαγξ), die Spinne, *phalangium.*

φᾰλαγγομᾰχέω (φαλαγγο-μάχης, ὁ), gegen die Phalanx od. das Fußvolk kämpfen.

φάλαγξ, αγγος, ἡ (verw ahd. *balco* Balken) • **1)** ion. ein Baumstamm, Stück Holz, runder Block, ἐβένου • **2)** die Spinne • **3)** die **Phalanx** **a)** die Schar, Reihe, ἀνδρῶν, Τρώων • **b)** die **Schlachtreihe,** Schlachtordnung, das gesamte in Reih u. Glied gestellte Heer mit seinen zwei Flügeln, mit langer Front u. geringer Tiefe, εἰς φ. καταστῆσαι eine Linie bilden, ἐπὶ φάλαγγος καθίστασθαι sich an die Front stellen • **c)** eine größere od. kleinere Heeresabteilung, überh. ein Kriegsheer, auch Lager • **d)** die sogenannte makedonische Phalanx, eine im länglichen Viereck aufgestellte, enggeschlossene Schlachtordnung der Hopliten.

φᾰλακρόομαι, ion. u. sp. Pass., kahlköpfig werden.

φαλ-ακρός, 3. (φᾰλός, glänzend u. ἄκρα), kahlköpfig.

φαλάκρωμα, τό, sp. der Kahlkopf, die Glatze.

Φάλᾰρις, ιδος, ὁ, 565—549 v. Chr., aus Astypalaia verbannt, dann in Akragas reich u. mit Gewalt Tyrann geworden, berüchtigt durch Erpressung, Mordlust u. Unmenschlichkeit; schließlich in einem Aufstand erschlagen. Dah.

φαλαρισμός, ὁ, sp. Grausamkeit wie die des Phalaris.

φάλαρον (◡◡◡), **τό,** u. Plur. (φάλος), **1)** Metallreife, Wülste, über dem Helm. **2)** Backenstücke der Pferde, Pferdeschmuck.

φαλᾱρός, 3. buk. weißgefleckt.

Φάλερνος, ὁ (sc. οἶνος), sp. Falernerwein.

φαληριάω, ep., part. φαληριάοντα, -όωντα (φαληρός, St. φα, φαίνω), weiß sein, aufschäumen.

Φάληρον, τό, ein Hafen Athens beim jetzigen *Hagios Georgios.* Auch Name eines Demos, dah. ὁ **Φαληρεύς.** Adv. **Φαληροῖ** in Ph., **Φαληρόθεν** aus, **Φαληρόνδε** nach Ph. Adj. **Φαληρικός,** 3., Φ. τεῖχος die Ph. mit Athen verbindende Mauer.

Φαλίσκοι, οἱ sp. Einwohner von Aequum Faliscum in Etrurien.

φαλλός, ὁ, das männliche Glied; insbes. Phallos, ein längliches Stück Holz, an welches ein aus rotem Leder gemachtes Abbild des männlichen Gliedes gehängt u. welches in Prozession umhergetragen wurde. Bisw. waren es auch marionettenartige Figuren von der Höhe einer Elle, welche die Frauen an den Festen des Dionysos Osiris trugen.

φάλος, ὁ, der (metallne) Helmbügel, der sich über die Mitte der Helmkappe vom Hinterkopf nach der Stirne zu erstreckte.

φάμα, s. φήμη. **φάμεν, φαμές, φάν,** s. φημί.

Φάναι, αἱ, Südspitze u. Hafen von Chios, jetzt *Kap Mastiko.*

φαναί, αἱ, poet. die bei Fackelschein gefeierten Orgien des Bakchos.

φαναῖος, 3. poet. Licht bringend.

φανερό-μισος, 2. ar. offen im Hasse, den Haß offen zeigend.

φανερός, 3. u. 2. (φαν- zu φαίνω) • **1)** Adj. • **a) sichtbar** vor aller Augen, leuchtend, ὄψις, ἐσβολαί offene E., χρήματα, οὐσία unbewegliches Vermögen, Immobilien • **b) offenbar,** augenfällig, öffentlich, offen, φανερὸν ἑαυτὸν παρέχειν; mit Part. φανερός εἰμι ποιῶν tue offenbar, oder mit ὅτι, ὅπως oder indir. Nebens. • **c)** bekannt, berühmt (Hdt. 2, 146), auffallend, hervortretend, entscheidend • **2)** Subst. τὸ φανερόν das in die Augen Springende, ἐς τὸ φ. καθιστάναι auf einen glänzenden Standpunkt stellen, ἐς τὸ φ. φάσκειν absichtlich laut werden lassen, ἐς τὸ φανερὸν ἄγειν, φέρειν ans Licht bringen, τὸ ἐς τὸ φ. ὑπέρογκον das an den Tag gelegte hohe Selbstgefühl • **3)** Adv. ἐν (τῷ) φανερῷ, εἰς τὸ φ., ἐκ τοῦ φ. offen, öffentlich, doch ἐκ φ φεύγειν aus den Augen kommen, διαγωνίζεσθαι offen kämpfen.

φανερό-φιλος, 2. ar. offen in der Freundschaft, die Freundschaft offen zeigend.

φανερόω, sp. sichtbar, offenbar, deutlich machen, τί; Pass. ion. u. sp. offenbar werden; sich bekannt machen, Her. 6, 122 (verd. St.).

φανέρωσις, ἡ, N. T. u. sp. die Offenbarung.

Φανίας, ου, ὁ, aus Erĕsos auf Lesbos, Schüler des Aristoteles u. Geschichtschreiber.

Φάννιος, ὁ, C. Fannius, M. f., Schwiegersohn des Laelius, Geschichtschreiber.

I. **φᾱνός,** 3., s. φαέθων. Dazu als Subst.

II. **φᾱνός,** ὁ, die Leuchte, Fackel.

Φανοτεύς, έως, ὁ, **1)** = Πανοπεύς, w. s., buk. auch Bewohner dieser Stadt. Die Umgegend **Φανότις,** ἡ. **2)** ein Mann aus Phokis, Gastfreund Orests.

φαντάζομαι, Pass., Fut. φαντασθήσομαι, Aor. ἐφαντάσθην (von φαντός, Adj. verb. von φαίνω), **1)** sichtbar werden, erscheinen, sich sehen lassen, abs., u. τινί jmdm. **2)** sp. sich etwas vorstellen, einbilden, τί. **3)** sich jmdm. (τινί) gleich machen, seine Gestalt annehmen (Aesch.). **4)** ion. sich brüsten.

φαντασία, ἡ, **1)** die Vorstellung, das Bild, das die Seele von etwas macht. **2)** Phantasiebild im Traume. **3)** die prunkende Erscheinung, Pomp, Gepränge.

φάντασμα, τό, u. **φάσμα,** τό (dieses von φαίνω), **1)** die Erscheinung; Bild, Vorstellung. **2)** die Erscheinung, das Gesicht, bes. ein von der Gottheit gesandtes Vorzeichen, Wunder, mit u. ohne ὀνείρων Traumbild, Gespenst, Geist, abs. u. τινός, z. B. φάσμα ταύρου = ταῦρος φαινόμενος.

φανταστικός, 3. zum Vorstellen befähigt, Vorstellungen bildend. Subst. τὸ φανταστικόν die Vorstellungskraft.

φάος, s. φῶς.

φάραγξ, αγγος, ἡ (lat. *forare,* ahd. *por-an, por-ôn,* bohren), Bergschlucht, Kluft, tiefer Graben, Grube, Abgrund.

Φάρας, α, ὁ, sp. Unterfeldherr des Belisar.

Φαραώ, hebr. *par'ōh,* sp. N. T. Pharao, Titel der ägypt. Könige.

φάργνυμι, = φράγνυμι = φράσσω, s. d.

Φαρέες, οἱ, ion. Stadt im westl. Teile Achajas.

φαρέτρα, ion. **-ρη,** ἡ, u. ion. **φαρετρεών,** ῶνος, ὁ (φέρω), der Köcher, d. i. das Behältnis für die Pfeile, von den Griechen auf dem Rücken, von den Orientalen auf der Seite an einem Gürtel getragen.

φαρετρο-φόρος, 2. poet. köchertragend.

Φᾶρις, ιος, ἡ, Stadt in Lakonien südl. von Amyklā.

Φαρισαῖοι, οἱ, die bekannte jüdische politischreligiöse Partei, welche im Gegensatz zu den Saduzäern an eine Vergeltung nach dem Tode u. eine hernach durch den Messias zu bewirkende Auferstehung glaubten. Politisch national gesinnt u. Gegner der Römer waren sie beim Volke hoch angesehen.

φαρμᾰκεία, (-κία), ἡ (φαρμακεύω), Gebrauch von Arzneimitteln, Anwendung von Arznei, überh. Arznei, im übeln Sinne: Giftmischerei.

Φαρμάκεια, (-κεία), ας, ἡ, att. Quellennymphe.

φαρμᾰκεύς, έως, ὁ (φάρμακον), eigentl. der Arzneien bereitet, dann im übeln Sinne: Quacksalber, Giftmischer, Zauberer, Zauberin.

φαρμακεύτρια, ἡ, buk. fem. zum vorigen.

φαρμᾰκεύω, eigtl. Heilmittel anwenden, dah. **a)** insbes. etwas (τί) als Zauber- od. Besänftigungsmittel anwenden, ἐς τὸν ποταμόν in den Fluß gießen. **b)** übertr. bezaubern.

φαρμάκιον, τό, Demin. v. φάρμακον, verächtl. Heilmittelchen, Arznei.

φαρμακίς, ίδος, ἡ, Fem. zu φαρμακεύς, s. d.

φαρμακόεις, εσσα, εν, buk. giftig. Von

φάρμᾰκον, τό, Mittel, **1)** Hilfsmittel, Gegenmittel, Linderungsmittel, abs. u. τινός. Daher **2)** Heilmittel, Arzneimittel, Arznei, innerlich sowohl als äußerlich gegen Wunden: Heilkräuter, Salbe, Pflaster, abs., od. παρά τινος von jmdm. bekommen. **3)** schädliches Mittel, Gift, Giftkräuter, Gifttrank, Zaubermittel, Zaubertrank, Zaubersaft. **4)** Färbemittel, Farbe, auch überh. Naturstoff, z. B. Naphtha.

φάρμακος, ὁ = φαρμακεύς.

φαρμακοποσία, ἡ (wie von φαρμακο-πότης, πίνω), das Trinken von Arznei od. Gift, dann die aus dem Genuß des Giftes entstandene Betäubung.

Φαρμακοῦσα, ἡ, Insel bei Milet.

φαρμάσσω, bei Plat. -ττω (φάρμακον), ein künstliches Mittel anwenden und so: **1)** bezaubern, betören, τινά. **2)** vergiften, τινά od. τί. **3)** härten, πέλεκυν (durch Eintauchen in kaltes Wasser).

Φαρνάβᾱζος, ὁ, **1)** Sohn des Pharnăkes, Satrap v. Kleinphrygien u. Bithynien unter Dareios Nothos u. Artaxerxes Mnemon, im pelop. Krieg Freund der Spartaner, ließ den Alkibiades töten und kämpft bei Knidos mit Konon gegen die Spartaner. **2)** Sohn des Artabazos, persischer Admiral, der von Alexanders Admiral Hegelochos gefangen genommen ward. **3)** sonst. Eigenn.

Φαρνάκης, Gen att. ου, ion. εος, **1)** persischer Satrap der daskylitischen Satrapie um 430 v. Chr., V. des Pharnabazus. **2)** König am Pontos Euxeinos 184, gründet Pharnakia, † 157. **3)** Urenkel desselben, Sohn des Mithradates, empört sich gegen seinen Vater, siegt bei Nikopolis über Calvinus, wird aber von Cäsar bei Zela besiegt, † 48 v. Chr.

φᾶρος, ep. (aus φάρϜος, daher) bei den Tragg. u. Hes. **φᾰρος,** εος, ους, τό, Gewebe, ep. ion. u. poet. gewebtes Zeug, bald als Mantel od. Obergewand ohne Ärmel, welches Männer wie Frauen über die andern Kleidungsstücke überwarfen, bald als Segel, bald als Decke, u. mit u. ohne ταφήιον als Leichentuch, bald im Plur. als Schleier.

Φᾰρος, ἡ, kleine Insel u. Stadt vor der Landzunge Ägyptens, wo Alexander später Alexandrīa anlegte; sie war durch einen 7 Stadien langen Damm mit dem Festlande verbunden u. durch ihren marmornen 400 Fuß hohen Leuchtturm berühmt. Jetzt *Pharillon.* Adj. **Φάριος,** 3.

Φάρσᾱλος, ἡ, Stadt in der thessal. Landschaft Thessaliōtis, auf der Westseite des Fl. Enīpeus, berühmt bes. durch Cäsars Sieg über Pompeius 48 v. Chr., j. *Fersala.* Die Einw. **οἱ Φαρσάλιοι.** Die Ebene bei Ph. **ἡ Φαρσαλία.**

φάρσος, εος, τό, ion. u. sp. Teil, insbes. Teil od. Viertel einer Stadt.

φάρυγξ, υγος (ep. buk. u. auch poet.) u. υγγος, ἡ u. ὁ (vgl. φάραγξ), Speiseröhre, Schlund, überh. Kehle, Gurgel.

φάσγᾰνον, τό, ep. poet. u. sp. Messer, Schwert, Schlachtschwert.

φασγᾰνουργός, ὁ, poet. Schwertfeger.

Φᾰσηλις, ιδος, ἡ, Seestadt Lykiens am Pamphylischen Meerbusen, jetzt *Tekir-owk.* Die Einw. **οἱ Φασηλῖται.**

φάσηλος, ου, ὁ, poet. sp. die Bohne.

φασιᾱνός (sc. ὄρνις), ὁ, poet. ar. sp. der Vogel vom Phasis, Fasan.

Φᾶσις, ιδος u. ιος, ὁ, **1)** Fluß in Kolchis, bei Herod. Grenzfluß Asiens u. Europas, jetzt *Phas* od. *Fachs,* auch *Rion.* **2)** bei Xen. An. 4, 6, 4 der obere Lauf des Araxes, j. *Pasins-Su.* Die Anwohner beider **οἱ Φασιανοί,** ion. Φασιηνοί.

I. **φάσις,** ἡ, (φᾰ, φημί), **1)** die Bejahung. **2)** das Gerücht.

II. **φάσις,** ἡ (φᾰ, φαίνω), die Anzeige; insbes. eine Art öffentlicher Klage, namentlich wegen Vergehen gegen den Fiskus, gegen untreue Vormünder u. ä.

φάσκω, s. φημί.

φασκώλιον, τό, Ranzen, Mantelsack; Geldbeutel.

φάσμα, τό, s. φάντασμα.

φάσσα, neuatt. **φάττα,** ἡ, die wilde Taube, Holztaube.

φασσο-φόνος, 2. ep. ar. sp. Holztauben tötend, ἴρηξ Taubenfalke.

φατίζω (φάτις), Aor. act. ἐφάτισα, pass. ἐφατίσθην, ion. u. poet. **1)** reden, sagen, τί. τὸ φατιζόμενον, wie es heißt. **2)** zusagen (ein Mädchen), verloben.

φάτις, Akk. -ιν, ep. ion. u. poet. = φήμη, w. s.

φάτνη, ἡ, Sing. u. Plur., **1)** Krippe, ausgehöhlter hölzerner Trog mit Fächern, worin den Pferden u. dem Rindvieh das Futter vorgesetzt wird. **2)** die Nebelflecken im Krebsgestirn.

φάτνωμα, τό (φάτνη), sp. Vertiefung, Kugellager.

I. **φᾰτός,** 3. Adj. verb. zu φημί, ep. poet. sp. **a)** sagbar u. gesagt. **b)** genannt, berühmt.

II. **φᾰτός,** 3. zu φεν, in ep. Ἀρηί-φατος, μυλή-φατος.

φαυλίζω u. sp. **φλαυρίζω,** für schlecht halten, verachten, tadeln, τινά, τί.

Φάϋλλος, ου, Bruder des Philomēlos u. Onomarchos, Führer der Phoker im hl. Kriege 353, macht mit Unterstützung von Athen u. Sparta Fortschritte, stirbt aber 351.

φαῦλος (aus φλαῦ-λος), 3. u. 2., dazu dissim. **φλαῦρος,** 3. (verw. ahd. *blōdi, blöd*) • **1) schwach,** untauglich, unbrauchbar, ungebildet, ungeschickt, albern • **2) gering,** wertlos, unbedeutend, gemein, gewöhnlich, ärmlich

• 3) **schlicht**, einfach, leicht, mühelos, οὐ φαῦλος schwierig • 4) **schlecht**, schlimm, unangenehm, nachteilig, φλαῦρα κλύειν schnöde Schmähworte; insbes. • a) **böse**, bösartig, unsittlich, gemein • b) **leichtsinnig**, leichtfertig, sorglos, τὸ φαῦλον der Leichtsinn, der ungebildete Haufe, der Pöbel, οἱ φαυλότεροι γνώμην die weniger Klugen, οἱ φαυλότατοι die Niedrigsten • 5) Adv. **φαύλως** u. **φλαύρως**, φλ. ἔχειν sich übel od. in Not befinden, τί etwas in notdürftiger Art innehaben, πράττειν übel fahren, φλ. ἀκούειν einen schlechten Leumund haben.

φαυλότης, ητος, ἡ, Schlechtigkeit, schlechte Beschaffenheit; Ärmlichkeit, im Plur. dürftige Umstände, Dürftigkeit od. Untauglichkeit, Unwissenheit.

Φάων, ωνος, ὁ, schöner Jüngling aus Mytilene.

Φαώνιος, ὁ, M. Favonius, 49 v. Chr. Prätor.

φέβομαι, ep. Pass. (= φοβέομαι), nur Präs. u. Impf., gescheucht, gejagt werden, κατὰ μέγαρον, gew. = fliehen, ὑπό τινι vor jmdm., τινά jmdn. meiden.

φέγγος, ους, τό, ep. u. poet. = φάος, s. φῶς.

φέγγω, 1) Akt. poet. u. sp. a) intr. leuchten, scheinen. b) trans. erleuchten 2) Pass. poet. leuchten.

Φειά, ἡ, u. **Φεαί** od. **Φέαι**, αἱ, Hafen und Vorgebirge im Südwesten von Elis, j. *Kastell Tornese.*

Φειδίας, ου, ὁ, Sohn des Charmides aus Athen, Schüler des Ageladas und Hegias; bes. bekannt als Schöpfer des Goldelfenbeinstandbildes des Zeus in Olympia und der Athene Parthenos; durch Neider ungerecht angeklagt stirbt er 431 im Gefängnis. — οἱ ἀπὸ Φειδίου Schüler des Ph., d. i. Bildhauer.

φείδομαι, Dep. med., ep. außer dem Aor. 1. φείσατο ein redupl. Aor. 2. πεφιδέσθαι, opt. πεφιδοίμην, und dazu das Fut. πεφιδήσομαι st. φείσομαι, eigtl. **sich trennen**, fern halten, τινός von etw., daher 1) ablassen von jmdm., ihn **schonen**, τινός. 2) **sparen**, sparsam, geizig sein. 3) sich enthalten, **unterlassen**, abs. od. τινός, auch μηδέν alles tun, od. mit Inf.; πεφεισμένος sparsam angewendet. Dazu

φειδομένως, Adv. sp. u. N. T. schonend, spärlich, kärglich.

φειδώ, όος, οῦς, ἡ, **φειδωλή**, ἡ, ep. u. poet., u. **φειδωλία**, ἡ, Sparsamkeit, Knauserei; Verschonung, Schonung, abs. oder mit Inf., φ. τις ἐγίγνετο mit μή u. Inf., man schonte sich etwas, um nicht usw., od. τινός von etwas, u. οὐ γάρ τις φ. γίγνεταί τινος μελισσέμεν es ist in betreff jmds. keine Schonung, d. i. es ist kein Anstand zu nehmen, ihn zu besänftigen.

φειδωλός, 3. eigentl. schonend, dah. sparsam, karg, τινός mit, ἔς τι zu etwas.

Φείδων, ωνος, ὁ, 1) König der Thesprotier (Od.). 2) Tyrann von Argos um 750 v. Chr, Nachk. des Temenos, Vater des Leokēdes, soll zuerst in Griechenland Münzen geschlagen haben u. war berüchtigt durch seinen Übermut. 3) einer der Dreißig in Athen. 4) sonst. Eigenn.

Φειδώνειος, 3. 1) von Φείδων 2) stammend. 2) ar. sp. knauserig, knapp, klein (volksetymologische Anlehnung an φείδομαι).

φειλάμενος, spät f. φιλ., geliebt, s. φιλέω.

φελλεύς, έως, ὁ, rauher, steiniger Boden. (Nach and. Nom. propr. einer Gegend Attikas.)

φελλός, ὁ, der Kork.

φελόνης, Var., s. φαιλόνης.

ΦΕΝ u. **ΦΑ** (vgl. τεν u. τα), Wurz. zu dem ep. redupl. Aor. 2. **ἔπεφνον** u. **πέφνον**, inf. πεφνέμεν, part. πεφνών (and. πέφνων), mit dem Perf. pass. **πέφαται** u. Fut. 3. πεφήσομαι (Il. 13, 829. 15, 140. Od. 22, 217), Adj. verb. -φᾰτός, töten, morden, τινά (vgl. φόνος, verw. θείνω); ἐξ αἰὼν πέφαται ausgetilgt ist das Leben.

φενᾱκίζω, täuschen, hintergehen, betrügen, τινά.

φενακισμός, ὁ, Täuschung.

φέναξ, ᾱκος, ὁ, poet. Betrüger, Lügner, Täuscher.

Φενεός u. **Φένεος**, ἡ, Stadt in Arkadien, j. *Phonea;* Einw. ὁ **Φενεάτης**, ου.

Φεραί, ῶν, αἱ, Dat. ῇς, Stadt in Thessalia Pelasgiōtis, j. *Valestino,* mit der Quelle Hypereia. Iason gründete dort eine Tyrannis 378, † 370. Der Einw. ὁ **Φεραῖος**.

φερ-ανθής, 2. poet. blumenspendend.

φέρ-ασπις, ιδος, ὁ, ἡ, ep. u. poet. schildtragend.

φέρβω, meist ep. u. poet., u. fast nur Präs. u. Impf., 1) Akt. weiden τινά. 2) Med. abweiden, genießen. 3) Pass. sich nähren, ὑπό τινος.

φερ-έγγυος, 2. Bürgschaft leistend, Bürge, τινός für etwas, übertr. φερεγγυώτατος πρός τι ἐφάνη er zeigte sich von der allerzuverlässigsten Hingebung in etwas, od. mit Inf., einstehend, leistungsfähig, geeignet.

φερέ-ζυγος, 2. poet. das Joch tragend.

Φερε-κράτης, ους, ὁ, Dichter der alten att. Komödie, welcher 420 an den Lenäen ein Stück Ἄγριοι aufführte, dessen Chor aus ganz verwilderten Menschen bestand.

Φερε-κύδης, ους, ὁ, 1) von der Insel Syros, Zeitgenosse der sieben Weisen u. Philosoph, schrieb zuerst περὶ φύσεως καὶ θεῶν. — 2) von der Insel Leros bei Karien, Geschichtschreiber, in Athen um 400 gestorben.

φερέ-οικος, 2. ep. ion. das Haus mit sich führend.

φερέ-πονος, 2. poet. u. sp. Trübsal, Mühsal ertragend, zähe, τὸ φ. Geduld im Ungemach.

φερέσβιος, 2. ep. u. poet. Lebensunterhalt bringend, Nahrung spendend.

φερε-σσακής, 2. (σάκος), poet. schildtragend.

φερε-στάφυλος, 2. poet. traubentragend.

Φέρης, ητος, ὁ, Sohn des Kretheus u. der Tyro, Vater des Admetos, Gründer von Pherä in Thessalien. Davon

Φερητιάδης, ὁ, 1) S. des Pheres = Admet. 2) Enkel des Pheres = Eumelos; vgl. Φηρητιάδης.

φέριστος, s. φέρτερος.

φέρμα, τό (φέρω), poet. das Getragene, insbes. die Leibesfrucht, auch die Feldfrucht.

φερνή, ἡ (φέρω), auch im Plur., Ausstattung, Mitgift.

Φερρεφάττιον, τό, v. Φερρέφαττα, ἡ = Περσεφόνη, Heiligtum der Persephone.

Φερσεφάττη, ἡ, s. Περσεφόνη.

φέρτερος u. **φέρτατος** od. **φέριστος**, 3., Kompar.

u. Superlative, fast nur ep. u. poet., eig. mehr, am meisten bringend, gewöhnl.: besser, insbes. vorzüglicher, wackerer, trefflicher, zuträglicher, heilsamer; der beste, vorzüglichste, dies vorzügl. in der Anrede, im bes. gewaltiger mächtiger, stärker, der tapferste, bisw. durch *πολύ* od. *μέγα* verst., abs., od. *τινί* an etwas, oder mit Inf.

φερτός, 3. poet. zu ertragen, erträglich.

φέρτρον, *τό*, ep. sp. (*φέρω*), die Bahre, Tragbahre.

φέρω (St. I. *φερ*, lat. *fero*, dt. *Bahre* zu ahd. *beran* „tragen", II. *οἰ(σ)* u. *ἐγκ*, *ἐνε(γ)κ*, verw lat. *nanciscor*), att. Fut. med. *οἴσομαι* auch in pass. Bdtg., aor. selten auch *ἠνεγκόμην*, Fut. pass. neben *ἐνεχθήσομαι* auch *οἰσθήσομαι*, Adj. verb. *φερτός* u. *οἰστός*, dazu hom. Praes. conj. 3. sg. *φέρῃσι*, imper. 2. pl. *φέρτε*, inf. *φερέμεν*, Impf. *φέρον*, iter. *φέρεσκε*, Fut. act. inf. *οἰσέμεν*, Aor. act. *ἤνεικα* u. *ἔνεικα*, inf. *ἐνεικέμεν* u. *ἐνεῖκαι*, med. *ἠν.* u. *ἐνεικάμην*, Aor. mixt. imper. *οἶσε*, *οἰσέτω*, *οἴσετε*, inf. *οἰσέμεν(αι)*, ion. Aor. (vereinzelt neben *ἤνεικα* u. *ἠνεικάμην*) inf. *(ἀν)οῖσαι*, Perf. pass. *ἐνήνειγμαι*, Aor. *ἠνείχθην*, Fut. pass. *οἴσομαι* (vgl. o.), nebst buk. Fut. *οἰσῶ*, 1. pl. *οἰσεῦμες* • **φορέω,** ep. Praes. conj. 3. sg. *φορέῃσι*, inf. *φορέειν*, *φορῆναι* u. *φορήμεναι*, Impf. *φόρεον*, iter. *φορέεσκε*, u. Aor. *φόρησα*, sp. u. N. T. Fut. u. Aor. auch *φορέσω*, *ἐφόρεσα*, tragen • 1) eine Last tragen, heben, auf sich nehmen, *μῆλα*, *οἶνον*, *ὅπλα*, *τόξα* hintragen, *ἐπὶ κεφαλῆς τι*, *χερσὶ διψίαν κόνιν*; *ἁγνὰς χεῖρας*, *ὄμμα*, *γλῶσσαν κακήν* haben. Dah. • a) **herbeibringen,** darbringen, überbringen, im Med. mit sich, zu eigenem Gebrauch bringen, *χρήματα πολλά*, *χάριν* eine Gunst gewähren, einen Gefallen tun; dah. *α*) veranlassen, verursachen, bringen, *κλέος ἀνθρώποις*, *δεῖμα Δαναοῖσιν*, *πόλεμον*, *αἰσχύνην*, *β*) von der Erde usw.: hervorbringen, tragen, *καρπόν*, *γ*) eintragen, einbringen, *ἀγὼν ὁ τὸ πᾶν φέρων*, *δ*) eine Botschaft überbringen, melden, *ἀγγελίην πατρός*, *ἐπιστολάς*, *ε*) eine Schuld abtragen, bezahlen, *μισθόν*, *τιμήν*, *ζ*) *ψῆφον* seine Stimme abgeben, dah. vorschlagen, erwählen, ernennen, abs. *ὁ ἐνεχθείς* der Vorgeschlagene • **b) davontragen,** wegschaffen, bes. als Beute, Raub wegraffen, dah. *ἄγειν καὶ φέρειν* plündern, *τὰ τῶν πολεμίων*, *α*) durch Mühe erlangen, als Preis davontragen, *ἔναρα*, *ἄεθλον*, *β*) empfangen, was man zu fordern hat, *χάριν* Dank, *κέρδος*, *γ*) Med. für sich davontragen, von allem, was einer sich zu Nutzen od. Gebrauch zueignet oder in sein Haus holt, dah. sich erwerben, erringen, *ἴσα aequo Marte pugnare*, *μεῖζόν τινος* od. *ἤ* höher gelten als jmd. • c) einen Schmerz, ein Unglück tragen, **erdulden,** erleiden, *ἄτην*, vom Magen auch vertragen, bes. mit Advv. *χαλεπῶς*, *βαρέως* schwer empfinden, übel nehmen, *ἐν τοῖς βαρύτατα* sehr schmerzlich, *ἀλγεινῶς* es tut mir leid, ebenso *ἀναγκαίως* mit Ergebung, *καλῶς*, *ῥᾳδίως καὶ πρᾴως*; ähnl. *ὀργῇ*, *θυμῷ*; mit *ἐπί τινι* od. Dat. (selten) • d) Pleon. steht der Inf. *φέρειν* u. *φέρεσθαι* ep. oft bei *δοῦναι*, *τεύχεα καλὰ δότω πόλεμόνδε φέρεσθαι*, ebenso das Part. *φέρων*, *ἔδωκε φέρων*; auch bei andern Verben, *ἦλθον τὰ ὅπλα φέροντες* wie *ἔχοντες* = **mit** • 2) tragen, mit dem Nebenbegriff der Bewegung • a) wohin tragen, *πόδες φέρον*, *ἅρμα φέρειν* ziehen, überh. fortbewegen, forttreiben, von Winden: verschlagen, auch übertr. von Gemütsbewegungen: fortreißen, *μή τί σε ἄτα φερέτω* • b) Pass. von der Stelle bewegt, fortgetrieben, fortgerissen werden, von unfreiwilliger Bewegung, *ἧκε φέρεσθαι* so daß er flog, u. von freiwilliger, **eilen, rennen,** stürzen, fahren, schweben, u. so auch im Part., *ἥξει φερόμενα* es wird schnell kommen, *ᾠχόμην φερόμενος*. Übertr mit *εὖ* od. *κακῶς* gut, schlecht geraten od. gehen • 3) vom Wege: zu einem Ziele führen, *τὴν ἐς Θήβας φέρουσαν ὁδόν*. Dah. intr. • a) **sich erstrecken,** gelegen sein, *ἐπί*, *ἐς*, *πρὸς θάλατταν* • b) übertr. zu etw. dienen, gereichen, *αἰσχύνην φέρει* • c) sich worauf beziehen, von Orakeln, u. *ἡ τοῦ δήμου γνώμη φέρει ὡς* geht dahin daß, auch mit Inf. • d) *τὴν αἰτίαν ἐπί τινα* die Schuld schieben, u. ä. • 4) im Munde führen, tragen, bes. im Pass., *εὖ φέρεσθαι* gelobt werden, abs. *φέρεται fertur*, sp *τὰ φερόμενα* = *τὰ λεγόμενα* • 5) Imper. *φέρε* bei Hom. noch bring' her, dann = *ἄγε* **wohlan,** *φέρε ἀκούσω*, *φέρε εἰπὲ δή μοι* • 6) *τὸ φέρον* subst. das Leitende, das Schicksal, *τὸ φέρον ἐκ θεοῦ* Soph. OC. 1691.

φερ-ώνυμος, 2. sp. den Namen von etwas (mit Recht) tragend, führend. Adv. **φερωνύμως** mit zutreffender Bezeichnung.

φεῦ, oft verdoppelt, 1) Ausruf des Schmerzes od. Unwillens: ach! weh! mit folg. Nom., Vok. oder Gen. lat. *heu*. 2) des Staunens od. der Bewunderung, ach! o! mit Gen., *φ. τοῦ ἀνδρός* o welch ein Mann! od. Inf. mit *τό*, z. B. *τὸ λαβεῖν* ach wie herrlich ist es doch zu erhalten!

φεύγω (St. *φευγ* : *φῠγ*, lat. *fugio*, dt. *biegen*), ep. Präs. inf. *φευγέμεν(αι)*, Impf. *φεῦγον* u. iter. *φεύγεσκε*, Aor. *φύγον*, conj. 3. sg. *φύγῃσι*, opt. 2. sg. *φύγοισθα*, inf. *φυγέειν*, iter. *φύγεσκε*, Perf. act. part. (neben *πεφευγότες*) *πεφυζότες*, med. part. *πεφυγμένος*, u. Adj. verb. *φυκτός* • 1) **fliehen,** fliehen wollen, entfliehen; entfallen, sich einer Behauptung (*τοῦτο*) entziehen, vermeiden, abs. od. *τινά*, *τί*, auch *τινά τι*; ferner im Perf. mit *τινός* von oder aus etwas erlöst sein, od. mit Inf. etw. meiden, sich entziehen, od. *ὅπως μή*; *φυγῇ* fliehend entkommen, *τὴν* (verst. *ὁδὸν*) *παρὰ θάλασσαν* an der Südküste hin fliehen • 2) auf der Flucht, landflüchtig, **verbannt sein** oder werden, in die Verbannung gehen, teils abs. (*ὁ*) *φεύγων* ein Flüchtling, *exsul*, Verbannter, oder *τὴν πατρίδα* u. ähnl., auch *φυγήν* das Exil erleiden • 3) *τὴν δίκην* eigtl. die Strafe fliehen, dann aber gerichtlich od. in einem Prozesse verfolgt werden, **angeklagt werden** od. sein, u. so *τὴν γραφὴν ὑπό τινος* vor Gericht von jmdm. belangt werden, auch abs. oder mit dem Gen., *ἀσεβείας*.

φεύζω, Fut. -ξω, poet. *φεῦ φεῦ* d. i. ach! ach! ausrufen.

φευκτός, 3. (*φεύγω*), 1) entrinnbar, *οὐ φ.* überallhin verbreitet. 2) zu meiden, meidenswert.

φευξείω, poet. fliehen wollen.

φεῦξις, εως, ἡ, poet. (u. ion.) = φυγή, Flucht, das Fliehen.

φεψαλόω, poet. einäschern.

φή od. **φῆ,** ep. so wie, gleichwie, wie.

Φηγαιεύς u. **Φηγεεύς,** ὁ, Einw. des att. Demos Phegaia bei Marathon.

φήγϊνος, 3. ep. aus dem Holze der Speiseeiche, eichen, dah. dauerhaft.

φηγός, ἡ (lat. *fāgus,* ahd. *buohha,* nhd. *Buche*), die Speiseeiche, welche in Griechenland überall wild wächst u. eine runde, eßbare, der Eichel ähnliche Frucht trägt, eine Speise der griech. Urvölker, später bloß Tierfutter. Sie war dem Zeus heilig, dah. = δρῦς zu Dodōna.

Φηγοῦς, οῦντος, ὁ, Demos der erechtheischen Phyle in Attika; Bew. **Φηγούσιος,** ὁ.

φήληξ, ηκος, ὁ (φηλόω), poet. Feige, die reif scheint, ohne es zu sein.

φηλητεύω, ep. betrügen, berauben. [Dieb.

φηλητής od. **φηλήτης,** ὁ, ep. u. poet. der Betrüger,

φηλόω (wahrsch. vwdt. mit lat. *fallo*), poet. betrügen, täuschen.

φήμη, ἡ, dor. **φάμα,** ἡ (lat. *fama*), und ep. ion. und poet. **φᾶτις,** ἡ (φημί). 1) die **Offenbarung,** Kundgebung, Rede, Wort, Sprache, ursprünglich ein zufällig ausgesprochenes Schicksalswort, eine Stimme, günstiger Ruf, göttlicher Ausspruch, bei Opfern usw., Orakel, Spruch, Weissagung. 2) **Gerücht,** Sage, Kunde, Nachricht, Ruf, Ruhm; ἡ φάτις ἔχει τινά od. ἔχει τις φάτιν τινά die Sage geht von jmdm. od. er steht in dem Gerüchte. 3) Preisgesang. 4) **Φάμα,** personif., eine Tochter der Hoffnung, Stimme vom Himmel; auch das Gerücht, welches auf Erden und in der Unterwelt die Botschaften verbreitet.

φημί (St. φη, φᾱ : φᾰ, lat. *fāri,* dt. *bannen* = „untersagen"), 2. sg. φῄς od. (nach alten Gramm.) φής, imper. φάθι u. φαθί, part. φάς, sp., nicht att., vereinzelt φάμενος, s. u., Impf. 2. sg. ἔφησθα u. ἔφης, Adj. verb. φατός u. φατέος, dazu ep. (ion. poet.) Praes. ind. 2. sg. φῆσθα, conj. 3. sg. φήῃ u. φῇσι, Impf. 1. sg. φῆν, 2. sg. ἔφης, φῆς u. φῆσθα, 3. sg. φῆ, 1. pl. φάμεν, 3. pl. ἔφασαν u. ἔφαν, φάσαν u. φάν, u. iter. ἔφασκον u. φάσκεν, u. med. Praes. 2. pl. φάσθε, imper. 2. sg. φάο, 3. sg. φάσθω, inf. φάσθαι, part. φάμενος (auch sp.), Impf. (ἐ)φάμην, ἔφατο u. φάτο, ἔφαντο u. φάντο, iter. ἐφάσκετο, dor. Fut. φασῶ, -εῖς, Aor. ἔφᾱσα, φᾶτί = φησί, φᾰμές = φαμέν, nebst der inchoativen Nebenf. **φάσκω,** Akt. u. Med. (dies ep. ion., selten poet. u. vereinzelt att. pros.) • 1) **äußern, sagen,** erzählen, *dico,* αὐτὸς ἔφα dor. (verst. Pythagoras), dann bejahen, ja sagen, mit οὐ od. μή verneinen, leugnen, verweigern. Abs. bes. das eingeschobene φησί usw. = lat. *inquit,* immer vor dem Subjekt: ἔφη Σωκράτης; φασί sagt man, ἔφη λέγων pleon., oder mit Akk., τινά τι einen etwas nennen, mit Inf., Akk. mit Inf. (u. dafür nachdrücklicher Part., φάναι τινὰ σπουδάζοντα), ὡς, ὅτι. Im Med. auch sich ausgeben, τῶν Λυκίων φαμένων Ξανθίων εἶναι οἱ πολλοί • 2) innerlich sagen, **meinen, glauben,** φάσθαι ἴσόν τινι ep. sich jmdm. gleich dünken • 3) das Praes. φάσκω bes. behaupten, oft mit dem Nebenbegriff des Prahlens.

φημίζω, ep. poet. u. sp. (φῆμις), 1) Akt. u. Pass. aussprengen, durchs Gerücht verbreiten. 2) Med. in Worte fassen.

Φήμιος, ὁ, Sohn des Terpis, Sänger in Ithaka.

φῆμις, ιος, ἡ (vgl. φήμη), ep. u. poet. Nachrede, Gerede, Gerücht.

φήνη, ἡ, ep. poet. u. sp. Seeadler.

φήρ, φηρός, ὁ, äol. st. θήρ, lat. *fera,* ep. u. poet. Untier, Unhold; bez. auch bes. die Kentauren.

Φηραί, αἱ, ion. st. **Φᾶραί,** ep. auch **Φηρή,** Stadt im Innern des Messenischen Golfs, zu Hom. Zeit zu Lakonien gehörig, j. *Kalamata.*

Φηρητιάδης, ου, ὁ, ep. st. Φερητ., Enkel des Pheres = Eumēlos.

φθάνω (aus φθάνϝω, dah. ep. – –, att. ∪ –), att. Fut. φθήσομαι u. φθάσω, ep. Aor. ind. 3. sg. φθῆ, 3. pl. φθάν, conj. 3. sg. φθήῃ u. φθῇσι (-φθήῃσι Var. zu -φθαίησι), pl. φθέωμεν, φθέωσι, opt. 3. sg. φθαίη u. φθαίησι, u. med. part. φθάμενος, u buk. ἔφθασσα (-ξα) • 1) **zuvorkommen,** zuvor tun, eher tun, teils abs., teils τινά, τί, auch φθάνειν εἰς τὴν πόλιν zuerst in die Stadt kommen, teils mit dem Part. dessen, worin man zuvorkommt, wo φθ. durch die Advv. **eher,** zuvor, zuerst ausgedrückt wird, μὶν φθῆ Τηλέμαχος βαλών T. traf ihn (μὶν von βαλών abhängig) zuvor, teils mit τινά und dem Partizip, z. B. φθάνουσιν ἐπὶ τῷ ἄκρῳ γενόμενοι τοὺς πολεμίους sie kamen eher als die Feinde auf den Berggipfel, φθάνει αὐτὸν ἡμέρα γενομένη, auch mit Part. pass. (selten): εἴ κε φθήῃ τυπείς ob er nicht eher verwundet sei. Sodann steht φθάνω insbes. • a) mit πρίν, πρὶν ἤ, od. bloß ἤ, od. dem Gen., eher als jmd. (ἤ u. Gen. ep.) • b) mit der Negat. οὐ, u. zwar α) bald mit folg. καί, nicht sobald, als: kaum — so —, οὐκ ἔφθασα εἰσιὼν καὶ ἐξέπεσον ὑπ' αὐτῶν ich war nicht sobald eingetreten, als ich von ihnen hinausgeworfen wurde usw., β) bald im Opt. mit ἄν, οὐκ ἂν φθάνοις λέγων du wirst es nicht zu früh sagen, d. h. sage es sogleich • c) bei Spätern wie Plut., Arr. u. and. mit dem Inf. statt des Part., z. B. ἔφθησαν συγκλεῖσαι sie schlossen schnell od. früh genug • d) selbst im Part., φθάνων, φθάσας, φθάς, φθάμενος als Ergänzung des Hauptverbums: zuvor, zuerst usw. • 2) sp. einholen, erreichen, τινά jmd., τινί womit • 3) sp. u. N. T. gelangen, kommen, ἄχρι τινός, εἰς u. ἐπί τινα.

φθαρτικός, 3. verderbend, verderblich.

φθαρτός, 3. ar. sp. N. T. zerstörbar, vergänglich.

φθέγγομαι, Dep. med., φθέγξομαι, ἐφθεγξάμην, (πρόσ)φθεγκτος, ep. Aor. ind. φθέγξατο, conj. 1. sg. φθέγξομαι, u. buk. Fut. φθεγξοῦμαι, einen Laut von sich geben, tönen, ertönen. Insbes. von der menschl. Stimme 1) reden. 2) rufen, schreien, Kriegsgeschrei erheben. 3) murren. Vom Pferde: wiehern. — τὸ φθεγγόμενον = φθόγγος; φθ. εἰς μέσον in die Rede fallen.

φθέγμα, τό, s. φθογγή.

φθείρ, ρός, ὁ, poet. ion. u. sp. 1) die Laus. 2) der Fichtenzapfen.

φθειρίασις, ἡ, sp. Läusesucht. Von **φθειριάω,** sp. die Läusekrankheit haben.

φθειροτραγέω (wie v. φθειρο-τράγος, τρώγω), ion. Fichtenzapfen (φθείρ) essen (nach and.: Läuse essen).

φθείρω (*φθερ-jω, φθορά), häufiger διαφθείρω, Fut. med. φθεροῦμαι in pass. Bedeutg., ep. Fut. φθέρσω, ion. Fut. φθερέω (s. διαφθείρω). **1)** Akt. zugrunde richten, **vernichten,** verderben, beschädigen; spez. **a)** töten, **b)** schänden, **c)** bestechen, **d)** zerstören, verwüsten, **e)** Farben mischen, daß sie verfließen u. die Grundfarbe verdorben wird. **2)** Pass. **φθείρομαι,** zugrunde gehen, **untergehen,** umkommen, scheitern, im Perf. zerstört, verwüstet, erschöpft, geschwächt, entstellt sein, ἐφθαρμένος vom Schiffer, der Schiffbruch gelitten hat.

Φθειρῶν ὄρος, τό, richtig Φθῖρῶν ὄρος, s. d.

φθερσι-γενής, 2. poet. den Stamm verderbend.

Φθίη [ῐ], ἡ, ep. Dat. Φθίηφι, **1)** Stadt Thessaliens am Spercheios, Sitz des Peleus. **2)** Landschaft um Phthia, u. so in Verbdg. mit Hellas für das Reich Achills. Der Einw. ὁ **Φθῖος** u. **Φθιώτης,** ου, ὁ, Adv. ep. **Φθίηνδε** nach Phthia. Später **Φθιῶτις,** ιδος, ἡ, ion. **Φθιῆτις,** ἡ, die Landschaft Thessaliens zwischen dem Malischen und dem Pagasäischen Busen.

φθινάς, άδος, ἡ, poet. u. sp. **1)** abzehrend, νόσος langwieriges Siechtum. **2)** schwindend.

φθίνασμα, τό, poet. das Schwinden.

φθινοπωρινός, 3. ar. sp. N. T. spätherbstlich.

φθῖν-όπωρον, τό (ὀπώρα), der letzte Teil der zu Ende gehenden ὀπώρα, der Spätherbst, vom 21. Sept. an, von Thuk. zum Sommer gerechnet, der bei ihm 8 Monate hat, daher τὸ φθ. τοῦ θέρους.

φθινύθω, ep. Nbf. zu φθίνω, mit den Impf. φθίνυθον u. iter. φθινύθεσκε, **1)** trans. verschwinden machen, aufreiben, vernichten. **2)** intr. hinschwinden, sich verzehren, unter-, zu grunde gehen.

φθίνω (aus φθινϝω, dah. ep. ῑ, att. ῐ) (Verbalst. [φθει], φθῑ : φθῐ — ι ist überall kurz außer in den Hom. Formen φθίνω [die opt. φθίμην u. φθῖτο siehe unten 2] u. φθίσω, φθίσομαι u. ἔφθισα, wo ep. eigtl. ει zu schreiben wäre, wie in τείσω, ἔτεισα v. τίνω), selten att. pros., bes. ep. poet. u. ion. • **1)** trans. im Akt., selten das Präs. φθίνω, stets das Fut. φθίσω u. der Aor. ἔφθισα (ep. ῖσ, att. ῐσ) u. der Aor. ἔφθῐεν (Il. 18, 446), verschwinden machen, **verzehren,** verderben, abhärmen, vernichten, töten, φρένας, κῆρ d. h. vor Gram • **2)** intr. vom Akt. gewöhnl. Präs. u. Impf., sowie die Medial- u. Passivformen: Fut. φθίσομαι (nur ep., ῐ), Wurzelaor. ἐφθίμην, ἔφθισο usf. (vgl. das Plqpf.), conj. ep. φθίεαι, φθίεται st. -ηται, φθιόμεσθα st. -ώμεθα, opt. φθίμην φθῖτο (ῑ aus ιι), imper. φθίσθω, inf. φθίσθαι, part. φθίμενος, Perf. ἔφθῐται, Plqpf. ἐφθίμην, ἔφθισο usf., 3. pl. ἐφθίατο, u. Aor. pass. 3. pl. ἔφθῐθεν, hinschwinden, **vergehen, abnehmen,** zugrunde gehen, hinsterben, abs. φθίνων mit u. ohne μήν, bei Hom. die zweite Hälfte, bei den Att. das letzte Drittel des Monats; φθίνοντα von Weissagungen u. Orakeln: vergehend, unerfüllt, mißlungen; φθίμενος verschwunden, getötet; mit φρένας das Herz sich abhärmen.

φθῖνώδης, 2. ion. u. sp. schwindsüchtig.

Φθῖρῶν ὄρος, τό, Berg in Karien.

φθῖσ-ήνωρ, ορος, 2. ep. poet. (ἀνήρ), männerverderbend.

φθισικός, 3. sp. schwindsüchtig.

φθῖσί-μβροτος, 2. ep. Männer vernichtend, Menschen vertilgend. (Im Orak. auch φθισίβροτος, 2.)

φθίσις [◡◡], εως, ἡ, **1)** Abnahme. **2)** Auszehrung, Schwindsucht.

φθῖτός, ὁ (eigentl. Adj. verb. v. φθίνω), poet. u. sp. der Dahingeschiedene, Gestorbene.

φθίω: über ἔφθῐεν Il. 18, 446 s. φθίνω, 1; statt φθίῃς Od. 2, 368 ist φθίεαι zu lesen als conj. aor. zum ind. ἔφθῐσο, s. φθίνω, 2.

Φθιώτης, ὁ, dor. **-τας,** u. **Φθιῶτις,** ἡ, s. **Φθίη.**

φθογγή, ἡ, ep. poet. sp., **φθόγγος,** ὁ, u. **φθέγμα,** τό (φθέγγομαι), Schall, Ton, Laut, Ruf, Stimme, φθόγγῳ ἐπερχόμεναι unter od. mit Geräusch d. i. Geplauder; über τόνους καὶ φθόγγους ψυχῆς s. τόνος. Bei Äsch. φθόγγος der Jammer- u. Todesschrei; ὦ φθέγμα bei Soph. o traute (Bruder-) Stimme! Abs., od. τινός jmds., von od. über etwas.

φθόη, ἡ (aus φθοίη, St. φθει : φθῐ, φθίνω) = φθίσις, Auszehrung, Schwindsucht.

φθονερός, 3., Adv. **-ῶς** (φθόνος), neidisch, mißgünstig, abs., oder τινί mit Haß, Neid gegen jmdn.

φθονέω, mißgönnen, d. i. **1)** versagen, vorenthalten, verweigern. **2)** neidisch sein, beneiden, τινί jmdn., τινός um etwas; τοῦ χρόνου den wozu nötigen Zeitaufwand versagen.

φθόνησις, ἡ, poet. = dem folg.

φθόνος, ὁ, Neid, Mißgunst, mißgünstige Stimmung, dah. auch im Plur., Übelwollen, das Verargen, Versagen, φθόνου δίκη Klage aus Neid d. h. vom Neid veranlaßt, οὐδεὶς φθόνος, verst. ἐστί, gern gegönnt, schadet nichts, od. m. Inf., es wird nicht versagt, gern getan.

φθορά, ion. **φθορή,** ἡ, u. **φθόρος,** ὁ (φθείρω), auch im Plur., Verderben, Vernichtung, Verschlechterung, Entartung, Degeneration; Verwüstung, Untergang, das Vergehen, die Sterblichkeit, das Sterben, der Tod, überh. der Verlust. Im bes. **a)** sp. N. T. sittliches Verderben, Entehrung; Verwünschungsformel: ἴτ' ἐς φθόρον geht zum Henker. **b)** sp. Farbenmischung.

φθορεύς, έως, ὁ, sp. Verderber, Verführer.

-φι, -φιν, ein episches Kasussuffix, vgl. lat. *-bis*, *-bus*, u. zwar in Dekl. I. ηφι, ῆφι, II. όφι, III. εσφι, ausgen. ἐσχαρόφι u. ναῦφι, von Personen nur ἐκ θεόφι u. αὐτόφι, wird gebraucht instrumental, soziativ, lokativisch, ablativisch u. genetivisch; dazu einige zweifelh. Fälle.

φῐάλη, ἡ, ein Gefäß mit breitem Boden u. größerer Breite als Tiefe, dah. **1)** bei Hom. **a)** ein bauchiges Gefäß (ἀμφίθετος zweihenkelig), eine Art Kessel. **b)** die Totenurne. **2)** seit Her. flache Schale, Opferschale, insbes. Trinkschale.

φιαρός, 3. buk. leuchtend, glänzend, hell [◡◡◡].

Φιγαλεύς, έως, ὁ, Einw. von Phigalia, einer Stadt im südlichen Arkadien, j. *Paolitza.*

Φιδῆναι, αἱ, Fidenae, St. in Latium am Tiber.
φιδίτιον od. **φιλίτιον,** τό, = συσσίτιον, w. s. Das gewöhnl. Gericht desselben bildete die spartan. schwarze Suppe u. Gerstenbrot.
φιλ-άγαθος, 2. sp. das Gute liebend, edel.
φιλ-άγλαος, 2. poet. das Herrliche, Schöne liebend.
Φιλαδέλφεια, ας, ἡ, lyd. Stadt östl. vom Tmolos zu Ehren des Königs Attalos II. benannt, 133 v. Chr. den Römern als Erbe zugefallen.
φιλαδελφία, ἡ, sp. u. N. T. die Bruderliebe.
φιλ-άδελφος, 2. den Bruder od. die Geschwister liebend, φ. δάκρυα Tränen, welche die Liebe zur Schwester hervorruft; τὸ φιλάδελφον, sp. Bruderliebe.
φιλ-αθήναιος, 2. Freund der Athener.
φιλ-αίακτος, 2. poet. Wehklagen liebend.
φιλ-αίματος, 2. poet. blutgierig.
Φιλαίνων od. **-νου** βωμοί, Hafen an der Westgrenze von Kyrene.
φιλαίτερος, s. φίλος.
φιλ-αίτιος, 2. gern anklagend oder Vorwürfe machend, tadelsüchtig.
φιλ-ακόλαστος, 2. sp. Schwelgerei liebend.
φιλ-άκρᾱτος, ion. **-άκρητος,** 2. (ἄκρᾱτος), poet. ungemischten Wein liebend, Trunkenbold.
φιλ-αλέξανδρος, 2. sp. Freund des Alexander.
φιλ-αλήθης, 2. ar. sp. wahrheitsliebend, Freund der Wahrheit; Adv. **-ήθως** (-ηθῶς), offen, freimütig.
Φιλαμμονίδας, ὁ, buk. Sohn des Philammon = Eumolpos, Lehrer des Herakles.
φιλ-αναγνώστης, ου, ὁ, sp. Freund des Lesens.
φιλ-αναλωτής, ὁ, Aufwand liebend.
φιλανδρία, ἡ, poet. sp. Liebe zum Mann.
φίλ-ανδρος, 2. männerliebend, mannsüchtig, im guten Sinne: den Mann liebend.
φιλανθρώπευμα, τό, sp. menschenfreundliche Behandlung.
φιλανθρωπεύομαι, sich gütig zeigen, πρός τινα.
φιλανθρωπία, ἡ, Menschenfreundlichkeit, Menschenliebe, im Plur. Liebesdienste, Geschenke, mit παιδιαί liebenswürdige Schelmereien.
φιλ-άνθρωπος, 2., Adv. **-ώπως,** menschenliebend, menschenfreundlich, überh. mit u. ohne ψυχήν liebreich, huldvoll, milde, gütig, freundlich, vom Wein u. Tisch: φιλανθρωπότερος milder, heiterer stimmend; auch von einem Aufenthaltsort. Als Subst. φιλάνθρωπόν τι od. τὸ φ. Milde, Nachsicht, freundliche Behandlung, etwas Gutes, τὰ φ. Handlungen, Beweise der Leutseligkeit od. Güte.
φιλ-άνωρ, ορος, ὁ, ἡ, poet. = φίλανδρος.
φιλ-αοιδός, 2. buk. den Gesang liebend.
φιλαπεχθημοσύνη, ἡ, Streitsucht. Von
φιλ-απεχθήμων, 2., Adv. -όνως, händelsüchtig.
φιλ-απλοϊκός, 3. (ἁπλοῦς), sp. Freund der Offenherzigkeit.
φιλ-απόδημος, 2. reiselustig.
φιλαργυρία, ἡ, Geldgier, Geiz.
φιλ-άργυρος, 2. geldgierig, habsüchtig, geizig.
φιλ-άρματος, 2. poet. Wagen liebend.
φιλαρχέω (-χος), sp. gern herrschen. Davon
φιλαρχία, ἡ, sp. Herrschbegierde, Streben nach Ämtern, auch im Plur.
φίλ-αρχος, 2. (ἀρχή), herrschsüchtig.
φίλ-αυλος, 2. poet. u. sp. flötenliebend, Beiw. der Musen, sofern sie als Begleiterinnen des Dionȳsos die Flöten für die Kitharen eingetauscht hatten.
φιλ-αυτία, ἡ, ar. sp. Selbstsucht, Eigenliebe. Von
φίλ-αυτος, ar. sp. N. T. selbstsüchtig.
φιλ-ελεύθερος, 2. sp. freiheitsliebend, τὸ φ. die Freiheitsliebe.
φιλ-έλλην, ηνος, ὁ, ἡ, hellenenfreundlich.
φιλ-ένδοξος, 2. sp. gern berühmt, ruhmliebend.
φιλ-επιτιμητής, οῦ, ὁ, der Tadelsüchtige.
φιλ-εραστής, οῦ, ὁ, Freund von Liebschaften.
φιλεραστία, ἡ, verliebtes Wesen.
φιλ-έραστος, 2. poet. 1) verliebt = φιλεραστής. 2) Liebenden hold, angenehm.
φιλεργέω, sp. gern, emsig arbeiten.
φιλεργία, ἡ, Arbeitsliebe, Fleiß.
φίλ-εργος, 2. arbeitsam, fleißig.
φιλ-έριθος, 2. buk. Handarbeiten liebend.
φιλ-έταιρος, 2. seine Freunde liebend, wohlwollend, freundlich gegen seine Freunde, gesellig, uneigennützig.
φιλ-εχθής, buk. zur Feindschaft geneigt.
φιλέω, Fut. med. φιλήσομαι auch in pass. Bdtg., ep. Präs. conj. 3. φιλέῃσιν, inf. φιλήμεναι (wie v. φίλημι), Impf. φίλεον, iter. φιλέεσκε, Fut. inf. φιλησέμεν, Aor. act. φίλησα, med. (wie v. φίλω, φίλλω) (ἐ)φίλατο, imper. φῖλαι, part. sp. φ(ε)ιλάμενος, pass. 3. pl. φίληθεν, buk. Präs. ind. 3. pl. φιλεῦντι, Fut. φιλᾱσω, Aor. ἐφίλᾱσα (φίλος) • 1) **lieben,** Liebe und Wohlwollen erweisen, von Göttern: gewogen sein, schützend u. helfend zur Seite stehen, auch Med. ἐφιλάμην; φιλάμενος geliebt • 2) im bes. • a) jmdn. liebreich behandeln, Liebesdienste erweisen; liebevoll, gastlich aufnehmen • b) (τῷ στόματι) liebkosen, **küssen** • c) sinnlich, μαλακῶς buhlerisch lieben • 3) von Dingen: gern tun, **pflegen,** τί, wie *aimer*, mit Inf., der bisw. wie z. B. γίγνεσθαι zu ergänzen ist, ὅπερ φιλεῖ wie es zu geschehen pflegt.
φίλη, ἡ, s. φίλος.
φιληδέω (φιληδής, ἥδομαι), poet. sp. Freude, Vergnügen finden, τινί an etwas.
φιληδονία, ἡ, sp. Hang zum Vergnügen. Von
φιλ-ήδονος, 2. sp. N. T. das Vergnügen liebend.
φιληκοΐα, ἡ, Liebe zum Anhören, τινός von etwas.
φιλ-ήκοος, 2. (ἀκοή), gern zuhörend.
φίλημα, τό, Liebkosung, Kuß.
Φιλήμων, ονος, ὁ, 1) aus Soloi, Dichter der neuern attischen Komödie, Zeitgenosse u. Rival des Menander, um 300 v. Chr. 2) im N. T. Jünger u. Freund des Apostels Paulus.
φιλ-ήνιος, 2. poet. dem Zügel folgend, gehorsam.
φιλ-ήρετμος, 2. ep. ruderliebend.
Φιλητᾶς, ὁ, od. **Φιλίτας,** elegischer Dichter aus Kos zur Zeit Alexanders u. Ptolemaios' I.
φιλητέος, έον, s. φιλέω.
φιλητικός, 3. sp. zum Lieben geneigt, φύσει.
φιλητός, 3. geliebt, liebenswert.
φιλήτωρ, ορος, ἡ, poet. u. sp. die Geliebte, das Liebchen, τινός.
φιλία, ion. **-ίη** (φίλιος), und **φιλότης,** ἡ (φίλος). 1) Liebe, Zuneigung, Wohlwollen. 2) Freundschaft, Ergebenheit; διά, κατά, πρὸς φιλίαν aus

Freundschaft, aus Liebe; ἡ ἐμὴ φ. gegen mich. Insbes. a) Freundschaftsbündnis, Bündnis, b) (φιλότης) Gastfreundschaft, gastliche Aufnahme, c) (φιλότης) Geschlechtsliebe, Liebesgenuß.

φιλιατρέω (φιλ-ἰατρος), sp. Liebhaber der Arzneikunst sein.

φιλικός, 3. 1) Liebe erregend, **liebevoll**, freundlich, τὰ φιλικά Anlagen zur Freundschaft, φιλικὰ παθεῖν, ἐγκαλεῖν freundschaftliche Vorwürfe machen, φιλικὰ ἔργα, τὸ φιλικώτατον τῆς ψυχῆς das Ideal eines einnehmenden Charakters der Seele. 2) Liebe od. Freundschaft betreffend, μέλος Liebeslied, τὸ φιλικόν Freundschaft, Freundlichkeit. 3) Adv. **φιλικῶς**, ἔχειν, διακεῖσθαι freundschaftlich gesinnt sein, τινί u. πρός τινα, χρῆσθαι freundschaftlich mit einem verkehren.

φίλιος, 3., selten 2., 1) = φίλον, einem Freund gehörig, λόγοι Freundesworte, ἡ φιλία (sc. γῆ) u. τὰ φίλια Freundesland. 2) freundschaftlich gesinnt, zugetan, huldvoll, befreundet, verbündet, abs. od. τινί, oft θεοί und insbes. von Zeus ὁ **Φίλιος** (mit u. ohne Ζεύς) als Beschützer der Freundschaft, πρὸς Φιλίου u. μὰ τὸν Φίλιον. — Adv. **φιλίως**, nach Art von Freunden.

φιλιππίζω, Anhänger Philipps sein.

φίλ-ιππος, ὁ, 1) Pferdefreund. 2) als Eigenn.

Φίλιππος, ὁ, 1) Sohn des Amyntas, Vater Alexanders d. Gr., König von Makedonien von 359—336 v. Chr. Dav. a) Adj. **Φιλιππικός**, 3. τὰ Φ. das Zeitalter Philipps von Makedonien, b) **Φίλιπποι**, von Philipp gegründete Stadt im makedon. Thrakien am Pangaios. 2) Sohn des Demētrius II., König von Makedonien, † 197. 3) sonst Eigenn.

φίλιστος, s. φίλος.

Φίλιστος, ὁ, 1) aus Syrakus, geb. um Ol. 87 = 436, Geschichtschreiber. 2) sonst. Eigenn.

Φιλίτας, andere Schreibung f. Φιλητᾶς, s. d.

φιλίτιον, τό, = φιδίτιον, s. συσσίτιον.

φιλίων, s. φίλος.

φιλο-βασιλεύς, έως, ὁ, sp. u. **φιλο-βασίλειος**, 2. sp. Königsfreund.

φιλό-γᾱθος, 2. (dor. γαθέω = γηθέω) poet. die Fröhlichkeit liebend.

φιλό-γαμος, 2. poet. heiratslustig.

φιλο-γέλοιος, 2. ar. u. **φιλο-γέλως**, ωτος, ὁ, ἡ, das Lächerliche, den Scherz liebend; gern lachend.

φιλό-γλυκυς, υ, sp. das Süße liebend.

φιλογραμματέω, sp. Literatur lieben.

φιλογυμναστέω, gern Leibesübungen betreiben. Von

φιλογυμναστής, οῦ, ὁ, Freund von Leibesübungen, Davon

φιλογυμναστία, ἡ, Liebe zu den Leibesübungen.

φιλογυμναστικός, 3. (-στής), dem Freunde von Leibesübungen eigen, sportlich.

φιλο-γύναικες, οἱ, metapl. Nomin. plur. zu **φιλο-γύνης**, 2. sp., od. **φιλόγυνος**, 2. sp. Weiber liebend.

φιλογύνεια (-γυνία), ἡ, sp. Weiberliebe.

φιλο-δέσποτος, 2. ion. poet. u. sp. seinen Herrn, ihre Herren liebend; insbes. servil, knechtisch.

φιλό-δημος, 2. poet. sp. volksfreundlich.

Φιλόδημος, 1) Schwiegervater des Redners Äschines. 2) aus Gadara, Epikureer, Freund des L. Piso, Epigrammatiker und Verfasser von philosophischen Schriften (Reste in den Volumina Herculanensia).

φιλο-δίκαιος, 2. ar. sp. das Recht liebend.

φιλοδικέω, prozeßsüchtig (φιλό-δικος) sein.

φιλοδοξέω, sp. ruhmliebend sein, Ehre begehren, die Ehre worin (τινί) suchen.

φιλοδοξία, ἡ, sp. Ruhmbegierde.

φιλό-δοξος, 2. ruhmbegierig.

φιλ-όδυρτος, 2. poet. gern wehklagend.

φιλό-δωρος, 2. gern verleihend, freigebig, πρᾶγμα φ. = φιλοδωρία, ἡ, Freigebigkeit, abs. u. τινός.

φιλό-ζῳος, 2., auch **-ζωος** geschr., 1) das Leben liebend. a) lebenslustig. b) am Leben hangend. 2) die lebendigen Geschöpfe liebend.

φιλο-θεάμων, 2. (θέαμα), schaulustig.

φιλό-θεος, 2. ar. sp. N. T. gottliebend.

φιλο-θέωρος, 2. ar. sp. schaulustig.

φιλοθηρία, ἡ, die Jagdliebe, Jagdlust.

φιλό-θηρος, 2. (θήρα), die Jagd liebend, Jagdfreund.

φιλο-θύτης, ου, ὁ (θύω), Freund der Opfermahlzeiten, woran auch Freunde u. Angehörige teilzunehmen pflegten.

φιλό-θυτος, 2. poet. mit vielen Opfern begangen.

φιλ-οίκειος, 2. sp. seine Familie liebend; τὸ φ. der Familiensinn.

φιλ-οικόδομος, 2. baulustig.

φιλ-οικτίρμων, 2. u. poet. **φιλ-οίκτιστος**, 2. zum Mitleiden, Wehklagen geneigt, mitleidig.

φίλ-οικτος, 2. poet. Mitleid liebend od. erregend.

φιλοινία, ἡ, sp., ion. **-ίη**, ἡ, Liebe zum Wein, Trunk. Von

φίλ-οινος, 2. dem Trunk zugetan.

φιλ-οίφης, ὁ, buk. geil.

φιλό-καινον, τό, sp. die Sucht nach Neuem.

φιλοκαλέω, das Schöne lieben, abs., od. mit Inf. seine Ehre darin suchen daß Von

φιλό-κᾰλος, 2. das Schöne od. Edle liebend, geschmackvoll, edeldenkend, abs. od. τὰ περί τι, z. B. περὶ ὅπλα der schöne Waffen liebt. Subst. Liebhaber des Schönen, Edeln.

φιλοκέρδεια, ἡ, die Gewinnsucht.

φιλοκερδέω, nach Gewinn streben, gewinnsüchtig sein, sich zu bereichern streben, abs. u. ἔκ τινος. Von

φιλο-κερδής, 2. gewinnsüchtig.

φιλο-κέρτομος, 2. ep. schmähsüchtig, spottsüchtig.

φιλο-κίνδῡνος, 2., Adv. **-ύνως**, gefahrliebend, *temerarius*, sich gern Gefahren aussetzend, kühn, verwegen, wagehalsig. Subst. τὸ φ. die Kühnheit Gefahren zu bestehen, die Liebe zu gefährlichen Abenteuern.

φιλο-κισσοφόρος, 2. poet. gern Efeu tragend.

Φιλοκλῆς, έους, 1) Schwestersohn des Aischylos, der eine Zeitlang nach dessen Manier dichtete, von den Komikern als χολή u. Ἁλμίων verspottet; doch gegen Sophokles OR. Sieger. 2) athen. Admiral, durch dessen Schuld die Schlacht bei Aigospotamoi verloren ging.

φιλοκοσμία, ἡ, sp. Prunkliebe.

Φιλο-κράτης, ους, ὁ, 1) att. Strateg, welcher

416 Melos eroberte. 2) der Hagnusier, Anhänger Philipps, welcher Ol. 108, 1 = 348 den Frieden mit Philipp beantragte u. 346 mit Äschines u. a. so verräterisch abschloß, daß Demosthenes ihn hernach παραπρεσβείας anklagte. 3) sonst. Eigenn.

φιλό-κροτος, 2. ep. Lärm liebend.

φιλο-κτέανος, 2. ep. habsüchtig.

φιλο-κτήμων, 2. poet. habsüchtig.

Φιλο-κτήτης, ου, ὁ, Sohn des Poias aus Meliboia in Thessalien, besaß den Bogen u. die Pfeile des Herakles, ohne welche Troja nicht erobert werden konnte. Auf der Insel Chryse bei Lemnos von einer giftigen Schlange gefährlich verwundet, ward er in Lemnos ausgesetzt, doch nach 10 Jahren von Odysseus u. Neoptolemos nach Troja geholt.

φιλο-κυδής, 2. ep. ruhmliebend, prahlerisch.

φιλο-κύων, 2., Gen. φιλόκυνος, Hunde liebend.

φιλό-κωμος, 2. poet. Gelage, Schmausereien liebend.

φιλο-λάκων, ωνος, ὁ, ἡ, sp. Anhänger der Lakedämonier u. ihrer aristokratischen Grundsätze.

Φιλό-λᾱος, ὁ, berühmter Pythagoreer aus Kroton (od. Tarent) zur Zeit des Sokrates.

φιλο-λήϊος, 2. (λεία), ep. beuteliebend, -gierig.

φιλολογέω, sp. sich durch gelehrte Gespräche unterhalten.

φιλολογία, ἡ, Liebe zum Wortgefecht, u. überh. zu gelehrter Unterhaltung.

φιλό-λογος, 2. Freund von Reden, insbes. von gelehrter Unterhaltung, dah. in der Literatur bewandert, gelehrt.

φιλο-λοίδορος, 2. (λοιδορέω), Freund von Schimpfreden, schmähsüchtig.

φιλομαθέω, sp. sich den Wissenschaften widmen.

φιλο-μᾰθής, 2. lernbegierig, wißbegierig, abs. (wie φιλόσοφος gebraucht) od. τινός. Dav.

φιλομαθία, ἡ, Lernbegier.

φιλό-μαντις, εως, ὁ, ἡ, sp. Wahrsager(kunst) liebend.

φιλό-μαστος, 2. poet. brustliebend, saugend.

φιλομαχέω, sp. den Kampf begehren. Von

φιλό-μᾰχος, 2. (μάχη), poet. kriegliebend.

φίλ-ομβρος, 2. poet. Regen od. Nässe liebend.

Φιλομήλη, ης, T. des Pandīon, Schwester der Prokne, w. s.

Φιλό-μηλος, ου, aus Ledon in Phokis, Führer im heiligen Krieg, plündert aus Geldnot den Tempel in Delphi 356 v. Chr., mordet u. zerstört hierbei; er stürzte sich in einer Schlacht besiegt in den Abgrund 354.

φιλο-μήτωρ, ὁ, ἡ, sp. die Mutter liebend.

φιλο-μμειδής (aus -σμειδ-, μειδιάω), 2. ep. st. φιλομειδής, das Lächeln liebend, hold lächelnd.

φιλο-μουσία, ἡ, sp. Liebe zu den Musenkünsten, bes. der Dicht- und Tonkunst.

φιλό-μουσος, 2. (μοῦσα), die Musenkünste, bes. Musik liebend.

φιλό-μωμος, 2. poet. sp. tadelsüchtig.

φιλονεικέω, φιλονεικία u. **φιλόνεικος,** in Handschriften und Ausgaben vielfach vorkommende falsche Schreibung für φιλονικέω, -νικία,-νικος, s. d.

φιλονῑκέω (-νικος), 1) den Sieg lieben, sich um den Vorrang, für seine Ehre ereifern. ehrgeizig sein, wetteifern; περί τινος eifrig bedacht sein auf etwas, Inf. mit τί od. ὅπως hartnäckig od. rechthaberisch auf etwas bestehen, streiten, zanken. 2) steigern, überbieten, in Wettbewerb treten.

φιλονῑκία, ἡ, auch im Plur, das Streben nach dem Sieg u. Vorrang, der Wetteifer, Ehrgeiz, Kampfbegier, Eifersucht, πρός τινα od. τι mit od. gegen jmdn. od. etwas, περί τινος über etwas, πρὸς τἀμὰ ἔργα der Wetteifer meine Taten zu erreichen.

φιλό-νῑκος, 2. Sieg liebend, nach dem Vorrang strebend, wetteifernd, ehrgeizig, rechthaberisch, streitsüchtig, abs. od. πρός τι, auch πρὸς τό mit dem Inf., um. Subst. τὸ φιλόνικον der Wetteifer. Adv. **-νίκως,** Kompar φιλονικότερον, wetteifernd, rechthaberisch, ἔχειν wetteifern, sich aus allen Kräften bemühen, rechthaberisch sein, πρός τινα od. τι, od. mit Inf.

φιλό-ξεινος, 2. ep. poet, u. **φιλό-ξενος,** 2., Adv. **-ξένως,** Gastfreunde oder Fremde liebend, gastfrei, gastfreundlich.

φιλοξενία, ἡ, Gastfreundschaft.

Φιλό-ξενος, ὁ, 1) griech. Dithyrambendichter u. Musiker aus Kythera, 435—380, von Aristophanes im Plutos verspottet; machte Reisen, um seine Stücke aufzuführen. 2) Schatzmeister Alexanders in den Provinzen westlich vom Taurus 331, nahm den Sklaven des Harpalos gefangen und gewann Kenntnis von des letzteren Raub, 321 bekam er die Satrapie Kilikien. 3) alexandrin. Grammatiker in Rom, im 1. Jahrh. v. Chr. 4) ein Maler, der um 315 v. Chr. eine Schlacht des Dareios und Alexander malte. 5) sonst. Eigenn.

φιλο-παίγμων, 2. ep. poet. u. sp., att. **-παίσμων** (παίζω), Scherz liebend, froh scherzend, erheiternd, fröhlich.

φιλό-παις, -παιδος, ὁ, ἡ, Knaben liebend; χέλυς die Knabenliebe verherrlichend.

φιλο-παράβολος, 2. sp. gern wagend.

φιλό-πατρις, ιδος, ὁ, ἡ, sp. das Vaterland liebend.

φιλο-πάτωρ, ορος, ὁ, ἡ, poet. u. sp. den Vater liebend.

φιλό-πλοος, 2. poet. die See(fahrt) liebend.

φιλοπλουτία, ἡ, sp. Liebe zum Reichtum.

φιλό-πλουτος, 2. poet. u. sp. Reichtum (für das Haus) erstrebend.

φιλο-ποιητής, οῦ, ὁ, Dichterfreund.

Φιλο-ποίμην, ὁ, Sohn des Kraugis aus Megalopolis, geb. 253, zeichnete sich zuerst 222 in der Schlacht bei Sellasia aus und wurde dann der letzte große Feldherr Griechenlands. Seit 207 Strateg des Achäischen Bundes gegen die Spartaner, Römer und Ätolier, erobert er 188 Sparta, dessen Mauern er niederlegt; 173 gegen Messenien kämpfend wird er nach einem Unfall gefangen u. vergiftet; der junge Polybios trug dann die Asche des „letzten der Hellenen" nach Megalopolis.

φιλο-ποιός, 2. (ποιέω), sp. Freunde machend.

φιλο-πόλεμος, 2., ep. u. buk. **φιλοπτόλεμος,** 2. kriegslustig, kriegerisch.

φιλό-πολις, ιδος, poet. auch **φιλόπτολις,** ὁ, ἡ, seinen Staat od. sein Vaterland liebend, patriotisch. Subst. τὸ φιλόπολι der Patriotismus.

φιλο-πολίτης [ῑ], ου, ὁ, sp. seine Mitbürger liebend.
φιλοπονέω (-όπονος), die Anstrengung lieben, arbeitsam, fleißig sein, abs. u. περί τι.
φιλο-πόνηρος, 2. sp. das Schlechte liebend.
φιλοπονία, ἡ (-νέω), Lust zur Anstrengung, περί τι.
φιλό-πονος, 2., Adv. **-όνως**, **1)** arbeitsliebend, sich beständig mühend, arbeitsam, fleißig, eifrig, tätig, abs., u. τινί an, mit etwas, περί τι in etwas. Subst. τὸ φ. das tätige, rührige Wesen (eines Menschen). **2)** mit Arbeit verbunden, mühsam.
φιλοποσία, ἡ, auch im Plur., Trunksucht.
φιλο-πότης, ὁ (πίνω), ion. poet. u. sp. der dem Trunke Ergebene.
φιλοπραγμοσύνη, ἡ, Vieltätigkeit, Geschäftigkeit, Tatendurst. Von
φιλο-πράγμων, 2. vielgeschäftig, emsig; insbes. **a)** neugierig. **b)** händel-, prozeßsüchtig.
φιλοπροσηγορία, ἡ, Leutseligkeit.
φιλο-προσήγορος, 2. gesprächig, leutselig.
φιλο-προσηνής, 2. sp. gern-, gewöhnlich sanft, liebreich. Adv. im Superl. -ηνέστατα.
φιλοπρωτεύω, N. T. nach dem ersten Range streben. Von
φιλό-πρωτος, 2. sp. gern der Erste sein wollen. Subst. τὸ φ. das Streben nach dem ersten Range.
φιλο-πτόλεμος, s. φιλοπόλεμος.
φιλό-πτολις, s. φιλόπολις.
φιλο-ρήτωρ, ὁ, sp., die Redner u. die Beredsamkeit liebend.
φίλ-ορνις, ὁ, poet. den Vögeln lieb.
φιλο-(ρ)ρώμαιος, 2. sp. römerfreundlich, Römerfreund.
φιλο-ρρώξ, ῶγος, ὁ, ἡ (ῥώξ = ῥάξ), poet. Weinbeeren, Trauben liebend od. tragend.
φιλ-όρτυξ, υγος, ὁ, ἡ, Wachteln liebend.
φιλ-ορχήμων, 2. sp. den Tanz liebend, tanzlustig.
φίλος, 3., (urspr. Pronom. poss. mit *l* Suffix, vielleicht verwandt mit lydisch *bilis* „sein"), Vok. außer φίλε auch φίλος, Fem. st. φίλη dor. φίλα (ῐ, aber in der ersten Hebung auch ῑ in φίλε), Komp. φίλτερος fast nur poet., nicht in att. Prosa, welche **μᾶλλον** φίλος gebraucht, zweifelh. φιλώτερος, -αίτερος, ep. auch φιλίων, Superl. gew. att. **μάλιστα** φίλος, doch auch oft **φίλτατος**, poet. φίλιστος, φιλαίτατος • **1)** ***suus*, eigen**, bes. hom. bei Kleidung, Leben, Körperteilen (χεῖρες, ὄμματα, ἦτορ), dann Pl. die **Seinigen**, Angehörigen, Lieben, Verwandten, die „Freundschaft", dah. • **2)** pass. **geliebt, lieb**, wert, teuer, auch mit folg. Inf., daher φίλον ἐστί τινι mit u. ohne Inf., es gefällt, beliebt einem. Subst. • **a)** φίλος, φίλη Freund, Liebhaber, Vertrauter, Freundin, Geliebte, Gattin • **b)** φίλα Liebes, Angenehmes • **c)** τὰ φίλτατα das Teuerste, Liebste, auch Tugend und Sittlichkeit Plut. • **3)** akt. **liebend,** befreundet, zugetan, φίλα φρονεῖν oder εἰδέναι τινί jmdm. freundlich oder hold sein, ähnl. φίλα ποιέεσθαί τινι jmdn. sich zum Freunde machen • **4)** Adv. φίλως liebreich, gern.
φιλό-σιτος, 2. gern essend.
φιλο-σκώμμων, 2. ion. u. sp., u. **φιλο-σκώπτης**, ου, ὁ, sp. spottlustig.
φιλοσοφέω (φιλόσοφος), Perf. πεφιλοσοφηκότες, Liebe zur Weisheit od. zu Kenntnissen haben, die Wissenschaft üben, ein Philosoph sein. Im bes. studieren, ausdenken, durch Nachdenken herausbringen, abs. od. τί, u. τοῦτο ὅπως, auch φιλοσοφίαν sich der Weisheit befleißigen.
φιλοσοφία, ἡ, Liebe zur Wissenschaft od. Wißbegier, geistiges Streben. Im bes. wissenschaftliche Beschäftigung, dann im Praktischen, in Kunst u. Leben sich bewährende Bildung, Weltweisheit, Philosophie, Beredsamkeit.
φιλό-σοφος, 2. (σοφία). **1)** Adj. weisheitliebend, nach Weisheit od. Kenntnissen strebend, philosophisch, wißbegierig, abs., u. τινί mit etwas φιλοσοφώτερόν ἐστι mit Inf. es ist Sache einer tiefern Untersuchung. **2)** Subst. ὁ φ. Freund der Wissenschaft, Weltweiser, Denker (so st. σοφός nannte sich Pythagoras), d. i. nach den Begriffen der Alten: Kenner der Natur und der menschlichen Pflichten, in Xen. Anab. II. 1, 13 iron. Idealist, der die Wirklichkeit nicht kennt. **3)** Adv. **-σόφως** nach Art, mit der Ruhe eines Philosophen, seiner würdig.
φιλό-σπονδος, 2. poet. das Trankopfer liebend.
φιλο-στέφανος, 2. poet. kränzeliebend.
φιλο-στόνως, poet. Adv., mit vielem Seufzen.
φιλοστοργία, ἡ, zärtliche Liebe, Traulichkeit.
φιλό-στοργος, 2. (στέργω), zärtlich liebend, bes. Eltern u. Kinder, liebreich, traulich, abs. u. περί τινα. Subst. τὸ φ. εἴς τι, πρός τι die Zärtlichkeit gegen etwas.
φιλο-στρατιώτης, ου, ὁ, Soldatenfreund.
φιλο-σώματος, 2. den Körper pflegend.
φιλό-τεκνος, 2. fast nur ion. poet. u. sp. seine Jungen, Kinder liebend.
φιλοτεχνέω, **1)** sich der Künste befleißigen. **2)** sp. sich in einer Kunst üben, περί τι. Dav.
φιλοτέχνημα, τό, sp. Kunstwerk, Kunststück; List.
φιλό-τεχνος, 2. kunstliebend, kunstreich.
φιλότης, ἡ, s. φιλία.
φιλοτήσιος, 3. u. 2., dor. **φιλοτάσιος**, zur φιλότης gehörig, aus ihr stammend. Dah. **a)** φ. ἔργα ep. Liebesgenuß. **b)** ἡ φιλοτησία, verst. πόσις, Freundschaftstrunk, φιλοτησίας (Gen.) προπίνειν τινί einem Gesundheit zutrinken.
φιλοτῑμέομαι (φιλότιμος), Dep. mit Fut. med. φιλοτιμήσομαι, Aor. pass. ἐφιλοτιμήθην, Perf. πεφιλοτίμημαι. **1)** Ehrliebe od. Ehrgeiz haben, seine Ehre worein setzen, sich ehrgeizig beeifern, sich zur Ehre rechnen, sich etwas zugute tun. **2)** sich hervortun, groß machen; φιλοτιμηθέντες ὅτι aus gekränktem Ehrgeize, weil.
φιλοτίμημα, τό, sp. Handlung eines φιλότιμος, Beweis von Ehrgeiz od. Wetteifer.
φιλοτιμία, ion. **-ίη**, ἡ, **1)** Ehrliebe, **a)** Ruhmsucht, Ehrbegierde, **Ehrgeiz**, κατὰ τὰς ἰδίας φ. aus persönlichem Ehrgeiz, **b)** Wetteifer, überh. **Eifer**, eifriges Bestreben, τινός od. ἐπί τινι nach etwas, ἡ ἐπὶ θήρᾳ Jagdeifer, περὶ παιδείαν die mit Ehrgeiz verbundene Wißbegierde, aber περί τινα bes. von Erbschleichern; im übeln Sinne bei Hdt. Halsstarrigkeit, **c)** Grund zum Ehrgeiz, Ehrenpunkt. **2)** Handlungen des Ehrgeizes, insbes. **Freigebig-**

keit, μήτε ἰδίας (Gen.) μήτε δημοσίας ἀπολείπεσθαι weder Privaten noch dem Staate gegenüber an Freigebigkeit zurückbleiben.

φιλό-τῑμος, 2. (τιμή). **1)** Adj. **a)** ehrliebend, ruhmsüchtig, ehrgeizig, gern geehrt, **b)** aus Ehrgeiz handelnd: eifrig, eifrig bemüht. **2)** Subst. τὸ φ. **a)** Ehrliebe, Ehre, **b)** eifrige Bemühung. **3)** Adv. außerdem: gern, in rühmlicher Weise; φιλοτίμως ἔχειν πρός τινα ehrgeizig mit jmdm. wetteifern; πρός τι sich eifrig um etwas bemühen.

φιλο-τύραννος, 2. sp. Tyrannenfreund.

φιλό-φιλος, 2. ar. sp. seine Freunde liebend, gern Freunde habend.

φιλο-φόρμιγξ, ιγγος, ὁ, ἡ, poet. die Leier liebend, sie begleitend.

φιλοφρονέομαι (-όφρων), Dep. mit Fut. φιλοφρονήσομαι, Aor. ἐφιλοφρονησάμην u. ἐφιλοφρονήθην (in akt. Bdtg.), liebreich gesinnt sein, freundlich u. liebreich begegnen od. behandeln, Gewogenheit, Wohlwollen zeigen, Freundschaft erzeigen, Beweise der Gewogenheit geben, abs. φιλοφρονηθέντες bei Xen. sich gegeneinander freundlich beweisend, oder τινί, auch τινά jmdn. freundlich begrüßen. [Liebenswürdigkeit.

φιλο-φρόνησις, εως, ἡ, sp. liebreiche Behandlung,

φιλοφροσύνη, ἡ, freundlicher, liebreicher Sinn, Freundlichkeit, Wohlwollen, Gewogenheit, Liebe, freundliche Behandlung, Gefälligkeit. Im Plur. Freundschaftsbezeigungen.

φιλό-φρων, 2., Adv. **-όνως** (φρήν), liebreich, freundlich, gütig, mild, im bes. leutselig, herablassend, abs. d. τινί, πρός τινα.

φιλό-χορος, 2. poet. den Chortanz liebend.

Φιλόχορος, ου, ὁ, athen. Geschichtschreiber um 300 v. Chr.

φιλοχρηματία, ἡ = φιλοχρημοσύνη.

φιλο-χρηματιστής, 2. den Erwerb liebend.

φιλο-χρήματος, 2., Adv. **-άτως,** Geld od. Besitz liebend, geldgierig, habgierig.

φιλοχρημοσύνη, ἡ (φιλοχρήμων), Geldgier.

φιλό-χρηστος, 2. das Gute liebend, ehrlich, rechtschaffen.

φιλό-χρῡσος, 2. sp. goldgierig.

φιλοχωρέω (wie von φιλό-χωρος), ion. u. sp. sich gern an einem Orte aufhalten; auch übertr. vom Schriftsteller: sich bei einem Gebiete gern aufhalten, z. B. τῇ ἱστορίᾳ.

φιλο-ψευδής, 2. Lügenfreund.

φιλό-ψογος, 2. tadelsüchtig.

φιλοψῡχέω (φιλό-ψυχος), mit Adj. verb. φιλοψυχητέον, sein Leben lieben, am Leben hängen.

φιλοψυχία, ion. **-ίη,** ἡ, Lebenslust, meist in tadelndem Sinn: Feigheit.

φιλο-ψῡχος, 2. poet. u. sp. am Leben hangend, feig, furchtsam.

φιλό-ψυχρος, 2. sp. die Kälte liebend.

φίλτρον, τό (φιλέω), auch im Plur., Liebeszauber, Liebestrank, überh. Liebesmittel, Verlockung.

φίλ-υμνος, 2. sp. poet. Gesang liebend.

φίλ-υπνος, 2. ar. buk. sp. den Schlaf liebend.

φιλύρα, ion. **-ρη,** ἡ, ion. u. sp. die Linde, Silberlinde.

φιλ-ῳδός, 2. poet. sp. den Gesang liebend, singlustig.

φῑμός, ὁ, poet. sp. Gebiß der Pferde. Dav.

φῑμόω, poet. u. sp. knebeln, den Mund stopfen, beschwichtigen. Pass. verstummen.

Φῑνεύς, έως, ὁ, König zu Salmydessos in Thrakien, der die Gabe der Weissagung besaß, aber durch Götterzorn geblendet war und wegen Ermordung seiner Söhne erster Ehe (von der Boreastochter Kleopatra) fortwährend durch die Harpyien gepeinigt, bis die Boreaden diese erlegten. Davon **Φινεΐδες** ἀκταί die Küste von Salmydessos, nicht weit vom Bosporus u. den Symplegaden. **Φινείδης,** Sohn des Ph. Im Plur. von Plexippos und Pandīon.

Φιρμιανοί, οἱ, sp. Einwohner der röm. Kolonie Firmum (*Fermo*) in Mittelitalien.

φιτρός, ὁ, ep. poet. sp. Baumstamm, Klotz, Block, Stück Holz, Scheit.

φῖτυ, τό (φύω), poet. =

φίτῦμα [ῑ], τό (φιτύω), poet. u. sp. Sproß, Sprößling, Sohn.

φιτυ-ποίμην, ὁ, poet. der Pflanzenhüter.

φῑτῡ́ω, Fut. φῑτῡ́σω, Aor. ἐφίτῡσα, meist poet. (φῖτυ), säen, pflanzen, erzeugen (= pros. φυτεύω).

Φλάβιος Φλάκκος, s. Φούλβιος Φλ.

φλάζω (verw. lat. *floccus* = dt. Lw. *Flocke*), poet. zerreißen.

Φλαμινία πύλη, ἡ, porta Flaminia, im Norden Roms.

φλαττο-θραττο-φλαττό-θρατ, τό, komisches Wortgebilde ohne Sinn, bei Aristophanes, um die musikalische Begleitung äschyleischer Chorlieder zu verspotten.

φλαυρίζω, s. φαυλίζω. **φλαῦρος,** s. φαῦλος.

φλαυρουργός, 3. poet. schlecht arbeitend, Stümper.

φλάω, Nbf. zu θλάω (St. φλᾰσ), poet. buk., Fut. φλάσω, buk. φλαξῶ, φλασσῶ u. φλασῶ, Aor. opt. φλάσσαιμι, zerquetschen, zermalmen.

φλέβιον, τό, sp. Demin. v. φλέψ, Äderchen.

φλεβο-τόμον, τό, sp. Instrument zum Aderlassen.

φλεγέθω, ep. u. poet. Nbf. zu φλέγω, nur im Präs.

φλέγμα, τό (φλέγω). **1)** Brand, Hitze, Glut. **2)** Entzündung. **3)** der die Entzündung verursachende, im Körper erzeugte Schleim.

φλεγμαίνω, entzündet sein, anschwellen, übertr. leidenschaftlich erregt sein.

φλεγματίας, ὁ (φλέγμα, 2.), ion. voll Schleim.

φλεγματώδης, 2. **a)** entzündend; **b)** schleimig, verschleimt.

φλεγμονή, ἡ (φλέγω), Entzündung, entzündliche Geschwulst.

Φλέγρα, ion. **-η,** ἡ, alter Name der makedon. Halbinsel Pallene.

Φλεγραῖον πεδίον, 1) in Thrakien, wo die Giganten vom Blitze des Zeus erschlagen wurden. **2)** bei Cumae in Unteritalien, auch im Plur.

Φλεγύαι, οἱ, räuberischer Volksstamm bei Gyrton in Thessalien, später in Böotien.

φλέγω (φλεγ, φλόξ, lat. *fulgeo, flagro,* ahd. *blecchen* glänzen), meist poet. u. sp., Aor. pass. ἐφλέχθην, sp. ἐφλέγην. **1)** trans. im Akt. **a) entzünden,** entflammen; verbrennen, sengen, verheeren, τί, **b) erleuchten,** bestrahlen, τί, **c)** übertr. mit Fieberglut anfallen, mit Leidenschaft entzünden, τινά, τί. 2) intr. im Akt. u. das Pass. a) brennen, insbes. im Feuer flammen, strahlen, **glänzen,** abs. u. τινί von etwas, auch φέγγος in seinem Glanze, b) übertr. sich aufregen, πρός τι entflammt werden zu etwas.

φλέδων, ονος, ἡ, poet. Schwätzerin.

Φλειοῦς, οῦντος, ὁ, unrichtig Φλιοῦς geschr., Stadt im nordöstl. Peloponnes; ihr Gebiet ἡ **Φλειασία;** die Einw. οἱ **Φλειάσιοι.**

φλεύω, s. περι-φλεύω.

φλέψ, φλεβός, ἡ (verw. lat. *fluo*), Ader, Il. 13, 546 nach den Schol. von der Hohlblutader, der größten und weitesten Blutader; aber auch A. in Holz od. Stein.

φλέω (vgl. φλύω), poet. überfließen, strotzen, abs., u. τινί von etwas.

φληναφάω (lat. *flare*, dt. *blasen*), poet. unsinnig, unnütz schwatzen, von

φλήναφος, ὁ, sp. unnützes Geschwätz.

φλιά, ἡ, meist im Plur., ep. und sp. Türpfeiler, Türpfosten.

Φλιάσιος, Φλιοῦς, οῦντος, u. ähnl., s. Φλειοῦς.

φλίβω, ep. u. buk. = θλίβω, abreiben.

φλόγεος, 3. ep. u. poet., **φλογερός,** 3. poet. buk. u. sp., u. **φλόγιος,** 3. poet. sp. (φλόξ), flammend, funkelnd.

φλογίζω, poet. sp. N. T. = φλέγω.

φλογίον, τό (φλόξ), sp. Flämmchen. Vgl. φλόγεος.

φλογιστός, 3. poet. u. sp. verbrannt.

φλογμός, ὁ, poet. u. sp. Flamme, Glut, Sonnenhitze.

φλογο-ειδής, 2. ar. sp., u. **φλογόεις,** εσσα, εν, buk. poet. sp. feurig, funkelnd, glänzend.

φλογώδης, ες, ar. sp. flammenartig, feurig, brennend.

φλογ-ωπός, 2. poet. sp. u. **φλογ-ώψ,** ῶπος, ὁ, ἡ, poet. = φλογοειδής. [Hitze, Brand.

φλόγωσις, ἡ (φλογόω), 1) = φλεγμονή. 2) sp.

φλόϊνος, 3. ion. poet. sp. aus Baumrinde od. Bast.

φλοιός, ὁ, Baumrinde, Rinde, Kork, Borke, Bast.

φλοῖσβος, ὁ, ep. u. poet. 1) das Rauschen, Wogen, Gewoge. 2) Gewühl, Kampf u. Kriegsgetümmel.

φλοϊστική, ἡ, die Kunst des Bastflechtens.

φλόξ, ογός, ἡ (φλέγω). 1) Flamme, loderndes, hellbrennendes Feuer, Brand, im eigtl. Sinne u. übertr., bes. auch von den Sonnenstrahlen.

φλοῦς, φλοῦ, ὁ, ion. eine Wasserpflanze.

φλῠᾱρέω, ion. **φλυηρέω** (φλύαρος, φλύω), schwatzen, leeres Geschwätz treiben, fabeln, Possen reißen, abs., oder τί von, über etwas, oder **φλυαρίην** φ. Albernheiten vorbringen, od. mit Partiz.

φλῠᾱρία, ἡ, unbegründetes u. unnützes Geschwätz, Geschwätzigkeit, Possen, Torheit, überh. unnützes Zeug, Tand.

φλῠᾱρος (φλύω), 1) Subst. ὁ, = φλυαρία, auch im Plur. 2) Adj. 2., N. T. geschwätzig, albern.

φλυαρώδης, 2. sp. albern.

φλυδάω, ion. übernaß sein, flüssig werden, zergehen.

Φλυῆσι, zu Phlya, einem att. Demos der Kekropischen Phyle.

φλύκταινα, ἡ (St. φλυγ), Brandblase (im Aschenbrot), od. Bläschen am menschlichen Körper.

φλύω, Impf. ἔφλῦε, Aor. ἔφλῦσα (vgl. φλέω), 1) sp. überquellen, überwallen, überfließen (s. ἀναφλύω). 2) poet. schwatzen, großsprechen, prahlen.

φοβερός, 3., Adv., **-ρῶς,** (φόβος), u. poet. **φοβητός,** 3. (φοβέω), mit Furcht verbunden, daher 1) Furcht einflößend, **furchtbar,** schrecklich, gefährlich, auch mit Inf. od. Part., z. B. ἀφικόμενος durch seine Ankunft, Subst. τὸ φοβερώτερον größere Schreckbilder, τὸ κοινῶς φοβερόν die gemeinsame Gefahr, ἐς τὸ φ. τοῖς ὑπηκόοις hinsichtlich des Respekts bei den Untergebenen, φ. εἰμι μή es ist zu befürchten, daß ich. 2) voll Furcht, **furchtsam.**

φοβέω (φόβος, φέβ-ομαι) • 1) Akt., Aor. ep. φόβησα, beben machen, **scheuchen,** in die Flucht jagen oder schlagen, in Schrecken oder Furcht setzen, einschüchtern, τινά od. mit folg. μή • 2) Med.-Pass. **φοβέομαι,** ep. Impf. 3. pl. φοβέοντο, Perf. 3. pl. πεφοβήατο, Aor. 3. pl. (ἐ)φόβηθεν, ion. Präs. ind. 2. sg. φοβέαι (st. -έεαι), imper. 2. sg. φοβέο u. φοβεῦ • a) bei Hom. immer: in Unordnung geraten, **fliehen,** flüchten • b) sich scheuen (mit Inf.) od. **fürchten** (μή), ängstlich besorgt sein, Bedenken tragen, ὑπό, ἔκ τινος von, ὑπό τινι vor jmdm., auch bloß τινά, τί, od. mit Inf. mit u. ohne τό (vorzugsweise in der Bdtg. Bedenken tragen), ferner mit εἰ, μή, ὅπως μή, auch πῶς, wenn in φοβούμενοι zugleich der Sinn **zu wissen begehren** mit enthalten ist, od. mit Part., προδιδούς.

φόβη, ἡ (wohl zu φοβεῖν „scheuchen"), poet. u. sp. das (flatternde) Haar; im Pl. Haarbüschel, von Tieren die Mähne, vom Baum das Laub.

φόβημα, τό, poet. (φοβέω), Schrecknis.

φοβητέον (φοβέομαι), zu fürchten.

φοβητός, 3. poet. zu fürchten, furchtbar, s. φοβερός.

φόβητρον, τό, poet. sp. N. T. Schreckliches.

φόβος, ὁ (φέβ-ομαι), 1) bei Hom. die **Flucht,** πρὸ φόβοιο infolge der F. Adverb. ep. **φόβονδε** zur Flucht. Auch personifiz. als Sohn u. Begleiter des Ares, Bruder des Deimos. 2) **Furcht,** Scheu, Schrecken, Besorgnis, im Pl. Besorgnisse, Sorgen, teils abs. φόβῳ, ἐκ, ὑπὸ φόβου, διὰ (τὸν) φόβον, σὺν φόβῳ aus Furcht, διὰ φόβου εἶναι in Furcht schweben, teils τινός vor jmdm., ἐς ἀλλήλους die gegenseitige, od. ὁ ὑμέτερος vor euch, mit μή, ὅπως μή, bes. nach φόβος mit weggelassener Kopula, es steht zu fürchten, daß. 3) **Schrecknis,** Drohung, bes. im Pl. Schreckmittel, Drohungen.

φοιβάς, άδος, ἡ, poet. die Phöbuspriesterin, Seherin.

φοιβάω, buk. reinigen.

Φοιβήϊον, τό, Ort bei Sparta mit einem Heiligtume der Dioskuren.

Φοιβίδας, α, ὁ, der spartan. Feldherr, welcher ohne Befehl 383/82 die theban. Kadmeia besetzte, zurückgerufen und mit Geld gestraft wurde, bald aber mit Agesilaos zurückkehrend als Harmost von Thespiä bei einem Angriffe der Thebaner fiel.

φοιβό-λαμπτος, 2. ion. = sp. **φοιβόληπτος,** 2. von Apollon begeistert.

φοιβο-νομέομαι, sp. von Phoibos beherrscht werden.

φοῖβος, 3. ep. poet. sp. lichtstrahlend, glänzend; als Beiname des Apollon, **Φοῖβος,** der Strahlende.

φοιδέρατοι, οἱ, sp. das lat. *foederati* die Verbündeten.

φοινήεις, εσσα, εν (φοινός), blutfarbig, blutrot.
φοινίκεος [ῑ], zsgz. **-κοῦς,** ῆ, οῦν (I. φοῖνιξ) purpurfarbig, purpurrot, scharlachrot, die Farbe der lakedämon. Kriegskleidung.
Φοίνῑκες, οἱ, **1)** die **Phönizier,** sternkundige Seefahrer u. Seeräuber, in der Landschaft **Φοινίκη,** dem Küstenstrich von Syrien u. Palästina. **2)** die Einw. von Karthago, Utika u. Hippo als phönik. Kolonisten (Hdt. 2, 32. 4, 197. 7, 165). **3)** Als bes. Fem. heißt ἡ **Φοίνισσα** die Phönikerin, u. als Adj. phönikisch. **4)** Adj. sind auch **Φοινικήιος, Φοινίκειος** u. **Φοινικικός,** 3. phönikisch; über φοινικήια, τά = γράμματα, s. Hdt. 5, 58.
φοινῑκήιος, 3. ion. von der Palme, οἶνος Palmwein, ἐσθής von Rinden oder Blättern des Palmbaums gemacht. (Wegen **Φοινικήιος** und **Φοινίκη,** s. Φοίνικες).
φοινίκῑνος, 3. sp. vom Palmbaum od. seiner Frucht.
φοινῑκίς, ίδος, ἡ (φοῖνιξ), **1)** rotgefärbtes Kleid, Purpurkleid. **2)** Purpurdecke. **3)** sp. rote Fahne, Flagge.
φοινῑκιστής, οῦ, ὁ (φοῖνιξ), ein persischer Hofbeamter, der sich in Purpur kleiden durfte.
φοινικό-βαπτος, 2. poet. rot gefärbt.
φοινῑκο-έἀνος, 2. poet. in Purpur gekleidet.
φοινικόεις, εσσα, εν, ep. (οεσσ mit Synizese), = φοινίκεος.
φοινῑκό-κροκος, 2. (κρόκη), poet. mit purpurnem Einschlag, rotgewebt.
φοινικό-λοφος, 2. poet. mit purpurrotem Kamm.
φοινῑκό-νωτος, 2. poet. mit rötlichem Rücken.
φοινῑκο-πάρῃος, 2. (παρειά), ep. purpurwangig, mit rot angestrichenen Seiten.
φοινῑκό-πεζα, fem. poet. rotfüßig.
φοινῑκο-ρόδος, 2. poet. von Rosen rot.
φοινικο-σκελής, 2. poet. mit purpurroten Füßen.
φοινικοῦς, ῆ, οῦν, s. φοινίκεος.
φοινῑκο-φαής, 2. poet. purpurrot schimmernd.
I. **φοῖνιξ** od. **φοίνιξ,** ῑκος, ὁ, ἡ, poet. auch mit bes. Fem. **φοίνισσα** (φοινός), ep. u. poet. Adj., eigtl. purpurrot, dann überh. dunkelrot, braunrot, ψακὰς φοίνισσα = Blut. Dazu das Subst.
φοῖνιξ (φοίνιξ), ῑκος, ὁ, der Purpur, die Purpurfarbe, so genannt, weil die Phöniker sie erfunden haben sollen.
II. **φοῖνιξ** od. **φοίνιξ,** ῑκος, ὁ u. ἡ, **1)** die Palme, **Dattelpalme;** οἶνος φοινίκων, Palmwein, der aus dem Stamme ausfließende Saft, oder οἶνος ἐκ τῆς βαλάνου τῆς ἀπὸ φοίνικος, durch Auspressen der Datteln gewonnen; ὄξος ἑψητὸν ἐκ τῶν φ. Palmessig; ἐγκέφαλος τοῦ φ. Palmkohl; πλεκτὸς ἐκ φ. geflochten aus Palmblättern **2)** die **Dattel.**
III. **φοῖνιξ** od. **φοίνιξ,** ῑκος, ὁ, ion. sp. ein Saiteninstrument, Her. 4, 192, so benannt entw. als phönikische Erfindung, od. weil aus Palmenholz verfertigt.
IV. **φοῖνιξ** od. **φοίνιξ,** ῑκος, ὁ ep. ion. sp. der fabelhafte adlerartige Wundervogel der Ägypter, der sich selbst verbrennt, um verjüngt aus der Asche sich zu erheben.
Φοῖνιξ, ῑκος, ὁ, **1)** S. des Agenor, Bruder d. Kadmos u. der Europa, Vertreter des Phönikervolks. **2)** Sohn des Amyntor, Erzieher u. Begleiter des Achilleus vor Troja. **3)** Nebenfluß des Asōpos im thessal. Phthiotis. **4)** Stadt an der Südküste von Kreta, wo früher ein günstiger Seehafen Φοινικοῦς (Act. Apost. 27, 12 Φοῖνιξ), davor die Insel Aradus. **5)** der Phöniker, s. Φοίνικες. **6)** der Punier. **7)** sonst. Eigenn.
φοίνιος, 3. (φόν-ιος zu φόνος), ep. u. poet., u. ep.
φοινός, 3. **1)** mörderisch, tödlich, blutgierig, blutig. **2)** blutrot von Mordblut, dunkelrot, rot.
φοίνισσα, s. I. φοῖνιξ.
φοινίσσω, Fut. -ξω, Aor. pass. φοινιχθείς, ion. poet. u. sp. röten, τί, u. zwar τινί mit etwas. Im Pass. mit τί an etwas.
φοιταλέος, 3. u. 2. poet. **1)** trans. herumtreibend. **2)** intr. herumschweifend, bacchantisch-rasend.
φοιτάς, άδος, ἡ, poet. Fem. zu φοιταλέος; vereinzelt als ntr. (φοιτάσι πτεροῖς).
φοιτάω, ion. **φοιτέω,** fast nur im Präs. u. Impf. gebr., ep. Impf. 2. dual. φοιτήτην st. ἐφοιτάτην, **1)** von Personen: hastig hin- und hergehen, **eilen,** auf- und abgehen, herumgehen, -schweben, -fliegen, spez. **a)** unstät herumrasen, -irren μανιάσι νόσοις, **b)** regelmäßig **besuchen,** auch von Ehegatten, **c)** zu einem in die Schule gehen. **2)** übertr. **a)** von Gerüchten: sich verbreiten, **b)** von Waren: regelmäßig auf den Markt kommen, importiert werden, εἰς, **c)** von Einkünften: eingehen.
φοίτησις, ἡ, das häufige Hingehen.
φοιτητής, ὁ, der Schüler.
φοῖτος, ὁ, poet. das Herumirren.
Φολεγάνδριος, ὁ, poet. Bewohner der bei Melos gelegenen Insel Φολέγανδρος.
φολκός, ὁ, ep. krummbeinig, säbelbeinig.
Φολόη, ἡ, Gebirge zw. Arkadien u. Elis, j. *Xiria.*
φονάω (φόνος), poet. u. sp. mordgierig sein.
φόνευμα, τό, poet. der Leichnam.
φονεύς, έως, ep. u. ion. ῆος, ὁ (φόνος), der Mörder, Totschläger, abs. und τινός, übertr. vom Schwert u. selbst der χείρ, od. von jmdm., der einen ins Elend stieß. (Poet. auch als Femin.)
φονεύω, der Mörder sein, morden, töten, umbringen, abs. od. τινά, u. zwar χειρί gewaltsam.
φονή, ἡ, nur im plur., ep. ion. poet. sp. (nicht att. pros.) (St. φεν), der Mordanschlag, das Morden, der Mord, das Blutbad.
φονικός, 3., u. poet. **φόνιος,** 3. (auch 2.) (φόνος), **1)** (φονικός) zum Mord gehörig, den Mord verfolgend, νόμοι Blutgesetze, ähnlich πειρατήρια, w. s.; τὰ φονικά Mordtaten, Mordprozesse. **2)** mörderisch, mordlustig, blutgierig, gewalttätig, verderblich. **3)** blutig.
φονο-λιβής, 2. (λείβω), poet. mordbluttriefend, [blutig.
φονό-ρυτος, 2. poet. bluttriefend.
I. **φόνος** (von derselb. Wz. wie θείνω), ὁ, auch im Pl., **1)** die **Ermordung, a)** der **Mord,** Blutvergießen, **Blutbad,** Gemetzel, **b)** der Totschlag, fahrlässige Tötung u. Verwundung, δημόλευστος Tod durch Steinigung, πατρῷος seines Vaters, φ. συγγενής Verwandtenmord. **2)** insbes. poet. **a)** Mordstahl, Lanze, **b)** Ursache des Mordes, Od. 21, 24, **c) Mordblut,** Opferblut, φόνου σταγόνες Tropfen der Wunde, ἐν φ. im Blute, auch Leiche Eur., **d)** φόνον τείνειν einen

Mordanschlag machen, e) die Mordstelle Eur. I. T. 1177. Dav. φόνον φεύγειν die Mordstelle d. h. wegen Mordes fliehen, aber φόνου angeklagt sein, vgl. διώκειν.

II. **φόνος,** ὁ (verw. εὐθενέω), ep. Menge, Masse, Klumpen, αἵματος.

φονώσαισι, λόγχαις, poet. = φονώσαις λ., Part. praes. v. φονάω mit mordgierigen Lanzen.

φοξός, 3. ep. spitz, zugespitzt, τὴν κεφαλήν spitzköpfig (d. h. vorn eingedrückt, hinten gespitzt).

φορά, ἡ, **1)** (φέρω), **a)** die Tragung, das Tragen, insbes. das Abtragen, die Entrichtung, Bezahlung des Tributs, Abgabe, τῶν χρημάτων die Geldsteuer, **b)** die Hervorbringung, Saat, Fülle. **2)** (φέρομαι), Bewegung, Lauf (der Gestirne), od. αἵματος das heftige Ausfließen das Blutes, Blutverlust. **3)** übertr. **a)** Lauf der Dinge, Verhängnis, **b)** Leidenschaft, Ungestüm; ἡ εἰς τὰ περιττὰ φορά der allzu üppige Trieb.

φοράδην, Adv. (φέρομαι), **1)** getragen, ἐκκομίζειν auf einer Bahre herausbringen. **2)** flugs, eilend, im Fluge.

Φορβαντεῖον, τό, Heiligtum des attischen Heroen Phorbas in Athen.

φορβάς, άδος, ἡ, meist poet. **1)** (φέρβω), nährend. **2)** (φέρβομαι), in der Herde weidend.

φορβειά, ἡ, **1)** die Halfter. **2)** die Mundbinde der Flötenbläser, zur Erleichterung des Blasens.

φορβή, dor. **φορβά,** ἡ (φέρβω), ep. ion. u. poet. Weide, Futter, Nahrung, Proviant.

φορεῖον, τό (φορέω, φέρω), fast nur sp. Tragsessel, Sänfte, bei den Griechen nur für Kranke, aber bei den Römern in regelmäßigem Gebrauch. Sie wurde von vier, sechs od. acht Sklaven getragen.

φορεύς, ep. ῆος, ὁ (φέρω), ep. u. sp. Träger (in der Ernte).

φορέω, s. φέρω.

φορηδόν, sp. Adv., im Tragen, wie ein Bündel.

φόρημα, τό, **a)** der Schmuck, τινός. **b)** Last, Bürde.

φορητός, 3. u. 2. fast nur poet. u. sp. **1)** tragbar, erträglich. **2)** sp. woran man tragen kann.

Φόρκυς, ῦνος u. υος, ὁ, **1)** Sohn des Pontos u. der Gaia, Vater der Graien u. Gorgonen, der Gott der starrenden Wogen u. Klippen. Von ihm hieß eine Bucht an Ithakas nördl. Küste **Φόρκυνος** λιμήν. **2)** sonst. Eigenn.

φορμηδόν (φορμός), Adv. kreuzweise, schichtod. haufenweise, eigentl. nach Art einer geflochtenen Decke, also übers Kreuz.

Φορμίαι, αἱ, sp. Formiae, St. in Latium.

φόρμιγξ, γγος, ἡ, ep. u. poet. ein tragbares Saiteninstrument, Laute, Zither, von der κίθαρις nur der Größe nach verschieden, da sie ebenfalls mit dem Plektron behandelt wurde.

φορμίζω, ep. poet. buk., Fut. dor. -ίξω, auf der Laute od. Zither spielen.

φορμίσκος, ὁ, Dem. von φορμός.

Φορμίων, ωνος, ὁ, Sohn des Asopios, athenischer Feldherr in den ersten Jahren des Peloponnesischen Krieges, vor Potidäa, Samos, Naupaktos.

φορμός, ὁ (zu φᾶρος „Gewebe"). **1)** ein geflochtener Korb, *corbis.* **2)** ein Getreidemaß, ungef. = μέδιμνος = 52,5 Liter. **3)** eine Matte.

φορολογέω, sp. besteuern. Von

φορο-λόγος, ὁ (φόρος), sp. Steuereintreiber.

φόρον, τό, sp. N. T. lat. *forum;* Ἀππίου φόρον = forum Appii, vgl. Ἄππιος, N. T.

φόρος, ὁ (φέρω), der Tribut, Zoll, überh. Abgabe, Steuer.

φορός, 2. tragend, **a)** fortreißend, heftig. **b)** förderlich, günstig. **c)** einträglich.

φορτηγέω (φορτηγός Lastträger), ion. u. sp. Lasten tragen, fortschaffen.

φορτηγικός, 3., u. **φορτηγός,** 2. poet. u. sp. lasttragend, πλοῖον Frachtschiff; poet. ὁ φορτηγός Lastträger.

φορτίζω, ep. sp. beladen, aufladen, laden.

φορτικός, 3., Adv. **-κῶς,** Kompar. -κώτερον (φόρτος), lästig, großtuerisch, prahlerisch; plump, gemein, derb, unverschämt. Subst. τὰ φ. das alberne Zeug.

φορτίον, τό (Demin. v. φόρτος, φέρω). **1)** Tracht, Bürde, Gepäck, Last, Fracht, Masse. **2)** im Pl., Ladung, Schiffsladung, Frachtgut, Ware, ἅμαξα φορτίων ein Frachtwagen.

φορτίς, ίδος, ἡ (φόρτος), verst. νηῦς, ep. u. sp. ein Lastschiff, Frachtschiff.

φόρτος, ὁ, ep. ion. poet. sp., = φορτίον.

φορτοφορέω, sp. (φορτο-φόρος) = φορτηγέω.

φορύνω, ep. u. **φορύσσω,** ep. (vgl. φύρω), besudeln, τινί mit etwas.

φορυτός, ὁ, poet. u. sp. Kehricht, wie Stroh, Reisig, Spreu, Gemengsel, Unrat.

Φούλβιος, ου, ὁ, der röm. Name Fulvius. — Φούλβιος Φλάκκος, ὁ, Fulvius Flaccus, 125 Konsul (versch. Lesart).

Φοῦνδοι, οἱ, sp. Fundi, Stadt in Latium. j. *Fondi.* Adj. **Φουνδανός,** 3.

φόως u. **φόωσδε,** s. φῶς.

Φράγγοι u. **Φράγκοι,** οἱ, sp. die Franken.

φράγδην, Adv. sp. ep. zum Schutze, als Wehr, schirmend.

φραγέλλιον, τό, sp. N. T., u. **φραγελλόω,** N. T., das lat. *flagellum* u. *flagello.*

φράγμα, τό, u. **φραγμός,** ὁ (φράσσω), das Einschließen, d. i. **a)** (φραγμός) die Verstopfung. **b)** der Zaun, Verhau.

φράγνυμι, s. φράσσω.

φραδή, ἡ, poet. Anzeige, Andeutung.

φραδής, 2. nur Il. 24, 354, u. ep. **φράδμων,** 2. verständig, klug, besonnen, achtsam, d. i. alles genau bemerkend u. leicht erkennend.

φραδμοσύνη, ἡ, ep. Klugheit, Einsicht, List.

φράζω, buk. φράσδω (St. φραδ), ep. Aor. 1. φράσα, Aor. 2. red. (ἐ)πέφραδον, imper. πέφραδε, inf. πεφραδέμεν u. πεφραδέειν, Med. ep. poet. ion. Fut. φράσσομαι u. φράσομαι, Aor. (ἐ)φρασσάμην u. (ἐ)φρασάμην, conj. φράσσομαι u. φράσσεται, opt. 3. pl. φρασαίατο, pass. ἐφράσθην u. Perf. πέφρασμαι (beide in akt. Bdtg.), klarmachen • **1) zeigen** • **a)** anzeigen, andeuten, angeben • **b)** (λόγῳ) **sagen** (doch nie bei Hom.), dah. auch melden, berichten, schildern, versprechen • **c)** mit Inf. befehlen, heißen, auch raten, beschließen. Abs. od. τί, πρὸς σοῦ um deinetwillen • **2)** meinen, erinnern, bes. im Med., **ersinnen,** erdenken, verhängen, τί τινι • 3) Med. sich etw. zeigen, d. h. • a) erwägen, **bedenken,** dafür sorgen, τί, ἀμφί τινι über etw., ἀμφίς verschiedener Meinung sein, auch mit εἰ (ob), ἦ—ἤ, ὅπως, μή (sich hüten, daß nicht) • b) überh. **wahrnehmen,** bemerken, ὀφθαλμοῖσιν, übertr. einsehen, mit τί, od. Inf.

φράσσω, buk. = φράζω, s. d.

φρᾰσί(ν), dor. (u. altatt.) = φρεσίν, s. φρήν.

φράσις, εως, ἡ, sp. die Ausdrucksweise.

φράσσω (*φρακjω, φρᾰκ, φαρκ einschließen, lat. *farcio, frequens*), Fut. act. φράξω, med. φράξομαι, Aor. ἔφραξα, med. ἐφραξάμην (zuweilen mit den Var. φάρξω, ἔφαρξα usf.), Perf. pass. πέφραγμαι, Aor. pass. ἐφράχθην, sp. ἐφράγην, nebst sp. **φράγνυμι** u. poet. **φάργνυμι** (Soph. Ant. 235 ist δεδραγμένος zu lesen), **umzäunen,** umhegen, bes. • 1) **verschanzen,** schirmen, schützen; im Med. • a) sich verschanzen • b) περί τι um etw. (von sich) Verschanzungen anbringen • 2) **sperren,** verstopfen, τὸ στόμα, οὐράν klemmen, ἕρκεϊ ναῦς bepanzern, σχεδίην ῥίπεσσι das Floß mit Ruten zwischen den Planken verwahren, ἐπάλξεις ῥινοῖσι βοῶν die Brustwehren mit Schildern verzäunen, ähnl. τὰ γέρρα, δόρυ δουρί Speer an Speer drängen • 3) Part. Pass. πεφραγμένος • a) verwahrt, ἵπποι mit eisernen Schuppenpanzern versehen • b) von Schiffen: mit Verdeck.

φραστήρ, ῆρος, u. poet. **φράστωρ,** ορος, ὁ (φράζω), Ratgeber, Erklärer, τινός, Bezeichnung der spartanischen σύμβουλοι (w. s.), mit ὁδῶν Wegweiser.

φρᾱ́τηρ, ερος, ὁ, Dat. plur. φράτερσι, (lat. *frater*, got. *brothar*, ahd. *bruodar*), Mitglied einer φρατρία, s. d.

φρατρία, ἡ (φράτηρ), eig. Bruderschaft, Geschlechtsgenossenschaft, Geschlecht, Sippe, Phratrie (Unterabteilung von φῦλον, φυλή). 1) In Athen gab es z. Z. Solons 12 Phratrien, drei auf eine jede der vier Phylen, deren jede wieder 30 γένη enthielt. 2) sp. = lat. *curia*.

φρατρί-αρχος, ὁ, Vorsteher einer Phratrie.

φράτωρ, ορος, späte Nbf. zu φράτηρ, ερος, s. d.

φρέαρ, ᾱτος, τό, ep. **φρεῖαρ,** richtig **φρῆαρ,** τό (verw. got. *brunna*, ahd. *brunno* Brunnen), Brunnen, Einrichtung zur Gewinnung von Trinkwasser, Zisterne, Wasserbehältnis, Schlund.

Φρεάρριος, ὁ, Einw. des attischen Demos Phrearrhoi, der zur Leontischen Phyle gehörte, abs., od. mit dem Gen. τῶν δήμων ein dem phrearrhischen unter den Demen Angehöriger.

φρεᾱτία, ἡ, Wasserleitung, Wasserbehälter.

Φρεαττύς, Ort an der Küste des Peiraieus; τὸ ἐν Φρεαττοῖ δικαστήριον u. ἐν Φρεάτου vom Gerichtshof für Mörder.

Φρέγελλα, ἡ, *Fregellae* in Latium, jetzt *Ceperano*.

φρεῖαρ, s. φρέαρ.

φρεναπατάω, N. T. betören.

φρεν-απάτης, ὁ, N. T. der Verführer.

φρενετίζω, sp. = φρενῑτιάω.

φρεν-ήρης, 2. (φρήν u. St. ἀρ, ἀραρίσκω), ion. poet. u. sp. seines Geistes od. Verstandes mächtig, einsichtsvoll, einsichtig, bei Herod. stets mit οὐ = φρενοβλαβής.

φρενῑτιάω, sp. in Fieberhitze irre reden, wahnsinnig sein.

φρενῖτις, ιδος, ἡ, sp. hitziges Fieber, Wahnsinn.

φρενο-ἄρης, ου, ὁ, poet. = φρενήρης.

φρενο-βλαβής, 2. (βλάπτω), ion. poet. u. sp. wahnsinnig, unsinnig.

φρενο-δᾱλής, 2. poet. den Geist zerrüttend.

φρενόθεν (φρήν), poet. Adv., vom Verstande weg, τόσσον ἐπ' ἀριστερὰ ἔβας mit Part. bist so weit vom V. linkshin geirrt zu — (Inf.).

φρενο-μανής, 2. (μαίνομαι), poet begeistert.

φρενο-μόρως νοσεῖν, poet. Adv., am Geiste krank sein.

φρενο-πληγής, 2. poet. den Geist bezaubernd.

φρενό-πληκτος, 2. u. **-πλήξ,** -πλῆγος, poet. sinnbetört.

φρενο-τέκτων, ονος, 2. poet. mit dem Geiste bauend, schöpferischen Geistes.

φρενόω (φρήν), klug machen, zur Vernunft bringen, zurechtweisen, witzigen, belehren, τινά, u. zwar εἴς τι zu, ἔκ τινος aus, τινί durch etwas.

φρεν-ώλης, 2. poet. zerrütteten Geistes, wahnsinnig.

φρέω, lassen, nur in δια-, εἰς- (ἐκ), s. d.

φρεωρυχέω, poet. sp. ein Brunnengräber sein. Von

φρε-ώρυχος, ου, ὁ, sp. Brunnengräber.

φρήν, φρενός, ἡ, Dat. pl. poet auch φρασίν, gew. φρεσίν, 1) Pl. **das Zwerchfell,** das Brust- u. Bauchhöhle scheidet, galt als gemeinsamer Sitz aller Seelentätigkeit, Besinnung u. Gesinnung. Dah. 2) übertr. a) Sg. der **Sinn,** Sitz des Denkens, Wollens u. Fühlens, bes. der geistigen Erkenntnis (θυμός = dunkles Ahnen), dah. wie unser **Herz,** Gemüt, Seele, Geist, Sinn, Verstand; κατὰ φρένα καὶ κατὰ θυμόν im Geist und Gemüte, b) Pl. auch die Gedanken od. Äußerungen des Sinnes; auch **Gedächtnis.**

φρήτρη, ἡ, ep. ion. u. sp., ep. Dat. φρήτρηφιν = φρατρία, s. d.

φρῑκαλέος, 3. poet. = φρικώδης.

φρίκη [ῑ], ἡ (φρίσσω), 1) die Unebenheit, Unruhe des sich kräuselnden Meeres. 2) der Schauder, Schauer von Fieber, aus heiliger Ehrfurcht, od. Furcht, Entsetzen überh., abs. od. πρός τι (s. die folg.).

φρικτός, 3. (φρίσσω), sp. und

φρικώδης, 2. schauerlich, Schauer erregend beim Nahen an einen Gegenstand der Scheu u. des Grausens, wobei sich ein Sträuben der Haare (φρίκη) zeigt, im übeln Sinne: schauderhaft.

Φρικωνίς, ἡ, Bein. von Kyme nach dem Berge Phrikion in Lokris, wo die Äoler erst ansässig gewesen sein sollen.

φριμάσσομαι (verw. lat. *fretum* „bewegtes Wasser"), Dep med., Aor. inf. φριμάξασθαι, ion. buk. sp. schnauben u. springen, sich unruhig gebärden.

φρίξ, φρῑκός, ἡ (φρίσσω), fast nur ep. u. poet. 1) das aufschauernde Meeresgekräusel. 2) der Schauer, das Sträuben der Haare.

Φρίξα, ἡ, bei Her. **Φριξαί,** αἱ, Stadt in Triphylien am Alpheios, jetzt *Paleofanaro*.

Φρίξος, ου, ὁ, Sohn des Athamas, Bruder der Helle.

φρίσσω (verw. dt. *Borste*), später **-ττω,** bes. ep. u.

poet., Aor. ἔφριξα, Perf. πέφρῖκα, sp. Plqpf. ἐπεφρίκει, Adj. φρικτός. **1)** eigtl. rauh u. uneben sein, starren, emporstarren, sich emporsträuben, τινί vor, τί an etwas (am Rücken, an den Kammborsten). **2)** Schauer empfinden, schauern, bes. vor Kälte, dann überh. schaudern, sich entsetzen, erschrecken, teils abs. πεφρικώς in Schrecken, teils τινά, τί, vor jmdm. oder etwas, doch auch ἔρωτι vor Wonneschauer beben.

φροιμιάζομαι, φροίμιον, poet. ar. sp. = προοιμ., s. d.

φρονέω (φρήν), im Simpl. nur im Akt. (νοεῖν geistig wahrnehmen, das Unterscheidende erkennen, γιγνώσκειν sinnlich wahrnehmen, überh. αἰσθέσθαι, φρονεῖν das ganze Wesen der empfindenden Seele, Selbstbewußtsein, Gesinnung usw.), denken • **1) bei Sinnen sein,** dah. • **a)** bei gesundem Verstande sein, τὸ δὲ σωφρονεῖν λέγεις εὖ φρονεῖν, ἐξιστάναι τινὰ τοῦ φρονεῖν des Verstandes berauben • **b)** Einsicht haben, klug, weise sein, φρονέων verständig, οὐ φρονεῖν nicht wissen, was man tut, μηδ' ὁτιοῦν ganz unverständig sein, dag. μηδὲν φρονεῖν τινι von etwas nichts verstehen, mit ὅτι, ὡς oder indir. Nebens. • **c)** erkennen, verstehen, begreifen, γιγνώσκω φρονέω, τὴν ἀληθηίην • **2) gesinnt sein,** fühlen, bes. oft μέγα φρονεῖν groß denken, mutig, stolz sein (auch von Tieren), bei den Att. fast immer tadelnd, groß tun, prahlen, dah. μεῖζον ἢ κατ' ἄνδρα, auch ὑπὲρ ἄνθρωπον, Gegens. μικρόν demütig, μέτριον bescheiden sein, m. ἀγαθά gut gesinnt sein, auch mit εὖ (doch nicht bei Hom.), ἀταλά munter sein, u. ä. • **3) gedenken,** beabsichtigen, wollen, ἀνὰ θυμόν, ἐπὶ φρεσί u. ä., θεοῖσιν ἶσα φρονεῖν, κρυπτάδια heimliche Anschläge machen, πυκνά kluge Gedanken d. i. List im Sinne haben, auch abs. od. mit Inf., οἱ δ' ἰθὺς φρόνεον μάχεσθαι, τοξεύειν καὶ ἀκοντίζειν οὐκ ἐφρόνεον • **4)** bes. att. als Ausdruck gleicher polit. Gesinnung: zu jmds. Partei halten, τά τινος φρονεῖν, dag. χωρίς τινος anders denken, ἀμφίς verschieden denken.

φρόνημα, τό, u. **φρόνησις,** εως, ἡ. **1)** (φρόνησις) **a)** das Denken, **der Verstand,** die Einsicht, insbes. Klugheit, Weisheit, ἡ ἐν τῷ παντὶ φρ. die in dem Weltall wohnende Vernunft. Im bes. mehr konkr. (φρόνημα meist Pl.) **Gedanke,** Plan, Absicht, **b)** ion. auch Empfindung. **2)** Sinnesart, **Gesinnung** Hdt. oft Pl., **a)** in gutem Sinne: Selbstbewußtsein, Selbstvertrauen, Hochgefühl, Herz, Mut, ὑπὸ φρονήματος bei solchem Selbstgefühl, **b)** im übeln Sinne: Einbildung, Hochmut, Stolz, ἐν τῷ φρ. εἶναι mit Inf. die stolze Hoffnung hegen, daß.

φρόνιμος, 2. (φρόνις), Adv. **-ίμως,** u. poet., vom Part. praes. von φρονέω, **φρονούντως,** bei Verstande, verständig, vernünftig, besonnen, klug, einsichtsvoll, einsichtig, περί τινος, περί τι, ἔν τινι bei etwas. Subst. τὸ φρόνιμον Einsicht, Verstand, besonnenes Wesen.

φρόνις, ιος, ἡ, ep. (φρήν), Kunde, durch Wahrnehmung erlangtes Wissen, Einsicht.

φροντίζω (φροντίς). **1)** nachdenken (über etwas τί), sinnen, nachsinnen, grübeln. Insbes. auf eine Rede denken, sich auf eine Rede vorbereiten. **2)** bedenken, bedacht sein, seine Sorgfalt auf etwas (τί) richten. **3)** besorgt, bekümmert sein, Sorge haben, sorgen, τινός, περί, ὑπέρ τινος. Subst. τὸ πεφροντικός die Sorge.

φροντίς, ίδος, ἡ (φρήν, φρονέω), Nachdenken, Bedenken, Berücksichtigung, Rücksicht, Sorge, Besorgnis, Bekümmernis, teils abs. ὑπὸ φροντίδων vor Sorgen, ὁ ἐπὶ τῶν φρ. der in tiefe Gedanken Versunkene, οὐ φροντίς τινί (ἐστι) das ist für jmdn. kein Gegenstand der Sorge, ist ihm gleichgültig, teils τινός, περί τινος um jmdn. od. etwas, πρός τινα gegen od. auf jmdn.

φρόντισμα, τό, poet. u. sp. das Ausgesonnene, Erdachte.

φροντιστήριον, τό, poet. u. sp. Ort zum Sinnen, Grübeln, Denkbude, spött. Bezeichn. der Sophistenschule; Studierzimmer.

φροντιστής, οῦ, ὁ (φροντίζω), Denker, Forscher, Grübler, τινός über etwas, doch auch τί in bezug auf etwas.

φροντιστικῶς, Adv. (vom sp. φροντιστικός, 3. nachdenklich, grübelnd), mit Sorgfalt, mit Teilnahme.

φροῦδος, 3. u. 2. (πρὸ ὁδοῦ), fast nur poet. ar. u. sp., meist nur im Nom. sing. u. plur., einmal auch im Gen., fürder des Weges, also: fort, hinweg, φροῦδος προφέρων er ging, sie mit sich fortreißend; übertr. **a)** dahin, entschwunden. **b)** vergeblich, unnütz. Teils abs., teils ἔκ τινος, u. zwar εἴς τι zu etwas.

φρουρά, ion. **-ρή,** ἡ (προ u. St. Ϝορ, vgl. II. οὖρος u. ὁράω), **1)** Umschau, Wache, Bewachung, Bedeckung, auch das Gefängnis. **2)** Besatzung einer Festung. **3)** bei den Lakedämoniern auch: Heer u. Feldzug.

φρουραρχία, ἡ, die Befehlshaberstelle in einer Festung, Festungskommando.

φρούρ-αρχος, ὁ (ἄρχω), der Befehlshaber einer Wache, der wachthabenden Soldaten oder einer Besatzung, Festung, Festungskommandant.

φρουρέω (φρουρός), Fut. med. φρουρήσομαι als Pass. **1)** intr. wachen, Wache halten, als Wächter, Besatzung dienen, abs. φρουροῦντες, *praesidium,* die Besatzung; aufpassen, mit ὅπως. **2)** trans. bewachen, hüten, beobachten, beschützen, decken; φρουρούμενον ἔχειν τινά od. τί jmdn. oder etwas als Geisel in seiner Gewalt haben. **3)** Ferner achthaben auf etwas, τί, die Pflicht (χρέος) erfüllen.

φρούρημα, τό, poet. das Bewachte, βουκόλων φρουρήματα die Schützlinge der Hirten in den Hürden; die Wache.

φρουρικός, 3. (φρουρά), zur Besatzung dienend, τὸ φρ. die Besatzungstruppen.

φρούριον, τό (φρουρός), **1)** Besatzungsort, fester Platz, Festung, Burg. **2)** die Besatzung. **3)** poet. übertr. Vorsorge, Schutz.

φρουρίς, ίδος, ἡ, m. u. ohne ναῦς, Wachtschiff.

φρουρός, ὁ (s. zu φρουρά), Wächter, Aufseher, Hüter; im Plur. Besatzung.

φρύαγμα, τό, 1) das Schnauben der Pferde, oft im Plur. **2)** übertr. das stolze, übermütige Benehmen, der Stolz.

φρυάσσω, gew. im Med. **-ομαι** (βρύω, βρυάζω), poet. sp. N. T. schnauben, sich wild gebärden.

φρῡγανα, τά (φρύγω), kleines, trocknes Holz, dürre Reiser u. Blätter, Reisig.

φρυγανίζομαι, sp. dürres Holz ansammeln. Dav.

φρυγανισμός, ὁ, das Holzansammeln, u.

φρυγανιστήρ, ῆρος, ὁ, sp. der Reisigsammler.

Φρῡγία, ion. **-ίη,** ἡ, **1)** Phrygien umfaßt teils einen Landstrich am Hellespont (Φρ. καθύπερθε, auch Troas genannt, später Kleinphrygien), teils einen Teil des spätern Bithyniens am Sangarios und des nachmaligen Großphrygiens. **2)** Der Einw. **Φρύξ,** υγός, ὁ, **Φρύγες** οἱ ἀμφότεροι die Einwohner v. Groß- u. Klein-Phrygien. **3)** Adj. **Φρύγιος,** 3. u. 2., **phrygisch** spez. auch trojanisch. **4)** Adv. **Φρυγιστί** in phrygischer Melodie.

Φρύγια, τά, Ort zwischen Athen u. Acharnä.

φρύγω, u. buk. **φρύττω,** φρύξω, ἔφρυξα, πέφρυγμαι, Aor. pass. sp. ἐφρύχθην und ἐφρύγην, Adj. verb. φρυκτός, rösten; ἐρετμοῖσι, das Feuer mit Ruderholz anmachen.

φρυκτός, 1) (φρύγω), geröstet. **2)** subst. ὁ, Feuerbrand, Fackel, Feuersignal, πολεμίων vom Anrücken der Feinde.

φρυκτωρέω (φρυκτωρός), durch Feuerzeichen signalisieren.

φρυκτωρία, ἡ (φρυκτωρός), die Signalwache.

φρυκτώριον, τό, sp. der Posten, auf dem der Feuerwächter (φρυκτωρός) steht. Von

φρυκτ-ωρός, ὁ (φρυκτός, II. οὖρος), der Wächter, welcher Feuersignale gibt, Feuerwächter.

φρῡνη, ἡ (verw. ahd. *brūn* braun), ar. sp. Kröte.

Φρῦνις, ὁ, aus Lesbos, ca. 415 v. Chr., ein Neuerer in der Musik, der durch Vermehrung der Saiten ein weicheres Spiel einführte.

Φρύνιχος, ὁ, **1)** att. Trauerspieldichter, Schüler des Thespis; er führte den Dialog (im troch. Tetrameter) ein, doch überwog noch das Lyrische (über seine *Μιλήτου ἅλωσις* s. Her. 6, 21); er starb um 470, wohl in Sizilien. **2)** Dichter der älteren att. Komödie, oft von Kollegen verspottet, tätig um 436—405. **3)** Sohn des Stratonides, aus dem att. Demos Deirades, Feldherr u. Demagog während des Peloponn. Krieges.

φρῦνος, ὁ u. ἡ, poet. sp. = φρύνη.

Φρυνώνδας, ου, ὁ, ein wegen seiner Schlechtigkeit berüchtigter und sprichwörtlicher Gauner in Athen.

φῠγαδε (φυγή), ep. Adv., in die Flucht, zur Flucht.

φυγαδεία, ἡ, sp. Verbannung. Von

φυγαδεύω, des Landes verweisen, verbannen.

φῠγᾰδικός, 3., Adv. sp. -ῶς, einen Verbannten (φυγάς) betreffend, φ. προθυμία Exilierten-Eifer, -Fanatismus. [macht.

φῠγᾰδο-θήρας, ου, ὁ, sp. der auf Verbannte Jagd

φυγ-αίχμας, ὁ, poet. den Krieg fliehend.

φυγ-αρχέω, sp. Staatsämter fliehen, meiden.

φυγάς, άδος, ὁ, ἡ (φεύγω). **1)** Adj. **a)** flüchtig, **b)** angeklagt, gerichtlich verfolgt. **2)** Subst. **a)** Flüchtling, Überläufer, **b)** Verbannter; τῆς πονηρίας wegen Schlechtigkeit.

φυγγάνω, poet. ion. = φεύγω, w. s.

φύγδα, poet. Adv., fliehend.

φυγή, dor. **-γά,** ἡ (φεύγω), **1)** die **Flucht,** das Entrinnen, die Abhilfe; φυγῇ (-ᾷ), u. ἐν φυγῇ, φυγαῖσιν hinwegflüchtend, fliehend, auf der Flucht, bes. in eiliger Flucht, φυγὴν ποιεῖσθαι, εἰς φ. καταστῆναι u. ähnl. sich auf die Flucht begeben. **2)** auch im Pl. die **Verbannung,** das Exil. **3)** konkr. **a)** φυγή u. φυγαί = φυγάδες die Verbannten, **b)** Aufenthaltsort während der (Selbst-)Verbannung, Zufluchtsort.

φυγομαχέω (φυγό-μαχος), sp. den Kampf, eine Schlacht meiden.

φυγό-μᾰχος, 2. poet. den Kampf fliehend, feige.

φυγο-πτόλεμος, 2. ep. st. φυγοπόλ., den Krieg scheuend, feig.

φύζα, ἡ (aus φυγ-ja), ep. poet. **1)** Bestürzung. **2)** Flucht. Davon

φυζανικός, 3. ep. flüchtig, scheu, feig.

φυή, dor. **φυά,** ἡ, ep. poet. u. sp. (φύω), äußeres Naturell des Menschen, Wuchs, Leibesgestalt, bes. Gesichtsbildung, Ansehen.

φῡκιόεις, εσσα, εν, ep. u. buk. voll Seegras oder

φῡκίον, τό, gew. im Plur., Meertang; auch Schminke, Dem. von

φῦκος, εος, τό (φύω, πέφυκα), ep. poet. u. sp. **1)** Tang, Seegras, *fucus* (Lw.). **2)** rote Schminke.

φυκτός, 3. (φεύγω), ep. zu entfliehen, entrinnbar; οὐκέτι φυκτὰ πέλονται es gibt kein Entrinnen mehr.

φυλάζω, sp. in Stämme, φυλαί, abteilen.

φῠλᾰκή, ἡ (φυλάσσω), **die Wache,** d. i. • **1)** das **Wachehalten, Bewachung, Schutz.** Im besond. • **a)** Wachtdienst, Nachtwache, φ. φυλάσσω Wache halten, auch als Zeitfrist, bei den Griechen drei Nachtwachen, bei den Römern u. Arrian u. wohl auch anderen Griechen vier, dah. φυλακὴ ἡ πρώτη, ἀμφὶ τὴν τελευταίαν φυλακήν • **b)** übertr. die Wachsamkeit, Vorsicht, Hut, dah. διὰ φυλακῆς aus Vorsicht, φυλακὴν ἔχειν achtgeben, ἐν φυλακῇ ἔχειν τι in strenger Hut halten, etw. bewahren, διὰ φυλακῆς ἔχων vorsichtig, ἐν φυλακῇσι od. πολλῇ φυλακῇ εἶναι auf der Hut sein, φυλακὴν ποιεῖσθαι od. ποιεῖν auf der Hut sein, bewachen, ἔργων φυλακῇ unter tatsächlichen Vorkehrungen, ἡ τῶν χρημάτων φ. ἀκριβεστάτη γίγνεται sehr haushälterisch mit dem Gelde umgehen • **2)** Wächter, Wachtposten, **Besatzung,** Garnison, im bes. Beobachtungsheer, Beobachtungsflotte, φυλακὰς καθίστασθαι Wachtposten ausstellen, eine Besatzung hineinlegen • **3)** Ort der Wache, Gewahrsam, **Gefängnis,** ἐν φ. ποιεῖσθαί τινα jmdn. in Gewahrsam bringen, ἐν φ. ἔχειν. φυλακῇ τηρεῖσθαι.

Φυλάκη, ἡ, Stadt im thessal. Phthiōtis, am nördl. Abhange des Othrys, beim jetzigen *Ghidek.* Der Einw. ὁ **Φυλάκιος.** [Ägina.

Φυλακίδας, ὁ, berühmter isthmischer Sieger aus

φυλακίζω, sp. N. T. ins Gefängnis werfen.

φυλακικός, 3. = φυλακτικός.

φυλακίς, ίδος, ἡ, Fem. zu φύλαξ.

φύλακος, ὁ (ep.) ion. buk., u. **φυλακός,** ὁ, ep. = φύλαξ.

φυλακτέος, 3. (φυλάσσω), zu hüten, zu berücksichtigen, gew. φυλακτέον τινί jmd. muß sich hüten od. in acht nehmen, muß achthaben, τινά, τί.

φυλακτήρ, ὁ, ep. = φύλαξ.

φυλακτήριον, τό, **1)** Wachthaus, -turm; Wachtposten, Posten. **2)** übertr. Schutzmittel, Amulett, (u. so im N. T. von den Gebetsriemen der Juden), abs. od. τινός.

φυλακτικός, 3. Adv. -κῶς (φυλάσσω), gut bewahrend, vorsichtig im Beschützen, überh. vorsichtig, abs., und τῶν ὄντων der das Seinige zu erhalten weiß.

φύλαξ, ἄκος, ὁ u. ἡ, Dat. pl. poet. φυλάκεσσι. **1)** der Wächter, die Wächterin, Hüter, Beschützer, Aufseher, Beobachter, Aufpasser, überh. das zur Bewachung Dienende. **2)** die aufgestellte Wache, Schildwache, Wachtposten, Besatzungssoldat. Im Pl. **a)** die Wachen, Besatzung, Reserven, Garnison einer Stadt od. Festung, **b)** Leibwache, Trabanten, Bedeckung, φύλακες ἐφ' ἵππων Leibwache zu Pferde.

φύλαξις, εως, ἡ, poet. die Bewachung.

φυλαρχέω, ein Phylarch sein, von

φύλ-αρχος, ὁ (ἄρχω), **1)** Vorsteher einer Phyle. **2)** in Athen die 10 Unteranführer der Reiterei, einer für jede Phyle, die unter zwei Hipparchen standen. **3)** sp. Häuptling.

φυλάσσω, att. **φυλάττω,** Fut. med. φυλάξομαι auch in pass. Bdtg., Perf. act. als Var. u. sp. πεφύλαχα, ep. Praes. inf. φυλασσέμεναι, Aor. ind. φύλαξα, conj. φυλάξομεν st. -ωμεν, buk. Fut. ind. φυλαξῶ, *vigilo* • **1)** intr. Akt. u. Med., **wachen,** schlaflos sein, im bes. *excubo,* **Wache halten,** als Besatzung dienen, φυλακὰς φυλάττειν, νύκτα die Nacht hindurch • **2)** trans. **bewachen,** beschützen, **bewahren,** von Menschen, Tieren und Sachen, ἐγὼ σῦς τάσδε φυλάσσω τε ῥύομαί τε, ἔμπεδα πάντα, οἶκον das Haus hüten, ἀπό τινος vor etw., τιμωρίαν τινί die Rache aufsparen. Im Med. bei sich bewahren, festhalten; Pass. φυλάττεσθαι παρά τινι an jmdm. haften, bei ihm verborgen liegen, τὸ φυλαττόμενον der besetzte Teil • **b)** beobachten, belauern, αὐτὸν ἰόντα, νόστον, von der Zeit: τὴν κυρίην ἡμέρην abpassen • **c)** bewachen, beobachten, aufrecht erhalten, *servo,* χόλον nicht aufgeben, ὅρκια halten, ebenso σιγήν • **d)** Med. **sich hüten,** sich vorsehen, auf der Hut sein, τινά, τί, auch πρός u. περί τι, auch = φροντίζειν mit τινός jmdn. schonen; abs. πεφυλαγμένος vorsichtig. Mit Inf. mit u. ohne τό, Akk. u. Inf., od. mit μή, ὅπως μή, ὡς μή, ὥστε μή.

φυλέτης, ου, ὁ (φυλή), Angehöriger derselben Phyle, Stammgenosse.

Φυλεύς, ὁ, poet. Gen. έος, Akk. ep. ῆα, Sohn des Augeias. Als dieser dem Herakles den Lohn für die Reinigung der Ställe nicht geben wollte, entschied Ph. als erwählter Schiedsrichter für Herakles u. floh deshalb, aus Elis vertrieben, nach Dulichion. Sein Sohn Meges heißt von ihm ὁ **Φυλείδης.**

φυλή, ἡ (φύω), **1)** Stamm, Stammverein, der zu einer Stadtgemeinde zusammengetreten ist u. im Altertum meist die Grundlagen der Staaten bildete. In Sparta gab es deren drei, in Athen anfangs vier u. seit Kleisthenes zehn, in Persien nach Xen. zwölf, während Herod. nur zehn aufzählt. dah. τῶν φυλῶν Ἀκαμαντίδης ein unter den Ph. der akamantischen Angehöriger. **2)** im Kriege waren die Heerhaufen hiernach abgeteilt, daher Abteilung. **3)** bei den Römern die *tribus.*

Φυλή, ein Grenzkastell Attikas gegen Böotien, j. *Phili,* von Thrasybul besetzt, der von hier aus die 30 Gewalthaber angriff, dah. οἱ ἀπὸ Φ. die gegen die Dreißig Ausgezogenen.

φυλίη, ἡ, ep. der wilde Ölbaum, and. Wegdorn.

φυλλάριον, ου, τό, sp. Demin. v. φύλλον, Blättchen.

φυλλάς, άδος, ἡ, ion. poet. u. sp. Blätterhaufen, Belaubung, Laub, Laubstreu, im bes. laubreicher Hain.

φύλλινος, 3. buk. u. sp. von Laub gemacht.

φυλλό-κομος, 2. poet. blätterbehaart, dichtbelaubt.

φύλλον, τό (= φύλjον, lat. *folium*), Blatt, im Plur. Laub. Dav.

φυλλορροέω, sp. die Blätter abwerfen.

φυλλό-στρωτος, 2. poet. mit Laub bedeckt.

φυλο-βασιλεύς, έως, ὁ, Phylenkönig, Vorsteher der Phylen, mit sakralen und sakralrechtlichen Funktionen.

φυλοκρινέω (wie von φυλο-κρίνης, κρίνω), Stammesunterschiede machen, nach dem Stammesunterschied fragen u. entscheiden, an dem Stammbaum herumklauben.

φῦλον, τό (φύω), *stirps,* das von Natur Zusammengehörige, daher **1)** Stamm, Sippe, Geschlecht, Gattung, meist v. lebenden Wesen, gew. im Plur. von einer zu derselben Gattung gehörigen Menge. **2)** Volksstamm, Völkerschaft. **3)** Geschlecht, Familie.

φύλοπις, ιδος, ἡ, Akk. ιδα u. ιν, ep. poet. u. buk. Gedränge, Getümmel, Volksgetümmel, πολέμοιο, dann Schlacht, Kampf, oft neben πόλεμος, νεῖκος, ἔργον, auch überh. Streit.

φῦμα, τό (φύω), ein Gewächs (am Körper), Wucherung, Geschwür.

φυξᾱνορία, ἡ, poet. Flucht vor den Männern.

φύξηλις, ιος, ὁ, ἡ, ep. poet. flüchtig, feige.

φύξιμος, 2. (φεύγω), ep. poet. u. sp. imstande zu fliehen, τινά vor jmdm. Subst. (τὸ) φύξιμον Zuflucht, Rettung.

φύξις, ιος, ἡ, ep. = φυγή, Flucht.

φύραμα, τό, sp. das Gemischte, der Teig, wie

φυράτης (-ᾱτής), ὁ, sp. der knetet, verwirrt, von

φῡράω, φυρᾱ́σω usf. (φύρω), kneten, benetzen, einrühren, jmdm. etwas τί τινι; auch besudeln,

φύρδην, Adv. vermischt, durcheinander. [τί τινι.

φυρμός, ὁ, sp. Verwirrung, Unordnung. Von

φύρω, Aor. 1. ep. ἔφυρσα, sp. ἔφῡρα, u. regelm. πέφυρμαι, ἐφύρθην (sp. ἐφύρην), φυρτός. **1)** Akt. u. Pass. **a)** benetzen, besudeln, **b)** durcheinanderrühren, zusammenmengen, bes. mit einer Flüssigkeit einrühren, vermischen, kneten, **c)** übertr. verwirren, in Unordnung bringen. Adv. sp. **πεφυρμένως,** vermengt, ungeordnet, wahllos. **2)** Med. **a)** für sich, in seinem Interesse durcheinandermengen, **b)** umgehen mit jmdm., verkehren.

φῦσα, ἡ, **1)** der Blasebalg. **2)** das Blasen, **a)** der Wind, Hauch, φ. πυρός Lohe. **b)** die Blähung. **3)** die Blase u. blasenartiges Gefäß.

φυσαλίς od. **-αλλίς,** ίδος, ἡ, poet. sp. Blase, Wasserblase.

φῡσάω, φυσήσω usf. (φῦσα), 1) Akt. blasen, aufblasen, *flo,* wehen, aufblähen, *inflo,* ἄνω u. zwar πρός τι zu etwas heraufblasen, d. h. emporquellen lassen, aus Nase u. Mund dringen lassen, überh. a) ein Instrument (τί) blasen. b) anblasen, τὸ πῦρ. c) schnauben, keuchen, röcheln, abs., od. αἷμα Blutgier. 2) Pass. aufgeblasen, hochmütig sein, ἐπί τινι. Davon

φύσημα, τό, 1) der Hauch, das Tosen. 2) das Blasen, Wehen, Hervorquellen, der Sturm. 3) sp. das Aufgeblasene, die Blase. 4) übertr. der Stolz.

φυσητήρ, ῆρος, ὁ, ion. ar. sp. Blasrohr.

φυσίαμα, τό, poet. das Blasen, Hauchen, Schnauben.

φυσιάω, ep. u. poet. blasen, pusten, keuchen, schnauben, mit Anstrengung atmen.

φῡσιγγόομαι (φῦσιγξ, Blase), poet. Pass. aufgebracht, erhitzt sein.

Φυσί-γναθος, ὁ, sp. ep. die Backen blähend, „Pausback", Name eines Frosches.

φῡσί-ζοος, 2. (ζειαί), ep. u. poet. Getreide hervorbringend, -spendend.

φυσικός, 3. (φύσις). 1) Adj. a) vor Ar. nur Xen. mem. 3, 9, 1: angeboren (Ggs. διδακτός). b) seit Ar. häufig: **die Erforschung der Natur betreffend.** Dah. 2) Subst. a) ὁ φυσικός der Naturforscher. b) τὰ φυσικά Naturlehre, Physik, eine der naturwiss. Schriften des Aristoteles; τὰ μετὰ τὰ φυσικά die Metaphysik, so genannt nach ihrer Anordnung im Corpus der arist. Schriften.

φυσιολογέω, (φυσιολόγος), ar. sp. naturphilosophische Betrachtungen anstellen.

φυσιολογία, ἡ, ar. sp. Lehre od. philosophisches System über die Natur od. die Beschaffenheit der natürlichen Körper.

φυσιο-λόγος, ὁ, ar. sp. Naturforscher, Naturphilosoph; Adv. φυσιολόγως, sp. nach Art eines Naturforschers.

φυσιόω, sp. N. T. aufblähen, Pass. aufgebläht sein, sich überheben.

φύσις, εως, ion. ιος, ἡ (φύω), Vok. sp. φύσις, die **Natur** • 1) **natürliche Beschaffenheit,** z. B. φαρμάκου; Lage (eines Landes), Wesen (des Staates), auch Geschlecht. Im bes. • a) körperliche Beschaffenheit, schöne Körperbildung, **Wuchs** (Soph. OR. 740), πρὸς φύσιν in Anbetracht ihres Äußern • b) Naturanlage, **Naturell,** Charakter, Genie • c) Naturdrang, Instinkt • d) **Abstammung,** Geburt, πρὸς αἵματος φύσιν blutsverwandt • 2) **Natureinrichtung, -gesetz** (Gegens. θέσις); ὁ κατὰ φ. πατήρ natürlicher V. (nicht Adoptivvater; κατὰ θέσιν); häufig φύσει von Natur (Gegensatz: νόμοις, τέχνῃ); φύσιν ἔχει mit Inf. = πέφυκε • 3) die **Naturkraft,** ἡ τῶν πάντων φ. das Wesen aller Dinge, die Welt • 4) konkr. das Geschaffene, **Geschöpf,** Wesen, oft bloß zur Umschreibung, φύσις ἀνέρων ein sterbliches Wesen, ähnlich φ. χθονός, φ. εἰναλία die Seegeschöpfe • 5) im philos. Sprachgebrauch das Wesen, Urwesen, Urquell.

φυσίωσις, ἡ, sp. N. T. der Stolz.

Φύσκα, ἡ, Stadt in Makedonien, beim heutigen *Katranitza.*

Φύσκος, ὁ, Fluß in Assyrien, j. *Adhem.*

φύσκων, ωνος, ὁ, sp. Dickbauch, Spottname des Ptolemaios VII., von 146—117 v. Chr. [(var.).

φύστις, ἡ, poet. Geschlecht, Nachkommenschaft

φῡσώδης, 2. (φῦσα), voll Wind, an Blähungen leidend.

φῡτᾰλιή, ἡ (φυτός v. φύω), ep. poet. Gartenpflanzung, Baum- od. Weingarten.

φῠτάλμιος, 2. (φυτόν), poet. u. sp. erzeugend, nährend, γέρων reich an Nachwuchs, λέκτρα Ehebett; übertr. mit ἀλαῶν ὀμμάτων einer, der die blinden Augen von Geburt aus hat.

φυτάριον, τό, sp. Demin. v. φυτόν, Pflänzchen.

φυτεία, ἡ, die Pflanzung; übertr. Erzeugung; im N. T. das Eingepflanzte, Lehre.

φύτευμα, τό, s. φυτόν.

φύτευσις, εως, ἡ, sp. im pl. das Bepflanzen.

φυτευτός, 3. erzeugt. Von

φυτεύω (v. φυτόν, φύω), φυτεύσω usf., 1) Akt. pflanzen, entstehen lassen, bepflanzen, τί, übertr. überh. hervorbringen, bereiten, schaffen, τί, u. so erzeugen vom Vater, und gebären von der Mutter, und zwar τινί jmdm. Im Pass. φυτευθείς τινος Sohn von etwas. 2) Med. das Seine, ἀγρόν seinen Acker bepflanzen.

φῠτόν, τό (φύω), im Sing. u. Plur. **φύτευμα, τό** (φυτεύω), Gewächs, Pflanze, insbes. Gartenpflanze (βοτάνη, wildwachsende), Baum, überh. Erzeugnis, Sprößling.

φυτο-σκάφος, 2. buk. u. sp. Pflanzen umgrabend.

φυτο-σπόρος, ὁ (σπείρω), poet. und

φυτουργός, ὁ, meist poet., selten att. u. sp. 1) der Erzeuger. 2) der Bepflanzer, Pflanzer, Gärtner.

φύω (St. φῠ u. φῡ, so stets vor einf. Kons., verw. lat. *fui, futurus,* dt. *bin* u. *bauen*) • 1) trans. im Akt., ep. Impf. 3. sg. φύεν, dor. Präs. 3. pl. φύοντι, zeugen, **erzeugen,** hervorbringen, wachsen lassen, abs. ὁ φύσας der Vater, τινά od. τί, z. B. γλῶσσαν ἔφυσε hat mit auf die Welt gebracht, φ. φρένας verständig werden lernen, od. ἡ ἡμέρα φύσει σε d. h. wird zeigen, von wem du geboren bist • 2) intr. selten im Akt. (nur Il. 6, 149, buk. u. spät), gew. im Med. **φύομαι,** ep. Impf. 3. pl. φύοντο, Aor. 3. sg. φῦ, 3. pl. ἔφυν st. ἔφυσαν, opt. φυίη od. φύη (buk.), inf. (buk.) φύμεναι, Perf. ind. 3. pl. πεφύκᾱσι u. πεφύᾱσι, part. masc. πεφυῶτε, -ῶτας, fem. πεφυυῖα, Plqpf. πεφύκει(ν) u. 3. pl. ἐπέφυκον (= -κεσαν), und spät ein Aor. ἐφύην, part. φυέν (N. T.), fut. φυήσομαι • a) **entstehen,** wachsen, werden, τὰ φυόμενα Gewächse, ἐκ γῆς, τὰ πεφυκότα das Geschaffene, δένδρα πεφυκότα, ὑπὸ φηγῷ πεφυκυίῃ einer wirklichen Buche; dah. auch πεφυκώς gewachsen, eigentümlich, τὸ πεφυκός das Eigentümliche, das wahre Wesen; übertr. ἐν δ' ἄρα οἱ φῦ χειρί jmds. Hand fest fassen • b) erzeugt, geboren werden, **abstammen,** θνητοῦ πατρός, ἀπ' εὐγενοῦς τινος ῥίζης • c) von Natur eine Anlage oder Eigenschaft haben, **befähigt sein,** oft = sein, ὡς εὔφρων ἔφυ, mit Inf., ἔφυν γὰρ οὐδὲν ἐκ κακῆς πράσσειν τέχνης, bes. das Perf. **πέφυκα,** mit Inf., der Natur gemäß sein, oft geschehen, pflegen, ἐν οἷς πάντες πεφύκαμεν ἁμαρτεῖν.

Φώκαια, und -αίη, ἡ, 1) Handelsst. Ioniens, 200

Stadien v. Smyrna; frühzeitig Schiffahrt treibend und kolonisierend, z. B. um 600 v. Chr. Massilia; nach dem Sturze des lydischen Reichs wanderte ein Teil der Einw. bleibend nach Alalia (Aleria) auf Korsika. Ihre Ruinen j. *Altfokia*. Der Einw. ὁ **Φωκαιεύς** und sp. **Φωκαεύς**, Nom. plur. ion. **Φωκαιέες**, att. **Φωκαῆς**, Fem. ἡ **Φωκαΐς** (bez. auch das Gebiet v. Phokäa). Adj. **Φωκαΐτης**, ὁ, ἡ, phokäisch. **2)** **Φωκαῖαι**, αἱ, Kastell der Leontiner auf Sizilien.

φώκη, ἡ, ep. ion. poet. u. sp. Robbe, Seehund.

Φωκίς, ίδος, ἡ, Landschaft im nördl. Griechenland zwischen Böotien, Doris u. Lokris; in ihr lag das delphische Orakel. Der Einw. ὁ **Φωκεύς**. Sie machten sich durch den heiligen Krieg (356—346 v. Chr.) bekannt, den sie bes. gegen die Thebaner führen mußten, weil sie ein heiliges Stück Land umgepflügt hatten, bis sie von Philipp unterworfen und vernichtet wurden. Adj. **Φωκικός**, 3. πόλεμος, s. oben.

Φωκίων, ωνος, ὁ, athenischer Staatsmann u. Feldherr, Schüler Platons, seit 376 v. Chr. 45mal Strateg, als Politiker nüchtern und pessimistisch, redlich (χρηστός), doch stets Gegner des Demosthenes u. Förderer des makedon. Einflusses, gab 322 als Friedensvermittler mit Demades die edelsten Bürger preis, zog sich nach 319 den verdienten Haß des Volkes zu, wurde wegen προδοσία verurteilt und 318 hingerichtet.

Φωκυλίδης, ου, ion. εω, ὁ, Dichter aus Milet im 6. Jhdt. v. Chr. Die sog. Phocylidea, ein berühmtes Lehrgedicht, stammen aus viel späterer Zeit (zwischen 100 vor u. 50 nach Chr.).

φωλάς, άδος, ἡ, poet. buk. in Höhlen hausend, von

φωλεός, ὁ, sp. u. N. T. die Höhle.

φωλεύω, sp. in einer Höhle liegen; überh. liegen.

φωνάεις, εσσα, εν, poet. u. sp. = φωνήεις.

φωνασκέω, (φων-ασκός Singmeister), seine Stimme laut hören lassen, viel Lärm als Redner machen.

φωνασκία, ἡ, Probe von Redekunst u. Deklamation.

φωνασκικός, 3. sp. zur richtigen Modulation der Stimme gehörig, φ. ὄργανον Stimmpfeife.

φωνέω, Aor. ep. φώνησα, tönen, *sono*, teils und gewöhnl. abs., oder mit ὄπα die Stimme erheben, **sprechen**, μέγα laut, μέγιστον die stärkste Stimme haben, ἄπυστα leise flüstern, wie es die εὐφημία im att. Kultus der *Σεμναί* vorzugsweise erheischte, ähnl. εὔφημα φώνει nur kein Frevelwort!, überh. reden, rufen, (betend) anrufen, im bes. jmdm. zurufen, ihn anrufen, mit folg. Akk. m. Inf. auch befehlen, und mit zu ergänz. ἱστορῆσαι verraten (Soph. Trach. 382).

φωνή, dor. **φωνά**, ἡ (φᾱ in φημί), *vox*, u. poet. u. sp. **φώνημα**, τό (φωνέω), **Laut**, Ton, insbesond. **1)** von Tieren Geschrei, Gesang, Gezwitscher. **2)** von Menschen: **Stimme**, Rede, Sprache, Ruf, auch Lied; ἀπὸ φωνῆς mündlich, φωνὴν ἱέναι eine Sprache sprechen, doch auch die Stimme erheben. Im bes. **a)** spez. Kampfgeschrei, **b)** **Äußerung**, Ausdruck; Ausspruch Σιμωνίδου, φωνάς ἀφιέναι Äußerungen tun, Ausdrücke gebrauchen, πάσας φ. ἀφιέναι die Schleusen der Beredsamkeit öffnen, μηδὲ φωνὴν ἀνέχειν od. ἀκούειν nicht zu Worte kommen lassen, **c)** **Mundart**, Dialekt.

φωνήεις, εσσα, εν, mit Sprache begabt, redend; τὸ φωνῆεν (γράμμα), sp. Vokal (vgl. ἄφωνος).

φώρ, φωρός, ὁ (St. φερ in φέρω, lat. *fūr*), der Dieb, dah.

Φωρῶν λιμήν, ein Hafen bei Athen, bes. der Schleichhändler, weil außerhalb der Zone der Geltung des Handelsrechts gelegen.

φωρά u. **φωρή**, ἡ, ep. poet. buk. sp. Diebstahl.

φωράω, Fut. -άσω usf. (φώρ), **1)** heimlich aufsuchen, nachspüren, τινά, τί. **2)** entdecken, ertappen, entlarven, τινά od. mit Part.

φώρη, ἡ, ep. Durchforschung, Untersuchung.

φωριαμός, ἡ, ep. Kleidertruhe, Kleiderkiste mit Deckel.

φώριος, 2. buk. u. sp. verstohlen, heimlich.

φώς, φωτός, ὁ, Gen. plur. φωτῶν, comm. ep. u. poet., der Mensch, Sterbliche, Mann, insbes. **a)** der Gatte. **b)** der tapfere Mann, Held.

φῶς, τό, kontr. aus dem ep. u. poet. φάος, φάϝος, flektiert att. φωτός, φωτί u. nachklass. im Plur. τὰ φῶτα, Gen. φώτων; ep. u. poet. τὸ **φάος** bildet φάεος u. φάους (auch Xen.), φάει, plut. φᾰ́εα, φαέων, φάεσι u. φαέεσσι, dazu ep. zerd. τὸ **φόως** (Wurz. φαϝ in πιφαύσκω, vwdt. mit φᾰ in φαίνω u. φημί), **Licht**, Glanz, Helle, dah. • **1)** Sonnenlicht, Tageslicht, **Tag**, ἡλίου, ἡμέρας, κατὰ φῶς bei Tage, πρὶν φάους vor Tagesanbruch, εἰς, πρὸς φῶς an die Öffentlichkeit • **2)** Lebenslicht (Ggs. σκότος der Unterwelt), **Leben** • **3)** ep. u. poet. **Augenlicht**, die Augen, auch im Plur. • **4)** die **Fackel**, Beleuchtung, auch Fenster • **5)** Konkr. als Anrede: γλυκερὸν φ. süßes Leben • **6)** übertr. Hoffnungsschimmer, Rettung, **Glück**, Sieg • **7)** ep. Adv. **φάοσδε** u. **φόωσδε** ans Licht.

φωστήρ, ῆρος, ὁ, sp. N. T., im Plur. die Himmelslichter, Sterne, Glanz.

φωσ-φόρος, 2. **1)** Licht tragend oder bringend, Fackel schwingend, Bein. der Artemis. **2)** Subst. sp. N. T. Morgenstern, der Planet Venus.

φωταγωγέω, sp. mit dem Lichte führen, durch Erleuchtung leiten.

φωτεινός, 3. (φῶς), hell leuchtend.

φωτίζω, sp. u. N. T. **1)** intr. leuchten, glänzen. **2)** trans. **a)** erleuchten, erhellen. **b)** beleuchten, offenbaren. **c)** erleuchten, belehren. [Licht.

φωτισμός, ὁ, sp. N. T. die Erleuchtung; das

X.

X, χ, *τὸ χεῖ* (*χῖ*), jüngeres Zeichen für älteres *KH*, d. i. *kh*, der 22. Buchstabe des griech. Alphabets, als Zahlzeichen *χ'* = 600.

Χαβρίας, *ου, ὁ,* athen. Feldherr seit 389 v. Chr., besiegt die laked. Flotte bei Naxos 376; 367 des Verrats angeklagt, wurde er freigesprochen und fällt im Bundesgenossenkrieg tapfer kämpfend auf sinkendem Schiffe vor Chios, 357.

χᾄδην, poet. durch Krasis aus *καὶ Ἅιδην*.

χάζομαι, fast nur ep. (auch poet. u. bei Xen.), Fut. ep. *χάσσομαι*, Aor. 1. *χάσσατο* u. *ἐχάσαντο*, u. ep. Aor. 2. redupl. 3. pl. *κεκάδοντο* (*ὑπὸ δὲ — κεκάδοντο*, wo man auch Tmesis annehmen kann), **weichen,** (*ἄψ* oder *ὀπίσω*) zurückweichen, sich zurückziehen, überh. ablassen, abstehen, rasten, entfernt bleiben (Il. 16, 736, *non diu abstinuit viro*) (*κεκαδών*, *κεκαδήσω*, *-σομαι* s. *κήδω*).

χαίνω, nur Aor. 2. *ἔχανον* u. Perf. *κέχηνα*, u. als Präs. ***χάσκω*** selten in klass. Prosa (Wz. *χα, χαν*, lat. *hi-sco, hio*, ahd. *gin-ên*), **gähnen, a)** klaffen, sich auftun, im bes. *hio*, den Mund weit aufsperren, *τινί* für jmdn., ihn zu verschlingen od. etwas zu vernehmen (*πρός, εἴς τι*). **b)** nach etwas schnappen, *τινί* od. *πρός τι*. **c)** ***δεινὰ ῥήματα κατά τινος*** Schmähreden mit weitgeöffnetem Munde gegen ihn ausstoßen. **d)** platzen, aufspringen, bes. im Perf. *τὸ* ***κεχηνός*** **a)** die Öffnung, Lücke. **b)** gramm. der Hiatus.

Χαιρε-κράτης, *ους, ὁ,* aus Sphettos, Bruder des Chairephon und Freund des Sokrates.

χαιρετισμός, *ὁ* (*χαιρετίζω*, v. *χαίρω*), sp. Begrüßung, Aufwartung.

Χαιρεφῶν, *ῶντος*, aus Sphettos, eifriger Anhänger des Sokrates, der das bekannte Orakel über Sokrates erhielt und noch vor Sokrates starb, als Enthusiast mehrfach verspottet.

Χαιρίλας, *ου*, Ephoros in Sparta im J. 417.

χαίρω (Wurzel *χαρ*), Adj. verb. *χαρτός*, dazu ep. Impf. *χαῖρον*, iter. *χαίρεσκον*, Fut. 3. act. inf. *κεχαρησέμεν*, med. *κεχαρήσεται*, Aor. 1. med. *χήρατο*, Aor. 2. med. redupl. *κεχάροντο*, opt. 3. sg. *κεχάροιτο*, 3. pl. *-οίατο*, und *χάρην*, Perf. part. *κεχαρηώς*, u. poet. Perf. med. *κεχάρημαι* u. *κέχαρμαι*, u. sp. Fut. *χαρήσομαι*, **sich freuen,** fröhlich sein, Gefallen haben, gern haben, lieben, bei Hom. oft verst. durch *θυμῷ, ἐν θ.*, *φρεσίν, φρένα*, aber *νόῳ* mit Bedacht. Teils abs. *χαίρων, κεχαρηκώς* froh, freudig, teils *τινί, ἐπί, ἔν τινι*, teils mit dem Akk. der Neutra, *ὡς μέγιστα, τἆλλα*, teils mit dem Part. seine Freude haben wenn, etwas zu tun lieben, etw. gern, freudig tun, teils mit *οὕνεκα, ὅτι*. Zu bemerken ist • **1)** *χαίρων* mit Negat. nicht zum Vergnügen, d. h. nicht ungestraft, ähnl. beim Fut. u. Opt. es soll ihm übel bekommen • **2)** der Imper. *χαῖρε* als Grußformel: sei gegrüßt, wohl bekomm's, leb' wohl, *χαῖρ' ὡς μέγιστα* leb' herzlich wohl. Dah. heißt • **3)** *χαιρέτω τις* es kann jmd. gehen, fort mit ihm, ebenso *χαιρόντων πόνοι* u. ä., u. *χαίρειν ἐᾶν, εἰπεῖν, φράζειν* fahren oder gehen lassen, gut sein oder überh. sein lassen, u. *ἑρπέτω χαίρουσα* sie gehe in Gottes Namen • **4)** *χαίρειν* (mit und ohne *φάσκειν, εἰπεῖν, προσειπεῖν* u. ähnl.) • **a)** mit und ohne *τινά* od. *τινί* Glück wünschen, grüßen, willkommen heißen • **b)** *τινί* jmdn. verabschieden, Glück auf den Weg wünschen • **5)** als übliche Eingangsformel in Briefen, *τινὶ χαίρειν* mit verst. *λέγει*, d. h. er grüßt.

Χαιρώνεια, *ἡ*, Stadt am Kephissos in Böotien, bekannt durch Philipps Sieg am 2. Aug. 338 v. Chr., jetzt *Kaprena*. Adj. ***Χαιρωνικός***, 3.

χαίτη, dor. ***χαίτα,*** *ἡ*, Sing. u. Pl., fast nur ep. poet. sp. **1)** das fliegende Haar, Haupthaar, von Pferden: die Mähne. **2)** der Helmbusch.

χαιτήεις, *ήεσσα* (auch *-έεσσα*), *ῆεν*, poet. mit langer Mähne, bemähnt.

χᾰλά, *ἡ*, poet. (dor.) = *χηλή*, Huf, Klaue, Schere.

χάλαζα, *ἡ*, Sing. u. Plur., Hagel, Schloßen, auch übertr. *ὄμβρος, χαλάζης αἱμάτων* Schloßengüsse von Blut. Dav.

χαλαζάω, poet. ar. sp. hageln, behageln.

χαλαζ-επής, 2. poet. Schimpfreden hagelnd, einen Hagel von Schimpfreden schleudernd.

Χαλαῖοι, *οἱ*, Einw. von Chalaion, einer Stadt der ozol. Lokrer, beim jetzigen *Scala di Solona*.

Χαλαίστρα, s. *Χαλέστρη*.

χᾱλ-αργός, 2. dor. st. *χηλ.* (*χηλή, ἀργός*), poet. schnellhufig, schnellfüßig, schnell.

χᾰλᾰρός, 3. (*χαλάω*), nachgelassen, erschlafft, schlaff, lose, locker.

χάλᾰσις, *ἡ*, das Nachlassen.

χάλασμα, *τό*, sp. ein gelassener Zwischenraum.

χαλάω, Fut. *χαλᾰσω*, Aor. *ἐχάλασα*, buk. *-αξα*, part. poet. *-άξαις* (sp. Perf. med. u. pass. *κεχάλασμαι*), Aor. pass. *ἐχαλάσθην* (St. *χα*, verw. *χάζομαι*), **1)** trans. nachlassen, lüften, öffnen, *τί*, übertr. **a)** absol. fahren lassen. **b)** wegheben, *τὶ ἀπό τινος*. Im Pass. nachgelassen, erschlafft werden. **2)** intrans. schlaff sein, offen stehen. **b)** nachlassen, *τινός* von etwas, *τῆς φωνῆς* mit der Stimme, leise sprechen. **c)** ruhen. **d)** nachgeben, nachsichtig sein, vergeben, *τινί*.

Χαλδαῖοι, *οἱ*, **1)** ein semit. Volksstamm (assyr. *Kaldi*, die *Kasdîm* der Bibel), der, im 2. Jahrtausend v. Chr. in das südbabylon. Stromland eingedrungen, diesem den Namen *Χαλδαία* gegeben hatte. Unter Kyros I. wurden sie aus einem besonderem Volksstamm eine streng abgesonderte Priesterkaste, die sich durch astronomische Kenntnisse auszeichnete. **2)** (bei Xen.) tapferer Volksstamm in Armenien gegen Kolchis hin, auch mit den unabhängigen Chalybern (s. *Χάλυβες* 1) identifiziert.

χαλεπαίνω, Fut. *χαλεπανῶ*, Aor. *ἐχαλέπηνα*, und als Med.-Pass. ***χαλεπαίνομαι*** mit Aor. *ἐχαλεπάνθην* (*χαλεπός*), eigentl. schlimm, böse sein, daher **a)** schwer hereinbrechen, toben. **b)** übel aufnehmen, ungehalten, unwillig sein, unzufrieden, entrüstet, aufgebracht sein, zürnen, hart, feindlich handeln, hart verfahren.

χᾰλεπός, 3., schlimm, **schwierig, schwer,** d. i. • 1) mit Schwierigkeiten verbunden, **mühselig,** gefährlich, verderblich. Auch in pers. Konstr. *χαλεπή τοι ἐγὼ μένος ἀντιφέρεσθαι* es ist schwer für dich, an Mut dich (σε in τοι) mir entgegenzustellen, ähnl. *χαλεποὶ — θεοὶ φαίνεσθαι ἐναργεῖς, χαλεπὸς ἄρξαι* schwer zu lenken. Auch mit Akk. m. Inf. oder Inf., der bisweilen zu ergänzen ist, wie Il. 19, 80 *εἰπεῖν,* oder mit Part. *χαλεποὶ ἦσαν λῃστεύοντες* • 2) **beschwerlich,** unangenehm, peinlich, feindlich, hart, zornig, erbittert, mürrisch, bösartig, grausam, teils abs. *πάντα ἦν χ.* alles stand schlimm, teils *τινί, ἔς τινα* gegen jmdn. Subst. *χαλεπόν* etwas Widriges, Arges, *τὸ χ.* Unglück, Erbitterung, *τὰ χ.* Schwierigkeiten, widrige Umstände, Gefahren, Unglück • 3) Adv. **χαλεπῶς,** Komp. auch *χαλεπωτέρως* • a) schwer, schwierig, mit Mühe, *χ. ἔχειν* sich unwohl befinden, *ὑπό τινος* von etwas • b) lästig, hart, peinlich, heftig, sehr, *ἐν τοῖς χαλεπώτατα* in der allerpeinlichsten Lage, *χαλεπώτατα πράττειν* das traurigste Los haben, *χαλεπῶς φέρειν, λαμβάνειν, graviter ferre,* sich betrüben, schwierig, erzürnt sein, abs., u. *τί* od. *τινί* über etwas, ähnl. *χ. ἔχειν πρός τινα* od. *τινί* auf jmdn. zornig sein, *χαλεπώτερον χρῆσθαί τινι* gegen jmdn. heftiger verfahren.

χαλεπότης, ητος, ἡ, Schwierigkeit, d. i. a) Beschwerlichkeit, Druck, ungünstige Beschaffenheit. b) Strenge (*ξὺν χ.* unter Strenge), Härte, mürrisches Wesen, Heftigkeit, Ungestüm.

χαλέπτω, ep. poet. sp. (*χαλεπός*), bedrängen, *τινά.*

χαλεστραῖον, τό, ein Erdsalz, Soda. Von

Χαλέστρη, ion., und **Χαλαίστρα,** ἡ, Stadt Makedoniens am Axios, jetzt *Culacia.*

χαλιναγωγέω, sp. N. T. zügeln, bes. übertr. Von

χαλῑνός, ὁ, 1) Zaum, Zügel, Gebiß; übertr. Band, Fessel. 2) im Plur. mit *λινόδετοι* Seile, Taue, womit die Schiffe angebunden werden, = poet. *χαλινωτήρια, τά.* 3) der Riemen am Drillbohrer.

χαλῑνόω, zäumen, aufzäumen, *τί.*

χάλιξ, ικος, ὁ od. ἡ (verw. lat. *calx*), kleines Gestein, Kies, Mörtel, Kalk.

χᾰλιφρονέων (*χαλίφρων*), ep. einfältig.

χᾰλιφροσύνη, ἡ, ep. Schlaffsinn, Schlaffheit.

χᾰλί-φρων, 2. ep. (*χαλάω*), schlaffen Geistes, schlaffsinnig, einfältig, töricht.

χάλκ-ασπις, ιδος, ὁ, ἡ, poet. u. sp. mit ehernem Schilde, Beiwort des Herakles, während lyrische Dichter ihn eine Löwenhaut tragen ließen.

χαλκ-έγχης, 2. poet. mit eherner Lanze.

χαλκεία, ἡ (*χαλκεύω*), die Schmiedekunst.

χαλκεῖον, ion. **χαλκήιον, τό** (*χαλκεύω*), 1) die Schmiede. 2) ein eherner Kessel. 3) ein Spiegel.

χάλκειος, s. *χάλκεος.*

χαλκ-εμβολάς, ἡ, poet. mit ehernem Schiffsschnabel.

χαλκ-εντής, 2. (*ἔντος*), poet. mit eherner Rüstung.

χαλκεό-γομφος, 2. poet. mit ehernen Nägeln.

χαλκεο-θώρηξ, ηκος, ep. (ion.) st. -ραξ, od. poet. **χαλκο-θώραξ,** ὁ, ἡ, mit ehernem Brustpanzer.

χαλκεο-κάρδιος, 2. buk. mit ehernem Herzen.

χαλκεό-κρᾱνος, 2. poet. mit eherner Spitze.

χαλκεό-κτυπος, 2. poet. erzdröhnend.

χαλκεο-μήστωρ, ορος, ὁ, poet. ehernen, unbeugsamen Willens (Konj.).

χαλκέ-οπλος, 2. poet. mit ehernen Waffen.

χάλκεος, 3. u. 2., zsgz. **χαλκοῦς,** ῆ, οῦν, auch **χάλκειος,** 3. (*χαλκός*), 1) von Erz, Metall, ehern, kupfern, von Kupfer od. Erz gemacht oder geschmiedet, oder vom Erz herkommend, *χ. αὐγή* Glanz des Erzes; *χ. μυῖα,* s. *μυῖα.* 2) übertr. wie Erz, hart, unverwüstlich, stark. 3) Subst. *ὁ χαλκοῦς* eine Kupfermünze, in Athen der achte Teil des Obolos = $1^1/_2$ Pf.

χαλκεό-στερνος, 2. poet. mit eherner Brust, erzgewappnet.

χαλκεο-τευχής, 2. poet. in Erz gerüstet.

χαλκεό-φωνος, 2. ep. mit eherner d. i. stark tönender Stimme.

χάλκευμα, τό, poet. das Geschmiedete, die Fesseln, das Schwert.

χαλκεύς, έως, ep. ῆος (*χαλκός*), mit u. ohne *ἀνήρ,* der Erzarbeiter, Kupferschmied, Metallarbeiter, Eisenschmied.

χαλκευτικός, 3. geschickt in Erz zu arbeiten, in der Schmiedekunst geübt.

χαλκεύω (*χαλκεύς*), aus Erz oder Metall fertigen, in Erz arbeiten, schmieden, abs. oder *τί.*

χαλκεών, ῶνος, ὁ, ep. die Schmiede.

Χάλκη, ἡ, sporad. Insel im Ägäischen Meere.

Χαλκηδονία, -δών u. ähnl., richtig *Καλχηδ.,* s. d.

χαλκηδών, όνος, ὁ, Name eines Edelsteines, N. T.

χαλκήιον, τό, s. *χαλκεῖον.*

χαλκήιος, 3. (*χαλκήϝιος, χαλκεύς*), ep. dem Schmied angehörig, *ὅπλα* Schmiedehandwerkszeug, *δόμος* Schmiedehaus.

χαλκ-ήλᾰτος, 2. poet. (*ἐλαύνω*), aus Erz geschmiedet.

χαλκ-ήρης, εος, 2. (St. *ἀρ, ἀραρίσκω*), ep. poet. u. sp. erzverbunden, auch: mit Erz beschlagen (z. B. *σάκος, ξυστόν* aus E., ehern).

Χαλκιδική, ἡ, Halbinsel Makedoniens zwischen dem Thermäischen u. Strymonischen Busen mit den Halbinseln Pallēne, Sithonia, Akte; von Chalkis aus kolonisiert. Die Einw. **οἱ Χαλκιδεῖς,** bisw. mit hinzugef. *οἱ ἐπὶ Θρᾴκης.* Auch *τὸ Χαλκιδικὸν γένος.*

χαλκίζω, ion. poet. mit einer Kupfermünze Drehpfennig spielen.

χαλκίνδα, Adv. mit *παίζειν,* poet. = dem vorigen.

χαλκί-οικος, ἡ, die Göttin im ehernen Tempel, d. i. Athene, welche in Sparta einen ehernen Tempel mit einer ehernen Bildsäule hatte.

χαλκίον, τό, kupfernes Geschirr, ion. ehernes Instrument.

χάλκιος, 3. äol. = *χάλκεος.*

χαλκίς, ίδος, ἡ (*χαλκός*), in der Göttersprache ein Raubvogel, den die Menschen *κύμινδις* nannten.

Χαλκίς, ίδος, ἡ, 1) Hauptstadt der Insel Euböa, j. *Evripo,* welche sehr viele Kolonien nach dem Norden aussandte; in der Nähe war die Quelle Arethusa, Warmquellen, Kupfergruben; Vaterstadt des Isaios u. des Dichters Lykophron. Der Einw. **ὁ Χαλκιδεύς.** Adj. **Χαλκιδικός,** 3. 2) Stadt in Ätolien an der Mündung des Euēnos am Berge Chalkis, jetzt *Galata.* 3) Ort im südl. Elis.

χαλκο-βαρής, 2. ep., mit bes. ep. Fem. *χαλκοβάρεια*, erzbelastet, daher ehern.
χαλκο-βατής, 2. ep. mit eherner Schwelle.
χαλκο-βόας, ου, ὁ, poet. mit eherner Stimme.
χαλκο-γένειος, 2. poet. mit ehernen Kinnbacken, Wangen.
χαλκο-γλῶχῖν, ῖνος, ὁ, ἡ, ep. mit eherner Spitze.
χαλκο-δάμᾱς, αντος, poet. Erz bezwingend, schärfend.
χαλκό-δετος, 2. poet. erzbeschlagen, d. h. wo das Mauerwerk mit ehernen, durch Nägel befestigten Platten belegt war.
χαλκο-θώρᾱξ, ᾱκος, ὁ, ἡ, poet. sp. = χαλκεοθώρηξ.
χαλκο-κνήμῑς, ῖδος, ὁ, ἡ, ep. mit ehernen Beinschienen, erzbeschient.
χαλκο-κορυστής, οῦ, ὁ, ep. erzgewappnet.
χαλκόκροτος, 2. poet. von Erz tönend, erzgeschmiedet.
χαλκο-κώδων, ωνος, poet. mit eherner Klingel od. Schallöffnung. [N. T.
χαλκολίβανον, τό, eine Art Halbgold, Elektrum,
χαλκό-νωτος, 2. poet. mit ehernem Rücken.
χαλκο-πάρῃος, 2. ep., dor. poet. *-πάρᾱος*, st. -πάρειος (παρειά), erzwangig, Beiw. des Helms u. Wurfspeers.
χαλκό-πλευρος, 2. poet. mit ehernen Seiten, erzgeformt. [waffnet.
χαλκο-πληθής, 2. poet. mit Erz vollständig ge-
χαλκό-πληκτος, 2. poet. γένυς mit ehernem Schlag.
χαλκό-πους, ὁ, ἡ, Neutr. -πουν, Gen. -ποδος, ep. poet. u. sp. erzfüßig, Empedokles wegen seiner ehernen Pantoffeln, Götterrosse mit starken Hufen, bei ὁδός mit ehernen Stufen, u. von der Ἐρινύς festen Schrittes einherschreitend.
χαλκό-πῠλος, 2. ion. u. poet. mit ehernen oder kupfernen Pforten.
χαλκο-πώγων, ὁ, sp. Rotbart.
χαλκός, οῦ, ὁ, ep. Gen. χαλκόφιν, **a)** Erz d. h. Kupfer, od. ein Metallgemisch, dessen Hauptbestandteil Kupfer ist, Bronze. **b)** das aus Erz Gefertigte, ehernes Geschirr, eherne Waffen, wie man sie im Altertum von gehärtetem Kupfer hatte.
χαλκό-στομος, 2. poet. mit ehernem Munde.
χαλκό-τευκτος, 2. poet. aus Erz gemacht.
χαλκοτυπική, ἡ, Kunst, Handwerk des
χαλκο-τύπος, ὁ (τύπτω), Erz hämmernd, subst. der Kupferschmied, Messerschmied.
χαλκό-τυπος, 2. ep. vom Erz geschlagen, Beiw. der Wunde.
χαλκοῦς, ῆ, οῦν, s. χάλκεος.
χαλκόφιν, s. χαλκός.
χαλκο-χάρμᾱς, ὁ, poet. des Erzes sich freuend.
χαλκο-χίτων, ωνος, 2. ep. erzgepanzert.
Χαλκ-ώδων, οντος, ὁ, König der Abanten in Euböa. Sein Sohn Elephēnor heißt von ihm ὁ *Χαλκωδοντιάδης*.
χαλκώματα, τά, eherne, kupferne Gefäße, im bes. Schiffsschnabel, überstehende mit Erz beschlagene Bohlen.
Χάλος, ὁ, Fluß in Syrien, jetzt *Kuweik*.
χαλυβδικός, 3. poet. stählern, τὸ -κόν der Stahl.
Χάλῠβες u. *Χάλυβοι*, **1)** ein unabhängiges, tapferes u. streitbares Volk in Armenien, zeitweilig Söldner im pers. Heere (Xen. An. 4. Buch); für sie wird auch der Name *Χαλδαῖοι* gebraucht (Xen. An. 4, 3, 4. 5, 5, 17; Cyr. 3, 2, 7). **2)** Volk im Pontus, östlich von Kotyora, zwischen Tibarenern u. Mossynoiken, welch letztern sie untertan waren, berühmt wegen der Bearbeitung des Eisens (vgl. χάλυψ). Xen. An. 5, 5, 1. Aesch. Eur. Dav.
χάλυβος, ὁ, poet. u. *χάλυψ*, ῠβος, ὁ, poet. Stahl.
χᾰμα, durch Krasis aus καὶ ἅμα.
χᾰμάδις, ep. poet., Adv. u. *χᾰμᾶζε*, ep. poet. u. sp. Adv. (St. χαμ-, lat. *hum-us*), auf die Erde, zum (zu) Boden.
χᾰμᾶθεν, ion. u. poet., att. *χαμόθεν*, Adv., von der Erde, vom Boden.
χᾰμαί, Adv. (alter Lokativ, wie *humi*), **a)** auf der Erde, am Boden, auch verst. durch ἐν δαπέδῳ. **b)** zur Erde, auf den Boden, sprichw. χ. πίπτειν von vergeblichen Worten.
χαμαι-γενής, 2. ep. u. poet. erdentsprossen.
χαμαι-εύνης, ου, ὁ, ep. u. sp. mit bes. ep. Fem. *χαμαι-ευνάς*, άδος, ἡ, auf bloßer Erde liegend od. schlafend (asketischer Brauch).
χαμαί-ζηλος, 2. niedrig, gemein, klein, ὁ (verst. δίφρος) der Fußschemel.
χαμαι-κοίτης, ου, ὁ, poet. auf bloßer Erde schlafend.
χᾰμαι-λέων, οντος, ὁ, sp. das Chamäleon, eine Eidechsenart, die verschiedene Farben annimmt, dah. als Bild veränderlicher Menschen.
Χαμαιλέων, οντος, ὁ, peripatet. Philosoph aus Heraklea im Pontus um 300 v. Chr.
χαμαι-πετής, 2. (πίπτω), auf den Boden geworfen, auf dem Boden, im Staube liegend, übertr. platt, gemein, unterwürfig. Adv. *χαμαιπετῶς*, sp. am Boden hinfliegend.
χαμαιτυπεῖον, τό, sp. das Bordell.
χαμευνέω, sp. auf der Erde liegen.
χαμ-εύνη, ἡ, poet. u. sp., u. die Demin. *χαμεύνιον*, τό, u. *χαμευνίς*, buk. (χαμαί, εὐνή), Lager auf der Erde, Streu, Lagerdecke.
χᾰμόθεν, s. χαμᾶθεν.
χάμψαι, οἱ, ion., ägypt. die Krokodile.
χᾶν = καὶ ἃ ἄν.
Χαναάν, ἡ, indekl. Kanaan; adj. *Χαναναῖος*, 3. N. T.
χανδάνω, ep. u. poet., ep. Fut. χείσομαι od. χήσομαι, Aor. ἔχᾰδον, χάδον, inf. χαδέειν, Perf. κέχανδα (-χονδα), Plqpf. 3. sg. κεχάνδει (St. χενδ, χαδ, lat. *pre-hendo*, got. *bigit-an*, engl. *to get* erlangen, in ahd. *fir-gezzan*, vergessen), **1)** fassen, umfassen, in sich begreifen, enthalten, τί, übertr. χόλον, d. h. in sich verschließen, bemeistern, ὅσον κεφαλὴ χάδε d. h. soviel der Kopf faßte = so laut als möglich. **2)** ep. = χαίνω.
χανδόν, ep. u. sp. Adv. (χαίνω), den Mund aufsperrend, daher gierig.
Χάονες, οἱ, pelasgisches Volk in Epīrus.
χάος, ους, τό (für χάϝος, von St. χα, χαίνω), der leere Raum, als das erste Vorhandene; poet. der Luftraum; sp. auch die Unbegrenztheit.
χᾱός, 2. (auch χᾳός geschrieben), buk. edel.
χαρά, ἡ (χαίρω), Freude, Vergnügen, χαρᾷ u. ὑπὸ χαρᾶς vor Freude, aus Freude, abs., od. τινός

an etwas, πρὸς χαρὰν λόγων um Freude an einer Botschaft zu stiften.

χάραγμα, τό (χαράσσω), poet. u. sp. **1)** der Biß. **2)** Bild von Metall od. Stein. **3)** eingegrabenes Mal auf Stirn od. Arm, N. T.

χᾰράδρα, ion. **χαράδρη,** ἡ, u. sp. **χάραδρος,** ὁ, Erdriß, Spalt, Hohlweg, Schlucht, von reißendem Wasser: Rinnsal, Abzugskanal, Flußbett, überh. Waldstrom, Wildbach. Dav

χαραδραῖος, 3. poet. der χαράδρα, dem Abzugskanal od. Wildbach entstammend, zugehörig.

Χαράδρη, u. **Χαράδρα,** ἡ, **1)** Küstenort im SW. von Ambrakia, j. *Salachora.* **2)** Stadt in Phokis am Charadrosflusse, beim heutigen *Siwala.*

χαραδριός, ὁ, gelblicher Vogel, der in Erdspalten wohnt, viell. der Regenpfeifer. Er galt für sehr gefräßig.

χαραδρόομαι, ion. Pass., durch Gießbäche zerrissen u. unwegsam werden, κεχαραδρωμένη zerklüftet.

Χάραδρος, ὁ, **1)** ein Gießbach bei der Stadt Argos, der im Sommer austrocknete, dah. ἐν Χ. im Bette des Ch., j. *Xerias.* **2)** Fl. in Kynuria in Argolis bei der St. Neris. **3)** Nebenfl. des Amphitos und dieser des Balyra, j. *Mavrozumenos* im nördlichen Messene.

χαρακόω (χάραξ), sp. mit Pfählen **umgeben.**

χαρακτήρ, ῆρος, ὁ (χαράσσω), eigtl. das Eingegrabene, Eingeprägte, dah. das Gepräge, προσώπου Gesichtszüge; die eingeprägte Eigentümlichkeit, Kennzeichen, Merkmal, γλώσσης Mundart, auch von der Eigenart der Sprache eines Schriftstellers od. Schriftwerkes, Stil; sp. auch Schriftzeichen. χαρακτῆρες Charakterschilderungen, eine Schrift Theophrasts.

χαράκωμα, τό (χαρακόω), ein mit Pfahlwerk befestigter Platz, Wall, Verhau.

χαράκωσις, ἡ, das **Befestigen mit Pfählen.**

χάραξ, ακος, ὁ u. ἡ (χαράσσω), **1)** ein Spitzpfahl, bei Thuk. ἡ χ. ein Weinpfahl, bes. ein unten zugespitzter Schutzpfahl, Palisade; Arr. 5, 24, 1 steht kollekt. der Sing. für den Plur., u. zwar im Gen., um zu bezeichnen, daß nur ein Teil gemeint sei. **2)** Pfahlwerk, d. i. ein durch eingerammte Pfähle gebildeter Wall. **3)** überh. Bollwerk, Schutzwehr, wozu auch Wagen usw. dienten.

χᾰράσσω, χαράξω usf., ion. poet. u. sp., eigentl. *acuo,* durch Streichen oder Wetzen schärfen, überh. spitzen, ritzen; poet. eingraben, niederschreiben, γράμματα. Übertr. im Pass. aufgereizt, aufgestachelt werden, τινί gegen jmdn., u. τί über etwas.

Χάρης, ητος, ὁ, **1)** Sohn des Theochares, athen. Feldherr seit 367 neben Iphikrates u. Timotheos, mehr durch schlimme Charaktereigenschaften ausgezeichnet, starb um 325. **2)** aus Mytilene, der Alexander d. G. auf seinen Feldzügen begleitete und über ihn schrieb. **3)** sonst. männl. Eigenn. **4)** Fluß in Argolis.

Χαρί-δημος, ὁ, aus Oreos in Euböa, anfänglich, um 370, Führer von Söldnern gegen Athen, dann in attischen Diensten und unter Timotheos athen. Bürger; hernach kämpft er wiederholt als Söldnerführer für und gegen Athen; auf Alexanders Forderung wird er 336 aus Athen verbannt und 333 bei den Persern wegen seines Freimuts hingerichtet.

χαρίεις, -ίεσσα, χαρίεν (u. χάριεν), Dat. pl. χαρίεσι (χάρις), **1)** reizend, anmutig, wohlgebildet, schön, hold, lieblich. **2)** angenehm, bequem, artig; lieb, fein, wohlunterrichtet, vortrefflich. **3)** sinnreich, spaßhaft, lächerlich, dah. iron. χαρίεν εἰ verst. ἔσται es wäre etwas Schönes d. h. töricht. Subst. οἱ χαρίεντες u. οἱ χαριέστεροι ebenso die (körperlich) Wohlgebildeten als die (geistig) Gebildeten, Geistreicheren, χαρίεν eine ganz artige Sache, (τὰ) χαρίεντα bei Hom. alle anmutigen Gaben, bei Plut. witzige Äußerungen. Adv. **χαριέντως** u. **χάριεν,** reizend, schön, witzig.

χαριεντίζομαι, Dep. med., seinen Scherz treiben, scherzen, σπουδῇ in einer ernsthaften Sache. Davon

χαριεντισμός, ὁ, das Scherzen.

χαρίζομαι (χάρις), Dep. med., buk. conj. 2. sg. χαρίξῃ, Plqpf. ep. κεχάριστο, u. spät (im N.T.) Fut. χαρίσομαι in akt., χαρισθήσομαι und ἐχαρίσθην in pass. Bdtg. • **1)** einem etwas **Angenehmes erzeigen,** Gunst, Gefallen erweisen, jmdm. zu Gefallen sein, sich gefällig beweisen, teils abs., od. intr. χαριζόμενος zu Gefallen, teils τινί. Im bes. • **a)** einen Gott durch ein Opfer sich geneigt machen • **b)** von der Frau: jmdm. ihre Gunst schenken • **c)** den Leidenschaften frönen, z. B. τῷ θυμῷ, τῇ γαστρί, τῇ ἡδονῇ, τῷ σώματι • **2)** willig geben, spenden, **schenken,** zu Gefallen tun, teils abs., ῥᾴδια χαρίσασθαι leicht zu Gewährendes, teils τί τινι etwas jmdm., z. B. κενά = κενὴν χάριν umsonst nachhängen, oder τινά τινι jmds. Leben einem schenken, ihn jmdm. zu Gefallen freigeben, doch auch τινός von etwas gern mitteilen, dah. τὸ χαριζόμενον Willfährigkeit, freundliches Wesen • **3)** im Perf. u. Plupf. pass. **angenehm,** erwünscht **sein,** κεχαρισμένα Angenehmes, Liebes, aber ὡς κεχαρισμένοι als hätten sie etwas geschenkt erhalten.

Χαρι-κλῆς, έους, ὁ, **1)** Sohn des Apollodoros aus Athen, einer der Dreißig. **2)** Phokions Schwiegersohn, von Harpalos bestochen, dann flüchtig. **3)** sonst. Eigenn.

χάρις, ἴτος, ἡ (χαίρω), Akk. sp. auch χάριτα, Dat. plur. ep. χαρίτεσσι, lat. *gratia,* alles, worüber man sich freut. Dah. • **1)** Liebesdienst, **Gunst,** Gnade, Wohlgefallen, Zuneigung, Gefälligkeit. Im bes. • **a)** Beliebtheit, Volksgunst • **b)** Ehrfurcht • **c)** (auch im Pl.) **Dank;** Dankbarkeit. Dah. χάριν ἔχειν od. εἰδέναι Dank wissen, doch ἔχειν πρός τινα Gunst bei jmdm. besitzen, ἀποδοῦναι, *refero,* Dank abstatten, χάριν φέρων τινί jmdm. einen Liebesdienst erweisend, ὀφείλειν zum Dank verpflichtet sein, χ. ἀχάριτος ungünstige Gunst, ἄχαρις unliebe Liebe. Adv. **α)** (τὴν) χάριν τινός jmdm. zu Gefallen, um — willen, wegen, z. B. τούτου χάριν, τὴν σὴν χ. (auch σῇ χάριτι) deinethalben, od. γυναικὸς χάριν ἄχαριν zu eines Weibes unrechter Gunst, **β)** εἰς χ. zu Dank, als Gunst, γ) πρὸς χάριν, bes. bei λέγειν, πολιτεύεσθαι und ähnl., zu Gefallen, doch bei ἐρεῖς auch: in Güte sagen, od. πρὸς χάριν ἰσχύος nach dem Belieben der Gewalt, χάριτος ἕνεκα u. χάριτι, δ) σὺν χάριτι zur Zufriedenheit, ε) ἐν χάριτι zugunsten, ποιεῖν τινί τι jmdm. etwas zulieb tun • 2) **Reiz, Anmut,** Liebreiz, im Pl. Reize, liebenswürdige Eigenschaften, πρὸς χάριν zur Anmut • 3) personifiz. **Χάρις, ἡ,** in der Il. die Gattin des Hephaistos, Χάριτες, αἱ, die Grazien, Verleiherinnen der Anmut.

χάρισμα, τό, N. T. u. sp. Gnadengabe.

χαριστήριος, 2. (χαρίζομαι), zum Dankfest gehörig. Meist als Subst. (τὰ) χαριστήρια aus Dankbarkeit dargebrachte Geschenke, Weihgeschenke, od. Dankopfer, θύειν darbringen, ein Dankfest feiern.

χαριτία, ἡ (χάρις), Scherz, Spaß, τοῦ λόγου mit der Abteilung.

χαριτογλωσσέω, poet. nach dem Munde reden.

χαριτόω, Aor. act. ἐχαρίτωσα, Perf. pass. κεχαριτωμένος, sp. N. T. holdselig machen, begünstigen, wohltun; auch begnadigen, τινά.

χαριτ-ώνυμος, 2. poet. holdnamig, angenehm.

χάρμα, τό (χαίρω), ep. poet. sp. Freude, Vergnügen; Gegenstand der Freude, Wonne, insbes. Gegenstand der Schadenfreude, Hohn, Spott.

Χαρμάνδη, ἡ, Stadt in Mesopotamien, j. *Hit*.

χάρμη, ἡ, ep. u. poet. 1) Kampflust. 2) Kampf.

Χαρμίδης, ου, ὁ, Sohn des Glaukon, Oheim des Platon, Mündel des Kritias u. Schüler des Sokrates, fiel gegen Thrasybul.

χαρμονή, ἡ (χάρμα), Freude, Lust, Wonne.

χαρμόσυνος, 3. (χάρμα), ion. u. sp. freudig, χαρμόσυνα ποιέειν verst. ἱερά, ein Freudenfest feiern.

χαρμό-φρων, 2. ep. fröhlichen Sinnes, frohgemut.

χαροπός, 3. (χαρά, ὤψ), meist ep. u. poet. freudigen, mutvollen Blicks, kampflustig aussehend, wildfunkelnden Blicks.

Χάρ-οπος, später **Χάροψ, οπος, ὁ,** Beherrscher der Insel Syme. (Hom., Luk.)

χαροπότης, ἡ (χαροπός), sp. der mutstrahlende [Glanz der Augen.

Χαρράν, hebr. *chârân*, gr. Κάρραι, Stadt in Mesopotamien, wo Crassus † 53 v. Chr.

χάρτης, ου, ὁ, sp. u. N. T. Papierblatt, *charta*.

χαρτός, 3. (χαίρω), erfreulich, erwünscht.

Χάρυβδις, εως u. ιος, ἡ, personifizierter Meerstrudel, später in die Sizilische Meerenge verlegt (jetzt *Charillo,* doch bloß bei hochgehender See für kleine Fahrzeuge gefährlich).

Χάρων, ωνος, ὁ, 1) der Fährmann der Toten, der sie über die Styx führte. 2) Sohn des Pythokles aus Lampsakos, Geschichtschreiber, der ungefähr bis zur 80. Ol. = 460 lebte.

Χαρώνδας, α, ὁ, aus Katana auf Sizilien, gab dieser u. andern chalkidischen Pflanzstädten in Sizilien u. Italien treffliche Gesetze; wegen einer Übertretung derselben soll er sich getötet haben.

χάσκω, s. χαίνω.

χάσμα, τό (χαίνω), klaffende Öffnung a) Schlund, Rachen. b) Kluft, Erdschlund.

χασμάομαι, buk. **χασμέομαι,** Dep. med., mit offenem Munde dastehen, d. i. verlegen sein.

χάσμη, ἡ, das Gähnen, die Schläfrigkeit.

χᾆτε, durch Krasis aus καὶ ἅτε, καὶ ᾗ τε.

χἀτέρᾳ = καὶ ἑτέρᾳ. **χἄτεροι** = καὶ ἕτεροι.

χατέω, ep., u. ep. u. poet. **χατίζω** (beide nur im Präs. u. nie in Prosa), (verw. χαίνω, χῆρος), a) sich sehnen, verlangen, begehren, wünschen, abs. od. τινός od. mit Inf., Ag. 304 χατίζεσθαι, Verm. st. χαρίζεσθαι. b) bedürfen, nötig haben, τινός, Il. 17, 221 πληθύος.

χαυλι-όδων, δοντος, ὁ (χαῦλος = χαῦνος), ep. ion. ar. sp. 1) Adj. mit hervorstehenden Zähnen. 2) Subst. der vorstehende Hauzahn.

χαῦνος, 3. u. 2. (χάϜος), eigtl. auseinanderklaffend, dann überh. 1) schlaff, nachlässig. 2) aufgedunsen, aufgeblasen, hoffärtig, töricht, liederlich.

χαυνότης, ἡ, 1) Schlaffheit, Lockerheit des Bodens. 2) Aufgeblasenheit, Dünkel; Liederlichkeit, Lüsternheit.

χαυνόω (χαῦνος), schlaff, locker machen, aufblähen, im Pass. sich aufblähen, stolz sein, ἐπί τινι.

χαύνωμα, τό, sp. die locker gemachte Erde.

χέζω, poet. sp. Aor. ἔχεσα, kacken, in κατα-.

χειά, ion. **χειή,** ἡ (lat. *fovea*), ep. poet. u. sp. Loch, Höhle.

Χείδωρος, ὁ, Fluß in Makedonien, östlich vom Axios, jetzt *Galliko* (Var. Ἐχείδωρος).

χείλιοι, 3. ion. = χίλιοι, s. d.

χεῖλος, εος, ους, τό, Gen. plur. att. auch χειλέων, 1) die Lippe. Als Ausdruck für verhaltenen Zorn ὀδὰξ ἐν χείλεσι φῦναι, ὀδόντας χείλεσιν διδόναι sich auf die Lippen beißen. 2) Rand, Saum.

Χείλων, richtig Χίλων, s. d.

χεῖμα, τό, ep. poet. sp. = χειμών, s. d.

χειμάδιον, τό (χεῖμα), u. **χειμασία,** ion. **-ίη,** ἡ (χειμάζω), ion. u. sp. Winterquartier, u. zwar τῇ δυνάμει für diese Macht.

χειμάζω (χεῖμα). 1) trans. a) Sturm schicken, dem Winterfrost aussetzen, Pass. in Sturm geraten, im Frost ausharren, b) übertr. heimsuchen, in Gefahren, Leid, Unglück stürzen, beunruhigen. 2) intr. a) überwintern, im Winterquartier liegen, Xen. Hdt., b) stürmisch sein; ἐπί τινα losstürmen auf; unpers. χειμάζει es regnet, wettert.

χειμαίνω, -ανῶ in Seenot bringen; Pass. sich in Seenot befinden, Hdt.; intr. stürmisch sein; χειμαίνει, χειμαίνεται es regnet, stürmt.

χειμά-ρροος (von ῥόος, σρόος), 2., zsgz. **χειμάρρους, ου,** u. ep. poet. u. sp. **χείμαρρος,** ὁ, vom Sturmwasser (d. i. von Regenwasser od. geschmolzenem Schnee) flutend od. angeschwellt, nur im Winter fließend, im Sommer aber versiegend; χειμάρρους νάπη ein gießbachdurchströmtes Tal. Subst. ὁ χ. Gießbach, Sturzbach, Bergstrom.

χειμασίη, ἡ, s. χειμάδιον.

χειμερίζω, intr. den Winter verbringen, Hdt.

χειμερινός, 3. u. **χειμέριος,** 3. u. 2. (χεῖμα), den Winter betreffend, im Winter, winterlich, winterhaft, stürmisch, übertr. grimmig, wild, κυματοπλὴξ χειμερία (ἀκτά) von Wogen gepeitscht unter Winterstürmen, χειμέριος ὕδατι regnerisch, stürmisch; übertr. rauh.

χειμών, ῶνος, ὁ u. **χεῖμα,** τό (St. χι in χιών, lat. *hiems*), Winterwetter, Schneesturm, Winterfrost, Kälte, überh. im Sing. u. Plur. der Winter, u.

dah. auch Sturmwetter; Regenguß. Übertr. 1) ἐν χ. δορός im Schlachtenwetter. 2) überh. Leidenssturm. Gefahr.

χειμωνο-τύπος, 2. poet. mit Sturm peitschend.

χείρ, ἡ, flekt. ep. ion., poet. u. sp. auch χερός, χερί, χέρα, χειροῖν, χέρες, χερῶν, χείρεσ(σ)ι und χέρεσσι, χέρας, buk. χέρρας • 1) die **Hand** • a) im eig. Sinne die Hand, Faust, ἐκ χειρός von Menschenhand hingestreckt (Soph. Aj. 27), sonst gew. aus der Hand, in der Nähe, nahe (*comminus*); ἐκ χ. λίθοι d. h. aus freier Hand geworfene, ὅπλα ἐκ χ. Faustwaffe, das Schwert, ἐκ χ. τιτρώσκειν d. h. im Handgemenge, ἐξ αὐτῶν τῶν χ. διαφεύγειν τινά. Dag. χεῖρας ἀνατείνειν, αἴρειν die Hände emporheben als Zeichen der Zustimmung, διὰ χειρὸς ἔχειν in der Hand halten, ἐν χερσὶν, μετὰ χεῖρας ἔχειν unter den Händen haben, dann μετὰ χερσὶν ἔχειν mit den Händen halten, aber πρὸ χειρῶν ἔχειν τι etwas vor sich in den Händen halten, ὁ ἐν χερσί der gegenwärtige; bisw. pleonast. wie χειρὶ λαβεῖν u. ähnl., od. ξὺν τῇδε χερί im Verein mit mir, od. auch eigenhändig • b) der Arm, μετὰ χεῖρα μέσην mitten am Arme, χερσὶν ἔχειν τινά • c) die Seite, wie das deutsche „Hand", ἐπ' ἀριστερὰ χειρός zur linken Hand • d) Handschrift • 2) (bes. im Pl.) bildlich für Tätigkeit, Tat (im Gegens. zum Wort), **Kraft**, Macht, **Gewalt**, Tätlichkeiten; dah. ἐν χερσὶ φόως in kräftigem Zuschlagen liegt das Heil, χερὶ χρᾶσθαι tätig sein, insb. εἰς χεῖρας ἔρχεσθαι, ἐν χ. γίγνεσθαί τινι handgemein werden mit jmdm., doch auch sich in jmds. Gewalt begeben, εἰς χεῖρας ὑπομένειν bis zum Handgemenge standhalten, ähnl. ἐς χ. δέχεσθαι es zum Handgemenge kommen lassen, ὑπὸ χεῖρα ποιεῖσθαι, ἐν χερσὶ τιθέναι od. βάλλειν τινός in die Gewalt jmds. geben, ὁ ὑπὸ χεῖρα der in jmds. Gewalt ist, dah. ἐν χερσίν im Handgemenge, χειρῶν νόμος od. δίκη das Recht der Gewalt od. auch der Kampf, u. χειρῶν ἀδίκων ἄρχειν Tätlichkeiten anfangen, ἀπὸ χειρὸς μεγάλα ἐργάζεσθαι von persönlicher Tapferkeit, κατὰ χεῖρα πλήκτης • 3) eine Handvoll, wie lat. *manus*, **Schar**, Mannschaft • 4) χ. σιδηρᾶ der eiserne Enterhaken.

χειραγωγέω, sp. N.T. 1) Akt. an der Hand führen, τινά. 2) Med. sich führen lassen.

χειραγωγία, ἡ, sp. Handführung, Leitung an der Hand.

χειρ-αγωγός, ὁ, sp. N. T. der Führer.

χειραπτάζω, (χείρ, ἅπτω), ion. unter den Händen haben, behandeln.

χειριδωτός, 2. (χειριδόω), ion. u. sp. mit Ärmeln, χειρῖδες, versehen.

χειρίζω (χείρ), sp. unter Händen haben, behandeln, besorgen, ausführen, verwalten, τί.

χείριος, 2. = ὑποχείριος (χείρ), poet. unter den Händen, χειρίαν ἐφιέναι τινί, d. i. jmdm. in die Hände liefern.

χειρίς, ῖδος (falsch ἴδος), ἡ (χείρ), a) Handschuh, Manschetten. b) Hand- od. Armbedeckung als Geldsack. c) der lange Ärmel am pers. Kleide.

χειρισμός, ὁ, ion. sp. Handhabung, Behandlung, Ausführung, δογμάτων.

Χειρίσοφος, ου, aus Sparta, im Solde des Kyros d. J., später Führer der Zehntausend, starb auf dem Rückzuge.

χείριστος, s. χερείων.

χειρό-γραφον, τό, sp. u. N. T. die Handschrift, der Schuldbrief.

χειρο-δάϊκτος, 2. (δαΐζω), poet. mit der Faust zerstückelt.

χειρό-δεικτος, 2. (δείκνυμι), poet. mit der Hand gewiesen, als ein Fingerzeig.

χειρο-δίκης, ὁ, ep. der mit der Faust sein Recht sucht, das Faustrecht übt.

χειρο-δράκων, ὁ, ἡ, poet. schlangenarmig.

χειρο-ήθης, 2. (ἦθος), an die Hand gewöhnt, θεός ein Gott, den man mit Händen greifen u. herumführen kann, übertr. zahm, fügsam, gewohnt.

χειρο-κρατία, ἡ, sp. gewalttätige Herrschaft, Faustrecht, Faustherrschaft.

χειρό-μακτρον, τό (μάσσω), 1) Handtuch, mit χρύσεον bildlich von reicher goldprangender Ernte. 2) überh. Tuch.

χειρο-μύλη, ἡ, die Handmühle, welche aus zwei Steinen bestand, von denen der obere (ὄνος) mittels eines hölzernen Griffes auf dem untern (μύλη) umgetrieben wurde.

χειρονομέω (wie von χειρο-νόμος, gestikulierend), a) Arme oder Beine nach einer gewissen Regel beim Tanzen bewegen, überh. mimische Bewegungen machen, τινί mit etwas. b) durch Parieren im Faustkampf den Gegner ermüden.

χειρονομία, ἡ, sp. gymnastische Übung mit den Händen (wie Ballspiel u. ä.); insbes. a) die Gestikulation. b) das Parieren (im Faustkampf). c) (kriegerischer Tanz mit) Pantomime.

χειρόομαι (χείρ), Dep. med. (Act. selten, poet.), regelm., auch als Pass., in seine Hände od. in seine Gewalt bringen, sich (*sibi*) gewinnen, leicht fertig werden mit jmdm., (πρὸς βίαν) überwältigen, bezwingen, besiegen, sich (*sibi*) unterwerfen, unterjochen.

χειρο-πληθής, 2. (πλῆθος), die Hand füllend.

χειρο-ποιέομαι (wie von χειρο-ποιός), poet. Med., mit eigener Hand verrichten, τί.

χειροποίητος, 2. von Menschenhand (mit den Händen) gemacht, künstlich, im Gegens. zu dem, was von der Natur entstanden ist.

χειρό-σοφος, 2. sp. Gebärdenweiser.

χειρο-τένων, οντος, sp. ep. die Arme ausstreckend.

χειρότερος, s. χερείων.

χειρο-τέχνης, ου, ὁ, der Handwerker, Handarbeiter; dann (im Gegens. zu ἰδιώτης) der Meister, Künstler, Virtuos, mit ἰατορίας der Heilkünstler.

χειροτεχνία, ἡ, das Handwerk.

χειροτεχνικός, 3. zum Handwerk gehörig.

χειροτονέω, durch das Ausstrecken (Erheben) der Hände bei Volksversammlungen, Wahlen usw. abstimmen, bestätigen, zum Beschluß erheben: dann erwählen.

χειροτονία, ἡ, die Abstimmung, Wahl; τὰς χειροτονίας κρίνειν das Abstimmungsergebnis feststellen.

χειρο-τόνος, 2. (τείνω), poet. die Hände ausstreckend.

χειρουργέω (χειρουργός), 1) mit der Hand verrichten, ausführen. 2) handhaben, behandeln; insbes. a) ein Instument spielen. b) Wundarzt sein.

χειρούργημα, τό, u. **χειρουργία,** ἡ, die Tätigkeit der Hand, u. zwar **1) a)** Handarbeit. **b)** Handgriff. **c)** Handführung. **2)** im bes. als Arzneikunst, Wundarzneikunst.

χειρουργικός, 3. (vom vor.), ar. sp. in der Wundarzneikunst geschickt.

χειρόω, poet. = χειρόομαι.

χείρωμα, τό (χειρόω), poet. eigentl. das mit der Hand Verrichtete, τυμβοχόον Grab von Menschenhand, dann das Bewältigte, die Bewältigung.

χείρων, s. χερείων.

Χείρων, ωνος und **Χίρων,** ωνος, ὁ. Sohn des Kronos u. der Philyra, ein Kentaur, doch mild u. gesittet, auf dem Pelion lebend, berühmt durch seine Arzneikunde u. Seherkunst, Lehrer des Asklepios, Herakles, Achilleus usw.

χειρ-ωνάκτης, ου, ὁ, sp., und **χειρ-ῶναξ,** ακτος, ὁ, ἡ, ion. u. sp. (ἄναξ), Handwerker, Handarbeiter. Dav.

χειρωναξία, ion. **-ίη,** ἡ, ion. u. poet. das Handwerk, Gewerbe.

χείω, ep. = χέω.

χελειδονίς, ἡ, sp. f. χελιδονίς.

χελιδόνιον, τό, buk. Schwalbenkraut.

χελῑδονίς, ίδος, ἡ, poet. Schwälbchen.

χελιδονισταί, οἱ, sp. Sänger des Schwalbenliedes auf Rhodus (e. Art Bänkelsänger).

χελῑδών, όνος, ἡ (vwdt. mit κίχλη), *hirundo,* die Schwalbe.

χέλυννα, äol. = χελώνη.

χέλυς, ἡ, ep. u. poet. **1)** Schildkröte; durch Hermes' Kunst: **2)** Lyra. **3)** Brustkasten.

χελώνη, ἡ, **1)** Schildkröte. **2)** hölzernes Schirmdach (vgl. *testudo*).

Χέμμις, ιος, ἡ, j. kopt. *Chmîn,* **1)** Stadt Ägyptens in Thebaïke, später (da der Gott Chem von den Griechen als Pan gedeutet wurde) Panopolis, jetzt *Achmîm.* **2)** Insel bei Buto im Delta (Herod. 2, 156). **3)** Χεμμίτης νομός in Ägypten, mit dieser Insel.

χέρᾰδος, εος, ους, τό, ep., u. **χεράς,** άδος, ἡ, poet. ep. Steingeröll in Flußbetten.

χερείων, 2. ep. nebst ep. **χερειότερος** u. **χειρότερος,** 3., endlich **χείρων,** 2., Superl. **χείριστος,** 3., Adv., **χεῖρον** (v. ungebr. **χέρης,** wovon ep. noch χέρηι, χέρηα und χέρηες vorkommen, gering, dienend, untertan), gew. als Komp. u. Superl. zu κακός gezogen, **geringer,** niedriger, schlechter, feiger, τινὸς χ. γίγνεσθαι jmdm. nachstehen, τινὶ χ. ἐστιν es steht für jmdn. schlimmer, auch οὔ τι χέρειον od. οὐ χεῖρον mit Inf., es kann nichts schaden.

χέρεσσι, poet. dat. plur. v. χείρ.

χερμάδιον, τό, ep. u. **χερμάς,** άδος, ἡ, poet. (verw. χέραδος), poet. Feldstein, Schleuderstein.

χερνής, ῆτος, ὁ, poet., **χερνήτης,** ου, ion. εω, ὁ, poet., u. **χερνῆτις,** ιδος, ἡ (νέω spinne), ep. von der Hand lebend, arm, niedrig, dürftig.

χερ-νίβιον, τό, u. **χέρ-νῖβον,** τό (νίπτω), ep. sp. Waschbecken.

χερνίπτομαι, Med., Fut. χερνίψομαι, Aor. ἐχερν., ep. 3. pl. χερνίψαντο (χέρνιψ), eigentl. das Handwaschwasser gebrauchen, sich die Hände waschen, bes. vor dem Opfer.

χέρνιψ, ῐβος, ἡ (χείρ, νίζω), **a)** Handwaschwasser, vor der Mahlzeit. **b)** Weihwasser, geweiht durch Eintauchen eines vom Altar genommenen Feuerbrandes. Man pflegte mit ihm die Opfer u. Teilnehmer einer heiligen Handlung zu besprengen. Dah. κοινωνὸς χερνίβων eigentl. Teilnehmer am Weihwasser des Hauses, d. h. Mitglied des Hauses od. der Familie durch Aufnahme in die religiöse Genossenschaft des Herdes.

χερο-μυσής, 2. poet. die Hände mit Blutschuld befleckend.

χερό-πλᾱκτος od. **-πληκτος,** 2. (πλήσσω), poet. mit der Hand geschlagen.

Χερουβίμ (-είν, -ίν, -είμ), τά (auch οἱ, αἱ Χερουβεῖς), hebr. *kĕrûbîm,* die goldenen geflügelten Figuren auf der Bundeslade.

χερρό-νησος, ἡ, s. χερσόνησος.

χερσαῖος, 3. (χέρσος), auf dem Festlande lebend, Landgeschöpf, κροκόδειλοι Landkrokodile, von Menschen: seeunkundig.

χερσεύω, u. Pass. brach, unbebaut liegen.

χερσόθεν, poet. vom festen Lande.

χέρσονδε (χέρσος), ep. Adv., auf, an das feste Land.

χερσονησο-ειδής, 2. ion. einer Halbinsel ähnlich.

χερσό-νησος od. **χερρό-νησος,** ἡ, die Landinsel, d. i. Halbinsel, *paeninsula.* Insbes. **1)** gew. der thrakische Chersones, j. Halbinsel der Dardanellen. Die Einw. **οἱ Χερρονησῖται. 2) τῶν** Ἀράβων die arabische Halbinsel, Arabien. **3)** Ort im Korinthischen, die Ostspitze des Oneiongebirges (Thuk. 4, 42). **4)** ἡ Ἀχερουσιὰς Χερρόν. (s. Ἀχερ.), Halbinsel bei Herakleia in Bithynien. Von

χέρσος, 2. (verw. lat. *hirsutus, horreo*), ep. ion. poet. ar. sp. **1)** fest, hart, rauh, unfruchtbar (Her. 4, 123), poet. übertr. arm, leer, verwaist, denn das Trockne, Starre ist den Alten zugleich Symbol des Mangels, der Armut. **2)** festländisch. Subst. ἡ χ. das feste Land, das Trockne, das Ufer.

χερύδριον, τό, buk. (χείρ), Händchen.

χεῦμα, τό (χέω), ep. ion. u. poet. **1)** der Guß, das Naß, abs., u. τινός von etwas. **2)** im Plur. meton. Schale zum Trankopfer.

χέω (St. χεϝ: χευ: χῠ, verw. lat. *fundo,* dt. *gießen* aus ahd. *giuzan*), meist ep. u. poet., Präs. u. Imperf. bei Hom. stets offen aus χέϝω, also χέει usw., außer in χεῖσθαι, ep. Fut. χεύω, Aor. act. ἔχευα u. χεῦα, conj. 1. pl. χεύομεν, med. (ἐ)χεύατο, conj. χεύεται, u. ep. u. poet. der Wurzelaorist ἔχυτο u. χύτο, part. χύμενος, Plqpf. 3. sg. κέχυτο, ion. Perf. 3. pl. κεχύαται, u. spät (im N. T.) das Fut. χεῶ u. die Nbf. **χύννω, χύνω, gießen,** vergießen, fließen lassen • **1)** von flüssigen Dingen: ὕδωρ Zeus läßt regnen, ebenso χιόνα, auch abs. χέει; οἶνον, pass. πολλὰ δάκρυα χέοντο strömten. Im Med. (Aor. ep. χεάμην) bes. von Libationen bei Totenopfern, χοὰς χέασθαι • **2)** von trocknen Dingen • **a)** (aus)schütten, hinstreuen, φύλλα τὰ μὲν ἄνεμος χαμάδις, bes. σῆμα ein Grabmal aufschütten, errichten, δοῦρα schleudern, καλάμην χθονὶ abmähen, πλοκάμους herabwallen lassen, pass. ἰχθύες ἐπὶ ψαμάθοισι κέχυνται sind aufgeschüttet, δακρυοέντες ἔχυντο weinend strömten sie heran; auch im Med. βέλεα in Menge abschießen, übertr. *πῆχεε ἀμφί τινα* umarmen **3)** übertr. **ergießen,** hervorbringen, verbreiten, *φωνήν* ertönen lassen, *ὕπνον ἐπὶ βλεφάροισι, κάλλος κὰκ κεφαλῆς*; pass. (auch aor. *ἐχεύατο* Il. 7, 63, Wurzelaor. *ἔχυτο* usw. und Passivformen) sich ergießen, erstrecken, ausbreiten, *θάνατος, κατ' ὀφθαλμῶν κέχυτ' ἀχλύς, νόσος* hat sich verbreitet.

χή od. **χή** = *καὶ ἡ*.

χηλευτός, 3., Adj. verb. von *χηλεύω*, flechten, ion. geflochten.

χηλή, ἡ (St. *χα*, s. *χαίνω*), **1)** im Plur. die gespaltenen Klauen der vierfüßigen Tiere, ebenso die Krallen der Vögel. **2)** hufartig vorspringender, als Wellenbrecher dienender Hafendamm, Steindamm.

χηλός, ἡ (St. *χα*, s. *χαίνω*), ep. buk. Kiste, Lade, Truhe, bes. zur Aufbewahrung der Kleider.

χἠμεῖς, durch Krasis aus *καὶ ἡμεῖς*.

χήν, *χηνός*, ὁ, ἡ (lat. *ans-er* für *hanser*, ahd. *gans*), die Gans.

χην-αλώπηξ, *εκος*, ὁ u. ἡ, ion. poet. ar. sp. die Fuchsgans, eine Gans- od. Entenart.

χήνειος, ion. **χήνεος,** 3. (*χήν*), von der Gans.

Χηνεύς, *έως*, ὁ, Einw. der lakonischen Stadt Chen, vom Kreter Myson, der dort lebte.

χηνοβωτία, ἡ das Gänsehalten.

χἤξω, durch Krasis aus *καὶ ἤξω*.

χηρᾰμός, ὁ (*χάσκω*), ep. u. sp. Kluft, Höhle, Spalt.

χηρεία, ἡ, Witwenstand.

χηρεύω (*χῆρος*), **1)** intr. leer, entblößt, öde sein, *τινός* von jmdm. Im bes. nicht wieder verheiratet, bei Soph. überh. des menschlichen Verkehrs beraubt sein. **2)** trans. verwaisen.

χῆρος, 3. leer, insbes. verwitwet, Subst. **χήρα,** ion. **χήρη,** ἡ, die Witwe, abs. u. *τινός*.

χηρόω, *χηρώσω* usf., ep. ion. poet. sp. leer, öde machen, entvölkern, *τί*, u. zwar *τινός*. Im bes. des Gatten berauben, zur Witwe machen.

χηρωσταί, οἱ, ep. entferntere od. Seitenverwandte, bei Hom. s. v. a. lachende Erben.

χῆτος, *εος*, *τό*, nur im Dat. *χήτεϊ* u. *χήτει* gebr. (verw. mit *χῆρος*), aus Mangel, aus Sehnsucht, *τινός*.

χθᾰμᾰλός, 3. (*χθών*, lat. *humilis*), ep. u. sp. an der Erde, dah. niedrig, flach. Subst. *τὸ χθ.* die Niederung, der Grund, *τὰ χθαμαλώτερα* niedriger, tiefer gelegene Stellen.

χθές und **ἐχθές** (verw. lat. *heri*, *hes-ternus*, ahd. *ges-ter*), Adv. gestern, *πρώην τε καὶ χθές*, s. *πρώην*, ähnl. *νῦν τε κἀχθές* seit jetzt u. gestern, d. h. seit kurzer Zeit (*heri et nudius tertius*). Davon

χθι-ζός, 3. ep. ion. buk. sp. gestrig, am gestrigen Tage, oft st. des Adv., *χθιζὸς ἔβη* er ging gestern. Adv. *χθιζόν* und Plur. *χθιζά* gestern, *χθ. τε καὶ πρώϊζα*, s. *πρώην*.

χθόνιος, 3. u. 2. (*χθών*). **1)** der Erde, dem Lande angehörig, **einheimisch,** insbes. ureingeboren od. auch erdgeboren. **2)** unterirdisch, in, von, aus d. Unterwelt, *φάμα* in die U. dringend Soph.; *θεοὶ χθ.* Erd-, Unterweltsgötter; *χ. χάρις* Gunst des Todes. **3)** von Erde, irdisch, Aesch.

χθονο-στιβής, 2. (*στείβω*), poet. auf der Erde gehend, auf Erden.

χθονο-τρεφής, 2. poet. von der Erde erzeugt.

χθών, *χθονός*, ἡ (zu lat. *humus*, vgl. *χθαμαλός* u. *χαμαί*, *humi*), nur ep. u. poet. (sp.) **a)** Erde, Erdboden, *χθόνα δύμεναι* unter die Erde gehen, d. i. sterben. **b)** Gegend, Land.

χῖδρα, *τά*, poet. sp. geröstete Weizengraupen.

χιλιά-γωνος, 2. sp. tausendeckig; *τὸ χ.* Tausendeck.

χιλί-ανδρος, 2. tausend Mann stark.

χῑλιαρχέω, sp. bei den Römern: Kriegstribun sein (später sechs bei jeder Legion). Sie standen als Befehlshaber der Legion zwischen dem Oberfeldherrn u. den Zenturionen.

χῑλι-άρχης, s. *χιλίαρχος*.

χῑλιαρχία, ἡ, **1)** im maked. Heer Befehlshaberstelle über 1000 Mann. Die Chiliarchie bildete nämlich eine Abteilung Fußsoldaten, welche dem Namen nach aus 1000 Mann, mit den Offizieren, Unteroffizieren, Fähnrichen, Spielleuten usw. aber aus 1024 Mann bestand. **2)** bei den Römern: das Kriegstribunat, s. *χιλιαρχέω*.

χῑλί-αρχος, ὁ, u. ion. u. sp. **χιλιάρχης,** *ου*, ὁ (*χίλιοι, ἄρχω*), **1)** Anführer einer *χιλιαρχία* (w. s.), etwa Oberst. Bei den Persern derjenige, welcher den Zutritt zum Könige vermittelte. **2)** bei den Römern der Kriegstribun, s. *χιλιαρχέω*.

χῑλιάς, *άδος*, ἡ (*χίλιοι*), eine Anzahl von Tausend.

χιλι-ετής (-*έτης*), *οῦς*, 2. tausendjährig.

χίλιοι [ῑ], ion. **χείλιοι,** 3. tausend, *χίλια* Il. 11, 224 (*μῆλα*) tausend Stück. Auch im Sing. bei *ἡ ἵππος*, weil dies Kollektivum ist. Im bes. *οἱ χίλιοι* in Argos urspr. besoldete u. zum Kriegsdienst verpflichtete Bürger, die dann die Oberherrschaft an sich rissen.

χιλιό-ναυς, ὁ, ἡ, poet., dasselbe wie

χῑλιο-ναύτας, dor., Gen. *ᾱ* st. *ου*, ὁ, poet. eigtl. von tausend Schiffern, dann: mit tausend Schiffen gerüstet.

χιλιοπλασίων, 2. sp. tausendfach.

χῑλιοστός, 3. der tausendste.

χῑλιοστύς, *ύος*, ἡ, eine Schar von tausend Mann.

χῑλιο-τάλαντος, 2. sp. tausend Talente wert.

χῑλός, *οῦ*, ὁ, grünes Viehfutter, Gras, Weide, überh. Grünfutter, mit *ξηρός* Heu. Dav.

χῑλόω, füttern, *ἵππον*.

Χίλων, *ωνος*, ὁ, **1)** aus Lakedämon, Ephor 560 v. Chr., einer der sieben Weisen. Adj. *Χιλώνειος*, 3.; *τὸ Χ.* das Wort des Ch. **2)** sonst. Eigenn.

χίμαιρα [ῐ], ἡ, **1)** die Ziege. **2)** als Eigenn. Tochter des Typhon u. der Echidna, ein Ungeheuer, dessen Rachen Feuer entströmte; Symbol der Vulkane Lykiens. Es hatte vorn die Gestalt eines Löwen, in der Mitte die einer Ziege u. hinten die einer Schlange.

χίμαρος, ὁ u. ἡ, buk. poet. sp. Ziegenbock (sonst *τράγος*) und Ziege.

χιόνεος, 3. poet. schneeig, schneeweiß, -kalt.

χιονίζει (*χιών*), ion. **1)** trans. es beschneit (sc. *Ζεύς* od. *ὁ θεός*), *τί*, ein Land. **2)** intr. es schneit.

χιονό-βλητος, 2. poet. sp. beschneit, schneebedeckt.

χιονό-βοσκος, 2. poet. von Schnee genährt.

χιονο-θρέμμων, 2. poet. Schnee hegend.

χιονό-κτυπος, 2. poet. schneegepeitscht.

χιονο-τρόφος, 2. poet. Schnee hegend.

χιονό-χρως, ὁ, ἡ, poet. mit schneeweißer Haut.

χιονώδης, 2. poet. schneeartig.
Χίος [ῐ], ἡ, Insel des Ägäischen Meeres nebst gleichnamiger Stadt, j. *Scio*. Der Einw. ὁ **Χῖος,** vom Adj. **Χῖος,** 3.
Χίρων, ωνος, ὁ. = Χείρων.
χῑτών, ῶνος, ὁ, ion. **κιθών** (semit. Lehnwort), u. das Demin. **χιτωνίσκος,** ὁ. 1) ein wollenes od. leinenes ärmelloses Gewand, Leibrock, H e m d, von Männern u. Frauen unmittelbar am Leibe getragen. 2) überh. **Kleid,** auch Beinkleid Xen., im Pl. Gewandung. 3) ein ledernes, mit Erz beschlagenes (χάλκεος) Koller, W a f f e n r o c k, bildl. χ. τειχέων. 4) pl. Oberleder am Schuh Xen. Ähnl. das Demin.
χιτώνιον, τό, poet. u. sp. Untergewand, Unterkleid.
χῐών, όνος, ἡ, auch im Plur. (Wurz. χι in lat. *hiems* u. in χειμών). der S c h n e e (νιφάς die Schneeflocke).
χλαῖνα, ion. **-νη,** ἡ, nicht in att. Prosa. 1) ein ärmelloses dickes u. warmes O b e r k l e i d, M a n t e l der Männer, bes. für den Winter bestimmt. Übertr. χθονὸς χλ. der Erdenmantel, d. i. das Grab. 2) überh. wollenes Gewand, D e c k e, Teppich, bes. zum Zudecken.
χλαινόω, poet. sp. (mit einem Mantel) bekleiden.
χλαμυδη-φόρος, 2. buk. den Kriegsmantel (χλαμύς) tragend.
χλαμυδουργία, ἡ (wie von χλαμυδουργός), das Verfertigen der Oberkleider od. Reitermäntel.
χλαμύς, ύδος, ἡ, u. sp. Demin. dav. **χλαμύδιον,** τό, männliches O b e r k l e i d, Reise- u. Kriegsmantel, ursp. thessalisch u. makedonisch, für Reiter, dann auch von Epheben getragen.
χλανίδιον, τό, ion. u. poet. (χλανίς), Mäntelchen.
χλανιδοποιία, ἡ (χλανιδο-ποιός), das Verfertigen der feinen Oberkleider od. Staatskleider.
χλᾰνίς, ίδος, ἡ (verw. mit χλαῖνα), leichtes feineres O b e r g e w a n d, Sommergewand, das sowohl von Männern als Frauen getragen wurde und als Zeichen von Weichlichkeit galt. Dazu das Dem.
χλανισκίδιον, τό, poet. Mäntelchen.
χλευάζω, χλευάσω usf. (χλευή), intr. s p o t t e n, εἴς τι, trans. verspotten, τινά u. τί. Auch im Pass. u. sp. = Akt.
χλευασία, ἡ, u. **χλευασμός,** ὁ, Gespötte, Verhöhnung.
χλευαστής, οῦ, ὁ, ar. sp. Spötter.
χλευή, ἡ, poet. sp. Scherz, Spott.
χλῆδος, ου, ὁ, Kehricht, Unrat.
χλῐαρός, 3. (χλίω), ion. poet. ar. sp. lauwarm.
χλῐδᾰνός, 3. (χλιδή), poet. u. sp. schwelgerisch.
χλῐδάω, poet. u. sp. üppig strotzen, übertr. a) übermütig pochen, ἐπί τινι. b) ü p p i g l e b e n.
χλῐδή, dor. **χλιδά,** ἡ (St. χλῐδ, verw. nhd. *glitzern* u. *gleißen*), im Sing. u. Plur. Weichlichkeit, Ü p p i g k e i t, Wonnelust, Wohlleben, ἐν χλιδῇ weichlich. Im bes. meton. Schmuck, Zier, so von üppigem, langem Haar, zumal der Mädchen (Soph. El. 52).
χλίδημα, τό, poet. = χλιδή.
χλίω [ῑ], poet. 1) warm, üppig sein. 2) prunken.
χλοάζω, ar. sp. sprossen, keimen.
χλοάω, buk. milchhaarig werden.
χλοερός, 3. ep. poet. buk. sp. = χλωρός.
χλοερο-τρόφος, 2. poet. junges Grün tragend.
χλόη, ἡ, auch χλόα (lat. *hel-vus* u. *ful-vus, holus* Gemüse, ahd. *gelo* gelb), junges G r ü n, Gras, junger Zweig.
χλο-ήρης, 2. poet. grünend.
χλοη-φόρος, 2. poet. junges Grün tragend.
χλούνης, ου, ὁ, ep. der Eber.
χλοῦνις, ἡ, poet. Mannesblüte.
χλωρ-αύχην, ενος, poet. mit jugendlich kräftigem, jugendschönem Nacken.
χλωρηΐς, ίδος, ἡ, ep. Fem. zu χλωρός.
χλωρό-κομος, 2. poet. grünbelaubt.
χλωρός, 3., von der Farbe des ersten Pflanzentriebes, dah. sowohl g r ü n l i c h als g e l b l i c h, grüngelb, überhaupt b l a ß, bleich. Übertr. a) grün, d. i. f r i s c h, im Gegens. zum Vertrockneten, αἷμα Herzblut. b) frisch quellend, z. B. δακρύων ἄχνη.
χναύω, poet. abnagen.
χνοάζω (χνόος), poet. u. **χνοάω,** poet. buk. sp. den ersten Anflug von Bart, die ersten Milchhaare (Soph. OT. 742 die ersten grauen Haare) bekommen; mit Milchharen bedeckt sein.
χνόη, ἡ, poet. 1) die Radnabe für die Achse. 2) die Wagenachse selbst.
χνόος, ὁ, ep. poet. sp. Flaum, leichter Anflug; Ansatz, K r u s t e, Schaum.
χξς' als Zahl 666, mit hebr. Zeichen geschr. נרון קסר, Νέρων Καῖσαρ, N. T.
χόᾰνος, ὁ, od. **χόανον,** τό (χέω), 1) ep. der Schmelzofen, Schmelztigel. 2) sp. der Trichter.
χοᾶς u. **χόες,** s. II. χοῦς.
Χοάσπης, ου, ion. εω, Akk. ην u. εα, ὁ, Fluß in Susiana, an dem Susa lag; er hieß einheimisch Ulai = Εὐλαῖος (s. d.).
χοή, ἡ (χέω), W e i h e g u ß, Trankopfer, insbes. die T o t e n s p e n d e, welche womöglich auf dem Grabe der Angehörigen ausgegossen wurde; gew. Milch, Wein u. Honig, auch Wasser, entweder zusammengemischt od. gesondert Milch u. Honig, dann Wein, zuletzt Wasser.
χο-ήρης, 2. (χοή, ἀραρεῖν), poet. einen Guß enthaltend, ἄγγος ein Kannengefäß.
Χόης, ου, ὁ, nördl. Nebenfluß des Kabul in Indien, jetzt *Alingor*.
χοη-φόρος, 2. Totenopfer darbringend; αἱ Χοηφόροι Titel einer Tragödie des Aischylos.
χοἰ od. **χοἱ,** durch Krasis aus καὶ οἱ.
χοϊκός, 3. sp. N. T. von Schutt, Erde, Lehm.
χοινικίς, ίδος, ἡ, Reif, Ring; sp. Radbüchse, Nabe = χνόη.
χοῖνιξ, ικος, ἡ, 1) ein Getreidemaß = 4 κοτύλαι, der 48. Teil eines μέδιμνος = 1,094 Liter, überh. soviel Getreide als Tageskost auf einen Menschen gerechnet wurde, daher ὅς κεν ἐμῆς χοίνικος ἅπτηται wer mein Brot ißt, an meinem Tische sitzt. 2) Fußfessel, Beinschelle.
Χοιράδες, αἱ, Felsinsel bei Tarent in Unteritalien, jetzt *St. Pelagia* u. *St. Andreae*
χοιράς, άδος, ἡ, ion. poet. u. sp. 1) Meerklippe. 2) Kropf od. kropfartige Verhärtung am Halse, Drüsen.
Χοιρέαι, αἱ, Ort auf Euböa bei Tamynä.
χοίρειος, 3. u. ep. **χοίρεος,** 3. (χοῖρος), eigentl. vom jungen Schweine, dann überh. vom Schweine, χοίρειον od. χοίρεα (verst. κρέας, κρέα) Ferkelfleisch.

χοιρίδιον, s. χοῖρος.
χοιρίνη, ἡ, poet. u. sp. Schweinshaut.
χοιρό-κτονος, 2. poet. vom getöteten Schweine.
χοῖρος, ὁ, und Demin. **χοιρίδιον,** τό, Ferkel, (junges) Schwein.
χολάδες, αἱ, ep. u. sp. die Eingeweide, Gedärme.
χόλαμι, äol. = χαλάω 2, 3. plur. χόλαισι.
χολάω, poet. u. sp. toll sein, N. T. zürnen.
χολή, ἡ, u. ep. ion. u. poet. **χόλος,** ὁ (lat. *fel*, ahd. *galla*, verw. mit χλόη), 1) die Galle. 2) Zorn, Haß, Groll, Wut, abs., od. τινός jmds. od. woher entsprungen, wegen etwas oder jmds., τινί gegen jmdn. 3) (χολή) im N. T. auch bitteres Getränk, Wermut.
Χολλείδης, ὁ, Einw. des att. Demos Χολλεῖδαι in der Leontischen Phyle.
χολόω (χόλος), ep. ion. poet. u. sp. 1) Akt. trans., inf. ep. χολωσέμεν, zornig machen, **erzürnen,** ärgern, τινί durch. 2) Med.-Pass. **χολοῦμαι** intr., Aor. conj. 2. sg. ep. χολώσεαι, Plqpf. 3. pl. ep. κεχολώατο, u. Fut. 3. κεχολώσομαι, Adj. verb. χολωτός, in Zorn geraten, zürnen (θυμῷ, θυμόν u. ähnl.), τινί auf jmdn., τινός um jmds. od. etwas willen.
χολώδης, ες (χολή), ion. gallig.
χολωτός, 3. ep. erzürnt, zornig.
χόνδρος, ὁ, ion. poet. ar. sp. jede kleine rundliche Masse, Graupe, Korn, insbes. mit u. ohne ἁλός od. ähnl.: das Salzkorn. Auch: Knorpel.
χορᾱγός, ὁ, poet. u. sp. auch ἡ, dor. = χορηγός.
Χοράσμιοι od. Χωράσμιοι, οἱ, Volk am Unterlauf des Oxus, im jetzigen *Khowaresm*, altpers. *Uvârazami* [*zami* vgl. χαμαί] = Niederland; die Einw. wahrsch. turanische Reiter.
χορδεύω, poet. Würste machen, übertr. in Unordnung bringen.
χορδή, ἡ (s. χολάδες), eigentl. Darm; gew. Darmsaite, Saite. [Tanz.
χορεία, ἡ, u. **χόρευμα,** τό (χορεύω), der Reigen,
χορευταί, αἱ, die Chortänzer, die Chorgesellschaft, insbes. im Drama, 24 in der Komödie, erst 12, dann 15 in der Tragödie; übertr. οἱ ἐπὶ γῆς χ. die Menschen. Davon
χορευτικός, 3. sp. zum Chormitglied oder zum Reigentanz gehörig.
χορεύω, χορεύσω usf., poet. in gleicher Bdtg. das Med. **χορεύομαι,** mit Adj. verb. χορευτέον (χορός), 1) intr. einen feierlichen oder Chortanz aufführen, zu Ehren der Götter, insbes. des Dionysos, überh. tanzen, springen, abs., oder τινί einem Gotte zu Ehren, auch φροίμιον als Einleitung einen Tanz aufführen. 2) trans. a) mit Reigen feiern, τινά, mit Pass. πρός τινος. b) einen (τινά) zum Tanzen bringen; im Pass. χορευθείς der Tanzende.
χορηγέω (χορηγός), 1) einen Chor (τινί) anführen. 2) die Kosten zur Ausrüstung u. Ausführung eines Chors bezahlen (s. χορηγός), teils abs., teils mit χορηγίας od. Διονύσια für das Dionysosfest Choregien bestreiten, übertr. den Sold, Aufwand bestreiten, bezahlen. 3) ar. sp. Akt. u. Med. überh. beschaffen, τινί τι, od. τινά τινι jmdn. m. etwas ausstatten, versehen; liefern. 4) im Pass. a) unterstützt werden, Hilfe bekommen, ἔκ u. ἀπό τινος. b) beschafft, bezahlt werden.
χορηγία, ἡ, die Choregie, das Amt des χορηγός (w. s.), also 1) der Aufwand für die Herstellung der Chöre, dann 2) überh. Kostenaufwand, Mittel, χορηγίαν παρέχειν τινί die Mittel (zu etw.) jmdm. geben. 3) Ausstattung, Ausrüstung.
χορήγιον (-γεῖον), τό, 1) der Ort, wo der Chor zur Aufführung der Reigentänze u. Gesänge eingeübt wurde. 2) sp Magazin, Schatzkammer. 3) sp. Geld und andere Hilfsmittel (für den Krieg usw.).
χορηγικός, 3. zum χορηγός gehörig; sp. τρίποδες die (dem Dionysos) vom siegenden Chorēgen geweihten.
χορ-ηγός, dor. u. poet. **χορᾱγός,** ὁ (poet. u. sp. auch ἡ) (χορός, ἡγέομαι). 1) der **Chorführer,** übertr. vom Bakchos als Chorführer des Sternenreigens. 2) in Athen Chorege, Ausrüster eines (dramatischen oder Männer-)Chores, der im Namen einer Phyle alle Kosten für Kapellmeister, Kostüme u. a. zu bezahlen hatte, übertr. wer die Kosten für etw. hergibt, z. B. Philipp Dem.
χορικός, 3. (χορός), zum Chor gehörig, χορικὸν μέλος Chorlied (im Drama); τὸ χορικόν das chorische Element (im Drama), die Chorpartien, τὰ χ. der Chortanz.
χόριον, τό, poet. ar. buk. sp. a) die Haut um die Eingeweide, überh. Fell, Leder. b) ein Gericht aus Milch u. Honig.
χοροδιδασκαλία, ἡ, die Kunst des χοροδιδάσκαλος.
χοροδιδασκαλικός, 3. gehörig zum
χορο-διδάσκαλος, ὁ, Lehrer u. Einüber des Chors.
χορο-ήθης, 2. ep. an Tänze, Chöre gewöhnt.
χοροιτυπίη, ἡ (χοροι-τύπος, τύπτω), ep. poet. das Stampfen im Reigentanz, Reigentanz.
χοροί-τυπος, 2. ep. zum, beim Reigentanze geschlagen.
χορόνδε (χορός), ep. Adv, zum Reigentanze.
χορο-ποιός, 1) Adj. den Chor anordnend, ausführend, im Chor tanzend. 2) subst. Ordner des Chortanzes.
χορός, ὁ. 1) ursprüngl. u. ep. der Tanzplatz. 2) Reigen, Tanz, bes. der mit Gesang verbundene, bei feierlichen u. festlichen Gelegenheiten zu Ehren der Götter veranstaltete **Chorreigen;** χορὸν αἰτεῖν (vom Dichter) um Gewährung eines Chores bitten, διδόναι (vom ἄρχων βασιλεύς) die Aufführung gestatten, u. χορὸν ἱστάναι od. ἀνάγειν den Chorreigen aufführen, ἐξάγειν ihn aufhören lassen, χοροῖς νικᾶν bei Aufführung eines Chors den Sieg davontragen. Übertr. a) die Tänzer, die Sänger, der **Chor.** b) überh. die Schar, Truppe; ὀδόντων Zahnreihe.
χορτάζω (χορτάσω usf.), sp. 1) im Stalle füttern. 2) sättigen, τινά τινος od. ἀπό τινος einen womit; im Pass. gesättigt werden.
χόρτασμα, τό, sp. N. T. Futter, Speise.
χόρτος, ὁ (verw. lat. *hortus* u. *cohor(t)s*, deutsch *garten*), 1) ep. u. poet. Gehege, Einzäunung, Hof, Viehhof. 2) Weideplatz, Trift. 3) Futter, bes. für das Vieh, Gras, trockenes Gras, Heu, auch κοῦφος χ. genannt; dann überh. Nahrungsmittel.

4) N. T. die Saat, solange sie noch wie ein junges Gras erscheint.

χορ-ωφελήτᾱς, *ον*, poet. dem Chore nützend, -förderlich.

χοὐν, poet. durch Krasis aus *καὶ ὁ ἐν*.

I. **χοῦς,** zsgz. aus *χόος*, Gen. *χοῦ*, *ὁ* (*χέω*), die aufgeschüttete Erde, Schutt, Trümmer; sp. u. N. T. Staub.

II. **χοῦς,** *χοός*, *ὁ*, Gen. plur. *χοῶν* u. *χῶν*, Akk. *χοᾶς* (*χόας*) (*χέω*), Kanne, Maß für Flüssiges = 12 *κοτύλαι* od. 3,28 Liter; abs. u. *τινός*. Insbes. **a)** *οἱ χόες* das Kannenfest, der zweite Tag der Anthesterien; *τοὺς χοᾶς ἄγειν*, das K. begehen. **b)** *οἱ τῆς θαλάττης χόες* (die) Kannen, mit denen das Meer ausgemessen werden soll; sprichwörtl. für das Unerforschbare.

χόω, mit der sp. Nebenf. **χώννυμι,** (v. I. *χόος*, *χοῦς*, zu *χέω*), schütten, aufschütten, aufwerfen, auftürmen, aufführen, errichten. Im besond. **a)** einen Erddamm, Damm aufführen, verschanzen. **b)** mit Schutt od. Erde ausfüllen, abs. od. *τί*, u. zwar *ἐπί τινι* über jmdn., *πρός τι* gegen etwas. Pass. auch angeschwemmt werden; subst. *τὸ κεχωσμένον* ein aufgeworfener Damm.

χραίνω (verw. mit *χρίω*), Fut. *χρᾰνῶ*, Aor. act. *ἔχρᾱνα*, pass. *ἐχράνθην*, meist poet. **1)** Akt. u. Pass. eigentl. bestreichen, dann übertr. beflecken, verletzen, entheiligen, *τί*, *τινά*. **2)** Med. etw. von sich (*χεῖρα* seine Hand) beflecken, *τινί* mit etwas.

χραισμέω, fast nur ep., Aor. 2. *ἔχραισμε*, *χραῖσμε*, conj. *χραίσμῃ*, *-μωσι*, inf. *χραισμεῖν* (*χρῆ-σθαι*), nützen, helfen, beistehen, frommen, teils absol., doch fast immer mit der Negation, teils mit Dat. jmdm., und mit Akk. *τί* oder *τινά* in etwas, od. in bezug auf etwas od. jmdn., so daß es = abwehren wird, *ὄλεθρον* od. *τινά* (Il. 1, 566).

I. **χραύω,** ep. u. ion., Aor. 1. conj. *χραύσῃ* (u. *ἐγχραύω*), ritzen, streifen, leicht verwunden, *τινά*.

II. **χραύω,** ep., nur im Aor. 2. *ἔχραον* (für *ἔχρᾰϝον*, verw. lat. *ingruere*), fiel an, befiel, *τινί* jmdn., od. *τινά*, *τί* mit Inf. der Absicht, zu — (vgl. *ἐπιχραύω*).

ΧΡΑ-, ΧΡΗ-, Verbal- u. Nominalstamm mit der Grundbedeutung bedürfen, nötig haben, verlangen, brauchen, zu dem gehören:

I) (χράω, leihen), mit einem seltenen Präsens *κίχρημι* einem das Nötige geben, bes. **leihen,** darleihen, *τινί τι*, im Med. sich (*sibi*) geben lassen, entlehnen, *παρά τινος*.

II) χράω (Orakel geben), ion. **χρέω,** ep. **χρείω** (*χρήω* nur Od. 8, 79), bildet im Präs. und Impf. ion. *χρᾷς*, *χρᾷ*, *χρᾶν*, *χρέωσα*, *χρᾶσθαι*, *χρεώμενος*, *ἐχρέωντο* (Var. *χρῇς*, *χρῇ*, *χρῆν*, *χρῶσα*, *χρεόμενος*, *ἐχρέοντο*), die übrigen Tempora in allen Dialekten gleichmäßig, und bedeutet • **1)** im Akt. ein **Orakel geben,** verkünden, abs. od. *τί*, *ἀμφί τινι* od. Inf., A. c. I. • **2)** im Med. sich ein Orakel geben lassen, ein Orakel od. einen Gott **befragen,** abs. od. *τινί* (*θεῷ*, *χρηστηρίῳ*), *περί*, *ἀμφί τινος* • **3)** im Pass. mit Aor. *ἐχρήσθη*, Perf. *κέχρησται*, part. *κεχρησμένος*, Plqpf. *ἐχέκρηστο* (Var. *-ηται*, *-ημένος*, *-ητο*), es wurde der Orakelspruch (*ὁ χρησμός*, *τὸ χρηστήριον* u. ä.) erteilt, Part. abs. *χρησθὲν αὐτῷ* da ihm verkündet war, nach dem Orakel.

III) χράω (verlangen), poet., nur im Präs., **verlangen,** fordern, wünschen; vgl. *χρήζω*.

IV) χράομαι, Dep. med. (brauchen), ion. **χρέωμαι,** kontr. ion. *χρᾶται*, *χρᾶσθαι*, imper. *χρέω*, part. *χρεώμενος* (auch ep.), Impf. *ἐχρέωντο* (Var. *χρῆται*, *χρῆσθαι*, *χρέο*, *χρεόμενος*, *ἐχρέοντο*), flektiert aber sonst übereinstimmend mit dem Attischen • **1)** ep. poet. buk. (selten pros.) brauchen = **bedürfen,** sich sehnen, *τινός*, u. so bes. ep. im Part. perf. *κεχρημένος* mit Präsensbdtg. bedürftig, *νόστου* sich sehnend nach der Rückkehr; dürftig, darbend, *τινός*, *ἐμεῦ κεχρήσετ' ἀοιδοῦ* er wird mich als Sänger nötig haben; poet. auch mit Inf. • **2)** brauchen = **gebrauchen,** sich bedienen, benutzen, überh. haben, mit *οὕτω* es so halten. Teils abs., *χρῆσθαι παρέχειν* d. h. zum Gebrauch, teils mit *τί* in *τί χρήσομαι αὐτῷ* u. ähnl. was soll ich mit ihm anfangen? teils • **a)** *τινί* etwas. Im bes. *θυσίαις* Opfer darbringen, *τῇ χειρί* handgreiflich werden, *νόμοις* u. ähnl. handhaben, beobachten, *συμφορᾷ* u. ähnl. voll Leids werden, Leid erdulden, aber *τοῖς δεινοῖς καλῶς* sich in Gefahren gut benehmen, übertr. *τοῖς πράγμασι* sich in die Umstände zu schicken wissen, *θυμῷ* u. ähnl. dem Unmut sich hingeben, überh. einem Hange usw. folgen • **b)** *τινί* jmdn., mit jmdm. **verkehren,** insbes. auch fleischlich, dann überh. umgehen, behandeln, *οἱ χρώμενοι αὐτῷ* die mit ihm umgingen, seine Freunde. (Bisweilen kann man das Part. *χρώμενος* durch mit od. ähnl. Praepp. übersetzen, z. B. *θείῃ πομπῇ χρεόμενος* durch göttliche Schickung) • **c)** *τινί* mit Adjj. jmdn. od. etwas als etwas nehmen, od. finden, *τινὶ πιστῷ* jmdn. zum treuen Freunde haben, *τινὶ πειθομένῳ* jmdn. in Gehorsam halten, od. *τινί τινι* jmdn. als etwas behandeln, zu etwas gebrauchen, oft mit *ὡς* od. *ὥσπερ τινί* • **d)** (*τινί*) *τι*, *εἴς*, *ἐπί*, *πρός τι*, *ἐπί τινι* (jmdn. od. etwas) zu etwas. z. B. *αὐτῷ τοῦτο ὅ τι σὺ βούλεαι* gebrauche ihn, wozu du willst, verfahre mit ihm nach Belieben, *παραδιδόναι ἑαυτόν τινι χρῆσθαι ὅτι βούλεται* sich jmdm. auf Gnade od. Ungnade ergeben, ähnl. *τοῖς διαλεγομένοις χρ. ἐν τοῖς λόγοις ὅπως βούλεται*. Ähnl. (*τινί*) *τι ἄλλο χρῆσθαι* jmdn. zu etwas anderem verwenden. Dagegen *χρ.* (*βασιλεῖ*) *πάντα δι' ἀγγέλων* (mit dem König) in allem durch Boten verkehren.

V) χρή, χρῆμα, χρεία usw., s. bes.

χρεᾶ, att., u. **χρέᾰ,** ep., Nom. Acc. Plur. v. *χρέος*, s. d.

χρεία, *ἡ* (*χράω*, *χράομαι*), **1)** franz. *besoin*, **Bedürfnis,** Not, Bedarf, Mangel, Anliegen, Wunsch; Interesse, Geschäft, teils abs. *πρὸς τί χρείας*; wozu nach ihrer Absicht? *πᾶν τὸ χρείας ἱστάμενον* jedes sich seiner Zeit einstellende Bedürfnis, teils *τινός* jmds., von etwas, *ὧν χρείαν ἐρευνᾷ* was der Gott wert achtet zu erforschen, od. mit Inf. **2)** (auch im Plur.) Gebrauch, Benutzung, Ver- od. Anwendung, Praxis, **Nutzen,** Vorteil, Dienst, *ἐν χρείᾳ εἶναι* im Gebrauch sein, genossen werden Im besond. **a)** Naturbedürfnis, Notdurft. **b)** Umgang, *τινός* mit jmdm.

I. **χρεῖος,** *τό*, Subst., s. *χρέος*.

II. **χρεῖος,** 3. poet. u. sp. Adj. (altatt. χρήιος), dürftig, bedürftig, entblößt, τινός von etwas.

χρειώ (eigentl. **χρηώ**), u. **χρεώ** (stets einsilbig u. vor Vokalen auch kurz), ἡ, Gen. χρειοῦς u. χρεοῦς, Dat. χρειοῖ, **Bedürfnis, Not,** Notwendigkeit, Mangel, Verlangen, Wunsch, Begehr, oft ohne Verbum, ἦ τι μάλα χρεώ gewiß ist es recht nötig, ganz wie χρή, dessen sämtliche Konstruktionen es teilt, mit Inf., mit Akk. der Person, τίπτε δέ σε χρεώ; was bedarfst du dies?, u. Gen. der Sache οὔ τί με ταύτης χρειὼ τιμῆς ich habe diese Ehre gar nicht nötig.

χρειώδης, 2. (χρεία), sp. nötig, nützlich.

χρείων, s. II. χράω. **χρείως,** Var. zu χρεῖος, s. χρέος.

χρεμέθω, poet., sp. ep., und **χρεμετίζω,** Impf. ep. χρεμέτιζον, wiehern. Dav.

χρεμετισμός, ὁ, poet. u. sp. das Wiehern.

χρέμπτομαι (verw. χρεμετίζω), poet. u. sp. sich räuspern, u. zwar μύχιόν τι tief aus der Brust.

χρεόν, ion. für **χρεών,** s. χρή.

χρέος, ους, u. **χρέως,** ως, τό, ep. **χρεῖος** (aus χρῆϝος, var. χρείως, richtig **χρῆος**), Plur. χρέα (ep. χρέα), εῶν (χράω, χράομαι), **1)** = χρεία. **2) Schuld,** Verpflichtung, Obliegenheit; χρέως ὀφείλεται ἐπί τινι eine Schuld lastet auf etwas. Insbes. **a)** Geldschuld, Schuldforderung. **b)** Schadenersatz. **c)** Verpflichtung, Gebühr; κατὰ χρέος nach Gebühr. **d)** Sache, τί χρέος; was gibt's? **e)** Besitz, Soph. OC. 251 werter Besitz.

χρεοῦς v. χρεώ, s. χρειώ.

χρε-οφειλέτης, ου, ὁ, N. T. sp. der Schuldner.

χρέω, s. II. χράω.

χρεώ, s. χρειώ. **χρεών,** s. χρή.

χρεω-κοπίδης, ὁ, sp. der Schuldenaufheber.

χρεωλυτέω (wie von χρεω-λύτης), sp. eine Schuld ablösen, bezahlen.

χρεώμενος u. ähnl., s. II. χράω u. χράομαι.

χρεών, τό, s. χρή.

χρέως, τό, indekl. att. Nebenf. (auch als Gen. u. Akk.) zu χρέος, Schuld.

χρεώστης, ου, ὁ, sp. Schuldner.

χρε-ωφειλέτης, ου, ὁ, var. zu χρεοφειλέτης, s. d.

χρή, eigtl., wie χρεῖος u. χρειώ (χρῆος u. χρηώ), ein Subst. (= **Bedarf, Mangel, Verlangen**), τὰ χρὴ ἐόντα das Notwendige, seit Homer meist unpers. wie *opus est*: **es ist nötig,** ziemt, frommt, man braucht, muß, darf, mit Inf. u Akk. der Person, τί σε χρὴ ταῦτα λέγεσθαι; u. mit Gen. der Sache, ὅττεό σε χρή wonach dein Begehr ist • Durch Krasis mit Formen von εἰμί (ᾖ, εἴη usf.) zu Verbalformen verbunden: conj. χρῇ, opt. χρείη, inf. χρῆναι, Imperf. (ἐ)χρῆν es hätte (geschehen) sollen, Fut. χρῆσται (= χρὴ ἔσται), außerdem χρήσει; auch: es ist Schicksalsbestimmung, beschieden. (τὸ) **χρεών** (ion. χρεόν, indekl., poet. auch τοῦ χρεών), notwendig, nötig, gebührend; Bedürfnis, Pflicht, auch Schicksal; auch als absol. Akk. da, obwohl es nötig war, οὐ χρεών wider Gebühr.

χρή, τό, poet. (Var. χρῆν), das Schicksal.

χρῄδοιτε, s. χρῄζω.

χρῄζω, attisch nur im Präs. u. Impf. gebraucht, ep. und ion. **χρηΐζω,** ion. mit Fut. χρηΐσω, Aor. ἐχρήϊσα, dor. χρῄσδω (od. χρῄδδω; χρῄδοιτε bei Plut. Lys. ist Opt. praes. od. aor. 2.), Intens. von χράω, **1)** nötig haben, verlangen, **wünschen,** fordern, wollen, bedürfen, brauchen, abs. im Part. dürftig. **2)** poet. prophezeien, bei Soph. OC. 1426 χρῄζει γάρ näml. unsern wechselseitigen Tod.

χρηΐσκομαι, ion. Iterat. zu χράομαι, gewöhnlich Mangel haben an etwas (τινί).

χρῆμα, τό (χράομαι), alles Brauchbare. Dah. **1)** allg. Ding, **Sache,** Unternehmung, Ereignis, τί χρῆμα warum? κακὸν τὸ χρ. das Begehren ist schlimm, Soph. Phil. 1265. ἐπὶ κόσῳ χρ. um welchen Preis? **2)** m. Gen. ein Einzelnes hervorhebend: Stück Ding von, μέγα χρ. πέτρας ein Koloß von einem Felsen, ὑὸς μέγα χρ., χειμῶνος χ. ἀφόρητον ein furchtbarer St. Hdt., ähnl. παίδων, γυναικός; allg. ἐς ἀφανὲς χρ. ins Ungewisse, πάντα χρ. alles, πᾶν χρ. alles Mögliche. **3)** im Pl. Güter, **Geld** (χρήματ' ἀνήρ, G. regiert die Welt), Vermögen; ἱρὰ χρ. Tempelvermögen. Im bes. auch Viehherde od. Beute.

χρηματίζω, Fut. att. -ιῶ, sp. -ίσω usf. **1)** Akt. ein Geschäft betreiben, eine Sache **verhandeln,** unterhandeln, von jeder öffentlichen Verhandlung, dah. von Göttern: ein geneigtes Ohr leihen, von Beamten: Audienz erteilen, Amtsgeschäfte verrichten, von dem Rate in Athen: Bericht erstatten, überh. Bescheid erteilen; N. T. göttlich belehren; antworten, weissagen, Orakel deuten; einen Namen führen. **2)** Med. **a)** = Akt. verhandeln (bes. in eigenen Angelegenheiten), Hdt., **b)** für sich (*sibi*) **Geschäfte treiben,** Geld verdienen, sich bereichern, χρηματισμόν auf ein Gewerbe ausgehen, ἀπό, ἔκ τινος aus od. von etw. od. jmdm.

χρηματικός, 2. sp. den Erwerb, das Geld betreffend, an Geld; οἱ χρ. die Reichen.

χρηματισμός, ὁ, **1)** (χρηματίζω) amtliche Tätigkeit, Besorgung eines öffentlichen Geschäftes, insbes. **a)** sp. Verhandlung. **b)** sp. u. N. T. göttlicher Ausspruch, Orakel, Weissagung. **2)** (χρηματίζομαι), geschäftliche, gewerbliche Tätigkeit, Gewerbe, Gelderwerb, Bereicherung, Quelle des Erwerbs; im Plur. Habsucht, Geiz.

χρηματιστήριον, τό, sp. Warenhaus, Kaufhalle, Basar; Börse.

χρηματιστής, οῦ, ὁ (χρηματίζω), einer, der Geschäfte, bes. Handels- oder Geldgeschäfte treibt, ein betriebsamer Mensch, Geschäftsmann, insbesond. Gelderwerber.

χρηματιστικός, 3. zum χρηματίζεσθαι geeignet, Gewinn anzeigend, οἰωνός ein Reichtum verkündender. Subst. **a)** ὁ χ. der Geschäftsmann; plur. die Geldmänner. **b)** ἡ χρ. die Erwerbsamkeit.

χρηματο-δαίτης, ὁ, poet. der das Vermögen teilt.

χρήμη, ἡ, poet. u. **χρημοσύνη,** ἡ, poet. Not, Mangel, Armut.

χρῆν, zu τὸ χρή s. d.

χρήννυμι, χρηννύω, sp. st. I. χράω, κίχρημι, leihen, ausleihen.

χρῆος, τό, = χρεῖος, τό, ep., s. χρέος.

χρήσδω, buk. (dor.) st. χρῄζω, w. s.

χρησιμεύω, sp. Vorteil bringen, πολλά viel eintragen.

χρήσιμος, 3. u. 2. (χράομαι). **1)** von Dingen: **brauchbar,** nützlich, heilsam, tüchtig, tauglich, angenehm, von Opfern: Glück verkündend. **2)** von Personen: gut, **rechtschaffen,** tüchtig, εἴς, ἐπί, πρός τι zu, für etwas, od. mit Inf. od. Part., z. B. ἡγούμενοι als Führer. Adv. **χρησίμως** ἔχειν τινί vorteilhaft sein Thuk.

χρῆσις, εως, ἡ, **1)** (χράω), das Leihen od. Borgen. **2)** (χράομαι) **a)** Bedürfnis. **b)** Gebrauch, Benutzung, Anwendung, τινός von etwas, auch εἴς τι, z. B. αἱ εἰς τὰ πολεμικὰ χρ. die Benutzung der kriegerischen Anstalten. **c)** Umgang, Verkehr.

χρησμολογία, ἡ, sp. das Wahrsagen.

χρησμο-λόγος, 2. weissagend; mit u. ohne ἀνήρ Wahrsager u. Orakeldeuter.

χρησμός, ὁ (χράω), die Antwort des Orakels, Orakelspruch, überh. Weissagung, Prophezeiung, ἀπὸ χρησμῶν auf Prophezeiungen hin.

χρησμοσύνη, ἡ (χρησμός), ion. poet. sp. **1)** (χρῄζω) das Verlangen (Her. 9, 33, nach and. v. II. χράω: Wahrsagekunst). **2)** Dürftigkeit, Not, Mangel.

χρησμῳδέω (χρησμῳδός), weissagen, verkünden.

χρησμῳδία, ἡ (-δέω) = χρησμός.

χρησμ-ῳδός, 2. (ᾠδή), Orakel singend, weissagend. Subst. ὁ χρ. der Orakelsänger, Weissager.

χρηστεύομαι, N. T. u. sp. sich liebreich erzeigen.

χρηστηριάζομαι, Med. sich ein Orakel verschaffen, abs., od. τινί durch jmdn. od. etwas, περί τινος, ἐπί τινι über etwas.

χρηστήριος, 3. u. 2. (als Adj. ion. u. poet.), dem Wahrsager (χρηστήρ von χράω) od. Orakel angehörig. Subst. **τὸ χρηστήριον, 1)** (oft im Plur.) Orakelsitz. **2)** Orakelspruch. **3)** Opfertier.

χρήστης, ου, ὁ, Gen. plur. χρήστων, **1)** Gläubiger, Wucherer. **2)** poet. Schuldner.

χρηστικός, 3. (χράομαι), sp. **a)** zum Gebrauch dienlich, brauchbar. **b)** der etwas (τινί) zu gebrauchen versteht. **c)** δύναμις χρηστική die Fähigkeit zu gebrauchen, etw. τινί.

χρηστογραφία, ἡ, sp. gute u. schöne Malerkunst.

χρηστοκαρπία, ἡ, sp. das Tragen guter Früchte, die Trefflichkeit der Früchte.

χρηστολογία, ἡ, N. T. u. sp. Schönrednerei.

χρηστομαθής, 2. (μαθεῖν) sp. der das (zu einer Wissenschaft) Nötige, Nützliche erlernt hat, kenntnisreich.

χρηστός, 3. **1)** von Dingen wie χρήσιμος. **2)** bes. von Personen: ehrenwert, **edel,** gut, aufrichtig; bes. gütig, mild, χρηστόν τι ein nützlicher Rat. Subst. οἱ χρηστοί die gutgesinnten Bürger, Edeln; χρηστά Wohltaten, Glück.

χρηστότης, ἡ, Biederkeit, Gutherzigkeit, Milde.

χρῖμα, τό, u. **χρῖσμα** (u. **χρίσμα**), τό (χρίω), Salbe, Salböl; σύειον Schweineschmalz; μύρον wohlriechendes Öl; Tünche.

χρίμπτω (Erw aus χρίω), Fut. χρίμψω, Aor. act. ἔχριμψα, med. ἐχριμψάμην, pass. ἐχρίμφθην, ep. poet. buk. **1)** Akt. **a)** trans. berühren lassen, τί, **b)** intr. sich nahehin ducken, τινί. **2)** Med. **a)** trans. nahe bringen, τὶ πρός τι. **b)** intr. nahe kommen, τινί. **3)** Pass. sich herzudrängen, mit πέλας.

χρῖσις, εως, ἡ (χρίω), das Salben.

χρῖσμα, s. χρῖμα.

χριστ-έμπορος, ὁ sp. der mit Christus Handel treibt, aus ihm ein Geschäft macht. [christl. Religion.

χριστιανός, ὁ, N. T. u. sp., Christ, Bekenner der

χριστός, 3. poet. **a)** gestrichen. **b)** gesalbt; dann ὁ **Χριστός,** N. T. der Gesalbte des Herrn. Von

χρίω [ῑ] (χρῑ(σ), verw. χρίμπτω, χραύω), Perf. pass. κέχρῑ(σ)μαι, Aor. pass. ἐχρίσθην, Adj. verb. χριστός, u. ep. Impf. χρῖον, Aor. χρῖσα, eigtl. auf der Oberfläche eines Körpers hinstreichen, dah. hinstreifen lassen, gew. **1)** bestreichen, anstreichen, färben; ἰούς (erg. φαρμάκῳ) vergiften. **2)** salben. **3)** stechen.

χρόα, χροιά, u. ion. **χροιή,** s. χρώς.

χροΐζω, poet. berühren, u. **χροΐζομαι,** buk. Fut. χροϊξεῖται, sich an jmds. Leib hinlegen, τινί.

χρόμαδος, ὁ, ep. das Knirschen, τινός. [Syrakus.

Χρόμιος, ὁ, Freund und Schwager des Gelon von

χρονίζω, Fut. χρονιῶ usf., die Zeit zubringen, lange bleiben, zaudern, zögern. Im Pass. alt werden.

χρονικός, 3. (χρόνος), sp. die Zeit betreffend, τὰ χρ. Zeitangaben, Chronologie.

χρόνιος, 3. u. 2. (χρόνος), seit, während langer od. geraumer Zeit, lange Zeit hindurch, lange dauernd, langwierig, langdauernd, auf lange Dauer berechnet, spät, säumig.

χρόνος, ὁ • **1) Zeit, Dauer,** insbes. **Lebenszeit, Alter,** dah. Soph. Ant. 681 χρόνῳ durch unsere lange Lebenszeit. Im Pl. • **a)** die Zeiten, od. auch die Zeitangaben • **b)** Aufenthalt, Verzögerung • **2)** Adv. stehen • **a)** χρόνον seit geraumer Zeit, u. πολλοῦ (τοῦ) χρ. binnen langer Zeit, ὅσονπερ χρ. solange, ὀλίγου (*brevi*) χρ. in kurzer Zeit, ähnl. βαιοῦ, οὐ μακροῦ χρ., aber τοῦ λοιποῦ χρ. in Zukunft • **b)** (τῷ) χρόνῳ u. ähnl. ἐν od. σὺν χρ. allmählich, endlich, doch auch nach langer Zeit, τοσῷδε χρ. nach so langer Zeit, χρόνῳ auch pleon. bei ὕστερον • **c)** χρόνον eine Zeitlang, πολὺν χρ. lange Zeit, ἕνα χρ. auf einmal, οὐδένα χρ. keinen Augenblick, τὸν ἀεὶ χρ. für alle Zeit • **d)** ἀνὰ χρόνον nach und nach • **e)** ἀφ' οὗ χρόνου seitdem • **f)** διὰ χρόνου nach langer Zeit, χρόνος διὰ χρόνου Stunde um Stunde, auch von Zeit zu Zeit • **g)** εἰς χρόνον u. εἰς τὸν ἔπειτα χρ. für die Zukunft, ἐς τὸν ἅπαντα χρ. für alle Zeit • **h)** ἐπὶ χρόνον auf eine Zeitlang, • **i)** κατὰ τὸν αὐτὸν χρ., κατὰ od. ὑπὸ τοὺς αὐτοὺς χρ. um dieselbe Zeit • **k)** ὑπὸ χρόνου durch Schuld der Zeit • **l)** ἔν τινι χρόνῳ nach einer gewissen Zeit; ἐν χρόνῳ lange Zeit • **m)** sp. πρὸ χρόνου τινός einige Zeit vorher.

χρονοτριβέω, ar. sp. N. T. = χρονίζω.

χρόος u. ähnl., s. χρώς. **Χρύσα,** s. Χρύση.

χρῡσ-αμοιβός, ὁ, poet. der Geldwechsler, u. zwar σωμάτων der gegen Leiber, nämlich die Asche, Gold austauscht. [Stirnband.

χρῡσ-άμπυξ, υκος, ὁ, ἡ, ep. u. poet. mit goldenem

χρῡσ-ανταυγής, 2. poet. = χρυσαυγής.

χρῡσ-άορος, ὁ, ep. poet. mit goldenem Schwerte.

χρῡσ-άρματος (ἅρμα), 2. poet. auf goldenem Wagen fahrend.

χρύσ-ασπις, ἡ, poet. mit goldenem Schilde.

χρῡσ-αυγής, 2. poet. goldglänzend.

χρύσειος, s. χρύσεος. [bein u. Elektron ausgelegt.

χρῡσ-ελεφαντ-ήλεκτρος, 2. poet. mit Gold, Elfen-

χρῡσεο-βόστρυχος, 2. poet. mit goldenen Locken.
χρῡσεό-δμητος, 2. poet. aus Gold gearbeitet.
χρῡσεό-κυκλος, 2. poet. mit goldener Scheibe.
χρῡσεο-πήνητος, 2. poet. mit Gold durchwirkt.
χρῡσεό-πλοκος, 2. poet. goldgeflochten.
χρῡ́σεος, 3. (έη, έην, έῳ mit Syniz.), att. zsgz. **χρῡσοῦς,** ῆ, οῦν, nebst **χρύσειος,** 3. (χρῡσός). **1) golden,** mit Gold verziert od. geschmückt, χρύσεια (μέταλλα) Goldbergwerke. Subst. ὁ **χρυσοῦς** (στατήρ) Goldmünze, Didrachmon, in Attika dem persischen Dareikos nachgemünzt = 20 Silberdrachmen = ca. 15,216 Mk. **2)** goldfarbig, goldgelb, strahlend; übertr. hochgeehrt, hehr, bes. von Göttinnen.
χρῡσεο-σάνδαλος, 2. poet. mit goldenen Sohlen.
χρῡσεο-στέφανος, 2. poet. mit goldenem Kranze.
χρῡσεό-στολμος, 2. poet., und
χρῡσεό-στολος, 2. poet., und
χρῡσεο-φάλαρος, 2. poet. mit goldenem Schmuck.
Χρύση, ἡ, **1)** Stadt an der Küste von Troas; Bew. **Χρυσεύς,** έως, ὁ. **2)** Insel bei Lemnos, jetzt *Strati*. **3)** Tochter des Halmos, welche den Philoktetes liebte und, weil sie keine Gegenliebe fand, ihm fluchte.
Χρῡσηΐς, ΐδος, ἡ, Tochter des Chryses = Astynŏme. Im Plur. poet. Troerinnen wie Chryseïs.
χρῡσ-ηλάκατος, dor. **χρυσ-ᾱλάκατος,** 2. (ἠλακάτη, ᾰ ᾰ), ep. und poet., entw. mit goldenem Pfeile, od. mit goldener Spindel, Beiw. v. Göttinnen, bes. der Artemis.
χρῡσ-ήλᾰτος, 2. (ἐλαύνω), poet. u. sp. aus Gold getrieben od. gearbeitet.
χρῡσ-ήνιος, dor. **χρυσάνιος,** 2. ep. u. poet. goldzügellenkend, d. i. mit Goldplättchen ausgelegte Zügel an seinem Wagen führend, Beiw. des Ares, der Artemis, bei Soph. auch der Aphrodite, da sie ein Taubengespann hat.
χρῡσ-ήρης, 2. poet. (St. ἀρ, ἀραρίσκω), aus Gold gefügt, gearbeitet.
Χρύσης, ου, ὁ, Priester des Apollo in Il. I.
χρῡσίδιον, u. **χρῡσίον,** τό, s χρυσός.
Χρύσ-ιππος, ὁ, aus Soloi in Kilikien, um die Mitte des 3. Jahrh. v. Chr., Neubegründer der Stoa: εἰ μὴ γὰρ ἦν Χρ., οὐκ ἂν ἦν Στοά. Adj. sp. **Χρυσίππειος,** 2.
χρῡσίς, ίδος, u. ion. **χρυσῖτις,** ιδος, ἡ, Fem. als Adj. (χρυσός), goldhaltig. Als Subst. ἡ χρ. **a)** goldenes d. i. goldgesticktes Kleid, wie es die Schauspieler trugen. Ebenso **b)** goldener Schuh oder Halbstiefel von vergoldetem Leder. **c)** goldenes Gefäß.
χρῡσό-βωλος, 2. poet. mit goldhaltigen Erdschollen.
χρῡσό-γονος, 2. poet. von Gold erzeugt.
χρῡσο-δαίδαλτος, 2. poet. künstlich aus Gold gearbeitet, mit Gold geschmückt.
χρῡσο-δακτύλιος, 3. N. T. mit goldenen Ringen.
χρῡσό-δετος, 2. (poet. auch 3.) (δέω), ion. u. poet. in Gold gefaßt, χρ. ἕρκη durch das Goldgeschmeide veranlaßte Netze od. Nachstellungen.
χρῡσο-ειδής, 2. goldartig, goldfarben.
χρῡσό-ζῡγος, 2. mit goldenem Joche.
Χρῡσό-θεμις, ιδος, ἡ, Tochter des Agamemnon u. der Klytämestra.
χρῡσό-θρονος, 2. ep. u. poet. auf goldenem Throne.
χρῡσο-κάρᾱνος, 2. poet. mit goldenem Haupte.
χρυσό-κερας, ὁ, ἡ, poet. u. **χρυσό-κερως,** 2. mit vergoldeten Hörnern.
χρῡσό-κμητος, 2. poet. aus Gold gearbeitet.
χρῡσο-κόλλητος, 2. poet. u. sp. von Gold zusammengesetzt, in Gold gefaßt.
χρῡσο-κόμης, ου, ὁ, poet. u. sp., u. **χρῡσόκομος,** 2. ion. goldhaarig, goldlockig, Beiwörter des Apollon. Bei Luk. von jmdm., der die Haare mit Gold geflochten trägt, u. bei Her. von goldfarbigem Gefieder.
χρῡσό-λιθος, ου, ὁ, sp. N. T. Topas.
χρῡσολογέω (χρυσο-λόγος), sp. vom Golde reden
χρῡσό-λογχος, 2. poet. mit goldener Lanze.
χρῡσό-μαλλος, 2. poet. u. sp. mit goldenem Vließe.
χρῡσο-μίτρας, ου, ὁ (dor. st. -ης), poet. mit goldener Hauptbinde, Beiw. des Dionysos.
χρῡσό-νωτος, 2. poet. mit goldenem Rücken, oben goldgestickt, ἡνία.
χρῡσό-παστος, 2. (πάσσω), mit Gold gesprenkelt, goldgestickt, goldgeschmückt.
χρῡσο-πέδῑλος, 2. ep. mit goldenen Sandalen.
χρῡσο-πήληξ, ὁ, ἡ, poet. mit goldenem Helme.
χρῡσο-ποιός, ὁ, sp. Goldarbeiter.
Χρῡσό-πολις, εως, ἡ, Stadt in Bithynien am Bosporus, jetzt *Skutari, Usküdār*.
χρῡσό-πρασος, ὁ (πράσον Lauch), N. T. sp. Chrysopras, durchsichtiger, goldenlauchgrüner Edelstein.
χρῡσό-πτερος, 2. ep. mit goldenen Schwingen, goldgeflügelt.
χρῡσο-ρόης, ου, ὁ, poet. st. χρυσορρ., Gold führend, besonders vom Paktōlos, u. dah. vom Tmolos.
χρῡσό-ρραπις, ιος, ἡ, ep. mit goldener Rute.
χρῡσό-ρῡτος, 2. poet. u. **χρυσό-ρρῡτος,** 2. poet. von Gold fließend, sich golden ergießend.
χρῡσός, ὁ (sem. Lnw., Bdtg. gelb), [υ **ist kurz nur bei Lyr. u. an wenigen lyrischen Stellen der Trag.**], nebst Demin. **χρῡσίον,** τό das **Gold,** auch goldener Gegenstand, z. B. **Kranz,** Goldgerät, -schmuck, -panzer; od. Goldmünzen, **Geld;** χρ. **λευκός** mit Silber legiert, **κοῖλος** χρ. zu Gefäßen verarbeitetes G.
χρῡσο-στέφανος, 2. poet. sp. goldbekränzt.
χρῡσό-στροφος, 2. poet. mit Goldfäden zusammengedreht, ἄγκυλα mit goldener Sehne bespannter Bogen.
χρῡσό-τευκτος, 2. poet. aus Gold gemacht.
χρῡσο-τευχής, 2. poet. in goldener Rüstung.
χρῡσο-τριαίνης, ὁ, Vok. -τρίαινα, poet. mit goldenem Dreizack.
χρῡσό-τυπος, 2. poet. aus Gold geformt.
χρυσοῦς, s. χρύσεος.
χρῡσο-φαής, 2. poet., und
χρῡσο-φεγγής, 2. poet. goldstrahlend.
χρῡσοφορέω, ion. u. sp. Gold d. i. goldenen Schmuck an sich tragen.
χρῡσο-φόρος, 2. (φέρω), ion. poet. u. sp. Gold d. i. goldene Kleider tragend, von Gold strotzend, bei Luk. von den Medern u. Persern in bezug auf die goldenen Rüstungen.
χρύσ-οφρυς, υος, ὁ, poet. ar. sp. ein Meerfisch.
χρῡσο-φύλαξ, ακος, ὁ, ἡ, ion. poet. u. sp. Gold bewachend.
χρῡσο-χάλῑνος, 2. mit goldenem Zaume od. Zügel versehen.

χρυσό-χειρ, ος, ὁ, ἡ, sp. Goldhand, Hände voll Goldringe habend.
χρῡσοχοεῖον, τό, die Werkstätte des χρυσοχόος, Goldgießers od. Goldarbeiters.
χρῡσοχοέω, Gold schmelzen, in Gold arbeiten; sprichw. sich goldene Berge versprechen.
χρῡσοχοικός, 3. zum Goldschmied gehörig. Von
χρῡσο-χόος, ὁ (χέω), eigtl. Goldgießer, dann Goldarbeiter, bei Hom. von einem, der die Hörner des Opfertiers mit Goldblech belegt.
χρῡσόω (χρυσός), vergolden. Dav.
χρύσωμα, τό, Goldarbeit.
χρῡσ-ωπός, 2. poet. u. sp. mit goldenen Augen, golden anzusehen, g o l d e n.
χρῡσ-ώψ, ῶπος, ὁ, ἡ, poet. goldglänzend, goldfarbig.
χρῷ, s. χρώς.
χρῴζω (χρώζω), Perf. pass. κέχρωσμαι (χρώς), poet. u. sp. die Oberfläche bestreichen, b e r ü h r e n, gew. mit dem Nebenbegriff unreiner Berührung. Im Perf. pass. κεχρῶσθαι πρός τινος.
χρῶμα, τό. 1) H a u t f a r b e. 2) Gesichtsfarbe. 3) Übertr. F a r b e, Schminke. 4) Übertr. a) Anstrich, den die Rede oder der Charakter zeigt, b) Tongeschlecht (von διάτονον und ἁρμονία so verschieden, daß die Töne des Vierklangs ($2^1/_2$) als $^1/_2 + {}^1/_2 + 1^1/_2$ aufeinander folgten = τὸ χρωματικόν).
χρώννῡμι (s. χρῴζω), Perf. pass. κέχρωσμαι, Aor. pass. ἐχρώσθην, ar. sp. färben, schmücken.
χρώς, ὁ, flekt. att. pros. χρωτός, χρωτί u. χρῷ (s. u.), χρῶτα, ep. u. poet. auch χροός, χροΐ, χρόα, nebst **χρόα, χροιά,** ion. **χροιή,** ἡ, 1) die O b e r f l ä c h e eines Körpers, bes. des menschlichen, dah. die H a u t, insbes. die Farbe der Haut, ἐν χρῷ bis auf die Haut (sprichw. ξυρεῖ ἐν χρ. es schneidet tief ins Leben), übertr. ganz nahe, hart an etwas (auch von genauer Bekanntschaft. 2) poet. auch L e i b, K ö r p e r, od. das die Knochen bedeckende F l e i s c h. 3) die F a r b e, als übergezogene Haut, doch s. oben; χρ. τρέπεται von solchen, die vor Furcht blaß werden.
χύδην, Adv. (χέω), wie ausgegossen, haufenweise.
χῡλός, ὁ (χέω), 1) Saft, Brühe. 2) Geschmack.
χὐμεῖς, χὐμῖν durch Krasis aus καὶ ὑμ. [Saft.
χῡμός, ὁ (χέω), Flüssigkeit, insbes. schmackhafter
χύννω, χύνω, sp. Nbf. zu χέω, s. d.
χύσις, εως, ion. ιος, ἡ (χεω), ep. poet. u. sp. 1) das A u s g i e ß e n, der Opferguß. 2) das Ausgegossene, der H a u f e n, φύλλων der Abfall. 3) sp. poet. = σύγχυσις, ἡ, Bruch, Verletzung (vgl. Il. 4, 269).
χυτλόομαι (von χύτλον, der Aufguß, von χυτός), ep. Med., ein Salbebad nehmen.
χῠτός, 3. (Verbaladj. v. χέω), a) gegossen. b) flüssig gemacht, geschmolzen, λίθινα χ. Glasfluß. c) aufgeschüttet, γαῖα Grabhügel. d) subst. ὁ χυτός Damm, Wall, Mole.
χύτρα (χέω), ἡ, u. ion. Demin. **χυτρίς,** ίδος, ἡ, der T o p f, u. übertr. ein Henkelgefäß, Krug als Trinkgefäß.
χυτρεοῦς, ᾶ, οῦν, 3. poet. tönern, von Ton, Lehm.
χυτρεύς, ὁ, der Töpfer.
Χύτροι, 1) Name der Warmquellen bei Thermopylä. 2) Topffest, eine ernste Totenfeier am 13. Anthesterion, wo den Unterirdischen allerlei Opfer, Früchte in Töpfen, dargebracht wurden.
χὠ = καὶ ὁ, u. ähnl.
χὤδωνις = καὶ ὁ Ἄδ., **χὠκ** = καὶ ὁ ἐκ.
χωλαίνω (χωλός), intr. lahm sein, hinken.
χωλεία, ἡ, Lahmheit. Von
χωλεύω (χωλός), 1) intr. lahm sein, hinken. 2) trans. lähmen; Pass. lahm, stumpf werden.
χωλ-ίαμβος, = σκάζων, sp. Hinkiambus, ein iambischer Vers, dessen letzter Fuß gegen die Regel ein Spondeus _ ⏑̲ ist; bes. von Hippōnax u. Babrios gebraucht.
χωλο-ποιός, 2. poet. lahm machend, Lahme schaffend (auf die Bühne bringend).
χωλός, 3. l a h m, gelähmt, hinkend, abs., od. τί mit etwas; gebrechlich, mangelhaft. Dav.
χωλότης, ἡ, sp. die Lahmheit, das Hinken.
χῶμα, τό (χόω, χώννυμι), aufgeschüttete, aufgeworfene Erde, A u f s c h ü t t u n g, Schutt, Erdhügel, D a m m, Schanze, Wall, abs. διὰ χωμάτων, über einen Damm, od. τινός von etwas, z. B. ἄμμου durch Aufschüttung von Kies, der fest gestampft ward, od. πρός τι gegen etwas. Insbes. a) der Hafendamm am Piräus. b) das aus Erde aufgeschüttete Grab. c) (natürlicher) Sandhügel, Arr. [An. 2, 26, 1.
χὠμός = καὶ ὁ ἐμός.
χῶν = χοῶν, von II. χοῦς.
χωνεία, ἡ, sp. Schmelzen, Gießen (des Metalls).
χώνη, ἡ, der Trichter.
χώννυμι, χωννύω, sp. Nbf. zu χόω, s. d.
χώομαι, ep. Dep. med., Aor. 1. χωσάμην, conj. 3. sg. χώσεται st. -ηται, z ü r n e n, zornig u. unwillig sein, oder auch sich betrüben (θυμόν, κατὰ θυμόν, φρεσίν u. dgl.), τινί jmdm., τινός wegen jmds. od. etwas, τόδε deshalb.
χὤπῃ u. **χὤπως** durch Krasis aus καὶ ὅπῃ, καὶ ὅπως.
χώρα, ion. **χώρη,** ἡ (zu χῆρος, χήτει) • **1) freier Platz, Raum, Fläche, Zwischenraum, Abschnitt;** χ. διδόναι **Raum gewähren • 2) der bestimmte Ort • a) die angewiesene Stellung, Posten,** κατὰ χώραν μένειν **an seinem Platze, an Ort u. Stelle bleiben,** κατὰ τὴν χ. ἀπιέναι **wieder in Reih' u. Glied treten,** ἐκ τῆς χ. ὠθεῖν **aus dem Felde schlagen • b) übertr.** α) **S t e l l u n g, Rang, Würde, Geltung,** ἐν μισθοφόρου χώρᾳ εἶναι **als Soldat dienen;** ἐν ἀνδραπόδων χ. εἶναι **für Sklaven gelten,** ἐν οὐδεμιᾷ χ. εἶναι **ohne Macht u. Ansehen sein,** ἐν ἀτίμῳ χ. ἄγειν τινά **od.** τί **v e r - n a c h l ä s s i g e n, mißachten,** β) **die S t e l l e eines Buchs od. einer Erzählung, der Teil • 3) Land (im Ggs. zur Stadt), Gebiet, Grundstück, Feld, Landgut,** τὰ ἐκ τῆς χ. **u.** κατὰ τὴν χ. **die Feldfrüchte, wohl auch Viehherde.**
Χωράσμιοι, οἱ, s. Χοράσμιοι.
χωρέω (χῶρος), Fut. att. gewöhnl. -ήσομαι, ep. Aor. 1. auch χώρησα, **eigentl. Raum geben, Platz machen, dah. • 1) weichen,** sich zurückziehen, abs., od. τινί **jmdm.,** ἐπ' οἴκου • **2) von der Stelle gehen, aufbrechen,** (δρόμῳ) eilen, von Wasser od. Tränen: **fließen,** vom Staube mit ἄνω: **in die Höhe steigen,** vom Gerücht u. dgl. **sich verbreiten.** Im bes. • **a)** mit u. ohne ὁμόσε, ἐναντίον od.

ἐναντίος, *εἰς τὸ πρόσθεν* entgegengehen, anrücken • **b)** vorschreiten, schreiten, sich zu etwas wenden, etwas versuchen, sich jmdm. od. einer Sache anschließen, mit *αὐτομολίᾳ* übergehen • **c)** von Geschossen: durchdringen, von der Stimme: durchlaufen • **3) vor sich gehen,** von statten gehen, mit u. ohne *εὐτυχέως* glücken, überh. ablaufen, ausfallen. Teils abs., od. mit Adv. *ἀμαθῶς* irrational ausfallen, od. mit Akk. des Ziels: *πεδίων ὑποτάσεις* zu den Ebenen, od. *ὁδόν* einen Weg einschlagen, *ἄδικον ὁδὸν χ.*, teils *τινί* jmdm., *τινός* von jmdm. (herab), teils mit Praepp., z. B. *ἐς ἀλκήν*, *εἰς τὰ αὐτά* denselben Weg gehen, *εἰς ὅπλα*, *πρὸς ἐλευθερίαν*, *ἐπὶ μέγα τινός* zu einer hohen Stufe von etwas gelangen, *ἐπὶ μεῖζον* größere Fortschritte machen, *ἐπὶ πλέον*, *ἐπὶ τὸ βέλτιον*, *παρὰ σμικρά* auf Unbedeutendes hinauslaufen, *ἄνω ποταμῶν* von Quellen u. sprichw. von Ereignissen, wo sich der Lauf der Natur geändert zu haben scheint, *ἐπὶ ῥητοῖς* nach Regeln, *ὀργῇ* leidenschaftlich • **4)** trans. in seinem Raum umfassen, fassen, in sich enthalten, *τί*, auch *τινά* weit genug für jmdn. sein.

χωρίδιον, *τό*, Landgütchen (zu *χωρίον*, a).

χωρίζω, Perf. pass. *κεχώρισμαι*, 3. plur. ion. *κεχωρίδαται* (*χωρίς*), **1)** (ab)sondern, davon trennen, ordnen, jegliches an seinen Platz stellen, ausheben. **2)** Pass. im Perf. **a)** abgesondert, getrennt sein, Hdt. 1, 151 ein abgesondertes Ganzes bilden, **b)** verschieden sein, abs. od. *τινός*, *κεχωρισμένος τινός* gesondert von etw. = ohne etw.

χωρίον, *τό* (*χώρα*), Raum, Platz, Ort, Stelle = *χώρα*. Insbes. **a)** Ortschaft, Stadt, Platz, Landgut. **b)** Partie, Gegenstand. **c)** fester Platz, Festung, Kastell. **d)** geom. Fläche, Flächeninhalt.

χωρίς (zu *χῆρος*, leer, beraubt). **1)** Adv. **a)** abgesondert, **getrennt,** *οἰκεῖν* allein für sich (auch: im Privatbesitz vieler, als Ggs. zum gemeinsamen Staatseigentum), **b)** verschieden, verschiedenartig, **c)** außerdem, Soph. OR. 608 ohne mich anzuhören, *χ. θέσθαι* beiseite legen, *χ. ἢ ὁκόσοι* ausgenommen so viele als. **2)** Praep. beim Gen. **a) fern,** abgesondert von etwas, **b)** sonder, ohne, außer, *χωρὶς τοῦ* mit Inf. (u. Akk.) abgesehen davon, daß.

χωρισμός, *ὁ* (*χωρίζω*), Trennung, *ἀπό τινος*.

χωρίτης, *ου*, *ὁ* (*χώρα*), Landmann, Bauer [ῑ].

χωρῖτις, *ιδος*, *ἡ*, Frauenzimmer vom Lande, Landmädchen.

χωριτικός, 3. sp. ländlich. Adv. **-κῶς.**

I. ***χῶρος,*** *ου*, *ὁ* (*χα*, *χάσκω*), freier Raum, Zwischenraum. **1)** Raum. **2)** Ort, Ortschaft, Stadt, Aufenthaltsort: z. B. *εὐσεβῶν*. **3)** Landschaft, Gegend. Insbes.: Grundstück, Bann, Gemarkung. Poet. *ἐν τοιοῖσδε βόσκεται χώροισιν αὑτοῦ* das junge Geschlecht wächst auf in solchem ihm eigenen Aufenthalt, d. h. Vorrecht. [Westnordwestwind.

II. ***χῶρος,*** *ου*, *ὁ*, sp. N. T. = lat. *Corus* od. *Caurus*,

χῶσις, *εως*, *ἡ* (*χώννυμι*), **a)** das Aufschütten, Aufwerfen der Schanze. **b)** das Eindämmen, *τινός*.

χωστέον, sp. Adj. verb. von *χόω*, mit Erde auszufüllen, *χ. τινί ἐστί τι* jmd. hat etwas auszufüllen, muß ausfüllen.

χωστός, 3. poet. aufgeschüttet, aufgeworfen.

χὤστις, χὤταν, χὤτι = *καὶ ὅστις*, *καὶ ὅταν*, *καὶ ὅτι*.

Ψ.

Ψ, ψ, *τὸ ψεῖ* (*ψῖ*), dessen Zeichen (wie das des Ξ) vom Dichter Epicharmos aus Kos ca. 480 eingeführt worden sein soll, statt ΓΜ od. ΓΣ od. ΦΣ, der 23. Buchstabe des griech. Alphabets, als Zahlzeichen *ψ'* = 700. [zart.

ψαθυρός, 3. (*ψάω*), ar. sp. zerreibbar, locker, mürbe,

ψαίρω (*ψάω*), poet. ion. sp. streichen, streicheln; durchziehen.

ψακάς, u. ion. poet. ***ψεκάς,*** *άδος*, *ἡ* (*ψάω*), **1)** Körnchen, Stäubchen, insbes. der feine Staubregen, *ψ. λήγει* es hört auf zu tropfen, es gießt. **2)** Tropfen, insbes. Blutstropfen, Blut.

ψαλιδό-στομος, 2. (*ψαλίς* 1), sp. ep. schermäulig (v. Krebs).

ψάλιον, *τό*, Geschirr, Zaum, Fessel.

ψᾰλίς, *ίδος*, *ἡ*, **1)** Schere. **2)** unterirdischer (gewölbter) Gang od. Wasserleitung; überh. Gewölbe, Bogen.

ψάλλω, *ψαλῶ*, *ἔψηλα* (verw. lat. *palpare* „ein Tier tätscheln"). **1)** zupfen, ausrupfen. **2) a)** anziehen und wieder zurückfahren lassen, schnellen, *τί*, u. zwar *τινί* mit etwas, **b)** die Saite schnellen u. so ertönen lassen, ein Saiteninstrument mit den Fingern (Gegens. *κιθαρίζω*) spielen, *τινί* jmdm. zu Ehren, sp. N. T.

ψαλμός, *ὁ*, poet. u. sp. **1)** das Zupfen u. Schnellen mit den Fingern, *τόξων* das Spannen u. Abschießen des Bogens. **2)** das Spielen der Zither od. sonst eines Saiteninstruments, Saitenspiel. **3)** sp. der Gesang, das Loblied, im N. T. Psalm, Psalter.

ψαλτήριον, *τό*, sp. das Saiteninstrument, bes. die *μάγαδις* u. das *τρίγωνον*.

ψάλτης, *ου*, *ὁ* (*ψάλλω*), der Spieler eines Saiteninstrumentes. Fem. dazu:

ψάλτρια, *ἡ*, Lautenschlägerin.

Ψαλυχίδαι, *οἱ*, ein äginetisches Adelsgeschlecht.

ψᾰμᾰθος, *ἡ* (vgl. *ψάμμος*), fast nur ep. u. poet. der Sand, Staub, lockere Erde, *ψάμαθος* insbesond. Dünen, dann auch der Strand selbst, gew. im Plur. Oft bildl. zur Bezeichnung einer großen Menge.

ψαμαθώδης, 2. ep., ***ψάμμινος,*** 3., ion. u. ***ψάμμιος,*** 3. poet. sandig, sandreich.

ψάμμη (poet. -*μᾶ*), ion. u. poet., u. ***ψάμμος,*** *ἡ*, dor. u. sp. auch *ὁ* (aus *ψάφ-μος*, vgl. *ψαφ-αρός*, verw. *sabulum*, vgl. *ἄμμος*) = *ψάμαθος*.

ψαμμώδης, 2. ion. sp. sandig.

ψάρ, *ψᾱρός*, *ὁ*, ep. poet. sp., ep. auch ***ψήρ,*** der Star.

Ψάρος, auch *Σάρος*, *ὁ*, Fluß in Kilikien, südöstl. von Tarsos, j. *Seihûn*.

ψαῦσις, εως, ἡ, sp. Berührung, insbes. Liebkosung.
ψαύω, ψαύσω, ἔψαυσα, ἄ-ψαυστος, ep. Impf. ψαῦον, berühren, antasten, befühlen, anfühlen, streifen, übertr. anfassen, abs., z. B. Il. 13, 132. 16, 216, wo man die „Vordermänner" zu ergänzen u. νευόντων als Gen. abs., wenn sie sich vorwärts neigten, zu fassen hat, gew. τινός etwas, an etwas, jmdn., od. auch τινά, τί (Soph. Ant. 857 mit Akk. u. Gen. zugleich); u. zwar τινί mit, ἔν τινι in etwas.
ψαφαρό-θριξ, -τριχος, ep. mit struppigem Haar.
ψαφαρός (verw. ψάμμος), 3. poet. u. sp. locker, morsch.
ψαφαρό-χροος, zsgz. ους, 2. poet. mit schäbiger [Haut.
ψάω, 3. sing. ψῇ wie ζῇ, Aor. ἔψησα, poet. intr. sich aufreiben, zerbröckeln.
ψέγω, Fut. ψέξω, Aor. ἔψεξα, eigentl. verkleinern, daher herabsetzen, tadeln, τινά, τί, mit u. ohne folg. ὅτι, od. διά τι, auch τοὺς ψόγους das zu Tadelnde bestimmen.
ψεδνός, 3. ep. u. sp. (verw. mit ψάω?), zerrieben, dünn, spärlich, vom Haar; kahlköpfig.
ψεδυρός, 3. poet. = ψιθυρός.
ψεκάζω, poet. = ψακάζω, träufeln, tröpfeln, τινός.
ψεκάς, bes. ion. poet. u. sp. für ψακάς.
ψέκτης, ὁ, der Verkleinerer.
ψεκτός, 3. tadelnswert, tadelhaft.
ψέλιον, τό, auch ψέλλιον, gew. Pl., Ring, Armband, Armgeschmeide, Spange.
ψελιο-φόρος, 2. ion. Armbänder tragend.
ψελλίζομαι (ψελλός), Med. stammeln, unvollkommen sprechen.
ψελλισμός, ὁ, sp., eigtl. das Stammeln, der Anfang, das ABC.
ψελλός, 3., poet. u. sp. unverständlich.
ψευδ-άγγελος, ὁ, ep. u. ar. Lügenbote.
ψευδ-άδελφος, ὁ, N. T. der das Bekenntnis des Herrn erheuchelt.
ψευδ-αλέξανδρος, ὁ, sp. falscher Alexander.
ψευδ-απόστολος, ὁ, N. T. falscher Apostel.
ψευδ-εγγραφή, ἡ, ar. sp. fälschliche Eintragung in die Liste der Staatsschuldner. Dazu
ψευδέγγραφος, 2. sp. fälschlich eingeschrieben, untergeschoben.
ψευδ-ενέδρα, ἡ, vorgeblicher, verstellter Hinter- [halt.
ψευδηγορέω (-ηγόρος), poet. lügen.
ψευδής, 3., Adv. -ῶς (ψεύδομαι), täuschend, lügenhaft, von Sachen: ungegründet, falsch, fälschlich, unwahr, ὁδός Weg der Lüge. Subst. τὰ ψ. alles was unwahr ist, die Lüge, Unwahrheit, τὰ ψευδῆ ἐπαινεῖν Erdichtetes loben, falsche Vorzüge erdichten.
ψευδ-ησιόδειος, 2. sp. fälschlich dem Hesiod zugeschrieben.
ψευδο-διδάσκαλος, ὁ, N. T. Irrlehrer.
ψευδο-κήρυκες, οἱ, poet. Lügenboten, Plur. von Odysseus, um das Verächtliche zu steigern, weil Philoktet sein Versprechen, ihn nach Troja zu bringen, für lügnerisch hält.
ψευδο-κλητεία, ἡ, fälschliche Angabe, als Zeuge bei einer Vorladung vor Gericht zugegen gewesen zu sein.
ψευδο-κύων, ὁ, sp. vorgeblicher Kyniker.
ψευδολογία, ἡ, falsche Rednerei, Lügnerei.
ψευδολογιστής, οῦ, ὁ, der Lügner, Titel einer Schrift des Lukianos.
ψευδο-λόγος, 2. a) poet. sp. Falsches redend, Lügner. b) N. T. Irrlehren vortragend.
ψευδό-μαντις, εως, ion. ιος, ὁ, ἡ, ion. poet. u. sp. Lügenprophet, Lügenprophetin, falscher Wahrsager.
ψευδομαρτυρέω (ψευδόμαρτυς), ein falsches Zeugnis ablegen, falsch zeugen.
ψευδομαρτυρία, ἡ, u. **ψευδομαρτύριον,** τό, gew. im Plur. falsches Zeugnis.
ψευδό-μαρτυς, υρος, ὁ, falscher Zeuge.
ψευδο-νέρων, ὁ, sp. falscher Nero.
ψευδο-νύμφευτος [2.] γάμος, poet. eine falsche, nicht wirklich vollzogene Heirat.
ψευδο-πάρθενος, ἡ, ion. falsche, vorgebliche Jungfrau.
ψευδο-προφήτης, ου, ὁ, N. T. Lügenprophet.
ψευδό-πτωμα, τό, sp. ein verstelltes Hinfallen, um dann weiter zu kämpfen.
ψευδ-όρκιος, 2. ion. u **ψεύδ-ορκος,** 2. poet. meineidig.
ψεῦδος, εος, ευς. ους, τό, u. **ψεῦσμα,** τό (ψεύδω), Täuschung, Lüge, Unwahrheit, bisw. als Apposition: als Lüge, unwahr (Il. 9, 115), od. als Adj. im Gegens. zu ἀληθές; adv. σὺν ψεύδεσιν lügenhaft.
ψευδοστομέω (v. ψευδό-στομος d. i. mit falschem Munde), poet. ein Lügner sein, lügen.
ψευδό-φημος, 2. poet. lügenhaft.
ψευδο-φίλιππος, ὁ, sp. falscher Philipp.
ψευδό-χριστος, ὁ, N. T. der falsche Messias.
ψεύδω • 1) Akt. (Fut. dor. 3. sg. ψευσεῖ) • a) vereiteln, in seinen Erwartungen **täuschen,** belügen, betrügen um τί u. τινός ἐλπίδος • b) zur Lüge machen, Lügen strafen, Soph. • 2) Med. (Aor. Soph. Phil. 1342 ἐψεύσθην), Perf. ἔψευσμαι • a) absol. lügen, die Unwahrheit reden, falsch, treulos, meineidig sein • b) τί etwas als unwahr bezeichnen, Lügen strafen • c) brechen, nicht halten ὅρκια, συνθήκας; χρήματα sein Wort betreffs des Geldes nicht halten, Xen.; οὐ ψ. erfüllen, Hdt. • d) = Akt. a) • 3) Pass. mit Fut. ψευσθήσομαι (selten ψεύσομαι), Aor. ἐψεύσθην, Perf. ἔψευσμαι, Fut. 3. ἐψεύσομαι, sich getäuscht sehen, **sich täuschen,** betrogen werden um τινός; von Sachen: nicht gehalten werden, sich als unwahr erweisen, ἑαυτῶν sich selbst nicht kennen, auch τοῦτο darin, ἐπὶ τὸ αὐτὸ ἐψευσμένος auf dieselbe Lüge hinauslaufend.
ψευδ-ώνυμος, 2., Adv. -ύμως, poet. u. sp. falsch benannt.
ψεῦσμα, τό, s. ψεῦδος.
ψευστέω, ep. = ψεύδομαι, lügen.
ψεύστης, dor. **ψεύστας,** ου, ὁ (ψεύδω), der Lügner, Betrüger, abs., od. τινός in etwas.
ψῆγμα, τό (ψήχω), ion. poet. u. sp. das abgeriebene Körnchen, Stäubchen, bes. vom Golde gebraucht, u. kollekt. Goldstaub.
ψήκτρα, ἡ, poet. Pferdestriegel.
ψηλαφάω (ψάλλω), betasten, berühren, herumtappen.
ψηλάφησις, ἡ, sp. das Berühren, Betasten.
ψήν, ψηνός, ὁ, ion. poet. u. sp. die Gallwespe.
ψηνίζω, poet. Gallwespen brauchen, mit Gallwespen

sich abgeben (spött. Anspielung auf die Komödie Ψῆνες des Magnes).

ψήρ, ὁ, ep. = ψάρ.

ψῆττα, ἡ, die Butte, Scholle (ein Fisch).

ψηφῖδο-φόρος, ὁ, ion. der seine Stimme abgibt, Stimmgeber.

ψηφίζω (ψῆφος) • 1) Akt. (ψηφιῶ usw.) entscheiden lassen, δίκην κατά τινος Prozeß gegen einen andern entscheiden; an den Fingern rechnen Plut.; berechnen N. T. • 2) Med. (ψηφιοῦμαι usw.) • a) sein Stimmtäfelchen (ψῆφος) abgeben, **abstimmen,** entscheiden • b) überh. sich entscheiden, bestimmen, **beschließen;** abs. Πελοποννησίων δίχα ἐψηφισμένων da die Stimmen der P. geteilt waren, δίκην eine Rechtssache entscheiden, τὰ ἐναντία entgegenstimmen, Inf. mit u. ohne ὥστε, κατά τινος gegen jmdn., κατά τι nach etwas, ἔν τινι wo; τινά πολέμιον einen als Feind erklären • c) τινί τι bewilligen, zuerteilen • 3) Pass. auch verurteilt werden; τὰ ἐψηφισμένα der Beschluß; τὰ ψηφισθέντα πλοῖα durch Volksbeschluß zuerkannt.

ψηφίς, ῖδος, ἡ, ep. u. sp. Demin. v. ψῆφος, Steinchen, Kiesel.

ψήφισμα, τό (ψηφίζομαι), ein gemeinsamer **Beschluß,** Volksbeschluß, ἔκ τινος von jmdm. ausgehend, teils m. Inf. od. Akk. m. Inf.; ψ. γράφειν einen schriftlichen Vorschlag od. Antrag einbringen; ψ. λέγειν (im Rate) beantragen (auch beantragen u. annehmen, Lys.); ψ. ποιεῖσθαι Beschluß fassen; ψ. γίγνεται kommt zustande; ψ. ἐξαλείφειν, ἀφαιρεῖσθαι, καθαιρεῖν, λύειν aufheben.

ψηφο-ποιός, 2. poet. Stimmen machend, κλέπτης stimmenfälschender Betrüger.

ψῆφος, ἡ (ψάω, vgl. ψαφ-αρός u. ψαμμος) • 1) Steinchen, Kiesel, *lapillus* • 2) der Stein zum Zählen od. Rechnen, dah. ἐν ψήφῳ λέγειν aufzählen, ψήφων ἄπειρος unkundig der Rechnungsführung • 3) der **Stimmstein** u. überh. das Stimmtäfelchen (auch aus Bronze usw.), ferner die Stimme u. der durch Stimmenmehrheit gefaßte **Beschluß,** Urteil, Spruch; bei Gerichtsverhandlungen, bes. im Areopag, sind die weißen, λευκαί, die lossprechenden, die schwarzen, μέλαιναι od. καθαιροῦσαι, die verurteilenden. Man sagte ψῆφον ἀνάγειν τινί jmdn. abstimmen lassen, παραιρεῖσθαι das Recht der Abstimmung nehmen, ψῆφον τίθεσθαι, προστίθεσθαι, φέρειν, διαφέρειν u. ähnl. abstimmen, u. überh. sein Urteil abgeben, ψῆφον λαμβάνειν εἰς τὰς χεῖρας Stimmtäfelchen in die Hand nehmen, doch ψῆφον λαμβάνειν od. μεταλαμβάνειν auch die Stimme bekommen, letzteres bes. auch vom Ankläger, den fünften Teil Stimmen bekommen (sonst verfiel er in eine Buße von 1000 Drachmen u. verwirkte das Recht, in Zukunft eine derartige Klage anzustellen), ὑπό, ἐν τῇ ψ. ἔχειν, ὑπὸ τὰς ψήφους λαβεῖν jmdn. in den Bereich seiner Abstimmung bekommen, d. h. ihn verurteilen können, μιᾷ ψ. durch eine einmalige Abstimmung, ἡ ἐμή das für mich ausgefallene, günstige Urteil, ἀπὸ τοῦ βωμοῦ φέρειν die Stimmzeichen vom Altar (gew. der Athene) nehmen, was größerer Feierlichkeit u. gewissenhafter Abstimmung wegen in wichtigen Fällen zu geschehen pflegte • 4) per synecdochen der Abstimmungs- od. Stimmplatz.

ψηφοφορέω, sp. seine Stimme abgeben. Dav.

ψηφοφορία, ἡ, sp. das Abstimmen, Wählen.

ψήχω (ψάω), Perf. pass. ἔψηγμαι. 1) streichen, streicheln, reiben, striegeln. 2) abreiben, abnutzen; verzehren.

ψιάζω, lakon. ψιάδδω (3. pl. -δοντι), spielen, scherzen.

ψῑάς, άδος, ἡ, ep. Tropfen (vgl. ψακάς).

ψιθυρίζω, dor. ψιθυρίσδω, flüstern, abs. od. πρός τινα. Dav.

ψιθύρισμα, τό, buk. das Gesäusel, Geflüster, u.

ψιθυρισμός, ὁ, sp. N. T. das Verleumden durch Ohrenbläserei.

ψιθυριστής, ὁ, (sp.) N. T. der Ohrenbläser.

ψῐθυρός (od. ψίθυρος), 3. poet. u. sp. flüsternd, im geheimen sich verbreitend.

ψῑλός, 3., Adv. -ῶς (zu ψάω) • 1) **kahl** (τριχῶν) von Haaren, dann von Feldern u. Gegenden: unbewachsen, unbepflanzt, unfruchtbar, τὰ ψ. kahle, nicht bewachsene Stellen, ἐς τὰ ψ. ins Freie • 2) allg. entblößt, nackt, glatt, leer, einfach, **bloß,** λόγος bloße schlichte Worte, ποίησις epische Poesie (im Ggs. zur singbaren), τρόπις ohne Schiffswände, kahl Hom. • 3) übertr. **unbewaffnet,** schutzlos (ὄμμα Soph.), schwach, leicht; ψ. κεφαλή ohne **Helm,** μάχαιρα ohne Wehrgehenk • Subst. ὁ ψιλός, verst. ὅπλων, der leichtbewaffnete Soldat, Leichtbewaffnete, Wurfspießwerfer, Bogenschütze u. Schleuderer.

ψιλότης, ἡ, sp. die Kahlheit.

ψῑλόω, kahl machen, entblößen, berauben, Thuk. III 109 absondern, „isolieren“ von den übrigen Gegnern. Im Pass. τοῦ ὄχλου vom Trosse verlassen werden, in geringerer Anzahl erscheinen.

ψῑμύθιον, τό [ῡ], u. **ψίμῠθος,** ὁ, poet. Bleiweiß als Schminke.

ψῑμῠθιόω, Perf. pass. inf. ἐψιμυθιῶσθαι, schminken mit Bleiweiß.

Ψιχ-άρπαξ, αγος, ὁ, sp. ep. „Krumenräuber“, Name einer Maus (v. ψίξ, ψιχός Krümchen).

ψιχίον, τό, N. T. Brosamen, Bißchen.

ψόγος, ὁ (ψέγω), eigentlich Verkleinerung, daher 1) Herabsetzung, Tadel, Schmähreden, abs. ἐπὶ ψόγοισι den Spöttereien, dem Tadel ergeben, od. τινός jmds., ἔς τινα gegen, für jmdn. 2) Schmähgedicht.

ψολόεις, εσσα, εν (ψόλος Qualm, Dampf), ep. poet. ar. sp. rußig, rauchig, dann κεραυνός Rauch erzeugend, also zündend.

ψοφέω (ψόφος), ein Geräusch od. Lärm machen, ertönen, erklingen, abs. u. ἐπί τινα.

ψοφο-δεής, 2. (δέος), bei jedem Geräusch erschreckend, furchtsam, ängstlich, mit Inf. Subst. τὸ ψ. sp. Ängstlichkeit.

ψόφος, ὁ, Sing. u. Plur., Schall, Geräusch, Getöse, Krachen, insbes. (im Plur.) eitles Lärmen, leeres Geschwätz, hochklingende Namen, abs., od. τινός von jmdm.

ψυδρός, 3. poet. = ψευδής.

ψύϑος, εος, τό, poet. (vwdt. mit ψεύδω), die Lüge.
ψυκτήρ, ῆρος, ὁ (ψύχω), Kühlgefäß, ein meist ehernes Gefäß, welches man bei Gastmälern auf einem Dreifuße auf die Tafel stellte, zunächst um den Wein darein zu halten und abzukühlen.
ψῡκτικός, 3. (ψύχω), kühlend, abkühlend.
ψύλλα, ἡ, Floh. [Winkel der Syrte.
Ψύλλοι, οἱ, Volk in Kyrenaïka, im äußersten
ψῦξις, εως, ἡ, Abkühlung, Erkältung.
Ψυρίη, ἡ, ion., Insel zwischen Lesbos u. Chios, j. *Ipsara.* [ist er.
ψύττα, poet. husch; κατατείνας ᾤχετο husch, fort
Ψυττάλεια, ἡ, kleine Insel an der attischen Küste zwischen dem Peiraieus und Salamis, jetzt *Leipsokutáli.*
ψῡχᾰγωγέω (ψυχαγωγός), **1)** die abgeschiedenen Seelen abführen oder begleiten. **2)** die Seelen (der Lebenden) **lenken** od. anlocken, überh. vergnügen, ergötzen, unterhalten, τινά, u. zwar διά τινος; verleiten. Im Pass. mit ἔν τινι.
ψυχαγωγία, ἡ, Seelenführung oder Anregung, Geistesergötzung, Vergnügen.
ψυχ-αγωγός, 2. (ψυχή, ἄγω), poet. u. sp. abgeschiedene Seelen heranführend od. beschwörend.
ψυχάζω, sp. sich abkühlen, sich erfrischen.
ψῡχάριον, τό, Demin. v. ψῡχή, Seele.
ψυχεινός, 3., (ψῦχος), kühlend, kalt, kühl.
ψῡχή, dor. **ψυχά,** ἡ (Gen. pl. ep. ψυχέων zweisilbig) • **1)** ep. **Hauch, Atem, als Lebensprinzip, Lebenskraft, Leben,** bei Hom. eine wirkliche Substanz, die den Körper, wenn er stirbt, durch den Mund oder durch eine Wunde verläßt, τὸν ἔλιπε ψυχή, ἐμὴ ψυχὴ τέϑνηκεν **mein Leben ist bei den Toten • 2)** ep. die **Seele des Abgeschiedenen in der Unterwelt, welche als Schattenbild die Gestalt des Körpers an sich behielt und durch das Trinken von Blut momentan die** Besinnung wieder erhält • **3)** allgemein die **Seele,** und zwar • **a)** der **vernünftige** Teil, das Denkvermögen, Geist • **b) Herz, Gemüt, Mut,** ἐκ τῆς ψ. **von ganzem Herzen,** ἐμῆς ψυχῆς γεγώς **Sohn meines Herzens. Nicht selten Umschreibung für die Personen selbst,** ὦ ἀγαϑὴ ψυχή **o gute Seele, od.** πρὸς μίαν ψυχὴν βλέπειν **d. h. auf ein einziges Wesen, nämlich mich sehen • c)** der **unvernünftige** Teil, als Sitz der Leidenschaften, Begehren, **Lust, Neigung, Appetit,** auch nach leiblichen Genüssen.
ψυχικός, 3. **1)** sp. zur Seele, zum Leben gehörig; seelisch, geistig. **2)** sp. u. N. T. dem irdischen Leben angehörig, irdisch, sinnlich.
ψῡχο-μᾰχέω, sp. auf Leben und Tod, wie ein Verzweifelter kämpfen.
ψυχο-πομπός, 2. poet. u. sp. die (abgeschiedenen) Seelen überführend.
ψυχορραγέω, poet. u. sp. mit dem Tode ringen.
ψῡχο-ρρᾰγής, 2. (ῥήγνυμι), poet. die Seele vom Leibe losreißend, **mit dem Tode ringend.**
ψῦχος, εος, ους, τό (ψύχω), Kühle, **Kälte,** ἐν (τῷ) ψ. sowohl: im Kühlen, als: im Winter. Im Plur. kalte Zeiten, Fröste.
ψυχρ-ήλατος, 2. sp. im kalten Wasser abgelöscht und dah. hart, spröde.
ψυχρία, ἡ (ψυχρός), sp. Kälte.
ψυχρολογία, ἡ (ψυχρο-λόγος, ψυχρολογέω), sp. frostiges Geschwätz, bes. das Gesuchte im Ausdruck, die Überladung desselben mit bildlichen Ausdrücken und rhetorischen Figuren, Bombast. [in kaltem Wasser baden.
ψυχρολουτέω (wie v. ψυχρο-λούτης, λούομαι), sp.
ψυχρός, 3. (ψύχω), **kalt, 1)** kühl, kühlend, frisch, frostig, κρέα kalte abgestandene Speisen. Subst. τὸ u. τὰ ψ. das Kalte, die Kälte, ψυχρόν Luk. Gall. 23 kaltes Wasser; auch mit ὥστε und Inf., d. h. vermöge seiner Eigenschaft (Kälte) ungeeignet, um. **2)** übertr. kalt, frostig, **a)** herzlos, gefühllos, gleichgültig. **b)** ohne Feuer od. Nachdruck, dah. erfolglos, eitel, nichtig, nichtssagend. **c)** kalten Schauder erregend, grausig, ἐπὶ ψυχροῖσι bei grauenerregenden Dingen. **d)** freudlos, unglücklich, traurig.
ψυχρότης, ἡ, Mangel an Zartgefühl, Abgeschmacktheit. Eigentl. Kälte, dah. auch Gleichgültigkeit, Stumpfsinn.
ψύχω, Aor. act. ἔψῡξα, pass. ἐψύχϑη, poet. ψῠχείς u. ψῠγείς, Fut. pass. N. T. ψυγήσεται, Adj. verb. ἄψυκτος, **1)** ep. hauchen, blasen, dah. **2)** allg. **a)** kühl, kalt machen, abkühlen; poet. übertr. kalt durchschauern. Im Pass. kalt od. kühl werden, sich abkühlen, erkalten. **b)** trocken machen, Pass. zum Trocknen ausgehängt sein.
ψωμίζω, sp. zu essen geben.
ψωμίον, τό, sp. N. T. kleiner Bissen, Demin. von
ψωμός, ὁ, Bissen, Brocken, Mundvoll, ψωμοὶ ἀνδρόμεοι Bissen Menschenfleisch, τὸν ἕνα ψωμὸν ἐνὶ ὄψῳ jedesmal einen Bissen (Brot) zu einem Bissen Fleisch.
ψώρα, ion. **ψώρη,** ἡ (ψάω), die Krätze, Räude, eine Art Hautkrankheit.
ψωραλέος, 3. krätzig, räudig.
ψωράω (ψώρα), krätzig sein.
ψώχω, sp. N. T. zerreiben.

Ω.

Ω, ω, ὦ μέγα (das Zeichen erscheint in Staatsurkunden erst seit Ol. 94 = 403 v. Chr.), 24. Buchstabe des griechischen Alphabets, als Zahlzeichen ω′ = 800.
ὦ und **ὤ,** Interj. **1)** (ὦ) vor dem Vokativ als Anruf, auch vom Vok. getrennt (z. B. durch πρὸς Διός), meist nicht zu übersetzen u. auch im Griech. entbehrlich; zuweilen Krasis: ὤνϑρωπε, ὠγαϑέ, ὦνερ. **2)** (bes. ὤ) Ausruf des Staunens und der Klage: o! oh! ach! wehe!; gewöhnl. verdoppelt ὢ ὤ, oder mit μοι u. Partikeln verbunden, ὤ μοι ἐγώ weh mir! auch mit dem Gen. ὤ μοί μοι κακῶν. Über ὦ τᾶν vgl. τᾶν.
ὧ, dor. st. οὗ.

'Ωᾰρῐ́ων, ep. u. poet. = 'Ωρίων.
ὠβάζω, sp. das Volk in ὠβάς einteilen.
ὠβή, ἡ, sp. eine der 30 Unterabteilungen des spartan. Volkes.
ὦ 'γαθέ od. **ὠγαθέ,** = ὦ ἀγαθέ, mein Lieber!
ὠγμός, ὁ, poet. das Ächzen, Stöhnen.
Ὠγύγης, ου, (verwdt. mit ὑγρός) = 'Ωκεανός; dav. das Adj. **ὠγύγιος,** 2. (auch 3.) **1)** ogygisch, Beiw. v. Theben, v. Ὤγυγος, ὁ, Vater des Kadmos, böot. Autochthon. **2)** übertr. uralt, urzeitlich. Dav. Fem. **'Ωγῠγίη,** ἡ, bei Hom. immer mit νῆσος, mythische Insel im nordwestlichen Meere, Wohnsitz der Kalypso.
ὧδε, att. auch **ὡδί** (Adv. zu ὅδε), **1)** allgem. so, also, auf diese Weise, gew. auf das Folgende gehend, in folgender Weise. **2)** nachhom. auch **a)** so sehr. **b)** wie αὕτως, nur so = vergebens. **c)** gleich auf der Stelle. **d)** hierher u. hier.
'Ωιδεῖον, τό (ᾠδή), Gebäude in Athen, von Perikles für die musischen Wettkämpfe errichtet. Sein Dach soll (der Sage nach) aus den Masten und Segelstangen der erbeuteten persischen Schiffe gebildet gewesen sein.
ᾠδή, ἡ, aus ἀοιδή, Gesang, Lied.
ὡδί, Adv., verstärktes ὧδε.
ᾠδικός, 3. poet. sp. gut singend, singbar.
ὠδίν, ῖνος, ἡ, N. T. = ὠδίς.
ὠδίνω [ῑ], nur Präs. u. Impf., **1)** Geburtsschmerzen oder Wehen haben, gebären. **2)** überh. heftige Schmerzen haben, **ὀδύνῃσιν** wie von Geburtsschmerzen gequält werden, **βάρος συμφορᾶς** mit Schmerz ertragen; schmerzvoll forschen, mit indir. Nebens.
ὠδίς, ῖνος, ἡ, **1) a)** Geburtsschmerz, im Plur. Wehen. **b)** die Geburt, das Geborene. **2)** überh. heftiger Schmerz.
ᾠδός, ὁ, der Sänger.
ᾠζυρέ, buk. = ὦ ὀιζυρέ.
ὤζω, poet. o! rufen.
ὠή, ein Ruf, um einen herbeizurufen: heda, [holla!
ὠθέω (ϝωθ: ϝοθ, wegen des ϝ mit syllab. Augm.), flekt. att. **ἐώθουν, ὤσω, ὤσομαι, ἔωσα, ἐωσάμην, ἔωκα** (sp.), **ἔωσμαι, ἐώσθην, ὠσθήσομαι, ὠστός** u. **ὠστέος,** dazu episch Impf. **ὤθει,** iter. **ὤθεσκε,** Fut. inf. **ὠσέμεν,** Aor. act. **ὦσα,** conj. **ὤσομεν,** iter. **ὤσασκε,** med. **ὤσατο,** conj. **ὤσεται,** poet. Fut. **ὠθήσω,** u. ion. (wie auch sp.) ohne Augm. **ὦθει, ὦσε** u. **ὦσται, ὠσμένος** • **1)** Akt. **stoßen,** drängen, treiben, stürzen, reißen, **ἐπὶ τράχηλον** in den Nacken stoßen d. i. fortstoßen; **παρέξ (νῆα)** seitwärts vom Lande abstoßen. Insbes. • **a)** die Feinde verjagen, zurückschlagen • **b)** verbannen • **c)** übertr. eine Sache Hals über Kopf beschleunigen, übereilen; **τὸ ὠθοῦν** Motiv Plat. • **2)** Pass. fallen; vorwärtshasten; **ἐς κεφαλήν** mit dem Kopf zur Erde gestoßen werden Hdt. • **3)** Med. zum Weichen bringen; abs. den Feind werfen, Hom. Hdt. u. att. Prosa; vorwärtsdrängen Thuk. Plut.
ὠθίζομαι (ὠθέω), ion. u. sp. Pass., sich stoßen, sich drängen, dann übertr. sich zanken.
ὠθισμός, ὁ (-ίζομαι), **1)** das Stoßen, Fortstoßen, Drängen, Gestoße, Gedränge, insbes. Schlachtgedränge, teils abs., teils τινός, z. B. ὠθισμῷ ἀσπίδων so daß die Schilde aneinander stießen, u. zwar ἀμφί τι, περί τινα, auch mit Inf. **2)** mit λόγων heftiger Wortwechsel, Zank.
'Ωκαλέη, ἡ, Flecken Böotiens zwischen Haliartos und Alalkomenä.
'Ωκεανός, ὁ, **1)** bei Hom. der die Erde wie das Meer rings einschließende Weltstrom, Urquell alles dessen, was ist, aus dessen Fluten sich die Gestirne erheben, sowie sie auch wieder in ihn zurückkehren, während Hekataios sich ihn als Bindeglied zwischen Phasis und Nil vorstellte. Später Ozean (Indischer und Atlantischer). **2)** personif Sohn des Uranos u. der Gaia, Gemahl der Tethys, Vater einer Menge von Söhnen d. i. Flüssen, u. Töchtern d. i. Quellen u. Bächen, personif. **'Ωκεανίδες** (**νύμφαι**), und ein Gott, der an Macht nur dem Zeus weicht.
'Ωκιμίδης, ὁ (ὤκιμον Basilienkraut), sp. ep. Name eines Frosches.
ὤκιστα, ὤκιστος, s. ὠκύς.
ὠκύ-αλος, 2. (ἅλς), ep. u. poet. schnell segelnd.
ὠκυ-βόλος, 2. (βάλλω), poet. u. sp. geschwind treffend.
ὠκύ-δρομος, 2. (δραμεῖν), poet. schnell laufend.
ὠκύ-θοος, 2. poet. dasselbe.
ὠκύ-μορος (μόρος), 2. ep. poet. sp. **1)** pass. früh hinsterbend. **2)** akt. schnell tötend.
ὠκῠ-πέτης, dor. **-ας,** ου, ὁ (πέτομαι, vgl. *accipiter*), ep. u. poet., und **ὠκύ-πτερος,** 2. (πτερόν), ep. poet. u. sp. schnell fliegend, geflügelt. Subst. τὰ ὠκύπτερα die Flügel.
ὠκύ-ποινος, 2. poet. schnell rächend.
ὠκύ-πομπος, 2. poet. schnell geleitend od. fortbringend.
ὠκύ-πορος, 2. ep. und poet. schnell gehend d. i. segelnd oder fließend.
ὠκύ-πους, πουν, Gen. ποδος, ep. u. poet. schnellfüßig, bei ἀγών, Wettstreit, wo es die Schnelligkeit der Füße gilt.
ὠκύ-πτερος, 2., s. ὠκυπέτης.
ὠκυ-ρόας (dor.), ου, poet. und **ὠκύ-ροος,** 2. ep. schnell strömend.
ὠκύς, ὠκεῖα, ep. ὠκέα, ὠκύ, Sup. ὠκύτατος u. ὤκιστος, 3. (St. ὠκ, lat. *ōcior, ōciter*), ep. poet. u. sp. schnell, geschwind, hurtig, eilig, rasch, abs., oder τί an etwas, z. B. πόδας ὠκύς fußschnell. Adv. **ὠκέως,** ep. **ὦκα,** ep. schnell, geschwind, eilig, rasch; Il. 23, 364 behend (ταχέως eilends); superl. ὤκιστα, sehr schnell.
ὠκύτης, ητος, ἡ, poet. und sp. Schnelligkeit, Geschwindigkeit, insbes. schnelle Flucht, eiliges Fliehen.
ὠκυ-τόκος, 2. (τίκτω), ion. u. poet. reich befruchtend. Subst. τὸ ὠκ. Beschleunigung der Geburt.
ὤλαφος, buk. durch Krasis aus ὁ ἔλαφος.
ὠλένη, ἡ (lat. *ulna*, ahd. *elina*, Elle), poet. u. sp. der Ellbogen, auch für Arm od. Hand.
'Ωλενίη πέτρη, ἡ, der Olenische Felsen, nach Strabo der Gipfel des Gebirges Skilis in Achaja, jetzt *Santa Meri*.
Ὤλενος, ἡ, **1)** Stadt in Ätolien, am Fuß des Arakynthos, in der Nähe von Neu-Pleuron, früh-

zeitig zerstört, Hom. 2) Stadt in Achaja zwischen Paträ und Dyme, Her.; Ruinen bei *Katoachaia.*

ὠλεσί-καρπος, 2. ep. u. sp. die Frucht verlierend, Beiw. der Weide, deren Früchte vor der Reife abfallen.

ὠλεσί-οικος, 2. poet. die Familie zerstörend.

Ὠλήν, ένος, ὁ, der älteste griech. Hymnendichter aus Lykien.

(ὦλξ), ἡ, nur. acc. ὦλκα (aus ἄϝολκα, zu ἕλκω), ep. Furche (vgl. ἄλοξ u. αὖλαξ).

ὦλλοι = οἱ ἄλλοι, ion.

ὠμ-ηστής, οῦ, ὁ (ὠμός, ἔδω), ep. poet. und sp. 1) rohes Fleisch fressend. Auch Beiw. des Dionysos, weil ihm früher Menschenopfer dargebracht wurden. 2) übertr. blutgierig, unmenschlich.

ὠμο-βόειος, ion. **ὠμο-βόεος,** 3. u. **ὠμοβόινος,** 3 von rohem Rindsfell, auch mit hinzugef. βοῶν, Subst. (ἡ) **ὠμοβοέη** (δορά) die rohe, ungegerbte Rindshaut.

ὠμο-βρώς, ὁ, ἡ, poet. u. **ὠμό-βρωτος,** 2. poet. = ὠμηστής.

ὠμό-βυρσος, 2. sp. von rohem Leder.

ὠμο-γέρων, οντος, ὁ, ἡ, ep. u. sp. nicht gar, nicht mürbe, frischer Greis.

ὠμο-δακής, 2. poet. wild gereizt.

ὠμό-δροπος, 2. (δρέπω), poet. unreif gepflückt.

ὠμοθετέω und Med. **-έομαι** (wie v. ὠμο-θέτης, τίθημι), ep. rohe Stücke Fleisch hinlegen, indem man die fleischigen Schenkelstücke mitsamt den Knochen in das doppelt herumgelegte Fettnetz wickelte u. auf diese eingewickelten Schenkelstücke Abschnitzel von allen Gliedern legte, und zwar ἐπί τινος; aber ἐς πίονα δημόν bei einem Schweine die von allen Gliedern abgeschnittenen Stücke rohen Fleisches in das Fett hüllen u. sie als Weihgeschenk verbrennen.

ὠμό-θυμος, 2. poet. hartherzig, ergrimmt.

ὤμοι, s. ὤ 2.

ὠμο-κρατής, 2. poet., von ὦμος, schulterstark; nach andern von ὠμός, von ungezügelter Kraft.

ὠμό-λινον, τό (ὠμός u. λίνον), roher Flachs, grobe starke Leinwand; Handtuch, Mundtuch.

ὠμο-πλάτη, ἡ, das Schulterblatt. Von

ὦμος, ὁ, Gen. u Dat. dual. ep. ὤμοιιν (Grundf. *oms-os,* lat. *umerus,* got. *amsa*), die Schulter, der Oberarm, der Teil des Leibes vom Halse bis an die Oberarme.

ὠμός, 3., Adv. **-ῶς** (lat. *am-arus,* ahd. *ampfer*), 1) roh, ungekocht, von Früchten: unreif, unzeitig, vom Alter: vorzeitig, früh, ὠμὸν καταφαγεῖν jmdn. mit Haut und Haar verschlingen, lebendig auffressen, sprichwörtlich von der rohesten Grausamkeit. Neutr. plur. ὠμά auch als Adv. 2) übertr. roh, hart, herb, streng, wild, grausam, schonungslos, streng, schroff.

ὠμό-σιτος, 2. poet. eigtl. rohes Fleisch essend, dah. grausam.

ὠμότης, ητος, ἡ (ὠμός), Roheit, Wildheit, Grausamkeit.

ὠμο-φάγος, 2. ep. poet. ar. sp. rohes Fleisch essend, von Tieren u. wilden Völkern gesagt; poet. ὠμοφάγος χάρις, die Lust rohes Fleisch zu essen.

ὠμό-φρων, ονος, 2. poet. grausamen Herzens, hartnäckig, ergrimmt (Soph. Tr. 975).

ὦν, dor. st. οὖν. **ὦναξ** u. ähnl., st. ὦ ἄναξ.

ὠνέομαι (v. ὦνος, St. ϝων, dah. syllab. Augm.), Impf. ἐωνούμην, Fut. ὠνήσομαι, Aor. ἐπριάμην (s. πρίασθαι), Perf. med. u. pass ἐώνημαι, Aor. pass. ἐωνήθην, Verbaladj ὠνητός, ion. Impf. ohne Augm. ὠνεόμην, und spät im Aor. ἐωνησάμην (ὠνησ.), 1) kaufen, sich erkaufen, abs. ὠνούμενος durch Einkäufe, für sein Geld. Im bes. a) kaufen, bestechen. b) auf Zeit kaufen, pachten. 2) zu erkaufen suchen, kaufen wollen, feilschen, bieten, τί.

ὠνή, ἡ, u. ep. buk. **ὦνος,** ὁ (urspr. ϝων-, lat. *vēnum, vēneo*), 1) das Kaufen, der Kauf, Eintausch (bei Tauschhandel), teils abs. ὠνῇ καὶ πρήσι χρᾶσθαι Handel u. Wandel treiben, teils τινός von etwas, z. B. ὦνος ὁδαίων der Eintausch der Ladung d. h. der Waren, z. B. des Getreides, die als Rückfracht mitgenommen werden sollen. In dieser Gegenladung bestand bei Homer, wo nur Tauschhandel herrscht, zugleich der Kaufpreis der ersten Ladung. 2) Preis, Kaufpreis, im bes. a) Gewinn. b) Angebot. Teils abs., teils τινός für jmdn.

ὠνήρ, ion. = ὁ ἀνήρ.

ὠνητής, ὁ, Käufer.

ὠνητιάω, sp. kaufen wollen, kauflustig sein.

ὠνητός, 3. u. 2., Adj. verb. von ὠνέομαι, a) käuflich, τινός um etw. b) gekauft, τινί durch, um—.

ὤνθρωπε, st. ὦ ἄνθρ.

ὤνθρωποι, ion. st. οἱ ἄνθρωποι.

ὤνιος, 2. u. 3. (ὠνή), käuflich, feil, abs., oder τινός um etwas, ἔκ τινος woher. Subst. τὸ ὤνιον u. τὰ ὤνια die Marktware(n).

ὦνος, ὁ, s. ὠνή.

ὦξ, buk. durch Krasis aus ὁ ἐξ.

Ὦξος, ὁ, Fluß des innern Asiens, jetzt *Amu.* Er mündet in den Aralsee. Die Alten, denen dieser See unbekannt war, lassen ihn in das Kaspische Meer münden.

ᾠόν, τό, auch **ὠόν** geschr. (ὠϝιον, lat. *ōvu-m,* ahd. *ei*), das Ei (zuerst bei Her.); sp. Medizingläschen.

ᾠοτοκέω (ᾠο-τόκος), ar. sp. Eier legen.

ὦπερ, dor. st. οὗπερ.

Ὦπις, ιδος, ἡ, Stadt in Assyrien am Einfluß des Physkos (j. *Adhem*) in den Tigris.

ᾡπόλος, buk. durch Krasis aus ὁ αἰπόλος.

ὦρ ἡ, Dat. plur. ὤρεσσι, s. ὄαρ.

ὤρα, ion. **ὤρη,** ἡ (St. ϝορ, vgl. ὅρομαι, ὁράω u. II. οὖρος), ep. poet. ion. sp. (ganz selten att. pros.), = φροντίς, die Sorge, Rücksicht, Vorsorge, Besorgnis, Befürchtung, abs., od. τινός um jmdn. od. etwas, vor jmdm., wegen jmds., ὤραν ἔχειν, νέμειν τινός sich worum kümmern, ποιεῖσθαί τινος worauf Rücksicht nehmen.

ὥρα, ion. **ὥρη,** ἡ (aus ȷωρα, dt. *Jahr*) • 1) (τοῦ ἐνιαυτοῦ) die **Jahreszeit,** ὥρα ἔτους die gute Jahreszeit, ὥρα χειμῶνος die Winterzeit; ἀπὸ ὥρας τρέφεσθαι von (den Früchten) der Jahreszeit leben. Der Pl. bezeichnet dah. oft das **Jahr,** καὶ ἐπήλυθον ὧραι das neue Jahr begann, περιτελλομέναις ὥραις • 2) ὧραι heißen dem Hdt. aber auch die Räume u. Zeiten der Sonnennähe u. Sonnenferne,

Süden u. Sommer, Norden u. Winter, dann das **Klima,** die Witterung, dah. *ὡρέων ἤκουσα οὐκ ὁμοίως* (näml. *εὖ*) in bezug auf Klima und Sonnenschein nicht ganz günstig gelegen • **3)** die **Tageszeit** • **4)** die **Stunde,** *τρίτη ὥρα, ἀρίστου ὥρα* u. *ἐσχάτη ὥρα* die Todesstunde; übertr. *δωδεκάτη ὥρη* vom Lebensabend • **5)** überh. *τῇ ὥρᾳ* im Zeitverlauf, insbes. die **rechte Zeit.** Teils abs. *ἐν* (*τῇ*) *ὥρῃ* zur rechten Zeit, *τὴν ὥραν* zur bestimmten Zeit, *ἀεὶ εἰς ὥρας* jedesmal zur rechten Jahreszeit, näml. zur Erntezeit, bei Arr. 6, 19, 1 von der Zeit der Ebbe, *ὥρα* (*ἐστί*) es ist Zeit, teils *τινός*, od. mit Inf., od. A. c. I. • **6)** im bes. die **Blütezeit** des Lebens, Jugendzeit, abs., od. mit *ἡλικίας, τοῦ πρόσηβον γενέσθαι* d. h. der Mündigkeit, *γάμου* od. *γάμων* der Altersreife. Dah. die Verwünschung: *μὴ ὥραν τινὸς γενέσθαι* möge er seine Blütezeit nicht erleben. Ähnl. sagt Luk. *μὴ ὥρασιν ἵκοιτο* • **7)** personif. **Ὧραι,** Töchter des Zeus u. der Themis, deren Namen u. Zahl Hom. nicht nennt (nach Hes. Eunomia, Dike u. Eirene). Sie sind die Pförtnerinnen des Olympos, d. h. Vorsteherinnen der Witterung, u. so auch Göttinnen der Jahreszeiten und Dienerinnen der Götter.

ὡραῖος, 3., u. ep. poet. u. sp. **ὥριος,** 3. u. 2. (*ὥρα*), was die Jahreszeit mit sich bringt od. reift, zeitig, **reif,** abs., od. *ὡραία γάμου, ἀνδρός* reif zur Hochzeit; in der Blütezeit des Lebens, jugendlich, schön • Subst. **1)** *ἡ* **ὡραία** die schöne Jahreszeit Dem. 9, 48, *τὴν ὡραίην = τὴν ὥρην* zur rechten, gewöhnlichen Zeit, also Hdt. 4, 28, in unserer (der Griechen) Regenzeit. **2)** *τὰ* **ὡραῖα** mit u. ohne *ἐκ τοῦ ἀγροῦ* die Produkte der Jahreszeit, *ὡραῖα τρωκτά* Früchte, welche man roh genießen kann.

ὡραϊσμός, *ὁ* (*ὡραΐζομαι* sich schön machen), sp. [Putz, Schmuck.

ὠράνω, äol. = *οὐρανοῦ*.

Ὡράτιος, *ου, ὁ*, sp. Horatius.

Ὠρείθυια, *ας* (auf Bergen stürmende), **1)** eine Nereïde. **2)** T. des Königs Erechtheus.

Ὠρεός, *ἡ*, **1)** Stadt im nördl. Euböa am Fluß Kallas. Adj. *Ὤρειος*, 3. Der Einw. *ὁ* **Ὠρείτης.** **2)** dag. **Ὠρεῖται,** *οἱ*, auch ein Volk in Indien am Erythräischen Meere, jetzt *Uboo*.

ὤρεσσι, s. *ὄαρ*.

ὤρη, s. *ὤρα*. **ὥρη,** s. *ὥρα*.

ὡρη-φόρος, 2. ep. die Jahreszeiten od. die Reife bringend, Beiw. der Demeter.

ὠρίζω, ep. = *ὀαρίζω*; davon iter. Impf. *ὠρίζεσκον*, plauderten zusammen.

Ὤρικος λιμήν od. **Ὠρικός** (**Ὤρικος**), *ὁ*, griech. Seestadt in Illyria Graeca in der Nähe des Keraunischen Gebirges, jetzt *Eriko*.

ὥριμος, poet. u. sp. = *ὡραῖος*.

ὥριος, 3. u. 2. (*ὥρα*), ep. poet. sp. = *ὡραῖος*, s. d.

ὤριστος (*ὠρ.*), 3. ep. durch Krasis aus *ὁ ἄριστος*.

Ὠρίων, aus **Ὠαρίων** [ῑ], *ωνος, ὁ*, **1)** Sohn des Hyrieus aus Hyria in Böotien, trefflicher Jäger von ausnehmender Stärke u. Schönheit, Geliebter der Eos, von Artemis in Delos getötet, weil er sie zum Diskoswerfen aufforderte. **2)** das schönste Sternbild des nördl. Himmels.

Ὠρομάσδης, *ου, ὁ*, avest. *Ahuramazdā*, neupers. *Ormazd*, der oberste Gott, der Gott des Lichtes u. des Guten in der pers. Religion des Zarathustra, Zoroaster.

ὤρορε, red. Aor. 2. zum St. *ὀρ, ὄρνυμι*, intr. erhob sich Il. 13, 78, hub an, fing an Od. 8, 539, sonst trans. = *ὦρσε*.

ὦρος, *ὤρεος, τό*, dor. st. *ὄρος*, dat. plur. *ὤρεσι*.

Ὧρος u. **Ὥρος,** *ὁ*, ägypt. Hor, Sohn des Osiris u. Besieger des Set, des Mörders seines Vaters. Er gehörte zu dem ersten Götterkreise Ägyptens und ist als roter Horus (Mars) die Sonne des morgenländischen Himmels, Oststern des Himmels.

ὠρυγή, *ἡ*, poet. sp., u. **ὠρυγμός,** *ὁ*, buk. sp. ***rugītus***, Gebrüll, Geheul, Wimmern.

ὠρύομαι (St. *ρυ*, mit prothetischem *ὠ*, vgl. *ὀρυμαγδός*, lat. *rûmor*), Aor. *ὠρυσάμην*, Dep. med., ion. poet. buk. u. sp. heulen, heulend schreien, von Tieren, dann von Menschen: wehklagen, oder Her. 4, 75 jauchzen.

Ὠρωπός, *ὁ* u. *ἡ*, Stadt am Eurīpos an der Grenze von Böotien u. Attika, u. dah. bald zu Böotien, bald den Athenern gehörig, denen es zuletzt seit 411 durch Verrat entrissen war, nahe der Asōposmündung, mit der Hafenst. *Δελφίνιον*; sie war kein Demos von Attika, jetzt ein Dorf *Oropo*. Ihr Gebiet **Ὠρωπία,** *ἡ*. Die Einw. *οἱ* **Ὠρώπιοι.**

ὦς, *τό*, dor. = *οὖς, τό*, s. d.

I. **ὧς** od. **ὥς,** Adv. v. pron. demonstr. *ὅς, ὅ* (*sō-s). **1)** **so,** also = *οὕτως*, meist auf das Vorhergehende bezüglich, selten auf das Folgende = folgendermaßen (*ὧδε*). *ὡς — ὥς* wie — so, *ὥς — ὡς* so — wie, so gewiß — als. Insbes. **a)** in *καὶ ὧς* auch so, gleichwohl, trotzdem, *οὐδ' ὧς* auch so nicht, dennoch nicht, **b)** unter diesen Verhältnissen, in diesem Falle, **c)** folgernd: so — denn, **demnach, d)** so zum Beispiel, Hom. Od. 5, 121, **e)** bei den Tragg. auch lokal: hierher. **2)** Proklitikon zu andern Advv. auf -*ως*, Atonon, **ὡς: so,** *ὡς αὔτως* (s. *ὡσαύτως*), ganz ebenso, *ὡς ἀληθῶς* so ganz wahr usw.

II. **ὧς** od. **ὥς,** ep. postpositive Partikel (ursprgl. *σϝω-ς* od. *ϝω-ς*): gleichwie, wie, *θεὸς ὥς, ὄρνιθες ὥς*.

III. **ὧς,** dor. buk. = *οὗ*, wo.

IV. **ὥς,** dor. Akk. = *οὕς*.

I. **ὡς,** relatives Adv. v. pron. rel. *ὅς* dient **I)** als **Adv.** der Art u. Weise und der Vergleichung: **wie, auf welche Weise, wie wenn, als ob** • **1)** bei Substt. und Pronn. zur Erklärung des Prädikats od. gleichstellend, *ut*, wie, als, od. nach Gemäßheit einer Eigenschaft, od. einschränkend: im Vergleich mit, **für,** *ὡς νομεὺς ἀνήρ* soviel von einem Hirten zu verlangen ist, *ὡς ἐμοί* für einen Mann in meiner Lage, sp. *ὡς ἀνθρώπῳ* soweit das für einen Menschen gilt, u. mit Praepp. *ὡς ἀπ' ὀμμάτων* soweit sich aus dem Augenscheine wahrnehmen läßt, *ὡς ἀπὸ τῆς πομπῆς* anscheinend vom Festzuge her, *ὡς ἐκ δυνατῶν* nach Maßgabe der Möglichkeit • **2)** bei Adjj. u. Advv., im Ausruf, **wie!,** *ὡς ἠπίως, ὡς ἄτοπον*; bei Superll. für den relativ höchsten Grad, *ὡς τάχιστα* so schnell wie möglich, ähnl. *ὡς αὐτίκα* im Augenblick, u.

selbst ὡς τάχος hurtig • 3) bei Zahlwörtern, **etwa, ungefähr**, gegen ὡς τὰ πολλά meistenteils, ähnl. ὡς ἐπὶ τὸ πολύ u. πλεῖστον; ὡς ἕκαστος **fast jeder**, ähnl. ὡς μάλιστά κῃ • 4) bei Part. **als**, wie in ὡς ἀπενειχθέντα als ein Bericht, gemäß dem Berichte; bes. um subjektiven Grund = *tamquam*, bei Partiz. fut. subj. Absicht (**um — zu**, entschlossen zu —) auszudrücken, teils um etw. als ein Vorgestelltes od. Vorgegebenes zu bezeichnen, das Faktum des Part. mag wahr od. falsch sein, **als wenn**, als ob, vorgeblich weil, **weil** • 5) vor Vergleichen u. Nebensätzen mit u. ohne vorhergehendes οὕτως u. ähnl. Hier steht aber in den Nebensätzen • a) bald der Inf. statt des Indik., ὡς εἰκάσαι wie sich vermuten läßt, ὡς Σκύθας εἶναι insoweit es Skythen sind, ὡς εἶναι Αἰγύπτου soweit er Ägypten gehört, ὡς ἐν ἡμῖν εἰρῆσθαι unter uns gesagt, auch ὡς ἂν εἶναι insofern es gehören werde; teils folgt • b) nach ὡς ἐμοὶ δοκεῖ, ὡς λέγουσι u. ähnl. anakoluthisch der Inf., oder ὅτι, oder es steht der Imper. dabei, wie in οἶσθ' ὡς ποίησον = οἶσθ' οὖν ὃ δράσεις, οὐκ ἔσθ' ὡς γαμεῖς • c) mit ἄν dagegen heißt es: vorausgesetzt daß, ὡς ἂν ᾖς vorausgesetzt daß du bist, ὡς ἄν τις wie einer der, nämlich διατρίβοι (Plut. C. Gr. 1), und θαυμαστῶς ὡς, *mirum quantum*, wundersam. Ähnl. beim Ausruf: wie doch!, ὡς δὴ σὺ οὐκ ἂν δέξαιο als ob du es dir nicht gefallen ließest! • 6) spät: ὡς ἄν m. Ind. u. ὡς κἂν εἰ m. Opt. = **wie**.

II) als **Konj.: wie, daß**, u. zwar • 1) zur Angabe des Objekts = ὅτι mit Indik. od. Optat., jedoch auch hier mehr subjektiv, bei späteren Schriftstellern wie ὅτι vor direkter Rede • 2) zur Einleitung erklärender Nebensätze: **wie, daß, denn**, bisw. mit zu ergänz. Verb., wie in ὡς ἄγος = ὡς ἄγνισμά ἐστιν nur soviel als Abwendung der Schuld ist • 3) konsekutiv: **so daß**, = ὥστε, u. so auch bei Subst., γραῦς ὡς c. inf. alt, zu alt, um zu vollziehen. Mit ähnl. Konstr. wie ὥστε • 4) final: **daß, damit**; Konstr. wie ὅπως • 5) optativ elliptisch: **daß doch, o daß**, ὡς θεοὶ ξυνίστορες mögen es die Götter wissen • 6) kausal. **da ja, weil denn**; im Anfang scheinbar selbständiger Sätze: denn • 7) temporal: **wie, als, nachdem** (*ut*), wo Hdt. bei indir. Erzählung auch den Inf. setzt. Dah. ὡς τάχιστα sobald als • 8) bisw., im N. T. öfter: solange.

II. **ὡς, Präp.** mit dem **Akk.** die **Richtung** bezeichnend: **zu**, bei Hom. nur Od. 17, 218, und überh. nur bei **Personen**, wohin auch Stellen gehören wie ὡς ἀδελφὰς τάσδε χεῖρας = ὡς τὸν ἀδελφόν. Zweifelh. Soph. Tr. 366.

ὡσανεί, sp. = ὡς ἂν εἰ = ὡσεί gleichsam, gewissermaßen.

ὡσαννά, hebr. *hôshă'-nâ* (u. *hôshî'â-nnâ*), N. T. **hilf doch!**

ὡσ-αύτως, Adv. von ὁ αὐτός, bei Hom. nur in tmesi ὣς δ' αὔτως, u. auch bei Her. mit betontem ὥς: ὣς δὲ αὔτως, att. ὡς δ' αὔτως u. αὔτως, **auf dieselbe Weise, ebenso**.

ὡσεί, auch ὡς εἰ geschr., u. poet. **ὡσείτε**, 1) **wie wenn**, als ob, gleichsam, etwa, bei Part. gleich als ob. 2) = ὥσπερ wie, sowie, *ut*. 3) bei Zahlangaben: ungefähr.

Ὡσηέ (hebr. *hôshēă*), der Prophet Hosea, Sohn des Bĕērî, kurz nach 740 vor Chr. im nördl. Reiche wirkend, älterer Zeitgenosse des Jesaja.

ὥσπερ, auch **ὥς περ** geschr. u. bei Hom. bisw. durch Worte getrennt, **ὡσπερανεί**, auch **ὥσπερ ἂν εἰ** geschr., und **ὡσπερεί**, auch **ὥσπερ εἰ** geschr., **gerade so wie, wie wenn, als ob**, wie, gleichwie, wie zum Beispiel, gleichsam (besond. ὡσπερανεί u. ὡσπερεί), fast, beinahe, ὥσπερ ἄνθρωποι als ob ihr Menschen wäret, ὥσπερ δέον, ἐξόν wie wenn es nötig, möglich wäre, ὥσπερ δή gerade wie eben, ὥσπερ ἂν εἴ τις etwa der Art, wie wenn, ὥσπερ ἂν ζῶ wie ich immer leben mag.

ὥστε, eigtl. **ὥς τε** (so bei Hom. u. sonst. bisw. geschr.) • 1) ep. Adv. wie, **sowie, gleichwie, sowie auch**, ὥστε θεός als Göttin • 2) Konj. • a) in **selbständigen Sätzen**: **und so, darum, daher** • b) in **abhängigen Sätzen**: α) **konsekutiv**: **so daß** (entstanden aus dem vergleichenden wie um zu), mit Ind. (Tatsache, οὐ) u. Inf. (Vorstellung, Notwendigkeit, μή) bes. bei ἢ ὥστε nach Kompar. μεῖζον κακὸν ἢ ὥστε φέρειν **als daß man es tragen könnte**; sehr selten bei den Rednern m. Part., β) **konditional**: **unter der Bedingung daß**, mit Inf. ὑπισχνοῦντο ὥστε ἐκπλεῖν vorausgesetzt daß er abfahre, γ) **final**: mit Inf. als Objekt nach den Verben des Bewirkens: **um zu, damit**, δ) = ἅτε mit Part.: **da ja** ὥστε φυλασσομένων ὁδῶν, Hdt.

Ὤστια, τά, sp. Ostia an der Tibermündung. Dav. **Ὠστιανὴ ἠιών, ἡ**, die Küste von Ostia, der Hafenstadt Roms am Ufer des linken Tiberarms; Ruinen j. zwischen Torre Bovacciana u. Ostia.

ὠτακουστέω (von ὠτ-ακουστής), **horchen, lauschen**, aufpassen, abs. od. mit indir. Nebens.

ὠτ-ακουστής, ὁ, ar. sp. Horcher, Lauscher.

ὦ τάν, s. τᾶν.

ὠτάριον, τό, sp. u. N. T. = ὠτίον.

ὦτε, dor. poet. = ὡς, ὥστε, wie, gleichwie.

ὠτειλή, ἡ, die **Wunde**, u. zwar bei Hom. die offene, gew. in der Nähe beigebrachte, später die Narbe, Schmarre.

ὠτίον, τό, sp. N. T. das Ohr, eigtl. Dem. von οὖς.

ὠτίς, ίδος, ἡ, Trappe.

Ὦτος, ὁ, 1) Sohn des Aloeus, Bruder des himmelstürmenden Ephialtes, s. Ἐφιάλτης, 1. 2) sonst. Eigenname.

ὠτώεις, εσσα, εν (οὖς, älter οὐατόεις), ep. **geöhrt**, gehenkelt, mit Griffen versehen.

ὡὐτός (ὡυτός), ep. u. **ὡὐτός** (ὡυτός), ion. st. ὁ αὐτός.

ὤφελε (s. ὀφείλω, 2b), **daß doch, o wenn doch**, mit Inf.

ὠφέλεια, ion. **ὠφελίη**, att. auch **ὠφελία, ἡ**, die **Hilfe**, der **Beistand**, dah. überh. **Nutzen**, Vorteil, Profit, Gewinn, Wohlfahrt, ἐν ὠφ. εἶναι vorteilhaft sein, τῇ ὠφ. des Nutzens wegen.

ὠφελέω, Fut. pass. öfter ὠφελήσομαι als ὠφεληθήσομαι, Adj. verb. ὠφελητέον (ὄφελος). 1) absol. **von Nutzen sein, Nutzen stiften, helfen, unterstützen, Gutes tun, nützen**. 2) τινά (selten τινί), τί in etwas, μέγιστα am meisten, dah.

τινά τι einem zu etwas verhelfen; vereinzelt: *τινός* zum Genuß verhelfen von, Soph. OC **436**; *ἔς τι* für etwas, *ἔν τινι* in etwas, auch mit Part.; Pass. Vorteil, Nutzen haben od. erhalten, z. B. von der Kriegsbeute, *ἐκ, ἀπό, ὑπό τινος* von etwas od. jmdm.; *ἰδὼν ὠφεληθείη* aus dem Anblick Nutzen ziehen, Thuk. Dav.

ὠφέλημα, *τό*, das, was hilft, nützt, dah. von Personen: der Wohltäter, von Sachen: Dienstleistung, Wohltat; überh. Nutzen, Vorteil.

ὠφελήσιμος, 2. poet., und **ὠφέλιμος,** 2. (u. 3.), Adv. **-ίμως,** nützlich, förderlich, frommend, vorteilhaft, heilsam, Nutzen stiftend, mit Nutzen, zum Nutzen, wie es heilsam ist, *οὐκ ὠφ.* ohne Vorteil, daher sogar: schädlich, nachteilig. Subst. *τὸ ὠφ.* das Nützliche, *τὰ ὠφ.* die Vorteile, *ὠφελιμώτερον* eine heilsamere Sache, *τὰ ὠφελιμώτατα* die nützlichsten Dinge.

ὠφέλησις, *ἡ*, poet. das Helfen, die Dienstleistung.

ὠφελητέος, 3. (*ὠφελέω*), was man fördern, unterstützen muß.

ὠφελία, ion. **-ίη,** *ἡ*, s. *ὠφέλεια*.

ὠφέλιμος, 2. s. *ὠφελήσιμος*.

Ὦχος, *ου*, der eigentl. Name mehrerer pers. Könige vor ihrer Thronbesteigung, so bei Arr. der von Artaxerxes III.

ὠχράω, Aor. ep. *ὤχρησα*, u. **ὠχριάω,** poet. u. sp. blaß od. bleich werden, erblassen.

ὠχρός, 3. **1)** blaß, bleich. **2)** gelb.

ὦχρος, *ὁ*, ep. u. sp. (poet.), u. **ὠχρότης,** *ητος*, *ἡ*, Blässe, Bleichheit, bes. des Gesichts.

ὤψ, *ὠπός* (das Geschlecht bei Hom. nicht zu erkennen, bei Sp. masc., bei Plat. einmal *τὰ ὦπα*, doch ist die LA. zw.), bei Hom. nur *εἰς ὦπα* (St *ὀπ* in *ὄπωπα, ὄψομαι*, lat. *oc-ulus*), Auge, Angesicht, Antlitz, *εἰς ὦπα ἔοικεν* gleicht ins Gesicht hinein, d h. leibhaftig.

Ὦψ, *Ὠπος*, *ὁ*, Sohn des Peisenor, Vater der Eurykleia.

Anhang umseitig.

Anhang.

Von der Zeitrechnung und den Festen.

Das **Jahr** der Griechen war ein Mondjahr; es bestand aus zwölf Mondmonaten, welche abwechselnd 30-tägig (*πλήρεις*, voll) und 29-tägig (*κοῖλοι*, hohl) waren, und zählte somit 354 Tage, war also gegenüber dem Sonnenjahr etwa 11¼ Tage zu kurz. Um die Mondjahre mit den Sonnenjahren in möglichster Übereinstimmung zu erhalten, schaltete man von Zeit zu Zeit einen dreizehnten und zwar vollen Monat ein (*ἐμβόλιμος μήν*). Zur Regulierung dieser Einschaltung bildete man größere Zeitkreise (*κύκλοι, περίοδοι*), welche aus einer bestimmten Anzahl zwölfmonatiger und dreizehnmonatiger Jahre bestanden, und nannte einen solchen Zeitraum ein „großes Jahr" (*μέγας ἐνιαυτός*). Die bekanntesten derartigen Zyklen waren

a) der achtjährige (*ἡ ὀκταετηρίς*, sc. *περίοδος*), bestehend aus fünf gewöhnlichen und drei Schaltjahren. Er war in Athen seit Solon im Gebrauch und hatte im dritten, fünften und achten Jahr als Schaltmonat einen zweiten Posideon (*Ποσιδεὼν δεύτερος* oder *ὕστερος*).

b) der neunzehnjährige, von dem Astronomen *Μέτων* (s. d.) 432 v. Chr. aufgestellt, bestehend aus zwölf gewöhnlichen und sieben Schaltjahren, stellte die vollkommenste Schaltordnung dar und fand, mit der Zeit wiederholt verbessert, die weiteste Verbreitung.

Der Jahresanfang war bei den einzelnen Staaten verschieden; in Athen begann das Jahr mit dem ersten Neumond nach der Sommersonnenwende, bei den Spartanern und anderen Dorern zur Zeit des Herbstäquinoktiums.

Die Jahre wurden nicht gezählt, sondern nach ersten Beamten des Staates benannt; so in Athen nach dem ersten Archon (*ἄρχων ἐπώνυμος*), in Sparta nach dem ersten Ephoren (*ἔφορος ἐπώνυμος*), in Argos nach der Herapriesterin.

Die Monate wurden in drei Dekaden von zehn, beziehungsweise neun Tagen eingeteilt (s. u.) und fast ausnahmslos nach Festen benannt, die in ihnen gefeiert wurden. Die Monatsnamen waren in den verschiedenen Staaten verschieden.

Attische Monatsnamen und bekanntere Feste.

I.	**Ἑκατομβαιών** = Juli — Aug. 12. *Κρόνια.* **Νέμεια,** je am Anfang des 2. u. 4. Olympiadenjahres. 16. *Συνοίκια.* 24.—29. *Παναθήναια, τὰ μεγάλα* je im 3. Olympiadenjahr.	VII.	**Γαμηλιών** = Jan. — Febr. 9.—12. *Διονύσια τὰ ἐπὶ Ληναίῳ.*
II.	**Μεταγειτνιών** = Aug. — Sept. *Κάρνεια* der Dorer. 11.—16.(?) **Ὀλύμπια,** alle 4 Jahre. **Πύθια,** je im 3. Ol.-Jahr.	VIII.	**Ἀνθεστηριών** = Febr. — März. 11.—13. *Ἀνθεστήρια* (s. u. *Διονύσια*: *Πιθοίγια. Χόες. Χύτροι*). 19.—21. Ἐλευσίνια *τὰ μικρά.* 23. *Διάσια.*
III.	**Βοηδρομιών** = Sept. — Okt. 3. Ἐλευθέρια in Platää. 6. *Μαραθώνια.* 7. *Βοηδρόμια.* 16.—25. Ἐλευσίνια *τὰ μεγάλα.*	IX.	**Ἐλαφηβολιών** = März — April. 9.—13. *Διονύσια τὰ ἐν ἄστει.* 14. *Πάνδια.*
IV.	**Πυανοψιών (Πυανεψιών)** = Okt. — Nov. 7. *Πυανόψια.* 9.—13. *Θεσμοφόρια.* 19.—21.(?) *Ἀπατούρια.*	X.	**Μουνιχιών** = April — Mai. **Ἴσθμια,** je im 2. u. 4. Ol.-Jahr. 16. *Μουνίχια*, zugleich Salamisfeier.
V.	**Μαιμακτηριών** = Nov. — Dez.	XI.	**Θαργηλιών** = Mai — Juni. 6. *Θαργήλια.* 19.—20. *Βενδίδεια.* 25. *Πλυντήρια.*
VI.	**Ποσιδεών** = Dez. — Jan. *Ἁλῷα.* *Διονύσια τὰ κατ' ἀγρούς.*	XII.	**Σκιροφοριών** = Juni — Juli. *Ὑακίνθια* in **Amyklai.** 12. *Σκιροφόρια.*

Den Anfang des **Tages** (ἡ ἡμέρα, τὸ νυχθήμερον) haben die Athener wie die meisten Griechen auf Sonnenuntergang gestellt (die Römer auf Mitternacht).

Der erste Tag des Monats war der, an dessen Abend der Neumond aufging; er hieß νουμηνία, während man den Neumondstag selbst, d. h. den letzten Tag des vorhergehenden Monats als ἕνη καὶ νέα bezeichnete, d. h. als den Tag, wo der Mond teils noch alt (vgl. oben u. ἕνη, lat. sen-ec-s), teils schon neu ist.

Der 2.—10. Tag hießen δευτέρα bis δεκάτη ἱσταμένου (sc. μηνός), der 11. ἑνδεκάτη, der 12. δωδεκάτη, der 13.—19. τρίτη bis ἐνάτη ἐπὶ δέκα, der 20. εἰκάς.

Die Tage der 3. Dekade wurden entweder als μετ' εἰκάδας gezählt (z. B. der 23. als τρίτη μετ' εἰκάδας), oder es wurde, der immer merkbarer werdenden Abnahme des Mondes entsprechend, auch „abnehmend", vom Monatsende aus rückwärts gerechnet. Es wurden also der 21.—28. Tag als δεκάτη bis τρίτη φθίνοντος bezeichnet, der 29. im vollen Monat als δευτέρα φθίνοντος, im hohlen dagegen, wie der 30. im vollen Monat, als τριακάς, att. ἕνη καὶ νέα.

Übersicht der gebräuchlichsten Maße, Gewichte und Münzen.

1. Längenmaße (nach Solon).

στάδιον	πλέθρα	ὀργυιαί	πήχεις	πόδες	Meter
1	6	100	400	600	rd. 180 (177,6)
	1 πλέθρον	—	—	100	„ 30
		1 ὀργυιά	—	6	„ 1,80
			1 πῆχυς	$1\frac{1}{2}$	„ 0,45
				1 πούς	„ 0,30 (0,296)

1 Parasange = 30 Itinerar-Stadien
= rund 5 Kilometer = 1 Wegstunde.
Das olympische Stadion hatte 600 Fuß zu 0,320 m = 192 m.
1 πούς = 4 παλα(ι)σταί zu 82 mm
= 16 δάκτυλοι zu 20,5 mm.

2. Hohlmaße (solonisch).

Für Trockenes				Für Flüssiges				
μέδιμνος	χοίνικες	κοτύλαι	Liter	μετρητής	χόες	κοτύλαι	κύαθοι	Liter
1	48	192	52,53	1	12	144	864	39,39
	1 χοῖνιξ	4	1,094		1 χοῦς	12	72	3,283
		1 κοτύλη	0,2736			1 κοτύλη	6	0,274
							1 κύαθος	0,046

3. Gewichte und Münzen.

τάλαντον	μναῖ	δραχμαί	ὀβολοί	χαλκοῖ	Gewicht in Gramm	Geldwert in Reichsmark	Geldwert in Franken
1	60	6000	36000	. . .	36000	4800	6000
	1 μνᾶ	100	600	. . .	600	80	100
		1 δραχμή	6	48	6	0,80	1
			1 ὀβολός	8	1	0,13	0,16
				1 χαλκοῦς	$\frac{1}{8}$	0,015 = 1,5 Rpf	0,02 = 2 Rpp.

Neben diesem Solonischen Münzgewicht war im Verkehr bis in frührömische Zeit das alte **aiginetische Handelsgewicht** in Gebrauch, dessen Talent 36,156 kg wog, die Mine 602,6 g, die Drachme 6,03 g.

Das Gold hatte den zehn- bis dreizehnfachen Wert des Silbers.

Der persische Δαρεικός (στατήρ) und der attische Goldstater galten gleichviel, ungefähr 24 Drachmen = rund 20 RM = 25 Fr.

Die Olympiadenjahre

verglichen mit den Jahren ante Christum natum und ab urbe (Roma) condita.

Vorbemerkung. Die uns geläufige Art der Olympiadenrechnung ist erst seit dem 4. Jhdt. v. Chr. (seit Ephoros und Timaios) nachweisbar; früher pflegte man die Olympiaden durch den Namen eines der Sieger zu bezeichnen.

776 v. Chr. = Ol. 1. 1	753 v. Chr. = Ol. 6. 4 = 1 a. u. c.
775 „ „ = „ 1. 2	752 „ „ = „ 7. 1 = 2 „
774 „ „ = „ 1. 3	751 „ „ = „ 7. 2 = 3 „
773 „ „ = „ 1. 4	750 „ „ = „ 7. 3 = 4 „
772 „ „ = „ 2. 1	749 „ „ = „ 7. 4 = 6 „
771 „ „ = „ 2. 2	748 „ „ = „ 8. 1 = 6 „
770 „ „ = „ 2. 3	747 „ „ = „ 8. 2 = 7 „
usw.	usw.

1. Um die Olympiaden in die Jahre v. Chr. umzurechnen, zieht man von der Olympiadenzahl 1 ab, vervielfacht den Rest mit 4 und zieht dieses Produkt von 776 ab.

Beisp.: Welches Jahr v. Chr. war Ol. 51. 3?

Ausrechnung:
51 — 1 = 50
50 4 = 200
776 — 200 = 576.

Also ist Ol. 51. 1 = 576 v. Chr., demnach Ol. 51. 3 = 574 v. Chr.

2. Um die Olympiaden in die Jahre ab urbe condita umzurechnen, errechnet man am einfachsten das entsprechende Jahr v. Chr. und zieht diese Jahreszahl von 754 ab.

Ol. 51. 3 ist (s. o.) = 574 v. Chr. = 754—574, also 180 a. u. c.

3. Um die Jahre v. Chr. in Olympiaden umzurechnen, zieht man von 776 die gegebene Jahreszahl ab, teilt den Rest durch 4 und zählt zum Quotienten 1 dazu. Bleibt bei der Teilung ein Rest, so zählt man zu diesem Rest 1 dazu, um das Jahr der errechneten Olympiade zu erhalten.

Beisp. 1: Welches Olympiadenjahr war das Jahr 100 v. Chr.?

Ausrechnung:
776 — 100 = 676
676 : 4 = 169
169 + 1 = 170.

Also ist 100 v. Chr. = erstes Jahr der Ol. 170.

Beisp. 2: Welches Olympiadenjahr war das Jahr 100 a.u.c.?

Ausrechnung
100 a.u.c. = 754 — 100 = 654 v. Chr.
776 — 654 = 122
122 : 4 = 30 Rest 2
30 + 1 = 31
Rest 2 + 1 = 3.

Also ist das Jahr 100 a.u.c. = drittes Jahr der Ol. 31.

Alphabetisches Verzeichnis

zur Bestimmung seltener und unregelmäßiger Verbformen.

Das folgende Verzeichnis enthält Suchformen in großer, Findeformen in mittlerer und Belegformen in kleinster Schrift (ἐλ, εἴλω, ἔλσαι). Die Suchform besteht nur aus Stämmen, Wurzeln oder Formelementen. Es müssen also bei einer bestimmten Form jeweils die regulären Bildungsbestandteile, wie Augment, Reduplikation, Zusammensetzung mit Präpositionen, ferner Personalendung, Tempuszeichen als solche erkannt und richtig abgeteilt werden. Ebenso muß reguläre Kontraktion und epische Distraktion richtig aufgelöst werden. Wo der Aufbau einer Form nicht ohne weiteres klar ist, ist sie als solche aufgeführt bzw. das nicht analysierbare Element in die Suchform mitaufgenommen.

Buchstaben der Suchform (in runden Klammern) bedeuten bei alphabetischer Reihenfolge fälschlich vorausgesetzte, bei nicht alphabetischer Reihenfolge fälschlich ausgelassene Bestandteile der richtigen Form. — Suchformen in [eckigen Klammern] bezeichnen fälschlich erschlossene Stämme oder Wurzeln.

Arabische Numerierung der Findeform bedeutet verschiedene Möglichkeiten der Zurückführung (1. 2.); römische Ziffern vor der Findeform bezeichnen bei gleichlautenden Stichworten das richtige, hinter der Findeform die so bezeichnete Unterabteilung des Artikels.

Praeposition und Stammanlaut.

ἀγκ..	ἀνα-κ..	ἀγκομίσσαι
ἀλλ..	ἀνα-λ..	ἄλλεγον, ἀλλύεσκε
ἀμβ..	ἀνα-β..	ἐξ-αμβρῦσαι
αμμ..	ἀνα-μ..	ἀμμείξας
ἀμν..	ἀνα-μν..	ἀμνάσειεν [λοντι
ἀμπ..	ἀνα-π..	ἀμπτάμενος, ἀμπάλ-
ἀνθ..	ἀνα-θ..	ἄνθεσα, ἄνθορε
ἀνν..	ἀνα-ν..	ἀννεῖται, ἀννεώσα-
ἀνστ..	ἀνα-στ..	ἀνστάς [σθαι
ἀντ..	ἀνα-τ..	ἀνταράξας
καββ..	κατα-β..	κάββαλε
κακκ..	κατα-κ..	κακκανῆν
κακτ..	κατα-κτ..	κάκτανε
καλλ..	κατα-λ..	κάλλιπε
καμβ..	κατα-β..	κάμβαλε
καvv..	κατα-ν..	καννεύσας
καππ..	κατα-π..	κάππεσον
καρρ..	κατα-ρ..	καρρέζουσαι
καστ..	κατα-στ..	καστορνῦσα
κασχ..	κατα-σχ..	κάσχεθε
κατθ..	κατα-θ..	κάτθεμεν, κάτθετο
καττ..	κατα-τ..	καττάνυνται
παρθ..	παρα-θ..	παρθέμενος
ὑββ..	ὑπο-β..	ὑββάλλειν

Sonderformen von Praepositionen.

ἐσ-	εἰσ-	ἔσθορον
ἐνι-	ἐν-	ἐνίσπες, ἐνισπήσω
πρού	προ-ε-	προὔστην
ὑπα-	ὑπο-	ὑπαζεύξαισα
ὑπειρ-	ὑπερ-	ὑπειρέβαλον

Kontraktion.

α ᾳ ω	αε αη αει αῃ αοι	stets a-Stamm ω: auch ē-Stamm
η ῃ ει	εη εει εε	stets e-Stamm
οι ου	εοι; οει, οῃ οοι εο εου; οε οο οου	e- u. o-Stamm
ω	αο αω αου; εω; οη	a-, e- u. o-Stamm
ευ	εο, εου	e-Stamm (homerisch)

Distraktion.

οω ωο ωω	α + o-Laut	ὁρόω, γελόωντες, ὁρόωσα γελώοντες ἡβώωσα; ὁρόῳμεν, ἡβώοιμι
αα	α + e-Laut	ὁράασθαι ὁράαν ὁράᾳ

Seltenere Endungen.

-μες	dor. = att. -μεν	εἱμές, φαμές, βᾶμες
-ντι	prim. Endg. d. 3. Pl. -οντι = -ουσι -αντι = -ᾱσι	ἐντί, ἐξοῦντι ἑστάκαντι, ἁλώκαντι
-ντεσσι	dor. Dat. Pl. Part.	μιμνόντεσσι
-α = ν	sek. Endg. d. 1. Sg.	ἦα, ἔα
-θα	alte Perfektendung d. 2. Sg.	ἐγρήγορθα
-σθα	von σ-Stämmen her als Endungselement aufgefaßt	φῆσθα
-μεν -ναι -μεναι	Infinitiv	ἔμεν, ἔμεν, καταξέμεν ἱέ-ναι, παρίναι στήμεναι, δόμεναι
-θεν	ursp. End. 3. Pl. Ind. schw. Aor. Pass.	κόσμηθεν, ἄρθεν, ἔκριθεν, λύθεν etc.
-εν	ursp. End. 3. Pl. Ind. stark. Aor. Pass.	μίγεν, πάγεν, ἄγεν
-αται = νται -ατο = ντο	bes. 3. Pl. Ind. Perf. Med.-Pass. namentl. in d. 3. Pl. Plqpf. Med.-Pass.	εἱρέαται, ἐπιστέαται, ἀκηχέδαται, ἵκαται ἐκτέατο, ἐφθίαθ' = ἐφθίατο = ἔφθιντο
-τον -την -σθον -σθην	Duale	βάτην, ἤτην, ἤτην, ξυμβλήτην, ἔτην

ἆ: 1. ἀάω
ἆσαι, ἆσαιμι, ἆσατο
2. ἄμεναι
3. ἄεσα
ἄσαμεν
ἀ(ε): ἄημι
ἀείς, ἀέντες
ἀ(σα): ἀσάομαι
ἀσάμενος
ἄατο: ἄμεναι
ἀγ: 1. ἄγω
2. ἄγνυμι
ἄγεν = ἐάγησαν
(σ)αγ: προσάττω
προεισάγω
ἀγα: 1. ἄγαμαι
ἀγάσεσθαι
2. ἀγάομαι
ἀγάασθαι
ἀγαγ . . ἀγ . .
ἀγασ: ἄγαμαι
ἁγε: ἡγέομαι
ἄγεν = ἐάγησαν: ἄγνυμι
ἀγερ: ἀγείρω
ἄγη = ἐάγη: ἄγνυμι
ἁγη: ἡγέομαι
ἀγηγ . . ἀγ . .
ἀγήοχα: ἄγω
ἀγηρ: ἀγείρω
ἀγκ . . = ἀνα-κ . .
ἀγνώσασκε: ἀγνοέω
ἀγρ: ἀγείρω
ἀγρε: ἀγρέω
ἀγωνίδαται: ἀγωνί-
ἀδ: ἁνδάνω [ζομαι
ἀδ: ἥδομαι
ἁδ: ἁνδάνω
ἀδη: 1. ἀδηκότες
ἀδήσειε, ἀδηκότες
2. ἁνδάνω
ἀδήσειε
ἁδη: ἁνδάνω
ἀε: ἄημι
ἀειρ: αἴρω
ἀείς: ἄημι
ἀεξ: αὐξάνω
ἀερ: αἴρω
ἀεστός: ἄημι
ἀη: ἄημι
ἀϊ: ἀίω
αἰδ: αἰδέομαι
αἰδεσ: αἰδέομαι

αἰνε: αἰνέω
αἰνυ: αἴνυμαι
ἀίξασκον: ἀίσσω
ἀΐξει: ἀίσσω
αἱρε: αἱρέω
αἱρη: αἱρέω
αἰσθη: αἰσθάνομαι
ἀιστω: ἀιστόω
ἠίστωσα
ἀκαχ: ἀκαχίζω
ἀκαχει: ἀκαχίζω
ἀκαχη: ἀκαχίζω
ἀκευ: ἀκέομαι
ἀκηχέδαται: ἀκαχίζω
ἀκηχεμένη: ἀκαχίζω
ἄκουκα: ἀκούω
ἀκουσ: ἀκούω
ἀκοϝ: ἀκούω
ἀκρω: ἀκροάομαι
ἀκρώμενος
ἀλ: 1. ἄλλομαι
2. εἴλω
ἄλεν, ἀλέν, ἀλέντες
(π)αλ: πάλλω
κατεπαλμένος
ἆλ: ἄλλομαι
ἆλσο, ἆλτο
ἁλ: ἄλλομαι
ἁλ(ο): ἁλίσκομαι
ἀλα: ἀλάομαι
ἀλαλ . . ἀλ . .
ἀλδαν: ἀλδαίνω
ἀλε: 1. ἀλέω
ἀλήλε(σ)μαι
2. ἀλέομαι
ἀλέεσθαι, ἀλεύατο
3. εἴλω
ἄλεν, ἀλείς, ἀλέντες
ἁλε: ἄλλομαι
ἁλεῦμαι
ἀλειμ: ἀλείφω
ἄλεν: εἴλω
ἀλεσ: ἀλέω
ἀλευ: ἀλέομαι
ἀλεύατο
ἁλευ: ἄλλομαι
ἁλεῦμαι
ἀλη: 1. ἀλάομαι
2. ἀλέομαι
ἠλήθην
3. εἴλω
ἀλήμεναι, ἀλῆναι
ἀληλ . . ἀλ . .
ἀλιμ: ἀλείφω

ἁλισ: ἁλίζω
ἀλιτ: ἀλιταίνω
ἀλιφ: ἀλείφω
ἀλκ: 1. ἀλέκω
ἄλαλκε
2. ἀλέξω
ἄλαλκον, ἀπάλαλκε
ἀλλ . . = ἀνα-λ . .
ἀλλαγ: ἀλλάττω
ἀλλύεσκε: ἀναλύω
ἁλο: ἁλίσκομαι
ἀλυξ: ἀλύσκω
ἀλφ: ἀλφάνω
ἄλφοιν: ἀλφάνω
ἀλω: ἀλάομαι
(ἀν)αλω: ἀναλίσκω
ἁλω: ἁλίσκομαι
ἀμ: ἅπτω
ἀμμένος = ἡμμένος
ἁμ: ἅπτω
ἀμάντεσσι = ἀμῶσι: ἀμάω
ἁμαρτη: 1. ἁμαρτέω
ἁμαρτήσαντες, ἁμαρτήσειεν, ep. Varianten
2. ἁμαρτάνω
ἀμβ . . = ἀνα-β . .
ἀμβροτ: ἁμαρτάνω
ἀμβρυ: ἐξαμβρῦσαι
ἀμειφ: ἀμείβομαι
ἀμν . . = ἀνα-μν . .
ἀμπ . . = ἀνα-π . .
ἀμπτάμενος: ἀναπέτομαι
ἀμφιῶ = ἀμφιέννυμι
≡ ἀμφι-ϝεσ-ω
ἀμφρ . . = ἀνα-φρ . .
ἀν: ἀνύω, I. ἄνω
ἀν-ᾱλ-ω: ἀναλίσκω
ἀναν: ἀναίνομαι
ἀνε: ἀνεῖσα
ἀνέσαιμι, ἀνέσαντες
ἀνέθω: ἀνήνοθε
ἀν-ένεικα: ἀνα-φέρω
ἀνην: ἀναίνομαι
ἀνθ . . = ἀνα-θ
[ἀνθ]: ἤνθον
ἀνθα . . = ἀντι-ἁ
ἀνθαλοῖεν: ἀνθαλίσκομαι
ἀνθε: ἀνατίθημι
ἄνθεσαν, ἄνθεο

ἀνιεῦνται: ἀνιάομαι
ἀνν . . = ἀνα-ν . .
ἀνοιξ: ἀνοίγνυμι
ἀνστ . . = ἀνα-στ
ἀντ . . = ἀνα-τ . .
ἀνυ: 1. ἀνύω
2. ἄνυμι
ἁνυ: ἀνύω
ἀνῶ: ἀνίημι
ἀνωγ, ἀνωξ, ἄνωχθι: ἄνωγα
ἀξ: 1. ἄγω
2. ἄγνυμι
ᾀξ: ἀΐσσω
ἀπαδεῖν: ἀφανδάνω
ἀπαφ: ἀπαφίσκω
ἀπ-έμεσσε: ἀπ-εμέω
ἀπλακεῖν: ἀμπλακητός
ἀρ: 1. αἴρω
2. ἄρνυμαι
3. ἀραρίσκω
(ἐν)αρ: ἐναίρω
ἀρα: ἀράομαι
ἀραιρ . . αἱρ . .
ἀργ: ἄρχω
ἀρε: ἄρνυμαι
ἀρεσ: ἀρέσκω
ἀρη: 1. ἀράω
2. ἄρνυμαι
ἄρηαι
ἀρηρ . . ἀρ . .
ἀρκεσ: ἀρκέω
ἀρο: ἀρόω
ἀρόμμεναι: ἀρόω
ἀρσ: 1. ἀραρίσκω
2. ἄρδω
ἀρτη: ἀρτάω
ἀρτισ: ἀρτάω
ἀρω: ἀρόω
ἀρ-ω-: αἴρω
ᾀσ: 1. ᾄδω
2. ἀίσσω
ᾄσσω
ἀσα: ἀσάομαι
ἀσεῦμαι: ἀείδω
ἀση: ἀσάομαι
ἀσῶ: ἀσάομαι
ἆτος: ἄμεναι
αὐαν: αὐαίνω
αὐδαξ: αὐδάζομαι

ἐέργαθον: εἴργω
ἐέργνυμι: εἴργω
ἔερδον: ἔρδω
ἐέρχατο: εἴργω
ἐεσ: ΣΕΔ
ἑεσ: ἕννυμι
ἑζ: 1. ΣΕΔ
2. ἀνεῖσα
ἀν-έζω
ἐη: εἰμί
ἑη: ἵημι
ἑηνδαν: ἁνδάνω
ἐθελη: ἐθέλω, θέλω
εἰ: 1. εἶμι, ἔρχομαι
2. εἰμί
3. ἵημι
κατεῖναι = καθεῖναι
εἱ: 1. ἧμαι
εἵαται, εἵατο
2. ἵημι
3. ἕννυμι
εἷμαι, εἷται, εἷτο, εἵατο, ἐπιειμένος
εἰ(δ): 1. εἴδομαι
εἰσάμην, ἐεισάμην
2. οἶδα
εἴσομαι
εἱ(δ): ΣΕΔ III
εἱσάμην
εἰα: ἐάω
εἰδ: 1. ὁράω
2. οἶδα
εἴδομεν, κατειδέναι
-εἰδ: ἀφοράω
ἀφεῖδον NT = ἀπεῖδον
εἰδε: οἶδα
εἰδη: οἶδα
εἰθι: ἐθίζω
εἰθισ: ἐθίζω
εἰκ: II. εἴκω
εἶκε
(ἐν)εικ: φέρω
ἐϊκ, εἰκ: ἔοικα
εἰκαθ: I. εἴκω
εἱλ: αἱρέω
εἰλε: ἐλίττω
εἰληγ: λαγχάνω
εἰληλουθ: ἔρχομαι
εἰλημ: λαμβάνω
εἰληφ: λαμβάνω
εἰληχ: λαγχάνω
εἰλισσ: ἐλίττω
εἰλίχατο: ἑλίττω
εἷλκον: ἕλκω
εἵλκυσα: ἕλκω
εἱμαρ: μείρομαι
εἰμέν = ἐσμέν: εἰμί
εἶμεν = 1. εἴημεν εἰμί
2. εἶναι εἰμί
εἶμεν dor. = εἶναι εἰμί
εἰμές = ἐσμέν εἰμί
εἴξασι: ἔοικα
εἴξασκε: I. εἴκω
εἰοικυῖα: ἔοικα
εἰπ: 1. -αγορεύω
προσ-εῖπα, συν-ειπεῖν
2. λέγω
προ-εῖπα, ἀντειπεῖν
3. εἶπον
εἱπ: ἕπω
εἴπηv = εἰπεῖν
εἰργαζ: ἐργάζομαι
εἴργαθον: εἴργω
εἰρέαται: I. εἴρω 1
εἰρη: 1. ἀγορεύω
2. διεῖπον
διείρηκα
3. I εἴρω
εἰρήσομαι
4. λέγω,
εἴρηκα
εἷρπον: ἕρπω
εἰρυ: ἔρυμαι, ἐρύω
εἰρυσ: ἐρύω
-εις: μεθίημι
μετείς = μεθείς
εἶς: εἰμί, εἶμι
εἱσ: ΣΕΔ III
εἷσον, εἵσας, εἱσάμην, εἱσάμενος
εἰσάμην: εἴδομαι, εἶμι
εἴσομαι: εἶμι, οἶδα
εἶσθα: εἶμι
εἰω: ἐάω
εἴω: εἰμί
εἴωθα: ἔθων
εἶχαν: ἔχω
ἑκ: ἔχω
ἔκλε' = ἐκλέεο: κλέω
ἐκπέφαται: s. d. vgl. ΦΕΝ
ἐ-κράανθεν: κραίνω
ἐλ: εἴλω
ἔλσαι
ἑλ: αἱρέω
ἐλα: ἐλαύνω
ἐλαδ: ἐλαύνω
ἐλασ: ἐλαύνω
ἐλάσασκεν: ἐλαύνω
ἐλαϜ: ἐλαύνω
ἐλε: ἐλαύνω
ἐληλέατο
ἐλεγ: ἐλέγχω
ἐλεγκ: ἐλέγχω
ἐλεδ: ἐλαύνω
ἐληλέδατο
-ἑλεν: συναιρέω
σύνελεν
ἑλεσκ: αἱρέω
ἐλευ: ἔρχομαι
ἐληλ . . ἐλ . .
ἐλθ: ἔρχομαι
ἑλκ: ἕλκω
ἑλκη: ἕλκω
ἑλκυ: ἕλκω
ἑλκυσ: ἕλκω
ἔλλαβον: λαμβάνω
ἔλλαχεν: λαγχάνω
ἐλόωσι: ἐλαύνω
ἐλυθ: ἔρχομαι
ἐλύσθην: ἐλύομαι
ἐλῶ: ἐλαύνω
ἔλων: ἐλαύνω
ἐμε: ἐμέω
ἐμημ . . ἐμ . .
ἔμμεν, ἔμμεναι: εἰμί
ἐμεσ: ἀπεμέω
ἀπέμεσσε
ἐναρ: ἐναίρω
ἐν-αύω: s. d.
ἐνεγ: φέρω
ἐνεγκ: φέρω
ἐνειγ: φέρω
ἐνεικ: φέρω
ἐνειχ: φέρω
ἐνεκ: φέρω
ἐνένιπε: ἐνίπτω
ἐνεχ: φέρω
ἐνηv . . ἐν . .
ἐνήνοθε: ἀνήνοθε
ἐνηρ: ἐναίρω
ἐνθ = ἐλθ: ἔρχομαι
(ἦνθον = ἦλθον)
ἔνι = ἔνεστι
ἐνιπ: ἐνίπτω
ἐνισπ: ἐνέπω
ἐνίψω: ἐνέπω
ἔννεον: I. νέω
ἐνοχ: φέρω
ἐντί: εἰμί
ἑξ: ἔχω
ἐξαμβρῦσαι: s. d.
ἔοιγμεν = ἐοίκαμεν: ἔοικα
ἐόλητο: εἰλέω
ἔολπα: ἔλπω
ἐόν: εἰμί
ἐοργ: ἔρδω
ἑπ: ἕπομαι
ἕπευ: ἕπομαι
ἐπιμολεῖν: s. d.
ἐ-πίνυσσεν: πινύσσω
ἐπίστᾳ = ἐπίστασαι: ἐπίσταμαι
ἐπίστε-αι, -αται: ἐπίσταμαι
ἐπίστω: ἐπίσταμαι
ἐρ: 1. I. εἴρω
ἐρέσθαι, ἐν-ερμένος
2. εἴρομαι
ἀνερέσθαι, ἠρόμην
3. ἀντιλέγω
ἀντερῶ, ἀντερεῖν
4. προεῖπον, κατεῖπον
προερῶ, κατερῶ
5. συναγορεύω
συνερῶ, ξυνερῶ
ἐραα: ἐράω
ἐρασθῆναι: ἐράω
ἐργ: εἴργω
ἔργαθον: εἴργω
ἐργνυ: κατείργω, κατ-έργνυμι
ἐργαξ: ἐργάζομαι
ἐρε: 1. II. ἐρέω
ἐρέομαι
2. προεῖπον
προερέω
ἐρεδ: ἐρείδω
ἐρει(δ): ἐρείδω
προσερήρεικα
ἔρειο: I. εἴρω 2
ἐρείομεν: II. ἐρέω
ἐρεισ: ἐρείδω
ἐρειψ: ἐρείπομαι
ἐρεσ: ἐρείδω
ἔρεσσε: ἐρέσσω
ἐρη: 1. ἐρωτάω
2. I. εἴρω 2
ἐρήσομαι
ἐρήομεν: II. ἐρέω
ἐρηρ . . ἐρ . .
ἐρικεῖν: ἐρείκω 2

ἐριμ: ἐρείπω 2
ἐριπ: ἐρείπω
ἐρξ: 1. εἴργω
ἔρξα
2. ἔρδω
ἔρξω, ἀπέρξαντες
ἐρράδαται: ῥαίνω
ἔρραμμαι: ῥάπτω
ἐρρήθην: I. εἴρω
ἔρριγα: ῥιγέω
ἐρυκακ: ἐρύκω
ἐρχ: εἴργω
ἐρῶ: εἶπον
ἐσ: 1. εἰμί
2. ΣΕΔ
ἑέσσατο
ἑσ: 1. ἕννυμι, ἀμφιέννυμι
2. ἵζω, ΣΕΔ
ἑσάμενος = ἑσσάμενος: ἕζω, ἕζομαι ΣΕΔ III
ἑσάμην, ἕσας, ἕσσαι: ἕζω, ἕζομαι
ἔσαν: εἰμί
ἕσαντες: ἀνεῖσα
ἀνέσαντες, ἀνέσαιμι
ἕσδωμαι: ΣΕΔ II
ἑσθῶ: ΣΕΔ, ἕζομαι
(κ)εσκ: παράκειμαι
παρεκέσκετο
ἔσκον: εἰμί
ἐσπ: ἔπω
ἐπέσπε
ἑσπ: ἕπομαι
ἕσσα u. ä.: ἀμφιέννυμι
ἑσσάμενος u. ä.: ΣΕΔ
ἐσσεῖται = ἔσται: εἰμί
ἐσσεύαντο: σεύω
ἐσσί: εἰμί
ἑσσο: ἡττάομαι
ἔσσονα: σεύω
ἐσσοῦμαι = ἔσσομαι: εἰμί
ἔσσυ: σεύω
ἑστα: ἵστημι
ἑστήξω: ἵστημι
ἑστῶ: ἵστημι
ἐσχ' = 1. ἔσκε: εἰμί
= 2. ἔσχε: ἔχω
ἔσχεθον: ἔχω
εὐαδ: ἁνδάνω

εὗδη: εὕδω
εὖντα = ἔοντα = ὄντα: εἰμί
εὐξ: εὔχομαι
εὑρ: εὑρίσκω
εὑρε, εὑρη: εὑρίσκω
ἔφθην: ἕπω
ἐχ: ἔχω
ἐχεσκ: ἔχω
ἑψ: ἕπομαι
ἑω: ἅμεναι
ἑωθ: εἴωθα
ἑωθε: ὠθέω
ἑωλπ: ἔλπω 2
ἑῶμι: ἐάω
ἑών, ἔωντι: εἰμί
ἕωνται: ἀνίημι
ἀνέωνται
ἐωργ: ἔρδω
ἑωρ: ὁράω
ἑωσ: ὠθέω

ζέσσεν: ζέω
ζευγ: ζεύγνυμι
ζη: ζάω
ζόειν: ζάω
ζυγ: ζεύγνυμι
ζω: ζάω
ζω u. ζωσ: ζώννυμι

ἡ: 1. εἰμί
2. ἠμί
ἦ, ἦν
3. ἵημι
ὑπήσω, μετήσομαι, ἐπῆκαν
ἡ: 1. ἵημι
2. ἧμαι
ἥμην, ἥμενος, ἧαται, ἧατο, καθήατο, καθήσομαι
ἡ(δ): ἥδομαι
ἥσατο
ἠ: εἰμι
ἡ: 1. ἵημι
ἧσι
2. κάθημαι
καθήμην
ἠβουλ, ἠβουλη: βούλομαι
ἡβω: ἡβάω
ἡγα: ἄγαμαι
ἠγάασθε: ἄγαμαι
ἠγαγ .. ἀγ ..
ἠγάσσατο: ἄγαμαι

ἡγέαται: ἡγέομαι
ἤγειρ: 1. ἀγείρω
2. ἐγείρω
ἤγερ: ἀγείρω
ἠγερέθομαι: ἀγείρω
ἡγη: ἀφηγέομαι
ἀπηγημένον
ἠγορ: ἐγείρω 3
ἠγρ: 1. ἀγείρω
2. ἐγείρω
ἡδ: ἥδομαι
ᾐδ, ᾔδε: οἶδα
ᾐειδ: οἶδα
ἠδυνα, ἠδύνω: δύναμαι
ἠε: εἶμι
ἤεσαν
ᾔει: εἶμι
ᾔειδ: οἶδα
ἤειρ: αἴρω
ἤεισα: ἀείδω
ἦεν: εἰμί
ἤην: εἰμί
ἤι: εἶμι
ἤικτο: ἔοικα
ἠϊξ: 1. ἀΐσσω
ἤιξε
2. εἴσκομαι
προσήϊξαι
3. ἔοικα
ἤιξαι, ἤιξαν
ἤισκον: ἴσκω
ἠΐστωσα: ἀϊστόω
ἡκ, ἐπῆκαν: ἐφίημι
ἧκα: ἥκω
ἤκαχ: ἀκαχίζω
ἠκέσ(σ)ατο: ἀκέομαι
ἡλ: ἅλλομαι
ἠλα: ἀλάομαι
ἤλδαν: ἀλδαίνω
ἤλειμ: ἀλείφω
ἠλευ: ἀλέομαι
ἠλήλατο: ἐλαύνω
ἠλθ: ἔρχομαι
ἠλισ: ἁλίζω
ἤλιτ: ἀλιταίνω
ἥλκησε: ἕλκω
ἤλυθ: ἔρχομαι
ἤλυξα: ἀλύσκω
ἦλφον: ἀλφάνω
ἤλω: ἀλάομαι

ἥλων = ἑάλων: ἁλίσκομαι
ἡμ: ἅπτω
ἥμαγ: αἱμάσσω
ἤμβροτον: ἁμαρτάνω
ἤμελλον: μέλλω
ἠμέλλησα: μέλλω
ἤμη: ἀμάω
ἤμην: εἰμί
ἠμπειχόμην: ἀμπέχω
ἤμπισχον: ἀμπέχω
ἤμπλακον: ἀμπλακίσκω
ἠμύναθον: ἀμύνω
ἠμφεγνόουν: ἀμφιγνοέω
ἠμφεσβήτουν: ἀμφισβητέω
ἠμφιγνόουν: ἀμφιγνοέω
ἠμφιεννυ-: ἀμφιέννυμι
ἠμφιεσ: ἀμφιέννυμι
ἠμφισβήτουν: ἀμφισβητέω
ἤμων: ἀμάω
ἠναντιώθην: ἐναντιόομαι
ἤναρον: ἐναίρω
ᾔνε: αἰνέω
ἤνεγκ: φέρω
ἤνεικ: φέρω
ἠνειχόμην: ἀνέχομαι
ἠνεσχόμην: ἀνέχομαι
ᾔνη: αἰνέω
ἤνην .. ἀν ..
ἠνηναν: ἀπαναίνομαι
ἀπηνήναντο
ἦνθον = ἦλθον: ἔρχομαι
ἠνίπαπε: ἐνίπτω
ᾐνίχθω: αἰνίσσομαι
ἤνοιγ: ἀνοίγνυμι
ἤνοικται = ἀνέῳκται: ἀνοίγω
ἤνοιξ: ἀνοίγνυμι
ἦνον: I. ἄνω, ἀνύω
ἠνσχόμην: ἀνέχομαι
ἠντε: ἀντ-ε-
ἤντεον: ἀντάω
ἠντι- = ἀντι-

ἠντιω: ἀντιόομαι
ἠνυ: ἄνυμι, ἀνύω
ἤνυ: κατανύω
καθήνυσα
ἠνωγ: ἄνωγα
ἠνωγε: ἄνωγα
ἠνωξ: ἄνωγα
ἠνωχλη: ἐνοχλέω
ἠνώχλουν: ἐνοχλέω
ἠξ: 1. ἄγω
2. ἄγνυμι
ἡξ: ἥκω
ῇξ: ᾄσσω
ἠπαφ: ἀπαφίσκω
ἤπεικτο: ἐπείγομαι
ἠπίστω = ἠπίστασο: ἐπίσταμαι
ἠρ: 1. αἴρω
2. ἀραρίσκω
3. ἄρνυμαι
4. I. εἴρω 2
5. ἐρωτάω
(ἐν)ηρ: ἐναίρω
ἠρα: ἐράω
ἠρᾱ: ἀράομαι
ἤραρ: ἀραρίσκω
ἠρασ: ἐράω
ῇργ: εἴργω
ἤρει: ἀραρίσκω
ἠρεισ: ἐρείδω
ἠρε(ι)ψ: ἐρείπομαι
ἠρεσ: ἐρέσσω
ᾕρευν: αἱρέω
ᾑρη: αἱρέομαι
ἤρηρ: ἀραρίσκω
ἠρηρεισ: ἐρείδω
ἤρικον: ἐρείκω
ἤριπ: ἐρείπω
ἤριφ: ἐρείπω
ἤρκεσ: ἀρκέω
ῇρξ: εἴργω
ἤρο: ἀρόω
ἠρυγ: ἐρεύγομαι
ἠρυκακ: ἐρύκω
ἠρχ: ἄρχω
ᾖς 1. = ᾖσθα: εἰμί
2. dor. = ἦν: εἰμί
ἡσ: 1. κάθημαι
καθῆστο
2. ἥδομαι
ἥσατο

ᾖσ: 1. ἀείδω
2. εἰμι
ᾖσαν
3. οἶδα
ᾖσμεν, ᾖσαν = ᾔδεσαι
ᾔσατο = ᾔσθη: ἥδομαι
ᾗσι 3. sg. conj. Aor.: ἵημι
ᾐστω: ἀιστόω
ηὔδη: αὐδάω
ηὗρ: αὑρίσκω
ηὗρ: εὑρίσκω
ἠφείθη: ἀφίημι
ἤφευ: ἀφεύω
ἠφίει: ἀφίημι
ἠφίουν: ἀφίημι
ἧφ: ἅπτω
ἤφυσ: ἀφύσσω
ἦχα: ἄγω
ἠχε: ἀκαχίζω
ἀκηχεμένη
ἤψημαι: ἕψω
ᾐωρήθην: αἰωρέω

θα: 1. θεάομαι
θάομαι, θᾶσαι
2. θῆσθαι
θάομαι
θαλ: θάλλω
θαν(ε): ἀποθνήσκω
θαπ: θάπτω
θαυμαν: θαυμάζω
θαψ: θάπτω
θε: τίθημι
θει: τίθημι
θεν: θείνω
θερε: θέρομαι
θεσ: τίθημι
θευ: 1. τίθημι
2. I. θέω
θεύσομαι
θη: 1. τίθημι
2. θεάομαι
θησαίατο
3. θηέομαι
θηοῖο
4. θῆσθαι
θήσατο, θησάμενος
θηευ: θηέομαι-θηάομαι
θηκ: τίθημι
θηλ: θάλλω
θηπ: τέθηπα

θιγ: θιγγάνω
θνα: θνῄσκω
θνε, θνει, θνη, θνηξ: θνῄσκω
θοι: τίθημι
θορ: θρῴσκω
θραμ: τρέφω
θρεξ, θρεξασκ: τρέχω
θρεπ: τρέφω
θρεφ: τρέφω
θρεψ: τρέφω
θυ: θύω
θωυμάζω: θαυμάζω

ἰ: 1. ἔρχομαι, εἶμι
2. καθίημι
κατιᾶσι
ἱ: 1. ἵημι
2. καθίζω
καθιῶ
ἱγ: ἵκω
ἰδ: 1. ὁράω, εἶδον
2. οἶδα
ἴδμεν, ἴδμεναι, ἰδυῖα
ἰδέειν: εἶδον
ἴδεσκον: εἶδον
ἰδέω: οἶδα
ἴδωμι: εἶδον
ἱε: ἵημι
ἱζ: ΣΕΔ
ἱζάνω: ΣΕΔ
ἱζῆσαι: ΣΕΔ
ἱη: ἵημι
ἰῃ: εἶμι
ἱη: ἵημι
ἴηλα: ἰάλλω
ἴηνα: ἰαίνω
ἱκ: 1. ἀφικνέομαι
2. ἵκω
ἵκευ: ἀφικνέομαι
ἵκωμι: ἵκω
ἶλαι: ἴλλω
ἱληκ: ἵλημι
ἴμμεναι: εἰμι
ἱξ: 1. ἵκω
2. καθίζω
καθιξῶ, καθίξας
ἰσ: 1. οἶδα
ἴσμεν
2. καθίζω
κάτισα

ἱσ: 1. καθίζω
καθῖσα, κάθισα, καθίσσας
2. ΣΕΔ
ἵσατο
ἴσαν: 1. εἶμι
= ᾖσαν
2. οἶδα
= ᾔδεσαν
ἴσαντι: οἶδα
von ἴσαμι
ἵσδω: ΣΕΔ
ἴσσαν: οἶδα
ἴσσασι: οἶδα
(ἐν)ι-σπη: ἐνέπω
ἵστασκε: ἵστημι
ἱστέαται: ἵστημι
ἱστη: ὑφίστημι
ὑπίστημι
ἵστω = ἵστασο: ἵστημι
ἰσχ: ἔχω
ἴσχαν: ἔχω
ἰτητέον: ἔρχομαι
ἴττω: οἶδα
böot. st. ἴστω
ἴτων = ἰόντων: εἶμι
(ἐν)ιψ: ἐνέπω
ἵω: ἵημι
ἱῶ: ἵημι

καββ .. κατα-β ..
καδ: 1. καίνυμαι
κεκαδμένος
2. κήδω
κεκαδών
3. χάζομαι
κεκάδοντο
καδη: κήδω
καη: καίω
καθαρ: καθαίρω
καθείατο: κάθημαι
καθη: κάθημαι
καθιδ: καθίζω
κάθου = κάθησο: κάθημαι
καθω: 1. κάθημαι
καθῶμαι, καθώμεθα
2. καθίημι
καθῶμαι, καθώμεθα
κακκ .. κατα-κ ..
κακτ .. κατα-κτ ..
κάκτανε: κατακτείνω
καλ, καλε: καλέω
καλλ .. = κατα-λ ..

καμ: κάμνω
καμβ . . = κατα-β . .
καvv . . = κατα-ν . .
καρρ . . = κατα-ρ . .
καρ: κείρω
κασ: καίνυμαι
καστ . . = κατα-στ . .
κασχ . . = κατα-σχ . .
κατ-αραιρημένος: καθαιρέω
κατέαται: κάθημαι
κατεῖναι = καθεῖναι: καθίημι
κάτημαι = κάθημαι: καθέζομαι
κατηφίει: καταφίημι
κατθ . . = κατα-θ . .
κατт . . = κατα-τ . .
καυ: καίω
καϜ: καίω
κε: 1. καίω
ἐκκέας
2. κεῖμαι
κει: 1. κεῖμαι
κείαται
2. διατίθημι
διάκειμαι
3. καίω
4. κατακείω
κακκείοντες
κεισεῦμαι: κεῖμαι
κελ: κέλλω
κελευ(σ): κελεύω
κένσαι = κέντσαι: κεντέω
κερ: κείρω
κέρσας, κέρσε
κερ(α): κεράννυμι
κέρωνται
κερα: κεράννυμι
κερασ: κεράννυμι
κερε: κείρω
κε-σκ: κεῖμαι
παρεκέσκετο
κη: 1. καίω
2. κεῖμαι
κῆται = κέηται
κηδ, κηδεσκ: κήδω
κιρνη: κεράννυμι
κιχ: κιχάνω
κλ(ο): κέλομαι
κλαγ: κλάζω
κλαπ: κλέπτω

κλασ: κλάω
κλαυ: κλαίω
κλαϜ: κλαίω
κλε 1. κλέω
ἔκλε' = ἐκλέεο
2. καλέω
κεκλέαται, κεκλέατο
3. κέλομαι
κέκλετο, ἐκέκλετο, ἐπεκέκλετο
κλει, κλεισ: κλείω
κλη, κλῃ: καλέω
κληγ: κλάζω
κλι, κλιν: κλίνω
κλοφ: κλέπτω
κλυ: κλύω
κλυκ: κλύζω
κμᾰ, κμη: κάμνω
κομιδ, κομισ: κομίζω
κον: καίνω
κοπ: κόπτω
κορεσ, κορη: κορέννυμι
κρᾰ, κραα: κεράννυμι
κρεμα: κρεμάννυμι
κραν: κραίνω
κρη: 1. κεράννυμι
ἐπικρῆσαι
2. κραίνω
κρῆναι
κρηην: κραίνω
v. κραιαίνω
κρην: ἐπικραιαίνω
ἐπικρήνειε
κρι: κρίνω
κρικ: κρίζω
κριν: κρίνω
κρινθήμεναι: κρίνω
κρύπτασκε: κρύπτω
κρυφ: κρύπτω
κτα: κτείνω
κταν: κτείνω
κτε: 1. κτάομαι
κεκτέαται, ἐκτέατ
2. κτείνω
κτέωμεν Konj zu ἔκτ ν
κτένναις = κτείνας: κτείνω
κτη, κτῃ: κτάομαι
κτον: κτείνω
κτω, κτῳ: κτάομαι
κυθ: κεύθω
κυλισ(σ): κυλίνδω
κύρσω: κύρω.
κύσσα: κυνέω

λαβ: λαμβάνω
λάβεσκον: λαμβάνω
λάζευ: λαμβάνω
zu λάζομαι
λαθ: λανθάνω
λακ: λάσκω
(ἀπ)λακ, ἀπλακεῖν: ἀμπλακητός
λαμ: λαμβάνω
λαμπ, λαμπτός: λαμβάνω
λάμπεσκε: λάμπω
λαμφ: λαμβάνω
λαμψ: λαμβάνω
λασ: λανθάνω
(ἐ)λασ, (ἐ)λασασκ: ἐλαύνω
λασεῦμαι: λανθάνω
λαφ: λαμβάνω
λαψ u. λαψοῦμαι: λαμβάνω
λαχ: λαγχάνω
λεγ: 1. λέχω
ἐλέγμην
2. λέγω
λειπ: λείπω
auch = λελειπ- in ἔλειπτο
λειψ: λείπω
λεκ, λεξ, λεχ: 1. λέγω
2. λέχω
λη(θ): λήθω
ληβ: λαμβάνω
ληθ: λανθάνω
ληκ: λάσκω
λημ: λαμβάνω
λημφ: λαμβάνω
λημψ: λαμβάνω
λῆν: λάω
ληξ: λήγω
λῇς: λάω
λησ: λανθάνω
ληφ: λαμβάνω
ληχ: λαγχάνω
ληψ: λαμβάνω
λιασ: λιάζομαι
λιη: λιλαίομαι
λελιημένος
λιπ: λείπω
λισ, λιτ: λίσσομαι
λλαβ: λαμβάνω
λλαχ: λαγχάνω

λληξ: λήγω
λλισ: λίσσομαι
λογχ: λαγχάνω
λοε: λούω
λοεσ: λούω
v. λοέω
λοιπ: λείπω
(ὀ)λο: ἀπόλλυμι
(ἀπολοίατο)
λυ: λύω
λῶ: λάω

μα: μάομαι
μέμαμεν
μαθ, μαθη: μανθάνω
μακ: μηκάομαι
μανη: μαίνομαι
μασ: μαίομαι
μαχ, μαχε, μαχει, μαχεσ, μαχη: μάχομαι
μβλε: μέλω
μέμβλεται
μβλω: μολεῖν
μειξ: μείγνυμι
μειχ: μείγνυμι
μελ, μελε: μέλω u. μέλομαι
μελη: μέλω
μελλ, μελλη: μέλλω
μέμβλεται: μέλω
μεμετιμένος st. μεθειμένος: μεθίημι
μενε, μενη: μένω
(ἐ)μεσ: ἐμέω
μεταλμένος: μεθάλλομαι
μετι: μεθίημι
μεμετιμένος
μη(δ): μήδομαι
μηκ: μηκάομαι
μηλ: μέλω
μιαν: μιαίνω
μιγ: μείγνυμι
·μιγη: μείγνυμι
μικ: μείγνυμι
μιμνόντεσσι: μένω
μισγέσκετο: μείγνυμι
μιχ: μείγνυμι
μνε: μιμνῄσκομαι
μέμνεο
μνεφ: μιμνῄσκομαι
μεμνέῳτο

μνη, μνῃ: μιμνῄσκω
μιμνῄσκομαι
μνημυ: ὑπημύω
ὑπεμνήμυκε
μνησάσκετο: μιμνῄσκω
-μνοντεσσι: μένω
μνω: μνάομαι
μνῳ: μιμνῄσκομαι
μολ: 1. ἐπιμολεῖν
2. προβλώσκω
προμολεῖν
μολοῦμαι: μολεῖν
μον: μάομαι
μορ: μείρομαι
μῡκ: μυκάομαι
μω: μάομαι

ναγ: νάσσω
(ὀ)ναι: ὀνίνημι
ἀπόναιο
ναξ: νάσσω
νασ: ναίω
(ἐ)ν-αυ: ἐν-αύω
νε: νέω, νέομαι
νέηαι: νέομαι
νει: νέομαι
νεῖαι, νεῖται
(ἐ)νεικ: φέρω
νεμε, νεμη: νέμω
νεῦσαι: 1. νεύω
2. I. νέω
νεύσομαι
(ὀ)νη 1. ὀνίναμαι
ἀπονημένος
2. II. III. νέω
νήσω, νένημαι
νικασεῖν: νικάω
νίκημι: νικάω
(ἐ)ν-ιπ-: ἐνίπτω
ἐνένιπε
νιπ: νίζω
(ἐ)νιψ, ἐνίψω: ἐνέπω
νομιδ: νομίζω
(πι)νυσ: πινύσσω
ἐπίνυσσεν
νω: νοέω
νενωμένος ἐνένωτο

ξέσσε: ξέω
ξύνες: συνίημι

ὀ υσ: ὀδύσσομαι
ὀδωδ.. ὀδ..
οἰ: φέρω
οἶσε, οἴσω, οἰσοῦμαι

οἱ: προίημι
πρόοιντο, πρόοισθε
ὀι: οἴομαι
ὀισάμην etc.
(δι)οι: δίεμαι
οἰγεσκ: ἀνοίγω
οἴδασι: οἶδα
οἰη: οἴομαι
οἶκα: ἔοικα
οἰξ: οἴγνυμι
οἶσθα: οἶδα
ὀισθείς: οἴω
οἰσθήσομαι, οἰστός: φέρω
οἰχ, οἰχη: οἴχομαι
ὀκωχ.. ὀχ..
ὀλ, ὀλε, ὀλεσ: ὄλλυμι
ὀλεσκ: ὄλλυμι
ὀλισθ: ὀλισθαίνω
ὀλωλ.. ὀλ..
ὀμ, ὀμο, ὀμοσ: ὄμνυμι
ὀνα, ὀνη: ὀνίνημι
ὀνοσ: ὄνομαι
ὀπ: ὁράω
ὀπωπ.. ὀπ..
ὀρ: 1. ὄρνυμι
2. ὄρομαι
ἐπορώρει
ὁρα, ὁρε: ὁράω
ὀρεχ: ὀρέγω
ὅρηαι: ὁράω
ὄρθαι: ὄρνυμι
ὀριν: ὄρνυμι
ὀρνυ: ὄρνυμι
ὀροῦμαι, ὀρουμεῖται: ὄρνυμι
ὄρσασκε: ὄρνυμι
ὀρυγ, ὀρυκ, ὀρυχ: ὀρύσσω
ὀρωρ.. ὀρ..
οὑ: κάθημαι
κάθου = κάθησο
οὐρα, οὐρη: ἀπαυράω
ἀπουρήσουσι
οὐρίζω: ὁρίζω
οὐρι(σ): 1. ἀπαυράω
2. ὁρίζω
προσουρίσας
οὐτήσασκε: οὐτάω
ὀψ: ὁράω
ὀφειλη: ὀφείλω

ὀφελ: ὀφείλω
ὀχ: ἔχω
ὀχέεσκον: ὀχέω
ὀχωκ: ἔχω

πα: πάομαι
πα(θ): πάσχω
πέπασθε
πάγεν: πήγνυμι
παγη: πήγνυμι
παθ: πάσχω
παιξ: παίζω
παλ: πάλλω
(π)αλ: ἅλλομαι
κατεπάλμενος zu κατεφάλλομαι
παλαγ, παλακ: παλάσσω
παλασ: παλάζω, πάλλω
πάλαχ: παλάζω
παλε: πάλλω
παλη: παλέω
παρ: πείρω
πάρα: πάρειμι
παραι- = παρα-
παρεκέσκετο: παράκειμαι
παρθ.. = παρα-θ..
παρπ.. = παρα-π..
παρστ.. = παρα-στ
πασ: 1. πάσχω
πέπασθε
2. πάσσω
πέπασμαι
3. πατέομαι
παυστέον: παύω
πεδάασκον: πεδάω
πειθ: πείθω
πεῖν: πίνω
πειραν: περαίνω
πειρασοῦμαι: πειράω
πειρε, πειρη: πειράω
πεισ: 1. πείθω
2. πάσχω
πείσομαι
πελέσκεο: πέλω
πελευ: πέλω
πεμ, πεμπ, πεμψ: πέμπω
πενθ: πάσχω
περ(θ): πέρθω
πέρσα

περάασκε: περάω
περασ: περαίνω
περη: 1. περάω
πεπέρημαι
2. πιπράσκω
πεπέρημαι
περνᾶσι: πιπράσκω
v. πέρνημι
πέρνασχ᾿: πιπράσκω
v. πέρνημι
πέρναχ᾿ = πέρνασκε
πιπράσκω
πέρσα: πέρθω
πεσ, πεσε, πετ: πίπτω
πεσέειν
πευθ: πυνθάνομαι
πευσ: πυνθάνομαι
πεφα, πεφη, πεφν: ΦΕΝ
πηγ, πηκ: πήγνυμι
πῆλαι: πάλλω
πι, πῑ: πίνω
πῑ: πιπίσκω
πῖσω
πιθ, πιθη: πείθω
πῖν = πιεῖν: πίνω
πλᾱ: πελάζω
πλαγ: πλήττω
πλαγξ, πλαγχ: πλάζω
πλακ: πλέκω
πλασ: πλάσσω
πλε: 1. πίμπλημι
ἐπιπλέατο
2. πέλω
ἔπλεο, ἔπλετο
πλείω: πλέω
πλεισ: πλέω
ἐπλείσθη
πλευ: 1. = πλεϝ: πλέω
2. πέλω
ἔπλευ
πλη: 1. πίμπλημι
πλῆτο, ἔμπλητο, πλῆντο, πλήσειν
2. πελάζω
πλῆτο, πλῆντο, ἔπληντο, πεπλημένος
πληγ: 1. πλήττω, ἐκπλήττομαι
2. πλήσσω
πέπληγον, ἐπέπληγον, πέπληγα
πληξ: πλήττω
πλησ: ἐμπίμπλημι
πλω: πλέω

πνευ, πνεϜ, πνυ: πνέω
πνυν: πνέω
πο: πίνω
ποε, ποη: ποιέω
πο(θ): πάσχω
πέποσθε
ποιθ: πείθω
πομφ: πέμπω
πονε, πονη: πονέω
πονθ: πάσχω
πορ: πορεῖν
(ἐ)π-ορ- = ἐπ -ορ:
ἐπόρνυμι
ἔπορσον
ποτη: πέτομαι
πρᾱ: πιπράσκω
πρᾱγ: πράττω
πρᾰθ: πέρθω
πραθε: πέρθω
πρακ: πράττω
πρη: 1. πιπράσκω
2. πίμπρημι
πρη(θ): πρήθω
πρῆσαι
πρηξ: πράσσω
πρησ: πίμπρημι
πρῆσαι: πρήθω
πρια, -πριω: ὠνέομαι
προεισάγω: προσάττω
πρου- = προ-ε-
πρω: πορεῖν
πτ, πτα: πέτομαι
πτα: πετάννυμι
πέπταμαι
πτακ, πταξ: πτήσσω
πταρ: πταίρω
πτε: πίπτω
πτη: 1. πέτομαι
2. πτήσσω
πεπτηώς
πτηξ, πτηχ: πτήσσω
πτοε, πτοη: πτήσσω
πτυγ, πτυκ(ξ): πτύσ-
πτυσ: πτύω [σω
πτυχ: πτύσσω
πτω: πίπτω
πυ(θ): πύθω
πυθ, πυσ: πυνθάνο-
πω: πίνω [μαι
(κ)ρααν: κραίνω
ἐκράανθεν
ῥαγ: ῥήγνυμι

ῥαδ: ῥαίνω
ἐρράδαται
(ἀ)ραιρη: καθαιρέω
καταρραιρημένος u. ä.
ῥαμ: ῥάπτω
ἔρραμμαι
ῥαν: ῥαίνω
ῥαπ: ῥάπτω
ῥασ: ῥαίνω
ῥαφ, ῥαψ: ῥάπτω
ῥεξ: ῥέζω
ῥεούμενος: ῥέω
(ἐ)ρεσ: ἐρέττω
ῥευ: ῥέω
ῥεψ: ῥέπω
ῥεϜ: ῥέω
ῥη: 1. ἀγορεύω
ἀντιπροσερρήθην,
προρρηθῆναι
2. εἰπεῖν
3. I. εἴρω
ἐρρήθην
4. λέγω
ῥησ: διαρρήγνυμι
ῥιγ: ῥιγέω
ῥιμ: ῥίπτω
ῥυ: ῥέω
ῥύατο: ῥύομαι
ῥυη: ῥέω
ῥύσκεν: ῥύομαι
ῥω, ῥωσ: ῥώννυμι
ῥωγ: ῥήγνυμι

σαν: σαίνω
σαόω, σάου: σῴζω
σαπ: σήπω
σαχ: σάττω
σαω: σῴζω
σβε, σβεσ, σβη: σβέν-
σεισ: σείω [νυμι
σεπ: ἕπομαι
σευ (σσευ): σεύω
σεφθείς: σέβομαι
σεχ: ἔχω
σημαν, σημην: ση-
σηνं: σαίνω [μαίνω
σηπ: σήπομαι
σηρ: σαίρω
σίξα: σίζω
(κε)σκ: παράκειμαι
παρεκέσκετο
σκαφ: σκάπτω
σκεδα: σκεδάννυμι

σκεπ: σκοπέω
σκευαδ: σκευάζω
σκήλειε: σκέλλω
σκλη: σκέλλομαι
σκοπε: σκοπέω
σμῆν: σμάω
σόη: σῴζω
σόομαι: σοῦμαι
σου: 1. σεύω
ἔσσουα
2. σοῦμαι
σοῦσθε, σούσθω
σόω, σόῳ(ς): σῴζω
σπ: 1. ἐνέπω
ἐνίσπες
2. ἕπω, ἕπομαι
σπαρ: σπείρω
σπας: σπάω
σπει: σπένδω
σπεῖο: ἕπω
σπεισ: σπένδω
σπείσασκε
σπερ: σπείρω
σπευδ, σπευσ: σπου-
σπη: ἐνέπω [δάζω
στα: 1. ἵστημι
2. ἐπίσταμαι
στακ: στάζω
σταλ: στέλλω
στάν: ἵστημι
σταξ: στάζω
στάσκε(ν): ἵστημι
στασῶ: ἵστημι
στε, στει: ἵστημι
στειλ, στελ: τ σέλλω
στεμ: στέφω
στεφανόω: στέφω
στέωμεν: ἵστημι
-στέωνται, ἐπι-:
ἐπίσταμαι
στη: ἵστημι
-στη, ἐπι-: ἐπίσταμαι
στήειον: ἵστημι
στηξ: ἵστημι
στιγ, στικ, στιξ: στί-
στιχ: στείχω [ζω
στοργ: στέργω
στορε: στορέννυμι,
στόρνυμι
στραμ, στραφ, στρεφ
στρεψ, στροφ: στρέ-
στρω: στρώννυμι [φω

στυξ: στυγέω
συ: σεύω, σεύομαι
σφαλ, σφηλ: σφάλλω
σχ, σχε, σχεθ,
σχεθε, σχη: ἔχω
σχοίατο, σχοίην: ἔχω
σω, σῳδ, σωιδ: σῴζω
σῷς: σῴζω
σωσ: σῴζω
σώω: σῴζω
σϜεθιδ, σϜωθ: ἐθίζω

τα: τείνω
ταιν: τείνω
τεταίνω
τακ: τήκω
ταλ: τέλλω
ταμ, ταμε, ταμν:
τέμνω
τανυ(σ): τείνω
ταραξ: ταράττω
ταρπ, ταρπε, ταρπη:
τέρπω
ταρφ: τέρπω
τασ: τείνω
ταφ: 1. θάπτω
2. τέθηπα
τάφε, ταφών, ἔταφον
ταχ: τάσσω
τεγξ, τεγχ: τέγγω
τει: τίνω
τειλ: τέλλω
τεκ: τίκτω
τελ: τέλλω
τελει: τελέω
τελεσ: τελέω
τεμ: τέμνω
τεν: τείνω
τεξ: τίκτω
τέτρηνα: τετραίνω
τευξ, τευχ: τεύχω
τευχ: τυγχάνω
τέτευχα
τευχη: τευχέω
τεχ: τίκτω
τηγ: τήκω
τημ: τέμνω
την: τείνω
τιτήνας
τηξ, τηχ: τήκω
τι: τίνω
τῑ: τιμάω
τιναξ: τινάσσω

τιτράω: τετραίνω
τλα, τλη: τλῆναι
τμ: τέμνω
τμαγ: 1. τέμνω
τμάγεν
2. τμήγω
διέτμαγεν
τμαξ: τμήγω
τμη, τμηγ, τμηξ: τέμνω
τν = τα: τείνω
τοκ: τίκτω
τορ: τορέω
τρα: τιτραίνω
τραγ: τρώγω
τραμ, τραπ, τραπει, τραπη: 1. τρέπω
2. τέρπω
τραφ: 1. τρέπω
2. τρέφω
τρεπ: τρέπω
τρεφ: 1. τρέφω
2. τρέπω
τρεψ: τρέπω
τρεχ: τρέχω
τρη, τρην: τετραίνω
τρηχ: ταράσσω
τρῐβ: τρίβω
τριγ: τρίζω
τροφ: 1. τρέπω
2. τρέφω
τρυφ: θρύπτω
τρω: τιτρώσκω
τυ: θύω
ἐτύθην
τυγ, τυκ, τυχ: τεύχω
τυχ, τυχη: τυγχάνω

ὑββ.. = ὑπο-β..
ὕμνη = ὕμνει: ὑμνέω
ὑμνίωμες = ὑμνέωμεν: ὑμνέω
ὑπα- = ὑπο-
ὑπείς = ὑφείς: ὑφίη- [μι
ὑπερώησα: ὑπερωέω
ὑπίστημι: ὑφίστημι

φα: 1. φημί
2. ἐκπέφαται
3. = φν: ΦΕΝ
πέφαται, πέφανται, πεφάσθαι
φααν: φαίνω
φἀγ: ἔδω
φαγ-κ.. φαίνω
φαειν: φαίνω
φαν, φάνεσκε: φαίνω
φανη, φασ: φαίνω
φασκ: φημί
φάτ' 1. = φατί = φησί: φημί
2. = φάτο: φημί
φερ: φέρω
φευγ: φεύγω
φη: 1. φημί
2. φαίνω
πεφήσεται
3. ΦΕΝ
πεφήσομαι
φην: φαίνω
φῆσθα: φημί
φθα: φθάνω
φθάν: φθάνω
φθαξ(ἔφθαξα): φθάνω
φθαρ: φθείρω
φθασ (ἔφθασσα): φθά- [νω
φθε (φθέωμεν): φθάνω
φθεισ: φθίνω
φθερ: φθείρω
φθη, φθῃ: φθάνω
φθῐ: φθίνω
-φθιαθ' = ἔφθιντο: φθίνω
φθορ: φθείρω
φιδ: φείδομαι
φιλ: φιλέω
φιλέεσκε: φιλέω
φιλη: φιλέω
φλαξῶ: φλάω
φν: ΦΕΝ
φορε, φορη: φέρω
φραδ, φραξ, φρασ: φράζω
φρασ: φράσσω
συμφράσσομαι, συμπέφρασται
φράσδω: φράζω
φρικ, φριξ, φριττ: φρίσσω
φρυγ, φρυκ, φρυξ, φρυττ, φρυχ: φρύγω
φυ: φύω
φυγ, φυζ, φυκ: φεύγω
φυκ, ἐπέφυκον: φύω
φυλακ, φυλαξ: φυλάσσω
χαδ, χαδε: χανδάνω
χαν: 1. χαίνω
2. ἀμφιχάσκω
ἀμφέχανε
χανδ: χανδάνω
χαρ, χαρη: χαίρω
χαρίξη: χαρίζομαι
χαρισ: χαρίζομαι
χασ: χάζομαι
χε: χέω
χείσομαι: χανδάνω
χευ, χεϜ: χέω
χη: χανδάνω
χήσομαι
χην: χαίνω
χηρ: χαίρω
χρα: 1. χραύω
ἐπέχραον, ἔχραον
2. ΧΡΑ, ΧΡΗ
χρε, χρεω: ΧΡΑ, ΧΡΗ
χρη: 1. ΧΡΑ, ΧΡΗ
2. χράομαι
χρῆσθαι, κέχρημαι
χρῆν = ἐχρῆν: χρή
χρῆναι: χρή
χρησ: ΧΡΑ, ΧΡΗ
χράομαι
χρήσει: χράω, χρή
χρῆσται: χρή
χρῑσ: χρίω
χρῶ = χράου: χράομαι
χρωσ: χρῴζω, χρώννυμι
χυ: χέω [νυμι
χύν(ν)ω: χέω
χω: χώομαι
χωρη: χωρέω

ψη, ψῆ: ψάω
ψηγ: ψήχω
ψηλ: ψάλλω

ω = Ϝεσω: ἀμφιέννυμι
ἀμφιῶ
ὠ(θ): ὠθέω
ὡ: 1. καθίημι
καθῶμαι
2. κάθημαι
καθῶμαι
ῳ: ἀναφέρω
ἀνῷσαι
ὠδ: ὄζω
ᾤδεε, ᾠδηκώς: οἰδέω
ὠδυσ: ὀδύσσομαι
ὠδώδει: ὄζω
ὠη: ὑπερωέω
ὑπερώησα
ὠίγνυντο: οἴγνυμι
ὠίετο: οἴω
ὤιξα: οἴγνυμι
ὠίσθην: οἴομαι
ὦμμαι: ὁράω
ὠνα: ὀνίνημι
ὤνατο, ὠνάθην, ὠ[ν]αμην
ὤνατο: ὄνομαι
ὠνε: ὠνέομαι
ὠνη: ὀνίνημι
ὠνοσάμην: ὄνομαι
ᾦξε: οἴγνυμι
ὠπ: ὁράω
ὠρ: 1. ἐφοράω
ἐπώρα
2. ὄρνυμι
ὡρεόμην, ὤρεον: ὁράω
ὠρεχ: ὀρέγω
ὠριν: ὄρνυμι
ὡρμε: ὁρμάω
ὠρυκ: ὀρύσσω
ὤρων: ὁράω
ὠρωρ: ὀρ
ὠσ, ὤσασκε: ὠθέω
ὠφ: ὁράω
ὤφελ(λ)ον: 1. ὀφέλλω
2. ὀφείλω
ὦφλον: ὀφλισκάνω
(ἀν)ωχ: ἄνωγα
ὠχ, ὄκωχα: ἔχω
ᾤχωκα: οἴχομαι

Ϝαγ: ἄγνυμι
Ϝαλ, Ϝαλω: ἁλίσκομαι
Ϝεπ: φημί [μαι
Ϝερ: φημί
Ϝεσ: ἀμφιέννυμι
Ϝιδ: ὁράω
Ϝοιγ: ἀνοίγω
Ϝορα: ὁράω
Ϝραγ: ῥήγνυμι
Ϝρη: φημί
Ϝρηγ: ῥήγνυμι
Ϝρῑπ: ῥίπτω
Ϝρωγ: ῥήγνυμι
Ϝωθ: ὠθέω
Ϝωνε: ὠνέομαι